电子爱好者手册　电子创客案例集

2019 年电子报合订本

（上册）

《电子报》编辑部　编

编辑出版说明

1."实用、资料、精选、精练"是《电子报合订本》的编辑原则。由于篇幅容量限制，只能从当年《电子报》的内容中选出实用性和资料性相对较强的技术版面和技术文章，保留并收入当年的《电子报合订本》，供读者长期保存查用。为了方便读者对报纸资料的查阅，报纸版面内容基本按期序编排，各期彩电维修版面相对集中编排，以方便读者使用。

2.《2019 年电子报合订本》在保持历年电子报合订本"精选（正文）、增补（附录）、缩印（开本）式"的传统编印特色基础上，附赠光盘，将未能收录进书册的版面内容收入了光盘，最大限度地保持了报纸的完整性。

图纸及质量规范说明

1. 本书电路图中，因版面原因，部分计量单位未能标出全称，特在此统一说明。其中：p 全称为 pF；n 全称为 nF；μ 全称为 μF；k 全称为 kΩ；M 全称为 MΩ。

2. 本书文中的"英寸"为器件尺寸专业度量单位，不便换算成"厘米"。

3. 凡连载文章的作者署名，均在连载结束后的文尾处。

四川大学出版社

项目策划：梁　平
责任编辑：梁　平
责任校对：傅　奕
封面设计：王文果
责任印制：王　炜

图书在版编目（CIP）数据

2019年电子报合订本 / 《电子报》编辑部编．— 成都：四川大学出版社，2019.12
ISBN 978-7-5690-3292-5

Ⅰ．①2… Ⅱ．①电… Ⅲ．①电子技术－期刊 Ⅳ．①TN-55

中国版本图书馆CIP数据核字（2019）第289573号

书名　2019年电子报合订本
2019 NIAN DIANZIBAO HEDINGBEN

编　　者　《电子报》编辑部
出　　版　四川大学出版社
地　　址　成都市一环路南一段24号（610065）
发　　行　四川大学出版社
书　　号　ISBN 978-7-5690-3292-5
印前制作　成都完美科技有限责任公司
印　　刷　郫县犀浦印刷厂
成品尺寸　210mm×285mm
印　　张　46
字　　数　3654千字
版　　次　2019年12月第1版
印　　次　2019年12月第1次印刷
定　　价　69.00元

◆ 读者邮购本书，请与本社发行科联系。
电话：(028)85408408/(028)85401670/(028)86408023　邮政编码：610065
◆ 本社图书如有印装质量问题，请寄回出版社调换。
◆ 网址：http://press.scu.edu.cn

四川大学出版社
微信公众号

目　录

一、新闻言论类

在坚守和创新中寻求发展之道——2019年度《电子报》办报思想 …… 1
物联网:2018成最火关键词　2019将更加精彩 …… 31
数据中心进行数字化转型的2019年 …… 41
九洲集团向电子科技博物馆捐赠二次雷达系统等设备 …… 41
红狮PTV助力国内某知名制造企业实现不同生产线的可视化管理 …… 51
电子科技博物馆加入全国工业博物馆联盟 …… 51
搜罗2018年身边的"黑科技",笑看万物智联时代下的"新鲜事" …… 59
电子科技博物馆迎来首批港澳台地区藏品 …… 71
助力铺就5G之路　康普推出全新3.5　GHz天线 …… 71
如何利用实时可视化打造"智慧型企业"? …… 81
松下集团向电子科技博物馆捐赠九件藏品 …… 81
2019MWC:将5G终端概念推向新的高度 …… 91
电子科技博物馆又添防撞雷达设备藏品 …… 91
从"一切皆服务"到"数字融合",制造业如何在工业4.0中更好地生存? …… 111
万物互联时代离不开——IPv6 …… 111
康普连接解决方案为高铁站提升网络性能,助力"中国速度" …… 121
魅族M8——被微软总部收藏的中国第一部智能手机 …… 121
德生PL880\PL360分获2018年度全球最好的收音机第一名和第七名 …… 131
从磁带到互联网　索尼引领行业技术发展潮流 …… 151
发改委发布2019产业结构调整指导目录 …… 161
技术在仓储效率中扮演着何种角色? …… 171
2019年IPv6网络规模部署按下加速键 …… 171
电子科技博物馆迎来两件"有意思"的藏品 …… 179
占比34%,中国位居全球5G专利申请数量榜首 …… 181
北斗三号系统2020年全面建成,中国北斗有力地催生着各领域的自主创新 …… 211
迪士普影像历史博物馆正式对外开放 …… 211
网络运营商该如何为5G时代做好准备? …… 218
填平免费宽带"陷阱"还需多方给力 …… 231
4成90后用机器人做家务　天猫618智能家居暴增110% …… 241
解读影响未来布线需求的五大趋势 …… 265
被时代淘汰的小灵通 …… 268

二、维修技术类

1. 彩电维修技术

海尔液晶电视速修两例 …… 2
长虹、三洋液晶电视工厂模式进入及升级方式 …… 2
采用乐华安卓4核智能网络主板液晶彩电维修调整纪实 …… 12
长虹3D47790i液晶电视开机黑屏无声指示灯亮 …… 12
长虹FSPS35D-1MF电源深度解析(一)、(二)、(三)、(四)、(五)、(六) …… 22、32、42、52、62、72
康佳LED32E330C液晶电视三无 …… 72
一次长虹LED55C2000I电视的曲折维修 …… 72
海尔LU42K1液晶彩电电源板维修实例(上)、(下) …… 82、92
液晶彩电"马赛克"故障分析与维修(一)、(二)、(三) …… 92、102、112
LED彩电伴音功放电路STA333BW简介 …… 112
先锋LED43B550液晶电视图像不良 …… 122
创维液晶电视机黑屏有声 …… 122
彩电电源故障检修集锦 …… 122
速修彩电之体会(上)、(下)132、 …… 142
长虹液晶电视电源关键IC引脚功能及实测电压查询手册(一)、(二)、(三)、(四)、(五)、(六) …… 152、162、172、182、192、202
长虹HSU25D-1M型电源+LED背光驱动二合一板原理与检修(一)、(二)、(三) …… 202、212、222
液晶彩电电源板维修与代换探讨(一)、(二)2 …… 22、232
创维5800-A8M500-OP50主板故障检修实例(一)、(二) …… 242、252

2. 电脑、数码技术与应用

使用景深模式拍摄人像也有技巧 …… 13
提高Siri呼唤Watch的成功率 …… 43
七步完成桌面级3D打印机的安装与调试 …… 53
3D打印之C4D建模案例篇 …… 63
用好AirPods的另类功能 …… 63
借助杀毒软件免费使用一款户户通工具软件 …… 73
移除iOS设备的密码有讲究 …… 73
让iPhone的键盘底部更清爽一些 …… 93

iPhone双卡临时更换　副卡拨打电话的方法 …………… 103
巧妙制作两环重叠的圆环图 …………………………… 123
基于Android手机的定时开关 ………………………… 133
3D打印之Netfabb模型修复篇 ………………………… 143
解决iPhone Xs Max信号差的问题 …………………… 143
简单解决Watch无法　控制"米家"的问题 …………… 173
3D打印之3D扫描建模篇(一)、(二) ……………… 193、203
智能手机锂电池充电的正确方法 ……………………… 203
利用iPhone的备忘录完成文稿扫描 …………………… 203
如何在LSI 3 Ware 9750-8i下安装Windows Server 2016
(一)、(二) ……………………………………… 213、223
手工更改钥匙串中的密码信息 ………………………… 223
激活电信iPhone的VoLTE功能 ……………………… 223
3D打印之Cura模型切片篇 …………………………… 253

3. 电脑、数码维修与技术

爱华(AIWA)CR-D06MKII数字调谐FM收音机维修过程
实录 ……………………………………………………… 3
解决IPhone XS系列扬声器不发声的问题 ………………… 3
NEC LT35+投影仪自动关机故障检修一例 ……………… 13
给插卡收音机增加手动调台和其他实用功能 …………… 13
学修iPhone智能手机之体会 …………………………… 23
CLATRONIC MC691CD仿古钟控CD收音机CD故障维修
二例 …………………………………………………… 33
AOC 215LM00036显示器亮度异常检修一例 …………… 43
电脑无规律死机(含黑屏)自动重启故障十大原因 ……… 43
东芝KT-4252收放机维修实例 ………………………… 53
雅马哈家庭影院功放保护关机故障维修实例
(上)、(下) ……………………………………… 73、83
水星MW300R无线路由器不工作检修一例 …………… 93
Silver hi-tech DS 903无线功放使用心得 ……………… 93
库存Neon MC4000C CD机小修及简析 ……………… 103
戴尔LA65NS0-00型适配器电路剖析及故障检修
(上)、(下) …………………………………… 113、123
德生PL737收音机屏显异常检修一例 ………………… 123
长虹大金狮手机充电盒改装充电宝 …………………… 143
靓声的秘密——BOSE(博士)PLS-1310功放电路初探 …… 153
飞利浦32寸LED液晶显示器故障维修记 ……………… 163
有源低音炮"扑扑"破音的应急消除修理三例(一)、(二)
…………………………………………………… 173、183
金正EV-1201移动EDVD不开机维修一例 ……………… 193
快速判断12W充电器的真假 ………………………… 203
东方中原DB-D02电磁白板故障维修五例 ……………… 213
山灵PDS-1功放不开机检修一例 ……………………… 223
ASK C2250投影仪通病处理方法简介 ………………… 233
OTG线的几招妙用 …………………………………… 233
Newifi3无线路由器拆机清理及刷机 ………………… 243
巧修打印机五例 ……………………………………… 243

4. 综合家电维修技术

机械式万用表测量交流电压疑问释疑 ……………………… 4
金川MF47-8型万用表电阻挡故障维修1例 ………………… 4
台扇不启动故障检修1例 ……………………………… 14
欧姆龙人机接口显示器背光灯电路工作原理及故障检修 … 14
奔腾PFFE4005电饭煲开机报警维修1例 ……………… 24
飞科毛球修剪器不充电故障检修1例 ………………… 24
得悦无线根管治疗仪Im2维修指导——厂家售后谈维修 …… 24
3M KJ458F系列空气净化器电源电路分析与检修(上)、(下)
…………………………………………………… 34、44
奥普浴霸故障维修1例 ………………………………… 44
万家乐LJSQ27-16UF1型燃气快速热水器 ……………… 44
电动卷帘门控制器(YNT-09)故障检修2例 …………… 54
电磁炉换板招惹新问题的处理 ………………………… 54
典型厨房炊具故障检修3例 …………………………… 64
山特(SANTAK)C6KS不间断UPS电源不工作故障维修1例 … 64
永诺YN460闪光灯维修的曲折过程 …………………… 64
照明分控器故障原因分析和解决方法 ………………… 74
美的C19-SH1982电磁炉故障检修1例 ………………… 84
微波炉磁控管的检修方法与技巧 ……………………… 84
给电磁炉换了几个按键　开关后不能开机故障检修1例 … 84
美的PF602-60G电热水瓶电路剖析与故障检修
(上)、(下) …………………………………… 94、104
美的KYT25-15D电风扇故障检修2例 ………………… 104
美的FTS30-6AR台地两用电扇转停故障维修1例 ……… 114
贴片LED灯泡的不亮故障修复1例 …………………… 124
检修九阳电磁炉不通电故障1例 ……………………… 124
美的M3-L233C变频微波炉不加热故障维修1例 ……… 124
一款12W/LED吸顶灯电路故障维修1例 ……………… 134
半球电热水壶接触不良故障检修1例 ………………… 134
污水循环泵不能正常运行故障分析与检修 …………… 134
重视电源的检查可使　修理工作事半功倍 …………… 144
DIY移动硬盘电源线的　方法与技巧 ………………… 144
苏泊尔C20SO5T型电磁炉不工作故障检修1例 ……… 144
Panasonic Model No RF-2400单片调频调幅收音机电源
故障1例 ……………………………………………… 154
彩虹KTA25-8型电加热暖手袋　不加热故障检修1例 …… 154
草坪音箱常见故障的排除方法与技巧 ………………… 154
CD120电加热坐垫开机不工作故障检修1例 …………… 164
一起配电箱奇特跳闸故障的排除 ……………………… 164
外输泵电机不运行故障处理5例 ……………………… 164
奥普燃气灶频繁断火故障诊断和处理方法 …………… 174
虎牌电饭煲更换锂电池的方法与技巧 ………………… 174
万利达MC-2182型电磁炉显示E3故障维修1例 ……… 174
美的豆浆机典型电源板电路分析与故障检修(一)、(二)

……184、194
臭氧机工作异常故障检修1例……194
输送廊桶位置传感器误报故障的诊断与排除……194
DIER-32型卡式复读机故障检修1例……204
XH100数码电磁茶炉不工作、显示故障代码E1故障检修1例……204
三星WF—C863滚筒洗衣机不启动故障修理1例……204
美的C21-ST2106L型电磁炉故障检修1例……214
upsosc牌智能马桶的长流水故障检修1例……214
起动电机不能运转的故障排除……224
气动阀远控无法操作故障的检修……224
荣威XT-CL-01吸水式茶水壶不通电故障维修1例……234
“铁三角”牌可伸缩鹅颈话筒无声故障维修方法……234
电动车充电器电路板的“搬板”维修……244
惠普斯牌自动点火炉具不点火故障检修1例……244
自耦降压起动柜故障引起电动机直接起动的改进……244
方太侧立式抽油烟机排油烟效果的改进……246
动手做一只3.6V锂电池充电器……246
LED拼接大屏幕电源电路原理及故障检修(一)……254

三、电子文摘

用SMP解决系统电源问题……5
非标准电阻的设计实例电路……5
利用USB端口获取双轨电源的电路实例……15
一款同步降压型大电流LED驱动器LT3763……25
用SMP解决系统电源问题……25
图解AD18安装详细步骤(上)、(下)……35、45
组合两个8比特输出来制作一个16比特数模转换器……45
物联网中网络应用特征……55
给一个升压变换器增加额外输出……55
高精度厘米级UWB定位方案……65
物流系统智能高精度定位分拣方案……75
无线定位技术种种……85
电容器自诊断……85
LED驱动电源设计关联知识汇集(一)、(二)、(三)……95、105、115
机电继电器对MEMS开关的应用……125
运动感应安全灯电路……125
场效应管在开关电源设计中的应用……135
CCD与CMOS技术的比较(上)、(下)……145、155
传感器与人工智能和雾计算的融合……165
通过驱动高功率LED降低EMI……165
如何驯服企业通信服务……175
如何选择最适合您的采用策略的解决方案……175
使用无线电源实现无电池应用……185
反馈发生器避免了SMPS设计中光耦合器的使用……185
数据采集系统的原理与传感器……195
一款用运算放大器组成的电流检测电路……205
无人值守的无刷直流电机系统……205
电动汽车中的SiC开关——它们将主导动力传动系统吗？……215
高速电流反馈运算放大器的稳定性问题和解决方案(一)、(二)、(三)……225、235、245
基于CD4541B的硬件定时器电路的设计……245
介绍一个电流监控的简单实例……255
一款经济型LED应急灯……255

四、制作与开发类

1. 基础知识与职业技能

十大物联网通信接入技术优劣及应用场景……6
分时复用在8位数码管动态扫描中的应用……8
物流机器人技术趋势……16
工业机器人常用的传感器解析……16
物联网常见协议汇集(上)、(下)……26、36
预防汽车无线解锁的七种攻击方式……36
怀旧6晶体管牛入牛出小功率扩音机……46
煮蛋器的防反复烧煮改造……46
电子管5.1功放专用300瓦独立电源制作简介(上)、(下)……76、86
2019年人工智能行业25大趋势(上)、(下)……78、88
绕线式电动机启动电路的改进……86
汽车环境感光传感器作用及功能……88
CL1503性能优异的降压型恒流驱动芯片……96
用闲置第一代电饭锅做米酒……96
“一套三只电表法”测量异步电动机参数……98
启动电机不能运转的故障排除……98
用AD18画PCB的入门方法(上)、(下)……108、118
利用原有电接点压力表增加刨床工件的二次压紧……116
真石漆搅拌机的单片机控制电路和程序设计……126
简单易制的电子记分牌……136
基于TLV9061运算放大器设计的麦克风电路……136
浅谈317外围元件——电子小白成长感悟……138
一款8×2W推挽功率放大器的制作……146
静态电流仅2.5μA的超低辐射2A/3A型降压稳压器LT8609……148
改造Acc线解决汽车音响点火重启问题……156
台式电子秤改锂电供电……156
也谈1.5V升压9V代替叠层电池……156
一种新型碳化硅MOSFET功率器件的工作特性……158
基于MCP8024的三相BLDC控制……166
网络缺陷现场无线测试与检测……168

八例常用的电路设计技巧 …… 168
由双LT3094构建超低噪声LDO电源 …… 176
给通用MCU芯片嫁接低功耗蓝牙功能 …… 178
变压器耦合6V6推挽功率放大器的制作 …… 186
BQ79606A-Q1精密电池 监控器系统 …… 186
安装一套家庭需求的Wi-Fi网络 …… 188
USB-C高速EZ-PDTM CCG3PA控制器 …… 196
略谈新型太阳能电池技术及其模块转换效率（一）、（二） …… 206、216
简单易做的靓声胆前级 …… 226
简单易制的创意光波炉 …… 226
用亚博智能物联网模块实现远程控制LED …… 228
给万用表增加延时关机功能 …… 236
自制无人通信站综合监控报警器 …… 236
Altium Designer 19软件介绍及安装（一）、（二） …… 238、248
电器技改两项 …… 246
用电脑ATX电源改制成通讯13.8V电源的方法 …… 256
KEIL MDK应用技巧选汇（1） …… 256

2. 制作与开发类

“电子电路装调与应用”技能竞赛辅导探究 …… 7
“电子电路装调与应用”竞赛模拟试题解析（一）、（二） …… 7、17
电梯指定楼层刷卡系统增加用户卡新方法——控制箱外部加卡 …… 18
单片机系列1：流水灯设计 …… 27
单片机系列2：数码管显示设计 …… 37
单片机系列3：独立式按键控制设计 …… 47
用单片机控制几台三相异步电动机顺序启停电路（上）、（下） …… 56、66
单片机系列4：矩阵式键盘控制设计 …… 57
双控开关间双线变单线的改进方法 …… 67
也谈提高单片机按键软件可靠性的方法 …… 68
巧改光立方 …… 68
传感器实训四用电路板 …… 67
小型仿生机器人的四种常用驱动系统 …… 67
单片机系列5：直流电动机控制设计（上）、（下） …… 77、87
单片机系列6：步进电机控制设计（上）、（下） …… 87、97
用单片机进行2台机组互为备用的液位控制电路（上）、（下） …… 106、116
单片机系列7：中断控制设计 …… 107
对《单片机系列3》修改建议的商榷 …… 127
对《单片机系列3》示例一的修改建议 …… 127
基于单片机的自动浇花系统的设计与制作 …… 137
传感器系列1：传感器基础及应用实例 …… 147
传感器系列2：温度传感器及应用电路 …… 157
传感器系列3：光电传感器及应用电路 …… 167
传感器系列4：霍尔传感器及应用电路 …… 177
仿生机器人视觉传感器简析（1）（2） …… 167、177
传感器系列5：湿度传感器及应用电路 …… 187
用单片机控制频敏变阻器启动电动机的方法 …… 196
传感器系列6：气敏传感器及应用电路 …… 197
传感器系列7：超声波传感器及应用电路 …… 207
传感器系列8：红外线传感器及应用电路 …… 217
文氏振荡器中二极管的稳幅机理和改善失真的方法 …… 227
110kV及以下供配电系统知识点及真题解答（上）、（中） …… 237、247

3. 题库类

注册电气工程师备考复习——电气传动及18年真题（上）、（中）（下） …… 18、28、38
TINA-IN软件的模拟电路仿真应用实例（上）、（下） …… 48、58
注册电气工程师建筑智能化知识点及解答提示（上）、（下） …… 117、127
注册电气工程师备考复习——照明知识点及18年真题（一）、（二）、（三） …… 118、128、138
注册电气工程师备考复习——环境保护与节能及真题（一）、（二） …… 198、208
常用运算放大器电路图（上）、（下） …… 208、218

五、卫星与广播电视技术类

应急广播系统技术规范解读 …… 9
户户通E04和E11两种故障的解决方法 …… 19
佳视通81A型切换开关故障的检修 …… 19
通达TDR-6000S型DVB机电源故障检修一例 …… 19
新大陆NL-5103型数字有线电视机顶盒故障分析检修五例 …… 29
巧增电路修复新大陆NL91-02双模接收机 …… 39
广电融媒技术与深入群众发展分析 …… 39
信息交互与传输的交换机维护浅谈 …… 39
2019年物联网6大发展趋势 …… 59
XLR音频接口 …… 69
“中星2D”卫星成功发射提供广播电视及宽带多媒体等传输任务 …… 69
智慧广电的“超强”技术（上）、（下） …… 79、89
移动互联网时代下的广电之路 …… 89
电气线缆颜色与安全标识的识别 …… 99
5G新媒体平台逐渐普及应用 …… 99
斯威克SAP-2000型天线控制器故障检修1例 …… 109
公共广播发展与应用 …… 119
一种随电视机同步开关的机顶盒节能插座 …… 119
D520寻星仪电池不开机维修一例 …… 129
CCBN2019新品发布 展示科技硬核 …… 129
杜百川深度解读广电和5G关系 …… 159

广播传输中数字设备不能修正情况及应对措施 …… 159
手机中NFC的最实用的6大功能 …… 179
声波传输中的平衡信号与非平衡信号 …… 189
通兴OLT1550-2x7光发射机检修实例(一)、(二) …… 189、199
电视发射机自动功率控制电路的设计安装 …… 199
SH-500HD寻星仪屏显异常维修一例 …… 209
浅谈电视发射机10MHz基准频率的开发利用 …… 209
处处通接收机无法收到右旋节目的另类原因 …… 219
HARRIS激励器末级功放工作原理 …… 219
短音频在物联网时代的新应用 …… 229
IP传输技术在8K节目制作中的运用和发展 …… 229
光纤收发器的六个指示灯及对应故障对策 …… 239
自己动手组装数字转盘(一)、(二) …… 239、249

六、视听技术类

1. 音响实用技术类

Kii Three——一款有源书架音箱 …… 10
一套实用、平价HIFI数字影K系统(一)、(二) …… 40、50
采用模块打造前卫的音频解码器方案 …… 60
一款无线耳机——金河田X18 …… 70
TECSUN德生实现普及音响之梦 …… 100
废旧元器件再利用,组装数码卡拉OK合并式功放 …… 110
一套书房、卧室用组合音响——TEAC TC-538D …… 120
两款百度智能语音产品 …… 120
两套实用的商业娱乐用音响系统方案(一)、(二)、(三)、(四)、(五) …… 130、140、200、210、220
车载音响日常保养及故障排除 …… 150
颜值与天籁共存的轻奢魅品(上)、(下) …… 160、170
如何解决KTV音响系统中的致命性及日常性故障 …… 180
把黑胶唱片做成蓝牙音箱 …… 190
一套实用的高保真DSP分频的2.1音响系统方案(一)、(二) …… 220、230
调音台功能简介及使用技巧 …… 230
凯音HA-300电子管耳放简介 …… 240
音响系统施工技术(一)、(二) …… 250、260
平板振膜耳机Hifiman Ananda简介 …… 260

2. 视觉产品技术类

两种微投推荐 …… 10
从"24帧"谈影片的拍摄帧数与视觉 …… 20
超小型AV272录制盒 …… 30
海缔力高端4K蓝光Hi-Fi旗舰播放器P30Pro …… 30
小议杜比视界和杜比全景声 …… 70
平价大屏幕200寸 …… 80
为VR而生的360°摄像机——Insta360 Titan …… 90
AV272录制使用体验 …… 110
OLED制造难点 …… 150
HD60高清录像机——能录能放又能看 …… 180
LCD屏幕技术发展简介 …… 190
腾讯极光快投 …… 230

七、专题类

1. 创新及技术类

钎焊——Intel的无奈之举 …… 11
家用WiFi与企业WiFi的区别 …… 49
如何看主板几相供电 …… 61
不服输！希捷推出16TBHDD …… 71
再用两三年 …… 90
如何根据电机选择电动自行车 …… 101
第二代记忆棒 …… 139
笔记本光驱改硬盘 …… 141
三星自家的处理器Exynos系列 …… 151
老年智能陪伴式机器人 …… 181
骁龙6(7)系发展史 …… 191
华为超级蓝牙 …… 251
5G战场之调制器芯片 …… 258
小议华为方舟编译器 …… 261
人工智能计算棒AI加速器 …… 261
解读华为P30(pro)摄像模组 …… 266
"光线追踪"杂谈(一)、(二) …… 267、268

2. 消费及实用类

骁龙850笔记本 …… 161
安装空调前请先抽真空 …… 191
游戏显卡与专业显卡 …… 211
方便实用的Windows To Go …… 221
当心MX250残血版 …… 241
从尾号看主板命名 …… 251
巧用微信设置 …… 259
小机箱也能用上光线追踪 …… 259
夏日驱蚊别烦恼 …… 259
勒索病毒免费查询 …… 261
折叠屏时代,柔性OLED产业链迎来新风口 …… 262
毕业论文格式检测机器人 …… 262
为孩子选购一款合适的台灯 …… 263
网站打不开怎么回事 …… 263
灭蚊产品知一二 …… 264
畅选智能一体化投票箱 …… 265
正确选购内存 …… 266

附　录

创维8S16机芯液晶电视主板电路分析与维修 …… 269

液晶彩电电源板维修与代换技巧 …… 277

平板电视常用DC-DC电源变换IC集锦 …… 286

TCL各机芯屏参及物件对照表 …… 303

50款常见液晶屏维修"TAB飞线点位"图解总汇 …… 324

海信RSAG7.820.5536型电源二合一电路分析与维修 …… 330

海信RSAG7.820.5838主板的逻辑板分析与检修 …… 334

LG滚筒洗衣机出现"TE"故障代码检修方法 …… 339

LG滚筒洗衣机出现"DE"故障代码维修指导 …… 342

美的IH系列电饭煲电路分析与故障检修 345

智能可编程中央控制系统应用与编程 …… 356

2019年1月6日出版　实用性　启发性　资料性　信息性

第1期　国内统一刊号:CN51-0091　定价:1.50元　邮局订阅代号:61-75

地址:(610041)成都市天府大道北段1480号德商国际A座1801　网址:http://www.netdzb.com

(总第1990期)　让每篇文章都对读者有用

邮局订阅代号:61-75　国内统一刊号:CN51-0091

微信订阅**纸质版**

请直接扫描

邮政二维码

每份1.50元 全年定价78元

四开十二版 每周日出版

扫描添加**电子报微信号**

或在微信订阅号里搜索“电子报”

在坚守和创新中寻求发展之道

——2019年度《电子报》办报思想

你好！2019！你好！亲爱的读者们！

每年的辞旧迎新之际都特别适合用来告别和怀念！众所周知,近年来蓬勃发展的互联网技术改变了传媒生态,于是在这种新闻的呈现方式和阅读方法在变的时代转换与衔接中,也必然推动着传统媒体进行思维转变。我们,亦是如此。作为一家有着41年历史的资深专业媒体,在喟叹那段已经逝去的鼎盛芳华岁月之余,我们没有规避来自时代的挑战,我们也正在探索和寻求改变,而且肯定地说我们还将继续变。然,千变万变,我们办刊的初心不变,对读者的关爱和牵挂不变。

一直以来,敏感地捕捉、真实地记录、有效地传播,用自己的方式引导舆论、影响社会、推动进步是我们作为媒体的使命。在刚刚过去的2018年,我们见证了在波动中维持平稳增长的电子信息业,见证了在复杂多变的全球经济贸易和持续推进的国内供给侧结构性改革形势下,我国电子信息产业在新兴领域依旧获得持续升温和创新发展,其中5G、人工智能、物联网、大数据、区块链等都取得了实质性成果。

“明者因时而变,知者随事而制”,2018年,我们也行走在改变的路上,我们树立了“不拼海量拼质量”的理念,毫不犹豫地将信息的量让渡给网络媒体,把报纸版面从16个版调整压缩为了12个版,在内容上努力进一步落实“贴近实际、贴近生活、贴近读者”的原则,让文章更“专业”更“贴近”。同时“瘦身”过后的《电子报》也在直面媒体融合发展,完善新媒体平台;提升服务水平,创新经营理念的路上上下求索着……或许,我们的工作还不能令你满意,但是,我们的确在努力。

回望2018,我们深知这一年或大或小的改变仅仅是一个初步的布局而已。而面对已悄然而至的2019年,我们依然有坚持亦有创新。

2019年,我们继续坚持办刊目的(读者需要什么我们生产什么)与宗旨(坚持实用性、启发性、资料性、信息性)不变;继续在内容上坚持为读者整合行业内的最新资讯、提供最急需最实用的维修资料、分享具有实用价值的产品开发和创新设计、探讨技术革新和先进案例等;继续坚持通过“纸刊、电子版、网站、微信”四大定向维度,精准锁定受众群体,为我们的读者带来线上线下的阅读体验。

2019年,为了让我们的宣传和服务更契合时代的脉搏,细心的读者还会发现,我们的版面也有小小的改变,而这些变化的背后都传递出“读者所需要的就是我们所关注的”这样一种愿望和追求。

——职业教育是教育的重要组成部分,职业院校是培养大国工匠的摇篮。2019年,《电子报》“职业教育”版将由原来的1个版增加为2个版,该版内容涵盖对电子类教学方法方面的独到见解、新兴教学技术的应用、结合应用实例的电类基础知识、职教学生新颖实用的电子小制作或毕业设计成果、电类技能竞赛的试题、模拟试题及解题思路、指导老师培养选手的经验、获奖选手的成长心得和建议等。

——为了推动“双创”升级,给中小企业创新和创业者打造舞台,帮助他们发展和走出去,本着“新时代、新思维、新做法”的创新精神,本报将不定期推出“双创”栏目,如果您的企业刚刚起步,如果你有新产品、新技术、新服务推出,这里将是您展示的舞台,也是与用户密切沟通的平台。

——在国家高度重视科学普及的大背景下,“人工智能”“云计算”“无人机”等科技语汇逐渐走进国民视野,成为科学普及与科技创新“两翼齐飞”的有力引擎。为此,2019年,本报将于适当时机不定期推出“科普”栏目,该栏目聚焦科技核心、力载科普重任,用青少年易于接受的方式,让科学精神与科学素养在他们心里潜移默化、生根发芽,从而使“科普”栏目所承载的社会价值与深刻意义实现传播最大化。

——我们深知,要办好电子报,离不开读者的关爱与支持。2019年,为了欢迎大家踊跃投稿,我们将把累积到一定活跃度和讨论的作者升级为我们的特约专栏作家,特约专栏作者享有专家礼遇和报酬！同时将准备聘请知名人士担任报纸的顾问或栏目主持人,定期或定主题请其帮助出谋划策,广泛吸纳社会智慧,以提升版面品位与质量。

抚今追昔,感慨万千！在此我们还要真诚地感谢读者的理解与宽容,感谢你们陪编辑部一路走来,让我们顺利完成了2018年每期12版全年52期的出版任务,可以想象如果没有读者们的支持,我们的报纸该是怎样的单薄和贫瘠？我们也知道自身的工作在很多方面还不能让读者真正满意,所以我们时常欣慰身边有着你们这样一群可亲可爱的读者,你们这种不离不弃的深情与厚爱,同样也丰富着我们对《电子报》存在意义的认知,鼓励我们在坚守和创新中,探寻它的生存和发展之道。

前瞻未来,我们期望社会各界特别是广大读者对我们的工作继续给予帮助;我们期待,我们这个平台里有更多的热心作者秉笔不倦,为办好电子报出谋划策等。我们始终坚信,在这巨变频仍的时代里,不是因为有了希望才坚持,而是因为坚持才有了希望！

“岁月不居,时节如流。”崭新的2019年已经到来,有机遇也有挑战,又一个365天等待我们去一起拼搏、一起奋斗。向着梦想出发,对未来再踏出一步,我们一起奔跑吧！

2019年版面具体设置如下:

一版:新闻言论版将及时捕捉产业新闻,重点报道业内热点新闻事件,评析业内热点事件、焦点问题,速递技术动态、产品创新、厂商活动、会展信息等,用舆论推动行业持续健康发展。

二版:行业前沿版着重刊发行业具有超前性、独到见解、预见性的综述或探讨新技术与新应用的资讯文章,帮助读者了解国际国内行业现状和发展趋势。

三版:彩电维修版是一个开放的平台,一个交流的平台。该版需要您记录下您每次维修电视机的成功案例,把您学到的知识,维修的经验发到此处与大家分享。只要内容是真实的、原创的、与时俱进的文章,我们将用最快的速度给您发表。

四版:数码园地版今年的选题仍然以数码产品维修为主(如手机、音视频播放器、投影机、摄像机、监控摄像头、电脑、路由器、交换机、单反相机、蓝光DVD以及多媒体教学设备等产品的维修),数码产品及软件使用技巧、心得类稿件为辅(如新产品特点介绍、升级改造等)。

五版:综合维修版是介绍各种电器维修技能的版面,这里囊括了除彩电之外的所有电子电工领域电器设备的维修知识。

六版:电子文摘版主要是翻译国外的一些先进技术、先进应用设计电路等,2019年,本版将面向国外开源技术为主,同时,继续在创新创业的大环境下,为互联网+时代的智能硬件创业做一些国际电子文摘交流。欢迎读者作者提出新颖选题,造福国内电子爱好者。

七版:制作与开发版2019年将顺应时代技术发展需求,开展“电子技术+”方面选题,为电子技术的制作、电子产品开发其“互联网+”功能做技术参考。

八-九版:职教与技能版2019年将结合创新职业教育的案例、创新方法,以电子技术专业群中的应用等为重点,加强技能与初学知识栏目和选题,培育新时代、互联网+产业需求的高端人才。

十版:广电卫视版将努力为读者提供新技术应用下的卫视接收技巧、卫视接收机维修、有线传输技术、广播电视发射设备维修等多方面卫视广播相关的技术文章,同时在上述方面更加注重选题和文章可读性。

十一版:消费电子版是从专业的角度提供消费电子产品、消费电子应用领域前沿新闻动态及各种消费电子应用实例和解决方案;发布消费电子产品市场分析及消费器材使用报告;介绍消费电子行业发展趋势热点及时尚电子生活方式。

十二版:影音技术版主要介绍家用AV、HiFi技术应用与最新产品,充分满足音、视频发烧友与广大用户的需求;重点介绍顺应电子科技发展潮流,与生活相关的视听、时尚、新潮电子消费产品的最新信息和消费指南,在保证原视听专版优势内容的基础上,使其更具时尚感和可读性。

《电子报》编辑部

长虹、三洋液晶电视工厂模式进入及升级方式

本表罗列了近年来由惠科公司生产的长虹、三洋液晶电视工厂模式进入及升级方式汇总，对于维修人员会起到很好的帮助和参考。以下机型的工厂模式进入方式均为：

在TV开机状态下，按遥控"菜单"键进入主菜单界面，再依次按遥控数字键"1、1、4、7"（每按一次数字键电视机LED指示灯会闪一次）进入工厂菜单。

例1：机型：32CE531、32CE561，板卡：TP.VST59S.P79；42CE570D，板卡：TP.VST69S.P8248 CE5110、55CE5110，板卡：M182XT01.S128.005(TSUMV69XDT)

升级方式：

第1步：确认升级软件BIN文件与机型、屏型号相对应；

第2步：把该二进制的BIN文件拷贝到U盘的根目录下；

第3步：重新命名此文件的名称为"bin_v59s.bin"；

第4步：把盘插到本机的USB端口；

第5步：将本机断电后待指示灯熄灭重新上电即可进入升级，升级完后电视自动开机表示升级结束。

例2：机型：32CE5100，板卡：TP.VST69D.PB818；32CE5130、40CE5100、42CE5100，板卡：TP.VST69D.PB83

40CE561D 板卡：TP.VST69S.P79；40CE5100，板卡：CV69SH-A42

升级方式：

第1步：确认升级软件BIN文件与机型、屏型号相对应；

第2步：把该二进制的BIN文件拷贝到U盘的根目录下；

第3步：重新命名此文件的名称为"BIN_V69S.bin"；

第4步：把盘插到本机的USB端口；

第5步：将本机断电后待指示灯熄灭重新上电即可进入升级，升级完后电视自动开机表示升级结束。

例3：机型：32CE5130，板卡：TP.VST69T:PB706

升级方式：

第1步：确认升级软件BIN文件与机型、屏型号相对应；

第2步：将升级软件解压后拷贝到U盘根目录下，确认文件名为"BIN_V69T.bin"；

第3步：将U盘插到本机的USB端口；

第4步：将本机断电后待指示灯熄灭重新上电即可进入升级，升级完后电视自动开机表示升级结束。

例4：机型：39CE5210H2、42CE5210H2、49CE5810H3，板卡：TP.HV510.PB751；55CE5810D、55CE5620H3，板卡：TP.HV510.PC821

升级方式：

第1步：把解压后 allupgrade_v510_1G_max64.bin；allupgrade_v600_MD5.txt；auto_manifest.xml（3个）文件拷贝到U盘的根目录下；

第2步：把盘插到本机的 USB 端口；

第3步：将本机断电后待指示灯熄灭重新上电即可进入升级，升级完后电视自动开机表示升级结束。

注意：升级文件名为MAX64，升级后务必进行工厂复位。

例5：机型：32CE5220H2，板卡：TP.HV320.PB818

升级方式：

第1步：把allupgrade_[illegible]00_MD5/allupgrade_v320_512M_49.bin/auto_manifest[illegible]3个文件解压并拷贝到U盘的根目下；

第2步：把盘插到本机的 USB 端口；

第3步：将本机断电后待指示灯熄灭重新上电即可进入升级，升级完后电视自动开机表示升级结束。

注意：升级文件名为MAX64。

例6：机型：40CE5126，板卡：MSD6I880YU-ST

升级方式：

第1步：将软件MS880_USB.bin拷贝到U盘根目录；

第2步：关机状态下，将U盘插入到电视的USB接口；

第3步：通电电视将自动升级。

注意：升级过程中不能断电，不能拔U盘，否则会造成升级失败，不能开机的问题。

例7：机型：48CE5120R1，板卡：RTD2984；50CE5126，板卡：RTD2644

升级方式：

第1步：将"install.ing"文件拷贝到U盘根目录下。

第2步：在AC关机时插入U盘，按住按键板上的"菜单"键后AC上电，看见指示灯红绿闪烁后松开，此时系统正在升级，完成后会自动重启。

例8：机型：50CE5129H1、55CE5129H1，板卡：JRY3751D(HI3751LRBCV700

升级方式：

第1步：把软件名为update.zip拷入U盘根目录中，插入电视的USB接口；

第2步：将电视设定到待机状态（观察指示灯为红色）；

第3步：按住面板POWER键，亮绿灯后，继续按住POWER键，直到指示灯闪烁为止，表示已经进入升级状态；

第4步：松下POWER键等待中，指示灯交替闪烁结束，表示升级完成，系统会自动重启。

例9：55CE5810D、55CE5620H3，板卡：TP.HV510.PC821

升级方式：

第1步：将文件中的：allupgrade_v510_1G_max64.bin、allupgrade_v600_MD5.txt、auto_manifest.xml 这3个文件放在U盘的根目录下；

第2步：待机时插入U盘，遥控开机，机器会自动进入升级模式，升级过程中请不要断电。

第3步：升级完成后，如果进行了烤机模式，长按待机键或者菜单键5秒，然后再交流断电重启。

注意：升级文件名为MAX64，升级后务必进行工厂复位。

◇周　强

海尔液晶电视速修两例

例1：海尔LS48H310G开机机内有噼啪放电声

由于机主描述机内有放电声，因此直接拆开机，目测主板无明显异常。当拆下板号为TV5502-ZC02-01的电源板时发现标号C202电容已烧坏，如图1所示。查图纸得知该电容是136V背光LED+供电滤波电容。用二极管挡测量C202两端阻值较低，用烙铁焊下电容并将PCB板用刀片刮干净，复测阻值恢复正常。因耐压较高，笔者将此电容换成耐压更高一点的同容量电容，直接通电试机正常，故障完全排除。

例2：海尔LE42A700P刚开始是收看一会儿全屏竖线，后来通电待机指示灯亮一下即熄灭，整机无任何反应

由于机主描述全屏竖线，笔者怀疑屏供电有问题，而且后来连待机指示灯都不亮，估计12V屏供电那一路有元件短路。拆开机器检查逻辑板没有发现短路点。将主板供电插头从电源板上拔下，单独给电源板通电发现+5VS和12V均正常（注：12V可在整流管输出端测量，此处是不受主板信号控制），就在笔者怀疑电源板带负载能力变差时，无意发现主板电源插头有松动现象，如图2所示。抱着试试看的态度将插头拔下再插上，没想到通电试机正常，长时间观看也正常，估计是温度高导致塑料件膨胀从而产生接触不良的故障。

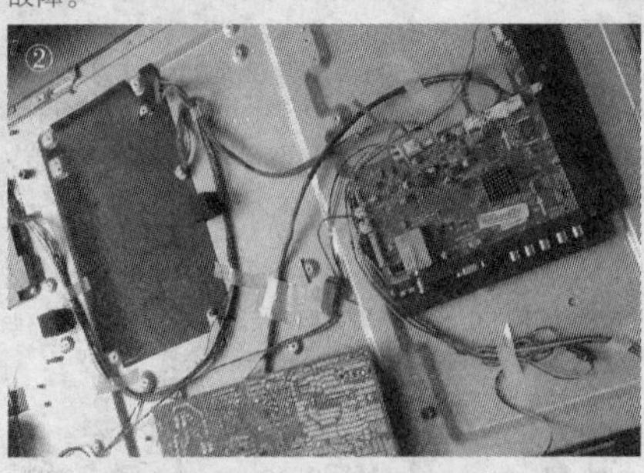

◇安徽　晓军

编者按

改革开放40年中国人民在中国的大地上画了一幅宏大的画卷，处处生机盎然，闪发着光芒。深刻影响着每一个中国人，改变了亿万中国人的命运。《电子报》也因您而诞生，一路在困难中成长，在成长中克服困难。多年来一直秉承"科普"、"实用"为宗旨的宣传理念，让无数的国人了解了电子知识，激发了个人爱好，增强了本领，也为中国的电子行业尽了一份绵薄之力。

电视机日新月异，屏幕不断地变大，功能在不断地增加，画质也越来越清晰。但是不论电视机怎么变，它始终是由多种电子元器件构成，离不开集成电路、电容、电阻等。只要您掌握了电子基础知识和维修技术，善于总结，勤于交流，依旧可以轻松应对并快速处理电视机的相关问题。

《电视机维修版》就是一个开放的平台，一个交流的平台。只有相互学习，勤于交流的人进步才快，知识才广，视野会更开阔。只要您有心学习，只要您用心专研，快拿起您的笔去记录下您每次维修电视机的成功案例，把您学到的知识，维修的经验发到此处与大家分享。只要内容是真实的、原创的、与时俱进的文章，我们将用最快的速度给您发表。当然我们在此坚决杜绝抄袭，尊重智慧财富。

再见2018！期待2019您参与其中，与您携手共进！

开栏语

转眼之间，2018悄然离去，2019已经到来。

首先给各位读者、作者及《电子报》全体工作人员道一声：辛苦了！顺祝大家在新的一年里工作顺心、万事如意！

本栏今年的选题仍然以数码产品维修为主（如手机、音视频播放器、投影机、摄像机、监控摄像头、电脑、路由器、交换机、单反相机、蓝光DVD以及多媒体教学设备等产品的维修），数码产品及软件使用技巧、心得类稿件为辅（如新产品特点介绍、升级改造等）。

欢迎广大作者朋友踊跃投稿！

◇本版编辑

爱华(AIWA)CR-D06MKII 数字调谐FM收音机维修过程实录

该机采用一节5号电池供电，具有数字调谐、DSL重低音功能。装入电池，按开机键，液晶屏能显示频率，按选台键，频率能变化，但是耳机中一直没有声音。

拆开机器检查，产生14V调谐电压的升压电路TA2018FN的外接电感线圈好像被动过，试机测量线圈其4个脚已经开路，估计已经损坏。由于机器没有声音，估计是CPU芯片TC9316-046没有检测到FM本振信号而发出静噪控制信号。而FM本振信号要落在88MHz~108MHz(+10.7MHz)范围里，就必须要有调谐电压。于是在TA2018FN的②脚电压输出端与地之间外接12V电源来提供调谐电压，再试机，耳机中传出FM沙沙的噪音，收本地台时也有了不太清晰的节目声音。

由于重新绕制TA2018FN原配电感线圈十分困难：一是不知道线圈里面各个抽头的同名端，二是不知道各个抽头的匝数比。因此，准备用其他升压电路来代替TA2018FN升压电路。上淘宝搜索升压模块，看到MT3608的升压模块电路简单，价格也便宜，于是买了该模块，同时还买了MT3608芯片和配用的22uH功率电感等元器件。

等元件送到，准备再开机试验时发现机器突然不能开机了。机器的液晶屏能显示时间，按时间设定键也能调时间，但是按开机键机器没有反应无法收音。检查电池1.5V电压正常，测量开机键也没坏。由于时间显示正常，芯片供电、时钟、复位应该正常。仔细分析电路图发现，电路中还有个S8051ANB芯片，电路中该芯片②脚检测1.5V电压高低，①脚输出控制电压，控制三极管Q10的导通或截止，使得TC9316-046芯片的㉖脚K3和㉗脚T10接通或断开。据电路图标注S8051ANB芯片的①脚在开机状态是输出0.4V低电平，实际测量该脚是1.5V高电平，怀疑该芯片损坏使得①脚为高电平，造成Q10不能导通以及TC9316-046芯片的K3和T10无法接通。于是将S8051ANB芯片的①脚接地试验，机器还是不能开机。直接把Q10的CE极短接，仍旧不能开机，只能将元件恢复原样。

仔细查阅S8051ANB芯片的资料才知道，该芯片只有在②脚检测端低于1V电压时，①脚才拉低为0.4V低电平，使得三极管Q10的CE极导通及TC9316-046芯片的K3和T10接通，然后TC9316-046芯片的㉛脚电源控制脚输出低电平保护关机。看来被电路图的错误标注误导了，以致在上述电路浪费了很多时间检测试验。

TC9316-046芯片的㉛脚是电源控制信号输出端子，开机时该脚输出2.7V高电平。在S8051ANB芯片①脚为正常高电平的情况下按开机键，TC9316-046芯片的㉛脚始终没有高电平输出。检测方向应该还在开机信号输入电路，按开机键S6的时候，高电平经过C67、R58微分电路给三极管Q14(RN1311)的B极加高电平触发信号，使得Q14的CE极短暂饱和导通，控制三极管Q12的CE极短暂导通，然后使得TC9316-046芯片的㉒脚K0和㉗脚T0短暂接通而开机。测量三极管Q12正常，R51正常。Q14（RN1311）是内部带电阻的三极管，无法判断是否故障，用导线将Q14的CE极短暂接通触发，机器能正常开机了。看来是Q14 RN1311这个带阻三极管有故障，在微电流低功耗的情况下这个管子竟然也会损坏。用一个10kΩ的电阻和S8050贴片三极管代替RN1311焊到电路板上（电路如图1所示），机器能正常开机了。

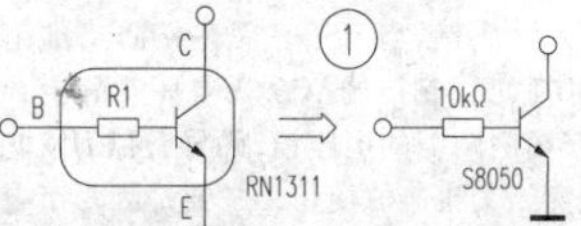

接下来就把买到的MT3608的升压模块装到机器里，但是线路板太大，无法放到这个小收音机里。那就先连线实验，由于MT3608的输入电压在2V~24V之间，直接用1.5V供电肯定不行，好在该机有RH5R1301B升压电路把1.5V升压为3V给TC9316-046芯片供电。由于给变容二极管供电的电路功耗不大，于是把MT3608升压模块的电压输入端接在RH5R1301B输出端滤波电容C79两端（如图2所示），原来TA2018FN输出电压是14V，于是微调升压模块的可变电阻，将模块输出电压调到14V，再将升压模块电压输出端接在原来TA2018FN输出端滤波电容C58端（TA2018FN可拆除或断开其输出端与电路的连接）。然后试机，电路的电磁兼容很好，在FM频段无干扰，只有手摸升压电感时，耳机中会有一些杂音，相信用锡箔或铝箔把电路包裹屏蔽后就会没有此现象。

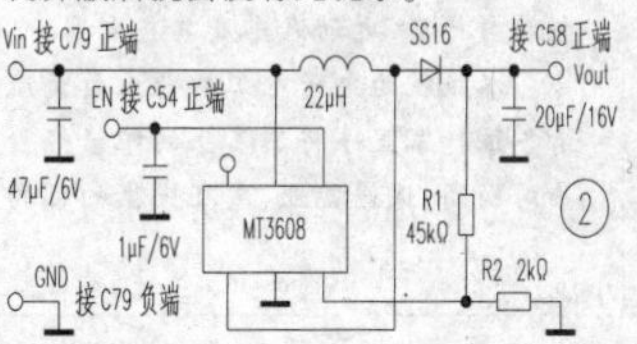

为了把升压电路装到小收音机里，就必须要把电路小型化。笔者用搭棚焊接的办法把电路组装，实物照片如图3所示，比原来模块小了不少，已经能放到收音机里。由于要小型化，功率电感用了更小功率更小体积的带屏蔽罩的（给变容二极管供电的电路功耗不大，属于毫安级别一下，完全够用），大体积的可变电阻也用用贴片固定电阻代替，滤波电容均用耐压高于实际电压的贴片电容。原来模块中MT3608的④脚升压开关控制端与⑤脚供电输入端相连，这样只要有供电，电路就升压。但是，收音机的RH5R1301B升压电路在关机时也给TC9316-046芯片供电，以显示时间。为了在收音机关机时MT3608不升压，节省电能，把MT3608的④脚升压开关控制端与原来TA2018FN供电输入端滤波电容C54正端相连，这样关机时由于C54两端无1.5V电压，MT3608不升压；开机时由于C54两端有1.5V电压，MT3608升压工作。为了整个电路没有辐射干扰收音机电路，电路用铝箔（可用香烟纸代替）包裹，并在铝箔外部绕上铜丝并接地（如图4所示）。

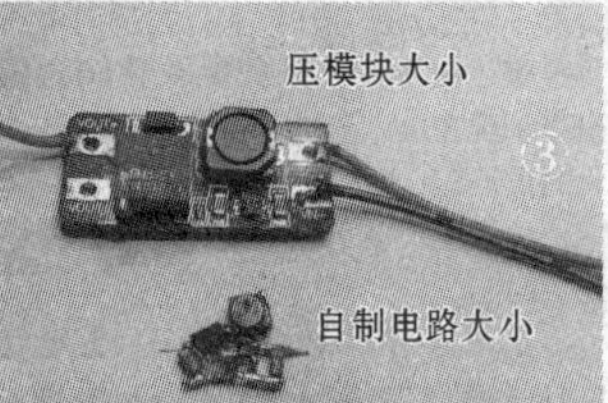

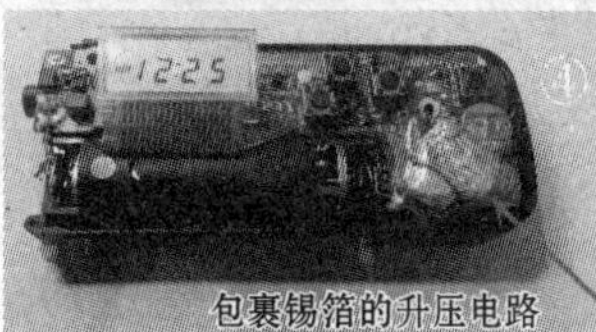

包裹锡箔的升压电路

接通电源，电路输出14V正常，但是，电路干扰太大，整个FM频段都有杂音。只好拆开检查，首先怀疑滤波电容不良，换了更大的电容，但是无效；又怀疑接地点不正确，将接地点改在电池负端也无改善，更换MT3608仍旧无效。最后看到升压电感的印字是2R2，这应该是2.2μH啊，原来是卖家发错了，将2.2μH电感当作22μH电感发货。将2.2μH换为22μH（印字220）电感后接好电路试机，干扰一点也没有了，输出电压也正常，和买的成品升压模块的效果一样。因为卖家的误发货，浪费了很多时间在检测升压电路上。为此查阅了MT3608的资料，原来MT3608的升压电感适用范围在4.7μH~22μH，用了过小的2.2μH电感，电路虽能勉强工作，但是纹波过大，导致辐射干扰那么大，所以读者在应用MT3608时要注意升压电感的大小范围。

试听收音机，只能收到本地台节目，远地台收不到，而且本地台的节目也不清楚。查看FM的IFT中频变压器好像调过，上面的封漆也掉了一些。于是重新调整该中周，电台节目能变清楚些，再微调该中周，想不到中周的磁芯断了，线圈引线也跟着断了。于是只得拆下中周，想重新接好原线圈，但是线圈断开的线头找不到，由于有胶水，线圈根本拆不下，无法数清线圈匝数，只能把线圈都用刀割了下，按照网上TA7371AF的资料重新绕了中周初级次级线圈，再把磁芯用胶水黏在支架上，装到机器上试听，本地台的节目不很清楚。于是再次微调中周，这次有改善；但是想再次微调的时候，磁芯帽居然碎了，这下中周算是彻底报废了。查看了不少收音机电路图，FM中频信号通道有的机器用变压器中周，有的机器不用变压器中周，用的是陶瓷中周。本机的TA7371AF的⑥脚输出10.7MHz中频信号，该脚通过ITF变压器中周初级线圈与正电源相连，ITF变压器中周初级线圈是TA7371AF的⑥脚内部三极管C极的负载，同时正电源也通过中周初级线圈给⑥脚内部三极管的C极供电。所以如单单给⑥脚接陶瓷滤波器，由于⑥脚内部的三极管C极没有供电，所以⑥脚会无中频信号输出。查阅TA7371AF的资料，发现资料中有测试电路图，该电路图中芯片⑥脚不是接变压器中周，而是对正电源接200Ω作为负载。我们知道，高中频电路的输入输出阻抗一般是75Ω或300Ω。所以，笔者用一个220Ω电阻和一个10.7MHz陶瓷中周接入电路代替原来变压器中周（如图5所示）。220Ω电阻不但可作为⑥脚内部的三极管C极的负载，同时也给⑥脚内部的三极管C极供电，10.7MHz陶瓷中周则起到变压器中周一样的中频选频作用，而且比变压器中周有更好的选择性。但是陶瓷中周比变压器中周有更大的插入损耗，大约有6dB，所以把中频预中放Q1的B极偏置电阻R12由100kΩ改为50kΩ，增大Q1的增益，以弥补陶瓷中周对中频信号的损耗。实际试听，本地台声音很理想，但是外地台信号仍旧不太清晰。

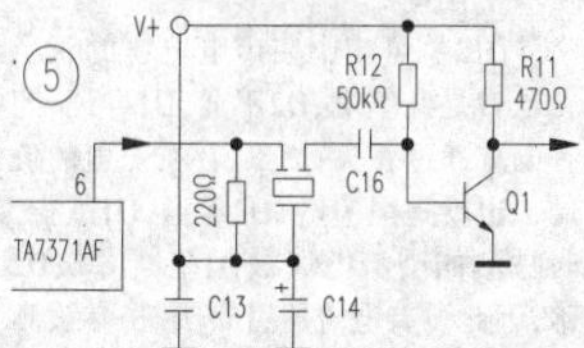

由于变压器中周已经不用，陶瓷中周的对10.7MHz频率的选择性较精确，不会有变压器中周调偏而失谐的现象。所以重点查TA7371AF的电路，在用万用表笔测量该芯片的引脚电压时，忽然耳机中传来远地台较清楚的声音。细看表笔接触的该脚正是①脚RF信号输入端。天线信号由C9经过BPF带通滤波器滤除88MHz~108MHz以外的射频干扰信号后输入TA7371AF的①脚。试着将BPF带通滤波器的输入端和输出端短接，收音机灵敏度大增，远地台的节目能收到很多了，不少也很清晰。看来是BPF损坏了，将其拆除。但是这个贴片BPF买不到，故直接短接其输入端和输出端。在不用BPF的情况下，实际使用效果也不错，没有受到本地FM电台强信号和手机基站信号的影响。至此，收音机维修结束。

◇浙江 方位

解决iPhone XS系列扬声器不发声的问题

有些使用iPhone XS/XS Max的朋友，可能会突然发现听筒和扬声器不发声，但接听电话和播放微信语音并没有任何问题，重启iPhone可以暂时解决这一问题，但每次都这样操作，总是比较麻烦。

其实，这是微信版本比较陈旧所导致，在播放微信语音时，将iPhone拿到耳边移动，此时会自动切换为听筒模式，这样就很容易导致上述问题。如果不想更新微信版本，可以在微信切换到“我”选项卡，依次选择“设置→通用”，在这里启用“听筒模式”，关机重启，即可解决扬声器不发声的问题了。

◇江苏 王志军

机械式万用表测量交流电压疑问释疑

近日笔者对一款家之伴JZ-LED319手电筒电路做了局部改进，改进后的电路如图1所示。

结果在用500型万用表测交流电压时，发现差异很大，为此，笔者特选取a、b两点电路进行了电压测试，结果如下：

一、挡位开关K置于“后”位置（充电状态）

1.黑笔接a点，红笔接b点，a、b两点电压为AC 6.8V。

2.红笔接a点，黑笔接b点，a、b两点电压为AC7.2V。

二、挡位开关K置于“前”或“中”位置（非充电状态）

1.黑笔接a点，红笔接b点，a、b两点电压为AC6.6V，测时通电指示灯LED的亮度随交流挡位变化而变化，交流电压挡位越低，亮度越强，反之亦然。

2.红笔接a点，黑笔接b点，a、b两点电压为AC675V。

造成上述测量误差这么大，除了与市电正、负半周所接的负载不同外，还与万用表交流挡内部的测量电路有关。万用表交流挡的测量原理图如图2所示。

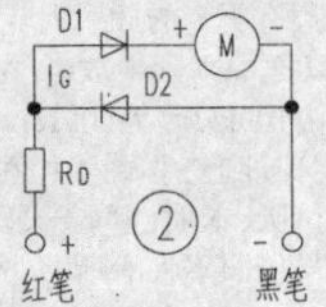

从图2中可知，在市电电压的正半周，也就是红笔端，D2不通，D1导通，此时有电流通过表头；相反，在交流电的负半周，也就是黑笔端，D2导通，D1截止，这时被测的交流电压被D1阻断并被D2短路，因此没有电流通过表头。虽然被测电压是交流电压，但通过表头的却是单方向的电流，指针所偏转的角度基本上与被测的交流电压成正比例关系，因此可以测出交流电压的值来。

D2主要的作用是保护D1。如果没有D2，则市电电压在负半周时由于反向电流很小，在降压电阻R_D上产生的电压就会很小，这会使得D1所承受的反向电压几乎等于被测电压的全部，会使D1过压击穿。现在再来分析一下为何会有这么大的误差。

●在上面的状态“一”，也就是充电状态时

在市电正半周，负载为D1、蓄电池E、D4相串联，电路见图3；在市电的负半周，负载为LED和E相并联，电路见图4。

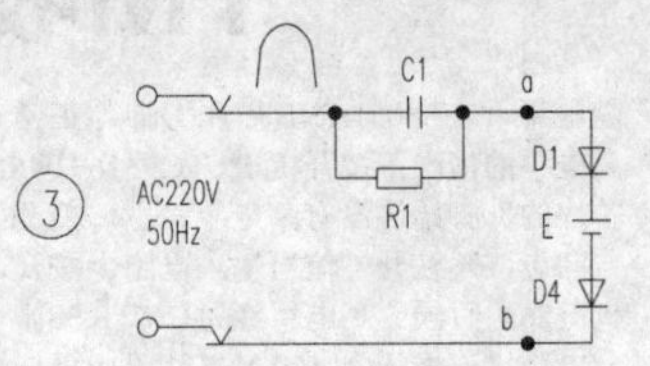

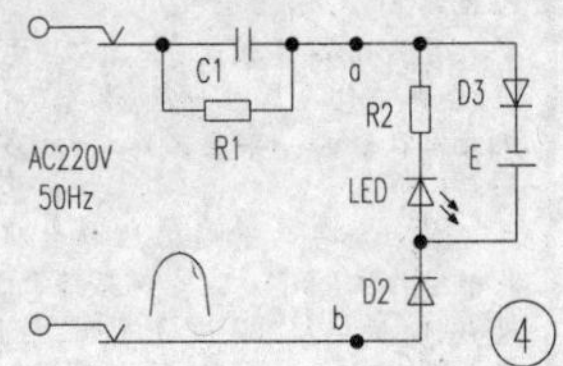

很显然，当万用表黑笔接a点，红笔接b点时，测得AC6.8V电压，实际上为图4负载两端的电压值，因为黑笔所接的a点，也即市电正半周电流，并不通过表头，而是通过表中的D2和R_D到达b点。但为何表中还有显示，这是因为市电负半周的电流通过红笔，经表中的R_D、D1和表头到达b点，表中有电流通过；而对换表笔后测得AC7.6V电压，则为图3负载两端的电压，也即红笔所接a点对b点的电压值，此时电流经红笔、表中R_D、D1和表头到达b点。

两者电压值不同，主要是图4负载为LED和E相并联，并联后的总阻抗要比图3的负载小，而电容降压因其容抗相比负载要远大得多，通过电容的电流可近似认为是恒流，因此负载电阻越小，其两端电压越低，最终导致对换表笔后测量的电压会有所不同。

●在上面的状态“二”，也就是非充电状态时

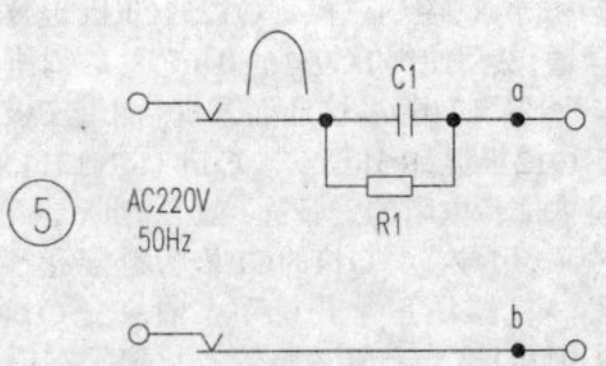

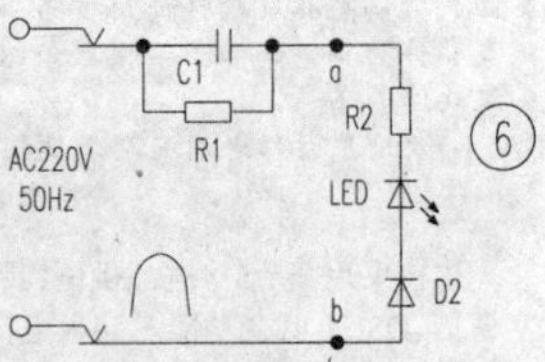

在市电正半周，没有负载，电路相当于开路，电路如图5所示；在市电的负半周，负载为D2、LED和R2相串联，电路如图6所示。

很显然，当万用表黑笔接a点，红笔接b点时，测得的AC6.6V电压实际上为图6负载两端的电压值，而导致LED发光亮度随交流挡位变化，主要是因为市电正半周，表中的R_D和D2给电容C1提供了放电回路，且交流电压挡位越低，表的内阻越小，C1放电越充分，进而使市电负半周流过C1的电流也越大，从而使LED发光亮度随交流挡位变化而变化。而对换表笔后测得的高达AC675V电压，则为图5 a、b两点空载的电压值。此电压为市电负半周的电压通过D2、LED、R2对C1充电，C1充得的电压极性为左负、右正，充得电压为市电的峰值电压，此电压与市电正半周峰值电压相叠加，结果在a、b两点形成了高电压。

我们都知道，测量交流电压时表笔是不分正负的，这是针对正弦波而言，测的也是交流电压的有效值。反之，如果对换表笔后测的电压值有出入，则说明可能是交流电路正、负半周所接的负载不同或是波形不对称，测的既不是交流电压的有效值，也不是直流电压值，参考价值不大，但据此来判断交流电路的正、负半周所接负载是否相同以及波形是否对称，也是一个不错的选择。

◇山东 黄 杨

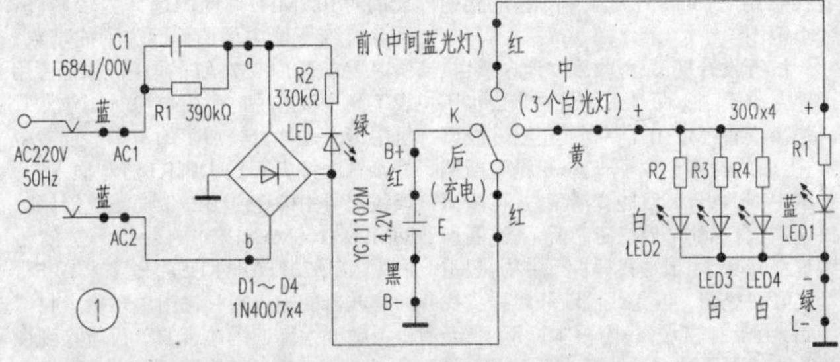

维修平台 交流提高

综合维修版《电子报》是介绍各种电器维修技能的版面，除彩电之外这里囊括了所有电子电工领域电器设备的维修知识。

选题大多是各行各业具有普遍性的电器产品。诸如：1.白色家电，包括电冰箱、空调器、洗衣机等；2.小家电，包括厨用、取暖、纳凉、学习、清洁、照明、娱乐、保健等；3.办公用品，包括打印机、扫描仪、传真机、复印机等；4.医疗设备，包括心电诊断设备、B超机、CT机、消毒机、医用加湿器、康复机等；5.电工领域：电焊机、变压器设备等；6.自动化控制设备：监控设备、瓦斯检测、电动门、机器人等；7.电动自行车、电动汽车及其充电器。

本版就为电子电工从业人员交流、学习这些电器的维修技术提供一个平台，请各位行家里手将您多年的维修经验、技能通过这个平台与大家交流共享，达到共同提高，促进就业、惠及民生的目的，使本版办得越来越好。

◇本版责任编辑

金川MF47-8型万用表电阻挡故障维修1例

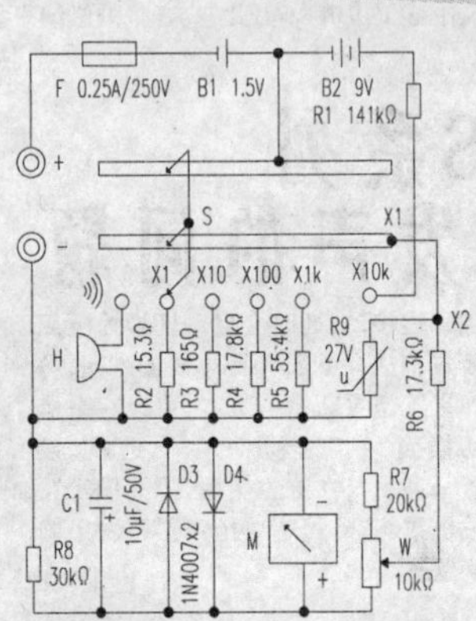

故障现象：一块金川MF47-8型指针式万用表在使用时，误用电阻挡去测量220V市电电压，随着“啪”的一声，万用表烧坏。

分析与检修：通过故障现象分析，说明万用表内部发生严重短路故障，怀疑过载保护电路或电阻测量电路的元件烧坏。为了便于检修，根据实物绘制出相关电路如附图所示。附图中除二极管D3、D4外，其他元件的编号为笔者标注。

电路中，保险管F（0.5A/250V）、压敏电阻R9（耐压为27V）、二极管D3、D4（1N4007）为过载保护元件。当误操作，使用电阻挡测量市电电压时，交流220V电压与F、电池B1、量程转换开关S与R9构成回路，由于R9的耐压远低于市电电压，所以它瞬时击穿短路，使F过流熔断，避免了万用表的表头损坏，实现误操作保护。

打开万用表底壳后察看，发现F熔断，R9的涂层烧焦，测其两引线呈短路状态，接着测量电路中其他元件正常。更换同规格保险管和压敏电阻试机，结果交流电压、直流电压、直流电流各挡都能正常工作，唯独通路测量挡（俗称蜂鸣挡）、电阻挡不能工作，这下犯难了，要么量程转换开关S接触不良，要么电阻电路存在断路故障，于是重新仔细检查，果然发现量程转换开关S的中间层触片端头至R6、R9公共接点之间，也就是附图中X1、X2所示有一条长度约8cm、宽度为0.3cm的极细铜箔连线烧断（该连线开路后无存任何痕迹，不仔细检查，很难发现）。由于连线烧断，表头M没有电流通过，所以电阻挡不能工作。

拆下电路板，在中间层触片端头旁边钻一个直径为0.8cm的小孔，找一根直径为0.3cm的裸铜线，将铜线一端焊在R6与R9的公共焊盘中，另一端铜线插入反面电路板的小孔中后焊牢（焊点越小越好且应平滑），转动量程转换开关，确认其触头畅顺无卡死现象，再将万用表各零件装好试机，全部功能恢复正常，故障排除。

◇广东 梁宗裕

用SMP解决系统电源问题

今天的很多微控制器与SoC架构都包含一个片上的升压转换器，可接受电池和其他电源提供的输入电压，得到可选择的高于输入端的输出电压。

便携应用中获得长电池寿命是一个艰巨的任务。做功耗优化的设计人员必须考虑到很多因素，如电源设计、元器件选择、高效的固件结构(如果有)、多种低功耗工作模式的管理，以及PCB布线设计。本文探讨了用SMP(开关模式泵)作为升压转换器，以解决系统电源的问题。

任何微控制器所需要的典型工作电压至少要3.3V，当然对其核心来说，1.8V就足以工作。AA或AAA电池在满充时提供的电压为1.3V~1.5V，因此系统需要两只电池才能工作。由于电池放电终止时电压会低于0.9V，此时即使有两只电池，系统也不能运行。

但使用了升压转换器后，微控制器可以将单只电池的电压提升到1.8V或更高。升压转换器不仅能让系统用一只电池工作，而且在电池电压掉到0.5V时，也能维持系统的运行。另外，太阳能电池供电的设备(一般是面向小体积的消费型产品)也可以用升压转换方法，这样用单只0.5V的太阳能电池就可以工作，而不必用3只0.5V的电池。开发人员也可以在电压过低、无法做升压的情况下，采用诸如RAM维持的低功耗模式技术(此时用户就能更换电池，然后系统恢复运行而不会发生中断)，以保护系统的数据。

榨干电池能量

图1是一只2500 mAhr容量AA电池的放电曲线。考虑这样一个应用，它包含有1.8V工作的控制器或SoC，平均耗电为10 mA。预计电池的持续工作时间为2500 mAh r/10 mA，即250 小时。如图1所示，当电池电压跌至0.9V时，它的容量已放掉了大约2200 mAh r。过了这个点，即使用两只电池（假设微控制器工作电压为1.8V)，控制器中现有功能也不能正常工作。这意味着电池剩下的300mAhr(或10%多的电量)无法使用。

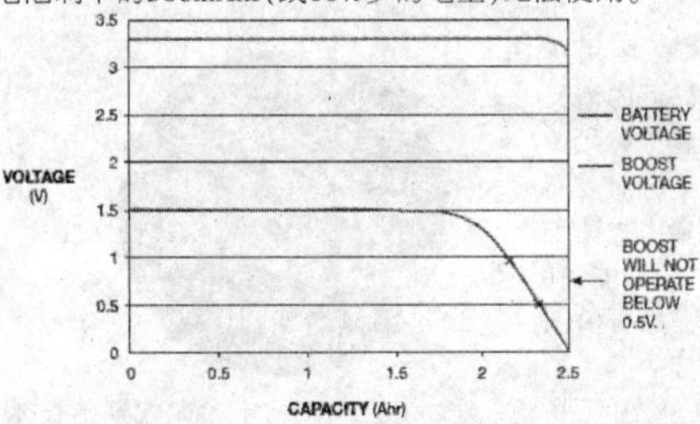

图 1 这是一只 2500mAhr 容量 AA 电池的放电曲线，它表明当电池电压跌至 0.9V 时，已释放容量约为2200mArh。

如果微控制器中有开关模式泵，就可以将电池电压提升到一个适合的可用电压。微控制器制造商提供了一个选择可用电压的选项，使电压能够升到可为应用供电的1.8V或更高，哪怕电池电压跌到1V以下。于是，系统就能从仍剩余300mAhr的电池中获得一部分电量。

但在低于某个输入电压时，升压电路也无法工作了，因此限制了系统获取全部剩余能量。注意电池应能提供升压工作的充足电流。升压电路的输入电流是输入电池电压与输出提升电压的一个函数。当电池电压下降时，此电流因输入电压与输出电压两者的差值增加而升高。

例如：考虑一个SMP，用于升压到一个恒定3 V 输出。任何系统中的电能总是恒定的，即输出功率等于输入功率。一个升压转换器的输出功率要略低于输入功率，因为用于转换的元器件上也会有损耗，但我们这里假设是一个理想的升压系统，即没有损耗。开始时，1.5 V电池的输入被升高到3 V，为一个负载提供50 mA电流，输入电流则为((3×50)/1.5) mA=100 mA。当电池电压跌至1V时，要维持相同的输出电压，所需要的输入电流会增加(功率恒定不变)，此时的输入电流为((3×50)/1)mA=150mA。这样，升压转换器就提供了一个恒定的输出稳压。

架构

图2是一个SoC 内置SMP升压转换器与一个外接式升压转换器的电路架构比较图。图2a中显示的升压转换器有两段：一个存储段，此时开关为开；一个放电段，此时开关为闭。当开关导通时，电感以磁场形式存储来自电池的能量。当开关不导通时，电感继续向相同方向提供电流，使结点VSMP上的电压“反激”(fly back)到一个高于电容电压的电压值。这一动作触发二极管开始导通，从而使电感中存储的电荷输送到滤波器电容中。一个PWMVSW负责开关的开合。

在一只微控制器中(图2b)，是一个片上的发生单元提供这个开关波形。保护二极管可以内置在微控制器芯片上，或可以外接。开发者唯一要接的一个元件就是电感线圈与滤波电容。在图2b所示SoC中，VDDA和VDDD是芯片的供电电压。

设计技巧

嵌入方案中使用的小功率低输入电压SMP要求有高的效率，这类应用都有空间与成本的约束，不过开关元件和无源元件的损耗都会限制效率的提高。控制器内置的MOSFET开关会带来欧姆损耗以及开关损耗；开关频率越高，开关损耗也越大。开关的阻抗主要在芯片的设计阶段确定，电感损耗与开关损耗类似。设计人员必须选择适当的开关频率，以优化功率，并且必须根据开关频率来选择电感。

输出电容的ESR(等效串联电阻)可以产生很大的纹波。如果为降低成本而选择铝电解电容，则还应并联一个瓷片电容，以减少纹波。所用电容大小决定了输出的保持时间。建议采用肖特基二极管，因为它们有低的正向压降和高的开关速度，但是肖特基二极管的正向压降及其自身阻抗也造成了一些损耗。二极管的额定电流应大于两倍的峰值负载电流。

图2b中的SMP有一个内部二极管。不过在微控制器中，用一只MOSFET开关来模拟这个二极管，MOSFET与SMP同步工作。如外接肖特基二极管，会因为二极管的正向压降而造成较高的功率损耗，这个压降一般约为0.4V。内置同步FET有较低的压降(0.1V)，因此尽量减少了损耗，提高了电池效率。

负载特性亦影响着SMP 的效率；如果不是一个恒定负载，则效率会下降。

为一个低输入电压SMP电路做布局设计必须非常小心。考虑一个0.5V起步的升压转换器，例如Cypress半导体公司的PSoC3(参考文献1)可编程单系统芯片。我们假设升压输出预计为3V，50mA。当效率为100%时，输入电流预计为((3×50)/0.5)mA=300mA。在300mA电流泵入情况下，一根1Ω的PCB走线都可以轻易地产生0.3V压降。尽管实际输入电压约为0.5V，但在升压转换器输入端上却只剩0.2V了。于是，SMP就无法以0.5V输入电压起动。电路板设计者可以采用一些布线方法来避免出现这种情况，如使用更宽更短的走线，放置元器件时使导电路径尽量短。

另外一个设计问题是流入SMP的开关电流所产生的辐射。当电感存储电荷时，输入电流较高。另外，当电感存储和释放电能时，这个电流会在两个极端之间转换。

考虑一种由0.5V升压至约3V的情况，假设负载电流约为50mA。此时，对理想SMP的输入电流为300mA。如果转换器是非理想的，则这个电流会更大。如果这个电流经过了任何长度的走线，则电磁辐射就会影响到邻近电路的工作。举例来说，假设周边有任何模拟元件，则其性能可能会受影响。为避免出现这种情况，要采用接地的防护走线，将开关路径与其他敏感元件隔离开来。

升压转换器的特性

任何需要高于电源电压的系统，也都可以使用升压转换器。一个例子是在3.3V的系统中驱动一块5V的LCD。

再举个例子，如某个应用有一个控制器以及一块用于无线通信的RF芯片(图3)。RF芯片的工作可能需要3.3V电压，而控制器只要1.8V就足够了。此时，输入的稳定电压可以为控制器供电；同时，控制器上的SMP可以将输入电压升至3.3V，为RF芯片供电。于是，控制器上的SMP就可以用于需要多种电源的应用。

很多制造商都提供有片上SMP的SoC，具备独有的特性。Cypress半导体公司的PSoC架构就是一个例子，除了其他资源（如精密可编程模拟与数字元件）外还有一只SMP。SoC上的升压转换器可以工作在主动或待机模式。主动模式是一般的工作模式，此时升压稳压器获得电池输入电压，产生一个输出的稳压。在待机模式时，大多数升压功率都被关闭，以降低升压电路的功率。转换器可以配置为在待机模式下提供小功率小电流的稳压。当输出电压小于设定值时，可以用外接的32kHz晶体，在内部时钟的上升沿和下降沿上产生电感升压脉冲，这种模式叫作ATM(自动锤打模式)。

主动模式的升压电流一般为200μA，待机模式为12μA。开关频率可以设定为100kHz、400kHz、2MHz或32 kHz，以优化效率与元件成本。100kHz、400kHz和2MHz开关频率来自升压转换器中的内置振荡器。当选择32kHz开关频率时，时钟则来自外接的32kHz晶振。32kHz外部时钟主要用于升压待机模式。

微控制器和SoC 的片上SMP有助于为小功率嵌入式应用提供电源。提高电池的效率，增加其持续使用时间，从而减少废弃电池的数量。SMP也鼓励设计人员去开发采用太阳能电池供电的系统。

◇湖北 朱少华 编译

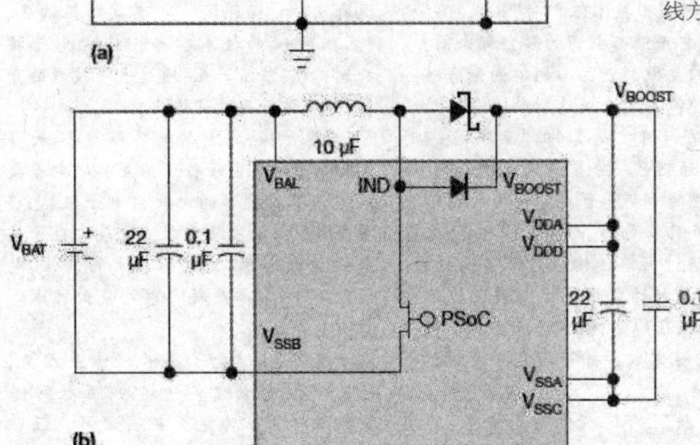

图 2：升压转换器电路(a)与微控制器中开关模式泵(b)的比较图。V_{BAT} 是输入的电池电压；V_{SW} 是一个占空比为 50%的 PWM 开关波形。

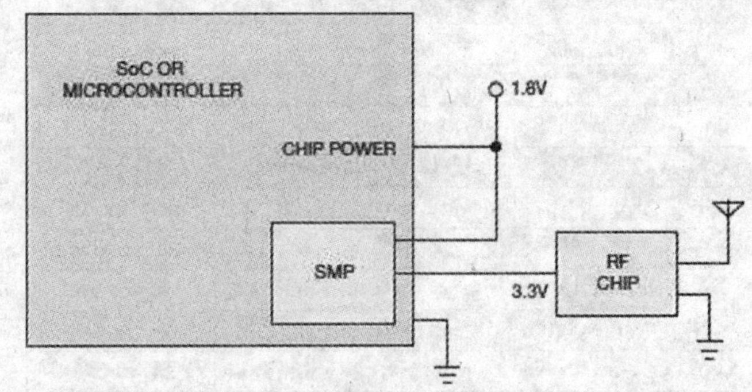

图 3：一个用于无线通信的例子，包括一只控制器和一个 RF 芯片，RF 芯片的工作需要 3.3V，需控制器只要 1.8V。

开源学习　精研技能

电子文摘版面栏目，主要是翻译国外的一些先进技术，先进电路等所开设的专门版面，让电子爱好者对国外的电子技术有所接触和了解，并深入学习，掌握新技术和技能。特别是当前国外许多电子开源技术，国内也有很多被引进，但究竟如何应用，想必是众多电子爱好者们最为渴求的。

2019年，本版将面向国外开源技术为主，让电子爱好者通过本版，获得更多国际较新的技术、技能；希望大家在学习国外电子技术的同时，也将其学习资料贡献与大家一起共享。同时，电子文摘版面，更会传承以前的风格，保留早期的文摘、翻译、编译等栏目，继续在创新创业的大环境下，为互联网+时代的智能硬件创业做一些国际电子文摘交流。

欢迎读者作者提出新颖选题，造福国内电子爱好者。　◇本版编辑

十大物联网通讯接入技术优劣及应用场景

如今,"万物互联"不只是一种愿景,在很多实际的应用场景里面,已经实现了局部的物联网,如工业自动化、智慧农业、智能公交、高端酒店等场所。物联网是未来十年最具有市场前景的领域,相关的无线通信技术也逐步出现。

在实现物联网的通信技术里面,蓝牙、zigbee、Wi-Fi、GPRS、NFC等是应用最为广泛的无线技术。除了这些,还有很多无线技术,它们在各自适合的场景里默默耕耘,扮演着不可或缺的角色。本文笔者将通过常见的十大无线通信技术优劣及应用场景,带大家认识真正的物联网通信技术。

1.蓝牙的技术特点

蓝牙是一种无线技术标准,可实现固定设备、移动设备和楼宇个人域网之间的短距离数据交换,蓝牙可连接多个设备,克服了数据同步的难题。蓝牙技术最初由电信巨头爱立信公司于1994年创制。如今蓝牙由蓝牙技术联盟管理,蓝牙技术联盟在全球拥有超过25,000家成员公司,它们分布在电信、计算机、网络、和消费电子等多重领域。

蓝牙技术的特点包括采用跳频技术,抗信号衰落;快跳频和短分组技术能减少同频干扰,保证传输的可靠性;前向纠错编码技术可减少远距离传输时的随机噪声影响;用FM调制方式降低设备的复杂性等。其中蓝牙核心规格是提供两个或以上的微微网连接以形成分布式网络,让特定的设备在这些微微网中自动同时地分别扮演主和从的角色。蓝牙主设备最多可与一个微网中的七个设备通信,设备之间可通过协议转换角色,从设备也可转换为主设备。

2.ZigBee的技术特点

与蓝牙技术不同,ZigBee技术是一种短距离、低功耗、便宜的无线通信技术,它是一种低速短距离传输的无线网络协议。这一名称来源于蜜蜂的八字舞,由于蜜蜂是靠飞翔和"嗡嗡"(zig)地抖动翅膀(bee)的"舞蹈"来与同伴传递花粉所在方位信息,也就是说蜜蜂依靠这样的方式构成了群体中的通信网络。

ZigBee的特点是近距离、低复杂度、自组织、低功耗、低数据速率,ZigBee协议从下到上分别为物理层、媒体访问控制层、传输层、网络层、应用层等,其中物理层和媒体访问控制层遵循IEEE 802.15.4标准的规定。ZigBee技术适合用于自动控制和远程控制领域,可以嵌入各种设备。

3.Wi-Fi的技术特点

Wi-Fi在我们的生活中非常常见,一线城市的几乎所有公共场所均设有无线网络,这是由于它的低成本和传输特性决定的。Wi-Fi是一种允许电子设备连接到一个无线局域网的技术,通常使用2.4G UHF或5G SHF ISM 射频频段,连接到无线局域网通常是有密码保护的;但也可是开放的,这样就允许任何在WLAN范围内的设备可以连接上。

由于无线网络的频段在世界范围内是无需任何电信运营执照的,因此WLAN无线设备提供了一个世界范围内可以使用的,费用极其低廉且数据带宽极高的无线空中接口。用户可以在Wi-Fi覆盖区域内快速浏览网页,随时随地接听拨打电话,有了Wi-Fi功能我们打长途电话、浏览网页、收发电子邮件、音乐下载、数码照片传递等,再无需担心速度慢和花费高的问题。

无线网络在掌上设备上应用越来越广泛,而智能手机就是其中一分子。与早前应用于手机上的蓝牙技术不同,Wi-Fi具有更大的覆盖范围和更高的传输速率,因此Wi-Fi手机成为了2010年移动通信业界的时尚潮流。

4.LiFi的技术特点

LiFi也叫可见光无线通信,它是一种利用可见光波谱进行数据传输的全新无线传输技术,由英国爱丁堡大学电子通信学院移动通信系主席、德国物理学家哈拉尔德?哈斯教授发明。LiFi是运用已铺设好的设备,通过在灯泡上植入一个微小的芯片形成类似于WiFi热点的设备,使终端随时能接入网络。

该技术最大的特点是通过改变房间照明光线的闪烁频率进行数据传输,只要在室内开启电灯,无需WiFi也便可接入互联网,未来在智能家居中有着广泛的应用前景。

5.GPRS的技术特点

GPRS我们可以说非常熟悉了,它是GSM移动电话用户可用的一种移动数据业务,属于第二代移动通信中的数据传输技术。GPRS可说是GSM的延续,GPRS和以往连续在频道传输的方式不同,是以封包式来传输,因此使用者所负担的费用是以其传输资料单位计算,并非使用其整个频道,理论上较为便宜。

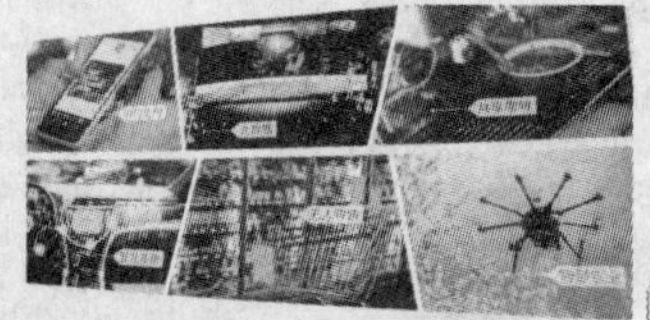

GPRS是介于2G和3G之间的技术,也被称为2.5G,它为实现从GSM向3G的平滑过渡奠定了基础。随着移动通信技术发展,3G、4G、5G技术均被研发出来,GPRS也逐渐被这些技术所取代。

6.Z-Wave的技术特点

Z-Wave是一种新兴的基于射频的、低成本、低功耗、高可靠、适于网络的短距离无线通信技术,由丹麦公司Zensys所一手主导的无线组网规格。工作频带为908.42MHz(美国)~868.42MHz(欧洲),采用FSK(BFSK/GFSK)调制方式,数据传输速率为9.6 kbps,适合于窄宽带应用场合。

随着通信距离的增大,设备的复杂度、功耗以及系统成本都在增加,相对于现有的各种无线通信技术,Z-Wave技术将是最低功耗和最低成本的技术,有力地推动着低速率无线个人区域网。

7.射频433的技术特点

射频433也叫无线收发模组,采用射频技术,由全数字科技生产的单IC 射频前段与ATMEL的AVR单片机组成,可高速传输数据信号的微型收发信机,无线传输的数据进行打包、检错、纠错处理。

射频433技术的应用范围包括无线POS机、PDA等无线智能终端、安防、机房设备无线监控、门禁系统。交通、气象、环境数据采集、智能小区、楼宇自动化、PLC、物流追踪、仓库巡检等领域。

8.NFC的技术特点

NFC是一种新兴的技术,使用了NFC技术的设备可以在彼此靠近的情况下进行数据交换,是由非接触式射频识别 (RFID) 及互连互通技术整合演变而来,通过在单一芯片上集成感应式读卡器、感应式卡片和点对点通信的功能,利用移动终端实现移动支付、门禁、身份识别等应用。

近场通信技术实现了电子支付、身份认证、票务、数据交换、防伪、广告等多种功能,它改变了用户使用移动电话的方式,使用户的消费行为逐步走向电子化。

9.UWB 的技术特点

UWB是一种无载波通信技术,利用纳秒至微秒级的非正弦波窄脉冲传输数据。UWB在早期被用来应用在近距离高速数据传输,近年来国外开始利用其亚纳秒级超窄脉冲来做近距离精确室内定位。

与蓝牙和WLAN等带宽相对较窄的传统无线系统不同,UWB能在宽频上发送一系列非常窄的低功率脉冲。较宽的频谱、较低的功率、脉冲化数据,意味着UWB引起的干扰小于传统的窄带无线解决方案,并能够在室内无线环境中提供与有线相媲美的性能。

10.Modbus的技术特点

Modbus是一种串行通信协议,是Modicon公司(现在叫施耐德电气)于1979年为使用可编程逻辑控制器通信而发表。Modbus已经成为工业领域通信协议的业界标准,并且现在是工业电子设备之间常用的连接方式。

Modbus协议是一个master/slave架构的协议。有一个master节点,其它使用Modbus协议参与通信的节点是slave节点,每一个slave设备都有一个唯一的地址。在串行和MB+网络中,只有被指定为主节点的节点可以启动一个命令。

有许多modems和网关支持Modbus协议,因为Modbus协议很简单而且容易复制,它们当中一些为这个协议特别设计的,不过设计者需要克服一些包括高延迟和时序的问题。

各自应用领域发挥优势

无线通信技术是未来实现物联网和工业自动化最基本的技术,随着无线应用的增长,各种技术和设备也会越来越多,也越来越依赖于无线通信技术。

十大无线技术应用领域占比排行

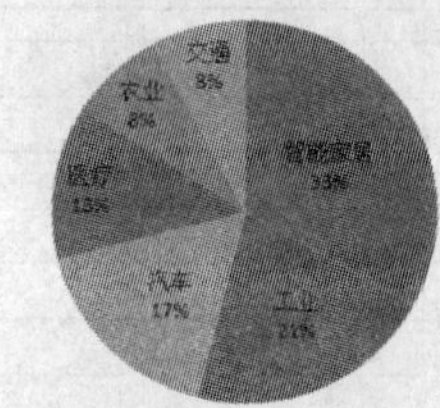

如上述列出的十大无线通信技术,每种技术都有自己的优缺点,也受限于自身的应用场景。如Z-Wave技术在住宅、照明商业控制以及状态读取应用方面有着不可替代的优势;蓝牙、Wi-Fi的成本和传输特性明显,在常见的联网场景如商场、交通等场所优势很大;而Modbus的技术特点决定了它注定是工业领域通信的首选,地位无可代替。

要想实现真正的物联网,未来需要这些技术联盟和人员齐心协力,相互互合作,一起支撑起全球巨大的物联网网络。

◇四川 刘光乾

通讯技术	优点	缺点	通讯距离	安全性	应用场景
蓝牙	低功率、便宜、低延时	传输距离短、传送速率一般 不同设备间协议不兼容	10—300m	高	手机、智能家居 可穿戴
zigbee	低功耗、低成本、短时延 网络容量大、近距离	穿墙能力弱、成本偏高 自组网能力差	20—350m	中	工业、汽车、农业 医疗、智能家居
Wi-Fi	覆盖范围广、使用方便 成本低	安全隐患大、稳定性差 功耗高	20—300m	低	智慧公交、地铁、公园 智能家居
LiFi	使用方便、安全系数高、环保节能	环境干扰大、标准不统一	距离不定	高	智能家居、酒吧、灯光控制 可见光场所
GPRS	速度快、传输距离远 方便	成本高、稳定性待提升	无距离限制	中	智能家居、工业、医疗 物联网等
z-wave	技术稳定、功耗低 抗干扰强、支持设备联动	传输距离短、成本高	0—200m	高	智能家居、酒店、工业
射频433	速度快、传输距离远	不支持组网、设备不兼容 抗干扰性差	0—500m	中	智能家居、农业、局部物联网
NFC	安全系数高、低功耗	传输近、速度慢、成本高	0—20m	超高	交通、智能卡、金融
UWB	安全、传输准确	成本高、技术难度大、功耗高	0—50m	高	工业、汽车、医疗
Modbus	兼容性好、安全系数高、智能	传输滞后、成本高	0—1km	极高	工业、汽车、智能家居、无人机

数据由[illegible]电子工程网制作

基于电子技术+的制作时代

"互联网+"是当前经济体的一类代称,随处可见。技术派们对"互联网+"的认识,绝非产业与电商的融合那么简单,难道真的要做到产品与网络的融合——"物联网"?不完全是这样的概念。

究竟如何才是真的"互联网+"时代,那由通俗的一个举例来说明。在10年前,家里的电视是通过广播电视传输信息进行节目收看的,而现在的电视,大多数都是通过网络传输进行节目选择的。同时,10年前的电视机控制最便捷的遥控板,而现在的电视控制,只需要下载一个App即可完成,并可以完全控制整个家电系统。

"互联网+"时代的电子技术,其实就是将单机运行与网络结合,包含控制和信息采集,以及信息处理等等,将原来单独运行的设备,通过与网络的桥接,实现真正的"互联网+"。其实归根结底,"互联网+"的技术实施,则是"电子技术+"。即:任意产业,通过电子技术的介入,实现该行业的网络化。

《电子报》以前的电路与学习,大多数都是以单机电子技术为主,以"电子技术+"为基础技术的时代,《电子报》也将顺应时代技术发展需求,开展"电子技术+"方面选题,为电子技术的制作、电子产品开发其"互联网+"功能做技术参考。

欢迎各位"电子技术+"专业人员,研究人员,爱好者们一起为"互联网+"技术基础贡献力量,共同做好"互联网+"时代的"电子技术+"技术推广。

◇本版责编

“电子电路装调与应用”技能竞赛辅导探究

——以福建省福州市职业院校技能竞赛(中职组)为例

职业院校技能竞赛是检验学校办学质量的一项重要指标。参加技能竞赛除了能提高学校的知名度,还能给学生提供一个提高自身专业技能水平和社会竞争力的机会,为学校培养更多优秀技能型人才提供平台。同时,技能竞赛也给指导教师提供了学习和提高的机会,通过指导学生参加竞赛,可以促进教学方法、教学手段和教学质量的提高。职业院校技能竞赛一般通过市赛选拔选手参加省赛,再通过省赛选拔选手参加国赛。

近几年,本人多次指导学生参加福建省福州市职业院校技能竞赛(中职组)电工电子类“电子产品装配与调试”项目的比赛,先后获得一等奖、二等奖各两次。2018年,该赛项的名称改为“电子电路装调与应用”。对于电子专业来说,这是最基本、最重要的技能竞赛项目,可以考查学生对专业的掌握程度,很值得参加。现以该赛项为例,结合自己的做法谈一些粗浅的看法。

1.竞赛选手的选拔

要想在竞赛中取得好成绩,选拔选手是至关重要的环节,也是竞赛辅导前的第一项重要工作。在新生入学的第一年,学校电子协会就开始招贤纳士,任课教师在教学的过程中也会留意“隐性”苗子。接着,通过学校举办的技能节活动,选拔出对电子电路装调感兴趣、有一定专业基础的选手,组建电子兴趣小组。兴趣小组每周开展第二课堂活动,进一步完善他们的知识结构。

2.竞赛考核的内容

2.1专业基本知识考核内容

参赛选手应具备的专业基本知识包括:(1)电子电路分析与识图知识;(2)常用电子元器件基础知识;(3)电子电路测量原理和基础知识;(4)模拟电路基础知识;(5)数字电路基础知识;(6)计算机应用基础知识;(7)电子设备基础知识;(8)安全用电知识。

2.2专业实践考核内容

参赛选手应具备的专业实践能力包括:(1)阅读并理解工作任务书、电子电路原理图和电路功能模块;(2)根据元器件清单,独立识别、选择元器件;(3)正确使用电烙铁、螺丝刀、钳子、镊子、万用表、示波器、函数信号发生器、频率计等工具和仪器仪表;(4)电子电路调整和检测;(5)绘制电路原理图和PCB;(6)电路仿真;(7)现场分析问题和处理问题;(8)职业与安全意识等。

3.竞赛任务的要求

竞赛要求选手在240分钟内完成各项任务。

3.1元器件识别、筛选、检测

要求:根据给出套件的各个模块电路原理图和元器件清单,正确无误地从赛场提供的元器件中选取所需的元器件及功能部件。

常见元器件包括:固定电阻、可调电阻、贴片电阻、电解电容、可调电容、贴片电容、工字电感、数码管、整流二极管、稳压管、发光二极管、光敏二极管、贴片发光二极管、三极管(NPN、PNP)、继电器、按键、贴片芯片、直插式芯片NE555、电机、单片机等。

3.2电子电路的装配

将选出的元器件准确安装在赛场提供的印制电路板上。

要求:元器件安装位置正确,不出现错漏的现象,紧固件安装牢固可靠不松动,元器件上字符标识方向一致。

3.3印制电路板焊接

焊接任务包括贴片元件焊接和非贴片元件焊接两个部分。

要求:焊点光滑、圆润、无毛刺、大小适中,不能有虚焊、漏焊、连焊等现象,管脚成型、加工尺寸、管脚长度合适,整机干净无污物。

3.5电路的调试和测量

要求:将已经焊接好的电路板,依照电路功能进行各工作点及各部分电路测试和调整,记录测试结果,实现电路工作正常(例如:对于声光触摸报警电路,要检查触摸输入时、声控输入时电路是否都能报警)。电路的调试和测量部分是重点,也是难点,如果训练或竞赛时遇到短时间内调不出来,建议学生暂时搁置,把会做的任务先做完,最后再去攻坚。

3.6绘制电路原理图与PCB设计

使用Altium Designer13软件,创建文件、绘制原理图、自制元件符号库、自制元件封装库、设计PCB双面板。

要求:电路连接正确、走线短、交叉少,布线达到工艺要求,同时便于安装、调试与检修,还要根据题目要求命名文件和存盘。

3.7电子电路仿真

使用Multisim 14进行电路调试和仿真。

要求:电路连接、布线符合工艺要求、安全要求和技术要求,正确使用各仪器仪表,根据题目要求命名文件和存盘。

3.8 职业素养

操作要符合安全操作规程,符合岗位职业要求。

4.竞赛的评判规则

指导教师要明确竞赛的评判规则。

4.1电子电路装配、焊接、调试(20%)

电路连接布线整齐、美观、可靠,工艺步骤合理,方法正确,各方面都符合技术要求和工作要求,检测电路的参数正确,并实现任务书拟定的功能。

以前这部分的分值是50%,2018年改革后降为20%。

4.2电子电路故障检修(10%)

在确保焊接好的电路板不存在短路的前提下,根据各个模块的功能实现与否,逐一排查故障。日常训练中,可以采用电阻法检测电路是否存在开路或短路现象。

4.3电子电路应用系统调试与控制(35%)

调试过程中,认真细致地观测,勤于做记录,以便科学分析电路故障和现象。这部分是重点也是难点,是日常辅导的核心部分。

4.4单元电路功能仿真验证(10%)

这部分是2018年改革后新增的内容。

4.5印刷线路板绘制(15%)

正确绘制电路原理图,排版合理、美观、有创意,标注元器件的标号和标称值、PCB板图规范严谨。

以前这部分的分值是20%,2018年改革后降为15%。

4.6职业与安全意识(10%)

职业素养高,操作符合安全操作规程,不损坏赛场提供的设备,不浪费材料,不污染赛场环境,不出现工具遗忘在赛场等不符合职业规范的行为。

5.开展技能竞赛辅导

5.1强化理论知识

加强《电子产品装配》《电子技术基础与应用》《电子线路》《Multisim 14》《Altium Designer13》等基础课程的教学,加强元器件的识别和检测训练。

5.2 加强技能训练

利用第二课堂,对学生进行专业基础知识和基本技能训练。电路的调试与检测部分是重点又是难点,是辅导的核心内容。在这方面,针对竞赛项目网购套件进行实践训练,可以极大地提高学生的电子专业实践能力和创新能力。一般情况下,学生第一次接触竞赛试题会出现比较多的问题,但这正是知识积累的过程,要及时鼓励和指导、帮助学生。另外,可以请往届参赛选手参与到第二课堂。一方面,老选手可以协助老师,对新选拔的选手进行仪器仪表使用、电子产品的拆装和调试等方面的训练;另一方面,老选手有一定的经验,再进一步巩固训练后去参赛,可以取得更好的成绩。

5.3强调注意事项

在日常训练和竞赛前,要对选手强调以下几点注意事项:

(1)对评分标准和扣分事项要了然于胸。

(2)认真改正在模拟测评中出现的不足之处。

(3)尽量提高焊接装配和调试的速度,多留一些时间给制图部分。

(4)仔细阅读竞赛规程,如果允许自带工具、仪器仪表要尽量自带,一方面以防万一考场仪器仪表损坏了误事,另一方面平常用习惯的工具带入考场可以提高效率,不用在考场上进行现场调试。

◇福建省罗源县高级职业中学 吴爱玲

开 栏 语

在被誉为“技能奥林匹克”的世界技能大赛中,我国选手摘金夺银,彰显了大国工匠精神,点燃了年轻人钻研技能的热情。职业院校是培养大国工匠的摇篮,职业教育是教育的重要组成部分。为了助力职业教育、助推大国工匠的培养,满足职业院校师生和广大电子爱好者的需要,今年,本报职教版面将开设以下栏目:

1.教学教法。主要刊登职业院校(含技工院校,下同)电类教师在教学方法方面的独到见解,以及各种教学技术在教学中的应用。

2.初学入门。主要刊登电类基础技术,注重系统性,注重理论与实际应用相结合,帮助职业院校的电类学生和初级电子爱好者入门。

3.电子制作。主要刊登职业院校学生的电子制作和电类毕业设计成果。

4.技能竞赛。主要刊登技能竞赛电类赛项的竞赛试题或模拟试题及解题思路,以及竞赛指导教师指导选手的经验、竞赛获奖选手的成长心得和经验。

5.职教资讯。主要刊登职教领域的重大资讯和创新举措,内容可涉及职业院校的专业建设、校企合作、培训鉴定、师资培训、教科研成果等,短小精悍为宜。

本版欢迎职业院校师生和职教主管部门工作人员赐稿。投稿邮箱:63019541@qq.com或dzbnew@163.com。稿件须原创,请勿一稿多投。投稿时以Word附件形式发送,文内注明作者姓名、单位及联系方式,以便奉寄稿酬。

我们相信,有您的支持,本报职教版面将为职业院校师生和电子爱好者奉献更多精彩!

“电子电路装调与应用”竞赛模拟试题解析(一)

现以平常训练的一套试题《物体流量计数器》为例,对福建省福州市2018年“电子电路装调与应用”竞赛试题进行解析。

第一部分:电路说明部分

一、电路功能概述

某生产车间在打包时,一个大袋中要装入10个物料,但由于人为疏忽,有时会多装或少装。为了解决这个问题,需要设计一个物料自动打包系统。经过分析,自动打包系统分为两部分:物体流量计数器和机械封装系统。我们要完成的就是物流计数器。

物流计数器主要由红外对射、放大整形、计数显示、计满输出和稳压电源组成。其组成方框图如图1所示。

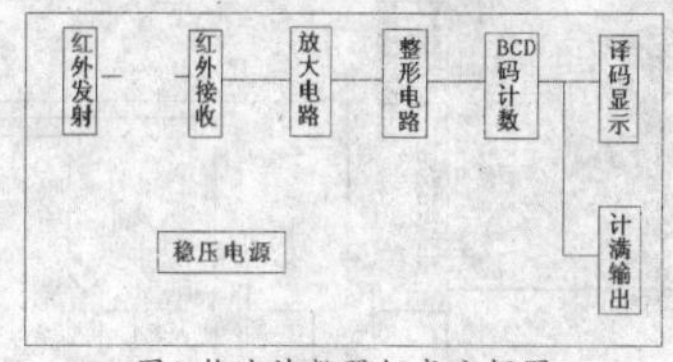

图1 物流计数器组成方框图

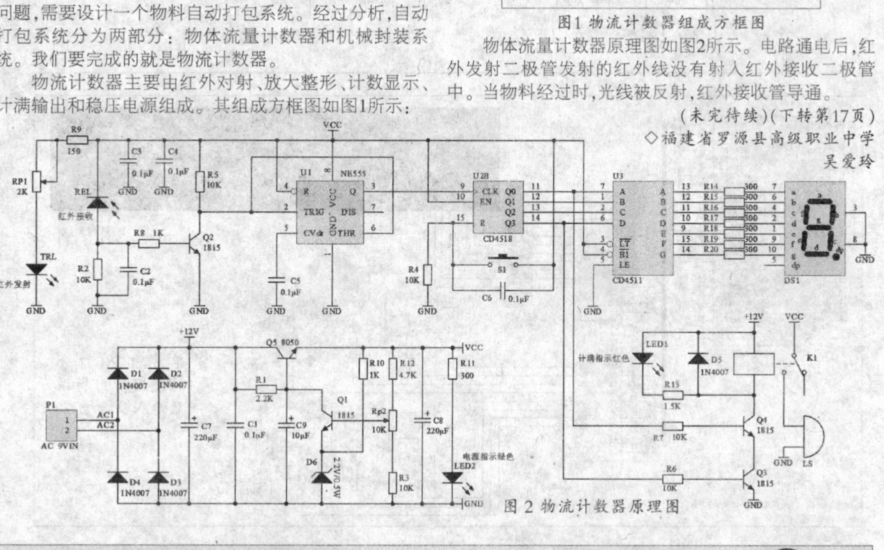

图2 物流计数器原理图

物体流量计数器原理图如图2所示。电路通电后,红外发射二极管发射的红外线没有射入红外接收二极管中。当物料经过时,光线被反射,红外接收管导通。

(未完待续)(下转第17页)

◇福建省罗源县高级职业中学 吴爱玲

分时复用在8位数码管动态扫描中的应用

在单片机教学中，我们往往会遇到8位数码管的动态显示电路。动态驱动是将所有数码管的8个段码a,b,c,d,e,f,g,dp”的同名端连在一起，公共端各自独立，还为每个数码管的公共极COM增加位选通控制电路，位选通由各自独立的I/O口线控制。通过分时轮流控制各个数码管的“位选端”(COM端)，使各个数码管轮流受控显示。

原理图如图1所示。动态扫描程序的基本思路是：

第一步：①P0口输出第一个段码数据②P2口输出位码数据③延时④消隐位码——完成第一位数码显示；第二步：①P0口输出第二个段码数据②P2口输出位码数据③延时④消隐位码——完成第二位数码显示；……继续显示下一个数码，最后直至显示一组画面。在轮流显示过程中，每位数码管的点亮时间为1~2ms，由于人的视觉暂留现象及发光二极管的余辉效应，只要扫描的速度足够快(如扫描频率为50Hz，则扫描速度一般在20ms以内)，给人的印象就是一组稳定的显示数据。

但在综合项目的实践中，会发现这种图①显示方式占用的单片机端口多，如果是8位数码管的话，共占用16个脚（8位段码和8个位选端）。如果选用138译码器，则需要3个引脚输出8位位码数据，占用了11个端口。能不能使单片机的多个外部设备共用单片机I/O线来实现“复用”的功能呢？我们对原有的显示电路进行改进：为了节约I/O接口采用了低8位地址与数据总线分时复用的方法。单片机首先由P2、P0口送出16位地址，然后通过P0口读写数据，在整个读写过程中，高8位地址是不变的。单片机在访问外部存储器的时候P0口首先是作为低8位的地址数据线输出地址信号，外接的锁存器74LS373将它锁存后，P0口再写入数据。这个就是P0口双向8位数据口和低8位地址输出口的复用，分时就是先地址后数据，从而达到节约端口的目的。原理图如图2所示，占用I/O端口变少。单片机的外围可接2片74LS373进行数据锁存。我们分三步来理解这个程序：

首先是片选：单片机的P2.6和P2.7分别接两片74LS373的①脚 /OE(输出使能端)，进行位码和段码的片选。只要P2.7为低电平，即可使得U3(74LS373位选锁存芯片）使能端有效；只要P2.6为低电平，可使U2(74LS373段选锁存芯片)使能端有效。

然后是锁存：单片机的/WR端接两片74LS373的控制端LE(⑪脚)。当LE=“1”时，74LS373输出端1Q—8Q与输入端1D—8D相同；当LE为下降沿时，将输入数据锁存。P0口输出数据稳定后，/WR写选通发出脉冲信号(低电平)，P0输出的段码或位码数据经由74LS373锁存。

最后是显示控制：定义总线，对外部数据进行赋值。P2口输出外部数据存储器其地址的高8位，P0口输出地址低8位，然后由P0口输出赋值数据，此时P2口在整个过程中信号不变(这是关键)，整个对外部数据存储器的访问时序详见图3。在ALE信号下降沿时，P0口为低8位地址输出状态①；WR只在P0口输出数据稳定后发出有效脉冲信号(低电平)②。

当P2.6为低电平，选中U2（74LS373位选锁存芯片)，P0口输出位码数据给U2锁存；当P2.7为低电平，选中U3(74LS373段选锁存芯片)，P0口输出段码数据给U3锁存；然后延时显示、消隐，最后数码管完成动态扫描显示数据。

附1：动态显示八位数控制程序

```
#include<reg51.h>
void delay()//延时程序
{ unsigned char k;
for(k=0;k<200;k++);
}
unsigned char tab = {0xc0,0xf9,0xa4,0xb0,0x99,0x92,0x82,0xd8,0x80,0x90};//设置共阳极0~9字型码
unsigned char val={2,0,1,8,1,1,0,8};
void main()
{unsigned char i,j;
while(1)
{for(i=0,j=0x01;i<8;i++)//位选码初值为01H，显示8个位码
{P0=tab[val[i]];//根据va1[i]值送段选码至P0段选码
 P2=~j;//位选码：选中第一位数码管显示
 delay(); //延时
P2=0xff;//位消隐
j=j<<1;//位选码左移一位，选中下一位LED
}}}
```

附2：分时复用动态扫描显示八位数控制程序

```
#include <reg51.h>              // 包含reg52.h头文件
unsigned char xdata DM _at_ 0x7fff; //定义总线外部地址段码：DM赋值时，P2赋值为0x7f，P0赋值为0xff
unsigned char xdata PX _at_ 0xbfff; //定义总线外部地址位码：PX赋值时，P2赋值为0xbf，P0赋值为0xff
unsigned char code smg = {0xc0,0xf9,0xa4,0xb0,0x99,0x92,0x82,0xf8,0x80,0x90};
//共阳数码管0~9的段码
unsigned char com ={0x7f,0xbf,0xdf,0xef,0xf7,0xfb,0xfd,0xfe};//位码
unsigned char shuju= {2,0,1,8,1,1,0,8}; //需要显示的数据
void delay() //延时程序
{ unsigned char k;
 for(k=0;k<200;k++);
}
void display()
{
 unsigned char i;          //定义控制变量
 for(i=0;i<8;i++)
 { PX=0xff;                //P0口输出赋值数据，WR输出写时序脉冲，位码消隐
  DM=smg[shuju[i]];        //P0口输出赋值数据，WR输出写时序脉冲，数据给段码
  PX=com[i];               //数据给位码
  delay();                 //延时显示
 }
}
void main()
{ while (1)
 {
  display();               //调用显示函数
 }
}
```

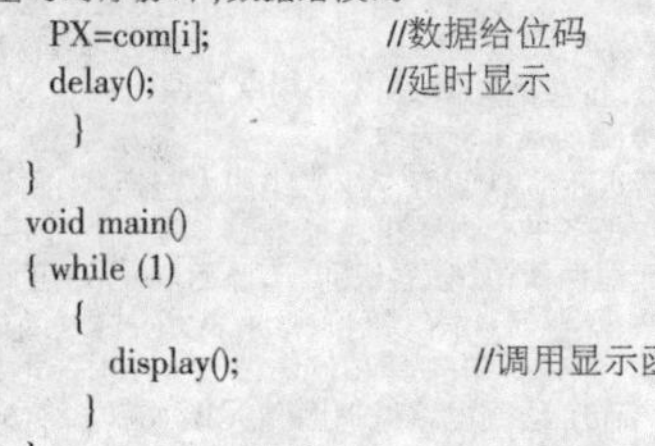

最后，我们用仿真器下载程序进行烧录，分时复用动态扫描实验现象和图1电路一致。减少端口的方法还有很多，比如选用138译码器，则需要3个引脚输出8位位码数据，占用了11个端口，也不失为一种好办法。

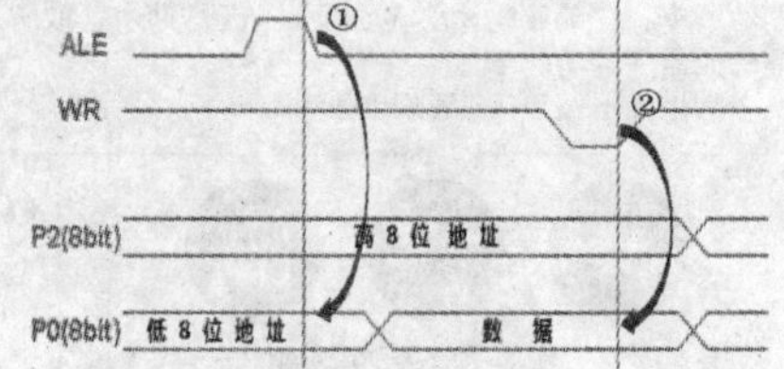

③ 访问外部数据存储器的时序

◇江苏 周荻 缪耀东

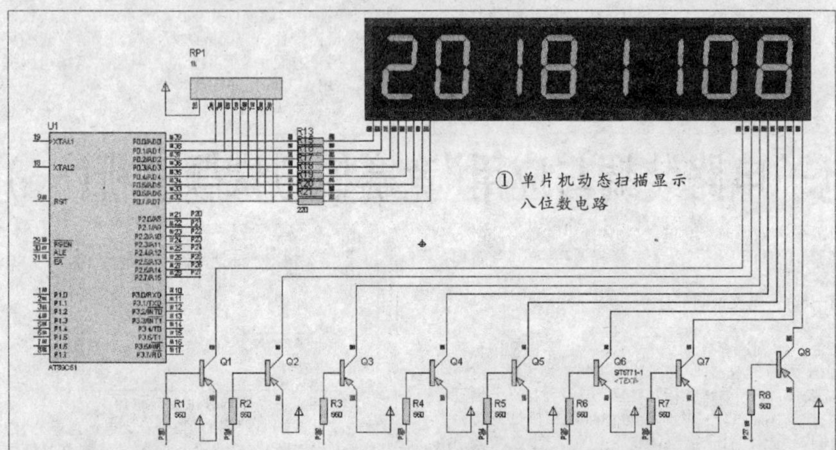

① 单片机动态扫描显示八位数电路

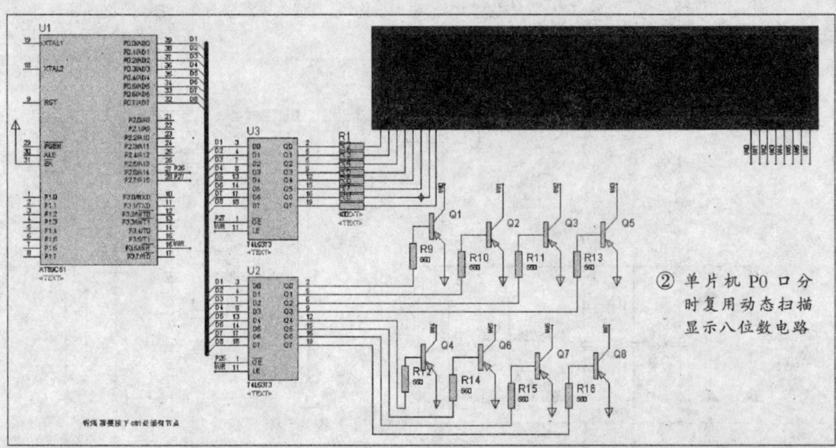

② 单片机P0口分时复用动态扫描显示八位数电路

创新职业教育 培育高端技能人才

在改革开放40年之际，习近平总书记在谈及教育中，对我国大力促进和发展职业教育给予了肯定。教育部陈宝生部长在多次讲话中，也对职业教育中，特别是创新职业教育是当前教育的主体教育，是当前高端技能人才培育的重要途径。

今年的职教与技能版面选题，将结合创新职业教育的案例、创新方法，在电子技术专业群中的应用等为重点，将加强技能与初学知识栏目和选题，培育新时代、互联网+产业需求的高端人才。本版的栏目设置如下，欢迎大家赐稿：基础理论栏目、基础元件应用栏目、技能栏目、师傅带徒弟栏目、徒弟找茬栏目、校园电子栏目、教与学栏目、创新教育栏目等。

欢迎深入一线的教育工作者、培训工作者，及初学者、职业技术学校的师生积极投稿和参与！

◇本版责编

应急广播系统技术规范解读

一、应急广播技术系统总体架构

全国应急广播技术系统由国家、省、市、县四级组成，各级系统包括应急广播平台、广播电视频率频道播出系统、传输覆盖网、接收终端和效果监测评估系统五部分内容。总体架构如图1所示。

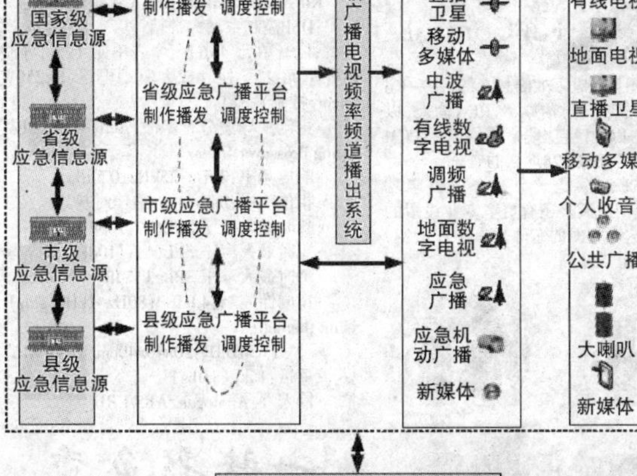

各级应急广播平台从应急信息源收集、汇聚、共享应急信息，按照标准格式制作应急广播消息，并将应急广播消息发送至所属的传输覆盖网、广播电视频率频道播出系统和上下级应急广播平台。通过广播电视频率频道播出系统进行直播、固定/滚动字幕播出和各种新媒体系统播出，处于开机状态的普通终端可直接接收到应急广播节目；通过传输覆盖网将指令和节目传输至相应的接收终端，具有应急广播功能的终端在待机状态下将被激活并接收到应急广播节目。应急广播效果监测评估系统在应急广播平台、传输覆盖网及接收终端等环节采集播发内容、设备响应、接收覆盖等数据，综合评估应急广播播发效果。应急广播系统采用数字签名方式保障应急广播消息在平台、传输覆盖网和终端之间传递的安全性。

二、应急广播平台

应急广播平台接收本级应急信息源的应急信息，及上下级应急广播平台的应急广播消息，快速处理并制作相应的应急广播节目，结合本级应急广播资源情况生成应急广播消息，通过广播电视频率频道播出系统或传输覆盖网进行播发。

应急广播平台由制作播发、调度控制和基础服务等部分组成。制作播发主要包括信息接入、信息处理、信息制作和审核播发等功能；调度控制包括资源管理、资源调度、生成播发和效果评估等功能；基础服务包括运维管理和安全服务等功能，上述功能模块可根据实际需要实现集中部署或独立部署。

应急广播平台结构如图2所示。

三、广播电视频率频道播出系统

广播电视频率频道播出系统即为现有的各级广播和电视节目的播出系统，根据应急广播平台发送的应急广播消息，及时播出应急音视频节目。

四、传输覆盖网

传输覆盖网由直播卫星、移动多媒体广播电视、中波广播、有线数字电视、调频广播、地面数字电视、应急广播大喇叭系统、机动应急广播系统、新媒体等广播电视传输覆盖系统的一种或多种组成。通过在前端/台站部署应急广播适配器等必要设备，实现应急广播消息的接收、验证、响应和自动播出功能。

五、接收终端

应急广播系统覆盖的接收终端包括：收音机、机顶盒、电视机，以及大喇叭、室外大屏、新媒体终端和公共广播对接终端等。

六、播发及处理要求

1.概述

约定了应急广播系统可能采用的播发方式，以及当采用该种播发方式时应遵循的技术要求。各地应结合应急信息发布需求和广播电视覆盖情况，规划设计本级应急广播系统应采用的播发方式，并制定应急广播播出预案规定这些播发方式的应用场景。

2.播发方式

应急广播平台从应急信息发布源单位接收传送的应急信息，经应急广播平台处理生成应急广播消息后，根据播发指令和本级应急广播资源可用情况，按照应急广播播出预案，可采用如下方式进行综合播发：

a) 本级播发。应急广播平台将应急广播消息发送至本级广播电视频率频道播出系统，广播电视台根据播发指令和应急播出预案，在当前节目信道中播发；也可将应急广播消息发送至本级传输覆盖网播发应急广播内容和传输覆盖指令，调度终端响应。

b) 通知下级播发。应急广播平台可将应急广播消息发送至相关区域的下级应急广播平台，通知下级应急广播平台调用相应资源进行播发，下级应急广播平台应反馈消息处理执行结果和播发效果。

c) 申请上级播发。当本级及下级应急广播资源不够、能力不足的情况下，应急广播平台可向上级应急广播平台申请使用上级资源加强、拓展本区域应急广播覆盖，上级应急广播平台应反馈消息处理执行结果和播发效果。

3.应急信息接入处理

应急广播平台应采用安全可靠的通讯方式实现与应急信息源的对接，对应急信息源传送的应急信息进行来源、格式、完整性校验后进行后续处理，应急信息应包含来源单位名称、事件级别、事件类型、发布内容、目标区域、发布时间等内容。

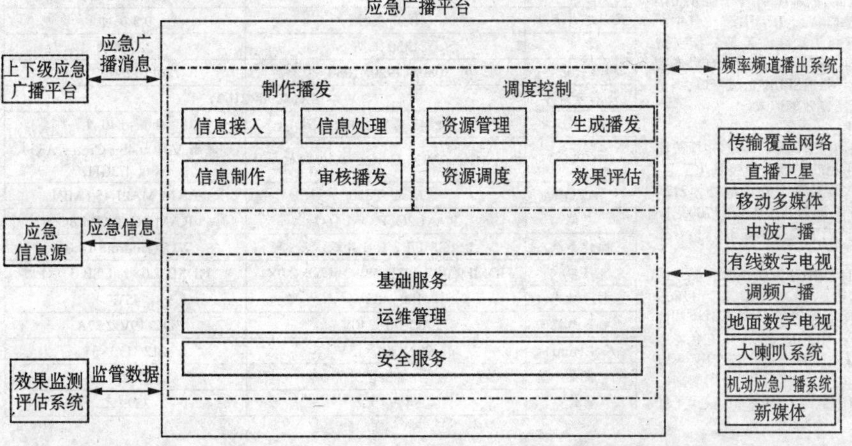

4.应急广播消息制作

应急广播平台负责根据应急信息制作应急广播消息，应急广播消息所有文件以TAR文件方式进行打包封装，每一个应急广播消息由唯一的应急广播消息指令文件中的应急广播消息ID进行区分。应急广播消息格式见GD/J 082—2018。应急广播消息采用数字签名和数字证书技术进行保护，技术要求见GD/J 081—2018。

5.应急广播消息传送

应急广播平台可采用光缆、卫星和微波等方式将应急广播消息发送至本级广播电视频率频道播出系统、本辖区传输覆盖网和上下级应急广播平台，通过光缆、微波传送应急广播消息时，应遵循GD/J 083—2018。

6.通道播发处理要求

(1) 广播电视台

广播电视台播出系统前端部署应急广播适配器，接收到应急广播消息后，根据调度指令和应急播出预案，可采用自动文转语、主持人念稿、音视频播放、字幕插入等多种方式在部分或全部频率频道节目中播出应急广播消息。应急广播适配器将应急广播消息的接收回执、播出处理情况反馈至应急广播平台。

(2) 传输覆盖网

在中波广播发射台、调频广播发射台、直播卫星集成平台、移动多媒体广播电视前端、地面数字电视前端、有线数字电视前端、应急广播大喇叭系统前端、机动应急广播系统、新媒体应急广播系统的前端/台站，部署应急广播适配器，接收本级应急广播平台发送的应急广播消息，根据要求自动控制相应播出设备播出应急广播音视频节目，同时在对应的传输通道中插入传输覆盖指令，通知终端接收应急广播节目，并将应急广播消息处理结果反馈至应急广播平台。

7.终端响应和展现

终端采用如下方式响应应急广播传输覆盖指令和展现应急广播内容：

a) 现有收音机、机顶盒、电视机等终端。正在收听收看应急广播播出频率频道的收音机、机顶盒、电视机，可及时收听收看到应急广播音视频节目。

b) 具备应急广播唤醒功能的终端。包括具备应急广播功能的直播卫星机顶盒、移动多媒体广播电视终端、有线数字电视机顶盒、地面数字电视机顶盒、应急广播大喇叭系统的调频音箱/音柱、TS音箱/音柱、IP音箱/音柱等，以及与城市公共广播、校园广播等扩音系统对接的专用终端，根据不同通道的传输覆盖指令传输机制，锁定并接收该指令，及时开机响应。

c) 新媒体终端。包括计算机、手机、平板电脑、移动穿戴设备等，接收新媒体平台推送的应急广播消息，通过消息提示、声音等方式及时提示用户收听收看。

◇四川省广元市高级职业中学校 兰 虎

数字广播 创新时代

在2019年之初，首先恭祝各位读者、作者以及关心和支持本版的各位，新年年事事吉祥，如意安康。

2018年已悄然过去，卫视与广电技术版面也在适应新时代的读者需求中，进行创新和完善，特别是数字广播、高清电视等传输设备和协议使用下，新知识、新技能的需求将是随着科技的进步而发展。更由5G通信为电子技术带来的日新月异变化，给广播和电视信号节目传输的技术也在不断更新。本版面将努力为读者提供新技术应用下的卫视接收技巧、卫视接收机维修、有线传输技术、广播电视发射设备维修等多方面卫视广播相关的技术文章。将会在上述方面更加注重选题和文章可读性，在卫视领域、有线电视广播传输途径中，为广大爱好者、工程师提供丰富文章。

为了在卫视传输与有线电视及广播这个领域出彩搏闻，就需要本身这个行业的同行积极交流，将你的宝贵经验与大家一起共享，将你的疑问与大家一起探讨，将你的信息与大家一起分析，共同推进本版发展，欢迎赐稿！

同时，希望有更多的本领域爱好者关注和支持本版！

◇本版责编

Kii Three——一款有源书架音箱

Kii Three是一家来自德国的音响品牌Kii Audio于2016年推出的重点产品。这是一款带有DSP芯片(也称数字信号处理器,是一种特别适合于进行数字信号处理运算的微处理器,其主要应用是实时快速地实现各种数字信号处理算法。)的主动式书架音箱。

Kii Three有多种色可以定做,当然默认最好看的还是这种炫丽的火红色,原厂称采用法文称之为“Rouge Flamme”,中文“火焰红”,其烤漆做工十分讲究。

结构特点:

Kii Three主动式音箱,每个声道包含了六个单元,正面两个单元为高音与中低音,低音单元一共有四个,两侧各一个,背面还有两个,负责250Hz以下的频段,这四个低音单元可说是Kii Three的精髓所在。

Kii Three每一只音箱箱体内都包含了六组DAC和放大模组,因此一对Kii Three等于用上了十二组DAC和Ncore放大模组,每一个单元都有独立的250瓦D类放大功率伺候,这也是主动式音箱不必烦恼再另外搭配放大器的一大优点。

另外我们提到Kii Three带有ADC及DSP芯片,那么只要接上CD播放机或是网络串流播放机等,Kii Three收到数字或模拟讯号就可以播放音乐,无需任何其他设备;并且直接给Kii Three数字信号是原厂最推荐的播放方式。

背面还有两个低音单元

Kii Three虽然后方有两个低音单元,但是通过独特的主动式导波技术,与后墙的距离只需要维持8~10cm即可,用户不会因为音箱离后墙太近而产生过多的低频反射甚至驻波,反射除了量能外,也使得低频混浊,要做到这点靠的就是内部的DSP处理。设计团队利用独特的DSP演算控制后方和侧面低音单元的声音,尽管单元不朝前方,但声音却会朝两侧与前方发出,让Kii Three可以很轻易地摆放在空间中任何一个位置,尽管距离后墙的位置很近也无所谓。

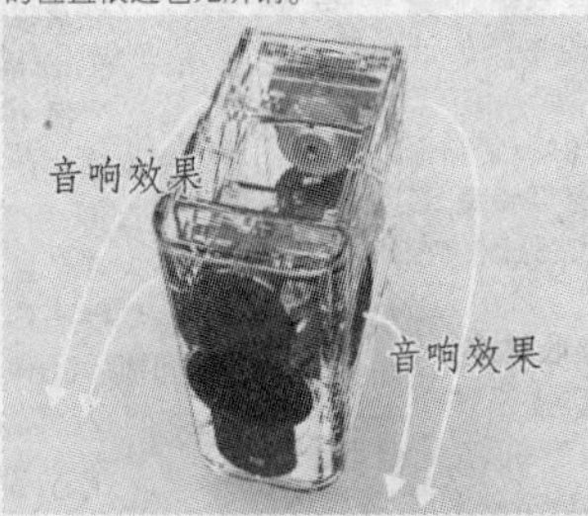

从背面板可以看到,XLR的输入可接收模拟或是数字的讯号,中央两个网络插孔则是用来连接两个声道,或是连接Kii Control外接控制器。在网络接孔旁还有两个小圆钮可以根据音箱位置调整EQ以及分频衰减,这也是依赖DSP处理。

Kii Three的设计让其除了能发挥出大能量和精准的低频重生外,也减少空间对低频的影响,通过主动式导波技术让低频也如同从正面对着聆听者发出一般的效果,因此声压绝对充足,应对大多数的家庭空间还是容易满足的。

外设部分

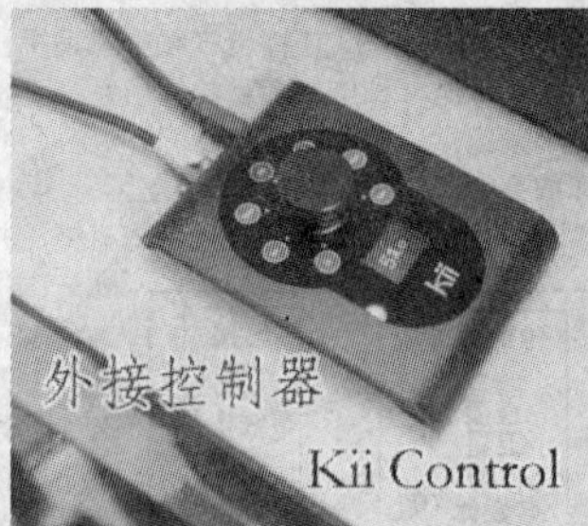

该音响还附带了外接控制器——Kii Control,可增加USB、同轴数字、RCA输入,以及音量控制与EQ调整功能。最高支持PCM 24bit 384kHz或者DSD128规格的音乐。

Kii THREE就像是一个整合了数字功放、解码处理、相位调整还有更多专业设置的扬声器,当然这么方便的东西也有少许遗憾,就是价位实在有点偏高。

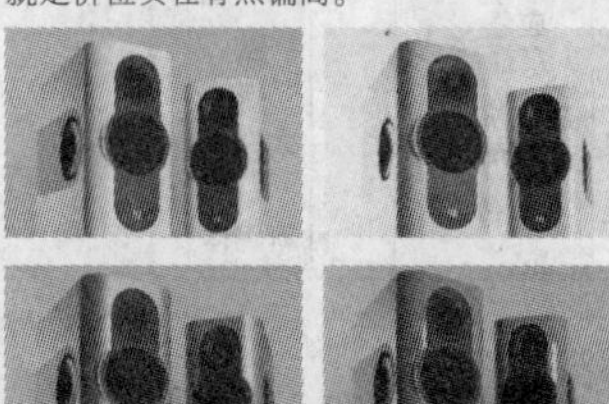

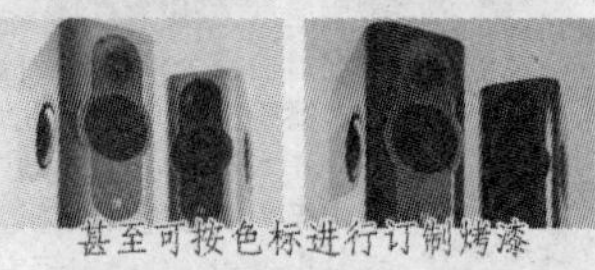

甚至可按色标进行订制烤漆

Kii Audio THREE主动式音箱参数

·三音路六单元配置

·每一单元皆由独立DAC解码(每声道六组DAC)

·每一单元皆由独立特制Ncore 250瓦 D类放大电路推动(每声道六组放大电路)

·可接收数字或模拟讯号

·设计目标为空间影响极小化,利用DSP控制降低低频反射

·利用DSP降低时基误差与相位误差

·20Hz~25kHz响应频率差异为±0.5dB

·EQ设定可微调300Hz/3000Hz以下响应频率曲线与增益

Kii Audio THREE主动式音箱规格

·DSP控制主动式音箱

·低音单元 4×6.5″,中音单元 1×5″,导波高音单元 1″,独立放大驱动电路:6×250W(Ncore特制)

·主动式导波分音滤波(Active Wave Focusing crossover filter)

·响应频率:20Hz~25kHz±0.5dB

·相位响应:minimum(最佳时基)。

·长时最大声压 SPL(*):105dB

·短时最大声压 SPL(*):110dB

·瞬时最大声压 SPL: 115dB

·指向性控制:4.8dB (80Hz~1kHz, slowly rising thereafter)

·尺寸(W×H×D):20×40×40cm, 8″×16″×16″

·重量:15kg(33lbs)

·输入端:Analogue, AES/EBU

一睹彩色重 犹听溜盘真

本版今年除了和以往一样推荐优秀的有特色的音响器材外,还将为各位介绍与视觉有关的技术、发展历程以及产品等。同时,今年发展较快的地区也许会率先步入5G时代,在新的技术和数据背景下,或许高清影片和音频又有全新的播放模式。

欢迎全国读者投稿撰写:耳机、耳放、数码音响、黑胶唱机、HIFI音响、车载音响、各种新技术的LED、OLED、激光电视、投影机、VR、家庭影院、云播放系统、4K(8K)视频技术、各种高清视频解码技术等视听相关的技术与产品。

希望与全国的视听爱好者共同学习、一起成长。

◇本版编辑:小进

两种微投推荐

相比尺寸固定的电视而言,投影的屏幕可以根据房间的大小自由变换,并且自身体积相比电视机而言也十分的小巧,另外投影比起电视更方便携带,因此投影产品也开始越来越受到特别是租房一族的年轻人的追捧。

在这里向大家推荐两款不同价位的中低端投影,一个是专注于投影产品的极米H2,售价在4499元左右,另一个是互联网电视比较出名的微鲸魔方K1,售价在2199左右。

极米H2

先看外观,极米H2和极米H1造型基本相似,极米H1斩获了2017年iF设计奖、红点产品设计奖与CES创新奖三大奖项,整机设计十分的方正,只是边角稍有不同,改为圆润的弧度过渡,外形尺寸为201×201×135mm。

配置方面,极米无屏电视H2采用的是DLP投影显示技术,搭载德州仪器的0.47英寸DMD RGB-LED显示芯片,支持的标准分辨率为1920×1080,同时兼容2K及4K分辨率。与上一代极米H1相比,极米H2在显示亮度上大幅提升,达到了1350 ANSI流明,提升了近50%。

极米H2内置GMUI操作系统,采用MStar 838 CPU和Mali-T820 GPU,存储组合为2GB+16GB,并且支持多屏互动功能,支持无屏助手App、AirPlay、DLNA三种无线投屏。

音频方面,极米H2搭载了哈曼卡顿的2×8W音频单元,采用对称式双向被动低音振膜设计,搭配支持杜比音效的高端功放,无需外接专业的音频设备就能达到澎湃舒适的音响效果。

数据接口方面,极米H2有一个USB2.0接口、一个USB3.0接口、两个HDMI接口,其中一个支持ARC声音回传功能,若是外接支持ARC功能的功放设备则可省去一条音频连接线的麻烦。另外还带有SPDIF光线接口,满足消费者对于高品质音效的追求。

微鲸魔方K1

外观整体采用带有磨砂手感的软橡胶覆盖壳体,前面板采用航空级金阳极氧化工艺,表面大面积CD纹理效果。外形尺寸为212×113×54mm,机身重量为1kg,内置11700毫安时锂电池,投影模式下最高续航3小时、音箱模式下达到10小时。

微鲸魔方K1采用DLP投影技术,显示芯片为0.3英寸芯片,标准分辨率为1280×720,280ANSI流明,可以投射出清晰锐利的画面。它的光源采用LED光源,不仅在色彩上的表现更加出色,在寿命上也比较突出,可以达到20000小时以上的使用时长,耐用度高。

微鲸魔方K1内置两个8W音箱,获得了杜比、DTS 认证,结合与李健等音乐人共同研发的EQ算法,可以优化音箱的三频表现。值得一提的是,微鲸魔方K1内置音箱支持蓝牙和WIFI连接,可单独作为蓝牙音箱使用。

在资源方面,由于采用自家的WUI智能系统,因此只要用户连接网络,WUI智能系统内置腾讯视频、芒果TV、优酷土豆等海量影视资源。除此之外,还独家播放中超联赛、德甲联赛等体育内容,满足广大体育爱好用户的观看需求。与其他单一视频源的投影产品相比,资源内容更加丰富,用户选择更加广泛。新购买微鲸魔方K1的用户还可以享受一年免费的VIP会员服务,续费价格也很划算,199元/年。

微鲸魔方K1外接口包含USB2.0、USB3.0、HDMI、耳机插孔,另外支持蓝牙4.0和802.11ac WiFi协议,充分满足用户日常接入需要。

最后作一个横向的参数对比,虽然两者在实力上有一定的差距,尤其是流明这一项;不过考虑到价格和携带的优势,还是将微鲸魔方K1与极米H2做个比较,毕竟目前市场同价位的投影其实参数都差不多,而不同价位差别在哪些地方才是消费者需要甄别之处。

参数对比	极米 H2	微鲸魔方 K1
显示芯片大小	0.47 英寸	0.3 英寸
亮度	1350 流明	220 流明
标准分辨率	1080P(1920×1080)	720P(1280×720)
最高分辨率	4K(4096×2160)	
梯形校正	垂直:±45 度 左右:±45 度	垂直:±40 度
CPU	Mstar 6A838 Cortex-A53 四核	海思 V310 64bit Cortex A53 双核 1.2GHz
GPU	Mali-T820	ARM MALI 450 MP4
存储	RAM 2G,ROM 16G	RAM 1G,ROM 8G
操作系统	GMUI 3.1(可升级)	WUI(Android L5.0)
接口	HDMI 2.0×2、USB 3.0×1、USB 2.0×1	HDMI 2.0×1 USB 3.0×1
电源功率	100-135W	45W
电源性能	AC100-240V	DC 19V 2.37A
尺寸(mm)	201×201×135	212×113×54
重量	2.5kg	1kg
售价	4499 元	2299 元

2019年1月13日出版 实用性 启发性 资料性 信息性

第 2 期 国内统一刊号:CN51-0091 定价:1.50元 邮局订阅代号:61-75

地址:(610041)成都市天府大道北段1480号德商国际A座1801 网址:http://www.netdzb.com

(总第1991期) 让每篇文章都对读者有用

钎焊——Intel的无奈之举

CPU的工艺制程代表了CPU的高精尖技术，每一次升级都会带来产品性能的大幅提升，拿AMD2代的Ryzen来说，12nm大大提升了晶体管性能，最高工作频率提高了200MHz，同时全核频率降低了约50mW，同等频率下功耗降低11%，同等功耗下性能提升16%。

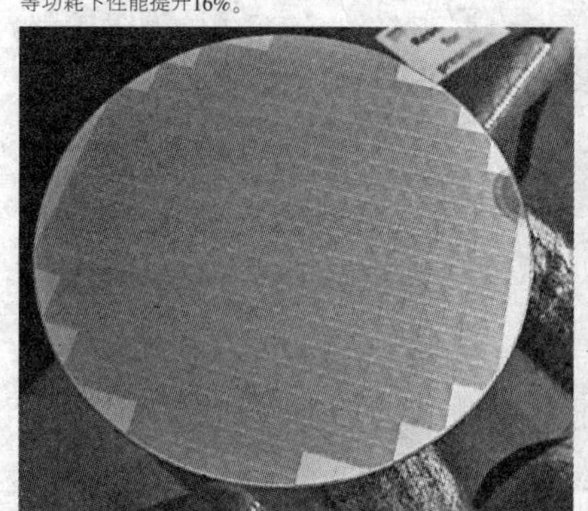

早在几年前的计划中，Intel就原定将于2015年上市10nm芯片；经过几年的挤牙膏，Intel仍然没有拿下10nm工艺，而这两年凭借锐龙系列打了翻身仗的AMD已经率先进入12nm了，虽然不能单一地从单位上看两家的制程工艺，毕竟工艺不一样，但显然AMD已经在此项数据上超越了intel。当然还有三星、台积电正在量产7nm，这又是一个不小的压力。

为了缓解因增加核心而带来的热量，提高CPU导热效率，除了提高制程工艺之外，Intel不得不搬出早期至尊系列以及E5以上的服务器处理器才采用的钎焊工艺。

钎焊的导热率有多强？我们先从普通的硅脂说起。

硅脂

硅脂作为CPU和散热器之间的导热介质对于制造流程包括DIY爱好者来说都相当方便，往核心上抹一坨硅脂，顶盖四周上胶然后贴合pcb，再固定好等胶凝固了就行了。硅脂的缺点就是导热效率是最低的，硅脂干了会进一步降低导热效率还需继续涂抹。

液金

全称液态金属导热剂，一般又分为两种，镓基合金与铋基合金，镓基合金制作的液态金属导热剂一般都是常温液态；铋基合金一般为常温固态，应用在导热剂的产品里就是液态金属导热片。相比硅脂的导热效率，液金的导热率要高些；毕竟目前最好的硅脂导热剂也不过是纳米级别，而液金则由原子直接构成(镓原子的外层只有3个电子，原子之间的束缚力非常弱，因此常温下镓基合金是液态。)，镓原子的rcov(共价半径)为128pm(皮米)=0.128nm(纳米)，渗透性比其他加了金属填料的硅脂要好得多。

不过液金导热真要明显提高还得给CPU开盖才行。具体步骤：先用刀片将连接顶盖和CPU的黑胶稍微切开；利用开盖器将顶盖和PCB安全分离；清理核心与顶盖上的硅脂，用刀片之类的东西刮干净黑胶；给内部触点涂上三防漆防止短路(主要是防止液金对PCB造成腐蚀)；在核心表面均匀涂抹液态金属；最后在顶盖四周均匀涂上适量黑胶(留有小缺口作排气孔)，与PCB对齐位置连接、压紧并固定直至黑胶凝固。

这样一套的成本也就是几十元而已，并且液金导热材料还能再使用4次左右，相当划算。至于导热效率，算是低配版钎焊了。

目前液金主要用在CPU开盖上，如果DIY能力比较强的朋友也完全可以用在顶盖与显卡上。特别是在笔记本或者显卡扩展坞等体积有限的密闭空间内，使用液金代替硅脂来增加导热性能，可以有效降低温度和散热风扇转数，对笔记本以及外设能起到非常好的续航作用。

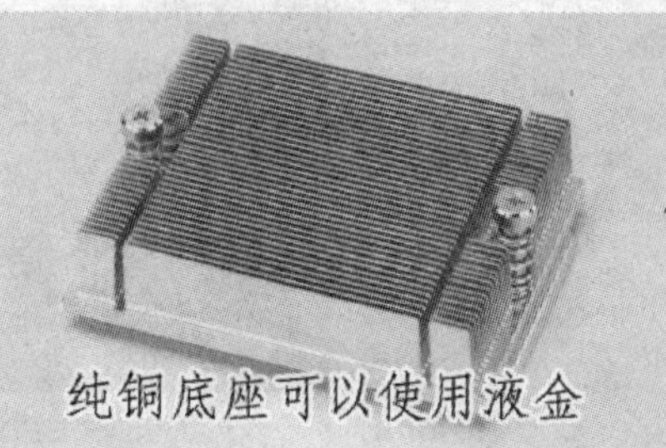

需要注意的是液金的强腐蚀性，特别是与铝制品接触会产生互溶现象，形成共融混合物，使铝基合金与镓基合金产生的新合金熔点降低，发生铝脆现象；而为了降低成本用料，很多中低端散热器都喜欢使用铝合金。好一点散热器则采用纯铜或者镀了一层镍的纯铜底座，这种就没有问题，可以采用液金进行导热。

钎焊

采用铟(In)或者是钛(Ti)，锆(Zr)，铪(Hf)、鑪 (Rf)等元素作为核心与顶盖之间的填充物，通过加热钎料将硅与铜焊接在一个密闭的空间里，这个焊接工艺非常复杂，成本也高，但是导热率却是目前最高效的。

铟是目前唯一能同时与铜和硅焊接的材料，在高端的散热器底座往往都镀有一层镍金属作为防腐层以防止氧化。在另一面的CPU核心部分，如果铟直接跟核心焊接，会入侵到核心内部，造成CPU的损坏。因此必须在CPU核心外做一个保护层，这个保护层也难跟铟融合在一起，所以最后还要在核心保护层上镀一层金作为镀层，这也是为什么CPU钎焊工艺材料成本高和工艺过程复杂的原因。

最后就是将工件升温到焊料融解并渗入焊件表面缝隙，等温度降下来焊料凝固后焊接就完成了。

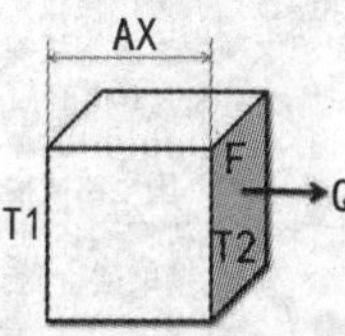

导热系数是指在稳定传热条件下，1m厚的材料，两侧表面的温差为1度(K,℃)，在1秒内(1s)，通过1平方米面积传递的热量，单位为瓦/米·度 。

硅脂的导热系数一般在10W/mK内，液金的导热指数一般在60W/mK左右，而钎焊工艺用的焊料的导热系数约为80W/mK。不仅导热系数高，而且还不用担心长期使用会降低导热效率。

由于从3代到7代酷睿这段时间AMD根本拿不出来可以跟Intel竞争的东西，Intel自然是每代挤挤牙膏就完事了。不超频都能吊打AMD的FX系列，对于CPU超频后温度过高的情况也是睁只眼闭只眼。然而2017年AMD推出锐龙系列，到现在已经能和Intel平分市场了，Intel只能先匆忙推出8代酷睿跟Ryzen勉强抗衡，然后又推出9代酷睿来证明自己的地位。鉴于还是14nm的工艺制程，Core i7-9700K和Core i9-9900K的8核心可不是闹着玩的，硅脂可没办法迅速把热量传递到顶盖，这样一来Intel只能选择改用钎焊工艺。

(本文原载第2期11版)

采用乐华安卓4核智能网络主板液晶彩电维修调整纪实

最近笔者维修一台50英寸曲面智能网络液晶彩电，开机画面显示"小米"电视机，但电视机无任何标签和商标，是一台组装的LED电视机。按下电源开关后，红色指示灯亮，用遥控器或按键二次开机后，变为蓝色指示灯，同时显示厂标小米和开机画面，进入开机画面数秒钟后，有时出现系统升级画面，但系统升级无进展，数分钟后屏幕中间显示音量调整符号，音量逐渐加大到100，见图1所示。有时可正常开机，启动后可进入播放画面，播放后几分钟还是出现音量自动增大符号，按音量减键可减小音量，调整后或调整时，音量再次加大到100。按遥控器的其他按键可进行选项和观看，就是音量大得吓人，只好按下静音键。但不能进行遥控关机，用遥控器调整其他选项时有时无效。

①

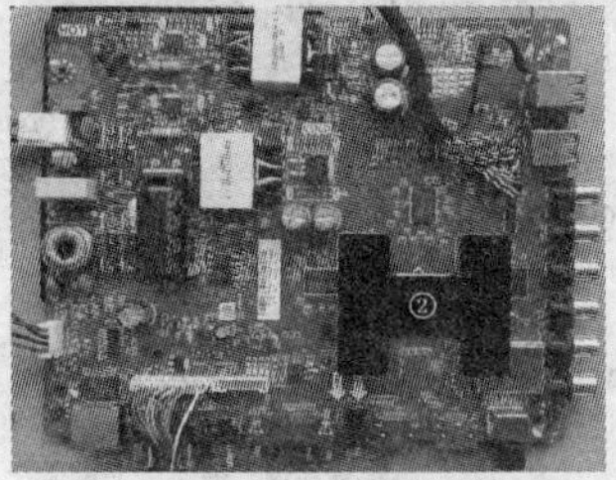
②

根据维修电视机音量自动加大的经验，多为按键板漏电所致。拆下按键板测量按键和电路板无漏电现象，拔下按键板试机，音量仍然自动增加到100，怀疑遥控器漏电，拆掉遥控器电池试机，故障依旧。怀疑主板上主芯片外围电路或按键连接器电路漏电，将热风机调到150℃对电路板加热驱潮20分钟，通电试机，故障依旧，由此怀疑软件数据出错。

该机电路板型号为TP.MS628.PB803，实物见图2所示，经过网上搜索，查证是乐华公司生产的乐华安卓4核智能网络主板，在很多组装的智能网络电视机上获得广泛使用。根据该主板，在淘宝网上购得全套乐华液晶三合一智能网络驱动主板TP.MS628.PB803通用软件程序，下载后共有三个不同分辨率的应用程序见图3所示。该电视机逻辑板型号TT5461B03-2-C-1，有两组连接线与显示屏相连接，判断是1920×1080高清显示屏，故选择对应MS628_PB803_1920_1080驱动程序文件夹。打开文件夹，显示内容见图4所示，根据软件经销商的指导，进行软件改写如下：

③ ④

1.将驱动程序文件allupgrade628_86.bin名称改成allupgrade628_SOS.BIN，然后将该程序文件复制到U盘的根目录下，电视机不通电的情况下，将U盘插到电视机的U盘接口；

2.按下电视机的电源开关，为主板通电（不用二次开机）；

3.5秒钟后电源红色指示灯开始闪烁，表示程序写入开始，这时千万不能关机或断电；

4.大约2~5分钟左右，指示灯闪烁速度频率加快或红/蓝变换，表示程序写完；

5.给电视机断电，拔掉U盘；

6.再次给电视机通电，开机即可完成程序更新。

笔者按照软件经销商的提示，进行上述程序更新后，开机观察，发现不但音量自动调整的故障依旧，有时音量自动加大到100，有时音量又自动减小到0，有时还自动向上调整，不稳定。同时观察电视机图像出错，显示的图像颜色杂乱无章，如图5所示，根据维修经验判断，是显示屏屏参出错了。

⑤

按照软件经销商的提示，该主板的调整方法是：先按遥控器上的"菜单"键，屏幕上显示主菜单时，依次按数字键"1、1、4、7"进入工厂模式主菜单，见图6所示，按"上、下"键选择调整项目，按"确认"键进入调整子菜单，按"左、右"键调整项目数据，按"退出"键，返回上一层菜单，在主菜单中，按"退出"键，退出工厂模式。

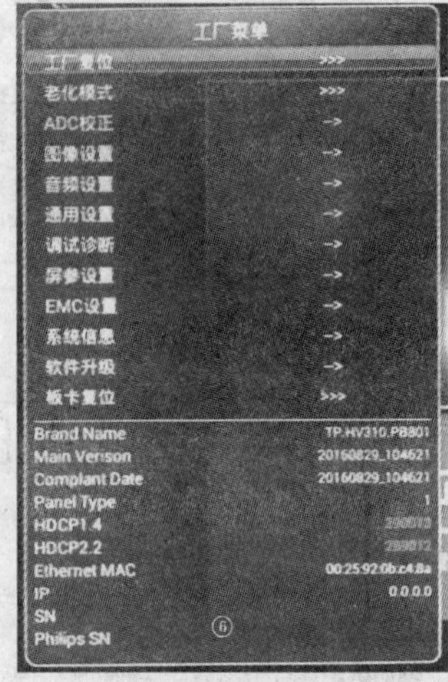

⑥

本机按照上述调整方法，进入工厂模式，在主菜单中选择"屏参设置"子菜单，进入屏参调整项目时，却无法调整屏参，使检修陷入困境。估计是音量调整自动介入造成的，其他功能按键受阻，无法进行相关调整，也无法遥控关机。和软件经销商会诊，怀疑主板硬件发生故障，无法修复，只好更换主板试试。

在淘宝网上搜寻乐华TP.MS628.PB803主板时，发现了TP.MS628.PB813/803替代升级板HV310.PB801，是乐华四核智能电视，阿里云爱奇艺WIFI一体板，见图7所示，结构和功能与TP.MS628M.PB813/803一样，无需改装，直接替换。两路背光：36V~140V 600mA/45W，支持屏：屏供电电压12V，支持屏分辨率：1366×768或者1920×1080，支持倒屏或者正屏（直接进入总线调整），适用于32英寸~50英寸，上网看电影超流畅，采用强大的海思芯片HV310四核方案，提高图像的清晰度，4G ROM。

收到替代升级板HV310.PB801后，替换下原来的TP.MS628.PB803主板。开机试验，音量自动调整的故障排除了，遥控和按键操作恢复正常，但是图像仍然杂乱无章，估计屏参数据还是不符，需要对排屏参数据进行相应的调整。

⑦

按照主板经销商的提示，替代升级板HV310.PB801总线调整方法与原来的主板相同。先按遥控器上的"菜单"键，屏幕上显示主菜单时，依次按数字键"1、1、4、7"进入了工厂模式主菜单，选择屏参调整项目"屏参设置"，按"确认"键进入屏参调整项目，见图8所示。先将COLOR DEPTH 8BIT，改为10BIT和12BIT，无效；再将MAPPING JP改为JEIDA后，图像彩色恢复正常，说明屏参修改正确。调整后，发现背光灯亮度偏暗，按照主板经销商的提示，将BACKLIGHT VALUE 50调整到90后，背光灯亮度增加。此时测量背光灯LED灯条两端电压，由原来的55V增加到57V。上述调整后，图像和亮度恢复正常，按退出键，返回到主菜单，再按退出键，退出工厂模式，至此该电视机故障彻底排除。

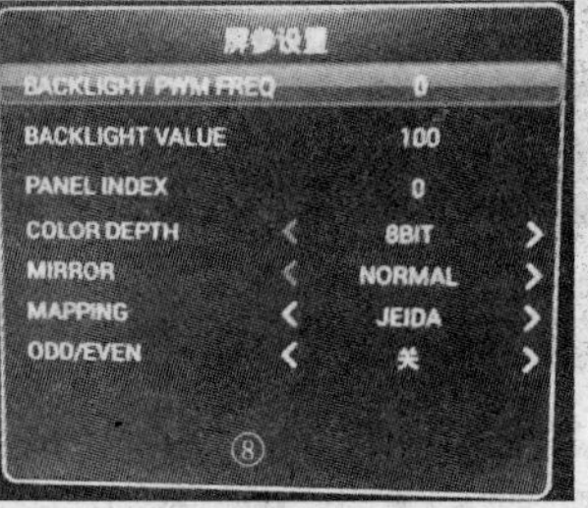

⑧

◇海南 孙德印

长虹3D47790i液晶电视开机黑屏无声指示灯亮

接修一台长虹3D47790i液晶电视，用户反映正常收看时听到一声异响，然后屏幕就不亮了。笔者给电视机串接白炽灯开机，开机瞬间灯泡闪亮一次后熄灭，电视机指示灯正常亮起，按面板上的"电源"键，系统黑屏无声无反应。

笔者分析，指示灯正常，说明副电源电路基本正常，开机黑屏，应检查电源板上主电源24V有没有正常输出。拆开后盖，取出电源一体板（板号为R-HS250P-3HF01），发现板子上有不少贴片元件烧黑。笔者用万用表测量，先后检查出24V控制芯片U401（型号SSC620S）、开关管Q401（型号7N80）、R401、R403、R404、R405、R312、R314、Q304、Q402、ZD304、N401损坏（图1、2所示），其中个别电阻烧黑看不出阻值。笔者反复对比网上的类似电路，画出电路简图如图3，其中标明了各个损坏元件的型号和阻值。另外，网上没有该板号的电路图，请注意！

将上述元件更换后，开机按电源键或者遥控开机仍然黑屏，没有启动声音，说明24V仍然不正常。在路测量刚开机瞬间PFC电压没有400V，仅维持在280V左右不变，怀疑PFC电路没有工作。此时测量PFC的驱动芯片U201（图4所示），型号为1607B，其⑧脚为Vcc供电，正常约为14.3V，笔者实测为0.69V，不正常。考虑到有一定的电压输入，猜测Vcc可能正常，电路有短路故障。断电测量⑧脚对地电阻，发现仅为4Ω，怀疑⑧脚连接的一个电解电容有问题。焊下该电容后，⑧脚对地电阻不变，遂怀疑U201芯片本身。用热风枪吹下U201后，再测板上⑧脚位置对地电阻，发现阻值已超出2KΩ挡位的量程。再测U201的⑧、③两脚间的电阻，正好是4Ω，这说明U201已损坏。花4元钱网购一只同型号IC，更换后试机，电视恢复正常。

③

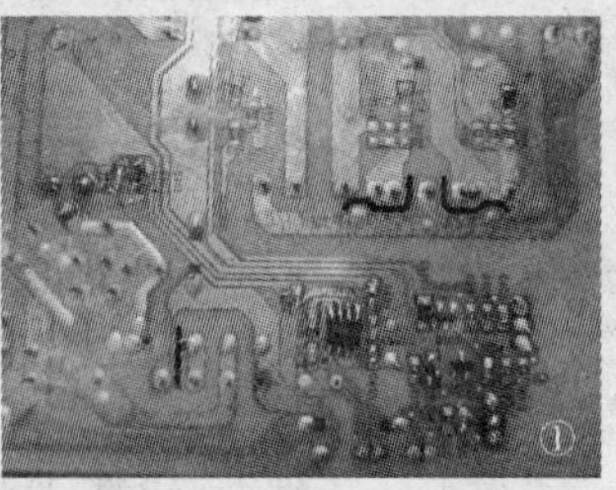
①

本例中，因开关管击穿短路，PFC的高压直接通过0.22Ω的R401对地放电，相当于地端获得了高压，致使大量与地连接的元件损毁。参考之前的维修案例，一般开关管损坏后并不会造成其他相关元件大量损坏，只需更换开关管即可。这说明长虹机器的设计保护还很不够。

图1、图2、图4是实物图，供维修者参考。

②

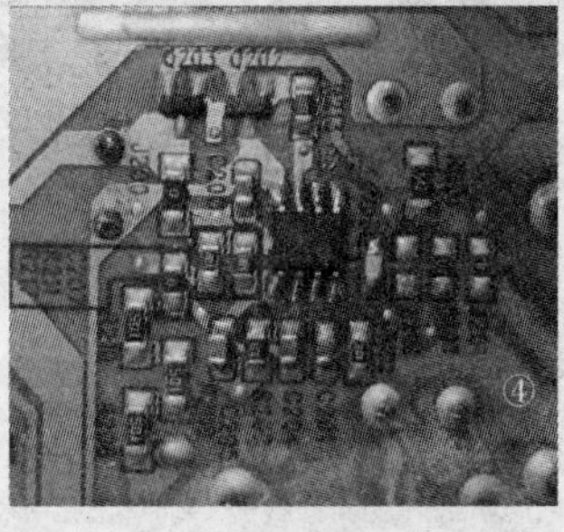
④

◇苏州 张光华

给插卡收音机增加手动调台和其他实用功能

一台某品牌插卡收音机，其收音功能只能自动搜索并存台，但存储到的电台数量较少。拆机观察：该机收音芯片采用的是FM数字处理（DSP）芯片RDA5807SP（见图1所示），该芯片的收音灵敏度指标较高；主控芯片用的是AU6850CA（兼具MP3播放、收音数字调谐控制、键盘按键输入、LED屏幕显示功能）。大多数有自动调谐选台功能的收音机，其自动搜索停台的灵敏度要比手动调台时的灵敏度低。能否给机器增加手动调台功能呢？

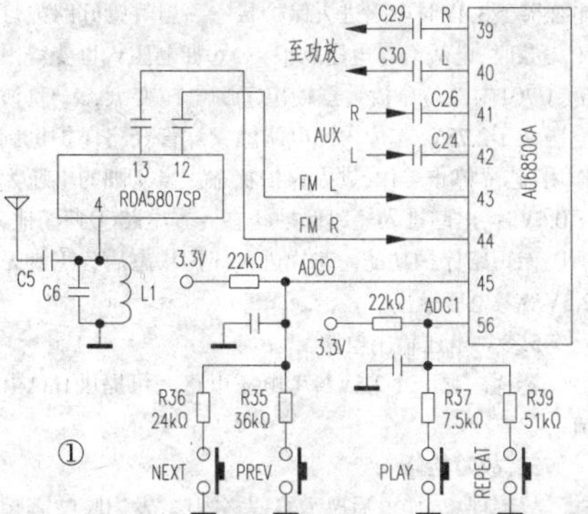

AU6850CA芯片的功能按键输入端㊺脚ADC0和㊻脚ADC1的功能逻辑识别是由该脚输入的电压（由分压电阻和22kΩ电阻的分压值）决定（见表1、表2所示）。该机器有4个键，电路中原PLAY键实现的是播放/暂停/模式/自动搜索存台几个功能；NEXT键实现的是下一曲/电台+/音量+/时钟+几个功能；PREV键实现的是上一曲/电台-/音量-/时钟-几个功能；REPEAT键实现MP3曲目重复功能。

表1 CDA0 ㊺脚

项目	分压电阻	分压值	实现功能
1	22Ω	0V	PLAY/PAUSE/AUTO SCAN SAVE/STOP
2	2.2kΩ	0.3V	NEXT/10+/CH+/SCAN+/CLK+
3	4.7 kΩ	0.58V	PREV/10-/CH-/SCAN-/CLK-
4	7.5 kΩ	0.84V	VOL-/CLK-
5	12 kΩ	1.16V	VOL+/CLK+
6	16 kΩ	1.39V	EQ
7	24 kΩ	1.72V	NEXT/CH+/VOL+/CLK+
8	36 kΩ	2.05V	PREV/CH-/VOL-/CLK-
9	51 kΩ	2.31V	MODE/POWER
10	91 kΩ	2.66V	STOP
11	220 kΩ	3.0V	PLAY/PAUSE/CH+/AUTO SCAN SAVE

表2 ADC1 ㊻脚

项目	分压电阻	分压值	实现功能
1	22Ω	0V	NEXT/10+/100k+/SCAN/CLK+
2	2.2kΩ	0.3V	PREV/10-/100k-/SCAN-/CLK-
3	4.7 kΩ	0.58V	MODE/CLK SET
4	7.5 kΩ	0.84V	PLAY/PAUSE/MODE/AUTO SCAN SAVE
5	12 kΩ	1.16V	CLOCK SET
6	16 kΩ	1.39V	PLAY/PAUSE/CH+/SAVE
7	24 kΩ	1.72V	MUTE
8	36 kΩ	2.05V	RANDOM
9	51 kΩ	2.31V	REPEAT
10	91 kΩ	2.66V	POWER
11	220 kΩ	3.0V	PLAY/PAUSE/MUTE

查表可知：ADC0的第二项具有下一曲/10+/电台+/手动调台+/时钟+几个功能，第三项具有上一曲/10-/电台-/手动调台-/时钟-几个功能。将原机器NEXT键的分压电阻由24kΩ改为2.2kΩ，将原机器PREV键的分压电阻由36 kΩ改为4.7 kΩ。在收音模式试验，长按NEXT键可以手动向上搜台，长按PREV键可以手动向下搜台，原先自动搜索存不到的电台也能收到了，效果很理想。虽然没有了音量+和音量-功能（原机器有音量电位器，所以功能不受影响），但是增加了10+和10-功能，这个功能很实用：对于内存卡上储存上百首歌曲，在MP3模式下用上一曲/下一曲按键一曲一曲选择感到很麻烦的时候，只要长按上一曲/下一曲按键就可以十曲十曲的快速选曲，再短按上一曲/下一曲按键就可以选到对应曲目。REPEAT键用处不大，而ADC0的第6项EQ也很有用。将原机器REPEAT键的分压电阻由51 kΩ改为16 kΩ，并把连线从㊻脚改为㊺脚，REPEAT键就改为了EQ键，在MP3模式下按该键就可以调出芯片预设的多种音调均衡曲线。

此改进方法也适用于其他品牌使用AU6850CA芯片的插卡收音机，读者可以一试。

◇浙江 方位

NEC LT35+投影仪自动关机故障检修一例

接修一台NEC LT35+ DLP投影仪，故障是开机工作二三分钟后便自动关机，重新开机故障依旧。首先怀疑是散热不良引发的热保护故障，拆机将两只风扇、色轮光耦等一一除尘后故障依旧，停机后观察机器上STATUS指示灯红色闪6次，通过查阅附表所示的故障代码得知为灯泡问题，可代换同型号灯泡后故障不变。

经过长时间观察发现两点异常现象：第一、每次故障出现前投影画面总是闪烁若干次，而且机器内有电机转速明显提高的声音；第二、若不装上盖则一切正常，装上上盖则故障出现。根据这些现象估计是色轮部分热稳定性不良，因为装上上盖后机器内部温度肯定较高，而画面闪且电机提速则说明色轮速度在变化。为验证猜测无误，不装上盖开机后马上用电吹风对色轮部分进行加热（如图1所示），故障马上出现，看来判断完全正确。

后来进一步检查发现色轮光耦第②脚、③脚间阻值在高温与低温情况下差别较大（如图2所示）。网购同型号（网上一般称为2号色轮光耦）更换后故障彻底消失。

◇安徽 陈晓军

附表

状态指示灯 (STATUS)

指示灯状态			投影机状态	备注
熄灭			正常	-
闪烁	红色	1个循环（0.5秒亮，2.5秒灭）	灯盖问题或灯架问题	正确更换灯盖或灯架。
		2个循环（0.5秒亮，0.5秒灭）	温度问题	投影机过热。将投影机移到低温处。
		4个循环（0.5秒亮，0.5秒灭）	风扇问题	风扇不能正常运转。
		6个循环（0.5秒亮，0.5秒灭）	灯泡问题	灯泡不能点亮。等待一分钟以上，然后重新启动。稍等片刻。
	绿色		重新点亮灯泡（投影机正在降温中。）	投影机正在重新点亮。
持续点亮	橙色		控制面板锁定开。	在控制面板锁定开状态下，您按了控制面板上的键。

使用景深模式拍摄人像也有技巧

iPhone的高端机型配置了双摄像头，可以在拍摄完成之后调节景深。不过，如果你希望在iPhone上使用景深模式进行人像拍摄，那么下面的技巧必须注意：

打开“相机”，切换到“人像”界面，此时会使用人像模式进行拍摄，但这里是有距离要求的，距离既不能太远，也不能太近，必须限制在2.5m之内。如果符合距离要求，那么照片的顶角会有“人像”的字样，完成拍摄之后进入编辑界面，会在这里看到可以左右拖拽的景深调节器，右拉影响景深缩小，左拉景深加大。

如果虽然使用人像模式拍摄但没有达到要求的距离（如附图所示），这里表示实际上只是普通模式的相片，因此也就不会出现可以左右拖拽的景深调节器了。

◇江苏 王志军

欧姆龙人机接口显示器背光灯电路工作原理及故障检修

一台欧姆龙人机接口（Human Machine Interface）NT6Z型显示器出现不能显示的故障。

由于该设备已停产，很难买到新设备，而网购的二手机使用很短时间就出现了同样故障。为此，笔者决定自主维修该显示器。为了便于维修，笔者根据实物绘制了电路图，如附图所示。该显示器背光灯采用冷阴极荧光灯管CCFL，高压驱动电路由一块高效CCFL逆变控制芯片OZ965、驱动芯片4532和高压脉冲变压器3部分构成。高压驱动电路为点亮CCFL背光灯管提供约600V的高频交流电压，并控制灯管的亮度。

一、OZ965简介

OZ965是一块采用5V供电，16个引脚的集成电路，有SOP和TSSOP两种封装形式。以单一固定频率PWM方式工作，为外部的N沟道、P沟道场效应管提供脉冲宽度可调的驱动信号，工作频率在30~200kHz之间。芯片内含多个功能模块，主要有：振荡信号产生电路，脉宽调制控制电路，N沟道/P沟道场效应管驱动信号产生电路，参考电压输出电路，软启动控制电路以及过欠电压、灯管开路、过流和短路保护电路。各引脚功能如附表所示。

引脚号	引脚名	功能
1	REF	2.5V参考电压输出
2	HCLMP	正常工作时最大占空比钳位电压输入
3	LCLMP	灯管开路时最大占空比钳位电压输入
4	SCP	短路保护输入，V_{TH}=0.6V
5	ADJ	亮度控制参考电压输入
6	FB	灯管电流取样反馈输入
7	CMP	灯管电流取样反馈补偿输出
8	GND	接地
9	SST	软启动，使灯管电流逐渐增加到正常值
10	PDR	P-MOSFET管门驱动信号输出
11	NDR	N-MOSFET管门驱动信号输出
12	ENA	使能输入，高有效（V_{TH}=1.5V）
13	OPS	灯管电流取样输入（V_{TH}=0.6V）
14	CT	振荡器定时电容
15	RT	振荡器定时电阻
16	VDD	电源

二、工作原理

1.逆变过程

+5V电压经R711（22Ω）加到U701（OZ965）的⑯脚为它供电。U701获得供电后，它内部的振荡器与外接的定时元件R710和C712产生约60kHz的工作频率，即fosc=1.91/(Rt·Ct)。该信号经脉宽控制电路处理后形成60kHz的PWM驱动信号，从⑪脚和⑩脚输出。PWM信号经驱动块T701（4532）内的N沟道场效应管和P沟道场效应管放大，加到高频变压器L701的初级绕组上，经其变换后，从L701的次级绕组输出约600V的交流电压，经插座CON702为冷阴极荧光管CCFL（在下文中简称灯管）供电，使其发光。

L701的次级绕组与电容C717构成一个谐振电路。由于L701存在泄漏电感及次级谐振电路的作用，L701的次级输出的电压和电流大致为正弦波形，这种正弦波产生的谐波EMI辐射较小，从而实现了较高效率的高压逆变。

2.软启动过程

当给U701的⑫脚施加高电平（高于1.5V）控制信号时，U701内部的恒流源为⑨脚所接的C708充电，随着C708两端电压的升高，U701⑩、⑪脚输出的脉冲信号的占空比由小到大逐渐增加，流过灯管的电流也逐渐增大，直到进入正常工作状态，确保灯管获得足够的点燃时间，延长了灯管的使用寿命。在软启动过程中（即灯管电流取样电压小于0.6V时），⑩、⑪脚输出脉冲最大占空比由③脚的电压决定；当灯管电流取样电压大于0.6V，即灯管电流达到0.6/0.445=1.25mA时，软启动结束，⑩、⑪脚输出脉冲最大占空比由②脚电压决定。

3.灯管电流稳定电路

该电路通过检测流过灯管电流的取样电压，调整⑩、⑪脚输出脉冲信号占空比，使流过灯管的电流保持稳定的方式，实现保持灯管亮度的稳定。具体过程是：OZ965①脚输出的2.5V参考电压经R703、R704分压后，为⑤脚提供1.25V的亮度控制参考电压V_C，预设⑩、⑪脚输出脉冲的占空比，即灯管的工作电流。流经灯管的电流经双二极管D701整流，R714//R715取样，C718滤波，在附图中A点获得一个灯管电流取样电压V_A。该电压一路经R712加到⑬脚，用于选择⑩、⑪脚输出脉冲的最大占空比；另一路经R716接到⑥脚，与亮度控制电压V_L及电阻R702共同作用，为⑥脚提供一个电压V_B，⑤脚的电压V_C和⑥脚的电压V_B经芯片内部的差分放大器放大后，产生一个误差电压V，该误差电压经由一个坡度比较器比较去调整⑩、⑪脚输出脉冲的占空比。当流过灯管的电流减小时，V_A降低，⑥脚电位V_B下降，⑩、⑪脚输出脉冲的占空比增大，N沟道和P沟道场效应管导通时间增大，经逆变变压器L701升压，使流过灯管的电流增加。反之，当流过灯管的电流增大时，V_A升高、V_B相继上升，⑩、⑪脚输出脉冲的占空比减小，使流过灯管的电流减小。如此不断实时调整，确保灯管电流恒定不变。增大或减小亮度控制电压V_L，可以调整⑩、⑪脚输出脉冲的占空比，可实现灯管的亮度调节，但⑩、⑪脚输出信号的最大占空比不会超过②脚电压设定的值。C707为U701内差分放大器的补偿电容。

4.保护功能。

当电源电压上升到3.9V时电路开始工作，当电源电压降到3.4V时电路进入保护状态。当灯管开路或灯管失效时，电流取样电压V_A很小，⑥脚电压V_B也变得很低，U701内部差分放大器输出⑦脚电压变大，一旦该电压大于2.78V，芯片内部电路触发灯管开路保护机制作用，芯片停止工作，进入保护状态。当④脚的电压大于0.6V时，电路进入短路保护状态。本电路④脚接地，所以无短路保护功能。芯片进入保护状态后，①脚无2.5V参考电压输出。

5.参考电压输出电路

芯片内含一个2.5V参考电压电路，可提供1mA电流。

三、故障检修

故障现象：加电后显示器屏幕闪烁，发出吱吱高频叫声，不到1秒钟，屏幕熄灭、吱吱声消失。

分析与检修：根据故障现象分析，怀疑高压变压器L701及相关电路异常。测C716和C717正常，试更换变压器L701，故障现象依旧。用示波器测量T701的⑧脚，发现加电后约0.6秒的时间有脉冲信号，随后信号消失，与上述故障现象吻合；测A点电压信号，发现该点电压在加电后的0.5秒时间内，始终保持在40mV左右，检查R714、R715、C718均正常，因此怀疑灯管开路或失效，流过灯管的电流太小，导致芯片软启动后立即进入保护状态。于是，用一只82kΩ的大功率电阻代替灯管后试机，电路能工作，用示波器可以观测到T701的⑧脚有连续的脉冲信号，A点电压保持在1.2V左右，基本可确定灯管损坏。打开显示器后盖，取出灯管，发现灯管两端已经严重变黑。用网购的同型号灯管更换后，机器恢复正常，故障排除。

【提示】插座CON702的引脚松动或开焊，也会产生本例故障。

◇青岛　孙海善

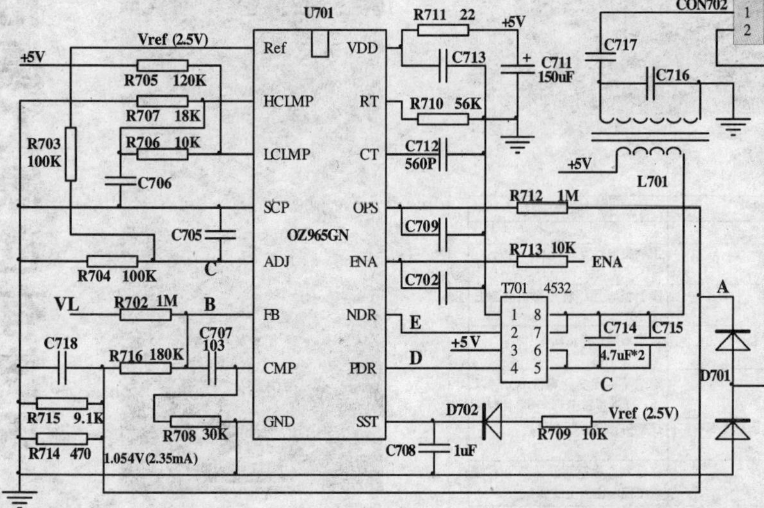

台扇不启动故障检修1例

故障现象：一部美的FT 7-40台扇从台面滑落碰撞后不能启动。

分析与检修：通过故障现象分析，说明电机或其供电电路异常。打开机座后察看，发现定时器DFJ-120内部的构件已震碎、损坏。因手头没有此类定时器，于是将附图内定时器D的a、b端连通后试机，运转正常。虽然丧失了定时功能，但不影响使用。

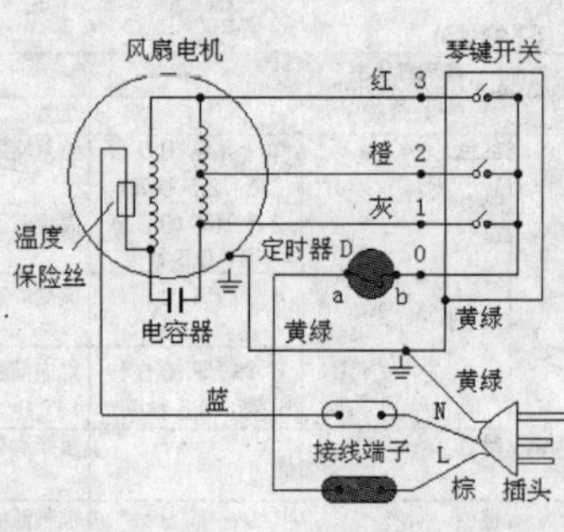

◇广东　沈苏民

利用USB端口获取双轨电源的电路实例

设计5V以外电源的小功率USB电路时，您必须确定是使用独立电池，还是使用来自主机的小型电源。如果电路需要大于5V的双轨电源（如采用了基于运放的仪表放大器），或必须用于便携计算机如笔记本电脑上，则问题就更复杂了。

USB2.0标准规定了对连接设备的功率要求，即耗电最大100mA，视为小功率；耗电最大500mA，则视为大功率。本文所述电路原用于一个热致发光（TL）仪器设计，设计中的微控制器、USB接口控制器，以及10个运放均作为小功率器件，从一个USB端口获得全部电源。

设备的运行需要有高性能、低噪声拾取，使系统射频辐射尽可能低。在搭建电路以前，做过仿真与验证，然后用于TL系统。本设计的吸引力在于，由于它采用的是常见元器件，提高了可重复性，同时降低了成本。

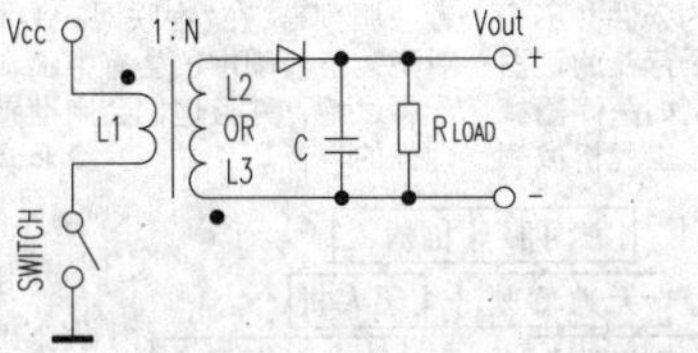

图1：当开关打开时，这个基本的反激式转换器泵将电荷存储进滤波电容器C。

电路运行原理基于反激概念（图1），运行期间，一只小型变压器受一只脉冲调制555非稳电路的驱动，工作频率在115kHz~300kHz。高工作频率可以使电路的整体尺寸较小，同时提供相对较高的功率输出以及良好的调节性，使输出滤波更容易做到低纹波。

实际电路中用一只MOSFET来实现开关。图1中，二极管对正的VOUT表现为正偏。将二极管和一个变压器绕组极性反向，就获得一个负的VOUT。电路工作在三个不同的相位。在相位一，开关闭合，因电流流过变压器初级，能量以磁场形式存储起来。二极管反偏，次级没有电流流过。

在相位二，开关打开，二极管变成正偏，能量从磁场传送给电容C。在相位三，能量的转储完成，在开关漏源电容中存储的任何剩余电荷都被完全释放。然后重复这个循环。

为更好地解释电路的工作原理，比较简单的办法是假定恰在时间t=0以前，滤波器电容已经放电到标称输出电压，而通过变压器初级线圈的电流为零。t=0时，开关闭合，电流开始流经初级线圈。这样就会在次级线圈上产生一个电压，极性如图1所示。由于二极管是反偏，因此没有次级电流流过，次级线圈相当于开路。变压器初级端的作用就好比一个简易装的电感器。初级电流呈线性增加，公式如下：

$$I=\frac{V_{CC}}{L_1}t$$

在开关闭合期间，次级线圈上的感应电压为nVCC。因此，二极管必须承受的最小反偏电压为（nVCC+VOUT）。过了既定时间后，开关打开。在实际电路中，这相当于MOSFET被关闭。假设初级线圈中的电流在该时刻为IPK，则电感器中存储的磁场能量就等于：

$$E=\frac{1}{2}I_{PK}^2L_1$$

由于初级线圈与次级线圈之间的磁通量，当初级电路开路时，电感器中存储的但正在崩溃的磁场在次级端中感应出了足够高的电压（>VOUT），使二极管正偏。电流的初始值为I2=IPK/n。在二极管正偏期间，次级线圈上的电压将为（VOUT+0.7）。这也可以看作初级端电压向下变换为VOUT/n。因此，当开关打开时，它必须承受的实际电压是：

$$V_{REVERSE}=\left(V_{CC}+\frac{V_{CC}}{n}\right)$$

这个公式强调了反激转换器相对于有相当输入输出电压的升压转换器的优势，即当开关打开时，降低了它必须承受的电压。事实上，“关断”周期的电压降低到一个值，该值由变压器线圈匝数比确定。这样就可以使用较低击穿电压的MOSFET。另外，在升压转换器拓扑中，二极管必须同时承受“开启”时的高电流，以及“关断”时的高反向电压。而在反激转换器中，次级端的二极管在电流较低时（IPK/n），需要承受高电压。这样就允许使用较小电容的二极管，从而获得较快的开关速度，因而减少了能耗，提高了效率。

虽然这超出了我们的电流范围，您仍可以计算输出电压，方法是让L1中的能量输入量等于传送给负载RLOAD的能量。稳态时，输出与开关的占空比D以及开关工作的频率有关，即开路输出电压公式为：

$$V_{OUT}=V_{CC}\left(\sqrt{\frac{R_{LOAD}T}{2L_1}}\right)D$$

在图2的实际电路中，可以找到图1基础反激电路的所有元件。不过，这里做了一些微调，以实现更好的运行稳定性。例如，配置两只输出二极管，这样就可以获得双轨输出。另外，正电压轨反馈由R4和R5构成的分压器采样，其电平由电容C2做平顺。普通的555非稳态工作时也可能产生输出波形，这是由于时序电容（C1）通过R1和R2的和，从VCC充电，并通过R2放电。在所使用的电阻值（即R2>>R1）下，占空比接近50%。充电/放电电压被内部设定为VCC/3和2VCC/3（即，如果在5V下运行，则分别为1.67V和3.33V）。没有反馈时，图2中给出的开环输出电压约为20V。

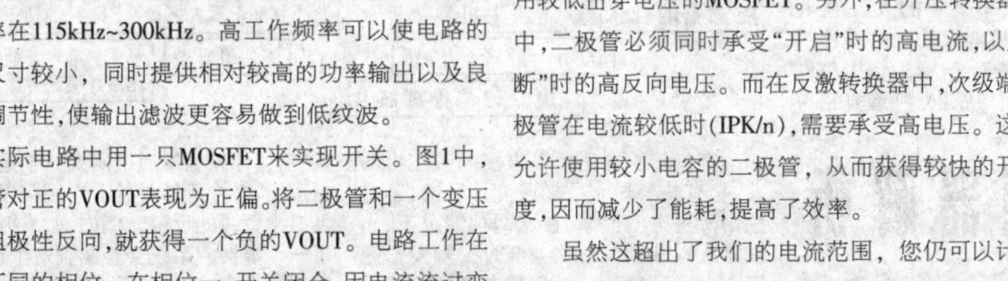

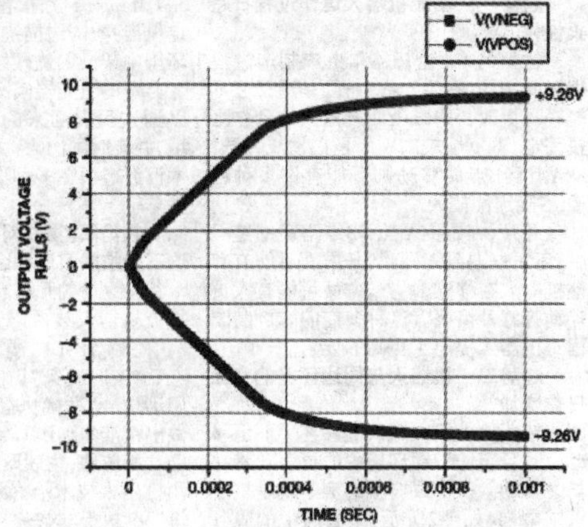

图3 上电时，输出稳定在0.8ms内，两个负载均为200。

反馈工作原理如下：晶体管Q1关断，直到其基极电压（VBE）约为0.55V。这样，输出电压可依照以下公式计算：

$$V_{OUT}=\left(1+\frac{R_4}{R_5}\right)V_{BE}$$

由于反激的作用，输出电压持续升高，Q1被驱动得更厉害，使其集电极电压下降。由于集电极连接到555定时器的控制输入端，其标称的上限约为（2VCC/3），于是使电容以相同的速率充放电，但处于一个狭窄的电压区间。其效果是，同时减小了用于驱动MOSFET开关的输出脉冲的开关次数。频率与占空比（D）上的净变动使VOUT下降，最终降低了反馈电压，也减少了Q1的“导通”时间。

电路需谨慎设置的其中一项是反激变压器。经过测试，多款自制变压器的工作性能良好。最终确定的方案是重新使用一个RFI抑制电感的磁芯，它主要出现在电视机开关电源的电源输入端。变压器初级采用多股绕线，以减少串联电阻。例如，使用四股0.3mm绝缘铜线，紧密缠绕七匝，所得初级电感为30μH，测得电阻为0.03Ω。较低的线圈电阻减少了电感器在开关时产生的焦耳热，从而达到更高的效率。RS-Electronics（RS库存号647-9446，由Epcos生产）现有一款适用的、市场上可以买到的铁氧体磁芯和绕线骨架套件。

进一步的优化做法是，D1和D2采用大电流、高速、低正向压降的肖特基二极管。在MOSFET的栅极另加一只反偏二极管，以减少RFI。5VUSB线上加一个100mH扼流圈，也进一步降低了开关噪声。

鉴于我们设计的目的，USB端口被作为一个5V电源，串接了一个10Ω电阻，以防最差情况下的500mA电流。100μF的去耦电容C5用于防止在电源轨中产生开关噪声。在负载为50Ω时，测得的输出效率大约为72%，输出电压跌至±7.6V。输出也成功地连接到78L05等线性稳压器以获得其他电压。在设计方面，可以进一步优化之处是用软件控制输出的切换。这里我们不做细述，但用一个独立的有源晶体管调节555的开或关的方法可以实现待机或激活操作。

图3显示了转换器的上电瞬态响应。

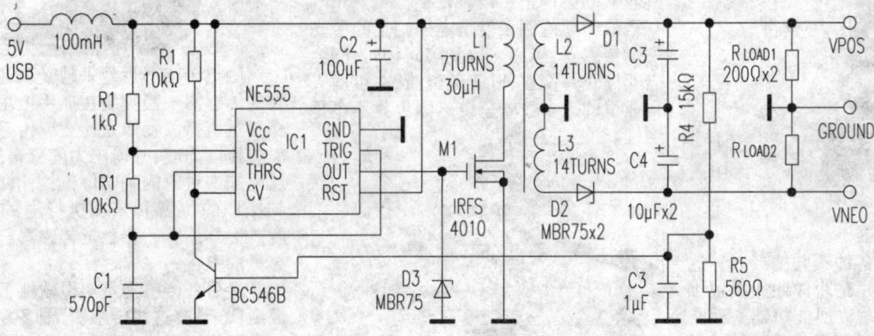

图2 这个完整电路中，M_1、Q_1以及肖特基二极管都可以使用很多替代品。

◇湖北 朱少华 编译

物流机器人技术趋势

经过前几年的火爆，工业界和资本都开始对机器人持比较理性的态度，不再“野蛮生长”。这样的氛围也许会更有利于企业潜心钻研，打造真正符合客户需求的产品和技术。

趋势一：物流机器人运作过程日趋柔性化

这里的“柔性”，是和生产制造过程相对而言的。在生产线上，因制造工艺不能轻易更改，所以工业机器人的动作比较固定、重复性较高。但是在物流领域，从A点到B点的移动则可能有许多种路径，不确定性较大。

并且，在走完A点到B点路径的过程中，还可能遇到障碍物：一方面可能有其他机器人在移动，另一方面可能有人员走动等意外情况。这种多变的“柔性”流程对机器人提出了更高的要求。

趋势二：机器人与周边环境的交互日益增加

新一代机器人不仅能够在平面上移动，并且还能识别环境中的更多元素并与之互动。一个很典型的例子就是机器人乘电梯，如图2所示：某酒店中的服务机器人可以通过发射无线信号与电梯互动，进入其内部并选择正确楼层，从而将物品送到指定的楼层房间。笔者观察到：“乘电梯”的功能已经成为越来越多机器人品牌的标配。

趋势三：激光导航技术日渐普及

既然机器人要发挥柔性特点，并和外部物体交互，那么就首先要“看得见”，能够正确识别周边的环境。在此需求之下，激光导航技术日渐兴起。在这项技术出现之前，物流机器人主要是沿固定路径行走（例如靠埋在地下的磁导轨来引导），但这显然缺乏柔性；机器人也可以靠地面上铺设的大量二维码来不断校准自己所在的位置，但是这对于环境的要求比较高，而且二维码也容易磨损。

激光导航技术可以细分为激光挡板导航和SLAM导航。激光挡板导航需要在周围环境中架设反光板来辅助激光定位，所以会因为障碍物遮挡激光而影响导航效果。SLAM(Simultaneous Locating and Mapping)是指在行进的过程中一边定位自身、一边描绘地图。它不需要周边环境中架设大量硬件设施，只需要机器人自带的激光器向四面八方发射，就可以通过反射回来的结果描绘出周边环境，并实时画出来（见图3下部）。这种技术已经应用在多种物流机器人和无人驾驶车辆上。

趋势四：物联网、人工智能和机器人这三大技术日渐融合

从之前的几条趋势可以看出：现代物流机器人装备需要具备三方面能力：“状态感知”（机器人自身和周边的状态）、“实时决策”（在特定场景下应该如何动作）、“准确执行”（按照决策的结果做出精准的动作）。

相应地，物联网技术、人工智能技术和机器人技术恰好对应了“感知”、“决策”和“执行”这三个方面。未来的高性能机器人装备一定不是单纯的硬件，而是集上述三种技术的综合体，让数据自由地流动，让算法指挥硬件发挥最大的效能。

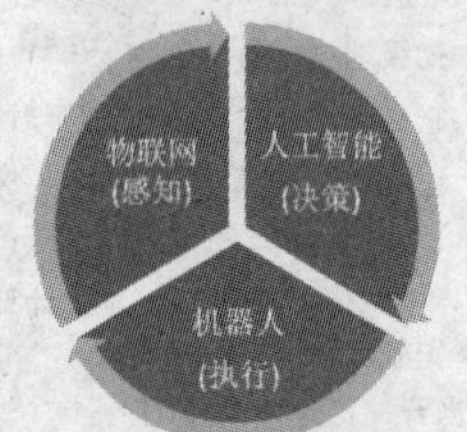

IoT、AI和机器人技术日渐融合

趋势五：机器人产业的整体景气度不高，但下一个突破点在望

具体来说：经过前几年的火爆，工业界和资本都开始对机器人持比较理性的态度，不再“野蛮生长”。这样的氛围也许会更有利于企业潜心钻研，打造真正符合客户需求的产品和技术。

另一方面，业界专家认为：人工智能、机器人等技术在2020~2030年左右可能迎来拐点：自然语言处理、认知推理、区块链等技术有望克服目前应用中的难点（性能瓶颈、安全问题等），而5G等技术的成本也会降低，达到可以商用的范围。这使得人们可以用比较低的代价获得物联网/人工智能/机器技术的帮助，从而真正推动智能装备的普及化，迎来机器人应用的下一个高峰。

趋势六：机器人越来越体现出行业定制化特性。

物流机器人（例如AGV）可以应用在许多行业。但是在一个行业的成功，未必能轻易复制到其他领域。我们观察到，目前物流机器人用得比较多的还是在汽车、电子、电商等几个代表性的领域，而没有全面占领工业市场。

这其中有两大方面的原因：1）“机器换人”需要从经济性角度获得论证，因此通常发生在利润较高（有闲钱可以买机器人）或是劳动力成本太高（企业有动力去买机器人）的领域。这样的条件并不是任何行业都满足的。2）每个行业的机器人运作环境都有其特点，例如医疗器械领域面临严格的合规审查，工程机械领域的特大件/重型件较多，等等。这使得企业每迈入一个新的行业领域都需要对产品作重新定制，从而对公司技术能力提出了较大挑战。

因此，各领域的机器人产品在发展阶段上有较大差异。下图的“Gartner曲线”描绘了不同机器人的技术成熟度，可供参考（越往右，成熟度越高）。

不同类型/行业的机器人处于不同的发展阶段。来源：Gartner公司

趋势七：中国国内机器人厂商快速崛起

在旺盛的市场需求下，中国机器人制造商在物流等领域发展迅速。在无人机、搬运机器人等领域，国内产量已经走向世界第一。中国本土制造的AGV等产品在国际上获得红点设计奖等知名奖项，并且在汉诺威工业展等国际知名展会上吸引了全世界的目光。在汽车等要求较高的工业领域，知名制造商也纷纷在其工厂内部署中国国产的机器人。

诚然，中国机器人企业在技术实力上和国外顶尖巨头还是有差距，并且核心零部件依赖进口的局面尚未得到根本改变。但是，通过与国内厂商们的交流，能够感觉到攻坚克难的热情，并看到他们深耕行业研发新产品的累累硕果。笔者斗胆预言，在“物联网+AI+机器人”的新型装备浪潮中，会有中国本土企业的一席之地，并且他们会向世界发出越来越强的声音。

◇北京 刘 慧

家用服务机器人
无人驾驶
无人机
医疗机器人
仿人形机器人
智能康复机器人
AR/VR娱乐教育
工业自动化集成
危险作业机器人
扫地机器人
3C、农副食品、特种加工机器人
智能假肢机器人
农业、能源、空间特种机器人
物流配送及AGV机器人
能源电池技术
软体放生机器人
抛光打磨机器人
聊天、陪护、AI助理机器人
认知、翻译、情感
军用机器人
视觉、听觉、触觉、减速器、电机等核心部件
深度学习与推理芯片

工业机器人常用的传感器解析

在工业自动化领域，机器需要传感器提供必要的信息，以正确执行相关的操作。机器人已经开始应用大量的传感器以提高适应能力。例如有很多的协作机器人集成了力矩传感器和摄像机，以确保在操作中拥有更好的视角，同时保证工作区域的安全等。在此枚举一些常用的可以集成到机器人单元里的各种传感器，供诸君参考。

二维视觉传感器

二维视觉基本上就是一个可以执行多种任务的摄像头。从检测运动物体到传输带上的零件定位等等。二维视觉在市场上已经出现了很长一段时间，并且占据了一定的份额。许多智能相机都可以检测零件并协助机器人确定零件的位置，机器人就可以根据接收到的信息适当调整其动作。

三维视觉传感器

与二维视觉相比，三维视觉是最近才出现的一种技术。三维视觉系统必须具备两个不同角度的摄像机或使用激光扫描器。通过这种方式检测对象的第三维度。同样，现在也有许多的应用使用了三维视觉技术。例如零件取放，利用三维视觉技术检测物体并创建三维图像，分析并选择最好的拾取方式。

如果说视觉传感器给了机器人眼睛，那么力/力矩传感器则给机器人带去了触觉。机器人利用力/力矩传感器感知末端执行器的力度。多数情况下，力/力矩传感器都位于机器人和夹具之间，这样，所有反馈到夹具上的力就都在机器人的监控之中。

有了力/力矩传感器，像装配，人工引导、示教，力度限制等应用才能得以实现。

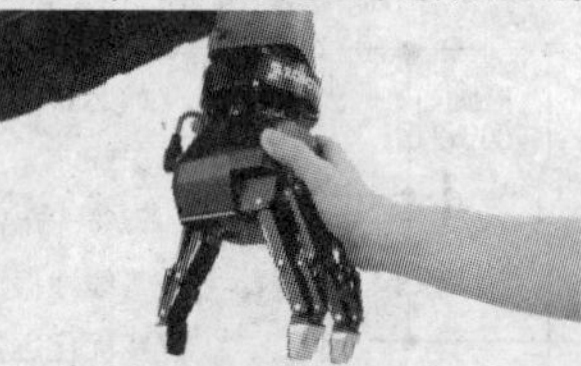

碰撞检测传感器

这种传感器有各种不同的形式。这些传感器的主要应用是为作业人员提供一个安全的工作环境，协作机器人最有必要使用它们。一些传感器可以是某种触觉识别系统，通过柔软的表面感知压力，如果感知到压力，将给机器人发送信号，限制或停止机器人的运动。

有些传感器还可以直接内置在机器人中。有些公司利用加速度计反馈，还有些则使用电流反馈。在这两种情况下，当机器人感知到异常的力度时，触发紧急停止，从而确保安全。但是在机器人停止之前，你还是会被它撞到。因此最安全的环境是完全没有碰撞风险的环境，这就是接下来这个传感器的使命。

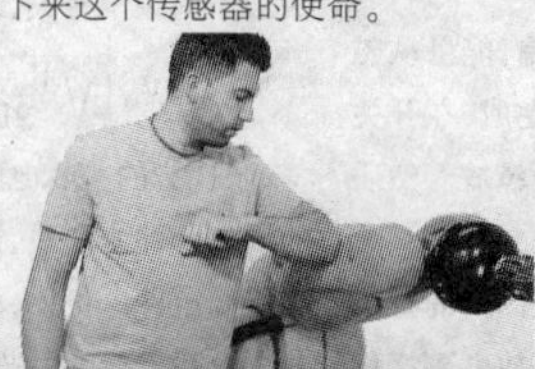

要想让工业机器人与人进行协作，首先要找出可以保证作业人员安全的方法。这些传感器有各种形式，从摄像头到激光等，目的只有一个，就是告诉机器人周围的状况。有些安全系统可以设置成当有人出现在特定的区域/空间时，机器人会自动减速运行，如果人员继续靠近，机器人则会停止工作。

最简单的例子就是电梯门上的激光安全传感器。当激光检测障碍物时，门会立即停止并倒退，以避免碰撞。在机器人行业里的大多数安全传感器也差不多是这样。

零件检测传感器

在零件拾取应用中，（假设没有视觉系统），你无法知道机器人抓手是否正确抓取了零件。而零件检测应用可以为你提供抓手位置的反馈。例如，如果抓手漏掉了一个零件，系统会检测到这个错误，并重复操作一次，以确保零件被正确抓取。

其他传感器

市场上还有很多的传感器适用于不同的应用。例如焊缝追踪传感器等。

触觉传感器也越来越受欢迎。这一类的传感器一般安装在抓手上用来检测和感觉所抓的物体是什么。传感器通常能够检测力度，并得出力度分布的情况，从而知道对象的确切位置，让你可以控制抓取的位置和末端执行器的抓取力度。另外还有一些触觉传感器可以检测热量的变化。

最后，传感器是实现软件智能的关键组件。没有这些传感器，很多复杂的操作就不能实现。它们不仅实现了复杂的操作，同时也保证了这些操作能够在进行的过程中得到良好的控制。

◇广东 李运程

技能竞赛 “电子电路装调与应用”竞赛模拟试题解析(二)

(接上期本版)

二、主要元件功能介绍

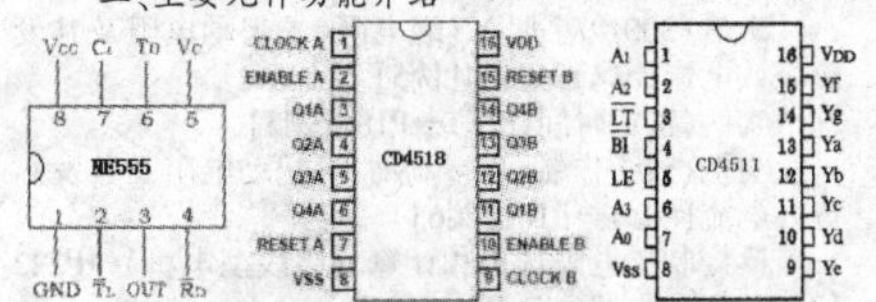

1.红外发射/接收二极管

红外发射二极管为透明封装,工作于正向,电流流过时发出红外线。红外接收二极管采用黑胶封装,工作于反向,没有接收到红外线时呈高阻状态,接收到红外线时电阻减小。

2.NE555

NE555时基电路真值表如表1所示。

表1 NE555真值表

4清零端	6高触发端TH		2低触发端TR		Q	放电管T	功能
0	×		×		0	导通	清零
1	<(2/3)VCC	0	>(1/3)VCC	1	×	保持	保持
1	<(2/3)VCC	0	<(1/3)VCC	0	1	截止	置1
1	>(2/3)VCC	1	>(1/3)VCC	1	0	导通	清零

3.CD4518

CD4518是二/十进制加计数器,有两个时钟输入端CLOCK和ENABLE,真值表如表2所示。

表2 CD4518真值表

输入			输出
CLOCK	ENABLE	RESET	Q4Q3Q2Q1
↑	1	0	加计数
0	↓	0	加计数
↓	×	0	保持
×	↑	0	保持
↑	0	0	保持
1	↓	0	保持
×	×	1	清零

4.CD4511

CD4511是用于驱动LED显示器的BCD码—七段码译码器,可驱动共阴LED数码管,真值表如表3所示。

表3 CD4511真值表

输入							输出							
LE	$\overline{BI}$	$\overline{LT}$	D	C	B	A	a	b	c	d	e	f	g	显示
×	×	0	×	×	×	×	1	1	1	1	1	1	1	8
×	0	1	×	×	×	×	0	0	0	0	0	0	0	消隐
0	1	1	0	0	0	0	1	1	1	1	1	1	0	0
0	1	1	0	0	0	1	0	1	1	0	0	0	0	1
0	1	1	0	0	1	0	1	1	0	1	1	0	1	2
0	1	1	0	0	1	1	1	1	1	1	0	0	1	3
0	1	1	0	1	0	0	0	1	1	0	0	1	1	4
0	1	1	0	1	0	1	1	0	1	1	0	1	1	5
0	1	1	0	1	1	0	0	0	1	1	1	1	1	6
0	1	1	0	1	1	1	1	1	1	0	0	0	0	7
0	1	1	1	0	0	0	1	1	1	1	1	1	1	8
0	1	1	1	0	0	1	1	1	1	0	0	1	1	9
0	1	1	1	0	1	×	0	0	0	0	0	0	0	消隐
0	1	1	1	1	×	×	0	0	0	0	0	0	0	消隐
1	1	1	×	×	×	×	锁存							锁存

第二部分 考试答题部分(楷体部分为答案)

一、产品装配(20分)

1.元器件的识别与检测

正确无误地从赛场提供的元器件中选择所需元器件及功能部件,使用万用表检测规定的元器件,并把检测结果填写在下表对应的空格中。

2.电路板焊接与装配

二、产品检测(10分)

调试并实现电路的基本功能

三、电路调试与检测(35分)

根据套件各个模块的原理图,对电路进行调整,使用提供的仪器设备对电路相关部分进行测量,并记录在相应的表格中。

1.电路参数测量

根据题目要求,使用万用表对电路各个参数进行测试。

元器件		识别及检测内容		评分标准	评分
电阻器2支		测量值		检测错误不得分	±5%范围内
		R3(103)	10.02KΩ		
		R14(301)	297Ω		
电容器1支	C2	判断好或坏(在□中用√号表示你的选择)		检测错误不得分	
		□好√ □坏			
		类型	介质	类型、介质各1分	
		聚丙烯电容(CBB)	金属化聚丙烯膜		
二极管1支	D1	正向电阻	反向电阻	正、反向电阻2分	
		几KΩ~十几KΩ	∞		
		判断好或坏(在□中用√号表示你的选择)		检测错误不得分	
		□好√ □坏			
三极管1支	Q1	判断管型(在□中用√号表示你的选择)		检测错误不得分	
		□PNP型 □NPN型√			
		判断好或坏(在□中用√号表示你的选择)		检测错误不得分	
		□好√ □坏			
		管脚向自己,写出管脚位置		管脚写错不得分	
		b−c−e			

鉴定内容	技术要求	评分标准	得分
实现功能	当物体通过时,计数器加1。当数码管显示9时,继电器K1吸合,LED亮,同时报警。	1.电源部分能输出5V直流电压,LED2电源指示灯正常点亮。 2.红外发射接收电路正常工作。 3.由U1、U2和U3组成的计数显示电路能正常工作,按下S1时数码管显示归零。 4.当数码管显示9时,继电器K1闭合,LED点亮。	

注意:电路设计有一处故障。

注意:本电路要求接9V交流电源,但实际的220V/9V变压器输出电压一般会超过9V,以下答案是在变压器次级输出10.8V条件下测得的。

(1)用万用表测量Q1的基极电压为 2.84 V。

(2)用万用表测量C7两端电压为 13.1 V。

(3)K1未闭合时测量整机工作电流为 65 mA。

(4)电解电容C8的作用是 滤除VCC中的交流成分。

(5)二极管D5的作用是 防止继电器K1线圈中产生的感应电动势击穿Q3和Q4。

(6)电路工作正常时LED2两端电压是 2V ,R11的作用是 限流 ,计算R11的实际功耗是 3/100 W 。

(7)三极管Q3、Q4的输出逻辑关系为 与非 (与、或、非、与非)

(8)电路正常工作时,若D6击穿,C8端电压 降低 (升高、降低、不变)

(9)电路正常工作时,若R1开路,C8端电压 降低 (升高、降低、不变)

(10)当K1吸合时,测Q5和Q1引脚的电压

三极管	Q5			Q1		
引脚	C	B	E	C	B	E
电压	12V	5.4V	4.9V	5.4V	2.8V	2.1V

2.电路调整及波形记录

电路在正常工作(无障碍物)时,测量测试点U1的3脚波形,并记录周期和幅度。

四、职业与安全意识(10分)

第三部分 电路设计软件PROTEL应用(15分)

1.制作元件

建立图3原理图元件库文件,并在库中画元件RP2。

2.画原理图

(1)建立名为DY的原理图文件,并设置原理图图纸尺寸为A4。

(2)画原理图,必须将自制元件符号用于原理图中。

3.制作封装

建立PCB元件库文件,并在库中画元件RP2的封装。

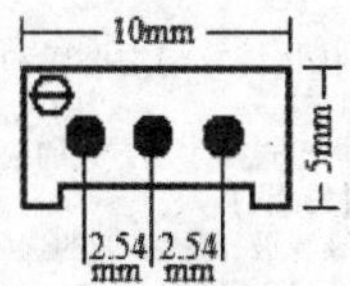

孔径0.8mm

4.创建网络表文件

根据原理图创建网络表文件。

5.PCB设计

注意:这部分比较花时间的是自制元件符号和制作封装,平常要多训练。如果练习做得多,在制作元件和封装时对尺寸的把握就会比较精准。另外,对软件的界面也要非常熟悉,才能在制图时提高效率。

第四部分 使用MULTISIM仿真图4(10分)

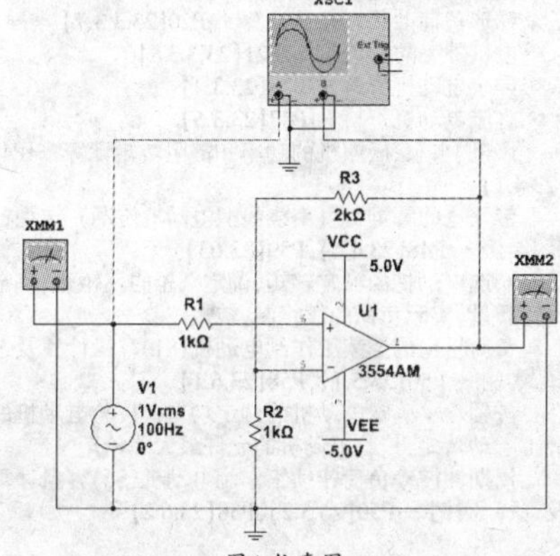

图4 仿真图

注意:这部分内容是2018年竞赛时首次增加的,因此指导教师和参赛学生对考题的类型都不是太清楚。备赛时,主要训练在软件中仿真常见电路,比如:整流滤波电路、小信号放大器、同向比例运算电路、555定时电路的单稳态工作方式等等。

◇福建省罗源县高级职业中学 吴爱玲

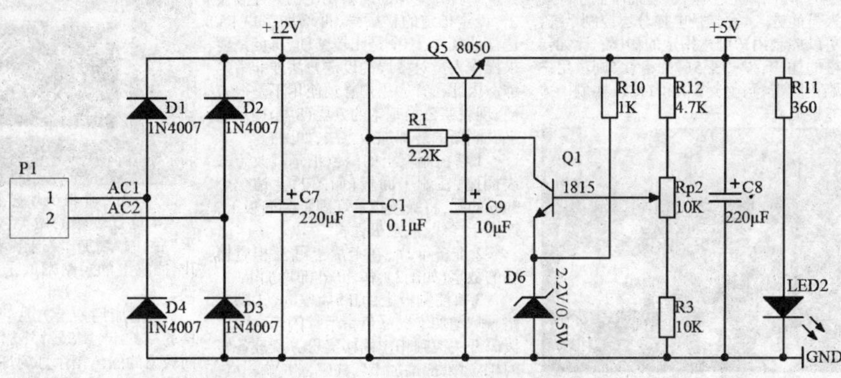

图3 电路设计软件PROTEL应用部分原理图

注册电气工程师备考复习——电气传动及18年真题(上)

本为根据大纲要求,结合"指导书"内容,将手册《钢铁企业电力设计手册(下册)》第23章、第24章、第25章和第26章,《电气传动自动化技术手册(第3版)》,《工业与民用供配电设计手册(第四版)》第12章中涉及电气传动内容的知识点作一个索引,方便读者查找学习。

一、《钢铁企业电力设计手册(下册)》(简称"钢下")知识点索引

1.电动机选择与容量校验→"钢下"第23章

电动机分类→P1【23.1.1】

电动机的机械特性、计算公式及主要性→P1【表23-1】

对所选电动机的基本要求(工作制、功率、转矩,类型,额定电压,结构,额定容量,负荷率)→P4【23.1.2】

各种工作制电动机容量校验要求(工作制,校验)→P4【23.1.3】

电动机工作制的定义(工作类型,短时定额时限,工作周期,负载暂载率,小时起动次数)→P4【23.1.4】,【表23-2】

电动机类型选择(交流电动机与直流电动机比较,交/直流电动机选择)→P7【23.2.1】

电动机转速选择(恒速,调速,反复短时)→P9【23.2.2】

电动机电压选择(额定电压和容量范围)→P9【23.2.3】、【表23-5】

电动机结构形式与冷却方式的选择(环境条件,冷却方式)→P10【23.2.4】

电动机绝缘等级、海拔高度的选择(环境温度基准值:40℃)→P11【23.2.5】

常用电动机性能及应用范围→P11【23.2.6】、P12【表23-8】

常用公式→P13【23.3.1】

各种绝缘材料允许温升→P19【表23-15】

电机各部件允许温升→P19【表23-16】

电动机温升时间常数→P19【23.3.3.2】,P53【表23-43】

电机转矩过载倍数→P20【表23-17】

电动机机械时间常数→P20【23.3.3.4】

电动机平均起动转矩→P20【23.3.3.5】

梯形负荷曲线有效值计算→P20【23.3.3.7】

电机外壳防护等级→P21【23.3.3.8】

异步电动机资料→P28【23.3.4】

直流电动机资料→P37【23.3.5】

风机、水泵、压缩机的功率和静阻转矩计算→P42【23.4.1】

带飞轮的轧钢机(由绕线型电动机传动)选型计算,实例→P48【23.4.4】,P59【23.63】

初选电动机的额定转矩,确定飞轮的飞轮矩,确定飞轮质量,实际负荷曲线绘制,转矩校验

负荷平稳的连续工作制电动机(S1)容量计算及选择,实例→P50【23.5.1】,P58【23.6.1】

按轴功率确定电动机的额定功率,校验电动机的最小起动转矩,校验电动机的允许最大飞轮矩

周期性波动负荷连续工作制电动机(S6)容量计算及选择,实例→P50【23.5.2】,P58【23.6.2】

等效电流法校验,等效转矩法校验,单位产品耗电量法校验,校验过载转矩

短时工作制电动机(S2)容量计算及选择(按过载能力选择,按短时发热校验),实例→P52【23.5.3】,P61【23.6.5】

反复短时工作制电动机(S3,S4,S5,S7,S8)容量计算及选择,实例→P53【23.5.4】

等效电流法及等效转矩法,等效电流法/转矩法实例→P53【23.5.4.1】,P64【23.6.7/8】

平均损耗法,实例→P54【23.5.4.2】,P62【23.6.6】

允许小时接电次数法,实例→P55【23.5.4.3】,P64【23.6.9】

按电动机允许的动态时间常数校验,实例→P57【23.5.4.4】,P65【23.6.10】

电动机容量的修正(环境温度变化,散热条件恶化)→P57【23.5.5】

2.交流电动机的起动和制动→"钢下"第24章

2.1 概述→【24.1】P89~P97

各种起动方式(全压,降压,软起动),降压起动比较→P89【24.1.1】,P90【表24-3】

降压起动应满足条件→P92【式24-1】

各种制动方式(能耗制动比较,反接制动比较)→P95【24.1.2】,【表24-6】,P96【表24-7】

2.2 低压笼型电动机起动和制动→【24.2】P98~P118

电动机全压起动时低压母线和电动机端电压计算实例→P98【例】

星角降压起动(绕组电压、起动转矩、起动电流与全压关系)→P99

延边三角起动时起动电压、电流、转矩计算式→P102【式24-2】、【式24-3】、【式24-4】

定子回路接对称电阻、相电阻起动计算(外加电阻)→P104【24.2.4.1】、P105【24.2.4.2】

自耦变压器降压起动(自耦变容量、起动容量计算)→P106【24.2.5】

晶闸管降压软起动(电流指标,电压指标)→P110【24.2.6】

能耗制动(制动电流取值,能耗电阻计算)→P114【24.2.7】,【例】

2.3 低压绕线电动机起动和制动→【24.3】P119~P232

偶尔起动用频敏变阻器的选择和计算,实例→P119【24.3.1.1】,P123【例1,2,3】

断续周期工作制用频敏变阻器的选择和计算,实例→P123【24.3.1.2】,P128【例1,2】

百分比分级法分级起动电阻的选择和计算(绕线型电动机转子电阻计算)→P139【式24-23】

分析法对称切除、不对称切除起动电阻,起动时间,发热等效电流计算,常接电阻→P177【24.3.2.2-A】、P178【24.3.2.2-B】,P180【24.3.2.2-C】,P181【24.3.2.2-D】,P187【24.3.2.2-E】

实例(300次/小时,三级电阻,求起动电阻及其发热等效电流计算)→P184【例1】

实例(30次/小时,三级电阻,求起动电阻及其发热等效电流计算)→P184【例2】

实例(300次/小时,二级电阻,求起动电阻及其发热等效电流计算)→P185【例3】

实例(30次/小时,二级电阻,求起动电阻及其发热等效电流计算)→P185【例4】

实例(300次/小时,三级电阻,求起动电阻及其发热等效电流计算)→P184【例5】

实例(整定时间计算)→P186【例5】

实例(S2工作制,反接制动,求起动电阻及其发热等效电流计算)→P186【例6】

反接制动电阻选择和计算(绕线型电机)→P222【24.3.3】

实例(300次/小时,二级起动、一级反接制动,求起动电阻及其发热等效电流计算)→P222【例1】

能耗制动电阻选择和计算(制动电流与制动转矩关系,R*,Izd取值)→P223【24.3.4】

绕线型电动机能耗制动时间与行程比较→P224【表24-55】

实例(300次/小时,求外加电阻阻值及其发热等效电流值计算)→P224【例1】

2.4 高压同步电动机起动和制动→【24.4】P232~P245

全压起动条件→P232【式24-45】、【式24-46】

电抗器起动(条件,选择,校验)

→P233【式24-48】、【式24-49】,P233【24.4.1.2-A】,P234【24.4.1.3-(1)】

自耦变压器起动(条件,选择,校验)

→P233【式24-51】、【式24-52】,P234【24.4.1.2-B】,P234【24.4.1.3-(2)】

实例(轧钢机起动条件计算)→P235【表24-58】

实例(变流机组同步电动机起动条件计算)→P237【表24-59】

最大允许起动时间计算(冷态连续2次或热台连续1次)→P239【式24-76】

时间起动时间计算(不同起动电压)→P239【式24-77】

最低允许起动电压计算→P239【式24-79】

阻尼笼温度计算→P239【式24-80】,【式24-81】

实例(阻尼笼温度、最低允许起动电压计算)→P240【例】

能耗制动电阻计算→P240【24.4.3.1】

实例(外接制动电阻值)→P241【例】

能耗制动频敏变阻器计算→P241【24.4.3.2】

实例(选择频敏变阻器结构参数)→P243【例】

稳定性计算(电磁功率,电动势)→P243【24.4.4】

2.5 高压异步电动机起动和制动→【24.4】P245~P260

起动方式选择→P245【24.5.1.1】

简化法起动压降计算(全压,电抗器,自耦)→P255【24.5.2.2】

详细法起动压降计算(阻抗导纳,阻抗功率,阻抗复数→P255【24.5.2.3】

系统电压计算→P258【24.5.2.4】

堵转功率因数计算→P258【24.5.2.5】,【式24-108】

稳定性计算(稳定运行条件,临界转差率)→P259【24.5.3】

实例(验算离心泵稳定性)→P260【例】

(未完待续)(下转第27页)

◇江苏 陈洁

电梯指定楼层刷卡系统增加用户卡新方法——控制箱外部加卡

为便于电梯的管理,市面上出现了电梯刷卡控制系统,没有相应电梯控制器的卡片,就无法乘梯,从而限制了外观人员的进入。尤其是电梯分层控制系统,可以控制用户到达指定的楼层,比如:5楼的住户,发一个5层的卡片,则该用户刷一次卡,可到达5楼和1楼(1楼刷卡才能接通)。

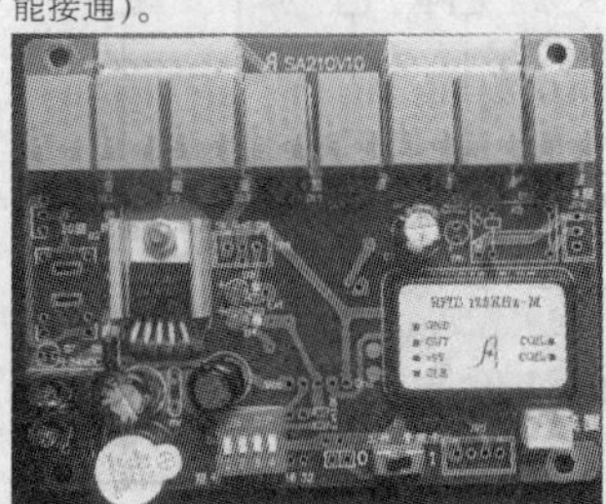

图1 8层刷卡控制板

但是,市面上原有的电梯分层刷卡控制器,因为不是联网系统(大都是独立控制板),要增加指定楼层用户卡,就要到现场打开电梯的电箱,在刷卡控制板上,设定指定的楼层号,再增加用户卡。这样的操作,一个是比较繁琐,再就是要求操作人员对楼层的设定方法要非常熟练。因此,有些用户感觉使用不是很方便。现就某公司基本的分层(8层)控制板来说明新的外部加卡方法,如图1。

1.将控制板上的绿色指示灯改为二线插座,在刷卡面板(如图2)上钻一个3mm的孔,将绿色指示灯固定到面板上,连接上导线,注意极性;

2.准备卡片,在卡片上贴上相应楼层的数字(如图3),作为"外部增加卡";

3.将控制板上的JP5插座③、④脚短路,刷"增加卡",绿色指示灯闪烁;将4位拨码开关拨到相应的楼层号,刷准备好的相应"外部增加卡",蜂鸣器长响一声,OK;

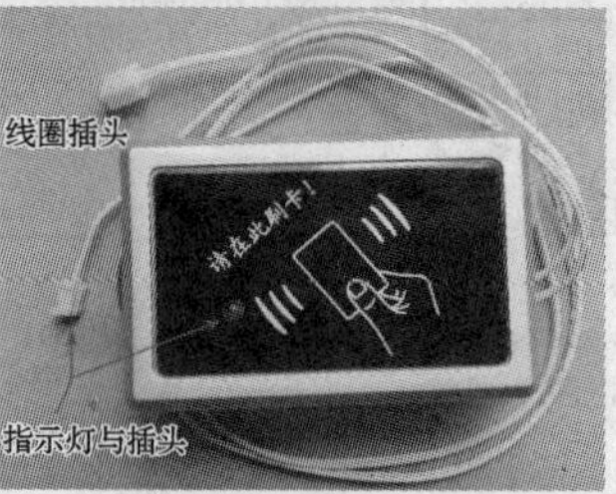

图2 带指示灯刷卡面板

4.重复步骤3,做完各层"外部增加卡"后,刷"增加卡"退出增加卡状态;将JP4插座上的短路帽取走,防止发卡错误;

5.增加用户卡方法:比如,要增加5楼的用户卡,刷5号"外部增加卡",刷卡面板上的绿色指示灯闪烁,刷用户卡,蜂鸣器长响一声,则5楼的用户卡做好;连续增加相应楼层用户卡,直到增加完毕。刷一下"外部增加卡",退出增加卡状态;

6.按步骤5,做完其他楼层的用户卡;

7.可一卡多楼层使用,如:同一张卡,可选择3、5、7楼使用;

8.如制作通卡(8个继电器全接通),则用总的"增加卡",控制板上的拨码开关放到"0000";

9.刷用户卡时,绿色指示灯长亮(7秒钟)。

◇珠海 刘经高

户户通E04和E11两种故障的解决方法

在户户通日常维护工作过程中，经常会碰到接收机弹出"E04授权丢失"或"E11智能卡异常，请更换智能卡"对话框，如图1和图2所示。其中大多数E04故障(卡未销户)开机几小时或者利用微信重新授权即可恢复正常，但少部分机器利用上述两种方法均不能解决，网友一般称之为"顽固E04"故障。而E11错误查阅资料得知是智能卡损坏造成的，不过我们将卡插到其他机器却发现一切正常，说明智能卡没有任何问题。

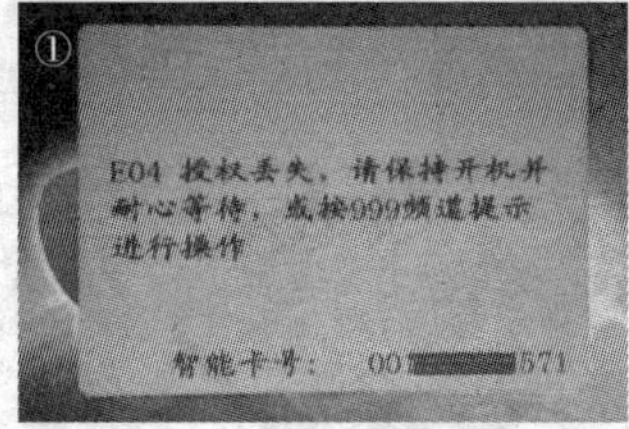

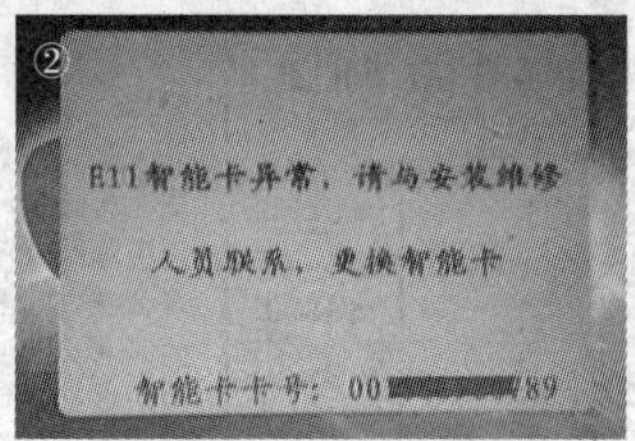

其实出现上述两种问题大多是主板上24C128芯片内数据出错引起的，通常只要将24C128数据清空再重新引导生成新数据(即俗称"埋种子")即可。具体过程是：将24C128芯片用热风枪吹下并装到编程器上，如图3所示，运行编程器软件，将芯片内部数据全部擦除，如图4所示，清除后再将24C128焊上，插入未开户智能卡(即白卡)或二代机卡，开机等待几分钟后便会弹出"模块准备成功"对话框，如图5所示，关机插入原智能卡，再开机收看就一切正常了。

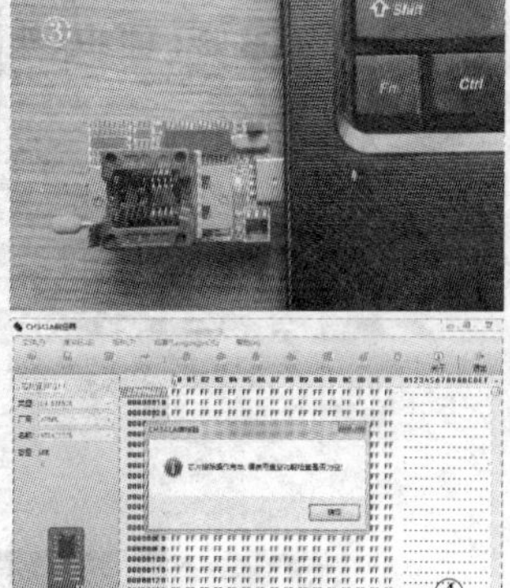

从前述可知清除24C128数据比较麻烦，其实分部机器留有后门，通过遥控器操作即可完成清除24C128数据的目的，比如上海高清芯片通过"系统设置→密码1597→基站信息→F1、F3、F2、F4"操作便弹出清除E2CROM对话框，再按"确定"键即可清除24C128内数据；而国芯方案通过"主菜单→715053(或715188、715205)"操作即可清除；部分国科方案通过"上一页、下一页、下一页、上一页→13429"操作可清除24C128数据，其他芯片方案有兴趣的朋友可以自己去查找试试。

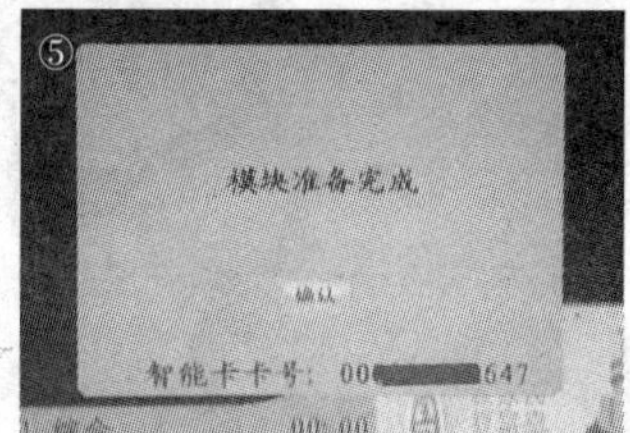

◇安徽　陈晓军

佳视通81A型切换开关故障的检修

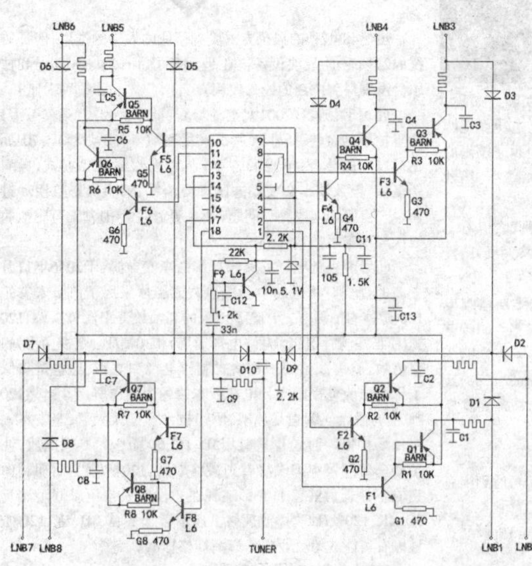

佳视通81A型切换开关是用于卫星接收机多星接收的常用器件，它可以连接八面天线实现八星接收。一日，在接收时发现佳视通81A型切换开关端口4(LNB4)对应的卫星节目无法接收，查接收机设置正常，测切换开关端口4(LNB4)无电压，确认切换开关有故障。

佳视通81A型切换开关电路板封装在锌合金压铸外壳内，撬开后盖可见到内部电路板，附图为该切换开关电路原理图，电路主要由切换指令信号放大电路、指令识别电路和电子开关电路等构成，其中指令识别电路是切换开关的核心，是一个双列⑱脚专用集成电路，集成电路表面无丝印，无法知晓具体型号。电子开关电路是实现信号切换的执行机构，由贴片三极管L6和BARN等构成。专用集成电路的八个控制端分别与八路电子开关电路连接，当在接收机中设置DiSEqC切换开关某一端口时，接收机发出的切换指令信号首先经F9(L6)进行信号放大，放大的指令信号输入到专用集成电路进行识别、处理后，在专用集成电路相应控制端输出5V电压，该电压使相应的一路电子开关电路导通，向一路卫星的高频头提供工作电压，实现卫星切换，同时将该路高频头产生的中频信号经隔离二极管回传至接收机，由接收机对中频信号处理后还原为图像和声音。根据切换开关原理及控制信号处理流程分析：该切换开关发生故障时，只有切换开关端口4(LNB4)无电压，其他各端口电压正常，说明切换开关已完成对卫星接收机发出的控制指令信号放大、识别，故障应发生在与切换开关端口4(LNB4)相关联的电子开关电路和专用集成电路控制端第8引脚。首先测专用集成电路控制端⑧脚有5V电压，继而对该路电子开关电路进行检查。经查Q4(BARN)已损坏，用S8550代换后，故障排除。

◇河北　郑秀峰

通达TDR-6000S型DVB机电源故障检修一例

用户拿来一台通达TDR-6000S型DVB机，接通电源后无反应，初步判断该机电源有故障。

从接收机破损程度判断该机应是早期投放市场的DVB机。打开机盖，可见主板及电源板被灰尘覆盖，除尘后测量电源板各组电源均无输出电压，由此断定电源确有故障。附图是根据实物绘制的通达TDR-6000S型DVB机开关电源电路原理图，开关电源以5L0380R为核心元件。实测电源无输出电压表明电源未工作，直观检查电源板各元件无明显损坏迹象，于是决定从市电输入端入手，依次对交流电源输入电路、300V整流滤波电路、主变换电路进行重点检查。接通电源后测CD101两端电压约为310V，且该电压已加至IC101(5L0380R)②脚，但断电后该电压从310V降至0V的过程非常缓慢，这说明开关电源未起振。从电源工作原理分析，以5L0380R为核心元件构成的开关电源起振的前提条件除了300V直流电压加至5L0380R②脚(内部开关管漏极)外，5L0380R的电源端③脚还需加入启动电压，这一启动电压是300V直流电压经R102、R103降压后得到的，此时测5L0380R电源端③脚无启动电压，经查R102(200K)已断路，更换R102后开关电源输出电压恢复正常。

在电源板安装过程中，发现D106发热严重，当即意识到这是不正常的，判断可能是D106或与之相关联的外围元件变质所致。D106是开关变压器反馈绕组外接的整流管，主变换电路启动工作后，开关变压器反馈绕组产生的感应电动势经D106整流、CD102滤波产生直流电压提供给5L0380R③脚，以维持电源的正常工作过程，如不彻底排除故障，恐不能保证接收机持久工作。经对D106及其外接的R104、CD102进行检查，发现CD102已漏电，用同规格电解电容更换CD102，长时间收视，D106不再发烫。

◇河北　郑秀峰

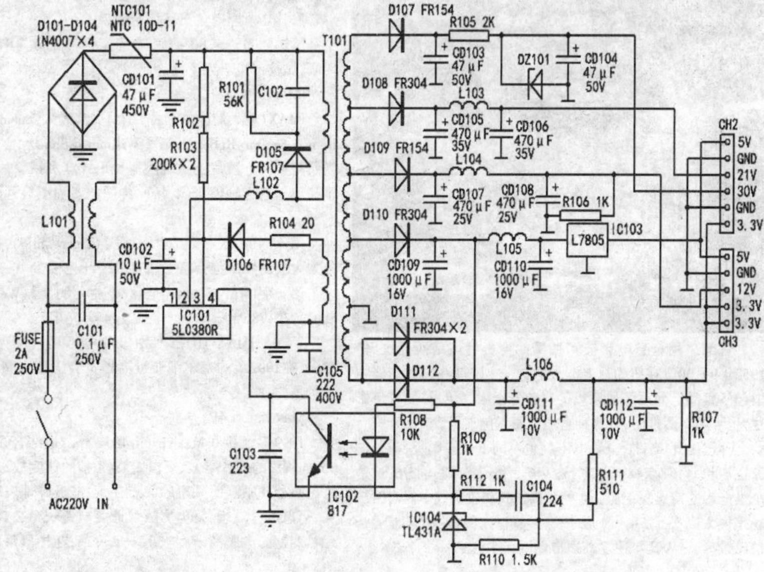

从"24帧"谈影片的拍摄帧数与视觉效果

电影是促进视觉技术进步的重要原因之一，而电影的拍摄方式也影响着影片的视觉效果，我们先从电影的拍摄帧数的历史来谈谈影片带来的视觉技术革命。

最早的（无声时代）电影拍摄并没有一个标准，那时候采用的是手摇式摄影装置，拍摄的时候难免会有拍摄速度不统一，而且帧率相差非常大，比如说爱迪生的电影是以40帧/秒拍摄的，而卢米埃尔兄弟的电影则是以16帧/秒拍摄的。

影迷们也知道，电影又叫"24帧的艺术"，那么这个"24帧"的标准是怎么来的？随着有声电影的发明，摄录图像的同时引入了同期录音技术，将画面与声音同时录制到胶片上。在当时的技术背景下，24帧/秒能保持最高的声音清晰度，如果再低的话，音轨上就会有太多的表面杂音，于是24帧/秒就成了电影拍摄帧率的标准。

这一标准一用就是80多年，其间也有一些影片采用超过24帧/秒的非主流拍摄方式，不过鉴于当时的拍摄技术和播放效果都因不具有性价比而没有延续下来。

西尼拉玛

在40年代末，费雷德·瓦勒和录音工程师哈机·里夫斯发明了全息电影技术（又叫西尼拉玛电影，英文名cinerama），其拍摄和播放的方式都与传统的拍摄方式不同。拍摄时，用3台摄影机以26帧/秒的速度共同拍摄；放映时，同时用3台放映机连锁放映，分别放映1/3的画面，接合成一幅全景画面投放在宽阔的弧形银幕上，它的水平视角可达146°。为了保证大角度的立体声音效果，还发明了35毫米的全涂磁录音和胶片，放映时与三条画面连锁播放；这种声带片有6路声道：5路信号输向银幕后面的5组扬声器，另1路输入观众厅内的环境声扬声器，因此观众在观看时有一种前所未有的宽广且身临其境的逼真感觉。

首部采用全息电影技术拍摄的电影《这是西尼拉玛》1952年9月30日在纽约百老汇上映，一上映就在当时影迷中引起了轰动。而后西尼拉玛的彩色升级版"伊思·曼彩色影片"也于两年后推出，为这种全息电影增色不少。

不过由此带来的全景电影院也不同于一般影院，全景电影在放映时，观众视野很宽，达146°，约一个半圆的5/6；这是全景电影的特点决定的。这种拍摄方式和放映成本对当时市场来说太高昂了，并且无法拍摄中景以内的镜头，只能适合拍风景片，没火几年便逐渐被市场淘汰了。

《这是西尼拉玛》当年的报纸宣传文章 可以大致看出这种电影院的结构

福克斯宽屏幕

影迷们再也熟悉不过的经典镜头

该技术由著名的影片公司20世纪福克斯发明（又称：Cinemascope），使用更轻便的设备拍摄壮观场景。它更像是西尼拉玛的改进升级简化版，它在摄录时没有采用西尼拉玛的三机系统，而是采用一种叫"变形校正镜"的技术。这一巧妙的解决方案使用了变形镜头，这种镜头能够横向压缩图像，因此可以在标准的方形学院画幅上记录更宽的画面，但看上去是被压窄的。而在放映时，画面又通过特殊镜头伸展开，投射到宽银幕上。

与此同时，采用类似原理的还有派拉蒙的维斯塔维申（VistaVision）、RKO的超宽银幕（Superscope）和特艺色的特艺拉玛（Technirama）等。其中只有华纳兄弟决定从福克斯购买宽银幕许可，而放弃了自己的华纳宽银幕（Warnerscope）技术。由于实力和技术的原因，福克斯宽银幕电影被需要宽广画面的电影人和投影商所广泛采用至今。

陶德宽银幕

当然西尼拉玛创始人之一、制片人Mike Todd考虑到福克斯宽银幕并未达到预期效果，仍旧希望让影迷们看到类似全息电影的视觉效果，因此发明了一种单机的，媲美3机西尼拉玛系统的技术——陶德宽银幕技术。

陶德宽银幕的帧率达到30帧/秒，不过因为运行速度过快的话胶片会过热，不得不专门实施冷却。陶德宽银幕没有采用变形镜头，改用球面镜头。

除了尺寸和分辨率，值得一提的是陶德宽银幕的音质，跟福克斯宽银幕一样，它的声轨是记录在磁氧化物胶片上的，并且有6个声道（福克斯宽银幕是4声道），其中5个声道在屏幕后，第6个声道负责环绕声效果。

不过随着进入80年代，陶德宽银幕业务停滞，公司也倒闭了，该技术也再无下文。

IMAX

IMAX（最大影像的简称）是由加拿大人Graeme Ferguson、Roman Kroitor、Robert Kerr和William C.Shaw独立开发的；也是希望在单一胶片上重现西尼拉玛式壮观景象的愿望，通过创建单一的大画幅影像，从而传递比多幅小尺寸图像更好的画质。

第一部IMAX电影是《虎之子》（Tiger Child），在1970年的日本大阪世界博览会富士馆首次公开亮相。

第一部IMAX 3D影片是《我们生为明星》（We are Born of Stars），在1985年日本筑波世界博览会亮相。

第一部IMAX HD技术拍摄的电影是《动力》（Momentum），在1992年的塞尔维亚世界博览会上首次亮相，用48帧/秒拍摄的。

Maxivision 48

1999年诞生了Maxivision 48技术，是结合了48帧/秒和35mm胶片的底片格式，可以以48帧/秒的速度放映影片。

每秒48帧画面频率的优点在于：能极好地表达慢动作镜头，可以这样设想，将电影放映速度减慢一半，它仍然能达到每秒24帧的电影清晰度水平。反过来，在拍摄每秒24帧的电影时如果需要表现慢动作，也可以把相应的部分拍摄为每秒48帧。

除了慢动作之外，48帧/秒的电影在快速运动的镜头中的图像表现也十分优秀，没有闪屏或者抖动的视觉差。使得动作场景更加流畅逼真。对于看惯了每秒24帧电影的观众而言，这样的改良也许意义不大。但对那些才刚刚开始看电影的人来说，每秒48帧的高帧率电影必然具备更大的吸引力，他们将无法再接受每秒24帧电影中抖动的摇镜头和模糊的画面感。这也是为什么越来越多的经典老电影将被改良制作为48帧/秒（3D）的版本。

虽然48帧/秒的摄录方式受到了业内人士的推广，但是传统的24帧/秒的放映设备实在是太多了，所以Maxivision 48技术仍没有得到广泛的投入使用。

近几年，随着《2001太空漫步》、《星球大战》、《银翼杀手》等重拍版的宣传，不少大片都采用高帧率（60帧/秒）与70mm拍摄技术的结合；毕竟不是每个人都喜欢观看3D模式，导演们坚信"极致帧率会使动态画面更流畅，解决摄影机摆动过程中产生的频闪或晃动问题，带来更舒适的3D和无可比拟的敏锐与真实感。"

而目前视觉电影的巅峰当属由李安导演，于2016年11月上演的《比利·林恩的中场战事》，该影片采用了前所未有的120帧/秒的拍摄方式，除了传统的高帧数带来优势以外，120帧/秒正好同时是24帧/秒（电影通用）和30帧/秒（电视通用）的整倍数，就可以用同一种格式制作电视和电影，这也是降低了影片分为电视版本和电影版本的两个制作费用。当然120帧/秒的最大问题也是放映，因为技术负担太大了，李安本人在片场拍摄的时候也只能用3D、2K、60帧/秒的格式播放，在拍摄全部过程中都没法看到最终效果，120帧/秒是后期制作完成。并且目前普通的影院现在还没有设备可以同时满足3D、4K、120帧/秒的播放规格。但不管怎么说，3D、4K、120帧/秒极有可能成为行业内的最高规格标准。

PS:电影与电视的帧数区别

在电视领域里使用了与电影不同的录制和播放方式，如NTSC制式使用了60帧隔行的方法，即每60分之一秒内播放半帧画面，后期进入数字电视时代后改为30帧逐行的方式，即每30分之一秒内播放一幅整幅的画面，PAL制式则采用了50帧隔行或是25帧逐行的显示方式。

因此，为了能够在电视上播放电影（主要是通过碟片机播放），需要把电影从24P的电影模式转换成NTSC的60帧隔行或是30帧逐行的模式，早期是通过三二下拉方式（3 2 pull down），即将24P的信号分散在60个扫描场中，即交替显示第一电影帧的2个视频扫描场和第二电影帧的3个视频扫描场，这被称为3:2pull down。

而现在的蓝光机几乎都可以实现24P的输出，部分高清播放机可以实现24P输出，而绝大多数DVD影碟机都不能实现24P输出（当然现在也几乎没人用DVD影碟机了），同时现在的智能电视也都支持24P影院模式。

此外还有更多效果更佳的电影-电视转换方式，比如5:5pull down技术，就是在2:3pull down的基础上结合120Hz电视发展而来。5:5 pull down 时，每一帧电影画面会重复显示5次，每次显示1/120秒。也就是说一秒钟24帧的电影画面在电视上被显示了120帧，尽管只有24张不一样的帧，但是却实现了画面播放速度的完美转化。

在5:5pull down 技术基础上，又升级了基于运动预测/修正ME/MC技术的插帧技术。这种技术并不会像5:5pull down那样只是将24P的每一帧重复显示5次，而是在每一帧中间插入由电脑系统计算出来的新帧，最后通过面板显示出来后，不仅实现了播放速率的统一，还增加了运动画面的流畅感，减少了快速运动画面在24P播放速度中常见的抖动、闪烁问题，对于搭建完美的家庭影院视频系统非常有效。

2019年1月20日出版 实用性 启发性 资料性 信息性

第3期 国内统一刊号:CN51-0091 定价:1.50元 邮局订阅代号:61-75

地址:(610041)成都市天府大道北段1480号德商国际A座1801 网址:http://www.netdzb.com

(总第1992期) 让每篇文章都对读者有用

电动车电池保养有讲究

目前中国的电动自行车保有量超过2.5亿辆,年产量和销售量达3000多万辆(年产能上限是4500万辆)。在二三线城市,电动自行车已经算是短距离出行的主力了。而目前依照最新的国家标准GB 17761-2018来衡量,差不多有2亿辆属于不合规的超标车。各地给出的淘汰超标车的期限基本都是2~3年左右,这意味着未来2~3年内有相当比例的用户会因价格优势购买超标车。

GB
中华人民共和国国家标准
GB 17761—2018
电动自行车安全技术规范
Safety technical specification for electric bicycle

但这些超标的电动自行车除了电池重量超标外,电池不耐用也是一直困扰电动自行车用户的难题;这些超标的电动自行车绝大多数都采用铅酸电池,如果作为主力出行工具,基本上两个月后续航里程就开始缩水了。当然除了铅酸电池本身的因素外,一些日常性的设备损耗和平时使用不当的习惯也会导致电动车续航能力下降。

电机磁钢

有的电动自行车厂商为了利润偷工减料,要么采用质量差的磁钢,要么减少磁钢片的数量;低速和平路可能还体现不出来,一旦加速或者上坡就显得特别费劲;这样一来电机功率就会下降,自然也就费电一些了。

另外长期使用电动自行车(2~3年以上),也会因磁钢的正常老化导致功率下降,出现这种问题换个电机磁钢就能解决。

充电器

有不少经销商为了降低成本,会从小厂家那购买一批裸车(不包含电池和充电器),有时候为了利润最大化,经销商会给电动自行车搭配劣质充电器,而劣质充电器会对电池造成很大的伤害,导致电池续航能力加速下降。

劣质充电器也是引发电动车自燃的重要原因之一

优质充电器采用的是品牌元器件,耐高温抗老化,震动更不会脱落。而劣质充电器往往是人工插件,不耐高温,而经过强烈震动会加速脱落,导致电池充不进电,甚至过充。

从材料上讲,优质充电器都会采用纯铜制作,其导电性能更好,更稳定。而劣质充电器往往是铜包铝,不仅导电性能差,而且也不稳定,会造成充电不足或者过充的情况。优质充电器都会采用国标纯铜线丝,不易发热,更不会烧坏。而劣质充电器往往是普通线丝,不仅容易发热,如果温度过高,还容易被烧坏。

从焊接工艺上讲,优质充电器都采用的是波峰焊接,不仅可以使充电器稳定性更好,而且不会使充电器出现短路的情况。而劣质充电器往往焊接工艺比较粗糙,很容易出现短路的情况。

最后还要注意充电器的型号和参数一定要与电池相匹配,不然会导致电池的损坏。

胎压

轮胎气压过低,不仅影响行驶安全,还会因轮胎与地面的阻力增大而加快电量消耗。胎压过高,会使其胎体过度拉紧、胎壳疲劳,胎壳容易破裂和割损,造成轮胎寿命变短。一般电动车自行车胎压为:200kp(即2.0个大气压);一般夏天可以稍微低一点,冬天可以多打一点点。

一般用户也不会因为电动车买个专门的测气压工具,因此都凭手感来测胎压。具体方法:用自行车气枪打气时觉得费力,气筒压不下去了,基本上就可以了;或者打完气以后用手敲轮胎基本不变形了也可以了。

刹车

和胎压过低一样,刹车调得太紧也会导致阻力增大进而引起续航缩水。由于电动自行车行驶动力是用电机来驱动的,刹车调的过紧在骑行中不容易察觉到,这样会使电池输出电流增大从而损坏电池。

线路

电池连接线路太细,易松动、腐蚀以及经常暴晒和雨淋导致老化,建议至少一年要检查一下线路,如果发生老化等现象,要及时更换,不及时更换不仅会使电池耗电变快,还会发生电动自行车自燃等危险。

驾驶环境

长距离爬坡、载重,超负荷行驶以及电动自行车频繁加速和启动会导致电动自行车耗电快,骑行时还是应该保持匀速前行。另外,低温环境下,无论是铅酸电池还是锂电池,都会对续航有一定的影响。

虚标

不良商家在续航里程这个指标上动歪脑筋,试图通过"虚标"里程的方式提高产品竞争力,导致消费者购车后发现续航里程与参数值相去甚远;或者不以综合路况为标准续航里程,而以某种最佳路况进行测试的最大值来标注。

(本文原载第3期11版)

如何使用二手矿卡

说到"挖矿",不少游戏玩家对此只能用"咬牙切齿"来形容了,毕竟十年前买个主流牌子的GTX260之类,1200元就能拿下;而想不到如今买个新一代同档次的GTX1060至少也在1600元了。除了显存垄断造成的成本高以外,火爆的矿机市场需求也是N/A两家公司不愿意降价的主要原因之一。

不过进入2018年第四季度,各种虚拟货币都发生了"矿难",市面上出现大量抛售的二手矿卡,虽然卖家标注的绝非二手矿卡;但是这里特别指出,90%的二手GTX1060就是二手矿卡,也有实诚的卖家直接明码标注500元出售。虽然没有视频输出接口,不过要知道一块正常的GTX1060几乎是二手矿卡的3~4倍,通过对驱动的修改还是能正常使用(具体的稳定发挥就看成色和运气了),因此诱惑还是相当的大。

如果有想升级配件又觉得不想花大价钱只是体验一下的朋友,具有一定的动手能力的话还是可以试试二手矿卡;但要满足以下几个条件。

首先是硬件上的要求:由于矿卡没有视频接口,必须搭配有集成显卡的处理器使用,视频线要接在主板的视频输出接口上,不带显卡的处理器就不要想着搭配矿卡了。

然后是系统上的要求,矿卡的魔改驱动只支持Win10 64bit,系统必须是1803或更新的版本,必须要保证系统足够干净(保证安装魔改驱动之前,系统里没有任何A卡或者N卡驱动,如果不清楚显卡驱动位置的话,重装一个干净系统是最稳妥的办法)。

最主要的就是驱动问题,此前矿主为了能耗、效率等原因,所有的矿卡都刷了特制的显卡BIOS。一般我们在购买时尽量要求卖家刷回原来BIOS。如果不肯,再自己动手。好在现在什么竞争都激烈,二手矿卡不管是A卡还是N卡售后服务都还是比较贴心,手把手教你刷驱动。

接下来就是装内置显卡驱动并重启系统,在关闭系统的"强制驱动认证"功能后装魔改驱动(具体方法根据显卡型号不同见卖家教程)。

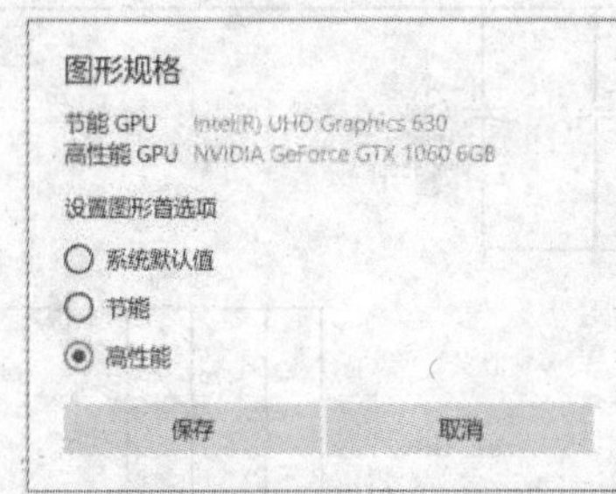

当魔改驱动安装顺利后,系统能识别换上的矿卡,不过在实际运行游戏或程序的时候需手动选择显卡,不然的话程序默认的很有可能是集成显卡。还有的程序即使手动选择了矿卡,但程序只认集成显卡,这种情况目前还暂时没有其他解决方法……

毕竟矿卡只是针对总线带宽要求不高的挖矿通用计算应用,并且是通过核芯显卡的视频接口输出,主板接口要求也不高(PCI-E 1即可)如果运气不错,成色还好的二手矿卡,能达到同类型芯片70%~80%的性能就算非常不错了。

(本文原载第3期11版)

长虹 FSPS35D-1MF 电源深度解析（一）

长虹FSPS35D－1MF 190为电源、LED背光驱动二合一电源组件，输出两组电源电压：12.3V和LED+。主要用于32英寸及以下小屏幕液晶电视机，在电路设计上取消了PFC电路。FSPS35D－1MF 190电源组件规格如下：

输入：交流100－240V/50－60Hz/1.5A。

输出：直流12.3V/3.5A Max。

直流120V/0.24A Max。

一、适用机型

长虹3D32B3000i(L61)、3D32B3100iC、3D32B3100iC(L54)、LED32580(L58)、LED32580(L65)、LED32777V(L51)、LED32A4060(G)、LED32B1000C、LED32B1000C(L53)、LED32B1000C(L54)、LED32B1000C(L58)、LED32B1180电镀银、LED32B1280(L58)、LED32B1300、LED32B1300(L58)、LED32B3060、LED32B3100iC、LED32B3100iC(L54)、LED32B3100iC(L56)、LED32E20、LED32E20(L58)、LED39C3000等。

二、电源实物图

电源板实物(正面)如图1.1、1.2所示。

三、电路原理(附电压数据)

FSPS35D－1MF 190二合一电源组件主要由进线抗干扰电路、300V整流滤波电路、12V电源形成电路、LED背光驱动、开待机控制等几部分电路組成。组件的电源部分产生两组电源电压：12.3V、V1（约40V），其中12.3V电源直接通过CN3插座的①、②、③脚输出给电视机主板使用；V1电源提供给LED驱动电路部分使用，由LED驱动电路产生最高不超过120V的LED背光灯串供电，从CN2插座的①、②脚(LED+)输出。FSPS35D－1MF 190二合一电源组件的电路原理框图如图1.3。

1、电源EMI进线抗干扰、整流滤波电路

电源EMI进线抗干扰、整流滤波电路如图1.4所示。进线抗干扰电路主要为满足EMI(电磁干扰)设计要求，确保电视机不受市电干扰，并且不向电网输出干扰。该电路主要由LF1、LF2、CX1、CY1、CY2组成。使用平行线绕制方式的互感器LF1、LF2能使零线和相线上的共模干扰相互抵消，以达到抑制共模干扰的作用，而不会影响差模信号的传输。

CX1用于滤除电网进入电视机以及电视机串向电网的高频干扰信号。R12、R13并联，R14、R15并联，两个并联的电阻网络再串联形成放电电阻网络，采用多颗电阻串、并联，可以增大电阻功率、增加稳定性。电阻网络用以对CX1上存储的电压进行泄放，以防止正常工作中的电视机电源插头被突然拔出时，插头两金属触点带电伤人。CY1、CY2串联起来，一方面它等效于一颗电容跨接于相线和零线上，可以起到CX1同样的滤波作用，另一方面CY1、CY2与LF1、LF2共同组成共模抑制网络，进一步抑制电网进入电视机的共模干扰信号。

(未完待续)(下转第32页)

◇周　钰

图1.1 FSPS35D－1MF 190电源板实物图(正面)

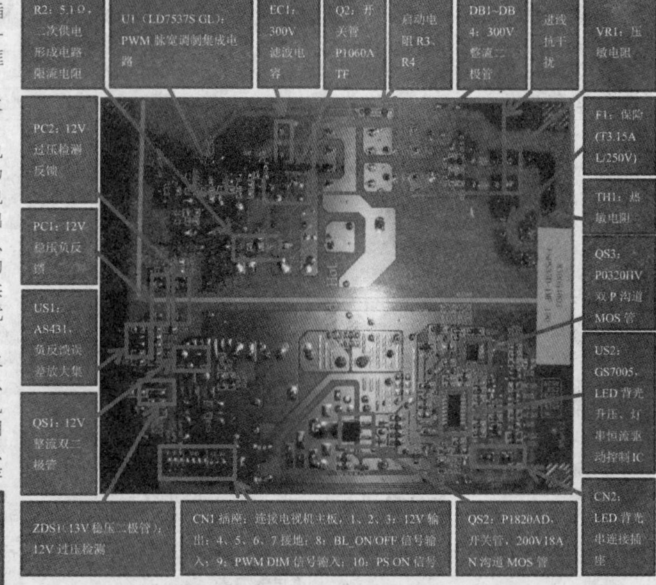

图1.2 FSPS35D－1MF 190电源板实物图(背面)

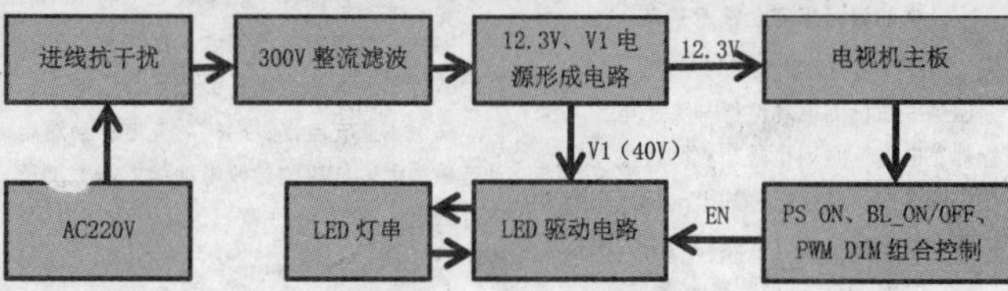

图1.3 FSPS35D－1MF 190电路原理框图

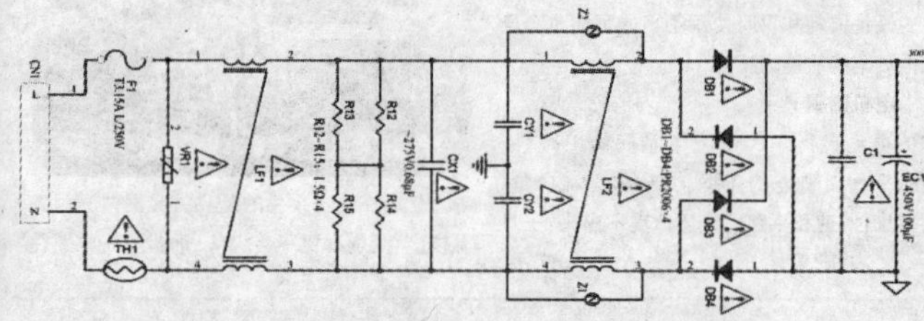

图1.4 EMI进线抗干扰、整流滤波电路

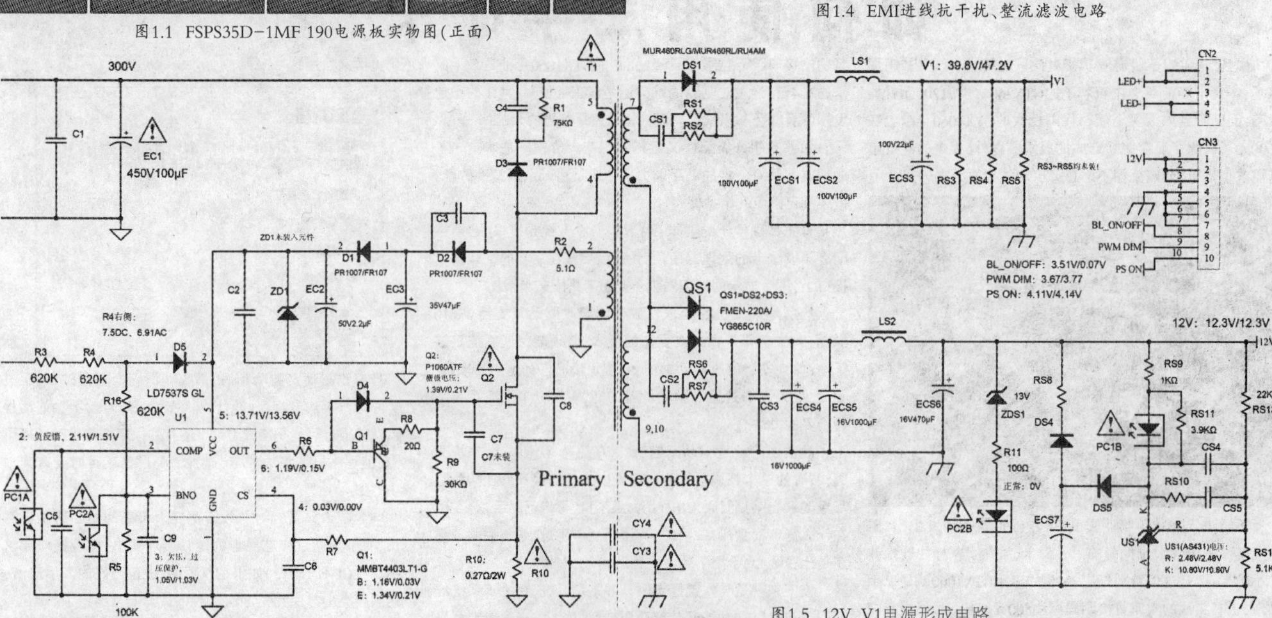

图1.5 12V、V1电源形成电路

学修iPhone智能手机之体会

目前智能手机系信息交流的先进通信设备终端，智能机的软件、用户界面和功能机不同，功能机安装的是软件，智能机都有高性能的处理器，更加个性化，大多是触屏的，其最大特点可以安装应用，智能机更像桌面微型电脑。智能机社会拥量磅大，维修显得比较重要（市场是一块大蛋糕）。乡下基层专业维修人员欠缺，因此，业余电子爱好者学修智能机走进维修大门十分有意义。未经专业的系统培训，靠自学自修，有一定难度，但并非如此，"冰冻三尺非一日之寒，滴水穿石非一日之功"，只要肯下功夫，刻苦学习智能机理论（原理）并参考相关书籍及维修资料，再反复用旧手机解剖试验，就很有可能成为一名初级修者甚至高手。结合个人实践体会，供大家参考讨论。

1.准备拆机专用工具

"工欲善其事必先利其器"，比喻要做好一件事，准备工作非常重要，拆机工具如下：

1）螺丝刀（主要有T4、T5、T6、T7、T8）等，其中T5、T6、十字螺丝刀，使用频率最高的。

2）防静电镊子。

3）拆机辅助工具（拆机拔片、拆机撬棒、毛刷、洗耳球等）。

4）iPhone手机专用吸盘器。

5）iPhone手机螺丝记忆板。

2.简易防静电措施

1）拆机前先洗手，然后再工作，此法很有效，一方面能中和掉身上的静电，另一方面短时间内也不会再聚集过多的静电。

2）穿棉质衣服（尤其是内衣，尽量少穿化纤类衣物）防止摩擦产生静电。

3）远离家电设备（电视机、电脑、电冰箱），防止感应静电的产生。

4）养成维修好习惯，动手修机前用手触摸暖气片表面，可释放人体表面的静电，在取放机主板时尽量不要用手去触摸电路部分，可拿主板两边或屏蔽罩部位。

3.熟练拆装手机工艺流程（过程）

胆大心细，谨慎操作，拆装好第一部手机之成功至关重要，是登堂入室的第一步，也是入门的开始，如iPhone4、iPhone5S、iPone6 Plus。

1）iPhone4拆卸：拆卸机后壳——取下机电池——取下SIM卡——拆下尾插及天线接口——取下固定排线接口盖片——取下摄像头——取出机主板——取下前摄像头——拆卸扬声器、话筒、天线——取下振动马达——拆卸听筒、开关机按键及耳机插孔——拆卸音量按键、静音开关组件——拆卸尾插接口组件——拆卸显示屏组件——拆卸Home按键。

2）iPhone5S拆卸：拆卸机底部螺丝——拆卸指纹螺识别Home按键——拆卸手机面板——拆卸手机电池（由于电池是和后壳粘在一起的，电池扣扣在主板上，故而只能通过撬棒慢慢把粘胶的电池撬开，所谓慢工出细活，撬电池也不能粗心大意，电池右边和主板有一个连接点，在撬开电池前一定要把它取下来）——拆卸手机后置摄像头——拆卸主板——拆卸机扬声器模块。

3）iPhone6 Plus手机拆卸：拆卸机显示屏组件——取下电池——拆振动器——拆摄像头——拆主板。

4.掌握并知悉手机结构原理

逐渐深入单元原理，如iPhone4S机主要电路有射频处理电路、基带处理、基带电源管理、应用处理、音频电路、显示及触摸屏电路、传感器电路、WLAN/蓝牙电路等；又如，iPhone5基带处理电路中增加了存储电路；应用处理电源电路中，设计了温度检测电路、电源管理芯片、显示背光电路、触摸电路升压片、音频编解码电路；触摸、显示和摄像头电路，还有指南针电路、USB接口控制器、加速传感器、陀螺仪电路、WLAN/蓝牙电路等。再如iPhone6 Plus 主要有射频处理电路（含天线开关电路、分集接收电路、功率放大电路、射频功放供电电路等）、应用处理电路（含A8处理器、振动电路、充电电路等），还增加了协处理电路、NFC电路（近场通信，又称近距离无线通信，是一种短距离的高频无线通信技术，允许电子设备之间进行非接触式点对点数据传输，在10cm内交换数据）。

5.检修用维修口诀

智能机不稀奇，好像一部处理器（微电脑）；
硬件、软件功能全，屏显图标靠程序；
熟练操作真方便，谨慎防水又防摔；
出了毛病仔细查，先查电源后电阻；
短路、击穿电流大，开路断路阻值大；
信号不好查处理，易损元件保险器；
还有电阻和电容，集成组件测脚压；
好坏对比找着它，试验电流若是大，
发热元件即温升，异常烫手就是它；
测试点更重要，分析原因是依靠（依据）；
由浅渐深积经验，修理智能机不困难。

6.维修实例

1）iphone4S不充电故障排除。

用户的一台iPhone4S手机，自称是不充电，曾换过充电器和数据线，均无果。

分析与检修：充不上电，据原理，应重点查充电电路、电源管理电路及应用处理电路等。故先查USB充电电路，试连接USB充电器后手机无反应，不显示充电界面。

拆机直观检查相关部件，未见异常；动态下，检测充电电压输入测试点L3、L4，+5V电压时有时无，显然，病症在此，再查症结点，仔细观察，发现L3下端焊盘微裂纹，将其小心补焊后，经试机验证充电正常。

2）iPhone6渗水后不能开机故障修理。

一部iPhone6智能手机，因不慎造成进水，而后出现不开机问题。

分析与检诊：据此反映之情况，试机发现加电短路，说明是由于B+或电源输出的3.7V供电短路。用万用表电阻挡Rx1Ω测量B+没有对地发生短路（最好习惯用数字式万用表测量），再小心拆下主板，经仔细观察相关可疑部位，发现WiFi模块旁边一电容已腐蚀变黑了，经查资料（图纸）得知，电容C5202（10μF/6.3V）是B+供电通路上的滤波电容，将其处理，再加电短路现象排除，开机恢复正常。

3）iPhone6 Plus不开机故障排除。

用户一部iPhone6 Plus手机，称此机不开机，之前曾摔过。

分析与检修：拆开主板检查，有轻微变形，未有发现玻璃、芯片摔裂的现象，首先采用电阻测量法，对其各路供电点对地一一检查是否有短路现象，经细致测量，果然发现电容C0616（10μF/6.3V）对地短路，故此找到病症。此路为PPIV8的供电，将电容拆掉后，再测量短路故障排除（该电容系PPIV8供电滤波电容），加电后电流正常，开机也正常了。

4）不照相故障排除。

用户一部iPhone6 Plus手机，称手机不慎进水，而后照相时打开黑屏，无法使用照相功能。

分析与检修：据用户反映之情况可知，实践证明，进水机一般元器件腐蚀及接口局部腐蚀问题较多，应重点仔细检查。故拆机查摄像头接口J2321，发现确实有明显的腐蚀痕迹，进行清理后故障依旧。再用万用表测量摄像头接口J2321的⑫脚对地短路，此引脚为IIC总线，拆下CPU屏蔽罩发现闪光灯驱动芯片U1602有腐蚀，随即处理后试机，故障排除，照相功能完全正常。

5）iPhoe6触摸失灵现象排除

用户一部iPhone手机，手机轻微进水，晾干后开机或显示均正常，但触摸屏不能使用。

分析与检修：据此描述，如进水不严重，就侧重对进水部分清理，因iPhone6主板集成度较高，故而要小心排除。经拆机后仔细观察主板，发现触摸屏接口J2401外围进水严重，经细心彻底清理后，重新开机测试，触摸功能完全正常。

6）iPhone4S型手机，故障为不识卡。

用户一部iPhone4S，反映出现不识卡问题，试更换SIM卡后，还是不能读出卡来。

分析与检修：此机插入SIM卡后，其左上角还是显示无SIM卡，还原设置重启手机都没用，故排除了SIM卡问题，怀疑问题应该在主板上。拆机观察SIM卡槽，其卡槽弹片完好无损，再测卡槽脚位对地直流电阻也都正常，心想不会是基带电源和CPU的问题吧？那就比较麻烦了。再次查资料，参考图纸，查得与其相关的有一个保护管（DZI-RF），是否是它作怪？将其拆掉后试机，果真一切正常（DZI_RF是SIM卡电路的保护元件，如果该元件击穿，则会出现不识卡问题）。

7）iPhone5无触摸故障修理

用户一部iPhone5手机，已摔变形，但能开机，而触摸失灵，点击屏幕无任何反应。

分析与检修：摔过的机，首先要检测触摸芯片是否有问题，如果不行再检测触摸电压。实践得知，摔过的机子，尤其是摔的严重者可能还会存在断线的问题。

仔细拆开机壳，其主板的屏蔽罩已经变形，取下来之后，随有小件跟着掉落，细心检查发现是U5（74AUP3G04），查资料得知U5系触摸缓冲放大器，重新安装好后故障排除。（说明：此件必不可少的，U5缓冲放大器为接近传感器 和显示缓冲放大器，如果该元件出现问题则会影响距离传感器和触摸电路。）

8）iPhone5机无基带故障

用户一部iPhone5手机，已摔得变形，其左上角信号位置一直显示正常搜索。

分析与检修：观察手机菜单，发现看不到调制解调器固体版本，毛病系由基带处理器问题所致。先重点检测基带主供电是否到位，其次，摔过的机器很有可能是基带处理器局部虚焊。打开机屏蔽罩，测量基带主供电C209-RF上无1.8V电压，仔细查可疑部件，发现其旁边升压线圈L209-RF一端已经脱焊，试更换L209-RF后基带正常，故障排除。

9）iPhone5无闪光灯故障

一部iPhon5手机，用户称，不慎机子进水，一开始闪光灯常亮，关不掉，之后使用时发现照相其闪光灯不闪。

分析与检修：进水后的手机，闪光灯还这么亮着肯定是短路，升压线圈一直工作，容易烧坏。打开机后面屏蔽罩，仔细直观检查相关元件，发现升压线圈L5腐蚀已经生锈，更换之后，闪光正常，故障排除。

10）iPhone5S二手机，故障为开机键失灵。

一部iPhone5S机，用户描述，买来正常，而后进过一次水，用吹风机吹干晾了几天之后开机正常使用，就没有再拆机去清洗主板，大约20天后开机键便无法锁屏，但是可以长按关机开机。

分析与检修：据用户之反映及理论原理推测判断，是开机通路和供电出现毛病。拆开机壳，直观检查发现主板有少量腐蚀，再仔细检查相关可疑部件，发现缓冲器U25（74LVC1G34GX）周围缝隙内有局部腐蚀残骸，用镊子小心摘掉并清理焊盘，重新装配后，试机"起死回生"，开机键锁屏唤醒正常。

11）iPhone6Plus不开机故障

一部iPhone6Plus手机，偶尔出现不开机问题，再经反复试之故障依旧。

分析与检修：根据故障现象应重点检查电源电路、应用处理器电路，另外也查是否有渗水、碰摔等现象。拆机壳后加电，电流在120mA左右，接下来测量应用处理器各路工作电压，发现C0204（2.2μF/6.3V）电容正端没有1.8V电压，速查可疑部件，细查发现电感FL0201已开路，采用应急处理，将其导线短接后，故障排除，手机开机正常。

亲爱的读者朋友们，学修手机是一种乐趣，让我们在电子报的平台上一起学习、交流、进步吧！

◇山东 张振友

得悦无线根管治疗仪Im2维修指导

——厂家售后谈维修

长沙得悦科技发展有限公司是一家专业从事口腔内科设备研发、生产、销售的高新技术企业。公司于2012年，在Im1的基础上开发出的具有里程碑意义的无线根管治疗仪Im2。

一、设备简介

该设备小巧，采用高性能的锂电池，在充满电的情况下，能连续空载工作12小时，高于市场上其他同类产品。机器有6种运转模式，其中的2组取断针模式P4、P5便于用户应急时使用。2018年公司又在原V4.5版程序的基础上，推出了V5.0版程序，在不增加功能键的基础上，长按S+POWER键，能将用户设置参数强制恢复成出厂值，为再次全部重置参数节省了时间；长按POWER键，能在程序进入死循环时，强制关机退出程序。

该设备由主机、迷你型弯机头、充电器(输出+5VDC、充电座，后两者都采用标准USB-D型接口)组成，如图1所示。

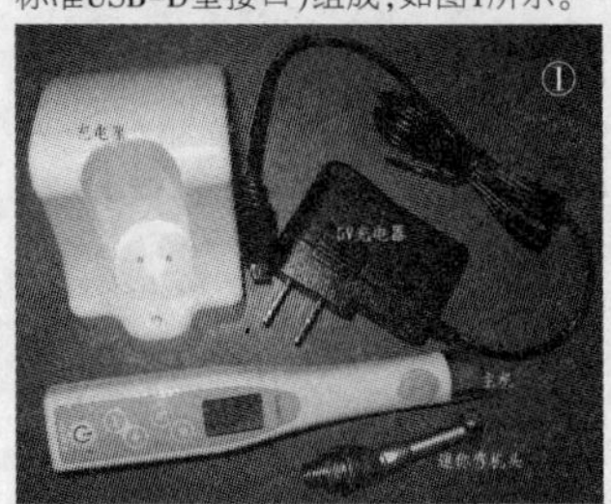

二、主要故障及处理方法

1.不充电

先反复将主机多次插入充电座，排除是主机放得不好，造成的不充电。充电时，显示屏上仍无电池符号显示，观察充电座上的绿色LED指示灯是否点亮。若亮灯，用万用表测两充电用顶针上有无+5V电压输出，若无，故障多为USB座接触不良和充电顶针本身接触不良所致。补焊USB座的引脚，并且为充电顶针(此部位是故障多发点)注入少许的机头油即可排除故障。若USB插座和充电顶针正常，则检查主机底部的充电电极是否干净，此处也是故障多发点，若有污垢，可用消毒棉沾酒精进行擦拭处理；若无效，说明电路部分异常。此时，拆开机后检测主板上用于充电保护的二极管D3是否正常，D3损坏后用相同的二极管更换即可排除故障；若D3正常，检查保险管F2(熔丝管)是否开路，若F2开路，应检查负载有无过流的元件，若无过流的元件，多为F2自身损坏；若有元件损坏，更换相同的元件即可排除故障。若买不到所需的元件，可联系厂家请求技术支持。

2.不开机，能充电

拆开机检查3.7V/1200mA锂电池的J4排插是否正常，若异常，更换即可；若正常，检查启停开关是否短路。

【提示】本机中，启停开关漏电或短路是引起开机的主要原因。

若J4与启停开关正常，按住开机键时测量主板上的测试口(见图2，标记为3.0V)上有无3V电压，若电压正常，查16M晶振Y1是否正常，若异常，更换即可；Y1也正常，检查CPU和相关元件。若有电压，但电压低，脱机后将万用表的红笔接地，用黑笔接C20(CPU的㊴脚)处，若电压低于0.42V过多，多为CPU损坏；若无电压，检查3V电源电路。

3.显示缺笔画

拆机后，装上电池再开机，用镊子轻轻按压CPU，察看显示能否恢复正常，若能，说明CUP或显示屏的引脚脱焊。断电后，对所怀疑的引脚补焊多可排除故障，若不能排除，检查CPU与显示屏间线路的开路部位即可。若按压无效，断电后将数字万用表置于二极管挡，红笔接地，用黑笔测显示屏各脚的导通压降，若电压偏离0.7V较多，多为显示屏内的发光管异常；若压降都为0.7V左右，多为CPU损坏。

4.显示正常，电机不转

开机后按启停开关，能否听到提示音，显示屏上左转或是右转指示图标是否跳动。若无提示音时，查启停开关是否

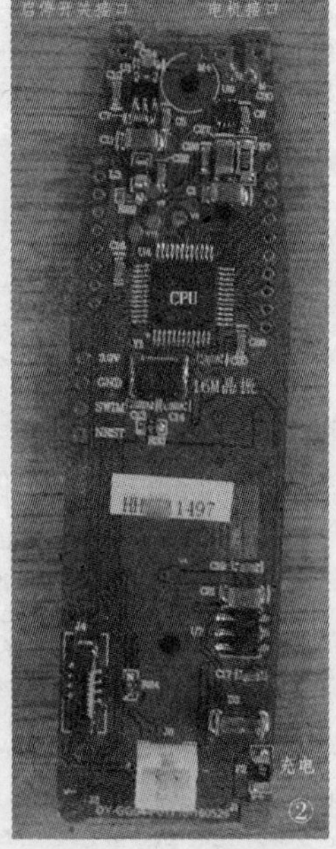

正常即可；若有提示音，请查主板处的M-、M+处有无电压输出(设置转速为350转/分时，输出电压为1.62V左右)此处故障多为电机线虚焊。

5.开机就反转

首先，在不带机头时，电机端齿轮能否逆时针旋转，若电机端齿轮逆时针转一下就马上顺时针转动，故障多为电机不良所致，该故障多发生在2015年前生产的机器上。若不带机头能正常运转，带机头后马上反转，故障多是机头不良所致。此时，将机头拆成变速箱、中轴和前端3部分(见图3)，先检查中轴，用手转动端齿，应运转灵活，如果运转生硬、卡滞，可用煤油等清洗即可排除(该故障多为欠保养所致)。若中轴正常，将它分别插入变速箱、前端后进行检查。若插入变速箱后发生卡滞，多是欠维护所致，清洗后注入润滑油即可排除故障；若插入前端后发生转动卡滞或是卡死，多是机头变形所致，校正或更换即可排除故障。

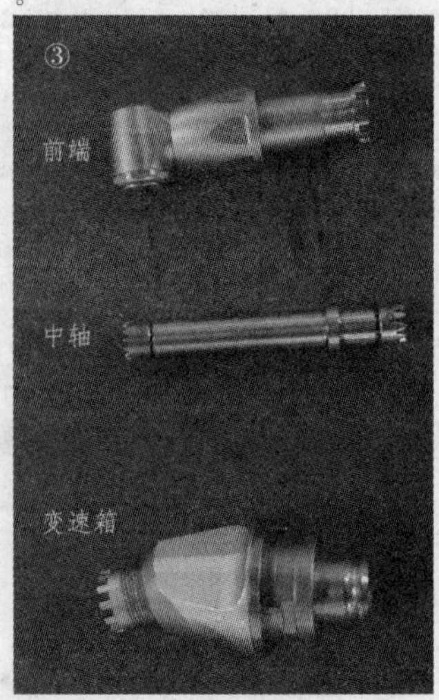

6.使用中夹不住车针(掉锉)

先询问用户是否按使用说明书的要求，在使用前和消毒后对机头进行了保养。再拆机观察机头内有无碳化了的润滑油，若有，说明未按要求保养机头，将机头认真清洗后，用镊子小心的调校正一下按压帽下的卡针片再装回，多可排除故障；若不能解决问题，可更换相同的机头。

7.提示音小

找到主板上的Q2(SL2302)，用万用表检测正常，并且检查其他元件正常，则将R29换为10Ω的电阻即可排除故障。

【提示】从厂家技服3年来的维修数据来分析，有3成的故障可由稍有动手能力的人员就可以排除；有近6成的故障可由当地的代理商进行处理。这样，可节约大量的送修时间。

◇湖南　熊谷新

奔腾PFFE4005电饭煲开机报警维修1例

故障现象：一台奔腾PFFE4005电饭煲通电后无法正常工作，面板上标识为2~6的5个指示灯同时闪烁(见图1)，并且机器内蜂鸣器发出“嘀嘀”报警声。

分析与检修：由于指示灯闪且有报警声，说明供电及机器内单片机已经正常工作，估计是检测到异常情况而停止工作并报警。从维修经验来看，该故障多为电饭煲的上盖温度传感器（负温度系数热敏电阻)的连线折断所致。拆开机器查看，果然如此(见图2)，用柔韧性好点的导线接好，装机后通电试机正常，故障排除。

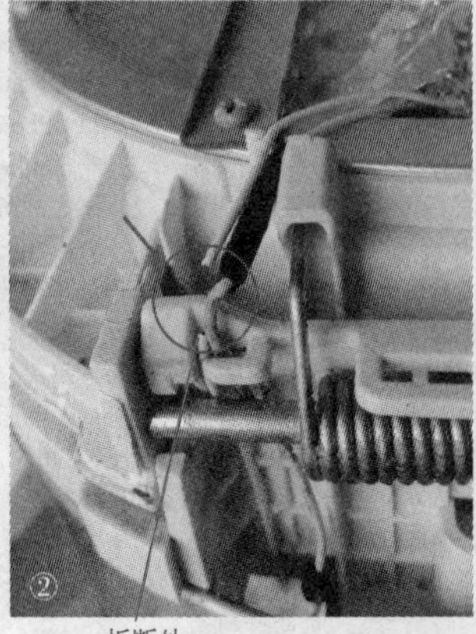

折断处

◇安徽　陈晓军

飞科毛球修剪器不充电故障检修1例

故障现象：飞科FLYCO-5210毛球修剪器用完电，插上220V电源充电指示灯不亮，出现不能充电故障。

分析与检修：打开修剪器外壳，检测内部两节镍氢充电电池的两端电压为0V，怀疑充电电路异常。该电路采用的多为贴片元件，结构比较简单。为了便于检修，根据实物绘制了电路图，如附图所示。

首先，用数字万用表PN结挡检测贴片三极管AAX的ce结、bc结正常，检查其他各元件未见损坏。通电后，检测C1两端电压只有4V，怀疑AAX性能差。因没有同型号三极管，用MJE13003替换后通电，测C1两端电压为75V，充电指示灯点亮，故障排除。

【提示】MJE13003(1.5A/400V)体积比AAX大得多，但可以装下。由于电流和功率比AAX更大，所以修复后的电路可靠性更高。

◇湖北　邱承胜

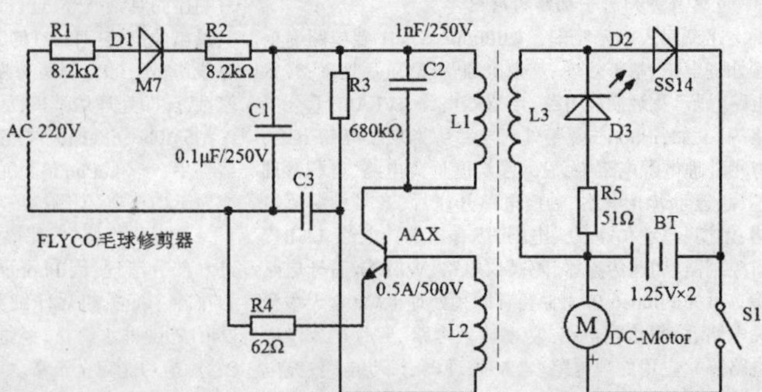

一款同步降压型大电流LED驱动器LT3763

"高功率LED" 这一名词的意义正在快速演化发展。虽然一个350mALED在几年之前可能会轻易地被打上"高功率"的标签，但与如今的20ALED或40A激光二极管相比或许只能算是"小巫见大巫"了。现在，高功率LED广泛应用于DLP投影仪、外科手术设备、舞台照明、汽车照明和其他传统上由高亮度灯泡提供照明的应用。为满足此类应用的光输出要求，人们常常采用高功率LED串联的方法。问题是：多个串联连接的LED需要一个高电压LED驱动器电路。而且，那些需要针对PWM调光信号实现快速LED电流响应的应用还会使LED驱动器设计进一步复杂化。

LT3763是一款60V同步、降压型DC/DC控制器，专为准确地调节高达20A的LED电流和实现快速PWM调光而设计。它是其早期同类器件LT3743的较高电压版本。该器件可在诸多其他应用中使用，这是得益于其三个附加的调节环路：

1)一个输出电压调节环路实现了恒定输出电压运作。这可用于为电池充电器提供LED开路保护或充电终止功能。

2)第二个电流调节环路可用于设定一个输入电流限值。

3)一个输入电压调节环路可用于在太阳能供电型应用中实现最大功率点跟踪(MPPT)功能。

针对效率而优化的48V入至35V输出、10ALED驱动器

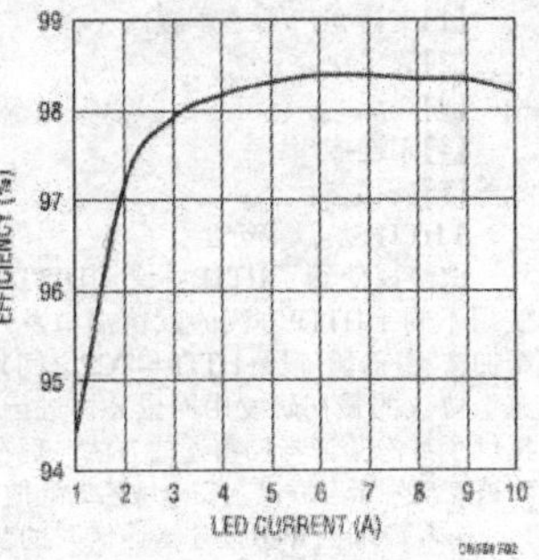

图2　48V输入至35V输出电路的效率

图1示出了一款可采用一个48V电源提供350W输出以驱动多达7个串联LED的设计方案。在这种高功率等级下，功率耗散是一个重大的问题，因此高效率是至关紧要。效率每提高1%将使功率损失减少3.5W，倘若总体功率损失预算是低于7W，那么这降幅就相当显著了。该电路专为在满负载条件下以98.2%的效率运作而优化。如图2所示，效率在LED电流高于3A时可达到98%，并约在6A时达到98.4%的峰值。

在高电压条件下，MOSFET和电感器的开关损耗超过传导损耗。开关频率设定为200kHz以尽量减少开关损耗，并保持小的解决方案尺寸。当在满负载运行时，该电路的发热点出现于上端MOSFET，其温升少于50°C（对于MOSFET而言，这是一个非常良好的范围）。

具有最快PWM调光能力的36V输入至20V输出、10ALED驱动器

对于高功率、高性能照明应用来说，PWMLED调光是标准的调光方法。在诸如DLP投影仪等图像生成应用中，针对PWM信号的快速LED电流响应是很重要。图3示出了LT3763在一种专为实现快速LEDPWM调光而优化的应用电路。

LT3763具备多项创新功能，旨在针对PWM信号实现快速LED电流响应。对于一个给定的输入电压，电感越小则电感器电流斜坡上升的速度就越快，这便转化为LED电流响应速度的提高。当接通一个PWM调光信号时，该电路仅需几μs就能从零电流达到满LED电流。

太阳能供电型电池充电器

此外，LT3763还能通过调整其输出电流来调节输入电压。对于那些必须跟踪峰值输入功率的应用(例如：太阳能供电型电池充电器)，这是非常有用。

每块太阳能板都具有一个最大输出功率点，其取决于太阳能板的照度、电压和输出电流。一般来说，峰值功率可通过把太阳能板电压保持在一个小范围之内得以实现，在需要时可减小输出电流以防止太阳能板电压超出该范围。这被称为最大功率点跟踪(MPPT)。

LT3763的输入电压调节环路可通过调整输出电流而将太阳能板电压保持在最大功率点范围内。恒定电流、恒定电压(CCCV)操作和C/10功能使该器件成为电池充电器应用的合适之选。

结论

LT3763是一款60V、同步、大电流降压型LED驱动器控制器，可用于驱动最新的高功率LED，并在需要的情况下实现快速PWM调光响应。LT3763拥有三个附加的电压和电流调节环路以及多个强大的功能，因此其应用范围并不局限于LED驱动器。

◇湖北　朱少华　编译

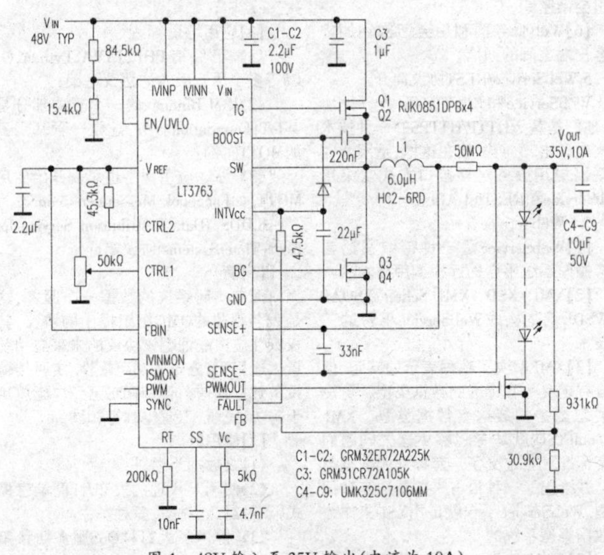

图1　48V输入至35V输出(电流为10A)

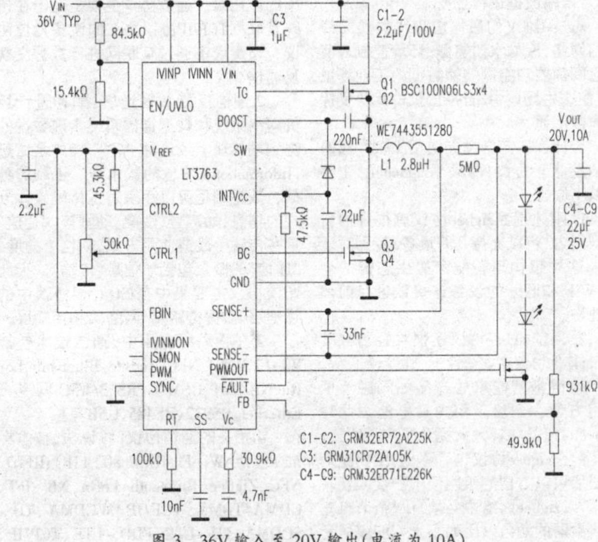

图3　36V输入至20V输出(电流为10A)

非标准电阻的设计实例电路

一直没有停止设计的模拟电路，因为担心计算机只会流行一时。最近的一个设计项目需要一个阻值为πΩ的电阻，我很惊讶目前在市场上竟然买不到现成的。图1的电路显示了我如何将3.16Ω和536Ω这两个1%精度的电阻并联起来实现πΩ阻值。这个简单的设计实例实现的阻值是3.1415Ω，与设计目标完全相符。这种生成非标准阻值的新方法在许多应用中会找到用武之地。

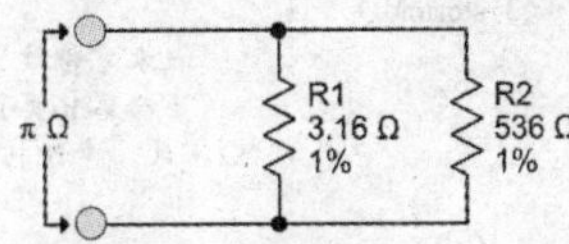

图1：合成的πΩ电阻。

我们的新公司Transcendental Passives提交了双电阻电路及先进的三电阻电路的专利申请。公司的第一个产品就是上述πΩ电阻——该器件可以用在很多产品中，比如电子卷尺，可以通过测量圆形物体的直径报告其周长。

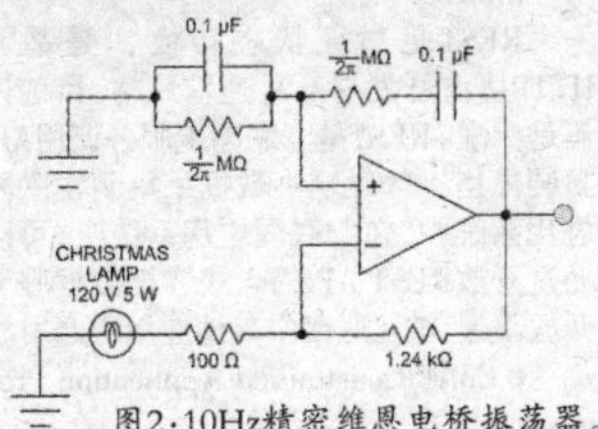

图2：10Hz精密维恩电桥振荡器。

我们的第二个产品线是阻值为1/(2π)倍数的电阻。在设计工作于整数频率的RC振荡器时，这些电阻非常有用。举例来说，图2显示的维恩电桥振荡器的工作频率就恰好在10Hz。

目前我们正在设计一个阻值为e Ω的电阻(2.718Ω)，这种电阻在对数放大器和时序电路中非常有用。图3显示的是一个三电阻原型电路，该电路还没完成实验室测试。注意，三电阻电路的复杂度要高一些，它可以用更低精度、更低成本的元件合成想要的电阻，适用于大批量产品。

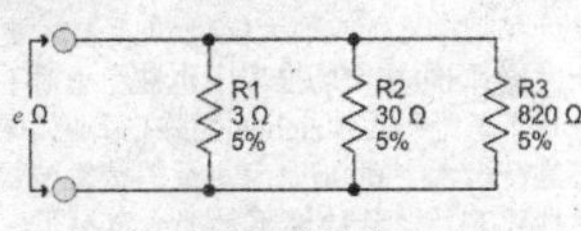

图3：e Ω原型。

未来若干年我们的发展路线图包括阻值为普朗克常数的电阻，用于开发本底热噪声(kTB)为1的雷达；以及阻值为阿伏伽德罗常数的电阻，用于设计能称出原子数量的秤。这些产品的芯片级版本也在开发中。这种基本概念还可以延伸到电容领域，不过电感市场可能太小了，无法支持这种先进的设计应用。

◇湖北　朱少华　编译

(本文原载第1期6版)

物联网常见协议汇集(上)

通信对物联网来说十分关键，无论是近距离无线传输技术还是移动通信技术，甚至是LPWAN都影响着物联网的发展。通信协议是指双方实体完成通信或服务所必须遵循的规则和约定。那么物联网都有哪些通信协议？众多的协议该如何选择？

我们将物联网通信协议分为两大类，一类是接入协议，一类是通信协议。接入协议一般负责子网内设备间的组网及通信；通信协议主要是运行在传统互联网TCP/IP协议之上的设备通信协议，负责设备通过互联网进行数据交换及通信。

本文罗列下市面上物联网协议，总结下它们各自特点、特定的物联网应用场景等。

一、接入协议

市场上常见的有zigbee、蓝牙以及WiFi协议等。

（一）zigbee

zigbee目前在工业控制领域应用广泛，在智能家居领域也有一定应用。它有以下主要优势：

1. 低成本。zigbee协议数据传输速率低，协议简单，所以开发成本也比较低。并且zigbee协议还免收专利费用~

2. 低功耗。由于zigbee协议传输速率低，节点所需的发射功率仅1mW，并采用休眠+唤醒模式，功耗极低。

3. 自组网。通过zigbee协议自带的mesh功能，一个子网络内可以支持多达65000个节点连接，可以快速实现一个大规模的传感网络。

4. 安全性。使用crc校验数据包的完整性，支持鉴权和认证，并且采用aes-128对传输数据进行加密。

zigbee协议的最佳应用场景是无线传感网络，比如水质监测、环境控制等节点之间需要自组网传输数据的工业场景中。在这些场景中zigbee协议的优势发挥得非常明显。

为什么厂商会抛弃使用比较广泛的WiFi及蓝牙协议，而采用zigbee呢，主要有以下原因：

1. 刚才提到zigbee协议有很强的自组网能力，可以支持几万设备，特别对于小米这种想构建智能家居生态链的企业，WiFi和蓝牙的设备连接数量目前都是硬伤。

2. 目前zigbee协议还很难轻易被破解，而其他协议在安全性上一直为人诟病。

3. 很多智能家居产品如门磁为了使用方便，一般采用内置电池。此时zigbee的超低功耗大大提升了产品体验。

但是zigbee协议也有不足，主要就是它虽然可以方便的组网但不能接入互联网，所以zigbee网络中必须有一个节点充当路由器的角色（比如小米智能家居套装中的智能网关），这提高了成本并且增加了用户使用门槛。同时由于zigbee协议数据传输速率低，对于大流量应用如流媒体、视频等，基本是不可能。

相对WiFi和蓝牙协议这些年的快速发展和商业普及，zigbee协议尽管在技术设计和架构上拥有很大优势，但是技术更新太慢，同时在市场推广中也被竞争对手拉开了差距。后续zigbee协议在行业领域还是有很大空间，但是家用及消费领域要挑战WiFi及蓝牙协议不是那么容易了。

（二）蓝牙

蓝牙目前已经成为智能手机的标配通信组件，其迅速发展的原因包括：

1. 低功耗。我认为这是蓝牙4.0的大杀器~使用纽扣电池的蓝牙4.0设备可运行一年以上，这对不希望频繁充电的可穿戴设备具有十分大的吸引力。

2. 智能手机的普及。近年来支持蓝牙协议基本成为智能手机的标配，用户无需购买额外的接入模块。

（三）WiFi

WiFi协议和蓝牙协议一样，目前也得到了非常大的发展。由于前几年家用WiFi路由器以及智能手机的迅速普及，WiFi协议在智能家居领域也得到了广泛应用。WiFi协议最大的优势是可以直接接入互联网。相对于zigbee，采用WiFi协议的智能家居方案省去了额外的网关，相对于蓝牙协议，省去了对手机等移动终端的依赖。

相当于蓝牙和zigbee，WiFi协议的功耗成为其在物联网领域应用的一大瓶颈。但是随着现在各大芯片厂商陆续推出低功耗、低成本的WiFi soc（如esp8266），这个问题也在逐渐被解决。

谁将一统江湖？

WiFi协议和蓝牙协议谁会在物联网领域一统江湖？这是目前讨论比较多的一个话题。WiFi和蓝牙的各自在技术的优势双方都可以在协议升级的过程中互相完善，目前两个协议都在往“各取所长”的方向发展。最终谁能占据主导，可能更重要的是商业力量和市场决定的。短期内各个协议肯定是适用不同的场景，都有存在的价值。

二、通信协议

（一）通信与通信协议区分

1.传统意义上的“通信”主要指电话、电报、电传。通信的“讯”指消息(Message)，媒体讯息通过通信网络从一端传递到另外一端。媒体讯息的内容主要是话音、文字、图片和视频图像。其网络的构成主要由电子设备系统和无线电系统构成，传输和处理的信号是模拟的。所以，“通信”一词应特指采用电报、电话、网络等媒体传输系统实现上述媒体信息传输的过程。“通信”重在内容形式，因此通信协议主要集中在ISO七层协议中的应用层。通信协议主要是运行在传统互联网TCP/IP协议之上的设备通信协议，负责设备通过互联网进行数据交换及通信。

2.通信仅指数据通信，即通过计算机网络系统和数据通信系统实现数据的端到端传输。通信的“信”指的是信息(Information)，信息的载体是二进制的数据，数据则是可以用来表达传统媒体形式的信息，如声音、图像、动画等。“通信”重在传输手段或使用方式，从这个角度，“通信”的概念包括了信息“传输”。因此通信协议主要集中在ISO七层协议中的物理层、数据链路层、网络层和传输层。

3.在物联网应用中，通信技术包括Wi-Fi、RFID、NFC、ZigBee、Bluetooth、LoRa、NB-IoT、GSM、GPRS、3/4/5G网络、Ethernet、RS232、RS485、USB等。

4.相关的通信协议（协议栈、技术标准）包括：Wi-Fi(IEEE 802.11b)、RFID、NFC、ZigBee、Bluetooth、LoRa、NB-IoT、CDMA/TDMA、TCP/IP、WCDMA、TD-SCDMA、TD-LTE、FDD-LTE、TCP/IP、HTTP等。

5.物联网技术框架体系中所使用到的通信协议主要有：AMQP、JMS、REST、HTTP/HTTPS、COAP、DDS、MQTT等。

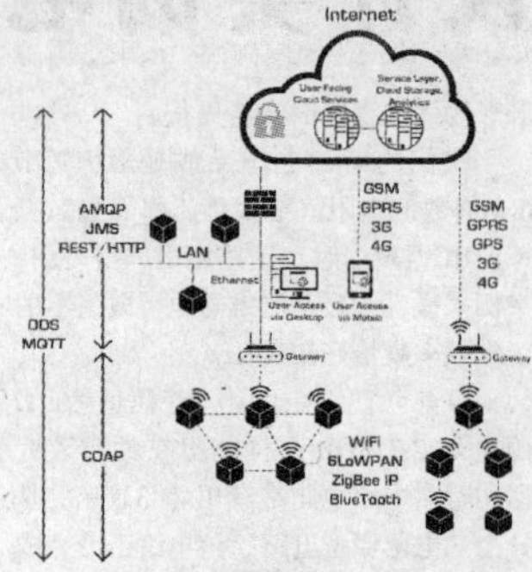

（二）通信协议汇集

1.HTTP协议简介

HTTP是一个属于应用层的面向对象的协议，由于其简捷、快速的方式，适用于分布式超媒体信息系统。它于1990年提出，经过几年的使用与发展，得到不断地完善和扩展。目前在WWW中使用的是HTTP/1.0的第六版，HTTP/1.1的规范化工作正在进行之中，而且HTTP-NG(Next Generation of HTTP)的建议已经提出。

2.HTTP协议特点

【1】支持客户/服务器模式

【2】简单快速

【3】灵活

【4】无连接

【5】无状态

3.HTTPS协议简介

该协议使用了HTTP协议，但HTTPS使用不同于HTTP协议的默认端口及一个加密、身份验证层(HTTP与TCP之间)。这个协议的最初研发由网景公司进行，提供了身份验证与加密通信方法，现在它被广泛用于互联网上安全敏感的通信。

4.客户端云Web服务器通信时的步骤如下：

【1】客户使用https的URL访问Web服务器，要求与Web服务器建立SSL连接。

【2】Web服务器收到客户端请求后，会将网站的证书信息(证书中包含公钥)传送一份给客户端。

【3】客户端的浏览器与Web服务器开始协商SSL连接的安全等级，也就是信息加密的等级。

【4】客户端的浏览器根据双方同意的安全等级，建立会话密钥，然后利用网站的公钥将会话密钥加密，并传送给网站。

【5】Web服务器利用自己的私钥解密出会话密钥。

【6】Web服务器利用会话密钥加密与客户端之间的通信。

5.WebSerivce/REST协议简介

WebService和REST都不是一种协议，他们是基于HTTP/HTTPS的一种技术方式或风格，之所以放在这里，是因为在物联网应用服务对外接口方式常采用WebService和RESTful API。

5.1.WebSerivce介绍

【1】WebService是一种跨编程语言和跨操作系统平台的远程调用技术。

【2】XML+XSD (XML Schema),SOAP和WSDL就是构成WebService平台的三大技术。

【3】XML解决了数据表示的问题，但它没有定义一套标准的数据类型，更没有说怎么去扩展这套数据类型。XML Schema(XSD)就是专门解决这个问题的一套标准。它定义了一套标准的数据类型，并给出了一种语言来扩展这套数据类型。WebService平台就是用XSD来作为其数据类型系统的。

【3】SOAP协议定义了SOAP消息的格式，SOAP协议是基于HTTP协议的，SOAP也是基于XML和XSD的，XML是SOAP的数据编码方式。打个比喻：HTTP就是普通公路，XML就是中间的绿色隔离带和两边的防护栏，SOAP就是普通公路经过加隔离带和防护栏改造过的高速公路。公式是：SOAP协议= HTTP协议+XML数据格式

【4】WSDL(Web Services Description Language) 就是这样一个基于XML的语言，用于描述Web Service及其函数、参数和返回值。

5.2.REST介绍

REST是表征状态转换，是基于HTTP协议开发的一种通信风格，目前还不是标准。REST是互联网中服务调用API封装风格，物联网中数据采集到物联网应用系统中，在物联网应用系统中，可以通过开放REST API的方式，把数据服务开放出去，被互联网中其他应用所调用。

6.CoAP(Constrained Application Protocol)协议简介

CoAP协议简称：受限应用协议，应用于无线传感网中协议。CoAP是简化了HTTP协议的RESTful API，CoAP是6LowPAN协议栈中的应用层协议，适用于：在资源受限的通信的IP网络。

【1】报头压缩

【2】方法和URIs

【3】传输层使用UDP协议

【4】支持异步通信

【5】支持资源发现

【6】支持缓存

7.MQTT (Message Queuing Telemetry Transport)协议简介

【1】简介

消息队列遥测传输，由IBM开发的即时通信协议，相比来说比较适合物联网场景的通信协议。MQTT协议采用发布/订阅模式，所有的物联网终端都通过TCP连接到云端，云端通过主题的方式管理各个设备关注的通信内容，负责将设备与设备之间消息的转发。适用于：在低带宽、不可靠的网络下提供基于云平台的远程设备的数据传输和监控。

【2】使用特点

《1》使用基于代理的发布/订阅消息模式，提供一对多的消息发布；

《2》使用TCP/IP提供网络连接；

《3》小型传输，开销很小(固定长度的头部是2字节)，协议交换最小化，以降低网络流量；

《4》支持QoS，有三种消息发布服务质量：“至多一次”，“至少一次”，“只有一次”。

【3】应用场景

《1》已经有PHP，JAVA，Python，C，C#等多个语言版本的协议框架；

《2》IBM Bluemix的一个重要部分是其IoT，Foundation服务，这是一项基于云的MQTT实例；

《3》移动应用程序也早就开始使用MQTT，如Facebook Messenger和com等。

8.DDS (Data Distribution Service for Real-Time Systems)协议简介

【1】简介

面向实时系统的数据分布服务，这是大名鼎鼎的OMG组织提出的协议，其权威性应该能证明该协议的未来应用前景。适用于：分布式高可靠性、实时传输设备数据通信。目前DDS已经广泛应用于国防、民航、工业控制等领域。

【2】使用特点

《1》以数据为中心；

《2》使用无代理的发布/订阅消息模式，点对点、点对多、多对多；

《3》提供多大21种QoS服务质量策略。

9.AMQP(Advanced Message Queuing Protocol)协议简介

【1】简介

先进消息队列协议，这是OASIS组织提出的，该组织曾提出OSLC(Open Source Lifecyle)标准，适用于：业务系统例如PLM，ERP，MES等进行数据交换。

【2】协议特点

《1》Wire级的协议，它描述了在网络上传输的数据的格式，以字节为流；

《2》面向消息、队列、路由(包括点对点和发布/订阅)、可靠性、安全；

【3】开源协议包括：

《1》Erlang中的实现有RabbitMQ

《2》AMQP的开源实现，用C语言编写OpenAMQ

《3》Apache Qpid

《3》stormMQ

（未完待续）

（下转第36页）

◇河北 李凯柯

初学入门

单片机系列1：流水灯设计

一、单片机概述

单片机即单片的微型计算机，是应工业控制系统智能化的迫切要求而产生的，广泛应用于机电一体化、家用电器、仪器仪表等领域。单片机的品种很多，其中最具典型性的当属Intel公司的MCS-51系列单片机及其兼容系列。本设计以MSC-51系列中的89C52为例。

(一)单片机硬件结构(以89C52为例)

1.CPU(微处理器)

AT89C52单片机中有1个8位的CPU，它包括了运算器和控制器两大部分，同时还有面向控制的位处理功能。

2.数据存储器(RAM)

AT89C52单片机的RAM片内为128B，片外最多可外扩64KB。RAM为随机存储器，在程序执行过程中，数据会根据程序的要求从相应数据存储单元中读出或写入，掉电或复位时数据会丢失。单片机数据存储器里有26个特殊功能寄存器，用于CPU对片内各功能部件进行管理、控制和监视。特殊功能寄存器实际上是片内各个功能部件的控制寄存器和状态寄存器，这些特殊功能寄存器映射在片内RAM区80H~FFH的地址区间内。

3.程序存储器(Flash ROM)

AT89C52单片机的ROM有8KB。它用来存储程序或存放常数及数据表格，为只读存储器。程序一旦烧入单片机，就不会改变，掉电时也不会消失。在程序运行过程中，ROM里的数据只能被读出来执行，不能被改变。想要改变ROM里的内容，需通过重新烧入程序来实现。

4.中断系统

中断是单片机挂机正在执行的程序而转去处理特殊事件的操作。AT89C52具有5个中断源，2级中断优先权。

5.定时器/计数器

AT89C52单片机片内有2个16位定时器/计数器，用来实现定时或计数功能，并以其定时或计数的结果来实现控制功能。

6.串行口

AT89C52有1个全双工的异步串行口。串行是指数据在很少的数据线上传输，可以节省数据线，节约成本。

7.并行I/O口

AT89C52单片机有4个双向8位I/O口，记作P0、P1、P2、P3。作为通用I/O口时，CPU既可以对它们进行字节操作，也可以进行位操作。单片机通过对I/O口的操作，从而控制外围的负载。

(二)单片机最小系统

1.电源电路

单片机电源一般是3.3V或5V，具体多少要参考各种型号单片机的工作电压。89C52采用5V电源。

2.时钟电路

时钟电路就是晶振电路，一般选择12MHz的晶振，方便使用定时器、计数器的功能。AT89C52中有高增益的反相放大器，它是构成内部振荡器的主要单元，引脚XTAL2和XTAL1分别是该放大器的输出端和输入端。

片外石英晶体或陶瓷谐振器和放大器共同构成自激振荡器，旁路电容C2、C3与外接石英晶体(或陶瓷谐振器)接在具有反馈功能的放大器中，构成并联反馈振荡电路。

3.复位电路

无论是在单片机刚接上电源时还是在运行过程中发生故障，都需要复位。复位电路用于将单片机内部各电路的状态恢复到一个确定的初始值，并从这个状态开始工作。单片机的复位条件：必须使RST引脚上持续出现两个(或以上)机器周期的高电平。单片机的复位形式：上电复位、按键复位。

上电复位是利用电容充电来实现复位。电源接通瞬间，RST引脚上的电位是高电平(Vcc)，电源接通后对电容进行快速充电，RST电位逐渐下降为低电平。只要保证RST引脚上高电平持续时间大于两个机器周期，便可实现正常复位。

按键复位电路中，当按键没有按下时，电路同上电复位电路。如在单片机运行过程中，按下RESET键，电容会快速放电，使RST快速变为高电平，此高电平会维持到按键释放，从而满足单片机复位的条件，实现按键复位。

二、设计方案

流水灯设计是学生在学习电专业知识时喜欢设计的一个小电路。流水灯的设计途径很多，可以用基于555的电路设计，可以用数字逻辑芯片设计，还可以用PLC设计，同样可以采用单片机设计。

采用单片机设计，是基于单片机系统小、硬件电路简单、程序灵活多变、造价低等优点考虑的。本设计采用89C52对8个发光二极管进行控制，根据要求实现不同的灯控效果。

1.硬件设计

基于单片机的流水灯硬件电路是整个设计最底层、最基础也最重要的部分，主要由AT89C52控制模块、发光二极管模块组成。

流水灯电路(图1)是一个带有8个发光二极管的单片机最小应用系统，即由发光二极管、晶振、复位、电源等电路和必要的软件组成的单个单片机。从图1可以看出，8个发光二极管采用共阳极接法，如果要让接在P0.0口的D1亮，只要让P0.0口输出低电平。相反，要让接在P0.0口的D1熄灭，P0.0口要输出高电平。

2.软件设计

基于单片机的流水灯电路简单，程序容易实现，但可以根据不同要求设计出不同的灯控效果，实用性很强。我们从简单到复杂，介绍几个案例的软件设计过程。编程过程采用C语言。

例一

功能：8个发光二极管从左往右轮流点亮，无限循环。

从硬件设计可以看出，要点亮1个LED灯，只要使控制该灯的P0口输出低电平。要实现8个发光二极管轮流点亮，只需设置一个8次循环，在循环中P0口从低位开始置1，依次左移。设计思路如图2所示。

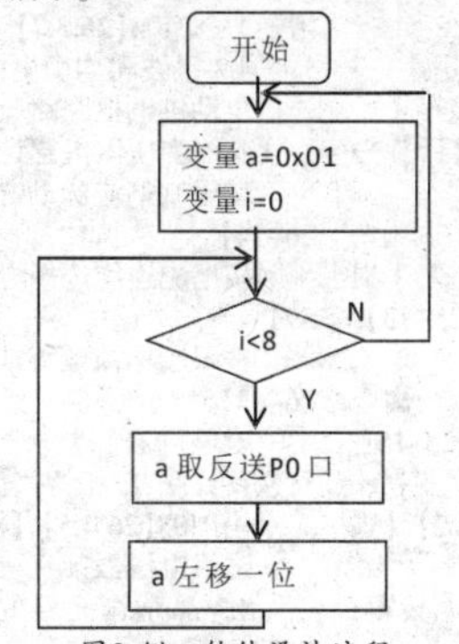

图2 例一软件设计流程

例一程序清单：

```
#include "reg52.h"
#define led P0 //定义P0口为 led
void dey(int x) //延时子程序
{
while (x--);
}
main()
{
unsigned char a,i; //定义变量a,i
a=0x01; //变量a赋初值
for (i=0;i<8;i++) //8次循环
{
led=~a; //P0口赋值
dey(300000); //调用延时
a<<=1; //a左移一位
}
}
```

例二

功能：8个发光二极管从左往右轮流点亮，再从右往左轮流点亮，无限循环。

例二在例一的基础上增加了从右往左点亮的循环，因此在程序设计时要增加一个8次循环，这次循环先从P0的高位开始点亮，依次右移。设计思路如图3所示。

例二程序清单：

```
#include "reg52.h"
#define led P0 //定义P0口为 led
void dey(int x) //延时子程序
{
while (x--);
}
main()
{
unsigned char a,i; //定义变量a,i
a=0x01; //变量a赋初值
for (i=0;i<8;i++) //8次循环
{
led=~a; //P0口赋值
    dey (300000); //调用延时
    a<<=1; //a左移一位
    }
    a =0x80; //a 赋初值,从高位开始点亮
    for (i=0;i<8;i++) //8次循环
    {
    led=~a;
    dey(300000);
    a>>=1; //a右移一位
    }
    }
```

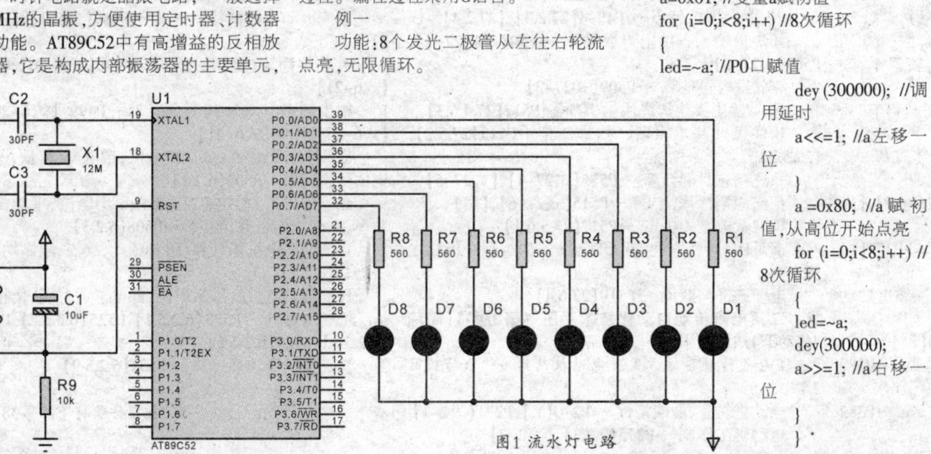

图1 流水灯电路

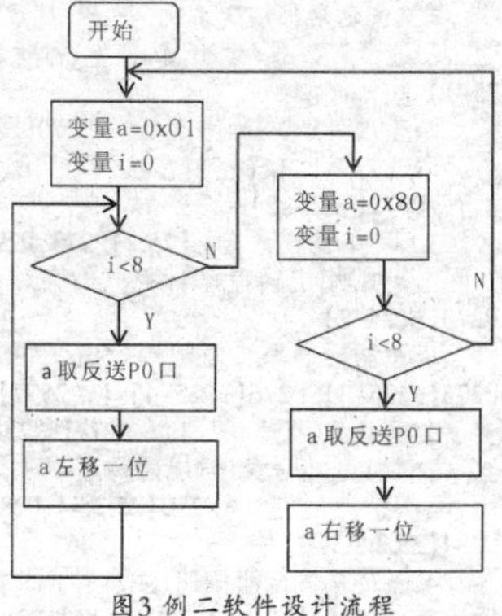

图3 例二软件设计流程

例三

功能：8个发光二极管从两边向中间依次点亮，全亮后再从中间向两边依次熄灭，直到8个全灭，无限循环。

本例在例二的基础上加入位的逻辑运算。因为8个灯是从两边往中间亮，因此我们将P0口分低4位和高4位，再分别进行移位。送入P0口前再将高、低位合并。设计思路如图4所示。

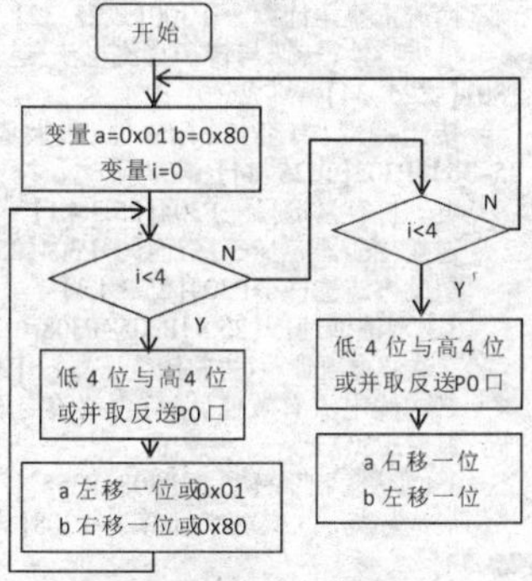

图4 例三软件设计流程

例三程序清单：

```
#include "reg52.h"
#define led P0
void dey(int x) //延时子程序
{
while (x--);
}
main()
{
unsigned char a,b,i; //定义变量a,b,i
a=0x01;b=0x80; //a赋P0低4位,b赋P0高4位
for (i=0;i<4;i++) //4次循环
{
led=~(a|b); //P0口赋值
dey(300000); //调用延时
a<<=1;b>>=1; //a左移一位,b右移一位
a=a|0x01;b=b|0x80 ; //P0最低位和最高位或1
}
for (i=0;i<4;i++) //4次循环
{
led=~(a|b); //P0口赋值
dey(300000); //调用延时
b<<=1;a>>=1; //a右移一位,b左移一位
}
led=0xff;
dey(300000);
}
```

不同形式的流水灯亮灭顺序可以产生多种不同的灯光效果，感兴趣的读者可以自行设计软件来实现。

◇福建工业学校 黄丽吉
◇福建中医药大学附属人民医院 黄建辉

注册电气工程师备考复习——电气传动及18年真题(中)

(紧接上期本版)

3.交流电动机调速系统 →"钢下"第25章

转速计算公式(频率、转差率、极对数)→P269【式25-1】

调速方案分类,效率高低 →P270【表25-1】

调速方案比较(控制方法、调速比、特点、应用范围)→P271【表25-2】

3.1 简单交流调速→【25.2】P273~P293

电动机额定转差率计算式 (忽略转子电感)→P273【式25-2】

斩波器导通率、电阻等效值、外加电阻计算→P275【式25-3】、P276【式25-4】~【式25-7】

变极调速(双速、三速)→P277【图25-9】

改变定子电压调速(电磁转矩计算式,转差功率损耗,高次谐波影响)→P280【25.2.3】,P283【式25-13】,P284【25.2.3.3-B】

电磁转差离合器调速(主从转速关系,特点,离合器效率)→P284【25.2.4】,【式25-14】,P28,5【式25-15】

3.2 串级调速→【25.3】P294~P305

特点,转子回路电流计算 →P295【25.3.1.2】,【式25-22】

电气式串级调速(角速度与转矩关系,最大转矩)→P296【式25-24】,【式25-25】

晶闸管串级调速(转子输出电压,逆变回路电压、电流)→P296【式25-26】,【式25-27/28】

内反馈串级调速,特点 →P296【C】

功率因数与效率 →P297【25.3.1.4】

换流重叠角计算 →P300【式25-32】

机械特性(转速与转子直流电流、逆变角关系)→P301【式25-34】

转矩特性(有名值,标幺值,最大值)→P301【式25-36】~P302【式25-44】

电动机容量选择→P304【25.3.4.1】

逆变变压器容量选择计算→P304【25.3.4.2】

起动方式选择→P304【25.3.4.3】

3.3 双馈调速→【25.4】P305~P308

二次线电压计算(主整流变压器)→P305【式25-49】

二次线电流有效值计算(主整流变压器),元件反压计算 →P307上

3.4 变频调速→【25.5】P308~P355

最大转矩,电磁功率计算 →P308【式25-52】,【式25-53】

交-交于交-直-交变频器比较 →P310【表25-11】

电流型与电压型比较 →P311【表25-12】

直流输入与交流输出关系 (总量, 基波) →P313【式25-57】~【式25-60】

输出线电流与输入直流关系 →P314【式25-61】

换相电路参数计算 (电压型逆变器)→P316【表25-14】

电流型逆变主回路参数计算(直流侧电压、电流,换向电容,晶闸管电压、电流等),实例

→P324【25.5.3.4】,P325【计算实例】

异步电动机定子与转子电流关系→P329【式25-81】

交-交变频器特点→P334【25.5.4.3】

交-交变频器主回路参数计算(变压器参数,晶闸管电压/电流)→P334【25.5.4.4】

换流剩余角计算 →P339【式25-97】

交流变频调速应用,实例→P354【25.5.8】,【表25-21】

3.5 带飞轮传动装置的异步电动机的转差率调节→【25.6】P355~P361

接触器式转差率调节器(转子回路电阻),实例 →P355【25.6.3】,P358【例】

液力偶合器参数计算(转矩,转速比,转差率,效率,转矩/过载系数)→P361【25.7.2】

4. 晶闸管变流器及直流电动机调速 →"钢下"第26章

理想空载电压(单相全波/桥式,三相零式/桥式,有相位控制)→P376【26.2.3】

换相压降、换相角计算 →P377【式26-6/7】、【式26-8】

直流输出电压(计及控制角、换相角)→P377【式26-9/10】,【式26-15】

功率因数(有功功率,基波视在功率,基波有功功率,位移因数)→P378【26.2.5】

实例(求位移因数和功率因数)→P380【例】

带有续流二极管的三相零式整流电路 →P380【26.2.6】

单相桥式和三相桥式半控整流电路 →P382【26.2.7】

各种整流电流全导通基波电量 →P385【26.2.8】,P399【表26-16】

4.1 整流变压器→【26.3】P400~P404

整流变压器额定电压计算 →P401【26.3.2】

整流变压器二次相电流、一次相电流及视在功率计算 →P401【26.3.2】

整流变压器计算示例(三相桥式反并联,速度反馈可逆)→P403【26.3.7】

4.2 平波和均衡电抗器计算→【26.4】P404~P410

电动机电枢回路电感确定 →P404【式26-50】

整流变压器电感计算 →P404【式26-51】

按限制电流脉动选择电抗器 →P405【26.4.2】,【式26-54】

按电流连续选择电抗器 →P406 【26.4.3】,【式26-59】

按限制均衡电流选择电抗器 →P406【26.4.4】,【式26-63】

对电抗器的要求和安排,实例(双反星形带平衡、可逆反并联,三相桥式反并联、可逆)

→P408【26.4.5】,【例1】,【例2】

进线电抗器计算 →P409【式26-64】

4.3 晶闸管元件的选择和串并联→【26.5】P410~P413

反向重复峰值电压、最大峰值电压 (晶闸管)→P410【式26-65】、【式26-66】

额定(通态平均)电流计算 →P410【式26-67】

并联支路数 →P411【式26-68】

4.4 晶闸管保护→【26.6】P413~P428

抑制用RC参数计算 →P414【表26-24】

压敏电阻标称电压计算(星接,角接)→P414【式26-70】,【式26-71】

抑制电流/压上升率外加电感 →P419【式26-72】、【式26-73】

快熔电流容量,短路电流计算→P420【式26-74】,P421【表26-30】

动力制动电阻计算→P428【式26-75】、【式26-76】

4.5 晶闸管变流器直流调速系统→【26.7】P428~P456

他励直流电动机机械特性→P428【式26-77】

不可逆,可逆,逻辑无环流,错位选出无环流,电流断续振荡抑制,交叉小环流,全数字直流

4.6 控制系统特性及参数计算→【26.8】P456~P490

二阶闭环调节系统(传递函数,品质指标,误差分析)→P457【26.8.1】

三阶闭环调节系统(传递函数,品质指标,误差分析)→P460【26.8.2】

调节系统校正(惯性→比例,惯性→积分,积分→惯性)→P464【26.8.3】

二阶闭环调节系统参数计算 →P468【26.8.5】

三阶闭环调节系统参数计算 →P470【26.8.6】

调节理论在工程中应用(标幺值计算,滤波器作用和选择,参数变化影响)→P471【26.8.7】

晶闸管变流器供电的直流电动机速度调节系统→P477【26.8.7.4】

调节器选择及常用调节对象参数计算 →P483【26.8.8】

二阶、三阶调节器比较 →P488【表26-41】

5.可编程序控制器(PC)及其应用 →"钢下"第27章

PC控制与继电器控制比较 →P494【27.1.3.2】、【表27-3】

程序语言分类 →P498【27.2.2.2】

PC主要功能,特点 →P4994【27.2.3】,【27.2.4】

开关量输入、输出点数估算 →P508 【式27-1】、P509【式27-2】

存储器容量估算 →P509【式27-3】

输入/输出模块选择注意事项 →P512【27.4.6.3】

软件设计基本原则, 扫描周期→P513【27.5.2】,【27.5.3】

系统响应时间计算 →P515【式27-4】、【式27-5】

扫描周期计算,实例 →P515【式27-6】,【例】

模拟量控制的优点 →P517【27.5.6.1】

衡量D/A转换器性能,A/D转换器的类型→P518左侧中间

电缆选择与敷设 →P519【27.6.4】

二、《电气传动自动化技术手册 (第3版)》(简称"传动3")知识点索引

1.电气传动系统方案及电动机选择 →"传动3"第2章

电动机类型,继续特性 →P270【1.】,P271【表2-1】

电动机工作制 →P275【2.2.3】、【表2-2】

交流电动机选择, 直流电动机选择 →P281【2.3.2】,P283【2.3.3】

常用电动机性能及适用范围 →P284 【2.3.6】、【表2-4】

电动机功率计算及校验 →P287【2.3.7】、【表2-5】~【表2-14】

恒负载连续工作电动机校验 , 最小起动转矩,最大飞轮矩→P293【式2-6a】、【式2-6b】,P294【式2-7】,【式2-8】

短时工作制电动机校验 →P294【式2-9】

变动负载连续工作电动机校验 (额定电流或转矩), 等效平均值→P294 【式2-10】、【式2-11】,【式2-12】~【式2-16】

断续周期工作制电动机校验 (断续定额、连续定额、负载持续率)→P295 【式2-17】、【式2-18】,【式2-19】~【式2-20】,【式2-21】

平均损耗法(平均总损耗,能量损耗,起动时间,稳态运转电流,制动时间等)→P297【式2-24】~P299【式2-33】

计算举例(平稳负载长期工作制电动机容量校验,平均损耗法校验断续工作制电动机)→P299【2.3.7.4】、【例2-1】,【例2-2】

2. 电力电子器件与电源 →"传动3"第3章☆

电力电子器件分类 →P306【3.1】

常用整流电源线路及有关计算系数 →P343【表3-24】

直流输出电压,臂电流平均值,整流器件承受最大重复反向电压值,阀/网侧相电流计算→P344【式3-1】,P345【式3-2】,【式3-3】,【式3-4】,【式3-5】

整流电源网侧线电压估算,反向重复峰值电压,桥臂整流器件并联数→P352【式3-7】,P353【式3-8】,【式3-9】

快速熔断器额定电流/电压,断流容量校验,I2t校验 →P354【式3-10】、【式3-11】,【式3-12】~【式3-16】,【式3-17】、【式3-18】

3.调速技术基础 →"传动3"第4章

稳态调速精度,静差率,调速范围稳速精度,转速分辨率计算 →P359【式4-1】,【式4-2】,【式4-3】,P360【式4-4】,【式4-5】

模拟和数字调节器 →P366【4.2.5】

调速系统中的信号检测 →P377【4.4】

4.电动机的电器控制 →"传动3"第5章

电动机起动转矩条件 →P385【式5-1】

笼型电动机各种起动方式比较 →P395【表5-8】

电动机允许直接起动条件 →P397【式5-2】、【式5-3】

电抗器减压起动条件 →P398【式5-6】、【式5-7】

自耦变压器起动条件 →P399【式5-10】、【式5-11】

变频起动特点 →P399【4.】

直流串励电动机起动 →P401【5.1.1.10】

电动机制动力矩值计算 →P404【式5-14】

能耗制动性能 →P405【表5-15】

反接制动接线方式和制动特性 →P406【表5-16】

电动机短路保护脱扣器整定电流、灵敏度 →P411【式5-15】、【式5-16】

长延时过载保护脱扣器整定电流 →P411【式5-17】

多台电动机供电主干母线处熔体额定电流计算→P451【式5-18】

快速熔断器接交流/桥臂熔体侧额定电流,电压计算 →P452【式5-19】,【式5-20】,【式5-21】

5.直流传动系统 →"传动3"第6章☆

直流电动机机械特性方式 →P469【式6-1】,【式6-2】

重叠角计算(整流,逆变)→P496【式6-20】,P498【式6-21】

触发超前计算和延时角计算→P499 【式6-26】、【式6-27】,P498【式6-21】

变流变压器计算(二次相电压,相电流,容量,进线电抗器,实例)→P502【6.2.2】

晶闸管选择(额定电压,通态平均电流,平均损耗功率,电流波形系数,实例)→P508【6.2.3】

直流回路电抗器计算(限制脉动,续流,限制均衡)→P514【6.2.4】

保护:阻容过压,压敏电阻,静电感应过压,换相过压,直流侧过压→P523【6.2.5.1】、P525【6.2.5.2】,P526【6.2.5.3】~P529【6.2.5.6】

快速熔断器选择计算 →P531【6.2.5.9】

(未完待续)(下转第38页)

◇江苏 陈洁

编辑:春 魏 投稿邮箱:dzbnew@163.com

新大陆NL-5103型数字有线电视机顶盒故障分析检修五例

例1：开机后绿色电源指示灯点亮，前面板数码管无显示，无图像，无伴音。

分析与检修：根据绿色电源指示灯能点亮初步判断，开关电源问题不大，经测量电源板输出的3.3V、7.5V、12V、30V电压均正常，接下来按不能开机故障分析、检修。新大陆NL-5103主控芯片采用ST公司生产的单片机顶盒解码芯片STi5105ALC，集成主频200MHz32位主控CPU，按常规先检测CPU正常工作应具备的三个条件：即CPU供电、时钟振荡晶振和复位电路元件。把尖头黑色万用表笔插入主板电源输入端排线插座中的地端，用红色万用表笔触碰主板背面主控芯片ICS1(STi5105ALC)对应处的宽铜箔线路，结果只有3.3V电压。查资料得知主控芯片ICS1(STi5105ALC)需要3.3V、2.5V和1.2V三组电源供电，图1是该机顶盒主控芯片STi5105ALC供电电路原理图，3.3V电源由电源板直接提供，由电源板输出的3.3V电源经DS1降至2.5V，同时2.5V电压经低压差稳压块ICP2(EH11A)处理后得到1.2V电压，本次检测主控芯片ICS1(STi5105ALC)供电电压只有3.3V一组电源，肯定是不正常的。沿供电线路向前逐步检查，测ICP2(EH11A)输入端③脚与输出端②脚电压均为0，再查发现降压二极管DS1已断路，更换DS1后通电实测2.5V电压为2.38V，1.2V电压为1.25V，此时已能正常开机，连接有线电缆试收，声像俱佳。

例2：开机后绿色电源指示灯点亮，前面板数码管有显示，接收时黄色信号锁定灯不亮，电视屏幕有正常的菜单显示，无图像，无伴音。

分析与检修：根据故障现象分析该机顶盒控制系统正常，应是接收不到信号。用另一台机顶盒与有线电缆连接试收，确认广电部门传输的有线数字信号正常。该机顶盒数据信号处理流程是这样的：调谐器接收到有线数字信号后，从数字信号中解调出IF中频信号，IF送入解调芯片U2 (GX1001P)，经U2(GX1001P)解调完的数据流送到主控芯片ICS1(STi5105ALC)进行相关解码处理，从这一信号处理流程看，调谐、解调、解码电路发生故障都会导致接收不到信号。该机调谐器是THOMSON(汤姆逊)公司生产的数字化调谐器，用于解调有线网内经QAM调制后所传的有线数字信号，整个电路封闭在金属屏蔽盒内看不到，从调谐器外部引脚测量30V、5V供电正常，通电后也无异常发热情况，暂定调谐电路正常。解复用、解码电路集成于ICS1(STi5105ALC)内部，损坏的可能性不大。暂排除这两部分电路，余下的疑点部位只有信号解调电路了，这部分电路与以前检修的巨鹰GE-8810B DVB-C型数字有线电视机顶盒信号解调电路相同，信号解调芯片为国芯GX1001P。指压解调芯片U2(GX1001P)表面，故障依旧，判断GX1001P各引脚应无虚焊。测电源板提供给GX1001P的3.3V电压正常，但由U3(EH13A)提供给GX1001P的1.8V电压明显偏低，只有约0.8V。测U3(EH13A)③脚输入的3.3V电压正常，断电后测量U3(EH13A)②脚对地电阻约448Ω，U3(EH13A)输出端对地无短路，判断U3已损坏。更换U3后通电试机，故障排除。图2是该机顶盒解调电路供电原理图。

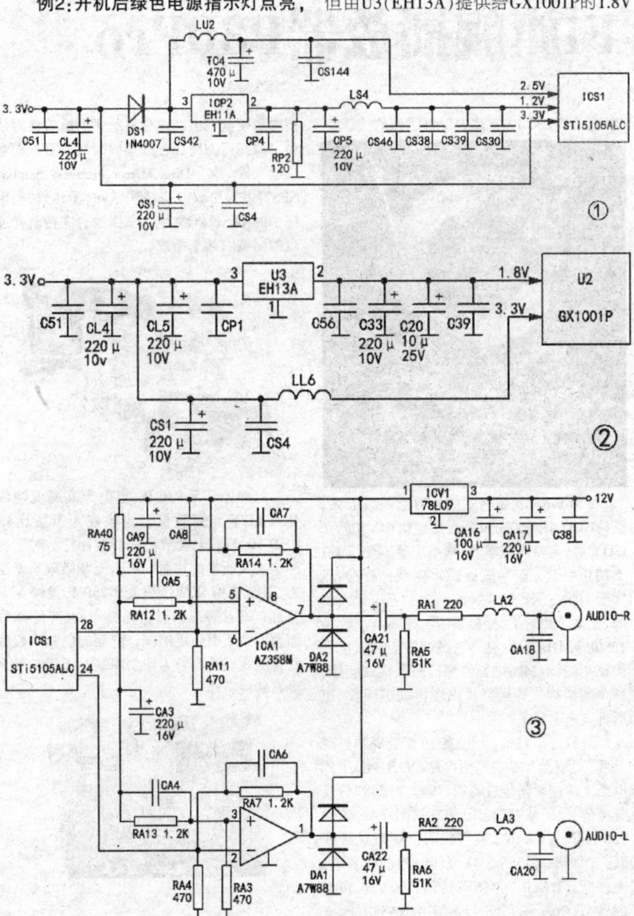

例3：开机收视，操控正常，有图像，但无伴音。

分析与检修：更换音频传输线与另一台电视机连接，排除了电视机及音频传输线发生故障的可能性。打开机盖，直观检查未发现主板相关电路有明显异常，试将机顶盒音量调至最大，但电视机仍无伴音，初步判断机顶盒音频信号处理电路有故障。该机顶盒音频解码、D/A转换电路集成在主控芯片ICS1(STi5105ALC)内部，从ICS1(STi5105ALC)㉔、㉘脚输出的音频模拟信号经双运放集成块ICA1(AZ358M)放大后输出。图3是该机顶盒音频信号处理电路原理图。检修时分别从ICA1(AZ358M)输入端②、⑥脚飞线到音频莲花插座，结果有声音，这说明音频放大电路有故障。测ICA1(AZ358M)供电端⑧脚无电压，该电压是电源板输出的12V电压经ICV1 (78L09) 稳压后得到，测ICV1(78L09)输入端③脚12V电压正常，判断ICV1(78L09)内部已断路。直接剪断78L09引脚，把一只全新78L09焊在相应引脚上，通电复测ICV1(78L09)输出端①脚和ICA1(AZ358M)供电端⑧脚电压恢复正常，此时伴音也恢复正常。

例4：开机收视，伴音正常，但无复合视频信号输出。

分析与检修：开机收视时，查黄色信号锁定灯已点亮，改用色差信号传输线与电视机连接试收，结果图像正常，断定集成于主控芯片ICS1 (STi5105ALC)内部的视频解码电路工作正常，故障应发生在主控芯片外的复合视频信号处理电路。图4是新大陆NL-5103型数字有线电视机顶盒复合视频信号处理电路原理图，从ICS1(STi5105ALC)⑱脚输出的复合视频信号首先经由CV11、RV36、LV4、RV39、CV12组成的低通滤波电路，消除采样时钟带来的各种谐波，再由QV2组成的射极跟随器改善视频输出阻抗，起到隔离和缓冲作用，QV1对视频信号进行放大，最后经DV1钳位后将信号送至视频输出端子。检查时，用视频信号传输线直接接触QV2 b极，图像正常，再用视频信号传输线接触QV2 e极，结果无图像，更换QV2后通电试收，经复合视频信号处理电路输出的图像恢复正常。

例5：开机收视，伴音正常，图像色彩异常。

分析与检修：据用户反映，用三色色差线与电视机连接接收，图像颜色不正。经实地试收，图像颜色偏绿。通常使用色差线与电视机连接接收电视节目，能比复合视频信号提高图像质量，但要使用三根信号线分别给电视机传输亮度(Y)和蓝色(Pb)、红色(Pr)色差信号，如无亮度(Y)信号，则电视机不显示图像，如蓝色(Pb)或红色(Pr)色差信号缺失，则图像颜色不正，该机顶盒图像颜色偏绿，说明红色(Pr)色差信号缺失，故障应发生在红色(Pr)色差信号传输线或机内该色差信号的传输通道。查红色(Pr)色差信号传输线正常，确认故障发生在机内红色(Pr)色差信号处理电路。图5是该机顶盒色差信号处理电路原理图，其视频解码电路集成在主控芯片ICS1(STi5105ALC)内部，STi5105ALC解出的亮度(Y)和蓝色(Pb)、红色(Pr)色差信号经三通道视频滤波驱动芯片ICV2(HJLFC6143) 处理后输出，其中红色(Pr) 色差信号由STi5105ALC ⑮脚输出至ICV2 (HJLFC6143) ③脚，再由ICV2(HJLFC6143) ⑥脚输出。用金涵JDS2012A手持式示波器检测HJLFC6143 ③脚有信号波形，但HJLFC6143 ⑥脚无信号波形输出，断定ICV2(HJLFC6143)内部红色 (Pr) 色差信号传输通道已断路。更换ICV2后通电试收，机顶盒图像恢复正常。

◇河北 郑秀峰

超小型AV272录制盒

通过本录制盒AV272，不用电脑就可以非常方便将电视机顶盒、家庭录像机、影碟机、摄像机等输出的复合视频AV信号转成数字格式保存到TF卡上，录制的视频可以在便携式设备上顺利播放。

一、接口功能介绍

1. 图1所示的VIDEO AUDIO IN 是本录制盒唯一的音视频输入接口，使用最常见的莲花插座作为信号输入接口符合我们的使用习惯，其中的黄色为视频输入；红和白色为音频输入。电视机顶盒、家庭录像机、磁带摄像机、影碟机等的输出信号连接到该输入接口作为录像信号源。

①

2.从图2可以看到本录制盒有AV和HDMI两组音视频输出接口。其中的视频AV OUT用配备如图3的3.5mm插头转出连接到电视机。

3.HDMI OUT 该接口同时包含了音频和视频信号，可以通过它连接电视机或显示器，只是该连接线用户需要自备。

不论使用哪个输出接口，通电后视频源信号都会在连接的电视机或显示器上显示。需要注意的是不要同时使用两组输出连接设备，否则只有AV OUT有效。

②

4.迷你USB接口 该接口具有两个功能，首先是作为DC电源输入接口给录制盒供电。本盒没有配置电源适配器，而是采用任何一个家庭都会有的手机充电器、充电宝等最常见的标准5V电源，通过随机配置的电源线（也是数据线）给录制盒供电，通过实测连续工作电流仅为0.3A，所以1A的电源足够使用。

该接口也可用于连接电脑USB接口，将TF卡内录制好的的文件拷贝到电脑。

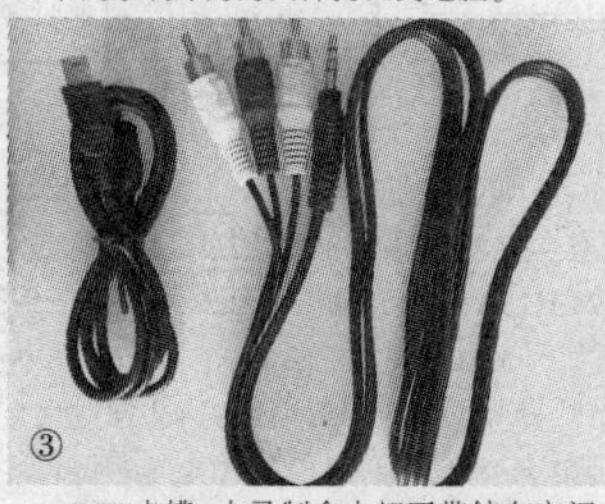
③

5.TF卡槽 本录制盒内部不带储存空间，采用插入TF卡来存储录制文件，这种类型的储存卡广泛用于手机、看戏机、导航仪等，为了录制文件的安全，使用前最好将TF卡清空并格式化。本录制盒支持FAT32格式，最大支持容量16GB。

二、录制及状态指示

本录制盒连接电源后绿色指示灯常亮表示接通电源，采用一键录制和停止方式，录制按钮位于上方如图4。

接通电源后，可以在电视机或者显示器上看到想要录制的视频。此时，按下上方录制按键开始录制，红色的录制指示灯会闪烁，表示正在录制中。再次按下录制键则停止录制并保存文件，红色指示灯会熄灭，画面也会提示保存文件"Saving File"。如果没有插入TF卡或者机器识别不到TF卡，按下录制按键时，画面会提示没有储存卡"No Card Disk"，请正确插入TF卡或检查TF卡是否有问题。

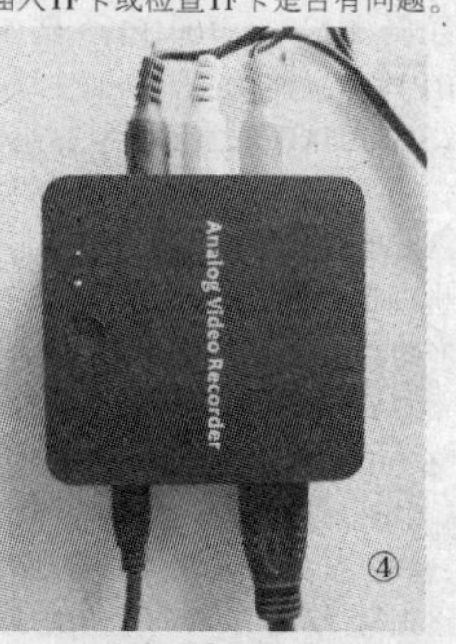

④

三、突出特点

通过把玩笔者认为该视频录制盒的几个特点尤为突出：

1. **操作极为简单** 可以毫不夸张地说在我们接触到的所有录像产品中本录制盒的操作最为简单，没有配置遥控器，仅有一个按键即可操作录像开始和停止，同时以红色发光二极管的闪烁以指示录制状态；

2.**录制视频易于播放** 之前笔者曾用过两款高清录像机，录制画质让人满意，但美中不足是录制的文件却不能在便携式看戏机和移动DVD上播放很不方便，由于本机录制的视频为最基本的AVI编码格式，其最大的特点在于几乎所有带视频播放功能的设备都可以轻松播放，比如市面上深受老年朋友喜爱的看戏机、跳广场舞的音视频播放机、有USB接口的便携式DVD或家用台式DVD，甚至本报多次介绍的DVD刻录机都可以顺利播放。当然，将录好的TF卡插到手机、平板电脑等便携设备就更不在话下了。当然本AV录制盒录的文件在小屏幕电视机或便携移动设备上观看有较好的显示效果，但如果放到五六十寸的大屏电视上画质清晰度明显变差。

3.**特别节约内存卡容量** 就录制的图像画质而言，本视频录制盒与高清录像机自然不能相提并论，毕竟标准完全不同。我们知道，视频画质与占用空间密不可分，比如同为16G的内存卡，用高清录像机仅能录制2小时，按DVD画质标准可录7小时，而本录制盒可录制时间长达24小时！

4.**体积超小耗电极低** 本录制盒体积非常小巧，尺寸仅为76 ×81×23mm，对于喜欢录制电视节目的爱好者出差旅游也可随身带上；耗电极低，在正常录制时电流仅为0.3A左右，用充电宝也能轻松应对几小时。

四、适用范围

由于本AV272录制盒具有体积超小、耗电极低、一键录像操作方便、视频压缩比高节约空间等特点，因此特别适合将各种音视频信号录制到TF卡上用于小屏幕设备上播放；用于录制讲坛、文史、养生、教学等资料类视频节目更有优势。

◇成都 徐 兵

海缔力高端4K蓝光Hi-Fi旗舰播放器P30Pro

应影音发烧友对高端4K蓝光Hi-Fi播放机的迫切需求，HDEngine海缔力（以下简称"海缔力"）近期推出了Hi-Fi旗舰级真4K蓝光播放机P30 Pro。产品发布前，先邀约了部分影音大咖和资深发烧友体验，受到大家一致推荐。海缔力崇尚精品理念，追求用户更佳体验，凭借技术沉淀、精湛设计、流畅软件、Hi-Fi级元器件、更佳的体验风格等，赢得了高品质消费者和业内的赞誉。

P30 Pro创造性地采用专业投影领域才有的专业级色彩调校，以及专业音频调校，对高级无损母带音乐格式DSD、SACD.ISO、DSF、WAV、DTS-CD等全面支持，支持4K峰值码流率280M。海缔力P30 Pro在采用了进口专业级多媒体芯片外，同时还拥有强大功能如海缔力影院中心、音乐播放机、手机控制中心、专业级音视频调校、海量网络影视、沉浸式全景声、个性化DIY赏玩、智能海报墙、全高清录制、双系统(NAS)……可以说，丰富而强大的功能，使得海缔力P30 Pro把4K UHD高端旗舰蓝光机带到了一个新的高度。

海缔力P30 Pro具有强大的硬件配置和专业技术水准，除了采用进口专业级多媒体芯片外，支持3D、4K@60fps、UHD、HDR、10bit HEVC、BT.2020、全景声、2路HDMI 2.0a、录制、NAS功能、千兆网口、蓝牙、内置硬盘仓可容纳10TB大容量硬盘、海量免费网络高清大片播放等基本功能，还在硬件配置、硬件工艺、影像处理、专业级调校、兼容性应用上保持了强大的竞争力和专业水准。

影像呈现方面，海缔力P30 Pro搭载的专业级色彩调校，在影像细节、色彩表现力、景深、临场感上，多方位提升图像显示质量。P30 Pro还支持Dolby HDR技术，拥有超高的亮度对比度。

声音还原方面，P30 Pro采用专业级音频调校，支持全格式音频，包括杜比及DTS的多种环绕声模式。海缔力音乐播放器还支持MP3、AAC、WAV、APE、FLAC、Ogg等编码及普通无损音频格式，对母带无损音乐格式DSD、SACD.ISO、DSF、WAV、DTS-CD等全面支持，使得P30 Pro整体表现有了质的飞跃。

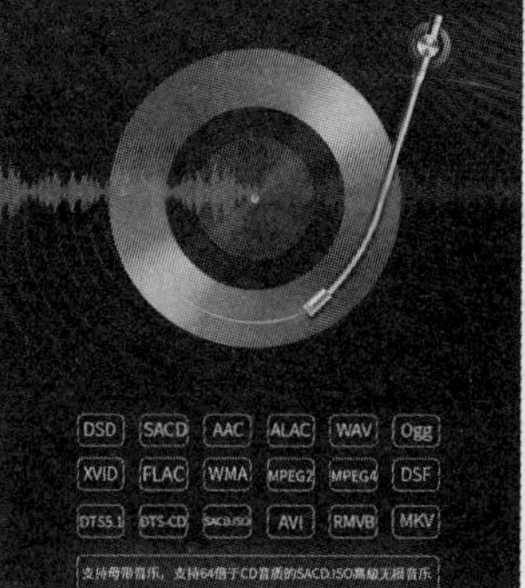

P30 Pro对文件格式的兼容性超级强大，支持UHD 4K@60Hz及蓝光原盘BDMV和蓝光ISO文件，支持内嵌字幕、网络字幕匹配下载，支持原生蓝光全导航；国际4K蓝光标准，远优于当前高清影院系统的图像数据，无比清晰且如行云流水般平滑顺畅；支持1080P@24Hz自适应模式，高端专业播放机的专属功能，对24帧电影片源选择原格式回放，避免转换格式导致影片出现抖动等现象，还原影院真实效果；

海缔力影院中心，在家可享受高端影院品质。对硬盘和家庭网络存储(NAS、PC)中的电影文件能联网生成海报、内容介绍、评价及分类信息，轻松管理自己的高清影片库。同时P30 Pro配备GLAN千兆有线网、双频AC无线网，保障家庭网络在4K极清时代游刃有余；支持蓝牙BT4.0，方便同其他设备的连接扩展；内置Openwrt系统，支持高级NAS功能，支持内置硬盘网络高速分享给多个播放终端使用，最高可支持16台终端同时播放蓝光原盘视频文件。支持Dlna、Mirror、Miracast、Samba、NFS等多种协议。支持局域网（千兆）访问家庭中的NAS及PC文件共享播放，支持蓝光原盘的局域网共享播放。

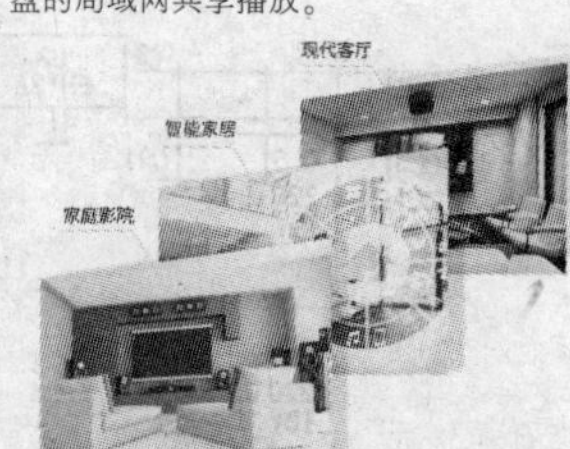

海缔力新品P30 Pro定位为高端发烧级4K UHD蓝光播放机，也被视为第四代4K UHD Hi-Fi蓝光播放机的旗舰标杆。对于各种格式及版本的片源均可以流畅播放毫无压力，甚至支持4K峰值码流率280M，强悍令人窒息。而且音质画质大幅提升，尤其是4K片源画面细节明显更细腻，画面的色彩饱和度和锐度表现也都给人印象深刻，为用户带来更好的视听体验。

邮局订阅代号：61-75 国内统一刊号：CN51-0091

微信订阅**纸质版**
请直接扫描
邮政二维码
每份1.50元 全年定价78元
四开十二版 每周日出版

扫描添加**电子报微信号**
或在微信订阅号里搜索“电子报”

2019年1月27日出版 实用性 启发性 资料性 信息性

第4期 国内统一刊号:CN51-0091 定价:1.50元 邮局订阅代号:61-75
地址:(610041)成都市天府大道北段1480号德商国际A座1801 网址:http://www.netdzb.com

(总第1993期) 让每篇文章都对读者有用

智能锁电池选购有讲究

在物联网的光环加持下，自家的房屋不装个智能门锁都不好意思。智能门锁虽然也存在一定的风险(比如密码盗取、云服务器被攻击等)，不过更多时候是带给大家生活更加便捷。只是在这里我们需要提醒大家，在购买智能锁有个最基础的东西容易忽视，那就是智能锁的电池。

虽然锂电池有着比较高的放电电压，高能量密度，循环寿命高等优势。不过锂电池最大的劣势在其工作环境温度(-20℃~60℃)，一般低于0℃后锂电池性能就会下降，放电能力就会相应降低，所以锂电池性能完全正常的工作温度是0~40℃。

在北方的冬天，室外气温降到零下几度是很正常的，并且金属导热性很强，室外的温度会直接传导到室内面板上，当温度降到零度以下，这个时候锂电池致命的缺点就暴露出来了：零度以下的工作环境有可能使锂电池在电子产品打开的瞬间因温度突然上升导致烧毁。

就算不会烧毁，过高的突然升温也会导致锂电池的过冲过放，对锂电池的寿命影响也很大。而锂电池智能锁一般都是定制的电池，需要联系厂家进行更换，非常麻烦。

而碱性干电池则能在零下20℃的环境正常工作，也不需担心什么环境影响。因此生活在北方的朋友在选购智能锁时尽量选购可自行更换电池的智能门锁。

(本文原载第2期11版)

物联网：2018成最火关键词 2019将更加精彩

5G已来，万物互联渐近，物联网无疑成了最火的关键词，带给人们无限遐想的空间。全球各国尤其是美国、欧盟、日韩等发达国家高度重视物联网发展，积极进行战略布局，以期把握未来国际经济科技竞争主动权。近几年来，中国物联网政策支持力度也是不断加大，技术创新成果接连涌现，各领域应用持续深化。

在2018年中，传统制造业、互联网等产业都不同程度地受到了经济环境的影响，在发展上陷入了低迷阶段。而物联网作为一项新兴产业却在逆流而上，焕发出了更为强大的生命力，也为相关产业链的发展提供了强大的支撑，成为新经济环境发展中一股不可忽视的力量。2018年12月，中央经济工作会议上，明确了“加快5G商用步伐，加强人工智能、工业互联网、物联网等新型基础设施建设”是2019年经济工作重点之一。

综合各方面报道来看，2018年，物联网产业链各环节纷纷发力，尽逐先机，一时呈百花齐放之势。

目前，中国移动的物联网连接数已突破5亿。另外，2018年中国移动出台了20亿元物联网终端补贴策略，其中10亿元专为NB-IoT准备，补贴率最高可达80%。中国电信则率先建成了全球最大的NB-IoT网络，实现城乡全覆盖，NB-IoT基站规模超过40余万个，已为超过8000家的客户提供服务，承载1亿物联网连接。中国联通称已经完成30万个NB-IoT基站升级工作。9月份，中国联通NB-IoT通信模块项目结果出炉，总采购量300万片，限价35元/片。

对于前景无限的物联网王国，三大互联网巨头也纷纷通过云服务赋能物联网应用落地。

2018年，百度发布智能边缘产品智能边缘BIE、智能家居云平台度家DuHome以及智能汽车云平台度行DuGo。同时，百度云正式发布ABC3.0，用“最落地的A+最安全的B+最先进的C”与IoT、区块链、边缘计算结合，大力推进百度云ABC能力在各产业落地。2018年3月，阿里巴巴宣布全面进军IoT。日前，阿里携手高通、联发科等23家厂商发展物联网芯片生态体系。阿里云IoT事业部推出了国产物联网作业系统AliOS Things，该操作系统致力于搭建云端一体化IoT的基础设备，具备极致性能，极简开发，云端一体，完整组件，安全防护等能力。腾讯2018年提出人+物联网+智能网的“三张网”概念。近日，腾讯云推出了一款物联网通信产品，以“一云两端”模式，打通物联网全生态链路，构筑设备、云、应用一体化应用体系。据悉，腾讯云物联网通信产品已经在车联网、智慧城市、智慧交通、智慧零售、智慧建筑等行业，制造工艺优化、电力能源、消防安全等场景中都得到成功应用。

可以说在过去的2018年，物联网在与智能硬件、人工智能、区块链等等风口产业的竞争中经受住了考验，日前，有机构探讨了2019年物联网的发展状况，内容涵盖物联网对业务和技术等方面的影响。本刊摘编了该内容以飨读者。

预测一：数据和设备的增长

在2019年，将有大约36亿台设备主动连接到互联网，用于日常任务。随着5G的推出，将为更多设备和数据流量打开大门。您可以通过增加边缘计算的使用来应对这种趋势，这将使企业更容易、更快地在接近操作点处理数据。据专业机构预测，到2025年全球将安装超过550亿个物联网设备，物联网相关投资将超过25万亿美元，这些投资将为推进数据经济提供动力，桥接物理世界和数字世界之间的鸿沟。

预测二：物联网和数字化转型

物联网是多个行业数字化转型的关键驱动力。传感器、RFID标签和智能信标已经开始了下一次工业革命。市场分析师预测，2018年至2020年间，制造业中联网设备的数量将翻一番。

对于许多行业来说，这些设备完全改变了游戏规则，改变了从开发到供应链管理和生产过程中的每一个环节，制造商将能够防止延误，提高生产性能。

随着全球老龄化速度的加快，日常医疗监护需求的增加，血压计、体温计、血糖仪等家用医疗电子产品将进一步普及，医院信息化的加快，也将推动医用医疗电子市场需求进一步释放，全球医疗器械市场规模快速扩大。在2019年，87%的医疗保健机构将采用物联网技术，对于医疗保健机构和物联网智能药丸、智能家居护理、个人医疗保健管理、电子健康记录、管理敏感数据以及整体更高程度的患者护理来说，这种可能性是无穷无尽的。这种改进可以应用于许多垂直和水平行业。根据市场机构的统计预测，2020年全球医疗器械市场规模将达到4775亿美元，2016~2020年间的年均复合增长率为4.1%。

预测三：物联网投资增加

物联网无可争议的影响已经并将继续吸引更多创业风险资本家参与硬件、软件和服务领域的高度创新项目。根据国际数据公司(IDC)的数据，到2021年，物联网支出将达到1.4万亿美元。

物联网是少数几个被新兴和传统风险投资家感兴趣的市场之一。智能设备的普及以及客户越来越依赖于使用它们完成许多日常任务，这将增加投资物联网初创公司的兴奋感。

客户将等待物联网的下一个重大创新，例如智能镜子将分析您的面部，如果您看起来像生病了，它就会给您的医生打电话；智能ATM机器将包含智能安全摄像头、智能叉子将告诉您怎么吃和吃什么、智能床会在每个人睡觉时自动关灯。

预测四：智能物联网的扩展

物联网完全是关于连接和处理的，没有什么比智慧城市更好的例子了，但是智慧城市最近有点停滞不前。部署在社区的智能传感器将记录步行路线、共用汽车使用、建筑物占用、污水流量和全天温度变化等所有内容，目的是为居住在那里的人们创造一个舒适、方便、安全和干净的环境。一旦模型被完善，它可能成为其他智慧社区和最终智慧城市的模板。

推广智能物联网的另一个领域是汽车行业，在未来几年，自动驾驶汽车将成为一种常态，如今大量车辆都有一个联网的应用程序，显示有关汽车的最新诊断信息。这是通过物联网技术完成的，物联网技术是联网汽车的核心。车辆诊断并不是我们将在未来一年看到的唯一物联网进步，而联网应用程序、语音搜索和当前交通信息将是改变我们驾驶模式的其他一些东西。

近年来，车联网市场正以每年20%~60%的速度增长，到2020年通过车联网链接的车辆规模可能达到2亿，由此形成的市场规模约有2000亿。车联网覆盖范围较广，主要包括四个方面的相连：车和车的相连，车和人的相连，车和路的相连，车和互联网的相连。

相信在2019年，随着5G、云计算、AI等技术的快速发展，物联网江湖将更加精彩。

◇未 名

(本文原载第3期2版)

长虹FSPS35D-1MF电源深度解析（二）

（紧接上期本版）

二极管DB1~DB4组成桥式整流电路，用于将50~60Hz交流市电进行整流，将交流电整流成脉动直流电。EC1、C1对前端整流后的脉动直流电进行滤波，使脉动直流电变成平滑的300V直流电供后级电路使用。

2.2V、V1电源形成电路

12V、V1电源形成电路原理如图1.5所示。电源的核心是一个PWM脉宽调制式开关型稳压电路，是在控制电路输出的驱动脉冲频率不变的情况下，通过电压反馈来调整输出驱动脉冲的占空比，进而达到稳定输出电压的目的。PWM脉宽调制采用台湾通嘉科技股份有限公司产品LD7537S，其典型应用电路见图1.6所示。

LD7537S集成电路使用了8引脚DIP封装和6引脚SOT-26封装两种封装形式，见图1.7：

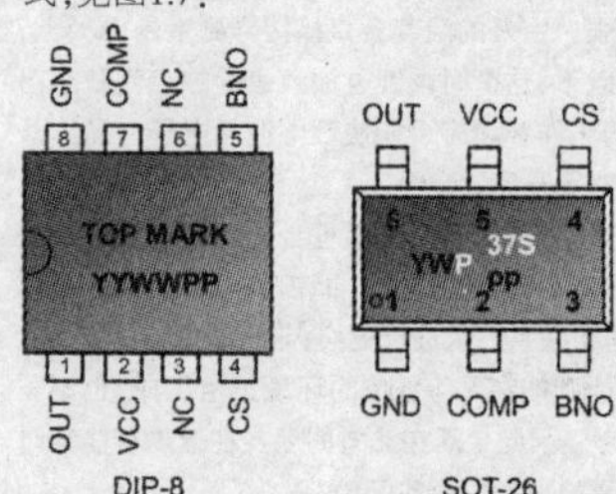

图1.7 LD7537S封装图

芯片上标注的YY、Y为生产年份，如D表示2004年、E表示2005年等等；WW、W为星期代码；PP为生产日期代码；P37S表示芯片型号LD7537S。8引脚DIP封装形式的LD7537S集成电路的后缀为GN，6引脚SOT-26封装LD7537S集成电路的后缀为GL。FSPS35D-1MF 190电源组件选择使用了SOT-26封装的LD7537S GL，其体积和常用的贴片三极管MMBT3904/MMBT3906大小基本等同。LD7537S GL引脚功能见表1.1：

表1.1

引脚	符号	功能描述
①	GND	接地引脚。
②	COMP	电压负反馈引脚。
③	BNO	欠压保护引脚，过压保护也使用该引脚。
④	CS	电流检测引脚。
⑤	VCC	供电引脚。
⑥	OUT	驱动输出引脚。

LD7537S集成电路的特点：

◆宽电源电压（10V~24V）。

◆超低启动电流（< 20μA）。

◆电流控制模式。

◆绿色模式控制。

◆UVLO（欠压锁定）。

◆LEB（CS引脚前沿消隐）。

◆OVP（过电压保护）。

◆OLP（过负载保护）。

◆OTP过热保护（工作结温-40℃~125℃，结温140℃过热保护（OTP），过热保护滞后30℃）。

◆驱动能力强（300毫安）。

◆软启动功能（软启动时间为2mS）。

LD7537S集成电路内部功能框图如图1.8所示：

如图1.5所示，整流滤波之后的300V直流电经开关变压器T1的初级储能绕组（④-⑤脚绕组）提供能量，绕组下端接MOS开关管Q2漏极。当芯片LD7537S输出PWM驱动脉冲，控制开关管导通时，④-⑤脚绕组储能；当开关管截止时，④-⑤脚绕组释放能量，并反复循环，这样就会在T4初级形成交变电流，进而形成交变磁通。次级的①-②脚绕组、⑨（⑩）-⑫脚绕组、⑫-⑦脚绕组就会感应产生交变的电动势，并经二极管整流、电容滤波形成平滑的直流电。

1）启动电路、Vcc欠压保护

市电交流半波电压经电阻R3（620KΩ）、R4（620KΩ）、二极管D5为集成电路U1（LD7537S）的⑤脚提供启动供电。

LD7537S集成电路Vcc引脚内部集成了一个施密特触发器，该施密特触发器的两个触发阈值分别为16.0V和8.5V。通电后，Vcc引脚电压依靠R3、R4、D5对电容EC2（2.2μF）、C2（0.1μF）充电而形成。在市电欠压检测脚（BNO）正常的情况下，Vcc引脚上的电压随着充电时间的加长而上升，当Vcc电压上升到16.0V时，施密特触发器输出电平翻转，控制LD7537S进入正常工作状态，然后从⑥脚输出PWM脉冲。在此期间，LD7537S仅向Vcc引脚吸取小于20μA的电流，为确保正常启动，R3、R4的阻值之和应控制在540KΩ~1.8MΩ范围之内。当二次供电形成之后，Vcc引脚依靠二次供电提供能源。

LD7537S进入正常工作状态之后，若电路出现故障或保护性停止振荡等因素导致Vcc电压下降，Vcc电压低于8.5V后才会触发施密特触发器进行状态翻转，进入Vcc欠压保护，关闭PWM输出脉冲。Vcc欠压保护具有锁存特性：当Vcc低于8.5V执行欠压保护之后，即使Vcc电压恢复到稍高于8.5V，IC仍维持保护状态。当Vcc电压继续上升并上升到稍高于16.0V时，施密特触发器才会发生状态翻转而进入到正常工作状态，施密特触发器状态翻转后，Vcc欠压保护自动失效。

2）二次供电电路、Vcc过压保护

①-②绕组上的感应电动势经D2、EC3、D1、EC2、C2整流滤波，经电阻R2限流、稳压二极管ZD1，作简易并联稳压形成U1工作所需的约13V的二次供电。C3用于抑制D2两端电压突变，达到保护D2的作用。实际电路中，ZD1并未装入。

Vcc电压升高时，⑥脚输出的PWM脉冲电平幅度将跟随升高，过高的驱动电平值可能超过MOS管栅极（G）所能承受的极限值，导致MOS管永久性损坏，因此必须防止Vcc过压。LD7537S集成电路具有过压保护（OVP）功能，这一功能

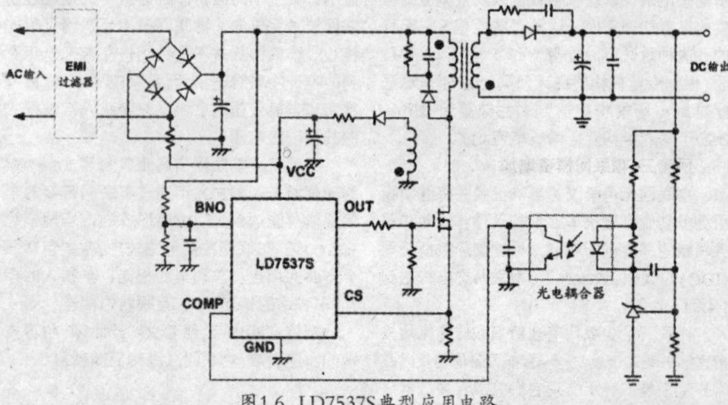

图1.6 LD7537S典型应用电路

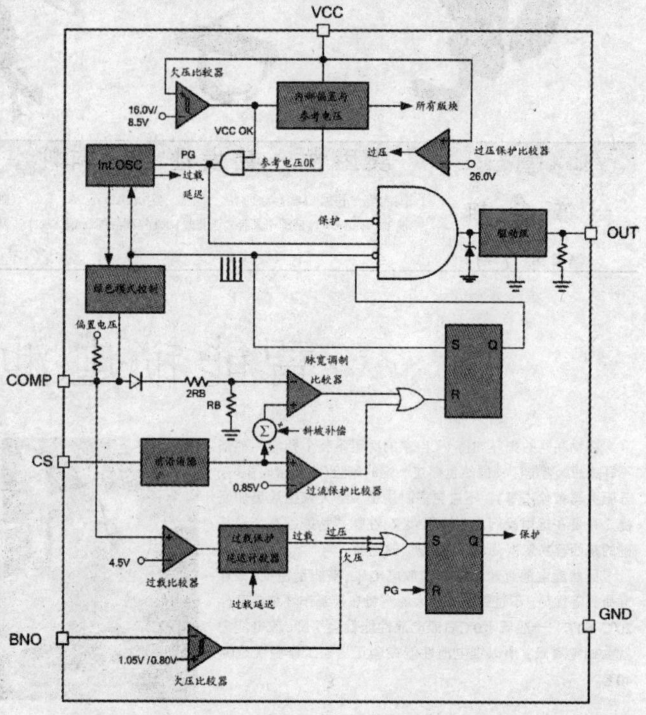

图1.8 LD7537S内部功能框图

是通过监测Vcc引脚电压来实现的。Vcc引脚在IC内部与26V的参考电压进行比较，当Vcc电压高于26V并持续64μS以上时间时，比较器翻转，触发保护电路进行保护，停止输出PWM驱动脉冲，可以防止MOS管栅极驱动电平幅度过高而损坏MOS管。

Vcc过压保护具有锁存特性，过压保护之后，即使Vcc电压下降到稍低于26V的阈值电压，LD7537S仍然继续保护，当Vcc电压继续下降到稍低于8.5V时，Vcc引脚内部的施密特触发器状态才会发生翻转，使IC进入欠压保护状态，同时过压保护失效。过压保护失效，进入欠压保护状态后，电路进入新一轮启动过程。若过压的故障源未消除，新一轮启动后又将过压保护。如此循环，使电源Vcc工作于8.5V~26V的打嗝状态。

3）市电欠压保护（BNO）电路

R3（620KΩ）、R4（620KΩ）、R16（620KΩ）、R5（100KΩ）分压，取R5上的分压值送入U1的③脚（BNO）进行欠压检测。当交流电压过低时，U1将关闭PWM脉冲输出，进入欠压保护工作状态。一方面，过低的交流电压输入，会导致整流滤波后的300V电压严重偏低；电源负反馈控制电路为了保证输出电压不降低，会提高PWM脉冲占空比确保输出电压稳定；提高占空比会使得开关管的导通时间加长、截止时间缩短和增加开关管的平均功耗，从而使开关管过热而损坏，欠压检测电路可以有效避免这种情况的发生。另一方面，交流掉电时，LD7537S集成电路Vcc引脚由于外接电解电容储存有电能，会继续工作，欠压检测电路可以使LD7537S立即停止驱动脉冲输出。

在③脚内部，也集成了一个施密特触发器，其高低两个阈值分别为1.05V和0.8V。③脚电压高于1.05V并持续250μS时进行状态翻转，允许后续电路正常工作。该引脚电压下降到0.85V以下并持续250μS时，施密特触发器状态翻转，触发保护电路进入保护状态，停止输出PWM驱动脉冲。BNO保护同Vcc欠压、过压保护一样具有锁存特性，并且在LD7537S集成电路③脚电压上升到1.05V之前，Vcc电压将在8.5V~16.0V之间打嗝，直到③脚电压上升并超过1.05V阈值，Vcc电压上升到16V阈值之后，LD7537S集成电路才能进入正常工作状态。

4）PWM脉冲输出驱动电路

U1（LD7537S）的⑥脚输出的PWM调宽脉冲，经电阻R6、二极管D4加到开关管Q2的栅极，控制Q2在饱和导通和截止两种工作状态。开关变压器T1初级绕组④-⑤脚内部形成受⑥脚脉宽控制的交变电流，进而在次级绕组形成交变的感应电压。Q2使用的是MOS管，MOS管与电流控制型的晶体三极管截然不同，它是一种电压控制型的器件，输入阻抗高，功率增益高，驱动功率小，这些特点促使MOS管在许多开关电路中得到应用。但MOS管自身制造工艺的特点导致它的栅极电压不会自动泄放掉，这使得MOS管栅极电压在后面一个高电平驱动脉冲到来之前，必须先行泄放掉。若没进行彻底泄放，后一个高的驱动电平值叠加栅极电压，叠加值可能超出MOS管栅极所能承受的最大Gate电压而损坏MOS管。为此，U1的⑥脚输出低电平的驱动信号时，外加了R8（20Ω）、Q1以确保Q2栅极电压快速泄放掉。电路还在Q2栅极接入一颗电阻R9到地，作为栅极电压的泄放电阻，R9阻值为30KΩ。在电路正常工作时，对Q2栅极电压的泄放起到的作用有限，它主要用于整机断电后，对Q2栅极电压的泄放，以避免整机异常掉电后又恢复供电时损坏Q2。

LD7537S集成电路输出的PWM脉冲驱动电流为300mA，最大占空比为75%，以避免变压器饱和。

5）开关管过流检测电路

300V直流电经开关变压器④-⑤脚初级绕组、开关管Q2的漏极、Q2源极经电阻R10（0.27Ω）到地，在R10上形成开关管电流取样电压。此电压经电阻R7（510Ω）、C6（1000pF）积分后送入U1的④脚，经U1内部处理后调节⑥脚输出的脉冲占空比。R7、C6组成的积分电路用于避免瞬间电流过大而误保护。

（未完待续）（下转第42页）

◇周 钰

CLATRONIC MC691CD仿古钟控CD收音机CD故障维修二例

德国CLATRONIC品牌的MC691CD是一款仿古造型的钟控CD收音机，淘宝有卖家在卖该机故障处理品，大多是因为CD故障被淘汰的。笔者分别购得红蓝颜色的该机型各一台，最近将这两台机器的CD功能修复，维修过程如下实例所述。

实例一 这台机器的故障是CD仓盖盖不住、CD不读碟

该机仓盖是用一个机械自锁开关负责开关的，由于该机械开关损坏，只能将其换新。仓盖能盖住后，CD还是不读碟，只能打开机器外壳拆下CD机芯检查，在碟仓开关闭合的时候，激光头能发出激光束，物镜也能有上下聚焦的动作，但是物镜上下移动左右不平行，明显有卡涩现象。于是取下激光头防尘盖，松开激光头物镜支架的固定螺丝2个，把物镜略微调整前后位置，使得物镜的线圈不与磁铁有摩擦。再试机，碟片能转了，可是还读不出碟片。观察物镜发出的激光束好像不是太亮，怀疑由于机器盖子盖不住，激光头内部被污染。于是又把激光头功率提高一些，再试机，读碟时碟片能转，但是激光头跟踪音轨的时候有噪音，机器读不出TOC信息。看来还有可能是激光头物镜误差太大，激光头的激光束无法正常跟踪音轨。于是，小心的调整物镜的前后左右位置数次，每次对物镜位置都只做微调，且调整后把螺丝旋紧。终于在一次调整后，激光头能读碟了，而且从第一曲到最后一曲选曲也正常。

使用几天后，发现开机后不能读碟，开机热机一段时间才能读碟播放，而且播放时卡顿严重。冷机开机时观察激光头发出的激光束也比较亮，怀疑激光头的物镜又移位了，取下激光头防尘盖，观察物镜似乎略有偏移。反方向微调物镜支架后固定螺丝，再试机，故障排除。鉴于螺丝固定后，物镜支架仍会松动偏移，在物镜支架螺丝后点上两滴AB胶水，以增强固定的强度。这次使用了两个星期后，冷机开机后不能读碟开机热机一段时间才能读碟播放的故障又出现了。去除原来的两点AB胶，重新微调激光头物镜并试验读碟正常后，在激光头物镜支架的4个位置均粘上AB胶以增加固定强度。机器用到现在半年多了，物镜没有再偏移，读碟也正常。

小结：由于该机CD部分用的是TC9457F-100数字伺服的芯片，线路板上没有模拟伺服电路的循迹增益、循迹平衡调整电位器，所以当物镜平衡位置偏差太大，超过芯片内部数字伺服程序允许的范围，机器就不能读碟。但是也有个好处，对于物镜平衡位置偏差不大的话，只要在芯片内部数字伺服程序允许的范围内，机器就能自动校正平衡误差而正常读碟。所以，在笔者没有专业设备，微调激光头物镜无法达到百分之百平衡位置的情况下，机器也能正常读碟。

实例二 这台机器的故障是碟片能转，但是读不出碟

拆下CD机芯检查，在碟仓开关闭合的时候，激光头能发出激光束，物镜也能有上下聚焦的动作。这台机器激光头亮度还可以，物镜动作也没有卡涩现象。查看循迹电机和主轴电机，发现循迹电机绕组电阻在几十欧姆到上百欧姆，主轴电机绕组电阻在十几欧姆到几十欧姆。一般情况下，这两个电机绕组电阻应该在十几欧姆左右。向这两个电机的碳刷位置的孔内注入酒精，然后给电机加上6V~12V的电压，通电转动几分钟后再测，阻值变为十几欧姆正常范围内。激光头功率电位器阻值在900Ω左右，为了试机成功，略微增大激光头功率，将电位器调到800Ω左右再试机，机器读碟选曲全部正常了。

试听机器的声音：在收音机状态时完全正常；但是在CD状态时，不管是CD停止或播放时，喇叭里都有较轻的啸叫声，音量电位器位置在3/5到在4/5时尤其较为明显。断开音量电位器与前面电路的连接试听：在收音机状态时无任何噪音，说明功放电路正常；断开音量电位器与前面音频电路时，CD状态下碟片停止或播放时的噪音仍然存在，看来噪音不是来自音频通道。由于电解电容变质的情况较多见，于是将TC9457F-100主控芯片的控制部分电源滤波电容C51由47μF换为新的220μF电容，将该芯片CD部分电源电解电容C92由47μF换为新的220μF电容。再试机，CD状态下碟片停止或播放时的噪音有所减轻但依然存在。难道是主板输出给CD板的电源滤波不良吗？试着在主板与CD板连接的12针排线与地之间并220μF电容试验，在第②针+6V、第④针CD-O对地并电容时，噪音没有降低，但是在第⑤针BUZZ对地并电容时，噪音消除。查看线路走线，该线正是与TC9457F-100输出闹钟信号的㉙脚相连，闹钟信号通过电容C43、电阻R29、R30后输入功放电路K2206的左右声道输入端。平时，TC9457F-100的㉙脚应该无信号输出，只有在开启闹钟功能并到达设定时间时，该脚才输出“嘀嘀”的闹钟声音。现在是没有使用闹钟功能时，该脚也有噪音输出，可能是TC9457F-100的该脚内部电路有故障。

由于TC9457F-100芯片其他功能全部正常，决定不换芯片，用如下办法修复机器，如附图中的虚线部分：在主板的CD-O线与C43之间增加三个元件（一个10kΩ电阻，一个0.1μF电容，一个S9014三极管），利用CD状态时，TC9457F-100的㉚脚CD-O输出的高电平使得S9014饱和导通，将从TC9457F-100的㉙脚通过电容C43过来加到电阻R29、R30后输入功放电路K2206的噪音旁路到地，消除了CD状态时音频信号中夹杂的噪音。实际使用证明：CD状态时没有了原来的啸叫噪音，而且在听CD时开启闹钟的话，到达设定时间后机器自动关闭CD功能，同时输出闹钟的“嘀嘀”声音。因为该芯片内的程序如此设计，所以此维修方法没有影响机器原有功能。

附：电路原理简析

TC9457F-100芯片具有CD播放机全部功能，还有LED/LCD显示屏驱动和定时闹钟功能，在本机中配合TA2109激光头RF信号放大芯片和CSC1469机芯电机驱动芯片、TA2111调幅/调频立体声收音芯片和KA2206立体声功放芯片构成完整的钟控CD收音机电路。

TC9457F-100芯片的⑮脚、⑯脚、⑰脚、⑱脚、㉓脚、㉔脚分别是AL1 ON、AL1 ADJ、AL2 ON、AL2 ADJ以及F0、F1功能选择引脚。当AL1+AL2（开启两组定时时间）时，⑮脚、⑰脚相连的开关都闭合接高电平；当AL1 ON（开启第一组定时时间）时，⑮脚相连的开关闭合接高电平；当AL2 ON（开启第二组定时时间）时，⑰脚相连的开关闭合接高电平；当AL OFF（关闭定时时间）时，⑮脚、⑰脚相连的开关断开都为低电平。当设定第一组定时时间时，⑯脚相连的开关闭合接高电平，当设定第二组定时时间时，⑱脚相连的开关闭合接高电平，配合按键就可以调整定时时间。当选择定时模式是定时闹钟时，㉔脚相连的开关闭合接高电平；当选择定时模式是定时开机时，㉔脚相连的开关断开为低电平。当选择开机模式是收音时，㉓脚相连的开关闭合接高电平；当选择开机模式是CD时，㉓脚相连的开关断开为低电平。

当设定为定时闹钟模式，在到达设定时间时㉙脚输出闹钟信号，一路信号经过C43和R29、R30加到功放左右声道输入端，一路信号经过D8给Q7的B极加上高电平，Q7的CE极饱和导通，使得Q1、Q2的B极为低电平，Q1、Q2的CE极截止，闹钟信号能推动功放发出闹钟声。

当设定为定时开机收音模式，在到达设定时间时㉕脚输出开机信号，开机信号的高电平使得Q10的CE极饱和导通，又使得Q5的CE极导通，正电源经过Q5、R136后给TA2111的⑥脚和㉒脚供电。一路开机信号经过D6给Q7的B极加上高电平，Q7的CE极饱和导通，使得Q1、Q2的B极为低电平，Q1、Q2的CE极截止，收音音频信号能推动功放发出声音。

当设定为定时开机CD模式，在到达设定时间时㉚脚输出开机信号，开机信号的高电平使得Q9的CE极饱和导通，又使得Q8的CE极导通，Q3的基极有了8V电压，正电源经过Q3稳压后输出7.5V给CSC1469的㉑脚和㉒脚供电。一路开机信号的高电平经过D12使得Q12的CE极饱和导通，又使得Q11的CE极饱和导通，正电源经过D11、Q11后给TC9457F-100的㊻脚、(58)脚、(75)脚、(80)脚、(84)脚和TA2109的①脚供应5V电源。一路开机信号经过D7给Q7的B极加上高电平，Q7的CE极饱和导通，使得Q1、Q2的B极为低电平，Q1、Q2的CE极截止，CD音频信号能推动功放发出声音。

不用定时功能的正常开关机：CD模式时TC9457F-100芯片㉚脚输出的开机信号，收音模式时TC9457F-100芯片㉕脚输出的开机信号，由面板上功能按键的ON/OFF键控制。

◇浙江 方位

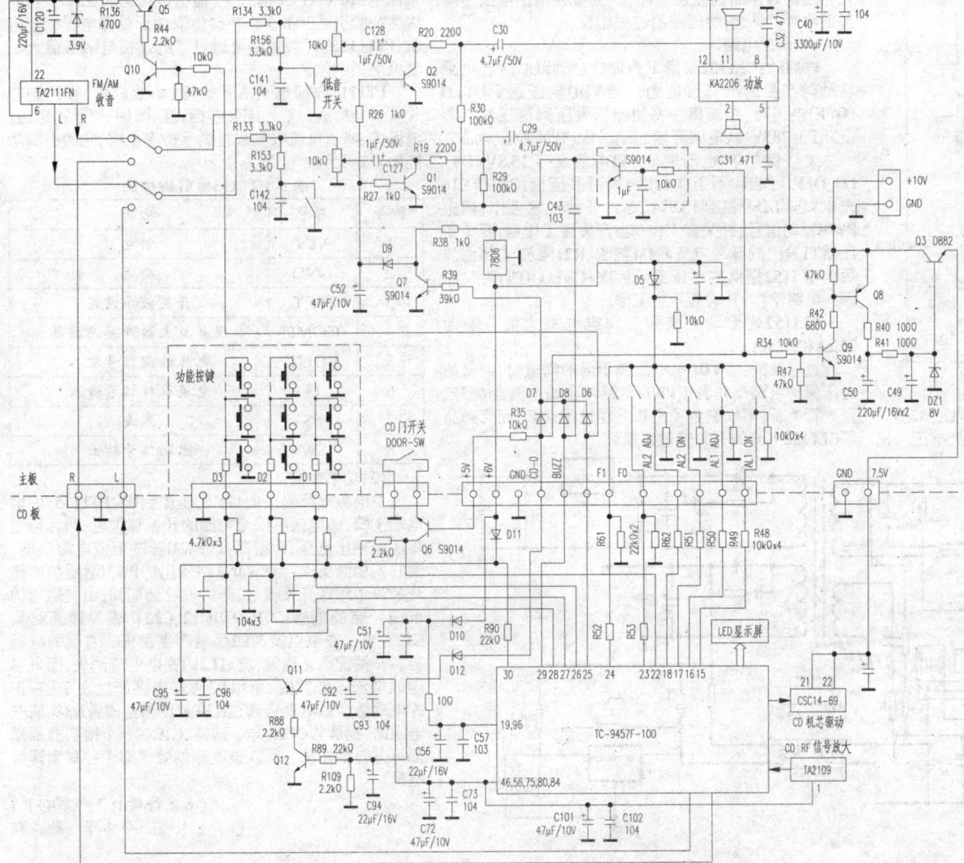

3M KJ458F系列空气净化器电源电路分析与检修(上)

一、电路分析

3M KJ458F系列空气净化器的电源电路由市电输入电路、主电源和15V电源、5V电源构成。

1.市电输入电路

市电输入电路由过流保护、过压保护和线路滤波器等构成,如图1所示。

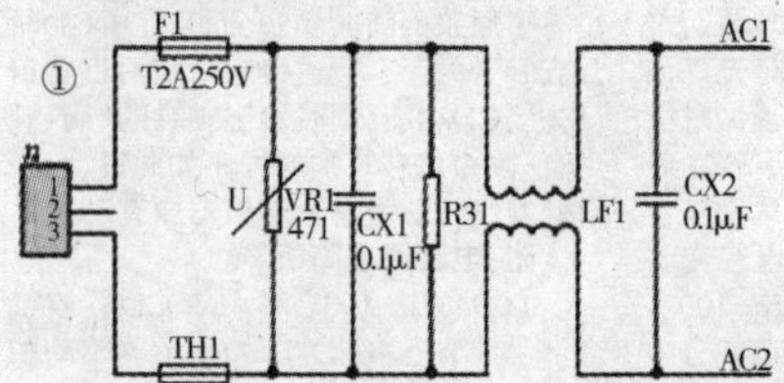

220V市电电压经熔丝管F1送到CX1、LF1、CX2组成的线路滤波器,由它滤除高频干扰脉冲后,一路为主电源供电;另一路经D1整流,C1滤波产生300V直流电压,为电机电路供电。同时,该滤波电路还可以滤除开关电源产生的高频干扰脉冲,以免窜入电网,影响其他用电设备的正常工作。R31是CX1、CX2的泄放电阻,可提高滤波效果。

市电输入回路的VR1是压敏电阻,市电正常、没有雷电窜入时它不工作;当市电升高或有雷电窜入,使VR1两端的峰值电压达到470V时它击穿,使F1过流熔断,切断市电输入回路,避免了开关电源的元器件过压损坏,实现市电过压和防雷电窜入保护。

2.主电源

该机的主电源采用由电源模块CL1152、开关变压器T1、光耦合器U8、误差放大器U9为核心构成的并联型开关电源,如图2所示。

(1)CL1152的简介

CL1152是一款高效率、低功耗、高集成度的电源模块。因CL1152采用了频率抖动和软驱动控制技术,所以提高系统的EMI指标。

该模块主要由控制芯片和开关管构成。开关管采用高耐压的大功率场效应管,而控制芯片由电源管理单元、振荡器、PWM脉冲形成电路、激励电路、前沿消隐电路、过流限制电路、欠压保护电路、过压保护电路等构成,如图3所示。其引脚功能如表1所示。

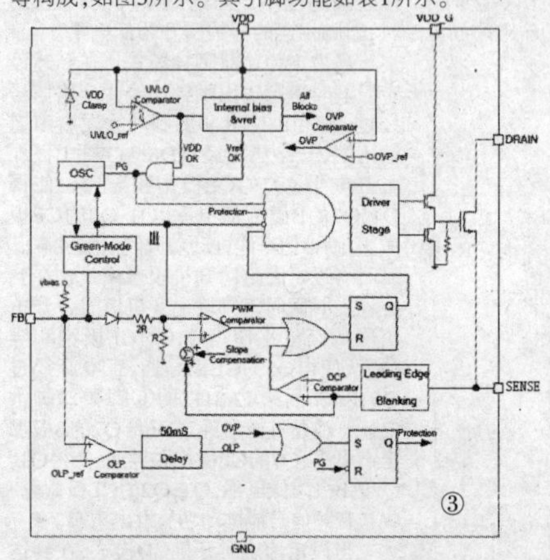

表1 CL1152引脚功能

脚号	符号	功能
1	VDD-G	内部开关管栅极驱动电路供电
2	VDD	芯片电源
3	FB	误差取样信号输入
4	SENSE	开关管S极,电流取样信号输入
5、6	DRAIN	开关管D极供电
7、8	GND	接地

(2)功率变换

220V市电电压经线路滤波器滤波后,通过D2桥式整流,C21、L1和C3滤波产生310V左右的直流电压。该电压一路经开关变压器T1的初级绕组(1-2绕组)加到U3(CL1152)的⑤、⑥脚(Drain端),不仅为它内部的开关管D极供电,而且为高压恒流源供电。高压恒流源得电后开始工作,产生初始充电电流,经内部电源管理单元对U3②脚外接的电容C16充电,当C16被充电至15.8V后,电源管理系统输出的电压为振荡电路、开关管的驱动电路等电路供电。振荡器获得供电后产生50kHz的时钟信号,该信号控制PWM电路产生PWM驱动脉冲,使开关管工作在开关状态。开关管导通后,T1存储能量;开关管截止期间,T1各个绕组释放能量,经整流滤波后为相应的负载供电。其中,3-4绕组输出的脉冲电压经整流管D4整流,R21限流,C16滤波后加到U3的②脚,取代启动电路为U3提供正常工作时的工作电压。5-6绕组输出的脉冲电压经D6整流,C7、C2滤波后得到12V电压,该电压第一路为RGB灯条等电路供电,第二路为5V电源电路供电,第三路为误差取样电路供电。7-8绕组输出的脉冲电压经D5整流、C6滤波后,再经三端稳压器U4(78L15)稳压,C9滤波获得15V电压,为负离子净化电路、电机驱动电路供电。

C4、R5、D3组成尖峰脉冲吸收回路,以免CL1152内的开关管截止瞬间被过高的尖峰电压损坏。

(3)稳压控制

当市电电压升高或负载变轻引起开关电源输出电压升高时,滤波电容C7两端升高的电压不仅经R22为光耦合器U8(PC817)内的发光管提供的电压升高,而且经R25、R26、R29取样后的电压升高,经三端误差放大器U9(TL431)比较放大后,为U8的②脚提供电压减小,使U8内的发光管因导通电流增大而发光加强,致使U8内的光敏管因受光照加强而导通加强,使U3(CL1152)的③脚电压下降,通过振荡器使驱动电路输出的激励信号的占空比减小,开关管导通时间缩短,开关变压器T1存储的能量下降,开关电源输出电压下降到正常值。反之,稳压控制过程相反。

(4)保护电路

软启动:CL1152采用了内部软启动以减少在电源启动时产生的电气过应力。当VDD电压达到UVLO(OFF)电压时,控制算法将使峰值电压阈值逐渐从零上升到0.785V后,电路开始启动。软启动时间为4ms。

欠压保护:启动期间,VDD值低于15.8V(UVLO_OFF)时芯片不工作,此时通过高压恒流源给C16充电;当VDD升高到15.8时,芯片开始正常工作,输出PWM驱动信号,开关管工作。当开关管工作后,开关变压器T1输出的脉冲电压经D4整流、R21限流、C16滤波后为CL1152提供的电压低于9.7V(UVLO_ON)时欠压保护电路动作,开关管停止工作。

CL1152的启动电流和工作电流最大值分别为20μA和2.2mA。

过压保护:当VDD端电压高于保护阈值时,内部的过压保护电路动作,使PWM电路停止输出激励信号,开关管关断,不仅避免了负载元件过压损坏,而且避免了CL1152内部的开关管过压损坏。

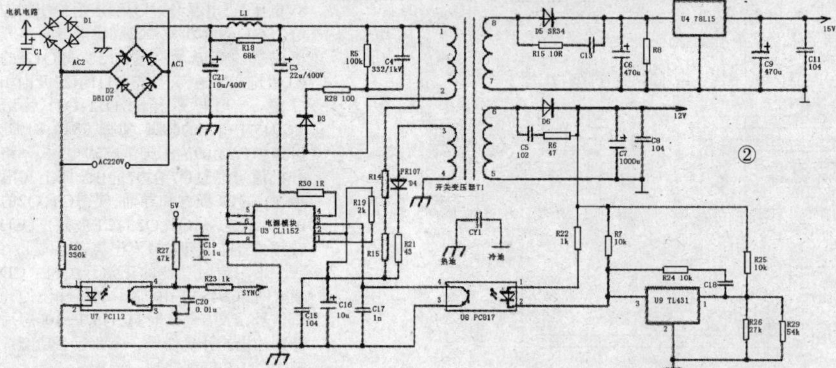

过流保护:CL1152采用了峰值电流技术来调节输出电压,并逐周期限流保护。通过识别SENSE端输入的电压来检测开关峰值电流,而占空比的大小取决于电流取样信号以及稳压控制信号FB。电流取样的阈值电压设为0.785V,如果取样电阻R30两端产生的压降超过0.785V,CL1152④脚内部比较器输出触发信号,最终通过驱动电路关断开关管,以免它过流损坏。

电流限制电路还包括一个前沿消隐电路LEB。该电路用来延时电流取样,每次功率管导通时,由于续流二极管反向恢复,在R30两端会产生尖峰脉冲电压。为了避免该脉冲可能引起的误触发,影响电路启动,所以需要前沿消隐电路对检测脉冲进行270ns左右的延迟,从而消除了这种不良影响。

过热保护:CL1152内部还设置了过热保护电路。当芯片的温度超过150℃时,内部的过热保护电路动作,关闭振荡器,使开关管停止工作,以免其因过热损坏。

3.市电过零检测电路

参见图2,经滤波后的市电电压经R20降压,经光耦合器U7耦合产生市电过零检测信号。该信号经C20滤波,利用R23输入到CPU。只有CPU输入了市电过零检测信号,才能输出电机驱动信号,否则会产生电机不能运转等故障。

4.5V电源

该机的5V电源电路采用由电源模块PT1115、储能电感L2为核心构成的串联型开关电源,如图4所示。

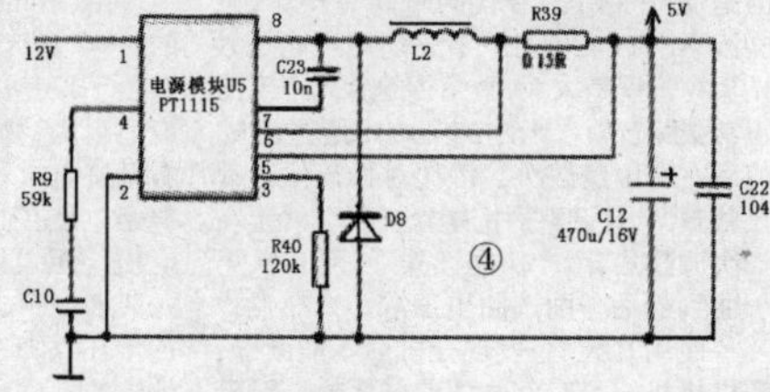

(1)PT1115的简介

PT1115是高效率的脉冲宽度调制(PWM)开关模式降压转换器,PT1115最大输入电压为35V。它有ESOP-8和QFN16两种封装结构。

PT1115能实现输出恒压(CV)和恒流(CC)功能:在CC模式下,通过取样电阻设计输出1.5A时电流的误差低于±10%;在CV模式下,输出电压为5V±2%。它的线性补偿可达300mV,补偿值取决于外部电容、电阻值;PT1115的开关频率可通过③脚外接电阻阻值大小来设定。

PT1115内部也是由开关管(场效应管)和控制芯片两部分构成。芯片部分包括过压保护、欠压锁定、过流保护、峰值电流限制和过热保护等电路。它的引脚功能如表2所示。

表2 PT1115的引脚功能

脚号	符号	功能
1	VIN	供电
2	GND	接地
3	FSET	开关频率设定
4	COMP	误差放大器外接滤波器
5	VOUT	电压检测信号输入
6	IS	电流取样信号输入
7	BS	滤波
8	SW	激励信号输出

(2)功率变换

主电源电路输出的12V电压加到U5(PT1115)的供电端①脚,该电压不仅为内部的开关管供电,而且通过稳压器输出电压,为振荡器、PWM脉冲形成电路供电,使它们相继工作,由PWM电路输出的PWM激励脉冲使开关管工作在开关状态。开关管导通期间,由其输出的电压经储能电感L2、R39和C12、C22构成导通回路为C12充电,充电电流在L2两端产生左正、右负的电动势。开关管截止期间,流过L2的充电电流消失,因电感内的电流不能突变,所以L2通过自感产生左负、右正的电动势,该电动势通过R39、C12和整流管D8构成充电回路,继续为C12充电。这样,C12在一个振荡器周期都可以得到能量,所以该电源的效率高于并联型开关电源。

(未完待续)(下转第44页)

◇赤峰 孙立群

图解AD18安装详细步骤(上)

Altium Designer 18(AD18)是一款新一代的PCB设计软件,该版本包含一系列改进和新特性,增强的BoM清单功能,进一步增强了ActiveBOM功能,采用Dark暗夜风格的全新UI界面,并且一直被人诟病的卡顿问题也得到了极大的改进。新版的Altium Designer 18.0具有中文版,但要使用就需要下载和安装补丁程序!本文就以图例形式将其安装主文件及插件补丁为例进行介绍,以方便大家在安装时不再出现步骤失误,快捷方便使用AD18设计电路原理和绘制PCB!

Altium Designer 18是一款简单易用、原生3D设计增强的一体化设计环境,结合了原理图、ECAD库、规则和限制条件、BoM、供应链管理、ECO流程和世界一流的PCB设计工具,采用ActiveBOM和Altium数据保险库,设计者能在设计过程的任何时刻都可以查看元器件的供应链信息,可以有效提高整个设计团队的生产力和工作效率,为您节省总体成本、缩短产品上市时间。

一、功能特色:

1.DXP平台

与所有支持的编辑器和浏览器使用相同图形用户界面(GUI)的软件集成平台。设计文件预览洞查,发布管理、编译器、文件管理、版本控制界面和脚本引擎。

2.原理图—浏览器

打开、查看并打印原理图文件和库。

3.PCB—浏览器

打开、查看和打印PCB文件。此外还可查看并导航3D PCB。

4.CAM文件—浏览器

打开CAM、制造(Gerber、Drill和OBD++)和机械文件。

5.原理图—软设计编辑

所有(除了PCB项目和自由分散文件)中的原理图和原理图元件库编辑能力,网络列表生成能力。

6.导入器/导出器

支持从OrCAD、Allegro、Expedition、PADS、xDx Designer、Cadstar、Eagle、P-CAD和Protel等导入和/或导出创建的设计和库数据。

7.原理图—编辑

所有原理图和原理图元件库,以及原理图元件库文档。

8.库管理

基于单一数据源的统一的库管理,用于所有元件模型和关联数据,包括3D模型、数据图纸和供应商链接。版本控制和外部项目管理系统的单一联系点。

9.Altium数据保险库支持

从集中的Altium数据保险库读取、编辑和发布设计数据的能力。数据保险库支持以下内容:元件模型、定价和供货信息数据、受管图纸和子电路、完整项目和制造/装配文件。

10.仿真—混合信号

SPICE 3F5/XSPICE混合信号电路仿真(兼容PSpice)。

11.信号完整性—原理图级

布局前的信号完整性分析—包括一个完整的分析引擎,使用默认PCB参数。

12.PCB—电路板定义和规则

放置/编辑机械层对象,高速设计的设计规则,用户可定义板层堆栈,来自原理图的设计传输,元件放置和实时制造规则检查。

13.CAM文件—导入器

(Gerber、ODB++)导入CAM和机械文件。

14.PCB—原生的3D PCB查看和编辑

电路板的真实和3D渲染视图,包括与STEP模型和实时间距检查直接相连的MCAD-ECAD支持,2D和3D的视图配置,3D电路板形外框和元件模型编辑,所有基元的3D测量值以及2D/3D PCB模型的纹理映射。

15.PCB—布线

高工作效率PCB布局编辑器,支持自定义多边形、电路板开孔、实时规则检查、设计复用和尺寸自动测量,配备直观高效的用户界面。

16.PCB—交互式布线

交互式指导性布线(推挤布线、紧贴布线和自动完成模式)、差分对、交互式/自动布局、引脚/部件交换、跟踪修线,在拖动操作中规避障碍。

17.高级板层堆栈管理

当PCB不同区域包含不同的板层堆栈时,定义单一设计中多层复杂层堆栈的能力,支持嵌入式元件和刚柔结合式布局。

18.刚柔结合板设计支持

用于设计柔性和刚柔结合PCB板的完整系统。定义和描述设计中的多条PCB折叠线的能力。全3D,折叠和展开查看以及间距设计规则检查。导出电路板中折叠或部分折叠的3D STEP模型,以便实施MCAD协作的能力。

19.嵌入式元件

支持PCB堆栈中的嵌入式分立元件。在PCB中嵌入元件可提高可靠性,增强性能,并显著提升空间和减轻重量。

20.信号完整性—布线层级

布线后信号完整性分析支持映射及串扰分析。

21.PCB - 制造文件输出

多种输出发布允许多个输出合并成一个单一的媒体类型,更好地进行数据管理。通过工程历史和相关性的受控视图,发布到PDF/A,打印机或Web。生成Gerber、NC Drill、ODB++、3D视频动画、STEP文件等。

22.CAM File - - 编辑器 (Gerber,ODB++)

面板化、NC布线定义、NRC、导出CAM和机械文件、网络表提取、导入以及反向工程。

二、主程序安装图例

1.解压文件,双击AltiumDesigner18Setup文件,即可弹出安装向导对话框,点击NEXT。

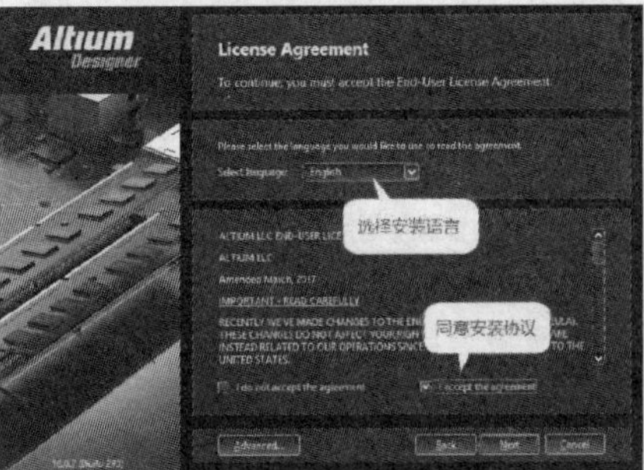

2.选择中文安装语言,并观看协议,选择接受协议内容。

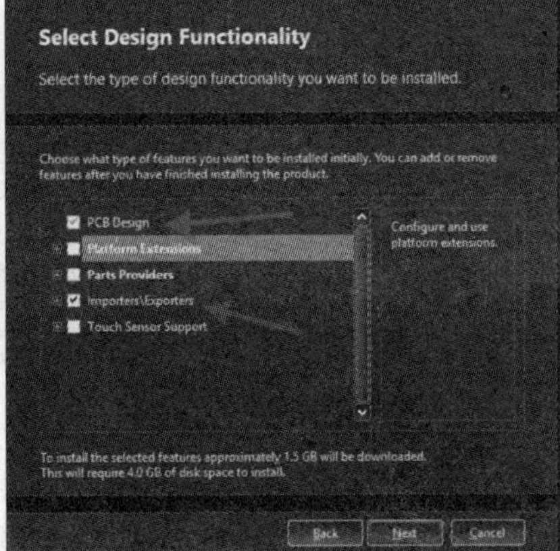

3.继续单击向导欢迎窗口的"Next"按钮,显示如图所示安装功能选择对话框,选择需要安装的组件功能。一般选择安装图示箭头指示的"PCB Design"、Importers\Exporters两项即可。

4.继续单击向导欢迎窗口的"Next"按钮,显示如图所示选择安装路径对话框,选择安装路径和共享文件路径,推荐使用默认设置的路径。

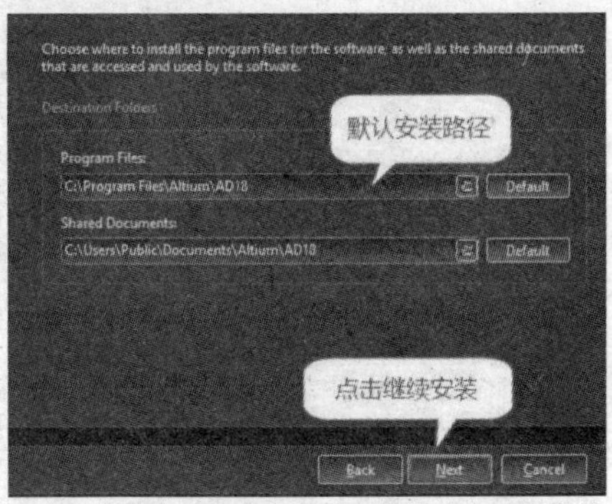

5.确认安装信息无误后,继续单击对话框的"Next"按钮,安装开始,等待5~10分钟,安装即可完成,有些用户电脑应配置要求,会自动安装"Microsoft NET4.6.1"插件,安装之后重启电脑或者会出现如图所示安装完成界面,表示安装成功。

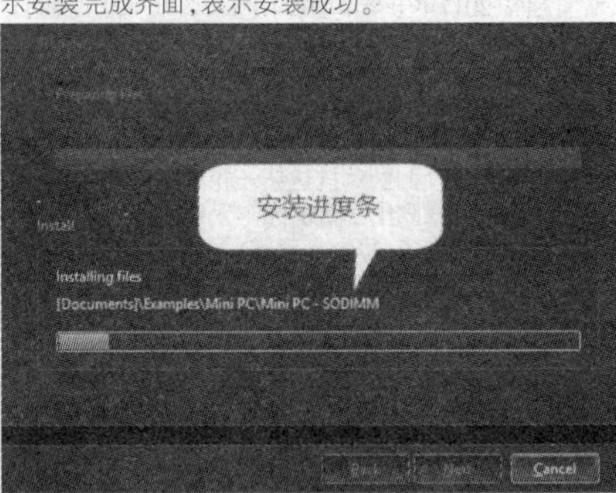

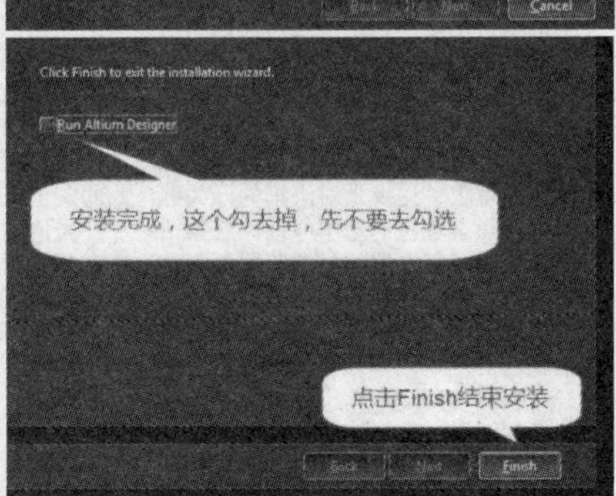

三、插件程序安装

1.此过程需要先准备文件"shfolder.dll "及Licenses文件。

如果没有这几个文件,请下载或索要,这个文件很重要,如果没有运行,一般人是破解不成功的。

2.把shfolder.dll文件复制并粘贴到安装目录中下,一般默认路径的话是一路径:C:\Program Files\Altium\AD18。

3.安装目录下找到"X2.exe"文件,双击打开Altium18软件。

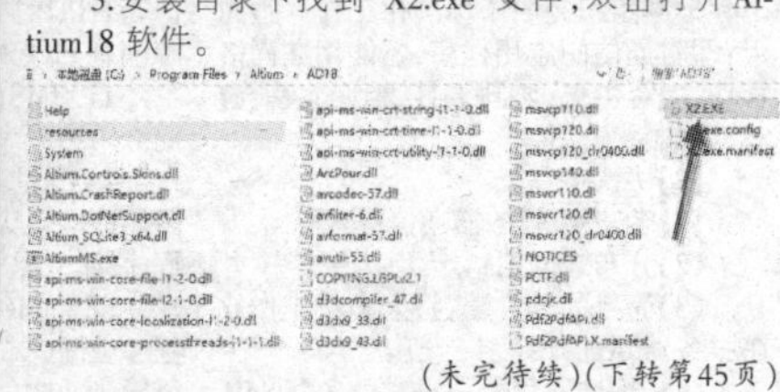

(未完待续)(下转第45页)

◇四川 刘小军 梁 雄

预防汽车无线解锁的七种攻击方式

无线解锁汽车虽然很方便，但同时也要付出极大的代价，比如黑客的窥视。随着智能汽车越来越多，依附于这类型汽车的新形式犯罪也出现了，行业里将这部分犯罪分子称为“钥匙黑客”，顾名思义就是借助廉价电子配件和新的黑客攻击技术，相对轻松地拦截或阻挡车钥匙向车发出的信号。想象一下，如果一个小偷能截获并复制你的车钥匙信号，那他就可以打开你的车，而且不会发出任何警报！

根据联邦调查局的数据，汽车盗窃数量自1991年达到顶峰以来一直呈螺旋式上升趋势。然而，自2015年以来，汽车被盗数量却呈现新的直线上升趋势。事实上，2015年汽车盗窃案件增加了3.8%，2016年增加7.4%，2017年上半年增加4.1%。

由于新型汽车的被盗方式与传统的汽车被盗有着本质的区别，所以很多用户的安全保护思维还没有转过弯来，为了让你的汽车不被盗，培养新的安全意识绝对是关键。因此，对抗这新一轮的汽车犯罪浪潮。我列出了目前汽车无线解锁的七种攻击方式，每个人都需要了解。

1. 对汽车的开关继电器进行黑客攻击

随时保持工作状态的智能钥匙扣在你的汽车安全性方面存在严重缺陷。只要你的钥匙在开锁范围内，任何人都可以打开车，而系统会默认为能用钥匙打开车的人肯定是你，这就是为什么新款汽车的钥匙要在一英尺内才能解锁。

然而，犯罪分子可以获得相对便宜的继电器盒，这样就可以捕获距离最远300英尺的遥控钥匙信号，然后将它们传输到你的车上，这就是对汽车的开关继电器进行黑客攻击的基本原理。想象一下，一个拿着继电器信号捕获器的小偷站在你的汽车附近，而另一个帮凶用捕获的信号扫描信号所对应的汽车。当你的车钥匙信号和汽车的开关继电器对应时，车就会被打开。

换句话说，你的钥匙可能在你的房子里，但犯罪分子可以直接利用车钥匙信号打开你的车，毫无安全性可研。这并不是无稽之谈，在现实中它正在发生。

根据德国汽车俱乐部（German Automotive Club)的统计，以下是易受密钥卡中继攻击的顶级汽车类型：

- 奥迪：A3，A4，A6
- 宝马：730d
- 雪铁龙：DS4 CrossBack
- 福特：Galaxy, Eco-Sport
- 本田：HR-V
- 现代：Santa Fe CRDi
- 起亚：Optima
- 雷克萨斯：RX 450h
- 马自达：CX-5
- 迷你：Clubman
- 三菱：Outlander
- 日产：Qashqai，Leaf
- 沃克斯豪尔：Ampera
- 路虎揽胜：Evoque
- 雷诺：Traffic
- 双龙：Tivoli XDi
- 斯巴鲁：Levorg
- 丰田：Rav4
- 大众汽车：Golf GTD, Touran 5T

2. 截获无钥匙发送的信号

keyless是无钥匙英文简称，智能钥匙也被称为小精灵无钥匙，因为它就像是一个小精灵一样。进入系统由原先的机械钥匙变为遥控系统，随着RFID技术的广泛运用和汽车市场的需求，遥控进入系统被无钥匙进入系统替代已经成为必然趋势，目前，中高级轿车的顶级配置都采用了无钥匙进入系统。

在这种情况下，小偷会拦截你的信号，因此当你从钥匙扣发出锁车命令时，它实际上不会到达你的汽车接收端，你的门还将保持解锁状态。然后，在你离开之后，小偷就可以无阻碍使用你的车辆。

安全提示：为防止这种情况发生，请务必在走开前手动检查车门。还可以安装方向盘锁，以防止有人盗窃你的车，即使他们进入车内也毫无办法。

3. 劫持轮胎压力传感器信号

胎压监测系统简称“TPMS”，是“tire pressure monitoring system”的缩写。这种技术可以通过记录轮胎转速或安装在轮胎中的电子传感器，对轮胎的各种状况进行实时自动监测，能够为行驶提供有效的安全保障。

虽说这是一种比较新的技术，但攻击者却也利用它来进行攻击。他们会劫持用户的轮胎传感器并发送假胎压读数。这样，他们就可以引诱你停下你的车，为他们创造一个攻击你的机会。这听起来很疯狂，但这个计划已经有人开始预谋了。

安全提示：如果必须检查轮胎，请务必在光线充足，繁忙的公共区域停车，最好是在加油站或服务区，以避免不必要的攻击。

4. 远程信息处理技术

远程信息处理技术是目前智能汽车行业最流行的技术，那到底什么是远程信息处理？简而言之，它是一个可以远程监控车辆行为的连接系统。这些数据可能包括你的汽车位置、速度、里程、轮胎压力、燃油使用情况、制动、发动机或电池状态、驾驶员行为等。

但像任何智能联网技术一样，任何连接到互联网的东西都容易受到攻击，远程信息处理也不例外。如果黑客设法拦截你的连接，他们可以跟踪你的车辆甚至远程控制它。非常可怕！

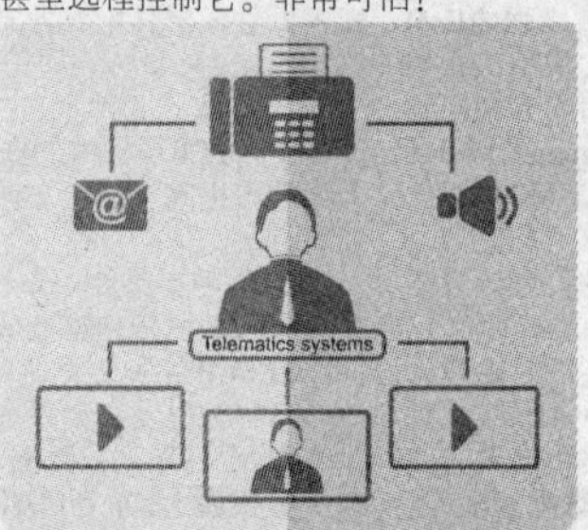

安全提示：在你购买内置远程信息处理的汽车之前，请咨询你的汽车经销商，了解他们在联网汽车上使用的网络安全措施。如果你有联网汽车，请确保其软件始终是最新的。

5. 网络攻击

除了通过远程信息处理方式接收你的汽车外，黑客还可以利用传统的拒绝服务攻击来劫持你的汽车，并可能关闭安全气囊，防抱死制动器和门锁等关键功能。由于一些联网的汽车甚至具有内置的Wi-Fi热点功能，因此这种攻击是完全可行的。与常规家庭Wi-Fi网络一样，如果他们设法渗透到你汽车的本地网络，他们甚至可以窃取你的个人数据。

此外，这是一个物理安全问题。请记住，现代汽车基本上由多台计算机和发动机控制模块（ECM）运行，如果黑客可以关闭这些系统，他们可能会让你处于严重危险之中。

安全提示：定期更换汽车的车载Wi-Fi网络密码是必须的。

6. 在线故障诊断（onboard diagnostic，OBD）系统的黑客攻击

你是否知道几乎每辆车都有在线故障诊断（OBD）端口？这是一个界面，允许维修人员访问你的汽车数据，以读取错误代码，统计数据，甚至编写新密钥。

事实证明，任何人都可以购买漏洞利用工具包，可以利用这个端口复制密钥并编程新密钥以使用它们来窃取车辆。

安全提示：记得去找一位声誉良好的维修人员，此外，物理方向盘锁也可以提供安全保护。

7. 车载网络钓鱼

黑客也试图把在互联网世界里常用的网络钓鱼攻击技术用在劫持智能汽车上，特别是带有互联网连接和内置网络浏览器的车型。

利用旧的网络钓鱼方案，攻击者可以向你发送带有恶意链接和附件的电子邮件和信息，这些链接和附件可以在你的汽车系统上安装恶意软件。像互联网的攻击一样，一旦设备安装了恶意软件，一切攻击皆有可能。更糟糕的是，汽车系统还没有内置的恶意软件保护，所以这很难被发现。

安全提示：即使在汽车中，也要保持良好的计算机安全措施。切勿打开电子邮件和消息，也不要关注未知来源的链接。

缓解措施

有几种简单的方法可以阻止钥匙扣被攻击，你可以购买一个可以维护钥匙信号的信号保护袋，如一个可以屏蔽RFID的隔离袋。

把它放在冰箱里也可以哦！

如果你不想花钱，可以将钥匙扣放入冰箱或冰柜。多层金属组成的隔离层将阻挡你的钥匙信号。不够你需要与制造商先核实，确保冷冻你的钥匙扣时不会被损坏。

甚至放在微波炉内也可以！

如果你不想把钥匙扣冻起来，可以用微波炉实现同样的效果。只要你不将钥匙处于打开的状态，那将钥匙扣放在微波炉内，犯罪分子将无法接收信号。像任何经验丰富的罪犯一样，他们只会转向更容易攻击的目标。

将你的钥匙扣包裹在铝箔中！

由于你的钥匙扣的信号可以被金属隔开，你也可以将其包裹在铝箔中。虽然这是最简单的解决方案，但如果你包裹的不严实，它也会发生泄漏信号。

◇四川科技职业学院鼎利学院　甘中建

物联网常见协议汇集（下）

（紧接上期本版）

10.XMPP (Extensible Messaging and Presence Protocol)协议简介

【1】简介

可扩展通讯和表示协议，XMPP的前身是Jabber，一个开源形式组织产生的网络即时通信协议。XMPP目前被IETF国际标准组织完成了标准化工作。适用于：即时通信的应用程序，还能用在网络管理、内容供稿、协同工具、档案共享、游戏、远端系统监控等。

【2】协议特点

《1》客户机/服务器通信模式；

《2》分布式网络；

《3》简单的客户端，将大多数工作放在服务器端进行；

《4》标准通用标记语言的子集XML的数据格式。

【3】注意事项

XMPP是基于XML的协议，由于其开放性和易用性，在互联网即时通信应用中运用广泛。相对HTTP，XMPP在通讯的业务流程上是更适合物联网系统的，开发者不用花太多心思去解决设备通讯时的业务通讯流程，相对开发成本会更低。但是HTTP协议中的安全性以及计算资源消耗的硬伤并没有得到本质的解决。

11. JMS(Java Message Service)协议简介

JAVA消息服务，这是JAVA平台中著名的消息队列协议。Java消息服务应用程序接口，是一个Java平台中关于面向消息中间件(MOM)的API，用于在两个应用程序之间，或分布式系统中发送消息，进行异步通信。Java消息服务是一个与具体平台无关的API，绝大多数MOM提供商都对JMS提供支持。JMS是一种与厂商无关的API，用来访问消息收发系统消息，它类似于JDBC(Java DatabaseConnectivity)。

JMS是一种与厂商无关的API，用来访问消息收发系统消息，它类似于JDBC（Java Database Connectivity）。这里，JDBC是可以用来访问许多不同关系数据库的API，而JMS则提供同样与厂商无关的访问方法，以访问消息收发服务。许多厂商都支持JMS，包括IBM的MQSeries、BEA的Weblogic JMS service和Progress的SonicMQ。JMS能够通过消息收发服务（有时称为消息中介程序或路由器）从一个JMS客户机向另一个JMS客户机发送消息。消息是JMS中的一种类型对象，由两部分组成：报头和消息主体。报头由路由信息以及有关该消息的元数据组成。消息主体则携带着应用程序的数据或有效负载。根据有效负载的类型来划分，可以将消息分为几种类型，它们分别携带：简单文本（TextMessage）、可序列化的对象（ObjectMessage）、属性集合（MapMessage）、字节流（BytesMessage）、原始值流（StreamMessage），还有无有效负载的消息（Message）。

12.各种通信

	DDS	MQTT	AMQP	XMPP	JMS	REST/HTTP	CoAP
抽象	Pub/Sub	Pub/Sub	Pub/Sub	NA	Pub/Sub	Request/Reply	Request/Reply
架构风格	全局数据空间	代理	P2P或代理	NA	代理	P2P	P2P
QoS	22种	3种	3种	NA	3种	通过TCP保证	确认或非确认消息
互操作性	是	部分	是	NA	否	是	是
性能	100000msg/s/sub	1000msg/sub	1000msg/s/sub	NA	1000msg/s/sub	100 req/s	100req/s
硬实时	是	否	否	否	否	否	否
传输层	缺省为UDP，TCP也支持	TCP	TCP	TCP	不指定，一般为TCP	TCP	UDP
订阅控制	消息过滤的主题订阅	层级匹配的主题订阅	队列和消息过滤	NA	消息过滤的主题和队列订阅	N/A	支持多播地址
编码	二进制	二进制	二进制	XML文本	二进制	普通文本	二进制
动态发现	是	否	否	NA	否	否	是
安全性	提供方支持，一般基于SSL和TLS	简单用户名/密码认证，SSL数据加密	SASL认证，TLS数据加密	TLS数据加密	提供方支持，一般基于SSL和TLS，JAAS API支持	一般基于SSL和TLS	

（全文完）

◇河北　李凯柯

单片机系列2：数码管显示设计

一、数码管基础知识

LED数码管是单片机应用系统中常用的输出设备，主要用于单片机控制中的数据输出和信息状态显示，能显示数字、字母等，应用很广泛。本设计以MSC-51系列中的89C52控制不同的数码管为例。

（一）一位数码管显示原理

一位带小数点的7段数码管由8个发光二极管组成，按发光二极管连接方式可分为共阳和共阴(图1)。共阳数码管将所有发光二极管的阳极接到一起形成公共阳极(COM)接到+5V，当某一字段发光二极管的阴极为低电平时，相应字段点亮，否则不亮。共阴数码管将所有发光二极管的阴极接到一起形成公共阴极(COM)接到GND，当某一字段发光二极管的阳极为高电平时，相应字段点亮，否则不亮。

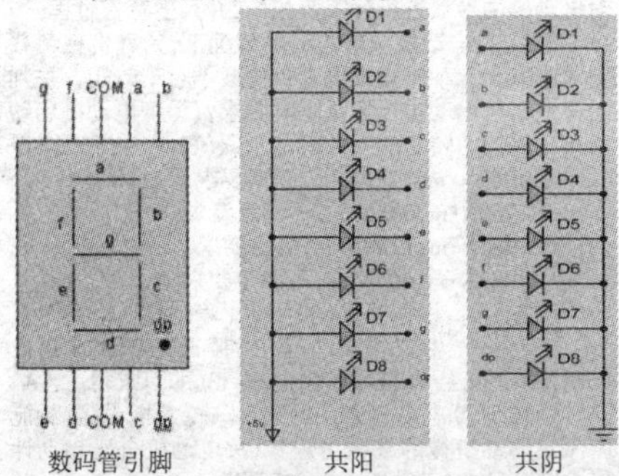

数码管引脚　　　共阳　　　共阴

根据以上原理，带小数点的7段数码管显示0-9的字形码(又称段码)如下表所示。

（二）多位数码管显示原理

LED数码管有两种工作方式：静态显示方式和动态显示方式。

静态显示的特点是每个数码管的段选必须接一个8位数据线来保持显示的字形码。当送入一次字形码后，显示字形可一直保持，直到送入新字形码为止。这样，多位数码管的管脚就很多，比如8位数码管就有8×8个管脚。这种方法的优点是占用CPU时间少、显示便于监测和控制，缺点是硬件电路比较复杂、成本较高。一般一位数码管采用静态显示。

动态显示的特点是将所有位的数码管的段选线并联在一起，由位选线控制哪位数码管有效。一般多位数码管采用动态扫描显示，即轮流向每位数码管送出字形码和相应的位选，利用发光管的余辉和人眼视觉的暂留作用，使人感觉好像每位数码管同时显示。图2是8位数码管显示电路，采用动态显示，8位位选线轮流有效，在同一时刻只有一位位选线有效，并在这位有效的数码管送入段码，从而显示需要的数字。

二、设计方案

本设计采用89C52对不同位的数码管进行控制，实现不同的显示效果。

数字	0	1	2	3	4	5	6	7	8	9
共阳	0xc0	0xf9	0xa4	0xB0	0x99	0x92	0x82	0xf8	0x80	0x90
共阴	0x3f	0x06	0x5b	0x4f	0x66	0x6d	0x7d	0x07	0x7f	0x6f

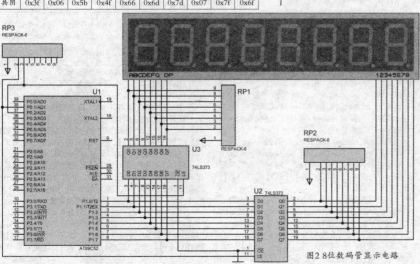

1.一位数码管显示设计

一位数码管显示电路如图3所示，数码管采用共阳极接法，7段和小数点接在P1口。我们从简单到复杂，介绍几个案例的软件设计过程。编程过程采用C语言。

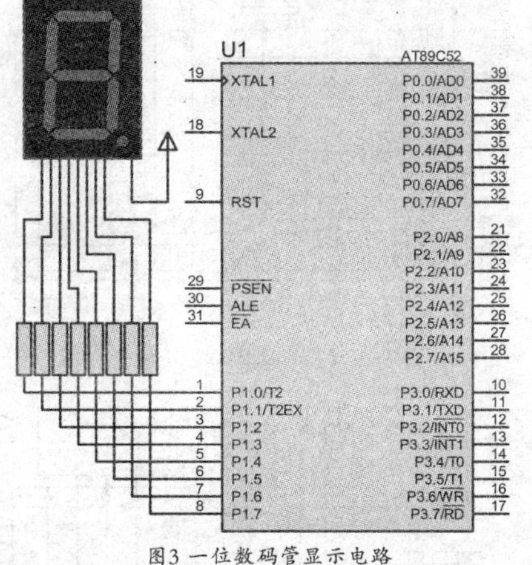

图3 一位数码管显示电路

例一

功能：数码管始终显示“0”。

从图3可以看出，要点亮数码管的某一段，只要使控制该段的P1口输出一个低电平即可。要显示“0”，只要点亮a、b、c、d、e、f这6段数码管，即“0”的字形码是0xc0。本例设计很简单，没必要画流程图。

例一程序清单：

```
#include "reg52.h"
#define led P1 //定义P1口
main()
{
  while (1)
{
   led=0XC0; //"0"段码送P1口
}
}
```

例二

功能：一位数码管轮流显示0-9，无限循环。

例二在例一的基础上增加了从0-9的循环显示，因此在程序设计上要增加一个10次循环。先送“0”的字形码，再送“1”的，直到送“9”的，然后无限循环。设计流程如图4所示。

例二程序清单：

```
#include "reg52.h"
#define led P1 //定义P1口
char led1 [10]={0xc0,0xf9,0xa4,0xB0,0x99,0x92,0x
82,0xf8,0x80,0x90}; //0-9的字形码
void dey(int x) //延时子程序
{
while (x--);
}
void smg() //数码管显
示子程序
{
char i;
for (i=0;i<10;i++) //循
环10次
{led=led1[i]; //送段码
dey (300000); //调用
延时子程序
}
}
main()
{
  while (1)
{
  smg();//调用数码管显示子程序
}
}
```

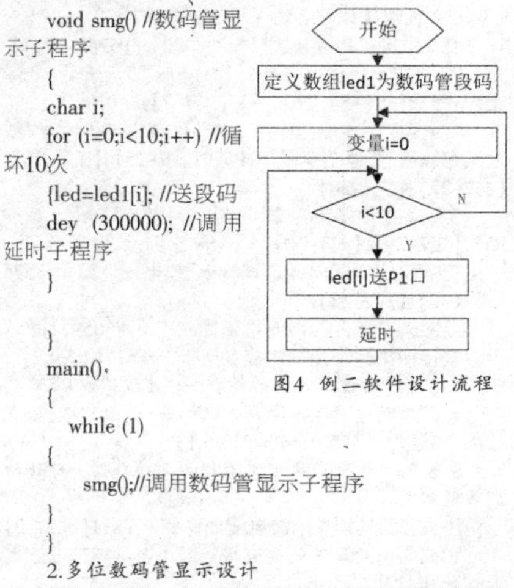

图4 例二软件设计流程

2.多位数码管显示设计

多位数码管一般采用动态显示，8位数码管只需8位的段码和8位的位选即可，用两片片选74LS373控制P1口是输出段码还是输出位选，一共只要用到单片机的10位输出口。硬件电路如图2所示。

例三

功能：8位数码管从左往右显示1-8。

如图2所示，当P0.1口有效时，送片选信号0X01，即第1位有效；当P0.2口有效时，送1的字形码0XF9，即在第1位显示“1”，如此循环。设计思路如图5所示。

例三程序清单：

```
#include "reg52.h"
#define led P1  //定义P1口
sbit cs1=P0^1;  // 定义P0.1为片选
sbit cs2=P0^2;  // 定义P0.2为段选
char led1 [10] ={ 0xc0,0xf9,0xa4,0xB0,0x99,0x92,
0x82,0xf8,0x80,0x90};  //0-9的字形码
void dey(int x)  //延时子程序
{
while (x--);
}
void smg()  //数码管显示子程序
{
char i,z,x;//定 义 变
量
i =0x01; //片 选 初
值
for  (z=1;z<9;z++)
//循环8次
{
led =i;  //片 选 码
送P1口
cs1=1;  //片选开
cs1=0;  //片选关
led=led1 [z];  //段
码送P1口
cs2=1;  //段选开
cs2=0;  //段选关
dey(20);  //延时
led=0xff;  //消隐
cs2=1;  //段选开
cs2=0;  //段选关
i=i<<1;  //片选左
移一位
}
}
main()  //主程序
{
while (1)
{
smg();  //调用数码管显示程序
}
}
```

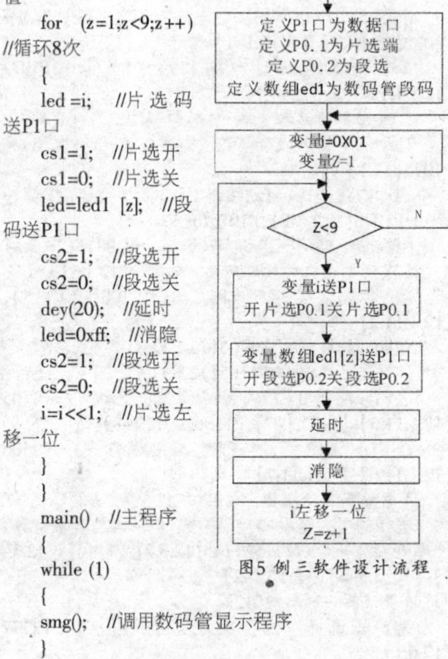

图5 例三软件设计流程

数码管显示控制有很多种形式，感兴趣的读者可以自行设计软件来实现。

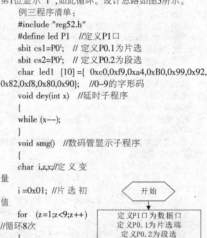

◇福建中医药大学附属人民医院　黄建辉
福建工业学校　黄丽吉

图2 8位数码管显示电路

注册电气工程师备考复习——电气传动及18年真题(下)

(紧接上期本版)

6.交流调速传动系统 →"传动3"第7章

交流电动机转速公式(异步、同步)→P534【式7-1】

PWM变流器输出电压计算(降压型/升压型、升降压)→P558【式7-5】、【式7-6】、【式7-7】

交-交变频器输出电压、电动机额定电压、二次线电压有效值、变压器容量 →P570【式7-25】、【式7-26】、【式7-27】、【式7-28】

交-交变频器晶闸管电压、并联支路数计算→P571【式7-29】、【式7-30】

交-直-交变频器额定直流电流、电压计算 →P575【式7-32】、【式7-33】

电磁转差离合器调速系统优缺点 →P605第1行

直接转矩控制和矢量控制比较 →P617【7.5.4.2】

7.电气传动控制系统的综合 →"传动3"第9章☆

轧机直流电机电枢回路参数计算(电磁常数、放大系数、加速时间常数)→P672【9.5.1】

8.电气传动装置的谐波治理和无功补偿 →"传动3"第11章☆

注入公共连接点谐波电流允许值 →P811【表11-2】

谐波电流换算(公共连接点最小容量与基准容量不同)→P812【式11-6】

同次谐波、同线路同相合成计算(相位差已知)→P812【式11-7】

同次谐波、同线路同相合成计算(相位差不知)→P812【式11-8】

第i个用户的第h次谐波电流允许值计算 →P812【式11-9】

谐波电流计算实例(轧机,动态无功补偿,变频器)→P819【11.2.5】

电流基波与电压相位差计算(整流装置)→P823【式11-35】

基波因数计算(三相桥整流)→P823【式11-36】

功率因数计算实例(触发延时角,换相重叠角,基波相位差,基波因数等)→P823【例11-1】

电抗器电感计算(与电容器串联的)→P834【式11-71】

滤波及无功补偿计算实例(无功功率冲击/补偿,总谐波电流,滤波支路容量,基波容抗等)→P839【11.6】

9.基础自动化 →"传动3"第12章

PLC循环扫描工作方式,影响系统循环扫描时间的主要因素→P876【2.】,P877中间

三、《工业与民用供配电设计手册(第四版)》(简称"配四")知识点索引

1.电动机选择和常用参数 →"配四"12.1.1

电动机选择要点(额定功率选择规定)→P1067【12.1.1.1】

电动机定额和工作制 →P1068【12.1.1.3】、【表12.1-1】

电动机额定功率和额定电流(额定电流计算)→P1072【12.1.1.4】、【式12.1-1】

笼型电动机启动电流和启动时间 →P1072【12.1.1.5】

2.电动机的启动方式→"配四"12.1.3

启动基本要求(启动转矩、电压波动、母线电压)→P1075【12.1.3.1】

启动方式选择(启动线路、不中断转换电阻R值计算)→P1076【12.1.3.2】,P1079【式12.1-2】

绕线转子电动机启动方式选择 →P1084【12.1.3.3】

3.交流电动机的控制回路 →"配四"12.1.11

控制回路要求,控制电路要求→P1100【12.1.11.1】,【12.1.11.2】

辅助回路要求 →P1103【12.1.11.3】

控制电压选择 →P1105【12.1.11.4】

控制线路长度校验、临界/最大长度计算 →P1105【12.1.11.5】、【式12.1-7】、P1106【式12.1-8】

控制变压使用,控制电路接线方式 →P1106【12.1.11.6】,【12.1.11.7】

4.电梯和自动扶梯 →"配四"12.3

电梯的电力拖动和控制方式(电梯电源容量计算、计算电流,同时系数)→P1145【12.3.2】、P1146【式12.3-1】~【式12.3-4】、【表12.3-2】

5.整流器 →"配四"12.6

整流器选择(输出额定电压、电流)→P1177【12.6.1】

交流输入电流、输出额定功率计算、接线系数、输入电流计算实例 →P1178【12.6.2】、【式12.6-1】、【式12.6-2】、【式12.6-3】、P1179【表12.6-1】、【例12.6-1】

四、2018年真题

1.上午卷

题21~25 某水泵站水泵电动机及阀门电动机的控制系统分别由以下两种典型原理系统图(图1典型图及图2典型图)组成。运行系统及状态受PLC控制及监测。

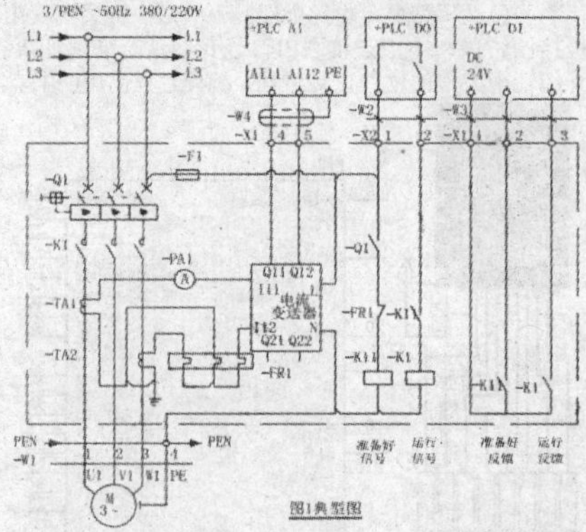

图1典型图

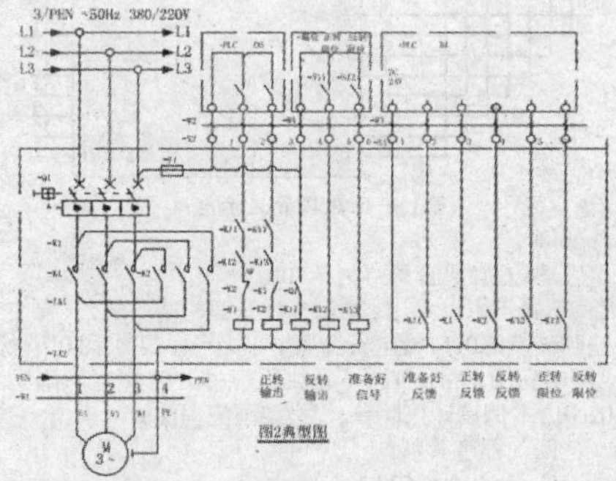

图2典型图

PLC控制系统主要硬件参数如下:

输入电源:AC110V~220V

开关量输入模块点数:32,模块电源文DC24V

开关量输出模块点数:32,模块电源未DC24V,开关量输出模块输出点为内置无源接点,接电容量AC220V,2A

模拟量输入模块通道数:8

模拟量输出模块通道数:8

请回答下列问题,并列出解答过程。

题21.图1典型图回路数18个,图2典型图回路数20个,若PLC系统的开关量输入、输出模块不能互换接线,按要求各类模块的总备用点(通道)数至少为已用点(通道)数的15%。计算开关量输入、输出模块,模拟量输入模块的最少配置数量为下列哪个选项?

(A)4个,2个,2个 (B)4个,3个,2个

(C)5个,3个,2个 (D)5个,3个,3个

解答提示:根据关键词"PLC""输入输出点",从"知识点索引"中查得该内容在"钢下"P508和P509,统计出图1典型图和图2典型图中的DI、DO和AI的点数,再按回路数、加备用点数和每个模块的点数即可求得。选D

题22. 若PLC系统运行的开关量输入点数为200点、开关量输出 点数为88点、模拟输入通道为15个通道、模拟量输出通道为6个通道;PLC系统通信数据占有内存1KB,计算PLC系统内存容量至少多少KB字节?(各类计算数均按最小值取值)

(A)4KB (B)5KB (C)6KB (D)7KB

解答提示:根据关键词"PLC""内存容量",从"知识点索引"中查得该内容在"钢下"P509【式27-3】,可求得所需内存容量,最后还需要加上通信用的。选D

题23. 若PLC系统主机与编程器通信时间为6ms,与网络通信时间为12ms,用户程序运行时间为12ms,读写I/O时间为6ms,输入输出模块的滤波时间均为8ms,计算实际运行编程器不接入时PLC系统的扫描周期,以及实际运行编程器接入时PLC系统的最大响应时间是下列哪项数值?

(A)30.1ms,88.2ms (B)32.1ms,90.2ms

(C)34.1ms,92.2ms (D)36.1ms,94.2ms

解答提示:根据关键词"PLC"、"响应时间",从"知识点索引"中查得该内容在"钢下P515【式27-5】、【式27-6】,即可求得。选A

题24.图1典型图,若K1线圈的吸持功率为80W,吸持功率因数为0.8,计算K1线圈的吸持电流并判断PLC输出接点容量能否满足K1线圈吸持电流回路要求?

(A)0.45A,满足 (B)0.65A,满足 (C)3.3A,不满足 (D)4.2A,不满足

解答提示:按容量求的电流,与模块接点容量比较。选A

题25. 设PLC开关量输入模块0-1的触发阈值电压为额定电压的80%,若图2典型图S11两端(不经过K12转换)直接接入PLC模块,其回路电流为100mA、回路采用0.5mm^{2}的铜芯电缆接线、S11触点电阻2Ω。为保证PLC输入接点0-1的正确触发,计算开关量PLC输入点到S11的理论最大距离为下列哪项?(不计模块输入点内阻以及其他接触电阻,铜导体电阻率为0.0184Ω·mm^2/m)

(A)625米 (B)652米 (C)679米 (D)1250米

解答提示:依据欧姆定律、或"配四"P763式8.5-4,即可求得。选A

2. 下午卷

题11~15 为驱动负荷平稳连续工作的机械设备,选择鼠笼型电动机Pn=550kW,Nn=2975rpm,最小启动转矩倍数T*min=0.73,最大转矩倍数λ=2.5;启动过程中的最大负荷力矩Mlmax=560N·m;请根据下列条件对电动机的参数进行计算及校验,并列出解答过程。

题11.在电动机全压启动的情况下,计算机械负载要求的最小启动转矩及电动机的最小启动转矩,并判断该电动机启动转矩能否满足要求?(保证电动机启动时有足够加速转矩的系数Ks取上限值)

(A)969N·m,1289N·m,满足要求

(B)969N·m,605N·m,不满足要求

(C)982N·m,1289N·m,满足要求

(D)982N·m,605N·m,不满足要求

解答提示:根据关键词"负荷平稳连续工作制",从"知识点索引"中查得该内容在"钢下"P50【23.5.1】或P58【23.6.1】。由式23-135和式23-136即可求得。选A。

题12.计算电动机允许的最大飞轮力矩,并判断能否满足传动机械的飞轮力矩?(按电动机全压启动计算,计算平均启动转矩系数取下限值)

传动机械折算到电动机轴上的总飞轮矩GD2=2002 N·m^2

电动机转子飞轮矩GDm^2=445 N·m^2

整个传动系统允许的最大飞轮矩GD02=3850 N·m^2

(A)1909 N·m^2,不满足

(B)1959 N·m^2,不满足

(C)2243 N·m^2,满足

(D)2343 N·m^2,满足

解答提示:根据关键词"负荷平稳连续工作制",从"知识点索引"中查得该内容在"钢下"P50【23.5.1】或P58【23.6.1】。由式23-53和式23-137即可求得。选C。

题13. 若电动机为F级绝缘,额定工作环境温度40℃,允许温升100℃,额定可变损耗与固定损耗比值为1.176,当环境温度变化并维持在55℃时,计算电动机的可用功率为下列哪项数值?

(A)437.5kW (B)467.5kW

(C)487.5kW (D)507.5kW

解答提示:根据关键词"环境温度变化"知,电动机容量需要修正,从"知识点索引"中查得该内容在"钢下"P57【23.5.5】。由式23-176和式23-175即可求得,注意比值γ=1/1.176。选B。

题14. 附表为某车间传动系统定时间段的生产负荷。若该异步电动机(不带飞轮)额定功率PN=1300kW,额定转速N=975rpm,最大转矩倍数λ=25,计算该电动机的等效功率,可用的最大转矩,并判断该电动机的转矩能否满足生产要求?

附表

负荷转矩 Ml(kNm)	3.9	1.9	7.6	6.0	14	19	7.5	3.5
持续时间 t(s)	0.6	6.5	3	2	1.8	1.7	2.2	3.5

(A)0.831kW,20.7kN·m,满足要求

(B)1.852kW,24.4kN·m,满足要求

(C)831kW,20.7kN·m,满足要求

(D)1250kW,24.4kN·m,不满足要求

解答提示:根据附表可以看出该负荷是"周期性波动负荷",从"知识点索引"中查得该内容在"钢下"P50【23.5.2】或P58【23.6.2】。由式23-139、式23-134、式23-144求得,注意等效转矩计算式n0=1000。选C

题15. 某生产线一台电动机驱动负荷平稳连续工作的机械设备,转速为2975rpm,折算到电动机轴上的负载转矩为1450Nm,若负载功率为电动机功率的85%,计算电动机的功率为下列哪项数值?

(A)384kW (B)532kW (C)552kW (D)632kW

解答提示:根据关键词"负荷平稳连续工作制",从"知识点索引"中查得该内容在"钢下"P50【23.5.1】或P58【23.6.1】。由式23-134及FC计算式即可求得。选B

(全文完)

◇江苏 陈洁

广电融媒技术与深入群众发展分析

由国家新闻出版广电总局《电视指南》杂志、传媒内参联合主办的“2018指尖综艺·剧集·融媒”调研历时3个月，将于近期发布《指尖融媒榜—2018中国广电融媒发展调研报告》，本文主要内容为参考分析。

对于媒体融合发展来说，2018年是至关重要的一年。

伴随着机构改革，广电总局成立媒体融合发展司，推进广播电视与新媒体、新技术、新业态创新融合发展，广电媒体融合也开启新变局，这反映出媒体融合过程中体制机制改革的重要性。

多地密集涌现“县级融媒体中心”，媒体融合也从中央到地方纵深推进，下沉至“最后一公里”，在技术加持和升维下，4K、5G等新技术开启媒体融合新里程。这些都说明了广电媒体融合的紧迫感和严峻性，更反映出广电媒体的新机遇和新挑战。

4K、5G开启媒体融合新里程

在中国电视事业诞生六十周年之际，国内首个上星超高清电视频道——CCTV4K频道，于2018年国庆节在中央广播电视总台正式开播，这标志着中国电视业又上新台阶，电视事业在媒体融合战略中再获新发展。除了CCTV4K频道，北京歌华、广东、上海东方、浙江、四川、贵州、重庆、江西、安徽、陕西、江苏、内蒙古和深圳天威等13家有线电视网同步开通。

4K技术在电视内容制作和平台方面的运用，其意义超过了技术本身，它为更高层次的媒体融合奠定了更强大的基础，为实现更通畅的技术融合，并带动内容创新和深层次的文化融合创造了可能性。

在2018年贵阳举办的“智慧广电”建设现场会上，中宣部副部长，国家新闻出版广电总局党组书记、局长聂辰席公开表示：“在中央领导高度重视和亲自推动下，工信部已经同意广电网参与5G建设，国网公司正在申请移动通信资质和5G牌照。如何抓好5G时代机遇，是全行业的重大课题。这方面，只有早谋划、早动手、积极抢占制高点，才能赢得发展先机。”

同时，国家新闻出版广电总局正式向全行业公布《关于促进智慧广电发展的指导意见》。“意见”明确，加快建立面向5G的移动交互广播电视技术体系。统筹无线广播电视数字化与下一代无线通信技术发展，推动融合演进、协同创新、重点突破，加快构建面向移动人群的新型无线广播电视网络，加强技术研发、标准制定，推进技术试验和应用试点。

2018年12月28日，中央广播电视总台与中国电信、中国移动、中国联通及华为公司在北京共同签署合作建设5G新媒体平台框架协议，在中央广播电视总台启动建设我国第一个基于5G技术的国家级新媒体平台。根据协议，中央广播电视总台联合三大运营商和华为公司，合作建设国家级5G新媒体平台。通过联合建设“5G媒体应用实验室”积极开展5G环境下的视频应用和产品创新。

除此之外，人工智能作为智慧广电建设的关键支撑技术之一，加快推动人工智能同广播电视深度融合，为广播电视高质量发展提供新动能，也成为广电媒体融合的重要突破点。

国家新闻出版广电总局《关于促进“智慧广电”的指导意见》也指出，深入研究把握以人工智能为代表的新一代信息技术，更好地把人工智能运用到打造智慧广电媒体、发展智慧广电网络、建设智慧广电生态、加强智慧广电监管等各方面。要深刻认识到人工智能是一把“双刃剑”，必须强化总体安全观，始终牢牢把住方向、守住底线，确保导向安全、网络安全、播出安全。

下沉至“最后一公里”

在机构改革和媒体转型的宏观背景下，“县级融媒体中心”这个新机构名称也首次在国家级会议上亮相。“县级融媒体中心”密集涌现，不仅是媒体融合的“最后一公里”下沉和纵深推进，也有利于促进国家媒体体系的全盘激活。

“国家广电智库”曾撰文称，在这场改革中，县级广播电视台是主体。多年来，经济社会和媒体发展深刻变革，县级台发展遇到新问题，许多台的运行陷入困境。县级台呼唤新一轮改革，转型发展正在酝酿。现在，这个机遇之窗已经打开，关键在于抓落实！

文章还指出，实际上，县级融媒体中心建设正在试点，已取得阶段性成果。试点中比较普遍的做法是：将县广播电视台、县党委政府开办的网站、内部报刊、客户端、微信微博等所有县域公共媒体资源整合起来、融合发展。在资源整合与融合发展的双重改革中，县级台需要找准自己的角色和定位。

2018年8月21日至22日，全国宣传思想工作会议在北京召开。会议提到一个特别的机构——县级融媒体中心，这是这个新机构的名称首次在国家级会议上亮相。

2018年9月20日至21日，中宣部在浙江省湖州市长兴县召开县级融媒体中心建设现场推进会，对在全国范围推进县级融媒体中心建设作出部署安排，要求2020年底基本实现在全国的全覆盖，2018年先行启动600个县级融媒体中心建设。

据新华社报道，中共中央总书记、国家主席、中央军委主席、中央全面深化改革委员会主任习近平，2018年11月14日下午主持召开中央全面深化改革委员会第五次会议并发表重要讲话。针对媒体融合工作的推进，会议指出，组建县级融媒体中心，有利于整合县级媒体资源、巩固壮大主流思想舆论。要深化机构、人事、财政、薪酬等方面改革，调整优化媒体布局，推进融合发展，不断提高县级媒体传播力、引导力、影响力。要坚持管建同步、管建并举，坚持正确政治方向、舆论导向、价值取向，坚守社会责任，把社会效益放在首位。

新规范指导融媒体中心建设

2018年11月2日下午，国家新闻出版广电总局党组成员、副局长张宏森带队，科技司司长许家奇、巡视员副司长杨杰、副司长孙苏川、新媒体处副处长关丽霞一行来到融媒体中心技术标准编制组，现场看望编制组人员。

中广电广播电影电视设计研究院作为标准编制工作牵头单位，由副院长林长海汇报了工作进展情况，张宏森副局长充分肯定了编制组前期开展的一系列工作，并就下一步工作提出四点要求：

一是增强政治意识。要进一步提高政治站位，深入学习领会习总书记全国宣传思想工作会指示精神，充分认识县级融媒体标准编制工作在党的意识形态阵地建设、党的新闻舆论阵地建设、党的宣传思想工作建设中的重要地位和作用，以更强的责任心和使命感，全力投入到融媒体特别是县级融媒体中心技术标准编制工作中。

二是增强专业精神。要把专业精神摆在更加突出位置，充分发挥广播电视专业技术优势，以专家的视角、专业的思维和方法研究新形势、解决新问题，使标准建设适应国家战略任务总体布局、满足广播电视融合发展和转型升级需要，经得起时间和实践的检验。

三是增强前瞻意识。要立足历史经验、现实学科背景，放眼未来发展大势及5G时代发展需求，紧密与中国实际、媒体发展现状相结合，努力在预留媒体发展空间、推动网络整合升级、实现全国一张有线网上下功夫，使全国广播电视有线网络成为数字中国家庭的有效中枢。

四是增强连续作战意识。要立足实践、着眼未来，善始善终做到底。要广泛听取各方面意见，通过标准的不断调整、完善，更好地指导实践、推动工作，积极推动标准转化和成果转化，以融媒体建设新成绩为新时期全国宣传思想工作攀登新高度做出应有的贡献。

2018年11月，国家广播电视总局发布了《县级融媒体中心建设规范》和《支撑县级融媒体中心省级平台规范要求》，以上两个《规范》在“要扎实推进县级融媒体中心建设，更好引导群众、服务群众”的要求指导下，分析了县级融媒体中心的业务类型，按照“一省一平台”的原则，对县级融媒体中心技术系统的总体架构及各项功能提出了要求，并对建设过程中涉及的信息安全、运维监控、基础设施配套要求、关键指标要求、测试与验收要求等内容进行了规范。该标准可操作性强，对县级融媒体中心建设有实质性指导作用。两个《规范》从发布之日起开始实施。

◇北京 李昊

巧增电路修复新大陆NL91-02双模接收机

接修一台新大陆NL91-02地面、中九双模接收机，故障现象是通电开机无任何反应，初步怀疑电源板有问题。拆机通电检查发现电源板+4V、+5V和+22V三组输出电压均稳定，进一步检查发现主板上以U17(AS11DA)+L406为核心的DC/DC转换电路输出+1.2V也正常，而以U18(AS11DA)+L26为核心的DC/DC转换电路输出的+3.3V那组仅1.8V左右，明显异常。手摸U18没有发烫估计不是负载有问题，怀疑芯片本身已经损坏。用风枪拆下并从料板上找来一只装上后输出电压还是1.8V，考虑到拆机件有问题，又更换几支AS11DA还是如此，看来芯片正常。无奈还是上可调电压准备用“烧机法”查找负载有无短路元件，将可调电源调至3.3V接入原电路发现电流不到200mA，根据过去维修经验判断属于正常值，此时再打开原机开关(即让1.2V输出正常)发现机器可以正常启动，看来问题出现3.3V供电身上。拆下R204和R205取样电阻检查也正常，清理掉两只电阻下面的胶还是这样，看来是PCB板底层有问题。

由于外加3.3V工作正常，所以笔者找来一块小型开关电源板，将该板上3.3V输出的两个焊点短路以让其输出3.3V电压，输入接+5V，输出接至原3.3V滤波电容C89正极，再接入公共地，并用热熔胶固件好，如附图所示，通电试机一切正常。

◇安徽 陈晓军

信息交互与传输的交换机维护浅谈

随着信息化的飞速发展，交换机作为信息流通的承载者，是应用最为广泛的网络设备之一，其作用不言而喻。因此，在日常使用中，要注意交换机这种核心的设备的维护与保养，以免引发故障。交换机运维需要注意哪些问题？让我们一起来学习下。

1.日常环境维护

交换机对于机房温度和环境的要求是比较高的。用户量大、能耗也高、散发出来的热量也是相当大的，所以交换机需要在恒温、干净的环境下运行。机房如果温度较高就会发生机器散热困难，造成交换机元件发生参数的变化，严重时还会发生设备损坏的情况；而机房如果过于干燥就会发生静电的现象，威胁到交换机的安全。

按照规定机房的温度和湿度需要用温度计严格的做好测量，必要时可以安装空调，加湿器等设施设备进行温度和湿度的调节，还要做好防火、防尘的措施。

2.软硬件维护

专业的交换机维修人员每天上岗检查软、硬件的功能，记录好机房的环境温度和湿度的情况之外，要检查输入电压和输出电压、电流、频率等指示的情况是否在正常的运行范围之内，测试各种音源的信号是否正常，检查备品、备件、工具、仪表是否齐全，充分了解好各系统的工作情况，做好记录和检查。周期性地做好服务器和维护终端的全面杀毒工作，确保各服务器的安全运行。

3.预防性维护

预防性维护就是通过对交换机的检查、测量、抽查的方式和手段，收集好交换机所需要的各种数据，在对数据进行专业的分类、分析，从而提出交换机排除隐患的具体方法和措施。交换机平时的维护就需要以预防性维护为主，做好防患于未然。

要求专业的交换机操作人员应该严格按照操作手册使用终端，先从系统的软件配置或者在系统软件上去着手排查，避免在日常的工作中执行了错误的命令，严格检查I/O设备是否处于正常的状态，尤其做好软盘驱动器的检查工作，及时修改错误的数据。对于跟随交换机设备带来的软件磁带必须做好妥善保管，如果发生交换机系统的瘫痪，可以重新安装使用。在日常的工作中，专业的维修人员善于发现设备的潜在故障，找出可能诱发故障的主要原因，消除隐患。

4.机房维护制度

为了保障交换机机房科学化、制度化的管理，制定好机房的各种规章制度、值班制度、备品备件管理制度，做好原始数据的记录制度，机房保持干净卫生；还要做好安全保密的工作。交换机操作人员的维护权限要进行合理有效的设定，避免由于人为的原因导致的系统故障。对于交换机数据的删减和修改，一定先对数据进行备份，以免丢失原始数据，对交换机日常的数据记录工作带来不便。

5.故障维护

交换机需要专业人员进行护理和维修，常常擦拭灰尘，防止灰尘杂物进入到交换机的里面，导致短路的出现，引发系统故障。不允许无缘无故的去更换电路板和元器件，更不能私自拆卸交换机，如果交换机的指示灯长亮，说明交换机发生了故障，应该切断电源，停止使用，交给专业人员进行维修。

由于交换机的故障是多种多样的，有的故障是显而易见的，一眼就可以识别出来，进行处理和维护，有的故障并不是那么清晰明了，就需要具体问题具体分析。

在日常的工作中，就应该不断地加强理论知识的更新和壮大，做好理论联系实际，同时做好交换机的日常维护和管理的工作，用心去找到问题的根源并找到解决问题最好的方式。

◇湖南 闵钢

一套实用、平价HIFI数字影K系统

本报2016年推出了DSP001 7.1数字功放后,很多读者与用户给笔者来电话交流,提出了很多意见与建议,较代表的建议有2个,一个是希望多声道功放增加卡拉OK功能,另一个建议是多声道功放的左右主声道功率更大一些,方便接现有的大功率落地音箱,当然希望多声道功放的整体费用不要增加多少。

这两年笔者也在思考如何优化组建多声道数字影院、如何低成本组建多声道数字影院。预算费用三千元?三万元?三十万元?其实三千元也不少,也可搞数字影院;三十万也不多,也可搞顶级数字影院。在某些豪宅、别墅等地预留有单独的视听室,精神生活与物质生活都很重要。若预算费用充足,直接上最新的7.2.6与9.2.4声道Dolby Atmos DTS:X解码多声道扩音系统,配置如:4K服务器点播+250英寸4K投影显示+Dolby Atmos DTS:X解码多声道功放系统+按THX标准开发的多声道音箱系统等。

但老百姓的收入决定了其消费水平,不然"×宝"已出现多年,为何"拼××"还吸引几亿用户使用,特别是农村等边远地区老百姓需要更实惠的商品。中国的国情是多数人还在为房子奔波,客厅是一家人团聚的地方,大屏幕电视机大多放在客厅,多数家庭不可能再去另搞一套视听室,也不可能再按THX的标准去装修客厅。

然而传统的电视机自带的音响已不能满足网络时代用户视、听、唱的需求,这时电视回音壁与其他电视伴侣音响的出现满足了部分用户的需求。但用户的需求是多样的,用户可采用厂家或商家推荐的标配影院配置系统,也可采购器材自行搭配。

搞平价影院系统是否可行?是否有市场?即然部分厂家60英寸的高清液晶电视能做到2500元/台的销售价,笔者认为:预算费用在2000~5000元以内的2.0、2.1、5.1、7.1影K系统应该具有较大的需求。

作为数字影K系统的组建,通常包括以下几类:信号源、AV功放、配套音箱、配套周边器材等。

一、信号源

通常高清信号节目源的获得可有多种途径,作为数字影K系统的信号源应包

括光盘播放机、硬盘高清播放机、硬盘点歌机、网络播放机等新型数字信号源等.

1.BD蓝光播放机

至今为止,光盘仍是较成熟的信号存储载体,BD蓝光播放机是较理想的信号源,因该类型的机兼容CD光盘、DVD光盘、BD光盘等,如今少数全新4K 3D蓝光光盘播放机售价不到一千元,部分蓝光光盘播放机的USB接口支持USB移动硬盘的接入,支持多种高清媒体文件播放。若节省开支,某些售价为300~600元的二手高清蓝光光盘播放机也可选择使用。

2.高清网络播放盒

数字电视信号由标清升级到高清、再升级到4k高清,某些地区电信或广电部门装宽带送高清盒子,网络高清电影与数字电视免费看,即使使用4K高清机顶盒收费也很平价,少数地区电信推广带光纤、同轴数字音频输出的网络音乐播放盒,预装音乐播放软件,免费的发烧音乐与最新唱片第1时间可欣赏到。在一些城市,无线数字电视机顶盒也可作为数字影K的信号源。

另市场上有很多深圳地区工厂生产的网络播放盒供应,品种繁多,价格也是多种多样,从百元左右到千元左右都可选择,特别是"×宝"某些产品,高配产品但价格低的离谱,外行不知如何选择,建议寻求专业人员帮助选购。选购播放器应从处理器的型号、软件开发能力、售后服务、品牌效应等多种因素综合考虑选购。某些销售商从工厂定制机型或从工厂采购产品刷机包装后用于电商销售,一般用户较难查到相应的硬件信息,所以低价选购商品只是一个选项,不是唯一选项。

这几年国内部分厂家致力于精品打造,部分新面孔的网络播放机也较有特色:如硬件采用国产4核或8核高速处理器,应用内存1GB或2GB,支持1080P高清播放或4K高清播放,软件部分采用双直播、双应用市场,硬件配置较强,软件优化也更胜一筹。通用的网络播放机接口如图1所示,能满足日常应用,其操作也较简单,只需两步:1.联网:WIFI或网线连接;2.连电视或连接AV功放,HDMI线或AV线连接电视机,开机界面如图2所示,电视剧、电影、综艺、电视直播、高清直播应有尽有。部分网络播放机支持智能语音遥控器操作,如图3所示,比如打开爱奇艺视频,比如想看《战狼2》;我想看韩剧;我想看中央8台;我想听邓丽君的歌;明天广州的天气怎样?用语音操作均能满足要求,更适合老人与小孩操作。部分节目如图4所示,部分网络播放机配有专业卡拉OK混响处理电路,除包含传统网络播放机的功能外还支持网络点歌,数万首歌库可供选唱,支持手机投屏、手机点歌,接上有线话筒就可以K歌了,相对于传统的硬盘存储类高清点歌机,由于省掉了硬盘与触摸屏,成本降低很多。

老电视AV线对应颜色连接机顶盒 USB接口 网络接口 HDMI接口 电源接口 ①

②

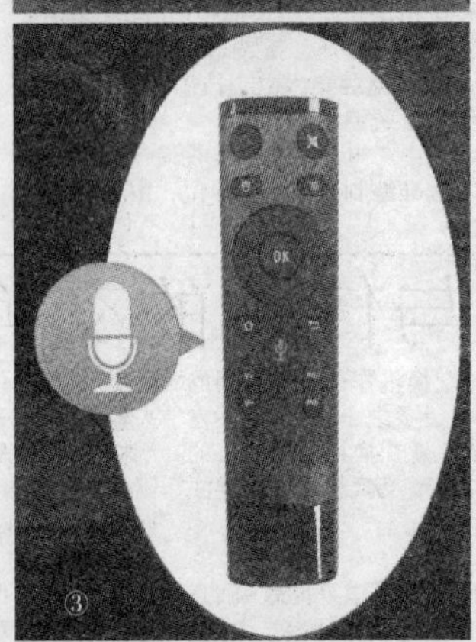

③

④

BD蓝光播放机与高清网络播放盒配合使用,光盘播放与网络播放各取所长,这两者可作为数字影K系统理想的信号源,其功能要多于光盘、硬盘一体播放机,但费用更低一些。

二、LJAV—999影K功放

中国的国情是卡拉OK不可少,不然某些地方KTV、影K厅、广场舞也不可能那么火爆!LJAV—999影K功放是一款多声道卡拉OK影院功放,主要用于高保真音乐欣赏、卡拉OK扩音、多声道电影欣赏等。LJAV—999影K功放外观如图5与图6所示,整机尺寸430mm×430mm×170mm。该机内部结构如图7所示,可以看出该机内部由多个板卡与电源变压器组成,板卡如HDMI信号切换板、DSP信号处理板、卡拉OK混响前级板、多声道功放板、荧光驱动板等。

⑤

⑥

⑦

该机功能较多,具有如下功能:

1.3进1出4K HDMI高清切换

2.光纤、同轴数字音频输入

3.模拟音频输入,5.1模拟音频输入与5.1解码模拟音频输出

4.音频DSP 5.1解码,192KHZ/24BIT音频DAC

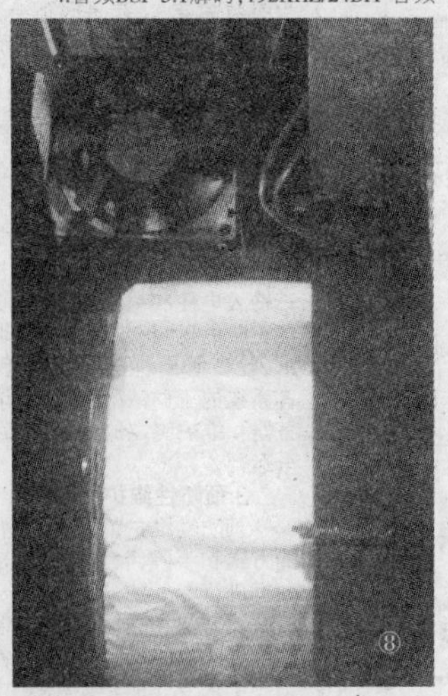

⑧

其中4K HDMI高清切换与音频DSP处理均采用成熟的方案,其中3个

HDMI输入口可接BD蓝光播放机、高清网络播放盒、硬盘点歌机等其他高清信号源,HDMI输出口可接大屏幕高清电视机。

该机采用水晶公司的专业音频DSP可实现5.1声道解码与信号处理。

5.双混响经典卡拉OK线路

卡拉OK混响前级板如图8所示,采用双运放作处理,人声高低音可调,经典卡拉OK双芯片、双混响处理,混响深度、混响时间可调。

6.高品质环牛供电,15000UF/63V红宝石电容滤波,大型散热器风冷散热,如图9与图10所示,散热器尺寸27cm×5cm×10cm,为功放大功率输出提供保障。

⑨

⑩

7.经典发烧线路,发烧运放NE5532线路放大,3对东芝2SC5200、2SA1943与3对2SC5198、2SA1941作5.1声道电流放大。输出功率150W×2或100W×3+80W×3,如图11与图12所示。

⑪

⑫

由于模拟功放电路较成熟,部分厂家生产功放时仍选用分立元件的甲乙类功放电路,以获得自己满意的音色。LJAV—999影K功放6个声道都用分立元件组成的高保真功放作功率放大。该机虽是按5.1需求设计的,但由于是按高保真的要求来设计电路与生产功放,按需求该机可有2.0、2.1、5.1等多种玩法。

8.支持无损音频USB插卡播放,支持蓝牙音频传输。

9.大屏幕荧光显示,支持音乐信号动态频谱显示。

LJAV—999影K功放主要用于家庭数字影院、小型KTV、小型影K厅等场所。

◇广州 秦福忠

(未完待续)(下转第50页)

电子报
2019年2月3日出版
实用性 启发性 资料性 信息性
第5期
(总第1994期)
国内统一刊号:CN51-0091 定价:1.50元 邮局订阅代号:61-75
地址:(610041)成都市天府大道北段1480号德商国际A座1801 网址:http://www.netdzb.com
让每篇文章都对读者有用

数据中心进行数字化转型的2019年

随着45亿人口中实现网络互联的比例不断攀升，亚太地区已经成为全球数据中心发展最快的市场之一。分析师称,该地区预计将在2020年成为全球最大的数据中心市场,未来四年内将有超过三分之二的新数据中心落址中国和印度。采用按需扩容的“托管(co-location)”模式激发了数据中心的建设热潮。届时，亚太地区的托管市场规模将达238.18亿美元,其中中国市场为108.63亿美元。

由新兴技术进步所推动的数字化转型，将为蓬勃发展的数据中心行业塑造未来。我们看到波音、谷歌、IBM和优步等全球化公司，以及腾讯和阿里巴巴等本土大公司均已从数字化流程中获益。

在2019年，企业将越发重视数字化并期望以此保持市场相关性，从而领先于市场竞争。为此,对于数字化转型的需求很可能会是空前的。此外,5G网络和设备也将推动相关技术的发展，数据中心管理者必须为此做好准备。在2019年，康普认为五大关键新兴技术——5G无线技术、物联网(IoT)、虚拟/增强现实(VR / AR)、区块链和人工智能(AI)将持续对数据中心产生重大影响。

5G无线技术

如今我们正在迈向万物互联，连接设备和网络之间的最后一环很可能就是无线。5G无线技术能够在更多场所实现更高的数据传输速率并传输更多的数据。事实上,从销售团队到交付、维护和维修机构的移动办公人员都将使用更复杂的应用程序，而这都依赖于更快、更可靠的数据传输。从宏观层面来说,由于中国正在发力智慧城市建设，带宽需求将持续增加，而智能技术能够满足未来城市的需求。

虽然5G的广泛部署未必会在短短几年内发生,但数据中心必须提前为此做好准备。数据中心基础设施需要进一步优化，以支持更高的无线带宽和更为普遍的数据使用。企业和业主也不再只着眼于Wi-Fi，还可通过分布式天线系统(DAS)实现强大且持续的室内移动无线服务。在室外环境中,服务提供商正在对光纤网络进行升级和扩展，将无线数据传输回核心网络或用于边缘数据中心,以满足无人驾驶汽车或远程手术等需要本地处理的低延迟应用需求。鉴于越来越多的数据将在网络边缘进行处理,类似C-RAN(云无线接入网络或集中式无线接入网络）和边缘计算等技术将在2019年实现并用以支持5G无线服务。

物联网(IoT)

专门为物联网应用提供支持是5G的用例之一。企业正在部署成千上百万的有线及无线传感器，而伴随这些传感器产生的大量原始数据可以被转化为有用信息，为用户提供价值。

例如,为制定更明智的决策,银行正在利用大数据和物联网将大量数据转化为洞察力，从而提供更具个性化的客户体验并提高效率。使用智能手表等可穿戴式设备开展银行业务的方式也将成为驱动零售银行转型的因素之一。

对于实时控制生产过程的其他新兴工业物联网应用而言，网络基础设施需要具有较低的可预测延迟及高可靠性。2019年,数据中心运营商将在自治系统中使用增强智能,以支持P2P通信在边缘网络的扩展，这对5G来说也可以算是一种新的应用。同时,通过将边缘数据中心置于物联网传感器和执行器附近，光纤基础设施将为边缘数据中心提供可靠的低成本传输容量，从而降低传输延迟和传输成本。

增强和虚拟现实技术

增强现实技术(AR)是指用户实时进行某项活动或观察时，通过手机等设备来显示相关数据。2018年的AR使用呈增长趋势。比如,当技术人员在修理产品时,拿起手机即可看到产品原理图以及如何进行维修的指示。另一方面,虚拟现实技术(VR)则通过使用视听头显设备，让使用者得以完全沉浸于虚拟世界中。事实上,中国政府也在鼓励企业和开发商进行VR / AR的技术研究，我们可以看到针对这一领域的投资越来越多。一些电商正在利用VR / AR技术提升购物体验。比如,数字化美容镜或3D虚拟试衣间等创新体验的推出让消费者能够在几秒钟内看到不同的妆效或试衣效果。

之所以当今的网络能够支持AR技术,是因为数据通常会被下载到手持设备上。然而,VR则需要通过互联网通信链路来实现实时视频,而视频内容来自移动设备。如果连接不可靠,则会导致体验下降甚至造成无法使用。在新的一年,我们有望迎来更为高速的5G网络,它能够支持P2P通讯传输,大大增强终端用户设备生成数据的能力。

区块链

区块链本质上是一个去中心化的数据库,并具有五大特点:1)经过编码;2)无法被篡改；3)具有共识机制；4)可验证；5)可永久保存信息。当人们听到“区块链”时往往会联想到比特币，但区块链技术还有很多潜在用途。该技术正被用于储存那些需要永久、安全且可验证记录的任何事物，这些记录能够以去中心化的方式被访问。

在物流领域，区块链则被用于建立可信任的信息,比如产品的产地、生产时间、发货时间、所处位置、抵达地点以及使用方式等。区块链作为一个共享的公共加密系统，分散的用户可以参与到区块链的分布式记账。此外，每个人都可以持有能够防范攻击漏洞的区块链数据。

任何需要或可利用分布式账本的事物均可受益于区块链。鉴于其种种优势,区块链将在2019得到更广泛地采用，这也将为采用分布式账本的数据中心带来影响。

人工智能(AI)

由于需要大量计算机的支持,AI的发展速度相对较慢。但如今已不同从前,计算成本大大降低,这归功于人工智能算法的改进以及边缘计算的应用,让AI能够以新的方式被部署。

我们已经能看到AI人工智能技术对社会的贡献。例如在医疗领域,中国上海的一些医院已经将AI技术部署到临床随访、读片和肿瘤诊断等方面。

能够运行AI模型的开发工作是在大规模集中式云资源上完成的，完成后该模型将直接被下载到边缘层。在边缘层应用AI有利于本地的时间敏感型网络环境。例如,边缘AI能够对本地过程进行分析和控制，然后将信息反馈至云以对更高层的模型进行改进。

为应对人工智能在2019年的持续快速发展,企业将采用高速、低延迟的网络以及高性能边缘计算。通过在本地和集中式资源之间采用AI技术，能够使集中式云的强大功能与边缘AI的灵活性和高性能相结合。

一切都事关网络基础设施的性能

如今，以上所讨论的种种技术都已真实存在并日趋成熟。随着优势的逐渐显现,2019年或将出现更多的应用场景，而这一切都驱动着数据中心的数字化转型。为此,数据中心管理者需部署先进的网络基础设施，以提高网络速度、覆盖范围、可靠性和安全性。迁移至更高速的网络，扩展光纤和无线链路的范围以及采用边缘计算策略将为数字化转型奠定坚实的基础。 (本文原载第4期2版)

◇康普企业网络北亚区副总裁 陈岚

博物馆传真

电子科技博物馆『我与电子科技或产品』

编前语:或许,当我们使用电子产品时,都没有人记得或知道老一批电子科技工作者们是经过了怎样的努力才奠定了当今时代的小型甚至微型的诸多电子产品及家电;或许,当我们拿起手机上网、看新闻、打游戏、发微信朋友圈时,也没有人记得是乔布斯等人让手机体积变小、功能变强大;或许,有一天我们的子孙后代只知道电子科技的进步而遗忘了老一辈电子科技工作者的艰辛……

成都电子科技大学博物馆旨在以电子发展历史上有代表性的物品为载体,记录推动电子科技发展特别是中国电子科技发展的重要人物和事件。目前,电子科技博物馆已与102家行业内企事业单位建立了联系,征集到藏品12000余件,展出1000余件,旨在以“见人见物见精神”的陈展方式,弘扬科学精神,提升公民科学素养。

九洲集团向电子科技博物馆捐赠二次雷达系统等设备

日前，电子科技大学与四川九洲电器集团有限责任公司签署战略合作框架协议,进一步深化校企合作,助力军民融合发展。九洲集团党委书记、董事长夏明,党委副书记、副董事长王国春,副总经理程旗、总工程师刘志刚、副总经理黄异嵘，电子科大校长曾勇，校领导申小蓉、胡皓全、徐红兵出席仪式。

电子科大校长曾勇表示九洲集团是国家军民融合发展的大型高科技集团，在军品、民品领域具有丰富的技术运用和市场开发能力，是电子科大最为重要的合作伙伴之一。校企双方一直以来广泛开展产学研合作，多次联合承担国家级重大科研项目，共建联合实验室及实验中心,在科学研究、人才培养、成果转化等方面形成了深厚的合作关系，携手致力于军民融合深度发展，取得了一系列显著成果。此次签署战略合作框架协议，将推动双方合作层次与水平再上新台阶，有力助推我国电子信息产业发展和军民融合发展战略深入实施。

九洲集团党委书记、董事长夏明说，长期以来,成电在科技创新、项目申报、联合研究、人才培养等方面为九洲集团提供了有力支持，助推公司成长为国有大型高科技集团，九洲集团对此深表感谢。希望双方以签署战略合作框架协议为契机，在新一轮技术革命浪潮中相互支持、相互帮助,共同推动行业技术和产品升级，为国防建设和地方经济社会发展作出更大贡献。

战略合作框架协议签署后还举行了藏品捐赠仪式，九洲集团向电子科技博物馆捐赠了二次雷达系统等设备，双方共同签署了藏品捐赠协议。校领导申小蓉介绍了博物馆现有藏品、陈列展厅、观众接待、展览举办、教学科研、国际交流等情况，感谢九洲集团在博物馆筹建之初就捐赠设备予以大力支持，希望以此次捐赠为契机，进一步深化电子科技大学和九洲集团的合作。总工程师刘志刚代表九洲集团介绍了捐赠藏品的基本情况。

四川九洲电器集团有限责任公司始建于1958年,是国家“一五”期间156项重点工程之一，是国家从事二次雷达系统及设备、空管系统及设备科研、生产的大型骨干军工企业;从事数字电视设备、有线电视宽带综合业务信息网络及三网融合系统、电线电缆光缆、LED、物联网、电子政务和电子商务软件、手机等个人消费终端、车载指挥通信系统、卫星导航系统产品等的开发、制造、经营和服务的高科技企业。自2002年以来连续14年跻身中国电子信息百强企业，荣列中国制造业企业500强、中国最大1000家企业集团、中国企业集团竞争力500强之列。近十年来,九洲集团取得的科研成果中,有三十多项次荣获国家、省部级科技奖励,其中某系统于2007年荣获国家科学技术进步特等奖。

◇电子科技博物馆供稿

本栏目欢迎您讲述科技产品故事，科技人物故事,稿件一旦采用,稿费从优,且将在电子科技博物馆官网发布。欢迎积极赐稿!

电子科技博物馆藏品持续征集：实物；文件、书籍与资料;图像照片、影音资料。包括但不限于下列领域:各类通信设备及其系统;各类雷达、天线设备及系统;各类电子元器件、材料及相关设备;各类电子测量仪器;各类广播电视、设备及系统;各类计算机、软件及系统等。

电子科技博物馆开放时间:

每周一至周五 9:00--17:00,16:30 停止入馆。

联系方式

联系人:任老师

联系电话/传真:028--61831002

电子邮箱:bwg@uestc.edu.cn

网址:http://www.museum.uestc.edu.cn/

地址:(611731)成都市高新区(西区)西源大道2006号电子科技大学清水河校区图书馆报告厅附楼

(本文原载第4期2版)

长虹FSPS35D-1MF电源深度解析(三)

(紧接上期本版)

④-⑤绕组并联的D3、C4、R1用于抑制④-⑤脚绕组在开关管Q2截止时产生的反向电动势，避免④-⑤脚绕组反向电动势过高损坏开关管。

LD7537S集成电路对进入④脚的、代表开关管Q2工作电流的电压信号滞后230nS再进行检测，以避免检测到开机瞬间Q2的浪涌电流而出现误保护。进入④脚的电压信号，一方面经斜坡补偿后参与PWM脉宽调制，另一方面与0.85V参考电压进行比较。当④脚电压超0.85V时，LD7537S将立即关闭输出以保护开关管Q2和集成电路自身。

6)、输出整流滤波电路

开关变压器次级共形成二组直流电源：12V和V1电源。开关变压器⑫脚感应电动势经QS1整流，CS3、ECS4、ECS5滤波后形成直流电压，经电感LS2、ECS6做进一步LC滤波形成12V直流电压。QS1可以由两颗分离的快恢复整流二极管DS2、DS3代替，印制板的漏印位号也是DS2、DS3，而并无QS1位号。但由于12V电源负载电流大，整流二极管自身耗散功率很大，发热较重，实际使用的是一颗三引脚双整流二极管FMEN-220A，并将FMEN-220A紧固在散热器上，以保证它散热良好。

开关变压器⑦脚感应电动势经DS1整流，ECS1、ECS2滤波，经LS1、ECS3进一步做LC滤波形成约40V的V1电源。RS1、RS2并联后与CS1串联，再并联于整流二极管DS1两端，用于抑制DS1两端反峰电压，避免损坏DS1。RS3、RS4、RS5是V1电源的负载电阻，实际电路中，此三颗电阻未装入。

7)、稳压负反馈

LD7537S的②脚(COMP)是负反馈信号输入引脚。该引脚电平值处于不同阶段时，IC内部工作模式随之变化，见表1.2。

表1.2

条件	工作模式描述
Vcomp=0V	关闭PWM脉冲输出，IC消耗约0.25毫安电流能量。
Vcomp<1.5V	关闭PWM脉冲输出/PWM占空比0%。
1.5V≤Vcomp<2.4V	绿色模式，PWM振荡频率为22KHz，可改善轻负载时的电源效率。
2.4V≤Vcomp<4.5V	正常工作模式，PWM振荡频率为66KHz。
4.5V≤Vcomp<5.4 V	过载保护，持续65ms后过载保护，关闭PWM脉冲输出，过载消失后，过载保护自动失效。
5.4V≤Vcomp	负反馈开路，关闭PWM脉冲输出。

负反馈引脚电位高低控制着⑥脚输出的PWM脉冲的占空比的大小。②脚电压越低，⑥脚输出的PWM调宽脉冲的占空比越小，②脚电压越高，⑥脚输出的PWM调宽脉冲的占空比越大。

FSPS35D-1MF 190电源组件稳压负反馈的取样和控制电压使用开关变压器⑫脚形成的12V电源。负反馈电路主要使用到了US1 (AS431ANTR-E1)、PC1(EL817)两个器件。

AS431ANTR-E1是一种三端可调分流式稳压器，具有热稳定性好和低输出阻抗的优点，其灌电流从1mA到100mA的特点使其可以直接驱动光耦。该IC采用SOT-23-3封装，和常用贴片三极管MMBT3904/MMBT3906封装完全相同，AS431ANTR封装图及内部功能框图见图1.9。采用SOT-23-3封装的该IC共三个引脚，①脚为取样电压输入端，②脚为开漏输出引脚，③脚为公共端。

EL817是台湾亿光(EVERLIGHT)生产的线性光耦，广泛应用于电源电路的反馈回路，用来反馈输出电压和隔离电源组件的冷热地。下面表1.3列出了EL817光电耦合器的参数值。

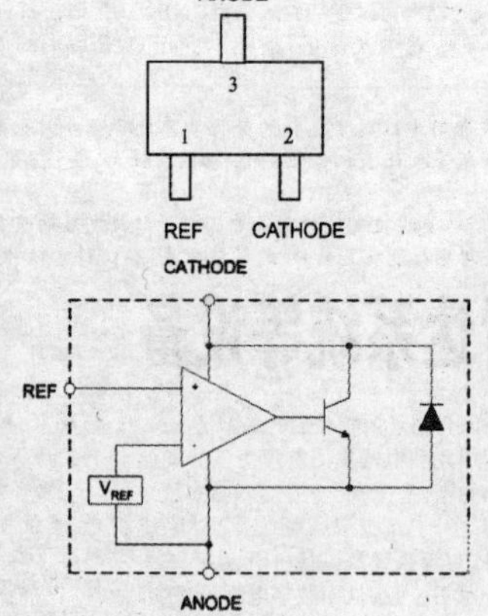

图1.9 AS431ANTR引脚图及内部功能框图

表1.3

产品	Vf_Typ(V)正向电压	Rise/Fall Time (us)上升/下降时间	BVceo_Min(V)基极开路时C和E间能承受电压	VCE(SAT)_Max (V)饱和压降
EL817A-F	1.2	3.0/4.0	35	0.4
EL817B-F	1.2	3.0/4.0	35	0.4
EL817C-F	1.2	3.0/4.0	35	0.4
EL817D-F	1.2	3.0/4.0	35	0.4
EL817-G	1.2	3.0/4.0	80	0.4

12V电源经电阻RS13 (22KΩ)、RS12(5.1KΩ)到地，取RS12上的分压值送入AS431的①脚，经内部比较放大后，从②脚输出成反方向变化趋势、代表12V电压高低的电压信号。12V电源经电阻RS9(1KΩ)加在光耦初级发光二极管正端提供能源，另一方面AS431输出信号加在光耦PC1(EL817)初级②脚上控制光耦发光强弱。这样，当12V电压呈上升趋势时，经AS431反向放大后，AS431的②脚电位呈下降趋势，PC1初级发光二极管发光增强，光耦次级接收到的光信号加强，等效阻值减小，振荡控制芯片U1的②脚电位下降，U2的⑥脚输出的驱动脉冲占空比减小，开关管Q2导通时间缩短，开关变压器T1储能时间缩短，⑫脚形成的12V电源下降，最终形成闭环，起到稳定输出电压的目的和作用。当12V电压呈下降趋势时，各点电压变化趋势同上述过程相反。

RS11(3.9KΩ)并联于光耦初级发光二极管上，主要为AS431提供能源，还配合RS9、AS431以设定光耦的直流工作点，使光耦工作在线性区。电容CS4以及CS5与RS10串联后作交流负反馈，可抑制高频自激振荡。二极管DS5向电容ECS7充电，用于防止光耦初级发光二极管负端电位突然升高，可以实现12V电源的软启动。RS8、DS4支路用于12V主电源消失时，将ECS7储存的电能快速泄放掉。DS4采用下正上负的接入方向，可以防止电路正常工作时12V电源经R8向ECS7充电。实际电路中，DS5、ECS7、RS8、DS4四颗元件都没装入。

若负反馈环路出现开路，包含LD7537S的Vcc电压在内的各路输出电压急剧上升。当Vcc电压高于26V的过压保护阈值时，芯片保护并锁定，IC停止输出PWM脉冲，随即Vcc下滑。由于Vcc过压保护功能具有锁定的特性，Vcc电压下降到低于26V后，IC持续保护。当VCC电压继续下降并低于8.5V后，Vcc引脚内部的施密特触发器状态翻转，IC进入欠压保护状态，同时过压保护失效。欠压后，LD7537S重新启动，当电路正常工作起来之后，将进入新一轮的Vcc过压保护，使得Vcc在8.5V~26V之间打嗝。

8)、12V输出过压保护电路

U1(LD7537S)的③脚是欠压检测引脚。该引脚电压低于阈值电压0.80V时，芯片内部的欠压保护会被启动。利用这一特点，在③脚外接了光耦PC2，当光耦次级导通时，LD7537S的③脚等效于短接到地，将③脚电压拉低到0V，就实现了12V电压的过压保护。

开关变压器⑫脚整流形成的12V电源，经稳压二极管ZDS1、RS11、光耦PC2初级发光二极管到地。稳压二极管ZDS1的参数为13V。当因某种异常原因导致12V电源电压超过约14.2V (ZDS1稳压值+光耦PC2初级发光二极管导通电压)时，ZDS1反向导通，偏高的12V电源经RS11、光耦PC2初级发光二极管到地，使得光耦初级发光二极管发光，光耦次级光敏元件受到光照，等效阻值减小，PC2的③-④脚相当于短路，使得U1的③脚短接到地，实现过压保护。

3、LED背光驱动电路

LED背光具有亮度高、功耗低、可靠性高、寿命长、使用直流电压驱动、超薄外观、节能环保等许多优点，已取代传统CCFL冷阴极荧光灯管。FSPS35D-1MF 190电源组件是针对LED背光源液晶显示屏开发生产的。

由于电源部分形成的V1电源只有40V左右，直接施加给LED灯串会存在电压低，只能点亮灯串颗粒较少的LED背光灯串，并且还存在不易控制LED灯串电流的问题，所以本电源使用V1电源先升压变换成100V~120V电压再提供给LED灯串的设计控制思路。在印制板设计上也可以选择12V电源进行升压变换，具体选用12V电源还是V1电源进行升压变换，取决于电路上跨针J14是否装入。不装入J14，装入DS1、LS1、CS1、ECS1~ECS3、RS1~RS5则选用开关变压器T1第⑦脚形成的V1电源进行升压变换；装入J14，没装入DS1、LS1、CS1、ECS1~ECS3、RS1~RS5则选用12V电源进行升压变换。实际电路J14没装入，使用V1电源作为升压变换的能源。

为确保用户舒适的观看液晶电视，背光源亮度应该恒定，以避免背光亮度变化影响到图像亮度，所以LED背光都使用恒流驱动。FSPS35D-1MF 190电源组件的背光驱动使用了GS7005集成电路作为背光升压和恒流驱动控制芯片，相关电路如图1.10。

图1.10 LED背光升压变换和恒流驱动

(未完待续)(下转第53页)

◇周 钰

电脑无规律死机(含黑屏)自动重启故障十大原因

电脑在开启或运行时出现无规律的死机(含黑屏)或自动重启故障是十分令人伤脑筋的事情，该故障涉及范围比较广，大致可分为软件和硬件方面的原因，下面就笔者的亲身体会来谈谈这个问题。

一、软件问题

(一)病毒侵入

如果上网打开或下载一些来历不明的文件或使用来历不明的光盘就很容易使电脑中毒，这时电脑就可能会在运行时莫名其妙的死机或自动重启，甚至黑屏。

实例：笔者组装的一台电脑安装了从别人那里借来的几款游戏软件后，就出现了电脑运行时无规律死机、自动重启有时甚至黑屏现象。经杀毒后效果也不明显，最后只有进行系统重装后才算彻底排除了故障。

(二)系统软件损坏

当电脑系统装的某个软件损坏时，那么在运行该软件时就会出现死机或自动重启故障，其特征是运行其他软件正常，那么要想电脑恢复正常就只能重装或删除这个软件。

实例：朋友家组装的一台电脑，只要运行汉王听写软件打字时，就会出现无规律死机或自动重启故障。重装汉王听写软件后故障消失。软件方面导致死机还有一些原因，比如：定时软件或任务软件起作用，或误删了某些共享程序等等，这里不再一一举例。

二、硬件问题

(一)电源插座接触不良

一般的电脑功耗都在100W以上，市售电源排插多数采用磷黄铜片（有的甚至是铁片镀铜），弹性较差，经多次拔插后容易失去弹性而导致接触不良，致使电脑在运行中死机或自动重启。

实例：同事家一台电脑在运行时经常出现无规律自动重启或死机现象，但拿到笔者家试机时，又一切正常，后来怀疑他家电源插座有问题。拆开电源插排检查，发现插座内磷铜片由于接触不良打火已出现烧黑现象。更换新电源插座后，故障不再出现。

(二)电源性能变差或功率不够

一般电脑ATX电源用久后，由于元件老化，比如滤波电容容量减小或漏电等原因，就会使电源输出的谐波含量过大，致使电脑工作时经常性无规律的死机或自动重启，这时用万用表测电源电压往往又是正常的，这种情况很具有普遍性。还有主机增添了新负载，比如更换了容量更大的硬盘或高档显卡或增添了刻录机，这样如果原电源功率余量不足，致使电源在超负荷运行时，由于输出电流过大而引起电源保护性关闭输出。当停止输出后，有的电源会再次启动，表现出好像是主机自动重启一样。因此遇到上述情况，可更换一台大功率、高质量电源试试，往往能取得事半功倍的效果。

实例：自家的一台组装电脑，用Word软件打字时就出现无规律死机或自动重启故障。但用“千千静听”软件播放音乐时，又能正常工作几小时不死机，有时开机，启动程序还未结束就黑屏关机。开始以为是内存条插座问题，经清洗无效，又怀疑是主板问题。但经主板诊断卡检查，证实主板没有问题，忽然想起电源每次启动时，电源会发出很响的“嗡、嗡”声，冷机初次启动更是明显。经查电源各路输出电压却正常，电源板上电容也无鼓包、漏液现象，元件焊点也无开裂和虚寒现象。果断更换了一台质量较好的长城牌ATX-300SD电源后，故障从此消失。

(三)内存条与主板插槽接触不良

由于内存条插脚（俗称金手指）较短，插入主板插槽的深度不足，加之宽度也较窄，故极易发生接触不良现象，从而引发电脑不定时死机或自动重启或干脆无法启动故障。

实例：一台组装电脑，经常无规律死机或自动重启，有时干脆不能开机。开始以为是电源方面的问题，但用替换法检查证明不是电源方面的问题。当取下内存条用干净餐巾纸将内存条插脚（金手指）擦拭一遍后，重新装上后故障排除。但过了一段时间故障重现，照上法重试后电脑又正常工作了几天，然后故障重现。又如法炮制，但有效期愈来愈短，最后完全无效。无奈只得将内存条插座排焊点在焊锡融化状态下，将插座左、右插脚逐一分别向左、向右拨一小位移（注：印刷板下方焊脚向左移动，上面插槽内的弹性片就向右移动）。其目的是使插槽内的弹片距离变小一点，让弹片对金手指的夹持力增强，从而克服接触不良现象。这招果然灵验，但过了一个多月，故障再次重现，最终只好更换主板才彻底解决问题。顺便提及，若内存条插脚与插槽内弹片完全不通，则刚开机时扬声器中会发出很响的“嘟”声。

(四)显卡或声卡或网卡插脚与主板插槽接触不良

主板上所安装的显卡、声卡、网卡同属电脑系统的一个组成部分，当电脑开机时，CPU会对系统上述设备进行检测，若上述板卡与主板接触不良时，电脑在启动过程中就会表现出死机或自动重启故障。

实例：一台组装电脑，开机进入Windows系统运行时就死机或自动重启。开始以为系统有问题，但重装系统后故障不变。后来将主板上插的显卡拔下，用干净的餐巾纸将显卡插脚擦拭干净，重新插紧试机，故障消失。

(五)内存不足

内存容量大小对电脑的运行至关重要，这是因为电脑在运行某个软件时，必须从存储器中进行数据的存储或调取，当内存容量不足时，就会导致电脑死机或运行卡顿。

实例：朋友给他家电脑里安装了一款游戏软件后，出现在工作过程中无规律死机或自动重启故障，根据故障出现是由于加装了新的游戏软件所致，估计是原电脑内存不足，遂将原内存条换成容量是原来四倍的内存条后试机，故障立即消失。

(六)硬盘问题

硬盘问题包括：硬盘严重老化或在运行中受到震动而出现物理坏道或出现坏扇区，甚至硬盘与主板的数据线排的插头与插座接触不良，均会导致电脑运行时发生无规律死机或自动重启故障。

实例：一台使用八年多的组装电脑，出现无规律自动关机和重启故障。首先查电源12V、5V、3.3V电压正常，经多方查找也未查出病根。最后发现在碰触硬盘40针数据线端口的插头时，故障出现。拆下硬盘，用放大镜观察终于发现硬盘40针数据线端口有几个焊点似乎有空隙，经重焊，复原电路后试机，故障排除。顺便提及如果硬盘容量较小，电脑在运行大型应用程序时，因超频使用也会出现无规律死机现象。

(七)CPU散热不良(或测温电路失效)

CPU、硬盘、显卡在工作时会有很大的发热量，多数都配有自己的散热风扇。如果风扇灰尘过多，润滑不良，导致风扇转速过低或不转，就会使CPU温度过高而保护性关机或自动重启。另外，CPU下面的测温电路损坏也会导致CPU在正常温度的情况下而执行了误保护性关机或自动重启。

实例：一台使用六年的组装电脑，经常出现无规律死机或自动重启现象，在夏天情况更严重。打开主机侧盖通电试机，发现CPU的散热风扇在开机后转速很慢，且快慢不均，手摸CPU散热片烫手，怀疑风扇有问题。关机后用手拨动风扇叶片感觉有阻力，看来风扇的确有问题。换一只正常风扇后，试机，风扇转得看不清叶片，上述故障不再出现。

(八)主板线路(或元件焊点)有隐性裂纹

电脑主板是电脑正常工作的平台，电脑各系统的联系也是通过这个平台来展开的，如果主板上有元件不良或虚焊、线路板铜箔线路有隐性裂纹，就会导致电脑出现无规律死机或自动重启现象。

实例：一台组装多年的电脑，工作中经常出现无规律死机或自动重启故障，热机时故障更严重。首先排除了电源、内存条、显卡等方面的原因，经用主板诊断卡检查，发现是主板本身问题。经观察主板上没有电容鼓包现象，但用放大镜观察，终于发现一个编号为D4的塑封二极管（体积与3A整流二极管体积相当）一端因穿过印板的长度过短而出现裂纹。拆下该二极管用什锦锉将该管引脚直径锉小后，使引脚穿过印板的长度超过1mm，重焊后试机，故障不再出现。

从上面故障原因可以看出，电脑出现无规律死机（或黑屏）或自动重启故障，多数为硬件方面的原因。从检修实例的多数情况来看，电源故障不可轻视，其次就是主板和与主板相连的几个板卡的连接接触不良的问题，最后就是散热问题。在检修上述故障时最好先观察主板上面有没有烧焦、变形、电容鼓包、断线、虚焊等明显故障，接下来检查电源在带负荷下的输出电压，若均未发现异常，有条件可用采用主板诊断卡进行检查（主板诊断卡市场上有售）。当确认主板有问题时，应对怀疑部件或板卡，比如CPU、内存条、显卡、声卡、网卡等采用代换法进行确诊。若确认上述部件或板卡无问题时，就要考虑故障是不是由散热不良引起，可摸一摸CPU散热器温度，观察散热风扇运转是否轻快无噪声。若也正常，下面再考虑是不是电脑系统各板卡与主板的连接出现接触不良问题，可在工作时轻轻拨动接插件，但硬盘引出线一定要谨慎，以免损伤硬盘。也可通过清洗有关接插件试之，如果仍然不能排除故障，那就只有更换主板了。

总之，排除电脑的无规律死机(或黑屏)或自动重启故障，是一项十分细致而麻烦的工作，但只要仔细观察、认真思考、勇于实践，故障还是能够很快排除的。

◇武汉 王绍华

提高Siri呼唤Watch的成功率

拥有Apple Watch的朋友都知道，在抬腕点亮屏幕之后，即可呼唤Siri发出指令，但很多朋友的成功率并不是很高，偶尔才能成功几次。其实，这里是有操作技巧的：

抬起手腕，点亮屏幕，大多数朋友都是使用“嘿，siri！”，但经常出现呼叫不出的尴尬书面。其实，我们应该将三个音连贯起来作为一个词语“嘿C瑞!！”，注意要一口气完成发音，也就是说“嘿”和“Siri”之间一定不能停顿！

当然，如果使用的是更新至iOS 5版本的Apple Watch 3或Apple Watch 4，那么请首先在“设置→通用”启用“抬腕唤醒Siri”选项，以后抬腕即可唤醒Siri，不用再说出“嘿C瑞!！”了，但要注意Watch的表盘尽量面向自己，Watch和嘴巴的距离要近一点。

◇江苏 王志军

AOC 215LM00036显示器亮度异常检修一例

接修一台AOC 215LM00036显示器，故障现象是刚开机亮度正常，大约3秒钟后左边2/3明显变暗，右边1/3部分亮度正常。

根据经验判断应该是背光灯条有问题，该机LED灯条粘在底部，15颗灯珠为一组，共三组45颗。拆下后通电检测，发现刚通电44颗灯珠全亮(右边一组中有1颗目测已损坏)，几秒后左边30颗便熄灭，剩下14颗正常点亮(如图1所示)，故障明显是灯条有问题。

从网上买来一根拆机灯条装上发现中间一组还是不亮，而卖家声称发货时检查一切正常，怀疑背光驱动芯片OZ9998BGN有问题，该芯片共有四路驱动输出，本机只使用其中三路，R819、R820（未装）、R821和R822分别对应灯条负极，实物见图2所示，经检查发现R819对应点不亮的那组灯条，于是将R822和R819两个焊点交换焊接，通电试机发现还是中间一组点不亮，这说明OZ9998BGN芯片完全正常，再次联系卖家更换灯条后装机便一切正常了。

◇安徽 陈晓军

3M KJ458F系列空气净化器电源电路分析与检修（下）

（紧接上期本版）

(3)稳压控制

当市电电压升高或负载变轻引起开关电源输出电压升高时，滤波电容C12两端升高的电压被U5(PT1115)内部的稳压控制电路检测、放大后，控制PWM电路输出激励脉冲的占空比减小，开关管导通时间缩短，电感L2存储的能量下降，C12两端电压下降到正常值。反之，稳压控制过程相反。

(4)过流保护电路

当负载异常导致开关管过流，在R39两端产生的取样电压达到设置值后，该电压触发⑥脚内部的过流保护电路动作，缩短开关管的导通时间，开关电源输出电压下降，如果电流恢复正常，则解除限流控制；如果仍过流，则控制开关管停止工作，以免它过流损坏。

二、常见故障检修

1.主电源无电压输出

该故障是由于供电线路、电源电路、微处理器电路、电机电路异常所致。

首先，检查电源线和电源插座是否正常，若不正常，检修或更换；若正常，拆开净化器后，测保险管（熔丝管）F1是否开路。

若F1开路，应先检查压敏电阻RV1和滤波电容CX1、CX2是否击穿，若它们击穿，与F1一起更换后即可排除故障；若它们正常，在路检查整流堆D1、D2是否正常，若异常，与F1一起更换即可；若正常，检查RV1、C1~C3、C21是否正常，若异常，与F1一起更换即可；若正常，断开插座J1后，过流现象是否消失，若消失，则检查电机及其驱动电路；若仍过流，说明主电源电路异常。此时，在路测电源模块CL1152的④、⑤脚内的开关管是否击穿，若击穿，检查多会连带损坏R30。

【提示】CL1152内的开关管击穿，还应检查尖峰吸收回路的D3、R5、C4，以及稳压控制电路的元件是否正常，若异常，与CL1152、F1、R30一起更换即可；若正常，则检查开关变压器T1，以免更换后的CL1152再次损坏。

若F1正常，测C3两端有无300V电压，若没有，检查L2和线路；若正常，检查C16、D3、R30是否正常，若正常，检查CL1152和开关变压器T1。

2.主电源有电压输出，但异常

该故障是由于电源模块的供电电路、稳压控制电路、负载异常所致。该故障可在主电源通电瞬间，通过测C7两端电压大致判断故障部位。

若C7两端电压低于12V，脱开稳压器U4、电源模块U5的供电端，若C7两端电压恢复正常，则检查U4、U5及其负载；若无效，断电后在路测D3~D6、R21、R30是否正常；若异常，更换即可；若正常，检查C16、C7是否正常，若正常，检查CL1152、U8、U9。

若C7两端电压高于12V随后下降，说明稳压控制电路异常导致过压保护电路动作。此时，检查D4是否正常，若异常，更换即可；若正常，用1.2k电阻并接在C17两端，若仍过压，说明CL1152异常；若不再过压，焊下1.2k电阻，在误差放大器U9的②、③脚间两端接一只7.2V稳压管（正极接②脚），若电压仍高于12V，则检查R22、U8；否则检查U9、R25。

3.无5V供电输出，但主电源输出正常

5V供电异常，说明5V电源电路或其负载异常。

首先，在路检查R39、L2是否正常，若异常，更换即可；若正常，断开5V供电的负载后，5V能否恢复正常，若能，检查负载电路；若无效，检查C12、D8、C23是否正常，若异常，更换即可；如正常，检查PT1115。

◇赤峰　孙立群

奥普浴霸故障维修1例

故障现象：一台型号为QDP1020型2100W奥普浴霸的暖风及换气功能失效。

分析与检修：打开控制面板，察看5个开关表面没有烧蚀等异常现象，测量主电源开关阻值，发现阻值不稳定，怀疑触头烧蚀后引起接触不良。由于室内有单独的照明灯，经用户同意，把容量同为16A的照明开关换过来使用，试机使用正常。按照铭牌绘制电路图如图1所示。

图中5个开关全是16A/250V，怀疑质量不佳。为避免再次烧蚀决定用最简单的接触器或继电器改造控制开关（《电子报》多有介绍），即用小容量开关控制大容量的接触器或者继电器，而且成本也不高！此处只需加1只小体积的220V欧姆龙继电器，搭线焊接。它有3组常开触头，额定容量250V/5A，3组并联后容量为15A，能满足要求。

考虑到穿线管空间不大，用细铁丝从控制盒穿1根0.5mm^{2}的控制线至天花板，按照图2接线接牢，这样电源开关、转换键开关及风暖开关承担的负载很小，只是小功率交流马达M与继电器K的绕组，所以负载电流很小，250V/16A的触头容量绰绰有余；大功率的陶瓷加热器PTC直接由继电器K的触头从接线排取电，就避免了控制板的开关再次烧蚀的隐患。最后，将继电器用自封口塑料袋密封，固定在浴霸接线端子排附近即可。

◇湖北　刘爱国

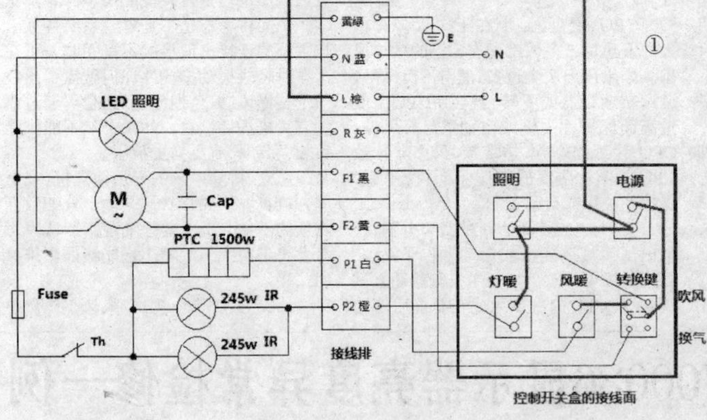

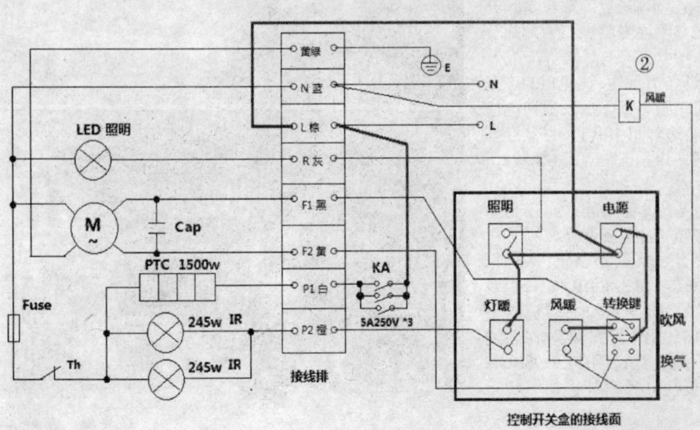

万家乐LJSQ27-16UF1型燃气快速热水器

有时不能点火故障检修1例

故障现象：自家2014年购置的一台LJSQ27-16UF1型冷凝式燃气快速热水器，发生时而能自动点火，时而不能自动点火故障。

分析与检修：不能点火时，显示液晶屏不能显示已着火图案，并显示故障代码"E1"。因笔者外出，子女电话联系售后，第三天来了一个"维修师傅"，一看机器说是已过保修期，若要修理的话，要收上门服务费和元件费。征得同意后，开始一番检查，告知燃气电磁阀有问题，忙乎约半小时，收了280元后走人。谁知第二天故障依旧，再次联系该"维修师傅"，回复现在正忙，过几天再来。再一次联系"维修师傅"，他竟不接电话了（后来才知道是遇到骗子"李鬼"了）。笔者回家听说此事后，感觉机器的问题应不大，多为控制电路有元器件接触不良所致！于是，笔者拆下主控制盒，取出电路板（见附图）。发现元件的焊接很粗糙，多个焊点存在明显的脱焊现象，且线路铜箔也有明显的划伤痕迹。经氧化并重焊后试机，故障彻底排除。在此告诫读者，家电出了故障，一定要谨慎请维修师傅，免得被坑花冤枉钱。

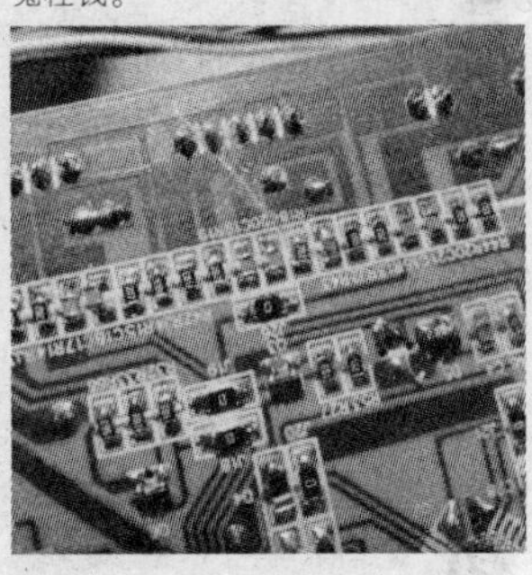

◇湖北　王绍华

组合两个8比特输出来制作一个16比特数模转换器

便宜的16比特整体数模转换器几乎用作所有应用。然而，某些应用需要非传统的方法。本设计实例涉及的电路是我最近设计的一个可调二极管激光器频谱仪供一个火星探测器应用的例子。该控制电路包含两个16比特数模转换器，其接口到抗辐射8051变异的69RH051A微控器上。因为预定的航天飞行合格规范，设计中的每件东西必须仅仅由NPSL(NASA部件选择清单)中的元件组成。这种限制产生了一个挑战，因为在设计定型时，NPSL不包含合适的飞行合格的16比特数模转换器，并且预算不包含新器件认证的资金。我通过利用两个偶然的事实逃出了这个死胡同：两个数模转换器的更新速率仅为几十赫兹，而且69RH051A具有许多不受约束的8比特14.5KHz PWM输出。这些输出可以制作一个16比特数模转换器，第二对PWM比特和相同的电路可制作其他的数模转换器(附图所示)。

六反相器IC1的VCC与一个精密5V参考电压相连接，该反相器的输出为精确的模拟方波。低阶PWM信号输出8051的PWM0控制V3方波，且高阶PWM输出PWM1控制V1方波。R2和R6以比率R2/R6=3.29kΩ/1MΩ=1/255来被动叠加这两个方波产生V4，复制16比特之和的2的8次方速率。这种作用使得V4的直流成分等于5V(REF)(PWM0+255PWM1)/256。因此，假如你写0到255(0至65535的高阶字节)，16比特数模转换器设置到8051的CEX1寄存器并且写0到255，低阶字节到CEX0，一个相应的16比特模拟表达式出现在V4的直流成分上。R2与R6比率的精确度仅仅限制该电路的单调性和精确度。例如，对于R2和R6 1%的偏差一个部分在25500=14.5比特，且对于0.3%的偏差或更好在全16比特。但事情并没有终止在这里，两个问题仍保留。第一个问题是V4所希望的直流成分从所有或至少15或16比特中提取具有不希望的方波交流脉动。R3-C9低通滤波器做一些这样的工作。假如你使C9足够大，从原理上来讲，该滤波器能做整个工作。这个简单装置不能这样工作的原因是用一个单级RC滤波器得到大约90dB这样一个大的脉动衰减将需要一个大约300毫秒的时间常数和一个合成的16比特3秒稳定时间。这个冷漠的响应时间太慢以致于不需要这种应用。为了加速时间，采用R4、R5、R7、C8网络合成并且叠加V2：即V4的14.5 KHz交流成分的反极性复制品。这个叠加主动地空出了大约99%的脉动，这种空出作用留下了大约2毫秒的残余，因此C3R9产生的大约25毫秒稳定时间容易消除它。另一个问题是补偿低的(但仍然为非零)HC14内部CMOS开关的导通电阻，便于该电阻不干扰关键的R2与R6比率。这个问题没有特别关注R6，因为R6与导通电阻的比率大于10000比1，使得任何相关的误差微不足道。然而，这种情况不适合R2的场合，尽管有三重平行门，R2与导通电阻的比率大约为300比1，如此小的比率足够获得衰耗，负载取消电阻R1提供这种衰耗。R1将一个电流叠加到R2驱动节点，因为该电流与通过R6的电流在量级上相等但在相位上相反，有效地消除了R2驱动器上的负载。这个过程使得组合导通电阻大约为100倍，将比其他方式重要性要小。该结果是一个简单的高线性和精确电压输出的可观的数模转换器，假如不是超快速，稳定时间大约为20毫秒。在这种情况下，最重要的结果是具有一个无瑕疵的NPSL兼容谱系的部件清单。

◇湖北 朱少华 编译

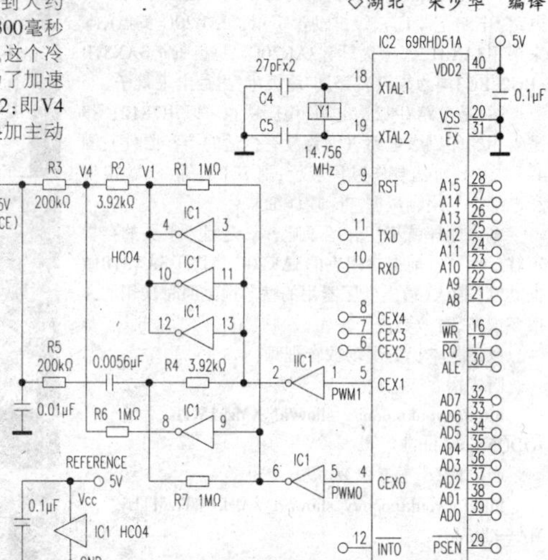

图解AD18安装详细步骤(下)

(紧接上期本版)

4. 右上角点击头像图标，然后选择命令"License Management..."，出现如图所示账户窗口界面。

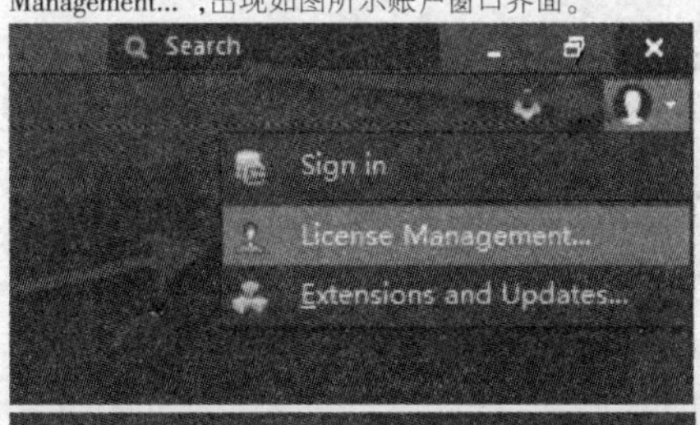

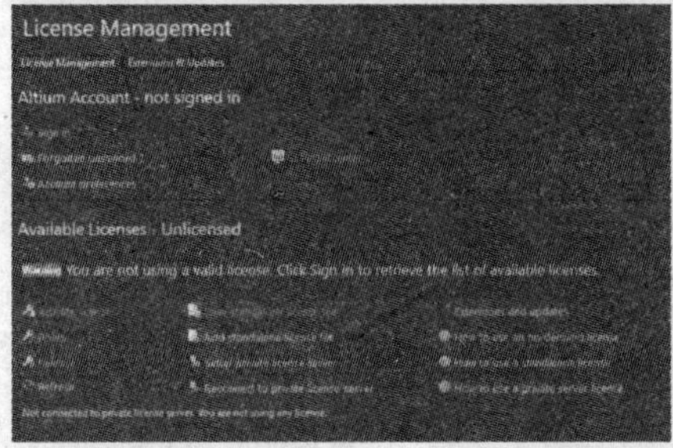

5.找到Add standalone license file，弹出加载license文件对话框，加载和谐Licenses 文件(后缀.alf)。

6.软件和谐就到此为止了，如果你能新建PCB 或者原理图了就标示破解成功了。效果如图：

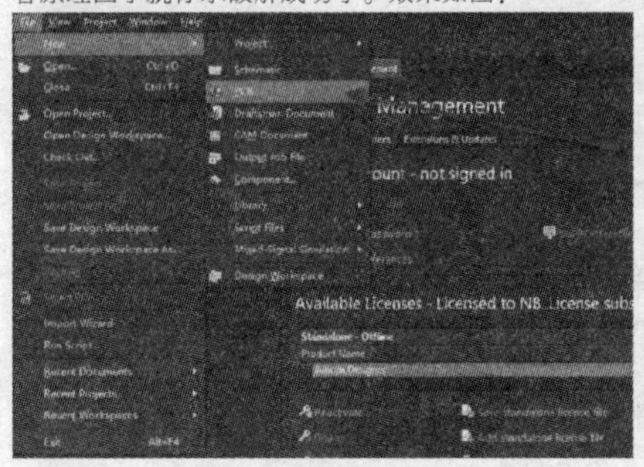

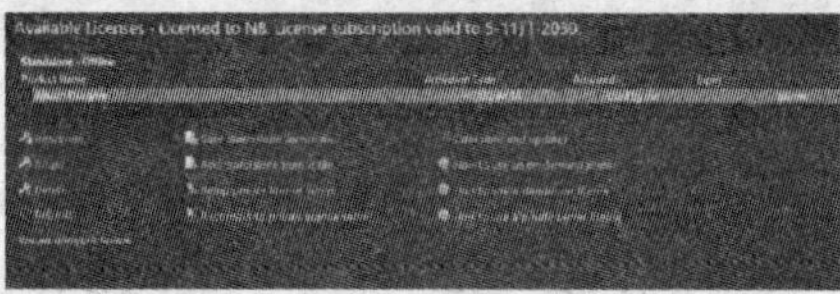

四、软件汉化

打开软件，右上角执行图标命令，点击勾选"Use Localized resources"，这时会提示一个让您重启软件的提示，把软件关掉重新打开就可以是汉化版本了，如果您想再次切换到英文版，可以按照相同的操作再处理一遍。

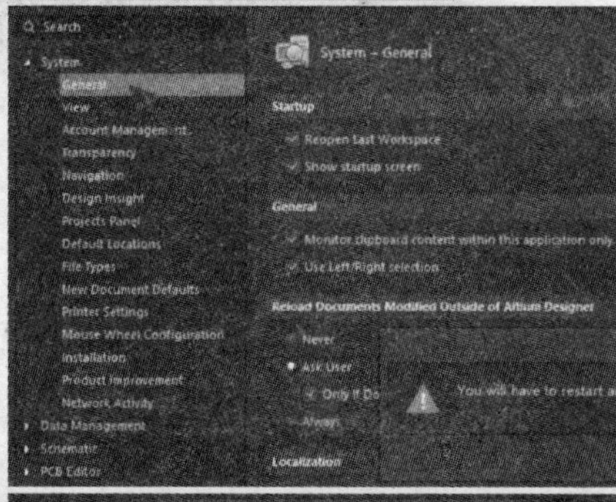

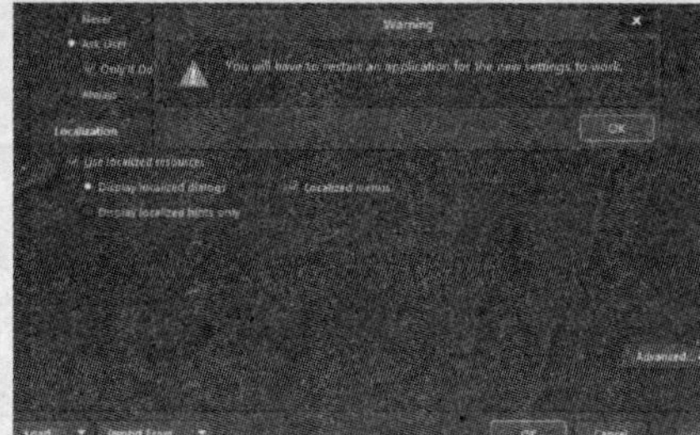

汉化后的菜单界面

五、Altium Designer 18新版功能改进：

·采用了新的DirectX 3D渲染引擎，带来更好的3D PCB显示效果和性能。

·仅支持64位操作系统，具有更好的内存读写性能和支持更大的内存空间，感觉让你们老板扔掉老掉牙的XP吧。

·重构了网络连接性分析引擎，避免了因PCB板较大，且板上GND很多，每动到有GND的元件或线，屏幕上就会出现Analyzing Gnd，要过好一会屏幕才可以动，严重影响速度。

·文件的载入相对于AD 17来说性能大幅度提升

·ECO及移动器件性能优化

·交互式布线速度提升

·利用多核多线程技术，湿度工程项目编译，铺铜，DRC检查，导出Gerber等性能得到了大幅度提升

·更加快速的2D-3D上下文界面切换

·降低了系统内存及显卡内存的占用

·更好的Gerber导出性能，至少比AD 17快4到7倍，在26层板，具有大约9000个器件的测试板上对比，AD 17导出Gerber需要7个小时而AD 18仅仅需要11分钟搞定

除了性能的改善，还带了一些新功能特性的提升，包括：

·支持多板系统设计

·增强的BoM清单功能，进一步增强了ActiveBOM功能

·ActiveBOM:使用更好地前期元器件选择，有效避免生产返工。

◇四川 刘小军 梁 雄

怀旧6晶体管牛入牛出小功率扩音机

这是一台比较怀旧的小音响(放大器),用料几乎都是20世纪七八十年代或者更早的元器件。电路更是大家都比较眼熟也比较简单的有输入、输出牛的推挽电路。电路见图1。前级推动管采用了3AK20C(黄点),本来采用3AX31,因手头只有3AK20C。推挽管子3AX81B(BG2、BG3均为绿点),都是"垃圾堆"里翻出来管子。

图1是电路;图2是电源,稳压块也可以用7812;图3是暂用的印刷版电路(因为没有合适的接茬原件);图4---图7是机器制作过程展示;附表中是输入、输出牛和电源牛的绕制数据。比较详细。

电路原理就不用介绍了吧?只是因为手头的存货不够,用了以前很少用到的3AK20C替代了3AX31B做推动管。输入、输出变压器用的铁芯远比那时候用的大很多很多,音效更佳。

以下是本机的现场放音视频:

听广播

http://v.youku.com/v_show/id_XMzk1MTI-zODQ5Ng==.html

听歌曲《十送红军》片段

http://v.youku.com/v_show/id_XMzk1MTIzMTUy-MA==.html

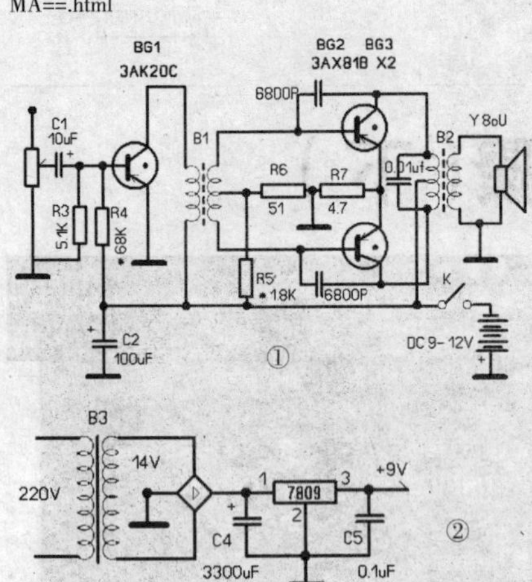

①

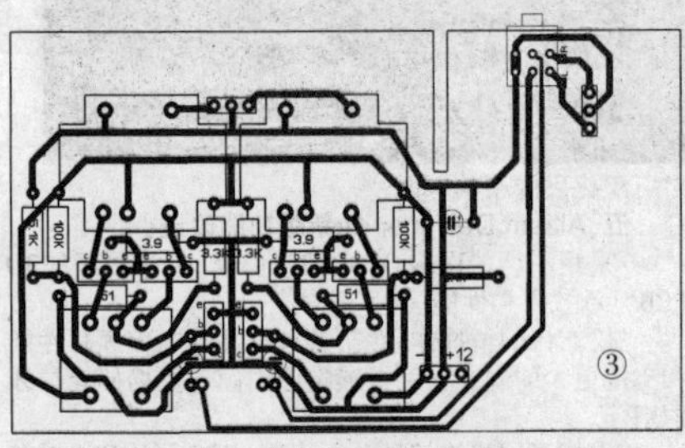

②

③

附表 变压器制作数据

项目	名称	B1	B2	B3
铁芯规格		E135 δ=1.6cm	E141 δ=1.6cm	E148 δ=2.5cm
初级	线径 mm	0.11	0.13	0.12
初级	匝数	1800	260×2	2435
次级	线径 mm	0.11	0.47	0.47
次级	匝数	600×2	100	160

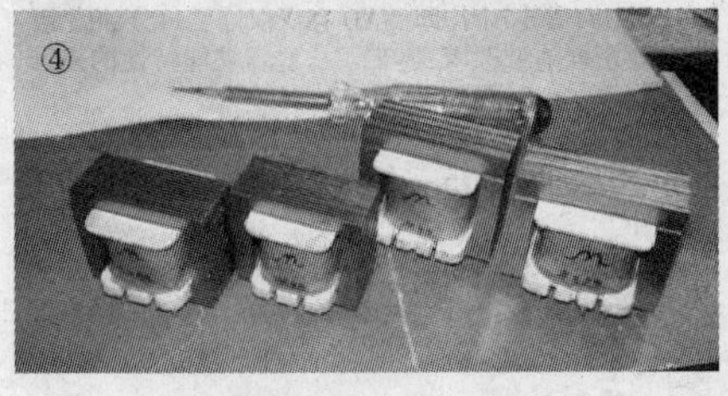
④

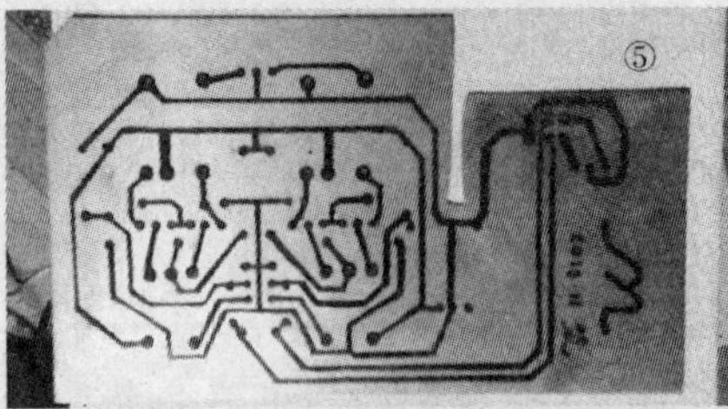
⑤

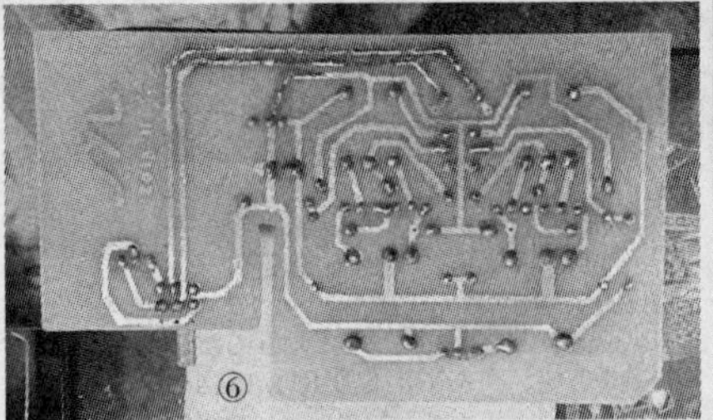
⑥

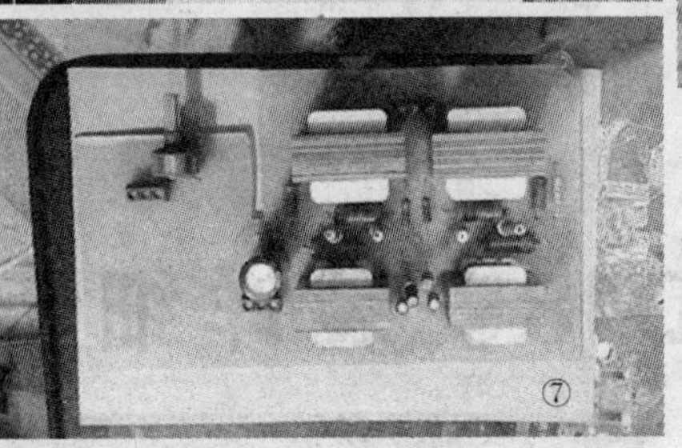
⑦

⑧

⑨

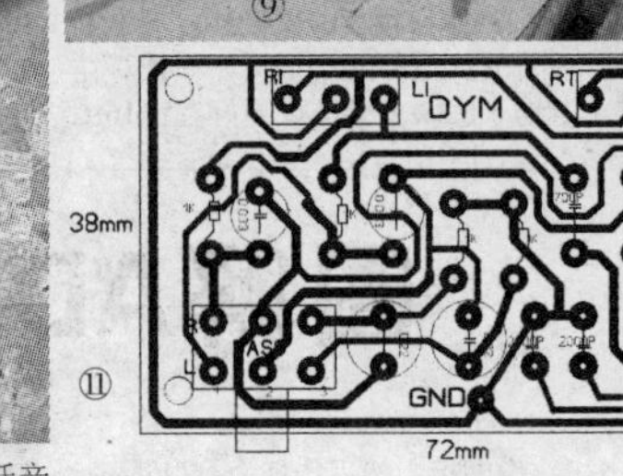

⑪

本机在使用中,总感觉高音带有些许"毛刺",低音有点浑浊,最近,对本机电路做了改进:增加了高低音控制单元,使得音效有所改善。

详见附图。

图8是高低音控制(提升)单元,图9是实验中,与主机连接;图10是改进后的音调调控电路原理图。图11是音调控制印刷电路板。

以下是改进后试听视频,请注意听,效果十分明显。供参考。

http://v.youku.com/v_show/id_XMzk1NDAyNzkzMg= =.html

http://v.youku.com/v_show/id_XMzk1NDAyMzM2OA ==.html

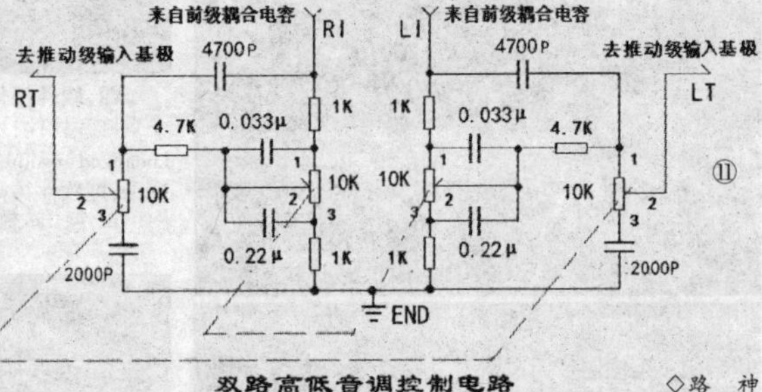

⑪
双路高低音调控制电路

◇路 神

煮蛋器的防反复烧煮改造

煮蛋器以其使用、清洗、方便,小巧节能而受到许多消费者的欢迎。但绝大部分煮蛋器存在反复蒸煮的问题,通电后在无人值守的情况下,反复蒸煮会使食物口感变差,并造成能源的不必要浪费。而且温控器的循环复位也影响其使用寿命,甚至导致意外事故的发生。经笔者研究、改造,终于解决煮蛋器反复蒸煮的问题,经长时间使用,稳定可靠。现将方法与广大读者共享。

图1为常规煮蛋器电路。打开电源开关SW后,煮蛋器开始加热。随着煮蛋器中水分的减少,发热盘温度升高。当温度达到温控器FH的设计温度,闸空气中的金属簧片跳开,电源断开,停止加热。随后温度逐渐回落,当温度回落至温控器的复位温度,温控器恢复到常闭状态,煮蛋器重新加热。在插电状态下,上述过程不断循环往复,直至切断电源。

为此,笔者在通电回路中加入继电器,使煮蛋器无法自动复位(见图2)。当打开电源开关SW1并按下复位开关SW2后,电源P得电,继电器K吸合,发热盘EH加热。当煮蛋器水分逐渐减少,发热盘温度升到高温控器阈值,温控器动作,切断市电,加热停止。同时,因电源P失电,继电器断开。此后即使温控器因温度下降而复位,也无法恢复电源P的供电,煮蛋器维持断电,从而避免反复蒸煮的现象发生。

图中电源P可使用小型5V电源模块,笔者实际使用废弃的手机万能充。继电器也用小型的5V继电器。以上元件可全部内置于煮蛋器的底座中,并用热熔胶固定。只要连接无误均可一次成功,各位使用煮蛋器的读者不妨一试。

◇广东 潘邦文

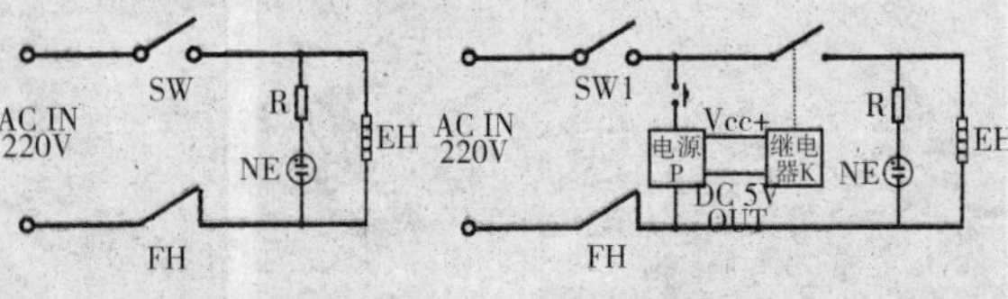

图1.原电路图　　图2.改造后的电路图

单片机系列3：独立式按键控制设计

一、独立式按键基础知识

按键是常见的控制器件。按键是闭合还是断开，会体现在电平变化上，因此，可以通过检测电平的高低来判断按键的开闭状态。

（一）抖动现象和消抖措施

一般情况下，按键是利用机械触点的开闭来实现开关的断开和闭合的。因为机械触点的弹性作用，触点在闭合和断开的瞬间会有一连串的抖动，导致一次按键被CPU识别为多次按键，这就是按键的抖动现象。为了确保一次按键只被确认一次而不是多次，必须消除抖动。

消除抖动的办法有两种：硬件消抖和软件消抖。硬件消抖可以用单稳态电路或RS触发器来实现，软件消抖一般是采用延时程序。在单片机应用系统中，一般用软件消抖。软件消抖的具体做法是：检测到有按键按下时，先执行一段延时程序，之后再确认这个按键的电平是否仍然保持按下的状态，如果是，就确认这个按键被按下了，否则不予确认。

（二）独立式按键工作原理

根据扫描方式不同，按键可以分为独立式按键和矩阵式按键两种。所谓独立式按键，就是每个按键相互独立，每个按键各自与单片机的I/O口连接，即每个按键都要占一条口线。独立式按键是否按下，判断方法是检测口线的电平。例如图1中，当按键LED1未按下时，P1.0为高电平；当按链LED1按下时，P1.0为低电平。

独立式按键的优点是接口简单，通过检测口线的电平就能判断是哪个按键按下，识别和编程比较简单。缺点是占用单片机的硬件资源比较多，比如16个按键就要占用16条口线。一般在按键数量比较少的情况下采用独立式按键。

二、设计方案

按键控制知识是电类学生必须掌握的重要内容。独立式按键采用逐位判断的扫描方式，因此在程序设计上较为简单。我们从简单到复杂，介绍两个案例的设计过程。编程采用C语言。

例一

功能：按键控制LED灯。

1.硬件设计

按键控制LED的硬件电路（图1）由AT89C52控制模块、LED模块、独立式按键模块组成，是一个带有4个按键、3个发光二极管的单片机最小应用系统。D1-D3采用共阳极接法，要使LED点亮，P3口要输出0。4个按键的公共端接地，当按键按下时向P1口的相应口线输入0。

2.软件设计

按键控制LED的程序设计比较简单，在LED的基础上加入按键的输入处理即可。程序实现4个按键分别控制3个LED灯：按键LED1-LED3按下时，分别点亮D1-D3，按键LED4按下时，D1、D2、D3全灭。设计思路如图2所示。

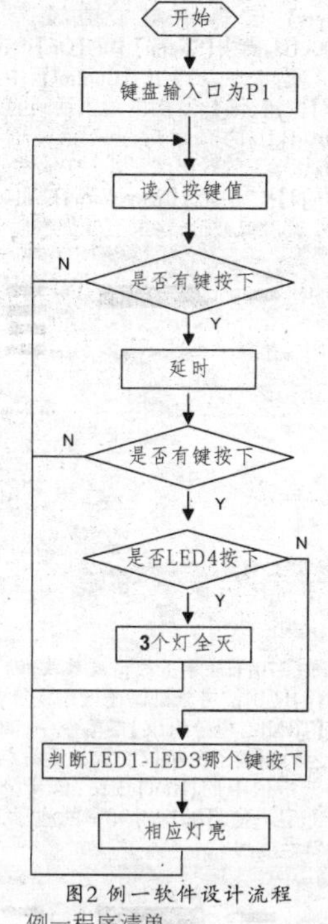

图2 例一软件设计流程

例一程序清单：

```
#include "reg52.h"
sbit D1=P3^0;sbit D2=P3^1;sbit D3=P3^2; //定义LED
sbit led1 =P1^0;sbit led2 =P1^1;sbit led3=P1^2;sbit led4=P1^3;//定义按键
void dey(int x)//延时
{while (x--);}
void key()//按键处理程序
{if (led1==0)  //判断led1按键是否按下
{dey(10);//调用延时
if(led1==0)//再次判断led1按键是否按下(消抖)
{D1=0; //点亮D1
}}
if (led2==0)
{dey(10);
if(led2==0)
{D2=0;//点亮D2
}}
if (led3==0)
{dey(10);
if(led3==0)
{D3=0;//点亮D3
}}
if (led4==0)
{dey(10);
if(led4==0)
{D1=1;D2=1;D3=1;//D1、D2、D3灭
}}}
main()
{while(1)
{key();//调用按键处理程序
}}
```

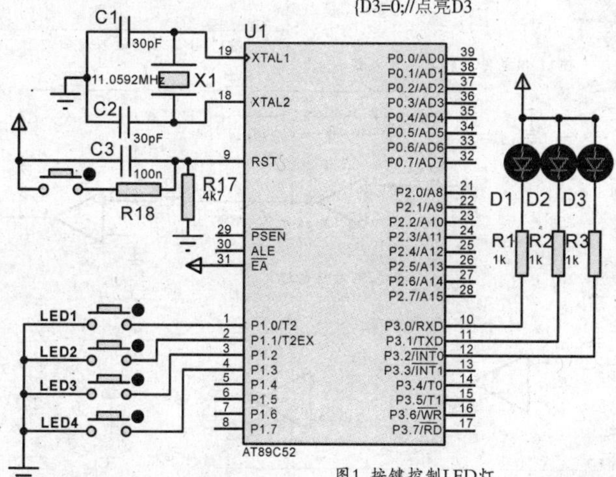

图1 按键控制LED灯

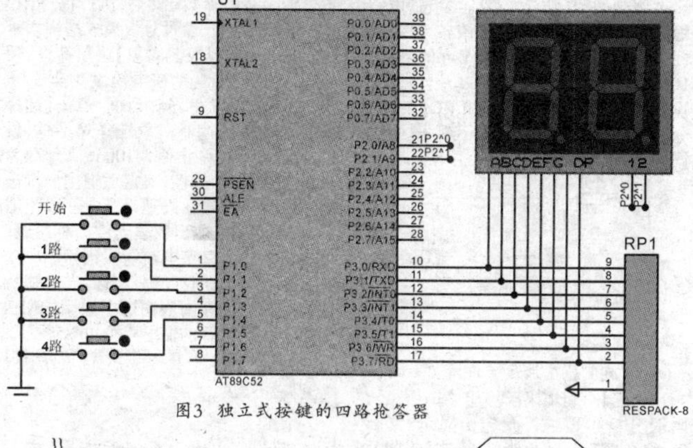

图3 独立式按键的四路抢答器

例二

功能：独立式按键四路抢答器。

1.硬件设计

基于单片机的4路抢答器硬件电路（图3）由AT89C52控制模块、按键模块、数码管模块组成。因为本设计只需要5个按键，所以按键模块采用独立式按键，分别接到P1.0-P1.4，按键按下时向单片机输入“0”。按键从上到下分别为抢答开始键、第1-4路抢答。数码管显示采用2位带小数点的7段数码管。位选接至P2.0和P2.1，当P2.0有效时段码送至左边，当P2.1有效时段码送至右边。

（2）软件

独立式按键的抢答器程序设计相对比较简单。1-4路开始抢答的前提是“开始”键按下，因为每路都是独立式按键，只要分别判断每路相对应的口是否为0，如果有口为0，要进行消抖处理。设计思路见图4。

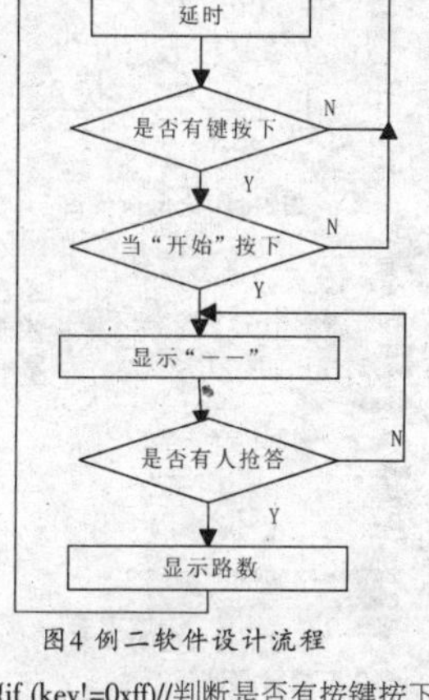

图4 例二软件设计流程

例二程序清单：

```
#include "reg52.h"
#define led  P3//定义数码管段码输出口P3
sbit DS1=P2^0;//数码管位选1
sbit DS2=P2^1;//数码管位选2
#define key P1
int led2={0xc0,0xf9,0xa4,0xb0,0x99,0xff,0xbf};//数码管段码
char led1,y;
void dey(int x)//延时
{while (x--);}
void smg()//数码管显示
{char x;
led1=y/10;
led1=y%10;
DS1=0;
x=led1;
led=led2[x];//右边数码管显示段码
dey(20);
led=0xff;
DS1=1;
DS2=0;
x=led1;
led=led2[x];//左边数码管显示段码
dey(20);//调用延时
led=0xff;
DS2=1;
}
Char qdq()//按键处理
{if (key!=0xff)//判断是否有按键按下
{dey(20);//调用延时
if (key! =0xff)//再次判断是否有按键按下
{switch(key)//读键值
{case 0xfe: y=66;break;//"开始"键按键输出键值66
case 0xfd: if (y==66){ y=1;}break;//第一路按下键值为1
case 0xfb: if (y==66){ y=2;}break;//第二路按下键值为2
case 0xf7: if (y==66){ y=3;}break;//第三路按下键值为3
case 0xef:if (y==66){  y=4;}break;//第四路按下键值为4
}}}
return(y);
}
main()
{ y=55;
while (1)
{qdq();//调用按键处理程序
smg();//调用数码管显示
}}
```

◇永春县桃城镇中心小学 黄丽源
福建工业学校 黄丽吉
福建中医药大学附属人民医院 黄建辉

TINA-IN软件的模拟电路仿真应用实例(上)

1.稳压二极管

绘制如图1所示的稳压二极管电路。稳压二极管为1N2971。修改各元件的属性，设置输入正弦波信号Vsin的幅度为10V，频率为50Hz。电路绘制及元件参数设置完成后，执行【分析|ERC】菜单命令，进行电气规则检查(以下例子执行相同操作，不再赘述)。

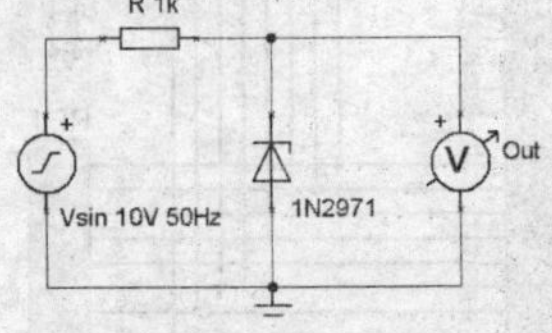

图1 稳压二极管电路图

执行【分析|瞬时现象】菜单命令，在瞬时分析参数中设置起始显示时间为0s，终止显示时间为50ms，点击【确定】按钮，进行仿真，分离后的瞬时曲线如图2所示，稳压二极管对输入信号进行了削波。若需改变曲线坐标参数，可用鼠标在该坐标双击，例如：修改输入信号Vsin波形的纵坐标参数，双击Vsin纵坐标，出现如图3所示轴设置对话框。同理，也可修改横坐标参数。

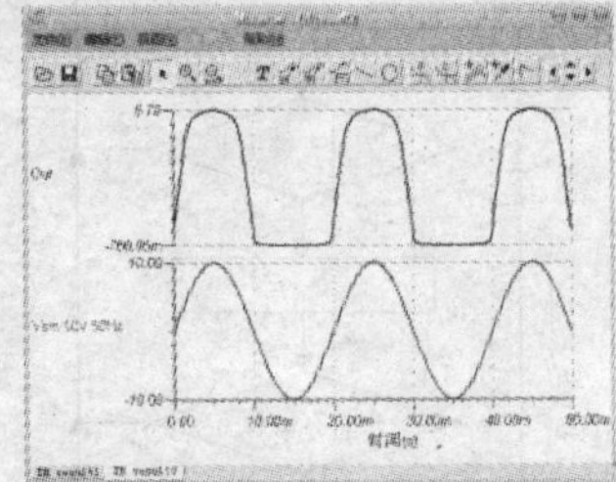

图2输入输出曲线图

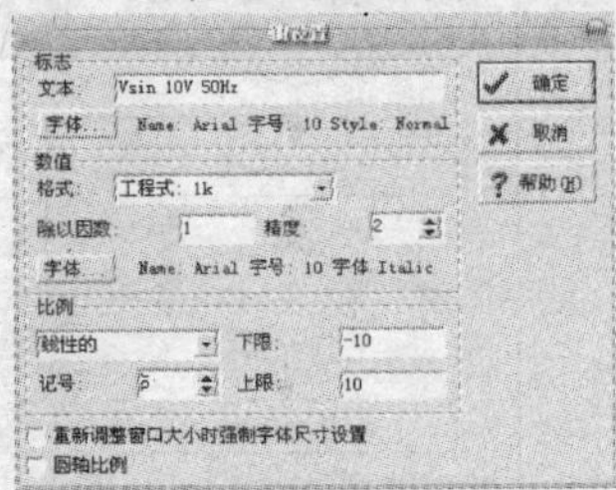

图3 轴设置对话框

2.三极管测试

双极型晶体管的输出特性可用一组基极电流，集电极电流和集电极-发射极电压曲线图来说明。其纵坐标表示集电极电流IC，横坐标是集电极-发射极电压VCE。在这同一个坐标中有很多曲线，每一条都代表了一个不同的基极电流IB。这一系列曲线就表明了双极型晶体管的许多特性。双极型NPN晶体管输出特性的测试电路如图4所示。

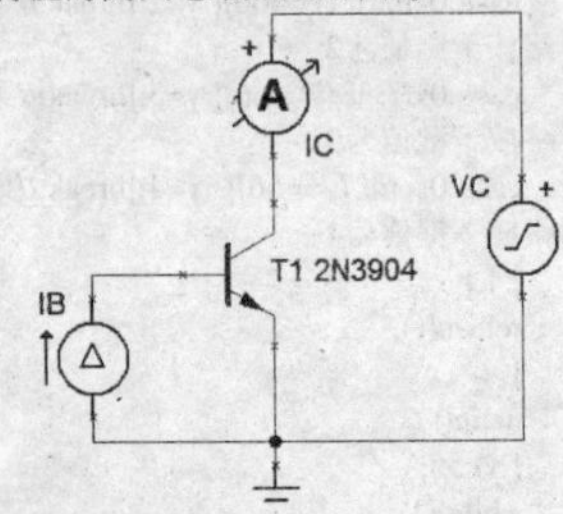

图4 双极型NPN晶体管特性测试电路图

晶体管取自半导体元件库标签中的NPN双极型晶体管，放置到电路图编辑窗口中，双击NPN双极型晶体管图形符号，在出现元件属性对话框中，选取型号为2N3904晶体管后，点击【确定】按钮，电路图的NPN晶体管就替换成2N3904晶体管。

电流发生器、电压发生器取自发生器元件库标签，双击电流发生器符号，设置电流发生器参数。然后，执行【分析|模式…】菜单命令，设置分析模式选择。再执行【分析|选择控制对象】菜单命令，用带电阻符号的鼠标在电流发生器上点击，出现电流发生器对话框，点击【选择…】按钮，弹出控制对象选择对话框，设置起始值为0，终止值为100u，情形数为11，扫描类型为线性，确定后退出。双击电压发生器符号，同理设置电压发生器参数。安培表取自仪表元件库标签，此处安培表也可以用电流箭头代替。

执行【分析|直流分析|直流传输特性】菜单命令，在图表窗口中显示的NPN型2N3904晶体管的输出特性如图5所示。

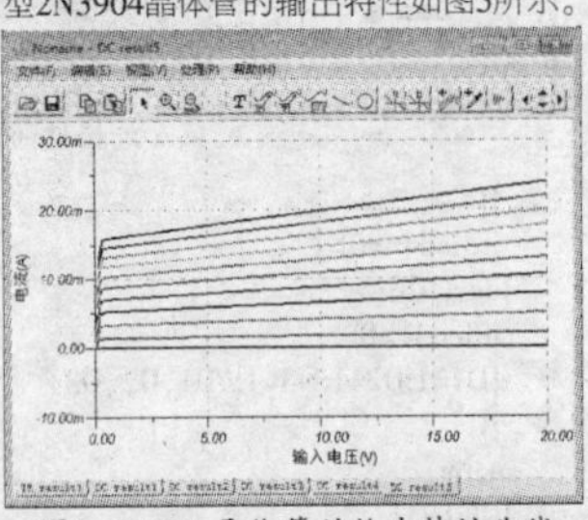

图5 2N3904晶体管的输出特性曲线

3.晶体管共射放大器电路

绘制如图6所示的晶体管共射放大电路的测试电路。NPN晶体管型号为2N2222。

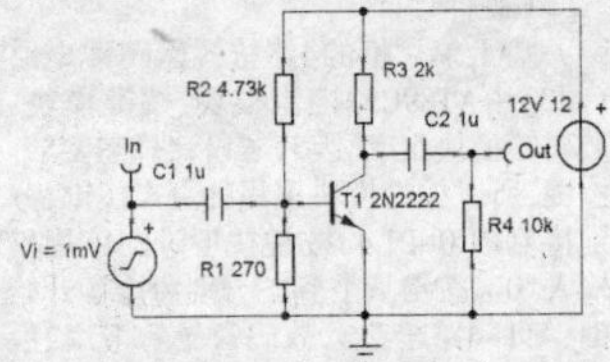

图6 晶体管共射放大电路图

(1)使用万用表测量输入、输出交流电压：执行【T&M|万用表】菜单命令，然后在万用表面板上的【■V】按钮按下，并在Input中选择HI为In或Out，如图7所示万用表显示输入输出交流电压值。

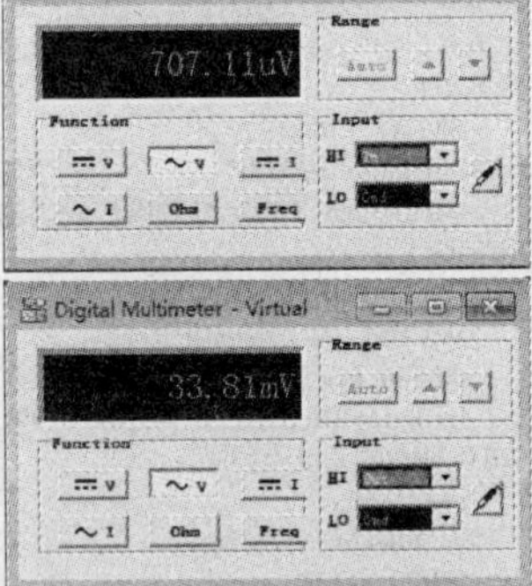

图7 万用表显示输入输出交流电压值

(2)使用示波器观察输入输出波形：执行【T&M|示波器】菜单命令，如图8所示设置示波器参数，然后点击示波器中的【Run】按钮，示波器立即显示输入输出端的波形。可见，晶体管共射放大电路是一个反相放大器。

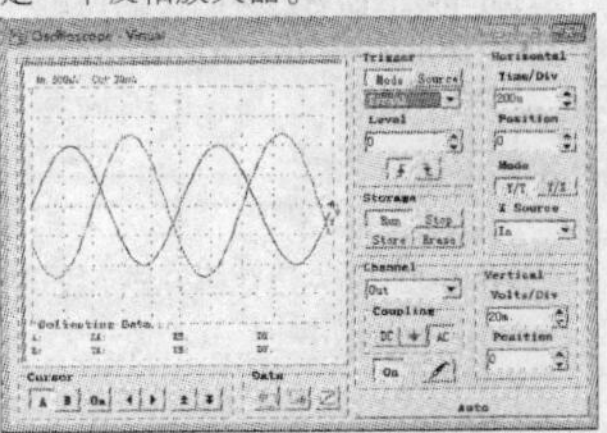

图8 示波器显示的输入输出端波形

(3)使用函数发生器改变输入频率、幅度和波形：执行【T&M|函数发生器】菜单命令，在电路图窗口中放置函数发生器。点击【Sweep】中的【Start】按钮，在【Parameters】窗口中起始值设置为100.0000Hz；点击【Stop】按钮，在【Parameters】窗口中起始值设置为1.0000kHz。点击【Sweep】中的【On】按钮，激活扫描状态。点击【Control】中的【Start】按钮，函数发生器输出所设置的100Hz~1kHz的频率信号。示波器在370Hz频率下的输出波形如图9所示。点击【Ampl】按钮或者【Waveform】按钮，可以改变幅度或波形，这里不再赘述。

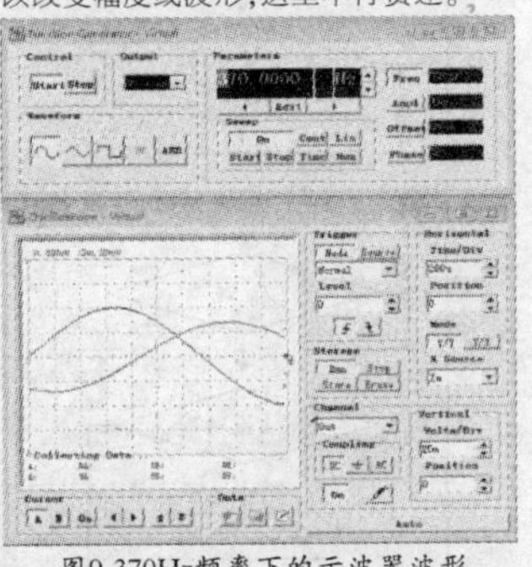

图9 370Hz频率下的示波器波形

(4)使用信号分析仪进行频域分析：执行【T&M|信号分析仪】菜单命令，如图10所示设置信号分析仪参数，然后点击信号分析仪中的【Run】按钮，信号分析仪立即显示信号幅度对频率的波形，即幅频特性曲线。

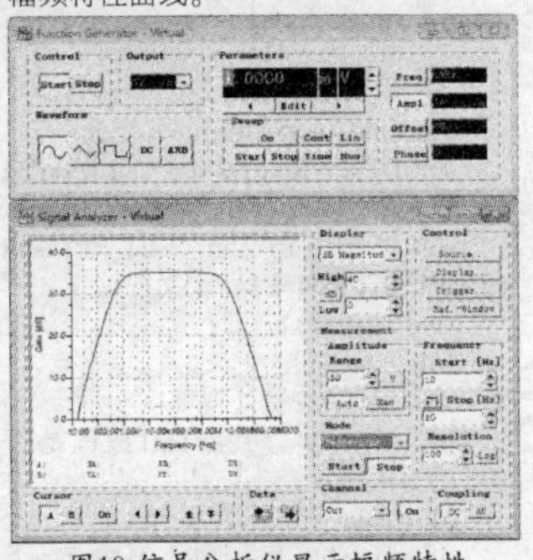

图10 信号分析仪显示幅频特性

4.单电源同相前置放大器

绘制如图11所示的单电源同相前置放大器，可用于驻极体麦克风信号的放大，运算放大器采用轨到轨输出的OPA364，可有效地提高其输出电压摆幅。前置放大器增益为1+(R1/R2)，实际增益约为为20dB。

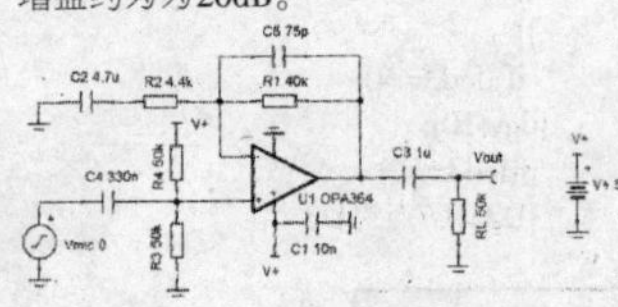

图11 单电源同相前置放大器

执行【分析|瞬时现象】菜单命令，设置麦克风发生器的参数，点击【确定】按钮，仿真后，输出如图12所示的输入输出波形。

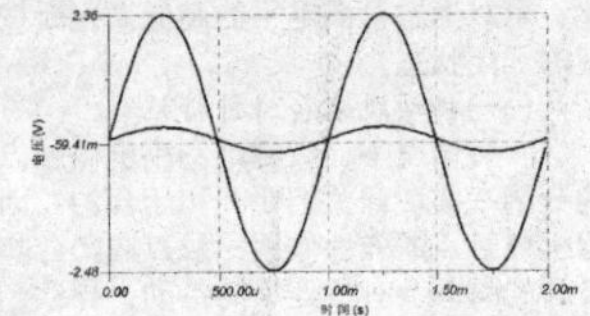

图12 输入输出波形图

5.绝对值电路

绘制如图13所示的绝对值电路。修改各元件的属性，设置输入正弦波信号Vsin的幅度为5V，频率为1kHz。

(1)执行【分析|直流分析|直流传输特性】菜单命令，设置起始值为-1，终止值为1，点击【确定】按钮后，出现如图14所示的电路输入/输出电压传输曲线。

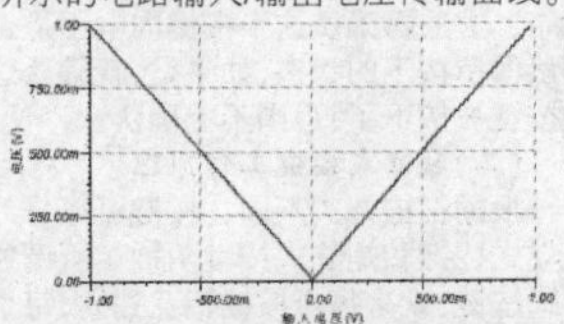

图14 电路输入/输出电压传输曲线

(2)执行【分析|瞬时现象】菜单命令，在瞬时分析参数中设置起始显示时间为0s，终止显示时间为2ms，点击【确定】按钮，进行仿真，分离后的瞬时特性曲线如图15所示。电路实现了绝对值运算，亦是精密全波整流电路。

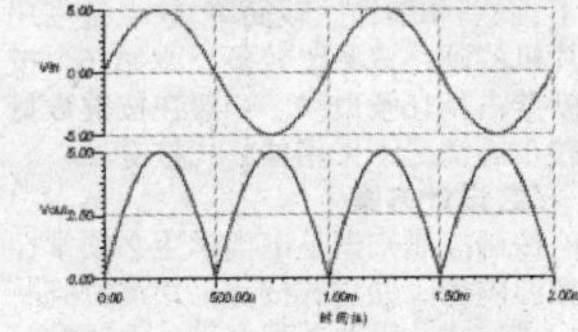

图15 分离后的瞬时特性曲线

6.波形发生器

绘制如图16所示的波形发生器电路。运算放大器采用TI 公司的250MHz轨至轨CMOS型OPA354。

执行【分析|瞬时现象】菜单命令，点击【确定】按钮，进行仿真，分离后的输入输出波形如图17所示。

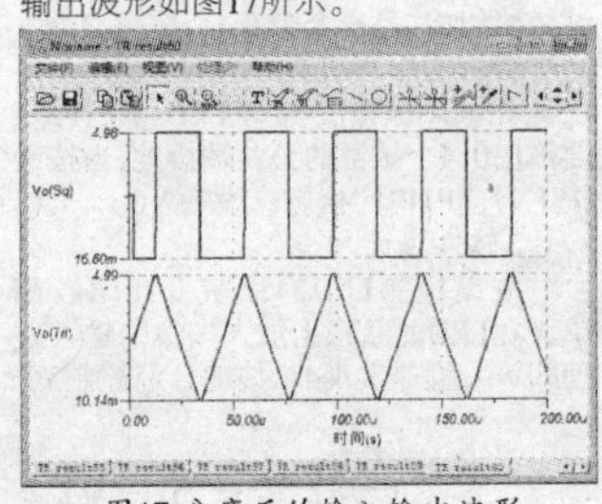

图17 分离后的输入输出波形

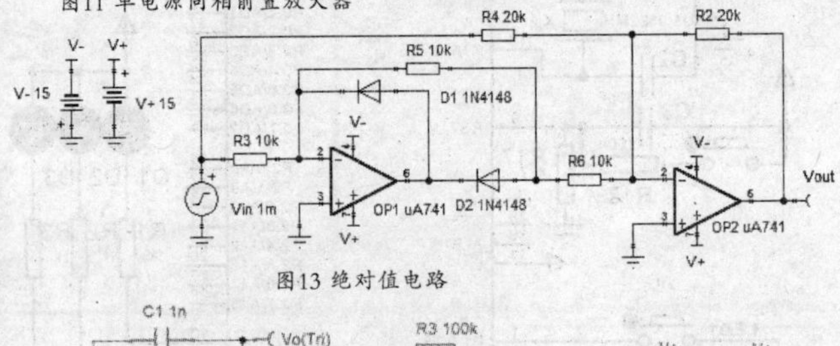

图13 绝对值电路

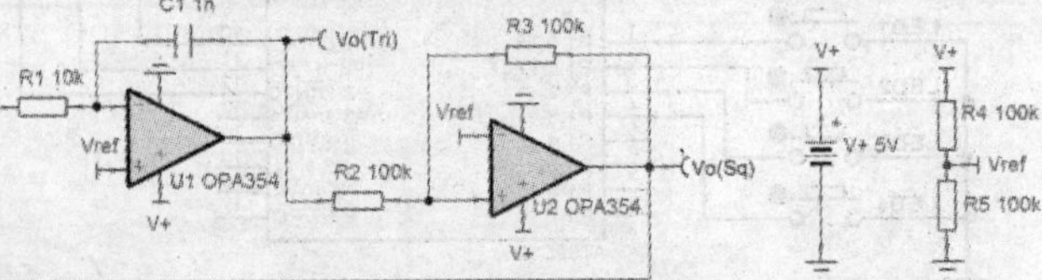

图16 波形发生器 (未完待续)(下转第58页) ◇ 欧阳宏志

冬天电器使用安全注意事项

在寒冷的冬季，尤其是南方或者户外，没有暖气供给，很多取暖设备都是靠电发热的原理来获取热量。对于这些取暖设备要特别小心，有些设备设计之初就存在隐患以及使用不当，那么这类取暖的电器很有可能对人体造成严重的伤害。

小太阳

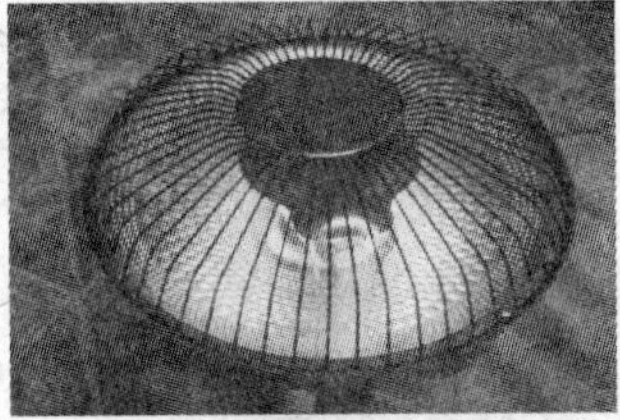

这种取暖器因为便宜又方便，十分受欢迎。我们先看看小太阳的发热原理，它是靠石英管或者卤素管发热从而产生热能的一种取暖器，还有向特定的方向或空间发射波段为2.5~15μm的红外线辐射实现传热，其球面反射的面积比较大，聚热能力较强，所以能够让能照射到的面积迅速升温。

小太阳取暖器在工作的时候会产生高温，在空间狭小的地方(比如卧室等)使用，不能让取暖器太贴近被子等易燃物，最好距离1米以上；另外不要直视小太阳的光，因为小太阳会放射出大量红外线，是会对人的眼睛造成伤害的；最关键的是浴室内一定不能使用这种取暖器，以免发生触电危险。

电热毯

电热毯是一种将特制的、绝缘性能达到标准的软索式电热元件呈盘蛇状织入或缝入毛毯里，通电时即发出热量的接触式电暖器具。

其中根据里面的电热丝又分为三种：单芯直丝，单螺旋丝，以及双螺旋丝。

早期或者劣质一点的电热毯都是单芯直丝，即最简单的直发热丝。它成本很低又很细，极易发生断裂引发火灾！

低档价位的电热毯一般采用单螺旋丝，单螺旋丝不易断裂较安全些。但不具有高温熔断装置，若未关闭电源有引发火灾的隐患。

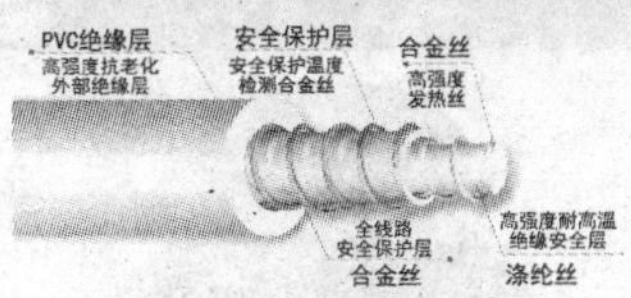

中高端的电热毯都采用双螺旋丝，当温度过高时，其电热丝内部的温度熔断层会自动熔断，及时断电保护。

电热毯最正确的使用方式是睡前用被子盖住加热一小时就足够了，并且被子不能太厚，以防电热毯内部线路有问题引发电热毯出现温度过高导致造成失火；如果中途出现停电等意外，一定记住断电。养成隔一段时间检查电热毯是否有打褶现象，要将皱褶摊平后再使用，以防线路断裂发生触电的情况。

同时记住这几类人不宜经常使用电热毯：

孕妇　在怀孕期间使用电热毯，易使胎儿的大脑、心脏等器官组织受到影响，孕妇的体温每增高一度并持续24小时，胎儿的畸形发生率会增加15%。

老人　一些有脑血栓之类的老年人，可能会服用活血化瘀的药物，若温度过高有可能导致鼻腔出血，这种出血不易制止，甚至会造成生命危险。

小孩　长期使用电热毯，会使孩子对寒冷的抵抗力下降，免疫力降低，不推荐使用。

育龄男性　男性的睾丸在较低的温度下才可以保证精子的活力，和洗澡水温不宜过热一个道理，电热毯产生的热量时间长了会对男子的精子产生不良作用。

热水器

首先是电热水器，电热水器主要分为储水式和即热式这两种，储水式电热水器，在水加热到一定程度后，可以断掉电源再使用。即热式热水器就一定要在使用过程中持续接通电源才能工作，虽然方便但是安全系数相对可断电使用的储水式电热水器要低得多；即热式电热水器一定要定期检查漏电保护装置是否能正常运行，确认机器正常才能使用。

另外储水式电热水器内的镁棒也应该定期更换。自来水中含有大量的钙镁离子，时间长了，这些钙镁离子就附着并腐蚀在热水器的内胆和加热棒上，一旦内胆腐蚀或加热管腐蚀穿孔，也有漏电的危险。如果用了五年以上的电热水器，一定要找厂家来清洗或更换。

对于直排式燃气热水器也要小心，直排式燃气热水器早在2000年起就已经被全面禁止生产和销售，但至今在一些二手家电店铺或者一些五金店依然有可能买到廉价的直排式燃气热水器，一些用户安全意识薄弱，可能因贪便宜而购买直排式燃气热水器，稍微安装或者使用不当就极容易引发一氧化碳中毒事故；网购热水器也务必要看准热水器的排气方式，选准强排式热水器，并且严格按照安全规定进行安装，最大程度杜绝燃气热水器的使用事故。

电热水袋

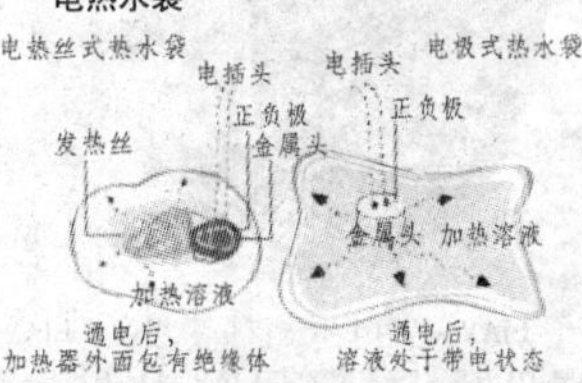

电极式热水袋因为电极直接和液体接触，热水袋在通电加热的时候就显得非常危险了，也是早已经被国家禁止销售了。因为成本低廉，一般价格便宜的热水袋很有可能就是这类电极式热水袋。

电热丝(管)式热水袋是液体是被间接加热，加热的线圈由绝缘体和液体隔离，安全系数明显提高。

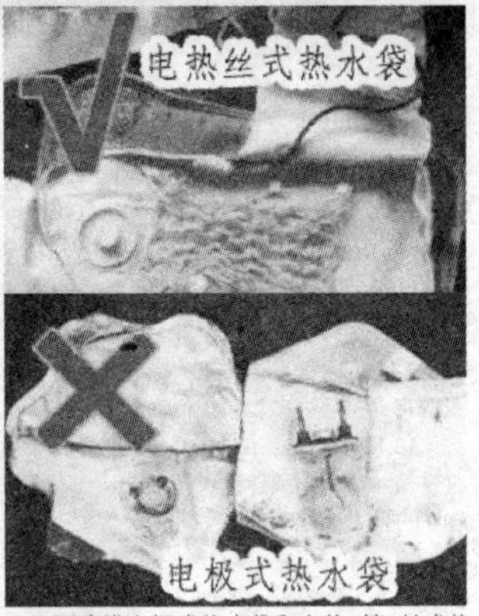

要分辨电极式热水袋和电热(管)丝式热水袋其实很简答，电极式热水袋的电极要直接和液体接触。因此，一般的电极式热水袋内部接近通电口附近的位置一般都会有一个明显的硬物，这也是电极式热水袋的一个明显内部特征。

而电热丝(管)式热水袋，因为其液体加热是通过覆盖在热水袋表面的电热丝来进行，所以热水袋内部通电口附近不会有明显的硬物，且电热丝式热水袋表面的厚实感也会更好，并且在价格上电热丝式热水袋也高于电极式热水袋不少。

买电热水袋时，可以用手轻轻地捏一下：如果于袋子底部能摸到网状物体，则为电热丝式热水袋；若是能摸到内部有一个体积较大的U形或圆弧形管子，则为电热管式热水袋；如果捏到的是两截硬邦邦的圆柱体，就是电极式热水袋！

(本文原载第1期11版)

编前语

最近ofo的退款排队事件引起了大家的不少关注，随便一个排号都到了1,200多万人以后去了。回想2013、14年火爆的3D打印，2015年、16年的VR虚拟现实，以及2017年的共享经济；都因材料技术不过关、片源制作成本太高、处理器总体水平还达不到、应用范围不广等等问题而昙花一现；甚至可以说的难听点，有些项目就是拉风投赚吆喝，炒得越热，个人腰包就越鼓；在这个追求经济效应第一的环境下，短期暴利不健康的经济模式不在少数。

2018年的"中兴制裁事件"由此也引发了中国"芯"之痛，这个"芯"不仅仅是芯片技术上的落后，上至航天发动机，下至汽车发动机、燃气轮等"动力芯"跟国外先进技术相比仍有一定差距。当然，这个差距除了在稀有矿产存储上不足以外，对大量核心科技型创新企业（主要就是先进的半导体技术)的投资不足也是一个重要的原因；大量的热钱都投在了创新的商业模式上，巴不得几个月就催肥一个企业，一两年就上市；芯片产业的投资周期长、见效慢，很多人都忽视了中国市场的现状，90%的芯片需要进口，还有大量科技落后的部分需要弥补。

从今年开始，AI会重点作为和前几年类似"3D打印、VR、共享经济"一样的流行科技词映入大众的视野。在国内互联网的三巨头BAT(百度、阿里巴巴、腾讯)的带领下，越来越多的电子产品会将"AI"随着5G物联网的部署走进百姓的生活之中。不过不要忘了，这类产品始终属于应用整合范畴，还谈不上核心制造。

好在我们还有华为、中兴等企业在即将铺设的5G网络中拥有相当比例的自主知识产权，比起当初程控电话网络建设全靠国外技术已有不小的进步。正值改革开放40年之际，我国制造业已经充分占据了金字塔的中下层，在迈向顶尖端的路上还有"五眼联盟"等一些西方国家的故意阻挠；在国家引导部署高端制造业发展的同时，也希望广大消费者尽量选择"中国芯"的产品，虽然有时确实使用体验感，售后服务不如国外同类产品，但就像一个青春期的少年难免会有犯错的时候，有大家的批评教育和理解支持才能健康成长。

◇本版编辑

家用WiFi与企业WiFi的区别

我们都知道企业WiFi和家用WiFi价格、速度差异巨大，那么这些差异具体有哪些？

CPU

家用Wi-Fi一般使用中低端芯片，处理性能也较低，当连接数达到上限时就会出现网速过慢，甚至掉线的情况；并且长时间工作之后，产生的高温也会影响到CPU的效率，导致网速变慢。相比之下，企业路由器的CPU性能和射频发射功率以及散热方面则要强很多，在接入数量、稳定性和覆盖范围等方面上更加优秀。

PCB板

和PC主板一个道理，板层越厚，对电流和信号干扰的屏蔽越好。家用路由大多数采用2层板PCB设计，很容易干扰到射频信号；而企业级路由器的PCB则为4到8层，有利于降低噪声，让信号质量更好。

电源

家用Wi-Fi设备一般都不支持PoE供电，很简单的用一个电源适配器就解决了。IEEE802.3af以太网供电(PoE)企业路由器设备是最基本支持的，有的还支持更高标准，因此抗干扰力和信号稳定性都要更优。

端口

目前，市场上的家用Wi-Fi一般支持到11ac wave1，一般都是百兆端口(个别发烧友或出于电竞的要求选择千兆端口)，但企业路由绝大多数都支持11ac wave2，最新的AP甚至支持11ax无线标准。企业级路由则一般都选择千兆端口（GE端口），最新的Wi-Fi6(802.11.ax)AP则能毫无压力的支持10GE接口的VR/AR、超高清电视等高带宽应用场景。

另外，家用级Wi-Fi虽然也支持2.4G和5G双频，但企业级Wi-Fi在5G优先的情况下，会进行负载均衡的调优，让两个频段接入的终端负载保持均衡，以确保2.4G和5G的带宽均能最优使用。

天线

家用路由器由于设计简单成本低，基本都是清一色的外置天线；而企业路由器要考虑到PCB的走线和天线位置安装方向(一般都是吊顶安装)等问题，因此基本采用内置天线设计；并且其工作场景内还要结合智能天线、小角度高密天线等适配不同的状况，从而增强无线性能和覆盖范围。

组网模式

家用Wi-Fi的组建和设置都很简单，只需用网线将无线路由器与家里的网口直接相连即可，然后用PC电脑或者手机App就能完成设置工作。

企业级Wi-Fi则复杂得多，由于企业级Wi-Fi接入的终端数量众多，覆盖面积又大，需要对接入的几十个甚至上百个AP进行系统化集中管理，与家庭Wi-Fi使用网线直连或登录Web页面配置设备，完全不同。在企业Wi-Fi中，通常比较常用的方式是利用AC(WLAN controller)集中管理或云管理网络平台，集中远程管理设备。前者为本地化管理方式，后者则是从云端对设备进行配置和状态监控，本地不需要部署AC、网管和认证服务器，大幅减少了网络的初期投资，且一般拥有开放的API接口，用户可以根据实际需求开发更多的增值应用。

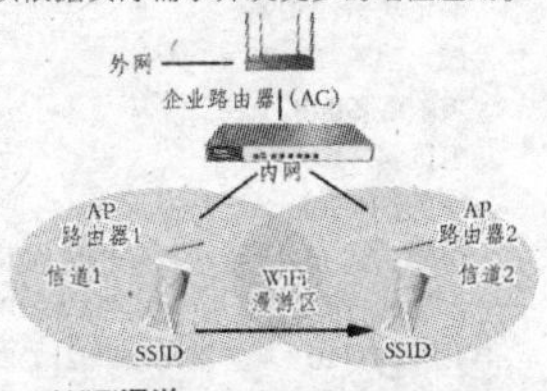

WiFi漫游

WiFi漫游对于家用Wi-Fi设备来说都很陌生，其实就是手机从一个Wi-Fi设备的信号切换到另一个Wi-Fi设备的信号，无需切换，需要多台设备多个SSID名称才能实现多个房间Wi-Fi信号的"连接"。因为家庭WiFi空间都不大，自然也很少听到"WiFi漫游"这几个字。

WiFi漫游的优点是什么呢？打个比方，家里安装了两台以上的家用路由，当从一个房间走到隔壁房间时，连接的还是之前设备Wi-Fi信号，很有可能不会连接到信号强距离近的那台设备，直到较远的Wi-Fi信号掉线后才会重新认证连接到较近距离的WiFi设备上。

并且伴随这个切换连接的过程，虽然没有重新连接或输入密码，但实际上网络是有一个中断过程的，视频、传输、游戏等就会出现掉线。简单地说，在家用Wi-Fi网络中，手机只有断了前一个Wi-Fi设备的连接，重新认证后才能连上新的设备。

而在企业级Wi-Fi中，通过本地AC或云管理设置漫游组，让无线AP之间能够共享用户认证信息，不仅能保证网络业务不中断就能实现快速漫游，还无需重新认证并且主动识别终端，引导终端进行漫游，连接到距离近、路损小、信号好、速率高的设备上。

信号干扰

家用WiFi之间存在信号干扰的现象，这是因为家用WiFi的信道默认都选择为1，必须手动设置变换信道才行。而事实上左邻右舍使用的也都是信道1，信号干扰自然也就严重了，这也是为什么信号强度满格，速度却很慢的原因。

企业级Wi-Fi则能探测到与之相邻的其他WiFi设备的信号强度大小，从而调整自己的发射功率进行信道调整，降低无线AP间的干扰。

安全性

在企业级Wi-Fi中，一般通过将不同的SSID分给不同用户使用，通过多SSID和VLAN划分，提供多个相互独立的子网，并提供不同的认证方式和访问策略，以确保数据安全。

广告功能

虽说家用WiFi没有必要用到这个功能，但是企业Wi-Fi在网络增值应用方面也是很有必要的一个功能。无需服务人员提供密码，用户可自行通过验证或取免费上网，这些认证方式主要根据商家的需求进行设定，可以是短信验证码，也可以是手机号注册，还可以是关注微信公众号登录等等。

这样企业或商家还能通过企业WiFi宣传自己的品牌，推送公众号或App等，并通过后台数据整理收集客户的一些特定信息。

(本文原载第1期11版)

一套实用的平价HIFI数字影K系统

（紧接上期本版）

三、音箱

无论是HD解码的5.1或7.1影院系统或是最前沿的Dolby Atoms DTS:X 解码系统，其音箱组成也就就是主音箱+中置音箱+环绕音箱+低音炮箱等，比如：

5.1影K系统是由左右2个主音箱+1个中置音箱+2个环绕音箱+1个低音炮箱组成。

7.1影K系统是由左右2个主音箱+1个中置音箱+4个环绕音箱+1个低音炮箱组成。

13.1影K系统是由左右2个主音箱+1个中置音箱+4个水平面环绕音箱+6个顶部环绕音箱+个1低音炮箱组成。

在实际施工中，为了增加低频量感，有时要用到2个低音炮箱，比如某些7.2影K系统就是由2路低音炮构成。

若开发时尚的HIFI影K音箱，喇叭单体与箱体必须舍得花本钱去开发，LJAV-AV-01套装音箱是广州蓝舰电子科技有限公司为影音爱好者定制开发的一款高保真影k用音箱。其中LJAV-AV-01-A音箱是采用6.5寸低音单元与号角高音开发的两分频全频音箱音箱，主要用于数字影K系统作主音箱与环绕音箱使用。外观图如图13所示。

⑬

主要技术指标：
额定功率：80W
最大功率：160W
频响 ：50Hz-20kHz ±3DB
灵敏度：95dB
阻抗：8Ω
尺寸(W×H×D)310×200×440mm
净重：8.6 kg

作为工程用音箱必需货真价实才能在工程项目中大量使用，某些靠外观取巧的音箱不可能长久使用。LJAV-AV-01-A音箱是采用自行开发的高保真6.5寸低音单元LJAV-AV-01与高保真号角高音单元LJAV-AV-02，LJAV-AV-01如图14、图15所示，采用80cm的航天磁，35芯，LJAV-AV-02如图16、图17所示，高音34芯"。

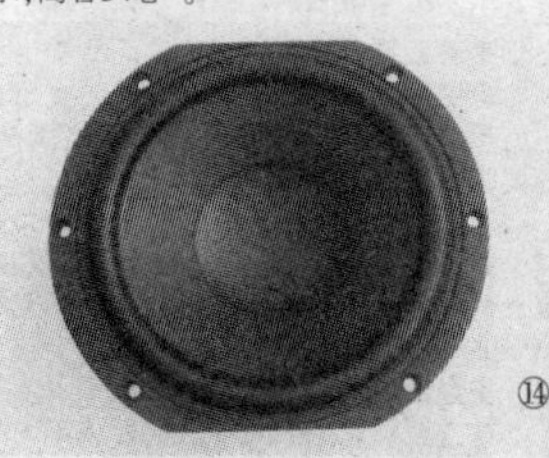
⑭

⑮

⑯

⑰

LJAV-AV-01-B音箱是采用两只LJAV-AV-01 6.5寸低音单元与LJAV-AV-02号角高音开发的两分频全频音箱音箱，主要用于数字影K系统作中置音箱使用。外观图如图18所示。

⑱

主要技术指标：
额定功率：120W
最大功率：240W
频响：50Hz-20kHz ±3DB
灵敏度：95dB
阻抗：4Ω
尺寸(W×H×D)550×210×230mm
净重：11kg

LJAV-AV-01-C音箱是采用优质12寸低音单元开发的超低音音箱，主要用于数字影K系统作超低音扩音，外观图如图19所示。

⑲

主要技术指标
频响：30Hz-500Hz ±3DB
额定功率：250W
最大功率：500W
灵敏度：90dB
阻抗：4Ω
净重：18.75kg

LJAV-AV-01-D音箱是采用优质10寸低音单元开发的超低音音箱，外观图如图20所示，内部采用了1只10寸低音单元，如图21、22所示。

⑳

㉑

㉒

主要技术指标
频响：35Hz-500Hz ±3DB
额定功率：200W
最大功率：400W
灵敏度：90dB
阻抗：4Ω

LJAV-AV-01套装音箱可用于多种场所，如：影院、K歌、HIFI等，比如5.1影K系统可用4只LJAV-AV-01-A音箱、1只LJAV-AV-01-B音箱、1只LJAV-AV-01-D音箱。如7.2影K系统可用6只LJAV-AV-01-A音箱、1只LJAV-AV-01-B音箱、2只LJAV-AV-01-C音箱。

由于卡包音箱销量大，箱体成本相对较低，若降低成本，可用卡包箱体开发高保真音箱，也可用优质的卡包音箱组建影K系统，如图23所示是一款高保真HIFI音箱LJAV-AV-06，该箱采用1只优质8寸低音单元与2只优质3寸纸盆高音组成，如图24、25、26、27所示。主要技术指标：

㉓

㉔

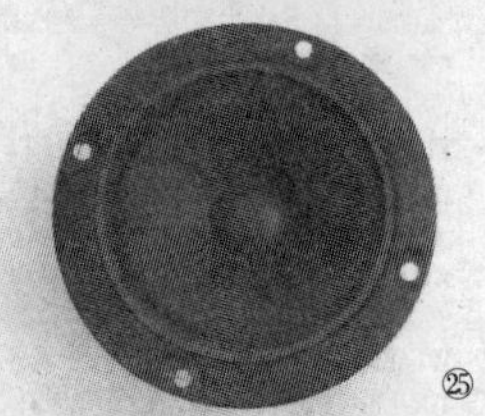
㉕

㉖

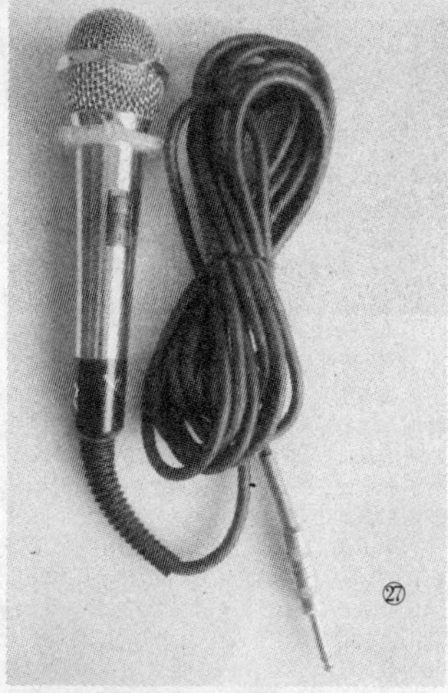
㉗

额定功率：100W
最大功率：160W
频响 ：45Hz-20kHz ±3DB
灵敏度：91dB
阻抗：4Ω

若追求平价实用，LJAV-AV-06音箱也可用于2.0、2.1、5.1、7.1 影K 系统作主箱与环绕音箱使用。当然也可利用现有或闲置的HIFI 书架音箱用于影K系统的中置或环绕音响系统。

四、附件

作为影K系统的音响附件需多种配套，如电源排插、信号线、喇叭线、音箱支架、无线话筒或有线话筒等，参考有线话筒如图28所示，可选用专供KTV使用的优质话筒。

标配挂架　选配挂架　㉘　选配吊架

作为多声道影K系统，音箱多采用墙体吊装模式，一套好的音箱架不可少，如图29所示，先把音箱架固定在墙体上，再把配套固定夹安装固定在音箱外壳上即可。

㉙

操作时，多个信号源通过HDMI线接入AV功放，AV功放的高清输出接大屏幕高清电视机，AV 功放的功率输出接对应的多路音箱即可，然后操作调试即可。

◇广州　秦福忠

实用性 启发性 资料性 信息性

2019年2月10日出版

第 6 期

(总第1995期)

国内统一刊号:CN51-0091 定价:1.50元 邮局订阅代号:61-75

地址:(610041)成都市天府大道北段1480号德商国际A座1801 网址:http://www.netdzb.com

让每篇文章都对读者有用

编前语:或许,当我们使用电子产品时,都没有人记得或知道老一批电子科技工作者们是经过了怎样的努力才奠定了当今时代的小型甚至微型的诸多电子产品及家电;或许,当我们拿起手机上网、看新闻、打游戏、发微信朋友圈时,也没有人记得是乔布斯等人让手机体积变小、功能变强大;或许,有一天我们的子孙后代只知道电子科技的进步而遗忘了老一辈电子科技工作者的艰辛……

成都电子科技大学博物馆旨在以电子发展历史上有代表性的物品为载体,记录推动电子科技发展特别是中国电子科技发展的重要人物和事件。目前,电子科技博物馆已与102家行业内企事业单位建立了联系,征集到藏品12000余件,展出1000余件,旨在以"见人见物见精神"的陈展方式,弘扬科学精神,提升公民科学素养。

博物馆传真

电子科技博物馆加入全国工业博物馆联盟

日前,全国工业博物馆联盟在工信部成立,电子科技博物馆作为发起单位之一出席大会,并当选为副理事长单位。

电子科技博物馆作为电子科学技术领域的行业代表加入全国工业博物馆联盟。该组织由工业和信息化部发起,现有全国范围工业领域的55家博物馆成员。联盟旨在为工业博物馆和相关组织搭建交流合作平台,实现资源统筹开发和高效利用,形成规模效应,整体提升工业博物馆的社会效益、经济效益和社会影响力。

会上,包括电子科技博物馆在内的各成员单位还发起了全国工业博物馆联盟倡议,联盟成员将共同致力于中国特色社会主义工业文化发展,致力于中国工业文明的传播和创造性转化,共同致力于中国工业博物馆事业发展。

据联盟理事长、工业文化发展中心主任罗民介绍,联盟成立后将加强联盟宣传载体建设,完善联盟平台网络;开展工业博物馆发展现状与创新趋势专题研究,找准创新的差距和不足,形成工业博物馆新机制调研报告;加强馆际及各协调单位间的交流,搭建国际和地区交流平台,形成规模效应和品牌效应,提升联盟的影响力和号召力。

中国核工业科技馆、中国三线建设博物馆、上海无线电博物馆、北京汽车博物馆、电子科技博物馆等单位的代表围绕工业文化遗产与保护、博物馆的专业化进程、联盟宣传平台的打造、今后工作发力点等方面纷纷建言献策。

电子科技博物馆相关负责人表示,今后电子科技博物馆将进一步发挥专业特色和行业优势,为全国工业博物馆联盟的发展贡献一份力量。

◇电子科技博物馆供稿

(本文原载第2期2版)

电子科技博物馆"我与电子科技或产品"

本栏目欢迎您讲述科技产品故事,科技人物故事,稿件一旦采用,稿费从优,且将在电子科技博物馆官网发布。欢迎积极赐稿!

电子科技博物馆藏品持续征集:实物;文件、书籍与资料;图像照片、影音资料。包括但不限于下列领域:各类通信设备及其系统;各类雷达、天线设备及系统;各类电子元器件、材料及相关设备;各类电子测量仪器;各类广播电视、设备及系统;各类计算机、软件及系统等。

电子科技博物馆开放时间:每周一至周五9:00--17:00,16:30停止入馆。

联系方式

联系人:任老师 联系电话/传真:028--61831002

电子邮箱:bwg@uestc.edu.cn

网址:http://www.museum.uestc.edu.cn/

地址:(611731)成都市高新区(西区)西源大道2006号

电子科技大学清水河校区图书馆报告厅附楼

红狮PTV助力国内某知名制造企业实现不同生产线的可视化管理

项目背景

在两化融合、工业4.0背景下,智能制造技术的不断落地与应用,令大批制造企业对信息化越来越重视,愿意在信息化方面进行投资,实现生产可视化管理,提高产能,节省成本,提升生产效率和综合收益。国内某生产新型电子元器件、智能遥控器及电子电气设备控制组件的知名企业,正是其中的一家公司。

面临挑战

该企业希望对公司内部进行信息化改造,实现生产效率的可视化管理。但在改造的过程中,却遇到了以下挑战:

·生产线多而杂:该企业拥有包括电子元器件、智能遥控器以及电子电气设备控制组件等多条生产线。为提高生产效率,管理者希望为每条生产线安装定制化看板系统,实现不同生产线的可视化管理;

·难觅适合的PLC解决方案:该企业考察了多个厂家的PLC解决方案,但都未找到数字化看板系统针对不同产线定制化PLC的直接、简洁、高效的联网解决方案。

关键时刻,红狮针对上述挑战,通过PTV(ProducTVity Station)+ IO模块灵活的配置解决方案,不仅帮助该企业实现了针对不同生产线的可视化效率管理需求,还对其进行了自动化升级改造,成功为该企业解决了在企业信息化改造过程中遇到的痛点和难点。

首先,通过PTV实现生产线的可视化管理

红狮为该企业建立的这套可视化管理系统,集数据采集、分析、管理、显示为一体,并能在大型电视屏上实时显示关键绩效指标(KPI)和安灯(Andon)信息,进而推动效率改善。

·可连接到诸如PLC、驱动器、运动控制器或PID控制器等自动化设备上,内置300多种通讯协议,从而让众多设备实现互联互通;

·配备1个10/100Base-T (X) 以太网端口、2个RS-232串行端口、1个RS-422/485串行端口、1个USB主机端口和一个DVI视频输出端口,使PTV能很容易地集成到新的或现有的应用中,能输出720p分辨率的信号到大型电视屏上;

·提供了一种记录连续数据、KPI事件和安灯信息的强大方式,可从连接的设备上采集数据,非常适合工厂车间、加工厂或其他需要对性能进行跟踪监控的场所;

其次,采用模块化产品实现定制化

除了红狮PTV(安灯管理服务器),在此次项目的实施过程中,还应用到了红狮702-W无线AP、E2控制模块等产品。通过PTV(ProducTVity Station)连接生产线的计数设备,实时地显示每条产线、每个工位的OEEE指数,然后采用红狮无线覆盖全厂,及时地将工厂每条产线的生产效率数据信息客观、准确地发送给客户总部的服务器。

此次红狮提供的PTV + IO模块灵活的配置解决方案,为该制造企业带来了显而易见的效益:

·不仅生产人员可实时监控设备数据,管理人员也能够对生产线的设备运营和总体性能了如指掌,从而使得物料跟进更快,现场故障响应更及时;

·通过对各条产线、各个工位数据信息的分析和管理,结合KPI、OEE各种指标,这套可视化管理系统可帮助管理者实现对不同生产线的精细化管理,助力该企业在智能化时代提高产能、节省成本,大幅度提升生产效率和综合收益。

◇红狮公司

(本文原载第5期2版)

长虹FSPS35D-1MF电源深度解析(四)

(紧接上期本版)

GS7005是台湾尼克森微电子集团开发生产的专用于液晶电视的LED背光驱动IC,内部集成PWM升压变换控制和LED灯串恒流驱动两种功能。GS7005选用SOP16封装,8V~24V宽电压范围供电,是一款集PWM升压控制功能、LED灯串恒流驱动功能二合一的专用控制芯片。该芯片具有以下功能特点:

◆能驱动几十瓦的功率,可多芯片级连使用。

◆高效率——95%以上。

◆低电压启动。

◆输出开路、短路保护功能。

◆过压、过流保护。

◆精准的恒流功能——±3%的电流误差。

◆SOA保护功能。

◆内置热关闭保护功能。

◆可设定的保护延迟。

GS7005集成电路的典型应用电路见图1.11;

GS7005集成电路的封装形式见图1.12;

GS7005集成电路引脚功能见表1.4;

GS7005内部功能框图如图1.13所示:

QS3使用的是尼克森公司生产的P0320HV,采用SOP8封装,它是一种双通道N沟道MOS管集成电路,其内部原理图如图1.14所示:

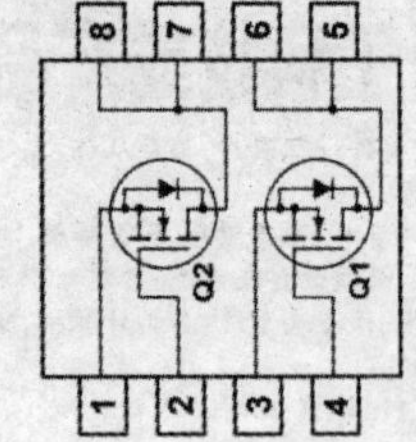

图1.14 P0320HV内部结构图

在电路中,两个MOS管并联使用以增加电流能力。此元件内部封装的两个MOS管为N沟道,D、S极间耐压为200V,维修代换时,不能使用双P沟道和耐压仅20V~30V的IRF7314、AOZ4803等MOS管替代。

1)背光升压电路

背光升压电路由集成电路US2(GS7005)、LS3、RS32、RS17、DS11、QS2、RS18~RS21、DS10、RS36、RS37、CS19、ECS8、CS13等组成。US2芯片⑥脚外接电阻RS25及内部电路共同形成振荡脉冲,经内部处理电路控制、PWM调宽等处理之后经电阻RS32、RS17加到场效应管QS2(P1820AD)栅极,控制QS2工作于导通和截止状态。QS2饱和导通时,电感LS3进行储能,QS2截止期间,电感LS3进行能量释放。QS2连续循环工作于导通、截止两种状态,在LS3右侧一端就形成了交变的电流。DS10、ECS8、CS13将储能电感LS3右侧的电压整流滤波成100V~120V直流电压,RS36、RS37、CS19用于抑制整流二极管DS10两端电压突变,防止反峰电压击穿DS10。

表1.4

引脚	符号	功能描述
①	VDD	电源输入。
②	Fault/CT	故障状态指示/该引脚连接电容到GND用以设定保护定时器的动作时间。
③	EN	芯片使能脚,高电平正常工作。
④	SYNC	频率同步,多芯片级连时使用。
⑤	CTPRT	连接一个外部电容以设置LED灯串开路、短路及SOA保护的动作时间。
⑥	RT	连接一个外部电阻以设定PWM控制器的频率。
⑦	DIM	PWM调光输入。
⑧	Comp	误差放大器的补偿引脚,连接RC网络到GND。
⑨	Slope	连接一个外部电阻以设定补偿电流。
⑩	Source	检测引脚,用于设定输出电流。
⑪	Gate	电流调节器的运算放大器的输出端,连接到电流调节MOS管的G极。
⑫	SOA/FB	SOA保护/反馈输入引脚,连接到误差放大器的反相输入端。
⑬	OVP	过电压和短路检测引脚。
⑭	SEN	电流检测引脚,用于检测功率MOS管的工作电流。
⑮	GND	接地引脚。
⑯	DRV	MOS管驱动输出引脚。

⑥脚外接电阻RS25用于设置PWM脉冲工作频率,PWM脉冲频率=13000/RT,建议的工作频率设定如表1.5:

表1.5

RT脚外接电阻(KΩ)	频率(KHz)
62	210
43	302
22	591

2)背光升压电路的电流检测

场效应管QS2源极经电阻RS18-RS21并联到地,作为流过QS2电流的取样,取样电流送入US2的⑭脚。当QS2电流偏大时,集成电路US2输出PWM脉冲占空比下降;当QS2电流偏小时,集成电路US2输出PWM脉冲占空比上升。

3)背光升压电路的过压检测电路

RS22、RS23、CS12以及GS7005的⑬脚内部电路组成LED灯串电压过压检测保护电路,GS7005芯片⑬脚过压保护阈值为2.8V。电路正常工作时,LED+电压在120V以内,RS22(340KΩ)、RS23(6.2KΩ)分压值不会超过2.15V(120×6.2/(6.2+340)=2.15V)。当LED+电压达到或高于156V,在电阻RS23上的分压等于或大于2.8V,内部电路将控制振荡电路停振,US2的⑯脚停止输出驱动脉冲并关闭电流调节器。一旦过压保护,GS7005将进入锁存状态。

4)电流调节器

FSPS35D-1MF 190电源组件背光电流调节电路主要由GS7005集成电路内部的电流电路和⑨脚、⑩脚、⑪脚外接元器件共同组成。⑨脚外接电阻RS26用于设定背光LED灯串的电流。⑪脚连接在MOS管QS3(P0320HV)的栅极,控制着QS3的导通和截止。当US2的⑪脚输出约4.4V的MOS管驱动电压(gate电压)时,QS3饱和导通,LED灯串接入到电路中;当⑪脚输出低电平时,QS3截止,LED灯串从电路中断开。电阻RS27~RS29并联在一起,接在QS3的源极和地之间,作为灯串电流检测电阻,与⑩脚内部电路共同组成LED灯串电流检测电路。LED灯串电流正常时,⑩脚电压约为0.5V,LED灯串电流越小,在并联电阻上形成的电压就越低,LED灯串电流越大,在并联电阻上形成的电压就越高。当⑩脚电压向上达到0.7V,向下达到0.25V时触发延迟锁存电路进入保护状态,GS7005将关断⑯脚PWM脉冲。⑩脚的电流检测信号进入GS7005内部后,还与0.5V的参考电压做差值运算,运算结果用于控制⑪脚输出。

实际电路中,RS27为33Ω,RS28为3Ω,RS29装入的是一颗500Ω可调电阻并在PCB上预留了贴片电阻的安装位置,调节RS29可以调节并联后的阻值。

5)SOA检测保护机制

SOA功能在于芯片会自行检测电路器件情况。当电路检测到异常时,会从②脚给出0V的故障指示信号并关断芯片输出,包含⑪脚LED灯串接入电路的输出控制信号以及⑯脚的PWM脉冲。GS7005芯片通电开始工作之后,首先会从⑪脚输出MOS管的驱动信号并从⑫脚输出一个检测电压信号。⑫脚输出的电压信号用于检测外围电路是否正常工作,并从该引脚再反馈回芯片内部。该电压经导通的QS3以及RS27//RS28//RS29到地。当QS3、过流检测取样电阻正常的话,会在⑫脚形成大于0.9V,但小于3.3V的电压信号并反馈回内部电路,内部电路就控制⑯脚输出PWM脉冲信号,使得100V~120V的LED+电压正常建立。

若QS3、过流取样电阻异常,包含QS3栅极对地短路、漏极与源极之间短路、取样电阻开路等情况,从芯片⑫脚检测到的电压信号必然过高或过低。当⑫脚电压低至0.9V时,芯片视为QS3短路,芯片内部执行FB引脚短路保护;当⑫脚电压上升至3.3V时,芯片视为QS3或过流取样电阻开路,芯片内部执行SOA保护,这时芯片将停止从⑪脚输出驱动信号,并且不会再从⑯脚输出PWM脉冲信号。这一功能可以断开二极管DS6~DS9之一或全部得到验证。对于QS3、取样电阻的检测,当检测到异常时就会进入锁存状态,在锁存期间,即使电路恢复正常,芯片⑪、⑯脚依旧不会输出信号,非得对芯片重新通电。芯片⑪脚电压被外围MOS管拉低到0.7V及以下时,GS7005经过约7个CLK周期延迟后执行DS保护,DS保护会关闭升压部分和电流调节器的一部分,然后将②脚拉低表示故障。

(未完待续)(下转第62页)

◇周 钰

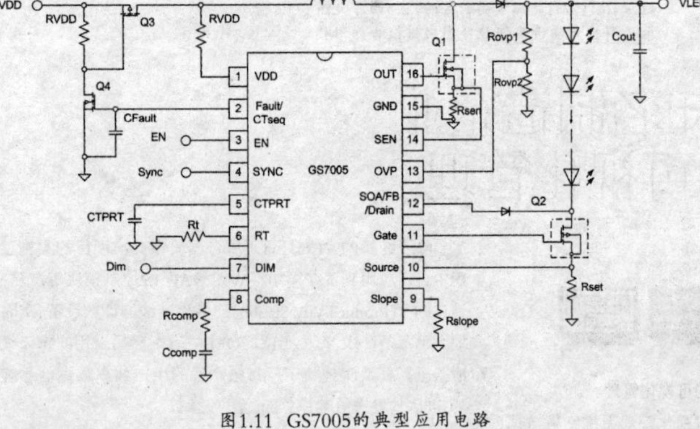

图1.11 GS7005的典型应用电路

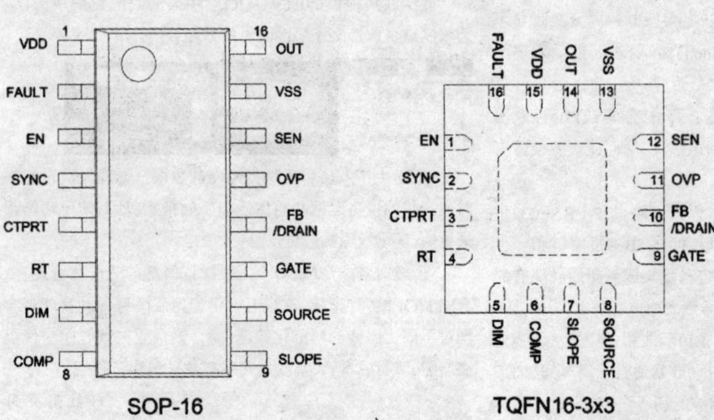

图1.12 GS7005集成电路的封装

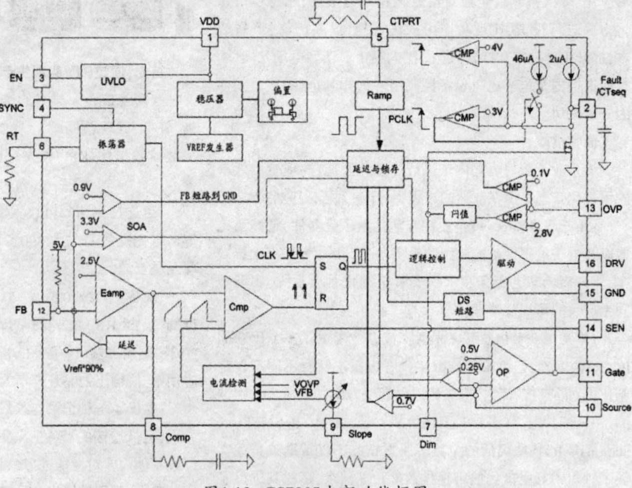

图1.13 GS7005内部功能框图

七步完成桌面级3D打印机的安装与调试

如今，桌面级的3D打印机已经逐步进入了许多中学的STEAM（Science科学、Technology技术、Engineering工程、Arts艺术和Maths数学）综合教育领域，成为创客实验教学不可或缺的重要工具。本文以较为常见的3DTALK Future为例，与大家共享3D打印机的安装与调试方法及注意事项。

1.前期的准备工作

将3DTALK Future从包装箱中小心取出，去除打印平台上方的缠绕膜和所有包装机器起保护作用的缓冲棉及扎带；接着轻轻抬起打印托盘，取出下方的缓冲棉及所有配件和耗材，对照产品说明书仔细检查启动工具包配件是否齐全（包括尖嘴钳、剪刀、平铲、美工刀及扳手等，如图1所示）。特别需要注意的是，3D打印必须放置于在水平地面上的较为厚重的木桌等操作台上，否则会给后期的打印效果带来较大的影响。

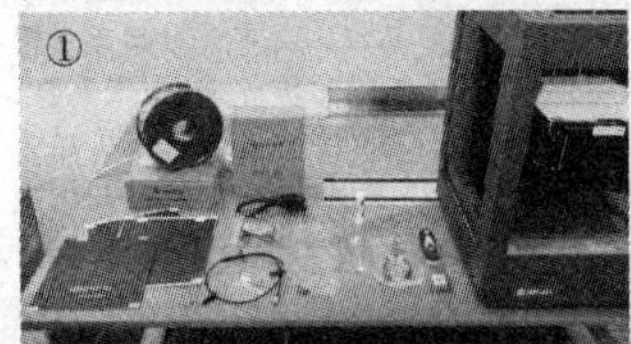

2.安装打印托盘

打开打印托盘上方外侧的两个固定夹（各向外侧轻轻扳动约90°），接着将打印托盘正面的注意事项标签小心地从一角揭掉，从一侧轻轻放入打印平台后，再将固定夹向内扳回90°锁好（如图2所示）。

3.安装打印头

打开顶端打印头上方的固定夹（同时向两侧轻轻扳动，操作方法与电脑主板上内存条的拆卸与安装类似），将打印头排线向下稍用力按压（会听到"咔"的一声脆响表示已经安装到位），然后将固定夹向内扳动恢复原位进行锁定（如图3所示）。

4.安装导料管

取出导料管及托料器（注意导料管上的注意标识），轻轻地将接送丝机一端拉至送丝机处旋转并拧紧，然后将导料管与打印头排线进行逐一固定（导料管上自带三处等距离分布的小塑料夹），最后再将托料器从打印头一端套入，再将其从打印头上方向下轻轻插入至底部即可（如图4所示）。

5.安装打印耗材支架及耗材

首先使用六角扳手和固定螺丝将耗材支架固定至打印机的背面，接着将电源线连接好，通电后打开打印机的背面总开关，准备开始打印机的开机操作。

在安装打印耗材时要特别注意——耗材托盘在正常工作时随着耗材的消耗会发生逆时针转动（切记不要进行反方向安装），将耗材始端从断丝检测器的下方向上小心插入后，一只手按压住其上方的进料器档位，另一只手继续保持向上的轻缓送丝操作，直至耗材始端进入打印头（如图5所示）。

6.校准打印喷头

打开打印机背面的总开关，在通电状态下轻轻按压正面的旋转式开机按钮，首先会听到"滴"的一声开机提示，轻轻旋转该按钮可以调节机器侧边LED灯光带的明亮程度。此时，在右上角的LED显示屏中点击"高级设置"-"喷头校准"项，确定后打印平台就会上下移动，同时打印喷头也会进行左右和前后的移动，停止运动后就代表第一次校准操作完成。接下来，拿出一张A4纸放置于打印平台上，手动点击LED显示屏调节打印平台的上下位置，直至该A4纸被打印头紧压在打印平台上无法抽出（代表打印头与打印平台间处于无间隙的待打印状态，如图6所示），点击"校准位置"按钮，打印平台就会向下平移（拿走A4纸），同时打印头又会进行左右和前后的移动，重复进行第二次的喷头校准操作，此时LED显示屏上会显示"完成"，点击确认。

7.进行调平和进料操作

点击"设置"-"平台调平"下的"一键调平"选项，与刚才的操作现象类似，打印平台会上下移动，而打印头则会左右、前后移动，完成后屏幕上会显示"完成"，点击确认即可完成打印平台的调平操作。

接着点击"设置"-"进料"选项，此时打印头会加热，同时LED屏上会显示当前打印头加热的温度；正常情况下，大约几十秒之后就会有柔软的打印材料从打印头旋转喷出，代表打印头下料成功，此时可点击"停止"按钮，然后将该段废料取出（如图7所示）。

至此，3D打印机的安装与调试操作完成，进入正式打印的等待状态。

◇山东　牟晓东　牟奕炫

东芝KT-4252收放机维修实例

虽然当今数码音乐播放器广泛流行，但仍有不少爱好者喜爱磁带及调频节目模拟信号那份自然怀旧的感觉。不过器材年代久远，使得很多零件老化损坏，现在已很难购到原配件。本文就是对曾经流行的模拟播放器的维护保养做简单介绍，供爱好者参考。

该机有两个故障：一是磁带不转，有很响的电机噪音；二是收音机有噪音，收不到任何节目。

第一个故障：先把损坏的皮带换上，磁带就能转了，但是电机噪音仍旧很明显，试着给电机电刷附近的孔里加注电子清洁剂清洗，效果不大；给电机正负端并470μF电容，效果也不明显。查看放音及电机驱动集成电路BA3529FP无异常，试着动电机与主板的连线的位置时，噪音大小有变化，看来是电机噪音产生的原因。拆开电机，清洗换向器和电刷后，仍无效果，判定电机可能有局部匝间短路或放电。查看电机型号是RF-410CH电机，在淘宝购得RF-410CA电机代换后，磁带播放正常。实际播放时，电机噪音比电路本底噪音还低。

第二个故障：查看电路中没有机械可变电容器，而线路板上有一个标示821的芯片，其是升压电路，给变容二极管提供调谐所需3V以上的高电压。查阅资料，知道该芯片是TK11821，该芯片④脚和⑤脚短接时，④脚升压输出10V电压。实测该芯片外围元件正常，而④脚没有10V输出，判断芯片故障。由于淘宝上没有卖家供应此芯片，决定用MT3608代换TK11821。将代换电路用贴片元件搭棚焊接后，再用锡箔纸包裹电路并接地，以防止振荡辐射干扰收音信号。将包裹好的电路放在机内空间（电机的角落），再将电源输入、地、升压输出三根漆包线和主板连接好后试机，收音机收音正常，也无升压电路的干扰。该机收音电路使用的是TA8127F芯片，电路中没有增加高放和预中放三极管，整机灵敏度却相当高（与别的使用TA8127F的收音机相比），可能是电路用变容二极管调谐没有用机械可变电容器，改善电路布局降低了分布参数而达到的。

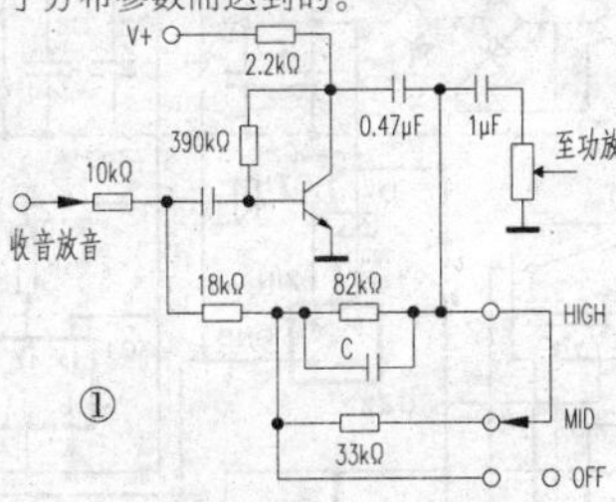

机器中有东芝的DYNA BASS（动态低音）电路，音质有不少改善，简单介绍一下（实测电路如图1所示）。该电路其实是电压负反馈电路（三极管C极输出越大，给三极管B极的反馈量就越大，达到动态控制）：OFF档三极管C极输出的信号经过18kΩ电阻反馈给三极管B极，频率响应平直；MID档三极管C极输出的信号经过电容C和并联的33kΩ电阻、82kΩ电阻和串联的18kΩ电阻反馈给三极管B极（低音提升，33kΩ电阻、82kΩ电阻并联使得提升量中等）；HIGH档三极管C极输出的信号经过电容C和并联的82kΩ电阻和串联的18kΩ电阻反馈给三极管B极（低音提升，只有82kΩ电阻并联使得提升量较高）。

附：MT3608在本机的应用（电路如图2所示）

MT3608的⑤脚（电源输入端）和④脚（升压开关控制端）连接原电路供电端（C35正端），靠近芯片对地接47μF/6V贴片钽电容滤波；②脚（地端）连接原电路地端（C35负端）；①脚（内部功率管漏极）与⑤脚接带屏蔽罩的功率电感（22uH），①脚输出接的整流二极管按电流大小选择（这里用SS16二极管）；二极管输出端对地接20μF/16V贴片钽电容滤波；二极管升压输出端连接原电路升压输出端（10kΩ电阻端）；升压输出端与③脚（反馈端）接电阻R1，③脚与地接电阻R2。MT3608升压输出电压取决于这两个电阻的数值：Vout=0.6×(R1/R2+1)，这里R1用100kΩ，R2用6kΩ，输出电压大约10V左右。

◇浙江　方　位

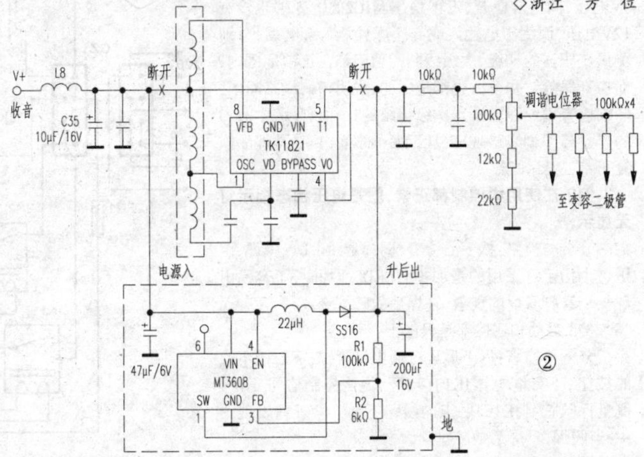

电磁炉换板招惹新问题的处理

故障现象：一台美的C21-RT2125型电磁炉接通市电后，指示灯不亮，没有复位音，按开/关键没有任何反应。

分析与检修：通过故障现象分析，怀疑电源电路异常。打开电磁炉面盖后察看，发现保险管炸裂，谐振电容烧断1只脚（还剩4mm长左右），把主板翻过来，发现电路板上安装谐振电容1只脚的焊接处敷铜板烧坏，如图1所示。测量功率管IGBT已击穿，整流桥堆内的2只二极管击穿，IGBT的G极对地接的18V稳压管也击穿了。但取下谐振电容测量却是好的。分析该炉是因为谐振电容的引脚脱焊而烧坏电路板，最终产生爆机故障。电磁炉爆机通常烧坏的就这一大片元件，只要更换烧坏的元件一般是可以修复的。但是本炉经换新烧毁的元件后，加电时仍然没有复位音，灯也不亮。测量300V供电为321V（本地市电230V左右），18V供电为19.2V，但5V供电只有0.42V，说明5V电源电路或负载异常。测量78L05 输入端电压为7V多，而输出电压仅为0.42V，怀疑稳压器78L05坏，但替换78L05无效，断开负载后，把5V电压输出的负载电路敷铜板切断，脱开负载后测量5V电压恢复正常，说明负载（微处理器）因爆机而损坏，该板报废了。至此感到修理徒劳无功，有些悲催之感。

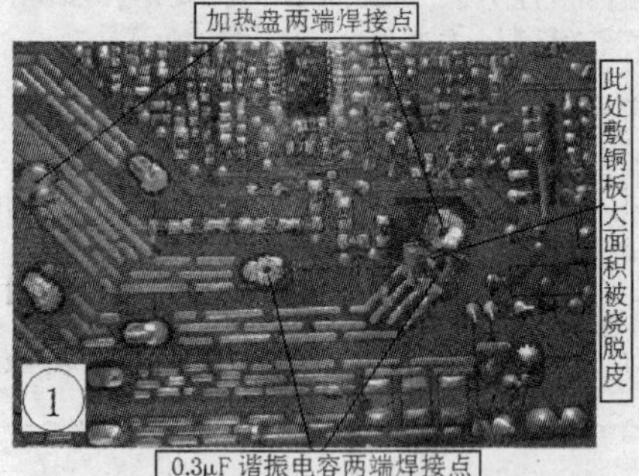

次日在网上找到有板可换，征得用户同意，把原板型号（TM-SI-09B 4针）发送向卖家网购，两天后快递员送来一块板号为TM-SI-09B1的4针板，上机一试不能用，心想是否新板的板号后边多一个“1”而不能兼容替换呢？于是与卖家沟通，说是测试过的，可以直接替换。既然卖家这么回复不可不信，便动手加电对新板三电压测量，结果发现18V电压仅12V左右明显异常，再次反馈给卖家还是很肯定这板是好的。笔者只好硬着头皮反复试机，试机状态总是报警不加热，再后来偶尔开始加热，但是不到5秒钟爆机了，把新板上的IGBT管、桥堆、18V稳压管和保险管都烧坏了，这下换板招惹了新问题啦。

经与卖家沟通，卖家这回没话说了，表示同意把爆机板寄还补发。但考虑到寄来寄去不但手续麻烦，而且要支付快递费，估计快递费用来买元件也是差不多的，同时动手修理还能锻炼自身修理技能，何乐不为？于是留下新爆机板研究。

经分析爆机是因为激励电路的18V供电过低，导致功率管因激励不足而损坏，修理重点应从开关电源入手。先把烧坏的元件拆除，但不急于全部换新，先只换整流桥堆，以便于修复开关电源。经考虑低压电压不正常可能是电源模块不良或是开关变压器参数变了，测量周边二极管等元件都正常，判断电源模块（VIPer12A）基本正常，怀疑开关变压器异常，从旧板上找到相同的开关变压器，用其替换后，通电测量18V电压为19.3V（略高一点），说明开关电源已修复。换好元件并还原各连线的接插，检查无误后，为了安全起见，把插头插在自制的修理电磁炉专用插座（见图2）上，把控制100W白炽灯的空气开关断开（因该插座K2与白炽灯并联，断开K2时白炽灯即与负载串联，试电时可防止IGBT管再烧），放锅加水通电试机，白炽灯闪烁发光，表示机器基本正常（注：假如白炽灯很亮或不亮都表示不正常，应立马断电检修），便把K2合上，为电磁炉直接输入市电，加热正常。这时把火力调到2100W时，观察微型电力监测仪的功率显示只有1600W左右（偏低太多了）。断电查找新板，看不到调整功率的电位器，经与旧板对照发现，新板上改用固定电阻VR23代替电位器（见图3），看来这是制造商有意不让调整的。估计是设计者通过降低功率，以提高工作的可靠性，降低故障率。

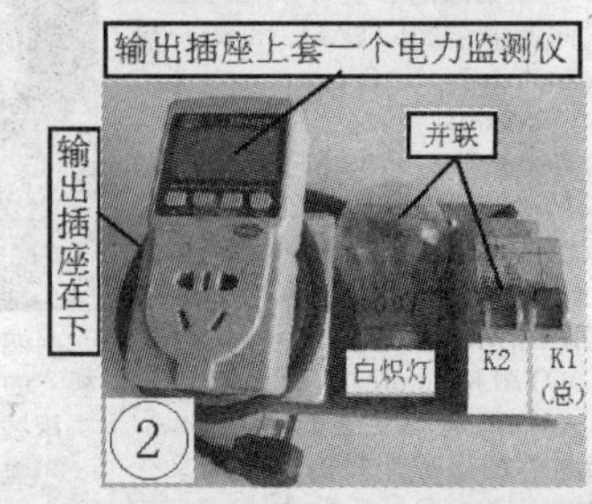

最后还发现面板上各个按键操作基本正常，只有开/关键反应不灵敏，迟迟不能开与关。但如果掀开面盖，直接用手触摸弹簧，却都很灵敏，于是把开/关键的触摸弹簧适当拉长，再盖好面盖板一试，灵敏度恢复正常。至此才松一口气，换板招惹的麻烦全部解决了。

修后感：1）修理电磁炉，要在3电压正常的情况下进行，否则可能会扩大故障。300V电压正常与否反映了主回路滤波电容容量是否正常，在市电电压正常情况下若不足300V，多为滤波电容失容所致，必须更换；5V电压为微处理器、指示灯及数码管供电，电压误差不能大于0.4V；18V电压的负载是激励电路和散热风扇，电压误差大时，对风扇而言可凑合工作，对激励电路而言，则影响是非常大的，会导致激励电路输出的激励信号的幅度过大或过小，这会对IGBT管造成致命打击，甚至会产生爆机故障。2）接手任何机器时，都得测量电压正常与否，对新板同样不能过于信任，以免造成不必要损失。

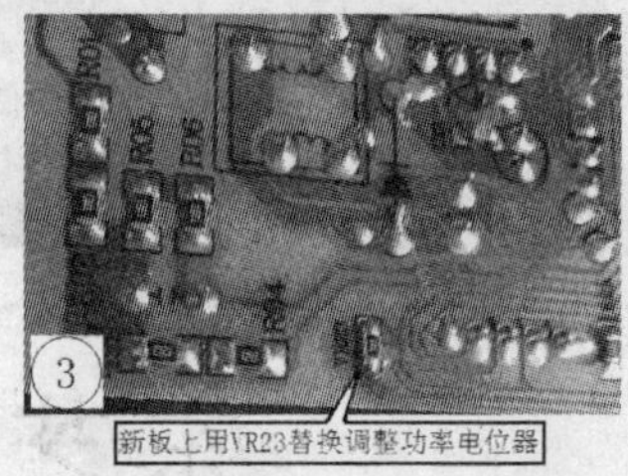

◇福建　谢振翼

电动卷帘门控制器（YNT-09）故障检修2例

例1.头一天还在正常使用，第2天就突然上下都失灵，按手动和遥控都不起作用

分析与检修：通过故障现象分析，怀疑电源电路异常。为了便于维修，根据实物绘制了电路图，如图附图所示。断电后，拔掉插口CZ1的外部接线，在实验室进行通电检查，LED不亮，测量LED正极端（图中b点）无5V电压，向上游检查，发现稳压器IC2的输入端也没有12V电压，说明市电输入或变压器异常。断电后，分别测量变压器的初级、次级线圈的值阻都在正常范围内，而检查保险管和全桥也都是好的，说明印刷线路断了，仔细检查后发现变压器次级绕组的1个引脚（图中a点）的焊盘与印刷线路脱离，从正面很难看出来，补焊后恢复正常，故障排除。

例2.在使用中控制都正常，就是电压状态指示灯无显示

分析与检修：拆下后检查，同样是图中b点脱焊，由于这个指示灯采用的是加长脚LED，时间长了容易出现一个管脚脱焊的现象，补焊后故障排除。

例3.手动和遥控都是只能上，不能下

分析与检修：拆下后进行通电试验，按下遥控下行的按钮，下行继电器JK1有响声，说明控制信号正常，测量保险管到JK1静触点的线路不通，检查后发现图中c点脱焊，补焊后故障排除。

通过上述3例卷帘门控制电路不同故障的处理，发现一个共性，就是故障原因都是元件的引脚脱焊。而导致元件引脚脱焊的根源是所有的控制器都没有固定在墙上，而是用接口CZ1的连接线垂挂在外墙壁上，因控制器来回晃动，时间久了内部体积大一点的元件或引线长一点的元件就会慢慢松动，从而产生了上述不同的故障现象。因此，维修后将控制器固定在合适的位置，从而提高了使用的可靠性，降低了故障率。

◇江苏　庞守军

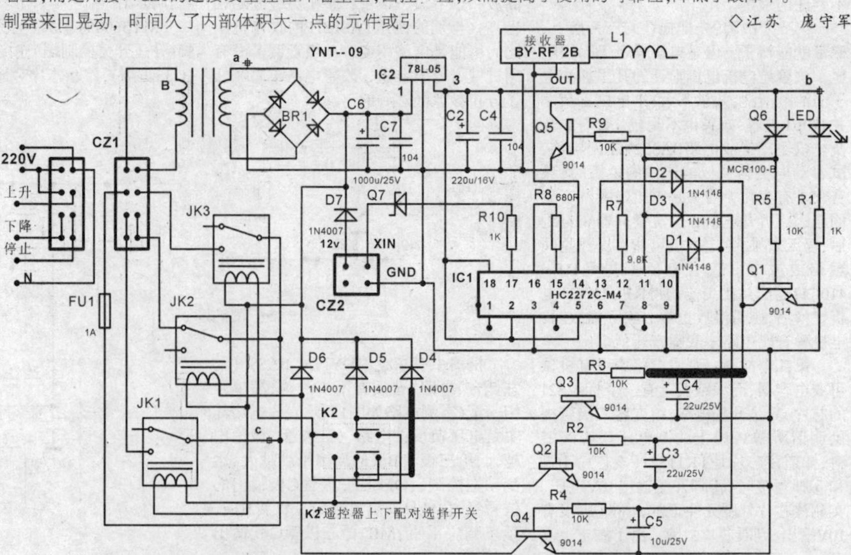

给一个升压变换器增加额外输出

设计人员在电池供电的便携设备中使用升压变换器集成电路，这些集成电路芯片通常提供一个带有固定或可调电压的输出。某些芯片含有一个LBI/LBO(低电池输入/低电池输出)功能。该芯片制造商希望这些脚在电池没电时被用来监视一个低电池情况并且提示那些小装置拥有者。你反而能应用这个功能来提供一个额外的电压输出。

美信公司的MAX756升压变换器分别以300mA和200mA电流提供一个3.3V或5V的固定输出（见图1所示）。其输入电压范围能从0.7V到5.5V。对于低电池检测，该部件具有在路芯片电路，其组成为一个比较器、一个参考电压和一个漏极开路MOSFET。当LBI输入上的电压比它的1.25V门限电压低时，LBO输出上的MOSFET将电流接到地上。你能使用这些元件制作一个带有稳定电压的第二输出(见图2)。R1和R2按照下列等式决定第二输出电压：输出2=VREF(R1+R2)/R2，其中VREF为参考电压，对于该芯片VREF为1.25V。只要输出2小于输出1，你能将输出2设置到1.25V至5V。

因为输出2由输出1派生而来的，对于输出1和输出2的5V和3.3V电压，两个输出的总输出电流应该分别不超过200mA和300mA。你也能使用LBI/LBO功能来制作一个第二升压变换器(见图3)。该升压变换器由CD4093四施密特触发器或非门、电感L2、R2–R4、Q1、D1、C1和C2组成。IC1A门开启，增加C1和R2到IC1B形成一个自由运行振荡器。对于图中R2和C1的元件值，该振荡器频率大约为17KHZ。R1提升该漏极开路LBO输出电压。当LBI脚上的电压比1.25V低时，LBO脚为低电位，这样允许ICIB振荡器工作。IC1C和IC1D驱动功率MOSFET晶体管Q1。当Q1导通时，它从电感L1中提升电流。当Q1截止时，这个能量通过续流二极管D1给电容器C2充电。你能应用带有电阻分压器R3和R4的反馈来决定输出2电压，按照下列等式：输出2=1.25V×(R3+R4)/R4。IC1从输出1中获取电源。

输出2上的电压为输出电流和输入电压的一个函数(见图4)。假如你具有适当的输入电压，输出图形显示一个平坦部分，在这里该集成电路的稳压是有效的(见图5)。图4表明只有1V输入，该电路不能保持稳压，且输出电压随输出电流直接下降；图5表明具有一个2V输入，该电路维持稳压到一个20mA高的输出电流；图6表明具有一个3V输入，该电路保持稳压到一个40mA高的输出电流。

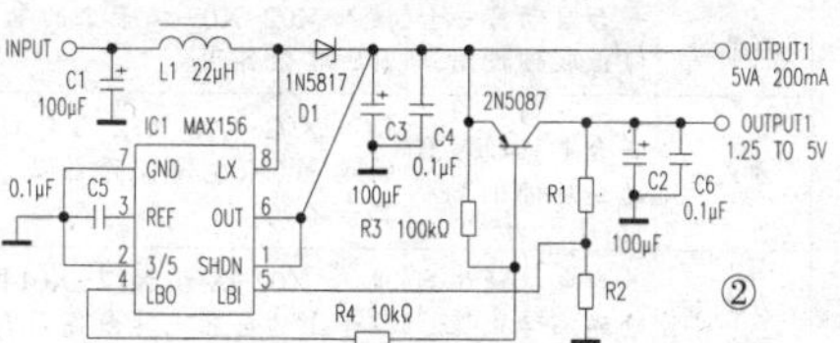

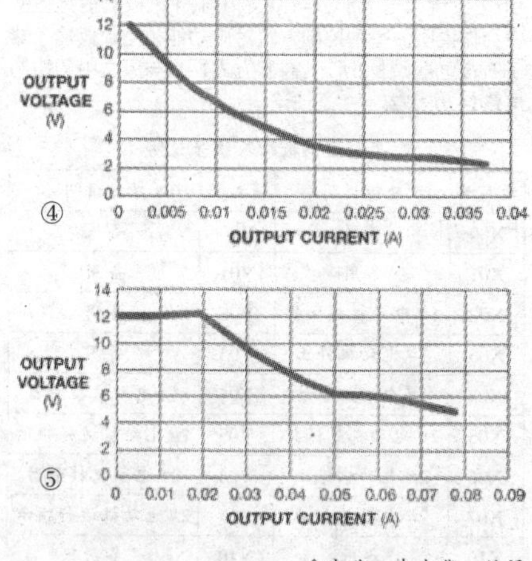

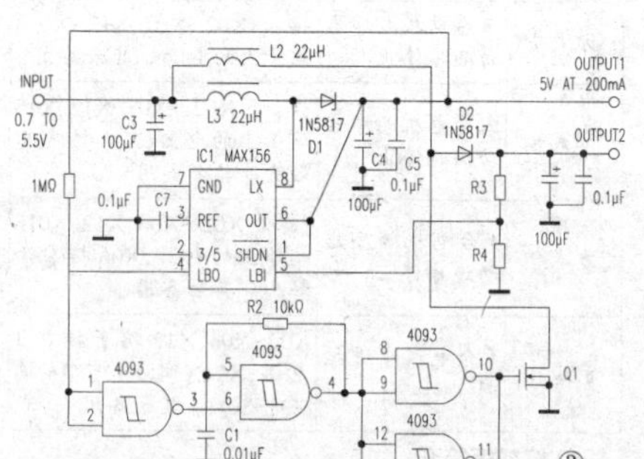

◇湖北 朱少华 编译

物联网中网络应用特征

网络是IoT设备非常关键的部分，本文和大家一起探讨IoT网络的几个重要特征，及AliOS Things尝试提供的一些解决方案。 IoT网络的特征包括IP网络，UDP网络，多种通信手段及拓扑。而AliOS Things也尝试提供包括CoAP，SAL，uMesh等技术方案来应对这些挑战。

IP网络

今天是一个多样化的时代，不管什么技术都有多种标准存在，明争暗斗，每个人都有自己的小算盘，想要形成一个大一统的标准非常困难。从这个角度来说，IP网络的存在是个奇迹。IP网络真正做到了无种族，无国界，即插即用。IP网络可以为万物互联提供一个很好的基础。这种趋势也越来越明显，Zigbee推出了Zigbee IP，而谷歌也推出了同样基于802.15.4的Thread，Silicon Labs，TI等Zigbee核心厂商也纷纷支持（谷歌收购的Nest所使用的Thread是Silicon Labs开发的）。

IP网络还能给物联网带来几个明显的好处：

IP之上有大量成熟的软件栈，，比如安全组件TLS/DTLS

IPv6能提供足够多的地址空间

大量熟悉socket的软件开发人员

当然IP只是提供了一个通道，还需要有上层的协议来做保证“彼此听得懂”，现在比较流行的有阿里云的ICA联盟，OCF，Google Weave，HomeKit的存在，这个话题在此不展开。

UDP网络

IP之上主要的两个传输层协议：TCP和UDP。应该说，目前为止，TCP都是碾压UDP的，一般听到的都是TCP/IP，几乎没听过UDP/IP。

TCP是一种面向连接的，可靠的，基于字节流的传输层协议。TCP的保活/重传/拥塞控制提供了一个很好的性能/健壮性折中，对网络环境较好，实时性要求不高的应用来说，比如Web时代最流行的HTTP，TCP是非常好的选择。但是慢慢开始有人觉得TCP做得太多了，TCP的握手协议成为很多的Web API的性能的瓶颈，比如谷歌提出了QUIC(Quick UDP Internet Connection）试图通过UDP来进一步提高用户的网络体验。

在物联网，TCP的问题就更突出了，因为物联网环境经常面临网络信号不好，带宽有限，功耗苛刻。最近风头正劲的NB-IoT就是一个典型的例子。大多数NB-IOT的终端设备工作在电池环境下，传输速率较低，应用场景多种多样。TCP的面向连接，超时重传机制消耗更多的内存，同时也影响了功耗。

设想一下常见的传感器定时上传数据的场景：采集数据，上报数据，睡眠。因为定时上报，很多情况下，偶尔丢失数据是可以接受的。但是TCP为了提高数据到达率，其保活和重传机制会降低电池寿命，同时重传机制会消耗内存。

目前主流的云端通道协议还是基于TCP，主要是MQTT，包括阿里云IoT套件，Amazon，Azure。而阿里云IoT套件也支持CoAP，Google Weave也主要采用了UDP作为通信手段。

多种通信技术并存

不同的通信技术，其速率，覆盖范围，可靠性，功耗，部署，成本都是不同的，没有一种技术能包治百病。3G/4G网络在覆盖范围上优于WiFi，但是在速率，功耗，成本上又不如WiFi。WiFi在速率上秒杀BLE，但是功耗又被BLE秒杀。

物联网领域，LPWA（Low Power Wide Area)技术NB-IoT，LoRa，SigFox受到广泛关注，其低功耗广覆盖的特点，简化了各种复杂环境下的部署。基于802.15.4的WSN(Wireless Sensor Network)技术Zigbee，Wi-Sun，在功耗和成本优势明显，适合大规模部署。

WiFi/BLE在消费电子类的普及度，其应用受到广泛关注。WiFi由于不需要网关，受到各种家电厂商的青睐(但是家里的智能设备越来越多时，AP的连接数将成为瓶颈)。同时，面向物联网WiFi联盟于2016年推出了WiFi的低功耗版本，802.11ah(Wi-Fi HaLow)。BLE随着5.0的推出，更快的速率，更大的mtu，除了提高现有的点到点通信体验，基于BLE构建WSN也变得可能，对Zigbee等现有技术构成了威胁。

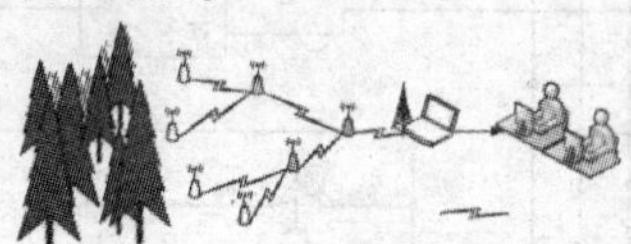

多种连接方式及网络拓扑并存

下图是常见的网络拓扑：

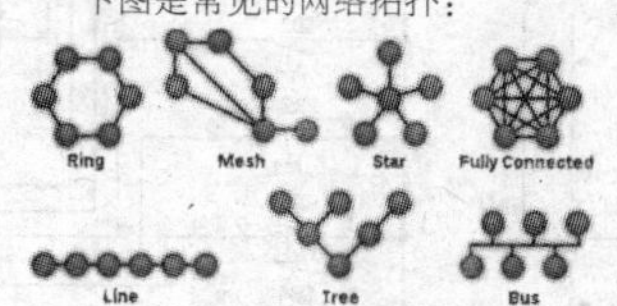

图1 互联网全球连接快照图，可以隐约看出一棵棵树的存在。在以太网中，Tree和Bus较为常见，有线局域网内部是一个Bus拓扑，但是从访问互联网的角度，需要经过网关，网关就成了树的根节点，所以也是一种Tree拓扑。而在无线局域网中，WiFi是Star拓扑，WSN以Tree/Mesh为主。在广域网包括LPWA，可以看作以基站为主的Star拓扑，基站之间则是Mesh拓扑。

在现有的以太网构成的骨干网基础上，在物联网中相信WSN/LPWA会有越来越多的应用。WSN的低成本低功耗，配合LPWA的低功耗广覆盖，可以覆盖非常广的物联网场景。

AliOS Things的网络特性

针对上述的特点，AliOS Things从多个纬度提供相应的组件以更好的支持IoT设备的网络需求。除了基于LwIP2.0高度优化的协议栈外，还提供了以下丰富的组件：

基于CoAP的全链路优化

AliOS Things支持基于CoAP的上云通道(比如阿里云IoT套件)，同时支持基于CoAP的FOTA，使得构建一个全UDP的系统成为可能。

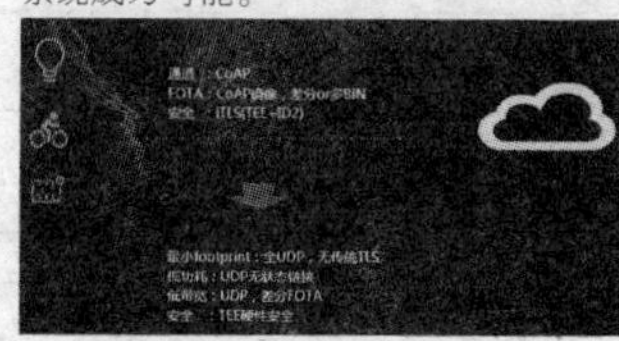

SAL网络适配层

在IoT设备上MCU外挂通信模块非常常见，而MCU和通信模块之间的通信方式也多种多样，为了降低复杂度，经常是通信模块上跑了完整的TCP/IP协议栈，而MCU通过AT或者私有协议去控制。针对这种情况，AliOS Things通过SAL组件，对上层提供标准socket接口，对下则可以基于SAL device适配私有协议。对于常见的AT模块，AT Parser进一步降低了对接的复杂度。

uMesh

uMesh是无线协议无关的，IP之下，MAC之上的自组织网络协议栈。uMesh是一种Routing Mesh，支持树状拓扑和网状拓扑，树状拓扑下采用结构化地址路由，极大地减少了路由表大小。uMesh可以无缝和TCPIP协议栈对接，从而使得各类资源受限的无线设备可以简单地接入IP网络。uMesh是AliOS Things为复杂网络设计的，解决最后一公里通信问题的技术。

◇刘应慧

用单片机控制几台三相异步电动机顺序启停电路(上)

《电子报》2018年第45和46期第8版刊登了2~4台三相异步电动机顺序启动和停止的继电器-接触器控制电路。文中介绍了10种方式的控制电路,除主电路几乎相同外,一种方式对应一种控制电路,每一种电路都相对独立。本文将几台电动机用单片机来控制,采用同一主电路和控制电路,采用调线设置选择控制方式。根据控制电动机台数和控制方式,控制板的输入和输出端所接电器数量会有所增减、或电器类型会相应变化。

1.电路原理

采用单片机控制几台电动机顺序启动和停止的电路如图1所示。图中控制板输入输出端的功能如表1所示,各元件代号大部分与原文相同,个别改动的地方文中会作说明。每种控制方式对应功能和控制板输入端子所接电器如表2所示,控制方式1~10与原文中的控制电路1~10对应。

表1 控制板输入端子说明

输入端	功能说明	输入端	功能说明
X00	备用	Y00	备用
X01	备用	Y01	备用
X02	1#电动机热保护	Y02	备用
X03	1#电动机停止	Y03	备用
X04	1#电动机启动	Y04	1#电动机接触器
X05	2#电动机热保护	Y05	1#电动机运行指示
X06	2#电动机停止	Y06	2#电动机接触器
X07	2#电动机启动	Y07	2#电动机运行指示
X10	备用	Y10	备用
X11	备用	Y11	备用
X12	3#电动机热保护	Y12	3#电动机接触器
X13	3#电动机停止	Y13	3#电动机运行指示
X14	3#电动机启动	Y14	4#电动机接触器
X15	4#电动机热保护	Y15	4#电动机运行指示
X16	4#电动机停止		
X17	4#电动机启动		

表2 控制方式与输入端配置

控制方式	功能	输入端配置
方式1	两台电机顺序启动联锁控制	接入X02~X07端子上的电器。其余备用
方式2	两台电机顺序启动、逆序停止联锁控制	接入X02~X07端子上的电器。其余备用
方式3	两台电机按时间原则顺序启动	接入X02~X05端子上的电器。其余备用
方式4	一台启动另一台停止联锁控制	接入X02~X07端子上的电器。其余备用
方式5	三台电机顺序启动逆序停止1	接入X02~X06、X12端子上的电器,X06接常开触头。其余备用
方式6	三台电机顺序启动逆序停止2	接入X02~X07、X12~X014端子上的电器。其余备用
方式7	三台电机顺序启动顺序停止	接入X02~X07、X12~X014端子上的电器。其余备用
方式8	三台电机顺序启动同时停止	接入X02~X07、X12、X15端子上的电器,X06接常开触头。其余备用
方式9	4台电机顺序启动逆序停止	接入X02~X06、X12、X015端子上的电器,X06接常开触头。其余备用
方式10	4台电机步进控制	X02~X05、X12端子接表1电器,X7、X14、X17、X16接SQ1~SQ4。其余备用

2.控制板简介

控制板由STC单片机STC11F60XE作为CPU、16路光电隔离开关量输入、14路光电隔离开关量晶体管输出、由直流24V提供电源,通过DC/DC变换成5V供给MCU,该控制板的结构如图2所示。板上各输入和输出端子的排列及实物如图3所示。4位端口用于控制方式的设定,跳线设置与控制方式的对应关系如表3所示,表中"▌"表示短接跳线,"⁚"表示断开跳线。

3.控制程序编写

应用程序采用结构化编程,一种控制方式为一个子程序,由主程序根据端口设定要求来调用。各控制方式的梯形图以继电器-接触器控制线路为原型,通过元件替换、符号替换、触头修改、按规则整理四个步骤,由"替换法"得到控制程序的梯形图。下面以控制方式1为例说明。

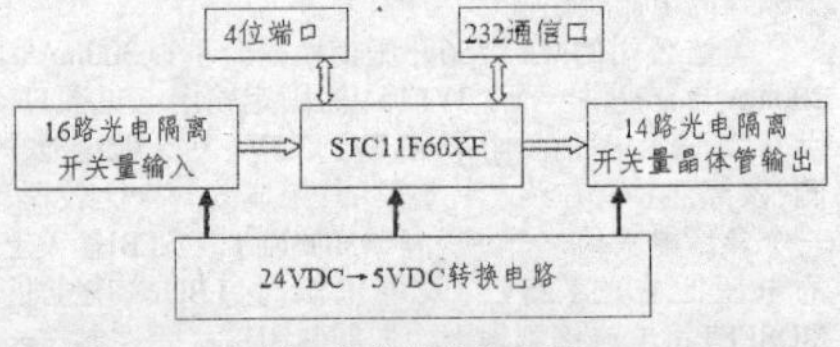

图2 控制板结构框图

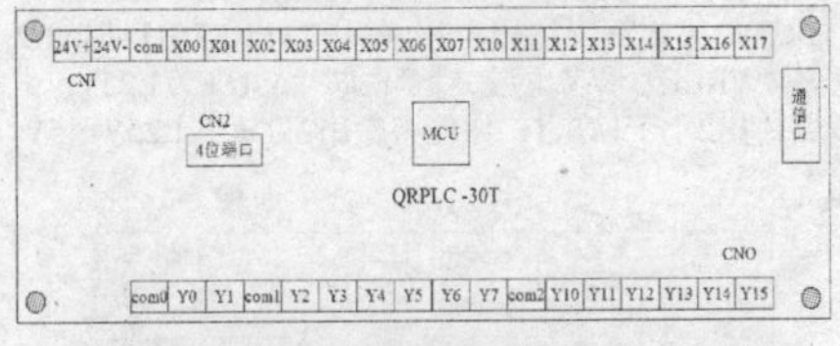

(a)输入输出端子排列

(b)实物图

图3控制板

(未完待续)(下转第66页)

◇江苏 陈洁

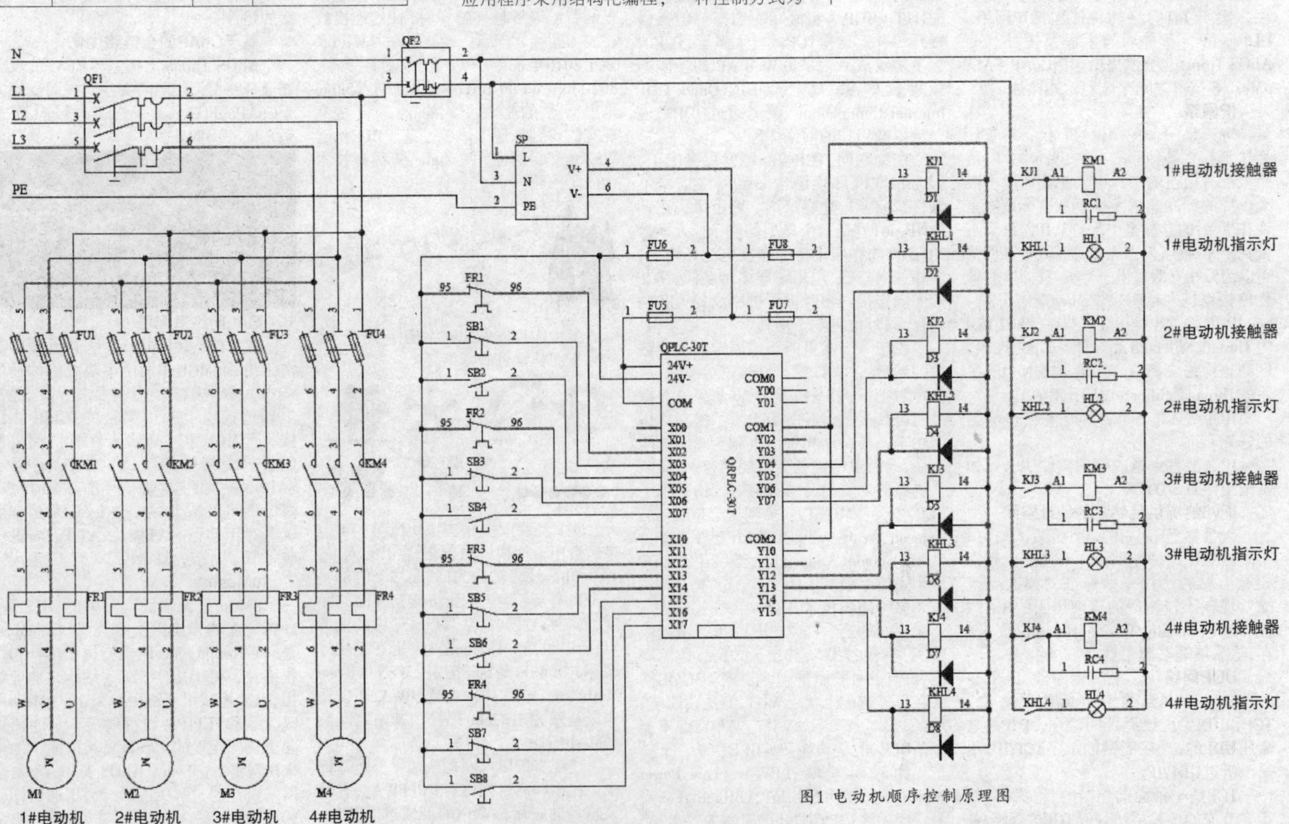

图1 电动机顺序控制原理图

编辑:余寒 投稿邮箱:dzbnew@163.com

单片机系列4：矩阵式键盘控制设计

一、矩阵式键盘基础知识

独立式按键适用于按键数量比较少的情况，如果按键数量比较多，通常采用矩阵式按键，又称矩阵式键盘。本设计用到16个按键，因此采用4×4矩阵式键盘作为MSC-51系列中的89C52的输入。

(一)矩阵式键盘连接方式

矩阵式键盘由行线和列线组成，按键放置在行和列的交叉点上，按键的两端分别连接到行线和列线上。这样，3条行线、3条列线就可以构成有9个按键的键盘(称为3×3矩阵式键盘)，只需占用3+3条口线。4×4矩阵式键盘可以构成有16个按键的键盘，只需占用4+4条口线。按键数量越多，矩阵式键盘的优势就越明显。

(二)矩阵式键盘工作原理

我们以4×4矩阵式键盘为例，分析矩阵式键盘的工作原理。如图1所示，键盘的行线接P1口的高4位，列线接P1口的低4位。定义行为输出口、列为输入口。当所有按键都没按下时，列线处于高电平；当有按键按下时，列线的电平由与之相连的行线的电平决定。按键编号按行列顺序编排分别为1-16号，如图所示。确定哪个按键按下的方法如下：

1.检测第1行是否有按键按下

P1口的高4位输出1110，即第1行为0。若第行没有按键按下，则P1口的低4位=1111；若1号键按下，则P1口的低4位=1110，即1号键的键值为0XEE；若2号键按下，则P1口的低4位=1101，即2号键的键值为0XED；同理，3号键、4号键的键值分别为0XEB、0XE7。

2.检测第2行是否有按键按下

P1口的高4位输出1101，即第2行为0。检测方法同(1)，5-8号键的键值分别为：0XDE、0XDD、0XDB、0XD7。

3.检测第3行是否有按键被按下

P1口的高4位输出1011，即第3行为0。检测方法同(1)，9-12号键的键值分别为：0XBE、0XBD、0XBB、0XB7。

4.检测第4行是否有按键被按下

P1口的高4位输出0111，即第4行为0。检测方法同(1)，13-16号键的键值分别为：0X7E、0X7D、0X7B、0X77。

综上，按键与键值的对应关系如表所示。

二、设计方案

抢答器设计是在数码管设计的基础上加入按键应用的一个有趣训练。抢答器可以用数字逻辑芯片、PLC进行设计、单片机进行设计。本设计采用89C52设计。

(一)硬件设计

基于单片机的15路抢答器，硬件电路(图1)由单片机、数码管显示、矩阵键盘三部分组成。数码管显示采用2位带小数点的7段数码管，段码接至P3口，位选接至P2.0和P2.1，当P2.0有效时段码送至左边的数码管，当P2.1有效时段码送至右边的数码管。键盘采用4×4矩阵式键盘，行线接P1口的高4位，列线接P1口的低4位。

(二)软件设计

矩阵式键盘在程序处理上比独立式按键复杂一些。定义行为输出口、列为输入口，将输出口其中一位输出0后判断哪一列有键按下。矩阵式键盘的键值读取设计思路如图2所示。

本设计的数码管采用2位带小数点的7段数码管，分别显示1-15路的十位和个位，设计思路如图3所示。

15路抢答器将实现在竞赛中15队的抢答，当主持人按下"START"键时，15队可以开始抢答，哪队先按下，数码管就显示哪队的号数，其他队再按下时无效。只有当主持人再按下"START"键时，才能再次抢答。设计思路如图4所示。

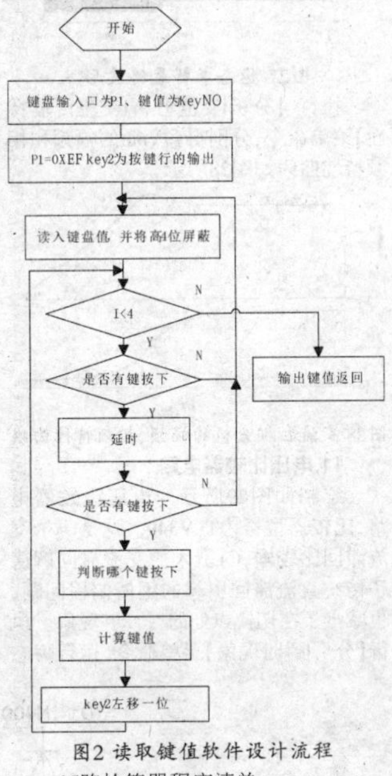

图2 读取键值软件设计流程

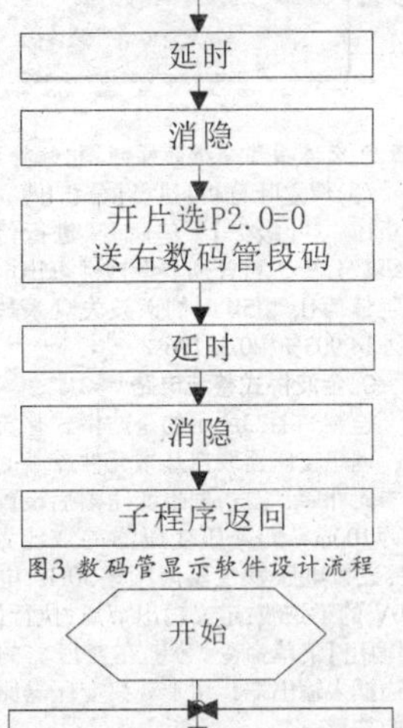

图3 数码管显示软件设计流程

开始

读键码

显示

"START"按下

N

Y

开始抢答

图4 抢答器软件设计流程

15路抢答器程序清单：

```
#include "reg52.h"
#define led P3//定义数码管段码输出口P3
sbit DS1=P2^0;//数码管位选1
sbit DS2=P2^1;//数码管位选2
#define key P1//键盘口
int led2[10]={0xc0,0xf9,0xa4,0xB0,0x99,0x92,0x82,0xf8,0x80,0x90};//数码管段码
char led1,KeyNO,key3;
void dey(int x)//延时
```

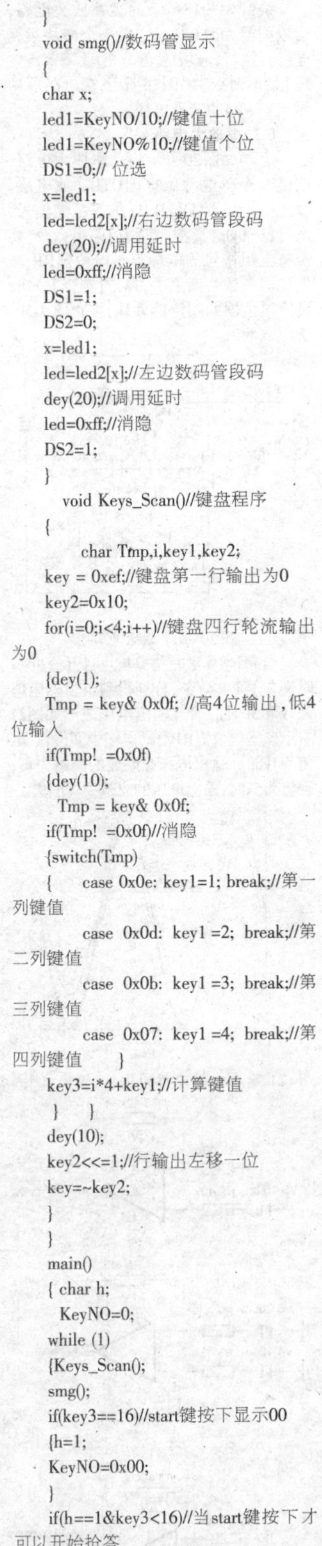

```
{
while (x--);
}
void smg()//数码管显示
{
char x;
led1=KeyNO/10;//键值十位
led1=KeyNO%10;//键值个位
DS1=0;// 位选
x=led1;
led=led2[x];//右边数码管段码
dey(20);//调用延时
led=0xff;//消隐
DS1=1;
DS2=0;
x=led1;
led=led2[x];//左边数码管段码
dey(20);//调用延时
led=0xff;//消隐
DS2=1;
}
  void Keys_Scan()//键盘程序
{
    char Tmp,i,key1,key2;
key = 0xef;//键盘第一行输出为0
key2=0x10;
for(i=0;i<4;i++)//键盘四行轮流输出为0
{dey(1);
Tmp = key& 0x0f; //高4位输出，低4位输入
if(Tmp! =0x0f)
{dey(10);
  Tmp = key& 0x0f;
if(Tmp! =0x0f)//消隐
{switch(Tmp)
{    case 0x0e: key1=1; break;//第一列键值
     case 0x0d: key1 =2; break;//第二列键值
     case 0x0b: key1 =3; break;//第三列键值
     case 0x07: key1 =4; break;//第四列键值    }
key3=i*4+key1;//计算键值
  }   }
dey(10);
key2<<=1;//行输出左移一位
key=~key2;
}
}
main()
{ char h;
  KeyNO=0;
while (1)
{Keys_Scan();
smg();
if(key3==16)//start键按下显示00
{h=1;
KeyNO=0x00;
}
if(h==1&key3<16)//当start键按下才可以开始抢答
{KeyNO=key3;
h=0;
}
}
}
```

按键	1	2	3	4	5	6	7	8
键值	0XEE	0XED	0XEB	0XE7	0XDE	0XDD	0XDB	0XD7
按键	9	10	11	12	13	14	15	START
键值	0XBE	0XBD	0XBB	0XB7	0X7E	0X7D	0X7B	0X77

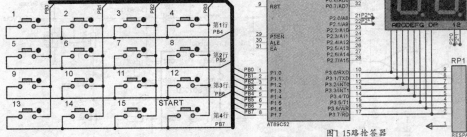

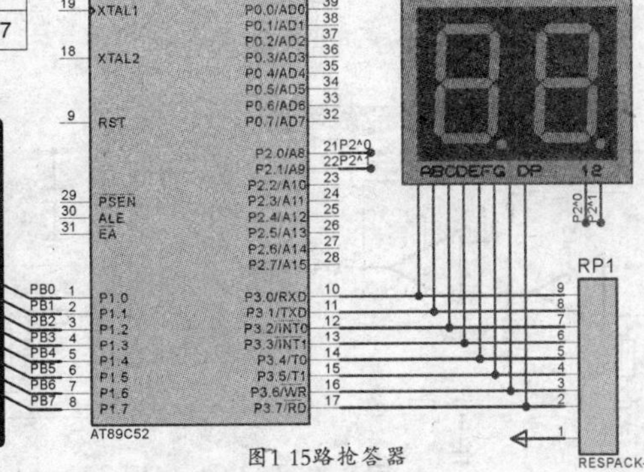

图1 15路抢答器

◇永春县桃溪实验小学 黄丽真
福建工业学校 黄丽吉
福建中医药大学附属人民医院 黄建辉

TINA-IN软件的模拟电路仿真应用实例(下)

(紧接上期本版)

7.运算电路

绘制如图18所示的运算放大电路，运放型号为TL081，这是一个减法运算电路。执行【分析|直流分析|计算节点电压】菜单命令，如图19所示，在电路图中显示V1-V4的节点电压。

8.功率放大电路

绘制如图20所示的功率放大电路，这是一个单电源供电的OTL功放电路。输入信号Vi为1V，1kHz的正弦波信号，执行【分析|选择控制对象】菜单命令，将带有电阻符号的鼠标点击电位器RP，在电位器参数对话框中，点击【选择】按钮，设置电位器的起始值为1k，终止值为5k，情形数为2。

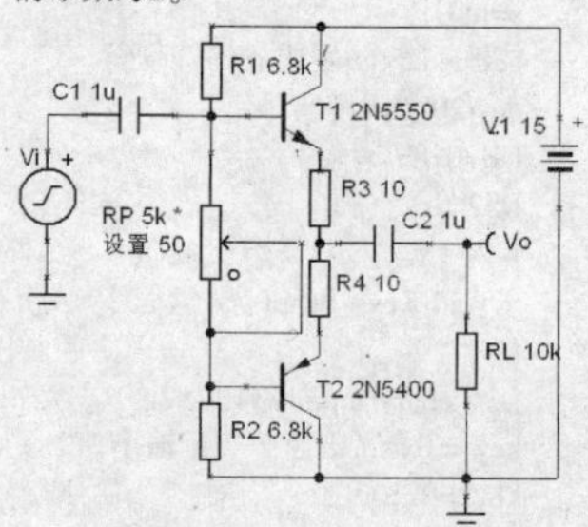

图20 功率放大电路

(1)瞬态参数扫描分析：执行【分析|瞬时现象】菜单命令，分别得到电位器阻值为1k和5k时的输入输出电压波形如图21所示。当电位器RP滑动点在中间位置，阻值为1k时，输出电压有明显的交越失真；阻值为5k时，输出电压的交越失真消失。

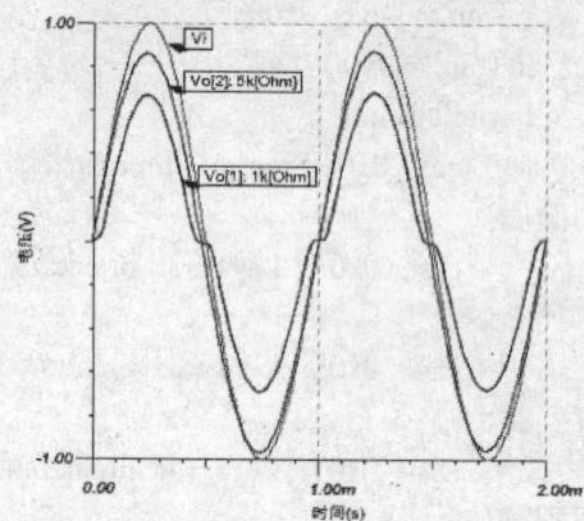

图21 瞬态扫描分析的输入、输出波形

(2)交流参数扫描分析：执行【分析|交流分析|交流传输特性】菜单命令，分别得到电位器阻值为1k和5k时的幅频和相频特性如图22所示。

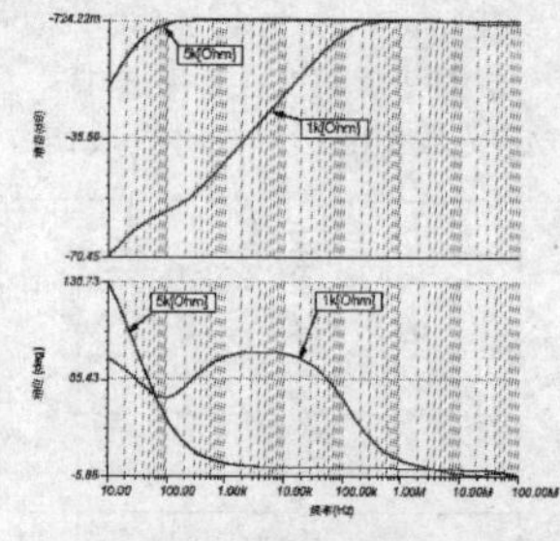

图22 交流扫描分析的幅频、相频特性

(3)傅立叶分析：执行【分析|傅立叶分析|傅立叶级数】菜单命令，进行傅立叶级数分析，可分别定量地计算出电位器阻值为1k和5k时的谐波失真系数分别为14.903%和0.32196%。

9..全波桥式整流电路

绘制如图23所示的全波桥式整流电路，理想变压器取自基本元件库中的变压器元件库，双击理想变压器后设置比率为100m，即降压变压器的变比为1:0.1；设置电压发生器为频率50Hz，电压220V的正弦波；定义输出节点，执行【插入|输出】菜单命令，分别在变压器的原副边插入输出端，用于观察变压器原副边的波形。

(1)不接入电容器C1时的瞬态仿真：双击电容器C1，将电容量修改成“0”，即为不接入。执行【分析|瞬时现象】菜单命令，得到如图24所示的输入输出波形。

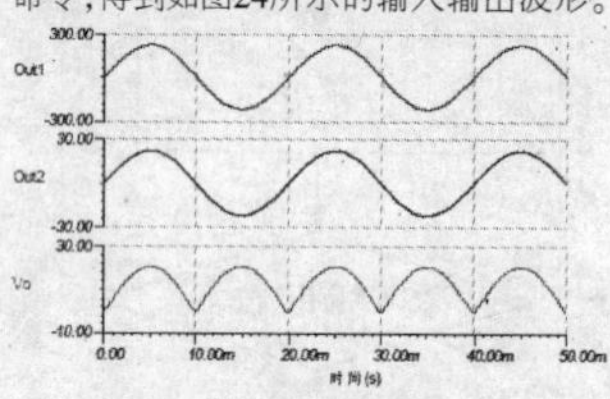

图24 输入输出波形

(2)电容器C1为220μF时的瞬态仿真：双击电容器C1，将电容量修改成“220”。执行【分析|瞬时现象】菜单命令，得到如图25所示的输入输出波形。

10.开关电源电路

开关模式电源(SMPS)电路是当代电子产品中的重要组成部分。仿真此种电路需要大量瞬时分析，会占用大量时间和计算机存储空间。为了支持此类电路的分析，TINA-TI提供了强大的工具和分析模式。绘制如图26所示的开关电源电路，在该升压转换电路中，VG1输入电压为1.2V。通过SMPS电路转换到3.3V。

执行【分析|稳态求解法】菜单命令，设置对话框，得到如图27所示的最终波形。

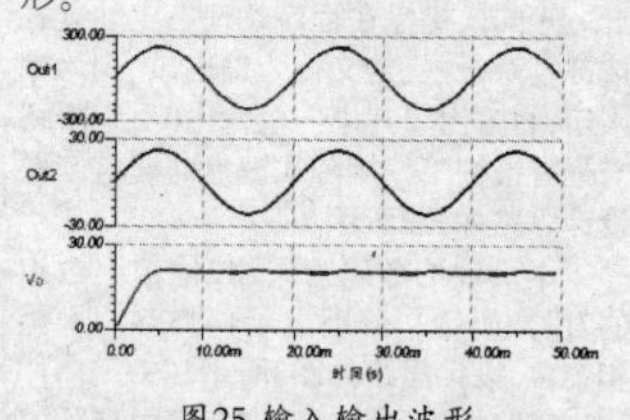

图25 输入输出波形

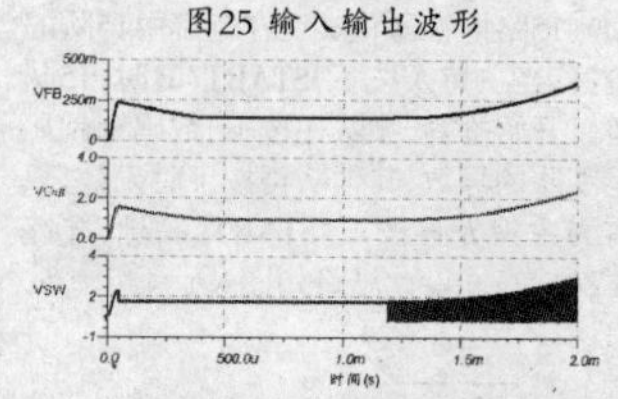

图27 稳态求解最终波形

执行【分析|交流分析|交流传输特性】菜单命令，分别得到Vout的幅频和相频特性曲线如图28所示。

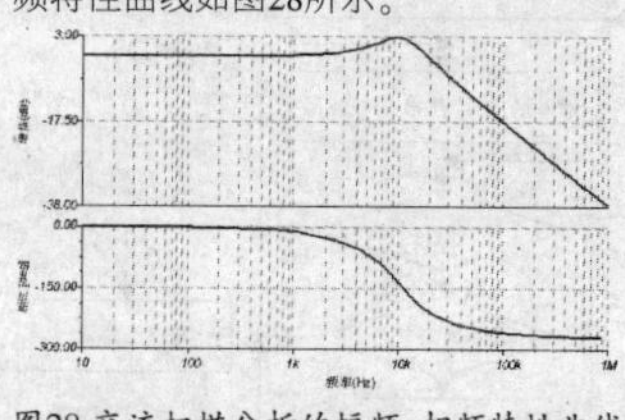

图28 交流扫描分析的幅频、相频特性曲线

11.电压比较器电路

绘制如图29所示的电压比较器电路，比较器型号为TLV349。这是一个交流滞回比较器，C1引入的交流滞回解决了传统直流滞回引起的阈值偏移问题，也减少了在切换点处的“抖动”现象。执行【分析|瞬时现象】菜单命令，运行瞬态参数扫描分析，得到图30的波形曲线。

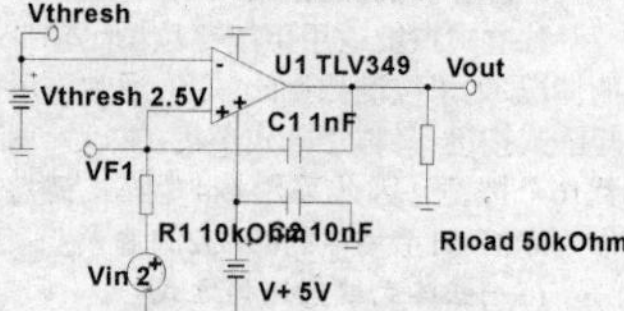

图29 交流滞回比较器

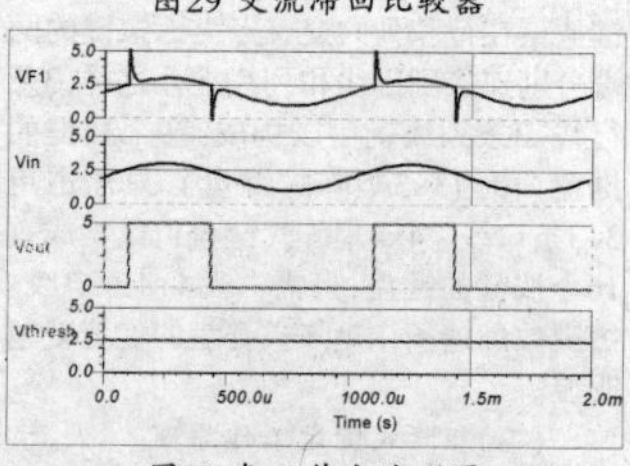

图30 各工作点波形图

12.多谐振荡器

绘制如图31所示的NE555构成多谐振荡器，执行【分析|瞬时现象】菜单命令，设置瞬时分析参数，由于多谐振荡器电路中没有静态工作点，因此在对话框中需选择“使用初始条件”或“零初始值”项，不然的话会提示“没有找到工作点”的错误消息。仿真后得到Vc端近似三角波和Out端方波输出波形。

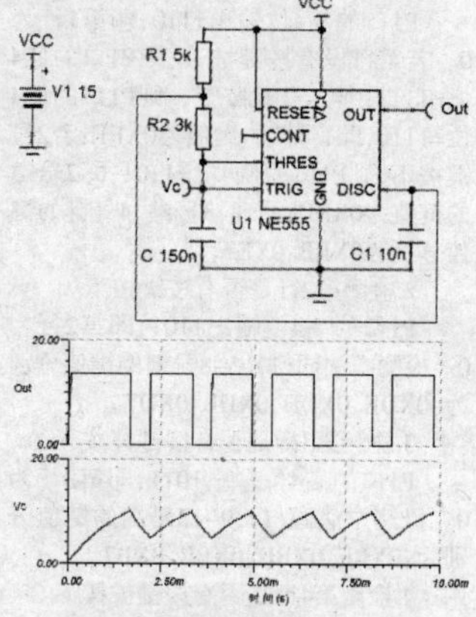

图31 多谐振荡器及其输出波形

其实，TINA软件本身自带了很多实例，读者可以点击【文件|打开例子……】，进行更深入的学习。

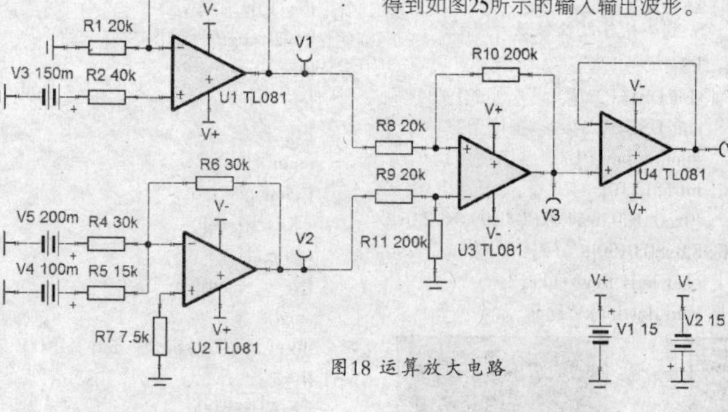

图18 运算放大电路

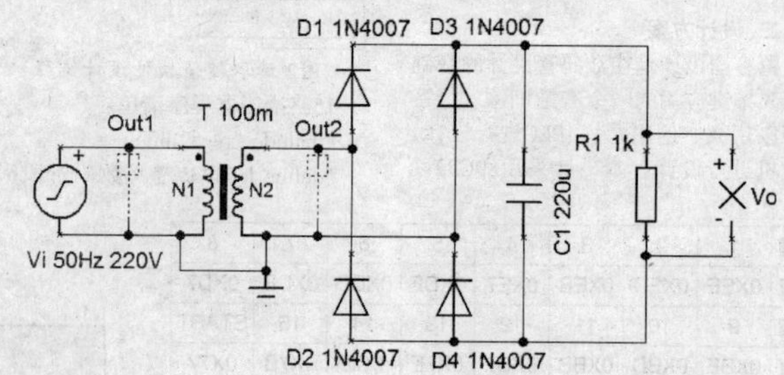

图23 全波桥式整流电路

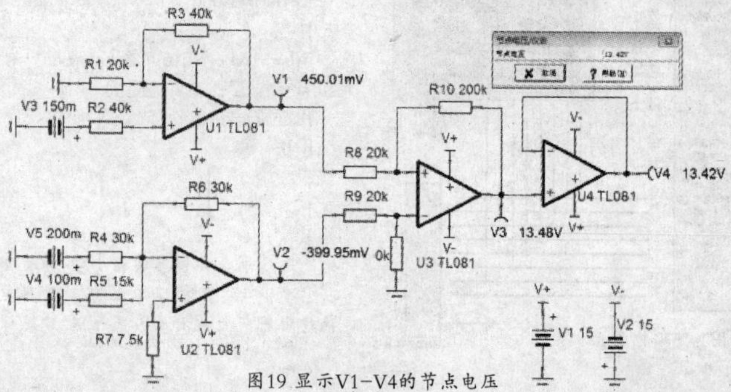

图19 显示V1-V4的节点电压

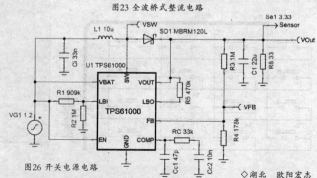

图26 开关电源电路

◇湖北 欧阳宏志

2019年物联网6大发展趋势

2019年将进入借助采用特定物联网(IoT)技术的垂直集成解决方案来简化开发和大规模部署的一年。随着众多行业依靠物联网解决方案来解决其日常挑战,我们将开始看到多个发展趋势。在看过多个试点和概念验证项目(POC)由于各种原因没有扩展到大规模部署之后,我们将最终看到具有清晰投资回报(RoI)的、被大规模部署的应用案例。数据隐私、安全性、员工安全和不断演进的监管环境将推动诸如智能建筑和工厂等特定领域中的应用。

1.用于物联网的边缘计算解决方案日趋成熟,为中小型商业/中小企业细分市场带来了颇有吸引力的商业价值

由于安全性、延迟和其他考虑因素,物联网的商业模式将日趋显现,同时其财务价值将在边缘和局域部署中实现。边缘的人工智能(AI)和机器学习(ML)将针对制造、公共安全、供应链和物流等领域进行优化;物联网解决方案的业务主张将变得明确,并且它们将从效率提升中获得回报价值。

2.针对特定应用和用例的垂直集成化端到端解决方案应运而生

提供端到端的运营商级解决方案将成为开发快速上市物联网解决方案以及提高应用采用率的关键。为了不让客户去多家公司采购各种技术(如芯片、云、设备管理等),公司将有能力去提供所有服务,以便加快应用的周期。在大型企业的数字化转型道路上,系统集成商将在物联网的引入方面扮演重要的提供者和加速器的角色。

3.借助线上电商和实体店对物联网技术的大量投资,零售业的颠覆过程仍将继续

那些一直投资于新技术的零售商,希望增加商店客流量并提供综合在线和店内体验,将继续评估和部署新兴的物联网解决方案。正如我们最近看到许多大型零售商倒闭一样,制定了物联网战略的现有和新参与者将占据市场份额。这些网络还将在诸如节能和合规等领域内被用于提升效率。合规性(食品安全、数据隐私、员工安全等)也将加速物联网解决方案的部署。

4.在全球频谱分配实践中,随着一国家增加物联网专用新频段,将推动新用例的产生

此外,我们将在全球范围内看到用于物联网的新频段。随着物联网设备预期的快速增长和在未来几年中的采用,将需要一个能够支撑所有应用的新频段。政府机构将特别关注能够支撑其所支持那些设备和关键应用而需要的带宽。

5.在更好的成本点上实现了对物联网传感器和网络的安全性提升,将加速物联网的采用

安全性一直是业界的热门话题,尽管许多消费者(例如智能家居)没有完全理解安全性的价值而在做出选择时把方便性和成本放在高于安全性的位置。随着解决方案的成熟,以及业界在可承受的成本点上提供端到端的安全性,我们将看到在所有物联网细分市场中采用更安全的端点方案。通过供应商大量投资安全功能来实现其产品的差异化,工业物联网网络变得更加安全和坚固。隐私和数据相关的法律也将不断发展以推动采用。

6.诸如5G、NB-IoT、LoRa、Wi-Fi等无线技术的互补性将在特定的垂直领域和应用中显现

我们将开始看到技术的融合(如5G、Wi-Fi、BLE、LoRa)。随着许多传感器和应用场景使用多种无线技术,这种融合将从高带宽一直到低带宽都实现覆盖。这个趋势将涵盖从农场到工厂到智能城市应用的各种用例。

◇北京 李文

搜罗2018年身边的"黑科技",笑看万物智联时代下的"新鲜事"

科技改变生活,这句话已经得到了无数次的验证。在移动互联网时代,微信改变了人们的交流方式;天猫改变了人们的购物方式;滴滴改变了人们的出行方式。如今,5G、物联网、AI等新兴技术引领下的万物智联时代,将有更多"黑科技"诞生。除了科技主流所关注的5G手机、5G公交、5G地铁、自动驾驶等,还有更多非主流的"黑科技"从生活中的小处改变着我们的生活方式,而这些科技离我们看似遥远,实则很近!

【从小处改变生活】

亚马逊"魔镜",让用户穿着虚拟服装

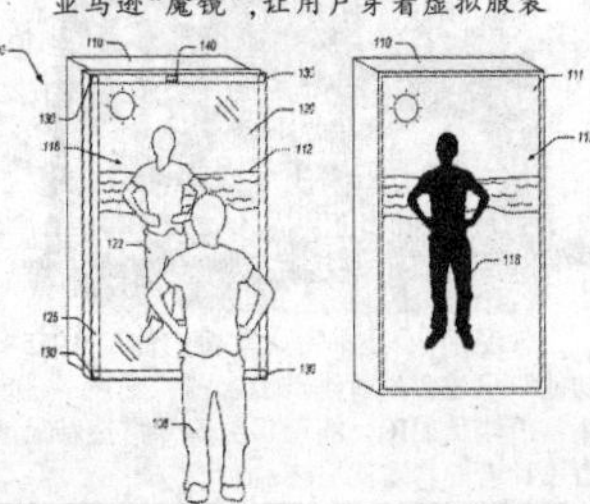

这项专利镜子通过扫描环境产生虚拟模型,然后识别用户的脸部和眼睛以确定哪些对象将被视为反射,最后虚拟的衣服和场景将通过镜子传递出来,可创造出混合现实的效果,可让网上购买服装的用户像在实体店一样试穿衣服。

日本"刷手支付",出错率仅千亿分之一

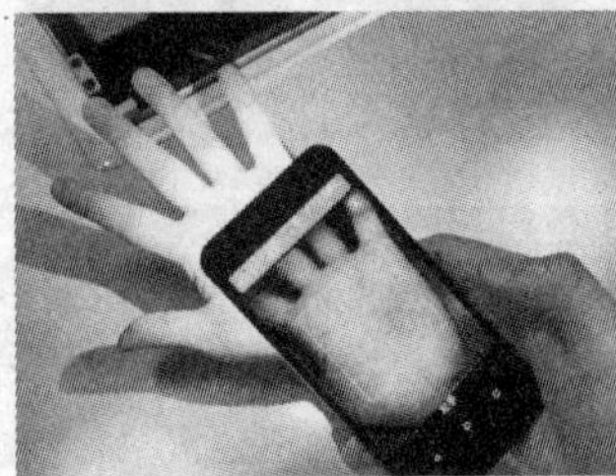

日本一家信用卡公司在去年2月试验了一款基于手掌的支付系统,消费者只要提前注册手掌信息,之后购物扫一扫手掌就可以完成支付。与二维码支付不同,JCB的刷手支付主要借助Universal Robots公司的生物识别技术,能对消费者的手相和手掌静脉分布进行精准分析。号称比刷脸靠谱,出错概率千亿分之一。

收集体温,"躺赚"比特币

去年初,荷兰一个叫"人类老化研究所"的组织研发了一套可穿戴式的热电发电机设备以捕捉过剩的体热,再将它转换成电能去挖矿。自2015年以来,这项项目一共有37名志愿者贡献了212小时的采矿时间,总共产生了127.2瓦的电力。不过按当时的成功率计算,要买得起一个比特币需要开采44,000人一个月的热力才可以完成。

女性防性侵内裤

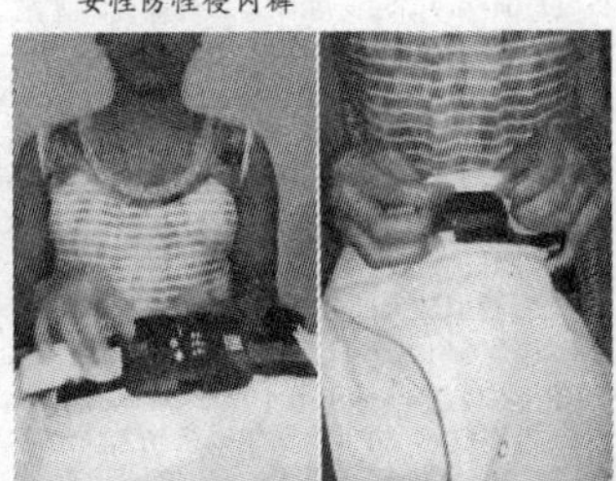

这款女性防性侵内裤配有密码锁和GPS定位系统,在遭到侵犯时,女性受害者便可利用内裤中的定位仪器向警方发出报警信号,并通过内置录像机拍下袭击者的面部。

北京一案件庭审中证人戴VR镜"重回"凶案现场

去年3月,在北京市一中院审理的一起故意杀人案中,市检一分院使用"出庭示证可视化系统"进行证据展示,目击证人戴上VR眼镜,通过操纵手柄还原凶案现场情况。据悉,像这样使用3D和VR等高科技进行证据展示,在全国还是首次。

MIT科学家打造"人体芯片"

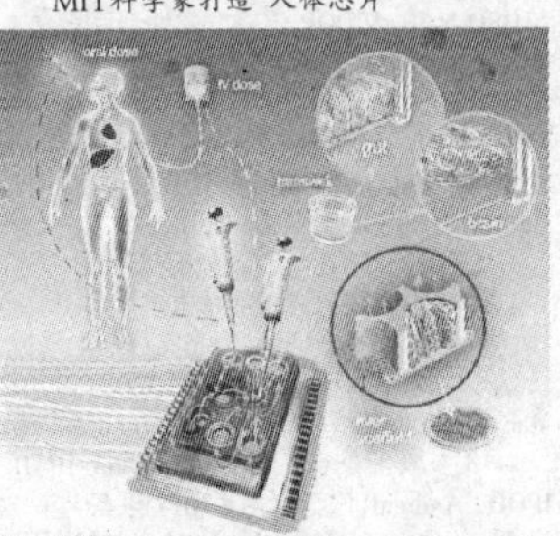

这是一种被称为有可能彻底改变人类未来进行药物测试的方式的"人体芯片"。最新版本的"人体芯片"装置能够将包含肝脏、肺、肠道、子宫内膜、大脑、心脏、胰腺、肾脏、皮肤和骨骼肌在内的10种不同器官的细胞整合到一起。科学家们可精准操控分子交换的流速以及药物的分布。

腾讯数字虚拟人Siren,与真人傻傻分不清楚

数字虚拟人Siren由腾讯互娱事业群的NEXT Studio与多家公司联合团队开发。她所有的动作表情都是实时捕捉并实时渲染。只要将动捕设备戴在穿戴者头上,它就能实时跟踪200多个面部特征点,并将这些数据实时地映射到Siren的面部Rig驱动Siren的3D脸部模型。Siren能够模仿演员最细微的身体动作和面部表情,甚至像丘疹和可见毛孔也可以呈现。因此,很难区分这个角色和它创建的真实女演员。

《终结者》?人工智能皮肤问世

格拉斯哥大学的可弯曲电子学和感知技术研究团队研发了一款人造智能皮肤,他们宣称未来有一天能够借助这项技术为截肢患者带来更加完善的修复学,或者打造出具有敏感触觉的机器人。或许在不久的未来,《终结者》中人工智能与机器的完美结合将在现实中上演。

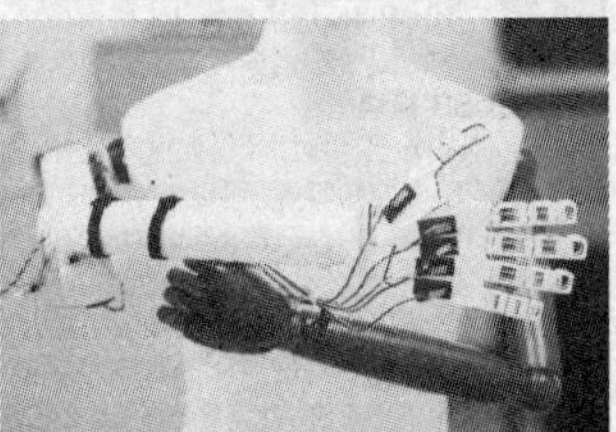

现实中的"变形金刚"

日本千叶工业大学的未来机器人技术研究中心和产品设计师山中俊治等人在去年7月4日宣布,他们开发出了可变形为摩托车的伙伴机器人"CanguRo"。这款机器人除了能像伙伴那样辅助日常生活之外,还能变形为摩托车,为人的出行提供帮助。

智能耳环:可打电话可测心率

耳环除了能作为时尚配饰之外,还能做什么?美国时尚创业公司Peripherii在耳环里隐藏了Siri和Google Assistant等语音助手的模块,通过蓝牙与智能手机连接就可以让我们直接用耳朵听到来自智能手机的消息。除此外,它内中还包括了微处理器、电池和麦克风以及多颗传感器,用来接收佩戴者的语音命令和检测其运动数据、热量消耗和心率。对于女性,它最大的亮点还包括可拆卸设计,可更换不同款式的外壳来满足女性用户"善变"的特质。

◇徐惠民

在此感谢合作媒体《物联网智库》提供素材

(本文原载第8期2版)

采用模块打造前卫的音频解码器方案

国内各地发烧音响唱片展期间，发烧耳机与耳放展房里吸引了众多年青一代音响玩家，各类数字播放机、音频解码器与音频转换器让观众目不暇接、大开眼界。其中音频解码器种类较多，功能也各不相同，价格从数百元、数千元、数万元都有选择。如何选购一台实用的音频解码器或者用较少的费用打造一部音频解码器是很多烧友关心的话题。

传统的HIFI音频解码器多支持光纤、同轴数字音频输入，模拟音频输出，网络时代新型的音频解码器大多具有USB 音频解码的功能，方便与电脑与手机相连。

如今台式电脑、笔记本电脑、平板电脑、智能手机、网络播放盒等新型数码设备较普及，作为数字音乐播放，我们可把这些新型数码设备当作数字音乐转盘，可通过USB线连接专用的USB 音频解码器来升级信号源。用专用的USB 音频解码器处理信号要比传统的数码设备自配的模拟音频好很多，可使声音到达一个全新的境界，国内高端的音乐手机已采用类似的方案。

对于商品机来说，音频DAC多采用一体化大板设计，但研发周期较长，研发投入费用较高，最终产品上市后多数不会平价销售。为能批量生产，解码器某些功能作了取舍，不可能面面俱到。但在业余条件下，可通过模块化设计快速打造自己喜好的个性化音频解码器，原理框图如图1所示，该方案是可行的，在此笔者作一介绍。模块可由多部分组成，如：USB 模块、HDMI 4K 切换模块、I^2S 切换模块、音频DAC、模拟放大部分、多功能电源板等。

一、USB 模块

英国XMOS 运用较广泛，如信号处理、物联网、智能家电控制等等。可以把XMOS 看作为DSP+ FPGA，音频处理只是XMOS 的一个小应用。国内外很多音响厂家都在使用XMOS，在音响展上数万元的音频解码器、数播、耳放都可可见其身影。比如日系很多AV功放选用XMOS 作USB 音频处理，国内很多作高端4K 网络播放机的厂家同样用XMOS作音频处理。

LJAV-USB-HIFI007 模块是基于XMOS器件开发的HIFI Audio USB 声卡处理器，外观如图2所示，(有专业版、民用版与定制版等版本)，该模块基本涵盖了现有外置声卡的功能，广泛应用于各类音频行业，可给音乐爱好者与音乐发烧友带来全新的音乐响享受。

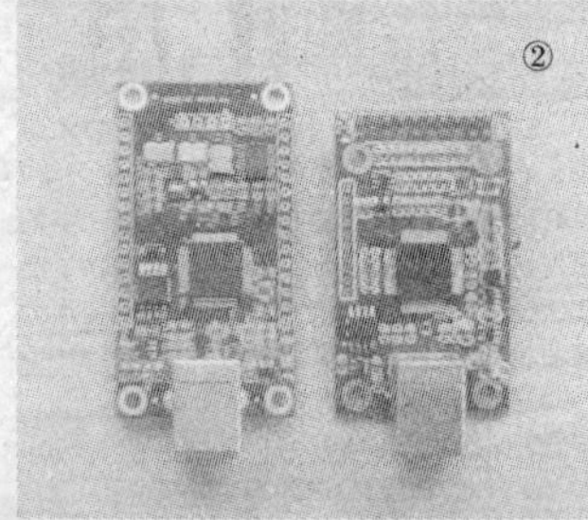
②

LJAV-USB-HIFI007 声卡模块具有如下功能特点：

1.USB供电，可无需外置电源

2.即插即用，便携易用

3.采用高精度的外部时钟，以及低抖动的异步USB时钟

4.无损音质还原，高采样率输出，支持PCM、TDM和DSD编码

数字音频的编解码主要有I^2S/PCM/PDM/TDM。读者对PCM 与DSD多有了解，本报也有多篇文章作专题介绍，在此不再多谈。I^2S信号传输两个声道的信号，多通道传输好理解，比如7.1声道多用4路I^2S信号传输。

当同一个数据线上传输两个以上的通道数据时，就可使用TDM 格式。TDM 数据流可以承载多达16通道的数据，并且有一个类似于I2S的数据、时钟结构。TDM常用多个源馈入一个输入端，或单个源驱动多只器件系通。比如4麦克风ADC可以用两路I^2S信号传输，或用1个TDM 端口传输。比如8麦克风ADC可以用4路I^2S信号传输，或用1个TDM 端口传输。

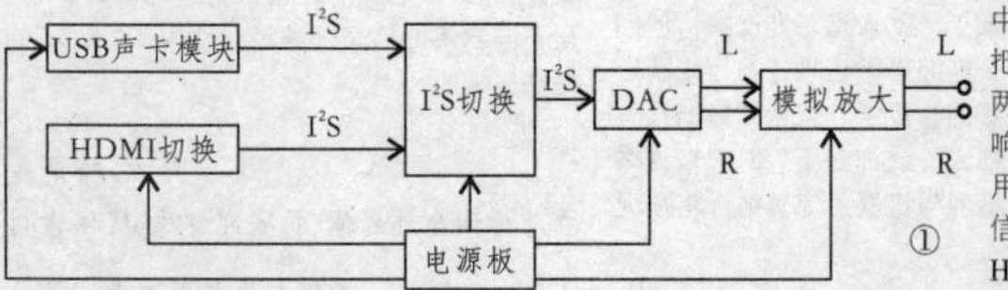

①

5.PCM采样率输出44.1~384KHz(定制版可支持768KHz)，以及多种位深度（16~32BIT）

6.DSD 支持Native 和DOP格式，支持DSD64—DSD512

商业化的DSD只有SACD，也就是DSD64的格式，现在正常销售的音源也基本上是DSD 64。

DSD Native：直接DSD 数据传输，通过USB 2.0以1bit 2.822Mhz或其倍数传输DSD编码的数字信息。

由于DSD 一直作为官方标准而存在，其传输受到限制。同时Apple 硬件及操作系统都不支持USB 输出DSD Native，仅支持PCM 。如何突破这种限制，那就是DOP协议。

DOP：利用PCM 数据传输通道传输DSD数据，一种基于USB开源协议，并且可以扩展到Firewire，AES/EBUS/PDIF，这使得DSD编码能被广泛的使用。DOP 只是一个协议，只是一个对DSD数据的包装，并没有改变任何DSD数据的信息，仅仅是一个封装的过程，并且借用PCM数据进行传输，并非某些发烧友所说的DSD 转PCM 。

LJAV-USB-HIFI007 声卡模块能同时支持DSD Native和DOP 传输方式的音频解决方案，支持DSD64—DSD512，但需要配合相应的驱动程序。

7. 支持多种接口：I^2S in/out，TDM in/out，S/PDIF in/out MIDI in/out

8.支持USB固件升级

9.支持I^2S，可配置外置编解码芯片

10.支持免驱与有驱两种方式

11.可扩展多个通道，最高支持64个通道

12. 多平台兼容，支持XP、Win 7、8、10，Mac OSX10.6.4 以上，LINUX、Android等

13.多设备兼容，支持PC、iphone、IPAD、IPOD、Android，广泛运用于HiFi 设备与专业设备，如数字音频播放器，USB 音频解码器、数字调音台、数字音频处理器、数字影音等设备。

LJAV-USB-HIFI007 模块功能众多，我们可利用模块开发为多款产品。比如该模块支持多种接口：I^2S in/out、TDM in/out、S/PDIF in/out、MIDI in/out，那可开发成一款音频转换盒，可实现USB 音频解码、同轴数字音频输出，也就是某些发烧友所说的"数字界面"，传统的家用音频解码器接上"数字界面"，就可与网络音频联在一起。

比如该模块前端输入若与X86的主板或ARM 的主板整合在一起，就有可能开发成高端的数字音频播放机。

由于该模块最高支持64个通道，比如该模块若利用可扩展的多个通道，可开发成8进8出、16进16出、32进32出的数字调音台。

比如该模块若与其他信号切换板及其他I^2S输入的发烧DAC 相配套，就有可能打造一款前卫的多功能音频解码器。

二、HDMI 4K 切换模块

通过HDMI 线传输高清音频信号是一个方向，不过生产厂家都看重5.1、7.1、13.1 等多声道信号处理。对于两声道，很少有厂家愿开发HiFi HDMI 高清音频解码器。由于HDMI高清传输支持192KHz/24bit的PCM/ 与DSD的音频数据传输，开发HiFi HDMI 高清音频解码器也有必要。

LJAV-HDMI-H 01 切换板外观如图3所示，支持4路4进2出 4K HDMI高清信号切换，1路S/PDIF 音频信号输出，4路I^2S 音频信号输出。该板性能稳定，曾在LJAV DSP001 功放中使用。可以把该板移置于两声道HIFI音响中，只需使用1路I^2S输出信号，LJAV-HDMI -H 01 HDMI 板输出的I^2S信号与LJAV-USB-HIFI007 USB板输出的I^2S信号经I^2S切换选择后传输至音频DAC板。

③

三、I^2S切换模块

可利用74HC157 等其他数字IC 实现I^2S信号切换，可以2进1出I^2S切换，可以4进1出I^2S切换，可以单独作成一模块小板，也可与DAC部分整合在一个板上。

四、音频DAC

作为专业音响生产厂家多采用较新的ADC 与DAC 方案，其实批量采购(1K以上)很多IC 价较平，不过需专业的技术人员作开发，一般音响爱好者运用这类IC多有困难。

SACD 的重放并不是一个新技术，很多年前都已存在，二十年前国内就有SACD唱机供应。由于版权因素，SACD没能大量普及，某些DAC 如CS4398、PCM179X 就在DA内部有一个 pure DSD 通道，即可用于PCM 解码，又可用于DSD解码，仅支持DSD64。早期的数播并没有支持DSD，即使支持DSD，也并没有利用它的原生DSD通道，在DA 内部采用DSD转PCM。如今支持原生DSD的数播很多，播放软件也很多，相应的市场上音频解码器的功能越来越多，指标越来越高。ES9018、ES9028、ES9038、AK4458、AK4495、AKM4497 这些支持PCM与DSD 解码的 IC受到音响发烧友的热捧！

LJAV-USB-HIFI007 模块既可以搭配最前沿的音频ADC 与DAC，如AK5558音频ADC可支持768KHz/32bit 的采样率；AKM4497音频DAC指标较高，PCM 支持768KHz/32bit 的采样率，最高可支持DSD512 。当然该模块也可搭配传统的ADC 与DAC，如AK5368(支持192KHz/24bit 的采样率，8通道ADC）与DAC如（CS4398、PCM1738、PCM 1792、AD1955等，支持PCM与DSD解码)，当然其他优秀的DAC 如 PCM1793、PCM1794、PCM1795、PCM1796、PCM1798、WM8740、WM8741、ES9016、ES9018、ES9028、ES9038、ES9018 都可一试，甚至某些经典DAC 如PCM63、PCM1704 都可试试。由于多数音响爱好者或音响厂家开发人员根据IC 生产厂家的PDF文档的推荐电路来设计产品，声音不会差多少。但高端IC有时较难"驾驭"有时为了更好听，可能需修改外围电路，如部分解码芯片模拟信号输出所用的滤波器电路，这也是某些商品机"好声"的密秘。

五、模拟放大部分

由于简化生产工艺，厂机多用运放作线路放大，也有商品机用电子管作线路放大，胆石输出可切换，用电子管作线路放大好处众多，如空间感明显、音乐感加强。部分音频解码器特意把电子管露于机壳外以增加美感，同时也增加了卖点。这方面电子报可参考的电路太多，如DAC 运放滤波后多增加6N3、6N11、6J1、12AX7、12AU7的模拟放大电路。

六、多功能电源板

LJAV-DY-01多功能稳压电源板外观如图4所示，该板由两支6Z4整流，由6P3P、6N1与WY2 组成的串联式稳压电路，高压直流输出200V~260V可调，由5只LM317组成的5个独立稳压电路，输出电压3V~30V可调，可5组单电源，如3.3V、5V两组，6.3V 两组；或3组单

④

电源与1组双电源输出，如3.3V、5V、6.3V 各1组，正负15V 1组，输出电源可供USB 解码模块、HDMI 4K 切换模块、I^2S切换模块、音频DAC、模拟放大部分等工作。如3.3V、5V供数字音频处理IC，正负15V 供DAC 板运放滤波，6.3V供模拟放大的电子管。5组低压直流可调，应根据电子管的特性选择灯丝直流供电或交流供电，而不是一成不变。

由于采用模块化设计，可以方便更换某一模块，如根据成本预算或喜好选择某个DAC 模块；也可根据成本预算去掉某一模块，比如去掉HDMI 切换模块，这时I^2S切换模块都可省去。模拟电路作简化只用运放滤波与放大，省掉电子管放大部分，如图5所示是XMOS 播放版与AK4495组成的PCM、DSD 解码方案。搭配目前较高端的384KHz /32bit或768KHz/32bit解码芯片，直接解码384KHz /32bit 与768KHz/32bit 384K音频信号，享受母带级音频带来的极致乐趣。

⑤

由于CD 技术很成熟，某些CD 机做工较好，44.1KHz /16bit声音也很好听，理论上CD机也可改装为音频DAC。利用某些闲置或报废CD机，如用PCM63、PCM1704等方案的经典DAC，我们可把某些闲置的CD 机芯与伺服电路板去掉，某些发烧CD机使用192KHz /24bit的音频DAC，如图6所示是LJAV-USB-HIFI007 模块利用一款国产CD 机的DA 转换部分与利用DSP001 7.1 功放的机箱，组成的多功能双声道192KHz/24bit PCM音频解码器方案。由于 LJAV-USB-HIFI007 模块I^2S输出兼容44.1 KHz/16bit 与96 KHz/24bit格式，可以外接PCM63、PCM1704的解码板。

⑥

如图7所示是采用运放输出的AD1955多功能双声道音频解码器示意图，好声不一定用售价较贵的IC，能用平价器件打造精品要看设计者的功底。

⑦

如图8所示是采用胆石混合输出AD1955组成的多功能双声道音频解码器示意图。

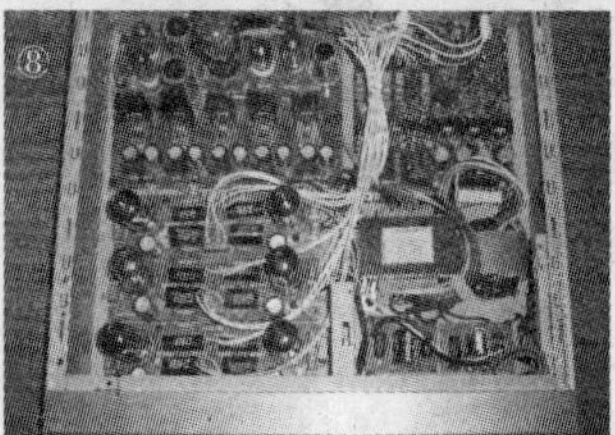
⑧

HiFi一步到位意味着尝鲜、有可能付出更多的费用，也有可能造成资源的闲置与浪费。读者应根据自身情况合理选择，采用相应模块打造所需要的音频解码器。

◇广州 秦福忠

编辑：小 进 投稿邮箱：dzbnew@163.com

邮局订阅代号：61-75 国内统一刊号：CN51-0091

微信订阅纸质版
请直接扫描
邮政二维码
每份1.50元 全年定价78元
四开十二版 每周日出版

扫描添加电子报微信号
或在微信订阅号里搜索“电子报”

2019年2月17日出版 实用性 启发性 资料性 信息性
第7期 国内统一刊号:CN51-0091 定价:1.50元 邮局订阅代号:61-75
地址:(610041)成都市天府大道北段1480号德商国际A座1801 网址:http://www.netdzb.com
(总第1996期) 让每篇文章都对读者有用

如何看主板几相供电

主板，从英文mainboard或者motherboard可以看出作为一台电脑各部件的综合载体，其质量和性能关系到其他配件的发挥。我们在购买主板时，经常听到商家的推荐："你看这做工用料，X相供电！"。高端一些的品牌主板与低端主板在供电上的差距是相差很大的，本文在这里为大家简要介绍一下，如何看待主板几相供电。

主板供电主要依据CPU的结构来设定，而往往很多小白有个意识很容易走进误区，那就是"几个电感就是几相供电。"

首先我们要知道，主板配件的用电大户主要是CPU和GPU，而CPU的功耗也越来越低，直流电不可能直接给CPU/GPU供电，所以要一定的电路来进行高直流电压到低直流电压的转换；而线性电源串接在电路中的电阻部分消耗大量能量，容易导致主板高温且电压转换效率低，因此主板是不可能采用这种供电方法。一个完整的"单相"供电电路由PWM(Pulse Width Modulation，即脉冲宽度调制)芯片、MosFET、电容、电感组成。

先看各部分的功能与介绍：

PWM

利用数字输出的方式对模拟电路进行控制，可对模拟信号电平实现数字编码。通过输出N路脉冲宽度可调方波，控制MosFET的开关得到相应的电压；供电电路相数和对应数量的控制能力息息相关。

MosFET Driver

根据PWM的方波信号，控制MosFET的开关。

MosFET

又叫MOS管，起到开关作用，通过它的开关频率可以得到相应的电压。每相的上桥和下桥轮番导通，对这一相的输出扼流圈进行充放电，就会在输出端得到一个稳定的电压。

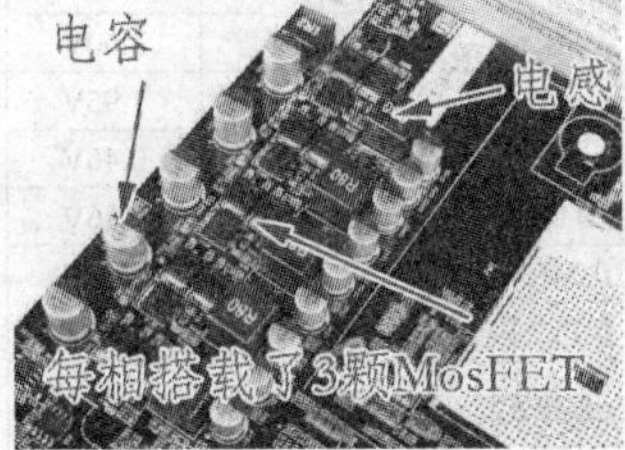

由于每相电路都有上桥和下桥，所以每相至少有两颗MosFET；为了提高导通能力，有的并联了两三颗甚至更多的MosFET。

电容

通过存储电能为CPU/GPU供电，同时起到滤波作用。现在用料讲究一点的都用固态电容(主要是铝电解电容)，其性能和寿命受温度影响更小。

电感

又叫输出扼流圈，搭配MosFET在一定时间内的开关可以得到相应的电压，同时起到滤波和储能作用。一般说来每相配备一颗扼流圈，但也有少数主板有每相使用两颗扼流圈并联的情况。

电感又分为半封闭式、全封闭式和环形电感，其中以全封闭式电感最佳，因为它能更好地屏蔽外界的电磁干扰，性能最为稳定。

在标准的供电系统中，我们可以按"N相就是N个电感+2N个MosFET"来判断几相供电，但往往很多主板属于加强的供电系统就需要甄别了，一般规范的品牌主板都会在包装盒子或者说明书上注明供电相数。

以最为常见的ATX电源为例，分别列出了"单相"供电电路、"两相"供电电路和"三相"供电电路。

通过此图可以看出"单相"供电电路，使用到的元器件有输入部分的一个电感线圈、一个电容，控制部分的一个PWM控制芯片、两个场效应管，还有输出部分的一个线圈、一个电容。

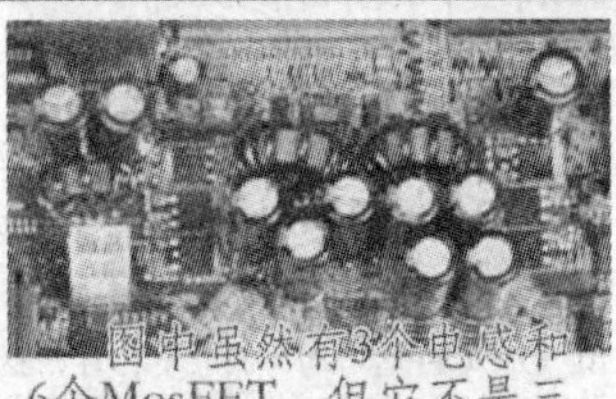

图中虽然有3个电感和6个MosFET，但它不是三相供电而是两相;因为左边的电感是一级电感，这是一个用两个电感和六个场效应管构成的是"两相"供电电路。

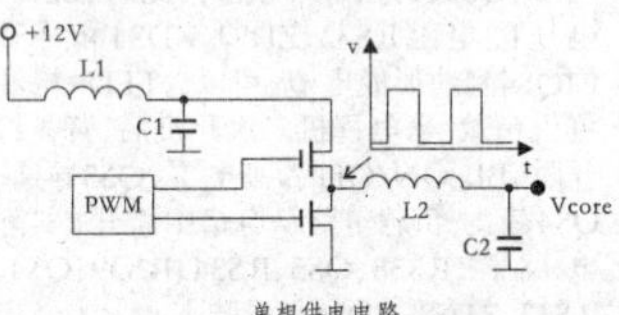

单相供电电路

ATX电源供给的12V电通过第一级LC电路滤波(L1,C1组成)，送到两个场效应管和PWM控制芯片组成的电路，两个场效应管在PWM控制芯片的控制下轮流导通，提供方波信号，然后经过第二级LC电路滤波形成所需要的电压了。

由于场效应管工作在开关状态，导通时的内阻和截止时的漏电流都较小，所以自身耗电量很小。

不过"单相"供电一般只能提供最大25A的电流，而现在的CPU加上GPU早已超过了这个数字，单相供电无法提供足够可靠的动力，一般主板的供电电路设计至少需要"两相"甚至"多相"的设计。

这是一个"两相"供电电路，可以看出它是两个"单相"电路的并联，可以提供两倍的电流。

"三相"供电则由三个单相电路并联而成的，可以提供三倍的电流。

"三相"供电相比"两相"供电有以下优势：

1.可以提供更大的电流。因为电感，场效应管本身的选择也对能够承受的最大电流产生重要影响，选择承载电流强度大的元器件同样可以提高电流的承载能力，有的电感在120℃左右仍能正常工作。

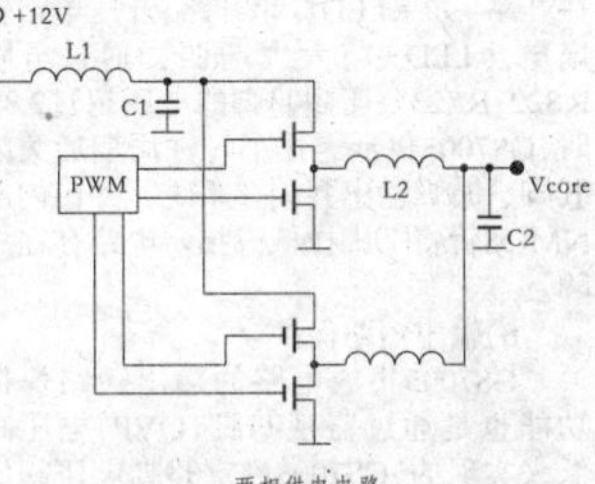

两相供电电路

2.可以降低供电电路的温度，因为电流多了一路分流，每个器件的发热量自然减少了。其实供电电路是主板上温度最高的区域之一，甚至比处理器本身还热，有很多厂家已经对这部分电路增加散热措施，如果长时间工作在高温下，显然对器件不利，对主板的稳定不利。三相电路可以非常精确地平衡各相供电电路输出的电流，以维持各功率组件的热平衡，在器件发热这项上三相供电具有优势。

3.三相供电获得的核心电压信号也比两相的来得稳定。但是三相供电的元器件相对较多，不利于散热，元件之间的干扰也较大。

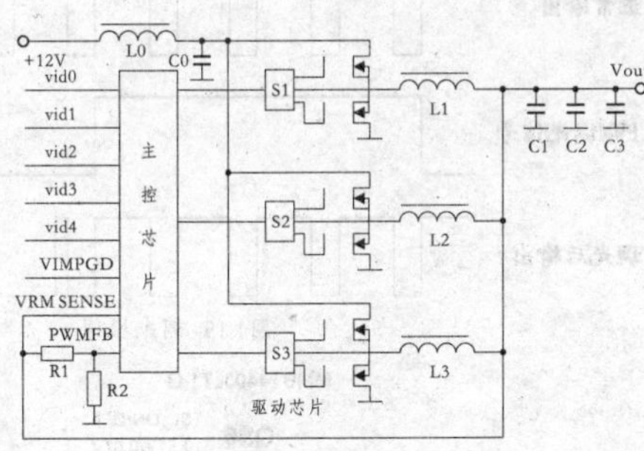

三相供电电路

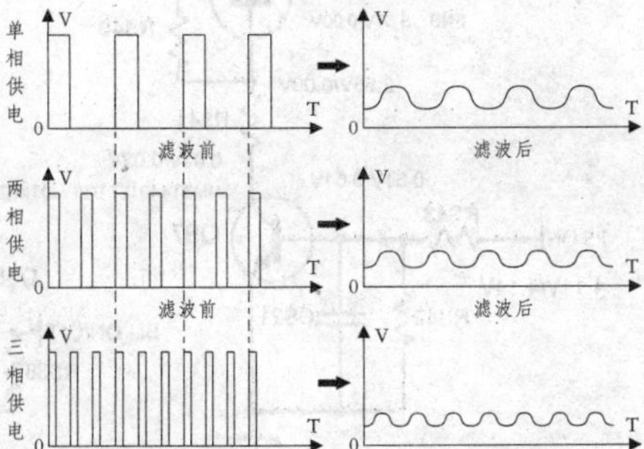

(本文原载第5期11版)

长虹FSPS35D-1MF电源深度解析(五)

(紧接上期本版)

6)调光控制

亮度控制信号从二合一电源组件CN3插座⑨脚(PWM DIM)进入,经电阻RS24(1KΩ)传输到US2(GS7005)的⑦脚。GS7005的⑦脚是亮度控制信号的输入引脚,受外部PWM脉冲控制。⑦脚PWM调光脉冲在高电平期间,内部调节器保持正常输出。⑦脚PWM调光脉冲为低电平时,电流调节器部分将暂停电流输出(关闭⑪脚gate电压输出),而升压部分仍将保持输出,但升压驱动电路的PWM脉冲占空比将受到影响,可以参看图1.15所示波形。

⑦脚直流电位在0V~3.6V之间变化,LED+端电压会在85.5V~103V之间变化。⑦脚外部经电阻RS30(100KΩ)到地,确保在无PWM DIM信号进入GS7005时,将⑦脚的电平值下拉到0V,让背光亮度处于最低状态。

7)负载开路保护

GS7005集成电路通过监视⑬脚(OVP)电压高低来判定LED灯串是否存在开路。如果LED灯串开路,升压电路输出电压LED+将大大增加,通过电阻RS22、RS23分压到⑬脚的电压超过2.8V时,GS7005将延迟几个时钟周期后关闭⑪脚、⑯脚输出并锁存系统,并由内部NMOS管将②脚拉低以指示电路存在故障。

8)输出短路保护

GS7005集成电路的输出短路保护功能也是通过监视⑬脚(OVP)电压高低来实现的,GS7005设定⑬脚电压阈值100mV为输出短路。电路元器件正常的情况下,待机时,LED+电压约为46.9V,经电阻RS22、RS23分压到⑬脚的电压为0.84V。二次开机后LED+电压在85.5V~120V范围内,⑬脚分压电压在1.53V~2.15V之间变化,都不会被视为输出短路。如果输出短路到地或整流二极管DS10开路,⑬脚电压下降到0.1V时,GS7005延迟3~4个保护时钟(PCLK)后执行输出短路保护,延迟时间由连接到⑤脚外部电容CS9设定。

4、开待机控制、背光开关控制

开待机控制、背光开关控制电路如图1.16所示。TV主板过来的二次开机信号从CN3插座⑩脚(PS ON)进入电源组件,在电视机待机时该信号为0V低电平,电视机主板二次开机后,跳变为高电平。PS ON信号经电阻RS43加在NPN型三极管QS7的基极,控制QS7工作在饱和导通和截止两种状态之一。TV待机时,主板输出的PS ON信号为低电平,QS7截止;二次开始时,主板输出的PS ON信号为高电平,QS7饱和导通。电阻RS42用于PS ON信号分流,CS21用于滤除干扰信号,避免干扰脉冲信号导致的误开机动作。

BL_ON/OFF信号是电视主板发出的控制背光打开或关闭的信号,电视机待机时该信号为低电平,二次开机后变为高电平。BL_ON/OFF信号从CN3插座⑧脚进入电源组件,进入电源组件后,BL_ON/OFF信号分两路。一路送入QS6的发射极,当QS7饱和导通(二次开机)时,QS6饱和导通,BL_ON/OFF信号经QS6的发射极、集电极形成高电平的ENB信号。高电平的ENB信号经电阻RS15送入背光驱动集成电路GS7005的③脚(EN脚),使GS7005开始工作,实现了二次开机后背光被点亮的目的。当电视机处于待机状态时,PS ON信号、BL_ON/OFF信号均为低电平,背光驱动集成电路GS7005的③脚(EN脚)被电阻RS16下拉到低电平,GS7005停止工作,背光熄灭。另一路BL_ON/OFF信号加在MOS管QS5的栅极,QS5倒相后送入QS4栅极,再次进行倒相。当电视机处于待机状态时,BL_ON/OFF信号为低电平,QS5截止,QS4导通,此时,LED+电压经电阻RS33、ZDS3、ZDS4和导通的QS4到地形成电流,可以为LED+电源接入负载。当电视机二次开机后,背光打开时,BL_ON/OFF为高电平,QS5导通,QS4截止,负载电路从电路中断开。实际电路中RS38、QS5、RS34、RS39、QS4、RS33、ZDS3、ZDS4都未装入。

电视机主板在软件设计上,BL_ON/OFF信号延迟于PS ON信号一定时间,以避免二次开机过程中液晶屏被提前点亮而让观看者看见不该显示的内容。

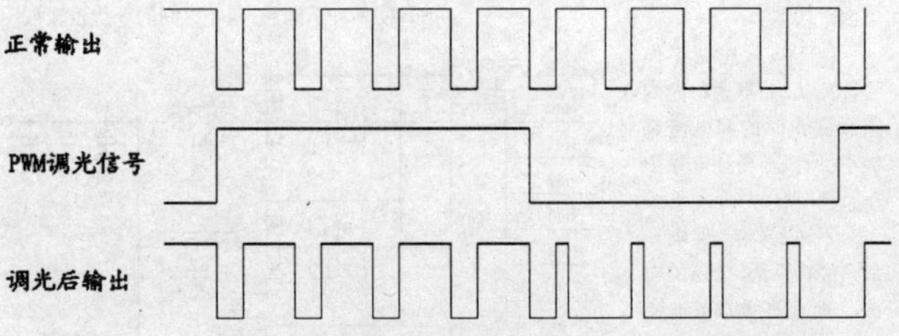

图1.15 调光操作

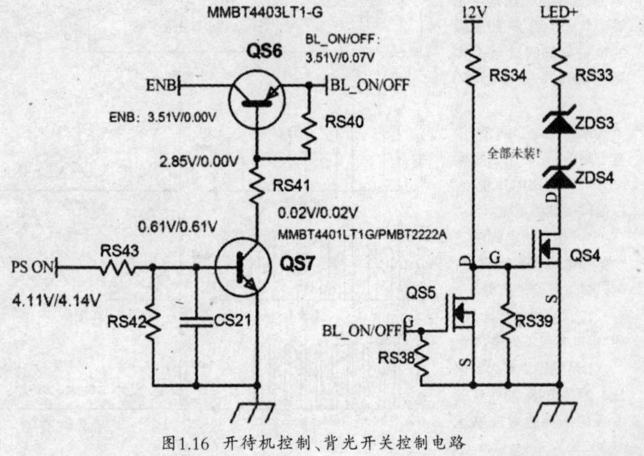

图1.16 开待机控制、背光开关控制电路

四、工作原理精要及检修要点

传统液晶电源组件通常向TV主板提供待机3.3V_STB(或5V_STB)以及5V_4A、12V_INV(或24V_INV)、15V~24V的伴音供电等多路电源电压。FSPS35D-1MF 190电源一改传统液晶电视电源输出多路电源到电视主板的设计思路,而只输出一组12V电源至电视主板,由电视主板再形成自身所需的如3.3V_STB、5V_STB、5V_4A、12V等供电。

由于只向TV主板提供一组电源,这一组电源无论在待机还是二次开机之后都应正常存在,所以TV主板的二次开机信号就不能再对电源进行开待机控制。虽在硬件上看来和以往一样的由主板向电源组件提供了PS ON的控制信号,但此信号仅参与了背光部分电路工作的控制。甚至在3D32B3100iC机型上,PS ON信号一直维持约4.1V的高电平,PWM DIM信号也始终维持约3.7V的高电平信号,二次开机时仅由BL_ON/OFF信号对背光驱动集成电路GS7005的EN脚进行控制。

电源部分还输出了一组V1电源,它是LED背光升压电路的能源,无论在待机还是开机时都存在,二次开机后约为40V,而在待机时由于没带负载,电压约为47V。

FSPS35D-1MF 190电源可以不接入任何负载,不对任何信号做短接,只需要保证交流220V进入电源组件,电源组件就应该输出12V电源。但由于此时的电源负载极其轻微,输出电压会在12.0V~12.3V之间跳变,若负反馈等电路未彻底修复,可能出现故障扩大化。因此,电源部分单独维修时,应在12V电源输出端与地之间接入一颗3W/100Ω~1KΩ的电阻作为负载,对应的输出电流为12mA~120mA。在维修负载能力有问题的电源组件时,应减小12V电源上所接假负载阻值,以增大电源组件输出电流,建议使用1只5Ω/50W~12Ω/50W或等同效果的电阻性负载。使用5Ω负载时,电源输出电流约为2.4A,使用12Ω负载时,电源输出电流约为1A。

维修LED背光驱动部分电路时,需要给PS ON、BL_ON/OFF、PWM DIM三个信号同时施加3.3V高电平以模拟二次开机,背光升压、驱动集成电路GS7005才会进入工作状态。由于FSPS35D-1MF 190电源上没有产生3.3V供电,需要使用电阻限流的方法将PS ON、BL_ON/OFF、PWM DIM三个控制信号短接到12V电源:将CN3插座⑧、⑨、⑩脚加锡短接,在加锡焊点与CN3插座①、②、③脚(12V)任意一脚跨接一颗8.2KΩ~10KΩ的电阻。跨接电阻在8.2KΩ~10KΩ范围时,施加到加锡短接焊点的电压为3.0V~3.5V之间。注意:跨接电阻不要过8.2KΩ~10KΩ范围,超过该范围之后,施加到加锡焊点的电压会偏离3.3V。

维修LED背光驱动部分电路时,同时还需要在LED+、LED-之间接上原机LED灯串或效果等同的LED灯串作为负载,背光升压、恒流驱动集成电路GS7005才不至于保护。FSPS35D-1MF 190电源、背光二合一组件的LED灯串电流被设定在190mA,维修时也可以使用0.39KΩ~0.62KΩ阻值的功率电阻作为假负载来维修背光驱动电路。电阻值取0.39KΩ时,LED+电压将下降到约74V,电阻值取0.62KΩ时,LED+电压将上升到118V左右。建议使用0.51KΩ/30W和0.56KΩ/30W两个标称阻值的电阻器作为负载,可以使负载电流基本等同原机LED背光灯串电流,并确保LED+电压在95V~108V之间变化。

(未完待续)(下转第72页)

◇周 钰

表1.6

引脚	符号	功能描述	在路阻值(二极管档)		黑表笔接地
			红表笔接地	开机电压(20V档)	
①	GND	地	0.002	0.002	0.00V
②	COMP	电流补偿控制引脚	∞	0.635	2.12V
③	BNO	欠压保护	∞	0.639	1.05V
④	CS	电流检测	0.405	0.398	0.02V
⑤	VCC	供电	1.625	0.545	13.71V
⑥	OUT	驱动输出	0.045	0.562	1.19V

表1.7

引脚	符号	功能描述	在路阻值(二极管档)		黑表笔接地
			红表笔接地	实测电压(二次开机)	
①	VDD	电源输入	∞	0.193	12.43V
②	Fault/CT	故障/CT	∞	0.638	12.22V
③	EN	使能	∞	0.648	3.13V
④	SYNC	同步	0	0	0.00V
⑤	CTPRT	保护动作定时	∞	0.579	2.30V
⑥	RT	升压PWM脉冲频率定时电阻	∞	0.581	0.58V
⑦	DIM	PWM调光输入	∞	0.579	3.60V
⑧	Comp	放大器补偿网络	1.785↓/0.978↑	0.578	1.95V
⑨	Slope	补偿电流设定	∞	0.578	0.46V
⑩	Source	电流检测	0.002	0.002	0.46V
⑪	Gate	电流调节器输出	0.746↑	0.614	4.39V
⑫	SOA/FB	SOA检测及反馈	0.717↑	0.649	2.46V
⑬	OVP	过压、短路检测	1.706	0.574	1.84V
⑭	SEN	电流检测	0.001	0.001	0.03V
⑮	GND	地	0	0	0.00V
⑯	DRV	驱动输出	1.554	0.577	6.90V

注:上表中"↑""↓"代表测试值程上升或下降趋势。

编辑:王友和 投稿邮箱:dzbnew@163.com

3D打印之C4D建模案例篇

目前，3D打印机已经成为中小学"创客"教育的"标配"之一，3D打印实现了计算机制作设计模型的"所见即所得"实物输出，因此有人称"3D打印是目前个人最有可能应用的数字化制作手段"，它极大地激发了学生对工程和创意设计的兴趣。不可否认的是，"建模"在整个3D打印过程中占据着极为重要的地位，3D模型的制作设计将会直接影响到最终打印成品的显现输出效果。目前的3D打印文件最为通用的格式是STL（Stereolithography："光固化立体造型"），即用三角面网格来表示实体，每个三角形面片的定义又包括三角形各个定点的三维坐标及三角形面片的法矢量。当然，其他像OBJ、AMF、3MF等文件格式也均为常见的3D打印文件格式。既然3D打印的"建模"非常重要，那么如何"建模"呢？

一、从3D模型网站上下载STL文件

如果是刚刚开始接触3D打印，建议先从相关的3D打印模型网站上搜索下载一些较为常见的简单模型进行打印来增强感性认识。目前提供3D模型免费下载的网站已经比较丰富，比如"打印啦"（http://www.dayin.la/）、"魔猴网"（http://www.mohou.com/moxingku）、"3D虎"（http://www.3dhoo.com/model）、"打印派"（http://www.dayinpai.com/model/list/shengren）等等（如图1所示）。

①

在模型网站上下载3D打印模型通常需要注册账号，然后根据自己的需要在相关类别中搜索查找并进行下载。这种得到3D模型的方式非常直接且省时省力，而且可以使用相关的软件进行二次修改编辑，是初期学习3D打印的不二之选。

二、通过3D扫描来实现

经过一段时间的学习，如果已经不满足于从网站上搜索下载现成的3D模型进行打印，就可以尝试将身边一些常见的个性小物件通过非接触式三维扫描仪进行3D扫描。这种三维扫描可以侦测并分析现实世界中物体或环境的几何构造形状及颜色、表面反照率等外观数据，然后将扫描到的数据进行三维模型的重建计算，最终在计算机中虚拟创建出与实际物体对应的数字模型（如图2所示）。

②

以摄影测量3D扫描系统为例，它采用了多视点立体视觉技术来测量物体表面标志点的高精度三维坐标，然后通过编码点标定相机各个视点的位置和姿态，并且依据多视点几何成像技术计算出标志点的三维坐标来生成高精度的三维数据，最终生成STL格式的文件。

三、使用建模软件C4D来设计制作模型

最能体现学生3D打印创意建模的方式莫过于通过建模软件来设计制作3D模型，目前相关的参数化建模软件非常丰富，已经有数十甚至上百种，像SketchUp、3DSMax、SolidWorks、Maya、C4D、3DOne、ZBrush、UG、Pro-E等等。比较符合中学生空间思维认知习惯的建模是从最为简单的基本几何体开始，通过对它们的基础参数修改或进行布尔运算，最终生成自己想要实现的3D模型。在此以C4DR18为例，对校园内某处标志建筑实体进行建模，操作步骤如下：

1.对实体三维物体进行简单"拆分"分析

通过仔细观察后不难发现，实体三维物体是由底座立方体和顶部的球体组成，其中立方体四个侧面各有一组文字，球体周围环绕一圈文字。立方体和球体都是C4D的基础对象，文字则可以通过"运动图形"下的"文本"来实现，由于最终3D打印出的成品必须是一个整体而不能出现各零件分离的情况，因此该模型建立的最大难点是球体上的环形文字必须按照球面的弧形进行紧密贴合。

2.建立实体模型的基础体：立方体和球体

运行C4DR18，首先点击菜单栏下方的快捷菜单"立方体"，就会在空间坐标系中生成一个边长为200cm的立方体对象；接着再次点击"立方体"选择其中的"球体"，得到一个半径为100cm的球体，由于也是与立方体同处于世界坐标原点（0,0,0）而被立方体遮挡在内部，需要点击绿色的Y轴箭头将它向上拉动适当的距离，必须要保证二者有一定的接触（即为一个完整的模型）。此时，可根据三维标志实物进行立方体边长和球体半径的二次调整（在各自的"对象属性"中修改，比如根据实物比例将球体的半径修改为150cm），同时还可以将球体的"分段"由24修改为50或更高，使其球面曲线显得更加平滑，完成模型基础体的建立（如图3所示）。

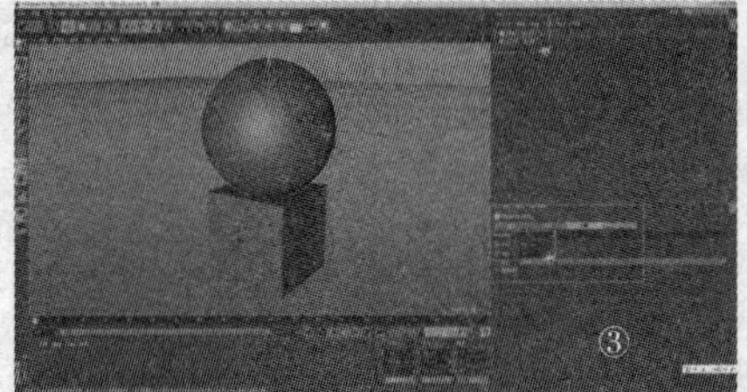
③

注意：在此操作过程中，要根据情况按住Alt键和鼠标的左、右、中键不断进行模型的缩放、移动及旋转，也要结合各视图的不同角度切换来仔细观察各侧面是否有误操作（比如不小心拉偏子模型的位置等），以便及时进行调整。

3.立方体四个侧面文字的建立

底座立方体四个侧面的文字建立方法完全相同，只要先设计建立好一面文字信息后再进行三次复制并调节位置、方向和修改文字内容即可。

首先点击"运动图形"-"文本"菜单，坐标原点出现"文本"立体字，在其"对象"标签项中"文本"处将默认生成的"文本"修改为"关爱点亮生命的烛光"，同时在下方的"字体""对齐"和"高度"处分别将默认的"微软雅黑""左对齐"和"200cm"修改为"华文隶书""中对齐"和"24cm"（如图4所示）。另外，建议在"封顶"选项卡处将"顶端"和"末端"均设置为"圆角封顶"，将"步幅"和"半径"设置为"1"和"1cm"；其他设置不须改动，最终选中该文本调节红色的X轴数值，将其定位到立方体的一个侧面上，注意二者一定要紧密结合（比如将其厚度值的一半"嵌入"到立方体）。

④

接下来在C4D右上方的对象区域选中"关爱点亮生命的烛光"并按住Ctrl键拖动，复制出第二个文本对象（二者是完全重合的），点击选中这个复制体，将其文本显示信息修改为"走进一中是主人走出一中是成功"，其他设置保持不变，只需将其空间坐标修改：一是旋转角度为90度，二是将X轴和Y轴的位置调节，同样是将其"嵌入"到立方体的另一相邻的侧面（如图5所示）。

⑤

使用同样的操作方法，将另外两个侧面的文本信息"奉献点燃幸福的火炬"和"胸怀祖国放眼世界"复制并放置于合适的位置即可完成底座立方体四个侧面文本信息。

4.球体周围弧形分布文字的建立

在C4D中，想要实现球体周围按照弧形分布的文字效果，建议借助C4D的"包裹"变形器来完成：让立体文字紧贴在包裹变形器上并随之发生球状形变。

首先仍是按住Ctrl键拖动上一步中已经建立好的任意一个文本对象进行复制，将其文字信息修改为"山东省招远第一中学"，可增加其"高度"值来适当增加其显示大小，同时也需要增加其"深度"值；另外需要注意的是，要在"对象"选项卡中将"点插值方式"由"自动适应"修改为"统一"，在"封顶"选项卡中将"类型"设置为"四边形"，勾选下方的"标准网格"项，这样才可以为下一步的变形做好准备。

接着，点击快捷工具栏"扭曲"下的"包裹"变形器，将它拖放至该文本对象下，边观察预览窗口的显示状态边修改调整相关的参数：在"包裹"的"对象"选项卡将"包裹"由默认的"柱状"修改为"球状"，将"宽度"和"半径"作相应的调节，直到将该文本对象紧密地贴合至球体的表面（注意千万不能出现分离的情况），此时建议使用鼠标中键切换至顶视图中多加观察，文本对象的厚度中分线正好"卡"在球体表面为最佳（如图6所示）。

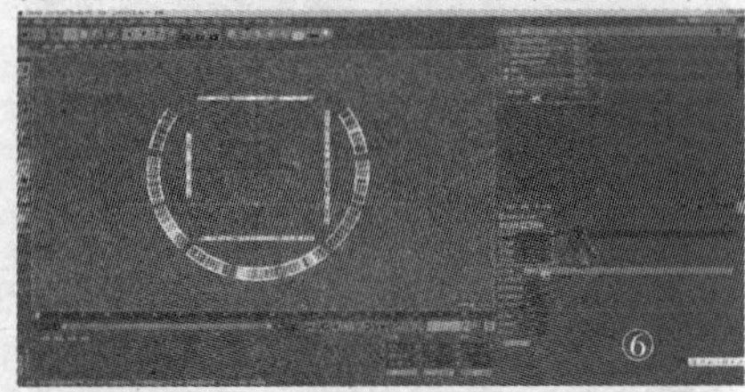
⑥

5.导出生成STL格式文件

至此，建模操作已经进入尾声，最后需要将该模型文件存储为STL文件以便3D打印机能够正确识别，操作方法为：点击C4D的"文件"-"导出"-"STL"菜单命令，将其保存为School.stl文件，注意文件名不能是中文（很多3D打印机不能正确识别文件名为中文的STL文件），最后点击"保存"按钮（如图7所示），按照提示"缩放1倍"（点击"确定"按钮即可），这样我们就得到了该实体标志建筑三维模型的STL格式文件，正式完成建模操作，然后就可以再进行模型的质量分析修复和切片，最终到3D打印机中进行实体打印输出。

⑦

◇山东　牟晓东　牟奕炫

用好AirPods的另类功能

现在拥有AirPods耳机的朋友不少，如果你的iPhone已经更新至iOS 12.X系列，那么这里介绍AirPods的一个另类功能。

首先进入设置界面，依次选择"控制中心→自定控制"（如附图所示），在"更多控制"列表下将"听觉"添加到"包括"列表，立即就可以生效。以后，我们可以将iPhone放在某个特定人或特定场所的位置，iPhone会自动捕捉声音，我们借助AirPods可以在另一个位置接收到放置iPhone位置的谈话内容，相当于实现监听功能。

◇江苏　王志军

典型厨房炊具故障检修3例

例1. 故障现象：一部苏泊尔CYSB50YC69-100型 5L全智能电压力锅，接通市电无显示，按键无法操作，不能煮饭。

分析与检修：根据现象分析，故障原因多为10A/180℃的保险丝（温度熔断器）熔断或电源损坏。拆开底盖后，察看电源板上元件无异常现象，测量保险丝已开路，检查继电器的触点未短路，用一只同容量的温度熔断器更换后通电，指示灯点亮，但数码管显示紊乱，按键操作无效，怀疑电脑板有故障。细心拆出电脑板，观察板上单片机和元件都还清洁，唯有按键存在锈斑陈旧的情况，该电压力锅功能很多，按键多达21只（见图1），用数字表测量各按键都有不同程度阻值，于是把该板21只按键全部换新后，把各部件还原通电，却又出现了显示故障代码E0的故障，根据该故障代码的含义，怀疑顶部传感器开路。于是，拆开锅盖上面提手的盖板后，检查温度传感器正常，而是传感器有一根引线折断了，经焊接牢固后试电，不再显示E0代码了，所有按键操作正常，故障排除。

例2. 故障现象：一部奥克斯FP-Y0502E型 5L电压力锅不通电，面板黯淡无光，操作无效。

分析与检修：拆掉底盖，检测两根保险丝已烧断一根，经换新后试电指示灯点亮，并且显示OPEN，而不是故障代码（见图2），按面板所有按键都无效。经查资料获悉，该故障属于门开关故障，此门开关是一只型号为CPS-3510的干簧管。它损坏后，即使锅盖合到位也无法闭合，那么电源板上的插针KG就没有锅盖到位的检测信号输入，被单片机识别后，无继电器加热信号输出，继电器J的触点不能闭合，加热盘不能加热。

故障元件已查出，但本地元件店没有卖，网上也没找到，怎么办呢？经分析电路，认为可以把门开关拆除不用，用焊锡短接电源板上的KG插针两端后试机，继电器动作，加热盘开始发热。但是，仔细考虑，这样处理有隐患并不完美，因为自动控制功能被破坏，继电器会永远闭合，加热盘会无休止加热，后果会不堪设想，不但米饭会煮焦，还会引发爆炸事故。

决定对电路改造一番（改造示意图见图3，虚线为改造后连线）。首先，把图中打叉a、b处的连线断开（即把门开关的引线从压力开关的两个螺丝上退下来），又拔掉电源板KG上的插头，拆掉门开关；接着把打叉处c这条导线从电源板上与继电器常开点的插件拔下来，改接到压力开关的一端，再用一根容量10A以上的导线，从继电器常开点连到压力开关的另一端，再把KG插针焊接起来。

【提示】这样处理后，当煮饭达到设定压力时压力开关断开，加热盘失电，停止加热。通过压力开关完成自动控制功能，就会避免上述爆炸事故的发生。不过，此举属于应急处理，待日后有干簧管后，应及时恢复电路。

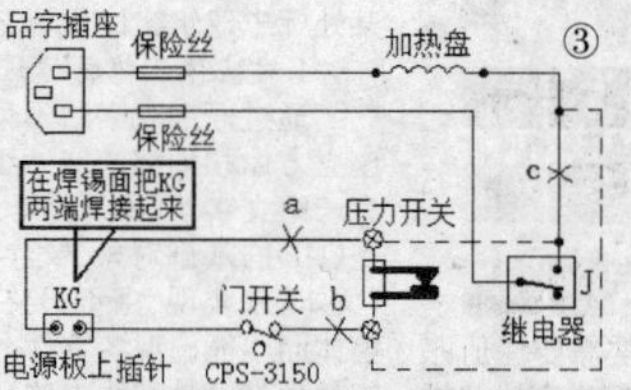

例3. 故障现象：一台美的C20-SK2002型电磁炉坐锅加电时能开机，操作也正常，但报警声不断，不能加热。

分析与检修：有报警声而不能加热，多为故障的高发单元（同步电路）异常。打开机壳察看，发现机内小蟑螂乱窜，拆出主板检测同步电路，发现一只240k的贴片电阻变质，经用1/4W金属膜电阻替换后试机，报警声消失且能加热，但奇怪的现象出现：刚开机时显示1600W，同时对应功率的LED指示灯也正常点亮，接着按火力+键升到2000W也正常，但加热约半分钟，火力（共8挡）便由2000W逐挡降到120W，而且指示灯也随着逐个熄灭，在2分钟之内，相继降到最小，并且电力监测仪上没有加热功率显示。关机后重新开机，故障仍出现，此现象确实离奇，堪称"千年遇一回"。

经思考，故障会不会是单片机数据错乱所致。但观察电路板做工还是很精细，还做了防潮处理，数据错乱的可能性不大。忽然想起刚刚拆机时，发现机内小蟑螂很多，在显示板元件面中特别多，由此猜测可能是小蟑螂惹的祸，是它的排泄物造成电路板或按键漏电所致，于是决定采取尝试水洗法以排除漏电故障。让显示板在自来水里浸泡一夜，不用任何洗涤剂，第2天再细心用刷子刷，在水龙头流水下冲冲刷刷，然后晒干（也可用电吹风吹干）。经此处理后装机通电，奇迹出现了，上述离奇现象消失，试电操作和加热都正常，故障排除。

◇福建　谢振翼

山特(SANTAK)C6KS 不间断UPS电源不工作故障维修1例

故障特征：启动电源开关无效，散热风扇不转，整机保护性不工作。

分析与检修：拆开机壳，检查主板，未见明显损坏的元件。主板实物如图1所示。

按常理判断，应该是整流二极管击穿、功放管击穿、大功率电阻变值等造成。在路检测大功率整流二极管正常，大功率电阻也正常，紧贴散热金属块的功率对管都正常。最后，在线测量主控板入口的Q207和Q208（见图2）的阻值均为0，怀疑它们已短路。拆卸下Q207、Q208后测试，确认已击穿损坏。检查相关元件正常，用全新的可控硅更换后，按下启动电源键，整机启动正常，散热风扇工作，全部功能恢复正常，故障排除。

【提示】Q207和Q208的型号为40TPS12A，是40A/1200V的单向可控硅。它的管脚排列为阴极、阳极、控制极。因阴极和控制极并联了电阻，所以测得它的正、反向阻值为20~40Ω是正常的。　◇江西　易建勇

永诺YN460闪光灯维修的曲折过程

故障现象：永诺(yongnuo)YN460型摄影用闪光灯摄影时使用闪光灯时不闪亮。

分析与检修：装好电池且按下电源开关键2秒后，充电指示灯（红灯）亮，几秒后指示灯由红变为绿，表明充电完毕，说明振荡电路正常。此时，按动模式按键有相应指示，按动光功率调整按键可调，但按动闪光试验按键时闪光灯不能闪光，确认控制电路基本正常。拆机后，检测主电容两端电压超过300V，即附图中红、浅粉色引线，断电后测量引燃线圈的阻值也正常，怀疑闪光灯管异常，但代换灯管后故障依旧。将该灯管装安装在其他闪光灯上，可正常闪光，确认原闪光灯管良好。继续检查，拆下触发电容C4（473/630V）后测量其已无容量，用同规格电容更换后试验正常，以为修复。谁知还没装机，试验过程中又出现不能闪光的情况，有点蹊跷。是否所换电容质量有问题？检查更换的C4正常，继续测量，发现C4一只引脚（另一只引脚通过引燃线圈的初级绕组接地）上仅有几伏电压，说明触发电路异常。进一步检测，发现可控硅Q10的A极与C4一只引脚间的阻值不正常，说明该段线路异常，造成C4电压升不上去。于是，将相连接的印刷线路切断，悬空Q10的A极与C4的连线并连接至R7处，经多次试验，闪光灯恢复正常，故障排除。此时，测C4的一只引脚电压可充至300V以上。

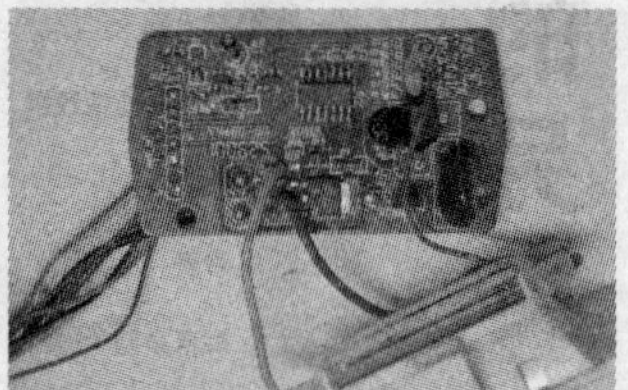

【提示】因为闪光灯内有高压直流电，所以维修前一定要将储能电容上的电荷放掉，不要带电维修，以免造成人身伤害或造成零件损坏。

◇河南　赵占营

高精度厘米级UWB定位方案

中国古代人类为了不让自己迷失在茫茫大自然中，白天用太阳辨别方向，日出为东，日落为西，中午太阳在南；夜间则用北斗七星来辨别方向。《甘石星经》云："北斗星谓之七政，天之诸侯，亦为帝车。"北斗七星从头开始到斗尾结束，共有七颗行星，它们按照顺序分别被命名为天枢、天璇、天玑、天权、玉衡、开阳、摇光。这七颗行星连在一起，像一个勺子状，每个行星都有自己的存在和意义。找到像一个勺子状后的北斗七星后，找到"天枢"和"天璇"行星，两颗行星看成两个点，两点连线，从"天璇"行星开始向"天枢"方向向外延伸出一条直线，大约延长5倍多的距离，可以见到一颗很亮的星星，就是北极星。北斗七星一年四季有秩序的围绕着北极星运转，古人在晚上固定地点和固定时间观星的时候，发现北斗星一周年会回到原本的位置。北极星所在的方向就是正北，北斗七星绕着北极星自东向西不停地运动。于是古人利用斗柄的指向确定季节变换，在指导人民的农业生产活动上发挥了较大作用。战国时期楚人在《鹖冠子·环流》中描述北斗运转的特征时说："斗柄东指，天下皆春；斗柄南指，天下皆夏；斗柄西指，天下皆秋；斗柄北指，天下皆冬"。古人在黄昏的时候也会观察北斗七星来确定季节，通过观察北斗七星的斗柄所指的方位，就可以判断出现处于是春、夏还是秋、冬。

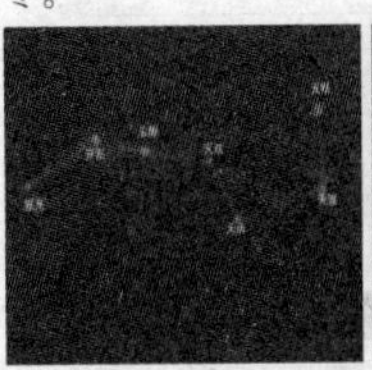

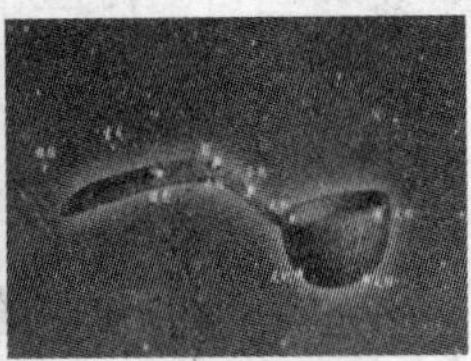

古人用北斗七星定位概念映入脑海至深，以至于中国开发的全球卫星系统就命名为北斗。可以说人类为了确定方向和位置，孜孜不倦的追求了几千年，当然最后的对位置定位要求越来越高。满足室外定位精度的前提下，室内定位的需要被提上日程，毕竟人类很多时间还是是室内工作、生活、娱乐等，因此BLE、WiFi、地磁、超声波、基站定位、RFID、惯导等技术都开始盛行起来，解决了人们不少实际问题。在越来越迫切的需求下，近年室内精准定位引起了高度的关注。

随着移动互联网技术的演进，"定位"技术在LBS应用在共享市场取得很大成功，如外卖、共享汽车、共享单车等型场景。然而，RFID、蓝牙技术实现的"房间级"米级定位已经不能满足更为精细级的定位业务应用，如人员管理、贵重资产管理、智能制造、智慧仓储物流、智慧体育娱乐、甚至自动驾驶领域，这时候便是UWB(Ultra Wide-Band，超宽带)技术需要展现的舞台。

各技术综合比较

在定位方面，精位UWB技术有4大优势：

·低功耗，对信道衰落(如多径、非视距等信道)不敏感；

·抗干扰能力强，不会对同一环境下的其他设备产生干扰；

·穿透性较强（能在穿透一堵砖墙的环境进行定位）；

·具有很高的定位精度和很小的时延；

·业界最高的刷新率，可达12000Hz

·底层完全自主可控的协议

·可提供有线(光纤、网线)、无线同步连接基站

·芯片化，量产后极大降低设备成本

高精度关键位置定位技术，是工业4.0工业信息化与智能化的重要组成部分。在越来越多的设备被互相连接起来的前提下，解决工业现场供应链组件、设备、车辆与人员精确定位成为一个问题需要解决。精位科技的UWB室内精确定位系统，采用先进脉冲无线定位技术、利用物联网、三维可视化，人工智能、大数据分析等技术，定位精度最高可达厘米级，可以满足不同场景下对人员、设备、车辆、货物等的高精度定位需求。且系统功能性、性能在国内外同类产品中具有软硬件完全自主研发、设备快速定制和场景快速部署等优势。借助创新的技术和对不同行业业务变革需求的深入洞察，精位科技打造的UWB解决方案能够完美契合四大场景的业务需求，精位科技自主研发的位RU高精度定位系统已经在生产制造、能源交通、仓储物流、体育运动等行业得到了广泛应用。

场景一：智能制造

·工具、设备、产线的实时定位

·人员行动跟踪、轨迹回放

·越界(危险区域)告警

·人员情况实时统计

·定制定时点名

·进出厂区统计

·热力图统计

·终端标签与门禁系统、消费系统、考勤系统对接

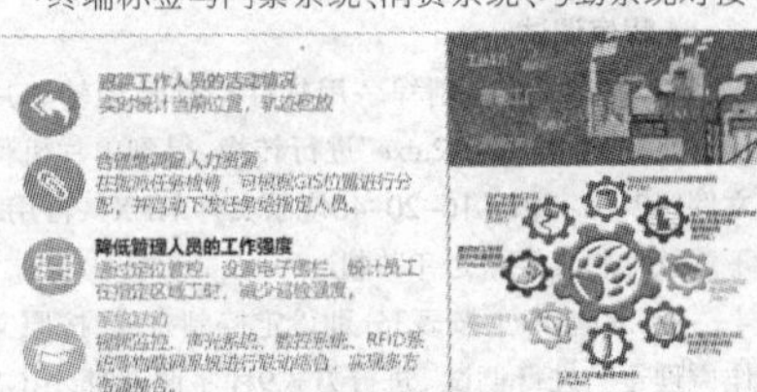

场景二：能源交通的安全管理

在电厂管廊行业，一旦工作人员因疏忽走错设备检修区域、或行走至带电危险区间，将对电力运行造成破坏，危及人身安全，带来极为惨重的损失和伤害。

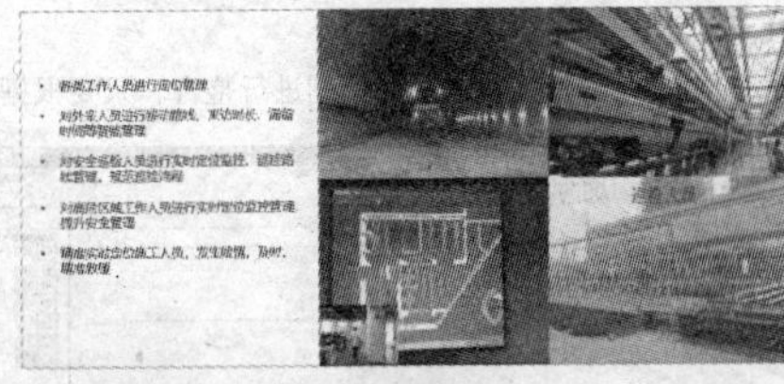

UWB高精度方案中的人员巡检系统，在监控区域安装定位基站，对整个施工区域进行全覆盖。定位终端可以固定在巡检人员的安全帽上，或采用腕带式、腰挂式佩戴；也可以安装在日常巡检设备工具及车辆上。当佩戴终端的人或物体进入监控区域时就会自动被定位。

·实时监控，人员查找定位

·未按规定路线、进入禁区报警

·巡检区域异常告警

·施工人员滞留报警

·紧急求助，SOS一键报警

·活动轨迹回放

·实时巡检状态查询

场景三：智能仓储物流

传统的仓库管理依赖于非自动化的系统来追踪进出货物，不仅效率低下，限制仓库规模，耗费大量人力、财力，还容易出现货物丢失等现象。

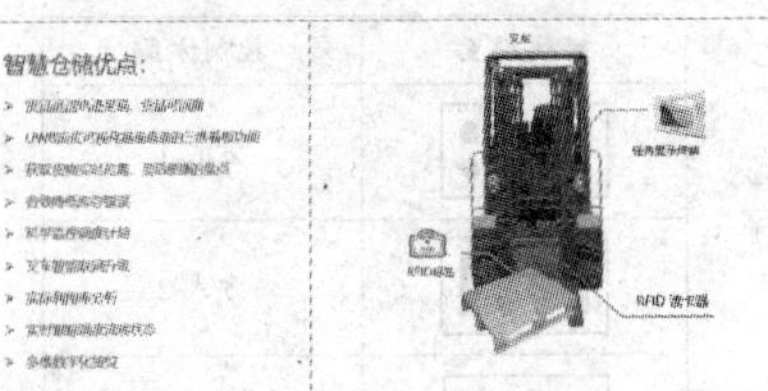

精位科技结合RFID的成本优势，融合RFID、二维码、条码、UWB等定位技术，提出了WMS+，可以实现以下功能：

·自动出入库

·自动物品盘点

·自动识别

·物资定位

·物资位置移动告警等功能

·叉车调度导航

场景四：智能体育娱乐

通过对球场架设定位基站，以及球员佩戴标签和内置UWB标签的球，蜂鸟平台可实时了解球员的控球时间、射门速度、精度、持球速度、跑动范围都可以通过标签来精确记录。将这些林林总总的数据整理和总结后，呈现给消费级和专业级用户，将有巨大的使用价值。

在VR和AR领域，利用硬件的优势解决了虚拟现实和增强现实的精准定位和动作捕捉。精位科技为VR和AR量身定位的UWB"安徒生"硬件系统已经实现三维空间定位误差在1厘米，能够实现全域VR和AR，实现多人交互。

除了以上四个场景，精位科技推出全球首个主动定位寻ME系统，可以应用于自动驾驶、新零售、展馆会馆等需要高精度实时定位的场景，满足多用户的多样化需求，为各行各业提供最专业的物联网业务应用。

◇刘 慧 摘编

用单片机控制几台三相异步电动机顺序启停电路(下)

(紧接上期本版)

表3 跳线与控制方式关系

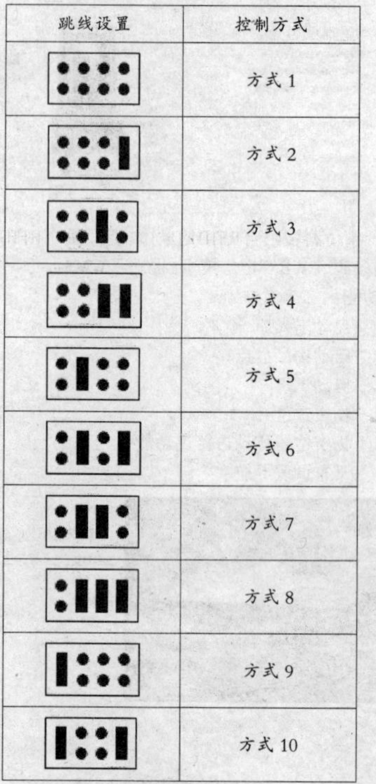

跳线设置	控制方式
	方式 1
	方式 2
	方式 3
	方式 4
	方式 5
	方式 6
	方式 7
	方式 8
	方式 9
	方式 10

首先绘制出继电器-接触器控制电路，如图4(a)所示。第1步进行"元件代号替换"，将图4(a)中的代号用表1中对应的输入点、或输出点、或内部位存储器替换，替换后如图4(b)所示；第2步进行"符号图形替换"，将4(b)中符号用梯形图替换，替换后的如图4(c)所示；第3步进行"触头动合/动断修改"，将PLC输入点外接常闭触头的元件，其常闭图形改为常开图形，如X02等，修改后的梯形图如图4(d)所示；第4步按PLC"编程规则整理"，整理得到的梯形图如图4(e)所示。图4中未包括运行指示输出部分。

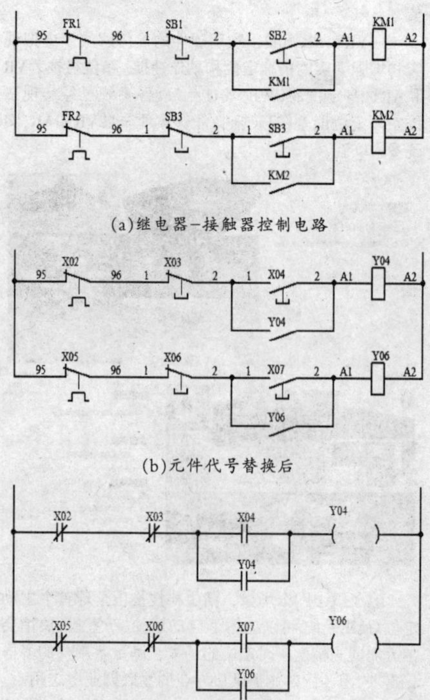

(a)继电器-接触器控制电路

(b)元件代号替换后

(c)符号图形替换后

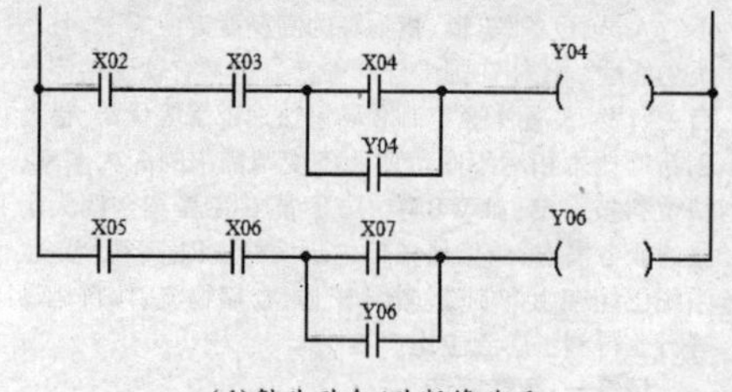

(d)触头动合/动断修改后

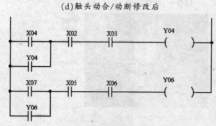

(e)编程规则整理后

图4 梯形图编写过程

按照上面的步骤不难得到其他控制方式的控制梯形图，并将每种方式分别作为一个子程序进行整理后得到的梯形图程序如图5所示。(因篇幅限制，只给出部分，需要的读者可与编辑部联系)

4.程序调试

将编制好的控制程序用软件"梯形图转单片机HEX正式V1.43Bate12.exe"进行转换，得到单片机代码文件"12-01-2018 16-20-40烧录文件.HEX"，再用STC下载软件将其烧录进单片机。

在CN2端口上按表3分别设定控制方式，按原文工作原理逐一进行调试。进行方式9程序调试时，用GX编程软件监控梯形图的状态如图6所示，其中图6(a)为按下起动按钮SB2后第1台电动机起动后的状态，图6(b)为4台电动机按时间次序起动后的状态，图6(c)为按下停机按钮SB3后第4台电动机停止后状态，图6(d)为第4、3、2台电动机停止后的状态。

用单片机对几台电动机控制进行整合，只要根据需要的控制方式来设定跳线选用，统一了控制电路，简化了接线，既方便、又省事。若担心跳线被现场乱设，则可选用需要的控制方式程序下载即可。

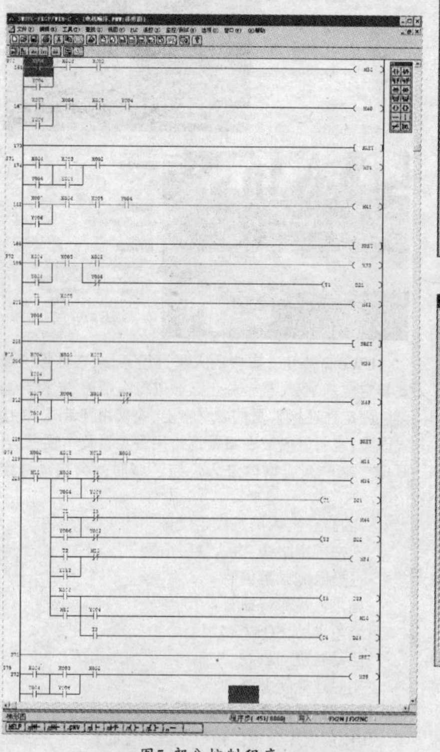

图5 部分控制程序

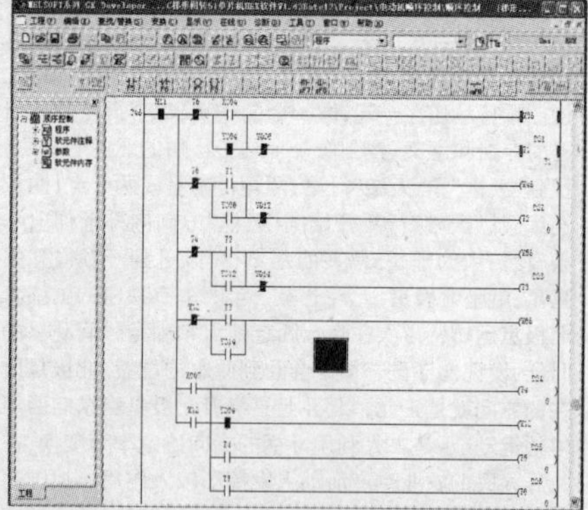

(a) 第1台电动机起动

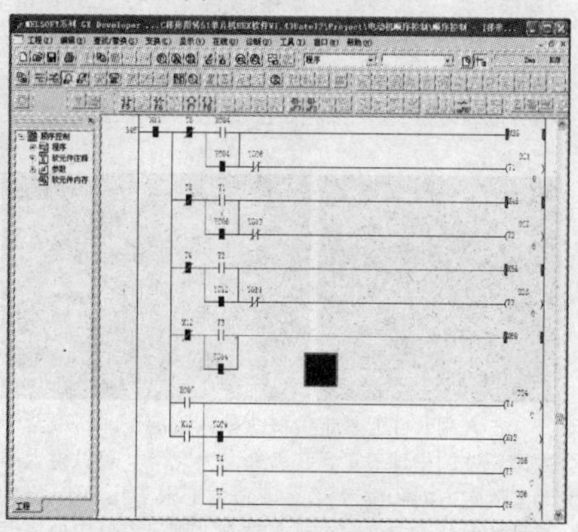

(b) 4台电动机全部起动

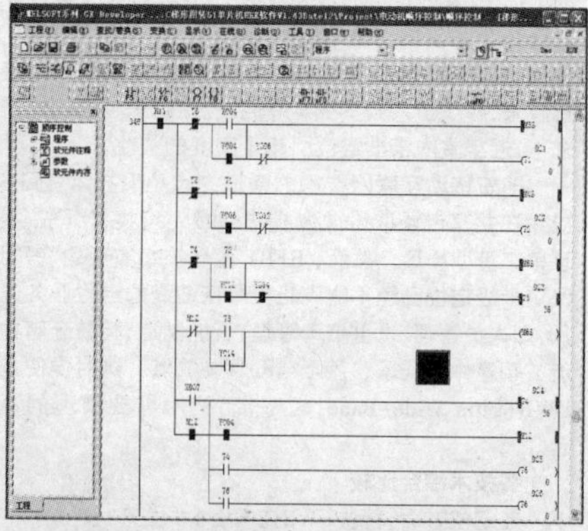

(c) 第4电动机停止

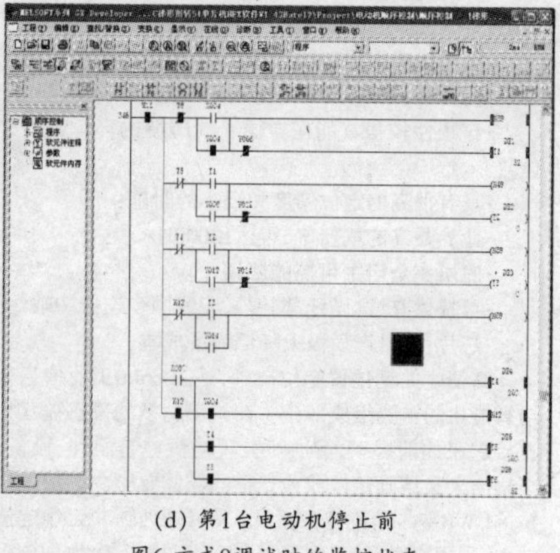

(d) 第1台电动机停止前

图6 方式9调试时的监控状态

◇江苏 陈 洁

小型仿生机器人的四种常用驱动系统

对于常见的小型仿生机器人来说，目前常用的驱动系统有四种，分别是：直流无刷电动机、步进电动机、伺服电动机、舵机。

1.直流无刷电动机

直流有刷电动机因电刷的换向使得由永久磁钢产生的磁场与绕组通电后产生的磁场在电动机运行过程中始终保持垂直，从而产生最大转矩驱使电动机运转。由于电刷以机械方法进行换向，存在相对机械摩擦，导致直流有刷电动机存在噪声大、电磁干扰、寿命短等缺点。

图1 直流无刷电动机

直流无刷电动机(图1)跟直流有刷电动机一样有转子和定子部分（二者结构是相反的）：永磁磁钢是转子，同外壳一起与输出轴相连；绕组线圈是定子。无刷电动机依靠改变输入到定子线圈上的电流频率和波形，在绕组线圈周围形成一个绕电动机几何轴心旋转的磁场，该磁场驱动转子上的永磁磁钢转动，从而实现电动机输出轴转动。由于它摒弃了有刷电动机用来交替变换电磁场的换向电刷，因而得名"无刷电动机"。因其借助高性能半导体功率器件和高性能永磁材料，因此具备结构简单、调速性能强、运行及维护方便可靠等优点。

2.步进电动机

步进电动机(图2)是将电脉冲信号转变为角位移或线位移的开环控制驱动器件，其转速和停止位置只取决于脉冲信号的频率和脉冲数，而不受负载变化的影响(非超载状态)。当步进驱动器接收到一个脉冲信号时，就会驱动步进电动机按照设定的方向转动一个固定的"步距角"角度，其旋转是以固定的角度"一步一步"运行的，因此得名"步进电动机"。当然，通过控制脉冲的频率就可以方便地来控制步进电动机转动的速度和加速度，从而实现调速。

图2 步进电动机

步进电动机属于感应电动机，它利用电子电路将直流电变为分时供电的多相时序控制电流。在这种动力的驱使下，步进电动机才能够正常工作。

3.伺服电动机

"伺服系统"是使物体的位置、方向或状态等输出被控量能够跟随给定值或输入目标而任意变化的自动控制系统，伺服主要是靠脉冲来进行定位的。伺服电动机(图3)是将控制电压(输入的电压信号)转换为转矩和转速，从而驱动控制对象。伺服电动机转子的转速是受输入信号控制的，反应快，通常在自动控制系统中被用作执行元件，优点是机电时间常数小、线性度高。

图3 伺服电动机

因为伺服电动机每旋转一个角度都会发出对应数量的脉冲，因此，伺服电动机每接收到一个脉冲就会旋转一个脉冲对应的角度，从而实现位移变化，定位非常准确。

4.舵机

最早应用于航模制作的"舵机"(图4)是由直流电动机、减速齿轮组、传感器和控制电路等组成的一套自动控制系统。舵机的可控转动是通过发送信号指定舵机输出轴的旋转角度来实现的，有最大旋转角度(比如180°)。与直流电动机不同，舵机虽只能在一定的角度范围内转动（除数字舵机外都不能连续转动），但能够正确反馈转动的角度信息，因为舵机主要是被用来控制机器人的关节转动一定的角度。

图4 "舵机"

舵机中的控制电路板会接收来自信号线的控制信号，然后控制舵机带动一系列齿轮组转动，再经减速后传动至输出舵盘。舵机的输出轴与位置反馈电位计相连，舵盘的转动会带动位置反馈电位计输出一个电压信号至控制电路板，最终再反馈至控制电路板，控制电路板根据所在位置来决定电动机的转动方向和速度，实现既定的控制目标之后再停止动作。舵机控制电路板主要是用来驱动舵机和接收电位器反馈回来的信息，电位器通过舵机旋转后所产生的电阻变化再将信号发送至舵机控制面板，从而判断输出轴的角度是否为正确的有效输出。减速齿轮组是将电动机的扭矩动力进行"放大"，从一级齿轮经二、三、四级齿轮组和输出轴，最终能得到大约15kg·cm的扭力。

◇山东省招远一中新校 牟奕炫 牟晓东

双控开关间双线变单线的改进方法

在宾馆或家庭装修布线中，常采用双控开关(单刀双掷开关)实现对同一照明灯具的两地开关控制，其常用控制电路如图1所示。

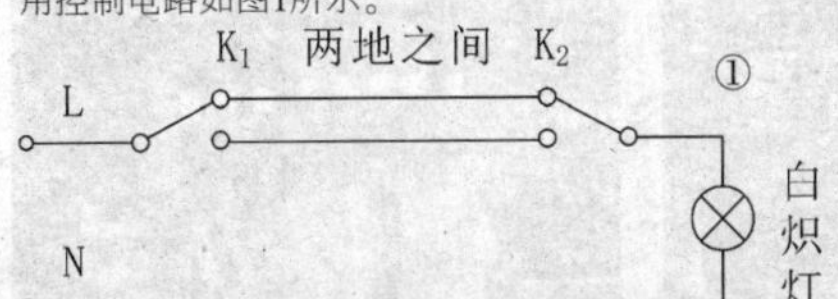

这个电路的不足之处在于，两个双控开关之间要布设两根电线，增加了装修成本和施工难度。在教学实践中，笔者探索出一种方法：不用改变原来的施工方案，不用改变双控开关的结构，只需增加四只二极管，即可达到同样的控制效果。改进后的电路利用二极管的单向导电性来实现控制，电路如图2所示。

在施工布线中，在原双控开关盒K1、K2内的两个输入或输出端接线柱上，将四只1N4007型二极管按图2正确连接（最好是焊接），连接点用绝缘胶带包扎牢靠。当电路导通时，因为是半波整流，灯泡两端的电压U=0.45Ui=0.45×220=99V，这将影响灯泡的亮度，可更换功率大一倍的灯泡。

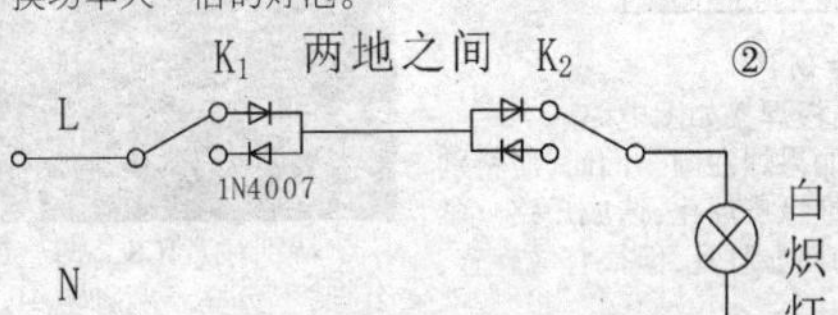

要对图2做进一步优化，可在图2基础上再增加两只滤波电容C1、C2(120μF -220μF，耐压400V)。优化后的电路利用二极管的单向导电性和电容的滤波作用来确保功率，电路如图3所示。

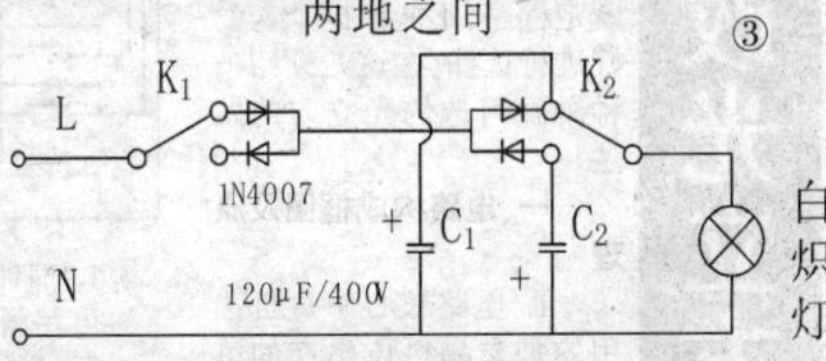

通过半波整流滤波，灯泡两端的电压U=(1~1.1)Ui=220~240V，灯泡能完全达到额定功率，正常发光。

改进和优化的电路还可以作为双控灯电路的一种后备维修方案。由于现在双控灯装修布线都是暗管施工，如果后期发生故障，比较难从暗管内再重新穿拉电线。只要原线路有一根电线是好的，就可以采用图2、图3电路加以改造，恢复原来灯具的双控功能。

◇海军士官学校 陈勇

传感器实训四用电路板

传感器实训教学中通常要用电路板，如果针对每种传感器都制作一块电路板，要花费不少作PCB板的工程费。针对开关量传感器，笔者设计了一种PCB板，可以一板四用。

按键模块、倾角传感器、数字震动传感器和磁感应传感器的输出信号都是开关量，他们的电路原理图相同，电路结构形式一样。图1是四种开关量传感器的电路原理图。

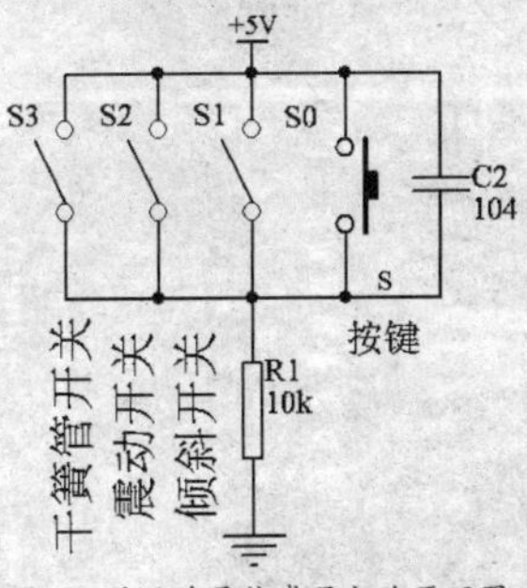

图1 四种开关量传感器电路原理图

根据图1绘制印刷电路板图(PCB)。将元件按键S0、倾角开关S1、震动开关S2和干簧管开关S3的PCB封装重叠放置。倾角开关S1和干簧管开关S3的PCB封装相同，这两个元件完全重合。布完连线的PCB见图2。

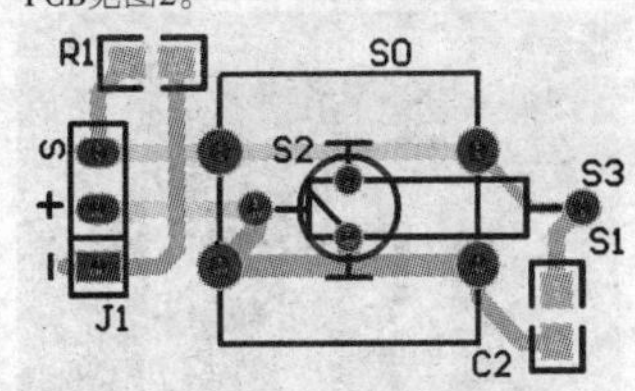

图2 四种开关量传感器PCB图

按图2生产制作PCB板，可分别用作四种开关量传感器的PCB板：在S0处焊上四脚元件按键，就是按键模块；在S1处焊上元件倾角开关，就是倾角传感器；在S2处焊上元件震动开关，就是数字震动传感器；在S3处焊上元件干簧管开关，就是磁感应传感器。

这样一块板，就能满足四种开关量传感器的实训教学需要，可以节省3块PCB板的工程费，减少备板的种类和数量，方便灵活制作。这块板也可以用于Arduino学习套装(一种为创客初学者设计的学习工具)。

◇哈尔滨远东理工学院 解文军

也谈提高单片机按键软件可靠性的方法

电子报2017年第25期《提高单片机按键软件可靠性的方法》一文介绍了通过定时采样按键来提高单片机按键软件可靠性的方法，并给出51单片机汇编语言编写的键值过滤子程序。汇编语言程序结构不清晰，代码繁杂，可读性差，通用性差，不便于移植，不利于交流。本文介绍一种基于状态机来检测按键的方法，并给出C语言编写的按键程序。

1.有限状态机的基本原理

有限状态机是实时系统设计中的一种数学模型，是一种以描述控制特性为主的建模方法，应用比较广泛。有限状态机由有限个数的状态和相互之间的转移构成，在任一时刻只能处于设定数目的状态中的一个。在接收到一个输入事件时，状态机产生一个输出，同时也可能有状态的转移。状态机由时间序列同步触发，定时检测输入，根据当前的状态输出相应的信号，并决定下一次系统状态的转移。时间序列是一个触发脉冲序列或同步信号，从定时器产生。当时间序列进行下一次触发时，系统的状态将根据前一次的状态和输入情况发生状态的转移。时间序列的间隔太短，对系统的速度、频率响应要求高，可能降低系统的效率；间隔太长，系统的实时性差，响应慢，有可能造成外部输入信号的丢失。时间序列的间隔应稍微小于外部输入信号中变化最快的周期值。

2.基于状态机的按键过程分析

以单个按键作为一个状态机。按键的操作是随机的，需要程序对按键一直循环查询。按键的检测过程要进行消抖处理，所以选取状态机的时间序列的周期为10ms，这样可以跳过按键抖动的影响，同时也远小于按键0.3–0.5秒的稳定闭合期，不会将按键操作过程丢失。系统的输入信号是与按键连接的I/O口电平，“1”表示按键处于开放状态，“0”表示按键处于闭合状态。

根据一个按键从按下按键到释放按键的整个过程，将按键分为4个状态：

S0：等待按键按下

S1：按键按下

S2：等待按键短按释放

S3：等待按键长按释放

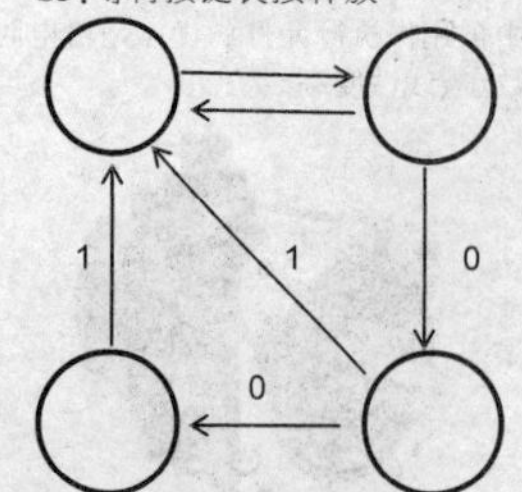

图1 按键整个过程的状态转移图

通过状态转移图表示按键的整个过程，如图1所示。按键的初始状态为S0，当检测到输入为1时，判定没有按下按键，保持SO；当输入为0时，判定按下按键，状态转入Sl。在S1状态中，当检测到输入为1时，判定之前的按键操作是干扰信号，回到SO；当输入为0时，执行按键功能程序转入S2。在S2状态中，当检测到输入为1时，则回到S0，判定按键短按已经释放；当输入为0时，判定按键没有释放，就开始计时，如果在S2计时过程中输入从0变为1就会回到SO，当计时结束后转入S3，判定按键为长按功能。在S3状态中，输入信号为1，返回S0，判定按键长按已经释放；输入信号为0，执行相应的按键功能程序，也可以计时，等计时结束后执行按键功能程序，实现按键连按的功能。

3.基于状态机的按键程序设计

根据状态转换图，基于状态机方式编写简单按键接口函数read_key()。

```
#define key_input PA0 //按键输入口
#define key_state_0 0 //状态0
#define key_state_1 1 //状态1
#define key_state_2 2 //状态2
#define key_state_3 3 //状态3
voidread_key(void)
{
static char key_state=0,key_time;
charkey_press;
key_press=key_input; // 读取按键I/O口电平
switch (key_state)
{
case key_state_0: // 按键状态S0
if (! key_press) key_state = key_state_1; // 判断输入是否为0，为0转入状态1
break;
case key_state_1: // 按键状态S1
if (! key_press) // 判断输入是否为0
{
key_state=key_state_2; //为0转入状态2
//按键处理程序
}
else
key_state=key_state_0; //为1返回状态0
break;
case key_state_2: //按键状态S2
if (key_press) key_state=key_state_0; //判断输入是否为1，为1返回
//状态0
else if(++key_time==200)//否则开始计时，计时结束转入状态3
{key_time=0;key_state=key_state_3;}
break;
case key_state_3: //按键状态S3
if (key_press) key_state=key_state_0; //判断输入是否为1，为1返回
//状态0
else if(++key_time==10) //否则开始计时，计时结束按键连击
{key_time=0;
//按键处理程序
}
break;
}
}
```

在整个系统程序中应每隔10ms调用执行一次这个简单按键接口函数read_key()，每次执行时先读取与按键连接的I/O的电平到变量key_press中，然后进入用switch结构语句构成的状态机。switch结构中的case语句分别实现了4个不同状态的处理判别过程，在每个状态中将根据状态的不同，以及key_press的值（状态机的输入）确定下一次按键的状态值（key_state）。

4.结语

本文介绍了一种基于状态机来实现按键检测的方法，能检测按键的多种状态，实现按键的短按和长按功能，完全根除了CPU延时消抖与等待释放的问题，提高了单片机按键消抖软件的可靠性。采用C语言编写的按键程序结构清晰，代码简洁，可读性强，通用性强，便于移植，利于技术交流。 ◇哈尔滨 解文军

巧改光立方

光立方大家都不陌生，本报曾介绍了一种8*8*8光立方的常规做法，做法简单可行，但动画播放时只能按既定程序，不能根据个人爱好进行选择。在这儿介绍一种动画可选的光立方的做法。

一、电路构成框图及原理

1. 电路核心单片机选用的是宏晶科技生产的单时钟/机器周期(1T)的单片机TC12C5A60S2，是高速/低功耗/超强抗干扰的新一代8051单片机，指令代码完全兼容传统8051，但速度快8–12倍，而且STC系列单片机支持串口程序烧写。STC12C5A60S2单片机内部自带高达60K FLASHROM。高速、高内存，为方案的实现提供了保证。

2. 采用74HC138译码器节省端口。先用程序把每层号编成二进制码，送出，再由138译码器把二进制码译成对应层输出，单机仅用5个 I/O就能送出层选数据。

3.采用595串入并出数据锁存器，用软件将行列信号串行送出，送入595锁存后，再并行输出，控制行列。仅用6个I/O口。

4.四片AMP4953实现8层驱动，驱动电流大大增加。两片74HC245作各芯片与单片机间的缓冲器。

这样，行、列、层信号输出仅用了11个端口。节省下来的I/O口，就可以加入4*4键盘了。

二、制作方法

现以网购《上升沿电子科技8*8*8光立方》套件为例，灯体与电路板的焊接在这儿就不再赘述，只介绍下电路具体改做方法。

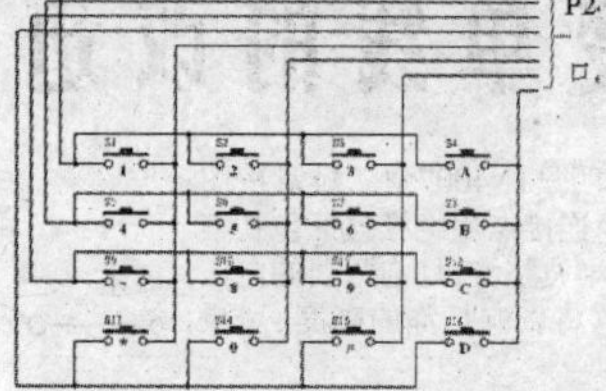

1.4*4键盘制作

可用洞洞板焊接如图电路

行、列线如果焊在同一面时，应特别小心，不要把绝缘皮焊化，造成短路。（学生第一次做的虽显脏乱，但很有成就感，就用它吧）。

行、列线要按顺序排列，接于排针（或排母）。

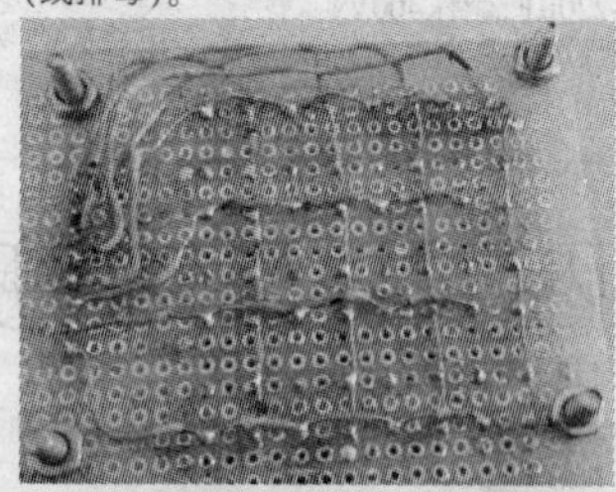

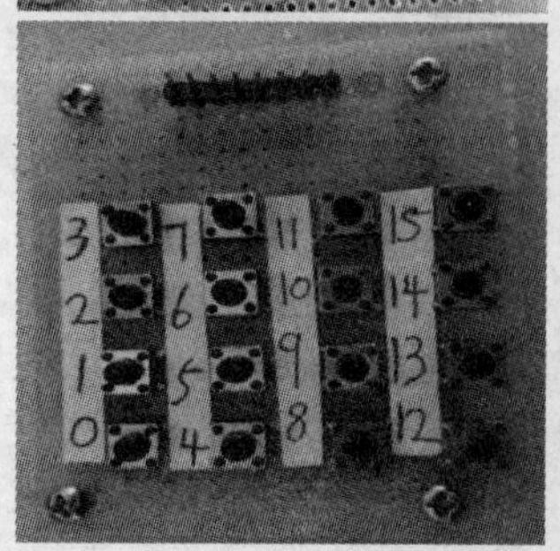

2.单片机接口

16PIC座插于单片机P2口，如图

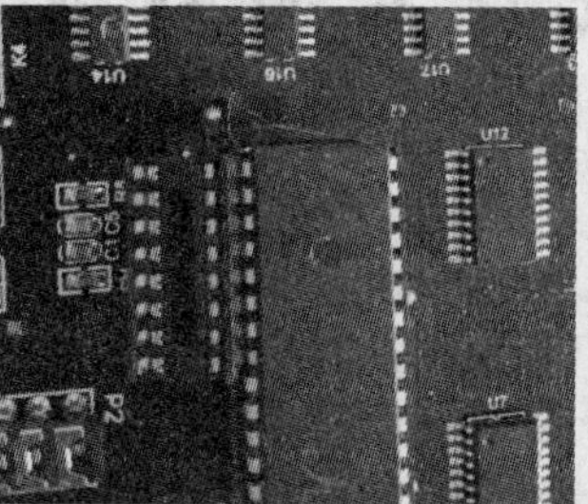

特别注意IC8个脚一定要对准P2口8个脚，不可插于两脚空中。插入后感觉稍紧不易脱落方可。

3.接线

8根杜邦线一端弯折成直角插入IC座中。

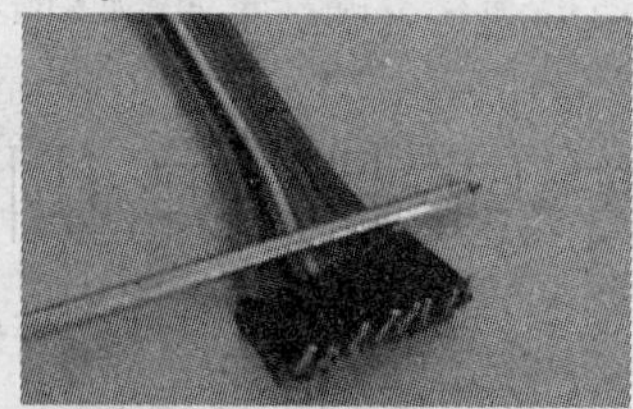

并用双面胶固定杜邦线于PCB板上。

杜邦线另一端接入4*4键盘。如图

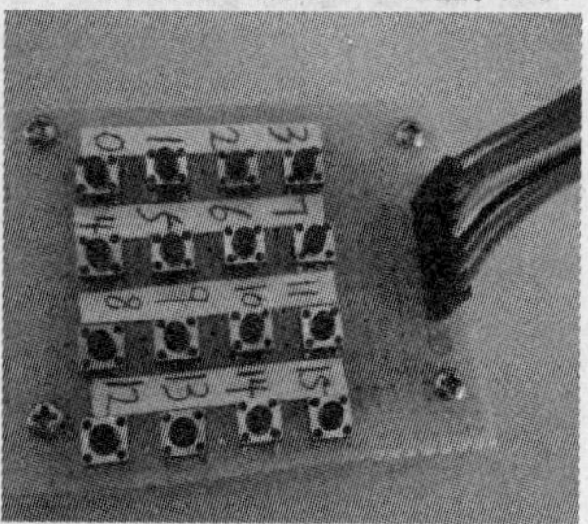

如此电路改造完成，接下来就是编写键选程序和整合动画了。这一步对学过单片机4*4键盘扫描的人员来说，应不成问题。由于篇幅有限，在此不作赘述。

这样，配合原电路板上的4个工作模式选择按键，通过编程，可实现动画选择播放和自动播放。如何配合播放，就看你的程序了。

◇山东莱芜职业中等专业学校 吴灵芝

全球实施5G计划，5G手机何时换

去年12月，国内三大运营商已经获得全国范围5G中低频段试验频率使用许可。2019年1月16日，中国联通联合中兴打通全球第一个5G手机外场通话。中国对5G的规划为2018年规模试验，2019年试商用，2020年规模商用，与海外主要国家规划的时间节点类似。

据GF Securities report，美国2大电信运营商Verizon 和AT&T，于2018年宣布针对家庭展开5G商用部署，推出5G固定无线服务。T-Mobile宣布于2019年起商业发布，Sprint则计划2019年推出商用5G服务。

表1：全球5G计划及发展状况

国家	试验	NSA 5G商用化	SA 5G商用化	发展动态
中国	2019年	2019年	2020年	2019年将在几个城市中铺设5G临时网络
南韩	2018年	2019年	2025年	KT 目标于2019年推出NSA 5G商用化；SK计划2H19推出
澳洲	2018年	2019年	2025年	Telstra & Optus 计划2019年推出 NSA 5G
美国	2018年	2020年	2025年	AT&T于2018年启用 NSA 5G 技术；T-Mobile 2019年末推出 NSA 5G
日本	2018年	2020年	2025年	计划于2020前推出NSA 5G商业化
欧洲	2019年	2020年	2025年	欧洲联盟委员会将大规模推出NSA 5G商用化
加拿大	2019年	2020年	2025年	2020 开始拍卖5G频谱

数据来源：环球产业研究，广发证券发展研究中心

全球5G频谱划分

国家	频段			运营商
	低频段	中频段	高频段	
中国		3.3-3.6GHz；4.8-5GHz	24.5-27.5 GHz；37.5-42.5 GHz	中国移动 中国联通 中国电信
美国	600MHz；2.5GHz	3.55-3.7 GHz；3.7-4.3 GHz；5.9-7.1 GHz	24.25-24.45 GHz；24.75-25.25 GHz；27.5-28.35 GHz；37-37.6 GHz；37.6-40 GHz；47.2-48.2 GHz；64-71 GHz	Sprint AT&T T-Mobile Verizon
韩国		3.4-3.7 GHz	26.5-29.5 GHz	SK Telecom KT LG U+
日本		3.6-4.2 GHz；4.4-4.9 GHz	27.5-29.5 GHz	NTT DoCoMo 软银
德国	700MHz	3.4-3.8 GHz	26 GHz	德国电信 Telefonica(O2)
				EE/BT Vodafone O2

5G手机换机潮：

中国工业和信息化部部长苗圩近日向媒体透露，预计到今年下半年，真正能够具备商业使用水平的产品将会投放市场，如5G手机等。

国泰君安证券整理了一个用4G换机周期来看5G的发展。

国泰君安预计5G的换机高峰期是2021年到来。

5G手机价格：

Digitimes报道称2019年国产5G手机将以加价500元人民币的定价策略来执行。

据悉，5G芯片模块以及相关材料成本约300-400元人民币，因此手机厂商加价500元人民币基本是有赚无赔。

各大手機品牌發布5G手機可能時程

品牌	地區	年份	產品
蘋果	美國	2020	iPhone
Google	美國	2019/10	Pixel 4
諾基亞(HMD)	芬蘭	未知	未知
榮耀	大陸	2019初	Honor View 20(5G版)
宏達電	台灣	2019底	HTC U13
華為	大陸	2019	●折疊式手機 ●P30 Pro
樂金	南韓	2019初	LG/Sprint: LG G8 ThinQ
摩托羅拉/聯想	大陸	2019	Moto Z3(Moto Mod配件)
OnePlus	大陸	2019初	OnePlus 7(5G版)
Oppo	大陸	2019初	Oppo R15(5G版)
三星	南韓	2019	●Galaxy S10 ●Verizon/AT&T客製版 ●折疊式手機
Sony	日本	2019	Xperia
小米	大陸	2019初	Mix 3(5G版)
中興	大陸	2019底	未知

資料來源：手機廠商，Digital Trends，DIGITIMES整理，2019/1

从4G换机周期看5G：预计5G换机高峰期2021年到来

从4G换机周期看5G，需求显著上升

4G阶段	Pre-4G期	4G导入期	4G替换期	4G成熟期
时间节点	2013年	2014年	2015~2016年	2017年~2018年
中国移动4G基站数	8万站	72万站	151万站	>200万站
中国移动4G用户渗透率	0%	0%→10%	10%→65%	65%→76%
4G机型占比	0%→10%	10%→70%	70%→95%	95%
国内智能手机渗透率	70%→90%	>90%	>90%	>90%
4G对国内手机出货量影响	这一阶段高增长来自智能手机渗透率提升，4G没有明显影响	4G进入导入期，4G新机型占比大幅提升，但是出货量出现下滑	4G换机周期到来，用户渗透率大幅提升，手机出货量连续两年高增长	4G步入成熟期，换机需求减弱，智能手机出货量连续下滑
对应5G阶段	**Pre-5G期**	**5G导入期**	**5G替换期**	**5G成熟期**
对应5G时间段	2019年	2020年	2021~2023年	2024年~
5G基站数量预估	10万站	60万站	300万站	450万站
国内5G用户渗透率预估	<1%	1%→10%	10%→60%	>60%
国内5G机型占比	0%→10%	10%→30%	30%→90%	>90%
5G对智能手机出货量影响	5G手机面世，对手机整体换机影响不大	5G导入期，5G机型渗透率显著增加，新一轮换机正式开始	5G换机高峰期，用户渗透率显著提升，手机出货量有望进一步增长	5G步入成熟期，等待下一轮换机周期

5G用户规模展望：

4G于2009年末2010年初推出之后仅有小部分运营商在有限的部分地区提供4G服务。虽然在推出后的10年间4G网络的布局范围越来越广，但直到2019年4G才成为全球用户最多的无线联网技术。全球移动通信系统联盟(GSMA)的报告显示，全球范围内的4G网络用户要到2023年才能超过网络用户总数的50%，距离4G网络的最初启用已过去14年。

这意味着到2025年，5G可能仍是一种相对小众的技术。该年度的5G用户人数有望达到12亿人次，但也仅占全球非物联网移动网络用户总数的14%。

Only one in seven mobile connections will be 5G by 2025

Global mobile adoption by technology, share of mobile connections, excluding cellular IoT

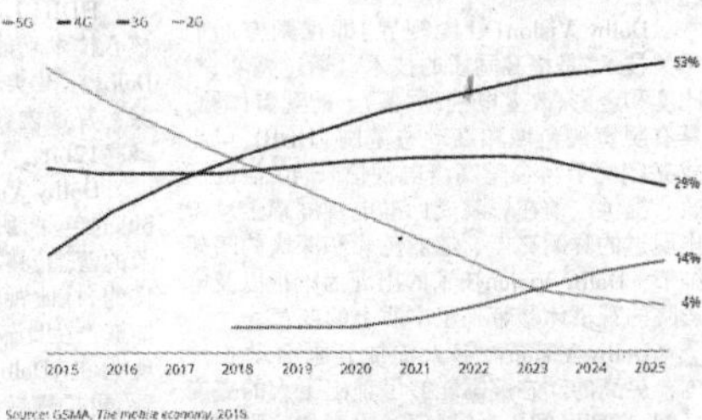

Source: GSMA, The mobile economy, 2018

XLR 音频接口

XLR—Cannon X Series,Latch, Rubber—俗称卡侬接头(Cannon)，卡侬连接插件是专业音响系统中使用最广泛的一类接插件，可用于传输音响系统中的各类音频信号，一般平衡式输入、输出端子都是使用卡侬接插件来连接的。在某种意义上说，使用卡侬接插件也是专业音响系统有别于民用音响的特征之一。

一、XLR接口概述

1.XLR接口的由来

基于原生产者是James H. Cannon，XLR端子俗称为Cannon插头或Cannon端子。最初端子为"Cannon X"系列，之后的版本加入了弹簧锁(Latch)成为"Cannon XL"系列，接着在端子接触面以橡胶包着(Rubber)，成为其缩写XLR的来源。

2.XLR接口的结构

与RCA(莲花头的接口)模拟音频线缆直接传输声音的方式完全不同，平衡模拟音频(Balanced Analog Audio)接口使用两个通道分别传送信号相同而相位相反的信号。接收端设备将这两组信号相减，干扰信号就被抵消掉，从而获得高质量的模拟信号。此种接头是由三个接点所组成，分别为1——Ground接地；2——热端(+级)；3——冷端(-级)。

卡侬插头的平衡式连接

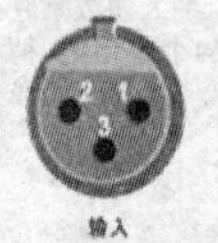

1 = 接地 / 屏蔽
2 = 热 (+)
3 = 冷 (-)

输入　　输出

不平衡运行时极1和极3必须接通。

二、平衡输出的原理和优势

原理：简单来说，普通的单端输出分为左声道、右声道和地线三条，而平衡输出则分为左声道正极、左声道负极、右声道正极和右声道负极四条，单端输出时由于左声道和右声道的信号均会流向同一个地线，所以导致了左右声道的信号会相互干扰，使得分离度不够高。而平衡输出由于左声道和右声道的信号不需要经过共用地线，所以也杜绝了单端输出的弊端，实现了十分不错的分离度。

优势：第一是声场的提升，通俗点说就是单端输出听起来就像是一个小型的KTV，平衡输出听起来则变成了一个大剧院，空间感的区别相信大家也能想象得出；第二是驱动力的提升，由于平衡输出将左右声道的信号分开处理，这使得左右单元得以分开驱动，更加容易发挥耳机的潜力；第三是动态和细节量的提升，因为平衡输出会同时输出相位相反的正负两路信号，这两路信号在接收端反相叠加，从而此前在线路上产生的噪音干扰也就抵消掉了，从而提高了信噪比，那么声音的动态表现和细节量自然也会有所提升。

三、XLR接口的种类和好处

种类：卡侬插头有公插与母插之分，插座也同样有公插座与母插座之分。公插的接点是插针，而母插的接点是插孔。按照国际上通用的惯例，以公插头或插座作信号的输出端；以母插头、插座作为信号的输入端。

好处：

1.采用平衡传输方式的，抗外界干扰能力较强，利于远距离传输（不大于100米）。

2.具有弹簧锁定装置，连接可靠，不易拉脱。

3.接插件规定了信号流向，便于防止连接上的差错。　◇四川　刘　观

小议杜比视界和杜比全景声

现在很多主流电视以及家庭影院系统都提到了Dolby Vision(杜比视界)和Dolby Atmo(杜比全景声)，这里就简要的为大家介绍一些有关两者的技术特点。

Dolby Vision(杜比视界)

Dolby Vision(杜比视界)即视频方面的相关技术，是提高画质的技术。通过亮度、对比度和色彩,改变电视(屏幕)上的观看体验，具有更宽的色域和高动态范围 (HDR)、可生成亮度优于当今超高清电视信号 40 倍的图像、提供以前在影院或标准电视屏幕上从未出现过的鲜明亮点、炫丽色彩和深邃的暗部细节。Dolby Vision技术的出现为电视以及电影院的观赏体验带来了本质上的变革。

Dolby Vision能够大幅提升画面动态范围，更高的动态范围能够呈现出更大的亮度区间,亮度区间更大,局部对比度和色彩的丰富程度,以及画面的真实性就会大大增强,从而带来栩栩如生的画面。

通过图1上下左右的画面可以看出Dolby Vision(杜比视界)通过HDR高动态范围的表现效果非同凡响。左右飞机与人物以及花海的画面的反差是巨大的,首先在暗部表现上,海底景深清澈见底，而左边的SDR更像一张平面的幕布。本来花海的颜色应该非常艳丽,具备丰富的细节与层次感，而不是缺少饱和度和黯淡无光。

不过提到HDR高动态，我们很容易将Dolby Vision和HDR10混淆。

Dolby Vision是整套的专利解决方案,内容、播放源、显示设备都必须是兼容Dolby Vision标准的才可以，并且每个Dolby Vision显示设备都带有一块专用芯片来检测确认此设备的输出能力(亮度、色彩空间等),播放时将这些数据传输给Dolby Vision的播放信号源，信号源将依据这些显示设备数据来逐帧优化输出,既兼顾到显示设备能力,又保持了原始信号的表达意图。

ULTRA HD™
PREMIUM

而HDR10则是Samsung、SONY、LG等众多电视大厂希望有一个比Dolby提供的更开放的平台,节约支付给Dolby专利费,又无需增加一个提交认证的流程来削弱对于自身产品的控制权，因此他们开始开发自己的对于HDR视频的方案，最终进化成一个标准——HDR10。

HDR10是建立在与Dolby Vision相同的核心技术功能上的,在亮度、颜色等参数上与Dolby标准类似，但是HDR10只支持10bit色深，普通内容只是8 bits色深,Dolby Vision是最高12bit。

Dolby Vision的优势在于，由于采用12 bits的色深,所谓色深就是过渡的平顺以及细节的营造,其实不只是颜色,亮度范围也是一样的,杜比视界亮度范围也是12 bits,所以它能够产生比较平稳的过渡过程。在屏幕的表现力上,Dolby Vision让内容展现得更加细致、更加震撼、更加鲜明,在Dolby Vision技术加持下的画面色彩层次感和细节表现要优于HR10和普通格式的多。

不过Dolby Vision主要通过Netflix,VUDU和Amazon等在线流媒体欣赏,并且因制作原理片源相对要少得多；而HDR10可选择的内容载体更加广,可以使用UHD 4K蓝光,也能享受在线流媒体欣赏，目前从兼容性和内容上讲HDR10更广一些。

Dolby Atmos(杜比全景声)

早在2012年杜比就研发出Dolby Atmos(杜比全景声)了。该技术突破了现有的5.1或7.1声道技术,能使置于室内各点的音箱逐一发出不同声音，为用家带来真正的环绕声体验。音箱被放在墙壁沿线、天花板上、甚至屏幕后面,将声音"推送"给听众。要知道一家杜比全景声影院可配置最多64个音箱，它们传出的环绕声更能给观众带来身临其境的声音体验。

组建家庭杜比全景声效果示意图

然而对于家庭用户来说，绝大多数家庭是不可能在一个房间内配置64个音箱的，稍微有条件的家庭要么添置2个或4个吸顶音箱;要么在普通音箱(前左、前右、后部、环绕)、书架式音箱(前左、前右)、落地式音箱的顶端添加音箱(0.2A配一套、0.4A配两套);条件更好的可以直接添置一套专用的杜比全景声音箱。最后通过混音器将系统中每个音箱独立的声音来源，通过校准后再精确地"送"到房间内的各个定点，从而形成全新的前部、环绕、天花板的杜比全景声道。

部分参数对比				
产品	声道	前级解码	功率	声音校正
AVR-X4200W	9.2	11.2	200W(6Ω,1kHz,1%THD,单声道驱动)	AudysseyMultEQ XT32(Pro ready)
Marantz SR6013	9.2	11.2	180W(6Ω,1kHz,1%THD,单声道驱动)	AudysseyMultEQ XT32
TX-RZ730	9.2	11.2	185W(6Ω,1kHz,10%THD,单声道驱动,JEITA)	AccuEQ Advance
RX-V2081	9.2	11.2	210W(6Ω,1kHz,10%THD,单声道驱动,JEITA)	YPAO
NAD T758 V3	7.1	11.1	60W(0.05%THD,20-2kHz,all channels,driven simultaneously	Dirac Live LE for NAD 狄拉克声音校正系统

回过头来再详细地说下如何组建"简化版杜比全景声"。

首先,需要一台支持杜比全景声的AV功放,而原有的5.1或7.1系统的这些扬声器都和可以杜比全景声系统无缝接入。这里顺便推荐几款中端价位的AV功放：天龙AVR-X4200W(升级版X4400W)、马兰士SR6012(升级版SR6013)、安桥TX-RZ730、雅马哈 RX-V2081、NAD T758 V3(见表)。

理想的系统推荐单极或双极扬声器,不推荐使用偶极扬声器 (高度扩散的偶极扬声器会干扰到声音的定位)。扬声器的位置也不能放得太高。在聆听者高度或高个2英尺就可以。避免扬声器离天花板太近,会干扰空间中物体的定位。把地面扬声器和天空声道都放在天花板上同样不可取，因为它会重新建立物体的运动。

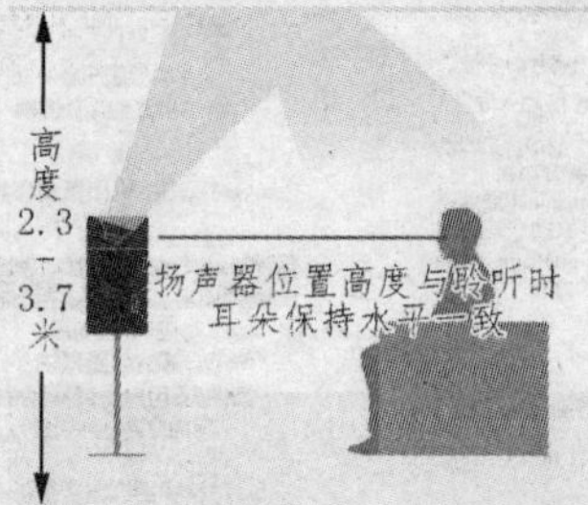

在传统的前置扬声器的上面，添加一个反射扬声器模块。这个模块被封装在一个独立的挡板中,和主扬声器集成一体。

购买单独的反射模块,加入系统中去;把它放置在现有扬声器的上方，或在聆听位置附近3英尺附近。如果是由石膏板、混凝土、木材构成的平面天花板,听音室高度可以在2.3米到3.7米之间,反射的声音是最好的,最好不要超过4.3米高的空间。

建议在有条件的经济情况下,尽量使用4个反射式全景声扬声器，这样头顶的定位更精确；其中两个扬声器应当放在前置左右声道位置。另外两个可以放在后环绕位置。如果只有2个反射式全景声扬声器,就把它们放在前置左右声道位置。反射式全景声扬声器的位置要放在坐下时与耳朵高度同一水平位置,而不是墙高的一半的高度。确保扬声器离你5英尺以上，附加模块放在前置和环绕3英尺范围。

架空扬声器搭建示意图

如果使用的是架空扬声器,建议使用4个或更多。只有4个架空扬声器时,应当把两个放在座位前方,两个放在座位后。位置大约将前后墙三等分。如果只有2个空式扬声器,就把它们安装在头顶前方。注意使用广泛扩散型的架空扬声器(扩散角度至少45度),如果不是广泛扩散的扬声器，那么让扬声器稍稍指向你的位置。

最后就是将新买的AV功放和安装好的扬声器连接系统了。许多支持杜比全景声的扬声器都标注着天空声道的连接端子 (有些功放不使用这个功能，可以在设置菜单自由分配功率扩大模块)。把反射全景声扬声器或架空扬声器连接到那些段端子即可。

额外提醒一下，不是所有的片源都是全景声片源。在播放非全景声片源时可以使用AV功放的杜比上混功能,通过复杂的信号处理,把普通片源调整并在所有的声道重放。不像以前宽带上混技术，杜比环绕上混在频段处对多个感知间隔带进行解码和处理，通过精密分析处理信号源。杜比环绕上混器单独控制这些频率带,产生高度精确的环绕声场,增强了宽敞的氛围。为了保值正前方扬声器的成像，上混内容不会发送给前三扬声器和增宽扬声器，也不会发送到后环居中的扬声器；而是将声音成像通过传给天空声道进行补充。

一款无线耳机——金河田X18

我们都知道金河田一直专注于电脑机箱以及音箱、键鼠等领域。在无线耳机的市场诱惑下，金河田推出了自己的第一款耳机产品——金河田X18。那么我们就来看下该款耳机的性能及表现力如何。

首先从外观来看，金河田X18的便携充电盒很小巧,有黑白两款可选。里面放着左右两只耳机,指示灯闪烁,代表耳机已经进入蓝牙配对模式，此时打开手机蓝牙找到设备"X18-L",点击来完成配对(手机上会显示耳机剩余电量),整个过程只需要10秒,上手非常简单。

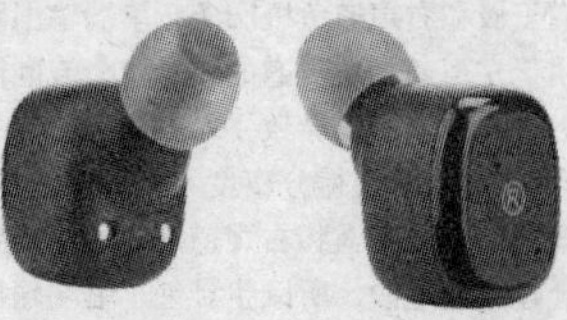

金河田X18采用入耳式设计，由于腔体十分小巧，可以轻松放入耳郭，重量只有4.7g,佩戴舒适无感。实测下,耳机的佩戴舒适性和牢固性都不错,不易松动和掉落,亦可兼顾运动时使用，长时间佩戴也能够保持不错的舒适度。

左右耳机腔体表面均设计了功能按键,用户可通过单击、双击、长按等操作实现音乐播放/暂停、切歌、接听/挂断电话、启动语音助手(如Siri)等功能,简单易用。

金河田为X18配备了最新的蓝牙5.0芯片,耳机在蓝牙配对速度、传输距离、连接稳定性及音频流畅性方面都有着不错的表现,同时有着极低的声音延迟，这部分则体现在日常使用手机打游戏、看电影、刷直播时，声音流畅无延迟,稳定不断连。

续航方面，耳机自身可使用5小时，充电盒可为耳机额外提供3次电量补给,共计使用15小时的使用时间,充电盒支持快充1小时充满,长时间佩戴或短途旅行使用都没有问题。

在音效方面，中低频表现力还是比较十足,高频则要差一些,高频的透明度和解析力一般,听古典或大编制交响乐时,细节的还原还是不够清晰，显然更适合听人声演唱类音乐。不过对于169元价位的蓝牙耳机来说,金河田X18还是算比较有性价比的了。

参数：

入耳式运动/音乐/蓝牙耳机

颜色:黑/白

尺寸:25.46×16×25.94mm(耳机)

95×95×40mm(充电盒)

重量:4.7g(耳机)

传输频率:2.402GHz~2.480GHz

频响范围:20~20000Hz

传输距离:10m

电池:3.7V,50mA(耳机)

520mA(充电盒)

蓝牙版本:蓝牙5.0

2019年2月24日出版 实用性 启发性 资料性 信息性

第 8 期 国内统一刊号:CN51-0091 定价:1.50元 邮局订阅代号:61-75

地址:(610041)成都市天府大道北段1480号德商国际A座1801 网址:http://www.netdzb.com

(总第1997期) 让每篇文章都对读者有用

博物馆传真

编前语:或许,当我们使用电子产品时,都没有人记得或知道老一批电子科技工作者们是经过了怎样的努力才奠定了当今时代的小型甚至微型的诸多电子产品及家电;或许,当我们拿起手机上网、看新闻、打游戏、发微信朋友圈时,也没有人记得是乔布斯等人让手机体积变小、功能变强大;或许,有一天我们的子孙后代只知道电子科技的进步而遗忘了老一辈电子科技工作者的艰辛……

成都电子科技大学博物馆旨在以电子发展历史上有代表性的物品为载体,记录推动电子科技发展特别是中国电子科技发展的重要人物和事件。目前,电子科技博物馆已与102家行业内企事业单位建立了联系,征集到藏品12000余件,展出1000余件,旨在以"见人见物见精神"的陈展方式,弘扬科学精神,提升公民科学素养。

电子科技博物馆迎来首批港澳台地区藏品

近日,一批90年代初期的索尼摄影机、声道混频器等21件藏品历经数月运送、报关、清关、国资建账等流程,顺利入库电子科技博物馆馆藏。这批设备是在我校首届毕业生林世昌先生的积极联络下,代其好友何掌邦先生捐赠的,也是电子科技博物馆面向港澳台及海外地区开展藏品征集的首次突破。

这批设备包括索尼摄像机等在内的采编播完整设备21件,呈现出20世纪90年代电视台节目采集、制作、播出的全过程,极大地丰富了电子科技博物馆广播电视类藏品,也为面向港澳台及海外开展藏品征集提供了可借鉴路径。

林世昌先生曾于2018年5月访问母校并参观了电子科技博物馆,就此次捐赠进行了深入座谈。他表示,自己作为学校的首届毕业生,一直心系母校发展,自己一生从事广播电视相关工作,这些设备见证了自己半生的广电情缘。很欣慰看到母校建成了中国第一座综合性电子科技博物馆,希望把这些设备捐赠给母校,发挥更大的价值。

除了广播电视类的设备外,电子科技博物馆室外大型藏品展示区也增加了新看点。中国第一款自主研发的纯电动SUV(EC70)新能源汽车近日正式落户博物馆,该款车由四川野马汽车股份有限公司捐赠,是国产新能源汽车的重要代表,此次捐赠的展品正是野马新能源汽车当年下线的第一辆原型车。电子科技博物馆将结合该展品特点专门设计一个独立展台,目前展台的布置正在积极推进中。"电子科技博物馆不仅收藏历史,也应收藏现在和未来。"电子科技博物馆相关工作人员表示。

在藏品征集工作中,电子科技博物馆不断拓展新渠道,除了加强和相关企事业单位的紧密联系之外,还依托各地校友会平台和资源,不断丰富馆藏。2018年,北京、上海、杭州、贵阳、珠海、芜湖、绵德广、河南、江苏等全国九地校友会都纷纷发起了藏品捐赠活动,以星火燎原之势助力母校建设和发展。在广大校友和各地校友会的支持下,电子科技博物馆的藏品更加多元化、系列化,藏品征集工作不断取得新突破。

相关链接:

林世昌,广东人,前香港亚洲电视台总工程师,香港易达视讯科技有限公司创始人。由于对物理和无线电的热爱,他在高中毕业后报考了华南工学院(现华南理工大学)的无线电专业。1956年,随着上海交通大学、华南工学院、南京工学院三所高校的电讯工程有关专业合并创建成都电讯工程学院,林世昌跟随老师和同学来到成都电讯工程学院,成为三系5632班学生,也是成电培养的第一批毕业生。

(本文原载第6期2版)

电子科技博物馆"我与电子科技或产品"

本栏目欢迎您讲述科技产品故事,科技人物故事,稿件一旦采用,稿费从优,且将在电子科技博物馆官网发布。欢迎积极赐稿!

电子科技博物馆藏品持续征集:实物;文件、书籍与资料;图像照片、影音资料。包括但不限于下列领域:各类通信设备及其系统;各类雷达、天线设备及系统;各类电子元器件、材料及相关设备;各类电子测量仪器;各类广播电视、设备及系统;各类计算机、软件及系统等。

电子科技博物馆开放时间:每周一至周五 9:00—17:00,16:30 停止入馆。

联系方式

联系人:任老师 联系电话/传真:028--61831002

电子邮箱:bwg@uestc.edu.cn

网址:http://www.museum.uestc.edu.cn/

地址:(611731)成都市高新区(西区)西源大道2006号

电子科技大学清水河校区图书馆报告厅附楼

不服输!希捷推出16TBHDD

随着最新工艺QLC NAND Flash的大规模量产,让SSD的价格已经实现了1元1GB的目标甚至以后会更低价,给HDD带来了前所未有的冲击。希捷作为最后一个坚持战斗在HDD生产线的大厂,只有不断推出更大容量的HDD才能在存储市场站稳脚跟。

这是一款希捷采用的最新的HAMR(热辅助磁记录技术)技术推出的大容量HDD,该硬盘采用一种新的介质磁技术,通过激光光束精准的定位加热写入区域,从而使得磁头易于对存储介质进行磁化,使得数据位或颗粒变得更小、更密集,同时保持磁性稳定。附在每个记录磁头的小型激光二极管加热硬盘上的一点,使记录磁头能够翻转每个稳定数据位的磁极,从而写入数据。

由于这种大容量的HDD更多地被使用在服务器上面,因此采用HAMR的硬盘在即插即用的兼容性与标准系统的稳定性上比其他标准HDD要高20倍,同时对读取、写入、随机、顺序等混合工作因素也有进一步的提升。

在理论上,这种技术的极限存储密度可达10TB/平方英寸,相对于现在大众的HDD硬盘容量可以增长到原来的5~10倍,今年底可能达到20TB左右,这样一来可以通过将更多的容量放入与传统硬盘相同的空间来降低总体成本。

(本文原载第3期11版)

助力铺就5G之路 康普推出全新3.5 GHz天线

为提升网络容量,全面迎接5G时代,全球领先的通信网络基础设施解决方案提供商康普康普宣布推出适用于宏蜂窝基站及微蜂窝基站全面、密集覆盖的全新3.5 GHz天线系列。凭借新款系列天线,用户在部署新的频谱频段时将能够实现当前LTE网络容量的提升,为未来5G网络做好充分准备。康普全新3.5 GHz系列天线的特点主要包括:

·提供各种单频段及多频段选项(包括波束赋形),为宏蜂窝基站及室外微蜂窝基站部署提供3.5GHz频段的覆盖支持。

·通过载波聚合、高阶MIMO、干扰管理和波束下倾功能以充分保障频谱效率的高效应用。

·作为通向5G的重要一步,该天线能在兼容LTE及其他早期无线射频技术的情况下应对未来需求。

美国知名无线和移动通信市场调研公司iGR总裁Iain Gillott表示:"市场中支持3.5 GHz频段的基站天线、合路器和塔顶放大器等射频产品数量并不多。但对于受制于网络容量的运营商而言,适用于宏蜂窝基站及室外微蜂窝基站部署的3.5 GHz基站天线和射频传输产品至关重要。"

随着全新天线的推出,康普天线及滤波器产品组合得到进一步扩充,包括:

·应用于宏蜂窝基站的2.3GHz智能波束赋形扇区天线

·面向欧盟,适用于宏蜂窝基站且支持1400 MHz的多频天线和合路器

·65°扇区和准全向微蜂窝基站天线

·可为3.5GHz宏基站和微蜂窝基站部署提供支持的合路器和塔顶放大器

康普移动解决方案高级副总裁Farid Firouzbakht表示:"现在的网络容量已在极限边缘,特别是在人口密集的城市地区已经很难增加,甚至无法再求得更多建设基站的空间。康普全新的3.5 GHz天线采用支持3.5 GHz频谱的特殊天线设计,可提供额外的频谱效率,为负担过重的网络扩展容量。"

◇康普公司

(本文原载第9期2版)

长虹FSPS35D-1MF电源深度解析(六)

(紧接上期本版)

五、关键检修数据

1、U1(LD7537S)实测数据见表1.6；

2、US2(GS7005)实测数据见表1.7

六、常见故障

例1、3D32B3100iC三无

分析与检修：通电指示灯不亮，测主板12V输入电压在1.5V~3.3V范围内变化，V1电压在21.3V~27.2V之间变化。能建立电压，说明主板一侧无短路存在。怀疑电源组件故障，将电源到主板的排线取下，对电源通电，测试12V电压仍然很低并且跳变，说明电源组件自身故障。首先测量U1(LD7537S)各引脚电压：⑤脚VCC为1.52V~3.37V变化；②脚负反馈脚为0.03V~0.95V变化；③脚欠压检测为0.13V~0.75V变化；⑥脚PWM驱动输出脚为0.00V~0.06V变化。各引脚电压均严重偏低并且跳变，怀疑U1(LD7537S)外围引脚电容有漏电、负反馈支路器件性能不稳定或过流、过压(含欠压)现象导致U1错误判定12.3V电源已经达到14.2V的过压值。在路测试U1各引脚阻值正常，测量过流取样电阻R10(0.27Ω)也基本正常。由于电阻值极小，用万用表电阻挡测试只能做大体判定。故采用在R10上并联一颗比0.27Ω稍大的电阻，通电观看故障是否消失的方法进一步判定。并联电阻后故障消失说明原电阻变大，未消失说明原电阻正常。本例发现故障未变化，说明R10正常，去掉并联到R10上的0.51Ω电阻。接着检查过压、欠压电路，检查时发现过压检测支路ZDS1(13V)存在变质。取下测量，两端有25KΩ左右的阻值，更换后试机，故障消失。

例2、LED32B1000C三无，指示灯闪烁几下之后熄灭

分析与检修：根据故障现象分析，电源组件和主板都可能出现此故障。拆机通电，测量电源组件输出到主板的12.3V电压在3.4V~6.2V之间跳变，测量V1电压为43.4V且稳定，测300V直流电压为323V且稳定，怀疑以U1(LD7537S)为核心的振荡控制电路及周边异常。测量U1各引脚电压，发现各脚电压均处于跳变状态，和正常待机状态的对比情况如下表1.8所示：

表1.8

引脚及符号	⑤(Vcc)	②(COMP)	③(BNO)	⑥(OUT)
正常待机电压	13.56V	1.51V	1.03V	0.15V
故障机实测电压	10.73V~14.38V	0.02V~0.27V	0.86V~1.06V	0.00V~0.04V

对比之下，②脚负反馈电压明显偏低，怀疑②脚外存在故障。检查负反馈支路元器件未发现异常，代换US1(AS431ANTR-E1)、PC1(EL817)未果。在路测试各引脚对地阻值未发现异常，由于能够形成输出电压，说明启动电路、PWM驱动电路应该是正常的，接下来应该围绕US1的工作条件做进一步检查，包括二次供电形成以及过流、过压、欠压检测电路。检查发现二次供电形成电路R2开路，更换一颗5.1Ω电阻后试机，故障排除。

例3、LED39C3000三无，指示灯闪烁几下后熄灭，有时一直闪烁

分析与检修：拆开电视机后盖，测量电源板输出到主板的12V供电，12V供电在2.9V~3.7V跳变，测量V1电压在0.1V~1.1V之间跳变，LED+电压在19.5~19.9V之间跳变，断开到主板的连接线试机，故障依旧。V1电压偏低程度严重异常，怀疑各组电源电压低并跳变是由于LED背光驱动部分电路故障导致。试断开LED背光形成电路中的储能电感LS3，测试12V电压已恢复正常，说明故障的确在背光驱动电路。能引起V1电压被拉低的原因很少，主要包括开关MOS管QS2变质短路以及二极管ECS8、CS13、LED灯串短路等因素。用万用表二极管挡测试LS3右侧阻值为∞，恢复之前断开的LS3焊点，将LED灯串线从CN2插座扒开，试机故障依旧。将QS2漏极从电路中断开，再次试机，12V电压恢复，说明故障还是在QS2。

MOS管损坏时，通常其前端的驱动电路亦会损坏，需要一次性将故障元件更换完，以避免烧毁新换上的QS2。在路测试前端RS32、RS17、DS11均正常，怀疑前端背光驱动集成电路US2(GS7005)存在故障。测试各引脚在路反向阻值(红表笔接地)，发现部分引脚阻值存在明显差异，见表1.9。

表1.9

引脚及符号	⑥(RT)	⑦(DIM)	⑧(Comp)	⑨(Slope)	⑫(SOA/FB)	⑬(OVP)
正常在路阻值	0.581Ω	0.579Ω	0.578Ω	0.578Ω	0.649Ω	0.574Ω
实测在路阻值	∞	∞	∞	∞	0.003Ω	1.942KΩ

分别检查阻值异常的⑥、⑦、⑧、⑨、⑫、⑬脚外围电路，未见异常。挑起⑬脚测量对地阻值为0，确认是GS7005集成电路损坏。更换US2、QS2，测试⑥、⑦、⑧、⑨、⑫、⑬脚阻值正常。通电，指示灯常亮，监测到的12V电压为稳定的12.3V，二次开机后图声俱全，故障排除。

例4、LED32580(L58)图像偏暗

分析与检修：对故障机通电开机后观察，声音正常，图像偏暗。开盖测量12V电源为12.3V稳定，V1电源为41.2V，LED+电压为92.4V，LED-电压为1.1V。其中LED+电压比正常值偏低10V左右，比较明显，怀疑GS7005集成电路⑯脚PWM脉冲受到异常调制。分析认为可能情况包含GS7005第⑦脚输入的亮度控制信号偏低、第⑨脚参考电流设定值异常、⑬脚过压检测电路故障、⑭脚过流取样电阻变大、⑥脚外围电阻变质导致PWM脉冲频率变化等。对这几点可能性逐个排除，未查出故障。光暗的故障现象本身就是LED灯串电流偏小，反复思索发现除上面几点以外，还忽略了LED灯串电流形成通路自身，包括LED灯串自身老化、MOS管QS3导通程度不够、过流取样电阻阻值变大等因素。本着先易后难的检修思维，首先排除取样电阻，发现取样电阻上端对地阻值约为22.3Ω左右，明显异常。电阻R28(3Ω)是三颗并联电阻里面阻值最小的一颗，并联之后的阻值应小于3Ω才正确。取下R28测量已开路，换新后测量取样电阻上端对地阻值约2.64Ω正常。通电开机，图像亮度恢复正常，测量LED+电压恢复到102.7V，故障排除。

R28开路后，R27//R28//R29的并联阻值从正常的2.6Ω变大到22.3Ω，在取样电阻上形成的取样电压应明显上升，但由于灯串电流却在减小，最终在GS7005第⑩脚上形成的电压仍然为0.46V的正常值，而没达到0.7V的保护起控点，所以出现了本例光暗的故障现象。

另外值得特别说明的一点就是：反映LED灯串电流大小的电压信号在进入集成电路GS7005的⑩脚之后，实际上也参与了PWM脉冲占空比的调制。⑩脚电位偏低时，GS7005会加大⑯脚输出的PWM脉宽占空比，以提升LED+电压来维持灯串电流不变；⑩脚电位偏高时，则减小PWM脉冲占空比，使LED+电压降低以维持LED灯串电流不变化。

(全文完)

◇周 钰

康佳LED32E330C液晶电视三无

康佳液晶电视型号是LED32E330C，故障现象是三无且指示灯不亮。首先，检查市电200V交流电正常，拆开电视直接测量主电容的电压为300V，说明市电已经送到了板子上，全桥整流和滤波电路也正常。该机是一块三合一电路板。由于是在顾客家维修，为了省事，同时提高效率，就跟顾客商量换掉该电视机的三合一板子，顾客也同意。板子到就去顾客家换，本想到这就是一个简单的维修，不料故障依旧。怀疑新换的板子是不是有问题，转念一想，也可能是该机的待机红灯开机时无指示。看指示灯小板，指示灯是双色红绿LED灯，这就排除了开机后无指示的推断。断开了三合一板子送往屏幕的连线，这样做是为了排除屏幕有短路的地方。如果是屏幕问题，断开了屏幕三合一板子就可以启动，可结果板子还是不启动，说明屏幕应该是正常的。下一步测量LED背光，此电视有两组背光。用LED背光测试仪测LED灯条，其实就是一个恒流源，由于是恒流源，用这个测量LED条不会烧毁灯珠。测量第一组时，明显看到屏幕有点亮，而测第二组却没有任何反应，说明第二组LED灯条烧坏了。

修到了这里就轻松多了，因为LED灯珠坏是较常见故障，不过，换掉坏灯珠后返修率也比较高。原因是虽然坏掉的灯珠被换新了，可没坏的LED灯珠也用了很长时间，各灯珠的内阻差异也比较大，会造成整个灯条工作不稳定，不一定什么时候又会出问题。所以笔者都是直接更换全新灯条或灯珠，这样维修的电视基本不会再出现此故障。

换LED灯条需要拆屏，这是一个必须细心的工作，如果拆碎屏幕，损失将无法挽回，得不丧失。卸下来螺丝，一步步拆下屏幕，整个过程都拍了照片，之所以要这样做，主要是因为一旦在回装的时候有疑问，可以把照片拿出来对照一下，不至于由于忘了某个部件的位置而出现安装错误。屏幕拆下放到别处，这时候可以放心修理了，因为不需要担心屏幕出问题。此时看到背光内部每条灯条各有十二颗灯珠。用测试仪测量一下发现这个电视的LED灯珠竟然是6V的(一般3V比较常见)，找来6V同规格的LED灯珠，换掉所有二十四颗灯珠(见附图)。而该机的灯条下面有铝合金散热，直接通电试机应该没有什么问题。不装屏幕送电开机，灯珠全部点亮，而这个时候的绿色LED指示灯也亮了。按照拆下的顺序回装好屏幕，送电故障彻底排除。

小结：该机在LED背光不亮的情况下竟然是没有待机指示灯亮，这个在别的电视机上真的很少见，这次被这台电视机骗到了，希望大家不要犯笔者的这次低级错误。

◇大连 林锡坚

一次长虹LED55C2000I电视的曲折维修

从LCD背光发展到LED背光是技术的进步。现在，在商场展示台上很难再找到LCD背光的电视了。LED背光被宣传为低故障，但事实证明并非如此，只不过问题多出在低端机，这主要是厂家为了降低成本，在散热和选料上要求较低。只要是价格便宜又是老人看的电视，背光不亮的问题可以说百分之九十以上是LED灯珠烧坏。虽然老人观看电视的时间比较长，但也暴露了LED背光确实不耐用的问题。

这台长虹LED55C2000I电视开机出现标题画面，就两三秒时间就黑屏了，这是典型的背光问题。跟顾客报价后，把电视拉回来修理，之所以要拉回来，主要是因为换背光要拆屏幕，这个有风险，主要是容易弄坏屏幕。为了保险起见，决定直接换掉所有灯条。小心翼翼拆下屏幕，用灯条测试仪，测试出灯条上的灯珠确实有坏的。确定是背光灯条的问题，于是把所有灯条全部换新，一般这样修理很少再出现返修问题。换好后，装好屏幕开机成功，故障排除。为了稳妥起见，在维修站看了两天，确定无误后，决定送回顾客。

几天以后，接到顾客电话，说电视机又有问题，去到顾客家中根本就没有发现问题。几天后，顾客又打来了电话，还是说有问题，这次去了还是正常。考虑顾客应该不会撒谎，所以要求把电视再拉回来仔细观察，心里嘀咕是不是新换的灯条有问题？

不过看了两天，终于发现了故障现象，原来不是黑屏而是灰屏。拆下电视，直接检查逻辑板和屏幕边板的两条扁线，这是因为上次维修只拆过这两条扁线，逻辑板和主板之间的连线根本就没有动。将这两条扁线取下并未看到有断线、氧化的现象，清洗后重新接插，问题还是出现。再将主板到逻辑板之间的连线重新接插，问题仍然没有得到解决。仔细观察故障现象，发现只要启动正常了，无论看多久都是正常的，从故障现象分析应该不是接触不良。现在的问题可能是屏幕、逻辑板、主板以及连线出了问题。把这些地方通通检查一遍，也没有查出个所以然。坐下来，仔细分析一下，只要开机正常就没问题，有点像主板问题，难道还要订主板撞撞大运？本着先简后难的原则，首先把电视恢复出厂设置，问题还是存在。到网上下载了这个电视的新版本软件，直接用U盘升级，升级成功后，反复试机，故障再也没有出现过。注：在升级过程中千万不能断电，否则会升坏主板。

小结：修好了这台电视的背光故障，谁能想到还有别的问题，结果就走了弯路，在这里提醒大家，以后一定要注意有一机多病的可能。

◇大连 林锡坚

雅马哈家庭影院功放保护关机故障维修实例(上)

1.机型:YAMAHA RX-V490

该机开机后,有继电器吸合声,但是过5秒钟后,有继电器跳开的声音,VFD显示屏同时熄灭。从故障现象看,似乎是5秒后喇叭继电器吸合的同时,CPU检测到功放电路有故障而启动保护自动关机。

测量主声道元件,发现右声道分立元件功放电路的各个三极管电压值均不正常,而且功放管Q130A(A1695)的发射极均流电阻已经开路。怀疑电路有元件损坏,但在线测各个三极管基本正常,而功放输出端中点电位也为0V,中点电压没有偏移。将Q130A(A1695)的发射极均流电阻用好的0.22Ω/5W电阻焊接上后,再测右声道功放电路的各个三极管电压均已正常(和左声道接近)。看来,右声道功放电路各个三极管电压失常与0.22Ω/5W均流电阻开路有关,真是牵一发而动全身。但是功放故障仍未排除,机器仍会5秒自动关机。

机器放置了几天后,又取出来检修,检修前还将喇叭线夹上残留的喇叭线断头清理干净了一下。这次开机后,机器竟然工作正常,5秒后有喇叭继电器吸合声且不再自动关机,机器连续开机播放音乐大半天,也没有出现故障,以为原先可能是喇叭线断头有短路造成故障的。

但是,搬动功放几次后,功放5秒自动关机的毛病又出现了。有时震动机器后,功放又能恢复正常,但故障时不时仍会出现,估计功放电路有接触不良的地方。用手按压信号输入线路板,会发现故障有时会消失。该板子与显示控制板、功放板、收音板、环绕声解码板都有联系,于是将该板子上的排线和排线座清理干净并重新插紧,故障并未根除。考虑到按压信号输入线路板有时会使故障消失,再观察信号输入线路板上还插有收音板和环绕声解码板,这些电路板都要经过信号输入线路板与显示控制面板上的主控CPU通讯。于是清洗收音板与信号输入线路板的接插件,但是无效。再清洗环绕声解码板与信号输入线路板的接插件,重新插紧环绕声解码板后再试机,5秒自动关机故障排除,声音输出正常。多次震动机器,故障也未再出现。

小结:本例5秒自动关机,是该机环绕声解码板与主控CPU通讯不畅所致。对于故障时有时无的情况,除了要清洗排线及排线座等软插件以外,还要清洗一下线路板之间直接连接的硬接插件。

2.机型:YAMAHA RX-V490

该机器其他功能正常,但FM收音不良,故对收音板做了维修。在拆除鉴频中周内置的瓷管电容并更换为新电容后,试听机器的FM收音效果有较大改善但不是最佳。于是决定再微调鉴频中周,由于机器内空间狭小,拆下机器的后面板后对收音板的鉴频中周进行调整。再开机试验时,机器竟然是3秒钟就有继电器跳开的声音并自动关机了。以为收音板接插件没有插紧,又重新插拔一遍,但无效。环绕声解码板的DSP数字芯片比较娇贵,在测量环绕声解码板芯片供电电压时,发现其对外壳(地)的电压不正常。再测量信号输入线路板与环绕声解码板的地是相连的,而这两块板子与功放板及控制显示面板的地不通,但功放板及控制显示面板的地与外壳相通。仔细检查发现:信号输入线路板的地与外壳之间是靠铁质后面板与信号输入线路板上信号输入插座上的一个铁片接触相连的。拆下后面板时,此铁片与后面板外壳之间悬空,当然信号输入线路板及环绕声解码板的地与外壳就不通了,导致这两个板子与功放板及控制显示面板的地也就不通了。装好后面板,拧紧此铁片处的螺丝再开机,3秒自动关机的故障排除。当然,调整鉴频中周时若要拆下后面板的话,可以用导线将信号输入线路板上信号输入插座上的那个铁片与外壳做临时短接,使得各个线路板零电位共地可让机器不保护关机。

小结:本例3秒自动关机,是该机信号输入线路板及环绕声解码板的地与功放板及控制显示面板的地不为共同零电位所致。有不少爱好者遇到过:在拆机给机器清除灰尘、清洗线路板及排线后,机器有时会关机保护、不能正常工作。若你在排除排线及接插件连接问题后,不妨也查一下各个板子是否共地——各个线路板上压板螺丝是否旋紧,因为YAMAHA功放不少机型的地线连通是靠线路板上压板(螺丝孔位置)与机壳的接触达到的。

3.机型:YAMAHA RX-V440

该机开机后,有继电器吸合声,但是过3秒钟后,有继电器跳开的声音,VFD显示屏同时熄灭。从故障现象看,CPU检测到功放电路故障而启动保护自动关机。由于在现场维修时没有电路图,且自动关机前可供检测的时间太短。为了判断故障来自哪部分电路,故决定给机器短时间强制加电,以供检测各电路电压。于是用一根导线一端接机壳(地),另一端触碰电源继电器RY701非供电端,使该继电器加上12V电压。机器通电后,才几秒钟线路板上就有元件冒烟了。马上断电,检查相关电路,原来是环绕中置声道的功放管都已击穿损坏。该声道功放板的+B、—B供电线只给其一个声道独立供电,于是断开该声道功放板的+B、—B供电线并将电源继电器的临时接线拆除再开机,由于CPU不再检测到故障电压,机器没有再3秒自动关机,喇叭保护继电器能在5秒后吸合。连接音箱试听,除了少环绕中置一个声道外,其他五声道声音均正常。

问用户是否要更换此声道有关元器件,用户告知不想再花钱换零件了。一般环绕立体声是前左、前右、中置和环绕左、环绕右加低音炮共5.1个声道。而本机是前左、前右、中置和环绕左、环绕右、环绕中置加低音炮6.1个声道,其环绕中置的信号是功放的DSP数字声场芯片根据环绕左、环绕右的信号运算出来的,据称可以增加环绕声的包围感。所以,为了恢复标准的5.1声道模式,在机器的设置菜单里,将6.1声道改为5.1声道即可(菜单选择:BASIC/SETUP/SPEAKES/5)。

小结:本例3秒自动关机,是CPU检测到环绕中置功放电路故障而启动保护自动关机。为了判断故障来自哪部分电路,可以采用给机器短时间强制加电的方法,但是时间宜短不宜长,发现问题应注意马上断电,以免扩大故障范围。

(未完待续)(下转第83页)

◇浙江 方位

借助杀毒软件免费使用一款户户通工具软件

笔者因维修户户通接收机需要,在网上找到一款采用易语言编写的“户户通精选实用工具”的软件(如图1所示),不过使用后发现该软件只能免费使用一次,第二次运行时便弹出注册对话框(如图2所示)。无奈笔者又换台电脑运行该软件,没想到运行后360安全软件提示有病毒(易语言编写的程序大多报毒,但并不代表该程序有问题)并给出“病毒”文件所在的目录位置(如图3所示)。从中可以看出该工具只是把常用工具软件集成在一起,通过验证后再把这些工具软件释放到Temp临时目录来运行,当主程序结束后系统会把先前释放的软件自动清除掉,这样就达到了注册收费的目的。

此时笔者突发奇想:若在系统还没有清除掉这些释放到临时目录中的软件前把其拷贝出来,这样就可以免费使用这些软件了。于是将360安全软件中报警提示的目录位置中的文件复制出来,再粘贴至计算机中,回车果然看到这些释放的工具软件(如图4所示),全选这些文件后再复制到其他目录,使用一切正常。

◇安徽 陈晓军

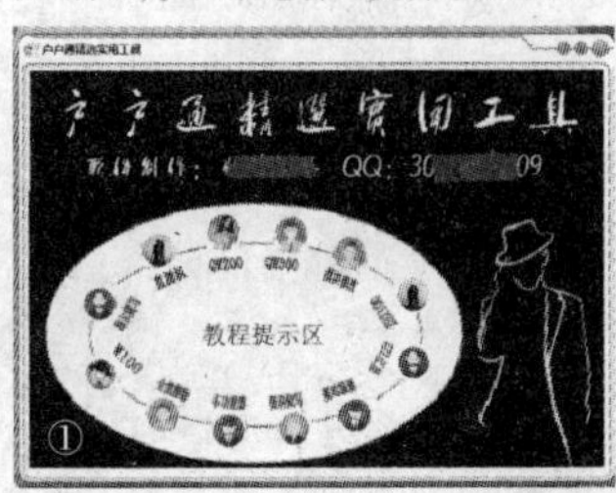

①

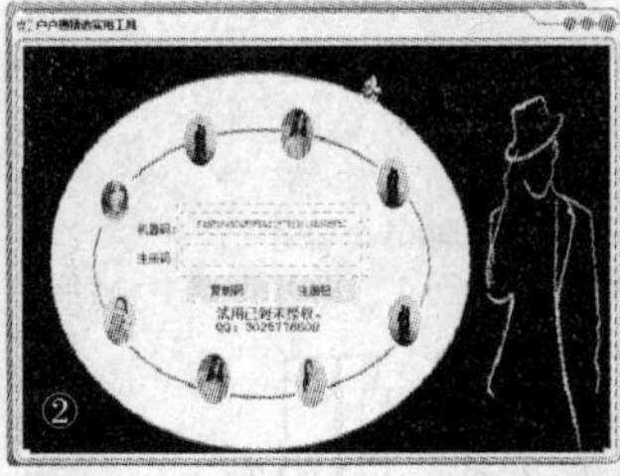
②

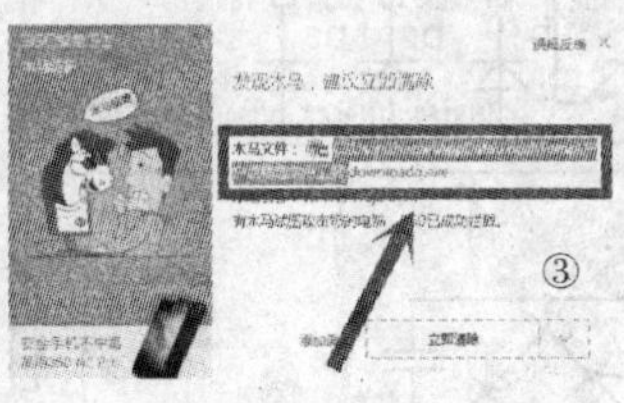
③

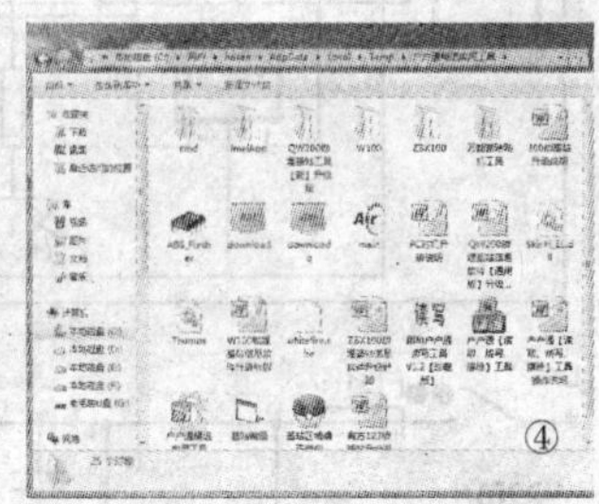
④

移除iOS设备的密码有讲究

某些时候,我们会遗忘iPhone、iPad或iPod touch的密码,甚至由于连续六次误输错误的解锁密码导致设备被停用,此时该如何操作呢?

如果iOS设备曾经与iTunes进行过同步,可以打开iTunes进行后续操作;如果无法与iTunes同步或连接,只能使用恢复模式。

方式一:通过iTunes移除密码

如果iOS设备曾执行过同步操作,那么请将iOS设备与计算机进行连接,注意必须是以前执行过同步操作的计算机。打开iTunes,等待 iTunes同步设备并进行备份,在同步和备份完成之后,可以看到类似于图1所示的界面,在这里点击“恢复iPhone”按钮,当系统在iOS设备恢复过程中显示设置”屏幕时,请轻点“从iTunes备份恢复”,在iTunes中选择设备,查看各个备份的日期和大小,并选择相关性最高的备份。

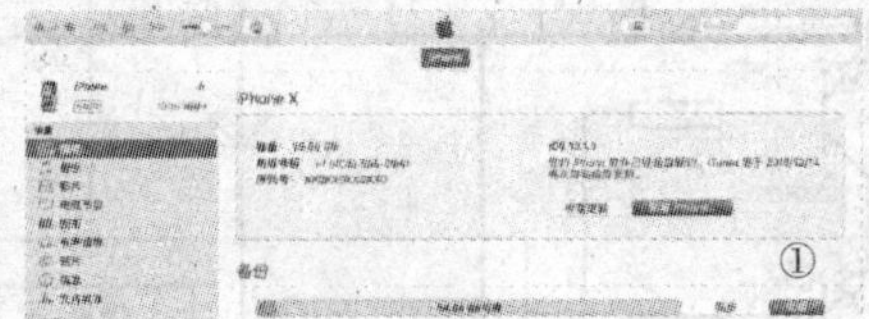

①

方式二:通过恢复模式抹掉设备来移除密码

如果设备从来没有与iTunes同步过,那么必须使用恢复模式来恢复设备,这将导致设备上的数据及其密码同时被抹除:将iOS设备与计算机进行连接,打开iTunes,强制重新启动设备;如果是iPhone 8、iPhone X或更新机型,请按下调高音量按钮再快速松开,或者按下再快速松开调低音量按钮,接下来按住侧边按钮,直到看到恢复模式的界面;如果是iPhone 7或iPhone 7 Plus,请同时按住侧边按钮和调低音量按钮,直到看到恢复模式的界面;如果是iPhone 6s及更早机型、iPad或iPod touch,请同时按住主屏幕按钮和顶部(或侧边)按钮,直到看到恢复模式的界面。

当看到类似于图2所示的“恢复”或“更新”选项时,请点击“恢复”按钮,按照提示进行操作即可。

②

◇江苏 王志军

照明分控器故障原因分析和解决方法

表1　电容状态检查表(用FLUKE-179C万用表测试)

厂家品牌	奥郎	舒灵	追棒
标注容量/μF	1.5	1.5	1.5
现有容量/μF	0.29	0.275	1.16
失容量/μF	1.21	1.225	0.34
电容体积	小	小	大
制造工艺	一般	一般	较好

表2　奥郎牌测试工作电压状态表(电压V)

电容/μF	遥控关状态	开1灯	开2灯	开3灯	全开	遥控状态
1.53	12.64	11.98	11.26	10.18	ok	ok
1.49	12.58	11.95	11.24	10.06	ok	ok
1.25	12.22	11.58	10.81	8,68	ok	ok
1.16(追棒)	12.02	11.46	10.82	8.36	双开	双开
1	11.88	11.13	9.31	6.94	双开	双开
0.475	11.03	8.18	4.97	开不了	单开	单开
0.29(奥郎)	10.07	5.76	开不了	开不了	单开	单开
0.275(舒灵)	6.43	开不了	开不了	开不了	开不了	开不了

随着LED照明的大量普及，现在普通家庭在装修时，都选择五颜六色，美观大方和多控效果的照明灯具，从而替代传统的那些单一的日光灯和白炽灯。但任何事情都有它的两面性，在实现美丽、好看、大方又能变换灯光亮度的同时，也同样存在着诸多的故障问题。原先2分钟就能换一根灯管，而现在最少要一上午还不见得修好一个灯，你还必须是能解决问题的电工。但有些人家感觉出现这种问题处理起来很繁琐，就全部拆掉换成那种圆形蘑菇灯一省了事。就拿笔者家来说吧，6年前装修的，没多久主卧的LED灯就不亮了，每次都要将那些水晶灯上繁琐的一条一串玻璃球棒拆下来，再卸掉底板进行检查处理，还必须有个人配合你。而且故障都是LED灯串其中的一个灯珠烧坏，更换后就恢复正常。但过不了多久故障又出现，于是在灯串内每隔10个灯珠间增加一支33Ω的限流电阻后，再未出现过问题。

但是随着时间的增长，3路3段数码分控器就不好用了，原先开灯前打开墙上的面板开关，手动分段顺序是：①亮，马上关闭再打开，①和②所控制的2组灯同时亮，然后再关闭后继续打开，①、②、③灯都全亮了。用遥控器也能遂心应手的进行单独控制或实现全开、全关功能，显得十分高大上。从去年以来主卧和客厅及餐厅的分控器都逐渐的不听指挥了，面板开关要开很多次，偶尔给你面子才有1个灯能亮，有时干脆就不理你。每次当连续打开时，都很明显地听到继电器的吸合声，但灯亮一下马上就熄灭了，感觉继电器没劲保持不住的样子，再到后来干脆就听不到任何动静。最后掌握到了一个开灯规律，就是先打开开关灯不亮，等一会再开一次灯就亮了，C2充电电压不断地上升就能行。遥控器不起作用，原以为是遥控器的电池没电了，换了一节有电的照样不好使。

一、故障检修

节日休息，下决心要解决这个烦心的问题，就将有故障的3个灯的分控器全部拆下来，在工作室对其进行逐一研究。按照接线分别接好3只灯泡后，进行测试检查原因所在。由于手头没有这方面的资料，就一点一点地进行摸索检查。最后，笔者选用一只奥郎的牌子做实验，拆开后的电路板与试验用的材料见图1。为了便于故障的分析与检修，根据实物绘制出舒灵的电路原理图如图2所示，绘制出奥朗的电路原理图如图3所示。

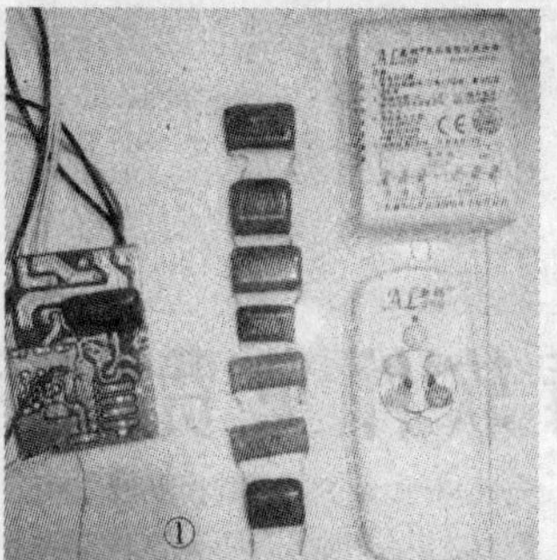
①

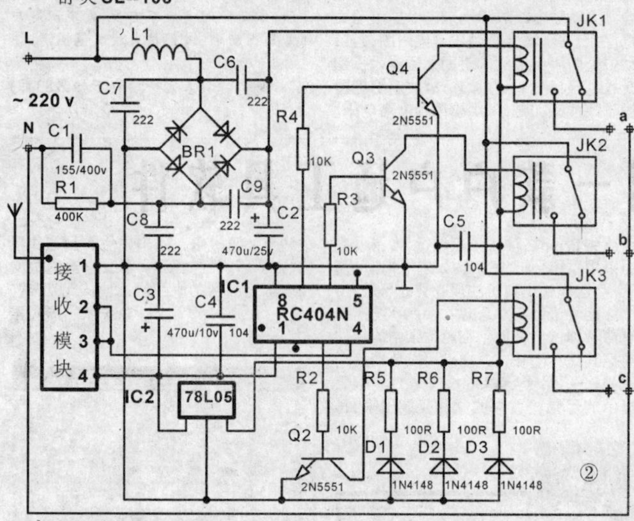

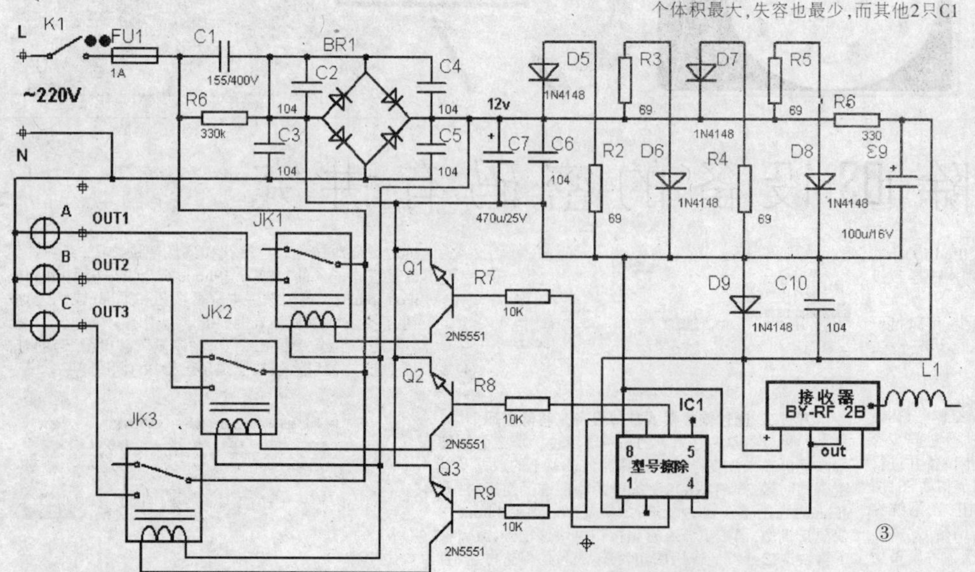

将万用表并接在图2内的C2或图3内的C7两端，进行每一次在关闭和开启各挡所控制的电压数据都记录后进行对比，发现原来不好用问题都是降压电容C1所致。C2容量减少使220V在降压整流后的电压不能满足继电器吸合或触点保持闭合所需的工作电压。笔者将3个分控器的1.5μF/400V电容进行比较，只有一个体积最大，失容也最少，而其他2只C1虽然都是一样的规格，但失容量也有一定的差别。最后，分别更换并加大了这3只电容的容量（手头如果没有单个标称容量的，只要壳内能装得下，可以采用并联使用，切记需做好引线的绝缘处理），使其达到了原设计的要求，3只分控器控制功能都恢复正常。

二、实用数据

下面是测量3个品牌关键的数据，供广大读者维修时参考借鉴。

通过表2中的实验数据可以看出，造成控制失灵的主要原因都是C1的电容容量减少后，供给继电器所需要的电压不够12V所导致的。而失容的电容也与这个电容的质量和使用年限有关，体积小失容也快，时间越长电容老化也会导致容量不断地减少。当开2个档后，继电器的保持电压低于5V时，这个电压就不能确保第3个继电器达到吸合的条件，也就是说，即使触点能闭合，也不能保持，还是跳掉了。

试验中，同时将3块电路板的主滤波电容C2或C7从470μF/25V增大为1000μF/25V，结果只有追棒分控器的电压提升了0.5V，但还未能根除故障。而其他两个品牌就没有效果。

从上述3个电路板的制造工艺对比来看，追棒电路的整体设计和工艺都要强于另两个品牌，C1体积也最大。所以，元器件的选用也是关键的一个环节。3个的电路设计原理也基本一致，接收电路和控制部分做的要整齐和精细一些。笔者从网上搜了一下，分段顺序控制器价格象欧普、雷士和西门子这些大的知名品牌价格都在30~50元以上，都没有便宜货，一些小厂家的产品都在20元以内。也就是说，一分钱一分货，在这里得到了验证，便宜没好货是一个不争的事实。希望大家以后再采购和装修时，一定要选用品牌和大厂家的产品，只有这样才能在以后的长期使用过程中减少出故障的概率，多花一点钱，省得以后在使用中不方便而惹自己烦心。最后用一句广告词做比喻比较恰当：装修时省下8个苹果钱，维修时要花掉一个苹果8。

◇江苏　庞守军

物流系统智能高精度定位分拣方案

一、系统概述

分拣是将货物按照品种、出入库先后顺序、仓储位置、运送目的地等进行快速准确分类，或者从庞大储位中快速准确找要出库货物的一项物流配送作业，也是智慧仓储的一个重要环节。科学高效的分拣作业能够有效提升物流配送效率和服务力，提高行业竞争力，降低企业运营成本，是物流配送生产力发展的必然要求。而高精度定位系统为降低分拣误差率，降低人工干预，提高精准分拣效率提供有力的技术支撑。

本文针对现有分拣系统的效率低、容易出错、人工成本高等实际问题，结合成都精位科技有限公司在UWB高精度定位软硬件产品完全自主研发，产品性能在业界表现卓著的独有优势，提出基于高精度UWB定位的智慧仓储管理系统方案。实现货物分拣过程中AGV小车、移动货架的位置监控，AGV小车导航规范，分拣任务智能调配等功能，提高货物分拣效率和可靠性，为进一步提高仓储物流效率和企业生产率提供有力保障。

二、现有分拣系统常见问题

目前常见的分拣系统要么是人员根据货单推着车进行人工分拣，存在人力成本高，处理速度慢的问题，而且容易出错；要么采用AGV小车，在地面铺设标识符进行定轨导航和定位，存在AGV小车不能灵活移动和使用不均衡的问题。除此之外常用的问题还有：

(1) 电商仓库为代表的直接面向消费者的仓库，具有流动性高、品类繁多分散的特点，现有分拣方法对小批量、多品目的货物分拣非常低效；

(2) 分拣过程对货物的位置信息缺乏实时跟踪，分拣误差率高，容易将货品发往错误目的地；

(3) 分拣效率低，容易出现"人等货""货等人""车等人""人等车"等情况，各分拣工序之间衔接不协调；

(4) 人员的劳动强度大，依赖人的记忆或手工查询货品信息，花费大量的时间；

(5) 对分拣过程所用传输工具缺乏监管和合理分配。

三、智慧分拣UWB高精度定位管理系统介绍

3.1 UWB定位技术

UWB是一种高速、低成本和低功耗新兴无线通信技术。UWB信号是带宽大于500MHz，基带带宽和载波频率的比值大于0.2的脉冲信号，具有很宽的频带范围，美国联邦通信委员会FCC把无线资源中无牌照的3.1GHz~10.6GHz分配给UWB无线通信系统使用，并限制信号的发射功率在-41dBm以下。UWB作为一种高速率、低功耗、高容量的新兴无线局域定位技术，目前应用主要聚焦在室内高精确定位，例如在工业自动化、物流仓储、电力巡检、自动驾驶等领域得到广泛使用。

UWB信号具有抗多径干扰、穿透能力强的优势，适用于静止或者移动终端的高精度高频度跟定位定位。由于Wi-Fi信号受人体和金属干扰大，定位精度在3-5m，而蓝牙iBeacon的后期维护工程量大，都不适合用于工业领域高精度定位。与工业领域常用的RFID技术相比，UWB定位精度和稳定性更高，前者更多应用于门禁和场区定位，不适用于移动终端的精准位置跟踪。精位科技研发的UWB定位产品，定位精度最高可达厘米级，能够完全满足仓储物流定位所需的精度，且系统功能、性能在国内外同类产品中具有软硬件完全自主研发、设备快速定制和场景快速部署等优势。

3.2 UWB系统工作原理

UWB定位系统将作为智慧分拣系统的一个子系统，提供标签位置、历史轨迹、设备状态、设备告警等信息。UWB定位系统由标签、基站、时间同步控制器(下面简称控制器)、定位服务器软件四部分组成。

图3-1 UWB系统硬件设备

基站、控制器、后台服务器通过有线建立连接，控制器定时向各基站发送同步指令进行高精度时间同步矫正，打造UWB系统根据信号传播时间进行高精度位置解算的先决条件。实时定位过程中，UWB标签不停广播UWB信号，附近已实现时间同步的基站接收到信号后，通过有线传输到后台定位服务器进行坐标解算。

用户手持智能终端、货架终端或重要货品终端通过无线网络和后台服务器进行信息交互。

UWB信号

有线或无线通信

图3-1 UWB系统工作原理图

四、智慧分拣系统业务框架

智慧分拣系统是智慧仓储管理的重要组成部分。UWB高精度定位系统为智慧分拣提供AGV小车、移动货架的位置实时监控，智慧分拣和WMS智慧仓储系统共享货物、工具、人员等基本信息，WMS统一为整套系统提供告警、地图展示、逻辑业务处理等管理。

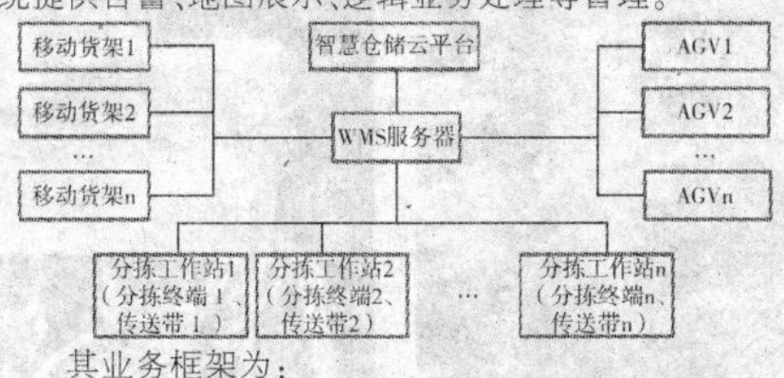

其业务框架为：

(1)WMS服务器负责分配操作任务到各个分拣工作站，并调度一定数量AGV小车搬运可移动货架；

(2)AGV车完成可移动货架在仓储区和分拣工作站之间的搬运：从仓储区取出相应移动货架，将移动货架送到对应工作站，分拣结束后，将空的移动货架送回仓储区；

(3)在分拣工作站，操作人员手持分拣终端对货架上的货物进行扫描，并将货物分类放置；或者直接将货物放在传送带上，传送带自动扫描货品信息，发往不同拣道口。

五、主要业务流程和功能

5.1 主要业务流程

5.1.1 入库分拣流程

入库分拣流程说明：

(1) 货物到达后新增入库分拣任务；

(2) 系统根据入库货物的类别和数量，依据闲置状态、距离远近、承载符合情况指定分拣工作站、工人、AGV小车和移动货架；

(3) 如果货物种类少或数量少，可将任务直接分配给工人使用手持终端进行货物扫描，执行手工分拣；

(4) 如果货物种类多或数量多，通过传送带实现自动扫描和分拣，将货物传送至适当分支出口；

(5) 货物分拣完毕后，装到空闲移动货架(任务下发后由指定AGV小车运送至分拣出口)；

(6) 系统将运输目的地和导航路径发送至指定AGV小车，AGV小车将装置好的移动货架运输至目的地；

(7) 移动货架到达目的地后，系统更新仓储信息，释放分拣站、工人、AGV小车，准备接收下一个分拣任务；

(8) 入库分拣任务结束。

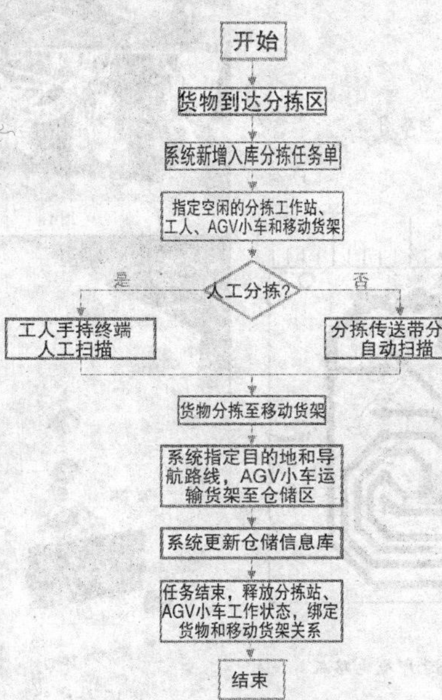

5.1.2 出库分拣流程

开始
系统新增出库分拣出库任务单
系统查询出库货物所在移动货架
指定AGV小车和分拣工作站
AGV小车将移动货架运输至分拣工作站
人工分拣?
否
工人手持终端人工扫描
分拣传送带分拣自动扫描
货物分拣至相应出口
AGV小车将闲置移动货架运输至指定区域
系统更新仓储信息库
任务结束，释放分拣站、AGV小车、移动货架
结束

出库流程说明：

(1) 新增出库分拣任务；

(2) 系统查询出出库货物所在移动货架，根据出库货物的类别和数量，依据闲置状态、距离远近、承载符合情况指定AGV小车、分拣工作站、工人；

(3) AGV小车将移动货架运输至指定分拣工作站；

(4) 根据货物种类和数量选择人工扫描分拣或传送带自动分拣；

(5) 货物分拣完毕后，分类放置相应出库口；

(6) AGV小车将闲置的移动货架运输至指定区域，系统更新仓储信息，释放分拣站、AGV小车、移动货架，准备接收下一个分拣任务；

(7) 出库分拣任务结束。

5.2 基本功能

5.2.1 移动货架定位管理

(1) 对移动货架进行实时定位和历史轨迹查询；

(2) 在整个仓储区和分拣区对移动货架进行全区域无盲点监控，异常情况可实现基于货架位置的摄像头视频跟踪监控；

(3) 在分拣过程中，移动货架与货物、AGV小车、分拣站之间存在任务绑定与解绑的逻辑关系。

5.2.2 AGV小车实时定位和展示

(1) 实时定位和历史轨迹查询；

(2) 系统可根据各区域统计实时在线车辆及各车辆工作状态；

(3) 系统根据车辆工作状态和承载能力，自动推送任务单；

(4) 车辆活动范围限制和监控，越界告警；

(5) 在分拣过程中，AGV小车与移动货架、分拣站之间存在任务绑定与解绑的逻辑关系。

5.2.3 分拣工作站(工人)任务推送

(1) 系统对分拣工作站的工作状态进行实时监控；

(2) 分拣站工作人员通过手持终端接收分拣任务单进行人工分拣，也可通过分拣站终端接收任务进行传送带人工分拣；

(3) 执行分拣工作时，分拣站与AGV小车和移动货架之间存在任务绑定与解绑的逻辑关系。

5.2.4 智能调度及任务派送

(1) 任务单增删改查；

(2) 智能调度：根据依据闲置状态、距离远近、承载符合情况选择合适的AGV小车、移动货架及分拣台；

(3) 任务单自动推送，将生成的任务单下发到指定的AGV小车、手持终端或分拣台终端；

(4) 任务被拒后重新自动推送或人工推送；

(5) 任务单执行状态跟踪；

(6) 利用率分析，提供合理调度方案，均衡使用车辆/人员，降低闲置状态。

5.2.5 导航与路径规划

(1) 入库分拣任务下发后，系统根据AGV小车和移动货架、分拣站的相对位置，自动计算出最佳导航路径，并下发至AGV小车，实现自动导航；

(2) 出库分拣结束，移动货架清空后，系统根据任务单结束状态自动向AGV小车推送运输空架任务和导航路径。

◇四川科技职业学院　刘枕序

电子管5.1功放专用300瓦独立电源制作简介(上)

本电源由高压变压器、灯丝变压器、扼流圈和整流电路、滤波电路、接茬装置、外壳等单元组成。

整机安装在一个废弃的UPS的铁壳里。与功放的链接采用8芯航空插头、插座。

电路和各制作参数简述如下：

说明：高压由晶体管桥式整流，经CLC+CRC两级滤波输出+350V和+250V；-30V由晶体管桥式两倍压整流CR滤波直接输出。具体详细制作见图3-20。

图3 油漆手绘电路

图4 蚀刻好的印刷版

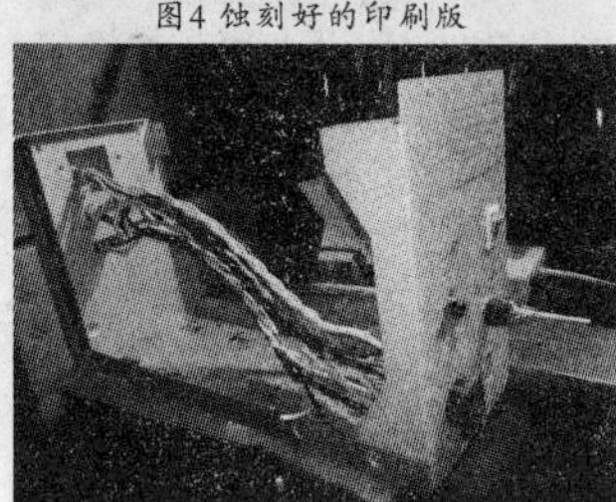

图5 开始安装

图6

图7

图8 航空头制作

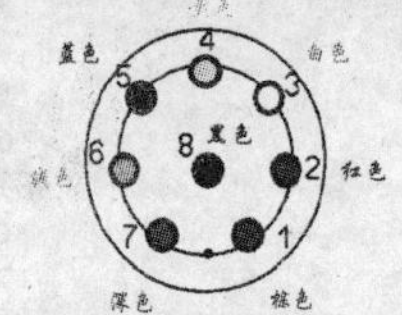

8芯航空插座插头引脚编号对应图解

图9 航空头内部接线标识

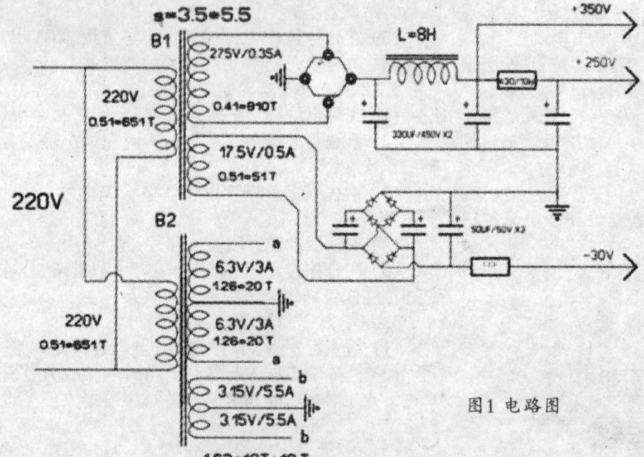

图1 电路图

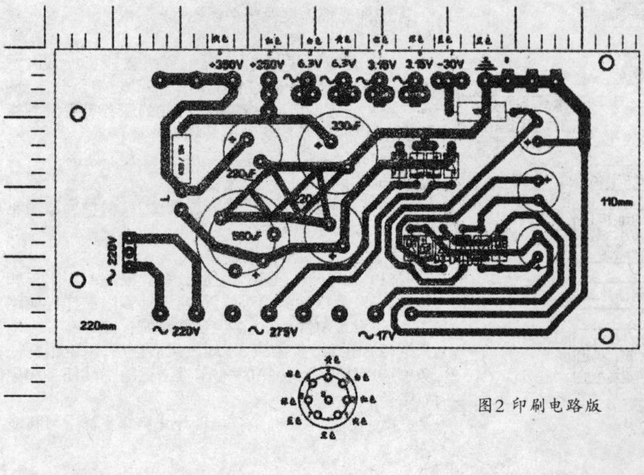

图2 印刷电路版

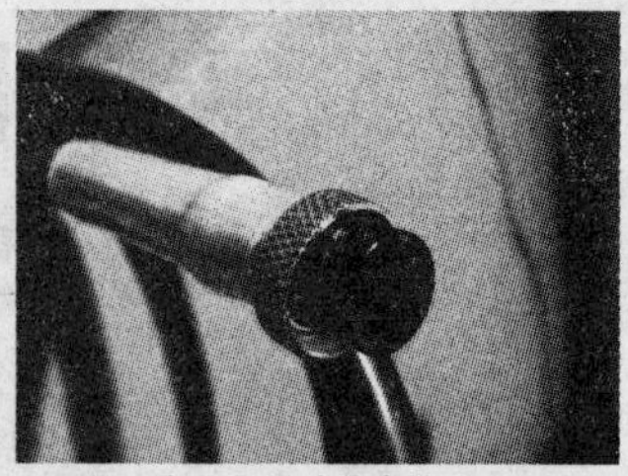

图10 做好的航空接头

图11

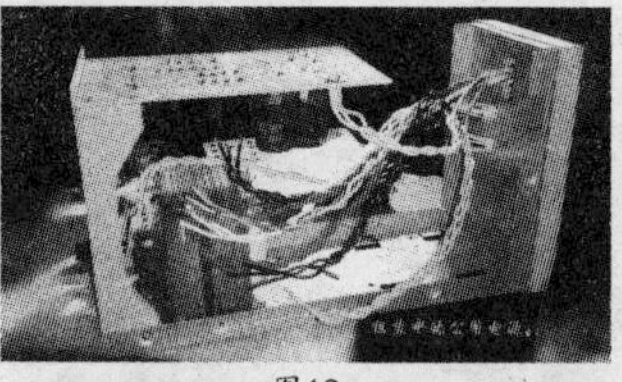

图12

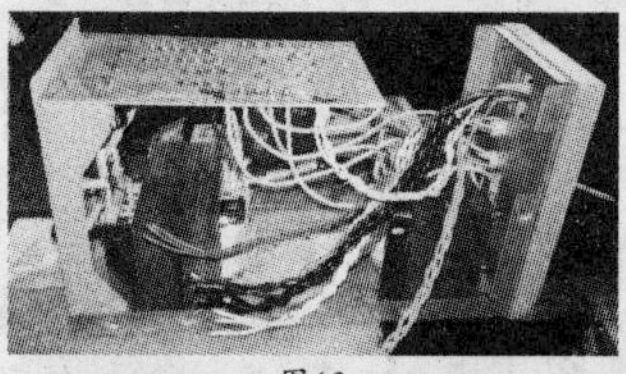

图13

图14

图15 整机外观正面

图16 侧面

图17 背面

高压和灯丝变压器制作

图1中的B1、B2：武钢EI 104铁芯，0.5片，截面积3.5*5.5(平方厘米)，手工绕制，线包采用常规逐层平绕，层间绝缘，重量4公斤，功率120瓦左右。设计用2只同功率的变压器，一只作为灯丝供电，一只作为高压供电(栅负压绕组)。自己用的，外观简陋，见图18、图19；绕制数据见图20(仅供参考)。

图18

图19

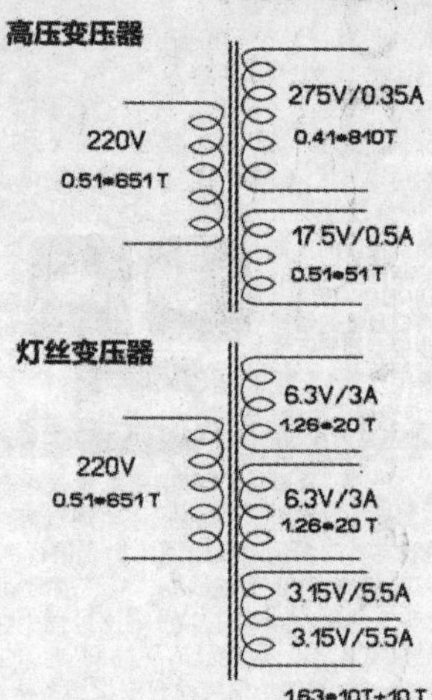

图20 绕制数据

(未完待续)(下转第86页)

◇路 神

单片机系列5：直流电动机控制设计

一、直流电机基础知识

随着社会的发展，各种智能电子产品进入寻常百姓家，为了实现智能产品的便携性、低成本等特性，小型直流电动机应用十分广泛。本设计以MSC-51系列中的89C52控制直流电动机为例。

1.直流电机分类

直流电机分为直流发电机和直流电动机，两者除了过程相反之外，其他并无差别。直流电动机通过电生磁来带动运动设备工作；直流发电机通过磁生电原理来储存电能。直流电动机是将直流电能转化为机械能，就像生活中的各种电动产品一样；而直流发电机是将机械能转化为电能，比如我们日常生活中常见的太阳能发电机、风能发电机等等一系列发电设备。

2.直流电动机结构

直流电动机包括定子和转子。直流电动机固定部分称为定子，定子由主磁极、机座、换向极、端盖和电刷装置等部件组成。直流电机的转动部分称为转子，又称电枢，转子部分包括电枢铁心、电枢绕组、换向器、转轴、轴承、风扇等。

3.直流电动机原理

直流电动机因其良好的调速性能而在电力拖动中得到广泛应用。直流电动机按励磁方式分为永磁、他励和自励3类，其中自励又分为并励、串励和复励3种。

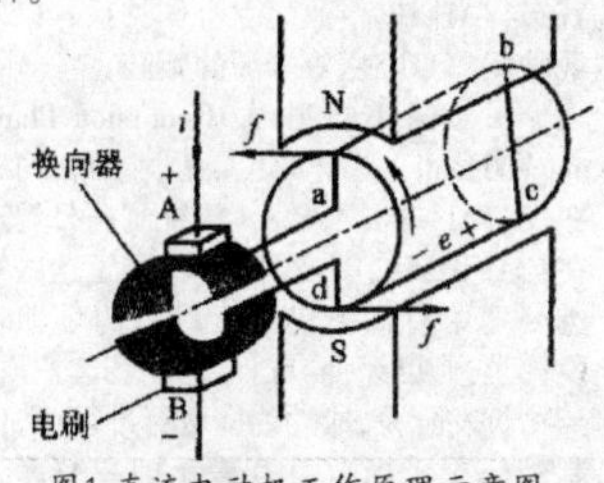

图1 直流电动机工作原理示意图

如图1所示，当直流电源通过电刷向电枢绕组供电时，电枢表面的N极附近导体流过相同方向的电流（a→b），根据左手定则，导体将受到逆时针方向的力矩作用；电枢表面S极附近导体也流过相同方向的电流（c→d），同样根据左手定则，导体将受到逆时针方向的力矩作用。因此，整个电枢绕组即转子将按逆时针旋转，输入的直流电能就转换成转子轴上输出的机械能。

4.PWM调速

PWM的中文名字是脉冲宽度调制，是一种对模拟信号电平进行数字编码的方法。直流电机的PWM调速原理与交流电机调速原理不同。它不是通过调频方式调节电机的转速，而是采用调幅的调制方式。它通过调节驱动电压脉冲宽度的方式，并与电路中一些相应的储能元件配合，改变输送到电枢电压的幅值，从而达到改变直流电机转速的目的。

二、设计方案

直流电动机控制在生活中运用十分广泛，而且设计和运行都很直观，因此成为单片机初学者喜欢设计的项目。本设计采用89C52设计。编程过程采用C语言。

例一

功能：正反转可控直流电机

1.硬件设计

基于单片机的正反转可控直流电机硬件电路（图2）主要由AT89C52控制模块、按键模块、LED显示模块、直流电机驱动模块组成。

本设计采用3个按键K1、K2、K3，分别控制直流电动机的正转、反转、停止，同时用3个LED灯显示直流电动机的三种状态。直流电机的驱动电路采用H桥式电机驱动电路。

H桥式电机驱动电路包括4个三极管（Q1、Q2、Q4、Q5）和一个电动机。要使电机运转，必须导通对角线上的一对三极管。当Q1管和Q5管导通时，电流从电源正极经Q1从左至右流过电机，然后再经Q5回到电源负极。该流向的电流将驱动电机顺时针转动。当Q2和Q4导通时，电流将从右至左流过电机，从而驱动电机逆时针转动。

驱动电机时要保证H型电路两个同侧三极管不要同时导通，因此本设计在H型电路的基础上增加了4个三极管Q3、Q6、Q7、Q8。单片机P1.0和P1.1控制直流电机的驱动。当单片机启动时，P1.0、P1.1都为1，Q3、Q6均导通，使得Q1、Q4均截止，直流电机两端均为低电平，电机不转；当P1.0和P1.1均为0时，Q3、Q6均截止，使得Q2、Q5均截止，直流电机两端均为高电平，电机不转；当P1.0输出0（A=0）、P1.1输出1（B=1）时，Q3截止Q6导通，Q1、Q5导通，直流电机顺时针转动；当P1.0输出1（A=1）、P1.1输出0（B=0）时，Q3导通 Q6截止，Q2、Q4导通，直流电机逆时针转动。

2.软件设计

正反转可控直流电机程序设计包括按键处理、指示灯显示、直流电机控制三个部分。当按下K1时，D1亮起同时电机正转；按下K2时，D2亮起同时电机反转；按下K3时，D3亮起同时电机停转。具体程序设计思路见图3。

例一程序清单：

```
#include "reg52.h"
sbit K1=P3^0;//按键设置
sbit K2=P3^1;
sbit K3=P3^2;
sbit D1=P0^0;//指示灯设置
sbit D2=P0^1;
sbit D3=P0^2;
sbit zz=P1^0;//电机输入端
sbit fz=P1^1;//电机输入端
void dey(int x)//延时
{while (x--);}
void key()//电机控制
{if (K1==0)//电机正转
{dey(10);//消抖动
 if(K1==0)
 {D1=0;//D1点亮
 D2=1; D3=1;
zz=0;//直流电机正转
fz=1;
}}
if (K2==0)//电机反转
{dey(10);//消抖动
 if(K2==0)
{D2=0;//D2点亮
D1=1; D3=1;
zz=1;//直流电机反转
fz=0;
}}
if (K3==0)//电机停止
{dey(10);//消抖动
 if(K3==0)
{D1=1;D2=1;
 D3=0;//D3点亮
  zz=1;//直流电机停止
  fz=1;
}}}
main()
{while(1)
{key();//调用电机控制程序
}}
```

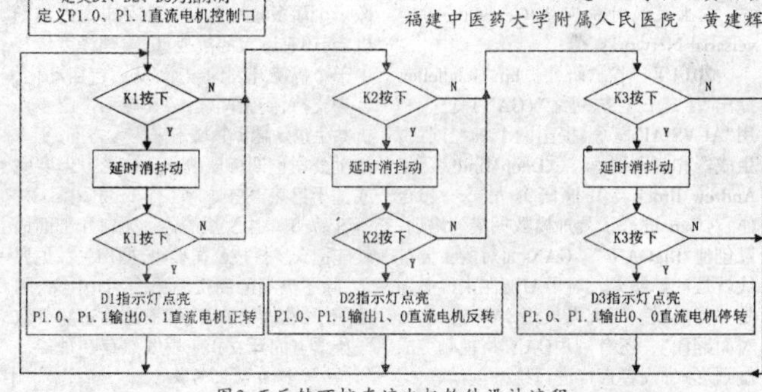

图3 正反转可控直流电机软件设计流程

例二

功能：三档调速直流电机

1.硬件设计

基于单片机的三档调速直流电动机的电路（图4）是在例1的基础上进行修改，其直流电动机的驱动电路与图2一样，此处省略。

直流电机调速采用PWM调速，通过改变输出方波的占空比，使负载上的平均电流功率从0~100%变化，从而改变电动机的转速。当P1.0、P1.1输出为01时，电动机高速转动；当P1.0、P1.1输出01一段时间后，再输出11一段时间，电动机减速转动，至于电动机是中速转动还是低速转动，由P1.0、P1.1输出的脉冲的占空比决定。（未完待续）

◇福建工业学校 黄丽吉
福建中医药大学附属人民医院 黄建辉

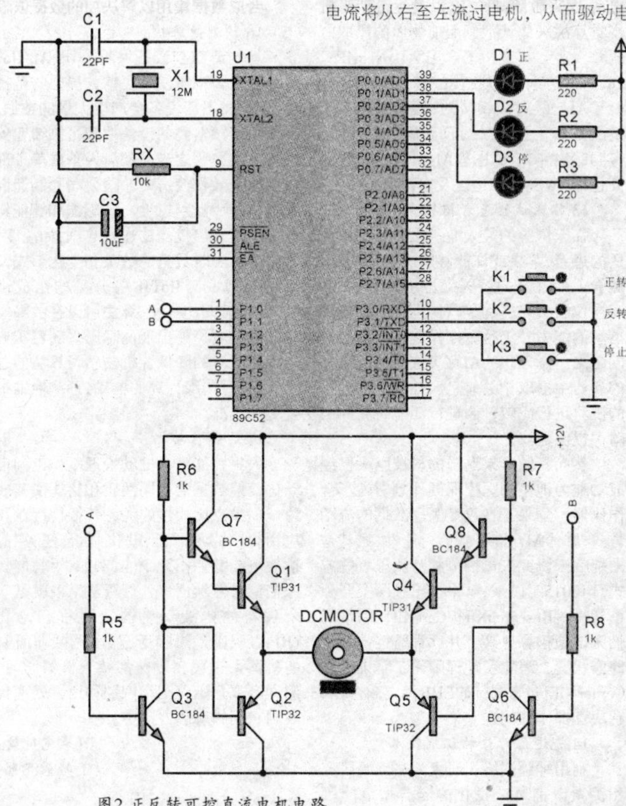

图2 正反转可控直流电机电路

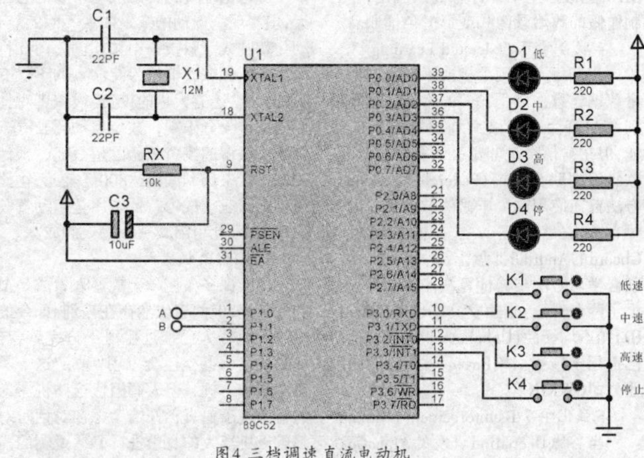

图4 三档调速直流电动机

2019年人工智能行业25大趋势(上)

知名创投研究机构CB Insights调研了25种最大的AI趋势，以确定2019年该技术的下一步趋势，他们根据行业采用率和市场优势评估了每种趋势，并将其归类为必要、实验性、威胁性、暂时性。

胶囊网络将挑战最先进的图像识别算法

1.开源框架(Open-Source Frameworks)

人工智能的进入门槛比以往任何时候都低，这要归功于开源软件。2015年谷歌开放了其机器学习库TensorFlow，越来越多的公司，包括Coca-Cola、e Bay等开始使用TensorFlow。2017年Facebook发布caffe2和Py Torch（Python的开源机器学习平台），而Theano是蒙特利尔学习算法研究所(Mila)的另一个开源库，随着这些工具的使用越来越广泛，Mila公司已经停止了对Theano的开发。

2.胶囊网络(Capsule Networks)

众所周知，深入学习(Deep Learning)推动了今天的大多数人工智能应用，而胶囊网络(capsule networks)的出现可能会使其改头换面。深入学习界领航人Geoffrey Hinton在其2011年发布的论文中提到"胶囊"这个概念，于2017年-2018年论文中提出"胶囊网络"概念。针对当今深度学习中最流行的神经网络结构之一：卷积神经网络(CNN)，Hinton指出其存在诸多不足，CNN在面对精确的空间关系方面就会暴露其缺陷。比如将人脸图像中嘴巴的位置放置在额头上面，CNN仍会将其辨识为人脸。CNN的另一个主要问题是无法理解新的观点。黑客可以通过制造一些细微变化来混淆CNN的判断。经测试，胶囊网络可以对抗一些复杂的对抗性攻击，比如篡改图像以混淆算法，且优于CNN。胶囊网络的研究虽然目前还处于起步阶段，但可能会对目前最先进的图像识别方法提出挑战。

3.生成式对抗网络(Generative Adversarial Networks)

2014年，谷歌研究员Ian Goodfellow提出"生成式对抗网络"(GAN)概念，利用"AI VS AI"概念，提出两个神经网络：生成器和鉴别器。谷歌DeepMind实习生Andrew Brock与其他研究人员一起合作，对Gans进行了大规模数据集的培训，以创建"BigGANs"。GANs面对的主要挑战就是计算能力，对于AI硬件来说必须是并行缩放。研究人员用GANs进行"面对面翻译"，还有利用GANs将视频变成漫画形式，或者直接进行绘画创作等，但GANs也被一些不怀好意的人利用，包括制作假的政治录像和变形的色情制品。

4.联合学习(Federated Learnnig)

我们每天使用手机或平板会产生大量数据信息，使用我们的本地数据集来训练AI算法可以极大地提高它们的性能，但用户信息是非常私人和隐秘的。谷歌研发的联合学习(Federated Learning)方法旨在使用这个丰富的数据集，但同时保护敏感数据。谷歌正在其名为Gboard的Android键盘上测试联合学习。联合学习方法与其他算法的不同在于考虑了两个特征：非独立恒等分布(Non-I-ID)和不均衡性(Unbalanced)。联合学习已运用于搜索引擎Firefox、人工智能创业公司OWKIN等。

5.强化学习(Reinforcement Learning)

当谷歌DeepMind研发的AlphaGo在中国围棋游戏中击败世界冠军后，强化学习(Reinforcement Learning)获得了广泛关注。基于强化学习，DeepMind接着又研发了AlphaGo Zero。UC Berkeley研究人员利用计算机视觉和强化学习来教授YouTube视频中的算法杂技技能。尽管取得了进步，但强化学习与当今最流行的人工智能范式监督学习相比，还算不上成功，不过关于申请强化学习的研究越来越多，包括Microsoft、Adobe、FANUC等。

2025年自动驾驶利润达800亿美元物流率先应用

6.人工智能终端化

人工智能技术快速迭代，正经历从云端到终端的过程，人工智能终端化能够更好更快地帮助我们处理信息，解决问题，我们舍弃了使用云端控制的方法，而是将AI算法加载于终端设备上（如智能手机，汽车，甚至衣服上）。英伟达(NVIDIA)，高通(Qualcomm)还有苹果(Apple)等诸多公司加入了对终端侧人工智能领域的突破和探索，2017和2018年是众多科技公司在人工智能终端化进入快速发展期的两年，同时他们也在加紧对人工智能芯片的研发。但AI依然面临着储存和开发上的困境，亟需更丰富的混合模型连接终端设备与中央服务器。

7.人脸识别

从手机解锁到航班登机，人脸识别的应用范围愈发广泛，各国对于人脸识别的需求逐渐升高，不少创业公司开始关注这一领域，利用该技术，可以通过脸部特点从而还原蒙面嫌疑犯完整的人脸。但人脸识别仍有待改进。这一技术仍会对人脸真假存在误判。人脸识别中所包含的数据远比我们想象要多，其中的安全问题也应引起我们关注。

8.语言处理

自然语言处理(NLP)是人工智能的一个子领域，对于翻译技术而言，NLP就像一个潘多拉魔盒——除了丰富的市场机会，还有巨大的挑战。机器翻译就是其中一个等待开发的宝库，从后台自动化，客户支持，到新闻媒体，其应用广泛。人机共生也是翻译领域未来的大方向，不少初创公司也期待从中分一杯羹，但要完成基于自然语言处理工作的翻译系统并不容易，单单中文里的各种方言和书面语就能把众多科技公司难住，据相关数据显示，除了热门的高资源语言，如中文，阿拉伯语，欧洲语言等，低资源语言和少数民族语言的开发和应用依然存在缺口。

9.车辆自动化驾驶

尽管自动化驾驶的汽车市场潜力巨大，但实现全自动的未来依然不明朗。自动化驾驶成了科技公司和初创公司互相竞争的新领域，他们为此注入的不仅有新的活力，还有大量的投资。投资者对他们的决定十分乐观，数个自动驾驶汽车品牌所获得的投资总额已超百亿，预计2025年其市场利润能达800亿美元，物流等相关行业会成为首批应用全自动驾驶的行业，预计可缩减三分之一的成本。

10.AI聊天机器人

尽管许多人把聊天机器人看成是AI的代名词，但两者依然存在差别。如今的AI聊天机器人已经进化得十分完善，与真人对话时甚至还会应用"嗯..."这一类口头语和停顿，但人们担忧这些机器人的行为过于逼真，开始考虑在对话时对其聊天机器人的身份进行确认说明的需要。国外的科技巨头FAMGA(Facebook，Apple，Microsoft，Google与Amazon）以及国内的BAT都把目光投向了这一领域。

AI诊断前景巨大 制药巨头押注AI算法

11.医学成像与诊断

美国食品与药物管理局(FDA)正加速推进"AI即医疗设备"趋势。2018年4月，FDA批准了AI软件IDx-DR，它可以在不需要专家干预的情况下筛查糖尿病视网膜病变患者，准确率超过87.4%。FDA还批准了Viz LVO（可用于分析CT扫描结果以预测患者患中风危险）和Oncology AI套件(专注于发现肺部和肝脏病变)，监管机构的快速审批为80多家AI成像和诊断公司开辟了新的商业道路。自2014年以来，这些公司共融资149笔。

在消费者方面，智能手机的普及和图像识别技术的进步正在把手机变成强大的家庭诊断工具，名为Dip.Io的应用使用传统尿液检测试纸来监测各种尿路感染。用户可以用智能手机给试纸拍照，计算机视觉算法会根据不同的光照条件和摄像头质量对结果进行校正。除此之外，许多"ML即服务"平台正集成到FDA批准的家庭监控设备中，发现异常时即可向医生发出警报。

12.下一代假肢

早期的研究正在兴起，结合生物学、物理学和机器学习来解决假肢面临的最困难问题之一，即灵活性。这是个十分复杂的问题，比如要让截肢者能够在假肢手臂上活动单个手指，需要解码其背后的大脑和肌肉信号，并将其转化为机器人控制指令，这些都需要多学科配合。最近，研究人员开始使用机器学习来解码来自人体传感器的信号，并将其转换成移动假肢设备指令。

还有些论文探讨了新媒介解决方案，比如使用肌电信号(残肢附近肌肉的电活动)来激活摄像头，以及运行计算机视觉算法来估计他们面前物体的抓取方式和大小。年度机器学习大会NeurIPS' 18已经发起"AI假肢挑战赛"，进一步突显了AI社区对该领域的兴趣，2018年的挑战是使用强化学习预测假肢的性能，有442名参与者试图教AI如何跑步，赞助商包括AWS、英伟达以及丰田等。

13.临床试验患者招募

临床试验的最大瓶颈之一是招募合适的患者，苹果或许能够解决这个问题。尽管人们在努力将医疗记录数字化，但互操作性（在机构和软件系统之间共享信息的能力）仍是医疗保健领域最大的问题之一。理想的AI解决方案是从患者的病历中提取相关信息，并与正在进行的试验进行比较，为进行匹配研究的AI软件提供建议。

然而，像苹果这样的科技巨头已经成功地为他们的医疗保健计划引入了合作伙伴，苹果正在改变医疗数据的流动方式，并为AI开辟了新的可能性，尤其是围绕临床研究人员招募和监测患者的方式。自2015年以来，苹果推出了两个开源框架——ResearchKit和CareKit，以帮助临床试验招募患者，并远程监控他们的健康状况，消除了地理障碍，苹果还与Cerner和Epic等流行的EHR供应商合作，解决互操作性问题。

14.先进医疗生物识别技术

利用神经网络，研究人员开始研究和测量以前难以量化的非典型危险因素，使用神经网络分析视网膜图像和语音模式可能有助于识别心脏病的风险。比如，谷歌的研究人员使用受过训练的视网膜图像神经网络来发现心血管疾病的危险因素，如年龄、性别和吸烟等，梅奥诊所通过分析声音中的声学特征，可以发现冠心病患者的不同语音特征。

不久的将来，医疗生物识别技术将被用于被动监控，比如谷歌的专利希望通过肤色或皮肤位移来分析心血管功能，这些传感器甚至可能被放置在病人浴室的"感应环境"中，通过识别手腕和脸颊的皮肤颜色变化，用来确定心脏健康指标，如动脉僵硬或血压。亚马逊也申请了被动监测专利，将面部特征识别与心率分析结合起来。AI发现模式的能力将继续为新的诊断方法和识别以前未知的危险因素铺平道路。

15.药物发现

随着AI生物技术初创企业的兴起，传统制药公司正寻求AI SaaS初创企业为漫长的药物研发周期提供创新解决方案。2018年5月，辉瑞与XtalPi建立了战略合作伙伴关系，预测小分子药物的性质，开发"基于计算的理性药物设计"。诺华(NovarTIs)、赛诺菲(Sanofi)、葛兰素史克(GlaxoSmithKline)、安进(Amgen)和默克(Merck)等顶级制药公司，最近几个月都宣布与AI初创企业建立合作关系，以发现肿瘤和心脏病等领域的新药。

虽然像递归制药(Recursion PharmaceuTIcals)这样的生物技术AI公司正在投资AI和药物研发，传统制药公司正在与AI SaaS初创公司合作。尽管这些初创公司中有许多仍处于融资的早期阶段，但它们已经拥有自己的制药客户。在药物研发阶段，成功的衡量标准很少，但制药公司正把数百万美元押在AI算法上，以发现新的治疗方案，并改变旷日持久的药物研发过程。

合成数据集用以解决AI的数据依赖

16.预测性维护

从制造商到设备保险公司，AI-IIoT可以在故障损害发生之前，提出防范措施。现场和工厂设备会产生大量的数据，然而，未预料到的设备故障是制造业停机的主要原因之一。预测设备或单个部件何时失效将使资产保险公司和制造商受益。在预测性维护中，传感器和智能摄像机收集来自机器的连续数据，如温度、压力等。实时数据的数量和变化形式使机器学习成为IIoT不可分割的组成部分。随着时间的推移，算法可以在故障发生之前预测可能出现的隐患。随着工业传感器成本的降低、机器学习算法的进步，以及对边缘计算的推动，预测性维护会更加广泛。

17.后台自动化

人工智能正在推动管理工作走向自动化，但数据的不同性质和格式使其成为一项具有挑战性的任务。根据行业和应用程序的不同，自动化"后台任务"的挑战可能是独一无二的，例如，手写的临床笔记对自然语言处理算法来说就是一个独特的挑战。机器人过程自动化(RPA)一直是热门话题，虽然并非所有的机器人过程自动化都基于机器学习，但许多都开始将图像识别和语言处理集成到它们的解决方案中。

（未完待续）

（下转第88页）

智慧广电的“超强”技术(上)

智慧广电是广播电视升级转型的重要发展目标。本文介绍了智慧广电的技术架构和关键技术以及智慧广电的应用示例，并对智慧广电未来发展进行了分析和思考。

在全国科技创新大会、国家“十三五”规划等重要阐述、重要文件中多次提到要加快大数据、云计算、移动互联网等新一代信息技术与社会生产和消费的深度融合，使社会生产和消费从工业化向自动化、智能化转变，开展智慧城市、智慧乡村、智慧家庭建设。

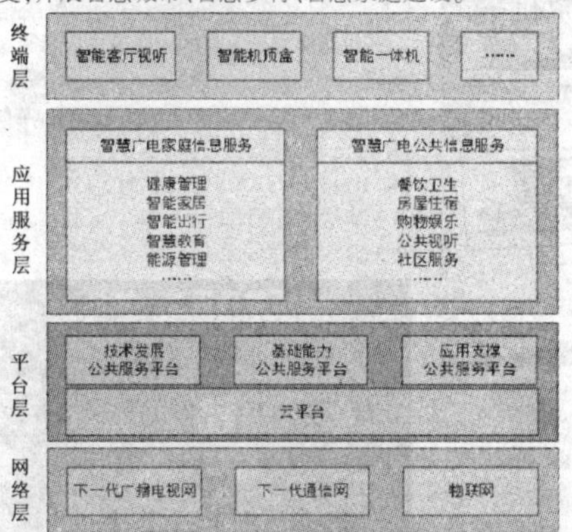

国家广播电视总局(原国家新闻出版广电总局)在2015年正式提出“智慧广电”将成为广电转型升级的重要目标，面对智慧化浪潮，广播影视不但是信息的生产者、传播者，更应成为新的生活方式的发起者、组织者、提供者，成为社会生活的中心枢纽之一；《关于进一步加快广播电视媒体与新兴媒体融合发展的意见》文件中明确提出，“努力寻求广播电视与政务、商务、教育、医疗、旅游、金融、农业、环保等相关行业合作与融合的有效路径，积极参与智慧城市、智慧乡村、智慧社区和智慧家庭建设”；《广电“十三五”科技发展规划总体思路》文件中也提出要“以终端标准化智能化为抓手，推动广电智慧家庭、智慧社区和智慧城市等智慧广电加速发展”。

新一代信息技术与广播影视领域的深度融合将带来重大发展机遇，推动广播影视全业务、全流程、全网络从数字化向智能化、智慧化创新转变，进而催生“智慧广电”。智慧广电是顺应技术发展趋势、壮大自身优势的战略选择，是实现广播影视行业转型升级的内在要求。

一、总体架构

以计算机或通信系统标准体系来划分，智慧广电总体架构可由下而上划分为网络层、平台层、应用服务层和终端层四部分。

网络层由下一代广播电视网、下一代通信网、物联网等组成，是智慧广电海量数据传输的通道；平台层构建在云平台之上，用于汇聚、存储、分析、挖掘智慧广电的海量数据，并提供各类服务所需的软硬件资源，是智慧广电具体业务承载和控制的核心；应用服务层是智慧广电各类应用服务的集合，借助平台层、网络层、终端层的能力支撑，提供各类服务；终端层由各种软硬件设备设施构成，是智慧广电的呈现端和用户交互端。

以广电的技术思路来划分，智慧广电总体架构可分为“云-网-端-管”。

依据智慧广电“云-网-端-管”的总体架构，智慧广电的标准体系建设将涵盖内容层、业务层、网络层、用户层和管控层，具体包括：内容制播标准、业务与平台标准、业务运营支撑标准、传输网络与互联互通标准、智能终端标准、安全与监管标准、评估与测试标准。

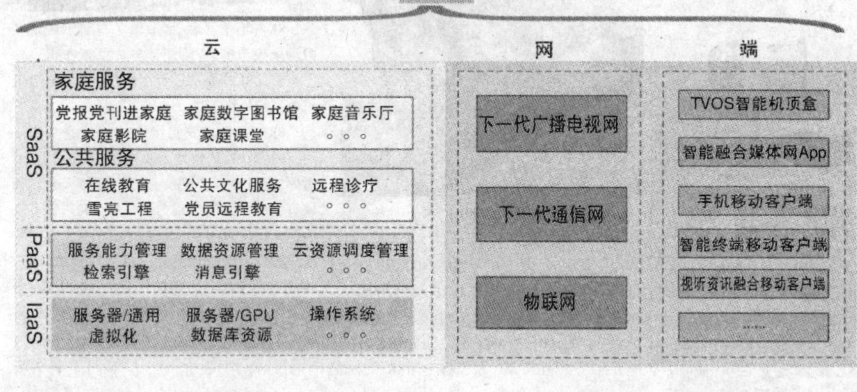

二、智慧广电关键技术

对智慧广电所涉及的技术进行深入剖析，采用广电端到端的思路，可将智慧广电关键技术进行归类划分。

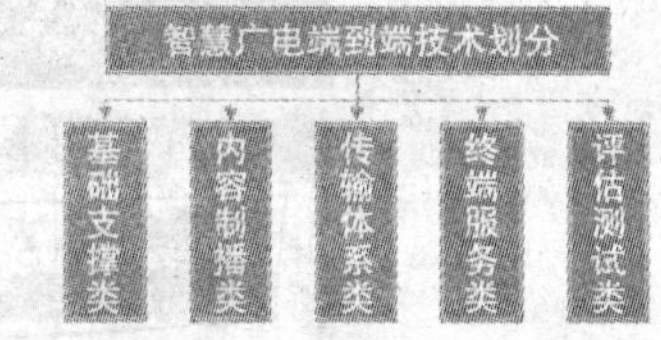

1.基础支撑类

基础支撑类技术包括：面向智慧服务的网络架构及通信传输、智能电视操作系统、广播影视大数据、人工智能、广电物联网等技术。

新一代智能网络解决网络系统应用中的便捷性、多媒体业务、个性化和综合性服务问题，为智慧广电泛在化应用服务提供网络支撑。

人工智能基于智能计算、自然语言处理、语音识别、视觉识别、机器学习等关键技术，提供云端的自然语言理解、自动语音识别、视觉搜索和图像识别、文本转语音及机器学习等服务，为内容的智能化生产、网络的智能优化以及指挥业务的开展提供技术支持。

大数据为智慧广电建设进行数据处理、数据分析、数据挖掘和数据提取工作，为智慧广电的数据分析和处理、精准化用户推送服务和挖掘广电大数据价值提供技术支持。

物联网各终端采集的信息数据进行汇聚传输，解决信息自动采集、获取和传输的问题，催生广电终端新业态，将提升智慧广电至更新一层的发展空间。

2.内容制播类技术

内容制播类技术包括：4K/8K超高清、虚拟现实/增强现实(VR/AR)、高效视音频编码、IP制播技术、融合媒体等。

4K/8K超高清电视技术具有高色域、高分辨率、高动态范围、高量化精度、高帧率、三维声等特点，超高清电视可以给观众带来更加丰富的视听体验。

虚拟现实/增强现实技术是通过动态环境建模、实时三维图形生成、立体显示观看、实时交互等技术生成仿真现实的三维模拟环境，并将虚拟信息叠加或融合在真实世界中并进行互动，构造视觉、听觉等方面高度主观真实的人体感官感受。

随着电视台全台网1.0系统的成熟应用和云计算技术的快速发展，为进一步推进台内网络化、智能化、IP化，提高制播效率，融合媒体技术孕育而生。融合媒体技术以媒体融合发展为目标，探索建立电视台全台网2.0技术体系，推动电视台内容生产、传播方式、业务形态、服务模式、产业格局等多方面的创新。

3.传输体系架构类

传输体系架构类技术包括：广播影视融合传输覆盖网与5G/物联网等不同网络架构体系的互联互通、广电宽带网络安全性体系架构、基于云服务的融合媒体平台等。

5G技术与广电无线业务系统的融合包括卫星移动通信与地面移动的融合、蜂窝通信与数字广播融合、移动蜂窝与宽带接入系统/短距离传输系统的融合。5G技术也为物联网、车联网、工业互联网、智能制造、智慧应用等垂直行业提供支持。

4.内容制播类技术

终端服务类技术包括：基于智能电视、智能机顶盒等设备的语音识别/合成、图像识别/合成、体态智能感知操控，大数据自主决策等。

5.内容制播类技术

评估测试类技术包括：面向智慧广电业务的网络多层面综合性能评估、业务及网络服务质量优化、内容与安全监管监测、面向智慧服务的集成测试及评估等。

三、智慧广电应用示例

2016年11月，四川省政府提出“高清四川智慧广电”战略，印发了《四川省建设“高清四川智慧广电”专项改革方案》，并将“高清四川智慧广电”战略先后写入了四川省“十三五”规划建议和纲要。专项方案中提出要依托四川省广播影视资源，综合运用云计算、大数据、智能引擎等技术，智能聚合四川省的广播影视公共服务云、广电视听云和新媒体传播平台等多类型多级别云平台，建设集内容生产、信息集成和分发、管控、服务于一体的互联互通、跨界互动、智能融合、安全可信的媒体融合云平台。

四川广电按照“云-网-端-管”的技术框架思路，在四川媒体融合云平台的基础上，建设了全省基层综合文化活动室免费无线局域网工程；在终端上，使用智能电视操作系统(TVOS)中国广电智能终端，并研发了智能融合媒体网客户端(App)、“金熊猫”“香巴拉资讯”“好看宽屏”等各类适配智能操作系统的客户端；并构建省市县联动的智能监测监管体系，为相关管理部门提供舆论引导和安全保障的决策依据。

1.云

智慧广电媒体融合云平台

智慧广电融合媒体云平台总体框架可分为公有云、私有云和专属云。公有云是指由专业厂商建设并负责运维，提供公共计算资源，面向大众公开使用的云服务。全媒体素材汇聚、大数据挖掘分析、新媒体生产分发等可以部署在公有云平台上；私有云是指自己构建的，为内部用户提供服务的云。相对于公有云，私有云部署在企业内部，因此其数据安全性、系统可用性都可由自主控制。如传统电视播出、复杂的后期制作等，可以部署在私有云平台上。专属云是利用专业厂商提供的基础设施，由广电自行构建的业务和应用系统的云。专属云服务结合了公用云及私有云的特点优势，可实现较大程度的可管可控。

智慧广电融合媒体云平台的典型应用场景包括：融合新闻业务的典型应用、融合制作业务的典型应用、融合内容管理业务的典型应用、融合播出分发业务的典型应用、融合数据分析业务的典型应用。目前根据不同业务的特点分别部署到私有云、专属云和公有云平台上，技术平台主体架构是多云融合的结果。

智慧广电语音云

建设智慧广电语音云，与融合媒体云平台相融合。智能语音技术近年来在通信、移动通信、教育、工业控制、汽车、娱乐等行业不断渗透。广播电视行业与智能语音技术的结合将会为用户带来全新的交互体验、为台内制播系统带来技术新变革、带动数字电视新业务、为台内拉动广告收入。

通过智能语音交互技术的引入不仅能够提升用户对广播电视业务的使用频率、加大用户黏性、提升用户使用体验，还可以为广播电视行业创造更大的运营价值，获取丰厚的增值收益。

智能语音技术涉及的关键技术有：智能语音识别、智能语音合成、智能语音理解和智能语音编码。智慧广电语音云包括核心能力平台、智能内容生产平台、智能内容监审平台、终端应用四部分。

在核心能力平台上提供语音合成、智能拆条、机器翻译、智能推荐、声纹识别、语音交互等云平台计算功能；在智能内容生产平台上提供智能文稿唱词、智能字幕自动生成、智能内容管理等服务；在智能内容监审平台上提供内容获取、智能分析、监审研判、发布处理等服务。

◇四川　张云峰

(未完待续)(下转第89页)

平价大屏幕200寸

用平价、通用的显示器件来实现4K、8K超高清100-400英寸超大屏幕显示方案

在CES2019开展的第一天，创维、海信、TCL、LG和索尼等轮番发布了最新、最强的8K电视，成为各大媒体的焦点，98英寸的索尼Z9G为目前最大的8K分辨率电视。去年三星85英寸QLED 8K电视已供应市场，如图1所示，售价14999美元（约合人民币10.2万元）。

①

去年12月1日起日本NHK电视台在日本推送8K电视信号，2020年日本东京奥运会将采用8K视频进行录制。去年10月1日，我国央视首次上线CCTV-4K超高清频道，2018到2021年，中央广播电视总台将完成全台4K超高清频道技术系统建设，具备每天约100小时的4K节目制作能力，2021年更要开展8K超高清技术试验。

在内容上腾讯视频目前拥有超过10万4K视频数据，4K专辑超2.7万个，覆盖头部热播的影视剧。腾讯视频4K专区正在引人和自制优秀的4K内容。

如图2与图3的示意图可以看出480P、720P、1080P、4K、8K各分辨率之间的对比差异，分辨率越高，图像更清晰，其信息量越大，占用存储空间越多。8K(7680×4320)图像高达3300万像素点，是4K(3840×2160)图像800万级别像素点的4倍，是高清(1920×1080)图像200万像素点的16倍。使用8K分辨率(7680×4320)拍摄、制作和放映的视频，在未经压缩的情况下，8K视频(24FPS)每秒的容量可达1GB，在没有新的超高清压缩算法出现前，在现有的算法下可见8K电影文件巨大，需要超大容量硬盘存储。

②

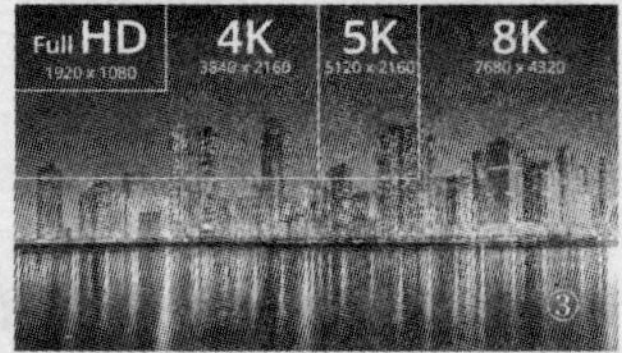

③

4K、8K都属于超高清信号，目前4K普及尚未完成，8K已成为很多科技巨头追逐的方向。8K分辨率能够将过去不可能实现的影像应用变为现实，从前瞻的角度出发，国内很多厂家都看重8K，如富士康在工作、教育、娱乐、家庭社交、安全、健康、财产交易采购、环保汽车等八大生活方面都在进行8K布局。利用8K人们可以看到原来肉眼看不到的东西，由此掌握的大数据数量很可能比原来增加百倍、千倍、万倍，而海量的影像大数据会对于科技的发展、场景的设计会起到一个革命性的变化。富士康夏普跳过4K上8K，去年在AWE2018上以8K分辨率屏幕"八连屏，精细地展示传世之作《清明上河图》"，令众多现场观众叹为观止。《银河护卫队2》8K电影已于去年在日本上映，吸引了众多观众。

国内外最新推出市场的8K电视显示画面多在100英寸以内，主要销售对象为高端家庭用户与企事业单位等。目前的网络传输限制了8K视频的传输，或许后期的5G网络时代是8K视频的普及时期。但在某些专业领域如智慧城市、智慧社区、大数据处理、新闻发布、监控领域、广告行业等等需要200英寸、400英寸或800英寸的4K、8K超高清画面，这是一个值得解决的课题，"早做就是商机！"。能否"曲线救国？"，用平价、通用的显示器件来实现4K、8K超高清100-800英寸超大屏幕显示？从原理上讲，方案可以实现。

现有的1080P窄边拼接屏技术已很成熟，如46寸、50寸、55寸、65寸等等高清液晶屏。传统的大屏幕拼接如100英寸、200英寸或400英寸液晶拼接多显示的是高清1920×1080P图像格式，由于信号源的升级，倒逼显示单元进行升级。

PC是个好平台，用电脑可实现4K高清视频播放，目前暂没有专业的8K超高清视频播放机，同样可用高端电脑实现8K高清视频解码播放，如某些工作站安装专业播放软件，如图4所示，利用CPU软解可实现4K与8K高清视频解码，可输出多种分辨率格式，如3840×2160、7680×2160、7680×4320等，如图5所示。现阶段能支持8K的专业视频显卡价格较贵，NVIDIA（英伟达）的Quadro P6000专业显卡支持8K视频实时编辑，8K视频可通过HDMI 2.1版本的线材进行传输。

④

基于目前的芯片处理水平，设计其处理系统的主要思路是对视频进行分割处理，也可给PC安装4个HDMI 2.0输出的显卡，通过软件处理，把8K视频分割成4个4K视频，每路4K视频通过HDMI 2.0接口传输视频。4路HDMI 2.0的视频信号，从带宽上来看HDMI 2.0的最高带宽高达18GBPS，4个通道加起来带宽可达72Gbps，足够传输一路8K视频。

再把每路的4K视频再通过专用视频处理芯型片分割处理成4路1080P高清视频，从而可用平价、通用的全高清显示器件来实现超高清显示，如图6所示。

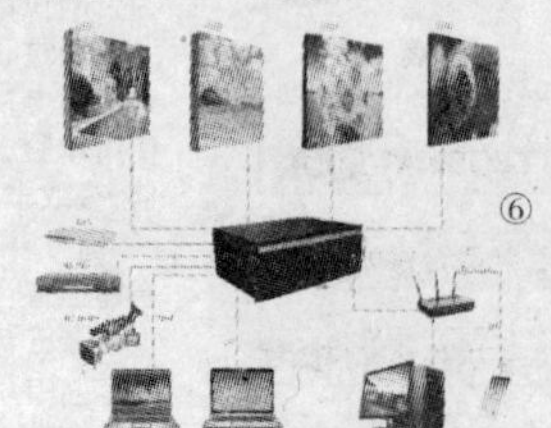
⑥

比如我们可用4个50英寸1080P高清屏组成的2×2拼接显示单元，通过外部信号分割处理，来显示一个完整的100英寸4K画面，如图7所示；也可来显示一个完整的100英寸1080P画面，如图8所示。其主要采用图像的分割与图像拼接技术。

⑦

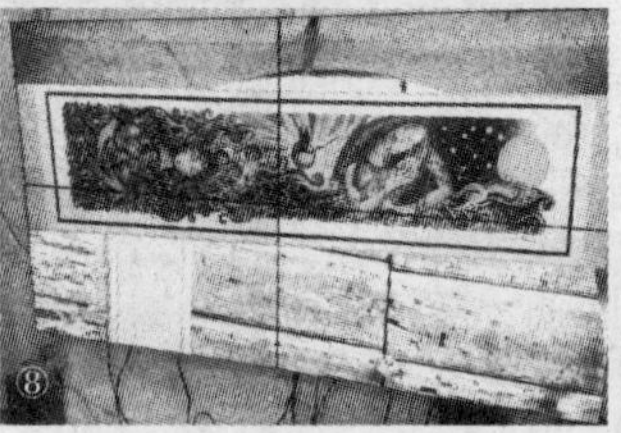
⑧

也可用4个50英寸2K高清拼接显示屏组成2×2拼接显示单元，通过外部信号分割处理，来显示一个完整的100英寸8K画面。

可用16个50英寸1080P高清拼接显示屏组成4×4拼接显示单元，通过外部信号分割处理，来显示一个完整的200英寸8K画面（比如1套8K电视节目），如图9所示。或用来显示一个组成4×4拼接完整的200英寸4K画面（比如1套4K电视节目），或用来显示4个完整的2×2拼接的100英寸4K画面（比如4套4K电视节目），或用来显示16个完整的50英寸1080P画面（比如16套1080P电视节目）。其主要采用图像的分割、图像的分配与图像拼接技术。

⑨

可用32个55英寸1080P高清拼接显示屏组成8×4拼接显示单元，通过外部信号分割处理，来显示2个完整的220英寸8K画面（比如2套8K电视节目），或多种超高清显示模式共存于一个拼接画面，如图10所示。当然也可把早期的高清拼接墙进行升级改造，如图11所示的10×4拼接显示升级为2套4×4拼接的8K显示单元+2套独立的1080P高清显示单元，外加高清视频矩阵进行切换。

⑩

⑪

可用64个50英寸1080P高清拼接显示屏组成8×8拼接显示单元，通过外部信号分割处理，或用来显示一个完整的400英寸8K画面，或用来显示4个完整的4×4拼接的200英寸8K画面（比如4套8K电视节目），或用来显示16个完整的100英寸4K画面（比如16套4K电视节目）。国外部分厂家已推出了8K图像信号处理方案，部分新芯片开始试产，以上用平价、通用的显示器件来实现4K、8K超高清100-400英寸超大屏幕显示方案是可行的。

⑫

4K高清信号源与播放设备与显示设备市场上已很多，比如中央台已提供4K频道，4K蓝光电影在大城市电脑城也很普遍，某些4K蓝光光盘播放机售价不到1千元，国产的4K DV摄像机仅二千多元，如图13所示；部分大屏幕4K电视机仅二千元以上。4K超高清超大屏幕拼接显示较易实现。

⑬

索尼、日立、夏普、佳能等生产厂家都推出了8K广播级摄像机，如索尼的UHC-8300 8K摄像机，如图14所示；但8K广播级摄像机，售价极高，现阶段绝大多数影音爱好者可能无缘拥有。但市场上出现了几款高端数码相机，如夏普的M43数码相机，如图15所示，可以在H.265编码下拍摄8K 30P的视频；又如尼康D850，该机支持4K(3860×2160)超高清视频的录制，还可支持8K(8256×5504)延时的视频拍摄。用数码相机来拍摄8K视频后再编辑制作超高清视频，是一个低成本获得8K视频的一种新方法。8K电影制作成本极高，或许广播信号比电影片源更易实现8K。

⑭

⑮

8K高清信号源、播放设备与显示设备在市场上极少见，今明两年会有少部分8K设备上市，如8K超高清硬盘播放机，8K超高清卫星电视接收机等。

8K超高清视频，将是5G时代的主流应用，在智慧城市、智慧社区、大数据处理、交通指挥、监控领域、广告行业、健康医疗、教育领域等将有广阔的应用前景，如：8K影像可以为更深层的微创手术提供技术支持，带动智能化医疗设备处理更高分辨率的影像数据。8K超高清视频与人们的生活息息相关，将会极大地改变人们的生活方式，为人们带来极致的生活体验。

◇广州　秦福忠

2019年3月3日出版 实用性 启发性 资料性 信息性

第 9 期 国内统一刊号:CN51-0091 定价:1.50元 邮局订阅代号:61-75

地址:(610041)成都市天府大道北段1480号德商国际A座1801 网址:http://www.netdzb.com

(总第1998期) 让每篇文章都对读者有用

博物馆传真

编前语:或许,当我们使用电子产品时,都没有人记得或知道老一批电子科技工作者们是经过了怎样的努力才奠定了当今时代的小型甚至微型的诸多电子产品及家电;或许,当我们拿起手机上网、看新闻、打游戏、发微信朋友圈时,也没有人记得是乔布斯等人让手机体积变小、功能变强大;或许,有一天我们的子孙后代只知道电子科技的进步而遗忘了老一辈电子科技工作者的艰辛……

成都电子科技大学博物馆旨在以电子发展历史上有代表性的物品为载体,记录推动电子科技发展特别是中国电子科技发展的重要人物和事件。目前,电子科技博物馆已与102家行业内企事业单位建立了联系,征集到藏品12000余件,展出1000余件,旨在以"见人见物见精神"的陈展方式,弘扬科学精神,提升公民科学素养。

松下集团向电子科技博物馆捐赠九件藏品

近日,松下电器(中国)有限公司向电子科技博物馆捐赠了包括首款采用半导体技术记录的摄像机在内的9件广播电视相关设备,并举行了捐赠仪式。

在捐赠仪式上,电子科技博物馆办公室主任赵轲从藏品征集、陈列展览、教育活动和国际交流等方面介绍了电子科技博物馆的整体情况。校党委宣传部部长杨敏代表学校感谢了松下集团对电子科技博物馆的关注及捐赠,同时也感谢了同松下公司一样对电子科技博物馆给予大力支持的100多家相关行业的企事业单位。他表示,电子科技博物馆将充分挖掘藏品背后的故事,并对藏品进行全方位的展示。同时,也希望大家能在朋友圈等多样化的网络平台上宣传,让更多人投身到这项事业中来。目前我们也在全面致力于建设大馆,请大家继续关注并支持。

会上,松下广播电视系统营销公司北方营业部部长曹力表示,松下集团已有100多年的历史,近期主要发展领域为"智能住宅"、"汽车电子"和"汽车能源工厂"等。听到电子科技博物馆正在征集大量影像设备,便挑选出了9件具有代表性的藏品捐赠给学校。松下电器西部认定店代表(成都长和视讯商贸有限公司总经理)黄伟强表示,自己已经从事生产数字类广播电视代表产品30多年,生产的商品广泛应用到了新闻领域中。以后也将不遗余力地支持电子科技博物馆,希望博物馆建设得越来越好。

◇摘编自电子科技博物馆网站

(本文原载第8期2版)

电子科技博物馆"我与电子科技或产品"

本栏目欢迎您讲述科技产品故事,科技人物故事,稿件一旦采用,稿费从优,且将在电子科技博物馆官网发布。欢迎积极赐稿!

电子科技博物馆藏品持续征集:实物;文件、书籍与资料;图像照片、影音资料。包括但不限于下列领域:各类通信设备及其系统;各类雷达、天线设备及系统;各类电子元器件、材料及相关设备;各类电子测量仪器;各类广播电视、设备及系统;各类计算机、软件及系统等。

电子科技博物馆开放时间:每周一至周五9:00--17:00,16:30停止入馆。

联系方式

联系人:任老师 联系电话/传真:028--61831002

电子邮箱:bwg@uestc.edu.cn 网址:http://www.museum.uestc.edu.cn/

地址:(611731)成都市高新区(西区)西源大道2006号

电子科技大学清水河校区图书馆报告厅附楼

如何利用实时可视化打造"智慧型企业"?

曾经有很长一段时间,物联网(IoT)被认为是过度炒作和夸大,而现在却发展成为各个行业的致胜要素。即使在畜牧业和乳品加工等农业领域,物联网也能助力企业打造创新型解决方案。实际上,一些养殖企业已经开始通过在奶牛颈部植入传感器来获取重要的可操作性洞察,这对于改善企业运营至关重要。所植入的传感器确保安全,其大小相当于一枚两欧元硬币,每秒可向接收者发送数次位置信息。由此,养殖者可以借助传感器实时追踪定位每一头奶牛,从而能够更容易地将奶牛带去挤奶室,以及检查、护理或照料它们。

物联网解决方案为畜牧业带来了全新的可视性。养殖者可以通过位置数据获取每一头牲畜的相关洞察,包括活动模式、产奶量以及进食习惯。对于整个畜群的可视化使养殖者能够在必要时快速采取行动,或是更为密切地对特定的牲畜进行监测。此外,这一可视性还有助于养殖者为牲畜提供更好的饲养条件,同时确保生产流程的无缝对接。

诸如此类的物联网解决方案已经在各个行业领域实现了多样化的应用。根据产业研究机构IHS Markit的预测,2017年至2025年,全球互联设备的数量将从270亿台增长至730亿台。这些设备所生成的数据经由电脑自动采集和分析,使人类以及越来越多自主学习的机器能够基于可操作性洞察做出更好的决策。

物联网:蓬勃发展的新生力量

目前,成千上万全新的应用场景正在不断涌现,采用创新的方法能够为企业带来真正的附加价值。根据斑马技术的第二届"智慧型企业指数"调研结果,越来越多的企业认识到了实施物联网战略的价值,并将在未来持续推进采用和投入。总体而言,智慧型企业指数反映出了物联网部署和投资的年增长率,显示了企业期望能够更顺利地采用物联网,并日益认可物联网解决方案是推动其未来增长的核心组成部分。

随着科技不断向前快速发展,企业积极部署物联网解决方案以加速自身的数字化转型变得尤为重要,许多企业甚至感受到了来自这一趋势的威胁。由于数字化和物联网都蕴含着众多机遇,企业如果不想被赶超,就必须采取行动。智能且互联的企业将通过连接物理和数字世界,提高生产力、效率、增长率及创新水平。所有行业领域都将从物联网中获益。

运输与物流行业

有许多物流企业没有充分利用其货车的运载能力,对运营效率产生了负面影响。如果在货物装卸码头安装3D摄像机,并利用合适的分析软件,物流企业就可以采集和分析装载过程中各种相关的数据,并获取装载密度、装载速度、利用率、员工装载技术等指标的重要信息。一旦系统检测到装载过程中出现错误或效率低下的情况时,便会向通过平板电脑或台式电脑监管装载过程的码头负责人发送通知。负责人可以基于这些洞察在必要时介入干预,改进员工培训,从而提高装载质量。

此外,还有一些其他的运输与物流解决方案则利用蓝牙低功耗(BLE)信标来告知员工其是否将包裹装载至正确的货车。正确装载和效率的提升有助于更快地运送包裹,在提高客户满意度的同时,还能降低燃油与维护成本,并减少企业对环境的影响。

零售行业

由于门店库存有限,商店有时无法满足顾客对于特定商品的需求,而这往往会导致一些潜在的收益损失。时装零售商尤其深受这一问题的困扰,顾客经常在更衣室里遗留或遗忘商品,或是将商品归还到错误的地方。如果商品配有射频识别标签(RFID),店员就能够在任何时间和地点确定商品的位置,并实时访问库存信息,从而改善在售商品的供应情况。此外,为商品配备标签可以防止偷盗。一旦配有标签的商品没有结账,就会在经过商店出口附近时触发警报。这种防盗方法尤其适用于奢侈品门店。零售商可以利用RFID技术显著降低商品遗失的数量,以及由于缺货而导致的收益损失。

医疗保健行业

由医生、护士、医院和保险公司组成的复杂关系网络使整合、共享及分析医疗相关的数据变得极具挑战性。然而,物联网和数据分析技术可以提高信息的采集与处理,为患者提供更好的护理。荷兰莱顿大学医学中心(LUMC)为急性心肌梗塞患者部署了基于物联网的实时追踪解决方案。通过支持网络连接的患者腕带将患者的心率数据发送给医生,便于医生追踪患者的"入院至首次球囊扩张时间"(Door-To-Balloon,简称DTB)。DTB是指从患者入院到首次接受经皮冠状动脉介入治疗(PCI)期间通过球囊扩张来清除血管阻塞物,从而恢复血液流动的这一段时间,这对患者而言非常关键。医生追踪的是患者从进入医院到通过手术清除阻塞的全过程。医疗工作者期望能够通过分析这些数据更好地了解患者接受治疗的速度,及时通知医护人员制定相应的治疗计划,以及更为准确且实时地为医生提供重要信息。

智能且互联的未来

这些仅仅是物联网在当今互联企业中如何发挥作用的几个例子。大量可用的数据经过全面分析,能够帮助企业更加深入地了解其业务流程,改善规划,并发掘全新的商业机会,甚至是经营模式。物联网解决方案所带来的实时可视化能够推动创新型发展,从而引领企业迈向智能且互联的未来。

◇斑马技术 Daniel Dombach

(本文原载第13期2版)

海尔LU42K1液晶彩电电源板维修实例(上)

海尔LU42K1液晶彩电电源板型号为JSK4260-050,电源板编号为0094000731。电源板元件分布实物图解和简单工作原理见图1所示,多数元件被散热片覆盖,电路组成方框图见图2所示。集成电路采用FAN7530+ICE3B0565+L6599组合方案,输出+5VSB、+24V、+12V电压。开关机采用控制PFC和主电源驱动电路VCC供电的方式。通电后副电源首先工作,输出+5VSB电压,为主板控制系统供电,红色指示灯亮。遥控或键控开机后,PFC电路和主电源工作,输出+24V、+12V电压,为主板和背光灯板供电,整机进入开机状态。该电源板还应用于海尔LU42K1、L40R1、LB37R3、L42R1、H32E07等液晶彩电中。

例1:开机三无,红色指示灯亮,遥控和键控均不能开机

PFC电路:由驱动电路FAN7530(IC1)和大功率MOS开关管Q1、储能电感L1为核心组成。二次开机后,开关机控制电路为IC1提供VCC2供电,该电路启动工作,IC1从⑦脚输出激励脉冲,推动Q1工作于开关状态,与L1和PFC整流滤波电路D9、C6配合,将供电电压和电流校正为同相位,提高功率因数,减少污染,并将供电电压VDC提升到380V,为主副电源输出电路供电。

副电源:由厚膜电路ICE3B0565(IC6)、变压器T2为核心组成。通电后PFC电路输出的VDC的+300V直流电压为副电源供电,通过变压器T2的初级为IC6内部开关管供电,同时经内部电路为振荡驱动电路供电,副电源启动工作,内部开关管的脉冲电流在T2中产生感应电压,经整流滤波后一是形成+5VSB电压,为主板控制系统供电;二是产生VCC电压,经开关机控制后为PFC和主电源驱动电路供电。

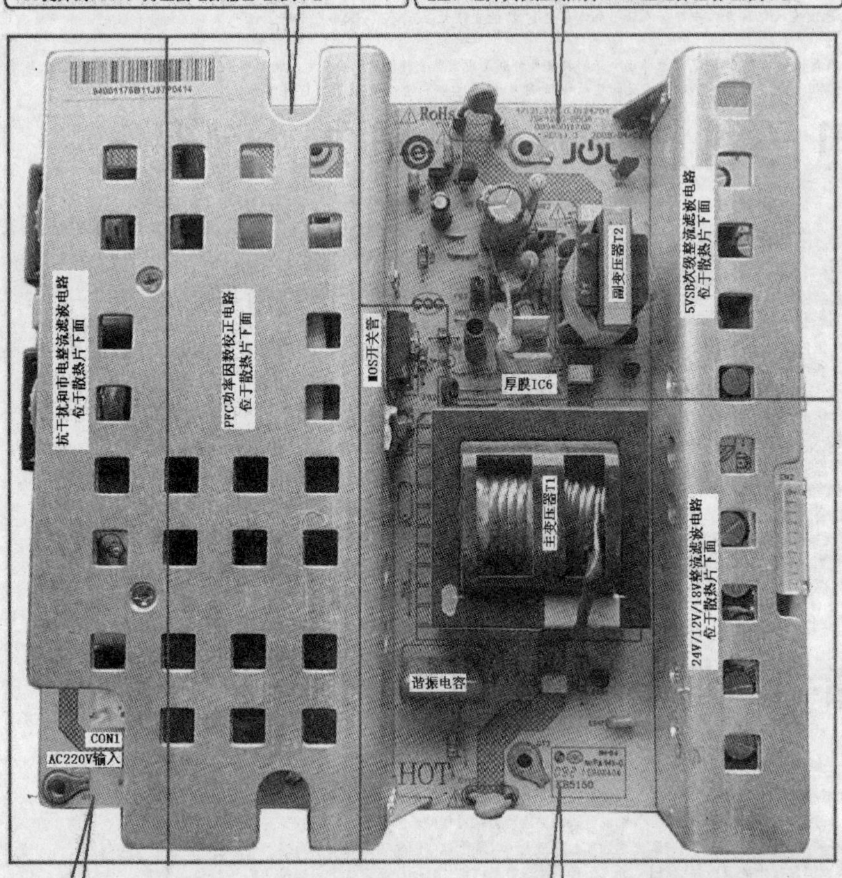

抗干扰和市电整流滤波电路:利用电感线圈LF1~LF3和电容器CX1~CX3、CY1~CY4组成的共模、差模滤波电路,一是滤除市电电网干扰信号,二是防止开关电源产生的干扰信号窜入电网。滤除干扰脉冲后的市电通过全桥BD1整流、电容C4滤波后,因滤波电容容量小,产生100Hz脉动300V电压,送到PFC电路。RV1为压敏电阻,市电电压过高时击穿,烧断保险丝F1断电保护。

主电源:由驱动电路L6599(IC2)、半桥式输出电路开关管Q3、Q2和变压器T1为核心组成。二次开机后,开关机控制电路为IC2提供VCC3供电,主电源启动工作,IC2从⑪、⑮脚输出激励脉冲,推动Q3、Q2交替导通、截止,产生的脉冲电流在T1中产生感应电压,次级感应电压经整流滤波后产生+24V、+12V、18V电压,18V电压经稳压后输出16.5V电压,为主板和背光灯板供电。

图1 海尔JSK-4260-50电源板实物图解

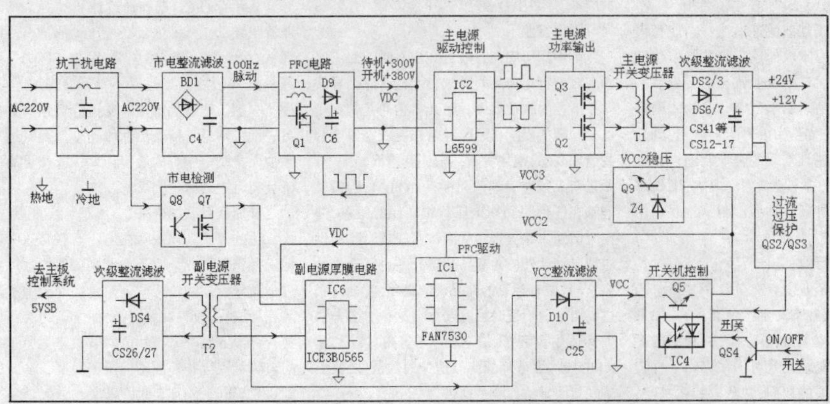

图2 海尔JSK4260-050电源板电路组成方框图

分析与检修:通电后红色指示灯亮,整机处于待机状态,遥控和键控均不能开机,红色指示灯始终点亮不变化。分析认为:指示灯亮说明副电源正常,不能开机一是主板未能送出开机高电平,故障在主板控制电路;二是主板送出开机高电平,但电源板主电源无电压输出,故障在电源板。

拆开电视机,测量电源板输出的+5VSB电压正常,证实副电源正常。测量主电源无+24V和+12V电压输出,此时测量主板送来的ON/OFF开关机电压为3.8V高电平,判断故障在电源板电路。一是开关机VCC控制电路发生故障,造成PFC电路和主电源电路不工作;二是PFC电路发生故障,输出PFC电压过低或等于+300V,主电源驱动电路检测到PFC电压过低而停止工作;三是VCC和PFC电路正常,主电源电路发生故障,无电压输出。

该机的开关机电路如图3上部和右侧所示,由QS4、IC4、Q5、Q9组成,采用控制PFC功率因数校正电路IC1和主开关电源驱动电路IC2供电的方式。开机时,主板控制系统送来ON/OFF高电平,开关机控制电路QS4、IC4、Q5导通,将VCC电压变为VCC2电压送到PFC驱动电路IC1。VCC2再经Q9、Z4稳压输出VCC3电压,送到主电源驱动电路IC2。PFC功率因数校正电路和主电源启动工作,为整机提供+24V、+12V、+16.5V电压,进入开机状态。待机时,ON/OFF变为低电平,开关机控制电路QS4、IC4、Q5截止,切断IC1、IC2的VCC2、VCC3供电,PFC电路和主电源停止工作。

测主板控制系统送来ON/OFF为高电平,说明主板控制系统正常,且发出了开机信号。测量开关机电路Q5无VCC2电压,此脚正常电压应是17.3V,这个电压是从副开关电源变压器绕组输出的VCC电压,经开关机电路控制后产生的。检查开关机控制电路,发现三极管Q5的e极有18.5V左右电压,但c极无电压输出。测量Q5正常,检查Q5外电路,发现QS4的b极开机为高电平,c极为低电平,怀疑光耦IC4失效。更换IC4后,故障排除。

例2:开机三无,红色指示灯亮,遥控和键控均不能开机

分析与检修:故障现象与例1相同,采用相同的检修方法和步骤。测+5V待机电压正常,测主板控制系统送来ON/OFF为高电平,说明主板控制系统正常,且发出了开机信号。测量开关机电路Q5输出的VCC2电压为16V,Q9输出的VCC3电压为14V,均正常,说明开关机控制电路正常。

测量图4所示PFC电路输出的VDC1电压为+310V,正常时为+380V左右,说明PFC电路未工作。测量PFC外部的PFC开关管Q1、续流管D9和大滤波电容C6正常,判断故障在PFC驱动电路IC1/FAN7530。测量IC1的各脚电压,其⑧脚VCC供电正常,①、②、③、⑤脚均有电压,只有⑦脚激励脉冲输出端电压为0V,正常时为4V左右。检查⑦脚外部元件正常,判断IC1内部损坏。用FAN7530更换IC1后,故障排除。

例3:开机三无,指示灯亮

分析与检修:指示灯亮,说明副电源正常。测量电源板主电源输出电压,开机瞬间有+12V、+24V输出,然后下降为0V。根据故障现象和维修经验,判断保护电路启动。

该机设有如图3下部所示以模拟可控硅QS2、QS3为核心组成的保护电路。QS3外接集成电路LM393(ICS3A/B)为核心组成的过流检测电路和ZS2、ZS3、ZS4组成的过压检测电路。发生过流、过压故障时,保护检测电路向QS3的b极送入高电平,保护电路启动,将待机光耦IC4的①脚电压拉低,开关机电路IC4、Q5截止,切断PFC电路VCC2和主电源的VCC3供电,PFC电路和主电源停止工作。

过压保护电路由取样电路ZS2、ZS3、ZS4和隔离二极管DS10、DS11组成,对主电源输出的+24V、+12V电压进行检测。当+24V、+12V电压其中一路出现过压的时候,就会击穿连接在相应的稳压管ZS2、ZS4中的一个。击穿后的电压经隔离二极管DS10、DS11后加到QS3的b极,使QS3、QS2进入饱和导通状态,保护电路启动。

(未完待续)(下转第90页)

◇海南 孙德印

雅马哈家庭影院功放保护关机故障维修实例(下)

（紧接上期本版）

4. 机型：YAMAHA RX-V692

该机通电后电源继电器马上就吸合，但是VFD显示屏不亮，5秒后也没有喇叭保护继电器吸合的声音。从故障现象看，似乎CPU没有正常工作。查电源开关SW605发现其焊盘虚焊，将其补焊后仍无法开机。测量CPU工作条件：时钟、复位、供电以及VFD显示屏点亮所需灯丝电压、负电压，发现CPU供电5V正常，VFD显示屏点亮所需灯丝电压、负电压正常，但是晶振两端电压都是4.5V，晶振没有振荡（正常时晶振对地电压都在供电电压一半略低些）。该机通电后电源继电器就吸合，查CPU的㊹脚PRY控制端电压有12V，超过CPU供电电压5V，明显不正常。顺着排线和线路板走线查到副电源板，观察到副电源板上三根线（PRY、12V、GND）焊接过，用万用表测量PRY和12V两根线，发现其短接在一起。观察焊点是焊接不良导致两个焊盘短接，将其断开后再给机器通电，电源继电器不再通电立即吸合，但是按开机键机器仍无反应。经过前面断开PRY和12V的短接点后，再测量CPU晶振电压已经正常（CPU ⑩脚和⑪脚分别为2.0V和2.1V）；测量复位脚⑫脚电压不对，只有2.1V，正常应该是5V左右，查其外接复位三极管Q601和电容C608、C609正常。断电测量，发现CPU的复位脚⑫脚和晶振脚⑪脚被短接在一起，把焊接不良短接处断开，再通电，复位脚电压变为正常5V，但是按开机键机器仍不能开机，而且按开机键时，待机灯也同时点亮，这也不正常。再断电测量，发现CPU的开机开关按键输入脚⑲脚和待机指示脚⑳脚被短接在一起。把焊接不良短接处断开，再通电按开机键，机器能够点亮VFD显示屏了，但是3秒后机器会自动关机。

查看显示控制线路板上的走线，发现至主板的排线CB601端子上CRY（中置环绕声道继电器控制）端与CPU的走线被割断，排线CB601端子上PRV(电源平衡电压输入)端与CPU的走线被割断。分析电路，当功放电路正负电压不平衡或缺少正(负)一组电压时，PRV该端子有电压输入CPU，使得CPU保护动作，现在该走线被割断，估计不影响CPU正常工作。CRY端是CPU输出端子，该走线被割断，估计也不影响CPU正常工作。排线CB601端子上还有PRD(功放输出中点电压检测)、PRI(功放输出过电流检测)。怀疑功放电路有故障，所以CPU保护关机。决定再去掉保护试验，将PRD端、PRI端至CPU的连线割断，但是故障仍未排除。回想修RX-V490时，环绕声解码板通讯不良会引起CPU保护，于是对至主板的通讯排线CB604进行测量，测量值与电路图标注比较接近，但不完全相同。考虑到测量数据是CPU保护关机后处于待机状态下的数值，不代表CPU正常工作时的数值，所以不一定具有可比性。由于保护输入信号已切断，还有什么原因导致CPU自动关机。难道前面维修者的焊接不良已经导致CPU损坏？至此，维修陷于困境。

经过仔细分析电路图终于发现故障疑点：PRV（电源平衡电压输入）端与CPU的走线被割断，但是CPU的PRV脚⑲脚仍有R603和R602提供偏置电压。是不是偏置电压导致CPU保护关机？在通电时的短时间里测量功放±50V电压、±38V电压正常，没有不平衡，于是将PRV端与CPU ⑲脚之间被割断的走线连接好。再开机，机器显示屏点亮，3秒自动关机没有出现，但是变为5秒后自动关机。笔者在前面也割断了PRD端与CPU的走线，但是CPU的PRD脚⑱脚也有R694提供偏置电压。是否也同样是偏置电压的原因导致CPU保护关机？于是将PRD端与CPU ⑱脚之间被割断的走线连接好，再开机，机器显示屏点亮，5秒后喇叭保护继电器吸合，没有自动关机。测量5声道功放输出端子中点电压均为0V。将所有切断的走线恢复连接好，接上音箱，功放声音完全正常(部分电路如图1所示)。

小结：本机的故障很可能只是电源开关虚焊的小问题，但是前维修者对CPU及电源继电器控制线的补焊不良，造成不开机故障。对于CPU这样引脚密集的大规模集成电路来说，焊接时很有可能造成相邻引脚短接。笔者的建议读者可以备几个细的缝衣针，当焊接不良时，可以边加热边用缝衣针挑开短接处，同时也可以在万用表笔尖上绑上缝衣针对集成电路进行检测（一般万用表笔太粗，很难测量大规模集成电路相邻引脚间是否短接）。

本例的3秒及5秒自动关机，是对PRV及PRD的断线去保护造成的。本机CPU的PRV脚及PRD脚有偏置电压，为的是PRV及PRD电压有异常时保护动作更灵敏，在功放PRV及PRD电压正常时，该电压把CPU的该引脚限制在保护阈值以下，而对PRV及PRD的断线去保护，反而使得偏置电压凸显，使得CPU保护动作关机，所以，这个问题望读者在修理本机或其他机型需要去保护时加以注意。另外，为了验证CPU与环绕声解码板之间的通讯好坏是否会造成CPU保护关机，特意在拔下通讯排线CB604时进行开机试验，结果是机器没有保护关机。所以本机的保护关机只与PRV、PRI及PRD等信号有关，与通讯连线关系不大，这点和第一例维修有所不同。

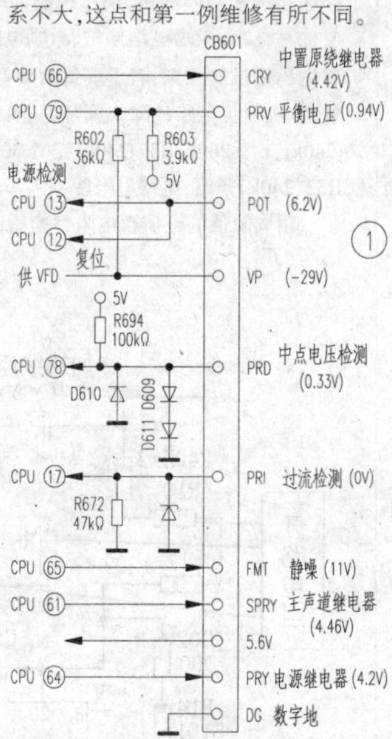

5. 机型：YAMAHA RX-V490

该机开机后，有继电器吸合声，但是过3秒钟后，有继电器跳开的声音，VFD显示屏同时熄灭。从故障现象看，CPU检测到功放电路故障而启动保护自动关机。自动关机前可供检测的时间太短，为了判断故障来自哪部分电路，故决定给机器短时间强制加电，以供检测各电路电压。于是用一根导线一端接机壳（地），另一端触碰副电源板上电源继电器RY102非供电端，使该继电器加上12 V电压。机器开机后，3秒钟后自动关机，但是由于电源继电器RY102带电，虽然CPU处于待机状态，但是功放电路都被供电处在工作状态。测量保护检测输入端电压正常为0V，说明5声道功放均在正常，没有中点电压漂移和过电流现象。测量保护电路给CPU的保护信号端PRT电压为1.1V，似乎偏低，正常应为5V左右。由于保护检测端电压正常为0V，而保护电路给CPU的PRT电压偏低，应该是保护电路的问题。将易老化的电解电容C133换新，故障未排除。将三极管Q118和Q119都换新，故障仍未排除，PRT电压仍为1.1V。观察保护电路输出端到至CPU显示控制板的排线座要经过一个跨线，而这个跨线被白色固定胶水覆盖（原胶水用于主滤波电容的固定），而胶水又覆盖了相邻数根跨线。胶水老化漏电是常见现象，估计PRT电压偏低是其漏电所致。于是，将此跨线拆除，另外用一根绝缘导线将保护电路输出端到至CPU显示控制板的排线座连接好。再试机，故障排除，机器没有3秒自动关机。测量保护电路在开机3秒内的正常电压变化：输入端由0.65V变为—0.7V再变为0.04V，输出端由0V变为—0.7V再变为4.8V。将临时给电源继电器加的导线拆除后，给机器接上音箱，机器5声道声音完全正常(该部分电路如图2所示)

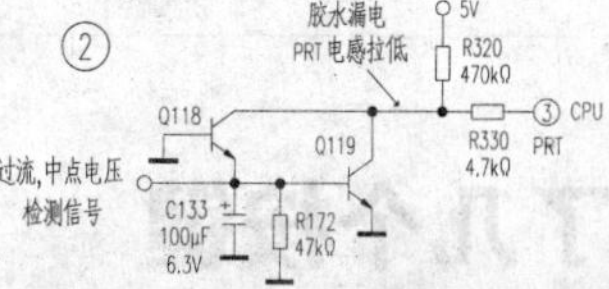

小结：本例的3秒自动关机，是给CPU的保护信号电压被老化漏电的胶水拉低造成的，与功放电路和保护电路及CPU都无关。胶水老化漏电在维修中常碰到，若已对电路有关元件进行代换但仍无法修复，不妨把元件边的胶水去除试一下，或另外接线避开胶水的影响。

6. 机型：YAMAHA R-V503

该机开机后，有继电器吸合声，但是过3秒钟后，有继电器跳开的声音，VFD显示屏同时熄灭。从故障现象看，CPU检测到功放电路故障而启动保护自动关机。观察环绕及中置声道功放板，可以看到环绕左声道的功放管已经拆下，但是机器仍旧保护并自动关机，说明故障还存在。用前面的方法使电源继电器RY102临时加上12 V电压。机器开机后，3秒钟后自动关机，但是由于电源继电器带电，功放电路都被供电处在工作状态。测量环绕左声道输出端（R387）中点电压为−17.8V。板子上各个三极管电压都和电路图标示不同。电路中Q313、Q306发热严重，测量Q307的BC极击穿。而运放M5220L各个脚的电压也不正常（①脚至⑧脚为：9.8V、−6.8V、−0.3V、−24V、0V、0V、3V、15.3V）。环绕右声道的各个三极管电压也不正常，但是管子没有击穿。由于环绕左声道、环绕右声道共用双运放芯片M5220L（每声道用一个运放），运放芯片损坏会同时影响两个声道的电路工作状态。于是把运放换新，环绕右声道输出中点电压变为正常的0V，而环绕左声道输出中点电压依旧不正常，看来原维修者光拆除功放管并不能使得中点电压正常。于是将环绕左声道损坏的Q307、功放管Q312、Q314换新，再测环绕左声道输出中点电压也变为正常的0V，说明中点电压正常与否不光只受功放管影响。恢复电源继电器为正常供电状态，再开机，机器显示屏显示正常，3秒自动关机没有出现，5秒后喇叭保护继电器吸合，5声道输出声音正常(部分如图3所示)

小结：本例的3秒自动关机，是环绕左声道多个三极管损坏使得输出中点电压不正常造成。我们维修时要养成好习惯：对故障的元器件不能头痛医头脚痛医脚做简单替换，还要对电路中相关元件做彻底检查，以免替换的元器件再次损坏，而本例中功放管的损坏很可能是运放M5220L损坏引起的。

（全文完）

◇浙江　方位

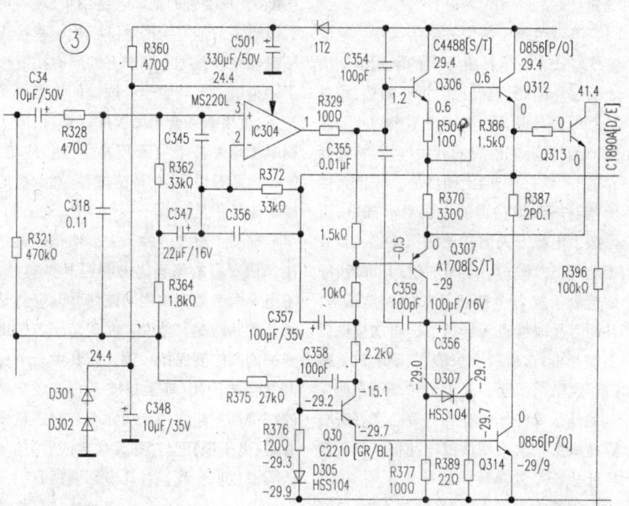

微波炉磁控管的检修方法与技巧

磁控管是微波炉内的核心部件，使用日久的微波炉在选择微波加热后，容易出现转盘电机、照明灯亮、排风扇转动正常，机内的嗡嗡声变大，不能加热的故障。实践证明，故障多为磁控管工作异常所致。维修时，在断电的情况下给高压电容放电后，再拔下F(灯丝)脚和FA(灯丝+直流高压)复合脚的两个插头，字母在磁控管管座的两侧，LG2M214、GAL01、2M226等品牌磁控管的复合脚FA都在管脚的右侧，但松下2M211磁控管的FA脚在管脚左侧，所以代换时要注意。

当测量灯丝引脚与外壳(阴极与外壳或阳极冒)的阻值仅为几十欧左右(正常时为无穷大)，则说明磁控管局部已击穿短路。此时，高压变压器输出的1850V左右交流电压经电容和二极管倍压整流后，通过灯丝短路到地(因变压器高压绕组有一端是接铁芯的，见图1，此时二极管两端的电压仅为13V左右)，使磁控管无法振荡输出微波，并且因电流增大到1.67A(正常工作电流为0.3A左右)左右，所以短时间内在高压保险管熔断(正常情况下，保险管的熔断电流是额定电流的3倍以上)前，造成变压器的嗡嗡声变大。同时，变压器的初级电流下降到3.8A左右(正常时为6.5A)，使得微波炉电源输入回路的8A/250V延时保险管安然无恙。以上数据是在格兰仕WD750B型微波炉上实测获得。

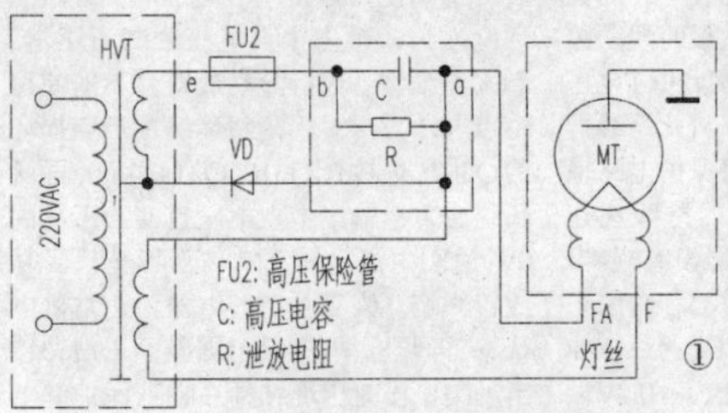

维修时，先用小改锥将磁控管电磁屏蔽盒的后盖撬开，再用斜口钳将两个磁芯电感线圈上端齐根剪断，使2个电感线圈与灯丝引脚完全脱离，测量灯丝与外壳的短路现象消失，再测管脚FA端与外壳竟然有52Ω的漏电阻值，当用兆欧表或数字表200MΩ挡检测管脚F端时发现也存在约23MΩ的阻值，说明这一侧也快击穿了。找到击穿点后，先用半圆锉刀将管脚根部锉开(见图2)，发现内部绝缘体填充物有碳化现象，用刀将碳化的部位刮除干净，再用环氧树脂或704硅胶填平即可，待胶固化后再将剪断的电感线圈上端拉长一些，刮净漆包线表面的绝缘漆，再用压线卡子将其与相对应的灯芯引脚压紧即可。

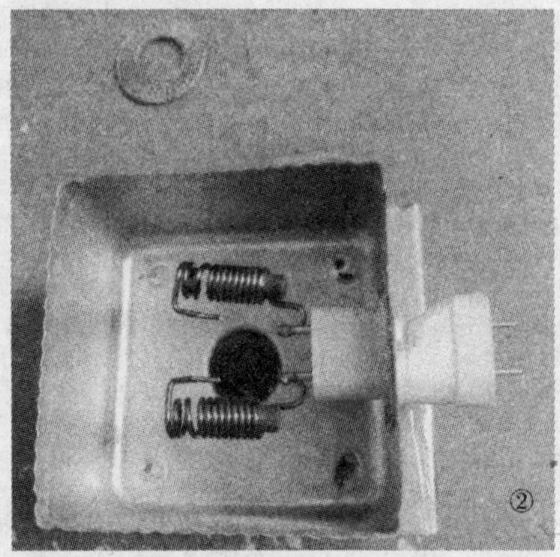

如果磁控管2个管脚都处于击穿漏电状态，觉得清理管座费事麻烦，并且在买不到新管脚时也可以采用应急的方法维修。方法是：用手电钻的3.5mm钻头将4个固定管脚的孔钻通，再用小一字口改锥将管脚撬起，用斜口钳把两个漆包线电感的下端剪断，把管座拆出后用什锦锉把4个固定孔处修理平整，以备安装新管座时使用，在取两段长6cm直径2.5mm左右的国标单股铜芯导线，因磁控管的冷态瞬间启动电流为19A左右，正常工作电流为13.2A左右，所以导线的横截面积要选大一些，用压线卡子将两根导线与电感分别压紧后，也可以把2个电感线圈下端都拆开一圈，刮除绝缘漆后在导线的上端分别缠绕两圈在将其焊牢即可，把2根导线并列排好后，用电工塑料胶带在导线中部缠绕4层后，使导线处于电磁屏蔽盒空洞居中位置，用热熔胶把引线并齐后固定即可。该处理方法的不足之处：掉管座后，等于减少了2个最小为500pF的穿芯电容，会对4000V左右的直流高压稳定以及电磁辐射的减小稍有影响，不同品牌的磁控管管脚穿芯电容大小也不同，如LG牌2M214型、松下2M211型等型号的磁控管管脚穿芯电容的容量为6000pF左右，变频微波炉的磁控管除外。因为电感和电容组成的是低通滤波器，其主要作用是通低频阻高频，而且频率越高感抗越大，在将其封闭在金属盒内部对电磁辐射进行屏蔽，好在微波是直线传播的，撞到金属物品就会产生折射，只要微波炉外壳安装的到位，基本上微波就不会泄漏，最好是在购到正品有穿芯电容的管座后换上为妥。

另外，还有一种故障就是炉腔内有放电弧的响声并伴有不规律的打火现象，这是油垢太多造成的云母片变色发黑，遮挡了磁控管阳极头发射出来的大部分微波，使微波在磁控管阳极帽内反复折射，造成磁控管的阳极帽局部烧蚀变形发黑。对于这种情况，只能更换阳极帽(网上有售)了。更换时，先用平板锉将烧蚀的阳极帽前端面锉掉(操作时要轻一些，以免损坏里面的波导管)后，再将其从波导管上拔下来即可。因波导管与阳极帽是过盈配合，所以拆卸困难时，可用斜口钳先剪开1厘米左右的开口，再用尖嘴钳夹住铁皮逆时针旋转，就可以将铁皮从波导管上拆下来，把配套的阳极帽压装上去，最后把云母片换新安装即可。

当加热食品时炉腔内有打火现象时，这主要是炉腔内残留物质油污过多引起的，要清除炉腔内残留的油垢后，再把云母片清洗干净就OK了。

◇北京　于鹏飞　王楠　曹立锟

给电磁炉换了几个按键开关后不能开机故障检修1例

逢年过节本来就忙得不亦乐乎，可是年前偏偏家里的电磁炉出现了几个按键失灵的故障。因老公开"家电维修店"时，笔者也跟着帮忙并学了一些小家电的维修技术，像按键不灵的问题以往也处理过。因此，自己抽空拆开面板，用数字万用表二极管挡把感觉不爽的几个开关一测，发现的确有的开关异常。将怀疑异常的卡钩一一换上新件后，先合上盖子(未拧螺丝钉)再放上锅具后插电，可是按下电源开关后却无任何反应，变成不能开机故障了。于是，又打开面板，仔细检查所换各个按钮开关的焊点正常，并用万用表检查无异常后，再次插电仍不能开机，这就令我呆傻了，明明只是按键不灵敏的故障，又没动过其他东西究竟是什么鬼在作怪呢？自尊心和好奇心驱使我又一次察看按键电路板，但未发现什么妖魔鬼怪啊！

眼看就到了煮饭时间，怎么办？笔者只得堆起笑脸走到老公面前向他求助。他从电脑前站立起来，边走边说"你不是很能吗？我说过的话你老是不听，现在怎么没辙了？"他并未插电试机也没有检查按键电路板，把电磁炉上的所有按键按了一遍后，把其中一个按键的焊点焊了一下，就果断地合上面板拧好螺钉，放上锅具加电并按下电源开关后，随着"嘀"的一声清脆悦耳声，再试按各功能键，电磁炉恢复正常。

前后不过几分钟工夫，但是一直站在旁边观看的笔者仍未明白其中奥妙。不得不面带微笑柔声问道"师傅，究竟是哪儿的问题呢？"他说："你疏忽了各按键开关的高度要保持一致，若其中一个过高就会被顶死(等于被按下)，变成其他的按键都不起作用，劝你有空时还是多看看《电子报》吧！""细节决定成败"这句话听说过吗？我们对凡事都要认真啊！

◇福建　周瑞卿

美的C19-SH1982电磁炉故障检修1例

故障现象：通电后指示灯能正常点亮，按键操作也常，但不加热，不报警也不显示故障代码。

分析与检修：根据故障现象说明辅助电源电路工作正常，不加热现象原因通常有：主电源回路、同步电路、谐振电路、市电检测电路、激励电路异常、激励电路、异常或传感器变质。本着先易后难的原则，着手测量故障易发的同步电路。经仔细测量，本机同步电路故障实属罕见，多个电阻变质和开路，其中R4(240k)变为269k、R37(240k)变为302k，R19(240k)、R5(240k)、R32(240k)开路，电路见附图。

用同阻值的金属膜电阻替换后试机，加热正常，故障排除。

◇福建　谢振翼

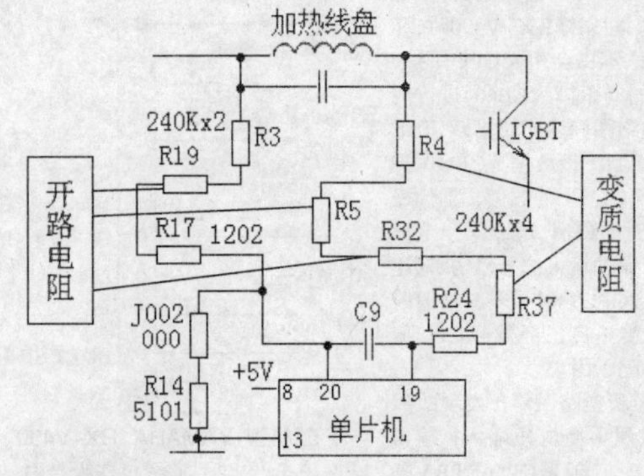

无线定位技术种种

早浩瀚的历史长河中，古人不停地追寻北斗的方向，寻觅茫茫大海的归途。在有限的近代史中，呈现出无线的乐趣，无线技术风起云涌，争奇斗艳。你方唱罢，我登场，各领风骚数十年，其中佼佼者分别为WIFI/BLUE/ZIGBEE/UWB。

一、WIFI：美女影星的钢琴

WiFi不得不提起一个女人海蒂拉玛，她真是个奇女子。年少的她迷上了表演，不辞万里到柏林学习表演，样貌标志的她，很快就在好莱坞立足，但成也美貌，败也美貌。她始终活在赫本的阴影下。有人可能会问这跟WiFi有什么关系？其实在海蒂拉玛没有学习表演前，她是学习通信专业的。她的第一任丈夫是个军火商，在那时汲取很多关于通信的知识，她在二战期间通过钢琴的启发，提出了一个概念：通过让无线电信号跳频让无线电制导的鱼雷不受干扰，并取得专利。1940年，海蒂·拉玛与他人一同发明了能够抵挡电波干扰的军事通信系统，它就是"扩频通信技术"，也就是CDMA的前身，成了世上首个获"发明界奥斯卡"奖的女科学家。被广泛用于今天的手机、卫星通信和无线互联网，她因而被后世尊为"CDMA之母"和"WiFi之母"！后来人们通过这个发明手机，WiFi等技术，电信巨头高通也因为这个概念发家。而然她和数学家图灵一样，他们的思想都太多超越，并不当时人们所理解，郁郁而终。

把WiFi变为现实的是沙利文，在1990年，澳大利亚科学与工业研究所的射电天文学家沙利文和他的同伴在研究一个课题，如何在一个密闭的空间里，让无线网络的信号传输，和有线网络的信号传输一样快捷稳定。WiFi就这样诞生，由于这是澳大利亚政府出资，所以政府拥有专利权，我们日常生活只要用得上WiFi的产品都得交专利费。作为21世纪最伟大的发明之一，WiFi也让澳大利亚政府挣盆满钵满。沙利文也被澳大利亚人称为WiFi之父。

WiFi（Wireless Fidelity），是一种可以将个人电脑、手持设备（如PDA、手机）等终端以无线方式互相连接的技术。WiFi是一个无线网络通信技术的品牌，由Wi-Fi联盟（Wi-Fi Alliance）所持有，目的是改善基于IEEE 802.11标准的无线网络产品之间的互通性。WiFi信号最初并不是为定位而设计的，通常是单天线、带宽小，室内复杂的信号传播环境使得传统的基于到达时间/到达时间差（TOA/TDOA）的测距方法难以实现，基于到达信号角度的方法也同样难以实现，如果在WiFi网络中安装能定向的天线又需要额外的花费。

定位方式一种是通过移动设备和三个无线网络接入点的无线信号强度，通过差分算法，来比较精准地对人和车辆的进行三角定位。另一种是事先记录巨量的确定位置点的信号强度，通过用新加入的设备的信号强度对比拥有巨量数据的数据库，来确定位置（"指纹"定位），指纹算法相比较三角定位算法精度更高。WiFi定位可以实现复杂的大范围定位，但精度只能达到2米左右，无法做到精准定位。因此适用于对人或者车的定位导航，可以于医疗机构、主题公园、工厂、商场等各种需要室内定位导航的场合。

小米以及把WiFi模组价格做到十元的价格，进一步推动普及应用。

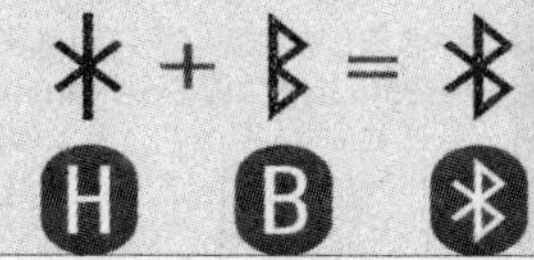

二、BLUETOOTH：国王的蓝色牙齿

蓝牙的名字来源于10世纪丹麦国王Harald Blatand，因为这个国王非常喜爱吃蓝莓，牙齿总是被染成蓝色，所以得到了Bluetooth这个绰号。当时蓝莓因为颜色怪异的缘故被认为是不适合食用的东西，因此这位爱尝新的国王也成为创新与勇于尝试的象征。

蓝牙的创始人是瑞典爱立信公司，爱立信早在1994年就已进行研发。1997年，爱立信与其他设备生产商联系，并激发了他们对该项技术的浓厚兴趣。1998年2月，5个跨国大公司，包括爱立信、诺基亚、IBM、东芝及Intel组成了一个特殊兴趣小组（SIG），他们共同的目标是建立一个全球性的小范围无线通信技术，即现在的蓝牙。

蓝牙4.0实际是个三位一体的蓝牙技术，它将三种规格合而为一，分别是传统蓝牙、低功耗蓝牙和高速蓝牙技术，这三个规格可以组合或者单独使用。蓝牙信标技术目前部署的也比较多，也是相对比较成熟的技术。蓝牙跟WiFi的区别不是太大，精度会比WiFi稍微高一点。蓝牙室内定位技术的代表是Nokia，推出了HAIP的室内精确定位解决方案，采用基于蓝牙的三角定位技术，除了使用手机的蓝牙模块外，还需部署蓝牙基站，最高可以达到亚米级定位精度。

蓝牙室内定位技术最大的优点是设备体积小、短距离、低功耗，容易集成在手机等移动设备中。只要设备的蓝牙功能开启，就能够对其进行定位。蓝牙传输不受视距的影响，但对于复杂的空间环境，蓝牙系统的稳定性稍差，受噪声信号干扰大且在于蓝牙器件和设备的价格比较昂贵。

三、ZIGBEE：飞舞的紫峰

根据国际标准规定，ZigBee技术是一种新兴的短距离、低功耗的无线通信技术，用于传感控制应用(Sensor and Control)。由IEEE 802.15工作组中提出，并由其TG4工作组制定规范。。这一名称（又称紫蜂协议）来源于蜜蜂的八字舞，由于蜜蜂(bee)是靠飞翔和"嗡嗡"(zig)地抖动翅膀的"舞蹈"来与同伴传递花粉所在方位信息，也就是说蜜蜂依靠这样的方式构成了群体中的通信网络。其特点是近距离、低复杂度、自组织、低功耗、低数据速率。主要适合用于自动控制和远程控制领域，可以嵌入各种设备。简而言之，ZigBee就是一种便宜的，低功耗的近距离无线组网通信技术。2001年8月，ZigBee Alliance成立。相近的技术是Z-WAVE。

·ZigBee与其他技术的比较

	IrDA	蓝牙	Wi-Fi	ZigBee
工作频率	红外线	2.4G	2.4G	2.4G，868/915MHz
有效物理范围	20cm—1.2m	10m左右	25—100m	10m—100m
最大传输速率	16Mbps	1Mbps	11Mbps	250kbps，20/40kbps
网络节点	2	7	32	65000
最大功耗	数mw	100mw	100mw	30mw
语音/数据支持	数据	语音、数据	语音、数据	数据

四、UWB：八戒的钉耙

超宽带(UWB)定位技术原为军用雷达技术用在对地探测测距、定位、定向，后发现在精准定位方面有很好的应用，目前UWB技术成为民用室内精准定位的带头大哥。犹如掉入凡间的天蓬元帅，降维用钉耙去耕地了，UWB形状类似钉耙的耙钉。

UWB技术最早出现在20世纪60年代，主要用于军事雷达。由于它具有隐蔽性好、传输速率高、系统容量大、功耗低、抗干扰能力强等诸多优势，逐渐应用于通信和定位领域。2002年2月，美国联邦通信委员会(FCC)公布了超宽带无线通信的初步规范，正式解除了超宽带在民用领域的限制。这在UWB的发展史上是划时代的事件，它极大地促进了相关的学术研究，也成为超宽带技术正式走向商业化的一个里程碑。超宽带技术是一种脉冲无线电技术，它与传统的通信技术有很大差异，它不是利用载波信号来传输数据，而是通过收发信机之间的纳秒级极短脉冲来完成数据的传输。FCC将超宽带信号定义为任何相对带宽不小于20%或者绝对带宽不小于500MHz并满足功率谱限制的信号。其中和分别表示功率相对于峰值功率下降10dBm的高端和低端频率。同时FCC为UWB分配了3.1 GHz ~10.6GHz共7.5GHz的频带，还对其辐射功率做出了比FCC Part15.209更为严格的限制，将其限定在-41.3dBm频带内。

超宽带通信不需要使用传统通信体制中的载波，而是通过发送和接收具有纳秒或纳秒级以下的极窄脉冲来传输数据，因此具有GHz量级的带宽。由于超宽带定位技术具有穿透力强、抗多径效果好、安全性高、系统复杂度低、能提供精确定位精度等优点，前景相当广阔。

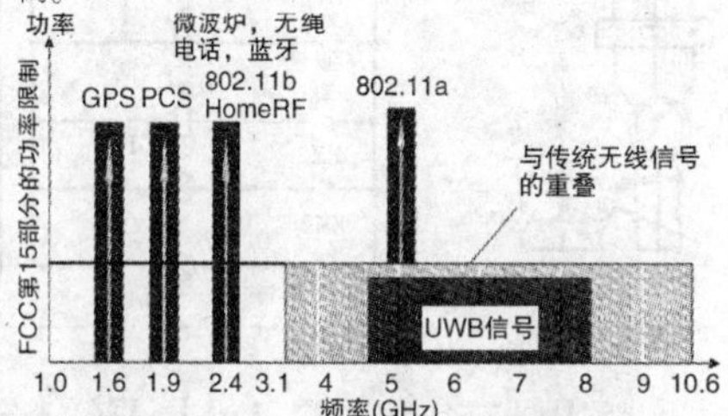

UWB频谱与其他无线信号频谱的关系

超宽带的主要优势有，低功耗、对信道衰落（如多径、非视距等信道）不敏感、抗干扰能力强、不会对同一环境下的其他设备产生干扰、穿透性较强（能在穿透一堵砖墙的环境进行定位），在室内或者建筑物比较密集的场合可以获得良好的定位效果，同时在进行测距、定位、跟踪时也能达到更高的精度，应用于静止或者移动物体以及人的定位跟踪，能提供很高的定位准确度和定位精度。从技术上看，无论是从定位精度、安全性、抗干扰、功耗等角度来分析，UWB无疑是最理想的工业室内定位技术之一。目前主要应用领域为：监狱犯人定位、工厂工人设备定位、养老院老人定位、隧道人员定位、工地施工人员定位等等。

UWB在中国有一种技术叫DACAWAVE，还有一种叫精位科技JINGWEI

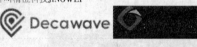

◇四川 陆祥福 编译

电容器自诊断

电解电容器远离最可靠的电子元件。它的故障方式之一（容量的逐渐损失）很难注意到，直到电源故障发生为止。因此，监视一个电子设备现场的滤波电容情况的任何机会将是一件很有用的事情。

本简单设计实例监视掉电期间的电容器电压，并且记录规格外情况到可用的NVRAM/EEPROM。所需的仅有资源是一个微控器、ADC和一位非易失性的储存器空间，对于大多数系统均有意义，基本上没有额外成本或所需的元件部分。图1示出了只有一个监视信道，当然多个电压能够被检测（例如，VIN和稳压器的多个VOUT电压）。当关机(P-OFF)给该系统加信号时，微控器禁止中断和电路中的所有重要的（和不可预测的）电源消耗。然后，该微控器通过定时该电压降到一定量要花费多长时间来估算滤波电容。或者，该例行程序能在一个固定时间之前和之后测量该电压差。在两种情况下，所有电源的最小VOUT之间必须有足够的电压差和由微控器允许足够的测量时间所需的最小工作电压。如果任何被测值不在极限内，微控器向NVRAM写入诊断数据，这些数据能在下一次开机起作用。

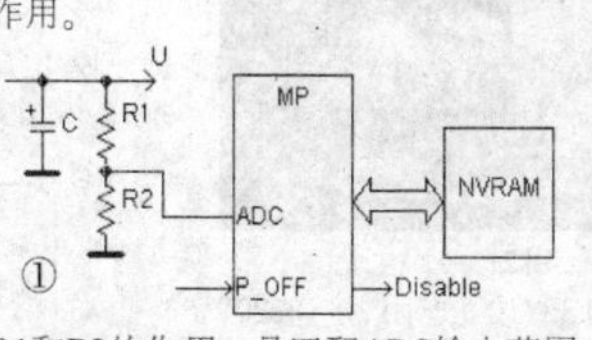

R1和R2的作用一是匹配ADC输入范围，二是作为电容器放电的主要"测试负载"。有源电路的电源电流消耗可能变化太大难以依靠，假如需要的话，电源电流仅仅在掉电期间在电阻中通过开关能最小化，如图2所示。当计算门限时，别忘记电容将是温度，或许是压敏电阻，和起初将具有一个适当的宽范围容忍度。

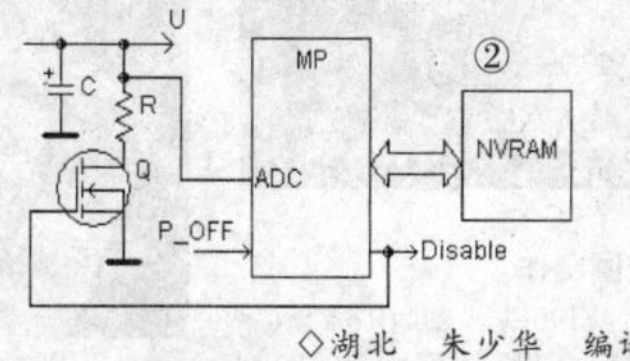

◇湖北 朱少华 编译

绕线式电动机启动电路的改进

某发电厂起重行车电动机用的频敏变阻器发生烧毁事故，经查为控制电路中一只中间继电器故障所引起的。频敏变阻器顾名思义，它是一个对电流频率敏感的可变的电抗器。它是一个特殊的三相铁芯电抗器，在其三柱铁芯上，每柱有一个绕组，三个绕组接成星形。该频敏变阻器的阻抗随着电流频率的变化会有显著的变化。电流频率高，阻抗值高，电流频率低，阻抗值低。因此，频敏变阻器的这一对频率的敏感特性，非常适合于控制异步电动机的启动过程。启动时，转子电流频率fz 最大。Rf 与Xd 最大，电动机可以获得较大起动转矩。启动后，随着转速的提高转子电流频率逐渐降低，Rf和Xf 都自动减小，所以电动机可以近似地得到恒转矩特性，实现了电动机的无级启动。启动完毕后，频敏变阻器短接被切除。如果电动机启动完成后它未被切除，时间一长，频敏变阻器有可能被烧毁。

该电动机的控制回路接线图图1。

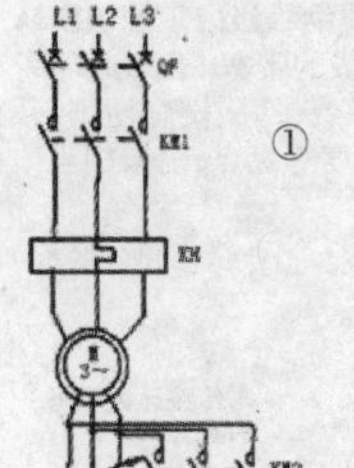

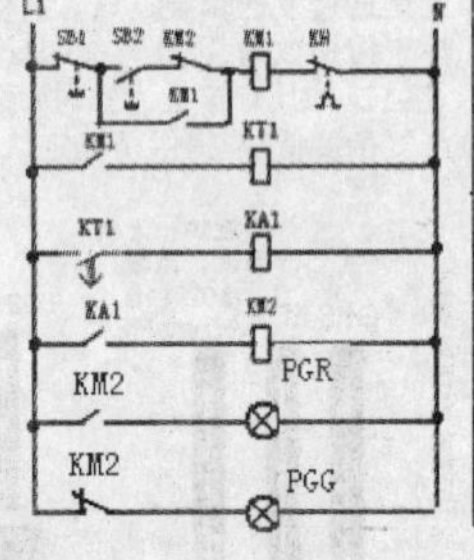

①

动作原理：按动SB2，接触器KM1吸合，并通过其常开触点自保持。KM1吸合后，电动机接入频敏变阻器开始启动。同时，KM1接通时间继电器KT1。待KT1的整定时间到后，接通中间继电器KA1，KA1又接通接触器KM2，短接电动机的转子绕组，切除了频敏变阻器，KM2且自保持，电动机进入运行状态。

如果运行中，KM2或KA1发生故障，都将使KM2断开，使频敏变阻器又接入到电动机的转子回路中，电动机的转速将下降。由于此时电动机定子电流尚未达到热继电器KH的动作值，热继电器不会动作，使得频敏变阻器长期通电而烧毁。而该厂电动机控制回路中的中间继电器KA1故障，就是该频敏变阻器烧毁的主要原因。

为防止上述频敏变阻器的烧毁事故，特对原控制回路进行了改进。改进后的接线图见图2。该接线图中增加了时间继电器KT2、中间继电器KA2。

电路动作原理为：

按SB2，KM1吸合后电动机接入频敏变阻器开始启动。KM1同时接通时间继电器KT1、KT2(KT1的整定时间小于KT2)。KT1的延时常开触点接通后，KA1吸合，KM2吸合，切除频敏变阻器，电动机进入运行状态。KM2吸合后，断开KT1、KT2，KA1也随之断开。如果运行中，KM2故障，则KT1、KT2又重新接通。当KM2为瞬时故障，尚未达到KT1的整定时间时，它会又接通，则电动机继续运行。如果KM2为永久性故障，KT1、KT2的延时闭合触点会分别接通。KT2吸合后，其延时常开触点接通中间继电器KA2，KA2吸合后将断开KM1，使电动机断电，保护了频敏变阻器不被烧毁。该电路虽然增加了两只继电器KT2、KA2，但它们在电动机正常运行中，都是在断电状态，包括原有的中间继电器KA1。这样，运行中带电的只有KM1、KM2，即节电，并使可靠性大大增加。这是本电路特有的优点。

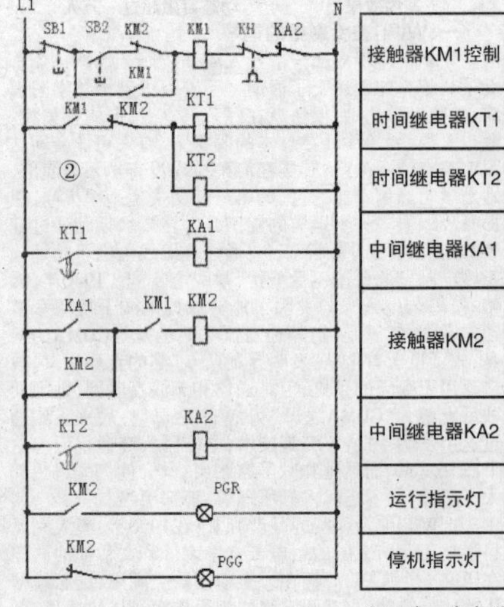

②

◇江苏　宋成徽

电子管5.1功放专用300瓦独立电源制作简介(下)

（紧接上期本版）

为了测试电源的状况，图21、图22是检测情况。

通电检查，各级电压符合设计，空载基本上无哼声、无振动，用改锥木柄顶住耳朵，改锥金属头压紧变压器铁芯，有微弱哼声；测试结果：高压变压器初级串联0.3欧10瓦电阻，接通220V市电，测得电阻两端压降3.5毫伏，经计算，变压器空载电流 12毫安，空载功耗大约2.6瓦，为总功率的2.2%；灯丝变压器与高压变压器测量结果基本相同。总体还比较满意。

图21

初级串联0.3欧10瓦电阻，接通220V市电，毫伏表10毫伏挡检测电阻两端电压。

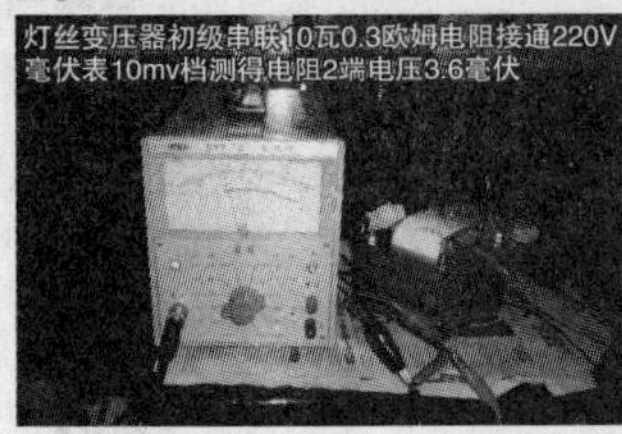

图22

滤波扼流圈制作

图1中的L：EI96铁芯，面积3.2*5(平方厘米)，0.35片，设计用线直径 0.41*2000T，气隙 0.5毫米，直流电阻70欧，电感量9H，设计电流350毫安。因为使用了部分0.51线替代，总匝数减到1800匝，否则窗口不能容纳。绕制方式，分层平绕。完成后，实测直流电阻60欧姆，电感量大约8H。

由于手头无电感量测试仪器，按照资料介绍的办法，使用MF47指针万用表，可以间接测量电感量。步骤如下：找了一个现有的已知的电感1.8H，与这个大电感串联，加上220V交流电压，用万用表交流档测出电感上各自的端电压，根据电感的比值等于电压的比值就可以大致计算出这个电感的值。提醒：直接使用市电，注意安全！建议使用交流36V 以下低电压，以保证安全。

已知小电感L的电感量=1.8H

求：大电感L的电感量

操作，将2个电感串联，接通220交流市电，万用表交流250V档

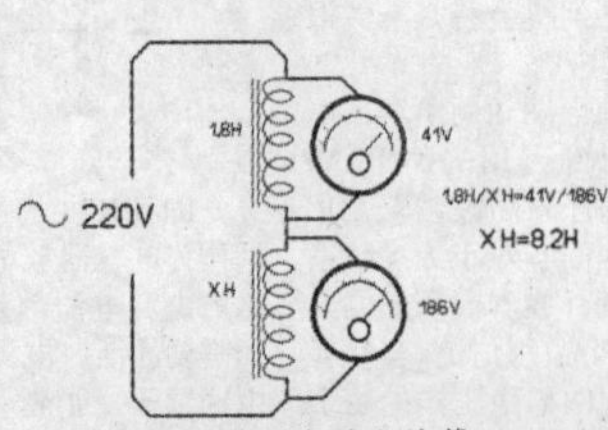

图23 检测电路和计算

图24

测得：小电感 两端电压 41V

大电感两端电压 186V

计算：1.8/XH=41V/186V

则：XH =8H

结论：大电感的电感量大约为 8H，详见图示：

图25

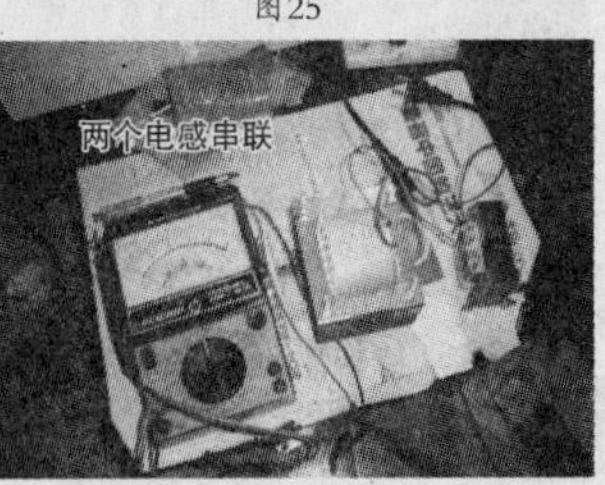

图26

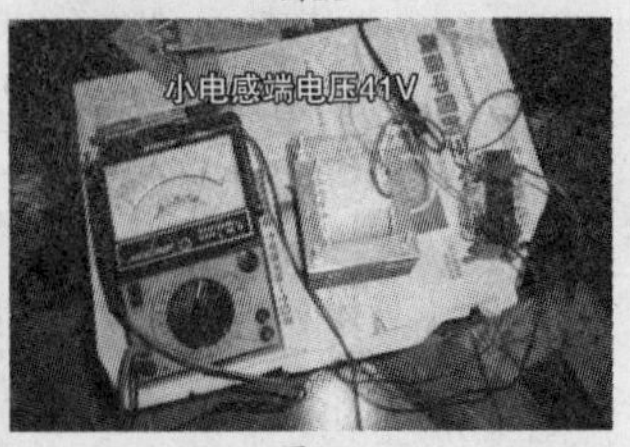

图27

以下是绕制中的一点体会，供大家参考：

因为是将就身边现有的线。缺高压用的0.41线；身边剩余的有ϕ0.19、ϕ0.35线，拟采取并线绕制。查国产漆包线载流量表，ϕ0.41线截面积每平方毫米的载流量为0.33A，ϕ0.35线的载流量为0.24A，ϕ0.19线载流量为0.071A，并联后载流量0.31A，非常接近ϕ0.41线的载流量了。这里，要提醒初学的朋友，千万不能用线径直接相加去替代(并联)，这样会出现一个天、一个地，极端现象，比如：φ0.41线=φ0.35+φ0.06(ϕ0.41−ϕ0.35)，因为ϕ0.06线的载流量很小，仅有7毫安左右，与ϕ0.35线并联的载流量只有0.247A，比你设计的0.33A小得多，根本不能满足设计！也许你也可能会用ϕ0.19毫米的线三股线并联，因为并联后的直径是ϕ0.57，远比ϕ0.41要大呀！我们暂不说三线并绕上的困难，先来查表，ϕ0.19线的载流量为0.071A，三线并联载流量为0.213A，呵呵！更是天差地别了！也许你会说，那我用0.35线双线并绕不就可以吗？当然可以！问题是，你的铁芯窗口能否容纳呢？所以，这里还需要提醒的是：按照载流量并联后线径会比原来的设计线径大许多，加上绕制中出现的交合现象，往往要增加漆包线的占空比，要考虑铁芯窗口的容积是否许可，因此，需要反复的计算。当然，用线最好是依照设计，一线到底，少许多麻烦！

图28

◇路　神

初学入门

单片机系列6：步进电机控制设计

一、步进电机基础知识

步进电机作为执行元件，是机电一体化的重要产品之一，广泛应用于自动化控制系统中。随着微电子和计算机技术的发展，步进电机的需求量与日俱增，在国民经济各个领域都有应用。步进控制系统的组成由控制器、步进驱动器、步进电机组成。步进电机是一种感应电机，它利用电子电路将直流电变成分时供电的多相时序控制电流，用这种电流为步进电机供电，驱动器就是为步进电机分时供电的多相时序控制器。步进电机的控制器可以用PLC、电子电路和单片机控制，本设计以单片机89C52控制步进电机为例。

1.步进电机分类

步进电机在构造上有三种主要类型：反应式、永磁式、混合式。

反应式：定子上有绕组，转子由软磁材料组成。结构简单、成本低、步距角小，可达1.2°，但动态性能差、效率低、发热大，可靠性难保证。

永磁式：转子用永磁材料制成，转子的极数与定子的极数相同。其特点是动态性能好，输出力矩大，但精度差，步矩角大（一般为7.5°或15°）。

混合式：综合了反应式和永磁式的优点，定子上有多相绕组，转子采用永磁材料，转子和定子上均有多个小齿以提高步矩精度。其特点是输出力矩大，动态性能好，步距角小，但结构复杂，成本相对较高。

按定子上绕组来分，有二相、三相、四相、五相等系列。

2.步进电机工作原理

步进电机是将电脉冲信号转变为角位移或线位移的开环控制电机，是现代数字程序控制系统中的主要执行元件。步进电机的运行是在专用的脉冲电源供电下进行的，其转子走过的步数，或者说转子的角位移量，与输入脉冲数严格成正比。另外，步进电机动态响应快，控制性能好，只要改变输入脉冲的顺序，就能方便地改变其旋转方向。在非超载的情况下，电机的转速、停止的位置只取决于脉冲信号的频率和脉冲数，而不受负载变化的影响。当步进驱动器接收到一个脉冲信号，它就驱动步进电机按设定的方向转动一个固定的角度，称为“步距角”，它的旋转是按“步距角”一步一步运行的。可以通过控制脉冲个数来控制角位移量，从而达到准确定位的目的；同时，可以通过控制脉冲频率来控制电机转动的速度和加速度，从而达到调速的目的。

3.步进电机结构

步进电机主要由定子和转子两部分组成，定子有定子铁芯和定子绕组，转子主要有转子铁芯和永磁体。本文以三相反应式电机为例分析其结构。

三相反应式步进电机的结构如图1所示。定子、转子是用硅钢片或其他软磁材料制成的。定子的每对极上都绕有一对绕组，构成一相绕组，共三相，分别称为A、B、C相。

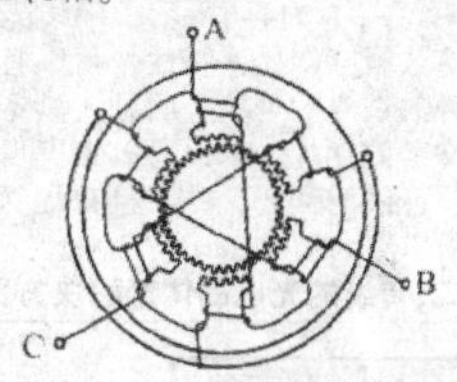

图1 三相反应式步进电机结构图

在定子磁极和转子上都开有齿分度相同的小齿，采用适当的齿数配合，当A相磁极的小齿与转子小齿一一对应时，B相磁极的小齿与转子小齿相互错开1/3齿距，C相则错开2/3齿距。

4.步进电机驱动器

步进电机不能直接接到直流或交流电源上工作，必须使用专用的驱动器。图2为步进电机的驱动电路（图中仅画出一相，其余两相与之相同）。图中，三极管T1起开关作用，三极管截止时相当于开关断开，三极管饱和相当于开关闭合，该“开关”由基极电流控制。由T2、T3两个三极管组成达林顿式功放电路，驱动步进电机的3个绕组，使电机绕组的静态电流达到近2A。电路中使用光电耦合器将控制和驱动信号隔离。当控制输入信号为低电平时，T1截止，输出高电平，则红外发光二极管截止，光敏三极管不导通，因此绕组中无电流流过；当输入信号为高电平时，T1饱和导通，于是红外发光二极管被点亮，使光敏三极管导通，向功率驱动级晶体管提供基极电流，使其导通，绕组有电流流过。

（未完待续）

◇福建工业学校 黄丽吉
福建中医药大学附属人民医院 黄建辉

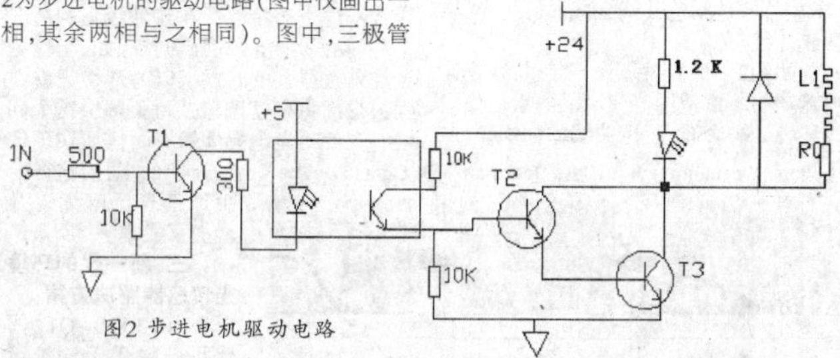

图2 步进电机驱动电路

单片机系列5：直流电动机控制设计（下）

（接上期本版）

2.软件设计

三档调速直流电动机程序设计包括按键处理、指示灯显示、直流电机PWM控制。当按下K1时，D1亮起同时电动机低速运转；当按下K2时，D2亮起同时电动机中速运转；当按下K3时，D3亮起同时电动机全速运转；当按下K4时，D4亮起同时电机停转。具体程序设计思路见图5。

直流电动机调速采用PWM调速，改变其输入脉冲的占空比就可以改变电机的转速。占空比的设计运用定时器会比较精准，如果对精准度要求不高也可以用软件实现。本例采用软件设计占空比。

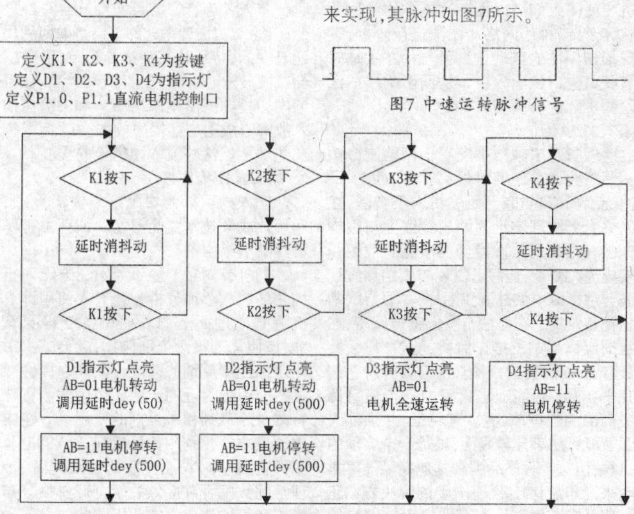

图5 三档调速直流电机软件设计流程

要实现电机低速运转，我们要将AB端输出01电机转动的时间设置较短，而AB输出11电机停转的时间设置较长，这样输入脉冲的占空比就比较小，如图6所示。

图6 低速运转脉冲信号

本例的电机中速运转，我们选取电机全速运转的一半速度，所以可以通过AB输出01和AB输出11的时间设置一样来实现，其脉冲如图7所示。

图7 中速运转脉冲信号

从两个脉冲图可以看出，脉冲的占空比越大，电机转速越快。

例二程序清单：

```
#include "reg52.h"
sbit k1=P3^0;//按键设置
sbit k2=P3^1;
sbit k3=P3^2;
sbit k4=P3^3;
sbit led1=P0^0;//指示灯设置
sbit led2=P0^1;
sbit led3=P0^2;
sbit led4=P0^3;
sbit A=P1^0;//电机输入端
sbit B=P1^1;//电机输入端
unsigned char key;
void dey(int x)//延时
{while (x--);}
void key1()//按键处理
{if (k1==0)//低速按键
{dey(10);//消隐
if(k1==0)
{key=1;}}
if(k2==0)//中速按键
{dey(10);//消隐
if(k2==0)
{key=2;}}
if(k3==0)//高速按键
{dey(10);//消隐
if(k3==0)
{key=3;}}
if(k4==0)//停止按键
{dey(10);//消隐
if(k4==0)
{key=4;}}}
void dianji()//电机调速程序
{switch(key)
{case 1://电机低速运转
led1=0;led2=1;
led3=1;led4=1;//指示灯
A=0;B=1;dey(50);//电机转动约0.5ms
A=1;B=1;dey(500);//电机停止约5ms
break;
case 2://电机中速运转
led1=1;led2=0;
led3=1;led4=1;//指示灯
A=0;B=1;dey(500);//电机转动约5ms
A=1;B=1;dey(500);//电机停止约5ms
break;
case 3://电机高速运转
led1=1;led2=1;
led3=0;led4=1;//指示灯
A=0;B=1;//电机转动
break;
case 4://电机停转
led1=1;led2=1;
led3=1;led4=0;//指示灯
A=1;B=1;//电机停转
break;
default:break;}}
main()
{key=0;
while(1)
{key1();//调用按键处理程序
dianji();//调用电机调速程序
}}
```

◇福建工业学校 黄丽吉
福建中医药大学附属人民医院 黄建辉

汽车环境感光传感器作用及功能

汽车仪表盘上有一双"眼睛"默默地感知周围的光线，从而自动调节背光亮度，以保证用户最佳的驾驶体验且降低功耗。那么，汽车仪表盘那双"眼睛"——环境光传感器，到底有哪些作用及功能？

①

一、环境光传感器的工作

事实上，环境光传感器相当于模仿人眼去感知周围的光线强度，然后将信号告知CPU让其自动调节背光亮度。所以环境光传感器的光谱响应曲线必须与人眼感知光谱响应曲线高度匹配，这样才能准确测量人眼可见光的强度。为了美观，通常会将环境光传感器装在深色玻璃下，但是深色玻璃会减弱可见光，增强红外线。

如图2中的1-3所示，绿色曲线是人眼感知的光谱范围。可以看到，紫色曲线的环境光被衰减，蓝色曲线的白炽光（主要成分是红外线）未衰减，所以没有经过环境光传感器处理，很容易会造成光线过强的误判（因为在人眼感知光谱范围外的红外线没有衰减）。

Input Spectrum X Glass Spectrum → Light to Device

Final Output ← OPT3001 Spectrum X Light to Device

②

如图2中的4-6所示，环境光传感器具有人眼感知光谱特性，可以有效衰减红外线造成的干扰，而且还具备自动调节增益的功能，从而可以正确反映人眼接收光线的强弱，并且具有优秀的线性度。

二、传统的光电晶体管解决方案

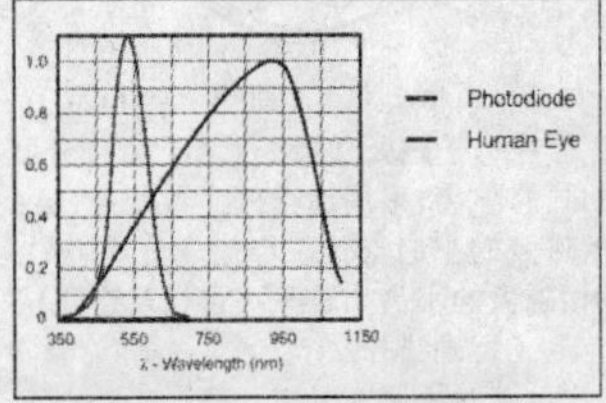

③ Human Eye vs Photodiode

光电晶体管的光谱特性如图3所示，由于光电晶体管的光谱特性并不完全符合人眼的光谱特性，在红外线强的情况下，容易误判光线的强弱。比如，当检测到红外线很强的时候误以为环境光就很强，从而将亮度调暗。为了解决这个问题，在使用光电晶体管有时需要在玻璃上开一个小孔，这样给生产带来了麻烦以及增加了成本。

三、新一代的环境光传感器解决方案

OPT3001-Q1器件是一款用于测量可见光强度的光学传感器。传感器的光谱响应与人眼的明视响应高度匹配，并且具有很高的红外线阻隔率。

OPT3001-Q1器件是一款可测量人眼可见光的强度的单芯片照度计。OPT3001-Q1器件具有精密的光谱响应和较强的红外阻隔功能，因此能够准确测量人眼可见光的强度，且不受光源影响。对于为追求美观效果而需要将传感器安装在深色玻璃下的工业设计而言，较强的红外阻隔功能还有助于保持高精度。OPT3001-Q1器件专为打造基于光线的人眼般体验的系统而设计，是人眼匹配度和红外阻隔率较低的光电二极管、光敏电阻或其他环境光传感器的首选理想替代产品。

数字操作可灵活用于系统集成。测量既可连续进行也可单次触发。控制和中断系统特性自主操作功能，允许处理器在传感器搜索相应唤醒事件并通过中断引脚进行报告时处于休眠状态。数字输出通过兼容I²C和SMBus的双线制串行接口进行报告。

OPT3001-Q1器件具有低功耗和低电源电压性能，可以提高电池供电系统的电池寿命。

凭借内置满量程设置功能，无需手动选择满量程范围即可在0.01 Lux至83,000 Lux范围内进行测量。该功能允许在23位有效动态范围内进行光测量。

1）与传统的光晶体管解决方案相比，TI推出的环境光传感器OPT3001-Q1的优势在于：

·在深色玻璃下性能表现优异

相比光电晶体管，OPT3001-Q1在深色玻璃下的表现性能优异，它是专为打造基于光线的人眼般体验的系统而设计，是人眼匹配度和红外阻隔率较低的光电二极管、光敏电阻或其他环境光传感器的首选理想替代产品。

·集成度相当高

集成光学模数转换，使用简单的I²C输出，极大降低BOM成本。

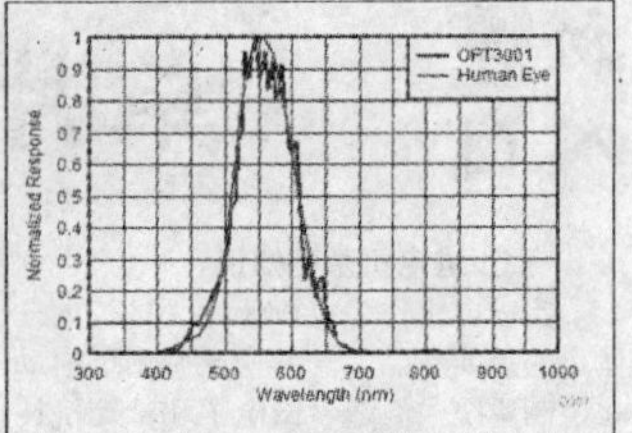

④ Human Eye vs OPT3001

·小巧的封装

封装仅为2mm*2mm，适合空间受限的场合。

·无需校正

传统的离散解决方案需要标定两个不同光线条件下的点，然后采用查表法去调节增益。而OPT3001内置增益自动调节功能，从而保证在整个范围内获得最佳线性度。

2）与友商相比，OPT3001-Q1的优势也相当明显：

·世界上极少数拥有车规级(Grade 2)环境光传感器的公司之一；

·高性能光学滤波，高匹配人眼光谱：超过99%的红外抑制；

·优异的性能指标：0.01-83k Lux宽动态范围，23位有效分辨率；

·自适应增益调节：根据输入光强自动调整内部增益；

·超低功耗：1.6-3.6V供电，2.5uA(max)静态电流，1uA(max)关机电流；

·超小封装：2mm*2mm。

◇四川 李福赞

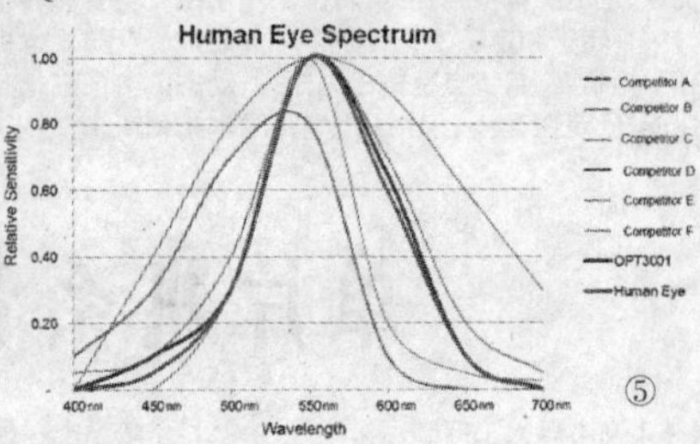

⑤

2019年人工智能行业25大趋势（下）

18.综合训练数据

对于训练人工智能算法来说，访问大型的、标记的数据集是必要的，合成数据集可能会成为解决瓶颈问题的关键，人工智能算法依赖数据，当一些类型的现实世界数据不易被访问时，合成数据集的用武之地就体现出来，一个有趣的新兴趋势是使用AI本身来帮助生成更"逼真"的合成图像来训练AI，例如，英伟达使用生成对抗网络（GAN）来创建具有脑肿瘤的假MRI图像。GAN被用于"增强"现实世界数据，这意味着AI可以通过混合现实世界和模拟数据进行训练，以获得更大更多样化的数据集。此外，机器人技术是另一个可以从高质量合成数据中获益的领域。

19.网络优化

人工智能正在开始改变电信，电信网络优化是一套改进延迟、带宽、设计或架构的技术——能以有利方式增加数据流的技术，对于通信服务提供商来说，优化可以直接转化为更好的客户体验，除了带宽限制之外，电信面临的最大挑战之一是网络延迟，像手机上的AR /?VR等应用，只有极低的延迟时间才能达到最佳的功能。电信运营商也在准备将基于AI的解决方案集成到下一代无线技术中，即5G，三星收购了基于AI的网络和服务分析初创公司Zhilabs，为5G时代做准备，高通认为人工智能边缘计算是其5G计划的重要组成部分（边缘计算可减少带宽限制并与云进行频繁通信，这是5G的主要关注领域）。

20.网络威胁狩猎

对网络攻击做出反应已经不够了，使用机器学习主动"搜寻"威胁正在网络安全中获得动力。顾名思义，威胁搜寻是主动寻找恶意活动的做法，而不仅仅是在发生警报或违规后做出反应，狩猎开始于对网络中潜在弱点的假设，以及手动和自动化工具，以在连续的迭代过程中测试假设，网络安全中庞大的数据量使机器学习成为流程中不可分割的一部分，威胁狩猎很可能会获得更多的动力，然而它也面临着自身的一系列挑战，比如应对不断变化的动态环境和减少误报。

训练算法 指纹追踪 人工智能防范假货

21.电子商务搜索

对搜索词的上下文理解正在走出"实验阶段"，但要广泛采用搜索词还有很长的路要走，当使用电子商务搜索来显示相关结果时，使用适当的元数据来描述产品是一个起点。但是仅仅描述和索引是不够的，许多用户用自然语言搜索产品（比如"没有纽扣的洋红色衬衫"），或者不知道如何描述他们在寻找的商品，这使得电子商务搜索的自然语言成为一个挑战。

22.汽车索赔处理

保险公司和初创公司开始使用人工智能来计算车主的"风险得分"，分析事故现场的图像，并监控驾驶员的行为，Ant Financial在其"事故处理系统"中使用深度学习算法进行图像处理，过去，车主或司机会把他们的车送到"理算师"那里，理算师负责检查车辆的损坏情况，并记录下详细情况，然后将这些信息发送给汽车保险公司。如今，图像处理技术的进步使得人们可以拍下这辆车的照片并将其上传，神经网络对图像进行分析，实现损伤评估的自动化，另一种方法是对驾驶员进行风险分析，从而影响汽车保险的实际定价模型。

23.防伪

假货越来越难被发现，网购使得购买假货比以往任何时候都容易。为了反击，品牌和典当商开始尝试人工智能，在网络世界和现实世界两条战线上与假货作战。不过，网上假冒伪劣产品的范围和规模庞大复杂，造假者使用与原始品牌列表非常相似的关键词和图片，在假冒网站上销售假货，在合法市场上销售假货，在社交媒体网站上推广假货，随着"超级假货"或"aaa假货"的兴起，用肉眼分辨它们几乎变得不可能。现在，建立一个假冒伪劣商品的数据库，提取其特征，并训练人工智能算法来分辨真伪，虽是一个繁琐的过程，但对于奢侈品牌和其他高风险零售商来说非常有必要，下一步的解决方案还可能是在实体商品上识别或添加独特的"指纹"，并通过供应链对其进行跟踪。

24.零售

走进一家商店，挑选你想要的东西，然后走出去，这几乎"感觉"就像在行窃，人工智能可以杜绝真正的盗窃行为，并让免结账手续零售变得更加普遍。盗窃一直是美国零售商的一大痛点，然而，当你掌握进出商店的人，并自动向他们收费时，有人入店行窃的可能性就会降到最低。其余一些需要考虑的事情是如何利用建筑空间，特别是在拥挤的超市，确保摄像机被最佳地放置来追踪人和物品。在短期内，问题将归结为部署成本和由潜在技术故障造成的库存损失成本，以及零售商能够承担这些成本和风险的程度。

25.农作物监测

无人机可以为农民绘制农田地图，利用热成像技术监测湿度，识别虫害作物并喷洒杀虫剂。

初创公司正专注于为第三方无人机捕获的数据添加分析。还有人使用计算机视觉使地面上的农业设备变得更智能，按照需要喷洒个别作物，就会减少对非选择性除草剂的需求，而非选择性除草剂会杀死附近的一切，精确喷洒意味着减少除草剂和杀虫剂的使用量。在实地调查之外，利用计算机视觉分析卫星图像提供了对农业实践的宏观理解，地理空间数据可以提供关于全球作物分布模式和气候变化对农业影响的信息。

◇湖北 黎明庸

智慧广电的"超强"技术(下)

(紧接上期本版)

2.网

四川省为实现全省乡镇和行政村综合文化活动室免费无线局域网全覆盖，形成互联互通的智慧广电公共文化服务网络体系，满足群众应用智能移动终端享受智慧广电等数字公共文化服务需求，建设了全省基层综合文化活动室免费Wi-Fi工程。

基层综合文化活动室免费Wi-Fi工程集智慧广电数字公共文化服务内容、无线Wi-Fi网络和移动客户端为一体，运用云计算、大数据等技术，建设四川全省统一的公共文化服务管理平台，构建一张统一管理、开放式公共文化免费无线局域网络，实现公共文化服务数字化、网络化、移动化。

基层综合文化活动室免费Wi-Fi工程总体架构包括：公共文化服务管理平台、乡村无线Wi-Fi以及移动客户端三部分。

3.端

TVOS智能电视终端

智能电视操作系统(TVOS)是智慧广电业务和智能电视终端的关键支撑。智能电视操作系统是为智能媒体终端量身定做的操作系统。协同半导体、媒体、安全、连接、智能等关键技术，打造极致体验、绿色安全、业务丰富、面向未来的智能终端解决方案，构筑健康的应用生态系统，支撑智能媒体终端长期可持续发展。

自2013年12月26日发布TVOS 1.0版本以来，目前已经发布了最新的TVOS 3.0版本。智能电视操作系统的七项推荐性行业标准已经全部获得国家广播电视总局批准并予以发布，且TOVS标准已在国际电信联盟国际电联标准化部门第九研究组(ITU-T SG9)会议中成功立项，后续将完成标准内容的审查工作。

智能电视操作系统广电智能终端由智能电视专用硬件平台、智能电视操作系统和智能电视客户端等三个部分组成。

智能融合媒体网客户端

智能融合媒体网客户端是匹配基层综合文化活动室免费Wi-Fi程项目开发的移动客户端，是一款通过数字电视广播结合Wi-Fi接入点构成的智能媒体融合网及互联网，向用户提供直播电视、点播视频、互动直播、信息资讯、购物娱乐、智能推荐等服务的主要面向移动终端的智能应用。

广播内容数据通过地面数字电视广播网络分发至区域网关，并通过Wi-Fi转发至终端设备，区域网关通过回传通道实现认证、应用分发，为连接终端提供互联网接入。

智能融合媒体网客户端基于云端的内容生产、内容分发和运维平台，为家庭电视、个人电脑、移动设备等多类终端提供大数据、用户服务和智能推荐等业务，如图5所示。

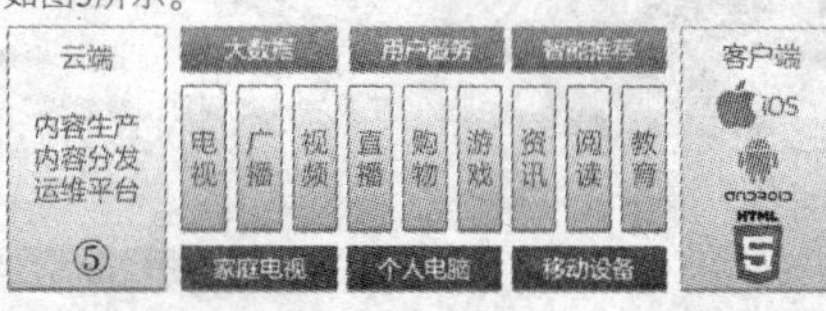

其他客户端

除智能电视操作系统智能电视终端、智能融合媒体网客户端外，四川省还研发了"金熊猫""熊猫视频""熊猫听听""香巴拉资讯""好看宽屏"等移动客户端。

4.管

广播电视监管系统是保障广播电视安全播出的基础性支撑系统。随着媒体多元化发展，广播电视监管系统的监测对象包括国内广播电视、境外卫星电视、互联网视听节目及其他新媒体。媒体形式及内容的极大丰富，给广播电视监管系统带来了极大的操作难度和技术挑战。目前以人工为主、技术为辅的监管手段已无法满足当前广播电视监管需求，采用智能语音处理技术如基于语音识别技术的非法内容监测过滤技术、防插播防篡改技术等，可大大提高监管系统的工作效率，提升监管系统的自动化水平和智能处理能力。

人工智能"黑广播"监测系统是一套基于人工智能和智能语音处理技术的新型广播电视监管系统，通过对黑广播、插播等违法、违规播出行为的声音广播智能监管技术的研究，研制了声音广播监测平台原型验证系统，完成声音广播监测的数据化、自动化及智能化。通过广电专用语音云，将广播音频转换为文字，实现实时监测、数据统计、智能预判、多级联动等功能，且系统工作人员可短时间内掌握多路广播频道内容，提升监测效率和质量。系统功能如图6所示。

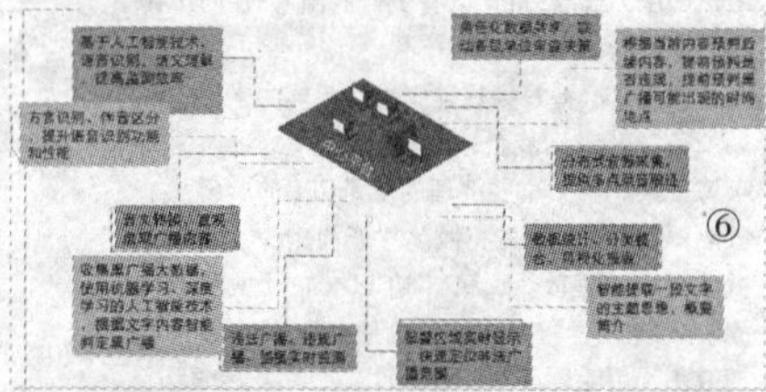

四、结语

目前广电行业存在制播能力较低、传输网络相对孤立、服务模式较为单一等制约进一步发展的问题，亟需通过以用户为中心，融合、智能两个基本点为抓手的智慧广电总体架构及发展思路，打造广播影视转型升级，在内容生产、网络传输、服务模式、监测监管方面实现智慧化，打通智慧广电产业链条，拓展延伸广播影视发展空间，推进行业互动、跨界合作和协同创新，探索广电行业发展的新技术、新业务、新模式。 ◇四川 张云峰

移动互联网时代下的广电之路

由于互联网技术的发展、移动技术的进步、智能终端的普及和三网融合的深入，广电面临着来自包括IPTV、移动电视、互联网视频、OTT TV等在内的新媒体的巨大竞争压力，尤其是IPTV和OTT TV的快速发展对广电的基本收视业务产生了巨大冲击。广电必须积极探索自己的发展道路，充分利用自身网络的优势，寻找全新的业务形式，才能在移动互联网时代脱颖而出。

一、品牌和内容的建设

移动互联网时代，生活节奏越来越快，碎片化的时间让人们直播追剧变得困难，这时视频点播的巨大优势就显现出来了。

消费者需求的变化、现有广播网络技术的发展、超宽带网络的成熟等，使得视频基础业务成为了新的发展机遇，只要抓住这个机遇，就能为广电未来的增长提供强大动力。基于广电网络运营商自身的能力与业务发展阶段，视频业务的展开可以采用以下四种模式。

1.大力发展自有视频业务
2.提供聚焦管道能力
3.寻找战略合作伙伴
4.OTT 视频业务的快速发展和扩张

二、加快宽带建设和网络双向化改造

自三网融合以来，直面电信传统宽带业务，以及移动互联网日新月异的发展，广电必须冲破重重困难，加快自身的双向化改造和宽带业务建设。广电宽带作为后入者还存在很多不足，仍需要加强建设跨网本地交换的能力，增加出口带宽，提高用户访问的速率和稳定性。广电宽带网络的建设要朝着接入网双向化、宽带化、智能化的改造目标进发，实现全国性的大数据中心服务管理，与各省市地区的网络公司进行有效数据的管理接口，建立全国广电用户的行为数据信息，利用这个大数据资源库的智能推送，为广电用户提供海量的数据资源，达到建模、分析、挖掘等目的。

三、对接移动通信业务

移动互联网与移动通信密不可分。中国广电目前拿到的《基础电信业务经营许可证》只能开展互联网数据出送、通信服务业务，并不是移动通信业务牌照，尚不能开展移动通信业务。在三网融合背景下，广电的主营视频业务被三大运营商侵蚀，而只能进军宽带业务，在这种形势下，广电要积极找到自己的出路。

四、广电终端的标准化、智能化、多样化建设

目前国内广电网络的终端仍然以机顶盒为主。这些机顶盒品牌繁多、体型较大、操作系统各异，很多已经不能适应广电在移动互联网时代发展的需求。

实现机顶盒、一体机、媒体网关等各类广电终端的标准化、智能化、多样化，打造广电的智能网关，形成广播电视和互联网融合的"广电 +"生态。广电智能终端将成为智慧家庭、智慧社区和智慧城市的重要基础。

◇四川 刘慧

超频三 偃月360 RGB水冷散热器

虽然我们介绍过水冷散热不一定就比风冷散热好(非同价位比较)，但如果在能承受的经济范围内多数人心理上更愿意选择水冷散热。这里为大家介绍一款中端价位的水冷CPU散热器——超频三偃月280。

超频三偃月 280采用腔内直喷增压的水冷头，内置工业领先级12槽10极的静音三相电机，震动弱、低噪音；高密度陶瓷轴承以及工程塑胶的使用，令水冷头具备一定的坚固程度。在其中有更水冷头的大面积底座，覆盖0.12mm无氧铜，铲FIN结构设计具备不错的热交换能力。扣具方面提供通用金属支架，支持intel和AMD的大部分平台规格，无需担心适配问题。

水冷管方面，采用FEP高分子材料打造，水冷液使用周期更长。采用编织网包裹的水冷管也更不易老化，更加美观。做工和设计都还不错，与冷排和冷头的衔接处理也非常牢固、美观，给人非常可靠的感觉。

水冷排是经过升级的280mm规格，采用149片0.12mm微流道鳍片设计，蓄水量大幅提升。水道排布均匀，限位精准。

风扇规格为140mm，采用光环设计，把RGB光效设置在风扇的外圈，而叶片则是黑色材料制作，风扇螺丝孔位都配有减震的橡胶。另外超频三偃月280冷头和冷排搭配的可编程RGB接口既可以单独设置光效，也可以同步主板光效。对于喜欢RGB光效的玩家来说，也是非常炫丽的搭配。

(本文原载第10期11版)

再用两三年……

电脑用段时间就卡，有时候是系统升级造成的，也有软件设置不合理或硬件配置方面的原因。钱包有富裕的时候可以选择升级配件，但更多人还是通过优化系统和调整硬件来提高自己的电脑速度。下面我们就来看看哪些措施能让电脑“满血复活”。

硬件清灰

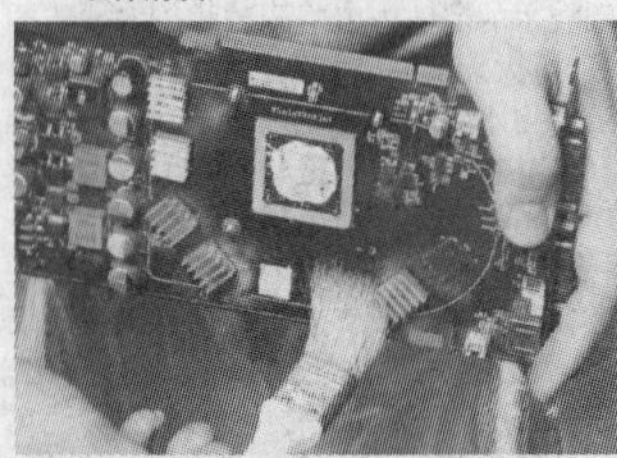

如果我们不打算升级硬件的话，那么就需要对机箱的几个大件进行清灰处理以减轻散热的压力，让整机可以有更低的温度，从而减少降频的概率。

首先要准备好导热硅脂（动手能力强的朋友可以升级到液金）、毛刷、大功率的电风吹等工具。第一个要清理的就是CPU的风扇散热器，流程如下:先将散热片连同扇头一同拆下，然后清理散热片底部与CPU核心上残留的散热硅脂，再将扇头从散热片上拆下，然后把散热片用毛刷清理一遍，如果散热片上的灰尘用毛刷难以刷掉的话，可以用水龙头冲洗。凡是冲洗过的话，一定要用电风吹(冷风)吹干。再用毛刷把扇头刷干净，扇头上的灰尘可用纸巾来擦抹。等散热片完全吹（晾）干后，装上扇头，再在CPU芯片的表面涂上适量导热硅脂，将风扇整体扣上即可。显卡风扇和电源风扇也是类似的步骤，只不过要小心拆卸外壳时不要用力过猛把电源排线扯断了。

建议大家尽量养成一年清理一次灰尘的习惯，这样每次清洗灰尘相对会很轻松，如果不清理时间越长越是麻烦。

风道与理线

清理完机箱里的灰尘，这里还有个比较专业的术语“风道”介绍给大家；毕竟CPU、显卡、电源都是发热大户，光是把部件本身的热量排出来还不行，还要让机箱内形成一定的“风道”，将热量带出去。最常见的是“水平风道”，即机箱前面进风，散热器的风扇向后吹，中低端配置的平台一般发热量也低，对风扇数量的要求也不多，非常适合水平风道，噪音相对也低。“立体风道”则是在“水平风道”上多了个“垂直风道”，别看多了一个“风道”，根据显卡和电源的大小、布局、以及风扇类型甚至还有主板上的其他特别插件（如声卡、M.2固态盘、带散热器的内存条等）位置不同，两者交叉起来风道之间的互相影响变得复杂得多；一般喜欢DIY的玩家都会自行构建适合自己配件的立体风道。普通用户记得至少要用捆扎带将散乱的线材理顺然后捆在一起，尽量给风道留出空间。

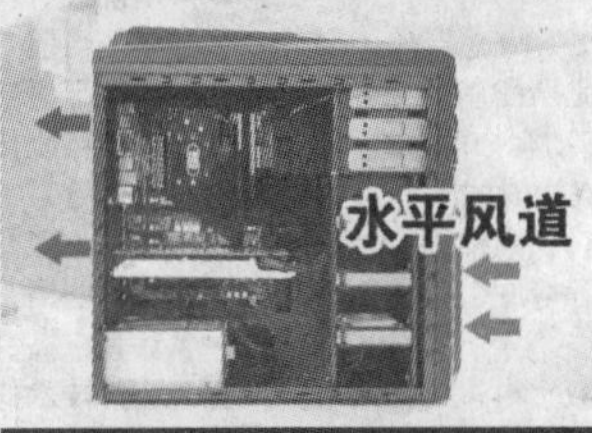

在不折损线材的前提下，
将线材捆扎在一起为风道留出更多的空间

弱化视觉效果

从Windows 7开始（其实WindowXP就有了，不过那个对系统的影响几乎可以忽略），系统就默认为美观的视觉效果；不过这样虽然好看，但是会吃掉一些系统性能，为了更加畅快地运行，要么关闭视觉特效选项，要么升级到win10系统，减少系统层面的资源占用。

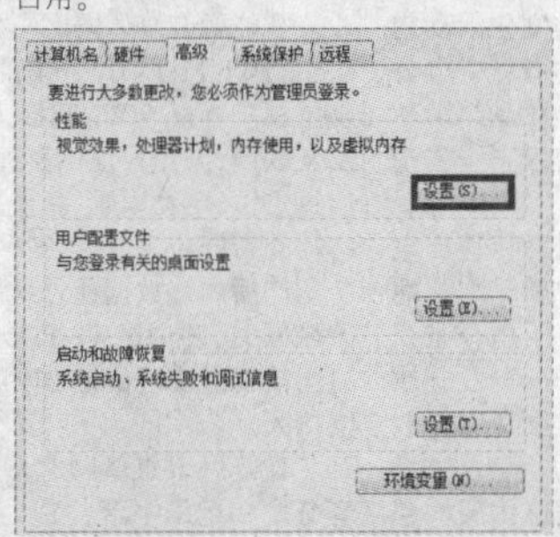

关闭视觉特效的步骤：

右键“计算机”→在弹出的窗口中选择“属性”→在弹出的窗口中选择“性能信息和工具”→选“调整视觉效果”→在弹出的“性能选项”界面选择“视觉效果”选项卡→选择“调整为最佳性能→选择“确定”。

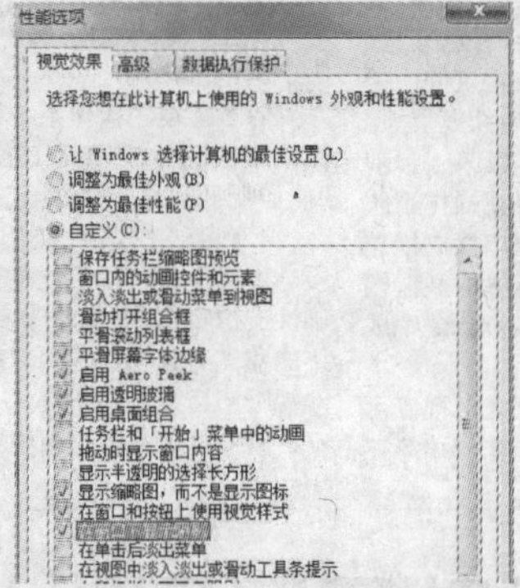

当然也可以在“视觉效果”选项里自定义一些自己喜欢的效果。

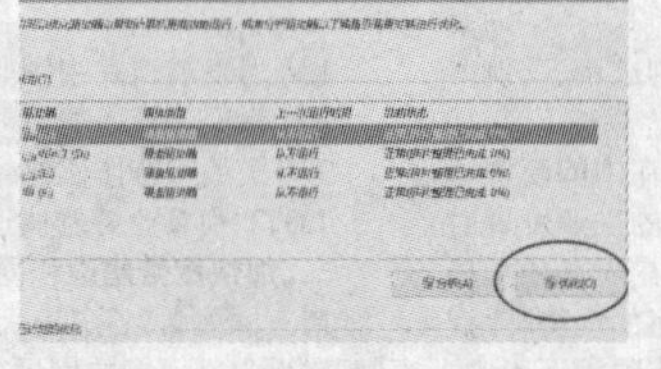

系统选择

为什么要推荐大家升级到Win10？首先从配置上讲，能装Win7的配置装Win10也没什么问题；其次Win10的一大特性是维护更加方便，所以不需要安装太多的电脑管家之类的软件，磁盘清理可以交给系统来完成，在磁盘的属性中选择磁盘清理就可以，只要养成良好的习惯就可以放心使用了。

驱动管理

这里主要说的是显卡方面的驱动；显卡的驱动更新要比主板频繁得多。有些人图方便，显卡驱动装上就不管了，甚至有的连驱动都用系统自带的。。。

殊不知大多时候，新版本的驱动会有更好的表现，包括更好的性能发挥和更多的软件支持，有些硬件虽然不安装驱动也能使用，但是功能会有一定的限制，也需要玩家自行选择。

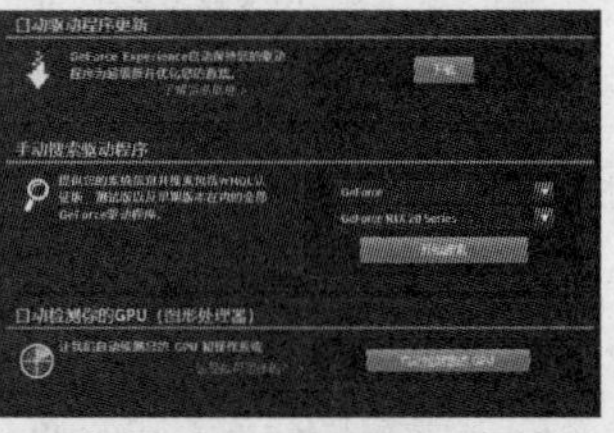

Nvida显卡驱动官方下载页面：https://www.geforce.cn/drivers

以显卡驱动为例，新的驱动会加入新游戏的支持，一些性能的优化，还有版本会优化显卡在游戏中的稳定性，也可以说是最值得升级的驱动。

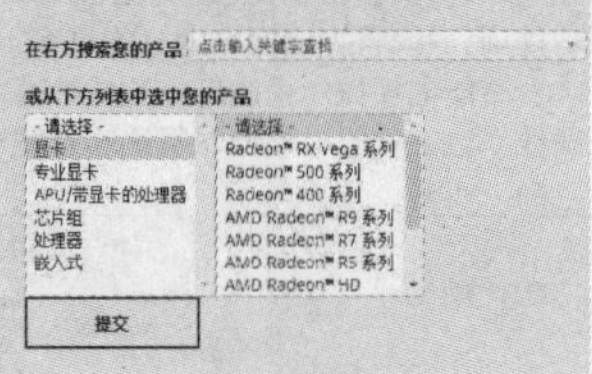

AMD显卡驱动官方下载地址：https://www.amd.com/zh-hans/support

辅助软件

最后说下杀毒软件，绝大多数人都使用WIN10系统（尤其是64bit）安全等级已经很高了，普通用户下个系统维护软件（这里力荐Dism++）就可以了，只要及时更新系统基本上能满足日常安全防护。

（本文原载第14期11版）

为VR而生的360° 摄像机——Insta360 Titan

随着4K、8K、VR、5G等关联系列的推进，片源的匮乏始终是一大难题。想要拍摄VR，必须使用专业的全景相机，而作为全景相机品牌Insta360，旗下的专业级摄像机已经在全球市场占有率超过了80%。

这几年来，通过与Adobe、Mistika?VR等深度合作，深耕垂直行业，积累了CCTV、BBC、NASA、Google等优秀行业伙伴，不断完善了VR专业制作工艺流程。目前更高分辨率的画质，成了高端VR影视制作的第一追求。基于Insta360 Pro系列技术沉淀和用户基础，Insta360Titan应运而生。它集成了Insta360技术优势，将主攻电影市场。

Insta360Titan是全球首款采用M4/3传感器的8目VR摄影机。通过实时拼接，可实现10560×10560(11K3D)、10560×5280(11K2D)全景照片，3840×3840@30fps(4K3D)和3840×1920@30fps(4K 2D)全景视频，大幅提高产出效率。采用后期拼接，则可实现10560×5280@30fps (11K2D) 9600×9600@30fps (10K 3D)及5280×2640@120fps的全景视频制作。得益于M4/3 影像传感器，Titan 性能全面提升，暗夜低光表现力强，画面少噪点、更纯净，助力VR影像创作进入全新高度。此外，通过机内推流、自定义服务器推流、HDMI 输出等方式实现4K 2D/3D全景直播，直播同时可同步存储超清视频画面。

Insta360 Titan左视图

在色彩表现方面，该摄影机支持10bit色彩采样，相比8bit，画面色彩过渡更加自然。Titan可拍摄8K及以下分辨率的10bit色彩采样视频，后期调整时能有效避免色彩断层现象，打开更广阔的影像创作空间。

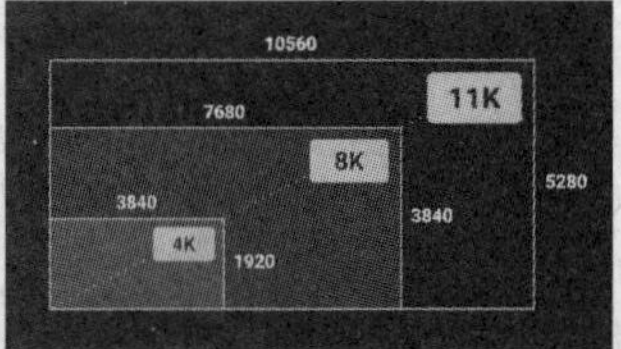

为满足影视制作中大量移动拍摄需求，Titan搭载了Insta360独有的FlowState超强防抖技术，无需任何稳定器便可实现九轴防抖效果，助力创作者轻松实现平滑顺畅的运动画面。此外，Titan可配套Farsight高清图传，解决拍摄中远距离画面实时监看问题。

目前超高分辨率VR内容面临传播平台带宽压力，很多播放平台和设备很难流畅播放超过4K的内容，更别提8K、11K超清画面。但Insta360的CrystalView播放器，能帮助用户实现高画质流畅播放。并且随着5G的发展，大带宽和低时延技术，也将助力VR得到更广泛的应用。

Insta360 Titan售价为99888元，完全能满足VR+电影的拍摄需求以及广告、纪录片、新闻、房产等领域的高品质解决方案。

邮局订阅代号：61-75 国内统一刊号：CN51-0091

微信订阅**纸质版**
请直接扫描
邮政二维码
每份1.50元 全年定价78元
四开十二版 每周日出版

扫描添加**电子报微信号**
或在微信订阅号里搜索“电子报”

2019年3月10日出版
实用性 启发性 资料性 信息性
第10期
(总第1999期)
国内统一刊号:CN51-0091 定价:1.50元 邮局订阅代号:61-75
地址:(610041)成都市武侯区一环路南三段24号节能大厦4楼 网址:http://www.netdzb.com
让每篇文章都对读者有用

2019MWC:将5G终端概念推向新的高度

当前,5G的魅力已经逐渐显现,在商用前夕,5G商用产品发布也成了2019年世界移动大会(MWC2019)的一大亮点。据悉,华为、OPPO、小米、三星、LG、一加、中兴、TCL、联想等国内外品牌都在MWC期间发布了相关新品。

据报道,华为在MWC正式发布了具有划时代意义的5G折叠屏手机Mate X,在实现5G功能的同时,颠覆了手机固有形态,探索智慧终端的新边界。Mate X搭载业界首款7nm 5G多模终端芯片——Balong 5000,理论峰值下载速率可达业界标杆的4.6Gbps,带来5G疾速通信联接体验。与华为不同的是,努比亚主打柔性屏,携中国联通在MWC发布柔性屏“腕机”努比亚α,这款柔性AMOLED显示屏采用了维信诺独创的高可靠性柔性盖板技术,能够满足不同用户的舒适性穿戴需求。此外,中兴新一代高端旗舰机Axon 10 Pro也搭载了维信诺柔性AMOLED屏幕,预计2019年上半年即可率先在欧洲和中国市场上市。海信则展出了与紫光展锐联合开发的5G原型手机,并计划在今年三季度发布。一加手机现场展示了首款搭载高通最新的骁龙855移动平台的5G手机,参会者可以在现场5G环境下体验到流畅的云游戏。小米也在MWC 2019发布了5G手机小米MIX 3 5G版,和之前发布的标准版不同,小米MIX 3 5G版打在了高通全新的骁龙855处理器以及X50基带芯片。OPPO向全球消费者正式展示了OPPO首部5G手机,并将在2019年上半年正式推出OPPO 5G手机,将5G体验带给全球用户。

5G手机的推出,是5G技术落地应用的一个重要节点,产品的诞生意味着国内厂商已经克服了相关技术挑战,在整体终端市场不景气的环境下,寻求新的出路。不过,也有评论表示,根据现场反馈来看,无论是5G手机还是折叠屏手机都远未达到成熟,商用进程和使用的灵活性、便利性都离预期还差一段距离。

众所周知,未来5G商用的实现,一定离不开芯片的加持,今年MWC上,高通、华为、三星、英特尔、联发科等公司纷纷展示了其在5G芯片领域取得的进展。

据报道,华为多款亮相的科技产品都离不开巴龙5000的助力,该芯片支持Sub6G全频段覆盖,5G网络下,理论峰值速率可达4.6Gbps,现网实测速率高达3.2Gbps。今年的Mate X、5G CPE Pro都有涉及。除了华为品牌,剩下几乎所有的5G终端都采用高通骁龙芯片,为厂商提供了强有力的支持。今年,高通还推出了PC行业首款商用5G PC平台——高通骁龙8cx 5G计算平台,帮助PC厂商把握全球5G网络部署所带来的机遇。除此之外,联发科也展示了M70,紫光展讯也将发布旗下首款5G基带芯片。

除了终端厂商、芯片厂商,各大移动通信运营商也积极登上舞台,展现其在5G领域的实力和进展。

中国移动以“智慧连接 点亮美好未来”为主题参展,围绕5G技术、物联网、数字家庭、国际业务、终端等领域,展示了最新技术、产品、5G发展计划及首款自主品牌5G终端“先行者一号”等。

而中国联通在此次活动中推出了边缘智能商业平台、一系列创新商业产品和发布了边缘IAAS白皮书。同时,中国联通还与西班牙电信等国际运营商开展了5G和eSIM全球化合作。

中国电信则联合Intel、H3C首次展示了完整的基于开放无线接入网(O-RAN)概念的5G白盒化室内小基站原型机。这是5G技术领域的又一重大突破,有利于快速推动白盒化基站技术在5G的正式商用进程。

可以看出,在此次MWC上,无论是运营商、服务商还是终端厂商,关于5G更多地应用场景大多还停留在概念层面,消费者还无法通过实实在在的产品和服务去理解5G所能带来的改变。所以5G距离大多数消费者依然有一段距离,并且这种距离可能还将会持续一段时间。

◇林 一

博物馆传真

编前语:或许,当我们使用电子产品时,都没有人记得或知道老一批电子科技工作者们是经过了怎样的努力才奠定了当今时代的小型甚至微型的诸多电子产品及家电;或许,当我们拿起手机上网、看新闻、打游戏、发微信朋友圈时,也没有人记得是乔布斯等人让手机体积变小、功能变强大;或许,有一天我们的子孙后代只知道电子科技的进步而遗忘了老一辈电子科技工作者的艰辛……

成都电子科技大学博物馆旨在以电子发展历史上有代表性的物品为载体,记录推动电子科技发展特别是中国电子科技发展的重要人物和事件。目前,电子科技博物馆已与102家行业内企事业单位建立了联系,征集到藏品12000余件,展出1000余件,旨在以“见人见物见精神”的陈展方式,弘扬科学精神,提升公民科学素养。

电子科技博物馆又添防撞雷达设备藏品

日前,电子科技博物馆又增加了防撞雷达设备藏品。据了解,该套设备是电子科技大学信息与通信工程学院黄顺吉教授生前工作使用过的防撞雷达设备,此次是其家人向学校电子科技博物馆捐出的,其家人表示本次捐赠是这些老产品最好的归宿,并希望电子科技博物馆能尽早布展,让更多的人了解雷达技术的发展历史。黄顺吉教授长期从事雷达系统和信号处理领域的科研与教学工作,在雷达成像和超高速数字信息处理方面有较深入的研究,是我国著名雷达专家、雷达成像奠基人之一。

雷达这个名称是“无线电探测和测距”(Radio Detection and Ranging)英文的缩写。雷达作为全时空传感器,最早就是应用于军事,是情报侦察必不可少的手段之一,能在很恶劣的情况下了解敌情。后来随着微电子等各个领域科学进步,雷达技术不断发展,其内涵和研究内容都在不断地拓展。

应该说,中国雷达的发展史就是一部创新史。1956年,我国自行设计研制了第一部406米波远程警戒雷达,标志着中国雷达从装配仿制正式进入自主设计阶段。1976年,中国首部战略预警相控阵雷达屹立于燕山余脉黄羊山上,中国人从此掌握了相控阵雷达尖端技术。1983年,新中国第一部国土防空三坐标中近程警戒引导雷达面世,它被誉为‘山沟里飞出的蓝孔雀’。1989年,机载脉冲多普勒雷达正式服役,从此中国战鹰擦亮了双眼。

可以说经过几十年的不断发展,我国雷达已全面接近或达到国外先进水平,整体上全面处于并跑状态,正处于从“跟跑”到“领跑”跨越的关口期,并且在某些领域已经实现了“领跑”。比如我们的舰载多功能相控阵雷达和机载预警雷达领域采用的是世界最领先的技术体制。

如今雷达技术的最新突破,结合军事和商业应用的小型化、经济型、高精度雷达需求,许多即将来临的技术增长领域,如无人驾驶汽车、无人机(UAV)和各种商用/民事应用,带来了雷达技术与应用的复兴。业内专家表示,在新的国际发展形势和雷达装备新发展要求下,雷达研制要始终坚持核心技术自主可控。

◇摘编自电子科技博物馆

电子科技博物馆『我与电子科技或产品』

本栏目欢迎您讲述科技产品故事,科技人物故事,稿件一旦采用,稿费从优,且将在电子科技博物馆官网发布。欢迎积极赐稿!

电子科技博物馆藏品持续征集:实物;文件、书籍与资料;图像照片、影音资料。包括但不限于下列领域:各类通信设备及其系统;各类雷达、天线设备及系统;各类电子元器件、材料及相关设备;各类电子测量仪器;各类广播电视、设备及系统;各类计算机、软件及系统等。

电子科技博物馆开放时间:每周一至周五9:00--17:00,16:30停止入馆。

联系方式

联系人:任老师
联系电话/传真:028--61831002
电子邮箱:bwg@uestc.edu.cn
网址:http://www.museum.uestc.edu.cn/
地址:(611731)成都市高新区(西区)西源大道2006号
电子科技大学清水河校区图书馆报告厅附楼

(本文原载第10期2版)

液晶彩电“马赛克”故障分析与维修(一)

“马赛克”故障是彩电应用数码技术后的一种特殊故障，故障现象是屏幕上局部或全部出现由若干小方块组成的图形，小方块显示的内容与整幅图像内容不协调或不相同，严重时伴有图像卡顿或伴音卡顿现象。引发故障的原因是一幅图像中的某段信号中断或幅度不足，在进行模数/数模转换和解码过程中产生错误的图像信息。液晶彩电常见引发“马赛克”故障部位，引发故障的原因和维修方法、维修实例如下：

1.由信号源引起的“马赛克”故障

信号源引起的“马赛克”故障常见有：

(1)有线电视信号不良

引发故障原因：一是有线电视线路不良，特别是线路接头部位；二是有线电视内部高频头或放大电路不良。

维修判断方法：检查有线电视机顶盒的接头是否接触良好，有关线路故障联系有线电视服务公司，进行维修或维护。

实例1：一台电视机时常出现“马赛克”故障，上门改为DVD信号源试之，不再发生“马赛克”故障，判断故障在有线电视系统。检查机顶盒的天线插头，晃动插头时出现“马赛克”故障，检查发现插头接地屏蔽线与插头接触不良，没有固定卡子，处理并用铁丝绑定后，故障排除。

实例2：一台电视机时常出现“马赛克”故障，上门维修检查信号输入输出连接线正常。用该用户的另一台机顶盒代换，没有“马赛克”故障，判断机顶盒内部故障。拆开机顶盒，测量电路板的供电电压，发现3.3V电压低于正常值，只有3.1V左右。检查3.3V稳压电路，发现3.3V输出端470uF滤波电容严重漏电，更换后，故障排除。

(2)DVD播放机故障

引发故障原因：一是播放机光头老化，有灰尘；二是光盘资料欠佳；三是解码系统故障；四DVD与电视机之间连接线接触不良。

维修判断方法：首先检查DVD与电视机之间连接线，检查光盘是否正常，再清洗或更换光头，仍然无效更换解码板。

实例：一台电视机播放DVD光盘时，出现“马赛克”故障，上门维修更换不同光盘试之，故障依旧，判断DVD发生故障。清洗光头后，故障排除。

(3)其他信号源信号不良

引发故障原因：当播放USB或高清信号、宽带信号产生“马赛克”故障时，一是信号源USB或高清、宽带信号源器件内部本身故障，信号不良；二是电视机内部USB或高清、宽带信号处理、放大电路发生故障。

维修判断方法：更换信号源试之，如果同是USB故障，更换其他USB后故障消失，则是USB内部故障，否则是电视机内部USB放大、处理电路发生故障。

实例：一台电视机，插上USB信号源，播放时出现“马赛克”现象，更换其他USB信号源试之，故障排除，看来是USB本身故障。

2.由电视机内部引起的“马赛克”故障

电视机内部引发“马赛克”故障，主要在信号放大、模数/数模转换、解码电路相关的部位。

(1)供电系统故障

引发故障原因：一是供电电压不足；二是供电电压不稳定；三是供电缺失。主板的供电都采用5V以下的3.3V、2.6V、1.8V、1.2V供电，供电电压很低，电流很大，其稳压降压电路往往采用数字降压电路，其工作时热量仍然较大，是故障易发部位之一。当主板的信号放大、模数/数模转换、解码电路供电不足或不稳定时，有时低于正常值0.1~0.2V，就会造成信号丢失或信号幅度不足，引发解码后信号出错，出现“马赛克”故障。

维修判断方法：测量与信号放大、模数/数模转换、解码电路相关供电电压，哪个电压低于正常值或不稳定，检查相关供电稳压电路。

实例1：一台ROWA LCD22M10液晶彩电，出现“马赛克”故障。输入所有信号源，都有“马赛克”故障出现，判断故障在电视机内部主板电路。首先测量主板上的+5V、+3.3VA、+3.3V、DVB +3.3V、DVB +1.8V、VDDC/1.8V供电电压，都接近正常值，错误的判断供电正常。进行软件升级，更换主芯片U301/MST9E19A等，都未能排除故障。最后再次测量供电电压，发现VDDC/1.8V供电电压在1.6V~1.7V左右跳动，之前测量以为是万能表测量误差，未能引起注意。查阅该机的图1所示的VDDC稳压电路U205/AP1513，5V的VCC电压从④脚输入，经U205/AP1513稳压降压后从⑤、⑥脚输出VDDC电压，②脚EN为使能输入端，①脚FB为输出取样电压输入端，③脚OCSET为过流保护设置。对U205外部电路进行检查，发现输出端⑤、⑥脚并联的稳压管D204漏电。更换D204后1.8V恢复正常，故障彻底排除。

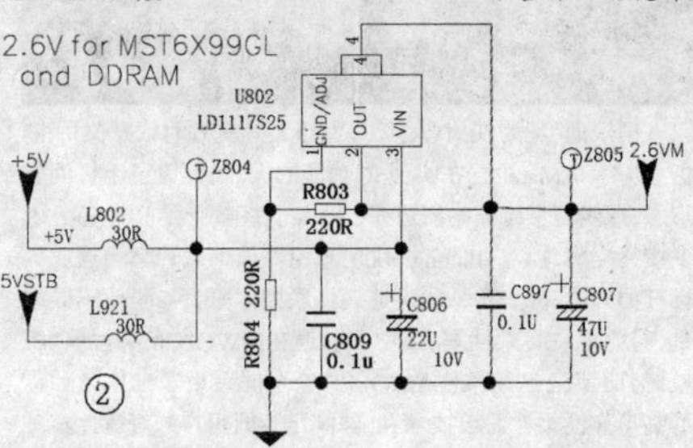

实例2：一台TCL L40S9彩电，属于MS91机芯，主芯片采用MST6X99，开机出现“马赛克”故障。更换不同的信号源试之，故障依旧，判断故障在电视机内部。拆开电视机测量待机电压正常。开机后测量主板的+3.3VSTB、+3.3AVDD、2.6VM、VCC1.26V供电，发现2.6VM供电电压只有2.4V，比正常值低0.2V。测量图2所示的2.6V稳压电路U802/LD1117S25的输入端③脚VIN电压为5.0V正常，但是②脚OUT输出电压只有2.42V，测量①脚GND/ADJ接地与电流取样反馈端电压和电阻正常，检查U802外围器件未见异常，怀疑U802内部故障。更换U802后，故障排除。

(未完待续)(下转第102页)

◇吉林 孙德印

海尔LU42K1液晶彩电电源板维修实例(下)

(紧接上期本版)

过流保护电路由运算放大器ICS3(LM393)和隔离二极管DS9、DS13组成，对主电源输出的+12V和+24V供电电流进行检测。ICS3A的①、②、③脚内部放大器是24V过流检测电路，ICS3B的⑤、⑥、⑦脚是12V过流检测电路。24V过流取样电压送到ICS3的②、③脚，24V供电电流过大时，输出端①脚电压翻转变为高电平，通过隔离二极管DS9向模拟可控硅QS3的b极送去高电平保护触发电压，保护电路启动。12V过流检测电路与上述24V过流检测电路工作原理相同。

开机的瞬间测量过压保护电路的QS3的b极电压果然为高电平0.7V。采取解除保护的方法维修：将QS3的b极与e极短接后，开机不再出现自动关机故障，测+12V、+24V有稳定的输出，电视机的图像和伴音均正常，判断保护电路本身故障引起误保护。在路测量过压保护电路元件未见异常，怀疑检测电路稳压管漏电，稳压值下降造成误保护。开机后保护前的瞬间，逐个测量保护检测电路隔离二极管DS9、DS10、DS12、DS13的正极电压，发现DS10的正极开机瞬间有电压上升现象，判断24V过压检测电路稳压管ZS2漏电。用27V稳压管代换后，故障排除。

(全文完)

◇海南 孙德印

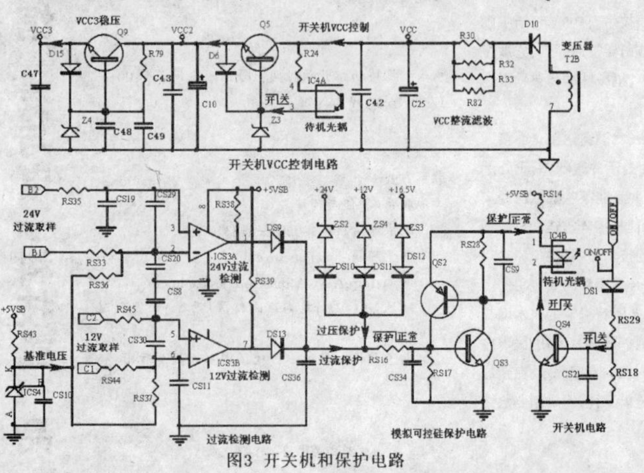

图3 开关机和保护电路

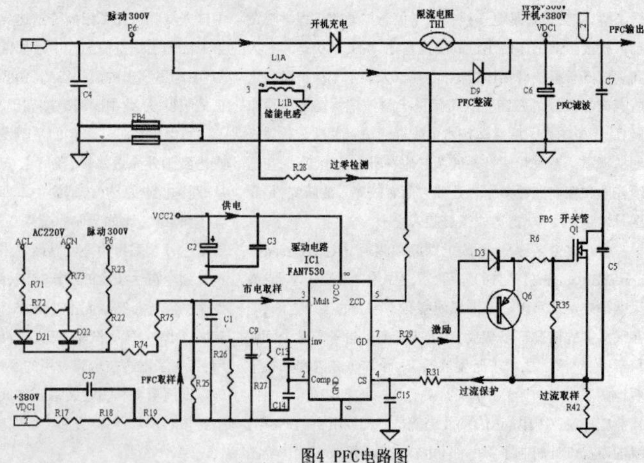

图4 PFC电路图

Silver hi-tech DS 903无线功放使用心得

在淘宝上购得一套Silver hi-tech品牌的无线接收功放，型号是DS 903(由于是故障处理品,价格只要50元),含有无线发射器和功放主机各一台。

接通电源，功放旋钮的蓝色背景灯点亮,所接音箱的确没有声音输出。但是经过多次试验摸索，发现机器一点故障也没有，是卖家不知机器的具体情况而低价处理的。

使用心得:

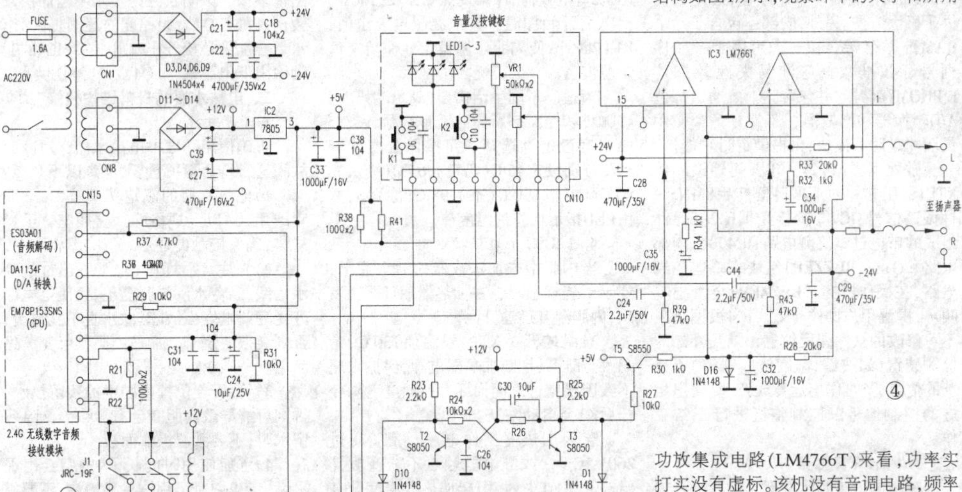

④

1、机器开机默认静音状态,按一下MUTE键即可正常工作。

2、无线/有线自动切换:无线发射器电源关闭时，功放主机自动切换至有线(AUDIO IN)输入状态；无线发射器电源开启时，功放主机自动切换至无线输入状态，接收发射器传送过来的数字音频信号。

3、无线/有线手动切换:无线状态时,按CHANNEL键一下,功放主机切换至有线(AUDIO IN)输入状态;有线状态时,按CHANNEL键七下,功放主机切换至无线输入状态,接收发射器传送过来的数字音频信号。

4、后面板端子:AUDIO IN接音频输入;AUDIO OUT输出音频至其他设备,如接更大功率的功放、有源低音炮、录音机等等;OUT PUT,接4Ω或8欧姆的音箱。

该机标称功率为20W+20W，内部结构如图1所示,观察环牛的大小和所用功放集成电路(LM4766T)来看,功率实打实没有虚标。该机没有音调电路,频率响应较为平直,喜欢音色变化的爱好者,可以在手机或电脑端调整音调。

①

现拆机对机器做简单分析：发射器对输入的模拟立体声音频信号转化为数字载波信号，使用的数字音频编码调制芯片是ES03A01 0516(如图2所示)。为降低干扰,发射器里面没有用开关电源,用的是线性变压器电源。功放里的环牛输出2组电源，±24V供应功放集成电路LM4766T,±12V供应运放4558;12V还供应信号切换继电器，稳压后的5V供应2.4G无线数字音频接收解调模块(DIO—R003B,如图3所示)。

②

接收解调模块用的芯片有：音频解码芯片是ES03A01 0547，数模转换芯片是DA1134F,CPU是EM78P153SNS。该功放的无线音频信号采用何种编解码格式，百度上找不到音频编解码芯片ES03A01有关芯片及信号格式的介绍资料,DA1134F的介绍是支持24Bit I²S音频格式,采样率高达192kHz的采样率,90dB THD+N,动态范围103dB,信噪比:103dB。对比有线和无线输入的信号，听不出明显差异,可见音质保真度较高。关于发射器和接收功放之间的距离，笔者试验发现距离10米以上有墙阻挡时功放偶尔会有声音静音现象,在同一层楼的1~2个房间之间则基本上没有影响。所以用本功放作为环绕声道功放使用，可以避免很长的喇叭线。当然在书房用电脑把音频通过发射器发出来，在客厅用本功放收听也是可行的(实测电路图见图4所示)。

③

◇浙江 方位

让iPhone的键盘底部更清爽一些

有些朋友希望让iPhone的键盘底部更清爽一些，例如关闭地球仪的图标，其实并不需要越狱之后借助第三方插件，实现的方法很简单。

进入设置界面，依次选择“通用→键盘”,进入之后单击“键盘”右侧的“>”按钮，进入编辑界面，在这里只保留一种键盘即可；如果希望麦克风的图标也不显示出来，可以在“键盘”界面关闭“启用听写”服务。现在,我们看到的键盘界面就是关闭了地球仪和麦克风图标的清爽界面了(如附图所示),如果需要时进入“键盘”界面启用即可。

◇江苏 王志军

水星MW300R无线路由器不工作检修一例

同事送来一台水星MW300R无线路由器，说是上面指示灯亮但网络不通。笔者通电试机发现所有网口灯闪一下即灭，而无线指示灯和系统SYS灯长亮，搜索不到无线信号，网口插入网线也无数据发送，而正常情况下系统SYS指示灯应该是闪烁的，怀疑机主利用WEB方式升级路由器固件失败导致的故障。

①

该机存储固件使用的闪存芯片是华邦25Q16(U18)(如图1所示)，用858风枪将其拆下并装入CH341A编程器，再从网上下载对应的MW300R V6版本2M编程器固件（注意:编程器固件与WEB方式升级固件一般不一样,通常编程器固件与内存容量大小一致，而WEB方式升级固件要小点)，运行编程器软件将数据写入时发现出错(如图2所示),看来原机闪存有问题,并非机主升级失败所致。因找不到25Q16闪存，将数据写入华邦25Q64闪存,装上开机自检后发现系统SYS灯闪烁,也可搜索到无线信号,送至同事家装好后一切正常。

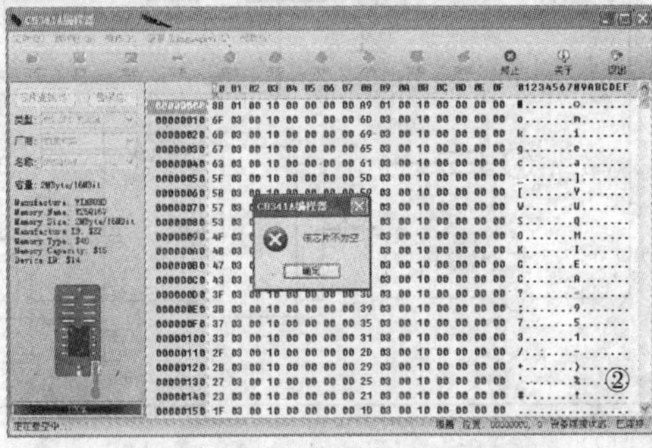
②

◇安徽 陈晓军

美的PF602-60G电热水瓶电路剖析与故障检修(上)

微电脑控制型电热水瓶的内胆都用不锈钢制成，采用平底双加热器技术，具有自动加热和保温功能。主要特点是：多段温度设定，使控温更加精确；气压双重出水和出水锁定；具有无水干烧、低水位保护和整机过温保护等功能。本文以美的PF602-50G电热水瓶为例，介绍自动电热水瓶的工作原理和故障检修方法。根据实物绘出的电路原理图如附图所示。为了维修参考方便，除个别元件外，其余元器件的编号与电路板一致，不同印刷板上编号重复者加※号区别。

一、工作原理

该水瓶整机电路由加热/保温电路、电泵出水/自锁电路、控制/显示电路、超温/防干烧保护电路和直流供电电路5部分组成，工作原理分述如下。

1.直流供电电路

220V市电经熔丝管F1、EMI抗干扰电感L2滤波，通过桥堆DB1桥式整流，利用L1、EL1、EL2组成的π型滤波器滤波，输出300V左右直流电压。该电压不仅经开关变压器的初级绕组N1送到电源模块IC1(LN1P08)的⑤~⑧脚，不仅为开关管(大功率MOS管)供电，而且经R2限流触发内部的高压启动电路工作，为控制电路提供工作电压，控制电路工作后输出的PWM驱动脉冲使开关管工作在开关状态。开关管导通期间，开关变压器存储能量；开关管截止期间，开关变压器释放能量。此时，自馈电绕组N2输出的脉冲电压经D3半波整流，EL3滤波后产生的直流电压加到IC1的②脚，取代启动电路为IC1提供工作电压。N3经D2半波整流和电容EL4滤波输出12V直流电压，不仅为继电器的线圈、直流电机等供电，而且经三端稳压器IC3稳压输出5VDC，为单片机IC4等电路供电。

开关变压器初级绕组N1并联的R1、C1、D1组成吸收电路，消除开关管截止瞬间产生的尖峰电压，避免开关管在截止瞬间过压损坏。

IC1内部设置完善的保护电路，可对输出短路、芯片过热等异常现象进行快速保护。IC1的④脚是EN端，若施加低电平信号时输出被关断，待信号解除后系统会自动恢复。

2.控制/显示电路

电热水瓶各个功能实现和当前工作状态在控制面板上均用LED灯指示。本产品选用的微电脑芯片。

IC4采用芯片HT66F018，它属于内置E²PROM增强A/D型8位单片机，其内部的Flash存储器可多次编程，给用户提供了极大方便。另外，内部还包含了一个RAM数据存储器和一个可用于存储序列号、校准数据等非易失性数据的E²PROM存储器，并包含一个多通道12位A/D转换器和比较器，还带有多个使用灵活的定时器模块，可提供定时功能。

微处理器IC4②、③脚间外接晶体XTL1，由它和内部振荡器产生8MHz时钟振荡信号；IC4⑤脚接光耦IC2等元件组成的市电过零检测电路；IC4⑱脚内部电路和Q1※、BUZZER1组成蜂鸣器控制电路，在操作按键时BUZZER1会发出鸣叫声，提醒用户操作有效。IC4根据录入不可修改的软件编程信息，以及外部的检测装置(如按键、温度传感器等)所反馈的信息，及时作出运算或处理，输出相应的控制信号以控制整机进行正常工作。

3.加热/保温电路

在微电脑控制状态下，水瓶进入加热状态时，微处理器IC4不仅输出控制信号使加热指示灯LED1发光，表明该机进入状态，而且从⑥脚输出高电平控制信号。该信号经R8限流，使驱动管Q1导通，为继电器REL1的线圈供电，REL1内的触点闭合。此时，220V市电电压经防干烧温控器KT和超温保险丝F2为主加热器EL1(1600W)供电，EL1得电后开始加热。

安装在瓶胆底上的温度传感器RT(负温度系数热敏电阻)与电阻R13、R14串联后接5V电压、在R13上的分压通过R5加到IC4的⑲脚，因热敏电阻值受温度变化发生相应的变化，其分压电路中的电压也进行相应变化，即把检测到的实时温度信息送入单片机，由微电脑IC4作出判断，当温度达到100℃时，水瓶将自动延时工作30秒后，继电器REL1失电断开，转入保温状态。

在微电脑控制状态下，当瓶内水温加热到沸腾后，整机进入保温状态，加热指示灯灭，保温指示灯LED2亮。并根据用户所设定的保温温度，将自动检测调节，当温度低于设定温度时，整机自动启动低功率保温装置进行保温此时IC4⑨脚输出高电平，经R10使Q2导通，继电器REL2得电吸合，保温发热器EH2(200W)得电后开始加温，若水温超过设定值，REL2断开，使内胆水温稳定地保持在设定温度值。

为适应不同生活需要，满足冲奶粉、冲咖啡和泡面等所需的适宜水温，设有5段温度设定供选择，可按保温温度键SW2分别设定45℃(奶粉)、65℃(蜂蜜)、80℃(咖啡)、90℃(茶)、98℃(泡面)，并由LED指示相应的温度值。

4.超温/防干烧保护电路

当内胆中未加水或瓶内缺水通电，处于于烧状态时，主加热器EH1很快发热，内胆温度迅速升高。

当温控开关KT的限温值130℃，常闭触点跳开，切断加热器电源，保护水瓶不致因温度过高而损坏。待温度下降冷却后KT会自动恢复。

若因加热器工作电压过高(超过260VAC)时，或继电器触点不能释放且温控开关KT失效，引起加热器温度升高且超过150℃时，超温熔断器F2熔断，切断供电回路，实现过热保护。

在电热水瓶处于保温状态时，如果需要对瓶中的热水再度加热沸腾，则按下除氯再沸腾键SW1，被IC4识别后从⑥脚送出高电平控制信号，如上所述，REL1得电吸合，主加热器EH1通电加热煮水，到水再沸腾一小段时间后，恢复保温状态。完成一次再沸腾，可消除水中的氯气和异味。

5.电泵出水/自锁电路

为了防止小孩随意按压电动出水功能键时引起烫伤，在微电脑控制中设有自锁功能。在使用电动出水功能前，均需先按解锁键SW3，待解锁指示灯LED5亮后，再按住电动出水功能键就可出水；松开电动出水键15秒后，自动进入锁定状态，LED5灭。

出水开关由手按和杯碰2个微动开关相并联，当点按SW3解锁后，再按手动或杯碰开关，微电脑IC4⑦脚接到控制信息后，在⑩脚输出相应的高电平，通过R10使驱动管Q4导通，水泵电机获得12VDC供电后转动，带动水泵将开水压入玻璃管经出水嘴流出，并在初始通电时，电泵两端电压较低，电机转速较低，出水较少，以防止开始接水不当而引起烫伤，随着Q4导通程度的逐渐加大，出水量会加大；松开出水开关后，IC4的⑩脚输出低电平信号，Q4截止，停止供水。

二、电热水瓶的日常维护检修

1.日常维护

正确使用和维护电热水瓶，对减少故障延长寿命至关重要，注意以下几点：

1)电热水瓶的额定功率较大，一般宜选用10A以上规格的独立插座，干燥清洁，确保接触良好。

2)先注水后通电，贮水不超过最高水位线，以免水沸腾时溢出，致使电气部分受潮漏电发生故障。注水也不宜过少，否则会很快烧干，加速内胆颜色变黄生污垢。

3) 每天要倒掉内胆中的残留热水，否则可能导致内胆变色有异味。倒除残留水时，不要溅湿操作面板。

4)水瓶使用时间长了，内胆会出现水垢。每2~3月可用柠檬酸清洗，不要用洗涤剂、去污粉、尼龙刷擦拭。要用含有水的塑料海绵擦拭。清洗时电热水瓶更不能浸入水中或用水淋洒冲洗，以免电子组件受潮漏电引起电气故障。柠檬酸清洗法是：(1)确认内胆已装好过滤网；(2)将柠檬酸注入内胆中，一次用量约每升水20克；(3)加入冷水至满水标记并充分搅拌；(4)马上连接电源，使瓶内的水加热至沸腾并转至自动保温，如瓶内污物未去净，按再沸腾按钮重复加热。

2.常见故障及检修

在维修前须了解本产品的结构工作原理，检查清楚故障，分析故障原因后方可拆机，拆卸时应掌握安装顺序，并记下各部件的位置和正确安装方法，特别要注意零件和螺丝的收藏，勿强拆塑料部件，避免开裂拆断楔扣，做好连接线的符号标注等。附表列出常见故障，供读者维修时参考。

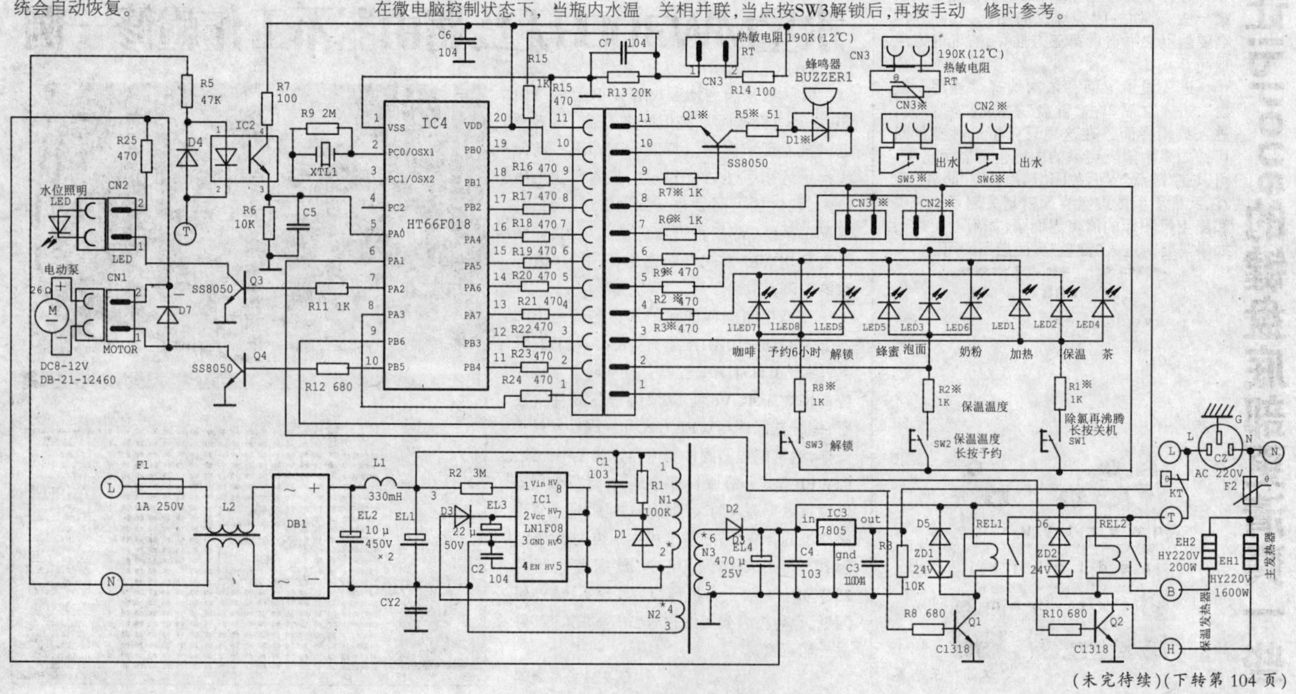

(未完待续)(下转第104页)

◇江苏 赵忠仁

LED驱动电源设计关联知识汇集(一)

一、LED基本分类与应用

●按输出功率分类：

0.4W、1.28W、1.4W、3W、4.2W、5W、8W、10.5W、12W、15W、18W、20W、23W、25W、30W、45W、60W、100W、120W、150W、200W、300W 等。

●按输出电压分类：

DC4V、6V、9V、12V、18V、24V、36V、42V、48V、54V、63V、81V、105V、135V等。

●按外形结构分类：

PCBA裸板和有外壳的两种。

●按安全结构分类：

隔离和非隔离的两种。

●按功率因数分类：

带功率因数校正和不带功率因数。

●按防水性能分类：

防水和不防水两种。

●按激励方式分类：

自激式和它激式。

●按电路拓扑分类：

RCC、Flyback、Forward、Half-Bridge、Full-Bridge、Push-PLL、LLC等。

●按转换方式分类：

AC-DC与DC-DC两种。

●按输出性能分类：

恒流、恒压与既恒流又恒压三种。

LED驱动电源的应用：

分别用于射灯、橱柜灯、小夜灯、护眼灯、LED天花灯、灯杯、埋地灯、水底灯、洗墙灯、投光灯、路灯、招牌灯箱、串灯、筒灯、异形灯、星星灯、护栏灯、彩虹灯、幕墙灯、柔性灯、条灯、带灯、食人鱼灯、日光灯、高杆灯、桥梁灯、矿灯、手电筒、应急灯、台灯、灯饰、交通灯、节能灯、汽车尾灯、草坪灯、彩灯、水晶灯、格栅灯、隧道灯等。

二、LED驱动电源的重要性

接触过LED的人都知道：由于LED正向伏安特性非常陡图1.1(正向动态电阻非常小)，要给LED正常供电就比较困难。不能像普通白炽灯一样，直接用电压源供电，否则电压波动稍增，电流就会增大到将LED烧毁的程度。为了稳定LED的工作电流，保证LED能正常可靠地工作，具有"镇流功能"的各种各样的LED驱动电路就应运而生。最简单的是串联一只镇流电阻，而比较复杂的是用许多电子元件构成的"恒流驱动器"。

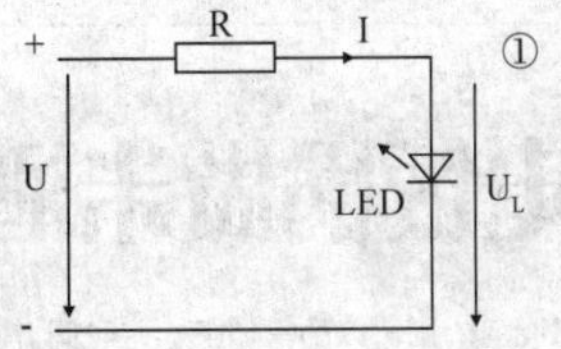

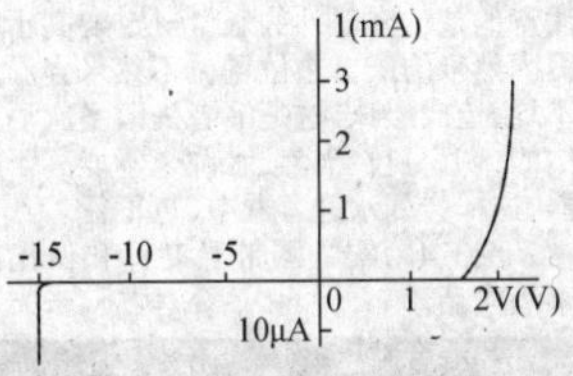

三、LED驱动的技术方案

1.镇流电阻方案

此方案的原理电路图见图1。这是一种极其简单，自LED面世以来至今还一直在用的经典电路。

LED工作电流I按下式计算：

$$I=\frac{U-U_L}{R} \qquad (1)$$

I与镇流电阻R成反比；当电源电压U上升时，R能限制I的过量增长，使I不超出LED的允许范围。

此电路的优点是简单，成本低；缺点是电流稳定度不高；电阻发热消耗功率，导致用电效率低，仅适用于小功率LED范围。

一般资料提供的镇流电阻R的计算公式是：

$$R=\frac{U-U_L}{I} \qquad (2)$$

按此公式计算出的R值仅满足了一个条件：工作电流I。而对驱动电路另两个重要的性能指标：电流稳定度和用电效率，则全然没有顾及。因此用它设计出的电路，性能没有保证。

2.镇流电容方案

电路的工作是基于在交流电路中，电容存在容抗XC也有"镇流作用"的原理。另外电容消耗无功功率，不发热；而电阻则消耗有功功率，会转化为热能耗散掉，所以镇流电容比镇流电阻，能节省一部分电能，并能设计成将LED灯直接接到市电~220V上，使用更为方便。

此方案的优点是简单，成本低，供电方便；缺点是电流稳定度不高，效率也不高。仅适用于小功率LED范围。当LED的数量较多，串联后LED支路电压较高的场合更为适用。

3.线性恒流驱动电路

上面已经提到电阻、电容镇流电路的缺点是电流稳定度低（$\Delta I/I$达±20~50%），用电效率也低(约50~70%)，仅适用于小功率LED灯。

为满足中、大功率LED灯的供电需要，利用电子技术常见的电流负反馈原理，设计出恒流驱动电路。和直流恒压电源一样，按其调整管是工作在线性还是开关状态，恒流驱动电路也分成两类：线性恒流驱动电路和开关恒流驱动电路。

最简单的两端线性恒流驱动电路。它借用三端集成稳压器LM337组成恒流电路，外围仅用两个元件：电流取样电阻R和抗干扰消振电容C。

4.开关电源驱动电路

上述线性恒流驱动电路虽具有电路简单、元件少、成本低、恒流精度高、工作可靠等优点，但使用中也发现几点不足：

a）调整管工作在线性状态，工作时功耗高发热大(特别是工作压差过大时)，不仅要求较大尺寸的散热器，而且降低了用电效率。

b）电源电压要求按公式与LED工作电压严格匹配，不允许大范围改变。也就是说它对电源电压及LED负载变化的适应性差。

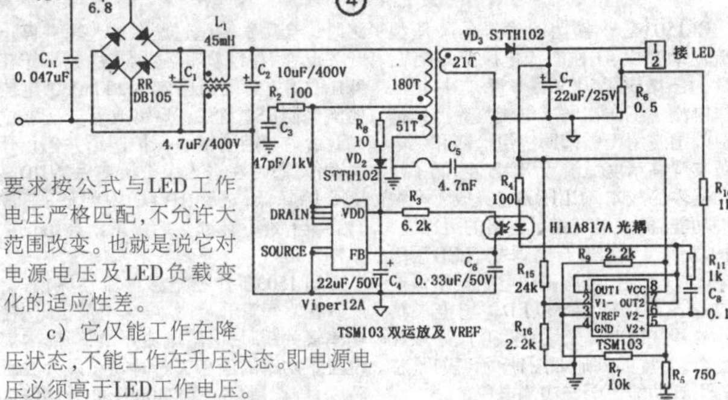

c）它仅能工作在降压状态，不能工作在升压状态。即电源电压必须高于LED工作电压。

d)供电不太方便，一般要配开关稳压电源，不能直接用~220V供电。

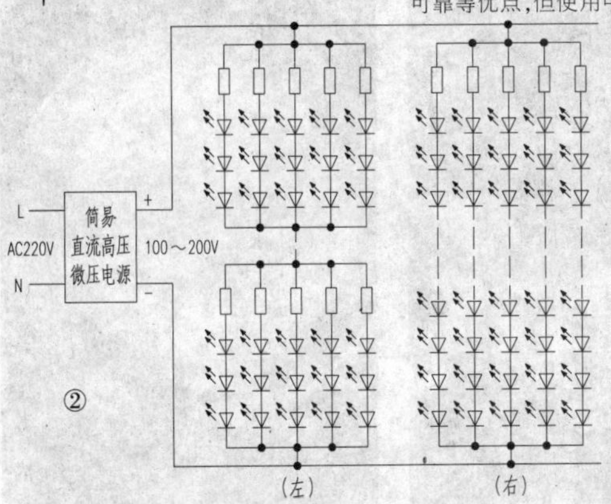

输入整流：将正负变化的交流电变成单向变化的直流电。

滤波：将变化的电压波形平滑成波动较小的直流电压波形。

变压器：储存能量，产生需要的输出电压，原、副边隔离。

输出稳压：稳定输出电压。

取样反馈：将输出电压的变化反映到控制电路，以便采取相应的措施保证输出电压在规定的范围内。

PWM+开关：控制电路，根据反馈回来的信号控制变压器储存能量的多少，从而保证输出的稳定。

采用开关电源驱动的优点：效率高，一般可以做到80%~90%，输出电压、电流稳定。输出纹波小。且这种电路都有完善的保护措施，属高可靠性电源。

LED驱动电源主要有恒压式和恒流式

(1)恒压式：

a)当稳压电路中的各项参数确定以后，输出的电压是固定的，而输出的电流却随着负载的增减而变化；

b)恒压电路不怕负载开路，但严禁负载完全短路。

c）以稳压驱动电路驱动LED，每串需要加上合适的电阻方可使每串LED显示亮度平均；

d）亮度会受整流而来的电压变化影响。

(2)恒流式：

a）恒流驱动电路输出的电流是恒定的，而输出的直流电压却随着负载阻值的大小不同在一定范围内变化，负载阻值小，输出电压就低，负载阻值越大，输出电压也就越高；

b）恒流电路不怕负载短路，但严禁负载完全开路。

c）恒流驱动电路驱动LED是较为理想的，但相对而言价格较高。

d)应注意所使用最大承受电流及电压值，它限制了LED的使用数量；

开关恒流驱动电路见图4。

恒流源和恒压源不同之处就是恒流的那部分电路。

恒流部分：它主要由T1、R8、R9、R5组成。三极管的导通电压0.7V是已知量。R8阻值也是已知量，当电路开始工作后，只要R8和流过R8的电流乘积大于0.7V，三极管开始工作，电路就进入恒流工作。

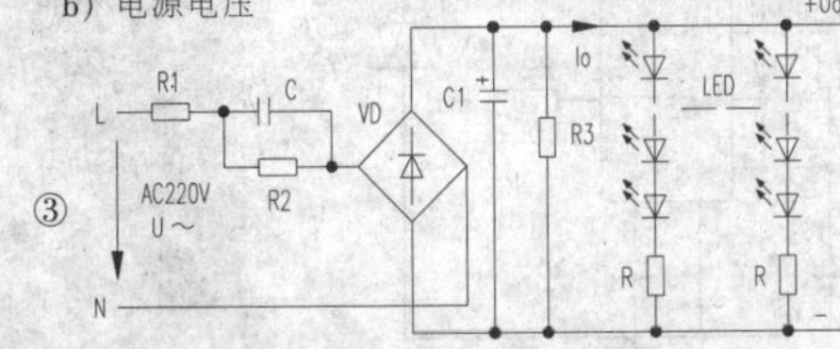

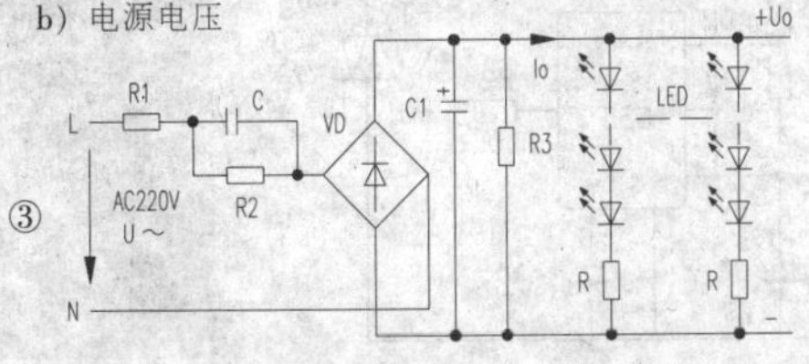

四、LED与LED驱动电源的匹配

我们已经很清楚地知道LED驱动电源只有两种方式：

恒流式：电流不变电压在一定范围内变化(随负载变化)。

恒压式：电压不变电流在一定范围内变化(随负载变化)。

而LED灯配合的方式有三种：串联式，并联式，串并混联式。

串联式：

要求LED驱动器输出较高的电压。当LED的一致性差别较大时，分配在不同的LED两端电压不同，通过每颗LED的电流相同，LED的亮度一致。

当某一颗LED品质不良短路时，如果采用稳压式驱动，由于驱动器输出电压不变，那么分配在剩余的LED两端电压将升高，驱动器输出电流将增大，导致容易损坏余下所有LED。如采用恒流式LED驱动，当某一颗LED品质不良短路时，由于驱动器输出电流保持不变，不影响余下所有LED 正常工作。当某一颗LED品质不良断开后，串联在一起的LED将全部不亮。解决的办法是在每个LED两端并联一个齐纳管，当然齐纳管的导通电压需要比LED的导通电压高，否则LED就不亮了。

并联式：

要求LED驱动器输出较大的电流，负载电压较低。分配在所有LED两端电压相同，当LED的一致性差别较大时，而通过每颗LED的电流不一致，LED的亮度也不同。可挑选一致性较好的LED，适合用于电源电压较低的产品。

当某一个颗LED品质不良断开时，如果采用恒压式LED驱动，驱动器输出电流将减小，而不影响余下所有LED正常工作。如果是采用恒流式LED驱动，由于驱动器输出电流保持不变，分配在余下LED电流将增大，导致容易损坏所有LED。解决办法是尽量多并联LED，当断开某一颗LED 时，分配在余下LED电流不大，不至于影响余下LED正常工作。所以功率型LED做并联负载时，不宜选用恒流式驱动器。当某一颗LED品质不良短路时，那么所有的LED将不亮，但如果并联LED数量较多，通过短路的LED电流较大，足以将短路的LED烧成断路。

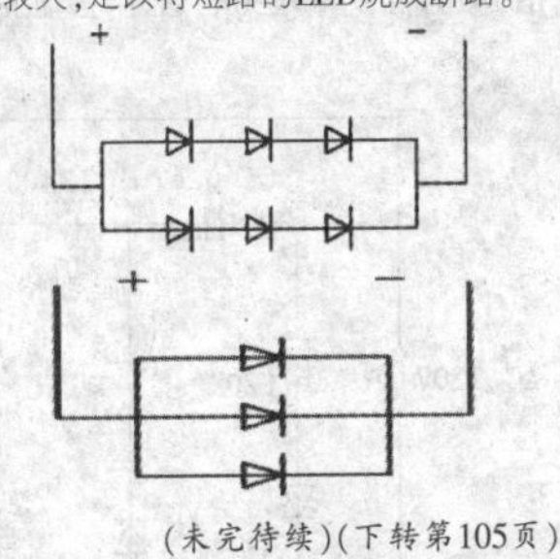

(未完待续)(下转第105页)

◇四川 张鉴怡

CL1503性能优异的降压型恒流驱动芯片

CL1503是一款性能优异的降压型恒流驱动芯片，工作交流电压85~265V，芯片内部集成了500V功率管，芯片超低工作电流，工作在电感电流临界连续模式，外围应用无需辅助绕组检测和供电即可实现高精度恒流，极大地降低了外部元器件的成本。CL1503它集成了多种保护功能，极大地增强了电路的可靠性，保护功能包括LED开路保护，LED短路保护、欠压锁定、电流采样电阻短路保护和过温调节功能、+5%LED输出电流精度。应用在LED日光灯、球炮灯、蜡烛灯的场合。芯片的外形如图1所示、表1是芯片的引脚功能说明与实测电压。

工作原理：电路如图2所示：220V的交流电经安规电容C1滤波，贴片二极管D1~D4组成桥式整流电路，电容C2滤波得到直流电压通过电阻R1提供给CL1503性能优异的降压型恒流驱动芯片的④脚VDD端、工作流程：电容C3充电，当VDD的④脚电压达到芯片开启阈值时，芯片内部控制电路开始工作，电路自动检测VDD引脚电压，芯片进入和退出(UVLO)内部的电压被固定在9V和14V，输出LED过压保护，芯片设置了ROVP脚位在正常工作时的电压为0.5V，输出LED的过压保护功能可以通过设置ROVP脚对地的电阻阻值来完成。

CS脚对地的电流检测电阻过温调节保护功能，在芯片温度过高时，芯片将减小输出电流，达到控制输出功率和温升的目的，使芯片温度保持在设定值，以提高芯片的可靠性。保护控制：在LED开路时，会触发输出过压保护逻辑并停止开关动作，在LED短路时，芯片会工作在5kHz，CS关断阈值限定为200mV，电流检测电阻RS1、RS2、短路或者变压器饱和时，芯片将会触发保护逻辑并停止开关动作。芯片在进入保护状态后，VDD电压开始降低，达到(UVLO)内部后，芯片重启，当故障解除时，芯片重新开始正常工作。

CL1503工作在电感电流临界模式，所以在功率管开启时，电感电流上升。在功率管关断时，电感电流开始下降。内部设置了功率的最小关断时间和最大关断时间，分别是4.5uS和240uS。如果储能电感值很小，toFF会小于最小关断时间，芯片将会进入电感电流断续模式(DCM)，LED输出电流将比设计值偏小。如果储能电感值很大，toFF会大于最大关断时间，芯片将会进入电感电流连续模式(CCM)，LED输出电流将比设计值很大。

电容C4、电阻R3组成RC滤波电路提供稳定的恒流直流电压给LED1~LED15共2路30只贴片LED发光二极管点亮照明，照明功率达到15W。芯片可以设计三种输出电流：①如果输出电压为150V，输出电流180mA。②如果输出电压72V、输出电流240 mA。③输出电压36V、输出电流270 mA。根据自己的需要调整它的电压、电流。本人实测DC空载输出电压113V、DC负载输出电压47V。

元器件的选择：表2给出了全部元器件的清单，供参考，在这里重点讲解一下安规电容C1，为什么要使用安规电容呢？首先它能够用于抑制高频抗干扰电路，高频损耗小，可承受交流尖峰浪涌冲击，过电流能力强，容量和损耗衰减很小，使用寿命长，采用PBT塑料外壳封装，外观性能一致性好，起到对共模，差模干扰滤波的作用，即电容失效后，不会导致电击，不危及人身的安全，所以说他是最好的保护电路。

①

◇江苏 陈 春

表2

元器件编号	名称	产品规格	数量
D1~D4	贴片整流二极管	M7—1A/1000V	4
D5	贴片肖特基二极管	ES13	1
C1	安规电容	0.1UF/275VAC	1
C2	铝电解电容	6.8UF/400V 温度~40℃~105℃	1
C3	铝电解电容	2.2UF/50V 温度~40℃~105℃	1
C4	铝电解电容	4.7UF/250V 温度~40℃~105℃	1
R1	贴片电阻 1206 封装	RS—06K114FT—110K+1%	1
R2	贴片电阻 1206 封装	RS—06L3R3FT—3.3Ω+1%	1
R3	贴片电阻 1206 封装	RS—06K164FT—160K+1%	1
RS1.RS2	贴片电阻 0805 封装	RS—06K114FT—110K+1%	2
LED	贴片发光二极管	5730 直流电压 3~3.6V 功率 0.5W	30
1C	集成电路芯片	CL1503	1
L	变压器	TR—EPC13(5+5)线径 0.21mm—217T~1.72mH	1

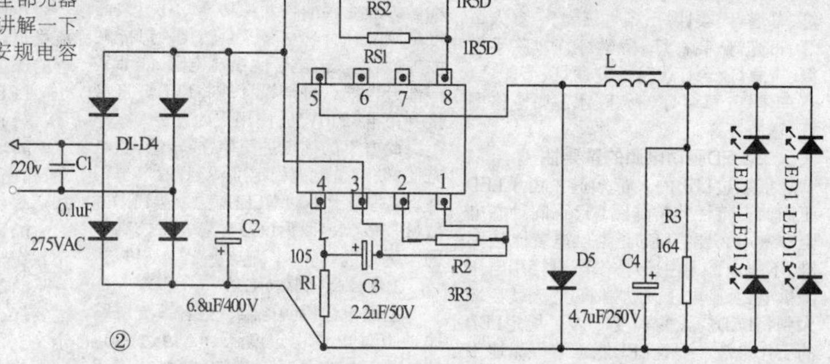

表1

引脚号	引脚名称	引脚功能	负载测量	空载测量
1	GND	接地端	—	—
2	POVP	过压保护设置端	0.5V	0.005V
3	NC	无连接，建议接至 GND	—	—
4	VDD	芯片电源正极	17.2V	11.7V
5.6	DRAIN	内部高压功率管的漏极	252V	209V
7.8	CS	电流采样端	0.027V	0~0.005V

用闲置第一代电饭锅做米酒

米酒，中国各地称呼迥异，江南叫"酒酿"，西北叫"醪糟"。但究其内在，都是一样的：用糯米或普通大米，加入酒曲，经36---48小时30摄氏度左右发酵即成。米酒富含丰富的氨基酸，寒冷的冬季，在早餐时吃上一碗温热的米酒，暖心暖胃又养生。

鉴于家中有若干台闲置的第一代电饭锅，虽然网上的米酒机很便宜，但为了闲置利用，物尽其用，笔者利用2013年电子报第51期的一篇河南蔡自治先生介绍的555调温控制器，成功做出实物给电饭锅控温，并做出香甜可口的酒酿，得到家人的一致赞赏。

现将原理与注意事项分享给诸位报友：

如图1，该电路为蔡先生原创，笔者因为仅有一个可调电阻，故将图中的RP2改为固定电阻30K，这样，控温旋钮就只有RP1了。

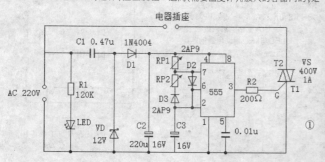

②

如图2，在电饭锅中加入适量的水，经笔者试验，加水量在1/2—2/3处且放入容器之前加。该设计的核心是水浴原理，利用电饭锅的保温挡加上555调温控制，实现水浴中的水温在25—30摄氏度之间(需要温度计)。放入的容器内的，是调好的30摄氏度左右的煮熟糯米或普通大米，并已加入酒曲(笔者的容器是放入500g煮熟米和4g酒曲，见图4成品)。将容器放置在接近电饭锅底部的位置，即保证容器恰好悬浮于电饭锅内(需要调整电饭锅内水位)。保持电饭锅保温档的25—30摄氏度，一般来说，36小时后，香甜的米酒就制作成功了，如果需要更多的酒味，则可以酌情加上一些时间。需要注意的是，容器外的水位一定要高于容器内熟米的最上边位置，不然米会温度不均，造成酸味，这是笔者失败多次后总结的，切记！！！当然，水位也不能高于容器，这样会漏水进容器中，也不行。

图3、4为实物图带温度计和做出的米酒成品。

◇江苏 张光华

①

③

④

单片机系列6:步进电机控制设计(下)

(接上期本版)

5.步进电机工作过程

步进电机的工作原理实际上就是电磁铁的作用原理，当某相定子绕组通电后，产生磁场吸引转子，转子转动一个角度，直到转子的齿与相应的定子的齿对齐。换一相定子绕组通电，转子再转动一个角度……每相轮流通电，转子就会不停地转动。我们以三相反应式电机为例，简述步进电机的工作过程。

电机的初始状态是定子的齿与转子的齿错开一定角度。当A相通电时，此时A相定子周围产生的磁场最强，将离A相最近的转子的齿吸引过来，转子就会逆时针转动一个角度，使离A相最近的齿与A相上定子的齿对齐(图3)；当B相通电时，此时B相定子周围产生的磁场最强，将离B相最近的转子的齿吸引过来，转子继续逆时针转动一个角度，使离B相最近的齿与B相上定子的齿对齐（图4)；当C相通电时，此时C相定子周围产生的磁场最强，将离C相最近的转子的齿吸引过来，转子还是逆时针转动一个角度，使离C相最近的齿与C相上定子的齿对齐(图5)……

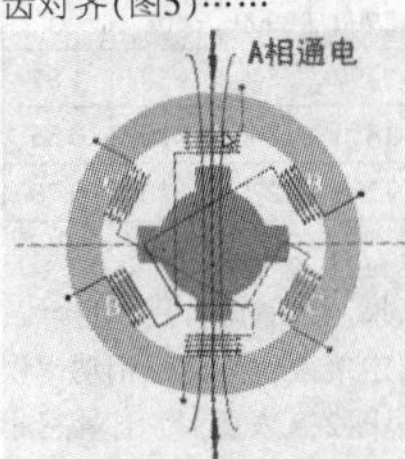

图3 A相通电

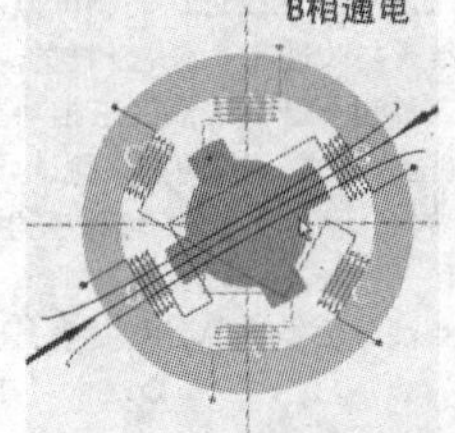

图4 B相通电

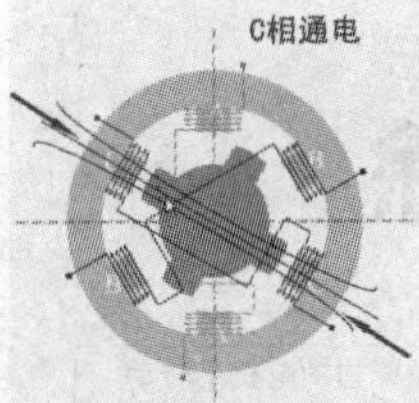

图5 C相通电

上述步进电机的通电顺序为A相→B相→C相→A相，电机逆时针方向旋转。当步进电机的通电顺序为A相→C相→B相→A相时，电机顺时针方向旋转。因此，要改变步进电机的转动方向，只需改变它的通电顺序；要改变步进电机的速度，只需改变相序切换的频率。

6.步进电机常见工作方式(以三相为例)

三相步进电机常见的工作方式有以下三种：

(1)三相单三拍：A→B→C→A

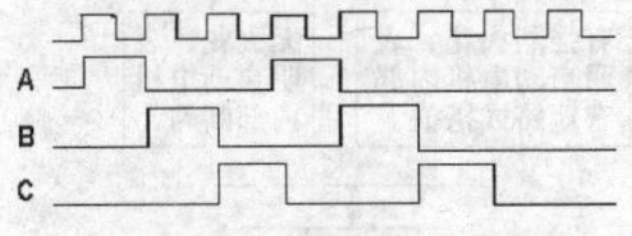

图6 三相单三拍工作方式时序图

(2)三相双三拍：AB→BC→CA→AB

(3)三相六拍：A→AB→B→BC→C→CA→A

图7 三相双三拍工作方式时序图

图8 三相六拍工作方式时序图

二、设计方案

步进电机控制可以用电路、PLC、单片机进行设计。本设计采用89C52设计。编程过程采用C语言。

1.硬件设计

基于单片机的方向可控步进电机硬件电路(图9)主要由AT89C52控制模块、按键模块、LED显示模块、步进电机驱动模块组成。

本设计采用3个按键K1、K2、K3，分别控制步进电机的正转、反转、停止，同时用3个LED灯显示步进电机的三种状态。由于单片机输出电流较小，无法直接驱动步进电机，因此采用ULN2003A驱动。

ULN2003A是集成达林顿管IC，内部还集成了一个消线圈反电动势的二极管，可用来驱动继电器。ULN2003A最大驱动电压50V、电流500mA，输入电压5V，能与TTL和CMOS电路直接相连。ULN2003共16个管脚，组成7对达林顿管，1-7脚为输入，10-16脚为输出，8脚接地，9脚公共端。输出与输入反相。

2.软件设计

电路中步进电机是四相电机，工作方式如果用四拍，那么P1输出的(正转)顺序为0x03、0x06、0x0c、0x09，P1输出的(反转)顺序为0x09、0x0c、0x06、0x03。当按下K1时，D1亮，步机电机正转；当按下K2时，D2亮，步进电机反转；当按下K3时，D3亮，步进电机停止。设计思路见图10。

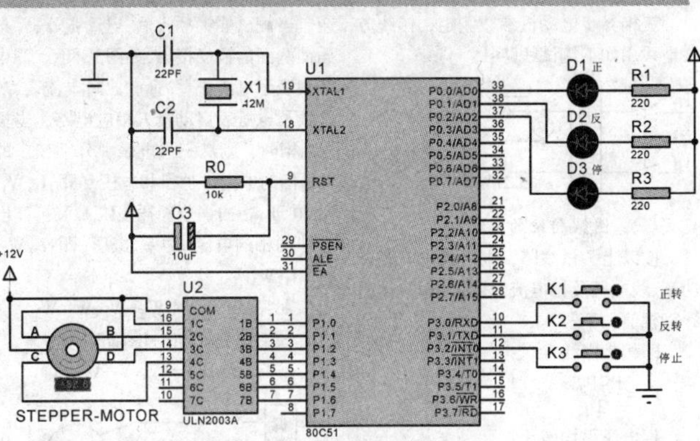

图9 方向可控步进电机电路

程序清单：

```
#include <reg51.h>
#include <absacc.h>
sbit p10=P3^0;//定义按键
sbit p11=P3^1;
sbit p12=P3^2;
sbit D1=P0^0;  //定义指示灯
sbit D2=P0^1;
sbit D3=P0^2;
#define  UP   20//定义按键名称
#define  DOWN  30
#define  STOP  40
void delay()//延时程序
{unsigned i,j,k;
for(i=0;i<0x02;i++)
for(j=0;j<0x02;j++)
for(k=0;k<0xff;k++);}
main()
{unsigned char temp;
int i;
while(1)
{if(p10==0)
{temp=UP;//控制正转
P1=0X00;
delay();}
if(p11==0)
{temp=DOWN;//控制反转
P1=0X00;
delay();}
if(p12==0)
{temp=STOP;//控制停止
}
switch(temp)
{case UP :
D1=0;//指示灯
D3=1;
D2=1;
P1=0X03;//控制正转0011
delay();
delay();
P1=0X06;//0110
delay();
delay();
P1=0X0C;//1100
delay();
delay();
P1=0X09;//1001
delay();
delay();
break;
case DOWN:
D2=0;//指示灯
D3=1;
D1=1;
P1=0X09;//控制反转1001
delay();
delay();
P1=0X0C;//1100
delay();
delay();
P1=0X06;//0110
delay();
delay();
P1=0X03;//0011
delay();
delay();
break;
case  STOP ://控制停止
D3=0;//指示灯
D1=1;
D2=1;
P1=0X00;
delay();
delay();
break;
}}}
```

◇福建工业学校 黄丽吉
福建中医药大学附属人民医院 黄建辉

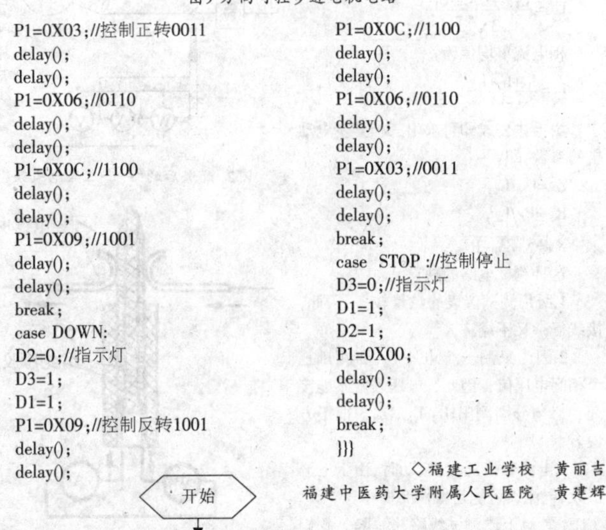

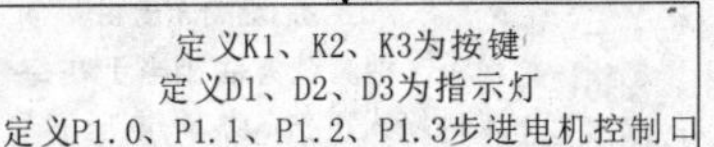

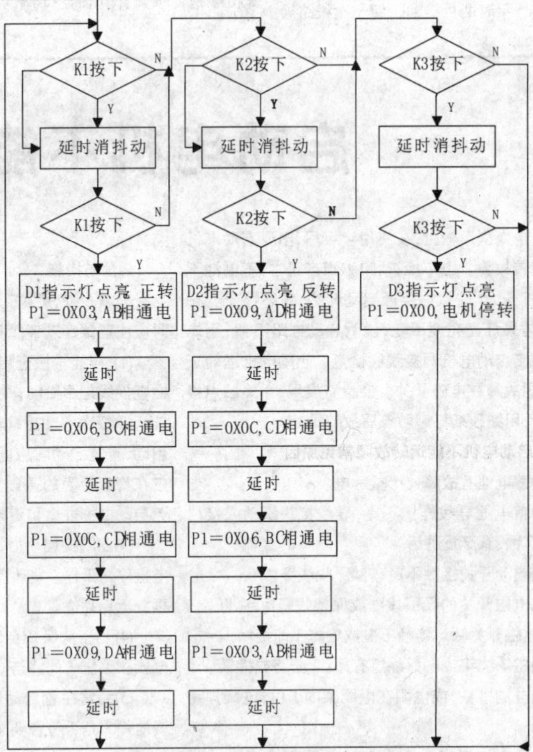

图10 方向可控步进电机软件设计流程

“一套三只电表法”测量异步电动机参数

三相异步电动机参数测定，传统方法是采用如下测试线路：

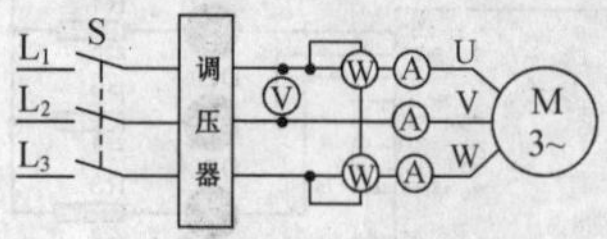

图1 传统的测试法

按以上测试线路，同时测出三相总功率、线电压及相电流，然后根据测试值计算相值如下：

即相功率为：

$P_{相}=\frac{P_I+P_{II}}{3}$

相电压平均值为：

$U_{相}=\frac{U_{L1L2}+U_{L2L3}+U_{L3L1}}{3\sqrt{3}}$

相电流平均值为：

$I_{相}=\frac{I_{L1}+I_{L2}+I_{L3}}{3}$。

由上述公式即可求出三相异步电动机的参数，即：

$Z_{相}=U_{相}/I_{相}$，

$R_{相}=P_{相}/I_{相}^2$，

$X_{相}=\sqrt{Z^2_{相}-R^2_{相}}$。

这种测试电路的缺点是：

1.所用测试仪表的数量较多，因此，接线复杂又不经济。

2.因为只用一个电压表，要测量三个相间电压值，因此，电压表就不能接死，必须分别测出U_{AB}、U_{bc}、U_{CA}，很不方便。

3.电流表接死后，起动时，由于电流很大，电流表可能超量程而损坏。

针对上述测试线路的缺陷，我们改进了测试方法，如图2所示。称为“一套三只电表”法。

图中弹性插孔是用弹性较好的磷铜皮做成，平时两片接通，使一次线路导通。当测试插销插入后，自动张开，并与插销两面的铜皮接触，如图3所示。图中箭头表示电流流动方向。此时电流表，功率表及电压表自动接入相应电路，当插入L_1相时，则从三只电表中分别读出的是L_1相的电流、功率和电压。即：I_1，W_1，V_1。同理，将插销分别插入L_2，L_3又可读出另外两相的电流、功率、电压，即：I_2，W_2，V_2和I_3，W_3，V_3。

则：三相总功率$W_\Sigma=W_1+W_2+W_3$，

平均相电流$I=(I_1+I_2+I_3)/3$，

平均相电压$V=(V_1+V_2+V_3)/3$。

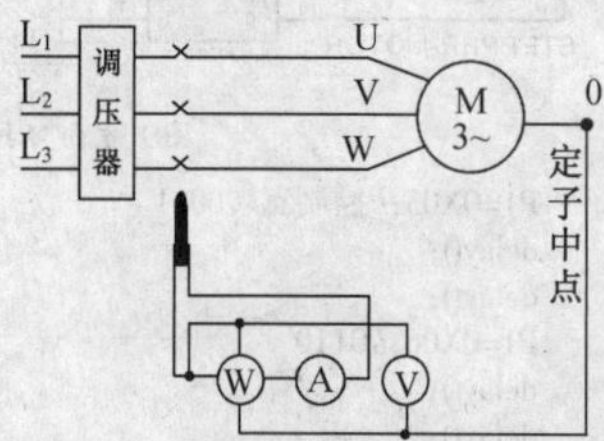

图2 改进后的“一套三只电表法”

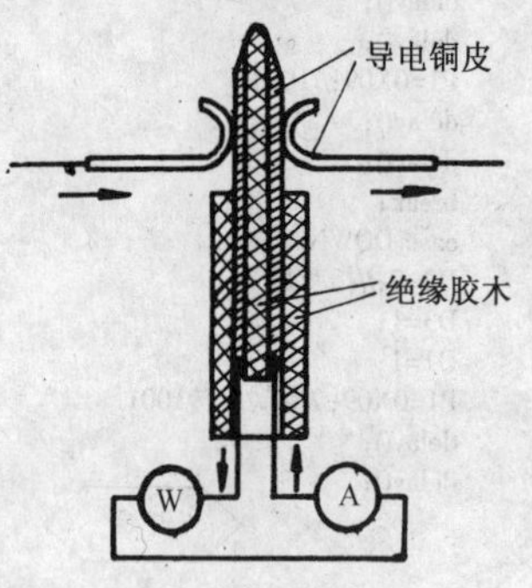

图3插销示意图

这种测试方法相当于在每一相中同时接入电流、功率、电压三只表，不管负载是否平衡，测出的总功率都是正确的。

通过以上改进，测试接线大大简化，所用仪表大为减少，又避免了因电动机启动电流过大而冲击电流表。

这种用一套三只电表的测试接线形式，用于三角形接法的三相异步电动机时，因为它无中性点，所以可将接到中点的线改接到L_2相来测量电动机的功率。(此法也适用于星形接法的异步电动机)。图4与图2的区别仅仅是将公用线从中性点移至L_2相。测量时，分别插入各相，并读出相应值，它和图1线路原理是一样的，只是图1是将仪表接死，而图4的仪表是活接的，需异步机起动完毕再进行测试。图4与图2测试结果一样，且仍然是仅用一套三只电表就可完成测试任务。

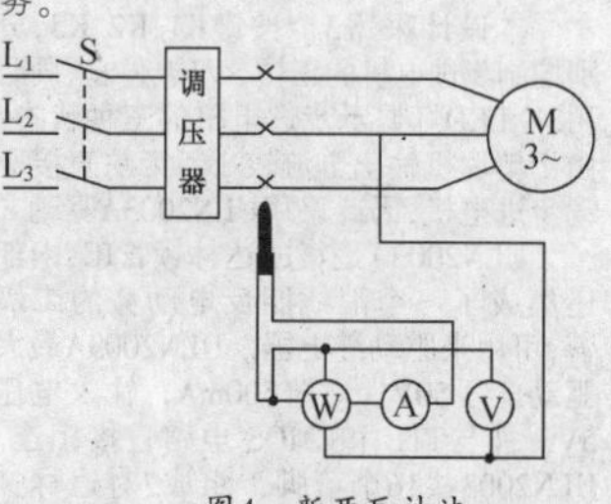

图4 新两瓦计法

现在分析一下图2与图1的测试结果是否引起很大的误差。这两种方法的差别仅仅是由电流表和功率表电流线圈的内阻引起的三相不平衡度不同，不过电流表线圈的内阻极小，其影响甚微，可忽略不计。为了证实图2的测试法与图1的测试结果一样，我们分别用两种方法进行了测试。为了便于比较，每种测试都接入一只三元件三相功率表作为标准。

表l是用图1接线测试的数据。

表1

$I_{相}$/A	$U_{相}$/V	$P_\Sigma=P_1+P_2$/W	P*/W	△P/W	$\Delta P\%=\frac{\Delta P_1}{P^*}\%$
7.067	212	3320	3340	20	0.59
6.016	212	2780	2800	20	0.7
5.016	212	2300	2320	20	0.86
4.016	212	1740	1740	0	0
3.016	212	1127	1150	23	2.0

平均误差：△P%=0.83%。

表中：$I_{相}=(I_{L1}+I_{L2}+I_{L3})/3$

$U_{相}=(U_{L1L2}+U_{L3L2}+U_{L1L3})/3\sqrt{3}$，

$\Delta P=P^*-P_\Sigma$，

P*为三元件三相功率表测试的数据。

表2是用图2接线测得的数据

表2

$I_{相}$/A	$U_{相}$/V	$P_\Sigma=P_I+P_{II}+P_{III}$/W	P*/W	△P/W	$\Delta P\%=\frac{\Delta P}{P^*}\%$
7.15	175.6	3430	3460	30	0.86
6.18	174.6	2900	2900	0	0
5.3	176.6	2490	2540	−50	1.97
4.1	175	1810	1800	−10	0.55
3.23	174.6	1280	1270	−10	0.78

平均误差：△P%=0.83 2%。

从实验结果可以看出：用图1接线，将测试仪表固定接入，测试三相功率误差为0.83%；用图2接线，分别测量三相功率，然后相加，三相功率误差为0.832%，可见用改进后的测试方法，测出的结果与改进前基本是一样的。

这种用一套仪表测量三相功率、电流、电压的方法，不仅可用来测试异步电动机参数，也可用于对三相变压器参数测定和一般电工的三相功率测量。改进后的测试方法经济、简便、安全，且效果良好。

◇辽宁 孙令伊

启动电机不能运转的故障排除

一台变型运输机，在使用半年后，出现启动电机不能运转故障。上车检查，喇叭声音正常，蓄电池不亏电；打开大灯，然后接通启动开关，观察灯光变化情况，结果灯光亮度不变，说明启动电路不通；用螺丝刀搭接启动电机两接线柱检查，启动电机运转正常，说明故障在电磁开关。经检查发现，开关触点接触不良，用细砂纸打磨触点后故障排除。

1.启动电机不能运转故障常见原因

(1)蓄电池有故障或严重亏电。

(2)蓄电池导线连接不良，导线接头松动或接柱氧化、腐蚀、有严重脏污。

(3)启动开关接触不良、烧坏、脱线等。

(4)电磁开关的吸引线圈或保持线圈短路、断路、搭铁；电磁开关触点接触不良或根本不能接触。

(5)磁场绕组或电枢绕组有短路、断路或搭铁。

(6)电刷搭铁，或电刷在电刷架内卡住，电刷弹簧折断。

启动电机不能运转故障可根据图1流程来诊断与排除。

2.预防措施

为减少使用中启动电机不转等故障的发生，平时应注意做好以下保养：

(1) 应经常检查启动电机及其开关的紧固情况，检查接线是否松动，并及时去锈。

(2)每次启动持续时间不得超过5 s，若一次不能启动，重复启动时应间隔15 s，连续3次启动不成功，应在检查原因的基础上，停歇15 min后再启动，以避免启动电机过热和蓄电池过度放电而损坏。

(3)发动机启动后，应立即松开启动钥匙，使启动电机停止工作。发动机运转时，严禁将启动开关钥匙再旋至启动位置。

(4)要经常保持启动电机各部位的清洁，特别是电刷和整流子的清洁。

(5)经常注意启动电机轴承的润滑，检查电刷弹簧的弹力是否符合要求，整流子是否失圆等。

◇辽宁 孙令伊

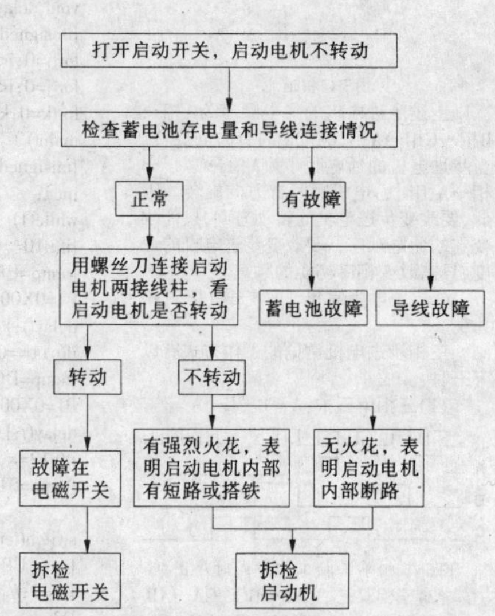

图1 启动电机不运转故障的诊断与排除流程图

5G新媒体平台逐渐普及应用

当前信息技术日新月异，中央广播电视总台顺应技术革命趋势，及时建设5G新媒体实验平台，具有广阔的发展前景。

在全国两会即将开幕之际，中央广播电视总台5G新媒体平台于2月28日成功实现4K超高清视频集成制作。遍布多地的16路4K超高清视频信号，通过5G网络实时回传至总台5G媒体应用实验室，并通过华为5G折叠手机实现4K节目投屏播出。

这标志着中央广播电视总台5G新媒体平台，已经可以满足集成多路4K超高清信号和多类型节目制作形态的条件，具备了多点、多地，全流程、全功能4K超高清节目集成制作和发布能力，将在今年两会报道中投入使用。

5G新媒体实验平台引起高度重视

2月26日，中共中央政治局委员、中宣部部长黄坤明到中央广播电视总台考察5G新媒体实验平台。

黄坤明实地察看了中央广播电视总台5G新媒体实验室、12个城市16个报道点的5G+4K超高清实时传输、5G网络环境下的移动制作、VR制作、家庭影音，5G折叠式手机传输等。

他指出，中央广播电视总台5G新媒体实验平台的建设，是贯彻落实习近平总书记关于媒体融合要充分应用信息革命成果重要指示的创新举措。当前信息技术日新月异，中央广播电视总台顺应技术革命趋势，及时建设5G新媒体实验平台，具有广阔的发展前景。

在2月28日的发布仪式中，中宣部常务副部长王晓通、华为等相关负责人参加了活动。

中宣部副部长、中央广播电视总台台长慎海雄，以及中央网信办、国家发改委、科技部、财政部、中国电信、中国移动、中国联

总台记者分赴北京、上海、广州、深圳、青岛、杭州、南京、成都、福州、郑州、哈尔滨、鹰潭等12个城市，并通过5G实验网从各地同时传回16路4K超高清直播信号，并通过华为5G折叠手机实现4K节目投屏播出。

慎海雄表示，在各方的共同努力下，5G媒体应用实验室建设取得了突破性的进展，开展了一系列视频应用和产品创新研究。在今年春晚直播中实现了4K超高清内容和VR内容的5G网络传输，进行了11个城市的首轮5G网络4K回传测试；基于5G网络的移动制作、VR制作和家庭影视环境系统等也已基本成型。

中央广播电视总台将全力打造“4K+5G+AI”的全新战略格局，在全国两会前完成5G各项测试，并投入使用；在庆祝新中国成立70周年大庆直播活动中进行5G移动直播，努力建设以“央视频”为品牌、短视频为主打的视听新媒体旗舰，打造自主可控、具有强大影响力的国家级新媒体平台。

总台正在推进“4K+5G+AI”的战略布局

去年年底，中央广播电视总台联合中国电信、中国移动、中国联通、华为公司，合作建设我国首个国家级5G新媒体平台。此后，在中央广播电视总台2019年春晚期间，已经成功实现了深圳、长春分会场4K超高清电视信号通过5G网络实时回传。

而4K方面，去年10月1日，中央广播电视总台成功开播4K超高清频道，目前日均播出8小时原创超高清4K节目，为5G网络的商用提供了丰富的内容资源。

未来，中央广播电视总台将持续探索媒体智能化应用，以大数据、人工智能技术为5G新媒体平台建设和业务生产赋能，形成“4K+5G+AI”的战略布局，努力打造自主可控、具有强大影响力的国家级新媒体平台。

慎海雄指出，技术创新是媒体变革的核心驱动力，此次中央广播电视总台5G新媒体平台4K集成制作的成功将是一个新的起点，总台将坚持“台网并重、先网后台、移动优先”战略，加速进入互联网主阵地，努力打造具有强大引领力、传播力、影响力的国际一流新型主流媒体。

广东广播电视台已经开展5G应用

日前，广东广播电视台首次成功应用5G+移动演播室进行高清直播，先后联合中国联通、中国移动在春节期间新闻报道中完成室内外使用5G直播。

2月2日，广东广播电视台联合中国联通完成了5G+移动演播室高清直播。此次直播选取的是5G信号覆盖较好的白云机场室内，构建直播室高清信号采集与传输链路。通过移动演播室设备接入5G网络，将现场高清信号传输至演播室，台内新闻演播室直接切换5G传输的现场直播信号。

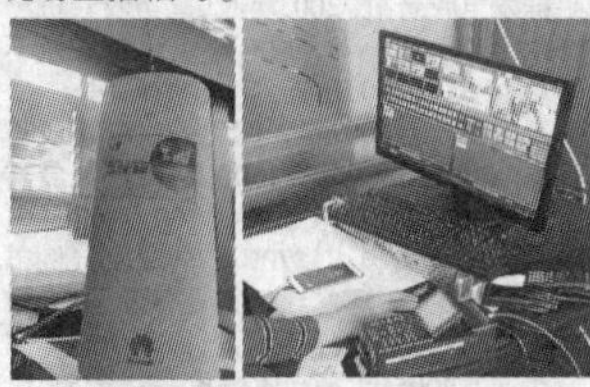

2月19日，广东广播电视台与中国移动合作推出5G直播看灯会节目。从元宵当日17时至22时期间，新闻频道、珠江频道、TVS1、TVS2等不同时段的多档新闻栏目先后与前方记者通过移动5G连线直播，向电视机前的观众展示灯会盛况。

此次直播点选取在越秀公园室外人流量大的主灯和环保灯组处，通过移动演播室设备和移动直播背包接入5G网络，直播全程5G网络支撑稳定，信号传输流畅，有效满足了节目实时传输的需求。此次直播首次应用了移动直播背包与5G网络结合进行直播。

以往新闻直播报道采用4G技术，现场人流量大，导致直播画面有卡顿，5G网络具有低时延、大带宽、高可靠性等特性，使得其在电视直播的应用上有着4G网络所无可比拟的优势，完美解决了移动采编场景下的高清视频回传，大大增加画面清晰度并改善时延，随着5G网络覆盖的完善，高清直播有望不再依赖于传统方式传输，节目的灵活性将大大增强。

吉林、四川广电同一天签署5G合作

2月27日下午，吉林广播电视台、中国联通吉林分公司、华为技术有限公司共同签署了《5G新媒体应用战略合作框架协议》。

吉林广播电视台台长许云鹏表示：“吉林广播电视台将全力推动5G核心技术在4K超高清节目传输中的技术测试和应用验证，完成以4K超高清视频为核心的媒体应用测试。同时，还将继续加大对新媒体的投入，打造5G+4K+VR的组合，构建超高清直播节目的多屏、多视角等全新场景。”

根据合作协议，三方一致同意在通信服务、产品提供、资源共享等领域建立战略合作伙伴关系，合作推进5G新媒体应用实践。

三方将重点针对5G环境下4K超高清节目的多路传输等进行全面测试和应用研究，积极开展研究5G环境下的视频制作、应用和产品创新，包括VR/AR、无人机、人工智能应用等，形成5G媒体应用的布局和快速响应能力。

此外，将全力推动5G核心技术在4K超高清节目传输中的技术测试和应用验证，完成以4K超高清视频为核心的媒体应用测试，力争在相关节目中，使用5G技术进行4K超高清视频直播信号的传输。

同一天，四川广播电视台与华为公司签署战略合作协议，启动双方在5G新技术、超高清产业、人工智能、媒体融合、区块链、微服务、云安全等领域战略合作，共同助推智慧广电建设，构建共赢生态圈。

本次双方战略合作将依托四川广播电视台在媒体和传播领域的优势，结合华为公司在5G、云计算、大数据、物联网和移动互联网等信息化技术领域的优势，在5G新技术、超高清产业、媒体融合等多领域展开全面合作。

“双方的合作，不仅是资源上的互动发展和业务领域的全面对接，更是产业生态体系上的融合贯通和战略上的跨界协同。”四川广播电视台党委书记、台长刘成安介绍称，川台正处于融合发展、转型发展的关键时期，技术是其中的重要推动力。

四川省广播电视局局长李酌在发言中指出，在舆论生态、媒体格局、传播方式正在发生深刻变化的当下，技术引领和驱动已经成为媒体融合发展的重要支撑，“为完成新时代广播电视肩负的重要使命，必须加强广播电视与新媒体新技术新业态的跨界融合”。

◇杨新文

电气线缆颜色与安全标识的识别

为了操作安全，避免安全事故的发生，电工对线路和颜色标识都有明确、严格的规定。电气线路颜色必须依据国家标准，电气母线和引线应做涂漆处理，，并按相分色。

其中第一相L1为黄色，第二相L2为绿色，第三相L3为红色。

交流回路中零线和中性线要用淡蓝色、接地线要用黄/绿双色线，双芯导线和绞合线用红黑并行。

在直流回路中，正极用棕色线，负极用蓝色线，接地中线用淡蓝色线。

对于手持电动工具的电源线，明确规定黄/绿双色线在任何情况下只能用于接地线或零线。

电工安全标志是用来警示或提醒电力操作人员或非电力操作人员的。电工安全标志由安全色、文字、几何图形共同构成，用以提醒人们注意或按标志上注明的要求执行。安全标志不同的颜色代表不同的含义。

根据国家标准，安全标志中安全色为红黄蓝绿四种，含义见下图：

颜色	含义
红	禁止、停止(也表示防火)
蓝	指令、必须遵守的规定
黄	警示、警告
绿	提示、安全状态、通行

对安全标志中的文字、几何图形及符号标志的颜色也有明确的规定：黑色用作安全标志的中文字、几何图形以及符号的标志；白色用作安全标志，是红蓝绿的搭配色，它与安全标志中背景色的搭配原则是红-白，黄-黑，蓝-白，绿-白。

下图为常见的安全标志牌：

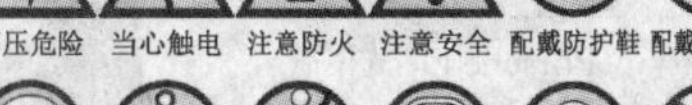

高压危险　当心触电　注意防火　注意安全　配戴防护鞋　配戴防护手套

配戴安全帽　配戴防护服　请系安全带　请戴耳罩　请戴护目镜

◇四川　黎明

TECSUN德生实现普及音响之梦

梦想从爱好起步

1977年首次高考，梁伟考进了华南理工大学工程系无线电技术专业（同班的还有TCL的李东生、创维的黄宏生、康佳的陈伟荣等人）。1988年，中国电子进出口总公司华南分公司在广州成立了一家下属企业——迪桑电子有限公司，并在同一年在东莞开设了一家名为"迪生"的收音机工厂。梁伟当年是"迪桑"的副总经理，兼任"迪生"收音机的厂长。

1992年，迪生的收音机的年产量已达141万台，公司高层士气大振，认为迪生既然能做收音机，一定也能做无线电话、卫星通信等等高端产品，甚至还打算做股票、炒房地产，计划将公司彻底转型，并且把收音机归类为夕阳产品。梁伟认为盲目的扩张策略将会导致衰败，于是在1993年底离开了他一手创厂的迪生。1994年12月，正式注册"东莞市德生通用电器制造有限公司"，德生收音机品牌由此诞生。

做中国最好的收音机

其实从实际现况评断，也难怪迪生高层会有如此的论点，收音机市场在当时的确迅速衰退，欧、美、日主要厂商纷纷撤出，没有人看好梁伟再投入这个领域。不过梁伟对于收音机产业有自己的见解，他分析统计数据，发现超过2.35亿的美国人每周依然使用收音机长达22小时，83%的法国人每天依然聆听广播3小时以上，全球广播电台的数量并未减少，广播广告依然连年增长，大陆的内需市场更是庞大。这些数据证明收音机产业仍有可为，其他大厂的退出刚好给了德生发展空间。在一众股东好友的集资力挺之下，梁伟在1994年创立了德生通用电器制造有限公司，厂址就设在距离迪生800米之外的火炼树村。

虽然首批员工只有10人，但他们都是以一顶百的收音机行业精英。"专业专心，制造中国最好的收音机。"从当年德生挂在火炼树的工厂工程部墙上的这句话，可以找出梁伟弃迪生而去另立门户的原因。同样热爱收音机事业的钟志瑾，以及现在德生助理总经理欧阳东等人，从迪生跳槽过来德生。

德生 R-909

德生的第一年也异常艰难，整整一年只有投入没有产出，来自投资者的压力以及各方面的舆论接踵而来。一年后，也就是1995年，德生的第二批员工15人，第三批员工80人相继入厂。所生产的第一批3000台德生收音机"R-909"于4月出口。到了10月，在《读者》杂志和《电子报》等刊物上刊登了德生收音机精品系列广告，并正式开始以"TECSUN"品牌向国内市场销售。

德生的收音机生产线

创业第三年，德生的内销与代工业务双线并行，公司开始快速成长。员工大幅增加到300人，生产线也从四条扩充到六条，但是依然必须加班赶工，才能应付蜂拥而至的订单。

德生为Porsche Designs代工制造的手摇发电收音机

2001年美国发生911事件，2003年美加西岸发生大断电，这两个事件让德生制造的手摇发电收音机在美国狂销热卖，一年可以卖出100万台，甚至连美国军方也请德生研发军用手摇发电收音机。2003年时，此类收音机已占德生年产值的一半，原有厂房设备已经不敷使用，于是在2006年迁到新建的厂房。

从2003年到2007年，德生的收音机成长达到巅峰，员工最多时有1500人，月产量最高纪录超过40万台，年产量超过360万台，国内高阶收音机市占率达到70%，全球收音机市占率达到10%。工厂产线从模具开发、机壳塑料、CNC金属加工、收讯线圈到音箱单元全部自行生产。2005年，德生收音机被认定为"广东省著名品牌"。现在德生已经不再承接代工业务，专心经营自有品牌，并且积极发展高级音响产品，但是收音机年产量依然有100万台的水平，规模绝非微型Hi End音响产业所能比拟。

重视质量

相较于"Hi-End"音响，德生的产品实在不贵，但是对于质量的要求，却可能超越大多数Hi End音响的标准。如果以年产量100万台计算，只要其中1%的产品有瑕疵，每年就有1万台收音机必须回厂维修，这对德生来说将是沉重的负担，所以严格品管势在必行。

为了测试收讯质量，产品甚至跑到新疆和西藏等边陲地区去试波段。1999年，为了打造中国北极科学考察队使用的收音机，将产品放到零下40℃的低温环境测试。为了测试HD80的线路特性，通过高科技实验室的精密仪器，测试线路与组件的失真特性。每一款产品在研发时，都经过了长时间的疲劳使用，务求提出任何微小的缺点。

德生在代工时期，曾有一家美国大客户希望德生投产他们设计的一款收音机，但是德生发现设计有问题，坚持不能量产。这位美国客户拗不过德生，威胁德生如果不投产，他们就要找另一家印度厂商代工。结果没想到德生不但没有挽留，还把所有相关的模具与料件打包妥当，全部送给这位客户。后来这款产品推出之后，果然出现许多问题，让这家客户伤透脑筋。可见德生宁愿不赚钱，也不愿意在质量上有所妥协的态度。

这台HD-100数字播放器是德生跨足音响领域所研发的第一款产品，研发什么功能都想要、内建大容量硬盘、还要读取显示完整的曲目信息，结果导致开机读取速度超慢，这就是工程师思维下的产物。也被梁伟戏称为"成功之母"，研发中的失败教训，为德生后续产品提供了宝贵经验。再看后来正式推出的HD80音响管家，它不内建硬盘，只用存取快速的SD记忆卡储存音乐。它也不读取曲目信息，只用最简单的文件夹架构浏览音乐。一切设计都指向一个目标，那就是"开机就要有声"，梁伟称之为"秒开"，这就是从使用者体验出发的设计。

目前德生的小型音响系统已经建构完成，包括HD-80数字讯源、PM-80综合扩大机、SP-80A书架音箱，外加草根耳机与开发中的PD-50与PD-100随身播放器。这样的系统价格不贵、体积不大，但是已经可以让人充分领略均衡音乐之美。接下来德生不会急着继续推出新产品，也不打算推出高价系列，"太贵的器材，只会让音响的路越走越窄，让普通人无法进入这个领域"，梁伟说他接下来的推广重点，是尽可能地让更多人体验什么才是正确的声音，实现"普及音响"的终极目标。

草根耳机——好听、好推、耐听、耐戴

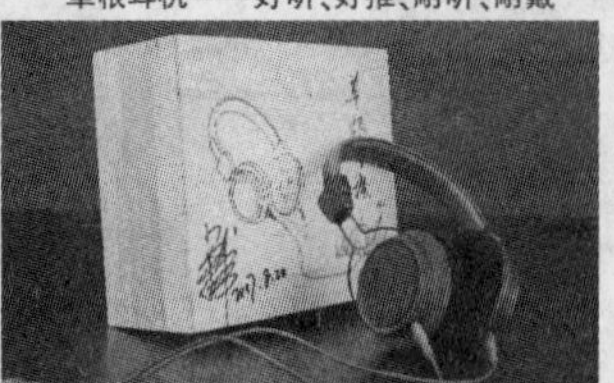

梁伟设计草根耳机时，提出好听、好推、耐听、耐戴四大目标。此外他还特别强调开放式耳罩设计，他认为密闭式耳机就像是用手捂住耳朵一般，听觉对于高、中、低频的感受能力将会因此改变，开放式耳机则更接近自然的耳朵压力状态。梁伟透露草根耳机原本只有在试作阶段采用实木车削外壳，正式量产时应该改采塑料外壳，没想到实验之后，发现只有木制外壳的声音最好，最后才决定量产版也采用实木外壳。接下来草根耳机将会升级，头带支架会换为与HP-300高阻抗版相同的样式，价格也会往上调升一些。

HP-300高阻抗版的单元阻抗经过精密调校，实木外壳的尺寸也配合单元而略微加大，只要设计得当，高阻抗版本的细节解析力会比低阻抗耳机好上许多。不过梁伟特别强调HP-300的声音特性并不能完全取代鉴听耳机，而是在鉴听耳机的精确性与家用耳机的悦耳性之间取得了最佳的协调点。

HP-300高阻抗版耳机的实木耳罩外壳尺寸较大，头带支架的质感也较高级。

PM-80综合扩大机——小功率却有绝佳的均衡性

PM-80的体积小巧，输出功率只有25瓦。德生目前每一款音响的设计初衷，都是以做给自家员工使用为出发点，PM-80也不例外。因为是员工使用，所以成本不能太高，输出功率自然也没办法做到太大。不过梁伟强调，许多人用"扩大机能不能推动音箱"当作评断扩大机实力的标准，但是我们真正应该关注的，其实是"扩大机能不能把音箱推到平衡"。PM-80的输出功率虽然有限，但是它却能在适中的音量下，展现出均衡的三频分布，只要做到这点，你其实不会觉得它推力不够。

PM-80的线路没有特殊技术，就是扎扎实实的将基本放大线路做好。只不过将用在收音机的噪声屏蔽理念放进PM-80，在线路layout与强电、弱电的区隔上做了精心规划，将失真降到最低。音量控制也试过许多电位器，最后才找到声音最好的组件。在一次在音响展中，连日本Stereo Sound的评论员都对PM-80的表现赞赏不已，梁伟这才决定让PM-80量产。

SP-80A——最接近3/5A声音特质的完全复刻版

为什么要复刻3/5A音箱呢？梁伟说他自己是3/5A迷，曾在广东"刀王"李积回的音响博物馆里比较过28对原版与复刻3/5A音箱，发现许多玩家刻意追求3/5A的中频，其实是错误的调音方向，因为真正原版3/5A其实是可以唱交响乐的。从这个方向出发，音箱设计者何玉庭先生开始以原版3/5A为蓝本，完全控制复刻版的箱体材料与共振特性，搭配振膜阻尼与相位经过精心调校的单元，经过无数试作调校之后，终于完成这款位接近原版3/5A声音特性的复刻版SP-80A音箱。

HD-80音响管家——每一处设计都是扎实的硬功夫

HD-80的功能众多，包括数字档案播放、USB DAC、耳扩、前级、蓝牙，以及模拟讯号转录数字档案功能，实在很难将它归为某一个类别的产品，难怪德生叫它"音响管家"。HD-80的核心芯片并不是厂制品，而是由王新成老师所特别开发的定制品。目前王老师是一家新创芯片设计公司的首席科学家，他是当年VCD规格的开发者，如今研究的领域包括电视中的视频处理芯片、交换式电源的芯片、无线充电的芯片、音频处理芯片等等。对于模拟耳扩线路也有深入研究，在梁伟提议下，花了半年写成「高保真耳机扩大机仿真与制作」一书，从基础理论开始讲起，每一个电路都可实作验证，这本书目前已有日文翻译版推出，HD-80的耳扩线路，就是参考其中一个案例设计而成。这个线路早在几十年前就已底定，没有任何神秘之处，就是扎实做好线路layout。相对于其入门级售价，更显示HD-80的超值。

左侧有高输出与低输出两个耳机插孔，可以依照耳机的阻抗与灵敏度，选择最适当的输出插孔。这两个耳机孔可以同时输出，方便两人同时聆听音乐。

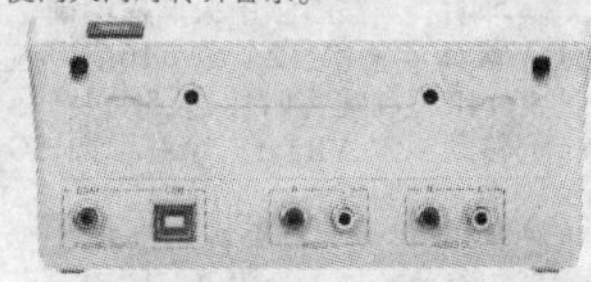

背板从左至右分别是数字同轴输入端子、USB输入端子、一组RCA模拟输入端子与一组RCA输出端子。分别在HD-80作为USB DAC、前级与黑胶转录时使用。

TECSUN BT50蓝牙DAC耳扩——超级轻量，音乐能量却很充沛

近年蓝牙无线耳机渐成趋势，如iPhone等不少手机甚至直接取消3.5mm耳机孔，让许多优质有线耳机顿时英雄无用武之地，Tecsun德生推出的BT50蓝牙DAC耳扩，就是为了解决这个问题而诞生的产物，只要将耳机插上BT50，你心爱的有线耳机就可立刻复活，摇身一变成为最时尚的蓝牙无线耳机。

内藏的600mAH聚合物锂电池，连续聆听时间长达24小时，如果一天听3小时，可以一个星期不用充电。BT50的设计简洁，重量极轻，放在上衣口袋完全感觉不到压力。操控接口则继承德生一贯直觉一用的作风，一共只有三个按键，长按电源键是开、关机，短按则是播放与暂停，长按音量键可以调整音量，短按则是前、后选曲。BT50具备一个Micro USB端子，除了用作充电之外，连接计算机还可当作USB DAC使用，此时计算机无需安装驱动程序，即可直接使用，不过音乐档案分辨率仅限于16bit/44.1kHz CD质量。

BT50采用CSR蓝牙4.2 aptX规格，支持LL/ACC无损压缩传输。实际测试透过蓝牙与手机联机，可以发现连接速度极快，而且传输状态极其稳定。与一般手机的3.5mm耳机输出相比较，BT50的驱动力明显更强，音量也明显大上许多，驱动一般低阻抗耳道式耳机不成问题，可以展现出非常充沛的能量感。音质方面，中频浓厚突显，整体表现颇为鲜活。无论人声还是乐器演奏、流行摇滚或是古典、爵士乐都能展现出非常直接而活力与能量感的风貌。

◇本文选编自《视听发烧网》

2019年3月17日出版 实用性 启发性 资料性 信息性

第11期 （总第2000期）

国内统一刊号:CN51-0091 定价:1.50元 邮局订阅代号:61-75

地址:(610041)成都市武侯区一环路南三段24号节能大厦4楼 网址:http://www.netdzb.com

让每篇文章都对读者有用

如何根据电机选择电动自行车

用户在选购电动自行车时，有两个因素最为重要，一是电池容量，二是电机性能。电池容量不一定越大越好，毕竟电池过重也会对续航有一定的影响；但是一个好的电机就跟续航、速度等行驶关系非常大了。另外从配件间的搭配方面来看，很多用户只觉得电池功率大，电动车速度就会变快。其实，这样的想法是错误的，无论是电池，电机(甚至包括控制器)都是需要搭配合理，才能使电动车达到最大的使用效率。一旦电池功率偏大，就可能烧坏电机，导致其性能下降，甚至无法正常使用。

还有的用户喜欢私自改装电动自行车。单从电动自行车功率方面来看，近几年来得益于电机技术的提升和电池成本的下降，电动车功率有了很大的提升。虽然电池、电机功率的提升，可以对速度起到很大的推动作用。但是从长远来看，也会加快对电机的配件的损耗，这也是很多用户发现电机没有原来耐用的主要原因之一。如果要改装电机，需要电机与电池、控制器相匹配在一个合理的范围内，不能单一追求功率，否则反而会损害其他配件的寿命。

用户选购时，什么样的电机适合自己的路况(程)，下面我们就来简单介绍下。

轮毂电机

轮毂电机就是将动力、传动和制动装置都整合到轮毂内。这一技术最早应用在汽车上，早在1900年，保时捷就已经制造出了前轮装备轮毂电机的电动汽车。随着电动汽车的发展，轮毂电机技术也今非昔比。

轮毂电机的优势在于成熟的设计方案和相对低廉的价格、占据了电动自行车的大部分市场。但由于电机是整合在车轮上，因此会打破整车的前后重量平衡，同时在山地越野时受颠簸冲击影响大；对于全避震车型，后轮毂电机还会增加簧下质量，后避震需要应对更大的惯性冲击。

轮毂电机有三种安装方式：

1. 后轮　这也是最为常见的安装方式，相比于安装在前轮，后三角在结构强度上要更加稳定可靠，力矩踏频信号的传递和走线也会更方便。

2.前轮　一些玲珑小巧的小轮径城市车为了兼顾内变速花鼓和车辆的整体外形，一般都选用前轮毂方案。

3. 前后轮　为了追求更强大的动力，一些电动车给前后轮都装上了电机，额定功率甚至高达1000W。需要注意的是，我国的新国标规定电动车和电助力自行车额定功率不得高于400W，欧盟地区不得高于250W，美国部分地区不得高于750W。

除了功率大小不一样以外，其操控的复杂程度也是不一样的。当电动车关闭电源或电池没电的情况下，有齿轮毂电机内部设计的离合装置(通常为行星齿轮，在电机里起到类似杠杆作用，它能够降低转速，放大输出力矩)，使车辆滑行或人力踩踏时的阻力比相同情况下无齿轮毂电机的阻力更小。

电动车轮毂减速电机结构

简单点说，就是当电力系统关闭，车辆处于滑行状态或者人力踩踏时，有齿轮毂电机的阻力要比无齿电机更小。因为有齿轮毂电机内部通常会设计一个离合装置，踩踏的力量通过离合装置分解直接作用于后轮，并不会带动电机内部的电磁结构旋转，因此不会带来过多的额外阻力。

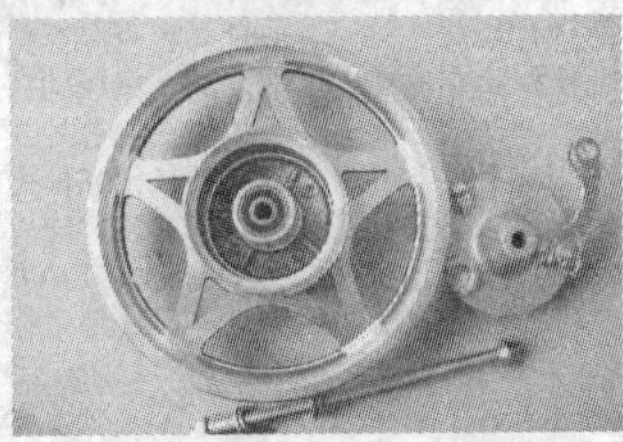

还有一种是无齿轮毂电机（又叫直驱式电机)，其内部结构比较传统，没有行星轮减速装置，直接依靠电磁转化产生机械能来驱动电动车。无齿轮毂电机采用的是直接驱动式，其内部一般没有离合装置，因此在断电骑行时还需要克服电磁阻力，这种结构的轮毂电机的优势是能在脚踏或者行驶时将动能转化为电能储存在电池内，不过电磁转换效率不是很理想。

中置电机

中置电机就是安置在车架中部的电机。中置电机的优势在于能够尽量保持整车的前后重量平衡，并且不会影响避震器动作，电机所承受的路面冲击也更小，整合度高，电机外形更加简洁；在路况不佳的地面上行驶，其操控性、稳定性、通过性等方面要优于轮毂电机的车款；在同样的电池容量下，中置电机独有的动力传动结构与驱动模式让其动力和续航都比轮毂电机表现得更好。

中置电机将电能转换为动能后并不是直接施加在传动系统上，而是要通过一系列降速装置，将扭矩放大、转速降低。因此，对于中置电机自行车来说，电机动力输出轴和自行车的牙盘轴在结构上是两根轴，中间由降速机构链接。根据这两根轴相对位置的差异，可以将中置电机分为同轴电机（也叫作同心轴电机)和平行轴电机。

平行轴电机之一结构图：左侧连接的是牙盘轴，右侧白色小齿轮连接的就是电机的动力输出轴，两轴一左一右处于平行位置，中间由一系列传动齿轮接连。

同轴电机：就是牙盘轴和电机的动力输出轴在同一轴心线上，此类电机多为外转子电机，利用电机定子内圈和两侧的空间来安置减速系统，同轴电机的外观比平行轴电机看起来更小巧，内部结构更紧凑。同轴电机的难度也更大，因为在有限的空间内，要实现多级减速、同时还要兼顾扭矩、散热并且保证传动轴的同心度并非易事。

在很多高档或者概念型电动自行车的设计图中，基本都采用中置电机；但对于国情而言，将电动自行车作为主要出行工具更多的是考虑经济性和便捷性。接地气地讲，中置电机扭矩大、动力足、起步电流小适合拉货，更适合三轮电动车使用，油改电时也可以保持车辆整体外观。动手能力强的用户也可以根据齿轮随意配置传动比，充分根据使用需求发挥出电机的潜力，甚至可以自己设计变速器和离合器。

不过这种改装以后故障率也会增大，链条、齿轮等传动部分平时也需要保养维护。

（本文原载第10期11版）

液晶彩电“马赛克”故障分析与维修（二）

（紧接上期本版）

(2)总线控制系统故障

总线控制系统是电视机工作的控制机构。当总线控制系统发生故障时，造成控制指令不能传送，被控电路工作在非控制状态，引发图像解码或数模/模数转换工作异常，也会造成解码后的图像不正常，引发“马赛克”故障。

维修判断方法：测量控制系统的工作电压、总线电压、晶振电压、复位电压。如果上述哪个电压不正常，就会引发不开机、工作失常或“马赛克”故障。测量总线电路是否发生开路故障，特别是电路板上的过孔不良，造成信号传输受阻，被控电路失控，引发上述故障。

实例1：一台TCL LCD3026液晶彩电，刚开机图像和伴音正常，收看半小时后有花屏的“马赛克”现象，伴有点状干扰，继续收看自动停机，指示灯闪烁，判断是元件受热后不稳定造成的。首先从供电查起，测量主板的3.3V、2.5V供电正常，测量控制系统的复位和晶振电压也正常。当测量控制系统的总线电压时，发现总线电压开机后逐渐降低，降低到一定程度时，自动关机，并伴有指示灯闪烁提示。引起总线电压降低，一是上拉电阻阻值变大；二是被控负载电路U3、U6、U22、U11、U19接口漏电；三是主控电路内部故障。采用分割法逐个断开被控电路的总线接口，观察总线电压变化，当断开U6的㊼、㊽脚外部的R195、R196后，总线电压上升到正常值，看来故障在U6/FLI2200及其单元电路中。U6外围配置存储器U7/K4S643232C，两个电路配合工作完成逐行转换和画质改善、运动补偿及边缘平滑处理等图像处理工作。由于故障与温度有关，冷机开机后，用电烙铁分别加热U6和U7，当开机后加热U7达到3分钟即可发生“马赛克”和自动关机故障，判断U7热稳定性差。更换U7并恢复R195、R196后，故障彻底排除。

实例2：一台康佳 LC42FS81DC液晶彩电，主芯片采用MST6M16，屏幕带状“马赛克”，但字符显示正常。输入各种信号源均有相同故障，检修主电路板供电正常，测量主芯片复位、晶振电压正常，测量控制系统存储器24C64时，发现其⑥脚电压低于正常值，只有2.8V。检查相关联电路，发现⑥脚外接的R569到N501的⑲脚之间的印制线对地漏电，造成控制系统信息存取故障，引发“马赛克”故障。断开二者之间的印制线，用飞线连接R569到N501的⑲脚，故障排除。

(3)主芯片故障

引发故障原因：液晶彩电中，对各种输入信号进行放大、处理、模数/数模转换电路发生故障时，也会造成图像信号的缺失或幅度不足，引发解码后信号出错，出现“马赛克”故障。

维修判断方法：输入各种信号源，如果只是某个信号源输入时发生“马赛克”现象，则是该信号源或机内放大、处理电路发生故障，应对相关信号源和放大、处理电路进行检测和维修。如果全部信号源输入都发生“马赛克”现象，则是机内主板的主芯片发生故障，应对主芯片的放大、处理电路进行检测和维修。检测相关电路的供电、晶振、复位电路外，对信号传输、耦合、放大电路进行检测。

实例1：一台TCL L52E9FE液晶彩电，属于MS91C机芯，图像出现“马赛克”现象。输入不同信号源试之，都有“马赛克”现象出现，判断故障在主芯片及其相关处理电路。常见为主芯片或DDR存储器不良，二者之间通讯不畅。检查主芯片和DDR供电电压和参考电压正常，补焊主芯片和DDR存储器无效，检查二者之间通讯电路未见异常，怀疑主芯片或DDR不良。先更换DDR存储器U304/HY5DU281622ETP无效，最后更换主芯片U300/MST6X19GL，通电老化数小时，未再出现“马赛克”故障。

实例2：一台TCL L26N9液晶彩电，图像出现“马赛克”现象，但是字符显示正常，确定是主板故障。拆下主板仔细观察，发现该机无DDR存储器电路，对主芯片MST9U19A的供电、晶振、复位电路进行检测，电压正常，怀疑主芯片接触不良。用热风枪加热补焊后，故障排除。

(4)DDR存储器故障

引发故障原因：液晶彩电的数码电路中，对信号进行数字处理时，需要大容量DDR存储器配合，将处理产生的数据随机存储到DDR中，需要时再调取出来与相关信号进行运算、结合、叠加等。如果DDR电路出现故障，会造成存储或提取数据出错，或不能进行数据存取交换，就会造成信号丢失或信号幅度不足，引发解码后信号出错，出现“马赛克”故障。

维修判断方法：检测与DDR相关的供电、偏置电压和数据传输电路通道电压，测量引脚的对地电阻。DDR与主芯片往往有多个连接通道，一般数据通道对地电压和对地电阻都是相同的，如果哪个引脚电压或对地电阻与其他通道引脚不同，则是该引脚的数据通道发生开路、短路、漏电等故障，应对该通道元器件和引线进行检查。

实例1：一台王牌LCD47K73彩电，图像中有“马赛克”现象。切换不同信号源均有“马赛克”故障，判断故障在电视机内部。该彩电属于MS88机芯。测量主板的各路供电电压正常，判断故障在主芯片或DDR电路中。测量主芯片供电、振荡、复位电压正常。测量DDR供电和数据交换通道未见异常，后来更换主芯片U9/MST9X88LB和DDR存储器U11/HY5DU281622ET，故障依旧。最后仔细检查DDR存储器U11各脚对地电压，发现㊾脚对地电压为0V不正确，正常时为1.25V左右。该脚是DDR参考电压输入端，如图3所示通过外部R48和R49分压，为㊾脚提供1.25V参考电压。检查㊾脚外部电路，发现分压电阻R48一端接触不良，呈灰色，测量该脚开路。补焊后，㊾脚电压恢复1.25V，故障排除。

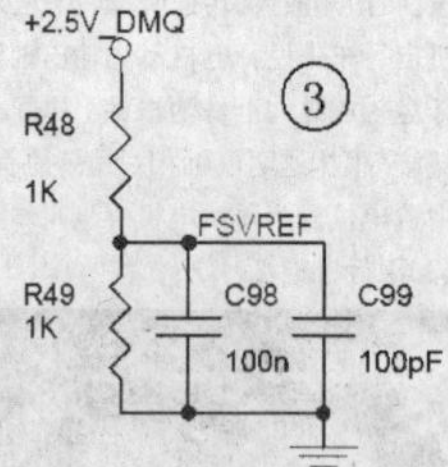

实例2：一台王牌L42P11FBDE彩电，属于MS6机芯，图像中有“马赛克”现象，字符正常。切换不同信号源均有“马赛克”故障，判断故障在电视机的主芯片或DDR电路中。测量主芯片供电、振荡、复位电压正常。测量DDR参考电压0.9V正常，怀疑主芯片或DDR接触不良。用热风枪给主芯片和DDR加热补焊后，故障依旧。检查DDR与主芯片之间的通讯电路，个别引脚无电压，怀疑通讯电路开路。电阻测量无通讯电压的引脚相关电路，发现排电阻RP801/22欧姆中，有一个电阻变为无穷大，更换RP801后，故障排除。

(5)LVDS连接器电路故障

引发故障原因：主板经过处理后产生LVDS格式的数字信号，送到逻辑板，经过逻辑板再次处理，产生显示图像的信号，驱动显示屏产生图像。当主板到逻辑板之间的连接器发生故障时，会造成数字信号丢失或幅度不足，逻辑板无法识别原始信号，产生“马赛克”故障。

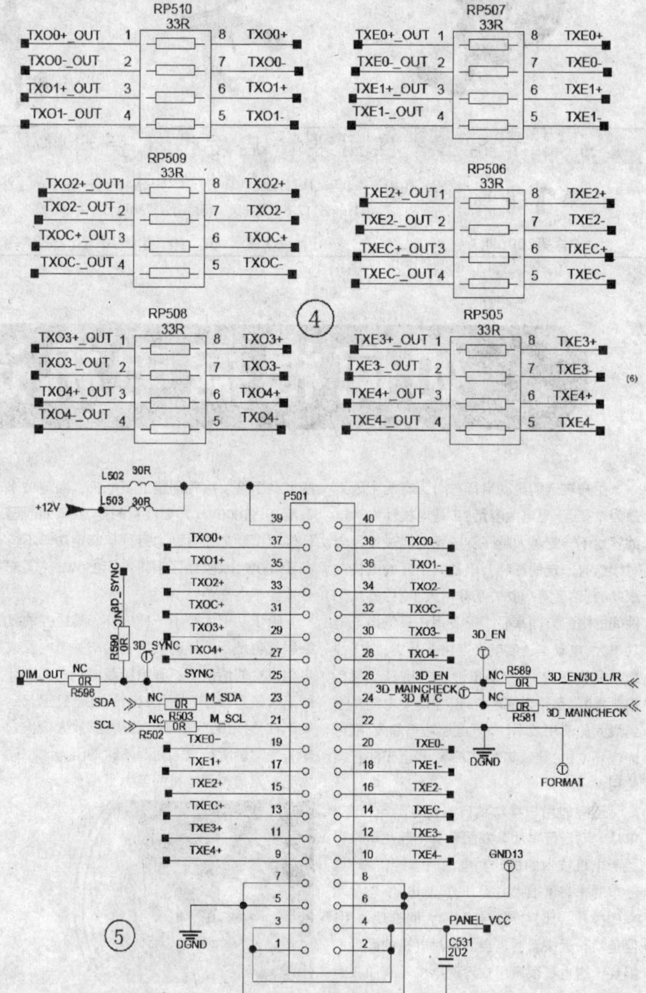

维修判断方法：检测LVDS插座和连接线是否接触良好，导线是否断线。测量LVDS插座引脚电压，正常时供电电压为5V或3.3V，总线控制脚电压在1.2V左右，LVDS信号输出电压在1.1V左右，LVDS信号输出对地电阻基本相等。如果测量哪个LVDS引脚电压不正常或对地电阻与其他引脚不同，则是该LVDS传输电路或插头插座、连接线接触不良或发生开路、短路故障。

实例：一台王牌LED55C900D彩电，收看数十分钟后图像中有“马赛克”现象。切换不同信号源均有“马赛克”故障，判断故障在电视机内部。测量主板的各路供电电压正常，判断故障在主芯片或DDR电路中。断电测量主板LVDS信号输出到插座的电阻，未见异常。该插座有4组信号送到逻辑板，主板产生的LVDS信号，经过图4所示的6个排电阻（每个排电阻内含4个33欧姆电阻），内24个电阻限流隔离后送到P501插座。考虑到收看数十分钟后发生故障，是不是与机内温度有关。用电吹风吹热主板后，再测量图5所示的P501各组信号线插座的对地电阻，发现P501的⑬、⑭、⑮、⑯脚电压低于正常值1.2V，与之对应的输入排电阻是RP506。检查RP506内部的四个电阻阻值不稳定，在20~100欧姆变化，造成信号衰减过大，引发“马赛克”故障。更换RP506后，故障排除。

(6)电路板过孔故障

引发故障原因：主板和逻辑板目前多采用双面电路板，双面电路板之间通过过孔实现线路连接。当过孔发生开路、接触不良、漏电故障时，根据过孔的功能不同，引发的故障现象也不相同。当主芯片或DDR电路中的过孔不良，往往会造成信号解码不正常或通信信号中断，引发“马赛克”故障。

维修判断方法：用电阻测量法检测主芯片和DDR电路的过孔是否畅通，接触是否良好。需要注意的是：有的过孔冷机状态是畅通的，热机后出现阻值变大故障。对开路或接触不良的过孔，用针通透后，用导线穿孔后，在过孔两端焊接牢固；对过孔封死不通或过孔漏电现象，切断过孔电路，直接用飞线连接过孔电路的两端即可。

实例1：TCL L40E77彩电属于MS88机芯，全屏幕出现“马赛克”故障。检查各种信号源均出现“马赛克”故障。测量主板的供电、晶振、复位电压正常。检查主芯片U11和DDR/U9供电正常，怀疑DDR与主芯片之间通讯电路异常。检查二者通讯电路，发现U11的㉟脚到U9的⑭脚之间的过孔开路，用导线跨接两个引脚后，故障排除。

（未完待续）（下转第112页）

◇吉林 孙德印

库存Neon MC4000C CD机小修及简析

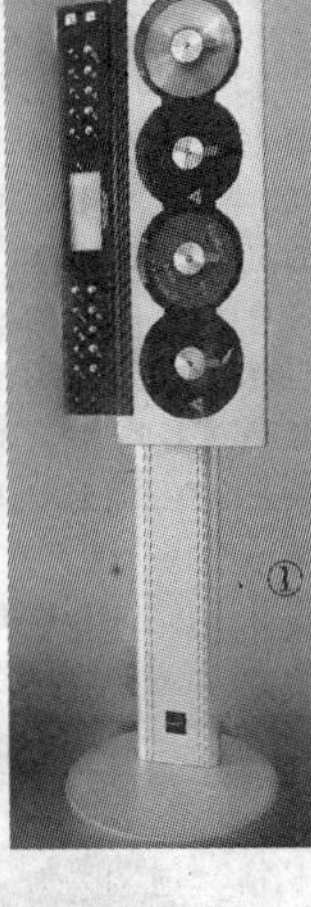

在淘宝上买到一套Neon品牌4碟CD功放，型号是MC4000C。该机外观设计时尚，落地座架结构，放在书房客厅的确很养眼。要知道使用用4个独立CD机芯的CD机，以前只有在国外高端品牌（如B&O等）上才看到过，现在淘宝有国产库存处理品出售，对于喜爱研究的爱好者来说是个不错的选择。库存全新无故障机器是二百多元，笔者买的是故障处理品，价格是120元，共买了三台（淘宝搜"丽阳4CD"即可找到）。打开包装盒，里面有CD主机和底座各一个，还有遥控器和中波环形天线（见附图1、图2所示）

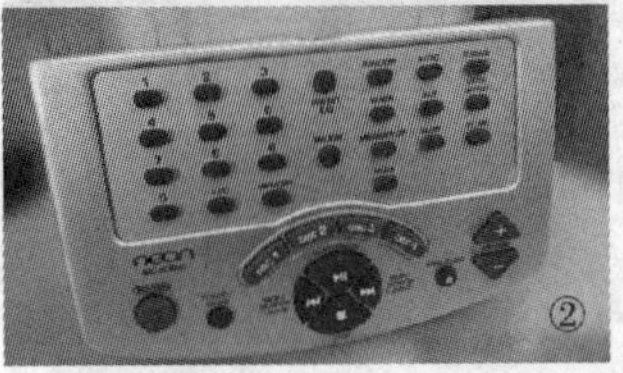

1号机维修过程

接通电源，按开机键，机器的确不能开机，外接音箱也没有声音输出，但是用遥控器能开机，液晶屏马上显示蓝色背景的字符。放入CD碟片，外接音箱中立即传出优美的音乐，试着转换碟片，4个CD机芯能分别独立转动并读盘。再试验收音机，FM及AM波段均正常，发现机器除了不能用面板按键开机外，其他一点故障也没有。而且，在开机一段时间后，面板控制按键也有用了，估计是机器长久不用，内部受潮所致。但是使用一段时间后，发现面板控制按键仍会偶尔失效。另外还发现功放输出有时会有削波失真——声音阻塞的现象，机器的声音是时而失真时而正常。

由于故障是偶尔出现，怀疑是机器内部的接插件有氧化或接触不良现象（内部图如图3所示），所以对各个线路板的排线插头和插座、面板按键用电子清洁剂做了彻底清洗，并把每个插头都插拔数次，以使其接触良好。再试机，居然连用遥控器都无法开机了，只能再检查一遍所有接插件，没有发现漏插及插错情况。再查CPU工作条件：供电、时钟、复位，在测量晶振电压时，发现液晶屏又有显示了，马上用遥控器实验，机器所有功能又可用了。仔细观察晶振处的线路板上有不少黄色的胶水是固定边上零件用的，由于胶水漏电导致电路工作异常是常见的情况，故把晶振旁边影响其振荡的胶水清除干净。再试机，面板按键失效及功放输出声音阻塞的现象全部排除，试听数月一直正常（对于库存机注意：胶水老化和接插件氧化的情况值得注意）。

该机整机耗电65W左右，内部功放用的是双BTL功放LA4725，输出在20W+20W左右，试听，cd机音质不错。由于原设计该机输出接的是卫星式音箱（音柱），加有源低音炮，所以主声道音质偏清亮。喜欢重低音的爱好者，可以从机后低音信号输出口接信号至有源低音炮，以增强低音效果。

整机线路框图如图4所示，CD部分用了4个机芯（包括4个KSS-213C激光头）。CD信号放大（TA2153FNG）和数字信号处理、数字伺服、1BIT数模转换（TC9462F）电路由4个机芯共用，信号切换由显示控制CPU（CM24F-4GN4）控制5片双四选一模拟开关（TC4052BP）达到：如选择机芯1时，双四选一模拟开关（TC4052BP）把A、B、C、D、E、F几路激光头的光电信号选择在1号激光头这端。TA2153FNG和TC9462F电路把信号处理后输出的循迹、聚焦、滑动、主轴这四路驱动信号也输入到驱动1号机芯的电机驱动电路（BA6898FP）驱动1号机芯动作；而循迹、聚焦、滑动、主轴这四路驱动信号选择输出到1号机芯的路径也是由CPU（CM24F-4GN4）控制双四选一模拟开关（TC4052BP）达到的。选择其他机芯道理一样。

收音机电路由高频头和FM、AM收音（TA2099N）和锁相环PLL（TC9257P）电路在CPU（CM24F-4GN4）控制下数字调谐，收音信号和CD信号及外接AUX信号输入到信号切换、音量控制、音调控制集成电路（TC9421F），在CPU(CM24F-4GN4)控制后输出到双BTL功放电路（LA4725），放大后的信号输出到音箱还音。

2号机维修过程

该机故障是CD功能时只有一个声道有声音。查收音机和AUX信号时，喇叭的声音两个声道都正常。CD停止时，机器静噪，所以在播放CD碟片的同时，用信号注入法（用万用表笔）分别干扰LOUT和ROUT信号通道的电容C329和C321，以及信号切换、音量、音调集成电路TC9421F的信号输入脚㊷脚和㊱脚时，喇叭发出的干扰噪声两个声道一样大，说明该集成电路正常。把故障点放在CD电路板上，干扰与CD集成电路TC9462F的音频输出脚82脚和85脚的焊盘相连的L107和L108，发现干扰L107时，喇叭发出的噪音比干扰L108时要大得多（而该L107的声道CD音频声音没有）。用万用表检测出是TC9462F芯片的82脚与焊盘虚焊，补焊后，CD两声道声音都正常了（见图5所示）。

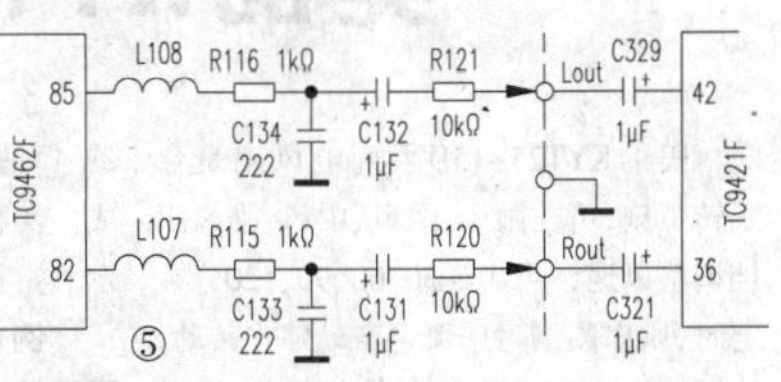

3号机维修过程

该机是开机后3个CD机芯能读出碟片信息TOC，而第4个机芯一直没有动作，然后所有4个机芯均不能播放CD碟片。检修时观察到第4个机芯的激光头停在碟片外侧，没有复位到碟片内侧，估计是CPU没有检测到第4个机芯的复位信号而保护了。用手推动激光头到碟片内侧后，该机芯也能读出碟片信息TOC，这时播放其他3个机芯的CD碟片，碟片均能播放，而第四个机芯仍无法播放CD。分析是该机芯的循迹电机故障，拆下机芯测量循迹电机绕组阻值正常，再检查发现造成激光头无法移动的原因是齿轮掉齿卡死。将循迹齿轮更换后（该机使用常用的索尼KSS-213激光头机芯，以前的VCD机上很容易找到配件），故障排除（见图6所示）

KSS-213C 激光头x4 ① ② ③ ④
A,B,C,D,E,F 等 6路光电信号
TA2153FNG RF放大
TC9462F DSP 数字伺服 1bit D/A
TC4052BPx3 双四选一模拟开关
循迹、聚焦、滑动、主轴 等4路驱动信号
高频头
TA2099N FM/AM 收音
TC9257P PLL
AUX IN
SW 低音输出
TC9421F 信号切换、音量、音调
LA4725 双 BTL 功放
静噪
CM2AF-4GN4 显示控制
TC4052BPx2 双四选一模拟开关
TA7291S 电机驱动
遥控
LCD
按键
BA6898FPx4 电机驱动
机芯x4 ① ② ③ ④
仓门电机
④

◇浙江 方位

iPhone双卡临时更换副卡拨打电话的方法

如果你拥有双卡功能的iPhone，需要临时更改为副卡拨打通话记录中的某一电话，或者从副卡更换为主卡进行拨打，此时可以按照下面的步骤进行操作。

打开"电话"，切换到"所有通话"界面，点击相应电话后面的"i"按钮，在这里可以看到当前使用的是设置为主卡的信息，点击后面的">"按钮（如图1所示），可以在这里重新选择始终使用的是哪一张卡，例如这里选择"个人"，最后点击右上角的"完成"按钮，接下来拨打出去的就是另外一张副卡了。

如果是拨打陌生电话，请点击后面的感叹号，在号码上长按，出现"拷贝"字样之后点击复制，然后进入拨号界面，在号码上面点击"粘贴"（如图2所示），接下来再选择需要使用的号码就可以了。

◇江苏 王志军

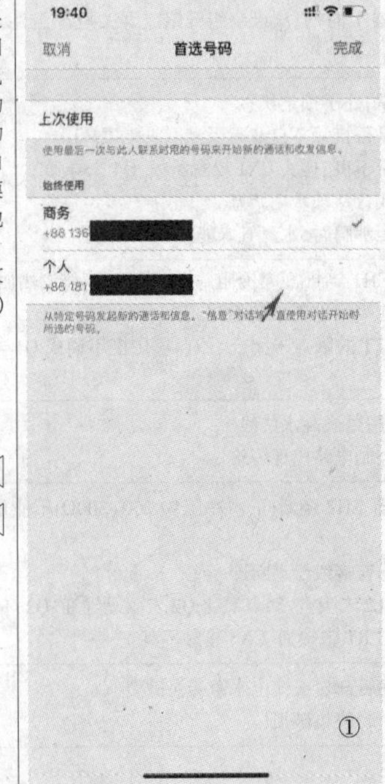

美的KYT25-15D电风扇故障检修2例

美的KYT25-15D系列电风扇是台式转页扇，可在微风、弱风、中风、强风四挡调整风速，可实现30、60、90、120分钟定时，风扇倾倒时扇页可自动停止转动。该系列风扇外观轻巧美观、风量大，市场占有率很高。

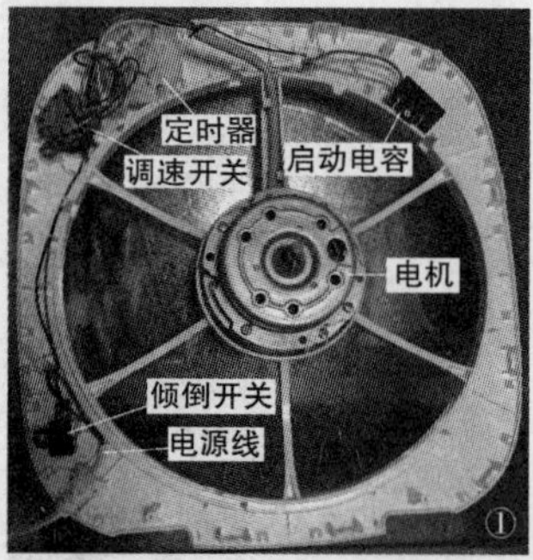

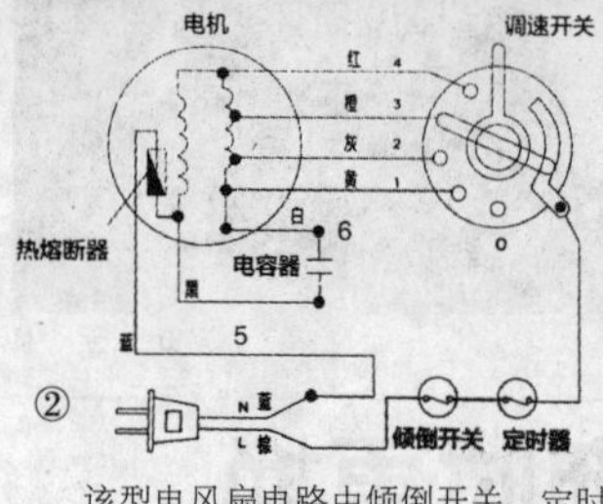

该型电风扇电路由倾倒开关、定时器、调速开关、电机、启动电容5个部件组成。实物图如图1所示，电路图如图2所示。常见故障及检修方法如下。

例1.故障现象：风扇在弱风、中风、强风挡工作正常，但微风挡时停转。

分析与检修：风扇在调速开关处于不同状态时，有的能工作有的不能，说明除调速开关以外的电路其他部分工作正常，问题出在调速开关。打开后盖，将调速开关转到“微风”微风挡，用万用表蜂鸣挡测调速开关的粗红线和细黄线之间的通断情况（如图3所示），蜂鸣器响，说明该挡开关正常。轻拨细黄线，该线松脱。将线与开关连接好后通电试机，故障排除。

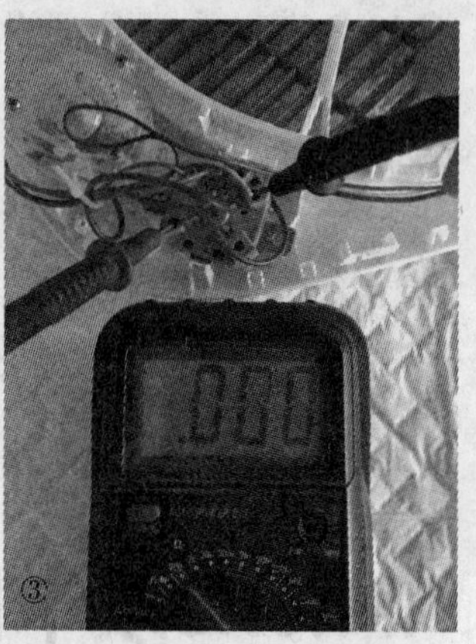

【提示】确认部件正常的情况下，要重点检查导线与触点的连接状况。电器设备使用一段时间以后，由于空气中湿气和灰尘的共同作用，可能会造成线路接头部位接触不良，焊接接头也可能因焊接不够牢固而导致虚焊。

例2.故障现象：风扇在使用过程中突然停转，无发热，外观无破损。

分析与检修：在通电状态下，将定时器旋钮置于“连续”状态，转换调速开关，无论它置于哪个位置，风扇均不转动。断电，打开后盖，用万用表蜂鸣挡测倾倒开关，风扇平躺时万用表显示1（开关呈开路状态），风扇直立时万用表蜂鸣器响（开关呈短路状态），说明倾倒开关工作正常。定时器旋钮保持在“连续”状态，用万用表蜂鸣挡测定时器两端，蜂鸣器响，说明定时器正常。将调速开关置于任意一挡，用万用表蜂鸣挡测粗红线和相应挡位的引出线（红线、橙线、灰线、黄线中的一条），蜂鸣器响，说明调速开关正常。

接下来检测电机。先用万用表电阻挡测电机线圈各抽头之间的阻值，黄、灰线间的阻值为114Ω，灰、橙线间的阻值为116Ω，橙、红线间的阻值为239Ω，红、黑线间的阻值为795Ω，黑、白线间的阻值为1556Ω，均正常。再用万用表蜂鸣挡检测电机的热熔断器（黑蓝线，可直接测电源插头零线端与黑线，如图4所示），蜂鸣器响，说明热熔断器正常。以上检测结果显示，电机正常。至此，怀疑1μF的启动电容异常。焊下测量果然容量过小，用1μF/400V电容更换后，风扇运转正常，故障排除。

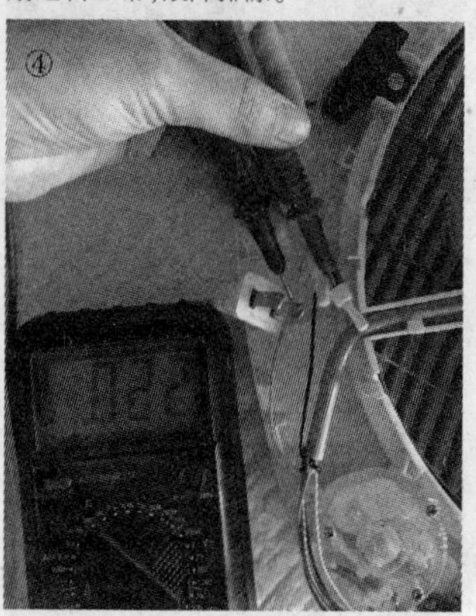

◇福建　黄丽辉

美的PF602-60G电热水瓶电路剖析与故障检修（下）

（紧接上期本版）

序号	故障现象	故障原因	检修方法
1	电源接不通	1)电源插头与插座间接触不良 2)机内温度过高致使温度保险丝F2熔断 3)因电流过大致使过流保险丝F1熔断 4)开关变压器T的初、次级绕组开路或开关电源组件无低电压输出	1)检查电源插头座是否插紧，插片是否锈蚀、松脱，引起接触不良或不导通的情况 2)检查温度保险丝、过流保险丝是否熔断 3)检查开关变压器的初、次级绕组是否开路、开关电源组件中有无虚焊和阻容等元件是否损坏
2	电动给水时不出水和出水不畅	1)解锁键异常，处于锁定状态 2)查解锁键是否接触不良或因受潮湿氧化损坏 3)查电泵是否不良、插头CN1松脱断线、Q4未导通 4)是否缺水或管路被水垢堵塞 5)刚将水烧至沸腾时，水蒸气未能排出	1)先按解锁键后，再压住手动出水键或杯碰开关，检查开关接触状态 2)检测电泵插头CN1两端是否有+12VDC、能否动作，按键时如无电压，再查电泵电阻（正常约26Ω）及Q4能否触发导通，判定元件是否有损坏 3)打开水瓶盖后，将水中气体排出重新按压电动出水键再试
3	加温指示灯亮但不煮水	1)主发热器EH1烧断(正常冷阻约30~40Ω)，不能发热加温 2)主发热器连接线出现松动断路 3)继电器REL1的触点未闭合、触点氧化接不通或Q1未导通、Q1坏	1)检查主发热器是否开路，或线路是否存在松脱现象 2)检查继电器能否正常闭合接通，若不闭合则测三极管Q1基极有无电压、Q1是否损坏
4	自动出水	1)加水过多，超过最高水位线 2)电泵电机控制电路出现短接	1)用电动出水方法将内胆中的水去除部分 2)检查电泵驱动电路，Q4是否击穿短路、IC4⑩脚输出电压是否出现异常情况
5	不能保温	1)保温发热器EH2烧断(正常冷阻约250~300Ω)不能发热保温 2)保温发热器连接线松动断开 3)继电器REL2未吸合、触点氧化;Q2未驱动导通、Q2坏 4)温控传感器RT未接通、CN3接触不良	1)检查保温发热器是否开路，或线路是否存在松脱现象 2)检查继电器能否正常闭合接通，若不闭合则测Q2基极有无导通电压，Q2是否损坏 3)检查热敏电阻RT连线插头是否接通，RT阻值是否随不同温度而变化
6	漏水	1)水位标尺底管部接头或出水管接头破裂 2)内胆端口密封胶垫破损	1)检查更换 2)加强密封

◇江苏　赵忠仁

LED驱动电源设计关联知识汇集(二)

(紧接上期本版)

串并混联方式

在需要使用比较多LED的产品中，如果将所有LED串联，将需要LED驱动器输出较高的电压。如果将所有LED并联，则需要LED驱动器输出较大的电流。将所有LED串联或并联，不但限制着LED的使用量，而且并联LED负载电流较大，驱动器的成本也会大增。解决办法是采用混联方式。串并联的LED数量平均分配，分配在一串LED上的电压相同，通过同一串每颗LED上的电流也基本相同，LED亮度一致。同时通过每串LED的电流也相近。

当某一串联LED上有一颗品质不良短路时，不管采用恒压式驱动还是恒流式驱动，这串LED相当于少了一颗LED，通过这串LED的电流将大增，很容易就会损坏这串LED。大电流通过损坏的这串LED后，由于通过的电流较大，多表现为断路。断开一串LED后，如果采用恒压式驱动，驱动器输出电流将减小，而不影响余下所有LED正常工作。如果是采用恒流式LED驱动，由于驱动器输出电流保持不变，分配在余下LED电流将增大，导致容易损坏所有LED。解决办法是尽量多并联LED，当断开某一颗LED时，分配在余下LED电流不大，不至于影响余下LED正常工作。

混联方式还有另一种接法，即是将LED平均分配后，分组并联，再将每组串联一起。

当有一颗LED品质不良短路时，不管采用恒压式驱动还是恒流式驱动，并联在这一路的LED将全部不亮，如果是采用恒流式LED驱动，由于驱动器输出电流保持不变，除了并联在短路LED的这一并联支路外，其余的LED正常工作。假设并联的LED数量较多，驱动器的驱动电流较大，通过这颗短路的LED电流将增大，大电流通过这颗短路的LED后，很容易就变成断路。由于并联的LED较多，断开一颗LED的这一并联支路，平均分配电流不大，依然可以正常工作，整个LED灯，仅有一颗LED不亮。

如果采用恒压式驱动，LED品质不良短路瞬间，负载相当少并联一路LED，加在其余LED上的电压增高，驱动器输出电流将大增，极有可能立刻损坏所有LED，幸运的话，只将这颗短路的LED烧成断路，驱动器输出电流将恢复正常，由于并联的LED较多，断开一颗LED的这一并联支路，平均分配电流不大，依然可以正常工作，哪么整个LED灯，也仅有一颗LED不亮。

通过对以上分析可知，驱动器与负载LED串并联方式搭配选择是非常重要的，恒流式驱动功率型LED是不适合采用并联负载的，同样的，恒压式LED驱动器不适合选用串联负载。

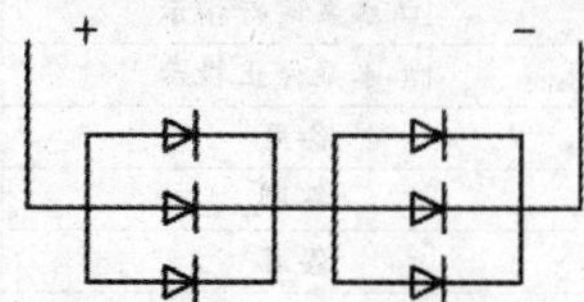

工程中的简易计算方法

例：某电源额定输出功率为5W电源，输出电压12V，白光LED额定正向电压3.3V，耗散功率为65mW，可配置多少个LED？

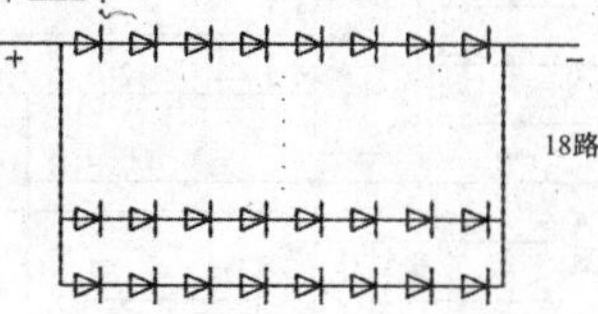

(1) 计算每条支路的LED个数：3.3V × 3 =9.9V

65mW÷3.3V=20mA (12V−9.9V)÷20mA=105Ω

(2)计算并联支路数：5W÷(65mW×3+20mA×20mA×105Ω)=21

(3) 总共可以接多少个LED：21 × 3 =63个(串并混联)

五、LED驱动电源使用中应注意的问题

A.LED降额使用。

B.使用线性恒流驱动器，特别注意其工作压差。

C.隔离式开关恒流驱动器次级输出电源不宜悬空，负极应接地。

D.对开关恒流驱动器，要严格遵守：先接好LED灯，再接通驱动器电源的操作顺序。

我们针对瞬间电流冲击问题研究了新型的解决方案，在输出端加入限流电路，主要有两种实现方案。

a、串联连接方式，将多余部分的能量消耗在限流电路内部。通过将多余的能量堵在负载之前，保证在连接开关闭合的瞬间流过LED灯负载上的电流在LED灯所允许的电流范围之内。

b、并联连接方式，同样也是将多余部分的能量消耗在限流电路内部。通过将多余的能量引到限流电路上，保证流过LED灯上的电流在LED灯的安全电流范围之内。

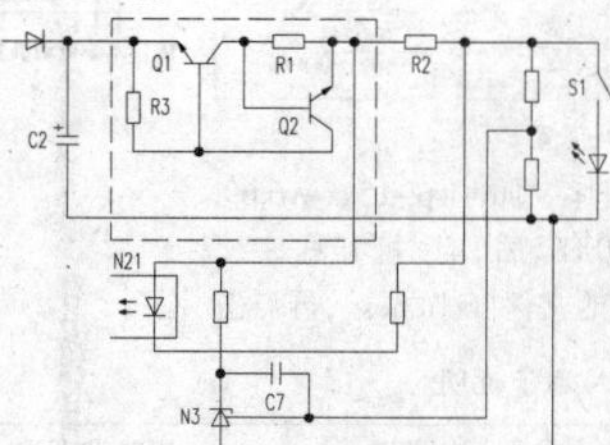

串联限流电路：配置在高频滤波电容(C3)和恒流回路之间，在一个横向分支上包含一个NPN型晶体管(Q1)的集电极—发射极通道和与这个集电极—发射极通道串联的限流电阻(R1)。集电结偏置电阻(R5)连接到NPN型晶体管(Q1)的集电极与基极之间。NPN型晶体管(Q2)的基极连接到NPN型晶体管(Q1)的发射极上，NPN型晶体管(Q2)的集电极与NPN型晶体管(Q1)的基极相连，NPN型晶体管(Q2)的发射极连接到限流电阻(R1)的一端。同时该限流电路可以串接在恒流电阻(R2)和限压回路之间，还可以串接在限压回路和连接开关(S1)之间，也可以串接在负载和输出极地电位之间。

当输出电流低于预先设定的限流值时，限流电阻上的压降低于0.7V，NPN型晶体管(Q2)处于截止状态，NPN型晶体管(Q1)处于饱和导通状态。电路正常工作，仅仅只在限流电阻(R1)和NPN型晶体管(Q1)上增加了少量损耗。当输出的电流大于预先设定的限流值时，便会在限流电阻上产生高于0.7V的压降，此时NPN型晶体管(Q2)饱和导通，NPN型晶体管(Q1)发射极—集电极通道的等效阻值增大，起到限制输出电流的作用，近而有效地保护了负载上短暂的过流现象。

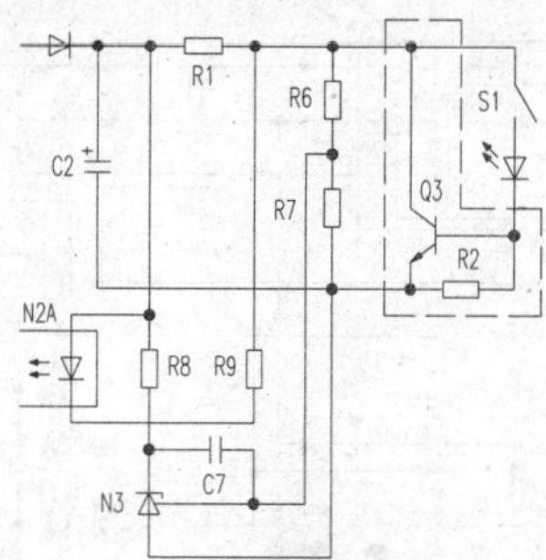

并联限流电路：配置在输出限压回路和负载之间，在一个纵向分支上并联上一个NPN型晶体管(Q3)的集电极—发射极通道，NPN型晶体管(Q3)的基极连接到负载负电位上，限流电阻(R2)连接到NPN型晶体管(Q3)的发射极和基极之间。NPN型晶体管(Q3)的集电极—发射极通道可以电容后的任意一个纵向分支上。

当输出电流值小于预先设定的阈值电流时，限流电阻(R2)两端的压降小于0.7V，NPN型晶体管(Q3)处于截止状态，电路正常工作；当输出电流值大于预先设定的阈值电流时，限流电阻两端的压降大于0.7V，NPN型晶体管(Q3)集电极—发射极通道变为低阻值，使得大部分的电流流过NPN型晶体管(Q3)的集电极—发射极通道上，且以热能的形式消耗在NPN型晶体管(Q3)的集电结上，从而有效地保护了负载上短暂的过流现象。

六、LED日光灯电源设计心得

1.非隔离型降压式电源设计方法概论

非隔离降压型电源是现在普遍使用的电源结构，几乎占了日光灯电源百分之九十以上。很多人都以为非隔离电源只有降压型一种，每每一说到不隔离，就想到降压型，就想到说对灯不安全(指电源损坏)。其实降压型不只是一种，还有两种基本结构，即升压，和升降压，即BOOST AND BUCK–BOOST，后两种电源即使损坏。不会影响到LED的好处。降压式电源也有其好处，它适合用于220V，但不适用于110V，因为110V本来电压就低，一降就更低了，那样输出的电流大，电压低，效率做不太高。降压式220V交流，整流滤波后约三百伏，经过降压电路，一般将电压降到直流150V左右，这样即可实现高压小电流输出，效率可以做得较高。一般用MOS做开关管，做这种规格的电源，我的经验是，可以做到百分之九十那样差不多，再往上也困难。原因很简单，芯片一般自损会有0.5W到1W，而日光灯管电源不过就是10W左右。所以不可能再往上走。现在电源效率这个东西很虚，很多人都是吹，实际根本达不到。

常见有些人说什么3W的电源效率做到百分之八十五了，而且还是隔离型的。告诉大家，即便是跳频模式的，空载功耗最小，也要0.3W，还什么输出3W低压，能到百分之八十五，其实有百分之七十算很好了，反正现在很多人吹牛不打草稿，可以忽悠住外行，不过现在做LED的懂电源的也不多。

要效率高，首先就要做非隔离的，然后输出规格还要高压小电流，可以省去功率元件的导通损耗，所以像这种LED电源的主要损耗，一就是芯片自有损耗，这个损耗一般有零点几W到一W的样子，还有一个就是开关损耗了，用MOS做开关管可以显著减小这个损耗，用三极管开关损耗就大很多。所以尽量不要用三极管。还有就是做小电源，最好不要太省，不要用RCC，因为RCC电路一般的厂家根本做不好质量，其实现在芯片也便宜，普通的开关电源芯片，集成MOS管的，最多不过两元钱，没必要省那么一点点，RCC只省点材料费，实际上加工返修等费用更高，到头到反而得不偿失的那样。

降压式电源的基本结构就是将电感和负载串入300V高压中，开关管开关的时候，负载即实现了低于300V的电压，具体的电路很多，网上也很多，不再画图说了。现在9910，还有一般的市场上的恒流IC基本都是用这种电路来实现的。但这种电路就是开关管击穿的时候，整个LED灯板就玩完，这应该算是最不好的地方了。因为当开关管击穿的时候，整个300V的电压就加在灯板上，本来灯板只能承受一百多伏电压，现在成了三百伏了，这种情况一发生。LED肯定要烧掉。所以很多人说非隔离的不安全，其实就是说降压的，只是因为一般非隔离的绝大多数是降压的，所以认为非隔离的损坏一定要坏 LED。其实另外两种基本的非隔离结构，电源损坏，不会影响LED的。

降压式电源要设计成高压小电流，效率才能高，细说一下，为什么？因为高压小电流，可以让开关管电流的脉宽大一些，这样峰值电流就小一些，还有就是，对电感的损耗也小一些，通过电路结构就可以知道，电路不方便画，具体也难以再叙述下去了。就随便总结一下，降压电源的好处是，适合于220V高压输入使用，以使得功率器件承受的电压应力小，适合做大电流输出，比如做100mA电流，比后两种方式来的轻松，效率要高。效率算比较高的，对电感的损耗较小，但对开关管损耗大一些，因为所有经过负载的功率必须要经过开关管传输，但输出的功率，只有一部分经过电感，如300V输入，120V输出的降压型电源，只有 180V的部分要经过电感，120V的部分是直接导通进入负载的，所以说对电感损耗比较小，但输出的功率，全部要经过开关管转化。

2.分解两种恒流控制方式

下面要说的是，两种恒流控制模式的开关电源，从而产生两种做法。这种两种做法，无论是原理，还是器件应用，还是性能差别，相当都较大。

(未完待续)(下转第115页)

◇四川 张鉴怡

用单片机进行2台机组互为备用的液位控制电路(上)

《电子报》2018年第16和17期第8版(合订本P157和P167)刊登了2台水泵互为备用的继电器-接触器液位控制电路。文中介绍了注水和排水2种方式的控制电路，这两种电路中主电路相同，而控制电路略有差异。本文将两种方式整合一起，用单片机进行控制，除了采用跳线设置选择注水型还是排水型控制方式外，在不改动电路接线的基础上将报警指示变为闪光报警，以及增加了两组泵同时工作一定时间的功能，以应对某时段注水或排水量大的情况。

1.电路原理

采用单片机控制的2台水泵互为备用的液位控制电路如图1所示。图中所用单片机控制板与《电子报》2019年第6期第7版上《用单片机控制几台三相异步电动机顺序启停电路》一文中相同，这里不再赘述。控制板输入输出端的功能如表1所示，各元件代号大部分与原文一致，本图默认为注水方式；若需要排水方式，必须将控制板上JP1跳线断开，并将低水位SL1常开换为常闭，高水位SL2常闭换为常开。

2.控制程序编写

控制梯形图程序以继电器-接触器控制线路为原型，通过元件替换、符号替换、触头修改、按规则整理四个步骤。并将注水和排水液位控制电路整合在一起，通过跳线进行切换，由“替换法”得到控制程序的梯形图如图2所示。

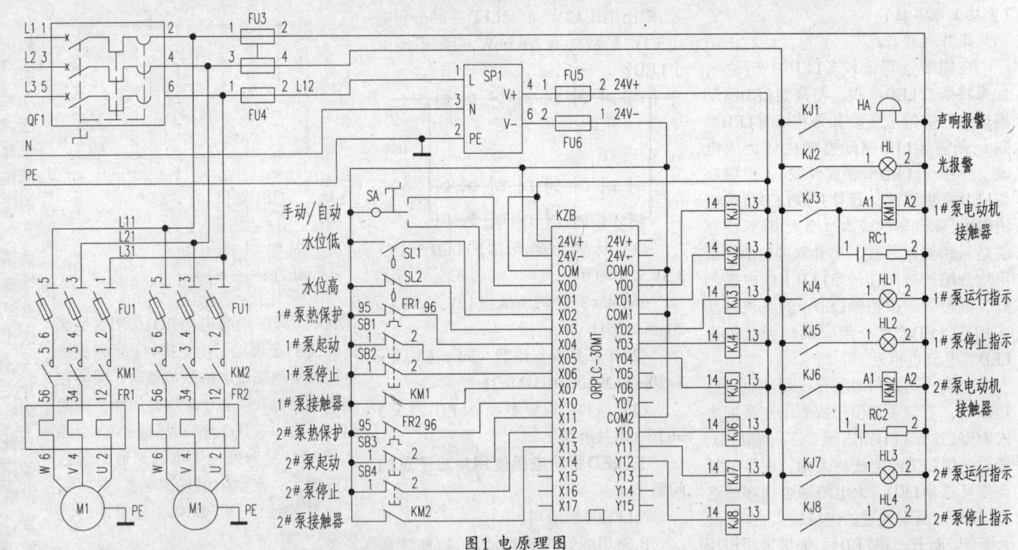

图1 电原理图

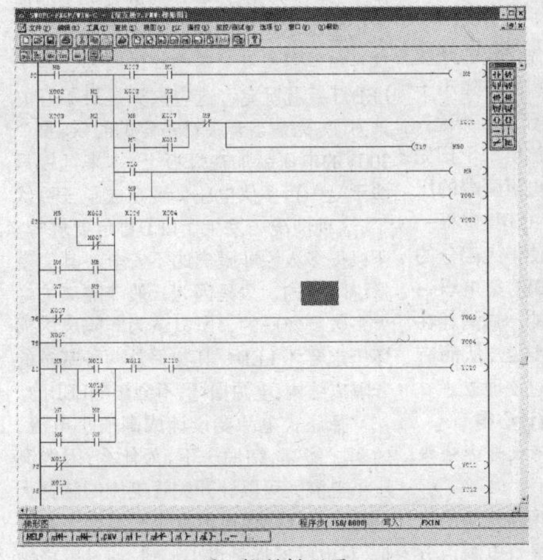
图2 控制梯形图

3.程序转换和烧录

将图2所示梯形图用三菱PLC编程软件FXGP/WIN录入后保存，然后运行“PMW-HEX-V3.0.exe”，将界面设置为如图3所示，点按钮“保存设置”，再点“打开PMW文件”按钮，将梯形图程序转换成“fx1n.hex”文件。

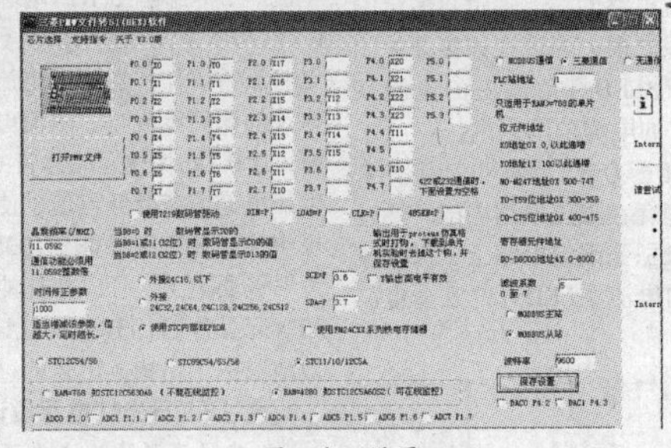
图3 端口设置

运行STC单片机烧录程序“stc-isp-15xx-v6.69.exe”，单片机选用“STC11F60XE”后，点“打开程序文件”按钮，选中刚才转换结果的文件“fx1n.hex”，再点击按钮“下载/编程”烧录程序。

4.功能验证

按照图1所示电路原理接线，接线示意图如图4所示(图中电器型号规格按实际需要确定)。检查接线无误后上电。下面以“注水方式”为例说明验证过程，“排水方式”验证类似，这里不作说明。

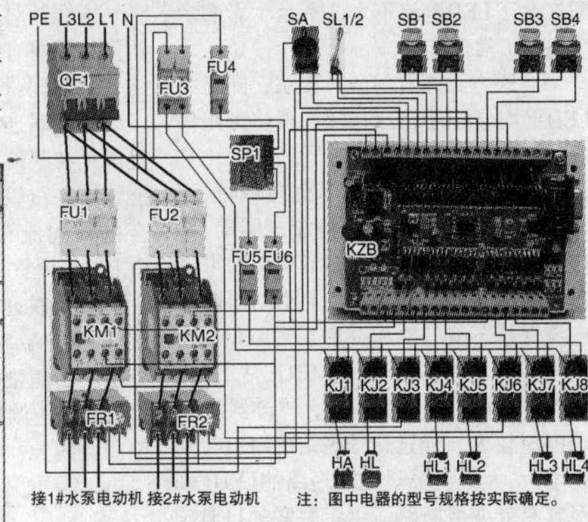

图4 接线示意图

◇江苏 沈 洪
苏州 键 谈

(未完待续)(下转第116页)

表1 控制板输入端子说明

输入端	电器代号	功能说明	输出端	电器代号	功能说明
X00	SA	1#投用2#备用	Y00	HA	声响报警
X01	SA	2#投用1#备用	Y01	HL	光报警
X02	SL1	低水位(注水常开，排水常闭)	Y02	KM1	1#电动机接触器
X03	SL2	高水位(注水常闭，排水常开)	Y03	HL1	1#水泵运行指示
X04	FR1	1#水泵电动机热保护	Y04	HL2	1#水泵停止指示
X05	SB1	1#水泵起动	Y05		备用
X06	SB2	1#水泵停止	Y06		备用
X07	KM1	1#水泵电动机接触器	Y07		备用
X10	FR2	2#水泵电动机热保护	Y10	KM2	1#电动机接触器
X11	SB3	2#水泵起动	Y11	HL3	1#水泵运行指示
X12	SB4	2#水泵停止	Y12	HL4	1#水泵停止指示
X13	KM2	2#水泵电动机接触器	Y13		备用
X14		备用	Y14		备用
X15		备用	Y15		备用
X16		备用			
X17		备用			

单片机系列7：中断控制设计

一、单片机中断概述

中断系统是单片机的重要知识。所谓中断，是指计算机在执行正常程序时，系统出现某种紧急情况需要处理，CPU需要暂时中止现在执行的程序，转而执行中断的紧急情况。处理完毕后，CPU重新返回，执行刚才被中止的程序。

1.中断源

AT89C52有5个中断源，两个外部中断INT0和INT1，三个内部中断分别是两个定时器T0、T1，以及一个串行口。INT0：外部中断0请求，低电平有效；INT1：外部中断1请求，低电平有效；T0：定时/计数器0溢出中断请求；T1：定时/计数器1溢出中断请求；TXD/RXD：串口中断请求，当串口发送/接受完一帧数据时，便请求中断。

2.中断优先级

AT89C52有两个中断优先级，每一个中断请求源均可编程为高优先级中断和低优先级中断。

表1 IP寄存器

IP	D7	D6	D5	D4	D3	D2	D1	D0
位名称	–	–	–	PS	PT1	PX1	PT0	PX0
中断源	–	–	–	串行口	T1	$\overline{INT1}$	T0	$\overline{INT0}$

表1中，PS为串行口中断优先级控制位，PT1和PT0分别为定时/计数器1和0的中断优先级控制位，PX1和PX0分别为外部中断1和0的中断优先级控制位。以上5个中断优先级控制位的控制方法均为：置1时为高优先级，置0时为低优先级。当同时接收到几个同一优先级的中断请求时，到底响应哪个中断源，取决于内部硬件的查询顺序，优先级别从高到低排列是：外部中断0→T0溢出中断→外部中断1→T1溢出中断→串行口中断。

89C52中断优先控制的基本原则：高优先级的中断可以中断正在响应的低优先级的中断，反之则不能；同优先级中断不能互相中断。

3.外部中断INT0、INT1

中断源的开放和关闭由中断允许寄存器控制，该寄存器既可按字节寻址，也可按位寻址。IE寄存器如表2所示。

表2 IE寄存器

IE	D7	D6	D5	D4	D3	D2	D1	D0
位名称	EA	–	–	ES	ET1	EX1	ET0	EX0
中断源	CPU	–	–	串行口	T1	$\overline{INT1}$	T0	$\overline{INT0}$

中断允许寄存器IE对中断的开放和关闭实现两级控制：有一个"总开关"——中断控制位EA，EA=0时屏蔽所有中断申请(即任何中断申请都不接受)，EA=1时CPU开放中断，但这时5个中断源是否被允许中断，还要由其相应的控制位决定。

ES为串行口中断允许控制位，ET1和ET0分别为定时/计数器1和0的溢出中断允许控制位，EX1和EX0分别为外部中断1和0的中断允许控制位。以上5个中断允许控制位均为低电平时禁止中断，高电平时允许中断。

4.定时器T0/T1

52系列单片机有两个16位定时器/计数器T0和T1，它们均可用作定时控制、延时，以及对外部事件的计数和检测。

表3 TCON寄存器

TCON	D7	D6	D5	D4	D3	D2	D1	D0
位名称	TF1	TR1	TF0	TR0	IE1	IT1	IE0	IT0
功能	T1溢出标志位	T1运行控制标志	T0溢出标志位	T0运行控制标志	$\overline{INT1}$中断请求标志	$\overline{INT1}$触发方式	$\overline{INT0}$中断请求标志	$\overline{INT0}$触发方式

(1)TCON中的中断标志位

表3中，TF1和TF0为定时/计数器1和0的溢出标志位。当定时/计数器溢出时，该位自动置1，并向CPU发出中断请求，当CPU响应中断时，硬件会自动对该位清0。当然也可以用"位操作指令"对TF1进行置1或清0操作。

TR1和TR0为定时/计数器1和0的运行控制位。该位靠软件置位或清除，置位时定时/计数器开始工作，清零时停止工作。

IE1和IE0为外部中断1和0的中断请求标志位。当检测到外部中断引脚上存在有效的中断请求信号时，硬件自动将该位置1，当CPU响应该中断请求时，由硬件自动将其清0。

IT1和IT0为外部中断1和0的中断触发方式控制位。该位为0时，外部中断为电平触发方式，CPU在每个机器周期采样外部中断请求引脚的输入电平，若为低电平则IE1或IE0置1，若为高电平则清0；该位为1时，外部中断为边沿触发方式，CPU在两个连续的机器周期采样过程中，如果一个为高电平一个为低电平，那么IE1或IE0置1，直到CPU响应该中断时才由硬件使IE1或IE0清0。

(2)定时/计数器工作模式

TMOD为8位寄存器(见表4)，用于控制T0、T1的工作方式和工作模式，低4位用于T0，高4位用于T1。

表4 TMOD寄存器

TMOD	D7	D6	D5	D4	D3	D2	D1	D0
位名称	GATE	C/$\overline{T}$	M1	M0	GATE	C/$\overline{T}$	M1	M0
功能	–	定时/计数器1			–	定时/计数器0		

当C/$\overline{T}$=0时，定时/计数器工作在定时器方式，当C/$\overline{T}$=1时工作在计数器方式。定时器的4种操作模式由M1、M0决定，当M1M0=00时在模式0，定时器只用到13位；当M1M0=01时在模式1，定时器16位；当M1M0=10时在模式2，定时器在计数时仅用TLX的8位，而THX在赋初值后保持不变，当TLX溢出时，THX自动把初值给TLX，因此是个可自动重装的8位T/C；当M1M0=11时在模式3，只适用于T/C0，TL0可作定时/计数器，TH0只能作为内部时钟，占用T1的控制位。

5.串行口

单片机串行口是一个可编程的全双工串行通信接口。单片机通机引脚RXD(接收端)和引脚TXD(发送端)与外界通信。

TI为串行口发送中断请求标志位。CPU将数据写入SBUF时，就启动发送，每发送完一帧串行数据后，硬件自动对TI置1。但CPU响应中断时并不清除TI，必须在中断服务程序中由软件对TI清0。RI为串行口接收中断请求标志位。在串口允许接收时，每接收完一个串行帧，硬件自动对RI置1。同样，CPU响应中断时不会清除RI，必须用软件对其清0。

二、设计方案

本设计采用89C52设计，以一个简单的例子介绍外部中断和定时器的运用。

功能：条形LED以1秒的速度闪烁，当出现外部中断时全亮。

1.硬件设计

本设计的硬件电路(图1)主要由AT89C52控制模块、条形LED显示模块、外部中断按键模块组成。其中条形LED采用共阴接法，外部中断用P3.2口。

2.软件设计

本设计总体思路较为简单，这里只分析外部中断和定时器中断的运用。

(1)定时器

实现思路：通过定时/计数器每秒触发一次P0取反，涉及到功能模块有定时器、中断、LED操作。具体操作过程：初始化(采用定时器T0→工作方式1设置→装填初值→开放总中断→开放T0中断)→启动T0中断→时间到进入中断→重置定时器(溢出位复位，重新装填计时)，判断溢出次数(到达20次时LED改变状态，计数清零；未到达20次时溢出次数加1)。

定时器装填：当晶振频率为11.0592MHz时，机器周期Tcy=12/11.0592=1.085069(us)。要计数1s，计数921600时溢出即可。在四种定时方式中，最大的计数范围0—65536(方式2)，故将921600分解成20份，每份计数46080时溢出，溢出20次时灯闪烁。因此，TH.0=(65536-10^6/20/1.085069)/256=76=0x4C，TL.0=(65536-46080)%256=0x00。注意，每次定时器溢出都要重新装填。

(2)外部中断

实现思路：外部中断(即P3.2)输入一个信号时进入中断。具体操作过程：选用INT0→中断触发方式选下降沿触发0→开INT0中断0→开总中断0→当按键输入一个下降沿时进入中断0→条形LED全点亮0→返回主程序。

程序清单：

```
#include<reg51.h>//头文件
typedef unsigned int uint16;
uint16 T_Count = 0;
void main(void)//主函数
{IT0=1;//外部中断0为下降沿触发
EX0=1;//开EX0中断
ET0=1;//开T0中断
EA=1;//开总中断
TMOD=0x01;//T0为方式1
TH0=0x4C;//T0的高8位初值
TL0=0x00;//T0的低8位初值
TR0=1;//T0运行控制位置1，T0开始工作
while(1);//主循环
}
void ISR0(void) interrupt 0//外部中断0服务函数
{P0=0XFF;//条形LED全点亮
TR0=0;//T0运行控制位置0，T0停止工作
}
void LED_Flash() interrupt 1//定时器0中断服务函数
{TMOD=0x01;//T0为方式1
TH0=0x4C;//T0的高8位初值
TL0=0x00;//T0的低8位初值
if(++T_Count==20)//判断溢出次数
{P0=~P0; //P0端口反相
T_Count=0;//溢出次数标志位清零
}}
```

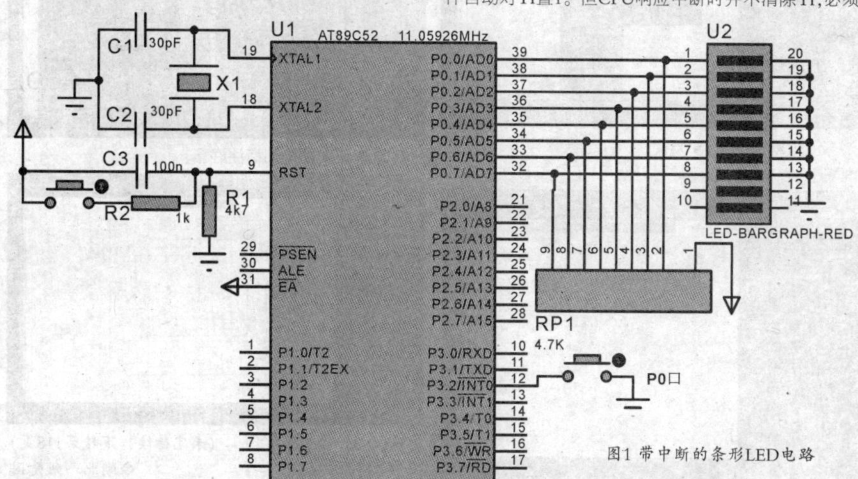

图1 带中断的条形LED电路

◇福建工业学校 黄丽吉
◇福建中医药大学附属人民医院 黄建辉

用AD18画PCB的入门方法(上)

AD18是行业软件Altium Designer2018的简称。本方法是针对新手，指导他们如何创建和制作PCB的入门教程。当然，土豆优酷等等网上有许多类似的图文和视频教程，都是很老的版本，可以参考，但是没有针对性，对于新版本AD18，新手就有点摸不着头脑。本方法可以让零起步的爱好者学习基本的PCB制作和开板！下面以PASS ACA甲类功放为例说明。原理图如下：

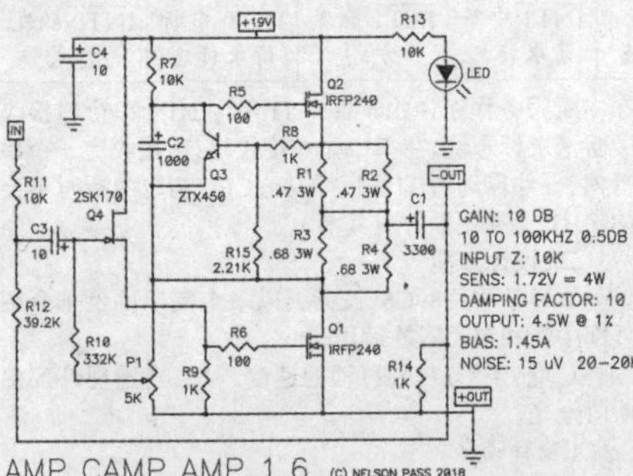

1.启动AD18软件。启动后的界面如下：

2.创建PCB工程。

方法：点选"文件"，"新的"，"项目"，"PCB工程"

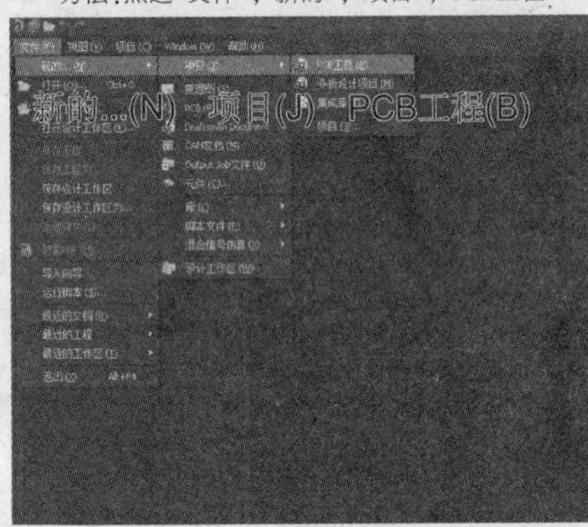

之后在Workspace1.PrjPCB文件目录下多了一个PCB_Project1.PrjPCB的文件，如下图：

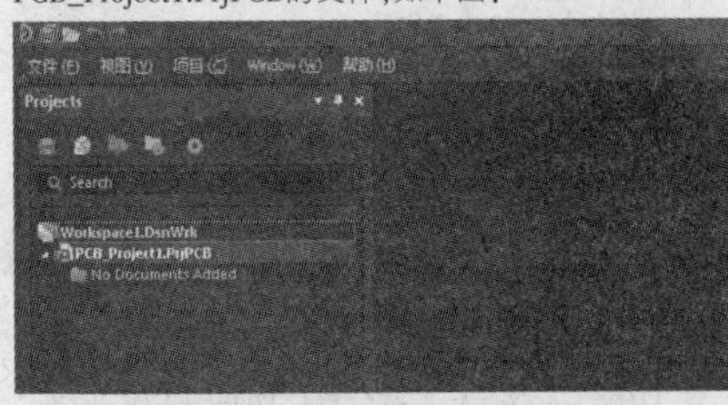

3.给新建的工程添加原理图文件和PCB文件。

回到刚刚创建的PCB文件界面，右键点击PCB_Project1.PrjPCB，弹出如下菜单的界面：

分别点击一次Schematic，PCB各一次。见图中的1,2步骤。

4.保存工程文件。

以上的步骤完成后的界面如下：

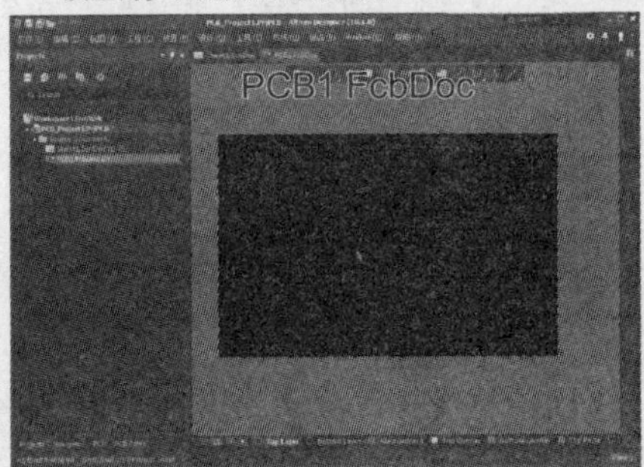

可以看到PCB_Project1.PrjPCB文件目录下多了2个文件，分别为原理图和PCB文件，记得保存并重新命名。

总共弹出3次保存文件菜单，全都保存并重新命名即可。示意如下：

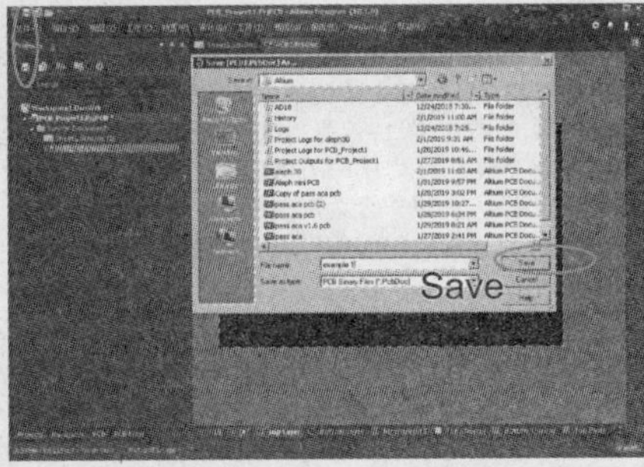

保存完成后的界面如下：

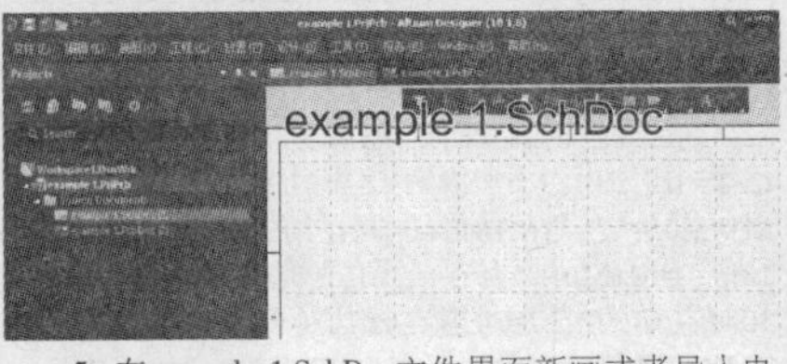

5. 在example 1.SchDoc文件界面新画或者导入电路图文件。

回到原理图example 1.SchDoc界面，在右边空白处右击，弹出"放置"，"器件"菜单，如下图：

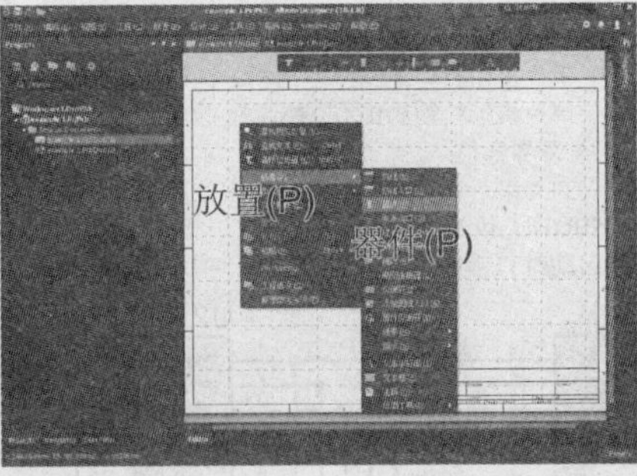

依次放入电阻，MOS管，电容，三极管等等，这里要说明一下，有很多快捷键可以使用，可以查看软件的官方说明文档；比如放置了一个电阻，还需要放置一个活多个，可以左键点击一个电阻，选中这个电阻，按CTRL+C可以复制，CTRL+V粘贴这个电阻。在元件上面左击就可以放置和拖动。双击元件打开元件属性界面，可以重新命名元件型号，元件特定的值等等。例如双击修改三极管BC560，弹出菜单可以调整管脚顺序等等。

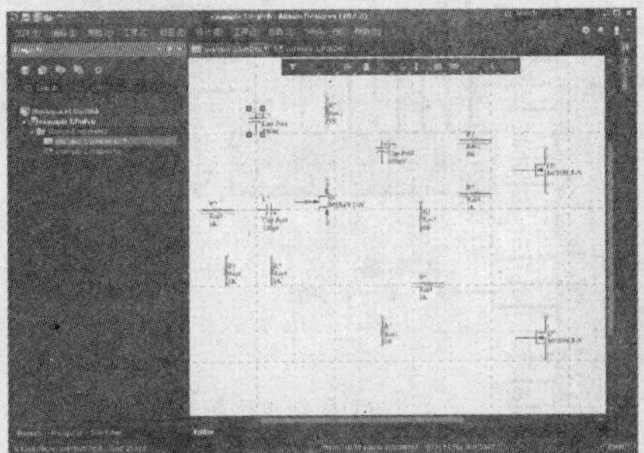

部分示意图如下：

画好的原理图如下：

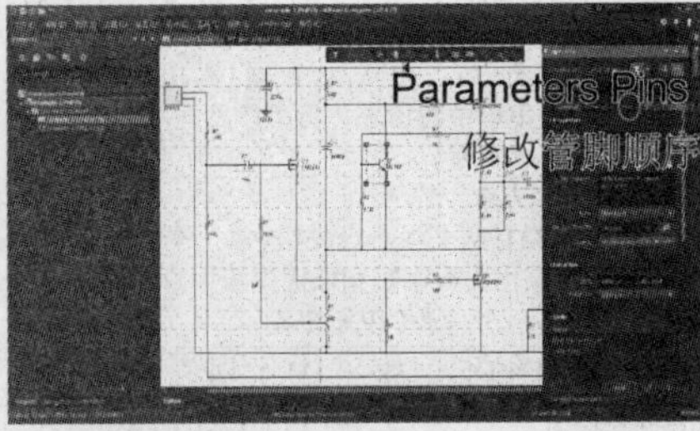

6.对原理图中元件进行标注。

回到原理图界面，点击"工具"，"标注"，"原理图标注"，

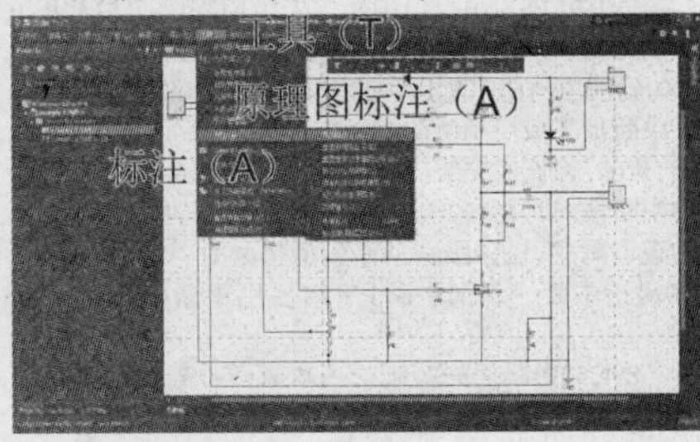

弹出如下界面：

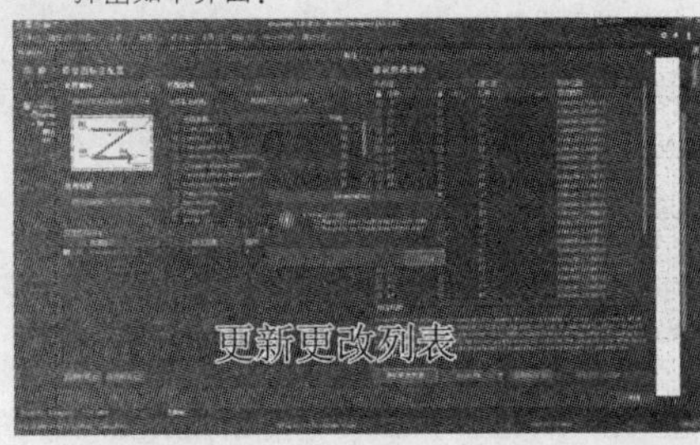

点击OK之后，点击如图所示的1"执行变更"，"关闭"；点击2步骤"接受更改[创建ECO]"，之后点"关闭"；回到原理图编辑界面，可以看见元件全部标注好了！

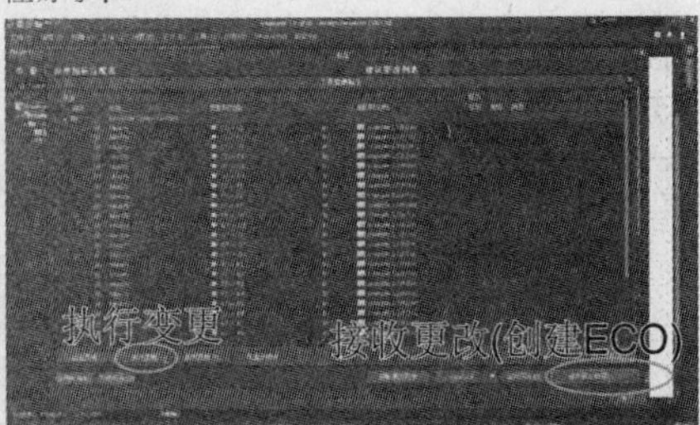

原理图文件全部标注好了：

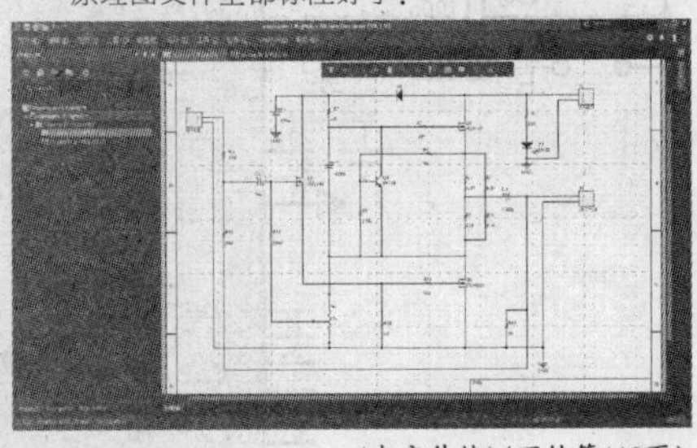

(未完待续)(下转第118页)

◇湖北　刘爱国

手机回收那些事

说到手机回收，很多人就想到不锈钢盆换手机，当然这权当只是一个笑话。和旧家电、旧电脑一样，手机的电路主板和屏幕以及电池都充满了可回收的元素。

屏幕

现在的智能手机几乎都是可触摸屏，而氧化铟锡就是最常见的触控材料，因其导电和透明的特性，所以在触控上应有非常广泛。其中的铟的存储量非常稀少，具有很强的抗腐蚀性以及反射光的能力，可以制成反射镜，不仅应用在电子工业还应用在原子能工业。

目前大多数的应用方面还是在于显示器的导电膜材料上，而随着应用的逐渐加深，可以说由于智能机的大量需求，已探明的铟存储量已经难以满足了，从手机屏回收铟还是一个重要的渠道。

因此不少人都提出了石墨烯的替代方案，并且石墨烯本身具备很强柔软性，也比较适合未来柔性手机屏幕的发展趋势。

至于屏幕最广泛的玻璃材质，大家更为熟悉，其主要成分为二氧化硅，不过有些高端手机也使用了坚硬耐磨氧化铝，但由于成本过高，并没有大面积使用。

而稀土元素共有17种，在手机上也有着不同的应用地方，为了让屏幕有更为鲜艳的显示效果，则使用了镧，镧是17种稀土元素之一；另外在扬声器以及前置传感器上则采用了另一种超强的磁力稀土元素--钕。

顺带说一句，中国不仅是全球最大的稀土生产国，也是最大的稀土出口国和消费国，拥有非常丰富的稀土资源。不过中国近几年已经严格控制稀土的出口量，并且用稀土换取更为珍贵的金属铼（目前全球探明量仅2500吨），主要用于航空发动机的研发(金属铼具有极高的熔点，达到3180°，同时还具有极高的强度和优异的塑性，即使在高温，急速加热、冷冻、强烈冲击和震动等各种残酷条件下，也依旧可以保持极好的性能。当然我国的航空发动机也不仅仅只是一个稀有金属就能解决，还有设计结构、材料比例、精密加工等多项工程)。

电路板

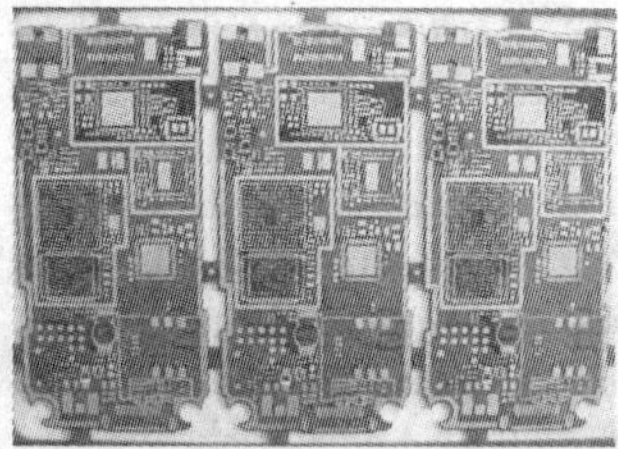

电路板是可以回收金属元素最多的地方。首先是能提取元素最多的铜，PCB正反两面都是铜层，在进行印刷、蚀刻、涂层、喷漆之后，才形成了手机上的集成电路。另外布线也主要靠铜的传输来实现。然后是金和银，金银材料一般都被镀在接口位置，增强导电性的同时，也保证了电路接口的稳定性。还有锡，锡一般应用在接口焊接上，在之前还有着锡铅合金作为焊接材料，现在环保对手机制作都要求工艺使用无铅焊料。

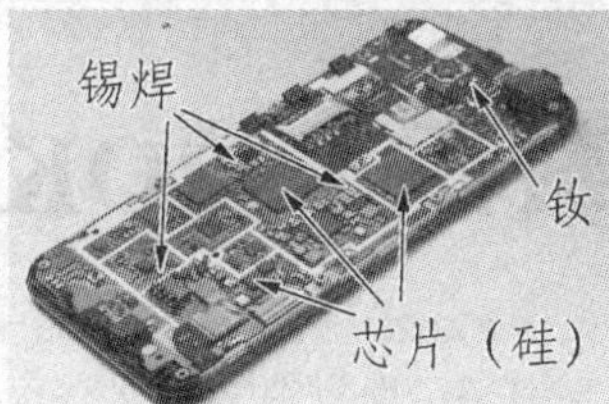

另外，电路板上都有大量的芯片分布，这也是另外一种非金属元素硅的存在，不过都是二氧化硅通过提纯得到多晶硅，再经过不断的加工，最后拿到的可回收材料——单晶硅。

电池

现在绝大多数智能手机使用的都是锂电池，这里可回收的金属元素也是不少。其中大部分使用钴酸氧化物为正极石墨为负极；部分电池会含有其他金属元素，如用锰替代钴；电池的外壳一般为铝。

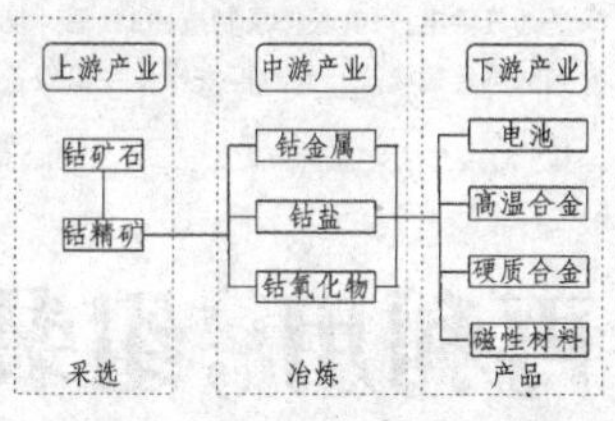

我国钴矿稀缺，大量依靠进口，从2016年我国电动车生产量开始增大（三元锂被作为行业标准），这几年钴矿及其产品也是急剧攀升，其中半成品钴片(钴含量≥99.8%)目前均价为32.5万元/吨。

机壳

近几年随着市场竞争越来越激烈，塑料材质的手机壳已经很少采用了。千元以上的手机都也采用金属机壳，而这些金属机壳基本都采用7系铝合金。主要成分是铝镁锌铜合金，是可热处理合金，属于超硬铝合金，有良好的耐磨性，也有良好的焊接性非常适合作为手机外壳材料。

总结

一部手机大概有41钟化学元素，当然有不少元素的回收率十分低，回收率大于50%的元素主要聚集在主板与电池部分。每部手机大约包含高达20g铝，8.75g铜，3g左右钴和铁，0.03g金，0.25g银，0.015克钯、以及不到千分之一克的铂。

专业的回收企业能从一吨废旧手机中提炼出约150kg铝、100kg铜、5kg锡、3kg银、2kg稀土元素、150g黄金、50g铂等。当然，从电子元器件中提取出这些贵金属的过程其实非常繁琐，并且在提取的过程中稍有不慎还会产生很多的废弃物，造成环境和生态问题。即便是不考虑这些，仅仅从成本上来看，没有达到一定量级的提炼也是一门吃力不讨好的亏本买卖。但是从智能机的消费习惯看，不少年轻人每两年就要更换一次手机，这个回收市场意义还是非常重大的。

（本文原载第8期11版）

斯威克SAP-2000型天线控制器故障检修1例

斯威克SAP-2000型天控器是用于推动大型极轴天线，实现多星接收的控制装置。该天控器发生故障时，前面板数码管有显示，按动遥控器或前面板上的控制天线转动的寻星键，面板上相应指示灯闪亮，但后面板与电动推杆连接的M1、M2端子无输出电压。斯威克SAP-2000型天控器内部电路由电源、控制电路和执行器件构成，附图为其电源和控制电路部分原理图。电源采用变压器降压方式提供各部电路工作电压，执行器件为继电器RELEAS1、RELEAS2，受控于控制电路，通过两个继电器常开触点切换，为极轴座上的电动推杆提供电源，再由电动推杆推动极轴天线向东或向西转动。控制电路主要是以微处理器IC1(AT89C51)为核心，控制执行器件动作，同时接收电动推杆传感器传回的脉冲信号，经光电耦合器IC3(P621)传输至相关电路，记忆、存储所要接收卫星的星位。

该天线控制器发生故障时，数码管有显示，操控时相应指示灯闪亮，说明微处理器IC1(AT89C51)工作正常。操控时听不到继电器触点吸合声音，两个继电器同时损坏的可能性很小，应是继电器电源电路或是与继电器连接的控制电路有故障。环形变压器有8V、12V、32V三个输出绕组，其中8V经整流、滤波、稳压后输出5V直流电压，通过S1、S2端子传输给电动推杆传感器，12V经整流、滤波得到17V电压作为继电器工作电源，同时经稳压后得到5V电压为微处理器IC1(AT89C51)和六通道缓冲/驱动器IC4(DM7407N)提供工作电压，32V经整流、滤波得到43V(实测)电压，通过M1、M2端子传输给电动推杆作为驱动电源，可见继电器不动作故障与变压器8V、32V绕组及其后续处理电路无关。测驱动继电器的17V电压已加至Q4 (A1015)e极，但按动控制天线向东或向西转动的寻星键时，Q4(A1015)c极无电压，分析其原因有二：一是直接控制继电器动作的六通道缓冲/驱动器IC4(DM7407N)工作异常，二是Q4 (A1015)损坏。测IC4(DM7407N)14脚5V供电电压正常，按下控制天线转动的寻星键时，Q4(A1015)b极电压由17V降为0，再上升至17V，这说明IC4(DM7407N)能输出正常的控制信号，IC4(DM7407N)及其外围电路应无故障。拆下Q4(A1015)检测确认已损坏，更换Q4后通电测试，按动控制天线转动寻星键时，能听到继电器触点吸合声，后面板与电动推杆连接的M1、M2端子处输出电压恢复正常，故障排除。

◇河北 郑秀峰

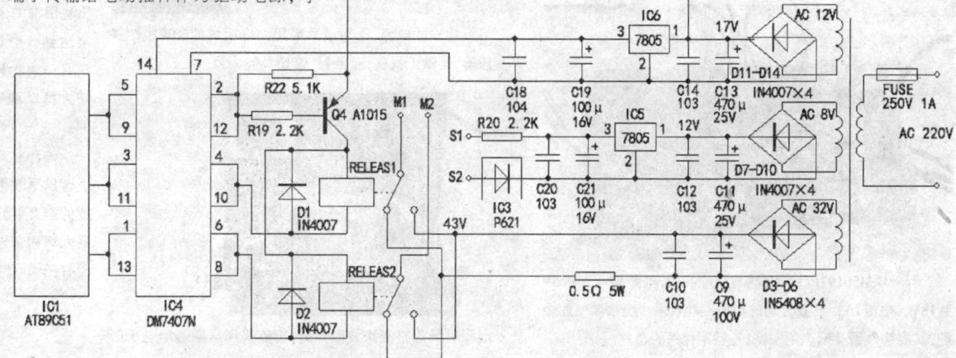

AV272录制使用体验

今年电子报中缝有刊登了一款超小型录像盒AV272，后又在第3期12版有详细介绍，看操作极为简单又可以在便携设备播放于是邮购一套。通过试用正如文中描述录像操作简单y易用，录像文件兼容性好便于播放。经过近一个月的使用，觉得这款貌不惊人的小小录制盒还是有些特点在此与各位分享。图1。

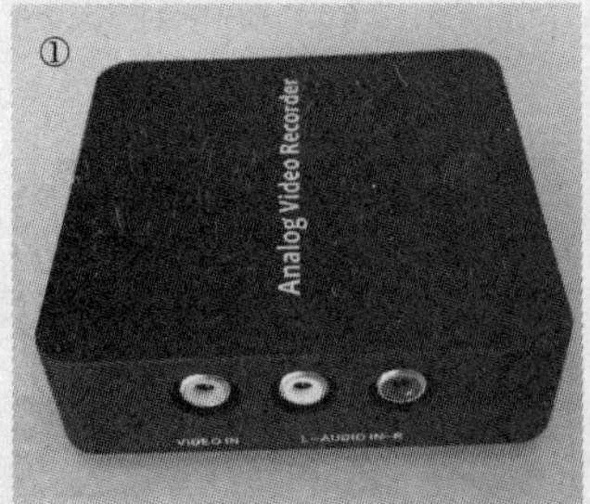

一、DC接口有供电和数据传输两个作用

1.作为电源供电接口：对于小数码产品来说供电本身并不复杂，但因本机功耗极小不到400mA，而大多数设备的USB接口都可以提供不低于500mA的输出能力。不论是与电源适配器、充电宝相连，还是与自动识别USB设备的电脑、平板、智能电视机的USB接口相连接，上电都默认为录制供电模式不会与这些设备进行通讯，这也意味着能够为本录制盒供电的方式非常灵活，除了按常规用5V适配器供电外，为了减少连线看起来更加简洁或少占用电源插座，还可以直接利用电视机或机顶盒的USB接口即可供电，像图2这样用充电宝也能轻松供电数小时，外出使用非常方便，机器启动后短暂按一下录制按钮就可以录像。

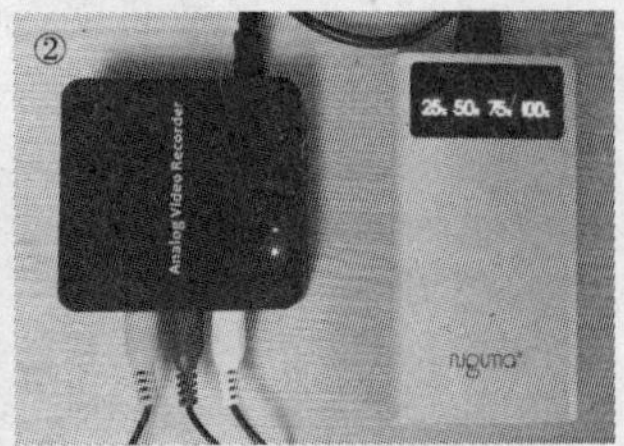

2.作为数据传输接口，录制到TF卡上的视频一定需要播放、复制、删除等操作，如果将卡取出来在手机、看戏机、平板电脑上使用就非常简单与常规使用没有差别，即使将卡插入读卡器变成U盘使用也无特别之处。但如果不将TF卡取出仍在AV272里使用的话与普通U盘接入电脑有所不同，U盘接入电脑会自动识别为储存设备，但AV272接入后默认只是为其供电，只有长按录制按钮3秒后才切换到数据传输模式，此时再去操作主机设备才可见录制的文件。

二、如何播放录制的视频文件

我们知道AV272本机不能播放文件仅具备录制功能，其最大的优势在于录制的视频可以在大多数的播放设备上播放，比如各种便携式播放器、手机、带USB接口的影碟机、电视机等。如果像看戏机、平板等播放设备本身具有TF卡槽，将录好的卡取下来直接插入就可以直接播放；对于没有TF卡槽的设备如电脑、电视机、DVD影碟机等，可以将卡插入读卡器变成普通U盘插到USB接口上播放。以上这两种方式都比较简单，下面还向大家推荐的一种方法——利用手机OTG读取和管理外接U盘文件一旦掌握定会受益匪浅。

现在的智能手机都可以播放视频文件，只是不同配置的手机可能对文件格式的支持有所差异，可喜的是AV272录制的文件为基本的AVI格式，随便一款智能手机都可以流畅播放。对于部分品牌型号的手机并不支持安装TF储存卡，但我们只要利用OTG数据线（或转接头）就可以让手机像电脑一样访问接入的U盘，播放和管理U盘里的文件。通过这种方式TF卡插入读卡器连接手机，就可以在文件管理模块播放录制的文件，甚至像图3这样的连接也可以达到异曲同工的效果——此时AV272已经作为读卡器使用了，只是记得按住录像键3秒切换数据模式即可。

三、如何管理录制的视频文件

AV272只有录制功能，支持的TF卡也只有16GB，卡上的文件不能用本机删除只能借助电脑或其他设备管理相关文件。用电脑当然最方便了，可以对录制文件进行删除、复制、更名等各种操作管理，其实用智能手机也同样可以完成这些任务，还是利用上面提到的OGT，连接成功后同样可以完成各项操作，也能将你录制的视频与他人分享。

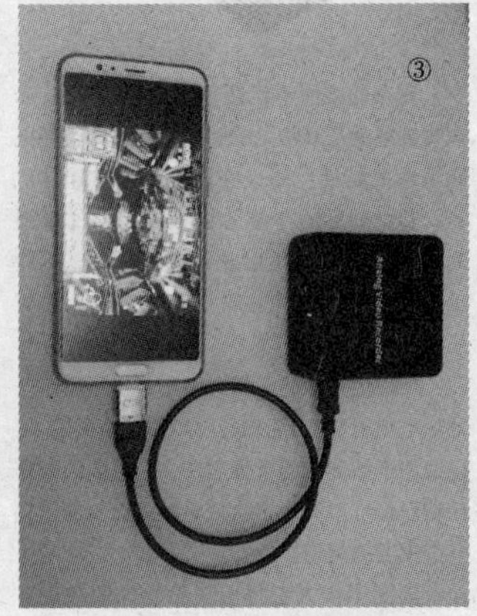

◇南宁　蔡　胜

废旧元器件再利用，组装数码卡拉OK合并式功放

多年的电子技术实践，积存了几大箱各种电子元器件及电路板，偶尔翻一翻，发现有可以装个数码卡拉OK功放机的元器件，于是，利用空余时间进行组装。

2000年买的东仕2000H数字卫视接收机，因芯片损坏无法修复而束之高阁，那时的机型全金属外壳且钢板厚，机箱内部空间大，拆除内部电路板，现取之用作功放机箱还不错，前面板电源开关指示灯及背面端子都可再次利用，不错，就这样废物再利用。

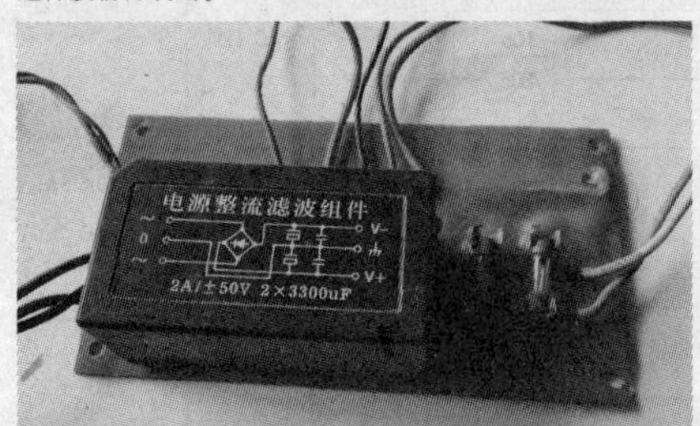

有一块M50197P数码混响前置成品板，电源输入范围6V到18V，电流1A，三菱公司的数码混响效果一般都属专业级别，其混响效果及延迟范围宽，是特别优秀的芯片。

找个12V10W的优质线性电源，拆除其内部整流滤波小板，使其交流9V双线直达前置板电源输入端，如果不拆也行，取其12V电源直达前置板三端稳压前即可。

后级功放选用了20年前深圳中山市小榄镇达华电子厂的TWH场效应功放模块，早年达华电子名气很大的，其型号为AMPIX 80W五脚全封闭功放模块，因为功率大就发热量大，所以该模块配备了巨大的散热片，以保证模块工作时的稳定可靠。

后级功放的电源，选用了早年黑白电视机的60W线性铁芯变压器，其做工优良，质量好，带负载能力强。

电源后级的整流滤波很关键，仍然采用早期达华电子厂的整流组件模块，其正负双电源输出及音频整合输出，增强了音频动态范围，音质更好。

万事俱全，只欠东风。

首先拆除东仕2000H接收机内部电路板，取出前面板及轻触开关板，在前面板用烙铁开孔三个，一是总音量开关电位器，另两个是话筒音量电位器及话筒插孔，焊下原电路主板上的莲花插座固定在后面机壳上，适当安排好电源变压器及前置后级放大板，在前置数码板调整好合适的混响延时深度即可。

组装此数码OK合并式功放耗时两天，看图简单其实做起来也很难的，防噪声、防自激、防干扰、防啸叫，各方面参数必须达到一个最佳的平衡点，必须反复调试才行。因为手头只有一块功放模块，所以该机属单声道数码功放。用大音箱来推动演唱效果或播放音乐，单声道效果同样很好听的。

该合并式功放的演唱效果，通过许多来客的试用，可以说音乐厅效果是直追专业音响器材，比很多KTV包厢那个干涩的声音要好很多，因为其话筒声音清澈而充满动感，尤其是人声和音乐的混响效果相当好，把它用作小型演唱会也是没有任何问题的。

◇江西　易建勇

2019年3月24日出版 ■实用性 ■启发性 ■资料性 ■信息性

第12期

(总第2001期)

国内统一刊号:CN51-0091 定价:1.50元 邮局订阅代号:61-75

地址:(610041)成都市武侯区一环路南三段24号节能大厦4楼 网址:http://www.netdzb.com

让每篇文章都对读者有用

从“一切皆服务”到“数字融合”,制造业如何在工业4.0中更好地生存?

第四次制造业革命,也就是我们通常所熟知的工业4.0,正处于全面发展的进程,并且已经开始从根本上改变制造业格局。过去的几年,我们目睹了物联网(IoT)作为工业4.0的驱动力正在不断发展。在考虑到诸如高效率的压力,日益激烈的竞争以及灵活的需求等各种因素的情况下,制造业企业已经意识到投资物联网项目的必要性。然而,在互联互通和物联网经验方面,制造业似乎落后于诸如运输与物流等其他行业。

据预测,从现在至2020年将会有超过500亿个设备连接在一起从而促使“物联网”成为创新的主要引领者。这些互联设备的需求将很快影响到几乎各个领域。它们不仅会改变个人使用,还会影响专业的应用。预计制造业将是生产系统中互联设备的最大消费者(约1,025亿),其次是生产资产管理,再是现场维护或现场干预工作。由于制造业仍然具有无与伦比的增长动力,出于提升现代化水平和竞争力的需求,将物联网应用于企业的生产设备中有助于企业利益的增长。采用物联网的企业将会受益于服务和消费者需求转型中的普遍趋势。此外,强大的物联网平台提供了处理及合并大量数据流的基础架构,减少操作过程的复杂性,从而实现产品定制化。

市场调查公司PAC针对物流和制造企业的趋势调查显示,48%的物流企业宣称其将不同地点的工厂连接在了一起,而仅有13%的制造企业采取了这一做法。相比制造企业,物流企业实施和完成了更多的物联网项目。

有一点是肯定的:工业4.0将长期改变制造企业的商业模式。那么制造业如何利用物联网来使企业的商业模式在未来变得可行且可持续呢?企业如何才能在工业4.0中幸存下来,并确保其市场竞争力高于竞争对手呢?

在制造业中已经出现的五大趋势,将大大改变企业的经营方式:

1.服务转型:制造企业越来越多地推出额外的服务产品,以扩展其产品组合,并培养持久的客户忠诚度。围绕现有产品的新服务被打造成完整的服务生态系统,以促进持续的客户关系而非一次性交易。

2.一切皆服务:软件即服务(SAAS)只是一个开始。各行各业的企业业务模式正从获取产品的所有权转向按次计费的合同制。制造企业将越来越多地销售解决方案和服务,而不是产品,例如用移动性解决方案取代汽车。顾客只在其需要的时候购买服务,将存储和维护费用转移给制造企业。这些定制化服务都是紧密相连的。

3.个性化:如今,消费者需要满足其特定需求的产品和服务,这使得大规模生产变得无用且低效,由此制造企业的业务模式从“销售我们制造的”改变为“制造我们销售的”。然而,定制产品所包含的成百上千的选项和功能组合拥有巨大的复杂性,需要强大且可靠的系统来正确并高效地处理这些海量数据。

4.超级竞争:制造业正经历着竞争环境的转变。显著加剧的竞争伴随“人才争夺战”。根据德国联邦教育和研究部(BMBF)的调查,现有学徒数量不断超过需求量。在2015年,有563,054个可用的学徒岗位,但只有542,806个候选人。30%的制造企业无法找到足够数量的学徒,德国工商总会(DIHK)的大多数企业对此的解释是缺乏合适的人选。因此,人才难寻。企业之间的竞争不仅体现在客户和市场份额,也体现在那些确保能在未来的数字化世界立足的有才华的员工。

5.数字融合:制造企业的生产和供应链正在转向数字化,新产品和服务涉及各种技术,如RFID、WLAN、定位或视频技术。随着物理和数字世界通过物联网日益互联,这些技术以及其所传递的各类数据通过各种设备和应用得以合并和被获取。

每一个制造企业都受到这五个趋势中至少一个的影响。现在,物联网看起来仍然像一个神秘且难以穿透的丛林。物联网项目由于数据集成的复杂性和缺乏专业知识,往往会陷于停滞或无法付诸实施,但是它值得企业去探索。物联网将制造商与供应商、客户、员工以及整个生产线上的机器和材料连接起来,为企业提供运营和流程的实时可视性。

物联网帮助制造企业改善和扩大他们的服务,使其能够快速响应需求或问题,从而确保稳定的客户忠诚度。采用物联网的企业将会因此受益于服务转型和一切皆服务的趋势。此外,强大的物联网平台提供了必要的基础架构来处理及整合庞大的数据流,并降低例如大量产品个性化所带来的业务流程的复杂性。通过预测性维护和减少生产停工时间来提高生产率并降低成本,将帮助制造商改善业务模式进而实现竞争优势的提升。

因此,企业应该专注于数字化带来的益处,而不是在面对短期的物联网挑战时选择逃避。相反,企业应该把物联网视为不可或缺的工具,帮助自身获得可操作性的洞察力和生产收益;同时为企业提供能够在超级竞争的环境下更好地生存所需要的竞争优势,以及应对更长期的工业4.0挑战的业务模式。

◇本文由斑马技术提供

(本文原载第11期2版)

万物互联时代离不开——IPv6

近年来,为满足物联网时代“一物一地址,万物皆在线”的海量智能终端联网需求,IPv6的规模部署与发展愈来愈受到关注。那么,何为IPv6?其实IPv6并不神秘,它只是一个网络地址的编码方式。目前可用的IPv4地址资源已基本消耗殆尽,虽然在使用体验上IPv6与IPv4没有特别大的区别,但实际上IPv6不论是本身的属性还是在应用方面,都有着IPv4无可比拟的优势,万物互联时代离不开——IPv6。

提供“海量”的网络地址,让万物联网成为真实

目前分配给物联网设备的网络地址一般为IPv4地址,其地址是由4组8位二进制数字排列组合而成,总共有2的32次方个地址可用。虽然IPv4也能够提供“海量”的网络地址,但随着物联网的高速增长,目前全球已有上百亿个物联网设备,却只有40多亿个网络地址,显然存在差距。

而IPv6可以提供真正“海量”的网络地址,数量远远大于IPv4,总共有2的128次方个地址可以使用。由于地址数量非常庞大,所以哪怕是一粒沙子,都可以有其IP地址。IPv6的采用也意味着信息社会进入了万物互联时代,所有的家具、电视、相机、手机、电脑、汽车……全部都可以纳入互联网的一部分,让物联网成为真实。

助推网络实名制,上网行为或记录有据可查

IPv6普及的另一个重要应用是网络实名制下的互联网身份认证。IPv4的网络之所以难实现网络实名,一个重要原因就是IP资源不足,所以不同的人在不同时段共用一个IP,IP地址和上网用户就无法一一对应。IPv6的出现,将从技术上一劳永逸地解决这个问题。由于IP资源将不再紧张,所以当运营商为用户办理入网申请时,可以直接为每个用户分配一个固定IP,实现真实用户和IP地址的一一对应。而当一个上网用户的IP固定以后,其上网行为或记录将在任何时间段内都有据可查。

内容获取速度更快,升级用户信息安全保障

IPv6的地址分配一开始就遵循“聚类”原则,这使得路由器能在路由表中用一条记录表示一片子网,大大减小了路由器中路由表的长度,提高了路由器转发数据包的速度,也就使得通过IPv6连接并获取内容的速度要比IPv4更快。

传统的网络安全机制只建立在应用层程序级,如E-mail加密、接入安全(HTTP和SSL)等,没有办法能够从IP层来保证互联网以及物联网的安全。而IPv6可以实现IP层的安全,用户能够对网络层的数据进行加密,并且对IP报文进行校验,保证了分组的完整性与保密性。

IPSec是过去为了解决IPv4的安全性问题所产生的IP地址安全协议,IPv6将IPSec纳入其架构,让IPSec可以直接镶嵌在IPv6的封包中,这一特性可以加强物联网相关设备和数据的安全性,让用户信息的安全保障得以升级。

具有多宿主特性,支撑5G应用

典型的IPv6设备可以有多个地址,并且一个终端可以同时建立多个宿主的功能,为移动边缘计算提供基于源地址的分流应用。实现移动边缘计算的切片和隔离都是通过多条链路进行的,由于多宿主特性,所以在切换的时候可以先建后断,降低了数据丢包影响,减少了切换时间,改进了用户的体验,在即将到来的5G时代,IPv6将会有更为广阔的应用。

此外,IPv6还有许多功能,例如新的技术或应用需要时,它可以允许协议进行扩充,使用新的选项来实现附加的功能;IPv6使用更好的头部格式,其选项与基本头部分开,如果需要,可将选项插入到基本头部与上层数据之间,简化和加速了路由选择过程。总之,IPv6具备着满足我们对未来物联网的各种要求的特性,未来普及将是大势所趋。

◇山西 刘国信

(本文原载第11期2版)

LED彩电伴音功放电路STA333BW简介

STA333BW是2.1声道的高效数字音频系统。工作电压范围：4.5V~20V，具有2通道立体声和重低音通道设置功能，18V供电能输出立体声8Ω/20W×2功率；18V供电在2.1声道模式时，重低音输出8Ω/20W功率，立体声输出4Ω/9W×2功率。采用I²C控制和I²S数字接口，可编程选择设备地址并进行控制，数字增益控制范围在+48dB到-80dB，具有自动静音、噪声抑制和过压保护、过热保护、短路保护功能。

应用于康佳LED40F3800C、LED40F3300DCE、LED40F3300DC-1、LED37F3300E、LED37F3300E-1等LED液晶彩电中，内部框图见图1，应用电路见图2所示，采用PSSO-36封装形式，引脚功能见表1。

◇吉林　孙德印

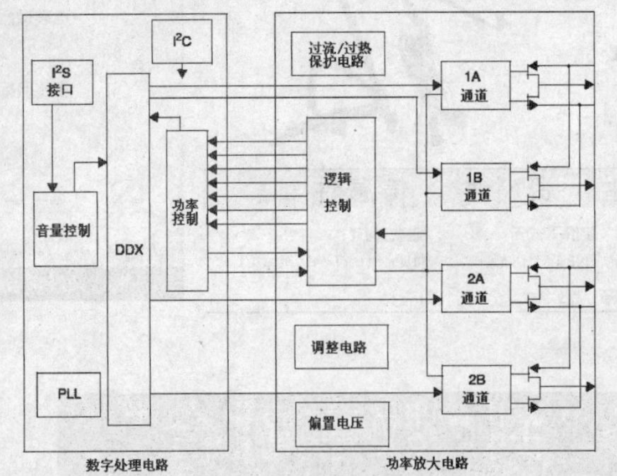

图1 STA333BW内部电路方框图

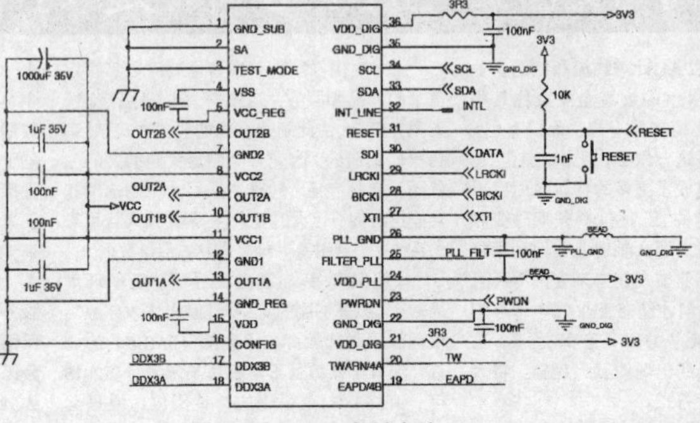

图2 STA333BW应用电路

表STA333BW引脚功能

引脚	符号	功能
①	GND-SUB	接地(衬底)
②	SA	I²C选择地址
③	TEST-MODE	测试模式(该引脚必须接地)
④	VSS	接地
⑤	VCC-REG	电源(内部参考)
⑥	OUT2B	2声道输出B
⑦	GND2	2声道接地
⑧	VCC2	2声道供电电源
⑨	OUT2A	2声道输出A
⑩	OUT1B	1声道输出B
⑪	VCC1	1声道供电电源
⑫	GND1	1声道接地
⑬	OUT1A	1声道输出A
⑭	GND-REG	内部参考电压接地
⑮	VDD	数字电路供电电压
⑯	CONFIG	并联模式指令
⑰	OUT3B/CCX3B	3声道输出B/外桥
⑱	OUT3A/DDX3A	3声道输出A/外桥
⑲	EAPD/OUT4A	断电/4声道输出A
⑳	TWARN/OUT4B	热度报警/4声道输出B
㉑	VDD-DIG	数字电路电源
㉒	GND-DIG	数字电路接地
㉓	PWRDN	断电控制
㉔	VDD-PLL	电源锁相环
㉕	FILTER-PLL	锁相环滤波
㉖	GND-PLL	锁相环电路接地
㉗	XTI	时钟输入
㉘	BICKI	I²S串行时钟
㉙	LRCKI	I²S左右时钟
㉚	SDI	I²S串行数据
㉛	RESET	复位
㉜	INT-LINE	故障检测中断控制
㉝	SDA	I²C串行数据
㉞	SCL	I²C串行时钟
㉟	GND-DIG	数字电路接地
㊱	VDD-DIG	数字电路电源供电

液晶彩电“马赛克”故障分析与维修(三)

(紧接上期本版)

实例2：TCLL32P10B彩电出现“马赛克”故障。检查各种信号源均出现“马赛克”故障。测量主板的供电、晶振、复位电压正常，检查主芯片U205和DDR/U201供电正常，怀疑DDR与主芯片之间通讯电路异常。检查二者通讯电路，发现U201的⑧⑧脚到U205的㉓脚之间的过孔开路，用导线跨接两个引脚后，故障排除。

实例3：TCL L24F19彩电开机老化时出现“马赛克”现象，声音噼里啪啦响，有时还出现无信号和灰屏故障。检查主板的供电、复位、晶振电压正常。冷机电阻测量主芯片和DDR电路未见异常。补焊主芯片和DDR无效。检查DDR电路附近的7个过孔都是通的，使检修陷入困境。后来还是怀疑过孔不良，遂将7个过孔全部飞线连接后，故障彻底排除。

(7)逻辑板故障

引发故障原因：逻辑板的作用是把主板送来的LVDS低电压差分信号转换成为液晶显示屏显示的栅极驱动信号、源极驱动信号，完成LVDS到MINI LVDS的转换输出，同时输出源极驱动电路和栅极驱动电路所需要的各种控制时序，送到上屏电路。当逻辑板发生故障时，不但产生花屏、黑屏、白屏、彩条干扰、光暗、亮度异常、图像停顿等故障，也会造成输出信号出错，产生“马赛克”故障。

维修判断方法：一是直观检查逻辑板有无明显变色、烧焦、开路、虚焊故障，对明显损坏部位和器件进行维修；二是测量逻辑板的各路供电电压是否正常，常见为：VDD：一般为3.3V，用于T-CON板集成电路的供电；VDA：屏数据驱动电压，一般为14~20V左右，由伽马校正电路产生灰阶电压，灰阶电压约有14路不同的的阶梯电压；VGH：屏TFT的开通电压，一般为20~30V左右；VGL：屏TFT薄膜开关MOSFET管的关断电压，一般为-5V~-7V左右；Vcom：屏公共电极电压（伽马校正电压最大值的1/2）。以上任一电压出现问题，都会出现不同的图像故障，是故障多发部位，对不正常的供电电路进行维修；三是检查逻辑板的信号处理通道是否正常，检查程序存储器和帧存储器电路，一般数据传输电路功能相同，外部电路设置相同，因此相同功能的引脚电压、对地电阻基本相同，如果测量哪个引脚电压或对地电阻与其他电路不同，则是该脚的内外电路发生故障。

实例：长虹采用PT50718(A)虹欧屏的彩电，满屏幕出现“马赛克”故障，声音正常。首先自检，将逻辑板开关U4的123上、45下，故障不变，排除主板故障，故障在逻辑板。用示波器测试逻辑板DDR动态存储器数据线波形，未见异常。再测试BGA到地址板插座信号波形，发现有10多根线上波形杂乱，用放大镜观察过孔处有多个霉点，造成漏电。清洗霉点烘干后，开机图像恢复正常。

3.“马赛克”故障维修小结

综上所述，引发马赛克故障原因包括信号源、各个信号源信号处理电路不良、电源供电、控制系统、主芯片、DDR电路、LVDS连接线、逻辑板等。维修时首先应判断故障部位，再对怀疑的故障部位进行检测，找到故障元件，是一个理论联系实际的分析、检修过程。维修时本章“先外后内、先简后繁”的原则，循序渐进的进行检测和维修。

先外：更换信号源判断故障范围。一是更换不同信号源，判断是某个信号源时发生“马赛克”故障，还是全部信号源都发生“马赛克”故障。某个信号源发生“马赛克”故障，故障范围在信号源播放器、连接线和机内相关信号放大、切换电路。全部信号源都发生“马赛克”故障，故障范围在信号选择后的主信号处理电路。二是当某个信号源发生“马赛克”故障时，更换该通道的信号源，如播放DVD时发生马赛克故障，则更换不同的DVD播放机或DVD碟片，判断是DVD播放机或碟片故障，还是电视机内部DVD信号放大切换电路故障。三是对发生“马赛克”故障的通道输入输出导线、插头插座进行晃动和检测，包括AV、RF、USB、网线、宽带等，判断是否由于输入输出连接线接触不良、内阻过大引发“马赛克”故障。

后内：经过上述先外的检查判断后，判断故障在电视机内部时，再拆开电视机进行内部检查和维修。内部检查维修应本着“先简后繁”的原则，逐步深入。首先判断是主板故障还是逻辑板故障，一般逻辑板引发“马赛克”故障，往往伴随灰屏、图像暗淡、横条、竖条干扰，面积大且固定等特点。而主板引发的“马赛克”故障比较单一，马赛克随图像内容变化而变幻不定，同时伴有图像和伴音的卡顿现象。

先简：一是进行直观检查，有无冒烟、变质、损坏的器件，更换明显损坏的器件。二是检查电源板供电连接线、机内各个信号源信号线插头插座、高清与主板之间连接插头插座、主板到逻辑板LVDS连接线是否接触良好，包括晃动连接线、重新拔出、插入连接线，观察故障现象是否发生变化，对影响故障现象的导线和插头插座进行处理和更换。三是按压主芯片解码电路、信号放大电路、DDR电路、存储器电路，观察故障现象是否有改善和变化，判断是否引脚开焊或接触不良，对接触不良的芯片进行补焊。四是手摸主芯片和DDR电路、供电稳压器等集成电路的温度，正常时应具有一定的温度，手长时间触摸能够挺得住，如果温度过高，说明该集成电路有过流故障，没有温度说明该集成电路没有工作。对该集成电路相关供电、负载、外围电路元件和集成电路本身进行检测更换。

后繁：上述检查未能排除故障，或怀疑某个单元电路发生故障，再进行下一步细致的检测。一是测量主板或逻辑板供电、主芯片供电、DDR供电、DDR偏置电压、控制系统晶振电压、复位电压、总线电压、存储器各脚电压，逻辑板的各路输出电压，对电压异常的相关电路进行检查更换。需要注意的是，由于液晶彩电主板和逻辑板采用低电压供电，有时供电电压低于正常值0.2V就会引发电路工作失常，产生“马赛克”故障。二是检测主板到逻辑板之间的LVDS连接线和插座电压，正常时信号线和总线电压在1.1~1.3V之间，供电电压因机而异有12V、5V、3.3V几种，哪个电压不正常，顺藤摸瓜，检查相关信号放大传输电路和连接线、插头插座。三是检查主板或逻辑板信号传递电路、电路板过孔和串联电阻、偏置分压电阻、上拉电阻是否正常，对变质的电阻进行更换，对开路的过孔进行连接。四是最后确定是否主板或逻辑板主芯片处理电路、DDR存储器不良或局部损坏，对损坏的电路进行更换。

(全文完)

◇吉林　孙德印

戴尔LA65NS0-00型适配器电路剖析及故障检修(上)

戴尔LA65NS0-00笔记本电源适配器，标称输入电压为交流100V~240V(50Hz~60Hz)，输出电压为直流19.5V(3.34A)，额定功率65W。最近检修了几个该型适配器，感觉其中一例故障比较特殊，因此依据实物绘制了电路原理图(见图1所示)，希望将其工作原理分析和故障检修过程呈献给广大《电子报》读者。

一、电源管理芯片FA5518简介

该适配器电路采用富士电机(Fuji Electric)生产的电流型开关电源控制芯片FA5518作为管理控制芯片，该芯片采用SOP-8贴片封装形式，工作电压为13V~28V，正常情况下工作频率为60kHz，轻负载时自动降频工作，输出可直接驱动MOSFET功率开关管；内置启动控制电路、软启动电路、振荡电路、脉宽调制(PWM)控制电路、过压欠压过载检测和保护电路，内部框图如图2所示，各引脚功能如表1所示。

1.启动功能

FA5518芯片内置了启动电路(START)，通过VH脚(⑧脚)与高压(额定500V)电路连接，接通交流电后，启动电路由VH脚为VCC脚(⑥脚)所接电容提供3mA~1.7mA的充电电流，当VCC电压达到13V时，芯片开始软启动工作，OUT脚(⑤脚)开始输出脉冲信号，驱动外接MOSFET功率管工作，完成启动功能。电路正常工作后，启动电路切断流向VCC脚的电流，由高频开关变压器的副边绕组向VCC供电。

2.软启动功能

芯片完成启动过程后，内部10uA恒流源向CS脚(①脚)所接电容充电，随着CS脚的电位逐步升高，OUT脚(⑤脚)输出脉冲的占空比由小到大逐渐增加，使MOSFET功率开关管的平均电流逐步提高，直至适配器输出电压达到设计值，CS脚电压大于FB脚(②脚)电压，OUT脚输出脉冲的占空比由FB脚电压控制。从而实现软启动。

3.振荡和脉宽调制功能

芯片FA5518内含一个振荡电路(OSC)，在VCC脚电位高于13V时开始工作，分别产生占空比为80%的脉冲信号、到消隐电路(Blanking)的窄脉冲触发信号以及到电流比较器(IS comp)的斜率补偿信号(占空比大于30%时产生)。正常工作情况下，振荡电路产生60kHz的脉冲信号，经脉宽控制电路向OUT脚(⑤脚)输出占空比可变的脉冲信号。当FB脚(②脚)电压低于1.0V时，振荡器输出脉冲的频率开始线性下降，当FB脚电压下降到约0.45V时，振荡电路产生最低频率为1.5kHz的脉冲信号，当FB脚电压低于0.33V时，振荡电路停振，OUT输出被置为低电平。

振荡电路输出的窄触发脉冲信号经消隐电路展宽，作为PWM锁存器(F.F.)的置位信号；MOSFET源极电流的取样信号经IS脚(③脚)输入，与FB脚(②脚)输入信号降压后的电压，分别作为电流比较器(IS comp)的同相和反相输入信号，电流比较器的输出作为PWM锁存器(F.F.)的复位信号；通过对PWM锁存器的置位和复位，实现对OUT脚输出脉冲信号的脉宽调制。FB脚(②脚)的电位升高，PWM锁存器的置位和复位时间差增加，OUT脚输出脉冲信号的占空比增大；FB脚的电位下降，OUT脚输出脉冲信号的占空比减小。OUT脚输出信号的最小脉冲宽度由消隐电路和线路延时决定，为800ns；当电流比较器不能产生PWM锁存器的复位信号时，振荡器产生的占空比为80%的脉冲信号经放大后由OUT脚输出。

4.过载、过压、欠压保护功能

正常情况下，芯片FA5518的FB脚(②脚)电位在3V以下，CS脚(①脚)电压被内部齐纳二极管钳位在4V。

如果负载过重，将引起适配器输出电压下降，经过相应外部电路的作用，使FB脚的电位上升，当该电位达到或超过3.5V时，过载保护比较器(OverLoad)切断片内4V钳位二管的接地端，5uA恒流源开始向CS脚所接电容充电，当CS脚电位上升到8.2V时，比较器(Latch)关闭片内的5V电路，将OUT输出脚强置为低电平，同时芯片进入闩锁状态。

当芯片供电VCC脚的电位升高到28V以上时，1mA恒流源开始向CS脚所接电容充电，由于内部4V钳位二极管的最大吸收电流只有35uA，CS脚的电位将快速上升，同上述，OUT脚被强置为低电平，芯片进入闩锁状态。

当芯片供电VCC脚的电压跌落到9V以下时，欠压保护电路(UVLO)起作用，关闭片内的5V电路，将OUT脚和CS脚强置为低电平，芯片进入锁闭状态，并复位启动电路。

芯片进入闩锁状态的时间长度，与CS脚所接电容容量成正比，与对该电容的充电电流成反比。切断VH脚(⑧脚)供电或强使CS脚电位低于7V，可解除芯片的闩锁状态。

表1：FA5518引脚功能说明

引脚号	名称	功能	引脚号	名称	功能
1	CS	软启动和闩锁模式控制	5	OUT	输出
2	FB	反馈输入(脉宽调制)	6	VCC	芯片电源
3	IS	功率管电流检测	7	(NC)	
4	GND	地	8	VH	启动电压输入

二、电路组成与工作原理

适配器电路主要由干扰抑制与高压整流滤波电路、DC/DC变换电路、稳压控制电路以及输出过压过流过热保护等电路构成，图1中元件标号为读者自己标注，有些贴片电容未标注容量，电阻阻值未标注单位的缺省为Ω，IC01各脚所标电压为空载时所测。

1.干扰抑制与高压整流滤波电路

交流市电经保险管F01和由L01、C001、R01、R02及L02构成的电磁干扰抑制(EMI)电路，进入由整流全桥BD01和电解电容C051构成的高压整流滤波电路。如果输入为220V交流电，将为DC/DC变换电路提供约300V左右的直流高压。

2.DC/DC变换电路

主要由IC01(FA5518)及其外围元件、MOSFET功率管Q050、高频脉冲变压器T101、输出整流二极管D04、输出滤波电容C204~C206等元件构成。实现高频脉冲信号产生、电压变换和稳压控制等功能。

(1)高频脉冲信号产生功能

接入交流市电后，经二极管D02和电阻R09向IC01的VH脚提供启动电流，IC01内的启动电路向VCC脚所接电容C054和C05充电，当VCC脚电压达到13V时，IC01内的振荡器、软启动电路开始工作，OUT脚输出宽度逐渐增大的脉冲信号，驱动MOSFET功率开关管Q050连续不断地开关工作。当电路输出电压达到19.5V后，开关变压器T101副边③-④绕组提供的电能足以维持IC01工作，VCC供电由T101副边③-④绕组电压经D3整流、R07限流、C054和C05储能滤波后提供。IC01的CS脚所接电容C06为软启动电容，CS脚电压被钳位在4V。

(2)电压变换过程

IC01的OUT脚输出的脉冲信号经R12控制MOSFET功率开关管Q050重复不断地导通和截止，当Q050导通时，主电路300V高压电为高频开关变压器T101的初级①-②绕组提供充磁电流。当Q050截止时，T101的次级⑤-⑧绕组产生反激脉冲电压，经输出整流二极管D04整流、电容C204~C206滤波，向外接负载提供平滑的低压直流输出，释放T101中储存的磁能。

高频开关变压器T101初级①-②绕组两端所接D01、R03~R06、C03以及C09构成消尖峰电路，用于消除Q050截止时T101初级绕组产生的反向高压尖峰脉冲，保护Q050不被反向击穿损坏。电阻R051(0.24Ω)为Q050源极电流的取样电阻，它产生的取样电压经C08平滑后，由R14反馈到IC01的IS脚，与FB脚或CS脚的电压共同作用，控制OUT脚输出信号的脉冲宽度。在T101副边③-④绕组和IC01的IS脚之间接入的大阻值电阻R15，为IS脚引入一个很小的负激励，可使适配器在空载的情况下仍能工作。

(未完待续)(下转第123页)

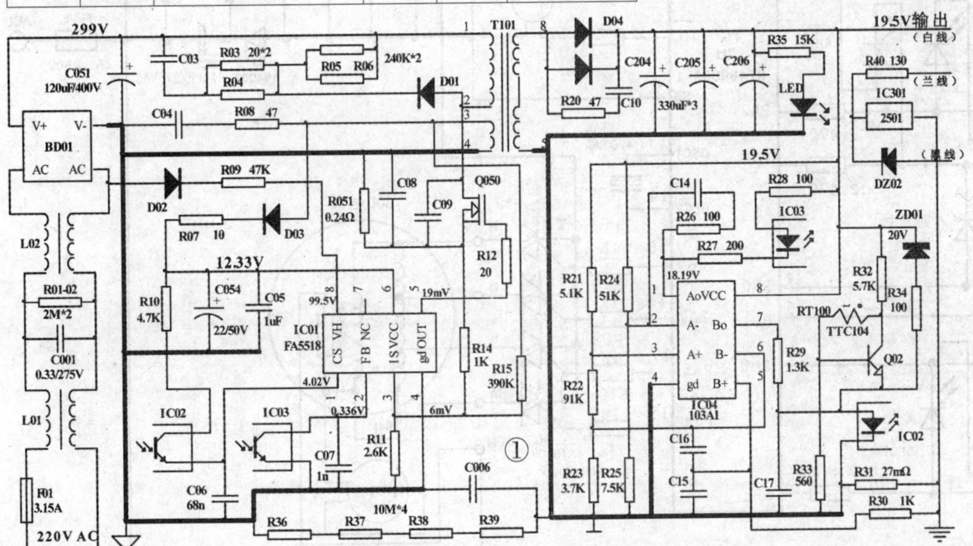

美的FTS30-6AR台地两用电扇转停故障维修1例

故障现象：风扇在正常风中速挡，按启动开关后电扇转动一下就停止。

分析与检修：从故障现象判断，认为故障可能会产生在电机或电机驱动电路2部分。其中，电机部分的故障原因可能是：①电机缺滑润油阻力增大、轴承油变质粘腻导致转动困难；②电机内部转子偏移与定子相摩擦或转子与定子之间有细小颗粒状尘埃，使转子转动受卡。电机驱动控制电路的故障原因是：①连通电机电源的部件故障（如中间继电器、固态继电器、双向可控硅）；②驱动控制电路工作不正常。

首先，用手旋转风扇叶片，手感阻尼较大，立即清洗转轴并加润滑油达到转动自如，但故障仍在，说明非机械方面故障；再将电机与电路脱开后单独通电试验，为便于故障检修，依照图1所示的电路板实物绘出整机电原理图，如图2所示。

从图2可知，该电扇的驱动电路由双向可控硅（双向晶闸管）T1、单片机U1（HT48R05A-1）组成，由U1的输出信号触发双向可控硅的通断，进而控制电机的供电有无。

通过电扇先转后停的故障现象分析，说明双向可控硅T1是能受控通断的，单片机U1也有相应的驱动信号输出，很有可能故障是因U1输出的触发信号不能持续造成的。在测T1的控制极电压时，发现U1输出的触发电压较低，再测U1的VDD与VSS两端间电压只有4V左右，查得HT48R05A-1的VDD是3.3~5.5V，在其应用范围内，追查VDD电源供给电路。

参见图3，该机的VDD是由220VAC电压经电容MC2（1μF/275VAC）降压，利用5.6V稳压管ZD1稳压，再利用二极管D1半波整流后，EC1滤波产生的。通过分析，VDD电压应为5.6V减去D1的导通压降为5V左右，怀疑是因MC2容量不足所致。焊下MC2检测，发现它的容量已变为0.32μF，用一只1μF/400V电容更换后，故障排除。

下面结合理论分析故障原因，由图3可以看出，直流5V电源是由交流220V市电经过电容MC2分压，D1整流所得，因为电容上的压降远大于5V电压，所以回路中的电流大小主要由容抗决定，实际上直流负载的变化对回路中的电流影响很小，这种供给单片机的5V电源可视为是个电流源。在MC2的容量为1μF时，回路电流为69mA。

$$X_C=\frac{1}{2\pi f}=\frac{1}{2\times3.14\times50\times1\times10^{-6}}=3.18k\Omega$$

$$I=\frac{U}{X_C}=\frac{220}{3.18\times10^3}=69mA$$

现在MC2容量变为0.32μF后，回路电流减小为

$$X'_C=\frac{1}{2\pi fC'}=\frac{1}{2\times3.14\times50\times0.32\times10^{-6}}=9.95k\Omega$$

$$I'=\frac{U}{X'_C}=\frac{220}{9.95\times10^3}=22mA$$

查得单片机HT48R05A-1无负载时的工作电流为2.4mA；双向可控硅HST97A6的控制极触发电流为5~7mA；LED指示灯工作电流一般为10mA。0.5W稳压二极管的最大稳压电流可达89mA。直流电源工作在最大负载所需电流约为43mA，包括3个LED指示灯30mA（风类、风速、定时），2个可控硅触发电流为10mA（风速、摇头）和单片机静态工作电流3mA以及稳压二极管稳压电流等。可见在上述正常工作状态时，最大回路电流I可达69mA，已富富有余，而在第2种情况下电源回路最大电流I′仅为22mA，显然不能满足正常工作需要，即使在直流电源工作处在最低负载下约需28mA电流，包括2只LED指示灯20mA（风类、转速）、单片机静态工作电流3mA和可控硅控制极触发电流5mA（蜂鸣器电流未计）。因此，产生了可控硅因控制极触发电流过小而关断的故障。但是在刚接通市电未启动时，直流电源负载只有单片机无载时3mA电流和稳压管电流，所以EC1两端电压为5V；当按下启动键，电扇立即工作在正常风、中挡风速，LED指示灯亮，此时单片机送出的可控硅制极触发电流，由于MC2的放电作用，瞬间补充了触发电流的不足，开机瞬间满足了可控硅导通条件，为电机供电后它转动，触发电流随着电容的放电而减小，导致可控硅关断，电机失电停转，从而产生了先转后停的故障。另外，由于降压电容容量的变化，同样遇到过电扇不摇头时工作正常，当摇头时电扇就停转的特殊故障现象。

◇江苏 赵忠仁

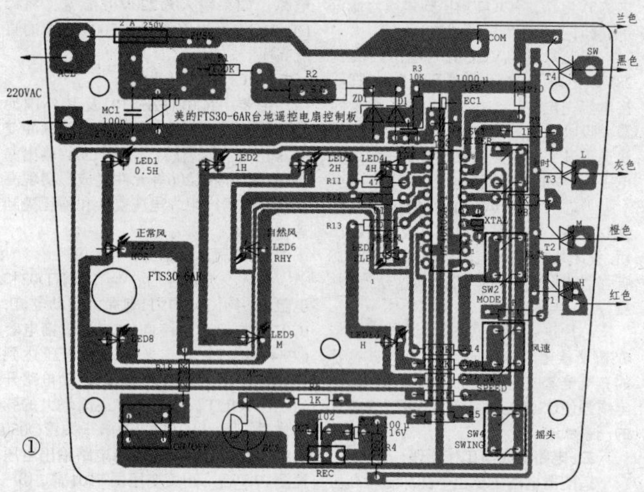

①

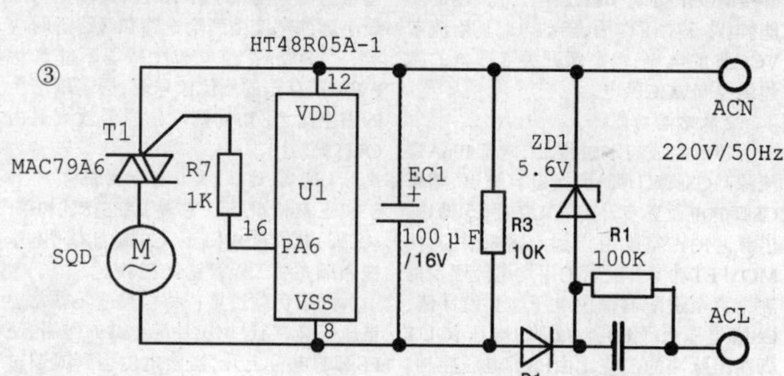

③

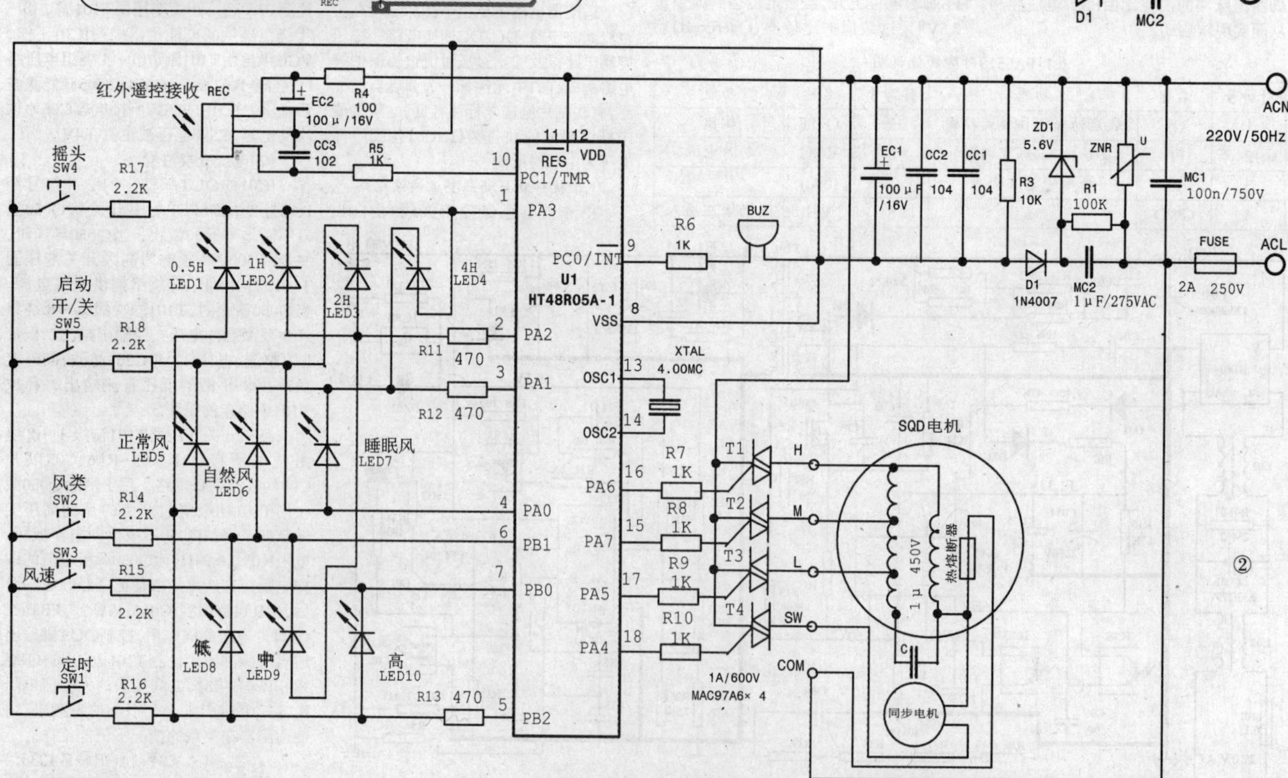

②

LED驱动电源设计关联知识汇集(三)

(紧接上期本版)

首先说原理。第一种以现在恒流型LED专用IC为代表，主要如9910系列，AMC7150，凡是现在打LED恒流驱动IC的牌子基本都是这种，且叫他恒流IC型的吧。但我认为这种所谓恒流IC做恒流，效果却不怎么好。其控制原理相对来说较简单，就是在电源工作的原边回路，设定一个电流阈值，当原边MOS导通，此时电感的电流是线性上升的，当上升到一定值的时候，达到这个阈值，就关断电流，下一周期再由触发电路触发导通。其实此种恒流应该是一种限流，我们知道，当电感量不同的时候，原边电流的形状是不同的，虽然有相同的峰值，但电流平均值不同。因此，像这种电源一般就是批量生产时，恒流大小的一致性不太好控制。还有就是此种电源有一个特点，一般是输出电流是梯形的，即波动式电流，输出一般是不用电解平滑的，这也是一个问题，如果电流峰值过大，会对LED产生影响。如果电源的输出级没有并电解来平滑电流的那种电源，基本上都属此类。即判断是否是这种控制方式，就看其输出有没有并上电解滤波了。这种恒流我原来一直叫其为假恒流，因为其本质就是一种限流，并不是经过运放比较，而得到的恒流值。

第二种恒流方式，应该可以叫作开关电源式的。这种控制方式和开关电源的恒压控制方式相似。大家都知道用TL431做恒压吧，因为其内部有一个2.5伏的基准，然后用电阻分压方式。当输出电压高一点的时候，或低一点的时候，就产生一个比较电压，经过放大，去控制PWM信号，所以此种控制方式可以很精确地控制电压。这种控制方式，需要一个基准，还需要一只运放，如果基准够准，运放放大倍数够大，那么就定的很准。同样的，做恒流，就是需要一个恒流基准，一个运放，用电阻过流检测，作为信号，然后用这个信号放大，去控制PWM，可惜现在就是不太好找到很准的基准信号，常用的有三极管，这个做基准温漂大，还有就是可以拿二极管约1V的导通值做基准，这样的也可以，可都不高，最好的是用运放加TL431当基准，但电路复杂。但这样做的恒流电源，恒流精确度还是好控制的多。而这种模式控制的恒流，其输出一定得加电解滤波，所以输出电源是平滑直流，不是脉动的，脉动的话就没法取样了。所以要判定是哪种只要看其输出是否有电解就行了。

两种恒流控制模式决定了使用两类不同的器件，一是从而决定了两种电路器件使用不同，性能的不同，成本亦不同。以9910系列为代表的恒流型控制IC做的LED电源，实际是限流，控制较简单，严格地说起来，其不属于开关电源控制的主流模式，开关电源控制的主流模式是一定要有基准和运放的。但这种IC出来就只能用于LED，很难用于其他的东西，只是因为LED对纹波要求极低。但因为是只用于LED，所以现在价格较高。基本就是使用9910加MOS管制作，输出无电解，一般我看很多人就是用工字电感做功率转换电感的。这种电源，一般厂家的芯片资料上有出图，基本都是降压式。我也不多说了，精于此道的人比我多得多。

二是开关电源控制模式的恒流驱动器。这种，就是以普通的开关电源芯片为核心转换器件，这种芯片很多，如PI的TNY系列，TOP系列，ST的VIPER12，VIPER22，仙童的FSD200等，甚至只用三极管或是MOS管的RCC等，都可以做。好处是成本低，可靠性也不错。因为普通的开关电源芯片不但价格好，而且都是经过大量使用的经典产品。像这种IC其实一般集成了MOS管，比9910外加MOS方便，但控制方式复杂一些，需要外加恒流控制器件，可以用三极管，或是运放。磁性元件可以用工字电感，亦可用带气隙的高频变压器。

关于此种电源的要求和电路结构的问题

看法是，因为电源要内置在灯里，而发热是LED光衰最大的杀手，所以发热一定要小，就是效率一定得高。当然得有高效率的电源。对于T8一米二长的那种灯，最好是不要用一支电源，而是用二支，两端各一只，将热量分散。从而不使热量集中在一个地方。

电源的效率主要取决于电路的结构和所用的器件。先说电路结构，有些人还说要隔离电源，我想绝对是没必要的，因为这种东西本来就是置于灯体内部，人根本摸不到。没必要隔离，因为隔离电源的效率比不隔离效率要低，第二是，最好输出要高电压小电流，这样的电源才能把效率做高。现在普遍用到的是，BUCK电路，即降压式电路。最好是把输出电压做到一百伏以上，电流定在100mA上那样，如驱动一百二十只，最好是三串，每串四十只，电压就是一百三十伏，电流60mA。

这种电源用的很多，本人只是认为有一点不好，如果开关管失控通咱，LED会玩完。现在LED这么贵。我比较看好升压式电路，此种电路的好处，我反复地说过，一是效率较降压式的高些，二是电源坏了，LED灯不会坏。这样能确保万无一失，如果烧坏一个电源，只是损失几块钱，烧一个LED日光灯，就会赔掉上百元的成本。所以我一直首推还是升压式的电源。

还有就是，升压式电路，很容易把PF值作高，降压式的就麻烦一些。我绝对升压式电路用于LED日光灯的好处还是有压倒性的强于降压式的。只是有一年缺点，就是在220V市电输入情况下，负载范围比较窄，一般只能适用于100至140个一串或两串LED，对于少于此数的，或是夹在中间的，却用起来不方便。不过现在做LED日光灯的，一般60cm长那种都是用100至140，一米二的那种，一般就是用二百到二百六那样，使用起来还是可以的。所以现在LED日光灯一般使用的是不隔离降压电路，还有不隔离升压电路。

很多做开关电源的，原来做过适配器，充电器，铁壳开关电源。后来做LED电源，最初是做些1W，3W的大功率LED驱动器，但后来做的少了。原因很简单，没有市场。发现大功率LED恒流电源，只要其功率超过5W，基本就没有市场，只能是打样。因为LED太贵。这也算给同行做电源的朋友提个醒，这是经验之谈。

不知有多少人失足于大功率LED，大功率LED雷声大，雨点小，害的不少在这一块痛失老本。还是小功率LED市场好一点。不过也不行，现在小功率LED驱动器，被阻容降压电源占去大部分江山。恒流形的开关电源驱动小功率LED，好是好，就是很多人接受不了其成本。

爱用变压器，因为电感的成本虽然很低，但我觉得其带负载能力不行，再者调节感量也不灵活。所以觉得比较好的器件选择是，普通的集成MOS的开关电源芯片加高频变压器，从性能，成本上，都是最理想的选择，不需要去用什么恒流IC，那种东西，又不好用，又贵。

可靠性，恒流精度都很好，价格才五元钱，但不少人还是嫌贵，因为他们拿它和一元钱的阻容降压电源去比较，当然这二者根本没法比。做的开关电源里面，有一个集成MOS的开关电源芯片，还有一个变压器。这二者的成本就是放在那里的，当然性能也是放在那里的。但我相信，最终小功率LED恒流驱动器会将阻容降压电源淘汰掉。因为消费者会慢慢趋于理性，一个阻容降压电源做出来的灯具，几乎是没有什么实用价值的，只能当个摆设和玩具，如果LED真的进入了通用照明领域，阻容降压电源根本无法胜任。我可以料到将来的情况会是，随着LED性能的提高，价格的降低，电源成本也将会成为LED灯具成本的相当重要的一部分。真正的灯具，阻容降压根本不能胜任。阻容降压电源大行其道，只是一个过渡，最终还是恒流型电源为正宗。

目前还是看好小功率的LED灯具。小功率LED灯，目前主要是光衰太大，价格也不够理想。但现在用于普通照明还是比大功率有优势。认为小功率LED灯具进入通用照明领域，和节能灯一较高下，会是五年之内的事。而大功率LED进入通用照明，则肯定是五年以外的事。所以现在我专注于小功率LED的研发和制作。注意到现在小功率LED应用于通用照明的灯具主要有LED台灯，LED蜂窝灯，还有LED日光灯。尤其是LED日光灯，从07年下半年开始，很多人开始研发，可以说热的不得了。基本上现在找我的人里十个有八个都是做这个的，所以我也做就开始做LED日光灯的电源，做了一段时间，所以在此说一下这种电源的研发和制作的大致方法和原则。以上算是个人所体会到的吧。

最后说一下，区别这两种电源，一个最重要的方法，就是看其输出是否有电解电容作滤波。

关于供电问题——不管是做限流型恒流控制的电源，还是运放控制的恒流电源，都要解决供电问题。即开关电源芯片工作的时候是需要一个相对稳定的直流电压为其芯片供电的，芯片的工作电流从一个mA到几个mA不等。有一种像FSD200，NCP1012，和HV9910，此种芯片是高压自馈电的，用起来是方便，但高压馈电，造成IC热量的上升，因为IC要承受约300V的直流电，只要稍有一点电流，就算一个mA，也有零点三瓦的损坏耗了。一般LED电源不过十瓦左右，损失零点几瓦以下就可以将电源的效率拉下几个点。还有就是典型像QX9910。，用电阻下拉取电，这样，损耗就在电阻上，大约也得损失它零点几瓦吧。还有就是磁耦合，就是用变压器，在主功率线圈上加一个绕组，就像反激电源的辅助绕组一样，这样可以避免损掉这零点几瓦的功率。这也是我为什么不隔离电源还要用变压器的原因之一，就是为了避免损失那零点几瓦的功率，将效率提几个点。

对高PF LED日光灯电源，大电流的LED日光灯电源的看法

个人认为这些做法有很多时候实在是舍本逐末而已。现在先请问一下LED相对于传统灯具的优势在哪，第一，节能，第二长寿，然后是不怕开关，对吧。但是现在使用的高PF的方法，均是使用无源填谷PF电路，由原来的驱动方式，即48串，6并改为，24串12并，这样的话，在220V情况下，效率会降下五个百分点左右，于是LED日光灯电源，发热量更高了，灯珠也会受到一点影响。

还有一个问题，就是，24串12并的做法，会让LED日光灯灯珠的布线变得很难受，不好布线了。最好的方式还是48串一串方式好，主要是效率高，发热小，而且布线容易，不复杂。

更有甚者，现在还有人提出什么24并，12串，这种方式只适合用于隔离电源，不隔离电源根本不适用。更有些不懂电源常识的人觉得自已非隔离电源做到恒流600mA输出就好牛X了，其实他都没有仔细地放在灯管里试过，像这种不热爆了才怪。

所以说，现在搞什么低压大电流做LED日光灯电源，实是舍本求末的做法。

关于外形

现在LED日光灯电源，做灯的厂家普遍要求放在灯管内，如放T8灯管内。很少一部分外置。不知道为什么都要这样。其实内置电源又难做，性能也不好。但不知道为什么还有这么多人这样要求。可能都是随风倒吧。外置电源应该说是更科学，更方便才对。但也不得不随风倒，客户要什么，就做什么。但做内置电源，有相当难度哦。因为外置的电源，形状基本没有要求，想做多大做多大，想做成什么形状也没关系。内置电源，只能做成两种，一种是用得最多的，就是说放在灯板下面，上面放灯板，下面是电源，这样就要求电源做得很薄，不然装不进。而且这样只能把元件倒下，电源上的线路也只有加长。认为这样不是个好办法。不过大家普遍喜欢这样搞。还有就是用的少一些，放两端的，即放在灯管两头，这样好做些，成本也低些。我也有做过，基本就是这两种内置形状了。

(全文完)

◇四川 张鉴怡

利用原有电接点压力表增加刨床工件的二次压紧

某龙门刨床专门用于加工电梯用导轨的顶面和两侧面的刨削。其工作台上有九道固定工件的液压夹具，每道上有九只液压油缸。通过油缸活塞的上下移动来松开或压紧工件。在刨削状态下，压紧工件的油压必须在3~4MPa范围内，否则的话轻者影响工件的加工质量，重者工件被撞出工作台。工件加工过程中，一般先刨顶面，然后再刨侧面；开始刨削时需用榔头敲击工件，以保证其对称度。因为压紧工件后，油压已在3~4MPa范围内，由于压力高用榔头敲击工件很费力，且不易敲动工件。因此操作人员提出要求在核准对称度前油压应适当低一点，核准对称度后再加压至3~4MPa范围内。

1. 控制电路的分析

该龙门刨床的电气控制由FANUC Oi MATER数控系统承担。其工作台液压系统的控制部分电路如图1所示。图中SB8为工件压紧松开自锁按钮，PS3和PS4为电接点压力表的下限和上限。KA1为工件夹紧松开控制继电器，KA21为液压油泵控制继电器，KA31为液压总电磁阀控制继电器。

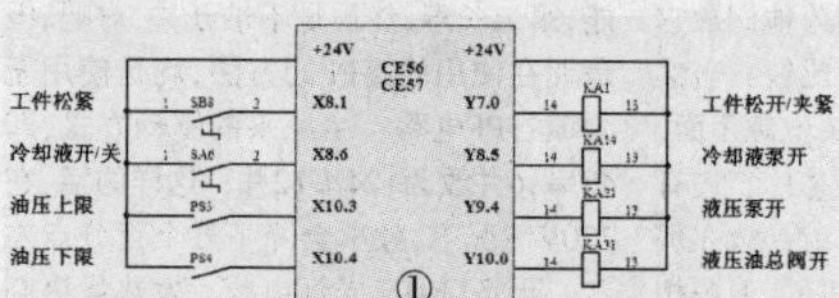

从现场操作可以看到，当SB8断开时，使工件夹紧；KA1释放，KA21、KA31吸合。反之当SB8闭合时，使工件松开；KA1吸合，KA21、KA31吸合。其控制梯形图如图2所示。

从图2中可以进一步看出，工件的夹紧或松开，除了输出继电器Y9.4和Y10.0吸合外，输出继电器Y7.0的动作与否直接控制工件的松开或夹紧。而液压总阀的控制继电器Y10.0不管是工件送或紧都处在动作状态。并且液压压力的大小范围由电接点压力表的高、低位接点通过输出继电器Y9.4来控制。当压力低于设定低位时，输出继电器Y9.4吸合，辅油压油泵开；当压力高于设定高位时，输出继电器Y9.4释放，辅油压油泵停。

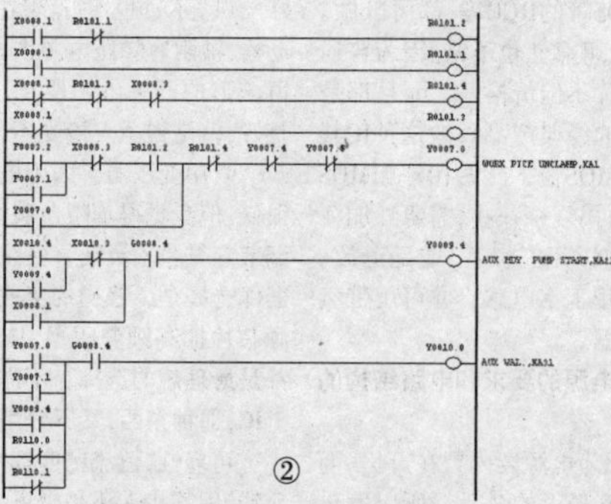

2. 控制电路的改进

由上面的分析可以得出，要想调节液压压力的大小，只有通过控制辅油压油泵的开停来实现。也就是说，只要通过电接点压力表的低、高位接点就可以实现工件的二次夹紧。其过程是：第一次压紧工件时，当液压油压高于电接点压力表设定的低位时，电接点压力表的低位常闭接点断开，辅油压油泵停。这时液压油压保持在低值，操作工就可以用榔头敲击工件，以确保工件的对称度。当工件的对称度符合要求时，便进行第二次压紧。再按一下二次压紧按钮，使辅油压油泵开。当液压油压高于电接点压力表设定的高位时，电接点压力表的高位常开接点闭合，辅油压油泵停。

要实现二次压紧，除了需要修改控制梯形图外，还要新增加一个按钮。在操作面板上添加一个按钮是件麻烦的事，要钻空、拉线、接线。能否利用原有的按钮，而又不影响原来的工作呢？通过观察操作面板上的有关按钮，我们认为利用冷却液开关来施加第二次压紧比较妥当。第一次压紧对工件敲定后，进入刨削时可按一下冷却液开关，进行第二次压紧。这样做既使修改简单，又使操作方便。也不会被操作工遗忘，因为刨削过程中需要开启冷却液。实现二次压紧的控制梯形图如图3所示。

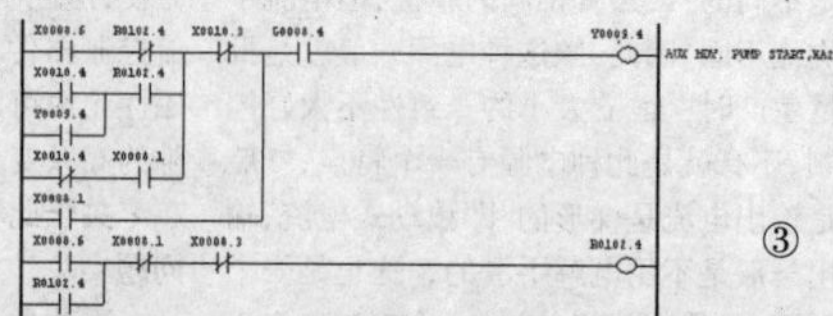

电接点压力表高、低位压力值的设定，应根据液压系统是否存在渗漏油的情况来决定，低位压力值一般可设定在2.5MPa左右。由于我们这台刨床辅油压系统几乎没有渗漏油，因此设定低位压力值为2.3MPa，高位压力值为4MPa。

这次修改没有花费任何费用，仅增加一个内部继电器R102.4，并借用冷却液控制开关，仅用十几分钟时间对原控制梯形图作点修改，效果明显。该修改后的程序，次日就被制造厂家拷贝到其他同类设备上使用。经过修改后，降低了操作人员的劳动强度。

◇江苏 陈 洁

用单片机进行2台机组互为备用的液位控制电路（下）

（紧接上期本版）

(1)手动方式，将按钮开关SA置中间位置。在停机状态下，指示灯HL2和HL4应点亮。按下SB1按钮，KM1吸合1#机组工作，指示灯HL1点亮、HL2熄灭；按下按钮SB2，KM1释放，1#机组停机，指示灯HL2点亮、HL1熄灭；1#机组工作时，若电动机热保护动作，即断开FR1，1#机组应停机。按下SB3按钮，KM2吸合2#机组工作，指示灯HL3点亮、HL4熄灭；按下按钮SB4，KM2释放，2#机组停机，指示灯HL4点亮、HL3熄灭；2#机组工作时，若电动机热保护动作，即断开FR2，2#机组应停机。

(2)1#投用，2#备用，将按钮开关SA左旋45o位置。低水位时，SL1闭合，1#机组工作，此时程序的监控状态如图5所示；当水满时，SL2断开，1#机组停机。当1#机组运行状态下，若接触器KM1失电，电铃应响起报警，随后事故灯HL点亮，KM2吸合，2#机组投入运行。

(3)2#投用，1#备用，将按钮开关SA右旋45o位置。低水位时，SL1闭合，2#机组工作；当水满时，SL2断开，2#机组停机。当2#机组运行状态下，若接触器KM2失电，电铃应响起报警，随后事故灯HL点亮，KM1吸合，1#机组投入运行，此时程序的监控状态如图6所示。

5.新增功能程序

故障闪光功能和单台机组注/排水量来不及情况下两组同时工作的程序如图7所示。若出现故障时指示灯需要闪光，只要把图7中"M22"串接在输出线圈"Y01"前即可。当出现注或排水量较大情况需要两台泵同时工作一段时间时，可将"M12"和"M21"并联到"Y02"和"Y10"上。当1#机组已工作且低水位开关闭合一段时间(时间可设定，程序中为20s)后，便能起动2#机组进行两台机组同时注水。当水位升高低水位开关断开一段时间(时间可设定，程序中为5s)后，2#机组停机。

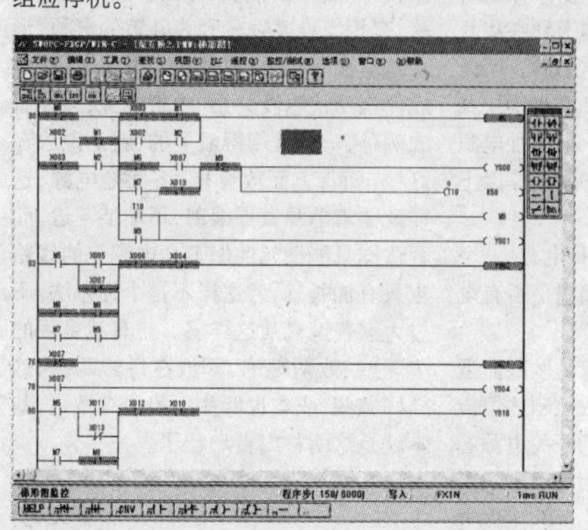

图5 1#投2#备投用运行状态

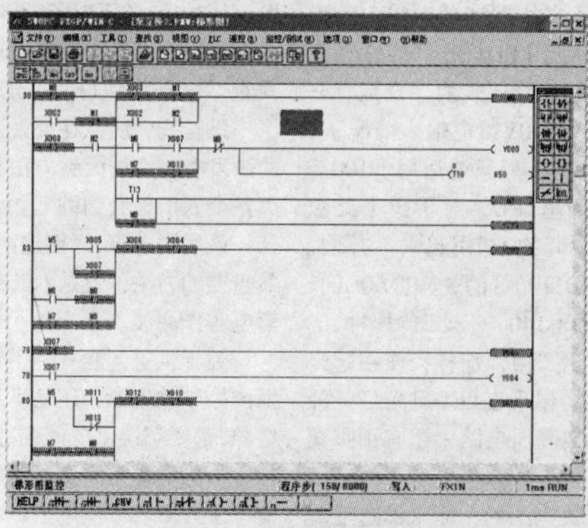

图6 2#投1#备备用运行状态

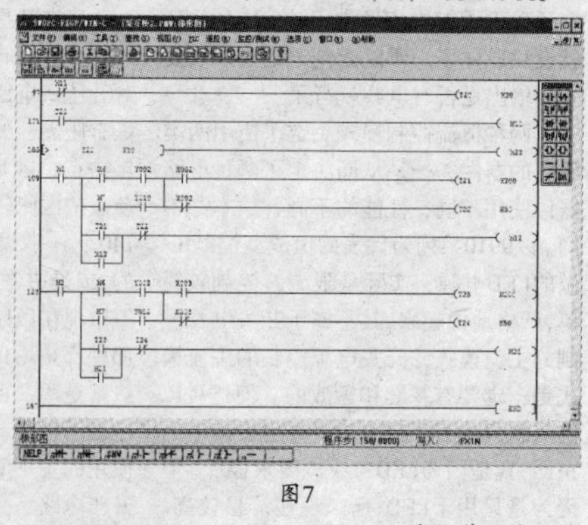

图7

◇江苏 沈 洪
苏州 键 谈

注册电气工程师建筑智能化知识点及解答提示(上)

注册电气工程执业资格考试大纲对建筑智能化部分要求如下：掌握火灾自动报警系统及消防联动控制的设计要求；掌握建筑设备监控系统的设计要求；掌握安全防范系统的设计要求；熟悉通信网络及系统的设计要求；了解有线电视系统的设计要求；了解扩声和音响系统的设计要求；了解呼叫系统及公共显示装置的设计要求；熟悉建筑物内综合布线设计要求。

根据大纲要求，2018年度考试涉及建筑智能化内容的主要规范和手册共十多本，主要有：《火灾自动报警系统设计规范》GB 50116-2013；《民用建筑电气设计规范》JGJ 16-2008第13章~第21章；《安全防范工程技术规范》GB 50384-2004；《厅堂扩声系统设计规范》GB 50371-2006；《入侵报警系统工程设计规范》GB 50394-2007；《视频安防监控系统工程设计规范》GB 50395-2007；《出入口控制系统工程设计规范》GB50396-2007；《视频显示系统工程技术规范》GB50464-2008；《红外线同声传译系统工程技术规范》GB 50524-2010；《公共广播系统工程计算规范》GB50526-2010；《会议电视会场系统工程设计规范》GB 50635-2010；《电子会议系统工程设计规范》GB 50799-2012；《工业电视系统工程设计规范》GB 50115-2009；《民用闭路监视电视系统工程技术规范》GB50198-2011；《电子信息系统机房设计规范》GB50174-2008（《数据中心设计规范》GB50174-2008）；《综合布线系统工程设计规范》GB 50311-2016；《智能建筑设计标准》GB/T 50314-202015；《汽车库、修车库、停车场设计防火规范》GB50067-2014；《人民防空工程设计防火规范》GB 50098-2009；《人民防空地下室设计规范》GB 50038-2005；《住宅建筑电气设计规范》JGJ242-2011；《建筑物电子信息系统防雷技术规范》GB50343-2012。

本文对注册电气工程师(供配电专业)执业资格考试范围涉及的规范内容中的知识点作一个索引，以方便读者查找学习。另给出2018年的部分真题和解答提示，以抛砖引玉，帮助读者掌握备考答题技巧。

一、规范索引

文中符号"→"后面指出页码以2015年4月版《考试规范汇编》为例或单印本，"【】"内是条文编号。

1.火灾报警控制器；消防联动控制器；火灾探测器；火灾监控→ GB 50116-2013；JGJ16-2008

1.1《火灾自动报警系统设计规范》GB 50116-2013

火灾报警控制器和消防联动控制器总台数确定→ P16-8【3.1.5】

总线短路隔离器配置→ P16-8【3.1.6】

报警、探测区域划分→ P16-9【3.3】

消防控制室内设备布置→ P16-10【3.4.2~3.4.6、3.4.8】

点型火灾探测器选择→ P16-14【5.2】

点型火灾探测器的设置（R、A、N）→ P16-16【6.2.2】

点型火灾探测器的设置，有梁顶棚上→ P16-17【6.2.3】

点型探测器布置内走道顶棚→ P16-17【6.2.4】

点型感烟火灾探测器下表面至顶棚或屋顶的距离，屋顶有热屏障→ P16-17【6.2.9】及P16-50条文说明

点型探测器倾斜安装→ P16-17【6.2.11】及P16-50条文说明

线型光束感烟火灾探测器的设置→ P16-17【6.2.15】，及P16-25【12.4.3】

线型、管路采用式感温火灾探测器的设置→ P16-18【6.2.16、6.2.17】

消防应急广播→ P16-19【6.6】

电气火灾监控（剩余电流式、测温式、独立式）→ P16-21【9】

供电、布线、典型场所→ P16-22~24【10~12】

1.2《民用建筑电气设计规范》JGJ16-2008→第13章

民用建筑火灾自动报警系统保护对象分级→ P27-82【13.2.3】

火灾应急照明(标志灯位置，持续时间，最低照度)→P27-86【13.8】及【图13.8.5】、【表13.8.6】

消防用电设备火灾期间最少持续时间→P27-88【13.9.13】及【表13.9.13】

导线选择及敷设→P27-88【13.10】及【表13.10.3】

防火剩余电流动作→P27-89【13.12】

2.安全防范→ GB 50348-2004；JGJ16-2008

2.1《安全防范工程技术规范》GB 50348-2004

安防系统主电源容量选择→ P58-15【3.12.4】

2.2《民用建筑电气设计规范》JGJ16-2008→第14章

摄像机镜头选择→P27-93【14.3.4】及【式14.3.4】

显示设备最佳视距→P27-93【14.3.7】

线缆截面→P27-96【14.8.3】

安防系统电源设计→P27-97【14.9.6】

3.视频安防监控→《视频安防监控系统工程设计规范》GB 50395-2007

正常照明条件下图像质量（像素，记录帧率）→ P61-8【6.0.10】及P61-19条文说明

镜头选型(f、H、A、L)→P61-8【6.0.2】及【式6.0.2】，P61-20条文说明

显示设备选型→ P61-10【6.0.9】

4. 出入口控制→ 《出入口控制系统工程设计规范》GB50396-2007

设备设置 →P62-10【6.0.2】，及P62-24条文说明

受控区"防破坏、防技术开启"→P62-23条文说明

5.信息机房→ GB 50174-2008；JGJ16-2008

5.1《电子信息系统机房设计规范》GB 50174-2008

机房组成→ P18-7【4.2.2~4.2.4】

主机房内通道与设备间距→ P18-7【4.3.4】

不间断电源系统的基本容量→P18-10【8.1.7】

5.2《民用建筑电气设计规范》JGJ16-2008→第23章

机房、电信间面积选择 →P27-149【23.2.3】

6.民用闭路监视→《民用闭路监视电视系统工程技术规范》GB 50198-2011

摄像机镜头选择→ P7【3.2.3】

IP网络视频编码率B → P12 【3.3.10-4】、【式3.3.10】及P60条文说明

存储容量计算 → P15【3.4.6】及P12【3.3.10-4】及P60条文说明

控制台、机架和机柜布置 → P15【3.4.8】

电视墙的设置及距离 → P16【3.4.11】

线缆敷设 → P21【4.3】

7. 有线电视→《民用建筑电气设计规范》JGJ16-2008→第15章

系统性能指标（交扰调制比CM计算）→P27-98【15.2.4】及【式15.2.4】

接收天线选择（天线最小输出电平计算）→P27-99【15.3.2】及【式15.3.2】

独立塔式天线最佳高度计算→P27-99【15.3.5】及【式15.3.5】

干线放大器电平(最低电平限值计算)→P27-101【15.5.11】

自设前端供电标称功率→P27-103【15.8.2】

8.公共广播→ GB 50526-2010；JGJ16-2008

8.1 GB 50526-2010《公共广播系统工程技术规范》

传输线路（距离3km，电压、衰减、线路截面）→ P65-9【3.5.4、3.5.5】及条文说明P65-28

广播功率放大器→ P65-10【3.7.2、3.7.3】

电声测量点选择→ P65-12【5.2】

应备声压级和漏出声衰减计算→ P65-13【5.5.2、5.6.1~5.6.3】

8.2 JGJ16-2008《民用建筑电气设计规范》→第16章

广播系统功放设备容量计算→P27-106【16.5.4】

背景音乐扬声器的布置(扬声器箱间距、扬声器辐射角计算)

→P27-108【16.6.5】、【式16.6.5-1】~【式16.6.5-3】

广播、扩声系统的交流电源容量→P27-109【16.9.3】

9.厅堂扩声→ GB 50371-2006；JGJ16-2008

9.1 GB 50371-2006《厅堂扩声系统设计规范》

最大峰值声压级的平均值→ P59-5【2.0.4】

9.2 JGJ16-2008《民用建筑电气设计规范》→第16章

厅堂类建筑物集中布置扬声器→P27-108【16.6.7】

广播、扩声系统的交流电源容量→P27-109【16.9.3】

声压级及扬声器所需功率计算→P27-167【附录G】

混响时间推荐值（功放输出至最远扬声器线缆截面计算）→P27-168【附录H】

10.视频显示→ GB 50464-2008

LED视距和像素中心距→ P63-9【4.2.1】及条文说明P63-26

11.会议电视会场→ GB 50635-2010；JGJ16-2008

11.1 GB 50635-2010《会议电视会场系统工程技术规范》

屏幕显示器设置(显示器高度、最佳视距、类型)→ P66-8【3.3.3】

摄像机、显示器布置(安装高度，PDP、LCD、CRT)→ P66-10【3.5.1、3.5.2】

混响时间计算→ P66-14【5.3.1】条文说明P66-26式(1)

电缆敷设→ P66-11【3.6.6】

变焦镜头示意→ P66-21【3.3.2】条文说明

11.2 JGJ16-2008《民用建筑电气设计规范》→第18章

会议电视系统用房设计（观察窗，视距）→P27-131【20.4.8】

12.工业电视→ GB 50115-2009

摄像机镜头与监视目标→ P56-7【4.1.7~4.1.9】，条文说明P56-17

工业电视线缆敷设→ P56-10【7.0.18~7.0.19】

供电、接地与防雷(稳压电源容量，接地电阻值)→ P56-10【8.1.3】

13.红外同声传译 → GB 50524-2010

调频副载波频率→ P64-7【3.1.1】

发射单元到主机连接线缆总长度差→【3.3.1】条文说明P64-27【式(1)】

14.电子会议 →GB 50799-2012

线路要求(敷设、净距)→ P67-21【14】

语音传输指数STI → P67-32【7.3.2】条文说明【式(1)、(2)、(3)】

混响时间范围→ P67-14【7.3.3】

15.住宅建筑电气 → JGJ242-2011

电能计量→ P15-8【3.3.1】

住宅变压器选择→ P15-8【4.3.1~4.3.3】

负荷计算(变压器带户数)→ P15-8【3.4.1】及P15-25条文说明

住宅建筑供电形式→ P15-9【6.2.6】

剩余电流保护器设置（电器泄漏电流）→ P15-26【6.3.1】条文说明

16.人民防空地下室 → GB50038-2005

柴油发电机组设置→ P48【7.2.12,7.2.13】，P51【7.7.2】

17.人民防空防火→ GB50098-2009

电气(消防电源及其配置，照明，灯具，控制室)→ 14-16【8】

18.电子信息防雷 → GB 50343-2012

雷击风险评估(预计雷击次数，可接受年平均最大雷击次数，拦截效率等计算)→ P57-8【4】及P57-21附录A，P57-46条文说明【计算实例】

等电位连接与共用接地系统设计(网络结构，连接导体长度)→ P57-10【5.2】及P57-56条文说明

浪涌保护器选择(持续工作电压，安装位置，冲击电流，保护距离，有效电压保护水平等)→ P57-13【5.4】，P57-62条文说明【式(11)~式(14)】

19.建筑设备监控系统、热工检测与控制 →JGJ16-2008→第18章、第24章

控制器（分站）监控点数量→P27-116【18.4.5、18.4.6】

网络控制层配置(控制器)→P27-116【18.4.7】条文说明

传感器选择→P27-118【18.7.1】

变频器选择→P27-119【18.7.4】

建筑设备监控系统(冷冻、冷却，热交换，暖通，配电，照明，电梯等)→P27-119【18.8~18.15】

自动化仪表选择 →P27-153【24.2】

电动执行器及调节阀选择（流量系数计算）→ P27-155【24.2.7】

导压管选择→P27-158【24.8.11】及【表24.8.11】

20.综合布线→ GB 50311-2016；JGJ16-2008

20.1 GB 50311-2016《综合布线系统工程设计规范》

配线子系统缆线划分及长度→ P13 【3.3.2、3.3.3-1】及条文说明

干线子系统信道长度计算→ P16【3.3.3-2】

开放型办公室布线系统（缆线长度计算）→ P19【3.6.3】、【式3.6.3-1】和【式3.6.3-2】

工业环境布线→ P22【3.7.8~3.7.9】

光纤用户接入点设置→ P26【4.2】及P108条文说明

光纤链路全程衰减限值计算→ P31【4.5】、【式4.5.1】

系统配置设计→ P32【5.2、5.3】

缆线布放→ P48【7.6】

接地导线截面→ P53【8.0.6】条文说明P131【表22】

(未完待续)(下转第127页)

◇江苏 键 谈

注册电气工程师备考复习——照明知识点及18年真题(一)

注册电气工程执业资格考试大纲对电气照明的要求如下：了解照明方式和照明种类的划分；熟悉照度标准及照明质量的要求；掌握光源及电气附件的选用和灯具选型的有关规定；掌握照明供电及照明控制的有关规定；掌握照度计算的基本方法；掌握照明工程节能标准及措施。

根据大纲要求，2018年度考试涉及电气照明内容的主要规范和手册主要有：《建筑照明设计标准》GB 50034-2013；《民用建筑电气设计规范》JGJ 16-2008；《照明设计手册(第三版)》；《工业与民用供配电设计手册(第四版)》的第16.6节。

本文对注册电气工程师(供配电专业)执业资格考试范围涉及的规范内容中的知识点作一个索引，以方便读者查找学习(有关资料可加QQ群：376188397在群文件中下载)。文中符号“→”后面指出页码以2015年4月版《考试规范汇编》为例或单印本，“【】”内是条文编号。

一、规范或手册索引

1.1《建筑照明设计标准》GB 50034-2013

1.1.1术语

照明功率密度LPD →P2-8【2.0.53】

室形指数RI →P2-8【2.0.54】

1.1.2 基本规定

照明方式规定，照明种类规定 →P2-8【3.1.1】，【3.1.2】

选择光源条件 →P2-8【3.2.2】

选用灯具应符合规定，灯具选择规定 →P2-9【3.3.2】，【3.3.4】，及P2-38的条文说明

镇流器选择规定 →P2-9【3.3.6】

1.1.3 照明数量和质量

照度标准值(分级) →P2-10【4.1.1】

作业面照度提高/降低 →P2-10【4.1.2】、【4.1.3】

作业面邻近周围照度值 (0.5m区域) →P2-10【4.1.4】、【表4.1.4】

作业面背景区域照度 →P2-10【4.1.5】

维护系数K →P2-10【4.1.6】、【表4.1.6】

照度设计值与标准值偏差 →P2-10【4.1.7】

照度均匀度定义及规定 (体育场馆) →P2-7【2.0.32】、P2-10【4.2】

眩光限制(遮光角，措施，平均亮度限值) →P2-11【4.3】

光源颜色(适用场所，显色指数，色温，LED要求) →P2-11【4.4】

1.1.4照明标准值

照明标准值(照度标准值，≤UGR，≥GR，≥Ra，≥U_0) →P2-12【5】中各表格

统一眩光值UGR计算(计算式，位置指数，应用条件) →P2-30【附录A】

眩光值GR计算 →P2-32【附录B】

备用、安全、疏散照度标准值 →P2-25【5.5.2~5.5.4】

1.1.5照明节能

单灯功率≤25W对镇流器要求 →P2-25【6.2.6】

宜选用发光二极管灯的场所 →P2-25【6.2.7】

照明功率密度限值 →P2-26【6.3.1】~P2-28【6.3.13】及各表格

RI≤1时LPD增加，LPD提高或折减，装饰性灯计入 →P2-29【6.3.14】~【6.3.16】，P2-45条文说明

1.1.6照明配电及控制

照明电压确定，灯具端电压规定 →P2-29【7.1.1】~【7.1.3】，【7.1.4】

照明用配电变压器规定 →P2-29【7.2.1】

应急照明规定 →P2-29【7.2.2】

负荷分配，电感镇流器功率因数要求 →P2-30【7.2.3】~【7.2.6】，【7.2.7】

对视觉作业有影响的措施 →P2-30【7.2.8】

谐波电流对截面的要求 →P2-30【7.2.12】

两列或多列灯具的分组控制 →P2-30【7.3.6】

智能照明功能 →P2-30【7.3.8】

1.2《民用建筑电气设计规范》JGJ 16-2008

1.2.1照明质量

普通工作场所照度均匀度 (≥0.7) →P27-54【10.1.1】

局部、一般照明共用工作面总照度(1/3~1/5、50lx、1/3) →P27-54【10.1.2】

光源颜色分类和适用场所 →P27-54【10.2.3】、【表10.2.3】

眩光度与统一眩光值UGR对照 →P27-55【10.2.6】、【表10.2.6】

统一眩光值UGR计算 →P27-211【10.2.7】条文说明、【式10-1】

UGR≤22时采取措施 →P27-55【10.2.8】

不同亮度灯具的最小遮光角 (直接型灯具) →P27-55【10.2.9】、【表10.2.9】

长时间视觉工作场所亮度与照度分布选定，亮度计算 →P27-55【10.2.10】，P27-212【式10-2】

垂直照度E_v与水平照度E_h比值确定 →P27-55【10.2.11】、【式10.2.11】

1.2.2照明方式与种类

照明方式选择，照明种类确定 →P27-56【10.3.1】，【10.3.2】

备用、疏散照明设置 (火灾应急照明持续供电时间、照度) →P27-86【13.8】、【表13.8.6】

航空障碍灯技术要求 →P27-56【10.3.5】、【表10.3.5】

1.2.3照明光源与灯具

按照度选择色温光源 →P27-57【10.4.4】

需要摄影、电视转播场所光源色温、显色指数 →P27-57【10.4.6】

1.2.4照度水平

照度分级，适用场所 →P27-57【10.5.1】，【10.5.2】

备用照明与一般照明照度关系，有较多装饰照明的照度调整 →P27-58【10.5.5】，【10.5.6】

应计维护系数，照度设计值与标准值的允许偏差 →P27-58【10.5.7】、【表10.5.7】，【10.5.8】

(未完待续)(下转第128页)

◇江苏 陈洁

用AD18画PCB的入门方法(下)

(紧接上期本版)

7.在PCB文件中导入原理图文件中的元件。

回到PCB文件example1.PCBDoc界面，点选“设计”，“Import Changes From example 1.PrjPcb”，

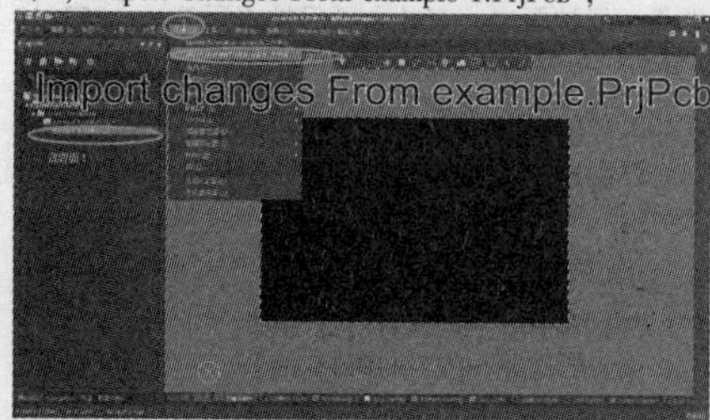

之后弹出如下界面：

点击“执行变更”，如果执行无误，没有报错，在检测栏目中显示全对，则点击“关闭”；若有错误，则返回原理图重新修改。修改元件对应的封装，元件的引脚等等，再次重复这个步骤，知道没有报错为止！

执行成功的界面如下：

可以看到生成的PCB元件在棕色框内；

再将棕色框内的元件一个个拖到黑色框，即PCB作图区内。

8.在PCB作图区调整元件位置并连线。

在PCB作图区右键点选“交互式布线”，线布好了

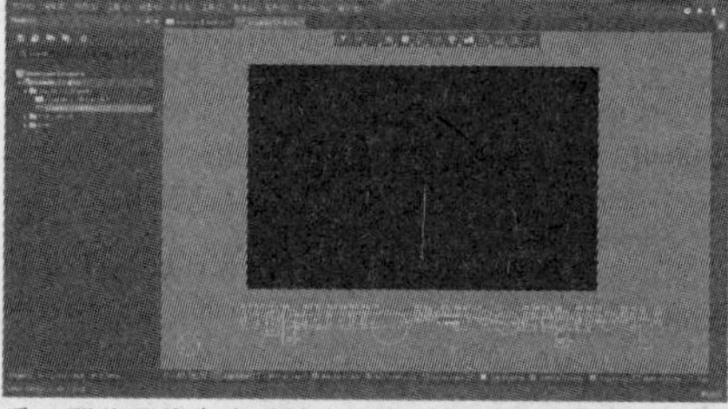

后，那些飞线会自动消失！然后根据设计规则调整线宽，线间距等等。如下图所示：

部分完成图如下：

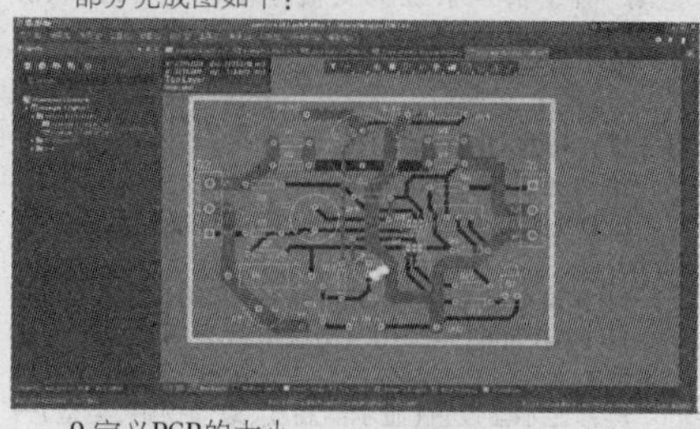

9.定义PCB的大小。

切换板层到禁止布线层Keep-Out Layer层，主菜单点选“放置”，“走线”在PCB作图区画一个矩形框。

点选“编辑”，“原点”，“设置”，放置原点，目的是方便在机械层画电路板的边框线。

切换到机械层1，主菜单点选“放置”，“走线”，给PCB所有元件画一个矩形框，讲PCB板按所画物理尺寸裁剪。如下图所示：

部分完成的PCB如下图所示：

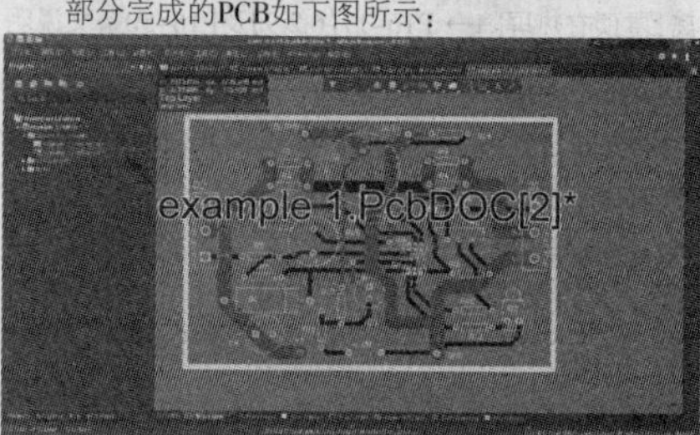

放置安装孔，调整丝印，铺铜等最后的完成图：

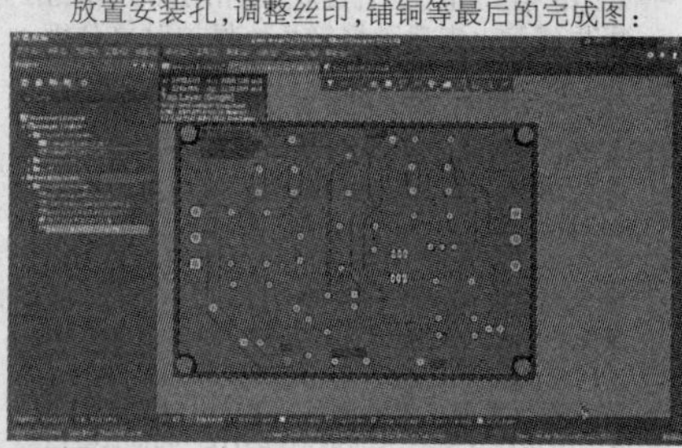

◇湖北 刘爱国

一种随电视机同步开关的机顶盒节能插座

中央电视台2套节目的《是真的吗》经常播出一些生活中的令人脑洞大开的问题。有一期节目中播出的《机顶盒是家电里待机耗电最多的电器，是真的吗?》看过经过社会调查，及权威专家专业测试验证的结果，让我大吃一惊，谁能想到一个小小的机顶盒居然如此耗电。在后来的节假日期间，走亲访友中有意了解了一下大家使用机顶盒的情况：基本操作都是为了使用方便，只是简单地用遥控器关掉电视机和机顶盒，而令它们进入待机状态，没有真正关掉电源，即机顶盒仍在继续待机耗电。跟中央电视台2套节目播出的《机顶盒是家电里待机耗电最多的电器，是真的吗?》情况是相同的。于是我就设想能不能设计一种自动开关，使机顶盒能随着电视机的开关而自动开关，这样就能彻底解决机顶盒的待机耗电问题，同时带来使用上的便利，两全其美。答案是肯定的。

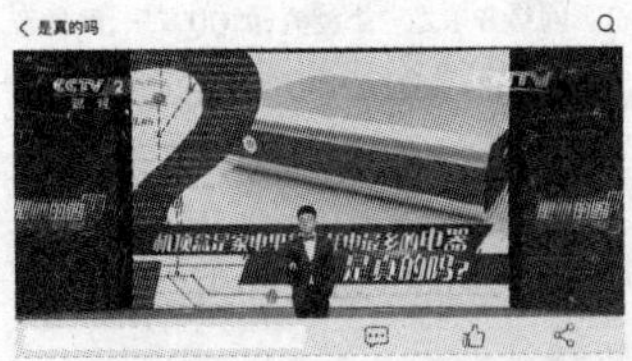

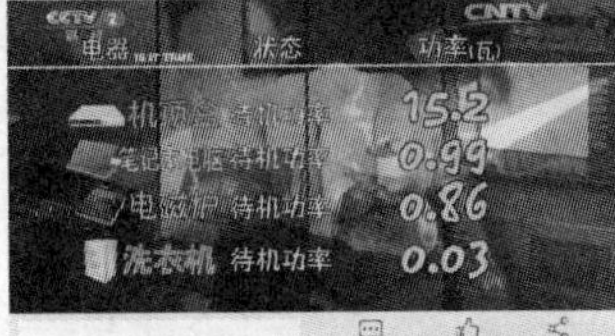

经过反复设计修改，设计的电路原理见下图。其原理为当电视机处于待机状态时，通过电流互感器的初级线圈的电流微弱，以夏普55英寸液晶电视为例约为0.038A，电流传感器次级感应电压也小，不足以令固态继电器工作，机顶盒就因此断电不工作，因而就不存在待机功耗问题。反之，当电视机工作时电流比较大，电流传感器次级感应电压较大，以夏普55英寸液晶电视为例，电流约为0.75A，初级线圈压降约为0.4V，次级线圈电压约为4.2V左右，经过整流滤波后电压为6.2V左右，固态继电器的触发工作电压为3-15V，满足固态继电器工作条件，固态继电器导通，机顶盒因此得电工作。所以只要调整好电流传感器初次级的线圈匝数就能保证固态继电器正常工作。这个电路不需要单独供电，因此没有待机功耗。

根据节目中的数据机顶盒的待机功率15.2瓦，按每天看4小时电视，那么待机时间为20小时，每台机顶盒每年消耗的电力为15.2*20*365/1000=110.96度电，全国按1亿机顶盒计算，每年就要消耗将近111亿度电的电力，按每度电0.52元计算，每年57.7亿元的电费被这小小的机顶盒待机功耗消耗掉了。算过了这样的一笔账，心里满满的都是骄傲，研究是有价值的，为社会节约能源，保护环境，使用方便。这个小制作的应用场景可以扩展为一台设备工作的同时需要其他设备配合工作，例如台式电脑，主机工作的同时需要显示器的配合。更多的应用场景需要热心的读者去开发。

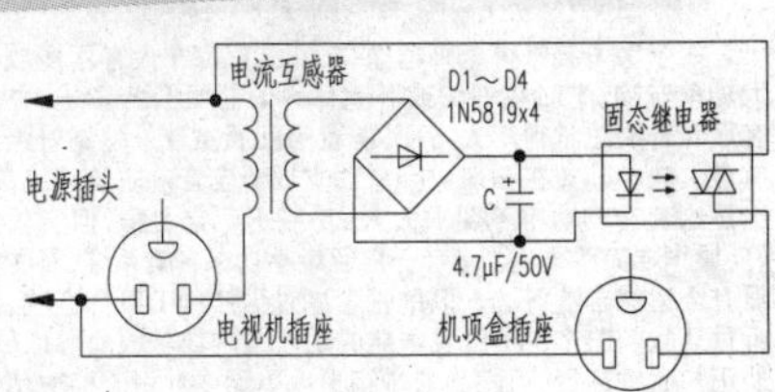

附实验中测得数据

（不同功率的电视机工作电流对应的固态继电器的触发电压。实验所用测试电压所用万用表为FLUKE17B，测试电流所用万用表为优利德UT210E)：

电视机工作电流(A)	电视机功率(W)	固态继电器触发电压(V)
0.114	25	3.01
0.205	45	3.39
0.364	80	5
0.458	100	5.8
0.6	132	6.79
0.71	156	7.46
1.144	252	9.44
1.56	343	10.82

◇山东　姚汶瑄　姚　克

公共广播发展与应用

公共广播(public broadcasting)又称公共播送服务或公共媒体，指的是由政府编列预算或公共基金提供资金所成立、运作的非营利性电子媒体。

概述

公共广播系统是一项系统工程，它需要电子技术、电声技术、建声技术和声学艺术等多种学科的密切配合，公共广播系统的音响效果不仅与电声系统的综合性能有关，还与声音的传播环境建筑声学和现场调音使用密切相关，所以公共广播系统最终效果需要正确合理的电声系统设计和调试、良好的声音传播条件和正确的现场调音技术三者最佳的配合，三者相辅相成缺一不可。在系统设计中必须综合考虑上述问题，在选择性能良好的电声设备基础上，通过周密的系统设计，仔细的系统调试和良好的建声条件，达到电声悦耳、自然的音响效果。

公共广播系统包括背景音乐和紧急广播功能，通常结合在一起，它的对象为公共场所，在走廊、电梯门口、电梯轿厢、大厅、商场、餐厅、酒吧、宴会厅、小区花园等处装设组合式声柱或分散式扬声器箱，平时播放背景音乐，当发生紧急事件时，强切为紧急广播，用它来指挥疏散人群。

系统分类

1.公共广播系统按照使用功能和性质可分为以下几类：

业务性：这是以业务及行政管理为主的语言广播，用于办公楼、商业楼、机关、院校、车站、码头、机场等场所，业务性广播通常都由主管部门管理。

服务性：这是以欣赏背景音乐为主的带有服务性质的广播系统，常用于宾馆、酒店、银行、证券、公园、广场及大型公共活动等场所。

紧急性：这是用来满足在火灾等紧急事件时引导人员疏散的要求等目的而设计的广播系统，通常这种广播系统都与上两种系统合并使用，合并设计时，首先应按紧急广播系统的要求来确定系统。

2.公共广播系统按照使用场所可分为以下几类：

室外广播：主要用于体育场、车站、公园、艺术广场、音乐喷泉等。它的特点是服务区域面积大，空间宽广。背景噪声大；声音传播以直达声为主；要求的声压级高，如果周围有高楼大厦等反射物体，扬声器布局又不尽合理，声波经多次反射而形成超过50ms以上的延迟，会引起双重声或多重声，严重时会出现回声等问题，影响声音的清晰度和声像定位。室外系统的音响效果还受气候条件、风向和环境干扰等影响。

室内广播：是应用最广泛的系统，包括各类影剧院、体育场、歌舞厅等。它的专业性很强，既能非语言扩声、又能供各类文艺演出使用，对音质的要求很高，系统设计不仅要考虑电声技术问题，还要涉及建筑声学问题。房间的体形等因素对音质有较大影响。

发展历程

就近代来说，改革开放以前，公共广播系统已广泛存在于中国大陆广大农村和部队、机关、学校以及工厂、企业之中，主要用于转播中央及各级政府的新闻、发布通知及作息信号。

在农村中，最典型的就是由公社广播站管理的公共广播系统，各家各户的"话匣子"就是这些系统的终端；在部队、城镇中，各种单位都有广播室，到处都挂有扬声号角。可以说整个中国大陆，几乎没有一个单位是没有公共广播系统的，其普及的程度堪称世界第一。这对于教育群众、动员群众、发布政令和发动、组织群众起着十分巨大的作用。在幅员辽阔的中国大地上建立起如此众多的公共广播网，这是一项十分伟大的工程，不仅投资是巨大的，而且培育了一大批工程技术人员，极大地推动着国内电信、电声工业的发展。

由于经济和技术发展水平的限制，改革开放前星罗棋布地散布于中国大陆的公共广播系统，基本上都属最简单的系统，它们通过中央人民广播电台组成一个全国性的十分庞大的下传网络。但从技术上来说，其功能却十分有限，主要是全网统一选通的语音广播。广播设备讲求简单、节约、实用。

改革开放以来，由于经济的发展和技术的进步，就公共广播而言，无论从国内或国际上来说，情况都发生了很大的变化。

由于现代信息的渠道很多，公共广播网用于发布一般新闻和政令的功能，已逐渐淡化(特别在城镇地区)；简单的、集中的、统一的、追求共性的公共广播网，逐渐为个性化、多样化和多功能化的独立系统所取代。

系统的质量指标有了规范和新的追求，要求比过去有了极大的提高。简单地说，以前的公共广播只要求"话匣子"发出来的声音能分辨它说些什么就可以了，再无其他量化的规范。对于系统的信噪比、功率、频响、失真等都有了标准。国家强化了电子、电器等产品的市场准入制度，为保障使用安全和必要的电磁兼容特性，作为质量指标的一项最新要求，公共广播系统的主要设备必须通过3C认证。

每一个新的或旧的单位都需要有自己的公共广播系统这一格局没有变，而且像紧急广播这样的系统，则甚至属于指令性的必须建立的系统。随着经济和技术的发展、进步，旧的系统需要更新、新的系统有待建立。

发展趋势

技术在不断进步，市场需求也在不断变化。公共广播技术的新发展主要表现在智能化和网络化两个方面。

智能化：所谓智能化是指计算机化，实际上是要求把整个公共广播系统全盘置于计算机管理之下。随着计算机技术的普及，常规公共广播系统的许多环节先后都纳入了计算机管理，主要是用单片机管理。但直到20世纪末，把整个公共广播系统全盘置于计算机管理之下的产品基本上还没有出现。从2000年起，各种计算机管理的公共广播系统才被陆续推出市场。

绝大多数智能化公共广播系统都是把系统置于一台通用的PC机的管理之下，由通用的键盘操控。系统中的其他环节仍然是常规的，只是添加了计算机接口。另一些更为专业化的系列，则是由一台专用的主机（当然，也应是一台计算机）虚拟了系统中除功放以外的所有环节(包括音源播放环节)，直接在主机屏幕上操控。它与常规系统的主要差别是：体积小、集成度很高，包容了常规系列中的分区、定时、告警、强插、寻呼、电话、监听、语音文件固化、CD播放等功能；功能比常规系统更灵活和更完善。

网络化：现代智能建筑内部要求建立数据网、视频网和声频网。公共广播网络化把传统的公共广播网变成一个数据网，把播发终端、点播终端、音源采集/寻呼终端、远程控制终端等各种终端联网起来，这样不但安装、操控起来方便灵活还能在不同地方资源共享。

◇杨新文

一套书房、卧室用组合音响——TEAC TC-538D

如今房子装修得越来越漂亮，部分家庭在大客厅多放有大功率音响，有时在书房或卧室休息时想听会儿音乐，去大客厅开音响总觉得不太方便，隔着房间欣赏音乐总觉得声音有点欠缺。其实在书房或卧室独立放一套音响应该较完美，当然这套音响功率不要求太大，功能不一定要多，但音质要好，操作要简单一些。笔者一直留意小功率音响系统，看看有没有合适的音响备选。以前曾考虑过国产DVD组合音响，试听过几款，国产DVD组合音响的功能与内部功放尚可以，一般用户欣赏还行，可配套的音箱喇叭单元多数用的档次稍低端了一些，离HIFI还有一点距离，因笔者一直听惯了大功率发烧音箱，音箱是否有差距，听一会便知，所以一直也没找到合适的产品。至于市场上那些三百元以下的2.1插卡多媒体音响，笔者对那些面板装饰用的一大堆跳动的彩灯没有好感，除了大声外，很多没能给我留下较深的印象。后续一年多时间也去过本地一些较大的家电卖场与一些HIFI音响专卖店，听过一些进口组合音响，如索尼、飞利浦、安桥、天龙、健伍等日系品牌的小型组合音响，无论外观与音质笔者都觉得较满意，但其售价超出了笔者的预算费用，因这些进口商品售价多在二千多元—四千多元一套。想想也是，国外大公司一直摸透国人的消费心理，一直供应一些优质的商品，而国内厂家又没有生产出满足国人需求的高品质商品来竞争，从而让外商赚取高额利润，想想八十年代末，一套小型爱华CD组合音响在国内卖二千多元，而那时一个普通工人的工资不到一百元。想起来真心痛！如今国内市场有了华为手机与苹果手机竞争，国外商品还能卖高价吗？但竞争要靠技术实力，消费者会自己作选择。

近日笔者看到TEAC TC-538D 组合音响，一看商家报价，整套器材不到千元，与商家交流，得知近期大环境下，国内外的厂家都不好过，商家只好清仓处理一些商品来渡过难关。笔者多年前接触过TEAC这个品牌，有人称作“第一音响”，笔者有一台TEAC 合并式功放，虽然每声道用一对三肯大功率管作电流放大，但驱动力很好，笔者经常用该功放驱动一对三分频落地音箱试音，音箱的性能发挥得较好，所以笔者对TEAC这个品牌印象深刻。看到这套组合音响，笔者第一印象有点喜欢上了，与商家多次交流后，笔者以优惠的价格购买了一台。

TEAC TC-538D 是具有 CD/DVD光盘播放功能的组合音响，主机内置功放，配套2只HIFI音箱。主要功能如下：

1. CD/DVD光盘播放；

2. USB 接口支持MP3音频文件播放与AVI 格式的视频文件播放；

3.支持蓝牙音频传输

5. FM收音功能

6. 内置HIFI功放，输出功率：20W+20W

音箱功率：25W+25W

频率响应：50Hz~20kHz

笔者拿到产品，拆开外部保护包装用的纸皮，原包装如图 1所示，整套系统毛重：6.1 kg，从包装箱可以看出该机是由国内生产厂家为其代工的，这点不用奇怪，该音响是TEAC的产品，比如天龙、安桥的AV功放如今也在越南找厂家生产。经济全球化，为降低生产成本，国外大公司都在我国国内设厂生产或在国内找代工厂，最有代表的是苹果手机找富士康在郑州的工厂代工，但是苹果手机的设计还是在苹果公司。从另一个侧面也反映出国内厂家生产水平与生产工艺在提高。打开包装，内部有4件组成：1台主机，2只音箱和一些配套的附件，如图 2所示，整个音响系统以银白色为基调。

①

②

该套音响主机仍保留了日系音响的工业设计风格：精致、完美。采用铝面板氧化处理，面板按键可操作常用功能，比如电源开关、出仓键、播放/暂停、上一曲、下一曲、功能转换键、音量大小旋钮等，如图3所示，主机尺寸 ：160mm×88mm×278mm。

③

该套音响主机后板如图4所示，接口较多，外接15V直流电源供电，HDMI 高清音/视频输出接口，模拟音频输出接口，复合视频输出接口，FM 天线接口、蓝牙接收窗，功放输出接口等。整机通过1个220V交流转15V 3A 直流电源供电。

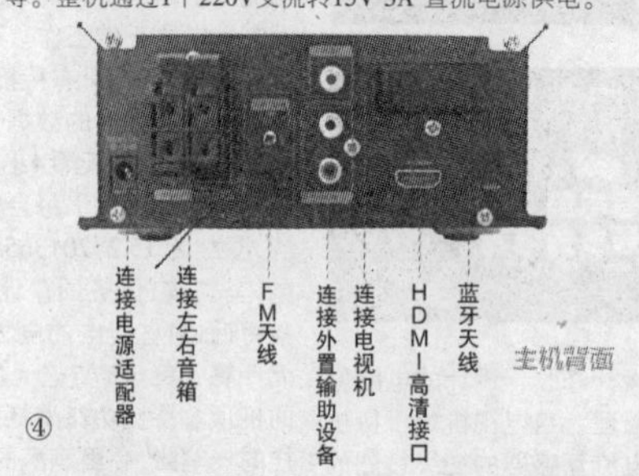

④

音箱采用丝膜高音搭配4寸特制低音组合，箱体采用中纤板制作，为追求与主机协调与美观，音箱面板采用铝面板制作，箱体外观采用特殊的油漆工艺，整套系统看起来美轮美奂，音箱尺寸：130mm×250mm× 176mm，音箱重量：3千克。

整个系统操作也很简单，把主机放于桌面，把左右音箱的音箱线连接到组合音响主机，如图5所示。连接视频信号到电视机，连接配套的电源适配器到组合音响主机的后部电源接口，检查无误后接通电源开关，放入CD或DVD 光盘，即可播放观看影片或欣赏音乐。可面板按键操作常用功能，也可用遥控器操作，配套遥控器如图6所示。

⑤

⑥

虽然蓝牙音频传输的距离仅有10米左右，但蓝牙音频很实用。现在用手机听网络音乐是一个潮流，如QQ音乐、网易云音乐等，但与传统的音箱欣赏音乐比较，两者之间还有一些差距。由于手机的扬声器尺寸限制，声音不可能达到音箱播放的水平，通过蓝牙传输音频，我们可以用手机播放，而用传统音响来欣赏音乐。

至于FM 收音功能，更不用多说，在城市收听广播仍是部分爱乐人士的喜好，这个习惯很多上了年纪的人一直保留。用音响来听FM 电台，声音的保真度又提高很多，TEAC TC-538D 可能是一个好选项。

用HDMI 线来传输DVD视频信号，可以得到比传统复合视频更清晰的画面，同样通过用HDMI 线来传输CD音频信号，通过外置HDMI输入的音频解码器升级音频。

该机虽然是CD/DVD 组合音响，使用的是DVD光驱，但声音处理的较好，也可把该机当作一部CD唱片专用机来使用。笔者除用该套组合音响看电影外，更多时间放在书房播放CD音乐，用DVD光驱用来播放CD唱片，其过碟能力很好，在某些纯CD机上听起来有许多断断续续爆破音的某些CD唱片，放在该机播放声音很流畅，可见DVD机的兼容性很好。在书房或卧室使用该机，平时使用5W+5W的功率已觉得够用，当然该套组合音响也可用于小客厅。有了这套音响，笔者把收藏的那些发烧名歌与轻音乐CD 唱片拿出来听了多遍，总体觉得配套的音箱还行，其三段平衡，久听不疲惫，有一定的音乐味，这或许得益于音响系统整体设计较好，包括功放与音箱部分注重成本分配，注重细节，以人为本。

◇广州　秦福忠

两款百度智能语音产品

智能音响是今年AI进军消费领域的一块大市场，作为国内AI领头羊之一的百度也于3月15日推出了两款AI智能语音产品。

小度在家1S

小度在家1S作为小度在家的升级版，拥有全新硬件配置，无线数据传输速度提升100%，支持802.11a/b/g/n 2.4GHz 5GHz 双频段。目前市面上的带屏音箱多数都只支持单频，小度在家1S可以带来首屈一指的高速畅爽交互体验。在内容资源上，除了爱奇艺、QQ音乐等老伙伴，又引入了百度视频和喜马拉雅，视听节目源源不断。

小度在家1S拥有行业最优的儿童唤醒识别，在儿童模式上大下功夫，专属保护模式，控制距离、控制时长，严格筛选内容，让宝宝开心，家长安心。

另外小度在家1S可以秒变电子相框，通过百度网盘上家庭成员共享电子相册照片轮播，成为桌面上最有家庭温度的智能摆件。

小度在家1S发布价格为499元，如果通过百度人工智能硬件补贴与新品限时优惠活动叠加后，最大优惠价为329元。

小度电视伴侣

小度电视伴侣集高音质、高画质、高智能特点于一身，是国内首款拥有Hi-Fi家庭影院+高性能4K机顶盒+高端人工智能音箱功能三合一的创新性产品。百度的口号是“开屏即AI电视，关屏即AI音箱”

小度电视伴侣支持全语音远场交互，环形6麦克风阵列，在家庭噪声环境下也能够流畅唤醒，实验室情况下5米唤醒率高达99%，通过语音命令，彻底摆脱遥控器；4核CPU，主频高达1.89GHz，2GB+8GB大存储，配置超过行业95%的高配机顶盒。Hi-Fi级别音质，低频增强的箱体设计、DRC智能调节功能，2个低音单元，2个高音单元，左右音腔独立设计，逼真环绕立体声，带来高品质家庭影院享受；同时支持2.4G/5G双频Wi-Fi及2×2 MIMO特性，最高传输速度可达600 Mb/s；4K输出，3840×2160分辨率，10bit HDR支持，H.265高清硬解码。

小度电视伴侣发布价格799元，通过百度人工智能硬件补贴100元，如果能参加新品首发限时优惠100元，最终到手价为599元。

邮局订阅代号：61-75 国内统一刊号：CN51-0091

微信订阅**纸质版**
请直接扫描
邮政二维码
每份1.50元 全年定价78元
四开十二版 每周日出版

扫描添加**电子报微信号**
或在微信订阅号里搜索“电子报”

2019年3月31日出版 实用性 启发性 资料性 信息性

第13期 国内统一刊号:CN51-0091 定价:1.50元 邮局订阅代号:61-75
地址:(610041)成都市武侯区一环路南三段24号节能大厦4楼 网址:http://www.netdzb.com

(总第2002期) 让每篇文章都对读者有用

康普连接解决方案为高铁站提升网络性能，助力“中国速度”

一年一度的全球最大规模人口“迁徙”——春运已落下帷幕，但每天仍有数百万乘客来来往往于各高铁站之间。为缓解出行压力，中国持续对相关技术进行投入，扩大交通运输系统的建设规模，预计至2025年，高铁线路将再增9,321英里(约1.5万公里)。

对于每一位即将踏上旅程的乘客来说，火车站是开启一段舒适、顺畅旅程的起点。一方面，车站为提升进站速度、缓解流量压力，陆续引进了如刷脸进站、移动支付等新兴科技；另一方面，候车大厅有着较高的人流量密度，所涉及的移动设备使用数量也可想而知。面对持续增长的带宽和容量需求，想要保持站内流畅的移动通信并为乘客带来更佳的网络使用体验，网络基础设施的重要性不言而喻。

不仅仅是无线网络，有线网络对于整个铁路信息系统所起到的支撑性作用也不容小觑。高铁建设中各铁路局的中心机房作为关键的调度和信息节点，掌握着铁路高效、安全运营的脉搏。然而，不少站点旧机房的功能及相关设施已不能满足当前及未来高铁运营的需求，因此各铁路局的光纤网络信息化改造势在必行。

全球通信网络基础设施领导者康普与国内多家运营商展开合作，为车站及铁路局中心机房提供无线及有线网络解决方案，实现更高灵活性和可扩展性的同时，也提升了网络性能和服务品质。

无线享畅游——为合肥南站打造面向未来的通信网络基础设施

与上海虹桥站、南京南站、杭州东站并称华东四大高铁特等站的合肥南站作为国家级综合交通枢纽，面临着严峻的网络拥堵问题。其候车厅原有的天馈系统采用了普通的天线，无法满足高速率的网络传输速度进而造成较差的网络访问体验，因此天线改造成为当务之急。

从无线通信的角度看，高铁站和大型场馆都属于室内高密度无线覆盖场景，重点需要解决容量的矛盾，同时还要考虑无缝覆盖。但是与大型场馆相比，高铁站由于建筑结构和人流分布等原因，在天线选择和安装方式等方面都有所不同。

与场馆相比，高铁站更大且结构更不规则，用户分布也不均匀，为了满足覆盖和密度要求，通常要选用一到两种不同波束宽度和形状的天线。且为了保证容量，运营商还需在用户分布较密集的区域部署更多天线。此外，由于候车大厅内商铺林立，会形成遮挡，进而影响信号传输，因此高铁车站需要使用比场馆增益更高的天线，以提高射频电波的穿透能力，为在商铺内提供良好的信号强度打下基础。然而，采用高增益的天线又会增加小区间重叠区域的干扰强度。上述种种情况都对天线的指标提出了更高要求。

通过采用康普新型赋形天线取代原有天线，合肥南站于2018年顺利完成了“网络提速工程”，改善了用户网络访问体验。新型天线在满足全覆盖、高速率的网络要求同时，还能够克服天线由于被金属天花板遮挡造成对信号的影响，并保证所安装的天线不会被乘客目视发现。此外，这款新型赋形天线很好地抑制了同频干扰，能够满足大型高密度场景中超高流量的应用需求。

提速项目完成后，合肥南站在用户数迅速增加的情况下，依旧能够保障流量不压抑，无论是下载或观看视频，还是与友人聊天、互动，站内的用户都能够得到畅快的网络体验。此外，康普为合肥南站提供的宽频带天线可以满足未来业务需求的变化，并能够增加更多频段以支持站内物联网、车站调度系统、载波聚合等带来的需求。

有线有保障——康普 NGF为高铁建设护航

位于中国北端的某铁路局，其管辖的线路上年货物发送量超过两亿吨，年旅客发送量超过 1 亿人次。为更好地完成省委省政府提出的建设以省会为中心的两小时经济圈，该铁路局于2009年开始进行高铁建设，并为线路上5 个铁路站点进行建设和优化，各站点机房的NGF(新一代光纤总配线架)项目也同期展开。

由于该铁路局的老旧机房随着光跳线量的不断增加，架内连接和架间连接的设计缺陷逐渐暴露，造成大量光纤跳线冗余堆积、端口利用率低下等问题，给日常管理和维护增加难度的同时还存在着相当大的安全隐患。不仅如此，机房内线缆管理较为混乱，架内或架间的光纤跳线路由交叉，导致在维护或更换时会互相影响，也给施工和维护人员提出了难题。因此，原有的老旧机房ODF 架构必须重新进行设计规划，规范线缆管理的同时采用清晰明确的分工管理界面，让 NGF 更加贴合高铁机房建设和应用的需求。在对旧机房进行改造的过程中，还需考虑到当前需要以及未来业务增加和扩容需求，从而有效保障用户的投资。

经过一番严密的论证和考察，该铁路局最终选择了康普公司的 NGF 光纤总配产品。作为康普 NGF解决方案的老客户，该铁路局在改造项目完成后，容量较此前提升30%，熔配分离的设计使得分工界面更清晰，背槽设计也更便于管理，从而消除了客户原有系统容量不足、责任分工不明晰、线缆管理困难等痛点。

此外，由于康普的NGF解决方案是在工厂预制而成，预制成端型机框用于离架熔接，可与光纤同时运输且便于快速安装，在架熔接方案中可减少一半的机架容量，并能够支持带状或束状光纤的熔接。康普NGF解决方案帮助该铁路局核心调度机房和分站机房用于维护的时间比以前减少50% 以上，维护人员数量减少1/3。目前在网的NGF 设备使用零故障、零投诉。

康普为高铁站打造前瞻性的网络，助力“中国速度”

高铁作为中国制造的新名片正在成为全球的焦点。随着高铁建设如火如荼地进行，康普将继续与运营商一起把技术优势和客户需求紧密结合，通过提供高品质的综合网络连接解决方案，满足高铁站当今乃至未来通信发展需求，用畅通无阻的网络为“中国速度”保驾护航。

◇康普公司

(本文原载第 14 期 2 版)

电子科技博物馆专栏

魅族M8——被微软总部收藏的中国第一部智能手机

时下，智能手机已经成了每一个人生活中不可缺少的存在。我们使用QQ、微信与远方的朋友通信，使用微博实时关注社会新闻动向，使用视频软件观看高清电影，使用淘宝网上购物，使用美图下单外卖，使用滴滴打顺风车等。如今，只要有智能手机，我们就可以完成很多的事情。让我们一起回首下它的“鼻祖”，虽然它们都早已“退休”，可它们是具有跨时代意义的。

通过查阅资料得知，1992年，也就是27年前，世界上第一台智能手机——Simon Personal Communicator诞生，它是由IBM开发的。Simon是第一款将多种手机功能融为一体的设备，比如，你除了可以用它打电话外，它还是PDA，可以发邮件、发传真。

而直到2009年，中国才开始有了真正意义上的第一名智能手机，它就是魅族M8。魅族M8是魅族公司第一个手机产品，也是中国最为成功的手机产品之一，值得国人自豪，并被广大网友誉为“国产机皇”。

资料显示，在2009年其他的国产手机厂商几乎全线亏损的背景下，魅族M8推出仅仅两个月，销量就已达到10万部，短短5个月，销售额就已突破5亿元。魅族M8手机逆市崛起，简直是一个天大的奇迹。在2009年，魅族M8被评为十大年度手机。

魅族M8是魅族从2007年就开始筹划的一款产品，直到2009年2月18日正式上市，那时候还没有安卓系统，系统是用Windows CE二次开发，很难想象魅族能开发出这一款产品，那时候的魅族还是mp3和mp4厂商，在M8以前魅族从未涉及过手机市场。

尤其是魅族在市场上都已经抛弃了WinCE系统的情况下，仍然坚持深度修改和改进这款系统，魅族M8让它重生了，得到了微软的高度评价，而为了表彰魅族M8对Win移动系统的开发做出的贡献，微软还把这款优秀的产品放在自己的总部大楼，以激发员工努力开发更好的系统。

不过可惜的是，之后的魅族手机却一路坎坷。可以说魅族把握住了先机，却赶了晚集。

众所周知，新一代移动通信将引领一波新的技术革新，如今，面对即将到来的5G时代，智能手机更是智慧生活的控制中心，因为从智能家居到智能汽车，一台智能手机就是一切的可联网设备的控制器。所以应用好5G技术，给予智能手机真正的智能，是接下来手机发展的重要方向。而对一些手机厂商来说，或许也是次实现反超的机会。

◇刘 刚

(本文原载第 14 期 2 版)

电子科技博物馆“我与电子科技或产品”

本栏目欢迎您讲述科技产品故事，科技人物故事，稿件一旦采用，稿费从优，且将在电子科技博物馆官网发布。欢迎积极赐稿！

电子科技博物馆藏品持续征集：实物；文件、书籍与资料；图像照片、影音资料。包括但不限于下列领域：各类通信设备及其系统；各类雷达、天线设备及系统；各类电子元器件、材料及相关设备；各类电子测量仪器；各类广播电视、设备及系统；各类计算机、软件及系统等。

电子科技博物馆开放时间：每周一至周五 9:00--17:00，16:30 停止入馆。

联系方式

联系人：任老师 联系电话/传真：028--61831002
电子邮箱：bwg@uestc.edu.cn
网址：http://www.museum.uestc.edu.cn/
地址：(611731)成都市高新区(西区)西源大道 2006 号电子科技大学清水河校区图书馆报告厅附楼

彩电电源故障检修集锦

彩电系电子产品之一，使用日久，常出现这样那样问题，这里结合实践经验，介绍有关电源故障的排除过程如下，供参考：

例1、一台创新牌37L175W型(8TTN机芯)

故障现象：不能开机。

检修过程：据此，先由表及里，直观查(即一看、二听、三嗅，四摸)，先看输入电源线无异常现象。再开机盖，静态检查电源保险丝未断，又查可疑部件也未见异常。仔细观察相关元件无爆裂、变色，接插件无松动脱落、焊点无开焊和触碰，电路板无异常变形，铜箔也无断裂等现象，故而开机再检查。开机指示灯亮，但屏不亮，听机内无异常声响，如噼啪打火声、电源内吱吱声、行频叫声、打呃声等。嗅无焦煳味、臭氧味等。又小心触摸相关可疑元件温升无异常，如电源开关管(场效应管)、电源滤波电容、全桥整流、限流电阻等无发热烫手之感，至此，未发现故障部位，甚至故障元件。继而，用电压测量法，直接检查电源板，发现无24V输出，测待机脚为高电平，属正常开机状态，但是无24V电压，说明问题出在电源板上。试代换电源板后故障排除。

例2、一台康佳牌LC32HS62B机型

故障现象：时而正常，时而不正常，有时在收看过程突然停机。

检修过程：据此现象分析怀疑电路中有假焊、虚焊、接触不良存在。先直观检查，在故障出现时，发现红色指示未亮，说明电源无电压输出，故障在电源电路。遂开机壳，静态下直观检查，观察电源电路中的易损部件(桥堆DB901—RS1005、PFC开关管、电源保险管、压敏电阻、滤波电容等)未见虚接、开裂现象。仔细观察电路焊点，也未发现异常。继而，再给电路通电，采用敲击法，有意轻轻敲打电路板，未出现故障。电压测量，测得12.2V输出电压为0V，显然电源确实没有工作。再测PFC电路(功率因数校正电路)输出电压也为0V，而输入整流滤波输出端有正常300V左右的电压，说明故障在PFC储能电感LF901、PFC整流二极管DF903、限流电阻RT901、PFC开关管QF901(FQPF15N50)、PFC滤波电容等。故而静态下，仔细用放大镜一一观察，偶然发现RT901的左焊盘有局部微裂纹，重补焊后，故障排除，机器恢复正常。

例3、一台长虹牌SF25366型彩电

故障现象：据用户反映，此机使用过程一直正常收看，一天突然开不了机。

检修过程：打开后盖，静态下，首先目测电路板上是否有虚焊、开路、烧损元件。经仔细检查易损部件，未发现异常现象。开机观察电源指示灯不亮，继而重点检查电源电路。该机电源主要由电源厚膜块FSCQ1265RT及相关部件组成。再动手摸可疑二极管、电阻、电容，无异常发热。再往前检查，结果发现一只蓝色的陶瓷电容上部微开裂，标号为C821(1nF/2KV)。焊下一端，用万用表Rx1KΩ挡测量，有24KΩ的漏电电阻。试更换同型号的陶瓷电容后开机故障排除。

例4、一台康佳牌LED32F3300型液晶彩电

故障现象：用户反映为使用过程，开机困难，偶尔能开机，但没有规律。

检修过程：该机采用了35017303型三合一主板，将开关电源、背光灯供电电路和信号处理电路集成在同一块电路板上。据故障现象发现，能开机时一切正常，关机一段时间后又不能开机，估计是电源电路中有元器件接触不良或某元件热温定性能差，造成开关电源在内环境温差状态下不能正常工作。开机壳，静态下，仔细观察相关可疑元器件无接触不良现象。详细对温度敏感的电容、三极管等器件进行检查，未见异常。最后，又对开关电源控制芯片NW907(FAN6755)相关脚重焊后，结果故障排除。

例5、一台F2109A型彩电(康佳A系列)

故障现象：电源指示灯不亮，反复试验也不能开机。

检修过程：据此现象，显然应重点检查开关电源电路相关元件。开机盖后，先直观检查，电源保险丝未断，查开关管、整流二极管也未见异常。继而，通电检测电源，测得+B电压输出为0V，但整流300V正常。再查以厚膜集成块N901(TDA4605)为核心构成的电源电路。测其关键脚电压，发现⑧脚(过零控制端)为0V，正常值为0.4V。TDA4605的⑧脚为连续脉冲输入端，取自开关变压器初级的副线圈，当无脉冲输入或脉冲幅度过小时，经内部电路检测后停止⑤脚的激励脉冲输出，开关管停止工作。故此，仔细检查⑧脚外围相关元件，发现一只电容C914(3.9nF)边缘微裂纹。焊下测量，果然已击穿。换新后故障排除。

例6、一台长虹牌LT2712型液晶彩电

故障现象：开机三无，指示灯灭。

检修过程：据维修实践，首先检测电源电路，测量开关电源无输出，查得熔丝管F801已熔断，据此说明，开关电源有严重的短路元件。测量C811滤波电容两端正反充电电阻正常，判断故障在市电输入交流抗干扰电路及整流、滤波电路相关元件有问题。继而，详细查全桥整流BD801，测量发现其中有一只二极管内部击穿短路。更换整流桥堆BD801和熔丝管F801后，开机故障排除。

例7、一台熊猫牌C74P2M机芯彩电

故障现象：接通电源后无光栅，无伴音，面板上的待机指示灯不亮。

检修过程：据此现象，打开机壳观察，电源交流保险丝发现已熔断发黑，再结合副电源指示灯不亮这一特征，判断此机型的整流电路有短路元件。继而静态下在线测量可疑部件，开关电源管V904(2SC35520)其c—e极(集电极与发射极)无短路现象，说明故障在整流滤波电路。再仔细检查，发现在整流二极管并联的一只电容C1804顶端略有局部发黑。将其拆下测量已严重漏电。试选用一只优质4700PF/1KV电容，代换C1804后，通电试机，彩电正常，故障排除。

例8、一台有厚膜电路STR—S741的索尼KV2984MT彩电

故障现象：一接通交流电源就立即熔断熔丝。

检修过程：根据故障现象分析，因刚开机就烧熔丝，说明机内有严重的过流元件。拆开机壳检测，用万用表电阻挡测其整流输出端无短路现象，但测得整流桥堆D601两只二极管内部击穿。因检测整流输出无短路现象，可以认为开关电源部分完好。经测量R604(5.6Ω/7W)电阻没有坏，证明IC601(STR—S741)的开关管并没有击穿，烧熔丝之因是桥堆击穿形成的交流短路。试更换两只二极管后，用调压器将市电降低至190V，开机一切完好，再接通市电试机，故障排除。

例9、一台长虹牌等离子电视机(型号：3D50A3700LD)

故障现象：用户反映开机困难，有时偶尔开机。

修理过程：据此，检查遥控器正常。再测主板开机信号也正常，故此判定电源故障。静态下，仔细直观检查开机电路相关元件，未见接触不良，焊点微裂等异常现。又通电对其电源板可疑元件电吹风加热，机子偶尔启动。只需要开2次就可以了。细观查相关元件，发现C328有细微裂纹，焊下测量已严重漏电，将其更换后，故障排除。

例10、一台TCL王牌L37E77F型液晶彩电

故障现象：通电后不能开机，且待机指示灯不亮。

检修过程：据此分析判断，由于连待机指示灯也不亮，说明市电输入或整流滤波电路或待机电源电路存在故障。此时用电压测量法，开机盖经查，电源板上的市电滤波电容两端+300V电压正常。接着查待机电源，发现没有+5VSTB待机电压输出，显然，故障在待机电路。因而首先重点检查待机电源中的电源控制芯片IC1(VIPer22A)⑤、⑥、⑦、⑧脚(电源启动端，兼内部电源场效应开管漏极)，测得电压为0.1V，异常，而正常为+300V。顺线路仔细检查电源启动电路相关可疑元器件，发现一只贴片电阻RB3(2.7Ω)内部开路。更换同规格新电阻后开机，故障排除。

例11、一台飞利浦29PT448A型彩电

故障现象：开机后面板上的电源指示灯发亮，但既无光栅，也无伴音。

检修过程：该机电源主要由厚膜电路MC44603P组成的串联型他激式开关电路组成。打开机壳，检测电路板+B电压为0V，正常时应为140V左右。测其P2端子电压为11.35V，正常为13V。P4端子电压为4.55V，正常值为5V。据实践得知，由于+B电压明显异常，因此从+B电压形成电路查起。采用开路法，随将电感L5551断开，再测P1端仍为0V，说明+B电压的负载无问题，故障在开关电源本身。故此，经反复仔细检查，发现L5550保险管内部开路所致。故而应急处理，试用一只1.5A保险管临时代换L5550后，并焊好电感L5551一端，试通电，+B140V电压恢复正常，故障排除。

例12、一台旧松下牌TC—25GF0R彩电

故障现象：图像上下抖动且有局部干扰线。

检修过程：据实践与现象分析判断，重点怀疑是开关电源供电不足造成的。故此静态下，仔细观察相关可疑部件，偶尔发现一只滤波电容其顶部已变色，怀疑有问题。将其焊下，测量果然无充放电现象，其内部电解液干涸已完全失效。该电容位号：C603，容量：2.2uF/250V。仔细观察该电容，发现由于紧靠FBT散热片长期受内环境高温烘烤而损坏所致。更换新同规格电容并安装在远离散热片后故障消除，恢复正常收看。

◇山东　张振友

先锋LED43B550液晶电视图像不良

这台先锋LED43B550液晶电视原始故障是开机看十分钟左右无图像，但到了顾客家里，看了半个小时也没有问题。而顾客说：无图像的时候声音正常。那到底是背光不亮呢?还是灰屏?顾客也说不清楚，由于顾客家很远，无奈之下，跟顾客商量拿回来修理。

拿回来送电开机，依然没有发现问题，考虑维修站有点冷，而这款电视的背光坏的挺多，所以判断是背光灯问题。因为室内温度低，所以故障不容易出现，还是决定先换背光灯。

拆开屏幕，这个可要小心了，如果拆碎了屏幕，损失将是无法挽回的。这里要交代一下拆屏的注意要点，那就是拆卸不能用力过大，安装必须到位。这款电视笔者拆了很多次，所以基本上没有什么风险。

当背光灯条安装完成，不要急着安装屏幕，为防止意外，首先单独实验背光的情况，在没有屏幕的情况下送电，背光完美点亮，这样安装屏幕心里才踏实。接下来一步步恢复原状，安装完后送电图像出现，但是在屏幕的右边图像颜色发绿，且向左面延伸，感觉是屏幕坏了。回忆在顾客家看到图像不是这个故障现象，难道哪里出错了?坐下来冷静想了一下，于是，再拆机检查问题。当确认屏边板没有问题的时候，忽然发现逻辑板往屏边板连接的排线竟然有个口子(见附图所示)。果断换掉这个屏线，试机图像恢复正常。

百思不得其解，自己用力也无法把这个坏掉的屏线弄一个口子。这道口子是怎么来的呢?回忆拆屏的全过程，现在的电视为了降低成本，屏边板是双面胶直接粘到金属板上的。拆这个边板笔者除了用壁纸刀片割胶来取边板，确实是没有想到更好的办法，如果你有好办法的话，请告知一下，笔者在这里有给你准备一个红包。这个口子应该是在割屏边板的时候，注意力都在屏边板了，不小心弄的，以后一定万分小心才是。

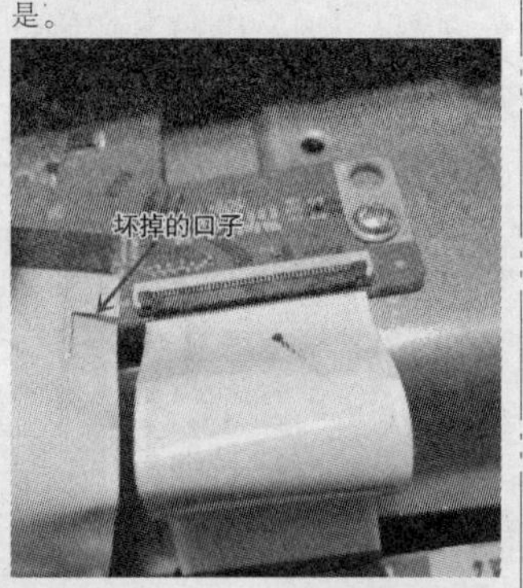

◇大连　林锡坚

创维液晶电视机黑屏有声

一台创维47E7BRE液晶电视机黑屏有声，指示灯亮。按遥控，开关机有反应，确认电源没有问题，故障应该在背光恒流板。打开后盖，通电，测量遥控开机点灯电压正常，24V正常，有背光控制3.3V和背光调节3.3V，测LED+与端只有24V，判断没有升压。分析线路发现24V经过两只送电给场效应管的肖特基二极管(SK5B)击穿。使用两只MBR5200(200V5A)代换，安装在线路板反面合适位置(手头没有相同封装的二极管)。拔下与LED的连接排线，开机测量电压由约75V慢慢地降低。连机，重新安装到位，开机一切正常。

◇湖南　温宇豪

编辑：王友和　投稿邮箱：dzbnew@163.com

戴尔LA65NS0-00型适配器电路剖析及故障检修(续)

(紧接上期本版)

3.稳压控制电路

适配器额定直流输出电压为19.5V，电路通过检测输出电压的波动，动态改变IC01的FB脚电位，调整MOSFET功率开关管Q050的导通/截止时间比，实现对19.5V直流输出电压的稳定控制。电路由内含2.5V稳压器的电压比较器IC04(TSM103AI)、光耦合器IC03、电阻R24~R28、电容C14和C07构成，IC04的③脚(正相端)电压被内部稳压器稳定在2.5V，输出19.5V电压经R24、R25分压(2.5V)后接到IC04的②脚(反相端)；当输出电压因某种原因下降时，IC04的②脚电压下降，③脚电压不变，①脚电压升高，使流过光耦合器IC03内发光管的电流减小，IC03内光敏三极管的导通程度下降，IC01的FB脚电位上升，IC01的OUT脚输出脉冲信号的占空比增大，Q050的导通时间增加，高频开关变压器T101所储存的磁能增加，T101次级绕组产生的反激电压升高，经D04、C204~C206整流滤波，使输出电压升高；反之，当输出电压变高时，IC04的②脚电压上升，①脚电压下降，流过光耦IC03内发光管的电流增大，IC03内光敏三极管的导通程度增强，IC01的FB脚电位下降，使IC01的OUT脚输出脉冲信号的占空比减小，输出电压降低。如此不断地动态控制，使适配器的19.5V直流输出电压保持恒定。

4.输出过压过流过热保护电路

1)输出过压保护

电路由光耦合器IC02、齐纳二极管ZD01、电阻R34、R10、电容C06等元件构成。当输出电压高于21.5V时，ZD01被击穿导通，输出电压经ZD01、R34点亮光耦IC02内的发光二极管，IC02内的光敏三极管充分导通，IC01的供电VCC经电阻R10和IC02内的光敏三极管，为IC01的CS脚提供比芯片内部4V钳位二极管最大吸收电流(35uA)大得多的电流，使IC01的CS脚电位快速升高，当该电位高于8.2V时，芯片内部保护机制将OUT脚强置为低电平，使Q050截止，同时IC01进入闩锁状态，适配器停止工作。

2)输出过流保护

电路由电压比较器IC04(TSM103AI)的B比较器、光耦合器IC02、输出电流取样电阻R31(27mΩ的康铜丝)、R22、R23、R29、R30、C15~C17及电容C06等元件构成。IC04的③脚的2.5V电压，经R22、R23分压后，为IC04的⑥脚提供约96mV的参考电压，当负载电流大于3.5A时，康铜丝电阻R31两端将产生大于96mV的电流取样电压，该电压经R30加到IC04的⑤脚，IC04的⑦脚输出电压将升高，该电压经R29点亮光耦IC02内的发光二极管，与上述过程一样，IC01的CS脚电位快速升高，保护机制将OUT脚强置为低电平，Q050截止，同时IC01进入闩锁状态，适配器停止工作。

3)过热保护

电路由三极管Q02、负温度系数电阻RT100、光耦合器IC02、电阻R32、R33、电容C06等元件构成。RT100安装于紧靠输出整流管D04的位置，在D04发热严重时，RT100的阻值变小，19.5V输出电压经R32、RT100、R33分压，使Q02的基极电压升高，当Q02导通时，点亮光耦IC02内的发光二极管，与上述过程一样，IC01自动将OUT脚强置为低电平，Q050截止，同时IC01进入闩锁状态，适配器停止工作。

5.信息存储电路

在适配器的输出接线处，有一个T092封装的集成电路IC301，这是一个型号为DS2501的EPROM存储芯片，片内了存储了该适配器的ID、额定功率等参数。戴尔笔记本通过电源插头的中心小针(对应蓝色线)，采用1线串行方式读取适配器的型号等参数。如果该芯片损坏或所读参数不正确，笔记本将不能对电池充电。

三、故障检修实例

故障现象：加电后适配器绿色指示灯不亮，无输出电压。

检修过程：设法打开适配器封装，观测电路板，未发现烧焦变黑元件，测保险管正常。空载加电，测得整流滤波输出主滤波电容C051(120μF/400V)两端电压为300V，说明整流滤波之前的电路正常，但IC01的VCC脚(⑥脚)无电压。断电并给C051放电，测二极管D02正常，测电阻R09(47kΩ)已经开路。更换该电阻并加电，适配器工作，测得输出电压为19.52V，绿色指示灯亮，以为故障已修复。但将输出插头接入笔记本时，却发现不能给笔记本电池充电。

给输出端接入75Ω假负载电阻后，测得输出电压仍为19.52V正常；但在接入15Ω假负载电阻时，发现指示灯亮度下降，输出电压降为5.43V。由于空载和轻载时输出电压正常，故首先怀疑适配器的带负载能力下降。但更换主滤波电容C051和三个输出滤波电容C204~C206后，输出电压仍为5.4V，情况未见改善。此时，用万用表测量IC01各引脚对热地电位：CS(①脚)为17.2mV，FB(②脚)为0.673V，IS(③脚)为2.3mV，OUT(⑤脚)为0.163V，VCC(⑥脚)为9.39V，VH(⑧脚)为70.3V。CS未到4V，说明IC01未进入到正常工作状态，VCC和VH电压较低，可能是IC01供电VCC处于波动变化状态。用示波器测量VCC和OUT脚信号，发现OUT脚为一簇簇的脉冲信号，之间间隔约12ms；VCC脚电位在8V~13.5V之间波动变化(如图3所示)。怀疑开关变压器T101的副边③-④绕组未能给芯片VCC脚提供足够的供电，使IC01不能正常工作。检查D03、R07、C054和C05，发现电解电容C054(22μF/50V)已经失效，容量变为0。更换该电容后，仍以15Ω电阻做假负载，加电，适配器输出电压为19.52V正常；指示灯亮度变亮，接入笔记本，可以充电，故障修复。

故障原因分析：为什么在更换R09后未更换C054时，出现"带负载能力下降"故障呢？观察接15Ω假负载情况下示波器测量的IC01(FA5518)VCC脚和OUT脚波形，发现OUT脚脉冲簇和VCC脚波形正好以交流市电的周期(20ms)重复。据此分析认为：加电后，在交流市电的正半周，IC01启动电路通过R09给C054和C09充电；当VCC达到13V电压时，IC01开始执行软启动，OUT输出脉冲信号驱动MOSFET功率管工作，此时VCC由交流市电和T101副边③-④绕组共同供电。而在交流市电的负半周，D02截止，VCC失去来自交流市电的供电，由于C054已经失效，C05容量只有1μF，C05所储存的电能不足以维持IC01继续驱动Q050工作，因而，VCC电位快速下降；当VCC电位低于9V时，IC01从软启动过程直接进入到欠压保护状态，OUT停止输出脉冲信号；随着VCC电位的进一步下降，到低于8V时，芯片IC01被复位；在交流市电的下一个正半周，D02再次导通，启动电路通过VH脚重新开始对C05充电。IC01随着交流市电的变化，以20ms为周期，不断重复着"起动→软起动→欠压保护→复位→再起动"这个过程。由于Q050在此过程中间歇工作，因此适配器仍有较低的电压输出。而在空载或轻负载情况下，在软启动期间，只要宽度很窄的OUT输出脉冲，芯片的电流消耗很小。尽管C054已经失效，但C05(1μF)仍可在交流市电的负半周，将VCC维持在9V以上，OUT持续不断输出脉冲，将输出电压提高到19.5V，使IC01能进入正常工作状态。

通过以上分析推断：因长期工作，密封的适配器内部发热使电解电容C054失效，IC01(FA5518)长时间处于"起动→软起动→欠压保护→复位→再起动"状态，在此过程中，电阻R09不断有1.7mA~3mA的电流间歇流过，长时间发热和高压造成R09开路，导致适配器不工作。

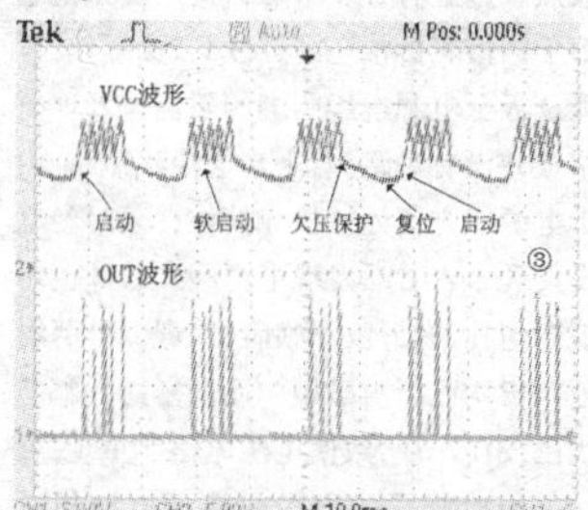

为了方便维修，笔者分别测量了适配器在空载、75Ω和15Ω负载情况下，正常工作时IC01(FA5518)的工作频率和各引脚的电位，工作频率分别为2.4kHz、14kHz和43kHz，各引脚的电位如表2所示。所用万用表型号为：胜利VC9805A+。

表2：空载、75Ω和15Ω负载情况下IC01各引脚对热地电位

脚号	电位(空载)	电位(75Ω负载)	电位(15Ω负载)
1	4.02V	3.996V	3.918V
2	0.336V	0.666V	0.879V
3	6mV	11mV	21mV
4	0V	0V	0V
5	19mV	523mV	2.290V
6	12.33V	15.73V	16.54V
8	99.5V	100.1V	133.1V

(全文完)

◇青岛 孙海善

德生PL737收音机屏显异常检修一例

笔者自用的德生PL737收音机最近出现屏显异常故障，即所有"8"字显示缺少右下角部分，虽然其他功能都正常，但显示异常不便观察电台频率，因此打算将其修复。

本着先易后难的原则，代换电池并按压机器背后"Reset"键均无效，只有拆机检修了。小心拆开机器，焊下液晶屏引脚旁的保护铁片，目测发现液晶屏与PCB板第①连接脚有腐蚀现象，用天那水清洗后发现铜箔到引脚焊盘间已断裂，看来问题就在这里，将铜箔刮干净上锡，再飞线到液晶屏第①脚上(如附图所示)，通电试机已恢复至正常状态。

◇安徽 陈晓军

巧妙制作两环重叠的圆环图

简单的圆环图大家都会制作，但如果是两环重叠的效果，那么就需要一些技巧了，这里介绍只包含完成率、待达成率两列简单数据制作两环重叠的圆环图效果。

第一步：选中两列数据，切换到"插入"选项卡，在这里打开"插入图表→所有图表→饼图"，选择"圆环图"，此时可以看到图1所示的简陋效果。

第二步：选中数据后复制，接下来选择已经创建完成的圆环图，按下"Ctrl+V"组合键粘贴两次，这样会看到三个环的圆环图效果。

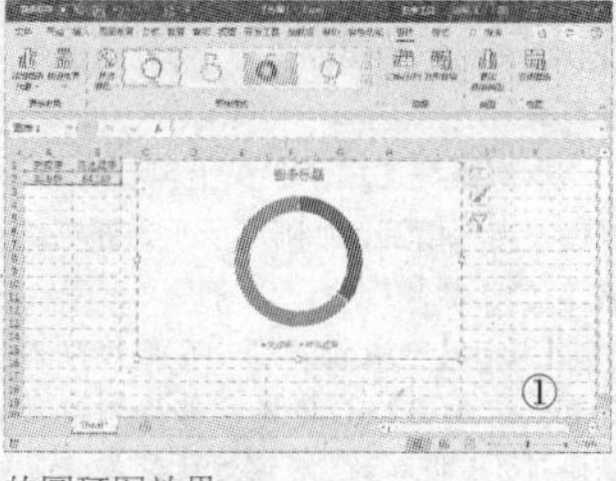

第三步：选中图表，右击选择"更改图表系列类型"，勾选"次坐标轴"复选框；选中次坐标环，此时会在右侧打开"设置数据系列格式"窗格，将圆环图内径大小设置为"90%"；选中主坐标环，将圆环图内径大小设置为"50%"。

第四步：选中主内环，设置填充为"纯色填充"，边框为"无线条"；设置次坐标圆环的圆环图内径大小为65%，仍然设置填充为"纯色填充"，边框为"无线条"。

完成上述步骤之后，可以根据需要添加数据标签，适当美化即可看到两环重叠的效果了(如图2所示)。

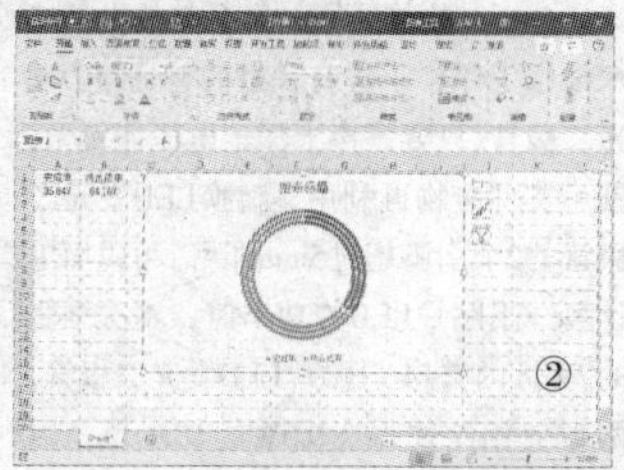

◇江苏 王志军

检修九阳电磁炉不通电故障1例

故障现象：一台九阳牌JYC-21CS19型(2100W)电磁炉，送修时说不通电(其实是一插市电就跳闸)，无法使用。

分析与检修：查看该电磁炉外表还蛮清洁，像刚清洗过的。据用户说不通电(即会跳闸)，所以一接手就测量电源线插头两端的阻值，果然呈短路状态，怀疑机内可能存在因爆机造成的严重短路。

准备拆出电路板打开外壳时发现，散热风扇上有好多水珠，便用餐纸把它擦干。接着拆掉电源进线的2颗螺丝，再测量板上电源进线两端的阻值，发现电路板并没有短路，看来是电源线短路。由于电源线入口处被机壳挡住，一时忽略没发现，查看后发现电源线入口处已用胶布包扎，揭开胶布察看，发现内外两层塑料皮均已严重破裂，而且暴露的铜芯线已绞在一块，致使电源电路严重短路。

用检修用的电源线接通电路板试电，随着"嘀"一声响，指示灯亮了，但显示的是E8代码，如图1所示。经查九阳电磁炉故障代码获悉E8是电路板受潮，但掀开加热盘观察主板未发现水的痕迹，仔细察看主板元件是否有异常现象时，发现靠近散热板的一只二极管D202上面有一段铁丝(清洁丝)，在电阻R406旁又有一小团白白的异物，如图2所示。立马把铁丝和异物清除并用万用表测量这些以及临近元件，所幸都正常。

接着怀疑显示板受潮，于是拆掉固定显示板的螺丝，揭开覆盖显示板的塑料皮发现，显示板有许多水珠，取出显示板察看，另一面同样有许多水珠，显然这正是造成显示代码E8的原因所在。

用餐纸擦净并用电吹风吹干显示板，插好与主板的连线试电，代码E8消失了，但又出现了代码E0，如图3所示。九阳电磁炉E0表示内部电路有故障。于是取出主板检测，先通电测量"三"电压均正常，再测量故障易发部位(同步电路)时，发现该电路中R406(330k)变质为389k，另一只470k电阻(在散热板底下，不便察看编号)已开路。将这2只电阻换新后试电，E0代码消失了。最后把短路的电源线处理好，恢复安装，坐锅放水通电，复位声正常，风扇转动正常，开机并按功能火锅键，加热正常，故障排除。

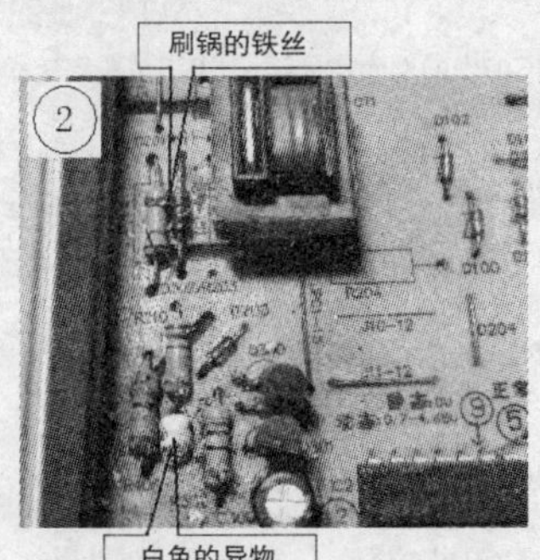

【小结】送修电磁炉的女士由于讲卫生，经常清理电磁炉表面，但缺少用电知识，不小心将铁丝掉入机内，所幸没有造成短路；又将自来水滴入风扇和显示电路板上，致使电路受潮而产生不能开机且显示E8的故障。至于电源线绞在一块而短路的可能是，由于经常清洗而把炉体搬来搬去或翻来翻去造成破损的。还把跳闸说成是"不通电"，真没用电意识，太遗憾了。可喜的是：机内不见蟑螂的蛛丝马迹，可见该女士厨房的卫生搞得比较好。实际上，这些故障本不该发生的，所以建议商家或制造商在商品说明书中，多多宣传有关厨具用电知识。

◇福建　谢振翼

美的M3-L233C变频微波炉不加热故障维修1例

故障现象：一台美的M3-L233C变频微波炉使用两年半后，突然出现不加热，操作/显示正常、炉灯亮的故障。

分析与检修：据了解，使用时偶尔不注意会放入带金属边的容器进行加热，但一直工作正常。故障发生后，维修师傅上门检查后，认定变频板损坏，修理费需500元，用户放弃维修。笔者得知后，决定尝试修复它。加电试机发现，该机工作时面板指示正常，只是运转四五十秒后显示"E-5"故障，杯中水不能被加热。拆机观察，内部电路未见明显损坏迹象。查阅资料和说明书，显示"E-5"为变频板损坏。

根据故障现象分析，判断主板正常，故障多出在高压电路(变频板)或磁控管上。用网购的同型号变频板更换后，但故障依旧，说明变频板正常，怀疑磁控管异常。拆出磁控管察看，发现磁控管上的2个环形磁铁都裂成5、6小块，吸附在磁控管上，如附图所示。

查阅资料，磁控管上的磁铁断裂原因，是工作温度过高在退磁冷却时引起的。磁控管上的磁铁断裂后，磁控管工作所需的恒定磁场参数发生变化，不能正常产生微波能，判断故障在磁控管。于是，用网购的同型号磁控管更换后，加热恢复正常，故障排除。

【体会】检修故障一定要细心，不可粗心大意。比如，检修过程拆下了变频板，也察看了磁控管，但环形磁铁的明显裂痕却没看出来，多花钱购买了一块变频电路板。另外，要善于借鉴其他人的经验，这样既为用户省了钱，而且有成功的乐趣。翻阅《电子报》，很少刊登磁控管磁环断裂的故障，于是将自己的一点经验写出来，供大家维修时参考。

通过该故障，再次为广大消费者提了醒，微波炉一定要按说明书要求使用，不能放入带金属边的容器进行加热。

◇陕西　章建安

贴片LED灯泡的不亮故障修复1例

故障现象：朋友新居客厅豪华吊灯使用的是十几只7W的功率贴片LED螺口灯泡。一次开灯，发现一下子好几只不亮，拧下准备换新，刚好笔者在他家做客，决定尝试修复。

分析与检修：因从事多年的电子技术维修工作，手头有大量的普通LED发光二极管，只要是接上额定电压能发光，就可实现废物再利用，替换LED发光二极管的2个引脚超过5mm即可。可以简单计算一下贴片LED的功率值，本次维修的7W灯内有14只贴片LED发光二极管，两数值相除便得出0.5W的功率值。因此，要选择功率大于0.5W的普通LED来替换贴片LED。

故障灯的塑料灯罩采用卡口安装方式，拆卸时使用巧劲或用小改锥沿灯泡塑料罩与螺旋口底座的缝隙微微一"撬"即可分离。拆开后，将螺口灯泡拧在一平款式的螺口灯底座上，这样便于检测。先接上220V交流电，测量LED灯的驱动电路在空载时，有300V左右的直流电压输出，说明LED灯损坏。断电后，将MF-47型万用表置于R×10k挡，黑表笔接贴片LED的正极，红表笔接贴片LED的负极，此时正常的贴片LED会发出微弱的光。当检测不亮的或正向阻值为无穷大的说明该贴片LED已经呈现开路状，做好记号，以免拆错。选择一只废旧的发光二极管，分好极性，将其直接并联焊接在开路的贴片LED两端。由于贴片LED原来固定的锡焊盘口小，应确保焊接可靠。

本次修理使用了手头上现有的2只绿色发光二极管，如附图所示。通电试验，灯亮。故障排除。

【提示】一般情况下，不亮的灯内多有一只贴片LED损坏，若检测时发现超过2只损坏的，则该灯就没有修复的意义。

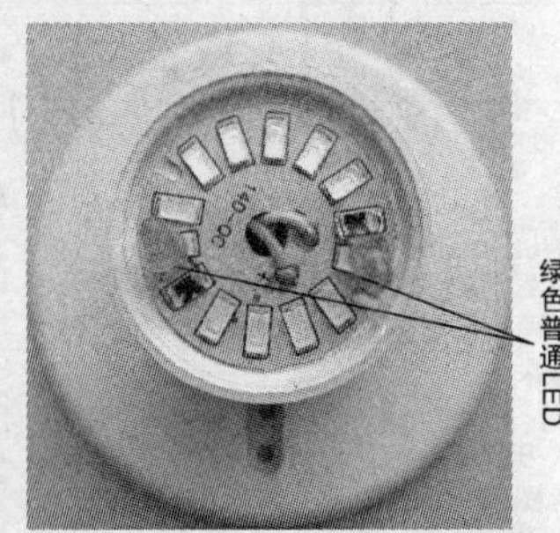

◇江西　高福光

机电继电器对MEMS开关的应用

传统机电继电器(Electromechani-calRelay, EMR)从发明至今已有上百年历史，一直被广泛使用，直至微机电系统(MEMS)开关技术在近几十年之快速发展，凭借其易于使用、尺寸小、可以极小的损耗可靠地传送0Hz/dc至数百GHz信号等特性，MEMS开关在射频测试仪器、仪表和射频开关应用上，成为出色的可替代器件，并改变着电子系统的实现方式。

不少公司试图开发MEMS开关技术，不过都同样面临着大规模生产并大批量提供可靠产品的挑战。其中ADI公司积极投入MEMS开关项目，并建设了自有先进的MEMS开关制造设施，以满足业界对于量产的需求。

基本原理

ADIMEMS开关技术的关键是静电驱动的微加工悬臂梁开关组件概念。本质上可以将它视作微米尺度的机械开关，其金属对金属触点通过静电驱动。

开关采用三端子配置进行连接。功能上可以将这些端子视为源极、栅极和漏极。下图是开关的简化示意图，情况A表示开关处于断开位置。

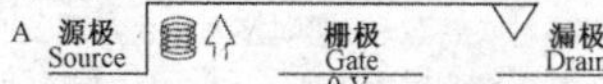

将一个直流电压施加于栅极时，开关梁上就会产生一个静电下拉力。这种静电力与平行板电容的正负带电板之间的吸引力是相同的。当栅极电压斜升至足够高的值时，它会产生足够大的吸引力（红色箭头）来克服开关梁的弹簧阻力，开关梁开始向下移动，直至触点接触漏极。过程如下图情况B所示。

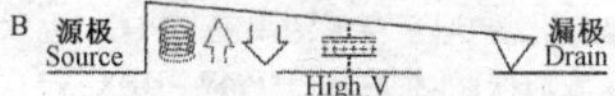

这时，源极和漏极之间的电路闭合，开关接通。拉下开关梁所需的实际力大小与悬臂梁的弹簧常数及其对运动的阻力有关。注意：即使在接通位置，开关梁仍有上拉开关的弹簧力（蓝色箭头），但只要下拉静电力（红色箭头）更大，开关就会保持接通状态。

最后，当移除栅极电压时（下图情况C），即栅极电极上为0V时，静电吸引力消失，开关梁作为弹簧具有足够大的恢复力（蓝色箭头）来断开源极和漏极之间的连接，然后回到原始关断位置。

下图1为采用单刀四掷(ST4T)多路复用器配置的四个MEMS开关的放大图。每个开关梁有五个并联阻性触点，用以降低开关闭合时的电阻并提高功率处理能力。

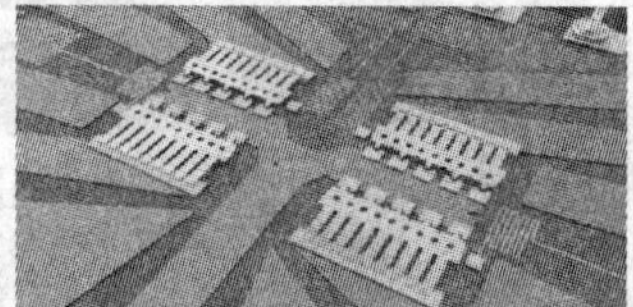

图1，四个MEMS悬臂式开关梁(SP4T配置)

MEMS开关需要高直流驱动电压来以静电力驱动开关。为使器件尽可能容易使用并进一步保障性能，ADI公司设计了配套驱动器集成电路(IC)来产生高直流电压，其与MEMS开关共同封装于QFN规格尺寸中。

此外，所产生的高驱动电压以受控方式施加于开关的栅极电极。

它以微秒级时间斜升至高电压。斜升有助于控制开关梁的吸引和下拉，改善开关的动作性能、可靠性和使用寿命。下图2显示了一个QFN封装中的驱动器IC和MEMS芯片实例。驱动器IC仅需要一个低电压、低电流电源，可与标准CMOS逻辑驱动电压兼容。

这种一同封装的驱动器使得开关非常容易使用，并且其功耗要求非常低，大约在10mW到20mW范围内。

图2，驱动器IC(左)和MEMS开关芯片(右)安装并线焊在金属引线框架上

性能优势

以ADGM1004/ADGM1304SP4T系列为例，其各项参数与传统机电继电器比较(图3)有着不少明显优势。

Switch Parameter	ADGM1304 MEMS	ADGM1004 MEMS	8 GHz EMR (Typical)
Switch Configuration	SP4T	SP4T	[illegible]
[illegible]	[illegible]	[illegible]	[illegible]
[illegible]	[illegible]	[illegible]	[illegible]
[illegible]	[illegible]	[illegible]	[illegible]
[illegible]	[illegible]	[illegible]	[illegible]
[illegible]	[illegible]	[illegible]	[illegible]
[illegible]	[illegible]	[illegible]	[illegible]
Power Supply	[illegible]	[illegible]	[illegible]
[illegible]	[illegible]	[illegible]	[illegible]
[illegible]	[illegible]	[illegible]	[illegible]
[illegible]	[illegible]	[illegible]	[illegible]
[illegible]	[illegible]	[illegible]	[illegible]

图3，ADGM1004/ADGM1304MEMS与传统机电继电器比较

ADGM1004/ADGM1304SP4T同时含整合式驱动器，适用于继电器替代品、RF测试仪器，以及RF切换。

产品规格详情及相关评估板EVAL-ADGM1004EBZ可浏览Digi-Key产品专页。

应用示例

过去，要在ATE测试设备中实现dc/RF开关功能，必须使用EMR开关。但是，由于存在以下问题，使用继电器可能会限制系统性能：

继电器开关的尺寸较大，必须遵守“禁区”设计规则，这意味着它要占用很大面积，缺乏测试可扩展性。

继电器开关的使用寿命有限，仅为数百万个周期。

必须级联多个继电器，才能实现需要的开关配置（例如，SP4T配置需要三个SPDT继电器）。

使用继电器时，可能遇到PCB组装问题，通常导致很高的PCB返工率。

由于布线限制和继电器性能限制，实现全带宽性能可能非常困难。

继电器驱动速度缓慢，为毫秒级的时间量级，从而限制了测试速度。

以典型的dc/RF开关扇出16:1多路复用功能为例(图4)，需要九个DPDTEMR继电器和一个继电器驱动器IC，来实现18:1多路复用功能（八个DPDT继电器只能产生14:1多路复用功能）。图5中，显示了相同的扇出开关功能，仅使用五个ADGM1304或ADGM1004SP4TMEMS开关，因而得以简化。

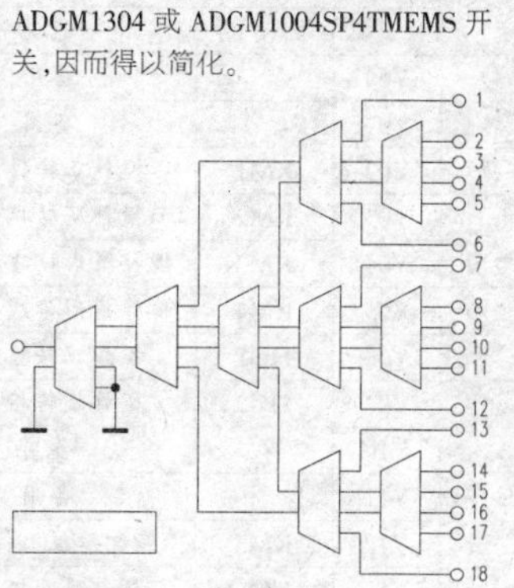

图4，DC/RF扇出测试板原理图，九个DPDT继电器的解决方案

图6中显示了实现这两个原理图的视觉演示PCB的照片。左侧显示了物理继电器解决方案，说明了继电器解决方案占用了多大的面积、保持布线连接之间的对称如何困难，以及对驱动器IC的需求。

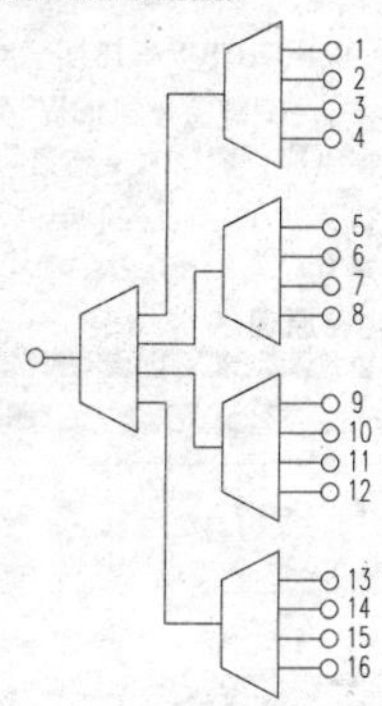

图5，DC/RF扇出测试板原理图，五个ADGM1304或ADGM1004MEMS开关的解决方案

从右侧则可看出，占用PCB面积减小，开关功能的布线复杂性降低。按面积计算，MEMS开关使占用面积减少68%以上，按体积计算，则可能减少95%以上。

ADGM1304和ADGM1004 MEMS开关内置低电压、可独立控制的开关驱动器；因此，它们不需要外部驱动器IC。由于MEMS开关封装的高度较小(ADGM1304的封装高度为0.95mm，ADGM1004的封装高度为1.45mm)，因此开关可以安装PCB的反面。较小的封装高度增大了可实现的信道密度。

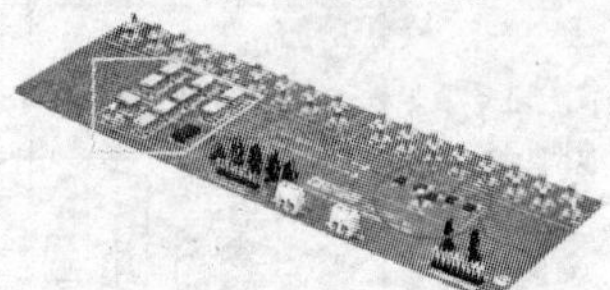

图6.DC/RF扇出测试板的视觉比较：实现16:1多路复用功能，使用九个EMR开关（左黄）和五个MEMS开关（右红）

本文小结

最后，小尺寸解决方案通常对于任何市场都是一项关键要求。MEMS在这方面具有令人信服的优势。下图7以实物照片比较了封装后的ADISP4T（四开关）MEMS开关设计和典型DPDT（四开关）机电继电器的尺寸。

MEMS开关节省了大量空间，其体积仅相当于继电器的5%。这种超小尺寸显著节省了PCB板面积，增加PCB板的双面开发之可能。这一优势对于迫切需要提高信道密度的自动测试设备制造商特别有价值。

图7，ADI引线框芯片级封装MEMS开关（四开关）与典型机电式RF继电器（四开关）的尺寸比较。

◇湖南 欧峰柑

运动感应安全灯电路

运动控制传感器是一种将非电量（如速度、压力）的变化转变为电量变化的原件，根据转换的非电量不同可分为压力传感器、速度传感器、温度传感器等，是进行测量、控制仪器及设备的零件、附件。

红外传感系统是用红外线为介质的测量系统，按照功能可分成五类，按探测机理可分成为光子探测器和热探测器。红外传感技术已经在现代科技、国防和工农业等领域获得了广泛的应用。

LED红外感应灯是一种靠感应人体的红外热辐射，检测光环境状态，通过内置延时开关，对灯具进行开启和关闭的新一代智能型照明灯具，又叫LED人体感应灯。

如附图是PIR传感器控制的LED感应灯。其中只有一个LED灯LED1。

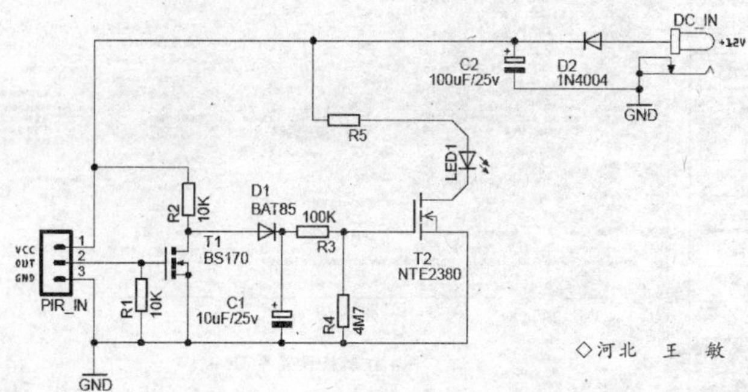

◇河北 王敏

真石漆搅拌机的单片机控制电路和程序设计

《电子报》2018年第18期第8版(合订本P177)介绍了用继电器-接触器控制的WSZ不锈钢卧式真石漆搅拌机控制原理分析，本文将该控制电路改造用单片机进行控制，文中给出了控制电路原理图及其控制程序，供制作参考。

1.电路原理

采用单片机控制真石漆搅拌机的电路如图1所示。图中控制板输入输出端的功能如表1所示，各元件代号大部分与原文相同。控制板采用《电子报》2019年第6期第7版上介绍的16路光电隔离开关量输入、14路光电隔离开关量晶体管输出板。与原图相比，用单片机控制除增加了8只继电器(HH52线圈电压24VDC)外，还将感应接近开关更换为三线制的(如LJ12A3-4-Z/BX)。

2.控制程序编写

控制梯形图程序以继电器-接触器控制线路为原型，通过元件替换、符号替换、触头修改、按规则整理四个步骤，由"替换法"得到控制程序的梯形图如图2所示。因程序简单，不再说明。由于在搅拌机工作时，不允许倾翻筒工作，继电器-接触器控制电路中使用了限位开关SQ3联锁。用单片机控制时，可在程序中方便地增加软件联锁。即在倾翻筒上下控制程序中"X15"前串入"Y02"和"Y03"的常闭点即可。

图2 控制程序

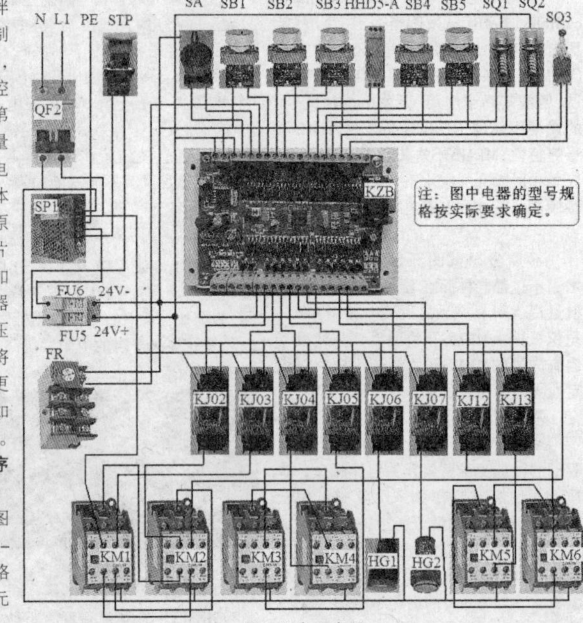

图3 接线示意图

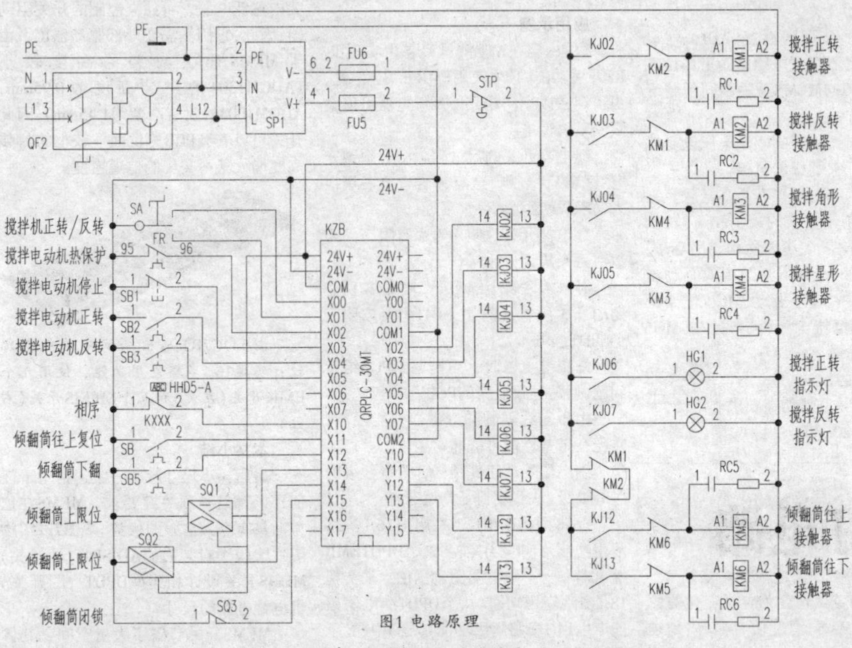

图1 电路原理

表1 控制板输入端子说明

输入端	电器代号	功能说明	输出端	电器代号	功能说明
X00	SA	搅拌电动机机正转	Y00		备用
X01	SA	搅拌电动机机反转	Y01		备用
X02	FR	搅拌电动机热保护	Y02	KM1	搅拌正转接触器
X03	SB1	搅拌电动机停止	Y03	KM2	搅拌反转接触器
X04	SB2	搅拌电动机正转起动	Y04	KM3	搅拌星形接线接触器
X05	SB3	搅拌电动机反转起动	Y05	KM4	搅拌角形接线接触器
X06		备用	Y06	HG1	搅拌正转指示灯
X07		备用	Y07	HG2	搅拌反转指示灯
X10	HHD5-A	相序锁定	Y10		备用
X11	SB4	倾翻筒往上复位	Y11		备用
X12	SB5	倾翻筒下翻	Y12	KM5	倾翻筒往上接触器
X13	SQ1	倾翻筒上限位	Y13	KM6	倾翻筒下接触器
X14	SQ2	倾翻筒下限位	Y14		备用
X15	SQ3	倾翻筒闭锁开关	Y15		备用
X16		备用			
X17		备用			

3.程序验证

第1步接线，按照图1所示电路原理接线，接线示意图如图3所示(图中电器型号规格按实际需要确定)。

第2步转换，将图2所示梯形图用三菱PLC编程软件FXGP/WIN录入后保存，然后运行"PMW-HEX-V3.0.exe"，将界面设置为如图4所示，点按钮"保存设置"，再点"打开PMW文件"按钮，将梯形图程序转换成"fx1n.hex"文件。

第3步烧录，运行STC单片机烧录程序"stc-isp-15xx-v6.69.exe"，单片机选用"STC11F60XE"后，点"打开程序文件"按钮，选中刚才转换结果的文件"fx1n.hex"，再点击按钮"下载/编程"烧录程序。

第4步功能验证，根据《电子报》2018年第18期第8版(合订本P177)"WSZ不锈钢卧式真石漆搅拌机控制原理分析"一文所述原理验证。检查接线无误后进行上电验证。先验证搅拌机正反转运行，其次验证倾翻筒上复位和下翻，再验证联锁功能。因线路简单，具体过程这里不再细说。

若程序不符合控制要求，则重新回到第2步修改程序后再进行转换、烧录、验证，直到正确为止。

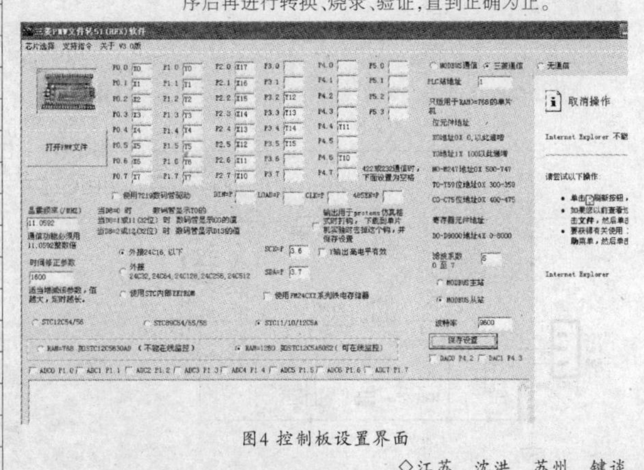
图4 控制板设置界面

◇江苏 沈洪 苏州 键谈

编 前

2019年1月起，本报《职教版》推出"单片机系列"文章共7篇。系列文章秉承帮助职业院校的电类学生和初级电子爱好者入门的栏目定位，注重理论与实际应用相结合，注重系统性和指导性，不但给出硬件电路和软件设计思路，还提供了程序清单，引起读者的关注。3月18日，本报收到广东梅州嘉应中学李泽基读者的来信，对其中一个示例的程序提出修改建议。本报将该建议转给原文作者，并于3月19日收到原文作者的回复。现刊发两份来函。希望通过这样的切磋，达到交流提高的目的，帮助更多读者提高单片机水平。

◇本版编辑

读者来函

对《单片机系列3》示例一的修改建议

近期《电子报》职教版的《单片机系列》吸引了我的眼球，里面的教程和示例都对初学者学习单片机有很大的帮助。

我在实践《单片机系列3：独立式按键控制设计》中的示例时发现，例一的程序无法在单片机中正常运行（笔者所用的单片机型号同为AT89C52），无论按下那一个按键，LED都未亮。仔细检查程序后发现了问题并进行修改，再次上电运行正常，问题解决。因此笔者在这里提出一点小小的建议，希望对单片机初学者有所帮助。

修改后的程序如下（原程序请见《电子报》2019年第5期第8版例一程序清单）：

```
#include<reg52.h>
sbit D1=P3^4;sbit D2=P3^5;sbit D3=P3^6;sbit D4=P3^7;//定义按键
sbit led1=P1^0;sbit led2=P1^1;sbit led3=P1^2;//定义LED
```

（编者注：以下语句与原文作者刊发于2019年第5期第8版的例一程序清单相同，只是单片机I/O口定义的变量不同，故省略。）

◇广东梅州嘉应中学　李泽基

对《单片机系列3》修改建议的商榷

收到《电子报》编辑老师转来的信函，首先感谢李读者的关注和肯定。在单片机这一系列文章的写作过程中，所有电路的硬件和软件都经过实际运行和仿真运行，经双重验证无误之后才定稿的。

针对李读者提出的问题，本人做了两项工作：一是按原电路图连接硬件电路，将原文的程序导入，开机运行，运行结果与原文示例一的设计要求一致；二是将原程序从WORD文档中直接拷贝到KEIL3软件上进行编译，并下载运行，运行结果也与原文示例一的设计要求完全一致。

示例一要实现的功能是：按键LED1~LED3按下时，分别点亮D1~D3，按键LED4按下时，D1~D3全灭。本人第二项工作的调试过程和结果如下：

1.程序编译生成4.HEX文件(图1)

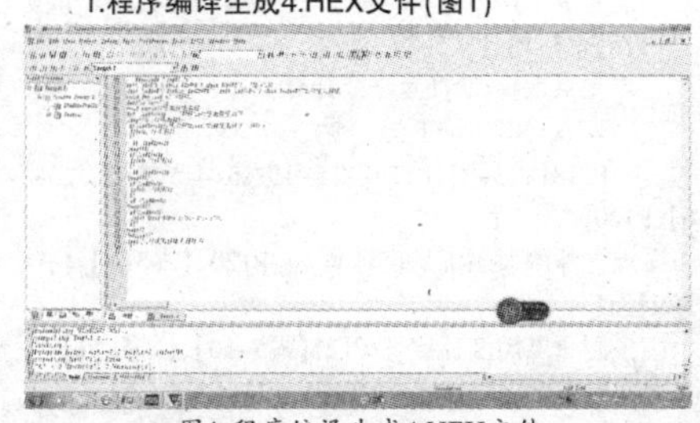

图1 程序编译生成4.HEX文件

2.载入程序输出文件4.HEX(图2)

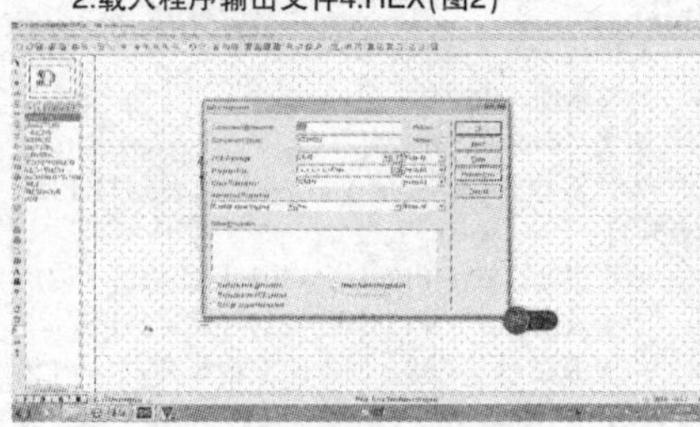

图2 载入程序输出文件4.HEX

3.调试按下LED1按钮(图3)

4.调试按下LED2按钮(图4)

5.调试按下LED3按钮(图5)

6.调试按下LED4按钮(图6)

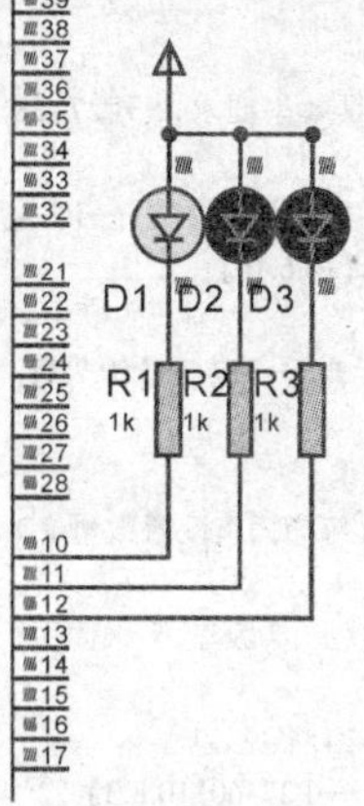

图3 调试按下LED1按钮

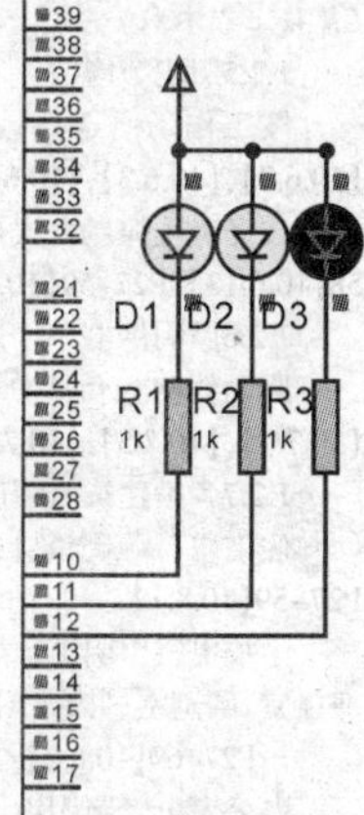

图4 调试按下LED2按钮

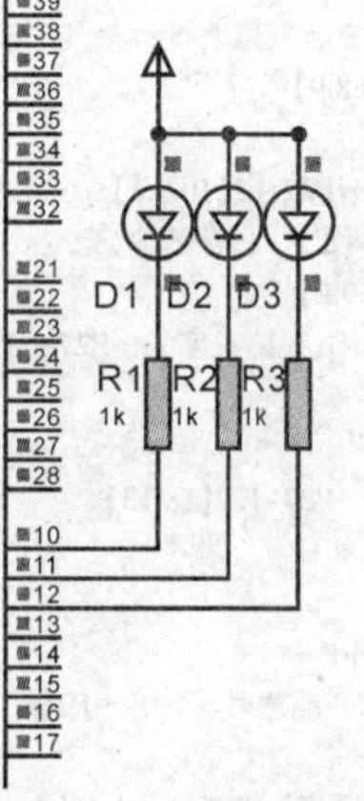

图5 调试按下LED3按钮

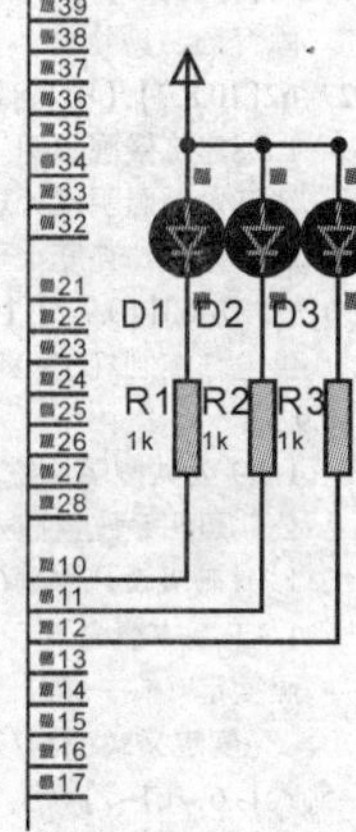

图6 调试按下LED4按钮

至于李读者运行本人原文的程序时出现"无论按下那一个按键，LED都未亮"的现象，有可能是单片机设备的两个外中断口（P3.2、P3.3）、串行口（P3.0、P3.1）有另做它用。

从李读者修改后的程序看，软件设计思路和程序内容与本人相同，只是将输出口做了调整。输出口调整情况如下：关于LED，本人用P3.0~P3.2，李读者用P1.0~P1.2；关于按键，本人用P1.0~P1.3，李读者用P3.4~P3.7。据此判断，李读者可能对硬件电路做了相应的改动，与本人原文的设计不一样。单片机的外围电路不一样，程序设计就会有差异。

以上与李读者商榷，愿共同进步。

◇福建　黄丽源　黄丽吉　黄建辉

注册电气工程师建筑智能化知识点及解答提示(下)

（接上期本版）

20.2 JGJ16-2008《民用建筑电气设计规范》→第20、21章

数字程控交换机选用→P27-127【20.2.7】

交换机设备蓄电池总容量计算（蓄电池放电容量系数表）→P27-128【20.2.9】及【式20.2.9】

程控用户交换机机房选址、设计、布置→P27-128【20.2.8】

建筑物内通信配管、配线设计→P27-136【20.7.2、20.7.3】

建筑群内地下通信管道设计→P27-137【20.7.4】

建筑群内通信光缆配线设计→P27-139【20.7.6】

电信间FD主干侧各类配线模块配置(语音，数据)→P27-143【21.3.7】

各段缆线长度计算(C、W、D、H)→P27-143【21.3.10】、【式21.3.10-1】、【式21.3.10-2】

综合布线电缆与电力电缆间距→P27-146【表21.8.1】

入侵报警→ GB 50394-2007

系统设计→P60-7【5】

二、2018年真题及解答提示

题36~40 某一幢科研、办公建筑，总建筑面积53000m²，总高度85m。地下3层每层建筑面积3000m²，地上20层，其中1~4层为裙房，每层建筑面积3000m²，5~20层每层建筑面积2000m²。请回答下列问题，并列出解答过程。

题36. 在该建筑安防系统设计时，其视频安防监控系统采用数字信号在IP网络中传输，系统选用1280×720图像分辨率的摄像机100台，请计算这100台摄像机接入监控中心，同时并发互联的网络带宽至少应为下列哪项数值？(不考虑预留网络带宽的余其)

(A)512Mbps　(B)204.8Mbps　(C)465.5Mbps(D)1047.3Mbps

解答提示：根据关键词"IP网络""网络带宽"，从"知识点索引"中查得该内容在GB 50198-2011《民用闭路监视电视系统工程技术规范》P12【3.3.10】，一台的视频编码率由【式3.3.10】计算，共有100台。选C

题37. 在该建筑四层有一多功能厅，长22.5m，宽15m，层高4.8m，在吊顶均匀安装了6组扬声器，已知安装高度为4.5m，安装间距为7.5m，试计算要满足扬声器声场的均匀覆盖，扬声器的辐射角为下列哪项数值？

(A)50o(B)94o(C)99o(D)134o

解答提示：根据关键词"扬声器""安装间距""辐射角"，从"知识点索引"中查得该内容在JGJ16-2008《民用建筑电气设计规范》P27-108【16.6.5】，由【式16.6.5-3】求得。选C

题38. 在该建筑中二层有一会议厅，厅内设置了4组扬声器，每组扬声器为25W，如果驱动扬声器的有效功率为25W，在规定需有6dB的工作余量。试计算所配置的功率放大器的峰值功率应为多少瓦？

(A)130W (B)150W (C)158W (D)398W

解答提示：根据声源功率级计算公式L_W=10lgW,，由$\Delta L_W=L_{W1}-L_{W2}$=6进行计算，或根据关键词"扬声器""功率""dB"，从"知识点索引"中查得该内容在JGJ16-2008《民用建筑电气设计规范》P27-167【附录G】，由【G.0.1-2】计算得到。选D

题39. 该建筑中的一般办公区域按照开放型办公室进行布线系统设计，已知工作区设备电缆长6m，电信间内跳线和设备电缆长度为4m，所采用的电缆是非屏蔽电缆，线规为26AWG。请计算水平电缆最大长度为下列哪项数值？

(A)87m(B)88.5m(C)90m(D)92m

解答提示：根据关键词"开放型办公室""布线系统""电信间"，从"知识点索引"中查得该内容在GB 50311-2016《综合布线系统工程设计规范》P19【3.6.3】，由【式3.6.3-2】和【式3.6.3-1】求得。选A

题40. 该建筑作为一个独立的配线区，从用户接入点用户侧配线设备至最远端用户单元信息配线箱采用光纤，在1310nm波长窗口时，采用的是G..652光纤，长度为500m，全程光纤有两处接头。采用热熔接方式。请计算从用户接入点用户侧配线设备至最远端用户单元信息配线箱的光纤链路全程衰减值为下列哪项数值？

(A)0.44dB　(B)0.66dB　(C)0.76dB　(D)0.98dB

解答提示：根据关键词"光纤链路全程衰减值"，从"知识点索引"中查得该内容在GB 50311-2016《综合布线系统工程设计规范》P31【4.5】，由【式4.5.1】求得。选A

◇江苏　键谈

注册电气工程师备考复习——照明知识点及18年真题(二)

(紧接上期本版)

1.2.5照明节能

按工作场所选灯具，灯具效率要求 →P27-58【10.6.2】,【10.6.3】,【10.6.4】

选择照明控制方式规定，景观照明措施 →P27-58【10.6.13】~P27-59【10.6.14】,【10.6.16】

1.2.6照明供电

照明线路相负荷分配，供电 →P27-59【10.7.3】,【10.7.4】,【10.7.5】,【10.7.8】

1.2.7各类建筑照明设计要求

住宅电气照明设计规定（每户插座设置数量)→P27-59【10.8.1】

学校电气照明设计规定(教室、实验室、多媒体厅、演播室、阅览室、书库、图书馆)

→P27-60【10.8.2】,及P27-215条文说明

办公室电气照明设计规定 →P27-60【10.8.3】

商业、饭店、医院电气照明设计规定 →P27-61【10.8.4】,【10.8.5】,【10.8.6】

体育场、博物馆、影剧院电气照明设计规定 →P27-62【10.8.7】,【10.8.8】,【10.8.9】

1.2.8建筑景观照明

建筑景观照明设计规定 →P27-62【10.9.1】

照明方式与亮度水平控制要求（被照景物亮度水平）→P27-63【10.9.2】、【表10.9.2】

供电与控制规定(回路电流、线路长度) →P27-63【10.9.3】

1.2.9 公共照明系统

公共照明系统监控规定 →P27-122【18.13】

1.3《照明设计手册(第三版)》

1.3.1 基本概念

照度定义式 →P2【式1-3】

亮度定义式(漫反射表面,漫透射表面) →P2【式1-5,式1-6,式1-7】

室形指数RI计算 →P7【式1-9】,P146底注【①】

室空间比RCR计算 →P7【式1-10】,P146【式5-44】

照度均匀度U_0要求 →P10第4行【2.】

眩光,眩光区 →P12【图1-5】

统一眩光值UGR不舒适主观感受,计算 →P14【表1-7】,【式1-11】

照明设计程序(光学设计,电气设计) →P18中间【三、】

1.3.2照明光源与附件

C类照明的谐波电流限值 →P55中间【表2-55】

电子镇流器效率计算公式(管形荧光灯) →P56第4行【式2-1】

电感镇流器效率计算公式(管形荧光灯) →P56第13行【式2-2】

电感镇流器效率计算公式(金属卤化物灯) →P61【式2-3】

顶峰超前式及电子镇流器效率计算公式（金属卤化物灯）→P62【式2-4】

镇流器能效因数计算 →P62【式2-5】

无极荧光灯镇流器能效计算 -→P63【式2-6】

气体放电灯补偿电容器选用表 →P64【表2-63】

镇流器比较与选择 →P65【四、】

1.3.3照明灯具

投光灯光束效率(或称光束因数)→P80【式3-1】

灯具的平均亮度计算 →P81【式3-2】

灯具发光面投影面积计算方法 →P82【表3-18】

不同配光灯具的适用场所 →P84【表3-19】

设备成本计算(LED道路照明灯)→P86【式3-4】

运行成本计算(LED道路照明灯)→P87【式3-5】

全寿命周期成本计算(LED道路照明灯)→P87【式3-6】

1.3.4照明配电与控制

民用建筑常用照明负荷分级 →P88【表4-1】

允许电压波动次数计算（电压波动值≥1%额定) →P92【式4-1】

熔断体额定电流选择(正常工作、启动尖峰、接地) →P94【式4-2】、【式4--3】、【式4-4】

断路器整定电流(过负荷、短路、接地) →P95【式4-5】、【式4--6】、【式4-7】、【式4-8】

剩余电流动作保护器(选用原则、配合表) →P96【三、】、【表4-7】

电线、电缆选择及线路敷设(截面要求,线路电压损失) →P97【第三节】

照明控制 →P103~P117

1.3.5点光源点照度计算

点光源点照度计算基本公式(法照度,水平照度) →P118【式5-1】、【式5-2】

点光源水平/垂直面照度计算公式(水平,垂直,按高度h/坐标,不同平面P点法线)

→P118【式5-2】,P119【式5-3、式5-4、式5-5、式5-6】,P120【式5-7】

点光源的倾斜面照度计算 →P120【式5-8】、【式5-9】

多光源点照度计算 →P121【式5-10】、【式5-11】

实际照度计算 →P122【式5-12】~【式5-15】

8盏灯水平面照度计算 →P122【例5-1】,P124【例5-2】

1.3.6线光源点照度计算

计算条件 →P124【一、】

五类光强分布 →P125【二、】

方位系数表(水平,垂直) →P126【表5-3】,P128【表5-4】

水平照度计算 →P126【式5-20】、【式5-21】

垂直照度计算 →P128【式5-22】~【式5-24】

线光源在不同平面上的点照度计算公式 →P129【表5-5】

各类光强线光源方位系数公式 →P130【表5-6】

不连续线光源计算条件及修正系数C →P131第7行【式5-25】

线光源照度组合计算 →P131【式5-26】

应用等照度曲线计算 →P131【式5-27】

6盏双排荧光灯A点直射水平面照度计算 →P132【例5-3】,P134【例5-4】

1.3.7面光源点照度计算

矩形等亮度面光源水平面点照度计算 →P136【式5-29】

发光天棚房间正中P1点照度计算 →P136【例5-5】

矩形等亮度面光源垂直面点照度计算 →P137【式5-32】

垂直面点照度计算 →P138【例5-6】

倾斜面照度计算 →P138【式5-33】

展品水平或倾斜放置时表面照度计算 →P140【例5-7】

矩形非等亮度面光源水平面点照度计算 →P140【式5-34】

圆形等亮度面光源点照度计算（平行，垂直）→P141【式5-35】、P142【式5-36】,【式5-37】

面光源表面亮度计算 →P142【式5-38】

1.3.8平均照度计算

利用系数法平均照度计算式 →P145【式5-39】

维护系数,利用系数 →P145【表5-15】,【式5-40】

室空间比,顶棚空间比,地板空间比室形指数计算 →P146【式5-41】~【式5-44】,底注

有效空间反射比,墙面平均反射比 →P146【式5-45】、【式5-46】,P147【式5-47】

利用系数法平均照度计算步骤 →P147倒数第5行【三、】

灯数计算 →P148【式5-48】

无玻璃厂房距地0.8m高平均照度计算 →P148【例5-8】

办公室桌面平均照度计算 →P149【例5-9】

车间所需灯数计算 →P151【例5-10】

室空间比计算 →P151【例5-11】

单位容量计算(最低功率,总光通量) →P152【式5-50】

1.3.9平均球面和柱面照度计算

空间一点平均球面照度(标量照度) →P156【式5-51】,漫反射光源【式5-55】

室内平均球面照度计算 →P156【式5-56】

厂房平均标量照度计算 →P157【例5-13】

空间一点平均柱面照度计算 →P158【式5-58】

室内平均柱面照度计算 →P159【式5-60】

厂房平均柱面照度计算 →P159【例5-14】

1.3.10投光灯照度计算

单位面积容量计算(灯数,面积功率) →P159【式5-61】,【式5-62】

单位面积功率计算 →P160【式5-64】

铁路站场照明总功率和灯数计算 →P160【例5-15】

平均照度计算 →P160【式5-66】

利用系数U值选择表 →P161【表5-24】

平均照度计算示例 →P161【例5-16】

点照度计算（方位角、仰角等,水平、垂直照度)→P161【式5-67】~P163【式5-78】

水平、垂直、纵向、横向照度计算示例 →P163【例5-17】,考虑维护系数K=0.7

照度计算法使用说明表 →P164【表5-25】

1.3.11导光管照度计算

导光管采光计算(室内平均水平照度) →P167【式5-79】~【式5-81】

导光管等效长度计算 →P169【式5-83】

地下车库照度分析实例 →P171【9.】

2.3.12教室照明

教室、黑板照明 →P189【一、】,P191倒数第5行【2.】,P192【图7-4】

计算机室照明 →P201【图7-16】

1.3.13道路照明

常规布置方式 →P401【图18-3】

路面任意点照度计算 →P405【式18-4】,【图18-8】

路面平均照度计算 →P406【式18-5】

各种场所利用系数U确定 →P406【图18-9】,【图18-10】

道路照明计算示例 →P406【例18-1】

亮度、平均亮度计算 →P407,【式18-7】

1.3.14照明测量

LPD计算 →P473【式22-6】

1.4《工业与民用供配电设计手册(第四版)》的第16.6节

1.4.1 照明节能原则

原则 →P1614倒数第6行

几个关系(照度水平、照明质量、装饰美观、建设投资)→P1615第5行

1.4.2 照度水平

相关标准 →P1615倒数5行

1.4.3 照明方式确定 →P1616【16.6.3】

1.4.4 LPD限值 →P1616【16.6.4】

1.4.5 选择高效优质照明器材

LED灯符合要求 →P1617中间【2)】

RI值选配灯具 →P1618【(3)】

镇流器效率计算(电子、电感) →P1619【式16.6-1】、【式16.6-2】

照明设计措施 →P1620倒数第13行

1.4.6 合理利用天然光 →P1620【16.6.6】

1.4.7 照明控制与节能 →P1621【16.6.7】

(未完待续)(下转第138页)

◇江苏 陈 洁

编辑：春 媒 投稿邮箱：dzbnew@163.com

CCBN2019新品发布　展示科技硬核

2019年3月21-23日，"CCBN2019新闻中心新品发布系列活动"在中国国际展览中心火热上演。十多家广电行业的高科技公司携研发新品或解决方案亮相发布会，为现场的媒体、观众们展示了他们核心产品及方案的核心优势。

杭州亚信云信息科技有限公司现场发布了"信息云BOSS1.0"产品。产品采用亚信自主研发的AIF技术开发框架产品，构建企业级分布式云化PAAS技术平台。是针对当下整个广电行业市场呈现的智能化、多元应用的主流趋势而创新研发的。结合目前政策强监管体系和新电视媒体发展态势，以及新趋势下业务运营支撑体系的业务元素发生重大变化，"云BOSS1.0"采用平台+应用的思想设计，实现了企业级全业务的统一支撑，构建能力开放体系，助力未来生态融合发展，为企业多元化业务发展提供全方位的支撑能力。

科大讯飞携时尚高效的"智能办公本"亮相新品发布会。荣获2018年"中国设计红星奖"的"智能办公本"时尚、轻薄、生动诠释了科大讯飞用"AI"提升效率、用"AI"创造价值的创新内核。智能办公本是首款语音人工智能平板电脑，它是一台能够有效提高工作效率的生产力工具，轻薄，智能，能听懂你的话，可记下听到的一切，自动生成文本，将改变记录的习惯。

Fraunhofer IIS在新品发布会上展示"MPEG-H音频端到端解决方案"：三维声直播制作工具（实时元数据生成与监听设备）、编码器、三维声后期制作工具(DAW)以及支持MPEG-H解码的家庭还放设备（3D条形音箱）。2018年，Fraunhofer IIS协同产业链上下游合作伙伴顺利完成了基于MPEG-H音频系统的中国三维声标准草案在广电系统中的实时全链路验证性测试工作。Fraunhofer IIS将继续与广播电视商和设备制造商一道共同促进标准的落地与实施。他们将支持现有和下一代音频技术在更多机顶盒上的集成，并让流媒体供应商享受MPEG-H系统带来的高级功能。"

云晁科技此次携"智能监控切换调度系统"亮相新品发布会。该系统基于全IP化的管理模式，将多来源多格式的IP直播信号在总控端实现资源统一汇聚，完成直播信号的智能调度、目标分发、直播管控、安全自动切换等智能应用模式。综合直播信源监控和分析数据，对直播信源进行统一的调度和应急切换，确保直播质量和安全。完善直播IP流安全保障体系，实现安全稳定的IP流传输保障。

云语科技在新品发布会现场重磅发布"镭速4.0"并展示"一秒让传输速度飞起来！"的强大功能。"镭速4.0"支持超大规模文件迁移（可一次性高速传输数百万个文件以及TB级文件，保存结构完整性和内容准确性）；支持TLS等企业级要求加密；支持邀请上传和分享。同时亮相的还有"镭速快传"，作为一款高速传输网盘，无需自己部署服务器和存储，访问即可用，世界范围内高速文件收发，并且可按需收费。新品发布会现场，镭速传输的强大功能，吸引了诸多企业及专业人士驻足聆听，关注与点赞。

腾讯云携智媒解决方案亮相新品发布会。针对当下媒体融合实际的建设推进情况与核心诉求未能完美匹配的现状，腾讯云平台通过"模式升级——效益提升——效率提升"三部曲，发掘流程入口，以入口为起点，规划整个信息流转的通路，进而构建新的传播模式；通过大数据技术，直接将内容、流量和用户这三者精准地匹配。构建用户画像、发掘盈利模式、形成产业闭环；通过数据资产的沉淀和对数据价值的挖掘，高效生产、精准推送、准确评估，助力媒体产业融合创新。

朗威视讯携"融媒体转播车"闪亮登场，充分展示了朗威视讯的自主研发的能力，产品技术亮点凸显我国融媒体转播技术的创新和变革。融媒体转播车，是以融媒体直播为核心需求，将转播车、云系统、直播间、舆情监控融为一体的移动制播平台，全新的双网架构，包括私有专网传输及开放网络共享连接，同时满足电视直播的专业性与网络直播娱乐性，提升直播互动性与精彩度。车内接入全面的广播级信源，能够制作融媒体流信号，拥有广泛的媒体发布渠道。能够机动灵活地应对会议、发布会、晚会、体育赛事、文化活动等各种应用场景。

谐云科技则在发布上重点推介了核心产品"容器云PaaS"，围绕PaaS平台，谐云科技打造了其核心"产品集"，包括APM（业务级性能监控工具）、Devops开发运维一体化平台、微服务拆分治理、Aiops智能运维、Edge os边缘计算等，并已经实际应用于客户合作案例中。"容器云PaaS"具备高可靠Kubernetes框架，集中了弹性计算、分布式部署/存储、软件自定义网络(SDN)、镜像层级安全扫描和图形化云运维UI等核心云端技术，以一站式服务为中国云计算市场带来了新一代安全、可靠、性能卓越的容器云平台。

华栖云推出的"面向省级广电网络的县域融媒解决方案"吸引了众多现场嘉宾的关注。华栖云拥有9大媒体云核心技术，具备强大的云上服务开发能力和完备的线下服务交付能力。用户涵盖中央级、升级、地市县级媒体、政府机构、高校等。公司定位为大媒体云服务提供商，全面为广电、视频内容运营商、内容制作机构、教育、政企宣教、大媒体领域内的企业、个人提供专业媒体云服务。旨在通过尖端的技术、优质的服务，创新媒体云服务价值。

博汇科技重磅推介和展示了"嵌入式4K多画面监测系统"和"融媒体监管解决方案"。其中，"嵌入式4K多画面监测系统"全面支持4K超高清节目监测(AVS2/H.265)，一体化全嵌入式设计、合成画面既可通过HDMI直接输出，也可通过IP方式以高低两种不同码率进行输出，满足各种场景的监看需求。高可靠性地保障超高清节目顺利落地。"融媒体监管平台解决方案"则是以各类融合媒体的监测监管为基础，融合监测监管业务，利用大数据处理、人工智能、云计算等高新技术，构建的一站式融合监管运维发布平台。方案涵盖传统媒体和新媒体监管，可覆盖广播电视、IPTV、OTT、互联网网站、两微一端一站式监管。并运用人工智能技术，实现对各类视听内容自动化、智能化的多业务识别分析。

深信服发布的基于超融合的"同架构混合云"解决方案，则是深信服坚持从客户角度出发，在超融合的基础上持续深耕的结晶。其包括私有云解决方案与托管云服务构建的同架构混合云解决方案，以及对于异构私有云平台与第三方公有云平台的管理方案，可有效解决企业多云管理难的问题。据悉，同架构混合云可基于1种基础架构，提供2类云资源，实现3种服务模式，打造"云间组网、安全等保、专属服务、运营赋能"4种核心能力，在行业内处于领先水平。

欢网科技现场展示了"大屏智能运营的七种武器"。"七种武器"面面俱到，作为"跨OTT/IPTV/DVB的业务基础智能运营一体化解决方案"，赋能大屏智能运营。欢网为用户在智能电视上的使用体验提供了新的方式，通过将电视节目整合并重组，不仅实现了节目智能推荐、统一搜索等功能，还将电视直播和电视点播进行有机融合。欢网的智能营销以数据能力与创新产品为驱动，颠覆传统电视节目营销概念，为用户提供更具针对性、更精细化的运营服务。

罗德与施瓦茨公司(R&S)则在22日的新品发布会现场展示了R&S Venice、R&S SpycerNode和R&S Prismon三款产品，同时介绍R&S"边采-边传-边播-边监测"的整体解决方案。结合其70年广播电视和编解码领域的先进经验，实现了SMPTE2110以及4K/UHD/HDR高码率内容的同步制作和传输。成为此次CCBN2019新品关注的焦点之一。作为通信行业的战略合作伙伴，R&S公司为产业链提供了全面的测试与测量仪器和系统解决方案。

TVU携"融合媒体解决方案"闪耀登场，呼应当下融合媒体正在经历新的机遇与挑战，TVU边缘计算技术可有效推动媒体业务从中心向地方区域延伸。加入更多地方特色应用和地方互动。TVU Networks致力于解决现有微波和卫星等网络设施的局限，利用在数字广播领域的领先的IP化技术优势，为全球各广播组织提供了技术领先的新闻采集系统(ENG)和因特网广播解决方案。TVU还拥有独家专利技术Inverse StatMux (IS+)，能保证所有传输连接能充分地使用，最终获得次秒级延时的可靠稳定的高清画质传输等。

中国信科携"烽火全新一代宽带接入解决方案"重磅亮相，展示了烽火支撑运营商面对5G网络发展和数字化转型强大的技术研发实力。"烽火全新一代宽带接入解决方案"采用VxLAN的隧道技术，具备特色的智能化网络切片功能，运营商可以根据实际业务类型按需切片、统一承载，分权分域，从容地应对未来5G多场景接入网承载需求。通过SDN/NFV技术增强网络的敏捷性和灵活性，提升网络多维运营能力，帮助运营商实现"一根光纤全业务，统一接入层"的梦想，能更加方便地提供增值业务，为客户提供个性化的业务，从而提升业务体验。

中科云视在会上重点展示了"IPTV/OTT内容分发与加速系统"，使得"零改造"实现P2PCDN终端加速成为可能。中科云视"IPTV/OTT内容分发与加速系统"具备优良、全面、稳定的服务体系：其独立加速服务可部署在各类终端平台，无需改造网络设施或CDN服务体系，实现"零成本改造"；可针对直播点播全面加速，终端流量分享高达90%以上；可自由指定加速内容或定义组网区域，自由指定加速策略和服务时段；同时拥有三重保障，确保播出安全，其验证式代理服务模式简单易用。

为期三天的"CCBN2019新闻中心新品发布系列活动"圆满结束。新品发布会期间，十多家高科技企业携其研发新品闪亮登场，为现场观众带来耳目一新的科技享受，成为此次CCBN2019展会的亮点之一。

◇北京　李文哉

D520寻星仪电池不开机维修一例

笔者在使用D520寻星仪过程中突然出现屏幕不显示的故障，而Power电源指示灯为正常的绿色，按下Power键后也可以听到"滴"声并且指示灯熄灭。因接上自带的9V充电器可以正常开机显示，因此误认为是电池电量过低导致的故障，可充电几小时后故障依旧，原来是外接充电器可以工作，单独使用内部电池无法工作。

拆开机器通过跑线发现整机由U10(HT46R51A)和U8(FDS9435A)组成电源管理电路，U10通过控制U8的导通与截止来选择设备供电方式，即U8第④脚为低电平时由电池供电，反之则由外接充电器供电。笔者接上电池并长按Power电源键开机，此时检测主板上标识3V3检测点无3.3V供电，检查U8第⑤、⑥、⑦、⑧脚有8V供电，而其①、②、③脚仅1V左右，电压明显偏低，测第④脚控制栅极为正常的0V，怀疑U8不良，如附图所示。用镊子直接短路①、⑧脚机器可以正常显示，图说明判读正确，更换U8后D520恢复正常使用状态。

◇安徽　陈晓军

两套实用的商业娱乐用音响系统方案(一)

这二、三十年作为商业娱乐用音响一直受到行业人士的观注，如传统的专业KTV场所、酒店会所多功能音响厅、以及这三年流行的影K厅、音乐酒吧、音乐餐厅、K歌沐足房等场所。以KTV为例，作为营业场所与社交场所，投资者一直看重KTV音响的品质，某些行业人员更是不计成本的选用某些高价进口品牌的高价音响：如BMB、JBL、RCF等品牌的专业音箱，皇冠、QSC等品牌的专业功放，雅马哈等品牌的混响处理器。然而多数投资者的经费预算是有限的，如何用有限的费用作出超稳定、高性价比的商业娱乐用音响工程，这是很多专业音响从业者共同关注的话题，很多采购商把目标转到了国产音响、寻找国产精品，或按要求从生产厂家定制精品。

这几年笔者也在思考如何配套商业娱乐用音响工程、如何优化商业娱乐用音响系统、如何低成本组建实用的商业娱乐用音响系统，现以笔者经验推荐两套实用的商业娱乐用音响系统方案供一些同行作参考。

一、低配方案：1080P双系统影K点播机+无线话筒+DSP功放+专业音箱

1.LJAV-KTV-06 1080P双系统影K点播机

网络时代，娱乐场所不再局限于单纯的KTV，新场地出现了很多，如影K厅、影K沐足、休闲会所、音乐餐厅、休闲影吧、烧烤影吧等等，这些新型行业都把K歌、电影、音乐、网络娱乐融入传统的行业中，另外在各类户外活动也都使用影K娱乐，比如各类舞蹈培训等，所以一套多功能点歌娱乐系统是不可缺少的。

硬盘点歌机经过十多年的发展，技术已很成熟；国内晨星、全志、瑞芯微、海思出了很多四核、八核ARM处理器，用这类处理器开发的安卓系统1080P、4K网络播放机技术已很成熟，我们还可以用这些四核、八核ARM处理器开发成Linux点歌系统+安卓网络娱乐系统，即俗称的"双系统点歌机"。现以LJAV-KTV-06双系统影K点播机为例加以说明，该机外观图如图1与图2所示，即有立式点歌机与卧式点歌机两种款式，可放于地面与放于桌面，该机采用华为海思较成熟的四核高清方案，如图3所示，性能比较稳定。

①

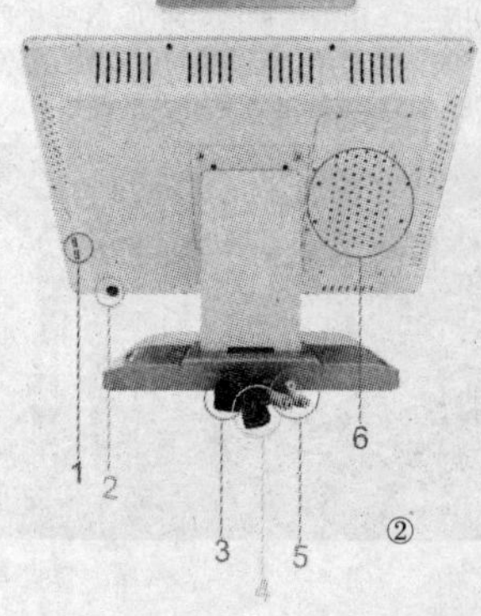
②

专业点歌系统，可采用分体设计，即点歌主机+配套的19~22寸触摸屏，也可采用一体化设计，即点歌用的主板、硬盘、电源内置于19~22寸触摸屏内，由于节省了点歌主机所用的机壳，一体化点歌机总体成本相对要低一些，体现在售价也相对便宜一些，比如部分19~22寸触摸屏(配套2TB或3TB硬盘)的一体化点歌机售价可做到二千元以内，可以说是较实惠的产品了，由于联接线材所限，一体化点歌机接口仅保留一些常用接口，如HDMI高清输出、模拟音、视频输出、12V直流电源接口、USB接口、电源开关、网线接口等，如图4所示，多省掉了光纤、同轴等数字音频接口，但对于营业场所或某些家庭使用已够用，对于非专业人士来说，一体化点歌机其操作更简单，也不易联接出错。

③

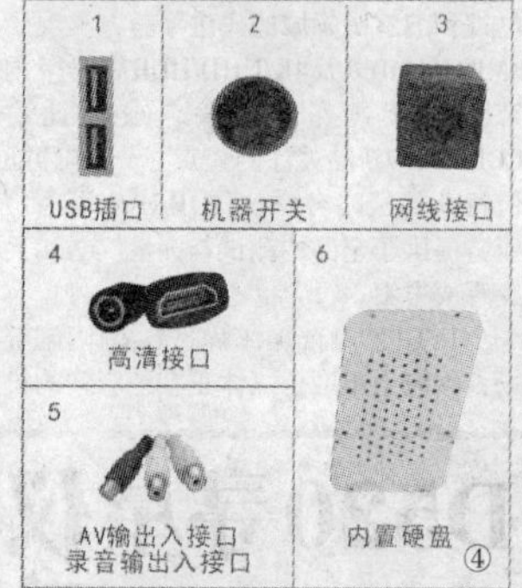

④

如今1TB、2TB、3TB、4TB、6TB、8TB硬盘在市场上易购，用硬盘存储电影与音乐是一种潮流，可以本地硬盘存储，也可本地服务器存储。比如一个2TB的硬盘，可存储歌曲数达44987首。硬盘存储或USB存储可保证在无网络的情况下正常使用信号源。

LJAV-KTV-06双系统影K点播机操作较简单，接好配套的220V转12V电源适配器，按该机后部下边的电源开关，即可优先进入点歌系统，如图5所示，该娱乐系统具有点歌机的常用功能，如歌星点歌、歌名点歌等，还有很多大分类，如：综艺、排行、新歌、高清、舞曲、分类等新栏目，方便用户快速选歌。

⑤

比如进入"分类"选项，进入下一级点歌菜单，如儿歌、革命歌、怀旧歌、合唱、生日歌、喜庆歌、广场舞、二人转、秦腔、京剧、新疆歌曲、豫剧、黄梅戏、西藏歌曲、其他戏剧、越剧、潮剧、粤剧、轻音乐、HIFI音乐、试听音乐等等，如图6、图7、图8所示。

⑥

⑦

⑧

舞曲又可分为：热舞串烧、迪士高、夜店狂欢、活力无限、迷幻电音、劲爆中文、慢摇、恰恰、探戈、华尔兹、交际舞、吉特巴、普鲁士、电子琴等众多栏目，如图9、图10所示。支持软键盘输入操作与手写输入操作。

⑨

⑩

无宽带网络时能用K歌、电影点播、音乐欣赏等，比如点击触摸屏右上部部分功能选项，如图11所示。比如"安卓"或"影吧"，即可进入下一界面，如图12所示。点击"影吧"，即可点播存储在本地硬盘里的高清电影，如图13所示。

⑪

⑫

⑬

有WIFI网络时该机能实现更多功能，如在线电视直播、在线网络电影点播、在线音乐欣赏、网络娱乐等等，并且安装了主流的各类娱乐软件，以适应家庭用户的需求，如图14所示。可以说智能手机有的娱乐功能，LJAV-KTV-06双系统点歌机都可拥有。

由于我国地域广阔，各类地方戏曲较多，众口难调，歌库中收藏的节目满足不了用户的需求外，还可通过进入安卓系统进入相关网站或各个视频平台进行搜索后点播，当然用户也可搜集一些优秀的节目加一珍藏，在点歌界面如图11所示，进入"工具"一栏，可进入很多设置，比如：点歌设置、歌库管理、密码管理、U盘播放等等，如图15所示。特别是"U盘播放"，只需插入U盘，即可快速播放U盘里的音、视频文件，很方便，退出设置后，又可播放点歌系统里的歌曲。

⑭

专业人员可通过专业加歌软件进行编辑加歌，对一般用户来讲需要一种较便捷的方式来加歌，比如"U盘加歌"，该机可实现U盘加歌，进入"歌库管理"，可看到很多菜单选项，如图15所示，比如"单曲加歌"，点击后可看到U盘里的各个文件，选择音、视频文件传输到内部安装的硬盘，再经简单的编辑即可。该功能很实用，除MTV短片外，还可拷贝WAV、APE、FLAC等无损音频资源。

⑮

⑯

传统的点歌机可双屏输出，即点歌用一个19寸或22寸的触摸屏，还可通过HDMI接口外接一个40~75英寸的大屏幕电视机。若某些场所如用于小书房、小卧室、户外或车载领域，不方便再外接一个大屏幕电视机，也可单屏输出，即点击19寸或22寸的触摸屏上的卡拉OK小画面，即可使小画面全屏显示，再次点击，又可使画面变小。

由于是双系统，该机还可安装其他APK应用软件，包括一些教学软件或学习软件，用户除娱乐外，还可用于其他领域。若配套专用服务器，该机还可联网使用，数十个包间可实现服务总台收银等其他众多服务。

2.LJAV-KTV-DSP-01 功放

早期以M50195、M65831等模拟IC混响的卡拉OK功放已不能适应高品质音响工程。如今音响工程多采用DSP数字混响处理器搭配专业的大功率后级功放，若降低预算费用，有时也采用DSP数字混响的合并式功放。现以LJAV-KTV-DSP-01功放为例加以说明。该机外观如图17、图18所示，该机具有如下功能特点：

(未完待续)(下转第140页)

◇广州 秦福忠

2019年4月7日出版 实用性 启发性 资料性 信息性

第14期 国内统一刊号:CN51-0091 定价:1.50元 邮局订阅代号:61-75

地址:(610041)成都市武侯区一环路南三段24号节能大厦4楼 网址:http://www.netdzb.com

(总第2003期) 让每篇文章都对读者有用

一款支持多协议快充的移动电源

现在大家对移动电源的要求不只是高容量、转换效率以及双向快充功能。随着快充的普及,之前的移动电源的标准显然不符合时代的进步,因此支持多协议移动电源开始出现,仅仅支持高通的QC2.0和3.0显然不能满足大家的需要。

这款ORICO(奥睿科)K20P 2WmAh的移动电源除了大容量外还支持两进三出的多协议快速充电模式。目前支持常用的QC2.0和QC3.0,还同时支持BC1.2、AFC、SFCP、FCP、PE1.1/2.0、苹果2.4A等众多的手机速充协议。基本上能够为市面上每一款手机充电,而且可以自动切换需要的充电功率。另外还支持的全新电脑PD3.0速充协议,因此也可以给笔记本充电,这也是以后的移动电源的一个发展方向——不单单只为手机供电了,开始像多元化发展。

该移动电源外壳材质采用ABS树脂和PC树脂制成,具有一定的抗冲击性能和耐磨性。而末端又变为了一段金属材质的外壳,这是因为电源的电芯和集成电路板在底部,当移动电源快充模式或者长时间工作时,会产生一定的热量造成树脂材料的软化;而金属材质的外壳可以有效地增加散热能力,还能保证移动电源在长时间使用下的坚固性!

为了适应主流的手机或者其他移动终端,这款电源几乎囊括了可以使用的接口。为了区分输出功率的大小,设计师分别用不同的颜色和数字做了重点的标识。左边绿色为普通充电输出接口,也就是常见的5V。右边橙色为高速多协议充电接口,最高支持12V。中间micro USB接口为产品的输入端。其中type-c接口是一个双向接口,既能为外界产品提供合适的电源输出,同时也能对自己进行充电。

该电源最大能提供18W的输出功率,支持最大9V/2A或者12V/1.5A供电。输入端口最大以9V/2A的形式进行充电。

在转换率方面,厂家给出的数据在5V/2.1A的放电情况下,产品的额定容量约为12000mAh左右,如今旗舰的智能手机电池大约在3600mAh左右,所以为它们提供3次的充电续航还是没有问题的。

常亮状态下的LED指示灯,四颗灯分别对应100%、75%、50%、25%,没电时灯会闪烁;此外,这个电源还拥有快充标志,当电源进入快充的时候,指示灯的颜色会变成橙色,直观醒目。

当同时为两个设备供电时,移动电源的快充协议将不会被触发,毕竟移动电源还是必须注重发热安全方面的设计。

参数

容量:20000mAh

尺寸:150mm×74mm×23mm

材质:PC+ABS+铝合金

颜色:黑/白

输入接口:Micro USB:5V~12V输入18W Max

Type-C:5V~9V输入18W Max

输出接口:Type-C:5V~12V

USB-A(绿芯):5V2.1A输出

USB-B(橙芯):5V~12V输出

总输出18WMax

售价:169元

(本文原载第8期11版)

德生PL880/PL360分获2018年度全球最好的收音机第一名和第七名

据ezvid wiki(维基)全球最大、最全面的视频wiki网站消息,国外评选的2018年9款最好的短波收音机近日公布:德生PL880荣获全球最好的短波收音机第一名,PL360获第七名。

德生PL880、Tivdio V-115、山进(SANGEAN)ATS-909X、美国的Kaito KA550、索尼ICF-SW7600GR、德国ETON根德Field、德生PL-360、美国Kaito Voyager Pro KA600多功能减灾收音机和美国C Crane CC Skywave总共9款短波收音机进入了2018年9款最好的短波收音机排行榜。

德生PL880,以其无与伦比的灵敏度、24小时连续工作、闹钟和可充电锂池供电的优越性能拔得头筹!

Tivdio V-115收音机以非常低的预算选择、自动关闭睡眠计时器功能以及MP3播放功能荣获第二名。

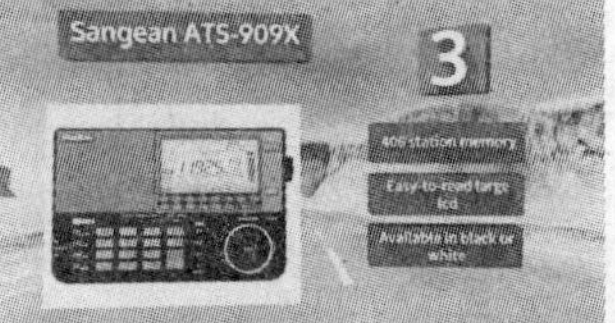

山进(SANGEAN)ATS-909X收音机的拥有406个电台存储、易于阅读的LCD大屏和可供黑色或白色外壳的优秀功能荣登前三名。

美国的Kaito KA550收音机拥有可通过六种不同方式供电、用于充电分区内置USB端口和防水装置的功能获得第四名。

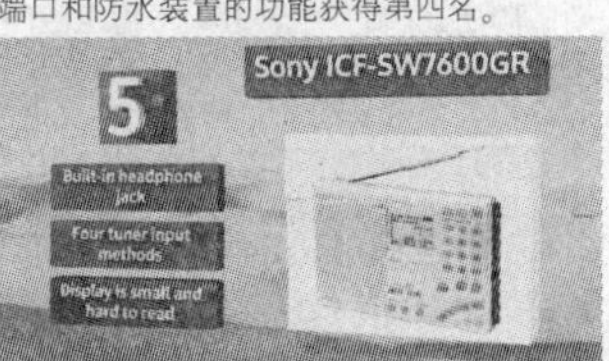

索尼ICF-SW7600GR收音机具有内置式头戴式耳机接口、四种调谐器输入方法的特点,但是显示屏幕小而难以阅读的状况,得到了第五名。

德国ETON根德Field收音机:可以使用交流电或4d电池供电、外接天线以及电池没电时忘记设置的功能获得了第六名。

德生PL-360收音机,以便于携带、可拆卸的中波天线以及无直选调谐功能获得了第七名。

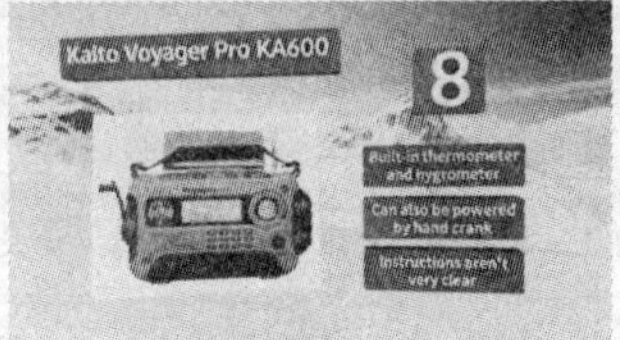

美国Kaito Voyager Pro KA600多功能减灾收音机:有内置温度计和血压计、并有手摇发电的特点,但是使用手册写得很不清楚,第八名。

美国C Crane CC Skywave收音机:有拨号频率键盘、折叠支架特点但是接收质量差劲,屈居本榜末尾。

ezvid wiki(维基)成立于2011年,从一个由用户创建的小型论坛发展成为全球最大、最全面的视频wiki,为世界上数亿人提供有用、公正的信息和可行的指导,涉及数千种知识类别。ezvid公司是一家总部位于洛杉矶的软件和媒体公司,成立于2009年。由开发人员、作家、艺术家和设计师团队制作了一些网络上最好的视频软件。 ◇徐惠民 编译

速修彩电之体会(上)

电视机系家庭常用电子产品之一，日久使用，因种种原因，会出现这样那样的问题，轻者影响收看质量，重者造成彩电异常工作，甚至瘫痪("死机")。这里结合业余实践维修点滴体会，与读者共同讨论如下：

一、检修之前的准备工作及注意事项

检修电视机前应做好下列准备工作，以避免发生事故、防止故障扩大并减少不必要的重复劳动。

1. 仔细了解故障发生前后情况，并作必要的记录，以便对故障进行分析和判断。其维修原则：先静态，后动态；先观察，后测量；先软后硬；先简后繁；先测电压，后测电阻；先测电流，后测信号；先测主电源，后测分电源；先外围，后集成块；即八先，八后。

2.检修前，最好再消化一次待修电视机的方框图、原理图(有印制板图更好)，看看具体的电路结构，以及电路中有何特殊要求，充分掌握电视机的信号流程及关键点的电压，各级电流和波形。明确各部分电路的功能及相互之间的联系，据故障发生的现象，找出发生此现象的单元电路或系统电路，并做到心中有数地进行修理。

3.打开机壳前，必须弄清该机型的电气和机械装配情况，必要时做好记录，动手操作决不能用力过度、乱拆乱扳，急于求成，以防造成新的故障，就会使检修走弯路。

4.除万用表外，若条件许可应准备相关的仪器仪表，如示波器、信号发生器、毫伏表、兆欧表、扫频仪等，以缩短故障的查找时间，并提高维修质量。

5.速修时往往需要对万用表进行适当的功能扩展。例如：加接一高频检波电路，用来检测4.43MHz的色度信号、色同步信号、视频信号、图像/伴音中频信号等，作为判断信号有无和强弱的辅助方法。

6. 彩色电视机的底盘有的带电，也有的不带电(开关电源分串联型、并联型；液晶电视电源中分热区和冷区)，但有些大屏幕彩电其直流电源部分还可能带电。因此，为了安全，在电视机与电源之间需串入一只1:1的隔离变压器，特别在用仪器检修时更应如此。

7.为防止漏电、静电造成事故，在允许的情况下应采用接地线，并在维修处地面上铺设绝缘垫，放心维修。

8.具体操作时，不可带电拆装，测量高压时不可用放电法，更换行输出变压器或显像管时一定要将高压嘴处对显像管的接地线放电。检修液晶电视机电源板时，手不能触及高压高温区域。电源板上，贴有黄色三角形标记的散热片以及散热片下面的电路，均为热地。严禁直接用手接触，并注意任何检测设备，都不能直接跨接在热地和冷地之间。

9.更换关键元器件时(特别是电路中的大功率、高电压、大电流元件及保险电阻，分电路限流电阻等)要用同型号或性能相近的优质合格品。与此同时，维修过程中，要注意元器件的安装和焊接质量，尤其是晶体管和集成块，焊接时间过长或温度过高，都可能会造成元器件的损坏。建议更换所有的损坏器件后试机时，(液晶机)最好在电源板的220V输入电源串入一只220V/100W灯泡，这样可以有效防止再次炸件，也不影响电源板的工作。

10.试机时，若机内有不正常现象应立即关机。当保险丝出现烧黑、断裂、内有雾状现象时，不可在更换保险丝后立即通电试机，以防故障扩大化。

二、几种实用排除方法

修理重在实践，贵在分析，好在细心。并熟练掌握和灵活运用(据故障现象)的几种实用排除方法。(如何判断故障部位，巧用方法之体会：修电视如同指挥员的领兵作战，正确的部署来源于正确的决心，正确的决心来源于正确的判断，正确的判断来源于周到的和必要的侦察，和对于各种侦察材料的连贯起来的思索。检修也是如此，分析判断故障部位大体分为：观察(故障现象)、分析(故障原因)、测试(对判断提供依据和判断的结果加以验证)三个阶段，其互相联系不可分割，最后修好机子为宗旨。

1.询问用户与调查法

送修或上门修理，一定要先了解彩电，如同医生"问诊"一样，询问用户所感觉到的故障现象及损坏过程；也可以问一些过去使用的情况，是老毛病，还是新发症。何种品牌、型号、产地厂家、使用年限、电视出故障的前因后果，是否动过或他人修过等事宜。即知悉第一信息(摸底)。

2.直观检查法(目测、观察、手摸、轻拔、轻击)

此法，主要应用于对故障的初步诊断。通过观察不但可以发现电路中有无明显的元件、组件脱焊、似焊非焊、(虚焊)导线拆断、互碰、电路板铜箔断裂等现象，还可以看到电阻有无变色、烧焦、烧裂之痕迹，电容有无漏液、鼓包、胀裂等。如发现电路板电解电容顶部隆起，说明该电容损坏；集块表面有无变黄、龟裂、断腿、折弯等。对电路板、导线和零件上的灰尘、污垢应精心擦掉，否则会产生漏电现象，使绝缘性能降低。另外还可以通过听觉、嗅觉、触觉等来进一步快速判断故障的部位。如耳听可以发现液晶电视内的打火声、爆裂及变压器性能不良发出的"吱吱"声；鼻嗅可以发现器件烧坏后的焦煳味、放电气味、胶木烧焦味、变压器的漆包线烧坏的烧漆味；手摸可以发现不应发热的零件、器件出现过热现象，以及接口松动、器件焊接不良，但切忌摸高压部位。如电源板、背光灯升压板的输出部分。

3.轻击法

用绝缘工具轻轻敲击机子的有关部位，以观察故障现象的变化情况，从而判断故障所在。维修中常遇到不稳定故障。例如一振动就出故障，或出故障后轻轻一敲机壳故障就消失。产生此情况之因多属焊点或插接点不良，印刷电路裂缝，连接导线断(但绝缘皮未断)，微调电阻、电位器滑接点接触不良，电容漏电，电感线圈、变压器断线以及晶体管，芯片不良。

4.人工模拟测试法

速修液晶机有时把组件板拆下来，人为对其提供工作条件和假负载后，再测试其输出口的电压，以判断该组件板是否工作正常。

5.元件替换试验法

维修中，对于一些有怀疑的元器件，组件(芯片)，可用好的元件替换试验，实践得知，有一些元件的故障，凭借三用表的电阻挡难以检查出来的。例如线圈局部短路，电容器的容量不足，小容量电容器内部断路，以及晶体管的高频放大特性不好等等。通过替换元件进行试验，将会提高检修的速度。因此在检修中需要备有一些易损坏的元件以供使用。

6.开路法

利用电源线(即印刷电路板上的电源线)分区割断法：将短路的组件、芯片、可疑分电路，逐步孤立起来，可用优选分割，也可以一半一半地分割，还可以用所测得电压与电阻值计算出电流值，而找出故障源。

7.物理升降温法

若电视工作较长时间，机内升温或环境温度升高之后出现故障，而关机一段时间再工作一段时间又发生故障，对此不妨使用升温法。可用热吹风人为地提高有关元件的环境温度，以加速一些高温参数比较差的元器件"死亡"。当电视出现故障后，简便的办法是将酒精棉球放在那些被怀疑是热不稳定的芯片上，人为降低它的温度(降温法，)观察机子能否正常工作从而找出是哪些元件不稳定，再予以更换。此法实践证明，对排除软故障十分有效。

8.测量电阻法

测量电阻法是在断电的状态下，(静态下)测量机内电路两点间的电阻值，通过与正常电阻值的比较来判断故障的常用之法，具体测量如下：

1)在线直接测量电路某电阻(可疑电阻)、电感或变压器绕组等的电阻值。根据测量结果可以判断它们有无断路、短路、开路(开裂、开焊)、接触不良等异常现象。

2)测量晶体管、二极管或芯片组件，相应各引脚间电阻值和对地的电阻值。故此，是判断管子和集成块其好坏的常用之法。注意，测量集块的正反向对地阻值后，将数值与标准值进行比较即可判断出集成电路的好坏。通常，当实测结果出现多组数值为0或无穷大时，多为集块损坏。在对晶体管各引脚、电极间的电阻进行测量时，需要注意普通管子与彩电中的特殊晶体管(如电源开关管、行输出管、场效应管等)间的异同点。同时要注意，测量集成块各引脚与地之间的电阻时，由于集成电路内部晶体管PN结的连接方式在集成块引出脚端表现出的特性不同，因此测得的正、反向电阻值可能不同，不要因此认为集成块有问题。

3)测量电路输出端对地之间的电阻值，由此判断被测电路有无短路现象。例如开关电源输出端对地电阻的测量，正常状态下其阻值应为几百欧，若测得的阻值很小或接近于零，则说明与开关电源输出端相连的器件或负载有短路现象。

4) 电视机中连接引线间阻值的测量。在电视机中(CRT彩电、液晶电视)电路板与电路板之间通过插件和连接引线关联，可通过测量引线两端阻值的方法，快速判断连接线路是否存在断路的情况。

5)探针检测微集成块及微小器件电阻法("土法")：实验得知，测量液晶电路板细密引脚时，可用一段焊锡丝将一根钢针缠绕在表笔上，然后用针尖检测细密引脚，可有效地避免因表笔尖较粗而引起的混极短路事故。如用探针检测超大规模集成电路，在液晶机维修中，常需要对主芯片进行检测，以便对引脚及外接电路的完好性做出正确判断。而在实测各引脚时，虽可通过寻找外接焊点或透孔进行安全检测，但仍然会有些引脚因找不到外接焊点而需要直接测量，此时就需采用自制探针检测法。但此法只用于电阻值测量，不可进行电压测量，防止不慎造成芯片损坏。对检查或更换微小器件时，对其引脚阻值进行测量，以判断器件的完好性，即采用探针检测，最好再用5倍以上放大镜做辅助观察之。测微小器件的细密引脚，可保证既安全又准确，绝对不会出现碰极或错位现象。如液晶机的主板和电源板中常有一些微小贴片二极管、三极管、集成电路等。

9.测量电压法

测量电压法是通过测量电路中两点的电压，由电压的有无与电压值的大小来判断故障、确定故障部位的维修之法。在电视维修过程中，测其电路中关键点的电压值，通过动态电压值测试结果判断所测部位是否正常。若所测电压值与正常值相同或相近，则可判断所测电路正常；否则(若无电压或电压偏差)电路存在异常或故障元件。故此，快速查找和判断机子故障。电视正常工作后，电源、晶体管、集成电路的各引脚电压都应该是一个定值或有规律地变化，据此所测的电压值就可以对其工作状态进行判断。电压测量法分直流和交流两种。

1)直流电压的测量法：该法通过测晶体管、集成块、显像管等有源器件各引脚的电位来确定其工作状态是否正常，并由此判断有源器件是否损坏或与之相关的电阻、电容、电感等外围元器件是否出现断路或短路故障。通过与电路图中给出的参考值进行比较，会使判断更准确、更迅速。必须注意：由于彩电的高压阳极和聚焦极电压比较高，测试时一般要用高压电压表或采取其他方法。测液晶电视机中集成芯片电压时，由于集成芯片的引脚多，引脚间距离小，安装密度高，万用表笔金属针部分相对电路中贴片元件引脚过于粗大，因此，需要对测试笔进行加工处理。如在测试表笔金属部位绑扎一根大头针或缝衣针，以减小测试表笔与测试点的接触面积，可有效防止在测试中出现人为短路故障。

2)交流电压测量法：该方法通过万用表或示波器来测量开关电源、低频电路、振荡电路、行场输出电路的信号幅度值，由信号的有无与大小来判断故障的部位。例如，判断电视电源电路中桥式整流堆输入端的交流电压是否正常；开关变压器次级绕组输出的交流电压是否正常；彩电显像管电路中灯丝电压是否正常等。请注意：当测量未知交流电压时，应将万用表的电压量程调至最大，再进行测量；当被测电压高于100V时就要注意安全，应当养成单手操作习惯，可以预先把一支表笔固定在被测电路的公共接地端，再拿另一支表笔去碰触测试点，这样可以避免因看读数时不小心触电。

3)透孔在线检测法：是利用液晶机主板中总有通过微小铜铆钉使印制板两面印制线路连接之特点，将表笔接触在铆钉上进行安全测量线路工作电压。实践证明，在检测一些疑难故障时，仅靠检测线路及器件引脚的阻值不能判断故障的产生原因，故此，总需要通电检测一些关键点的工作电压。但由于线路及器件引脚的焊点十分密集，很不利于安全检测电压，此时就需要选择与被测焊脚直通的透孔(即微小铜铆钉)进行测量，得手方便。

10.注入信号法

注入信号法是在彩电被测电路的输入端注入发生器输出的标准信号或人体感应的杂波信号，通过扬声器的反应情况来对故障作出判断的一种方法。实践得知，此种方法主要用于判断声音、图像、色度等信号通道的故障，检查的顺序一般是从后级逐渐往前级进行。但运用该法必须懂得液晶电视机的电路结构、方框图、信号处理过程、各处的信号特征(频率、幅度、相位、时序)，能看懂电路图。采用此法时，只能找出故障位于哪一单元，无法确定故障点。例如液晶电视出现无伴音故障时，可以从伴音功放电路的输入端注入音频信号，若此时扬声器仍无声音，说明故障在伴音功放电路。至于伴音功放电路中的哪个元件损坏，还得用其他方法进行更详细检查。

(未完待续)(下转第142页)

◇山东 张振友

基于Android手机的定时开关

估计多数读者朋友家里有淘汰下来的Android系统手机，这个小制作的目的就是为利用这些旧手机而编写一个App程序，结合自制的硬件电路组成一个定时开关，把这些旧手机利用起来，变废为宝。

通常手机可以通过蓝牙、USB接口、耳机音频接口与外部电路通信，这里采用耳机音频接口方式控制外部电路。其功能简单说明如下：手机程序设置好开启时间和关闭时间，按下开始定时按钮后，如果当前时间在设定的时间范围之内，则发出数字“1”的DTMF音频信号从耳机插孔输出，通过音频线送到电路板上的DTMF解码器HT9170解码，输出二进制数据D3-D0=0001(见表1)，其中输出端D0经过三极管驱动继电器，从而控制电器触点的吸合；而在设定的时间之外，则发出数字D的DTMF音频信号使继电器触点断开。

DTMF也称为双音多频，它是由规定的高音频组和低音频组中各取两个单音频相叠加得到的，具体例子就像有线按键电话机上按下号码按键时发出的不同音调的音频信号，当交换机接收到这些音频信号时就知道你所拨打的号码是什么，并帮你接通所拨打的电话。常用的解码芯片有MC145436、HT9170、MT8870等，想多了解DTMF含义可以上网查阅。这里选用HT9170作为解码芯片。表1是HT9170解码表，从表中可以看出DTMF数字“1”由1209Hz和697Hz两个音频叠加而成，经过解码得到输出D3-D0=0001。注意MC145436是不带锁存功能的，也就是当输入的DTMF消失时，输出数据全为“0”，而HT9170和MT8870是带锁存功能，若选用MC145436则需要加锁存器。

一、电路原理

电路图见图1，当手机程序设置好开启时间和关闭时间，按下开始定时按钮后如果手机系统当前时间在开启时间和关闭时间之间时，则发出DTMF数字1的音频信号从耳机插孔输出，经音频线送到电路板插座J1，经C1耦合到DTMF解码器U1解码输出数据D3-D0=0001，输出端D0=1让三极管Q1导通，继电器吸合；如果当前时间在设定时间之外，则输出数字D的DTMF音频信号，经解码后输出D3-D0=0000，输出端D0=0使三极管Q1截止，继电器触点断开，其中R2与R1的比值等于输入的DTMF信号的放大倍数，放大倍数设为2~3倍都能正常工作。当J1没有DTMF信号输入时，U1的⑮脚DV输出低电平，这时接在DV上的绿色发光管LED1点亮，而当接收到DTMF信号时DV端为高电平，LED1熄灭，从LED1是否熄灭可以了解DTMF信号是否收到并被解码。而LED2在Q1导通，继电器吸合时点亮，表示开关处于接通状态。并联在继电器上的二极管是续流二极管，用于保护三极管不被损坏。78L05提供5V电压供给U1，而接到J2的12V直流电给继电器提供电源。C6和R6决定U1从接收到有效DTMF信号到数据有效输出端DV变高电平的延时时间，也决定DTMF信号消失到数据有效输出端DV变低电平的延时时间。J1的②端和④端接在一起，这样手机耳机插孔可以任选左声道或右声道输出，因为手机耳机插孔左右声道输出的DTMF音频是一样的。

表1 HT9170解码表

DTMF data output table

Low Group (Hz)	High Group (Hz)	Digit	OE	D3	D2	D1	D0
697	1209	1	H	L	L	L	H
697	1336	2	H	L	L	H	L
697	1477	3	H	L	L	H	H
770	1209	4	H	L	H	L	L
770	1336	5	H	L	H	L	H
770	1477	6	H	L	H	H	L
852	1209	7	H	L	H	H	H
852	1336	8	H	H	L	L	L
852	1477	9	H	H	L	L	H
941	1336	0	H	H	L	H	L
941	1209	*	H	H	L	H	H
941	1477	#	H	H	H	L	L
697	1633	A	H	H	H	L	H
770	1633	B	H	H	H	H	L
852	1633	C	H	H	H	H	H
941	1633	D	H	L	L	L	L
—	—	ANY	L	Z	Z	Z	Z

Note: "Z" High impedance; "ANY" Any digit

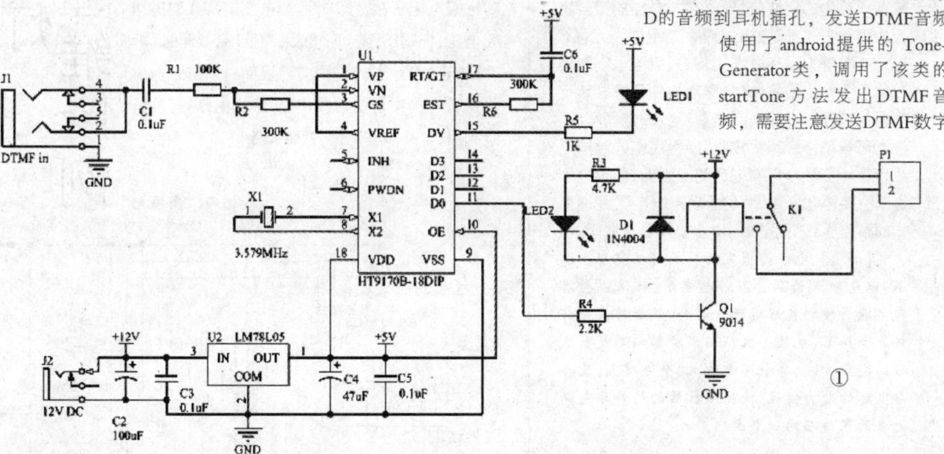

①

二、硬件制作

硬件电路的照片见图2，电路安装在一片3cm×7cm的双面万能板上，绿色的接线端子接到继电器触点输出端，用于控制电器开关；下面黑色插座是DTMF音频输入；上面黑色插座是12V直流电源输入，可以用路由器的稳压电源。为了布线方便其中R5、R6、C6使用了贴片元件，需要先焊上。如果控制的是220V电器，注意继电器触点输出接到绿色接线端子的连线要尽量远离低压连线，以免触电。其中两个黑色插座和绿色接线端子引脚比较粗，需要用电钻扩大安装孔，并且两个黑色插座没用的脚可以剪掉不焊接。连接线推荐使用质量好的网线，可以直接上锡焊接而不用做去氧化清洁处理，并且可以使用不同的颜色用来区别12V、5V、地线等。

音频连接线可以使用图3左侧所示的成品音频线，也可以按图3右侧所示自制。

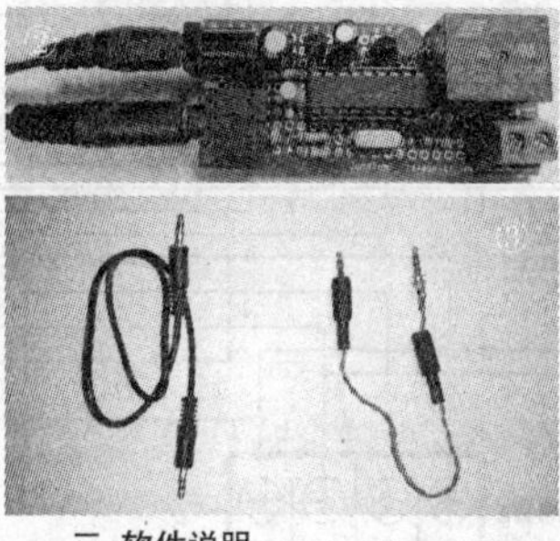

②

③

三、软件说明

App软件TimerSW界面如图4所示，TimerSW是在android studio开发环境下编写的，共有MainActivity.java、Time.java和MyService.java三个类。MainActivity.java是主界面，其中显示的开启和关闭时间对应开关打开和关闭的时间，可通过旁边设置按钮设置，设定好时间后按下开始定时启动定时器。Time.java启动一个Activity供主界面设定开启和关闭时间。由于定时开关需要长期使软件处于运行状态，为了避免程序由于内存不足而被Android系统kill掉，程序启动了前台服务MyService，因为前台服务有较高优先级，可以尽可能避免程序被kill掉。在MyService里完成当前时间和用户设定时间的比较，若需要打开开关则程序调用了playTone方法发送DTMF数字1的音频到耳机插孔，否则发送DTMF数字D的音频到耳机插孔，发送DTMF音频使用了android提供的ToneGenerator类，调用了该类的startTone方法发出DTMF音频，需要注意发送DTMF数字D，也就是为了使输出的D3-D0=0000，实际应该设定startTone (int toneType,int durationMs) 方法中的第一个参数toneType为15，而不是为0或为13。运行程序后通知栏会出现一个时钟图标，表示启动了前台服务。读者也可以直接安装附带的App安装包TimerSW.apk而不用关心源程序。

TimerSW

开启时间：2019年2月27日 17:8 设置

关闭时间：2019年2月27日 18:8 设置

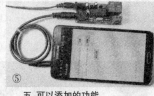

停止定时

提示：开关已打开

④

四、调试

参考图1和图2安装好元件并焊接好线路后，按图5所示将手机和电路板连接好音频线，插上12V电源，电路板上的绿色LED应该点亮。手机安装并打开软件，这时软件会先发出DTMF数字D的音频保证一开始开关是处于关闭状态的，设置好需要的开启和关闭时间，调节手机音量按键使音量指示在50%到100%之间，按下开始定时按钮，当手机系统时间处于开启和关闭时间之间时，继电器吸合，对应的红色LED也会点亮，测量绿色接线端子P1应该处于接通状态，把受控电器开关用P1的两个接线端代替就可以控制电器的电源开关，电路就算调试好了。软件界面下方还会给出状态和操作提示，如会提示：开启时间要小于关闭时间，用户可按照提示操作。当要实现长时间定时，则手机要插上充电器避免因没电而无法定时。

⑤

五、可以添加的功能

1. 修改App加上多干个开启和关闭时间段，则可以设定在不同时间段打开或关闭开关。

2.由于HT9170有4个输出端，只要修改App并按图1同样方法增加3个三极管和3个继电器等元件就可以实现4路定时开关。

3.若使用两部手机并修改App，则可以通过短信或飞信实现远程遥控开关。

◇广州 郑思慧

（读者如需要源程序，可向报社索取，请发邮件到：dzbnew@163.com。）

污水循环泵不能正常运行故障分析与检修

故障现象：核电BOP除盐水厂房一号污水循环泵在主控操作启动后，OA画面显示出口压力和流量都为零的故障。

分析与检修：就地检查，试验起泵后电机能够运转，而进水管上的电磁阀在起泵后延时能动作一点，但随即释放，导致进水管达不到真空状态，所以泵就只能空转了。

在检查电磁阀的供电380V电压正常，电磁阀线圈在通电动作时有12V电压出现，随即消失，没有了保持电压，也就不能一直达到吸合状态。在更换了同一类型的电磁阀控制电路后，起泵运行正常。

将故障电磁阀电路板进行解体，整块电路板上的元件全部用树脂密封在壳里。为了搞清故障原因，不得已只有将树脂一点一点地剔掉，根据实物绘出电路图，如附图所示。

根据电路图来进行逐一检查，测量发现变压器B2的初级线圈没有任何值阻，而接在同一条线上B1的初级线圈有6.5kΩ的阻值，确认B2的初级线圈烧毁。

电路运行原理如下：

该设备启动运行后，两只变压器的初级线圈同时得到380V电压，B1输出的15V交流电压经BR1整流，C1滤波，利用三端稳压器IC1稳压输出直流12V电压为控制电路和继电器J1、J2的线圈供电。

在更换B2后接通380V电压后，按照电路原理图来分析，在开机启动时电磁阀立即吸合，这个吸合电压是由B2降压，BR2整流，C5滤波得到的20V电压，再经D5和D6倍压整流进入电磁阀接线端子d，从电磁阀C返回经过继电器J2的静触点1到常闭触点5，再返回到全桥的负极形成回路。

由吸合电压切换到保持电压的工作过程是，通电时另一路经B1降压供给BR1整流后的一路通过R1、DW1、R4给C3充电，调整RV1就可以改变T1的导通时间。当T1的基极电压经过C3充电，3秒后达到0.65V后T1导通，T1的c极控制的继电器J1线圈形成回路，J1翻转将T2和T3的发射极接地，T2的基极由12V改变为0.7V，在T2导通后相当于给T3的基极提供下偏置，T3也随之导通，T3集电极所控制的继电器J2线圈形成回路，J2翻转将1和4接通电磁阀的负极到380V的a端，使电磁阀由吸合时的路径：为B2→BR2→D5→D6→d→c→J2-1→J2-5→BR2，切换改变成保持电压的路径：为380V的b→D3→D4→d→c→J2-1→J2-4→380V的a，完成切换功能，保持吸合状态以密封进水管，完成一个起泵运行的全工作过程。

本例故障是由于B2的初级线圈烧断，次级线圈没有了输出电压，也就在起泵时不能供给电磁阀吸合所需要的动作电压，而电磁阀延迟后动作了一点，是由于保持电压到达电磁阀后，不能够达到电磁阀吸合的力矩，所以看到它跳了一下，就恢复了原状。

常规来讲，电磁阀和电动机都属于感性负载，启动所需要的能量是保持能量的数倍。所以，这个电磁阀在吸合时，需要一个大电流来完成这个动作，当吸合完成后，改用小电流来维持这个动作保持不变。以前笔者也做过这方面的试验，当一直用启动电流来维持电磁阀工作时，电磁阀的线圈在数十分钟以后就开始发热冒烟并烧毁。因此，这种电磁阀自动切换启动和保持电流的设计原理，还是有它的实用道理的。

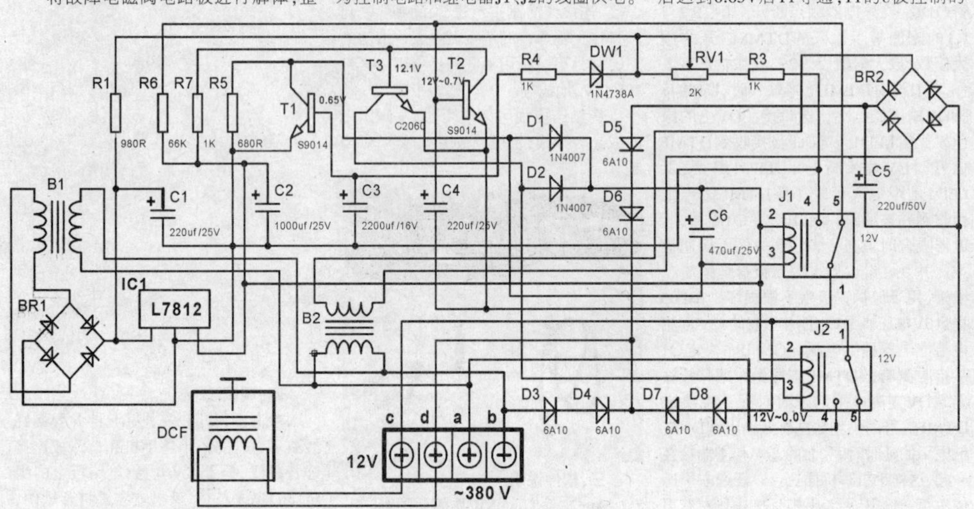

◇江苏 庞守军

半球电热水壶接触不良故障检修1例

故障现象：一台半球GLH-300A型电热水壶正常使用两年后，近日频繁出现接触不良，直至无法正常工作的现象。

分析与检修：将电水壶拆开，把蒸汽开关及壶底部的温控器总成拆下检查，均未发现元件有损坏的现象。重新组装后，偶尔可正常工作一次，但接着又不工作了。重复以上检修步骤，故障依旧。将电热水壶蒸汽开关闭合，用万用表从水壶上温控器的导电环处测量电水壶导通情况，数值正常。该电水壶尽管已经使用了两年了，但丝毫看不出导电环有被大电流烧坏的现象。后来索性将蒸汽开关换新，电水壶还是不工作。至此，检修工作陷入僵局。

从故障现象可以看出，故障肯定出在温控器上。但为什么用万用表测量时就没问题呢？测量水壶耦合底座到电源线插头之间的阻值也正常，耦合底座内的弹性触电表面虽有磨损现象，但没有发黑，很光亮的样子，无论怎样转动水壶也无济于事。后来，无意中观察温控器的内外圈导电环结构时才明白。参见附图，用卡尺测量导电环的厚度为1.2mm，它是用0.2mm厚的黄铜片翻边压制而成的，1.2mm是其直角翻边的宽度值。导电环与温控器塑料底板的固定方式都是2插脚翻边式固定，受力不均匀。在重力及高温作用下，内圈导电环的相对位置会发生缓慢变化，导致内外环导电环上表面不在同一平面上。当变形到一定程度后，导电环与耦合底座对接时，使得底座的触点无法可靠的接触内外导电环的上表面，导致电水壶无法接通电源，也就不能正常工作了。用同型号的温控器更换后烧水，电水壶恢复正常。

【小结】电水壶用完后，最好从底座上取下，以免触点长期受力引起变形，确保温控器与电源底座的良好接触。此外，笔者建议零部件配套厂家，更改导电环与温控器内部塑料底板的连接方式，每个环都改为4个连接点，改善导电环的受力情况，使得温控器的内外导电环上表面保持在同一平面内。

◇山东 姜文军

一款12W/LED吸顶灯电路故障维修1例

故障现象：一款普及型款式的LED吸顶灯接通电源后灯不亮。

分析与检修：该灯由3组相同的LED板块组成，串联使用。每组8枚LED。

维修时，将MF47型万用表置于R×10k挡，逐一检测每组LED都能够发光，说明LED正常，故障发生在驱动电路。驱动电路由一只常见的MOS芯片CS6583 ABP和分离元件构成。CS6583ABP系非隔离降压型LED恒流驱动电路。为了便于故障检修，故根据实物绘制测量了元件的电阻值等，电路图如附图所示。

检测电压转换电路各点的电压，发现电感L的进端电压正常，即D5两端电压正常，L的出端无电压，怀疑L开路。断电后，测量L果然开路。拆下L检查，发现它的一端引脚根部锈蚀霉断。由于霉断的接头是初始线头，无法挑出修复，重新绕制后，电路恢复正常，故障排除。

◇江西 高福光

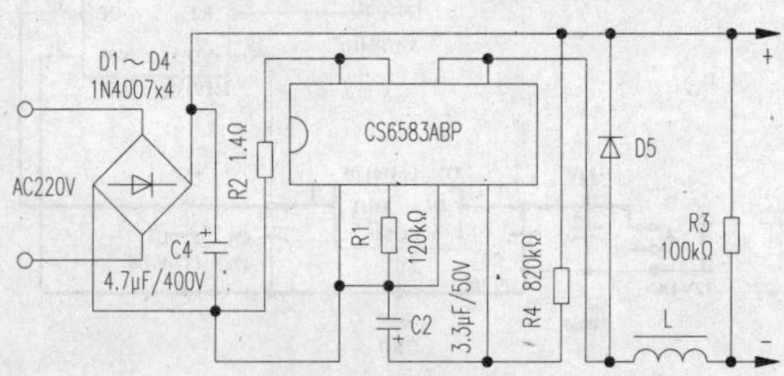

场效应管在开关电源设计中的应用

说到场效应管的长相恐怕电子爱好者们都非常熟悉啦，常见的符号如下：

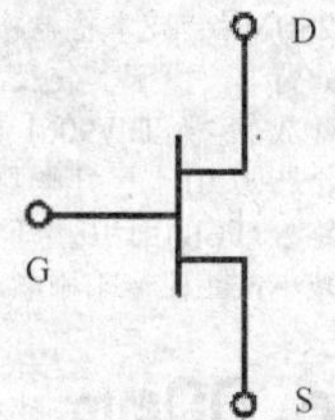

从图中的表示，关于它的构造原理由于比较抽象，我们是通俗化讲它的使用，所以不去多讲，由于根据使用的场合要求不同做出来的种类繁多，特性也都不尽相同；我们在mpn中常用的一般是作为电源供电的电控之开关使用，所以需要通过电流比较大，所以是使用的比较特殊的一种制造方法做出来了增强型的场效应管(MOS型)，它的电路图符号：

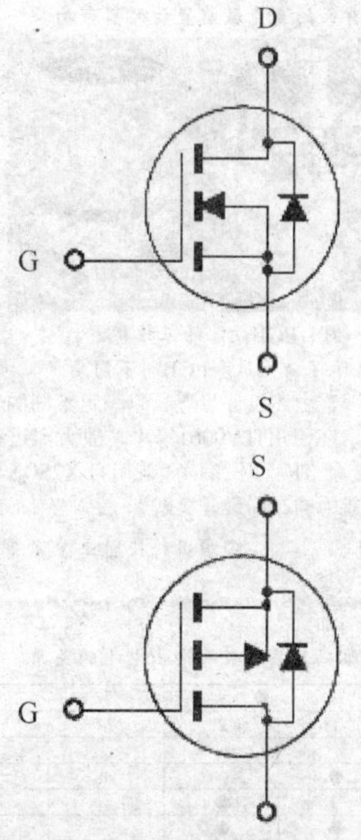

仔细看看你会发现，这两个图似乎有差别，对了，这实际上是两种不同的增强型场效应管，第一个那个叫N沟道增强型场效应管，第二个那个叫P沟道增强型场效应管，它们的作用是刚好相反的。前面说过，场效应管是用电控制的开关，那么我们就先讲一下怎么使用它来当开关的，从图中我们可以看到它也像三极管一样有三个脚，这三个脚分别叫栅极(G)、源极(S)和漏极(D)，mpn中的贴片元件示意图是这个样子：

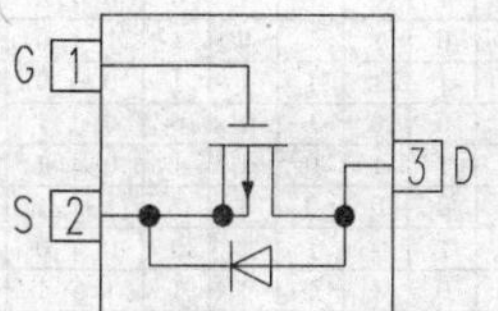

①脚就是栅极，这个栅极就是控制极，在栅极加上电压和不加上电压来控制②脚和③脚的相通与不相通，N沟道的，在栅极加上电压②脚和③脚就通电了，去掉电压就关断了，而P沟道的刚好相反，在栅极加上电压就关断(高电位)，去掉电压(低电位)就相通了。

我们常见的2606主控电路图中的电源开机电路中经常遇到的就是P沟道MOS管：

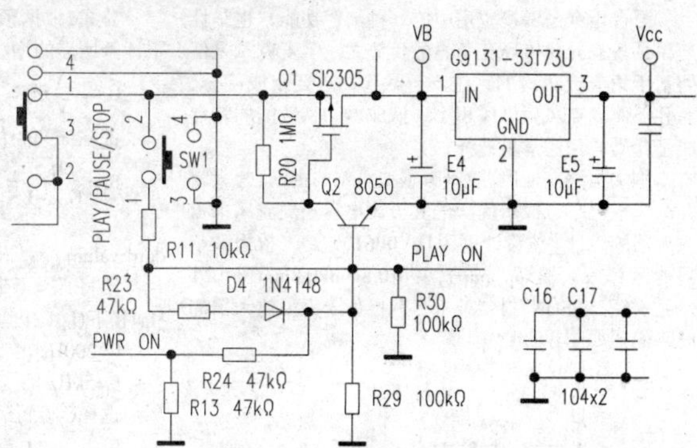

这个图中的SI2305就是P沟道MOS管，由于有很多朋友对于检查这一部分的故障很茫然，所以在这里很有必要讲一下它的工作原理，来加深一下你的印象。

图中电池的正电通过开关S1接到场效应管Q1的②脚源极，由于Q1是一个P沟道管，它的①脚栅极通过R20电阻提供一个正电位电压，所以不能通电，电压不能继续通过，3V稳压IC输入脚得不到电压所以就不能工作不开机。

这时，如果我们按下SW1开机按键时，正电通过按键、R11、R23、D4加到三极管Q2的基极，三极管Q2的基极得到一个正电位，三极管导通(前面讲到三极管的时候已经讲过)，由于三极管的发射极直接接地，三极管Q2导通就相当于Q1的栅极直接接地，加在它上面的通过R20电阻的电压就直接入了地，Q1的栅极就从高电位变为低电位，Q1导通电就从Q1同过加到3V稳压IC的输入脚，3V稳压IC就是那个U1输出3V的工作电压Vcc供给主控，主控通过复位清0，读取固件程序检测等一系列动作，输处一个控制电压到PWR_ON再通过R24、R13分压送到Q2的基极，保持Q2一直处于导通状态，即使你松开开机键断开Q1的基极电压，这时候有主控送来的控制电压保持着，Q2也就一直能够处于导通状态，Q1就能源源不断地给3V稳压IC提供工作电压！SW1还同时通过R11、R30两个电阻的分压，给主控PLAY ON脚送去时间长短、次数不同的控制信号，主控通过固件鉴别是播放、暂停、开机、关机而输出不同的结果给相应的控制点，以达到不同的工作状态。

mpn中常见的场效应管多是P沟道的，在它的上面经常见到的印刷标志是：A2sHB、212T、212N、076A、AOGH、N57T、R1SG、S016J、S026I等。

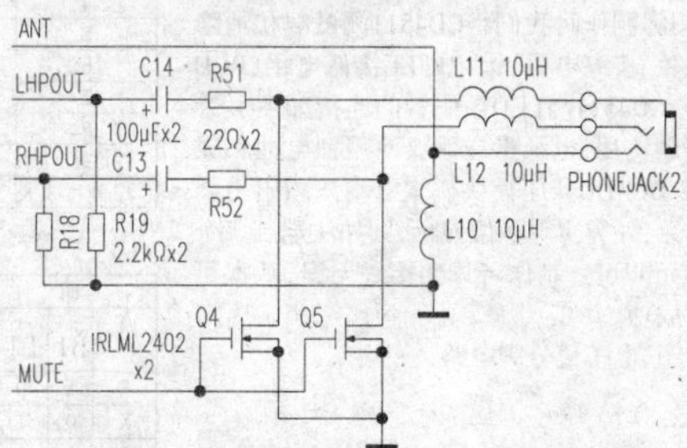

上图是一个有主控控制耳机有没有声音输出的电路图，声音的左右声道分别通过隔直流电容C13、C14和电阻R51、R52送到耳机孔，但是在电阻R51、R52和耳机孔之间却接入了一个N沟道的mos场效应管，这个场效应管的栅极连接在一起受着MUTE的控制，当MUTE的地方处于高电位时候，Q4、Q5导通，就会把声音通过Q4、Q5入地，耳机里就不会有声音了，当MUTE的地方处于低电位时候，Q4、Q5关断，声音就只有通过耳机而发出声音了。

上面这个图是瑞芯微2608主控常见的电源开机电路，它与2606主控的电源开机电路有什么不同？你是不是发现比2606主控的电源开机电路多了一个MOS场效应管？这两个源极相连的场效应管与2606开机电路的一个场效应管有什么不同？

场效应管的栅极控制是有一个原则的：P沟道的栅极控制电压必须是相对源极输入高低电位来说的，所以在电路中源极和漏极是不能接反的，即源极必须接输入，漏极必须接输出，如果接反了就不能正常工作，mpn电路中，当usb接入的时候，必须要立即切断电池供电改换由usb供电，才能正常工作，如果不能切换电池供电，usb就不能正常工作(无法识别)，2606主控的电路切换指令是由主控发出的，使用的是电池电源控制即电池回路，所以用一个场效应就能够控制了。

仔细看一下2608的电路中电源切换是靠三极管Q7控制的，Q7的导通与截至是由usb电压来控制的，这是另一组电源，这组电源要想控制一个有极性的场效应管是不行的，所以我们就用两个MOS场效应管，源极相连联结成一个无极性场效应管就达到了双电源控制的目的。

大家可以参考学习一下我"浅谈mpn锂电保护板原理"的文章，由于锂电保护板的保护动作也常常有两组电源——内电源和充电的外电源两组电源控制，所以常用的5N20V就是一个N沟道双场效应组合块，其原理和这里的两个源极相连的场效应管的原理是一样的。

在mpn中，三极管多为做电子开关来使用，这样有一个特点来判别：②脚(npn型)或者③脚(pnp型)是接地的，场效应管没有任何一个脚是直接接地的！稳压IC绝对1脚是接地的，③脚是正电输入，②脚是稳压输出。但注意的是这只是一般，不是绝对！

◇河北 张兴文

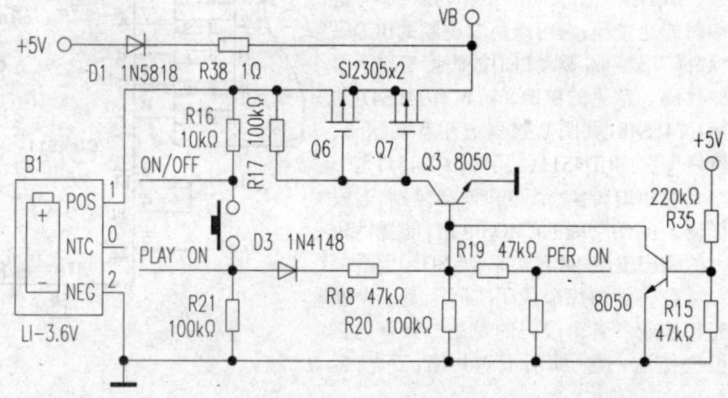

基于TLV9061运算放大器设计的麦克风电路

语音指令是许多应用中的一种流行功能，也是让产品具备差异化市场竞争力的优势之一。麦克风是任何基于语音或语音的系统不可缺少的主要组成部分，而驻极体麦克风凭借体积小、低成本和高性能的特点成了此类应用的常见选择。

本文围绕高性能、成本敏感型电路的主题，为大家介绍体积极小、成本优化的驻极体电容式麦克风前置放大器的设计。该设计采用TLV9061，这是一枚极致小巧的运算放大器(op amp)，采用0.8mm×0.8mm超小外形无引线(X2SON)封装技术。驻极体麦克风放大器的电路配置如图1所示。

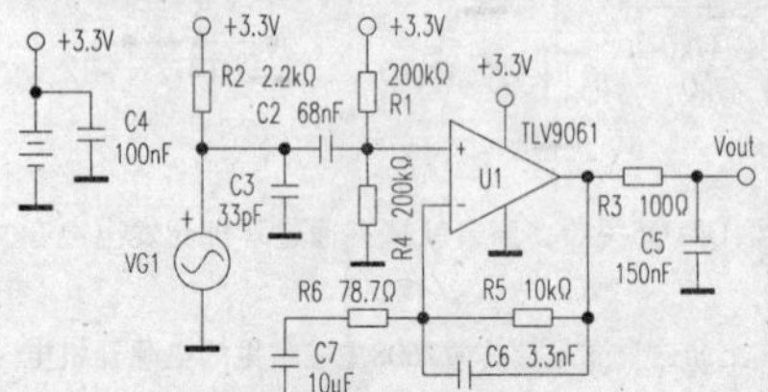

图1：同相驻极体麦克风放大器电路

大多数驻极体麦克风都采用结型场效应晶体管(JFET)进行内部缓冲，JFET采用2.2kΩ上拉电阻进行偏置。声波移动麦克风元件，导致电流流入麦克风内部的JFET漏极。JFET漏极电流在R2上产生电压降，该电压降交流耦合，偏置到中间电源并连接到运算放大器的IN+引脚。运算放大器配置为带通滤波的同相放大器电路。利用预期的输入信号电平和所需的输出幅度和响应，您可以计算电路的增益和频率响应。

让我们来看一个电路的示例设计，用于+ 3.3V电源，输入为7.93mVRMS，输出信号为1VRMS。7.93mVRMS对应于具有麦克风的0.63Pa声级输入和-38dB声压级(SPL)灵敏度规格。带宽目标是将300Hz的常见语音频率带宽传递到3kHz。

公式1显示了定义VOUT和AC输入信号之间关系的传递函数：

$$V_{OUT}=V_{IN\_AC}\times\left(1+\frac{R_5}{R_6}\right) \tag{1}$$

公式2根据预期的输入信号电平和所需的输出电平计算所需的增益：

$$G_{OPD}=\frac{V_{OUT}}{V_{IN\_AC}}=\frac{1V_{RMS}}{7.93mV_{RMS}}=126\frac{V}{V} \tag{2}$$

选择标准的10kΩ反馈电阻，并使用公式3计算R6：

$$R_6=\frac{R_5}{G_{OPA}-1}=\frac{10k\Omega}{126\frac{V}{V}-1}=80\Omega\rightarrow78.7\Omega\text{(closest standard value)} \tag{3}$$

要将所需通带中的衰减从300Hz降至3kHz，请将上(f_H)和下(f_L)截止频率设置在所需带宽之外(公式4)：

$$f_L=200Hz$$

$$f_H=5kHz \tag{4}$$

选择C_7设置f_L截止频率(公式5)：

$$C_7=\frac{1}{2\times\pi\times R_6\times f_L}=\frac{1}{2\times\pi\times78.7\Omega\times200Hz}=10.11\mu F\rightarrow10\mu F \tag{5}$$

选择C6以设置fH截止频率(公式6)：

$$C_6=\frac{1}{2\times\pi\times R_5\times f_H}=\frac{1}{2\times\pi\times10k\Omega\times5kHz}=3.18nF\rightarrow3.3\mu F\text{(Standard Value)} \tag{6}$$

要将输入信号截止频率设置得足够低以使低频声波仍能通过，请选择C_2以实现30Hz截止频率(f_{IN})(公式7)：

$$C_2=\frac{1}{2\times\pi\times(R_1\parallel R_4)\times f_{IN}}=\frac{1}{2\times\pi\times100k\Omega\times30Hz}=53nF\rightarrow68nF\text{(Standard Value)} \tag{7}$$

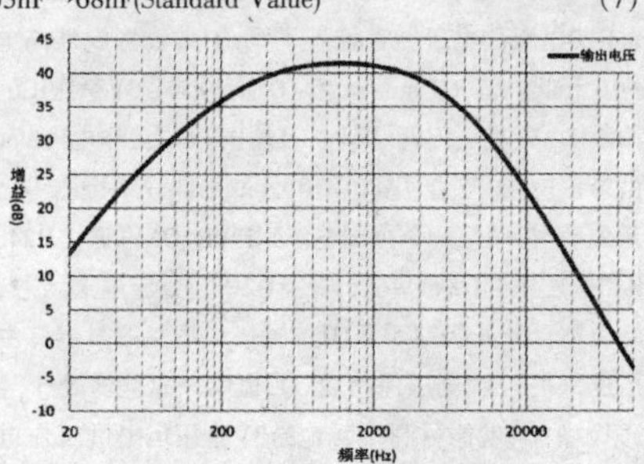

图2：麦克风前置放大器的传输功能

图2显示了麦克风前置放大器电路的测量传递函数。由于高通滤波器和低通滤波器之间的窄带宽和衰减，平带增益仅达到41.8dB或122.5V/V，略低于目标。

采用TI的X2SON封装技术将电路安装到6mm直径驻极体麦克风的背面。由于安装尺寸限制，需要采用非常小的运算放大器：TLV9061的占位面积仅0.8mm×0.8mm。此外，0201小尺寸电阻和电容最大限度地减小印刷电路板(PCB)面积，您也可以采用更小的电阻来进一步减小该面积。印刷电路板布局如图3和图4所示。

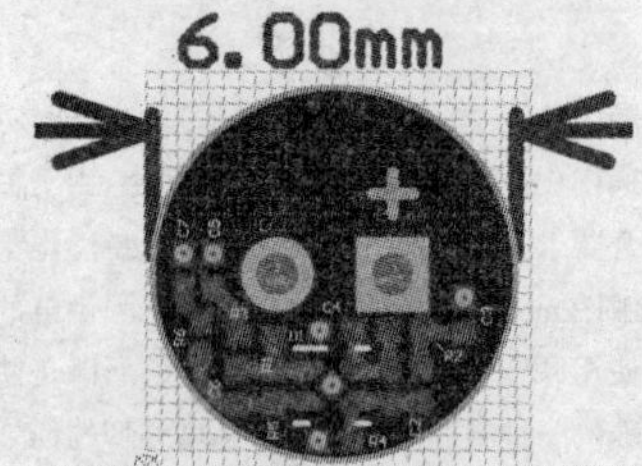

图3：安装6mm直径驻极体麦克风背面的麦克风前置放大器布局

图4：PCB设计的三维视图，显示了麦克风和PCB的不同角度

您可以调整上述设计步骤，以满足不同的麦克风灵敏度要求。在使用TLV9061等小型放大器进行设计时，您可以登录TI官网，参考"采用TI X2SON封装进行设计和制造中的布局最佳实践"。

◇四川科技职业学院 刘桄序

简单易制的电子记分牌

电子记分牌因其使用方便，示数清晰而在竞技比赛中的应用越来越广泛。但是常见的各种记分牌电路因为结构复杂让不少DIYer望而却步。为此笔者设计了一款简单易制、成本低廉的电子记分牌。初学者通过仿制，可以了解基本的逻辑电路(编码、译码)知识以及数码管的驱动知识。

本电路由8421编码开关、BCD译码器、数码管以及电源电路组成。8421编码开关又叫BCD拨码开关，顾名思义就是通过拨动开关面板上的+/-按键，使输出端根据面板上的示数输出高电平有效的二进制编码，也就是BCD编码。其面板示数与输出引脚电平(即BCD码)关系如附表。

BCD译码器又叫显示译码器，译码是编码的逆过程，它可以将二进制的BCD码"翻译"成可以驱动LED数码管等显示器的代码。常见的BCD译码IC有74LS47(共阳)，74LS48(共阴)，这里选用容易购买、价钱便宜的CD4511(共阴)。CD4511是一个具有BCD转换、消隐和锁存控制、七段译码及驱动功能的CMOS电路，能提供较大的输出电流，可直接驱动LED显示器。

数码管的每个段码实际上是一个发光二极管，各个段码的发光二极管的正极连接在一起，即所谓的共阳；反之，各个段码的发光二极管的负极连接在一起，即共阴。为使电路最简化，本例电路中选用共阴数码管，实际制作时我们将CD4511测试端和消隐端BI(——)接高电平，锁定端LE接低电平，BCD编码器、CD4511与LED数码管的连接如图。为方便移动使用，电源供应建议使用锂电池和成品的5V DC-DC升压模块。本电路只画出一个数字单元，如需实现多位显示，则如法炮制多个数字单元即可。制作者只要接线无误，基本可以一次成功。

附图、电子记分牌电路。

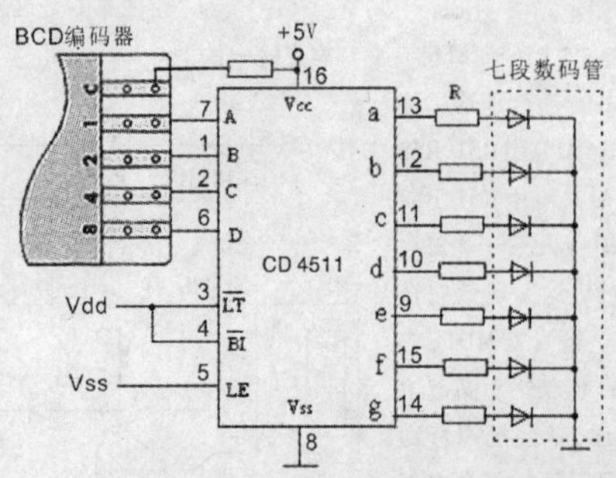

◇广东 潘邦文

附表1、8421编码开关示数和输出电平的关系

面板示数	接电源	●表示该引脚高电平输出			
	C	1	2	4	8
0	●				
1	●	●			
2	●		●		
3	●	●	●		
4	●			●	
5	●	●		●	
6	●		●	●	
7	●	●	●	●	
8	●				●
9	●	●			●
引脚定义	电源脚	A脚	B脚	C脚	D脚

附表2、CD4511真值表

输				入			输					出		
LE	$\overline{BI}$	$\overline{LT}$	D	C	B	A	a	b	c	d	e	f	g	显示
X	X	0	X	X	X	X	1	1	1	1	1	1	1	8
X	0	1	X	X	X	X	0	0	0	0	0	0	0	消隐
0	1	1	0	0	0	0	1	1	1	1	1	1	0	0
0	1	1	0	0	0	1	0	1	1	0	0	0	0	1
0	1	1	0	0	1	0	1	1	0	1	1	0	1	2
0	1	1	0	0	1	1	1	1	1	1	0	0	1	3
0	1	1	0	1	0	0	0	1	1	0	0	1	1	4
0	1	1	0	1	0	1	1	0	1	1	0	1	1	5
0	1	1	0	1	1	0	0	0	1	1	1	1	1	6
0	1	1	0	1	1	1	1	1	1	0	0	0	0	7
0	1	1	1	0	0	0	1	1	1	1	1	1	1	8
0	1	1	1	0	0	1	1	1	1	0	0	1	1	9
0	1	1	1	0	1	0	0	0	0	0	0	0	0	消隐
0	1	1	1	0	1	1	0	0	0	0	0	0	0	消隐
0	1	1	1	1	0	0	0	0	0	0	0	0	0	消隐
0	1	1	1	1	0	1	0	0	0	0	0	0	0	消隐
0	1	1	1	1	1	0	0	0	0	0	0	0	0	消隐
0	1	1	1	1	1	1	0	0	0	0	0		0	消隐
1	1	1	X	X	X	X	锁				存			锁存

基于单片机的自动浇花系统的设计与制作

生活中，人工浇灌花木要耗费大量时间，而且土壤湿度不好控制，有时候由于主人长时间外出，家里的花木会因无人浇水而枯死。为了解决上述问题，本文利用单片机，设计了自动和手动浇花系统(如图1所示)。

图1 自动浇花系统

一、功能描述

系统有自动和手动两种工作模式，两种工作模式由手自动切换按键切换。系统开机进行自检，如果系统有故障则报警，若系统工作正常则进入自动状态，初始设定值为25%。当土壤湿度小于设定值时水泵工作浇水，当高于设定值加上偏移量(偏移量可根据实际确定，本文设为2)时系统停止加水。在自动工作模式下，如果由于缺水、加水不能停止或是测量信号不正常，则系统报警，水泵停止加水。在手动工作模式下，可按加水键和停止键实现手动加水和停止。背光按键控制液晶背光的开关。电路成品如图2所示。

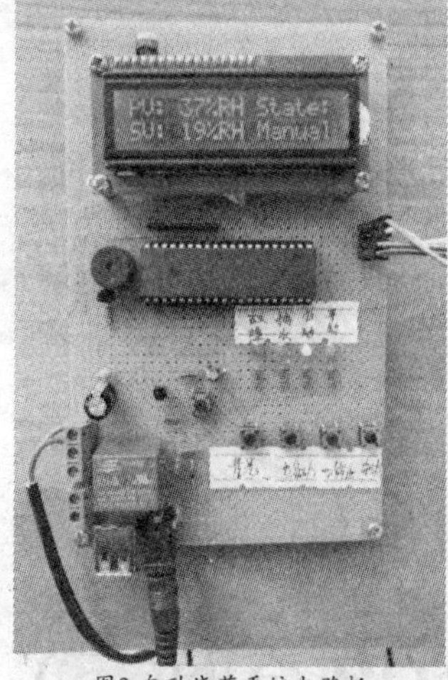

图2 自动浇花系统电路板

二、硬件系统设计

(一)硬件系统构成

系统选择的各种元器件都是目前市面上常见的，系统核心控制器件采用应用广泛的STC公司的STC89C52RC单片机。除了单片机外，还包括土壤湿度传感器、AD转化器、LCD1602液晶显示器、按键、指示灯、蜂鸣器、继电器及水泵等。

(二)电路工作原理

电路原理图见图3，包括电源电路、晶振和复位电路、检测电路、按键和显示电路、报警电路、输出控制电路。

1.电源电路

系统所需5V电源由外部直接提供，可由常见的各种手机充电器提供；留有USB电源端子和圆形端子跟外部电源连接，使用时连接其中之一，另外一个可以向外提供5V电源，方便系统电源连接。

2.晶振和复位电路

电容器C6、C7和晶振Y1构成振荡电路，给单片机提供所需的时钟。C8、R13和按键RST1构成单片机复位电路，实现上电复位和手动复位。

3.检测电路

检测电路由土壤湿度传感器和AD转换器组成，选择价格便宜且使用方便的土壤湿度传感器模块和AD转换器PCF8591模块(见图4)。该模块有4路输入、1路输出，可满足系统扩展需要。此电路把土壤湿度转换成模拟量，经AD转换后转换成单片机可以识别的对应数字量。

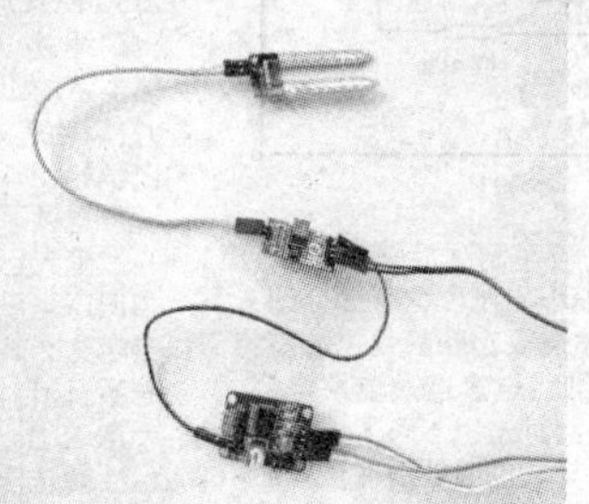

图4 土壤湿度传感器和AD转换模块

4.按键和显示电路

按键和显示电路由四个独立按键、LED指示灯和LCD1602构成，用于人机操作和系统各种工作状态的信息显示。

5.报警电路

报警电路由蜂鸣器和LED指示灯构成，实现声光报警。声音报警15次后停止，LED指示灯一直闪烁报警。

6.输出控制电路

单片机引脚输出信号通过驱动电路驱动继电器，控制继电器的通断，用以驱动执行元件(文中为5V直流水泵)的通断，LED指示灯显示输出状态。

三、软件系统设计

(一)系统流程图(见图5)

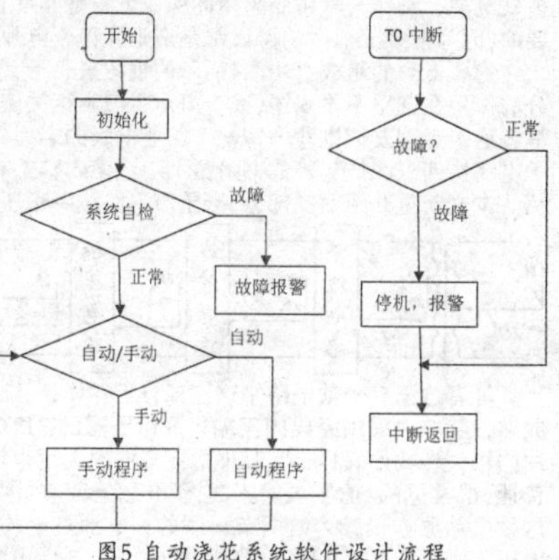

图5 自动浇花系统软件设计流程

(二)系统软件设计

系统采用项目化多文件模块化编程，便于程序编写和程序移植，由main.c、I2C.c、KEYBOARD.C、Lcd1602.c文件和对应头文件以及配置文件config.h组成。main.c负责系统初始化、自检、土壤湿度检测、中值滤波和信号线性化处理、手动自动程序运行。中断程序负责系统运行时的故障处理和报警，程序较短，也放在main.c中。I2C.c主要负责AD转化器的底层功能驱动。KEYBOARD.C责按键处理。Lcd1602.c主要负责液晶的底层显示驱动。

整个项目的软件按流程图编写即可，部分程序代码附后。

部分程序代码：

```
/config.h/
#ifndef _CONFIG_H
#define _CONFIG_H
/*通用头文件*/
#include<reg52.h>
#include<intrins.h>
#define ON 0
#define OFF 1
#define OFFSET 2//上下限偏差
/*数据类型定义*/
typedef unsigned char uchar ;//8位无符号数
typedef unsigned int uint ;//8位无符号数
/*IO引脚分配定义*/
#endif
/MAIN.H/
#ifndef _MAIN_H
#define _MAIN_H
enum eStaSystem //系统运行状态枚举
{E_AUTO, E_MANUAL,E_ALARM}; //设置,自动,手动,故障报警
#ifndef _MAIN_C
extern enum eStaSystem staSystem;
#endif
void delayms (unsigned int t);//延时函数
void SysInit();//系统初始化
void SelfCheck();//系统自检
void AutoWork();//系统自动运行
void ShowLcd1602();//测量、状态显示
void Humidity();//土壤湿度检测
unsigned char GetADCValue (unsigned char chn); //AD转换
void ConfigTimer0 (unsigned int ms); //T0 配置函数
#endif
/main.c/
#define _MAIN_C
#include"config.h"
#include "main.h"
#include "Keyboard.h"
#include "I2C.h"
#include "Lcd1602.h"
#define N 3 //AD采样次数
#define OFFSET 2//上限偏移量
enum eStaSystem staSystem=E_AUTO;//初始为自动状态
unsigned char T0RH=0; //定时器T0载值
unsigned char T0RL=0;
unsigned char TestVal;//测量值
unsigned char cnt; //蜂鸣器报警15次
void main ()
{SysInit();
SelfCheck();
while(1)
{KeyAction();
AutoWork();
}}
/函数功能:系统自动运行,故障报警
入口参数:无/
void AutoWork()
{if(staSystem==E_AUTO)
{Humidity();
AUTO_LED=ON;
MANUAL_LED=OFF;
if(TestVal>96||TestVal<5)
{staSystem=E_ALARM;
cnt=30;
EA=1; } //故障
else if(TestVal<SetVal)
{PUMP=ON;
PUMP_LED=ON;}
else if(TestVal>(SetVal+OFFSET))
{PUMP=OFF;PUMP_LED=OFF;}
}
ShowLcd1602();//更新显示
}
```

◇云南大理技师学院 李云鹤

(编辑注:本文作者提供了项目完整的程序代码,并附有详细的注释,为方便读者学习和参考,程序已上传"电子报"微信公众号《2019年第14期》相对应的推送文章,读者可自行查阅。)

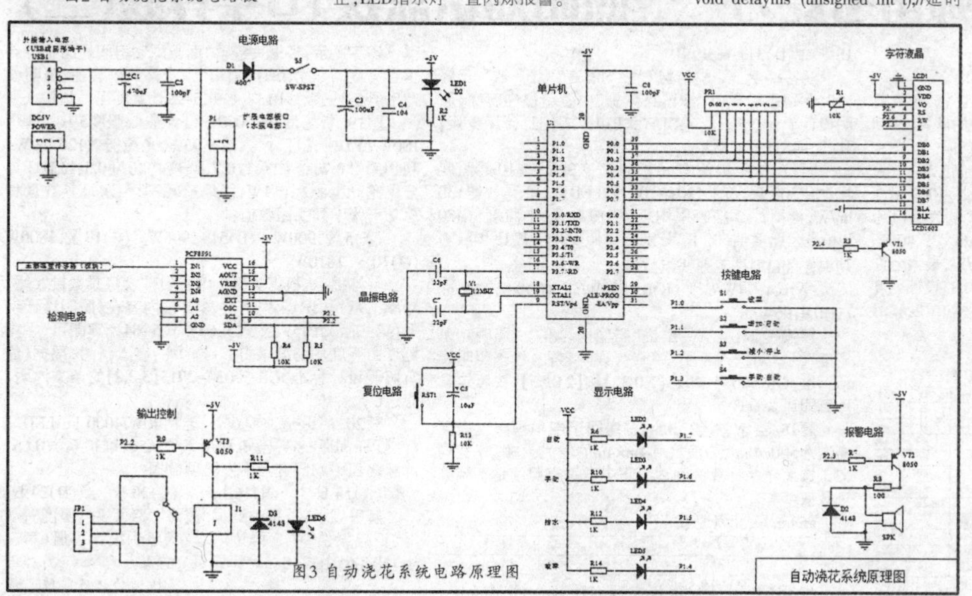

图3 自动浇花系统电路原理图

浅谈317外围元件——电子小白成长感悟

作为一名刚入门的电子爱好者，很多时候都是在捣鼓电源，制作一款可靠耐用的稳压电源是非常有必要的，因为很多元器件的调试都是离不开稳压电源的。

稳压电源的组成可用图1所示的框图来表示，各部分的作用在这里不再累述，读者可自行搜索相关资料，笔者给读者朋友们推荐一本电子工业出版的名为《电子电路快速识图技巧》的书，该书上很多内容都有介绍。本文着重介绍后三部分，即整流—滤波—稳压。

笔者这里有一款电路集这三部分于一体，且比较成熟，其芯片采用经典的三端集成稳压器LM317T，芯片的相关参数如表1所示，其他的元器件的选用也是很普通，很常见的，仿制难度不高，现介绍给读者（图2）。这款电路原本设计为给两节串联的锂电池充电的，其电压范围固定在8.4~8.6V，最大输出电流1.5A（需加散热片），下面我们通过电路图进一步解读（图3）。根据电路原理我们可以得知，该电路为低压调节模块，输入的电压经过四个整流二极管组成的整流桥全桥整流（VD_1~VD_4全波整流），电解电容C_1旁路滤波，并经由固定阻值的电阻R1（约1 KΩ）降压，电阻R2（约233Ω）稳流输出以达到设计目的。改变电阻R1的阻值可以轻松改变输出电压的大小，后面我会详细介绍。这款电路看似完美，实则不然，该电路的缺陷之处就是电容，电路中的电容耐压较低，仅为25V，所以输入端的电压也是需要考虑的，如果输入电压是由开关电源或线性稳压电源提供的24V低压，也就是低于24V的直流电源，那么电容的问题就可以忽略不计（注意：不是完全可以不考虑电容的问题，如果电压高于24V，仍需更换），但如果用的是24V交流低压电源，那么最好将电容换成耐压较高的（$25V\times\sqrt{2}=25\times1.41\approx35.25\approx36V$，为保险起见，该处只能按高电压来计算），否则的话，该电容会在未来的某一天鼓包，漏液，击穿进而损坏电路。

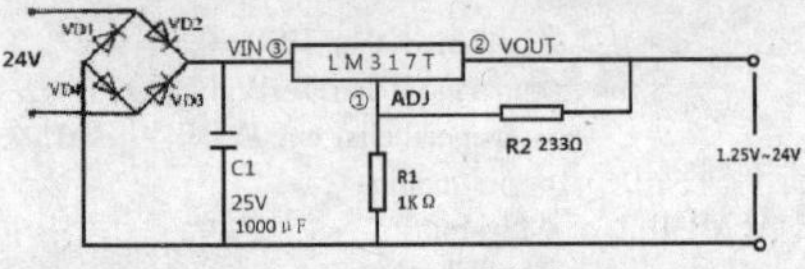

图3 LM317T 原电路

表1 LM317T参数

名称：可调线性稳压器　（LM317T）
输出电流：1.5A(最大值)，
输入输出电压差(VI-VO)：40Vdc(最大值)
输出可调电压范围：1.2~37V
参考电压Vref：1.25V(典型值)
封装类型：TO-220
引脚数：3
工作温度：-55°C to +150°C
电流输出：1.5A
电压输入：4.2~40 V
工作温度：0°C ~ 125°C

剖析完电路，我们就可以着手进行改造和仿制了，我们的改造目的是将其改为1.25~24V连续可调的线性低压调压模块（因为LM317T的基准电压为1.25V，最小电压差为3V，所以电压必须高于4.25V，稳压器才能正常工作）。改造的过程也十分简单，根据电阻阻值越大其电压越大这一规律，我们可以选用电位器来改变阻值的大小以达到改变电压的目的，动手改造时将电阻R1换成4.7 KΩ线绕电位器即可，电位器也许稍加处理，将中间的引脚与两边引脚中的任意一条短接，形成并联，当作两根引脚接入电路，这样做的好处就是提高电位器的准确及稳定性。至此，该电路的改造工作就完成了（图4）。

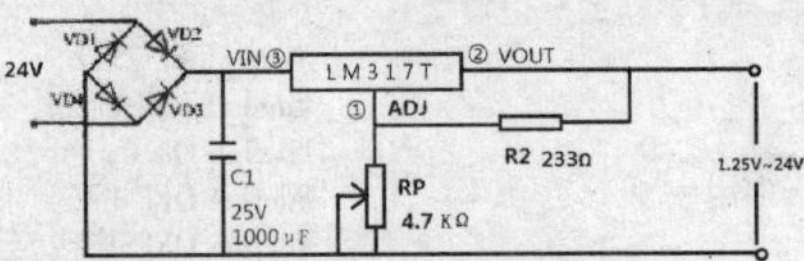

图4 LM317T 改动电路

因为该电路并不复杂，可用洞洞板来制作，当然，有条件的读者也可以用覆铜板来制作，下面介绍一下仿制所需的元器件。全桥整流采用四只常见的整流二极管1N4001，两两串联再并联；电容选用电解电容，耐压最好在36左右，因前面提到过这里不再累述，特别强调的一点是LM317T电路的前端也就是没有进入317稳压器的电路部分可以选用大容量的电容，电路的后端也就是经过317调整输出的电路部分不可以选用大容量电容，因为电容的泄放电流有可能损坏LM317T芯片；电阻R1也就是需要更换的那个，我们选用4.7 KΩ线绕电位器来代替，因为先绕电位器稳定性高，耐磨损，且很容易在电子市场购得；电阻R2在电路中气稳流作用以保护电路正常工作，所以其阻值不宜过大，我们按照原电路中的阻值进行制作，其阻值在233Ω左右，不算标准电阻，可选用阻值相近的；最后就是最核心的元件——LM317T调压芯片了，该芯片也很容易买到，顺便说一句，该文中317的封装形式为TO-220.为方便读者查阅，仿制所需的元器件如表2所示。

表2 仿制所需元器件

序号	元件编号	元件名称	型号/参数	备注
1~4	VD1~VD4	整流二极管	1N4001	全桥整流
5	C1	电解电容	25V/1000μF	旁路滤波
6	RP	线绕电位器	4.7KΩ	调压
7	R2	电阻	233Ω	稳流
8	C1	三端集成稳压器	LM317T	核心元件

介绍完调压，再来说一说317的另一大功能—稳流，相比于调压，稳流的电路就相当简单了，只需一个电阻就可以改变电流的大小，其电路图如图5所示，稳流电路中LM317芯片是串联在电路中的，所以前端还是需要使用变压器的，但要注意的是变压器输出的电压不能超过其电路中电容的耐压值，一般为36V。稳流电路的计算公式为$I_O=\frac{VREF}{R1}+I_{ADJ}$，式中$V_{REF}$为基准电压1.25V，$I_{ADJ}$为调整端电流50μA。经计算，当电阻阻值在120Ω~0.8Ω范围内调节时，输出电流将在10mA~1.5A范围内恒流调节，当然，有可能没有这么准确，很多计算出来的阻值都是含小数的，这里取的是近似值，图5中的R1阻值约为13Ω，恒定电流100mA，该电路为笔者工作台上所用照明灯的恒流驱动部分。

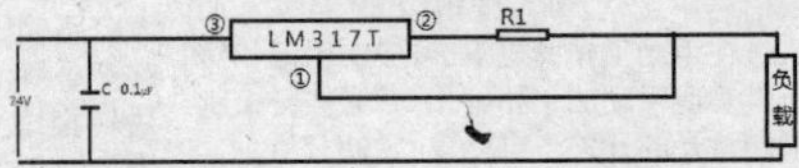

图5 LM317T恒流源电路

经过一星期的学习研究，笔者已基本弄清了317外围电路的工作原理，但317内部的电路笔者确实无能为力，因为笔者是一名高中生，很多电子知识及电路都是自学的，所以对那些想要研究317内部电路的朋友们要说声抱歉了，因为笔者的水平确实达不到。

笔者已经自学了近一年，但很多关于集成电路的知识还是没有学透，这也许是学业紧张的缘故吧，其实自学这么长时间，不仅学会了部分电子知识，也磨砺了一番，让自己的心静下来，耐得住性子，因为电路切忌大意疏忽，有时一个很小的细节就会酿成大错，所以，耐性就这样一步一步磨出来了。不久，笔者将要参加高考，所以只好先放下电子电路，专心备考，这样才能更好地学习。最后说一句，因为这是笔者的第一篇稿件，文中的不当之处还请各位读者多多包涵，谢谢。

◇河南安阳　陈昌淏

注册电气工程师备考复习——照明知识点及18年真题（三）

（紧接上期本版）

二、2018年真题

下午题16~20 某厂区分布有门卫、办公楼、车间及货场等，请回答下列电气照明设计过程中的问题，并列出解答过程。

题16. 办公室长24m，宽9m，吊顶距地高3.2m，有采光玻璃窗面积60m²。已知室内吊顶反射比为0.7，墙面反射比为0.52，地面反射比为0.17，玻璃窗发射比为0.35。选用正方形600mm×600mm×120mm嵌入式40 W/LED灯盘均匀布置照明，灯具效能120 lm/W，最大允许距高比1.4，其利用系数见下表，维护系数0.8。设计照度标准值300lx，计算0.75m办公桌面上的平均照度和灯具数量式下列哪组数值？

嵌入式40W/LED灯具利用系数表

室形指数RI	顶棚、墙面和地面反射系数（表格从上往下顺序）								
	0.7	0.7	0.7	0.5	0.5	0.5	0.3	0.3	0.3
	0.5	0.3	0.1	0.5	0.3	0.1	0.5	0.3	0.1
	0.2	0.2	0.2	0.2	0.2	0.2	0.2	0.2	0.2
0.75	0.64	0.56	0.51	0.62	0.55	0.50	0.60	0.54	0.50
1.00	0.73	0.66	0.61	0.71	0.65	0.61	0.69	0.64	0.60
1.25	0.80	0.73	0.68	0.78	0.72	0.68	0.75	0.71	0.67
1.50	0.85	0.79	0.74	0.82	0.77	0.73	0.80	0.75	0.72
2.00	0.91	0.86	0.81	0.88	0.84	0.80	0.86	0.82	0.78
2.50	0.96	0.91	0.87	0.92	0.88	0.85	0.89	0.86	0.83
3.00	0.99	0.94	0.91	0.95	0.92	0.88	0.92	0.89	0.86
4.00	1.03	0.99	0.96	0.99	0.96	0.93	0.96	0.93	0.91
5.00	1.06	1.02	0.99	1.01	0.99	0.96	0.97	0.95	0.93

（A）274 lx，16盏　（B）291 lx，17盏　（C）308 lx，18盏　（D）311 lx，19盏

解答提示：根据关键词“平均照度”“灯具数”“反射比”“利用系数”，从“知识点索引”中查得该内容在《照明设计手册（第三版）》P147和P148，按【三、计算步骤】和式5-48计算。选C

题17. 机电装配车间长54m，宽32m，高10m，照度标准值500 lx，布置120盏100 W/LED灯，灯具效能130 lm/W，模拟计算结果平均照度510 lx，最小照度值420 lx和最大照度值600 lx，分别计算照度均匀度U_0和照明功率密度LPD是下列哪组数值：

（A）0.4，74W/m²　（B）0.7，96W/m²　（C）0.8，74W/m²　（D）0.9，96W/m²

解答提示：根据关键词“照度均匀度”、“照明功率密度”，从“知识点索引”中查得该内容在《建筑照明设计标准》GB 50034-2013【2.0.32】和【2.0.53】，按照定义计算即可。选C

题18. 会客室净高3.5m，房间正中吊顶布置表面亮度为500cd/m²，平面尺寸4m×4m的发光天棚，亮度均匀，按面光源计算房间地面正中点垂直照度是下列哪项数值？

arctan 弧度值速查表

arctan	0.500	0.619	0.875	1.000	1.237	1.750	2.000
弧度值	0.464	0.554	0.719	0.785	0.891	1.052	1.107

（A）81 lx　（B）240 lx　（C）419 lx　（D）466 lx

解答提示：根据关键词“面光源”“房间地面正中点垂直照度”，从“知识点索引”中查得该内容在《照明设计手册（第三版）》P137，按式5-29计算即可。选D。

题19. 货场面积10000m²设计最低照度5 lx，选用180W/LED投光灯，灯具效率95%，光源能效120 lm/W，利用系数0.7，维护系数0.7，照度均匀度0.5，LED灯具分置驱动电源耗电1W，线缆损耗不计，求灯具数量和总功率为下列哪组数值？

（A）5盏，900W　（B）5盏，905W　（C）10盏，1800W　（D）10盏，1810W

解答提示：根据关键词“投光灯”、“灯具数量”、“总功率”，从“知识点索引”中查得该内容在《照明设计手册（第三版）》P159，按式5-63和式5-64计算即可（平均照度由照度均匀度求得）。选D注：有人认为，根据《建筑照明设计标准》GB 50034-2013【3.3.2】的条文说明。应选C。

题20. 厂区道路宽6m，选用40W/4000 lm LED灯杆，灯杆间距18m，已知利用系数0.54，维护系数0.65，计算路面平均照度为下列哪项数据？

（A）13 lx　（B）16 lx　（C）20 lx　（D）24 lx

解答提示：根据关键词“道路”“路面平均照度”，从“知识点索引”中查得该内容在《照明设计手册（第三版）》P406，由式18-5计算即可。选A。

◇江苏　陈　浩

嫦娥四号着落月球背面的意义

2019年1月3日上午10点26分，"嫦娥四号"探测器成功着陆在月球背面东经177.6度、南纬45.5度附近的南极-艾特肯盆地内的冯·卡门撞击坑内，并通过"鹊桥"中继星传回了第一张近距离拍摄的月背影像图。

落月后，通过"鹊桥"中继星的"牵线搭桥"，"嫦娥四号"探测器进行了太阳翼和定向天线展开等工作，建立了定向天线高码速率链路，实现了月背和地面稳定通信的目标。

"嫦娥四号"是人类探测器第一次实现在月球背面着陆。其实早在中国"嫦娥三号"之前，人类已经在月球正面有过20个着陆器，然而背面为0个。

当年，美国和前苏联都曾计划对月球背面实施着陆，但是最后都以失败告终。人类首次看到月背是在1968年，"阿波罗八号"在进行载人登月任务试验的时候，宇航员威廉·安德斯从月球上空看到的。从那时开始，"阿波罗十号"一直到"阿波罗十七号"的宇航员都曾看到过月球的背面，但因技术等种种问题从来没有降落过。

首先月球背面着陆技术实现难度大。实现月球背面着陆首要解决的就是如何实现地球与探测器之间的通信。

为什么我们在地球上看不到月球的背面呢？地球巨大的引力把月球锁得牢牢的（潮汐锁定），使它围绕地球一圈的公转周期完全等于自身转动。从地球上就只能看到当初它被固定朝向地球的一面，这也就是月球背面形成的原因。

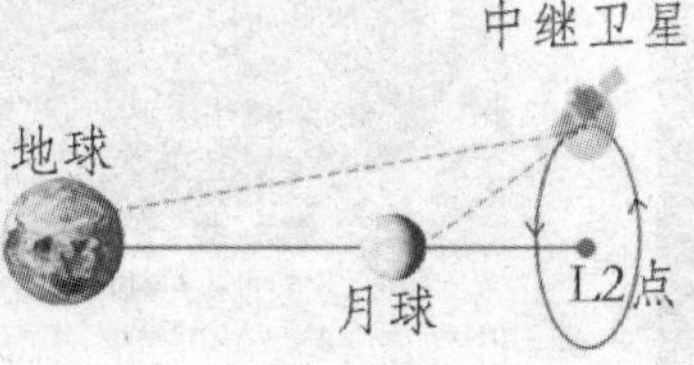

如果要实现月球背面着陆，先要解决月球对于地球和探测器间信号的阻挡。目前唯一可行的办法就是布置一颗信号中继卫星，为着陆器做准备和全程信号支持。

这个理论看上去很简单，但实施起来技术难度还是很大的。从20世纪60年代开始，NASA（美国宇航局）就一直在提设想、论证，但从未实践过。中国通过一系列的月球探测卫星发射后，终于在2018年5月份成功部署了"鹊桥号"中继卫星；在月球背后6.5万公里之外的地月拉格朗日二点附近halo轨道簇上运行，这也是国际上首次实现月球拉格朗日L2点中继与探测。同时还有个小插曲：美国科学家在了解中国的相关计划后，希望中国能够将"鹊桥号"中继卫星的工作时间设计得更长一点，还请求"嫦娥四号"探测器在月背着陆时帮助美方放置信标机。

然后着陆区域的着陆条件也是一个巨大的考验，"嫦娥四号"着陆全程"盲操"，全靠自主系统进行操作。月球背面没有像样的平坦地形，而密布的陨石坑和纵横的沟壑是主要地形特点。尤其是着陆区南极-艾特肯盆地的地形异常复杂，最大落差高达16.1千米。

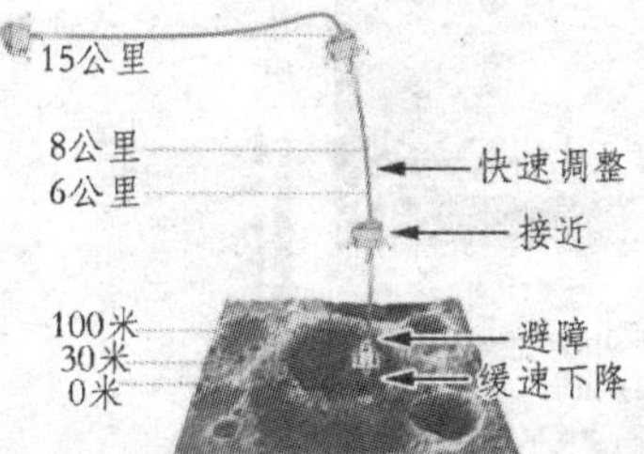

着陆主核心区域的冯·卡门环形山是太阳系中已知最大的撞击坑之一，而且地形复杂度更高。由于降落时地球传输的指挥信号需要中继卫星"鹊桥号"中转，所以无法保证地球指令和"嫦娥四号"的应答同步，所以"嫦娥四号"必须通过GNC自主操控系统在无人指挥的情况下自行决定如何降落。

综合以上几个问题，"嫦娥四号"对于中国以及人类航天都有重要意义。三个首次：即国际上首次月球背面软着陆和巡视探测；国际上首次月球拉格朗日L2点中继与探测；国际上首次月基低频射电天文观测。

"嫦娥四号"完成着落后，还要完成以下实验：

空间探索

除了对于月球背面进行地形探索外，还要收集月球背面的昼夜温度，月壤温度等数据。除此之外，由于月球自身屏蔽了来自地球的各种无线电干扰信号，在那里我国科学家能借助"嫦娥四号"获取来自宇宙深处更为纯净的信号，窥探宇宙大爆炸的秘密。

生命实验

为了探索生物在月球环境的生存状态。"嫦娥四号"将棉花、油菜、土豆、拟南芥、酵母和果蝇6种生物装在特制的生物试验舱内进行孵化繁殖。载荷罐体分别装置了"空调系统"、光导管和水仓室。罐子的保温层，能经受月表面剧烈温差的考验；内部装有自动调节温度的"空调系统"，通过温度传感器保证环境在25℃左右。

这6种生物组成了一个迷你的"生态圈"，马铃薯、拟南芥、油菜、棉花等植物通过载荷顶部盖板上的光导管吸收月面自然光，进行光合作用产生氧气和食物，供所有生物"消费"；作为"消费者"的果蝇和作为"分解者"的酵母，则会消耗氧气产生二氧化碳，供给植物进行光合作用；此外，酵母可以分解植物和果蝇废弃物而生长，酵母又可以作为果蝇的食物。在今后一段时间将会观察这些种子和微生物以及果蝇生长发育情况。这个迷你"生态圈"高度自给自足，上述的一连串生物活动，都可以在没有外界干预的情况下维持很长一段时间，唯一需要额外携带的，就是植物可水仓室携带了一个装有18ml生物专用水的水袋和电磁泵，着陆器落月并加电后，接到地面指令让电磁泵工作，将水袋中的水通过水管释放到生物舱表面，为生物生长提供水分。

国际合作

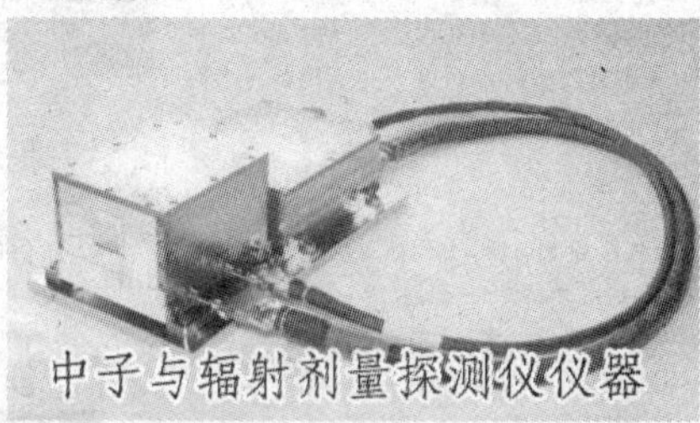

中国科学家将与众多国际机构共同完成多个实验。此次"嫦娥四号"携带了荷兰研制的低频射电探测仪，用于聆听遥远宇宙的声音；利用德国研制的月表中子与辐射剂量探测仪，"勘探"深埋月下的"矿藏"；还将利用瑞典研制的中性原子探测仪，测量太阳风粒子在月表的作用等。

2019年底，我国还会按计划发射"嫦娥五号"，接着"嫦娥六号"和"嫦娥七号"会对月球的南极进行探测分析，随后的"嫦娥八号"则是为各国一起共同构建月球科研基地做一些前期探索。当然具体实施计划和步骤还会根据研究探测结果等一系列因素进行调整。 （本文原载第4期11版）

第二代记忆棒

距离Intel第一代神经网络计算棒发布已经过去1年多的时间了，一代的推出也激发了成千上万开发者的热情，各种应用不断涌现；近日，Intel正式推出了身材依然只有U盘大小的第二代神经计算棒（Neural Compute Stick 2/NCS 2），可让开发者更智能、更高效地开发和部署深度神经网络（DNN）应用，满足新一代智能设备的需求。

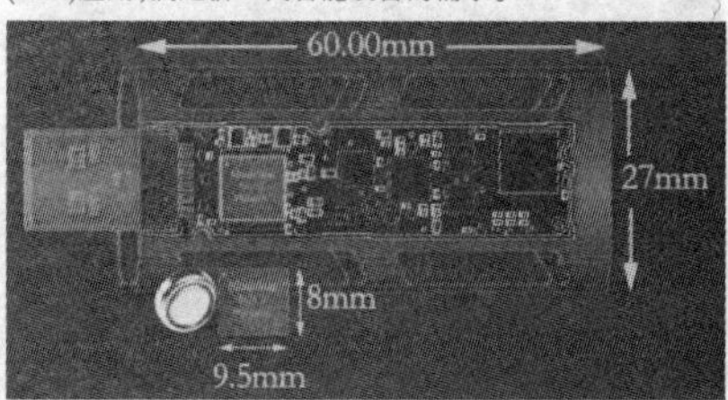

新一代计算棒（NCS 2）仍然类似U盘造型，尺寸只有72.5×27×14mm，通过USB 3.0 Type-A接口插入主机，兼容64位的Ubuntu 16.04.3、CentOS 7.4、Windows 10操作系统。

NCS 2内置了最新的Intel Movidius Myriad X VPU视觉处理器，集成16个SHAVE计算核心、专用深度神经网络硬件加速器，可以极低的功耗执行高性能视觉和AI推理运算，支持TensorFlow、Caffe开发框架。

按照Intel给出的数据，NCS 2的性能比之前的Movidius计算棒有了极大的提升，其中图像分类性能高出约5倍，物体检测性能则高出约4倍。

售价约为749元人民币，大家感兴趣的话可以自行购买。

（本文原载第4期11版）

两套实用的商业娱乐用音响系统方案(二)

(紧接上期本版)

①.该机采用双DSP 作数字信号处理,如图19所示,音乐信号与话筒信号

各用1片音频DSP作信号处理,DSP处理可实现音乐多种参数调节与话筒多种参数调节,通过面板按键可实现多种功能,通过面板的液晶显示屏作各项功能参数显示。如:

3.路音源切换:USB 接口MP3 音频播放与后板2路外接音频切换;

音乐音量调节、音乐5段均衡处理、左右平衡、噪音门、最大音量设定等;

音乐升降调(降调、复位、升调);

如话筒音量调节、话筒5段均衡处理、左右平衡、噪音门、最大音量设定等;

移频防啸叫按键:1~9档可选;

混响菜单按键:混响音量、延迟时间、重复参数、左右延迟时间等;

回声菜单按键:回声音量、延迟时间。

若对DSP处理模块有更高要求,该机还可升级DSP处理模块,LJAV-KTV-DSP-01A功放采用ADSP 21478 作高速音频处理,如图20所示,除保留上述双DSP 信号处理的功能外,该机还可实现更多功能,还可外接电脑通过软件操作,玩法更多。

②该机具有限幅器

限幅器是一种非常有效防止损坏扬声器的保护电路。当功率放大器发生削波过载时,会产生大量的谐波能量,使音箱过载而损坏。为此在功放中专门设置了一种峰值检测电路,一旦发现信号削波,就立即调整功放电平直到消除削波为止。

③完善的保护电路:

过载保护、高温保护、开机延时、关机哑音、防冲击保护,保护扬声器不会受到强列的冲击电流而产生噪音,如图21所示。

④功放后级

该机采用金典的HIFI 功放电路,差分电路电压放大,每声道3对东芝大功率管电流放大,如图21、图22所示,本报早期很多大功率HIFI 功放电路可参考。

800W环形变压器供电,4只6800μF/100V 电容滤波,整机额定功率:350W×2。

⑤具有中置声道与超低音线路输出接口

3.AV-HD-100 专业KTV无线麦克风

在专业音响工程,为方便使用,多用无线话筒代替有线话筒,千元以内的产品有较大的市场,AV-HD-100 专业KTV无线麦克风是一款性价比较高的产品,在KTV包房与小型户外演出时被大量使用,该机外观如图23所示,具有如下功能特点。

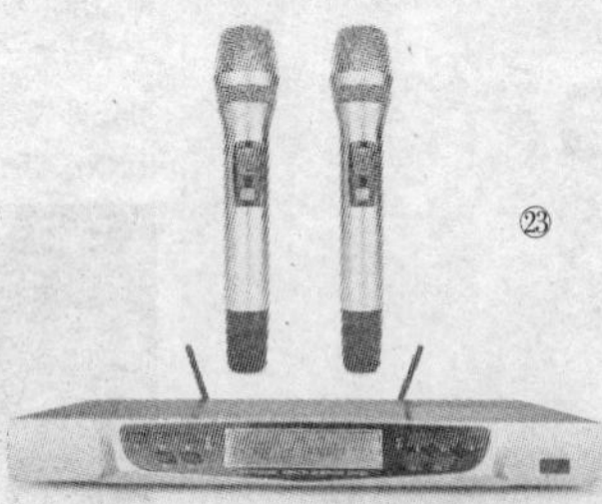

①采用DPLL数字锁相环多信道频率合成技术,频率范围740~790MHz,在50MHz频率带宽内,以250kHz信道间隔,提供多达200个信道选择,确保同时使用多台机器不干扰;

②红外线自动对频,能够快速锁定频定;

③低耗电源电路设计,一般电池可用8小时以上,适用KTV/演出使用;

④配置专业动圈音圈咪芯,音质纯正,低音雄厚,高音清晰;

⑤双接收电路,确保演唱时流畅不断频;

⑥高档液晶屏显示,使接收与发射器的工作状一目了然;

⑦特有发射机与接收机设置锁定功能,防止使用误操作。

⑧频率范围:80Hz~18kHz

4.AV-VA4012专业音箱

很多小型音响工程,某些采购商会把JBL某些款音箱作为备选产品,如图24所示,但品牌音箱,价格不低,如一对原装JBL KP4012售价总费用超过六千多元,一对原装JBL KP6052售价总费用超过一万多元。比如有时一对进口箱的费用接近全套音响工程预算的总费用,在工程费用预算有限的情况下也只能选择高品质的国产音箱。若一对大功率专业音箱预算费用在二千元左右,还真需要在众多产品中多对比、多选择,现以AV-VA4012专业音箱为例加以说明。

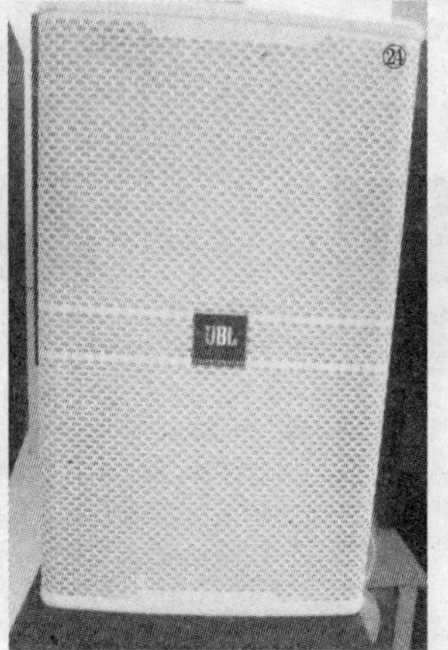

AV-VA4012专业音箱如图25、图26所示,其技术指标如下:

类型:两分频全频后倒双肾式音箱,采用中纤板箱体喷漆工艺。

驱动器:低音12寸180磁75芯音圈,高音120磁44芯

频响:50Hz-20kHz ±3DB

额定功率:400w

最大功率:800w

灵敏度:96dB

阻抗:8Ω

尺寸(W×H×D)360mm ×385mm×595mm

单从三段平衡来评价一对专业音箱没有多大意义,专业音响工程流行"PK",通过对该箱与某些进口品牌音箱作AB切换对比试音,如图27所示,两者之间的音质差距极小,但售价比某进口品牌音箱低很多,从 AV-VA4012专业音箱技术指标可以看出,其能够满足某些小型音响工程扩音使用,如KTV包房使用与小型会议室使用等,是实用音响系统的首选。

整套音响系统的操作也较简单,LJAV-KTV-06 1080P双系统影K点播机的模拟音频输出输入到LJAV-KTV-DSP-01 功放的后板音频输入,用AV-HD-100 专业KTV无线麦克风套装所配套的音频连接线其中一端连接无线话筒主机的后板音频输出口,另一端连接到LJAV-KTV-DSP-01 功放的任一路话筒输入口,用喇叭线连接音箱与功放的功率输出即可。有时为方便移动,专业音箱多安装在三脚音箱支架之上,如图27所示,有时为方便平稳固定,在支架配套的小板上面再固定一块面积较大的木板,然后把专业音箱在放置于木板值上,如图28所示,多检查各连接线确认无误后即可通电调试操作。

若用于室内,可以考虑LJAV-KTV-DSP-01 功放驱动AV-VA4012专业音箱,在户外场地使用,若需要较高的声压可以考虑用前级DSP处理器搭配300W~800W的后级功放来驱动AV-VA4012专业音箱,或通过LJAV-KTV-DSP-01 功放的中置与超低音线路输出通道接其他外部设备进一步改善音响效果。

◇广州 秦福忠

2019年4月14日出版 实用性 启发性 资料性 信息性

第15期（总第2004期）

国内统一刊号:CN51-0091 定价:1.50元 邮局订阅代号:61-75

地址:(610041)成都市武侯区一环路南三段24号节能大厦4楼 网址:http://www.netdzb.com

让每篇文章都对读者有用

笔记本光驱改硬盘

如今光驱的作用越来越低，特别是伴随着U盘装系统和移动光驱的流行，电脑光驱就基本处于闲置状态。现在新的笔记本基本都不带光驱了，而旧一点的笔记本很多人将光驱位改装成硬盘(主要放SSD，当然视体积大小也可以放HDD)，随着固态硬盘价格越来越便宜，SSD对旧笔记本的提速又非常明显。因此新买的固态硬盘可以作为主盘(受接口影响，速度有一定的受限)，而原来的机械硬盘也还能继续发挥作用，作为存储盘使用。

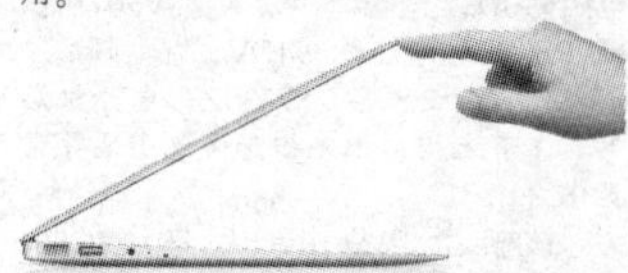

笔记本光驱改装硬盘目前主要有两种方法，一种是将笔记本光驱位改造，然后安装硬盘，这种操作相对麻烦。另外一种是直接买一块"硬盘托架"安装好硬盘，然后替换掉光驱使用。

由于硬盘托架价格一般都不贵，网购"光驱位硬盘托架"即可找到很多相关商品，价格在20元左右，因此建议使用这种专门的硬盘托架，使用比较简单。

硬盘托架示意图

注意事项

单位：mm

8.9
9.0
9.5

12.7

笔记本光驱尺寸、接口是有区分的；目前，笔记本电脑光驱厚度主要分为8.9mm、9.0mm、12.7mm三种规格，接口多为SATA、IDE、SILM，还分吸入式光驱等，目前只有SATA接口的光驱支持改装硬盘位。因此购买硬盘托架前，一定要了解清楚，如果不知道自己笔记本光驱的尺寸和接口，可以在网上查下，也可以在网上购买硬盘托架的时候，咨询卖家，一般他们都比较了解的兼容电脑型号。

拆卸步骤

首先要将笔记本光驱拆下来，有些笔记本比较简单，只要拆背面的光驱固定螺丝，之后就可以取下。

有些笔记本必须拆成这样才能取出光驱

有些笔记本拆光驱可能比较麻烦，需要拆机的地方比较多，比如不仅需要拆背面的固定螺丝，侧面还有螺丝，有的甚至在键盘下方还有光驱固定螺丝，可以根据自己笔记本的品牌型号，去百度搜索下拆机教程，看下一些图文或视频教程。

接下来就是将固态硬盘放入卡托然后装进去，具体步骤见下面的系列图示：

拧出4粒螺丝，为了方便放入硬盘。有人会说硬盘放不进去，那是因为没有拧出螺丝在那卡住了。

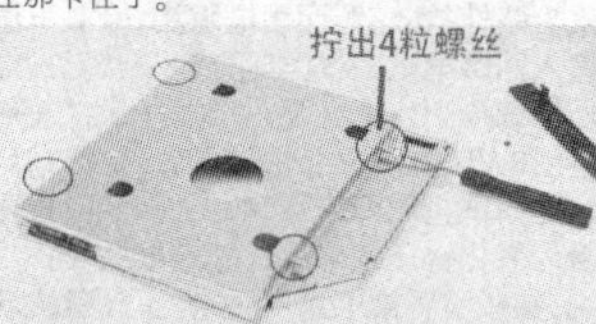

对准接口，用力推进硬盘，新硬盘(这里装的是机械硬盘，固态硬盘安装方法也相同)可能接口会比较紧，见下图：

推进硬盘
注意：硬盘一定要推进去
如果没有安装到位，就会识别不了

硬盘安装好后，拧紧螺丝。

硬盘安装好后，拧紧4粒螺丝固定。

将原来的光驱更换为硬盘托架。

更换光驱上的面板和支架到托架上面

用回形针或者其他小东西。弄一下按键旁边的紧急弹出孔，弹出光驱托盘。或者上通电情况下按下弹出按键即可。

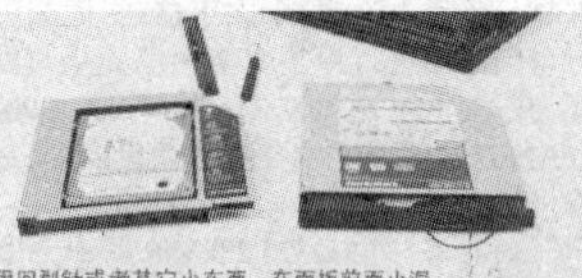

用回型针或者其它小东西，在面板前面小洞，用力插一下，弹出光驱面板

所有面板都是卡扣式的，用螺丝刀，在卡扣位置上顶一下，就可以取下前面板了。

面板都是卡扣进去的，用螺丝刀顶一下就出来了

拆下了面板，装到托架上面去。

把拆下来的面板，换到托架上面去

面板已完美安装到托架上面

拆下光驱上的支架。

拆下光驱上的支架，换到托架上面去。

支架安装到托架上去（此支架是用来电脑上固定用的）。

硬盘、面板、支架已安装到托架上面去。

托架已安装完成，再复位安装到电脑光驱位即可。

把硬盘托架，安装到电脑光驱位上

安装上去，跟电脑完美结合

再次提醒：在采购光驱位硬盘盒一定要与拆下光驱的厚度与接口相匹配（9.5mm与12.7mm之分）。

PS：更换完光驱的硬盘后，可能出现以下问题。

找不到硬盘盘符

首先，根据产品型号下载新版BIOS更新升级。开机时进入笔记本BIOS，如果能看到光驱硬盘参数(如型号)，进入系统后看不到硬盘盘符，这种情况，大多数是硬盘没有格式化或者硬盘在其他机械上加了密码保护，可以在Widows磁盘管理工具中，将新加的硬盘格式化分区即可显示。

升级BIOS后还是不能启动系统

早期的有些笔记本没有考虑加装硬盘。所以BIOS没有设计光驱位硬盘启动项。这种情况，可以将速度快的硬盘，如SSD安装到笔记本内部的原来硬盘仓位，作为主盘（系统盘），而光驱位硬盘建议优先安装机械硬盘，作为存储盘。

硬盘托架无法固定

这种情况，一般将原装笔记本光驱上面的铁片拆下来，装到硬盘托架上面即可解决。

（本文原载第9期11版）

速修彩电之体会(下)

（紧接上期本版）

11.测量电流法

电流检查法是指通过测量电路中的直流电流来发现故障的方法。此法对判断故障的性质(断路故障还是短路故障)极为有效，但电流检查法不能直接找出故障元件。其测量有直接和间接两种方法:直接测把万用表置于直流电流挡，然后将表直接串入被测电路中测量电流，具体测时，要求欲先在电路中开一个口(如拆除一根短路线、电感或割断某铜箔条等)，再将表串在开口处。实践得知:如果被测电路中有短路线，可将电路中的限流电阻、滤波电感或保险管断开一脚即可，将万用表串在该元件的两端即可，测量完后，要将断点重新连好;间接测量法是指通过测电路中已知电阻的电压来间接估算电流的方法，此法无需切断电路，使用很方便。但它不能直接测出电流值，只能直接测出某已知电阻上的电压U，再用电压U与已知电阻R相除，来算出电流，即$I=U/R$。

12.专用仪器检修法

专用仪器检修法是借助于专用仪器设备，对电视机故障进行的一种更为专业的检修方法。在仪器的帮助下，能够缩短检修时间，提高检修效率。一般常用的仪器有彩色电视信号发生器、扫描仪、示波器、电容电感表等。

1)彩色电视信号发生器可以产生出已调制的射频电视信号、图像中频信号和第二伴音中频信号。利用它作信号源可以对高频头、图像中频、视频放大、伴音等电路进行测量和调整。另外还要在色纯、会聚、白平衡等调整时作信号源使用。若用由高速逻辑器件和专业级视频器件组合而成的仪征YZ—2008A型电视信号发生器，可以快速对故障进行定位，从而提高工作效率。

2)扫频仪:利用扫频仪可以测量电路的频率特性，主要用于对高频调谐器的高频特性曲线、公共信道的中频特性曲线、色度信道的频率特性曲线、伴音信道的鉴频特性曲线等进行测试。通过对电路幅频特性曲线之测量，可以发现被测电路是否有故障或是否需要调整。

3）示波器：利用示波器（SR8型、YX4320A型双踪、UTD2102C型数字示波器)可以观察视频、扫描、译码、音频等部分信号的波形，借助对波形的分析来判断故障的部位。一般来讲，在电视机电原理图上，都给了测试点及对应的波形，通过测出的波形图与给定波形图的对比，再配合其他方法，即可发现被测部分电路是否存在故障。

4）电容电感表：电容电感表（如VC6243型数字表）是对电容、电感的量值进行测量的专用仪表。在实践维修中，能够准确测出电容电感器件的量值，对分析和判断故障的原因是十分重要的，这时就需要用专用电容电感表进行测量。

三、实际检修实例

例1、一台熊猫C74P2M型彩电无光栅，也无伴音，且待机指示灯不亮

据此判断电源系统有问题。该机芯电源系统分为整流、副电源、主电源。主电源是自激调宽开关电源结构。静态下，打开机盖先直观检查，仔细观察发现交流熔丝已熔断发黑，再结合副电源指示灯不亮这一特征，怀疑整流电路异常，有短路元件。在线检测电源开关管V904(2SC35520)无短路现象，说明故障在整流滤波电路。顺线仔细检查，发现并联在四只整流二极管上的一只滤波电容C1803(4700pF/1kV)其顶端略有发黑，将其拆下测量已严重漏电。用Rx1kΩ挡测其正、反向最大绝缘电阻小于50kΩ。试用一只5100pF电容替换C1803后，工作正常。

例2、东芝38GSHC电视机通电后出现“三无”，电源指示灯也不亮

该机的电源主要由STR—Z4267构成的双管推挽式开关稳压电路组成。打开机壳，用万用表测量开关电源各路输出电压均为0V，再测得电源滤波电容C810(560uF/400V)两端为300V电压，而Q801(STR—Z4267)的①脚却没有300V电压。经进一步的检查，发现保护器Z860 (500F008) 已开路，同时稳压管D875(9.1V)也开路。因手头无Z860的原型号器件，试用0.25Ω/0.5W熔丝电阻替换，并代换D875后试机，彩电恢复正常。

例3、康佳LED32F3300液晶彩电(35017303型三合一主板) 开机困难，偶尔能开机

能开机时一切正常，关机一段时间后又不能开机，估计是电源电路中有元器件接触不良或某元件热稳定性能差，造成开关电源在冷却状态下不能正常工作。静态下，仔细观察无元器件接触不良，对有怀疑的元件及重要焊点认真重焊后试机故障不变。对温度敏感的电容、三极管等器件进行检查，也未见异常。又采用电吹风，动态下(死机时)，针对可疑部件进行冷热交替吹风，果真发现开关电源控制芯片NW907(FAN6755)稳定性不良。将其更换后，故障排除。

例4、海信LED32T28kV液晶彩电在使用中出现液晶屏局部暗块

该机采用开关电源与LED背光驱动二合一板。此现象，说明系屏组件内某一灯条未点亮，可能是灯条问题，也可能是驱动电路异常。首查二合一板上的背光灯供电输出插件无问题。动态下，二次开机检测LED驱动芯片(OZ9957CN，内含振荡、关断延定时、软启动、可调光控制、系统同步控制、过流、过压保护等多个模块电路) 相关脚电压。其⑬脚(VCC)：12V、⑮脚(DRV驱动输出)1.33V、⑫脚(ENA点灯控制使能端)1.98V，均正常。再测OZ9957CN的⑦脚(ISEN，即LED电流检测，用于稳压和灯条过电流保护控制)电压，发现N901的⑦脚为0V，正常为0.515V，而N902~N904(OZ9957CN)电压均正常。为判断是灯条还是驱动电路故障，将两背光灯连线插头互换后，再测N901的⑦脚仍为0V，说明驱动电路有故障。再查升压开关管V901(FQD5N20L)的D极有正常84V电压。继而再重点查N902的工作电压正常否。测其⑬脚(供电端VCC)+12V正常;⑫脚(点灯控制使能端)为高电(1.96V)也正常;⑥脚PWM(调光控制信号输入端)为0V，异常，(正常为3.98V)。因其他三路驱动工作正常，所以调光控制信号输出电路之前正常，判故障应在N901单独的传输线路中。最后经仔细检查，用放大镜发现N901的⑥脚连接的印制线有一条微裂纹。用细导线将其焊接牢，再试机，故障排除。

例5、创维42L05HR液晶彩电开机后屏幕一亮就灭，但伴音正常

该机电源板（型号:P42TLQ）属于新型的电源、背光灯供电二合一板(编号为168P—42TLQ—0010)，电源板电路由市电线路滤波、整流滤波、PFC(功率因数校正)、副电源、主电源和高压逆变电路、待机控制电路等构成。电源电压输入为AC110~240V，输出3路：一路5V/0.3A，为主板CPC供电；二路12V/2A，不仅为高压逆变器的芯片供电，而且经稳压后为电视信号接收、处理电路供电；三路是24V/1A，为伴音功放电路等供电。据此，重点检查背光供电电路，即高压逆变电路。168P—42TLQ—00100，电源背光一体板；其控制和驱动电路分别安装在小电路板上，由连接插件CN706、CN710与电源板连接。故此，用电阻法查得，CN706(驱动小板8脚连线件)各引脚对热地电阻未见异常。再查，CN710(控制小板12脚插线）各引脚对冷地电阻也正常，并仔细检查控制小板上的相关元件也未见异常。测C724(1uF/50V)易损电容也无漏电现象。最后将CN710重插复位，又动态试机，结果竟恢复正常。此故障很可能是CN710控制连接脚与电源板间内槽扣局部接触不良所致。

例6、日立CMT—2989VP彩电接通电源后整机无任何反应

分析故障之因，故障应在电源电路。电源电路主要由厚膜电路TDA4601组成，系他激式变压器耦合并联型开关电源，稳压电路使用光电耦合器使底板不带电。此电源不但产生+B(115V)直流电压给行输出级供电，还产生+5V直流电压给微处理器（CPU）控制电路供电。CPU通过切断对振荡器的+12V供电来实现遥控关机功能。此时，打开机壳直观察看，熔丝F901(5A)完好，通电试机测得+B输出为零，再用示波器检测IC901(TDA4601)的⑤脚无振荡输出波形，说明振荡电路没有启振。测IC901的⑨脚电压为12.3V，⑤脚为0.15V，故判断IC901内部基极电流放大电路停止工作，或其自身不良。继而将Q902(3DG130C)的c极(集电极)焊开，再动态测得IC901的⑤脚电压上升至6.55V，此时C950两端有+120V电压输出。顺线路再检查IC901的⑤脚外的保护电路的元器件，发现Q902 (c—e结) 击穿。选用一只新的3DG130B(NPN硅管)代换Q902后，彩电恢复正常。

例7、一台TCL王牌LA152C4彩电三无，电源无输出

经查，市电输入保险管F1(3.15A/250V)已发黑熔断，由此看来电源已发生短路性故障，继而用电阻法，检测电源输入回路电阻，发现其阻值为欧姆级。最后仔细检查发现，是由于过压保护压敏电阻RVI(VDR561)击穿所致。更换损坏元件后试机故障排除。顺便说一句:该电阻为氧化锌压敏电阻，起过电压保护作用，在线路正常电压下，粒界呈高阻抗状态，只有很小的泄漏电流，而当电源线路过压时，粒界层迅速变为低阻，从而起保护电视机的作用。实践证明，压敏电阻只起过压护作用，应急修理时不用此电阻并不影响彩电工作。

例8、一台康佳T2987B彩电（T87机芯电源）开机有图像和伴音，但屏幕四脚彩色异常

据此，首先判断该机开关电源工作正常。此机芯的开关电源的地线是悬浮地(热地)，与整机的地线(冷地)是分开的。由现象可知，此故障是色纯不良。确定故障可能是因强磁体干扰或自动消磁电路有故障造成的。经检查及询问用户，无强磁体干扰现象。故此，确定故障在自动消磁电路。为此拔下消磁线圈检测消磁电阻，发现消磁电阻RT401(30/T)内部已局部损坏。直接更换新RT401后，显示正常。

例9、一台创维牌43PABHV等离子电视收看时有异常噪音

开机，图像、彩色均正常，但伴音中确实有异常的“沙沙”声。初查有信号和无信号不变，且音量减少或进入静音状态也不能消除。

继而开机壳，清除污物、灰尘后，又重点查其主板（B21488.5800—J8PS10—01)相关伴音电路滤波元件未发现问题。在路检测可疑元件也无漏电现象。动态下，又分段并联电容检查法，结果发现主板的高频组件边上一只标注为C6017(10μF/50V)电解电容有问题。将其焊下测量已失容(干涸)，更换后，故障排除。

例10、一台创维牌47L01HF液晶彩电之前机子启动困难，现在已开不了机

接通电源，指示灯亮，但二次开机无反应。继而，静态下打开后盖，仔细检查主副电源可疑部件未见异常。再继续观察发现此5800—P46TTS—00型电源板上5V滤波电容CS01、CS02(1000μF/10V)均已局部凸起。试换同容量耐压比之前高的16V电容后，试机故障排除。

例11、夏华40kC52液晶彩电烧电源保险

该机电源板采用的是PAN6961+A6059H+SSC9512设计，其PFC功率因数校正电路以FAN6961为核心元件组成。用户说:之前他人曾修过此机，看了一段时间又坏了。静态下，直观检查内部相关电路元器件，未发现异常现象。只发现开管关D极和FAN6961的⑧脚VCC(正电源)被他人曾焊过。现通电保险管FU501(T5AL/250V)炸裂烧断，说明电源电路存在严重短路或漏电故障。速查思路：问题多为大电流开关器件击穿短路，其主要有:PFC电路开关管V501(R6020);N503(A6059N)内置副电源开关管；主电源推挽输出开关管V502(FQPF12N60C)，V504(FQPF12N60C)。故而，采用逐级切断供电之法判其故障部位。当断开PFC开关管V501的D极供电时，保险丝FU501内部不再熔断，此时市电整流输出电压为300V，PFC输出电压也为300V。随之检测V501的D—S极电阻为0Ω，已击穿损坏。更换V501后试机，PFC输出电压为394.9V，故障排除。

例12、三星牌CS7230Z彩电开机后屏幕上有光栅，但光栅忽大忽小地异常变化

该机型电源由专用集块IC801(TEA2280和IC802(TEA5170)及开关变压器等组成。接入电源后开关电路进入待机状态，三个输出端就有+B，即+130V、+24V、+12V电压输出。CPU的供电取自开关电源的+12V输出。据此故障现象判断应是开关电源三路直流输出电压不稳定所致。在路仔细检IC802及相关外围元器件未见异常。再检查和调整VR802(50kB)时，输出电压变化不稳，故而怀疑内接触不良导致阻值不稳。代换VR802后故障排除。

例13、一台康佳牌T2512A电视机开机红灯不亮，有光栅，有噪声，按键不起作用

通电在电路测量+5V为0V，+B(130V)正常，故判故障在电源电路上。查资料得知，该电源由分立元件组成主、副电源电路，均为开关电源，也称其为“双开关电源”。先静态下，对其整个电路板进行直观仔细检查，在路对可疑的电阻、电容、二极管、三极管等一一检测和必要焊下测试，均未发现问题。通电情况下，又采用触摸法，小心将其怀疑元件触摸，摸电源稳压块V904(7805)升温正常。往前触摸稳压管VD908时，发现温度异常，且观察其表面略有变色，再在线测量正、反电阻值也有差异，怀疑其有问题。将VD908拆下测量(用数字表DT—890型20kΩ电阻挡）正反电阻值分别显示为3.98kΩ、5.36kΩ，证实已损坏。试用手头一只IN4746A(20V)稳压管替代后，试机，+5V电压恢复正常，故障排除。

该修找到故障点及故障元件的体会会带给你一种乐趣和一份小小的成就感。总而言之，言而总之，这些都是笔者修电视之经历和体会呀，三天三夜也说不完！亲爱的编者先生、读者朋友们，在此敬请赐教！

◇山东 张振友

3D打印之Netfabb模型修复篇

当我们从网络上下载或自己设计制作好3D模型之后，接下来的操作就是对STL格式的文件进行严格的模型错误检测与修复，否则便无法进行后续的切片操作和最终的打印任务。3D打印的模型质量分析主要是检测其是否存在封闭性错误(不能出现孔洞)、壁厚度为零错误(任意壁点的厚度都不能为零)和曲面法线方向错误等等，但由于类似的错误几乎无法用肉眼逐一检测，比如一些立体文字细小笔画相互间的接合，因此需要借助专门的STL修复工具来进行检测和修复。通常情况下，我们可以使用Netfabb Basic(基础免费版)来检测和修复，只需以下简单的六步操作即可。

1.安装、运行，导入待检测的STL文件

安装程序Netfabb-free_7.4.0_win32.exe大小为66MB(下载地址：https://pan.baidu.com/s/1GqnHlYD2iJbwGV0bFlDsjQ)，直接双击点击"下一步"按钮即可。进入Netfabb运行界面后，点击左上方菜单栏下工具栏Open File按钮，将待检测的3D模型文件School.stl读取，导入至Netfabb的视图区。此时，如果其右下角出现一个红色的三角形感叹号(如图1所示)，说明该模型的确存在问题，需要修复。

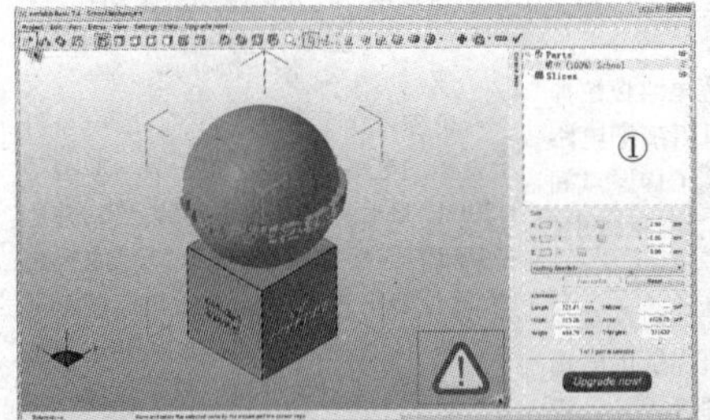

2.进行3D模型分析

运行"Extras"(附加功能)-"New Analysis"(新建分析)-"Standard Analysis"(标准分析)菜单命令，进行模型的分析，结束后在右下方出现模型分析的参数结果(如图2所示)。

上方显示的是包括XYZ三个轴向各自的最小值(Minimum)、最大值(Maximum)及模型的尺寸数值大小(Size)；中间显示的信息是体积(Volume)、点数(Points)和三角面数(Triangles)、面积值(Area)、边数(Edges)和片数(Shells)，尤其要注意的是其中的孔洞数(Holes)是6(正常值应该为0)，同时下方的"模型表面是否关闭"(Surface is closed)处显示的是红色的"No"状态，表示该模型存在"表面未关闭"问题：有6个孔洞；另外，下方的"曲面法向是否一致"(Surface is orientable)显示的是正常的"Yes"状态，说明曲面法向是正确的。

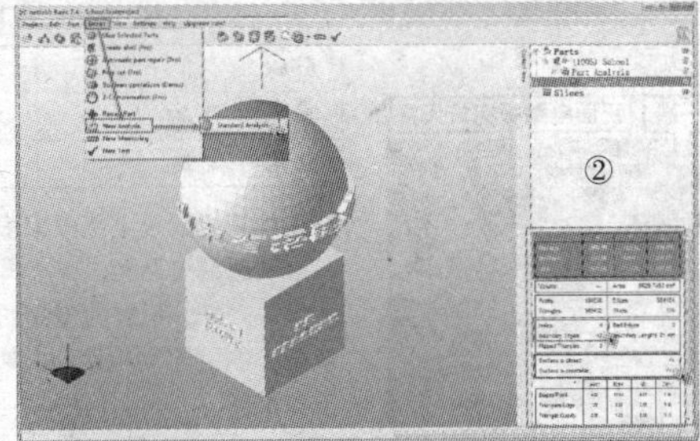

3.进行3D模型修复

运行"Extras"-"Repair Part"(修复零件)菜单命令进入模型修复，视图区右下方会显示出各项详细参数，通常情况下直接点击状态"Status"选项卡左下角的"AutomaticRapair"(自动修复)按钮，并且在随后弹出的确认对话框图保持默认的修复"DefaultRapair"项，点击"Execute"(执行)按钮，开始进行3D模型的修复(如图3所示)。

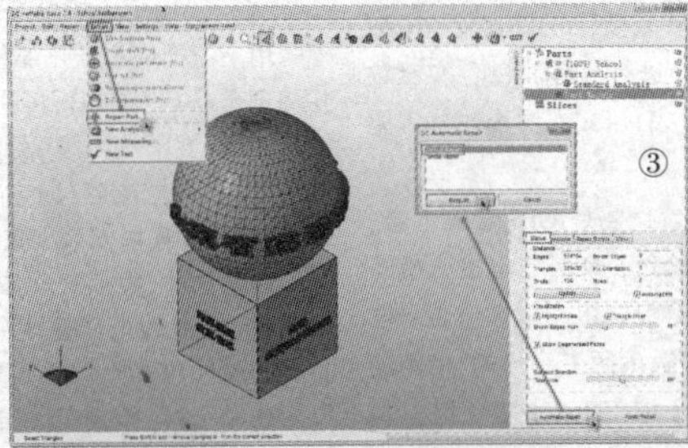

4.完成修复

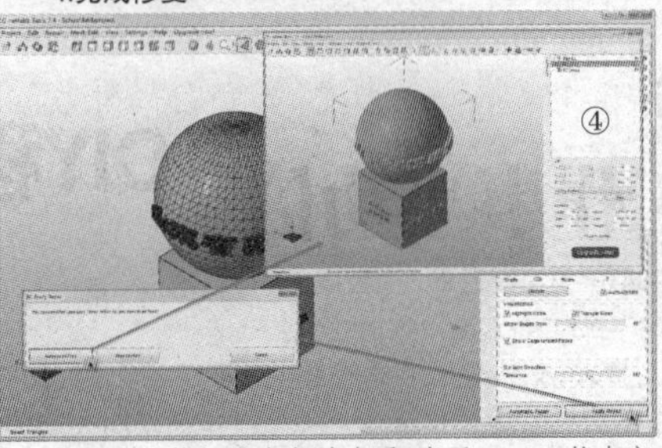

当下方的修复进度条结束后，表示Netfabb基本完成了修复操作；接着再点击右下角的"Apply Repair"(应用修复)按钮，在随后弹出的对话框中选择第一项"Remove old Part"(移除原模型)按钮，返回主界面，此时之前的红色感叹号已经消失不见，说明修复成功(如图4所示)。

5.对修复结果进行二次检验

再次运行"Extras"-"New Analysis"-"Standard Analysis"菜单命令，与刚刚在Netfabb导入3D模型时进行对比，存在的错误都已经修复了：一个是孔洞数(Holes)显示为0，另一个"模型表面是否关闭"(Surface is closed)处显示为绿色的"Yes"正常状态(如图5所示)。

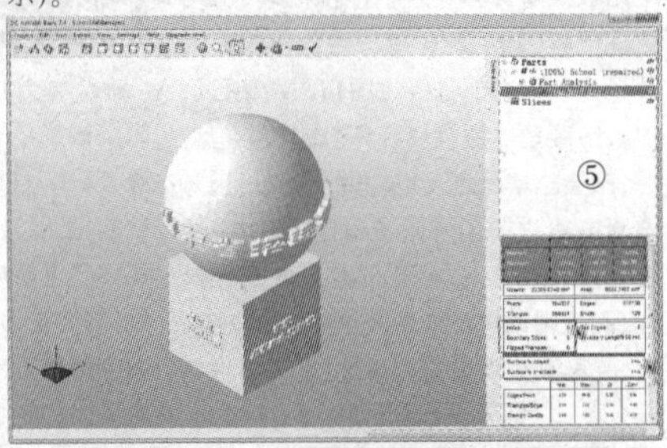

6. 导出修复成功后的3D模型文件

运行"Part"(零件)-"Export Part"(导出零件)-"as STL"(以STL格式)菜单命令，在弹出的对话框中选择保存文件的路径和名称——默认保存的文件名为School (repaired).stl，最后点击"保存"按钮即可(如图6所示)，这样就得到了一个修复成功的STL格式文件，可以进行下一步的切片和打印操作了。

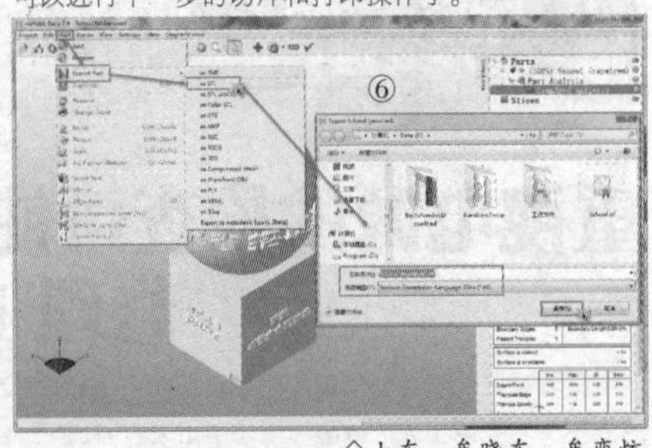

◇山东 牟晓东 牟奕炫

长虹大金狮手机充电盒改装充电宝

前些年的长虹大金狮手机屏摔碎了，已弃之不用，但充电盒和两块4000mAh的聚合物充电电池却完好无损，怎么把它利用起来是笔者一直考虑的事情。

前不久在浏览网上商品，看到一款手机充电宝小电路板(如图1所示)，价格只需几元钱，于是邮购一块动手改装起来，具体步骤如下所述：

1. 电路板连接：连接非常简单，只要5V电压正负极不接反就能工作，由于大金狮原充电电路是好的，保留继续为电池充电。

2. 找一个小型开关，大小正好能镶嵌在充电盒内就行。由于受电池盒内的空间限制，小电路板就粘在充电盒的外面适当位置(如图2所示)。小电路板虽然也带充电装置，为了保证原装充电器与原装电池的良好匹配，这部分功能弃之不用。

3. 使用也很简单：如果要给电池充电，把小开关关闭，断开小电路板的供电就可以；如果旅行途中给手机充电，则把小开关打开，给小电路板供电，小电路板上的四只蓝色发光管点亮就开始给手机充电了(如图3所示)，充电后的手机电量可达100%。

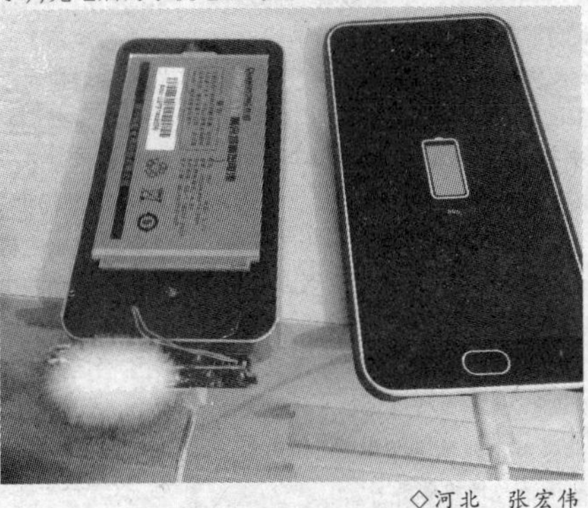

◇河北 张宏伟

解决iPhone Xs Max信号差的问题

有些朋友的iPhone Xs Max信号比较差，尤其是联通、电信双卡双待的组合在很多地方都是如此，我们可以按照下面的方法解决这一问题。

进入设置界面，首先关闭非流量卡的4G信号，如果是联通卡，请选择3G；接下来取消非流量卡的网络自动选择服务，手工选择相应的网络，取消"蜂窝移动数据"中的"切换蜂窝移动数据"服务。

完成上述设置之后，手工重启iPhone，或者打开飞行模式并重新关闭(如附图所示)，这样就可以基本解决信号奇差的问题了。

◇江苏 王志军

苏泊尔C20SO5T型电磁炉不工作故障检修1例

故障现象：接通市电时指示灯不亮，按开/关键和所有功能键都无反应。

分析与检修：根据故障现象判断，应是保险丝(熔丝管)熔断或电源电路没工作。

打开机壳查看元件面，没发现异常，用数字表测量保险丝已开路，怀疑是因为功率管或整流桥堆击穿造成的。拆下电路板察看焊点，发现在电源模块U2与滤波电容C19之间，有一块约小指头大小严重碳化的部位（见图1a，碳化已清理），怀疑是电源模块烧坏引起的。但又想，保险丝熔断不可能因此而引起，因为电源电路之前还有限流电阻在保护，过流时应烧断限流电阻而不是烧断保险丝。测量辅助电源的限流电阻R22(22Ω)完好，再测量功率管和桥堆，发现桥堆完好而功率管击穿，说明保险丝熔断是由于功率管击穿所致。

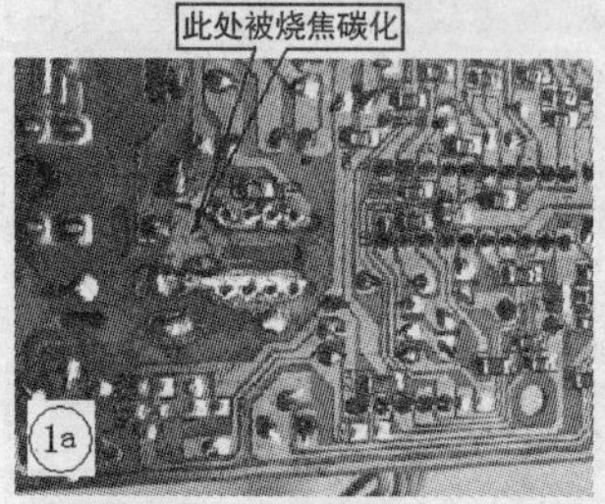

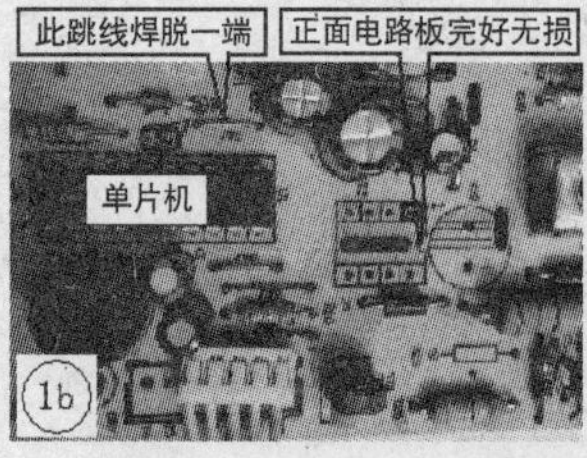

下面分析电路板烧焦了，可限流电阻没被烧坏的原因。为探究结果，拆出电源模块U2(PN8124F，该模块封装与引脚功能见图2)，观察该模块外表还蛮完好，又怀疑电解电容C19有问题，拆出C19测量，其容量为3.9μF。观察这两个元件正面电路板还完好无损，如图2b所示。仔细对模块PN8124F进行离线测量，实测数据见表1。通过表1可知，该模块基本完好。

分析后认为，要是IGBT管先击穿，就会先烧断保险丝，切断市电进入机器而不会引起电路板烧焦，本例应属于电路板先烧焦，导致电源工作异常，使驱动电压异常，进而使IGBT管击穿。既然烧焦部位的电解电容和模块基本完好，怀疑该故障应属于电路板因表面或内层存在杂质而漏电乃至击穿。即使滤波电容和模块完好，但因为烧焦时产生的干扰杂波影响到驱动电路，最终导致IGBT管击穿损坏。

表1 数字表：DT9205N 二极管挡

引脚	1	2	3	4	5	6	7	8	备注
黑笔	1脚	0	∞	∞	∞	空脚	∞	∞	
红笔	1脚	0	0.650	0.574	∞	空脚	0.572	0.572	

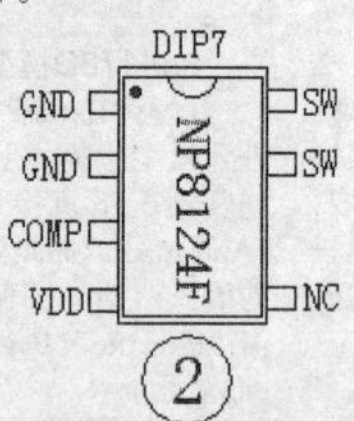

用小刀把烧焦碳化部位电路板挖掉并清理干净（见图1a），再用酒精把电路板正、反两面清洗干净，测量C19焊点间无漏电后，再把电容（原电容容量减小，最好换新）和模块安装上去。

通电之前，为了安全，先暂时不安装IGBT管，并把5V电压通往单片机供电端⑬脚的跳线JW5焊脱一个脚（相关电路见图1b和图3），以免万一电源工作不正常而烧坏单片机。

参见图3（图3是笔者根据实物绘制）测量C19两端电压为325V，稳压器U3(78L05)输出端滤波电容C22两端电压为5.03V，说明辅助电源电路恢复正常。

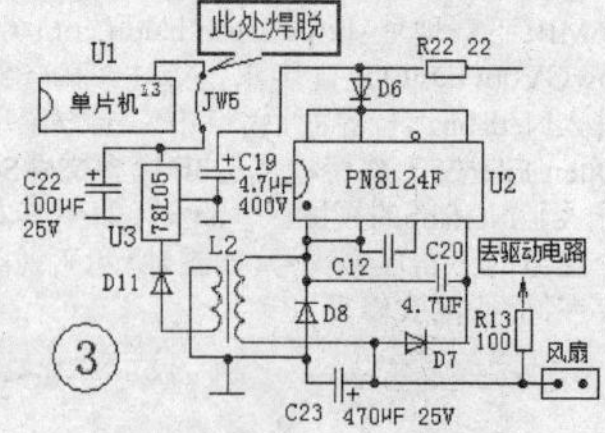

电源工作正常就放心了，断电后再检查驱动电路没问题，找一只与原型号H20R1203相同的IGBT管安装上去，并还原JW5的连接后通电，只听"嘀"的一声响，复位音正常，测量电源输出电压正常后，停电把显示板连线插好，并还原整机，放锅加水通电开机，显示与操作正常，加热正常，故障排除。

◇福建 谢振翼

重视电源的检查可使修理工作事半功倍

笔者最近几年参与修理的船舶设备中，遇到不少与电源相关的故障，现总结出来，供同行维修时参考。

例1. 操舵系统电源板故障导致计算机主板延迟启动

故障现象：某操舵系统的通信微机开机后，要延迟2分钟左右才能正常启动。

分析与检修：经过更换新的电源板后，发现微机正常的启动了，从这种现象来判断，说明故障发生在电源板。微机的CUP使用+5V电源，用指针表测量该电源板稳压芯片输入端并联的2200μF滤波电容，发现该滤波电容容量明显减小，更换同规格的电容后开机，恢复正常，故障排除。

例2. 电源线正负极接错导致模拟执行机构不动作

故障现象：某操舵系统在内场调试过程中，需要利用舵机模拟执行机构代替实际舵机，以验证操舵系统控制部分的功能并调整其操控精度。

分析与检修：在调试阶段，发现无论如何努力，包括检查线路、开关、接线柱、保险丝(熔丝管)等元件正常。该操舵系统所驱动的舵机模拟执行机构都无法动作，而单独利用执行机构自身屏幕的控制器进行控制，可以正常驱动舵机模拟执行机构，说明舵机模拟执行机构本身正常，故障发生在控制系统。检查时，发现控制信号的电压为-24V，而该控制信号的电压应该为+24V，确定该系统的供电线路接错。经排查，发现进入操舵系统的外接+24V直流电源的正、负极接反，导致驱动电路不工作。将直流+24V供电线路正负极对调后接入，重新开机，系统能正常驱动舵机模拟执行机构，故障排除。

例3. 变压器输出端保险丝座断路导致无法供电

故障现象：操舵系统的显示面板中有一部分数码管用于显示航向、深度等信息，该供电分别为直流+24V或采用交流110V/400Hz供电，在开机过程中，发现交流供电时数码管无显示，而直流供电时正常。

分析与检修：根据故障现象，判断直流电源异常。首先检查相关线路，发现供电线路均连接正确且正常，单独测量变压器次级绕组无电压输出，测量保险丝（熔丝管）正常，怀疑变压器异常。但断开变压器的次级绕组，分别测量变压器初、次级绕组的阻值正常，说明变压器初级绕组的供电线路异常。经检查，发现保险丝座的连接线脱焊，补焊后故障排除。

【提示】在修理的其他仪器设备中，同样遇到多起类似电源的故障，检修过程有的比较曲折，最终回到电源电路才排除了故障。在检修一些故障时，开始没考虑电源系统，走了一些弯路，耽误了宝贵的时间。从上述检修案例中，笔者体会到，修理故障设备时先要认真思考，只有准确地定位及排除电源故障，才能更好地排除其他故障，提高检修效率，达到事半功倍的效果。

◇广东 申传俊 钟多就

DIY移动硬盘电源线的方法与技巧

前段时间笔者淘到一块东芝V63700-A型500G移动硬盘。但是，满心欢喜地将这块移动硬盘接到电脑后置USB口上测试的时侯发现，这块移动硬盘虽然能正常启动，但经常会出现一些莫名其妙的问题。

这块盘笔者分了2个区，出现故障时总是将后面的分区丢失，或者是丢失文件；要不就是保存的文件打不开，提示文件格式不对或损坏。但是，笔者用MHDD软件测试该硬盘，并未发现问题。接着，仔细检查USB 3.0端口正常，硬盘也正常，数据线是新买的，换一根数据线也无效，究竟是问题出在哪呢？想了几天还是解决不了问题，怀疑硬盘有问题。拿着这块硬盘反复察看它的商标时，发现问题可能是出在USB口的电源供电上。因为商标上明确标明该硬盘需要采用5V-1A电源供电，而电脑主机USB口提供的5V电源的最大负载电流也就是500mA左右，所以确认故障是因USB口电源电流不足引起的。

在买硬盘时因没有原配的数据线，只好随便买了一条单口的数据线，这才产生了本例特殊故障。由于买不到原配的数据线，DIY一条数据线对于喜欢动手的笔者来说不是什么难事，于是就自己动手做了一条双USB口的数据线，如附图所示。

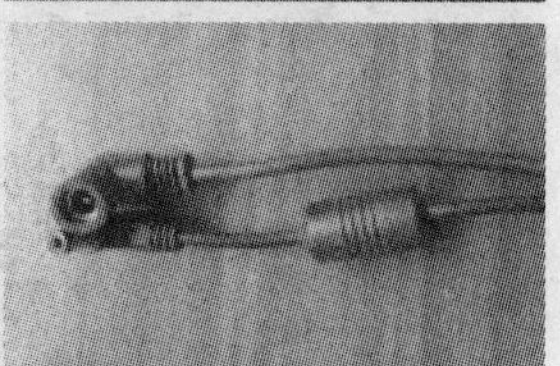

两个USB口电源并联的电流可以大于1A。做好后，重新测试了一下该移动硬盘，一切正常，故障排除。

【提示】对于该硬盘的供电，最好是使用5V/2A的外接开关电源。方法是：把数据线外皮剥开，把里面的红、黑电源线剪断，断开U口端的另一侧，再焊上一条带有3.5插头或插孔的线，使用时插上外接电源即可。

◇内蒙古 夏金光

CCD与CMOS技术的比较(上)

早于20世纪90年代初，有意见认为电荷耦合器件(CCD)日渐式微，最终将成为“科技恐龙”。如果以索尼公司(Sony)2015年的发布来看待，这个预言好像也有点道理。当时索尼公司正式发布终止量产CCD时间表，并开始接收最后订单。虽然多年前业界已预计此举迟早将会出现，但是索尼这一发布仍然震惊了专业成像社群。值得一提的是，很多工业或专业应用——即CMOS图像传感器(CIS)的重点市场——到现在仍然基于CCD传感器技术。到底CCD有什么特点优于CIS，使其更具吸引力呢？在发展初期，CCD和CIS两种技术是共存的。后来，CCD被视为能够满足严格图像质量要求的高端技术，而同时期的CMOS技术仍然未成熟并受制于其固有噪声和像素复杂性等问题。在这一时期，图像技术仍然以模拟结构为主，而集成图像处理功能(系统级芯片，SoC)这一概念还没有被认真考虑。基于摩尔定律，技术节点的缩小使得SoC技术从2000年起快速扩展并更具竞争力。现在CIS继续致力改进光电性能，在很多方面都显得比CCD优胜。如果利用文首提到的“进化论”譬喻，其实可以把CIS视作抵过多次自然灾害仍然存活的哺乳类动物，而这个进化历史更是跨越6500万年的史诗级故事！

CCD和CMOS：同源异种

CCD的工作原理是将光子信号转换成电子包并顺序传送到一个共同输出结构，然后把电荷转换成电压。接着，这些信号会送到缓冲器并存储到芯片外。在CCD应用中，大部分功能都是在相机的电路板上进行的。当应用需要修改时，设计人员可以改动电路而无需重新设计图像芯片。在CMOS图像传感器中，电荷转换成电压的工作是在每一像素上进行。CMOS图像芯片在像素级把电荷转换成电压，而大部分的功能则集成进芯片。这样所有功能可通过单一电源工作，并能够实现依照感兴趣区域或是开窗灵活读出图像。一般来说，CCD采用NMOS技术，因而能够通过如双层多晶硅、抗晕、金属屏蔽和特定起始物料互相覆盖等特定工艺实现性能。而CMOS是基于用于数字集成电路的标准CMOS工艺技术生产，再根据客户要求加入成像功能(如嵌入式光电二极管)。

一般的见解是CMOS传感器的生产成本比CCD低，因而它的性能也较CCD低。这个假设是基于市场需求的考虑而得出的，但是其他专业市场的意见却认为两者的技术水平相若，而CCD甚至可能更经济。例如，绝大多数太空计划仍然采用CCD器件，原因不单是CCD在小批量和低成本的考虑下可在工艺级实现性能优化，还有长期稳定供货的需求考虑。同样，基于高端CCD的解决方案在科学成像市场也有主流占有率，而且还有一些新产品在开发阶段。情况就是恐龙进化成飞鸟，而它们大部分都能够提供优秀的成像功能……

CMOS使系统复杂性得到改进，因为它基本上嵌入了如模数转换、相关双采样(CDS)、时钟生成、稳压器等SoC结构或是图像后处理等功能，而这些以前都是

表1：CCD和CMOS特点比较

特点	CCD	CMOS
像素信号	电子包	电压
芯片信号	模拟电压	比特(数字)
读出噪声	低	同一帧率下较低
填充因子	高	中或低
光反馈	中至高	中至高
灵敏度	高	较高
动态范围	高	中至高
一致性	高	稍微较低
功耗	中至高	低至中
快门	快速高效	快速高效
速度	中至高	较高
开窗处理	有限	多重
抗晕	高至无	高
图像缺陷	弥散，电荷转移低效	FPN，运动(ERS)，PLS
偏压和时钟	多重，高压	单一，低压
系统复杂性	高	低
传感器复杂性	低	高
相对研发成本	较低	较高或较低，取决于系列

应用系统级设计才有的功能(图1)。现在的CIS通常是依照从180nm到近期65nm的1P4M(1层聚酯、4层金属)工艺生产，允许像素设计加入非常高的转换因子，便于结合列增益放大。这使得CMOS的光反馈和光灵敏度一般都比CCD为佳。相较于CMOS，CCD芯片的衬底偏压稳定性更好且芯片上的电路更少，因此拥有更显著的低噪优势，甚至达到无固定模式噪声的水平。

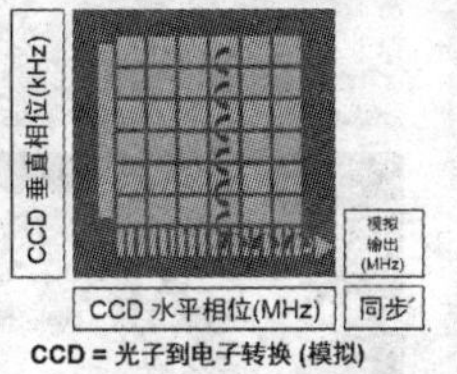

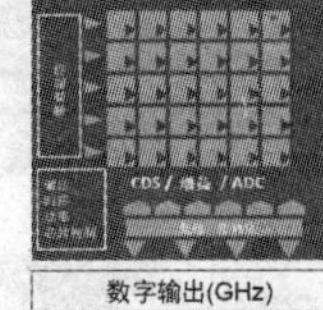

图1：CCD和CMOS结构比较

另一方面，CIS的采样频率较低，可以减小像素读出所需要的带宽，因而瞬时噪声也较小。快门会同时对阵列上的所有像素进行曝光。但是，CMOS传感器采用这一方法的话，由于每个像素需要额外的晶体管，反而占用更多像素空间。另外，CMOS每一像素拥有一个开环输出放大器，而因着晶圆工艺的差异，每一放大器的补偿和增益会有所变化，而使亮暗不均匀状况都比CCD传感器差。相对于同级的CCD传感器，CMOS传感器拥有较低的功耗，而芯片上其他电路的功耗也比CCD经优化模拟系统芯片匹配的解决方案来得低。取决于供货量并考虑到CCD导入外部相关电路功能的成本，CMOS的系统成本也有可能低于CCD。表1总结了CCD和CMOS的特点，有些功能有利于一种或其他技术，因此无须完全分割整体性能或成本。不过，CMOS的真正优势是通过SoC方式实现导入灵活性，以及其低功耗特点。

关于噪声性能的常见误解

视频成像链的带宽必须小心调整，以便最小化数字化阶段的读出噪声。可是这一带宽也必须足够大以防止图像出现其他缺陷。这一惯常做法也适用于CCD和CMOS。带宽的最小阈值是信号由采样达到足够接近理想水平所需要的时间决定的。诱发性误差应处于接近最低有效位(LSB)的可忽略水平。要决定所需要的带宽，可以应用下面的准则：

$$f_c=N.Ln(2)f_s \tag{1}$$

把放大链带宽fc、信号频率fs和N(即ADC分辨率)置入算式计算。例如N=12时，数值则是：

$$f_c=8.3f_s$$

噪声最由两个因素造成：1/f闪烁噪声和热噪声(见图2)。闪烁噪声是大自然中常有的噪声，而它旳频谱密度和地球自转速度、海底水流、天气以至气候现象等活动相关。研究报告显示普通蜡烛的闪烁速率是1/f。在MOS器件和放大链各元素中，闪烁噪声则是技术工艺误差生成的缺陷，使电荷被困于栅极氧化物内所造成的结果。电荷进出这些“陷阱”，造成晶体管通道内的电流不稳定，故又称“随机电报噪声”(RTS)。利用洛伦兹数学模型可以形容每一个“陷阱”的共振行为，而模型的总和(即MOSFET通道表面范围的所有“陷阱”总和)在1/f频谱上展示时，会完全符合具体噪声的频谱密度。结果显示，1/f波幅与MOSFET通道表面面积成反比——不是完全直观。

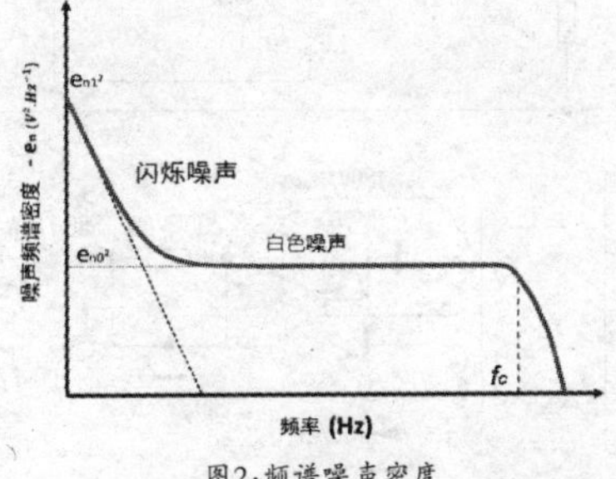

图2：频谱噪声密度

要去除或减小CIS上的放大器共模差异，浮点的重置噪声以至晶体管技术分散，视频通道通常集成一个相关双采样(CDS)级。这一元素把视频信号传递函数依照下面的算式进行转换：

$$H_{CDS}(f)=2.\sin\left(\pi\frac{f}{nfs}\right) \tag{2}$$

在算式中，fs是采样频率，n是CDS因子(通常n=2)。如图3显示，取决于采样频率，这一滤波能或多或少地去除1/f噪声频率分量，尤其是当采样频率fs很高的时候显著(换句话说，电荷进出“陷阱”的动作将慢于CDS频率)。HCDS滤波器结合放大链的低通滤波器可以简化为一个如图3所示的等效带通滤波器。图中的eqBP1对应一个一阶带通滤波器。这里eqBP1的噪声频谱函数要除以2，以得到一个带有HCDS函数的等效集成噪声功率。eqBP2是eqBP1的陷波估算值。为取得集成噪声功率，eqBP2的上限和下限分别按照(π/2)-1和π/2进行倍增。

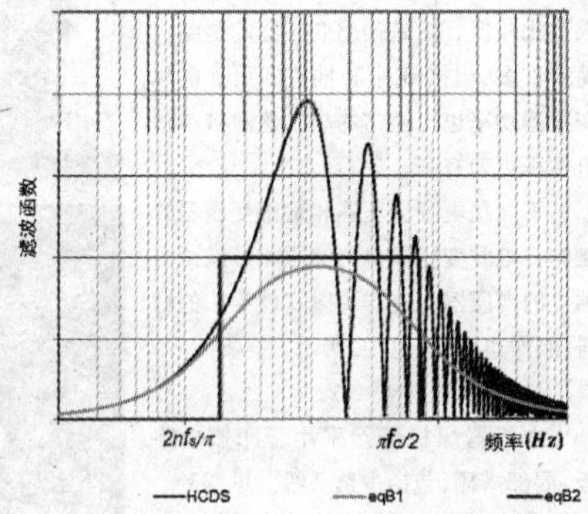

图3：噪声滤波函数。

在图2和图3所示的一般状况下，噪声性能可依照下面的算式展示：

$$e_T^2=\int_0^{\infty}|e_n|^2|H_{CDS}|^2df \tag{3}$$

$$e_T^2\approx 2\int_{2nf_s/\pi}^{\pi f_{c/2}}\left(e_{n0}{}^2+\frac{e_{n1}{}^2}{f}\right)df \tag{4}$$

把算式(1)和(4)合并后，得出总体集成读出噪声估算值如下：

$$e_T\approx\sqrt{2}\left(\underbrace{Nf_se_{n0}{}^2}_{White}+\underbrace{Ln(N/n)e_{n1}{}^2}_{flicker}\right)^{\frac{1}{2}} \tag{5}$$

有关算式经验证跟数字仿真结果相当匹配。CCD的读出噪声可达到非常低水平，适合如天文或科学成像，这些应用领域的读出频率可以非常低。系统设计包含有最小频带宽的电子元素，以避免集成进信号的不稳定时脉。在这些应用中，噪声的1/f分量有主导地位(图4)。在高速视频应用中，高噪声使得信噪比显著变差。从多个不同CCD视频相机录得的具体噪声表示状况数据，确认了有关理论。CMOS图像传感器的列式平行读出布局(见图1)在这一方面提供优势。阈值读出频率除以列数，再与CCD数值比较。在这里，CIS的读出噪声主要由1/f数值主导。这有助于进一步改进CMOS技术在成像方面的性能。近期的结果显示，CIS可提供1e-或更低范围的优秀噪声性能。

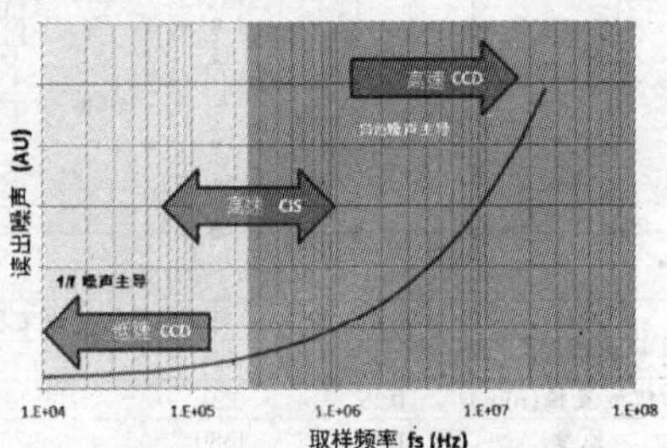

图4：读出噪声作为fs的函数

(未完待续)(下转第155页)

◇湖北 朱少华 编译

一款8×2W推挽功率放大器的制作

最近又组装了一台自己的音响——低频电压(180V)6P1推挽小功放。几年前组装了一套用于耳机放音的低频压(70V)6P14推挽小功放（参考电子报2015年28期15版），背景杂音很容易控制，放音干净利落，甜美柔和，音效十分不错！这次的音响着重考虑使用喇叭放音。

电路见图1所示：

图1:1/2 6N3作为前置，主要是耦合缓冲作用，1/2 6N1做推动，1/2 6N1倒相，电路为传统的屏阴分割（威廉逊），6P1标准接法。因为屏极电压取值比较低，180V-200V。所以对元器件的要求都比较低，就是输出变压器的绕制也简单许多，阻抗8K中心抽头即可。电源变压器功率也比通常的小，这对减小整机体积更为有利。

下面是电源变压器和输出变压器的制作：电源变压器分为高压和灯丝两个独立的变压器，这样可以将就手头的材料，制作也便利，见图2所示。

详见附表1。

本机器焊机仍然采用了印刷电路板+局部搭棚，包括少量飞线。见图3。

大家已经看出来了，板子中间是"断裂"的。没错，是两块板子拼接而成，因为手头没有合适的整块板子。而且还做了加厚处理。见图4~7所示。

下面是焊接完成的板子见图8。

反复调试之后见图9、图10。

装进壳子里见图11、图12。

整机耗电大约50W，输出功率因为降低了屏极电压，比通常的小些，最大单边3W左右（推挽输出变压器设计P-P为8W8K）。作为一般的家庭欣赏音乐基本能够满足。

本机器的背景十分安静，手头没有毫伏表，物理测试，安静环境下，耳朵靠近音箱，几乎听不见一丝交流噪音。放音靓丽，不论是听纯音乐还是听人声，都有较好的表现，耐听，很适合做台式电脑音响。

以下是本机器放音视频连接，供参考：

https://v.youku.com/v_show/id_XNDA4MzEwNDUyOA==.html?spm=a2h3j.8428770.3416059.1

https://v.youku.com/v_show/id_XNDA4MTM2Njc0NA==.html?spm=a2h3j.8428770.3416059.1

https://v.youku.com/v_show/id_XNDA4MTM2NTU1Ng==.html?spm=a2h3j.8428770.3416059.1

https://v.youku.com/v_show/id_XNDA4MTM2Mjk5Ng==.html?spm=a2h3j.8428770.3416059.1

https://v.youku.com/v_show/id_XNDA4NDczNTcyMA==.html?spm=a2h3j.8428770.3416059.1

◇路 神

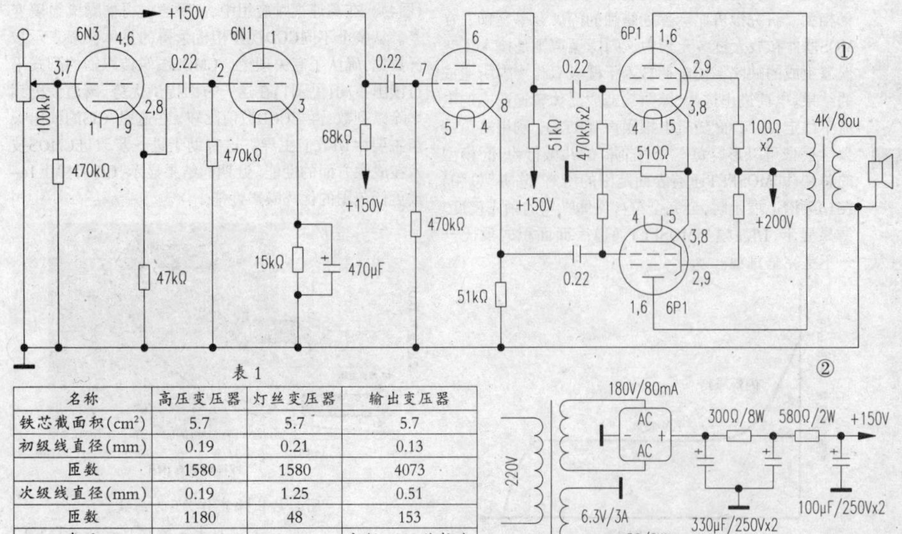

表1

名称	高压变压器	灯丝变压器	输出变压器
铁芯截面积(cm^2)	5.7	5.7	5.7
初级线直径(mm)	0.19	0.21	0.13
匝数	1580	1580	4073
次级线直径(mm)	0.19	1.25	0.51
匝数	1180	48	153
备注			初级2050处抽头

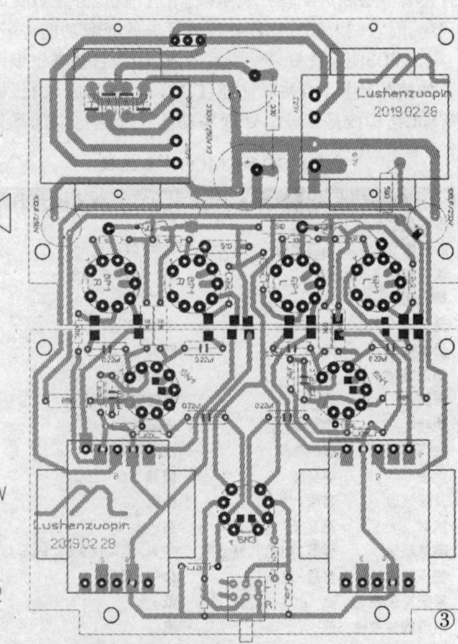

传感器系列1：传感器基础及应用实例

传感器是现代信息技术的重要基础部件，被广泛应用在家用电器、医疗卫生、汽车、机器人、环境保护、遥感技术、航空航天和军事等领域。传感器的作用是信息采集，直接面对被测对象，将有关参量转换为电信号。

一、传感器基础知识

传感器是传送感应的器件。感应是指能够感受到被测变量及其变化。被测变量主要包含各种物理量、化学量和生物量等，表现形式为非电量信号，常见的有温度、湿度、光照强度、气体浓度、压力、位移、速度、加速度、转速和流量等。这些非电量信号不能被电子电路、电子仪器或者电工仪表直接测量，所以要转换为容易传输和处理的电量信号，输出可用信号。常见的输出信号的形式有电信号(电压、电流、电荷)、频率信号、电参量(电阻、电容、电感)和光信号等。输出电量与被测变量之间有着一定的规律，所以输出和输入信号存在明确的函数关系。

传感器在国家标准中被定义为：能够感受规定的被测量并按照一定规律转换成可用输出信号的器件或装置。

(一)传感器的组成

传感器通常由敏感元件、转换元件和测量电路三部分组成，有的还要增加辅助电源电路。其组成示意图如图1所示。

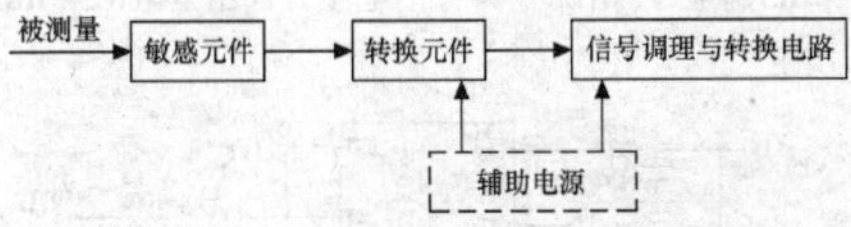

图1 传感器的组成示意图

敏感元件：能够灵敏且直接感受到被测变量及其变化，并输出与被测变量有一定关系的某一物理量的元件。例如，热电偶就是一种能将温度直接转化为热电动势的敏感元件。有的非电量不能直接变换为电量，要先变换为另一种易于变成电量的非电量，然后再变换为电量。

转换元件：能将敏感元件输出的非电量直接转换为电量的器件。例如，电容式位移传感器能将被测位移转换成电容量的变化。

测量电路：对转换元件输出的电信号进行转换和处理，如滤波、放大、运算调制、线性化和补偿等，便于后续电路实现记录、显示、控制和处理等功能。常用的测量电路有电桥电路、阻抗变换电路、脉冲调宽电路和振荡电路等。

(二)传感器的分类

目前广泛采用的传感器分类方法是按用途和按工作原理两种。

按用途分类就是用被测量命名传感器，例如：温度、湿度、浓度、压力、振动、位移、速度、加速度传感器等等。这种分类方法可以明确地表明传感器的用途和功能，便于使用者选用。

按工作原理分类，是依据物理、化学和生物等学科的某些原理、规律和效应，将传感器分为电参数式(电阻式、电感式和电容式)、半导体式、热电式、压电式、光电式(包含红外式、激光式和光纤式等)、波式和辐射式传感器等等。这种分类方法便于学习和研究，但不便于使用者按用途选用。

(三)传感器的基本特性

传感器的特性是指输出与输入之间的关系，分为静态特性和动态特性。静态特性是指当测量系统输入不随时间变化的恒定信号时的特性，主要包括灵敏度、分辨力、线性度、稳定性和电磁兼容性等。

影响传感器特性的因素来自外界影响和误差因素。外界环境的影响主要包括温度、供电、电磁场和冲击振动的影响。传感器本身的结构、电子电路器件和电路系统结构存在误差因素，主要包括迟滞、线性度、灵敏度、重复性、分辨率、温度漂移、零点漂移和各种干扰。这些都有可能影响到传感器的整体性能，造成输入和输出不成线性关系，甚至不能实现输入和输出对应关系的唯一确定性。

1.灵敏度

静态灵敏度是指传感器在稳定工作状态下输出变化量Δy和输入变化量Δx的比值，其表达式为$K=\Delta y/\Delta x$。

线性传感器的灵敏度K为一个常数。非线性传感器的灵敏度是一个随工作点变化的变量，输入量不同，灵敏度就不同。

2.分辨力

分辨力是指传感器能检测到输入量的最小变化量的能力，可用传感器的输出值来表示分辨力。模拟式传感器以最小刻度的一半所代表的输入量来表示，数字式传感器则以末位显示一个数字所代表的输入量来表示。将分辨力以满量程输出的百分数表示时，称为分辨率。

3.线性度

线性度是指传感器的输出量与输入量之间的关系曲线偏离理想直线的程度，也称为非线性误差。可用拟合直线近似地代替实际曲线中的某一段，使得传感器输入输出特性线性化，如图2所示。线性度的数学公式为：在全量程测量范围内实际特性曲线与拟合直线之间的最大偏差值ΔL_{max}与满量程输出值Y_{FS}之比，记作γ_L，即$\gamma_L=\Delta L_{max}/Y_{FS}\times100\%$。

拟合直线的方法有多种，一般采用最小二乘法拟合直线，即称输出范围中和标定曲线的各点偏差平方之和最小的直线。

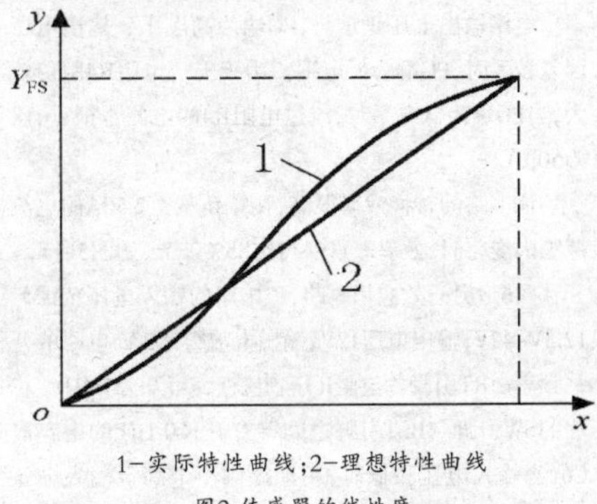

1—实际特性曲线；2—理想特性曲线

图2 传感器的线性度

4.稳定性

稳定性是指传感器在一定工作条件下，当输入量不变时，输出量随时间变化的程度。稳定性表现出传感器在一段较长的时间内保持其性能参数的能力。理想的情况是传感器的特性参数不随时间变化，但实际情况是随着时间的推移，大多数传感器的特性会发生一些改变，这是因为敏感元件或其他部件的特性会随时间发生改变。

5.电磁兼容性

电磁兼容性即抗干扰性，是指传感器对外界环境干扰的抵抗能力，例如抗高低温、抗潮湿、抗电磁场干扰、抗冲击和抗振动的能力等。

二、传感器应用实例

由半导体PN结理论可知，对于理想二极管，在恒定电流条件下，PN结正向电压随温度的升高而下降，近似线性关系。其电压-温度特性如图3所示。

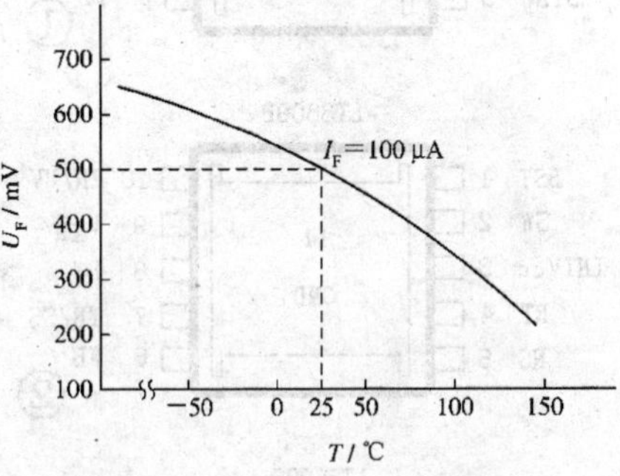

图3 硅温敏二极管的电压-温度特性

利用半导体PN结的这一特点，可以将温敏二极管用于测温电路。

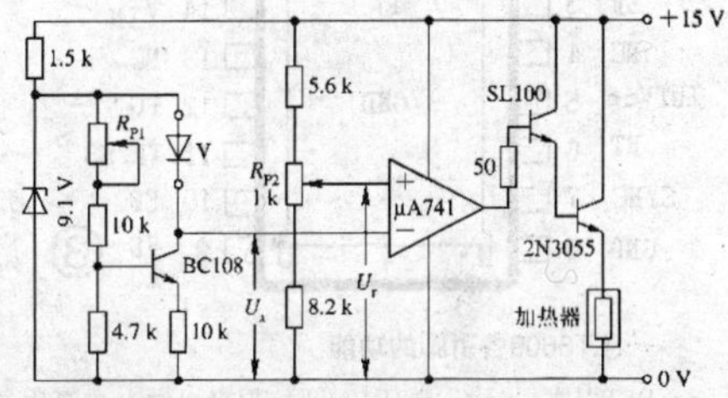

图4 简易温度调节器原理图

图4是一种简易温度调节器原理图，用于液氮气流式恒温器中，温控范围77~300 K。温度检测元件V采用锗温敏二极管。调节电位器RP1，可使流过V的电流保持在50μA左右。集成运算放大器μA741用作比较器，其输入电压为Ur和Ux。Ur为参考电压，可设定所要的温度，由RP2调整给定。

该电路工作原理如下：Ux随温敏二极管的温度变化而变化，比较器的输出会按差分电压的改变而改变。当温度上升时，V的正向电压随温度的升高而下降，则Ux升高，直至Ux高于Ur，比较器输出变低，三极管截止，加热器不工作。当温度下降时，V的正向电压随温度的下降而升高，则Ux下降，直至Ux低于Ur，比较器输出变高，控制由两个三极管构成的达林顿管电流放大器导通，驱动加热器工作。温度调节时间在30 min内，控温精度约为±0.1℃。

◇哈尔滨远东理工学院 解文军
中国联通公司哈尔滨软件研究院 梁秋生

静态电流仅2.5μA的超低辐射2A/3A型降压稳压器LT8609

LT8609是一款静态电流仅有2.5μA、具有3V~42V宽输入电压范围、输出电流可达2A、瞬态3A的降压性单片稳压器，该器件的EMI噪声超低，而效率可达90%以上，即便在轻负载情况下也是如此。

为了满足不同性能要求和制作成本需求，LT8609有一个型号系列，包含LT8609、LT8609A、LT8609B和LT8609S等，引脚数有10和16两种(均不含接地端)。其中LT8609、LT8609A的引脚排列见图1，LT8609B的引脚排列见图2，LT8609S的引脚排列见图3。

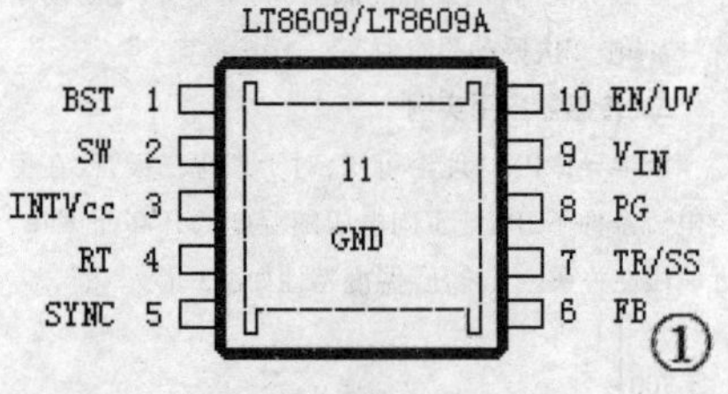

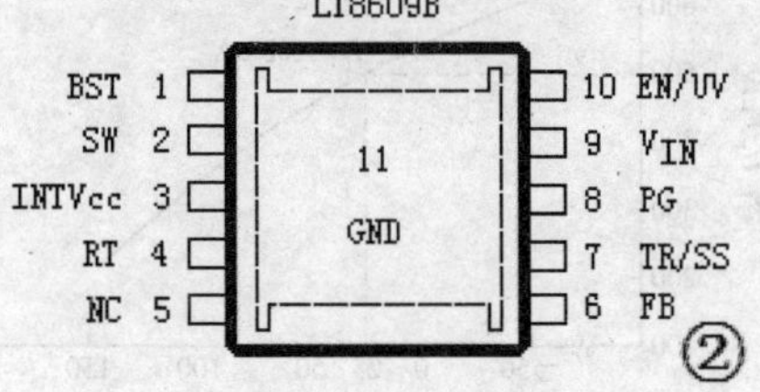

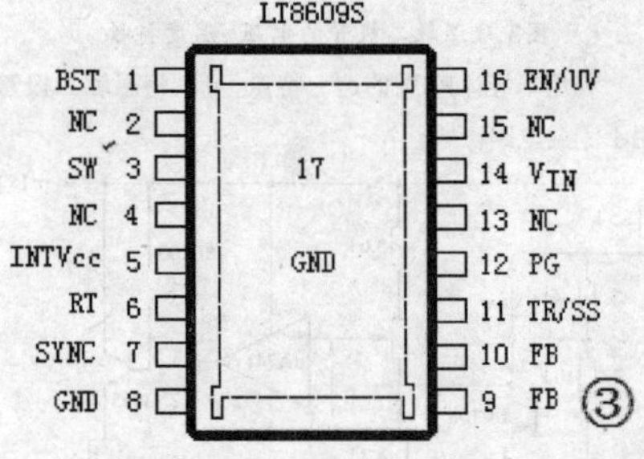

一、LT8609各引脚的功能

RST引脚：当输入电压较低时，用来提供一个高于输入电压的内部驱动电压。应连接一个0.1μF的电容器于该引脚与SW引脚之间，并尽可能靠近引脚。

SW引脚：负载电流的控制输出端。这个脚连接内部功率开关管MOSFET。

INTVCC引脚：内部3.5V稳压器器输出端，用于内部控制电路和功率场效应晶体管门极驱动电压。该端连接一只电容器到地，起滤波作用。

RT引脚：开关频率设置端。用RT和地之间的电阻设置芯片开关频率。当电阻R_T用kΩ作单位、开关频率f_{SW}用MHz作单位时，芯片开关工作频率可直接查阅下表。

SYNC引脚：频率同步脚。将该脚与一个外部时钟信号连接，可使内部振荡器与外部时钟同步。内部开关频率也可由RT引脚的电阻设定，详见上述。

FB引脚：输出电压调整端。该端与V_{OUT}端连接一只电阻(见本文图4中的R1)，与地之间连接一只电阻(见本文图4中的R2)。两只电阻组成一个分压器对输出电压V_{OUT}取样，分压所得与FB脚内部的0.782V的基准电压比较，从而调整输出电压。另外，该脚与V_{OUT}引脚之间通常连接一只4.7 pF~22 pF的电容器。由上述电阻决定的输出电压可用下式计算得知。

$V_{OUT}=0.782(R1/R2+1)$

上式计算结果的单位是V。

TR/SS引脚：输出跟踪和软启动脚。在该脚与地之间连接一只电容器用于调整电源启动时或故障重启时的输出电压斜坡率。由于该脚内部有一个恒流源对该脚上的电容器充电，所以，电容器容量越大，充电达到阈值的时间越长。

PG引脚：输出电压正常指示端。当LT8609输出电压波动在允许范围内时，输出电压被认为是正常的，这时PG脚内部为高阻抗，如果连接一个上拉电阻，见本文图4中的R4，该脚即为高电平。输出电压波动超出允许范围时，PG脚被内部电路拉低。根据该脚电位的高低可以指示输出电压正常与否。

V_{IN}引脚：电源输入端。输入电压范围为3V至42V。

EN/UV引脚：使能与欠压保护端。检测启动电压是否达到启动阈值。高于启动阈值时芯片激活启动，低于启动阈值时芯片关闭。如果不使用此功能，可将该脚接至V_{IN}端。

NC引脚：空引脚。

GND引脚：接地端。LT8609的结构封装有较大面积的接地端，可以焊接在印制板上以利散热。

二、应用电路

图4是使用LT8609S构成的一款输入电压5.5V~42V、输出电压5V、负载电流可达2A的应用电路。

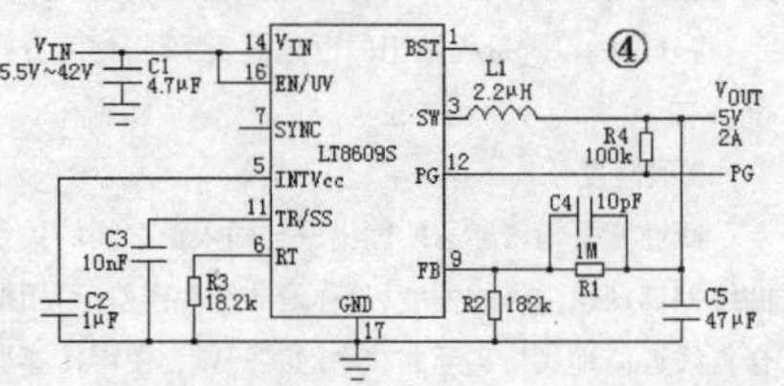

由图4可见，EN/UV引脚与V_{IN}引脚连接，所以该电路未使用欠压保护功能。SYNC引脚悬空，未连接外部时钟信号，芯片开关频率由RT引脚连接的电阻R3确定，查询上表可知，芯片LT8609S的开关频率应为2.00MHz。该电路的输出电压V_{OUT}由电阻R1和R2的阻值确定。

$V_{OUT}=0.782(1M/182k+1)=5.0V$

电路输出电压正常时，PG端为高电平，输出电压误差较大时，PG端为低电平。由于上拉电阻R4阻值较大，当PG端为低电平时，流过电阻R4的电流也很小，仅为50μA。

该电路的转换效率很高，在零负载至2.50A的电流范围内变化时，效率一直保持在85%以上，如图5所示。

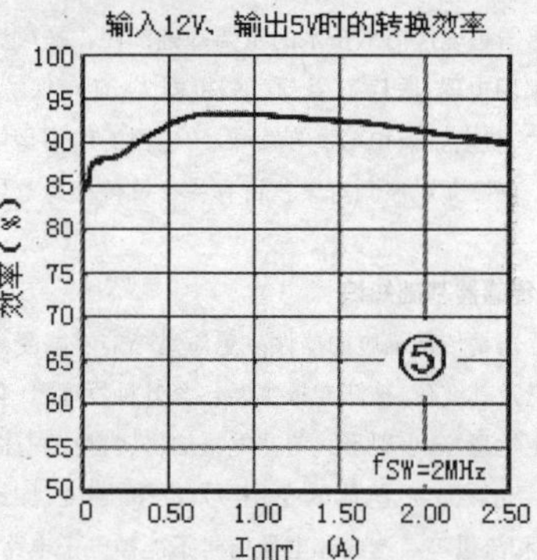

图6是另一款应用电路，该电路的输入电压范围为12.3V~42V，输出电压12V，输出电流可达2A。电路的开关频率由RT引脚的电阻R3确定，查表可知为1MHz。芯片的SW引脚与BST引脚之间接有一只0.1μF的电容器C6，当输入电压较低时，用来提供一个高于输入电压的内部驱动电压，保证电路持续正常工作。

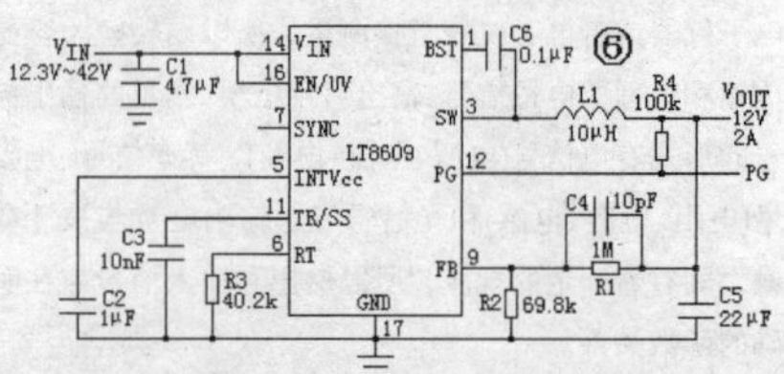

图7电路使用两块LT8609芯片，使电路输出两种工作电压，分别是3.3V和1.8V，两路输出的软启动时间均由电容器C3确定，当3.3V输出一旦建立，立即由电阻R6和R7给下侧的LT8609之TR/SS引脚施加一个电压，该电压已经超过芯片启动阈值，所以3.3V和1.8V电压几乎同时建立。电路的开关频率由电阻R3和R5确定为2MHz。两路输出电压分别由电阻R2和R8决定。

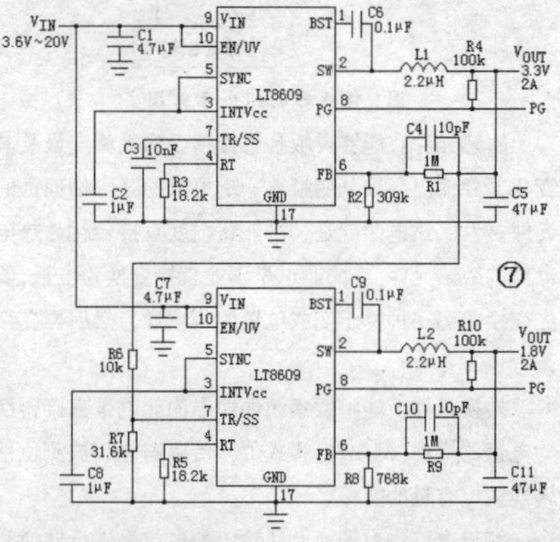

三、印制板的推荐设计

LT8609芯片的典型应用采用2层或4层印制板设计完成，如图8所示。它考虑了散热、超低EMI噪声等要求。可供应用时作为设计参考。

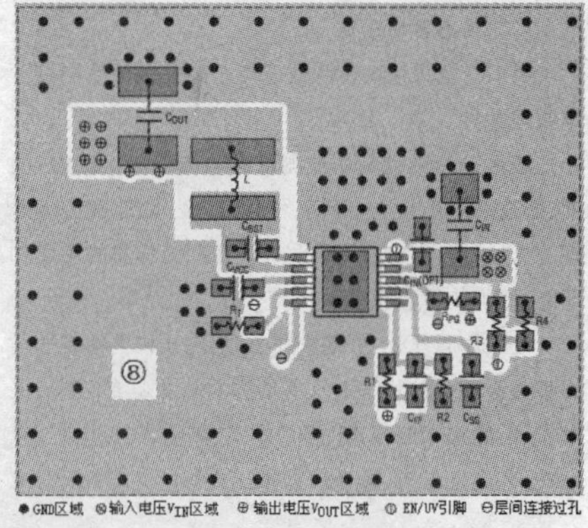

◇山西 杨电功

RT(kΩ)	221	143	110	86.6	71.5	60.4	52.3	46.4	40.2	33.2	27.4	23.7	20.5	18.2	16.2
f_{SW}(MHz)	0.2	0.30	0.40	0.50	0.60	0.70	0.80	0.90	1.00	1.20	1.40	1.60	1.80	2.00	2.20

一款高性价比数位屏——Wacom Cintiq 16

很多喜欢绘画(手绘)的朋友在初入数码绘画时都非常不习惯数位板(哪怕是最好的wacom),除开绘画基础以外的东西,还有一个手绘与数位板绘图的反馈方式存在很大的不同。手绘跟数位板画图的手感即使数位板的压感技术在不断提高的今天,在数位板作图跟纸上作图差别确实不一样。

普通的数位板

因此进而出现了数位屏,与数位板相比,数位屏更有以下优点:

WacomDTK-2421
售价22800元

1.更易把握画面效果,提高绘画效率;由于画面与笔尖在同一视野范围内,能够得到画面的及时反馈,非常接近手绘的感觉,能更好地把握画面效果。

2.不用担心色差,自带专业绘图屏幕;专业的绘图屏幕,超广的色域呈现,最大程度减少了由于色差带来的麻烦

3.极好的绘画体验,不用被比例缩放所折磨;你画多大就有多大,不用重新去适应数位板与屏幕的比例,也不用再不停地放大缩小。

当然缺点也很明显:

1.体积相对较大,主要型号从32英寸、27英寸到12英寸,便携性没有数位板方便(当然数位板也有大有小),不过一个裸露的非触摸屏在携带时更觉得心惊肉跳。

2.贵,早期的型号动辄上万元,最便宜的都要差不多7000元。

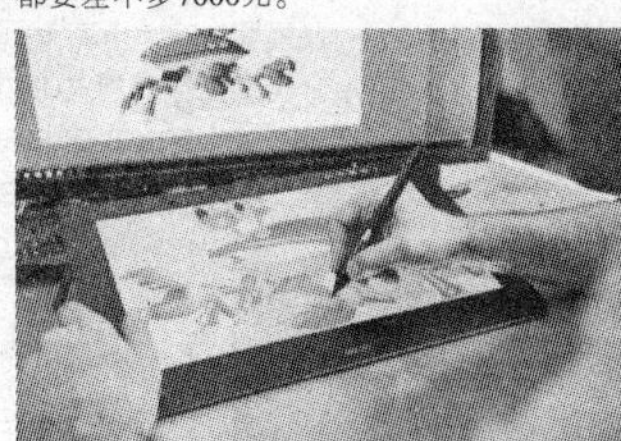

近日,作为数码绘图界的标杆Wacom终于上市了一款Wacom Cintiq(新帝)16,售价创新地低到了4499元;跟之前的新帝系列产品定价相比,直接省掉了几乎两个影拓(Wacom旗下的数位板)的价格。是厂家良心发现了还是偷工减料?下面就一起来看看Wacom Cintiq16的产品参数与特点。

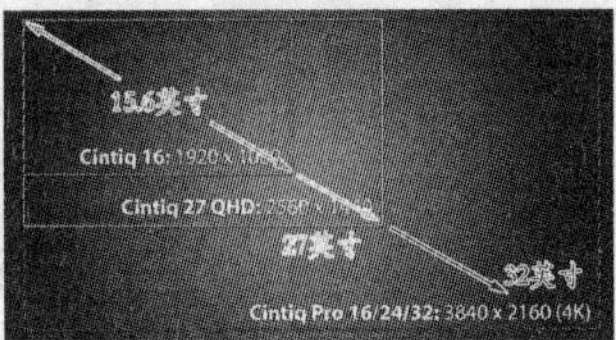

尺寸

机身尺寸变小,仅15.6寸,基本跟一个笔记本一样大;而此前的上万元的Cintiq Pro则是24英寸/32英寸。要知道越大的屏幕,对制作的工艺要求就越高,在显色跟色域的要求方面几乎要达到极致。

特别是像Cintiq Pro 32这种尺寸达到32寸的产品,如果显色跟色域做得不好,那跟买了个电视机回来有什么区别。越大的屏幕生产成本也就越高,所以只有15.6寸的新款Cintiq 16,可以说在生产成本上就为Wacom节省了一笔。

色域值

这次Cintiq 16的色域值与Cintiq Pro系列的色域值明显不同,Cintiq 16是72%NTSC,而Cintiq Pro系列的最低是87% Adobe RGB。

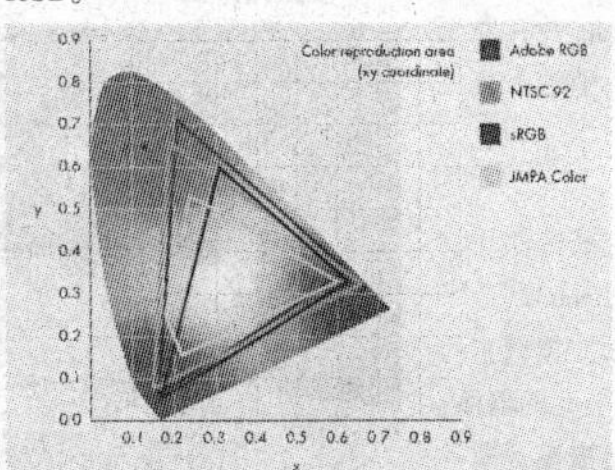

这表示Cintiq 16 72% NTSC的色域比Cintiq Pro系列87%以上的Adobe RGB要窄。目前来说,采用Adobe RGB标准显示器色域的屏幕,是最高端的屏幕,更高达99% Adobe RGB的Cintiq Pro,几乎能达到无色差。而Cintiq 16使用NTSC标准,估计是为了要降低成本。

AG镀膜

屏幕加了一层AG镀膜,减少干扰反射,降低绘画时候的眼部疲劳。

连接功能

原配一根插入视频端口的HDMI线,一根插入计算机USB端口的USB-A线,以及一根环形电缆,插入随附的AC适配器。需要一提的是,这一款新帝不支持USB输出,一定要用HDMI线。但是这个问题也很好解决,去买个配适器就好了。

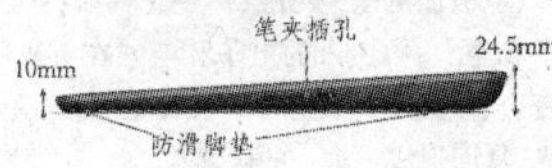

总的来说,相对于上万块的数位屏,Wacom Cintiq 16仅仅是缩小了尺寸和降低了屏幕的色域,就能够便宜这么多!可以说是性价比超高了!!

当然对于屏幕色彩要求特别高的,也可以往更高阶的Cintiq去购买,这样会更加符合自己的预期。

Wacom Cintiq 16

8192级压感

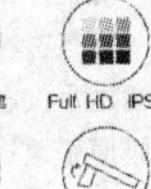

(本文原载第7期11版)

物联网安全之智能锁

智能锁是在物联网实际应用比较早的例子了,主要体现在家庭智能门锁和一些智能汽车锁上。同时也流传着各种"匪夷所思"的非正常解锁方式,使不少人对智能锁产生了一定的误会。

首先我们来看看智能门锁的结构,大致分为:传感器+主板+电机控制电路+电机+机械锁装置。

工作原理:通过各种方式的确认信息传达到主板,再通过主板把信号传给电机控制电路,控制电路把给电机发出工作信号,电机转动,带动机械锁打开。

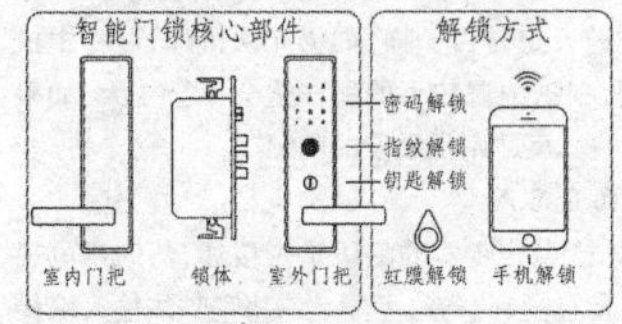

其中引起不少消费者警惕的是,用高强度的电磁脉冲(EMP)器(专业术语"特斯拉线圈")对智能门锁(数码、电子产品内的芯片和电路都有效)进行强磁冲击,通过瞬间强大的电磁场干扰智能锁的内部电路,造成电路板的芯片死机,而智能锁会因芯片死机默认自动重启,重启后就自然开锁了。

这里可能会有自作聪明的朋友说,那将程序设计为遭受外界干扰损坏时自动锁死不就行了;但是从人身安全来讲,发生火灾、地震等意外灾难时同样会导致门锁的电路损坏,如果这种情况下发生锁死那就得不偿失了。

既然知道了原理,我们先不要简单地认为智能锁就无法应对这种强磁冲击了。先从原理来看,这种远超国家制定的安全电磁环境工作标准强度的电磁脉冲,对人体健康也有伤害的;当然对电子设备也会进行干扰,不过这种干扰并不一定会导致一个确定性的结果,还有可能会导致产生设计之外的动作,比如可能导致蓝屏、花屏、死机、重启等各种状态。有些厂商在设计时可能做了保护,把绝大多数意外错误最终都导向一个安全的、不开锁的状态。有的产品可能没做对设计之外的错误保护,或者控制逻辑过于简单,比如将复位状态直接默认为开锁,用电磁脉冲设备时靠近刚好使其执行了错误逻辑,从而打开了门锁。

同时电子锁是由电机带动离合器开锁的,大家在选购时一定要选电机和离合器耐用的,而且两个部件必须在锁体当中,避免暴力开锁。这两个硬件的质量也需要注意,建议选择具备一定锁具制造资质实力的厂商,而不是纯粹的新兴的智能门锁商。

至于我们提到过的"橘子皮"解锁,一般都存在于低端的指纹识别器。这些低端的指纹识别一般用LED发光进入手指,在指内漫射并从指纹出射由PD检测,结合以电容式指纹图像采集。不法分子通过各种渠道获得你的指纹,再注模生成新指纹,加上有的厂商为了更便捷地解锁,往往匹配50%甚至更低就可以获取权限,这也是不安全的因素之一。现在较好的智能锁厂商,会在指纹识别中加入活体传感器,可以判断手指的温度、电容值等,防止指纹模具的冒充。握把也会采用防指纹的磨砂设计,减少小偷收集指纹的可能。

至于人脸解锁和手机(特别是远程解锁)解锁,不建议采用,人脸解锁目前技术要么还不是很成熟,要么就是成本过高。而手机解锁存在网络安全的隐患,多一个网络开锁的便捷渠道也就多了一份被破解入侵的风险。

随着智能门锁的便捷性,越来越多的用户都采用智能门锁。我国家庭智能门锁的销量在2017年迎来了爆发,销量达到了600万套,销量同比增速达100%以上;2018年上半年订单量达到了830万套,销量接近800万套,国内智能门锁行业涌现了2000多个不同的品牌。

智能手机的迅速发展也带动了指纹识别模块、无线联网模块等组件的价格迅速下降,带动了智能门锁价格下降,目前主流的智能门锁的价格已经达到了2000元左右。而在一组针对2000元以上的主流智能门锁抗强电磁冲击的测试中,超7成的门锁还是经受住了考验,没有出现被干扰重启开锁的现象。

在购买智能门锁的时候,一定要将便捷的原理和安全等级做个综合评估,根据自己所需来进行购买。

PS:国内智能锁行业已形成了六大品牌阵营。第一大阵营为专业智能锁企业,如凯迪仕、德施曼、智家人等;第二大阵营为家电巨头,如海尔、美的、TCL、创维、荣事达、长虹、飞利浦等;第三大阵营为安防巨头,如海康威视、大华股份、冠林、狄耐克等;第四大阵营则为手机巨头,如三星、小米、中兴等;第五大阵营为互联网巨头,如百度、360、云丁-鹿客、果加等;而第六大阵营则是由机械锁转型过来的企业,如樱花、雅洁、名门、金点原子等。

做OEM、ODM的企业,有的企业只善于做生产,品牌和渠道做不好,所以只好选择给别人做代工,这类企业相对来说运营成本要比做品牌和做市场的企业要低很多,因此在生产和品质方面需要格外加强,大家在选购时也需特别小心。

(本文原载第7期11版)

OLED制造难点

OLED一直都是业界内看好能取代LED的下一代产品，不过受限于生产制造技术，造成其成本一直居高不下，这也是OLED迟迟没有得到大规模量产的重要原因之一。

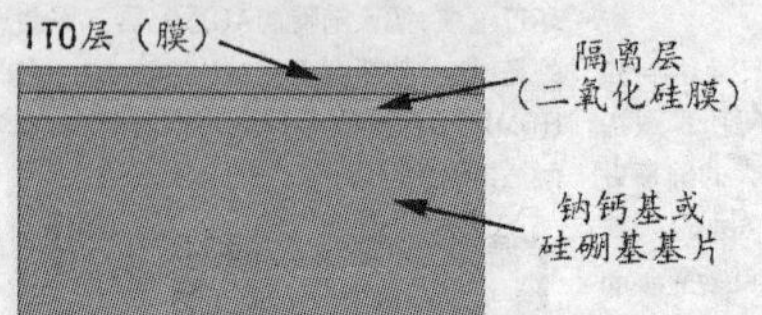

普通的液晶显示器用ITO导电玻璃

我们知道OLED又叫自发光LED，它的发光原理是在ITO玻璃（一种在钠钙基或硅硼基基片上镀上一层氧化铟锡膜）上制作一层几十纳米厚的发光材料，发光层上方有一层金属电极，电极加电压，发光层产生光辐射；从阴阳两极分别注入电子和空穴，被注入的电子和空穴在有机层传输，并在发光层复合，激发发光层分子产生单态激子，单态激子辐射衰减发光，从而形成一个个的像素点。

真空蒸镀法

此前OLED的有机层制造工艺主要采用真空蒸镀法。将LTPS基板（低温多晶硅，Low Temperature Poly-silicon）制造好后并放置在蒸镀真空室中，然后在LTPS基板下面放置精密的金属掩模板（FMM）。掩模板是在薄钢板上刻有小孔的器件，当有机材料蒸镀时，它能沉积在特定的位置。当掩模板准备就绪时，将蒸发源放在其下，并将其加热到适当的温度。当加热开始时，分子单元中的有机小分子穿过掩模并积淀到预期位置，这一过程也叫光刻法。

薄膜形成的具体步骤：通过沉积材料蒸发或升华为气态粒子→气态粒子快速从蒸发源向基片（上面覆有掩模板）表面输送→气态粒子附着在基片表面形核、长大成固体薄膜→薄膜原子重构或产生化学键合；同时摆放基板的衬托高速旋转，以保证生成的薄膜厚度均匀，反复多次操作才能生成所需的纯净薄膜。

早期真空蒸镀使用电阻加热器，随着技术的进步出现了射频感应加热器、电子束加热器、电弧加热器和激光加热器等。通常蒸镀系统中都有多个加热器，这样可以在不打开高真空室的情况下就顺次或同时蒸发多种不同的源材料。

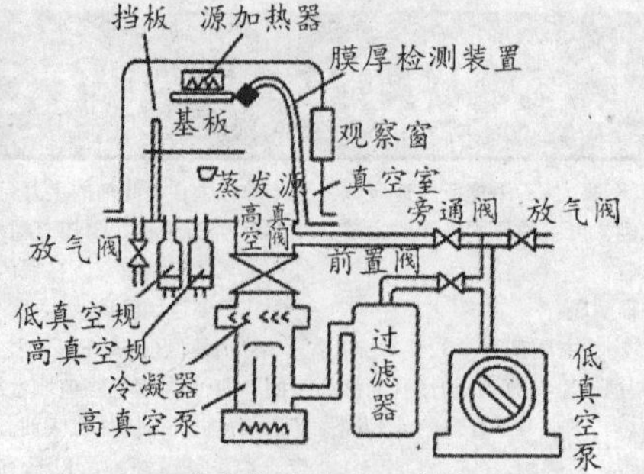

真空蒸镀系统示意图

但是无论是电阻加热器还是激光加热器，都因工艺复杂而造成良品率不高，特别是面积越大的基板良品率越低，并且材料浪费严重，小尺寸面板倒还在接受范围内，但是大尺寸面板成本就上去了，这也是OLED电视价格居高不下的主要原因。

喷墨打印法

受3D打印的启发，许多面板厂商在尝试以RGB材料打印为解决方案的下一代打印制程技术。与类似真空蒸镀这种将高温热处理成粉末状材料的沉积工艺不同，它将RGB材料喷射到想要的区域，因为利用率几乎为100%，具有很高的经济效率。被认为是一种可以减少用于生产OLED面板的繁琐沉积制程步骤，并降低单位成本的新技术。

但是喷墨打印技术的缺点也很明显。首先喷墨打印更适合大尺寸的面板，在小尺寸面板上还存在局限性，无法实现800ppi的高分辨率，目前它只能实现约100ppi的分辨率。不过随着技术的不断发展，今年年内，小于30英寸的面板有望实现约300ppi的分辨率。

此外，墨水的稳定性也是喷墨打印的关键因素之一，首先要保证墨水的高纯度无杂质，其次要保证墨水在运输、注入过程中不会产生气泡，而如何去除气泡暂时还没有更好的解决方法。

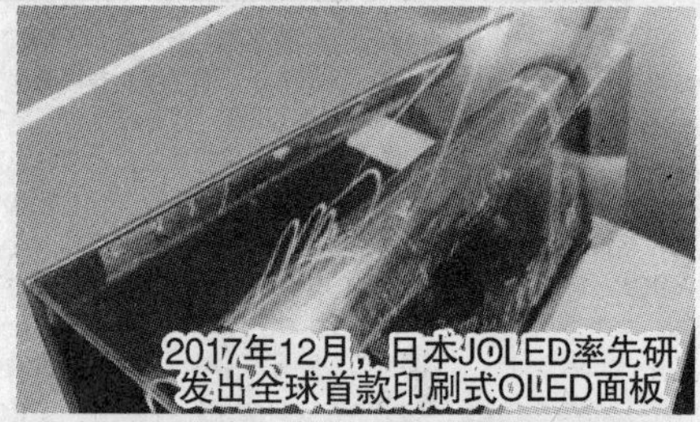
2017年12月，日本JOLED率先研发出全球首款印刷式OLED面板

事实上，日本显示设备制造商JOLED已经在小规模地生产印刷式OLED面板了；LG虽然有传统的真空蒸镀工艺生产WRGB OLED电视面板，但是下一代其中一条55英寸的OLED生产线极有可能采用由日本东京电子（Tokyo Electron）提供的印刷设备，以及由默克（Merck）提供的可溶性发光材料进行喷墨印刷。三星的下一代55寸OLED生产线也打算采用Kateeva的印刷设备和杜邦（DuPont）提供的发光材料。而国内的京东方也将在合肥建设新的Kateeva喷墨沉积设备的生产线。

三星引入的Kateeva小型喷墨印刷试产设备

更有人认为，随着技术的进步，2020年喷墨印刷的精度将可达到550ppi的水平，将可满足智能手机使用需求，如果这一目标实现，各种尺寸的OLED产品有望走进普通消费者的视野。

车载音响日常保养及故障排除

一、车载音响日常保养

1. 经常用湿润的小棉签擦拭

音响中卡带机的压带轮和cd播放机的磁头都是容易堆积灰尘的地方。cd播放机里最重要的部位是激光头，因为激光头是易损零件且比较昂贵，应重点养护。虽然现在部分汽车音响在设计过程中都考虑了防尘的问题，但防护措施也是必要的，您可以经常用湿润的小棉签擦拭卡带、带盒以及cd机的碟槽以及音响系统的面板。正确的做法是用湿布将尘土轻轻地吸下来。至于按键和旋钮的清理，可以再次使用棉签。

2. 用清理工具清洁光碟（磁带）

除了音响的主机保持清洁外，cd光碟（磁带）也要保证洁净。光碟（磁带）上的污物不但会影响播放的音质，甚至会对音响造成损伤。cd机的激光头在高速运转时，如果遇到尘土，会使激光头偏离原有的激光轨道，造成声音的失真，并对激光头造成损害。据了解，光碟（磁带）的清理工具在大多数的音像店中都可以买到。

3. 慢放盘少换碟

春季是汽车音响激光头损坏的高发期，因为气候干燥，容易产生静电。放盘的时候最好不要用手直接去摸，不要拿中间，要慢慢放进去，尽量不要频繁换碟，塞盘时尽量要轻。

4. 音量不要突然放到最大

音响在使用当中要避免突然将音量放到最大，这样喇叭线圈会烧，对功放会造成影响，振幅突然加大也会烧毁功放。

二、常见故障及排除

汽车音响由于使用环境的原因，一般很难达到同档次的家庭音响的效果，在使用过程中也比家庭音响更容易出现一些故障，下面介绍一些常见的汽车音响故障及故障的排除方法。

1. 音响左右声道音量不一样

故障排除：首先检查主机平衡钮是否在中间位置，再检查前级输入和输出左右level控制钮是否一样，以及扩大机输入灵敏度左右声道设定是否一样，如仍无法排除，可将主机信号线左右对调，喇叭位置较小的那一边会不会变大，如果会，表示主机有问题，反之则是后段的问题。

2. 某一声道高音无声

故障排除：先检查分音器的配线是否接通，然后用电表从分音器端去测量有没有声音，可能是错将喇叭线输入端接至低音输出端。

3. 噪音大

故障排除：检查rca信号端子的负端是否接通，如果主机端的rca信号输出端负端已经断路，可用电表测量，负端与主机机壳是否接通。

4. 音量时大时小

故障排除：先检查电源地线与车壳的接点是否松动，再检查前级和后级的输入和输出rca是否正常，最后看看灵敏度旋钮是否正常。

◇江西 谭明裕

邮局订阅代号：61-75 国内统一刊号：CN51-0091

微信订阅**纸质版**
请直接扫描
邮政二维码
每份1.50元 全年定价78元
四开十二版 每周日出版

扫描添加**电子报微信号**
或在微信订阅号里搜索“电子报”

2019年4月21日出版
实用性 启发性 资料性 信息性
第16期
(总第2005期)
国内统一刊号:CN51-0091 定价:1.50元 邮局订阅代号:61-75
地址:(610041)成都市武侯区一环路南三段24号节能大厦4楼 网址:http://www.netdzb.com
让每篇文章都对读者有用

三星自家的处理器Exynos系列

一直以来，三星都在旗舰产品中使用自家的Exynos系列处理器，并且最初几代iPhone所搭载的处理器都是来自三星。Exynos处理器中最出名的就是Exynos 3110，曾经同时被三星Galaxy S与iPhone 4搭载。

由于三星正式发布Exynos品牌是在2011年，而三星Galaxy S与iPhone 4均是在2010年上市，因此Exynos 3110的名称，可以说是被“追封”的。

在2011年正式发布的Exynos处理器是Exynos 4210，这是Exynos系列产品中首款双核处理器。搭载Exyons 4210的产品包括堪称三星Galaxy S系列辉煌起点的Galaxy S2。在2011年9月，三星发布了Exynos 4210的升级版Exynos 4212。2012年初，三星发布了旗下首款四核处理器Exynos 4412。全新的32nm制程带来了更好的能耗比，首批搭载Exynos 4412的产品包括三星自家旗舰Galaxy S3，而后魅族MX四核版也采用了这一芯片。

随着Galaxy S3的热卖，Exynos系列处理器的名号也开始在全球打响。而后，Exynos? 5系与7系处理器相继登场，并在配置上保持着业界领先。这里要着重谈及的便是Galaxy S6上搭载的Exynos 7420八核处理器。对于三星而言，Galaxy S6是Galaxy S系列的复兴之作，而对于Exynos 7420处理器而言，由于竞争对手的失误(高通的骁龙810“过热门”)，使得Exynos7420成了2015年安卓阵营唯一拿得出手的旗舰芯片。

随着Galaxy S10的发布，Exynos 9820自然也成了耀眼的明星。

作为Exynos 9系列的真旗舰，三星对Exynos 9820的描述是，移动未来的下一代处理器。

作为旗舰产品，Exynos 9820创造性地采用了三层架构，即2+2+4架构。但同市面上其他产品不同的是，Exynos 9820的大核心采用的是三星自主研发的猫鼬架构。

当下最强的ARM公版A76架构在功耗方面十分感人，为了整机的使用体验，采用性能更好且功耗控制更佳的猫鼬架构着实在情理之中。

“双大核”之外，三星还为Exynos 9820配备了两颗A75架构中核以及4颗A55架构的小核，用以日常工作，均衡性能与功耗。

GPU方面，Exynos 9820终于能够“扬眉吐气”一回。Exynos系列处理器在图形表现方面一直都只能是差强人意，可用但也谈不上顶级。归根结底也是ARM架构的原因，毕竟ARM的Mail GPU单核性能疲软是它的通病。

最新一版的Mail-G76 GPU，在技术上实现了大升级。相较于上一代产品，其性能大幅提升的情况下，功耗表现却依旧十分优秀。这一次，Exynos 9820仅仅搭载了MP12（12核心），就在已经在图形性能上超过上一代搭载了MP18(18核心)的Exynos 9810了，当然相比高通自研的Adreno 640还是弱了一些。

AI方面，虽然还不是主流应用指标，但在即将来到的5G网络，AI极有可能大放异彩，使智能机拥有智能。也是当下旗舰机处理器所比拼的重点。

三星Exynos 9820内部集成有神经式网络处理器(NPU)。NPU专门用于处理人工智能方面的组件，从增强拍照到优化增强现实，搭载有NPU的三星Exynos 9820在执行人工智能方面相关功能时，其运行速度可达到前代处理器的多倍。

网络性能方面，Exynos 9820搭载有LTE-Advanced Pro调制解调器，最高下载速度可以达到2.0Gbps，上行最高可达316Mbps。“全网通”是必须的，Exynos 9820还能外接5G基带。此外，Exynos还支持4x4 MIMO、eLAA增强型授权辅助接入技术等，使搭载Exynos 9820的设备在网络连接稳定性等方面更进一步。

额外提一句，骁龙855、Exynos 9820和麒麟980最多算4.5G芯片，理论上都可以通过外挂基带的形式支持5G，毕竟高通、三星和华为都有对应的5G基带。但高通的5G方案，即骁龙855+骁龙X50的组合，应该会是2019年最主流的5G方案，绝大部分的5G安卓手机都会采用这一方案组合。

Exynos 9820还支持多格式媒体编解码器最高30fps 8K分辨率视频，还能够输出10位色彩及各种色调和色度，在HDR屏幕上显示由搭载Exynos 9820的设备拍摄的视频内容时，能够获得前所未有的视觉体验。

针对用户最关心的隐私问题，Exynos 9820通过不可克隆功能(PUF)来存储以及管理个人数据，最大程度上防止恶意应用盗取用户隐私数据，尽最大可能保证用户信息安全。

(本文原载第9期11版)

编前语：或许，当我们使用电子产品时，都没有人记得或知道老一批电子科技工作者们是经过了怎样的努力才奠定了当今时代的小型甚至微型的诸多电子产品及家电；或许，当我们拿起手机上网、看新闻、打游戏、发微信朋友圈时，也没有人记得是乔布斯等人让手机体积变小、功能变强大；或许，有一天我们的子孙后代只知道电子科技的进步而遗忘了老一辈电子科技工作者的艰辛……

成都电子科技大学博物馆旨在以电子发展历史上有代表性的物品为载体，记录推动电子科技发展特别是中国电子科技发展的重要人物和事件。目前，电子科技博物馆已与102家行业内企事业单位建立了联系，征集到藏品12000余件，展出1000余件，旨在以“见人见物见精神”的陈展方式，弘扬科学精神，提升公民科学素养。

从磁带到互联网 索尼引领行业技术发展潮流

日前，笔者在《电子报》上看到电子科技博物馆入库了一批90年代初期的索尼摄影机、声道混频器等21件藏品，在一定程度上向大众呈现出了20世纪90年代电视台节目采集、制作、播出的全过程。

提到索尼，相信很多人对这个企业的认识大多始于其生产的“随身听”。然而从笔者查阅的资料中得知，索尼在影视技术领域可谓是老牌，每年都在创造视听新体验，其中它对电视行业的突出贡献，主要集中在与记录有关的技术和产品方面。从某种意义上来说，索尼专业设备的发展历史就是现代电视行业发展历史的缩影。

资料显示，从磁带到互联网，索尼引领着行业技术发展的潮流。70年代初索尼在U格式盒式磁带录像机的基础上开发了用于广播的U-MATIC SP格式，在演播室机型上采用磁带盒前加载(Front Loading)并增加了时基校正(TBC)使之便于机架安装并用于播出，更重要的是使用小型3/4英吋盒式磁带的背包录像机实现了电子新闻采访，大大提高了电视新闻制作的效率。

80年代初索尼在民用1/2英寸Betamax盒式磁带录像机的基础上开发了Betacam格式，之后发展成为Betacam SP。采用分量记录的Betacam SP图像质量达到甚至超过了昂贵的1英寸录像机，小型化的1/2英寸磁带减小了机器体积，把摄像机和录像机结合实现了一体化操作。

20世纪90年代，科技为我们带来了数字技术。索尼以1/2磁带平台为基础开发出了划时代的数字Betacam格式，彻底摆脱了模拟时代多代复制造成的图像质量损失，电视制作从此跨入了数字时代。更难得的是，与Betacam SP相比实现了从模拟到数字技术飞跃的演播室录像机和摄录一体机并没有增加体积和重量，一体化的数字ENG实现了标清时代前所未有的超高性能。

当今世界，随着科技的进步和技术的迭代，已经迎来真正的视觉盛宴，4K、8K、3D、VR……这些技术已经把视觉体验引领到人类的巅峰。而索尼也正在打造8K内容的全产业链产品。据了解，作为整个索尼所有事业的理念，索尼的理念是从“镜头到客厅”，这里所说的“镜头”是指索尼的广播电视器材，“客厅”就是指电视机这个民用的产品，包含了从制作端到播放端的整个生态体系。

不管是过去还是现在，索尼一直都是影像行业的先驱者，他们坚持用新的技术，新的产品，改变人们的生活。

◇林 阳

(本文原载第12期2版)

电子科技博物馆“我与电子科技或产品”

本栏目欢迎您讲述科技产品故事，科技人物故事，稿件一旦采用，稿费从优，且将在电子科技博物馆官网发布。欢迎积极赐稿！

电子科技博物馆藏品持续征集：实物；文件、书籍与资料；图像照片、影音资料。包括但不限于下列领域：各类通信设备及其系统；各类雷达、天线设备及系统；各类电子元器件、材料及相关设备；各类电子测量仪器；各类广播电视、设备及系统；各类计算机、软件及系统等。

电子科技博物馆开放时间：每周一至周五9:00--17:00，16:30停止入馆。

联系方式

联系人：任老师 联系电话/传真：028--61831002

电子邮箱：bwg@uestc.edu.cn 网址：http://www.museum.uestc.edu.cn/

地址：(611731)成都市高新区(西区)西源大道2006号

电子科技大学清水河校区图书馆报告厅附楼

长虹液晶电视电源关键IC引脚功能及实测电压查询手册(一)

1.芯片型号LD7535:绿色模式PWM控制器,LD7538和LD7535内部方框图基本一致,唯一差别是③脚内部电路有区别,LD7538的③脚是保护信号输入端,LD7535的③脚是振荡信号外接电阻端。

1)芯片拓扑图

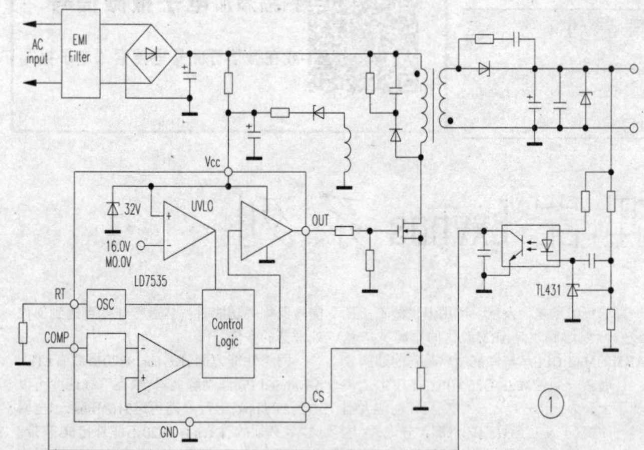

2)芯片引脚功能

引脚	标注	功能	电参考电压(V)
①	GND	接地	0
②	COMP	电压反馈信号输入	2.2
③	RT	振荡频率设置	4.46
④	CS	电流检测信号输入	0.1
⑤	VCC	供电	15.4
⑥	OUT	驱动输出,可直接驱动MOS管	2.0

2.芯片型号LD7591GS:采用双列8脚封装,整合了OVP、OCP及Brown In保护功能,同时也具备了低激活电流、输出过压保护、输出回授电阻开路保护、dISAble、UVLO等功能,并内建LEB。

1)芯片拓展图

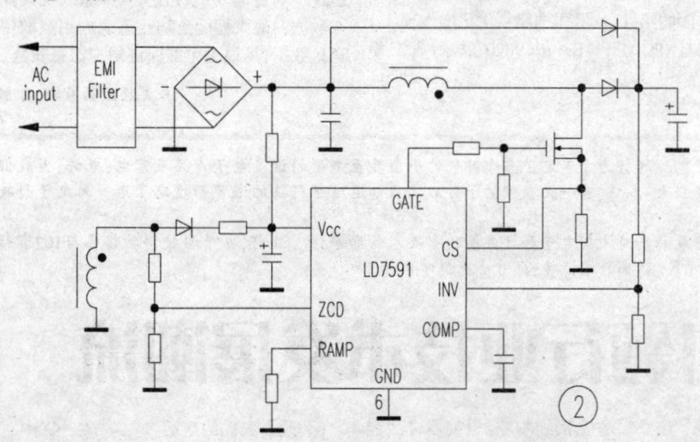

2)芯片引脚功能

引脚	标注	功能	电参考电压(V)
①	INV	输出电压反馈信号输入	2.5
②	COMP	误差补偿输出,外接阻容元器件,提高抗干扰能力	1.37
③	RAMP	斜坡发生器,外接R24设置工作频率	2.91
④	CS	功率开关管电流检测信号输入	0
⑤	ZCD	过零检测信号输入	0.74
⑥	GND	地	0
⑦	GATE	驱动信号输出	3.9
⑧	VCC	供电	15.4

3.芯片型号PF7001:支持输入电压9V~27V升压驱动IC,可调节开关频率设置、电流模式控制、短路保护、开路保护、过压保护、过温保护等功能,多通道控制驱动IC。

1)芯片拓展图

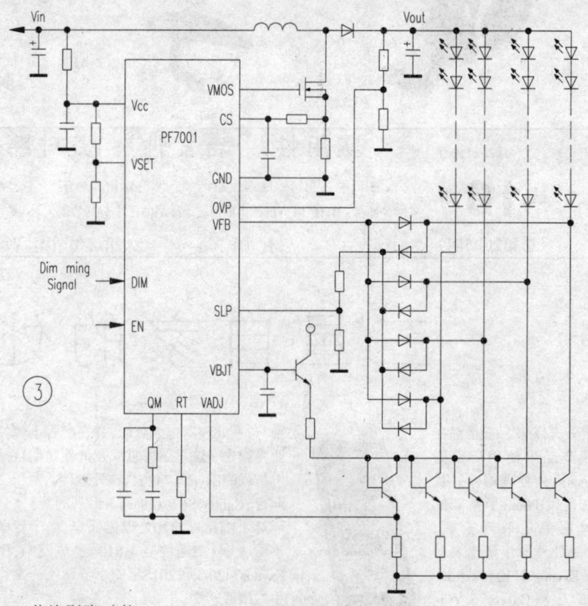

2)芯片引脚功能

引脚	标注	功能	电参考电压(V)
①	EN	使能控制信号输入	3.09
②	DIM	数字PWM亮度控制信号输入	4.45
③	GM	GM补偿	2.63
④	VFB	灯管电流反馈信号输入	1.87
⑤	VSET	直流亮度设定	1.98
⑥	OVP	过压检测信号输入	1.6
⑦	RT	频率设定	0.59 测试保护
⑧	CS	升压电路电流检测输入	0.0048
⑨	GND	地	0.001
⑩	VMOS	升压驱动信号输出	3.39
⑪	VCC	供电	11.97
⑫	VBJT	双极三极管驱动输出	3.73
⑬	VADJ	灯管电流检测	0.78
⑭	SLP	灯管短路检测信号输入	0.39

4.芯片型号LD7537S:是一个PWM脉宽调制式开关型稳压电路,是在控制电路输出的驱动脉冲频率不变的情况下,通过电压反馈来调整输出驱动脉冲的占空比,进而达到稳定输出电压的目的。

1)芯片外围拓展图

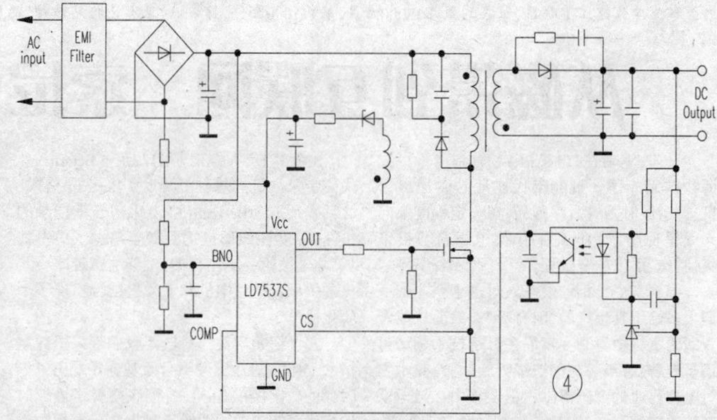

2)芯片引脚功能

引脚	标注	功能	电参考电压(V)
①	GND	接地	0
②	COMP	电压负反馈	2.12
③	BNO	欠压保护、过压保护	1.05
④	CS	电流检测	0.02
⑤	VCC	供电	13.71
⑥	OUT	驱动输出	1.19

(未完待续)(下转第162页)

◇绵阳　周钰

靓声的秘密——BOSE(博士)PLS-1310功放电路初探

BOSE PLS-1310是一款带CD播放及收音功能的小型功放机，整机功耗85W,标称输出功率40W+40W(日本标准),功率虽不大,但其音质广受赞誉。

一个朋友的该型机器因为CD自动出仓故障让笔者帮助维修，笔者乘修理机械部分要拆下线路板的机会，对该机靓声的秘密作了探析。该机面板上没有设音调电位器，但是音质为什么表现较好呢？原来机器后面板设有EQ SEL(均衡选择)开关，有121、363、X这3档，还有ROOM ACOUSTIC COMPENSATOR(室内声学补偿)电位器。接本人的双6寸喇叭的山水落地音箱试听，感觉121档低音较有冲击力，363档低音较绵软深潜，X档则比较平直，人声表现121和363档比X档更清晰，ROOM ACOUSTIC COMPENSATOR（室内声学补偿)电位器则可以调整低音的量感。

再看线路板所用的元件，还是属于一般的元件(如图1所示)，和索尼、爱华、松下等普通功放的差不多，并没有堆砌补品级元件。CD部分激光头用的是飞利浦VAM1201/11,RF放大用的是松下AN8805SB芯片，DSP、数字伺服及音频D/A转换用的是松下MN662714RDFA芯片，可见该机CD电路用的是单芯片，并没有用独立D/A转换芯片。

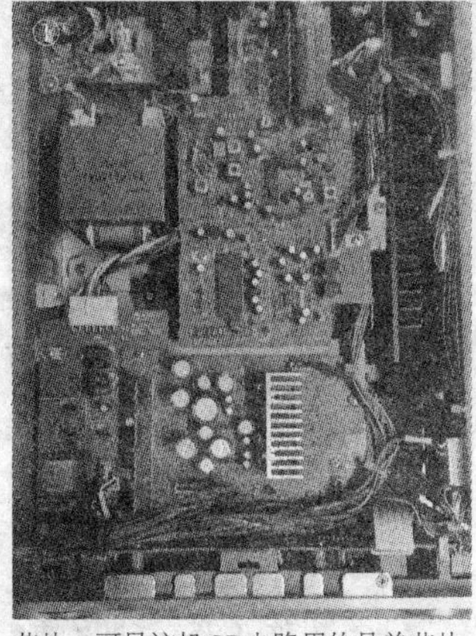

信号切换（AUX IN、TAPE IN、收音信号)用的是LC78211模拟开关电路。值得一提的是，CD信号的切换没有用LC78211里的模拟开关电路，用了继电器作信号切换。音色均衡电路部分是本机的特色：BOSE的工程师为了更好地体现BOSE自己生产的MODEL 121音箱及MODEL 363音箱的优美音质，在本功放里设计了固定音调均衡电路（以QE01、QE02、QE21、QE22运放JRC4558为核心）。其电路是针对MODEL 121音箱及MODEL 363音箱的频响特性做了优化补偿，实测电路如图2所示(其中一个声道)。笔者将本功放与带BBE音效电路的爱华功放比较，本音调均衡电路对人声也有改善的作用。

本机的功率放大用的是三洋厚膜芯片STK4164MK5，并未采用发烧的分立元件的做法，电路也是普通甲乙类OCL功放电路，并非是甲类功放，每声道有30W左右的不失真功率，低音下潜深，对音箱的推力足。其实是BOSE在该机固定音调均衡电路和功放电路之间设置了DYNAMIC EQUALIZER(动态均衡)电路，该电路和索尼音响的GROOVE电路、爱华音响的T-BASS电路原理差不多，就是动态低音提升电路。在小音量时，对重低音信号有较大提升，使听音者感觉机器低音足下潜深；在大音量时，对重低音提升量降低或不做提升，以避免削波失真，这样对低音动态压缩的做法使得听音者在大音量下也感觉不到低音的失真，故对该机有推力足的听音感受。

实测动态均衡电路如图3所示，经过音量电位器后的L、R音频信号由QE51 JRC4558缓冲放大后一路经过RE61和RE62输出本电路；一路经过RE59和RE60混合后再经过QE61 TL072(1/2)缓冲后分两路。一路经过RE65后由QE81 JRC4558(1/2)放大，放大后的音频信号输入QE71 CA3080E跨导运放正输入端，QE71输出的信号又输入给QE81(1/2)的负输入端，所以QE71的增益起到限制QE81(1/2)的增益的作用。而QE71的增益又是由电平检测电路QE61 (2/2) 及(DE72、DE73、DE74、DE75、QE62、QE63、QE64)控制。QE61 TL072(1/2)缓冲后的另一路信号经过CE61、CE60后输入QE61(2/2)，其输出的信号幅度越大，QE64控制QE71的电流控制脚的电流越大，使得QE71的增益越大(跨导运放QE71的增益与控制电流成正比)。因为QE71的增益起到限制QE81(1/2)的增益的作用，所以信号电平越高，QE81(1/2)对音频信号的增益越低，达到动态控制的目的。QE81(1/2)输出的音频信号，经过QE81(2/2)有源带通滤波电路(CE82、CE83、CE84、RE83、RE84、RE85)取出重低音信号放大后经过RE89、RE91、RE88、RE90后与QE51 JRC4558缓冲放大后的信号混合后输出本电路。

本动态均衡电路输出的是动态提升低音后的音频信号，所以ROOM ACOUSTIC COMPENSATOR（室内声学补偿）电位器用来调节低音量感。CS01、CS02对高音相当于直通，所以电位器调到最小位置时，低音要经过电位器(100kΩ)才输出到功放，即低音衰减最大；电位器调到最大位置时，高音和低音都直接输出到功放，是动态提升低音后的音频信号，即低音不衰减。

由分析得出本机靓声的秘密不是靠指标高的补品元器件，而是用普通元器件搭配设计合理的电路来达到的。（补充：CD自动出仓故障的处理解决方法就是换掉老化的皮带，给机械部分加润滑。）

◇浙江 方位

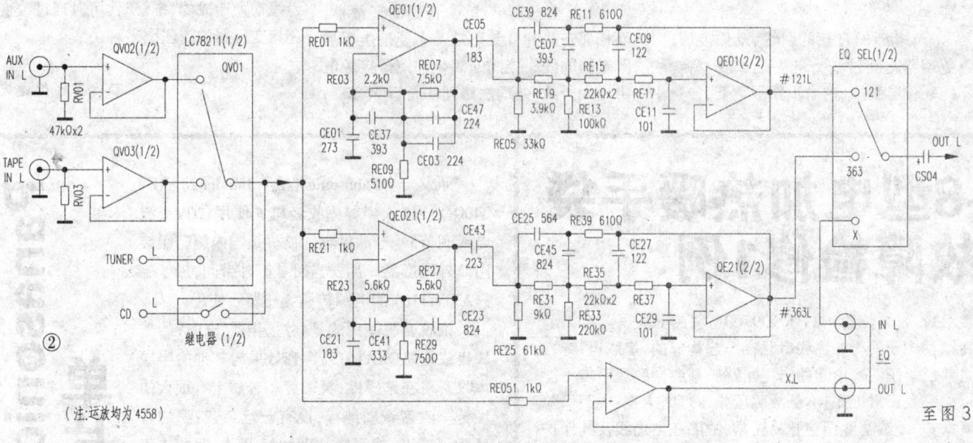

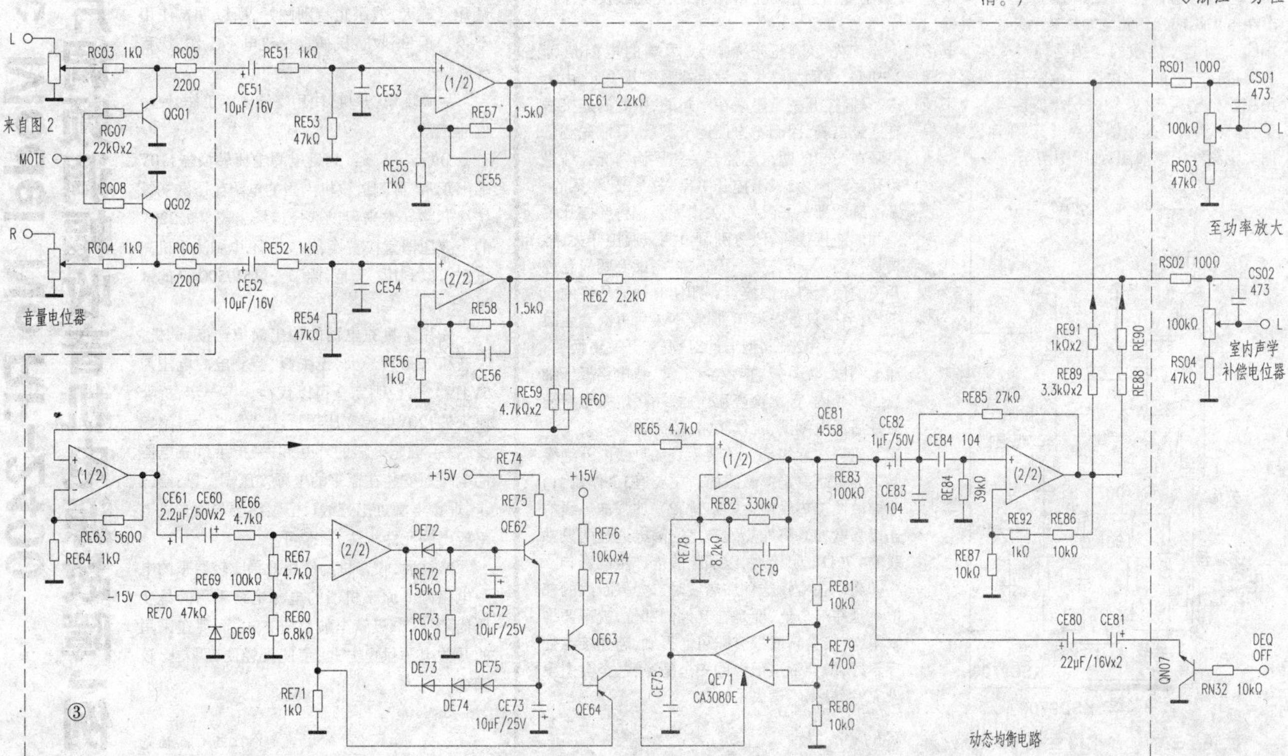

草坪音箱常见故障的排除方法与技巧

许多居民小区、公园、游乐场等公共场所都安装了草坪音响，因其造型别致，引来游客手摸摸、屁股坐坐，尤其好动的小朋友给他几脚，常常搞得底朝天。由于草坪音箱的底座是水泥浇注的，音频线在底座的中间，用2~3颗膨胀螺栓固定住音箱的底部边缘，音箱的固定孔一旦破损就固定不住了，只能更换。头痛的是野外音箱离交流电源很远，没办法重新打孔固定，大部分电工用的方法是在音箱的底部边缘上浇一层水泥。但这样处理后，用手轻轻一推又松动了，维修效果很差。另外，由于草坪音箱长期暴露在野外，风吹雨打，加上音箱又不能全封闭，浸水是常有的事，从而形成了“劈啪”的响声和音量变小等常见故障。因此，修理草坪音箱成了电工头痛的事。笔者经过不断地摸索，总结出针对性的维修方法，现与读者一起分享。

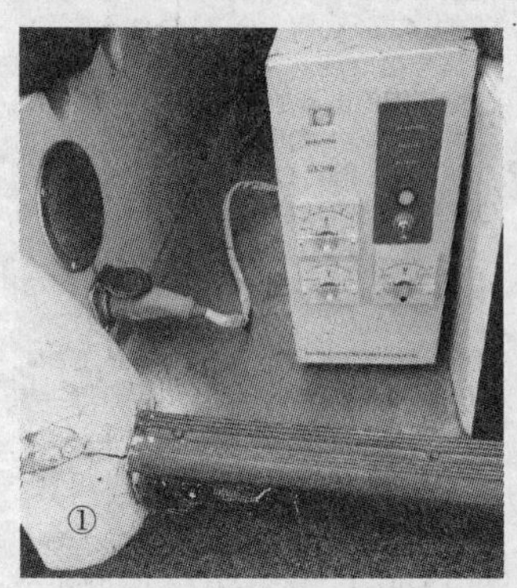

一、常用工具

1.切割机，用于切割掉生锈的固定螺栓；

2.电锤，用于在混凝土底座上钻10厘米左右的固定孔；

3.自制一台逆变器，如图1所示。它可以将12V、24V或36V的直流电逆变为220V交流电。直流电可由电瓶车的电瓶提供，笔者用的是警务电瓶车的直流电瓶。

二、更换音箱的方法

1.清理音箱四周的泥土，露出底座。

2. 逆变器的输入端插入直流电，输出端插上拖线板。

3. 用切割机切掉生锈的固定螺栓，如图2所示。取出旧音箱，用锤子把旧的固定螺栓敲下去，以免影响新音箱的安装。

4.剪断旧音箱的引线，动作要快(以免短路时间过长)，剥去绝缘皮，将铜线的氧化层刮掉(这个步骤很重要，音量小了，往往是接头氧化，造成接触电阻增大所致)，接到新音箱的引线接上，用绝缘胶带包好，再包一层防水绝缘胶带(这个步骤很重要，千万不能省略，以免浸水，造成漏电)。

5.用电锤打新孔，不要太用力，防止把底座打裂了。同时要注意，不要打到地线上。

6.放入膨胀螺栓，如图3所示。用锤子轻轻地往下敲打螺栓，再用扳手固定好螺母。

7.将膨胀螺栓的四周用泥土护好。

三、常见故障检修

1.单个音量小：单个音箱的音量小，而相邻音箱的音量正常，主要是由于故障音箱的线头接线处氧化，使得接触电阻增大所致。处理法修理法是拆除音箱，将线头刮一下，重接好线头，包扎绝缘胶带，并包防水胶带即可。

2.单个“劈啪”响：尤其是雨后更严重，停雨几天后又好了。该故障一般是线头浸水，引起漏电所致。修理时拆除音箱，剪去一断线头，接好线头，依次包扎绝缘胶带、防水胶带即可。

3. 同一路相邻几个音箱的音量小：一般是其中一个漏电所致。维修时，可以通过测试对地电阻来大致判断故障部位。

4.同一路的音量都小：一般是功放上相应的音量电位器调节不当或异常所致。

5.同一路末端的音量小：该故障多为线损大造成的。维修时，可以通过改变音箱变压器的变压比来解决。

◇江苏 倪建宏

彩虹KTA25-8型电加热暖手袋不加热故障检修1例

故障现象：彩虹KTA25-8型电加热暖手袋控制开关打开后，电源指示灯在低挡和高挡都亮，就是不加热。送修者反映，该暖手袋之前已经正常使用了6年后出现故障。

分析与检修：从故障现象来看，故障肯定出在电加热部分。此电加热暖手袋的开关输出端线束与电加热线的连接是通过一块小电路板焊接在一起的，该电路板做好后用热熔胶灌封在一个塑料壳内，构成一个连接器。为了便于故障检修，将连接器外壳撬开，剔净胶块，根据实物测绘出原理图，如附图所示。

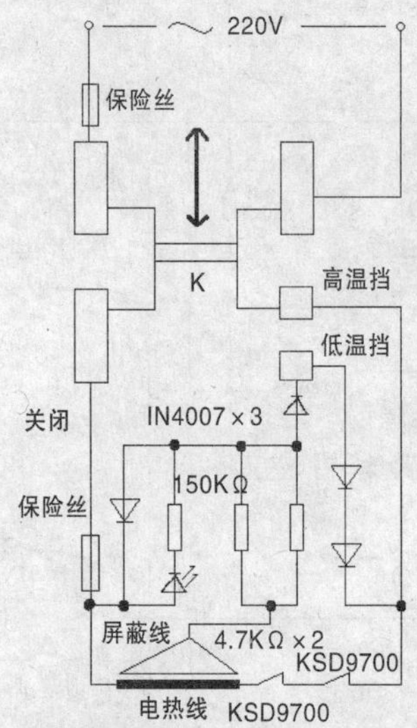

该暖手袋的加热电路主要由2只保险丝(熔丝管)、2只KSD9700型温控开关、温度调节开关与加热线串联在一起构成的。串联电路中，任何一个元件出现断路，都会导致暖手袋不能正常工作。本例故障因指示灯能点亮，说明保险丝、温度调整开关正常，故障在电热线及其保护元件上。

首先，测量电加热线两端的电阻值为2.39kΩ，说明故障肯定发生在温控开关上。由于这2只温控开关是串联在一起的，中间的连接线有绝缘措施，因而不方便逐个测量，只能先测量串联在一起的两只温控开关的导通情况，结果为开路。因为2只温控开关串联在一起测量的，无法确定那一只温控开关损坏了。将温控开关中间的连接线断开，分别测量两只温控开关，结果是损坏了一只，另一只正常。考虑到两只温控开关的使用寿命很接近，即使有一只是好的也不行，另一只也应换新，以免不久后再次发生故障。于是，用2只同型号的2只温控开关更换后，通电测试，暖手袋加热恢复正常。将电路板仔细放回外壳内，再次检查无误后，用热熔胶重新灌封好后通电测试，工作正常，故障排除。

值得注意的是，该暖手袋加热线内外绝缘层之间也是有铜屏蔽线的，主要有3个作用：1)传导散发加热线产生的热量，2) 加强加热线的连接强度，3) 将加热线产生的静电通过两只并联的4.7kΩ电阻接地，以消除静电产生的影响。

我们在检修这种加热线时，如果断线的部位不是在接口处，而是在其他的部位，就不要维修了，直接换新或报废即可。否则，若连接点处理不好，就会带来很大的安全隐患，甚至会引发火灾，那就得不偿失了。

◇山东 姜文军

Panasonic Model No RF-2400单片调频调幅收音机电源故障1例

朋友一台Panasonic (松下)Model No RF-2400型便携式半导体收音机，使用120V交流电或四节5号电池供电。该机是国内厦门组装出口外销产品。朋友当时从国外带回，加了一只220V/110V的电源转换变压器后使用。

该收音机使用的是4寸扬声器，SONY的单片集成电路CXA1619，声音效果与其他的半导体收音机在选择性、灵敏度和音质上有很大的优势。收音音质纯粹，没有一丝杂音；哪怕音量开置最大，效果也特别的好，所以朋友使用至今。近日，收音机插上交流电不工作，找我维修。

故障现象：开机，使用交流电不工作，使用电池正常。

分析与检修：测量电源电压转换器110V输出正常，再测量该机内里的电源变压器初级绕组开路。本来可以选择市场上类似的220V的小变压器直接替换，手头有不少淘汰手机充电器可以利用。于是，挑了一只5V/500mA的试试。

先用手机充电器的输出简单连接，试机，收音机音量置最大，无失真，监测电源电压为5V且稳定，说明完全可以代换。第一步，拆除原来的120V电源变压器拆除，留出位置；第二步，将手机充电器的外壳卸去，把手机充电器的电路板安装在原来的电源变压器位置；第三步，焊接电源进出连线(注意：不要与收音机电路板上的元件相碰)后即可。

修复后，收音机的使用效果比较原来的电源电路好。原来机器的电源电路采用的是变压器降压、二极管全波整流方式，而现在采用的开关电源供电方式，节能且轻便，朋友比较满意。

◇江西 高福光

CCD与CMOS技术的比较(下)

(紧接上期本版)

MTF和QE:成像质量的支柱

量子效率(QE)是直接影响图像传感器光电性能的因素,因为光电转换效率的任何损耗都会直接减低信噪比(SNR)。它的影响是两方面的,因为当散粒噪声(信号的平方根)是主要噪声源时,QE不单是信噪比的被除数(信号),同时也是除数(噪声)。在这一点之上,CCD和CMOS处于同一水平,可是CCD在QE改进方面累积有多年的技术工艺优化,而在CIS的QE改进发展相对较迟。基于硅物质的物理特性,较长的波长能穿透光敏转换区,因此会使用厚的外延材料来增加上红色和近红外线波长的QE。根据比尔朗伯定律,被吸收的能量是与介质的厚度成指数关系。高端应用的CCD利用较厚的硅物质和背照(BSI)工艺以恢复高宽带QE和近红外线(NIR)灵敏度,因而拥有优势。

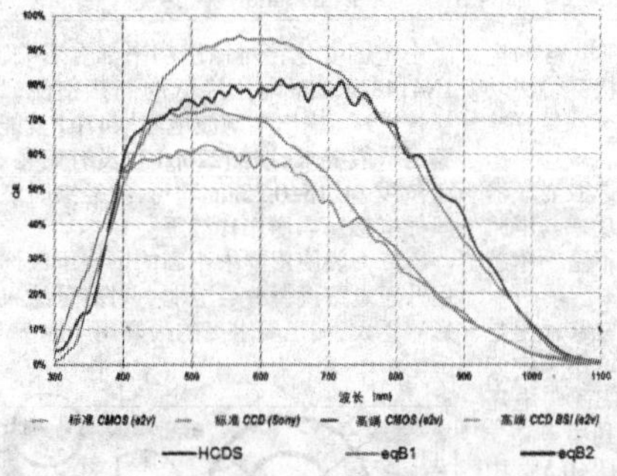

图5:QE 指标

隔行传输CCD(ITCCD)是基于特定的生产工艺,导入所谓的"垂直溢漏"(VOD)或"垂直抗晕"(VAB)功能。VAB开发于1980年代初期,具有非常好的性能,但缺点是会减低红色的反馈并拒绝频谱中的NIR部分。

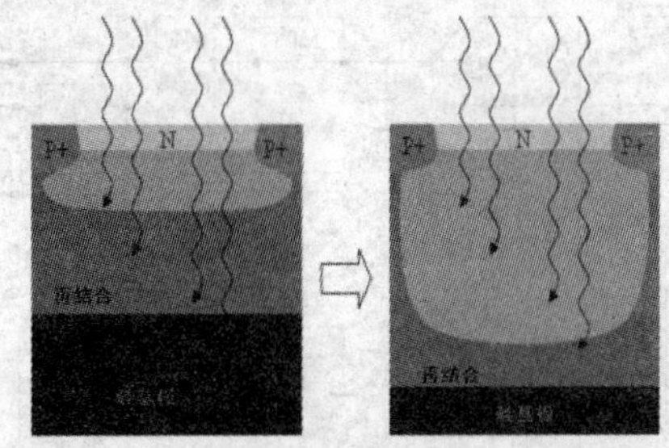

图6:深耗尽方法

因此,ITCCD不能从BSI中获益。而高端CCD因为使用垂直抗晕工艺,所以没有这一限制。而CMOS也具有同一特点:在薄的检测层上,因为电荷不会在像素之间渗透,所以没有串扰的缺点。结果是ITCCD和标准CIS都能够实现良好的空域分辨率或调制传递函数(MTF)。要增加NIR部分和灵敏度,需要显著增加物料厚度,但是厚物料会增加光电串扰,引致MTF衰减。成像质量是MTF和QE的综合结果(即所谓的检测量子效率,DQE),所以必须同时考虑空域和时域因素。图6显示利用硅掺杂方法恢复MTF的深耗尽光电二极管。一般来说,CIS使用类似集成电路的常用技术(特别是DRAM/内存工艺)生产,所以不会牵涉上述的特定工艺配方。不过近期的技术研究文章展示适用于CIS的特定工艺导入方案,能实现出色的QE改进甚至相对接近高端CCD的水平(见图5)。最新的CMOS技术趋势可说是突飞猛进,引进了如导光板、深槽隔离(DTI)、埋藏微透镜,以及在光敏范围下嵌入包含像素晶体管的迭层芯片等技术。

固有缺陷

"嵌入式光电二极管"(PPD)或"空穴堆积二极管"(HAD)最初开发目的是消除延迟并把全部电荷从光电二极管转移到ITCCD寄存器。CMOS图像传感器的一个重大发展是在2000年代初期引进ITCCD光电二极管结构,如图7所示。在CMOS中,像素结构多数以每像素的晶体管数目来表示。大部分CMOS图像传感器倾向使用电子卷帘快门,这有助于集成并只需少至3个晶体管(3T)就能实现。虽然有结构简单的优点,3T像素结构的缺点是电路来自kT/C(或温度)噪声的像素生成时域噪声会较大,而且不能轻易消除。

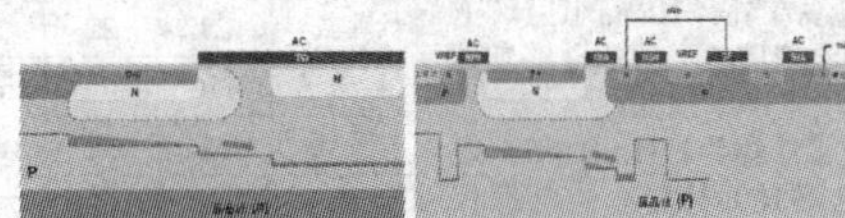

图7:ITCCD和5T CMOS图像对比

嵌入式光电二极管最初引进到CIS以去除来自浮动扩散重置的噪声,后来也引进到四晶体管像素(4T)结构中。4T结构进行相关双采样(CDS)以消除重置瞬时噪声。这一结构也允许晶体管在像素间共享布局,以便于把每像素的有效晶体管数目减到两个或更少。事实证明,每像素的晶体管数目减少,能够空出更多范围供光敏部分或填充因子去更直接地把光线耦合到像素上。不过如图8所示,在捕捉视频或包含快动作的图像时,ERS会导致更多图像变形。PPD会在第二级时工作,以进行全局快门(GS)捕捉。它能够去除ERS伪影并进一步消除时域噪声、暗电流和固定模式噪声。接近PPD的第五个晶体管(5T)的功能是排除过多的电荷并调整重叠模式的集成时间(在集成时读出)。

图8:图像瑕疵——CMOS ERS变形

GS模式一般配合ITCCD使用,但在某些状况下会对弥散现象敏感。

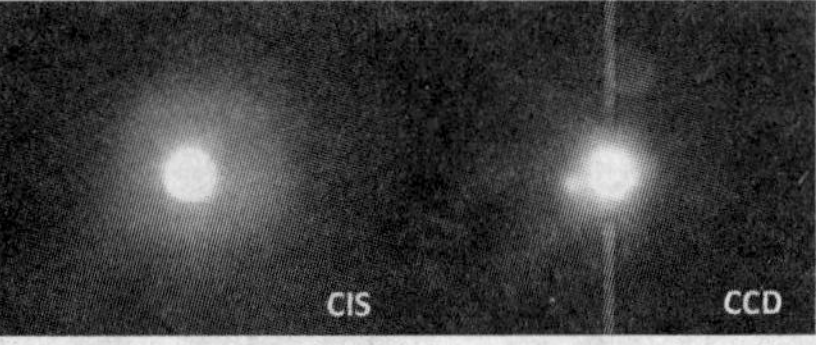

图9:图像瑕疵——CCD弥散

弥散是在电荷转移时出现的现象,会在图像上产生直线如图9。这个瑕疵在高反差图像上尤其显著,但不应把它和相似的光晕现象混淆。最常用的解决方案是导入帧行间转移(FIT)CCD结构,而FIT也拥有较高视频速率的优点。与CMOS等效的弥散参数是全局快门效率(GSE),有时也称为寄生光敏度(PLS),是对应于传感节点到光电二极管的灵敏度比例。ITCCD的GSE值一般介乎于-88dB到-100dB,在CMOS则是-74dB到-120dB甚至是3D迭层结构的-160dB。利用先进定制像素微镜片(如零能隙)可在从改进波长反馈的灵敏度到减小CMOS像素上的二极管所造成的填充因子损失方面实现显著的分别。它也是改进GSE性能的主要因素。

CMOS成像技术的未来

CCD技术特别适合时间延迟积分(TDI)领域。TDI(在扫描场景时,电子同步的积分和累加)的导入相对直接,只需要一个电荷转移器件就可以完成。这个技术最初用于信噪比最大化,然后用于CIS CCD以保存良好的图像定义(MTF)。近年多个于模拟区域(电压)或数字区域复制信号累加的尝试,为CMOS TDI开拓新的发展方向。不论在太空地面观测或是在机器视觉方面,CCD延迟积分结构的低噪声和高灵敏度性能都广受欢迎。不过现时最令人期待的发展是基于CMOS工艺、但拥有CIS CCD的优点以及电荷转移寄存器结合行式ADC转换器的技术。虽然有长足进步,CMOS图像传感器的灵敏度在光线非常微弱应用(如只有几十微流明的环境)仍然受限于读出噪声。使用电子倍增技术的EMCCD显示出在降噪方面的巨大潜力,因而受到科学成像市场的注意。一般来说,就如CCD被CMOS传感器取代一样,EMCCD也有潜力朝着电子倍增CMOS(EMCMOS)的方向发展。一如EMCCD,EMCMOS计划改进光线非常微弱应用中的图像质量,以配合科学或监视方面的应用。CMOS技术有助于实现更小更具智能的系统、降低功耗,以减低量产的成本(即所谓的SWAP-C方法)。电子倍增的原理是在读出链任何加入任何噪声前为信号进行增益,使得噪声被增益摊分,以改进信噪比。基于CCD原理,信号会以电子包的形式传送,然后在读出之前共同对每一个像素进行倍增。CMOS的信号是在电压域,因而倍增工作必须在源跟随晶体管把噪声加进信号并传送到浮点之前完成。

随着3D成像的流行,需要对象深度的信息,飞行时间(TOF)技术在这一方面派上用场。TOF的原理是在传感器平面上设置人工脉冲光源并发射出去,然后把反馈的反射波段用于相关函数计算来得出距离。这一技术于1995年于"锁定"CCD中首次提出。而TOF在CMOS的应用则是由CCD像素的启发而来。另一方法则是使用电流辅助光子解调器(CAPD)测量深度。两种方法都实现了工业3D传感器的量产并实现了一系列的应用如计算人数、安全监控、计量学、工业机器人、手势辨识和汽车高级驾驶员辅助系统(ADAS)等。这是都是CCD技术衍生的概念成功过渡到CMOS作改进,再实现工业应用大规模导入的典型例子。

CMOS技术导入也衍生出新的应用范围。举个例子,跟CCD在1980年代在专业相机领域替代摄像管相似,单光子雪崩二极管(SPAD)原来的开发目的是作为光电倍增管(PMT)的固态替代产品。SPAD基本上是在所谓的盖革模式中,依照击穿模式上的反压进行偏置的PN结。不过这个结构十分不稳定,任何能量改变都会导致雪崩效应。这一特点被用于单光子检测。通过在SPAD和输入电压之间导入一个简单的电容元件,利用无源抑制原理开闭雪崩,或使用嵌入式MOSFET信道启动有源抑制原理达到同一目的。这样就可以制作代表量子事件的数字信号。根据原理,SPAD一个基于简单结构的CMOS技术,无需用于图像传感器的专门工艺。不过因为它需要复杂的电路,SPAD阵列的工作也较为复杂。跟光子的到达一样,SPAD的引发和事件记数依定义是异步的。CMOS技术因而是不二之选。例如这就能够非常快速地启动扫描像素阵列,以确认已转换的像素。这些帧组合后就能制作一个视频序列。

总结

早期一些宣称CCD年代终结的文章已被视为预言,只是实际的过渡时间比预计的长许多。另一方面开发用于CMOS图像传感器的图像结构种类和创新性都大大超越前人想象。随着晶体管蚀刻工艺缩小化和CMOS生产技术演进,这些创新都变得可行。大型工业成像厂商除了价格,还继续在光电性能方面进行竞争。现在的用户已经不是单单在乎于拍照,而是捕捉人生中各个重要时刻,因而期待在任何光线状况下都能拍出完美的照片。工业应用也因着这些改进,在其他一般范围上得益。越来越多视觉系统也基于消费者市场趋势而调整其图像传感器要求,图像缩小就是一个例子。而高速处理能够提升高成本生产机器的产量并实现自动化工艺和检查,所以也是一个重要的经济因素。新的应用正把传感器推向性能极限并不允许图像内有更多噪声,推动了单光子成像技术。除了简单的摄影和显示,3D增强现实技术也用尽了CMOS技术的所有潜能,提供另类的视觉空间体验。一如地球上的主要物种,CMOS传感器已经大大进化并适应其周遭环境。

◇湖北 朱少华 编译

也谈1.5V升压9V代替叠层电池

用1.5V升压到9V代替叠层电池是一个老话题，网上、书籍上有很多文章介绍过多种电路和制作，其中推荐最多的是图1所示的电路，可以代替叠层电池而不用改动使用设备的电路。然而从网上的反映和我自己的制作来看，有的输出功率小，有的不起振，有的工作不稳定，还有说用升压电路代替电池对仪表精度有影响，不如用2节锂电池串联等等。在此我想通过自己的分析和实验给大家提供个制作的参考。

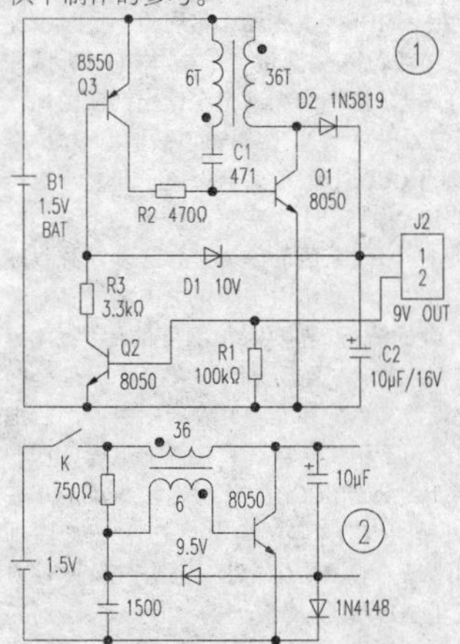

参考图1制作了一块电路代替叠层电池，输出电压只有6.62V，负载能力差。参考图2制作过3块电路，2块用于数字万用表，1块用于电子体重秤代替两节2032锂电池串联，使用基本正常。

升压电路各人制作的差异主要是变压器和电路板的制作，其他都是标准元件，差别不大。为了弄清变压器绕制匝数对电路的影响，先做了一个测试，看看不同的绕制数据有什么不同的结果，用0.25mm的漆包线在外径10mm小磁环上分别绕1到40匝，测量各匝数的电感量如下表（μH测试仪分辨率较低）。

36匝的电感量约为1.31mH，与一般的小型升压电路100μH左右的电感相比，直观的感觉这个电感量太大了，工作时阻抗太大，在1.5V供电的情况下功率是大不了的。因此，进一步做试验，用图2的电路，偏置电阻取360Ω，反馈电容取4700pF，稳压管暂不接，输出端接240Ω电阻作负载，变压器次级电感量选30μH，绕7匝，初级分别选几个不同的电感量进行试验，分别用碱性电池（1.5V）和镍氢电池（1.3V）作电源，电路起振正常，工作稳定，小于100μH的初级电感量没有试，估计功率还会增大。结果如附表：

匝数	1	2	3	4	5	6	7	8	9	10
电感量	★	★	10	10	20	30	30	40	50	60
匝数	11	12	13	14	15	16	17	18	19	20
电感量	80	100	120	150	180	210	250	290	330	370
匝数	21	22	23	24	25	26	27	28	29	30
电感量	410	460	510	560	620	670	740	800	860	930
匝数	31	32	33	34	35	36	37	38	39	40
电感量	990	1050	1120	1180	1240	1310	1380	1440	1510	1580

电感量（实测μH）	930	620	460	290	180	100
初级匝数	30	25	22	18	15	12
输出电压（电源1.5V）	4.6	4.8	4.8	5.0	5.1	5.2
输出功率（mW）	88	96	96	104	108	113
输出电压（电源1.3V）	4.2	4.3	4.4	4.6	4.7	4.9

通过上面的试验，总结出如下几点看法：

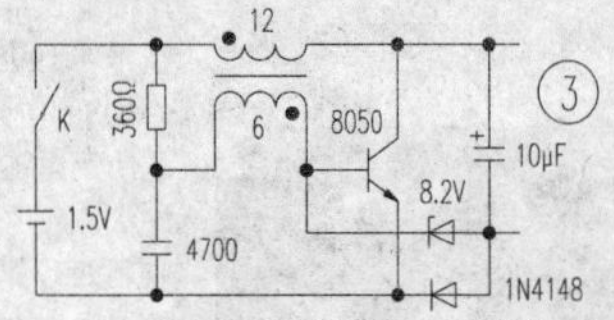

1. 一般应用推荐用图3电路制作，电路简单，电路板元件布局清晰，稳定可靠，大小只有32×13mm²，高度可以做到10mm以下。根据需要增加电源开关或改造仪器原电源开关控制升压电路的电源。图1电路也可改制变压器提高输出功率，反馈绕组接电池正极的一端最好接到电池负极。

2. 根据负载功率的大小选取变压器初级电感量，确定匝数。需求功率与电路功率匹配时，效率相对高些，不是功率越大越好。

3. 非满载的情况下升压电路输出电压稳定，所以输出电压的选取不一定要选9V，只要仪器能正常稳定工作，电压尽量选的小一点，这样电池利用率高一些。稳压二极管的值=输出电压+0.5V。由于1.5V供电电压低，输出功率对电源电压的变化很敏感，提高电源电压可显著提高输出功率。

4. 反馈电容、偏置电阻的大小也可以小范围变化，对输出功率都有影响。1N4148换成正向压降低的高频整流二极管更好。输出端滤波电容取47μF就能满足一般要求，取到220μF也没有问题。漆包线选0.15-0.25mm均可，线径细时绕同样电感量需增加1或2匝。

5. 一般使用要求不高的场合可以选用升压电路代替叠层电池，对测量结果影响不大，测量要求高的最好用电池。

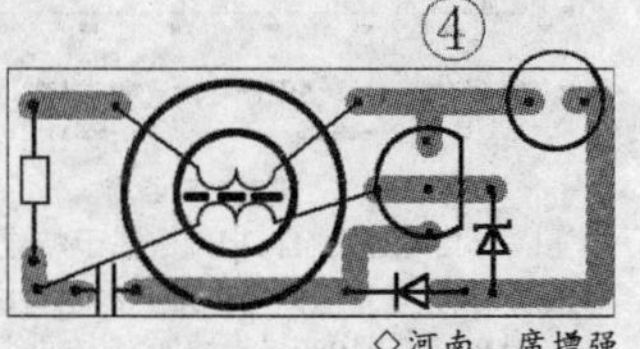

◇河南 席增强

台式电子秤改锂电供电

一台式电子秤的原配铅酸电池是4V4Ah容量，用了一两年后，电池每次充足电只能用上几天，看来电池已经老化需要更新。查看网上铅酸电池的价格和相近容量的锂电池的价格相差不大，但是锂电池具有体积小重量轻且寿命更长的特点。于是，网购了3.7V/3800mA的锂电池。由于铅酸电池充足电是4.2~4.6V，锂电池充足电是4.2V，另外电子秤的cpu供电是经过7533稳压芯片稳压到3.3V后提供的，所以锂电池完全可以替换铅酸电池。

原机供电电路如图1所示，5W变压器整流滤波后空载电压是6.3V左右，经过1.5欧姆电阻限流后给铅酸电池充电。由于充电电路过于简单，容易造成铅酸电池过充而早期老化。这对于最高充电电压有严格限制要求的锂电池更加不允许。锂电池本身内部具有过充过放保护电路。但是，为了安全可靠一般还是要外加上充电保护电路。网上看到由TP4056构成的锂电池充电保护板性能可靠，价格便宜（只要1元左右），便购得该充电板。将图1所示虚线框内限流电阻和铅酸电池拆除，把图2所示充电保护板和锂电池改装在原机A、B点之间，代替虚线框内原电路。

TP4056芯片的输入电压推荐为5V左右。原变压器带负载后，整流滤波后的电压略高于5V，可以安全使用。为了提高可靠性，给充电保护板粘上散热片固定在面板上（如图3所示）。充电时，芯片⑦脚外接红色LED点亮，电池充足电达到4.2V后，芯片⑥脚外接蓝色LED点亮。同时，芯片停止给锂电池充电。

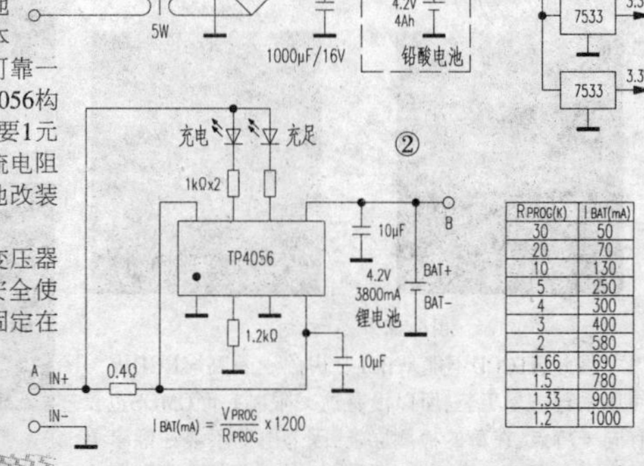

RPROG(K)	IBAT(mA)
30	50
20	70
10	130
5	250
4	300
3	400
2	580
1.66	690
1.5	780
1.33	900
1.2	1000

充电电流I BAT由芯片②脚外接电阻R PROG的阻值设定，读者可以按照自己电池容量及充电时间设定该电阻阻值。计算公式和对应值如表1所示。在本机中，该电阻设定在1.2kΩ，充电电流是1A。由于变压器容量较小，输出电流可能低于1A。实际充电时间要大于4小时，但基本上能在一夜充足，可以满足使用要求。

◇浙江 方位

改造Acc线解决汽车音响点火重启问题

记得笔者刚购买小车的时候，一旦启动发动机，车载音响（以下简称车机）就会马上重启。开始笔者以为只有自己的车子才会这样，后来发现原来其他汽车也有这种情况。经过一番捣鼓，终于找到解决这个重启问题的办法。

原来，车机尾插有一个使能端，这个使能端在尾插定义就是Acc。既然是使能端，顾名思义就是控制车机的开关机，即接高电平启动，低电平关机——当车钥匙置于1、2挡时，使能端得电，车机启动；在拔钥匙或者点火时，使能端失电，车机关机。但是点火往往就是一两秒的时间，点火后车钥匙又复位到2档，车机自然就关了又开。

知道问题的原因解决起来就好办了。既然点火时车机重启是因为点火时车机尾插的Acc线断电，我们只要使这个端口在点火时保持高电平就好了。笔者根据车机外壳上的标签，很快就找到Acc线了。如图，在Acc线和地线之间接入一只二极管和电解电容，然后用电工胶布做好绝缘措施和固定，改造即大功告成。当车钥匙插入并打到1挡（Acc挡）或者2挡（ON挡）时，Acc线通电，车机开机，并向电容充电。当汽车点火（在Start档）时Acc电源被暂时切断，由于电容的储能作用，车机使能端仍然维持高电平，从而保证车机在点火期间不关机。因为二极管的止逆作用，电容上的电能无法向车机以外的其他Acc设备供电，避免了电容两端的电压被瞬间拉低。二极管选用1N4000系列的整流二极管即可（如1N4004）。电解电容耐压25V或以上的，至于容量，经笔者反复使用，使用330μF的刚好熄火拔匙约一两秒车机即关机，各位可根据自身车辆的实际情况选取适当容量。

附图：车机尾线的改造。

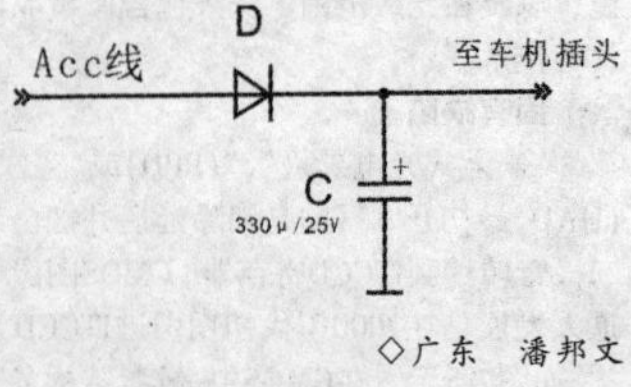

◇广东 潘邦文

初学入门

传感器系列2：温度传感器及应用电路

热电阻温度传感器主要利用金属材料或氧化物半导体材料的电阻值随温度变化这一特性来测定温度。金属材料称热电阻，氧化物半导体材料称热敏电阻，统称热电阻。

一、热电阻

（一）热电阻基础知识

热电阻由电阻体、保护套管、引出线和接线盒等部分组成。工业用热电阻的结构如图1所示。

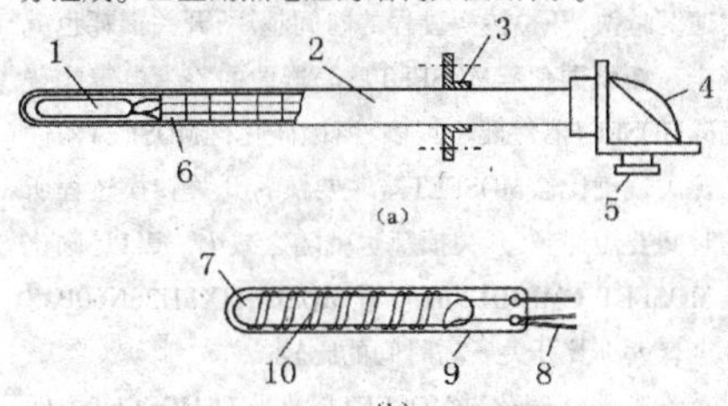

(a)普通型；(b)薄膜型

1—电阻体；2—不锈钢套管；3—安装固定件；4—接线盒；5—引出线口；6—瓷绝缘套管；7—骨架；8—引出线端；9—保护膜；10—电阻丝

图1 热电阻结构

电阻体由电阻丝和电阻支架组成。电阻丝绕制在具有一定形状的云母或石英、陶瓷塑料支架上，固定后套上不锈钢保护套管。引出线通常采用直径为1mm的银丝或镀银铜丝，接到接线盒柱上，以便与外部线路相连而测量及显示温度。

1.铂热电阻

铂热电阻是最好的热电阻材料。其特点是纯度高，电阻率较大，测量精度高，物理与化学性能稳定，性能可靠，长时间稳定的复现性，加工性能好，可测量-200~850℃范围内的温度。

铂热电阻的阻值与温度之间的特性方程为：

$R_T=R_0[1+AT+BT^2+CT^3(t-100)]$（-200℃≤T≤0℃）

$R_T=R_0[1+AT+BT^2]$（0℃≤T≤850℃）

式中，R_T、R_0表示铂热电阻在T℃和0℃时的电阻值，A、B、C表示分度常数，其值规定为$A=3.9083\times10^{-3}$/℃，$B=-5.775\times10^{-7}$/℃，$C=-4.183\times10^{-12}$/℃。

目前工业用铂热电阻有Pt10、Pt100两种分度号，即0℃时的标称电阻R0分别为10Ω、100Ω，常用Pt100。

2.铜热电阻

铜热电阻适用在一些测量精度要求不高、测温范围不大且温度较低的场合。它的测温范围通常为-50℃~150℃，其电阻与温度关系可近似为线性：$R_T=R_0(1+\alpha T)$。式中，α表示铜热电阻的电阻温度系数，取$\alpha=4.28\times10^{-3}$/℃。

铜热电阻的α值较大，高纯铜丝易得且价廉，互换性好，但其电阻率低，体积较大，热惯性大，高温易氧化，不耐腐蚀，因此对工作环境要求高。铜电阻一般有Cu50和Cu100两种分度号。

3.热电阻的引线

热电阻内部的引线方式有二线制、三线制和四线制三种。二线制是指在热电阻的两端各连接一根导线，由于引线电阻因环境温度变化所造成的测量误差，只适用于测温精度低的场合。三线制是指在热电阻的一端连接一根引线，另一端连接两根引线，可以减小引线电阻的测量误差。四线制是指在热电阻的两端各连接两根导线，可以完全消除引线电阻的影响，用于高精度温度测量。

工业上常采用的热电阻三线制桥式接线测量电路如图2所示。图中Rt为热电阻，r1、r2和r3为接线电阻，R1和R2为桥臂电阻，通常取R1=R2，Rw为调零电阻，M为电流计。当UA=UB时电桥平衡（M指示为0），使得r1=r2，则Rw=Rt，消除了引线电阻的影响。

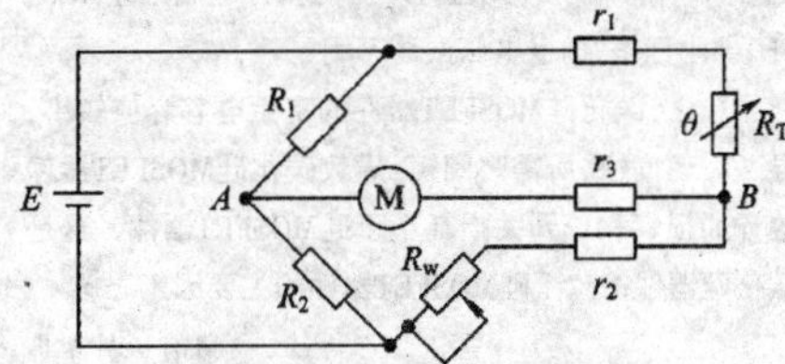

图2 热电阻三线制桥式接线测量电路

（二）金属热电阻应用实例

应用铂热电阻可以测量气体或液体流量，电路原理如图3所示。热电阻Rt1的探头放在气体或液体通路中，另一只热电阻Rt2的探头则放置在温度与被测介质相同，但不受介质流速影响的连通室内。

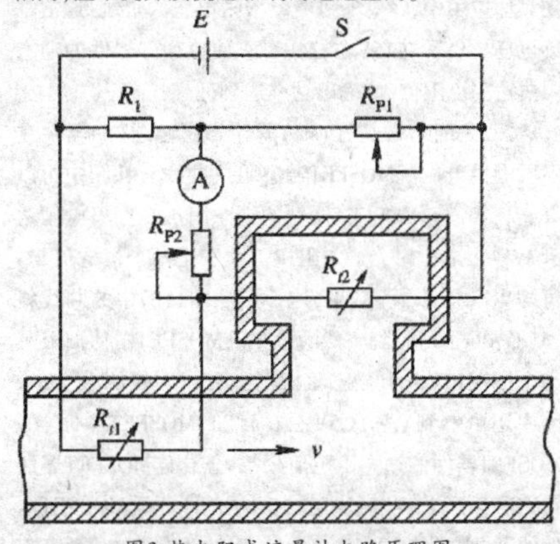

图3 热电阻式流量计电路原理图

热电阻式流量计是根据介质内部热传导现象制成的。将温度为tn的热电阻放入温度为tc的介质内，则热电阻耗散的热量Q可用Q=KA(tn-tc)来描述。式中，A是热电阻与介质相接触的面积，K与介质的密度、黏度、平均流速等参数有关。当其他参数为定值时，K仅与介质的平均流速有关，因此可以通过测量热电阻耗散热量Q，获得介质的平均流速或流量。

图3中，电桥在介质静止不流动时处于平衡状态，电流表无指示。当介质流动时会带走热量，使Rt1的温度下降，电桥失去平衡，产生与介质流量变化相对应的电流，电流表有指示。将电流表按平均流量标定，即可从电流表的读数得知介质流量的大小。

二、热敏电阻

（一）热敏电阻基础知识

1.热敏电阻的结构

热敏电阻主要由热敏探头、引线和壳体构成。通常将热敏电阻做成二端器件，但也有做成三端或四端的。二端或三端器件为直热式，可直接在电路中获得功率，而四端器件为旁热式。热敏电阻按形状可分为片形、杆形和珠形等等。

2.热敏电阻的特性

热敏电阻按其性能可分为负温度系数NTC型、正温度系数PTC型和临界温度CTR型热敏电阻三种，其电阻-温度特性曲线如图4所示。

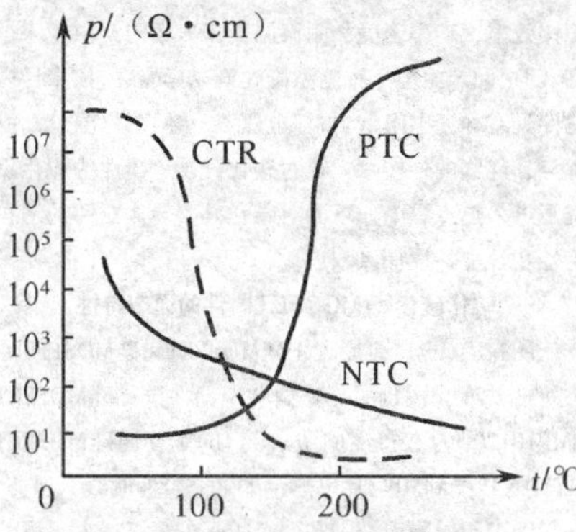

图4 热敏电阻的电阻-温度特性曲线

NTC型的阻值随温度的升高而降低，呈现非线性特性的负指数规律，具有负的电阻温度系数。PTC型的阻值随温度的升高而非线性增加，并且在达到某一温度时，阻值突然变得很大。CTR型的阻值随温度的升高而非线性下降，并且在达到某一临界温度时，阻值突然下降，变得很小。以NTC型为例，可用如下经验公式描述：

$$R_T=A(T-1)\exp\left(\frac{B}{T}\right)$$

式中，R_T表示温度为T时的电阻值，A表示与材料和几何尺寸有关的常数，B表示热敏电阻常数。

3.热敏电阻的特点

热敏电阻同其他测温元件相比具有以下优点：灵敏度高，温度系数比金属大10~100倍；电阻值高，比铂热电阻高1~4个数量级，适合长距离检测与控制；热惯性小，响应时间短；结构简单、体积小，可根据需要制成各种形状；功耗小，不需要参考端补偿；化学稳定性好，机械性能强，成本低，寿命长。

热敏电阻的缺点是复现性和互换性差，非线性严重，测温范围窄（目前只能达到-50℃~300℃）。

（二）热敏电阻应用实例

1.电动机过热保护装置

图5为电动机过热保护装置原理图。把三只特性相同的NTC热敏电阻放在电动机绕组旁，紧靠绕组处每相各放一只，用万能胶固定。经过测试，其阻值在20℃时为10kΩ，在100℃时为1kΩ，在110℃时为0.6 kΩ。

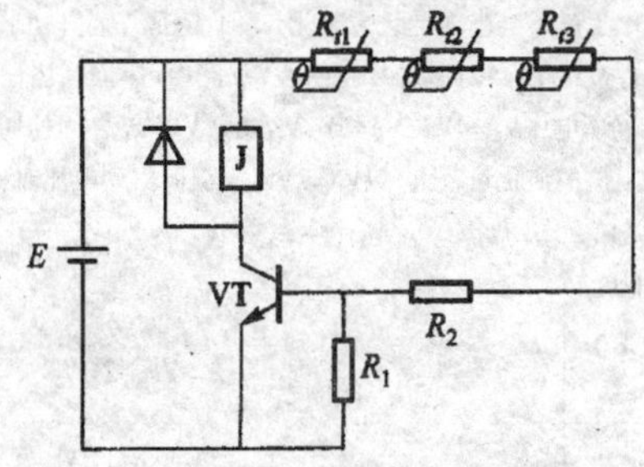

图5 电动机过热保护装置原理图

当电动机正常运行时温度较低，热敏电阻阻值较高，三极管VT截止，继电器J不动作。当电动机过负荷、断相或一相通地时，电动机温度急剧上升，热敏电阻阻值急剧减小，小到一定值后，VT导通，继电器J吸合，断开电动机工作回路，起到保护作用。根据电动机的允许升温值来调节偏流电阻R_2值，确定VT的动作点。

2.温度上下限报警电路

图6为温度上下限的报警电路原理图。电路中使用运算放大器构成迟滞电压比较器，运放的输入状态决定晶体管VT1和VT2的导通或截止。Rt、R1、R2和R3组成一个输入电桥，则

$$U_{ab}=12\times\left(\frac{R_1}{R_1+R_t}-\frac{R_2}{R_3+R_2}\right)$$

其工作原理为：当温度等于设定值时，Uab=0，即Va=Vb，则VT1和VT2都截止，LED1和LED2都不发光；当温度升高时，Rt变小，Uab>0，即Va>Vb，则VT1导通，使得LED1发光报警；当温度降低时，Rt变大，Uab<0，即Va<Vb，则VT2导通，使得LED2发光报警。

◇中国联通公司哈尔滨软件研究院 梁秋生
哈尔滨远东理工学院 解文军

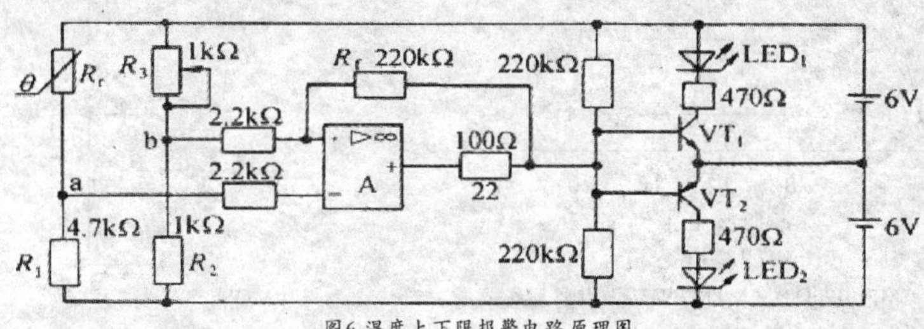

图6 温度上下限报警电路原理图

一种新型碳化硅MOSFET功率器件的工作特性

在电力电子应用领域发展的今天，功率变换器对工作效率，功率密度和耐高温等多方面的要求越来越高。随之而产生出一种新型碳化硅功率器件，该半导体器件具有导通电阻低，击穿电压高，极限工作温度高等优点，现国内外技术人员对碳化硅功率器件的应用研究正进入热点之中。下面对碳化硅半导体器件的通态特性和开关特性加以叙述。

一、碳化硅(sic)MOSFET器件的通态特性

图1(a)(b)分别是碳化硅MOSFET和硅MOSFET通态特性曲线。图1(a)是新型功率器件碳化硅MOSFET CMF10120D通态特性曲线，图1(b)是普通硅MOSFET MTM7N45(7A450V)功率器件的通态特性曲线。以(a)(b)图可明显看出分别在两个管子的栅极加入不同的驱动电压，碳化硅器件的通态阻抗rds(on)(dV/dI)的变化量是较均匀的，并且通态阻抗随着栅极驱动电压的增大而均匀地减小，即使栅极驱动电压达到V_{GS}=10V以上，通态阻抗rds(on)的减小变化量是均衡的，因此利用碳化硅器件设计电路时，欲想获得较大的输出功率而使通态阻抗rds(on)(dV/dI)更低，就应设置更高的栅极驱动电压。欲想要均衡调节通态阻抗rds(on)而达到均衡调节输出功率，那么碳化硅器件的功率管是非常理想的选择，因为它的通态阻抗rds(on)可随栅极驱动电压变化而均衡变化，变化过程中不会出现跳跃阻抗，输出功率也就不会出现跳跃的情况。图1(b)是普通硅功率器件MTM7N45的通态特性曲线，从图中可看到，当栅极驱动电压V_{GS}=4V与V_{GS}=5V，V_{GS}=6V，V_{GS}=7V之间的通态阻抗的变化量较大，但V_{GS}=7V以上栅极驱动电压时，通态阻抗的减小量是很小的，几乎不再出现变化。所以在具体应用中，考虑栅极驱动极限电压的限制，通常驱动电压应设置在15V左右，可以使普通硅器件的通态阻抗达到极限值，使输出功率达到理想状态。

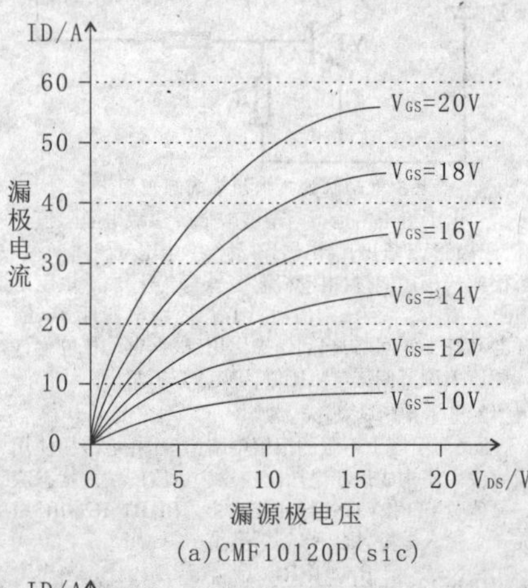

(a)CMF10120D(sic)

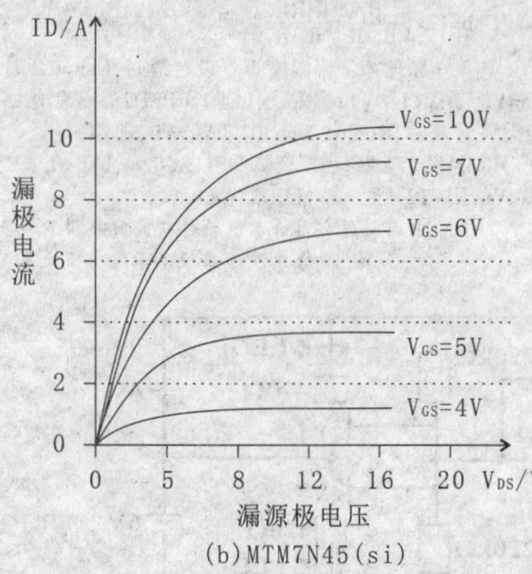

(b)MTM7N45(si)

图1#Sic CMF10120D和Si MTM7N45通态特性曲线

图2是新型碳化硅(sic)器件与普通硅(si)器件在不同栅极电压下MOSFET通态阻抗曲线。从图中可以看出，普通硅MOSFET器件的通态阻抗在栅极电压达到7V以上电压时，通态阻抗值几乎是一个恒定值，不再随VGS的增大而减小，这一点从图1(b)中的曲线斜率(dV/dI)也可看到。然而碳化硅MOSFET器件栅极驱动电压在15V以上通态阻抗仍然有很明显的减小，从图中还可看到V_{GS}=11.5V左右时Sic MOSFET器件与si MOSFET器件的通态阻抗值相等，碳化硅MOSFET器件在VGS大于11.5V以上时通态阻抗将小于硅MOSFET器件的通态阻抗值，当V_{GS}小于11.5V时通态阻抗会大于Si MOSFET器件的rds(on)。从曲线中可知，碳化硅MOSFET器件在栅极电压较低时通态阻抗rds(on)较大，在应用中欲要获得较低的通态阻抗而得到理想的功率输出就应将栅极电压设置得高一些。

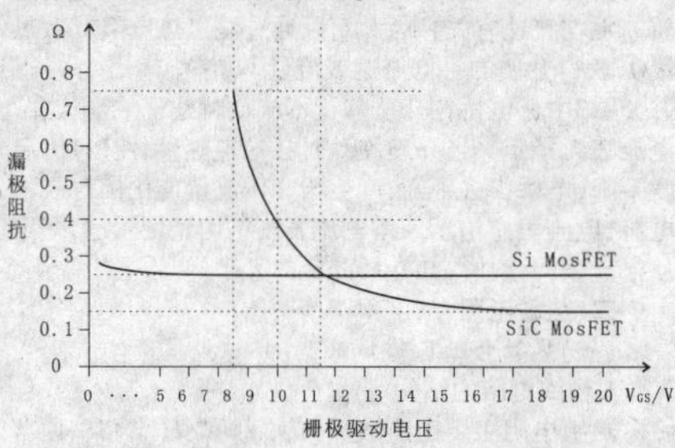

图2# Sic MOSFET与Si MOSFET器件通态阻抗曲线

二、碳化硅MOSFET器件的开关特性

无论是硅MOSFET器件，还是碳化硅MOSFET器件都存在多种寄生电容。栅源极之间存在一个不可忽略的输入电容C_1，一个是栅漏极间电容，即反向传输电容C_2，也叫米勒电容，此电容是影响开关过程中电压升降变化时间的主要因素；另一个是漏源极间电容C_3，即输出电容，在软开关电路中，C_3非常重要，它影响电路的谐振，如图3所示。当开关管导通时栅极电流流入栅源极间的输入电容C_1，此时漏极电压下降。漏极电压下降使反向传输电容C_2放电，而栅极驱动电流给栅源极电容C_1充电。漏极电压下降越快，C_2放电也越快。开关管栅极的内部结构限制了栅极的最大驱动电流，引起MOSFET管导通延迟的主要原因就是米勒效应。

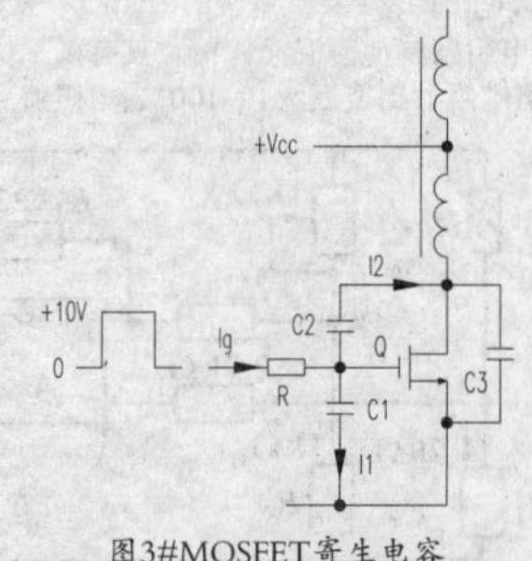

图3#MOSFET寄生电容

表1

型号	G1(PF)	C2(PF)	C3(PF)	td(on)(ns)	tr(ns)	td(off)(ns)	tf(ns)
IXFH26N60P(Si)	4150	27	400	25	27	75	21
CMF10120D(Sic)	928	7.45	63	7	14	46	37

MOSFET管的寄生电容C_1 C_2的电容值越小，C_1充电所需时间越短，C_2放电时间也越短，开关管导通或关断的速度越快，开关转换过程的时间越短，开关损耗也就越小。新型碳化硅MOSFET功率器件的寄生电容比普通硅MOSFET器件要小很多，所以碳化硅MOSFET器件的开关速度比较MOSFET器件要快，开关转换过程所需时间要短许多，开关损耗也就随之减小。表1是碳化硅MOSFET CMF10120D与硅MOSFETIXFH26N60P寄生电容大小及开关所需时间的比较。

为了测试碳化硅MOSFET器件与硅MOSFET器件的工作开关特性波形情况，在图3中，将Q分别换用碳化硅MOSFET CMF10120D和硅MOSFET IXFH26N60P器件，输入电压分别为300V、400V、500V，驱动电阻为6.8Ω，通过示波器观察功率器件电压，电流波形情况如图4所示。

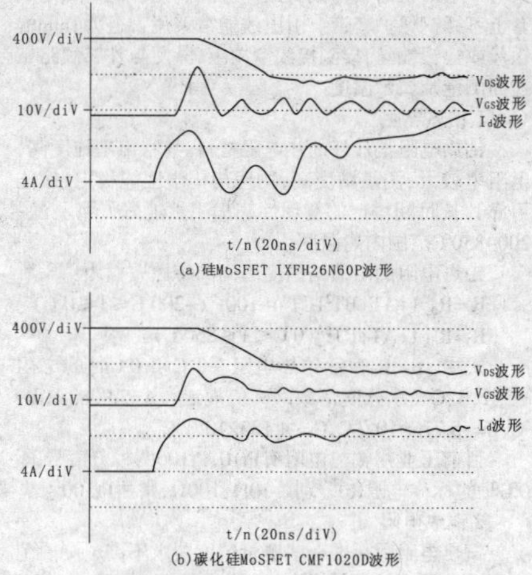

图4#碳化硅器件与硅器件开通波形

从图4中可看出，碳化硅MOSFET导通时，VGS波形比较平直，几乎不呈波峰状，因为碳化硅MOSFET的短沟道效应和低跨导决定其VGS波形比较平直。图4(a)可看到，硅MOSFET功率器件的栅极驱动电压波形几乎表现出振荡波形，栅极电压VGS的这种振荡现象导致其漏源极电流也随之振荡，峰值电流剧增，增大了器件的应力，降低了可靠性。

栅极电压产生振荡主要是漏极电压变化时通过反向传输电容C_2(米勒电容)对栅极电压的耦合干扰。在MOSFET管开始导通后，漏源极电压下降，反向传输电容开始从栅极吸收电流放电，漏极电压变化率增大，耦合电流也增大，如果栅极瞬时驱动电流不够提供抽流电流，此时栅极输入电容C_1开始放电，栅极电压开始下降。从表1可知碳化硅MOSFET的反向传输电容(米勒电容)C_2容值较小，开通时产生的耦合电流比硅MOSFET要小许多，栅极电压振荡不明显。

总之，碳化硅MOSFET器件的寄生电容容值较小，导通时速度快，所需时间短，导致碳化硅MOSFET器件的开通损耗和总开关损耗小于硅MOSFET器件，这是碳化硅器件优越于硅MOSFET器件的主要因素。

◇湖南　刘春华

杜百川深度解读广电和5G关系

国家广播电视总局科技委副主任杜百川在CCBN2019"有线数字电视运营商国际峰会"上作主旨演讲，他提出，很多人把5G看作一种技术，实际上是不对的。在他看来，广电与5G不只是内容和传输的关系。

3月19日，CCBN2019正式拉开帷幕。在当日召开的"有线数字电视运营商国际峰会"上，国家广播电视总局科技委副主任杜百川演讲了广电与5G不只是内容和传输的关系。杜百川认为，很多人把5G看作一种技术，实际上是不对的，5G做了三件事情：

获得一个全球的统一标准。

毅然地放弃了话音作为主要业务，把任意业务最新的业务需求作为自己的需求。

升级自己的网络来满足这些需求。

杜百川表示："不是说5G能做什么，而是要做什么，我把5G做成什么，这个逻辑是反着的。这三条广电网络也能做，问题是你做不做。"

演讲精选

目前最主要的业务，5G最先做的还是叫固定无线接入，而且固定无线接入主要是做高频段，为什么这么说？因为我们都知道，在光纤到户这一条，我们有线是远远落后，或者说光纤入户电信基本上已经饱和，或者说占到70%~80%，甚至有的地方说90%，在这种情况下再用5G做宽带，对于三大运营商来说是不合算的，也不合理，但是对有线来说就是一个非常大的机会，也就是说我们直接一步跨到用5G固定宽带这样一个做法，比如说在电线杆上挂一个东西，马上对准一个楼，这个楼里面凡是能看到你的宽带就可以直接进入了，这对有线来说是一个非常大的机会。

5G会有一定的损耗，所以对于在户外进行穿户设备，来减少损耗，大概能够增加一倍作用，如果直接在户外接入的话会是户内接入的2倍，有线还可以在户内做5G的小基站，从室内向外覆盖，这也是来补充5G现在基站不足的。比

如，实际上4G和5G，有人说要纯5G才算5G，这种我并不同意，因为一开始一定会有没有5G的地方，也就是没有5G的地方手机怎么用？就必须用4G，也就是说4G和5G一定会在一起，不可能分开。这个选项刚才没讲，实际上有七个选项，就是5G和4G怎么在一起，有七个选项，刚才说的SA和NSA是其中两个选项，一个是选项三，一个是选项二。欧洲基本上是从选项三走向选项七，这些问题都是我们需要讨论的，有线如何介入5G的问题。

总结：广电与5G的关系，广电要根据新业务的要求升级广电的网络，这是

最关键的，来满足新业务的需求，也就是说我们如果不升级网络就会被时代淘汰，主要可以做的是什么？

1. 4K超高清等内容对移动网的覆盖，利用移动来传我们的节目。

2.有线电视运营商构建移动基础设施，一个是有牌照的设施，一个是无牌照的设施。

3.有线运营商向移动运营商租赁回传(后传)容量。

4.室内小型小区，具有"由内而外"的覆盖范围。

5.地面无线网的全面升级。

6.固定无线接入，或者叫作无线到任意点。

7.全业务。

所以我们说只有将广电网络和平台升级为虚拟化、云化和智能化融合业务网络和平台才能满足不同新业务的需求，才能不落后于5G的时代。

◇付云程

广播传输中数字设备不能修正情况及应对措施

广播传输系统中，数字处理技术的应用非常普遍。然而，尽管数字技术看上去十分强大，但解决不了所有的问题。您的声音是模拟的，很多乐器也是模拟的，声波以模拟的方式移动，还有，最重要的是，您的耳朵也是模拟的！

无论您拥有的插件如何强大，下面列出的问题是都无法解决的。

1.动态范围太低

如果您的录音电平太低，或是数字解析度的比特数不够，录制的声音动态范围就会狭窄，底噪相对提高。现实中没有插件作为"底噪消除器"。有些啮声可以改造，这只是美化让底噪听上去没那么明显，实质不会提高声音动态范围。

2.失真(削波)

很多种情况都可能出现失真。其中一个明显听得见的就是削波，当输入的电平太高时经常会出现。当原始的波形产生变化，信号就会失真了。看一看频谱，很多的谐波(泛音)被导入到信号里。有些聪明的运算法可以减少"清理"削波到一个可接受的水平。然而，对于挑剔的听众来说，失真还是会被听见。其他失真出现的话，根本就没有被修正的可能。

3.失真(互调)

另一种不能被修正的失真是由互调引起的(Intermodulation IM)。IM通常会产生并增加一些多余的低频到频谱中。顺带一提，这也可能出现在话筒里。只要录一段铃鼓的声音，然后仔细聆听您的录音，就可以检查话筒在这方面的表现，您会发现失真是很难避免。使用高通滤波器可能有帮助，但当然滤波器也改变了话筒的频率响应。

4.梳状滤波

当同样的音源通过两支距离有轻微不同的话筒录制在同一音轨时，就可以听到梳状滤波。梳状滤波的名字形容的是所产生的频响图看起来像梳子。如果音源在移动，根本没有机会能够补偿频响范围内的随机高低变化。

5.不良的混音(如何还原混音)

如果发现混音后的声音效果不好，又没有使用自动混音(automation)，则难以修复。有研究从语义音频方向努力找出可行的运算法。但就目前来说，找到的乐趣比成果要多。

6.声学环境恶劣

当录制声学乐器时，尤其是乐团合奏，现场的声学条件可说是整个声场的基础组成部分。如果您在一个混响时间过长的房间里录音，混响将不能减去。如果混响时间短，则可添加人工混响作补偿。但表演者可能会通过增加颤音，或演奏得更大声来补偿丢失的混响，而这样得出的结果与在良好的声学环境中演奏出来的是不一样的。

7.低解析度档案

在制作数字录音时，谨记用尽量高的解析度(24 bit的比16 bit要好)及线性的档案格式来保存。一旦录音被储存为有损的压缩格式将不能还原。没有系统可以重新创造出已被丢弃的数据。

8.隔离度不足

在多轨录音及缩混时，音轨之间需具有很高的隔离度。这样能提升混音时的自由度。隔离度不足的音轨不会为混音带来任何好处；最后出来的录音会欠缺清晰度和透明度，没有一种数字设备可以让它改善。

9.几何失真

当放置立体声或环绕声话筒时，目标是要使声音听起来很清晰而且音源定位要很正确。有时候会加入更多话筒，目的为建立正确的音乐平衡，比如在管弦乐团的不同乐器组别之间。但是，在增加话筒数目的同时，如果没有意识到那带来的负面影响，最后出来的结果可能非常模糊而且音源定位会非常模糊。没有任何数字处理可以重新定义录音的几何位置。

10.错误的话筒选择

如果您在工作中选择了错误的话筒，动态范围将不能增加或调整，丢失的频率将不能外加，由于解析度差而把声音变浑浊"mud"不能减少，因为没有一个按钮叫作MUD ±10。您可能可以补偿一下音色或话筒的频响，但仅此而已。

◇福建 庶 子

颜值与天籁共存的轻奢魅品(上)

——reProducer Epic5(史诗5号)有源监听级音箱试用感受

长期混迹于HI-FI发烧圈，由于工作关系而特别喜好近场监听的HI-FI有源音箱。这些年也曾拥有并把玩过不少此类音箱。但却很少有过"一见钟情、一听倾心"的冲动。直到媒体的朋友给我寄来了一对产自德国的reProducer Epic5近场监听HI-FI有源音箱请我试听评测，并在电话中一再告知该箱如何如何高颜值、好声音。。。。。。才让我产生了"好好听听"的兴致！正所谓"见多识广、食多口叼"，其实笔者并没有将其当回事，不就一对小音箱吗？呵呵，直到它出现在我的眼前，才让我有了眼睛为之一亮兴奋感！

这是一对来至于德国西南部莱茵河畔的Breisach（布莱萨赫）小城的音乐小精灵，Breisach毗邻法国，美丽的莱茵河将法国和德国自然分界，是一座有着4000多年悠久历史的城市，地理位置和地域文化的潜移默化，使得循规蹈矩、严谨刻板的德国风格在这里被染上了些许法兰西的浪漫色彩，以至于成群的白天鹅也常年栖息于此，成为Breisach一道耀眼的美丽风景。在我们的印象中，音乐是德国人生活中不可缺少的组成部分。德国造就了各个不同时期的音乐大师，柏林爱乐乐团、德累斯顿国家交响乐团更是享誉世界。德国为欧洲第一大及世界第三大音乐市场。因而在这里，音乐音响自然派生也就是顺理成章的事了！

眼前这对加工精致的小音箱，正是由United Minorities的首席执行官Attila Czirjak（Atila Sziejek）所创立的reProducer Audio-Lab（复制人-音频-实验室）所设计生产的reProducer Epic5(史诗5号)近场监听级HI-FI小音箱。United Minorities在德国和瑞士的音乐厅已有20多年音响系统和声学设计、以及高端私人订制高保真音响器材的丰富经验。产品致力于追求完美自然的声音重现，诠释最丰富多彩的声音细节，努力打造音响产品中的奢侈品牌。秉承这一理念，公司创立了一个由优秀工程师、技术人员和生产厂家组成的全球化的网络体系。产品涵盖了高保真音频功放，监听级有源音箱，高档扬声器单体及麦克风等声频器材，在欧美日韩奥等发达国家受到广泛关注，得到众多著名音频制作人和高端音频工程师的一致好评！

这款reProducer Epic5(史诗5号)，是United Minorities首款进入中国音响市场的产品，定位于高端近场有源监听级HI-FI音箱之列。于我也是第一次接触到它。当我在柔和的灯光下拆开产品的外包装时，着实被过度豪华的包装吓了一跳，但见内里是一只加工精美到如大型首饰箱般的铝合金箱体。打开箱盖，是厚达10公分的高密度弹力海绵紧紧的将两只套着白色无纺布的音箱包裹期间。相信这样的包装即使遇上超级的暴力运输也丝毫不会对箱内的音箱造成损害！

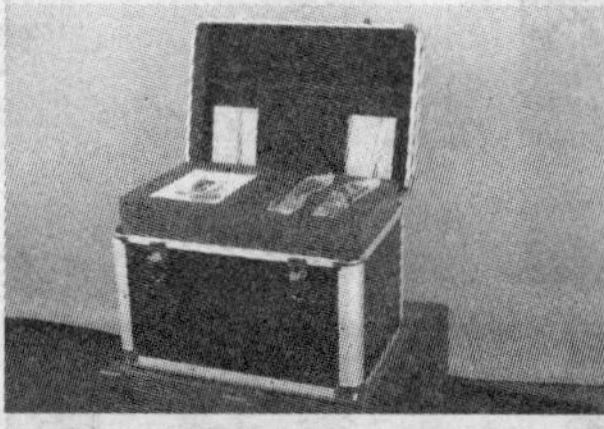

合二人之力费劲的从包裹严实的包装箱内取出音箱放在音响架上仔细端详：这是一对以高密度纤维板为主、箱体两侧辅以坚实厚重的铝合金板材构成的音箱，这种以金属和木材的完美结合，夯实了刚柔并济的良好声学基础建设，加上箱体内特制的吸音材料，使音箱达到了最佳的箱体阻尼效果。小巧玲珑的体积大约只有270（高）×190（宽）×240（深）毫米，但单只音箱就重达5.2公斤！箱体被设计成对称但并不规则的8个维度，前高后矮，前窄后宽，头小座大，从而令箱体面板微微上仰，形成如金字塔般的仰视角度，正好符合人坐在椅子上离箱1至2米近场聆听时，人耳刚好能够和箱体平面的喇叭发声点形成高矮对应的直线传播距离，极大的减少了声音的衍生干扰以获得最好的听感。整个箱体的机械加工工艺绝对可以用精雕细琢、毫无瑕疵来界定，手的触感如玉，温润而坚实。喇叭与箱体的镶嵌工艺更是浑然天成，看不到丝毫缝隙。就连中音喇叭下方的电源指示灯和铝合金音量旋钮，不仅机械加工精致到爆，配合上也非常精准，旋钮沿音量轴心旋转时竟然没有丝毫的左右摇晃和偏离，手感阻尼也非常顺滑、力道刚刚好！

箱体两侧面则是以菱形钻石切割工艺方式造型，凸显出金属特有的精细拉丝硬边锋质感，在光线照耀的不同平面下折射出高贵的灰黑色和深黑色，使得本来平淡无奇的金属箱体顿生变幻，不同的灰阶两相交融，相映成趣。更显得端庄优雅，秀气可人。

我想，这样的加工工艺已经不能简单的用高端音箱来界定了，德国人本就是用极其严谨细致的工作作风来对待他们所设计和生产的高档产品的，再加上该音箱的设计师拥有瑞士人独特的匠心传承和精细敏锐的艺术鉴赏力，这对音箱早已超脱出音箱本身而成为监听小音箱中的贵族。它的产量不高，在我国内地的知名度也不太高，但售价绝不便宜。使我豁然想到ASTON MARTIN（阿斯顿.马丁）、MAYBACH(迈巴赫)之类的小众豪车，虽然在国内并不常见，远没有宝马/奔驰那样招摇和众人皆知，但绝对是奢侈品！我想，我眼前的这款小小的reProducer Epic5，在有源小音箱领域，肯定也属于这类属性地位的产品！至少，它属于轻奢之类的贵族音箱的范畴吧，厂家给出的每对11800元的报价，也回应我的认知观点！

从声学的角度来看，该箱的声学系统采用2.0声道设计，也就是说，每只音箱都是由一只一寸的球顶高音、加5.25寸的中音喇叭及6.5寸的低音被动辐射单元所构成。低音被动辐射单元取代了传统导向式设计，这种设计优点是没有气流声，可以使低频下潜更深，控制力更好，瞬态速度更好。值得细说的是，这六只喇叭并没有采用其他喇叭名厂的单元，而是试图把核心技术掌握在自己手中，是厂家在倾注了4年心血和无数次试听调试后自行开发的名贵单元。而且所有的喇叭单元均采用了同样的铝合金振盆材质，以保证振盆的轻盈和坚韧，并能发出速度一致、音色一致、动态一致、灵敏度一致、晶莹通透、爆发力惊人的声音！为保证中音喇叭的有十足的响度和圆融醇厚的听感，喇叭尽量采用超大的天然永磁体和6N单晶无氧铜超长冲程大音圈，加上瑞士匠心独到的精细调校工艺和精确的机械定位工艺。为音箱的好声打下了坚实的基础，而那两只镶嵌在音箱底部的6.5寸被动式低音辐射单元，配合箱体内部的巨大空间和箱体底部的6只长达数公分的脚钉支撑，营造出了效果不凡的双低音音炮声效果。确保该音箱的低频潜得更深，低频的响度更大、力度更强，低频的质感更加的清晰和精致！

轻奢品牌区别于普通品牌的显著标志不仅仅在于高颜值和高价格，更注重的是产品的细节和精加工度，笔者注意到，reProducer Epic5那怕是小到一颗特殊加工的螺钉、一粒精雕细琢的音量旋钮、一只工艺讲究的金属阳极钝化滚花精磨脚钉，都毫不妥协的用上我所见到的最精细的加工研磨手段，所有的金属部件都被反复打磨电镀钝化得珠圆玉润，手感极佳。尤其是箱体背后的六条羽翼状散热条，不仅造型优美，更是被处理出玉润光滑的雅逸效果，一看就能明确的感受到那种扑面而来的轻奢氛围和贵族气质。而且厂家考虑到用户一般都会把这对音箱摆放在精美的家具或电脑桌上，为防止箱体可能在桌面打滑或留下压痕，厂家还特别提供了8只加工精美、手感柔软的硅胶防滑垫，于细微之处见可见厂家的良苦用心！

和当今流行的大多数多媒体音箱不同的是，多媒体音箱讲求的是功能全，什么蓝牙/光纤/同轴/USB播放等等统统都要，而音质音色却大多平淡无奇，而对于这对纯粹的2.0 HI-FI近场有源监听音箱来说，音质和颜值及工艺美誉度才是它最在乎的技术诉求。我注意到这对音箱的背后尽量遵循"多一个香炉多个鬼"的HI-FI发烧原则，尽量避免可能对音质音色造成影响的其他功能，只保留了±5分贝高音提升/衰减及±5分贝低音提升/衰减旋钮，以及一只莲花端子输入和一只平衡端子输入。以期望带给你最本真的、原汁原味的听感体验！

唯一遗憾的是，这对音箱背板被8颗特别订制的异形螺钉锁死，其螺帽之怪异，没有厂家提供的相应工具根本无法开启。所以也无法一看该音箱的内部工艺、电路和选材用料……但通过对该对音箱左/右箱体背板的观察，它们各自都拥有自己独立的电路和供电，就像一对孪生的双胞胎姐妹花，可见其制造成本不低。好在玩音响本身就是比较主观和感性为主的发烧行为，发烧圈所流行的"以耳朵收货、听感为王……"就是这个道理！

（未完待续）

（下转第170页）

◇成都 辨机

2019年4月28日出版　实用性　启发性　资料性　信息性

第17期

(总第2006期)

国内统一刊号:CN51-0091　定价:1.50元　邮局订阅代号:61-75

地址:(610041)成都市武侯区一环路南三段24号节能大厦4楼　网址:http://www.netdzb.com

让每篇文章都对读者有用

高科技全产业鼓励

发改委发布2019产业结构调整指导目录

近日,国家发改委下发了《产业结构调整指导目录(2019年本,征求意见稿)》(以下简称《征求意见稿》)。据了解,此次修订旨在将发展经济的着力点放在实体经济上,将促进农村一二三产业融合发展、制造业数字化网络化智能化升级、推动先进制造业和现代服务业深度融合等作为鼓励发展的重点。

据悉,《征求意见稿》由鼓励类、限制类、淘汰类三个类别组成。鼓励类主要是对经济社会发展有重要促进作用,有利于满足人民美好生活需要和推动高质量发展的技术、装备、产品、行业。值得注意的是,对不属于鼓励类、限制类和淘汰类,且符合国家有关法律、法规和政策规定的,为允许类,允许类不列入目录。

此次公开征求意见的时间为2019年4月8日至2019年5月7日,有关单位和社会各界人士可以登录国家发展改革委门户网站(http://www.ndrc.gov.cn)首页"意见征求"专栏,进入"《产业结构调整指导目录(2019年本,征求意见稿)》公开征求意见"栏目,填写意见反馈表,提出意见建议。

从《征求意见稿》中鼓励类目录来看,新技术、新业态和新模式等新兴产业的影子处处可见。相比起2013年发布的版本,2019指导目录在鼓励类"信息产业"中增加了"大数据、云计算、信息技术服务及国家允许范围内的区块链信息服务"和工业互联网网络、平台等,以及"量子、类脑等新机理计算机系统的研究与制造"等;城市基础设施的鼓励项里增加了一条"基于大数据、物联网、GIS等为基础的城市信息模型(CIM)相关技术开发与应用的内容";城市轨道交通装备产业由9项增加为17项,而增加的8项均为智能交通设备产业;现代物流业鼓励项里则出现了"物流机器人、自动分拣设备"等新兴技术。而人工智能这一大项更是被单独列出,其中包括VR技术、智能家居、智能医疗、智能交通等18项高科技产业。

以下是节选"产业结构调整指导目录(2019年本,征求意见稿)鼓励类信息产业"部分:

1.2.5GB/S及以上光同步传输系统建设;

2.155MB/S及以上数字微波同步传输设备制造及系统建设

3.卫星通信系统、地球站设备制造及建设

4.网管监控、时钟同步、计费等通信支撑网建设

5.窄带物联网(NB-IoT)、宽带物联网(eMTC)等物联网(传感网)、智能网等新业务网设备制造与建设

6.物联网(传感网)等新业务网设备制造与建设

7.宽带网络设备制造与建设

8.数字蜂窝移动通信网建设

9.IP业务网络建设

10.下一代互联网网络设备、芯片、系统以及相关测试设备的研发和生产

11.卫星数字电视广播系统建设

12.增值电信业务平台建设

13.32波及以上光纤波分复用传输系统设备制造

14.10GB/S及以上数字同步系列光纤通信系统设备制造

15.支撑通信网的路由器、交换机、基站等设备57

16.同温层通信系统设备制造

17.数字移动通信、移动自组网、接入网系统、数字集群通信系统及路由器、网关等网络设备制造

18.大中型电子计算机、百万亿次高性能计算机、便携式微型计算机、每秒一万亿次及以上高档服务器、大型模拟仿真系统、大型工业控制机及控制器制造

19.集成电路设计,线宽0.8微米以下集成电路制造,及球栅阵列封装(BGA)、插针网格阵列封装(PGA)、芯片规模封装(CSP)、多芯片封装(MCM)、栅格阵列封装(LGA)、系统级封装(SIP)、倒装封装(FC)、晶圆级封装(WLP)、传感器封装(MEMS)等先进封装与测试

20.集成电路装备制造

21.新型电子元器件(片式元器件、频率元器件、混合集成电路、电力电子器件、光电子器件、敏感元器件及传感器、新型机电元件、高密度印刷电路板和柔性电路板等)制造

22.半导体、光电子器件、新型电子元器件(片式元器件、电力电子器件、光电子器件、敏感元器件及传感器、新型机电元件、高频微波印制电路板、高速通信电路板、柔性电路板、高性能覆铜板等)等电子产品用材料

23.软件开发生产(含民族语言信息化标准研究与推广应用)

24.数字化系统(软件)开发及应用:智能设备嵌入式软件、集散式控制系统(DCS)、可编程逻辑控制器(PLC)、数据采集与监控(SCADA)、先进控制系统(APC)等工业控制系统、制58造执行系统(MES),能源管理系统(EMS)、计算机辅助设计(CAD)、辅助工程(CAE)、工艺规划(CAPP)、产品全生命周期管理(PLM)、建筑信息模型(BIM)系统、工业云平台、工业App等工业软件的开发

25.半导体照明设备,光伏太阳能设备,片式元器件设备,新型动力电池设备,表面贴装设备(含钢网印刷机、自动贴片机、无铅回流焊、光电自动检查仪)等

26.打印机(含高速条码打印机)和海量存储器等计算机外部设备

27.薄膜场效应晶体管LCD(TFT-LCD)、有机发光二极管(OLED)、电子纸显示、激光显示、3D显示等新型平板显示器件、液晶面板产业用玻璃基板等关键部件及关键材料

28.新型(非色散)单模光纤及光纤预制棒制造

29.高密度数字激光视盘播放机盘片制造

30.只读光盘和可记录光盘复制生产

31.音视频编解码设备、音视频广播发射设备、数字电视演播室设备、数字电视系统设备、数字电视广播单频网设备、数字电视接收设备、数字摄录机、数字录放机、数字电视产品

32.网络安全产品、数据安全产品,网络监察专用设备开发制造

33.数字多功能电话机制造

34.多普勒雷达技术及设备制造

35.医疗电子、健康电子、生物电子、汽车电子、电力电子、59金融电子、航空航天仪器仪表电子、图像传感器、传感器电子等产品制造

36.无线局域网技术开发、设备制造

37.电子商务和电子政务系统开发与应用服务

38.卫星导航芯片、系统技术开发与设备制造

39.应急广播电视系统建设

40.量子通信设备

41.薄膜晶体管液晶显示(TFT-LCD)、发光二极管(LED)及有机发光二极管显示(OLED)、电子纸显示、激光显示、3D显示等新型显示器件生产专用设备

42.半导体照明衬底、外延、芯片、封装及材料(含高效散热覆铜板、导热胶、导热硅胶片)等

43.数字音乐、手机媒体、动漫游戏等数字内容产品的开发系统

44.防伪技术开发与运用

45.核电仪控系统核心芯片及相关软件

46.大数据、云计算、信息技术服务及国家允许范围内的区块链信息服务

47.工业互联网网络、平台、安全硬件设备制造与软件系统开发及集成创新应用,工业互联网设备安全、控制安全、网络安全、平台安全和数据安全相关技术产品研发及应用,工业互联网网络建设与改造,标识解析体系建设与推广,工业云服务平台建设及应用60

48.宽带数字集群设备、采用时分双工(TDD)方式载波聚合的230MHz频段宽带无线数据传输设备等下一代专网通信设备,基于LTE-V2X无线通信技术的车联网直连通信设备等车联网无线通信设备

49.灾害现场信息空地一体化获取技术研究与集成应用

50.量子、类脑等新机理计算机系统的研究与制造

51.先进的各类太阳能光伏电池及高纯晶体硅材料(多晶硅的综合电耗低于65千瓦时/千克,单晶硅光伏电池的转换效率大于22.5%,多晶硅电池的转化效率大于21.5%,碲化镉电池的转化效率大于17%,铜铟镓硒电池转化效率大于18%)

◇林一

骁龙850笔记本

目前市面上已经出现了多款搭载骁龙850的Windows笔记本,比如联想Yoga C630、三星Galaxy Book2、微软Hololens 2、华为MateBook E 2019等。不过目前搭载骁龙850的Windows笔记本无法运行64位软件;之所以能够运行Windows 10,是因为微软在Windows 10 ARM中加入了X86 on Arm解码翻译器,相当于模拟器。X86 on Arm解码翻译器的效率不低,而且兼容性非常不错。

微软曾经承诺会带来64位软件支持,但是现在来看还需要一些时间才能实现;但是绝大多数平常用的32位软件都可以运行。由于骁龙850并非原生运行Windows 10,而是以模拟器方式运行,所以存在性能损耗。

骁龙850是一颗64位处理器,采用Kryo 385架构,第二代10nm工艺,拥有8核心,频率最高可达2.96GHz;显卡为Adreno 630,支持DX12;支持USF2.1和SD;相比x86处理器,骁龙850的优势在于集成度较高,其内置骁龙X20 LTE模块,支持4G LTE;内置Hexagon 685 DSP,可实现笔记本休眠状态下仍可以接收信息。单从CPU性能上讲,骁龙850处理器性能与桌面处理器AMD速龙II X2 235、英特尔赛扬G540T、英特尔奔腾E5200属于同一水平。GPU部分,骁龙850在Windows 10下的综合性能稍弱于Surface Go的奔腾4415Y,强于Atom Z系列的顶级型号Atom Z3795。

骁龙850笔记本拥有两个先天优势,一个是4G网络支持,一个是续航。由于骁龙850的集成了X20基带,因此在移动上网方面表现不俗;续航方面,骁龙850的TDP为5W,相当于峰值功耗,仅为x86处理器的一半左右。

综合所看,目前骁龙笔记本作为主力办公笔记本还是有点勉为其难,更适合在移动办公前提下取代iPad,成为PC、中高配置笔记本的中间设备,是未来轻薄本或者折叠本的最大挑战或者取代者。

鉴于骁龙850其实就是"满血版"的骁龙845,高通还会在2019年第3季度推出骁龙8cx,骁龙8cx是一颗真正意义上的笔记本处理器,其TDP为7W,采用7nm工艺,核心也升级为Kryo 495。相比骁龙850,骁龙8cx得到了全方位提升,对标传统笔记本芯片15W的产品。不过在性价比方面,骁龙笔记本系列还有很长的路要走。

(本文原载第18期11版)

长虹液晶电视电源关键IC引脚功能及实测电压查询手册(二)

(紧接上期本版)

5.芯片型号GS7005:是台湾尼克森微电子集团开发生产的专用于液晶电视的LED背光驱动IC,内部集成PWM升压变换控制和LED灯串恒流驱动两种功能。一款集PWM升压控制功能、LED灯串恒流驱动功能二合一的专用控制芯片。

1)芯片拓扑图

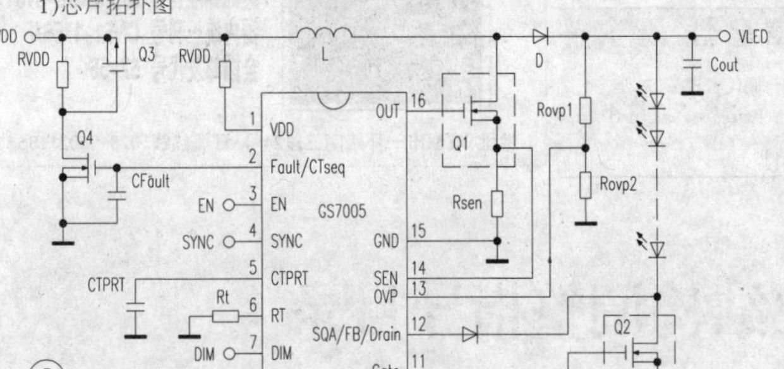

2)芯片引脚功能

引脚	标注	功能	电参考电压(V)
①	VDD	电源输入	12.43
②	Fault/CT	故障/CT	12.22
③	EN	使能	3.13
④	SYNC	同步	0
⑤	CTPRT	保护动作定时	2.3
⑥	RT	升压PWM脉冲频率定时电阻	0.58
⑦	DIM	PWM调光输入	3.6
⑧	Comp	放大器补偿网络	1.95
⑨	Slope	补偿电流设定	0.46
⑩	Source	电流检测	0.46
⑪	Gate	电流调节器输出	4.39
⑫	SOA/FB	SOA检测及反馈	2.46
⑬	OVP	过压、短路检测	1.84
⑭	SEN	电流检测	0.03
⑮	GND	地	0
⑯	DRV	驱动输出	6.9

6.芯片型号FA5591:采用临界导通模式的PFC控制器,它的启动电流低,内部集成有多重保护功能,高精度过流保护、轻负载时降低工作频率以提高电源效率、工作电流很小,启动时电流仅80μA,正常工作时电流仅2mA,能够直接驱动大功率MOS管,反馈脚FB具有开路保护和短路保护功能。具有欠压保护功能:当IC供电大于13V时开始工作,小于9V时进入欠压保护状态,停止工作。

1)芯片拓扑图

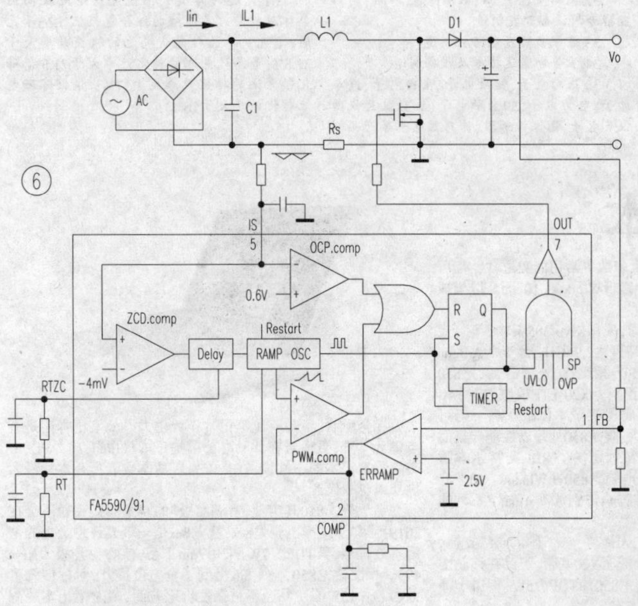

2)芯片引脚功能

引脚	标注	功能	电参考电压(V)
①	FB	反馈信号输入	0
②	COMP	补偿	0.86
③	RT	设置最大导通时间	1.5
④	RTZC	设置延迟时间	0.9
⑤	IS	电流检测信号输入	0
⑥	GND	接地	0
⑦	OUT	驱动信号输出	2(变)
⑧	VCC	供电	16

7.芯片型号 NCP1251:是电流控制型离线电源pwm控制器,采用峰值电流控制模式,控制器的工作频率为65KHz~100KZz,而且能提供高达28V的电源。

1)芯片拓扑图

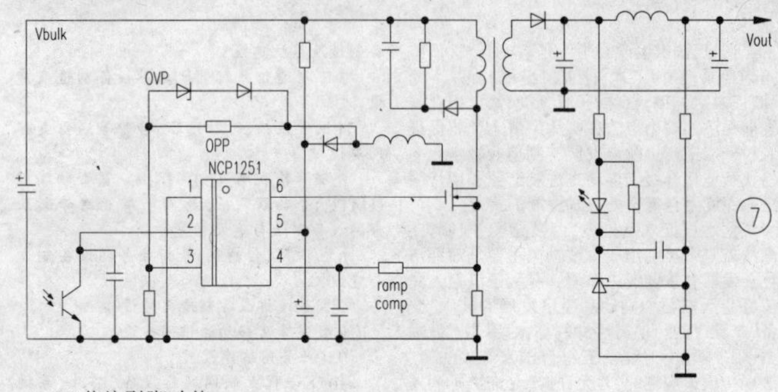

2)芯片引脚功能

引脚	标注	功能	电参考电压(V)
①	GND	地	0
②	FB	反馈信号输入	0.3
③	OPP/Latch	过压保护	0
④	CS	电流检测信号输入	0
⑤	Vcc	供电	16.5
⑥	DRV	驱动信号输出	0

8.芯片型号 NCS1002D:为LED恒流恒压驱动IC,它集成了一个开关模式的电源(SMPS),应用于双控制回路的恒定电压(CV)和恒定电流(CC)的调节。

1)芯片引脚功能

引脚	标注	功能	电参考电压(V)
①	Out1	运放1输出	14.4
②	In 1-	运放1反向输入	1.8
③	In 2+	基准电压	2.5
④	GND	地	0
⑤	In 2+	运放2正向输出	0.35
⑥	In 2-	运放2反向输入	0.35
⑦	Out2	运放2输出	13.4
⑧	vcc	供电	15

2)芯片拓扑图:

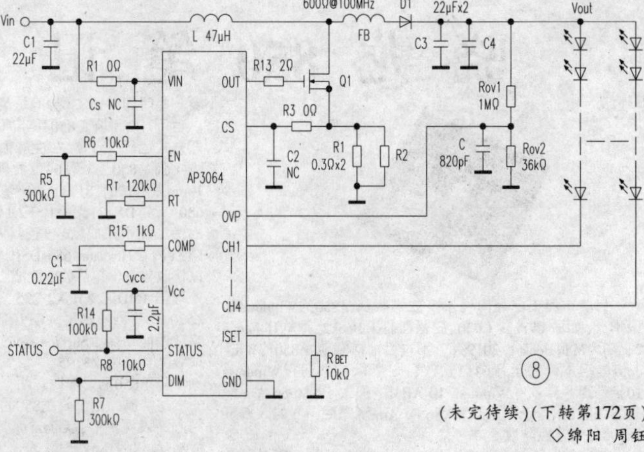

(未完待续)(下转第172页)

◇绵阳 周钰

飞利浦 32 英寸 LED 液晶显示器故障维修记

一台飞利浦321E5Q 32英寸液晶LED显示器，出现黑屏故障。

首先怀疑是电源故障，于是开盖检查，后盖拆开后可以看到里面有个长方形的铁盖，拧掉两个固定螺丝钉，去掉排线拿下铁盖子就可以看到开关电源了(如图1所示)。

仔细检查开关电源表面，没有发现电容鼓包和烧煳的元件。为了快速检查故障，接上电源线，按下侧面电源ON/OFF键，电源指示灯亮，用数字万用表直流200V档位，负表笔接铁壳，正表笔分别检测图1标示的整流二极管输出①、②、③点处电压，①点电压为31V，②点电压为12V，③点两个整流管并联，电压为30V。因为电源指示灯亮，开关电源输出电压没有参数可以参考，初步诊断电源故障不大，接下来检查主电路板，主电路板如图2所示。

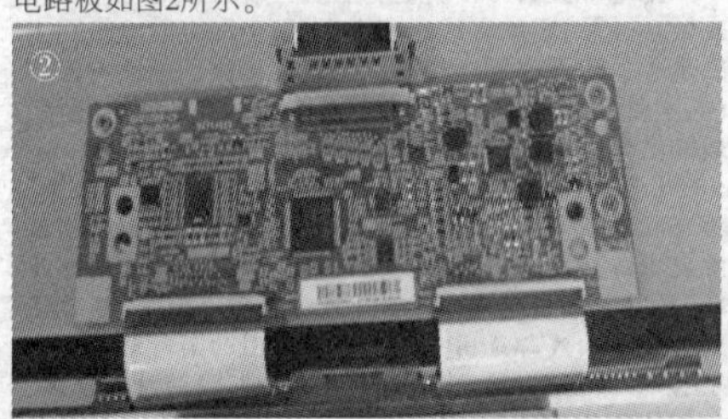

业余条件下没有电路图纸等资料做参考很难判断好坏，先根据维修经验来检测排线及电路板表面有无明显损坏痕迹、各集成块是否有高温和烧煳现象，经检查没有发现上述故障。查阅网络上该二手显示器主板价格也不贵，十几元一块，为彻底排除主电路板故障，减少拆屏风险，决定购买一块二手主电路板换上试试，经过本地市场查找，找到一块同型号的主板，换上后加电测试屏幕还是没有反应，看来还是液晶显示屏故障可能性大……

LED液晶显示屏背光是用LED高亮发光管点亮的，由开关电源供电，接下来先在开关电源板子上查找液晶屏LED供电电源线，发现开关电源板①点旁边的小插头红黑线是LED供电电源，查看滤波电容耐压为160V，而先前测量的电压为31V，肯定不对。拔掉红黑LED供电插头，先不开机，用万用表直流电压200V档红表笔放到①点处、黑表笔还接铁壳，按ON/OFF开机键，发现①点处电压先是升压到105V然后慢慢下降到31V停止，关机重新插上红黑电源插头开机测量还是如此。笔者经常维修通信设备的开关电源，了解开关电源的原理，根据电路板实物绘出电源方块原理图如图3所示。

从电路方框图可以直观看出开关电源工作原理：220V交流电源经过交流电源滤波后进入由四只二极管组成的全桥整流，整流后由两只并联的68μF/450V高压电容滤波进入由高频变压器组成的开关振荡电路，振荡电路输出两路高频脉冲，一路经过二极管整流滤波输出12V电源，该电源作为取样电源，经过TL431可控精密稳压源做基准电路，通过光电耦合反馈给高频变压器组成的振荡电路精准控制输出电压；另外一路经过双二极管整流滤波提供给升压电路，升压电路经过整流滤波给LED灯珠提供精准的恒流电源输出。电路板背面有个电源管理芯片（型号为OB3351CP)，它的作用是控制LED灯珠电源的导通和监测电流电压输出工作情况。

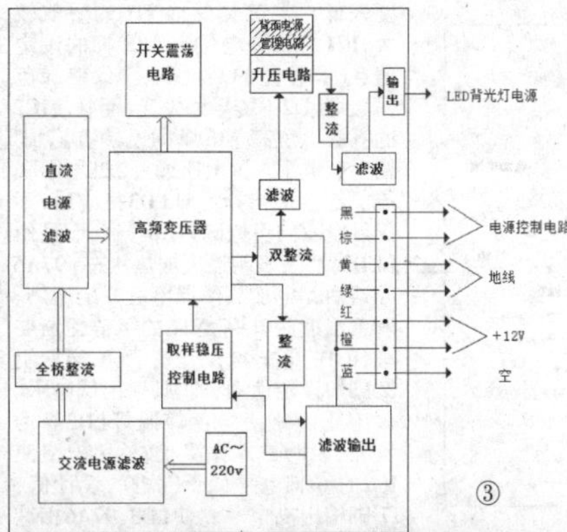

③

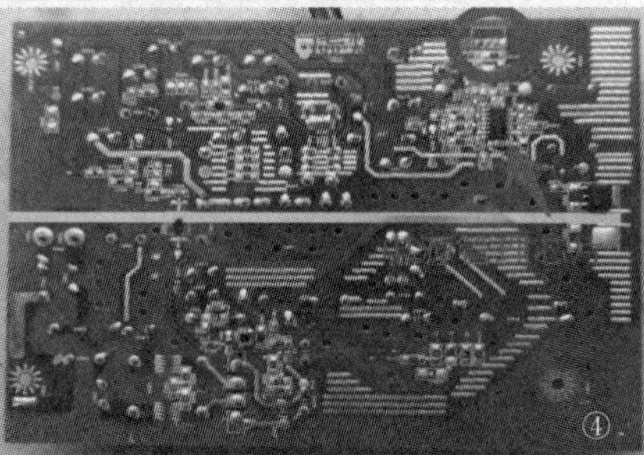
④

再次仔细检查开关电源板，拔掉LED灯珠电源线的时候感觉插座有点松动，从背板上看到LED电源输出焊接点有虚焊(如图4圆圈处)，经过询问机主得知故障出现前LED屏闪烁过几次后就彻底不亮了，分析认为：LED电源输出接口经过长期使用，焊点虚焊老化造成LED灯珠供电电源时有时无，冲击电流很可能造成LED某个灯珠损坏开路，当开关电源检测电路检测到输出LED电压和电流不正常，电源管理芯片保护性关闭LED电源输出。防止故障进一步扩大，下一步只有拆开液晶屏幕检查LED灯珠就能找到故障。

拆显示屏有一定的风险，因为每一款显示器结构装法都不一样，所以尽可能不要硬拆，如果硬拆弄断显示屏排线显示屏就报废了。先观察一下屏，首先拆掉按键排线小板，用小一字螺丝刀轻轻撬开塑料卡子就可以拿下来，并用透明胶带固定到铁壳子上面(如图所5示)。

⑤

接下来找固定铁壳子的螺丝和固定液晶屏电路板螺丝，固定铁壳子的螺丝左右各一个，固定两块液晶屏排线板的螺丝每条板子上各两只，拆卸液晶屏电路板固定螺丝之前先把主板和屏幕的两条连接排线小心的拆下(如图6所示)。两块液晶屏电路板去掉螺丝以后还有不干胶带，要小心的分开，这一步要特别的细心，不可用大力，液晶屏电路板和下面的液晶屏连接线很细，如果开裂就会造成屏幕报废。

⑥

以上工作做好以后仔细查看铁壳和黑色塑料框之间除了螺丝钉固定以外还有很多卡扣，拆卸这些卡扣也不能大意，要先从底部拆起，一只手抓住铁壳子往上抬，用另一只手去卡扣，塑料卡扣用手轻轻掰一下就开了，四周有很多卡扣，要有耐心一个一个全部掰开，最后就可以拿掉铁盖子了，铁盖子拿下以后可以看到下面的白色遮光板，不要动它，翻开铁盖子就看到里面的LED灯珠了，灯珠上面有层很薄的白色塑料壳子，去掉固定螺丝钉就拿掉了，下面露出三排LED灯珠条。查看连接线，三条LED灯珠板是串联起来的，拆下灯珠条板，上写有参数120-125是指流明（如图7所示），3.1-3.2是灯珠电压，每个灯条上有9只灯珠(如图8所示)，电压为3.2×9=28.8V，总电压28.8×3=86.4V。

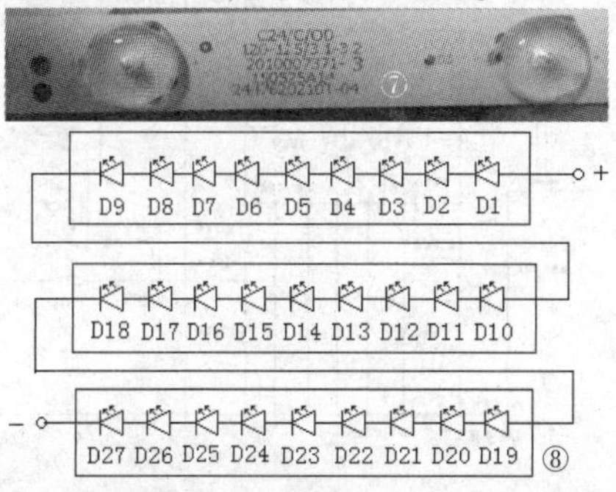

接着用稳压电源来测试条灯板，把电源调整到27V，串接一只100Ω限流电阻，灯条中间有两个测试点，左边正极，右边负极，加上电源有两条灯板点亮(如图9所示)，其中有一条灯条板不亮。灯条板上每个LED灯珠旁边都有个测试点，用数字三用表二极管档位测量不亮灯条板上每个灯珠，红笔接正极，黑笔接负极，正常情况下测量灯珠应该能亮，很快找到不亮的一颗灯珠，撬开透镜看到损坏的灯珠，灯珠型号为3030(如图10所示)。

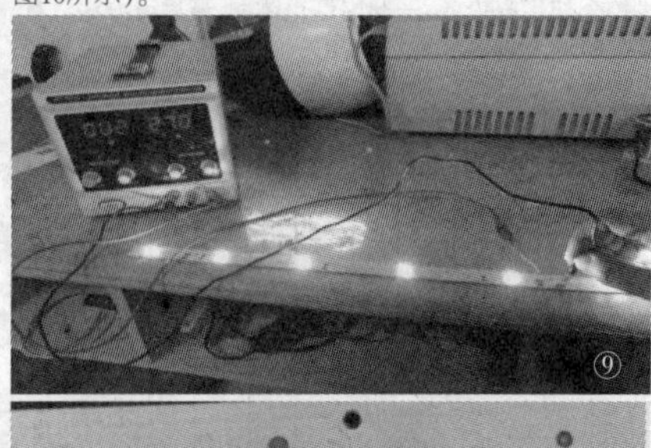
⑨ ⑩

网购该型号进口灯珠后，下一步就是更换灯珠，笔者使用了恒温加热台，这样更换容易一些。温度设定到180℃，把灯条放到上面加热片刻，用镊子就可以轻轻拿掉。安装新灯珠要注意极性，不可以放错了位置，新灯珠放到原来灯珠的位置(如图11所示)，灯条放到恒温加热台上等下面的焊锡融化以后，用镊子轻轻按一下灯珠，使其和焊点紧贴，从加热台拿掉冷却即可。焊接好LED灯珠以后再用稳压电源测试一下，灯条全亮，修复完成。用705硅橡胶把拆掉的透镜重新安装上，透镜在拆的时候一定做好标记，三个固定圆角清理干净，按原来位置固定，否则装不好会有透光和散光。

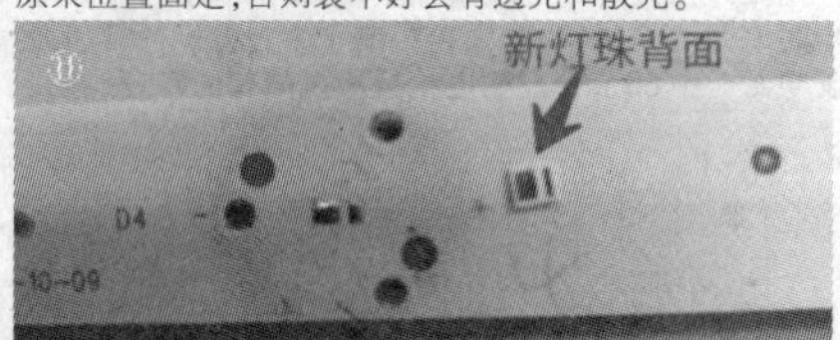

三条灯珠条还原以后，把LED电源接口虚焊点清理干净，重新焊接好，插好电源接头，接上开关电源板开机测试，LED灯珠全部点亮，这时候再测量①点处LED灯珠电压为85.9V，基本正常。接下来按照拆机反顺序还原，装好机器上好固定螺丝钉，接上电脑主机，显示器点亮，各功能正常，故障排除。

◇河南 刘伟宏

CD120电加热座垫开机不工作故障检修1例

故障现象：该电加热坐垫已正常工作2年多了，春节休假回来，电加热坐垫不能加热且所有指示灯不亮。

分析与检修：首先，检查温度传感器(负温度系数热敏电阻)NTC，和电加热线正常后，怀疑故障发生在控制电路上。为便于检修，现将加热垫工作原理图测绘出来，如附图所示。

【提示】电路板上有个白色扁平插接件，它的中间两孔通过引线接NTC，两边的插孔通过引线接的电加热线。

【编者注】本例故障因不加热时指示灯也不亮，则说明故障发生在控制部位或供电线路，而不需要检查电加热线。

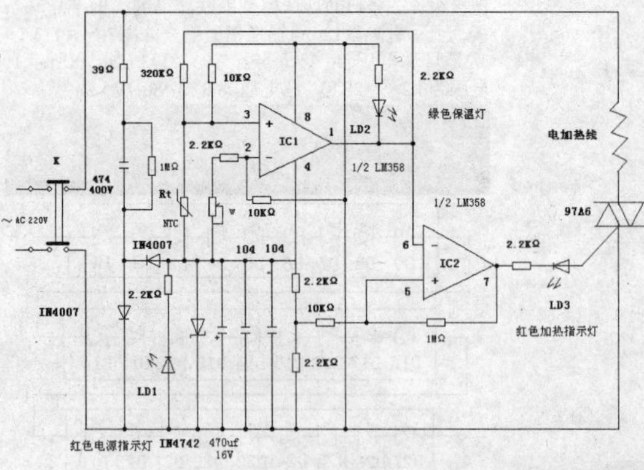

工作原理：该电路采用双向可控硅97A6、双电压比较器LM358、温度传感器等元件构成。加热初期因温度较低，温度传感器NTC的阻值较大，IC1的③脚电位高于②脚的设定值，①脚输出的高电平，不仅使绿色保温灯LD2不能导通发光，而且使IC2的⑥脚电位高于⑤脚的设计值，⑦脚输出低电平。该电压通过2.2k电阻限流、红色加热指示灯LD3整流后，不仅触发双向可控硅97A6导通，而且使LED3发光，表明进入加热状态。97A6导通后，电加热线得电后开始加热。随着温度的升高，NTC的阻值逐渐变小，IC1的③脚电位开始下降，当低于②脚的设定值后，①脚输出低电平。该电压一路使绿色保温灯LD2导通发光，表明进入保温状态；另一路使IC2的⑥脚电平低于⑤脚的设计值，⑦脚输出高电平，使LD3、97A6相继截止，电加热线停止加热。周而复始，可使坐垫的温度保持在设定范围内。

调节电位器W能够调节IC1②脚的设定值，②脚电位越低，加热温度越高；②脚电位越高，加热温度越低。

检修过程：控制电路的12V工作电压采用阻容降压式稳压电路提供。首先，测量12V稳压管1N4742两端电压值接近0，说明电源电路、负载电路异常。在路测1N4742两端阻值过小，说明1N4742、滤波电容或负载短路。

检查470μF/16V滤波电容时，发现它的外观很新，认为没有问题就忽略而过，怀疑LM358异常。拆下LM358后测12V供电还是0，怀疑是滤波电容或稳压管异常。逐个悬空与1N4742并联的元件，当悬空滤波电容(470μF/16V)的一个引脚后，测量1N4742两端阻值恢复正常，说明470μF/16V电容短路。焊下该电容检测，果然短路，用参数为470μF/25V的电解电容更换后，测1N4742两端电压为12.3V，并且坐垫加热正常，故障排除。

【提示】本次维修因判断失误走了弯路，本应先易后难，却先难后易。分析电容损坏的原因可能是其耐压值低或质量差所致。因此，为了降低故障率，在安装空间允许的情况下，建议使用耐压为25V的470μF电解电容来更换。

◇山东 姜文军

一起配电箱奇特跳闸故障的排除

朋友的花店突然跳闸，送不上电，最后查出插座不能插任何电器，一插上就跳闸，手机充电器也不行，而拔掉全部用电设备，一开射灯也跳闸，最后没办法只有暂时断开了插座和射灯的开关线，才能送上筒灯和空调的用电，说明这2路供电线路有短路或漏电故障。附图就是该配电箱的配电线路图。

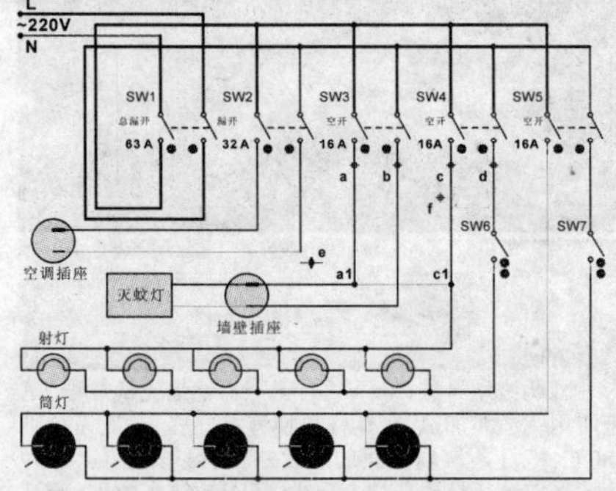

一般来说，引起1路漏电开关跳闸的故障比较常见，但同时出现2路跳闸还是第一次遇到。首先，逐个检查插座时，发现在水池底下墙壁上的插座暗装盒里有潮湿迹象，在插座的零线靠墙段有一处破皮(图中的e点)，怀疑该处已漏电。由于跳闸是几天前发生的，所以将破皮处包扎处理后，并将插座的接线a、b接入空开SW3，送电后插入灭蚊灯，再没有跳闸，说明这个问题已解决。接下来用万用表电阻挡测量射灯接线c、d和接地间的绝缘电阻为无穷大，但准备接入c线时，线头碰到接线盒的进线孔铁皮f时，总漏电开关SW1跳了，笔者又试了一下d线，结果一样，顿时有点纳闷，射灯同样也是2根线，还未接入SW4，并且SW4处于断开状态，难道与别的线路短接了吗?本着这个思路，采用推理法来确定故障部位。首先，拔掉插座上的灭蚊灯，再将c、d线分别碰触e处时SW1不再跳闸了，说明插座的零线a和射灯的零线c短接了。笔者又插上灭蚊灯，断开插座零线a，接入射灯零线c，结果灭蚊灯亮了，说明判断正确。察看后，发现装修时从配电箱出来的引线乱七八糟地进入了天花板，但未查出a、c线在哪里短路了，只有先接上射灯线c、d线(为同一种颜色的红线)，结果送电后又跳了，把c、d线调换后，就不再跳闸了。

经过上述这一番来来回回的折腾，终于搞清楚了引起2条线同时跳闸的真正原因，就是当墙壁插座的零线e处漏电时，在任何一个插座插上用电器，从插座火线b过来的电流，经过用电设备返回到零线a，在零线a上有一部分电流就从e处漏掉，从而引起SW1跳闸。因插座零线a1和射灯零线c1短路，所以打开射灯开关SW6时，从火线d过来的电流经射灯后返回到零线c，同样有一部分电流从e处漏掉，也会导致SW1跳闸。

漏电开关的作用就是：当从火线进来的电流在完成做功以后，要从零线返回。如果发生漏电时电流回去的少了，里面的零序检测电路就会动作，触发可控硅(晶闸管)导通，最终使漏电开关内的触点断开，切断负载的供电回路，实现漏电保护功能。

【总结】本例看似是奇特的用户配电箱跳闸故障，排除故障后从中也摸索出了一些道理，布线如果不按常规出牌，就会迟早出现问题的。建筑装潢的配电线路，特别是商业装修，一个门店经过几次倒手，经常遇到火线和零线都是同一种颜色（附图的射灯就是使用了2根红线供电）的线路，再发生零线短接的特殊情况，就会搞得晕头转向。常规来讲，在没有严格要求的单相供电线路里，2根线随便接都不会有问题的。

◇连云港 庞守军

外输泵电机不运行故障处理5例

某气体处理厂外输泵抽屉(电路见附图)，每面配电柜有几十个抽屉，每面柜控制十余台电机，所以4面配电柜控制60余台三相电机及灌区所有的路灯照明。如果线路出了故障应及时处理，控制三相电机的三相开关及辅助控制回路在抽屉内，电机是两地控制，每年配电都会出现许多故障，受夏季温度高的影响，故障率较高，现介绍常见故障的检修方法。

例1. 一台37kW的轻烃外输泵（额定电流78.4A），按启动按扭后不能启动。

分析与检修：通过故障现象分析，说明电机驱动系统或供电系统异常。打开驱动涡轮开关，拉出抽屉检查，发现三相供电线路内有一相线路(25mm^2 电缆)烧断。确认负载没有短路后，用同一规格的电缆更换，送电启动，电机运行正常，故障排除。

例2.一台16kW外输泵(额定电流35A)，按启动按钮后交流接触器不吸合，电流表无指示。

分析与检修：通过故障现象分析，说明控制系统异常。拉出抽屉，用多万用表检查控制回路正常，接着检查二次回路时发现保险烧断。检查负载没有短路现象，用相同的保险更换后，电机运行正常，故障排除。

例3.一台36kW电机(额定电流76A)，按启动按钮后交流接触器不吸合。

分析与检修：按上例检修思路检查，发现接触器线圈损坏。确认其他元件正常后，用同规格的接触器或换新线圈更换后，故障排除。

例4.一台24kW外泵电机，涡轮开关合不上。

分析与检修：通过故障现象分析，说明机械部件出现故障。抽出抽屉后，维修机械涡轮开关或更换相同的涡轮开关后，故障排除。

例5.一台15kW外输泵(额定电流26A)，按启动按钮后交流接触不吸合。

分析与检修：通过故障现象分析，说明控制系统异常。拉出抽屉，用万用表检查，发现热继触电器损坏。确认相关元件正常后，更换相同的热触电器，电机启动正常，故障排除。

◇河南 尹衍荣

传感器与人工智能和雾计算的融合

作为物理世界和数字世界之间的接口，传感器和换能器已经从技术上的波澜不惊转变成为汽车安全、安防、医疗保健、物联网(IoT)和人工智能(AI)等应用赋能的前沿技术。因此，它们在尺寸、功耗和灵敏度等基本物理和电气性能方面经历了革命性改变，同时引发了传感器集成方面的新思想——范围从传感器融合到应用在类似雾计算的架构中的基于AI的传感器处理算法的生成。

这些创新背后的推手是对物联网设备小型化和低功耗的诉求，应用包括：智能消费设备、可穿戴设备和工业物联网(IIoT)、高级驾驶员辅助系统(ADAS)以及围绕自动驾驶汽车、无人机、安全系统、机器人和环境监测等的激动人心的发展。市场研究咨询公司Marketsand-Markets预测，智能传感器市场(包括一定程度的信号处理和连接能力)总共将从2015年的185.8亿美元增长到2022年的577.7亿美元，相当于18.1%的复合年均增长率(CAGR)。

最近，许多传感器及其背后的创新令人兴奋。博世传感器(BST)最近直切设计师所需要的核心功能，推出了面向可穿戴设备和物联网的低功耗加速度计，以及面向无人机和机器人的高性能惯性测量单元。

博世传感器的这两款器件均基于微机电系统(MEMS)——该技术自20世纪90年代首次用于安全气囊以来，已历经长期发展。从那以后，它至少经历了两个发展阶段——迅速进入消费电子和游戏、智能手机领域，现在该产业已经进入了物联网阶段。这就是博世传感器全球业务发展总监Marcellino Gemelli所说的“第三次浪潮”。

这两款器件瞄准的就是这第三次浪潮。BMA400加速度计与以前器件的尺寸相同，均为2.0mm×2.0mm，但功耗仅为十分之一。这个特性非常关键。

据Gemelli称，BMA400设计团队为降低功耗从零开始设计了这款器件，为此需要考虑实际应用。他们很快发现，典型的加速度计所用的2kHz采样速率，对于计步器和安全系统的运动检测来说并不必要。意识到这点，该团队将采样率降低到800Hz。随着MEMS传感器和相关ASIC设计的其他更有针对性的改变，现在当事件发生、BMA400向主微控制器(MCU)发送中断信号时功耗仅为1μA，而典型指标是10μA。

BST的另一款物联网MEMS器件BMI088，是一款为无人机和其他易振系统设计的惯性测量单元(IMU)，这些应用对其既能抑制也能滤除和抵制系统的振动噪声的能力感兴趣。BMI088大小为3.0mm x 4.5mm(图1)，其加速度计测量范围为±3g至±24g、陀螺仪的测量范围为±125°/s至±2,000°/s。

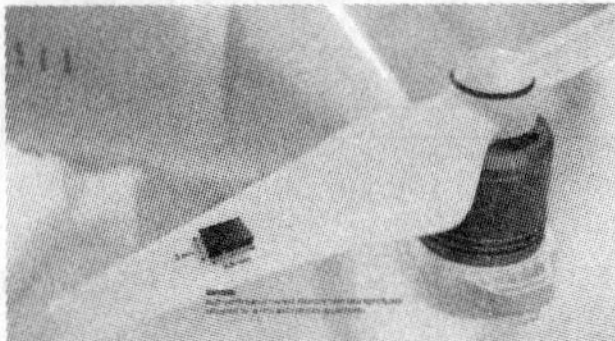

图1：BMI088 IMU可减少和滤除从无人机到洗衣机等各种应用场合的振动。

据Gemelli的说法，BMI088设计团队最初通过使用不同的胶水配方将MEMS传感器固定在基板上来抑制振动，“但还不止这些，这个方法更加全面。如果传感器产生无用数据，对任何人都没好处。”考虑到这点，该团队还修改了传感器结构和运行在ASIC上用于理解信号的软件。

然而，另一个关乎稳定性的关键特性是温度偏移系数(TCO)，其被指定为15mdps/°K。其他主要特性包括在最宽±24g的测量范围内，偏置稳定度小于2°/h、频谱噪声为230μg/√Hz。

MEMS扬声器登场

虽然传感器作为物联网的数据收集工具备受关注，但换能器并未成为众人关注的焦点。不过，通过与意法半导体(ST)合作，USound正在改变这种情况，最近它宣布推出了首款基于MEMS的高级微型扬声器(图2)。

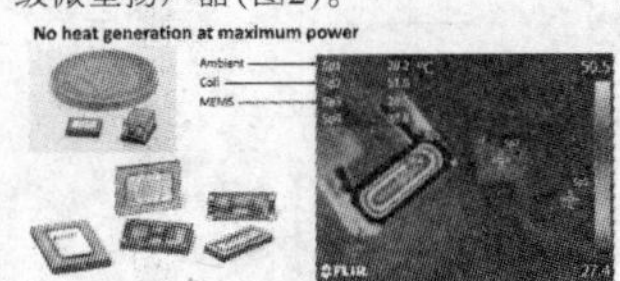

图2：来自USound和意法半导体的微型扬声器，采用小体积、高效率、基于MEMS的技术(热损耗可忽略不计)取代大体积、高损耗的机电驱动器。

微型扬声器采用了ST的薄膜压电换能器(PεTra)技术和USound的扬声器设计专利概念。这些器件不需要机电驱动器，因此也就避免了其相关的尺寸和低效率之伤——这种驱动器的大部分能量以线圈发热的形式耗散掉了。

与此相对，这款微型扬声器采用了硅MEMS，预计将是世界上最薄的产品，重量只有传统扬声器的一半。设计应用包括入耳式耳机、包耳式耳机或增强现实和虚拟现实(AR /VR)头盔。其不仅体积小，功耗也更低，且发热可忽略不计(见图2)。

但是，由于体积小，在声压级方面会不可避免地打折，因此意法半导体提供了一张MEMS扬声器与参考的平衡电枢式扬声器的对比图表，显示前者具有1kHz的平坦响应(图3)。

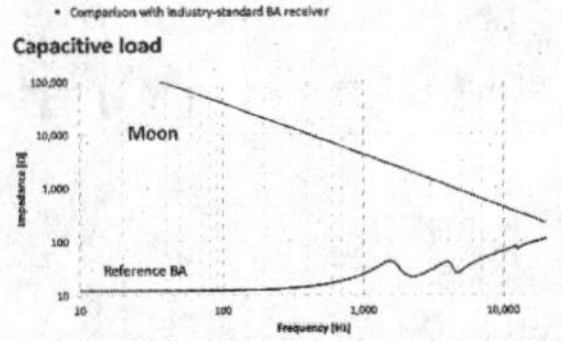

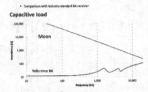

图3：USound的微型扬声器(Moon)采用意法半导体的薄膜压电换能器(PεTra)技术来生产平坦声压级响应达1kHz的MEMS扬声器。BA=平衡电枢。

Chirp将换能器化身传感器

设计人员可以通过多种方式将接近和运动检测集成到其物联网设计，以实现在场检测或用户界面，或者两者兼有。超声波已成为多年选择，声呐就是个好例子。然而，Chirp Microsystems公司通过推出CH-101和CH-201超声波传感器，将基于声波的检测引入到物联网。

利用180°的宽范围超声散射，该传感器使用扬声器(换能器)产生超声波，然后计算返回到拾取麦克风(传感器)所花的时间以确定距离。除了宽散射外，该超声波的优势在于低功耗(等待模式下为15μW)、低成本和小体积(可小至1mm)。

除了距离和接近检测外，设计师还可以利用Chirp Microsystems正在申请专利的基于机器学习和神经网络算法的手势分类库(GCL)，开发基于手势的物联网设备接口。然而，对于手势检测，至少需要3个传感器以及Chirp的IC和三边测量算法来确定手在三维空间中的位置、方向和速度。

该器件结合了手势、在场、距离和动作检测与低成本、低功耗和小尺寸(3.5mm×3.5mm，包括处理器)等优势，提供简单的I²C串行输出，整个器件完全工作在1.8V。

LiDAR和摄像头的传感器融合

不久前有段时间，人们认为激光雷达(LiDAR，激光检测及测距)本身即是自动驾驶汽车的发展方向。最近，我们已经明晰，即使LiDAR性能获得显著提高，安全性需要也要求使用多种技术来实现高速、精确和智能的环境检测。考虑到这一点，AEye公司开发了智能检测及测距(iDAR)技术。

iDAR是一种增强型LiDAR，它将2D配置摄像头像素叠加到3D体素上，然后使用其专有软件对每个帧内的这两种像素进行分析。此举通过使用摄像头覆盖来检测诸如颜色和标志的特征，来克服LiDAR的视敏度限制。然后它可以关注感兴趣的对象(图4)。

图4：AEye的iDAR技术将2D摄像头像素叠加到LiDAR 3D体素上，因此可以识别特别感兴趣的对象并将其展现出来。

虽然AEye的技术是数据和处理密集型的，但它确实允许动态配置资源，根据速度和位置等参数来自定义数据收集和分析。

将传感器与AI和雾计算相融合

据博世传感器的Gemelli介绍，下一步是重新思考该如何设计和应用传感器。Gemelli并不是说要从头开始设计传感器及其相关算法，而是建议现在就开始应用AI技术，根据对随时间采集到的数据和应用进行分析，自动生成传感器使用的新算法。例如，一套不同的传感器可以很好地执行特定功能，但是通过AI监控，我们可能发现，这些传感器可以用来跟踪我们从未打算将其用于检测的参数，或者它们的使用效率也可以提高。

Gemelli表示，这个概念越来越受青睐。它也与雾计算架构相吻合——该架构的目标是尽可能减小传感器与云之间必须传递的数据量。相反，通过应用AI，传感器本身可以进行更多处理，随着时间的推移，其仅在需要时才会去使用较大的网络和云。

◇湖北 朱少华 编译

通过驱动高功率LED降低EMI

用于水质监测系统中的红外辐射的高功率LED模块使用高电流方波信号进行操作，该信号可在系统的生物电极传感器处引起强电磁干扰(EMI)，从而导致水质受损数据。

降低EMI的方法如图1所示，下面描述一个例子。

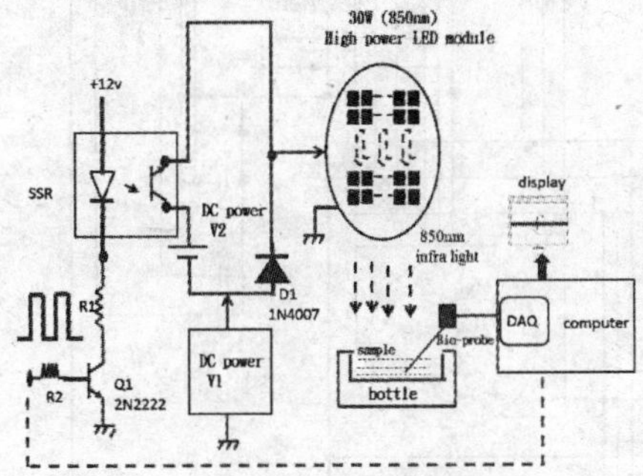

图1降低水质监测系统输入方波信号引起的EMI的方法框图

在这个例子中，将考虑一个30W的大功率LED模块，该模块由六个5W LED封装组成，需要超过12 VDC和2A满载条件。约11VDC的临界电压(VH)是LED发光所需的最小电压。DC电源提供V1 = 10.5VDC的初始电压，其逐渐增加到恰好低于临界电压VH。

然后，对于该示例，第二DC电压V2 = 3.7VDC与第一DC电压串联施加，使得施加的电压V1 + V2的总和大于12VDC(导致发光)。

V1和V2都与固态继电器串联运行。当输入方波处于最小值时，继电器打开，V1 (刚好低于VH的临界电压)施加到LED封装；当输入方波处于最大值时，继电器闭合并施加V1 + V2的组合。方波输入有效地从12 VDC的幅度转换到3.7 VDC，从而降低了生物传感器的EMI水平。当施加组合的V1 + V2电压时，二极管D1用于阻止电流流回V1源。

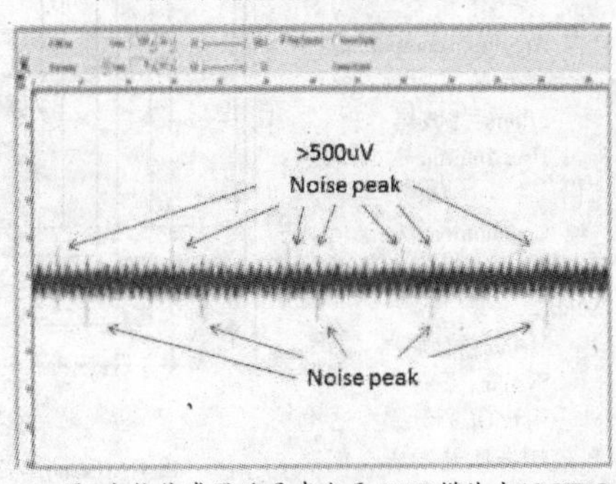

图2生物传感器的噪声水平，LED模块由12 VDC方波驱动

由于LED模块直接由12 VDC方波驱动，生物传感器的噪声平均超过500μV，峰值处于显著更高的水平，如下图2所示。

图3显示了使用上述方法驱动的LED模块的EMI显著降低，平均感应噪声水平约为400μV且无明显峰值。

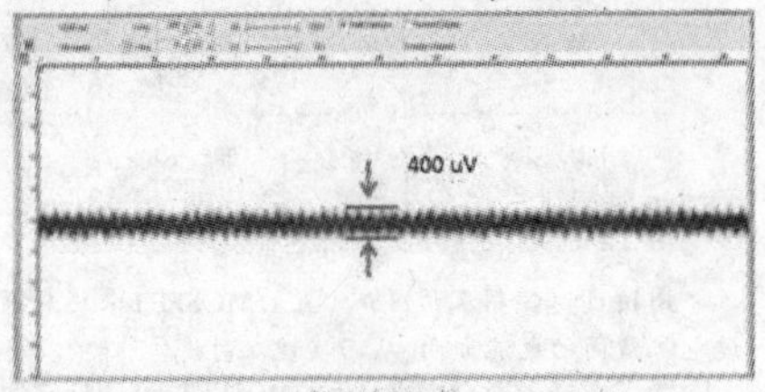

图3使用上述方法驱动的LED模块生物传感器的噪声水平

◇湖北 朱少华 编译

基于MCP8024的三相BLDC控制

无刷直流电机的优势已经不仅仅在于提高可靠性，以及降低与碳刷换相有关的噪音和电气干扰。虽然有刷电机主要是由电压控制，但是无刷直流电机对电子换相的依赖让人们有机会以更高精度管理转子位置、速度和加速度以及电机的输出扭矩、效率和其他参数，从而能够满足特定的应用要求。

简化版磁场定向电机控制算法适用于经济实惠的嵌入式控制器，这种算法的出现是无刷直流（BLDC）电机取得成功的一个重要因素。在越来越多的应用场景下，无刷直流电机都比普通的有刷直流电机和线路供电交流电机更受欢迎。无刷直流电机的应用非常广泛，包括工业执行器和机床、机器人、计算机外设、医疗设备（如呼吸机和分析仪）、汽车驱动器、鼓风机和泵以及家用电器等等，几乎无处不在。

无刷直流电机的优势已经不仅仅在于提高可靠性，以及降低与碳刷换相有关的噪音和电气干扰。虽然有刷电机主要是由电压控制，但是无刷直流电机对电子换相的依赖让人们有机会以更高精度管理转子位置、速度和加速度以及电机的输出扭矩、效率和其他参数，从而能够满足特定的应用要求。

一、无刷直流电机控制策略

要控制无刷直流电机，首先要知道转子位置。控制器利用此信息来协调与磁场相关的转子线圈的供电，以确保电机提供所需的响应，包括保持速度、加速、减速、改变方向、减小或增加扭矩、紧急停止或其他响应，具体取决于应用和操作条件。

转子位置可直接使用位于转子轴上的传感器或编码器进行检测。编码器类型丰富，大致分为相对位置和绝对位置两种。同时还有各种类型的传感技术，如磁线圈旋转变压器、霍尔效应，光学或电容传感器。根据分辨率、耐久性或成本等要求，这些类型的任何一种技术都可能适用于给定的用例。

无传感器控制是一种可行的替代方法，它利用目前微控制器的计算能力，通过测量每个转子绕组中的反电动势（EMF）来计算转子位置。无需编码器可以节省材料成本，简化装配，并提高可靠性。磁场定向控制（FOC）将转子电流分解为直轴（d）分量和交轴（q）分量，因为直流值变化缓慢，可以简化控制难题，结合这种控制方法，无需传感器即可检测转子位置。这种检测方式非常适合成本和可靠性比最终精度更重要的应用，比如家用电器和汽车车窗、后视镜或座椅控制等等。

另一方面，如果生成的反电动势很小，无传感器控制在转子速度较低时效果较差。

二、控制器和电源模块选择

为了控制无刷直流电机转子相位中的电流，微控制器首先将应用命令转换为每个线圈的脉宽调制（PWM）开关信号。这些信号被输入到最终控制电源开关的栅极驱动器－通常是金属氧化物半导体场效应晶体管（MOSFET），它将电流输送到转子线圈。需要低电流的超小型电机可以使用包含内置栅极驱动器和小功率MOSFET的全集成电机控制MCU进行管理。另一方面，更大、更高功率的电机则需要专用的外部驱动器和MOSFET。

power：电源

transistor：晶体管

motor：电机

功率MOSFET最常见的连接方式是电机和双极电源之间的H桥或全桥配置，如图1所示。位于对角位置的上下MOSFET被作为一对进行控制：即晶体管1与晶体管2配对，晶体管3与晶体管4配对。这使得线圈可以改变电流方向，从而驱动电机前进或后退。在这种配置下，电机可能不接地，这通常要求使用脉冲变压器或光耦将MOSFET驱动器与微控制器进行电气隔离。

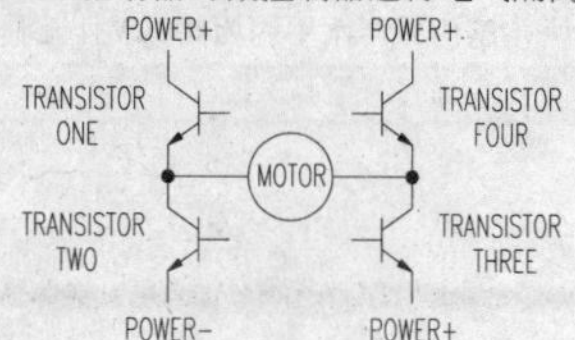

图1：可以控制采用H桥配置的MOSFET来逆转通过电机线圈的电流方向，从而实现双向旋转。

为了选择最适合搭建H桥的MOSFET，设计师必须考虑所需的电压和电流额定值、开关速度，以及开关和传导损耗等因素。而栅极驱动器也必须能够快速对MOSFET的栅极电容进行充电和放电，以确保能够快速切换到应用所要求的最大频率。

市场上有各种各样面向无刷直流电机控制应用的微控制器和专用电机控制器，比如Cypress Semiconductor PSoC 3系列可编程片上系统IC。如图2所示，PSOC 3架构提供了一整套无刷直流电机控制功能。

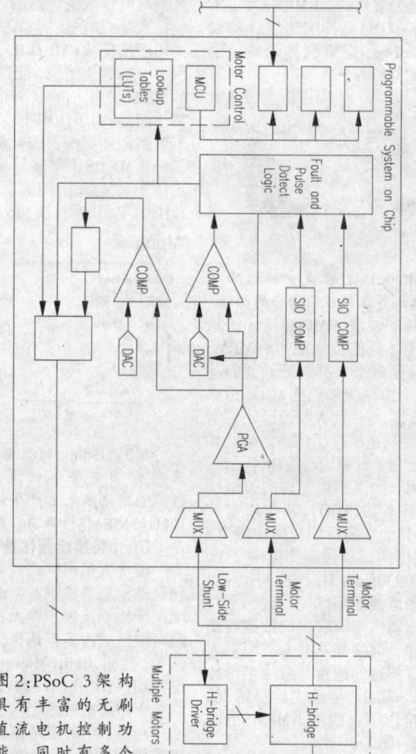

图2：PSoC 3架构具有丰富的无刷直流电机控制功能，同时有多个PWM块以及监控和通信功能。

Prog rammable System on Chip：可编程片上系统

Motor Control：电机控制

Lookup Tables (LUTs)：查表函数模块子库

Fault and Pulse Detect Logic：故障和脉冲检测逻辑

Timer：定时器

SIO COMP：串行输入/输出比较器

Motor Terminal：电机终端

Low-Side Shunt：低侧分流

H-Bridge：H-桥

H-bridge Driver：H-桥驱动器

Multiple Motors：多电机

Amplifier/comparator：放大器/比较器

Filters：滤波器

User Interface：用户界面

Communication：通信

Digital Functions：数字功能

Memory：存储器

System：系统

用PSOC3设备打造电机控制器使开发人员能够获得多功能的片上资源，从而提高灵活性和集成度。多达四个片上PWMS使单个PSOC3能够同时控制四个电机，或者在多路复用的基础上控制多达八个电机。内置的电流监测功能可帮助系统检测转动阻力并做出适当的响应，以及检测短路或烧坏情况。另外还提供脉冲检测，用于轻松监控转子位置和速度，并允许记忆和预设位置。

三、集成的电源模块

PSoC 3包含控制无刷直流电机所需的大部分功能元件，除了H桥和驱动器。为了实现驱动器，图3所示的Microchip MCP8024三相无刷直流电源模块提供了一种方便的解决方案，可以取代分立电路，将PSoC3生成的脉宽调制信号传递到MOSFET H桥。

COMMUNICATION PORT：通信端口

BIAS GENERATOR：偏压产生器

MCP8024集成了一些重要的功能，比如三个额定电压和电流高达12V和0.5A的半桥驱动器（具有针对高侧和低侧MOSFET的击穿保护和独立输入控制）和一个用于为配套微控制器供电的降压转换器。另外还有三个用于相电流监控和转子位置检测的运算放大器，一个过电流比较器，两个电平转换器，以及5V和12V 20mA的LDO稳压器。更多的内置保护功能包括欠压和过电压锁定、短路保护和过热关机。这些类型广泛的功能集成到一个紧凑型40引脚5mm×5mm QFN或48引脚7mm×7mm TQFP封装内。

结论

无刷直流电机已迅速成长为首选电机类型，应用范围包括对成本敏感的大众消费市场（如消费品、汽车驱动器和执行器以及家用电器）和高端工业与医疗设备市场。由于其高可靠性、多功能性、低噪音和电气干扰以及易于使用等特性，利用可在低成本微控制器或可编程片上系统（SOC）上实施的轻量磁场定向控制策略即可对其进行控制，用不用转子位置传感器皆可。PSoC 3控制器与合适的电源模块和电源开关相结合，可以同时管理多个电机，并集成先进电机管理和监控功能电路。

◇河北 李俊

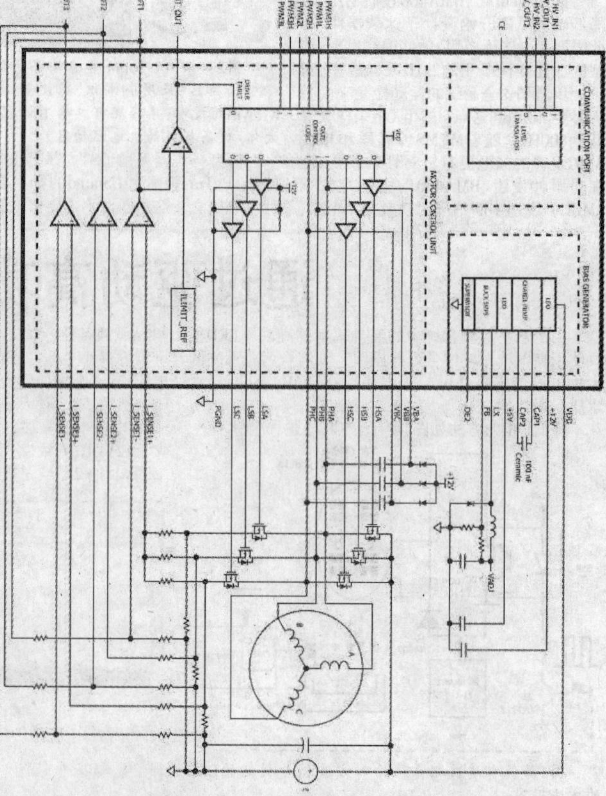

图3：MPC8024是高度集成的电源模块，设计用于控制外部MOSFET的栅极，从而控制向无刷直流电机的供电。（信息来源：Microchip Technology）

初学入门 传感器系列3：光电传感器及应用电路

光电传感器是根据光电效应，利用光电器件，将光学量转换成电学量的传感器。当光线照射到某一物体上，可以看作具有一定能量的一连串光子不断轰击此物体，物体由于吸收光子的能量而发生相应电效应，这就是光电效应。

按照电子是否逸出物体表面，光电效应可分为外光电效应和内光电效应两类。在光线作用下能使电子逸出物体表面向外发射的现象称为外光电效应，例如光电管、光电倍增管就属于这类光电元件。在光线作用下能使物体的电阻率改变的现象称为内光电效应，例如光敏电阻、光敏二极管、光敏三极管就属于这类光电元件。常用的光电器件有光敏电阻、光敏二极管和光敏三极管。

一、光敏电阻

(一)光敏电阻基础知识

光敏电阻是一个电阻器件，没有极性，使用时可加直流或交流电压。它的特点是结构简单、体积小、价格低，使用方便，寿命长，性能稳定，灵敏度高，光谱响应的范围可以从紫外光区到红外光区，所以在自动化及检测技术中被广泛应用。

其工作原理是：当光线照射到光敏电阻时，若光子能量大于该半导体材料的禁带宽度，则价带中的电子吸收光子能量后跃迁到导带，成为自由电子，同时产生空穴，电子-空穴对使电阻率变小；光照越强，光生电子-空穴对就越多，阻值就越小；光照减弱、消失，电子-空穴对逐渐复合，电阻也逐渐变大，直到恢复原值。

光敏电阻的参数主要有三个：暗电阻——不受光照射时的阻值称为暗电阻，此时流过的电流称为暗电流；亮电阻——受到光照射时的电阻称为亮电阻，此时的电流称为亮电流；光电流——亮电流与暗电流之间的差值称为光电流。

在一定的电压范围内，光敏电阻的伏安特性(即在一定照度下，端电压U与电流I之间的关系)曲线为直线，说明其阻值与照射光强有关，而与电流电压无关。其光电特性(用于描述光电流和光照强度之间的关系)曲线是非线性的，如图1所示。因此，光敏电阻不宜作线性测量元件，一般用作光电开关元件。不同光敏电阻的光电特性不同。

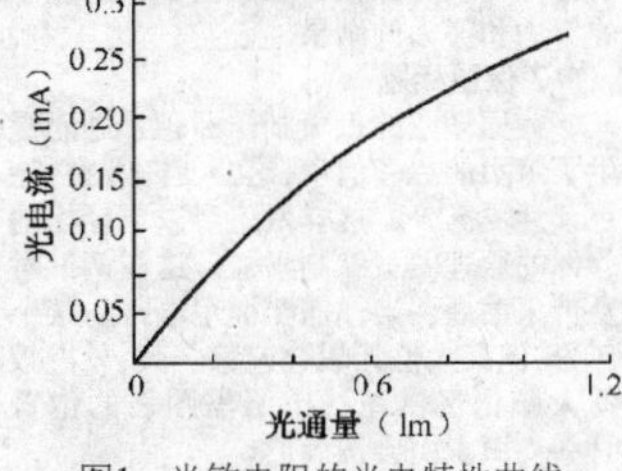

图1 光敏电阻的光电特性曲线

光敏电阻的相对光灵敏度与入射波长的关系称为光谱特性，也称为光谱响应，见图2。对于不同波长的光，光敏电阻的灵敏度是不同的，而且不同材料的光敏电阻的光谱响应曲线也不同。

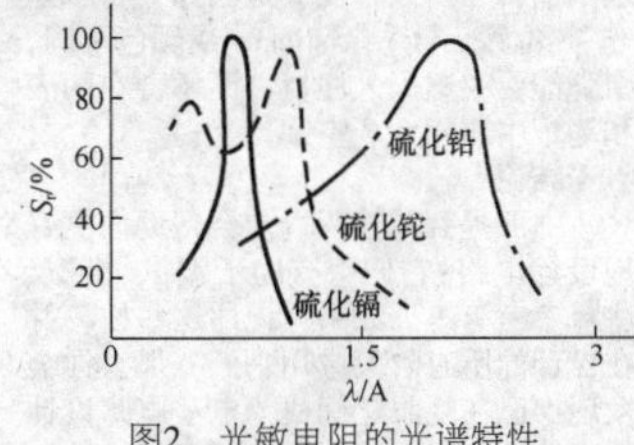

图2 光敏电阻的光谱特性

(二)光敏电阻应用实例

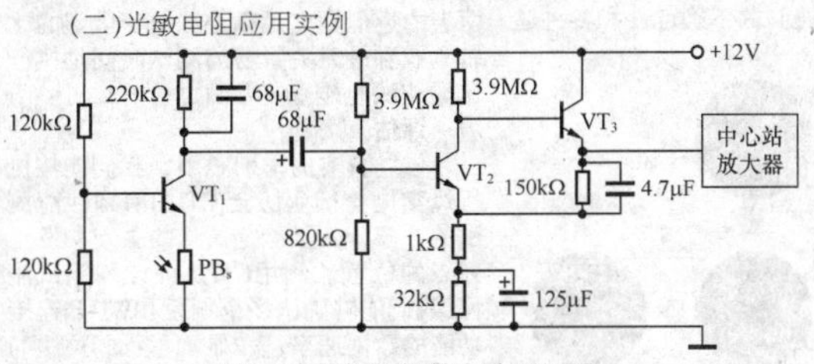

图3 火焰探测报警电路原理图

图3是火焰探测报警器的原理图，探测元件为硫化铅光敏电阻PB_S。PB_S处于三极管VT1组成的恒压偏置电路，其偏置电压约为6V，电流约为6(A。无火焰时PBs的暗电阻为1M（，VT1集电极电阻为220k(，则VT1发射极电压远高于6V，VT1截止。有火焰时PBs亮电阻为0.2M（，则VT1发射极电压低于6V，VT1导通。PB_S峰值响应波长为2.2(m。VT1集电极电阻两端并联68(F的电容，可以抑制100Hz以上的信号，构成几十赫兹的窄带放大器，使火焰闪烁信号通过。VT2和VT3构成二级负反馈互补放大器，将火焰信号输送给中心站进行报警处理。

二、光敏二极管

(一)光敏二极管基础知识

光敏二极管在电路中处于反向偏置，在没有光照射时，反向电阻很大，反向电流很小，这反向电流称为暗电流，二极管处于截止状态。当光照射在PN结上时，光子打在PN结附近，产生光生电子-空穴对，使少数载流子的浓度增加，因此反向电流也随之增加，二极管处于导通状态。光电流与照度成正比，光的照度越大，光电流越大。

光敏二极管的光谱特性如图4所示。

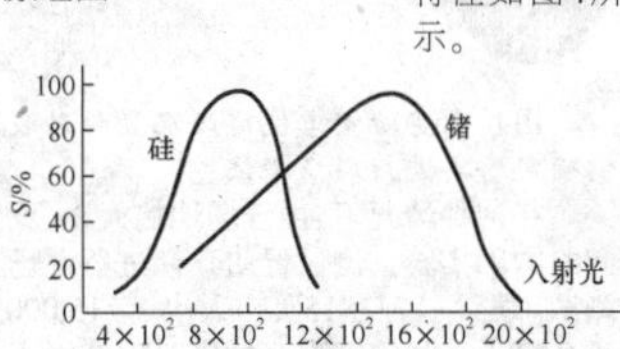

图4 光敏二极管的光谱特性图

硅光敏二极管的伏安特性如图5所示。横坐标表示所加的反向偏压。当光照时，反向电流随着光照强度的增加而增加。在不同的照度下，伏安特性曲线几乎平行，只要没达到饱和值，输出不受偏压大小的影响。

光敏二极管的光电特性：光电流与光照强度呈线性关系。温度特性(指暗电流及光电流与温度的关系)：温度变化对光电流影响很小，对暗电流影响很大，所以在电路中应对暗电流进行温度补偿，减小误差。

(二)光敏二极管应用实例

图6是光电路灯控制电路原理图。无光照时，光敏二极管反向截止，R1上的压降很小，T1和T2截止，继电器J不动作，路灯保持亮；有光照时，光敏二极管反向电阻下降，R1上的压降上升，T1和T2导通，J动作断开常闭端，路灯熄灭。

三、光敏三极管

(一)光敏三极管基础知识

光敏三极管有两个PN结，与普通三极管相似。多数光敏三极管的基极没有引出线，只有正(c)、负(e)两个引脚。当集电极加上相对于发射极为正的电压而不接基极时，集电结反偏，发射结正偏。光照射PN结产生的光电流相当于三极管的基极电流，因此集电极电流大约是光电流的β(β为三极管放大倍数)倍，所以光敏三极管的灵敏度比二极管更高。

(二)光敏三极管应用实例

图7是电子蜡烛电路原理图。闭合开关SA2接通电源，无光照时光敏三极管3DU截止，可控硅VS因触发端G无触发电流而关断，灯ZD不亮。点燃火柴并靠近3DU时，其c、e极间电阻迅速降低，VS导通，灯ZD点亮。熄灭火柴后，由于VS有自锁功能，灯持续亮着。若对着气动开关SA1吹气，SA1的动片离开触点，切断了灯和VS的电源，灯灭。SA1复原接通电源，由于VS有自锁功能，灯也不会亮，只能再次点燃火柴用光照光敏三极管才行。灯ZD就像电子蜡烛，点燃火柴则灯亮，吹气则灯灭。

◇中国联通公司哈尔滨软件研究院 梁秋生
哈尔滨远东理工学院 解文军

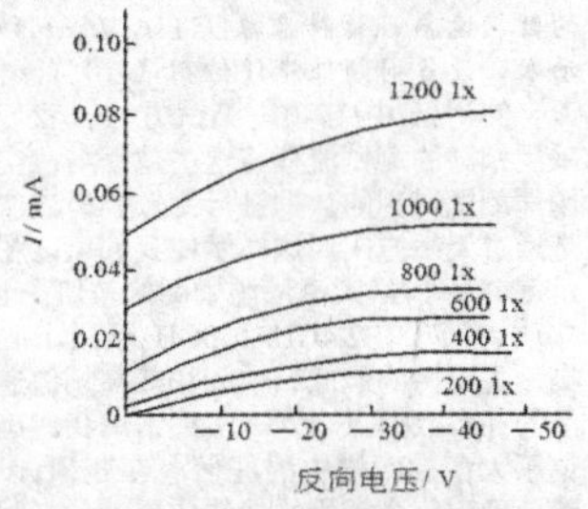

图5 硅光敏二极管的伏安特性

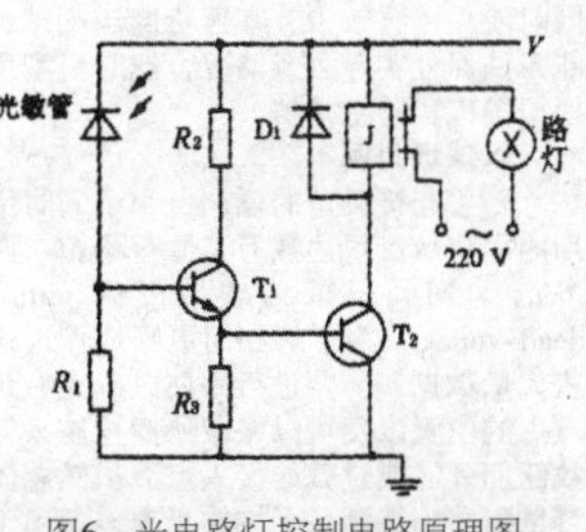

图6 光电路灯控制电路原理图

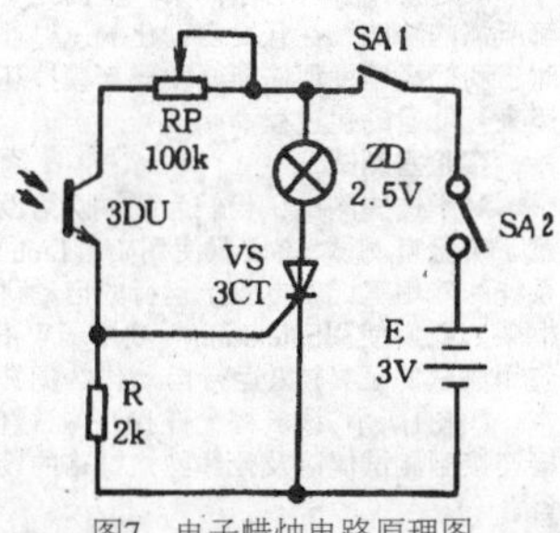

图7 电子蜡烛电路原理图

仿生机器人视觉传感器简析(1)

仿生机器人的传感器属于一种检测装置，它能使机器人“感受”到被测量的信息，并能够将感受到的信息按照一定的规律变换成电信号(或其他所需形式的信息)输出，以满足信息在传输、处理、存储、显示、记录和控制等方面的要求。

一、视觉传感器及其作用

视觉传感器通过对摄像机拍摄到的图像进行处理，来计算对象物的特征量(面积、重心、长度、位置等)，并输出数据和判断结果。视觉传感器是整个机器人视觉系统可视信息的直接来源，主要由一个(或两个)图形传感器组成，有时还会配以光投射器或其他辅助设备，其主要功能是获取可供视觉系统处理的最原始图像。

机器视觉就是用机器来代替人眼进行测量和判断，将被摄取目标转换为图像信号，并传送给专用的图像处理系统，从而得到其形态信息；然后将像素分布、亮度及颜色等信息转变为数字化信号，再按照不同的算法进行运算，以抽取目标的各种特征信息，最终根据判定的结果来控制终端(比如机械手臂或腿部)做出相应的动作。

二、两类视觉传感器

1.CCD

CCD (Charge Coupled Device)即“电荷耦合器件图像传感器”。它由高感光度的半导体材料制成，可以将光信号转变成电荷，然后再通过A/D模数转换器芯片转换成数字信号。CCD的优点是灵敏度高、畸变小、体积小、寿命长、抗强光、抗震动。

被摄取物体的图像经镜头聚集至CCD芯片，根据光线的强弱情况会积累相应比例的电荷，各像素所积累的电荷在视频时序的控制下进行滤波和放大处理，最终形成视频信号输出至监视器，即可“看到”与原始图像一致的视频。CCD对近红外光线比较敏感，因此适合进行夜间隐蔽监视，在人眼无法感知的环境中借助近红外光线而形成清晰的图像，成像质量优于CMOS。

(未完待续)(下转第177页)

◇山东省招远一中新校 牟晓东 牟奕炫

网络缺陷现场无线测试与检测

不论是在高流量，还是在有限的网络资源条件下，无线设备和网络都需要在部署后能够正常运行。在受控条件下，在实验室中测试Wi-Fi设备可让你发现设备是否符合标准、测量如发送功率和误码率等物理属性。实验室测试还允许你查验更高层的通信协议，及了解设备或网络如何从错误中恢复。

实验室测试可以在某种程度上模拟设备或系统在部署后的行为方式。最重要的是，实验室测试是可重复的，并且可以实现自动化。但是，它不能替代网络级别的现场测试。遗憾的是，比如在体育场中进行现场测试可能既困难又昂贵，但它提供了有关连接设备如何运行的有价值数据，且还可揭示需要更好服务的网络冷点。

实验室测试与现场测试

现场实现会有许多移动的部分。由于你需要进入测试场地或需获得许多测试样本，因此可能会付出高成本。此外，现场测试可能非常耗时，但它也有好处。实验室测试通常所需人员较少，并且一旦设计出测试流程就可根据需要重复多次。表1突出了两种方法的优缺点。

实验室测试	
优点	缺点
简化了耗时的任务处理流程	难以实现人机交互反馈
轻松处理重复性任务	较小的单次测试通过并无效力
消除许多常见的手动测试错误	即使是通过测试的部分也不能确保质量
可用于负载和性能测试	每次更改，都需要维护和开发工作
现场测试	
优点	缺点
测试结果更接近最终的真实数据	比实验室测试慢
现场或真实测试可发现许多"不常见"的错误	很难重新测试或确认某些结果
状态和交互元素的UI测试	经常重复并且可以引入人为错误

表1:实验室中自动化测试与现场手动测试的优缺点。

决定使用哪种方法的第一步需要了解所需的功能。在开发自动化测试过程时，我们经常发现需要开发一套模拟环境来补助自动化过程。

实验室测试

对于这些测试，我们为测试网络设置了实验室测试，该设置使用安装Linux系统的专用笔记本电脑上运行的自动化框架。我们使用Selenium(一款用于Web应用测试的工具) 来运行自动化数据脚本。如图1所示，该流程允许我们测试直接连接到测试仪以及无线网络链路的设备。

自动化的设置使用了从现场测试中获得的一些数据。设置完成后，我们将在现场使用的接入点与我们的设备清单以及Selenium和Jmeter (一款用于网络负载测试的开源应用)的帮助整合在一起，我们测试了带宽限制，以便获得对每个接入点能力 (例如同时连接的数量和重负载下的一般性能)的整体认知。虽然在实验室收集的数据很有用，但它们没有考虑我们在现场遇到的不确定性和各种建筑材料的影响。

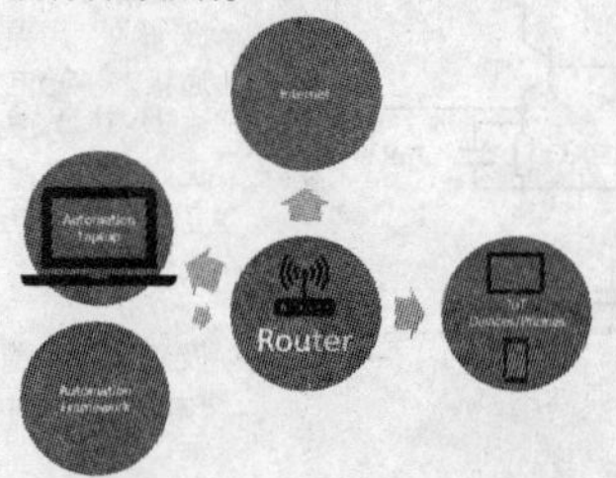

图1:在实验室中使用此配置帮助我们确定需要进行现场测试。

在这种情况下，由于场地的大小，我们的内部实验室测试促使我们进行现场测试。尝试试验证在15英亩大小、带15,000多个接入点时的情况。凭借对每个接入点的了解，我们能够构建实验室功能，以找到一条为最终要求提供建议时更简捷的路径。我们是通过确定每台设备在完全受控的环境中实现的效率与我们在现实世界评估时收集的数据进行比对来实现的。

现场环境

在许多情况下，不需要现场测试。但它通常是保证绝对可靠性的唯一方法，尤其是在处理潜在的大量未知用户时。

有几种方法可以确定是否值得为模拟环境付出努力：主要是在对生产有多大影响，以及可潜在降低的风险间进行权衡。在涉及体育场馆和公共安全等情况时，必须验证网络在使用量飙升时是否能够运行在合理水平。由于潜在用户同时使用情况较少，在百货商店测试可能无法保证实际运行情况，这时可利用模拟器或实验室模拟。

以球场为例

随着连接设备的增加，由于同时使用的用户数量可达数万，体育场馆在许多活动期间已成为虚拟死区 (virtual dead-zones)。为了解如何更好地管理这些大量数据，需要进行评估以确定瓶颈发生的位置以及可以采取哪些措施来补救任何死区或过载的接入点。虽然总体容量可能能够满足平均使用率，但由于现场活动的跌宕起伏，使用率飙升对大多数体育场馆来说都是个独特问题。

有时，在为非常大的场地进行模拟或接近实时测试时，你需要创造力。例如，我们在季前赛期间进行了测试，该赛季没有对常规赛季的关键性能要求，但两者的近似程度足以进行可资借鉴的比较。找到最无关紧要的测试时间是执行现场测试的最重要方面之一。

评估

借助真实的季前赛事，我们能够执行蜂窝电信行业协会(CTIA)射频性能测试的一部分，以确定信号的去向和发生死点的位置。利用CTI认证计划测试流程，我们能够确认多个频段和Wi-Fi连接功能的数据速率。表2显示了我们关注的模式。使用传导传输路径执行的这些测试为Wi-Fi连接建立起基线测量。

频段	模式	发送数据速率 (Mbps)
2.4 GHz	IEEE 802.11b	11
	IEEE 802.11g	6
	IEEE 802.11n	6.5
5 GHz	IEEE 802.11a	6
	IEEE 802.11a	6.5

频段	模式	接收数据速率(Mbps)
2.4 GHz	IEEE 802.11b	11
	IEEE 802.11g	6, 54
	IEEE 802.11n	6.5, 65
5 GHz	IEEE 802.11a	6, 54
	IEEE 802.11n	6, 65

表2:在Wi-Fi设备上执行传导测量的数据速率。(资料来源:CTIA Wi-Fi移动融合设备射频性能评估测试计划)

使用低/中/高频段测试方法，我们采用相同的测试流程将这些数据与在空场地测试得到的数据进行比较，但这次是通过无线方式。这样做使我们可以图示每个最小/最大流量场景间的差值。此方法有助于在2.4GHz和5GHz频段上收集设备支持的最低、中间和最高频信道上的许多数据点。这一实践帮助我们确定了大多数频谱中的任何潜在瓶颈，以帮助确定每个频段的最佳位置。例如，因为许多建筑物的较低楼层的墙壁更厚，所以通常最好使用2.4GHz。确定位置时考虑所涉及的材料类型，有助于确定数据吞吐量、以帮助指导决策。

分析发现网络缺陷

当然，该过程会产生大量需要评估的数据。使用收集的数据(特别是吞吐量和位置映射) 我们创建了体育场位置的热图及其执行方式(图2)。一旦我们能够确定吞吐量，我们就为网络集成商提供了可增强体育场现有网络性能的位置，同时也确定了都需要在哪里增大容量。

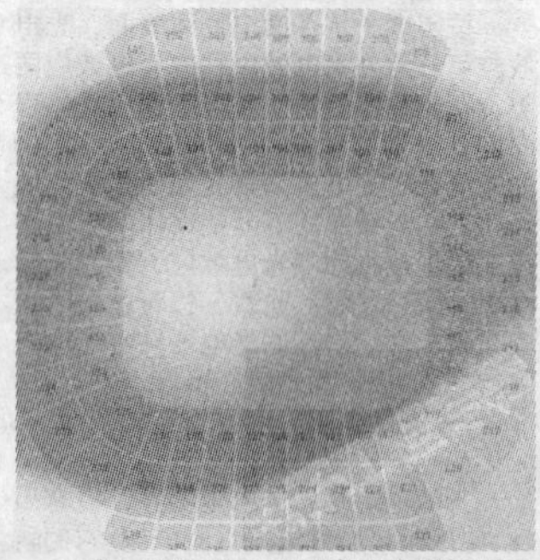

图2:该图显示了体育场内流量最大的位置和潜在的死区。

在审查了这些数据之后，我们能够建议在各关键位置部署更多接入点，以及在特定办公场地部署微蜂窝基站(femtocell)，以确保必要的人员能够通过Wi-Fi和蜂窝网络获得最佳的使用体验。

虽然Intertek不是场地无线集成商，但其收集的数据赋能网络工程师以更强的功能完成任务、以接近已配备数据点的无线服务提供商，从而减少导入(lead-in)时间和现场实施工作量。

权衡

与大多数测试工作一样，在执行更多测试与所发布产品的质量间存在权衡。影响用户的现实世界中的变量，例如增加的语音和数据流量或可能消耗意外带宽的热点设备，在实验室环境中通常很难诊断，因此可能成为漏网之鱼。从图2中可以清楚看出：距离入口越近、活动越密集；离入口越远、活动越稀疏。图2还说明了能够在现场测试的要素。示例中，边缘缺少数据是由于覆盖范围内存在死区。然而，这也可归因于受影响的区域根本没使用数据。在此例中，两种情况都是真的；因为这些区域的接入性能很弱，因此用户索性就放弃接入了。我们能够在主动测试时确认这种情况，并使用收集的数据支持我们的判断。 ◇山东 付文

八例常用的电路设计技巧

大多数时候，出现在教科材书中的电路图和设计与我们每天工作中完成的真实电路大相径庭。电路设计并非易事，因为它需要对构成电路部分的每个元件都有充分了解，且实现"完美"设计需要大量实践。但是，当你在电路设计中牢记并应用以下技巧时，它们将有助于使你的电路看起来更专业、能以最佳效率工作、并提高你的专业素养。

1.使用框图

本技巧似乎显而易见，但往往被过分自信的人忽视，他们认为自己已经把要做的活都弄明白了。完全按照你的需要表述电路的方框图对电路的成功设计至关重要。在你开始工作之前，方框图为你提供了一个大纲，它还为将要查看和检查你电路的任何人提供了极好的参考资料。

2.各个击破

在很多情况下，在设计电路时你可能不会单打独斗，所以花时间将设计划分为各功能块，每个块都有定义的接口，就可以实现各个击破的策略；参与电路设计的设计师可以专注于各个块。这些块可以独立地用于你目前正着手的项目，也可以在将来重复用于不同的电路设计。通过这种方法，你可以在事情不顺利的时候轻松排除故障，因为你将能够识别你遇到的麻烦是哪个块引起的。

3.为电路网络命名

的确，对这一步可能会有疑惑，但确保对PCB上的每个网络进行命名并标注每个网络的用途，可在紧要关头，为你提供诸多帮助。当你必须调试或运行模拟时，它也很有用。网络命名可让你在出问题时，知道该在哪下手。请记住：使命名易于识别；使命名对其要传载的意义一目了然。

4.记笔记

谈到电子设计，你的笔记就是你的灵丹妙药。重要的是记录研发过程的每一步，你遇到的每个坑、找到的每个解决方案、以及与你的设计相关的任何其他内容。请务必记下为什么为你的设计选用某些组件、逻辑表的式样、以及设计电路时的任何特殊注意事项。你的笔记有多种用途：

·通过清楚地记录每一步，你可以"回放"并查看哪里可能出问题、或你可在哪里进行修改以得到更高效的设计。

·可以使用和交叉引用以前项目的注释，以便更好地理解、实现更好的方案以及激发出与当前工作相关的更多灵感。

·你可以帮助其他人解决其设计问题，并在以后需要时阅读他们的笔记。

5.文本放置保持一致

如果你指定某些名称或在图表上进行注释，你会发现，再次查看时很难弄清这些文字到底是什么意思。在原理图上放置符号和名称时，请确保与命名过程保持一致。写注释时，不要在电路的一部分横着写，而在所有其他部分竖着写。尽量确保名称之间有一些空白，这样包括你在内的读者就不会感到困惑。注释间不要害怕有空白。实际上，空白有助于减少将图示与书写混在一起引发的混乱。这同样适用于速记命名。如果你要以缩写表述任何内容，请尝试在下面添加解释的"段子"，或确保它们易于识别。

6.流程化

不要削足适履试图将你的示意图(plan)和注释压缩进特定数量的页面。占页多少并不重要；不要苟且你原理图的质量。确保电路设计始终如一。这有助于提高可读性和更好的应用。在电子电路设计方面没有捷径；这完全取决于付出的努力和努力的结果。

7.保留标题

为原理图的每页制作标题、进而提供了每页的更多信息，这会使你受益。除可读性更高外，这样做还可以更轻松地为你的原理图页编制索引。这在调试时会带来益处：当你需要引用电路的某个部分、但又太忙无暇翻遍每一页、只得救助大脑记忆试图找出所需图表的位置时——页索引会帮大忙。

8.使连接器可见

你需要能立即区分所有连接器。最好的选择是在原理图中使用引脚表述连接器。通过简单的连接器识别，你将能够正确地追溯电路，且不会迷失在连接中。选用引脚之所以方便，是因为它将"坚守"其位置。与贴纸(sticker)或颜色不同，引脚能更突出引人注目，而不会在图表和笔记中占用太多空间。

结论

上面提到的技巧肯定会帮助你更好地设计电路；它们将有助于调试、模拟、注释参考等等。如果你记住这些技巧并在设计的所有阶段应用它们，那么你会发现自己在眨眼之间成为电子电路设计的专业人士。 ◇浙江 王坤运

购买非正规渠道苹果有风险

有不少些朋友喜欢苹果这个品牌，但有时候无奈囊中羞涩，会把目光投向各种非正规渠道进货的苹果手机，因为这些苹果手机价格相对便宜一些，除了网购二手以外，还有如下几个渠道来源。

富士康机

又叫1978机、渠道机等。富士康是苹果的主要代工厂，有时候部分富士康生成的iPhone达不到苹果的高标准要求，有点小瑕疵，但是又达到了富士康生产线的标准。或者在苹果7天无理由退货期退还和在苹果15天无理由包换期的手机（至于退回的原因排除极少数无聊才退回的外，多多少少是有些瑕疵的。）以及一些修好又无法退还给客户的手机（接近新机）。

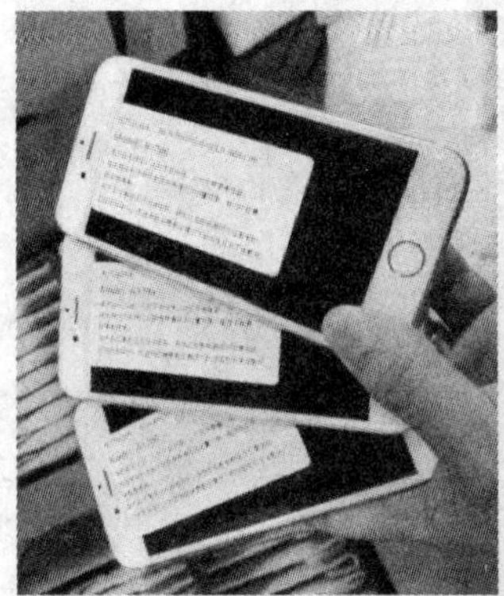

这几种退还（修好）的手机苹果当然不能再卖给消费者，但总有下面的销售商能搞到这些货源的渠道，会相应地根据三个等级（99新、95新、90新）来划分价格，比正品要便宜几百到一千不等。

售卖这种渠道的销售商如果还算良心的话，会在包装上标注是旧货；并且都是以裸机的方式售卖；机器本身是M开头居多，偶见3、N、F开头；查询这类手机的信息会发现手机的激活日期是1978年（这也是跟二手机的区别）。为什么是1978年呢？这证明了苹果官方是不想对这些手机进行售后服务，哪怕你买的国行正品，也一样无法享受官方保修，这就是1978机的名字由来，所以买富士康机一定要多询问商家的售后服务。

卡贴机（有锁机）

在全球中美国的iPhone售价最为便宜，比如iPhone XS 64G的国内发布价为8699元，美国则是999美元，按发布时的汇率算，足足便宜了1845元，最贵的iPhone Max 512G更是差距近3000元。

更何况和国内运营商一样，美国也有类似于“充话费送手机”的合约机，这种合约机比美国普通版还要便宜。只不过这些合约机与美国运营商绑定在一起，为了保证要用它的套餐，这些运营商都将SIM卡锁定，只能用美国运营商的SIM卡，否则手机就无法激活使用，因此这些手机又叫“有锁机”。

“有钱能使鬼推磨”，一台手机动辄3000多的差价，国内的技术大神们肯定有办法解决啦！利用苹果现有的激活漏洞（注意“现有”二字），研制出了可破解的卡贴（安卓机也有类似的设置，不过因为可以刷机，破解起来容易很多）。

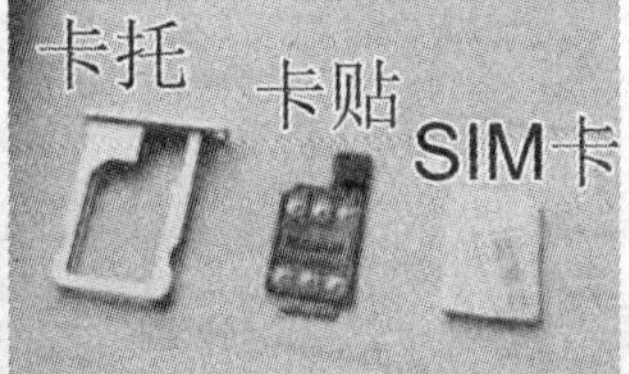

其原理是伪造一个假sim卡贴上去，骗过苹果现有的激活政策，让苹果手机以为是那个制定运营商的卡就行，这样国内的SIN卡就能正常使用了，这种就叫卡贴机。

iPhone XS

美版（有锁单机）12-9

XS	64G黑 5600	白 5600	金 5600
	256G黑 6450	白 6500	金 6450
	512G黑	白	金
Max	64G黑 6000	白 6000	金 6050
	256G黑 6650	白 6650	金 6600
	512G黑 6900	白 6900	金 6900

随着多年来的斗争“道高一尺魔高一丈”；早期的手机卡贴使用起来极其复杂，需要通过繁琐的设置才能解锁网络，并且信号和网络都不稳定，时常掉线；还有苹果也通过升级系统来阻止卡贴解锁。随着卡贴产商和苹果公司的斗智斗勇，目前的手机卡贴已经是极其强大了，使用时不需要太复杂的设置，解锁后网络相对也比较稳定，可以拔插换卡、升级还原，堪比无锁。而且也推出了多种多样的解锁策略，比如GPP卡贴，通过ICCID代码漏洞解锁，简直堪比无锁。

ICCID作为手机卡的唯一识别码，类似我们的身份证号码。而苹果在2018年年末修改了有锁机的激活政策，当同一个ICCID码重复激活手机后，会给它一个特权，可以绕开激活政策，面对有锁机“刷脸”通过，让手机解除限制变成无锁，但只面对移动联通网络；据说最近才有电信的ICCID解锁，不过这个还没有得到确认，因此电信的用户还是留意一下消息是否属实。这个方式只需激活时插个特殊sim卡，进入工程模式输入ICCID码通过验证，再把特殊卡换成自己卡即可。比一般卡贴的形式更方便快捷，而且不影响信号耗电，不影响升级，是目前流行的解卡方式。但这种方式因为是绕过了激活，所以你去查手机信息时是显示未激活的，虽然信号比卡贴稳定，但因为也是利用漏洞，还是可能被苹果封杀，用段时间就会出现激活失败的情况。那就需要再次用新的ICCID码解锁，这时候就需要上网搜索“新的ICCID码”进行重新解锁。

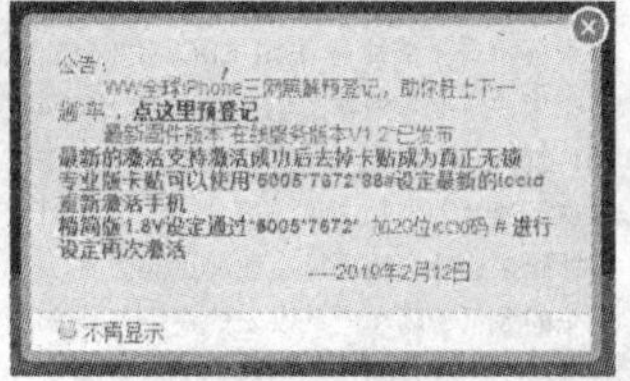

这边苹果一次一次地封住漏洞，那边卡贴团队也跟着频繁更新……当然不怕折腾的话，也可以考虑入手卡贴机。

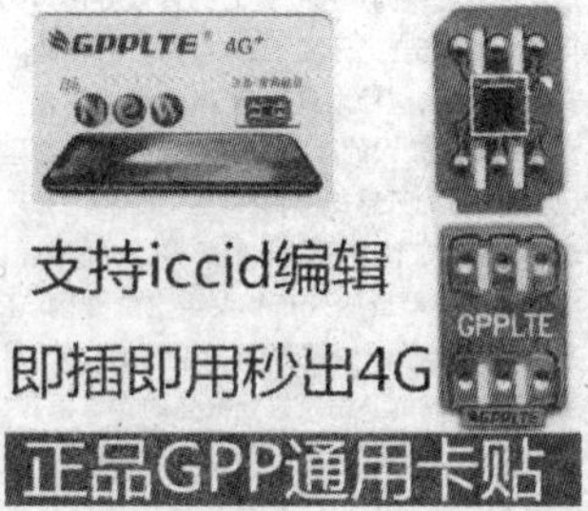

虽然说卡贴机是性价比最高的入手方式，不过麻烦也是最多的。

首先官方保修就别想了；其次卡贴机因为是利用苹果漏洞激活的，所以最好不要升级系统，特别是通过电脑iTunes升级，因为通过电脑刷机，手机还会向苹果发送一次激活请求，风险更大。

最后还要担心比卖卡贴机还奸的奸商。购买卡贴机时必须注意需要什么版本，像美版T版是只有移动联通双4G的，而S版则是三网4G。问清楚版本网络后记得配好卡贴，无论是超雪卡贴还是GPP卡贴，目前都可以一次调试之后实现解锁，买来后插卡配合卡贴即可使用，并不需要二次调试。但是海外版本并非都是有锁机，也存在无锁全网通版本，这些无锁机里面却有可能包含内置卡贴机，这就属于奸商坑人的地方了。

无锁机

既然知道了有锁机（卡贴机），那么没有网络锁的手机就叫无锁机了。无锁机主要来源于海外地区没有和运营商合作的地方；或者运营商和苹果合约到期，官方自动解除限制的（不过这种一般解除以后都是一年以上的时间了，价格优势也不明显了）。这种价格一般都比有锁机卖的高一些。

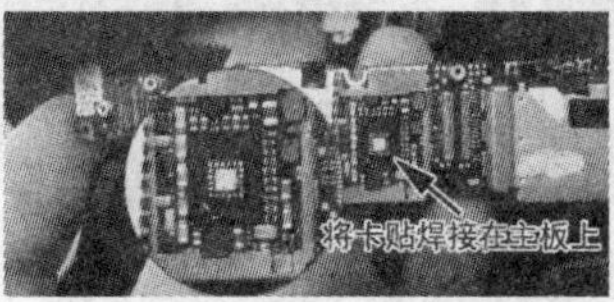

不过购买无锁机要当心的是，有些不良商家会将有锁机破解以后把卡贴焊接在主板上，不用随着SIM卡插入使用，当作无锁机卖给消费者。这类机子除了花费比有锁机价格高以外，还有一个隐患：如果苹果政策再次调整的话可能就不能使用了，即使刷机和还原所有设置会被反锁。

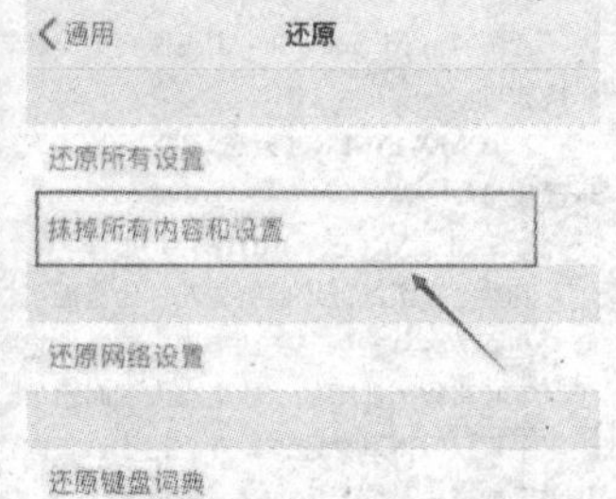

那么如何识别这种将有锁机改成无锁机呢？只需一招就能让有锁机现形：将iPhone开机，打开设置→通用→还原→抹掉所有内容和设置。将iPhone抹掉再重新激活。能够正常激活的就不是解锁过的机子，而无法正常激活的机子就是有锁的机子了。

后记

由于卡贴机（有锁机）价格最为便宜，加之越来越强大的卡贴团队解锁；也是非正规渠道选择购买的首选。我们当然不推荐大家购买卡贴机，不过消费者如果抵挡不住低价的诱惑非要选购卡贴机的话，请留意以下几点。

1. 可买入的（可以通过卡贴正常激活的）。

正常无欠费的有锁机：Clean esn、clean imei等；

欠费有锁机：financed、unpaid balance、bad esn、bad imei、cannot be activated by carrier（sprint、AT&T、T-mobile等等）；

黑名单：blacklisted（此黑名单是运营商黑名单，非苹果黑名单）；

以上三种都可以买入而且可以卡贴激活，但是如果想要以后官解，黑名单的最好不要买入，欠费机时间久了也有概率会变成黑名单机。

2. 不能买入的（用卡贴也激活不了的）。

社保锁机：激活提示输入社保号和邮编；

终极黑名单：blocked by apple；（激活页面显示：您的iPhone有问题。此iPhone无法激活服务。请联系运营商或者Apple care。）那些被报告丢失机，骗保机都有可能成为终极黑名单！

大家在购买之前尽可能找那些提供了IMEI信息的手机，自己查询GSX以后再做判断！社保机和终极黑名单买回来只能做配件。

3. 质量的话，优先日版，其次欧美版，然后就是港版。

最后一句话，嫌麻烦的还是买国行版或者港版无锁机吧。解锁的终究是个隐患，说不定哪天苹果又升级激活系统，又有不必要的麻烦。

（本文原载第13期11版）

颜值与天籁共存的轻奢魅品(下)

——reProducer Epic5(史诗5号)有源监听级音箱试用感受

(紧接上期本版)

此次试听是在我的一间15平方米的摄影工作室进行的，全部器材就摆放在一张结实的胡桃木音响架上，简洁而清爽，器材为：

音箱：reProducer Epic5(史诗5号)有源监听小音箱

音源：1. CNE.grand 9i-AD高保真数码音乐播放机

2. TONEWINNER（天逸）TY-30 CD音乐播放机

3. SAMSUNG(三星)NOTE9 手机

既然是顶级的近场监听音箱，为全面了解它在播放各种音乐形式的表现，笔者选定了以下几张较为典型的试音天碟，同时也下载了平日里听得耳熟能详、专门用于试音的几首无损音乐及流行歌曲来试听。

一、卡拉扬指挥柏林爱乐乐团《贝多芬·第九交响曲》片号：DG，CD 439 006-2

二、埃里奇.康泽尔指挥辛辛那提流行管弦乐团的《柴可夫斯基1812序曲》，片号：Telarc CD -80541/SACD-60541

三、试听钢琴以检验中高音的通透：凯文·科恩 Kevin.Kern的《绿色花园》，片号：REAL MUSIC RM2525

四、穆特小提琴独奏新版《四季》(片号463259-27)

五、试听检验人声：女声：瑞达卡.托妮芙的《神仙故事》片号：ODIN CD-03；男声：Aaron Neville《温暖你的心》，片号：A&M 4908352；

六、下载若干FLAC、WAV格式音乐文件(主要是试听男女人声)。

《贝多芬·第九交响曲》是贝多芬音乐创作生涯的最高峰和总结，由于这部作品第四乐章的合唱部分是以德国著名诗人席勒的《欢乐颂》为歌词而谱曲的，因而又被爱好者称之为《欢乐颂》交响乐。世上流行的版本较多，我收藏了索尔第指挥芝加哥交响乐团片号Decca 430 438-2、富尔特文格勒1951年指挥拜鲁特音乐节片号：EMI CDC7 470612、以及拉卡. 扬指挥柏林交响乐团片号：DG 447 401-2等三张“贝九”。之前已听过数遍，非常喜欢。我认为卡拉.扬的这张最棒，很习惯于用此碟来检验音响器材在表现这类大部头交响乐的大气磅礴和广袤恢宏的声场气场和动态强度……我也知道用这对小小的音箱来播放“贝九”无异于是一种折磨。但令人大跌眼镜的是，reProducer Epic5的表现让我意外：如此娇小玲珑的音箱居然能发出如此庞大的声场和如此震撼的声压！此时的音量旋钮为10点钟位置，低音提升旋于2分贝左右。在我听音的印象中，这种饱满醇厚、激情澎湃的声音肯定只有在较大的落地箱中才有可能全力呈现。但此时的听感却很真实，这对小箱的音乐动态之强、细节呈现之丰富多彩：小提琴群、中提琴大提琴群的分布和发声定位准确、音色分明。配合晶莹剔透的钢琴、温润光泽的黑管、悠扬婉转的长笛及雄壮嘹亮的铜管乐器，交织成一道极其致密醇厚的音乐巨网将我们笼罩其间，使人难以置信这对小小的有源音箱居然能呈现出如此霸道和动人的听感效果！

播放著名的发烧交响名碟《1812》同样让我倍感震撼：乐曲起落跌宕、气吞山河…… 虽然有碍于音箱箱体较小、中低音喇叭只有区区4寸，但得益于双6寸低音炮所营造出来整体气势，整段乐曲的演绎还是表现出了爆棚的声效、音色鲜艳夺目，前排乐器的清晰度和后排乐曲的纵深感令人瞠目结舌，尤其声场的能量感和气势之大，令人顿生兴奋！而且透过音乐的洪流，我依然能清晰地分辨出各声部的准确定位和音色特点。更为夸张的是这对小小的音箱居然也能营造出了加农炮声的震撼，而且声压饱满、张力爆棚，给我留下深刻的印象！这也许应该归功于该箱调校有方？或是双6寸的低音炮能量充沛的神奇妙招在加持吧！

试听弦乐协奏曲方面：我一直认为小提琴的音色是最考器材的，一套音响不论在哪个环节上出了问题，小提琴的音色都会走调，琴声要么尖涩刺耳，让人不堪忍受，要么瘦薄干瘪，音色暗淡无光。好的音响组合在播放小提琴独奏时，琴声听上去应该是明亮高贵，饱满甜润，极高频部分的音乐线条纤细顺滑，延伸至听域范围之外也不会有丁点扎耳的感觉。中频更应该是通透厚实而富于质感，并兼有木质的温暖，琴腔的共鸣丰润多汁。擦弦、跳弓、弹拨、勾弦等特技演奏的质感真实可信。有鉴于此，我特意配合CD机选播了DG录制的穆特小提琴独奏新版《四季》(片号463259-27)，在这对音箱的演绎播放中，穆特的演奏技艺被原汁原味地展现出来，琴声悠扬，清澈透明中没有丝毫令人不爽的背景噪声。穆特融化于演奏中的激情、浪漫和炫技等等风格与细节，被reProducer Epic5轻松自然地释放出来，琴声听上去的确是明亮高贵，饱满甜润，而且极高频部分的音乐线条也非常的纤细顺滑，丝丝缕缕的音乐味宛如人间4月天的花信风般弥漫空间，引领着我徜徉于《四季》的音乐画卷之中，仿佛走过春的明媚、夏的旖旎、秋的丰盈、冬的冰清，琴声如歌，让我深深地沉醉期间而忘记了器材的存在。

接下来我再用3.5mm耳机插转双莲花母一分二音频线将SAMSUNG NOTE9 手机当音源，播放用QQ音乐App下载的FLAC、WAV格式无损音乐文件。这种玩法虽然常常会被“骨灰级”的发烧友诟病，但在手机族音乐爱好者中却很流行，虽然音质音色会受到手机独立音乐解码芯片及HI-FI组件的影响，但大致也算能听，我使用的是SAMSUNG NOTE9，音响解码是当今手机中最牛的高通WCD9341音频编解码器，音质音色也算过得去，那就在这对小音箱中试试吧……

试听李健演唱的无损音乐歌曲《贝加尔湖畔》，李健嗓音清澈圆润，有十足的磁性、仙气四溢、有很高的辨识度…… 这些特点在reProducer Epic5的演绎中被明确无误地表现出来了，非常好听：欢快的手风琴声伴着晶莹通透的木吉他和沉重的柴扉关闭声，把李健极富仙气、温润婉约又略带忧伤的歌声衬托得极其凄美，唱腔圆融舒缓、情深意切，直逼天籁。眼前幻化出一望无边的清澈湖水，波光滟潋深邃幽兰……随歌声的虚化而连接到无垠的苍穹……据说贝加尔湖是世界上最深的高山淡水湖泊，背衬无边无际的东西伯利亚高山云杉林，高耸入云的树冠掩映在极其清澈的湖光山色中，仿佛天上人间，景色优美得令人难以置信！同样令人难以置信的是这美如画卷般撩人的歌声会是出自reProducer Epic5？

播放发烧名曲《天空》，王菲演唱的声音显得非常的空灵和清澈透明，那种淡淡的忧伤反思和幽幽的吟唱韵味十足，早已是发烧界试音的典范天碟。reProducer Epic5音箱所演唱的《天空》，不仅把王菲的歌声表现得非常到位，同时就连配合背景乐的低频大鼓及贝斯和弦也相当的出色，有着天人合一的韵律，不得不说reProducer Epic5对此类流行歌器的播放还是可圈可点的，重放的音质音色不仅有王菲的神韵，更多了一丝贵气，和我在中高档的HI-FI组合上的声音听感有很高的相似度。

试用表明：这对来至德国制造、拥有瑞士血统的小精灵音箱，的确是集严谨认真的德国制造风和一丝不苟的瑞士匠人精神荟萃一炉，将音响艺术和轻奢技艺融为于一身，才成就了它高贵迷人的颜值和准确还原的听感。音质音色的上佳表现，给我留下了深刻的印象！相信11800元的售价，对于喜欢它的朋友而言的确是物有所值，值得拥有。

另外，中国区的总经销由东莞市睿瀑音响科技有限公司负责，地址：东莞市塘厦镇裕华街9号，谭先生，18664088077。感兴趣的爱好者可以电话咨询或者上门试听。

(全文完)

◇成都 辨机

2019年5月5日出版

实用性 启发性 资料性 信息性

第18期

（总第2007期）

国内统一刊号:CN51-0091 定价:1.50元 邮局订阅代号:61-75

地址:(610041)成都市武侯区一环路南三段24号节能大厦4楼 网址:http://www.netdzb.com

让每篇文章都对读者有用

IPv6

2019年IPv6网络规模部署按下加速键

未来在“云大物移”等前沿技术中IPv6将会成为一种标配。近日，工信部发布《关于开展2019年IPv6网络就绪专项行动的通知》(下称《专项行动》)，明确到2019年末，武汉、西安等8个互联网骨干直联点完成IPv6升级改造，获得IPv6地址的LTE终端比例达到90%，获得IPv6地址的固定宽带终端比例达到40%，LTE网络IPv6活跃连接数达到8亿。同时促进IPv6在工业互联网、物联网等新兴领域中融合应用创新。

据了解，IPv6是下一代互联网的核心协议，是下一代互联网发展创新的起点。相较于地址资源枯竭的IPv4，IPv6网络不但能够提供近乎无限的地址空间，还具有协议简化、灵活扩展、内置安全等诸多优点。因此发展IPv6将推动互联网的设计、管理、运营和创新进入新阶段，也是发展5G、云计算、物联网、工业互联网等新兴应用，实现万物互联的基础条件。

为此，我国高度重视IPv6规模部署。中共中央办公厅、国务院办公厅印发的《推进互联网协议第六版(IPv6)规模部署行动计划》明确，到2020年末，IPv6活跃用户数超过5亿，在互联网用户中的占比超过50%；到2025年末，我国IPv6网络规模、用户规模、流量规模位居世界第一位，网络、应用、终端全面支持IPv6，形成全球领先的下一代互联网技术产业体系。

根据《专项行动》，网络基础设施IPv6能力就绪成为重点。骨干网、城域网、接入网全面完成IPv6改造，开通IPv6业务承载功能；到2019年末，武汉、西安、沈阳、南京等8个互联网骨干直联点完成IPv6升级改造。

应用基础设施IPv6业务承载能力和终端设备IPv6支持能力将进一步提升。《专项行动》明确，到2019年末，秦淮科技等数据中心运营企业完成大型以上数据中心内部网络和出口设备的IPv6改造；网宿科技、阿里云等企业完成内容分发网络(CDN)IPv6改造，在全国范围内提供IPv6流量优化调度能力。新部署的家庭网关设备应全部支持IPv6，到2019年末，完成70%存量家庭网关的IPv6升级。

此外，《专项行动》还明确，2019年末LTE网络IPv6活跃连接数达到8亿，其中，中国电信达到1.6亿，中国移动达到4.8亿，中国联合达到1.6亿。鼓励典型行业、重点工业企业积极开展基于IPv6的工业互联网网络和应用改造试点示范，促进IPv6在工业互联网、物联网等新兴领域中融合应用创新。

(摘编自工信微报)

技术在仓储效率中扮演着何种角色？

随着按需经济的发展，消费者的需求也在日益增高，供应链因此受到了显著的影响。与此同时，数字化催生了人们对于点击获取即时定制服务的诉求。为了应对这一趋势，斑马技术近日发布的《未来订单履行愿景调查》亚太版的研究结果显示，至2028年，55%的物流企业期望能够实现两小时内送达。这一展望对于消费者而言虽然利好，但对于物流企业则意味着重重挑战。

消费者不断提高的期望正在推动制造商、仓储和物流企业打造尽可能紧密无缝的生产线。而在确保安全的前提下，技术是提升速度和效率的关键。然而斑马技术《未来订单履行愿景调查》结果显示，目前仍有55%的企业在使用低效率的纸笔手动操作流程运营全渠道物流。射频识别(RFID)、智能数据库、数据分析、可穿戴扫描仪和条形码等众多技术，都能助力供应链的发展。要从中选出合适的技术可能颇为艰巨。因此，与供应商携手合作就显得非常重要，因为他们能够从整体的角度了解企业的业务需求——他们所具备的专业知识和经验使其能够分析哪种方法和解决方案将更为有效地优化工作流程，并提高产出。

条形码技术正在迅速发展，并有降低仓储的人员成本以及缩短生产线上各个任务所花费的时间的潜能。这一智能的技术能够在下单、拣货和订单履行过程中提升员工的工作效率，尤其是在仓储运营方面。

根据斑马技术《未来订单履行愿景调查》，99%的受访者表示将会在2021年采用配有条码扫描仪的手持式移动数据终端，以应用于全渠道物流。举例而言，意大利制造商General Cavi因在其仓库中部署了移动数据终端和扫描仪，其间将工作效率提升了10%至15%。

General Cavi的数字化转型

General Cavi是一家致力于设计、制造和销售适用于电导体和电气设备的各种电缆电线产品的意大利专业制造商。该企业总部位于意大利孔塞利切，其产品远销于全球的公共部门和私营机构。General Cavi不断优化其产品和服务，以满足来自不同消费者的需求。正因如此，General Cavi决定在仓储层面实施数字化技术改造。

为满足消费者需求并紧跟销售旺季期间的市场变化，General Cavi采用了斑马技术基于安卓系统的TC8000触控式移动数据终端来升级其旧的设备组。快速、无缝的设备传输对于避免故障停机和生产滞后而言尤为重要。为此，斑马技术的合作伙伴Bancolini Symbol与General Cavi展开了密切的合作，以确保能够顺利部署。通过无线方式管理设备的迁移及初始化配置，从而节省时间，使团队能够轻松操作这些设备。Bancolini Symbol成立于1983年，是欧洲最早推出自动识别和数据采集系统的企业之一，其能够为自动识别和数据采集市场提供完整的解决方案。

提高仓储效率

General Cavi在其六间仓库中部署了TC8000，用于全程追踪制成品。该中距离扫描仪搭载了SE4750中距离全向型一维/二维成像引擎，是管理进货产品、内部存货转移和库存管理，以及拣货和发货的理想之选。一旦工作人员扫描条码，数据便会通过仓库的无线网络与General Cavi的系统形成双向传输，确保所有制成品的可追溯性，从而加强质量监控，实现供应链中的产品召回。

凭借出色的耐用设计，工作人员可采用TC8000来处理存放在General Cavi仓库外部区域的存货。即使在炫目的日光下，TC8000的屏幕依然清晰且完全可读。因此，无论现场工作地点在何处，工作人员都能够不受干扰地继续展开工作。

生产效率的飞跃

部署斑马技术的TC8000使General Cavi增加了10%至15%的效率和生产力，并加强了其仓储的整体质量监控。TC8000的设计旨在让每个环节更加高效，并包括了从能够扫描受损的条码到更简便的输入操作以及拥有更长的电池续航时间。该设备不仅能够大幅减少重复性劳动，还能在使用的过程中实现工作速率的提升。部署TC8000不仅使General Cavi每天可为每名员工节省约1小时的工作时间，还减少了在其六间制成品仓库中所部署的设备数量。

TC8000是基于安卓系统的智能数据终端，具备高速扫描能力，使库存能够更快地进行流转，因此发货也能比预期更快。TC8000配有的超级电容器的热插拔电池能够节省足够的电力来维持Wi-Fi连接，为其更换电池只需花费很短的时间，进而使工作人员能够不受干扰地继续开展工作。

得益于该新一代设备轻巧且符合人体工程学的外观设计，TC8000可进一步减少长时间轮班时的肌肉疲劳。此外，TC8000具备快速处理和高质量扫描的能力，使仓储作业变得更快速、更简单，也因此备受终端用户的青睐。智能条码扫描技术在仓储领域的成功应用，推动了General Cavi部署同样的设备来追踪和追溯供应链预生产阶段的原材料，从而在其整个制造和产品生命周期中实现可追溯性。

制造商的未来

在如今成本不断上涨、法规日新月异和次日送达(很快将变为一小时内送达)的时代，制造商在升级数字技术方面面临的压力毋庸置疑。幸运的是，如今有大量的智能设备能够帮助我们逐步打造技术驱动型供应链。

General Cavi等企业通过推广采用智能技术来提升效率、提高生产力并缓解员工压力，从而实现在供应链领域的领先地位。只要持续革新供应链以满足不同的需求，制造商的未来和前景将是一片光明。

(斑马技术销售工程师经理 Ugo Mastracchio)

(本文原载第17期2版)

长虹液晶电视电源关键IC引脚功能及实测电压查询手册(三)

(紧接上期本版)

9.芯片型号 CAT4026:为恒流控制IC,用量较高的6路LED背光控制方案,每个LED通道电流的精确匹配和控制。具有LED灯串开路和短路故障检测保护。可精确控制脉冲宽度,调制信号通过PWM引脚输入或模拟调光电压从ANLG引脚输入控制六个通道的LED电流,实现调光控制。

1)芯片引脚功能

引脚	标注	功能	电参考电压(V)
①	VDD	电源供电输入	5.2
②	PWM	脉冲控制亮度信号输入	3.3
③	ANLG	直流亮度控制信号输入	5.2
④	BASE1	基极驱动信号输出	2.3
⑤	RSET1	电流设定电阻检测信号输入	1.0
⑥	BASE2	基极驱动信号输出	2.1
⑦	RSET2	电流设定电阻检测信号输入	1.0
⑧	BASE3	基极驱动信号输出	未用
⑨	RSET3	电流设定电阻检测信号输入	未用
⑩	OCA	过电压信号输入,大于1V时触发保护	0.7
⑪	C1	LED阳极电容	3.5
⑫	NC	NC	NC
⑬	VA	内部阴极参考电压(2分频,并缓冲到1.8 V)输出	NC
⑭	NC	NC	NC
⑮	VC	阴极电压补偿	NC
⑯	IFB	灌流信号输入,用来控制LED阳极输入电流,可最大输入1mA电流	1.6
⑰	FLT-SCA	LED短路信号输出	5.2
⑱	C3	接地	0
⑲	FLT-OCA	LED开路信号输出	5.2
⑳	RSET4	电流设定电阻检测信号输入	0.9
㉑	BASE4	基极驱动信号输出	2.2
㉒	RSET5	电流设定电阻检测信号输入	未用
㉓	BASE5	基极驱动信号输出	未用
㉔	RSET6	电流设定电阻检测信号输入	0.9
㉕	BASE6	基极驱动信号输出	2.1
㉖	VCS	最低的LED阴极检测输入	3.5
㉗	SCA	最高的LED阴极检测输入	0
㉘	GND	集成电路接地	0

2)芯片拓扑图

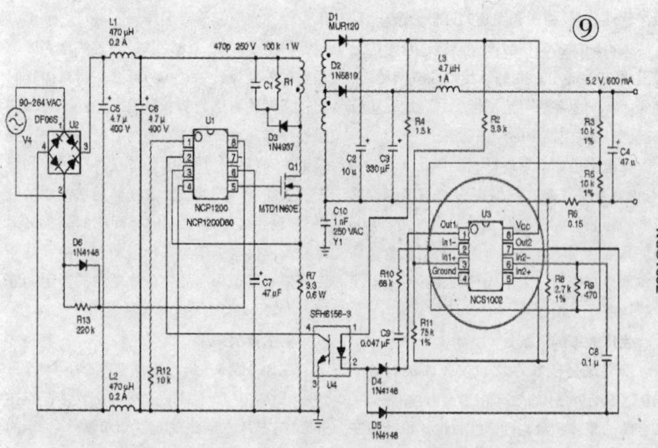

10.芯片型号 AP3064:是一款高效率的升压控制器,用于驱动LED背光,它工作在宽输入电压范围从4.5V至33V。各串之间的电流匹配度为1.5%(典型值)。具有逐周期电流限制、软启动、欠压锁定(UVLO)保护、可编程过压保护、过温保护(OTP)、LED开路/短路保护、VOUT短路/开路保护和肖特基二极管短路保护。

1)芯片引脚功能

引脚	标注	功能	电参考电压(V)
①	CH4	LED电流吸收器4	0
②	ISET	LED电流设置	1.94
③	OVP	过电压保护	0.51
④	RT	频率控制	1.3
⑤	EN	ON/OFF控制	5.42
⑥	CS	电源开关电流检测输入	0.06
⑦	OUT	升压转换器的电源开关门输出	3.49
⑧	VCC	5V线性稳压器输出	4.94
⑨	VIN	电源输入	11.35
⑩	STATUS	LED运行状态输出	4.01
⑪	COMP	软启动和控制环路补偿	2.59
⑫	DIM	PWM调光控制	3.81
⑬	CH1	LED电流吸收器1	0
⑭	CH2	LED电流吸收器2	0.17
⑮	GND	地	0

2)芯片拓扑图

11.芯片型号LD7577JA:为电源PWM控制电路,它提供低启动电流、绿色省电模式、电流感应和内部斜率补偿的前沿消隐功能,还具有OLP(过负荷保护)、OVP(过电压保护)及掉电保护等功能,防止非正常条件下损坏电路。

1)芯片引脚功能

引脚	标注	功能	电参考电压(V)
①	RT	用于编程开关频率,连接一个电阻到地设置开关频率	2.4
②	COMP	电压反馈,通过连接光电耦合器来关闭控制回路	23.2
③	CS	电流检测,连接到检测MOSFET电流	0
④	GND	接地	0
⑤	OUT	栅极驱动输出,以驱动外部MOSFET	2.5
⑥	VCC	电源电压	23.3
⑦	NC	未连接	0
⑧	HV	该管脚连接到大容量电容的正极相连,以提供启动电流控制器。当Vcc电压跳闸UVLO(上),该高压循环将被关闭,以保存启动电路上的功率损耗	289

2)芯片拓扑图

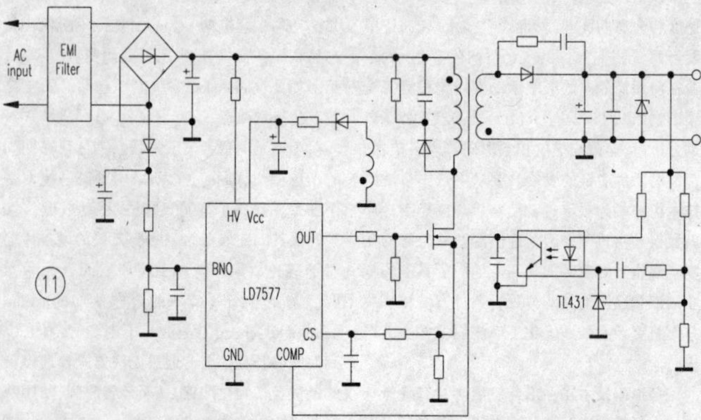

(未完待续)(下转第182页)

◇绵阳 周钰

有源低音炮“扑扑”破音的应急消除修理三例(一)

例一　HI-VI RESEARCH(惠威) M-20L

电路原理：该音箱为2.1声道设计（外观如图1所示，电路图如图2所示），外置的音量线控器将立体声信号输入后分两路：一路输入到左右主声道功放LM1875放大后驱动左右L、R两声道小音箱，另一路输入到运放4558后缓冲放大，然后混音后输出到重低音音量电位器，再输入到功放板上的运放4558的一个运放组成的高通滤波器(含C7、C8、R8、R15)，滤除超低频信号(使低音扬声器的低音更纯净，不乱动一气)，然后输入4558的另一个运放组成的低通滤波器（含R5、R11、C10、C4）输出重低音信号到低音功放(由2个LM1875组成BTL电路)，2个LM1875驱动6寸低音扬声器BG6N发出重低音。

①

⑤

维修实例：故障现象是主声道声音正常，低音炮有杂音、破音，而且声音越大，破音越大。音箱外面包有音箱布，将音箱安装喇叭侧的音箱布割开，按压纸盆运动正常，无摩擦的阻力，喇叭应该没有大问题。估计是喇叭边缘与音箱间有缝隙而漏气，造成喇叭前后的声波短路，从而使得喇叭纸盆前后扑空而有拍边的破音。喇叭是从音箱里面向外安装的(螺丝在音箱内侧)，试着把音箱摆放方向变一下(喇叭正面向下)，声音立即低沉有力而无破音，看来的确是喇叭边缘与音箱间有缝隙而漏气。喇叭正面向下放置时，由于喇叭较重，重力使得喇叭边缘与音箱间缝隙漏气的现象减轻，所以从而使得喇叭纸盆前后没有了扑空而拍边的破音。

但是喇叭是从音箱里面向外安装的（螺丝在音箱内侧），无法用螺丝刀紧固里面的螺丝。为了不破拆音箱，用个简单的应急办法来使得喇叭边缘紧压音箱，就是在喇叭磁钢后面与音箱外壳间垫些厚度合适的木条，利用箱体给喇叭的压力使得喇叭边缘与音箱间的缝隙变得紧密(如图3所示)。装好后再将音箱正常方向摆放，其发出的声音无破音，低音炮音箱恢复正常。

例二　Shinco(新科) SP-210

电路原理：该音箱为纯低音设计(外观如图4所示，电路图如图5所示)，输入的音频信号经过音量电位器输入到功放板上的运放4558的一个运放组成的低通滤波器(含C3、C4、R5、R20)，输出重低音信号，再输入到运放4558的另一个运放组成的高通滤波器(含C5、C6、C7、R6、R9)，滤除超低频信号，然后输出重低音信号到低音功放TDA7296驱动6.5寸低音扬声器发出重低音。

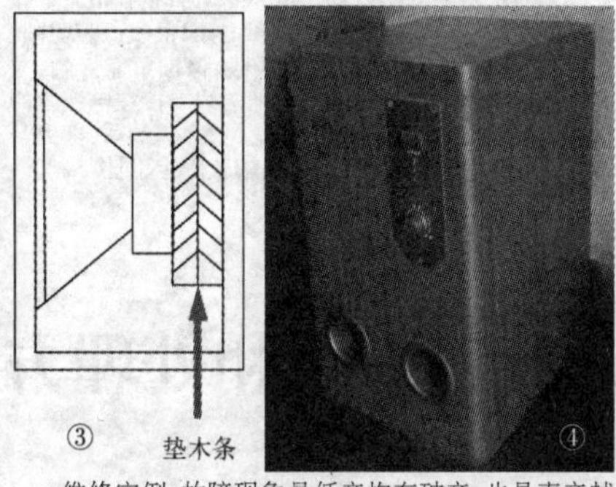

③　④

维修实例：故障现象是低音炮有破音，也是声音越大，杂音越大。也怀疑此音箱的喇叭与音箱固定得不够紧密，打开背板，先拧紧里面喇叭的螺丝，装好后试音，故障没有排除。只得拆下喇叭，按压纸盆感觉其运动不正常，很明显有摩擦的阻力。观察喇叭，发现磁钢略有倾斜，估计喇叭盆架受过外力而变形。由于手头没有同规格喇叭，于是试着应急修复：把喇叭正面向下放置，用手在磁钢上加压，使得盆架反方向变形(如图6所示)。一次不行，多试几次。经过多次给磁钢加压后，再按压纸盆运动正常，无摩擦的阻力。将音箱装好后试机，低音炮发出的低音恢复正常。

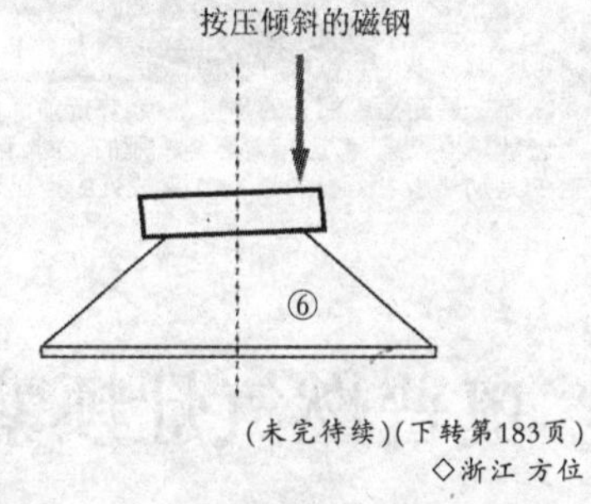

⑥

(未完待续)(下转第183页)

◇浙江 方位

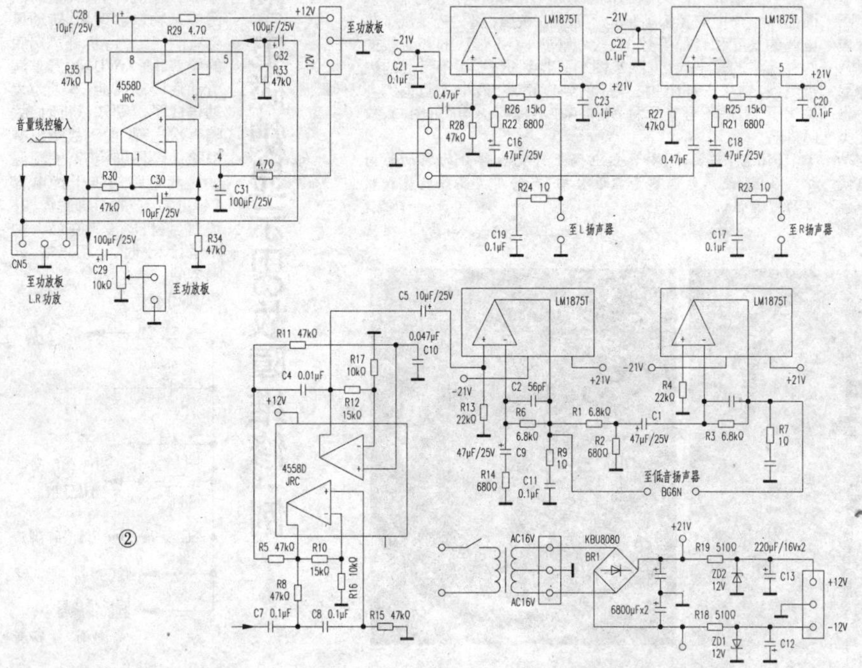
②

简单解决Watch无法控制“米家”的问题

有些朋友会发现在Apple Watch上无法控制“米家”，此时可以按照下面的步骤进行操作。

在iPhone上重新登录米家，切换到“我的”选项卡，注销之后重新登录，切换到“Watch米家”界面(如图1所示)，在这里依次添加需要控制的设备和场景，然后在iPhone上打开“Watch”，切换到“我的手表”选项卡，在这里删除“米家”并重新安装。

在Apple Watch打开“米家”，切换到“我的”选项卡，依次选择“设置→实验室功能→iOS捷径”(如图2所示)，启用“将米家场景添加到捷径”，以后只要在Apple Watch通过Siri控制捷径就可以了。

◇江苏 王志军

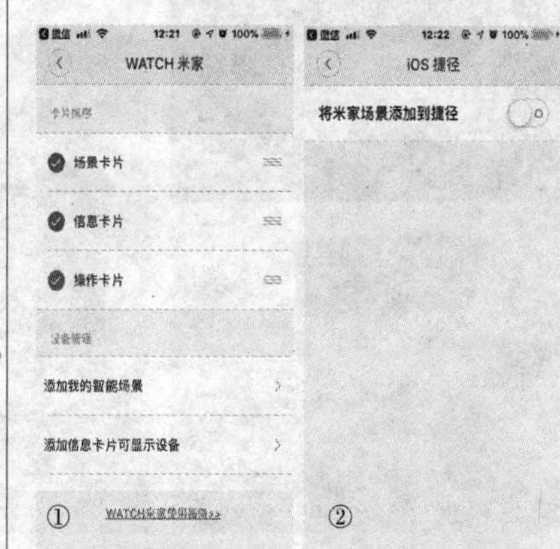

①　②

虎牌电饭煲更换锂电池的方法与技巧

故障现象：虎牌JKW-A10W型电饭煲近日显示屏上时间变成了0:00，且一直在闪烁。预约功能也停止了。猜想可能是里面的电池没电了，察看说明书，果然如此。但说明书提示：锂电池不可更换，如需更换，与附近的特约维修点联系。这反倒激起我DIY的兴趣。将电饭煲的底朝上，卸掉固定的4颗螺丝后，用小的一字螺丝刀顶住缝中的倒钩，小心地将底盖取下。察看内部有3块线路板(见图1)，但未看到电池。

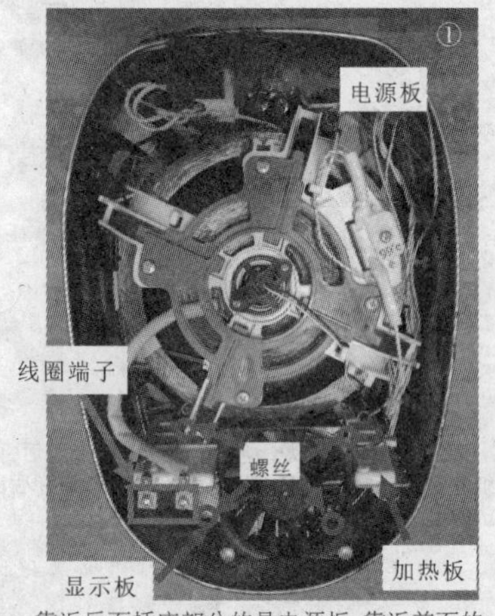

靠近后面插座部分的是电源板；靠近前面的一块，带着散热器风扇，旁边接着环绕锅胆的线圈，且垂直固定的是加热板；紧贴着按键，水平放置的是显示板(电脑控制板)。理论上讲，电池是在显示板上。

拆卸显示板有点难度，必须先拆掉上面的加热板。首先，把加热线圈的接线端从线路板上拆下，防止移动线路板时损坏线圈接线端。拆掉固定显示板的2颗螺丝，小心地拔掉显示板上的扁平电缆，把线路板移开后，再拆掉另2颗螺丝，把线路板翻过来露出正面，果然看到了锂电池(型号是CR2450)，如图2所示。令人惊奇的是，电池是直接焊在线路板上的，难怪更换电池需要联系特约维修点。

因为带焊盘的纽扣电池不易买到，决定买个电池座和纽扣电池，用引线把电池座连接后，将电池座安装到显示板附近的"空旷"部位，以便于电池的再次更换。

买齐材料后开始行动。取一根坏掉的USB充电线作为引线，截取合适的长度。内部一共4根线，两两并联(见图3)，作为电池座的正、负极线，保证可靠接触，并且屏蔽网还增加线的韧性。先把引线焊接在电池座的引脚上，再用热熔胶固定和绝缘，见图4。最后，把另一端焊接在显示线路板上，也用热熔胶固定，见图5。

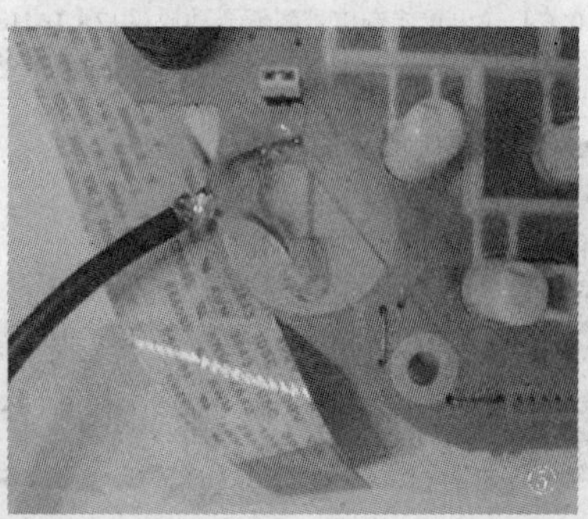

复原显示板和加热板，显示板安装时要从外侧操作面板上的按钮，来确定每个按钮都在正确的位置上。把引出线在某个地方稍加固定，只要便于下一次装卸电池即可。将底盖盖好后，重新插上电源，设置好时间，功能全部恢复正常，故障排除。

◇江苏 王东

奥普燃气灶频繁断火故障诊断和处理方法

燃气灶是家用电器中使用最为频繁的一种厨用设备，时间久了难免会出现各种各样的故障。

一款2012年使用至今的奥普JZT-A家用双头燃气灶，最近2个炉盘频繁出现打着火后，而点火脉冲仍在不停地打火，随即出现自动熄灭的保护性关机故障。故障出现时，用手拍一下台面或用手扇一下火苗，点火脉冲就会停止，就能保持燃烧，但不久就会熄灭，无任何规律。

因为炉具在设计时，为了达到用户使用的安全性，都设计有断电熄火、断气熄火、火焰熄应熄火等保护功能，以防止燃气泄漏后出现爆炸、中毒等安全事故。此类燃气灶点火成功后，火焰对热电偶加热，热电偶产生电动势，通过控制电路控制电磁阀保持打开状态。如果热电偶接触不良或电动势减弱，在一次打火结束后，电磁阀就会默认没有着火而自动关闭，从而产生熄火故障。

拆开炉面检查，发现炉盘下面的热电偶(感应器)接线有烧硬的裂口，剪掉一节后重插，结果用了不到2天就又出现同样故障，说明故障是因热电偶异常所致。在没有配件的情况下，用斜口钳剪掉热电偶上部的瓷套，将金属柱露出来(见图1)，增大其对火焰的接触效应，结果问题得到了解决。而另外一个把瓷套都剪掉也不管用。按照说明书，测量了热电偶的长度和直径等数据后，就网购了不带线的和带线的两种规格的热电偶(见图2、图3)。收到货后，用不带线的进行更换，结果一插上去，点火就恢复正常，最小火苗也不会熄灭了，厨房不再有那种"啪啪啪"不停打火声(见图4)，故障排除。

【注意】安装时，要让热电偶上部瓷台部分的圆切面向炉芯位置，使热电偶尽量靠近火焰，有利用提高热效应和燃烧的可靠性。

◇山西 杜旭良

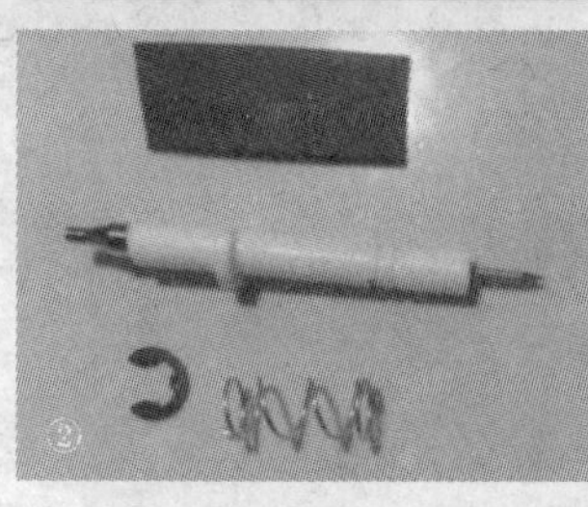

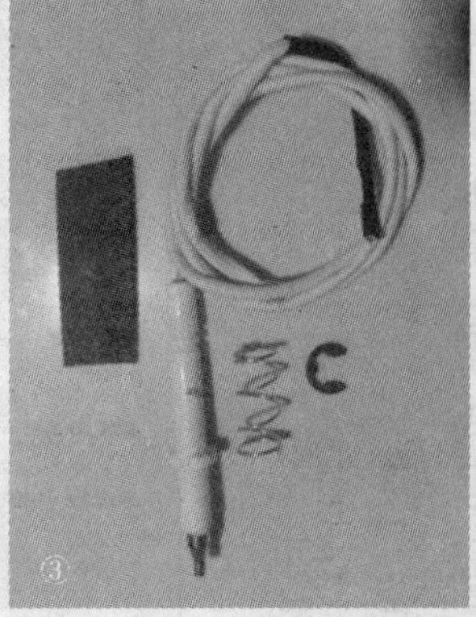

万利达MC-2182型电磁炉显示E3故障维修1例

故障现象：万利达MC-2182电磁炉加热过程中停止加热，显示故障代码E3。

分析与检修：显示故障代码E3，说明该机进入IGBT管超温保护状态。用户介绍该故障经常发生，休息一会就可以工作。据此，分析电路有元件性能差、引脚脱焊或散热系统异常。电磁炉运行后端起电磁炉，用手电照了一下炉子底部的风扇，发现风扇有气无力地转着，说明散热系统异常。拆开机器察看，发现机内有大量的油污等杂物。清理后，转动风扇有明显阻力。拆开风扇底的胶塞，喷入WD-40汽车润滑油后转动灵活，本以为大功告成了。哪知试机时，故障再次出现，说明故障没有根除。经仔细检查，发现温度检测电路的抗干扰电容C4(见附图)的引脚脱焊，补焊后，将机器设置在最大功率运行2小时，一切正常，故障排除。

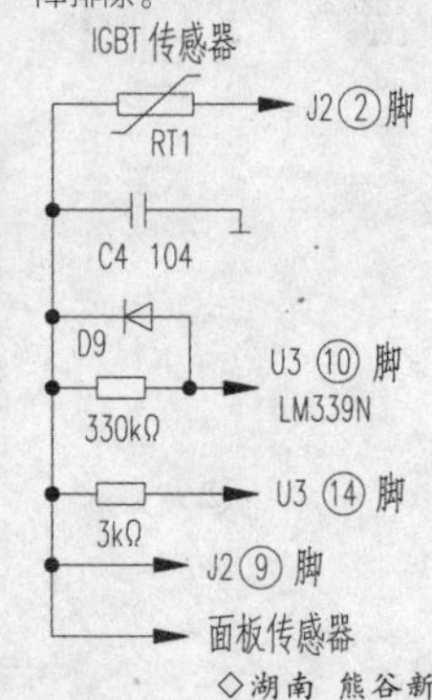

◇湖南 熊谷新

如何驯服企业通信服务

通信能力对于各地组织的成功至关重要。语音，电子邮件，短信，多媒体消息，文件共享，流媒体视频，会议，协作等等—没有它们就无法开展业务。但随着话务量和使用中的通信服务数量不断增加，IT和运营挑战也在不断增加。

通信服务历来由宽带固定电话和无线运营商提供，并且当然仍可广泛提供，这些运营商寻求增值收入以抵消其“大管道”核心业务的商品性质。

但是，还有许多第三方解决方案供应商，私有实施和统一通信(UC)产品和服务功能。此外，越来越多的基于云的服务—其中许多通常直接针对消费者最终用户而非组织—正在看到重要的组织应用，不幸的是经常通过后门或影子IT路线。

这种强大的替代方案创造了一个既庞大又复杂的组织通信服务格局，其中必须解决与成本，可靠性，互操作性，合规性，管理可见性和安全性相关的挑战。

如何建立沟通战略框架

整体组织成功与否则之间的差异有何不同?差异化元素通常是多模式，高可用性通信功能的战略应用。

但是现在有这么多员工正在远程工作或以其他方式移动，并且BYOD((bring your own device：自带设备)在提供通信设备和服务方面成为一个非常重要的因素，因此了解需求，选项和解决方案策略至关重要在任何特定情况下都能产生最佳效果。这里有两个关键要素，如下：

·模式——当代通信需求远远超出简单语音(主要是电话)，电子邮件和短信，数据共享，协作以及越来越多的基于云的服务。重要的是要确保所有交互模型—一对一(呼叫和消息)，一对多(例如，演示和流视频)和多对多(会议和协作)—都可用，并且适当支持。

·时间元素——支持暂时解耦的通信也很重要，这意味着在给定的传输过程中接收器不需要存在(想想语音邮件，电子邮件和短信)。但是，在这种情况下，关键要素是消息的存储和存档位置和方式，以及始终的安全要求。

这些要点导致每个组织必须考虑的一些关键考虑因素，如下所示：

·政策——组织范围内的书面通信政策至关重要，它应包括允许通信流量的定义(例如，可以合法接收组织通信的实体；可接受的使用政策也可能在此处服务)，设施，监控和执行机制，支持能力，所需记录(通常仅包括交易，但有时也包括内容)以及保留机制和持续时间，所有这些通常受特定监管和合规要求的影响甚至决定。

·功能需求和服务集——包括所需功能和特定实现的定义，无论是集成还是由电子邮件和消息传递等不同的单独服务组成。IT组织应该在这里定义和运营方面起带头作用。

·安全性和完整性—— IT中很少有人担心数据和IT基础架构的安全性和完整性，包括网络，服务器，云服务等。然而，许多用户甚至没有模糊地意识到，如果不采取额外措施，电子邮件和短信就完全不安全，而且经验表明，未受过教育的用户通常不会考虑权宜而不是安全性。虽然本地安全策略列举了具体要求，但建立安全文化是建立和维护成功通信能力的必要先决条件。

·成本控制——作为最终用户，特别是那些国际旅行的用户，如果留在自己的设备上，确实可以在运营商网络上运行大额账单，在一个人的BYOD政策中解决通信成本以及与服务提供商达成协议至关重要在组织中使用并使用，而不是(仅仅)BYOD级别。

·管理可见性——不幸的是，这是我们的模型变得棘手的地方。虽然很容易获得对组织直接购买或以其他方式运营的服务的充分可见性，同样容易限制通过BYOD产生的成本，但主要的挑战是检测和减少未经授权的通信，这是对生产和安全通信的最大挑战。不幸的是，Web上任何人都可以使用各种各样的通信功能，这意味着政策和相关强化是目前减轻这一挑战的唯一选择。

企业通信选项，问题和注意事项

如上所述，构建适当的通信解决方案集可能非常复杂。这里有两套关键的战略选择，如下：

·运营商与over-the-top (OTT)服务——特别是由于移动手机和BYOD的广泛采用，运营商语音和消息(SMS / EMS / MMS)服务是许多人的默认和基本主要通信工具并非大多数用户，运营商网关能够在其他不同的网络上实现至少部分互通。然而，这里的消息再次超出了组织的控制范围，因此总是存在许多可靠性和安全性挑战。当然，对于可用于语音、数据共享、消息传递甚至协作的越来越多的基于Web的OTT解决方案，包括Whatsapp，Signal，Facetime，Slack等流行服务，也可以这样做。因此，组织限制内部通信允许的产品和/或服务的数量非常重要。与此同时，必须考虑将OTT通信服务纳入内部管理的价值。

·组织与消费者解决方案——另一方面，鉴于大量具有成本效益(许多甚至是免费的)最终用户/以消费者为中心的服务，许多组织，尤其是那些不受行业特定监管的组织，可能会选择基本上将通信外包给(通过IT批准)选择服务组。与往常一样，在选择此路线之前，应仔细评估安全要求。

上述决定还有三个额外的考虑因素如下：

·支持的设备范围——与企业移动性管理的情况一样，为了限制运营和支持成本，可能需要限制IT支持的移动设备/操作系统版本和修订的组合以进行内部通信。另一方面，使用第三方产品和服务可以将这一挑战转移到供应商的板块上。

·最终用户首选项——由于必须学习使用其他新产品或服务，因此无论选择哪种解决方案集，都会期望从用户群的一部分进行回退。内部的教育、培训和市场营销计划同样始终是成功的关键。无论如何，任何通信解决方案的易用性(以及易于支持性)始终是一个至关重要的问题。

·与传统解决方案的集成/过渡——现有解决方案仍应得到支持的程度也是一个重要的考虑因素。例如，迁移到内部VoIP解决方案仍然需要桥接到公共交换电话网(PSTN)，即使许多PSTN服务被更现代和有益的技术以及基于VoIP的通信中固有的最终用户可见功能所取代。

使企业通信易于管理

如上所述，与组织目标和IT功能相结合的组织范围的通信策略是第一步，就像BYOD和安全性一样。解决方案必须与此政策一致，并且没有例外。

一旦通信策略到位，就可以组合解决方案集并与我们上面介绍的一般框架保持一致。一般而言，此处的流程将遵循通常应用于所有IT服务的流程，包括需求分析，服务集定义，候选产品和服务的长短列表(以及越来越少的新内部开发)和体验分析并通过alpha和beta测试进行评估。解决方案的推出必须伴随着高意识、教育、支持和监督自由增长，以便在政策和解决方案方面实现管理可见性。IT必须再次强调仅使用经批准的渠道和设施以及避免难以监控的带外解决方案(包括社交媒体)的重要性。

总体而言，我们预计运营商在通信解决方案中所扮演的角色会随着时间的推移而下降，有利于基于Web和云的OTT解决方案。这是一个非常漫长的过渡，可以肯定，并且基本上将通信服务重新设置为运行在商品运输管道上的设施，而不是直接从运营商那里获得增值。一些运营商很可能会提供他们自己的竞争性OTT通信服务，但我们认为由于这种转变导致的业务计划中断，这种情况很少见。但是，无论如何都会发生中断—我们甚至可以预见到新的无线手机购买者只购买宽带计划的那一天，没有语音或消息服务，这些服务今天与设备捆绑在一起毫无例外。从“大管道”中解耦服务也将有助于促进跨运营商，跨设备和跨操作系统冲突的终结，这些冲突在当今的通信服务中仍然是一个不幸的因素。

因此，未来将是一个三站式购物世界：设备，宽带无线连接(无线广域网和Wi-Fi)以及实施各种可能的替代方案和集成水平的增值通信解决方案。我们还应该注意到，这里最重要的方向是高度集成的移动统一通信(MUC)服务，它有可能在单一产品/服务和管理保护伞下统一所有必需的通信功能。

但是，目前我们概述的框架可以帮助企业为即将到来的IT，网络和电信的最终合并并做好准备，并帮助促进向组织过渡到更易于管理，更具成本效益和更具生产力的未来整体沟通。

◇湖北 朱少华 编译

网络分析和人工智能：如何选择最适合您的采用策略的解决方案

将人工智能和高级分析集成到您的网络流程和操作中似乎是一项艰巨的任务。Mina Paik提供三种指导方针，用于选择最符合贵公司独特要求的解决方案。

人工智能(AI)无疑是许多行业和垂直领域的一个热门话题，一位分析师甚至指出“它将赋予第四次工业革命。”在电信领域，人工智能与分析一起使用，现在为智能和“自我感知”数字网络提供动力(Ciena和Blue Planet称之为“自适应网络”)。虽然围绕AI驱动的分析主题进行了大量的讨论和撰写，但我们的蓝色星球解决方案和工程副总裁Kailem Anderson在他最近的一篇博客文章中提到了一个非常重要的观点 - 即“AI”这一术语“必须避免成为陈词滥调。

Kailem指出，服务提供商可以理解为 “将复杂的网络控制权交给机器”，但有明显的机会。此外，他指出，提出明确的采用策略是获得相关技术的全部好处的最重要的第一步。那么这个策略应该是什么样的呢?

首先，必须从实际角度定义AI真正意味着什么，并思考如何使用它来解决实际业务问题。其次，必须了解短期内最大利益和投资回报率的位置，并采取初始部署步骤。第三，制定计划从那里扩展，因为人们可以获得更多关于网络“自己运行”的经验，知识和信心。

1.了解AI及其对您的业务意味着什么：

正如Kailem所提到的，人工智能实际上更关注其目标，而不是其精确的技术定义。一般来说，AI与分析相结合的主要目标是让“机器”能够感知周围发生的事情，“思考”情况，做出决策 - 基本上像人类一样表现，但是以“超人”的速度和规模。

AI提供的值可以通过增加收入，提高净推荐分数和节省成本等方面来衡量。那么，受益于超人能力的服务提供商业务和网络运营的具体领域是什么?幸运的是，已经有大量信息指向了这些领域。

例如，Ovum1最近的一份分析报告指出，分析和人工智能不仅仅是“有钱人”，而是数字市场中的“必备品”，大数据对于实现有效运营的洞察力至关重要。。它还描述了如何管理当今的混合网络环境需要整合来自所有数据源(包括物理和虚拟)的数据，以及这些数据集的交叉分析如何帮助快速识别问题，以便运营商能够有效地响应它们。尽管业务和网络方案可能因提供商而异，但这些报告可以帮助服务提供商快速启动各自的评估.

此外，许多软件和硬件供应商已经发布了基于AI的网络分析解决方案；但是，在选择供应商帮助您澄清AI对您的特定业务的确切作用时，谨慎考虑以下问题：

·供应商是否真正了解服务提供商网络及其多个部分，这是您运营业务和运输服务的核心媒介?

·他们在软件本身有多少经验和/或可信度? 在分析和人工智能方面如何?这些技术将成为推动智能的“大脑”?

·鉴于项目的重要性和潜在的风险(新技术，新应用)，供应商是否有能力和资源在整个项目生命周期中支持您?

2.预测有形的商业价值和利益

作为服务提供商，您准备采用新技术可能取决于多种因素，其中一个因素是所需的财务投资。这就更有理由让一些提供商在冒险进入更广阔的领域之前开始变得更有意义(特别是那些经历过对AI这个术语感到忧虑的人，如前所述)。但无论项目有多大或多小，计算其投资回报的能力都至关重要。因此，重要的是要问这些问题：

·供应商/解决方案是否为您提供了采用受控，可管理和分阶段部署方法的能力和灵活性?

·他们是否提供金融建模服务，以确保您在此过程中做出明智的投资决策?

·他们是否可以提供任何ROI示例和/或模型，或者让当前客户成功地从他们的解决方案和/或特定于分析和AI的服务中受益?

3.除了初始部署之外，随着业务需求的发展，扩展到新的领域

我们都知道，对网络进行更改是一个漫长的过程，涉及集成，测试和协作工作的多个阶段。当采用像AI这样的技术时，初始过程可能会感觉更加密集和繁琐，因为这是一个随着时间的推移旨在为您的网络提供增强的能力来制定决策并自行采取行动的项目。在其作用时，谨慎考虑以下问题：然而，重要的是要记住，这里的真正目标不是建立一个完全自治的网络，而是一个智能，自动化和自适应的网络，AI和机器学习应用于提供最大价值的领域，同时赋予人类随时完全控制的能力。考虑到这一点，一旦初始项目成功部署并实现了收益，自然的下一步就是扩大其应用，以获得进一步的收益。有鉴于此，应考虑以下问题：

·该解决方案是否为扩展提供了坚实的基础，是否具有足够的灵活性，能够在不显著中断的情况下发展和适应不断变化的业务优先级?

·供应商/解决方案是否能让我获得深厚的知识和专业知识，以便我可以编程自己的网络并控制其转型?

·我是否需要在何时何地需要技术和专家资源?

虽然这些要点是一般性指导原则，但它们旨在帮助您开始迈向数字化转型和自适应网络，这将有助于在未来几十年内塑造您的业务增长。

◇湖北 朱少华 编译

由双LT3094构建超低噪声LDO电源

虽然LDO稳压器通常是任何给定系统中成本最低的元件之一，但从成本/效益角度来说，它往往是最有价值的元件之一。线性稳压器集成电路(IC)将电压从较高电平降至较低电平，且无需电感。低压差(LDO)线性稳压器是一种特殊类型的线性稳压器，其压差(需要保持稳压的输入和输出电压之间的差值)通常低于400 mV。早期的线性稳压器设计提供大约1.3 V的压差，这意味着对于5 V的输入电压，器件进行调节可实现的最大输出仅为3.7 V左右。然而，在当今更复杂的设计技术和晶圆制造工艺条件下，"低"大致定义为<100mV到300mV左右。

此外，虽然LDO稳压器通常是任何给定系统中成本最低的元件之一，但从成本/效益角度来说，它往往是最有价值的元件之一。除了输出电压调节之外，LDO稳压器的另一个关键任务是保护昂贵的后端负载免受恶劣环境条件的影响，例如电压瞬变、电源噪声、反向电压、电流浪涌等。简而言之，其设计必须坚固耐用，包括所有的保护功能，以抑制在保护负载的同时由环境带来的性能影响。许多低成本的LDO线性稳压器因没有必要的保护功能而失效，不仅会对稳压器本身造成损害，而且还会损坏后端负载。

一、LDO稳压器与其他稳压器的比较

低压降电压转换和调节可以通过各种方法来实现。

开关稳压器可在很宽的电压范围内高效工作，但需要外部元件(如电感和电容)才能工作，因此占用的电路板面积相对较大。无电感电荷泵(或开关电容电压转换器)也可用来实现更低的电压转换，并且通常工作效率更高(取决于转换区域)，但输出电流能力受限，瞬态性能较差，并且与线性稳压器相比，需要更多的外部元件。

新一代高电流、低电压的快速数字IC（如FPGA、DSP、CPU、GPU和ASIC）对内核和I/O通道供电电源提出了更严格的要求。过去，由于电荷泵不能提供足够的输出电流和瞬态响应，因此这些器件一直采用高效的开关稳压器供电。但是，开关稳压器存在潜在的噪声干扰问题，有时它们的瞬态响应较慢，并且布局受限。

因此，在这些应用以及其他低压系统中，可采用LDO稳压器代替。得益于近来的产品创新和功能增强，LDO稳压器具有更受欢迎的一些性能优势。

此外，当涉及对噪声敏感的模拟/射频应用(常见于测试和测量系统中，其机器或设备的测量精度需要比被测实体高几个数量级）时，相对于开关稳压器，LDO稳压器通常是首选。低噪声LDO稳压器为各种模拟/射频设计供电，包括频率合成器(PLL/VCO)、射频混频器和调制器、高分辨率的高速数据转换器以及精密传感器。然而，这些应用的灵敏度已经达到了传统低噪声LDO稳压器的测试极限。例如，在许多高端VCO中，电源噪声直接影响VCO输出相位噪声(抖动)。此外，为了满足整体系统效率的要求，LDO稳压器通常用于对噪声相对较高的开关转换器的输出进行后级调节，因此LDO的高频电源纹波抑制（PSRR）性能变得至关重要。再者，与业界标准的开关稳压器相比，LDO稳压器的噪声水平可降低两到三个数量级，从mV (rms)范围降至几个μV (rms)范围。

二、LDO设计挑战

一些集成电路，如运算放大器、仪表放大器和数字转换器(如数模转换器(DAC)和模数转换器(ADC))，均称为双极性，因为它们需要两个输入电源供电：一个正电源和一个负电源。正供电轨通常由正基准电压供电，或者是由更好的线性或低压差稳压器供电。负供电轨传统上由负开关稳压器或逆变器供电。但是，基于电感的开关稳压器很容易将噪声引入系统。随着负输出稳压器的出现，负输出LDO稳压器用于负系统轨供电更具优势，它可以充分利用LDO稳压器的所有特性(无电感、低噪声、更高PSRR、快速瞬态响应和多重保护)。较旧的老式LDO稳压器PSRR和噪声性能要差很多，虽然仍然可以使用它们创建这类低噪声电源，但却需要大量额外的元件、电路板空间，并花费大量的设计时间才能将系统整合在一起。这些额外的元件也会依其特性(如寄生电阻等)对功率预算产生负面影响。

客户使用运算放大器、ADC或其他信号链元件还将面临另一个系统性能的难题：这些IC的电源抑制能力有限，更糟糕的是，高频时的电源抑制能力可能会显著降低。在过去，这意味着需要在电路板上使用额外的滤波元件，但这会增加解决方案的尺寸。此外，如果设计人员试图获得更高的精度，一旦稳压器电源噪声过高，则可能产生更多麻烦，这会导致测量场景出现不希望的变化。

许多业界标准的线性稳压器采用单电压供电执行低压差工作，但大多数无法同时实现低输出噪声，极低电压转换、宽范围输入/输出电压以及广泛的保护功能。PMOS LDO稳压器可实现压降并在单电源下运行，但在低输入电压下受到传输晶体管VGS特性的限制，并且它们不具备高性能稳压器所提供的许多保护功能。基于NMOS的器件可提供快速瞬态响应，但它们需要两个偏置电源为器件供电。NPN稳压器可提供宽输入和输出电压范围，但它们需要两个电源或具有更高的压差。相比之下，通过适当的设计架构，PNP稳压器可实现低压差、高输入电压、低噪声、高PSRR以及极低的电压转换，具有多重保护功能，并且只需单电源轨。

为了获得最佳的整体效率，许多高性能模拟和射频电路采用LDO稳压器对开关转换器的输出进行后级调节来供电。这需要在LDO稳压器在输入至输出电压差很小时具有高PSRR和低输出电压噪声。具有高PSRR的LDO稳压器可以轻松过滤和抑制来自开关稳压器的输出噪声，而无需体积庞大的滤波元件。此外，器件在宽带宽范围内的低输出电压噪声对当今的供电轨很有好处，因为噪声灵敏度是其中的关键考虑因素。高电流时的低输出电压噪声显然是必备规格要求。

三、新型超低噪声、超高PSRR LDO稳压器

针对特定需求，ADI公司推出了超高PSRR、超低噪声正输出LDO稳压器LT304x系列。最新成员是一款超低噪声、超高PSRR的500 mA低压差负线性稳压器LT3094。该器件是常用的500 mA LT3045(LT3042为200 mA)的负输出版本。LT3094的独特设计使其在10 kHz时具有仅2 nV/√Hz的超低点噪声，在10 Hz至100 kHz宽带宽范围内具有0.85μV rms的集成输出噪声。其PSRR性能非常出色：接近4 kHz时的低频PSRR超过100 dB，2 MHz时的高频PSRR超过70 dB，可以消除噪声或高纹波输入电源。LT3094采用特殊的LDO架构：精密电流源基准后面接着高性能的单位增益缓冲器，可实现几乎恒定的带宽、噪声PSRR和负载调整性能，不受输出电压影响。此外，该架构允许多个LT3094并联，以进一步降低噪声，增加输出电流，并可在印刷电路板上散热。

LT3094在满负载时以230 mV压差提供高达500 mA的输出电流，可在-2 V至-20 V的宽输入电压范围内工作。输出电压范围为0 V至-19.5 V，输出电压误差精度高，线路、负载和温度范围内的精度为±2%。该器件具有宽输入和输出电压范围、高带宽、高PSRR和超低噪声性能，非常适合为多种应用供电，包括：噪声敏感应用(如PLL、VCO、混频器和LNA)；非常低噪声的仪器仪表，如测试和测量以及高速/高精度数据转换器；医疗应用，如成像和诊断以及精密电源；以及用于开关电源的后级调节器。

LT3094采用小尺寸、低成本的10μF陶瓷输出电容工作，可优化稳定性和瞬态响应。利用单个电阻器可编程外部精密电流限值(±10%过温)。该器件的VIOC引脚可控制前端稳压器，以最大限度地降低功耗并优化PSRR。单个SET引脚电容可降低输出噪声，并提供基准软启动功能，防止输出电压在开启时过冲。此外，该器件的内部保护电路还包括具有折返功能的内部限流和带迟滞的热过载。其他功能包括快速启动功能(如果使用的SET引脚电容值较大，则非常有用)和电源良好标志(业界首款具有此功能的负输出LDO稳压器)，具有可编程阈值，用于指示输出电压调节。

LT3094采用耐热增强型12引脚、3 mm×3 mm DFN和MSOP封装，尺寸紧凑。E级和I级版本的工作结温范围为-40℃至+125℃，有现货供应。

LT3094需要一个输出电容才能保持稳定性(典型应用电路见图1、图2、图3是在应用中的特征曲线)。鉴于其高带宽，建议使用低ESR和ESL的陶瓷电容。为达到稳定性，要求输出电容最小值为10μF，ESR小于30mΩ，ESL小于1.5 nH。由于使用单个10μF陶瓷输出电容可获得高PSRR、低噪声性能，而较大的输出电容值仅仅略微提高了性能，因为稳压器带宽随着输出电容的增加而降低，因此，使用比最小输出电容值10μF更大的输出电容并不会获得多大的收益。尽管如此，较大的输出电容值确实会降低负载瞬变期间的峰值输出偏差。

四、器件并联的好处

多个LT3094可获得更高的输出电流。将所有SET引脚和所有IN引脚并在一起。使用小尺寸的PCB走线(用作镇流电阻）将OUT引脚连接在一起，以均衡LT3094中的电流。也可以将两个以上的LT3094进行并联，实现更高的输出电流和更低的输出噪声。输出噪声的降低与并联器件数的平方根成比例。并联多个LT3094对于在PCB上散热也很有用。对于具有高输入至输出电压差的应用，也可以使用一个输入串联电阻或与LT3094并联的电阻进行散热。图4所示为并联电路实现方案。

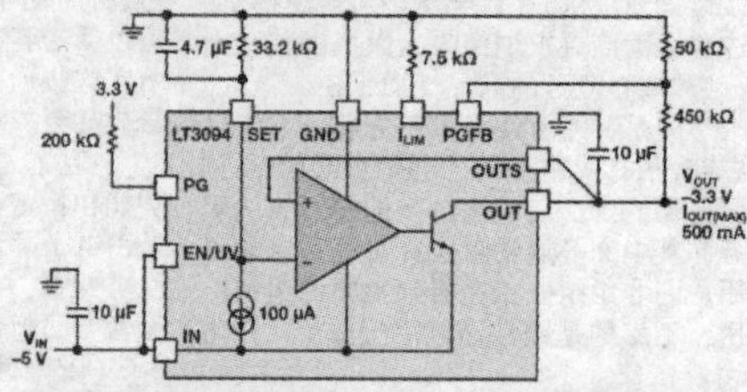

图1.LT3094的典型应用原理图和特性。

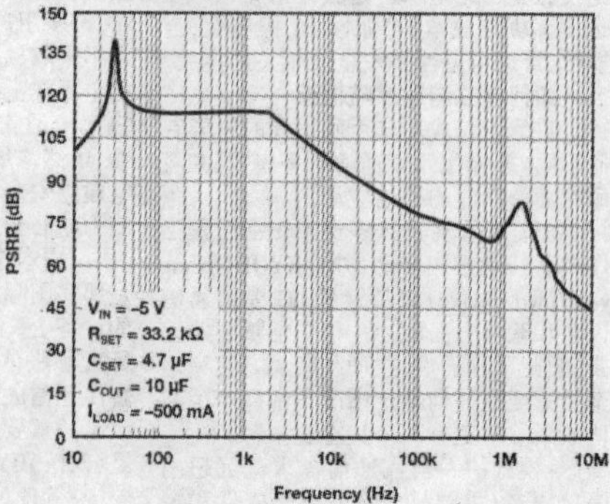

图2.LT3094 PSRR性能。

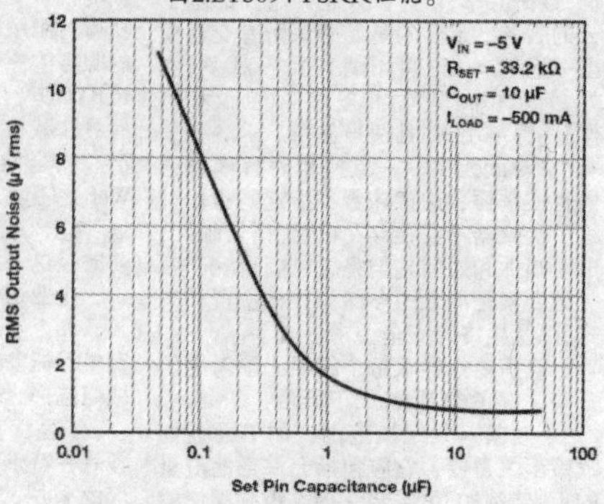

图3.LT3094输出噪声性能。

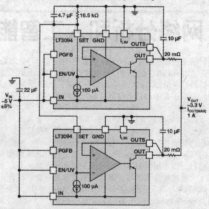

图4.LT3094并联工作。

结论

正输出200 mA LT3042、500 mA LT3045以及现在的新型互补的负输出500 mA 的LT3094 LDO具有突破性的噪声和PSRR性能。这些特性结合其宽电压范围、低压差、广泛的保护功能/鲁棒性和易用性，使它们非常适合在测试和测量或医学成像系统中为噪声敏感的双极正/负轨供电。借助基于电流基准的架构，它们的噪声和PSRR性能不受输出电压的影响。此外，多个器件可以直接并联，以进一步降低输出噪声，增加输出电流，并可在PCB上散热。LT3042、LT3045和LT3094可在节省时间和成本的同时提高应用的性能。

◇山东 王明满

传感器系列4：霍尔传感器及应用电路

磁敏传感器是对磁场参量敏感的元器件或装置，能感知磁性物体的存在或者磁性强度，并把磁学物理量转换为电信号。磁敏传感器主要包括霍尔传感器、磁阻传感器、磁敏二极管及磁敏三极管等，其中霍尔传感器应用最广泛。

一、霍尔传感器基础知识

(一)霍尔效应和霍尔元件

在半导体薄片左右两端通以电流I，并在半导体正面垂直方向加上磁感应强度为B的磁场，在半导体上下两端的侧面会产生一个电势，称为霍尔电势U_H。这种物理现象称为霍尔效应。U_H的大小可用$U_H=R_HIB/d$表示，式中R_H为霍尔系数，d为基片厚度。U_H的大小与电流I和磁感应强度B成正比。当I为恒定值时，U_H的大小仅与B的大小有关，这可用来测量磁感应强度B。

霍尔元件是根据霍尔效应制成的磁电转换元件，常用锗、硅、砷化镓、砷化铟及锑化铟等半导体材料制成。用锑化铟制成的霍尔元件灵敏度最高，应用较广泛，但受温度影响较大。

霍尔元件由霍尔片、四根引线和壳体组成。霍尔片是一块矩形半导体单晶薄片，引出四根引线：1和1′两根引线加激励电压或电流，称激励电极(控制电极)，通常用红色线；2和2′两根引线为霍尔输出引线，称霍尔电极，通常用绿色或黄色线。壳体用非导磁金属、陶瓷或环氧树脂封装。霍尔元件在电路中的图形符号如图1所示。

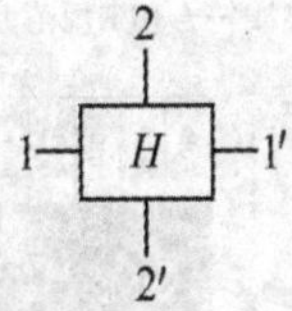

图1　霍尔元件图形符号

(二)霍尔集成传感器

利用集成电路技术，将霍尔元件、放大器、温度补偿电路、稳压电源及输出电路等集成于一块芯片上，构成霍尔集成传感器，也称为霍尔集成电路。霍尔IC具有体积小、功耗低、灵敏度高、温度特性好、对电源稳定性要求低、可靠性高、输出幅度大及负载能力强等特点。按其输出信号的形式，可分为开关型和线性型两种。

1.开关型霍尔IC

开关型霍尔IC输出的是数字信号，具有无触点磨损、无火花干扰、无转换抖动、使用寿命长、工作频率高、能适应恶劣环境等优点。

图2为开关型霍尔IC的结构框图，它主要由稳压电路、霍尔元件、放大器、整形电路、开路输出五部分组成。稳压电路可放宽电源电压范围，开路输出能与各种逻辑电路接口。

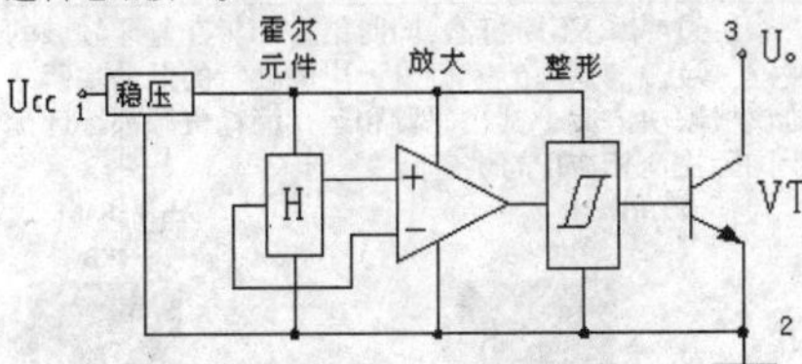

图2　开关型霍尔IC内部结构框图

霍尔元件输出的电压经放大器放大后，送至施密特整形电路。当放大后的霍尔电压大于“开启”阈值时，施密特电路翻转，输出高电平，使三极管VT导通，电路处于开状态。当放大后的霍尔电压小于“关闭”阈值时，施密特电路输出低电平，使VT截止，电路处于关状态。

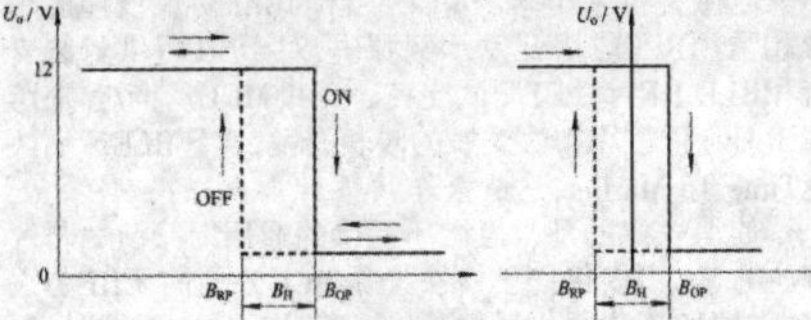

图3　开关型霍尔IC的工作特性

开关型霍尔IC的工作特性如图3左图所示，B_{OP}为工作点“开”的磁场强度，当B高于B_{OP}时，输出电平由高变低，传感器处于开状态。B_{RP}为释放点“关”的磁场强度，当B低于B_{RP}时，输出电平由低变高，传感器处于关状态。B_{OP}与B_{RP}之差为磁滞B_H，避免了电路转换抖动、开关乒乓动作。

还有一种“锁定型”开关霍尔IC，其工作特性如图3右图所示。当外加磁场强度超过B_{OP}时，输出导通。当磁场撤掉后，输出状态保持不变，必须施加反向磁场并超过B_{RP}，才能使其关断。

2.线性型霍尔IC

线性型霍尔IC的输出为模拟电压信号，与外加磁场呈线性关系。按输出形式，可分为单端输出型和双端输出型两种。

单端输出型线性霍尔IC的框图及外形如图4所示，常用型号是UGN-3501T，为塑料扁平封装的三端元件。磁感应强度在(-0.15~+0.15)T的区间内，线性霍尔IC具有较好的线性，在此区间外呈饱和状态。

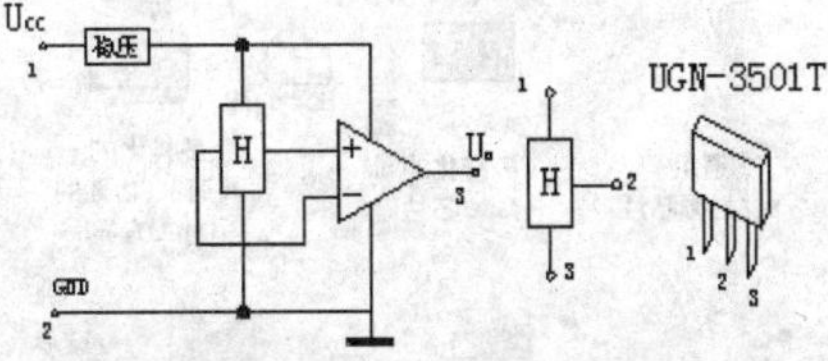

图4　单端输出型霍尔IC框图及外型图

双端输出型线性霍尔IC的框图如图5所示。常用型号是UGN-3501M。它采用8脚双列直插封装，其中1、8两脚为差动输出，2脚悬空，3脚接电源，4脚接地。5、6、7三脚之间外接电位器，主要用于对不等位电势进行补偿，还可以改善线性，但灵敏度有所降低。若允许有不等位电势输出，则该电位器可以不接。

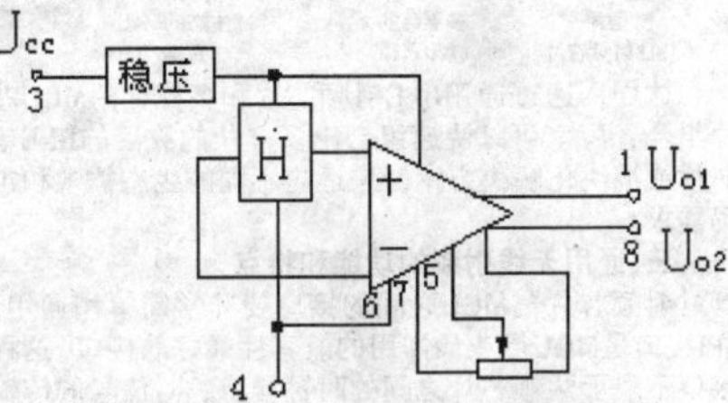

图5　双端输出型线性霍尔IC框图

UGN-3501M输出与磁感应强度的关系如图6所示。由图可知：当5、6、7三脚之间外接电位器R的电阻恒定(R=0,15,100Ω)时，磁感应强度越大，霍尔输出电压越大。当磁感应强度恒定时，R的阻值越大，霍尔输出电压越低，但其线性度越好。UGN-3501M的1、8两脚输出的极性与磁场方向有关，当磁场的方向相反时，其输出极性也相反。

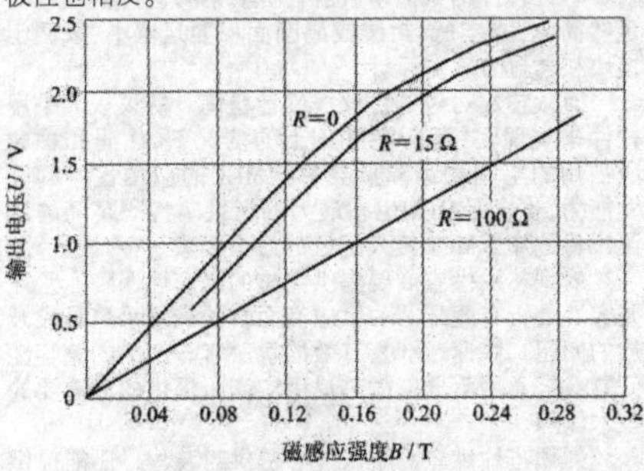

图6　UGN-3501M输出与磁感应强度的关系

二、霍尔传感器应用实例

(一)霍尔计数装置

开关型霍尔集成传感器SL3501具有较高的灵敏度，能感受到较小的磁场变化，可检测黑色金属零件。图7是计数黑色钢球的工作示意图，图8是原理图。

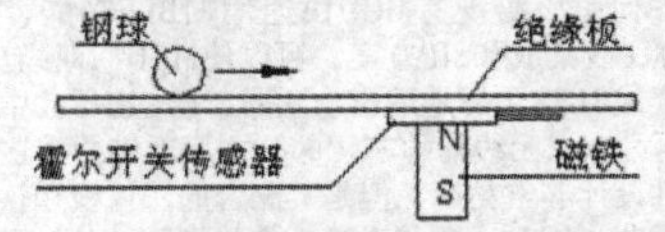

图7　霍尔计数装置工作示意图

当钢球通过霍尔传感器时，传感器可输出20mV的脉冲电压，该电压经运算放大器放大后，驱动三极管VT工作。VT输出端可接计数器，并由显示器显示检测数值。

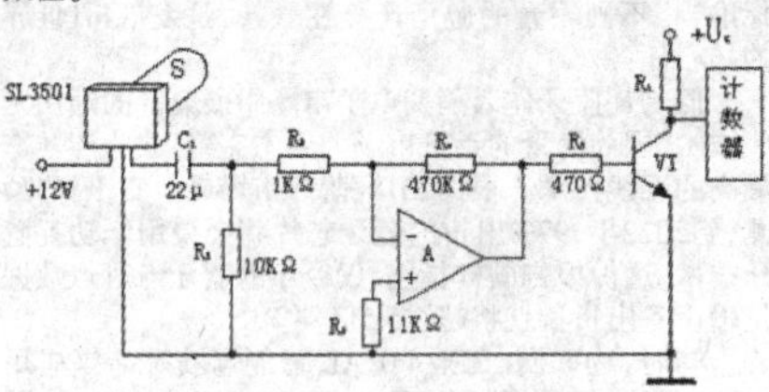

图8　霍尔计数装置原理图

(二)开门报警电路

图9是开门报警电路，使用时将磁铁装在门板上，TL3019霍尔IC装在门框上。

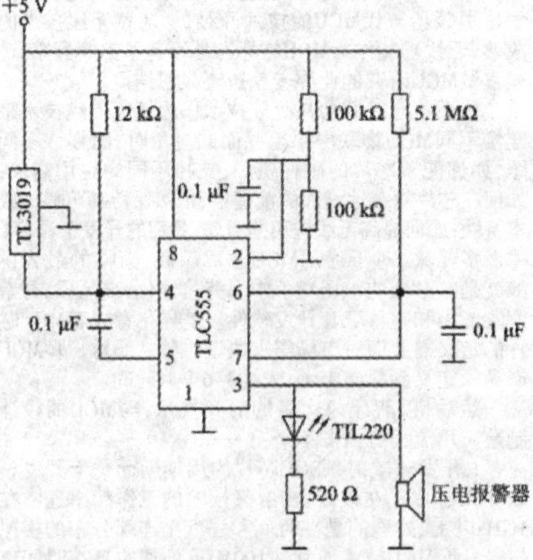

图9　开门报警器原理图

门关闭时TL3019输出低电平，门打开时TL3019输出高电平。此脉冲一路加到单稳态定时器TLC555的复位端4上，另一路经0.1μF电容延时后加到TLC555的控制端5上，启动定时器循环控制。输出端3使发光管TIL220发光、压电报警器发声，形成声、光报警。TLC555的引脚6和7接5.1MΩ电阻和1.0μF电容，决定TLC555的时间常数RC，即发出声、光的时间(约5秒)。

◇中国联通公司哈尔滨软件研究院　梁秋生
哈尔滨远东理工学院　解文军

仿生机器人视觉传感器简析(2)

(上接第17期8版)

2.CMOS

CMOS (Complementary Metal Oxide Semiconductor)即“互补金属氧化物半导体”。它是一种电压控制的放大器件，功耗比较低(约为CCD的三分之一)。

传统的CMOS传感器是将所有的逻辑运算单元和控制环都放在同一个硅芯片上，每个像素点都有一个单独的放大器进行转换输出，能够在短时间内处理大量数据。而CCD是上百万个像素感光后生成的上百万个电荷全部需经过放大器进行转变而形成电子信号，所有电荷由单一通道输出时，庞大的数据量易引发信号拥堵。

◇山东省招远一中新校　牟晓东　牟奕炫

给通用MCU芯片嫁接低功耗蓝牙功能

在当前的单片机中，很多较早的型号都不具备蓝牙模块功能，而新型的含蓝牙模块的单片机MCU，在目前的教材中的应用案例又很少，为此，在研究了一些资料后，给出本文中在普通单片机MCU上添加蓝牙功能，即可完美解决老型号单片机与新技术结合的特点。

一、单片机MCU具备蓝牙功能的必要性

曾经各自独立应用的无线技术开始万众一“芯”。在智能硬件嫁接的“互联网+”应用中，各种无线互联技术相互之间的竞争互有攻守，各成其就，不过时至今日，在碎片化的物联网市场“一家通吃”是一个不可完成的任务，“共存”成为一个可行的选择。通过通用无线标准，将不同平台的应用连接在一起，是发展IoT世界的核心任务。

低功耗蓝牙作为消费电子市场中最廉价的通用无线技术，因为海量的手机市场的生态完善，成为渗透率最高的无线技术。根据2018《蓝牙市场最新资讯》的预测，到2022年，97%出货的蓝牙芯片将会采用低功耗蓝牙技术。这份报告同样指出，仅今年的蓝牙点对点数据传输设备出货量就将超过5.5亿件。

同时，物联网、工业4.0、AI、智能驾驶等新兴应用对MCU提出了更多的要求，包括处理能力提升、数据采集速度与精度、通信协议接口、可靠性和稳定性等，相应地需要高性能、低功耗、高可靠性、超大容量Flash和RAM，支持多种网络接口、无线技术和OTA（空中升级），以及严格的功能安全和网络安全。这些新技术将引领新一代MCU的技术升级。“随着无线技术的成熟，无线功能作为MCU的标准外设迟早都要到来。”一直做MCU研究的业界专家唐晓泉总结说。

然而，当以低功耗蓝牙技术作为通用无线技术来连接不同MCU物联网平台并面向应用时，面临许多问题：如何配置芯片的硬件资源，支持不同的应用需求；如何在芯片复杂性增加的前提下，依然保持高可靠低成本特性；如何提高无线应用的可靠、易用的开发工具等。

多年来，对于通用MCU芯片厂商，面临的最大挑战就是在激烈的市场竞争中保持差异化，高品质，方案解决能力和完善配套开发软件。差异化意味着MCU芯片的定义需要面对市场需求快速收敛。通常一颗MCU产品从定义到面向市场，大约3~6个月时间。

然后，以蓝牙为代表的射频技术，与MCU的设计制造应用存在诸多不同：

1.开发一款射频SOC芯片的周期远远长于开发一款MCU芯片。在设计上，射频技术的工作频率通常在1GHz以上，处理的是在时间和强度上连续分布的模拟信号。而MCU技术通常在100MHz，处理的是在时间离散的“0”和“1”的逻辑信号。这两种芯片设计的数学物理模型和实现方法有巨大差异，需要完全不同的知识背景的设计人才，他们的工作经验，设计流程和思维方式也截然不同。通常一颗全新的射频芯片，在有5年以上设计经验的设计者的工作下，开发周期在2~5年左右。在生产制造上，射频芯片通常需要用到诸如片上电感，介质电容等射频技术特有的工艺流程。而MCU制造通常会用到诸如Flash工艺等。这两类制造工艺几乎不能完全复用，因而，在晶圆制造成本上是叠加的。同时，在芯片的封装，测试和品控标准上，射频芯片的设备造价和流程复杂度远高于MCU。

2.在芯片的应用开发上，射频芯片的开发者需要更多的射频经验来解决信号干扰，反馈和匹配等问题，所需要的调试仪器，如频谱分析仪，网络分析仪等，都是与MCU生态中的仪器不一样。MCU方案的调试，主要是解决功能问题，而射频方案的开发更多的工作是解决PCB上的信号完整性问题。因而对开发者提出更高的要求。

、 综上，MCU芯片和射频芯片，在开发技术，知识积累，应用开发上，设计周期上和流程上将会遇到极大的差异。这就是我们看到MCU公司的无线部门很难发展壮大的重要原因。这些问题，不仅仅在国际大牌MCU公司中存在，在国内的MCU公司，这一问题应该更加严重。

二、单片机与蓝牙的BLE射频跨越的桥梁

MCU产品的差异化意味着在碎片化的物联网市场，采用传统意义上的SOC（片上系统）设计，将射频电路和MCU集成在同一晶圆上，对于MCU公司来说是个巨大的负担，包括人员，设计环境，工艺制造，IP授权，研发管理等等。这些，对于面向碎片化市场的MCU公司，都是极不经济，也不现实的。如何让MCU用最快和最经济的方法装上无线功能，“插上低功耗蓝牙的翅膀”。是我们一起共同面对的问题。

一颗价廉物美品质有保证的BLE射频前端芯片通过简单接口，与通用MCU芯片通信，是一个优化的无线MCU的解决方案。在这个解决方案中，射频芯片的设计，制造和质量管控遵循模拟射频芯片电路的流程来完成，而通用MCU芯片按照传统逻辑芯片电路的流程来完成。这样，整体的性价比和Time-to-Market的时间将大大缩短。而MCU芯片可以将主要的设计力量投放在与应用相关的开发上。这样，让整个设计流程和投入变得简单而有效。

两颗芯片通过PCB模组或合封的方式来完成功能组合。这一工作，可以通过MCU或射频芯片原厂来完成，也可以通过方案商来完成。射频芯片厂家通过提供芯片驱动和软件协议栈来支持无线功能的实现。

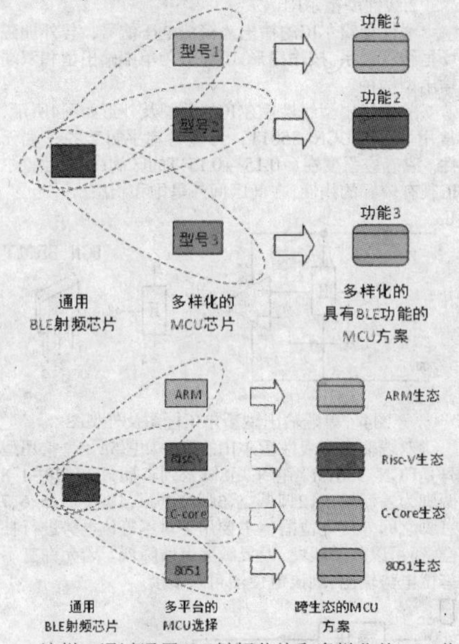

这样，通过通用BLE射频芯片和多样化的MCU芯片组合，厂家可以快速组合出多样化的灵活的BLE单芯片或模块化解决方案，来适应不同的生态需求和市场需求。

三、通用无线射频的功能和特点

射频芯片与MCU之间的接口要非常简单和通用。SPI接口是MCU行业最常用的兼容性最好的接口。这种接口不限于两颗芯片之间的时钟异步，对信号的传输成功率有很好的保证。

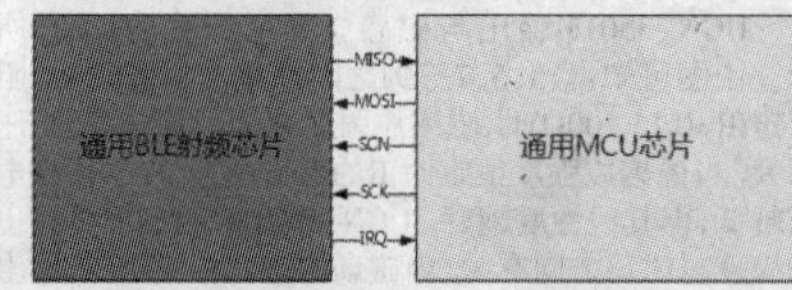

射频芯片结构简单，性价比高。射频芯片的结构要足够简单，成本低，封装或晶圆面积要足够小，以便于模块和合封方案的设计。

射频芯片对应的协议栈设计精简。协议栈如果用软件来实现，并运行在MCU上的情况下，代码和程序所占用的空间和运算量会影响MCU的应用程序的开发能力，也会是MCU生态最大的考量。代码精简的协议栈将是降低MCU接入门槛的最大因素。

射频芯片供应商要提供完整的兼容性保障。蓝牙兼容性是所有蓝牙芯片供应商面临的最棘手也是最开放的问题。快速，及时，有效的解决客户产品的兼容性问题，是通用蓝牙射频芯片供应商所提供的最重要的技术保障。

射频芯片供应商不仅能够提供封装片，还能提供晶圆合封生产中的封装测试的专业支持。提供小体积的封装片不仅仅能够满足系统验证和早期调试的要求，还能够满足一部分小批量的方案商的需求。同时，芯片供应商需要提供完整的射频测试的流程支持。这部分的专业技能，是MCU公司所不具备的。

四、通用BLE射频前端芯片MG126及应用

如何可以给现有MCU快速增加BLE功能，提供BLE协议栈集成和SIP方案，可以使MCU厂商经济、快速的集成BLE，更好地适应物联网市场。在行业中能够提供通用BLE无线前端芯片的公司凤毛麟角。这种芯片硬件设计非常精简，但是其配合的协议栈和软件支持上需要长期对蓝牙和手机生态的经验，同时，需要设计者对各类MCU生态有深刻的了解。这种解决方案在技术跨度上非常大。上海巨微集成电路有限公司的提供的MG126就是其中的佼佼者。

MG126面向MCU芯片生态，根据应用和功能需求的不同，搭配合适资源的MCU芯片，节省成本，提供高性价比的解决方案，灵活适应物联网的碎片化应用。

MG126使用独创的创新架构设计，采用常见的SPI通信接口，芯片本身不需要额外的唤醒信号已节省MCU IO资源。前端芯片包含RF和BLE数字基带，完成BLE广播和数据的接收/发送和调制/解调以及基带数据转换。BLE协议栈运行在MCU上，复用MCU强大的处理和控制能力，提高了MCU的资源利用率。该芯片采用QFN16封装，体积只有3mmX3mm。

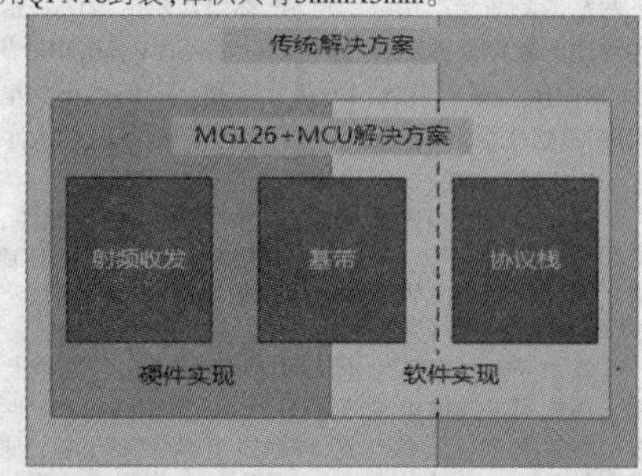

1.MG126创新的架构设计

在BLE协议栈设计上，上层协议严格按照分层设计和模块划分以增加设计独立性和代码可读性。Host协议栈包括L2CAP、ATT/GATT、GAP、SM，以及常用的profile，巨微协议栈符合BLE规范并通过了蓝牙SIG BQB认证测试。

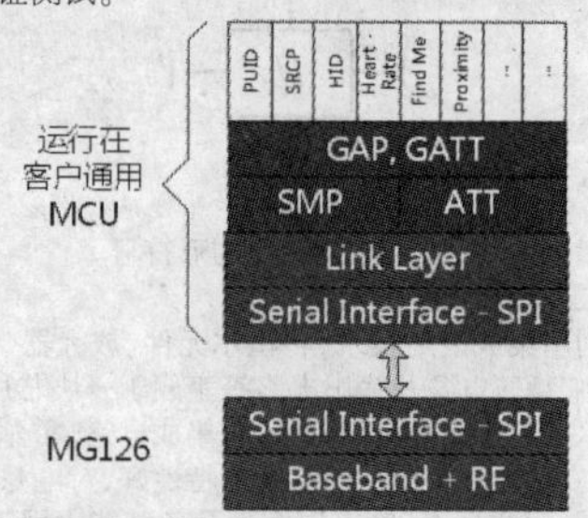

2.巨微BLE协议栈划分

同时巨微BLE协议栈充分优化和减少了对MCU的资源需求。以ARM Cortex-M0为例，实现BLE连接应用需要的系统资源如下：

系统时钟	48MHz及以上
IO口	5个：SPI-4个，IRQ-1个
SPI(Master)速度	6MHz及以上
ROM	16KByte及以上
RAM	4KByte及以上

经过4年的不断打磨，同时结合15年在蓝牙领域的浸淫。巨微的蓝牙专家们设计出的独特的低功耗蓝牙协议栈解决方案，其代码量和运行消耗资源都远远优于国际主流相应IP的供应商。

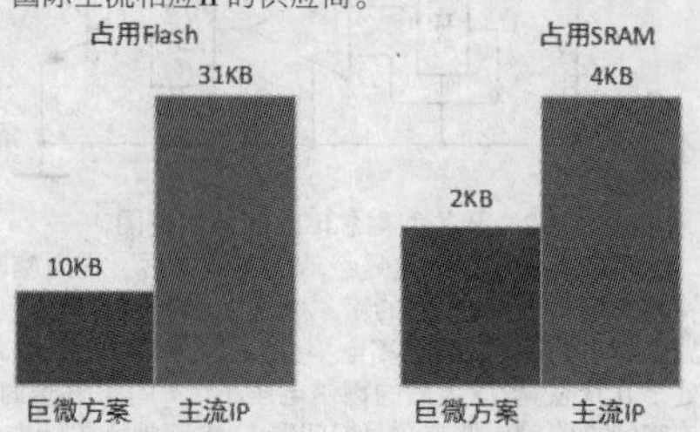

巨微提供基于客户MCU平台的BLE协议栈移植服务和常用BLE应用开发示例源码，对于SIP提供封装支持和BLE RF射频FT测试支持，帮助MCU厂商/客户跨越BLE射频芯片和协议栈的漫长开发，实现BLE产品快速Time To Market，达成合作共赢。

值得一提的是，巨微所提供的通用射频前端芯片解决方案，不仅仅能够解决通用MCU公司的无RF芯之痛，省掉MCU公司大量的研发，IP和流片投入。同时，对于其他领域的芯片公司，比如传感器芯片，WiFi芯片，都可以快速组合，迅速产生对市场有价值的组合芯片和方案。

◇陕西 文和

编辑：春 魏 投稿邮箱：dzbnew@163.com

电子科技博物馆专栏

电子科技博物馆迎来两件"有意思"的藏品

编前语:或许,当我们使用电子产品时,都没有人记得或知道老一批电子科技工作者们是经过了怎样的努力才奠定了当今时代的小型甚至微型的诸多电子产品及家电;或许,当我们拿起手机上网、看新闻、打游戏、发微信朋友圈时,也没有人记得是乔布斯等人让手机体积变小、功能变强大;或许,有一天我们的子孙后代只知道电子科技的进步而遗忘了老一辈电子科技工作者的艰辛……

成都电子科技大学博物馆旨在以电子发展历史上有代表性的物品为载体,记录推动电子科技发展特别是中国电子科技发展的重要人物和事件。目前,电子科技博物馆已与102家行业内企事业单位建立了联系,征集到藏品12000余件,展出1000余件,旨在以"见人见物见精神"的陈展方式,弘扬科学精神,提升公民科学素养。

近日,成都电子科技大学退休教师羌定金向电子科技博物馆捐赠了两件"有意思"的藏品。

电子元器件曾被业界认为是电子工业的基础,它经历了数十年的风光历程,但随着丰导体集成电路的快速崛起,目前已淡出人们的视野多年。羌定金老师表示,他从事电子元器件工作多年,见证了电子元器件从风光到无人问津的整个历程。这次通过整理出这个"电子元器件"展板,收录展出了50年代中—70年代末不同类型的"电子元器件",重新追溯了电子元器件的发展历程,回顾了那段历史。

羌定金表示,这些展板上的元器件虽然品种不多,但其中部分元器件实属难寻。如图一中的云母电容器,它作为20世纪50年代电子管收音机中的主打产品,其制作过程多数为纯手工制作,当时很多产品中都能看到它的身影。

图1 "电子元器件"展板

这部六管两波段超外差接收机同样出自羌定金老师之手,改装于20世纪70年代初,效果良好,可媲美同期很多大品牌收音机。

羌定金表示,此次向电子科技博物馆捐赠的"电子元器件展板"、"晶体管收音机",这两件藏品都是电子元器件发展历程中的重要见证。电子科技博物馆不仅记录了电子科技的发展历程,也激励着更多的人投身于电子科学技术领域,推动社会进步。将这些有意义的藏品捐赠给电子科技博物馆,是它们最好的归宿。

(电子科技博物馆办公室)

(本文原载第18期2版)

电子科技博物馆 "我与电子科技或产品"

本栏目欢迎您讲述科技产品故事,科技人物故事,稿件一旦采用,稿费从优,且将在电子科技博物馆官网发布。欢迎积极赐稿!

电子科技博物馆藏品持续征集:实物;文件、书籍与资料;图像照片、影音资料。包括但不限于下列领域:各类通信设备及其系统;各类雷达、天线设备及系统;各类电子元器件、材料及相关设备;各类电子测量仪器;各类广播电视、设备及系统;各类计算机、软件及系统等。

电子科技博物馆开放时间:每周一至周五 9:00--17:00,16:30 停止入馆。

联系方式
联系人:任老师 联系电话/传真:028--61831002
电子邮箱:bwg@uestc.edu.cn
网址:http://www.museum.uestc.edu.cn/
地址:(611731)成都市高新区(西区)西源大道2006号
电子科技大学清水河校区图书馆报告厅附楼

手机中NFC的最实用的6大功能

在手机支付开始成为这个社会上主要的潮流趋势的时候,手机中的NFC功能也逐渐地开始被这些手机厂商使用起来,虽说在以前手机中配备NFC这个功能的还比较少,但是现在很多的手机品牌也开始把这个作为手机中的标配,说不定以后我们手机支付中流行的买单方式也会有NFC这一种,当然现在使用这个进行买单的还比较少。那么现在我们手机中的NFC有哪些强大的功能呢?手机上的NFC到底有什么用?小编总结了最实用的6大功能,不会用手机就白买了!

第一个功能:可以当作公交地铁卡来使用,我们都知道现在大部分的消费都是使用手机进行买单,不过坐公交还有坐地铁这些更方便的还是使用地铁卡,但是我们时常也会面临着一个问题,那就是忘记带卡,不过现在我们可以减少这样的尴尬情况了,有了NFC功能的手机之后,我们可以直接在手机上开启当地的地铁还有公交车的功能,这样我们就可以使用手机的NFC进行刷一刷了,出门也不需要记得带上公交卡了,手机一样可以满足我们的需求。

第二个功能:直接给公交地铁卡进行充值,现在我们使用的公交地铁卡都是需要定期进行充值的,一般卡里面的钱用完了之后我们就必须要去缴费的窗口排队充值,非常的费时间,但是有了NFC之后,我们可以直接将地铁公交卡和手机的背部紧紧贴合在一起,这样我们就可以使用手机里面平时用来消费的支付宝软件还有微信支付,对公交地铁卡进行直接的充值,随时随地都可以,而且不用排队,节省很多的麻烦事。

第三个功能:当大门的门禁卡使用,现在这个社会出现了很多不安全的事故,所以说对于安全非常看重,很多的公司或者是小区等等都是会使用门禁卡来保证安全情况的,虽说安全性质很高,但是若是我们平时要是忘记带门禁卡连大门都进不去,真的很麻烦。不过现在我们不用担心了,因为手机的NFC功能也可以直接当成进大门的门禁卡一样来使用,我们只需要在手机中的门钥匙中点击虚拟,然后将门禁卡放在手机的后背进行读取,录入相关的信息之后我们直接通过手机的NFC就可以充当门禁卡了,再也不会担心自己门禁卡忘记携带会产生的尴尬情况了。

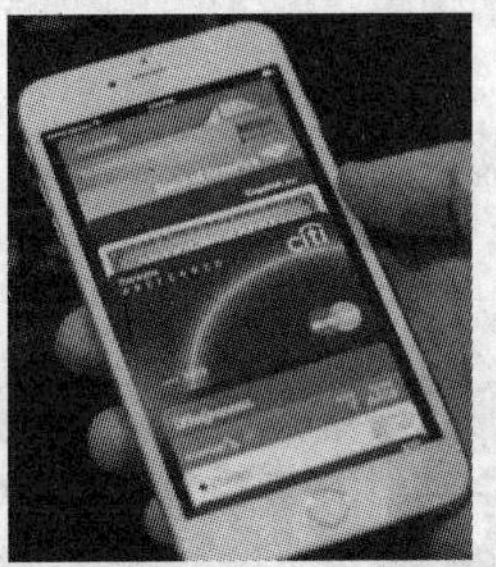

第四个功能:直接读取银行卡的信息,像是我们平时需要查询自己银行卡的消费纪律之类的,还需要下载银行的官方软件才得以查询,但是如果手机中有NFC这一个功能的话,我们只需要将银行卡贴在手机的背部,只要完善了银行卡的信息,我们就可以直接查询银行卡的消费记录还有余额等等,对于我们来说,非常的方便。

第五个功能:更方便连接NFC的蓝牙音箱,现在市场上有很多蓝牙音箱也配备了NFC的功能,我们连接的时候只需要使用支持NFC功能的手机轻轻一碰,就可以将蓝牙音箱打开,比我们以前需要设置蓝牙配对连接要方便很多,特别的好用。

第六个功能:文件传输,虽然说现在我们传输文件的时候可以使用网络进行传输,速度也非常的快,但是要是在手机没有网络的情况下,NFC的功能就比较重要了,只需要把两个手机的NFC功能打开,贴在一起,我们就可以传输音乐,图片或者是文件什么的,还是很有用处的,当然这个功能只是适合在没有网络的时候,有网络的时候大家还是更偏向于使用网络进行传输。

以上就是手机中有NFC可以带来的一些实用小功能,对于我们的生活来说,还是实用性很大的。当然还有更多的其他功能,不知道朋友们在使用的过程中还发现了什么惊奇的操作呢?也可以一起来探讨一下吧!

◇湖南 富明

HD60高清录像机——能录能放又能看

一个月前笔者有幸来到CCBN2019中国国际广播电视信息网络展览会,融合媒体、智慧广电、人工智能等最前沿的新技术让人耳目一新,琳琅满目的新产品让人目不暇接。当笔者来到九视电子展位前一款带显示屏的高清录像产品——HD60高清视频刻录机在眼前一亮,凭着对这类产品的了解和厂家工程师的介绍,再考虑能参加CCBN的厂家都算得上业内知名企业,毫不犹豫订购一台,通过一月的把玩发现这款HD60有不少可圈可点之处在此与爱好者分享。

HD60外观如图1,尺寸为160×72×20mm大小与常用的智能手机相当,只是显得稍厚,除接口和按键外最引人注目的当然是他的3.5英寸显示屏特别实用,为影音爱好者日常使用带来许多便利,比如说不用接电视机就可以看到切换不同的信号源,各种设置参数也能在屏幕上显示;录制的内容可以通过本机播放观看。显示屏作为小型监视器使用,不管是常见的AV信号,还是HDMI输出的高清信号都可以通过HD60显示出来。有时仅为看一下信号即使在家里也不一定想打开大电视,这时有个小巧玲珑的监视器且不是很棒!带出户外使用有个显示屏的优势就更不用多说了。

通过蓝光原文件与1080P录像对比发现该机录制的视频能完美还原色彩,对于录制高清电视机顶盒HDMI输出的1080i信号即使采用720P的标准录制也能获得满意的回放效果。

内置电池方便使用,采用U盘或SD卡充满电可使用3小时左右基本能满足要求,5V/1A左右的供电方式用充电宝就能轻松胜任,这对于户外使用十分便利。

此外,HD60的画外音叠加功能也很实用,在录制电视节目时可能用不上,但在录制电脑演示内容或摄像整理过程中插上手机耳麦就可以添加解说,或者将背景音乐叠加同步录制就变得非常有趣。

主要用途

1.录制喜爱的电视节目:对于喜欢的电视节目,不管是音乐讲座、体育赛事、诗词大赛还是科普节目,现在的有线电视或者网上能够看到的实在太多,虽然有的也能提供一周的回看功能,不过希望把节目录制下来作为资料保存或学习研究的也大有人在,通过HD60就可以轻松实现。

2.录制网上视频:我们知道网络资源十分丰富,几乎可以说无所不及,但其中很多内容只能通过电脑在线观看,甚至有的只在特定的时间在线播放,通过HD60可以把电脑能看到的网络内容通通录制下来,并且画质和声音也感觉不到任何损失,录好的视频可反复在电脑或电视机直接回放何尝不好?

3.录制电脑演示的内容:有的教学内容、专业软件、设计过程等几乎只能拖上电脑向他人讲解,但我们完全可以换一种方式将这一过程录制到U盘是不是更为简单轻松?

4.将蓝光、DVD、摄像机等内容进行剪辑或转化格式:由于HD60的色彩还原表现突出基本看不出失真,只要有需要,我们就可以通过本机将这些设备输出的信号重新录制、剪辑、添加背景音乐等,让我们的作品更加完美。

接口功能 在图1中能够看到除了SD卡卡槽位于侧面以外,其他接口均在机器上方从左到右分别为:

1.直流输入接口,采用外置5V2A电源适配器供电,通过实测采用SD卡或U盘录制时电流为1A左右,用移动硬盘电流约1.6A,有的移动硬盘启动电流及工作电流较大,最好采用外供电方式一保证可靠工作。

2.耳麦接口,带麦克风输入的耳机输出接口,用常见的智能手机耳机即可。

3.AV IN接口,作为基本的AV音视频输入接口,因为本机体积较小,因此采用的是通过3.5mm接口与配送的转接线配合接入各种影音设备,如机顶盒、磁带录像机、DVD影碟机、老式摄像机等。

4.HDMI IN高清输入接口:通过它可以直接录制许多设备输出的高清视频,比如电视机顶盒、网络机顶盒、高清摄像机、蓝光影碟机、电脑等。

5.HDMI OUT该接口用于连接电视机,本机处于播放模式时输出信号送到电视机上。

6.USB接口 用于连接U盘或移动硬盘,根据说明书介绍可支持最大128G的U盘或高达4TB的移动硬盘(笔者只有2T的移动硬盘可以顺利使用)。需要注意的是利用内置电池供电,因U盘功耗很小不会存在任何问题,但移动硬盘启动电流较大可能会出现供电不足导致反复启动,因此一定要配合电源适配器使用或者对移动硬盘独立供电。

7.USB TO PC 该接口用于与电脑相连有两个作用,首先是录制到SD卡上的内容可以传输到电脑里;另一个作用是如果电脑安装有相关流媒体直播软件的话通过HD60可以将输入的视频同步上传到网络。

看到这么多接口也不必担心对应的附件,从图2可见厂家配套的线材还算丰富:电源,AV输入转接线,高清线,遥控器、说明书应有尽有,此外厂家还贴心地配了个DVI转HDMI转接口,这意味着HD60也能录制DVI设备输出的高清数字信号。

菜单设置 打开如图3所示的设置菜单可以对多个默认参数进行修改,比如时间水印、视频源、存储设备、录制视频质量等。需要注意的是录制前要先确定录像内容是保存到SD卡还是USB设备。当采用HDMI作为输入信号时根据需要可将信号录制为五种不同的标准,1080P的高中低三种以及720P和480P,每种标准耗费的存储空间差异较大,比如最高"1080P高"录制每小时约需要12G,而"1080P低"消耗不到8G;720P的每小时近5G,最节省存储空间的是480P标准,每小时不到2G的空间,通过实际使用比较,即使采用720P录制后在60寸电视上播放也有非常不错的效果,如果要求不高的话用480P也可以满足资料的保存。如果录制的信号源为只有AV输出的设备如标清机顶盒、磁带录像机、标清摄像机等,那么刻录占用的空间更少每小时约900MB,多种录制质量可以选择,这样我们就可以根据需要和U盘大小设定兼顾彼此。

录像播放 录好的文件除了作为资料保存以外其他的都需要播放,HD60录制的视频主要有以下几种播放方式:

1. 本机播放观看 利用本机观看虽说3.5寸的显示屏显得稍小,但不需要任何连线用起来非常方便。

2. 本机播放通过HDMI输出口接到大电视欣赏录制的节目。

3.利用其他设备播放,现在能播放视频文件的设备非常多,高清播放器、智能手机、大屏电视机等都有播放功能,录好的U盘直接插入即可;笔者试了几台如图4这类深受中老年朋友喜爱的户外一体机大多可以顺利播放,HD60录制的文件画质细腻,声音清晰有很好的回放效果。

几个实用的功能 通过细读说明书和多次把玩,笔者认为本机还有几个实用的功能:

1.完全可以不用电脑的介入,直接通过HD60就可对插入的SD卡、U盘或移动硬盘进行格式化处理。

2. 本机能删除录制的视频文件和照片,这对于没有电脑的用户无疑提供了极大的方便,毕竟只进不出U盘会很快被占满。

3.具有录像暂停功能,这一功能看似简单但却很少在高清录像机中出现,玩过录像的朋友对机器的暂停功能非常在意,通过暂停可以跳开广告或不需要的摄像内容,既达到简单编辑的目的又避免的文件的分割。

不足之处 通过一月的折腾总体感觉HD60工作稳定可靠、录像细腻声音清晰、操作简单功能实用,但也有些美中不足,比如在连续录制过程中当文件录制到4G后会自动保存为一个文件,这对于以720P或480P录制算不上问题,但如果以1080P录制的话意味着每小时的录像至少会产生2个文件,希望在新的版本能解决这个遗憾。

◇成都 罗兴志

如何解决KTV音响系统中的致命性及日常性故障

KTV音响设备是KTV中重要的设备之一,它在其中扮演着重要的角色。在一定程度上,KTV音响设备的好坏决定了KTV的盈利能力的好坏。但由于KTV音响设备使用频繁,在使用过程中出现一些故障是不可避免的,如音响没声音及音响里有杂音等,那么,出现了故障要及时解决,否则将会影响到生意。下面就如何解决KTV音响系统中的致命性及日常性故障作以下简述。

一、致命性故障处理

音响无声音。检查各设备是否正常通电,是否已开启。各电源开启正常无声音,首先使用话筒测试是否有声音,如话筒测试有声音,没有音乐伴奏,重点检测点歌系统;话筒无声音,然后使用点歌系统测试是否有声音,点歌系统有声音,重点检测话筒;如都无声音,检查各设备音量开关是否在正常位置,然后检查各连接线连接是否正确,有无损坏,各音量开关位置正确,连接完好;检查前置效果器完好;检查功放。

1.点歌系统正常启动运行无声音。大多是线路故障,其次是输入输出故障;点歌系统卡图无声音,检查机顶盒后网络信号灯是否在闪烁,闪烁机顶盒死机,大多是过热死机,重启暂时能解决问题,好后做好散热即可,输入无信号,检查端口是否插好,线路是否损坏,检查机房交换机是否正常工作,主机是否正常工作,多个包厢同时出现同样故障,及时检查机房交换机是否正常工作,主机是否正常工作;如开机无法启动点歌系统,方法也同上。

2.话筒无声音(无线)。检查话筒是否有电及开启,说话看接收器是否有声音信号显示,无信号显示检查话筒频率编组和接收器是否对应,不对应先确认是否拿错话筒,没拿错话筒,校对频率即可;说话看接收器有声音信号显示,说明输出故障,检查音量开关是否在正确位置,连接线路是否正确;依然解决不了问题,换套好的话筒试试。

3.前置效果器造成无声音。首先看输出,看功放是否有信号,功放无信号,检查各音量开关及内部软件音量是否调校到位;功放有信号无声音,检查线路是否接错、损坏,仍然不能排除,重点排查音箱。

4.功放造成无声音。开机无声音,检查音量电位器是否在正确位置,信号灯是否在闪烁,听继电器有没有闭合的声音,没有闭合,重复开启试下,不能解决换台试试;闭合无声音输出,先检查音箱,再做判定。

5.音箱造成的无声音。当功放通往分频器某一处短路,都可造成功放保护无声音,还有种情况是喇叭全部烧坏或分频器故障,简单的检测方法是拆下功放上连接音箱的线,拿一节有电的干电池,将线的正负极和电池的正负极摩擦,听音箱是否有声音,高低音都有声音,表示音箱暂时无问题;音箱无声音,首先检查线路插头,线路正常,可直接用电池在喇叭的两端测试喇叭的好坏,喇叭好的,那就要考虑分频器的问题了。当然,喇叭全部坏的概率很小,两只音箱的分频器同时坏的概率也很小,这里只是拿出来分析下,不必太认真。

二、日常性故障处理

啸叫,这是一般场所经常出现的状况,设备的好坏,装修环境的优劣,总之啸叫的情况是可以避免的,不管设备多差,环境多恶劣,音控的本职工作就是尽量调到好,不说那么多废话。音控的心态要正,这样才能清晰判断,不要因为设备,环境,旁人指手画脚来左右你的心情,带来恶性循环。

处理啸叫要靠平时的经验的积累,需要亲自体验各类啸叫及解决方法,大多数出现的情况是两只话筒在一起时离音箱太近,这类情况只需避免便可,不可太过认真;还有类情况是设备使用有限,音乐伴音太大,话筒音量调大,造成啸叫,降低伴奏便可突出人声,适中即可,这里需要善于沟通,沟通可以轻松解决很多问题。

效果不好有几个基本情况:音乐伴奏音量过大或过小,话筒声音过小,混响过大或过小,严重点就是设备没调好或故障造成声音效果不好,总之解决重要的法则是冷静判断,简单解决,不要把事情搞得很复杂。

日常故障的处理,要善于培养助手帮助你解决些简单的问题,禁止客人或非本人授权人员调动重要设备。

◇南昌 谭明裕

邮局订阅代号：61-75 国内统一刊号：CN51-0091

微信订阅**纸质版**
请直接扫描
邮政二维码
每份1.50元 全年定价78元
四开十二版 每周日出版

扫描添加**电子报微信号**
或在微信订阅号里搜索“电子报”

2019年5月12日出版 实用性 启发性 资料性 信息性

第**19**期 国内统一刊号:CN51-0091 定价:1.50元 邮局订阅代号:61-75
地址：(610041)成都市武侯区一环路南三段24号节能大厦4楼 网址：http://www.netdzb.com

（总第2008期） 让每篇文章都对读者有用

占比34%，中国位居全球5G专利申请数量榜首

一般而言，一个国家的企业掌握着越多的标准必要专利，越容易以较低价格推广5G基础设施，越容易在新一代通信服务中掌握主导权。近日，据外媒报道称，新一代通信标准“5G”相关专利申请件数中国占比34%，是4G所占份额的1.5倍多，目前位列全球第一的位置。

该报道称，据专利分析公司IPlytics最新数据统计，截至2019年3月份，中国公司申请的5G专利约占全球主要专利的34%，而韩国为25%，美国和芬兰为14%，瑞典接近8%，日本接近5%，而我国台湾地区、加拿大、英国和意大利排在前10位，各自的份额都低于1%。这其中韩国占了25%的原因大部分都来自三星公司的功劳，而美国的14%则是高通的功劳，至于中国的34%则是华为和中兴所给予的。

据悉，IPlytics的分析对象是9400万份关于专利和标准的文件，而并非最终的授权专利，因此其评估结果在一定程度上有争议性。通过关键字搜索，该机构确定了含有约74,500个关键5G专利的样本池。

众所周知，在通信技术领域，一直走在前面的欧美在3G、4G方面拥有主要专利。为此，中国等必须向欧美企业支付庞大的使用费。为此，中国将新一代信息技术作为产业政策“中国制造2025”的重点项目，以举国之力推进5G相关技术的研发。

由于关键专利的使用权是稳住上游地位的关键，它能够为专利持有者带来源源不断的版税收入。根据来自其他机构的报告判断，5G时代的最大赢家可能是中国的华为。它目前拥有全球15%以上的5G专利，而芬兰的诺基亚则占近14%。除此之外，韩国三星和其主要竞争对手LG分别拥有低于13%和超过12%的占有率。而美国高通仅申请了略超过8%的关键专利，这和爱立信大致相当，并且还落后于中国中兴通讯的11.7%的份额。除此之外，英特尔持有了超过5%的份额，剩余的份额则由中国和日本的各家新创企业分摊。

不过，在通信领域关键技术专利是积累的，即使是5G、3G、4G的技术也将继续使用，高通的优势不会一瞬间失去。有数据显示，高通2019年1至3月的知识产权使用费的销售额达到11.22亿美元。

毋庸置疑，掌握标准必要专利的企业将获得丰厚的专利收入，当然除专利申请件数外，能否掌握使用频率较高的重要专利也具有重要影响。相信在庞大的研发投入和人才组建下，即使4G未来还是通信领域主要的技术，但我国在5G产业上，已经拥有了最大的话语权！

老年智能陪伴式机器人

一、研制背景及应用领域

智能养老服务行业目前正处于起步阶段，市场格局尚未形成，养老智能化产品相对较少，大多只在进行概念性的宣传，缺乏相关细致的研究开发，导致市面上已有相关机器人的相关功能较单一、服务不完善，无法满足日常需要。为此，我们针对家中失火、老人于家中晕倒、入室抢劫等问题提出了通过基于深度学习框架的老年智能陪伴式机器人。

二、项目概况

本项目是一款基于深度学习的老年智能陪伴式机器人，可实现个性化语音交互（支持四川话）、人脸识别自动跟踪、行为识别摔倒判定预警、室内环境3D建模、机器人定位、自动导航及避障、手势指令控制、火灾检测、健康检测等相关功能。

同时，通过后台大数据管理平台进行数据的清洗、分析、挖掘，能实现更为细致的安全监护功能，可提取对话关键词、分析心理状况、生成健康状况报告等。

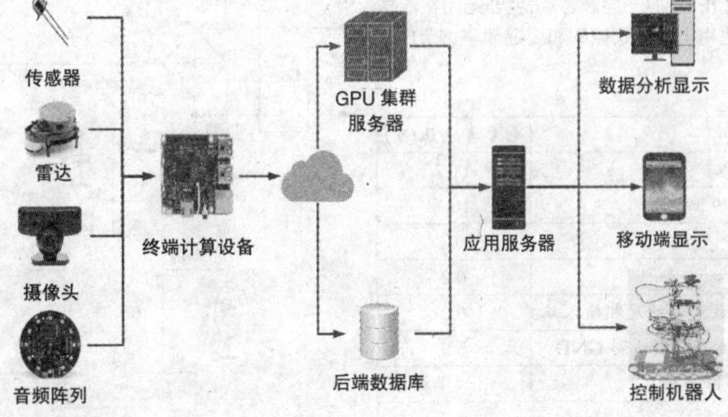

图2 机器人流程图

智能陪护机器人通过机器视觉捕获老人的行为体态信息，通过雷达扫描周围环境信息，通过感光光电二极管来检测老人的身体状况信息，通过ReSpeaker语音阵列来倾听老人的语音诉求，随后根据获取到的信息进行数据分析，一方面分析响应老人的需求（包括相应的预警）进行语音交互，另一方面将分析结果（主要是涉及摔倒、晕倒等危险紧急信息）以及老人的身体状况信息传到后台服务器进行保存，可通过后台数据管理系统进行可视化的展示以及子女移动端智能预警。整个判断过程都实现数据化、自动化，并可完全保护老人的隐私。

图1 机器人样机及外壳

三、作品创新点

1.智能识别老人摔倒行为和手势指令

进行人体姿态估计，针对老年人的行为进行识别与判断，可通过手势控制机器人的移动，能够实时检测到异常（摔倒、昏倒、被挟持等）情况，进行智能预警，极大地避免意外发生。

2.个性化实时语音交互（支持四川话）

大多数老人不会说普通话，为了让机器人能够与老人进行交流，提供了四川话对话。通过深度神经网络等技术，做出一个四川话语音识别引擎，用于四川话适配，同时针对老年人独有的嗓音特点、气息较弱，话语能量跟环境噪声能量对比度较低的问题，进行语音增强，降低语音交互的错误率。

3.进行人脸识别并实现自动跟踪

用户并不总是与机器人正面相对，如果用户与机器人正面成一定的角度的话，就会造成可视化交互界面的信息不能很好地传递，此时就需要智能服务机器人自动调节面向角度，实现用户与机器人地面对面交互。

设定机器人自动调整，用户与智能服务机器人正面中轴线的角度偏差不超过20度。基于深度卷积神经网络YOLO3的可对主人面部进行循环快速检测与跟踪的方法。针对持续拍摄任务的实时性，对一阶快速目标检测算法YOLO3进行模型的优化与改进，并通过在人脸监测的循环中对机器人云台的速度进行持续的调节与控制。

4.通过雷达对室内位置进行3D建模机器人定位

通过雷达检测目标物体的空间方位和距离，通过点云来描述室内3D环境模型，提供室内的激光反射强度信息、形状描述，不仅在光照条件好的环境下表现优秀，而且在黑夜和阴天等极端情况下也有较好表现。

5.实现火灾检测并自动报警

针对火灾这一被老人的子女所关心的安全问题，一旦产生异常，智能陪护机器人就向子女或物业发出求救信息。

◇许小燕

（本文原载第22期2版）

长虹液晶电视电源关键IC引脚功能及实测电压查询手册(四)

(紧接上期本版)

12.芯片型号RT8525:是台湾立锜科技公司生产的一个宽输入工作电压范围的控制器，工作电压范围为4.5V至29V，RT8525的输出电压可由FB引脚调整。该PWMI引脚可被用来作为数字输入，参与WLED亮度控制与逻辑电平PWM信号。

1)芯片引脚功能

引脚	标注	功能	电参考电压(V)
①	VDC	内部预稳压输出	11.84
②	VIN	供电输入	12.19
③	COMP	误差放大器补偿	1.82
④	SS	外部电容调节软启动时间	3.98
⑤	FSW	频率调节，该脚与一个电阻器的开关频率设定，从50kHz至600kHz。	1.49
⑥	AGND	模拟地	0
⑦	PWMI	外部调光功能的数字输入	2.8
⑧	FAULT	开漏输出，用于故障检测。	11.57
⑨	FB	反馈误差放大器输入	1.22
⑩	OOVP	检测输出电压过电压保护和欠电压保护	1.56
⑪	ISW	外部MOSFET开关电流检测脚。连接电流检测电阻，外部N-MOSFET开关和接地之间。	0
⑫	EN	芯片使能(高电平有效)	2.51
⑬	PGND	升压控制器的电源地	0
⑭	DRV	N- MOSFET的驱动器输出	4.65

2)芯片拓扑图

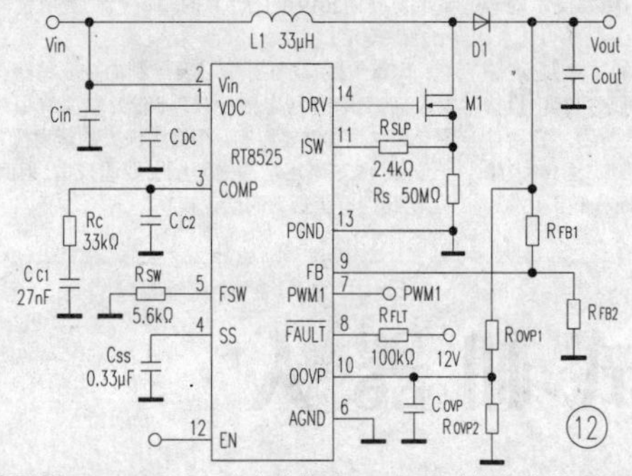

13.芯片型号OB3350:是一块高度集成(LED)驱动控制芯片，主要运用在液晶显示器和液晶电视，包含一个PWM驱动，使用电流模式控制和固定频率调节LED电流。

1)芯片引脚功能

引脚	标注	功能	电参考电压(V)
①	VIN	电源输入	11.7
②	Gate	MOS管驱动输出脚	10.1
③	GND	接地脚	0
④	CS	检测输入	0.2
⑤	FB	反馈输入引脚，连接到误差放大器的反相输入端	0.2
⑥	COMP	误差放大器的补偿脚，连接RC网络到GND	5.9
⑦	OVP	过电压和短路检测脚	测试保护
⑧	PWM	调光控制	3.7

2)芯片拓扑图

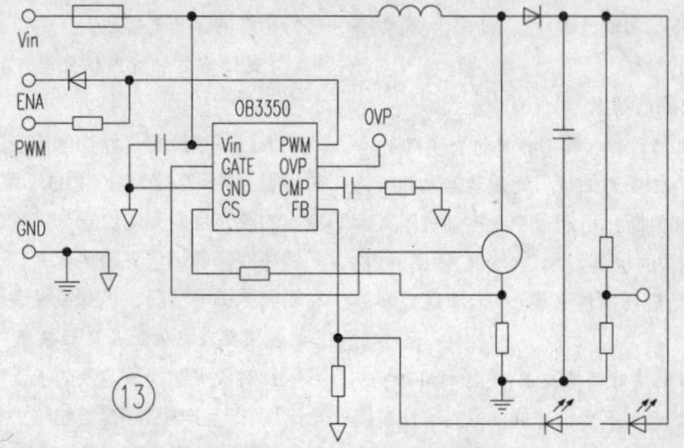

14.芯片型号NCP1393:为高压半桥驱动器，从25KHz到250KHz宽频率范围，固定死区时间0.6μs，PFC检测后100ms延迟输入锁定功能，过功率保护、过温保护。

1)芯片引脚功能

引脚	标注	功能	参考电压(V)
①	VCC	供电	15.6
②	Rt	定时电阻	3.5
③	BO	Brown.Out	1.6
④	GND	地	0
⑤	Mlower	低端驱动器输出	6.3
⑥	HB	半桥连接	200
⑦	Mupper	高端驱动器输出	207
⑧	Vboot	自举脚	215

2)芯片拓扑图

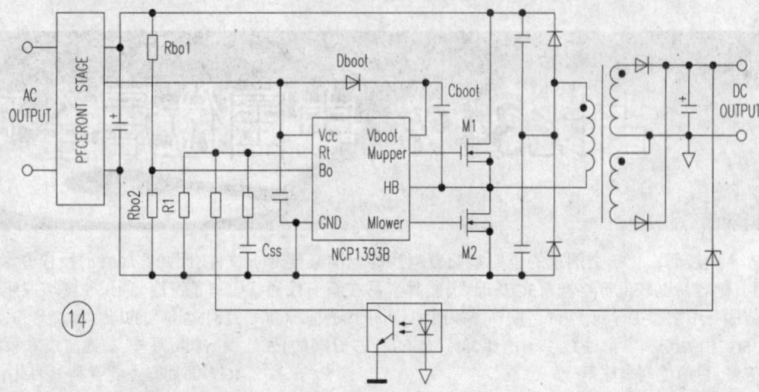

15.芯片型号LD5530:具有优异的ESD保护、超低启动电流、电流模式控制、绿色模式控制、UVLO(欠压锁定)、Leb(前沿消隐)、内部频率交换、内部斜率补偿、过压保护、OCP(过电流保护)、OTP(过热保护)通过一个NTC、OLP(过载保护)、250mA—500mA的驱动能力、高压CMOS工艺。

1)芯片引脚功能

引脚	标注	功能	参考电压(V)
①	GND	地	0
②	COMP	反馈信号输入	0.21
③	0PT	未用(可接NTC，实现过热保护)	未用
④	CS	过流保护(电流检测)	0
⑤	VCC	供电输入	14
⑥	OUT	PWM脉冲驱动信号输出	0.02

2)芯片拓扑图

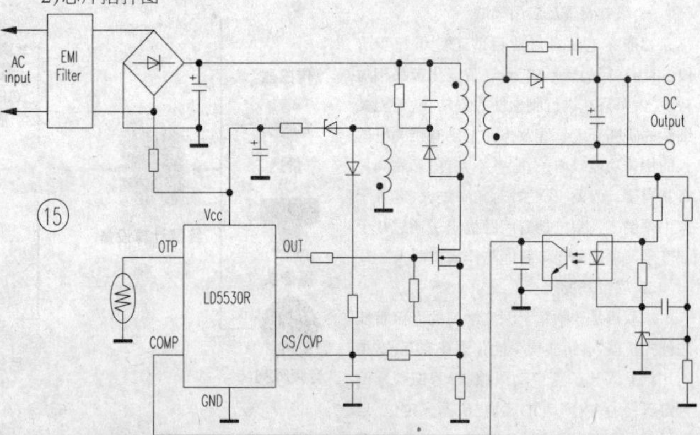

16.芯片型号OB2273:是一个高性能的电流模式PWM控制器，具有扩展突发模式(Burst Mode)控制，以提高效率和最低的待机功耗、音频无噪音运行、固定的65kHz开关频率、VDD与滞后欠压锁定(UVLO)、循环周期过流阈值设置，为恒定输出功率限制在通用输入电压范围、自动恢复过载保护，(OLP)、过温保护(OTP)、VDD过电压保护(OVP)，通过外部稳压可调过压保护(OVP)。

1)芯片引脚功能

引脚	标注	功能	参考电压(V)
①	GND	地	0
②	FB	反馈信号输入	0.2
③	NC	未用	未用
④	CS	过流保护(电流检测)	0
⑤	VCC	供电输入	18
⑥	gate	PWM脉冲驱动信号输出	0

(未完待续)(下转第192页)

◇绵阳　周钰

有源低音炮"扑扑"破音的应急消除修理三例(续)

(紧接上期本版)

例三 Shinco(新科) SP-200

电路原理:该音箱为纯低音设计(电路图如图7、图8所示),输入的音频信号经过功放板上的U1(4558)的一个运放和相位切换开关和U2(4558)的一个运放组成的相位切换电路,用于切换信号的正反相位,使得低音炮声音能配合主音箱声音的相位。然后,信号输入到控制板的音量电位器RP2后经过由U3(4558)的一个运放和频带选择电位器RP3组成低通滤波电路,用于选择低音带宽,使得低音炮能和主音箱的频率衔接配合适当。再经过U3(4558)的另一个运放构成的高通滤波电路,滤除超低频信号(使低音扬声器的低音更纯净,不会乱动一气)。信号再输入到功放板的U2(4558)另的一个运放构成的低通滤波电路,进一步滤除高中音后,输出低音信号到分立元件组成的功放电路再驱动8寸低音喇叭发出重低音。

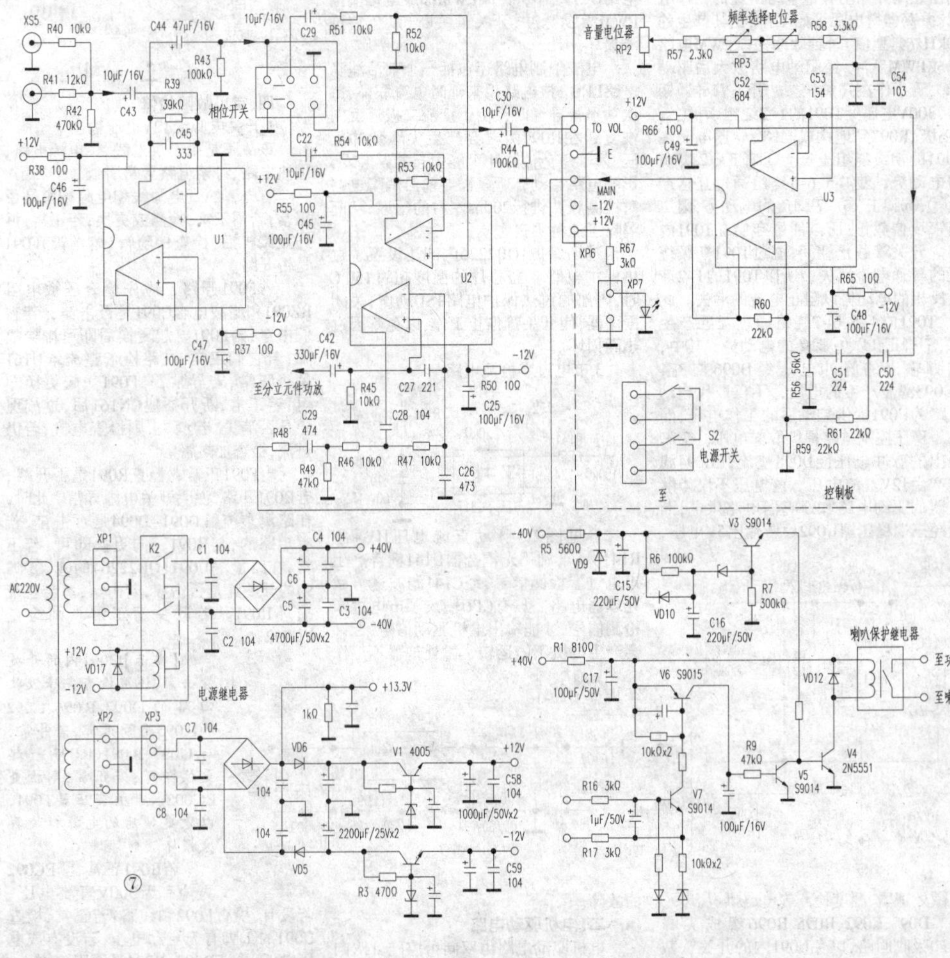

⑦

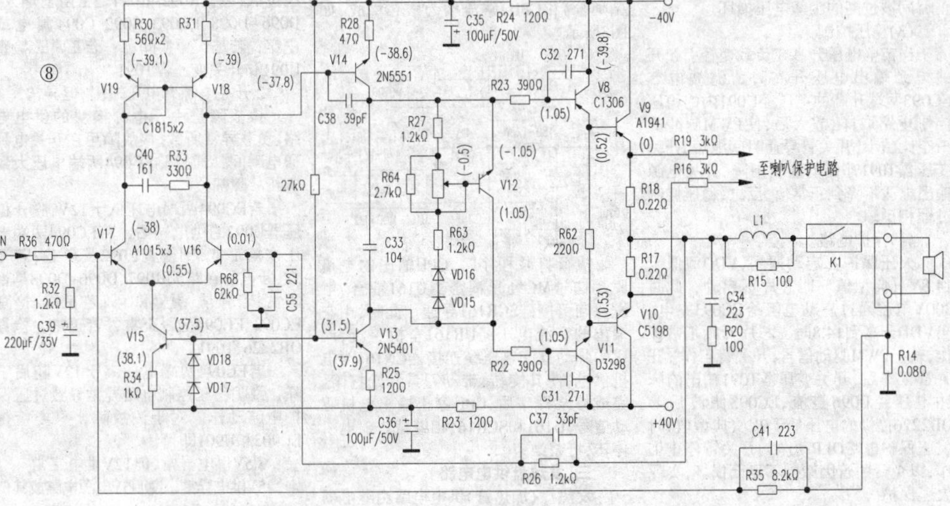

⑧

功放电路由V8~V19等12个三极管组成,V17、V16是输入端差分对管,VD18、VD17与V15组成其发射极的恒流源,V18、V19镜像恒流源电路是其集电极负载,V14是电压激励放大,V13是其集电极的恒流源负载,V12紧贴散热器安装,是功放管的恒压偏置电路(含R27、R64、R63、RP1、VD16、VD15),起到稳定功放管静态工作电流的作用,V8、V11是推动管,V9、V10是末级功放管,R26和R36是电路的负反馈元件,决定电路增益,R14、R35、C41和R68、C55是电路的正反馈元件,其设置的参数大小与音箱喇叭特性配合适当可抵消喇叭的阻抗变化,大大降低喇叭音箱在谐振处的失真,改善音箱的瞬态效应。这个正反馈就是所谓的负阻驱动或者主动伺服技术,不过正反馈取值是有一定要求的,否则电路会自激损坏。

V3、V4和喇叭保护继电器等元件组成开关机防冲击电路,保护喇叭。V7、V6、V5和V4及喇叭保护继电器等元件组成喇叭保护电路,在功放过流或中点电压偏移时保护喇叭。

维修实例:故障现象是低音炮有破音,声音越大,破音越大。按压纸盆感觉其运动不正常,很明显有摩擦的阻力。观察喇叭,发现纸盆略有倾斜,因为该音箱是库存处理品,经过十几年存放未使用,垂直摆放的音箱喇叭由于长期重力的缘故,其纸盆的泡沫折环变形,造成纸盆轻微倾斜,喇叭的音圈支架与磁铁铁芯有摩擦。修复最好的办法就是换掉整个变形的泡沫折环,但是需要购买到同规格的折环以及所需胶水。不过在实际试听时发现,在按压折环变形的一侧时,喇叭纸盆不再有摩擦的阻力,低音也没有破音了。所以采用应急的办法修理(俯视图如图9所示,侧视图如图10所示):取一片铁片,加工成如图形状,在其上面钻一个螺丝孔,再将铁片其接触泡沫折环的条形部分粘上两层缓冲材料,靠近铁片的一层用珍珠棉(网购货物常用的包装防震材料),利用其弹性给泡沫折环加压;靠近折环的一层用海绵,起到缓冲消除杂音的作用,两层缓冲材料可以用双面胶带粘在铁片上,然后把铁片压在折环变形的一侧,将铁片用自攻螺丝固定在音箱面板上即可。通过改变珍珠棉的厚度,可以调整铁片给折环的压力大小。实际试听,其发出的声音不再有破音,低音炮声音复正常。

(全文完)

◇浙江 方位

铁片
螺丝
泡沫折环
纸盆

⑨

铁片
珍珠棉
海绵
螺丝
纸盆

⑩

美的豆浆机典型电源板电路分析与故障检修(一)

下面以美的豆浆机采用的MST64-1-5型电源板为例，介绍美的电动机典型电源板电路工作原理与故障检修方法。该电源板上除了安装了电源电路，还安装了市电电压过零检测电路、电机驱动电路、加热管供电电路、防溢检测电路、温度检测电路。

一、电源电路

该电源电路由市电输入电路、开关电源和5V电源构成，如图1所示。

1.市电输入、300V供电电路

该机的市电输入、300V供电电路由过流保护、过压保护、线路滤波器、300V供电电路等构成。

220V市电电压经熔丝管F091输入后，利用C091滤除高频干扰脉冲，通过R091限流，经D091~D094整流产生脉动直流电压HV+。该电压一路送给市电电压过零检测电路；另一路经D095隔离，L092、EC092滤波产生300V左右的直流电压，为开关电源供电。

市电输入回路的RZ091是压敏电阻。市电正常、没有雷电窜入时它不工作；当市电升高或有雷电窜入，使RZ091两端的峰值电压达到470V时它击穿，使F091过流熔断，切断市电输入回路，避免了电机、加热管及开关电源的元件过压损坏，实现市电过压和防雷电窜入保护。

2.开关电源

参见图1，该机的主电源采用由电源模块OB2226(U091)、开关变压器T091为核心构成的并联型开关电源。

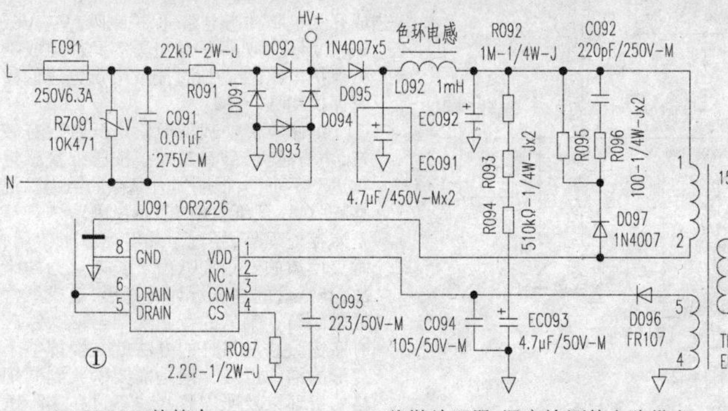

(1)OB2226的简介

OB2226系列芯片是一款高效率、低功耗、高集成度的电源模块。其中，OB2226AP、OB2226CP采用SOP8脚封装，OB2226SP采用了DIP7脚封装。OB2226SP的功率为6.6W（90~300VAC）或10W(90~264VAC)；OB2226CP的功率为4W(90~300VAC)或6W(90~264VA)。

因OB2226采用了频率抖动和软驱动控制技术，不仅提高了系统的EMI指标，而且待机功耗小于0.2W、满载效率大于70%。该模块主要由控制芯片和开关管构成。开关管采用高耐压的大功率场效应管，而控制芯片由电源电路、振荡器、PWM脉冲形成电路、激励电路、前沿消隐电路、过流限制电路、欠压保护电路、过压保护电路、过热保护电路等构成。其引脚功能如表1所示。

表1　OB2226的引脚功能

脚号	符号	功能
1	VDD	芯片启动/供电
2	NC	空脚
3	COM	误差放大器滤波
4	CS	开关管S极，电流取样信号输入
5、6	DRAIN	开关管D极
7		空脚
8	GND	接地

通电后，EC092两端的300V直流电压一路经开关变压器T091的初级绕组（1-2绕组）加到电源模块U091的⑤、⑥脚，为它内部的开关管D极供电；另一路利用启动电阻R092~R094降压，EC093滤波在其两端建立启动电压。当启动电压达到14.8V后，U091的①脚内的电源电路启动并输出其他电路所需的工作电压。振荡器得电后开始工作，由其产生的50kHz(典型值)时钟脉冲控制PWM电路形成PWM脉冲，经驱动电路放大后驱动开关管工作在开关状态。开关管导通期间，300V电压经T091的1-2绕组、开关管D/S极、R097到地构成回路，导通电流在T091的初级绕组上产生①脚正、②脚负的电动势，使4-5、6-7绕组通过互感产生④、⑥脚正、⑤、⑦脚负的电动势，因二极管反偏截止，所以能量存储在T091内部。开关管截止期间，流过T091初级绕组的导通电流消失，所以T091的1-2产生反相的电动势以阻止电流的消失。此时，T091的4-5、6-7绕组通过互感产生⑤、⑦脚正，④、⑥脚负的电动势。其中，⑤脚输出的脉冲电压经D096整流，EC093滤波产生的电压，不仅取代启动电路为U091提供启动后的工作电压，而且为稳压控制电路提供取样电压；⑦脚输出的脉冲电压经D098整流，EC094滤波产生12V直流电压。该电压不仅为继电器的驱动电路和蜂鸣器电路供电，而且经三端稳压器U092稳压输出5V电压，为微处理器、温度检测等电路供电。

D097、C092、R095、R096组成尖峰脉冲吸收回路，以免U091内的开关管截止瞬间被过高的尖峰电压损坏。

(3)稳压控制

当市电电压升高或负载变轻引起开关电源输出电压升高时，滤波电容EC093两端升高的电压经U091内的稳压控制电路取样、放大后，使PWM脉冲的占空比减小，开关管导通时间缩短，开关变压器T091存储的能量下降，开关电源输出电压下降到正常值。反之，稳压控制过程相反。

(4)保护电路

欠压保护：启动期间，VDD值低于14.8V（典型值）时芯片不启动，此时300V电压通过启动电阻给EC093充电。当VDD升高到14.8时，芯片开始正常工作，输出PWM驱动信号，开关管工作。开关管工作后，开关变压器T091输出的脉冲电压经D096整流，EC093滤波后为OB2226提供的电压低于9V（典型值）时欠压保护电路OLP动作，开关管停止工作，以免开关管因激励不足而损坏，实现欠压保护。

OB2226的启动电流和工作电流最大值分别为20μA和2.5mA。

过压保护：当VDD端电压高于保护阈值27.5(典型值)时，内部的过压保护电OVP路动作，使PWM电路停止输出激励信号，开关管关断，不仅避免了负载元件过压损坏，而且避免了OB2226内部的开关管或负载元件过压损坏。

过流保护：OB2226采用了峰值电流来调节输出电压，并逐周期限流保护。OB2226内的OCP电路通过识别CS端输入的电压来检测开关管的峰值电流。

当负载重等原因导致开关管D极电流增大，在R097两端产生的电压达到0.94V(典型值)后OB2226内的过流保护电路OCP动作，关闭PWM形成电路输出PWM激励脉冲，开关管关断，以免它过流损坏。

电流限制电路还包括一个前沿消隐电路LEB。该电路用来延时电流取样，每次功率管导通时，由于续流二极管反向恢复，在R097两端会产生尖峰脉冲电压。为了避免该脉冲可能引起的误触发，影响电路启动，所以需要前沿消隐电路对检测脉冲进行200ns左右的延迟，从而消除了这种不良影响。

过热保护：OB2226内部还设置了过热保护电路。当芯片的温度超过150℃时，内部的过热保护电路TSD动作，关闭振荡器，使开关管停止工作，以免其因过热而损坏。

3.市电过零检测电路

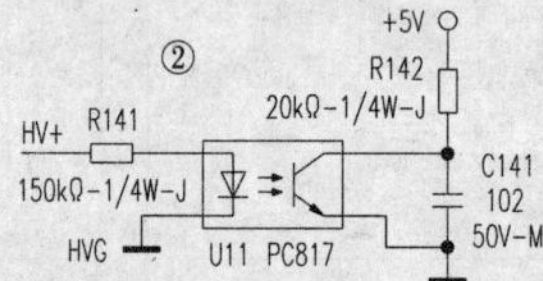

参见图2，脉动直流电压HV+经R141降压，利用光耦合器U141耦合产生市电过零检测信号，经C141滤波送给微处理器电路。只有CPU输入了市电过零检测信号，才能输出电机驱动信号，否则会产生电机不能运转、微处理器不工作的故障。

二、电机驱动电路

电机驱动电路由双向可控硅（双向晶闸管）和CPU、整流堆为核心构成，如图3所示。

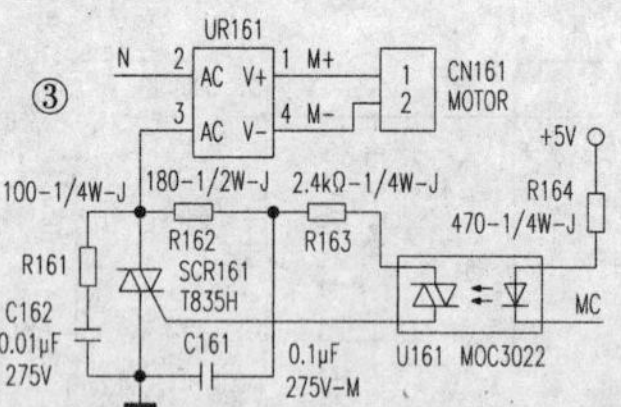

执行打浆程序时，CPU输出的电机驱动信号MC经光耦合器U161耦合，触发双向可控硅SCR161导通。此时，由它输出的交流电压经UR161全桥整流，产生的脉动直流电压经连接器CN161为电机供电，使其旋转，带动刀具开始打浆。完成打浆程序后，CPU停止输出电机驱动信号，U161和SCR161相继截止，电机停转，打浆结束。

三、发热盘供电电路

发热盘(加热管)供电电路由继电器KC151、驱动管Q151和CPU为核心构成，如图4所示。

执行加热程序时，CPU输出的加热控制信号REL为高电平，经R151、R152分压限流，再经Q151倒相放大后，为继电器KC151的线圈供电，使KC151内的常开触点闭合，接通加热管的220V供电回路，加热管得电后开始加热。完成加热程序后，CPU输出的REL信号变为低电平，使Q151截止，KC151内的触点释放，加热管停止加热，加热结束。

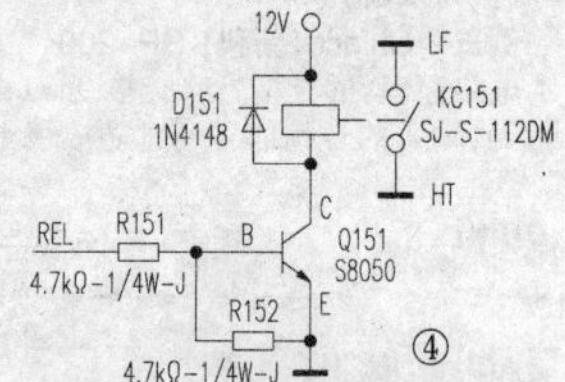

四、常见故障检修

1.开关电源无12V电压输出

该故障是由于供电线路、电源电路、加热电路、打浆电路异常所致。

首先，检查电源线和电源插座是否正常，若不正常，检修或更换；若正常，拆开豆浆机后，检查保险管（熔丝管）F091是否开路。

若F091开路，应先检查压敏电阻RZ091和滤波电容C091是否击穿，若它们击穿，与F091一起更换后即可排除故障；若它们正常，在路检查整流堆U161是否正常，若异常，与F091一起更换即可；若正常，断开插座CN161后，过流现象是否消失，若消失，则检查电机；若仍过流，检查加热管。

若F091正常，检查R091是否开路，若R091开路，说明开关电源异常。此时，在路测整流管D091~D094是否击穿，若有短路的，与R091一同更换即可；若正常，在路检测U091(OB2226)的④、⑤脚内的开关管是否击穿，若击穿，多会连带损坏R097。若开关管正常，则检查EC092。

【提示】U091内的开关管击穿，还应检查尖峰吸收回路的D097、R096、C092和R095是否正常，若异常，与U091、R091、R097一起更换即可；若正常，则检查EC093、开关变压器T091，以免更换后的电源模块再次损坏。

若R091正常，测EC092两端有无300V直流电压，若没有，检查L092和线路；若正常，检查U091的①脚有无启动电压，若没有或电压过低，检查R092~R094是否阻值增大，D096~D098、EC093、C092、C094漏电或击穿，若是，更换即可；若正常，检查U091和开关变压器T091。

2.开关电源有电压输出，但异常

该故障是由于电源模块的供电电路、负载异常所致。该故障可在开关电源通电瞬间，通过测EC094两端电压大致判断故障部位。

若EC094两端电压低于12V，脱开稳压器U092的供电端后，若EC094两端电压恢复正常，则检查U092及负载；若无效，断电后在路测R097、D096~D098是否正常；若异常，更换即可；若正常，检查EC093、EC094是否正常，若正常，检查OB2226、T091。

若EC094两端电压高于12V随后下降，说明稳压控制电路异常导致过压保护电路动作。对于该故障，只要检查EC903和U901即可。

3.5V供电异常，但12V供电正常

5V供电异常，说明5V电源电路或其负载异常。

首先，悬空U092的③脚，测③脚对地电压能否恢复正常，若正常，检查EC095及负载；若仍异常，用相同的5V稳压器更换即可。若手头没有相同的稳压器，也可以体积大的KA7805更换，但要安装在合适的位置，并做好绝缘处理。

◇山西　杜旭良

(未完待续)(下转第194页)

使用无线电源实现无电池应用

无线电源传输(WPT)系统由空气间隙分开的两部分电路组成：一个部分是带有发射线圈的发射器(Tx)电路，另一个部分是带有接收线圈的接收器(Rx)电路(见图1)。与典型的变压器系统非常相似，发射线圈中产?? 生的交流电通过磁场在接收线圈中感应出交流电。然而，与典型的变压器系统不同，初级(发射器)和次级(接收器)之间的耦合通常非常低，这是由于非磁性材料(空气)间隙的原因。

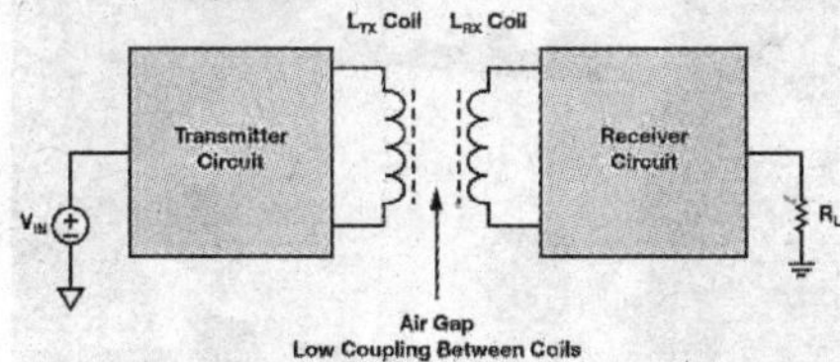

图1 无线电源传输系统

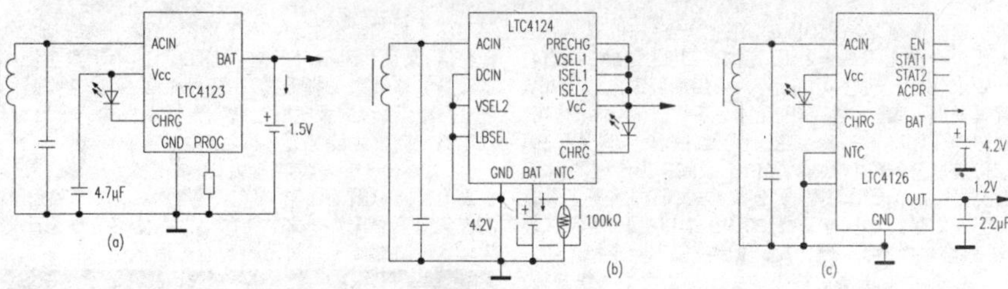

图2 无线Rx电池充电器，下游负载连接到a)电池，b)PowerPath理想二极管，以及c)稳压器输出

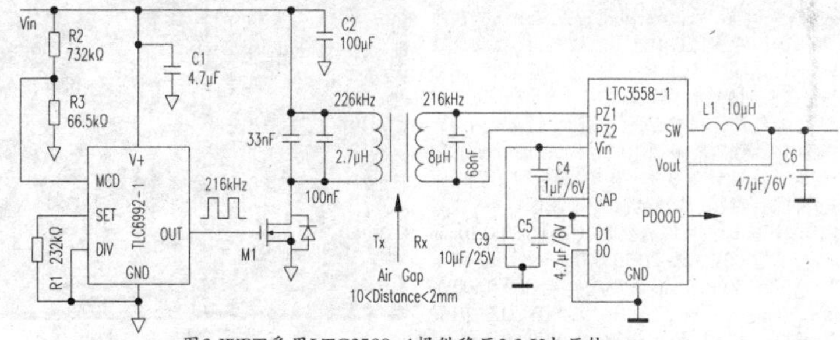

图3 WPT采用LTC3588-1提供稳压3.3 V电压轨。

目前使用的大多数无线电源传输应用都配置为无线电池充电器。可充电电池位于接收器侧，只要有发射器，就可以无线充电。充电完成后，当电池随后从充电器上取下时，可充电电池然后为最终应用供电。下游负载可以直接连接到电池上，通过PowerPath理想二极管间接连接到电池，或连接到集成在充电器IC中的电池供电稳压器的输出。在所有三种情况下(参见图2)，最终应用程序可以在充电器上或从充电器上运行。

但是，如果特定的应用根本没有电池，那么当无线电源可用时，只需提供稳压电压轨即可。这些应用的例子在远程传感器，计量，汽车诊断和医疗诊断中比比皆是。例如，如果远程传感器不需要持续供电，那么它就不需要电池，这需要定期更换(如果是主电池)或充电(如果它是可充电的)。如果该远程传感器仅需要在用户位于其附近时给出读数，则可以按需无线供电。

输入LTC3588-1纳米级能量收集电源：虽然最初设计用于由换能器(例如，压电，太阳能等)供电的能量收集(EH)应用，但LTC3588-1也可用于无线电源。在图3中，显示了使用LTC3588-1的完整发射器和接收器WPT解决方案。在发送器端，使用基于LTC6992 TimerBlox硅振荡器的简单开环无线发送器。对于此设计，驱动频率设置为216 kHz，低于LC振荡器谐振频率266 kHz。fLC_TX与fDRIVE的精确比率最好根据经验确定，其目标是最小化由于零电压开关(ZVS)引起的M1中的开关损耗。关于线圈选择和工作频率的发送器侧的设计考虑与其他WPT解决方案没有什么不同：也就是说，在接收器侧没有LTC3588-1的独特之处。

在接收器侧，LC谐振腔谐振频率设置为等于216 kHz的驱动频率。由于许多EH应用需要交流到直流的整流(就像WPT一样)，LTC3588-1已经内置了这个电路，允许LC谐振槽直接连接到LTC3588-1的PZ1和PZ2引脚。整流的带宽是DC到> 10 MHz。与LTC4123 / LTC4124 / LTC4126上的VCC引脚类似，LTC3588-1上的VIN引脚被调节到适合为其下游输出供电的电平。对于LTC3588-1，输出是迟滞降压DC-DC稳压器而不是电池充电器。四个引脚可选输出电压：1.8 V，2.5 V，3.3 V和3.6 V，可提供高达100 mA的连续输出电流。输出电容的大小可以提供更高的短期电流突发，前提是平均输出电流不超过100 mA。当然，实现完整的100 mA输出电流能力取决于具有适当大小的发射器，线圈对和足够的耦合。

如果负载需求小于可用的无线输入功率，则VIN电压将增加。虽然LTC3588-1集成了一个输入保护分流器，如果VIN电压上升到20 V，它可以吸收高达25 mA的电流，但这个功能可能是不必要的。随着VIN电压上升，接收器线圈上的峰值交流电压也会起作用，这相当于交付给LTC3588-1的交流电量下降，而不是简单地在接收器中循环。如果在VIN上升到20 V之前达到接收器线圈的开路电压(VOC)，则下游电路受到保护而接收器IC中没有浪费的热量。

测试结果：对于图3所示的空气间隙为2 mm的应用，在3.3 V电压下，测量的最大可输出电流为30 mA，测量的空载VIN电压为9.1 V。对于接近零的空气间隙，最大可输出电流增加到大约90 mA，而无负载VIN电压增加到仅16.2 V，远低于输入保护旁路电压(见图4)。

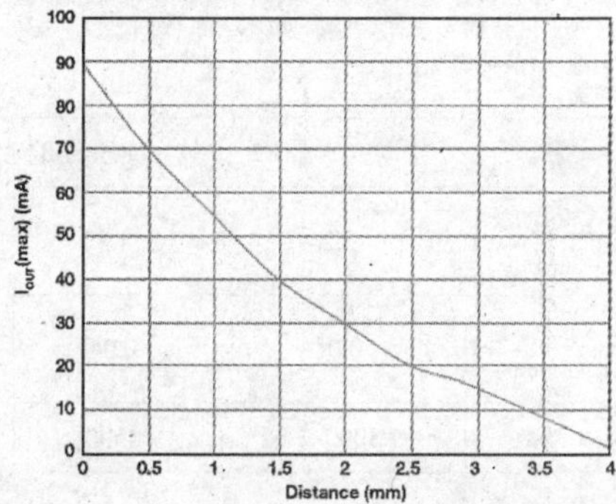

图4 在3.3 V电压下各种距离的最大可交付输出电流

◇湖北 朱少华 编译

反馈发生器避免了SMPS设计中光耦合器的使用

光耦合器经常用于隔离式开关模式电源(SMPS)，用于初级侧和次级侧之间以及与反馈发生器之间的电流隔离。然而，使用光耦合器有几个缺点，包括性能和耐久性问题。以下是使用数字隔离器的光耦合器的替代方案。

SMPS功率转换器设计依赖于有关其输出电压的反馈来维持稳压。该反馈信号通常通过光耦合器以维持初级侧和次级侧之间的电流隔离。然而，使用光耦合器时的一个关键问题是它在控制回路中引入了一个额外的极点。该极点减少了反馈路径的带宽。此外，光耦合器的电流传输比具有较大的单元间差异，也会随温度和寿命降低。这种可变性会影响控制回路的校准和长期漂移。

下面的设计展示了SMPS设计中光耦合器的替代方案，该设计使用Silicon Labs的Si8642数字隔离器在转换器的主侧和次级侧之间形成屏障。它需要根据转换器的输出生成反馈信号，而不是直接使用该输出信号。

反馈发生器以通过隔离屏障发送到次级侧的10MHz时钟信号开始，其中电路R2C2将时钟信号转换为三角波形。该波形驱动高速比较器U3的反相输入。非反相输入接收转换器输出电压的缩放值。只要三角信号小于缩放输出电压，比较器的输出就会变高。因此，比较器输出信号的占空比将与转换器的输出电压成比例，如图2所示。

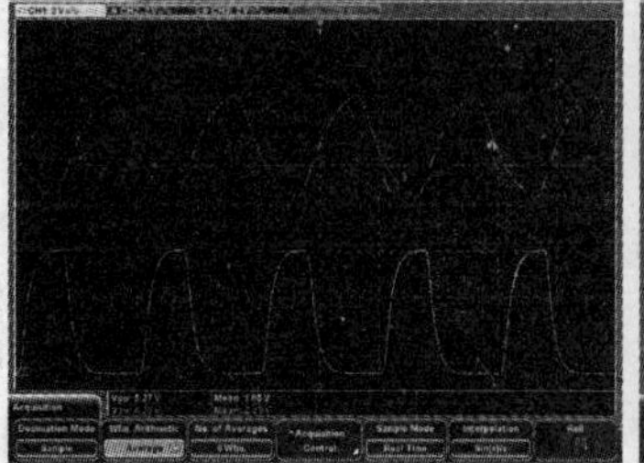

图2 将三角形时钟信号(绿色)与SMPS输出电压的缩放版本进行比较，得到一个信号(黄色)，其占空比与SMPS输出成比例。

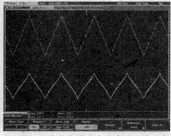

图3 反馈发生器的线性度使用非反相输入端的三角波进行测试。

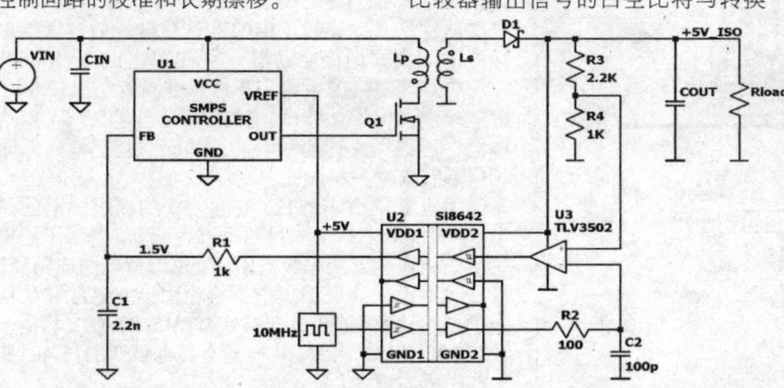

图1 使用基于数字隔离器的反馈方案的SMPS电压转换器的原理图

比较器的输出通过隔离栅返回初级侧，电路R1C1对信号进行低通滤波，并将该结果应用于开关控制器的反馈引脚。

为了评估反馈发生器的线性度，我将斜坡信号应用于比较器的非反相输入并观察输出信号(在C1处)。结果如图3所示。

为了调整转换器的控制回路，我们需要知道这个反馈方案引入的附加极点的位置。为了确定这一点，我用Bode-100相位增益分析仪检查了发生器的AC行为，结果如图4所示：

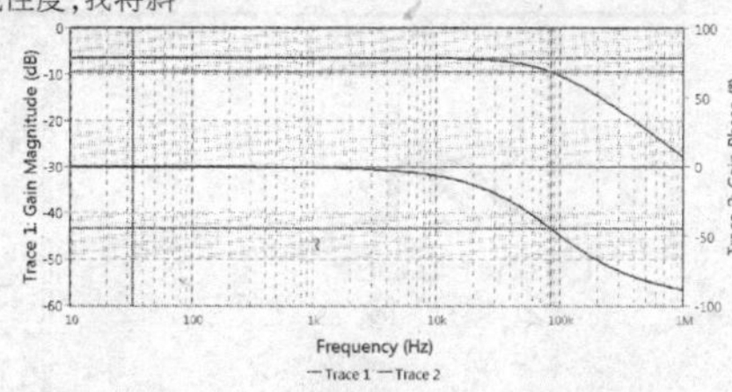

图4 SMPS反馈发生器的增益幅度和增益相位

极点出现在85 kHz，主要是由于R1C1滤波器。通过为这些组件选择较小的值，可以将极点推得更高。

◇湖北 朱少华 编译

变压器耦合6V6推挽功率放大器的制作

这应该算是笔者DIY的第三代“宝马”机器了。第一代为全变压器耦合2×1.5瓦推挽，用的是6N3+6P14，音效十分令人满意，功率不大，采用的屏级电压为70V，背景安静，适合于推耳机，让你舍不得放下！推小音箱，也同样让你难于忘怀，甚至于几天几夜舍不得关机！第二代宝马是将6P14换成了6P1，级间采用传统的RC耦合，导相采用传统的屏、阴分割方式，同样获得了满意的听音效果（详见《电子报》2019年第15期第7版）。三代宝马功率与二代不相上下。主要有以下两个特点：

1. 推动变压器的初级和次级都采用了双线并绕，对称性比较好。以往大都是采用漆皮比较薄的QZ-1油基性的漆包线来绕制。另，双管推动音频变压器的初级匝数比较多，音频的峰值P-P电压比较高，线圈两个臂之间或者层间的相对电压也比较高，音频峰值时（特别是电路出现自激时），如果层间绝缘不良或者漆皮破损，很容易击穿造成层间或者匝间短路。因此，在设计推动变压器初级绕组时，采用单线顺绕，中心抽头的方式。两个臂的对称性较难掌握。其实，漆包线击穿电压跟漆包线的种类，直径，漆膜的厚度等数据有关，这些数据在漆包线的国标上可以查到。如QZ-1/130 0.10mm最小击穿电压为500V，QZ-2/130 0.10mm最小击穿电压为950V，QZ-3/130 0.10mm最小击穿电压为1400V。QZ-1/130 0.50mm最小击穿电压为2400V，QZ-2/130 0.50mm最小击穿电压为4600V，QZ-3/130 0.50mm最小击穿电压为7000V。而采用加厚漆皮的高强漆包线QZ-2（漆皮比油基性的漆包线厚），双线并绕，头尾相连方式，只要处理好引出线的绝缘，即使层间不加绝缘纸也可以有效地避免击穿短路。两组的对称性也就很容易实现了（绕制详见附表）；

附表：

名称	推动变压器 B2	输入变压器 B1
铁芯面积（cm^2）	3.2	1.3
初级线直径(mm)	0.08	0.04
匝数	3000×2	4500
次级线直径(mm)	0.1	0.04
匝数	1830×2	9000
备注	初次级双线并绕头尾相连为中心抽头	次级中心抽头

（仅供参考）

电源变压器和输出变压器绕制请参考二代宝马，此处略。

2.灯丝走线没有采用通常的两线交合敷设，而是采用了单根粗漆包裸线，上下平行敷设，一端接地，外观整洁，而且并无不良影响。见图2。注：为了避免灯丝走线给电路带来工频干扰，在搭棚机器中，通常都是两线交合敷设，印刷版电路走线则在双面板的第一层，而且线路走向十分的考究，业余条件下难度较大。

图中：6N3作为缓冲前级，不要求大的增益，只求提高信噪比。因为在第一代宝马电路中，输入变压器B2是设计在信号输入端（前端），人体感应现象比较重。本电路即使不加屏蔽也可有效避免。

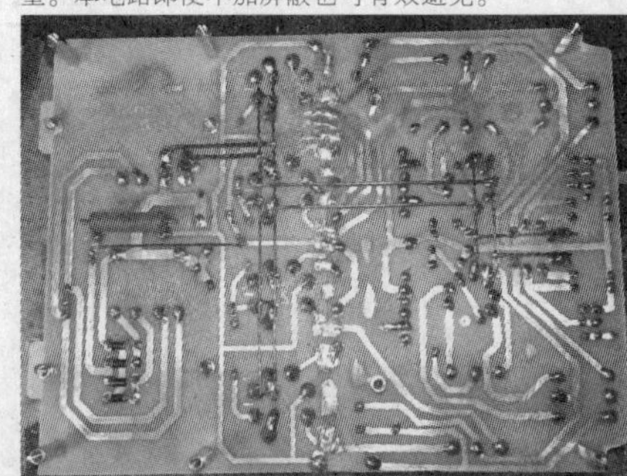

图2，灯丝走线敷设

图3 外观-正面

图4 盖开（右边两只是6P6P替代的）

图5 外观背面

图6 底部

以下是第三代宝马机器人声和纯音乐试音视频链接：

《梁祝》片段https://v.youku.com/v_show/id_XNDEyMDA2NjkwOA==.html?f=52138115

《紫竹调》片段

https://v.youku.com/v_show/id_XNDExMzkyMjU1Ng==.html?f=52138115

《苗岭的早晨》片段

https://v.youku.com/v_show/id_XNDExMzkyNTI4OA==.html?f=52138115

《彩云追月》片段

https://v.youku.com/v_show/id_XNDExMzkyNDEyOA==.html?f=52138115

《妹妹找哥泪花流》片段

https://v.youku.com/v_show/id_XNDExMzkxOTUzMg==.html?spm=a2h0j.11185381.listitem_page1.5! 3~A&&f=52138115

◇路神

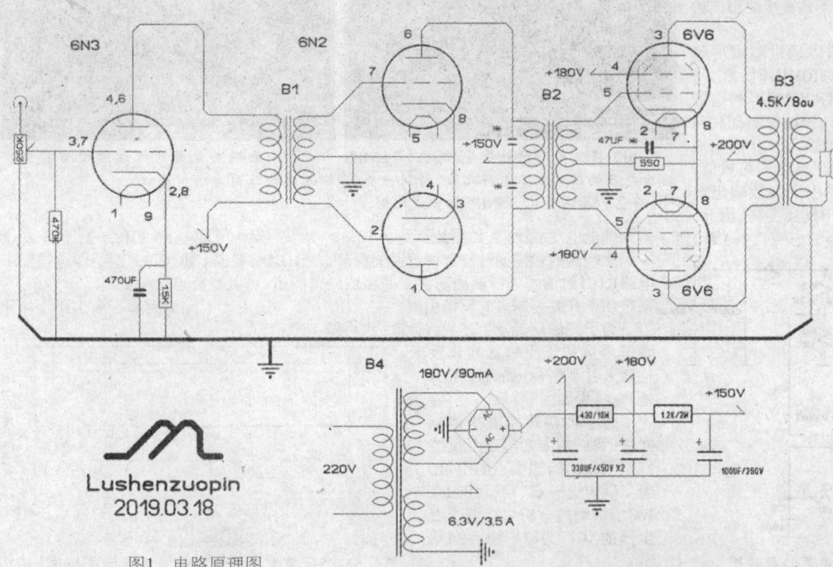

图1 电路原理图

BQ79606A-Q1精密电池监控器系统

高度集成的BQ79606A-Q1可精确监控温度和电压水平，有助于最大限度地延长电池使用寿命和上路时间。此外，BQ79606A-Q1电池监控器具有安全状态通信功能，可帮助系统设计人员满足汽车安全完整性等级D（ASIL-D）的要求。这是ISO 26262道路车辆标准定义的最高功能安全目标。

TMP235-Q1温度传感器件与最近发布的UCC21710-Q1和UCC21732-Q1栅极驱动器相结合，帮助设计人员创建更小、更高效的牵引逆变器设计。这些器件是首款集成了IGBT和碳化硅场效应管传感功能的隔离式栅极驱动器，-可在高达1.5 kVRMS的应用中实现更高的系统可靠性，并具有超出12.8 kV的隔离浪涌保护功能（规定的隔离电压为5.7 kV）。这些器件还提供快速检测时间，以防止过流事件，同时确保系统安全关机。

为直接从汽车的12V电池为新的栅极驱动器供电，德州仪器发布了一种新型参考设计，展示了三类用于牵引逆变器功率级的IGBT/SiC偏置电源选项。该设计包括反极性保护、电瞬态钳位以及过压和欠压保护电路。紧凑的设计包括新型LM5180-Q1。其是一款100 V、1 A同步降压转换器，具有极低的10-μA典型待机静态电流。

初学入门

传感器系列5：湿度传感器及应用电路

湿度传感器是能够感受外界湿度变化，通过器件材料的物理或化学性质变化，将湿度转化成可用信号的器件。湿敏器件只能直接暴露于待测环境中，不能密封。

一、湿度传感器基础知识

湿度是指大气中的水蒸气含量。一般采用绝对湿度和相对湿度来表示。绝对湿度是指在一定温度和压力条件下，每单位体积的待测气体中所含水蒸气的质量，单位为g/m^3，即水蒸气的密度，一般用符号AH表示。相对湿度是待测气体中的水蒸气气压与同温度下饱和水蒸气压的比值，一般用符号%RH表示，是一个无量纲的量。相对湿度给出大气的潮湿程度，在实际中多使用这一概念。

保持压力一定而降温，使混合气体中的水蒸气达到饱和而开始结露或结霜时的温度称为露点温度，简称为露点。空气中水蒸气压越小，露点越低，因而可以用露点表示空气中的相对湿度大小。

(一)湿度传感器主要特性

1.湿度量程

湿度量程是湿度传感器能够较精确测量的环境湿度的最大范围，分为低湿型、高湿型及全湿型三大类。低湿型指相对湿度小于40%RH，高湿型大于70%RH，而全湿型为0~100%RH。

2.感湿特性

感湿特征量(如电阻、电容等)随环境相对湿度变化的关系曲线，称为感湿特征量-环境湿度特性曲线，简称为感湿特性曲线。按曲线的变化规律，感湿特性曲线可分为正特性曲线和负特性曲线。图1为湿敏元件的负特性曲线。

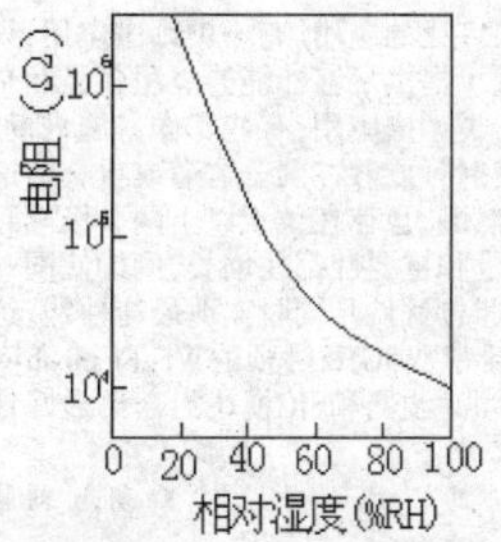

图1 湿敏元件的感湿特性曲线

3.感湿灵敏度

在一定湿度范围内，相对湿度变化1%RH时，其感湿特征量的变化值或变化百分率称为感湿灵敏度。

4.响应时间

当环境湿度改变时，湿敏传感器完成吸湿或脱湿以及动态平衡（感湿特征量达到稳定值）过程所需要的时间，称为响应时间。感湿特征量的变化滞后于环境湿度的变化，所以实际中多以起始和终止湿度区间内90%的相对湿度变化所需的时间来计算。

5.湿度温度系数

在器件感湿特征量恒定的条件下，该感湿特征量值所表示的环境相对湿度随环境温度的变化率，称为感湿温度系数，即

6.湿滞特性

湿敏元件吸湿和脱湿响应时间不同，具有滞后现象，因此感湿特性曲线不重合，这种特性称为湿滞特性，所形成的曲线是一条封闭曲线，称为湿滞回线。在湿滞回线上同一感湿特征量值下，吸湿和脱湿两条感湿特性曲线所对应的两湿度的最大差值称为湿滞回差。如图2所示。

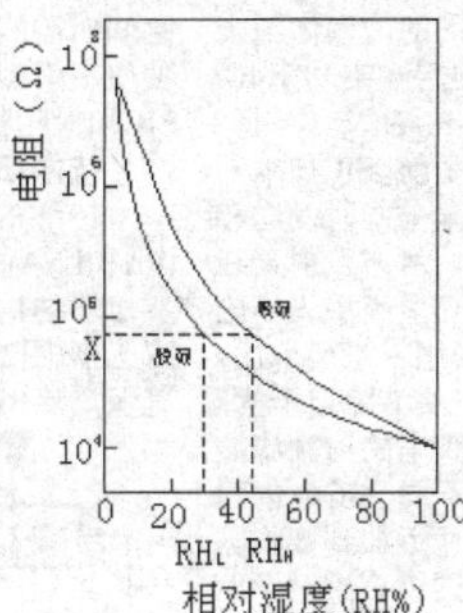

图2 湿度传感器湿滞特性

(二)常用湿度传感器

湿度传感器种类很多，没有统一分类标准。按材料分为半导体陶瓷湿度传感器和有机高分子湿度传感器两大类。半导体陶瓷湿度传感器按其制作工艺不同可分为：烧结型、涂覆膜型、厚膜型、薄膜型和MOS型。有机高分子湿度传感器分为分子电阻式、分子电容式和结露传感器。本文介绍有机高分子湿度传感器。

1.电阻式湿度传感器

随着相对湿度的增加，电阻式湿度传感器的电阻值会急剧下降，基本按指数规律下降。电阻—湿度特性近似呈线性关系。

这种传感器的湿敏层为可导电的高分子膜，强电解质，具有极强的吸水性。在低湿下的吸附量少，不能产生荷电离子，所以电阻值较高。当相对湿度增加时，吸附量也增大，大量的吸附水就成为导电通道。高分子电解质吸水后电离，正负离子对主要起到载流子作用，使湿度传感器的电阻下降。吸湿量不同，高分子介质的阻值也不同，根据阻值变化可测量相对湿度。这类传感器具有滞后小、重复性好的特点。

2.电容式湿度传感器

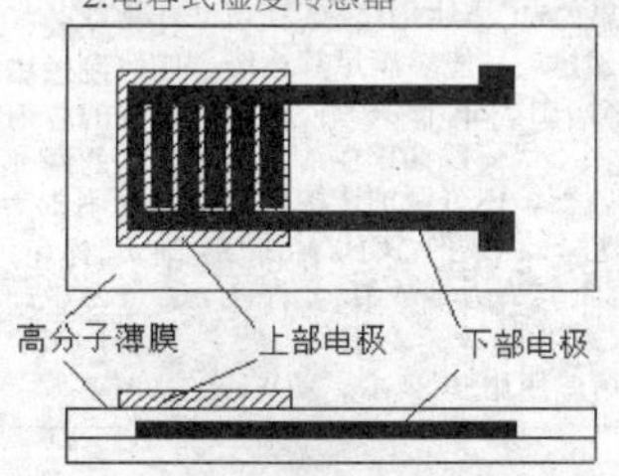

图3 湿敏电容传感器的结构

电容式湿敏传感器是利用湿敏元件的电容值随湿度变化的原理进行湿度测量的传感器。其基本结构如图3所示。在玻璃或陶瓷基片上设置上、下电极，上部电极具有透湿性，中间夹着湿敏元件。当湿敏元件感受到周围的湿度变化时，吸湿性电介质材料的介电常数发生变化，从而引起电容量的变化。该类传感器能测全湿范围的湿度，且有线性好、重复性好、尺寸小、滞后小和响应速度快等特点，能在-10 ℃~70 ℃的环境温度中使用。

3.结露传感器

结露传感器与一般的湿度传感器不同，它对低湿不敏感，仅对高湿敏感，感湿特征量具有开关式变化特性。结露传感器分为电阻型和电容型，目前电阻型应用较广泛。

电阻型结露传感器是在陶瓷基片上制成梳状电极，在其上涂一层电阻式感湿膜，感湿膜采用掺入碳粉的有机高分子材料。在高湿下，电阻膜吸湿后膨胀，碳粉间距变大，使电阻变大；而低湿时，因电阻膜收缩使电阻变小。其特性曲线如图4，在60%RH以下很平坦，而超过80%RH陡升。

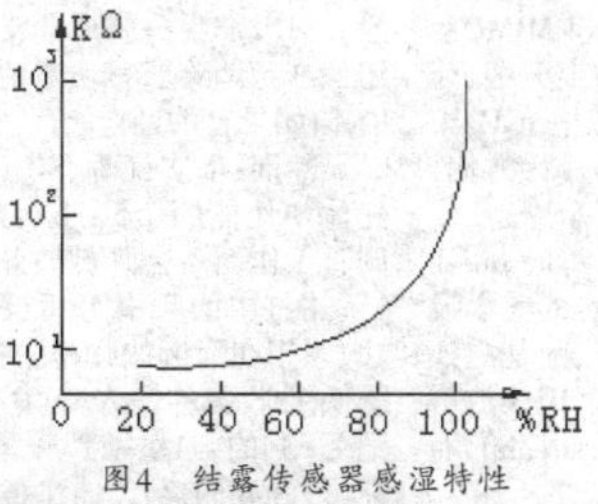

图4 结露传感器感湿特性

二、湿度传感器应用实例

(一)自动喷灌控制电路

见图5，电源电路由变压器T、整流桥UR、隔离二极管VD2、稳压二极管VS和滤波电容器C1、C2等组成。交流220V电压经T降压、UR整流后，在C2两端产生直流6V电压。6V电压一路供给微型水泵的直流电动机；另一路经VD2降压、VS稳压和C1滤波后，产生+5.6V电压，供给弱电控制电路。

湿度传感器插在土壤中进行检测。当土壤湿度较高时，传感器两电极之间的电阻值(记作RH)较小，使VT1、VT2导通，VT3截止，继电器K不吸合，水泵电动机M不工作。当土壤湿度变小，传感器RH增大至一定值时，VT1和VT2将截止，使VT3导通，继电器K吸合，其常开触头K接通，使M通电，喷水设备开始工作。当土壤中的水分增加，传感器RH减小至一定值时，VT1和VT2又导通，使VT3截止，继电器K释放，M停转。当土壤水分减少至一定程度时，将重复进行上述过程，从而使土壤保持恒定的湿度。

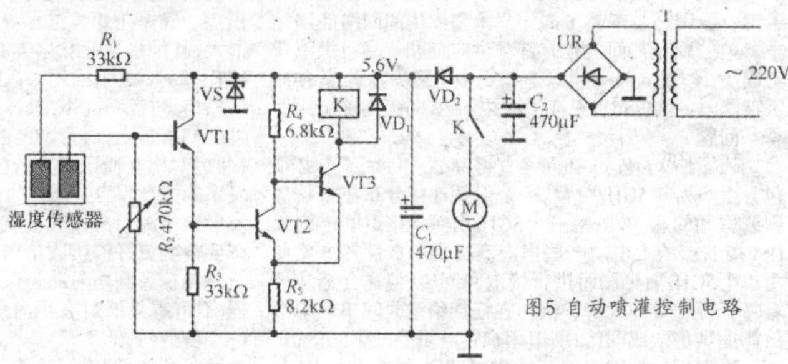

图5 自动喷灌控制电路

(二)汽车后窗玻璃自动去湿电路

汽车后窗玻璃示意图如图6所示。R_s为嵌入玻璃的加热电阻丝，H为结露感湿器件(电阻为R_B)。

图6 后窗玻璃示意图

自动去湿电路原理图如图7所示。三极管VT_1和VT_2接成施密持触发电路，VT_2的集电极接负载继电器K的线圈，VT_1基极电阻为R_1和H并联的等效电阻为R_{B1}。在常温、常湿情况下，R_{B1}值较小，VT_1导通，VT_2截止。当车内外温差较大且湿度过大时，H的电阻R_B值增大，则R_{B1}值增大，VT_1截止，VT_2导通，继电器K线圈得电，常开触点Ⅱ接通电源Ec，小灯泡L点亮，电阻丝Rs通电加热，后窗玻璃升温，驱散湿气。当湿度减少到一定程度，施密特触发电路又翻转到初始状态，小灯泡L熄灭，电阻丝Rs断电停止加热，从而实现自动去湿控制。

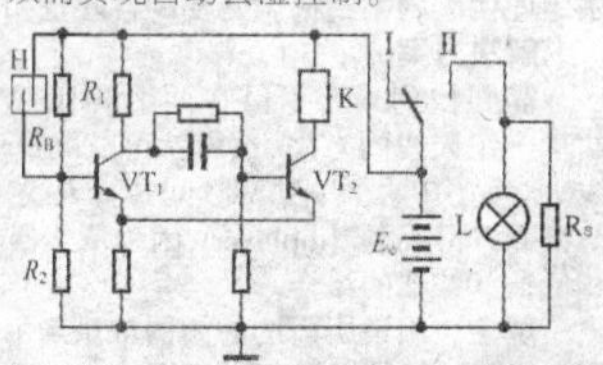

图7 汽车后窗玻璃自动去湿电路原理图

◇中国联通公司哈尔滨软件研究院 梁秋生
哈尔滨远东理工学院 解文军

安装一套家庭需求的Wi-Fi网络

Wi-Fi网状(mesh)网络在消费市场发展速度相当迅速，原因是越来越多的用户希望家里的网络能够完全覆盖。现在市面上也有许多供应商和产品可供消费者选择，比如Google就为零售市场提供解决方案，其他的因特网服务供应商也正在关注并开始评估自家的产品。

问题

为了使Wi-Fi mesh网络变得高效，每个节点必须包含至少两个5GHz射频：一个射频连接分布在整栋房屋或房间的客户端；另一个5GHz射频连接返回电缆或DSL接取点的主机。一些供应商提供的低性能方案使用单个5GHz射频同时进行接取和回传，但这会造成严重降低吞吐量的代价，因为在任何给定时间单一射频只能提供接取或回传，所以用户吞吐量降低了50%。

除考虑射频因素外，天线因素也很重要。4x4 MIMO射频(4个接收器和4个发射器)通常优于2x2 MIMO射频。目前，市场中同时存在这两种方案，4x4 MIMO射频需要四根天线，而2x2 MIMO射频仅需两根天线，为获得最佳性能，Wi-Fi mesh网络节点需要8根5GHz天线。此外，有些模块供应商推出了新的8x8设计方案，该方案两个射频需要16根天线！

与办公室内使用的可以隐藏的路由器不同，mesh单元是部署在家中，其路由器必须具有一定的美学吸引力，因此路由器不能是又笨又大的黑盒子，而是应该更加小巧和精致。但设备的大小会影响性能，天线放得太靠近则难以提供独立的空间串流(spatial stream)，而这正是MIMO的关键优势。

实际上，对单一接取点内、工作在相同频带内的两个独立射频来说，无论天线怎样排列，都不可避免对彼此的性能产生负面影响。为了实现两个5GHz射频并行操作所需的额外隔离，需要射频滤波器。一个射频配置为在UNII 5GHz频段的下部工作，其每个天线都有滤波器，以抑制来自频段上部的噪声；另一个5GHz射频配置为在频段的上部工作，每根天线也都有滤波器，以抑制来自频段下部的噪声，而8根天线需要8个滤波器——低通和高通各四个。

这些问题对提供整栋房屋Wi-Fi方案的供应商来说，具有很大的挑战。大块头、不好看的产品，消费者不买单；小巧、美观，但性能低下的Wi-Fi mesh节点则无法为现代联网家庭提供必要的吞吐量和容量。

解决方案

需要找到一个可以在两个5GHz Wi-Fi射频之间共享一组天线的方法，这样就可以减少一半的5GHz天线。但为了在两个单独射频间共享天线，需要一个专用滤波器，即双工器(diplexer)，因为双工器本质上是高通和低通滤波器的组合。

现在，假设所需的滤波器数量与每个射频使用专用天线时的数量相同(不共享天线)。当天线在物理上分开时，独立滤波器只需抑制大约35dB的噪声；而双工器中的滤波器需要抑制大约70dB的噪声。最大的区别在于，级联两个35dB滤波器会使滤波器原本已高的插入损耗倍增到不可接受的水平。具有70dB抑制和低插入损耗、确保在滤波过程中不浪费能量的滤波器体积会很大，且价格不菲。这类滤波器经常会用在高功率4G/LTE移动基站内，而不太适合消费类Wi-Fi接取点应用。

自干扰消除(SIC)技术可为此提供帮助。SIC技术开发的初衷是允许射频在完全相同的频率上同时发送和接收。对相互通讯双方的任一节点而言，对方发射天线发来的信号为自身需要的期望信号，而自身发射天线的发射信号对自身接收端就会造成干扰，这就是自干扰。想要得到更好的接收信号，就需要想办法消除自干扰。

与插入到信号路径以隔阻不需要频率的射频滤波器(不可避免地对有用信号造成损耗)不同，SIC会创建一个新信号，即消除信号，再把这个信号添加到接收器的输入端，以彻底消除不需要的信号。透过直接对发射器的输出进行采样并连续监测和调整来自环境的反射，可以产生分辨率非常高的消除信号。对于许多应用，产生消除信号所需的额外功率是值得付出的额外成本(如果有的话)。

然而，事实证明，SIC还有其他用途，例如在同一个壳体中使能两个5GHz射频，它们共享相同天线，以便同时工作而不会降低彼此的性能。

图1中的频谱分析仪曲线说明了SIC技术的有效性。为了在附近的频率上操控第二个射频，有必要同时降低(接收器的输入端)发射频率的发射信号功率(到标记为「3」的点)和相邻频率发射器产生的噪声功率(到标记为「4」的点)。请注意，消除干扰后，来自自干扰发射器的噪声已降低到本底噪声水平。

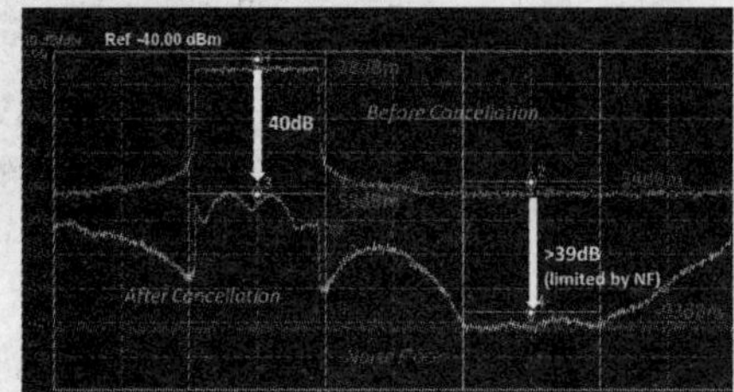

图1 SIC技术可用于显著降低相邻通道干扰。(来源：Kumu Networks)

有一种可用于双5GHz射频Wi-Fi mesh网络AP的低成本35dB抑制滤波器，将它与小型、低功耗、低损耗、可提供额外45dB抑制效果的SIC模块相结合，则可以用于共享相同天线的5GHz射频，且能够满足其性能要求。此方案还有另一个好处，由于SIC模块设计用于支持MIMO配置，因此单一模块不仅可以保护作为干扰发射器连接到同一天线的接收器，还可保护连接到其他天线的所有其他接收器。这降低了两个5GHz射频的天线隔离要求，使得天线可以非常靠近地放置，允许使用很小的外壳。

总的来说，AP设计人员可以使用SIC技术，使Wi-Fi mesh网络的5GHz天线数量减少50%，同时缩短天线之间所需的物理间隔，而且还不会降低射频性能。虽单独使用射频滤波器不可能实现这些功能，但组合使用SIC和射频滤波器则可实现。

技术细节

传统的双工器是天线连接到发射器和接收器对(PA和LNA)的3埠设备。为了最有效地将SIC RFIC引入双工器结构，业者已经研制了出了具有5个埠的修订版双工器(图2)。该结构不仅为消除RFIC提供连接点，还确保消除RFIC所观察的信道与空中信道相同。

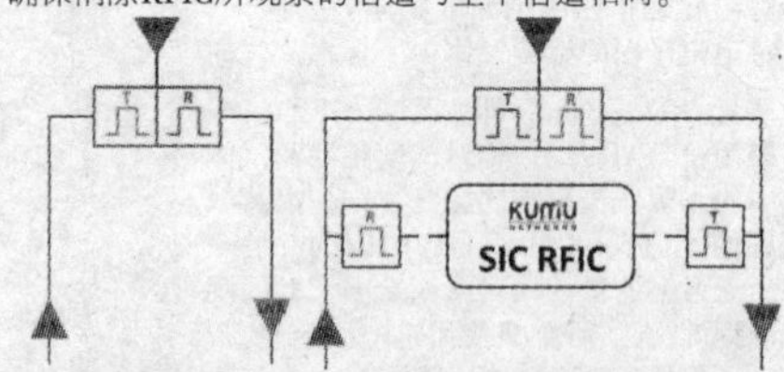

图2 使用SIC技术的传统3端口双工器结构(左)和5端口结构(右)的比较。(来源：Kumu Networks)

现在了解了SIC模块的适用范围后，来比较这两种架构：(1)带双5GHz射频的Wi-Fi mesh网络节点，每个支持4x4 MIMO，不带SIC；(2)与前述相同，但带SIC(图3)。显然，使用自干扰消除器时，只需要一半的5GHz天线，所有双工器结构均采用RFIC以提高性能。鉴于消除器能够减少MIMO链之间的交叉干扰，所以它进一步强化了链之间的隔离，其结果是，因RFIC以电子方式处理隔离，因此天线之间只需较小的物理隔离就可满足隔离要求。

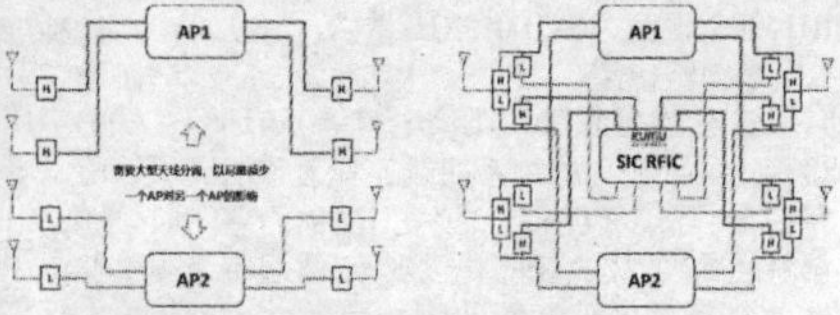

图3 双5GHz 4×4射频设计的比较。

结论

信号隔离有很广泛的应用。有一类频谱应用，只需传统射频滤波器就可提供足够性能的应用，显然是最便宜的方案。另一类频谱应用，有些工作只能借助SIC技术完成，例如使射频能够在同一信道或重叠信道上同时发送和接收。然而，也存在位于以上两个极端频谱中间的应用，其数量和重要性都在增长，例如使同一设备中的两个射频同时运行，且同时实现最佳性能。这一中间类别应用包括带双5GHz射频的Wi-Fi mesh网络节点，使用传统射频滤波器和SIC模块组合可最好地满足这类应用的要求。

◇湖南 刘慧文

几款三防硬盘

喜欢摄影的朋友经常为存储卡不足而烦劳，特别是出远门的时候更是如此。索尼推出两款新的外置固态硬盘，特意针对摄影师和摄像师等专业人士。这2款外置固态硬盘采用标准的紧凑型风格，具有令人印象深刻的快速读/写速度，硬件加密，抗冲击和密封性能，防尘防水。SL-M(高性能)和SL-C(标准紧凑型)系列固态硬盘均采用防震一体式铝质外壳，防护等级为IP67，可防水防尘。还有一个USB-C接口盖，也可以防水。

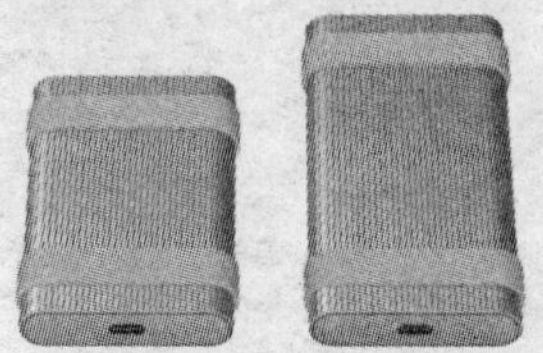

该外置固态硬盘可以承受高达9英尺(2.75米)的跌落，也可以承受3英尺(0.9米)水深浸泡，还可以承受6000 kgf的压力和高达2000 kgf的弯曲，这意味着将它们与其他设备一起装入工具箱时不必特别小心。SL-M读写速度高达1000MB/s，SL-C传输数据速度稍慢，读取速度高达540MB/s，写入速度为520MB/s。

另外安全性上也得到了加强，用户可以使用AES 256位硬件加密，并且不会降低传输速度。双重密码保护还可以通过配套应用程序提供，该应用程序还具有内置的终身检查功能，可以监控SSD的状况和剩余容量。外置固态硬盘所有者可以设置用户级密码，并且无需担心在不同系统上解锁，因为它具有跨平台兼容性。SL-M和SL-C驱动器将在今年年中上市销售，并将提供500GB，1TB和2TB存储容量。

如果你还觉得容量小了，再推荐几款企业级的三防硬盘(阵列)。

希捷科技旗下品牌LaCie近日推出两款高性能移动硬盘产品LaCie Rugged RAID Shuttle和LaCie 2big RAID，两款产品均支持雷电3，同时也支持USB3.1。

Rugged RAID Shuttle采用标志性的橙色橡胶外壳，有着业界领先的抗摔、抗震、防水和防尘的性能，8TB大容量存储容量，巧妙的平面设计，可轻松放入背包或信封中。设备拥有250 MB / s的RAID 0性能，RAID 1用于数据冗余，可通过LaCie Toolkit配置，还支持Seagate SecureTM硬件加密，具有密码保护功能，可以保护用户敏感数据免受未经授权的访问或被盗泄露。此外，产品支持USB 3.1 Gen 1(5Gb / s)技术，配制USB-C连接器与Thunderbolt 3兼容，并向后兼容USB 3.0。除了

赠送3年保修和希捷的数据救援恢复服务包括，还包括1个月的免费订阅的Adobe Creative云全应用计划。8TB LaCie Rugged RAID Shuttle将于5月上市，厂商建议零售价为529.99美元。

LaCie 2big RAID采用深色铝制外壳，旨在减少噪音和振动，预格式化exFAT，并通过附带的LaCie Toolkit解决了设置RAID模式的难题。LaCie 2big RAID采用希捷的IronWolf Pro企业级硬盘，可提供高达16TB的桌面存储容量，440 MB / s的速度能快速有效地传输素材，并依靠标准的USB-C接口实现通用兼容性，支持Thunderbolt 3，USB 3.1 Gen 2(10Gb / s)和USB 3.0。产品带有数据救援恢复服务，5年保修和1个月免费的Adobe Creative Cloud All-Apps计划。LaCie 2big RAID计划本月上市，建议零售价为419美元(4TB)，529美元(8TB)和739美元(16TB)。

(本文原载第16期11版)

声波传输中的平衡信号与非平衡信号

在广电传输系统中，声波转变成电信号后，如果直接传送就是非平衡信号，如果把信号反相，然后同时传送反相的信号和原始信号，就叫作平衡信号，平衡信号送入差动放大器，原信号和反相位信号相减，得到加强的原始信号，由于在传送中，两条线路受到的干扰差不多，在相减的过程中，减掉了一样的干扰信号，因此更加抗干扰。

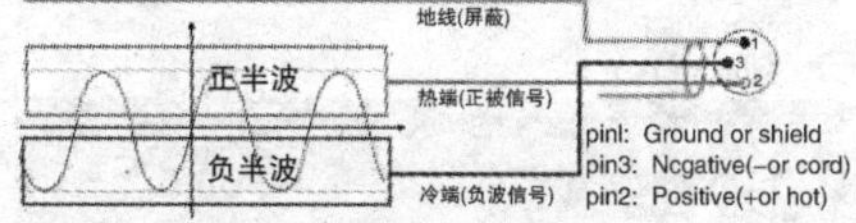

一、平衡信号与非平衡信号的区别

平衡信号跟非平衡信号最大的差别就在于抗噪声的能力，在物理架构上，实现平衡传输，需要并列的三根导线来实现，即接地线、热端线、冷端线。因此，平衡输入、输出接头，必须具有三个脚位，如卡侬头，大三芯TRS接头或者XLR3接头。

非平衡传输只有两个端子，即：信号端与接地端。对于这种单相信号，为防止共模干扰使用同轴电缆，外皮是地中间的芯是信号线。常见的接头，如BNC接头，RCA 接头等。这种传输方式，通常在要求不高和近距离信号传输的场合使用，如家庭音响系统。

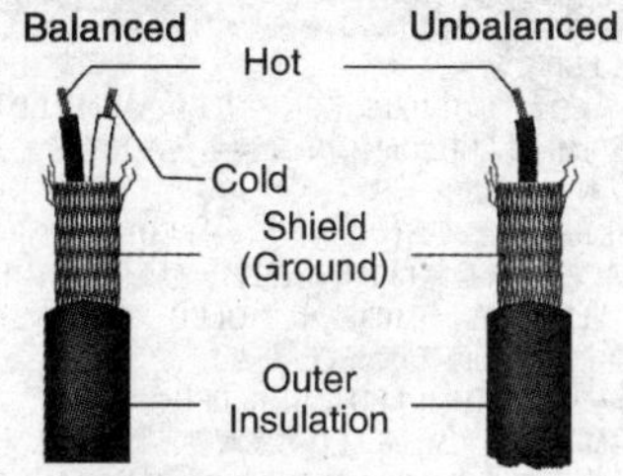

二、平衡信号如何抗干扰

就是用三根线(分别为热端〔hot〕、冷端〔cold〕、地线〔Gnd〕)来传送一路(单声道)音频信号。

要十分注意的是：它是平衡信号，虽然有三个接头，但传送的只是一路单声道信号。要传送立体声，得一对这样的插头才行！

既然两根线就能传送一个声道信号，为什么要搞出三根线？热端和冷端又是什么？

既然两根线就能传送一个声道信号，为什么要搞出三根线？热端和冷端又是什么？

原理是这样，其实热端和冷端传送的信号是同一个信号。只不过在信号的发出端，把一个声音信号分成两路，一路正相的进入热端，一路做一个反相以后进入冷端。而在信号的接入端，把冷端的信号做一个反向，和热端合并，得到最终的信号。

为什么要这么复杂呢？非平衡传送不是同样达到目的吗？

举个例子来说明一下：现在要把一个音频信号A从这端传到另一端。这个过程中各种干扰信号会进到这条线当中，比如变压器产生的交流声B，手机产生的干扰C等等。等信号传到那端的时候，得到的已经不只是A了，而是A+B+C！

如果我用平衡方式传送会怎样？

同样，我们仍然传送的音频信号A。在发送前，先兵分两路，让原始的A进入热端，把A做一个反相之后进入冷端，变成-A，然后出发！

路上遇到了变压器来的干扰B进入线路，热线上的信号变成了A+B，冷线上的信号变成了-A+B。还有手机干扰C，热线上变成了A+B+C，冷线上变成了-A+B+C。

现在到接收端了，先把冷端做一个反相-(-A+B+C)=A-B-C

然后，把这个反相过的冷端和热端的信号混合，也就是(热端)+(冷端)：(A+B+C)+(A-B-C)。

结果呢，不用我说了吧，B和C这两个干扰源在这里正好被完全抵消了！消得干干净净！剩下的只有我们要传送的信号A！

所以，平衡传输能抗干扰，可以长距离传输而保证信号质量！

Balanced noise cancellation

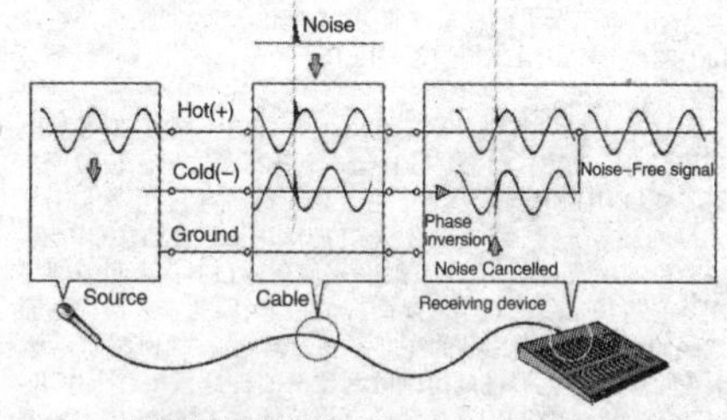

三、平衡信号的传输

要使用平衡信号，就必须用平衡线，因为平衡线一次要传输正相和反相两种信号，它需要并列的三根导线来实现，即接地、热端、冷端，所以平衡输入、输出插件必须具有3个接点。

1. XLR(卡农)插头

输出/输入平衡信号，高阻抗，分"公""母"两种，其中"公"用于输出信号，比如将信号输入给调音台；"母"用与接收信号，比如接受话筒的信号等。

卡侬插头的平衡式连接

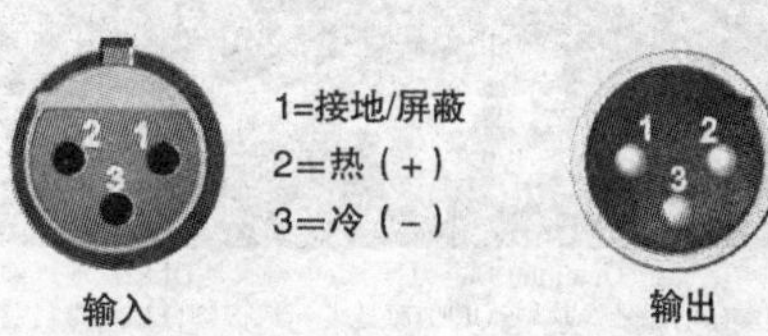

不平衡运行时极1和极3必须连接。

2. TRS(大三芯)

用于平衡信号(此时功能与卡农插一样)，或者用于不平衡的立体声信号，比如耳机。

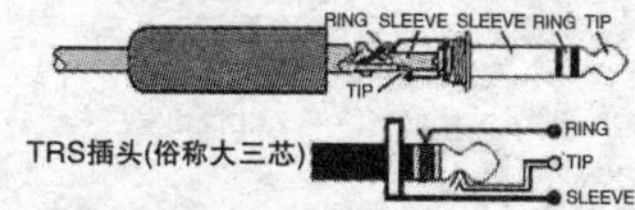

Tip=Positive (+or hot)　热端，信号+(立体声时为左声道)
Ring=Negative (+ or hot)　冷端，信号-(立体声时为右声道)
Sleeve=Shield or ground　接地端(屏蔽)

补充：TRS的直径是1/4英寸，换算成公制就是6.35mm，所以也俗称为"6.35"插头

还有一点需要注意的是，平衡线接点的脚位定义，美规是一地二正三负，欧规是一地二负三正。台湾大部分使用美规，但现在很多厂商由于销售策略或是因应出口国家的关系，美国厂商的器材也有可能使用欧规，欧洲厂商的器材也有可能使用美规，因此在器材连接之前，还是要详读说明书。如果接错了会发生什么事呢？就是整个信号会反相，听起来的感觉会怪怪的。要解决的方法就是自己焊一条转换线，把脚位二跟三对调，接上转换线问题就可以解决了。

四、非平衡信号的传输

非平衡传输只有两个端子：信号端与接地端，在要求不高和近距离信号传输的场合使用，这种连接也常用于电子乐器、电吉他等设备。

1. TS(大二芯)

用于单声道信号。

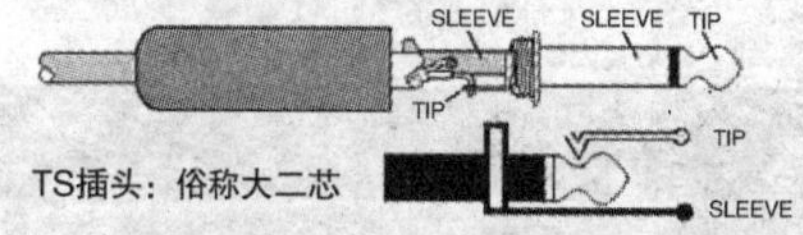

Tip=Signal　热端，信号+
Sleeve=Ground　接地端(屏蔽)

2. RCA(莲花)

一般用于民用设备，比如我们常用的CD机，录音机等。关于颜色标记补充一点：模拟的视频信号也会用这种插头(不过用RCA输出的视频信号质量是最差的)，此时插头、插座的颜色为黄色。

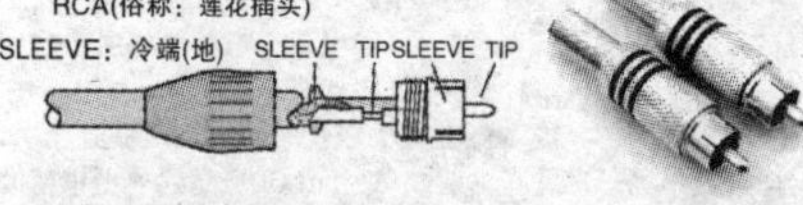

关于平衡线转RCA的接法

民用器材转RCA接法：平衡2正 3负 1地，RCA 2正，1、3并起来接负；

专业器材转RCA接法：平衡2正 3负 1地，RCA 2正 3负 1悬空，因为机器上了机柜，机器外壳导通，避免信号地环路引起电势差的问题。

◇河北 李广成

通兴OLT1550-2x7光发射机检修实例(一)

通兴OLT1550-2x7型光发射机采用低噪声的原装进口的DFB激光器作为光源，采用高线性LiNbO3外调制器作信号调制，优越的预失真电路，在达到高标准的CNR值时，仍有完美的CTB和CSO表现值。内设自动增益AGC控制，使不同的RF输入电平仍能保持稳定的信号输出，由于该机具有较高的性价比，被广泛用于有线电视网络传输中。该机激光波长为1550nm，输出两路7db光功率，其带宽为47-867MHz，采用双电源供电，大大提高了设备的稳定性。因该设备在机房内长期24小时不间断工作，部分设备元件老化、损坏会诱发各种故障，影响CATV信号的正常传输。笔者在实际检修过程中发现设备开关电源故障率高一些，其次易损器件为射频放大模块，现将检修过程中的一些实例记录下，供大家维修时参考。

例一、开机后，面板指示灯不亮，无光功率输出。

从该机表现的故障现象来看，分析应该是机内开关电源部分出现问题。观察该机壳的后方，发现有两个供电端，日常只是通过电源1给该机供电，电源2处于闲置状态。为准确判断是否系电源1损坏引起该故障，随给电源2供电，并开启电源2开关，发现该机前面板指灯正常点亮，故断定电源1损坏。拆机检修，发现电源1和电源2是两个完全相同的开关电源，该电源提供24V、+5V、-5V、+15V、-15V五组电源为设备供电。单独拆掉电源1的开关电源部分，发现该电源采用UC3844作为核心电路的开关电源，UC3844各引脚功能与UC3842完全一样，仅仅⑦脚供电部分稍有差异。上电测量，发现直流300V正常，24V、+5V、-5V、+15V、-15V均为0V，测量IC1 UC3844各引脚供电电压，发现除⑦脚为12V外，②、⑤脚为0V，其他各脚均有不同的抖动电压，同时发现300V关断电源后泄放缓慢。300V关断电源后泄放缓慢，一般情况系开关电源没有振荡所引起，而电源不振荡多系IC1 UC3844及外围电路有故障或低压负载电路异常所引起。据以往检修此类电源的经验，一般多系二次电源滤波电容漏电或失容所致。断电测量负载电路整流管以及对地阻值，没有发现有短路现象，果断换新24V、+5V、-5V、+15V、-15V各滤波电容后试机，故障依旧。试更换UC3844 ⑦脚滤波电容，故障依旧不能排除。仔细静下心来思考，发现IC1 UC3844在故障时，各引脚电压的表现的状态与平常为防止电源开关管二次损坏断开G极时情况一样，怀疑UC3844 ⑥脚至电源开关管M1 K2645 G极有断路情况或M1开路。观察电路元件走向，检测UC3844 ⑥脚至M1 G极相关元件，没有发现异常。怀疑开关管M1引脚开路，欲更换该器件之前，随手测了M1各极间的阻值以及在路电压，竟然发现M1 D极没有300V供电电压。开关管D极300V电压由开关电源变压器T1初极绕组提供，绕组的①脚有300V电压，而与M1 D极相连的②脚竟然检测不到，故断定开关变压器初级绕组断路。拆掉开关变压器，发现②脚处绕组引线与焊脚断开，重新补焊，并测量两脚阻值已经恢复正常。重新焊回开关变压器试机，电源板上绿色指示灯已经点亮，测量24V、+5V、-5V、+15V、-15V电压，已经恢复正常。

(未完待续)

(下转第199页)

◇河南 韩法勇

LCD 屏幕技术发展简介

如今面板市场LCD技术受到很多挑战，AMOLED、Micro LED、激光屏等等，LCD都面临前所未有的压力。不过要说LCD就这么输掉前程也言之过早，毕竟科技走进市场还要考虑到成本问题。今天我们就来分析一下LCD背光技术的发展历程，以及在不同背光技术的加持下，LCD如何能在未来的竞争之中继续保持优势。

液晶电视(Liquid Crystal Display)真正用于商品化的背光源有三种，分别是CCFL(冷阴极荧光管，也就是LCD电视)、LED(发光二极管，也就是LED电视)、HCFL(热阴极荧光管)，其中HCFL技术适合于较大尺寸电视，可以应用到66英寸以上的产品，市面上较少。

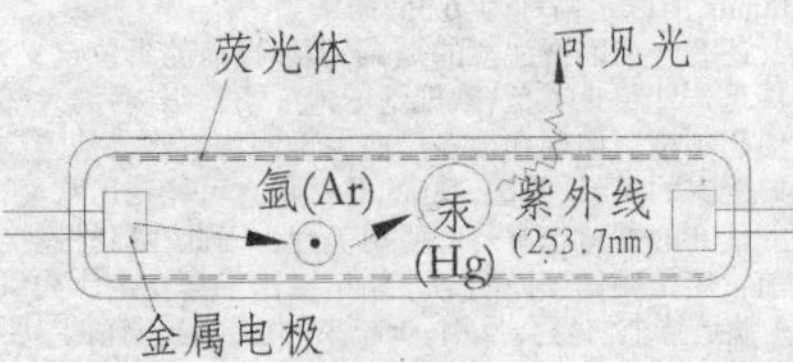

CCFL

CCFL(Cold Cathode Fluorescent Lamp简称CCFL)，中文译名为冷阴极荧光灯管，具有高功率、高亮度、低能耗等优点，广泛应用于显示器、照明等领域。这种背光是靠冷阴极气体放电而激发荧光粉而发光的光源。参有少量水银的稀薄气体在高电压下会产生电离，被电离气体的二次电子发射会轰击水银蒸汽，使水银蒸汽被激发，发射出紫外线，紫外线激发涂于壁管的荧光粉层，使其发光。它的最大优点就是亮度高，缺点是功耗大以及体积大。

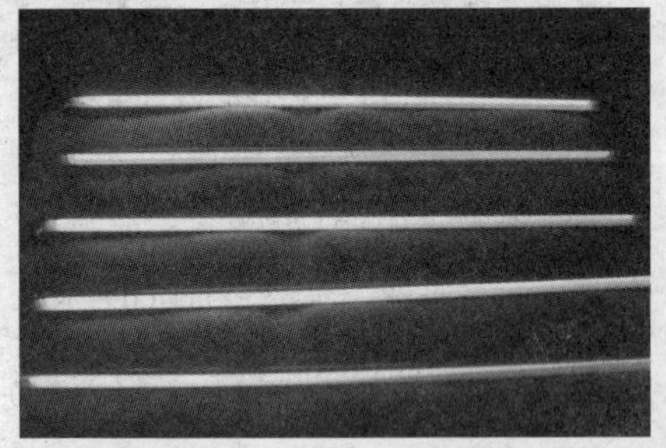

CCFL背光源模组中最核心技术为导光板的光学技术，主要有印刷形和射出成型形二种导光板形式，其他如射出成型加印刷、激光打点，腐蚀等占很少比例，不适合批量生产原则。印刷形因为其成本低在过去较长时间内成为主流技术，但合格品不高一直是其主要缺点，而LCD产品要求更精密的导光板结构，射出成型形导光板曾经是CCFL背光源发展主流。

不过从2012年开始，CCFL显示器就逐渐开始退出市场了。

LED

2009年CES上第一次出现了由电视厂家带来的LED电视。这一年也被称为“LED电视元年”。最初的LED电视，仅仅是将LED背光源代替了CCFL背光源，CCFL与LED两种光源系统最大的不同，那就是CCFL是线光源，而LED是点光源。CCFL所采用的荧光灯管，是竖直或者水平排列在液晶面板的后方，而LED背光源则是将点状LED光源排列在面板的后方或者四周。

随着时间的推移，LED技术也在进步。LCD背光需要白光系统，而RGB LED可以组成白光，这样的系统理论上最好，因为系统中有三原色，所以显示画面色域更给力。但是RGB LED背光系统复杂，同时成本太高，一般只用在高端LCD显示器之上。

而中低端的LCD显示器则采用蓝色LED混合黄色荧光粉的形式，形成白光，这样的白光里的蓝色光较多(这也是为什么我们经常说的“蓝光伤眼”)，同时对于红色和绿色表现能力不够，因此色域上也相对较弱。这种背光系统将LED灯条放在显示器的一端，再利用导光板形成面光源，这就是常见的WLED背光。

曾经有个看似有理的说法，那就是不管CCFL背光源还是LED背光源，机身超薄和画面色彩好是一对难以调和的矛盾，要色彩好只能牺牲机身厚度，要机身超薄只能牺牲画质色彩。从目前市场上的机器来看，这个理论大致正确，因为超薄LED电视一般采用白光侧置式LED背光源，因此画质效果必定会有所损失。

这是因为按照LED背光灯排列方式的不同，LED液晶电视可以分为侧置式LED（LED点光源分布在液晶面板四周）、直下式LED(LED点光源分布在液晶面板后方)。根据LED背光灯的颜色不同，可以分为白光LED和三原色LED(即RGB-LED)。相对于直下式LED背光源，侧置式LED背光源需要采用导光板将光线传导到液晶面板的后方，因此容易造成画面边缘的漏光和画面中间的亮度不均。但侧置式LED背光源也有自己的优势，那就是可以做到超薄的机身，相对于RGB-LED背光源，白光LED背光源拥有更低的成本优势，技术要求也更低，但画面色彩却远远不及RGB-LED背光源。

当前液晶显示器多以LED作为背光源，高端产品用RG-BLED，中低端产品往往采用WLED背光。LED能够取代CCFL成功上位在于其寿命长的同时稳定性强，工作电流小所以功耗要低于传统的光源。LED节能又耐用的特性结合其纤薄的体积符合当下显示器用户追求超薄环保的理念。

量子点

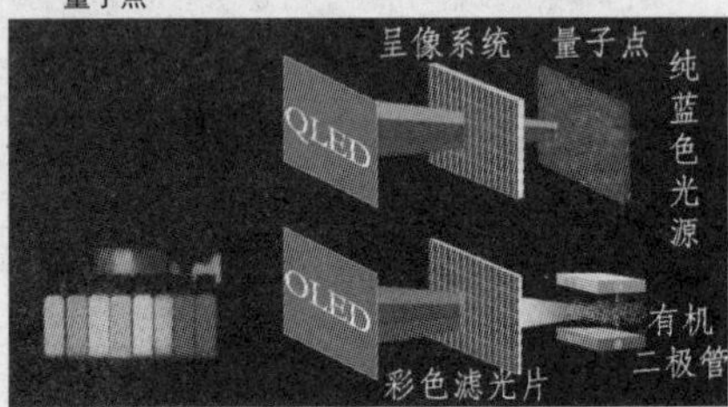

量子点(Quantum Dots，量子点电视又叫QLED)是一种可以发光的纳米级材料，QLED算是发光二极管(LED)的第三代革新技术，2013年初就有厂商开始推出了。在蓝色LED的激发下，不同直径的量子点粒子可以发射出不同的纯色光，2纳米大小的量子点，可吸收长波的红色，显示出蓝色，8纳米大小的量子点，可吸收短波的蓝色，呈现出红色。这一特性使得量子点能够改变光源发出的光线颜色。因此这些特性可以在液晶面板领域应用。

QLED以蓝色LED为光源，将采用量子点的光学材料放入背光灯与LCD面板之间，从而可以通过拥有尖锐峰值的红、绿、蓝光获得鲜艳的色彩；因为量子点发出光谱则极为狭窄，其色域更高，能产生更丰富的色彩，色域达到或超过OLED水平。早在2013年初，索尼推出了X9000A系列4K电视，搭载了索尼独有特丽魅彩技术，这也是全球首款采用量子点技术的4K电视。特丽魅彩技术是对液晶电视背光技术的革新，通过量子点对背光源色彩的控制，提供了更为纯正的三原色，通过高纯度三原色光线的调配，就可以实现比传统白光LED更广的色域了。在NTSC标准下，量子点电视色域覆盖率却高达110%，普通LED电视的色域只有72%、高色域电视约96%、OLED电视实测色域则为89%。并且QLED的生产成本、技术难度、使用寿命都有一定的优势。但是QLED有个最大障碍，其生产原材料中必须用到重金属镉(Cd)，这种重污染金属在欧美ROHS标准中是严禁使用的。也有些厂家研制出了无镉QLED显示屏，但显示效率大打折扣，这也是QLED未能大行其道的主要原因。

Mini LED

Mini LED又名次毫米发光二极管，最早是由晶元光电提出，意指晶粒尺寸约在100微米以上的LED。Mini LED是介于传统LED与Micro LED之间，简单来说是传统LED背光基础上的改良版本。

而Micro LED是新一代显示技术，是LED微缩化和矩阵化技术，简单来说，就是将LED背光源进行薄膜化、微小化、阵列化，可以让LED单元小于100微米，与OLED一样能够实现每个图元单独定址，单独驱动发光(自发光)。

很多人容易把Mini LED和Micro LED两者混淆，其实从理论上讲Mini LED和Micro LED代表两种不同的东西。

从结构原理上看，Micro LED更简单，但是它最大的难题就是众所周知的巨量转移，如何将LED做得微小化，需要晶圆级的技术水平。比如4K级别的Micro LED荧幕，需要2488万个以上的LED高度集成。

从制程上看，Mini LED相较于Micro LED来说，良率高，具有异型切割特性，搭配软性基板亦可达成高曲面背光的形式，采用局部调光设计，拥有更好的颜色性，能带给液晶面板更为精细的HDR分区，且厚度也趋近OLED，同时具有省电功能。

可以把Mini LED看作是介于传统LED与Micro LED之间，传统LED背光基础上的改良版本，并且可以直接布RGB三色的LED模组，这样就实现了RGB三原色不缺失的效果。

	Mini LED	Micro LED
尺寸	100~200μm	100μm 以下
应用范围	LED 背光、小间距显示屏	自发光、微投影显示屏
电视上的使用数量	直下式背光使用量（至少上千颗）	数百万颗
量产时间	2018 年(已实现)	2019~2022 年
优势	HDR、异形、曲面	发光效率高、亮度高、对比值高、可靠度高、反应时间快
与 LCD 价格差异	高约 20%以上	量产初期 3 倍以上
驱动方式	Driver IC	TFT、CMOS

把黑胶唱片做成蓝牙音箱

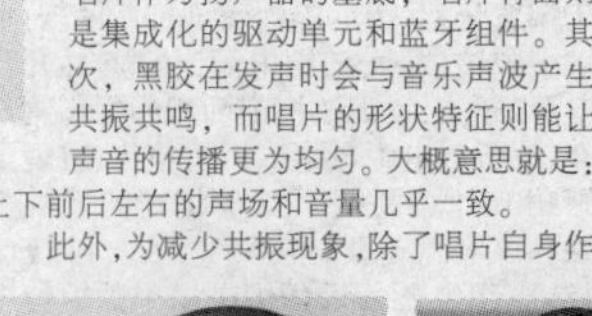

蓝牙黑胶唱机不算新鲜事物，但是用黑胶唱片制成的音箱你见过吗？近日国外一位小哥发布了这款产品并众筹成功。

黑胶唱片只是薄薄的一片乙烯基，怎么可能做成蓝牙音箱？

说来也不复杂。首先，这位小哥把乙烯基作为声学面板——也就是用整张黑胶唱片作为扬声器的基底，唱片背面则是集成化的驱动单元和蓝牙组件。其次，黑胶在发声时会与音乐声波产生共振共鸣，而唱片的形状特征则能让声音的传播更为均匀。大概意思就是：上下前后左右的声场和音量几乎一致。

此外，为减少共振现象，除了唱片自身作为支架的一部分，还提供了完全透明的支架。发声时可能会看到唱片抖动，但因为这三个点位支撑，所说不至于让唱片在桌子上“跳舞”。同时，黑色是百搭色，所以放在家中任何地方都不会显得突兀。

这款蓝牙音箱内置800毫安时锂电池，官方续航约6小时。众筹最低价格约合人民币623元，你会买吗？

2019年5月19日出版 实用性 启发性 资料性 信息性
第20期
(总第2009期)
国内统一刊号:CN51-0091 定价:1.50元 邮局订阅代号:61-75
地址:(610041)成都市武侯区一环路南三段24号节能大厦4楼 网址:http://www.netdzb.com
让每篇文章都对读者有用

骁龙6(7)系发展史

高通作为移动处理器的霸主不是没有原因的，除了用在绝大多数顶级旗舰机的芯片外，以骁龙6XX为主的中端价位处理器也是性能和功耗兼备，目前市面上至少有10余种不同型号6系产品。下面我们就先从骁龙6系诞生说起。

HTC ONE GALAXY S4 小米2S

2013年的CES展会上，高通首次推出了全新系列的处理器:骁龙600,此款处理器为主频1.5~1.9GHz的Krait300架构4核,GPU为Adreno320。当年搭载骁龙600比较出名的手机有HTC ONE、三星GALAXY S4(美版)和小米2S等。

紧接着骁龙600就进行了一系列定位更为准确的升级和分割:骁龙610,采用了64位四核处理器架构和先进的4G LTE连接技术，大大平衡智能手机的功耗和性能。骁龙615则整合了全球模式下先进的4G LTE连接技术，并且它也是全球第一款八核心64位处理器。骁龙616则是整合了八核CPU的性能和功率，骁龙617更是将连接技术升级到了X8 LTE Cat7传输速率。同时还开发了骁龙602处理器，专门针对车载娱乐信息系统而开发的物联网处理器，它拥有四个Krait核心，集成了Adreno 320图形处理器以及Hexagon DSP,并且还集成了Gobi 9×15多模基带，支持3G/4G LTE网络,支持双频Wi-Fi以及蓝牙4.0标准。

2016年初，作为手机发展史上一款比较经典的处理器——骁龙625诞生了。采用A53八核心设计，其单核频率最高可达2.0GHz，14nm FinFET制程,GPU是Adreno 506。最高支持2400万像素摄像头,4K视频拍摄，支持快充技术。骁龙625处理器采用了先进的14nm制程工艺，与28nm工艺制程的骁龙617相比,在发热以及功耗控制方面骁龙625进步极大:

同时骁龙625也是骁龙600系列中，继骁龙650和骁龙652之后第三款支持4K视频录制的处理器，并且配备了双ISP，最高支持2400万像素摄像头。骁龙625最高支持Cat.7 LTE网络,能够实现最高300Mbps的下行速率和150Mbps的上行速率,并且也支持802.11 ac Wi-Fi。GPU方面,骁龙625配备了Adreno 506，并且支持高通Quick Charge 3.0高速充电协议。

当年甚至有个别品牌的轻旗舰机也用的是骁龙625,至于刚千元出头的手机,用骁龙625简直太多了,这里就不再一一描述了。

同时作为主打处理器性能的骁龙650、骁龙652也是被采用比较多的芯片。规格骁龙650:CPU:2×A72 1.80GHz+4×A53 1.44GHz;GPU:Adreno510;工艺:28nm HPm;内存:双通道LPDDR3；骁龙652比骁龙650多了两个2个A72CPU。得益于A72架构和降频设置,在某些程度可以说超过了同时期的麒麟950。

而在骁龙625的基础上,高通又推出了骁龙626;以及骁龙630及其升级版骁龙632和骁龙636;让人似乎感觉到高通对于挤牙膏也是挺在行的。

作为骁龙630的升级款，骁龙636在很多地方都有了不小的提升，当然也有很多相似的地方,比如:均采用骁龙X12 LTE调制解调器、内存、QC4.0、蓝牙5.0等。

骁龙636采用的是与骁龙660相同的Kryo 260处理器,CPU性能提升了40%左右。GPU方面也从骁龙630采用的Adreno 508,提升成了Adreno 509,性能提升约10%。摄像头方面,骁龙636最高支持1600万像素的双摄方案,而骁龙630仅支持最高1300万像素的双摄方案,这在拍照体验上也会有不小的提升。所以636要比630的性能更好一些的。

而骁龙632内置的GPU型号和骁龙626一样，同为Adreno 506，相比骁龙630的Adreno 508还要弱一个台阶，这也使得骁龙632的综合性能其实并不比骁龙630强。

对于比较新的主打性能级的6系处理器骁龙653、骁龙660、骁龙670、骁龙675,先来看看参数。

骁龙653

采用4核A72+4核A53设计，大核频率从652的1.8GHz提升到了1.95GHz,GPU依然采用了Adreno 510，综合性能提升了10%左右。内存支持的容量从6GB提高到8GB。基带升级到了LTE X9，上传速率从100Mbps提升到150Mbps,支持QC3.0快充。

骁龙660

采用了A73+A53构架,4×2.2GHz+4×1.9GHz(A73+A53)的CPU核心组合,支持双通道LPDDR 4x内存。基带也升级为LTE X10，GPU也升级为Adreno 512，支持QC4.0快充技能。

骁龙670

骁龙670相较于710最大的区别还是x12 LTE的基带不支持4x4 MIMO。因此最大下行速率也从800Mbps降低到600Mbps。另外骁龙670还失去了对10-bit视频解码和HDR的支持。

骁龙675

采用的是基于三星11nm LPP工艺打造的,CPU采用了全新的Kryo 460架构。升级后的Kryo 460 CPU基于ARM Cortex技术，和上一代骁龙670处理器相比整体提高了20%的性能，带来了更高效的多任务处理和强大的游戏功能。CPU大核心频率2.0GHz，基于Cortex-A76架构,小核心频率则是1.7GHz,依旧基于Cortex-A55。

骁龙710

这是高通于2018年5月发布的新一系列的中高端处理器，骁龙710也与骁龙660一样是为主流市场设计的，但各方面都超过了骁龙660,或者说是继任者。

骁龙710是10nm工艺制程,CPU采用八核心设计，所有内核都是基于ARM Cortex定制全新Kryo 360架构,其中2个大核基于Cortex-A75内核定制,主频2.2GHz,而6个小核心基于Cortex-A55定制,频率最高1.7GHz,并引入了和骁龙845一样的共享L3三级缓存。这也是最近为什么有人反应,在普通强度操作下,骁龙710使用感和骁龙845几乎无异的原因。

骁龙710搭载了多核人工智能引擎AI Engine,主要服务拍照、物体分类、面部检测、场景分割、自然语言理解、语音识别、安全认证以及资源管理等常见场景。其AI引擎主要通过异构计算实现，可充分调度Hexagon DSP、Adreno GPU和Kryo CPU增强AI运算。因此,与骁龙660相比,骁龙710在AI应用中实现高达2倍的整体性能提升。

在拍摄方面，骁龙710集成了全新的Spectra 250 ISP图像信号处理单元,最高支持3200万像素单摄像头或2000万像素双摄,并且得益于AI引擎,在弱光拍摄、降噪、快速自动对焦、稳像、平滑变焦和实时背景虚化特效方面都比骁龙660出色。

在视频回放方面，骁龙710是骁龙800系列之外,首枚支持基于硬件的4K HDR视频回放的芯片。第四方面提升是连接性能，骁龙710集成的是X15 LTE调制解调器,下行速度最高可达800 Mbps,最多可在2路聚合载波上支持4×4 MIMO技术,在信号强度较弱的条件下可提高下载速度达70%。

性能强弱关系：骁龙653<骁龙660<骁龙670<骁龙675<骁龙710。

2019年4月，高通又发布了3款8nm工艺的6(7)系中高端处理器,分别是升级到11nm制程的骁龙665、升级到8nm制程的骁龙730和骁龙730G。

骁龙665

CPU部分仍然是四个A73、四个A53,频率分别为2.0GHz、1.8GHz，让人匪夷所思的是，四个A73的频率相比骁龙660还降低了200MHz。不过这点微调可以忽略,应该是高通为了功耗而作的调整;GPU部分从Adreno 512升级为Adreno 610，尤其是支持Vulkan 1.1,可节省20%的功耗。此前骁龙660因“费电”已经被不少用户所诟病。

此外AI性能也提升了2倍，且升级后的Spectra 165 ISP支持4800万单摄和三摄了。

骁龙730

比起上代710,骁龙730的进步也非常大，首先是从11nm升级到三星8nm工艺制程，CPU部分从双核A75+六核A55升级至双核A76+六核A55，频率也分别提高到2.2GHz、1.8GHz。性能提升35%,也终于解决骁龙710 CPU还不如骁龙675的尴尬局面。

GPU部分则小幅升级到Adreno 618,AI变化同样非常大，集成最新Hexagon 688 DSP,包括高通的张量加速器，可用于机器学习推理,搭配高通第四代AI引擎,AI处理性能提升2倍。

骁龙730G

在骁龙730的基础上强化了GPU频率,号称游戏性能提升25%。

最后将这几款CPU列一个大致的综合性能表,不一定完全正确,但对于了解各个型号的CPU性能有个比较准确的参考。

骁龙855
骁龙845
麒麟970
骁龙835 骁龙730(G)
骁龙710
骁龙675
骁龙821
骁龙670
骁龙665
骁龙660
骁龙820
骁龙653
骁龙652 骁龙810 麒麟950
骁龙650
骁龙636
骁龙630 骁龙632
骁龙626
骁龙625
骁龙801
骁龙615 骁龙616 骁龙617
骁龙610
骁龙600
骁龙435
骁龙425

(本文原载第18期11版)

安装空调前请先抽真空

天气越来越热了，接下来的几个月里安装空调的人也比较多。在这里提醒一下,安装空调前一定要记得先给空调抽真空。这是因为空调里面有制冷剂，空气不会随着制冷剂的存在而结冰冷凝,在空调里不会产生冷空气的。如果管道出现空气,那是不可冷凝的,还会破坏空调里制冷剂的成分和比例,会导致功率降低、噪音增大以及制冷(热)效率不足。

另外抽完真空,可以尽量减少空调内部的水分,保证内部元件不被水分侵蚀，对压缩机的寿命延长也很有帮助。

空调抽真空步骤

抽真空时,高、低压阀门不可开启;连接软管接在机器的加氟嘴上;视机器的大小,抽的时间也需要加长,一般挂机15分钟、柜机25分钟左右;抽完真空,保压3~5分钟,看压力是否回弹,如有回弹(则检查连接管接头、连接铜管等部位是否拧紧,直到确保无漏点为止,再次抽真空)。

按先关闭真空表上的阀门、再关真空泵、打开高压阀门,看压力上升到0.1 MPa,关闭高压阀门,(这个次序是为了检测接加氟嘴的软管顶针是否已经顶开加氟嘴内的顶针,如果表上压力未上升,则顶针未起作用,抽真空就必须重新抽。

(本文原载第18期11版)

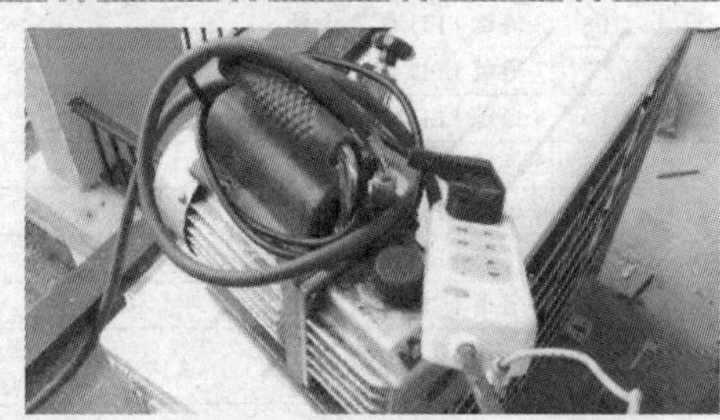

长虹液晶电视电源关键IC引脚功能及实测电压查询手册(五)

(紧接上期本版)

2)芯片拓扑图

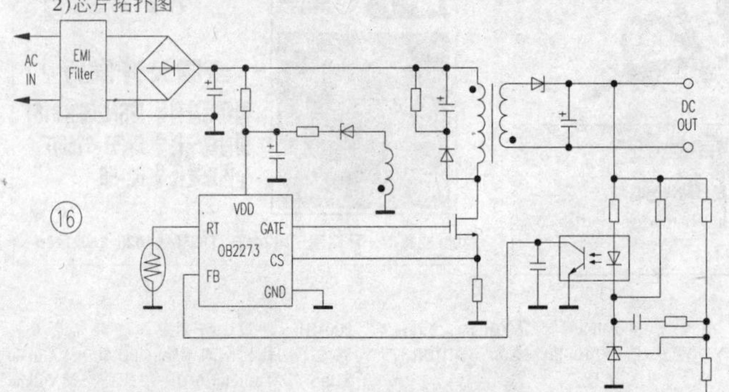

17.芯片型号BD9479FV:是一款高效率的LED驱动芯片,IC内置了升压DC/DC转换器。具有:过压保护(OVP)、过流保护(OCP)、短路保护(SCP)、LED灯串开路检测功能、模拟调光、单通道调光、内置过压反馈、内置故障指示功能、独立的PWM软启动电路。

1)芯片引脚功能

引脚	标注	功能	参考电压(V)
①	REG50	为N引脚输出提供电压。内部DC-DC转换为驱动器供电,提供偏置5V电压,最大工作电流5mA。当超过5mA时将影响N脚的驱动脉冲输出,导致集成电路发热保护。	5.04
②	N	驱动脚。为外部MOS管提供0~5V驱动电压,用于DC-DC升压驱动控制。此电源增加幅度提升电路,对功率更高的一个提升。	0.7
③	PGND	N输出脚的驱动电源接地脚。	0
④	CS	DC-DC外部MOS电流检测脚。内置过流保护OCP功能,如果超过0.4V,持续200ns将保护停止工作。	0.05
⑤	OVP	过压保护功能引脚,还内置了短路保护。当电压为2.25V或更高时,CP脚开始向外接电容C415充电;当电压超过2.5V,它将控制FB引脚,芯片停止工作。当OVP引脚电压<0.2V或更低,短路保护(SCP)功能被激活,驱动器电压降低。	1.84
⑥	CP	定时器锁存设置,外接电容充电持续2.0uA,超过2.5V时,就会保护。	0
⑦	LSP	LED短路电压设置,通过调整外部分压电阻R417/R410范围0.3V~3.0V,可以实现LED短路保护检测电压。	0.93
⑧	STB	使能端,根据STB引脚电压输入来确定IC开关状态(0.8V或2V)。	11.82
⑨	BS1	1通道LED驱动输出	3~5
⑩	BS2	2通道LED驱动输出	3~5
⑪	BS3	3通道LED驱动输出	3~5
⑫	BS4	4通道LED驱动输出	3~5
⑬	BS5	5通道LED驱动输出	3~5
⑭	BS6	6通道LED驱动输出	3~5
⑮	BS7	7通道LED驱动输出	3~5
⑯	BS8	8通道LED驱动输出	3~5
⑰	PWM1	1通道模拟调光输入,输入的PWM调光信号直接调节输出占空比来调光。	1.03
⑱	PWM2	2通道模拟调光输入	1.03
⑲	PWM3	3通道模拟调光输入	1.03
⑳	PWM4	4通道模拟调光输入	1.03
㉑	PWM5	5通道模拟调光输入	1.03
㉒	PWM6	6通道模拟调光输入	1.03
㉓	PWM7	7通道模拟调光输入	1.03
㉔	PWM8	8通道模拟调光输入	1.03
㉕	CL8	8通道LED电流检测	0.25
㉖	CL7	7通道LED电流检测	0.25
㉗	CL6	6通道LED电流检测	0.25
㉘	CL5	5通道LED电流检测	0.25
㉙	CL4	4通道LED电流检测	0.25
㉚	CL3	3通道LED电流检测	0.25
㉛	CL2	2通道LED电流检测	0.25
㉜	CL1	1通道LED电流检测	0.25
㉝	VREF	LED电流设置引脚。用于3D/2D的状态,通过外部分压电阻来实现,调整反馈电压。	1.04
㉞	FB	DCDC相位补偿引脚。电流模式控制的DC/DC转换器的误差放大器的输出脚。通过监测(BS1~BS8)的电压,由内部误差放大器后经过逻辑控制电路来控制MOS管,达到控制电流的目的。	2.6
㉟	SS	软启动时间设置引脚。用于设置软启动时间和软启动持续时间。	4.53
㊱	RT	工作频率设置引脚。 通过外部一颗电阻可以调整锯齿波同时调整工作频率。 当RT=100K,频率=150kHz。	1.62
㊲	UVLO	欠压保护引脚。与DC-DC转换器前电压连接,通过分压来检测36V电压与内部比较器比较,当小于2.79V时,Ic停止工作,达到3V时IC就开始工作。	3.59
㊳	AGND	地	
㊴	FAIL	IC正常工作时的错误检测输出引脚。电压在STB时打开;当检测到异常,向6脚外C415充电,达到2.5V时关闭;当Vcc电压不足或电压低于UVLO引脚37,IC处于关机;故障检测引脚也处于开放状态。	5.05
㊵	VCC	芯片供电输入端。 典型的输入电压为7.5V开始执行开启,7.2V将无法启动。	11.94

注意:亮度高低将影响BS引脚、CL引脚的电压数据。

2)芯片拓扑图

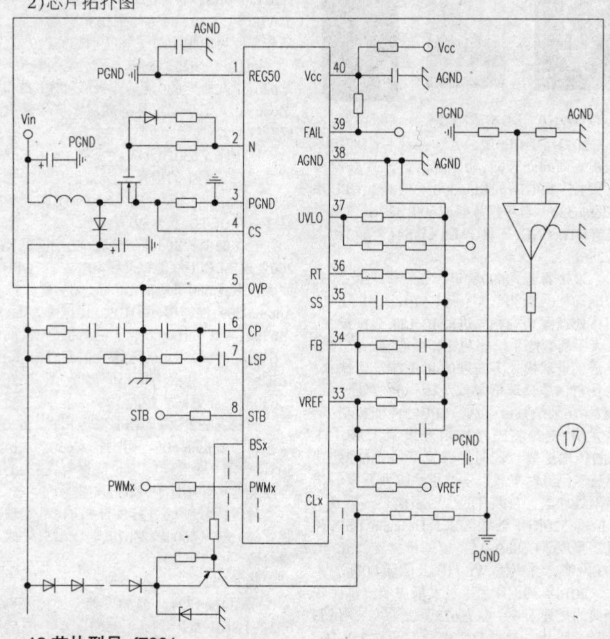

18.芯片型号pf7001

1)芯片引脚功能

引脚	标注	功能
①	EN	此脚为IC的使能脚,正常工作时为高。电压大于2.4V时为高,电压低于0.8V时为低。
②	DIM	外部调光控制
③	GM	环路补偿
④	VFB	外置三极管集电极参考电压输入检测
⑤	VSET	VFB的基准电压参考值设置,在本方案中设置为2V。
⑥	OVP	过压保护设置脚
⑦	RT	IC工作频率设定脚
⑧	CS	升压MOS管Ids电流检测
⑨	GND	IC内部过此脚和外部地连通
⑩	VMOS	升压MOS管的G极驱动脚
⑪	VCC	为IC的正常工作提供电源能源,Vcc启动电压9V以上,正常工作电压9~27V,停止电压7V以下。
⑫	VBJT	外置三极管基极驱动
⑬	VADJ	LED输出电流设置
⑭	SLP	灯条短路保护

(未完待续)(下转第202页)

◇绵阳　周钰

3D打印之3D扫描建模篇(一)

如果想将手边的小饰物进行3D打印复制的话，手动建模难度大且比较耗时，网络下载可能又找不到合适的模型文件，此时最好的选择就是进行"3D扫描建模"。

一、什么是"3D扫描建模"？

所谓的"3D扫描建模"，指的是借助三维扫描仪来侦测并分析现实世界中物体或环境的形状(几何构造)与外观数据(如颜色、表面反照率等性质)，然后将搜集到的数据进行三维重建计算，最终在计算机中创建与实际物体所对应的数字模型。三维扫描仪能够创建现实物体的几何表面"点云"(Point Cloud)，数目众多的点可以通过插补来形成物体的表面形状(点动成线、线动成面)，点云越密集，创建的模型就越精确。另外，三维扫描仪还能够获取现实物理的表面颜色信息值，从而在重建的数字模型表面上进行材质UV映射（Texture Mapping)——给模型"穿"上对应的材质贴图。目前常见的三维扫描仪视线范围均呈圆锥状，信息的搜集被限定于一定的角度扫描范围内，因此需要变换三维扫描仪与实际物体的相对位置（手持式三维扫描仪)，或者是将物体放置于电动转盘经多次的旋转扫描来将得到的多个片面模型"拼凑"出立体模型(如图1所示)。

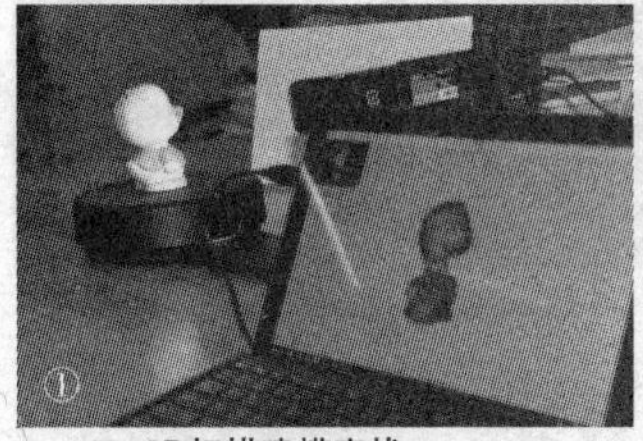

二、3D扫描建模实战

目前市场上的三维扫描仪产品比较丰富，但其工作原理及使用方法均大同小异，现以先临三维EinScan-SE为例进行说明。

1.组装设备和安装软件

首先将扫描头小心卡进托架（注意方向)，扫描镜头要朝向转台位置，将螺丝拧紧固定好；接着将转台放入支架，注意其底部有个突起对位标记；然后支起标定板支架，放好标定板后再放置于转台的正中位置；连接好线路，一是转台与扫描头的连接线，二是扫描头与电脑的USB线，三是扫描仪的电源线。注意：工作间的光线强度不能过强，最好避免强烈阳光照射；另外，要保证三维扫描仪放置于水平桌面上，周围无杂物遮挡干扰。

轻触扫描头背部电源键开机，在电脑中进行随机自带软件的安装，成功后运行EinScan-S series_v2.7.0.6程序即可。

2.扫描前的预备动作："标定"

首次运行扫描软件后必须要进行"标定"操作，否则无法进入正式的扫描模式。"标定"指的是扫描仪通过相机拍摄带有固定间距图案阵列的标定板，然后再经过标定算法的计算来确定其物理尺寸及像素间的换算关系，降低镜头的畸变，使扫描图像与实物更接近，最终得出较为接近原型的几何模型。

软件会先提示选择设备类型，可根据自己的扫描仪进行确认（比如EinScan-SE)；点击"下一步"按钮进行在线激活，下载完许可证工具后再点击"下一步"按钮进入"选择工作模式"，保持默认的"标定"项再点击"下一步"按钮，准备开始进行标定操作(如图2所示)。

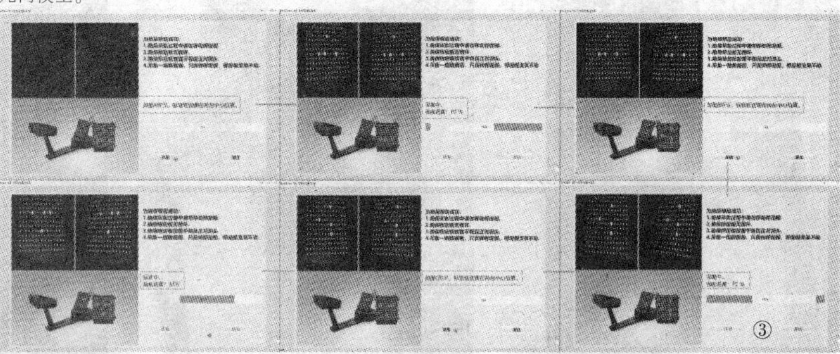

此时要特别注意在标定采集信息过程中不要移动标定板，确保标定板放置平稳且正对扫描头，此时扫描仪的亮十字标志应该是对准标定板中心位置且保持清晰状态。第一次标定要按照提示要保持标定板的三个水平白色标定点在下、第四个白色标定点在上，点击"采集"按钮，转台会自动定时带动标定板旋转，开始第一组A标定信息的采集；结束后提示将标定板逆时针旋转90°，原来的三个水平白色标定点为竖直状态，点击"采集"按钮进行第二组B标定信息的采集；结束后再将标定板逆时针旋转90°，点击"采集"按钮进行第三组C标定信息的采集(如图3所示)。

注意：标定操作不是每次进行扫描之前都必须要执行的，只有初次使用扫描仪、运输过程中发生过严重的震动以及扫描过程中出现"拼接错误""拼接失败""数据不完整"等现象时才进行。

3.调节白平衡

标定结束之后再次进入"选择工作模式"，选择"固定扫描"项，点击"下一步"按钮后选择"新建工程"，设置好文件保存路径及文件名（如桌面01.fix_prj)，点击"保存"按钮后选择"纹理选择"中的"纹理扫描"项，再点击"应用"按钮，软件会提示"是否要继续做白平衡测试?"，点击"是"按钮后再点击"开始白平衡"按钮进行白平衡测试调节，结束后进入"选择与物体明暗相近的设置"环节，根据实际情况选择"中"后点击"应用"按钮(如图4所示)。

4.实物扫描过程

将待扫描的实物轻轻放置于转台的正中央位置（即之前进行标定的位置)，勾选左侧的"使用转台"项并保持默认的扫描次数为"8"(否则进行的便是"单片扫描")；然后点击右侧的"开始扫描"按钮，软件就会提示"扫描中请勿移动物体和设备"，此时转台就会定时逆时针转动22.5°(旋转一圈扫描8次）进行扫描，界面上会同步出现扫描头所正视的实物画面，同时在左下角还会有"点数：694,057面片数：680,900"的数据信息；扫描结束后会在右下角出现绿色对号和红色叉号的选择提示，叉号表示删除当前扫描数据，一般情况下直接点击对号进行扫描数据的保存(如图5所示)。

◇山东 牟晓东 牟奕炫

(未完待续)(下转第203页)

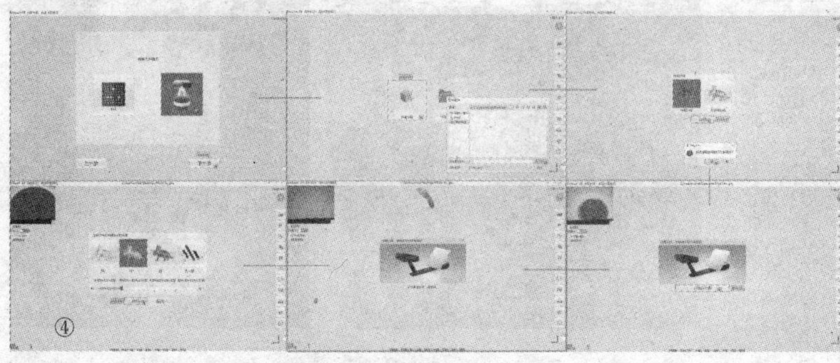

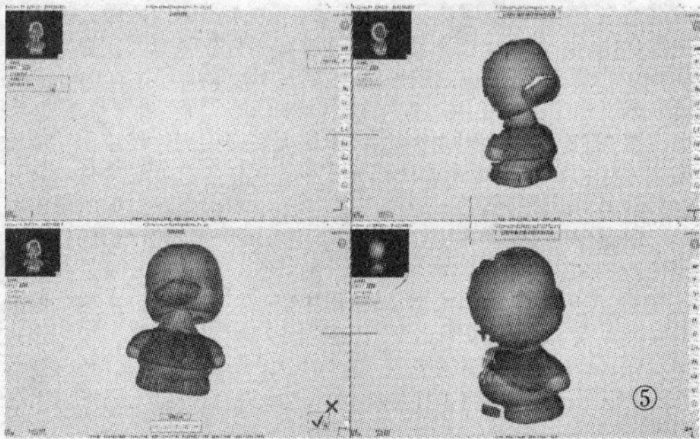

金正EV-1201移动EDVD不开机维修一例

接修一台金正EV-1201移动EDVD，机主描述之前是充电插口损坏，找人更换后却出现不开机故障，插上9V电源适配器后电源和充电指示灯也不亮。

拆开机器目测PCB板上充电口三个焊盘有焊过痕迹，其他电路没发现有动过迹象。考虑到这些机器电源开关易损，但用万用表二极管档测量均正常。拆下电池测量电压为7V左右，有点偏低，估计是无法充电导致电池电压过低。由于是更换充电插口导致的故障，所以马上拆下充电口，此时真相大白：充电插口内芯(正极)过孔已不在，这样电源适配器送来的+B电压无法加至隔离二极管正极，同时电源适配器插入检测信号铜箔已拉断，这样主芯片也无法得知电源适配器是否已接入（如附图所示)，用细线穿过过孔并飞线到适配器插入检测信号端，同时用绿油固化，插入电源适配器开机一切正常，充电一段时间后拔下电源适配器使用内置电池也能正常工作，至此故障完全排除。

◇安徽 陈晓军

臭氧机工作异常故障检修1例

故障现象：一台江苏徐州产臭氧机出现臭氧浓度减小的故障。送修人员说：原先洁净区用臭氧消毒灭菌时，可以闻到浓烈的臭氧气味，但这次消毒灭菌时闻到臭氧的气味比原先小了很多。

分析与检修：此臭氧机是利用高压电晕原理产生臭氧的，由2个较大的柜子（一个高压电晕柜、一个低压控制柜）和一个稍小的压缩机柜子组成，如图1所示。2台压缩机用于输出臭氧，如图2所示；压缩机的气路及减压阀如图3所示。

仔细检查后，发现一个给总管路输送臭氧的浮子流量计没有流量显示（流量计的黑色小浮球一直在底部，未被臭氧气流吹起）。此臭氧机通过两路臭氧输出管给总管路送气，每个送气管的臭氧最大流量是10L/min。因少了一路管路送入的臭氧，所以消毒灭菌浓度就降低了。断开送气管路，拆出没有流量的压缩机系统进行检查，发现故障是因输送臭氧的小型专用压缩机没有运转所致。在通电和断电情况下，用对比法对2路输送臭氧的压缩机进行检测，发现压缩机的启动绕组对地阻值变小，说明该绕组对地短路或漏电。通电后，能闻到漆包线发出的烧焦味，确认压缩机绕组异常。此压缩机比较特殊，是在一个筒式单相电机的顶上，有2个压缩气体的小型装置，2个装置通过2根铝管相连；筒状单相电机轴两端各有1个黑色的塑料风叶，用于电机散热，通过风叶看电机两个端面的漆包线，没有发现烧焦变色现象，通电后用手无法拨动电机，好像被什么东西吸住一样。断电后，用手拨动电机转子时，发现它能灵活转动，更换正常的压缩机启动电容无效，稍一通电压缩机发烫比较严重，确认压缩机异常。给设备换上新的压缩机，连好相关管路和电路并试机，发现还是没有流量，此时压缩机已正常运转，也能听到电磁阀动作时发出的“咔哒”声，因为在对比检查时可以闻到臭氧的气味，说明SCR高压电晕部分能够产生臭氧，工作基本正常，现在只有怀疑电磁阀了，通过快速拔出电磁阀的相应气管和在供电状态下测试，发现电磁阀气路切换不正常。好在设备备件中有同型号的新电磁阀，更换上好的电磁阀，接好管路和电路试机，设备恢复正常。

通过本例故障的检修大致可以做出这样的分析结论，电磁阀的前期损坏导致气路切换不正常，使压缩机出气不畅产生异常憋压现象，从而成倍加大了压缩机的负荷，最终导致压缩机损坏。

◇西安 党创吉

①

②

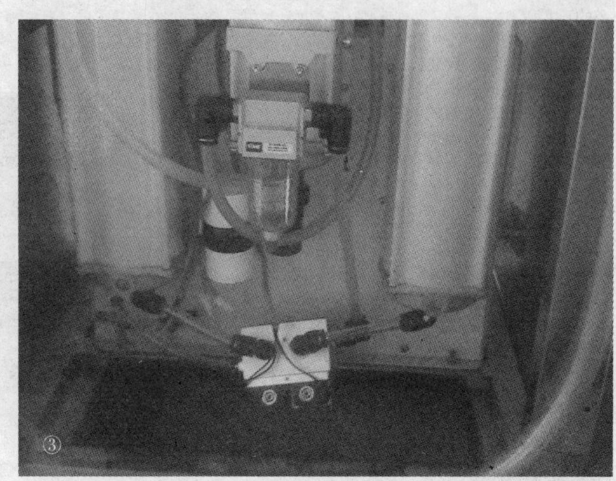
③

输送廊桶位置传感器误报故障的诊断与排除

故障现象：一套德国产的工业废料处理系统装置，输送廊桶位检测传感器近日多次发生误报现象，故障出现时长时短，无规律。

分析与检修：故障出现时，察看主控OA系统上显示这个位置有桶占位，但调取监控察看，这个位置上却没有桶，有时还没来得及做任何检查处理，故障就会自动消失。今日又出现这个误报现象，在主控OA画面确认状态和监控核对没有桶存在的情况下，快速的就地察看，确认没有桶。这个位置上共有2小、1大3个就地传感器（2个小的为同一规格，类似火柴盒大小），暂时不能确定是哪个产生了误报信号。

通过仔细观察和试验，分别用手遮挡住2个小的激光反射式传感器发射的红光后，传感器能输出状态信号，但主控报警画面仍存在，说明这2个传感器正常，怀疑体积大的传感器异常。这个传感器与2个小的传感器不同（见图1），不仅无法看到发射的激光，而且对面也没有反射棱镜。因该传感器上的Power（绿灯）和Output（黄灯）同时亮，说明该传感器工作异常，在没有桶的情况下就已输出检测信号。此时，用手在传感器的发射面前侧晃动，Output灯仍点亮，用一个文件夹做遮挡试验也无效。本单位还有一套相同的系统，能正常运行。笔者取得运行人员的同意后，决定进行对比测试，来判断故障原因。查看这套正常系统的大传感器时，只有Power灯亮，而Output灯不亮。用手和文件夹试验无效后，将一把大扳手靠近传感器后晃动，结果Output灯亮了，说明这是一只金属接近开关传感器。既然误报的传感器是金属接近传感器，在没有检测到桶时，应该没有输出才对，怀疑故障是因它前面的保护罩发生了位移所致。这个保护罩就是桶在输送廊上传送时，为防止碰触到这个传感器而设置的，以免碰撞后导致传感器自身和目标物的损坏。因这个传感器是圆盘形状的，保护罩在传感器前面也有一个稍大的圆孔，结构模式和桶装方便面的底和盖相似，只是两者间大约有3cm的距离。试着松开保护罩的固定螺丝，将保护罩移向传感器一点（见图2），Output灯熄灭，并且画面恢复正常了，报警解除了。按照这个位置固定好螺丝后，故障排除。

◇江苏 庞守军

①

②

美的豆浆机典型电源板电路分析与故障检修(二)

（紧接上期本版）

4.能打浆，但不加热

该故障是由于加热管或其供电电路异常所致。

首先，在未通电时测加热管阻值是否正常，若阻值为无穷大或过大，说明加热管异常；若加热管阻值正常，通电后并通过按键设置后，测来自CPU的加热信号REL是否为高电平，若为低电平，检查按键电路、无水检测电路、防溢检测电路、温度检测电路；若REL为高电平，测Q151的b极有无导通电压，若有，检查Q151和KC151；若没有，检查R151和Q151。

5.能加热，但不打浆

该故障的电机或其供电电路异常所致。

在执行打浆程序时，测CN161的①、②脚有无供电输出，若有，检查电机的绕组及线路；若没有供电，测整流堆UR106的②、③脚有无正常的交流电压输入，若有，检查UR161和线路；若无电压输入或电压过低，说明供电电路异常。此时，测电机驱动信号MC是否正常，若异常，检查微处理器电路；若正常，说明双向晶闸管SCR161或其触发电路异常。此时，检查U161有无触发信号输出，若没有，检查R162~R164、U161；若U161输出的触发信号正常，检查C161、SCR161及线路。

◇山西 杜旭良

（全文完）

数据采集系统的原理与传感器

数据采集系统(DAQ或DAS)是一种从传感器获取数据的电子仪器，通常可扩展为仪器仪表和控制系统。这种仪器通常具有多通道、中到高分辨率(12~20位)，而且采样率相对较低（比示波器慢)。本文是关于该仪器工作原理的基础教程，着重介绍DAQ原理和传感器。

我们以一个火箭测试系统为例，验证在试验台上静态发射的小型火箭的性能。测试点火必须由控制器排序，还需要DAS来获取传感器数据。火箭测试控制系统必须知道火箭内部究竟发生了什么，这需要一个仪器子系统来提供。传感器将感兴趣的数据（例如容器压力或加速度)转换为电信号。数据采集系统将这些电信号转换成数字形式，以便与控制计算机的输入格式兼容。

数据采集系统

被测量数据通常由DAS转换为控制计算机可以接受的数字形式。一个典型的DAS如图1所示。

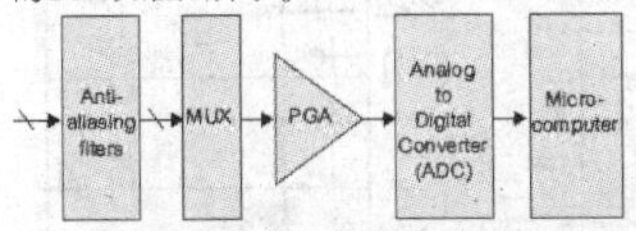

图1：典型的数据采集系统。

传感器波形进入抗混叠滤波器，滤除高频分量。有时防止混叠是必要的，因为混叠会产生杂散波形。混叠的一个常见例子是电影或电视中出现轮辐向后旋转的画面。电影或电视图像的连续图像帧其实不是连续的，有时候会产生差异频率(或拍频)而导致这种杂乱图像出现。如果传感器波形没有"减慢"到足以消除导致混叠的快速变化，DAS就会产生杂散波形。对连续数值进行采样并输出离散数值序列的任何过程都可能引起混叠。为避免混叠情况的发生，达到或超过采样率一半的所有频率都将被滤波器滤除。

MUX是模拟多路复用器，是一种类似电视频道开关的电子开关。微型计算机(μC)可以控制MUX切换到特定的传感器输入通道，依次选择每个通道进行测量。PGA是一种可编程增益放大器。不同的传感器需要不同的波形放大量，PGA增益是由μC控制的。A/D转换器(或ADC）将经过滤波和放大的模拟波形转换为数字形式，以便输入μC。

ADC可以区分的模拟输入电压离散值的数目就是其分辨率，以位为单位。对于N位分辨率，其输出结果的数目是2N。12位ADC可以区分212(即4096)个不同的模拟输入值。如果其满量程范围为4.096V，则这4096个输入电平的间隔正好是1mV。因此，ADC的12位数字输出具有1mV/次的分辨率，或每个最低有效位(LSB)为1mV，可以表示为1mV/LSB。

计算机进一步处理来自ADC的采样感应信号，但要以数字形式处理。ADC计数是未经处理的原始数据，ADC之前的传感器和模拟DAS电路因为不准确性会引起偏移和增益(斜率)误差，因此必须对这些数据进行校正。必要的话，得到的结果还要针对传感器非线性进行校正。

用于火箭飞行或测试的传感器通常包括：

温度传感器：热电偶、RTD、热敏电阻和固态；

压力传感器：硅或蓝宝石；

流量传感器：涡轮、超声波多普勒；

惯性传感器：速率和垂直陀螺仪、固态加速和旋转传感器、倾斜开关；

接近传感器：微动开关；

电传感器：电压和电流检测；

低温传感器：低温热敏电阻。

大多数传感器按测量值输出一个电压，还有一个转换系数(增益)，例如，压力传感器的V/kN，以及温度传感器的V/oC。电压发生在两个电路节点上。如果一个节点是系统的0V参考节点或接地，则传感器输出是相对于地的电压。在节点上相对于地测量的电压是单端电压。

有些传感器有两个端子，它们的输出电压出现在两个端子上，都没有接地。这是差分电压，因为它们是每个端子相对于地测量的电压差，有时也被称为"浮地"。

当传感器作为一种称为电桥的常见仪器电路的一部分时，其输出一般是差分输出。"传感器电桥电路"示意图(图2)显示了其在压力传感器电桥中的应用。电桥输出电压是AIN+和AIN-这两个节点相对于地测量的电压差。换句话说，将电压表负输入端连接到接地端子可测量AIN-的电压。

基于电桥的传感器类型包括RTD(温度)、压力和应力传感器。这些传感器的电阻随测量数而变化。在图3中，压力传感器配置为由两个具有相反极性的应变计驱动。

Sensor Bridge Circuit

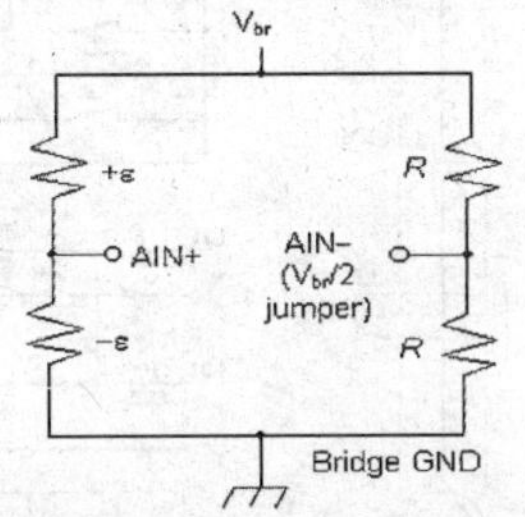

图2："传感器电桥电路"示意图。

电桥电路包含两个由电桥电源驱动的分压器，每个双电阻分压器都是半桥，电桥输出灵敏度与电桥激励电压成正比。对于半桥传感器，另一个半桥就是一个二等分分压器，由精确匹配的等值电阻组成。

两个应变片连接到桥臂的相对两侧，因此当它弯曲时，顶部应变片的电阻增加(+ε)，而底部应变片减小(-ε)。没有弯曲时，两个传感器理论上具有相同的电阻，并且AIN+处的电压是电桥电压Vbr的一半。对于零电平处零差分输入电压，另一个由稳定的等值电阻(R)组成的分压器在AIN-端将Vbr分为一半。AIN+的输出电压在电桥电压一半左右发生变化，从而产生双极(+/-)差分输出。

2线、3线和4线电桥

对于电桥驱动线路中可忽略不计的电压降，在仪表系统电路板(如Vbr/2)上可以复制出精确的半桥电压，并通过电路板上的配置跳线为AIN-输入。该半桥电压可通过专用通道测量，并作为桥式传感器的偏移。利用板载半桥，只需要一条传感器输出线(AIN+)和两条电桥电源线接到每个传感器电桥。

对于全桥传感器，AIN+和AIN-端都从传感器接出，并在采集板上测量电桥电压。对于电桥接线中可忽略不计的电压降，这些布线方案是令人满意的。

对于电桥电源线中不可忽略的电压降，需要进行4线检测。四线(或Kelvin检测)是最准确的，它使用单独的电桥驱动和检测线对。

RTD温度传感器

RTD(电阻温度器件)利用铂这类金属的可重复温度系数(TC)原理。RTD在一定程度上呈非线性，需要校正。标准RTD曲线将电阻表示为温度的函数，例如铂RTD的PT100(DIN 43760)曲线。在0oC和100oC的电阻TC可表示为：

$$\alpha=\frac{\left(\frac{\Delta R}{R}\right)}{\Delta T}$$

对于PT100曲线，α=3.850x10-3/oC，但α在整个温度范围内不是恒定不变的。一般的RTD方程是：

$$R=R0\cdot\{1+(3.90802\cdot 10^{-3}/℃)\cdot T-(5.80195\cdot 10^{-7}/℃^2)\cdot T^2\}$$

其中R0是0oC时的电阻（100Ω或1kΩ)，求解T：

$$T\approx(1312.84℃)\cdot\left(2.56531-\sqrt{7.58081-\left(\frac{R}{R_0}\right)}\right)$$

从-100oC至+800oC(这是封装好的RTD的工作范围)，100Ω的RTD电阻变化约6.48倍，从60.25Ω到390.26Ω，TC为正。

典型的1kΩ薄膜RTD有Sensing Devices公司（SDI)GR2141和Minco S251PF12（或热敏带S17624PF440B)。SDI Pt100/15P的R0为100Ω，S251PF12为1kΩ。

与压力传感器不同，RTD电桥仅使用一个传感器，如图3所示，适用于单端电桥电路。AGND是模拟地，是测量系统中与系统地连接的独立接地端。

RTD Bridge Circuit

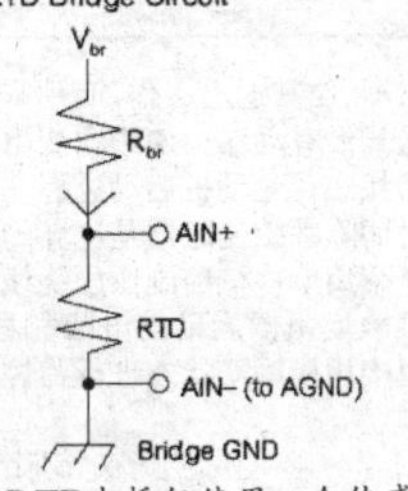

图3：RTD电桥仅使用一个传感器，适用于单端电桥电路。

热电偶

当两种不同的金属连接时就形成热电偶，比如点焊。两种金属之间会产生一个小电压，这个电压随着结温的变化而变化。K型(铬镍铝合金)或J型(铁-康铜)热电偶是最常见的，可用于测量RTD和热敏电阻无法测量的高温度。

K型热电偶不像J型那样灵敏，但具有更高的温度范围。与热电偶线的每一个连接都构成另一个热电偶传感器。若使用铜线，铜-铬和铜-铝连接就形成两个额外的热电偶。这些不期望的热电偶称为参比端或冷端热电偶，必须通过某种补偿措施来消除它们的影响。

通过将热电偶线接到仪表板连接器，参比端将靠近热电偶处理电路，而且温度大致相同。冷端补偿电路可以测量这一温度并补偿热电偶的电路输出。

可以使用单独的温度传感器来测量冷端附近的环境温度，并在计算机中完成补偿。

可对热电偶电压进行放大和冷端补偿的热电偶集成电路有ADI公司的K型(铬镍铝合金）热电偶AD595，以及J型(铁-康铜)热电偶AD594。它们的输出分别为：

$$AD595(K):V_{out}=(V_{TC}+11\mu V)\times 247.3$$

$$AD594(J):V_{out}=(V_{TC}+16\mu V)\times 193.4$$

为了将高温测量范围扩展到1250oC(K型)和750oC(J型)，需要将输出电压切分(比如除以3)，以适应ADC的典型4.1V fs范围。

环境温度

ADI公司的AD22100 IC是一款低成本、三引脚硅基温度传感器，可以方便地检测环境温度。它的模拟电压输出为：

$$V_{out}=\left(\frac{V_{CC}}{5V}\right)\cdot(1.375V+22.5mV/℃\cdot T_A)$$

$$=V_{CC}\cdot(0.275+4.5\cdot 10^{-3}/℃\cdot T_A)$$

其中VCC是AD22100的电源电压，它的工作温度范围为-50oC至+150oC，满量程误差为±2%。这种传感器的输出随VCC成比例变化。它由电桥电压(Vbr)供电，可以使用电桥补偿来跟踪电桥传感器的漂移。

AD22100可以进行两点校准，因为它是一种线性变换器（误差接近其±1%非线性规范)。

对于精度稍低的校准，将(电绝缘)传感器浸入冰水中，一点校准至0oC，或用另一个温度计或(已校准的)温度通道来测量传感器的温度。如果测量通道已经过电压校准并使用上述公式，则无需进行温度测量，尽管其精度约为±2%。

AD22100在4V至6V VCC电压下工作，可由4.1V电桥电源供电。来自ADC的原始数据值是：

$$1126+18.432/℃\cdot T_A$$

环境压力

要测量环境压力，一款值得推荐的传感器是Motorola MPX2202AP。这是一款低成本、绝对检测、200kPa(29psi)全量程的硅基压力传感器。它可以用作气压计，因为它检测绝对压力，大气压力可以转换为海拔高度。它还具有足够大的范围来检测一般飞行器的动态压力。

MPX2202AP是一个完整的补偿电桥电路，其输出与电源电压成比例。它可以一点或两点校准。对于4.1V电桥电源，在满量程时，其输出约为16.4mV，标称比例因子为82μV/kPa。零标度(zs)处于零压力，偏移电压误差指定为±1mV。

要计算所需的增益，可将ADC满量程输入电压(Vbr=4.1V)除以传感器满量程输出并向下舍入，得到增益为x100。这为捕获突发故障数据提供了足够的处理能力。

同类传感器还有Sensym SCX30ANC和TRW Novasensor NPC-410-30-A。一些电桥传感器，例如Motorola MPX4250(250kPa fs)，具有不同于Vbr的电桥电压。必须跟踪它们的电桥电压(通过另一个通道测量)来补偿电桥灵敏度，以达到最大精度。

加速度传感器

适用于大多数探空火箭和其他低g应用的加速度传感器有ADI ADXL105。它价格低廉，是一种硅基器件，测量范围为±5g。它可以利用重力进行两点校准。在最大加速方向上，输入约为1g。反转(旋转180o)，其输入为-1g。地球表面的标称值g0为9.806m/s2。

电源电压和电流

地面电源或板载电池通常可以通过分压器检测。差分电压测量通道的优势在于它们能够测量"浮地"电压，例如与电池正极串联的电流检测电阻两端的电压。

流量输入

典型的涡轮流量传感器一般设计为磁片流量传感器。涡轮叶片中的磁体旋转经过传感器主体中的线圈，并在其中引起电压脉冲。在感兴趣的流量范围内，典型的脉冲幅度至少为50mV。最大流量脉冲率通常为100Hz至几kHz。

这些脉冲通常由模拟电路处理，并转换为计算机数字脉冲，然后输入到由计算机控制的计数器。计数在准确的时间间隔内累积，通常由计算机的时基控制设定。也就是说，另一个计数器/计时器定期中断计算机。在这些中断之间建立准确的时间间隔，用作频率计数器的时基。频率为：

$$f=\frac{N}{\Delta t}$$

其中N是时间间隔Δt上的计数次数。

低温热敏电阻

低温热敏电阻是一种高度非线性的温度传感器，可用于检测低温流体的存在。可以将其放置在容器的空处，用于检测空处何时被填充。它们可以放置在分压器的高压侧，直接驱动数字位输入。

一个典型的低温热敏电阻是Thermometrics公司的A105CTP100DE104R热探针。它在液氮沸点(-195.82oC)下具有100kΩ的电阻。LOX(液态氧)沸点为-183oC，它在-185oC时的电阻为54322Ω，在-180oC时为37081Ω。但在-100oC时，只有146Ω。可以将热探针设置为由+5V电压驱动的分压器的上部电阻，在1kΩ左右的较低电阻下，分压器输出可直接驱动TTL电平数字计算机输入。

结语

在本文第二部分，我们将讨论DAS系统的采集和处理策略及校准。

◇湖北 朱少华 编译

用单片机控制频敏变阻器启动电动机的方法

频敏变阻器能用于平滑、无级、自动地启、制动各种功率的交流绕线型电动机。它的结构简单，坚固耐用、维修方便，启、制动性能良好，因此在有低速要求的和启动时阻转矩很大的传动装置上采用。频敏变阻器启动低压绕线型电动机的经典电路是采用继电器-接触器来进行控制的，由于这种线路存在众所周知的原因，控制柜内的频敏变阻器时常出现烧坏。究其原因是在电动机启动过程结束时应短接频敏变阻器，使其退出工作。而用来短接的接触器却没有动作，使频敏变阻器仍处在投用状态。电动机启动过程完成后没有及时切除频敏变阻器是烧坏的原因。本文介绍用单片机控制低压绕线电动机采用频敏变阻器启动的电路和程序设计，对短接用接触器状态进行监控，降低故障率。

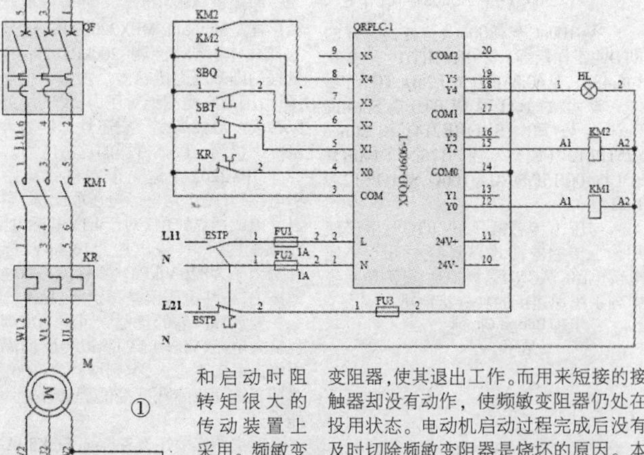

①

为了对切除频敏变阻器的接触器状态进行监控，我们采用单片机来实现控制电路，其电原理如图1所示。图中所用单片机控制器如《电子报》2018年第27期7版《电动机星角降压启动控制器及其应用》一文相同。图中将短接用的接触器KM2的辅助触头常开和常闭各一组接入控制器的输入端，用来监测器状态。当该接触器发生黏连(即未释放)、没有动作(即未吸合)和热保护动作的情况，指示灯会闪烁。该电路的控制程序如图2所示。

按下启动按钮“SBQ”，接触器“KM1”吸合，绕线式电动机在转子回路中串入频敏变阻器启动，程序执行状态如图3(a)所示；当电动机电流回落到接近额定值时，接触器“KM2”吸合，短接频敏变阻器“LF”，进入运行状态，此时程序执行状态如图3(b)所示；若接触器未动作，则控制器随即断开接触器“KM1”和“KM2”，并使指示灯闪光报警，此时程序状态如图3(c)所示。

若启动前接触器“KM2”出现黏连状态，则指示灯也会闪光报警，程序状态如图4所示。

(a)接触器KM1吸合

(b)接触器KM1和KM2均吸合

(c)接触器KM2未动作闪光报警

除了对短接接触器的状态进行监控外，还可以进一步监测频敏变阻器的端电压来判断其是否被切除，这样做就可以进一步提高可靠性。但需要增加几个电器，其控制电路如图5所示，图5中虚线框中的是新增的。并将监测点“X5”加入监测程序中即可，这里不再说明。

◇江苏 沈洪 键谈

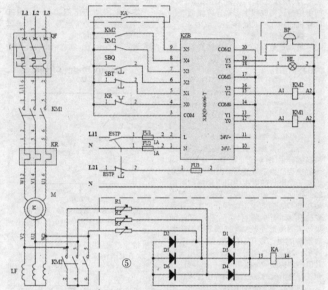

⑤

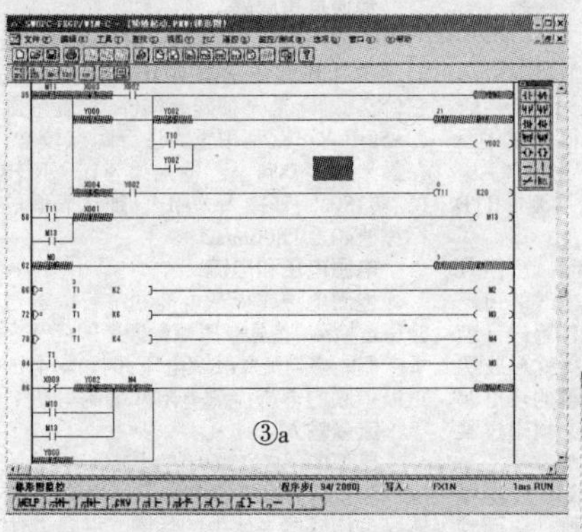

③a

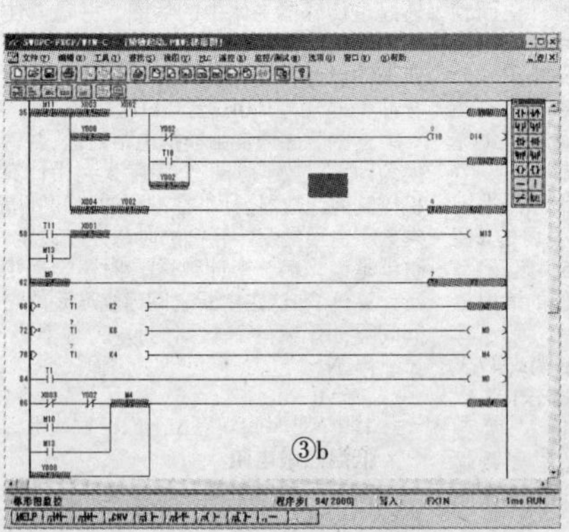

③b

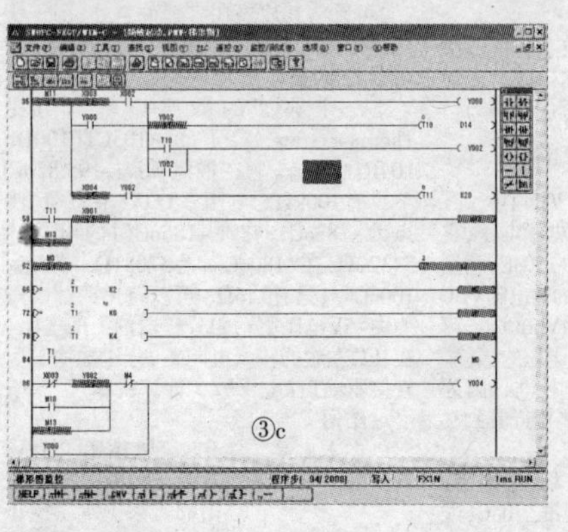

③c

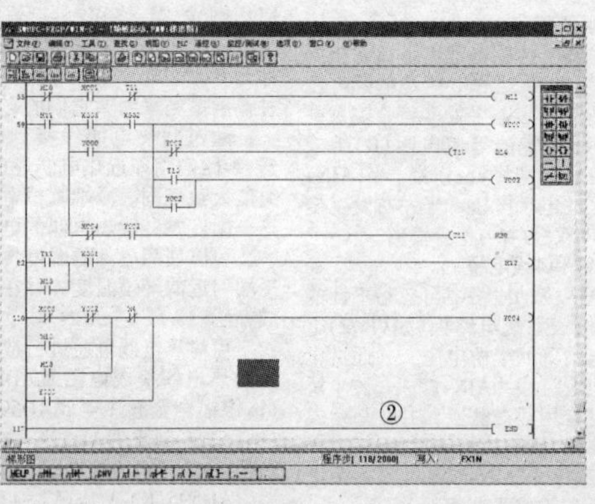

②

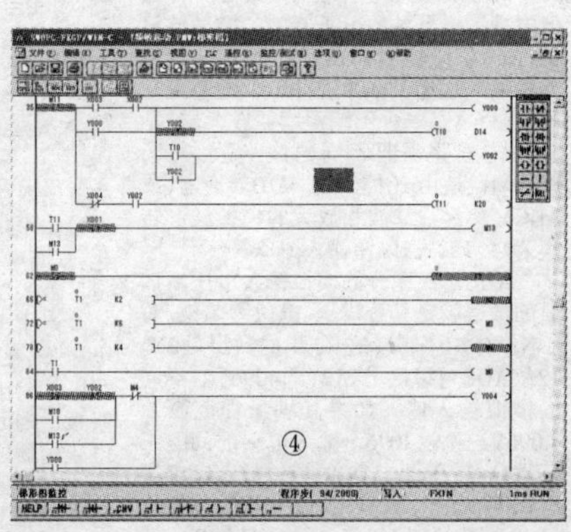

④

USB-C高速EZ-PD™ CCG3PA控制器

赛普拉斯是USB控制器技术的市场领导者，其USB-C控制器正被Anker等全球顶级电子制造商广泛采用。集成赛普拉斯具备USB PD功能的EZ-PD CCG3PA之后，Anker全新PowerPort PD充电器系列的充电速度可比标准USB-C电源适配器快2.5倍。其不断拓展的EZ-PD USB-C控制器组合包括：

- CCG1 - 全球首款可编程USB-C控制器
- CCG2 -全球最小的可编程USB-C控制器
- CCG3 -全球通用性最佳的可编程USB-C控制器
- CCG3PA -全球灵活度最高的USB-C电源控制器，适用于电源适配器、移动电源及车载充电器
- CCG4 -全球首款双端口USB-C控制器
- CCG5/CCG6 -全球首款针对雷电接口的电脑及扩展坞站进行优化的双端口USB-C解决方案
- BCR -全球首款用于替代桶型插头的专用USB-C 电源适配器控制器

EZ-PD产品组合是业界首款符合USB PD 3.0规范的产品系列，能够为笔记本电脑和移动设备提供更加强劲的端对端电力传输及充电解决方案。赛普拉斯还能够提供通过AEC-Q100认证的汽车级CCG2和CCG3PA控制器。

因适用于纤薄的产品设计、拥有易用的接头和线缆、支持多种协议的传输，以及最高达100瓦的输出功率，USB-C正快速获得越来越多顶级电子产品制造商的支持。USB-C标准连接头厚度仅为2.4mm，远小于现有的4.5mm USB 标准Type-A插头，从而可以很方便地集成于各类设备中。

◇付彩

初学入门

传感器系列6：气敏传感器及应用电路

气敏传感器是用来检测气体类别、浓度和成分的传感器。气体种类繁多，性质各不相同，所以气体分析、检测的方法也因气体的种类、成分、浓度和用途而异。目前应用的气体检测方法主要有电气法、电化学法、光学法等，其中应用最广泛的检测方法是电气法，即利用气敏器件（主要是半导体气敏器件）检测气体。

一、气敏传感器基础知识

按材料不同，气敏传感器可分为半导体和非半导体两大类。虽然半导体气敏传感器的综合性能不是最好的，但它的结构非常简单，适合批量生产，价格低廉，因而被广泛应用。

半导体气敏传感器是利用待测气体与半导体表面接触时产生的电导率等物理性质变化来检测气体的。按照半导体变化的物理特性，气敏传感器分为电阻型和非电阻型。电阻型气敏元件是利用敏感材料接触气体时，其阻值变化来检测气体的成分或浓度。非电阻型气敏元件是利用其他参数，如二极管伏安特性和场效应晶体管的阈值电压变化来检测气体。本文只介绍电阻式气敏传感器。

（一）气敏电阻的工作原理

气敏电阻的材料是金属氧化物，如氧化锡、氧化锌等，在常温下是绝缘的，制成半导体后显出气敏特性。当半导体元件被加热到稳定状态，由于空气中的氧气、二氧化氮的电子兼容性比较大，接受来自半导体材料的电子而吸附负电荷，使N型半导体材料的表面空间电荷层区域的传导电子减少，导致表面电导率减小，于是元件处于高阻状态。当被测还原性气体与元件接触时，就会与吸附的氧起反应，将被氧束缚的电子释放出来，敏感膜表面电导率增加，使元件电阻减小。

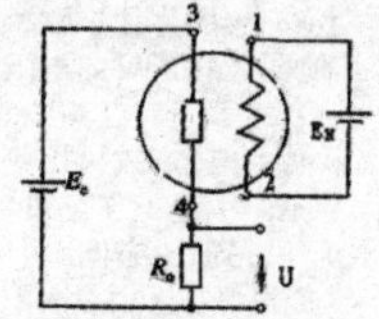

图1 气敏元件的测量电路

电阻值的变化是伴随着金属氧化物半导体表面对气体的吸附和释放而产生的，为了加速这种反应，通常要用加热器对气敏元件加热，如图1所示。图中E_C为测量电源，E_H为加热电源。气敏电阻值的变化引起电路中电流的变化，输出信号电压由电阻R_0上取出。

（二）氧化锡气敏元件

目前使用的多为氧化锡气敏元件，主要有三种类型：烧结型、薄膜型和厚膜型。

1.烧结型SnO_2气敏元件

烧结型SnO_2气敏元件的工艺最成熟。这种元件以多孔质陶瓷SnO_2为基本材料，添加不同物质，采用传统制陶工艺进行烧结。烧结时在材料中埋入加热电阻丝和测量电极，制成管芯，然后将电阻丝和电极引线焊接在管座上，并将管芯罩在不锈钢网中而制成器件。这种器件主要用于检测还原性气体、可燃性气体和液体蒸汽。器件工作时需要加热到300℃左右，按加热方式分为直热式和旁热式两种。

（1）直热式SnO_2气敏元件

直热式器件的结构如图2所示。器件管芯由三部分组成：SnO_2材料、加热电阻丝和电极丝。加热电阻丝和电极丝直接埋在SnO_2材料内，然后烧结制成。工作时加热电阻丝通电加热，使器件达到工作温度。测量电极丝用于器件电阻值变化的测量。

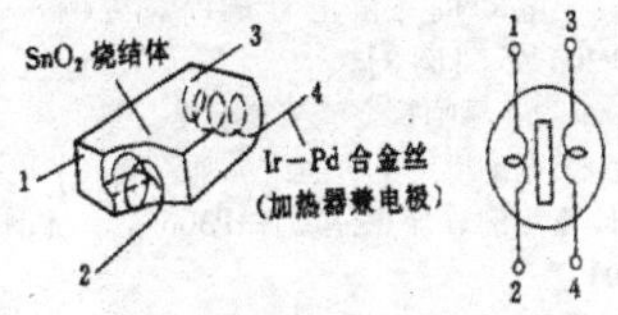

图2 直热式气敏器件结构与符号

这种器件的优点是：制造工艺简单、成本低、功耗小，可在高压回路中使用，可制成价格低廉的可燃气体报警器。器件的缺点是：热容量小，容易受环境气流的影响，测量回路和加热回路之间没有隔离，互相影响。

（2）旁热式SnO_2气敏元件

旁热式气敏元件的管芯增加了一个陶瓷管，在管内放进一个高阻加热丝，管外涂上梳状金电极作测量极，在金电极外涂SnO_2材料。这种结构克服了直热式器件的缺点，其测量极和加热电阻丝隔开，加热丝不与热敏材料接触，避免了测量回路与加热回路之间的互相影响。器件的热容量大，降低了环境气温对器件加热温度的影响，容易保持SnO_2材料结构稳定。

2.薄膜型SnO_2气敏元件

薄膜型SnO_2气敏元件一般是先在绝缘基板上蒸发或喷射一层SnO_2薄膜，再引出电极即成。这种器件制作方法简单，但器件特性一致性差，灵敏度不如烧结型器件高。

3.厚膜型SnO_2气敏元件

厚膜型SnO_2气敏元件一般采用丝网印刷技术制作，器件强度好，特性比较一致，便于生产。

二、气敏传感器应用实例

（一）家用有毒气体探测报警器

家用有毒气体探测报警器可探测一氧化碳、液化气等有毒可燃气体，具有很高的灵敏度，且电路简单，见图3。

图3 有毒气体探测报警器原理图

图中探测头QM－N10用半导体N型材料制成，是一种新型低功耗、高灵敏度气敏元件，它有一个加热丝和一对探测电极。当空气中不含有毒气体时，A、K两点间的电阻很大，流过电位器RP的电流很小，K点为低电位，达林顿管U850不导通；当空气中含有还原性气体（如上述有毒气体）时，A、K两点间的电阻迅速下降，通过RP的电流增大，K点电位升高，向电容C2充电直至达到U850导通电位（约1.4V）时，U850导通，驱动发声集成电路KD9561发声报警。若空气中有毒气体浓度下降，则A、K两点间恢复高阻，当K点电位低于1.4V时，U850截止，解除报警。

（二）实用酒精测试仪

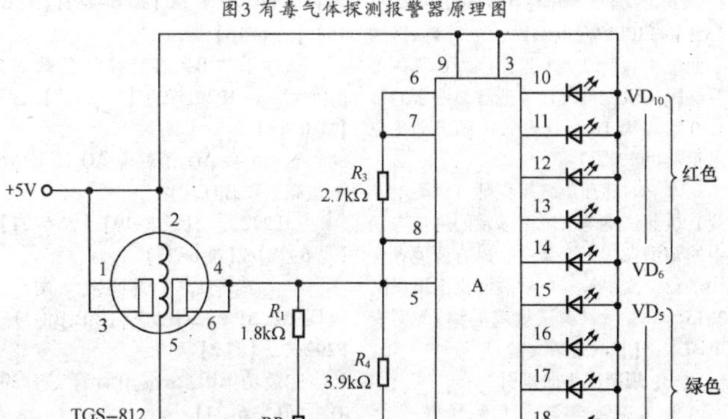

图4 酒精测试仪电路原理图

图4是酒精测试仪的电路原理图。只要被试者向传感器吹一口气，便可显示出醉酒的程度。气体传感器TGS－812选用二氧化锡SnO_2气敏元件。当传感器未探测到酒精时，1－4之间呈高阻，4为低电平，加在芯片A的5脚；当传感器探测到酒精时，其内阻变低，使A的5脚电平变高。A为显示驱动电路，共有10个输出端，每个输出端可以驱动一个发光二极管，根据第5脚电压高低来确定依次点亮发光二极管的级数，酒精含量越高则点亮二极管的级数越大。上面5个发光二极管为红色，表示超过安全水平；下面5个发光二极管为绿色，表示安全水平（酒精含量不超过0.5%）。

（三）空气污染程度监测仪

图5是采用气敏传感器AF38L的空气污染程度监测仪原理图。A1为电压跟随器，A2为差动放大器，A3为同相放大器。A4~A8为电压比较器，其相应的基准电压分别为UN4~UN8，且UN4>UN5>UN6>UN7>UN8。发光管LED2~LED6用于指示空气污染的程度。

当无有害气体或有害气体浓度较低时，AF38L的电阻很大，A1同相输入端的电压UP1很小，经A1跟随，输出电压U1很小，小于A2的反相输入端电压UN2，则A2输出电压U2=0V，经A3同相放大，A3的输出电压U3=0V，经比较后，A4~A8的输出电压全为0V，LED2~LED6都不发光。当有害气体浓度增加时，AF38L的电阻减小，UP1升高，经A1跟随，U1升高，达到U1>UN2时，则有U2>0V，经A3同相放大，U3>0V。当UN8<U3<UN7时，A8输出高电平，点亮LED2，而LED3~LED6都不发光。若有害气体浓度继续增加，UP1、U1、U2和U3也继续增加，达到UN7<U3<UN6时，点亮LED2和LED3，而LED4~LED6都不发光。若有害气体浓度继续增加，依此类推，点亮LED2~LED6。LED2~LED6发光的数量越多，说明空气污染的程度越严重。

◇哈尔滨远东理工学院 解文军

中国联通公司哈尔滨软件研究院 梁秋生

图5 空气污染程度监测仪原理图

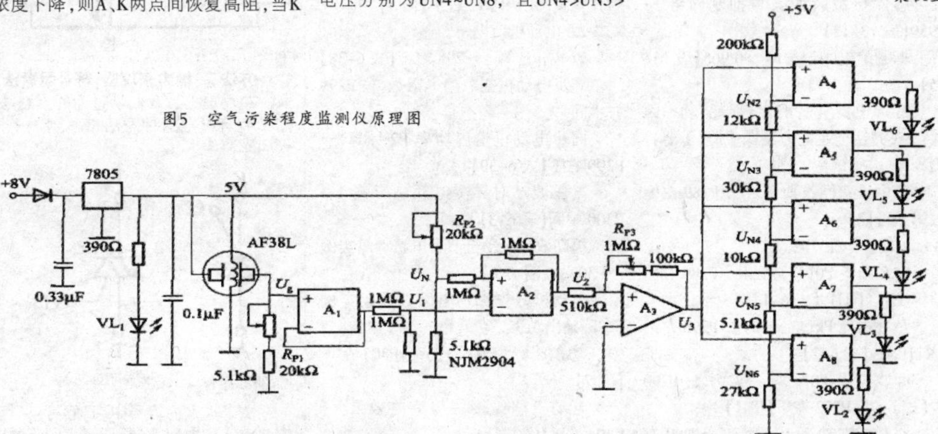

注册电气工程师备考复习——环境保护与节能及真题

注册电气工程执业资格考试大纲对"环境保护和节能"的要求如下：熟悉电气设备对环境的影响及防治措施；熟悉供配电系统设计的节能措施；熟悉提高电能质量的措施；掌握节能型电气产品的选用方法。

根据大纲要求，2018年度考试涉及"环境保护与节能"内容的有规范2本，手册3本：GB/T 16895.10-2010《低压电气装置 第4-44部分：安全防护电压骚扰和电磁骚扰防护》；GB 50059-2011《35kV~110kV变电站设计规范》；《钢铁企业电力设计手册(上册)》第6章；《工业与民用供配电设计手册（第四版)》第1.10节和第16章；《电气传动自动化技术手册(第3版)》。

本文对注册电气工程师（供配电专业）执业资格考试范围涉及的规范内容中的知识点作一个索引，以方便读者查找学习。文中符号"→"后面指出页码以2015年4月版《考试规范汇编》为例或单印本，"【】"内是条文编号。

一、规范或手册索引

1. 电磁兼容；电磁环境；噪声

→GB/T 16895.10-2010；GB 50059-2011；《电气传动自动化技术手册（第3版)》第13章

1.1 GB/T 16895.10-2010《低压电气装置 第4-44部分：安全防护电压骚扰和电磁骚扰防护》

电磁辐射源 →P53-12【444.4.1】

降低电磁干扰(EMI)措施 →P53-12【444.4.2】

现有建筑物中措施举例 →P53-18【图44.R11】

1.2 GB 50059-2011《35kV~110kV变电站设计规范》

电磁场、噪声对环境的影响 →P9-14【6】

站用电耗能降低措施 →P9-14【8】

1.3《电气传动自动化技术手册(第3版)》第13章

内部噪声种类 →P952【表13-5】

外部噪声种类 →P953【表13-6】

噪声传递方式 →P954【表13-7】

噪声耦合机理及抑制方法 →P954【表13-8】

最基本的抗干扰措施 →P955【表13-9】

干扰入侵方式 →P957【13.3】

感性负载瞬变噪声抑制网络 →P959【表13-12】

抑制静电噪声措施 →P965【表13-15】

2. 节电；经济；消耗；损耗；功率因数 →《钢铁企业电力设计手册(上册)》第6章

节电投资回收期要求 →P289左倒数第5行【3】

2.1 变压器节电

空载损耗P0(定义式) →P289右倒数第12行【(1)】,【式6-1】

负载损耗Pk(定义式) →P290左第7行【(2)】,【式6-2】

回收年限TB计算，实例 →P290右【式6-7】,P292左下【例1】

空载视在功率S0计算 →P290右倒数第4行【式6-7】

空载励磁(无功)功率Q0计算，简化计算 →P291左第4行【式6-9】,【式6-12】

短路试验(额定负载)视在功率SK计算 →P291左第9行【式6-10】

额定负载漏磁（无功）功率QK计算，简化计算 →P291左中间【式6-11】,【式6-13】

功率损失ΔP，损失率ΔP%，效率η计算 →P291左下【式6-14】,【式6-15】,【式6-16】

负荷系数β，有功经济负载系数βjP计算 →P291右上【式6-17】,右下【式6-18】

无功消耗ΔQ，消耗率ΔQ%，无功经济负载系数βjQ计算

→P292左上【式6-19】,【式6-21】,【式6-22】或【式6-23】

电费等比较计算实例（两台变压器ΔP,ΔP%,ΔQ,ΔQ%,βjP,βjQ,)→P292右下【例2】

空载功率因数cosφ0计算 →P294右中间【式6-24】

额定负载下自身功率因数cosφN计算 →P294右中间【式6-25】

一次侧功率因数cosφ1计算 →P294右下间【式6-26】

电量计算实例（两台变压器Q0,QK,cosφ0,cosφN）→P294右下【例3】

综合有功功率损失ΔPZ，无功经济当量KQ计算 →P295【式6-27】或【式6-28】,【式6-29】

经济运行计算（节电，提高功率因数,综合）→P296左第3行

损耗比较计算实例（一台与两台运行)→P296右下【例4】

2.2 变配电设备节电

变配电设备节电方法(共5种) →P297左

提高功率因数的目的 ((2)中4点) →P297左

线路损耗ΔP计算 →P297右上【式6-34】

提高功率因数节约有功ΔP，无功ΔQ计算(cosφ1/cosφ2,减少线损/变压器铜损)

→P297右【式6-35】,【式6-36】,【式6-37】

提高功率因数后有功、无功电量节约计算实例 →P297右下【例5】

2.3 电动机节电

效率η计算 →P298右下【式6-38】

异步电动机空载功率因数 →P299右中间

同步电动机输出功率P2计算 →P299右下【式6-39】

电压波动对异步电动机影响 →P300中间【表6-3】

提高效率电动机节省电费计算实例 →P302左下【例6】

电动机效率和功率因数计算实例(实际输出功率，负载率，定子电流,效率，功率因数计算公式）→P303左下【例7】

电动机绕组接法与节电效果 →P304左下【(3)】

单台电动机电容补偿容量，空载电流计算 →P305左中【式6-40】,【式6-41】或【式6-42】

电动机补偿电容量计算实例 →P305左下【例8】

2.4 晶闸管变流装置节电

电动机发电机组改晶闸管变流节电计算实例（计算公式)→P306左下【例9】

2.5 风机、水泵节电

流量、转速、功率、扬程关系 →P306右中

电动机与水泵配套容量计算 →P308左第2行【式6-44】

采用高效电动机年节电费计算 →P309左中【式6-45】

更换水泵电动机节电计算实例 →P309左下【例10】

风机不同风量调节方法节电计算实例 →P309右下【例11】

2.6 照明设备节电

荧光灯电路并联电容节电计算实例(并联电容量计算公式)→P312右上【例12】

照明变压器供电灯数计算实例 →P313左中【例13】

更换接触器、熔断器、热继电器、信号灯后节电计算实例 →P314右中【例14】

3. 线路消耗；变压器损耗；网中电能损耗 →《工业与民用供配电设计手册(第四版)》第1.10节

cosφ与sinφ、tanφ对应表 →P14【表1.4-7】

电力线路中有功能/无功功率消耗计算 →P26【式1-10-1】、【式1-10-2】

电力变压器功率损耗计算(双绕组，三绕组)

→P30【式1-10-3】、【式1-10-4】,【式1-10-5】~P32【式1.10-20】

电容器和电抗器的功率损耗 →P32【式1-10-21/22】,【式1-10-23/24】

电网中电能损耗(线路，双/三绕组变压器，电容器，电抗器)

→P33【式1-10-25】~【式1.10-29】

◇江苏 键谈 陈洁

可控硅检测有妙招

面对中职学生，利用好办法，减轻负担，提升兴趣，才能更好地学本领。继三极管之后，又来了新朋友——可控硅。下面，就笔者的一些教学经验介绍给大家：

方法一：温故而知新，等效电路法。

在白板上出示三极管的元件符号，认识管脚名称、电流和电压的特点，然后将两种三极管组合在一起，如右图所示：由三极管发射极箭头方向可知电流只能从管脚A流向管脚K端，条件是各自有基极电流。只给下面的三极管提供基极电流从管脚G流向管脚K，就能其导通并给上面的三极管提供基极电流。只要管脚A、K间的电流足够大，就能维持各自的导通状态。也就是说导通后，不再需要初始时的触发电流IG。

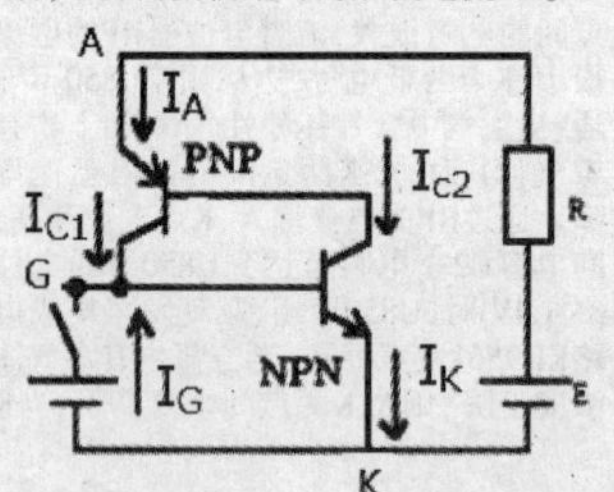

方法二：借力来攻坚，符号示意法。

在物理上，我们学过力的示意法。同学们可以把这种方法牵移到电子技术的学习中。

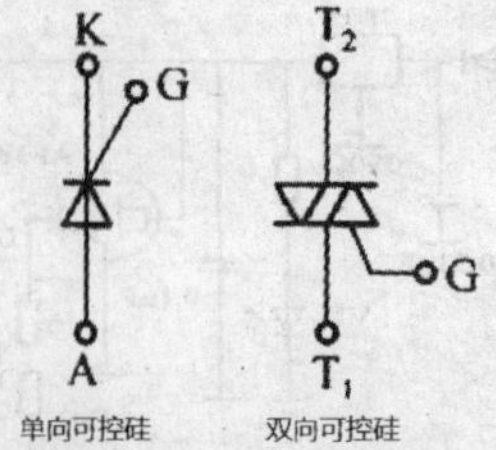

单向可控硅　　双向可控硅

从二极管的符号中，我们可以看出它的单向导电性，必须沿箭头所示的方向走。要想控制电流的导通情况必须加上一个"门把手"，如右图所示的单向可控硅的控制极G。同理，我们可以分析双向可控硅的检测方法。如图所示，由于第一阳极T1和控制极G之间的PN结比较薄(观察符号中两极在同侧且距离近)，电阻比较小，因此这两极间正反向电阻均仅为几十欧。第二阳极T2和其他两极间正反向电阻均为无穷大。由于万用表只有红黑二表笔，直接提供高低两个电位，故可检测到正向触发正向导通(沿箭头方向)和反向触发反向导通(沿另箭头方向)两种情况，表明它的性能良好。当用黑表笔接第一阳极红表笔接第二阳极时并不导通，需要有触发电流才行。此时只能用接第二阳极的红表笔瞬间短接控制极（表笔、第二阳极和控制极三者相连通)，才能有电位差形成触发电流。瞬间短接是为了能看到在没有触发电流时，两阳极间能维持导通的情况。如果这假定为是正向触发正向导通的情况，那请考虑如何检测反向触发反向导通的情况呢？以上两种情况的共同点：由于PN结的非线性且需要较大的电流维持导通，都用万用表R×1挡；提供触发电流时是接第二阳极的表笔去瞬间短接控制极。

方法三：语文来助记，诗词口诀法。

对于单向可控硅而言：PN结常用K挡，六次一通识三脚，黑阳红阴一倍挡，瞬接KG长导通。

对于双向可控硅而言：一倍挡大电流，六次两通找阳二，双笔接两阳，二控瞬接才导通。(注："阳二"是指第二阳极，"二控"是指第二阳极和控制极；六次两通只涉及两个管脚，有别于三极管是BE和BC三个管脚间有两次导通)

通过以上三种方法，期望大家能浓厚兴趣，提高效率，学好知识。祝愿大用自己的才智，举一反三，有效编排课本上的内容，站在"导演"的高度上去学习。

◇河北 纪振波

通兴OLT1550-2x7光发射机检修实例(二)

(紧接上期本版)

例二、故障现象同例一。

此故障与例一相同，断定开关电源没有工作。拆机目测故障电源,发现元件没有烧焦以及鼓包漏液等现象。上电测量300V直流电压，发现300V电压正常，但关断电源后该处电压泄放缓慢，同时测量24V、+5V、-5V、+15V、-15V电压,该五组电压均为0V,测量24V、+5V、-5V、+15V、-15V相关整流管及电解电容等关键元件,没有发现异常。因300V关断电源后泄放缓慢,怀疑由,,UC3844组成的开关电源没有振荡。检测UC3844各脚电压,①脚1.2V、②脚0V、③脚0.2V、④脚1.1V、⑤脚0V、⑥脚0V、⑦脚10V、⑧脚1.4V。通过上述电压数值判断,UC3844为核心的开关电源没有工作。造成UC3844不能正常工作的原因无非是该电源块供电不正常、电源块自身有故障,或开关电源次级负载有问题。以往在检修诸如此类电源时经常碰到次级供电滤波电容失容或漏电造成电源停振。果断将24V、+5V、-5V、+15V、-15V供电支路电解电容换新,试机发现设备故障依旧。检测电源稳压环节以及反馈电路，均没有发现异常。重点又检测UC3844外围元件,均没有发现异常。仔细分析UC3844工作原理,正常工作时其⑧脚应有5V基准电压，但本机去只有1.4V，显然不正常,而⑦脚10V供电,基本满足该块的工作要求。测量正常机UC3844各脚电压,发现正常时①脚2V、②脚0V、③脚0.2V、④脚2.2V、⑤脚0V、⑥脚0.2V、⑦脚12V、⑧脚5V ,与本机数值相差较大。正常机⑦脚为12V，而本机却只有10V，怀疑UC3844 ⑦脚供电不足，造成电源不振荡。测量⑦脚相关元件,没有发现异常,试更换滤波电容E5后,发现电源板上绿色指示灯已经点亮,测量4V、+5V、-5V、+15V、-15V也恢复正常,测量UC3844 ⑦脚电压已经升为12V。此现象说明系UC3844 ⑦脚供电滤波电容E5 150uf失容,造成该脚供电不足,从而使UC3844处于停振状态。

例三、开机后，面板电源指示绿灯亮,其他指示灯变红并不停闪烁,无光功率输出。

通过该机前面板绿色电源指灯能点亮,说明电源已经工作,但其他指示灯闪烁,可能系设备保护电路检测到异常,发出报警指示。由于例一已经说明该机拥有两个开关电源,故断开故障开关电源,给另一个电源供电，发现开机后设备自检后,面板指示灯均变为正常的绿色,说明该故障仍系开关电源供电异常所引起。拆机并测量24V、+5V、-5V、+15V、-15V电压，发现除了-5V电压仅有2.3V,其他各电压均正常。通过测量的数值判断,可能系-5V异常,造成设备检测电路检测异常,并发出报警信号,通过指示灯闪红光提醒。断开供电负载测量-5V电压,发现该电压升至-4.3V,较正常电压略低,怀疑该电路某元件工作异常。测量整流管D17正常，怀疑-5V滤波电容25V1000uf漏电或失容,试代换滤波电容E17,测量-5V已经恢复正常。测量换下来的E17，发现该电容已经有轻微的漏电。将修复好的电源重新装入设备试机,发现面板指示灯已经正常点亮，测量输出光功率两路均为7db,设备修复。

例四、开机后,前面板各指示灯均已点亮，并且呈绿色指示，光功率输出正常，但用户反映收到的电视信号画面上有干扰。

据技术人员反映，起初怀疑系末端光接收机有故障造成的交调干扰，试更换好光接收机后,并调整设备电平,故障依旧,故怀疑系光发射机有问题。开机测量该机的光功率输出为7db,射频输入电平为80db,均在正常值。根据以往的检修经验，怀疑该机射频放大模块性能不良引起该故障。为进一步验证判断的准确性,试将光发射机前面板RF测试口信号接入电视进行观察，发现电视画面上已经出现交调干扰，说明故障必定出在设备射频放大电路。拆机检测24V、+5V、-5V、+15V、-15V电压,上述电压均正常,说明电源完好。重点检测射频放大电路,发现该机射频放大电路主要有由MC-7833S和MC-7831两个放大模块组成。通过上网查询得知,MC-7831模块系870Mhz增益为18db, MC-7833S模块系870Mhz增益为25db,凭以往的维修经验,怀疑两模块因长期发热工作，内部集成元件老化,造成性能下降,虽然对射频信号放大倍数不变，但信号通过该模块放大后就会产生交调,从而引发上述故障。因手头暂无该型号模块，试用两块BGD712代换故障模块,并对本机射频输入电平略作调整,故障排除。为了确保本机的稳定性，随网购MC-7831、MC-7833S模块换上,设备彻底修复。

◇河南　韩法勇

电视发射机自动功率控制电路的设计安装

10kW分米波电视发射机主要由8个部分组成：激励器、GPS参考时钟源、功放单元、主控单元、电控单元、开关电源、无源部件、冷却系统等。根据核心处理器芯片的结构特点以及发射机的一些需求,设计了新型快速兼容的主控板。主控板对外通信接口有两个独立的RS485接口,分别对应接到上位机与下位机。另外增加一个RS232接口，可以用于在线串口升级功能。在前面板显示部分,保留了模拟电视发射机的特点，既有数码管显示,又有液晶显示。在输入按键方面,增加了开关机按键接口。开关机按键与主控板直接连接，控制发射机的开关机动作。这样,就减少了主控器查询电控状态的时间,从而提高了开关机的速度。电源采用开关电源，效率更高，适应范围更宽。我们综合分析了主控制器和电控线路,结合实际工作中出现的问题,发现发射机出现严重故障时，只能采取关机措施进行保护。然后，利用手动或自动模式,倒备机继续播出。如果备机也出现异常现象,或者操作失误,就会造成停播,给安全播出带来了很大的隐患。

设计思路：功放柜左右两边分别有一个低压离心式轴流风机,给18个750W功率放大器模块强制冷却。虽然每一个750W功放模块内部设计了过热、过激励、过载等保护功能,但是由于风机轴承磨损，或者进风口、出风口过滤网堵塞等,风机的风流量明显变小,就会导致模块温度迅速升高,模块自动关闭。由于发射机没有监测风流量的电路，风流量虽然减小了，但是模块的温度还没有达到保护门限,不能关闭模块。这样,就造成了模块长时间处于高温运行状态，增加了场效应管的损坏的概率。最严重的问题是,风机突然损坏停转,造成整个机箱的模块温度迅速升高而关闭，造成停播事故。所以,我们根据发射机的特点,针对曾经出现过的问题和可能存在的隐患,设计了一套自动保护系统。控制柜内的两个轴流风机，只要其中一个风机风流量减小或者停转，就会立刻通过控制系统,降低发射机的输出功率,并发出告警信号。第一步,设计一套能够检测轴流风机流量的电路，准确地监测风流量的变化,进行报警。第二步,设计一个电路,降低发射机的输出功率,维持播出。

电路设计:根据311D型激励器的工作原理，我们在上变频器中设计安装功率控制电路。在上变频器原理图1中,中频信号由J2输入,本振信号由J4输入。输入的中频信号经过低通滤波器，滤除高频分量,送至混频器M101。低通滤波器带内插损小于2dB，滤波器拐点为45MHz,76MHz处抑制度大于30dB。

混频器M101将中频信号和外部输入的本振信号混频，经带通滤波器FIL1输出发射机相应的射频信号。射频信号送入放大器A202(增益为22dB)进行放大,经BD1、BD2等组成的电调衰减器送至放大器A204(增益为22dB)。电调衰减器的动态范围为(3-20)dB,如图2所示。电调衰减器UUOOE-2受控于主控制器,在电路中实现自动增益控制。正常情况下,使得整机输出功率稳定在10kW或者其他某个固定功率点上。如果风机停转,主控制器软件里没有写进这种故障代码,它就无法识别。现在,我们设计一个电路,在跳接片JP1的1和2脚时,电调衰减器的控制端受认为设置的电压控制,调节电位器R1,改变电位器的衰减量从而改变上变频的输出电平,例如4KW。如跳接片JP1的2和3脚短接,电调衰减器的控制端将受主控制器发出的环路ALC电压控制。这样,就可以有效地控制发射机的整机功率了。

元器件选择及安装：考虑到功放柜低压离心轴流风机的特性，选择磁控开关监测风机的风流量。反复测试，调整磁控开关叶片对于内部电路的磁通量变化跳变值，在风流量降低到正常值的30%时,磁控开关跳变。由于磁控开关属于无触点开关，而且灵敏度高,非常精确,所以可以很好进行功率控制。磁控开关的工作电压范围是6V-30V,电源正极线通用的颜色是红色或棕色,零线通常是黑色或蓝色。磁控开关的内部安装了双向稳压管，通过它给内部电路提供工作电源。它不导通时也有微弱的电流通过，以此来保持内部电路的工作,导通时有一定的压降。它的内部电路是集成电路,耗电极微弱,输出使用可控硅触发。由于磁控开关导通时的电压降接近4V,设计锁存继电器时就要考虑到这部分电压。所以,我们选择了通用+12V开关电源模块,它工作稳定可靠,可以互相代换。功放柜分左、右两个机柜,分别由各自的风机进行强制冷却。发射机正常工作时，由主控器发出的ALC控制信号通过JP1的3、2脚，送到电子衰减器UUOOE-2的输入端,稳定发射机的输出功率。当发射机功放柜内的风机风流量减少到正常流量的30%以下,或者风机突然损坏停转，磁控开关叶片下降,磁通量减少,内部的可控硅关闭。随之而来的是JC1或者JC2线包断电释放，常闭接点由断开状态转换成了闭合状态,+12V通过触点给JC3加电吸合,同时声光报警器工作。固态密封继电器JC3的两组接点分别控制主激励器和备激励器，它把上变频器内部JP1的接点从2、3转换到2、1。这样,在电位器上认为设置的低功率播出控制门限电压，就通过JP1的2、1加到了电子衰减器上,控制整个发射机输出功率，控制方框图如图3所示。另外,我们还设计了旁路控制开关。选择3组接点的小型密封DIP开关,很容易地安装到实验电路板上。主要目的是防止附属电路的某一部分异常时，能够及时地转换到手动操作模式。第一组接点闭合时,认为设置的门限电压就可以不经过继电器的触点,直接返回到激励器的上变频板上,控制发射机的输出功率。第3组接点闭合时，主控器发出的ALC电压也可以不经过继电器的触点，直接返回到激励器的上变频板上,稳定发射机的输出功率。

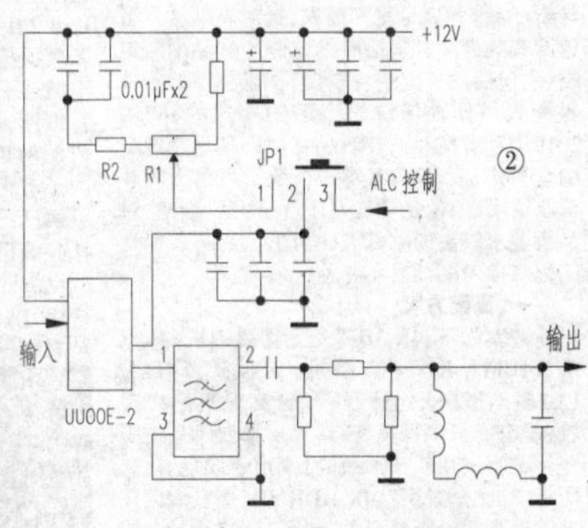

使用效果：从我们安装电视发射机开始,已经运行了六年多的时间。根据以前积累的经验，反复分析研究新型发射机的工作原理,把控制系统进一步拓展、完善。从我们台的实际情况出发,设计了这套自动控制发射机输出功率的电路。一旦出现问题，控制系统及时发出告警信号,维修人员立刻进行维修,排除隐患,质量非常可靠。在播出过程中,效果非常理想,为安全播出提供了可靠的保障。

◇山东　宿明洪

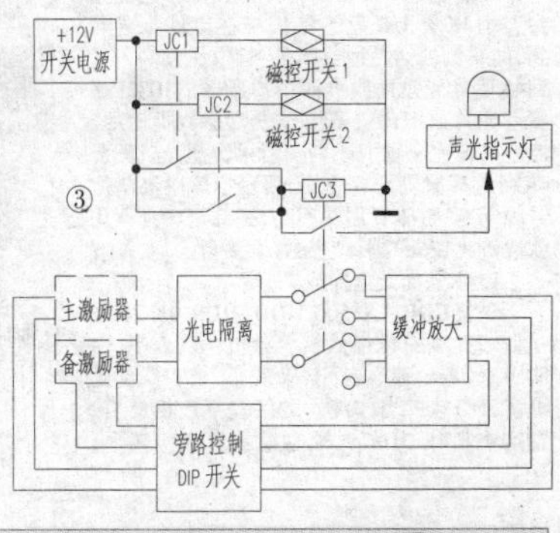

两套实用的商业娱乐用音响系统方案（三）

音响行业已经饱和，开始走下坡路了，无论是民用音响还是专业音响，民用音响特别是发烧音响，其热潮早已不再出现，20世纪90年代那个兴盛高峰已远去。专业音响一样，KTV热潮已过，但还有一定需求，工程商、音响生产厂家都在试着改变，找新的出路，这几年各地影K厅、音乐酒吧的兴起看到了变的活力！

这几年大型音响展会众多，从北展、广展、上海展、法兰克福展都体现了参展商和观展人数都逐年下降的趋势。特别是这两年经济不景气，音响生产厂家普遍销量下滑，都面临一些压力。同时各地的工程商对音响设备的品质有了更高的要求，少部分生产厂家由求生产量转向求品质，同时音响公司由单一的销售音响设备转向系统集成，包括开发、生产、定制、安装、维护等一系列服务，以获得较高的利润。

音响产品如音源、功放、音箱、线材等数百元可买到，数千元也可买到，数万元也可买到，不是专业人士根本无法下手，很多用户要么买最低价的碰运气，要么买贵价的图个放心。笔者一直认为实用、平价的精品才能普罗大众，你把精品当作奢侈品来卖只能拒大众于千里；你把商品以白菜价来卖，市场只会有比你更便宜的产品，带给客户越来越滥的商品，最后也会被客户抛弃，最终损害的还是厂家的利益与一个行业的利益，都没有赢家！

音响生产厂家需不断地推陈出新，生产满足用户需求的商品外，还需与用户多交流沟通，引导潮流让某些特定用户体验新技术与新产品。为满足用户需求，针对高端客户可定制音响产品，包括高标定制与产品型号定制、也包括功能定制。按客户需求生产的新销售模式可作为传统先产后销模式的补充。2019年笔者推荐一套新品：供高端用户选配的全景声高保真影K娱乐系统，可用于高端营业场所、单位多功能娱乐厅、别墅、豪宅、对品质要求较高的家庭等，可供读者与各影音工程商参考。

一、高配方案：

方案如下：4K 3D蓝光光盘播放机+4K双系统HIFI影K娱乐点播机+无线话筒+11.1/13.2多声道DSP处理器+多台高保真后级功放+配套多只高保真音箱+大屏幕显示系统等

电视采用新技术最快！高清还没玩够，这两年“杜比全景声”“4K HDR 3D”等宣传语在各大电视卖场随处可见，如图1、图2所示。很多用户买了4K大屏幕电视机，在家使用时总觉得没有电视卖场演示的好，其实用户所买的电视机没问题，主要是用户使用的信号源有问题，很多用户使用的是普通的电视机顶盒，多通过模拟的复合视频接到高清电视机。其实电视升级为4K HDR的了，机顶盒也需相应升级，高清机顶盒、4K机顶盒都可作为备选方案，当然服务费用会有一些增加。用户也可通过其他途经升级信号源，比如蓝光BD光盘播放机、4K高清网络播放机等。

作为信号源，我们需要的功能无非以下几点：高清电影播放、卡拉OK点播、数字音频播放、网络娱乐等，做好这4点，这个信号源也就完美了。

高清蓝光片源在国内一些大城市还能购到，但4K蓝光光盘还是较难在市场上选购到，能买到的话品种也不多，售价也偏高。买到4K蓝光光盘播放机的用户多播放1080P高清蓝光片或把此机多当作硬盘播放机使用，性能并没完全发挥出来。若平价蓝光机配合4K硬盘播放机一起使用，可轻松解决高清信号源问题，整体费用并不高，在此笔者推荐几款性价比较高的影音产品，供参考。

1. 4K蓝光光盘播放机

先锋UDP-LX 500 UHD-HDR 4K 3D是一款较高端的4K播放机，该机功能众多、性能出众，售价较高，约七千多元，用户买到此机多升级软件当作高端的硬盘播放机使用。国产杰科4K 3D蓝光光盘播放机售价较平，用户可选择购买。若谈实用，国产锋哲Q1蓝光播放机售价较低，近期售价不到五百元级即可买到，用户多了一个选择。

虽然目前蓝光光盘播放机也有USB接口，但USB播放功能较少，支持文件格式不多，某些玩家自行升级软件“越狱”使用，但商品保修有风险。

2. LJAV-HDR-008 4K双系统HIFI影K娱乐点播机

该机外观如图3、图4所示，具有如下功能特点：

A. 硬件配置高：

该机采用华为海思Hi3798最新解码方案，该处理器为64位ARM CoreX A53架构，运行速度达15000 DMIPS,GPU配置Mail-T720,配备2GB DDR4运存与16GB存储，支持4K UHD媒体文件播放。LJAV-HDR-008为双系统点播机：Linux点歌系统+安卓网络娱乐系统，安卓6.0,用户可自行安装各类APK软件。

B. 接口全：

该机具有一个HDMI 2.0输出接口，一个千兆RJ45网络口，一组光纤与同轴数字音频接口，支持RCA接口输出模拟信号，配备3个USB接口，其中1个为USB 3.0，另外两个为USB 2.0,面板1个，侧板1个，1个SD卡位。

该机外接12V直流电源供电，由配套的电源适配器供电。该机面板采用抽屉式硬盘盒设计，更换节目库很方便，2TB、3TB、4TB、6TB、8TB等多个3.5寸串口硬盘都可使用，解决了市场上很多点歌机、高清机用户不方便更换自己节目库硬盘的问题。

该机操作较简单，连接好各接口，接通面板电源开关，开机界面如图5所示。可遥控器操作，也可手机安装客户端软件，用手机当作一个触摸屏来进行相应的操作，如图6所示。

C. 功能多：

LJAV-HDR-008可实现UHD-HDR 4K 3D高清播放、高清卡拉OK点播、高码流数字音频播放、电视直播、网络娱乐等功能。

LJAV-HDR-008演示节目库内有五千多首卡拉OK歌、82部电影、66个电影片段，云端歌库12万首免费下载，内置艾美影库客户端（3550部片源，需付会员费）。

(1)高级设置

HDR是高动态范围图像（High-Dynamic Range,简称HDR），相比普通的图像，可以提供更高的动态范围和图像细节，如图7所示。

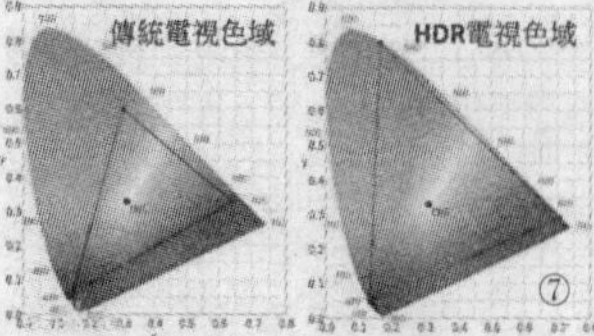

参考级4K UHD画质，颠覆性的UHD图像处理技术让画质更清晰通透，层次更鲜、色彩更鲜活动人，播放高码流影片，流畅如飞。

进入高级管理，可对视频颜色空间HDMI色深模式进行设置，如图8所示，还可对图像其他参数进行设置。

该机可设置HDMI输出分辨率，如图9所示，支持4K 60 Fps帧率的高清解码，支持Dolby Vision的HDR，兼容HDR10,同时10Bit的色深输出，如图10所示，充分榨干了目前4K蓝光片源和电视机的性能。

该机保留了复合视频输出接口，虽然玩高清该功能不需要，但当显示器分频率不支持高清机输出的高清格式时、屏幕有可能黑屏，可方便接复合视频输出接口重新设定高清输出分辨率格式。

(2)高清影院

LJAV-HDR-008内置有“艾美影库”客户端软件。“艾美影库”依托P2P先进的播放技术和细致的存储方案，配合独有的加密算法，完美呈现电影的经典原声和极致画面。

通常在线观看电影与直播比较方便，但服务商不会提供资源的源头，用户只能依赖网速和宽带来在线观看高清资源，且时有遇上卡顿的情况。服务商提供的资源也并非真正能达到1080P标准，那就更不用说真正的4K资源了，其实某些在线视频网站，标720高清节目，实际只有480P，标1080P高清节目，实际只有720P。“艾美影库”增加了海量正版片源云端推送，每天自动更新一部电影，云端片库中4K、全景声、3D、演唱会、音乐会等各种内容都可自由下载。支持H.265、H.264、VP9 4K、Hi10等编码格式，支持Dolby TrueHD、DTS-HD,支持源码输出Dolby Atmos、DTS-X，如图11、图12所示。

(3)高清点歌

进入“点歌”界面，该娱乐系统具有点歌机的常用功能，如歌星点歌、歌名点歌、分类、排行、新歌等。还有很多小分类，如：我是歌手、中国好声音等，操作与LJAV-KTV-06双系统点歌机等其他点歌机类似，在此不再多谈，以图示意，如图13、图14、图15所示。

(4)UHD-HDR 4K 3D高清播放

点击主界面，进入“本地影库”，如图16所示，“本地影吧”可点播电影。

点击主界面，进入“应用”，再进入“文件管理”，比如存储设备，选择存储硬盘，打开硬盘存储文件，然后分级打开相应的文件夹，找到所需的文件，电影、歌曲或图片，在此不再多谈，以图示意，如图17、图18、图19、图20所示，选择播放即可，如图21所示是投影机投射200英寸画面的效果图。

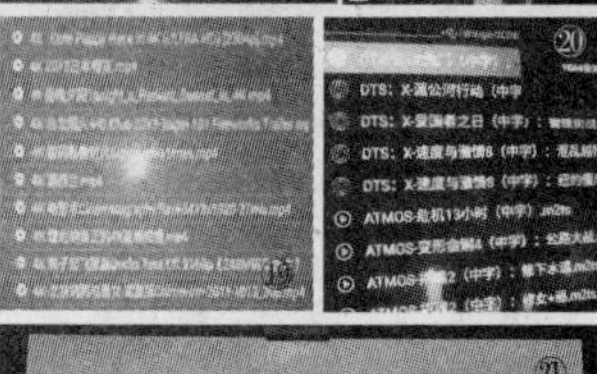

（未完待续）（下转第210页） ◇广州 秦福忠

2019年5月26日出版 实用性 启发性 资料性 信息性

第21期 国内统一刊号:CN51-0091 定价:1.50元 邮局订阅代号:61-75

地址:(610041)成都市武侯区一环路南三段24号节能大厦4楼 网址:http://www.netdzb.com

(总第2010期) 让每篇文章都对读者有用

游戏中来电掉线怎么破?

大家在玩手机网络游戏时,如果没有接WiFi的话,很多时候会遇到这种情况:只要来电,游戏就会显示断开连接,手机顶部通知栏也会显示4G信号已经切换到2G。这是因为我们语音通话所使用的是基于2G网络的GSM或者CDMA连接,而上网使用的是4G是LTE网络,两种网络并不能同时运行。所以会出现接通2G网络通话导致4G数据连接中断的情况。

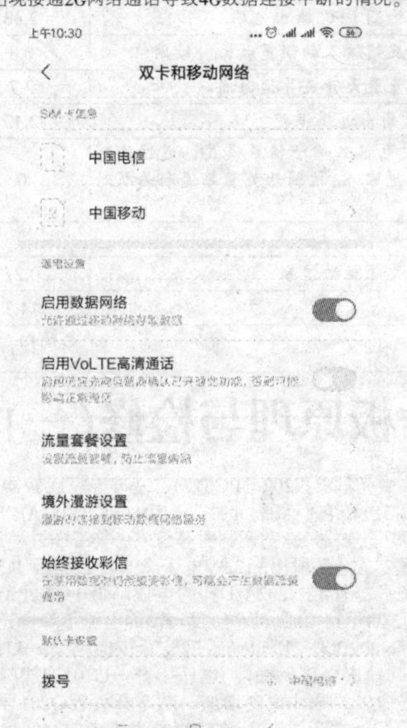

大家可以通过设置和来解除这种掉线的烦劳。首先一般在"设置"—"双卡和移动网络"(各家名称不一样,但都在这个移动上网的选项里)—"启用VoLTE高清通话"即可。然后就是开通VoLTE服务了,除了到营业厅开通以外还可以通过短信方式开通,非常方便。

移动用户发送"ktvolte"到10086即可开通。

联通用户发送"VBNCDGFBDE"到10010即可开通。

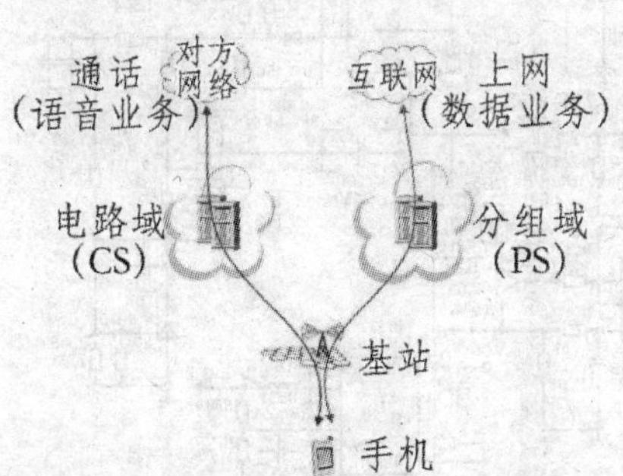

CSFB	SVLTE		VoLTE
LTE网络	LTE网络	2G 3G信号	LTE网络
上网 通话	上网	通话	上网 通话

电信用户发送"ktvolte"到10001即可开通。(注意:电信的iPhone用户暂时无法开通VoLTE)

那么开通VoLTE高清通话以后,会有额外的费用产生吗?答案是开通功能免费,产生的流量根据各家标准收费不同。

有人会问:"为什么不默认手机出厂时就开启VoLTE高清通话呢?"

这就要从2G/3G时代的通信网络说起了。受带宽和技术限制,2G/3G的通话和上网主要由两部分组成,分别是电路域(Circuit Switched Domain,缩写为CS)和分组域(Packet Switching,缩写为PS)。一个负责打电话,另一个负责上网,互不干扰。

进入4G时代之后,分组域被LTE取代了,但是上网和通话仍然是两套网络结构,因此不能同时使用。当初组建4G网络时,有多种语音和上网的解决方案。常见的有以下几种:

SGLTE(simultaneous GSM and LTE)

LTE与GSM同步支持,终端包含了两个芯片。一个是支持LTE的多模芯片,一个是GSM的芯片。可以支持数据语音同时进行。

SVLTE(Simultaneous Voice and LTE)

即双待手机方式。手机同时工作在LTE和CS方式,前者提供数据业务,后者提供语音业务。

SVLTE和SGLTE基本可以看作是一个概念,是一种单卡双待策略,手机插入一张卡,但可以同时工作在LTE网络和2G/3G网络下(如果2G/3G网络是CDMA,则是SVLTE,如果2G/3G网络是GSM/UTRAN的,则是SGLTE),这样数据业务使用LTE网络,语音业务用2G/3G网络,可以同时工作,不过缺点是成本太高了。

CSFB(CS Fall Back)

这是一种单卡单待的方案,终端只能工作在一个网络下,也是目前出厂默认的设置。在LTE下,当有语音来电时,通过回落的方式回到2G/3G网络下工作,因此采用CSFB方案4G网络和语音是不能同时进行的。严格地说是4G网络和语音不能同时进行而不是上网和语音不能同时进行,这也是为什么联通卡就不会遇见电话一来游戏就掉线的情况。毕竟3大运营商的2G/3G是有区别的:

移动网络

移动的3G网络当年备受吐槽,移动的网络中当有语音来电时都会选择回落到GSM网络的,极少回落3G网络的,因此移动4G语音回落2G基本上都会导致电脑断网。

联通网络

联通3G的WCDMA网络速度快,信号稳定,语音电话时会回落到42Mb/s的3G网络,WCDMA允许通话的同时连接数据业务。虽然联通的4G手机如果采用CSFB方案也不支持4G网络和语音同时进行,但是由于其回落到WCDMA网络允许通话的同时连接数据业务,因此语音通话时不一定会断网(视其信号强弱),但此时也不是工作在4G模式。

电信网络

在此前,由于CDMA与LTE并不是一个体系中的技术,所以LTE语音通话要回落到CDMA,通话结束再返回LTE网络,电信就要在基站上做很大的改动,投入的资金较多的。全球的CDMA运营商都不会选择CSFB方案的。

苹果采用了一种折中方案,会同时在CDMA 1x和LTE网络待机,这听起来有点像单卡双待,但CDMA 1x和LTE同时只能有一个进行数据的收发。如果有电话呼入,中断LTE数据业务,把电话接进来的。由于在CDMA 1x和LTE双待机,所以根本就不需要使用回落技术,只要调整阀门,关闭LTE数据收发,就能把通道腾出来,让CDMA 1x进行语音通信。

苹果的这种奇葩的方案叫SRLTE(Single Radio LTE),能够让C网运营商稍加改动网络协议就能满足iphone的需求的。直到iPhoneXR的出现,才让苹果有了双卡双待功能。

VoLTE(Voice over LTE)

这是一种全新的IP数据传输技术,无需2G/3G网络,全部业务承载于4G网络上,可实现数据与语音业务在同一网络下的统一。它基于IP多媒体子系统(IMS)网络,在LTE上使用为控制层面(Control plane)和语音服务的媒体层面(Media plane)特制的配置文件(由GSM协会在PRD IR.92中定义)。

这使语音服务(控制和媒体层面)作为数据流在LTE数据承载网络中传输,而不再需维护和依赖传统的电路交换语音网络。VoLTE的语音和数据容量超过3G网络UMTS三倍以上,超过2G网络GSM六倍以上。因为VoLTE数据包信头比未优化的VoIP/LTE更小,它也更有效地利用了带宽。

通俗地讲VoLTE其实就是使用你的数据流量来打电话,这与微信语音、FaceTime、Skype等这类VoIP网络电话相似,但VoLTE走的是移动数据网络上的专用通道,并且语音通话业务是整个LTE网络优先级最高的,所以VoLTE有通话质量更好、稳定性更强(QoS)、无流量费等优势。

最后大家在开通VoLTE前,最好询问一下号码所在地的相关运营商,如何计费以及自己的手机型号能否能用该运营商的VoLTE服务。

(本文原载第16期11版)

长虹液晶电视电源关键IC引脚功能及实测电压查询手册(六)

(紧接上期本版)

2)芯片拓扑图

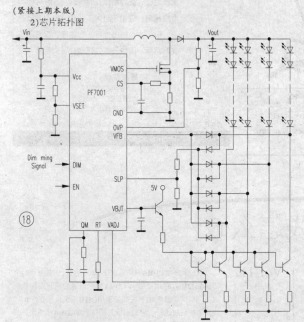

⑱

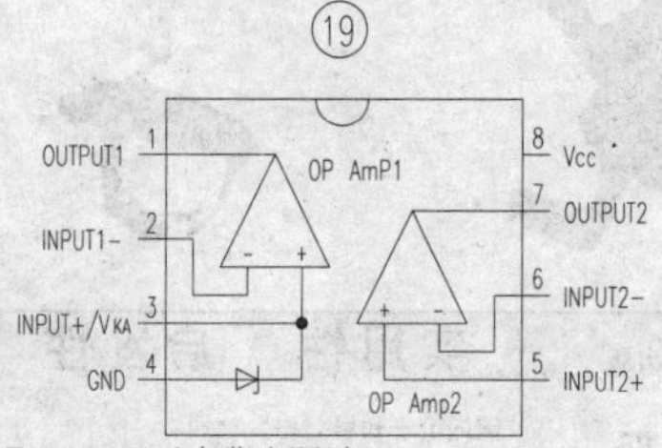

⑲

19.芯片型号AP4310:为双反激恒流运放IC

1)芯片引脚功能

引脚	标注	功能	参考电压(V)
①	OUT1	运算放大器1信号输出端	4.7
②	IN1-	运算放大器1反相信号输入端	1.81
③	IN1+	运算放大器1同相信号输入端	2.4
④	GND	地	0
⑤	IN2+	运算放大器2同相信号输入端	0.29
⑥	IN2-	运算放大器2反相信号输入端	0.29
⑦	OUT2	运算放大器2信号输出端	3.44
⑧	VCC	芯片供电	5.18

2)芯片拓扑图

20.芯片型号PF6002:双反击背光驱动IC

芯片引脚功能

引脚	标注	功能	参考电压(V)
①	GND	地	
②	FB	电压反馈检测	0.55
③	CT	恢复时间设定,外接一颗电容到地,当出现OLP后,IC内部会恒流3uA电流向外部IC充电,当电压高于3.2V时,IC会再次送出Gate驱动信号	0
④	CS	电流检测,开关导通电流检测,通过设置电阻可设定过流点。	0
⑤	VCC	IC供电IC正常工作供电,Vcc电压超过13V时,IC启动;当VCC电压下降到10.3V以下时,IC停止工作,正常工作电压11V-24V。	14.67
⑥	OUT	输出开关管驱动信号	0.91

21.芯片型号FA1A00

引脚	标注	功能	参考电压(V)
①	FB	输出电压反馈检测PFC输出电压	2.48
②	COMP	误差放大补偿反馈输入的误差放大补偿网络	0.8
③	RT	通时间控制设置最大开关导通时间	2.7
④	OVP	过压检测PFC输出过压保护	2.43
⑤	CS	电流检测PFC电路工作于临界模式,通过检测PFC电感电流过零点,控制开关管导通和关断时间点。	0
⑥	GND	地	0
⑦	OUT	开关管驱动开关管驱动信号	0.27
⑧	VCC	IC供电	14.5

(全文完)

◇绵阳 周钰

长虹HSU25D-1M型电源+LED背光驱动二合一板原理与检修(一)

长虹HSU25D-1M型(电源+LED驱动)二合一板是长虹公司近年重点推出的一款性能优异的经济型二合一电源板。图1是它的电路结构方框图。由图1可看出,该电源板主要由市电输入抗干扰及整流滤波电路、电源产生及控制电路(控制芯片NCP1251A)、背光LED驱动电路(控制芯片MP4012)、反馈及保护等电路组成,省去了常用的PFC电路与独立待机电源电路。因此该二合一电源板具有电路简单、性价比高、性能稳定、保护功能完善等优点。电源板输出电压为12.3V、35V,目前在长虹中、小屏幕经济型电视中得到广泛采用。下面先就该二合一板各部分电路工作原理作一下具体分析,然后介绍它的维修思路,最后给出维修实例。

一、工作原理介绍

1.电源工作过程简述

市电经保险管F101、热敏电阻RT101、压敏电阻RV101、电容CX101、进入抗干扰滤波电路(见图2)。电容CX101、CX102、CY103、CY104、电阻R101~R104、电感FL101、FL102等构成EMC电路,以消除电网杂波进入开关电源,同时防止开关电源产生的干扰进入电网。滤除干扰后的市电经BD101~BD104全波整流、C101滤波后输出约+300V直流电压VA。该电压经开关变压器T201初级⑥-④绕组、电感L201送至PWM电路功率管Q201(7N85)的D极。由图2可知,由抗干扰电阻R101~R104的中点取出1/2的市电电压,经D208整流、R201限流、C201、C202滤波后,得到约+18V的启动电源送至控制芯片U101(NCP1251A)的电源端⑤脚,为振荡器提供启动电源。于是内部的振荡器、脉宽调制器工作,产生的开关激励脉冲经⑥脚输出,使开关管Q202、Q201工作于开关状态,给开关变压器T201注入能量。由于电磁感应,①-②绕组产生的感应电压经R204、R205限流、D202整流、C205滤波、防倒灌二极管D209、限流电阻R202得到约+18V电压送往U101⑤脚,作为U101正式电源为其供电。另外,T201次级⑫-⑦绕组产生的感应电压,经D304整流、C342滤波后,得到+35V电压,送往LED驱动电路,作为LED升压电路的输入电源。与此同时,次级⑫-⑨绕组产生的感应电压,经D301、D302整流、C332、C333、L304、C334、C308滤波后得到+12.3V电压。除作为稳压系统的基准取样电压外,一路送往主板(或经过DC/DC电路变换)作为相关电路工作电源。另一路作为LED驱动电路控制芯片U201(MP4012)工作电源。该电源板的稳压系统主要由光耦器N202(PC817)、基准电压比较器U808(TL431)和它们周围元件及U101(NCP1251A)内部相关电压比较器、脉宽调制器等组成。其工作过程是:当负载变重导致输出+12.3V电压降低时,经电阻R335加至光耦器初级N202A①脚的电压降低→流过光耦器N202初级①-②脚(发光二极管)的电流下降→光耦器次级N202B③-④脚(光敏三极管)内阻变大→U101的②脚(输出电压反馈端)电压上升→U101内部脉宽调制器输出的脉冲宽度增加→功率开关管Q201导通时间延长→对开关变压器T201的注能增加→使输出电压保持不变。当负载变轻导致输出电压升高时的稳压过程与上述相反。顺便说明,图2中C207、C209、R219、D204为高压吸收电路,防止开关管Q201截止时,T201初级绕组感应出的尖脉冲高压将它击穿。

(未完待续)(下转第212页)

◇武汉 王绍华

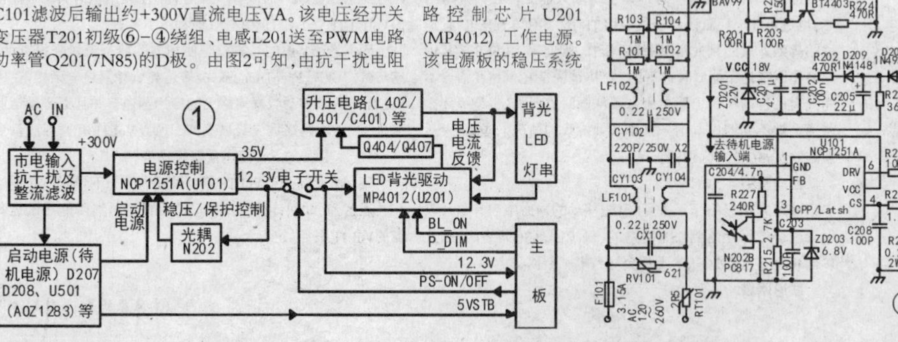

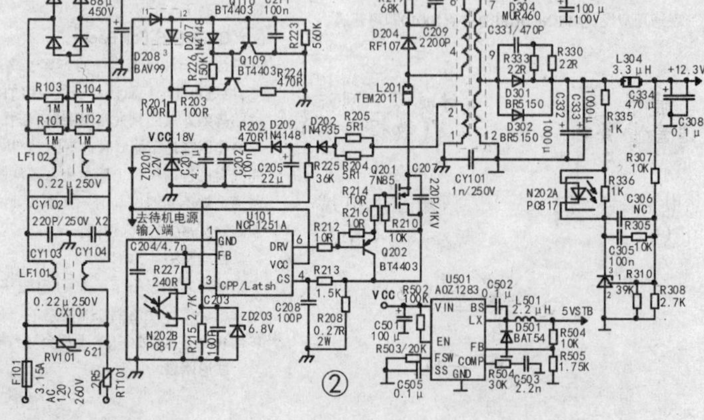

编辑:王友和 投稿邮箱:dzbnew@163.com

3D打印之3D扫描建模篇(二)

(紧接上期本版)

5.封装模型并进行数据保存

扫描结束后需要进行模型的封装操作,此处通常点击"封闭模型"项,接着设置细节程度(比如"中细节")——级别越高,生成模型的表面就越光滑,但需要的时间也越长,开始进行数据封装;底部进度条跑到100%之后出现数据后处理对话框,可对数据进行简化、补洞、平滑和锐化等操作,点击"应用"按钮后进入"保存/分享数据"环节,再点击右侧的"保存数据"按钮,设置好保存路径及文件名,此时最好选择文件的保存类型为.obj,这样可以被绝大多数三维建模软件读取并进行二次修改;点击"保存"按钮之后,在弹出的对话框中保持默认的"缩放比例:100"不变,直接点击"缩放"按钮,进行最终的扫描数据的保存操作(如图6所示)。

6.在专业建模软件中进行模型检测

3D扫描建模所得到的OBJ模型文件的数据信息是否正常,需要通过专业的三维建模软件来检测,以C4DR18为例,读取前面生成的Snanner.obj文件。刚刚导入的模型文件是默认的灰白色材质(无颜色)显示状态,需要在C4D左下区域处双击执行新建材质球操作,然后双击打开该材质球的"材质编辑器"窗口,切换至第一个"颜色"选项;点击"纹理"后的"…"定位于刚刚生成OBJ进行文件保存时同步生成的一个同名的JPG图像文件(这个就是三维建模的UV贴图文件),再将这个材质拖至OBJ模型上,一个与实际物体几乎一模一样的三维模型非常完美地出现了,可点击鼠标中键切换至四视图,从各个角度来观察模型是否存在不完善的地主(如图7所示)。

至此,3D扫描建模结束,可以继续在C4D中进行模型的修补与创造(比如添加帽子或按30%比例复制添加另外一个"子模型");接下来再使用相关的软件进行模型的检测与修复及切片等操作,最终在3D打印机中进行打印输出即可。(全文完)

◇山东 牟晓东.牟奕炫

⑥

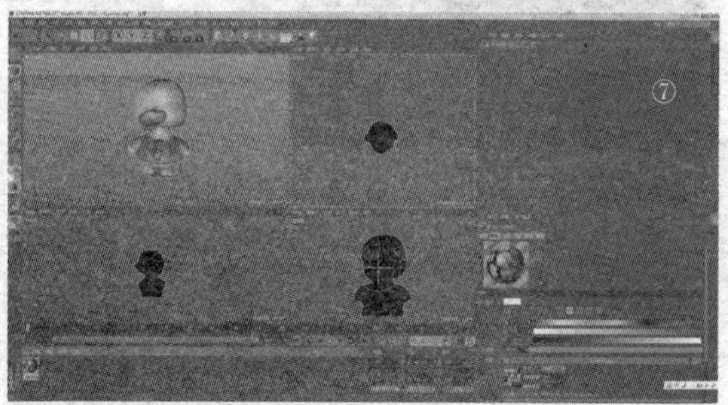
⑦

智能手机锂电池充电的正确方法

随着智能手机的日益普及,手机早已不是只打电话的通信工具,它替代了人们日常的许多功能,现在人们在日常生活中越来越离不开手机,智能手机的功能也越来越先进和复杂。如何正确使用、保养和维护好手机,这里面大有学问,下面仅简单介绍一下手机锂电池充电方面的知识,给大家作个参考。

首先,手机充电器必须要使用正规的产品,最好是原装的充电器,杜绝使用山寨品和质量不好不明品牌的产品。

其次,不要给手机100%充满电,一旦手机电池充电量达到100%,应该立即停止充电,更不可连续充一夜的电。虽然电池在充满电后会自动断电保护,不会继续过充,如果充满电后不拔掉电源插头,电池一直会保持在满格状态,虽不会引起爆炸起火,但会加快电池损耗。锂电池完全不需要充足电,我们在充电时,一般充电到90%,即可拔下充电器电源插头,从而延长电池使用寿命。有些智能手机当充电量到达90%时,充电指示灯会自动显示已充好电。

另外,不要等电池电量完全耗尽了再充电,因为电池电量快耗尽了,会出现深度放电现象,这样对电池的损耗极大,尤其是从电量很低时,如20%以下直接充满电到100%,经常这样做的后果,会降低电池容量缩短电池寿命。由于锂电池的物理特性,锂电池经常深度放电,会让电池过早"挂掉"。如果很长时间不做充分放电,活化内部储电结构,亦同样会使电池加速迈向"死亡"。为了解决这个矛盾,一般每两个星期左右让电池容量低于20%电量之后再充电,这样可维持电池"健康"。

最后,锂电池最优电量比例保持在65%至75%之间,次优电量比例保持在45%至75%之间,这样处于最理想状态,电池使用寿命最长。给手机充电的最好方式是零星充电,锂电池和镍氢电池不同,镍氢电池需要放完电后再充电,不然会产生"记忆效应",而锂电池则不会,零星时间充电保持上述比例状态,不会损坏锂电池,因为锂电池的寿命和电池的总充电电量有关,和充电次数无关。

好了,以上介绍了一些手机锂电池如何充电的常识,读者可以把以前手机充电的错误方法纠正过来,即不要等电池耗尽了再充电,不要100%充满电,平时要养成零星充电的习惯,这样可大大延长智能手机锂电池的使用寿命。

◇浙江 方继坤

利用iPhone的备忘录完成文稿扫描

很多朋友习惯于使用"扫描全能王"等App扫描文稿,但如果不是付费会员的话,扫描出来的文稿质量一般比较差,无法满足实际需要。其实,我们可以利用iPhone的备忘录功能完成文稿扫描的任务,而且扫描效果相当清晰。

重按iPhone自带的"备忘录",选择"扫描文稿",扫描事前准备好的文稿,这里可以根据实际情况,选择"彩色、灰度、黑白"等不同的模式进行扫描,点击中间的那个扫描按钮,完成扫描之后,点击"存储",接下来点击"完成"按钮结束扫描,最后点击"分享"按钮(如图1所示),即可选择生成PDF文档。

如果你的iPhone没有3D Touch功能,请手工打开"备忘录",新建备忘录,点击工具栏中的带圆圈加号按钮(如图2所示),从快捷菜单选择"扫描文稿",后续步骤完全相同。

◇江苏 王志军

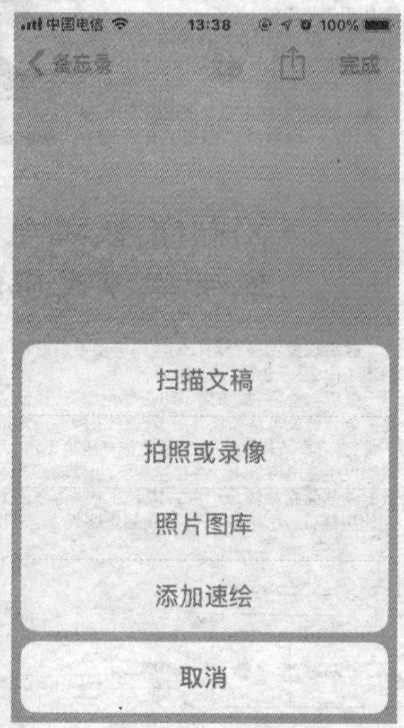

快速判断12W充电器的真假

很多朋友会从网上购买适合于Apple设备的12W充电器,但有时会误购到假货,通过下面的方法可以快速判断真假。

我们知道,Apple的充电器大都是我国东莞的一家公司制造代工的,正品电源的规格描述处,一般都有描述制造商"伟创力电源东莞有限公司"的字样(见附图所示)。如果你发现手头的充电器没有这些信息,基本上可以断定是假货无疑。当然,即使有了这样的信息,也并不能确保100%是真货,但没有的话则肯定是假货,毕竟冒牌一个本土企业的名字来做假货,风险实在是太大了一些。

◇江苏 大江东去

三星WF—C863滚筒洗衣机不启动故障修理1例

故障现象：一台三星WF—C863型滚筒洗衣机按电源键无反应，能闻到焦糊味。

分析与检修：通过故障现象分析，说明有元件烧焦。拆开洗衣机的上盖板察看，发现电脑板上的一只电解电容鼓包，一块8脚(实际是7脚)的芯片炸裂，如图1所示。

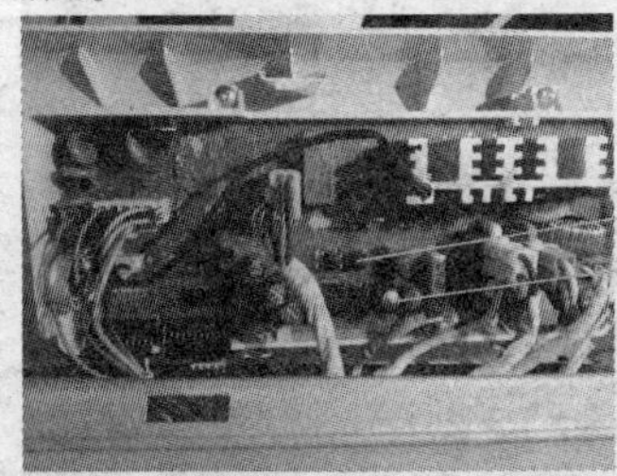

炸裂的芯片

鼓包的电容

①

拆下电脑板仔细察看后，判断故障部位属于待机电源，鼓包的电解电容参数为10μ/450V，是300V供电的滤波电容；炸裂的7脚集成电路型号为TNY266，是电源厚膜块。继续检查，发现开关变压器右边有2只整流二极管和2只耐压为35V，容量为470μ的电解电容，说明这是两路整流滤波电路。其中，一路后面接了一只稳压块7805，推测开关电源输出为12V，利用7805稳压后给微处理器供电，由于另一路也使用了耐压为35V的滤波电容，估计该路输出电压也为12V。由于洗衣机电脑板为了防水，整体涂了一层防水胶，这给故障的排除带来了一定的困难，所以放弃了修复开关电源的故障，而采用外接一个12V开关电源整体代换的方法来解决问题。

因没有电路图，所以不是很了解各元件间的连接关系，只能靠局部电路和经验推测，4个外线连接点只能利用元件的引脚。改接方法如下：

第一步，把10μ/450V的高压滤波电容从底部卡箍处剪掉，仅保留引脚用作高压电源输入端；第二步，拆掉7脚集成电路，以免因短路影响其他电路工作；第三步，取一只12V/1.2A的开关电源，将交流输入端的2条黑色引线焊接在高压滤波电容保留的引脚上(不需要区分正、负极，因为开关电源内还有整流滤波电路)；第四步，将开关电源红色引线(直流12V供电的正极)焊接在7805供电脚所接整流二极管的负极引脚上，黑色引线焊接在该二极管的正极引脚上，见图2。这是因为电脑板正面找不到合适的接地点，又无法从线路板反面焊接，而整流二极管的正极端通过变压器次级线圈接地，所以在将引线焊接到该点比较方便。

【编者注】红色引线也可以焊接在稳压块7805的供电端上，黑色引线(12V供电的负极)焊在7805的接地脚上。这样，更可靠、安全。

检查无误后通电试机，只听"嘀"的一声，说明微处理器工作了，但是数码管、发光二极管均不亮，怀疑无供电所致。因为接线时未连接另一路整流滤波电路，于是把2只整流二极管负极引脚并接后通电试机，随着"嘀"的一声数码管、发光二极管均点亮，说明电路已修复。安装电脑板后，运行了超快洗衣、脱水，结果正常。但在第二次运行时出现了故障代码4E，按一次"暂停/开始"键又恢复运行，用户说这是老问题了，不过每次出现4E代码都是如此解决的，所以没修理过。

查询故障代码4E表示缺水，故障原因可能是：水龙头未打开、进水阀堵塞、水压过低、进水阀的驱动电路故障。由于可以恢复运行，所以明显不属于前面3种原因，摸了一下进水阀插头感觉有点松动，说明该插头接触不良在洗衣过程中由于震动而发生接触不良现象，导致进水阀不能正常进水，被CPU识别后产生显示故障代码4E的故障。但是按一次"暂停/运行"键又继续运行了，于是把两个进水阀插头用塑料扎带捆扎一下(见图3)，同时把外接开关电源也用塑料扎带捆扎固定好(见图4)后，把各部件安装到位，通电试机"嘀"的一声成功，故障根除。

最近在网上看到三星WF—R1061全自动洗衣机电路原理图，由于是同类产品，估计有参考价值，下载后发现该原理图的电源部分，与三星WF—C863滚筒洗衣机电脑板的电源部分相同。经仔细分析电路原理后，发现与维修时推测的电路有2点不同：1)电源输出是8V和12V两种电压，而不是2个12V电压，其中8V电压经三端稳压器7805稳压后为微处理器供电，而12V电压为其他电路供电；2)2只整流二极管的接法和笔者推测的不同，推测的二极管正极接开关变压器次级线圈的上端，负极接负载；实际电路是二极管负极接变压器次级线圈的下端，二极管正极接地，变压器次级线圈的上端接负载，当然对于半波整流电路整流作用是一样的。那么既然和推测的存在如此不同，那为什么维修能够成功且正常运行呢？首先，电源输出12V虽然比8V高出50%，但7805输入的最大电压可达35V，所以7805可正常工作；其次，将12V将开关电源直流输出正极的红色引线焊接在8V整流二极管的负极引脚上，原来以为接到7805的输入端了，实际上是通过变压器次级线圈接到7805的输入端；直流输出负极黑色引线焊接在二极管正极引脚上，原来以为是通过变压器次级线圈后再接地，实际上是直接接地的，虽然貌似不同，但是实际效果是一样的，所以维修能是成功。

◇安徽 许广胜 张家磊

②

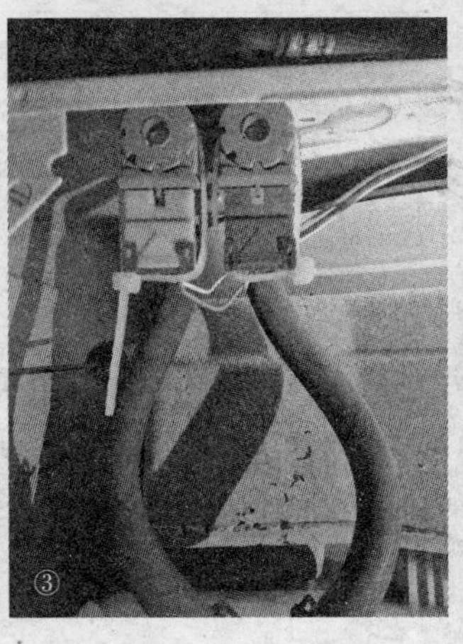

③

④

XH100数码电磁茶炉不工作、显示故障代码E1故障检修1例

故障现象：一台XH100数码电磁茶炉近日开机后不工作，显示故障代码E1。

分析与检修：故障代码E1表示电压低，说明故障是因电压低或电路板损坏所致。首先，检测市电电压正常，并且整流桥输出的300V直流电压也正常，说明故障发生在电路板上。察看控制板时，发现局部电路板的铜箔面腐蚀较为严重，其上方正对着电磁炉外壳的裂缝，说明烧水时，有水滴到电路板上，导致电路工作异常。将电路板上的污物清洗干净，烘干后对疑似脱焊的焊点补焊，确认没有问题了，单独对控制板通电检查，直流5V、18V电压正常，说明电源电路工作正常。复原电磁炉后通电放锅，电磁炉可以工作，但听不到风扇工作发出的噪音，察看后发现风扇不运转，而且电路板上散热片温度较高。令人不解的是，怎么不出现风扇不工作对应的故障代码，难道是因为发现及时，温度没有升到动作的设定值？将风扇单独供电，风扇工作正常，说明故障可能发生在驱动电路上。参见附图，用万用表检测驱动管VT1(8050)的be、bc结均已开路，拆下来一看，VT1的表面已烧焦，检查其他元件正常，将VT1换新后开机测试，电磁炉恢复正常。

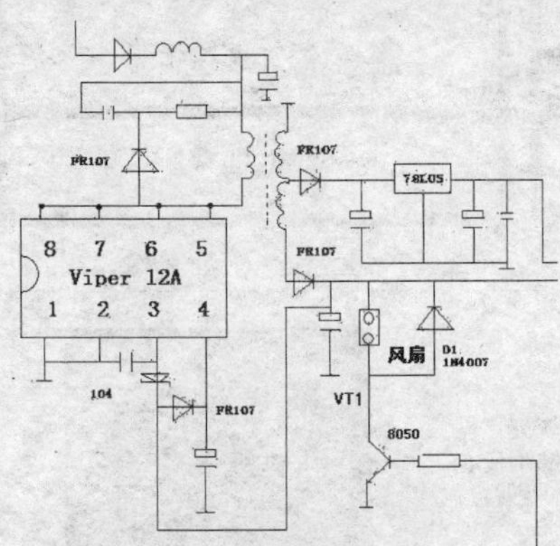

【提示】本机已使用近10年了，上次损坏的原因是烧干了壶，致使外壳破裂进水导致IGBT管及保险管损坏。这次的故障原因还是外壳的裂缝进水，导致微处理器电路工作紊乱，并且导致了风扇电机的驱动管VT1损坏。为了根除故障隐患，除修补破损的外壳，还对电路板进行可靠的固定。原机用于固定电路板的塑料底座因破裂无法使用，上次维修时只好将电路板直接用热熔胶固定在外壳上，电路板的背面挨在外壳上，这可能也是电路板被腐蚀的一个原因。因此，剔除破损的塑料支柱，钻孔后从壳体外侧对应位置穿入M3螺钉，并用螺母紧固，确保电路板悬空安装，减少漏水对电路板造成的危害。

◇山东 姜文军

DIER-32型卡式复读机故障检修1例

故障现象：一部DIER—32型TF卡式复读机使用小号TF卡，3.7V锂电板，直板手机大小。开机后显示正常，调节菜单正常，但选择古诗词朗诵，按放音键后扬声器无声音，偶尔会发出含糊不清的断续句语，伴有"咔嚓"的杂音。

分析与检修：按照以往修理MP3的经验，考虑故障是因复读机电脑芯片内的"固件"染毒或者部分数据丢失所致。起初，检修思路仅是琢磨如何寻得"帝尔复读机"的使用固件，差一点将维修引入歧途。维修过程中，拿着复读机仔细察看，发现该机只有佩戴耳麦和麦克才能"复读"。于是，把自己手机的耳机插入复读机耳机插孔，结果耳机发音很好，说明扬声器(喇叭)或耳机插座异常。

拆开机器的外壳，将MF47型万用表置于R×1Ω挡，用表笔触碰喇叭的2个接线端，无"咔咔"声，且阻值为无穷大，说明喇叭的线圈开路。该喇叭是一只2英寸的8Ω/0.5W薄型塑料膜盆喇叭，厚度是8mm。找到一款无法修复的袖珍3波段半导体收音机，拆机后发现喇叭是2吋8Ω/0.5W的，但厚度却为10mm，高出2mm。试着安装后合盖，刚刚好。开机，输出声音洪亮，维修结束。

【提示】维修有"固件"的电子产品，不要人为地把简单故障变成复杂化；应该先从产品的电源、电压、电流，以及开关、接插件，操作使用方法等简处着手。由表及里，抽丝剥茧，查出故障点并排除。

◇江西 高福光

一款用运算放大器组成的电流检测电路

本设计实例介绍的基于运放的电流检测电路并不新鲜，它的应用已有些时日，但关于电路本身的讨论却比较少。在相关应用中它被非正式地命名为"电流驱动"电路，所以我们也沿用这一名称。我们先来探究其基本概念。它是一个运算放大器及MOSFET电流源(注意，也可以使用双极晶体管，但是基极电流会导致1%左右的误差)。图1A显示了一个基本的运算放大器电流源电路。把它垂直翻转，就可以做高侧电流检测(如图1B所示)，在图1C中重新绘制，显示我们将如何使用分流电压作为输入电压，图1D是最终的电路。

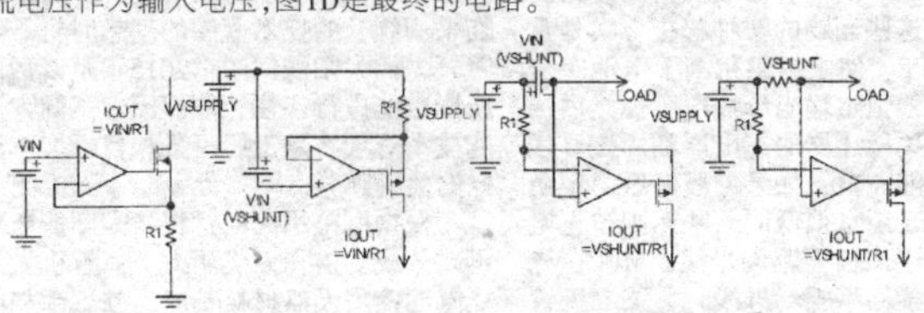

图1：从基本运算放大器电流源转换为具有电流输出的高侧电流检测放大器。

图2显示了电路电源电压低于运算放大器的额定电源电压。在电压-电流转换中添加一个负载电阻，记住您现在有一个高阻抗输出，如果您想要最简单的方案，这样可能就行了。

基本电路

图2显示了基本实现高侧电流检测的完整电路。需要考虑的细节有：

·运放必须是轨对轨输入，或者有一个包括正供电轨的共模电压范围。零漂移运算放大器可实现最小偏移量。但请记住，即使使用零漂移轨对轨运放，在较高的共模范围内运行通常不利于实现最低偏移。

·MOSFET漏极处的输出节点由于正电压的摆动而受到限制，其幅度小于分流电源轨或小于共模电压。采用一个增益缓冲器可以降低该节点处的电压摆幅要求。

·该电路不具备在完全短路时低边检测或电流检测所需的0V共模电压能力。在图2所示的电路中，最大共模电压等于运算放大器的最大额定电源电压。

·该电路是单向的，只能测量一个方向的电流。

·增益精度是RIN和RGAIN公差的直接函数。很高的增益精度是可能获得的。

·共模抑制比(CMRR)一般由放大器的共模抑制能力决定。MOSFET也对CMRR有影响，漏电的或其他劣质的MOSFET可降低CMRR。

图2：最简单的方法是使用电源电压额定值以内的运算放大器。图中配置的增益为50。增益通过RGAIN/RIN设定。

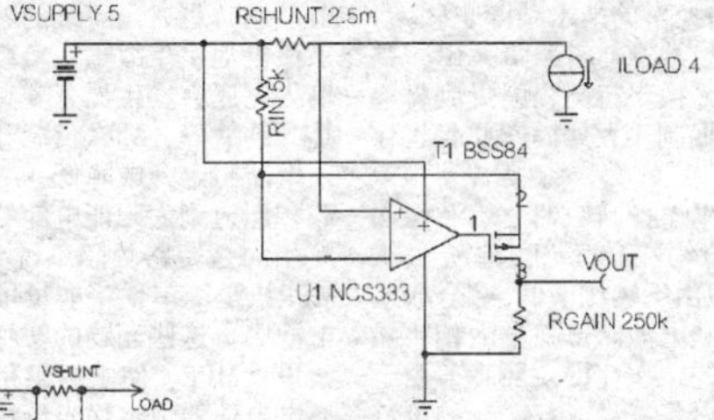

性能优化

一个完全缓冲的输出总是比图2的高阻抗输出要通用得多，它在缓冲器中提供了较小的增益2，可降低第一级和MOSFET的动态范围要求。

在图3中，我们还添加了支持双向电流检测的电路。这里的概念是使用一个电流源电路(还记得图1A吧?)以及一个输入电阻(RIN2)，它在U1非逆变输入端等于RIN(这时为RIN1)。然后这个电阻器产生一个抵消输出的压降，以适应必要的双向输出摆动。从REF引脚到整个电路输出的增益基于RGAIN/ROS的关系，这样就可以配置REF输入来提供单位增益，而不用考虑通过RGAIN/RIN所设置的增益（只要RIN1和RIN2的值相同)，就像传统的差分放大器参考输入一样工作：

$$VREF_{OUT}=VREF*(RGAIN/ROS)*A_{BUFFER}$$

(其中A_{BUFFER}是缓冲增益)

注意，在所有后续电路中，双向电路是可选的，对于单向电路工作可以省略。

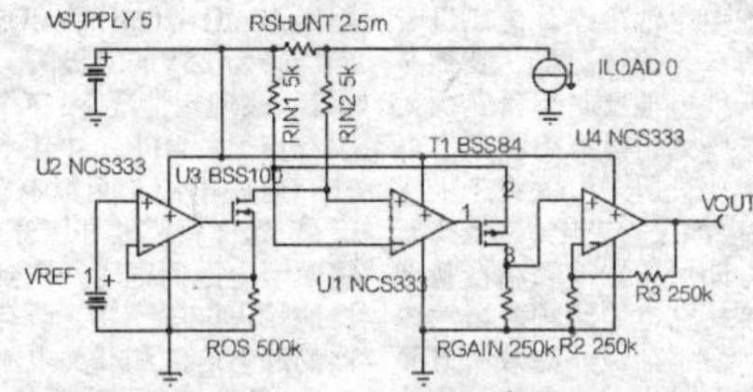

图3：这一版本增加了缓冲输出和双向检测能力。它提供了一个参考输入，即使在RIN1和RIN2值确定了不同增益设置的情况下，它也总是在单位增益下工作。

在共模高电压下使用

通过浮动电路并使用具有足够额定电压的MOSFET，电流驱动电路几乎可在任何共模电压下使用，电路工作电压高达数百伏的应用已经非常常见和流行。电路能达到的额定电压是由所使用的MOSFET的额定电压决定的。

浮动电路包括在放大器两端增加齐纳二极管Z1，并为它提供接地的偏置电流源。齐纳偏压可像电阻一样简单，但是我喜欢电流镜技术，因为它提高了电路承受负载电压变化的能力。这样做时，我们已创建了一个运放的电源"窗口"，在负载电压下浮动。

另一个二极管D1出现在高压版本中。这个二极管是必要的，因为一个接地的短路电路最初在负载处会把非逆变输入拉至足够负(与放大器负供电轨相比)，这将损坏放大器。二极管可以限制这种情况以保护放大器。

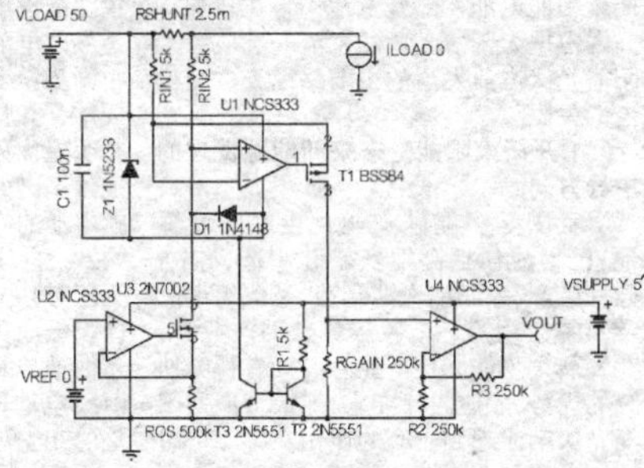

图4：高压电路"浮动"运放，其齐纳电源处于负载电压轨。

该电路其他鲜为人知的应用

我不确定是否还有人使用电流检测MOSFET。几年前的一些实验室研究表明，一旦校准，MOSFET电流检测是非常精确和线性的，尽管它们具有约400ppm的温度系数，我对这样的结果很满意。但是，最佳的电路结构迫使检测电极在与MOSFET的源电压相同的电压下工作，同时输出部分电流。图5显示了如何使用电流驱动电路来实现MOSFET检测FET电路。

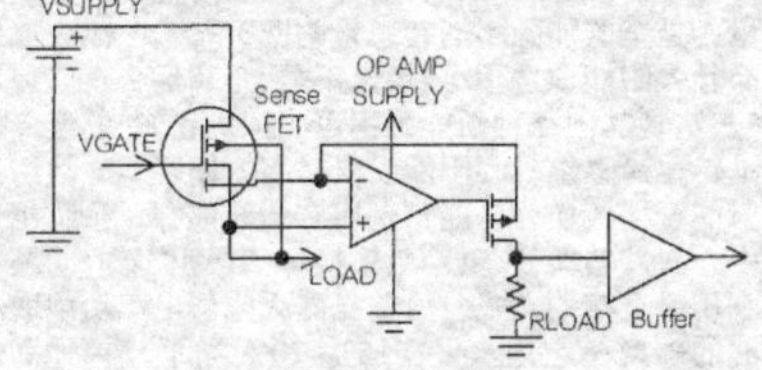

图5：MOSFET检测FET电路。

◇湖北　朱少华　编译

无人值守的无刷直流电机系统

在完全沉浸在汽车驾驶员文化中仅仅几年之后，我很容易理所当然地认为大多数人不熟悉机电纺纱。这让我进入了多次对话，在这种对话中，我应该笨拙地抛出铁锹，而不是将自己挖到更深的洞里。

但我觉得我有义务尝试教育其他人这个主题，因为我很少看到大学课程中的电机不属于抽象控制理论。我的目标是尝试简单地解释无刷直流电机。

在所有电动机中，存在称为"换向"的概念，其描述了为了移动物理转子轴而切换电流(以某种方式)的过程。当流过线圈的电流产生与通常由永磁体产生的某些现有场相对或吸引的磁场时，发生移动。该力引起转子(电动机的旋转部分)相对于定子(电动机的静止部分)的移动。

磁铁是换向的一个很好的类比。当您将两个磁铁放在一个面对相同磁极的桌子上时，它们会相互推开。一旦他们远离彼此，他们就会停止移动。如果你拿一块磁铁并将其移向第二块磁铁，第二块磁铁将再次被推开。如果继续这样做，磁铁将继续移动；这是换向的线性例子。

有刷直流电机实现机械换向，这意味着电机的物理结构实际上导致电机换向。刷子与换向器(恰当地命名)接触，当电动机使电流旋转时，电动机线圈将交替极性。这允许由定子上的永磁体产生的磁场始终与转子上的磁场相对，因此总是产生力。机械换向意味着有刷直流电机只需在电机绕组上施加一些电压即可旋转，如图1所示。

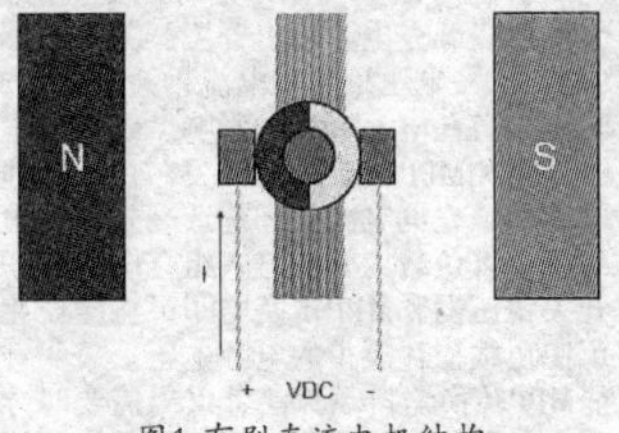

图1 有刷直流电机结构

在这一点上，许多读者可能会在混乱中看到这篇文章的标题，因为我还没有谈论无刷直流电机。然而，为了解释"无刷"，我需要首先解释一下刷子的用途。

无刷电机的起源从一开始就相对简单：刷式直流电机的大部分问题都来自电刷。电刷可能会产生火花，磨损，产生很大的噪音，造成大量的功率损失，导致显著的速度限制并且不易冷却。这意味着您不应在易燃物品周围使用有刷直流电机，任何需要长寿命的物品，任何需要安静或需要高效率的应用，任何高速系统或任何高功率应用系统，那些是很重要的限制！你可以通过取消刷子来解决这些问题，但遗憾的是它消除了机械换向。

缺乏机械换向会导致额外的问题。电机仍然需要整流；但是，你(设计师)现在负责它。无刷电机使用电气换向，这是一种奇特的说法，"你需要确保电机中的电流始终产生一个可以移动转子的磁场。"但是看看图2，你怎么知道转子是这样你可以知道如何应用电流来移动它?

无刷直流电机系统的第一个主要架构决策是"感知"和"无传感器"之间的区别。(正如我写这篇文章时，我不断被提醒有关这两个词经常被标记为拼写检查的巨大讽刺"审查"和"无意义"。)您需要知道转子的位置，并且您有两种主要方法可以解决这个问题：

图2 无刷直流电机结构

·传感方法通常使用霍尔效应传感器(或霍尔元件)或编码器来检测转子位置。虽然编码器可以提供非常精确的角度反馈，但它们可能很昂贵。霍尔效应传感器是一种流行的磁传感器。在三相无刷直流电机中，实现三个霍尔效应传感器为换向提供了简单的六个步骤。

·无传感器位置估算方法通常涉及测量或估算电机旋转时产生的反电动势(EMF)。反电动势是一个最适合不同时间的复杂主题，但简单地说，它是电动机线圈上产生的电压，它是电动机速度和电动机负载的函数。无传感器方法本质上是估计，并且通常需要复杂的计算。随着电机速度的降低（例如位置控制伺服)，无传感器方法变得越来越困难因为反电动势随着速度而降低。

无刷直流电机系统的第二个主要架构决策是控制方法。如果您知道或者您认为您知道转子所在的位置，您需要施加一定的电流来移动电机。三相无刷直流电机至少需要六种不同的状态。如果您不相信我，请查看图3.这很简单，您可以使用称为"梯形"，"六步"或"120度"的控制方法对无刷直流电机进行换相。

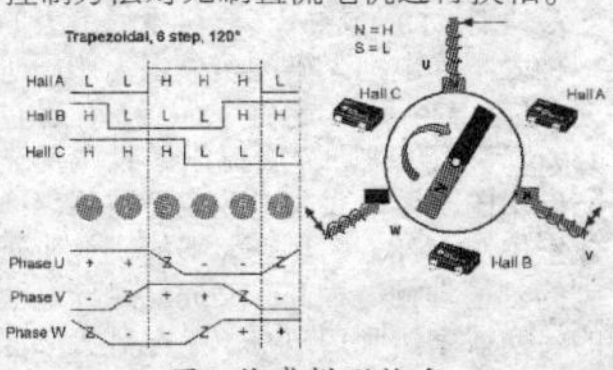

图3 传感梯形换向

或者，您可以将更平滑的电流波形应用于电机；这被称为"正弦"控制或"180度"。当与正确的电机一起使用时，这种控制方法可以提高效率并降低与梯形控制相比的可听噪声。缺点是为了实现平滑的电压和电流曲线而增加了复杂性，通常需要高度精确的脉冲宽度调制(PWM)定时器。

◇湖北　朱少华　编译

略谈新型太阳能电池技术及其模块转换效率(一)

当下，人类使用的能源特别是化石能源的数量越来越多，能源对人类经济社会发展的制约和对资源环境的影响越来越明显。探索利用化石能源之外的新能源，加快发展新能源产业，已成为全人类需要共同面对的一项重要课题。近年来，由于技术的持续改进和突破，发展太阳能光伏产业已成为实现全球碳减排与替代化石能源的主要途径和手段之一，展露出较大的发展潜力。太阳能作为一种新能源，是人类可以利用的最丰富的能源，发展太阳能光伏产业的关键是生产太阳能电池。晶硅电池仍将在较长时间内占据太阳能光伏的主流，应成为太阳能光伏产业发展的主要路径，广受社会的关照。

1.开拓太阳能是未来新能源发展的主导方向

我国是多晶硅产业化生产的发源地，已形成包括高纯多晶硅制造、硅锭/硅片生产、太阳能电池制造、光伏组件以及系统应用等环节比较完整的产业链，在发展太阳能光伏产业方面拥有得天独厚的优势，顺应时代要求，加快发展太阳能光伏产业起到应有的作用。

人类可利用的新能源主要有太阳能、地热能、风能、海洋能、生物质能和核能等。由于海洋能和地热能只有特定地方可以利用，我们只对太阳能、风能、核能、生物质能的成本、效率、优缺点等方面作一对比。通过比较可以看出，几种新能源中太阳能的利用综合性价比最高，是最具发展潜力的新能源之一。一是资源最丰富。地球每秒钟所接受的太阳能高达8×1013千瓦，中国地表每年接受的太阳能，相当于2.4万亿吨标准煤的能量，是全国能源年消耗总量的800多倍。而且太阳能取之不尽、用之不竭，不用运输，这是其他几种新能源不可比拟的；二是转化最直接。太阳能发电是将太阳辐射能直接转换为电能，是所有清洁能源中一次性转换效率最高、转换环节最少、利用最直接的方式，目前晶硅太阳能电池的转换率应用水平在15%~20%之间。风能、生物质能都是太阳光能的各种间接转换形式，其转换率只有太阳光能的几十到几百分之一。目前核能转化率高于太阳能，但原材料选择面窄、标准高，对建设环境的要求也非常高；三是最清洁环保。对一个地区来说，太阳光的辐射总是相对稳定的，太阳能电站在长达25年的发电时间里，没有二氧化碳和任何污染物排放，其设备也不会对环境造成任何破坏。可以说，太阳能是我们目前可使用的能源中一次性转换效率最高，使用最简单、最可靠、最经济的新能源。

太阳能光伏电池主要有晶硅电池和薄膜电池，晶硅电池又分为单晶硅太阳能电池和多晶硅太阳能电池，薄膜太阳能电池基本上分为非/微晶硅薄膜电池、铜铟镓硒薄膜电池和碲化镉薄膜电池三类，晶硅电池在较长时间内仍是太阳能光伏的主流。晶硅太阳能电池是发展速度最快、技术最成熟、产业化规模最大的一种太阳能电池。德国费莱堡太阳能研究所制得的晶硅电池转化效率超过23%；印度物理研究所提出一种内部光陷作用的高效硅太阳电池模型可将转换效率提高到28.6%；北京太阳能研究所研制的刻槽埋栅电极2cm×2cm晶体硅电池的转换效率达到19.79%。单晶硅太阳能电池转换效率最高，但对硅的纯度要求高工艺复杂和材料价格等因素致使成本较高。多晶硅太阳能电池材料在结晶的质量、纯度等方面要求较低，生产成本低于单晶硅，而且在产业化应用中的转换效率已达到了15%~20%的水平，因此多晶硅成为目前采用最广泛的太阳能电池制造原料。总体来看，晶硅电池是目前光伏电池的主流，主要应用于太阳能屋顶电站、太阳能商业电站和太阳能城市电站，是目前技术最成熟、应用最广泛的太阳能光伏产品，占据世界光伏市场的份额超过80%。非/微晶硅薄膜电池的转换率偏低，提升转换率的技术难度也较大，铜铟镓硒薄膜电池原材料昂贵，碲化镉薄膜电池虽然转换效率较高，但受到材料来源和安全性限制，大规模产业化也存在局限。

目前薄膜电池的转换效率平均在10%以内，售价约在10元/瓦，单价虽低于晶硅电池，但由于转化率低，综合成本还是要高于晶硅电池。薄膜电池相比晶硅电池生产线的一次性投入要高，由于主要依靠进口设备，动辄数亿元的投资是晶硅电池的7~8倍，再加上在生产过程中同步产生的技术成本、设备成本、运输成本，其整体成本相比晶硅电池并不具有明显优势。而且由于使用寿命较短，占地过多，普及速度因此受到影响。我国薄膜电池的产量只占到太阳能电池总产量的2%，全球范围内薄膜电池的市场份额也仅有19%，晶硅电池仍占据绝对优势。薄膜电池在未来的确有前景，但短期内还很难与晶硅电池竞争，预计到2030年，薄膜电池市场份额有望上升到30%，另外的70%仍需要晶硅电池来支撑。

2.太阳能应用的模块化电池系统

在大多数五金店中，都可以找到用于对非常用电池进行充电的小型太阳能电池板。不管是用于收音机的小型可充电镍镉电池，还是用于船舶的深循环船用电池，其基本原理和电路都是相同的。通常的做法是将一组太阳能电池通过整流二极管与被充电电池相连。该二极管用于防止在没有日光的情况下，要被充电的电池将太阳能电池反向偏置；由太阳能电池组成的阵列可以产生稍高于电池充电电压的电压，所以可以将二极管正向偏置，并对电池进行充电。该系统无需连接电源线，即可巧妙地解决在基于电池的系统中维持充电的问题。虽然该系统相当简单，但它存在一些效率方面的问题。主要问题是太阳能电池的最佳负载取决于它所接收的日光量。只是简单地固定在被充电电池上并不能保证太阳能电池的负载最佳。实际上，电池两端的电压在电池充电时会不断变化，所以在完全光照条件下，可能会有一些能量未传输到电池中。并且，未用于电池充电的能量会以热的形式保留在太阳能电池中，使太阳能电池过早老化。此外，只是简单地将能量传到电池中并不能保证电池具有合适的容量来存储能量。经完全充电后，继续对电池充电只会使热量堆积到被充电电池而不是太阳能电池中，导致被充电电池过早老化。

为了实现更有效的解决方案，需要采取一些措施，使太阳能电池的负载为最佳负载，同时高效地对电池进行充电。对于该问题，针对该问题提出了一个不完全解决方案，即最大功率点(MPP)转换器。MPP转换器类似于具有驱动电流设置点这种基本智能的开关稳压器，它可以将太阳能电池电压升压/降压到被充电的额定电压，同时调整提供给太阳能电池的负载，从而可以传输最大的能量。它通过一种称为抖动的过程实现这一点，该过程会周期性地改变开关稳压器从太阳能电池汲取的电流。在抖动过程中，稳压器会升高负载电流，然后降低负载电流。如果电流较高时太阳能电池产生的功率更高，则维持较高的电流。如果电流较低时产生的功率更高，则维持较低的电流。如果较高和较低的负载电流都不能产生较高的功率，则维持原来的负载。总的结果就是MPP转换器尽可能从太阳能电池获取最大的功率，并且如果日光量改变，那么周期性抖动会调整电流，直到它再次获得最大功率。

MPP并不太关心被充电电池中的热量损耗，仅针对太阳能电池阵列对MPP转换器的有限智能进行了优化。与太阳能电池相比，被充电电池便宜得多，并且无论如何都必须定期更换，所有额外的能量仍然堆积在被充电电池中。被充电电池同时也充当系统的分流稳压器。如果该电池发生故障，负载开关稳压器的输入电压会发生显著变化。如果发生的是开路故障，那么负载开关稳压器的输入电压将上升或降低——取决于系统负载和照射到太阳能电池的日光量。如果发生的是短路故障系统将完全不工作，MPP只是简单地将能量堆积到被短路的电池中。这些问题的一种解决方案是重新设计MPP，使之提供稍高于电池完全充电电压的恒定输出母线电压。然后通过基于开关稳压器的充电器利用该母线电压对电池充电；如果母线电压由于负载很高或光照量很低而下跌，则被充电电池会通过二极管驱动母线。MPP在光照充分的条件下驱动母线时，该二极管还可以将被充电电池与母线隔离。使用该系统可以解决先前MPP设计中输出电压不恒定的问题；当MPP无法为负载提供能量时二极管会自动导通，将电池与母线连接，以提高母线电压。要完全免除短路造成的影响，在发生短路时，充电器需要主动断开与电路的连接，以隔离电池。如果日间和夜间时长相同，那么系统全天的总效率等于这两个效率的平均值，稍低于原效率，但系统现在能够连续工作，即使电池发生故障也不受影响。

为了提高效率，通常使用第二个MOSFET来替换二极管，该MOSFET在第一个MOSFET关断时导通。通过使用电阻为10mΩ~20mΩ的MOSFET来短接正向压降为0.5V的二极管，可以降低效率损耗。最理想情况下，每个太阳能电池可以有自己的MPP，并且系统中每一节要被充电的电池都可以有自己的充电器。但是，这样将需要升压开关稳压器，用于将单节电池的电压升高到负载开关稳压器的输入电压。并且所有新的开关稳压器的静态电流和开关电流将开始占支配地位，导致效率再次降低。替代方案是在效率需求和可靠性之间进行折中，通过将一些电池和太阳能电池分组来限制损耗，同时限制单点故障的影响。

如果希望构造效率最佳的系统，需要考虑以下方面：构造太阳能电池(组成串联电路) 和最佳MPP转换器数量的优化组合，以最大程度降低MPP转换器中的开关、电压相关和电流相关损耗。构造被充电电池(组成串联电路)、相应充电器和输出升压开关稳压器的优化组合。最佳组合是可以实现以下目标的配置：最大程度降低充电和输出升压开关稳压器中的开关、电压相关和电流相关损耗，同时限制潜在电池故障的影响。组合充电器逻辑和MPP电流输出开关，在太阳能电池和被充电电池之间构造高效的充电路径。以负载均衡的方式组合电池升压开关稳压器和MPP转换器即可直接产生可使负载损耗最少的电源电压。采用智能MPP转换器抖动算法，仅当需要时才改变负载，并使用快速检测和搜索算法代替周期性的随机抖动。采用了解电源系统状态的智能负载，从而可以利用效率较高的周期执行电流较高的任务。采用隐含的中心控制智能，负责协调太阳能电池、被充电电池和负载之间的能量转换。

3.提高模块转换效率是新型太阳能电池技术发展的关键

从太阳能产业成长初期至今，多种不同的太阳能制造技术类型相互竞争共同发展。这就很难形成一个具体的技术蓝图，以预测产业技术发展趋势。根据NPD Solarbuzz报告显示，薄膜和高效晶硅模块的供应量将从2014年的5.3GW成长至2018年的14.5GW。市占率是展现各种太阳能制造技术成功与否的标准。太阳能产业增速较快，年度需求几乎每四年翻一倍。太阳能制造技术不需要提高市场占有率就可扩大出货量，或为设备和材料供货商提供显著的机遇。基于使用高纯提拉法(CZ)生长和太阳能专用定向凝固炉铸锭制造的多种晶硅技术之间的竞争，将最终决定哪些技术在未来五年内将获得成功。先进的晶硅电池概念预计将占更大的市场比例。2015年后，已知的先进晶硅模块供货商市场规模预计将成长200%，到2018年达到7.6GW。虽然过去的两年，太阳能制造商一直将重点放在降低成本上，太阳能产业目前面临采用统一的技术蓝图的理想时机。随着领先的太阳能厂商对2015年及以后的新增产能进行评估，能够因应不同太阳能技术选项将是工厂设备和目标客户选择的关键部分。

根据所采用的原材料，太阳能电池可以分成有机和无机两大类。有机太阳能电池使用天然材料制成，并五苯和聚合物。目前市场上流行的是无机硅太阳能电池，占总产量的90%。

全球燃料短缺已促使各国政府积极寻找替代电源，在诸多候选者中，太阳能发电正在成为最可行的选择。与利用煤炭、天然气、石油和核能发电不同，太阳能是可再生的，随时可以获得而且环保。从基础设施方面来看，与传统的电厂相比，太阳能电厂需要的维护工作较少，用于兴建与运行电厂的场地也较小。目前韩国约有五家公司在积极从事太阳能电池与模块生产。由于太阳能电厂仍然是该地区太阳能电池的最大用户，厂商的研发活动专注于提高太阳能电池的转化效率。韩国的多数太阳能电池厂商专门从事生产太阳能电池模块，尽管许多厂商有能力自己生产太阳能电池，他们把业务外包给海外供应商。生产太阳能电池的厂商通常进口晶圆。除了太阳能电厂以外，太阳能与建筑一体化(BIPV)系统是韩国太阳能电池的最大应用领域。针对BIPV，韩国厂商正在改善其定制能力，生产具有增值特点的太阳能电池。从事模块装配的厂商通常要解决太阳能电池与玻璃、金属板和其他关键部件的整合。据韩国知识产权局的数据显示，多晶硅太阳能电池约占总体市场的53%，单晶硅太阳能电池占32%。虽然多晶硅太阳能电池生产成本较低，但一般来说能量转换效率也较低。单晶硅太阳能电池的平均转换效率约为16.5%，多晶硅是15.5%。高端单晶硅太阳能电池的转换效率可超过17%，而高端多晶硅太阳能电池的转换效率号称高于16%。提高转换效率主要取决于公司的技术实力。例如ShinsungEng生产156×156mm的太阳能电池，该公司表示将争取把它的太阳能电池效率提高到20%。

目前常见的太阳能电池最大理论效率大约是31%，太阳光到达电池表面后，大部分作为热能丧失掉了，如果能使用太阳能集中器捕获这部分热电子，那么我们将看到高达66%的转换效率。研究人员发现，半导体材料技术显著提升太阳能电池效率，通过应用有机塑料的半导体材料，可以显著提高太阳能光子的吸收。光子产生后会出现一个黑暗量子阴影状态的替代，他们称之为多种激发子。关于多种激发子，这将是最有效率的两个电子源，它可以被并五苯半导体中的富勒烯材料吸收。根据维基百科，富勒烯分子是完全由碳和并五苯组成的多环芳香族碳氢化合物，其中包含5个苯环。塑料半导体太阳能电池产品有很大的优势，成本低就是其中之一，结合分子设计与合成的广阔能力，打开了太阳能转换新方法之门，这将提高太阳能电池的转化效率。此项发现可以提升太阳能电池转换效率到44%，而且不需要集中器。

(未完待续)

(下转第216页)

◇湖北 刘道春

传感器系列7：超声波传感器及应用电路

人耳听到的声音是物体振动产生的，频率范围是20Hz-20kHz。超声波是一种振动频率高于声波的机械波，频率超过20kHz。低于20Hz称为次声波。超声波的特点是频率高、波长短、绕射小，方向性好。超声波对液体、固体的穿透性很强，尤其是在不透明的固体中，可穿透几十米的深度。超声波碰到杂质或分界面会产生显著反射形成反射回波，碰到活动物体能产生多普勒效应。

超声波传感器是能实现声电转换的装置，又称为超声换能器或者超声波探头。超声波传感器有发送器和接收器，也可同时具有发射和接收功能。

一、超声波传感器基础知识

（一）超声波传感器的结构

超声波探头按其结构可分为直探头、斜探头、双探头和液浸探头等，按其工作原理又可分为压电式、磁致伸缩式、电磁式等，其中以压电式最为常用。图1是超声波传感器的典型外形和符号。

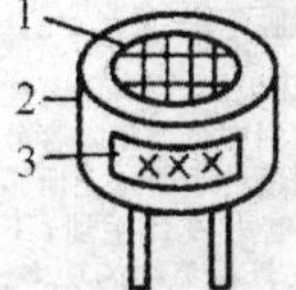

(a)典型外形

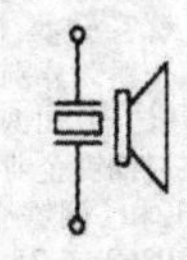

(b)表示符号

1—金属网；2—外壳；3—标签

图1 超声波传感器的典型外形和符号

（二）超声波传感器的工作原理

超声波传感器是利用压电效应的原理制成的。压电效应分为正压电效应和逆压电效应。超声波传感器是可逆元件，超声波发送器利用的是逆压电效应的原理。图2为采用双压电晶片的超声波传感器示意图。若在发送器的双压电晶片（谐振频率为40kHz）上施加频率为40kHz的高频电压，压电陶瓷片1、2就根据所加的高频电压极性伸长与缩短，于是发射频率为40kHz的超声波。

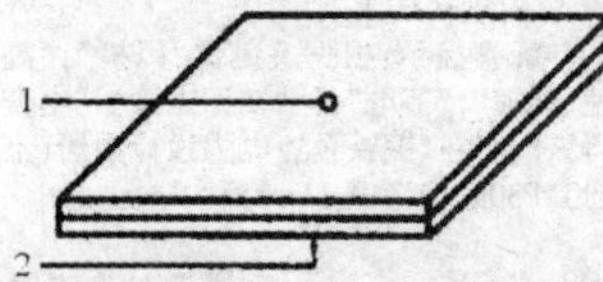

图2 双压电晶片超声波传感器示意图

（三）超声波传感器的性能指标

超声波传感器的性能指标有工作频率、工作温度和灵敏度。

工作频率是压电晶片的共振频率。当加到晶片两端的交流电压的频率和它的共振频率相等时，输出的能量最大，灵敏度也最高。

由于压电材料的居里点一般比较高，尤其是诊断用超声波探头使用功率较小，所以超声波传感器的工作温度比较低，可以长时间工作不失效。医疗用的超声探头的温度比较高，需要制冷设备。

超声波传感器的灵敏度主要取决于制造晶片本身，机电耦合系数越大，灵敏度越高。

（四）超声波传感器的应用

超声波传感技术在生产实践中应用广泛，医学应用是其最主要的应用之一。超声波在医学上的应用主要是诊断疾病，优点是：对受检者无损害、无痛苦、方法简便、显像清晰、诊断准确率高等。超声波诊断可以基于不同的医学原理，其中有代表性的一种A型方法就是利用超声波的反射。当超声波在人体组织中传播遇到两层声阻抗不同的介质界面时，在该界面就产生反射回声。每遇到一个反射面时，回声便在示波器的屏幕上显示出来，其振幅的高低由两个界面的阻抗差值决定。

在工业方面，超声波的典型应用是对金属的无损探伤和超声波测厚两种。超声波传感技术可探测到物体组织内部，更多的是超声波传感器固定地安装在不同的装置上，探测人们所需要的信号。

二、超声波传感器应用实例

（一）超声波产生电路

图3是由用数字集成电路构成的超声波振荡电路。CC4049的H1和H2产生与超声波频率相对应的高频电压信号，反相器H3--H6进行功率放大，再经过耦合电容Cp传给超声波振子MA40S2S。若长时间给超声波振子加直流电压，会使传感器特性明显变差，因此用交流电压通过耦合电容供给传感器。该电路通过调节电位器R可改变振荡频率，振荡频率的计算公式如下：

$$f_0=\frac{1}{2.2RC}(\text{Hz})$$

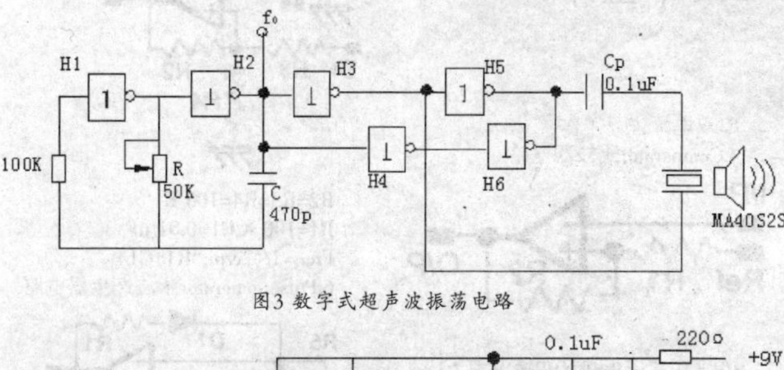

图3 数字式超声波振荡电路

（二）超声波接收电路

图4是超声波接收电路，超声波传感器采用MA40S2R，放大电路采用NPN三极管。超声波传感器一般用于检测反射波，它远离超声波发生源，能量衰减较大，只能接收到几十mV的微弱信号，所以要接几十dB以上的高增益放大器，实际应用时要加多级放大器。

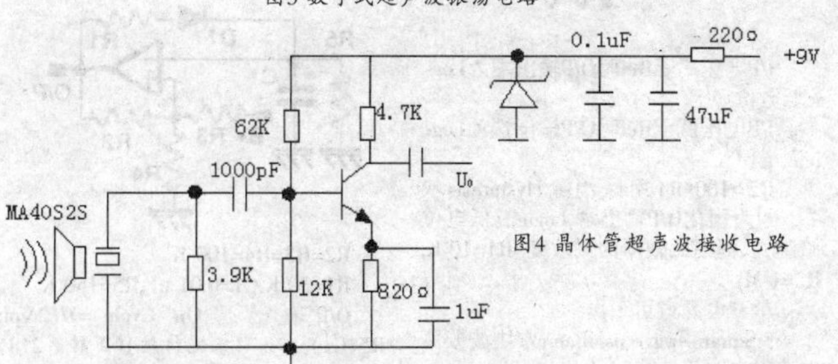

图4 晶体管超声波接收电路

（三）超声波移动物体探测器

超声波移动物体探测器包括发送电路和接收电路两个部分，分别如图5和6所示。

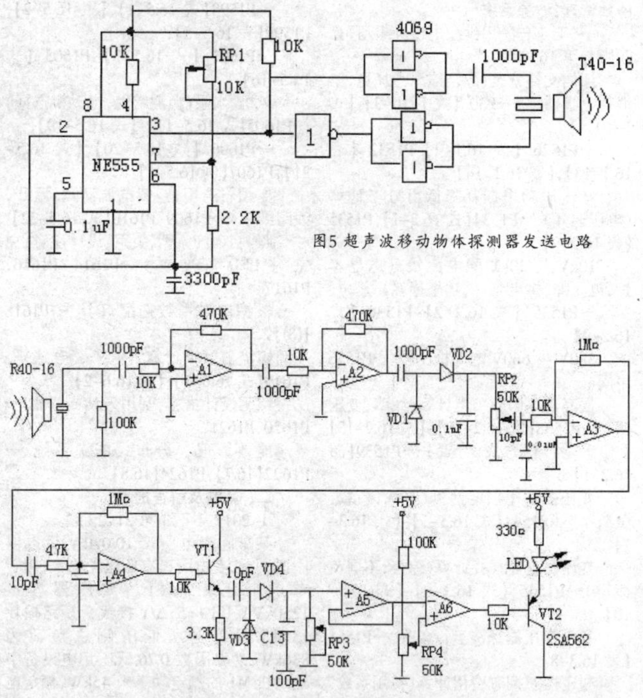

图5 超声波移动物体探测器发送电路

图6 超声波移动物体探测器接收电路

图5是超声波移动物体探测器发送电路。采用NE555产生40kHz的振荡信号，电位器RP1用于调节发送电路的振荡频率。反相器4069构成驱动电路，发送超声波传感器选用T40-16。

图6是超声波移动物体探测器接收电路。当所探测区域有移动物体时，反射回来的信号经过超声波接收传感器R40-16变为电信号，经运放A1和A2放大，再经二极管VD1和VD2进行幅度检波，该信号再经运放A3、A4放大，VT1射极跟随后，再经二极管VD3和VD4整流后，对电容C13充电。当C13充电电压达到一定幅度，经过射极跟随器A5输出后，比较器A6翻转，驱动三极管VT2导通，LED发光报警。C13越大，保持检测到移动物体状态的时间越长。

接收电路组装好后要进行调试。在接收器前无移动物体时调节RP4使LED熄灭，然后在接收器前面有移动物体时调节RP2使LED亮，最后再看无移动物体时LED是否熄灭，不熄灭调节RP3即可。

（四）超声波防碰撞电路

图7为超声波防碰撞电路。超声波发射/接收传感器采用T/R-40系列。LM1812是超声波传感器专用集成电路，既发射又接收，由时基电路Ⅱ控制LM1812的发射和接收。时基电路Ⅰ和Ⅱ均为集成电路NE555。25kΩ的电位器调节控制距离，一般可控制2~3m。

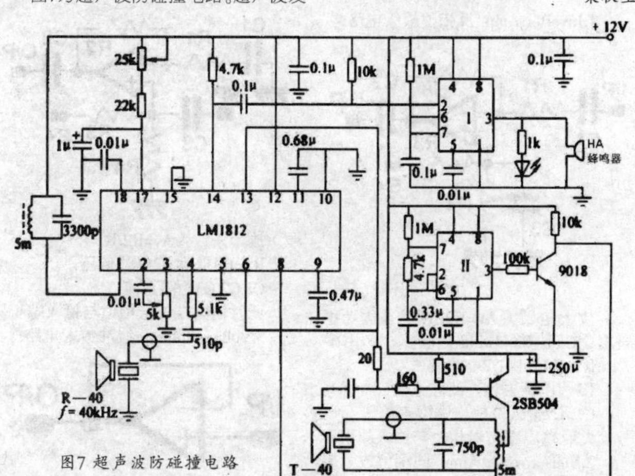

图7 超声波防碰撞电路

时基电路Ⅱ产生方波，其占空比为：(1000+4.7)/(1000+2×4.7)=99.5%，经三极管9018组成的反相器输入到LM1812的发送控制端8脚。当反相后的方波为"1"时，即LM1812的8脚为"1"时，LM1812处于发射模式，14脚暂无输出，LM1812的6脚与13脚的输出信号送到2SB504基极，2SB504开始振荡，发射器发出40kHz的超声波；当反相后的方波为"0"时，8脚也为0，LM1812处于接收模式，4脚接收被反射的超声波，14脚输出一低电平(约为Ucc/3)，送至时基电路Ⅰ的2脚，单稳态电路被触发，3脚输出高电平，LED点亮，蜂鸣器HA发声报警，达到声光报警目的。

◇哈尔滨远东理工学院 解文军
中国联通公司哈尔滨软件研究院 梁秋生

注册电气工程师备考复习——环境保护与节能及真题(二)

(紧接上期本版)

4. 评估报告;配电/调速/照明节电;能效管理;能源系统

→《工业与民用供配电设计手册(第四版)》第16章

评估文件分类(综合能源消耗量,年消耗电量估算)→P30【式1-10-3】,【式1-10-4】

→P1526【表16.1-1】,P1532【表16.1-13】,【表16.1-14】

升压后功率损耗降低百分率计算(电压选择)→P1534【式16.2-1】,P1535【表16.2-2】

10kV与20kV配电比较(送电容量,电压降,供电半径,功率损耗)

→P1535【式16.2-2】~P1536【式16.2-9】

380V与660V电动机比较→P1536中间

提高功率因数节电计算(线路,变压器)→P1538【式16.2-10】~【式16.2-13】

无功补偿方式(位置)→P1539【图16.2-1】

变压器功率损耗计算(空载,负载,负载率)→P1544【式16.3-1】~【式16.3-7】

变压器电能损耗计算(综合,不同负荷率)→P1545【式16.3-8】~【式16.3-10】

多台变压器经济运行条件→P1561【表16.3-8】

变压器总拥有费用计算(费用系数,年负荷系数)→P1561【式16.3-11】~P1562【式16.3-19】

不同行业最大负载利用小时及τ值→P1563【表16.3-9】

配电线路节能(总成本,运行成本)→P1585~P1587

按经济电流范围选电缆截面→P1589【表16.4-2】、P1590【表16.4-3】~【例16.4-1】、【例16.4-2】

按经济电流密度选电缆截面

→P1591【式16.4-18】、【图16.4-2/3】,P1592【例16.4-3】,P1593【例16.4-4】

→经济电流密度曲线另见DL/T 5222-2005【附录E】

电动机节能原则(电压与容量范围)→P1594,P1595【表16.5-1】

异步电动机能效限值(等级,计算系数)→P1597【表16.5-2】,P1598【表16.5-3】

电动机调速(转速计算,方案比较,电磁转矩、临界转差率、最大转矩)

→P1598【式16.5-1】、【式16.5-2】,P1599【表16.5-5】,

→P1601【式16.5-3】~P1603【式16.5-16】

风机、水泵(负载特性,电动机选择)→P1605【式16.5-17】~【式16.5-19】,

→P1606【式16.5-20】、【式16.5-21】,P1607【例16.5-1】

变频器选用(空载电流计算,温升,线路要求)→P1609,P1610【式16.5-22】

照明节电(原则,关系,设计注意,视觉对LED灯要求)→P1614~P1616,P1617

根据室形指数选配灯具→P1618【(3)】

镇流器效率计算(电子,电感)→P1619【式16.6-1】,【式16.6-2】

照明设计措施,利用天然光措施→P1620,P1621

能效管理,分布式能源系统→P1622【16.7】,P1624【16.8】

二、真题及解答提示

1. 2017年下午第21~23题

某车间变电所设10/0.4kV供电变压器一台,变电所设有低压配电室,用于布置低压配电柜。变压器容量1250kVA,Ud%=5,Δ/Y接线,短路损耗13.8kW,变电所低压侧总负荷为836kW,功率因数0.76.低压用电设备中电动机M1的额定功率未45kW,额定电流为94.1A,额定转速为740r/min,效率为92.0%,功率因数为0.79,最大转矩比为2。电动机M1的供电电缆型号为VV-0.6/1kV,3×25+1×16mm2,长度为220米,单位电阻为0.723 Ω/km。请回答下列问题,并列出解答过程。(计算中忽略变压器进线侧阻抗和变压器至低压配电柜的母线阻抗)

题21. 拟在低压配电室设置无功功率补偿装置,将功率因数从0.76补偿到0.92,计算补偿后该变电所年节能量应为下列哪项数值?(变电所的年运行时间按365天×24小时计算)

(A)29731 kWh (B)31247 kWh

(C)38682 kWh (D)40193 kWh

答案:[A]

解答提示:根据关键词"无功补偿""功率因数从0.76补偿到0.92""补偿后节能量",从"知识点索引"中查得该内容在《钢铁企业电力设计手册(上册)》P297,按式6-36计算出节约有功,再与运行时间相乘即得。

题22. 拟采用接地补偿的方式将电动机M1的功率因数补偿至0.92,计算补偿后该电动机馈电线路的年节能量接近下列哪项数值?(电动机年运行时间按365天×24小时计算)

(A)6350 kWh (B)7132 kWh

(C)8223 kWh (D)9576 kWh

答案:[C]

解答提示:根据关键词"无功补偿""功率因数从0.76补偿到0.92""线路节能量",从"知识点索引"中查得该内容在《钢铁企业电力设计手册(上册)》P297,按式6-35计算出节约有功,再与运行时间相乘即得。

题23. 对电动机M1进行就地补偿,为防止产生自励磁过电压,补偿电容的最大量是下列哪项值?

(A)18.28kvar (B)20.45 kvar

(C)23.68 kvar (D)25.73 kvar

答案:[C]

解答提示:根据关键词"电动机""就地补偿""防止自励磁过电压",从"知识点索引"中查得该内容在《钢铁企业电力设计手册(上册)》P305,按式6-41和式6-42计算I0取小,再按式6-40计算即得。

2. 2012年下午第21~25题

某炼钢厂除尘风机电动机额定功率Pe=2100kW,额定电压UN=10kV,额定转速ne=1500r/min;除尘风机额定功率PN=2000kW,额定转速nN=1491r/min。据工艺状况工作在高速或低速状态,高速时转速1350 r/min,低速时为300 r/min,年作业320天,每天24h,进行方案设计时,做液力耦合器调速方案和变频器调速方案的技术比较,变频器效率为0.96,忽略风机电动机效率和功率因数影响,请回答下列问题。

题21. 在做液力耦合器调速方案时,计算确定液力耦合器工作轮有效工作直径D是多少?

(A)124mm (B)246mm

(C)844mm (D)890mm

答案:[C]

解答提示:该题属"电气传动"。根据关键词"液力耦合器""工作轮""工作直径",该内容在《钢铁企业电力设计手册(下册)》P362,按式25-131计算即可。

题22. 若电机工作在额定状态,液力耦合器输出转速为300 r/min,液力耦合器的输出功率是多少?

(A)380kW (B)402 kW

(C)420 kW (D)444 kW

答案:[C]

解答提示:该题属"电气传动"。该内容在《钢铁企业电力设计手册(下册)》P362,按式25-128计算即可。

题23. 当采用变频调速器,除尘风机转速为300 r/min时,电动机的输出功率是多少?

(A)12.32kW (B)16.29 kW

(C)16.8 kW (D)80.97 kW

答案:[B]

解答提示:根据关键词"风机",从"知识点索引"中查得该内容在《钢铁企业电力设计手册(上册)》P306,根据功率与转速(3次方)的关系即可求得。

题24. 当除尘风机运行在高速时,试计算这种情况下用变频调速器调速比液力耦合器调速每天省多少度电?

(A)2350.18kWh (B)3231.36 kWh

(C)3558.03 kWh (D)3958.56 kWh

答案:[B]

解答提示:根据关键词"风机","液力耦合器",分别从"环境保护和节能"和"电气传动"知识点索引中查得该内容分别在《钢铁企业电力设计手册(上册)》P306,和《钢铁企业电力设计手册(下册)》P362式25-128,算得节约的功率,再与工作时间相乘即得。注意,从功率、扬程和流量与转速的关系分别是3次方、2次方和线性关系,可知功率与流量亦是3次方关系。

题25. 已知从风机的供电回路测得,采用变频调速方案时,风机高速运行时功率为1202kW,低速运行时功率为10kW;采用液力耦合器调速方案时,风机高速运行时功率为1406kW,低速运行时功率为56kW;若除尘风机高速和低速各占50%,同采用变频调速比采用液力耦合器调速每年节约多少度电?

(A)688042 kWh (B)726151 kWh

(C)960000 kWh (D)10272285 kWh

答案:[C]

解答提示:根据关键词"风机","高速、低速","节电",从"知识点索引"中查得该内容在《钢铁企业电力设计手册(上册)》P309,参考例11计算。

◇江苏 键谈 陈洁

常用运算放大器电路图(上)

1.Inverter Amp. 反相位放大电路:

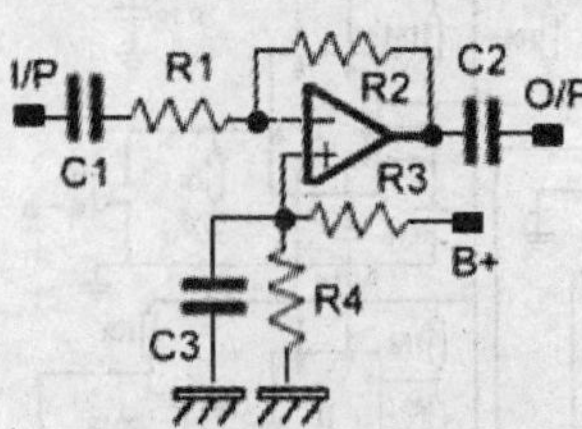

放大倍数为Av=R2/R1但是需考虑规格之Gain-Bandwidth数值。

R3=R4提供1/2电源偏压

C3为电源去耦合滤波

C1, C2输入及输出端隔直流

此时输出端信号相位与输入端相反

2.Non-inverter Amp. 同相位放大电路:

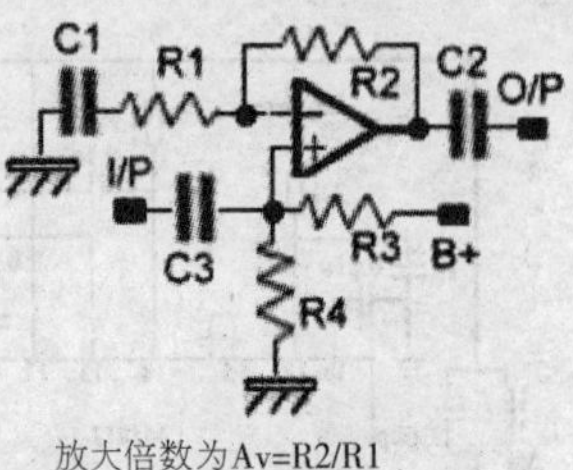

放大倍数为Av=R2/R1

R3=R4提供1/2电源偏压

C1,C2,C3为隔直流

此时输出端信号相位与输入端相同

3.Voltage follower缓冲放大电路:

O/P输出端电位与I/P输入端电位相同

单双电源皆可工作

4.Comparator比较器电路:

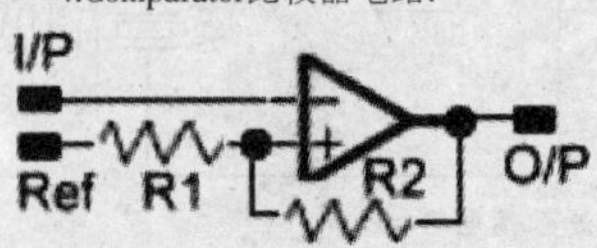

I/P电压高于Ref时O/P输出端为Logic低电位

I/P电压低于Ref时O/P输出端为Logic高电位

R2=100*R1用以消除Hysteresis状态,即为强化O/P输出端,Logic高低电位差距,以提高比较器的灵敏度.(R1=10 K,R2=1 M)

单双电源皆可工作

5.Square-wave oscillator方块波振荡电路:

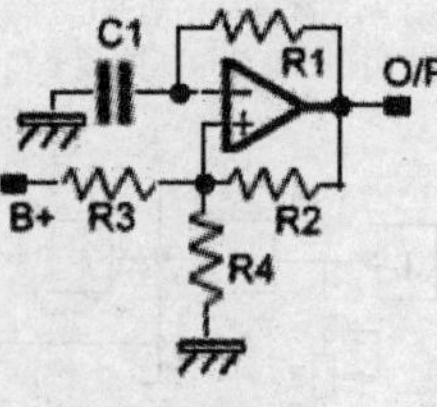

R2=R3=R4=100 K

R1=100 K,C1=0.01 uF

Freq=1/(2π*R1*C1)

6.Pulse generator脉波产生器电路:

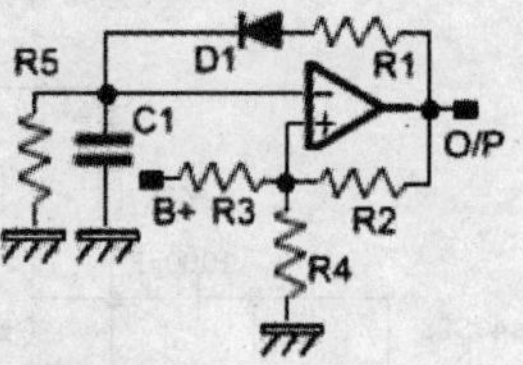

R2=R3=R4=100 K

R1=30 K,C1=0.01 uF,R5=150 K

O/P输出端On Cycle =1/(2π*R5*C1)

(未完待续)(下转第218)

◇上海 王明峰

浅谈电视发射机10MHz基准频率的开发利用

随着数字化播出系统的发展，数字电路和数字合成技术日渐成熟，数字电视发射机逐渐代替模拟电视发射机。转播台安装的GME11D13P型1kW数字电视发射机和美国Maxiva ULXT电视发射机，都使用了10MHz作为数字频率合成电路的基准频率，由此可以看出10MHz基准频率的重要性。我台二频道电视发射机的激励器中，也使用了10MHz作为数字频率合成电路的基准频率。但是，二频道备机已经运行了17年，最近几年频繁出现激励器输出不稳定现象，同时伴随着出现了本振频率失锁告警。我们在维修过程中，通过功率计和数字频率计数器，密切监测着这两项指标，发现10MHz基准频率发生偏移，导致了激励器输出不稳定。通过研究分析，我们把电视发射机的10MHz基准频率，进行了开发利用，使所有电视发射机可以相互利用10MHz基准频率，提高了数字频率合成的稳定性和安全性。

二频道发射机本振失锁和输出功率不稳定的原因：在二频道激励器数字频率合成电路中，通过锁相环路PLL，合成调制器所需要的中频信号。锁相环路用混频器把10MHz参考频率合成所需要的图像中频频率。而且，用800kHz参考频率进行相位锁定。用混频器合成图像中频信号的目的，就是减少总的分频次数，改善信噪比。在图1中，U14内部包含两部分电路，压控振荡器VCO和混频器MIXER。压控振荡器回路包括电感L15、9~35pF的可变电容、变容二极管CR4、CR13和CR14。10MHz基准频率，经过R105和C104，送到U14中，利用内部的三倍频器，把10MHz的基准频率信号倍频成30MHz方波信号。L7和C107组成一个振荡回路，把30MHz的谐波频率中不规则的尖峰削掉，变成平整的方波。

L15、C38和变容二极管组成的压控振荡器，产生了图像中频信号IF。它和30MHz的倍频频率一起，送到了U14内部的混频器中，生成差频信号。

例如，37MHz-30MHz=7MHz；38.9MHz-30MHz=8.9MHz。差频信号从U14的④、⑤脚输出，经过L6、L8、L20、C110、C111和C112构成的带通滤波器，把无用频率滤掉。滤波后的差频信号频率为7-9MHz，送到U13的⑭脚放大后，再送到图2可编程序分频器U2中，进行分频处理。

在VHF波段，我们设置图像中频为38.9MHz，根据可编程序分频器U2上设计的分频开关，把跳线JP1-JP7进行设置，也就是分频编码N0-N6。37 MHz的分频编码N0-N6是0110001，38.9的分频编码N0-N6是1001101，锁相环路的跳接线JP8、JP9、JP10的编码是100。例如，设置好38.9 MHz的图像中频频率后，输出的差频信号就是8.9 MHz。在可编程序分频器U2中，①脚输入的8.9 MHz差频信号，被分频编码89相除，就等于100kHz。

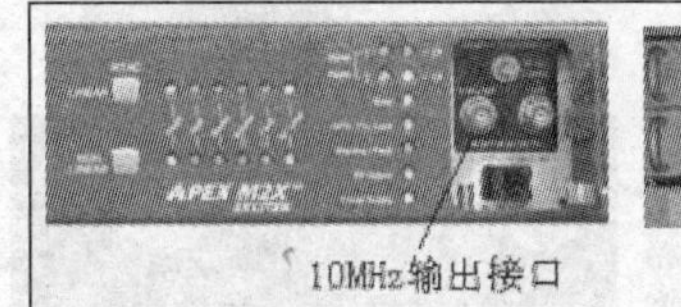

10MHz输出接口　　10MHz输出接口　③

另外，800kHz信号送到了分频器U2的㉗脚。八分频后，也变成了100kHz信号，即$800\div2^3=100$kHz。在U2内部，混频器U14输出的差频信号8.9 MHz和参考频率800kHz，都被分频成100kHz。这两路信号在可编程序分频器U2内部进行鉴频，比较压控振荡器输出的频率和800kHz参考频率在每个周期内的相位差。一旦相位差变成了一个恒定的数值，就出现相位锁定状态。这种情况下，虽然有相位差，但就频率而言，它就变成了一个无差系统。

U2的⑧、⑨脚输出的误差相位，送到积分电路U11中，转换成一个与相位差成比例的直流控制电压，U11输出端（①脚）上，接着由C121、C123、C125、C126、C122、C124、L9、L10和L11组成的低通滤波器。这种设计的目的，是把积分器U11输出端可能辐射产生的100kHz信号滤掉。因为，在分频器U2的输出端和积分电路的输出端，都有可能存在100kHz的泄漏频率，或者是其他高次谐波。加上这一级低通滤波器后，就可以抑制噪声干扰，改善自动相位控制系统的性能，使整个相位捕捉工作更加稳定。经过低通滤波器以后的误差电压，返回到变容二极管的负端，控制压控振荡器的频率在某一范围内作周期性的变化。在这个变化范围内，如果送到分频器U2中的8.9 MHz差频信号的角频率与800kHz的角频率相等，那么，压控振荡器的输出频率有可能稳定下来。一旦38.9 MHz频率稳定，鉴相器的相位差就固定不变了，积分电路U11产生的误差电压也就恒定不变。这个误差电压又返回到了变容二极管的负端，使38.9 MHz频率更加稳定，整个APC系统进入锁定状态。由于800kHz参考频率非常稳定，加入APC系统后，压控振荡器输出的38.9 MHz频率很快就能被800kHz参考频率锁定。否则，就会出现本振频率失锁和激励器输出不稳定的现象。

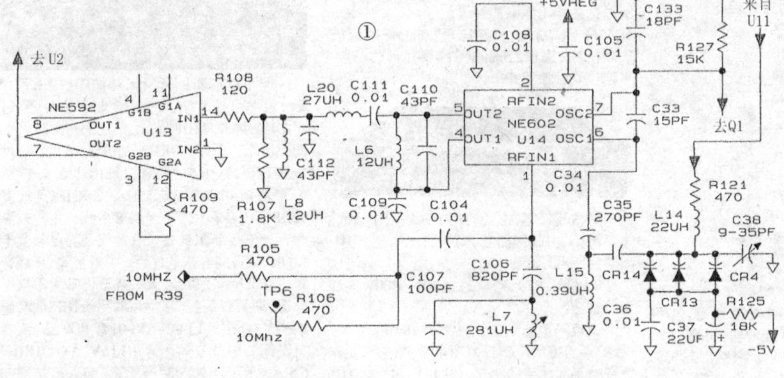

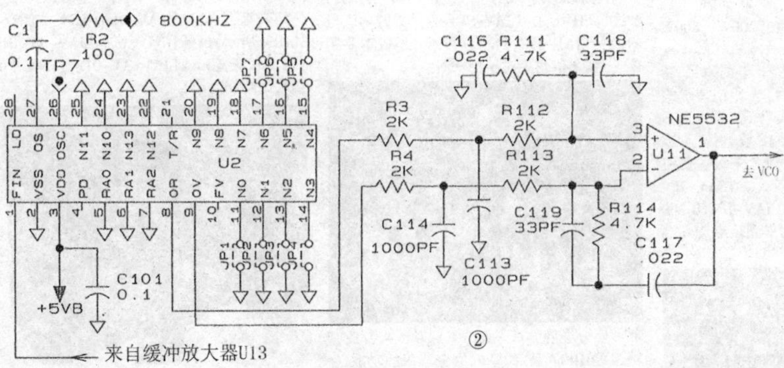

开发利用的思路：根据激励器的故障原因和电路分析，我们对数字频率合成系统进行了拓展改造。主要目的是，提高激励器数字频率合成电路的稳定性，保证激励器的图像通道和伴音通道的中频和射频不发生偏移，使整个激励器输出功率稳定。利用现有的GME11D13P型1kW数字电视发射机和美国Maxiva ULXT电视发射机的10MHz，作为山东卫视激励器数字频率合成电路的基准频率，增加了冗余性。

电路设计制作：我们设计电路时，既不要改变原来电路的物理结构，又不能影响厂家给出的电气参数。因此，我们利用了GME11D13P型1kW数字电视发射机和美国Maxiva ULXT电视发射机的10MHz，作为备用基准频率，送到山东卫视备机激励器的数字频率合成电路中，代替压控振荡器产生的10MHz参考频率，保证系统的稳定性。设计制作的电路，包括以下几部分：①把美国Maxiva ULXT电视发射机输出的10MHz参考频率取出，作为备用基准频率，图3是发射机上的实际位置。另一方面，如果Maxiva ULXT电视发射机的10MHz基准频率异常，可以利用山东卫视激励器监测口输出的10MHz监测频率作为基准频率使用。同样，通过切换开关，把GME11D13P型1kW数字电视发射机输出的10MHz监测频率作为基准频率使用，提高了发射机的可靠性。②从GME11D13P型1kW数字电视发射机输出的10MHz监测频率作为基准频率使用。

使用效果：我们设计安装了这个电路后，每当山东卫视激励器数字频率合成电路出现异常时，就切换到GME11D13P型1kW数字电视发射机，或者美国Maxiva ULXT电视发射机的10MHz基准频率输出接口，山东卫视激励器自动停止了自身压控振荡器的工作，使用备用基准频率作为整个激励器的工作频率，整机输出相当稳定，为安全播出提供了保障。

◇山东 宿明洪

SH-500HD寻星仪屏显异常维修一例

接修某网友一台SH-500HD寻星仪，故障现象是3.5英寸屏幕开机白屏，其中右六分之一是竖方向干扰条纹，而左六分之五是横方向干扰条纹，如图1所示，根据维修液晶电视的经验判断大多是屏坏（即COF或TAB损坏），因该寻星仪具有HDMI接口，于是用该接口连上电视机，发现视频正常，看来判读正确。

拆下屏幕没有找到具体型号，经验网上一翻查找发现其软排线结构、排线数量与奇美LQ035NC111数字液晶屏完全一样，并且卖家声称很多寻星仪或工程宝都是采用此型号屏幕，于是下单购入一块，收到后立马装上一切正常，如图2所示，至此故障完全排除。

◇安徽 陈晓军

①

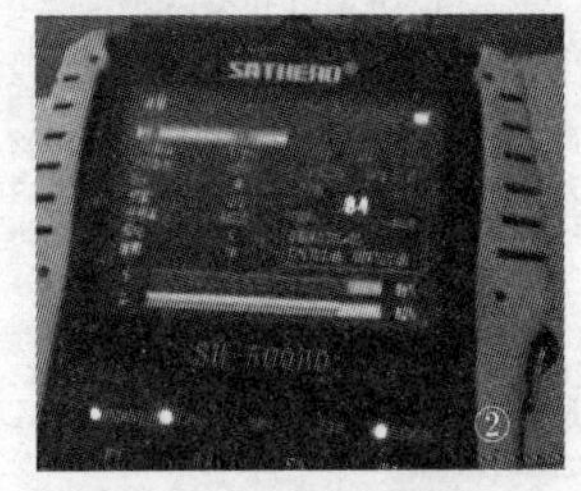

②

两套实用的商业娱乐用音响系统方案(四)

(紧接上期本版)

(5)高码流数字音频播放

操作与4K高清播放类似，进入文件管理，选择音乐文件，再选择相应的专业音频播放软件，该机支持SACD、DFF、DSF、DSD256与192KHZ/24BIT WAV播放，支持APE、FLAC等多种高保真无损音频格式播放，在此不再多谈，以图示意，如图22、图23所示，当然也支持用户在相应网站在线听音乐。

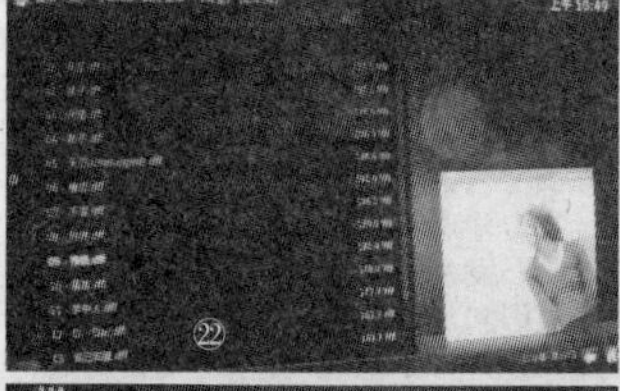
㉒

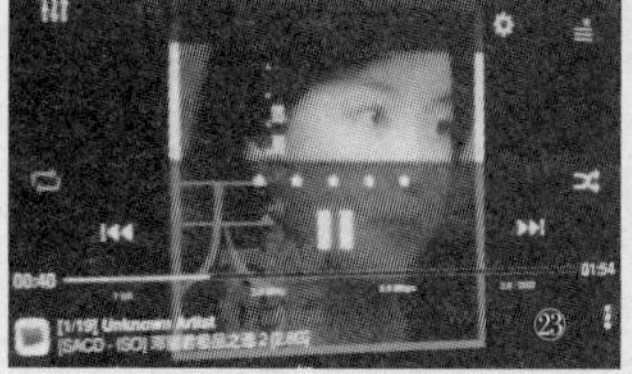
㉓

(6)网络娱乐等功能

该机可电视直播、也可在线点播其他影音节目，当然用户也可使用其他网站的免费节目，如爱奇艺、优酷、腾讯视频等等网络娱乐等功能。

若需其他安卓功能，可参考LJAV-KTV-06双系统影K点播机即可，自行安装，如图24所示，在此不再重复。

㉔

音响设备要买得起还要用得起！或许售价在2千—3千元的优质信号源能成为高端用户购买时的首选对象。

3.DSP-888A 11.1多声道DSP处理器

VCD时代，流行杜比模拟定向逻辑解码4.1声道音响系统；DVD时代，流行Dolby数字解码与DTS解码5.1声道音响系统；1080P高清蓝光BD时代，流行Dolby TrueHD数字解码与DTS-HD解码7.1声道音响系统；4K超高清蓝光BD时代，流行那类多声道音响系统？当然是Dolby Atmos与DTS-X解码11.1与13.2多声道音响系统。2019年国内各大音响展更有人气、工程商更感兴趣的地方，可能就是全景声影K演示厅！

日系的先锋、天龙、安桥、马兰士公司这两年在我国也在大力推广全景声影院系统，但功放多针对家用市场，以看电影为主。日系功放所标称功率较大，由于计量方法不同，在国内使用时可能达不到所标称的功率，所以很多工程商使用时总觉得其功率不足，一直无法大力推广使用。日系AV功放售价较平，而单独的AV解码器售价极高，这是日系厂家的销售策略。日系AV功放普遍不带卡拉OK混响功能，若用于影K系统，必须增加卡拉OK处理设备，操作也较烦琐。国内已有厂家针对雅马哈、安桥等日系5.1 HD解码功放开发卡拉OK板卡，加装于日系5.1 HD解码AV功放机内，对功放进行升级，另有配套的4寸、5寸低音的音箱供应，以便能适应小房间影K的需求，当然这不是主流的影K解决方案。主流的影K系统多采用影K解码器搭配多通道后级功放，推动相应的多通道音箱。工程商急需好用、实用的影K解码器。DSP-888A 11.1多声道DSP处理器可能是不错的选择，DSP-888A外观如图25与图26所示，整机尺寸：430mm×250mm×150mm。

㉕

㉖

DSP-888A 11.1多声道DSP处理器有如下功能特点：

(1)HDMI、光纤、同轴数字音频输入，3进1出4K HDMI切换。

(2)1组双声道模拟音频输入，支持15段参量均衡器，高通与低通滤波器

(3)2组麦克风输入，2组麦克风音量电位器，麦克风高通与低通滤波器，双路独立的15段参量均衡器，两路外置低音炮线路输出。

(4)多个高速音频DSP处理，可实现11.1声道输出，专业KTV DSP效果器和杜比全景声Dolby Atmos、DTS-X音频解码器的完美结合，支持所有Dolby Atmos解码，包括7.1.4解码，兼容多种解码如支持Dolby TrueHD与DTS-HD解码，支持Dolby数字解码与DTS解码。

(5)无论KTV模式或影院模式都拥有12个独立通道，7.1.4输出，主输出10段均衡，环绕输出10段均衡，顶部环绕输出10段均衡，中置与超低音输出10段均衡，每个通道都有延时、压限、极性变换、音量控制、静音等功能。

声7.1.4 布局图如图27所示，用户安装、调试音响时可参考。

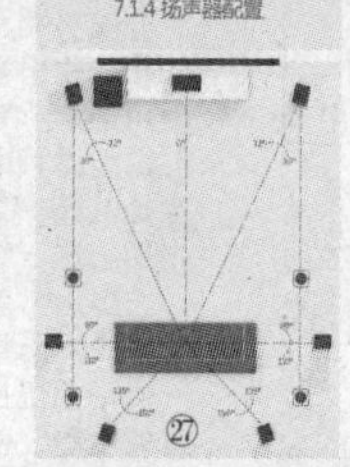

㉗

若有特殊需要，比如更多处理通道，也可考虑加强版13.2多声道DSP处理器，可增加多路HDMI输入，13.2声道解码，两路超低音线路输出，功能更多一点。

4.A.LJAV-JF系列 双通道200W—800W高保真后级功放

国内模拟功放经过近三十年的发展，功放电路与生产工艺已很成熟，无论是传统的AB类功放或是较流行的H 类功放，国内众多厂家都大量生产。LJAV-JF系列双通道200W—800W高保真后级功放，末级主要使用2—6对名厂金封大功率管，如LJAV-JF-H300功放板如图28所示，如LJAV-JF-HD300功放内部图如图29所示，用来满足专业高端音响工程体系的要求。

㉘

㉙

该功放有如下特性：

(1)真材实料：为达到理想的效果，LJAV-JF系列功放在原器件方面精挑细选，不惜工本。采用美国原装进口ON(摩托罗拉)金属封装管，具有散热速度快，受温度影响小，耐高温，抗干扰强，音色厚实的优点；配以优质铝材结合散热，让稳定性更上一层楼；采用纯铜的优质环形变压器电源供电和发烧运放，带来平坦的频响和甜美的声音。

(2)音质佳：整机高音层次丰富，具有较强的人声穿透力；在超高频声段，人声依然能保持细腻度与高清晰度，丝毫没有散音现象，充足的电流余量让低频厚实有力而富有弹性和包围感，声场更宽，是常规功率管所达不到独特表现。

(3)完善的保护系统：采用先进的保护电路为机器可靠运行提供了坚实的后盾。包括直流、负载短路、过载、过热、削波失真、电源开机防冲击等保护电路。

(4)高效率散热系统：采用功放管与散热器直接压合的形式，功放管得以迅速释放淤积热量，使功放管与散热器实现无温差传热；采用优质波浪形镀铜散热片，散热效率比普通铝制散热片高30%；采用高效率智能风扇冷却系统，随温度不同，风扇转速自动调节，保证每个元器件都能在良好的环境中正常工作，提高产品稳定性，也使整机静噪更小。

(5)高能效：整机效率高、电损小、结构扎实、大方。独特的瞬态伺服电路造就了其对音乐非凡的演绎表现，从而赢得了高端娱乐场所消费者和工程商的喜爱。

(6)外观精致：机身选用2.0mm优质钢板，抗震抗摔；采用2.5mm优质铝制面板，美观、高档、耐磨，如图30所示。

㉚

(7)适用性宽：主要应用于高端娱乐大厅、体育场馆、中高端酒吧、KTV、户外扩音工程、高端会所、影剧院.

B.LJAV-SF系列双通道200—800W高保真后级功放

该类功放末级主要使用2—8对东芝、三肯、安森美等大厂塑封大功率管，用来满足专业音响工程体系的要求。如LJAV-SF-A400功放，如图31所示。LJAV-SF系列功放的功能与特点与LJAV-JF系列功放类似，但成本要稍低一些，售价也相对平价一些。

㉛

部分老烧尝试用部分专业功放与专业音箱组建HIFI系统，如皇冠的金苹果版功放(金封管)、高峰的专业功放(塑封管)、JBL的专业音箱(两分频12英寸低音)等，看来专业的不一定不"发烧"，要看客户怎么选择与使用。发烧音响圈子某些观点总认为"新不如旧"，怀旧是一种情怀，某些人借怀旧之名炒作某些商品，如某些二手CD、二手功放、二手音箱、二手线材等等，某些二手商品售价反而比新品首价高很多倍，商品有价无市。如今欧美很多商家在国内寻找生产厂家采购音响产品或配件，也包括高价的发烧胆机与音箱，然后再以5—10倍的购价向全球发售，此类事在行业很正常。

由于生产设备的升级与改进，如自动上料、自动贴片、自动插件、自动焊接等设备的使用，如今的功放生产工艺、生产效率已提升很高，故障率大幅度降低。技术在向前发展、工艺在改进，生产成本在降低，商品售价在降低，国产货让更多人享受科技更新带来的好处、普惠每个用户。

由于多通道解码器与后级功放分开，组建高端多通道影K系统方便多了。比如5.1系统只需5.1声道解码器+3台双声道后级功放；比如7.1系统只需7.1声道解码器+4台双声道后级功放；比如11.1系统只需11.1声道解码器+6台双声道后级功放；比如13.2系统只需13.2声道解码器+8台双声道后级功放。可根据场地需求及音箱匹配来选择功放的功率，当然大马拉小车模式来选配功放稳定性最可靠。

6.配套影K用高保真音箱系统

因偏重点不同，传统的HIFI音箱大多不能用于大功率影K系统的主音箱扩音，若用HIFI单元来设计音箱，通常需多个单元来增大音箱的功率，如某高档会所采用多个绅士宝8545低音单元与多个9500高音单元来设计影K用的主音箱。

可以按传统的思路设计影K用音箱，采用两分频设计，可使用高保真专业音箱作影K系统的主音箱，比如本文(一)介绍的AV-4012专业音箱。当然若追求个性或外观与家俱协调，也可采用两分频设计方案来开发高保真影K用套装音箱，如图32所示。

㉜

能不能创新？开发多功能HIFI影K用音箱？当然可以，为小众客户定制音箱即可。针对影K系统开发HIFI单元，采用3分频设计，如图33所示。分频点8KHZ、350HZ，采用1只3寸丝膜高音，4只6.5寸低音，2只10寸低音喇叭，音箱功率500W，频响35Hz—20KHz，灵敏度92DB，该音箱用于私人影K系统，用户较满意，无论是高保真音乐欣赏或是看电影及卡拉OK，都得到客户的好评。中置音箱、环绕音箱、顶部环绕音箱、超低音音箱仍采用本报今年第5期第12版《一套实用的平价HIFI数字影K系统》介绍的LJAV-AV-01套装产品，读者可查阅。中置音箱可选用LJAV-AV-01B(双6.5英寸低音)，如图34所示；环绕音箱与顶部环绕音箱可选LJAV-AV-01A(6.5英寸低音)，如图35所示；超低音音箱可选LJAV-AV-01C(12英寸低音)或LJAV-AV-01F (15英寸低音)，如图36所示。

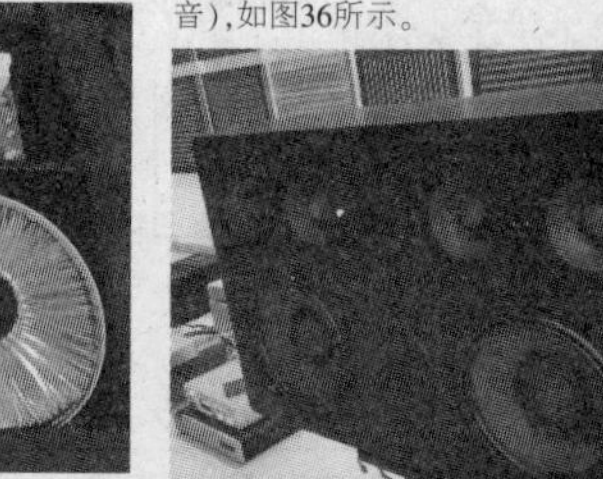
㉝

㉞ ㉟

㊱

(未完待续)(下转第220页)

◇广州 秦福忠

邮局订阅代号：61-75 国内统一刊号：CN51-0091

微信订阅**纸质版**
请直接扫描
邮政二维码
每份1.50元 全年定价78元
四开十二版 每周日出版

扫描添加**电子报微信号**
或在微信订阅号里搜索“电子报”

2019年6月2日出版
实用性 启发性 资料性 信息性
第**22**期
(总第2011期)
国内统一刊号:CN51-0091 定价:1.50元 邮局订阅代号:61-75
地址：(610041)成都市武侯区一环路南三段24号节能大厦4楼 网址：http://www.netdzb.com
让每篇文章都对读者有用

北斗三号系统2020年全面建成

中国北斗有力地催生着各领域的自主创新

中国北斗生态系统正在加速演进，产业也正在翻开新的篇章。近日，从第十届中国卫星导航年会上获悉，今年北斗卫星发射还将高密度展开，目前北斗三号定位精度持续提升，中国北斗正在向世界一流迈进。

据报道，中国卫星导航系统委员会主席王兆耀在年会上透露，到今年年底，我国还将再发射6-8颗北斗三号卫星，2020年计划发射2-4颗北斗三号卫星，至2020年底全面完成北斗三号系统建设。与此同时，被称为“后北斗三号时代”的以北斗为核心，更加广泛、更加融合、更加智能的综合定位导航授时PNT体系建设方案也正在启动。

另从此次年会上还了解到，近年来，北斗系统的快速建设正推动着中国导航产业实现“逆袭”，取得从技术到应用到市场的全面突破。目前，北斗系统已广泛应用于交通、海事、电力、民政、气象、渔业等十几个行业。在车载导航领域，北斗已经开始大规模进入乘用车辆前装市场，目前已经累计有超过200万辆车拥有“北斗芯”；在航空领域，中国商用飞机有限责任公司已在去年开始使用北斗导航……

而在这些技术创新中，芯片技术的突破无疑是最核心的部分。据悉，目前，国产北斗芯片工艺水平跨入28纳米新时代，面向物联网和消费电子应用，并推出了全面应用北斗三号新信号体制的芯片，总体性能达到甚至优于国际同类产品。到目前为止，国产北斗芯片已实现规模化应用，累计销量突破8000万片，高精度OEM板和接收机天线已分别占国内市场份额30%和90%。而且，北斗高精度产品出口到100多个国家和地区，北斗地基增强技术和产品成体系输出海外。

无疑随着技术创新的不断积累突破，北斗正在全面指引各行业提升效率。据中国卫星导航定位协会最新发布的《中国卫星导航与位置服务产业发展白皮书(2019)》显示，2018年我国卫星导航与位置服务产业的自主创新能力显著增强，包括国产北斗芯片、模块等关键技术进一步取得全面突破，性能指标与国际同类产品相当，并已形成一定价格优势。截至2018年年底，中国卫星导航专利申请累计总量已突破6万件，位于全球首位。

未来，相信随着北斗系统覆盖范围和精度的逐步提升，北斗将进一步发挥系统优势，扮演更加重要的角色。

◇文章

迪士普影像历史博物馆正式对外开放

日前，以“收藏过去 开启未来”作为使命，承载影和像的精彩记录的“迪士普影像历史博物馆”正式对公众开放，它将与原有迪士普音响博物馆一起共同带领参观者走进声影像的世界。

5月16日，迪士普影像历史博物馆开馆暨广州市发烧音响俱乐部和中国声学学会声频工程分会揭幕仪式在迪士普科技园隆重举行。广州市迪士普音响科技有限公司董事长、迪士普博物馆馆长王恒先生表示，迪士普影像历史博物馆和迪士普音响博物馆是迪士普企业以推动行业发展，履行应有的社会责任筹的。目前迪士普已经将音响博物馆打造成为“广州市科普基地”“广州市白云区青少年科普教育基地”与广东省科普中心“共建体验式科普基地”。而迪士普影像历史博物馆是对外开放的第二个博物馆。今后，迪士普博物馆将翻开崭新的一页，为社会创造出更多的价值。同时，迪士普博物馆也会借鉴各地博物馆管理的先进经验，努力建设成为一个设备先进，功能完善，环境优美和服务至上的文化殿堂。

据介绍，2016年5月28日，国内首个以声频系统发展为主题的博物馆迪士普音响博物馆对外开放，开创了声频行业主题博物馆的先河。该馆设在迪士普公司大楼的3楼全层，博物馆仅建设、装修就耗资2300多万元，各种珍贵私人藏品达8000多件。其中在这里还珍藏了从上个世纪30、40年代开始一直到迄今的中文、英文、俄文、日文、德文等世界各国的电子、音响等相关的杂志、技术资料文献数千册，非常齐全。

广州市迪士普音响科技有限公司始创于1988年，是一家以公共广播系统为主的大型国家级高新技术企业。迪士普是北京奥运会、上海世博会、广州亚运会、深圳大运会、中国高铁、老挝亚欧首脑会议、中国博览会等的音频设备供应商。

博物馆地址：广州市白云路江高镇夏荷路1号

◇徐惠民

游戏显卡与专业显卡

对于既喜欢玩大型游戏又是做设计(特别是经常用到3D类软件)的朋友来说，选显卡是一件比较纠结的事，毕竟满足这类需求的电脑已经价格不菲了，到底是专业显卡还是发烧级的游戏显卡更合适呢？

一般说来，游戏对CPU的要求相对要少些，双核心，主频稍微高一点就能满足很多游戏的需求，但是显卡则相对要求高得多。而3D渲染对CPU要求更高，尽量满足多核、大缓存的高端CPU，3D建模则是对显卡要求更高，尽量选择专业的图形显卡。

游戏显卡和专业显卡从硬件规格上讲，没有太大区别。但是游戏显卡更专注于游戏中的功能(渲染)，因此一些功能往往会砍掉，比如线框模式的抗混淆、双面光照、3D动态剖析等功能。专业图形显卡则是专注于显示模型正在创建和编辑中的形态、线框模式加强、阴影模式加强以及软件涉及的功能都在硬件上给予支持。

专业图像显卡在价格上往往比游戏显卡高出好几倍，其原因在于除了特定的优化驱动外，高显存和稳定性也是必须追求的。

当然专业显卡也可以用来打游戏，不过对于大型游戏来说，由于显卡驱动没有深度优化，频率帧数肯定不如专业卡。另外从性价比来说，也非常不划算。

(本文原载第20期11版)

边框校正
针对荧幕边框间的间隙进行处理，从而可横跨多台显示器呈现出图像的连续性影像

投影机重叠
针对混合支援功能，利用多台投影机创造出一个单一且统一的桌面影像

桌面管理
透过NVIDIA® nView® 桌面管理软件轻松管理多重显示器环境。用户可利用具有灵活性的图像控制功能，打造出属于自己的桌面环境。

长虹HSU25D-1M型电源+LED背光驱动二合一板原理与检修(二)

(紧接上期本版)

本电源没有设置独立的待机电源，而是由启动电源兼任。当彩电处于待机状态时，由于相关主负载已经停止工作，经稳压环路会使电源控制芯片U101(NCP1251A)②脚电压降低至0.8V以下，于是U101自动进入低频(26KHz)跳周期工作状态，此时电源输出的电压大幅降低，以减小电源功耗。此时启动电源独立输出的约18V电压就作为初级待机电源，送到DC/DC变换块U501 (AOZ1283) 的输入端，然后由输出端输出5VSTB待机电压，作为主控芯片(MCU)与遥控等相关电路的工作电源。

2.LED驱动电路原理

在主控芯片发出高电平PS-0N开机指令后，控制管Q403截止，与此同时主控芯片送来的高电平BL-ON背光点亮信号加到Q408的b极→Q408导通→控制管Q411导通→电源输出的+12.3V电压通过Q411、D403、R444加至LED驱动控制芯片U201 (MP4012)的电源端①脚(见图3)。同时，电源输出的+35V电压送到升压电感L402的左端。另外，主板上送来的亮度调节信号PWM DIM经R402送至控制芯片U201的亮度控制端⑬脚。于是，MP4012内部的振荡电路开始工作，经过整形的开关激励脉冲信号从U201的③脚输出，由R406送到升压开关管Q404、Q407的信号输入端，使开关管工作于开关状态。在开关管截止瞬间，储能电感L402感应出的自感电动势的方向是左负右正，与+35V电源供电电压的方向同向，于是两电压同向叠加，经升压二极管D401整流、C401滤波后得到约60V输出电压（该输出电压不是固定的，它等于背光板上LED灯串中单只LED管正向电压降之总和，不同机型LED灯串的LED灯个数有所不同)，然后送到过压保护取样电路及背光供电输出插座CON301的③脚(LED+)。CON301③脚输出的(LED+)电压，由软线排接入背光LED灯串。LED背光灯串组的末端LED-，又通过软线排送回到插座CON301的①脚(这部分电路图3中未画出)，然后接至调流场效应管Q401(AOD5404)的D极。再由Q401的S极的一路经R422~R425到地，形成电流回路。Q401的S极的另一路经R421送到U201的电流反馈端⑯脚。当彩电画面亮度增大时→驱动控制芯片U201⑬脚的亮度控制电平自动升高→驱动脉冲输出端③脚输出的脉冲宽度增加→升压场效应管Q404、Q407导通程度增加→通过的电流增大→加至LED灯串组的输入电压升高→与此同时U201的调光驱动端⑪脚输出电平升高→调流控制管Q401的栅极电压上升→O401导通增加→流过的电流增加 (即流过LED灯串的电流增大)→屏幕亮度变亮。反之亦然。顺便指出，U201⑨脚为LED电流设置端，⑨脚外接的分压电阻R414、R413在该脚的分压值，决定流过LED恒流的基本值。当某种原因引起LED电流增大时，⑮脚外接的恒流取样电阻R418、R433两端电压升高→U201⑨脚电压也相应升高→与内部的电压比较后输出控制电平→内部调流管的脉冲宽度控制器输出的脉冲宽度变窄→U201⑪脚输出的脉冲宽度变窄→Q401导通时间减少→LED电流变小。反之亦然。必须说明，电流取样电阻R418、R433两端的取样电压还经R417反馈至U201⑩脚，与⑩脚内部的基准电压进行比较，进而控制U201③脚输出激励脉冲的占空比，以便在一定范围内调整LED灯条供电电压的高低，在上述各控制电路的共同作用下，使之流过LED灯条的电流在恒定可控的正常范围内。

3.保护电路

1)过/欠压保护

(1)市电过/欠压输入保护

当市电输入电压高于260V时(相关电路见图2)，压敏电阻RV101将会击穿，使交流输入保险管F101熔断，达到过电压保护之目的。如果压敏电阻失效，市电由R101~R104分压、D208整流、经R201的电压会使稳压管ZD201击穿，使电源控制芯片U101⑤脚的工作电压为零，U101因失去电源而停止工作，整机得以保护。如果稳压管ZD201因故障开路，U101⑤脚的工作电压将会超过25.5V，U101进入过压保护状态。电源输出为零。相反，当市电输入电压低于110V时，U101⑤脚工作电源电压将低于8.8V，芯片将进入欠压锁定状态。

(2)电源输出过压保护

当电源的稳压环路(见图2)失控时→开关变压器T201①-②绕组产生的感应电压经D202整流、C205滤波得到的电压会升高，经D209、R202加至ZD201两端，即芯片U101的工作电源VCC会升高。若达21V时，经R201、R203使Q109的偏压Veb>0.7V→Q109饱和导通→Q110导通→VCC电压被钳位8.8V以下，U101处于欠压锁定状态。如果这部分电路有问题，当VCC电压超过22V时，ZD201将击穿，U101因失去电源而停止工作，整机得以保护。另外，C205两端电压还会经R225加至U101③脚，若该脚电压超过3V时，内部电路进入锁定状态，电源无输出。还有加至ZD201两端的VCC电压若超过25.5V，U101会自动进入过压保护状态。真可谓多重过压保护措施。

(3)LED驱动电路过压保护

当LED驱动电路输出的电压过高，经R426、R427、R428分压加至芯片U201过压保护端⑫脚的取样电压超过5.28V时，U201内部的过压保护电路动作，U201③/⑪脚均无激励脉冲输出，背光灯熄灭。避免故障扩大。

2)过流保护

(1)开机浪涌电流限制

在冷机开机时，由于需要对大容量电容C101等充电，因此会对市电整流二极管及相关元件造成过流冲击，故在市电输入回路串入了负温度系数热敏电阻RT101(2R5)。在刚开机瞬间，由于RT101温度较低，所以阻值较大，对冷机开机时形成的浪涌电流有较大的限制作用。开机后因RT101上有电流流过，温度升高，故阻值迅速下降，对输入电路造成的影响可忽略不计。

(2)电源电路输出过流保护

当负载出现短路而引起输出过流时→过流保护取样电阻R208(0.27Ω/2W)两端压降增大→若经R213加至U101过流检测端④脚电压达到0.2V以上时→U101内部过流保护电路动作→U101⑥脚关闭脉冲输出→电源停止工作→整机处于断电保护状态，避免故障进一步扩大。顺便提及：当电源输出过流时，通过稳压环路使开关变压器初级①-②绕组的感应电压升高，U101③脚电压也同步升高，当升至3V时，电路进入OPP模式锁定状态，这也是过流保护的另一途径。

(3)LED驱动电路输出过流保护

当背光负载短路引起LED驱动电路输出过流时→升压开关管Q407源极电流必增大→过流取样电阻R412两端电压降上升→经R429送到U201过流保护端⑤脚上升，当达到0.54V时→U201内部过流保护电路动作→U201③脚无激励脉冲输出→升压管Q407停止工作。在此期间，流过调流控制管Q401源极电流必然增大→过流取样电阻R422~R425两端的电压降必然上升→经R421送到U201反馈端⑯脚电压上升→U201⑨脚电压上升，当达到0.45V时→U201内部调流保护电路动作→调流控制端⑪脚输出低电平→Q401截止。也就是说当LED驱动电路输出过流时，升压管Q407、调流管Q401均停止工作，避免故障进一步扩大。

表1 U101(NCP1251A)引脚功能与在路对热地实测电压脚号符号功能电压

脚号	符号	功能	电压(V)	脚号	符号	功能	电压(V)
①	GND	接地	0	④	CS	过流保护检测、锯齿波补偿	0.04
②	FB	输出电压控制	1.55	⑤	VCC	芯片电源端	18
③	CPP/Latch	过功率保护/锁存	1.51	⑥	DRV	驱动开关脉冲输出	1.7

二、故障检修思路

本型电源板常见故障主要有：

1.无12.3V电压输出

首先应检查市电整流后的VA电压(+300V)是否正常。若为零，说明故障可能在市电输入或市电的整流滤波电路，应予以检查直至故障排除。假若查得VA电压正常，检查电源控制芯片U101电源端⑤脚是否有约18V(VCC)电压输入。若几乎为零，可再检查U101⑤脚对热地正向电阻(万用表黑表笔接U101⑤脚，红表笔接热地)，正常为数十千欧。如果阻值很小，说明有元件击穿或严重漏电。比如Q109、ZD201、U101及C201、C202之中可能严重漏电或击穿。若查得阻值在正常范围，接着可再查启动电路中D208的③脚是否有抖动的直流脉冲电压，如果没有，说明电源启动电路有问题。如果有，说明R201可能开路。假定查得VCC电压基本正常。可重新开机，用示波器查看U101⑥脚是否有激励脉冲输出。如果有，说明后面的开关电路或12.3V或35V形成(或输出)电路存在严重短路故障。如果查得U101⑥脚没有激励脉冲输出，表明可能存在过压或过流故障或U101本身有问题，应进一步甄别。比如，试机瞬时查出U101③脚电压≥3V，说明故障是输出过压所致。如果试机瞬时查得刚开机瞬间U101④脚电压≥0.2V，表明是过流保护电路动作。应对12.3V和35V负载或保护电路进行检查。为了方便读者检修，表1列出了U101引脚功能及在路电压，供参考。

2.电源带负载能力下降

电源带负载能力差故障表现在声音变大或亮度变大时电源输出的12.3V/35V电压明显下降并波动，进而引起过流保护电路动作，导致无图像无声音。检修时应先查市电整流滤波电路输出的VA(+300V)电压是否正常。若过低，应对市电整流滤波电路进行检查。比如，市电整流二极管D101~D104正向电阻变大，市电滤波电容C101失容。若300V电压正常，则表明电源电路有问题。比如，开关管Q201本身饱和压降过大、电源输出整流管D301、D302/D304正向电阻变大，滤波电容C332~C334/C342失容等都会导致本故障。

(未完待续)

(下转第222页)

◇武汉 王绍华

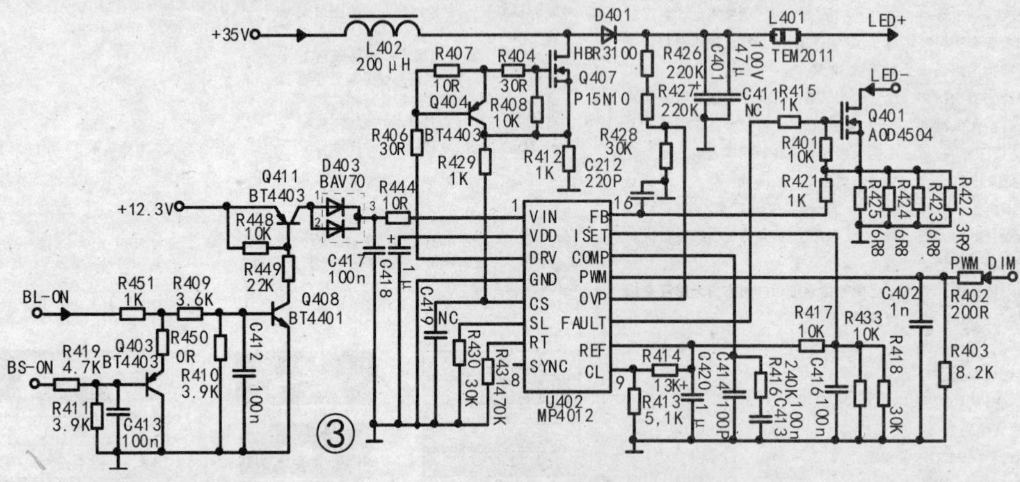

③

编辑：王友和 投稿邮箱:dzbnew@163.com

东方中原DB-D02电磁白板故障维修五例

例一 白板软件提示连接不成功(白板驱动板型号为:D02-MAIN-V1.2)

故障分析：白板软件提示连接不成功,一般有以下几种情况造成:白板驱动问题;白板与电脑连接的USB线损坏;白板信号驱动板有故障;白板电磁线路问题(故障率很低);电脑USB接口有问题。

故障检修：按照先简后繁的维修原则，在笔记本上安装DB-D02型号的驱动,把白板与电脑连接的USB线的USB-A头插入USB口，发现故障现象没有改变,说明与驱动和电脑USB接口无关系。接着拿一根打印机线一头USB-A头插笔记本,另一头USB-B头(也叫D口)插白板驱动板,故障依旧。进一步说明问题在白板驱动板，更换一块新的白板驱动板问题解决。

例二 白板软件提示连接不成功(驱动板型号为:D02-MAIN-V1.2)

故障检修：检修时发现白板驱动板指示灯不亮，说明USB供电或驱动板有问题。卸下螺丝拔出白板驱动板(如图1所示),发现C2有明显损坏的痕迹,更换C2之后,测试U2的3.3V输出端,发现明显对地短路。沿着这条线查找,3.3V是单片机U3的供电电源,与单片机STM32的①脚、㉔脚、㊱脚、㊽脚连接。怀疑STM32单片机损坏，短路引起C2烧焦，用热风枪吹下U3,再测试3.3V对地电阻发现正常,接上USB线,测试3.3V输出正常,确定U3损坏,单片机芯片厂家一般不提供,只有抱着死马当活马医的心态,从报废板上拆了一个焊接上去,通电测试,提示连接正常。把驱动板装到白板上测试,书写正常,故障修复。

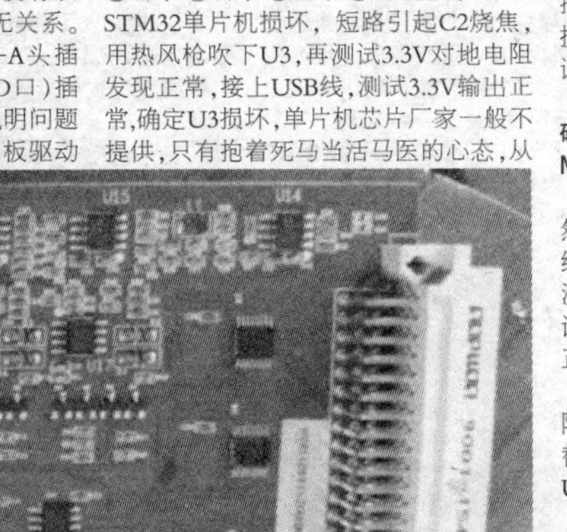
①

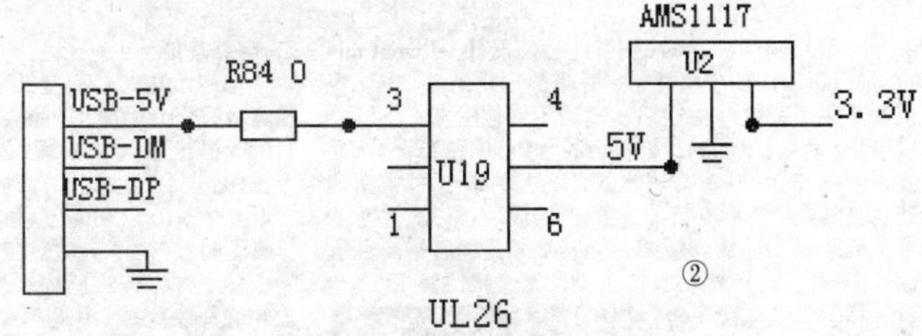

②

例三 白板软件提示连接成功,用电磁笔书写无反应(驱动板型号为:D02-MAIN-V1.2)

故障检修:首先排除电磁笔无故障,然后更换一块新的驱动板故障依旧。仔细观察旧的驱动板串口与白板的卡槽,没发现异样。决定换一根USB连接线试试,结果正常。把原驱动板换回,测试也正常,说明是USB线有问题

小结:白板线圈出现断裂、短路等故障一般比较少,出现本例的问题,一定要替换USB线试试，如果替换驱动板和USB线还不行,再考虑拆卸白板。

例四 白板软件提示连接不成功(驱动板型号为:D02-MAIN-V1.4)

故障检修：拆出驱动板观察，发现R84保险电阻明显烧坏，说明后级有短路或过流现象。R84一头与USB供电5V连接,另一头与U19(丝印UL26)③脚相接(如图2所示),拆除R84,5V供电正常。怀疑R84烧焦可能是U19损坏造成的,更换U19、R84后,测试④脚/⑤脚对地电阻分别为∞和15kΩ,通电试板,软件显示连接成功。测试U19 ③脚、④脚和⑤脚分别为5V,其余为0V。将板装回白板,用电磁笔书写正常。

例五 白板书写时好时坏(驱动板型号为:D02-MAIN-V1.2)

故障维修：书写时好时坏，没有规律,很难确定故障位置。决定采用替换法查找故障,先替换电脑和数据线,结果故障依旧存在,问题锁定在白板驱动板上,拆出白板驱动板,发现USB接口有锈斑,怀疑USB头有问题，再仔细观察，发现USB头内部接触点也有锈斑，用酒精清洗,清理锈斑,装回试机,故障消失。为防止万一,最后更换了USB头。后来得知,2016年发大水,教室进水,白板三分之一曾浸泡在水里，估计就是造成USB生锈的原因。

◇安徽 余明华

如何在LSI 3 Ware 9750-8i下安装Windows Server 2016 (一)

因工作需要,笔者添置了一块硬盘阵列卡,型号是LSI 3Ware 9750-8i(如图1所示),此卡有八个内部SATA+SAS端口,两个Mini-SAS SFF-8087 x4连接器,每个端口6Gb/s吞吐量，采用x8 PCI Express 2.0主机接口,512MB DDRII高速缓存(800MHz),最多可连接96个SATA和/或SAS设备,RAID级别0、1、5、6、10、50和单个磁盘。

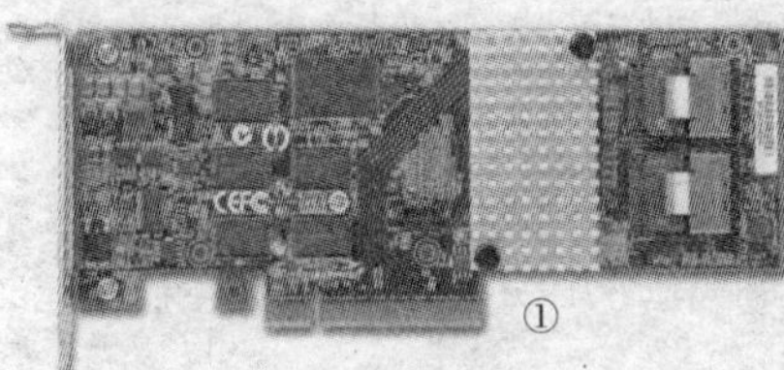
①

安装过程如下:

先断电，用SFF-8087Mini SAS 36P转4SATA服务器硬盘线连接好硬盘或SSD;然后开机,开机后等待出现LSI卡信息后按<ALT>+<3>进入阵列卡的BIOS,这时会看到已连接的硬盘，用向下的箭头键将亮条移动到硬盘名称处,再按回车键,这时硬盘前会出现一个小星号(*),表示硬盘被选中(如图2所示)。

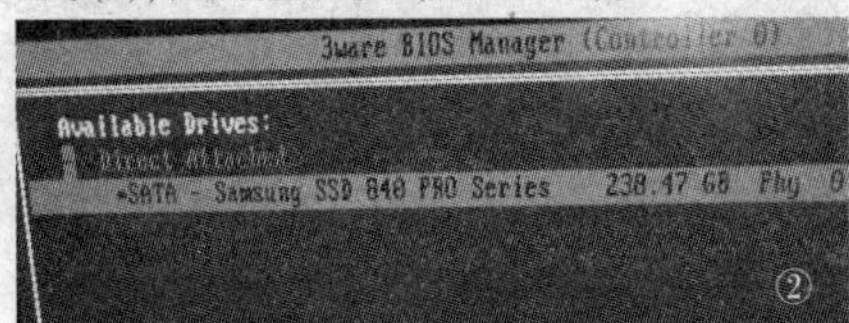

②

再按<Tab>键将光标移动到"Create Unit"处(如图3所示),回车后,进入"RAID Configuration",选中"Single Drive",意思就是单个磁盘,其他的项目保持默认设置即可。其中在"Array Name"中可以输入为这块硬盘起的名字(如图4所示),最后用<Tab>将光标移动到"OK"处回车即可。

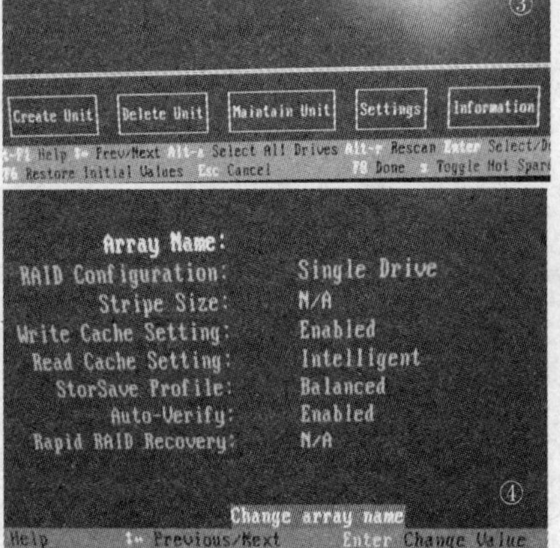

③ ④

LSI阵列卡中还有其他设置，如"settig-->Phy Policies"中会看到"Phy Number"项目,里面有:0、1、2、3、4、5、6、7、ALL(如图5所示),每个数字代表连接的硬盘,假如选中"0",回车后,在"Link Speed Control"中会看到:Auto、1.5Gbps、3.0Gbps、6.0Gbps,一般选:Auto即可。设置完毕后,按<F8>,再按<Y>即可。

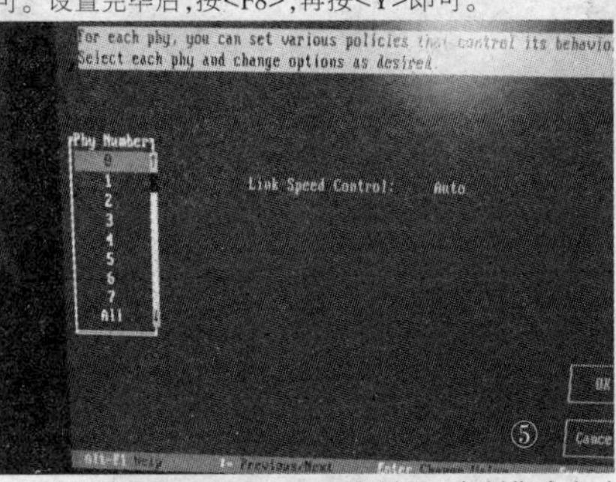

⑤

安装Windows Server 2016必须用U盘制作成启动盘才行,而且只能使用Rufus制作的安装盘才能顺利安装,U盘必须是8GB以上容量的，因为Windows Server 2016有5GB。启动Rufus后,单击红框内的图标,选择Windows Server 2016的ISO文件。其他设置保持默认即可,最后点击"开始"按钮,稍等片刻即可(如图6所示)。

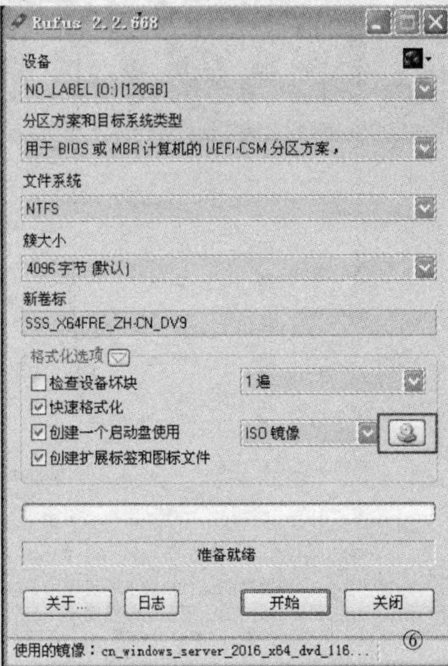

⑥

需要注意的是，制作好的U盘在安装时一定要插在电脑USB2.0的接口上,当然,如果电脑主板较新(比如:Intel 7系列芯片),此芯片组原生支持USB3.0,那也没问题。

插上制作好系统的U盘，重启电脑后在BIOS中设置从U盘启动后安装程序便开始自动运行了。

(未完待续)(下转第223页)

◇北京 中华

upsosc牌智能马桶的长流水故障检修1例

三年前购买的upsosc牌智能坐便器(Intelligent toilet seat cover),具有及时加热并带热风烘干等功能。今天发现按了助便冲洗钮后,喷头不会伸出来,不能喷射,只是淌水(见图1),按停止/冲水键(见图2)无效,变成长流水了,只好关掉进水阀门,再关闭电源;重新启动后,好像正常了,但不久故障再次出现;第3次关断电源,再次启动后故障依旧,怀疑故障是程序错紊乱所致。因一时没法修复,只能手动冲水来维持使用。

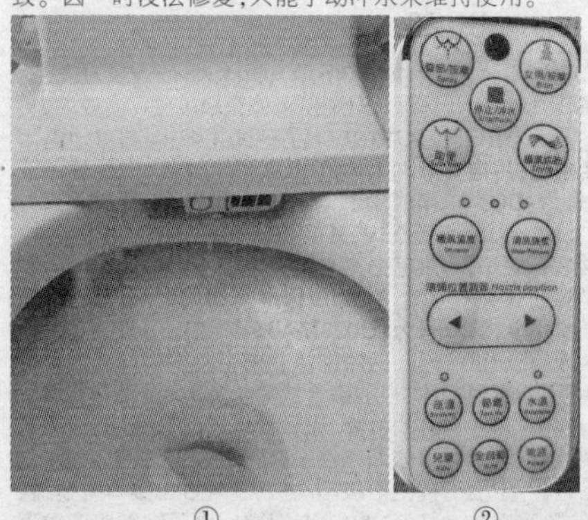

① ②

该智能马桶的冲水部分设计比较人性化,其既受系统的自动控制,又受马桶侧边的手动按钮的控制。由于内部有电池,拔掉市电插头后仍能手动控制,从而方便了用户的使用。

一、构成和主要器件功能

拆掉与马桶盖相连的水管,以及显示、按钮、感应、加热等器件的接线插头,再打开接线盒等,便可拆出控制盒。撬开控制盒的底盖板,露出内部结构及主要器件,如图3所示。因找不到说明书,只好先通过图3来认识主要部件,结合引出线的功能,绘制出它的电气构成方框图,如图4所示。

③

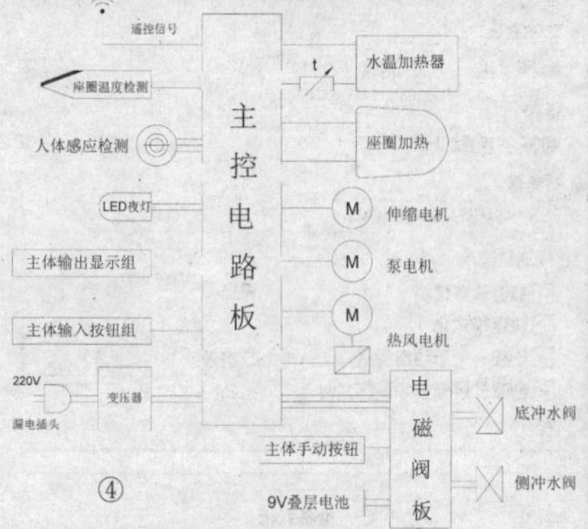

④

马桶座圈引出线的功能是:2根较粗的蓝线用于加热座圈的供电,另2根线的插头用于座圈温度检测,3根线的插头是人体感应检测。座圈温度检测、加热座圈构成了独立的温度控制系统,确保加热温度在设置范围内。遥控器上有蓝色、粉红色、红色3挡温度调节,无人使用时座圈温度始终处在恒温控制中(人不坐在马桶上,用手感觉座圈有点热),导致部分热量散发出去,浪费了许多热能。大部分家庭每天使用马桶的时间不超过1个小时,再加上平时不习惯盖马桶盖,浪费热量更大。因此,希望厂家以后的产品能够改为及时加热方式,即感应到人坐到马桶上时,先快速加热到设定温度值,再恒温控制。人离开后,自动关断加热座圈的供电。

二、电路功能

电路板共有4块,全部采用防水处理。最底层是电磁阀板,进出线路比较简洁,2路输出插头,分别接马桶"底部冲"电磁阀和马桶"边侧冲"电磁阀。2路输入插头,一路为手动按钮和自动控制信号输入;另一路是叠层电池插头。从功能上看,不管手动按钮,还是人体离开座圈时,产生了人体感应失位信号后,就会执行一次冲水程序,会按照马桶侧边冲→马桶底部冲→马桶侧边冲的程序完成,中途不受任何控制,一冲到底,冲得非常干净。而在使用过程中,哪怕是瞬间移动下屁股,也会执行一次冲水程序。因此,加入防抖动措施或延时控制功能,不仅可节约能源,而且可延长智能马桶的使用寿命。另外,小便时也是大冲特冲,能否减少一点水量(可以调节总进水阀的开口度,关小一点),刚好冲走便便呢?也即是说,在进行无助便、冲洗屁屁等的操作时,视为小便使用。这时(包括平时)按冲水按钮,水量就可小些,实现区分大小便的冲水功能,进一步实现智能化!

电热风系统既可自动控制,又能单独控制,即在人体感应就位信号有效时连锁,单独按动暖风按钮时吹出热风,在自动控制快结束时自动吹出热风。

冲洗屁屁的系统也是既能自动控制,又能单独控制,即在人体感应就位信号有效时连锁,可分别单独按动助便、按摩、女用等功能按钮,对应增压泵电机起动,伸缩电机动作,喷枪伸出,喷出热水。加热器采用即热式,等待数秒即可将水加热到设置的温度。加热器的外壳上有一只热敏保护开关,用于过热保护。

三、水路系统

水路系统由组合阀体、进水阀、增压泵、热水形成系统等构成,如图5所示。

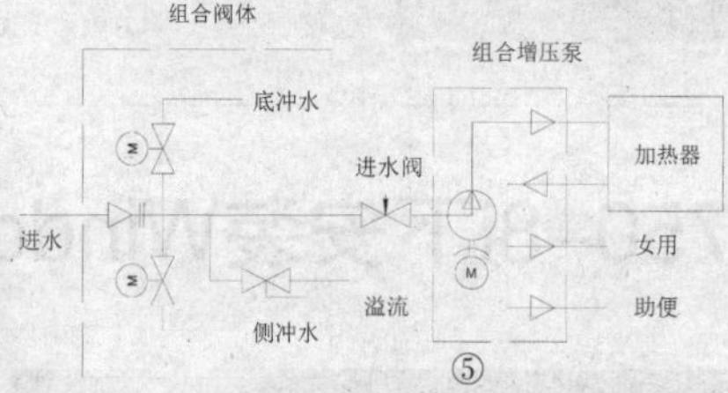

⑤

自来水通过组合阀体的6分塑料管进入后,通过2路4分管输送给电磁阀控制,在电磁阀的控制下完成底部冲和侧边冲功能。同时,还通过近1分粗的白色软管输送给进水阀,利用它完成调节和过滤功能后进入增压泵。增压后通过1根半透明的粗软管输送给即时加热器,加热后的水回流到泵站阀组里(管壁上可看见水垢,不再是半透明的了),再通过2根较细的软管送给喷枪,其中蓝色的软管送给女用喷枪,半透明的送给助便喷枪。另外,还有1根半透明的软管用作溢流,直接排到马桶里。

四、故障检修

因故障现象是长流水,断电后重启又能短暂的正常,这难道是系统运行了一下就被卡住了?还是增压泵卡住了?或是喷枪卡住了?还是其他原因呢?因手动冲水正常,排除了冲水电磁阀发生故障的可能性,于是拔掉它的连接插头,即与之相连的3根黄色线,见图6。这时只剩下主体结构了,再仔细观察各处,没有明显烧损的部位,好多地方有水渍,便用吸水毛巾擦干净,而对于插头处的水渍,则用电吹风的低温挡吹干。

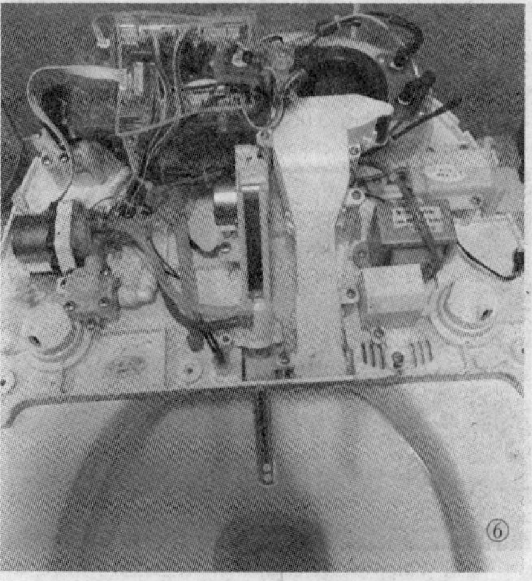

⑥

在马桶处于断水状态下通电,按程序动作一次后,处于静止的等待状态,做好动作的准备。这时,按一下助便功能的按钮,无反应。这说明没有形成人体感应就位信号,于是用手摸座圈上的感应点上(一个乒乓球大小),绿色的感应指示灯亮。此时,按动助便功能钮后,增压泵电机似乎动了一下,并发现半透明的软管里的水泡移动了一些,随后不久伸缩电机往外移动。多次操作按钮,伸缩电机只能向外移动(见图6),怀疑伸缩电机动作异常,判断问题发生在增压泵。接通水源,再按动助便功能的按钮,增压泵电机有时能动一下,水管中的气泡能移动,说明电机及驱动信号正常,那可能是水路不畅通,被卡住了?拆卸了增压泵前面的进水阀嘴,单独通水后发现从进水阀只能流出很弱的水流,说明是这里卡住了,见图7。

⑦

清理进水阀后,再单独通水,流水恢复正常,复原马桶后测试,恢复正常,故障排除。

【总结】回忆整个故障检修过程,故障应是水渍和进水阀堵塞共同造成。最初故障是因水渍引起漏电,导致程序紊乱所致。尽管重启后恢复正常,但故障很快就再次出现。不禁想起曾经发生过的一件事情:记得有一次用喷淋的水管清洗马桶周围时,不小心将水喷射到马桶座圈两侧的按钮上,导致按钮短路而产生误动作,用吹风机吹了好长时间才恢复正常。因此,遇到智能马桶工作紊乱的故障时不要忽视水渍短路的因素。而水路不畅,被单片机识别后,无法输出喷射指令,导致喷枪不伸出,使形成了长流水故障。

虽然本例故障的原因比较简单,但开始不了解智能马桶的工作原理,维修时还是比较茫然的,通过了解其构成和工作原理后故障排除才做到心中有数的。

◇成都 张昇

美的C21-ST2106L型电磁炉故障检修1例

故障现象:一台美的C21-ST2106L型电磁炉通电时有较小的复位音,指示灯闪亮一下后全部熄灭,按所有功能键都失效。

分析与检修:根据故障现象判断,电源电路工作基本正常,可能是单片机供电电路有问题。

参见附图,拆机后测L3输入端有5.05V电压,而U101 ⑮脚电压仅为2.55V,接着测EC2两端电压也为2.25V,怀疑L3或负载异常。检测EC2两端在路阻值正常,判断负载正常,拆下L3测量,发现它已开路,因手头没有此类电感,用一只4.7Ω电阻代换L3后通电,复位音响亮,电源指示灯也正常闪亮,测EC2两端电压为5.04V,按所有操作键均正常,故障排除。

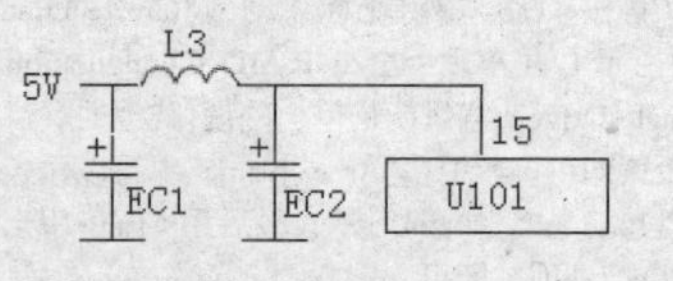

◇福建 谢振翼

电动汽车中的SiC开关——它们将主导动力传动系统吗？

宽带隙(WBG)半导体正在各种类型的功率转换中得到应用,包括在电动车辆中。凭借其更高效率和更快切换速度的承诺,可以节省成本,尺寸和能源,WBG设备通常用于充电器和辅助转换器,但尚未在牵引逆变器中大量取代IGBT。本文介绍了最新一代SiC FET如何理想地适用于新型逆变器设计,其损耗低于IGBT,并且即使在高温和重复应力下也能证明其对短路的稳健性。

1900年美国38%的汽车是电动汽车

是的,你读得对,这是真的。在1900年的所有美国汽车中,38%(33,842)由电力驱动,40%用蒸汽驱动,22%用汽油驱动。然而,当亨利福特大规模生产廉价的汽油动力汽车时,百分比急剧下降。如今,道路上的电动汽车百分比不到1%,但据预测,到2050年,美国65%-75%的轻型汽车将由电力驱动。

自1997年丰田普锐斯进入日本街道以来,现代电动汽车(EV)已经大幅改进。现在,精密的电池和电机技术可以提供300英里甚至更多的范围。然而,对2050年预测的电动汽车的应用确实依赖于某些假设:购买可承受性;持续的高油价;更严格的健康和环境法规以及进一步的技术进步,以实现更好的路程和更快的充电。

EV具有从电池能量到车轮动力的59%-62%的转换效率,似乎提供了一些改进的余地。电气工程师可能会睁大眼睛,并指出现代内燃机正在努力达到21%,但至少有一个可能的路线图,以提高电动汽车的性能,新的半导体开关可用于动力传动系统。

更好的范围的关键是功率转换的效率。这不仅仅体现在电机驱动电子设备中-在照明,空调甚至信息娱乐系统等辅助功能中也使用了大量能源,因此,通过各种措施减少这些区域的吸引力已经付出了很多努力,例如使用LED来运行灯。降低主电池电压的各种电源转换器,通常为400 V至12 V或24 V,这些功能现在可以包括最新的拓扑结构和特殊的半导体,以实现最佳效率,同时具有非安全可接受的新技术固有的风险的关键应用见(图1)。

对于动力传动系统,电机控制电子设备被认为是生命攸关的,因此设计师被迫"安全"并坚持使用久经考验的技术。实际上,这意味着使用IGBT开关已经证明其30多年的稳健性。例如,在特斯拉型号S的高科技外观下面是用于控制牵引电机的TO-247封装的66个IGBT。在20世纪80年代的工业过程控制器中,相同的IGBT将非常普遍。较新的型号刚刚开始使用SiC FET。

宽带隙半导体现在是电机控制的有力竞争者

在许多现代应用中,IGBT已经被更新的技术所取代,例如硅MOSFET和现在采用碳化硅(SiC)和氮化镓(GaN)材料制造的宽带隙(WBG)半导体。主体优势是更快的切换意味着更小的外部组件,如磁性元件和电容器。这种组合提供更高的效率,更小的尺寸和重量,从而降低总体成本。WBG器件也可在高温下工作,对于SiC而言通常为200℃,峰值温度允许超过600℃,具体取决于器件。

SiC FET引物以及它们如何得分

特定类型的WBG器件是SiC FET,SiC JFET和Si MOSFET的复合或"共源共栅",其通常为OFF而没有偏压并且可以在纳秒内切换。与SiC MOSFET和GaN器件相比,它非常易于驱动,其品质因数RDSA与芯片面积的归一化导通电阻非常出色(图2)。该器件由于采用垂直结构,具有极低的内部电容,使开关转换极低损耗。SiC FET具有非常快的体二极管,可减少电机驱动等应用中的损耗,并且不需要使用外部SiC肖特基二极管。

电动汽车驱动中的SiC FET

那么,为什么在推动更高性能的解决方案时,这些奇迹设备还没有进入EV电机控制?除了汽车系统设计师的自然保守性之外,还有一些实际的原因:与具有相似额定值的IGBT相比,WBG设备被认为是昂贵的;电动机电感不会像DC-DC转换器那样按比例缩小,从而使更高的开关频率更具吸引力;高开关速度意味着高dV/dt速率,可以强调电机绕组的绝缘。此外,通常在电机驱动的恶劣条件下,WBG设备的可靠性存在令人不安的疑问,其具有潜在的短路,反电动势和一般的高温环境。

真正的诱惑是提高效率的可能性。这意味着更多的可用能量和更好的范围。散热器可以更小,降低成本和重量,这又有助于扩大范围。与具有"拐点"电压的IGBT相比,在典型工作条件下效率得到特别改善,从而有效地提供了在所有驱动条件下都存在的最小功率损耗。如下图3所示,我们使用两个1cmX1cm IGBT芯片与200A,1200V SiC FET模块和两个0.6×0.6cm SiC堆叠共源共栅芯片比较200A,1200V IGBT模块。

SiC FET能够在给定的模块占位面积内提供最低的传导损耗。当然,在全新设计中,WBG电机驱动器的切换频率可以高于具有足够EMI设计的IGBT,从而实现WBG的所有优势。即使成本也不应成为未来的问题。例如,SiC FET的芯片比同等额定值的IGBT或SiC MOSFET小得多,这意味着每个晶圆的产量更高,如果考虑到更小的散热器和滤波器的成本节省,这一切都开始具有良好的经济和实用意义。

SiC FET已被证明具有可靠性

我们现在留下了对可靠性的担忧-对于某些WBG设备来说非常有效。例如,SiC MOSFET和GaN器件对栅极电压极其敏感,绝对最大值非常接近推荐的工作条件。另一方面,SiC FET容许宽范围的栅极电压,具有宽裕量至绝对最大值。

短路额定值可能是EV电机驱动器的主要问题,其中IGBT是稳健性的基准。当然,GaN器件在这方面表现不佳,但SiC FET的分数也是如此。内置JFET器件的垂直沟道中存在一种自然的"夹断"机制,与SiC MOSFET或IGBT不同,它可以限制电流并使短路栅极驱动电压独立。SiC JFET允许的高峰值温度也允许延长短路持续时间。在汽车应用中,预计在保护机制启动之前,短路应经受5μs的考验。来自UnitedSiC的650 V SiC FET测试显示,使用400 V DC总线至少可承受8μs(图4),无降级100次短路事件和高温后的导通电阻或栅极阈值。

电机驱动应用中产生的另一个应力是来自电机的反电动势。同样,GaN并不是不受影响的,但是SiC FET具有非常好的雪崩额定值,内部JFET导通以在其栅极漏极结断开时钳位电压。UnitedSiC进行的更多测试表明,在150℃下雪崩的SiC FET部件1000小时没有发生故障,雪崩能力的100%产品测试作为逆止器。

令人信服的案例

现代宽带隙器件,例如来自UnitedSiC的SiC FET,是下一代EV电机驱动器的真正竞争者,可满足在这种苛刻环境中更好的性能,整体成本节省和经过验证的稳健操作的需求。因此,预计未来十年碳化硅将成为动力传动系统的主导。

◇湖北 朱少华

Technology	SiC Cascode 650V – 45mΩ (UJC6505K)	Commercial SiC MOSFET	Commercial GaN HEMT	Commercial Si-Superjunction MOSFET
RDSA	0.75 mΩ-cm²	2-3 mΩ-cm²	3-7 mΩ-cm²	10 mΩ-cm²
Normalized Die Area	1	2.6x	4x	13x
EOSS	7.5 μJ	32 μJ	12 μJ	14 μJ
RDS*EOSS	255	960	350	480
VTH	5	2.8	1.3	3.5
Avalanche Capability	YES	YES	NO	YES
Short Circuit	YES	YES	NO	YES

图2 SiC FET(共源共栅)RDSA-通过芯片面积比较归一化导通电阻

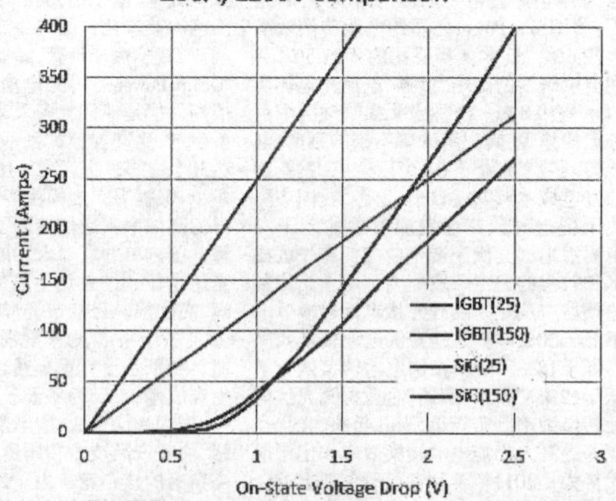

图3 使用36%IGBT芯片面积的1200V SiC FET的传导损耗。在这个200A,1200V模块中,在室温和高温下,对于所有低于200A的电流,SiC FET的导通压降远低于IGBT压降。

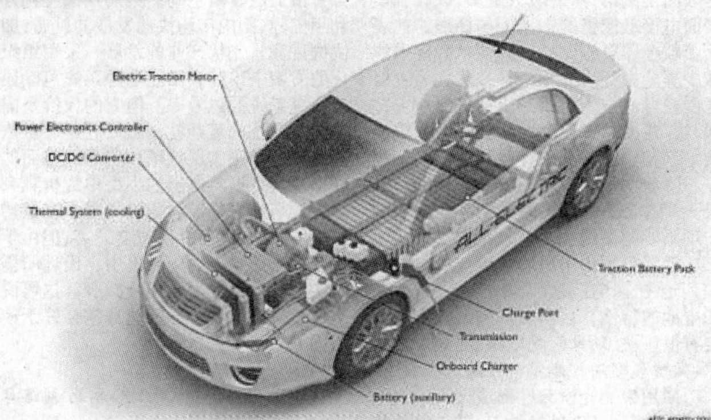

图1 电动汽车的动力转换部件(图片来源:美国能源部)

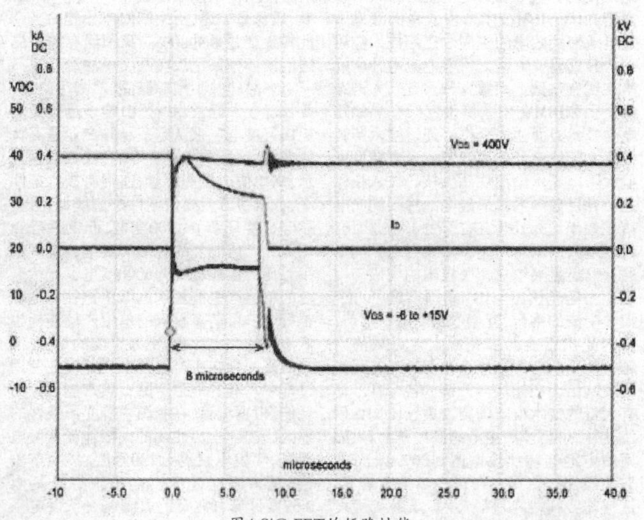

图4 SiC FET的短路性能

略谈新型太阳能电池技术及其模块转换效率(二)

(紧接上期本版)

4.追求更高的转换效率创造更低的光伏发电成本

近几年，我国太阳能光伏产业以倍增速度快速发展，一举成为全球最大的太阳能电池生产国。然而，与德国、美国等太阳能应用市场发展较为成熟的国家相比，目前我国的太阳能应用市场发展明显滞后，我国超过90%的光伏组件是出口国外的。影响太阳能电池推广应用除了政策的原因外，还因为它的成本太高，一旦光伏发电的成本可以与常规能源(煤、油、天然气)竞争，甚至只要比风能更低，那么国内的市场就会大规模启动。因此，进一步降低制造成本是太阳能电池得以大规模应用的关键。业内人士表示，提高太阳能电池转换效率是降低成本的有效途径之一，据了解，转换效率提高1%，成本会降低7%。

通过一组数据，说明国内光伏企业与国外企业在电池转换效率方面的差距：美国Sun Power公司的电池转换效率达22.6%，日本夏普公司的为21.5%，英利自主研发的高端"熊猫"电池光电转换效率为19.8%。数据结果看似一两个百分点的差距，其实意味着不小的距离：电池转换效率每提升0.1个百分点，就能节约发电成本5~7%。日前，出台的《国务院关于促进光伏产业健康发展的若干意见》提出，"光伏制造企业应拥有先进技术和较强的自主研发能力，新上光伏制造项目应满足单晶硅光伏电池转换效率不低于20%、多晶硅光伏电池转换效率不低于18%、薄膜光伏电池转换效率不低于12%。"政策"倒逼"企业提高光伏电池转换效率。实际上，近几年来，光伏企业为提高太阳能电池转换效率作出了很大努力。2011年英利在科研创新上的经费投入达6亿多元，占到年销售收入的5%;晶龙集团的科研经费占到了其年销售收入的6%左右。经过努力，河北省光伏企业在电池转换效率方面已经大大缩小了与国外高端产品的差距。英利将太阳能电池转换效率从16%迅速提升到19.8%，晶龙的光伏电池转换效率提高到19.20%。

提高电池转换效率，降低制造成本一直是业内厂商努力的目标，目前国内各光伏大厂已纷纷采取行动。尚德电力投入规模化生产的pluto冥王星高效太阳能电池，突破了太阳能电池常规制造的瓶颈，打破了晶体硅太阳能电池转换效率的世界纪录，效率达17.5 (多晶硅)和19.5%(单晶硅);英利采用"熊猫"技术的生产的高效单晶组件刷新了此前的效率纪录，目前转化效率已经达到19.89%。力诺光伏与IBM技术合作，也围绕晶体硅电池转换效率的提高。在新技术应用下，预期将使力诺光伏电池光电转化效率在现有基础上大幅提升。日前，力诺光伏集团和IBM在山东济南宣布在晶体硅电池技术方面达成合作，通过技术革新提高太阳能电池转换效率。光电转换率是太阳能光伏电池片两大核心技术指标之一，目前国内单晶硅电池片平均光电转化效率约为18%左右。由于企业面临越来越大的成本压力，未来行业利润率的提升还是要依靠相关技术的突破。

力诺光伏还与IBM共同搭建了一个人才交流的平台，互相学习交流。目前，国内光伏行业面临高端人才奇缺的问题，几乎所有的光伏企业都缺乏较强的研发队伍，在光伏产业链的各个环节都有大量的技术难点需要攻关，比如如何使硅片做得更薄，更节约高纯硅材料，如何使电池的转换效率达到20%以上，如何使组件的使用寿命进一步提高等等，这都需要高端的领军人才。光伏产业发展进入了一个大浪淘沙的阶段，优胜劣汰将加速行业的新一轮洗牌，电池转换率的提升无疑成为企业制胜的法宝，最终决定企业生存和发展的关键仍是技术。而人才是实现技术升级和突破的第一要素，只有不断打造光伏领域的世界级技术人才队伍和研发团队，才能真正走上专家型道路。我们相信通过与IBM的通力合作，力诺很快将从一个行业的追赶者，成长为行业的领军者。近年来，基于阳光经济与健康产业的稳健增长，力诺集团通过推进"四五"战略谋求全球化布局，提升中国新能源企业在国际上的位置，并将借助MEMC的原料基础及渠道优势，通过与IBM的合作提高运营管理和科技创新能力，将使我国太阳能产业赢得更多话语权，推动中国制造向中国创造的成功跃升。

企业要创新，就要着力研究市场需求，更加贴近生产，贴近效能，完善工艺，降低成本。据介绍，英利注重技术与常规工艺的兼容性，面向生产一线强化技术创新，减少生产步骤，降低生产成本。美国Sun Power公司的电池转换效率固然很高，但是他们大多采用自己专有的设备生产，生产规模扩张不容易，生产环节达30个之多；而英利的生产步骤只有10多个，又拥有大规模生产的成本优势。这样的高效率，必然造就了高成本。据了解，国内单独从事太阳能电池片生产的光伏企业，过去几年里企业习惯了高利润、高回报。目前市场形势变化了，有些企业多年来就没有重视技术创新的习惯，特别是没有重视通过技术创新降低生产成本，市场的冬天一到，势必无法生存。国内光伏企业，应当及时转变发展思路，注重产品技术和质量的提高，不断提高自身的核心竞争力。

5.提高太阳能电池转换效率的工艺措施

多晶硅是制备晶硅太阳能电池的主要材料，占整个电池最终价格的30%左右。随着多晶硅生产技术的进步和提高，其高昂的价格将逐步降低，进而降低晶硅电池成本。现有的多晶硅生产工艺技术主要有改良西门子法、硅烷法、流化床法和冶金法等。改良西门子法利用氯气和氢气合成氯化氢，氯化氢和工业硅粉在250~350℃的温度下合成三氯氢硅，然后对三氯氢硅进行分离精馏提纯，提纯后的三氯氢硅在氢还原炉内进行化学气相沉积反应得到高纯多晶硅。改良西门子法制备的多晶硅纯度高、安全性好，与硅烷法、流化床法相比，沉积速率最高，有利于连续操作，是当今生产多晶硅的主流技术，工艺最为成熟、投资风险最小、最容易扩建，所生产的多晶硅占当今世界生产总量的80%。我国现有的多晶硅绝大部分采用改良西门子法制备。

多晶硅并不是"高耗能""高污染"产业。现在人们常用"提炼1吨多晶硅要消耗16万度电"来认定多晶硅产业是高耗能产业，这种观点是片面的。权威数据显示，从单位产值能耗看，在现有技术条件下，我国每万元光伏组件产值能耗(含多晶硅提炼环节)约900度电，而钢铁行业每万元产值能耗约为3900度电，电解铝每万元产值能耗约为6000度电，光伏产业的单位产值能耗远远低于钢铁和电解铝行业，目前多晶硅的单位产值能耗也低于钢铁和电解铝。更为重要的是，光伏产品是一种在生产过程中耗能而在使用过程中产能的能源产品，其产能远大于耗能。根据测算，在我国中等光照条件的地区，安装一个1兆瓦的太阳能光伏发电系统，年发电量约为130万度；按生产安装1瓦太阳能光伏发电系统综合耗电2.67度计算，1兆瓦的太阳能光伏发电系统生产安装需耗电267万度，只需约2.04年的时间即可回收平衡其自身的耗电量，而太阳能组件的使用平均年限为25年，太阳能组件在实现生产能耗回收后，还可发电约23年。换句话说，用267万度的电量生产安装的多晶硅太阳能电池系统，最终可发电3250万度，也就是说：多晶硅光伏生产耗电与产品发电比为1：12.2，经济和社会效益都非常可观。目前多晶硅生产厂普遍采用的改良西门子法已做到对四氯化硅完全回收利用，从技术上说四氯化硅不仅可以处理，而且可以循环利用，以它为原料可生产白炭黑有机单体等产品，通过循环利用可以解决污染问题，随着生产多晶硅技术的不断提高和改进，大量四氯化硅完全可以回收利用。

影响太阳能电池效率主要有电学损失和光学损失。光学损失主要是表面反射、遮挡损失和电池材料本身的光谱效应特性。电量转换损失来源包括载流子损失和欧姆损失。太阳光之所以有很少的百分比转换为电能，原因归结于不管是哪一种材料的太阳能电池都不能将全部的太阳光转换为电流。晶体硅太阳电池的光谱敏感最大值没有与太阳辐射的强度最大值完全重合。在光能临界值之上一个光量子只产生一个电子一空穴对，余下的能量又被转换为未利用的热量。由于光的反射，阳光中的一部分不能进入电池中。随温度升高，在P-N结附近的厚度减少，从而电池的转换效率就会下降，所以电池的转换效率在冬季要高于炎热的夏天。

究人员发现，像氮化铟这类半导体，它的禁带比原先认为的明显要小，低于0.7eV。这一发现表明，以含有铟、镓和氮的合金为基础的光电池将对所有太阳光谱的辐射——从近红外到紫外都灵敏。利用这种合金可以研制比较廉价的太阳能电池板，而且新型太阳能电池板将比现有的更结实和更高效。有关人员指出，用氮化铟和氮化镓双层制成的多级太阳能电池可以达到理论极限最大效率的50%，为此，一层需要调整到1.7eV的禁带，而另一层需调整到1.1eV的禁带。如果能制成层数很多的太阳能电池，在每层中都具有自己的禁带，则太阳能电池的最大理论效率可达到70%以上。

一般工业晶体硅太阳能电池的光电转换效率为14~16%，而采用新的激光加工技术能提高太阳能电池的光电转换效率。德国的研究人员已经研制出一种制造太阳能电池的加工工艺，即背交叉单次蒸发(RISE)工艺。辅以激光加工技术，用该工艺制造的背接触式硅太阳能电池的光电转换效率达到22%。激光加工技术是RISE加工程序中最关键的技术。

目前，很多厂家都利用激光加工技术生产硅太阳能电池。如采用激光刻槽埋栅极技术，也就是说利用激光技术在硅表面上刻槽，然后填入金属，以起到前表面电接触栅极的作用。与标准的前表面镀敷金属层相比，这种技术的优点能减少屏蔽损耗。另外一种被称之为发射区围壁导通技术。用激光在硅晶片上钻通孔，高掺杂壁将发射区前表面的电流传导到背表面的金属接触层，因而能进一步降低屏蔽损耗，提高光电转换效率。最大功率跟踪(MPPT)是并网发电中的一项重要的关键技术，是指控制改变太阳电池阵列的输出电压或电流的方法使阵列始终工作在最大功率点上，根据太阳电池的特性，目前实现的跟踪方法主要有恒压法、功率匹配电路、曲线拟合技术、微扰观察法和增量电导法。

使用聚光光学元件形成聚光光伏电池，极大提高光电转换效率、减小电池使用面积，同时由于小尺寸电池可以利用现有集成电路制作工艺来加工，从而使太阳能光伏发电总体成本大幅度降低。聚光是降低光伏电池利用总成本的一种措施。通过聚光器使较大面积的阳光聚在一个较小的范围内形成"焦斑"或"焦带"，并将光伏电池置于"焦斑"或"焦带"上，以增加光强，克服太阳辐射能密度低的缺陷，获得更多的电能输出。未来的发电模式应该是价廉物美的聚光光学元件+高转化效率光伏电池。

太阳能光伏产业链较长，包括从硅矿开采、工业硅冶炼、多晶硅生产和切片到太阳能电池片、电池组件，其中还涉及氯碱化工以及副产物的开发利用等。我国有丰富的高氧化含量石英和硅石资源，储量较大，能满足多晶硅生产需求，已经形成了完整的硅材料生产链，这是我国发展太阳能光伏产业最大的优势，生产多晶硅时使用清洁能源——水电，再利用多晶硅生产太阳能电池发电，发电过程中不产生任何污染，完全符合可持续发展要求。相对于使用火力发电生产多晶硅，发展太阳能光伏产业更低碳、更环保，更应该得到鼓励和扶持。

目前，光伏发电成本过高是光伏电站难以大规模推广的关键因素，而多晶硅生产成本较高又是导致光伏发电成本高企的重要原因之一。国内企业生产1公斤多晶硅的成本多在40~50美元，而国外七大多晶硅生产企业的成本在20~30美元之间，国内多晶硅生产成本还有较大的下降空间。实现闭环生产是多晶硅生产中大幅降低能耗物耗的关键，可通过尾气、副产物、余热的回收综合利用来降低生产成本，同时达到节能减排的目的。国外多晶硅企业的建厂，大多是与化工企业结合，在化工集团内循环经营，容易实现集团内部的循环经济，并可做到废物零排放。除了把四氯化硅氢化成三氯氢硅加以回收利用外，还利用四氯化硅制成气相白炭黑、硅酸乙酯、有机硅产品、人造石英等材料，通过延伸产业链来降低多晶硅生产成本。而随着太阳能电池组件生产和建设大规模太阳能电站技术水平的提高，尤其是逆变器和智能电网的升级换代，降低整个太阳能光伏发电系统的成本还有很大空间。

目前国际上一些权威机构对未来光伏发电成本的预测都持很乐观的态度，其中最为乐观的预测认为，到2015年光伏发电成本会降到1.0~0.7元/度，达到传统电力的价格水平。这说明太阳能发电更接近传统能源电价，商业推广的时间为时不远了。

6.结束语

总之，太阳能光伏产业是目前世界上发展最快的能源产业之一，近年来每年以45%的复合增长率快速发展。国内很多地方日照条件非常适合建设太阳能电站，在整个光伏产业链的上、中、下游都有很大的发展空间。目前我国应充分利用国际、国内市场快速发展的机遇，加快推进我省光伏产业的发展。采用组织化的方案来设计太阳能电源系统可以显著提高系统的总效率。但它的代价是需要提高系统的复杂性。此外，它还严重依赖智能控制来实现效率和可靠性方面的许多改善。近年推出的小型单片机具有片上混合信号外设，能够实现大多数转换功能。虽然复杂性可能会升高，但由于将开关功能整合到单片机中，设计所需的实际芯片数量很可能会减少。这可说明在设计中增添一些智能通常会好于使用强力方法。

(完)

◇湖北 刘道春

传感器系列8：红外线传感器及应用电路

红外线传感器是将红外辐射能转换成电能的一种光敏器件，通常称为红外探测器。红外传感器一般由光学系统、探测器、信号调理电路及显示单元等组成，其中探测器是核心。

一、红外线传感器基础知识

(一)红外辐射知识

红外辐射俗称红外线，它是一种不可见光，由于是位于可见光中红色光以外的光线，故称红外线。它的波长范围大致在0.76~1000μm，技术上把红外线所占据的波段分为四部分，即近红外、中红外、远红外和极远红外。

红外辐射的物理本质是热辐射。物体的温度越高，辐射出来的红外线越多，红外线辐射的能量就越强。

红外辐射在大气中传播时，大气层对不同波长的红外线存在不同的吸收带，红外线气体分析器就是利用该特性工作的，空气中对称的双原子气体，如N2、O2、H2等不吸收红外线。红外线在通过大气层时，有三个波段透过率高，它们是2~2.6μm、3~5 μm和8~14 μm，统称它们为“大气窗口”。这三个波段对红外探测技术特别重要，因此红外探测器一般工作在这三个波段(大气窗口)之内。

当物体温度高于绝对零度时，都有红外线向周围空间辐射出来。根据辐射源几何尺寸的大小和距离探测器的远近，分为点源和面源。没有充满红外光学系统瞬时视场的大面源叫点源。充满红外光学系统瞬时视场的大面辐射源叫面源。

(二)红外线传感器分类和工作机理

红外探测器是利用红外辐射与物质相互作用所呈现的物理效应来探测红外辐射的。它的种类很多，按探测机理分为热探测器和光子探测器两大类。

1.热探测器

热探测器的工作机理是利用红外辐射的热效应，探测器的敏感元件吸收辐射能后温度升高，进而使某些有关物理参数发生相应变化，通过测量物理参数的变化来确定探测器所吸收的红外辐射。热探测器的探测率比光子探测器的峰值探测率低，响应时间长。热探测器主要优点是响应波段宽，响应范围可扩展到整个红外区域，可以在常温下工作，使用方便，应用广泛。热探测器主要有四类：热释电型、热敏电阻型、热电阻型和气体型。其中，热释电型探测器探测率最高，频率响应最宽。

(1)热释电型传感器的工作机理

一些晶体受热时两端会产生数量相等、极性相反的电荷，这种由热变化产生的电极化现象称为热释电效应。产生热释电效应的晶体称为热电体，又称热电元件，常用的材料有单晶压电陶瓷及高分子。

通常，晶体自发极化所产生的电荷被附集在晶体表面的空气中的自由电子所中和，显电中性。自发极化随温度升高而减小，在居里点温度降为零。当红外辐射照射到晶体表面时，温度升高，晶体中的极化迅速减弱，表面电荷减少，这相当于释放一部分电荷，所以叫作热释电型传感器。如果在热电元件两端并联上电阻就会有电流流过，电阻两端将产生电压信号。输出信号的大小取决于晶体温度变化的快慢，从而反映出入射的红外辐射的强弱。可见，热释电型红外传感器的电压响应率正比于入射辐射变化的速率。

当恒定的红外辐射照射在热释电传感器上时，传感器没有电信号输出。只有热电元件温度处于变化过程中，才有电信号输出。必须对红外辐射进行调制(或称斩光)，使恒定的辐射变成交变辐射，不断引起热电元件的温度变化，才能使热释电产生，并输出交变的信号。

(2)热释电型传感器的结构

将热释电元件、结型场效应管、电阻等封装在避光的壳体内，并配以滤光镜片透光窗口，便组成热释电传感器。图1为热释电红外传感器的结构图，窗口处的滤光片用于滤去无用的红外线，让有用的红外线进入窗口。

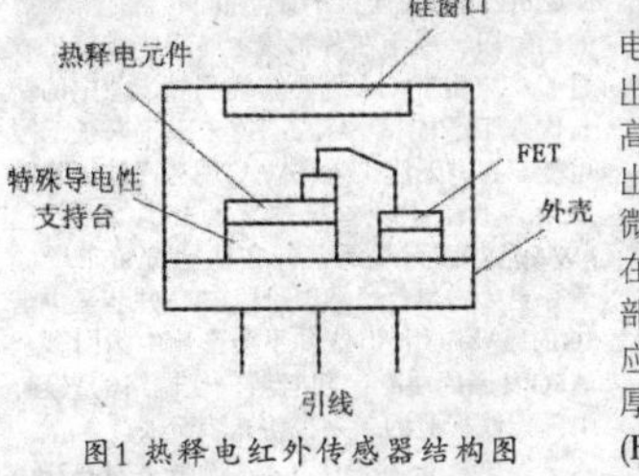

图1 热释电红外传感器结构图

由于热电元件的输出阻抗极高，而且输出电压极其微弱，因此在传感器内部装有场效应管及偏置厚膜电阻(R_G、R_S)，构成信号放大及阻抗变换电路。其内部电路如图2所示。

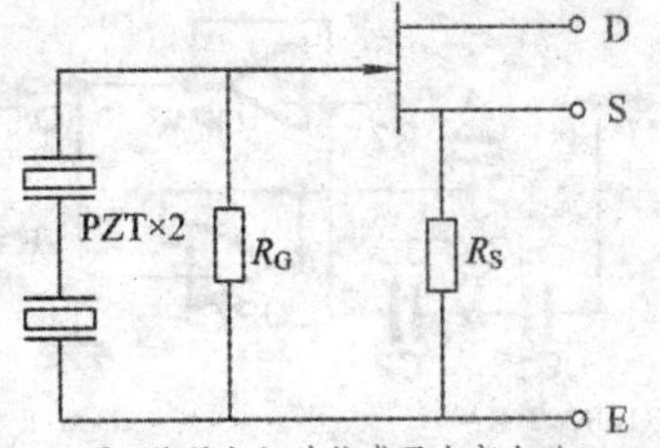

图2 热释电红外传感器内部电路

滤光片对于太阳和荧光灯的短波长具有高反射率，而对人体发出来的红外热源有高透过性，其光谱响应为6μm以上。人体温度为36.5℃时，辐射红外线波长为9.36μm；人体温度为38℃时，辐射红外线波长为9.32μm。因此，热释电传感器又称人体红外传感器，被广泛应用于来客告知、防盗报警及非接触开关等红外领域。

2.光子探测器

光子探测器利用某些半导体材料在入射光的照射下产生光子效应，使材料电学性质发生变化，通过测量电学性质的变化，可以确定红外辐射的强弱。利用光子效应所制成的红外探测器，统称光子探测器。

光子探测器的主要特点是灵敏度高，响应速度快，具有较高的响应频率，但探测波段较窄，仅对长波段有响应，一般需在低温下工作。按照光子探测器的工作原理，分为内光电和外光电探测器两种，后者又分为光电导、光生伏特和光磁电探测器三种。

二、红外传感器的应用实例

(一)红外线防盗报警器

红外线反射式防盗报警器如图3所示，ICl为反射式红外探测组件，其最大探测距离可达12m。在正常情况下，ICl输出低电平，不能触发IC2工作，扬声器BL不发声。当有外人进入ICl的警戒探测区域时，ICl发射的红外线信号经人体反射回来。ICl对该信号进行处理后，输出高电平信号，触发IC2工作，输出音效电信号。该电信号经IC3功率放大后，驱动BL发出响亮的“狗叫”声，提示主人有异常情况发生。

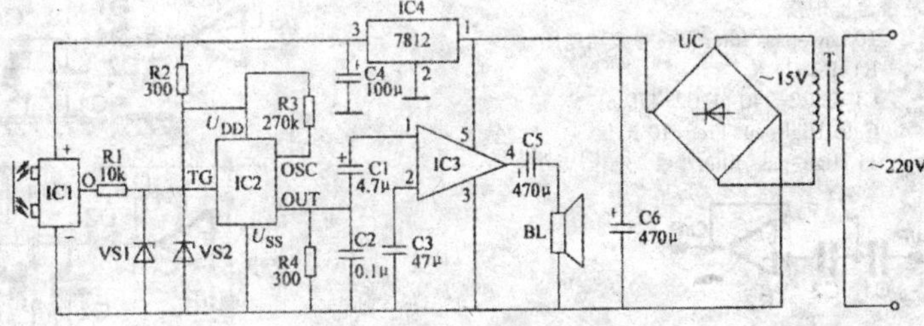

图3 红外线防盗报警器原理图

(二)热释电自动门控制电路

热释电自动门控制电路见图4，采用热释电红外线探测模块HN911探测人体移动。MOSFET管VF用作开关延时控制，调节电位器RP可改变延时控制的时间。MOC3020光电耦合器起交直流隔离作用。当无人接近自动门时，HN911的1脚为低电平，VF无控制信号输出，双向晶闸管VTH关断，负载电动机不工作，门处于关闭状态。当有人接近自动门时，HN911检测到人体辐射的红外能量，1脚为高电平，VTH导通，负载电动机工作，打开自动门。当自动门运行到位时，由限位开关SQ切断电源。HN911的2脚输出的电平与其1脚电平相反，故可用2脚的输出控制自动门的关闭。

(三)红外线灯光自动控制器

红外线灯控器由热释电红外线传感器作为人体接近感知器件，可实现“人来灯亮，人走灯灭”的功能，适用于机关、宾馆、居民住宅楼楼道及家庭使用。

红外线灯光自动控制电路见图5。ICl是热释电红外传感器信号处理集成电路，由运算放大器、电压比较器、状态控制器、延迟时间定时器以及封锁时间定时器等构成。IC1的11脚VDD为电源，7脚为地，1脚接高电平为可重复触发，8脚为参考电压及复位输入端，通常接VDD。当热释电红外传感器检测到人体红外信号时，输出微弱的电信号至ICl的14脚，经ICl内部两级放大器放大后，再经电压比较器与其设定的基准电压进行比较，然后输出高电平，经延时处理后由ICl的2脚输出，驱动VTl使继电器K线圈得电，其常开触点K闭合接通电灯电源，点亮电灯。当人离去时，ICl内部延迟时间定时器启动，输出延迟时间Tx由3脚和4脚外部的R10和C10的大小调整，其值为Tx≈49152×R10C10，约2分钟后灯光自行熄灭。

IC1的9脚Vc为触发禁止端，当Vc<VR (VR≈0.2VDD)时禁止触发，当Vc>VR时允许触发。RL为光敏电阻，用来检测环境照度。若环境较明亮，RL的电阻值会降低，使9脚的输入保持为低电平，从而封锁触发信号。触发封锁时间Ti由5脚和6脚外部的R9和C11的大小调整，其值为Ti≈24×R9C11。

◇哈尔滨远东理工学院 解文军
中国联通公司哈尔滨软件研究院 梁秋生

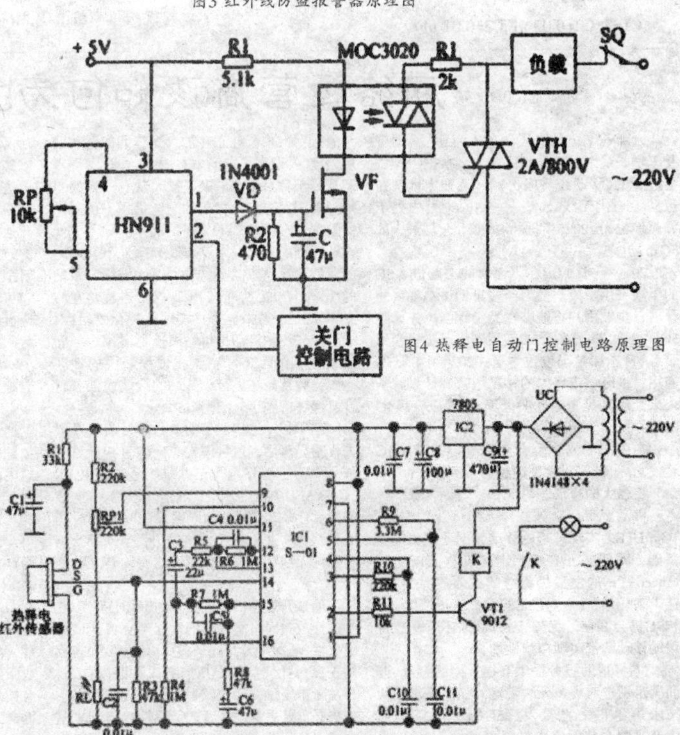

图4 热释电自动门控制电路原理图

图5 红外线灯光自动控制电路原理图

常用运算放大器电路图（下）

（紧接上期本版）

O/P输出端Off Cycle=1/(2π*R1*C1)

7.Active low-pass filter主动低通滤波器电路:

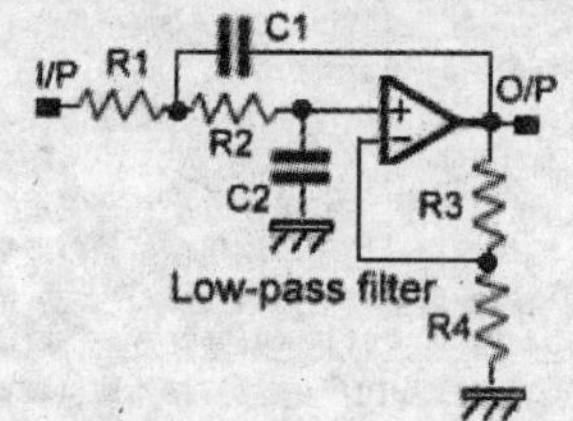

R1=R2=16 K

R3=R4=100 K

C1=C2=0.01 uF

放大倍数Av=R4/(R3+R4)

Freq=1 KHz

8.Active band-pass filter主动带通滤波器电路:

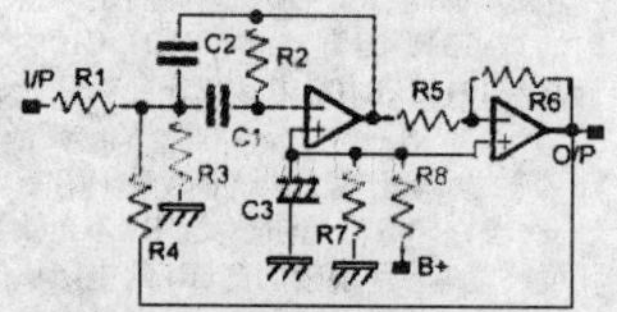

R7=R8=100 K,C3=10 uF

R1=R2=390 K,C1=C2=0.01 uF

R3=620,R4=620K

Freq=1 KHz,Q=25

9.Window detector窗型检知器电路:

当I/P电位高于OP1+端电位时,Led 1暗/Led 2亮

当I/P电位高于OP2-端电位时,Led 1亮/Led 2暗

只有当I/P电位高于OP2-端电位，却又低于OP1+端电位时，Led 1与 Led 2同时皆亮

如果适当选择R1，R2,R3数值可用以检知I/P电位是否合乎规格。

10.Low-pass filter低通滤波器电路:

R1=R2=24 K

C1=2*C2=940 pF,C2=470 pF

6 dB High-cut Freq=10 KHz

11.High-pass filter高通滤波器电路:

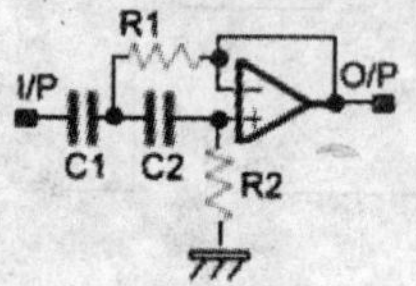

C1=2*C2=0.02 uF,C2=0.01 uF

R1=R2=110 K

6 dB Low-cut Freq=100 Hz

12.Adj. Q-notch filter频宽可调型滤波器电路:

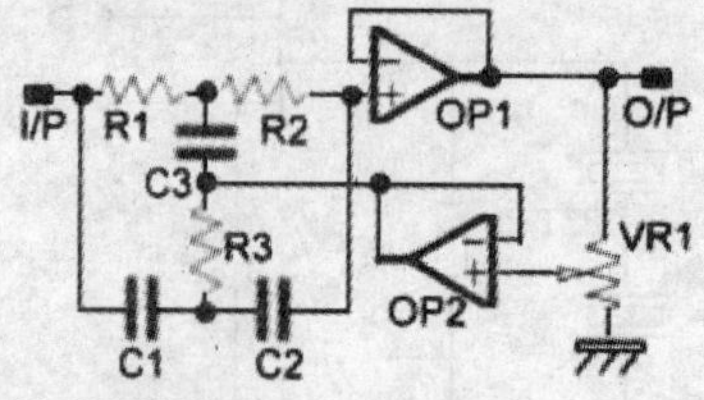

R1=R2=2*R3

C1=C2=C3/2

Freq=1/(2π*R1*C1)

VR1调整负回授量，越大则Q值越低。（表示频带变宽，但是衰减值相对减少。）

R1,R2,R3,C1,C2,C3为Twin-T filter结构。

13.Wien-bridge Sine-wave Oscillator文桥正弦波振荡电路:

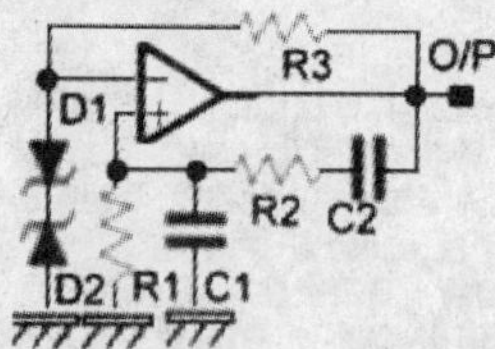

R1=R2,C1=C2

R3与D1,D2 Zener产生定点压负回授

Freq=1/(2π*R1*C1)

D1与D2可使用Lamp效果更佳（产生阻抗负变化系数）

14.Peak detector峰值检知器电路：（范例均为正峰值检知）

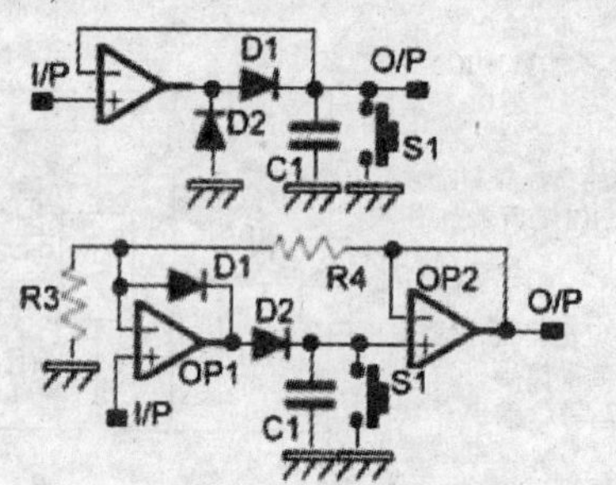

本电路仅提供思维参考用(右方电路具放大功能)

Eo=Ei*(R4+R3)/R3

S1为连续取样开关，因应峰值不断地变化。

15.Positive-peak detector正峰值检知器电路:

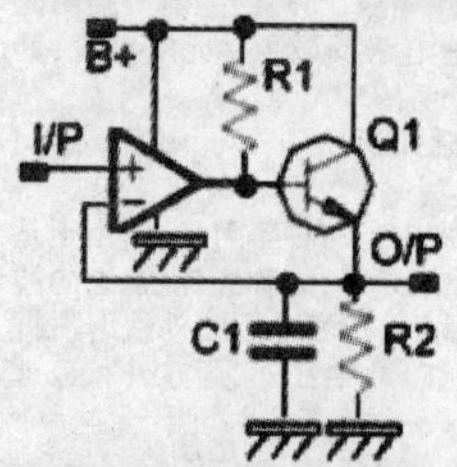

R1=1 K,R2=1 M,C1=10 uF

只有在I/P电位高于OP-端电位时，才能使Q1导通，O/P电位继续升高.

正峰值必须低于电源正值，所得数据为最高值。

16.Negative-peak detector负峰值检知器电路:

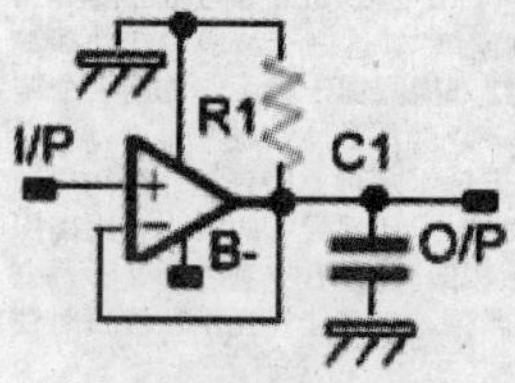

R1=1 M,C1=10 uF

只有在I/P电位低于OP-端电位时，O/P电位继续降低.

负峰值必须高于电源负值，所得数据为最高值。

17.RMS(Absolute value)detector绝对值检知器电路:

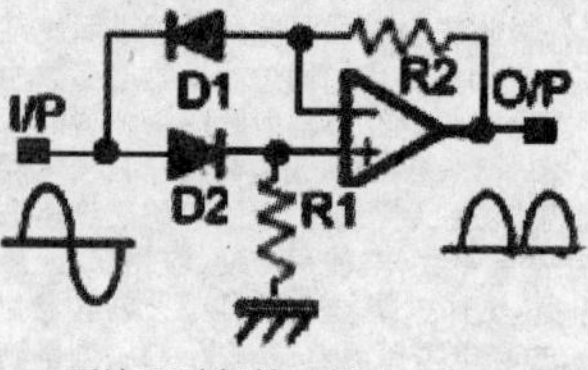

不论I/P端极性为何，皆可由O/P端输出，若后端再接上正峰值检知器电路，即可取得RMS数值。

（全文完）

◇上海 王明峰

网络运营商该如何为5G时代做好准备？

近年来，亚太地区（APAC）已是移动普及率增长最为迅速的地区之一。根据GSM协会近期的《移动经济报告》显示，亚太地区在迈向下一代无线技术——5G的进程中处于领先地位。至2025年，亚洲将成为全球最大的5G市场。

2019年，我们正在以谨慎的态度进入5G的早期采用阶段。随着一些早期试点部署的开展，少数用户将能够在特定地区率先体验5G。例如，韩国多个5G商用网络已正式启用服务，日本和中国也致力于在2020年实现5G商用，该区域市场内的移动运营商计划将于未来几年内投资近2000亿美元，用以升级4G网络并推出全新5G网络。

在中国的网络运营商摩拳擦掌迎接5G时代之际，以下四大关键趋势不可忽视：

更强大的移动宽带

移动宽带可以被视作无线行业的根基。4G和LTE为实现理想的移动数据速度奠定了基础，即便5G正在逐步走向成熟，LTE Advanced-Pro的发展仍将继续成为业界主力。在未来几年，业内对LTE的投资还将持续，4G和5G仍会共存。另外，新频谱的不断开放将帮助移动宽带实现持续性增长。

5G将帮助服务提供商提升网络容量，进而满足用户对更多无线带宽的强烈需求。从技术角度来看，想要发挥5G的性能，服务提供商需要在其网络中部署更多的小基站、更多的光纤连接和移动边缘计算，从而消除网络瓶颈。如今，行业正在加大光纤的部署和采用力度，并取得了前所未有的成功。全球许多运营商都致力于在未来进行大量、深入的光纤部署。数据显示，中国的光纤采用率位居世界前列，占全球FTTH增长的80%。

然而由于延迟站点建设，室外小基站的部署就更具挑战性。即便如此，城域蜂窝基站的部署仍在增加，我们预计这一进程将在城区和郊区持续加速，最终实现密集化的目标，或者使光纤跳接点尽可能靠近更多用户。而亚太地区作为5G和密集化进程最快的地区之一，运营商在进行小基站的战略性部署时就已经考虑到了5G迁移。

至于移动边缘计算（MEC），目前其发展进程略显落后。这种模式的设想是将计算资源从中心机房移出至小基站附近或云RAN（C-RAN）中枢。若要实现这一设想，第一步需要着手构建C-RAN中枢并让一些无线功能模块集中化；接下来则是升级至MEC，将更多的无线功能虚拟化，而这将需要几年的时间。

通过开放接口实现更多的5G创新

开放式网络能够帮助运营商更灵活地推出个性化服务，因此近来备受青睐。然而当我们在探讨如何利用专用网络或物联网（IoT）开发新市场时，要认识到这一强大的生态系统势必需要更多创新者。行业期望看到更多中小型公司进军这些垂直市场，而非仅仅依靠无线领域的几家大型企业。

具体来说，中小型公司可以通过构建开放式无线接入网络（O-RAN）进军这些垂直市场。O-RAN相当于移动行业中的开源，它需要采用芯片组构建大量不同的设备，这与开放RAN接口并构建模块以创建多个网络的方式是相同的。O-RAN将催生出更多创新型服务，从而实现更先进的5G用例，例如它可适用于医疗保健系统的物联网平台、制造行业的自动机器人甚至是完全实现无线互联的智慧城市。

致力于推广O-RAN标准的O-RAN联盟在实现这一愿景的进程中取得了重大进展。其主要原则之一就是引领行业走向具有互通性的开放式接口、RAN虚拟化和支持大数据的RAN智能。如果我们能够真正实现设想中的卓越应用，5G的未来将会变得更加开放、创新。

走向5G：中国正在制定独立组网(SA)计划

大多数5G的部署都选择采用非独立组网（NSA）标准。从本质上讲，这意味着当前4G网络可将把具有5G功能的小基站作为补充，而非另行构建新的5G独立组网（SA）标准。从网络运营商的角度来看，自然会倾向于最大限度地利用现有基础设施，因为当前行业正致力于开发相应的解决方案，以提高现有技术的容量和性能，从而满足5G在大规模推广之时的需求。为抢占5G商用推广的最前沿，大多数网络运营商都会选择部署速度更快的NSA方案。然而，5G一旦在未来几年内全面推行，则需将NSA升级至SA，这一升级成本将会高于在构建之初便选用SA所需的高资本支出。

尽管在当前阶段在全球有更多的运营商选用NSA方案，但中国却决定选择SA方案以实现更先进的5G功能。其中有几项因素促使包括中国移动在内的中国运营商决定采用SA网络和设备标准：中国政府正在大力提倡运用5G和物联网实现制造业转型，如自动驾驶或先进工业制造等应用都需要端到端5G连接，这是NSA所无法实现的。

虽然SA需要对整个价值链进行升级，但整体来看依旧利大于弊。SA能够提升数据吞吐量性能，这也将推动5G覆盖范围扩展至网络边缘。有预测指出SA将助力超可靠低延迟通信（URLLC）用例的开发。

无线未来，未来无限

5G将无线连接的发展推向了前所未有的新阶段，今年在各领域中终于能够窥见一斑。从应用于无人驾驶车辆到制造业中的新一代人工智能机器人，5G为未来带来了无限可能。固定无线接入（FWA）现在已被国际同行视为有望实现首批部署的5G应用之一。FWA能够让无线运营商在住宅宽带市场中争夺更大份额。虽然现阶段FWA并非是中国5G的主要应用，但这并不会影响中国引领全球5G发展的决心。随着新一代网络的兴起，中国无线行业的未来也将光明无限。

◇康普 林海峰（本文原载第24期2版）

HARRIS激励器末级功放工作原理

调频发射机的数字激励器DIGIT CD,运用了现代数字压缩技术和最新的设计方法,可以产生高质量、高可靠性的调频信号。DIGIT CD要求输入数字复合立体声信号,输出的射频功率达到55W。它可以随意地进行频率设置，而且能够用于N+1组合方式。这种激励器具有通用接口,既可以配置到新的发射机上,又能够作为老式调频发射机的更新产品,还可以作为紧急情况下的备用发射机来独立使用。

激励器的末级功率放大器，采用了场效应管DU2860。由它组成的大容量功率放大器,在调频设备中广泛应用。由于设计了可靠的保护电路，即便是出现反射和过热的现象,也不会轻易击穿。为了让射频信号达到发射机预功放需要的电平，必须通过功率放大器对射频信号进行放大处理,以获得很高的增益。整个功率放大器模块,可以把射频信号从1W线性地放大到55W。在图1电路中,射频信号先送到前级驱动放大器U2。利用射频封锁开关Q4,能够在必要的时候切断U2的供电电源,封锁U2的输出信号,保护后面的两级放大器。U2的输出信号送到了第一级功率放大器Q5的基极,它和场效应管功率放大器Q6一起安装在散热片上。经过隔直流耦合电容C23和传输线SL2、SL3，把射频信号送到末级场效应管放大器Q6的栅极。

在图2中,功率放大器经过CR3得到的入射功率取样信号FWD,通过功放模块的J1-1,返回到激励器管理单元的。由电压比较放大器送到模数转换器，变成串行数据。入射功率取样电路,又送到远程控制电路进行遥测。利用电位器R56,对入射功率进行校准。电位器CR4得到的反射功率取样信号RFL,通过功放模块的J1-2,返回到激励器管理单元的。也由电压比较放大器送到模数转换器,变成串行数据。实际应用中,如果反射功率达到5W,微控制器就降低PA的输出功率,使反射功率低于5W。控制器发出降低输出功率的响应时间,在250ms到880ms之间。功率放大器电路上经过热敏二极管得到的温度取样信号,通过功放模块的J1-4和J1-5,返回到激励器管理单元。经过电阻R29,送到模数转换器。功率放大器的温度取样电压，应该和PA的温度呈线性关系。温度取样电压可以用下面的公式计算出来,温度取样电压=2.98V+10mV×(PA的温度#℃-25℃),常温下的电压精确度在0.03V以内。当功率放大器的温度低于80℃并维持在这种状态，也就是温度取样电压低于3.53V时,控制器将停止降低输出功率,入射功率恢复正常。

立体声发生器中输出一路模拟复合音频信号,在数字调制板中进行转接。再通过激励器管理单元，送到运算放大器中,获得一个取样信号。调整R79,就能够校正0°信号或者180°信号相位的大小。然后,把设置好的信号放大到适当的幅度,转接到功率放大器电路。在场效应管Q6的栅极调整电路中,进行调频信号幅度零位调整,标记为AM NULL。功率放大器Q6漏极上的电压,取自电源调整管Q1和Q2集电极之间的电压,测量精确度在1%以内。正常情况下,调整管Q1和Q2集电极的输出电压范围在0V~+27V之间。如果场效应管的电压达到+27V,控制器就发出反馈命令，降低功率放大器的输出功率，功率反馈响应时间在205ms~940ms之间。不管何种原因,只要功率放大器的运行电压超过+28V,激励器管理单元根据短路跳接片JP6的设置模式,U21和Q4就输出控制信号,让可控硅Q2导通,快速熔断保险丝F1,切断PA的供电,保护功率放大器。激励器管理单元，控制着功率放大器电路中电源调整管基极的电压。没有输出功率时,这个控制电压为B^+,输出功率最大时,控制电压变成了B^+-1.4V的数值。激励器刚加电时,控制器根据以前设置好的输出功率,在1s的时间内达到预先设置的功率电平。功率放大器使用的25V~35V直流电压，通过激励器管理单元和10A保险丝F1直接转接到功率放大器电路中。经过U1稳压处理,给整个功率放大器模块供电。

功率放大器模块的输出功率，由加在末级场效应管漏极D上的直流电压进行控制，而这个直流电压又通过激励器管理单元上的控制电路决定它的大小。在激励器的前面板上，入射功率测量按键FWD PWR有两个功能：单个使用时，只测量激励器的输出功率；按住FWD PWR这个按键不要松开,同时按压反射功率测量按键RFL PWR,就可以提高激励器的输出功率。按住FWD PWR这个按键不要松开，同时按压功放电流测量按键PA AMPS，就可以降低激励器的输出功率。上面这两个动作通过前面板与激励器管理单元接口，送到了激励器管理单元的微控制器中。经过逻辑运算,微控制器输出串行数据给数模转换器，变成了模拟量的控制信号。从激励器管理单元产生的输出功率控制电压，实际上是直接控制着并联达林顿开关管Q1和Q2的基极，也就是控制了Q1、Q2集电极输出电压的大小。功率放大器使用的25V~35V直流电压，经过Q1和Q2集电极输出后,变成了可控的漏极电压,它决定了场效应管的输出功率，也就是整个功率放大器模块的输出功率。

功率放大器模块的封锁方法很简单,就是用晶体管Q4切断射频信号驱动放大器U2的电源。晶体管Q3是用来监测Q1和Q2输出的直流电压。如果场效应管的供电电压低于已经设置好的门限,Q3就截止,随之而来的是Q4也截止,切断了U2的供电,断开射频驱动信号。这种封锁方法，比从场效应管上去掉直流供电的封锁模式效果更好一些。

入射功率取样电路由微带线和检波二极管CR3及电阻R17、电容C37、C36、C35、C43组成，检波电压与输出功率呈线性关系。反射功率取样电路由微带线和检波二极管CR4及电感L9、电阻、电容组成，检波电压与反射功率也呈线性关系。设置反射功率的最高门限是5W,反射功率超过5W,就产生反馈降低输出功率,直到发射功率低于5W为止。温度取样是利用热敏二极管进行取样，随着功率放大器温度的变化，热敏二极管的阻值也跟着发生改变，也就是二极管两端的电压发生变化。这个取样电压送到激励器管理单元的模数转换器中，再送到微控制器进行逻辑运算。一旦温度接近80℃或者更高，激励器就转换到低功率播出模式。整个激励器设计的物理结构合理,冗余性高,工作稳定可靠。

◇山东 宿明洪 毕思超

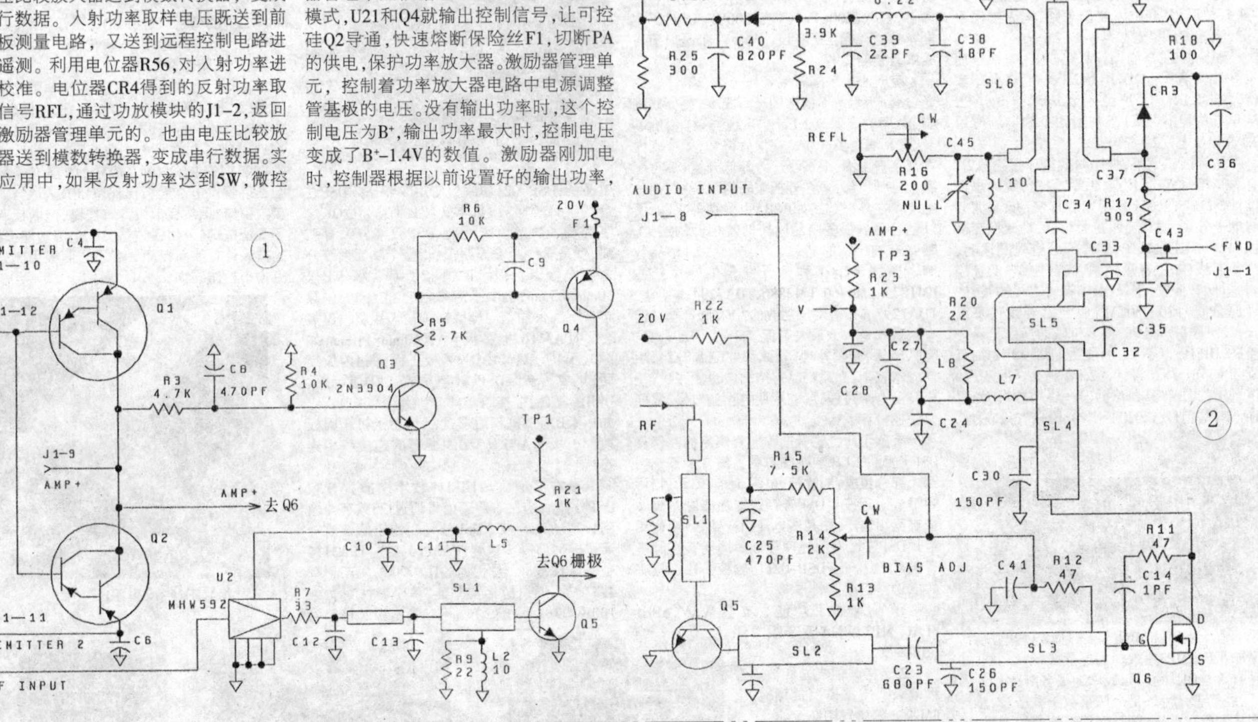

处处通接收机无法收到右旋节目的另类原因

接修一台中九处处通接收机，机主说收不台(频道处在CCTV一组)，通电试机发现是无法收到右旋节目,而左旋节目可以正常收看。根据过去维修经验判断此类故障一般都是LNB极化电压控制三极管S8550击穿所致，一般更换同型号三极管即可解决问题。

拆开机器检查发现此机极化控制电压在电源板上,如附图所示,图中右上角Q1(S8550)便是控制三极管,可用二极管档检查并没有击穿,考虑到某些元件属于热击穿,干脆用新的元件代换,没想到故障依旧。通电测量发现右旋时极化电压为15.9V,左旋时电压为20.4V,电源板5V输出为5.44V,明显每组电压都比正常值稍微高一点,怀疑电源板误差取样电路或光耦反馈有问题,代换U2(PC817)光耦无效,当代换U3(TL431)后发现5V供电为4.9V,右旋供电滤波电容CD9两端电压为14.5V,左旋供电滤波电容CD8两端电压为18.6V,装机后59套节目全部收看正常,故障完全排除。

◇安徽 陈晓军

两套实用的商业娱乐用音响系统方案（五）

（紧接上期本版）

7.大屏幕显示系统

通常采用50—80英寸的4K高清电视作为影K系统的显示单元，超过80英寸以上的电视售价较高。若需更大的画面，需要用投影机来投射画面，如图37所示，如用某些4K HDR投影机可轻易获得200—250英寸的图像，但投影机对使用环境有所要求。若在光线较亮的环境使用时，某些工程商开始使用COB微间距的LED作200英寸4K显示，如图38所示，但成本不低，只有政府部门与大企业使用。若追求高亮度但工程费用预算有限，当然也可使用多个49英寸、55英寸或65英寸的窄边高清液晶屏来拼接显示，比如可用4个55英寸的窄边高清液晶屏来拼接1个110英寸的4K画面；可用16个55英寸的窄边高清液晶屏来拼接1个220英寸的4K画面，如图39所示。

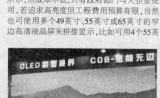

该套系统装配也较容易，比如杰科4K蓝光光盘播放机的高清输出与LJAV-HDR-008 4K双系统HIFI影K娱乐点播机的高清输出分别用一条2.0版的HDMI线连接到DSP-888A 11.1多声道DSP处理器的两个HDMI信号输入端，DSP-888A处理器的HDMI信号输出端用一条2.0版的HDMI线连接到大屏幕显示系统如4K投影机的HDMI信号输入端，仍利用本文（一）推荐的AV-HD-100专业KTV无线麦克风，AV-HD-100无线麦克风的主机输出用配套线连接到DSP-888A处理器的后板MIC插座，DSP-888A处理器的模拟信号输出再传输到多台高保真后级功放如LJAV-JF-HD300功放，每通道的功放通过喇叭线再驱动相应的音箱，如主音箱、中置音箱、环绕音箱、顶部环绕音箱、超低音音箱。

连接完毕就可开始检查，确认无误后就可通电进行调试，进行相关参数设定与功能设定，设定完成后就可坐下来看高清大片、唱好声音新歌、听经典老歌、玩劲爆游戏、网上娱乐等等，多声道音响会带给你较真实的感受，这套影音系统可能会给你全新的体验！

（全文完）

◇广州 秦福忠

新瓶装旧酒音响发烧系列之一：

一套实用的高保真DSP分频的2.1音响系统方案（一）

高、中、低档音响产品在市场都有销售，存在就有一定的合理性，这是由市场的需求决定的。俗话说“温故而知新”，能否通过电路改进、适当增加生产成本，开发、生产一些高性价比的中、高档音响产品，以达到产品升级换代的目的。应该可以，因技术在发展！作为“新瓶装旧酒”音响发烧新思路，笔者推出系列音响方案供读者参考。

理论上2.2音响设计思路较好，本报早期也有数十篇专题文章介绍2.1音响，在此不多谈。国内2.1音响系统已有近二十多年的历史，从早期的电脑用2.1音响到如今的广场舞用2.1音箱及电视2.1音响。

笔者近二十年，维修时解析了近百款2.1有源音箱，总结了几点，由于是按传统的思路设计2.1音响电路，多用运放作高、低音调节与电子分频，调节旋钮在面板上，功放板在机箱内，内部连线较多，信号部分有时高达七、八条连线（如主音量控制、高音控制、低音控制、重低音控制、卡拉OK等等），连线较长，信号部分有时30—50CM，由于信号线较多较长，又没作屏蔽处理，很多机器的通病是噪音较高，HIFI更谈不了。而注重电路设计与细节工艺，部分一体化设计的2.1音响要好很多。从市场上的2.1有源音箱拆出一块功放板，如图1所示，是用TDA2030制作的，比较有代表性。

近十多年，USB插卡多媒体2.1音响流行，增加了U盘MP3播放功能与蓝牙音频功能，并且有卡拉OK功能，面板增加了各类跳动的彩灯，经笔者试用数十个厂家数十款音箱，感觉产品同类化严重，都是作低端的音响产品，多采用集成IC作功率放大，不是说集成IC性能不佳，用集成IC同样可作出高保真功放。很多音响左右声道音箱，所用喇叭质量太差，很多音箱不装高音或用压电高音，或用假高音作装饰。虽用PT2399作卡拉OK混响处理，由于音箱性能不佳，所以卡拉OK也仅表示有这功能，是否实用是另外的事了。另外，这类音响有一个通病，维修时太费时费力，这类音响的塑料面板的4个固定脚与低音炮箱体采用热熔胶固定在一起，维修时必须用刀片把塑料面板的4个固定脚撬断，修好面板时再用热熔胶固定好。

国内的音响厂家多采用代理制的销售模式，由于产品同质化严重，当有某个厂家为扩大销量降价出厂时，很多厂家跟风降价，为保证厂家一定利润，只能从产品元器件降低成本，最明显的例子是，很多有源音响，打开机壳看电源变压器，感觉普遍电源变压器功率不足，工作时发热严重。另外从如图1所示的功放板可以看出，功放板所用滤波电容容量偏小，多为2200UF/16V或3300UF/16V，所用电容品质较低，所有设计与生产都是以节省成本为首要任务。

有时心血来潮时笔者与一些音响厂家的老总交流，为何不稍增加一些成本，搞一些高端、实用的高保真2.1音响系统，这样售价高一些，利润也多一些。交谈后得知，如今国内人工工资上涨，很多小厂为降低开支，不再配有产品开发部，多在外招兼职的工程师，部分配件多在外采购，如PCBA也多在外采购，所以笔者看到很多产品内部似曾相识的感觉。某些音响厂家的老总也想出一些2.1精品音响，曾找音响工程师开发、生产了一些LM1875、LM4766、LM3886、TDA7294、TDA7293等一些发烧功放的2.1有源音箱。但有源音箱是一个系统工程，牵一发而动全身，喇叭单体、音频处理、箱体都要配套升级，生产成本较高，高端产品宣传推广也要跟进，用户接受有个过程，可能短期内收益较慢，需要做长期打算。

有感于此，.笔者推荐一套实用的高保真DSP分频的2.1音响系统方案，该音响系统由四大部分组成：功放板、电源、喇叭单元、箱体等组成。近三年DSP音频处理在高端多媒体音响运用较广，如某些电视回音壁音响，使用音频DSP进行声场处理与频率均衡。在此笔者重点介绍一下DSP-021功放板，该板具有如下功能特点：

1. 具有如下功能，支持WAV、APE、FLAC、MP3、WMA等音频文件USB播放。

2.支持同轴或光纤数字音频输入，支持模拟音频输入、FM收音等信号切换。

3.支持蓝牙音频传输

4. 音乐高低音数字调节，DSP数字分频，左右声道音量与超低音量可独立数字调节。

5.话筒音量调节、话筒混响时间调节，卡拉OK数字混响，可达到专业处理器的效果，支持音乐信号消人声，使卡拉OK功能更实用。

6.整个板卡工作电压：直流10V-24V，24V供电时：输出功率：20W+20W+80W。

整个音响系统看似功能较多，但由于采用大规模音频DSP与功放模块，硬件反而简

单多了，DSP-021功放板使用专业音频DSP进行数字音频播放、数字音频处理、卡拉OK数字混响、数字声场处理、DSP数字分频等功能，就是软件开发周期较长。整个功放系统分为两个板卡，板卡B如图2所示，板卡B仅80mm×85mm，集中了话筒插座、光纤、同轴数字音频输入插座与模拟音频输入插座，还集合了TPA3116功放。板卡A仅60mm×110mm，如图3、图4所示，其中图3为板正面、图4为板反面，集成了音频DSP、数字功放、LED显示屏、USB插座、遥控接收等部分。为方便布局，比如板卡B用于机箱后部，板卡A用于机箱面板前部，板卡A与板卡B用配套的连接线相连接。

左右声道采用HIFI的数字功放，音频DSP分频后的左右声道信号通过I2S数字传输到数字功放，音频DSP分频后的超低音信号通过模拟信号传输到TPA3116功放。TPA3116是美国TI公司一片优秀的D类功放，内部含有4路功放，通过桥接与并连，单个芯片可做到100W的功率输出，详情可参考本报2015年第6期第15版笔者《TPA3116数字功放的制作》一文。24V供电时DSP-021功放板输出功率：20W+20W+80W。

超低音截止频率：100Hz-200Hz，可通过软件设置频率点，以方便选配低音喇叭与超低音喇叭。整套系统可按键操作，也可全功能遥控，如图5所示，采用LED作操作指示。

2.1有源音箱可以一体化设计，功放板、喇叭单元、箱体整合在一个箱体，可有多种方案。这几年音响生产厂家音箱箱体工艺提高很多，如采用亮光漆、钢琴漆处理，如图6所示白色款一体化音箱，左右声道两个4英寸全频喇叭安装在左右两个测面，6.5英寸超低音喇叭在底部安装，220V交流转24V直流电源适配器外置供电。面板仅保留LED显示与遥控接收窗口，虽然板卡设计有按键，但面板可以不预留按键，可用遥控器实现全部功能操作。这样设计功放面板简单多了，面板用部分亚克力小板作装饰。

（未完待续）（下转第230页）

◇广州 秦福忠

2019年6月9日出版　实用性　启发性　资料性　信息性

第23期　国内统一刊号:CN51-0091　定价:1.50元　邮局订阅代号:61-75

地址:(610041)成都市武侯区一环路南三段24号节能大厦4楼　网址:http://www.netdzb.com

(总第2012期)　让每篇文章都对读者有用

方便实用的Windows To Go

小孩子玩电脑是一件头疼的事,频繁改密码也不是个长效的办法,或者对于不熟悉电脑的人来说是件麻烦事。这里为大家推荐名为"Windows To Go"的系统产品,非常适合防备别人开启你的电脑。

Windows To Go(简称WTG)是一款可以便携带着走的系统,可以把装载WTG的外置存储带走,留下一台没有系统的电脑,除非别人重新装系统不然就无法启动了。

这项功能最早于2011年9月推出,包含的版本有:Windows 8企业版、Windows 8.1企业版、Windows 10企业版,教育版和1607版本及之后的Windows 10专业版中。通过此功能,可以将Windows"浓缩"到一个USB存储设备上并随身携带,并且由于是储存在外置设备中,所以不用担心本机的容量问题。

硬件要求

微软官方对WTG的要求为:接口为USB 2.0及以上,容量为32G及以上。也可以使用小容量固态硬盘或者是高性能机械硬盘。

软件要求

如果使用官方工具进行安装,系统必须满足Windows 8/8.1/10企业版、Windows 10教育版和1607版本及之后的Windows 10专业版。在这些版本的Windows中WTG已经内置于系统,只需直接打开即可。

当然也可以使用第三方WTG工具来制作,第三方工具相对于官方工具来说限制条件会少许多。

下面将分别介绍如何使用官方工具和第三方工具来进行安装。以目前最为通用的Windows 10进行举例。

官方工具

首先前往微软官方网站下载原版镜像,下载地址:https://www.microsoft.com/zh-cn/software-download/windows10ISO。

然后插上外置存储,将重要文件提前备份(后面要格式化你的存储设备),存储所下载的Windows 10企业版镜像,双击该镜像文件即可安装。

在任务栏中的搜索栏("开始"按钮点击右键)处输入"Windows To Go"并打开,或者在控制面板中找到"Windows To Go"。

打开"Windows To Go"之后,选择你所需要的外置存储并按下一步。

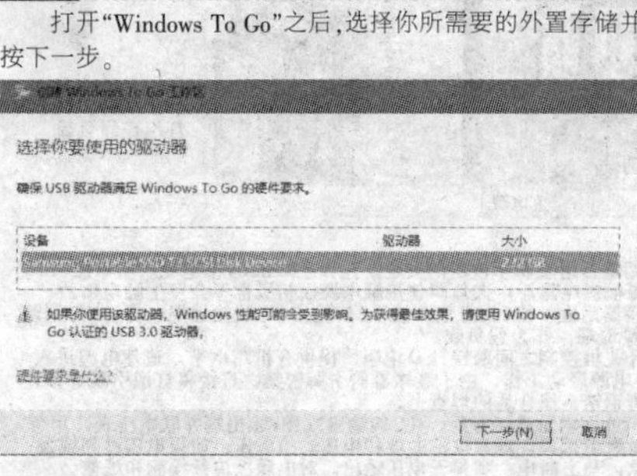

注意:如果在选择好外置存储后发现下一步按钮为灰色的话那说明你的外置存储没有达到官方的标准,需要更换一个外置存储才能继续。

接下来会来到选择Windows映像的界面,在这里必须选择企业版,选择其他版本的话会导致无法继续。如果你已经装载好镜像但是没有看到选项的话,那么点击下方的"添加搜索位置",接着选择装载好镜像的盘符即可。

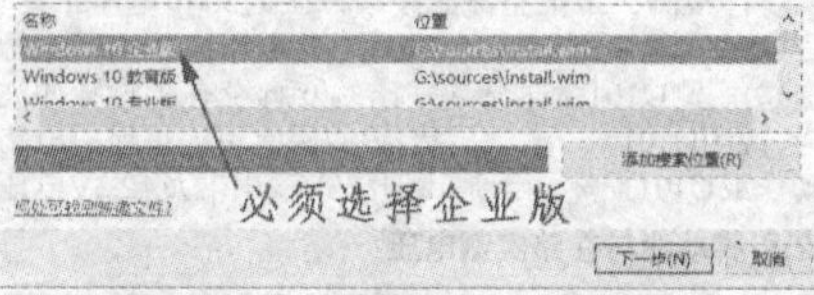

然后是设置BitLocker密码的界面,根据自己决定设置密码(这个连接密码跟进入系统使用的密码不一样),因此也可以不设置直接跳过。

设置 BitLocker 密码 (可选)

BitLocker 密码可以加密你的 Windows To Go 工作区。每次使用工登录到电脑时使用的密码不同。

☐ 在我的 Windows To Go 工作区使用 BitLocker

输入 BitLocker 密码:

再次输入 BitLocker 密码:

☐ 显示我的密码

跳过　取消

然后WTG工具会再次提示你备份好你的数据,并在下一步格式化外置存储。确认完成后点击"创建",然后等待进度条完成。

当进度条完成后,WTG工具会提示是否在下次重启电脑时从该WTG工作区启动,这里可根据需求自行选择,官方工具安装WTG的步骤就结束了。

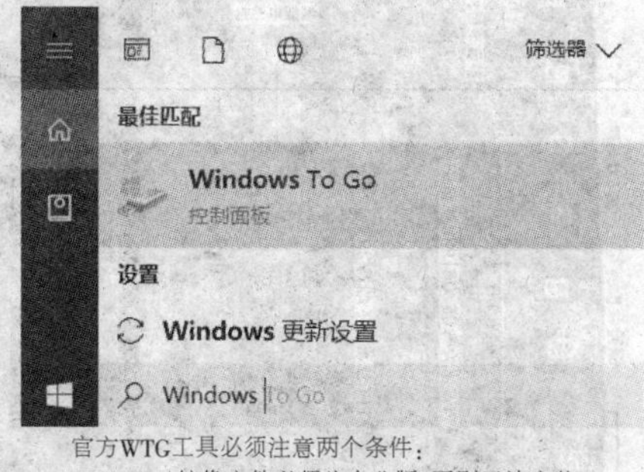

官方WTG工具必须注意两个条件:

1.Windows镜像文件必须为企业版,否则无法安装。

2.对硬件要求较高,必须是高性能固态硬盘或者是USB 2.0以及32G以上的U盘。

第三方工具

在硬件达标的情况下,尽量以官方工具进行安装,主要是BUG比较少;不过难免有不达标的情况,就需要借助第三方工具进行WTG的安装了。

在网上有许多制作WTG的第三方工具,也是同样通过连接外置设备,装载任意版本的Windows镜像(优点)。当然缺点也比较多,下面以第三方辅助工具WTGA装载Windows 10为例进行讲解,需注意以下几点:

1.WTGA与电脑管家不兼容,须卸载后再使用。

2.不建议在虚拟机环境下运行。

3.尽量不要将程序放在中文目录下。

4.不推荐安装Windows 7系统,任何OEM版本和90天试用版都不推荐使用。

5.如果使用ESD文件,需要提前解密。

首先是下载WTGA辅助工具,下载地址:https://bbs.luobotou.org/thread-761-1-1.html以及下载Windows 10镜像,并装载至虚拟光驱。

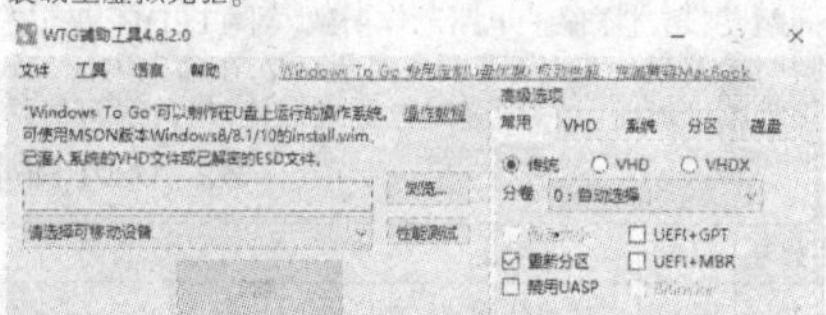

打开WTGA工具,选择虚拟光驱中sources文件夹中的install.wim。

在WTGA的工具框内,选择"浏览"→"DVD驱动器"→"sources",然后双击install文件即可。如果设备没有出现在列表,可以手动选择。

顺带还可以点击"性能测试"对外置存储进行性能测试(分为五个等级)。

等级由高到低划分为Platinum、Gold、Silver、Bronze、Steel。Silver为可运行WTG的最低标准。

等级与测试环境有关,仅供参考。

确定

最后点击"创建",确认备份数据以后,再点击"是"等待安装完成即可。

使用过程

开机进入bios或者UEFI,调整启动顺序,一般在"设置"→"启动界面",把"Windows To Go"调到第一启动顺序再保存重启即可。

这样当你不使用电脑时,将外置存储拔掉收好即可。

(本文原载第24期11版)

长虹HSU25D-1M型电源+LED背光驱动二合一板原理与检修(三)

(紧接上接本版)

3.背光灯完全不亮

背光灯不亮，说明LED灯串的供电或控制电路可能存在故障。首先查LED+端(即插座CON301③脚)是否有LED+电压，如果有，可将LED-端（即插座CON301①脚)直接接地，观察背光能否点亮。若不能点亮，则是背光板上LED灯串总回路有开路故障。若能点亮，则是恒流控制管Q401或它的驱动电路有问题。应检查控制芯片U201①脚(电源端)是否有约11V电源电压，开关管Q402漏极是否有≥35V的直流电压，U201⑬脚(亮度控制)是否有大于+2V的电压。否则应对电源供给及控制信号的发出及传输电路进行排查。假定U201上述脚的电压正常，应再检查开机瞬时升压输出端是否有大于30V的提升电压（因LED灯串组未点亮，所以此时空载电压较高）。如果没有，问题极可能是升压电路(包括Q404、Q407、L402、D401、C401等)或负载发生了故障，应检查驱动芯片U201③脚是否有开关脉冲(直流电压约+2.8V)输出。若在开机后一直没有输出，说明U201可能已损坏，应考虑用替换法检查。假若开始有输出，但随即消失，则可能是过流保护电路(含过流保护电路本身故障，比如过流反馈取样电阻R422~R425阻值变大或焊点接触不良）动作所致，这可从U201⑯脚电压是否大于0.5V来判断。若是，应对保护电路本身进行检查。顺便指出，无论哪种故障导致U601停止工作，都可以从U201⑪脚是否输出了低电平来确认。为了帮助大家检修，表2给出了U201(MP4012)引脚功能与在路实测电压，供参考。

4.开机后屏幕瞬间闪烁，随即黑屏

该故障现象表明有电压已经瞬时加在LED灯串上了，随后变为黑屏，显然电压又消失了。导致该故障现象一般是因为输出的点灯电压过高或保护电路本身有问题，引起过压保护电路动作所致。可在LED灯串点亮瞬时检测输出电压，若明显高于60V，在输入电压35V正常的情况下（否则应对电源进行检修），很可能是U201③脚输出的驱动脉冲占空比过大导致。应检查U201⑦脚外接频率设置电阻R431是否变值。若点灯输出电压正常，则应是过压保护电路本身存在故障。比如，取样电阻R428焊点出现虚焊或它的自身阻值变大(含开路)，均会导致过压保护电路动作，从而形成该故障。至于过流保护导致显示屏黑屏，还未发现显示屏能瞬间点亮闪烁，随后黑屏的现象。这是因为如果过流的话，输出电压会降低许多，在灯还未亮时，过流保护电路已经动作。

三、故障检修实例

例1、整个电源无输出

按下电源开关后，待机指示灯不亮。包括5VSTB待机电压在内的12.3V、35V电压均无输出。首先检查市电整流滤波后的300V电压正常。开机瞬间查U101启动电源端⑤脚电压，发现为零。显然，此故障与U101启动电源或⑤脚外接元件均有关系(相关电路见图2)，最后查出是⑤脚外接限流电阻R201(100Ω)一端焊点出现裂纹，重新加焊后试机，电源恢复输出，故障排除。

例2、待机指示灯点亮，按二次开机键有时不能开机

在故障出现时，查市电整流后约300V的电压正常，检测工作芯片U101启动电源端⑤脚有20V启动电压，表明启动电源正常。随后用示波器观察U101⑥脚有激励脉冲输出波形，但开关管Q207(相关电路见图2)的栅极却没有激励波形，说明故障不是保护电路动作所致。最后查出是信号传输电阻R214(10Ω)一端疑似虚焊。经去氧化、重新焊接后试机，故障不再出现。

例3、待机指示灯点亮，按二次开机键后待机指示灯闪烁几下后变为常亮，不能开机

经检测，市电整流滤波后产生的300V电压正常。查U101电源端⑤脚有19V电压（此电压应为启动电源提供)。测U101激励脉冲输出端⑥脚没有激励脉冲波形，说明U101未工作。显然，该故障有可能是保护电路动作或U101损坏。于是，断开35V输出端及12.3V电压输出电感L304右端，在L304右端断开处串联一只电流表后试机，发现电流表读数还不足2A，不存在过流问题。接下来，确认故障是不是过压保护所致。于是在U101③脚对地接上万用表直流10V电压挡后开机，结果发现电压表显示超过3V。看来，故障的确是过压保护电路动作所致。显然，故障在稳压系统的可能性较大。接下来对稳压系统元件进行检查，终于查出是光耦器N202次级已经开路。更换后开机，故障消失。

例4、亮度、声音变大时自动关机

该故障现象显然是带负载能力变差，进而引发电源过流保护电路动作的典型表现。于是，决定对电源大容量滤波电容的容量、主电压整流管的正向电阻、电源开关管饱和压降等进行检查。本着先易后难的检修原则，首先查市电整流输出端的300V电压，发现明显偏低。显然，市电整流管D101~D104或市电整流滤波电容C101之中有的不正常。最终查出是C101不仅完全失容，而且还存在漏电。更换C101后试机，故障排除。

例5、有时正常，有时黑屏

故障出现时，查LED背光灯串不亮。分别对35V输入、背光驱动块U201电源端(相关电路见图3)①脚、亮度控制端⑬脚电压进行检查，均未发现异常。但没有提升电压。据此，基本可确定故障是因以U201为主的LED驱动电路有元件存在问题，导致保护电路动作所致。于是，决定先从保护电路查起。经试机检查，U201过流保护端⑤脚与过压保护端⑫脚电平，均未达到保护动作值。但⑯脚反馈端在故障出现瞬时电压达0.6V（正常约0.22V)，据此，表明故障在以Q401为主的LED恒流控制电路。在Q401的漏极回路串入电流表检测LED电流不足120mA。据此，可确认故障在恒流取样电阻R422~R525之中，于是用放大镜仔细观察它们的引脚焊点，发现了几处焊点出现疑似裂纹。将上述疑似开裂的焊点重焊后试机，此故障再未出现。

例6、开机后屏幕能瞬时点亮，随即黑屏

根据故障现象分析，故障应该是LED驱动电路的过压保护电路动作所致。在LED灯串点亮瞬时，检测输送给LED灯串组的输出电压，发现电压并未超过60V，查输入电压为正常的35V。显然，这是过压保护电路本身存在故障。查U201过压保护检测输入端⑫脚电压，发现在过压保护电路动作前瞬时电压超过5.3V。故决定对取样电阻R426~R428(相关电路见图3)进行检测，发现R428的阻值已增大至不稳定的一百多千欧。更换后试机，故障排除。

(全文完)　◇武汉　王绍华

表2　U201(MP4012)引脚功能与在路实测电压

脚号	符号	功能	电压(V)	脚号	符号	功能	电压(V)	脚号	符号	功能	电压(V)
①	VIN	工作电压输入	11.	⑦	RT	工作频率选择设置	1.3	⑬	PWM	亮度控制脉冲输入	2.0
②	VDD	芯片电源	7.9	⑧	SYNC	同步信号输入/未用	1.2	⑭	COMP	电路补偿	1.8
③	DRV	升压管驱动输出	2.7	⑨	CL	LED 恒流值设置	0.35	⑮	ISET	调流信号检测	0.53
④	GND	接地	0	⑩	REF	内部基准电压	1.243.	⑯	FB	调流信号反馈	0.22
⑤	CS	升压管过流检测	0.3	⑪	FAULT	调流激励/故障输出	2.8				
⑥	SL	功率选择设置	2.7	⑫	OVP	过压输出保护检测	3.9				

液晶彩电电源板维修与代换探讨(一)

液晶彩电的电源板工作于高电压、大电流状态，故障率较高，在液晶彩电维修中占有较高的比例。液晶彩电的电源板采用双面印制电路板，大量使用贴片元件，元件体积小、分布密集，往往导致电压测试不便；另外电路走向从印制板的一面走向另一面，互相穿插，给电路识别和追寻电压信号走向造成困难，容易造成故障判断方向不清、关键点把握不准。再加上所修电源板和背光灯板往往无图纸、无资料，给维修造成困难。常见故障和维修方法如下：

一、电源板常见维修方法

1.脱板维修法

为了确保电源板和负载电路的安全，建议采用脱板维修的方法，将电源板从电视机上拆下来，单独对电源板进行维修。

目前维修，大多为上门维修，在客户家全部完成维修作业，受条件的限制，往往需要将电源板拆下来，带回维修部进行脱板维修。而电源板的正常工作往往受主板控制系统的开关机控制，脱离主机后往往无法启动进入工作状态，需要模拟开机控制电压。由于多数电源板的开关机控制电压开机状态均为高电平，可用1kΩ~3.3 kΩ电阻跨接在开关机控制端与副电源输出的+5V或+3.3V之间，为电源板输入模拟的开关机控制电压，迫使电源板启动工作。

另外，开关电源电路在脱板维修时，由于无负载电路，空载和带负载状态下其输出电压往往不同，有的电源板因无负载电路还会进入保护状态不能启动，容易给维修造成误判，需要在开关电源输出端接假负载，模拟负载电路用电。

开关电源部分一般选用12V或24V摩托车灯泡作为假负载最好，也可选用120Ω~330Ω的大功率电阻作为假负载，跨接在12V或24V输出端与冷地端之间。假负载和开机电压的连接位置在电源板输出连接器或电源板次级输出电压滤波电容两端，一是通过电路图输出连接器的引脚功能和电压标注选择连接点；二是多数电源板输出连接器的附近引脚直接标注功能和输出电压。

◇吉林　孙德印

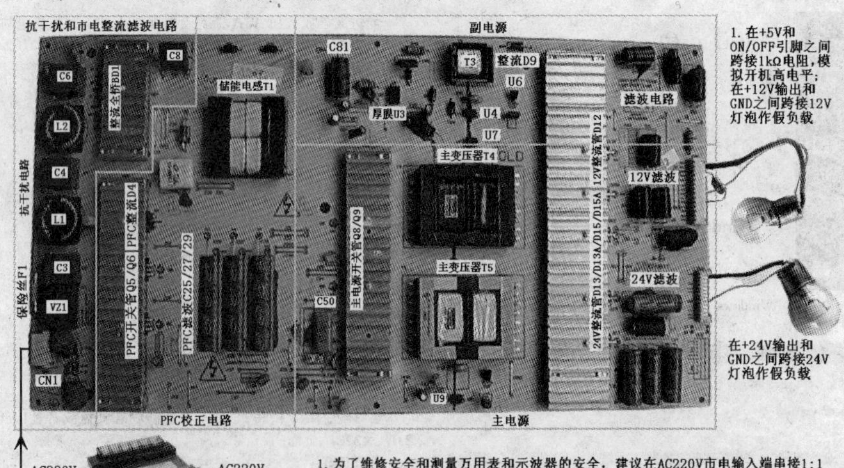

1. 为了维修安全和测量万用表和示波器的安全，建议在AC220V市电输入端串接1:1隔离变压器，将电源板供电悬浮，人体即使接触电源板初级也不会发生触电事故。
2. 在电源板输出连接器附近，将24V灯泡跨接于24V输出和GND接地端，将12V灯泡跨接于12V输出和GND接地端，作为假负载。
3. 在+5V和ON/OFF开关机控制之间跨接1kΩ电阻，提供开机高电平，迫使电源进入开机状态，PFC和主电源启动工作。由于连接器的引脚密集，直接将灯泡引线焊接在电源板下面对应引脚铜箔走线合适的焊点上。
4. 上述假负载和开机分压电阻连接好后，在24V输出或12V输出端并联电压表，用带开关的插排为电源板通电试机。观察灯泡亮度和电压表的电压，如果电压过高或发生冒烟、烧焦等现象，马上断电；如果无电压输出，对电源板进行检测和维修。

图1　电源板脱板维修图解

(未完待续)(下转第232页)

如何在LSI 3Ware 9750-8i下安装Windows Server 2016(二)

(紧接上期本版)

另外如果系统中只有一块硬盘，在安装Windows Server 2016时会出现一个500MB的保留分区，而系统是安装在后面的分区中，这对有强迫症的人来说简直不能容忍，可以采用下面的安装方法去掉这个分区。

例如有一块320GB的硬盘，当安装程序进行到选择安装位置的时候，先选中这块硬盘，点击【新建】后随便输入一个数值(如图7所示，比如40963)，再点击【应用】-->【确定】。

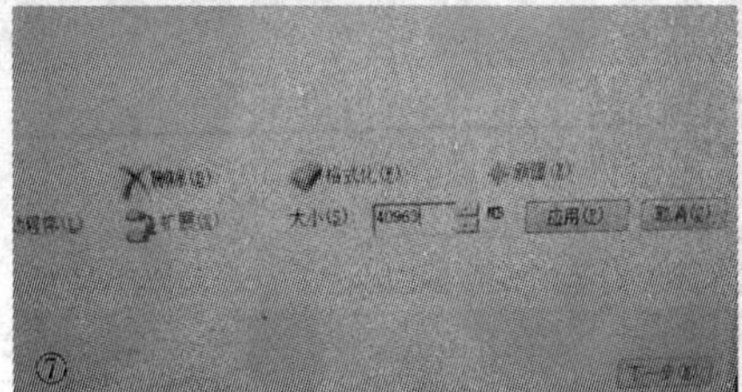

⑦

这时系统分出了2个区，一个是小的(500MB)为系统保留，另一个大的(40GB)是给我们安装系统用。另外还能看到最下面还有一个未分配空间的分区，不用理睬它。

选中分区2(大的那个区)，点击【删除】(如图8所示)，然后再选择分区1(500MB)，单击【扩展】输入40963(即40GB整数)，然后点【应用】(如图9所示)，这时会弹出吓人的提示框，不管它，点【确定】即可。

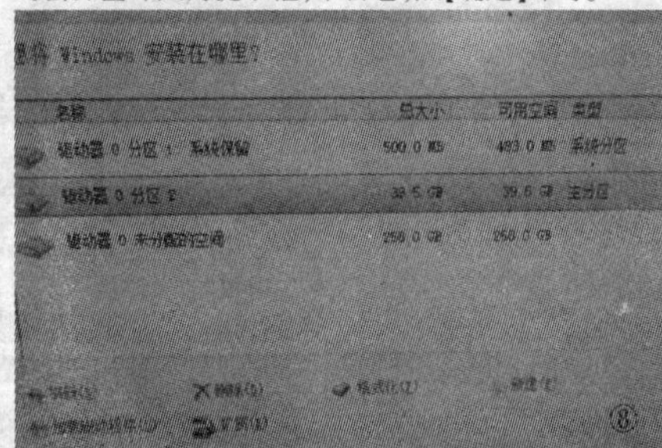

⑧

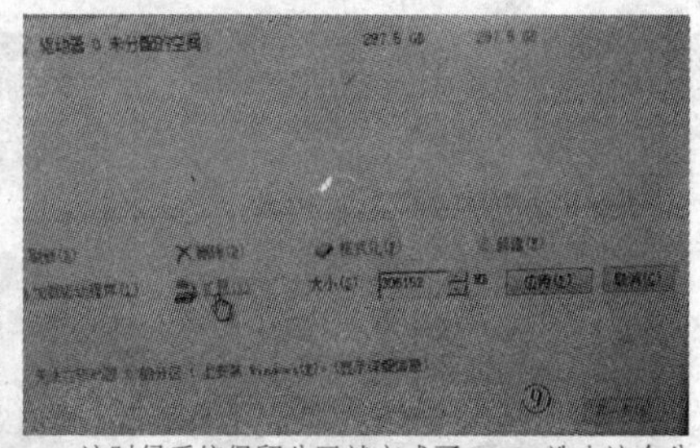

⑨

这时候系统保留分区就变成了40GB，选中这个分区，点【下一步】，我们就把系统安装在这个分区，这时安装程序开始正式安装系统，稍等一段时间系统便安装好了。

(全文完)

◇北京 申华

山灵PDS-1功放不开机检修一例

该机通电后，HDCD指示灯就点亮，按开机键，VFD显示屏无法点亮，所有按键不可控。测量显示芯片PT2222-001供电5V正常，VFD灯丝电压正常，-27V电压正常，按键芯片D16311GC供电5V正常，所有按键也均接触良好。

由于给功放集成电路STK402-030供电的继电器没有吸合，喇叭保护继电器也没有吸合。HDCD指示灯不应该通电就点亮，怀疑CPU工作异常，查CPU P89C638MBP/B工作三要素：供电、时钟、复位。测量5V供电正常，晶振两端电压在2.4V左右，也基本正常。接下来只有复位和外接存储器24C02数据这两个故障可能了，由于不知道复位脚是哪一个，拆下主板测量。测出该芯片的复位脚是⑨脚，其与5V供电端接有复位电容C705，对地接有电阻R704。该芯片在通电时高电平复位，电容C705和电阻R704的大小决定复位时间常数。拆下C705测量，已无实际容量，无法达到开机复位的效果。将其换为新的10μF电容，考虑到离功放散热器较近的电解电容易老化，顺便将CPU供电滤波电容C702也换新。

再通电，VFD显示屏显示shanling开机字符。按开机键，VFD显示屏正常显示(如图1所示)，电源继电器吸合，3秒后喇叭保护继电器也吸合。按功能键都有反应，放DVD、CD碟片时功放输出声音图像均正常，收音机和AUX功能时功放输出声音也正常，至此机器修复。

①

CPU P89C638MBP/B是飞利浦产的单片机，其引脚功能定义由芯片内烧录的程序决定。本机中，该芯片各个引脚功能可参见实测电路图(如图2所示)。

◇浙江 方位

②

手工更改钥匙串中的密码信息

大部分朋友会将iPhone的密码储存在iOS的钥匙串，不过如果更改了部分应用的密码，例如微信的登录密码，但iOS并不会自动更新已经储存在钥匙串中的密码，我们可以采取手工更新的办法解决这一问题：

进入设置界面，跳转到“密码与账户”界面，进入之后点击“网站与应用密码”右侧的“>”按钮，使用触控ID或密码进入，此时会进入密码查看界面，找到“wechat.com”(微信)，点击右上角的“编辑”按钮(如附图所示)，现在就可以更改用户名和密码，最后点击“完成”按钮就可以了。

◇江苏 王志军

激活电信iPhone的VoLTE功能

如果你的iPhone是6或更高的机型，而且iOS版本已经是12.2或更高，可以按照下面的步骤激活VoLTE功能。

首先进入设置界面，依次选择“通用→关于本机”，稍等片刻会自动弹出“运营商设置更新”提示框，点击“更新”即可；如果没有提示，请手工点击“运营商”右侧的版本号进行更新，更新之后运营商版本应该是36.1。

然后切换至“蜂窝移动网络”界面，在这里启用“切换蜂窝移动数据”服务；然后在“蜂窝移动网络→中国电信→启用4G”界面下选择“语音与数据”，默认的是“仅数据”。

完成上述步骤之后，只需要发送“ktvolte”到10001即可直接开通VoLTE功能，或者也可以拨打10000客服进行开通。

使用iPhone拨打10000，如果是双卡版本的iPhone，请使用电信号进行拨打，接通之后，如果iPhone的右上角仍然显示4G标识(见附图所示)，则代表iPhone的VoLTE功能已经成功启用。

◇江苏 大江东去

气动阀远控无法操作故障的检修

下面通过2例典型的气动阀远控操作不动作故障的诊断与排除，介绍废料处理厂房使用的气动阀远控操作不动作故障的检修方法。

例1 TOKPM20AA114冷却水入口调节阀（见图1）在主控操作打开投入运行后，画面却一直显示灰色，不能改变显示状态，但该系统上的流量计却出现了流量变化，说明该阀已处于打开状态，就是没有信号反馈，导致显示的画面错误。

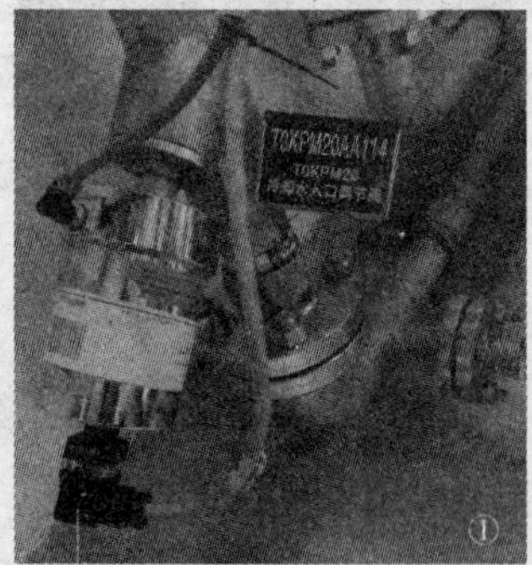

①

反馈开关接线盒

分析与检修：察看该阀门的实际状态后，顺着这台阀门供气管的编号找到气柜，检查供气压力在0.5Mpa的正常范围内（见图2）。确认气源正常后，又从阀门顶部的信号反馈电缆的编号找到仪控接线柜（见图3），测量反馈开关的24V供电正常，并且它在关闭状态下常闭触点能接通，常开触点能正常断开。于是，让主控操作员操作开启这个气动阀，看到阀门能打开，并能听到系统管道内的流水声，测量反馈开关的常闭触点已断开，而常开触点却不能闭合，说明阀门在打开后没有信号反馈给主控系统。此时，拆开位于气动阀顶部的信号接线盒，在运行操作时察看气动阀顶杆的行程状态，发现在阀顶杆上升到触头的位置，刚顶到触头约1mm就停止了，说明顶杆的行程距离不够。察看顶杆和顶杆头部的顶盘结构后，在顶杆的底部位置用502胶水粘贴了2片薄塑料片，使其增高了0.5mm左右，回装后开阀，恢复正常，故障排除。

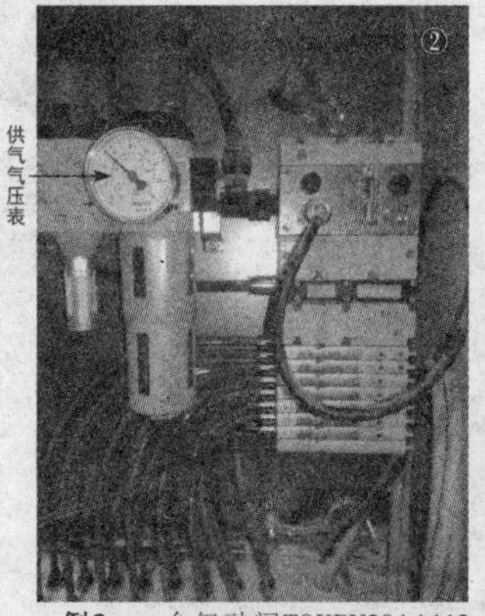
供气气压表

②

例2 一台气动阀TOKPN20AA112在主控操作时（见图4），阀门无法关闭，也就是说操作关闭时同样没有动作反馈信号。

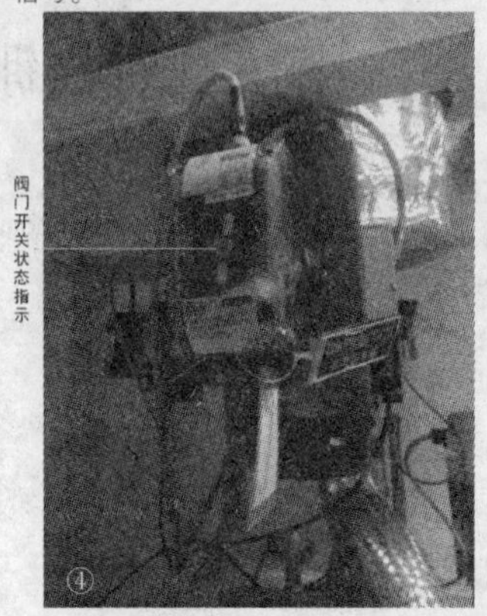
阀门开关状态指示

④

分析与检修：运行后，发现阀门扭动一下就停止了，说明操作信号正常，确认供气系统正常后，怀疑气动阀或阀门出现卡涩等问题。

第一步，断开并去掉控制进气的电磁阀（见图5），结果气动阀能顺利关闭，再插上电磁阀，结果又能打开（注意：这个电磁阀在做通电实验时，不能空载时间过长，以免线圈发热烧毁），验证了信号和气源都没问题。但为什么主控操作不管是开和关，气动头都会扭动一下，用手摇晃气动头，发现气动头和阀门间的4颗固定螺丝松动，导致气动头的主轴在插入阀门轴芯时，因不同心而产生错位，增大了运行阻力，从而产生了不能带动阀芯正常转动的故障。

③

控制电磁阀

⑤

⑥

可以紧固的螺丝　无法紧固的螺丝

第二步，用手扶正气动头，开关运转恢复正常，证实气动头的位置偏离。用扳手紧固螺丝时，发现只有下边的2颗能紧固，而上边的2颗都插不进扳手（见图6）。由于位置受限，也就导致这2颗螺丝在安装时就没达到紧固的力矩值，阀门在多次运行后逐步引起下面的2颗螺丝松动，从而产生本例故障。用专用扳手紧固后，故障排除。

通过上述2例气动阀故障的处理，基本上掌握了常规气动阀的工作原理以及控制方式，为以后排除其他类型的气动阀故障积累了一定的实战经验。

【提示】气动阀在工业自动化控制系统起到了替代电动头有诸多好处：1）有着开关速度快的优点，一般在1秒左右的时间内就能完成开关切换的任务，而电动头在开关动作时会超过几秒，有些开关动作的时长还不一样，有时还会延迟报警，并且对调试精度要求高；2）具有防爆性能，可大量用在化工系统和高危作业生产区域，安全性高，而电动头是无法胜任这些场所工作的；3）不仅比电动头的故障率低，而且工作性能更加稳定，电动头运行时间长了，就会出现跑力矩、限位开关等问题而引起跳开关或烧电机等故障，而气动阀只要供给干净的气源并使压力在正常范围内，确保活塞运行顺畅，阀门没有卡涩，就能做到全开或全关的理想状态。

◇江苏 庞守军

起动电机不能运转的故障排除

一台变型运输机在使用半年后，出现起动电机不能运转故障。上车检查，喇叭声音正常，蓄电池不亏电；打开大灯后接通启动开关，观察灯光时发现灯光亮度不变，说明启动电路不通；用螺丝刀搭接起动电机两接线柱，起动电机运转正常，怀疑电磁开关异常。经检查后，发现电磁开关的触点接触不良，用细砂纸打磨触点后故障排除。

1. 起动电机不能运转故障常见原因及流程

起动电机不能运转的常见原因如下，检修流程见附图。

1）蓄电池有故障或严重亏电。

2）蓄电池导线连接不良，导线接头松动或接柱氧化、腐蚀、有严重脏污。

3）起动开关接触不良、烧坏、脱线等。

4）电磁开关的吸引线圈或保持线圈短路、断路、搭铁；电磁开关触点接触不良或根本不能接触。

5）磁场绕组或电枢绕组有短路、断路或搭铁。

6）电刷搭铁或电刷在电刷架内卡住，电刷弹簧折断。

2.预防措施

1）应经常检查起动电机及其开关的紧固情况，检查接线是否松动，并及时去锈。

2）每次起动时间不得超过5 s，若一次不能起动，重复起动时应间隔1.5 s，连续3次起动不成功，应在检查原因的基础上，停歇15 min后再起动，以避免起动电机过热和蓄电池过度放电而损坏。

3）发动机起动后，应立即松开起动钥匙，使起动电机停止工作。发动机运转时，严禁将起动开关钥匙再旋至起动位置。

4）要经常保持起动电机各部位的清洁，特别是电刷和整流子的清洁。

5）要经常保持起动电机轴承的润滑，检查电刷弹簧的弹力是否符合要求，整流子是否失圆等。

◇辽宁 林漫亚

打开启动开关，起动电机不转动

检查蓄电池存电量和导线连接情况

正常 → 用螺丝刀连接起动电机两接线柱，看起动电机是否转动

有故障 → 蓄电池故障 / 导线故障

转动 → 故障在电磁开关 → 检修或更换电磁开关

不转动 → 有强烈火花，表明起动电机内部有短路或搭铁 / 无火花，表明起动电机内部断路 → 检修或更换起动机

高速电流反馈运算放大器的稳定性问题和解决方案(一)

随着Comlinear公司对这种新拓扑的商业化,电流反馈放大器(CFA)在20世纪80年代中期崭露头角。它在业界迅速传播,具有许多变体和功能集。随着时间的推移,它成为视频线路驱动,有线通信(xDSL,G.Hn,电力线通信等)和AWG输出级的主要解决方案。虽然它肯定具有与高速电压反馈放大器(VFA)器件相同的容性负载稳定性问题,但鉴于电流反馈架构,细节必然不同。这里,将首先详细介绍更新的环路增益(LG)模拟方法,然后用于显示进入和退出低相位裕度(PM)条件的路径。

与参考文献1的VFA LG设置非常相似,我们需要在输入处打破环路并重新引入反相节点寄生阻抗以获得有效的LG仿真。这里,进入开环放大器模型的AC激励将是进入反相节点的电流,其中环路周围的测量将是在反相节点处与Rg元件并联地分离成输入阻抗的反馈电流。供应商仿真模型在精度和功能集方面差异很大,其中一些较早的(全晶体管级)模型是最佳的。如果对反相输入阻抗,开环互阻抗增益Z(s)和开环输出阻抗元件给予足够的关注,那么最近的集总元件宏模型(参考文献2)也可以做得很好。虽然VFA输入阻抗通常在数据表中,但CFA通常会有一个开环电阻,用于查看通常仅建模为电阻的反相输入。这通常是足够的,但严格地说,总是存在串联的感应元件。

查看CFA反相输入的开环阻抗(这是输入端的单位增益缓冲器的输出,参考文献3)在某些情况下始终至少为R系列和电感。这些缓冲器通常是开环的,互补射极跟随器观察反相节点,该反相节点将在非常高的频率(>1GHz)处具有电感特性。一些独特的器件,如OPA684和OPA683(参考文献4,5),具有闭环缓冲器,可降低直流阻抗,从而查看反相输入。这对于实现更广泛的"增益带宽独立性"非常有用,但是当缓冲器环路增益下降时,它现在具有更高的等效电感。这提供了独特的闭环响应形状与闭环增益,如图1所示(参考文献4,首页)。这里,反馈电阻固定在1kΩ,只有Rg元件变化,以说明这个闭环输入缓冲器可以提供的相对宽的高带宽增益。增益为50V/V时的+3dB峰值是不寻常的,但是由于闭环输入缓冲器自身的LG滚降引起的等效输入电感更高。

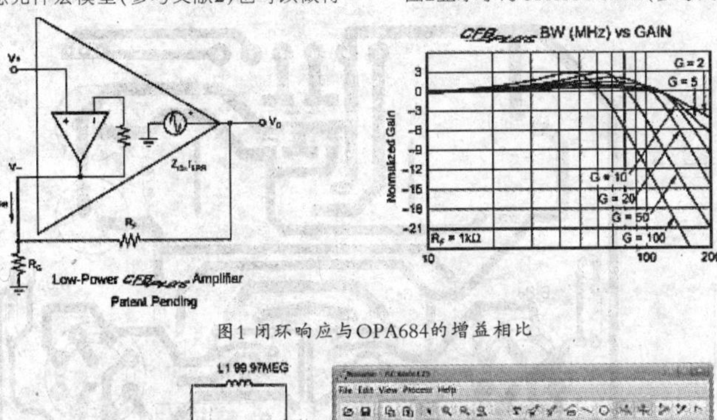

图1 闭环响应与OPA684的增益相比

图2显示了为OPA684 TINA(参考文献6)模型提取反相输入开环阻抗的仿真(参考文献7)。观察低频输入阻抗(以dBohms为单位),然后是+3dB点,给出一个阻抗模型,将开环反相输入视为:

1.Rin=4.3欧姆

2.L=73nH

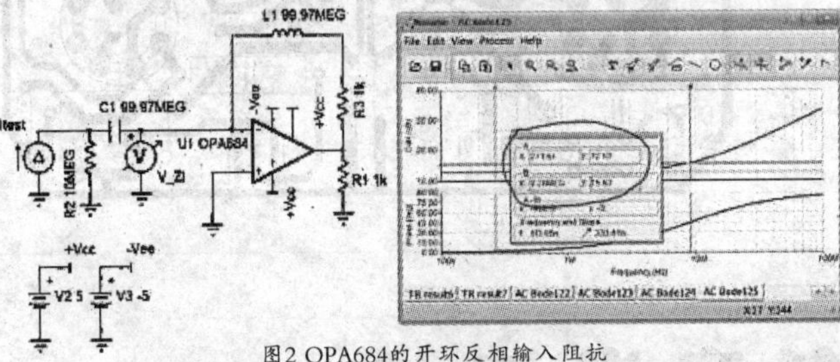

图2 OPA684的开环反相输入阻抗

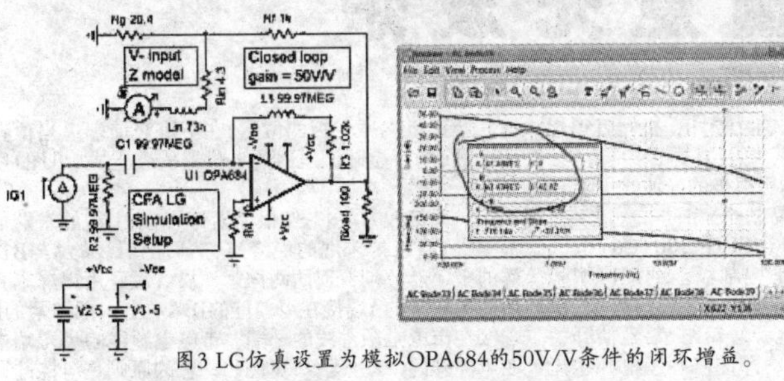

图3 LG仿真设置为模拟OPA684的50V/V条件的闭环增益。

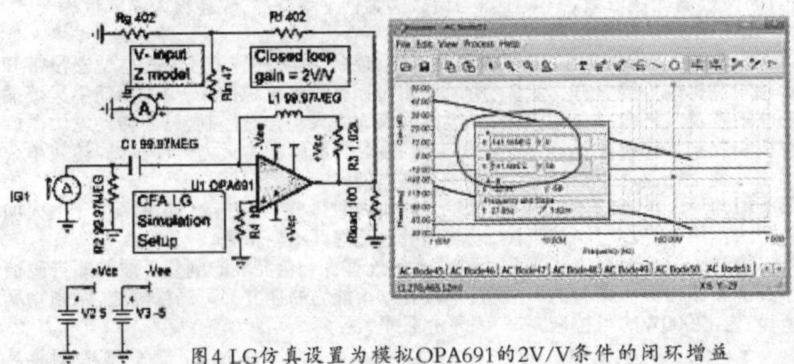

图4 LG仿真设置为模拟OPA691的2V/V条件的闭环增益

通过提取这个反相输入阻抗模型,我们现在可以继续设置整体LG仿真来测试相位裕度,如图3所示。这类似于VFA LG仿真(参考文献1),因为环路被破坏了在输入端,由大反馈电感设置的直流工作点(在这种情况下)通过大电容注入反相输入的测试电流和总回路增益追溯到反馈电流的一部分从Rg进入开环反相输入阻抗模型。同样,闭环测量的指定负载(此处为100Ω)已经到位,以包括模型中的任何开环输出阻抗效应(注意,此模拟在将其更改为Davis KLU矩阵矩阵求解器之前遭受了显著的数值抖动在TINA的"分析"选项下)

反馈电流感测元件的极性直接绘制相位裕度,并且对于50V/V测试的增益,在LG=0dB频率43MHz处显示43°。43°相位裕度映射到闭环3dB峰值(图2,参考文献8),而从LG=0dB交叉到F-3dB的1.6倍乘数(图4,参考文献8)与50V/V增益下的70MHz F-3dB匹配,如图1所示。

尽管(最终)使用这种LG仿真映射到闭环(参考文献8中的图2,4)来解释OPA684增益为50V/V的+3dB峰值当然是令人欣慰的,但这可能是一个非常特殊的情况。更广泛的CFA,开环输入级缓冲器工作在更高的静态电流。要继续使用更典型的CFA设计,请使用OPA691(参考文献9)作为更具代表性的设备和型号。对OPA691重复图2的反相输入阻抗提取,显示47Ω反相输入电阻。保持闭环带宽相对恒定的正常方法(参考文献3)是随着增益的增加而调低Rf值(图8,参考文献9)。对于增益为2V/V的OPA691,重复图3将给出图4所示的58°相位裕度,在142MHz时LG=0dB。

这与图5(第5页,参考文献9)中测得的小信号响应中的最小峰值一致。测量的230MHz F-3dB与估计的1.6XFxover=227MHz非常一致(图4,参考文献8)。

现在推荐增益为+5V/V,Rf=261,

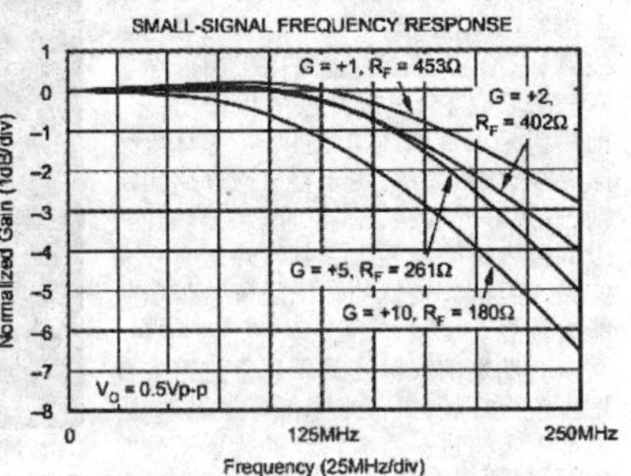

图5 测量电流反馈OPA691的小信号响应增益

LG=0dB相位裕度显示与图2的+2V/V LG模拟增益非常相似的结果,解释了增益++之间的紧密匹配图5中的2V/V和+5V/V曲线。

这种保持固定闭环响应与增益的简单方法是基于公式1中给出的LG表达式(参考文献3),其中Z(s)是从反相输入电流到输出电压的开环频率相关互阻抗增益。对于给定负载和Rin的运算放大器是开环反相输入电阻。

$$LG=\frac{Z(s)}{R_f+R_{in}\left(1+\frac{R_f}{R_g}\right)} \qquad \text{Equation 1}$$

保持反馈互阻抗(等式1中的分母)恒定超过增益,通过在信号增益变化时求解所需Rf的等式2,简单地求解最佳值(对于约60o相位裕度)。公式2显示了OPA691的2V/V解决方案的增益。解决此问题的增益为+5V/V表明Rf=261Ω,如图5所示。

$$Zort=Rf+Rm*Av=402\Omega+47*2=496\Omega \qquad \text{Equation 2}$$

这种恒定闭环带宽的方法最终会随着Rg值变得很低而被击穿,从而限制输入端的单位增益缓冲器。图7显示了使用OPA691和图5中推荐的Rf探测反相引脚(缓冲输出响应)和输出增益为10V/V的闭环响应。由于这种影响,最小Rg通常限制在20Ω。这里,152MHz的缓冲器F-3dB实际上被整个环路增益扩展到191MHz输出F-3dB。

通常,缓冲器SSBW是整个闭环带宽的>10倍,具有更高的Rg值。重复图7,增益为2,Rf=Rg=402Ω,得到4GHz的缓冲器F-3dB。

(未完待续)(下转第235页)

◇湖北 朱少华

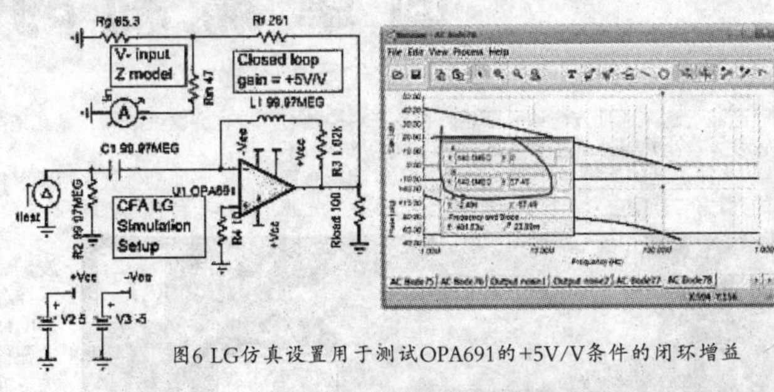

图6 LG仿真设置用于测试OPA691的+5V/V条件的闭环增益

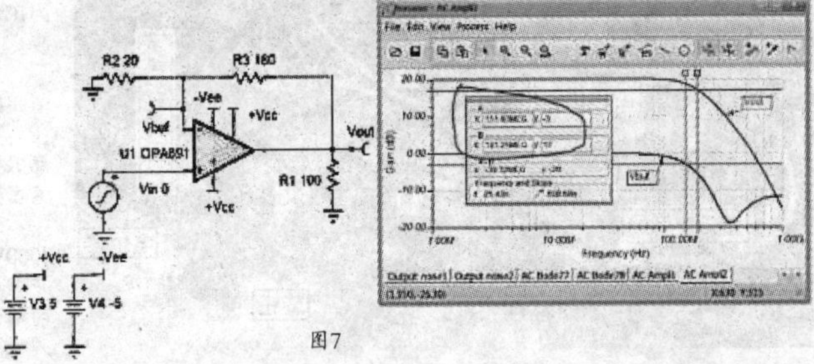

图7

简单易做的靓声胆前级

这里介绍的靓声胆前级，采取了三条措施来保证“靓声”。一、输入级采用五极管，三级接法；二、输出极采用低噪音双三极管，两个三极并联阴极输出；三、前后级采用直耦，低屏压供电。整体电路原件少，线路简单。由于整机无环路负反馈，有足够的增益，基本可满足一般纯后级的输入灵敏度要求，其特点是有较高的输入阻抗和较低的输出阻抗，带负载能力较强。

有朋友前级输入管采用直流管或者用直流点灯丝，以此来降低背景噪声。因为本人实验过，直流灯丝的背景安静的确很好，但是却使得声音比较僵硬，不耐听。据此，本人选用了交流灯丝的6J8P做第一级；采用了印刷电路与搭棚结合（灯丝供电走线双绞线，一端接地），走线简洁，对于改善和降低整机背景噪音更为有利。制作也容易。整机装在一个小茶盘上，外观还算简洁、大方、实用。电路是其中一个声道，电源部分略。

电路：

印刷电路板：

焊接完成：

裸机状态：

装在一个小茶盘上：

以下视频链接为本前级与功放搭配的现场放音实况，仅供参考：

搭配FU50推晚视频：

http://v.youku.com/v_show/id_XMzg5MDM0NjkzMg==.html?

搭配FU81单端视频：

https://mparticle.uc.cn/video.html?spm =a2s0i.db_contents.content.15.654a3caaqvYZw6&uc_param_str =frdnsnpfvecpntnwprdssskt&wm_id=6f26512f5ff54c399a6c3f68ff8a1e14&wm_aid=53d9b087c3634c2a9d79a445a18bcc7b

◇路神

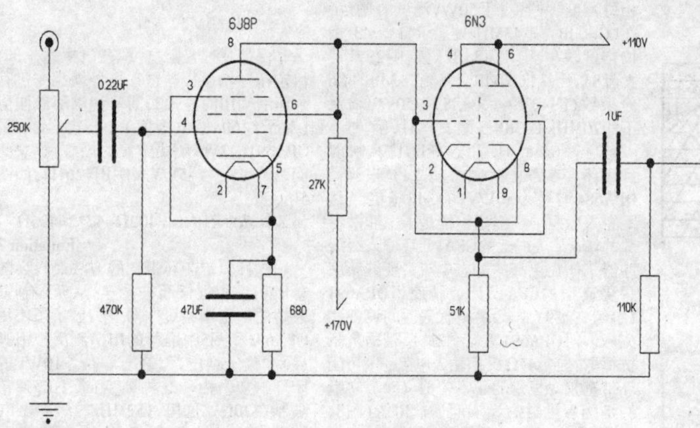

电路图(电源部分略)

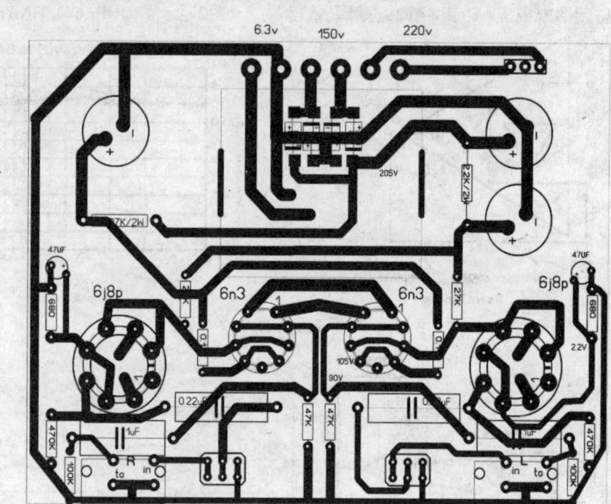

简单易制的创意光波炉

光波炉这东西朋友应该不陌生，它是利用控制卤素管发光产生热量来加热食物的，其优点是没辐射、不挑锅。光波炉品牌型号多种多样，电路设计有简单有复杂的，但它与其他电器一样，由于种种原因再好的光波炉也会发生故障，尤其是电脑芯片损坏，机器就得报废。

下面笔者就来聊聊怎样利用报废的光波炉，重新制作一台有创意的，既简单又易制的光波炉。

有一台SPT—180（G6）型光波炉，就是控制板上的IC1（型号不详，估计即是单片机）坏了，因该IC1的电源端短路了，致使开关电源损坏，即使修好了电源也无法更换IC1而使机器无法修复，只因IC1没有型号且无从考究而报废。

笔者利用该机的外壳，并保留完好的卤素管及其托盘（反射板）；把主板和控制板包括电风扇都拆掉不用，至于托盘底下的传感器也都不用，但可以任之不拆。

改造方法：用一只淘宝买的2000W可控硅调压器（因原本光波炉功率1800W，即2根卤素管的功率，所以选用2000W的可控硅调压器，淘宝网购包邮不超10元钱），装进机内原主板的位置，在下机壳前端适当位置挖个洞，把可控硅调压器的电位器安装上去，见图1所示。

具体接线方法：把2根卤素管共4条引线的末端插头剪掉，并剥掉末端的绝缘皮，然后把引线的A与B裸露的金属丝分别双双两两拧紧一块（最好用锡焊牢），然后把拧紧的A端接在可控硅的D螺丝上，把拧紧的B端接在市电电源进线的一端，市电电源线的另一端接在可控硅的C螺丝上（参见图1）。总的原则是可控硅调压器与负载卤素管是串联的，改装极为简单哦。

使用操作方法：因可控硅调压器的电位器没带开关，所以使用时插上市电电源插头，用完需随手拔掉插头；煮饭或炒菜火力大小一键控制，只要转动电位器旋钮便可实现，顺时针旋转加大火力，反时针旋转减小火力，操作非常方便。

提示：因机内散热风扇被废除，建议尽量开小火加热，以防热量过高烤坏塑料机壳。

经过上述处理，一台完美的创意光波炉即告改造成功，稍微有动手能力的朋友都可轻松改造，做到物尽其用，不亦乐乎。

◇福建 谢振翼

文氏振荡器中二极管的稳幅机理和改善失真的方法

用文氏振荡器产生低频正弦波是一个不错的选择,它简单廉价,而且可以在较大范围内连续改变频率,频率稳定度也可以满足一般的要求。一般一个振荡器包括四个部分:放大电路、正反馈电路、选频网络、稳幅电路。

由文氏振荡器的特点已知,其反馈系数F =1/3,则文氏振荡器的起振条件必须满足Av×F>1,否则不能起振。理论上,起振后Av×F的值应该等于1,所以,归纳起来是Av×F≥1。Av×F>1时起振,但起振后Av×F仍然>1,则输出信号幅度会很大,因此会被削幅成梯形波或方波。因此,我们需要一个自动控制增益的电路AGC电路,使得Av×F的值控制在起振前Av×F>1、起振后Av×F≈1,整个电路的增益稳定在一个合适的范围内。

利用二极管来做稳幅控制元件是一个廉价和高效的方案。虽然电路已经成熟并得到广泛应用,但在课堂上讲述其稳幅的工作原理时却都比较含糊,其他书本上也鲜见介绍。本文试着分析文氏振荡器中二极管稳幅的机理,作为职业院校电类学生学习该内容时的补充。

典型文氏振荡电路如图1所示。

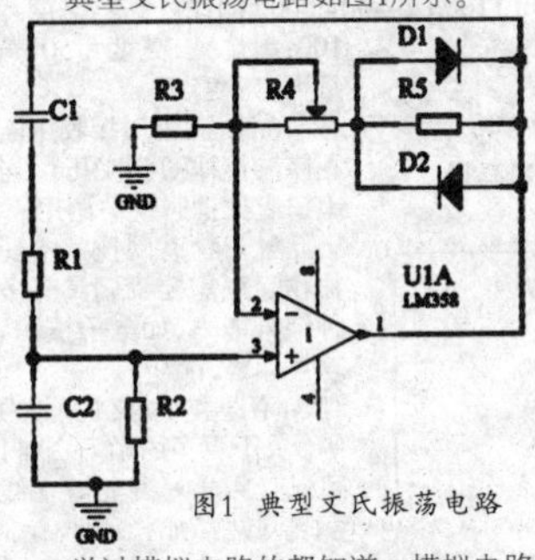

图1 典型文氏振荡电路

学过模拟电路的都知道,模拟电路中分析二极管有三种模型:第一种是理想模型,第二种是恒压降模型,第三种是折线模型。

关于二极管在文氏振荡器的稳幅作用,有一种解释是把二极管当成开关来解释,说R5两端的电压对于二极管是反向电压时二极管不导通,当电阻两端的电压对于二极管是正向电压时二极管导通,把电阻短路,于是放大器的增益减小,起到稳幅的作用。听起来似乎也能讲得通,但细细想来总有一种笼统模糊的感觉。实际这是用了第一种模型来分析二极管在该电路中的作用。

模拟电路的分析还得从元器件的特性、元器件在电路中所呈现的作用来分析。正弦波非数字电路的方波不会发生跳变,二极管从死区过渡到导通区域不会发生跳变,导通后的二极管在这个场合也不能当成短路线来分析,所以这个场合用数字电路的分析方式来解释二极管的作用是不合适的。

分析二极管在振荡器中的稳幅作用时,要引用一个二极管内阻的概念,即二极管的内阻等于二极管两端的电压除以流过二极管内部的电流。

$$R_D=\frac{V_D}{I_D}$$

V_D—— 二极管两端的电压

I_D—— 二极管内部流过的电流

前述分析二极管的第三种模型——折线模型,是最接近实际曲线的模型。图2为二极管实测曲线,图3为折线模型曲线。

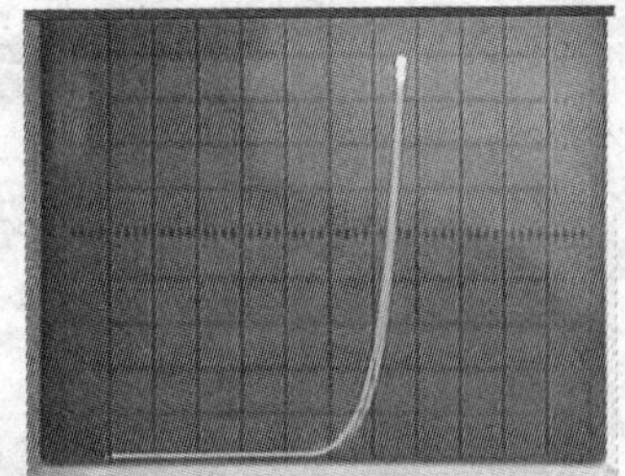

图2 晶体管图示仪测得的二极管实际曲线

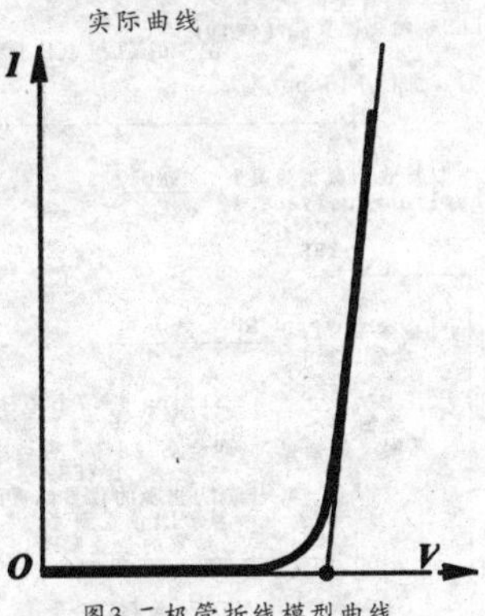

图3 二极管折线模型曲线

二极管的折线模型可以看成一个分段函数:

$$R_D=\begin{cases}\infty & (V_D<0.5V,\ I_D=0)\\ \frac{V_D}{I_D} & (V_D>0.5V,\ I_D\neq 0)\end{cases}$$

在二极管两端的电压未超过死区电压时,二极管不导通,内阻表现为无穷大。越过二极管死区电压后,二极管逐渐导通,其流过二极管内部的电流I_D会随端电压的升高而快速地增加,内阻也就随着二极管两端电压的升高而快速地降低,这个过程呈现出了一个非线性的特点。

我们知道,文氏振荡器的放大电路是同相放大器,同相放大器的放大倍数$Av=1+\frac{R_f}{R}$。由图1可知,R=R3,R_f=R4+(R5//R_D),则:

$$Av=1+\frac{R4+(R5//R_D)}{R3}$$

在控制放大器增益的负反馈支路中,利用二极管的上述特性,用二极管的内阻与负反馈支路的R5电阻并联。当电路未起振时,二极管不导通,则反馈电阻阻值为R4+R5,满足Av*F>1的要求。起振达到一定幅度后,二极管导通,(R5//R_D)的并联阻值就会减小,从而减小了负反馈电阻的阻值,也就减小了放大器的增益,相当于电路加入了自动增益控制电路,使得放大器自动处于一个合理的增益范围。

只要适当调整R4的值,使放大倍数大于3倍,电路就能处于振荡状态。起振后,只要R5两端的电压降大于二极管的死区电压,二极管就进入导通状态,其内阻就会从∞开始下降,(R5//R_D) 的值也随之下降。正弦波的幅值越高,R5上分到的电压也越高,在二极管两端得到的电压就越高,则二极管的内阻就会降得更多,(R5//R_D)的值也下降得更多。即输出的幅值越高,负反馈量越大,从而限制了输出幅值。由此可见,在二极管越过死区后,负反馈量不是一个定值,它始终是一个变化的量。整个负反馈的变化量是由(R5//R_D)的值控制的。

R5在这个电路中有两个作用:

一是检测输出波形的幅值,提供二极管导通电压。R5的大小决定了AGC电路的控制范围。二极管的起控电压(死区电压)对于一个具体的二极管一般是一个常数,则R5数值大,起控的时间就早,稳幅控制范围就大;反之,R5数值小,起控的时间就晚,稳幅控制范围就窄。

二是通过选择合适的阻值,可以减小正弦波的失真。实际安装过该电路并用示波器仔细观察过波形的可能会注意到:在未使用二极管稳幅时,正弦波的波形很漂亮,但稳定性极差;用了二极管稳幅后,R4的可调范围明显加大,波形幅度的稳定性明显提高,但仔细看正弦波的弧线没有原来漂亮了,如图4。

使用二极管稳幅后为什么会导致波形失真呢?这是因为二极管真实的导通电压曲线是非线性的(参见图2),所以在每一个时间段内,二极管内阻的变化也是非线性的。如果要减小这种影响,可以采取的措施是适当减小R5的阻值。要注意的是,在减小R5阻值的同时,要重新调整R4的阻值,以保证电路能正常工作。由于二极管在刚进入导通区时呈现的内阻比较大,这样在R5阻值减小后再与二极管较高的内阻并联,就减小了二极管非线性内阻变化对整个电路负反馈量的影响,从而改善对正弦波波形线性度的影响,改善后的波形见图5。这里要兼顾到减小R5的阻值会延缓二极管的起控时间,缩减AGC的稳幅范围。实际电路可以根据需要进行取值调整,R5的取值一般在几千欧范围内选择。

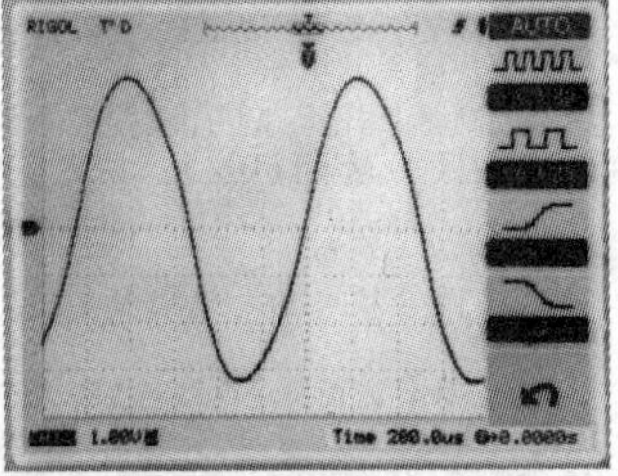

图4 略有失真的正弦波

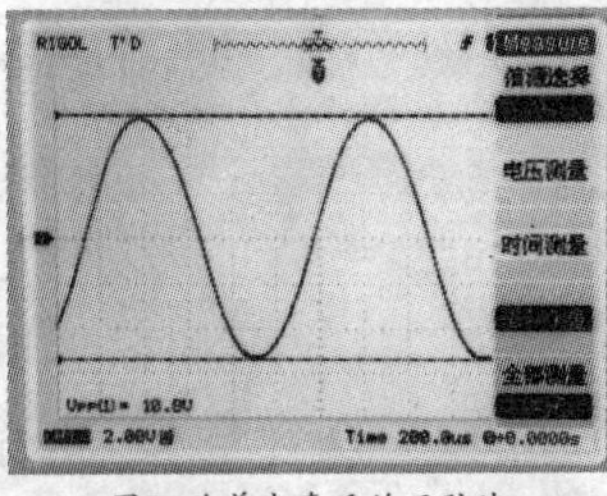

图5 改善失真后的正弦波

由于二极管的单向导电性特点,一个二极管只能负责一个方向的波形控制,另外半边的波形必须有另一个反向连接的二极管来完成控制(控制原理相同),由此完成对正弦波上下对称波形的AGC控制作用。这个控制原理也提醒我们,在选用这两个二极管时,要尽量使这两个二极管的特性一致,以保证振荡器的输出波形上下对称一致。

关于文氏振荡器用二极管稳幅的电路还有其他一些形式,如图6、图7所示,其稳幅原理跟图1完全一样。

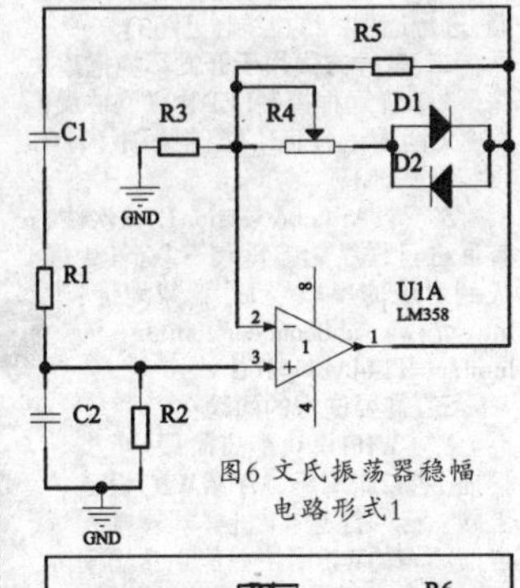

图6 文氏振荡器稳幅电路形式1

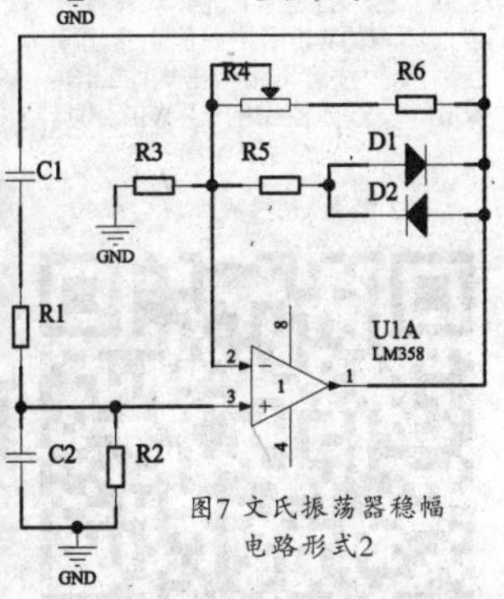

图7 文氏振荡器稳幅电路形式2

◇常州 王迅

《电子报》职业教育版约稿函

《电子报》创办于1977年,一直是电子爱好者、技术开发人员的案头宝典,具有实用性、启发性、资料性、信息性。国内统一刊号:CN51-0091,邮局订阅代号:61-75。

职业教育是教育的重要组成部分,职业院校是培养大国工匠的摇篮。2019年,《电子报》开设的"职业教育"版面诚邀职业院校、技工院校、职业教育机构师生,以及职教主管部门工作人员赐稿。稿酬从优。

一、栏目和内容

1.教学教法:职教教师在教学方法方面的独到见解,以及新兴教学技术的应用,给同行以启迪。授课专业一般为电类。

2.初学入门:结合应用实例的电类基础知识,注重系统性,帮助电类学生和初级电子爱好者入门。

3.电子制作:职教学生新颖实用的电子小制作或毕业设计成果。

4.技能竞赛:技能竞赛电类赛项的竞赛试题、模拟试题及解题思路,指导老师培养选手的经验,获奖选手的成长心得和建议。

5.职教资讯:职教领域的重大资讯和创新举措,含专业建设、校企合作、培训鉴定、师资培训、教科研成果等,短小精悍为宜。

二、投稿要求

1.所有投稿于《电子报》的稿件,已视其版权交予电子报社。电子报社可对文章进行删改。文章可以用于电子报期刊、合订本及网站。

2.原创首发,一稿一投,以Word附件形式发送,稿件内文请注明作者姓名、单位及联系方式,以便奉寄稿酬。

3.除从权威报刊摘录的文章(必须明确标注出处)之外,其他稿件须为原创,严禁剽窃。

三、联系方式

投稿邮箱:63019541@qq.com或dzbnew@163.com

联系人:黄丽辉

本约稿函长期有效,欢迎投稿!

《电子报》编辑部

2018年12月

用亚博智能物联网模块实现远程控制LED

物联网是新一代信息技术，英文名“The Internet of things”。顾名思义，物联网就是“物物相连的互联网”。这有两层意思：第一，物联网的核心和基础仍然是互联网，是在互联网基础上的延伸和扩展的网络；第二，其用户端延伸和扩展到了任何物体与物体之间，进行信息交换和通信。

笔者最近学习了亚博智能物流网技术，它通过云平台提供了16种微信控制界面来控制各种器件，在这里我介绍其中最为基础的红绿黄3个led发光二极管的控制，来理解物联网的工作过程。这个实验使用的控制器件有：进口Arduino UNO控制器、物联网WIFI模块；其他器件：面包板、红绿蓝LED发光二极管、5V直流电源等；使用的软件有：手机微信、Arduino开发软件等。

我们需要从软硬件上学会这些知识和技能：

一、硬件方面实现电路连接和微信配网

1.远程控制LED线路的接线(见图1)；

2.电脑与控制器、物联网wifi模块的连线，烧录程序到控制器(见图1)；

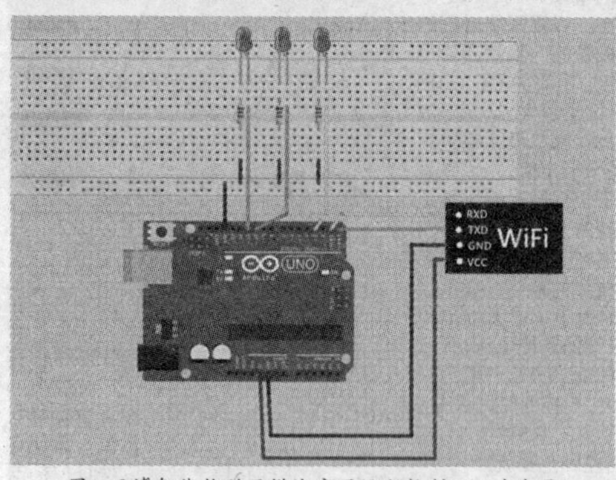

图1 亚博智能物联网模块实现远程控制LED连线图

3.用手机微信扫描实现Arduino物联网套件的配网(见图2)；

4. 用手机微信登录物联网控制界面，进行远程led的控制(见图3)。

二、软件方面用于开发环境搭建

1.读懂远程控制LED物联网协议；

2.读懂远程led的控制程序(有C语言编程基础)；

3.下载Arduino version1.7.8软件，安装后进行程序的编辑和下载(其中需要找到对应的串口号)，下载地址：https://www.yahboom.com/build.html?id=1144&cid=166

三、需要注意的问题：

1.在WIFI模块配置阶段：手机扫描下图2二维码，配置WIFI设备上网。必须注意：手机必须连接到当前环境的Wifi网络并能正常访问互联网。(注意网络为常规的2.4G-Wifi信号,而无法识别5G-Wifi。)具体步骤可参看https://www.yahboom.com/study/uno-iot。

图2 配置wifi模块上网二维码

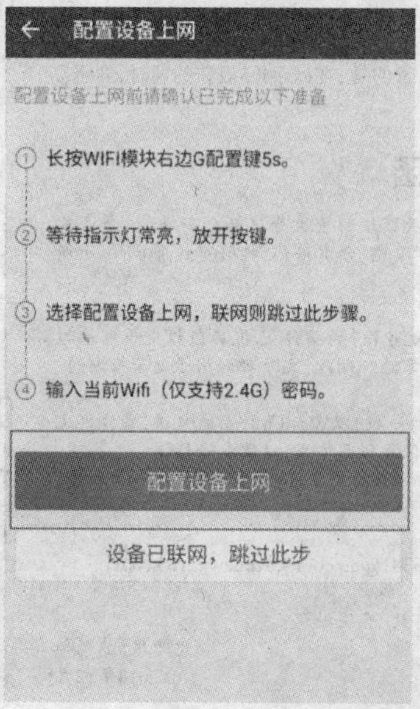

2. 读懂通信协议(这里是HTTP协议)：HTTP定义的事务处理由以下四步组成：①客户端与服务器端建立连接②客户端向服务器端发送请求③服务器端向客户端回复响应④断开连接。

远程控制LED的协议如下：包头$命令字LED，灯1开关状态S1(1/0)，灯2开关状态S2(1/0)，灯3开关状态S3(1/0)，灯1亮度L1 (000-100)，灯2亮度L2(000-100)，灯3亮度L3(000-100)结束符#。例如在微信界面(如图4)按下三个对应灯的按钮时，发送字符“$LED,S11,S21,S30,L1100,L2050,L3000#”至下位机，下位机根据程序判断打开L1、L2和L3灯，并且灯1亮度100，灯2亮度50，灯3亮度0。然后下位机给微信界面返回数据包$LED,(0-2),#。如果是$LED,0,#，则表示成功；如果是$LED,1,#，则表示失败；如果是$LED,2,#，则表示不匹配当前。

3. 在接好线后用软件烧录程序，注意：烧录时需拔掉arduino控制器上接至WIFI模块端的0和1引脚的接线，否则会上传失败！在上传成功后将0和1引脚的线接上。

4.WIFI的GND接Arduino的GND，WIFI的VCC接Arduino的5V。注意将WIFI模块和Arduino的RX和TX端的连线。配网时WIFI与Arduino正接（WIFI的RX接Arduino的RX，WIFI的TX接Arduino的TX)；控制时需要RX与TX反接。这点很重要，也就是在用手机微信端控制时候，RX和TX需要反接。

配置设备上网

配置设备上网前请确认已完成以下准备

① 长按WIFI模块右边G配置键5s。

② 等待指示灯常亮，放开按键。

③ 选择配置设备上网，联网则跳过此步骤。

④ 输入当前Wifi（仅支持2.4G）密码。

配置设备上网

设备已联网，跳过此步

AR套件微信控制界面

亚博智能 YahBoom 享你所想 创所未创

Arduino物联网套件

1、远程控制LED

2、远程控制RGB灯

3、远程控制继电器

4、远程鸣笛

5、远程音乐播放

6、远程风扇

图3 微信端物联网控制界面

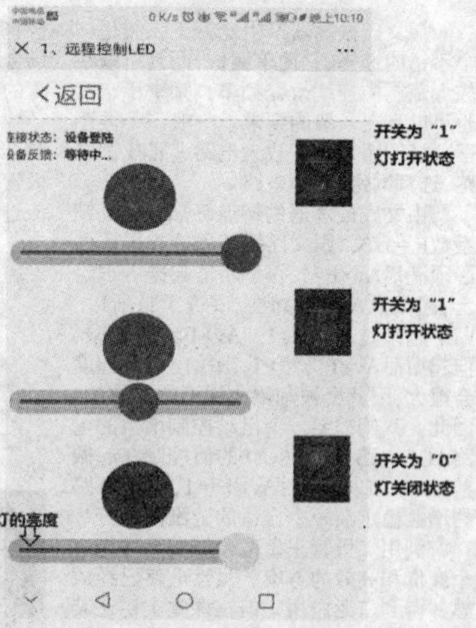

1、远程控制LED

<返回

开关为“1” 灯打开状态

开关为“1” 灯打开状态

开关为“0” 灯关闭状态

拖动进度条控制灯的亮度

图4 远程led微信控制界面

5.读懂“远程控制3个led的程序”，笔者绘制了控制的流程图(见图5)，以便于读者理解程序的控制过程，注意这里远程控制LED的协议是$LED,S11,S21,S30,L1100,L2050,L3000,#即红灯亮，亮度为100；绿灯亮，亮度为50；黄灯灭，亮度为0。

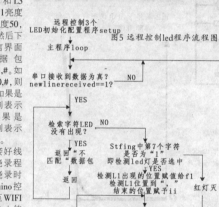

6.读懂“串口接收中断程序”，流程图(见图6)。当串口有数据时就被调用。

学习物联网技术实现物物互联需要我们具有多种综合能力，如电子技术、软件编程、读懂通信协议的能力等。关于更多的学习资料，可以查阅学习网亚博在线学习网站：https://www.yahboom.com/build.html?id=1152&cid=166。

◇江苏 周荻

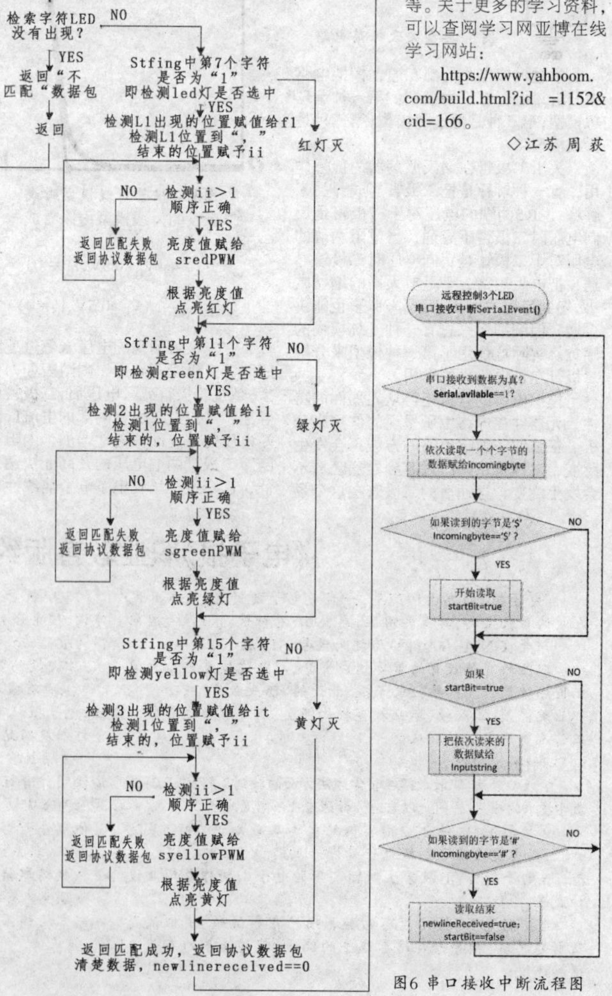

图5 远程控制led程序流程图

图6 串口接收中断流程图

短音频在物联网时代的新应用

中国广播杂志

C位出道！物联网时代选择短音频准没错

互联网时代，由于声音自带的伴随、情感和想象属性，加上汽车保有量的持续增加，使得广播成为当下受互联网冲击相对较小的传统媒体，但就整个媒体格局而言，广播一直没有成为互联网时代的主角。当下，短音频是不是广播媒体的新风口在业界仍有争议，但不可否认的是，短音频必然是广播产品适应物联网发展的转型趋势，在短音频制作和传播上，广播必须大有作为，占据主动。

短音频，顾名思义是时长较短且独立完整的音频节目。线性广播节目一般是以30~60分钟时长为切割，而短音频时长一般为2~10分钟。短音频有三个特征：时间短，但逻辑完整，伴随性强，适合碎片化收听；主题鲜明、内容优质、有情感爆点，符合个性化收听需求；场景丰富，可进行基于场景的垂直细分。短音频的核心精髓不仅仅是“短”，更在于“精”——精练、精致、精彩。

广播节目短音频并不是指简单地把播出的广播节目剪短，而是要在节目生产流程、内容制作等方面进行重新谋划，充分贴合网络受众的需求，在话题挑选、语言风格、内容呈现上都要有特别设计。互联网为音频节目的多元化生产提供了更多可能，我们可以根据不同的场景、不同的人群做更精准的设定，个性化定制的音频节目并不一定同步在广播频率中播放，同时在语言风格上可以更网络化。

用户原创内容(UGC)已成为短视频的主力，那么，短音频要想达到普及应用自然少不了UGC的助力。广播应该积极发挥自身的IP优势，带动更多用户自发地参与短音频UGC内容的生产，形成多元化的、有价值的内容生态格局，从而使短音频如同短视频一般触发更多、更主动的日常应用。

目前，除了常规的广播电台和各类音频客户端之外，这两年逐渐兴起的智能音箱也成为短音频播放的生力军。智能音箱为短音频的发展带来增量，反之，不断积累的短音频也需要通过智能音箱、车联网等新的硬件布局拓宽新的流量入口。广播媒体目前介入物联网最简便的方法是通过自有平台与物联平台达成战略合作，比如将音频节目提供给智能音箱产品，以不同于收音机和智能手机的“第三种渠道”触达消费者。不过，在这个过程中，作为内容供应商的广播平台，必须懂得维护和经营好手里的优质内容版权。

声音的介质局限导致了音频产品商业变现比较难，这也是音频市场一直不温不火的原因，但是互联网付费时代的到来将为音频制作者们带来曙光。近两年音频付费可行性已经得到验证，市场发展日趋成熟。相比而言，广播长期的免费收听，很难在短时间内培养受众付费收听的习惯，但是应该开始逐步引导听众对广播自制短音频树立付费收听意识，这将更有利于广播自制短音频的良性发展和用户的精准挖掘。

赛立信媒介研究

广播电台在有声阅读方面占据绝对的优势

有声阅读方兴未艾，在移动人群中形成了一种风潮。有声阅读是非常健康的一种阅读生活方式，相比起看书，听声音相对放松，不需要分神，可以同时做其他事情，对信息还有强化记忆的可能性。用耳朵代替眼睛让阅读有了更多的可能性，在碎片化时代这是市场的一个需求，也是人们精神生活更加丰富的一种表现。

2018年，我国有近三成的国民有听书习惯。有声阅读越来越受青睐，成为互联网收听的一个增长点，很多爱好者、自媒体也做起了有声生意。但是有声阅读市场的产品良莠不齐，泥沙俱下，有很多自媒体上传的内容错误百出。有声书不仅仅只是简单地把文字变成声音，它还要做到准确表达其中的含义、意义，融进情感因素，带有表演，进行艺术化的处理，达到专业的水准。

有声阅读适合所有年龄阶段的人群，而有声阅读的推广可以从一老一小开始。老年人视力衰退，把文字变成声音他们非常乐于接受；对小朋友来说，听故事是一种良好的教育方式，有声作品可以作为家长的一种辅助。

广播电台在音频生产内容上有绝对的优势，有责任来规范和引导有声阅读市场，同时，也担负着传承中华民族优秀经典文化的使命。

广播电视信息

5G时代广电网络的机遇与挑战探讨

随着5G的脚步越来越近，它给广电网络带来的机遇与挑战也越来越明朗化，这就迫使广电网络不得不痛下决心进行技术革新和产业调整，以寻求5G时代新的发展空间。

5G网络具有大容量、更快的响应速度、支持更多的设备和更高的移动速率。5G网络普及后可让无处不在、万物可连、万物可控变为现实，服务对象也由单纯的网络用户向用户与物的方向拓展。广电网络应迅速明晰有线网络与物联网共生的定位，尽快规划广电网络在5G时代的产业思路，从技术层面和业务层面着手，在用户与用户、用户与物、物与物的连接与服务方面努力。

5G网络服务可高度整合传统产业领域的分散资源，使各行业向着全面融合及深度融合的方向迈进。广电要注重细分现有领域业务，并提前对垂直领域的相关业务如融合、运营、技术研发等制定出切实可行的路线图。

应对5G时代的挑战要分别从以下几个方面进行探讨。5G时代仍需坚持内容为先；创新有线网络综合服务体系；向无线化传播方式转型探索；人工智能为广电网络注入动力。目前，无论是广播电视台还是广电网络公司，都对5G的发展以及广播电视与5G的融合非常关注，这些都是应对5G时代的挑战，广电网络升级转型已经在路上。

传媒茶话会

版权产生长尾效应给媒体带来丰厚回报

版权是媒体尤其是广电媒体的无形资产，对于广播电视单位而言，如果没有版权，难以进行正常播出，难以开展产业经营，难以实施对外传播，难以推动媒体融合。

只要紧紧握住版权，深刻理解市场，打开脑洞，版权的无限复制性所形成的长尾，将会给媒体带来丰厚的回报。广电单位要有全版权思维，从加大保护、市场意识、优质内容等6个方面开展版权运营。

付费阅读既是媒体融合转型的一种尝试，也是保护版权的途径。媒体的商业模式，从原来的广告模式，后来变成了流量模式，媒体要改变唯流量的模式，付费新闻是一种比较好的探索方式，而且付费是可行的。因为阅读的消费升级、有质量新闻的短缺、移动互联网技术为付费阅读提供了实现的可能和条件。

保护版权并不意味着不能使用，而是要在尊重权利人著作权基础之上的合理、正当使用。版权保护是一项系统的工作，它至少包含了确权、行权、维权在内的多个环节。在融媒体时代，证据的取证和保全的方式已发生显著变化，电子证据已经在慢慢替代公证取证的方式，因为它们的便捷度很高，成本很低，很快速。媒体做维权的过程中也需要依据法律相关要求和规定，采取合规的取证方式，有效进行版权方面的保护。

随着内容生产成本越来越高，竞争越来越激烈，内容行业需要把版权的价值进行最大化的挖掘，因此，进行有效的版权管理与运营非常重要，其中数据能力，保护能力，管理产品和运营能力是版权管理运营的关键支撑。

阿基米德传媒

新广播下，“高冷”型小众节目的创新出击

一直以来，在广播中有一个特别的节目类型，即科普节目。以亲切的方式，以一个耳朵的距离，这类小众的科普节目用正能量的声音服务着科学普及的工作。“科普集市”公益科普活动在上海闵行区举行，来自上海新闻广播《科学魔方》的主播就将“直播间”带到了现场，线上线下联动，带听众走进科普集市，真实体验科学魔方的打开。从科技展区到手工匠人区，主播以移动直播的方式展现了科普集市所有的奇思妙想与科学魅力。

《科学魔方》的主播在科普集市现场发起的播菜直播，现场感更强、体验更加新奇，直击第一现场的刺激感更加贴合了科学的神奇魅力。新意的小物件、酷炫的科技、精湛的技艺、有趣的体验……这是一场奇妙的科学探秘之旅。

新媒体下的播菜直播，搭建了更加立体交互的直播间。在这里，听众可以和主播发起多样的互动，而听众们的奇思妙想、科学疑问、特别需求，主播也可以第一时间看到，并且能够实时予以反馈。流动的直播间打造了流动的科学普及站，更打造了专属的交流互动新空间。

广播的融媒转型，不仅仅是媒介形式的融合传播，更是媒体“链接”功能的升级。主动链接社会资源，发现更多有趣、有益的资源活动、社会生活内容，并以创新融合的传播形式进行传播，传统媒体的转型将找到更多的着力点与更广阔的发展空间。

◇湖北 李明喜

IP传输技术在8K节目制作中的运用和发展

在超高清的现场广播节目制作发展的现阶段，8K高码率视频信号的远距离传输是需重点突破的技术难关。而一般传输方案是将摄像机等各类转播设备用电缆连接并通过SDI格式信号进行传输，最后将音视频数据通过光缆从采集现场传输到广播制作中心。但由于通过电缆信号会产生损耗，一般的SDI信号的传输距离被限制在100km以内。

而IP网络作为广泛应用于电信网络的通信方式，传输成本相对低廉、传输范围更广，因此通过IP网络实现8K节目制作信号等数据的远距离传输成为研究热点。

将视频、音频和同步信号封装成IP格式信号，即可在电信供应商所铺设的IP网路以及网络服务器的基础上实现远距离传输。

在采集现场和广播制作中心之间可能会有信号互传的需求，由于IP网络的双向传输特性，因此使用IP网络进行传输还能够实现将节目制作信号回传到现场。SDI和IP传输的特性如下图所示：

如NHK strl所研发的IP传输设备可以将8K视频矩阵信号复用，通过10Gbit或100Gbit的以太网进行传输。并兼容轻量压缩技术（高图像质量、低延时的压缩)处理后的信号，以支持60P的8K高质量图像数据在10Gbit以太网上的传输。通过IP传输设备的信号转换，以此实现了8K高质量视频信号在长达500km甚至更远距离间成功传输。下图为此IP传输设备外观及其参数配置：

另一方面，通过IP网络传输的方式，可以将节目制作流程中的音频矩阵信号从会场传输到广播制作中心的音频制作区，以完成在广播制作中心的调整以及后期制作，并将最终的制作信号反馈回现场。

“如何在发生错误的情况下实现高质量的稳定传输”成为目前在基于IP网络视频信号传输需要突破的问题以及研究的目标，应用于IP传输设备的纠错码监测技术也因此成为当下聚焦的研究方向。

◇北京 王文科

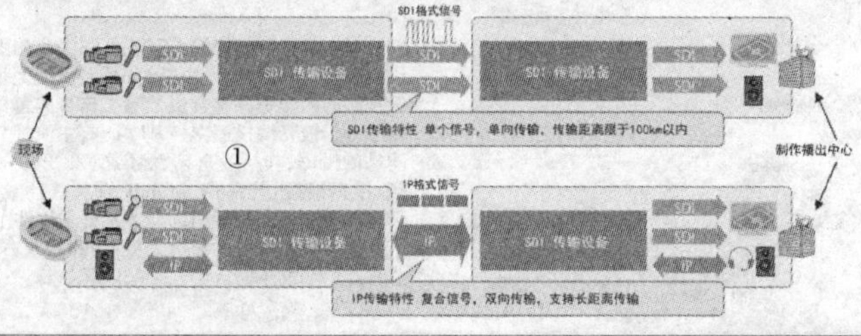

①

(a)

项目		规格
视频信号		8K（60Hz或120Hz）
IP信号		10Gbit或100Gbit以太网
轻量级压缩	压缩方式	TICO：微型编码器
	压缩比	17.5%～20%
同步方式		PTP：高精度时间同步协议

(b)

②

新瓶装旧酒音响发烧系列之一:

一套实用的高保真DSP分频的2.1音响系统方案(二)

(紧接上期本版)

如图7所示红色款一体化音箱,左右声道两个4英寸全频喇叭安装在前板,8英寸超低音喇叭在底部安装在底部,220V交流转24V直流电源适配器外置供电。

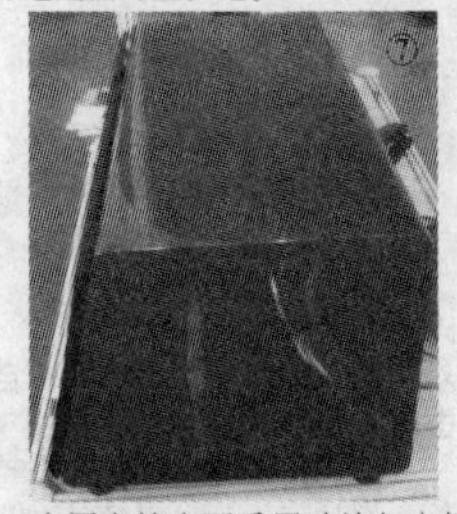

2.1有源音箱也可采用功放与音箱分体设计,可有多种方案。我们只需作好一个12V~24V/3A~5A的直流电源,也可选用木质功放箱体,配好机箱就是一套实用的高保真DSP分频的2.1卡拉OK功放,如图8所示,电源可用变压器整流滤波即可,也可用优质的开关电源供电。当然用电瓶供电更好,由于汽车多用12V或24V电瓶,用这款音响方案可开发车载娱乐系统,或者开发优质的广场舞用移动音响。

2.1音箱也可发烧设计:比如左右声道音箱可采用4英寸低音哑铃式结构,低音炮可采用10英寸单体,如图9所示。左右声道音箱也可采用3英寸全频单元,低音炮可采用8英寸单体,箱体可贴木皮或PVC,网罩可用仿古网布制作,如图10所示。

而在业余条件,可就地取材,利用各类闲置器材就地改装,尽可能降低成本。比如可利用某些报废的或闲置的CD、VCD、DVD组合音响来升级改造。

如今高清电视或4K超高清电视多内置网络电视播放功能,为改善超薄电视的音质,市场上出现了电视回音壁音响,笔者觉得电视回音壁音响主要功能是电视娱乐为主,国内的电视音响应考虑高保真音乐欣赏与数字影K等多种功能,因网络的节目源太丰富了,音乐、电影、卡拉OK曲目、游戏等节目都随处可见,用户对小型化的音响设备有了更高要求。部分大屏幕电视机保留了模拟音频输出接口或数字音频输出接口,少数进口的高端大屏幕电视机只保留了光纤输出接口,我们可以把电视机输出的模拟音频信号或数字音频信号传输给DSP-021来进行电视音响升级,即外接一套HIFI 2.1音响系统、对电视机外置扩音,改善电视机的音质

市场上很多有源音箱支持USB插卡播放,但多支持MP3、WMA等有损音频文件USB播放,或许硬件成本增加不到20元,就可升级支持WAV、APE、FLAC等无损音频文件USB播放,DSP-021功放板可满足低成本高品质音频播放的需求。由DSP-021功放板打造的有源音响可有多种用途:电脑音响、电视音响、书房或卧室音响、户外音响等等。

(完)

◇广州 秦福忠

调音台功能简介及使用技巧

调音台广泛用于广播、剧场、舞厅、体育馆等场所。常见的调音台有8路、12路、16路、24路等,每路均可单独对信号进行处理,如信号放大,音调调节,声音的空间定位、混合等。

调音台可分为输入、母线、输出三部分。调音台输入部分:插座和功能键安排。

(1)是话筒(MIC)输入插座。

(2)是线路端(Line)。它是一种大三芯插座,一般用于除话筒外的其它声源的输入孔。

(3)是插入插座(INS)。其平时内部处于导通状态,当插入大三芯插头后,(1)(2)输入的信号从插头一芯引出,经外部设备处理后又从另一芯返回调音台,故也称为又出又进插座。

(4)是定值衰减(PAD)。按下此键,输入的信号将衰减20dB(即10倍),有的为30dB。

(5)是增益调节(Gain),即音量预调旋钮。

(6)是低切按键(100Hz)。按下此键,信号中100Hz以下的成分被切除。

(7)是均衡调节(EQ)。H.F.高频,M.F.为中频,L.F.为低频。

(8)是辅助旋钮(AUX1;AUX2;AUX3;AUX4)。调节该路信号送往相应母线的电平大小。其中AUX1、AUX2的信号从推子前引出,不受推子影响,AUX3、AUX4则受推子控制。

(9)是声像调节(PAN)。调节声源在空间的分布,如调至左边时,相当于把该路声源放在左边(左声道)。在要求立体声的场所时使用该钮。

(10)衰减器(Fader)。即推子,调节该路音量大小。

(11)监听按键(PFL或CUE)。按下它,用耳机插在调音台的耳机插孔上,实现对该路信号的监听。

(12)接通按键(ON)。按下它,该路信号接入调音台进行混合。

(13)L-R按键。按下它,信号经推子、PAN后送往左右母线。

(14)1-2按键。按下它,信号经推子、PAN后送往编组母线1和2。

(15)3-4按键。按下它,信号经推子、PAN后送往编组母线3和4。值得注意的是有些调音台无13、14、15按键。母线(BUS)是各路输入通道信号的汇流处,然后传至输出部分。一般有四条母线,左(L)右(R)输出母线,监听母线和效果母线。至于调音台的输出部分较简单,这里不再讲述。

下面具体介绍一下操作要点:

一、开机前,连接好所有系统。将推子,均衡器(EQ),PANPADGAL等调回起始状态。

二、开机后。

(1)先将音源设备(如CD)的音量开到最大不失真状态。

(2)调节调音台该输入通道的分推子于70%,调大输入增益(GAIN)旋钮到PEAK(峰值)指示灯到刚亮未亮处。

(3)调节音量输出主推子,使输出的VU表指针大致在0VU附近摆动,不允许长时间指针超过+3VU。此时主推子位置也宜在50%~70%的位置内。可相应调整输入增益或音源输出电平。

(4)如果还觉得音箱响度不够,可开大功放音量旋钮,注意此时功放不得进入削波状态,否则应换更大功率功放。

(5)以上控制顺序是由输入逐步向输出调整。如果音源是话筒,由于话筒输入信号很小,初学者调输入通道时常因听不到声音而感到茫然不知所措,此时可先将输出主推子置于70%,再调输入增益旋钮和分推子,再按上述②~④步骤调整。特别要注意是否因定值衰减(PAD)按下,此时应不做衰减。此法对初学者较适合。

(6)然后按节目要求,分别调整调音台上的EQ,PAN及效果等。

三、调音小技巧。

(1)对于人声:可将100Hz以下切除,以消除低频噪声,使音色更加纯净。500~800Hz作少量衰减,使音色不太生硬。在2KHz~4KHz提升3~6dB,可使声音明亮。对6KHz以上适当衰减可大大增强声音的清晰度,防止不必要的气音和嘶音。

(2)对CD等数码音源,因其录制较好,可不加修饰。

(3)通常Disco厅、交谊舞厅、背景音乐厅等用单声道放音;OK厅、音乐厅,歌厅等用立体声放音。

(4)下面介绍一下用推子和PAN调节声源的空间声像,即空间位置。对于演唱声和主乐器声,将PAN调至中间,推子推大,以突出它们;如果声源为立体声,则不可任意摆放PAN和推子,否则演唱声与音乐声合不到一起,声音混乱,应左、右声道各用调音台一路,分别将PAN调到左、右边,两路推子在同一高度上。

◇江西 谭明裕

腾讯极光快投

今天给大家带来一款可以将普通电视变为互联网电视的投屏神器——腾讯极光快投。

尺寸 6cm×6cm×1.4cm

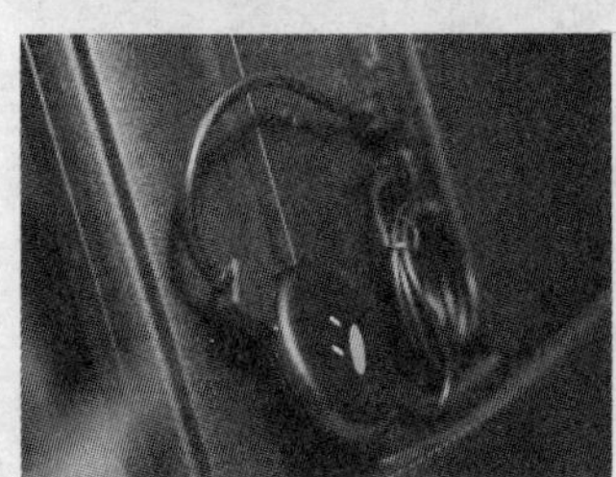

产品本身非常小巧、简洁,尺寸仅有:6cm×6cm×1.4cm,重量为34g,甚至可以装在你的口袋里,因此又被戏称"奥利奥";配件部分除了主机本体就是一根USB电源线,一根HDMI线以及说明书了。可以看到这款由创维和腾讯联合打造的快投神器依旧采用的是企鹅的形象,看起来也是非常可爱。

接口部分就是一个HDMI接口负责连接电视,一个micro-usb接口负责供电。连接过程非常简单,只需要将HDMI线连接到电视机的HDMI接口上,micro-usb线连接到电视上的USB端口进行供电就可以了。值得一提的是,这款投屏神器还支持移动电源供电。连接好后将电视切换到极光快投的HDMI信号端。

当然作为智能时代的投屏神器,除了体积小,App也是必不可少的部分,通过手机下载应用程序"极光快投"App,按照App内提示绑定设备以及连接wifi就可以了。

极光快投可以根据资源的内容选择播放格式,还支持4K30帧的输出,当然相应的是播放内容和电视分辨率也要达到4K才行。APP内还集成了遥控器功能,可以在视频播放过程中进行调整:设置画质,选集,快进快退等。总的体验过程来说,也是非常流畅,基本在手机上的操作电视端立马能做出相应反应。

现在购买极光快投,还赠送了3个月的腾讯视频超级VIP。极光快投App的首页就是腾讯视频的内容资源整合页,除了自带的腾讯视频外,极光快投还支持基本所有主流视频网站的投屏,包括爱奇艺、优酷视频、乐视视频、搜狐视频、芒果TV、bilibili、斗鱼直播、虎牙直播等30多家视频网站与多家音乐软件。

目前极光快投的售价大概在228元左右,感兴趣的朋友不妨人手一个吧。

成都市工业经济发展研究中心
Chengdu Industrial Economic Development Research Centre
发展定位：正心笃行 创智襄业 上善共享
发展理念：立足于服务工业和信息化发展，当好情报所、专家库、智囊团
发展目标：国内一流的区域性研究智库
服务对象：各级政府部门
各省市工业和信息化主管部门、
各省市园区主管部门、企业
联系电话：028-62375945 网址：HTTP://WWW.CDGYZX.CN/
地址：四川省成都市一环路南三段24号

2019年6月16日出版 实用性 启发性 资料性 信息性
第24期 （总第2013期）
国内统一刊号：CN51-0091 定价：1.50元 邮局订阅代号：61-75
地址：（610041）成都市武侯区一环路南三段24号节能大厦4楼 网址：http://www.netdzb.com
让每篇文章都对读者有用

携号转网注意事项

现在的手机卡套餐服务多种多样，比如腾讯的大王卡、阿里巴巴的大鱼卡、小米的米粉卡等等互联网套餐，使得大部分老用户（特别是移动的用户）迫切想要更换流量更多、资费更低的互联网套餐。

工业和信息化部部长苗圩表示：今年会进一步降低流量费用，同时今年将全国推行携号转网！且三大运营商在2020年之前必须实现全国范围的携号转网！这意味着全国人民期盼多年的携号转网即将来临！

全国实行携号转网之后，任意手机卡任意套餐都可以更换成移动、联通、电信的任意互联网套餐或者其他适合自己的套餐，但是现在整个流程还是不方便，需要去营业厅办理，并且有些手机卡可能不支持办理，等今年全国陆续实行携号转网之后，转网的流程和门槛会进一步降低，到时候可以再去营业厅办理即可。

不过要携号转网必须满足以下几点要求：

1.必须是用自己实名的电话卡。

2.转网卡号不能欠费或者停机。

3.不在特殊套餐活动内的用户才能办理，比如是合约号码，必须到期才能转网。

4.两次转网的时间间隔至少是120日（自然日）。

如果你还不知道自己的手机卡是否支持携号转网，可以通过以下流程查询：

1. 通过短信查询是否具有携号转网资格，短信指令CXXZ#用户名#证件号码，发送至归属运营商，移动10086，联通10010，电信10001。

2.通过短信申请授权码，短信指令SQXZ#用户名#证件号码，发送至归属运营商，移动10086，联通10010，电信 10001 。

3.凭借授权码用户持本人有效身份证到转入方营业厅办理携号转网。

其实早在2018年年底，国内的天津、湖北、云南、江西、海南5个试点正式开启"携号转网"，随着几个月的流程优化，现在"携号转网"的办理已经非常方便了，仅通过短信就可预约办理。通过这几个省市的试验，工信部才决定在今年全国范围推广开来，到时候除了携卡转网，各大运营商的移动网络流量平均资费还会再降低20%以上，同时会进一步规范套餐设置，使降费实实在在、消费者明明白白！

当然为了留住用户，三大运营商也是想出了"套路"，各种优惠活动套餐介绍给你，充话费送宽带什么的，看似优惠，但是对于想要转网的用户来说，你就被限制了，因为转网要求里面写了："有合约的号码是不能转的"。所以，大家在选择套餐时一定要注意和比较，毕竟有差不多4个月的间隔期。

PS：在2018年12月份，5个试点省市刚开始实行携号转网时，很多人都觉得移动会因各种"乱扣费"等不合理、不划算的现象成为这一活动的最大输家，造成一定量的用户损失。

然而令人意想不到的是，移动、联通和电信都相继公布了其12月份的运营数据，结果发现在携号转网来临之后，一直被无数人都不看好的移动，竟然一鸣惊人地突破了3亿用户的大关，在一个月之内，其4G的用户更是直接上涨了463万。

究其原因，除了移动为了挽留自己的老用户以及迎接新用户做了无数准备，相应地推出了透明的话费账单（每个月也会将各种扣费的账单完完整整发给用户，保证扣费透明公正。）和作出一定优惠的活动外（比如12元可以享受12G的套餐，甚至办套餐送宽带等的服务都有提供。）。一个最根本的原因，那就是移动4G基站最多。毕竟如今移动在全国范围内可是有180万座4G基站。相比之下，电信只有115万座，联通则是87万座4G基站，如此悬殊的差距应该也是很多用户选择移动的一个原因吧。

可能在城市里，联通和电信的网速还是很快，与移动也并没有什么太大的区别，但若是回到乡下的话，联通和电信的网速就明显不如移动。这应该也是那几个开启携号转网地区的用户所纠结的一点。而从这三大运营商的统计中也可以看出，中国移动的宽带增长速度很快，并且累计用户也达到了9.25亿。

（本文原载第11期11版）

填平免费宽带"陷阱"还需多方给力

购买手机套餐，获赠免费宽带，这样的通信套餐实用又划算，给消费者带来许多实惠。然而，不少手机用户近日反映，自己一年前办理的免费宽带，到期后没有提示自动扣费。想要取消却困难重重，又是要求缴纳撤机费，又是要求归还全套设备（5月16日《北京青年报》）。

近年来，随着手机智能化时代的到来，"手机+网络"成了不可分离的一对"亲兄弟"。于是，借着这股"东风"，电信运营商就适时推出了"打电话，送宽带"服务。由于优惠"看得见"，许多用户纷纷加入"免费宽带"赠送的队伍当中来。

但不少用户发现，其实电信运营商推出的"打电话，送宽带"服务中，还存有诸多的"陷阱"，如到期后取消难，到期后自动续费、取消服务要缴撤机费、退网要归还全套设备……由于"陷阱"多多，致使不少用户"麻烦"也多多。这既让广大用户"欲罢不能"，又无形中严重损害了广大用户的合法权益。可以说，"免费宽带"成了吞噬广大用户权益的一个"大陷阱"。

众所周知，电信运营商在免费宽带服务中设置"陷阱"，这无疑是一种商业欺诈行为。根据《消费者权益保护法》规定，消费者享有知悉其购买、使用的商品或者接受的服务的真实情况的权利。经营者向消费者提供有关商品或者服务的质量、性能、用途、有效期限等信息，应当真实、全面，不得作虚假或者引人误解的宣传。可见，电信运营商设置免费宽带"陷阱"之举，不但严重侵犯了用户的知情权、选择权和公平交易权，而且也违反了市场交易最基本、最重要的诚信原则，更有违商业道德和职业道德。

因此，笔者以为，要填平免费宽带"陷阱"还需多方给力。首先，监管要到位。工商、消协、网信等部门要承担起监管的主体责任，要定期或不定期地开展一些常规检查和监督，发现问题及时制止，规避类似"免费宽带"式服务的陷阱。

其次，处罚要严厉。执法部门对电信运营商故意、恶意设置免费宽带"陷阱"的不法行为，要采取"零容忍"的态度，要发现一起严惩一起，予以严厉打击，绝不姑息，绝不迁就，更不能视而不见，听之任之。

其三，要建立"黑名单"制度。通过"黑名单"让制度，让那些无良电信运营商也"一时失信，处处受限"，为自己的无良行为付出"沉重的代价"，从而倒逼其遵规守法，切实履行契约。

其四，用户要学会维权。"免费宽带"套路深，陷阱多，但用户绝不能坐以待毙，任凭"宰割"，应对损害自己合法权益的免费宽带"陷阱"大胆地说"不"，并采取法律途径积极主动维权，以避免合法权益受到损害。

笔者相信，只要监管到位，从严执法，用户主动维权，各方联动，形成合力，就一定能填平免费宽带这个"大陷阱"、"大黑洞"，从而切实维护广大用户的合法权益，切实维护公平公正的市场交易秩序。

◇杜学峰

当心MX250残血版

GeForce MX150笔记本独立显卡是去年用在很多超薄本的经典显卡，不过分为满血版、残血版两个版本，其中后者频率低很多（MX150的满血版设备ID 1D10，功耗25W，残血版设备ID 1D12，功耗10W。），性能自然也差得多。并且最坑的是无论NVIDIA还是厂商几乎都不会明确告诉你是哪一个版本，购买时需自己甄别。同样在今年，NVIDIA又推出了升级版的GeForce MX250以及弱一点的MX230，依然是帕斯卡架构，核心规格没有变，只是标配显存变成4GB，功耗还是25W。

MX150的套路也一样延续到了MX250，也有两个版本，其中满血版设备ID 1D13，功耗25W，残血版设备ID 1D52，功耗10W。

因此在购买带有MX250独显笔记本时，最好用GPU-Z之类的工具检查一下，看看设备ID以免买到残血版。

（本文原载第20期11版）

液晶彩电电源板维修与代换探讨(二)

(紧接上期本版)

具体操作见图5-30所示，根据该机电路图和电源板上标示的输出电压，将24V灯泡跨接于24V滤波电容两端，将12V灯泡跨接于12V滤波电容两端，作为电源板的假负载。采用1KΩ电阻跨接于5V输出和ON/OFF引脚之间，提供开机高电压。为了维修人员的人身安全和测量仪器仪表的安全，建议在电源板和市电输入插排之间串联1:1的隔离变压器。

上述假负载和隔离变压器连接好后，在24V输出或12V输出端并联电压表，为电源板通电试机。为了防止电源板有故障，长时间通电造成电源板及其他元件损坏，建议在通电时采用带按键开关的插座或插排，通电时用手半按插座或插排的开关(不要按到底，防止开关锁住)，为电源板通电，观察灯泡亮度和电压表的电压，如果电压过高或发生冒烟、烧焦等现象，按电源开关的手马上松开断电。

电源板上的元器件，多为专用元器件，一般要求使用原装配件。应急修理时，除必须考虑代换的元器件电性能参数指标与原型号一致或较高以外，部分元器件对体积和外观需要与原型号一样，否则会造成整机装配不良或元器件装不进去，还有可能造成与其他元器件短路。另外，由于屏内空间狭小，工作温度较高，更换的元器件对温度有一定的要求，比如电容，最好选择105℃电容。否则，电源易出现热稳定问题或可靠性工作问题。

2.外接电压法

外接电压法就是将机外或机内适合需求的电压或信号，接入电源电压。一般提供两种电压：

一是为驱动控制电路通过VCC电压，用一个输出12~20V的直流电源，接入驱动控制电路的VCC供电输入端，然后通电试机，测量该电路是否启动工作，如果启动工作，则是VCC控制电路故障，否则是驱动控制电路故障。由于驱动控制电路位于热地端，容易发生触电和损坏电源板或替代电源的事故，建议使用隔离变压器，并注意安全，分清热地端和冷地端。

二是为开关机控制电路提供开机电压，一般在输出连接器上进行操作，先找到开关机控制引脚和5V电源输出引脚，由于开关机控制电压分为高电平和低电平两种，高电平开机的直接将开关机控制引脚与待机+5V相连接；低电平开机的直接将开关机引脚与冷地端相连接，连接后，即可通电对电源板输出电压进行测量。

3.短路法

短路法就是将控制电压或保护触发电压短路，然后检测短路后的电压变化，判断故障范围。短路法主要有两种：

一是短路稳压电路或保护电路的光耦。液晶彩电的开关电源较多地采用了带光耦合器的直接取样稳压控制电路，当输出电压高时，可采用短路法来测定故障范围。短路检修法的应用步骤是：先把光耦合器的光敏接收管的两脚短路，或用数十欧姆电阻短接，相当于减小了光敏接收管的内阻，如果测主电压仍未变化，则说明故障在开关变压器的初级电路一侧；反之，故障在光耦合器之前的电路。

二是短路保护触发电压。保护检测电路检测到故障时，往往向保护执行电路送入高电平触发电压，引发自动关机故障。维修时，可找到该触发电压的关键点，如模拟可控硅的b极、保护电路输出端的隔离二极管的正极，将其对地短路，可解除保护，再对开关电源进行维修。

需要说明的是，短路法应在熟悉电路的基础上有针对性地采用，不能盲目短路，以免将故障扩大。另外，从检修的安全角度考虑，短路之前应断开负载电路。

4.开路法

开路法就是将关键点或组件切除，解除该电路对开关电源的影响，然后开机判断故障范围，若故障消除，则故障就在切除的部分。开路法有以下两种：

一是开路保护触发电压。如电源中遇到保护故障，可以断开保护检测电路与保护执行电路的连接，进行故障判断；如果断开该保护检测电路后，开机不再保护，则是该检测电路引起的保护。

二是开路发生故障的单元电路。遇到部分电路损坏又苦于没有配件时，可以切除该电路，然后给控制电路模拟一个正常信息。比如遇到PFC部分外部控制元件损坏时，就可以拆掉外部控制元件，直接将控制信息传输到PFC电路，使PFC得到供电照样正常工作，一旦买到配件，尽量恢复电路原貌。

需要说明的是，检修电源板时，需要断开一部分负载或电路，但一定不能断开稳压电路和尖峰吸收电路，否则可能损坏元器件。

5.代换法

当电源电路板因故无法修复时，也可采用整板代换的方法维修。代换时需挑选输出电压相同、输出电流和功率等于或大于被代换的电源板，并注意开关电路的控制电路与新电源板匹配。

当选择的电源板缺少一组电压输出时，如果缺少的一组电压较低，可用较高的一组输出电压，用三端稳压器稳压后替换，如选择的电源板输出+24V、+12V、+5V三组，而被代换的电源板需要+24V、+12V、+9V、+5V四组电压，可在+12V输出端外接7809三端稳压器稳压后，产生+9V，以满足代换需求。

二、开关电源常见故障维修

液晶彩电的开关电源部分与CRT彩电的基本原理是相似的。因此，在检修上也有很多相似之处。对于这部分电路，常见的故障现象是：开机烧保险丝管，开机无输出、有输出但电压高或低等。由于大家对这类故障已经比较熟悉，故这里简要介绍这部分电路的检修思路。

1.保险丝管烧断

引发保险丝烧断的部位很多，从市电进入开始，依次为：市电抗干扰电路中的电容器、压敏电阻、市电整流滤波电路的整流全桥中的二极管、滤波电容器、PFC校正电路中的MOSFET开关管、PFC整流滤波电路的二极管、大滤波电容器、主、副开关电源的厚膜电路或大功率MOSFET开关管等。上述单元电路中的元件易发击穿故障，导致的保险丝管后限流电阻烧断。

维修时可用R×1Ω挡对上述易损元件进行检测，哪个元件两端的电阻最小，则是该元件击穿损坏。其中MOSFET开关管击穿，还应注意检查其S极过流检测电阻和相关驱动控制芯片是否连带损坏，尖峰脉冲吸收电路和稳压控制电路元件是否开路、失效，避免再次损坏MOSFET开关管。

2.无输出，但保险丝管正常

这种现象说明开关电源未工作，或者工作后进入了保护状态。首先测量电源控制芯片的启动脚是否有启动电压，若无启动电压或者启动电压太低，则检查启动电阻和启动脚外接的元器件是否有漏电存在，此时如电源控制芯片正常，则经上述检查可很快查到故障。若有启动电压，则测量控制芯片的输出端在开机瞬间是否有高低电平的跳变。若无跳变，说明控制芯片、外围振荡电路元器件或保护电路有问题，可先代换控制芯片，再检查外围元器件。若有跳变，一般为开关管不良或损坏。

主副开关电源部分比较容易坏的元件除了厚膜电路或MOSFET开关管外，电路中阻值大的电阻还是比较容易坏的，所以也是检查的重点，还有容易坏的就是次级整流二极管了。

3.有输出电压，但输出电压过高

在液晶彩电中，这种故障往往来自稳压取样和稳压控制电路。直流输出、取样电阻、误差取样放大器(如TL431)、光耦合器、电源控制芯片等电路共同构成了一个闭合的控制环路，在这一环节中，任何一处出问题都会导致输出电压升高。

对于有过压保护电路的电源，输出电压过高首先会使过压保护电路工作。此时，可断开过压保护电路，使过压保护电路不起作用，测开机瞬间的电源主电压。如果测量值比正常值高出1V以上，说明输出电压过高。实际维修中，以取样电阻变值、精密稳压放大器或光耦合器不良为常见。

4.输出电压过低

根据维修经验，除稳压控制电路会引起输出电压过低外，还有其他一些原因会引起输出电压过低。主要有以下几点：

(1)开关电源负载有短路故障(特别是DC/DC变换器短路或性能不良等)。此时，应断开开关电源电路的所有负载，以区分是开关电源电路不良还是负载电路有故障。若断开负载电路后电压输出正常，说明是负载过重；若仍不正常，说明开关电源电路有故障。

(2)输出电压端整流二极管、滤波电容失效等，可以通过代换法进行判断。

(3)开关管的性能下降，必然导致开关管不能正常导通，使电源的内阻增加，带负载能力下降。

(4)300V滤波电容不良或PFC校正电路未工作，造成电源带负载能力差，一接负载输出电压便下降。

5.维修注意事项

(1)采用隔离变压器。由于电源板与市电输入直接相连接，维修中一旦人体不小心碰到初级电路，就会发生触电事故；另外采用示波器测量波形时，如果接地或测试点弄错，还会烧坏示波器，因此建议使用1:1的隔离变压器进行维修，如果有调压功能的隔离变压器更好，可通过电压的调整，测试电源板的电压适用范围。

(2)注意停电后进行电阻测量时，将大电容器放电。维修无输出的开关电源，通电后再断电，由于电源不振荡，300V滤波电容两端的电压放电会极其缓慢，此时，如果要用万用表的电阻挡测量电源，应先对300V滤波电容两端的电压进行放电。可用一大功率的几百欧姆电阻进行放电，也可将电烙铁的插头两端代替电阻进行放电，然后才能测量，否则不但会损坏万用表，还会危及维修人员的安全。

(3)测量开关电源电路的电压，要选好参考电位，因为开关变压器初级之前的地为热地，而开关变压器之后的地为冷地，二者不是等电位，测量电压时选错接地端，轻者造成测量数据出错，重者损坏万用表或测量仪器。

三、电源板代换技巧

维修液晶彩电的电源板和背光灯板时，有时候故障元件找到了，但买不到同型号的配件，造成原电源板和背光灯板无法维修，需要通过代换电源板和背光灯板的方法来进行维修，下面简要介绍电源板和背光灯板的更换技术。

1.电源板的选择

(1)注意电源板板的体积要适合，根据电视机内部的空间选择体积合适的电源板，特别是体积不能过大，否则，很难装配到电视机内。

(2) 所选电源板输出电压要与被代换的原装电源板一致，例如原装电源板副电源输出5V电压，主电源输出12V和24V两组电压，所选电源板必须满足上述输出电压要求。

(3) 所选电源板各组输出电压和输出电流要满足被代换的原装电源板的要求，输出功率要一致或高于原机，各组输出电压可提供的电流应等于或大于原装电源板所能提供的电流，避免因供电电流不足造成电压降低、供电不稳定或保护电路启动。

(4) 电源板输出接口的形状要尽量一致。如果不一致，输出接口的引脚功能应与原装电源板的输出接口引脚功能一致。例如原装电源板接口有：12V、5V输出和开关机、亮度、点灯控制引脚，所选电源板接口也应具有上述功能引脚。如果引脚排列不同，可采用剪断插头，根据新、老电源板输出接口的引脚功能，一一对应焊接的方法解决。

(5)开关机、点灯、亮度控制电压最好与原装电源板匹配。如果所选电源板与原装电源板不匹配，需对相应的电路进行改进或增加相关电路。

2.正确识别和连接

新的电源板和被代换的电源板，其输出连接器的引脚功能往往不同，应仔细甄别，对应连接，如果接错，往往会造成电源板和负载电路同时损坏。

一是通过电源板电路图标注的输出连接器的引脚功能和电压选择连接点；二是多数电源板输出连接器的附近引脚直接标注功能和输出电压。三是顺着电源板开关变压器次级整流滤波电路的滤波电容进行查找输出电压引脚，也可将连接线直接连接到滤波电容的正极。

常见的连接器引脚标注符号为，开关机控制：ON/OFF、PS-ON、P-ON、POWER、STB等；点灯控制：EN、BL-ON/OFF、BL-ON等；亮度调整：DIM、A-DIM、PWM、P-DIM、ADJ等。

对于开关机和点灯、亮度控制引脚，如果新、旧背光灯板上无功能标注，可根据连接器的元器件走线、连接的元件和布局来确认引脚功能。首先将电源12V、24V、5V输出和接地端引脚根据相关整流滤波电路输出引线确定，剩下的就是开关机和点灯、亮度控制引脚，再根据走线确定引脚功能。一般开关机引脚的走线奔向开关机控制电路，而点灯和亮度调整走线奔向背光灯驱动电路。

对于早期的背光灯电路来说，亮度控制端应和背光灯电源控制芯片的某一只脚相连，而高压启动控制端通过一只电阻或二极管接三极管控制电路，因此，通过查找它们的去向即可分辨出高压启动端和亮度控制端。对于新型背光灯电路，开启/关断控制电压和亮度调整电压引脚往往都与背光灯电源控制芯片相连接，可通过测量两脚电压进行判断，开关背光灯时，引脚呈高低电压变化的引脚是开启/关断控制电压脚，调整背光灯亮度时，连续升降变化的是亮度调整控制电压。

(全文完)

◇吉林 孙德印

ASK C2250投影仪通病处理方法简介

笔者所在县早期实施的“班班通”工程中使用了大量的ASK C2250投影仪，经过几年使用后发现这些机器均出现通电无反应的故障，主要表现是接上220V市电后面板上电源、灯泡及警告三个指示灯均不亮，有时放置几天再次通电又能正常工作，但不久又会旧病复发。由于故障出现时无任何反应，根据维修经验判断问题出现电源板上，为验证判断是否正确，将正常工作机器上的电源板拆下装到故障机器上一切正常。由于该型号电源板价格较高，而我县所需数量又较大，打算尝试修复电源板。

该机电源板主要是以日本新电元公司(SHINDENGEN)生产的MR4030为核心元件组成，其主要特点是高效率低噪声、集成二代耐压900V高速IGBT、低负载低功耗(触发模式burst mode)、自启动电路而不需要外加启动电阻、软驱动电路且低噪声，同时具有过流保护和过压过热保护功能，引脚功能如图1所示，典型应用电路如图2所示。

MR4030 电源管理IC管脚功能定义

引脚	符号	功能	引脚	符号	功能
1	Z/C	电源ON/STB控制端/过零检测（零电流检测）	5	Emitter/OCL	OCP过流检测端/发射端，内接MOS管S极
2	F/B	稳压控制端（反馈端）	6		空脚
3	GND	接地端	7	VIN	启动端VIN
4	VCC	Vcc启动/供电端和过压/欠压保护端。启动13.6V、过压21.5V、欠压8.5V。	9	Collector	集电极端，内部接功率MOS管D极

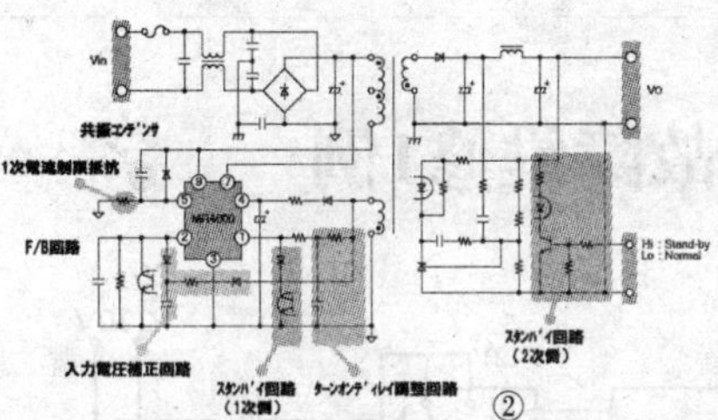

②

从图中可知：MR4030启动电路的启动电流来源于第⑦脚Vin，正常启动后启动电流关闭，即当Vcc(④脚)为13.6V时改从IC内部恒流源提供，同时作为Vcc与GND间外接电容的充电电流，该启动电路保证了在最低输入电压时的稳定启动。启动电路断开，启动电流停止，芯片内晶振同时开始起振，此时从反馈绕组得到供电电流。一旦瞬间电源工作失效，或负载短路，当Vcc为7.7V左右时电路停止工作。MR4030能工作在正常模式和待机(Standby)模式，当工作在Standby模式时，使用触发模式进行工作，使输出电源纹波最小。在MR4030的F/B端(②脚)和地(③脚)之间连接一个光藕，形成反馈回路，受控于主变压器次级输出检测信号的变化，同时在F/B端和地之间连接一个电阻用于调整最大带载。当负载过重时输出电压下降，变压器控制线圈电压也下降；当电压下降到一定量时，待机模式启动，从而减小IC损耗；当MR4030达到150℃时，内部晶振停振；当Vcc脚电压掉到6.7V左右时重新解锁；当初级控制线圈电压超过VOVP(19.5V~21.5V)时并且次级输出过压时，闭锁电路启动；在第⑤脚(Emitter/OCL)和地之间连接一个电流检测电阻，以检测主变压器输出电流，当电流过流时会触发IC保护。

本机电源板实物见图3所示，输出端共12根引线，按图4所示从左至右功能分别是：①脚和②脚为+17V(电压是给正常电源板单独通电测量获取)、③脚和④脚接地、⑤脚和⑥脚为+7V、⑦脚和⑧脚为接地、⑨脚为-5V、⑩脚为接地、⑪脚和⑫脚为主板送来的待机及点灯板高压开启光耦控制信号。单独给故障电源板通电测量电压发现17V端仅11V左右，+7V端仅为3V左右，而-5V端变为-4V，并且电压还在不停下降直至全部为0V。因电源板开始阶段有电压输出，说明启动电路完全正常，参考前述可知当电压出现这种情况时其Vcc脚电压是关键，测量发现④脚电压在9V左右摆动，而正常值应为13.6V左右，明显异常。根据维修经验判断其外接电容(C2029 100μF/25V，见图3圆圈所示)出现问题的可能性较大，拆下后用电容档测量发现容量由100μF下降至80μF左右，本以为电容量下降这么多应该没事，不过参考网上其他同类型电路发现该脚安装有100μF和47μF两只电容，而此电源板仅安装100μF电容，本来容量就捉襟见肘，再降低点当然就不足了。找来一只150μF/25v电容装上再通电测量电压发现17V、7V和-5V输出均正常，装机后投影仪也恢复至正常工作状态。将本县内出现类似故障的投影仪电源板更换C2029后故障多数顺利解决，不过仍然有少数机器更换无效，因单独测量输出电压都正常，估计为带负载能力下降所至，从维修经验来看大多是电源次级滤波电容不足所致，可代换所有滤波电容故障依旧。就在笔者打算购买MR4030更换试试时，发现网上有针对上述故障现象的技改电源板，因手中还有几块更换电容无效的电源板，就花钱购买了一块，收到后对比发现所谓的技改就是在C2029上并联一个10kΩ电阻(如图5所示)，笔者如法炮制后果然解决了问题。

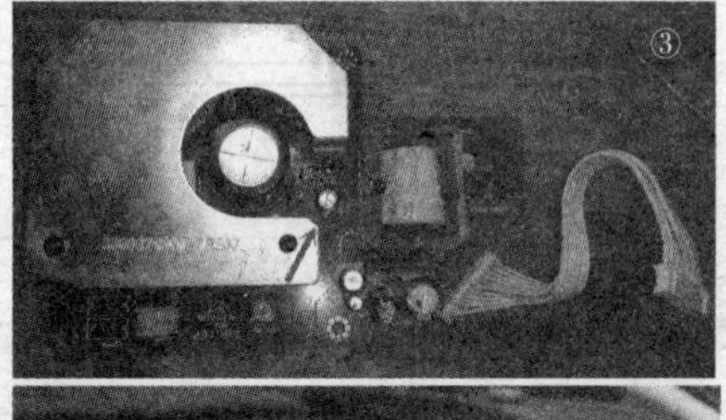
③

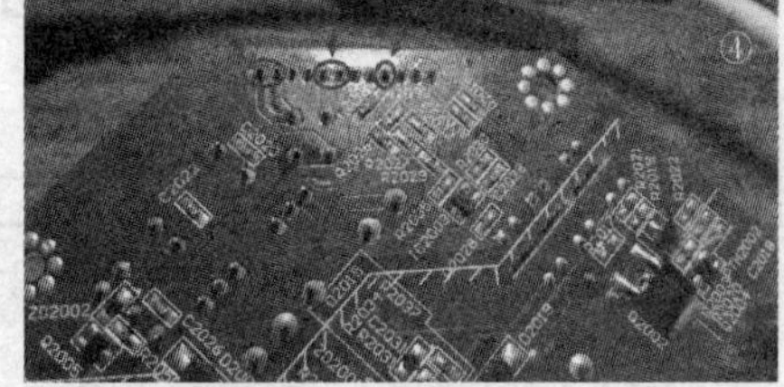
④

⑤

该投影仪还由一个毛病就是开机后电源指示灯由红变绿，风扇正常工作，便始终不点灯，风扇掉电两次后停转，电源灯和警告灯呈红色并且闪烁，通过代换发现问题出在遥控接收板，因为遥控接收板上安装有ADI公司生产的数字温度传感器芯片ADT75BRM(IC3001，丝印T5C)(如图6所示)，该芯片出现问题时投影仪主芯片会认为投影仪整机温度异常从而驱动保护电路工作，当然投影仪也就停止工作了。购买同型号遥控接收板更换即可排除故障，当然直接更换ADT75BRM芯片也完全可以。因雅图LX200ST/LX653W/LX643/LX210/IN231ST/LX225投影仪与ASK C2250电路完全相同，所以前述这些故障排除方法同样适用于这些型号投影仪。

⑥

另外，我县同期采购的配套思益JX-DMT-01型塑料壳多媒体中央控制器使用几年后很多出现通电不开机故障，拆开机器测量各级供电都正常，拔下开机线直接用镊子短路发现可以正常开机，说明开机按键损坏(如图7所示)，购入12*12*7.3轻触开关更换后故障排除。

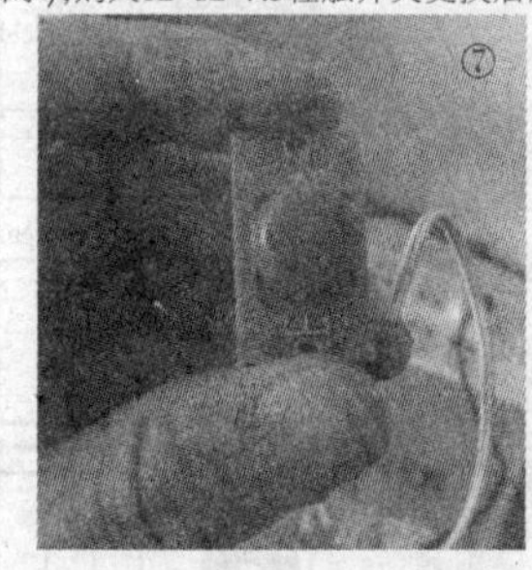
⑦

◇安徽省 刘林 陈晓军

OTG线的几招妙用

OTG线是什么？要了解OTG线是什么，首先我们需要了解手机或者其他移动设备上的OTG功能是什么，OTG意为On-The-Go，即在无电脑作为中转站的情况下，直接将手机连接U盘、读卡器、MP3、键盘、数码相机等外部设备进行数据传输、输入操作或充电等功能。

手机想和MP3互相传歌怎么办？有了OTG就可以将手机和MP3的USB接口通过OTG即可实现两个设备的数据互通了。OTG主要应用于各种不同的设备或移动设备间的连接，进行数据交换。随着USB技术的发展，使得电脑和周边移动设备能够通过简单USB连接方式来传输各种数据，这样就会导致一种情况，手机或者平板电脑一旦没有电脑，我们就无法管理手机等移动设备数据，这样给用户就带来了不便。

随着手机等移动设备越来越像电脑，我们是否可以想象一下，是否可以将手机当作电脑使用呢？手机上也可以连接U盘、USB网卡等等呢？答案是肯定的，OTG功能就是实现手机可以和U盘等USB设备连接，只是手机是微小的USB接口，无法满足U盘等USB接口需要，至此OTG数据线就应运而生了。OTG的作用就是在没有电脑的情况下，实现移动设备之间的数据传送。相对于两个移动设备的一根线连接一样，通过OTG线就可以直接将设备连接起来进行数据传送和打印的操作了，不需要带存储卡或者电脑来传送。最常见的就是手机通过OTG线连接U盘等USB设备，从而扩展了移动设备功能。OTG数据线一般分为两种，一种是需要连接到电源的，还有一种就是不需要连接电源的，但是他们的功能是一样的，都是用作连接USB的外置设备，比如打印机、照相机等设备。

举个例子，我们手机支持OTG功能，想播放U盘里的电影或者音乐怎么办？一般用户只能将U盘上文件通过电脑传输到手机上来播放，但只要通过OTG数据线，我们就可以直接实现手机上播放U盘上的文件了。

再举个例子，我们一般购买的平板电脑，仅支持WiFi无线上网，如果我们要实现3G无线上网怎么办？其实也很简单，只要我们平板电脑支持OTG功能，就可以通过OTG数据线将平板电脑与USB3G网卡连接起来使用，就实现了平板电脑也能实现3G无线上网了。

当然，除此之外，OTG还有以下功能：

1.鼠标可以通过OTG的连接来操作手机；

2.摄像机可以通过连接OTG，读取摄像机里的照片和视频等；

3.部分移动硬盘也可以通过OTG的连接，来读取硬盘里的资料；

4.通过OTG给其他手机、MP3等设备充电；

5.键盘通过OTG连接，可以在手机上输入文字等信息；

6.数码相机通过OTG连接，可以读取相机里的照片。

◇江西 谭明裕

“铁三角”牌可伸缩鹅颈话筒无声故障维修方法

“铁三角”AT915型牌可伸缩鹅颈会议话筒采用幻象供电，卡农头接口。具有话音音质好、指向性强、响应频带宽、抗干扰能力强等特点。但使用过程中容易发生无声音故障。通过对多个话筒的维修发现，故障原因多为抽拉话筒杆时，抻断了鹅颈话筒杆内前置匹配放大电路板后面的信号线。由于该型话筒价格较为昂贵，报废实在可惜，修复使用可节约很多经费。具体维修步骤如下：

第一步，取下话筒头部防风海绵罩，旋开话筒头，取出嵌在话筒杆内前级匹配放大器头部的塑料护套。话筒头内含有电容式驻极MIC部件，其输出的音频信号经话筒头旋口处的铜质触头与话筒杆内前级匹配放大器的铜片（场效应管的G极）相接，作为前级匹配放大器的输入。一个白色塑料护套嵌在前级匹配放大器场效应管的上面，起到隔离驻极MIC输出信号和话筒外壳的作用。实物构成如图1所示。

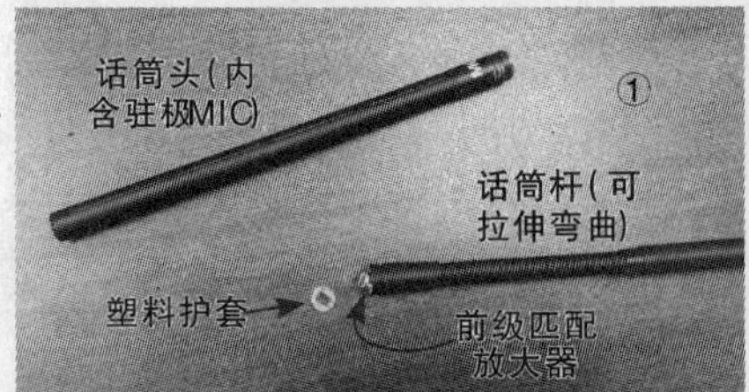

第二步，用小镊子夹住话筒杆旋口内前级匹配放大器的场效应管2SK660，将圆形电路板拉出来，如图2、3所示。这是此项维修工作最为关键的一步，动作需要特别小心，视情适度用力，不可蛮干。由于2SK660仅靠它的2个引脚（源极S和漏极D）与圆形电路板相连接，操作时用力过猛或用力不当，很容易将场效应管的这两个引脚拽断，使话筒报废。因此，如果圆形电路板与话筒外壳卡得太紧，可用小镊子夹住场效应管，以适当的力度左右旋转几次，让电路板有所松动，再小心地将整个圆形电路板拉出。

该圆形电路板为话筒的前级匹配放大电路，由场效应管2SK660和圆形电路板背面的两只电容构成，电路板正反两面的敷铜外圈为信号地，与话筒杆外壳接触。

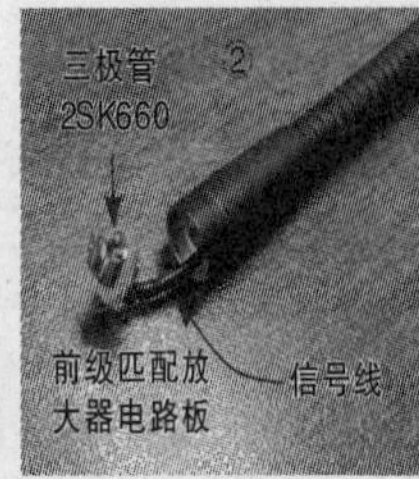

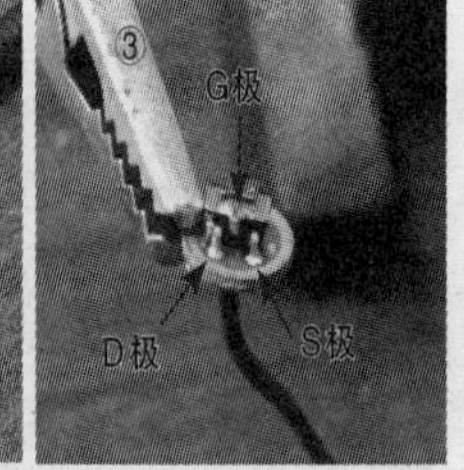

第三步，焊接信号线。引起话筒无声故障的原因，正是因为较细的信号线（红色和白色线）比屏蔽线短，在拉伸话筒杆时，较细信号线直接受力容易被抻断。具体操作如图4所示，先固定好圆形前级匹配放大电路板，再将红线（信号+）焊接到图4上的场效应管的D极，白线焊接到该场效应管的S极。

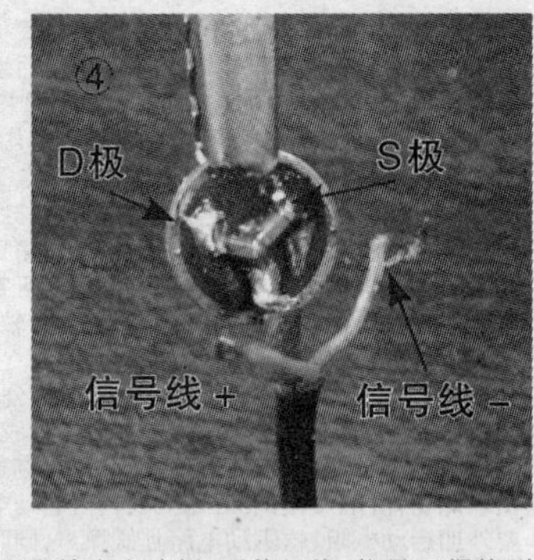

【注意】1)焊接前需将信号的屏蔽线(图4内已焊在电路板上的带有黑色套管的线头)适当剪短，使拉伸话筒杆时让屏蔽线受力，信号线不受力。2)焊接信号线时，注意别将信号线焊点与电路板背面外圈的铜箔粘连。电路板外圈铜箔是信号地线，与话筒杆外壳接触。

整个操作过程需注意静电防护。操作前需将身体所带的静电放掉，焊接时要注意烙铁头的防静电处理。

◇青岛 林鹏 孙海善

荣威XT-CL-01吸水式茶水壶不通电故障维修1例

故障现象：一台荣威XT-CL-01吸水式触摸屏茶水壶，在使用中突然断电失去显示，所有功能都无法使用。

分析与检修：根据故障现象分析，怀疑电源电路异常。为了便于故障检修，根据实物绘制了电路原理图，如附图所示。

打开底座后检查保险管正常，通电后测C1两端有310V直流电压，而开关电源的12V输出滤波电容C2两端电压为0，说明开关电源没有工作。因有310V供电，初步判断没有过流现象，于是从输出部分开始检查，在路检测后发现C2两端的正、反向阻值都为0，说明C2或其并联的元件短路。但悬空C2、C9无效，而在悬空整流管D8后检测，发现它已短路。检查其他元件正常，更换D8后，12V供电恢复正常，故障排除。

【提示】D8采用的是肖特基型二极管SR260，若手头没有此类整流二极管，可用高频整流管FR207代换。

◇江苏 庞守军

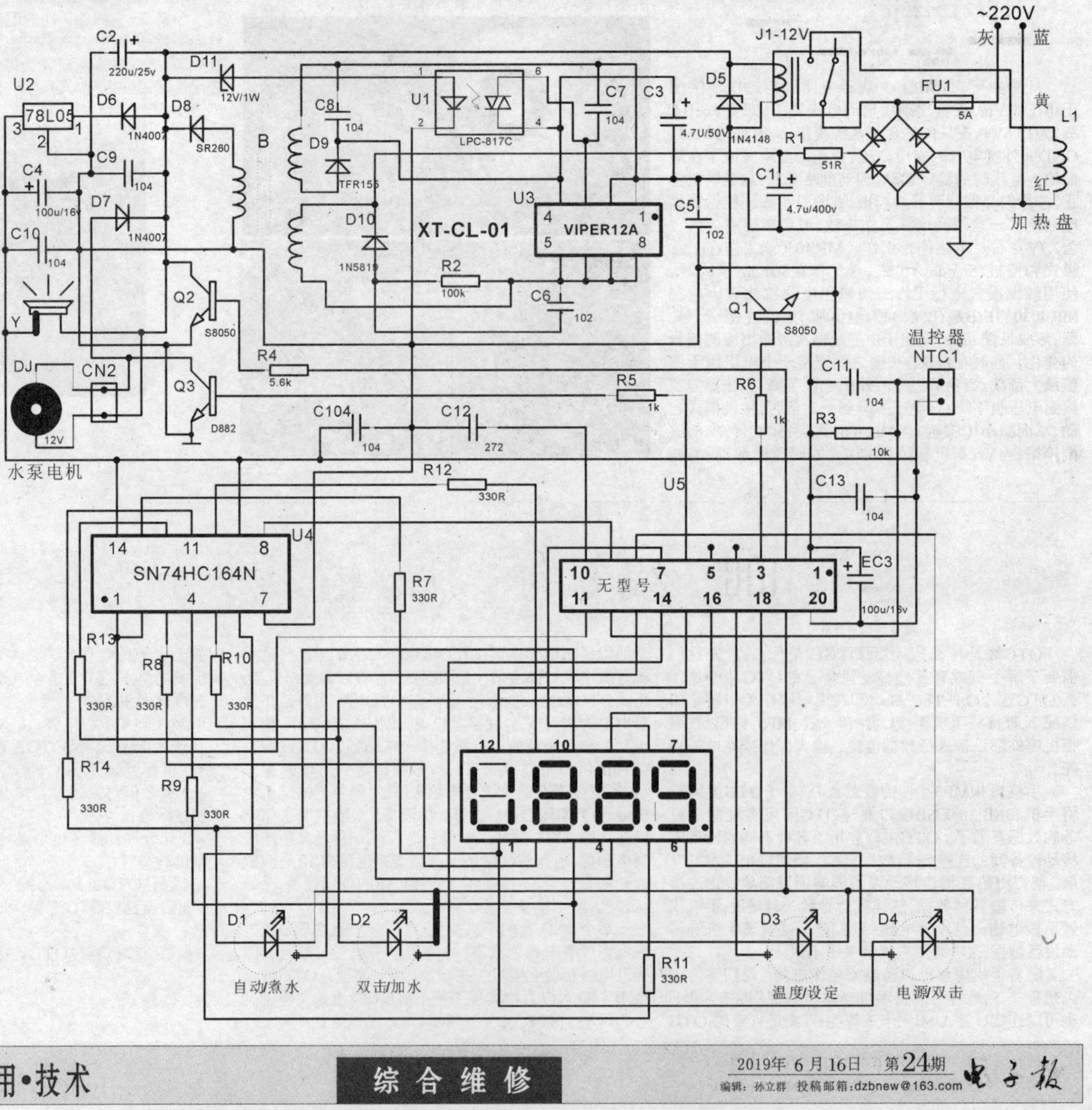

编辑：孙立群 投稿邮箱：dzbnew@163.com

高速电流反馈运算放大器的稳定性问题和解决方案(二)

(紧接上期本版)

使用CFA驱动电容负载-LG相位裕度和对Riso的调整。

对于CFA数据表，标称100ΩRload相位裕度通常在55到65o区域内，以显示标称平坦的SSBW。添加容性负载通常也会消除100ΩRload，其中增加了典型的1kΩ感测路径负载。大多数CFA都是非RRO(有一个例外，参考文献10)，使用各种形式的互补AB类输出级设计。这些CFA输出级的输出阻抗比最近的宽带VFA中更典型的RRO级要低得多(参考文献1)。有一种使用诺顿输出级的CFA变体实际上可以使用容性负载作为补偿元件，在更高的容性负载下变得更稳定（参考文献11，Exar KH560-原始CLC560的直线后代)。该器件构造一个输出级，作为固定增益电流反射来自反相误差电流，并提供合成(或有源)输出阻抗。大量更典型的CFA运算放大器提供低开环输出阻抗电压输出级。它们在很宽的频率范围内具有电阻性，在非常高的频率下通常具有一些电感特性，如图8的TINA仿真所示，使用OPA691模型。这里，低频开环输出阻抗仅为10.7Ω。

推荐的Riso与OPA691的容性负载曲线如图9所示。由于CFA可以在信号增益设置上保持相对恒定的LG，因此这些增益仅为+2V/V，并且随着最近的VFA数据表所示不具有参数增益(参考文献1)。

在图6的CFA LG仿真中设置Cload=22pF且Riso=40Ω，给出图10中所示的48o相位裕度，其具有158MHz LG=0dB交叉。这些建议在输出引脚处有2dB峰值(图2，参考文献8)，估计在253MHz处有F-3dB(图4，参考文献8)。

运行闭环仿真，并在输出引脚和Cload上进行探测，得到图11的响应，其中对输出引脚的响应确实达到峰值2dB，高度为274MHz F-3dB，而RC极点到负载(at如图9所示，测量的响应与图9所示的220MHz相同，在负载处看到的峰值响应达到平坦响应的峰值响应。类似于CFA驱动的VFA调查(参考文献1)，此处推荐的Riso的解决方案是峰值与输出引脚响应的组合，RC滚降到Cload。这里的机制与VFA设备相同。由于开环输出阻抗，直接Cload在环路中产生一个额外的极点，其中将Riso加到一个极点/零点对，将输出引脚上的相移拉回到它反向输入变为电流之前反馈输入电阻为47Ω。

增加标称相位裕度以减少所需的Riso

类似于驱动容性负载的VFA（参考文献1)讨论，如果在添加容性负载之前核心放大器可以移动到更高的初始相位裕度条件，则应该产生较低的所需Riso值。对于CFA，通过增加Rf反馈电阻值可以轻松实现增加相位裕量。这将降低LG=0dB xover频率-限制器件的频带并增加任何CFA的相对高的反相电流噪声的增益。要继续OPA691示例，使用1kΩ||22pF负载将Rf=Rg值增加到604Ω，并检查具有低得多的Riso值的LG相位，如图12所示。这个相对较高的60o相位裕度可能表明没有Riso可能是需要。然而，用于CFA的本地输出级电路本身对非隔离电容负载敏感，其中具有这种良好的60°相位裕度的闭环响应由于图13中的局部输出级峰值而显示出偏离理论。

将此转换为闭环仿真显示了比相位裕度可能暗示的更复杂的响应形状。这可能来自本地输出阶段的峰值，因为较低的Riso到相同的22pF负载。从图9中的数据表图中，该响应接近（220MHz F-3dB)至原始Rf=Rg=402Ω。通过适当地缩放Rf和Rg调整标称CFA PM可用于减少所需的Riso，如果需要。

电容对CFA反相输入的影响

使用CFA降低相位裕度的另一种快速方法是在反相节点上向AC地提供更高的寄生或有意电容。就像VFA情况一样，这会在环路中增加另一个极点，但由于LG分析并联的低反相输入阻抗，因此频率更高。回到图4中100Ω负载的简单增益2电路，与47Ω反相输入阻抗并联增加20pF，得到图14的LG相位裕度测试，仅显示32o相位裕度。

在2个仿真的闭环增益中增加一个20pF的电容将增加峰值，因为信号增益为零，而且还有较低的环路增益相位余量，如图15所示。运行此测试反相只会产生峰值，因为在Fxover处，低(但不振荡)的相位裕度约为6dB(图2，参考文献8)。此处，运行非反相，由于信号增益中的峰值和较低的相位裕度的组合，显示出18dB的峰值。

设计人员很少有意在反相节点上放置电容。但它确实解释了将寄生电容保持在接地和电源平面尽可能低的常见布局建议(第20页，参考文献9)。与VFA不同，在Rf元件上放置一个补偿电容(参考文献1)不会解决这种平坦度问题，但会导致不稳定，如图16所示的LG测试所示。由于反馈系数本质上是CFA运算放大器的反馈阻抗，因此Cf正在转换为零欧姆，推动LG=0dB频率输出，以找到LG=0dB xover，由于频率较高，环路周围的相移超过180° Z(s)中的极点-这里显示-25o相位裕度-肯定会振荡。

(未完待续)(下转第245页)

◇湖北 朱少华

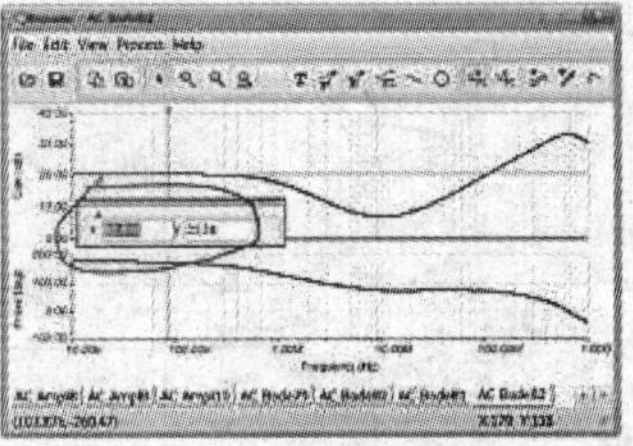

图8 OPA691的开环输出阻抗仿真

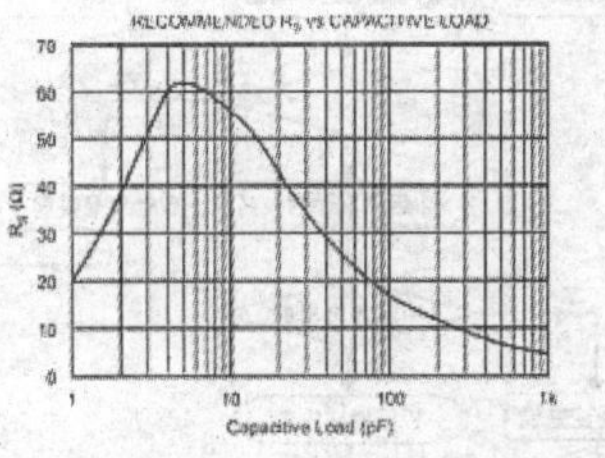

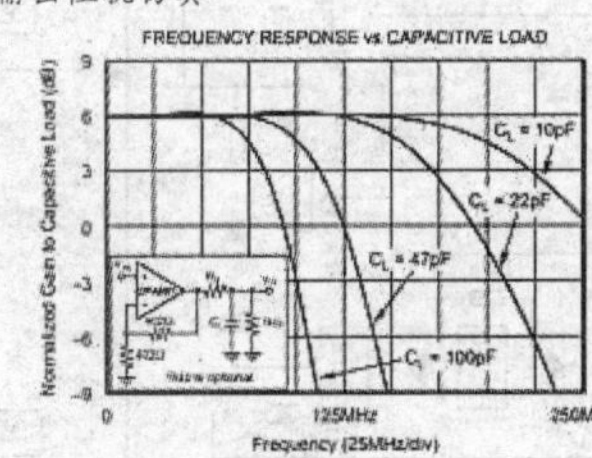

图9 推荐的Riso与OPA691数据表中的电容负载

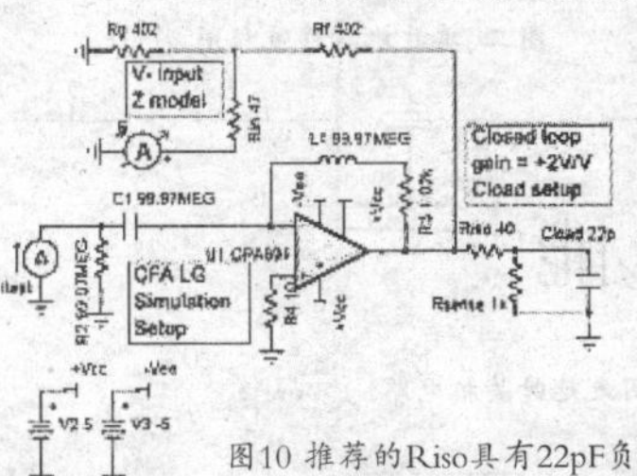

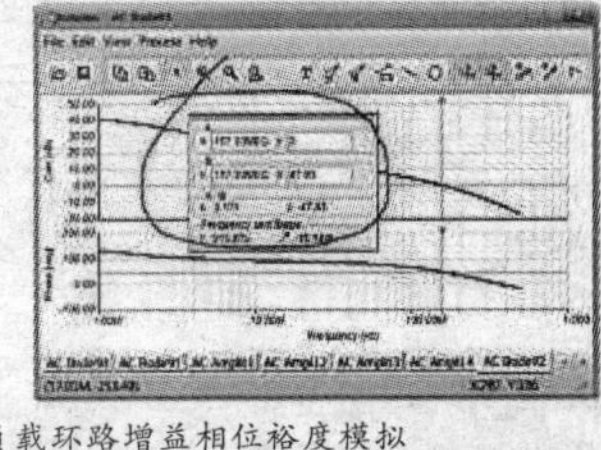

图10 推荐的Riso具有22pF负载环路增益相位裕度模拟

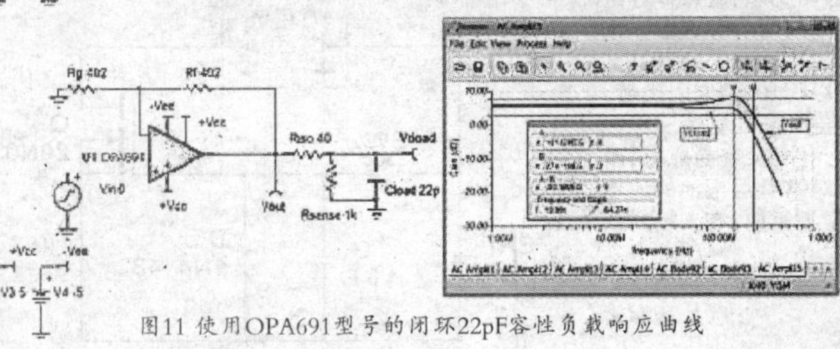

图11 使用OPA691型号的闭环22pF容性负载响应曲线

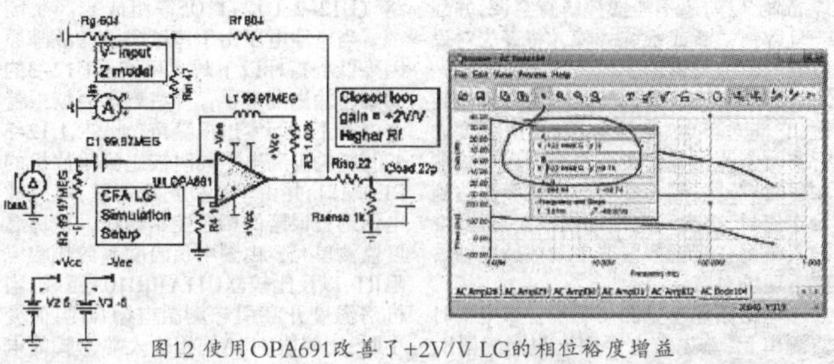

图12 使用OPA691改善了+2V/V LG的相位裕度增益

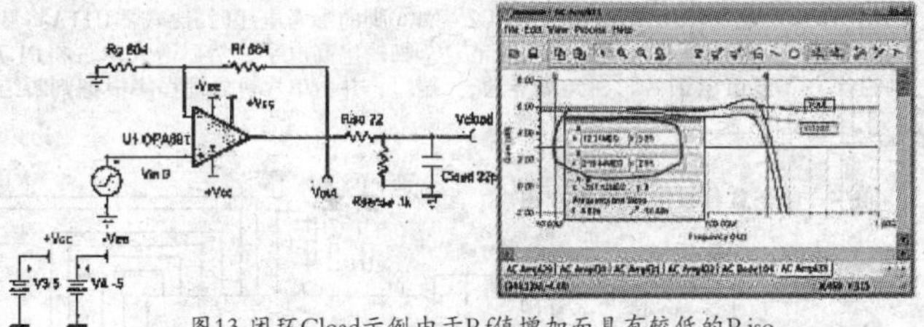

图13 闭环Cload示例由于Rf值增加而具有较低的Riso

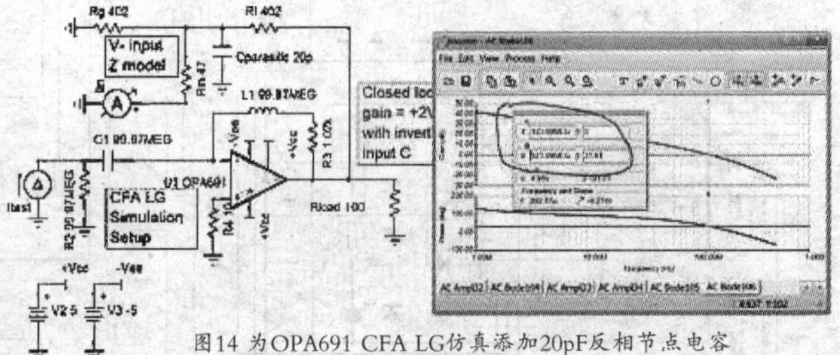

图14 为OPA691 CFA LG仿真添加20pF反相节点电容

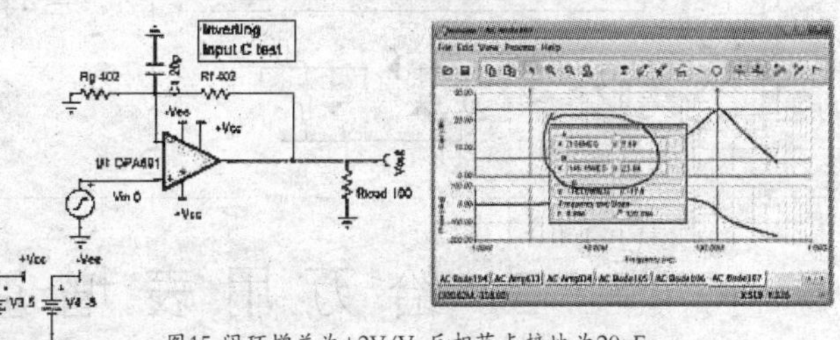

图15 闭环增益为+2V/V，反相节点接地为20pF

图16 尝试用反馈电容补偿反相电容

自制无人通信站综合监控报警器

在大庆油田，无人通信站点大多地处边远，因市电保证能力较差，致使通信设备的供电条件、运行环境难以保证。所存在主要问题有：

1.市电停电后，通信设备将由蓄电池供电，但供电时间是有限的。目前，没有监控系统的设备间，还无法第一时间掌握停电情况和电池开始放电时间，致使发电等应急措施不能及时进行，给辖区通信造成较大影响。

2.由于设备间多数使用单相民用空调，即使短暂的停电，都将使空调不能自行再启动，致使夏季的机房温度长时间超标，严重影响设备运行，尤其对蓄电池的容量、寿命的影响更甚。

3.对于有监控系统的站点，因其功能局限，目前还不能操控所有空调，并且一旦网络中断或系统故障，将丧失对设备间的监控与管理。

综上所述，我们开发了这种实用装置，它能对市电、电池电压、机房温度进行实时监测，并可实现对空调自行检测和适时启动控制，并且当上述参数达到设定值时，将启动电话远程报警功能，维护人员可在接听报警或主动拨通电话后监听现场声音。

电路原理参见图一所示：市电实时监测单元，首先市电经由电流互感器B、C1降压、D1整流和C2滤波后通过光耦U1后，作为市电取样信号送入单片机U2的P3.7端口，并由单片机程序来判断市电的状态。当市电正常时，光耦导通，P3.7端口检测到低电位，而市电消失后，光耦截止，由于电阻R9的上拉作用，单片机P3.7端口检测到高电位，并作出相应处理和控制。电池电压检测单元，当电池组电压通过DZ2降压后被送到稳压调整管Q4的集电极，以及发光管LED1，其中通过发光管LED1和R31的电流既是发光管的工作电流，又是基准稳压管DZ6的工作电流，在稳压管DZ6上产生的基准电压使稳压管输出稳定的5伏电源VCC。由图可以看出，经过DZ2衰减的电池电压又经过R30、DZ3、DZ4送入施密特反向器U12-3的输入端⑬脚，在电池电压处于正常范围时，⑬脚保持输入高电平，反向器U12-3输出⑫脚维持低电平，该低电平通过D14对后续报警音电路（U12-2、U12-1、Q5等组成）产生闭锁。当电池电压由于停电或设备故障原因降低到指标以下时，反向器U12-3的⑫脚将输出高电平，并将启动后续报警音电路工作而发出报警声。此外，U12-3的⑫脚输出高电平同时被送到单片机的P1.0端口，并由单片机判断处理，以完成电话远程报警的相应控制动作。机房温度监测单元，由图中负温度系数热敏电阻RT，以及比较器U11A和U10A组成，当机房温度升高引起测温电阻RT阻值变小时，比较器U11A同相输入端⑤脚的电位将随着升高，当此电位高于反相输入端⑥脚的参考电压时，比较器U11A将从⑦脚输出高电平，然后送入单片机P1.7端口，并由单片机处理程序根据判断结果作出对空调的相应控制。而低温检测是由比较器U10A完成，取样信号同样取自RT测温电阻，当温度降低后，比较器U10A的反相输入端②脚电位也将相应降低，当此单位低于③脚的参考电压时，U10A的1脚将输出高电平供单片机P1.6端口分析判断，并由单片机的P3.4端口作出对空调的相应控制动作。空调检测与控制单元，空调状态的检测是由串联在主电路中的互感器B，以及其二次侧的D7、D8、D9、和比较器U7A等组成，当空调工作时，互感器检测到的二次电压通过D7整流、C23滤波、D9限幅后送到U7A的同相输入端⑤脚，此电压一定高于⑥脚的比较电压，使输出端⑦脚的高电平被单片机的P1.1脚判断和处理，并同机房温度情况作出综合分析和处理。电话远程报警、监听单元，该单元应该理解为一台常规的电话机电路，其区别在于它的摘机、挂机以及拨号等动作是由单片机的P3.2、P3.3、P3.5端口，通过相应的光耦控制来实现的，图中U5为具有储存功能的多频拨号芯片，其工作原理可参照常规的电话机原理，这里不再赘述。但电话打入监听则是由C21、D6、C22、光耦U4等组成铃流检测电路来实现启动的，当其检测到有铃流时，将使光耦U4的输出导通，进而使单片机P1.2检测到低电平，并由控制程序作出对电话监听的相应控制动作，以实现远程监听机房情况的目的。配合单片机工作的控制程序流程图参加图二所示，供读者分析借鉴。图中U3及外围元件组成232串口电路，以便单片机下载程序。

调试要点：

①市电监测单元的直流样要有足够大的滤波能力，以消除电网的闪络和杂波影响，在控制程序中应采用延时后二次检测的方法进一步消除误判。

②直流电压监测比较器应引入回差设计(0.5V)，以解决临界状态反复启动报警问题，同时也应在控制程序中采用延时后二次检测以进一步消除误判。

③空调启动监测电路的限定值应在50W以上，防止误判。

④振铃单元情况复杂，要在控制程序中增加振铃间隔时间的判断与计数复位，以解决线路影响产生的误启动和装置未摘机而主叫先挂机等问题，振铃次数设计为3-5次为宜，以方便现场有人时接听电话。

◇黑龙江 王廷满 敬争东

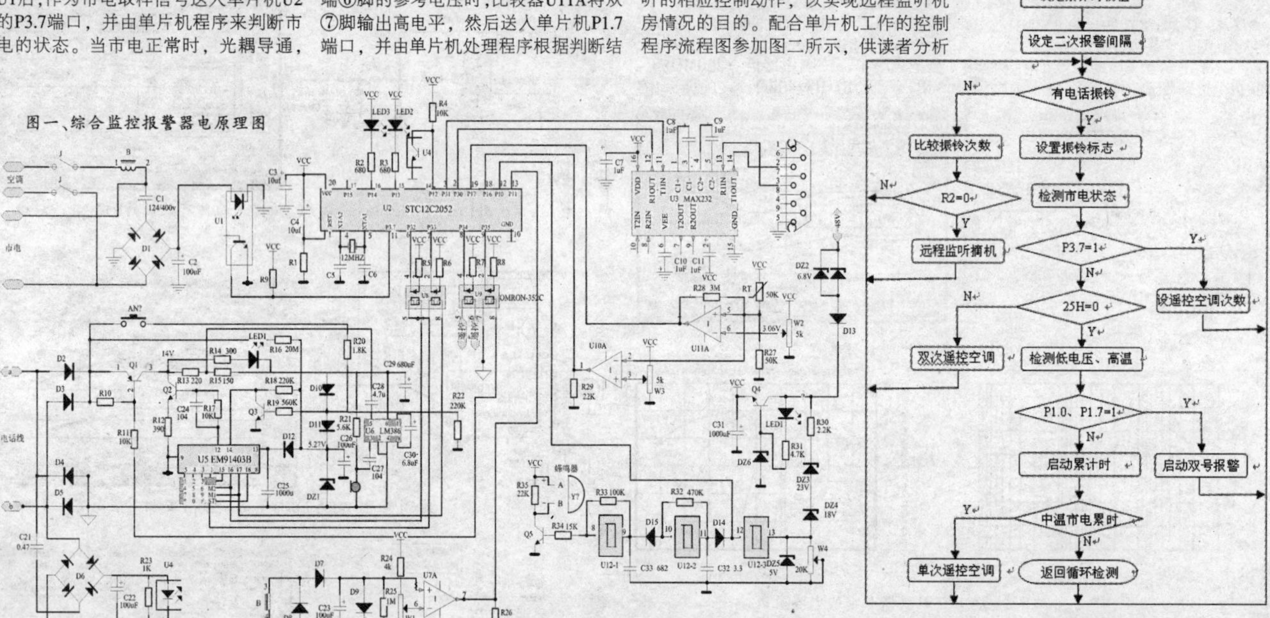

图一、综合监控报警器电原理图

图二、单片机程序流程图

给万用表增加延时关机功能

万用表是电子爱好者离不开的工具，虽然现在不少万用表都已具备自动关机功能，但是仍然有相当一部分万用表没有自动关机功能。实际使用中，忘记关机是经常有的事。然而9V叠层电池容量有限，如果常常忘记关机，那是经不起几回折腾的。所以加装一个自动延时关机功能还是很有必要的。

延时关机电路如附图。所有元件均可从废旧电器或电脑主板上获得，其中Q为N沟通MOS场效应管，如20N03L。因为万用表的HOLD键使用较少，可以把它改造为轻触开关，方法就是用镊子从侧面把自锁开关上的自锁钩针拔出。当然，如果想保留HOLD功能，也可以在万用表的外壳上固定一个轻触开关或者薄膜开关。当按下开关SW，电池向电容C充电，场效应管的G极为高电平，场效应管导通，万用表工作。因为二极管的反向漏电电流作用，电容C上的电压逐渐下降，当下降至某一电压，场效应管截止，万用表关机。场效应管截止后用μA挡无法测出空载电流，空载电流可以忽略不计。电容C的容量决定延迟关机的时间，电容容量越大，二极管的漏电电流越小，延迟时间越长，具体容量可以根据实际使用情况选取。按本电路取值，约延迟10分钟关机。二极管也可以用10MΩ电阻代替，但电容容量要相应加大。

本电路元件少，容易取得，改造简单，相对9V叠层电池的成本来说，还是蛮划算的，有兴趣的读者不妨一试。

◇广东 潘邦文

附图：万用表延时关机电路

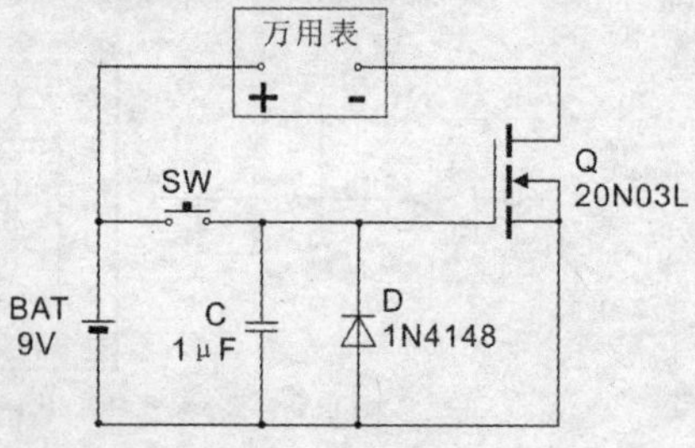

注册电气工程师备考复习

110kV及以下供配电系统知识点及真题解答(上)

注册电气工程执业资格考试大纲对“110kV及以下供配电系统”的要求如下：熟悉供配电系统电压等级选择原则；熟悉供配电系统的接线方式及特点；熟悉应急电源和备用电源的选择及接线方式；了解电能质量要求及改善电能质量的措施；掌握无功补偿设计要求；熟悉抑制谐波的措施；掌握电压偏差的要求及改善措施。

根据大纲要求，该部分由供配电系统、电能质量(电压偏差、波动和闪变、谐波、电压不平衡)和无功补偿组成。涉及规范2本、手册3本：GB 50052-2009《供配电系统设计规范》；GB 50053-2013《20kV及以下变电站设计规范》；GB 50059-2011《35kV~110kV变电所设计规范》；JGJ 16-2008《民用建筑电气设计规范》；GB/T 12325-2008《电能质量 供电电压偏差》；GB/T 12326-2008《电能质量 电压波动和闪变》；GB/T 14549-93《电能质量 公用电网谐波》；GB/T 15543-2008《电能质量 三相电压不平衡》；GB 14050-2008《系统接地的型式及安全技术要求》；《工业与民用供配电设计手册(第四版)》(简称“配四”)；《注册电气工程师执业资格考试专业考试复习指导书（供配电专业)(上册)》第5章；《钢铁企业电力设计手册(上册)》(简称“钢上”)。

本文对注册电气工程师(供配电专业)执业资格考试范围涉及的规范内容中的知识点作一个索引，以方便读者查找学习。另给出近年的部分真题和解答提示，以抛砖引玉，帮助读者掌握备考答题技巧。

一、规范或手册索引

文中符号“→”后面指出页码，以2015年4月版《考试规范汇编》为例或单印本，“【】”内是条文编号。

1.电源；供电系统；电压选择，主接线；应急电源→GB 50052-2009；GB 50053-2013；GB 50059-2011；JGJ 16-2008；“配四”。

1.1 GB 50052-2009《供配电系统设计规范》

设置自备电源条件→P3-7【4.0.1】

应急电源与正常电源并列条件→P3-17【4.0.2】、及P3-17条文说明

供电设计（回路数，配电级数)→P3-7【4.0.3】~【4.0.10】

配电电压选择→P3-8【5.0.1】~【5.0.3】

用电设备端子电压要求→P3-8【5.0.4】

1.2 GB 50053-2013《20kV及以下变电站设计规范》

电气主接线→P4-7【3.2】

1.3 GB 50059-2011《35kV~110kV变电所设计规范》

主变压器选用要求(容量，一/二级负荷、一/二台变压器)→P9-6【3.1】

电气主接线(桥形、扩大桥形、线路变压器、母线等)→P9-7【3.2】

限制6/10 kV线路短路电流措施→P9-7【3.2.6】

1.4 JGJ 16-2008《民用建筑电气设计规范》

设计规定，可作应急电源→P27-10【3.3.1】【3.3.3】

按运行中断供电时间选应急电源→P27-10【3.3.4】

住宅供电系统规定→P27-10【3.3.5】

用电设备端子电压要求(照明、电动机、电梯、其他)→P27-11【3.4.5】

降低三相不对称的措施→P27-11【3.4.9】

自备应急柴油发电机组(容量选择计算→P27-23【6.1】,及P27-188条文说明【式6-1】~【式6-4】

应急/不间断电源(EPS/UPS)装置(容量选择)→P27-26【6.2】,【6.3】

1.5“配四”第2章

电源选择，电压选择→P50【2.2.2】,【2.2.3】

高压供配电系统(设计要则、中性点接地方式、配电方式)→P50【2.3】

变压器选择和主接线(有在调压范围、变压器并联条件/台数和容量选择、电气主接线、设备配置)→P50【2.4】

低压配电系统(导体/接地型式、电力/照明基本原则)→P84【2.5】

柴油发电机容量选择(原则、计算方法、海拔降额)→P93【2.6】,【式2.6-1】~P96【式2.6-11】

UPS容量选择，EPS容量选择→P103【(2)】,P105【2.6.5.4】

1.6“钢上”第7章

柴油发电机组容量选择计算(按正常工作、起动过载、起动压降、原动机过载能力、起动方式改变)→P331【式7-21】、P332【式7-22】、【式7-24】、【式7-27】、P333【式7-28】~【式7-30】

容量选择计算实例→P334【7.9.3】

2.接地；技术要求→GB 14050-2008

2.1 GB 14050-2008《系统接地的型式及安全技术要求》(220/380 V电网)

接地型式种类(TN,TT,IT)→P43-5【4】

对系统接地的安全技术要求→P43-6【5】

3.接地方式→GB/T 50064-2014

3.1 GB/T 50064-2014《交流电气装置的过电压保护和绝缘配合设计规范》

系统中性点接地方式(直接接地，低电阻接地、不接地、谐振接地、高电阻接地)→P4【3.1】

4. 供电电压偏差→GB/T 12325-2008;GB 50052-2009;JGJ 16-2008;“配四”

4.1 GB/T 12325-2008《电能质量 供电电压偏差》

偏差限值(35kV及以上,20kV及以下)→P35-4【4】

偏差测量(计算公式，仪器准确度)→P35-4【5】

电压合格率统计→P35-4【附录A】

4.2 GB 50052-2009《供配电系统设计规范》

用电设备端子电压偏差→P3-8【5.0.4】

计算电压偏差时，计及的调压效果(增/减电容器，线路、变压器的电压计算)→P3-8【5.0.5】,P3-19【5.0.5】条文说明

应采用有载调压→P3-8【5.0.6】

逆调压范围→P3-8【5.0.8】

减小电压偏差要求→P3-8【5.0.9】

4.4 JGJ 16-2008《民用建筑电气设计规范》

供电电压偏差允许值（用电单位受电端)→P27-11【3.4.4】

用电设备端子电压偏差允许值（正常运行)→P27-11【3.4.5】

减小电压偏差要求→P27-11【3.4.6】

冲击性负荷采取措施→P27-11【3.4.8】

4.5“配四”第6.2节

偏差相对值计算，电压降百分数→P458【式6.2-1】,P459【式6.2-3】;

线路电压降计算(平衡、相间、单相)→P459【6.2-4】~【6.2-7】

变压器压降计算→P460【6.2-8】、【6.2-9】(cosφ<0.5)

端子电压偏差对设备影响→P462【表6.2-2】

用电设备端子电压偏差允许值→P462【表6.2-3】

供电电压偏差允许值→P462【表6.2-4】

电压偏差计算→P463【式6.2-12】

变压器分接头电压提升→P463【表6.2-5】

电压偏差值计算实例→P463【例6.2-1】

线路电压损失允许值→P465【表6.2-6】

改善措施→P466【6.2.5】

投入电容器后电压降减少量（线路，变压器)→P466【式6.2-13】,【式6.2-14】,P467【表6.2-8】

4.6“钢上”第5章

变压器电压损失计算(精确、估算)，线路电压损失→P260【式5-6】,P261【式5-6】,【表5-1】

电动机绝缘寿命估算→P264【式5-8】

改善电压偏差主要措施→P260【5.2.5】

接入电容线路/变压器电压损失减少计算→P269【式5-11】、【式5-12】、【表5-12】

5.电压波动和闪变(电压暂降与短时中断)→GB/T 12326-2008;GB 50052-2009;“配四”;“钢上”

5.1 GB/T 12326-2008《电能质量 电压波动和闪变》

电压变动频度r,波动限值→P36-4【3.6】,【4】

闪变限值(三级规定，总限值，单个用户限值)→P36-5【5】,【式(1)】~P36-6【式(3)】

波动测量和估算（电压变动d计算公式)→P36-6【6】,【式(4)】~【式(8)】

闪变的测量和计算（短时闪变值P_{st}，长时闪变值P_{lt})→P36-6【7】,【式(9)】、P36-7【式(10)】

闪变叠加和传递（不同短路容量的P_{st}换算)→P36-7【8】,【式(11)】~【式(13)】

闪变计算式→P36-7【附录A】,P36-8【式A.1】、【式A.2】

总供电容量S_{tHV}估算→P36-8【附录B】

电弧炉闪变估算→P36-8【附录C】,【式C.1】

5.2 GB 50052-2009《供配电系统设计规范》

降低波动负荷引起的电压波动和闪变措施→P3-8【5.0.11】

5.3“配四”第6.4、6.5、6.6节

电压变动d计算(定义，精确，估算)→P471【式6.4-1】~P472【式6.4-5】

电压变动限值，电压闪变限值→P473【表6.4-1】,【表6.4-2】

与用户负荷大小和协议用电容量等(波动负荷)的闪变限值处理(三级)→P473倒数第4行

波动负荷引起的长时间闪变计算，单个用户闪变限值→P473【式6.4-6】,P474【式6.4-8】

电弧炉供电母线上电压变动和闪变(电压变动/闪变计算)→P474倒数第5行【6.4.4】,【式6.4-10】、【式6.4-11】

电弧焊机焊接时的电压波动→P475倒数第3行【6.4.5】,【式6.4-13】

降低、治理措施→P476【6.4.6】

电压暂降雨短时中断抑制措施→P478【6.5.4】

电动机起动方式及特点→P479【表6.5-1】

降压起动条件(转矩、转矩相对值、起动时间、最长时间)→P480【式6.5-3】、【表6.5-1】、【式6.5-4】、【式6.5-5】

电动机起动引起电压下降(电压暂降计算，计算示例)→P482【表6.5-4】,P486【例6.5-1】,P487【例6.5-2】

中断与可靠性(停电时间，停电持续时间，停电停运率，提高措施)>--→P490【6.6】

5.4“钢上”第5章

电压波动百分数→P260【式5-2】

电动机降压起动基本条件(转矩、时间、最长允许时间)→P275【式5-15】、P276【5-16】、【5-17】

电动机起动引起电压下降(无/有限容量供电电压暂降计算，计算示例)→P277【5.4.5】、【表5-20】、【表5-21】,P280【例1】~P282【例4】

三相炼钢电弧炉电压波动估算、计算→P283【式5-23】、【式5-27】

电弧炉最大无功波动量计算→P284【式5-28】

电弧炉计算实例(估算、计算)→P284【5.5.3】

焊机电压波动计算、限制措施，轧钢机\电压波动计算、限制措施→P286【5.6】,P287【5.7】

6. 公用电网谐波→GB/T 14549-93;“配四”;GB 50052-2009

6.1 GB/T 14549-93《电能质量 公用电网谐波》

谐波电压限值→P37-3【4】

谐波电流允许值(基准容量不同时，需要换算)→P37-3【5】

谐波数学表达式→P37-4【附录A】,【式A1】~【式A6】

谐波电流允许值换算（异于基准容量)→P37-4【附录B】,【式B1】

谐波基本计算式(含有率，同次叠加，第i个用户允许值)→P37-4【附录C】,【式C1】~【式C6】

测量方法、仪器，数据处理(3s平均值)→P37-5【附录D】,【式D1】

6.2 GB 50052-2009《供配电系统设计规范》

控制非线性用电设备产生谐波措施→P3-8【5.0.13】

6.3“配四”第6.7节

正/负/零序谐波→P492倒数第5行

谐波计算式(电压/电流、含有率、总畸变率、方均根值)→P493【式6.7-1】~P494【式6.7-8】

特征谐波次数（整流电路)→P494中间，【式6.7-9】、【式6.7-10】

整流器谐波次数、电流及含量→P495【式6.7-11】、【6.7-12】、【表6.7-1】

谐波的危害→P497倒数第5行【6.7.4】

谐波限值，发射限值(≤16A,16A<≤75A,>75A,短路比)→P501【6.7.5】,【6.7.6】

不平衡三相设备电流发生限值，短路比→P505【表6.7-14】,倒数第8行

谐波计算(含有率、估算、叠加)→P508【6.7.7】、【式6.7-13】~【式6.7-17】

减小谐波的技术措施→“配四”P510【6.7.9】

(未完待续)(下转第247页)

◇江苏 键谈

Altium Designer 19软件介绍及安装(一)

一、Altium Designer 19简介

Altium Designer 19是一款专业的整合端到端电子印刷电路板设计环境，简称：AD19，适用于电子印刷电路板设计。

它结合了原理图、ECAD库、规则和限制条件、BoM、供应链管理、ECO流程和世界一流的PCB设计工具。利用软件强大的工具，可以完全掌控设计过程，提高了整个设计团队的生产力和工作效率，节省总体成本、缩短产品上市时间，一直处于新科技的最前沿。

Altium Designer与其他Windows应用程序的不同之处在于它将您需要的所有编辑工具整合到一个环境中。这意味着可以编辑原理图并在同一软件应用程序中布置印刷电路板。还可以在同一环境中创建组件，配置各种输出文件，甚至可以打开ASCII输出。

新版带来了大量实用更新和增强，如全新的PCB布线及增强技术、动态铺铜、自动交叉搜索等等。从构思到制造，通过Altium Designer可加快推动PCB设计流程，在Altium Designer中设计印刷电路板，只需9个组件即可轻松地快速跟踪整个设计过程。Altium Designer能够利用最高效，最协作的PCB设计环境将您的想法变为现实。

从用于助听器的小型可折叠刚性柔性板到大型20层高速网络路由器，Altium Designer提供成功的设计。在Altium Designer中工作的方式与其他Windows应用程序非常相似，可以通过熟悉的菜单访问命令，使用标准Windows键盘和鼠标操作可以缩放和平移图形视图，并且可以通过键盘快捷键访问许多命令和功能。

启动的64位应用程序称为X2平台。每种不同的文档类型都在X2应用程序中打开，从一种文档类型移动到另一种文档类型时，相应的编辑器特定菜单，工具栏和面板会自动出现。

在面向设计的环境中工作为设计师提供了显著的优势，无论您是作为独立设计师，还是作为地理位置分散的大型团队的成员，Altium Designer都提供易于使用，身临其境的设计空间，您可以在其中享受制作下一个伟大创意的乐趣。

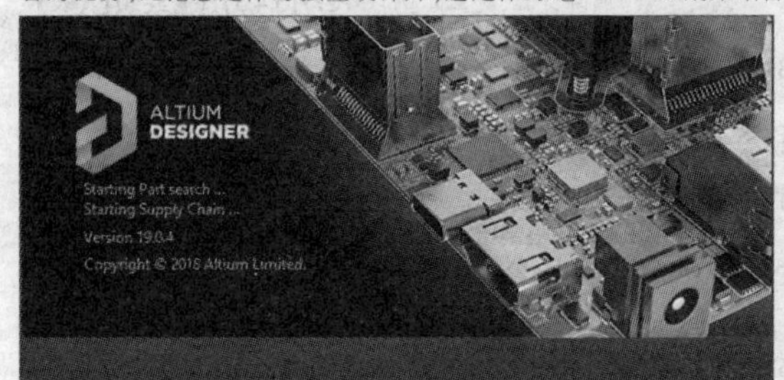

二、功能特色

1.DXP平台

与所有支持的编辑器和浏览器使用相同图形用户界面(GUI)的软件集成平台。设计文件预览洞查，发布管理、编译器、文件管理、版本控制界面和脚本引擎。

2.原理图—浏览器

打开、查看并打印原理图文件和库。

3.PCB—浏览器

打开、查看和打印PCB文件。此外还可查看并导航3D PCB。

4.CAM文件—浏览器

打开CAM、制造(Gerber、Drill和OBD++)和机械文件。

5.原理图—软设计编辑

所有(除了PCB项目和自由分散文件)中的原理图和原理图元件库编辑能力，网络列表生成能力。

6.导入器/导出器

支持从OrCAD、Allegro、Expedition、PADS、xDx Designer、Cadstar、Eagle、P-CAD和Protel等导入和/或导出创建的设计和库数据。

7.原理图—编辑

所有原理图和原理图元件库，以及原理图元件库文档。

8.库管理

基于单一数据源的统一的库管理，用于所有元件模型和关联数据，包括3D模型、数据图纸和供应商链接。版本控制和外部项目管理系统的单一联系点。

9.Altium数据保险库支持

从集中的Altium数据保险库读取、编辑和发布设计数据的能力。数据保险库支持以下内容：元件模型、定价和供货信息数据、受管图纸和子电路、完整项目和制造/装配文件。

10.仿真—混合信号

SPICE 3F5/XSPICE混合信号电路仿真(兼容PSpice)。

11.信号完整性—原理图级

布局前的信号完整性分析—包括一个完整的分析引擎，使用默认PCB参数。

12.PCB—电路板定义和规则

放置/编辑机械层对象，高速设计的设计规则，用户可定义板层堆栈，来自原理图的设计传输，元件放置和实时制造规则检查。

13.CAM文件—导入器

(Gerber、ODB++)导入CAM和机械文件。

14.PCB—原生的3D PCB查看和编辑

电路板的真实和3D渲染视图，包括与STEP模型和实时间距检查直接相连的MCAD-ECAD支持，2D和3D的视图配置，3D电路板形外框和元件模型编辑，所有基元的3D测量值以及2D/3D PCB模型的纹理映射。

15.PCB—布线

高工作效率PCB布局编辑器，支持自定义多边形、电路板开孔、实时规则检查、设计复用和尺寸自动测量，配备直观高效的用户界面。

16.交互式指导性布线(推挤布线、紧贴布线和自动完成模式)、差分对、交互式/自动布局、引脚/部件交换、跟踪修线，在拖动操作中规避障碍。

17.高级板层堆栈管理

当PCB不同区域包含不同的板层堆栈时，定义单一设计中多层复杂层堆栈的能力，支持嵌入式元件和刚柔结合式布局。

18.刚柔结合板设计支持

用于设计柔性和刚柔结合PCB板的完整系统。定义和描述设计中的多条PCB折叠线的能力。全3D，折叠和展开查看以及间距设计规则检查。导出电路板中折叠或部分折叠的3D STEP模型，以便实施MCAD协作的能力。

19.嵌入式元件

支持PCB堆栈中的嵌入式分立元件。在PCB中嵌入元件可提高可靠性，增强性能，并显著提升空间和减轻重量。

20.信号完整性—布线层级

布线后信号完整性分析支持映射及串扰分析。

21.PCB-制造文件输出

多种输出发布允许多个输出合并成一个单一的媒体类型，更好地进行数据管理。通过工程历史和相关性的受控视图，发布到PDF/A，打印机或Web。生成Gerber、NC Drill、ODB++、3D视频动画、STEP文件等。

22.CAM File-编辑器(Gerber,ODB++)

面板化、NC布线定义、NRC、导出CAM和机械文件、网络表提取、导入和反向工程。

三、软件优势

1.从“项目”面板轻松访问项目中的任何文档。显示所有项目文档，并且还组织示意图以反映设计结构。

2.能够轻松地在原理图和PCB之间来回移动。诸如将设计从原理图移动到电路板或从电路板返回到原理图的任务变得快速且非侵入性。

3.在原理图上选择一组元件，然后在电路板上选择它们，准备好添加到PCB元件类，或者重新定位和对齐，或者翻转到电路板的另一侧。

4.从电路板的2D视图来回滑动到高度逼真的3D视图，检测错误，切换到原理图并进行编辑，更新PCB，然后重新回到正轨。

5.在原理图上添加一个新组件，并将其显示在BOM文档中，准备好最终确定其供应链详细信息。

6.软件能够在内存中使用整个设计的单一统一模型-提供上述详细信息以及其他许多优势。

四、安装软件

1.解压“AD19”相关压缩文件，鼠标右键单击“AltiumDesigner19Setup.exe”选择“以管理员身份运行”，弹出安装向导对话框，点击“NEXT”继续。

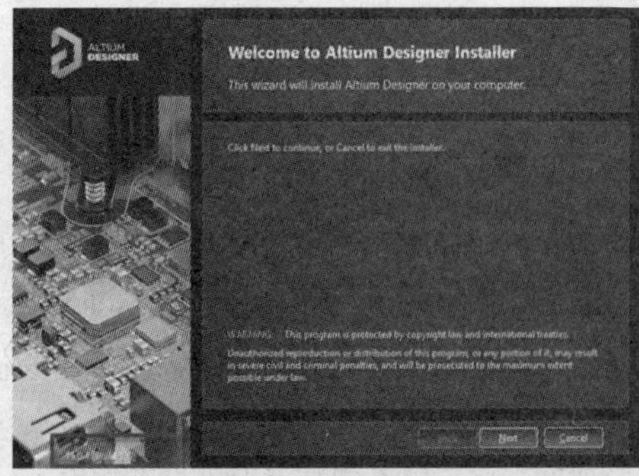

2.选择中文安装语言，并选择接受协议。

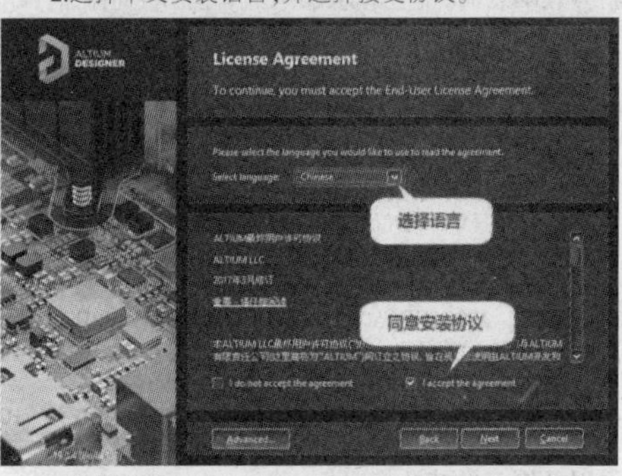

3.继续单击“Next”按钮，显示如图所示安装功能选择对话框，选择需要安装的组件功能。一般选择安装图示箭头指示的“PCB Design”、“Importers\Exporters”两项即可。

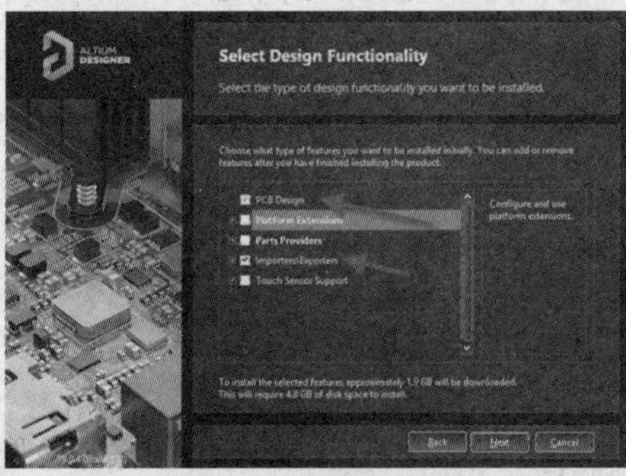

4.单击向导欢迎窗口的“Next”，显示如图所示选择安装路径对话框，选择安装和共享文件路径，推荐使用默认安装路径，也可以更改安装路径到D盘。保持盘符“D:\”后面的路径不变，没有的系统会创建，选择“OK”就好。

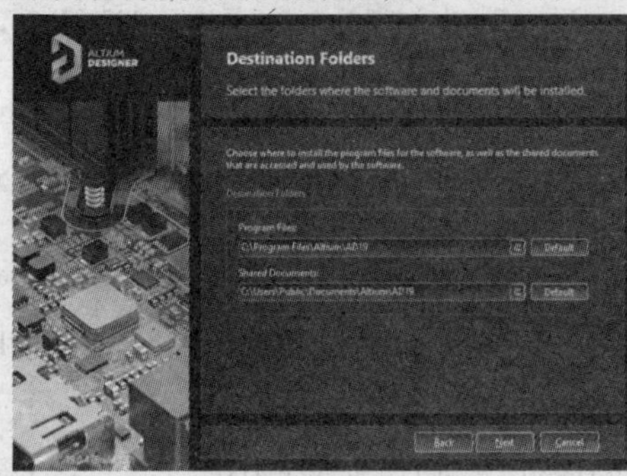

(未完待续)(下转第248页)

◇四川科技职业学院 刘光乾

光纤收发器的六个指示灯及对应故障对策

我们常用的光纤收发器都有6个指示灯，那么每个指示灯都代表什么含义呢？是否所有指示灯都亮起才代表光纤收发器正常工作呢？

PWR：灯亮表示DC5V电源工作正常；

FDX：灯亮表示光纤以全双工方式传输数据；

FX 100：灯亮表示光纤传输速率为100Mbps；

TX 100：灯亮表示双绞线传输速率为100Mbps，灯不亮表示双绞线传输速率为10Mbps；

FX Link/Act：灯长亮表示光纤链路连接正确；灯闪亮表示光纤中有数据在传输；

TX Link/Act：灯长亮表示双绞线链路连接确；灯闪亮表示双绞线中有数据在传输10/100M。

若光纤收发器正常工作，PWR电源指示灯必须常亮，FX-LINK/ACT光纤链路指示灯、TX-LINK/ACT网络链路指示灯需常亮或闪烁，若LINK/ACT指示灯不亮，需检查相应链路是否连线正常；至于FDX工作模式指示灯、FX-100光纤速率指示灯、TX-100网络速率指示灯是否常亮对光纤收发器没有实质影响。

一、光收发器的指示灯的作用和故障判定方法

1.首先看光纤收发器或光模块的指示灯和双绞线端口指示灯是否已亮？

A.如收发器的光口(FX-LINK/ACT)指示灯不亮，请确定光纤链路是否正确的交叉链接，光纤插口TX-RX；RX-TX。

B.如A收发器的光口(FXFX-LINK/ACT)指示灯亮而B收发器的光口(FXFX-LINK/ACT)指示灯不亮，则故障在A收发器端：一种可能是：A收发器(TX)光发送口已坏，因为B收发器的光口(RX)接收不到光信号；另一种可能是：A收发器(TX)光发送口的这条光纤链路有问题（光缆或光纤跳线可能断了）。

C.双绞线(TXFX-LINK/ACT)指示灯不亮，请确定双绞线连线是否有错或连接有误？请用通断测试仪检测（不过有些收发器的双绞线指示灯须等光纤链路接通后才亮）。

D.有的收发器有两个RJ45端口：(To HUB) 表示连接交换机的连接线是直通线；(To Node) 表示连接交换机的连接线是交叉线。

E. 有的收发器侧面有MPR开关：表示连接交换机的连接线是直通方式；DTE开关：连接交换机的连接线是交叉线方式。

2.光缆、光纤跳线是否已断？

A.光缆通断检测：用激光手电、太阳光、发光体对着光缆接头或偶合器的一头照光；在另一头看是否有可见光？如有可见光则表明光缆没有断。

B.光纤连线通断检测：用激光手电、太阳光等对着光纤跳线的一头照光；在另一头看是否有可见光？如有可见光则表明光纤跳线没有断。

3.半/全双工方式是否有误？

有的收发器侧面有FDX开关：表示全双工；HDX开关：表示半双工。

4.用光功率计仪表检测

光纤收发器或光模块在正常情况下的发光功率：

多模2Km：-10db—18db之间；

单模20公里：-8db—15db之间；

单模60公里：-5db—12db之间；

假如在光纤收发器的发光功率在：-30db—45db之间，那么可以判断这个收发器有问题。

二、常见故障及解决方法

根据日常维护、用户出现的问题，总结起来，希望能给维护员工带来一定的帮助，达到根据故障现象来判断其原因，找准故障点，"对症下药"。

1. 收发器RJ45口与其他设备连接时，使用何种连线？

原因：收发器的RJ45口接PC机网卡（DTE数据终端设备）使用交叉双绞线，接HUB或SWITCH(DCE数据通信设备)使用平行线。

2.TxLink灯不亮是什么原因？

A.接错双绞线

B. 双绞线水晶头与设备接触不良，或双绞线本身质量问题

C.设备没有正常连

3.光纤正常连接后TxLink灯不闪烁却常亮是什么原因？

原因：

A. 引起该故障一般为传输距离太长；

B.与网卡的兼容性问题(与PC机连接)

4.Fxlink灯不亮是什么原因？

原因：

A. 光纤线接错，正确接法为TX—RX,RX—TX或是光纤模式错了；

B. 传输距离太长或中间损耗太大，超过本产品的标称损耗，解决办法为：采取办法减小中间损耗或更换为传输距离更长的收发。

C. 光纤收发器的自身工作温度过高。

5. 光纤正常连接后Fxlink灯不闪烁却常亮是什么原因？

原因：引起该故障一般为传输距离太长或中间损耗太大，超过本产品的标称损耗，解决办法为尽量减小中间损耗或是更换为传输距离更长的收发器。

6.五灯全亮或指示器正常但无法传输怎么办？

原因：一般关断电源重启一下即可恢复正常。

7.收发器环境温度是多少？

原因：光纤模块受环境温度的影响较大，虽然其本身内置自动增益电路，但温度超出一定范围之后，光模块的发射光功率受到影响而下降，从而削弱光网络信号的质量而使丢包率上升，甚至使光链路断开；（一般光纤模块工作温度可达70℃）

8.与外部设备协议的兼容性如何？

原因：

10/100M光纤收发器和10/100M交换机一样，对帧长都有一定限制，一般不超过1522B或1536B，当在局端连接的交换机支持一些比较特别的协议（如：Ciss的ISL）而使包开销增大（Ciss的ISL的包开销为30Bytes），从而超过光纤收发器帧长的上限而被其丢弃，反映丢包率高或不通，此时需要调整终端设备的MTU(MTU最大发送单元，一般IP封包的开销是18个字节，MTU为1500字节，现高端通信设备厂家存在内部网络协议，一般采用另行封包的方式，将加重IP封包的开销，若数据为1500字节，IP封包后IP包的大小将超过18而被丢弃)，使线上传输的包的大小满意网络设备对帧长的限制。

9. 机箱正常工作过一段时间后，为什么会出现部分卡不能正常工作的情况？

原因：早期机箱电源采用继电器方式。电源功率余量不足，线路损耗较大是主要问题。机箱正常工作过一段时间后，出现部分卡不能正常工作，当拔出部分插卡，剩下的卡工作正常，机箱在长期工作后，接头氧化造成较大的接头损耗，这种电源跌落超出规定要求范围，可能造成机箱插卡不正常现象。现对机箱电源切换采用大功率肖特基二极管进行隔离保护，改进接头的形式，减少控制电路及接头引起的电源跌落。同时加大电源的功率冗余，真正使备份电源方便、安全、使之更适应长期不间断工作的要求。

◇湖南 李敏

自己动手组装数字转盘(一)

HIFI器材中数字转盘播放器简称"数字转盘"，数字转盘解码的数字信号优质稳定，音质还原效果好。好的数字转盘要价不菲，决定自己动手组装一个，网购一个数字转盘成品板，板子做工精致，功能齐全，内含蓝牙4.2模块和ES9018K2M芯片解码，下图。

图1 电路板

该板子支持音乐格式：MP2/MP3，WMA,APE, FLAC,WAV,WAV +CUE,APE +CUE,FLAC +CUE 44.1KHZ-48KHZ/16BIT-24BIT，输入：支持蓝牙直推，U盘播放，SD卡播放，平板电脑、电脑USB口播放；模拟输出：1组RCA立体声输出，一组3.5耳机口输出；数字输出：一个同轴，1个光纤，1个IIS口(RJ45)。操作：支持手机App输入选择，音量调节，切换歌曲，暂停等操作；还可以通过显示屏按键经行输入选择，音量调节，切换歌曲，暂停等操作。接上50W环形变压器双15V单9V试听，声音细致，层次感好，解析力非常强，能放出如此好的音乐，实在是物有所值。经过了解该板子工作原理如下图。

图2 数字转盘板工作原理图

从原理图上可以看出输入信号首先进入数播MCU指令模块，信号工作情况在显示屏上显示，MCU输出的IIS信号进入信号隔离缓冲芯片，该芯片输出三路，一路输出到RJ45口，一路经过SPDIF信号转换和缓冲输出同轴和光纤数字信号，第三路和第二路的SPDIF信号转换分两路进入ES9018K2M数模转换芯片，该芯片输出的信号经I/V伏安信号转换送入运放放大经缓冲输出两路模拟信号。查阅资料ES9018K2M芯片是ESS技术公司开发用在手机上的，动态范围127db，内部集成了数字接收、去抖动和SRC（中文名：重采样）功能，ES9018k2M支持DSD、FLAC、APE、FLAC多种无损音乐。从电路板上看到电源电路双15v和单9V交流供电使用了两组桥式整流滤波电路，主滤波电容采用ELNA伊娜高品质发烧电容，电源退耦电容采用尼康发烧电容，其中一个稳压模块LT1086降压为ES9018k2M芯片供电；7805稳压模块为IIS芯片供电，另外一路通过降压为数播MCU模块供电，LM317和LM337稳压模块输出±15V电压给三组5532DD运放模块供电。业余条件下我们升级就是要升级这三组运放，5532运放过去在音响界很流行，九十年代初曾经称为"运放之皇"，它的内部原理如下图。

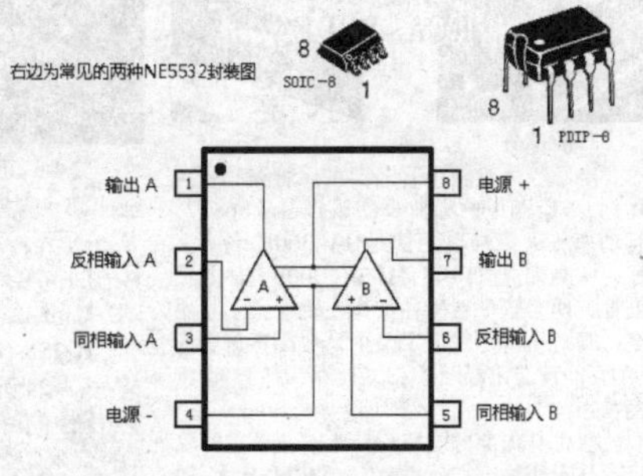

（未完待续）（下转第249页）

◇河南 刘伟宏

凯音 HA-300 电子管耳放简介

今天为发烧友们介绍一款来自老牌自主厂商Cayin（凯音）的旗舰级胆耳放——HA-300耳放。

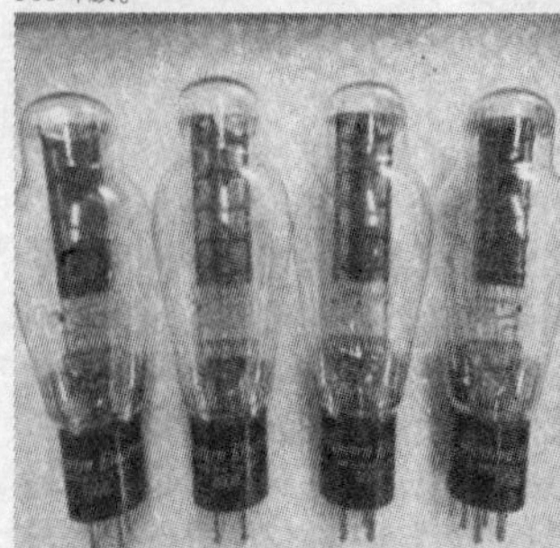

美国原装88年WE西电300B电子管现在大约4000元一只

对电子管有所了解的朋友都比较熟悉300B类型的电子管，这类型电子管的传奇起源来自美国西方电子公司Western Electric在20世纪30年代的专利设计。因其美艳绝伦的声效韵姿风华独步高端音响界。

300B类型的电子管优势在于，有着成熟的结构设计，经久耐用之余，在线性表现上是极为理想的。其奇次谐波失真很小，但只有比较大的偶次谐波失真，这个特点却与音响音乐性表现吻合，更是能够呈现"胆机"的天然优势。

HA-300用料之扎实，光净重就达到了29kg。由于耳机的佩戴方式注定其在声音细节上的严格要求，在HA-300的每个设计环节上都需要考量其对声音的影响。在电源设计部分要尽可能避免电源变压器对音频放大电路的干扰，从最大程度上输出更纯净的电源能量。而采用独立供电解决方案能使电路性能更优更稳定，还能有效达到上述两点，使音质表现更出色。

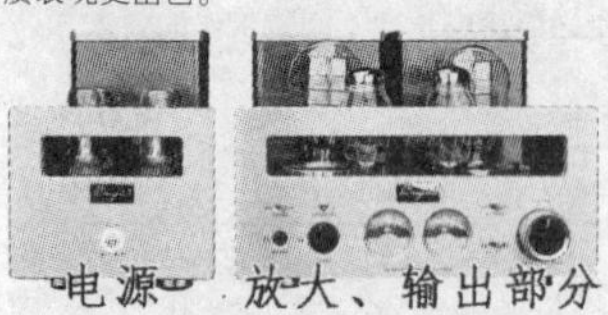

在独立电源设计中，采用Cayin自主研制的环形电源变压器和EI型输出变压器。其中，EI输出变压器适合多层复杂的绕线方式。担任整机的高压整流角色的是四支电子管22DE4，该电子管采购自RCA（Radio Corporation of America），RCA是世界最大的真空管制造商。这四支电子管均生产于20世纪60年代，堪称古董级。

在本机使用中，它能有效降低与减轻电源纹波对于音频信号放大及还原呈现的影响，保证了全频段声音表现更加平衡自然，使得到的电源能量更为纯净。

耳放部分

电压放大管采用著名自主品牌曙光公司复刻，来自西电的经典真空管产品WE6SN7，而功率放大管当之无愧是HA-300的名字来源——陶瓷金脚FULL MUSIC 300B直热式三极管。两个管子首先在结构上就保证了耐用度，同时结构也保证了整个耳放深不见底的实力，能营造出温暖柔和，自然耐听的声音特性。

在机身内部的电路设计上，平衡信号采用的是平衡输出变压器-单端纯甲类放大-输出变压器平衡输出的模式。在充足的内部空间，扎实的用料和出色的电路设计下，纯甲类放大的声音将会平滑耐听，让人回味无穷。

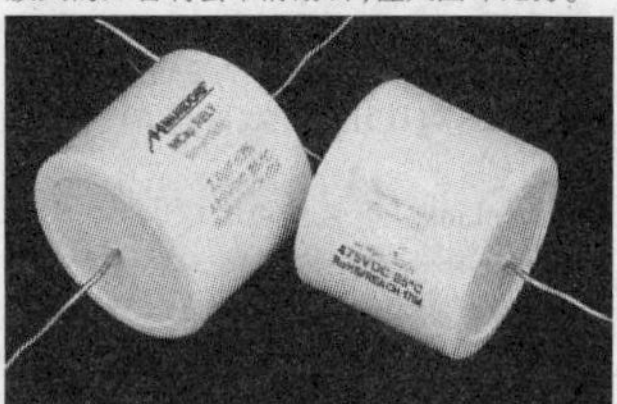

选用德国MCap RELY Silver/Gold耦合电容

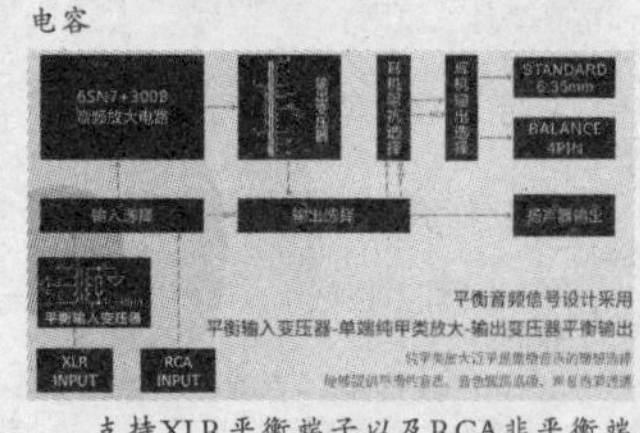

支持XLR平衡端子以及RCA非平衡端子两种输入方式。

搭载了Neutrik平衡和单端两种耳机接口以及一组扬声器输出接口。

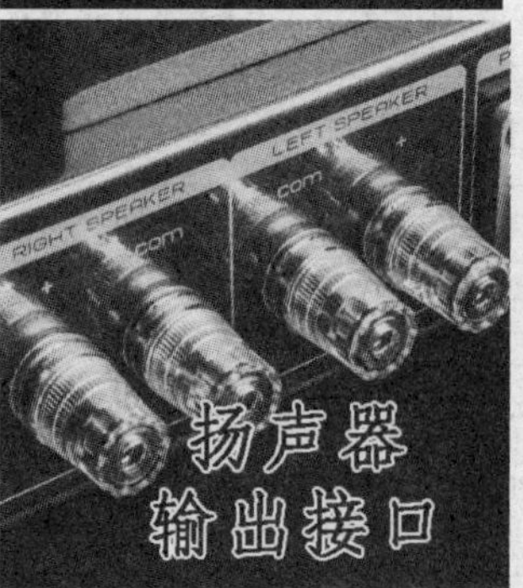

其中耳机输出搭配高中低三挡阻抗，完全能满足耳塞到顶级HiFi头戴式耳机的要求，分别为：

L:8~64Ω

M:65~250Ω

H:251~600Ω

采用24级高精度步进分压式音量电位器，具有可靠性高、使用寿命长、噪音低、高精度电阻配对的特点；保证双通道阻值步进一致。并且外壳材料采用屏蔽效果不错的铝合金，进一步杜绝因电位器屏蔽不佳导致的噪音。

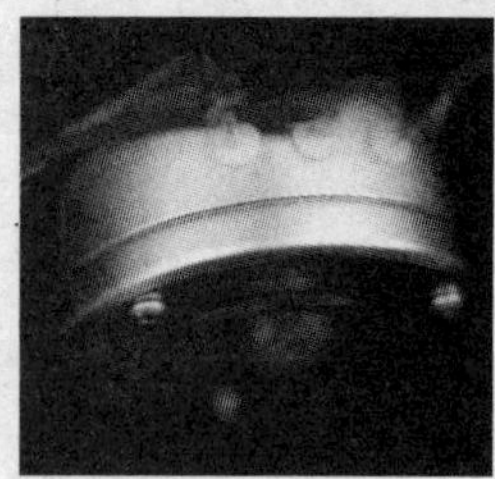

全机在制作上采用手工搭棚，相对于印刷电路技术更为讲究细节处理，更为复杂，并且可以增强电路间的通导率，在声音的表现力上更加通透和细腻。

外置左右声道的VU电平表显示功能，让音频信号电平变化可视化。

电源接口部分采用美国航空标准制作，做工和工艺都十分讲究。

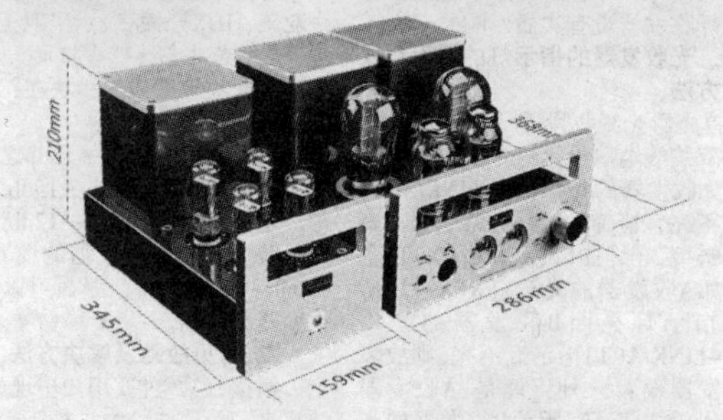

参数列表

耳机输出部分	额定输出功率	平衡输出	1800mW+1800mW(L); 2200mW+2200mW(M); 3700mW+3700mW(H);
		非平衡输出	1100mW+1100mW(L); 2400mW+2400mW(M); 5000mW+5000mW(H)
	频率响应		10Hz~50kHz±3dB
	总谐波失真		1%(1kHz)
	灵敏度		200mV~440mV
	信噪比		100dB(A 计权)
	耳机阻抗匹配		L:8~64Ω;M:65~250Ω;H:251~600Ω
	耳机输出插座		6.35mm 插口×1;四针平衡插口×1
喇叭输出部分	额定输出功率		8W+8W
	整机频响		10Hz~60kHz±3dB
	谐波失真		1%(1kHz)
	信噪比		100dB(A 计权)
	输入灵敏度		400mV
	输出阻抗		4~8Ω
	输入阻抗		100kΩ
其他	输入端子		平衡 XLR;非平衡 RCA
	真空管		6SN7×2、300B×2、22DE4×4
	体积	电源	159mm×345mm×210mm
		功放	286mm×368mm×210mm
	净重	电源	10kg
		功放	19kg
	保险丝		~220V-240V:T1.6AL250V
	整机功率		185W
	工作环境温度及湿度		温度:0℃~40℃ 湿度:20%~80%
	存储环境温度及湿度		温度:-20℃~70℃ 湿度:20%~90%

邮局订阅代号：61-75 国内统一刊号：CN51-0091

微信订阅**纸质版**
请直接扫描
邮政二维码
每份1.50元 全年定价78元
四开十二版 每周日出版

扫描添加**电子报微信号**
或在微信订阅号里搜索"电子报"

2019年6月23日出版
实用性 启发性 资料性 信息性
第25期
国内统一刊号：CN51-0091 定价：1.50元 邮局订阅代号：61-75
地址：（610041）成都市武侯区一环路南三段24号节能大厦4楼 网址：http://www.netdzb.com
（总第2014期）
让每篇文章都对读者有用

另类的鼠标文化

鼠标是大家很熟悉的PC产物，1968年12月9日，世界上第一个鼠标问世。当时的"鼠标"还只是个小木头盒子，拖着长长的连线，酷似老鼠。设计目的，是为了代替键盘繁琐的输入指令，从而使计算机的操作更加简便。这只鼠标的外形是一只小木头盒子，其工作原理是由它底部的小球带动枢轴转动，继而带动变阻器改变阻值来产生位移信号，并将信号传至主机。

鼠标最初是没有鼠标垫的，早些年代的鼠标是使用底部的轨迹球来控制电脑屏幕光标的运动，那时候对于鼠标垫没什么要求，甚至有没有鼠标垫都不会影响操作。

1980年代初，出现了第一代的光电鼠标，这类光电鼠标具有比机械鼠标更高的精确度。但是它必须工作在特殊的印有细微格栅的光电鼠标垫上。这种鼠标过高的成本限制了其使用范围。直到1999年安捷伦公司（Agilent，后改组为安华高，Avago）发布了IntelliEye光电引擎，鼠标终于才开始不需要专用鼠标垫的光电鼠标，光电鼠标的普及由此开始，但光电鼠标的鼠标垫的材质还是只能是特定的几种。

2003年，罗技与微软分别推出以蓝牙微通讯协定的蓝牙鼠标；2005年，罗技与安华高合作推出第一款激光鼠标（无线，可充电，Logitech MX1000）；2006年，世界上第一只克服玻璃障碍的有线激光鼠标问世（DEXIN，ML45）；同年，第一只蓝牙镭射鼠标问世（Acrox）也问世了。2008年微软推出采用Blue Track技术的蓝光鼠标，到此时我们有了几乎兼容所有界面的鼠标。到目前，我们的鼠标市场基本被光学引擎鼠标（发光二极管发光）和激光鼠标（激光二极管发光）统治，基本上我们常见的材质鼠标都能识别。

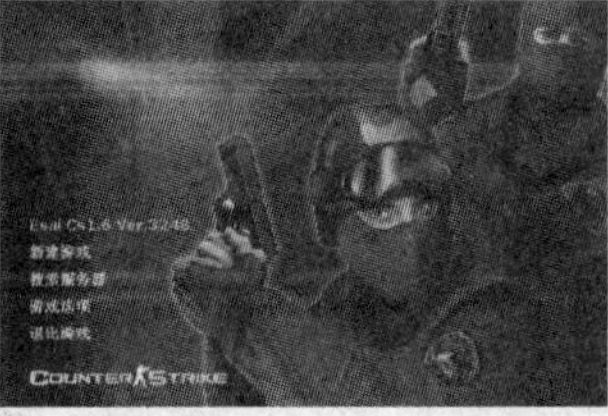

而2000年著名的射击游戏CS（反恐精英，Counter Strike）和星际争霸（StarCraft）由于颇高的互动性和竞技性，在一定程度上促使了高精度鼠标和鼠标垫的流行和发展。因为FPS游戏对于鼠标的操控是要求极高的，而当时主流的滚轮鼠标显然无法很好地满足一部分玩家的操作需求。于是两大高端鼠标微软的IE3.0和罗技的MX500也顺势在国内闪亮登场，而且IE3.0后来还成了游戏鼠标业界中不可超越的里程碑式存在。同时也让我们知道了鼠标垫也能卖到200多元的价格，不再是买鼠标时的附送品。

Func Surface 1030鼠标垫

普通的鼠标垫一般为布制鼠标垫，就是把一层布附着在一块橡胶上，布面作为鼠标移动的工作表面，而下层的橡胶则起着增加舒适度以及防止鼠标垫滑动的双重作用。多数布制鼠标垫价格低廉，布垫的摩擦系数比较高，其滑度也是无法与玻璃垫、铝垫等相比的。

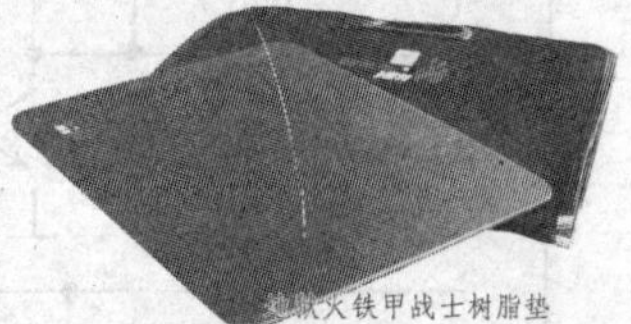

地狱火铁甲战士树脂垫

一般讲究一点的玩家喜欢树脂材质的鼠标垫。其顺滑度的表现是十分出色的，操控起来也非常稳定，在定位方面精准度也是比较高的，同时树脂材质的鼠标垫产品脏了以后直接用水清洗即可，非常的方便。

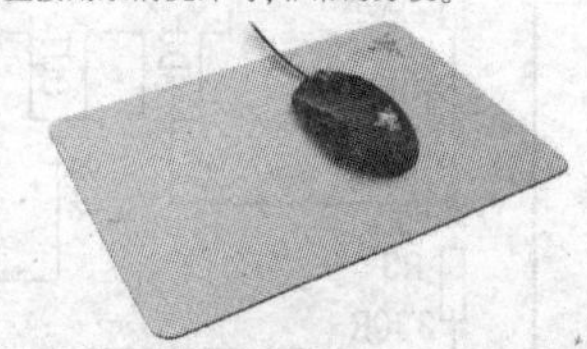

而专业的电竞选手和高端玩家则喜欢选择金属鼠标垫；金属鼠标垫应该是所有鼠标垫里面最滑的材质了，而且相当耐用。材质主要以铝制为主，这主要是因为别的金属材质不太适合作为鼠标垫的材质。其优点是手感光滑、细腻、均匀，鼠标使用时非常顺滑，移动摩擦声音很小。不过金属鼠标垫也有它的缺点，由于不能弯曲，所以便携性不太好，而且如果手汗比较重的话，有被汗渍腐蚀的风险，同时金属鼠标垫也会比较磨鼠标垫脚。

还有一种比较另类的玻璃材质的鼠标垫。主要是因为玻璃材质的特殊性，生产和运输的成本都很高。这种鼠标垫在性能方面和金属鼠标垫类似，光滑度都很不错，同时全透明和独特的质感让玻璃鼠标垫比其他鼠标垫看上去要更为时尚一些。缺点就是非常易碎，非常不方便携带。

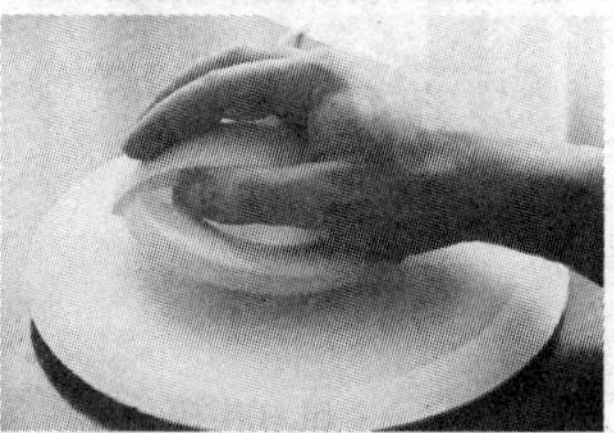

当然也有标新立异的设计师考虑到鼠标垫的麻烦，干脆设计出不要鼠标垫的鼠标。俄罗斯的设计师VadimKibardin就设计了一款无线磁悬浮鼠标BAT Mouse，造型设计十分拉风。鼠标垫是一个磁性基座，利用磁悬浮技术原理，可以让鼠标悬浮在空中，希望通过提高人体工程学的控制，来消除因使用鼠标而带来的手部麻木感，刺痛，虚弱或肌肉损伤，预防使用者变成"鼠标手"。

KB630X1激光投影（鼠标）键盘

更有甚者将鼠标和键盘融为一体，脑洞大开通过全息激光投射到桌面来实现鼠键功能。通过蓝牙连接，不但支持PC还支持手机、平板等蓝牙设备。这款KB630-X1激光投影（鼠标）键盘的设计灵感来自索尼大法的Xperia Projector的概念投影仪，通过投射+感应系统实现鼠标和键盘功能。同时加入音频外放与语音通话功能。当然KB630-X1并不能实现传统鼠标的全部功能与操作，它的设计更多适用手机、平板等移动终端，并提供外放、语音、操控等功能。

（本文原载第11期11版）

4成90后用机器人做家务 天猫618智能家居暴增110%

6月16日0点，天猫618进入冲刺阶段，天猫消费电子开启高速增长，仅7小时15分破去年全天成交。首小时，手机同比劲增600%，无人机同比增长800%、智能安防品类同比增长1500%；品牌之间上演了一场比学赶超的增长竞赛，首小时华为、苹果、vivo、荣耀分别增长了1200%、830%、470%、356%；只用30秒，科沃斯销售超去年全天；5分钟内，Shark、德施曼、艾美特、SKG等品牌以及华为官旗竞相打破去年全天成交。

从消费趋势上看，越来越多年轻人学会"智能犯懒"，选择用机器人做家务。6月16日，天猫618冲刺阶段数据显示，智能安防品类及智能家居品类增速强劲，首小时增速分别超过1500%和110%，其中扫地机器人、指纹锁、便携榨汁机等"不动手"产品均销量破万台，其中90后占比超过4成。

表面上看在犯懒，实际上年轻人选择用科技解放双手，过更好的生活，"精心做饭，智能洗碗"，"精心旅行，智能看家"。6月16日第一小时，智能锁1分钟超越去年全天成交，垃圾处理器3分钟超过去年全天，果蔬清洗机首小时同比增长近900%，扫地机器人一小时卖出3.5万台，机器人成为做家务的新主力军。

超7亿的月活用户，都可能成为天猫平台上的品牌的潜在用户，源源不断地为创新产品贡献评价。不少制造业大牌，新品研发时都会参考天猫用户评价。天猫也在通过人群洞察、IoT、AI技术等能力输出，联合上游制造商挖掘潜力品类，提升上市成功率。

作为引领品牌增长的第一平台，天猫每年都会联合品牌商家在双11、618这样的关键消费节点孵化新品。这些新品往往能够成为未来三年消费升级的现象级产品。三年前，天猫联合商家孵化的洗碗机、电动牙刷、扫地机器人，如今已成为家用电器消费升级"新三样"。

◇文章

创维5800-A8M500-OP50主板故障检修实例(一)

创维液晶电视5800-A8M500-OP50主板，适用机型主要有创维32E600F、创维42E600F、42E610G等液晶彩电。

例1：一台创维32E600F型液晶彩电，接通电源后指示灯亮（为红色），但二次不开机

该机采用5800-A8M500-OP50主板。正常时，通电后指示灯为红色，按遥控器上"开机"键后，指示灯变为绿色，随后背光亮，出现广告画面与声音。实修时，先观察二次开机时指示灯颜色是否变化。经查，二次开机时指示灯始终为红色，不能变为绿色。通电后，测得主板上插座CN4的⑥脚5V待机电压正常；二次开机后，测得CN4④脚（STANDBY）开/关机控制端电压一直为0V，不变化，而正常时开机应为高电平，电压值约为3.5V，据此判断故障发生在主板上。

接下来检查主芯片是否输出电源开启控制电压，测得主芯片PWR-ON/OFF端口的电压始终为0V低电平（主芯片采用BGA封装，可以测量R22连接主芯片一端的电压），而正常时待机应为0V，开机应为3.5V左右，说明主芯片没有发出开机指令。相关电路如图1所示。

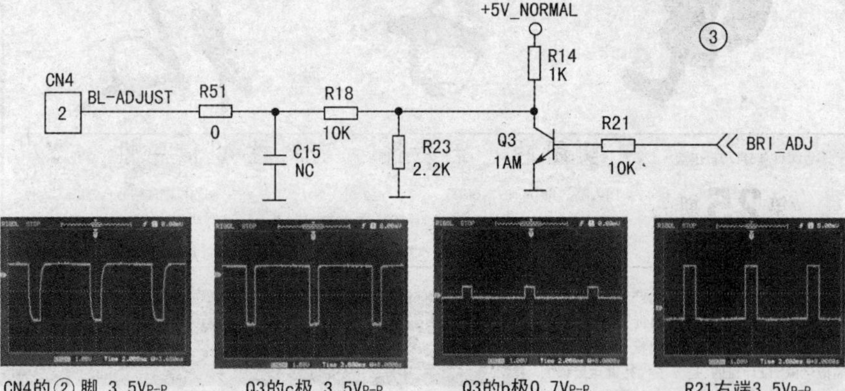

CN4的② 脚 3.5Vp-p　　Q3的c极 3.5Vp-p　　Q3的b极0.7Vp-p　　R21右端3.5Vp-p

造成二次不开机的原因主要有：主板上的DC-DC电路不正常；主芯片的供电电压不正常；主芯片的复位电路工作不正常；主芯片的时钟振荡电路工作不正常；总线控制电路工作不正常；软件故障。首先检查主板上DC-DC转换块，发现5VSTB转3.3VSTB变换块U2(AS1117L)②脚输出的电压(标注为+33V_STANDBY)只有0.5V，而测量U2的输入端③脚电压为4.9V，正常，说明故障出在U2及其外围元件。检查U2外围元件未见异常，输出端也没有短路现象，估计U2已损坏。更换U2后试机，故障排除。+3.3V_STANDBY不仅为主芯片U100内的MCU供电，而且还为FLASH存储器U103(25Q16BVSIG)供电，此电压异常会导致主板的控制系统无法正常工作。

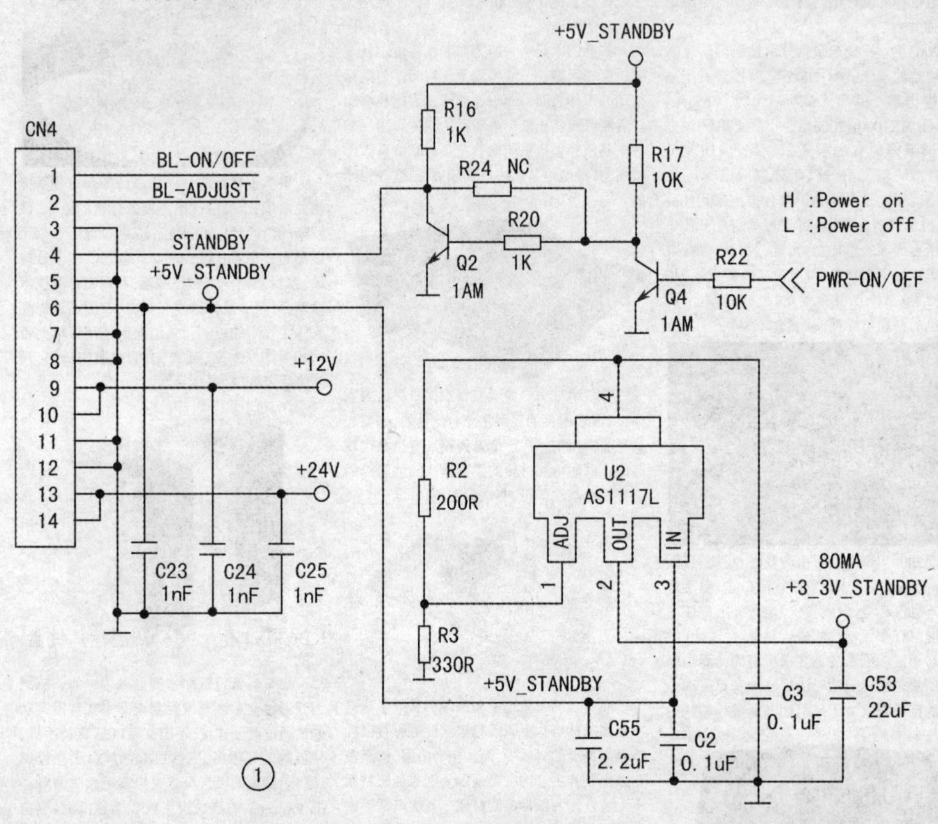

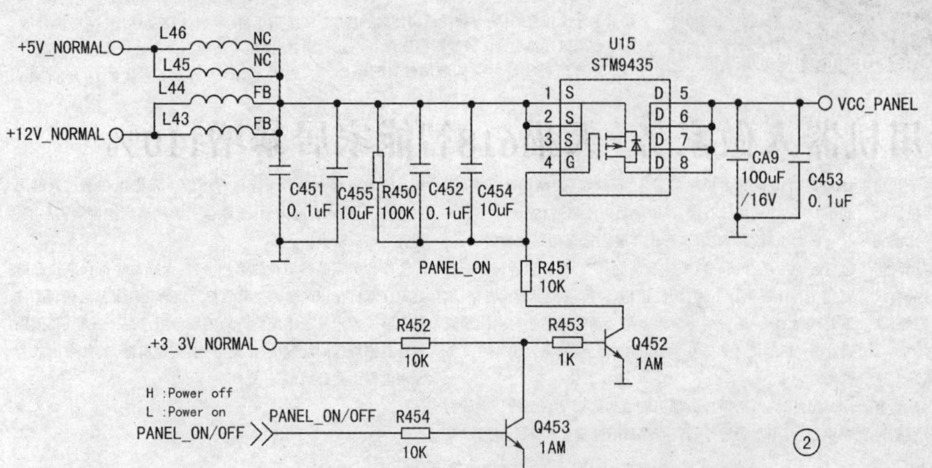

例2：一台创维32E600F型液晶彩电，伴音正常，灰屏

通电试机，背光亮，但无图像、无字符，测得主板上LVDS插座①~④脚的上屏电压为0V，正常值为12V。据此判断，故障发生在主板上的上屏电压形成电路中。上屏电压是12V经P沟道场效应管U15（STM9435）开/关的控制后供给，如图2所示。正常工作时，主芯片输出低电平的PANEL-ON控制电压到Q453基极，Q453截止，Q452饱和导通，U15因G极电压低于S极电压而导通，输出VCC-PANEL电压（该机采用12V）经U15去TCON板。测得U15的①~③脚（输入端）电压为12V，但⑤~⑧脚（输出端）电压为0V，表明U2处于截止状态或者其本身已经损坏。接着测量U15的控制端④脚电压接近12V，正常应为低电平（约2V），表明U2处于截止状态。测得主芯片PANEL-ON/OFF端口的电压（主芯片采用BGA封装，可以测量R454连接主芯片一端的电压）在待机时为3.2V，开机时为0V，正常。Q453的b极在待机时为0.65V，开机时为0V，也正常，但Q453的c极在待机和开机时均为0V，正常时待机为0V，开机为0.9V。检查Q453、Q452、R452等均无问题。测量R452左端的电压也为0V，表明R452到3.3V稳压块U2输出端之间线路（包括过孔）不通，用导线连接后试机，故障排除。

例3：一台创维32E600F型液晶彩电，图像亮度闪烁

输入多种信号源进行观察，故障现象不变。拆机后观察背光闪烁。该机采用168P-P32EWM-04型电源+LED驱动二合一板，测量开关电源送到LED升压电路的+24V电压正常，监测主板CN4②脚（BL-ADJUST）的直流电压在0V~3V之间变化。断开电源板上的BL-ADJUST信号连接后，测量主板CN4②脚的电压仍然是时高时低变化，说明主板上的背光亮度控制电路有问题。

该机背光亮度控制采用PWM脉冲调光方法，主芯片输出亮度控制PWM信号（标注为BRI_ADJ），经Q3倒相后，送至主板上的插座CN4的②脚，如图3所示。用示波器测量Q3的b极和c极均有正常的信号波形，但测量插座CN4的②脚时发现波形时有时无，说明CN4的②脚至Q3的c极之间有接触不良现象。测量有关线路是通的（包括过孔），怀疑电阻R51、R18（该电阻在主板的背面）开路或虚焊，重新补焊后故障排除。

（未完待续）（下转第252页）

◇四川 贺学金

Newifi3无线路由器拆机清理及刷机

近年来，随着家庭和个人智能终端的不断发展，消费者对无线网络的需求越来越高，不仅要求网速更快，也需要网络足够稳定。如今的智能家居时代下，路由器已向高端化、智能化发展，更有部分行业内的先行者，推行用户参与，将闲置边缘计算资源共享变现的理念，倡导实现路由器行业的"共享经济"。对于高端智能路由器家庭用户来说，如何通过方便且低成本的解决方案最大化优化路由器配置、发挥其性能，成为我们可供探讨的话题。笔者就以Newifi3无线路由器为例，与大家分享一下对其进行优化的心得及操作方法。

此款千兆无线路由器——新路由三（Newifi3）为笔者近日从咸鱼上购得，仅花费了六十余元；但配置高：MTK7621 双核四线程880MHz处理器、512MB内存、千兆WAN口、支持2.4G/5G双频信号，可谓明星级的智能路由器产品。笔者听说由于导热材质的原因，2018年3月以前出厂的早期批次中，部分机器可能存在使用久了会漏油的现象（后期批次不存在此问题），影响无线信号；同时原厂固件对无线优化做得一般，并不能完全发挥其硬件性能。于是笔者亲自动手拆机进行清理，并刷了一款市面上公认对无线性能优化最好的固件。

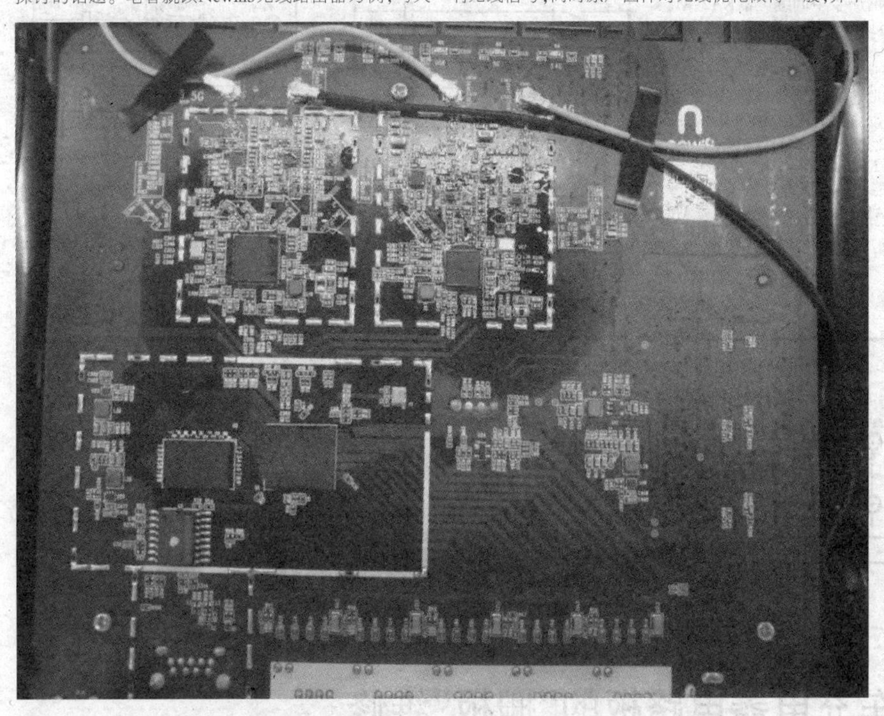

1. 拆机清理步骤

首先找到机身背面四个防滑垫并撬开，可见四个螺丝，拆掉四个螺丝后，就可打开顶板了。主板由三个螺丝固定在底部外壳上，卸掉此处三个螺丝，即可将主板从外壳上拆卸下来，这时就可以看到此主板上漏油较为严重（如附图所示）。

清洁漏油的方式既可以用洗板剂冲洗，也可以在漏油处用纸巾蘸取酒精擦拭干净后再以水冲洗晾干。经笔者观察发现，漏油的原因主要由早期批次选用的劣质导热硅胶垫造成的，所以我们解决再次漏油的方法是将导热铜片贴在芯片上，或者干脆把盖板上的导热硅胶垫换成质量好的产品。

2.刷机及闲置带宽共享变现

清理完主板后将路由器重新组装起来，接通电源和网线，即可开始刷机。

首先在浏览器中输入 http://192.168.99.1/newifi/ifiwen_hss.html 开启SSH；使用PUTTY或XShell等工具ssh登录至路由器中（用户名：root，密码为路由器后台管理密码一般与WiFi密码相同）。由cd /temp进入temp目录后，先输入wgethttps://download.openfogos.com/newifi3/newifi_jail_break.ko下载解锁文件，下载完成后输入命令insmod newifi_jail_break.ko 进行解锁。此时路由器会自动重启，待路由器重启完成后，再次远程ssh登录路由器，进入temp目录，输入wget https://download.openfogos.com/newifi3/firmware.bin下载路由器固件，等待下载完成，输入mtd -r write firmware.bin firmware命令进行刷机，刷机完成后路由器会再次重启。此时路由器管理后台地址为：192.168.99.1（默认用户名：root 默认密码：admin），刷机完成。

潘多拉固件为市面公认的性能优化最好、无线信号最强的路由器固件，按照上述方法进行刷机的固件还带有自动分享路由器带宽赚取收益的插件，登录路由器管理后台在系统>OpenFogOS就可以看到绑定账户及获取收益的界面入口，笔者所购的这台设备放在家中通过分享闲置带宽，所赚取的收益每天约有1元多，大家感兴趣的话也可以尝试加入一下。

◇深圳 欧斯

巧修打印机五例

例1 一台旧式喷墨打印机，因日久未使用，不能正常打印清晰字符，且有局部白印点。

查其原因系打印机长期搁置，造成墨盒内液干涸所致。

修复过程：墨盒系一次性使用的消耗品，不但售价较高，而且难购。笔者偶然感悟，试用碳素墨水打孔注入法（再生利用），即可恢复使用，既节约成本，又使机子焕发了青春，具体方法是如下。

1)把用完的墨盒的一侧面，选取中间靠上部位（距上盖约7mm处），定好需钻孔的中心位置，然后选用一个直径为4.5mm的钢钉，用钳子夹住它在火上加热烧红，遂将其在定好的位置钻透直径为5.5mm的小孔。切记，操作时不要损伤铜线排和喷头，更不能用电钻或小钻床钻孔，因为夹喷头、钻孔震动均会损坏打印喷头（俗称墨盒）。

钻孔后，用小刀轻刮孔口毛刺，然后用清洗干净的钢笔或吸管，向孔内滴入5~6滴自来水，使原干燥的打印头墨盒内部变得湿润，再用浸湿的棉球擦拭清洗打印喷墨头，注意切勿损伤打印喷头的关键"鼻端"部位。

2)用钢笔或吸管，吸取碳素墨水瓶中的墨水（可用优质墨水，如上海墨水厂产的"英雄牌"墨水）对准小孔缓缓滴入45~55滴碳素墨水，使滴入的墨水量占墨盒容量的1/2左右，然后用透明胶带封住滴孔，以防止墨水脱水。需注意的是，由于开孔，滴入的墨水不可太多，否则墨水容易在打印墨头处溢出来。

3）将注入碳素墨水后的打印墨盒，装入打印机的打印喷头托架上即可通电开机运行打印工作，注意刚开始打印时的字迹，不太均匀，但多打几张后，其效果几乎和新的打印喷头一样。

实践证明，按上述方法处理的墨盒，再生利用的打印喷头可多次使用，直到盒内沉渣完全填塞喷墨头为止。但要注意按说明书对打印头进行保养、清洁处理，并且注入的碳素墨水必须专用，尽量纯净无渣。顺便说一句，此法也适合绘图仪的打印喷头。

例2 一台老式TH—3070R1型打印机，开机后风扇转，而其他无任何反应。

检修过程：据维修经验，首先应该考虑到电源故障。打开机壳直观检查，电源输入线路正常，再查相关可疑部件，发现电源保险丝F2已熔断。重新换上保险丝（3A），通电开机后结果又被烧断，显然电路存在短路故障。从电源原理分析与实物对比可知，整流桥的任一臂发生短路击穿都会烧断F2，用万用表R×1Ω档分别测量四个臂，果然内其中两臂正、反向电阻均接近0Ω。为安全起见，笔者用手头5A/400V的硅整流二极管四支，搭成整流桥接入原电路来替换原整流桥，然后通电试机，机器工作正常，故障排除。

例3 一台佳能牌NP—1215型复印机，自检后，主机不运转，无法复印。

修理过程：经查资料，大体判断该机主电机的电源在AC驱动器电路板上。开机盖先顺线检查，拔下插排J105，测量主、副绕组电阻无短路、开路现象，均正常；再上电自检时，J105上无正常工作电压。接着检查驱动器的电源进线端J8电压，在自检时，有正常的交流110V电压。继续在线仔细检查相关易损元件，发现一熔断电阻表面已发黑（R108，MMDJ110），焊下测量果然内开路。该机直流供电电压为+24V，且负载不太大，可应急巧处理，试用彩电开关电源的3.15A延迟保险丝替代R108保险电阻后，试机运行四十分钟，机子一切正常。

例4 一台老式3070R2型打印机（24针式微机配套输出设备），运行中出现打印的字模糊不清，效果较差。

检修过程：据维修打印机实践经验得知，此故障并非机子内部电气部分（模拟与数字电路及控制芯片）问题，应重点检查机械部分（打印头、转动机构、机架等组成）的有关部件。按维修流程，即先用直观检查法，利用眼、耳、手、鼻细查是否有小火花点、异常音响、过热、烧毁、破裂、烧焦现象，观察有关插件、插头，是否微松动、局部碰地、接触不良、虚焊、脱焊、焊盘微裂纹、断线、碰线、有源元件短路、无源元件锈蚀、变色、开路等明显的故障。

打开机盖，认真检查该机相关可疑部件，发现拷贝杆已置于"1"的位置（单张打印）再继续查打印头与打印辊之间的距离符合0.255mm指标；又细观察，色带也无破损现象，问题在哪里呢？再检查发现打印头端部（出针部位）已经严重被脏污物堵塞，且局部锈蚀。将其小心拆下，把打印头端部放到无水乙醇（酒精）里浸泡十五分钟，然后用软毛刷轻轻清理残留的污物，再观其打印针，虽然有一定的磨损，但基本上是整齐的，并不会影响打印的总体效果，随把打印头安装好，联机再次观察打印结果，字迹模糊的现象没有了，打印机修复成功。

例5 一台MX—80型打印机，使用中突然不打印，电源指示灯熄灭

该机系EPSON公司生产（打印方式为串行点矩阵击打），与IBM—PC/XT型微机自动化配套。

检修过程：根据故障现象，先直观检查，发现电源保险丝内部变黑，说明其电源部分有短路的元件。打开机壳，对电路易损件、可疑相关部件一一仔细观察，整流二极管、开关管、阻容件、电感等未见裂纹、变色、断开、烧损等现象；再仔细观察，偶然发现电源变压器外表其右侧已局部变色，怀疑变压器有问题，用万用表测量，果然其初级线圈内部烧损开路。用报废机子里的相同规格型号电源变压器更换后，打印机恢复正常。经探究，也可用17英寸黑白电视机电源变压器直接代换。

◇山东 张振友

自耦降压起动柜故障引起电动机直接起动的改进

某电灌站共有14台155kW水泵机组，每台电动机均采用自耦降压起动柜起动。运行多年来，发生了自耦降压起动柜失灵造成电动机直接起动的故障。虽然电动机没有受损，但这也是一起不应发生的严重故障。首先，在检查该自耦降压起动柜的主要元器件时，发现时间继电器KT的延时闭合触点粘连了，所以在未闭合启动按钮SB1的情况下，电动机未经自耦变压器而直接起动了。自耦降压起动柜接线图1。

从图1可以看出，由于KT时间继电器的延时闭合触点粘连而一直处于闭合状态，在未操作按钮SB1的情况下，只要控制开关SA投入自动位置，继电器KA1立刻起动，使接触器KM2励磁，导致电动机直接起动了。

对该柜进行全面检查，也只是发现该时间继电器有故障。检查运行记录，发现该起动柜使用较为频繁，而未按规定进行维护检修、预防性试验，从而导致了时间继电器出现故障。维修时，更换了相同的时间继电器，再次起动正常。为避免此类故障再次发生，除了加强维护检修、预防性试验外，给出了2种控制回路改进方案。

方案1：增加了中间继电器KA2、AR和信号指示灯HY，如图2所示。原理如下：

当出现时间继电器延时闭合触点KT因故导通时，在未闭合按钮SB1之时投入SA于自动位置，继电器KA1起动并自保持，但由于接触器KM1此时未励磁，中间继电器KA2是断电的，故接触器KM2不能励磁，防止了电动机的直接起动。同时，KA1的起动，使故障继电器AR起动，故障信号灯HY亮，告知控制柜有故障。本方案的逻辑比较清楚，构思严密，也较可靠。但增加了多个元件，回路改线的工作量较大，在某种程度上降低了设备整体的可靠性。为此，又提出了图3的改进方案2。

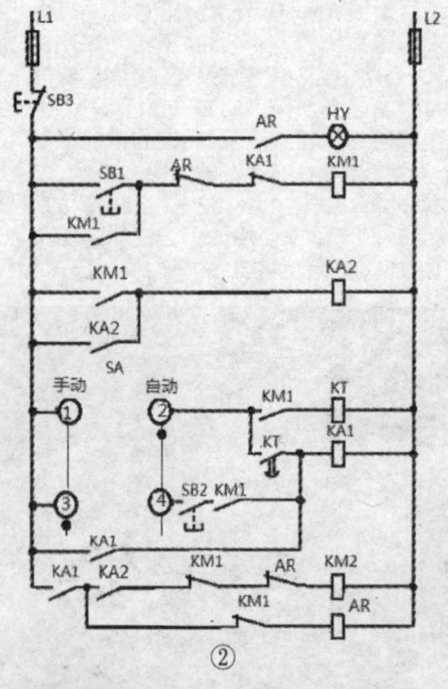

②

方案2：本方案未增加继电器，只是将控制开关SA更换为LW2型万能转换开关，如图3所示。利用其原用于预备合闸的触点13–14，做检查时间继电器KT的常开延时触点是否接通。若接通，则指示灯RH亮，可知时间继电器有故障，也显示操作不能继续，避免直接启动电动机。与RH串联的电阻的阻值选取，可按在KT延时触点接通情况下，继电器KA1可靠不启动。操作步骤如下：

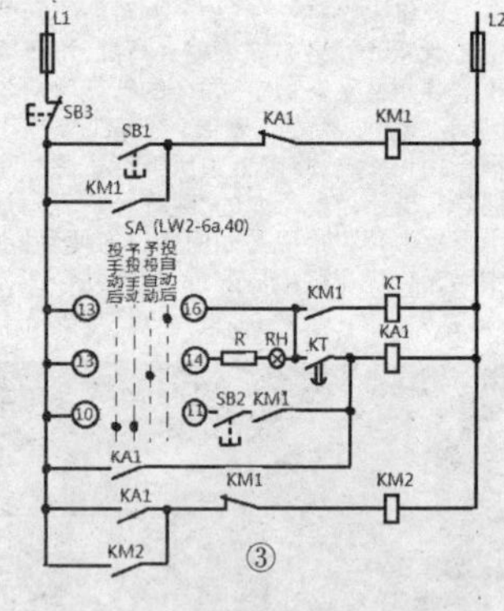

③

正常在手动投入状态，操作手柄在水平位置，SA的触点10–11接通。拟投自动时，转动手柄到垂直位置–予投自动，触点13–14接通，如RH指示灯不亮，则说明KT延时触点未导通，可进行投自动操作，搬动手柄向右45度，进入自动状态，触点13–16接通，松开手柄，手柄回到垂直位置，触点13–16仍接通，保持在自动投入状态。方案2与方案1相比，未增加继电器，仅更换了控制开关SA、增加了1只信号灯，改动量较小，不仅简单易行，而且不影响电路的可靠性。

经以上分析，决定采用图3的改进方案对电路进行改进后试机，工作一切正常，故障排除。

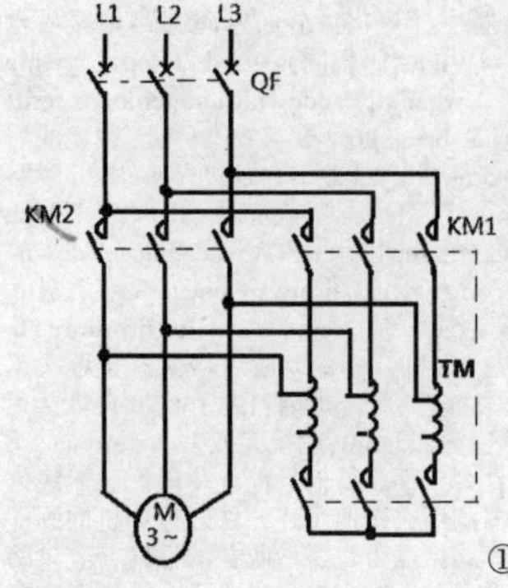

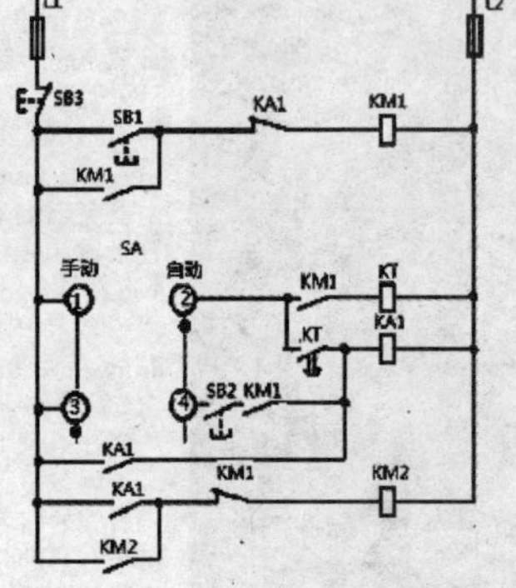

①

◇江苏 宗成徽

电动车充电器电路板的“搬板”维修

所谓的“搬板”维修就是把一块好的电路板上的元器件拆下来，安装到被修电路板上。因为电路板上的所有的元器件均为正品元件，所以既节省了维修时间，又能保证修复电路板的质量。

最近笔者接修一台无电压输出的60V的充电器，因该充电器的价格都较贵，所以值得修复。拆开外壳，取出电路板，如图1所示。经检查后，确认故障是因开关电源初级部分的大量元件烧毁所致。幸运的是，电路板未采用贴片元件，这给修复电路板带来了方便。首先，拆掉被修充电器电路板上全部损坏的元件，随后从库存中选了一块和被修电路板基本一样的，，输出电压为48V正常电路板，电路板的实物如图2所示。该电路板的电源控制芯片采用的是3842，因开关管、开关变压器的功率完全能满足要求，所以实际使用的问题不大。接下来就是将电路板上的元器件逐一焊下来，再安装到被修的电路板上即可。

【注意】操作时不可过急以免损坏元件，并且一定要将稳压管(三端误差放大器)431、光耦817换过来，如果落下这一步则可能会前功尽弃。

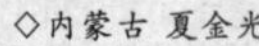
◇内蒙古 夏金光

①

②

惠普斯牌自动点火炉具不点火故障检修1例

故障现象：一台惠普斯牌自动点火炉具(天然气炉具)头一天还能正常使用，可是第二天就不能使用了。

分析与检修：打开炉具旋钮，没有“哒哒”的点火声，察看炉具下面电池盒内的弹片正常，将2节一号干电池换新后无效，用打火机能点燃炉具，大约过1分钟左右，炉具自动报警并关闭天然气，说明自动熄火保护功能正常，故障发生在高压点火部分。拆开炉具，找到高压点火器并打开，发现点火和熄火保护电路路板都用透明胶密封(见图1)，以免受潮而影响正常工作。用壁纸刀沿着线路板边沿慢慢地将密封胶划开，露出的电路板背面如图2所示。

仔细检查高压包及相关元件的引脚焊点，发现有一只电容引脚的焊点疑似有裂痕(见图2的标识)，用手晃动该电容，果然这个焊点开焊了，补焊后一切正常，故障排除。

【提示】该电容是高压点火器的升压电容，它失效后2节一号干电池的电压不能通过升压电路升高到需要值，导致高压点火器不能正常工作，从而产生本例。由于电子炉具多由2节一号干电池供电，电子元件损坏的概率较低，所以遇到类似故障的电子炉具，不妨先察看元器件的引脚有无焊点开焊，可事半功倍！

◇黑龙江 杨文革

高速电流反馈运算放大器的稳定性问题和解决方案(三)

(紧接上期本版)

使常见的VFA解决方案适应CFA应用

在反馈中放置电容器的电路通常会遇到CFA设备的问题。通过在求和点内添加推荐的反馈电阻，可以将其中任何一个恢复稳定。一个很好的例子可能是通常与VFA解决方案一起使用的双环路Cload驱动程序(参考文献1)。只需尝试使用OPA691驱动1nF负载的某些值就可以产生非常合理的响应，如图17所示。这里，通过在求和点内部将所需的反馈电阻添加到反相节点中，可以提供良好控制的17MHz F-3dB。需要等效的VFA实施。

100MHz附近的微小频率响应凸起表明相位裕度略低。

通过将求和结内所需的反馈电阻放入反相输入，使VFA电路适应CFA解决方案的这种方法可以应用于许多其他常见的VFA应用电路，如多反馈(或Rauch)有源滤波器。虽然将CFA应用于这些VFA应用可能会极大地扩展这些应用的带宽和压摆率，但为稳定性添加该电阻还会在Rcomp Johnson噪声中增加另一对噪声项，并将反相电流噪声乘以该电阻。

图17 使双环路容性负载驱动器适应CFA解决方案

使用类似的LG仿真方法将CFA与VFA分析(参考文献1)相比，可以快速评估相位裕度。一旦提取了模型中的开环反相输入阻抗，此处显示的简单设置将为您提供快速PM提取。CFA对输出电容和反相引脚的PM灵敏度与VFA相同。通过在CFA的情况下缩放反馈和增益电阻值来预调节到更高的相位裕度以减少所需的Riso。如参考文献3所示，通过将求和结内部的外部R调谐到反相输入引脚，可以很容易地增加相位裕度(因此响应形状)的精细调谐。这是调整LG表达式的分母中的反馈跨阻抗(等式1)。直接电容反馈通常不与CFA一起使用，但如果需要，可以将求和结点内的所需电阻值放入反相输入。

参考文献

1.高速电压反馈运算放大器(VFA)的稳定性问题和解决方案

2.TI THS3491运算放大器，"900Mhz，500mA高功率输出，电流反馈放大器"

3. 共线应用笔记，OA-13，Michael Steffes，1993，"电流反馈环路增益分析和性能增强"

4.TI，OPA684，"具有禁用功能的低功耗，电流反馈运算放大器"

5.TI，OPA683，"具有禁用功能的极低功耗，电流反馈运算放大器"

6.DesignSoft提供的TINA模拟器，Basic Plus版本的价格低于350美元。包括各种供应商运算放大器，是TI运算放大器型号的标准平台。

7.TINA型号为低功率CFBplus电流反馈运算放大器，OPA684

8.高速放大器的稳定性问题：介绍背景和改进的分析，洞察力

9.TI，OPA691，"具有禁用功能的低功耗，电流反馈运算放大器"

10. 高速CFA和FDA的输入和输出电压范围问题

11.MaxLinear，KH560，宽带，低失真，驱动放大器

(全文完)

◇湖北 朱少华

基于CD4541B的硬件定时器电路的设计

前几天在翻看单芯片定时器方案的时候偶然找到了一款德州仪器的定时器芯片CD4541B，它是一款依靠外部RC配置的纯硬件定时器芯片。配置简单且功耗较低，在这里笔者也想给大家分享一下CD4541B的使用方法和电路设计。

CD4541B是一款CMOS可编程定时器，最高供电电压可达20V，内部振荡器频率从0Hz-100kHz。如果需要精确定时还可以通过芯片3脚来输入外部振荡脉冲信号，低功耗和宽电压是这款芯片非常重要的特征。芯片自带手动和自动两种复位方式，方便在设备中使用其他外部电路对该定时器进行控制。芯片管脚定义如图1所示。

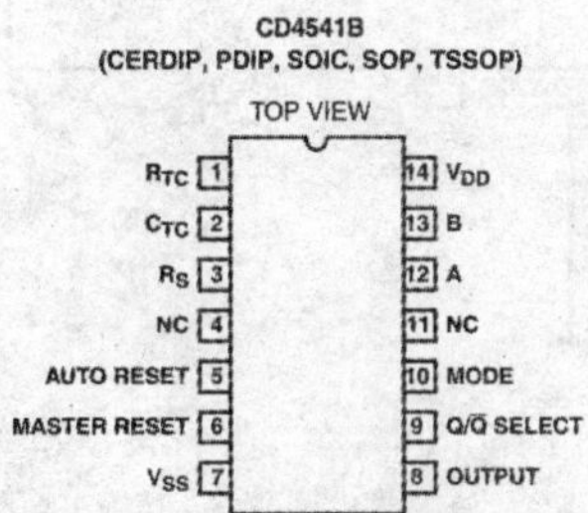

图1 芯片管脚图

该芯片的使用方法比较简单，主要的设计点集中在RC元器件的计算配置、复位电路的设计和分频系数以及模式的配置上。下面就来介绍下该芯片各个引脚的功能及使用方法。该芯片有SOP和DIP两种封装形式，在设计时可根据PCB设计选择封装。⑦脚接电源地，⑭脚接电源正极。①脚和②脚分别连接振荡电容(CTC)和振荡电阻(RTC)，用于控制内部振荡器的振荡频率。③脚接保护电阻，该脚的电阻阻值要求大于等于10kΩ且约等于2倍振荡电阻(RTC)。④脚和⑪脚不接任何电路。⑤脚为自动复位脚，在接低电平时，在芯片上电后芯片计时器会被重置，并且开始从零开始计时；接高电平时则禁用自动复位功能，上电后直到手动复位端有复位信号时芯片才会开始计时。⑥脚为手动复位脚，该脚接高电平时会立即复位芯片计时器。⑫脚(A)和⑬脚(B)的电平值共同决定了内部振荡器的分频系数，图2为芯片分频引脚配置表。

FREQUENCY SELECTION TABLE

A	B	NO. OF STAGES N	COUNT 2^N
0	0	13	8192
0	1	10	1024
1	0	8	256
1	1	16	65536

图2 A、B引脚分频配置表

可以看到，A、B在给出不同的电平值时可以组合成不同的分频状态，配合外部RC电路即可决定最终我们设计的计时器电路的时间间隔。⑩脚为模式选择脚，低电平时芯片进入单周期模式，也就是说计时器只运作一次，在计时时间到了以后芯片会保持输出电平状态不变，直到复位信号输入后将芯片复位；该引脚接高电平时芯片则进入循环模式，在计时器时间到了以后内部会将计时器清零，重新计时后在时间到达时会再次翻转输出电平状态。⑨脚为输出电平初始状态选择脚，该引脚接高电平时，在芯片初始化后输出脚置高电平，计时时间到后置低电平；该引脚接低电平时则在芯片初始化后输出脚置低电平，计时时间到后置高电平。⑧脚是芯片的输出端，状态由芯片各引脚共同决定。基于这款芯片笔者也参考官方设计了一份测试电路。图3为参考电路图。

该电路是笔者根据TI官方手册提供的图纸改造而来。由于该电路设计了自动复位电路，所以上电后电路会自动从零开始计时。为了拓展功能，笔者同时设计了手动复位电路，通过按键可以随时复位电路。图中R9为保护电阻，笔者设计时选择了100kΩ，图4是RC振荡频率的计算公式。

$$f=\frac{1}{2.3\,R_{TC}C_{TC}}$$

图4 RC振荡频率计算公式

根据此公式可以快速计算出芯片内部振荡器的振荡频率，根据图2的分频配置方法可以算出最终分频后的频率和周期，分频后的周期则就是定时器的定时间隔。需要注意的是在芯片单周期模式下(⑩脚置低)，分频系数则是2的N-1次方。在循环模式下则是2的N次方。为了方便配置芯片的功能，笔者把A、B、模式这三个管脚分别单独接出来，需要接高电平和低电平完全由电阻决定，方便使用和测试。电路右侧是一个蜂鸣器驱动电路，在芯片输出脚输出低电平时蜂鸣器和LED都处于关闭状态，在计时时间到后芯片输出脚输出高电平，三极管导通的同时蜂鸣器接通，蜂鸣器持续鸣叫且LED发光。由于该电路初始状态时需要保持输出脚低电平，所以⑨脚接低电平。该电路实现的功能就是一个简易的定时报警器，在定时时间未到时电路无效果，在定时时间到了以后蜂鸣器鸣叫，手动复位之后电路又恢复初始状态。例如：我们需要实现一个30分钟的定时报警电路则可以将A和B置高电平，模式设置为单周期模式。由于RS=100kΩ，则我们振荡电阻可以选择51kΩ。经过计算即可获得振荡电容的容值，大约为470nF。设置好以后电路可以实现30分钟报警的功能，由于是单周期模式，所以在输出脚电平翻转后需要手动复位才能关闭报警。如果该电路设置为循环模式，则分频系数加倍，定时时间翻倍，定时时间到了以后输出脚会自动翻转电平状态且在第二次定时时间到了之后会再次翻转，周而复始。

该芯片经过笔者测试后发现，该芯片在RC元件高精度配置后定时时间精度在5%左右，在3.3V下工作电流实测为750uA。该芯片可以广泛用于声控灯电路、电冰箱定时器电路、热水壶电路、红外定时水龙头等对时间精度要求不高的场合。感兴趣的朋友可以尝试一下。

◇四川 车政达

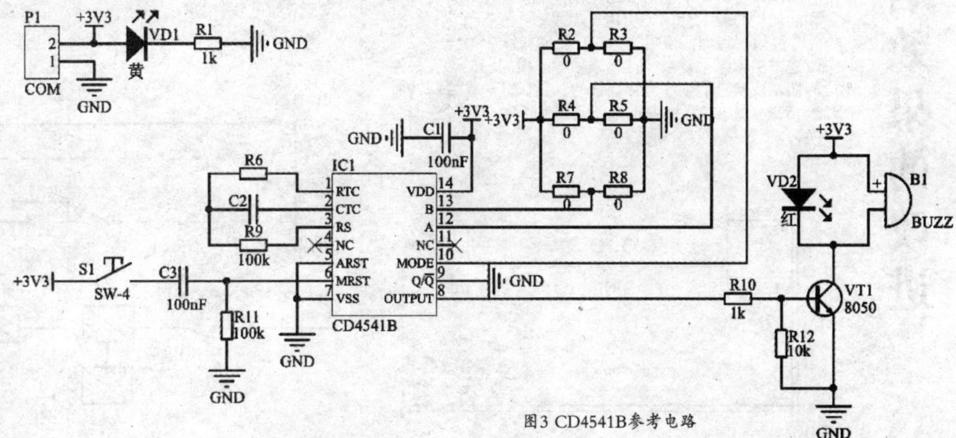

图3 CD4541B参考电路

动手做一只3.6V锂电池充电器

一直耿耿于怀市场上没有“3.6V”的成品锂电池充电器。每节锂电池的标准电压值是3.6V；一节锂电池的直径为1.6厘米、长度为6.6厘米；与一般的电池尺寸不一样。

许多电子设备仪器上使用3.6V的锂电池，使用年限到了就会报废更新；报废的锂电池表面与内在品相、成色不错，仍然还有利用价值。

废旧电池至今没有回收机制和弃之去处；尽管各地实行垃圾分类，还是差强人意。废旧电池污染环境仍然严重。

细细分析这些锂电池用处挺大。仪器设备上需锂电池的供电电流大，报废的锂电池工作电流在大电流启动时，电压降大，但是利用在一些业余电子制作和电流要求不高的场合上应该是绰绰有余。一直想物尽所用。

最近在为朋友修一只移动电源，受到启发。

本来可以帮助朋友修复外壳损坏严重的移动电源。使用“哥俩好”粘贴一下，但外壳破损实在厉害；粘贴后怕使用不安全。随之拆下其充电控制的芯片模块组合，并利用其还完好的底壳，改装制作了一只3.6V的锂电池充电器。经过一段时间的使用，使得业已报废的一些锂电池重发功能。充电器见照片。

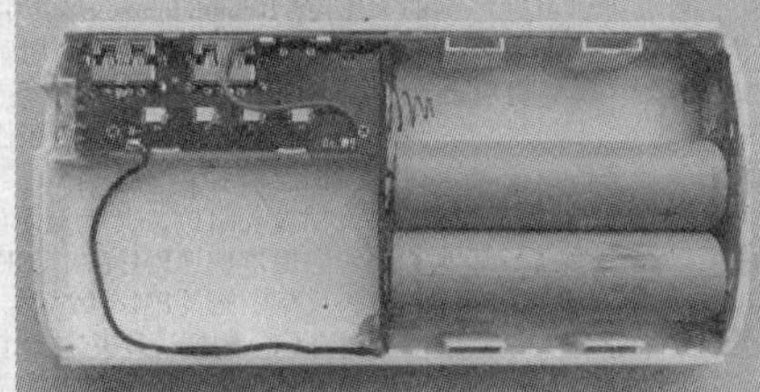

制作比较简单，移动电源的底壳没有破损，利用起来；用两小条覆铜板，加工一下，一条焊上盘香弹簧三只，一条等分焊上三个稍稍突出的正极接点。焊接上移动电源原来的充电控制芯片正负接点；用热熔胶固定。找一只智能手机5V/1A或2A充电头电源接入市电。搁上3.6V的锂电池充电；电池电压充满后，充电指示灯全亮不再闪烁。测量锂电池充满电后的电压在3.6V～3.8V之间。正常。此充电器可以三节锂电池并联一充，也可以单节、两节充电使用。

业余条件下报废的3.6V的锂电池可以利用的范围：

1.替代两节1.5V大号电池或使用蓄电池的电子灭蚊拍。一节抵两节用；也可以两节并联，这样工作电流大，电子灭蚊拍的高压电路更容易起振；

2. 可以利用两节3.6V的锂电池串联用在原来用4节大号或二号电池的半导体收录音机上。如果有朋友保存了以往日本三洋—4500和香港康艺—8080收录机的朋友试试，效果特别好。锂电池反复充电，省的购买电池的不便；

3.儿童电子玩具。尤其的电动玩具汽车、火车等等，微电机启动电流大的玩具；

4.家庭厨房电子秤上基本是使用一粒直径20毫米3V纽扣电池，半年时间就需要更换；安装一节锂电池，使用时间是纽扣电池的好几倍；

5.“驴友”们在旅游野营夜宿使用的LED马灯或家庭用移动LED台灯也可以换上这种锂电池，点燃工作时间长，非常方便。

上述种种锂电池的废旧利用等等，不胜枚举。有的需要自己动手设计制作锂电池的电池盒和改进安装电池位置方式。这样可以开动脑筋琢磨想办法。自己动手改装制作是业余电子制作生活中的一种乐趣；陶冶情操，愉悦生活。试试。

◇南昌 高福光

方太侧立式抽油烟机排油烟效果的改进

方太最早面市的侧立式抽油烟机排油烟效果不是最佳，众所周知。本人居所厨房使用了数年该款式抽油烟机，有苦难言。

近日在朋友乔迁新居的聚会上，发现其厨房使用的是一款“美的”侧立式抽油烟机，竟然在爆炒菜肴过程没有油烟味道飘出。这两款抽油烟机抽油烟风机马达功率基本一样。但是两者排油烟的效果相差太大；仔细观察“美的”设计的“控制面板”比较宽，有二十几厘米；测量一下“方太”只有七厘米。这样一比较，发现了端倪。

不要小看了抽油烟吸烟“通路”的控制面板上外延了十几厘米，它能够起到了把炒菜的大部分油烟“收拢”往外排的效果。感觉有必要自己动手，改造一下“方太”。

因地制宜，选择了一块79厘米长，15厘米宽，厚为3毫米的三合板；以及两块13×13厘米的白色塑料板，厚为2毫米。如图加工、修整、钻孔、组装、安装。四枚3毫米的螺钉、螺帽将塑料板和三合板组装固定为一体。注意拆卸油烟机玻璃控制面板时，仅为两只5毫米的平头十字螺钉拧下即可；油烟机的电子控制按键是由背面的插件连接，可以方便拔插，取下安装。把“改进”部分装在原来的玻璃控制面板上，拧上两只5毫米的十字螺钉固定，即完成了改造。

改进后的实物如照片示，略显粗糙，但非常实用；延长的部分不会影响油烟机的操作，不会挡住炒菜的视线和油烟机的照明，也不会不小心碰头。

经过一段时间使用，感觉排油烟的效果大大改善。此改进方法不是很复杂，所以，以飨电子报的同仁。有条件的朋友或自己动手能力特别强的，可以选择一块22×79厘米，5毫米的玻璃，细细地加工切割、打孔、打磨，整体替换，会更显美观与实用。

◇南昌 高福光

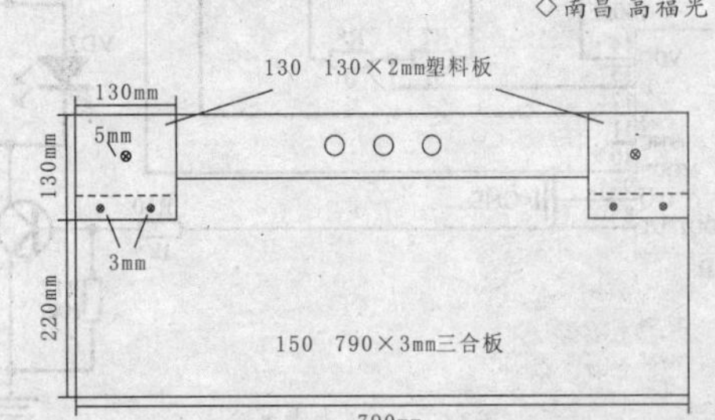

电器技改两项

一、电潜泵时控器控制电路

工作原理

合上QF断路器，时控器得电，如果把时控器定到早上8:00开，8点时交流接触器线圈KM得电，经过热继电器得电。这时KM主触头得电吸合，10KM电潜泵运行。如果定在10点钟停，电潜泵停运。这样，操作人员值班方便，不必盯在现场(电路见图1)。为安全起见，电动机外壳必须可靠接地。

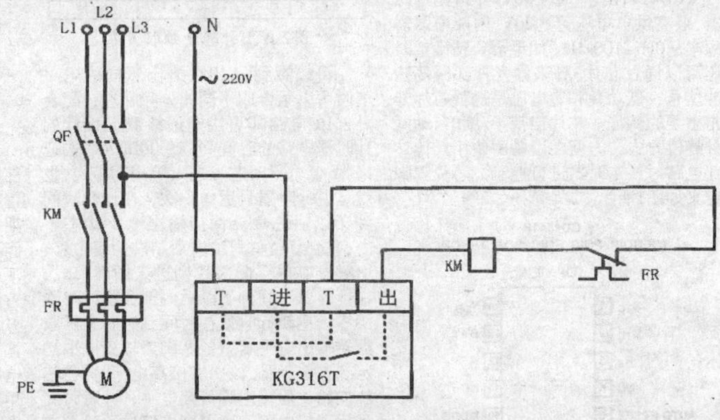

二、用UPS试验路灯

节能是党中央历来倡导的方针，如果每户两天节约一度电，也是个惊人数字。为了子孙后代着想，必须节能。维修电工在地探小区、水电小区，每年都要换灯，特别是节日，换高压钠灯时，都要送电试，后来高压钠灯换成了LED灯，更换400余盏路灯，为了节约电能，采用UPS试灯(电路如图2)零线省略了，L$_2$接路灯用电瓶组储存的电接路灯，经过三年的试用，效果很好，居民们十分满意。

◇河南 尹衍荣

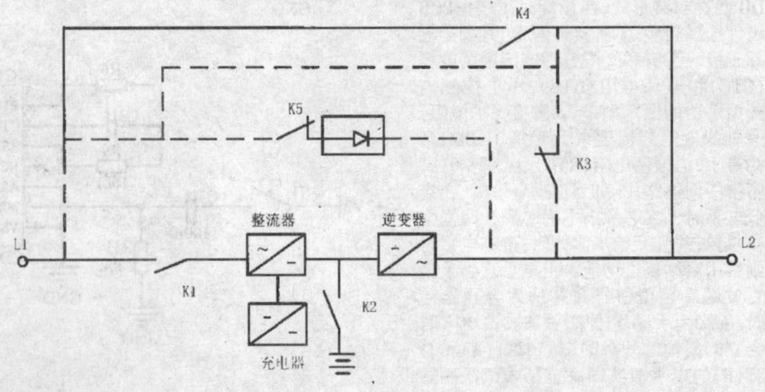

注册电气工程师备考复习

110kV及以下供配电系统知识点及真题解答(中)

(紧接上期本版)

7. 三相电压不平衡→GB/T 15543-2008;GB 50052-2009;JGJ 16-2008;"配四"

7.1 GB/T 15543-2008《电能质量 三相电压不平衡》

电压不平衡度限值（公共连接点，单个用户）→P38-4【4】

不平衡度计算(表达式,准确计算,近似计算)→P38-5【附录A】、【式A.1】~【式A.4】

7.2 GB 50052-2009《供配电系统设计规范》

降低不对称度措施→P3-8【5.0.15】

7.3 JGJ 16-2008《民用建筑电气设计规范》

降低措施(低压配电)→P27-11【3.4.9】

7.4 "配四"第6.3节

三相不平衡度定义式、近似计算式→P468【式6.3-1】~【式6.3-4】

允许值(限值),产生的影响或危害,降低或改善措施→P468【6.3.2】,P469【6.3.4】,P470【6.3.5】

电压不平衡度计算实例→P470【例6.3-1】

8. 无功补偿→GB 50052-2009;GB 50053-2013;GB 50227-2017;"配四";"钢上"

8.1 GB 50052-2009《供配电系统设计规范》

就地补偿要求→P3-9【6.0.4】

无功补偿容量计算（cosφ1→cosφ2）→P3-9【式6.0.5】

基本无功补偿容量计算→P3-9【式6.0.6】

宜采用手动投切，调节方式确定，电容器分组要求→P3-9【6.0.8】,【6.0.10】,【6.0.11】

接在电动机侧补偿要求(电流减少百分数)→P3-9【式6.0.12】、P3-28【6.0.12】条文说明、【式(3)】

电容器投入涌流计算（谐波与K取值）→P3-28【6.0.13】条文说明【式(4)】

投入电容器后电压升高计算（线路，变压器）→P3-19【5.0.5】条文说明【式(1)】,【式(2)】

8.2 GB 50053-2013《20kV及以下变电站设计规范》

就地补偿规定,电容器选择规定→P4-10【5.1.1】,【5.1.2】

装置电器和导体允许电流（总/分回路-1.35、单台-1.5）→P4-10【5.1.4】

投切断路器技术规定→P4-10【5.1.5】、【5.1.6】

放电器件、剩余电压→P4-11【5.1.7】

高低压电容器接线，保护装置→P4-11【5.2.1】、【5.2.2】,【5.2.3】

故障保护熔断器(1.37~1.50倍)→P4-11【5.2.4】

高次谐波与电抗器，外壳/支架接地→P4-11【5.2.5】,【5.2.6】

布置(单独,距离,通道,散热)→P4-11【5.3】

8.3 GB 50227-2017《并联电容器装置设计规范》

变电站电容器安装容量(按主变容量)→P45条文说明【3.0.2】,【3.0.3】

分组容量规定(投切电压波动,发生谐振电容量计算)→P45条文说明【3.0.3】,P6【3.0.3】、【式3.03】

电容器装置接线方式→P8【4.1.1】、【图4.1.1-1】~P9【图4.1.1-3】

电容器组接线方式规定(星形、中心点、并联总容量)→P8【4.1.2】

并联电容器装置配套设备(电抗器、放电线圈、避雷器等、剩余电压)→P9【4.2.1】~【4.2.8】,P10【图4.2.1】、P11【图4.2.8】、P54条文说明、【表2】

低压并联电容器装置宜装设配套设备→P11【4.2.9】、P12【图4.2.9】

并联电容器装置设备选型条件→P13【5.1.1】

总容量与安装点母线短路容量关系→P60条文说明【5.1.2】

电容器选型规定→P13【5.2.1】

电容器运行电压计算(母线电压升高值、额定电压计算)→P14【式5.2.2】、P63条文说明【式(1)】、【式(2)】

电容器绝缘水平（段数与额定电压）→P14【5.2.3】、【表5.2.3】,P64条文说明

能量限值、耐爆能量→P65条文说明【5.2.4】

投切开关要求→P15【5.3.1】~P16【5.3.3】

熔断器选型→P16【5.4.1】~【5.4.3】

串联电抗器选型(电抗率取值、合闸涌流限值)→P16【5.5.1】~P17【5.5.6】

放电线圈选型（剩余电压降）→P17【5.6.1】~P18【5.7.7】

连接线允许电流,导体截面,支柱绝缘子,保护用电流互感器→P18【5.8.1】~【5.8.6】

高压电容器组保护方式→P19【6.1.2】、【图6.1.2-1】~P20【图6.1.2-4】

装置保护要求→P21【6.1.3】~【6.1.10】

测量仪表→P23【7.2】

并联电容器组地面处理规定→P25【8.1.7】

并联电容器组安装设计最小尺寸（间距）→P26【8.2.3】、【表8.2.3】,P97条文说明【图1】

维护通道宽度→P26【8.2.4】、P98条文说明【图2】

电容器绝缘水平、接地方式，安装连接线→P27【8.2.5】、P99条文说明,P27【8.2.6】

两相之间、串联段之间最大与最小电容比,外熔断器安装要求→P27【8.2.7】,【8.2.10】

干式空心串联电抗器布置于安装→P28【8.3.3】

防火与通风(防火墙、消防设施、出口、沟道、允许最高环境温度)→P29【9】

投入电网时的涌流计算→P31【附录A】、【式A.0.1-1】~【式A.0.1-3】、【式A.0.2】

8.4 JGJ 16-2008《民用建筑电气设计规范》

10(6)kV高压侧功率因数规定0.9→P27-12【3.6.1】及P27-182条文说明

宜手动补偿，宜自动补偿→P27-12【3.6.4】,【3.6.5】

电容器分组要求,电动机就地补偿要求→P27-12【3.6.7】及P27-182条文说明,【3.6.8】

8.5 "配四"第1.11节

变压器负荷率(75%~85%)→P34【1.11.2.1-(2)】

同步发电机输出无功计算(β、0.4)→P34【式1.11-1】,【式1.11-2】

同步电动机补偿能力→P35【图1.11-1】

发生谐振的电容器容量验算→P35【式1.11-3】

电抗率计算(表1.11-2)→P36【式1.11-4】

按最大负荷补偿容量计算（P_c、$\cos\varphi_1\to\cos\varphi_2$）→P36【式1.11-5】

按提高电压补偿容量计算(ΔU)→P37【式1.11-6】

按平均负荷补偿容量计算（α_{av}、$\cos\varphi_1\to\cos\varphi_2$）→P37【式1.11-7】

并联电容器引起母线电压升高计算（Q）→P38【式1.11-8】

串联电抗器引起电容器端子电压升高（K）→P38【式1.11-9】

星接单台电容器额定电压计算→P39【式1.11-10】

电容器实际输出容量计算(串联电抗器后)→P39【式1.11-11】

投入电容线路、变压器电压降减少量（ΔQ_c）→P466【式6.2-13】、【式6.2-14】,P467【表5-1】

8.6 "钢上"第10章

提高自然功率因数措施→P413【10.2】

同步电动机补偿优点,补偿能力、输出无功计算→P413【10.3】,P414【式10-1】

并联电容器补偿容量计算（α、$\cos\varphi_1\to\cos\varphi_2$）→P414【式10-2】、【式10-3】

并联电容器安装点，接线，投切方式→P416【10.4.2】,【10.4.3】,【10.4.4】

串联电抗器感抗值计算(可靠系数),基波电压升高,避免谐振→P418【式10-4】,【式10-5】

电容器发热功率计算→P421左中间

接入电容线路/变压器电压损失减少计算→P269【式5-11】、【式5-12】、【表5-12】

二、真题及解答提示

1.2018年下午第1题~第5题

某企业变电所低压供电系统简化结构如图所示，电网及各元件参数标明在图上。电动机M1有变频器AF1供电，电阻性加热器E1、E2分别由调压器AU1、AU2供电。短路电流计算中不计电阻及其他未知阻抗。请回答下列问题，并列出解答过程。

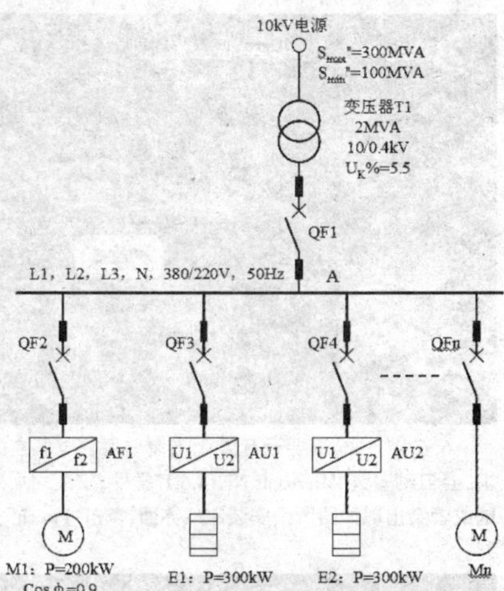

题1 若将380V母线A视为低压用电设备的公共连接点，计算380V母线上所有电气设备注入该点的5次谐波电流最大允许值是多少安培？

(A)12.4A (B)62A (C)165.4A (D)201.3A

答案:C

解答提示:根据关键词"注入5次谐波电流允许值""380V母线""公共连接点",从"知识点索引"中查得该内容在P37-3的GB/T 14549-93【5】,因380V母线容量不知,需要根据10kV电源容量和变压器短路功率(按《钢铁企业电力设计手册(上册)》P179表4-2)计算得到(按《工业与民用供配电设计手册(第四版)》P283式4.6-10),再按P37-4【附录B】换算。

题2 设每个支路用电设备的额定容量为该用户的用电协议容量，并且380V母线上所有电气设备注入A点的7次谐波电流最大允许是117A,问用户M1和E1支路注入该点的7次谐波电流分别为多少安培？

(A)22.59A,30.18A (B)24.18A,30.18A

(C)31.39A,42.8A (D)49.5A,67.5A

答案:B

解答提示:根据关键词"用户注入""7次谐波电流最大允许值""用户协议容量",从"知识点索引"中查得该内容在P37-4的GB/T 14549-93【附录C】,先分别计算两用户的协议容量,再按【式C6】计算。

题3 系统中为电动机M1供电的变频器AF1和为E供电的调压器AU1、AU2说明书中分别提供了电气设备注入电网的谐波电流,见下表

电气设备	谐波次数及注入电网的谐波电流值(A)						
	3	5	7	9	11	13	其它各次
AF1	2	32	24	1	18	16	0
AU1	3	42	33	2	25	22	0
AU2	3	42	33	2	25	22	0

不计其他设备产生的谐波电流,求380V系统进线电源线路上11次谐波电流值是多少安培？

(A)3967A (B)42.5A (C)54.6A (D)68A

答案:B

解答提示:根据关键词"11次谐波电流值""注入电网",从"知识点索引"中查得该内容在P37-4的GB/T 14549-93【附录C】,按【式C5】计算。

题4 如果380V系统电源进线上5次谐波电流值是240A，近似计算380V母线上5次谐波电压含有率最大值是多少？最小值是多少？

(A)39.5%,79% (B)2.96%,2.439%

(C)0.79%,0.26% (D)0.6%,0.49%

答案:B

解答提示:根据关键词"5次谐波电压含有率""最大值""最小值""380V系统电源",从"知识点索引"中查得该内容在P37-4的GB/T 14549-93【附录C】,按【式C2】计算,短路容量分别取电源最小、最大换算到380V系统电源上。

(未完待续)(下转下册第367页)

◇江苏 键谈

Altium Designer 19软件介绍及安装(二)

(紧接上期本版)

5.单击“Next”,安装开始,等待几分钟分钟。

6.安装完成,不要运行(勾选),有些用户电脑应配置要求,会自动安装“Microsoft NET4.6.1”插件,安装之后重启电脑或者会出现如图所示安装完成界面,点击“Finish”完成安装。

7.复制预先解压准备的和谐文件“shfolder.dll”。

名称	修改日期	类型	大小
Licenses	2018/1/5 15:13	文件夹	
shfolder.dll	2017/11/5 2:49	应用程序扩展	17 KB

8.把“shfolder.dll”文件复制并粘贴到安装目录中下,一般默认路径:

C:\Program Files\Altium\AD19。

9.安装目录下找到“X2.exe”文件,双击打开Altium 19软件。

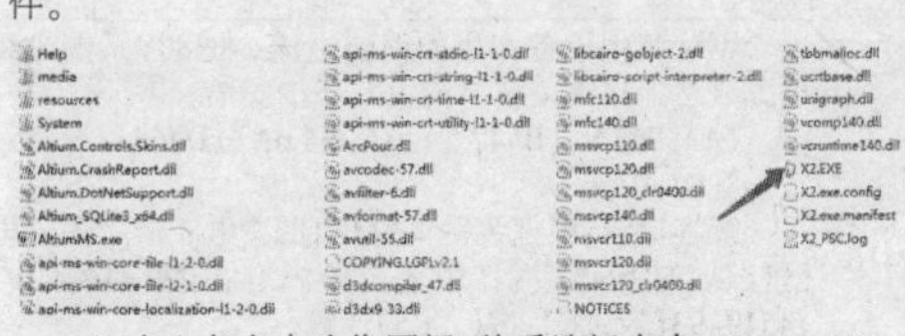

10.右上角点击头像图标,然后选择命令“License Management...”,出现如图所示账户窗口界面:

11. 找到“Add standalone license file”,弹出加载“license”文件对话框,加载和谐Licenses文件夹里面的任意一个(后缀.alf)文件。

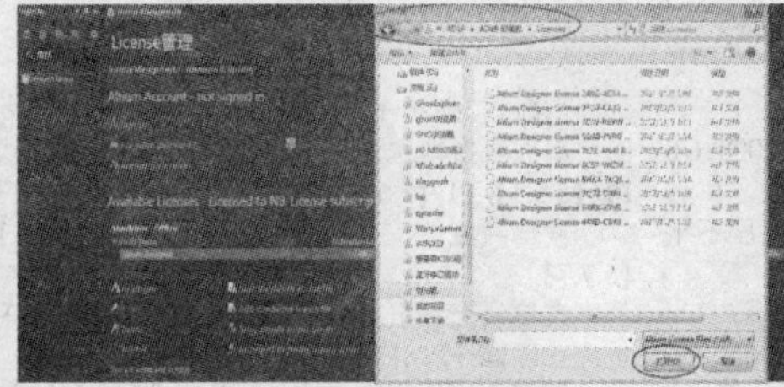

12.点击软件右上角的齿轮“设置”图标,在出现的“优选项”页面,点击“System”下面的“General”,在右边的“Localization”区,勾选“Use localized resources”,再点确定,在出现的确认对话框,点击“OK”。关闭软件,将安装后出现在Windows“开始菜单”中的“AD”启动图标鼠标右键,拖到桌面建立快捷方式。

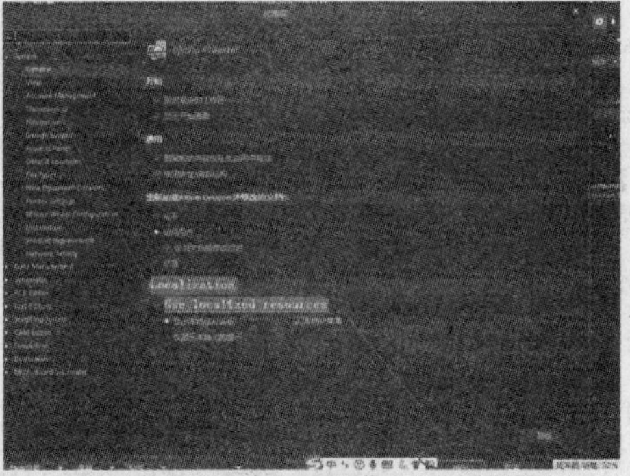

13.软件安装就到此为止,在桌面鼠标右键单击“AD”启动图标,选择“以管理员身份运行”。则启动打开“AD”的界面窗口,可以看到中文的菜单界。

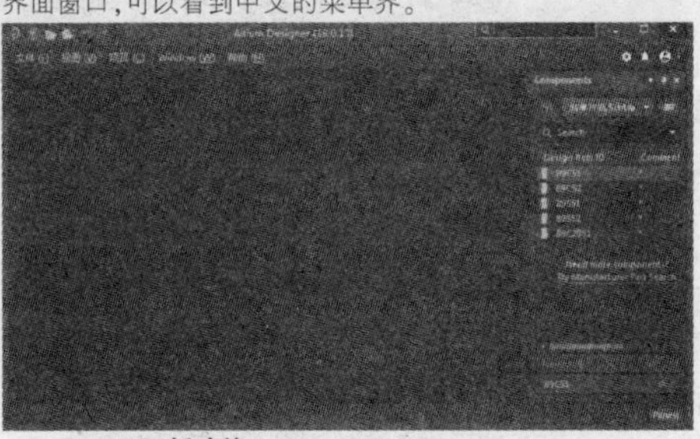

五、AD19新功能

1.允许网格延伸超出轮廓。
2.一个经典的明亮主题。(非18.1那个)
3.ActiveBOM新增很多功能和重大改进。
4.增加在装配图中查看PCB图层的能力(绘图员)。
5.将3D视图添加到Draftsman(绘图员)。
6.在“Place Fab View”中提供多个可选图层(绘图员)。
7.从中点到中点的3D测量。
8.阻抗驱动差分对规则。
9.用户生成的FPGA引脚交换(.nex)文件。
10.不对称带状线阻抗计算。
11.改进层堆栈管理器。
12.能够使用多边形进行阻抗计算以及平面。
13.Pin Mapper功能增强。
14.auto place tool(这个不是太确定)
15.改善连接轨道的拖动组件(45度 任意角度 90度跟随)
16.PcbLib编辑器中可以给封装放置标注尺寸(机械层),可以导入到PCB中。
17.多板设计里面添加支持FPC(软板)的功能。

六、AD19快捷键

(一)通用Altium环境快捷方式:

F1访问当前光标下资源的技术文档,特别是命令,对话框,面板和对象资源参考

1.Ctrl+O使用“打开”对话框命令页打开任何现有文档
2.Ctrl+F4关闭活动文档命令页面
3.Ctrl+S保存活动文档命令页面
4.Ctrl+Alt+S保存并释放已定义的实体命令页面
5.Ctrl+P打印活动文档命令页面
6.Alt+F4退出Altium Designer命令页面
7.Ctrl+Tab循环前进到下一个打开的选项卡式文档,使其成为设计工作区命令页面中的活动文档
8.Shift+Ctrl+Tab向后循环到上一个打开的选项卡式文档,使其成为设计工作区命令页面中的活动文档
9.F4切换所有浮动面板命令页面的显示
10.Shift+F4平铺所有打开的文档命令页面
11.Shift+F5在主设计窗口命令页面中,在最后一个活动面板和当前活动的设计文档之间切换焦点
12.Alt+右箭头前进到主设计窗口命令页面中已激活的文档序列中的下一个文档
13.Alt+向左箭头按照在主设计窗口Command Page中激活的文档序列,返回上一个文档
14.F5当该文档是基于Web的文档命令页时,刷新活动文档
15. 移动面板时按住Ctrl可防止自动对接,分组或捕捉–
16.从Windows资源管理器拖放到Altium Designer中打开文档,项目或设计工作区–
17.Shift+Ctrl+F3移动到“消息”面板中的下一条消息(向下),并交叉探测到相关文档中负责该消息的对象(支持的位置)命令页
18.Shift+Ctrl+F4移至“消息”面板中的上一条消息(向上),并交叉探测到相关文档中负责该消息的对象(支持的位置)命令页面

(二)通用编辑器快捷方式:

1.Ctrl+C(或Ctrl+Insert)复制选择原理图命令页面PCB命令页面
2.Ctrl+X(或Shift+Delete)剪切选择原理图命令页面PCB命令页面
3.Ctrl+V(或Shift+Insert)粘贴选择原理图命令页面PCB命令页面

(三) 删除选择原理图命令页面PCB命令页面

1.Ctrl+Z(或Alt+Backspace)撤销原理图命令页面PCB命令页面
2.Ctrl+Y(或Ctrl+Backspace)重做原理图命令页面PCB命令页面

(四)加速键:

Altium Designer还使用加速键。这些用作主菜单系统的一部分(不是右键单击上下文菜单),以便能够通过顺序使用一个或多个这样的键来访问命令。

(五)指定加速键:

1.通过在要用作加速器的字母之前添加&符号来指定加速键作为菜单或命令标题的一部分。在菜单中,当前加速键通过使用下划线来区分。

2.按Ctrl+单击菜单项以访问“编辑下拉菜单”对话框。Ctrl+单击命令条目以访问“编辑命令”对话框。

(六)在定义的标题中的所需位置添加&字符。

在任何给定的菜单或子菜单中,特定字母只能用作加速键。严格地说,通过其加速键访问根主菜单需要按住Alt键。这是因为也可以将相同的键分配给弹出菜单。

(七)辑器中的“路径”菜单。

在许多情况下,主菜单也会分配弹出键。在这种情况下,使用该键将以弹出形式访问菜单。例如,可以使用Alt+F严格访问“文件”菜单,也可以使用F以弹出形式访问。此功能是使用“弹出键”字段在“编辑下拉菜单”对话框中为菜单定义的。

(八) 通过指定弹出键可以作为弹出窗口访问菜单。

1.菜单 加速键 弹出键
2.文件F F.
3.编辑E E.
4.查看V V.
5.项目C C.
6.放置P P.
7.设计D D.
8.工具T T.
9.路线U U.
10.报告R R.
11.窗口W W.
12.帮助H H.

(全文完) ◇四川科技职业学院 刘光乾

自己动手组装数字转盘（二）

（紧接上期本版）

从图中可以看到内部有A和B两路放大电路。根据电路板实际电路绘制的运放外围电路下图。

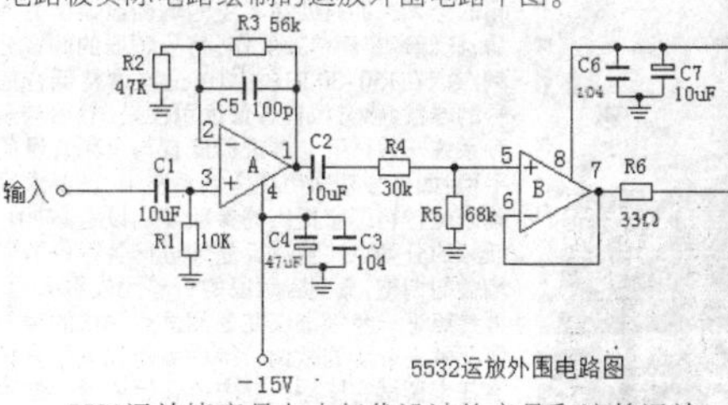

5532运放外围电路图

5532运放毕竟是九十年代设计的产品和这款运放是没法比的，唯一优点是价格便宜。目前5532运放可以代换的有多种，很多烧友评价MUSES02双运放不错，工作电压Vopr=±3.5V~±16V低噪声4.5nV/√Hz，购买该运放一定要找网络上信誉高的店铺，买回来三枚MUSES02运放装上，注意安装的时候要找到运放上的缺口和原来运放缺口相对应，更换过运放块以后最好检测一下运放的供电电压是否准确，经查阅电路板绘制的运放稳压电路如下图。

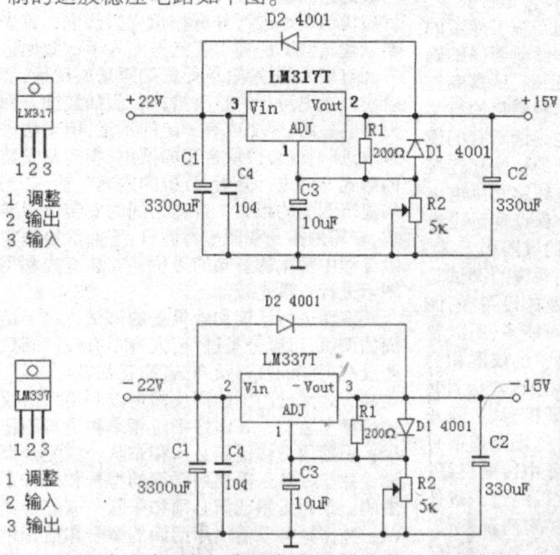

从图中我们可以看到这两只稳压模块只要调整可调电阻R2就可以精确调整±15V输出电压，这两个微调电阻就在板子上散热片的旁边，我们需要用万用表电压挡来校准，调整+15V正表笔接运放块第8脚，负表笔接板子输出地，用微型一字螺丝刀调整LM317旁边的电阻就可以了，调整-15V电压把负表笔接运放块第4脚，正表笔接板子输出地，调整LM337旁边的电阻就可以了，注意操作的时候要小心。调整完以后把运放周围6只101（100p）的小电容顺便也换成红色的德国威马电容。

经过以上升级，接上电源试听，MUSES02的声音是很纯净的，还原性好，解析力强无毛刺，音场宽广层次分明，人声也不错，经过一天的煲机后劲开始出现，音质有不小提升，高音清脆，低音丰满，越润声音越像品尝陈年老酒，优美的音乐使人陶醉。

板子升级好了，还要有个壳子装起来，网购一个铝合金前级机箱（194×70×221mm）正好装下，关键是前面板开孔比较麻烦，前铝面板有8mm厚度，开孔以后还要把背面掏薄一些才能把前控制板镶嵌下去露出按键，业余条件用台钻打孔，事先画好圆孔和方框，设计好深度打孔，先用小钻头打，各个孔紧密连接，用大钻头慢慢扩孔然后打磨成型，长条孔和方孔用锉刀修理整形，安装的时候要加垫片，注意绝缘，板子背面的排线针脚不能和铝板触碰。面板前面最好贴上一层不干胶纸，防止划伤，机箱底部按照电路板画好固定位置，所有固定孔用2.5mm钻头打孔，3.0mm丝锥套丝，机箱后壳还要开孔加装电源开关和莲花插座3.5耳机插孔，RJ45口找一个网线头上的塑料盖子正好盖上。

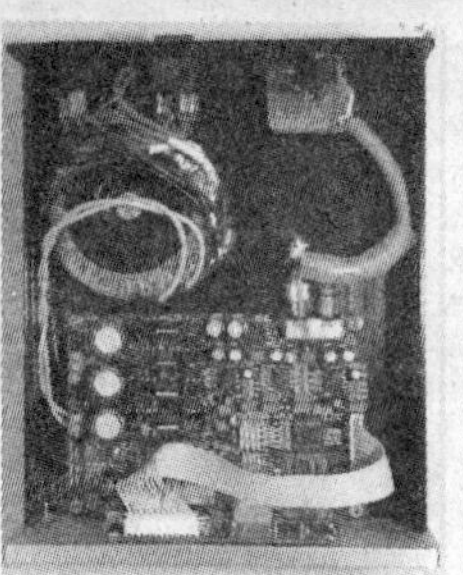

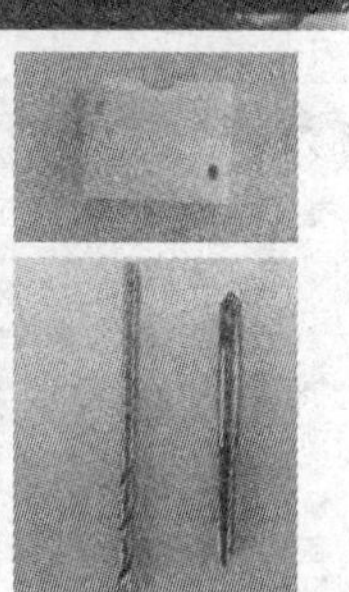

做好的机箱如下图所示。

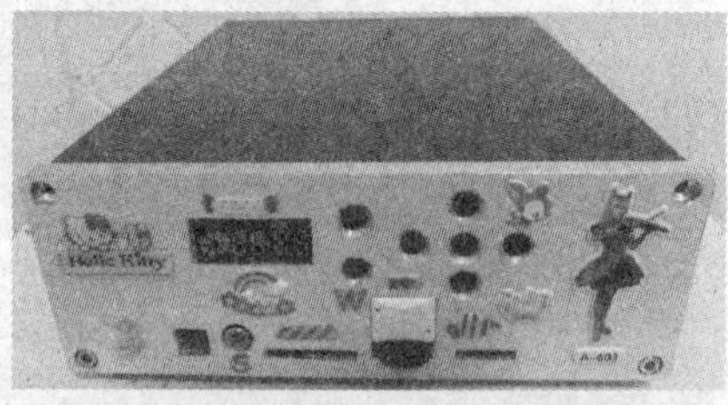

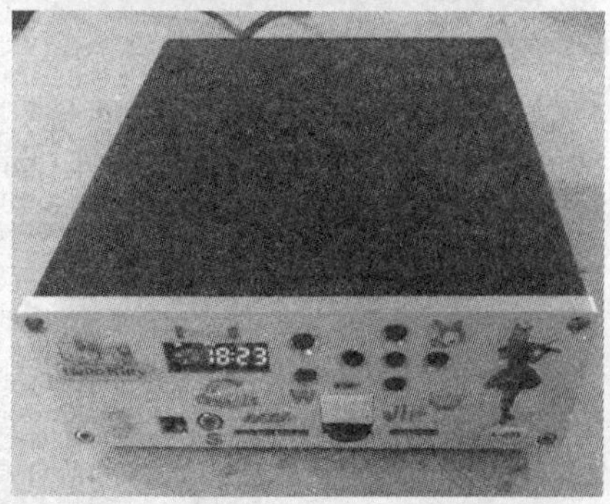

用App手机软件控制板子非常方便，界面很直观，用手机遥控灵敏度很高，蓝牙也有不错的表现，测试只用了模拟输出，其他输出没有试验，相信还有不错表现。作为入门级的数字转盘，花费不多能够放出优美的音乐，在欣赏高质量音乐的同时，也增加了DIY的乐趣！

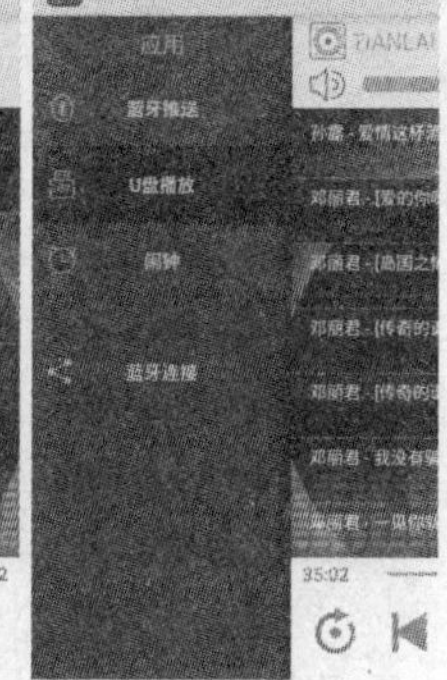

手机App界面截图

（全文完）

◇河南 刘伟宏

音响系统施工技术（一）

由于专业音响工程技术是汇集了多项学科知识的一项综合技术，它随着专业音响相关技术的发展而发展的。尤其是音响灯光设备的性能和档次越来越高，专业音响工程技术的重要性就越来越强，打个比喻：专业音响工程的施工好比裁缝在剪裁一件衣服，专业音响设备好比衣服的面料，市场上什么样的面料谁都可以买到，可是好的裁缝能将一般的面料发挥出它的特点，做成一件好衣服；而再好的面料拿给一个蹩脚的裁缝，他也做不出一件像样的衣服。专业音响工程的施工就好似这样，同样的造价，不同的设计，工程质量会有高低之分；同样的设备，不同的设施，工程质量也会有高低之分。那么，对于音响系统工程来说，施工步骤是怎样的呢？

一、音响系统施工步骤

(1)首先要进行管线和挂接件的预埋。管线和挂接件的预埋一般需要在工程项目确定后就应该马上开始，因为通常来讲，预埋的管线主要都在没有搭建的舞台里、或没有装饰的地面以及墙面里，如果不及时进行预埋，就很容易影响装饰工程的进度，同时必须引起重视的是预埋管线的出口一定要协同装饰部门处理，否则有可能由于处理不当而影响装饰的美观；挂接件的预埋位置和吊装强度一定要得到建筑技术人员确认，否则安全性无法得到保证，通常，需要埋设在水泥结构里的管线要选择质量好些的钢管，口径按照所穿的线缆多少来决定；穿过顶棚、装饰墙体的管线，一般选用铁制或防火PVC线槽，主要是穿线施工方便，容纳的线缆量较大，又能防火；对于埋设距离较长的管线，一定要在一定的距离开设检修口，必须注意的是，预埋管线的工作几乎是无法更改的，一旦决定了在什么地方，埋多少，怎么埋，而且预埋完工后，要想更改就不太可能了，所以预埋前一定要认真地分析设计，明确设备的数量、位置、供电情况及控制方式，在此基础上提出准确的管线数量、口径和走向。

(2) 其次要进行各种棚架的焊接和安装。这项工作尽量与装饰工程交叉进行，因为在施工中难免开启一些孔洞以及对已有的装饰物产生破坏，这些都需要装饰部门协助完成，在焊接的过程中，一定要让具有焊接资格的工人操作，这样做除了方式安全的要求外，主要是焊接质量直接关系到棚架的吊装强度，不能马虎，同时，因为焊接施工通常都是与装饰工程同时进行的，现场会有一些易燃物，所以施工中一定要注意防火，待焊接牢固，油漆完成后，就应该开始这些棚安装了，安装的安全性同样非常重要，必须有建筑技术人员比较充足的时候才能开始吊装；所有的安装件都必须增设可靠的保护措施，这样的安装才有安全的保证。

(3)再下面就要进行各种线缆的铺设。这项工作虽然比较简单，但是也应该认真进行，特别是穿管这一项，容不得一点马虎，铺设线缆道德要掌握合理的方法，例如穿管时钢丝与要穿的线缆应该捆扎牢固，扎头要得减小阻力，必要时涂抹少量的润滑油；其次线缆损坏或错乱的麻烦；再者就是要在线缆铺设时认真对线缆进行检查，像外皮是否破裂，屏蔽层是否损坏以及芯线是否断裂等等；一定要在铺设的线缆上做好明显的标记，以备安装设备和日后检修时使用。

(4)再后面应该进行各种设备的安装。设备的安装必须在装饰完工、线缆铺设正确后进行，国为音响灯光的设备不仅价格较贵，而且许多设备需要避免尘土的沾染，装饰工程凌乱的现场是不适合安装设备的，设备的安装首先应该注意开箱时要仔细检查，因为许多国外设备的包装非常规范，有一些重要的备件或说明书可能单独隔离在包装盒的底层，很容易在拆箱时随包装盒一起扔掉；其次设备安装前应该认真阅读产品说明书，以掌握正确的安装方法、步骤。例如；许多电脑灯的灯泡和镀膜玻璃都要求佩带棉线手套安装，不允许直接用手去接触；就是设备安装要牢固，保护措要完备，特别是灯光设备，位置高、重量大而且以常运动，一般又在舞台或舞池的上方，所以必须确保安全。

(5)就是供电线路，控制线路和信号线路的连接。这是一项需要细致认真和技术性的工作，所以应该由技术过硬责任心强的人员进行，在线路的连接时，首先要求方式必须确保在无电状态下进行，因为音响灯光设备的电源供应要求不尽相同，如果在安装时就提供电源，不仅安全性差，而且很容易损坏设备；其次，要求施工符合电器安装规范，因为电器安装规范是检验方式是否合理的标准，所以按照规范施工与否，达到期的工程质量是完全不同的，许多按照规范施工的正规的工程内行一看就知道活儿干得“漂亮”；再者，要求各种插接件，大型工程中需要用的各种二芯、三芯、莲花接头、卡侬插头、多芯插头的数量非党大，经常需要几个人同时制作很长时间才能完成，如果在焊接前不了解正确的连接方法和焊接方法，可想而知返起工来会有多么麻烦，所以一定要弄清楚，例如：欧洲的一些音响产品的卡侬脚和一般通用的编号不一样，千万不能焊错。

一些灯光的控制线要求屏蔽较高，如果焊接不合理，就有可能使灯光产生误动作；要求线路中所有的火线，零线，地线及屏蔽线的连接必须准确无误，在电源供应方面，要注意的是：音响和灯光的某些设备使用的电源以常会引起误会，例如：有些设备使用110V的交流电，而随机的变压器是单独插接的，如果连接线路时将它遗忘，而直接将设备的电源插头插在于220V的电源上，后果就可想而知了；又比如：一些周边设备使用的是低压交流电，有的又使用低压直流电，它们的插头外形很相似，如果不注意的话，供上电后轻者导致声音反相抵消，声压降低，音质变差的后果，同时也容易导致设备外壳带电，留下安全的隐患；从屏蔽来讲，系统网络抗干扰的能力，主要决定于系统屏蔽是否正确及屏蔽是者不工作，重者就会损坏设备，而供电线路相位的错误则可能会影响到音箱的相位，从而否正确及屏蔽质量的高低，常常在一些工程中发现：要么没有进行屏蔽，要么屏蔽层形成闭环回路；要么就是屏蔽线连接错误没有形成屏蔽网络抵抗不了干扰，甚至有些工程的施工人员将信号地和电源的零、地、屏蔽线和信号线这几个要领混淆，胡乱连接，不光抗不了干扰，还会带来大量的干扰，所以一定要先实实在在地把这些概念理解清楚。

(6)另外就是对安装、供电线路、连接情况的检查。因为音响工程的整个系统涉及的连接点和插接件比较多，在安装时也有可能因为个别的原因发生错误，所以，细致的检查是有必要的，一般的检查包括设备安装安全性，供电线路是否合理，各插接件的连接是否正确等，另外还有一个重要的检查项目就是：仔细检查每一件设备的状态设置是否满足设计要求，这点不能忘记，否则极易造成设备损坏，这些状态包括；功放在桥接要求时，桥接开关是否置位；各设备的电源选择开关是否合适；灯光设备是声控还是电控；电脑灯的地址码是否设置正确；投影机的输入方式设置等等。

二、系统设备调试

待以上施工步骤都确定完成后，就应该准备进行设备的调试了。对于设备的调试，因为各个工程的情况不同，很难统一一个通用的方法，需要单独分类进行讨论，如果要想完整地全面地对所有类型的工程调试过程进行介绍，篇幅会太大，这里只就一般的工程设备调试简单进行介绍。

A.调试前的准备音响工程的调试。是一项既需要技术和经验又需要认真和细致精神的工作，当设计和施工都符合要求时，调试不合理不细致，不仅不能达到工程的设计效果，而且还有可能使设备工作在不正常状态。所以在调试前要充分认识到这项工作的重要性。调试前要仔细确认每一台设备是否安装、连接正确，认真向施工人员询问施工遗留的可能影响使用的有关问题；调试前要仔细确认每一台设备是否安装、连接正确，认真向施工人员询问施工遗留的可能影响使用的有关问题；调试前必须再次认真地阅读所有的设备说明书，仔细查阅设计图纸的标注和连接方式；调试前一定要确信供电线路和供电电压没有任何问题；调试前应该保证现场没有关人员；调试前还要准备相应的仪器和工具。

B.音响系统的调试。音响系统的调试是工程调试的关键，音响系统涉及的设备多，调试的部位也多，遇到的问题也可能多，所以要首先集中精力完成它。需要准备的仪器和工具：相位仪，噪声发生器，频谱仪(含声级计)，万用表等。调试的步骤：单独开机，从音源开始逐步检查信号的传输情况，这项检查很有意义，因为只有信号在各个设备中传输良好，功放和音箱才会得到一个正常以经过正确处理的信号，才可能有一个好的扩声质量，所以在做这一步工作时，一定要有耐心，一定要仔细，进行这步时，音箱和功放先不要着急连接上，周边处理设备也好置于旁路状态。检查时要顺着信号的去向，逐步检查时要顺着信号的去向，逐步检查它的电平设置、增益、相位及畅通情况，保证各个设备都能得到前级设备提供的佳信号，也能为下级提供佳信号，在检查信号的同时，还应该逐步检查它的电平设置、增益、相位及畅通情况，保证各个设备都能得到前级设备提供的佳信号，也能为下级提供佳信号，在检查信号的同时，还应该逐一观察设备的工作是否正常，是否稳定，这项工作意义就在于，单台设备在这时出现故障或不稳定，处理起来比较方便，也不会危及其他设备的安全，因此，这项检查不要带入下一步进行。

上述无误后，就将音箱和功放逐一接入系统，在较小的音量下，利用相位仪首先逐一检查所有立场箱的相位是否一致，为下面的调试作好准备，将噪声发生器和均衡器接入系统，准备好频谱仪，以适中的音量开始对均衡器接入系统，准备好频谱仪，以适中的音量开始对均衡对均衡器进行调试，频谱仪的测试点要按照有关标准选取，对均衡器的调试原则是：使频谱仪在于20Hz-20kHz的音频范围内，显示的厅堂频响曲线在各测试点处基本平直，注意：对各个点进行测试时要使音量保持一致，然后记录好调试后的均衡各频点电位器的位置；同样以较小的音量和较大的音量保持一致，然后记录好调试后的均衡器各频点电位器的位置；同样以较小的音量和较大的音量分别再进行一次调试，再将均衡器的调试结果记录下来，将几种调试结果的数据进行分析，寻找到一个各种音量下均衡量各频点的折中位置，然后再进行测试，并将厅堂频响曲线描绘下来，终的均衡器各频点位置也要进行记录，注意：在均衡器的调试中，调音台的频率补偿一定要置于0处，其他的周边设备要处于旁路状态，另外需要说明的是：在通常的音响工程中，考虑到厅堂的装饰材料对高频信号的吸收较弱，所以可以适当将10kHz以上的信号略做衰减。

以上步骤完成后，应该进行子分频器的调试。分频器的调试可以分高、中、低频单独进行，其中分频器在系统中的用途不同。调试的方法也有区别，如果分频器仅用于低音音箱的分频，那只要在上述的均衡器调试完成后，让低音音箱单独工作，将分频器的低音分频点取在150-300Hz之间，适当调整低音信号的增益，感觉低音音量适可便是，然后与全频系统一道试听，再进行低音与全频音量的平稳；如果分频器用在全频系统中，就要求准确依照音箱厂家提供的参数娄别设定高、中、低频的分频点，然后反复地进行各频段信号增益的调整，直到各频段的听感比较平衡后，再参照下一步频谱仪在各测试点测试的声压情况做进一步的微调。待均衡器和电子分频器基本调试完毕后，就应该开始进行厅堂声压级的测定，测试点还是原来选取的几点，噪声源应该用粉红色噪声仪，测试时除了在全频段外，尽量在高、中、低三个频段分别选取几个频点测试，测试的目标就是：在保证信号佳动态的前提下，以调整使得系统的扩声声压在各点都要达到设计的声压级，同时要参考高、中、低频段各点的情况，再分别对均衡器和电子分频器略作调整，如果各测试点声压级的结果偏差较大，即声场的均匀度不好，就应该认真地进行分析和相应的改进，首先要从建筑装饰的施工工艺方面入手，假如这方面有较大的缺陷，从而影响声场的质量，那就应该提出可行的整改措施：假如装饰方面没有明显的缺陷，或有一定的不足，但无法进行改进时，就应该从音箱的摆位，指向及安装的形式方面进行分析，分析的内容包括：音箱与建筑四面的距离，音箱之间的安装位置要求，音箱的指向和频率特性等，下面就根据实际工程中常见的音箱的摆位、安装方式利用图示进行一番比较。

下面进行话筒和效果器的调试，对于话筒的调试，可以分类进行，人声用有线话筒只要没有可闻的线路噪音，音质正常就可以了，在其有效活动范围的声反馈可以利用频谱仪进行频率监测，并作好相应频率和位置的记录；乐器用有线话筒必须和东队一道配合调试，并作好各乐器使用话筒的型号和拾音距离的记录；无线话筒必须和乐队一道配合调试，并作好各乐器使用话筒的型号和拾音距离的记录；无线话筒的调试要注意：天线位置合理，放筒使用出现死点的位置(作好记录)，接收机的信号电平增益要适可，降噪微调的佳位置要反复寻找等，对于效果器的调试，原则是，保证其输入信号增益能使效果器得到期较好动态的声音信号，并且要留有一定的余量，效果混合信号输出要根据需求来设置。至于效果器的具体效果选择和参数设定，应该作一些粗略的试验，然后根据节目的要求来选定，只是需要注意的是：效果器的混响时间和延时量在调定的不要超过一定范围，以免影响语言的清晰度和信号的连续性，在话筒和效果器的调试中，还应该包括返听系统的调试，原则就是：让返听系统的频响特性与主扩声系统一致，其声压级演员(包括乐队)能清楚地听到各自的声音为准，不能太大，不能带来额外的声反馈等。对于压限器的调试，应该在系统的以上设备基本调定后再进行，一般在工程中，压限器的作用是保护功放和音箱，以及使声音箱，以及使声音的变化平稳，所以在调试时首先要设定压缩起始电平，通常不要设定得太低，当然太高也会使保护作用降低，具体设置应该视各种压限器的调节范围和信号情况而定，其次要设定压缩启动和恢复时间，通常启动时间不宜太长，以免保护动作不及时，而恢复时间不宜太短，以免造成声音效果受到破坏；再就是要设定压缩比，一般工程中设在内4:1左右，压限器中的噪声门的调定要注意：如果系统没有较大的噪声门关闭；如果有一定的噪声，可以将噪声门的门槛电平设定较低处，以免造成扩声信号断断续续的现象，如果系统的噪声较大，就应该从施工技术方面分析了，不能单独靠噪声门来解决，其他设置可以根据不同要求面定。其他设备的调试不再作一一详细介绍，总的来说，调试的原则，必须认真阅读产品说明，逐步细致地进行微调，在不破坏基本的声场条件的前提下，有选择地使用音频处理设备，以达到设计的要求。

(未完待续)(下转第260页)

◇江西 谭明裕

2019年6月30日出版
实用性 启发性 资料性 信息性
第26期
(总第2015期)
国内统一刊号:CN51-0091 定价:1.50元 邮局订阅代号:61-75
地址:(610041)成都市武侯区一环路南三段24号节能大厦4楼 网址:http://www.netdzb.com
让每篇文章都对读者有用

从尾号看主板命名

许多朋友在购买主板时经常被一长串"数字+英文"的组合看得头昏眼花,非常容易迷失方向。这里就大众主板的三大品牌"华硕、技嘉、微星"的命名规则简要地为大家介绍一下。

华硕

毫无疑问地作为主板第一品牌,华硕的主板系列命名是最为复杂的。

ROG系列

首先就是ROG玩家国度,根据CPU分为Intel系和AMD系,虽然Intel系占了大多数,不过确实也考虑到了AMD系的玩家。

在ROG主板中,专属于Intel系的有MAXIMUS和RAMPAGE以及最新的DOMINUS,AMD系的有CROSSHAIR和ZENITH,这几个系列都是代表I/A两系消费级顶级平台。

紧接着单词后面的是一个罗马数字,代表第几代,比如Z390是Intel的第11代高端消费级芯片组,因此支持第11代的ROG Z390的罗马数字就是XI。

然后罗马数字后面的单词代表了主板的定位,比如:

EXTREME

代表了用料最豪华的极致超频旗舰级主板,主要面向追求极致超频玩家,通常为E-ATX加强版。

FORMULA

定位略弱于EXTREME,不过同样是定位发烧级的主板,用料方面都十分讲究,对水冷的兼容性特别好,往往正面是大面积的散热金属覆盖。

CODE

和FOEMULA定位完全一样,只是弱化了水冷的兼容性,更适合风冷。

HERO

用料、兼容性方面相对前3个要缩水一些,不过对于普通玩家来说,也算是很豪华的选配了,也是ROG系列中最为大众,最为走量的系列,即使这样的定位,首发版也要2000+…

GENE

针对小尺寸机箱的M-ATX发烧级主板。

IMPACT

针对喜欢ITX小钢炮的主板。

APEX

完全针对超频而生的主板,拓展方面有阉割,但超频性能超强。

ROG STRIX系列

ROG系列固然好,无奈其价格对于多数玩家都是望而却步,因此华硕很"聪明"地利用ROG系列的品牌效应结合PRO GAMING和GAMER系列,诞生了ROG STRIX系列,也就是混血ROG系列。

其中又分为ATX系列,定位从高到低其后缀分别是E>F>H;ITX后缀是I;M-ATX后缀是G。

TUF GAMING系列

主打平民电竞系列,往往以迷彩造型为主,非常容易辨识。

技嘉

AORUS系列

XTREME

XTREME代表了技嘉顶级AORUS系列最旗舰的产品,定位于极限超频和专业DIY玩家。

MASTER

定位稍弱于XTREME,但用料和设计同样是顶级水准,也是针对发烧友级别专用。

中端系列

DESIGNAER

看单词名字就知道主要面向专业图形办公的设计师。

ULTRA、PRO、ELITE系列

主要面向游戏玩家,其中排名先后为:ULTRA>PRO>ELITE

GAMING系列

大众消费级游戏主板,也是技嘉旗下主要走量产品。

UD SERIES系列

主打稳定耐用系列。

微星

从高到低依次命名为MEG、MPG、MAG、PRO系列。

MEG系列

全名为MSI Enthusiast GAMING,意思是发烧级主板,有着顶级的兼容性、超频支持性和扩展性,属于极限超频平台。其中从高到低又依次分为GODLIKE(超神版)、ACE(战神版)、CREATION(创世版)。

MPG系列

全名为MSI Performance GAMING,意思是电竞级主板,主要针对有较高要求的电竞玩家。其中从高到低又依次分为暗黑版、刀锋版、电竞版。

MAG系列

全名为MSI Arsenal GAMING,意思是兵工厂系列主板,主要针对电商平台一级玩家。其中又分为MORTAR(迫击炮版)和TOMAHAWK(战斧巡航导弹版)。

PRO系列

主要定位为OEM版,主打专业办公,力求稳定耐用,一般普通的玩家很少购买。

小结

主板命名确实麻烦,这里主要介绍三大品牌的主板命名原则,希望朋友们在购买时,根据(缩写)单词了解主板档次以及定位,以免走入一定的误区或者被不良商贩忽悠。

PS:通常情况下我们常见的消费级主板板型有3种:ATX主板、Micro ATX主板以及ITX主板,其中:

ATX主板(标准型)通常的PCB尺寸为24.5cm×30.5cm,一般都是中高端芯片组(比如intel的Z390和AMD的X570等),其特点为拓展强、接口全、性能好;

Micro ATX主板(紧凑型),又叫M-ATX,通常的PCB尺寸为24.5cm×24.5cm,一般都是中低端芯片组(比如intel的B360和AMD的B450等),其特点为拓展一般、接口少、性价比高;

ITX主板(迷你型),通常的PCB尺寸为17.0cm×17.0cm,一般适合极限超频的用户,因为它基本上除了单显卡插槽和双通道内存外拓展和接口方面更是少之又少,虽然中、高、低芯片组都涉及,但一般人不建议使用。

(本文原载第20期11版)

华为超级蓝牙

5月31日发布的荣耀20系列就搭载了华为最新的超级蓝牙技术。

今年以"5G"为主要技术核心阵地的中美贸易战正式打响,华为作为中国5G建设主要力量之一在各个层面都受到以美国为主导的不平等打击。当然确实也有部分美国企业因自身的经济利益作出合理的规避行为。但不管怎么的第三方弥补措施,华为从2018年的全球5G市场份额第一下降到2019年第一季度的市场份额第二(第一为三星的37%、第二为华为的28%、第三为爱立信27%、第三为诺基亚8%),要知道2018年三星5G市场份额仅为6.6%,随着今年中美贸易纠纷的延续这个比例还会继续下滑;而且华为在5G市场还有一个订单多份额少的特点。三星、爱立信、诺基亚等公司本身就具备与华为一争高下的技术实力,再加上某些国家政策上的推波助澜,多多少少会受益。

同时一些技术联盟反反复复对华为进行技术上的制裁,时而限制时而恢复,好在华为也做了一些技术上的储备。比如最近蓝牙组织撤销了华为的会员资格(随后两天又宣布恢复),华为当天就曝出了自家的超级蓝牙技术。

蓝牙是手机上都拥有的一个功能,由于此前蓝牙传输速度的问题以及互传功能的便捷,可能逐渐被大家所遗忘。不过,随着技术的进步,蓝牙5.0时代的到来,以及蓝牙耳机掀起的热潮,蓝牙的作用被体现了出来,一般手机的蓝牙有效传输距离通常都在十米以内的范围,超出这个界限的话就会连接不稳定影响使用,另外这个距离也会受到一些电器和墙壁之类的影响。

而华为所爆出的基于hi1103芯片的X-BT(超级高速蓝牙),智能判别环境因素和蓝牙信号强度,按需调节手机发射功率,匹配蓝牙设备,如遇到阻碍蓝牙信号较弱时便增大手机发射功率,减少阻碍物的影响,在138m无障碍空间距离实现不卡顿连接。并且华为除了蓝牙,在WiFi方面的技术专利也非常多,本身加入技术联盟是一件互惠互利的事情,因此撤销华为会员资格其实对技术联盟的发展也有非常大的阻碍作用。

(本文原载第24期11版)

创维5800-A8M500-OP50主板故障检修实例(二)

(未完待续)

例4:一个声道伴音输出正常,另一个声道无伴音输出

用不同信号源试机,故障依旧,说明伴音处理的一个声道有问题,应重点检查伴音功率放大电路和静音电路。

该主板功放集成块采用立体声D类功率放大器TPA3124D2(U47),相关电路如图4所示。先对静音电路进行检查,U47的②、④脚电压就不必检查了,因为这两脚电压不正常,都要引起两个声道同时无声音的故障,只需检查左声道静音控制管Q13就可以了。测量Q13的b极电压为0V,说明没有实施静音控制。用镊子干扰Q13的c极,扬声器有"喀喀"响声,判断Q13的c-e结没有击穿短路,同时也判断信号耦合电容C342正常,功放块U47的左声道工作正常。继续采用干扰法往前检查,干扰R61两端和C363两端,均有干扰响声,据此判断主芯处片之后的电路没有问题,怀疑是主芯片有一个声道没有音频信号输出。

在接收信号的情况下采用信号寻迹法检查(用高阻耳机监听),发现从C363至U47的⑤脚(LIN)之间各点都有音频信号,说明L声道信号已经送到了功率放大集成块。接着监听U47的㉒脚(LOUT)没有音频信号输出,据此判断功率放大电路的左声道有故障。接下来对功放电路的左声道进行深入检查,测量U47的①、②脚(左声道供电端)电压约为24V,信号输入端⑤脚约3V,也是正常的,但输出端㉒脚和自举端㉑脚电压均比正常值低,测得㉒脚电压仅为8.8V(正常时应约为电源电压的一半,电源电压为24V时,应约为12V),㉑脚仅为9.8V(正常时应接近电源电压,即接近24V)。分析可能是外接元件出现问题引起的电压异常,逐一焊下与之相关的元件C368、CA24、C377、R374进行检查,最后发现自举电容C377的电容量变小。用一个0.22μF的贴片电容更换C377后故障排除。TPA3124D2引脚功能和实测数据见表1。

反思:对于无声故障,在对音频放大电路进行检查时经常采用干扰法(注入人体感应信号)来确定故障范围及故障元件,若干扰音频功放集成块输入端时扬声器可以发出响声,一般就认为功率放大电路基本正常,但本故障采用干扰法检查时出现了误判。功率放大器的自举电容有问题时,为何在功率放大电路输入端注入人体感应信号有干扰响声,而输入音频信号后却无声音,这个现象怎样解释?

表1 TPA3124D2引脚功能和实测数据

引脚	符号	功能	在路电阻(kΩ)		电压(V)
			黑笔测	红笔测	
①	PVCCL	左声道高边驱动电源	70	3	23.8
②	SD	功放关断控制,低电平关断	100	9.2	23.8
③	PVCCL	左声道高边驱动电源	56	3	23.8
④	MUTE	静音控制端,高电平静音	7.3	10.5	0
⑤	LIN	左声道音频输入	∞	10.5	2.97
⑥	RIN	右声道音频输入	∞	10.5	2.96
⑦	BYPASS	前置放大器输入参考端	40	9.5	2.95
⑧	AGND	模拟地	0	0	0
⑨	AVDD	模拟地	0	0	0
⑩	PVCCR	右声道高边驱动电源	70	3	23.8
⑪	VCLAMP	自举电压端,外接自举电容	180	8	10.12
⑫	PVCCR	右声道高边驱动电源	70	3	23.8
⑬	PGNDR	右声道功率放大电路接地	0	0	0
⑭	PGNDR	右声道功率放大电路接地	0	0	0
⑮	ROUT	R声道输出	1.4	1.4	11.87
⑯	BSR	R声道自举端	∞	8.8	21.0
⑰	GAIN1	增益选择1	100	9.5	23.4
⑱	GAIN0	增益选择0	0	0	0
⑲	AVCC	模拟电路供电	70	2.9	23.8
⑳	AVCC	模拟电路供电	70	2.9	23.8
㉑	BSL	L声道自举端	∞	8.8	21.1
㉒	LOUT	L声道输出	1.4	1.4	11.88
㉓	PGNDL	左声道功率放大电路接地	0	0	0
㉔	PGNDL	左声道功率放大电路接地	0	0	0

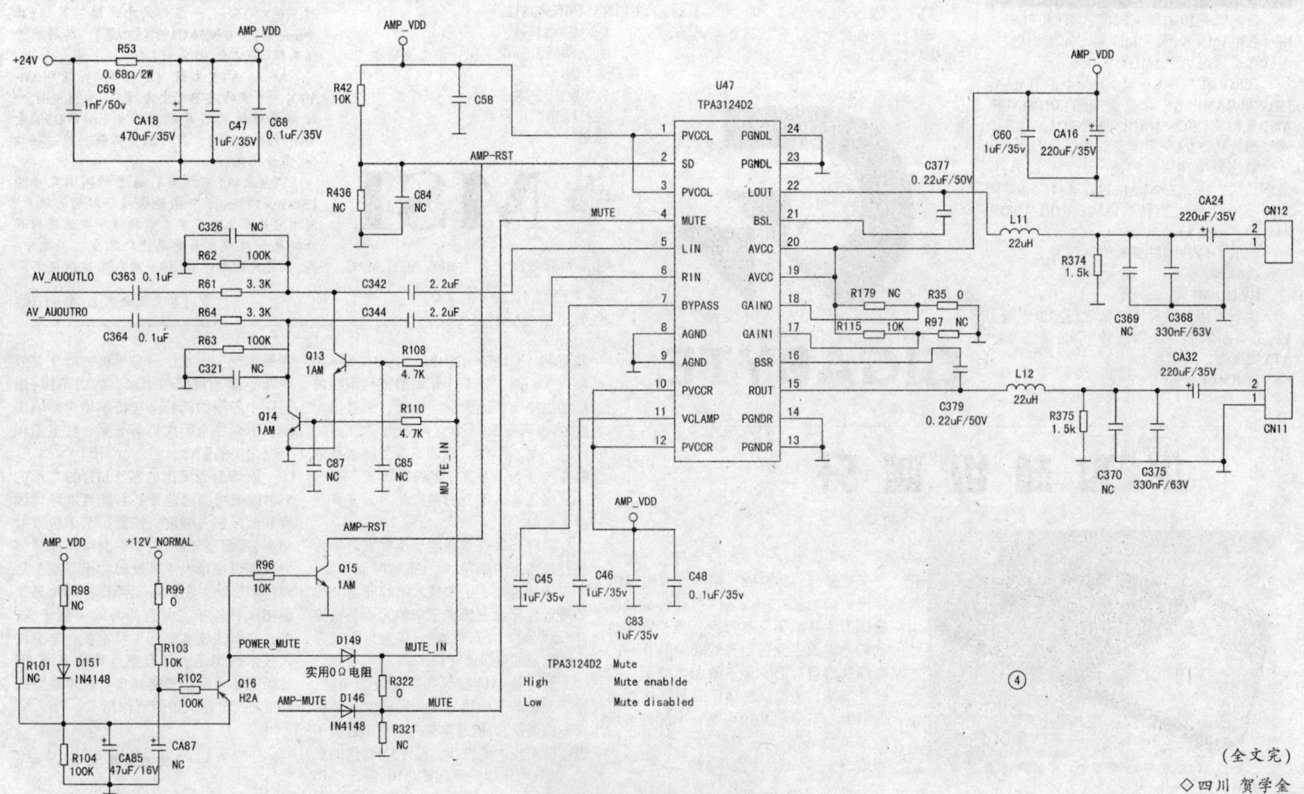

④

(全文完)

◇四川 贺学金

3D打印之Cura模型切片篇

当我们完成3D模型的建立和检测修复之后，得到的STL格式文件还需要进行一步"切片"操作，生成Gcode(即所谓的"G代码")文件——数控(Numberical Control)编程语言，"告诉"3D打印机做什么、怎么做(比如以多大的速度移动至何处等等)。3D打印机能够识别出经切片后得到的Gcode打印代码文件中所规定的动作及设置的参数，最终会顺序遵循Gcode代码命令进行正式的3D打印，比如打印喷嘴温度和打印速度的调整等。

一、切片的意义及相关打印参数的含义

"逐层加工、叠加成型"是目前常见的桌面级3D打印机的基本工作原理，即第一层(3D模型的最底层)打印完毕后，打印头会向上(沿空间Z轴正方向)移动指定的距离，接着在第一层上面打印第二层，然后再上移打印第三层……如此层层顺序叠加，直至打印完成，每一层都具有"横向、等距离、叠加纹理"的特点(如图1所示)。

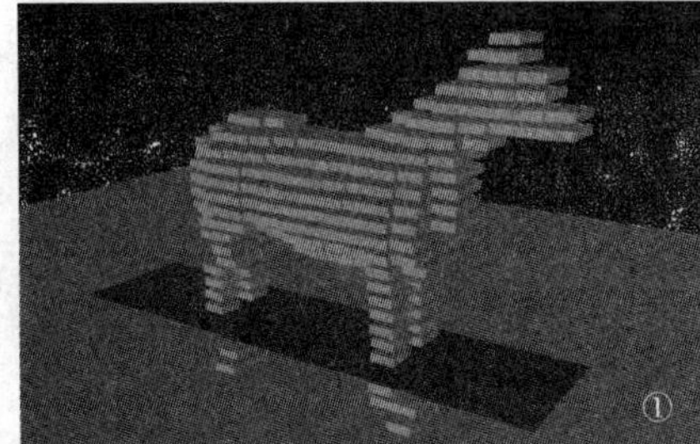
①

切片操作相当于预先将3D模型进行从底部至顶部进行横向"切割"分层，并且按照序号逐一记录每一层的平面(X轴和Y轴)模型分布信息，这些信息最终会直接影响到3D打印模型的质量，包括尺寸精度、表面粗糙度及强度等，其中主要的3D打印参数含义如下：

1.喷嘴尺寸

喷嘴尺寸指的是打印头喷嘴出料孔的尺寸，即打印时喷出液态塑料丝的直径大小，通常有0.25mm、0.4mm、0.6mm和0.8mm等规格。一般而言，喷嘴尺寸越小(即塑料丝直径越小)，打印成品的表面就会越光滑，但打印的速度就越慢。

2.层厚

层厚指的是单一打印层的厚度值，与不同的喷嘴尺寸相匹配，通常是在0.06mm~0.6mm的范围内调节。相同条件下，打印层越薄，打印成品的表面就会越光滑，但成型也越困难；另一方面，打印层过厚则会因打印层间黏结强度过低而降低打印成品的机械强度，甚至会造成打印成品的断裂(打印失败)。

3.壁厚

3D打印成品都是由外壳和内部的填充结构合并成型的，其外壳的厚度就是打印成品的"壁厚"。壁厚分为单层壁厚和多层壁厚，前者是由喷嘴尺寸决定的，后者是前者的整数倍，通常壁厚是与打印成品的强度成正比。

4.填充

填充的作用是调整打印成品的实心程度，两个"极值"分别为：0%表示空心，而100%则表示实心。目前的3D打印填充分为栅格状、蜂窝状等结构，填充率越高代表打印成品就越结实。一般情况下，薄壁的3D模型或者有一定力学要求的打印成品建议填充为100%；但这个数值如果较大(超过70%时)就一定要注意3D打印机的散热问题(尤其是室温较高情况下)，否则容易导致打印成品收缩变形或者从打印平台上脱落等意外。

5.支撑

在进行3D打印时，可能会遇到模型有悬空结构的情况，尤其是当悬臂结构与打印平台的夹角小于45°时，此时建议使用支撑。支撑能够极大地提高悬空类模型的打印成功率。不过在打印结束后从打印成品上拆除支撑部件时需要"额外"多做些操作，而且有可能产生打印成品表面的缺陷，从而增加后期模型精修的困难。

6.线材直径

由于桌面级3D打印机是通过送丝机构来控制喷嘴材料的挤出量，因此在相同的送丝速度下，线材的直径越大就表示材料挤出量越大。线材直径参数的设置必须要以实际打印使用线材的直径为准，并且在此基础值上进行微调。过多的挤出量容易导致打印成品表面出现"溢料"，影响外观；过少的挤出量则会导致打印成品表面发生缺料镂空，而且也降低了打印成品的机械强度。

7.打印速度

打印速度指的是指3D打印喷头正常工作时的移动速度，不同的切片软件在此基础上又会细分出不同工作状态时的喷头移动速度。合理的打印速度非常重要，打印速度过慢，造成打印效率降低；打印速度过快，造成打印成品的表面缺陷，甚至也会降低打印成品的强度(产生一些内部镂空现象)。

8.打印温度

打印温度指的是3D打印喷头正常工作中时的喷嘴温度，不同种类材料一般具有不同的打印温度，而相同种类的材料也会稍有差异(生产厂商或生产批次不同等)，一般都是在材料的额定温度范围内根据经验或自行测试的结果进行调节。打印温度过高，容易导致打印成品表面发生熔融塌陷，甚至使打印喷嘴的材料快速炭化而造成喷嘴的堵塞；打印温度过低，不但会因打印层间黏结强度降低而造成打印成品强度下降，还会增加送丝机构的输送难度，甚至有可能造成打印喷嘴中的塑料丝因前端"半固化"而无法继续喷出而"停工"。

二、切片软件的代表：Cura

3D打印切片软件的核心是切片引擎，其实质为面向对象的算法程序，它能够根据3D模型的结构组成和用户设置的不同参数进行计算并生成Gcode打印代码。目前的切片软件比较丰富，如Slic3r、Simplify3D、MakerWare、Cura等等，其中，由知名的Ultimaker公司研发的开源切片软件Cura被称为"3D打印的标准切片软件"，兼容性高且易学易用，它的切片速度很快，打印效果也极佳，推荐初学者使用。

下载安装Cura需要访问Ultimaker的官网下载区(https://ultimaker.com/en/products/ultimaker-cura-software)，点击"Download for free"(下载免费版)按钮下载切片软件Ultimaker Cura 3.6，适用于64位的Windows平台。Cura的安装过程非常简单，直接点击"下一步"按钮即可，注意要勾选五个关键的安装组件：Install Arduino Drivers(3D打印机控制器的Arduino驱动程序)、Cura Executable and Data File(Cura的可执行文件和数据文件)、Install Visual Studio 2010 Redistributable(微软VS开发工具包)、Open STL Files with Cura(设置STL格式文件的默认打开程序为Cura)和Open OBJ Files with Cura(设置OBJ格式文件的默认打开程序为Cura)。

三、使用Cura进行3D打印切片

安装好Cura之后，首次运行时会提示设置计算机所连接的3D打印机型号，可根据实际情况来选择；如果只是为了对模型进行切片而未连接3D打印机，可先跳过该设置，最终将切片后生成的Gcode打印代码文件通过网络或U盘传输至3D打印机即可。

1.加载修复后的模型文件

在Cura中点击左上方的打开文件按钮，将经过模型检测修复过的STL文件加载进来。主视图窗口中显示出一个模拟的3D打印机灰色底座及蓝色矩形立体框，正常情况下，读取进来的STL模型应该位于蓝色矩形框内(以黄色显示)，如果是以灰色显示则说明模型"出界"了，需要点击选中模型后再点击左侧编辑功能区中的第二个"缩放"按钮(从上至下分别是移动、缩放、旋转、镜像)，在"等比例缩放"选中的情况下将任意一轴的百分比(比如20%)进行适当修改(如图2所示)。

在主视图窗口的右上角默认是以"实体视图"模式显示模型，可根据情况切换至"透视视图"或"分层视图"模式；右下角显示的是当前加载的STL文件名称，同时还包括模型的空间大小信息(64.3mm×62.7mm×97.0mm)；右侧是Cura默认以"推荐"的模式进行切片的打印设置，包括层高、打印速度、填充、是否生成支撑和打印平台附着等，下方的"05小时51分钟"表示经该默认预置进行切片后打印的预估时间，"8.13m/-64g"表示预计耗材大约为8.13米，质量为64克。

2."自定义"模式设置

值得一提的是，如果当前切换至"分层视图"模式的话，拖动下方的层值可切换查看各切片层外观；同时还可以对打印材料的颜色进行自定义显示，包括是否显示外壳与填充等。另外，在Cura的"推荐"模式下加载Normal配置文件进行较为均衡的切片设置，如果想进行更为高级的详细设置需要切换至"自定义"模式，此时各项设置参数均可根据实际情况来进行较为自由的调整(必须要考虑到所连接的3D打印机性能参数)，比如：层高、壁厚、填充密度、打印材料的温度及流量、打印速度和加速度等等，同时在设置修改这些参数值时会有蓝色提示框出现，对该参数的作用及影响到的项目作简要说明(如图3所示)。

3.切片Gcode打印代码文件

如果前期模型的建立和检测修复均无问题的话，那么在Cura中按照默认的"推荐"模式进行切片也会比较顺利地完成，然后通过键盘上的左右箭头键盘让切片模型逆时针、顺时针旋转，上下箭头进行前后旋转，多角度多次查看测试后确认无问题，就可以点击Cura右下角的"保存到文件"按钮，在弹出的对话框中设置好UM3_School(repaired).gcode(可重命名但不建议使用中文的文件名)文件的保存路径，最后再点击"保存"按钮即可生成Gcode打印代码文件(如图4所示)，切片操作结束。

◇山东 牟晓东 牟奕炫

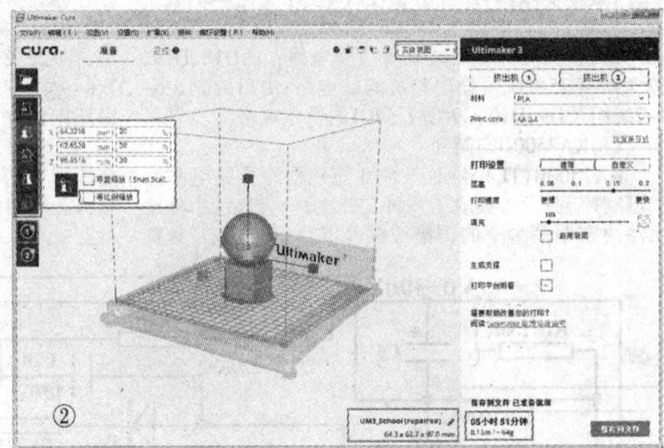

②

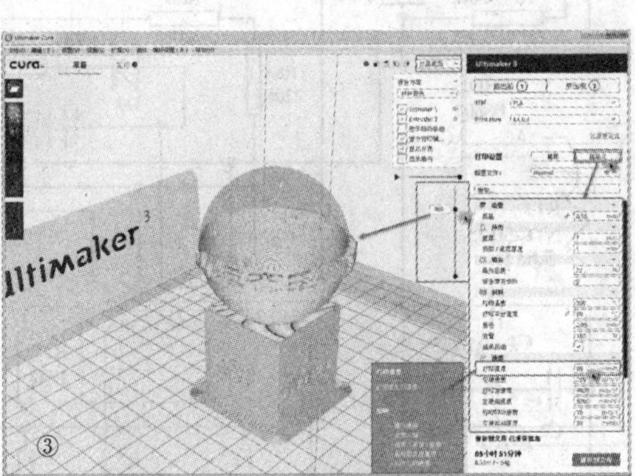

③

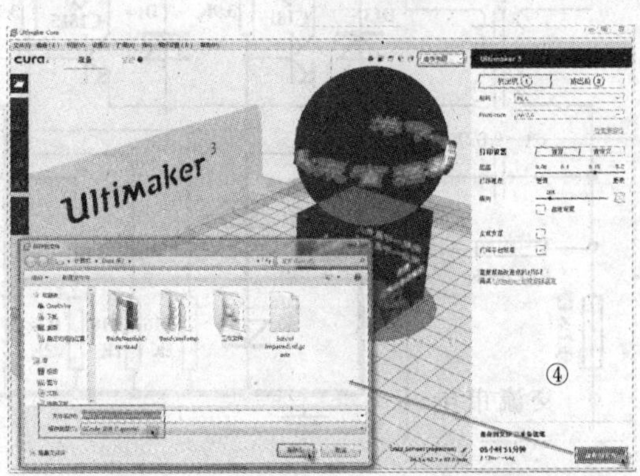

④

LED拼接大屏幕电源电路原理及故障检修(一)

某大屏幕显示器由80个LED显示单元拼接而成，20个开关电源模块为它们供电，每个电源模块为4个LED显示单元提供5V电源。拼接屏故障现象为：开始是其中6个LED显示单元的亮度变暗，关断交流220V供电，重新加电后，变为20块LED显示单元变为完全不亮，另有32个LED显示单元亮度变暗。经检查确认，故障由电源模块故障引起，其中，为完全不亮的20个LED显示单元供电的5个电源模块无输出电压，为亮度变暗的32个LED显示单元供电的8个电源模块的输出电压不同程度地变低（电压在3~3.9V之间）。电源模块采用的是诚联电源生产的CL-A-200-5型5V/40A直流电源。

一、电源工作原理

图1为根据电路板实物绘制的原理图，元件标号与实物一致。电源电路由交流干扰抑制(EMI)及主整流滤波电路、DC/DC变换电路、稳压控制电路以及过流/短路保护电路4部分组成。

1.EMI及主整流滤波电路

EMI电路由C1-C4、L1构成。其作用：1）抑制输入市电的电磁干扰，以免影响电源工作；2）防止电源工作时产生的高频电磁信号通过交流线路传导或辐射到市电网络，影响其他电气设备的正常工作。R13用于泄放C1存储的电荷。

整流滤波电路由整流全桥BD1和主滤波电容C5、C6构成。其作用是将交流220V供电变换为DC/DC变换电路所需的300V直流电压V0。C5、C6两端并接的电阻R2、R1不仅可均衡2只电容的电压，而且在断电后可快速泄放掉电容储存的电能。负温度系数电阻RT1用于防止加电瞬间产生的冲击大电流。

2.DC/DC变换电路

该电路由脉宽调制控制芯片IC1(KA7500B)及其外围元件构成的脉冲振荡信号电路5部分构成。其中，由激励变压器T2、三极管Q3/Q4及相关元件构成了驱动电路；由滤波电容C5、C6、高频变压器T1、开关管Q1/Q2及相关元件构成的功率变换电路；由D18、D19、L2、C22~C25构成了输出整流滤波电路；由T1的副边6-4-7绕组及D9、D10、C9组成了IC1的供电电路。

(1)KA7500B的简介

KA7500B(TL494)是一种性能较强的开关电源脉宽调制控制芯片，集成了多种功能电路。包括：由外接元件决定振荡频率的锯齿波振荡器(1~300kHz)，脉宽调制逻辑电路，由2个集电极开路的三极管构成的输出脉冲信号驱动电路，控制2个驱动三极管同时截止的死区时间控制（DTC）电路（死区时间为振荡周期的4~100%），2个用于调制输出脉冲宽度（即输出三极管导通时间）的电压误差放大器，以及给外围电路提供5V参考电压VREF的稳压电路等。

芯片采用16脚直插或贴片封装，工作电压为8~42V。

(2)振荡信号产生电路

IC1(KA7500B)内含一个锯齿波振荡电路。当VCC的⑫脚电压达到8V时，振荡器开始工作，振荡频率由⑤脚外接电容C14和⑥脚外接电阻R20决定。根据实际参数计算，电路的振荡频率=1.1/(R20×C14)=50kHz。芯片⑧脚C1端和⑪脚C2端分别以振荡频率的一半（即25kHz）交替输出脉宽调制信号。

(3)驱动电路

IC1供电VCC经电阻R12(1.5k)加到驱动变压器T2初级绕组的中间抽头2，Q4、Q3的c极分别连接到T2初级绕组的1、3抽头，IC1的⑧、⑪脚分别连接Q4和Q3的b极，T2的2个次级6-7、8-9绕组分别驱动开关管Q2和Q1工作，使它们工作在开关状态。当IC1的⑧、⑪脚同时为高电平时，Q3、Q4导通，T2初级1-2、2-3绕组中流过大小相等方向相反的电流，T2的2个次级绕组均无感应电压输出；当⑧脚有低脉冲信号而⑪脚仍为高电平时，Q4截止、Q3导通，T2的1-2绕组无电流流过，2-3绕组中有电流流过，6-7、8-9绕组产生左负、右正的感应电压；当⑧脚变为高电平而⑪脚有低脉冲信号时，Q4导通、Q3截止，T2的1-2绕组有电流流过，2-3绕组无电流流过，6-7、8-9绕组均产生左正右负的感应电压。Q3、Q4的e极所接D15、D16和C13用于将e极电位抬高到1.3V以上，使得Q3、Q4能可靠截止。

(3)高频电压变换及输出整流滤波电路

IC1的⑧、⑪脚输出的脉冲信号经推动电路放大后，在T2的2个次级绕组产生感应脉冲电压。当T2的6-7、8-9绕组产生左正、右负的感应电压时，Q1的b极获得正向脉冲而导通，Q2的b极获得反向脉冲电压而截止，电流从C6的正极经Q1的ce结、T2的5-4绕组、开关变压器T1的初级9-8绕组、C7流向C6的负极，给T1充磁，此时T1的次级1-3、3-2绕组感应出上正下负的低电压输出脉冲。当T2的6-7、8-9绕组产生左负右正的感应电压时，开关管Q2的b极获得正向脉冲电压而导通，Q1的基极获得反向脉冲电压而截止，电流从C5的正极经C7、开关变压器T1的初级8-9绕组、T2的4-5绕组、Q2的ce结流向C5的负极，给T1反向充磁，此时T1的次级1-3、3-2绕组感应出下正、上负的脉冲电压，它们经D18、D19全波整流，利用L2、C22~C25构成的滤波网络滤波后，输出5V直流电压。

C10、C11用于加速Q1和Q2的导通和截止，以降低功率开关管的热损耗；R6、R7和R10、R11为Q1和Q2的b极限流电阻；D7、R5和D4、R9的作用是抬高Q1、Q2的导通电压，使Q1和Q2能可靠截止；D5、D6是续流二极管，在Q1、Q2由导通变为截止时，分别为T1的初级8-9绕组提供接续电流；C8、R3构成尖峰脉冲消除网络，用于吸收T1初级绕组产生的尖峰脉冲，以免开关管截止瞬间过压损坏。R34(51Ω)为电源空载时的输出负载电阻。

(4)芯片IC1的供电电路

该电路由T1的副边6-4-7绕组及D9、D10、C9构成。正常工作时，随着T1初级绕组中正反向电流的流动，在T1的6-4-7绕组交替产生的感应电压经D9、D10全波整流、C9滤波后，为IC1提供工作电压VCC。

(5)自激启动过程

接入交流电后，整流全桥BD1开始给C5、C6充电，C6正、负极间的电压经R4A、R4B、R7、R5、T2的5-4绕组、C7、T1的初级绕组9-8构成充电回路，在R5两端建立启动电压。当R5两端电压达到0.7V时，Q1导通，电流由C6的正极通过Q1、T2的5-4绕组自下向上流过T1的9-8绕组，再经C7到达C6的负极，给T1充磁；同时，T2的6-7、8-9绕组产生左正右负的感应电压，加速Q1导通，抑制Q2导通，直至流过T1的初级绕组的电流不再增长；此后，T2的6-7、8-9绕组产生左负右正的感应电压，使Q1迅速截止，并且加速Q2导通，电流由C5的正极通过C7、自上向下流过T1的初级8-9绕组，再经T2的4-5绕组、Q2到达C5的负极，给T1反向充磁。重复该过程，在T1的副边6-4-7绕组产生感应电压，经D9、D10整流，C9滤波，产生IC1的工作电压VCC。

当VCC高于8V时，IC1开始工作，内部振荡器产生的振荡脉冲，控制PWM脉冲发生器产生驱动信号，经放大后从⑧、⑪脚交替输出。

(未完待续)(下转下册第364页)

◇青岛 孙海善 林鹏

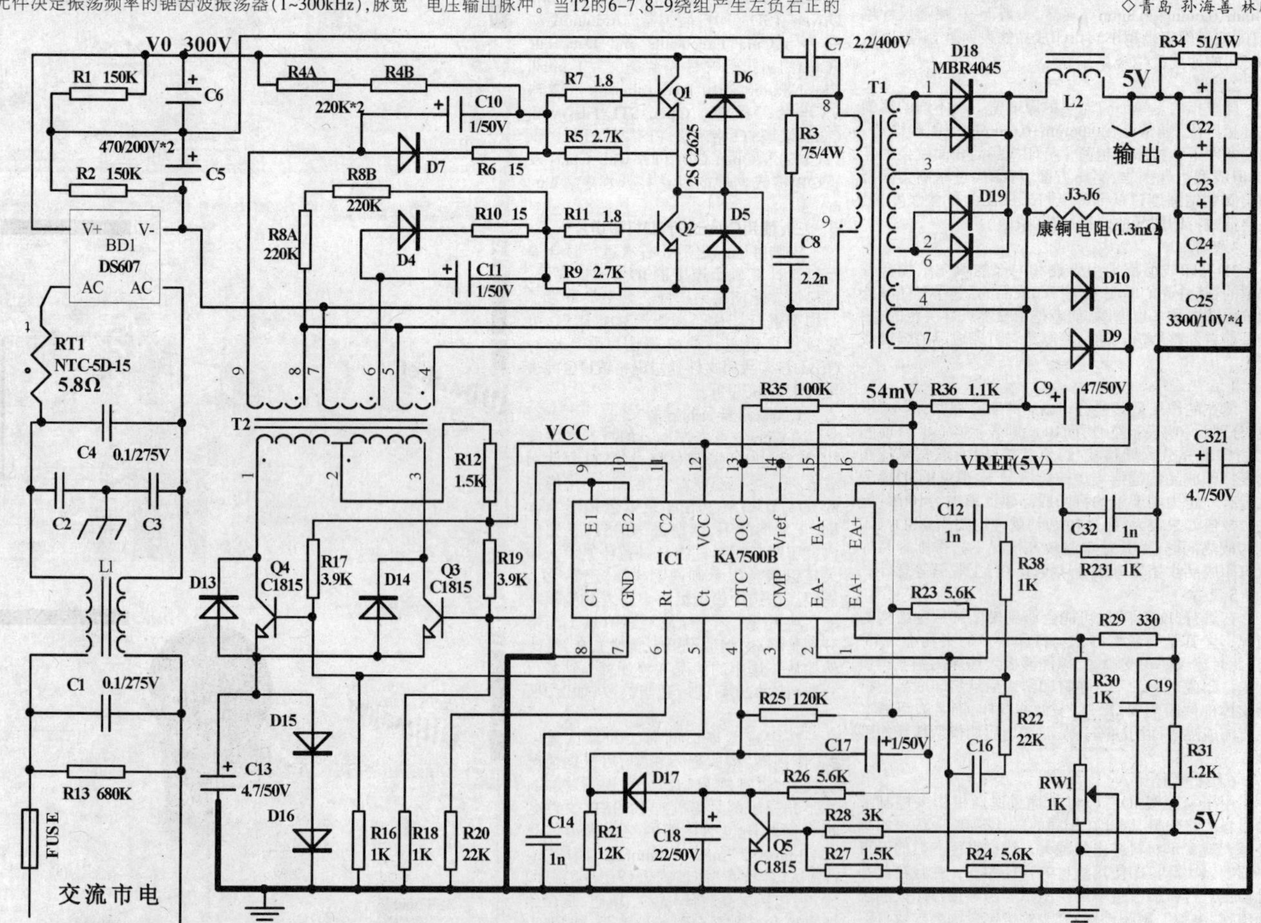

介绍一个电流监控的简单实例

事实证明，这个设计实例很有用，因为它很简单。只需三个或四个组件，就可以在一定范围内监控从微安到超过100mA的电流。

我正在开发一个基于PIC的电路板，需要监控它从一对AA电池中提取的电流。虽然大部分时间都处于睡眠状态，但升压转换器的30μA静态电流主导着功耗，电路板可以通过突发的传感，显示和传输迅速循环，从8mA到100mA。试图在固定范围内使用数字万用表令人沮丧，而自动测距只是让我头疼，因为循环时间快，开启时间短。因此，以下方法表明了自己。

二极管两端的电压随着流过它的电流的对数而增加，如二极管方程式所定义：

$I_F \cong I_0 \cdot \exp(eV_F/kT)$

其中IF是正向电流

I0是反向饱和电流

e是电荷(1.602×10-19 C)

VF是正向电压

T是温度(K)

k是玻尔兹曼常数(1380×10-23 J/K)。

为了我们的用途，我们可以从中提取：

在给定温度下的$V_F \propto \log I_F$。

现在，并联一个二极管到带有仪表运动的装置上。在非常低的电流下，当电流流过它而不是二极管时，它将指示微安，而在高电流时，它将显示二极管两端的电压，从而显示电流的对数(将二极管视为自适应分流器)。因此，仪表刻度的底部是相当线性的，顶部是充分对数的，中间是过渡的，而整体是非常有用的。

如图1所示，使用肖特基整流器，100μA/1.7kΩ电表和合适的串联电阻，可以在一定范围内监控10μA至100mA以上的电流，指示速度仅受仪表弹道的限制。

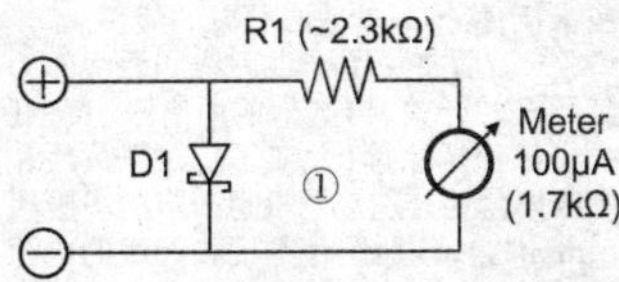

这个简单的东西通常比组件有更多的问题!除了繁琐的校准程序之外，该电路还有两个主要缺陷：串联电压降和温度稳定性。二极管将下降至400mV，因此在监控时使用新的或充满电的电池，否则您的UUT可能会看到电池电量低。或者，可以将其视为一种方便的低电池感应测试功能，或许可以添加一个短路开关。

在标尺的底部，几乎所有电流都流过仪表，测量温度系数很低，仅限于仪表运动的机械和磁性温度系数。然而，在更高的电流下，我们看到二极管两端的电压，当然如二极管方程所预测的那样降低约2mV/K. 这不仅影响对数定律的斜率，而且影响我们的线性到对数转换点。此外，电表绕组构成总串联电阻的重要部分，铜在室温下具有+3930ppm/K的电阻温度系数(TCR)。偏转对电流曲线是在0°,25°和50°C的温度下的1N5817所形成的。这些解释了运动的TCR以及二极管的温度系数，但忽略了后者的任何自热效应。在相当恒定的温度下，没有实际问题。

自热，主要是D1，也不是真正的问题。让我们假设100mA正在流动而D1正在下降400mV：那是40mW。根据数据表，DO-41 1N5815的基本热阻为50K/W，其引线长，且具有大量的散热铜。将这些数字放在一起表明，在100mA时，结温将仅上升2℃，相当于VF降低约4mV，或满量程时约1%的误差。尽量保持二极管的引线短，并保持高热量。注意可能在接通时的高瞬态电流，因为这会导致错误，直到结再次冷却。

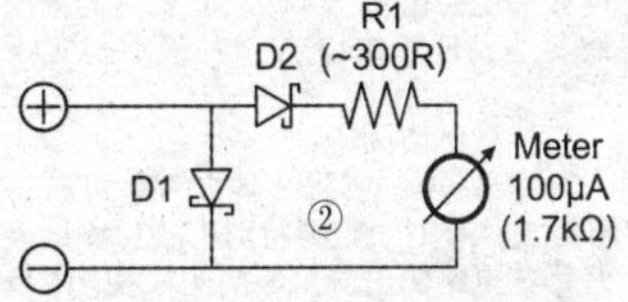

图2中的改进版本通过添加一个与仪表运动串联的额外二极管来使温度系数无效。注意，标度的大部分现在是log-ish，额外的二极管有效地抑制了初始的线性区域。但是，二极管的选择现在至关重要，因为D2的正向电压应略低于D1，但匹配特性混乱。

LTspice来救援！我发现D1的10MQ060N和D2的BAT54的组合很快–这是我模拟的第一对。两者都是廉价的，可用的，并且由LTspice本地建模，因此建议使用它们。一对10MQ060N几乎完全相同(但是一对BAT54没有)。其他设备的组合大多显示较差的温度变化与变化指示，这种模型在你建模之前。如果仪表的灵敏度和电阻适合，可以省略R1。将D1和D2一起加热，这样它们就可以随温度相互跟踪。

硅P-N结二极管通常具有非常笔直的(log IF)/VF关系，而肖特基二极管没有。这是由于它们的结构具有固有的较高的串联电阻，导致法则变得比在非常低的电流下更加线性，并且通常还具有保护环以控制电位梯度，这可以形成与肖特基结并联的PN二极管本身，因此在高电流下软化曲线。因此在实践中，精确的对数定律随电流和器件类型而变化。虽然废料箱二极管可能适用于第一个版本(考虑到电路不可避免的不准确性)双二极管设计需要仔细选择。

因为我有一盒便宜的剩余沿边100μA/1700Ω指示器，适合35×14mm的孔径，我使用它们。这种类型非常普遍，并且提供了紧凑，实用的结果，但它们的结构，线性和单元之间的一致性将是完美无瑕。

使用的校准点是通过安排监视器，电池，固定和可变电阻器以及DMM的串联组合生成的。现有的仪表刻度标记在合适的点，然后移除并扫描，扫描用作最终布局的模板。模拟结果用于生成基准点，但结果很好地反映了现实，尽管仪表很糟糕。这些刻度将节省您的时间，但不会像从头开始制作您自己的那样准确(显然，其他运动将需要不同的刻度)。调整R1以调整校准（仪表指定为±20%）。两个刻度都考虑了运动的非线性。

请注意，我将其称为"监视器"而不是"仪表"，后一术语对我来说意味着更准确的东西。尽管如此，我现在将这些构建到我的大多数开发甚至是生产测试平台中，并且非常有用，它们用于发现各种故障和问题，从短路的电源走线到错误编码的上拉引脚。

为了实现最佳的电流监控简单性，只需将一个合适的二极管与电源的负端串联，并调整其正向电压。经过一些便条纸校准后，您可以与您想要探测的任何其他内容完全同步地监控电源电流。

◇湖北 朱少华

一款经济型LED应急灯

这里展示的一款经济型LED应急灯是一个简单的可充电应急灯，围绕一些易于获得且价格低廉的电子元件构建。这款便携式救生灯的一个显著优点是它可以从各种规定的5 VDC电源充电，如普通手机移动电源，手机旅行充电器/墙上适配器，车载USB充电器/适配器和太阳能USB充电器。

主电路图

我所采用的主电路图如图1所示。

该电路的核心是18650型单节锂离子电池(3.7 V/2,500 mAh)。为USB连接提供微型USB母头连接器(X1)，当连接时，充电过程将通过插入扩展头(J1)的1N4007二极管(D0)开始。如果需要，扩展接头允许您添加专用的锂离子电池充电器模块。应该清楚的是，1N4007二极管(D0)和附加充电器模块不能同时连接！

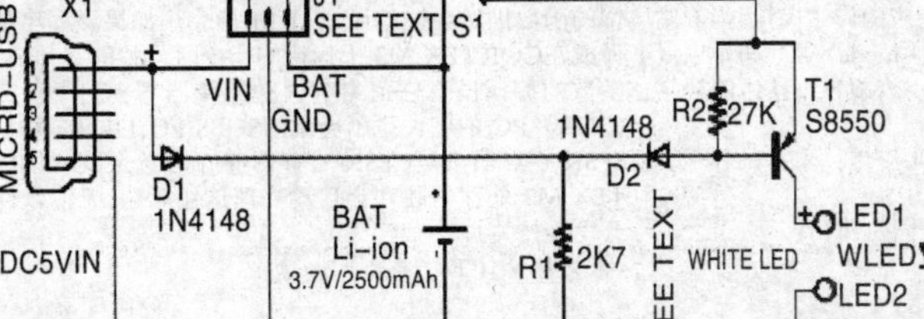

图1 主电路图

该设计配置为驱动单个1 W白光LED或由20个并联的普通5 mm白光LED组成的LED灯条。无论喜欢与否，LED路径中都没有使用"正统"串联限流电阻，因为它在这里是多余的。单刀双掷(SPDT)滑动开关(S1)是LED开/关开关，用于物理关闭LED光源。由于1N4148二极管(D1)每次连接USB连接器时都会禁用S8550驱动晶体管(T1)，因此输出端的白色LED(WLED)保持"关闭"状态，直到被清除。2K7电阻(R1)也是调节LED电流的重要组成部分。

我做的原型如下：

图2 我的原型

附加电路图

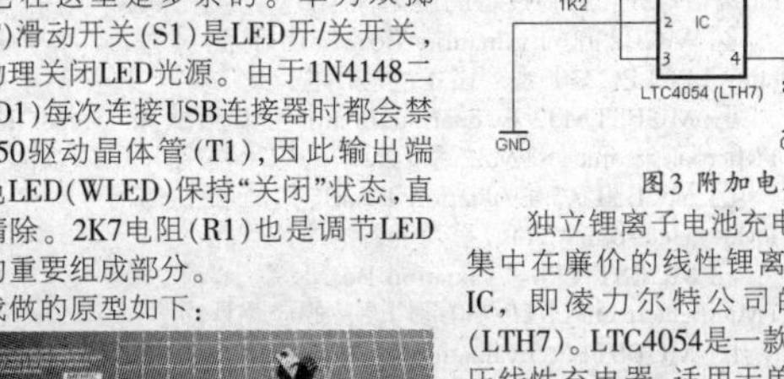

图3 附加电路图

独立锂离子电池充电器的附加电路集中在廉价的线性锂离子电池充电器IC，即凌力尔特公司的LTC4054-4.2(LTH7)。LTC4054是一款完整的恒流/恒压线性充电器，适用于单节(1S)锂离子电池。其功能包括充电电流监视器，欠压锁定，自动再充电和状态引脚，以指示充电终止和输入电压的存在。在此电路中，蓝色LED用作状态指示灯，而2K2(1%)电阻则将充电电流（Ichg）设置为接近500 mA。由于LTC4054的正电源电压输入范围为4.25 V至6.5 V(典型值为5 V)，因此无需额外电子设备即可将5 V/500 mA太阳能电池板连接至输入。但是，给定的电路也允许从墙上适配器和USB端口充电。

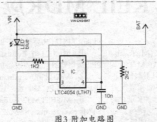

LTC4054应焊接到SOT-23适配器(带插头引脚)上，用于标准面包板/veroboard上的原型设计和实验（参见我的分线板）。但是，对于可销售版本，使用良好的热PCB布局以最大化可用充电电流至关重要。芯片产生的热量的热路径是从芯片到铜引线框架，通过封装引线(尤其是接地引线)，以及PCB铜，即散热器。足迹铜焊盘应尽可能宽，并扩展到较大的铜区域以扩散并将热量散发到周围环境。内部或背面铜层的馈通通孔也可用于改善充电器电路的整体热性能。有关TSOT封装的功耗考虑因素，请参阅LT官方LTC4054数据表的"应用信息"部分。

图4 我的突破板

1N4007与LTC4054

尽管不受锂离子电池化学反应的欢迎，但经验证明，5 VDC电源和单节锂离子电池之间的一个标准硅二极管（在某些情况下为肖特基二极管）足以满足充电过程只要输入直流电源调节良好且干净。无论如何，使用低成本锂离子电池充电器IC（如LTC4054,TP4056和MCP73831)很容易装配"一劳永逸"的锂离子电池充电器。大多数锂离子电池充电器IC只需一个1%的电阻就可以选择峰值充电电流。值得注意的是，降低的充电速率(450 mA，±7%)适用于USB应用。

关于制作该应急灯的最后评论

从图2的照片中可以看出，我的原型是建立在一小块FR4原型板上。当然，没有什么可以阻止你设计自己的PCB，但它会花费你更多。但是我还没想得那么远–我还有一些工作要做(或者，实际上你也一样)。当然，整个构造可以与锂离子电池一起安装在整洁的塑料外壳中。WLED可以安装在前面板上，并通过短线连接回电路板。然后可以将USB插座(和滑动开关)安装到机箱的侧面板上。只需一点点想象力和思想，就可以直接将组件组合在一起！

最后，下面是我工作台上的一张图片：

图5 LED应急灯实物图

◇湖北 朱少华

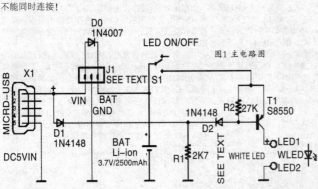

用电脑ATX电源改制成通讯13.8V电源的方法

朋友送给我一台从报废的旧船上拆下艾克慕(Icom IC-78)单边带电台,可没有给电源。在网上了解了一下配套的13.8V电源要数百元一台,决定自己动手DIY用ATX电脑12V开关电源改装一台来用。同样在网上搜索浏览了一下具体的改造方法,第一种是用TL494集成电路作为开关电源脉宽调制的主芯片那种,第二种是用AT2005B的集成电路作为开关电源的主芯片,它兼容了第一种集成电路LM339N具有比较器的全部功能。我选用的是第二种世纪之星的自由战士Ⅲ款旧电源,其额定输出功率为300W。该AT2005B集成块的第二脚是开关电源输出电压的取样端,拆开电路板后,看到这个脚一共有3个电阻并联接地,分别是R1/4.7KΩ、R2/62.5KΩ和R3/220KΩ(自编),其并联后的总电阻值为4.3KΩ(见图1),我就试着再进行并联不同规格大小的电阻使总阻值慢慢地减小,达到输出电压逐渐升高。经过多次反复认真仔细的试验,最终用两个10KΩ的电阻先串联后再并联接上(R4和R5),使这个接地总电阻为2.25KΩ,2脚取样电压就下降低于原先12V的平衡点,这样开关就会输出一个比之前更高的电压使其达到理想的13.8V,并最后稳定下来。

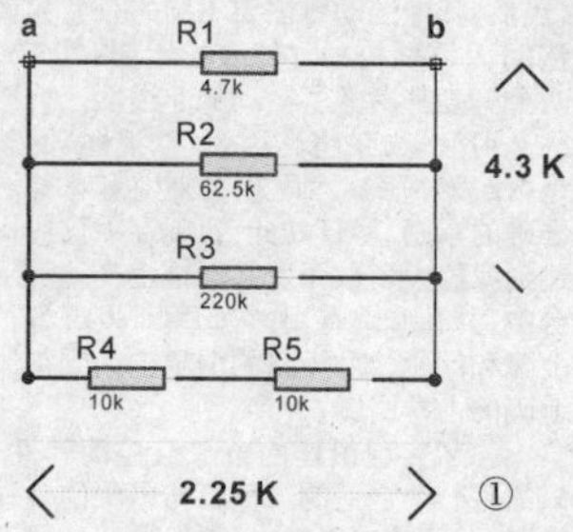

注意事项:

1.开关电源内部很多地方都是高压,打开通电操作时一定要特别小心!测试最好是在电路输出端上焊接两根线,用鱼夹夹在万用表表笔上,做好绝缘,焊接时一定要断开供电,确保作业安全。

2.当解体后的开关电源电路板和风扇脱离后,电路板得不到散热,通电后裸机板不能长时间工作,测试完立即关机。

3.加上去的这个电阻一定要从大到小细心去调(一般都在几K以上),最好不要用电位器来调,很容易出现过压保护。而且这个2脚的取样端很灵敏,用螺丝刀碰触电阻就能听到开关变压器的吱吱声,人体所感应的微弱电压都会使输出电压升高。这个电阻过小时,开关电源就要过压保护(一般电压超过14.5V左右电源就会过压保护),这时电源就无电压输出了。需要调回电阻,重新断电后再短接一次启动线(绿线和黑线)保持短接状态使开关电源再次工作。

4. 原输出12V的第一个滤波电容是2500uf/16V的,需要换成耐压为25V的,16V的电容在调试后的13.8V电压下工作,接近电容耐压的临界状态,很容易鼓包击穿,换掉后就放心可以的使用。

5.最后将保留一根黑线和绿线作为接开机的开关,再其他的所有黑、黄、红线全部都拆除掉(太细了),在原黄线和黑线焊盘处分别接两根粗一点的多股线($4mm^2$的),分别作为主机和天线的电源线。接线时,将焊盘清理干净,露出线孔,将多股线分开后,使其能够插入线孔后扭紧(见图2),这样进行焊接既美观又可靠。如果直接焊在焊盘处,最后组装时,这些线就没法穿出来了(我第一次为了省事就是这么焊的)。

通过上述将近一天的摸索试验,终于把它改造成电台的通信电源了,DIY真是乐趣无穷,这个电源经过多次开机运行试验验证,带电台主机和自动天线两个负载时,可长时间稳定工作是没有问题的(见图3)。

注:我拆了好几个这种不同类型的开关电源,不同类型集成块的这个电压取样脚都分别接了3个电阻,当时纳闷为什么不用电位器来替代或直接接一个电阻呢,最后才想明白,如果用电阻并联调好的,它基本不会改变总阻值,输出电压就会一直很稳定。如果用电位器来作为取样电阻,长期工作很有可能导致阻值变小而使输出电压增高,损坏主板。而如果这3个并联电阻中,一旦出现损坏或异常,最先失效的应该是小电阻,总阻值就会增大,那么输出电压就会自然降低而不会升高,起到了保护主机的作用。不知以上分析的有无道理,敬请期望有电路高手予以解析解答!

◇江苏 庞守军

KEIL MDK应用技巧选汇(1)

一、ARM开发工具集

Keil公司开发的ARM开发工具MDK(Microcontroller Development Kit),是用来开发基于ARM核的系列微控制器的嵌入式应用程序。它适合不同层次的开发者使用,包括专业的应用程序开发工程师和嵌入式软件开发的入门者。MDK包含了工业标准的Keil C编译器、宏汇编器、调试器、实时内核等组件,支持所有基于ARM的设备,能帮助工程师按照计划完成项目。

Keil ARM开发工具集集成了很多有用的工具,如下图所示,正确的使用它们,可以有助于快速完成项目开发。

Components	Part Number	
	MDK-ARM[2,3]	DB-ARM
µVision IDE	✔	✔
RealView C/C++ Compiler	✔	
RealView Macro Assembler	✔	
RealView Utilities	✔	
RTL-ARM Real-Time Library	✔	
µVision Debugger	✔	✔
GNU GCC[1]	✔	✔

注意:

u µVision IDE集成开发环境和µVision Debugger调试器可以创建和测试应用程序,可以用GNU ARM ADS或者RealView的编译器来编译这些应用程序;

u MDK-ARM是PK-ARM的一个超集;

u AARM汇编器、CARM C编译器、LARM连接器和OHARM目标文件到十六进制的转换器仅包含在MDK-ARM开发工具集中。

除了上表所列工具外,Keil还提供以下工具:

□ ULINK USB-JTAG Adapter用于通过JTAG调试和烧写程序。

□ MCB2100 Evaluation Boards用于测试基于Philips LPC2100系列设备的应用程序。

□ MCB2103 Evaluation Boards用于测试基于Philips LPC2103系列设备的应用程序。

□ MCB2130 Evaluation Boards用于测试基于Philips LPC2130系列设备的应用程序。

□ MCB2140 Evaluation Boards用于测试基于Philips LPC2140系列设备的应用程序。

□ MCB2300 Evaluation Boards用于测试基于Philips LPCLPC2300系列设备的应用程序。

□ MCBSTM32 Evaluation Boards用于测试基于STMicroelectronics STM32系列设备的应用程序。

□ MCBSTR7 Evaluation Boards用于测试基于STMicroelectronics STR7系列设备的应用程序。

□ MCBSTR730 Evaluation Boards用于测试基于STMicroelectronics STR730系列设备的应用程序。

□ MCBSTR9 Evaluation Boards用于测试基于STMicroelectronics STR9系列设备的应用程序。

□ RTL-ARM Real-Time Library用于建立实时库。RTL-ARM包含用于嵌入式应用开发的Flash文件系统、TCP/IP协议栈。

二、Realview MDK中编译器对中断处理的过程详解

在ARM程序的开发过程中,对中断的处理是很普遍的、也是相当重要的。Realview MDK使用的RVCT编译器提供了_irq关键字,用此关键字修饰的函数被作为中断出来函数编译,即在编译的过程中,编译器会自动添加中断处理过程中现场保护和恢复的代码,减小程序的开发难度,加快软件的开发过程。

在理解_irq关键字的作用之前,先看一下ARM核对异常的处理过程。当产生异常时,ARM核拷贝CPSR寄存器的内容SPSR_<mode>寄存器中,同时设置适当的CPSR位,改变处理器状态进入ARM态和处理器模式,从而进入相应的异常模式。在设置中断禁止位禁止相应中断(如果需要)后,ARM保存返回地址到LR_<mode>,同时设置PC为相应的异常向量。当异常返回时,异常处理需要从SPSR_<mode>寄存器中恢复CPSR的值,同时从LR_<mode>恢复PC,具体的异常返回指令如下:

从SWI和Undef异常返回时使用:

```
movs pc,LR;
```

从FIQ、IRQ和预取终止返回时使用:

```
SUBS PC,LR,#4;
```

从数据异常返回时使用:

```
SUBS PC,LR,#8
```

在使用上述指令异常返回时,如果LR之前被压栈的话使用LDM"∧",例如:

```
LDMFD SP! ,{PC}∧
```

理解了ARM异常处理的过程以后,Realview MDK中__irq关键字的作用就容易理解了。下面的函数为一个中断处理函数,其前面加了__irq关键字。

```
__irq void pwm0_irq_handler(void)
{
//Deassert PWM0 interrupt signal
unsigned int i =AT91F_PWMC_GetInterruptStatus(AT91C_BASE_PWMC);
// Clear the LED´s. On the Board we must apply a "1" to turn off LEDs
AT91F_PIO_SetOutput (AT91C_BASE_PIOA,led_mask[0]);
AT91F_PWMC_StopChannel(AT91C_BASE_PWMC,AT91C_PWMC_CHID1);
AT91F_AIC_ClearIt (AT91C_BASE_AIC,AT91C_ID_PWMC);
AT91F_AIC_AcknowledgeIt(AT91C_BASE_AIC);
}
```

当编译器器编译这个函数时,除了保存ATPCS规则规定的寄存器以外,还保存了CPSR及PC的值。在函数的返回时,还自动添加了SUBS PC,LR,#4和从SPSR寄存器恢复CPSR寄存器值的指令。用这种方式处理以后,中断处理函数可以和普通函数一样的使用。

注意:中断处理都是在ARM模式下进行的,当源程序欲编译成Thumb指令时,这时,用_irq关键字修饰的函数仍然会被编译成ARM指令。如果源程序编译成在CORTEX M3上运行的指令时,关键字_irq对函数的编译没有任何影响,即编译器不会自动保存CPSR及PC的值,也不会添加SUBS PC,LR,#4和从SPSR寄存器恢复CPSR寄存器值的指令,因为CORTEX M3处理器硬件会自动处理这些问题,无需软件开发人员关心。

(未完待续)(下转下册第366页)

◇四川 张凯恒

三防手机及IPX等级

三防手机主要指能轻微的防尘、防震和防水。根据国家的三防技术标准，结合市场和客户的实际需求，又将三防等级定义为三个等级标准：

初级三防标准

IP56——5级防尘等级，6级防水等级，1.5M跌落，常规振动。

中级三防标准

IP57——5级防尘等级，7级防水等级，3M跌落，常规振动。

高级(专业级)三防标准

IP68——6级防尘等级，8级防水等级，5M跌落，常规振动。

当然在实际普通的手机市场中，我们往往看到的都是厂家宣传的IPX防水等级，这是因为绝大多数的手机屏幕屏占比都很大了，以及各种板子上的开孔对抗震要求太高了，所以碎屏也是很多手机更换或者维修的主要原因，在柔性屏大众化之前，防震只能通过手机外壳保护来实现。

而防水相对容易做到，目前手机主要通过纳米防水和结构防水来实现。

纳米防水技术是指在产品整个表面涂上一层厚度仅以纳米计的聚合物，这层薄膜可以分子形式附着在产品表面，密不可分。同时纳米防水溅技术保证了产品的外观、触感与功能不会有任何变化。这也是为什么未做保护措施的耳机孔、充电孔等裸露在外时仍能在水下拍照也能实现的原因。

结构防水是通过减少机身的拼接，减轻对机身裸露缝隙密封的压力，再通过防水胶条和密封圈作为后备的保护手段，增加机身整体的防水能力。手机的结合处，则以类似防水胶条的物质保持连接，阻挡灰尘及液体的入侵。防水做得比较好的手机一般都是两者技术相结合以确保高质量的防水，目前市面上普通智能手机的防水等级一般最高都是IPX7防水。

附IPX1~IPX7防水等级测试：

IPX 1

方法名称：垂直滴水试验

试验设备：滴水试验装置；

试样放置：按试样正常工作位置摆放在以1r/min的旋转样品台上，样品顶部至滴水口的距离不大于200mm；

试验条件：滴水量为10.5mm/min；

持续时间：10min；

IPX 2

方法名称：倾斜15°滴水试验

试验设备：滴水试验装置；

试样放置：使试样的一个面与垂线成15°角，样品顶部至滴水口的距离不大于200mm。每试验完一个面后，换另一个面，共四次；

试验条件：滴水量为30.5mm/min；

持续时间：4×2.5 min(共10 min)；

IPX 3

方法名称：淋水试验

试验方法：

A，摆管式淋水试验；

试验设备：摆管式淋水溅水试验装置；

试样放置：选择适当半径的摆管，使样品台面高度处于摆管直径位置上，将试样放在样台上，使其顶部到样品喷水口的距离不大于200mm，样品台不旋转；

试验条件：水流量按摆管的喷水孔数计算，每孔为0.07 L/min，淋水时，摆管中点两边各60°，弧段内的喷水孔的喷水喷向样品。被试样品放在摆管半圆中心。摆管沿垂线两边各摆动60°，共120°。每次摆动(2×120°)约4s；

试验时间：连续淋水10 min

B，喷头式淋水试验

试验设备：手持式淋水溅水试验装置；

试样放置：使试验顶部到手持喷头喷水口的平行距离在300mm至500mm之间；

试验条件：试验时应安装带平衡重物的挡板，水流量为10 L/min；

试验时间：按被检样品外壳表面积计算，每平方米为1 min (不包括安装面积)，最少5 min；

IPX 4

方法名称：溅水试验

试验方法：

a.摆管式溅水试验；

试验设备和试样放置：与上述IPX3之a款均相同；

试验条件：除后述条件外，与上述IPX3之a款均相同；喷水面积为摆管中点两边各；90°弧段内喷水孔的喷水喷向样品。被试样品放在摆管半圆中心。摆管沿垂线两边各摆动180°，共约360°；每次摆动(2×360°)约12s；

试验时间：与上述IPX3之a款均相同(即10 min)；

b.喷头式溅水试验

试验设备和试样放置：与上述IPX3之b款均相同；

试验条件：拆去设备上安装带平衡重物的挡板，其余与上述IPX 3之b款均相同；

试验时间：与上述IPX3之b款均相同，即按被检样品外壳表面积计算，每平方米为1min (不包括安装面积)

最少5min；

IPX 5

方法名称：喷水试验

试验设备：喷嘴的喷水口内径为6.3mm；

试验条件：使试验样品至喷水口相距为2.5m~3m，水流量为12。5 L/min (750 L/h)；

试验时间：按被检样品外壳表面积计算，每平方米为1min (不包括安装面积)最少3 min；

IPX 6

方法名称：强烈喷水试验；

试验设备：喷嘴的喷水口内径为12.5mm；

试验条件：使试验样品至喷水口相距为1.5m~3m，水流量为100 L/min (6000 L/h)；

试验时间：按被检样品外壳表面积计算，每平方米为1min (不包括安装面积)最少3min；

IPX 7

方法名称：短时浸水试验

试验设备和试验条件：浸水箱。其尺寸应使试样放进浸水箱后，样品底部到水面的距离至少为1m。试样顶部到水面距离至少为0.15m；试验时间：30 min；

如果您的手机具备一定的防水等级，您对您的产品充满信心的话，可以通过以上方法来验证您的手机防水等级。

(本文原载第12期11版)

手机散热类别

手机的性能越来越强悍了，不过也带来两大主要问题，一是续航多久，二是散热能力。有时候我们也会看到某些手机将这两点作为卖点炒作为游戏手机。其实在处理器、内存、储存等配件都是相同供货商的情况下，散热等问题确实很重要，曾经某些品控还做得不够好的旗舰级手机被戏称"烤机"也是有原因的，除开CPU/GPU等关键部件的发热量外，散热能力也是对用户体验尤其是长时间游戏至关重要的因素之一。

手机的散热有多重要？举个例子，设计人员将手机的整个SoC功耗控制在5W内，持续运行15分钟之后，手机跑到40℃；持续运行35分钟，手机跑到45℃。当温度上去之后，因为有功耗控制(不然掉电会很严重)，CPU系统会开启自我保护机制开始降频，游戏就会开始掉帧。而为了尽量保持功耗和帧数不变，设计人员除了软件优化外，还会采用各种各样的方法从硬件上进行改善。

石墨片散热

一般中低端手机普遍采用的散热方式，优点是成本低。通过石墨片导出处理器产生的热量，然后均匀的分散到手机的各个角落，缺点是散热效率也低。

金属背板散热

由于苹果手机采用的自家独立的处理器

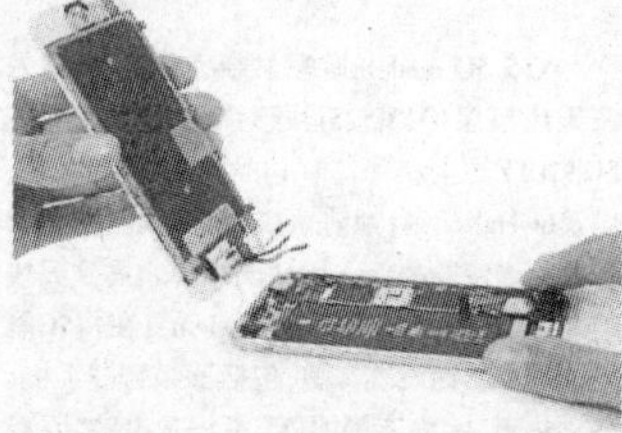

和操作系统，因此散热设置也有别于其他家；还是以石墨片散热为基础，然后增加一块金属背板，将热量二次转移，均衡的将热量分配到手机背部，但是效果一般，甚至有时候还会更烫。

液冷散热

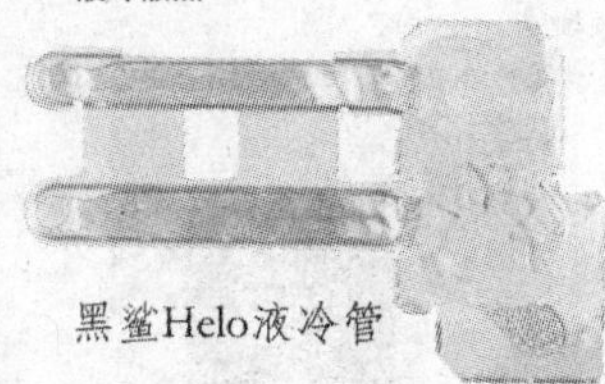

小米推出了一款黑鲨游戏手机，这款手机的散热方式就比较独特了，采用的是多级直触一体式液冷散热系统，这是独立设置的处理器液冷降温方式，将处理器产生的热量，先通过石墨片导入中框和背部输出，再通过液冷系统降低处理器自带温度，散热效果非常明显，但是整体机身大小和重量都有所增加，就是外观不怎么好看了。

风冷散热

努比亚旗下的红魔游戏手机，采用风冷散热技术和三层阶梯式石墨片配置来提高机身的散热性能，通过给机身与中框上的立体纳米风洞孔，再配合上机身内部的风道设计，就可以成功地将大部分热量及时导出。

石墨烯膜散热

石墨烯跟石墨虽然只有一字之差，但却有着天壤之别。石墨是由一层层以蜂窝状有序排列的平面碳原子堆叠而形成的，石墨的层间作用力较弱，很容易互相剥离，形成薄薄的石墨片。当把石墨片剥成单层之后，这种只有一个碳原子厚度的单层就是石墨烯。

石墨烯2004年在实验室偶然发现出来，石墨烯被证实是世界上已经发现的最薄、最坚硬的物质。石墨烯的另一特性是，其导电电子不仅能在晶格中无障碍地移动，而且速度极快，远远超过了电子在金属导体或半导体中的移动速度，其导热性超过现有一切已知物质。

石墨烯膜则是由大片石墨烯交错、叠加起来的一种新型材料。所以，虽然石墨烯膜具有高导热性和超柔性，但和单层的石墨烯相比，还是有差距的(石墨烯导热系数是石墨烯膜的2~4倍)。不过石墨烯膜也是直到2015年才勉强能够商用生产，其制作工艺、涂布工艺、切割工艺，良品率都不简单。

华为Mate20 X和荣耀magic 2在散热系统上使用的就是石墨烯膜，并且这个石墨烯中，单层的石墨烯技术难度最大也最珍贵(单层石墨烯每克价格上千元)，叠加的层数越多，相对来说，越不值钱。而石墨烯膜则是由大片石墨烯交错、叠加起来的一种新型材料。所以，虽然石墨烯膜具有高导热性和超柔性，但和单层的石墨烯相比，还是有差距的。很多公司都喜欢把自己的产品和"石墨烯"挂个钩，要知道大多数公司正在生产的并不是石墨烯，而是石墨烯微片，就是碳层数多于10层、

厚度在5~100纳米范围内的导电材料。

(注意：华为Mate20 X是第一个用石墨烯散热系统的智能手机，但不是第一个用石墨烯的智能手机；世界第一批量产的石墨烯手机是2015年上市的SETTLER α，它使用了石墨烯触控屏)。

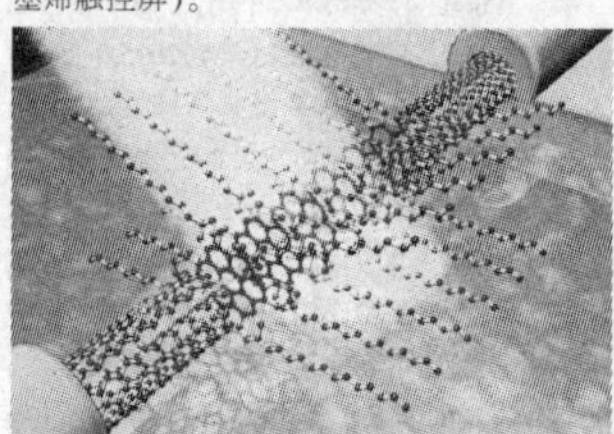

再扯远一点，至于大家关心的石墨烯电池，其原理是利用锂离子在石墨烯表面和电极之间快速大量穿梭的运动特性，开发出一种新的能源电池，充电总量相比现在电池能增加30%-50%，充电时间大大缩短，10几分钟内完成充电！石墨烯电池不仅在电池容量、充电时间上有所改进，最重要的改进是电池寿命，测试中2000次充电，锂电池缩减40%-80%，而石墨烯电池缩减15%左右，这样的电池几乎是革命性的，但这种电池依然属于锂电池范畴，只是在锂电池内添加了石墨烯。石墨烯技术不等于石墨烯，用了石墨烯技术的电池不等于石墨烯电池。

(本文原载第12期11版)

5G战场之调制器芯片

每逢通信网络升级换代，就有大的技术变革，而众多的手机厂商则是面临着洗牌的风险。就如国内3G网络升级为4G网络，当年占据市场大部分的“中华酷联(中兴、华为、酷派、联想)”就剩下华为一枝独秀，其他几家要么面临倒闭要么陷入小份额市场的窘境。

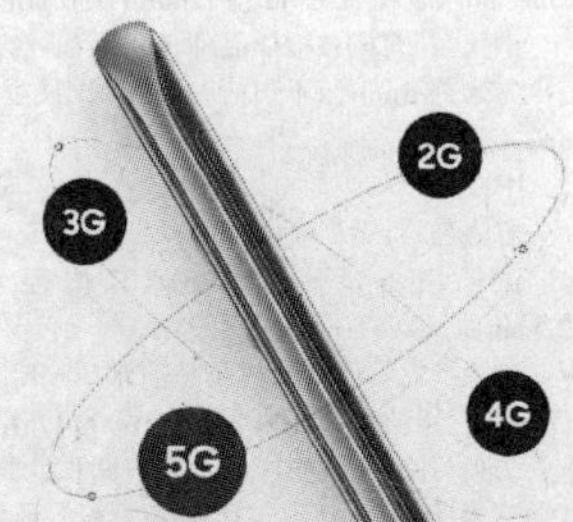

对于即将来到的5G网络，在光鲜华丽的应用背后同样充满了危机。我们都知道手机是一个集众多技术于一体的整合产品，一个SOC(System on Chip，系统级芯片)的简称就能看出它是把CPU、GPU、RAM、通信基带、GPS模块等等整合在一起的系统化解决方案。由于手机空间限制，并且现在追求轻薄，不可能像PC一样，主板、CPU、GPU、内存条可以自己选择，自由组合，分开布局。因此往往是由大厂提供好一整套解决方案(比如高通、联发科、三星、华为等)或者一系列的技术方案，手机厂家直接买来就能用了，这也是为什么安卓机厂商众多的一个主要原因。

很多技术在通信领域都是互通的，对于手机第一品牌的苹果而言也不例外。高通在通信领域拥有约13万项专利，包括芯片、移动通信等技术。而在手机通信领域，使用高通的专利都要缴纳“高通税”。面向4G通信，每部智能手机都要将售价的5%作为专利授权费交给高通。

从iPhone 4开始，苹果推出了第一款自主设计芯片A4，但是在2011年到2015年间，苹果一直使用高通的基带调制解调器芯片，为此，苹果每年要向高通支付20亿美元左右的专利使用费。

当然苹果也不甘心受制于人，逐渐寻求新的合作伙伴。2016年开始，苹果在一部分iPhone 7上使用英特尔的调制解调器芯片；2017年的iPhone 8上，苹果同样采用了高通与英特尔的组合搭配。

同年1月苹果在美国圣地亚哥联邦法院起诉了高通，说高通从销售额中抽取份额作为专利授权费的行为违法，要求退回10亿美元。紧接着，苹果在同年4月正式停止向高通支付专利费。2018年12月两家还闹到了中国，高通向福州市中级人民法院状告苹果侵权，并请求在中国禁售部分iPhone手机。

而2018年9月，苹果新发布的iPhone XS、XR等机型彻底抛弃了高通的基带芯片(包含调制解调器)。

作为5G网络的重要部分之一的调制解调器芯片，苹果已经在着手组建相关部门了。而收购向来是苹果最喜欢做的事。从2008年开始，苹果就以2.78亿美元收购了加州高性能低功耗处理器制造商PA Semi；随后几年，苹果先后收购了美国德州半导体逻辑设计公司Intrinsity、以色列闪存控制器设计公司Anobit、专长于低功耗无线通信芯片加州Passif半导体公司等。2017年11月，苹果又收购传感器芯片设计公司InVisage，它们的特长就是生产基于点阵图像的传感器，这也是Face ID的技术升级来源。2018年10月，苹果又投资了6亿美元用于与电源管理芯片制造商Dialog达成专利授权、资产购买以及人员转让的交易。这十年间，苹果收购了76家公司，其中有超过40家跟半导体、AI、AR有关。

以iPhone XS中的A12芯片为例，其搭载了自研6核CPU，自研4核GPU图像处理器，自研神经网络引擎。此外，电源管理芯片、音频放大器、音频编码解码器等也都为苹果自研。而调制解调器作为芯片中重要的通信模块，苹果目前仍然采用合作的方式，至少在2019年和2020上半年，苹果在5G调制解调器上是没有什么戏份的。

5G时代的到来，让调制解调器芯片成为影响手机厂商格局的核心芯片零部件，调制解调器的主要功能在于信号转换、同步传输等，简单来说完成两台设备之间的通信，它是获得5G体验必不可少的一环。用户想要在手机中获得更快的数据传输、下载速度，5G调制解调器尤为关键。重要性仅次于CPU/GPU之外的关键芯片模块。

目前华为、三星都推出了自研的5G基带芯片，苹果的5G基带芯片才刚刚上路，其他手机厂商可能会继续采用高通等厂商的调制解调器。

巴龙5000

华为在2019年1月24日推出一款5G多模终端芯片巴龙5000芯片，它采用单芯片多模的5G模组，能够在单芯片内实现2G、3G、4G和5G多种网络制式，有效降低多模间数据交换产生的时延和功耗。同时，它还率先支持NSA和SA组网方式，支持FDD和TDD实现全频段使用。

在传输速率上，巴龙5000在Sub-6GHz(低频频段，5G的主用频段)频段实现4.6Gbps，在毫米波(高频频段，5G的扩展频段)频段达6.5Gbps，是4G LTE可体验速率的10倍。

此外，华为还发布了首款搭载巴龙5000的商用终端产品——华为5G CPE Pro(接收wifi信号的无线终端接入设备)。

三星Exynos Modem 5100

Exynos Modem 5100是三星推出的业内首款完全兼容3GPP Release 15规范、也就是

最新5G NR新空口协议的基带产品。规格方面，Exynos Modem 5100芯片采用10nm LPP工艺打造，支持Sub 6GHz中低频(我国将采用)以及mmWave(毫米波)高频，向下兼容2G/3G/4G，包括但不限于GSM、CDMA、WCDMA、TD-SCDMA、HSPA、4G LTE等。速度和性能方面，Exynos Modem 5100在Sub 6GHz可以实现最高2Gbps的下载速率，在毫米波频段可以达到6Gbps的下载速率，同时，4G的速度也提高到1.6Gbps。不过，需要指出的是，这款基带芯片的CDMA制式只支持2G，不支持3G。当然，这也很好理解，毕竟现在4G网络已经很普及，保持对2G CDMA制式的支持主要是为了语音和短信功能。

高通X55

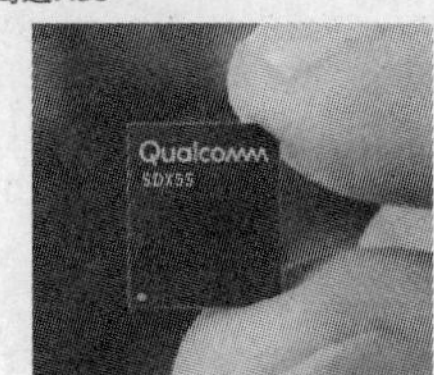

这已经是高通的第二款5G调制解调器了(第一款5G调制解调器骁龙X50是2016年发布的，采用的是10纳米工艺，传输速率仅5Gbps。)，将于2019年底左右开始供货。主要的特点是覆盖5G到2G多模全部主要频段，支持独立(SA)和非独立(NSA)组网模式，另外X55还是全球首款实现7Gbps速率的5G调制解调器，此前X50仅支持最高5Gbps下载速率。

X55 5G modem搭配最新发布的5G毫米波天线模组(QTM525)、同时支持6 GHz以下5G和LTE的全新单芯片14纳米射频收发器、以及6GHz以下射频前端模组，提供面向全部主要频谱频段的新一代从调制解调器到天线的完整解决方案。X55 5G modem旨在将5G能力赋予广泛的终端类型，包括顶级智能手机、移动热点、始终连接的PC、笔记本电脑、平板电脑、固定无线接入点、扩展现实终端以及汽车应用等移动终端。这将支持消费者在新一代联网应用和体验中享受5G无线网络所提供的光纤般的浏览速度和低时延，包括联网云计算、快速响应的多人游戏、沉浸式360度视频和即时应用等。

英特尔XMM 8160

这是英特尔于2018年11月发布第二款5G调制解调器XMM8160(第一款为2017年发布的XMM 8060，可见5G调制器的竞争有多激烈)。它能为手机、PC和宽带接入网关等设备提供5G连接并优化的多模调制解调服务。XMM8160 5G调制解调器将支持高达6Gbps的峰值速率，是市面上最新LTE?调制解调器的3到6倍。凭借单芯片多模基带能力，英特尔XMM 8160 5G调制解调器将使设备制造商能够设计更小、更节能的设备。不同于先前发布的竞品5G单模调制解调器，XMM 8160无需两个独立的调制解调器分别进行5G和4G/3G/2G网络连接，并且避免了使用单模5G芯片所面临的设计复杂度高，电源管理与设备外形调整等问题。通过直接采用多模解决方案，英特尔将在功耗、尺寸和扩展性方面提供非常明显的改进。英特尔的集成多模解决方案支持LTE和5G的双连接(EN-DC)，可以保证在没有5G网络情况下，移动设备向后兼容4G。

这款调制解调器支持新的毫米波(mmWave)频段、6 GHz以下5G NR(包括从600 MHz到6 GHz的FDD和TDD频段)，以及高达6 Gbps的下载速率。业界转向毫米波和中频频段将解决用户、设备和联网机器对更多带宽的巨大需求。

英特尔XMM 8160 5G调制解调器预计将在2019年下半年出货。包括手机、PC和宽带接入网关等使用英特尔XMM 8160 5G调制解调器的商用设备预计将在2020年上半年上市。

联发科Helio M70

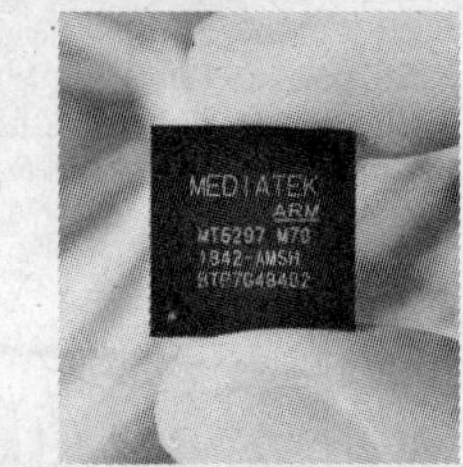

近两年在手机处理器上被边缘化的联发科也不甘示弱，准备了自己的5G基带，型号为Helio M70。采用台积电7nm工艺制造，是一款5G多模整合基带，同时支持2G/3G/4G/5G，完整支持多个4G频段，可以简化终端设计，再结合电源管理整体规划可以大大降低功耗。

它不仅支持5G NR(新空口)，包括最常见的N41、N78、N79三个频段，还同时支持独立组网(SA)、非独立组网(NSA)，支持6GHz以下频段、高功率终端(HPUE)和其他5G关键技术，符合3GPP Release 15最新标准规范，传输速率最高达5Gbps。值得注意的是，它是目前唯一支持4G LTE、5G双连接(EN-DC)技术的5G基带。不过要看到联发科5G平台的手机最快也要2020年了。

在3G、4G时代，高通掌握了绝对的控制权，很多时候形成了实质上的垄断，几乎所有的手机厂商都要向高通缴纳专利费用。相比之下，即将来到的5G网络，英特尔、华为、三星、中兴等厂商的话语权已经有了很大的提升，对于手机厂商而言，一方面打破垄断是个好消息，另一方面5G昂贵的研发专利费无论哪家都是一笔不小的开支。对于5G的商业竞争，预计最快2019年下半年就能看到。

(本文原载第15期11版)

巧用微信设置

说到微信，大家最常用的莫过于语音（视频）聊天、微信支付、朋友圈、订阅号这几个功能，其实微信还有很多“隐藏”功能：

零钱通

类似于阿里的“余额宝”一样，其实微信也有一项为零钱赚收益的功能，这就是微信的“零钱通”。

具体方法：点击“我”→“钱包”→“零钱”→“你有自己的零钱增值服务”，申请开通自己的微信零钱通账户。然后点击“转入”为零钱通账户充值一定的金额，即可开始计算收益。

目前微信零钱通的收益率大致为3.x%，大概一万块钱每天收益八毛多，这项功能其实就和余额宝一样，都是我们购买了一个基金，开通零钱通后，默认购买的是南方基金现金通E这个基金，而余额宝默认的是天弘基金的天弘增利宝货币基金，在底部有“更换基金”的按钮。

× 更换基金

南方基金现金通E 3.0370%

汇添富全额宝 3.0760%

嘉实现金添利 3.2760%

易方达易理财 3.1950%

华夏财富宝 3.1750%

富国富钱包 3.0340%

工银添益快线货币 3.1840%

招商招钱宝 3.0280%

鹏华增值宝 3.2900%

点击后就是上图的界面，这样就可以自己自主选择哪款基金的，可以看到，还有七日年化收益更高的基金，例如达到3.29%的鹏华增值宝（当然这个数值也是随机变化的）。与天弘基金所不同的是，天弘基金其实是阿里控股，也就是余额宝的钱其实就是拿给自家的基金去投资了，而零钱通的基金则是微信与第三方合作的，可以自由选择。

与自己单独购买基金不同的是，通过零钱通购买我们不用支付各种手续费的，而零钱通转入、转出到零钱及银行卡、支付都不收手续费，不知道大家是否自己单独购买过基金，虽然基金相对股票要安全一些，但是也有出现亏损的可能；零钱通的几款基金与余额宝的天弘基金一样，都是货币基金，所谓货币基金，就是这种基金投资的都是银行固定存款和一些国家债券，安全性相对要高得多。整体来说，目前货币基金出现风险事件的概率很低，基本都是大型金融机构或者大型企业发行的，风险也是整体可控。

目前余额宝和微信零钱通合计对接的货币基金已达20只左右，由于投资风格和投资组合的不同，收益率会出现一些差距，如果你把货币基金当作主要理财渠道，或许要考虑好好分析下，是不是可以选一只收益率相对较高的持有。

亲属卡

亲属卡的使用和微信钱包很像，区别是人家消费你付款。这个概念和信用卡里的“子卡”有些接近，就是当你将“卡片”给孩子时，能够任意指定“子卡”的月消费上限。

亲属卡

天色微凉

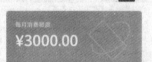

妈妈，我为你准备了亲属卡，你消费我买单

每月消费额度

¥3000.00

领取

具体位置是在“我”→“支付”→“钱包”→“亲属卡”。然后选择赠送亲属卡，一共会有四张卡可以分别给自己的父亲，母亲和两个子女（其实就是四个名额，不一定非要父母或者子女）。将这些亲属卡赠送给的亲人或者好友后，就会出现微信好友列表，选择自己想要选择的人，就可以进入设置余额的页面。设置金额之后输入支付密码，点击赠送，就可以送给自己想要的人，而等待对方接受之后，对方就已经拥有使用余额的权力了。

其实这个功能更加的倾向于给小孩或者老人使用，有一些人上了年纪的人，并不懂得如何用微信支付，线上支付的方法对他们而已有一定的难度，所以作为子女的我们就可以为他们，支付他们的消费，减少他们的麻烦。

这个功能更多是针对已经上班的人，作为家中的顶梁柱，同时要养活父母和小孩的青年人。

因为很多老年人对网络并不是很信任，而且对安全的问题也存在精神知识的盲区，所以当他们绑定了自己的银行卡后，如果他想消费，就会出现很大的财务安全问题。使用亲属卡之后，就会减少这些问题出现的概率，可以随时关注自己父母消费金额去向。

而且对于未成年的孩子，开通亲属卡之后，父母就也可以直接通过微信的了解孩子零花钱的去向。

查验疫苗

前段时间的假疫苗（非过期疫苗）事件闹得沸沸扬扬，毕竟这是关乎孩子终身幸福的一件大事。那么，如何快速检查疫苗是否有问题呢？首先点击“我”→“钱包”→“城市服务”，打开“看病就医”下方的“疫苗服务”。然后通过扫码或者搜索框中输入疫苗的生产批次，即可快速查明疫苗是否安全。

语音输入（非语音聊天）

打字很累又很慢，很多小伙伴都会选择语音聊天。不过并非所有的情况都适合语音交流，如果对方所处环境太嘈杂，或者你的位置不允许大声说话（比如开会、图书馆等），那么就可以试一试微信里的这项“语音输入”了。和输入框左边的语音按钮不同的是，这项功能隐藏在“+”扩展面板中，通过语音识别系统先将语音转换成文字，然后再发给对方的一个过程。目前微信语音识别只支持普通话、粤语和英文。

实际上微信类似的小功能还有很多，有的比较实用有的比较冷门，熟悉微信操作的朋友也可以给大家推荐一些小功能。

（本文原载第17期11版）

小机箱也能用上光线追踪

小机箱往往给人很精致的感觉，虽然大多数发烧友喜欢用大一点的机箱，毕竟机箱大一些对于散热和通风都有良好的作用。而最新的RTX系列显卡几乎都是清一色的加长加厚版，这也让少数既喜欢小机箱又喜欢追求发烧的朋友犯难。今天就给大家介绍一款影驰的小板RTX2070显卡——GeForce RTX 2070 White Mini。

该卡尺寸为175mm（长）×110mm（高）×38mm（厚）

性能参数：拥有2304个CUDA单元、64个ROPs、144个TMUs单元。频率方面，基础频率1410MHz，加速频率1620MHz。显存则是采用了美光的GDDR6颗粒，容量8GB，频率14GHz，位宽256Bit，显存带宽448GB/s。

功耗方面，TDP只有175W并做了锁定，超频软件只能降低而不能拉高TDP；供电设计采用6+2相供电电路设计，单8Pin供电接入；散热设计采用了双风扇和三条纯铜热管，基本能满足使用时的散热需求。接口有DVI-D，HDMI与DP，能满足大多数需求。

（本文原载第17期11版）

满载运行时，虽然锁定了TDP最高功耗，但是由于小机箱的缘故，散热噪音显得略有些吵闹；不过总的说来影驰GeForce RTX 2070 White Mini从性能、体积、温度、噪音与功耗方面都做到了比较好的平衡关系。

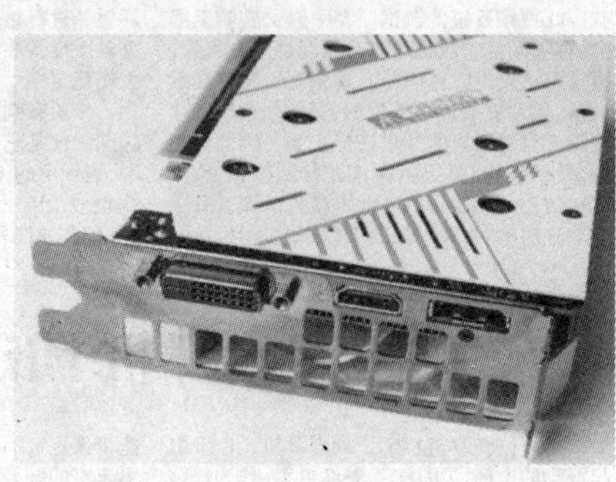

夏日驱蚊别烦恼

夏日已经来临了，蚊虫叮咬是不可避免的，传统的灭蚊器（灯）每次使用时都要插上电源开关非常麻烦，长时间开启的话至少在电器安全上也有一定的隐患。这里为大家介绍一款不插电的灭蚊器——青荷防蚊网。

青荷防蚊网使用源自除虫菊酯的新一代驱蚊技术，依靠固体药芯微量挥发即可驱蚊。无需用电，时效长达100天；满足整个夏天的驱蚊需求。

和传统驱蚊产品相比，青荷防蚊网100天药剂挥发量仅1000毫克，依靠空气流动即可有效驱蚊，使用安全。

青荷防蚊网的药剂直接注塑于固体药芯中，使用时逐渐向表层渗透，内部药剂则不受雨水影响，雨后仍旧匀速释放，驱蚊效果不减。

适用于悬挂在门窗等通风处，在使用一段时间后即使打开门窗也依旧可以有效驱蚊。

售价方面也比较便宜，仅需59元。

（本文原载第17期11版）

索尼即将停止PSP和PS3的维修服务

因为游戏机零件库存逐渐不足，索尼计划将于5月31日停止对PS3 CECH-3000的维修服务；同时PSP-3000的维修服务也将在部件用尽后终止，一个时代真的要落下帷幕了。

2019年5月31日（星期五），PS3 CECH-3000系列的修理受理结束。“如果正在考虑修理的话，请尽早申请！”虽然PSP-3000游戏机的维修工作没有明确给出结束时间，但可以想见这两款陪伴了很多玩家走过青葱岁月的游戏机，可能马上就要成为历史的一部分了。需要对手中的PS3和PSP进行修理的玩家，请尽快向官方提出维修申请吧。

（本文原载第17期11版）

音响系统施工技术（二）

（紧接上期本版）

C.灯光系统的调试。对于复杂的传统舞台灯光系统，由于涉及人物和舞台布景的照明以及不同需要的灯光造型，所以这方面的调试包括了灯光的色调、色彩、色温、亮度、投射范围、调光台的场景、序列程序的编辑等多方面的内容，不是一般实用工程所能简单调试的，有如音响系统一样，也需要以过大量认真的调试才能完成，还是如前面提及的那样，对于传统复杂的灯光系统的设计施工和调试，好在专业设计院所和专业演出单位的帮助下进行，而一般音响工程的灯光系统调试中，由于对表演的要求没有专业演出场所严格，所以调试时涉及的技术指标不多，相对来讲灯光系统的调试不太复杂，但是，其中也有技术要求高于传统舞台灯光技术的，那就是：在实用音响工程中涉及很多的电脑灯，所以工程技术人员应该在这方面认真学习。首先，应仔细检查每台设备的单独运状况，因为电脑灯内部的控制系统和机械部件比较精密，灯光耗电功率大，保护措施也相对比较完善，所以如果由于运输或安装的原因造成内部控制元件或灯泡损伤，电脑灯一般不会正常工作，而想要在复杂灯光系统中确认这种有故障的电脑灯的故障原因比较麻烦，因此尽量要在系统连接或安装以前就单独检查一下每台设备的状况，这样做能做到既检查灯具又检查控制台的目的。其次，要正确地进行灯具的设置。可以说所有的电脑灯都要在正确的设置下才能正常地工作，所以要想单元和系统处在正常有序的状态下，正确的设置非常重要，设置的内容包括：灯具的控制形式，电源的供应方式，运动范围、灯具在系统中的地址，控制线终端的处理方面，其中，灯具在系统中的位置设定在工程中经常发生错误，它的设定是以地址码的选择来进行的，即灯具上DIP开关时必须严格按照产品说明书提供的表格进行，不能草率行事。再者就是对灯光控制设备的设定。电脑灯的特点就是，都需要有相应，设定正确的控制设备来控制运行，如果控制台选用不当，设定不合理或出现故障，电脑灯就无法正常工作，甚至不能工作，特别是复杂灯光系统的控制设备在灯光的正常工作中起着重要的作用，因而必须对设备进行设定，设定的内容包括：控制形式，控制信号的输出方式，灯具的型号和数量，控制程序软件的内容等方面。需要说明的就：在上述步骤进行完成后，需要检查一遍控制器的动作和电脑灯的动作是否一致灯具的自检是否正常等，另外还有：要注意灯光系统和音响系统相互有无干扰，若有，则记录下产生干的时间和具体设备的型号，以利于日后解决。

D.视频系统的调试。在一般的音响工程中，视频设备的数量和复杂程度都不是太大，所以调试起来比较简单。首先要设定好显示设备。因为安装环境的限制，通常很难准确地按照产品对距离的要求进行安装，因此在工程调试时需要对显示设备进行调整和设定，这样做还可以使摄像、编辑设备的调试有一个准确的参照，在一般的工程中，显示设备的调整主要是投影机的调整，高速的方面包括：图像变形的高速等，对于有多媒体显示时还要进行行场和场频和场频的调整，特别需要注意的是：是图像变形的调整时，如果环境条件不具备，就要充分利用投影机的“斜投”功能进行弥补，例如：RCF的4001投影机就具有下图所示的功能：其次要进行摄像、编辑和分配设备的调试。因为摄像器件在不同的工作状态和工作环境下，成像质量会有较大的区别，所以工程完工工后应该对摄像设备进行统一的调整，调整时必须参照同一台显示设备，在同一景物不同光线下进行，调整的内容包括：云台的活动范围和控制情况，镜头的焦点、白平衡的调整、灵敏度的调整、输出制式的调整等等，编辑和分配设备的调试主要包括，调整信号输入输出的制式、选择字符的格式等。

E.总体调试。当各项系统的调试分别已经完成，并且确认各个设备状态良好，没有明显的调试不当时，就应该开始整个系统的全面调试了，与各个设备各个系统单独试不同的是，全面的总体调试没有明确的具体调整部位，它主要的任务是在各系统协同运行中，检查它们相互联系的工作部分是否协调，检查它们在一道工作时是否会产生相互影响和干扰，例如：检查视频的切换是否会带给予音响系统的噪音，检查音响系统对声控灯光的控制能力，检查灯光系统中的调光动作是否会对音响系统产生干扰等等。

F.系统模拟。运行系统在调试完毕后，正式运行前必须进行的过程就是系统的模拟运行，无论什么样规模的音响系统，其设备的数量都比较大，工作的状态也各不相同，加之系统中设备质量和工作稳定性难免参差不齐，在短时间的工程调试中，很难发现其中的隐患或不足，但是一旦工程完工后，实际的系统运行时间会长得多，往往还有超时间，超负荷运行的现象，那时系统中早已存在而未被发现的隐患和不足，就有可能迅速扩大，给用户和工程双方带来不利的影响，模拟运行就是要在类似实际运行的环境中，了解系统的工作状况，发现问题，防患于未然。首先要测量出各系统单独运行和总体运行时供电线路各相的电流。虽然在设计和施工时对供电线路进行了相应的要求，对各相的电流分配情况也有了大致的了解，但是实际的运行情况与理论值肯定会有出入，为了做到心中有数，万无一失，必须对实际运行时的电流情况进行测量，一般可以利用钳流表对各相分时间、分运行设备的数量分别测量，如果发现实际测量值与理论值有较大差距，或各相电流分配比例差距较大，或者线路电流有超常现象，必须重新进行整改，以保证用电安全。其次要检查各个设备在满负荷运行和长时间运行时的工作稳定性。

专业音响系统和非专业音响的一个较大区别，就是它们在满负荷和长时间运行状况下，表现出的工作稳定性截然不同，工作稳定性也成为专业音响灯光设备的重要性能指标。但即便同是专业设备，相互间的工作稳定性也相差较大，有些设备在非常恶劣的环境下仍能正常工作，有些设备却在长时间工作时让人担心。这些检查包括：音质的变化，灯光控制性能变化，无线话筒频点的稳定性及电池不充足时的接受情况，各设备长时间工作时产生的噪音情况等等。但是需要说明的是：工作稳定的检查是要保证设备处在合理的环境下为前提，不能为了检查故意使设备的工作环境恶劣或使该设备处在不正常的工作状态，这样做造成的设备损坏是得不到保修的。要检查各个设备在满负荷运行和长时间运行时的发热情况。音响系统的设备基本上都是耗电设备，在运行中肯定会有不同程度的发热，尤其是像功放、灯光、摄影机之类的大功率设备，通常的发热情况都比较明显，所以在一定程度上的发热现象，不会对设备使用和系统、设备的安全造成什么影响。但是，如果在安装时没有保留适当的散热空间，或者设备本身在长时间、重负荷运行的散热情况不良，那就该予以解决了，否则轻者设备产生保护，重者造成设备损坏。一般正常工作范围内设备发热严重的话，一定要将设备更换；如果没有合适的散热空间而设备发热量较大时，应该考虑强行通风，并且要明确告诉使用者；要定期进行尘土清扫和设备保养。另外需要补充的是：一般要在模拟运行中进行不同负荷下、不同时间的系统试运行，进一步检查系统的工作安全性和稳定性。总之，系统的模拟运行是非常重要非常必要的工作，这时的每一项工作换来的将是设备长期运行的稳定和系统工作的安全。特别是供电线路和设备的发热状况，将直接关系到工程的安全性，因此应该引起所有工程技术人员的高度重视。

G.调试结果和问题的记录。因为音响工程要进行调试、设定和检查项目很多，而这些结果和问题又是今后使用及检修的重要参考资料，所以有必要在进行每一步工作时将结果和问题记录下来，然后进行必要的分析和总结。对于使用者有用的记录数据，应该交给他们；对于日后维修有用的记录数据，应该由设计者妥善保管。记录的结果包括：设备的位置编号、设备的设定状态、调试时的测试数据，相关程序编辑的信息等等；记录的问题包括：设备工作环境的问题、设备干扰的问题、设备运行状况的问题、与音响工作无关但影响系统运行的问题等等。

三、工程中的疑难问题

作为一个复杂得多技术种类的工程音响工程在进行中可能发生各种各样的问题，加之音响灯光系统的设备种类和数量较多，而且系统的技术要求也千差万别，所以各种问题的发生是难免的，通常还会遇到一些疑难的问题。根据音响工程的特点，工程的设计对工程的质量和进展起着主要的作用，所以只要在施工中认真按照设计和有关的规范进行，一般不会在施工过程遇到什么疑难问题，或者说这些疑难问题不会在施工中反映出来。在多数时候，工程的疑难问题发生在调试阶段，甚至使用一段时间后才表现出来。既然是疑难问题，解决起来是非常不容易的，经常是费尽心思地检查很久，总是仍然存在；在些时候问题莫名其妙就自己消失，然后不知什么时候又发生了，弄得人非常头疼，想必每一位从事音响工程技术工作的人都会有不同程度的体验。但是虽然这些疑难问题是各种各样的形式表现的，但是只要设计没有错误，就可以说发生的根源只有一个，就是：施工环节的疏漏造成的。所以，即便是疑难问题，还是可以解决的。

下面就是常见的部分典型疑难问题。

(1)设备外壳有带电现象由于音响工程的所有设备工作必须用电，所以调试时可能首先会遇到部分设备外壳带电的问题，虽然外壳带电不一定影响设备的使用，但会危及使用者的安全，必须彻底解决。

(2)音响系统音量不足工程调试时经常遇到音响的音量始终较小，达不到设计声压级要求的现象，这就说明设备在安装和设置上有问题。

(3)声场中发生共振和反馈虽然在设计和施工时都作了认真考虑，但难免有不太周全和无法预料的地方，而这些问题的发生肯定人影响正常使用，应该予以消除。

(4)产生干扰噪声音响工程中遇到干扰噪声的时间非常多，发生的原因也各不相同，通常解决起来非常的麻烦，但是只要认真分析，从系统的施工上找原因，逐步分析，问题总是能解决的。

(5)灯光失控在音响工程中有时也人发生灯光运动不协调，不受控制器控制及偶然发生错误动作等，虽然有些时候轻微的失控不会带来大的影响，但是如果问题长期得不到解决，故障有可能进一步扩大，同时灯光的误动作在演出用的工程是不能容忍的。

(6)电脑灯的灯泡经常损坏虽然灯泡的损坏是正常现象，但是如果使用时间很短就发生损坏，就不应该属于正常现象了，特别是电脑灯的灯泡价格一般较贵，经常更换会增加较少大的开销，质量较好的电脑灯灯泡的寿命一般应该在750小时以上，如果不坚固耐用操作失误导致灯泡损坏，使用时间低于这个要求就应该进行查找。

(7)视频图像不正常专业音响工程的视频传输距离一般都比较长，通常信号还需要经过视频处理和分配后，再给多台显示设备，中间的环节也比较多，可能由于不同的原因造成视频图像质量不好，影响观看效果，所以应该进行处理。

(8)无线话筒的声音不稳定现在多数音响工程都配备了无线话筒，但是由于安装和调试不当，有相当数量使用状况不佳，特别是在演出现场，无线话筒的工作情况会直接影响到演出的质量，所以，这是一个不容忽视的问题。

（全文完）

◇江西 谭明裕

平板振膜耳机 Hifiman Ananda 简介

平板振膜耳机相比于动圈耳机，由于引起振动的电磁场更均匀，失真更小。作为曾经推出过HE400和HE1000的平板振膜耳机的国内厂商Hifiman近日又推出了最新产品Hifiman Ananda。

首先映入眼的，就是这种非常浓郁的Hifiman的“百叶窗式格栅”耳罩，只有在一些高端型号中才会被应用，比如HE1000SE、Arya、香格里拉静电系统等。这样的设计主要在增强空间定位、声音细节和消除有害反射声方面更有优势。其中平板振膜，首先在面积上有别于普通的动圈振膜，搭载了NEO的超纳米振膜，每一张振膜仅有纳米级厚度，相比上一代HE400系列，Ananda的振膜薄了80%，因而能带来更宽的频率响应，更快的瞬态响应和更丰富的细节呈现。

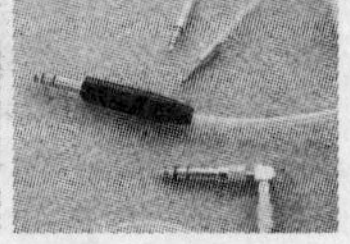

另外耳机单元连接线采用3.5mm的通用插头，相比原来的hek和edx的2.5mm插头，喜欢升级线的烧友可以有更多选择。Ananda的外观和edx和hek都比较相似，改变最大的是在头梁上做了轻量化设计。

耳机头梁采用了新型混合结构设计，主要有以下几个方面的变化：

1. 耳杯与头梁的连接处采用了扭曲设计，提升了视觉质感。

2. 头梁尺寸有9档调节，耳杯大约支持340°翻转调整。

3.头梁韧性控制合理，佩戴时不夹头，同时耳机能完整贴合面颊。

Ananda主打的是随身直推，以乾龙盛全新旗舰音乐播放器QA361为例，看看其易驱性的表现；播放器开到50格就能得到充沛的声压(满格为100格)。整体音色上，Ananda中性偏暖，宽松自然，中频人声沿袭了Hifimna一贯的高水准：湿润/饱满，在修饰上没有做任何的偏向性，无论男声还是女声都以湿润和高密度的姿态呈现出来。在高频延展性方面，乐器的明亮度可圈可点，像吉他的的拨弦残响、小提琴的极高频细节都能清晰可闻，给人印象深刻。Ananda的低频残响较为丰富，不像传统动铁那种紧致的打击感，Ananda的低频具有一定的扩散面，残响延续性较高。

在台式系统上对比下来，Ananda的整体音色确实很像hek v2，声音非常干净无染。通过gax的驱动，Ananda表现出比直推和一体机更加优秀的动态和气势。和hek v2一样，亮而不刺的高频，距离适中的中频和层次质感丰富的低频，Ananda很适合古典大编制和小编制管弦乐，听人声也比较耐听，因为没有edx浓郁，久听也不会感觉累。

当然，和上限更高的hek v2相比，hek的透明度和大动态和瞬态的表现上还是更为优秀，不过Ananda作为一款仅是hek v2三分之一售价的耳机，性价比还是很不错的，相比原来的edx v2也便宜不少。

Ananda作为一款旗舰级新品，全面代替edx并不现实，因为两者的调音其实是两个方向(edx偏流行，Ananda更杂食)。但Ananda以更高的性价比和更为接近hek的调音风格，同时兼顾直推和台式设备的烧友，相信Ananda的上市会成为Hifiman争夺5000~10000元价位兼顾直推和台式系统耳机的有力竞争者。

耳机参数

频率响应范围：8Hz~55kHz

灵敏度：103dB

阻抗：25Ω

重量：399g

售价：6299元

小议华为方舟编译器

在P30系列国行发布会上，华为宣布了革命性的“方舟编译器”，通过架构级优化，显著提升性能，尤其是全程执行机器码，高效运行应用，彻底解决安卓应用“边解释边执行”造成的低效率。

华为宣称，方舟编译器可让系统操作流畅度提升24%，系统响应速度提升44%，第三方应用重新编译后流畅度可提升60%！

下面就伴随着图示内容简要的看下方舟编译器有哪些特点。

多语言联合优化

现有安卓

带来额外开销 JNI(Java Native Interface)

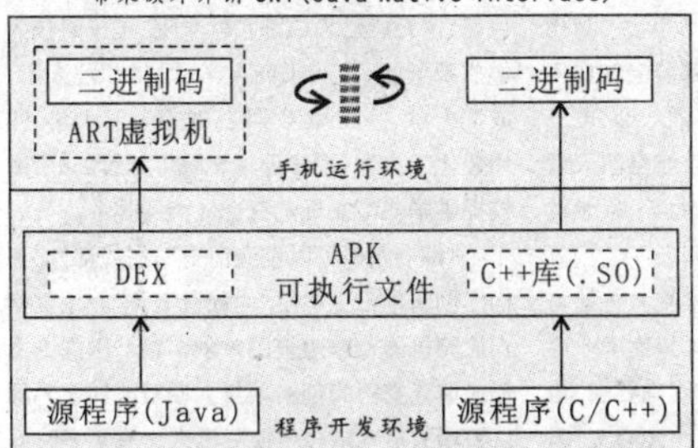

当前大部分安卓应用都涉及不同开发语言，不同语言形成的代码需要在运行态中进行协同从而产生额外消耗。而方舟编译器是业界首个多语言联合优化的编译器，开发者在开发环境中可以一次性将多语言统一编译为一套机器码，运行时无需产生跨语言带来的额外消耗，并可以进行跨语言的联合优化，提升运行效率。

方舟编译器

不同语言代码在开发环境中编译成一套可执行文件

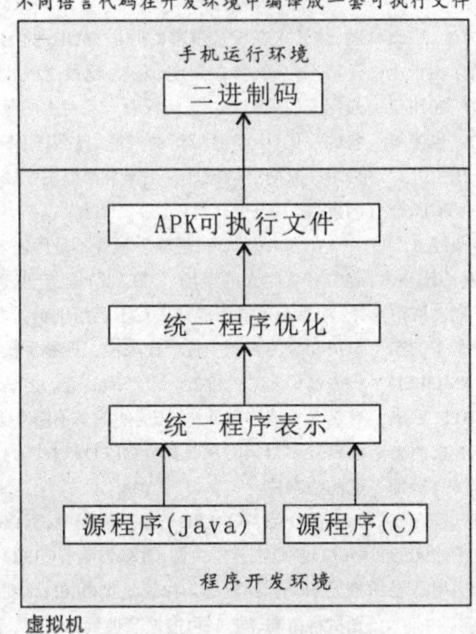

虚拟机

现有安卓

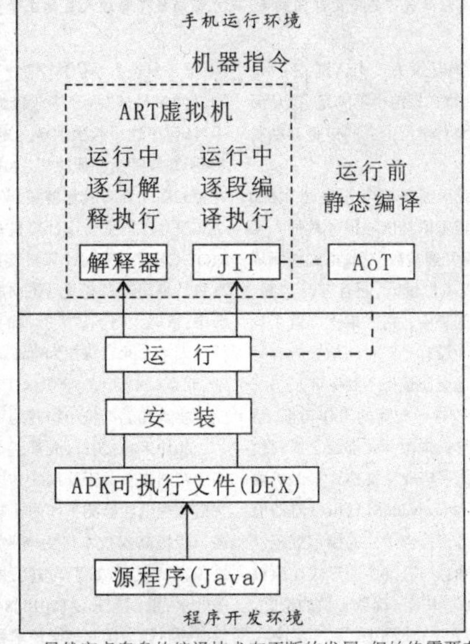

虽然安卓自身的编译技术在不断的发展，但始终需要在运行中依赖虚拟机来进行动态编译和解释执行，对系统资源消耗较大。而方舟编译器在开发环境中就可以完成全部代码的编译，手机安装应用程序后无需依赖虚拟机资源，即可全速运行程序，带来效率上的极大提升。

方舟编译器

直接编译出机器指令，无需繁琐的虚拟机运行

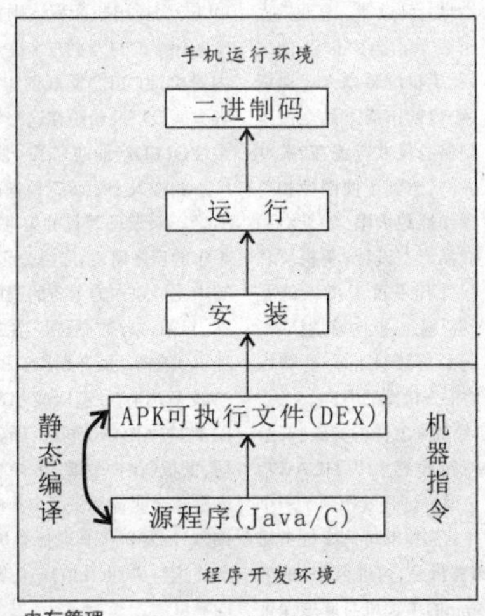

内存管理

现有安卓

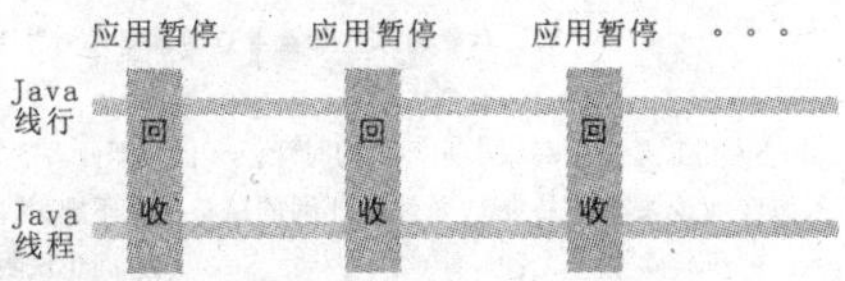

内存垃圾集中回收，全局回收时需要暂停应用，虚拟机执行回收影响了开发效率，也是随机卡顿的原因之一。

内存管理是程序开发与运行时需要重点考虑的部分，也和系统流畅度息息相关。安卓在内存回收上采用集中回收机制，全局回收时更需要暂停应用，这也是随机卡顿的根因之一。而方舟编译器提供了更高效的内存回收机制，回收时无需暂停应用，随时用随时回收，大大提高运行速度。

方舟编译器

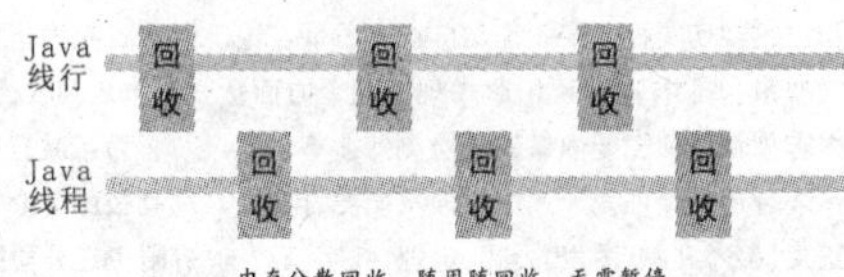

内存分散回收，随用随回收，无需暂停

编译优化

现有安卓

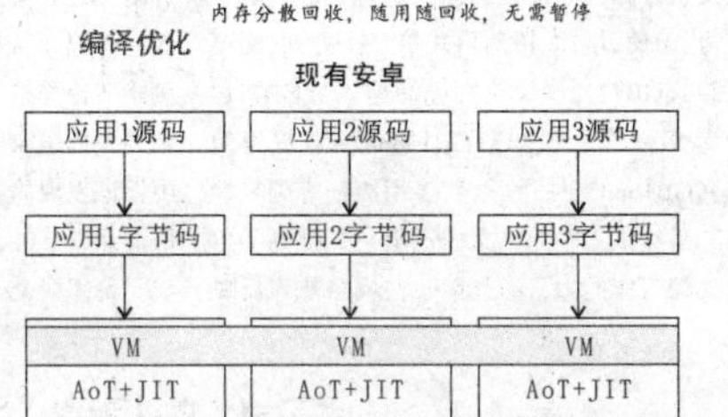

同一VM模板无法满足不同应用差异化需求

仅可使用简单的优化算法

传统的安卓应用使用了虚拟机机制，因此针对不同的应用，虚拟机难以有相对应的优化方案。特别是安卓ART的AoT和JIT动态编译，受资源所限，只能使用简单的优化算法。方舟编译器由于在应用开发阶段进行编译，所以可以允许不同应用灵活采用不同的编译优化方案，并且在开发环境编译不会受到手机性能的限制，可以使用更多先进的优化算法，力求每个应用的性能达到最佳。

方舟编译器

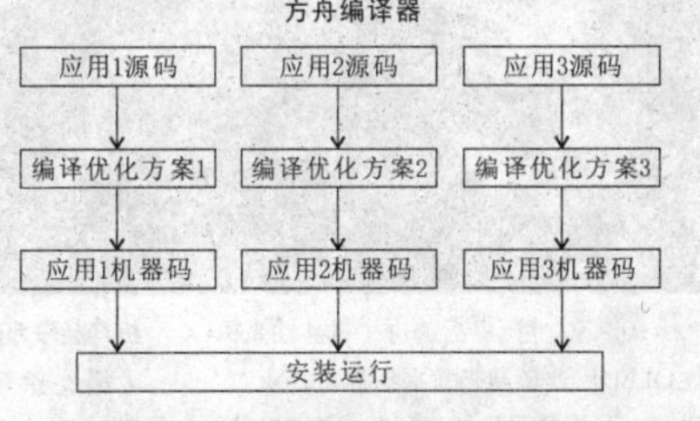

不同的应用有不同的优化方案，且互不干扰

早在2009年华为就创建了编译组，到2013年推出自研编译器HCC以及编程语言CM等。目前，华为方舟编译器已经面向业界开放开源，将计划在2019年8月的华为终端开发者大会宣布方舟编译框架代码开源，后续在2019年11月的绿盟开发者大会实现完整方舟编译器代码开源。余承东也呼吁App开发商、开发者尽快使用，可以带来焕然一新的体验。

（本文原载第19期11版）

人工智能计算棒AI加速器

瑞芯微电子近日发布了旗下首款AI人工智能计算棒AI Compute Stick，基于RK1808芯片，面向AI人工智能平台及产品开发者，定位于深度学习工具和独立的人工智能(AI)加速器，是一款具备人工智能编程及深度学习能力的设备。

该计算棒体积小巧(19mm×60mm)，和一个传统U盘大小相当。基于USB3.0 Type A接口，采用无风扇设计，利用USB供电，使用时无需连接云端，即可为开发主机设备提供专用、独立的深度神经网络处理功能。

五大技术特性

1.算法性能强劲内置的NPU算力最高可达3.0 TOPs。

2. 兼容性强支持Caffe/Tensorflow? 框架等一系列框架的网络模型转换。

3. 功耗更低芯片CPU采用双核Cortex-A35架构，22nm FD-SOI工艺，相同性能下功耗相比主流28nm工艺可降低30%左右。

4.系统支持支持Linux系统，AI应用开发SDK支持C/C++及Python，方便开发者浮点到定点网络的转换以及调试，开发便捷度极强。

5.扩展性在同一平台上，支持多个设备叠加使用，以扩展主机性能。

可支持PC、工控机、机器人等硬件平台，它的学习能力可以用于物体检测/识别、自然语言理解等，在家电、机器人、新零售、工业视觉、虚拟现实、增强现实、安防、教育、车载、穿戴、物流等各场景中，有着广阔的应用前景。

极大降低了开发门槛，不再需要高性能的GPU+CPU+FPGA等硬件平台与云端计算服务，通过U盘大小的计算棒，外加一台Linux系统的终端，即可获得强大的算力与深度学习推理能力。

（本文原载第19期11版）

勒索病毒免费查询

为了有效控制WannaCry勒索病毒的传播感染，国家互联网应急中心近日开通了该病毒感染数据免费查询服务。

查询说明如下：

1.WannaCry勒索病毒暂只能感染Windows操作系统，请用户在Windows操作系统上的浏览器中输入查询地址打开查询页面进行查询，查询地址为：http://wanna-check.cert.org.cn。

2. 若提示IP地址承载的计算机受到感染，建议使用WannaCry勒索病毒专杀工具进行查杀，并及时修复相关漏洞。

3.如果使用宽带拨号上网或手机上网，由于IP地址经常变化，会导致查询结果不准确，仅供参考。

WannaCry勒索病毒成功感染计算机并运行后，首先会主动连接一个开关域名。如果与开关域名通信成功，该病毒将不运行勒索行为，但病毒文件仍驻留在被感染计算机中；如果通信失败，该病毒将运行勒索行为加密计算机中的文件，并继续向局域网或互联网上的其他计算机传播。

截至2019年4月9日，国家互联网应急中心监测发现我国境内疑似感染WannaCry勒索病毒的计算机数量超过30万台，仍有大量的计算机未安装“永恒之蓝”漏洞补丁和杀毒软件。我国计算机感染WannaCry勒索病毒疫情依然比较严峻。

（本文原载第19期11版）

毕业论文格式检测机器人

该机器人是学生身边的编辑校对专家，是指导教师的论文评阅助手，也可帮助教学管理人员端正学生写作态度，对论文质量进行量化分析。

5月份正是全国高校毕业答辩的时间，一大波毕业论文正等待在指导教师评阅的路上！

毕业设计和毕业论文是实现高等教育培养目标的重要环节，而毕业论文质量是衡量一个高校教育教学水平，认定学生毕业和学位资格，以及教学评估的重要依据。在《教育部关于狠抓新时代全国高等学校本科教育工作会议精神落实的通知》教高函〔2018〕8号里指出，要"切实提高毕业论文（设计）质量。"论文质量包括内容创新和形式规范两个方面。内容创新目前主要依靠查重检测抄袭等学术不端行为来保证。形式规范涉及摘要、目录、正文、参考文献、图表、公式、定理、数字、标点符号、单位、字体、段落格式等多个方面，需要了解《GB7713学位论文编写格式》《GB7714参考文献著录规则》《GB15834标点符号用法》《GB15835出版物上数字用法》等国家标准。虽然撰写毕业论文的过程可以提高学生的文档写作能力，但之前一些网络热点反映出，部分大学生写作论文态度不认真，不只是学术不端，基本的格式规范也不满足。这从另一方面也说明学校对学位论文的审查存在局限。

此外，2018年我国高校毕业生达到820万，但论文形式审查依然依靠指导教师人工完成。一篇学位论文通常数十页，格式检测项通常近百个，不仅工作量大，而且容易疏漏。并且毕业答辩时间集中，格式审查耗费了教师大量精力，反而没有足够时间指导内容写作，本末导致，让论文质量得不到保证。

为了减轻高校指导教师的工作负担，帮助高校保证论文形式规范，成都论之道科技有限责任公司推出了毕业论文格式检测机器人——论无忧平台www.lun51.com可自动检测毕业论文格式是否符合学校的撰写规范以及相关的国家标准；并以批注的形式在原稿中标识发现的错误。审阅一篇数十页的论文，仅需1到3分钟，与人工审阅相比，更准更快。

论无忧www.lun51.com平台2018年5月上线，电子科技大学信软学院率先采用，并在官网以""黑科技"提升毕业设计管理信息化水平"认可了这一教学创新。短短50天内，即有198所高校师生注册使用。2018年10月机器人亮相52届"高等教育博览会"，50余所高校师生点赞。在三亚全国计算机基础会议、北京MOOC峰会、深圳计算机实践教学论、四川高校计算机院长论坛、ACM成都分会2018年会中，机器人得到广大教师的热烈欢迎，电子科技大学、北京科技大学、北京航空航天大学、北京邮电大学、哈尔滨工程大学、东北林业大学等知名高校纷纷签约采购。

2019年4月20日，成都工业学院教务处官网发布通告：关于开展2019届本科生毕业论文格式规范性检测工作的通知，明确要求"为进一步提高我校本科生毕业设计（论文）质量，端正学生论文写作态度，提高指导教师工作效率，根据教高函〔2018〕8号《教育部关于狠抓新时代全国高等学校本科教育工作会议精神落实的通知》等文件精神和规定要求，学校将使用论文格式规范自动检测系统对2019届毕业生论文（设计）进行规范符合性检测"，成为全国首家全面应用毕业论文格式检测机器人的高校。随后西南科技大学，西南石油大学等也纷纷发布通知，拟在2019届毕业设计中采用格式检测机器人减轻指导教师负担。目前，论无忧已为成都东软学院、电子科技大学成都学院、重庆工商大学、西华师范大学、成都大学、内江师范学院、成都理工大学、四川轻化工大学、天津天狮学院等共计258所高校提供毕业论文规范符合性检测服务。

"每个人都可以创造历史"，在成都"加速构建创新创业生态圈"的背景下，毕业论文格式检测机器人作为全国首创，填补国内论文形式审查空白的创新项目，期望能够让老师从繁琐的格式审校中摆脱出来，有更多时间做教学科研；期望尽快结束全国高校人工审阅论文格式规范的历史，进入人工智能的新时代！

◇许小燕

（本文原载第21期2版）

折叠屏时代，柔性OLED产业链迎来新风口

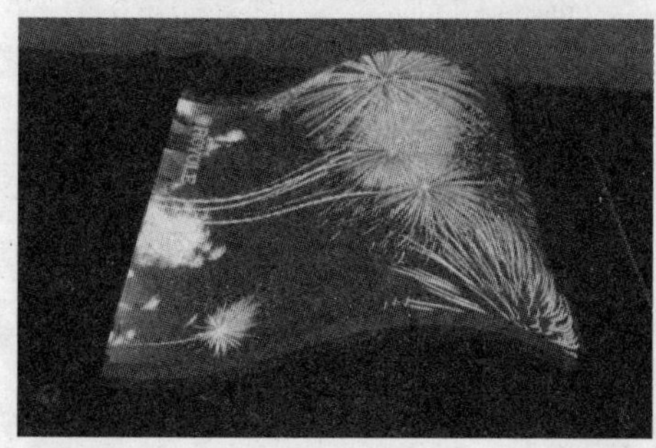

今年以来，伴随着折叠屏手机陆续亮相，柔性OLED产业链迎来发展新风口。业内人士表示，可折叠手机的出现与柔性OLED显示技术及材料的逐渐成熟密切相关；同时，随着折叠屏手机的规模量产，在面板、保护玻璃、黏着剂、基板材料、转轴等领域，整条产业都将带来新的发展机遇。

各大厂商争相开发折叠屏手机

不久前，在西班牙巴塞罗那举行的MWC2019华为终端全球发布会上，华为5G折叠屏手机HUAWEI Mate X正式亮相。此前，三星首款折叠屏手机Galaxy Flod也已进入市场试用测试阶段，尽管三星原计划在4月底开始正式发售的时间因为技术原因而推迟，但是火热的行业依然没有停下来的迹象。

事实上，今年以来不仅仅是三星、华为，OPPO、小米、苹果、柔宇等主流手机厂商均在折叠屏手机的首发权上志在必得，甚至海信、TCL等家电厂家也都宣布了自家在折叠屏手机领域的布局计划。毋庸置疑，折叠屏手机开发已经成为业内公认的趋势。

回顾手机的发展进程，从几十年前的"大哥大"，到如今堪比艺术品的智能伴侣，手机在人们的指尖不断迭代升级，而屏幕尺寸的持续增大一直是产品迭代发展的主线。不断增大的屏幕既给消费者带去了明显的体验升级感，也直接拉动了各个品牌智能手机的销量。不过，随着机身尺寸的增大，本身的便携性也受到挑战。有业内人士表示，全面屏迭代之后，手机屏幕增大已遇瓶颈，目前市面上的主流机型机身尺寸普遍在7英寸左右，达到了便携性和可操作性的极限，如果沿用产品形态设计，手机屏幕尺寸几乎再无增大的空间。因此，业内普遍认为，折叠屏设计将会是智能手机产品较为明确的下一代发展方向。

那么，折叠屏到底带来怎样的突破？又给消费者带去怎样的新鲜感？以HUAWEI Mate X为例，8英寸全面屏打开就相当于一个随身的平板电脑，并且支持双屏间多任务协同操作，同时采用鹰翼折叠，可进行0-180度自由翻折，同时5.4mm的单边机身厚度保证了折叠起来的舒适感。这种折叠屏带来的体验是全新的，比如拍照的时候可以前后双屏实时预览。

OLED产业链迎来发展新风口

手机的不断迭代升级，其背后既有通信技术变革的推动，又离不开材料技术的加持。而在新的技术潮流之下，今年将是柔性显示的新元年，对于其背后的OLED产业链而言，也同样迎来了最佳发展机遇。

知名商业资讯服务商IHS Markit公布的数据显示，2016年及之前，柔性OLED的供给和应用的格局都十分有限。供给方面，仅有Samsung Display的A3以及LG Display的E2两条量产线。需求方面，主要在三星和LG的小批量高端手机机型以及类似Apple Watch这样的可穿戴设备，应用覆盖范围较为受限。直到2017年iPhone X、三星Galaxy S和Note双旗舰系列等产品面市，才使得柔性OLED市场逐渐起量，柔性OLED开始在智能手机市场规模化应用。

相关统计资料显示，2017年全球柔性OLED面板出货面积达到111万平方米，相比于2016年的34万平方米提升2倍以上。由于业内对柔性OLED发展前景普遍看好，2018年各大面板厂商纷纷在这个领域加力，也使得柔性OLED产能迎来了一段快速增长期。

业内人士表示，目前以京东方、TCL、维信诺、深天马为首的柔性OLED企业经过十余年的自主研发，已经处于蓄势待发的状态，其中尤以京东方为首的国内面板厂商发展迅速。目前，京东方是国内生产线布局最多的柔性屏供应商，量产和投资的全柔性AMOLED产线多达4条，包括成都B7、绵阳B11、重庆B12和福州B15。同时，随着折叠屏手机的出现，面板、保护玻璃、黏着剂、基板材料、转轴等整条产业链都将迎来新的机遇。据群智咨询预计，2019年全球折叠屏手机规模约90万台，这对柔性OLED产业链的拉动作用是显而易见的。

良品率低成为创新阵痛

4月26日，三星原定的折叠屏手机Galaxy Flod的上市发布会被取消，让外界对于折叠屏手机耐用性问题、寿命问题的担忧再次被提及。第一手机研究院院长孙燕飙认为，目前整个折叠屏行业的良品率不是很高，导致折叠屏手机市场价格普遍在万元以上，创新阵痛将阻碍消费量的快速提升。

IHS手机行业分析师李怀斌表示，目前折叠屏幕在技术上仍存在诸多问题，其良品率低、寿命和可靠性仍不乐观。实际上，不仅是三星，京东方、维信诺、柔宇等厂商都正面临同样的问题，量产和试产是不一样的，企业大规模生产时，都会面临此类问题，这需要时间解决。而荣耀总裁赵明也坦言，虽然其非常看好折叠屏，但目前折叠屏仍有许多障碍，最大的便是内折、外折的可靠性，体验、成本综合的可实现性。在武汉华星光电半导体显示技术有限公司的厂长朱信庆看来，折叠屏手机设计和生产的难度极大。做折叠手机的时候无论是内折还是外折，都要解决长度差的问题，这要求在设计屏幕的时候，给电池、元器件留出空间，并在硬度、耐久、延展之间找出最完美的平衡点。这让折叠产品对上游原材料的提供、中游面板厂的产能、良品率、下游终端厂家的结构设计、生产等都提出了较高的挑战。

业内人士认为，折叠手机并不是伪需求，确实有着巨大的市场，但在现阶段，产业、技术、应用都不能算成熟。对于已经创新乏力、颓势明显的智能手机产业来说，折叠手机是打破僵局非常关键的一个产品品类。但是只有良品率持续爬升，才能促使成本不断下降，而良品率目前看来是柔性OLED产业链的一道制约难关。

据介绍，在OLED的生产过程中，蒸镀是OLED制造工艺的关键，直接影响着OLED屏幕显示。蒸镀机的工作就是把OLED有机发光材料精准、均匀、可控地蒸镀到基板上。因此，蒸镀设备在产品的品质和良品率方面都起到决定性作用。在全球该领域，目前日本的Canon Tokki独占高端市场，能把蒸镀误差控制在5微米以内。而目前国内，京东方在2018年用于华为Mate 20手机上的Q3柔性OLED屏也表现良好，而天马、和辉、维信诺等企业多使用SUNIC、SFA、ULVAC等企业的蒸镀设备，生产的OLED屏以中低端产品为主。IHS Markit数据显示，受良品率、原材料多方面因素的影响，智能手机柔性OLED面板平均价格是硬屏OLED的3倍左右，更是LCD的6倍以上，这也是折叠屏手机售价较高的主要因素。

如此看来，折叠屏手机要想成为市场消费的主流产品，决定价格体系的成本下降才是关键因素，而与成本息息相关的良品率又成为整条产业链的重要环节之一。这意味着，良品率的提升已经成为柔性OLED产业链急需破解的一道关口。

◇刘国信

（本文原载第21期2版）

为孩子选购一款合适的台灯

现在LED台灯种类繁多，价格区间跨度也大，从几十块到上千块都有。并且稍微价格上百的产品就打着“护眼”的旗号进行产品宣传。那么在这众多的产品中，如何选择一款合格的产品就显得非常重要了。

亮度

根据国家标准台灯有两个必需的标准：一是照度，二是照度均匀度的要求；要满足A级或AA级的标准。满足这两个标准的台灯发出来的光线在桌面上才会比较均匀，而且覆盖范围广，光线不会汇聚在一个小范围内。这样看书的时候才不会出现“一个区域亮，一个区域暗”的情况。因为我们眼睛是会根据光线的入光量来调节瞳孔的大小的，如果出现上面的情况，在看书的过程中我们眼睛会不断调节瞳孔，这样我们的眼睛会很容易有疲劳感，长期下来可能会造成近视。

<table>
<tr><td rowspan="3"></td><td colspan="2">照度</td><td colspan="2">照度均匀度</td></tr>
<tr><td colspan="4">≤300mm的120°扇形区域</td></tr>
<tr><td colspan="4">>300mm*≤500mm的120°扇形区域</td></tr>
<tr><td>A级</td><td>≥300</td><td>≥150</td><td>≤3</td><td>≤3</td></tr>
<tr><td>AA级</td><td>≥500</td><td>≥250</td><td>≤3</td><td>≤3</td></tr>
</table>

蓝光

关于LED蓝光形成的原因，《电子报》相关文章已经讲解了不少。当你的光源特别亮、特别白时，就要注意了，有可能是蓝光比例过高，除了引发视疲劳，还会对视网膜造成伤害，严重的还会抑制褪黑色素的分泌，而褪黑色素是影响睡眠的一种重要激素。

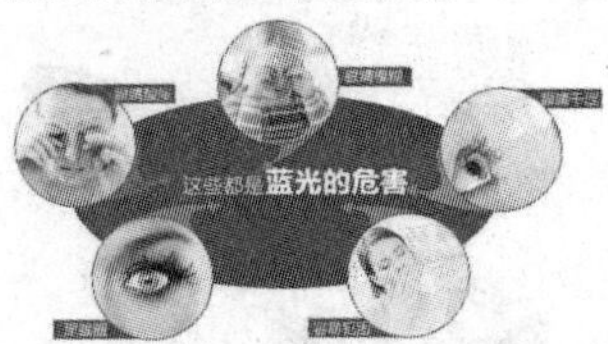

然而很多台灯在宣传页面都会写着有效减少蓝光。殊不知，有些台灯使用的方法成本很低，涂上一层简单的蓝光滤层或者直接在LED灯珠上涂上荧光粉。虽然这样的确可以大幅地降低成本，但问题是这种方法减少蓝光的效果很低，蓝光的波长在400~500纳米之间。波长越短，能量越高，穿透力越强，所以蓝光是一种高能量可见光。单一使用荧光粉、滤层不能有效地过滤。而且光线会通过荧光粉或蓝光滤层，再透过面板发散，这样会损失大量的光效，出现光线不够亮、被照射物体真实色彩大打折扣等情况。

高端一点的护眼台灯会采用吸收蓝光并且转化成黄绿光及红光的材料，并且这种转换率非常高效；当然相对价格也不便宜。

危险组别等级	危险程度	相应的tmax范围(s)
RG0	几乎无危险	>10000
RG1	低危险	100~10000
RG2	中等危险	0.25~100
RG3	高危险	<0.25
即使是国际最高标准RG0限值其实对视力也有少量的损害		

大家选护眼台灯的时候，一定要要求商家提供光生物安全检测报告。如果商家提供不出，那你就可以完全不考滤这个牌子的灯具了。如果商家能提供，首先去查一下他们报告的真实性（把报告编号输入到检验机构官网查询即可），确认真实后就看报告中（大概在检测报告的第5页）这个“蓝光危害辐亮度”的值是多少，从100 W/(m2·sr1)至0 W/(m2·sr1)，数值越小越好。如果你看到是小于1的，那么这个护眼台灯的防蓝光功能至少是达标了。

频闪

相较于白炽灯（白炽灯因有热惯性和气体放电灯有余辉效应），LED的电压和电流与光输出响应快，因此LED光源的频闪效应更加明显。眼睛长期暴露在高频闪环境下会造成头痛和眼疲劳、引起脑部细胞灼伤，造成视觉细胞受损，产生头痛，贫劳，视力下降，注意力分散等问题，同时产生的神经问题如光敏性癫痫等。当然，慢速的闪烁对于一些特定的人群也会比快速闪烁更容易引起偏头痛。

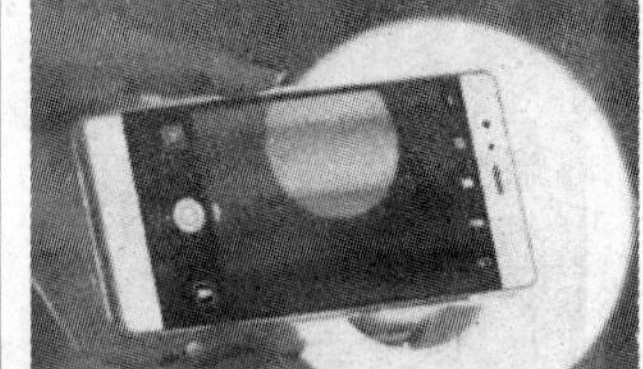

有一种测试频闪的说法想必大家已经知道很久了，那就是“用手机检测光源的频闪状态，如果在手机上看不到一直闪动的黑条，那么就这个光源就几乎没有频闪伤害。”。这个说法不完全正确，很多人会将“看不到”等同于“无频闪”。有时候摄像头会受到参数设置或者本身的因素，而导致“看不到”，但不代表这类灯就“无频闪”。

在CQC国标规定中，“无可见频闪”台灯的光源输出波形波动深度应小于等于0.08/2.5xf(90Hz<f≤3125Hz)；因此在选购台灯时CQC认证也很重要。

（本文原载第21期11版）

网站打不开怎么回事

有时候大家上网会遇到服务器打不开，这种情况一般是DNS被劫持或者DNS被污染了，下面就简单为大家介绍一下这两种情况的原理。

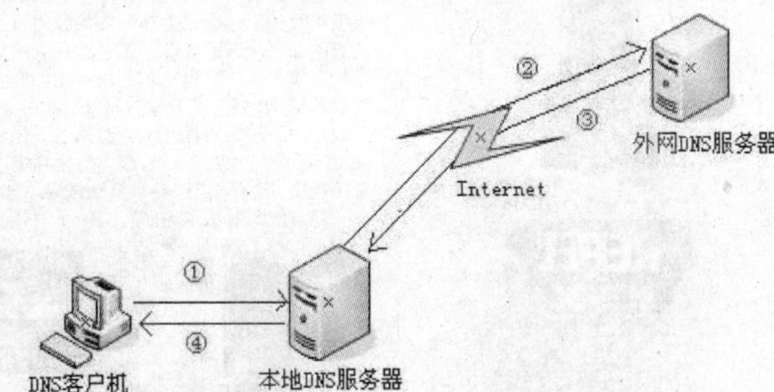

DNS（全名：Domain Name System）指的是域名系统，它是一个将域名和IP地址相互映射的分布式数据库，其主要作用是将域名翻译成IP地址。

IP地址（全名：Internet Protocol Address）又叫互联网协议地址，是IP协议提供的一种统一的地址格式，为互联网上的每一个网络和每一台主机分配一个逻辑地址，以此来屏蔽物理地址的差异。如果联网的PC没有IP地址，是不能正常通信的。

目前的IP地址，又分为IPv4与IPv6两大类。其中IPV4有4段数字，每一段最大不超过255。随着互联网的迅速发展，全球的IPv4位址在2011年2月3日就分配完毕了。而IPv6采用128位地址长度。在IPv6的设计过程中除了一劳永逸地解决了地址短缺问题以外，还考虑了在IPv4中解决不好的其他问题。

每一个域名都有相应的（一个或者多个）IP地址，当我们访问网站的时候输入域名，DNS会解析并访问其IP地址。有时候网络运营商，出于某些目的，可能会限制某些用户访问某些特定的网站，而限制手段最常用的就是DNS劫持以及DNS污染。

DNS劫持

DNS劫持是指在劫持的网络范围内拦截域名解析的请求，分析请求的域名并把审查范围以外的请求放行，否则返回假的IP地址或者什么都不做使请求失去响应，其效果就是对特定的网络不能访问或访问的是假网址。通过非法手段，获取DNS服务器的权限，然后把DNS配置进行修改，使域名解析到错误的IP地址。

DNS污染

又称域名服务器缓存投毒，指那些刻意制造或无意中制造出来的域名服务器数据包，把域名指向不正确的IP地址。通常，DNS查询没有任何认证机制，且DNS查询通常基于的UDP，是个无连接不可靠的协议，导致DNS查询非常容易被篡改，通过对UDP端口53上的DNS查询进行入侵检测，一经发现与关键词相匹配的请求，便立即伪装成目标域名的解析服务器（NS）给查询者返回虚假结果。

一旦相关网域的局域域名服务器的缓存受到污染，就会把网域内的电脑导引往错误的服务器或服务器的网址。因此，简单点说，DNS污染指的就是把自己伪装成DNS服务器，在检查到用户访问某些网站后，使域名解析到错误的IP地址。

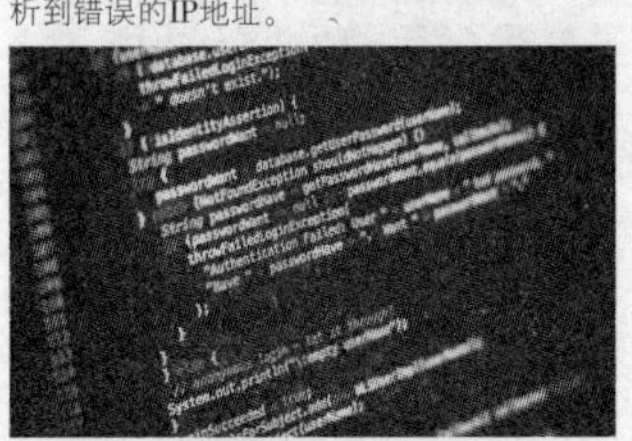

那么两者的区别是什么呢？首先，DNS劫持是劫持DNS服务器，进而修改其解析结果；DNS污染是国内某些服务器对DNS查询进行入侵检测，发现与黑名单上匹配的请求，该服务器就伪装成DNS服务器，给查询者返回虚假结果。它利用了UDP协议是无连接不可靠性。也就是说，一个是劫持DNS服务器，一个是伪装成DNS服务器，造成的结果都是返回错误的IP地址。

因此上网时如果遇到这两种情况，大家知道了原理，就比较能知道如何解决的方法。这里就不再详细阐述了。

PS：动态DNS（Dynamic DNS，简称DDNS）是域名系统（即：DNS）中的一种自动更新名称服务器（Name server）内容的技术。根据互联网的域名订立规则，域名必须跟从固定的IP地址。但动态DNS系统为动态网域提供一个固定的名称服务器（Name server），透过即时更新，使外界用户能够连上动态用户的网址。

这个术语被用来描述两种不同的概念。在互联网的管理层面来说，动态DNS更新是指创建一个DNS系统，能够自动更新传统的DNS记录，而不需要手动编辑。这个机制在RFC 2136中被解释，利用TSIG机制来提供安全性。

在客户端来说，动态DNS提供了一个轻量化机制，让本地DNS数据库可以即时的更新。它能把互联网域名指往一个可能经常改变的IP地址，让经常改变位置及配置的设备，能够持续性的更新IP地址。令互联网上的外界用户可以透过一个大家知道的域名，连接到一个可能经常动态改变IP地址的机器。其中一个常用的用途是在使用动态IP地址连线（例如在每次接通连线就会被分配一个新的IP地址的拨号连线，或是偶尔会被ISP变更IP地址的DSL连线等）的计算机上运行服务器软件。

若要实现动态DNS，就需要将网域的"最大缓存时间"设置在一个非常短的时间（一般为数分钟）。此举可避免外界用户在缓存中保留了旧的IP地址，并且使每个新连线被创建时都会经过Name Server获取该机器的新地址。

各种机构都有大规模地提供动态DNS的服务。他们会利用数据库存储用户当前的IP地址，并会对用户提供更新当前IP地址的方法。当一些"客户"程序被安装了之后，会在后台运行并每隔数分钟检查计算机的IP地址。当发现其IP地址有所变更，程序便会提交一个更新IP地址的请求至动态DNS的服务器。有很多路由器和其他网上设备也在其固件中包含了上述的功能。

（本文原载第21期11版）

灭蚊产品知一二

夏日来临，除了闷热的天气还要防备蚊虫的叮咬。从小时候的蚊香、花露水到电热型驱蚊液，以及各种原理的灭蚊灯，穿戴在手上的驱蚊环，还有超声波驱蚊器。这些众多的驱蚊产品中，究竟哪一个效率更高？安全性又如何？

传统蚊香

很多人使用这种传统的蚊香都习惯性地在点燃之前将两股蚊香分离开来，在分离的过程中还很容易弄断。其实这种用法是错误的，事实上不用分离直接点燃即可，它只会燃烧点燃的部分，等点燃的烧完另一半就会自动分离开来，燃烧的过程中另一圈是不会烧着的。一盘蚊香可以燃烧6小时左右，如果希望点燃3小时，就把硬币放在蚊香二分之一处，等燃烧到硬币附近蚊香就会自动熄灭，这样就不用担心蚊香长时间燃烧损害健康了。

传统蚊香是将驱蚊剂与其他木屑等助燃剂混合制成，主要是通过燃烧将驱蚊剂释放到空气当中，传统的蚊香有个不好的地方是在燃烧时会有烟，即使是所谓的"无烟蚊香"也是会有一些烟的，这些烟有时会让人感到不适。蚊香燃烧的烟里含有4类对人体有害的物质，即超细微粒-烟尘(直径小于2.5微米的颗粒物质)、多环芳香烃(PAHs)、羰基化合物(如甲醛和乙醛)和苯。同时，除了这4类明显的有害物质外，蚊香中还有大量的有机填料、黏合剂、染料和其他添加剂，才能使蚊香可以无焰闷烧。

电蚊香片

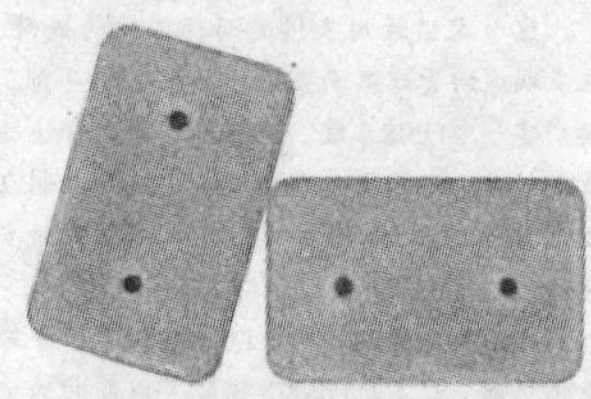

通过将驱蚊剂涂在蚊香片表面，通电后对蚊香片加热，使蚊香表面的驱蚊剂挥发到空气中。蚊香片的缺点：蚊香片的有效时间较短，而且越到后面驱蚊剂的浓度越低，使用效率低下（可能有不少人喜欢把用过变白的蚊香片放到比较潮湿的地方回潮一段时间再使用，其实也只是心理作用罢了，因为有效的驱蚊剂已经挥发得差不多了），因此在市面上几乎已经看不到了，都被电蚊香液替代了。

电蚊香液

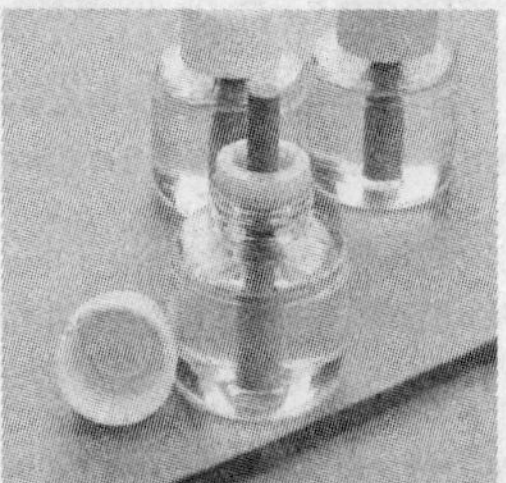

原理和电蚊香片差不多，通过加热棒直接对液体的驱蚊剂进行加热蒸发，使用过程中浓度均衡稳定，一瓶可以用20+天，不用频繁更换，完全替代了电蚊香片。

驱蚊剂

从安全性来说，这三种都是通过加热(燃烧)将驱蚊剂释放到空气中，起到驱赶或者杀死蚊子的作用。

而驱蚊剂主要分为菊酯类、有机磷类和氨基甲酸酯类。其中菊酯类的驱蚊剂是从植物中提取的，毒性最小，而有机磷类的驱蚊剂在三种当中毒性最大。市面上大部分的蚊香使用的都是菊酯类的驱蚊剂，也有部分蚊香选择其他两类驱蚊剂。

从相对的安全性上讲，电蚊香片=电蚊香液>传统蚊香(主要是燃烧产生的烟雾)。从便利性来说，电蚊香液比电蚊香片又要好一些。但局部地区存在夏日用电紧张的情况，因此传统蚊香也有不可代替的优势。至于对人体有什么程度的危害或者驱蚊效果，要根据每一种品牌的成分含量比例来定了。

拟除虫菊酯

这是一种高效低毒的农药，基本上对人体影响不大；是根据天然除虫菊素的化学结构而仿制成的一类超高效杀虫剂。从1949年合成的第一个商品化的丙烯菊酯算起，经过几代发展，已经大大降低了毒性。(拟)除虫菊酯通过麻痹蚊子的神经系统起到杀死蚊子作用，但是比例弱了也只能起到麻痹蚊子的作用（意思是关掉灭蚊器或者有一定通风的情况下蚊子也许会恢复知觉。。）。我国国标要求电蚊香液(片)在实验条件下一半击倒蚊虫所需时间在8分钟内才算合格产品。

另外要特别注意：如果家里有猫，那一定不能用菊酯类灭蚊产品，因为猫没有代谢菊酯的能力，对猫来说是致命的毒药。

（拟）除虫菊酯在呼吸道上是没有毒性的，但有皮肤毒性和胃毒性，也就是说，不要弄到皮肤上、不要吃进肚子里，就是安全的。除虫菊酯对光的稳定性差，一遇到阳光的照射就容易分解、失效，所以只适合在室内用。

(拟)除虫菊酯产品特性

对人的毒性：弱

对蚊子的驱避性：强

对蚊子的致死性：有

副作用：有皮肤毒性和胃毒性

使用禁忌：不明

驱蚊水(驱蚊环)类

由此也衍生出了两种便携式的驱蚊方式——驱蚊水和驱蚊环，并且这两类产品也是主要给小孩子用的，因此在安全性上更是很多家长十分关心的产品。

除了(拟)除虫菊酯这种不能接触皮肤的驱蚊剂外，这几种的成分都是直接干扰蚊虫的感觉器官，使它们感受不到人体发出的气味，从而达到驱赶蚊虫的效果。国内比较靠谱的用在皮肤或者衣物上起到驱蚊的成分有四种：

避蚊胺(DEET)

DEET的作用机制不是杀死蚊子，而是让蚊子感到不适，从而达到驱逐的目的。

避蚊胺产品特性

对人的毒性：弱

对蚊子的驱避性：强

对蚊子的致死性：无

副作用：对皮肤有刺激性

不良记录：有研究认为过高浓度的避蚊胺会影响神经系统，引发情绪障碍和认知功能受损。

使用禁忌：使用在衣服上，不推荐接触皮肤。其中美国儿科学会规定2月龄以上儿童可以使用，加拿大规定6月龄以上。浓度10%的避蚊胺产品可提供3小时左右的保护，2岁以下每天使用一次，2岁以上每天使用不超过3次。美国儿科学会规定儿童使用的避蚊胺浓度不超过30%，加拿大的规定是12%

驱蚊脂(BAAPE)

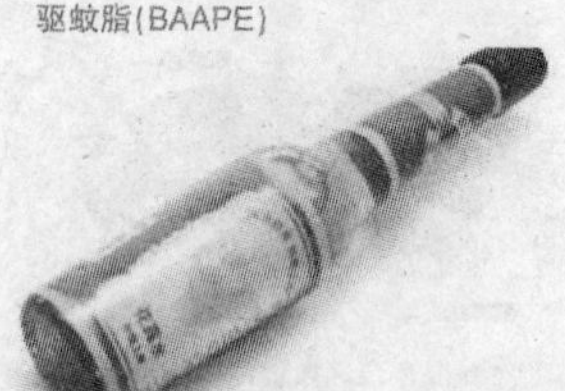

又称IR3535、伊默宁，对皮肤无刺激。该物质在摄入、皮肤使用和吸入时都没有明显的毒性，仅接触眼睛时可能产生刺激。

不过BAAPE的市场测试时间较短，是否有隐藏的副作用暂时还不明确。国外驱蚊产品中较少使用BAAPE，而国内的花露水中的驱蚊成分主要就是伊默宁，但浓度不高，持久性较弱，驱蚊时间短。

驱蚊酯(BAAPE)产品特性

对人的毒性：微弱

对蚊子的驱避性：中等

对蚊子的致死性：无

副作用：不明

使用禁忌：暂时不明，在儿童产品中的使用无浓度限制。

柠檬桉叶油(PMD)

柠檬桉叶油是唯一一种天然植物成分，所以也成了很多商家的主打卖点。但虽然天然，但有效时间很短，实际上涂抹后20分钟就没有效果了。

很多产品会标榜使用的是"天然"驱蚊成分，但大多数植物驱蚊成分挥发性太高，如天竺葵(驱蚊草)、香茅草、丁香、薄荷等保护的时间通常都很短（一次涂抹后保护时间基本都低于20分钟）。

柠檬桉叶油(PMD)产品特性

对人的毒性：微弱

对蚊子的驱避性：较弱

对蚊子的致死性：无

副作用：对敏感皮肤可能有刺激性

使用禁忌：如果是3岁以下的孩子，如果直接用在身上，存在溃破处涂太多会引起全身吸收，可能会有神经毒性。

埃卡瑞丁(派卡瑞丁)

埃卡瑞丁（icaridin）又名派卡瑞丁(Picaridin)，是广谱驱避剂，驱蚊效果好，防护时间长，被认为较避蚊胺更加安全低毒，无皮肤刺激性，综合水平较高。是除避蚊胺以外最有效的驱蚊剂，缺点是成本较高。

埃卡瑞丁(派卡瑞丁)产品特性

对人的毒性：微弱

对蚊子的驱避性：强

对蚊子的致死性：无

副作用：不明

使用禁忌：不同厂商建议1岁或2岁以上儿童使用。

灭蚊灯

目前市面上的灭蚊灯主要分为两类，一种是光触媒灭蚊灯，比如紫外线灭蚊灯，抓住了昆虫趋光性的特点；另一种是二氧化碳灭蚊灯，模拟人体呼吸吸引蚊子。

紫外线灭蚊灯一般是采用属于长波的紫外线A光，这种在使用时会放射到达皮肤真皮层的紫外线，如果人体被照射到了，会出现肌肤老化现象；同时蚊虫的身体被灭蚊灯电击而死的时候，空气中会漂浮着蚊虫的细菌，人体接触到此类细菌会对健康不利。并且蚊子根本不喜欢紫外线，也不会被紫外线所吸引，往往杀死的其他类昆虫比蚊子更多，其中不乏为数不少对环境有益的昆虫。

由此又发明了模拟人体呼出的二氧化碳来吸引蚊子，让蚊子主动奔向灭蚊器再进行消灭的二氧化碳灭蚊灯。不过这种灭蚊灯附带的灭蚊条件确实也比较苛刻（比如商家宣传的测试条件是：房间全密闭，人不在，打开灭蚊灯，3小时之后再回来，回来之后保证房间里不会再飞进蚊子。），而实际使用情况则复杂得多，很多同类产品都反映效果不佳。

超声波驱蚊器

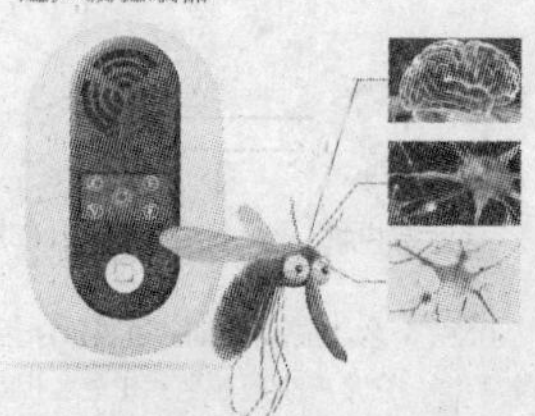

其原理是通过模拟雄性蚊虫类发出声波频率波段，赶走叮咬人的雌性蚊虫(雄蚊是通过吸食植物汁液)。蚊虫破蛹而出后，雄性蚊虫就会集结在一起，成群活动。而成群的雄性蚊虫翅膀发出的声音会吸引雌性蚊虫来寻找配偶进行繁殖。超声波驱蚊器利用的是交配后的雌性蚊虫往往会躲着雄性蚊虫，模拟雄性蚊虫的振翅声波频段，就可以驱赶叮咬人的雌性蚊虫了。

但实际上超声波不会使蚊虫产生任何有意义的行为或引起生理方面的反应：首先大部分雌性蚊子是会多次交配的，并不会回避雄蚊子，然后蚊子飞行时翅膀震动的频率不同，就算超声波驱蚊器能发出超声波，也只是某一频段的声波，不可能对所有蚊子有效。

并且每个人的耳窝及耳膜韧度不同，还会随着年龄而变化，所以有的人听到没事有的人却受不了，所以不代表驱蚊超声波就是百分百安全放心了。

（本文原载第22期11版）

投稿邮箱：dzbnew@163.com 电子报

畅选智能一体化投票箱

项目概述

智能投票方法是采用新一代信息技术与方法完成选举的重要手段，具有快速、安全和准确等特点，已广泛应用于社会生活各个方面。目前，更精准、更高效地识别出选票成为电子投票箱发展的关键。为解决基层组织采用传统人工计票方式费时费力，投票过程不安全可信以及目前市场上电子设备价格高昂等问题，"畅选"一体化智能投票平台应运而生。

本作品立足于中国国情的实际需求，设计并实现了电脑端+票务智能箱结合的一体化智能投票平台，主要工作包括：

1.票务智能箱一体化集成了打印选票，识别选票，统计显示投票结果的功能。在100%保证投票结果的准确性、匿名性以及安全性同时，极大地提高投票效率。除此之外，票务智能箱更是在简化用户使用流程前提下，提供低廉售价。

2.电脑端配合票务智能箱使用。具有智能设计，一键生成选票的功能，极大地简化了投票的准备工作。同时电脑端包含多种模板选择、结构数据公示、网上商城等板块，来适应不同场景的投票，在增强灵活性的同时，产生盈利点。

"畅选"一体化智能投票平台用智能科技，让投票流程一体化，用科技简化生活。同时，"畅选"是基层投票市场的拓荒者，切实迎合基层组织需求，对提高社会效率，解放生产力以及帮助社会公正等有着重要的指导意义。在未来，当基层投票市场开始发展，"畅选" 必将成为市场上不可撼动的领军者，对美好中国的建设产生更加深远的影响。

总体流程如下：

(1)用户在电脑端设计选票，一键生成选票后发送至智能票箱进行打印。

(2)投票人填写选票后将选票送入票箱。

(3)票箱智能识别选票内容，实时得到选举结果。

项目特色亮点

1.选举匿名性

我们的产品利用纸质选票天生的匿名性特点加上智能票箱计票程序设计，保证了投票的匿名性，避免"秋后算账"、"恶意拉票"等行为的出现，确保了选举的公平性。

2.节省会议开支

畅选系统的应用能够节省会议开支。由于目标客户群体为社会基层组织，如居委会、村委会、学校等。这些组织的投票会议每年必须召开但是频次低，所以组织不愿意花高昂的价格在市场中购买已有的智能票箱。我们的产品不仅满足市场的低价格需求，而且组织将节约大量人力物力，比如前期选票设计周期将大大缩短，会议期间计票成本大大降低，同时安抚参会人员的成本也将大大降低。

3.快捷可靠

我们的产品分别设计了web端以及硬件来减少选票准备耗时以及计票耗时。不仅减少了时间消耗同时节省了会议人工开销，帮助用户快速举办投票会议同时节省会议支出，且web端模板商城有丰富的选票模板，可适应用户不同的需求。

总之，使用畅选系统识别准确率可达100%，稳定性远高于人工计票，计票结果准确可靠。

4.促进事务公开

Web端结构化数据站在模块，通过连接客户，上线选举结果，构建的选举结果结构化数据的分享版块，为基层组织提供了一个大平台，很好的促进基层事务公开；同时也使得人民群众有途径快速地了解感兴趣的组织的情况。

项目应用前景

畅选项目的灵感来源于基层选举的困境。进而扩展到学校、事业单位。这些组织都有共通的特点如下：

(1)投票箱使用频率低

(2)投票场地不固定

(3)投票场景多样

(4)组织经费紧张

以上特点决定这些组织不能采用高价格购买全国人大使用的智能票箱系统，只能采取最原始的人工方式进行计票。

畅选系统采用精简策略，打造了一款低价的智能票箱，同时配合多功能Web端，完美契合这类组织的需求。

我们的项目中还包含线上内容分享板块，提供更加多样化的服务，便捷、高效、好用，一旦发展成熟，将成为基层政务公开以及校园事务的重要平台，为社会创造极高的价值，是利用现代高科技技术改变传统投票方式的拓荒者。

选票示例图：

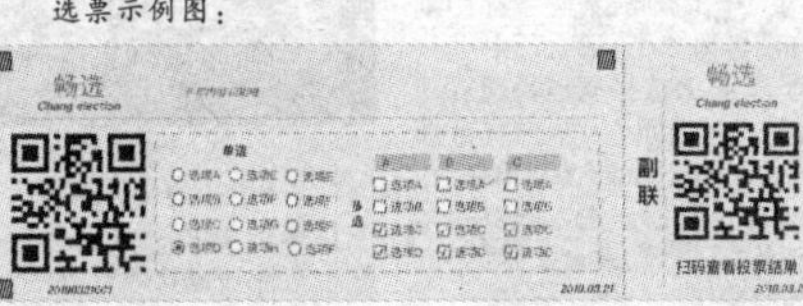

一键生成选票界面：

畅选项目参与中国成都软件设计与应用大赛：

畅选智能票箱：

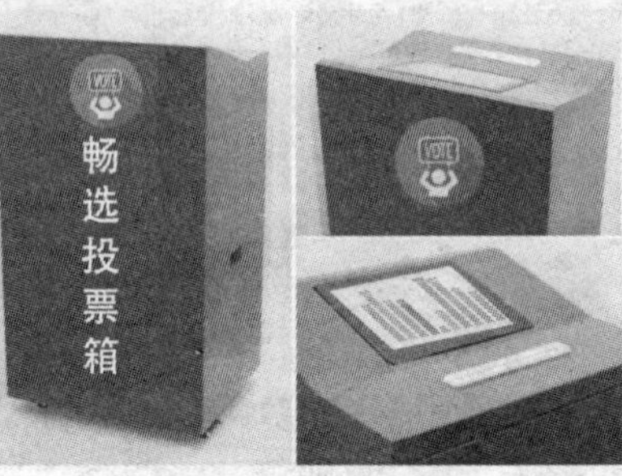

(本文原载第23期2版)

解读影响未来布线需求的五大趋势

预计到2022年，全球固定及移动个人设备和连接的数量将达到285亿，全球IP流量也将因此提升至每年4.7Z (zetta) 字节。与此同时，具有更高处理能力、更大存储容量和其他先进功能的边缘计算应用将不断拓展，实现与集中式服务之间的可靠通信。

上述发展离不开宽带光纤、铜缆、无线以及电力连接的支持。在此，康普总结了2019年及未来将会影响企业网络布线基础设施策略的五大趋势：

趋势一：边缘计算、雾计算和无服务器计算将重新定义云计算，提升"始终在线"的重要性

随着越来越多的计算功能和数据迁移至网络边缘，企业业务将通过云和主机托管服务进行扩展，而城市中心地价成本的不断攀升也使得该趋势愈发明显。为此，企业需要采用高性能铜缆和光纤连接所组成的高效结构化布线解决方案，以应对边缘计算所产生的巨大数据流。

据迁移至网络边缘，企业业务将通过云和主机托管服务进行扩展，而城市中心地价成本的不断攀升也使得该趋势愈发明显。为此，企业需要采用高性能铜缆和光纤连接所组成的高效结构化布线解决方案，以应对边缘计算所产生的巨大数据流。

趋势二：高密度光纤连接持续助力向200/400G骨干网络发展

400G上行链路和骨干网络建设或将在2020年得到初步实施。随着服务器密度的增加以及处理器能力的提升，企业将采用支持400GbE的网络致密化策略，从而将更高的容量置于更小的空间内。可支持更小、更灵活的布线设计以及集中式交叉连接的技术使高密度环境下的线缆连接变得更加方便，并且在提升通道效率的同时，解决了安装和测试方面的难题。

随着技术的不断进步，支持 400Gbps规格的物理层使多模光纤的容量得到提高。以宽带多模解决方案为例，由于其采用四种短波长，从而使每根光纤的多模光纤容量实现从50 Gbps至200 Gbps的四倍增长。OM5布线技术的不断改进为此类SWDM波分复用解决方案提供了更多支持，同时还保留了对传统应用的兼容。

趋势三：以太网供电成为更多高功率设备和物联网应用的供电选择

据Grand View Research预测，随着越来越多兼容数据速率达10GBASE-T的 4PPoE技术应用和设备被采用，到2025年，全球PoE市场规模预计将达到37.7亿美元。

合适的布线和网络设计能为更快网速或更高功率的设备提供支持。鉴于4PPoE技术具有更高的功率，其潜在的过热问题会影响结构化布线系统的传输性能和安全性，也是新一代PoE在不同实际安装条件以及可持续绿色倡议下应用时需要重点考虑的因素。

与Cat 5e类布线相比，Cat 6A类布线可实现更低的直流电阻和更优的散热性能，因此行业标准制定组织（如TIA）推荐采用Cat 6A类布线进行4PPoE部署。由于电流大小与所产生的热量成正比，因此单捆线束中允许运行的线缆数成为另一个重要的考量因素。

趋势四：单对以太网的商业用例不断涌现

除了汽车行业和一些工业领域的用例之外，单对以太网还为未来十年内将会部署的数十亿物联网边缘设备提供了一种具有成本效益的供电、连接和安全传输的解决方案。与传统4对双绞线布线的典型用例相比，大多数正在部署的IoT设备仅需相对较少的带宽和供电，因此单对以太网有望成为更加紧凑、更为经济的解决方案。单对以太网的应用趋势丰富了铜缆布线的应用场景，作为全球领先的通信网络基础设施解决方案提供商，康普也在积极致力于推广基于铜缆LC的解决方案。

趋势五：Wi-Fi 6(802.11ax)将得到部署及安装

新一代Wi-Fi技术——Wi-Fi 6可支持高达10 Gbps的无线数据传输速率，并且能够在当今越发拥挤的无线环境（如机场、体育馆、宾馆、公寓、商业楼宇和娱乐场所）中实现稳定、顺畅的运行。

通过Wi-Fi 6来支持 "多用户多入多出"(MU-MIMO)技术，任何兼容的接入点均能够同时以相同的速度处理多达八位用户的流量。尽管如此，企业只有将合适的布线基础设施连接至WAP才能实现Wi-Fi 6的真正优势。为满足对带宽的需求，TSB-162-A标准建议每个支持WAP的服务网点都能够连接两条Cat 6A类线缆。

纵观上述五大趋势，"功率" 将是影响2019年及未来布线策略的关键词之一。随着我们向双绞线PoE电缆实现90W功率传输的方向迈进，热量和安全问题将成为我们在未来会更多考虑的因素。同时，我们还将看到更多用以处理更长距离供电和数据传输的混合光纤解决方案。

◇康普企业网络北亚区副总裁陈岚

(本文原载第23期2版)

解读华为P30(pro)摄像模组

华为P30和P30 Pro可以说是2019年上半年度安卓机阵容里最强的拍照功能了，P30系列机型的亮点就是主打拍照，P30/P30 Pro均拥有超强的变焦和超感光拍摄能力。

先来说说P30系列画质、变焦能力与单反比较，处于一个什么样的水平。

确实用手机跟单反相机比较摄像头容易让稍微有摄影常识的人觉得可笑，毕竟单反相机和手机摄像头是完全两个不同结构的产品，手机由于体积大小受限，使得摄像头传感器、镜头和镜头模组等无法进行大幅度改良，也无法更换镜头，物理上已经限定了手机的画质，光圈和变焦能力等。

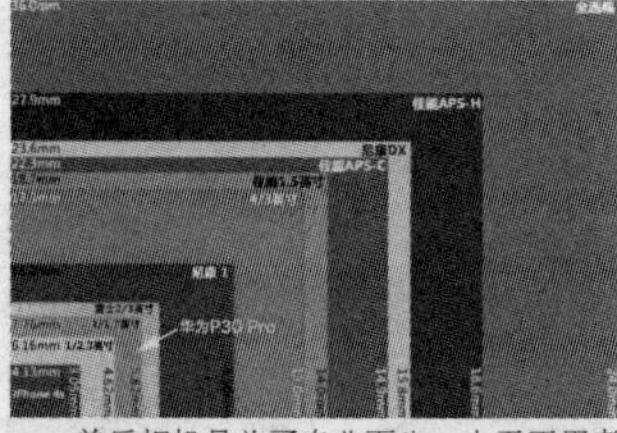

单反相机是为了专业而生，由于不用考虑体积，所以在相机里面可以塞进更大的传感器，例如现在单反相机主流的APS-C画幅，35mm全画幅，甚至是中画幅传感器等。只要接触摄影的人都知道，照片的画质由传感器大小决定的，因此摄影圈里也有了一句俗语叫："底大一级压死人"；而不懂的人则是以单一的多少像素来比较。

以P30 Pro为例，它搭载了索尼IMX 650传感器，由华为和索尼联合定制，传感器尺寸为1/1.7英寸。该传感器尺寸是目前手机中最大，但对比卡片机的1英寸传感器、微单相机的M43画幅、单反的APS-C画幅甚至是全画幅，还是显得有点微不足道。

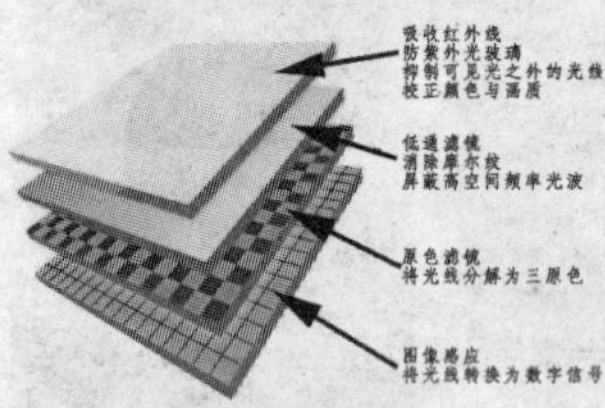

现在的传感器已经是CMOS的天下。但无论CMOS还是CCD，作为感光器件本身，都有滤镜。最前面的被称之为低通滤镜，低通滤镜有两大作用：消除摩尔纹以及过滤电磁波普。当我们用手机去拍摄屏幕的时候，还是会看到间隔均匀的明暗条纹，这就是摩尔纹，如果没有低通滤镜，这将会是很普遍的现象，当然低通滤镜会牺牲一部分画质，所以Nikon的D800有专门追求更高画质、取消了低通滤镜的型号D800E。

Nikon D800　Nikon D800E

由于感光元件本身能接收的光谱远不止可见光，还包括红外线紫外线等等。这方面单反相机领域都推出过去掉红外低通、能曝光红外线的天文专用机。经过这两道过滤之后才是可见光用来拍照。首先自然界的白光由红(Red)绿(Green)蓝(Blue)RGB三原色构成，对于应感光元器件也是如此。所以每个传感器几乎都要加上滤镜。当然不加滤镜的传感器也不是没有，但是只适合天文摄影这种可以单色独立滤镜、长时间曝光后进行色彩、亮度通道的拼合；比如以前的柯达有无滤镜CCD。

Bayer型RGGB滤镜排布方式

Conventional Bayer Array

Fuji X-Trans CMOS Array

一般说来为了工艺切割成本像素都切割成四方的，RGB分别各为一个，那么还剩下一个放置什么色呢？人眼的感光原理是通过视锥细胞来感受颜色，学名叫做G蛋白耦合受体(G Protein-Coupled Receptors，GPCRs)，在其中的视觉感光类中，直白点说人眼对绿光更敏感，所以多出来的那个像素也是绿色，这也就是RGGB排列的来历。

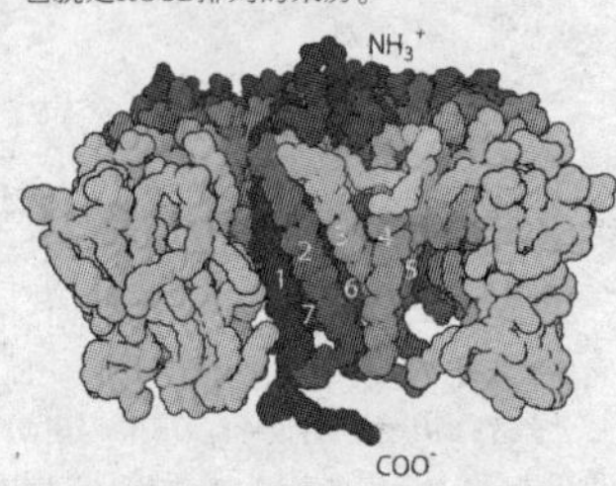

而华为的P30直接在底层的感光元器件上重新做了设计，将CMOS滤光的滤镜颜色从RGGB排列，变成了RYYB排列(用黄色Y替换绿色G)。也就是采用类似于四色印刷CMYK(C=Cyan青色、M=Magenta品红、Y=Yellow黄色、K=black黑色)中的黄色(Yellow)，而非以往的白光三元色(RGB)。

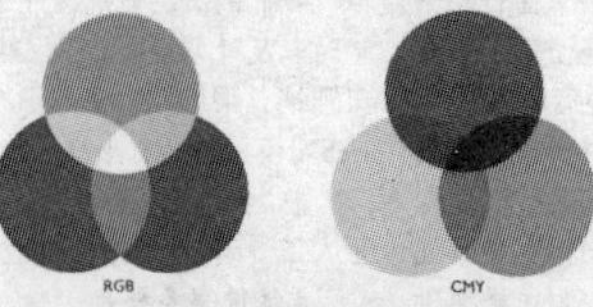

视觉混色与印刷混色的差异

通过白光混色与印刷混色（可以用颜料来体验），很显然黄色可以看成是R+G。不过华为传感器的RYYB不能简单地视为R+(R+G)X2+B，要根据实际拍摄时感光器中的G的光量通过优化算法进行增加（用华为的说法进光量提升了40%[2]）。

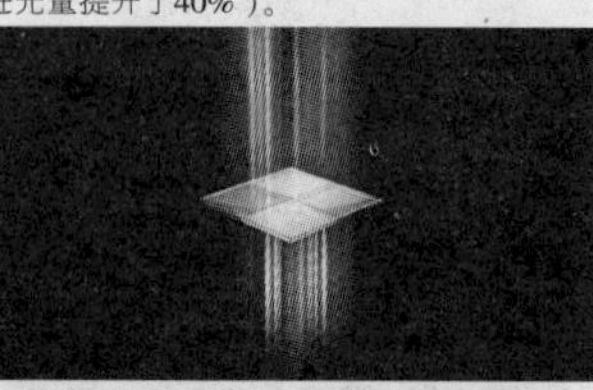

P30超级夜景

华为P30的夜景拍摄更强，同样也要归功于传感器里面的Y(品红)。目前手机后置摄像头只能被动接收红外线。因为在更深的黑暗里，要获取更多的Y，除了高感光度能力外，还使用了多帧拼合技术：在打开摄像头的瞬间，手机就开始了缓存计算，当用户在屏幕上按下快门的瞬间，会将这瞬间生成的HDR图像(数量根据设定而定)进行拼合、处理，最后合成出高清晰度的图片和影像。

学习爱丽舍标准色卡来进行分析RYYB的色彩表现与RGGB标准色的区别

同时得益于麒麟980优秀的AI计算力，通过大量的机器学习RGGB色彩模式以及将标准色卡作为校对标准后，对拍摄后的照片进行分析、对比以后，再对生成的照片进行调整，得到类似于在模拟RGGB色彩表现下的效果。

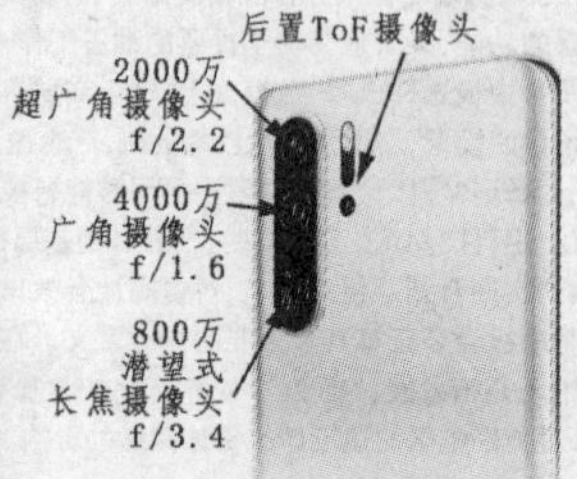

最后再看P30(pro)的超强变焦能力，P30(Pro)后置搭载超感光徕卡四摄像头，包含一枚4000万像素超感光镜头、一枚2000万像素超广角镜头、一枚800万像素潜望式长焦镜头及TOF镜头。其中4000万像素摄像头支持27mm广角和F1.6光圈；2000万像素为超广角镜头，等效35mm画幅的16mm焦距，支持F2.2光圈；800万像素为潜望式镜头，支持5X光学变焦(125mm)和F3.4光圈。

P30 Pro宣传的焦段从超广角16mm，覆盖到超长焦约1200mm焦距，其原理是通过棱镜的光路折射，使得镜头实现5倍光学变焦、10倍混合变焦及高达50倍数码变焦。

不过反过来，要在单反相机上实现同样的功能，需要准备以下镜头：

一支超广角镜头(16-35mm)、一支标准变焦镜头(24-70mm)、一支长焦镜头(70-200mm)、一支超长焦镜头(200mm焦距以上)……至于重量、便携性和价格就不用说了。因此在非专业需求的日常情况下，P30 (Pro)确实是个不错的选择。

(本文原载第23期11版)

正确选购内存

受DRAM内存产量影响，目前内存条已经是8年以来算是比较低谷的价格了，再加上受消费者手机更新换代速度低于手机产量速度，因此当前有需求的朋友非常值得入手。

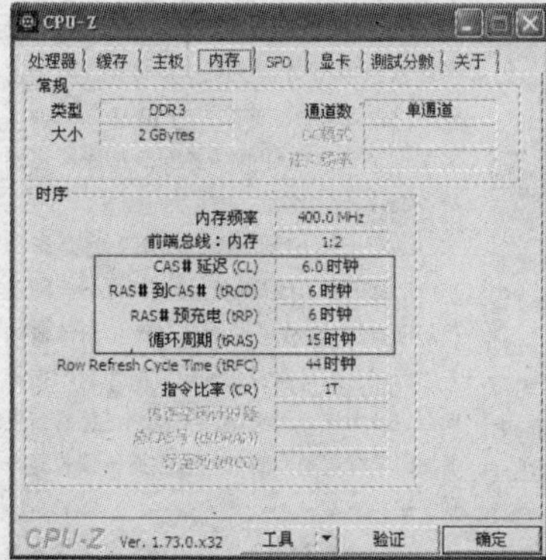

就目前的DDR4来说，从低端的2133MHz，到大众级的2400MHz/2666MHz，再到高端的3000MHz以上，不同的频率价格相差还很大，就拿销量很大的8GB内存来说，同品牌2400MHz内存与3000MHz内存就要相差一百多元。而很多人认为只要频率越高越就好了，因此单一追求内存频率的高低，其实还忽视了另一个参数——内存时序。

内存时序是描述同步动态随机存取存储器(SDRAM)性能的四个参数：CL、TRCD、TRP和TRAS，单位为时钟周期。

CL其实是最重要的参数，它的英文全称是CAS Latency，意思就是CAS的延迟时间，从中文意思中可以看出来这个数据越小延迟也就越小，一般DDR4的CL值在14-16就是一个不错的数值了，不少低延迟高超频能力的内存条还会将CL值压缩到11，这样的内存条延迟会更低，从而获得同频率下更好的性能。

TRCD的意思就是行列寻址之间的延迟，内存在读写刷新过程中是先进行行寻址，再进行列寻址，通过这样一个非常规律的方式进行读写刷新操作的，自然这个延迟越低性能久越好。

TRP是内存控制器的充电时间，既然内存条是电脑上的一个部件，那么它就需要通电，因为内存条一旦断电就会失去所有数据，所以必须通过内存控制器的充电来维持每一行数据的保存，那么这个充电的速度就决定来每一行的激活所需要时长，如果时间长了数据存储的速度就会变慢，所以同样是越小越好。

TRAS这个参数很特殊，它是"一行内存从有效到无效的时间长度"，形容一下内存的运行方式，每一行内存空间都是用来存储临时数据的，如果一个数据要进入内存，那内存就得先给一行充电，充电之后这行就能为数据提供一个"临时住所"，数据在这行待一会就要挪到下一行去住，新的一行开启、老的一行关闭为下一个数据准备充电，直到这个数据不需要再使用才会将其请走，并且在第二个数据来之前关闭曾经用过的行。这个"临时住所"是有时间限制的，而时间限制就是这个tRAS参数。时间设置长了，数据搬家效率变慢，就会变得拖沓；时间短了，数据还没有传输完毕就草草断电了，很容易引起数据损坏，所以一般的数字都会稍微偏大一点来保证安全和速度。

它们通常被写为四个用破折号分隔开的数字。其中第四个参数经常被省略，而有时还会加入第五个参数：Command rate（命令速率），通常为2T或1T，也写作2N、1N。这些参数指定了影响随机存储存储器速度的延迟时间。

比如某品牌2400 MHz的DDR4内存，它的时序是17-17-17-39，而2666 MHz的内存时序则是19-19-19-43，在实际测试中2666 MHz的内存频率虽然较高，但是由于时序数值也高，性能并没有什么优势。因此大家在选择内存的时候关注频率的同时还要重点看看时序，频率一样的情况下一定要选择时序更低的产品。较低的数字通常意味着更快的性能，所以也就是越小越好，通常以纳秒(ns)为单位。

在这四组数字之中，CL对内存性能的影响是最明显的，所以很多产品都会把内存CL值标在产品名上，一般DDR4内存的第一项数值在15左右浮动，但是DDR3内存的数值在5到11之间，而且后面三组数值也比DDR4内存要小，也就是说在相同的频率下，DDR3内存是要比DDR4更快的。

往往中低端产品一般时序较高，中高端产品则会较低一些。但不代表中高端就是最合适的，要发挥高频率内存的性能优势还要处理器和主板支持，如果不在BIOS中开启XMP或者超频，即使是3000 MHz的内存也只能降到处理器支持的默认频率运行，现在处理器支持的主流仍然还是2666MHz和2400MHz，并且一些平台对高频率内存还存在一些兼容性问题。

发烧友在进行内存超频时可以通过手动超频来降低时序，厂商也会相应地推出超频版本供发烧友选择。而作为普通玩家来说，目前大众级的2400MHz内存的性价比依然是首先。

(本文原载第23期11版)

“光线追踪”杂谈(一)

NVIDIA RTX系列显卡的推出给玩家带来了全新的光线追踪加速技术，无论是从技术原理的角度来看，还是在3D演示中来看，光线追踪的确给游戏画面带来质的提升，游戏画面拟真度在一定程度上跟接近电影了。

只有光线追踪才能模拟出来的场景图片

RTX系显卡的架构取名“图灵”(Turing)，这个“图灵”就是著名的人工智能学家“艾伦·图灵”(AlanTuring)。除了数学家的身份外，他还是现代计算机体系架构初期的重要贡献者之一。1950年，图灵发表了一篇划时代的论文，文中预言了创造出具有真正智能的机器的可能性，由于注意到“智能”这一概念难以确切定义，他还提出了一个名为图灵测试的实验，试图为称为“智能”的机器定义标准——如果一个人(C)使用测试对象皆理解的语言去询问两个他不能看见的对象任意一串问题(对象为：一个是正常思维的人(B)、一个是机器(A))，在经过若干询问以后，如果C不能得出实质的区别来分辨A与B的不同，则此机器A通过了图灵测试。

图灵在论文中提道：人工智能，不是建立一个模拟成人心灵的程序，而应是制作一个更简单的程序来模拟孩子的思维，然后让它接受教育课程，就如同今日的深度学习智能一般。

图灵是由Nvidia开发的GPU微体系结构的代号——作为Volta架构的继承者，它以著名的数学家和计算机科学家艾伦·图灵命名。该架构于2018年8月首次在SIGGRAPH 2018上推出，是第一个能够进行实时光线追踪的GPU，它实现了计算机图形工业的长期目标之一——包括专用的人工智能处理核心(Tensor cores)和专用的光线跟踪处理核心(RT cores)在内，是业界的一大进步。那么RTX系列显卡主要有两大看点：光线追踪和人工智能处理核心。

光线追踪(Ray-tracing)

在谈论光线追踪技术普及之前，我们先来了解一下当前游戏画面的图形技术，说说为什么光线追踪能给游戏画面带来本质上的提升。

3D游戏主要是让3D图形通过显示屏以2D形式呈现在玩家面前，所使用的技术叫“光栅化”。我们都知道在最初设计游戏时，都要进行3D建模(矢量图形)后，将模型投射到屏幕的2D像素点上(光栅化)，3D矢量图变成了2D的位图，这才是大家在显示器看到的画面。

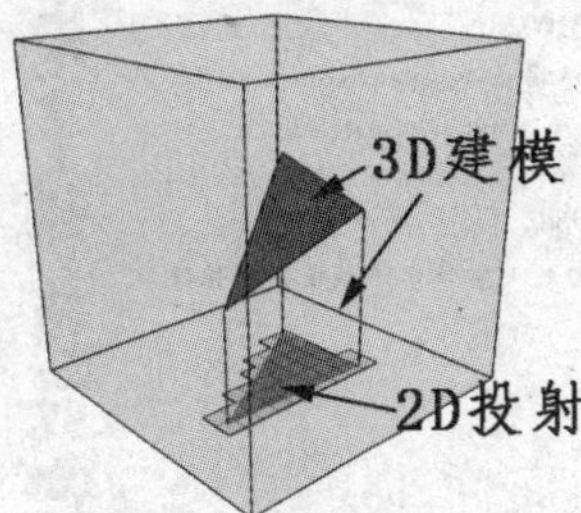

将3D空间的矢量图形投射到平面上，成为2D栅格位图

在这个过程当中，矢量图形变为栅格位图，位图大小以像素点数量来衡量，因此分辨率越高、处理越复杂(例如抗锯齿)对显卡光栅单元ROPs要求越高。比如ROPs性能比较差的显卡在高分辨率和高倍抗锯齿下运行游戏，掉帧、卡顿甚至会发生弹出或死机现象。

除了高精度的建模外，还需要色彩分明以及景深感，这种也属于渲染的范畴。而游戏画面的着色，是在Raster Operations也就是光栅操作过程当中完成的。在光栅化的过程当中，会为2D图像的像素分配额外的信息，例如深度、颜色等等，接着显卡再根据这些信息给像素进行渲染上色，最后我们就可以看到立体的图像了。

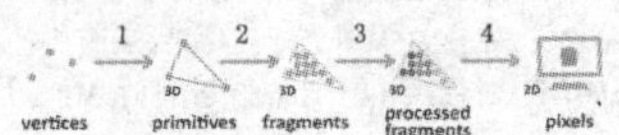

步骤1. vertices processing(顶点运算)
步骤2. rasterization (光栅化)
步骤3. fragment processing (碎片处理)
步骤4. output merging (输出合并)

渲染流程简示图确定3D顶点→3D建模→光栅化→像素着色→2D图像

举个很简单的例子，早期的网络游戏《魔兽世界》大家都比较熟悉，为什么相对于同时期的其他3D游戏既流畅又出效果呢？答案就在它的贴图纹理上，一些建筑和城墙等模型远一点看确实有景深等立体效果，但是把画面拉近了看，其实都在一个平面上，全是美工做的类似于3D手绘那种视觉效果。

而这种“聪明”的设计制作方法在当时硬件配置不高时期确实流行了很久，不过基于这个原理，很难做出非常拟真的光影效果。而后续一些改进的光影效果，也是利用光照贴图(Lightmap)来模拟的。比如像素的深度信息告诉电脑，这里能不能被光线照到，然后电脑就决定为这片像素贴上半透明的黑色/白色的光影贴图，模拟出阴影/亮面，就形成了简单的光影效果。

在光线追踪技术出来以前，只能将游戏中的光照贴图预先设计成好几种效果，根据不同的情况贴不同的效果的渲染图，比如灯照、火光乃至天气之类的系统，也就是说光影并不是实时计算出来的。虽然看上去光影貌似产生变化，但只是预先渲染好的光照贴图而已。

近几年虽然技术也在进步，但实质上都是在光照贴图上花功夫。环境光遮蔽，是带有指向性的光照贴图；体积光，则是简单看作带半透明模糊处理过的贴片；法线贴图，可以表达物体表面凹凸不平造成的高光和阴影。这些手段都可以提升画质，但游戏画质已经很久没有从原理上出现质的突破。

图灵架构

图灵(Turing)架构实现光线追踪的功能，是通过RT核心来完成的，它执行的光线跟踪可用于产生反射，折射和阴影，取代传统的光栅技术——如立方体贴图和深度贴图(uv法线贴图)，带来更为写实的光影效果。虽然目前全面替换光栅技术只是理论层面的构想，但图灵架构已经能实现从光线追踪中收集更加贴近现实的光影参数，来增强阴影和复杂的光影效果了，这不仅减轻了游戏开发人员的制作成本(包括操作层面和渲染时间问题)，也同时为玩家们带来了更为细腻可信的画面效果——按照Nvidia的说法，RTX系的显卡，在实行光线追踪技术的时候，所能提供的性能比之前的帕斯卡(Pascal)架构增加了约8倍。

在GTX 1070 Ti推出以后，Pascal架构应当说是走入了尾声，正当大家以为Volta游戏显卡要登场的时候，NVIDIA直接跳过了Volta架构，Turing架构横空出世。光从名字上看，NVIDIA能够舍弃用了差不多十年的GTX前缀，改成了RTX，就知道图灵架构在NVIDIA眼中是多么的重要了。

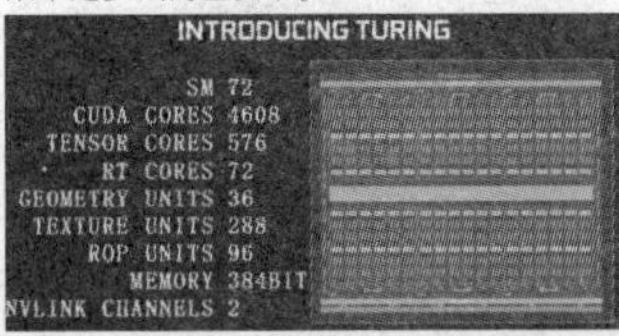

图灵架构除了常规的GPC(图形处理簇，Graphics Processing Clusters)、TPC(纹理处理簇，Texture Processing Clusters)、SM(流多处理器，Stream Multiprocessors)以及内存控制器以外，还加入了RT核心、Tensor核心。这两个核心的加入首先使画面加入真实的实时光影成为可能，又可以把图形因角度或分辨率等因素产生的误差通过深度学习进行优化。

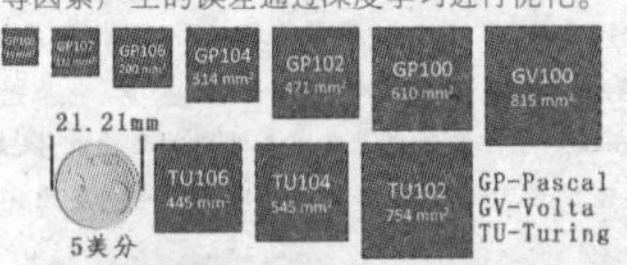

尽管有了新的12nm FFN工艺制程支持，Turing GPU核心面积仍然增大了许多，例如RTX 2070级别用的是中端GPU—TU106，但核心面积居然有445mm²，比上一代GTX 1080的GP104面积314mm²大了不少，几乎和GTX 1080 Ti的GP102差不多了，可想而知NVIDIA在里面塞了多少晶体管。再加上全新的Tensor Core以及RT Core单元。才使RTX显卡在游戏运行时可进行AI计算、实时光线追踪。

就像图示里介绍的一样，RTX2070对应TU106核心、RTX2080对应TU104核心、顶级的RTX2080Ti则对应的是TU102核心；它们内部结构都发生了很大的变化。

TU102

TU102核心一共分为6组GPC单元，每组GPC单元又拥有12个SM单元，一共是72个SM单元，但RTX 2080 Ti也只用到其中的68个而已，算下来有68×64=4352个CUDA流处理器。按照RTX 2080 Ti已经公布的参数，可以计算得出，每个SM单元将会配备64个CUDA、8个Tensor Core、1个RT Core。

TU104

TU104核心依然是6组GPC单元，不过每组GPC改为8个SM单元，一共是6×8=48个，而RTX 2080的GPU核心是TU104-400，只用上了46组，还有预留有2组空缺的，46×64=2944个，规模要比RTX 2080 Ti小多了，这也是RTX 2080 Ti(9999元)比RTX2080(6499元)贵上许多的原因。

TU106

TU106核心，3组GPC单元，3×12=36组SM单元，36×64=2304个CUDA单元；可以将其视作RTX 2080 Ti规格的一半。

Turing SM单元

Turing图灵架构采用全新的SM设计——Turing SM单元，与Pascal架构相比，每个CUDA Core性能提升50%，效果显著。SM单元融合很多Volta架构的特性，比方说一个TPC里面包含了两个SM单元，而在Pascal架构当中只有一个。另一方面，Turing的SM单元内部运算单元有了全新的组分以及分配方式。

Pascal架构中的128个FP32运算单元，在Turing架构中变成了拥有64个FP32、64个INT32、8个Tensor Core、1个RT Core，FP64单元彻底不见了，同时添加了独立的INT数据路径，类似于Volta GV100 GPU的独立线程调度，支持FP32和INT32操作的并发执行。

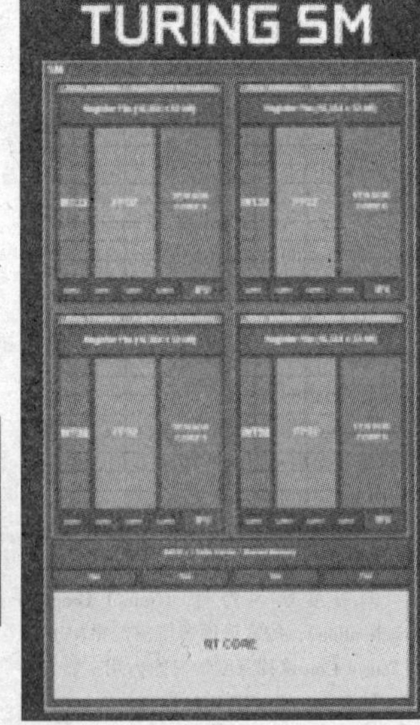

Turing架构SM单元还为共享缓存、L1缓存、纹理缓存引入了统一架构，可以让L1缓存更充分利用资源。Turing的L1缓存与共享缓存大小是灵活可变的，可以根据需要在64+32KB或者32+64KB之间变换，目的在于减少L1缓存延迟，并提供比Pascal GPU中使用的L1缓存更高的带宽。同时L2缓存容量大大地提升至6MB，是Pascal架构的两倍。

与Pascal架构相比，Turing架构每个TPC带宽命中效果增加2倍。

Turing Tensor Core

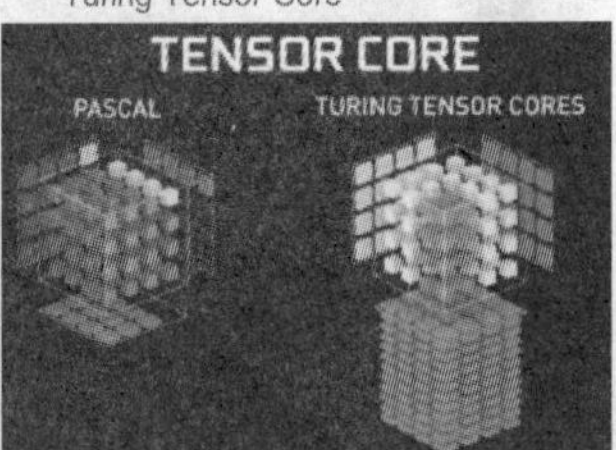

Tensor意思就是张量，区别于我们常见的标量(0维)、矢量(1维)、矩阵(2维)，张量拥有3维或者更高维，本质核心上就是一个数据容器，可以包含更多维度数据。Tensor Core首次出现在Volta架构中，而Turing架构对其进行了增强。还增加了新的INT8和INT4精度模式，FP16半精度也能够被完整支持。目前深度学习就是通过极大量数据运算计算出最终结果，通常会用到矩阵融合乘加(FMA)运算，而Tensor Core区别于ALU整数运算，天生就是为这种矩阵数学运算服务。

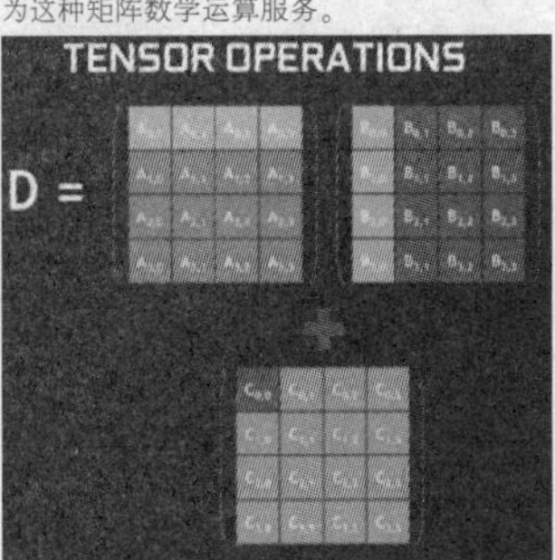

(未完待续)

(下转第268页)

(本文原载第25期11版)

“光线追踪”杂谈(二)

(紧接第267页)

它可以将两个4×4 FP16矩阵相乘，然后将结果添加到4×4 FP16或FP32矩阵中，最终输出新的4×4 FP16或FP32矩阵。NVIDIA将Tensor Core进行的这种运算称为混合精度数学，因为输入矩阵的精度为半精度，但乘积可以达到完全精度。每个Tensor Core可以使用FP16输入在每个时钟执行多达64个浮点融合乘加(FMA)运算，新的INT8精度模式的工作速率是此速率的两倍。Turing Tensor Core为矩阵运算提供了显著的加速，除了新的神经图形功能外，还用于深度学习训练和推理操作。

当电脑检测到Turing显卡时，会自动匹配并下载NGX Core软件包，提供深度学习超级采样DLSS、AI InPainting、AI Super Rez、AI Slow-Mo等功能。其中DLSS训练网络运行于NVIDIA的超级计算机上，而非显卡自身；只是通过GFE下载了某个游戏DLSS网络权重参数，可以用非常低的运算力实现超算的结果，这就是NVIDIA为什么要在Turing显卡上引入Tensor Core的原因。说得直白点，每一个游戏都需要事先跑出自己的DLSS网络，然后由NVIDIA通过GFE软件分发给玩家，所以这也是为什么非Turing显卡不能使用DLSS的原因。

NGX

即深度学习特性(Neural Graphics Acceleration)，按常理很多玩家觉得NVIDIA将Tensor Core这种深度学习能力用在显卡上是一种浪费。不过NVIDIA自有他的做法，依靠NVIDIA NGX AI框架，可以在游戏中实现诸如深度学习超级采样DLSS、AI InPainting(根据对图像的深度学习进行增补或者删除以及合成新图像，可以理解为AI PS)、AI Super Rez(将原图像或者视频的分辨率清晰地放大2倍、4倍、8倍，增强画面表达力)、AI Slow-Mo(利用AI将普通的30fps进行智能插帧计算，获取240/480fps的慢动作视频。)等功能。除了加速实现一些过去非常繁琐功能，建立起属于GPU的DNN深度神经网络，用于加速处理游戏中的部分特性外，也能实现在游戏中进行AI计算。

RT Cores

RT即Ray Tracing，光线追踪；这是Turing显卡的核心灵魂，也是架构的最大进步。前面我们讲到过，在以前的显卡中光栅化会以较小的资源消耗获得比较逼真的光影渲染；但是有个弊端，那就是有可能会出现违反物理现象的画面。实时光线追踪是基于物理上的一种密集渲染方式来还原，不存在这一缺点。当然就目前技术而言，毕竟是第一代RT核心，用以后的技术看现在的RTX显卡算力也是有限的，并且NVIDIA也认为RT与光栅化是不矛盾冲突的，可以采用混合渲染的方式更为效率。例如：光栅化用于普通、需要高效处理的场景中，而光线追踪用于最具视觉效果的地方，比方说水面反射、镜子反射、玻璃折射等场景。

RT核心包括两个专用单元，第一个进行边界框计算，第二个进行射线三角交叉计算。SM单元只是个引子，用于启动Ray probe，剩下的工作全都交由RT Core处理，会自动计算执行边界体积层次(BVH)遍历以及光线和三角求交，并且向SM单元返回结果，从而节省SM单元执行的数以千计的指令。同时SM单元可以自由地执行其他任务，比如是顶点生成、计算这色等。

最后RT Core还要配合GameWorks SDK的光线追踪降噪模块、RTX API等软件层面的协同工作，一张Turing显卡才能实现实时光线追踪。

普及问题

说了这么多光线追踪的优点，最后来说下它的缺点，除了RTX显卡价格奇高以外，目前支持RT技术的游戏还很少。在全球游戏市场中，PC游戏只能占据1/4的比例，还有PlayStation、Xbox等主机游戏，尽管PC游戏会率先使用光线追踪图形技术，但这些先进的图形技术如果一直没有在主机游戏当中出现，以市场的角度来看它们都仍会是非主流。目前运作的图形API主要有英伟达的N VIDIA OptiX、微软Microsoft的DXR(DirectX RayTracing)和VulkanAPI。

虽然微软已经公布了DXR API，在DX12当中支持了光线追踪，但仍未制定相应的硬件规范。尽管Xbox主机也使用DX API，但其使用的AMD图形芯片并不支持光线追踪加速，如果主机游戏在现阶段使用光线加速，效率非常不理想。目前只有NV的RTX显卡能提供硬件层面的光线追踪加速，而众所周知NV在主机市场并没有太大的影响力。因此，光线追踪游戏何时能够普及，恐怕主要得看AMD何时跟进，并推出并能在主机平台上广泛应用的光线追踪加速方案。

直到E3 2019上，AMD才确认他们推出的Navi系列RX 5700显卡还不会在硬件上支持光线追踪，只能通过微软的DXR进行软件上的模拟光线追踪。这句话实际意味着最快也要下一代Xbox和PlayStation才会看到支持硬件加速的光线追踪，真正能推广的时间至少也是2020年甚至2021年了。

(全文完)

(本文原载第26期11版)

电子科技博物馆专栏

编前语：或许，当我们使用电子产品时，都没有人记得或知道老一批电子科技工作者们是经过了怎样的努力才奠定了当今时代的小型甚至微型的诸多电子产品及家电；或许，当我们拿起手机上网、看新闻、打游戏、发微信朋友圈时，也没有人记得是乔布斯等人让手机体积变小、功能变强大；或许，有一天我们的子孙后代只知道电子科技的进步而遗忘了老一辈电子科技工作者的艰辛……

成都电子科技大学博物馆旨在以电子发展历史上有代表性的物品为载体，记录推动电子科技发展特别是中国电子科技发展的重要人物和事件。目前，电子科技博物馆已与102家行业内企事业单位建立了联系，征集到藏品12000余件，展出1000余件，旨在以“见人见物见精神”的陈展方式，弘扬科学精神，提升公民科学素养。

被时代淘汰的小灵通

在科技不断发展的推动下，电子产品更新迭代的周期要远比我们预想的短许多，身处科技高速发展时代的我们，我们可以触摸到的电子产品也越来越新颖，虽然这些新兴的电子科技产品在不断地丰富着我们的生活，但今天所取得的成绩是因为站在了曾经时代经典的肩头之上，我们也将永远不会遗忘那些曾经出现在科技历史长河中的闪光点。

提起小灵通，很多人并不陌生。作为一项被淘汰的技术，小灵通离开我们的视线，已经好多年了。但是，遥想当年，它确实掀起了一阵热潮，风靡大江南北，拥有大量的支持者。小灵通是一种个人手持式无线电话，采用微蜂窝技术通过微蜂窝基站的覆盖将用户端以无线的方式接入本地电话网，能够在网络的覆盖范围内自由移动使用，随时随地接听拨打本地和国内、国际的电话，在当时比座机方便太多。

“有事打我小灵通，接听不花钱”，在当时，小灵通曾以绿色环保、资费低廉、超长待机等优势风靡一时。很多老百姓，尤其是家里的长辈，都办理和使用了小灵通业务。然而物极必衰，达到顶峰的小灵通不知不觉也迎来了自己命运的拐点。根据工信部于2009年发出的通知要求，小灵通于2011年底退网。

曾经风靡一时的小灵通，如何一步步走向衰落呢？业界曾总结了小灵通之“过”：尽管当时小灵通的话费非常便宜，但是信号却非常的差，而且只能在本地使用，使得用户受到了一定的条件限制。其次小灵通采用的2G通信技术非常落后，而且频段也非常少，这种落后的技术逐渐被时代所淘汰，是大势所趋。

总的来说，小灵通完成了它的历史使命——小灵通是在特殊时期，特殊背景下，电信企业为了适应市场竞争但又要规避政策风险而引进的一个次优的选择。所以它的命运，在一开始就被注定了，是一个用于短暂过渡的产品。但不可否认，电信利用它，积累了移动通信的运营经验，培养了很多的早期移动通信用户，也因此避免了和移动差距的进一步扩大。

如同传呼机一样，从1998年上线，到2006年巅峰，再到2014年退网，在国内市场发展了10多年之久的小灵通也已经渐渐远去，成为人们心中的回忆。总之，随着科技水平的不断提高，有很多新兴事物出现的同时也有很多的旧时代产物被淘汰，所以落后的技术被淘汰是很正常的，也是这个时代的规律。

◇杜晓明

(本文原载第26期2版)

电子科技博物馆『我与电子科技或产品』

本栏目欢迎您讲述科技产品故事，科技人物故事，稿件一旦采用，稿费从优，且将在电子科技博物馆官网发布。欢迎积极赐稿！

电子科技博物馆藏品持续征集：实物；文件、书籍与资料；图像照片、影音资料。包括但不限于下列领域：各类通信设备及其系统；各类雷达、天线设备及系统；各类电子元器件、材料及相关设备；各类电子测量仪器；各类广播电视、设备及系统；各类计算机、软件及系统等。

电子科技博物馆开放时间：每周一至周五9:00--17:00，16:30停止入馆。

联系方式

联系人：任老师　联系电话/传真：028--61831002

电子邮箱：bwg@uestc.edu.cn　网址：http://www.museum.uestc.edu.cn/

地址：(611731)成都市高新区(西区)西源大道2006号

电子科技大学清水河校区图书馆报告厅附楼

创维8S16机芯液晶电视主板电路分析与维修

贺学金

一、8S16机芯基本结构和电路组成

创维8S16液晶电视机芯使用Mstar的MSD6I881方案，MIPS架构，主芯片MSD6I881内置wifi模块，内置1G bit DDR。8S16机芯液晶彩电的主要型号有32E360E、40E360E、40E5ERS、42E360E、49E360E等。其基本功能包含1路RF输入、1路AV输入、1路VGA输入、2路HDMI输入、1路USB接口、1路LAN网络接口、1路wifi接口，1路AV输出。8S16机芯主板布局与一般主板有所不同：8S16主板与电源板、恒流板之间采用接插件直接连接方式；AV输入、AV输出插座设计在恒流板上。

8S16主板电路主要由主芯片MSD6I881（U9）、音频功放块TPA3113D2（U0A4）、FLASH存储器TC58NVG0S3HTA00（U0M1）、E²PROM存储器FM24C04A(U0M2)等组成，元件实物组装图如图1所示，电路组成框图如图2所示。

二、供电系统

供电系统如图3所示，电源板输出的+12V_NOR、+24V_NOR两组电压经CN3送到主板。其中，+24V_NOR是恒流板供电电压，经主板后从接口CN2输出送到恒流板，+12V_NOR经主板上的DC-DC电路形成主板各单元电路所需的各路电源电压。

+12V_NOR经U0P4变换得到+5V_STB，再经U1P3变换得到+3.3V_STB电压，给主芯片内部的CPU供电。二次开机后，主芯片输出高电平的开待机控制信号PWR_STB，使开待机控制管U0L2导通，输出+5V_NOR、+1.5V_DDR、TUNER_3.3V电压。

1. +5V_STB供电

电源板没有+5V_STB待机电压输出，因此在主板上设计有+12V_NOR转+5V_STB电路。此电路采用PWM开关电源，由U0P4（图标型号为MP1495DJ，集成块上标的是代码ACSE）及外围元件组成，如图4所示。U0P4是开关控制器件，L0P6是储能电感。

MP1495DJ是一款500Hz高效率同步降压转换器，内置功率MOSFET管及软启动、OCP保护等电路，输入电压4.5V~16V，输出电压可调（基准电压为0.8V），最大输出电流可达3A，其引脚功能见表1。

表1 MP1495DJ引脚功能和维修数据

脚号	符号	功能	电压(V)
①	AAM	工作模式选择。该脚通过电阻R3P7连接到⑦脚，表明芯片工作于非同步模式	0.49
②	IN	电源电压输入端(供电端)	11.61
③	SW	开关电源输出端	5.20
④	GND	接地端	0
⑤	BST	自举端	10.01
⑥	EN/SYNC	使能/同步端，	6.30
⑦	VCC	内部电压调节器输出	4.77
⑧	FB	反馈脚	0.85

U0P4使能控制端⑥脚加上高电平后，IC内部电路启动，才有电压输出。输出的5V电压经R2P8、R3P8分压反馈送到U0P48脚内部的控

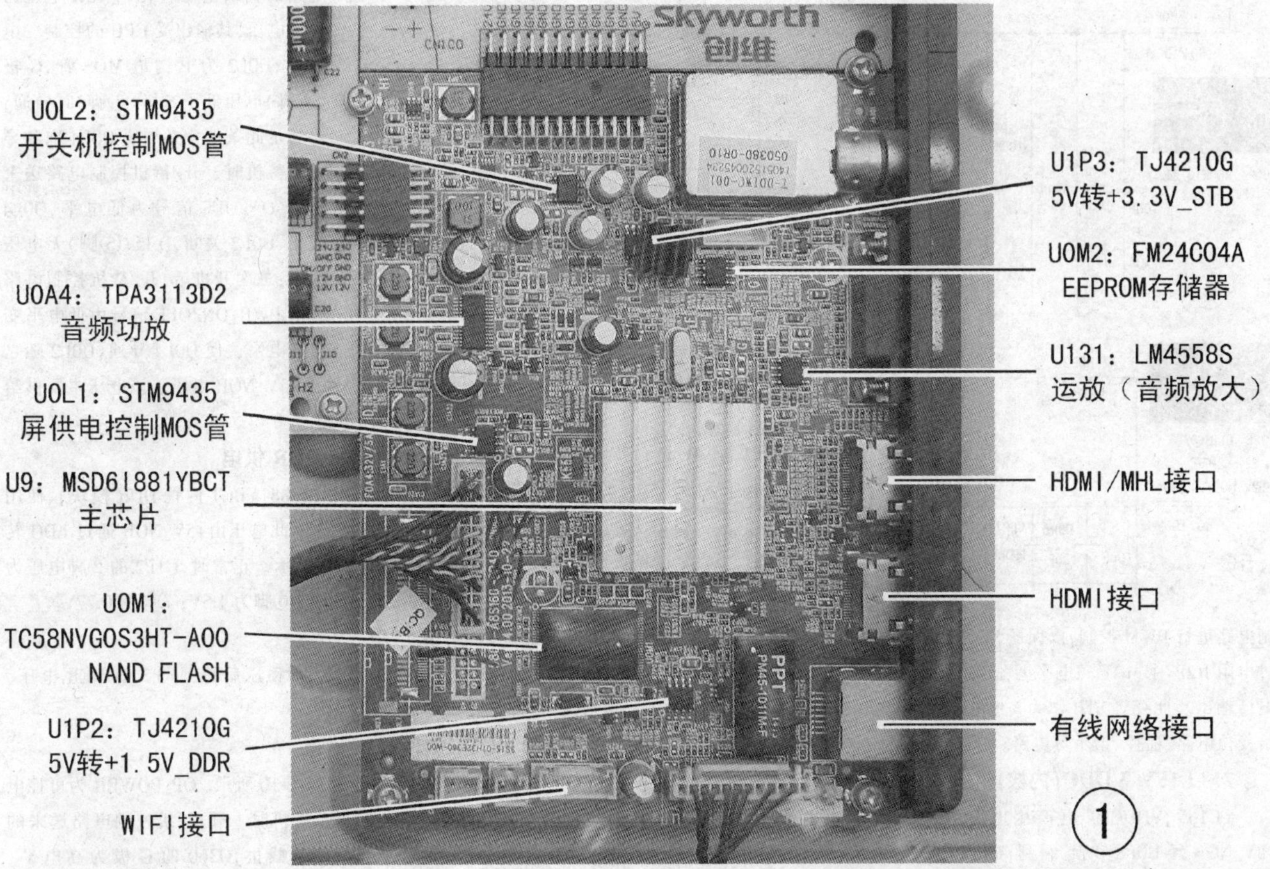

①

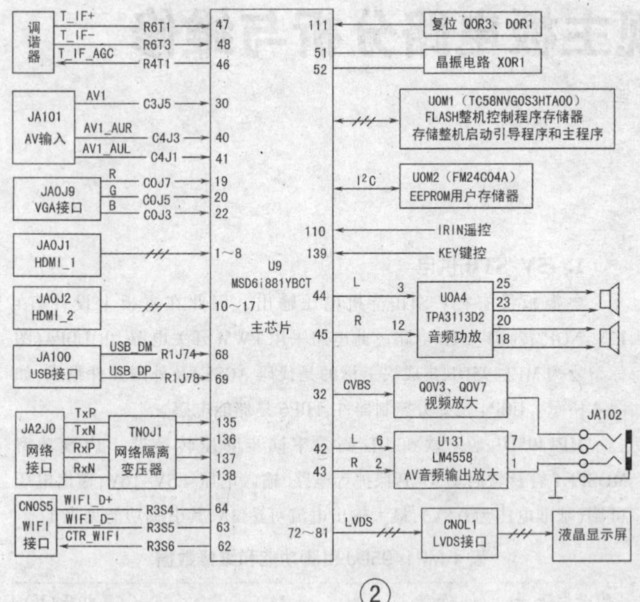

②

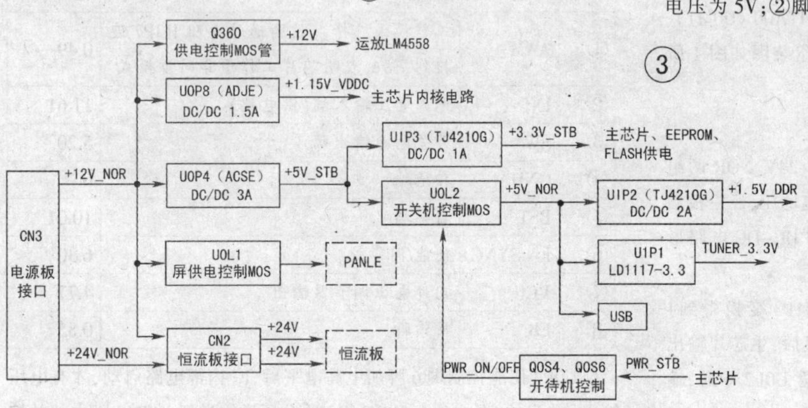

③

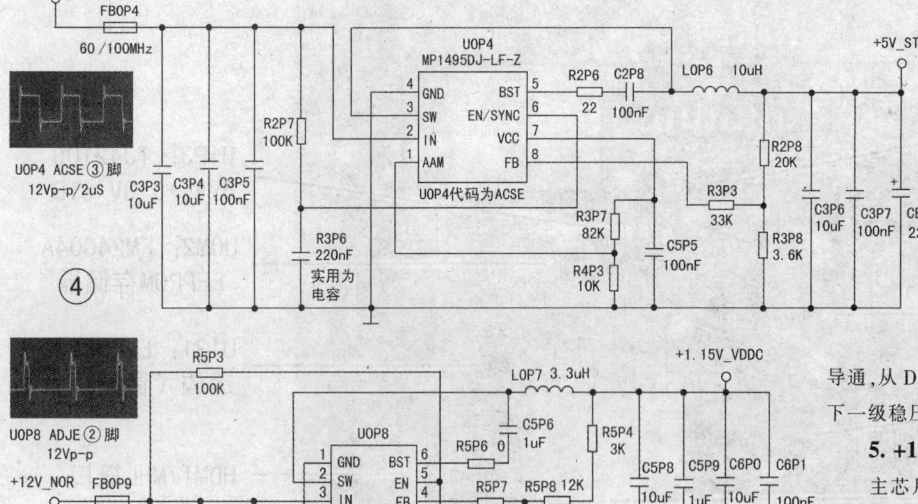

制电路进行PWM控制，以保证5V输出电压的稳压。该机芯中，⑥脚通过电阻R2P7接12V高电平上，故以U0P4为主组成的电路始终有+5V电压输出。此+5V_STB作为其他电压变换电路的输入电压，同时还供给复位电路、遥控、指示灯电路。

2. +1.15V_VDDC(内核)供电

+1.15V_VDDC供电产生电路如图5所示。电源板送来的+12V_NOR经U0P8转换，得到+1.15V_VDDC电压，供给主芯片的内核电路。

集成块U0P8标的ADJE是代码，型号全称为MP1470GJ，它是一款高效率同步降压转换器，内置500Hz的PWM控制器，软启动、逐周期电流限制及过流、过压保护等电路，输入电压4.5V~18V，输出电压可调(最低电压为0.8V)，连续输出电流达2A，其引脚功能见表2。

表2 MP1470GJ引脚功能和维修数据

脚号	符号	功能	电压(V)
1	GND	接地端	0
2	SW	开关电源输出端	1.17
3	IN	电源电压输入端(供电端)	11.61
4	FB	反馈脚	0.78
5	EN	使能	6.56
6	BST	自举端	5.95

3. +3.3V_STB供电

+3.3V_STB供电产生电路如图6所示。U1P3(TJ4210)是LDO低压差线性稳压器，输出电流达1A。TJ4210的③脚是输入端，正常时该脚电压为5V；②脚是使能端(高电平开启，低电平关闭)，此脚通过电阻R7P2接③脚的5V高电平，该脚电压为5V，故U1P3始终有+3.3V电压输出；⑥脚是输出端，电压为3.3V；⑦脚是反馈端，电压为0.8V，⑥脚输出的电压通过电阻分压后加至此脚，从而实现输出电压的稳压，若调整外接电阻的阻值比，还能调整⑥脚的输出电压。+5V_STB经U1P3转换，得到+3.3V_STB电压，供给主芯片的CPU，另外还供给E²PROM、FLASH等电路。

4. +5V_NOR供电

+5V_NOR电压产生电路如图7所示。+5V_STB经U0L2(STM9435)开/关控制后，得到+5V_NOR电压，作为USB接口的供电，同时还作为下级电压变换电路的输入电压。+5V_NOR电压为可控电压，其输出受CPU的控制。电路中，U0L2为P沟道MOS管，G极(④脚)电压低于S极(①脚)时导通，要满足此条件，必须要Q0L4饱和导通。待机时，开/待机控制电路送来PWR_ON/OFF信号为低电平，Q0L4截止，U0L2关断，D极(⑤脚)无电压输出；二次开机后，开/待机控制电路送来PWR_ON/OFF信号由低电平变为高电平，使Q0L4导通，U0L2随之导通，从D极输出+5V_NOR电压。该电压主要供给下一级稳压电路。

5. +1.5V_DDR供电

主芯片MSD6I881YBCT内置DDR模块，使用1.5V的电压工作。此电压由+5V_NOR通过LDO转换而来，如图8所示。正常时，U1P2的②脚电压为4.8V，③脚为4.8V，⑥脚为1.5V；⑦脚为0.77V。

6. +3.3_TUNER供电

+5V_NOR经U1P1(LD1117-3.3)稳压后得到+3.3_TUNER电压，供给高频头电路，如图9所示。

7. OP_POWER(+12V)供电

OP_POWER(+12V)供电电路如图10所示。OP_POWER为可控电压，受开/待机控制电路的控制。待机时，开/待机控制电路送来的PWR_ON/OFF信号为低电平，Q361截止，Q360的G极为高电平，

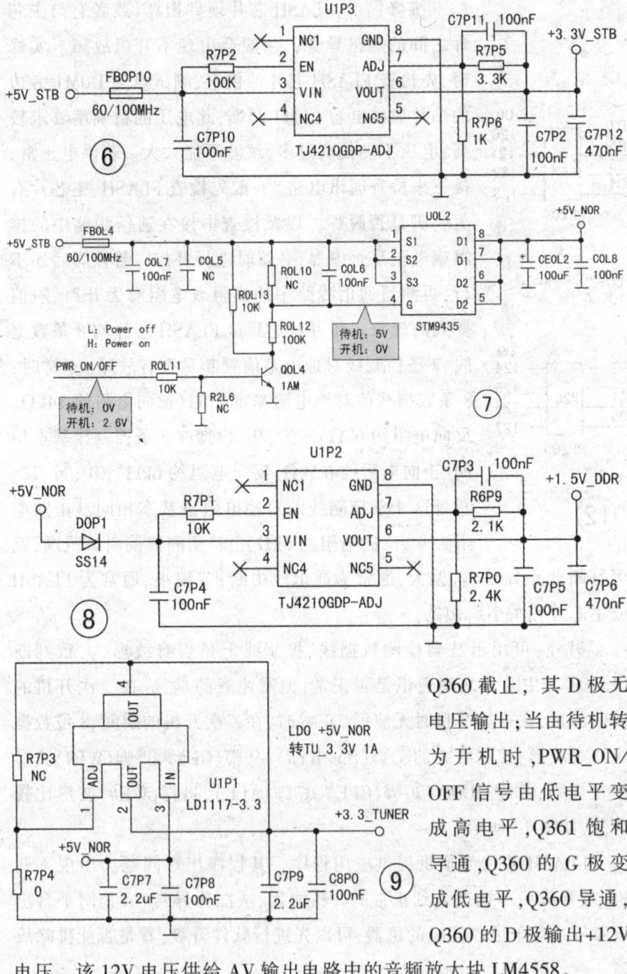

Q360 截止，其 D 极无电压输出；当由待机转为开机时，PWR_ON/OFF 信号由低电平变成高电平，Q361 饱和导通，Q360 的 G 极变成低电平，Q360 导通，Q360 的 D 极输出+12V 电压。该 12V 电压供给 AV 输出电路中的音频放大块 LM4558。

DC-DC 电路检修方法与技巧：

(1)主板检修，应当从主板内各路供电查起，往往能快速找到故障点。

(2)了解 DC-DC 电路供电关系以及各输出电压的带载情况，可以为检修与供电有关的故障判断提供清晰的思路。

(3)弄清各组供电电压是可控电压还是不可控电压。对于可控电压异常故障，不仅要检查该电压形成电路，同时也要检查其控制电路。

(4)当某输出电压不正常时，要注意检查输出端连接的滤波电容，以及检查其负载电路是否有短路现象。

三、控制电路

该机芯的控制电路以主芯片 U9 内部的 CPU 为核心，配以 FLASH 程序存储器(U0M1)、E²PROM 用户存储器(U0M2)、控制指令输入电路(包括本机键盘和遥控接收器)等组成。

1. 开机流程

(1)电源板送+12V 供电给主板，+24V 给恒流板供电。

(2)+12V 经 U0P4 稳压后得到+5V_STB，+5V_STB 经 U1P3 得到+3.3V_STB 电压，给 CPU 供电。另外，+3.3V_STB 电压还给背光控制电路、SPI、FLASH 等电路供电。

(3)CPU(U9)的供电脚得到供电电压、复位脚得到复位电压后，外围晶振起振，CPU 开始工作，NAND FLASH(U0M1)开始工作。首先 U9 内的主控系统与 U0M1 进行通讯，然后主控制器运行 U0M1 内的启动程序(Mboot)。

R363 NC
+12V_NOR
Q360 A18E
R336
10
L151
4.7uH
OP_POWER
C360
100nF
R360
10K
R361
100K
C1156
NC
C1150
10uF
C1151
100nF
待机：0V
开机：2.6V
PWR_ON/OFF
R362
1K
Q361
1AM
⑩

(4)U9 工作后，CPU 的部分 I/O 引脚会输出默认电平。

(5)主控系统对 E²PROM 进行初始化。

(6)主控系统开始对各类寄存器进行初始化，检测 IIS 等总线连接，并对其初始化。

(7)主控系统从 U0M2 中读取用户程序数据。

(8)初始化完成后，系统处于开机状态。

2. 微处理器正常工作状态的支持电路

要使主芯片的 CPU 进入正常工作状态，首先要保证主芯片 CPU 正常工作的必备三个条件：一是供给主芯片相关引脚+3.3V 工作电源，即+3.3V_STB 待机电压；二是主芯片在每次工作前必须首先进行清零复位；三是为主芯片提供准确可靠的 24MHz 振荡脉冲，作为主芯片各单元电路统一工作的时基标准，以协调中央控制单元电路工作的步调。控制系统基本工作条件电路如图 11 所示。

主芯片的供电引脚很多，内部不同单元电路的供电电压也不一样。主芯片的引脚细密，加之安装有散热片，直接测量其供电引脚电压很困难，可测量供电引脚连接的贴片滤波电容两端，或测试点选在供电线路中的磁珠处。

复位电路由 Q0R3 及外围元件组成。在开机瞬间，+5V_STB 供电分两路送给复位电路：一路经 D0R1 给 C0R2 充电，待充满后，给 Q0R3 的发射极供电；另一路经 R0R2 给 C0R6 充电，待充满后，经 R1R0 给 Q0R3 的基极供电，C0R2 容量比 C0R6 小，C0R2 的充电速度快，于是 Q0R3 由截止变为饱和导通，随着 C0R6 不断充电，Q0R3 会由饱和导通变为截止，即 U9 的复位脚(RESET)的电平变化是：低电平→高电平→低电平，从而完成高电平复位。检查复位电路时，可在接通电源的瞬间，监测 Q0R3 的集电极电压来判断是否产生复位信号，正常应有 0V→4.6V→0V 的变化。

X0R1、C0R7、C0R8 和 U9 内部振荡器组成时钟振荡电路，产生 24MHz 脉冲信号，为 U9 中的相关模块提供所需要的时钟信号。U9 的

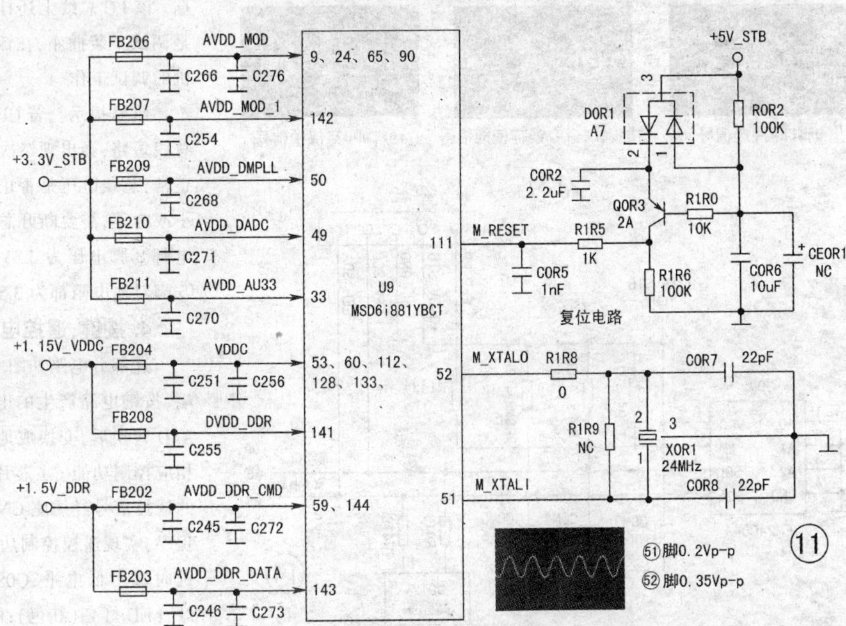

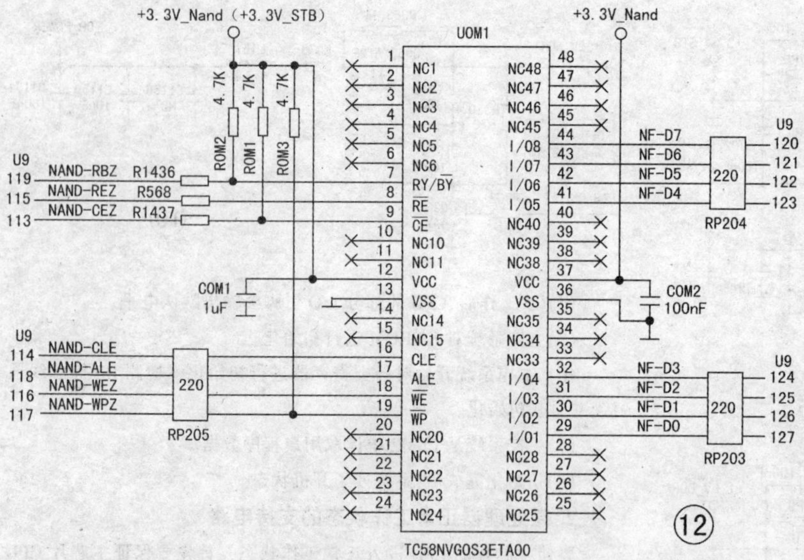

⑫

(52)脚是时钟信号输出端，(51)脚是时钟信号输入端。维修时，可以测量直流电压和波形判断时钟是否正常，正常时，(52)脚直流电压约1.8V，(51)脚约1.7V，(52)脚正弦波幅度约0.35Vp-p，(51)脚约0.2Vp-p，也可直接替换晶振。

3. 存储器电路

(1)FLASH程序存储器

该主板采用1G bit的NAND FLASH，东芝的TC58NVG0S3ETA00作为整机程序存储器，它存储整机启动引导程序和主程序。

程序存储器U0M1与主芯片的连接关系如图12所示。U0M1的⑫、㊲脚为供电脚，供电为+3.3V_STB。㉙~㉜、㊶~㊹脚是8位数据输入/输出脚，分别经排阻连接主芯片的相应引脚。控制脚有：⑦脚(RY/BY#)是内部空闲/忙信号输出脚；⑧脚(RE#)是读使能端输入脚，低电平有效；⑨脚(CE#)是片选信号输入脚，低电平有效；⑯脚(CLE)是命令锁存使能输入脚；⑰脚(ALE)是地址锁存使能输入脚；⑱脚(WE#)是写使能引脚，低电平有效；⑲脚(WP#)是写保护脚，低电平保护，高电平写入。这些控制脚分别连接到主芯片的相应引脚。

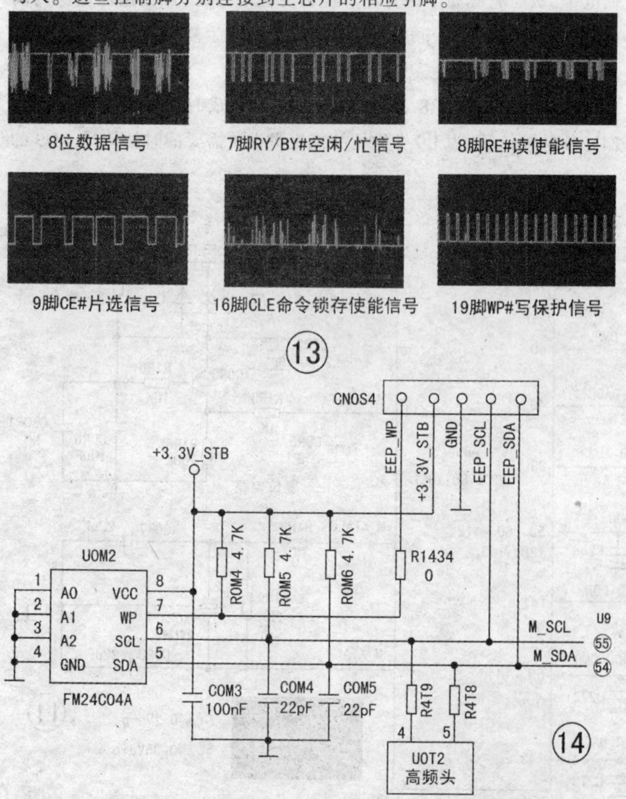
8位数据信号　7脚RY/BY#空闲/忙信号　8脚RE#读使能信号

9脚CE#片选信号　16脚CLE命令锁存使能信号　19脚WP#写保护信号

⑬

⑭

维修提示：FLASH芯片硬件损坏，或者它与主芯片之间的通讯异常，一般会出现不开机故障。实修时，先检查FLASH芯片的供电，测试点为U0M1旁边的贴片滤波电容C0M1两端，此电压的精确度要求较高，电压不能偏离过多，纹波不能太大。若供电正常，接下来检查通讯电路。一般先检查FLASH、主芯片有关引脚是否脱焊，以及检查串接在通信线路中的排阻或电阻是否虚焊，必要时进行补焊。若补焊后还不行，再测量通讯线路中的排阻或电阻有无开路、阻值变大的现象。还可对比测量FLASH芯片的8条数据线、7条控制线对地电阻值判断是否有故障。正常时，8条数据线的对地电阻基本相同(正向电阻约14kΩ，反向电阻约6kΩ)。⑦、⑨、⑲脚这3条控制线基本相同(正向电阻约6.5kΩ，反向电阻约6kΩ)，⑧、⑯、⑰、⑱脚这4条控制线的对地电阻也基本相同(正向电阻为∞，反向电阻约6kΩ)。若实测值偏离该范围，就可判断此路异常，若偏大，通常为通讯线中断；若偏小，通常为FLASH或主芯片相关引脚短路。

另外，可用示波器检测数据线、控制线上是否有波形，大致判断FLASH与主芯片之间通讯是否正常，但需注意的是，应在二次开机的瞬间测量，在播放节目时无波形。正常时，在二次开机的瞬间，8位数据线均有波形，控制线中的⑦脚(RY/BY#)、⑨脚(CE#)、⑲脚(WP#)波形比较规则，⑧脚(RE#)、⑯脚(CLE)、⑰脚(ALE)、⑱脚(WE#)波形比较杂乱，如图13所示。

FLASH芯片为整机提供应用程序，其程序出现问题会出现不开机，或开机后不能进入到正常的开机画面，或图像异常，或上网平台出故障等。对于可以开机的机器，可以先进行软件升级，看是否能排除故障。

(2)E^{2}PROM存储器

E^{2}PROM存储器U0M2(FM24C04A)，用于存储用户设置、开机状态、MAC地址、KEY码、数字电视序列号等信息。该存储器与主芯片及其他电路的连接关系如图14所示。U0M2的5脚为串行数据输入/输出脚，⑥脚为串行时钟输入脚。⑦脚为写保护控制脚，一般情况下，该脚为高电平，即处于只读状态，以免误操作；当有数据要写入时，需要控制该脚为低电平。U0M2的⑤脚、⑥脚分别与主芯片的(54)、(55)脚相连构成I^{2}C总线，主芯片通过I^{2}C总线读取U0M2中存储的用户程序数据。该I^{2}C总线上还挂接有高频头，实现CPU对高频头的控制。CN0S4是调试工装插座，在流水线上，通过这个插座连接调试工装，完成电视机的调试工作。

维修提示：若CPU不能正常读取E^{2}PROM存储器的信息，或I^{2}C总线短路，会出现二次不开机故障。维修时，应检查U0M2的供电是否正常，总线电压是否正常，以及检查总线对地电阻。若总线对地电阻太小或为零，需要断开总线上挂接的其他器件后再测。正常时，U0M2供电脚⑧脚电压为3.3V，⑦脚为3.3V，⑥脚为3.2V，⑤脚为3.2V；⑥脚、⑤脚对地电阻都为3.5kΩ左右。

4. 按键、遥控电路和指示灯控制电路

这部分电路如图15所示。主芯片U9的(139)脚是本机键控电压输入端，按键电路产生的电压经插座CN0S2进入主芯片内，按键电压经过A/D转换后，变换成地址数据，从程序存储器相应单元读出程序，完成相应控制功能。主芯片U9的(110)脚是遥控信号输入端，遥控接收器输出的遥控信号经插座CN0S2进入主芯片内，从程序存储器相应单元读出程序，实现遥控控制功能。主芯片U9的(61)脚是LED指示灯控制端，待机时输出低电平，Q0S5截止，+5V_STB电压经R2S4供给LED指示灯，LED灯亮(红色)；微处理器接收到二次开机指令后，(61)脚输出高电

平,Q0S5 导通,LED 灯不亮。

5. 开/待机控制电路

开/待机控制电路如图 16 所示,主芯片 U9 的145脚是开/待机控制端(PWR_STB),输出的控制电压经 Q0S4、Q0S6 电平变换后,从 Q0S6 集电极输出 PWR_ON/OFF 控制信号。该信号分多路送:一路经插座 CN3 的⑤脚去电源组件;另一路送 DC-DC 电路中的+5V_NOR 供电控制电路;还有一路送+12V(OP_POWER)供电控制电路。

维修提示:当按遥控或本机键控开机后,主芯片能够输出高电平的开机控制电压.PWR_STB 是判断控制系统工作正常的重要标志。若主芯片 PWR_STB 引脚不能输出高电平的控制电压,说明控制电路没有工作,需要检查控制系统的基本工作条件(供电、复位、时钟)是否具备。

6. 背光灯开关控制和背光灯亮度控制电路

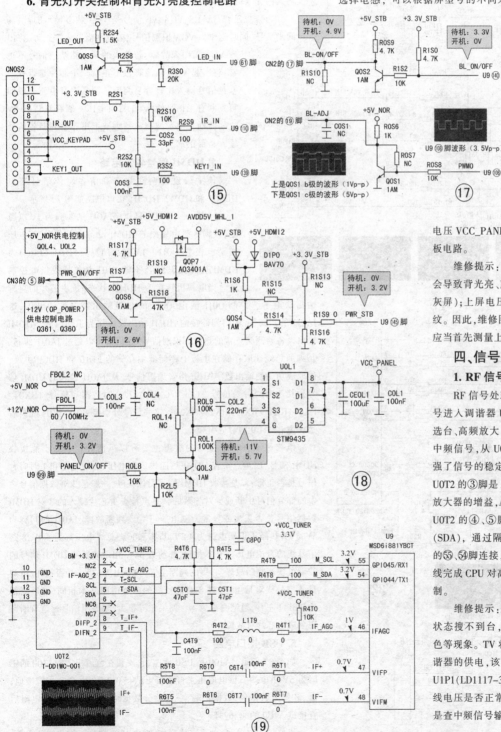

该电路如图 17 所示。主芯片 U9 的140脚是背光灯开/关控制端,Q0S2 及其周围电路组成背光灯开/关控制电路。当电视机二次开机后,U9 的140脚输出低电平,Q0S2 截止,其集电极输出高电平,经插座 CN2 的⑰脚送到恒流板,使恒流板工作,点亮背光灯。

主芯片 U9 的108脚是背光灯亮度控制端,Q0S1 及其周围电路组成背光灯亮度控制电路。该机芯的背光灯亮度控制采用脉冲调节方式。当电视机二次开机后,U9 的108脚输出背光灯亮度控制信号 PWM0,经 Q0S1 倒相放大后,输出 BL_ADJ 信号,经插座 CN2 的⑲脚送到恒流板,控制背光灯的亮度。

7. 上屏电压控制电路

主芯片 U9 的99脚是上屏电压开关控制端,Q0L3、U0L1 及其周围电路组成上屏电压控制电路,如图 18 所示。FB0L1、FB0L2 是上屏电压选择电感,可以根据屏型号的不同来选择上屏电压,本机芯只安装 FB0L2,FB0L1 未安装,选择的是为屏提供 12V 电压。待机时,U9 的99脚输出低电平,Q0L3 截止,U0L1 的 G 极为高电平,U0L1 截止,所以 U0L1 的 D 极无上屏电压输出,逻辑板电路无工作电压而不工作。当电视机由待机转为开机时,U9 的99脚输出高电平,Q0L3 饱和导通,U0L1 的 G 极变成低电平,U0L1 导通,U0L1 的 D 极输出 12V 上屏电压 VCC_PANEL,经上屏插座 CN0L1 送往逻辑板电路。

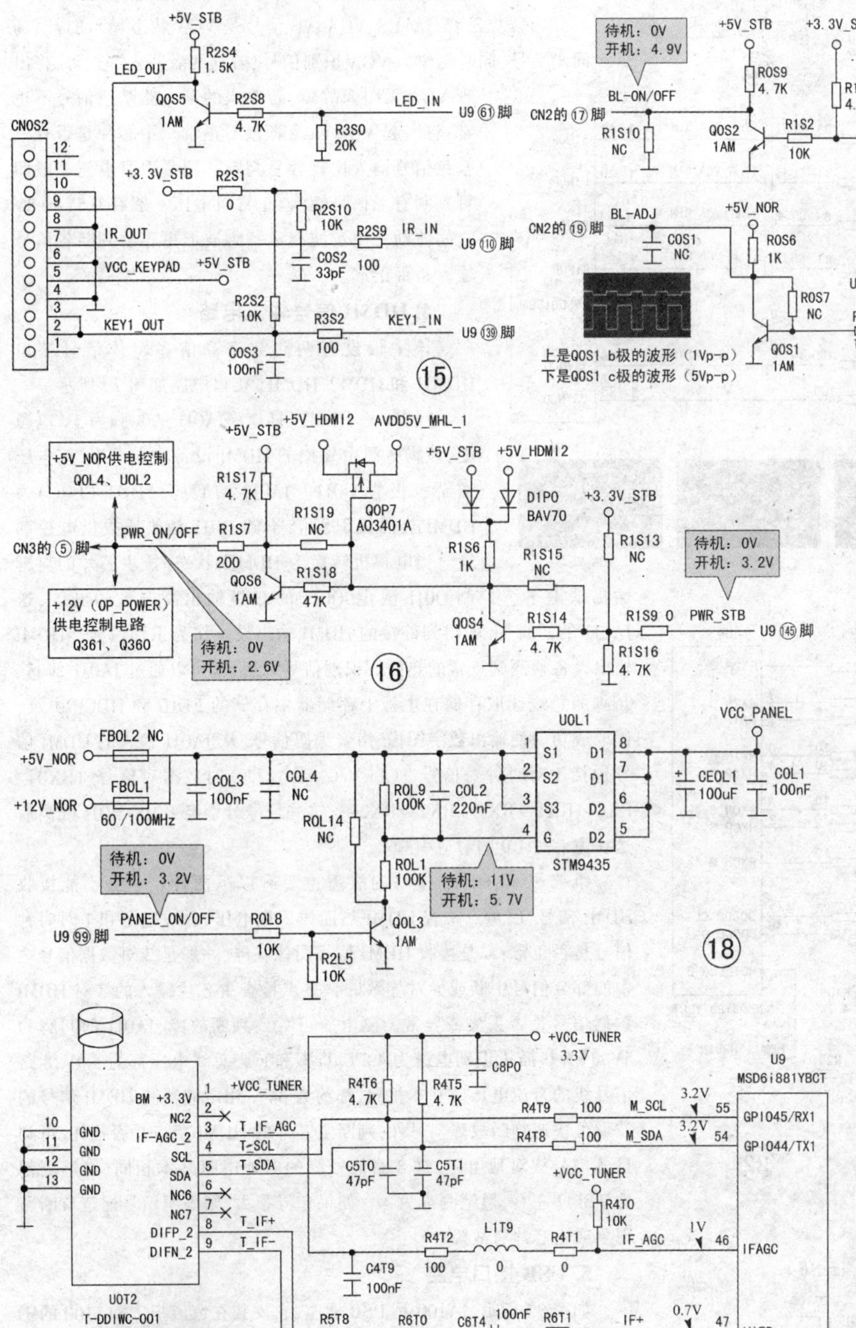

维修提示:无上屏电压送到屏上的逻辑板,会导致背光亮、声音正常,但无图像显示(黑屏或灰屏);上屏电压降低,会导致光栅暗、有干扰条纹。因此,维修图像异常,或黑屏、灰屏的故障时,应当首先测量上屏电压。

四、信号处理电路

1. RF 信号处理电路

RF 信号处理电路如图 19 所示。RF 射频信号进入调谐器 U0T2(T-DDIWC-001),经过调谐选台、高频放大、变频,产生图像中频信号和伴音中频信号,从 U0T2 的⑧、⑨脚差分平衡输出(增强了信号的稳定性),送给主芯片 U9 的㊼、㊽脚。U0T2 的③脚是 AGC 电压输入脚,用于控制高频放大器的增益,AGC 电压来自主芯片 U9 的㊻脚。U0T2 的④、⑤脚分别是时钟线(SCL)和数据线(SDA),通过隔离电阻 R4T9、R4T8 与主芯片 U9 的55、54脚连接,构成 I²C 总线,主芯片通过 I²C 总线完成 CPU 对高频头进行频道转换、调谐等功能制。

维修提示:这部分电路发生故障,会出象 TV 状态搜不到台,TV 图像扭曲、噪点干扰、图像无色等现象。TV 状态搜不到台检查:一是查高频调谐器的供电,该高频头采用 3.3V 供电,由稳压器 U1P1(LD1117-3.3)提供;二是查 I²C 总线,测量总线电压是否正常,总线是否有断路、短路现象;三是查中频信号输出电路有无断路或漏电现象。TV

图像扭曲、噪点干扰、图像无色等故障，重点检查 AGC 电路。正常工作时，U0T2 的①脚供电电压为 3.3V；③脚 AGC 电压在播放 TV 节目时一般在 0.8V~1.2V 之间，搜索节目时在 0.8V~3.3V 之间变化；④、⑤脚总线电压都为 3.3V，对地电阻都为 3.5kΩ；⑧、⑨脚 T_IF+、T_IF-信号电压 0V，对地电阻为 ∞。另外，若 U0T2 的总线短路，还将引起二次不开机故障。

2. AV 信号输入电路

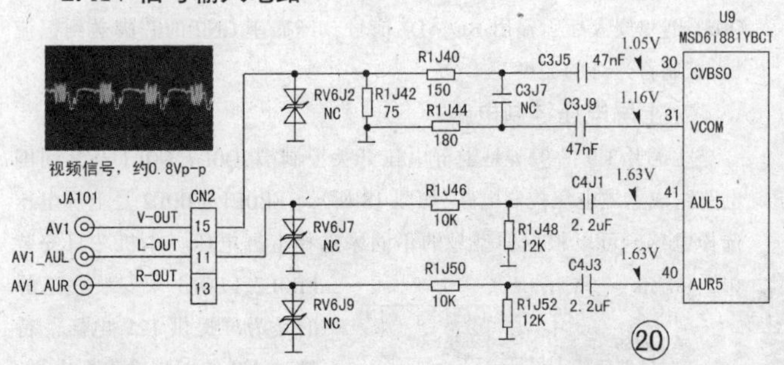

⑳

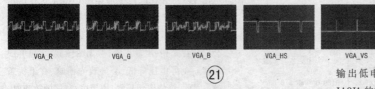

该电路如图 20 所示。JA101 是 AV 信号输入插座，安装在恒流板上。CN2 是连接主板和恒流的接插件。AV 信号从插座 JA101 输入，经接插件 CN2 送入主板。其中，视频信号 CVBS 经电阻 R1J40、电容 C3J5 耦合至主芯片 U9 的㉚脚。AV 的两路音频信号 AV1_AUL、AV1_AUR 分别经 R1J46、C4J1 和 R1J50、C4J3 耦合至主芯片 U9 的㊶、㊵脚。

3. VGA 信号输入电路

该如图 21 所示，三基色信号 VGA-R、VGA-G、VGA-B 分别从 VGA 插座 JA0J9 的①、②、③脚输入，分别经电阻 R8J9、R8J5、R8J3 隔离，电容 C0J3、C0J5、C0J7 耦合，分别送到主芯片 U9 的㉒、⑳、⑲脚。VGA 的行、场同步信号 VGA_HSYNC、VGA_VSYNC 分别从插座 JA0J9 的⑬、⑭脚输入，分别经电阻 R1J11、R1J13 送到主芯片 U9 的⑱、㉓脚。接收 VGA 信号时，其音频输入仍采用 AV 信号输入的音频信号输入插座。

维修提示：VGA_HS、VGA_VS 信号是 VGA 状态显示的行、场同步信号，同时也作为 VGA 识别信号，若这两者输入不正常，将出现 VGA 无图像故障；若输入的某一路基色信号不正常，将引起 VGA 图像彩色不正常。主芯片是否有三基色信号输入比较容易判断，测量引脚电压一般即可判断有无信号输入，正常时电压一般在 0.5V~0.8V 之间波动。用示波测量各脚波形更容易判断各信号输入是否正常。

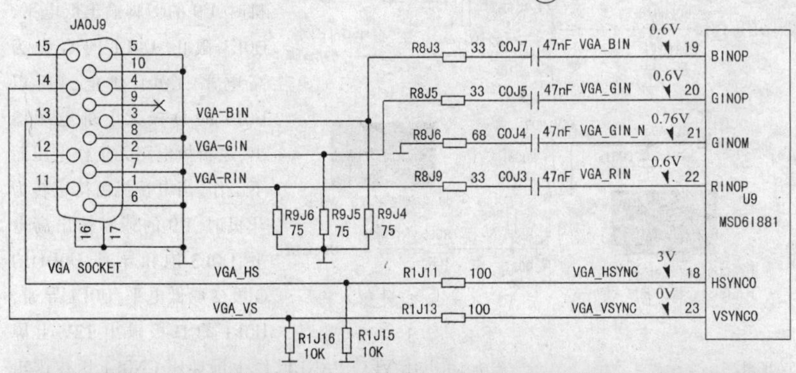

VGA_R　VGA_G　VGA_B　VGA_HS　VGA_VS

㉑

4. HDMI 信号输入电路

该主板设有两路数字高清多媒体信号端口 HDMI1 和 HDM2，HDMI1 接口电路如图 22 所示。

JA0J1 是 HDMI1 插座。JA0J1 的⑱脚为 5V 电源端，该脚电源由外接的 HDMI 设备输送而来，该电压送至三极管 Q0J1。JA0J1 的⑲脚（HOT PLUG）为 HDMI 热插拔识别信号端，Q0J1 是热插拔供电控制管。当电视机转换为 HDMI1 状态时，主芯片的⑮脚输出低电平，控制 Q0J1 截止，Q0J1 的 C 极输出高电平的电压，送 JA0J1 的⑲脚，并输出到外接的 HDMI 输出设备作为识别信号。HDMI 输出设备检测到正常的热插拔识别信号以后，就可以通过 JA0J1 的⑮、⑯脚的总线读取存储在主板上存储器中存储的 EDID 和 HDCP 协议，读取成功后便输出数字图像、声音编码信号。从 JA0J1 输入的 HDMI 信号包括 1 对时钟对信号（CLK+/CLK-）和 3 对数据对信号（RX0+/RX0-、RX1+/RX1-、RX2+/RX2-），这些信号分别经 R0J8~R0J1 隔离后送往主芯片 U9 的对应引脚。

维修提示：HDMI 接口的故障主要有以下两种：一是不能接收 HDMI 信号，应重点检查 HDMI 热插拔识别电压、总线电压和 1 对时钟信号是否正常；二是接收 HDMI 信号图像花屏，一般是 3 对数据信号之中的部分信号中断或异常导致的，重点检查主芯片输入的 3 对 HDMI 数据信号是否丢失或异常。测电压可大致判断故障，JA0J1 的⑱脚为 5V，⑲脚热插拔识别电压为 4.8V，⑮脚和⑯脚总线电压都为 4.9V；8 路信号线的直流电压应基本相同，都约为 3V。用示波器测 HDMI 信号的波形可快速判断故障。另外，判断主芯片的 HDMI 接口是否损坏，可测量各信号线对地电阻，这 8 路信号脚的对地电阻基本相同，红笔测都为 7.3kΩ 左右，黑笔测都为 ∞。如果差异很大，则表明信号通道有断路现象或主芯片有故障。

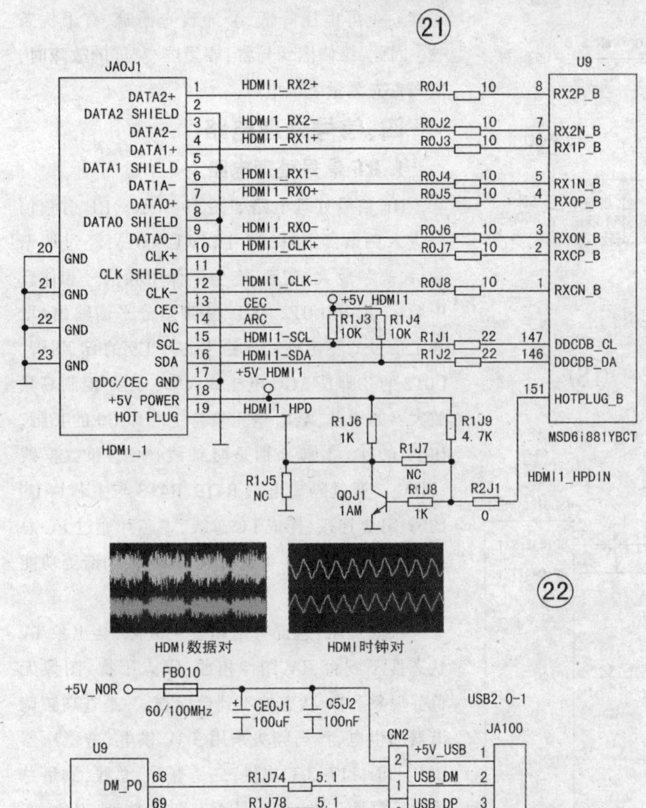

㉒

㉓

5. USB 接口电路

如图 23 所示，JA100 是 USB 插座，它安装在恒流板上。JA100 的①脚为 5V 供电端，供电电压来自主板上的+5V_NOR 电源，④脚接地，②、③脚为数据负、数据正端，一对差分数据信号，分别经串接电阻后直接进入 U9 的㊽、㊾脚。

维修提示：这部分电路有故障，会现象 USB 端口不能使用的现象。

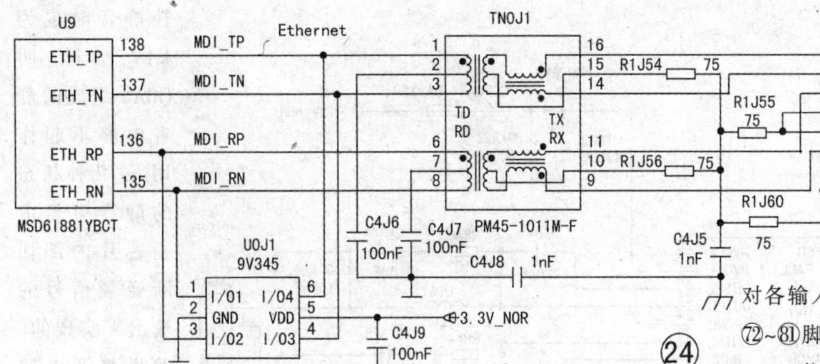

㉔

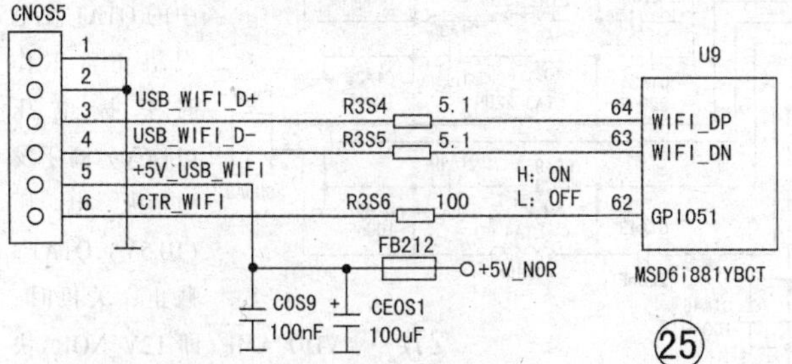

㉕

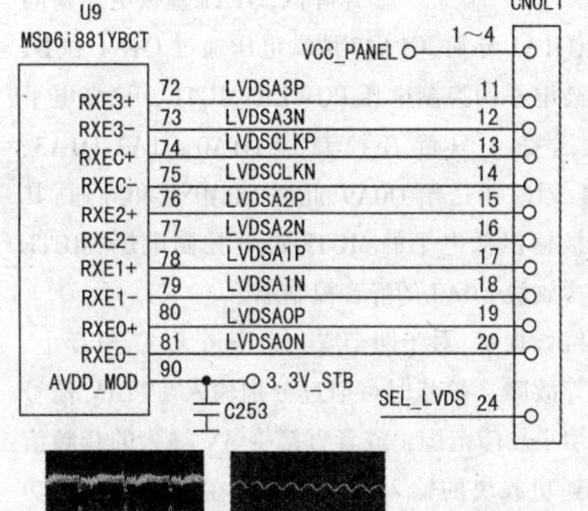

LVDS数据对　LVDS时钟对

㉖

首先检查U盘的供电，再用测电阻法检测两信号通道是否断路或对地短路。正常时，两信号通道对地电阻相同，都为5kΩ左右。

6. 有线网络信号输入电路

该电路如图24所示。JA2J0是RJ45网络信号(LAN)信号输入接口，用于连接外部有线以太网，传送的信号有下行数据信号RX+/RX-与上传的数据信号TX+/TX-。TN0J1为网络变压器，作用是信号电平耦合、隔离外部干扰和阻抗匹配。U0J1(9V345)是瞬态电压抑制器，内含静电保护二极管阵列电路，用于防静电尖峰脉冲干扰。网络连接线送来的网络信号由JA2J0进入主板，经TN0J1隔离、变压后送主芯片U9。

维修提示：

有线网络信号输入电路异常会出现不能连接有线网络故障。维修时，首先检查电视机的网络设置是否正常，然后检查网线与接口JA2J0的连接是否良好，最后检查这部分电路中的元件是否损坏。雷击等原因易造成电阻R1J55、R1J60损坏，同时可能导致TN0J1、U0J1以及主芯片损坏。网络变压器检查可测量初级、次级之间电阻判断，正常时为∞。主芯片是否损坏，可分别测量四路信号引脚对地电阻判断，正常应相同，都为4.5kΩ左右。

7. wifi信号输入电路

如图25所示。插座CN0S5用于连接wifi接收器(安装在电视机的后壳上)。+5V电压通过CN0S5的⑤脚供给wifi接收器，作为工作电压。当用户启动wifi时，主芯片U9的62脚输出高电平的控制信号CTR_WIFI,通过CN0S5的⑥脚送到wifi接收器，唤醒wifi接收器。wifi接收器启动后，将接收到的无线wifi信号转换成USB格式信号，通过CN0S5的③、④脚及R3S4、R3S5送给主芯片U9。

维修提示：

这部分电路异常会出现不能连接wifi。维修时，首先检查无线wifi密码或网络设置是否正常，然后检查CN0S5的④脚供电、⑤脚的唤醒控制电压是否正常，以及检查两数据传输通道是否断路或对地短路，正常时两信号线对地电阻相同，都为5kΩ左右。

8. LVDS信号形成和上屏接口电路

这部分电路如图26所示。LVDS信号在主芯片U9的内部形成，图像中频信号、视频信号、VGA信号、HDMI信号进入主芯片后，对各输入信号进行切换，选择出一种信号进行处理，最后从主芯片的72~81脚输出LVDS信号，然后通过LVDS插座CN0L1送往逻辑板。LVDS信号包括4对LVDS数据信号(LVDSA0N/LVDSA0P~LVDSA3N/LVDSA3P)和1对时钟信号(LVDSCLKP/LVDSCLKN)。CN0L1的①~④脚的上屏电压VCC_PANEL来自U0L1（参见图18)。㉔脚(SEL_LVDS))为传输协议定义脚，低电平为VESA格式，高电平为JEIDA格式，该主板设置为低电平，即VESA格式。

维修提示：维修有伴音、背光亮、灰屏或花屏等故障，需要检查这部分电路。首先检测插座CN0L1的①~④脚上屏电压(12V)是否正常，如果此电压正常，检查㉔脚电压。接下来检查LVDS信号是否正常，CN0L1的⑪~⑳脚，正常时电压在1V~1.3V之间，可用示波器测波形。若主芯片输出LVDS信号异常，可测量LVDS信号线对地电阻判断主芯片是否有问题，正常时，10路信号线对地电阻基本相同，都为4.5kΩ左右。

9. 伴音功放电路和静音控制电路

该主板的伴音功放采用TPA3113D2（U0A4)，如图27所示。TPA3113D2是一款单电源供电，模拟信号输入的D类音频功率放大块。TPA3113D2引脚功能见表3。

表3 TPA3113D2引脚功能和维修数据

脚号	符号	功能	电压(V)
①	SD	音频功率放大器关断逻辑输入，低电平时静音	5.12
②	FAULT	故障检测，低电平时表明IC有故障	1.08
③	LINP	左声道正极性输入	2.94
④	LINN	左声道负极性输入	2.94
⑤	GAIN0	增益设置0	0
⑥	GAIN1	增益设置1	11.51
⑦	VACC	模拟电路供电	11.56
⑧	AGND	模拟地	0
⑨	GVDD	高边FET栅极驱动电源	6.92
⑩	PLIMIT	功率限制电平设置	3.33
⑪	RINN	右声道负极性输入	2.94
⑫	RINP	右声道正极性输入	3.94
⑬	NC	空脚	0
⑭	PBTL	BTL模式开关	0
⑮、⑯	PVCCR	右声道半桥电源	11.64
⑰	BSPR	右声道自举电压输入/输出	11.07
⑱	OUTPR	半桥右声道正输出	5.74
⑲	PGND	半桥功率地	0
⑳	OUTNR	半桥右声道负输出	5.75
㉑	BSNR	右声道自举电压输入/输出	12.08
㉒	BSNL	左声道自举电压输入/输出	12.05
㉓	OUTNL	半桥左声道负极性输出	5.73
㉔	PGND	半桥功率地	0
㉕	OUTPL	半桥左声道正极性输出	3.73
㉖	BSPL	左声道自举电压输入/输出	12.05
㉗、㉘	PVCCL	左声道半桥电源	11.64

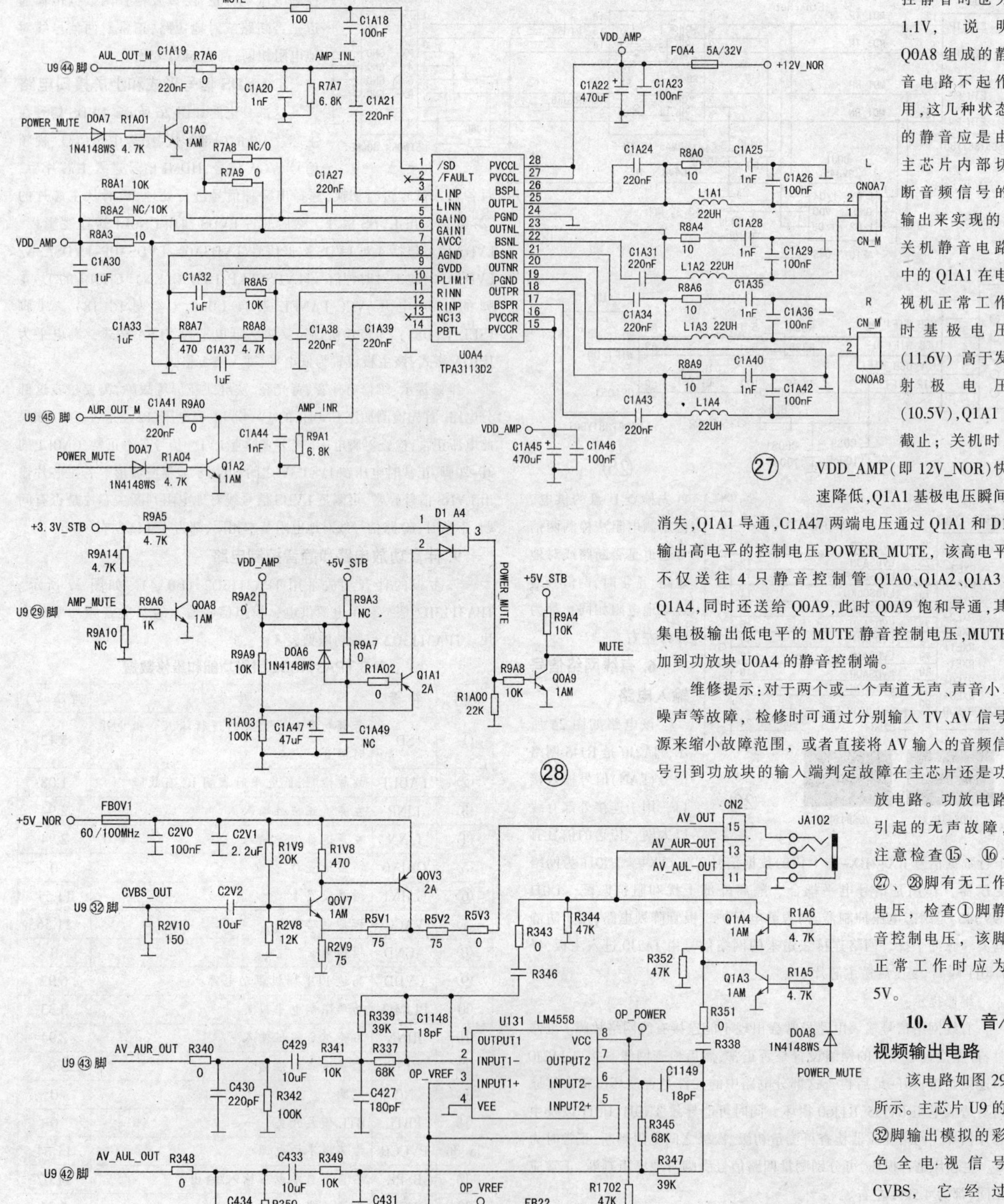

主芯片U9的㊹、㊺脚输出L、R声道两路模拟音频信号，送到U0A4的③、④脚，经功率放大后从㉓、㉕脚和⑱、⑳脚输出至扬声器。U0A4的①脚为静音控制端，低电平静音。两路音频信号输入通道中接有静音控制管Q1A0、Q1A2。

静音控制电路如图28所示。该静音电路分两部分：一部分是由Q0A8组成的遥控静音，另一部分是由Q1A1组成的关机静音。实测U9的㉙脚在正常放音状态为1.1V，切换信号源、换台、无信号输入以及遥控静音时也为1.1V，说明Q0A8组成的静音电路不起作用，这几种状态的静音应是由主芯片内部切断音频信号的输出来实现的。关机静音电路中的Q1A1在电视机正常工作时基极电压(11.6V)高于发射极电压(10.5V)，Q1A1截止；关机时，VDD_AMP(即12V_NOR)快速降低，Q1A1基极电压瞬间消失，Q1A1导通，C1A47两端电压通过Q1A1和D1输出高电平的控制电压POWER_MUTE，该高电平不仅送往4只静音控制管Q1A0、Q1A2、Q1A3、Q1A4，同时还送给Q0A9，此时Q0A9饱和导通，其集电极输出低电平的MUTE静音控制电压，MUTE加到功放块U0A4的静音控制端。

维修提示：对于两个或一个声道无声、声音小、噪声等故障，检修时可通过分别输入TV、AV信号源来缩小故障范围，或者直接将AV输入的音频信号引到功放块的输入端判定故障在主芯片还是功放电路。功放电路引起的无声故障，注意检查⑮、⑯、㉗、㉘脚有无工作电压，检查①脚静音控制电压，该脚正常工作时应为5V。

10. AV音/视频输出电路

该电路如图29所示。主芯片U9的㉜脚输出模拟的彩色全电视信号CVBS，它经过Q0V7、Q0V3视频放大后，送往AV输出插座JA102，作为AV视频输出。主芯片U9的㊸、㊷脚输出两路模拟音频信号，经运算放大器U131（LM4558）放大后，作为AV音频信号送往AV输出插座JA102。

维修提示：AV输出无声音故障，注意检查运算放大器LM45588脚的12V供电情况，该供电电压来自供电控制管Q360(参见图10)。检修这部分的音频电路，可采用干扰法缩小故障范围。

液晶彩电电源板维修与代换技巧

孙德印

电源板是液晶彩电的电源供电中心，工作于电流大、电压高，是整机故障率最高的单元电路之一。根据屏幕大小不同，负载电路用电需求不同，液晶彩电电源板分为单一开关电源型、副电源+主电源组合型、PFC+单一开关电源组合型、PFC+副电源+主电源组合型、电源+背光灯驱动组合型等多种电路组合电源板，本文以创维 168P-P42TTT-10 型电源板为例，介绍开关电源单元电路的作用、易发故障及维修代换提示。

一、电源板单元电路作用与维修

创维 LED 液晶彩电采用的 168P-P42TTT-10 型电源板，是 PFC 电路+副电源+主电源组合型电源板，其电原理图和单元电路工作原理见图 1 所示，图 2 是实物图解和工作原理简介，图 3 该 PFC+副电源+主电源组合型电源板电路组成方框图。应用于创维 42LED10、47LED10 等超薄液晶彩电中。

该电源板由四部分组成：一是市电输入抗干扰电路和整流滤波电路，二是以集成电路 SSC2001S(U1)为核心组成的 PFC 功率因数校正电路，将整流滤波后的市电校正后提升到+380V 为主开关电源供电；三是以集成电路 STR-A6159M(U3)为核心组成的副开关电源，产生+5V 电压和 VCC 电压，+5V 为主板控制系统供电；四是以集成电路 SSC9512S(U5)为核心组成的主开关电源，产生+24V、+12V 电压，为主板和背光灯板供电。开关机电路采用控制 PFC 和主电源驱动电路 VCC 供电的方式。

由于该电源板为大屏幕液晶彩电电源供电，设有 PFC 功率因数校正电路，提高开关电源的功率因数，不仅可以节能，还可以减少电网的谐波污染。主电源采用半桥式推挽输出电路，为了提高输出功率，PFC 电路往往采用两个储能电感和两个 PFC 开关管组成的并联型 PFC 电路，主电源设有两个主电源输出变压器。

开关机采用控制 PFC 电路和主电源驱动电路 VCC 供电的方式。通电后，AC220V 市电整流滤波后的 100Hz 脉动电压，经 PFC 电路为 PFC 滤波电容充电，产生待机状态+300V 电压为副电源供电，副电源首先工作，产生+5V 电压和 VCC，+5V 电压为主板控制系统供电，指示灯点亮；遥控二次开机后，开关机控制电路将副电源产生的 VCC 电压送到 PFC 驱动电路和主电源驱动电路，PFC 电路和主电源启动工作，PFC 电路将供电电压提升到+380V~+400V，为主电源供电，同时将副电源工作电压提升到+380V~+400V；主电源启动工作后，将+380V~+400V 供电转换为两组+24V、+12V 电压，为主板和背光灯板供电。

（一）抗干扰电路作用与维修

1. 电路作用

在电源板市电输入电路中，设有抗干扰电路由 EMI（电磁干扰）滤波器、浪涌电流限制电路、浪涌电压抑制电路组成。168P-P42TTT-10 电源板的抗干扰电路如图 1 左侧所示，实物如图 4 所示。

抗干扰电路的作用：一是滤除市电电网干扰信号，防止干扰信号影响液晶彩电的正常工作；二是滤除彩电自身产生的干扰，阻止开关电源产生的干扰信号窜入电网，防止其进入到电源线，造成对电网的污染；三是防止开机浪涌电流和浪涌电压对开关电源电路的冲击。

2. 易发故障

易发电容器 C3、C4、C6、C2、C5 击穿故障，烧断保险丝或限流电阻；当市电电压过高时，击穿压敏电阻 VZ1；开关电源发生短路、击穿故障时，烧断限流电阻 TH1、TH2。扼流圈由于线径较粗，一般很少损坏。

3. 维修提示

维修抗干扰电路通常采用电阻测量法，如图 4 左侧所示，测量抗干扰电路元件两端的电阻值，即可快速准确的判断故障范围。电容器 C3、C4、C6、C2、C54 或压敏电阻 VZ1 击穿两端电阻值很小，限流电阻 TH1、TH2 烧断时阻值变大或开路。

上述元件损坏时，应按照原件的规格、参数更换，实在没有参数完全符合的元件，可在 10%元件参数范围内挑选元件代换。电容器一定注意选择耐压高于原参数的元件代换。

（二）市电整流滤波电路作用与维修

1. 电路作用

168P-P42TTT-10 电源板的市电整流滤波电路如图 1 左侧所示，实物如图 4 所示。位于抗干扰电路附近。AC220V 市电经过抗干扰电路滤除干扰脉冲后，送到市电整流滤波电路，整流滤波电路由整流全桥（或 4 个整流二极管）BD1、滤波电容器 C8 元件组成。其中滤波电路有的电源板只用一个滤波电容器，有的采用一个电感和一个电容器组成 LC 滤波电路；有的采用两个电容器和一个电感线圈组成 π 式滤波电路。

整流滤波电路的作用：将交流 220V 市电整流滤波，产生约+300V 直流电压。无 PFC 校正电路的电源板，滤波电容器设计的容量较大，一般在 100~330μF，整流滤波后产生约+300V 稳定的直流电压，为主、副

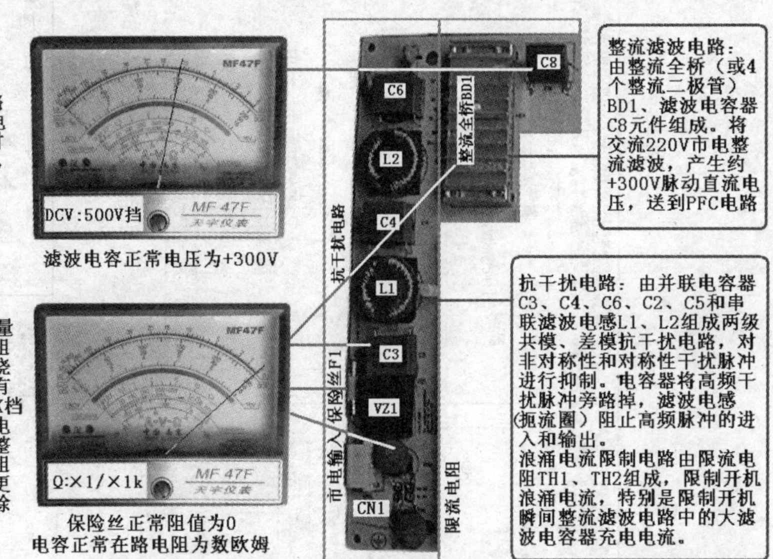

1. 直流电压DCV：500V挡测量滤波电容两端电压，正常时无PFC电路时为+300V直流电压；有PFC电路时为300V脉动电压，待机时为300V左右，开机后降为240V左右。如果无电压检查保险丝和抗干扰电路
MF47F
DCV：500V挡
MF 47F
天宇仪表
滤波电容正常电压为+300V
2. 电阻R×1档测量保险丝和限流电阻是否烧断，如果烧断说明开关电源有短路故障；R×1K档测量抗干扰电路电容和滤波电容、整流全桥、压敏电阻是否击穿短路，更换击穿元件，排除短路故障
MF47F
Ω：×1/×1k
MF 47F
天宇仪表
保险丝正常阻值为0
电容正常在路电阻为数欧姆
C8
C6
整流全桥BD1
L2
C4
L1
C3
VZ1
CN1
抗干扰电路
市电输入 保险丝F1
限流电阻
整流滤波电路：由整流全桥（或4个整流二极管）BD1、滤波电容器C8元件组成。将交流220V市电整流滤波，产生约+300V脉动直流电压，送到PFC电路
抗干扰电路：由并联电容器C3、C4、C6、C2、C5和串联滤波电感L1、L2组成两级共模、差模抗干扰电路，对非对称性和对称性干扰脉冲进行抑制。电容器将高频干扰脉冲旁路掉，滤波电感（扼流圈）阻止高频脉冲的进入和输出。
浪涌电流限制电路由限流电阻TH1、TH2组成，限制开机浪涌电流，特别是限制开机瞬间整流滤波电路中的大滤波电容器充电电流。

图 4 抗干扰和市电整流滤波电路实物和维修图解

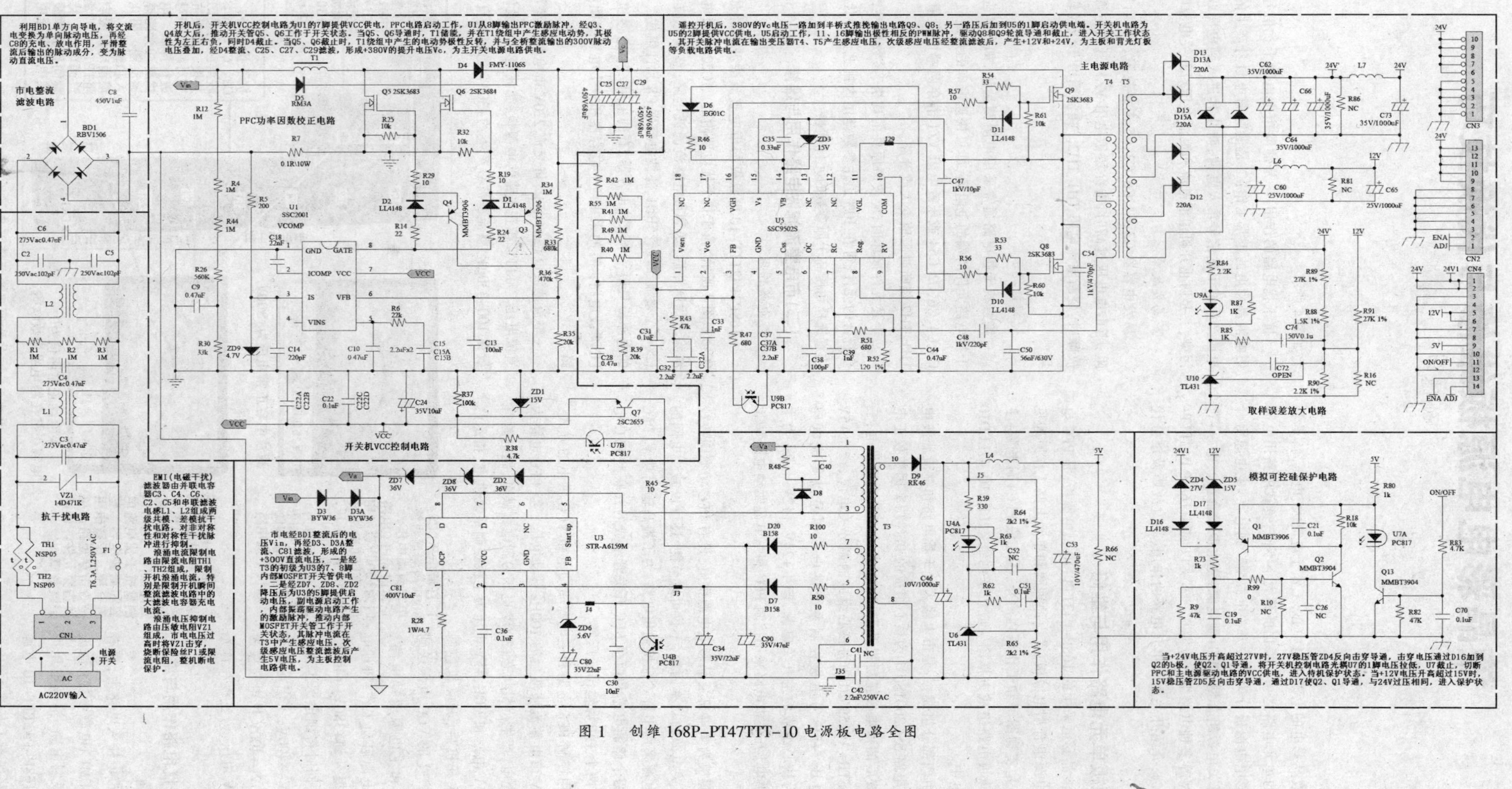

利用BD1单方向导电，将交流电变换为单向脉动电压，再经C8的充电、放电作用，平滑整流后输出的脉动成分，变为脉动直流电压。
市电整流滤波电路
开机后，开关机VCC控制电路为U1的7脚提供VCC供电，PFC电路启动工作，U1从8脚输出PFC激励脉冲，经Q3、Q4放大后，推动开关管Q5、Q6工作于开关状态。当Q5、Q6导通时，T1储能，并在T1绕组中产生感应电动势，其极性为左正右负，同时D4截止。当Q5、Q6截止时，T1绕组中产生的电动势极性反转，并与全桥整流输出的300V脉动电压叠加，经D4整流、C25、C27、C29滤波，形成+380V的提升电压Vc，为主开关电源电路供电。
PFC功率因数校正电路
遥控开机后，380V的Vc电压一路加到半桥式推挽输出电路Q9、Q8；另一路压后加到U5的1脚启动供电端。开关机电路为U5的2脚提供VCC供电，U5启动工作，11、16脚输出极性相反的PWM脉冲，驱动Q8和Q9轮流导通和截止，进入开关工作状态，其开关脉冲电流在输出变压器T4、T5产生感应电压，次级感应电压经整流滤波后，产生+12V和+24V，为主板和背光灯板等负载电路供电。
主电源电路
取样误差放大电路
开关机VCC控制电路
EMI(电磁干扰)滤波器由并联电容器C3、C4、C6、C2、C5和串联滤波电感L1、L2组成两级共模、差模抗干扰电路，对非对称性和对称性干扰脉冲进行抑制。
浪涌电流限制电路由限流电阻TH1、TH2组成，限制开机浪涌电流，特别是限制开机瞬间整流滤波电路中的大滤波电容器充电电流。
浪涌电压抑制电路由压敏电阻VZ1组成，市电电压过高时将VZ1击穿，烧断保险丝F1或限流电阻，整机断电保护。
抗干扰电路
AC220V输入
市电经BD1整流后的电压Vin，再经D3、D3A整流、C81滤波，形成的+300V直流电压，一是经T3的初级为U3的7、8脚内部MOSFET开关管供电，二是经ZD7、ZD8、ZD2降压后为U3的5脚提供启动电压，副电源启动工作，内部振荡驱动电路产生的激励脉冲，推动内部MOSFET开关管工作于开关状态，其脉冲电流在T3中产生感应电压。次级感应电压整流滤波后产生5V电压，为主板控制电路供电。
模拟可控硅保护电路
当+24V电压升高超过27V时，27V稳压管ZD4反向击穿导通，击穿电压通过D16加到Q2的b极，使Q2、Q1导通，将开关机控制电路光耦U7的1脚电压拉低，U7截止，切断PFC和主电源驱动电路的VCC供电，进入待机保护状态。当+12V电压升高超过15V时，15V稳压管ZD5反向击穿导通，通过D17使Q2、Q1导通，与24V过压相同，进入保护状态。

图 1 创维 168P-PT47TTT-10 电源板电路全图

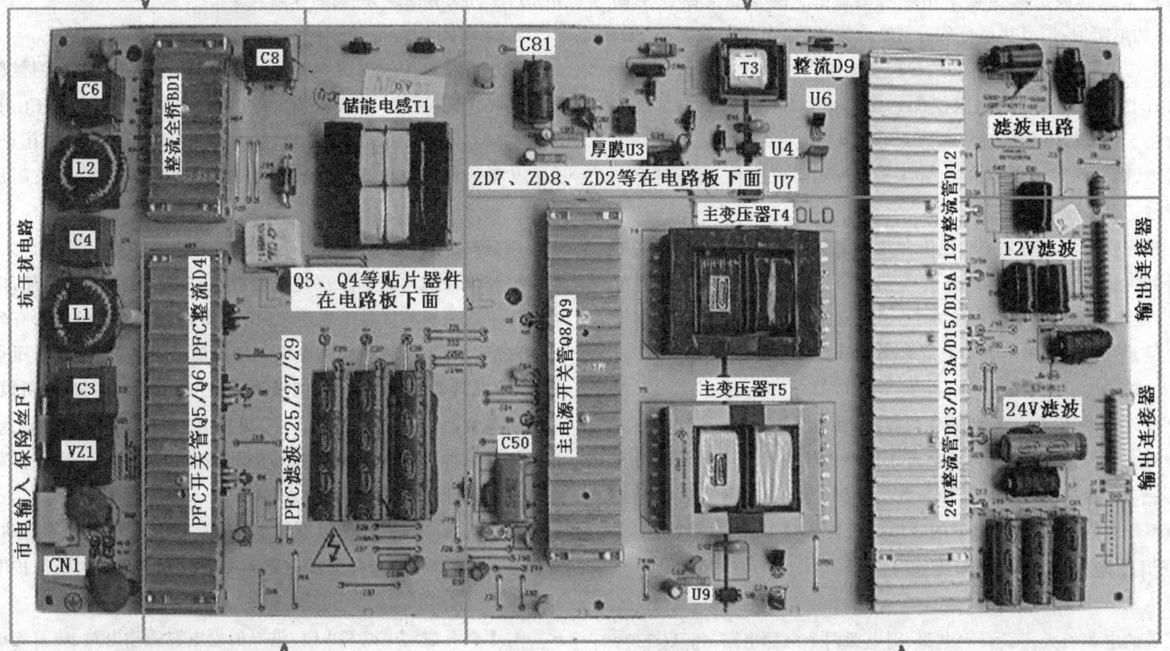

抗干扰和市电整流滤波电路：一是利用电感线圈和电容器组成的共模滤波电路，滤除市电电网干扰信号，同时防止开关电源产生的干扰信号窜入电网。二是通过全桥BD1、电容C8将交流市电整流滤波，由于C8容量较小，产生100Hz脉动直流电压，送到PFC电路。
副电源：由厚膜电路STR-A6159M（U3）、变压器T3为核心组成。通电后，市电经BD1整流滤波后的脉动电压VIN，再经D3、D3A整流、C81滤波，形成的+300V直流电压，一是经T3的初级为U3的7、8脚内部开关管供电，二是经ZD7、ZD8、ZD2为U3的5脚提供启动电压，该电源启动工作，U3内部开关管工作于开关状态，其脉冲电流在T3中产生感应电压，其中T3次级绕组感应电压经整流滤波后产生5V电压，为主板控制电路供电；初级辅助绕组感应电压经整流滤波后产生的电压，经开关机电路控制后，为PFC和主电源驱动电路提供VCC工作电压。
C8
C6
整流全桥BD1
储能电感T1
C81
T3
整流D9
U6
厚膜U3
U4
U7
滤波电路
L2
ZD7、ZD8、ZD2等在电路板下面
C4
主变压器T4
12V整流管D12
12V滤波
抗干扰电路
L1
Q3、Q4等贴片器件在电路板下面
PFC整流D4
输出连接器
C3
PFC开关管Q5/Q6
PFC滤波C25/27/29
主电源开关管Q8/Q9
主变压器T5
24V滤波
VZ1
C50
24V整流管D13/D13A/D15/D15A
输出连接器
市电输入 保险丝F1
CN1
U9
PFC校正电路：由振荡驱动电路SSC2001(U1)、推动电路Q3、Q4和开关管Q5、Q6、储能电感T1为核心组成。开机后，开关机VCC控制电路为U1供电，PFC电路启动工作，U1从8脚输出激励脉冲，经Q3、Q4放大后，推动开关管Q5、Q6工作于开关状态，与储能电感和PFC整流滤波电路配合，将市电整流滤波后的供电电压和电流的相位校正为同相位，提高功率因数，减少谐波污染，并在PFC滤波电容C25、C27、C29两端形成+380V左右Va直流电压，为主电源供电。
主电源：由振荡驱动电路SSC9502S(U5)和半桥式推挽输出电路Q8、Q9、开关变压器T4、T5为核心组成。遥控开机后，开关机VCC控制电路为U5的2脚提供VCC供电，PFC校正电路输出的+380V电压为半桥式输出电路供电，主电源启动工作，U5的11、16脚输出激励脉冲，推动开关管Q8、Q9工作于开关状态，轮流导通、截止，在T4、T5中产生感应电压，经整流滤波后转换为+24V和+12V电压，为主板和背光灯电路供电。

图2　创维LED彩电168P-P42TTT-10电源板实物图解

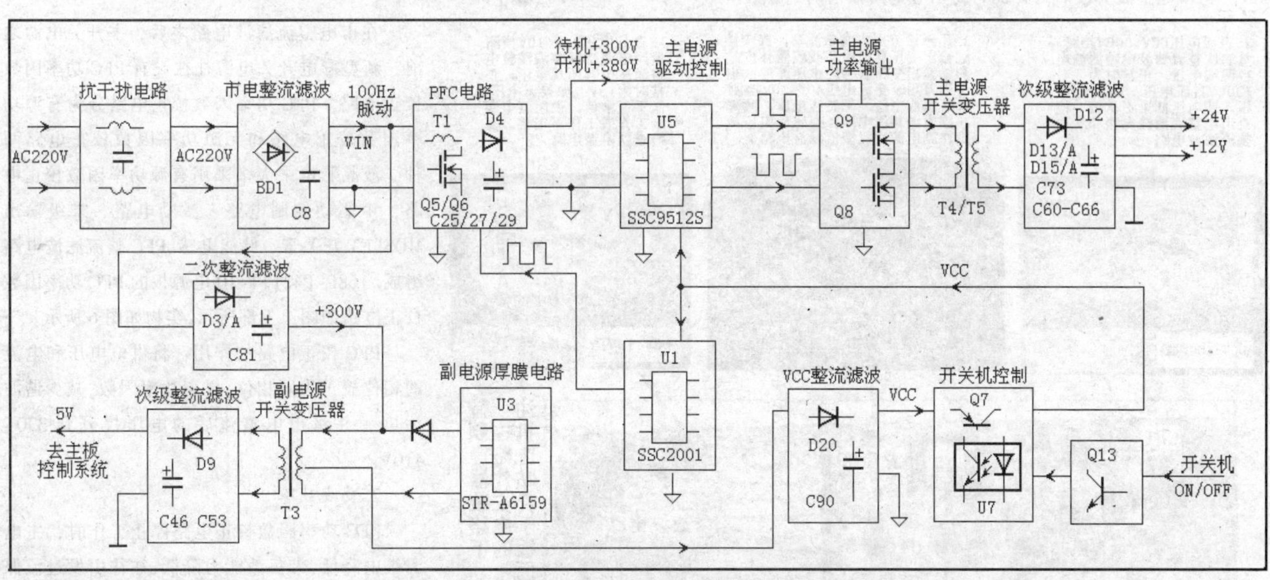

抗干扰电路
市电整流滤波
100Hz
脉动
PFC电路
待机+300V
开机+380V
主电源
驱动控制
主电源
功率输出
主电源
开关变压器
次级整流滤波
AC220V
AC220V
BD1
C8
VIN
T1
D4
Q5/Q6
C25/27/29
U5
SSC9512S
Q9
Q8
T4/T5
D12
D13/A
D15/A
C73
C60-C66
+24V
+12V
二次整流滤波
D3/A
C81
+300V
VCC
U1
SSC2001
5V
去主板
控制系统
次级整流滤波
D9
C46 C53
副电源
开关变压器
T3
副电源厚膜电路
U3
STR-A6159
VCC整流滤波
D20
C90
VCC
开关机控制
Q7
U7
Q13
开关机
ON/OFF

图3　创维LED彩电168P-P42TTT-10电源板电路组成方框图

开关电源供电；设有PFC校正电路的电源板，滤波电容器设计的较小，一般在0.47μF~1μF之间，整流滤波后产生约300V的100Hz的脉动直流电压，待机时负载电流较小，该电压接近300V，开机后负载电流增大时，降为230~250V左右，为PFC校正电路供电。

2. 易发故障

抗干扰电路易发整流全桥BD1内部二极管击穿、滤波电容器C8击穿故障，烧断保险丝或限流电阻。如果发现保险丝烧断，需注意检查市电整流滤波电路元件是否发生击穿故障。

3. 维修提示

抗干扰电路和市电整流滤波电路维修图解见图4所示。测量滤波电容器C8两端的电压，即可判断抗干扰电路和整流滤波电路是否正常。采用PFC校正电路的电源板滤波电容器两端正常电压待机时为

300V 左右，开机后在 230~250V 之间；无 PFC 校正电路的电源板滤波电容器两端正常电压待机时为+300V 左右，开机后略有降低。如果滤波电容器两端无电压，一是市电输入抗干扰电路发生开路故障，二是抗干扰电路、整流滤波电路、电源板初级电路发生严重击穿短路故障，将保险丝或限流电阻烧断。

维修整流滤波电路通常采用电阻测量法，测量整流滤波电路 BD1、C8 的电阻值，即可快速准确的判断故障范围。其中整流全桥 BD1 内部 4 个二极管具有正向电阻小，反向电阻很大的特性。用指针式万用表 R×1 挡在路测量正向电阻仅几十 Ω，用 R×10K 挡在路测量反向电阻为几十 kΩ，拆下整流全桥测量反向电阻为无穷大。如果正反向电阻均很小，则是内部二极管击穿，如果正反向电阻均很大，则是内部二极管开路。阻值变大或开路。

在路测量滤波电容器 C8，阻值在几十 kΩ，并具有充放电现象；如果测量其阻值较小，则可判断滤波电容击穿，如果阻值较大但无充放电现象，则滤波电容失效或容量减小。拆下滤波电容测量，涤纶电容器反向电阻无穷大，电解电容器充放电完毕后，反向电阻为几百 kΩ 以上，越大越好。

上述元件损坏时，应按照原件的规格、参数更换，实在没有参数完全符合的元件，可在 10%元件参数范围内挑选元件代换。整流全桥和电容器一定注意选择耐压高于原参数的元件代换，全桥的最大电流要大于原型号全桥，电解滤波电容的容量可适当增加，以增强滤波效果。

(三)副电源电路作用与维修

1. 电路作用

完善的电源板大多设有主电源、副电源两个电源电路，将 AC220V 市电整流滤波后的直流电压，作为液晶彩电需要的直流电压，为负载电路供电。液晶彩电电源板上的主电源、副电源均采用开关电源。168P-P42TTT-10 电源板的副电源电路如图 1 下部所示，实物如图 5 所示。

常见的副电源由驱动控制电路、输出 MOSFET 开关管(或厚膜电路)、开关变压器、次级整流滤波电路和稳压电路、尖峰脉冲吸收电路构成。将市电整流滤波后的+300V 或 PFC 电路输出的约 370~410V 直流电压转换为+5V 电压(因机型而异，有的为 3.3V，有的为 12V 经主板 DC-DC 电路转换后供电)，为主电路板的微处理器控制系统供电，同时产生主电源或 PFC 校正驱动控制电路需要的 VCC 电压。

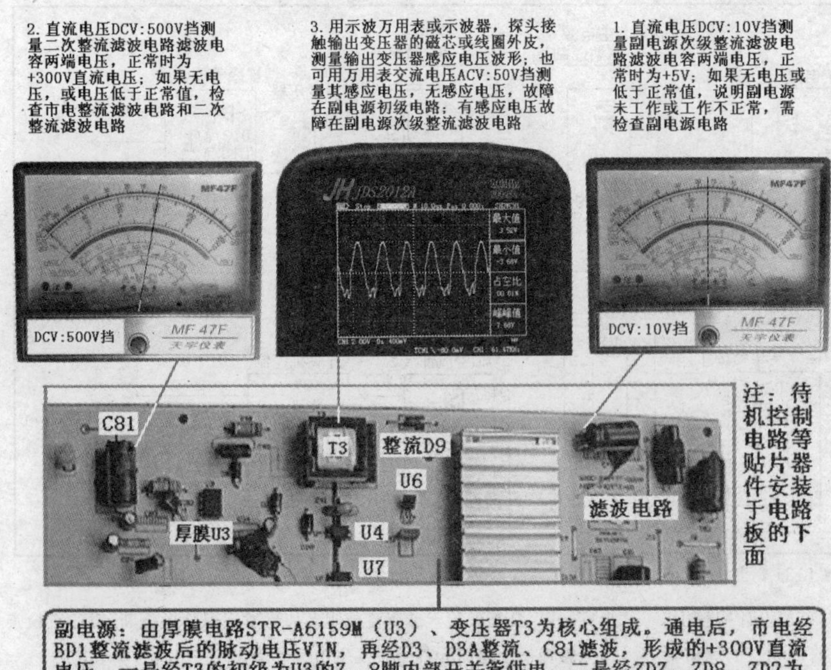
2. 直流电压DCV:500V挡测量二次整流滤波电路滤波电容两端电压，正常时为+300V直流电压；如果无电压，或电压低于正常值，检查市电整流滤波电路和二次整流滤波电路
3. 用示波万用表或示波器，探头接触输出变压器的磁芯或线圈外皮，测量输出变压器感应电压波形；也可用万用表交流电压ACV:50V挡测量其感应电压，无感应电压，故障在副电源初级电路；有感应电压故障在副电源次级整流滤波电路
1. 直流电压DCV:10V挡测量副电源次级整流滤波电路滤波电容两端电压，正常时为+5V；如果无电压或低于正常值，说明副电源未工作或工作不正常，需检查副电源电路
DCV:500V挡
MF 47F
DCV:10V挡
MF 47F
C81
T3
整流D9
U6
滤波电路
厚膜U3
U4
U7
注：待机控制电路等贴片器件安装于电路板的下面
副电源：由厚膜电路STR-A6159M（U3）、变压器T3为核心组成。通电后，市电经BD1整流滤波后的脉动电压VIN，再经D3、D3A整流、C81滤波，形成的+300V直流电压，一是经T3的初级为U3的7、8脚内部开关管供电，二是经ZD7、ZD8、ZD2为U3的5脚提供启动电压，该电源启动工作，U3内部开关管工作于开关状态，其脉冲电流在T3中产生感应电压，其中T3次级绕组感应电压经整流滤波后产生5V电压，为主板控制电路供电；初级辅助绕组感应电压经整流滤波后产生的电压，经开关机电路控制后，为PFC和主电源驱动电路提供VCC工作电压。
图 5　副电源实物和维修图解

2. 易发故障

副电源发生故障时，三无，指示灯不亮，厚膜电路 U3 内部 MOSFET 开关管易击穿，烧断保险丝。

3. 维修提示

副电源维修图解见图 5 所示。判断副电源是否正常，测量次级输出端 C46、C53 两端的+5V 电压和初级 C90 两端 20V 的 VCC 电压即可，如果 C46、C53 两端无 5V 电压，而 C90 两端的 VCC 电压正常，则是+5V 整流滤波电路开路，如果 C46 和 C90 两端均无电压，则是副电源未工作。

维修时先查二次整流滤波电路 C81 是否有 300V 的电压，无电压，查市电整流滤波电路和二次整流滤波电路 D3、D3A、C81；有 300V 供电，用示波表探头接触变压器 T3 的外皮或磁芯，测量是否有感应电压，有感应电压，故障在副电源次级整流滤波电路；无感应电压查厚膜电路 U3 及其外部电路元件。如果测量 U3 的⑦、⑧脚对地电阻很小，同时保险丝烧断，则是 U3 内部击穿，更换 U3 前，应仔细检查⑦、⑧脚外部的尖峰脉冲吸收电路和④脚外部的稳压控制电路元件是否发生开路、失效、漏电故障，避免再次损坏 U3。

如果有 300V 供电，测量厚膜电路 U3 完好，但副电源不启动，还应检查 U3 的②脚市电欠压保护电路，必要时断开市电欠压保护电路的试之。

对于具有启动电路和 VCC 供电的副电源驱动电路，应首先检查启动电路和 VCC 供电电路是否正常。

副电源次级的整流滤波电路滤波电容容量减小或失效，输出电压减低、纹波增大，造成控制系统工作失常，不能开机或开机后自动关机，整流二极管击穿迫使主电源过流保护停止工作。更换整流管时，需更换低压差、大功率的肖特基二极管，不能用普通整流二极管代换。

(四)PFC 校正电路作用与维修

1. 电路作用

在市电整流滤波电路之后，主开关电源之前，新型彩电开关电源往往设有 PFC 功率因数校正电路。PFC 功率因数校正电路分为有源功率因数校正电路和无源功率因数校正电路两种，液晶彩电中大多采用有源功率因数校正电路，由驱动控制电路、激励电路、末级输出 MOSFET 开关管、储能电感、PFC 整流滤波电路组成。168P-P42TTT-10 电源板的 PFC 功率因数校正电路如图 1 上部所示，实物如图 6 所示。

PFC 校正电路的作用：将供电电压和电流的相位校正为同相位，提高功率因数，减少谐波污染，并将市电整流后的电压提升到 370~410V。

2. 易发故障

PFC 功率因数校正电路停止工作时，主电源供电降低，带负载能力降低，往往引发过流保护；易发开关管 Q5、Q6、大滤波电容 C25、C27、C29 击穿故障，烧断保险丝或限流电阻。

3. 维修提示

PFC 电路维修图解见图 6 所示。判断 PFC 校正电路是否正常，可通过测量输出滤波电容器 C25、C27、C29 两端电压判断。该电压正常时待机状态为+300V 左右，开机状态上升到 380V

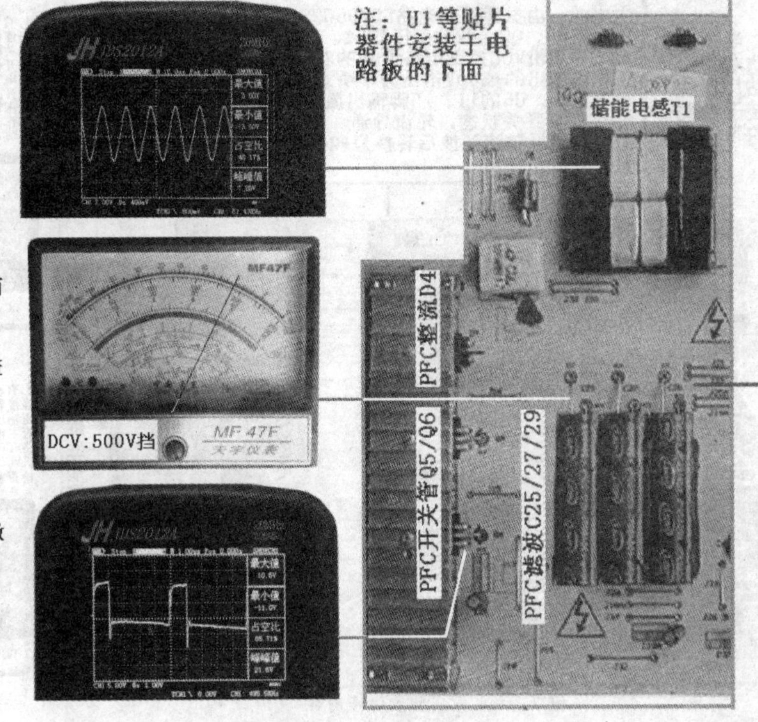
2.用示波万用表或示波器，探头接触储能电感的磁芯或线圈外皮，测量其感应电压波形；也可用万用表交流电压ACV:50V挡测量其感应电压，无感应电压和波形，说明PFC电路未工作；有感应电压和波形检测PFC整流滤波电路
1.直流电压DCV:500V挡测量PFC滤波电容两端电压，正常时为+380V左右直流电压；如果仅为+300V说明PFC电路未工作，检查PFC电路；如果低于+360V，多为PFC滤波电容容量减小
3.用示波万用表或示波器探头接触PFC开关管的G极，测量其激励脉冲波形，或用万用表DB挡测量其激励电压；无激励脉冲波形和电压，故障在PFC驱动电路；检查其VCC供电和外围电路元件
注：U1等贴片器件安装于电路板的下面
储能电感T1
PFC整流D4
PFC开关管Q5/Q6
PFC滤波C25/27/29
DCV:500V挡
MF 47F
PFC功率因数校正电路：由振荡驱动电路SSC2001(U1)、推动电路Q3、Q4和开关管Q5、Q6、储能电感T1为核心组成。开机后，开关机VCC控制电路为U1供电，PFC电路启动工作，U1从8脚输出激励脉冲，经Q3、Q4放大后，推动开关管Q5、Q6工作于开关状态，与储能电感和PFC整流滤波电路配合，将市电整流滤波后的供电电压和电流相位校正为同相位，提高功率因数，减小污染，并在PFC滤波电容C25、C27、C29两端形成+380V左右的Vc直流电压，为主电源供电。

图6 PFC电路图实物和维修图解

左右。如果开机状态仍为300V左右，则是PFC校正电路未启动。通过用示波表探测储能电感磁芯的感应电压波形，可判断PFC电路是否启动工作，如果无波形说明PFC驱动电路未工作。

维修时，先测量PFC校正电路U1的⑦脚VCC供电是否正常，如果无VCC供电，先检测副电源VCC电压产生电路C90两端有无20V的VCC电压，无VCC电压检查副电源R100、D20、C90和T901的6-7绕组；C90两端有VCC电压，检查开关机控制电路Q13、U7、Q7。

U1的⑦脚VCC供电正常，用示波表检测U1的⑧脚或PFC开关管的G极有无激励脉冲，无激励脉冲查U1及其外部电路，有激励脉冲输出查MOSFET开关管Q5、Q6和整流滤波电路D4、C25、C27、C29。

(五)主电源电路作用与维修

1. 电路作用

小屏幕液晶彩电电源板主电源采用反激式单独开关电源，大屏幕液晶彩电电源板主电源多采用它激式谐振型半桥式开关电源。主电源电路由驱动控制电路、半桥式输出电路MOSFET开关管、开关变压器、次级整流滤波电路和稳压电路、尖峰脉冲吸收电路构成。168P-P42TTT-10电源板的主电源电路如图1上部所示，实物如图7所示。

主电源电路的作用：将PFC电路输出的约370~410V直流电压转换为+24V、+12V电压(因机型而异，有的为一组输出电压，有的为2-4组输出电压，近几年主电源为背光灯电路提供的电压上升到50~100V左右)，为主电路板、伴音功放电路、背光灯电路供电。

2. 易发故障

主电源发生故障时，主要引发三无故障，但指示灯亮；初级开关管Q8、Q9击穿烧保险丝，次级滤波电容失效，输出电压降低，图像纹波干扰，严重时保护关机；整流二极管击穿迫使主电源过流保护停止工作。

3. 维修提示

主电源维修图解见图7所示。判断主电源是否正常，测量输出连接器标注的输出电压，或次级输出端滤波电容C62、C64、C66两端的24V、C60、C65两端的12V电压即可，如果上述滤波电容两端均无电压，则是主电源未工作。

维修时用示波表探测输出变压器T4、T5外皮或磁芯的感应电压，有感应电压故障在主电源次级整流滤波电路；无感应电压说明主电源未工作。

先查驱动控制电路U5的②脚VCC供电是否正常。②脚无VCC供电，查开关机VCC控制电路。VCC电压正常，PFC电路输出的380V电压是否正常，如果仅为300V，则PFC电路未工作，需首先排除PFC电路故障；VCC和PFC输出380V供电电压正常，测量U5的①脚PFC取样电压是否正常，①脚电压异常检查①脚外部的PFC分压取样电路。上述工作条件正常，主电源仍不工作，测量U5及其外部电路元件。用示波表测量U5的⑪、⑯脚或开关管Q8、Q9的G、S极之间有无激励脉冲，无激励脉冲查U5及其外部电路，有激励脉冲输出查MOSFET开关管Q8、Q9和T4、T5及其次级的整流滤波电路。

主电源次级的整流滤波电路滤波电容容量减小或失效，输出电压减低、纹波增大，造成图像网纹干扰，严重时引发自动关机，整流二极管击穿迫使主电源过流保护停止工作。更换整流管时，需更换低压差、大功率的肖特基二极管，不能用普通整流二极管代换。

(六)保护电路作用与维修

1. 电路作用

液晶彩电电源板多设有完善的保护电路。一是围绕开关电源的振荡、驱动集成电路内部的保护功能，开发了过流、过压、过热电路，保护电路启动时，集成电路内部振荡或驱动电路停止工作，达到保护的目的。二是在开关电源的输出电路，依托待机控制电路，设有过流、过压或过热保护电路，保护电路启动时，迫使待机控制电路动作，由开机状态变为待机状态，进入待机保护状态。

该主电源设有输出过电压保护电路，见图1右下侧所示，由模拟可控硅Q1、Q2和稳压管ZD4、ZD5为核心组成。其中，ZD4为27V稳压二极管，用于+24V电压过高检测。当+24V电压升高超过27V时，ZD4反向击穿导通，通过D16加到Q2的b极，使Q2、Q1导通，将开关机控制电路光耦U7的1脚电压拉低，U7截止，切断PFC和主电源驱动电路的VCC供电，进入待机保护状态。ZD5为15V稳压二极管，用于+12V电压过高检测。当+12V电压升高超过15V时，ZD5反向击穿导通，通过D17使Q2、Q1导通，与24V过压相同，进入保护状态。

由于模拟可控硅电路一旦触发导通，具有自锁功能，要想解除保护再次开机，必须关掉电视机电源，待副电源的5V电压泄放后，方能

3. 用示波万用表或示波器，探头接触输出变压器的磁芯或线圈外皮，测量输出变压器感应电压波形；也可用万用表交流电压ACV:50V挡测量其感应电压，无感应电压，故障在主电源初级电路；有感应电压故障在主电源次级整流滤波电路

注：半桥式驱动电路U5等贴片器件安装于电路板的下面

主电源：由振荡驱动电路SSC9502S(U5)和半桥式推挽输出电路Q8、Q9、开关变压器T4、T5为核心组成.遥控开机后，开关机VCC控制电路为U5的2脚提供VCC供电，PFC校正电路输出的+380V电压为半桥式输出电路供电，主电源启动工作，U5的11、16脚输出激励脉冲，推动开关管Q8、Q9工作于开关状态，轮流导通、截止，在T4、T5中产生感应电压，经整流滤波后转换为+24V和+12V电压，为主板和背光灯电路供电。

1. 直流电压DCV:50V挡测量输出连接器的12V输出和ON/OFF开关机控制电压。ON/OFF正常时开机状态为高电平，如果为低电平，则是未遥控开机或主板开关机电路发生故障；无12V电压输出，说明主开关电源未工作，检查主电源电路。

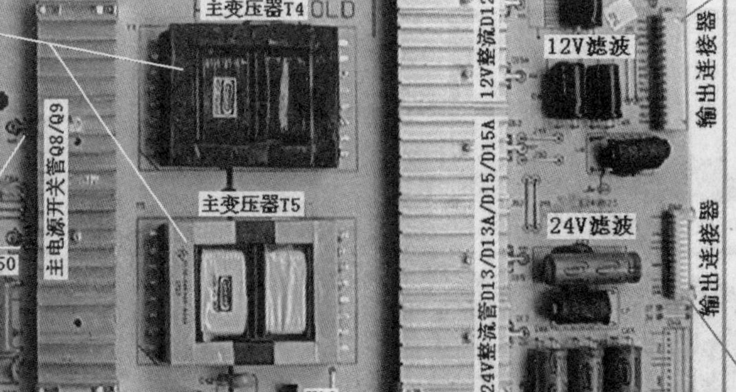

4. 用示波万用表或示波器探头接触主开关管的G极，测量其G极和S极之间的激励脉冲波形，或用万用表DB挡测量其G极和S极自检的激励电压；无激励脉冲波形和电压，故障在主电源驱动电路；检查其VCC供电和外围电路元件；有激励脉冲检查半桥式输出电路开关管和输出变压器

2. 直流电压DCV:50V挡测量输出连接器的24V输出电压。无24V电压输出，说明主电源未工作，检查主电源电路。一是测量驱动电路VCC供电，无VCC供电检查开关机VCC控制电路；二是有VCC供电，检查驱动电路外围电路元件

图7　主电源实物和维修图解

再次开机。

2. 易发故障

保护电路引发的故障主要是不开机或开机后自动关机。其故障原因：一是电源板发生过压、过流故障，二是保护电路取样电路的过流取样电阻阻值变大或取样电路的稳压管漏电等元件参数改变，引发保护电路误启动。

3. 维修提示

维修时，可采用测量关键点电压，判断是否保护启动；解除保护，观察故障现象的方法，判断故障部位。

(1)测量关键点电压，判断是否保护：对于模拟可控硅保护电路维修在开机的瞬间，测量保护电路的Q2的b极电压，该电压正常时为低电平0V。如果开机时或发生故障时，Q2的b极电压变为高电平0.7V以上，则是以模拟可控硅为核心的保护电路启动。

由于Q2的b极外接两路过压保护检测电路，为了确定是哪路检测电路引起的保护，可在开机后、保护前的瞬间通过测量D16、D17的正极电压，判断是哪路保护检测电路引起的保护。如果D16的正极电压为高电平，则是+24V过压保护检测电路引起的保护；如果D17的正极电压为高电平，则是+12V过流保护检测电路引起的保护。

过压保护重点检查稳压控制电路的取样电路R88~R91、R16，误差放大电路U10，光电耦合器U9，如果输出的+12V、+24V电压正常，则检查过压保护检测电路，多为过压检测电路稳压管ZD4、ZD5漏电所致。

(2)解除模拟可控硅保护，观察故障现象：确定保护之后，可采解除保护的方法，开机测量开关电源输出电压和负载电流，观察故障现象，确定故障部位。为了防止开关电源输出电压过高，引起负载电路损坏，建议先接假负载测量开关电源输出电压，在输出电压正常时，再连接负载电路。

全部解除保护：将模拟可控硅Q2的b极对地短路，也可将模拟可控硅电路与光电耦合器U7的①脚之间断开，解除保护，开机观察故障现象。

逐路解除保护：逐个断开取样电路模拟可控硅电路Q2的b极之间的连接隔离二极管D16、D17。每解除一路保护检测电路，进行一次开机实验，如果断开哪路保护检测电路的隔离二极管后，开机不再保护，则是该电压过高引起的保护。

(七)电源板常见故障维修判断

PFC+副电源+主电源组合型电源板发生故障时，引发无光栅、无伴音、无图像的三无故障，其故障现象有两类：

1. 三无，指示灯不亮

引发开机三无，指示灯不亮故障，其故障范围在市电抗干扰、整流滤波电路和副电源电路。区分方法是测量PFC滤波电容两端待机状态的300V电压，无300V电压故障在抗干扰和市电整流滤波电路；有300V电压故障在副电源电路，检查副电源启动电路、驱动电路或厚膜电路、变压器及其次级整流滤波电路。

2. 三无，指示灯亮

引发开机三无，指示灯亮故障，其故障范围在PFC电路、主电源和开关机控制电路。区分方法是：遥控开机后，测量PFC滤波电容两端电压，该电压待机状态为+300V，遥控开机后上升到+380V~+400V，如果该电压仅为+300V，则是PFC电路或开关机控制电路故障；测量PFC驱动电路或主电源驱动电路的VCC供电，无VCC供电故障在开关机控制电路和VCC整流滤波电路；有VCC供电，故障在PFC电路。如果PFC电路输出的+380V~+400V和开关机控制电路输出的VCC电压正常，故障在主电源电路。检查主电源驱动电路、半桥式输出电路开关管、变压器及其次级整流滤波电路。

需要注意的是：带有PFC功率因数校正电路的电源板，有的主电源具有PFC输出电压检测电路，当PFC电路不工作或输出电压过低时，主电源据此停止工作；而有的主电源没有PFC输出电压检测电路，当PFC电路不工作或输出电压降低时，主电源照常工作，只是带负载能力稍有降低，甚至不影响电源板的正常工作。当遇到后者PFC电路发生不工作故障，输出电压降低时，由于技术和元件问题无法维修时，可暂时不予维修。

二、液晶彩电电源板维修提示

液晶彩电的电源板工作于高电压、大电流状态，故障率较高，在液晶彩电维修中占有较高的比例。

液晶彩电的电源板采用双面印制电路板，大量使用贴片元件，元件体积小、分布密集，往往导致电压测试不便；另外电路走向从印制板的一面走向另一面，互相穿插，给电路识别和追寻电压信号走向造成

困难，容易造成故障判断方向不清、关键点把握不准；再加上所修电源板和背光灯板往往无图纸、无资料，给故障维修造成困难。常见故障和维修方法如下：

（一）电源板常见维修方法

1. 脱板维修法

为了确保电源板和负载电路的安全，建议采用脱板维修的方法，将电源板从电视机上拆下来，单独对电源板进行维修。

目前维修，大多为上门维修，在客户家全部完成维修作业，受条件的限制，往往需要将电源板拆下来，带回维修部进行脱板维修。而电源板的正常工作往往受主板控制系统的开关机控制，脱离主机后往往无法启动进入工作状态，需要模拟开机控制电压，由于多数电源板的开关机控制电压开机状态均为高电平，可用 1kΩ~3.3 kΩ 电阻跨接在开关机控制端与副电源输出的+5V 或+3.3V 之间，为电源板输入模拟的开关机控制电压，迫使电源板启动工作。

另外，开关电源电路在脱板维修时，由于无负载电路，空载和带负载状态下其输出电压往往不同，有的电源板因无负载电路还会进入保护状态不能启动，容易给维修造成误判，需要在开关电源输出端接假负载，模拟负载电路用电。

开关电源部分一般选用 12V 或 24V 摩托车灯泡作为假负载最好，也可选用 120Ω~330Ω 的大功率电阻作为假负载，跨接在 12V 或 24V 输出端与冷地端之间。假负载和开机电压的连接位置在电源板输出连接器或电源板次级输出电压滤波电容两端，一是通过电路图输出连接器的引脚功能和电压标注选择连接点；二是多数电源板输出连接器的附近引脚直接标注功能和输出电压。

具体操作见图 8 所示，根据该机电路图和电源板上的标示的输出电压，将 24V 灯泡跨接于 24V 滤波电容两端，将 12V 灯泡跨接于跨接于12V 滤波电容两端，作为电源板的假负载。采用 1K 电阻跨接于 5V 输出和 ON/OFF 引脚之间，提供开机高电压。为了维修人员的人身安全和测量仪器仪表的安全，建议在电源板和市电输入插排之间串联 1:1 的隔离变压器。

上述假负载隔离变压器连接好后，在 24V 输出或 12V 输出端并联电压表，为电源板通电试机。为了防止电源板有故障，长时间通电造成电源板其他元件损坏，建议在通电的采用带按键开关的插座或插排，通电时用手半按插座或插排的开关(不要按到底，防止开关锁住)，为电源板通电，观察灯泡亮度和电压表的电压，如果电压过高或发生冒烟、烧焦等现象，按电源开关的手马上松开断电。

电源板上的元器件，多为专用元器件，一般要求使用原装配件。应急修理时，除必须考虑代换的元器件电性能参数指标与原型号一致或较高以外，部分元器件对体积和外观需要与原型号一样，否则会造成整机装配不良或元器件装不进去，还有可能造成与其他元器件短路。另外，由于屏内空间狭小，工作温度较高，更换的元器件对温度有一定的要求，比如电容，最好选择 105℃电容。否则，电源易出现热稳定问题或可靠性工作问题。

2. 外接电压法

外接电压法就是将机外或机内适合需求的电压或信号，接入电源电压。一般提供两种电压：

一是为驱动控制电路通过 VCC 电压，用一个输出 12~20V 的直流电源，接入驱动控制电路的 VCC 供电输入端，然后通电试机，测量该电路是否启动工作，如果启动工作，则是 VCC 控制电路故障，否则是驱动控制电路故障。由于驱动控制电路位于热低端，容易发生触电和损坏电源板或替代电源的事故，建议使用隔离变压器，并注意安全，分清热低端和冷低端。

二是为开关机控制电路提供开机电压，一般在输出连接器上进行操作，先找到开关机控制引脚和 5V 电源输出引脚，由于开关机控制电压分为高电平和低电平两种，高电平开机的直接将开关机控制引脚与待机+5V 相连接；低电平开机的直接将开关机引脚与冷低端相连接，连

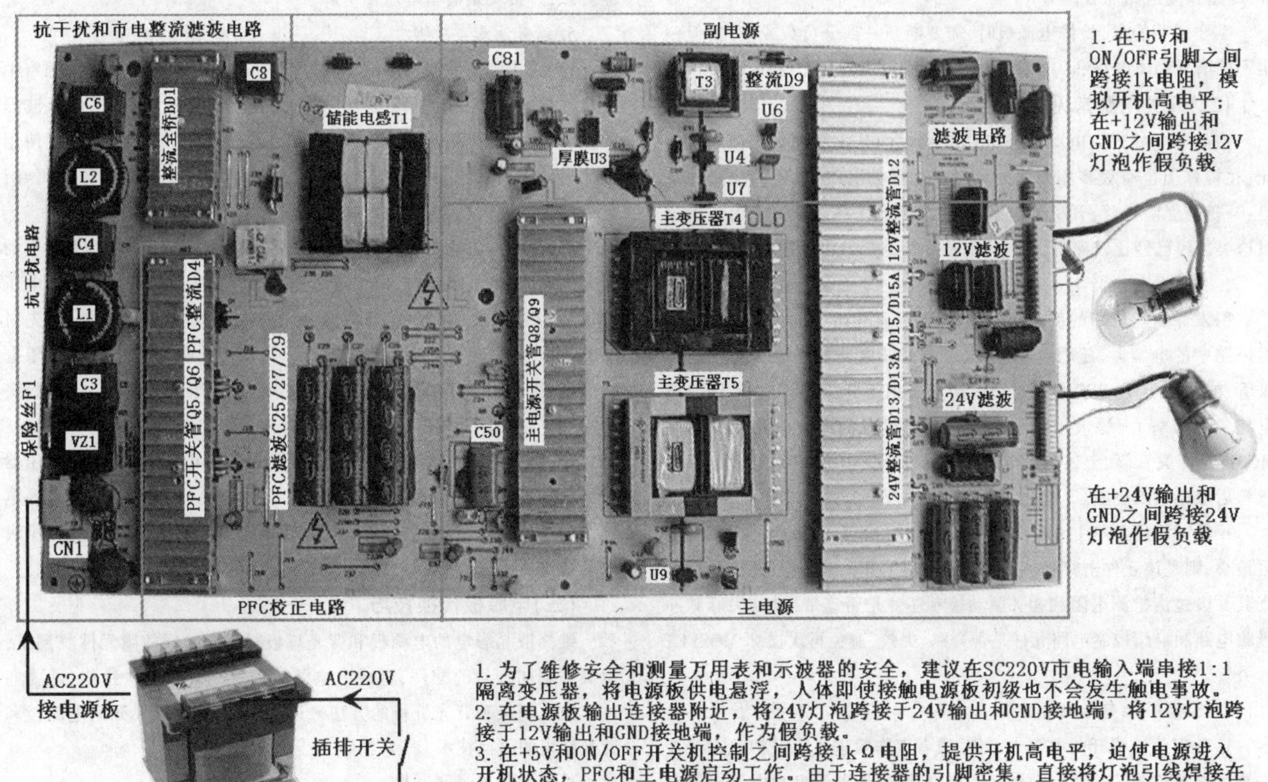

图 8　电源板脱板维修图解

接后，即可通电对电源板输出电压进行测量。

3. 短路法

短路法就是将控制电压或保护触发电压短路，然后检测短路后的电压变化，判断故障范围。短路法主要有两种：

一是短路稳压电路或保护电路的光耦。液晶彩电的开关电源较多地采用了带光耦合器的直接取样稳压控制电路，当输出电压高时，可采用短路法来测定故障范围。短路检修法的应用步骤是：先把光耦合器的光敏接收管的两脚短路，或用数十Ω电阻短接，相当于减小了光敏接收管的内阻，如果测主电压仍未变化，则说明故障在开关变压器的初级电路一侧；反之，故障在光耦合器之前的电路。

二是短路保护触发电压。保护检测电路检测到故障时，往往向保护执行电路送入高电平触发电压，引发自动关机故障，维修时，可找到该触发电压的关键点，如模拟可控硅的b极、保护电路输出端的隔离二极管的正极，将其对地短路，可解除保护，再对开关电源进行维修。

需要说明的是，短路法应在熟悉电路的基础上有针对性地采用，不能盲目短路，以免将故障扩大。另外，从检修的安全角度考虑，短路之前应断开负载电路。

4. 开路法

就是将关键点或组件切除法，解除该电路对开关电源的影响，然后开机判断故障范围，若故障消除。则故障就在切除的部分。开路法有以下两种：

一是开路保护触发电压。如电源中遇到保护故障，可以断开保护检测电路与保护执行电路的连接，进行故障判断；如果断开该保护检测电路后，开机不再保护，则是该检测电路引起的保护。

二是开路发生故障的单元电路。遇到部分电路损坏又苦于没有配件时，可以切除该电路，然后给控制电路模拟一个正常信息。比如遇到PFC部分外部控制元件损坏时，就可以拆掉外部控制元件，直接将控制信息传输到PFC电路，使PFC得到供电照样正常工作，一旦买到配件，尽量恢复电路原貌。

需要说明的是，检修电源板时，需要断开一部分负载或电路，但一定不能断开稳压电路和尖峰吸收电路，否则可能损坏元器件。

(二)开关电源常见故障维修

液晶彩电的开关电源部分与CRT彩电的基本原理是相似的。因此，在检修上也有很多相似之处。对于这部分电路，常见的故障现象是：开机烧保险丝管，开机无输出、有输出但电压高或低等。由于大家对这类故障已经比较熟悉，故这里简要介绍这部分电路的检修思路。

1. 保险丝管烧断

引发保险丝烧断的部位很多，从市电进入开始，依次为：市电抗干扰电路中的电容器、压敏电阻、市电整流滤波电路的整流全桥中的二极管、滤波电容器、PFC校正电路中的MOSFET开关管、PFC整流滤波电路的二极管、大滤波电容器、主、副开关电源的厚膜电路或大功率MOSFET开关管等。上述单元电路中的元件易发击穿故障，导致的保险丝管后限流电阻烧断。

维修时可用R×1挡对上述易损元件进行检测，哪个元件两端的电阻最小，则是该元件击穿损坏。其中MOSFET开关管击穿，还应注意检查其S极过流检测电阻和相关驱动控制芯片是否连带损坏，尖峰脉冲吸收电路和稳压控制电路元件是否开路、失效，避免再次损坏MOSFET开关管。

2. 无输出，但保险丝管正常

这种现象说明开关电源未工作，或者工作后进入了保护状态。首先测量电源控制芯片的启动脚是否有启动电压，若无启动电压或者启动电压太低，则检查启动电阻和启动脚外接的元器件是否有漏电存在，此时如电源控制芯片正常，则经上述检查可很快查到故障。若有启动电压，则测量控制芯片的输出端在开机瞬间是否有高低电平的跳变。若无跳变，说明控制芯片、外围振荡电路元器件或保护电路有问题，可先代换控制芯片，再检查外围元器件。若有跳变，一般为开关管不良或损坏。

主副开关电源部分比较容易坏的元件除了厚膜电路或MOSFET开关管外，电路中阻值大的电阻还是比较容易坏的，所以也是检查的重点，还有容易坏的就是次级整流二极管了。

3. 有输出电压，但输出电压过高

在液晶彩电中，这种故障往往来自稳压取样和稳压控制电路。直流输出、取样电阻、误差取样放大器(如TL431)、光耦合器、电源控制芯片等电路共同构成了一个闭合的控制环路，在这一环节中，任何一处出问题都会导致输出电压升高。

对于有过压保护电路的电源，输出电压过高首先会使过压保护电路工作。此时，可断开过压保护电路，使过压保护电路不起作用，测开机瞬间的电源主电压。如果测量值比正常值高出1V以上，说明输出电压过高。实际维修中，以取样电阻变值、精密稳压放大器或光耦合器不良为常见。

4. 输出电压过低

根据维修经验，除稳压控制电路会引起输出电压过低外，还有其他一些原因会引起输出电压过低。主要有以下几点：

(1)开关电源负载有短路故障(特别是DC/DC变换器短路或性能不良等)。此时，应断开开关电源电路的所有负载，以区分是开关电源电路不良还是负载电路有故障。若断开负载电路后电压输出正常，说明是负载过重；若仍不正常，说明开关电源电路有故障。

(2)输出电压端整流二极管、滤波电容失效等，可以通过代换法进行判断。

(3)开关管的性能下降，必然导致开关管不能正常导通，使电源的内阻增加，带负载能力下降。

(4)300V滤波电容不良或PFC校正电路未工作，造成电源带负载能力差，一接负载输出电压便下降。

5. 维修注意事项

(1)采用隔离变压器。由于电源板与市电输入直接相连接，维修中一旦人体不小心碰到初级电路，就会发生触电事故；另外采用示波器测量波形时，如果接地或测试点弄错，还会烧坏示波器，因此建议使用一比一的隔离变压器进行维修，如果有调压功能的隔离变压器更好，可通过电压的调整，测试电源板的电压适用范围。

(2)注意停电后进行电阻测量时，将大电容器放电。维修无输出的开关电源，通电后再断电，由于电源不振荡，300V滤波电容两端的电压放电会极其缓慢，此时，如果要用万用表的电阻挡测量电源，应先对300V滤波电容两端的电压进行放电，可用一大功率的几百Ω电阻进行放电，也可将电烙铁的插头两端代替电阻进行放电，然后才能测量，否则不但会损坏万用表，还会危及维修人员的安全。

(3)测量开关电源电路的电压，要选好参考电位，因为开关变压器初级之前的地为热地，而开关变压器之后的地为冷地，二者不是等电位，测量电压时选错接地端，轻者造成测量数据出错，重者损坏万用表或测量仪器。

(三)电源板代换技巧

维修液晶彩电的电源板和背光灯板时，有时候故障元件找到了，但买不到同型号的配件，造成原电源板和背光灯板无法维修，需要通过代换电源板和背光灯板的方法来进行维修，下面简要介绍电源板和背光灯板的更换技术。

1. 电源板的选择

(1)注意电源板板的体积要适合，根据电视机内部的空间选择体积合适的电源板，特别是体积不能过大，否则，很难装配到电视机内。安装要牢固，并做好绝缘处理。

(2)所选电源板输出电压要与被代换的原装电源板一致，例如原装电源板副电源输出5V电压，主电源输出12V和24V两组电压，所选电源板必须满足上述输出电压要求。副电源的输出电压，直接影响主板控制系统的正常工作，电压过低或不稳定，会引发自动关机等疑难故障；主电源的输出电压，关系到主板和背光灯板的工作状态，电压过低或不稳定，会造成图像、伴音处理电路和背光灯电路工作不稳定，引发疑难故障和自动关机故障。

(3)所选电源板各组输出电压输出电流要满足被代换的原装电源板的要求，输出功率要一致或高于原机，各组输出电压可提供的电流应等于或大于原装电源板所能提供的电流，避免因供电电流不足再查电压降低、供电不稳定或保护电路启动。特别是主电源输出的5V或3.3V低电压，必须满足主板信号处理电路的功率和电流要求，实践证明，主板供电的5V、3.3V、2.6V、1.8V电压，低于零点几伏，就会造成主板信号处理系统工作异常，引发疑难故障，甚至自动关机、不开机。

(4)电源板输出输出接口的形状要尽量一致。如果不一致，输出接口的引脚功能应与原装电源板的输出接口引脚功能一致，例如原装电源板接口有：12V、5V输出和开关机、亮度、点灯控制引脚，所选电源板接口也应具有上述功能引脚。如果引脚排列不同，可采用剪断插头，根据新、老电源板输出接口的引脚功能，一一对应焊接的方法解决。

(5)开关机、点灯、亮度控制电压最好与原装电源板匹配。如果所选电源板与原装电源板不匹配，需对相应的电路进行改进或增加相关电路。多数主板开关机电压是开机高电平，关机低电平，也有少数主板输出的开关机电压与其相反，开机输出低电平，关机输出高电平。

(6)市售电源板的代换。如果手中没有可替换的电源板，淘宝上有多种液晶彩电电源板销售，一是选择同型号的二手电源板进行代换，可保证电源的电压、功率、连接器完全与原来电路板相同，简单连接即可完成代换；二是选择新型电源板进行代换，一般商家会根据您需要的电源板型号，对输出连接器进行改装，符合电源板的接线连接器要求，代换时和原装电路板相同，连接时插上连接器即可完成代换。需要注意的是新型电源板的输出功率是否达到原装电路板的功率要求和产品质量，避免功率不足或质量不佳，造成代换后工作不稳定。

2. 正确识别和连接

新的电源板和被代换的电源板，其输出连接器的引脚功能往往不同，应仔细甄别，对应连接，如果接错，往往会造成电源板和负载电路同时损坏。

一是通过电源板电路图标注的输出连接器的引脚功能和电压选择连接点；二是多数电源板输出连接器的附近引脚直接标注功能和输出电压。三是顺着电源板开关变压器次级整流滤波电路的滤波电容进行查找输出电压引脚，也可将连接线直接连接到大滤波电容的正极。

常见的连接器引脚标注符号为，开关机控制：ON/OFF、PS-ON、P-ON、POWER、STB等；点灯控制：EN、BL-ON/OFF、BL-ON等；亮度调整：DIM、A-DIM、PWM、P-DIM、ADJ等。

对于开关机和点灯、亮度控制引脚，如果新、旧背光灯板上无功能标注，可根据连接器的元器件走线、连接的元件和布局来确认引脚功能。首先将电源12V、24V、5V输出进而接地端引脚根据相关整流滤波电路输出引线确定，剩下的就是开关机和点灯、亮度控制引脚，再根据走线确定引脚功能，一般开关机引脚的走线奔向开关机控制电路，而点灯和亮度调整走线奔向背光灯驱动电路。

对于早期的背光灯电路来说，亮度控制端应和背光灯电源控制芯片的某一只脚相连，而高压启动控制端通过一只电阻或二极管接三极管控制电路，因此，通过查找它们的去向即可分辨出高压启动端和亮度控制端。对于新型背光灯电路，开启/关断控制电压和亮度调整电压引脚往往都与背光灯电源控制芯片相连接，可通过测量两脚电压进行判断，开关背光灯时，引脚呈高低电压变化的引脚是开启/关断控制电压脚，调整背光灯亮度时，连续升降变化的是开启/关断控制电压。

3. 电源板局部电路代换

新型液晶彩电电源板，往往由副电源、主电源、PFC电路组成，当副电源集成电路或厚膜电路损坏时，可以选择市售的开关电源厚膜电路，对损坏的集成电路或厚膜电路进行代换。另外目前流行的开关电源+背光灯二合一板和开关电源+背光灯板+主板三合一板，当开关电源损坏无法维修时，可以断掉原开关电源次级的整流滤波电路，用相同输出电压的其他电源板代替。

用市售的开关电源模块维修副电源，简单易行，成功率高。下面介绍用市售模块电路代换维修副电源的方法：

(1)模块电路代换。

图9是万能LCDMK-5V副电源智能模块，是专为维修液晶彩电和显示器副电源而设计的，最大功率可达36W，可代换输出5V和3.3V的副电源初级电路。有红、白、绿、黑、蓝五根引线，其连接代换电路图见图10所示。安装使用说明如下：

①首先检测副电源以下元件和电路正常，一是测量+300V直流电压正常，二是确认开关变压器和次级外部元件正常，三是副电源负载电路没有短路漏电故障，这些电路和元件正常后，方可进行副电源初级模块的代换。

②先拆掉原机上副电源的MOS开关管或厚膜电路，把本模块紧靠副电源附近，用螺丝固定在散热片或附近绝缘板上。固定在散热片要注意绝缘问题。

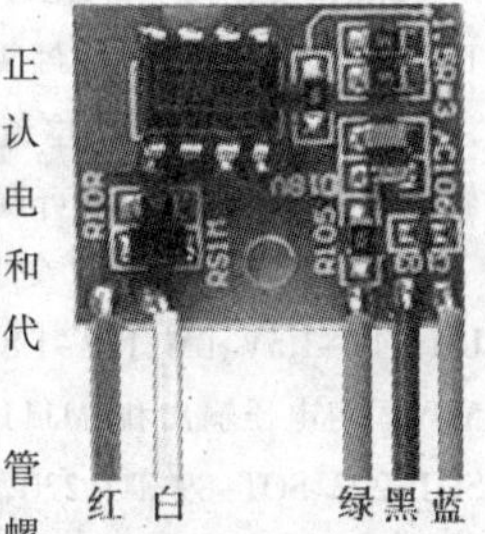

图9 副电源模块

③将副电源初级电路打叉处在实际电路中断开，按照图10所示把模块各个颜色接线对应接好，注意反复核对绝对不能接错，没有必要引线不能延长，否则会影响模块工作。

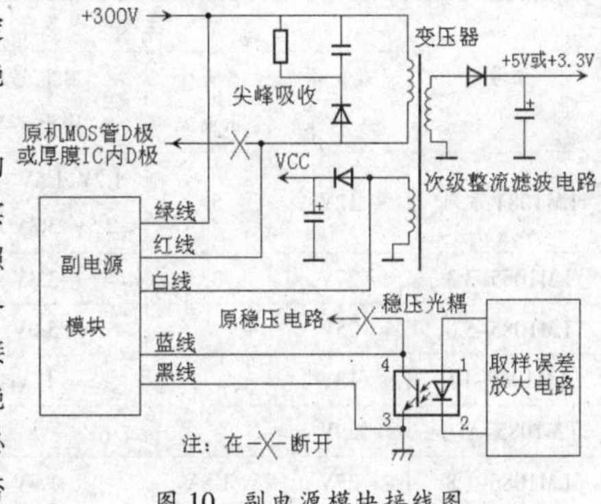

图10 副电源模块接线图

(2)模块引线连接。

代换时根据被修电源板的实际电路，模块引线的连接如下：

①红线：接副电源变压器初级绕组中接MOS开关管D极或厚膜电路内部MOS开关管D极的引脚上。

②黑线：接副电源初级的地线上，一般接+300V滤波电容的负极或MOS开关管的S极、厚膜电路的接地脚。

③蓝线：接原机3.3V或5V副电源稳压光耦的④脚，注意光耦的③脚接地。

④白线：接原机副电源变压器的初级反馈线圈，接VCC整流二极管的正极。

⑤绿线：接原机市电整流滤波后的+300V。

(3)模块代换注意事项。

①连接红线时，如果割断连接原来MOS开关管D极引线，必须注意保留D极连接的尖峰吸收电路，如果将尖峰吸收电路割除，会造成新更换的模块内部MOS开关管击穿，一定要注意。

②连接蓝线时，最好将稳压光耦④脚的其他电路割除，避免其他电路对④脚稳压电路的影响，造成新更换的模块输出电压异常。

③连接白线时，最好将初级反馈线圈的不用电路割除，以减少副电源变压器的负载电流，但要注意保留VCC整流滤波电路的供电，该电压遥控开机后为PFC和主电源驱动电路供电，如果割断，会造成PFC电路和主电源电路停止工作。

④由于新模块功率较小，发热较轻，不必考虑散热问题。可固定在副电源附近的任何位置，最好固定在塑料等绝缘板上，如果固定在金属器件上，由于模块工作在电源板的初级热地板上，要注意绝缘处理。

平板电视常用DC-DC电源变换IC集锦

何金华

一、LM108X系列/LM1117系列电源变换IC

1. 概述

LM108X系列电源变换IC在平板电视上常用LM1084、LM1085、LM1086系列作为电源DC-DC变换，它们是一款LDO线性稳压器，提供TO-220和TO-263两种封装形式，其中，LM1086系列输出电流可达1.5A，LM1085系列输出电流可达3A，LM1084系列输出电流可达5A，它们都有固定电压输出和可调电压输出版本。

LM1117系列电源变换IC在平板电视上常用LM1117-1.2V、LM1117-1.5V、LM1117-1.8V、LM1117-2.5V、LM1117-3.3V、LM1117-5.0V固定电压输出和LM1117-ADJ可调电压输出，输出电流可达1A；有SOT-223、SOT-89、TO-220、TO-263、TO-262几种封装形式。

2. 维修与应用主要参考参数

型号	主要参考参数			
	最大输入电压	最大输出电流	固定电压输出类型	可调模式基准电压
LM1084系列	12V	5A	1.2V、1.5V、1.8V、2.5V、3.3V、5.0V	1.25V
LM1085-3.3	27V	3A	3.3V	/
LM1085-5.0	25V		5.0V	/
LM1085-12	18V		12V	/
LM1085-ADJ	29V		/	1.25V
LM1086-1.8	27V	1.5A	1.8V	/
LM1086-2.5			2.5V	/
LM1086-3.3			3.3V	/
LM1086-5.0	25V		5.0V	/
LM1086-ADJ	29V		/	1.25V
LM1117系列	20V	1A	1.2V、1.5V、1.8V、2.5V、3.3V、5.0V	1.25V

3. LM108X系列芯片引脚功能及内部电路框图

(1)引脚功能

引脚序号	引脚符号	引脚功能
1	GND/ADJ	接地/输出电压调节
2	OUT	DC电压输出
3	VIN	DC电压输入

(2)内部电路框图(见图1)

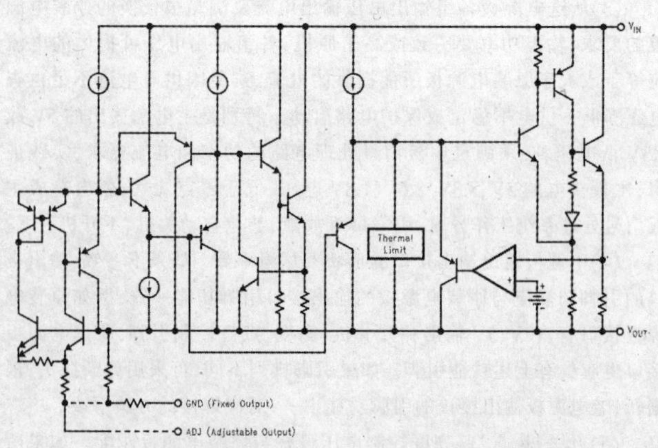

图1 LM108X系列/LM1117系列IC内部电路框图

①典型应用案例

固定电压输出应用电路，以LM1086芯片3.3V电压输出为例，应用电路如下(见图2)：

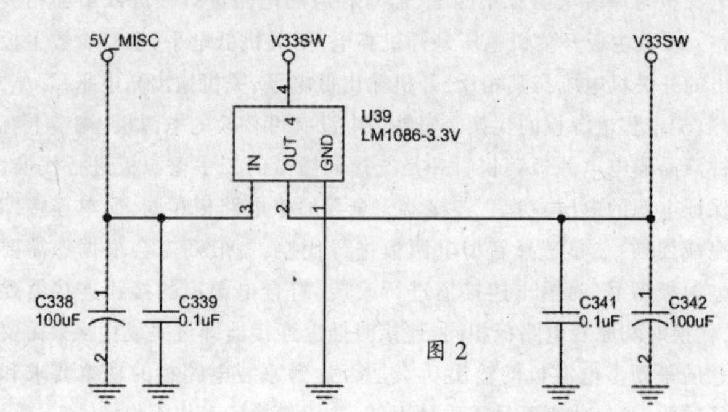

图2

②可调电压输出应用电路，以LM1084-ADJ芯片1.8V输出为例，应用电路如下(见图3)：

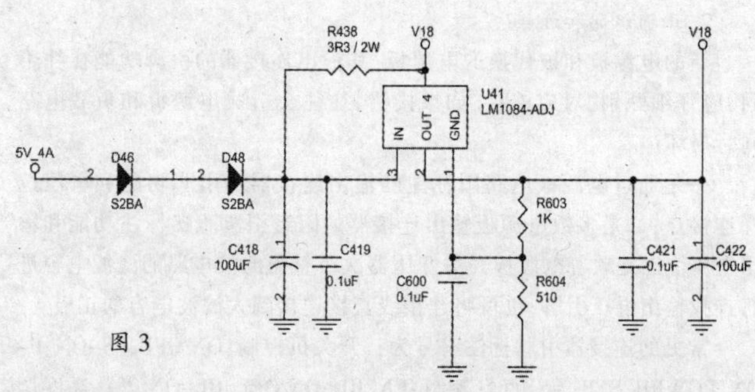

图3

可调输出系列芯片输出电压设置计算公式：

Vout=1.25V×[1+(R604÷R603)]

二、LM2596/2576系列，AP3003系列电源变换IC

1. 概述

LM2596/2576系列电源变换IC在平板电视上常用LM2596/2576-3.3V、LM2596/2576-5.0V、LM2596/2576-12V、LM2596/2576-15V固定电压输出和LM2596/2576-ADJ可调电压输出；AP3003系列有3.3V、5.0V、12V三种固定电压输出和AP3003-ADJ可调电压输出；它们输出电流可达3A；有TO-220、TO-263两种封装形式。

2. 维修与应用主要参考参数

型号	主要参考参数			
	最大输入电压	最大输出电流	固定电压输出类型	可调模式基准电压
LM2596/LM2576系列	40V	3A	3.3V、5.0V、12V、15V	1.23V
LM2596HV/LM2576HV系列	60V		3.3V、5.0V、12V、15V	
AP3003系列	40V		3.3V、5.0V、12V	

3. LM2596/2576系列、AP3003系列芯片引脚功能及内部电路框图

(1)引脚功能

引脚序号	引脚符号	引脚功能
1	VIN	DC 电压输入
2	OUT PUT	DC 电压输出
3	GND	接地端
4	FEED BACK	输出电压调节(该脚电压
5	ON/OFF	输出电压开关控制(L电平"<0.6V":输出电压打开;高电平">2.0V":输出电压关闭)

(3)内部电路框图(见图4)

4. 典型应用案例

(1)LM2596-5.0固定5V输出典型应用电路如下(见图5):

(2)LM2596-ADJ可调模式9V电压输出典型应用电路如下(见图6):

输出电压设置计算公式:

VOUT=1.23V×[(R626+R627)÷R627]

(3)AP3003-ADJ可调模式12V电压输出典型应用电路如下(见图7):

AP3003-ADJ输出电压设置计算公式:

VOUT=1.23V×[(R13+R16//R17)÷(R16//R17)]

三、AP1534电源变换IC

1. 概述

AP1534DC-DC转换芯片采用双列8脚贴片SOP8封装，其工作电压为4.4V~18V,可以连续输出电流达到2A,具有过热/过流和短路保护功能，当负载有短路状况时，可自动降低操作频率使输出功率减小。AP1534广泛用于平板电视、路由器、机顶盒、网络交换机、便携式DVD、车载电器等电子电器产品。

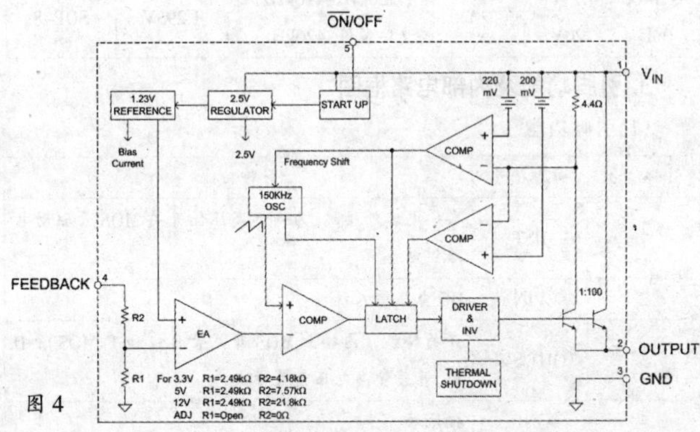

图 4

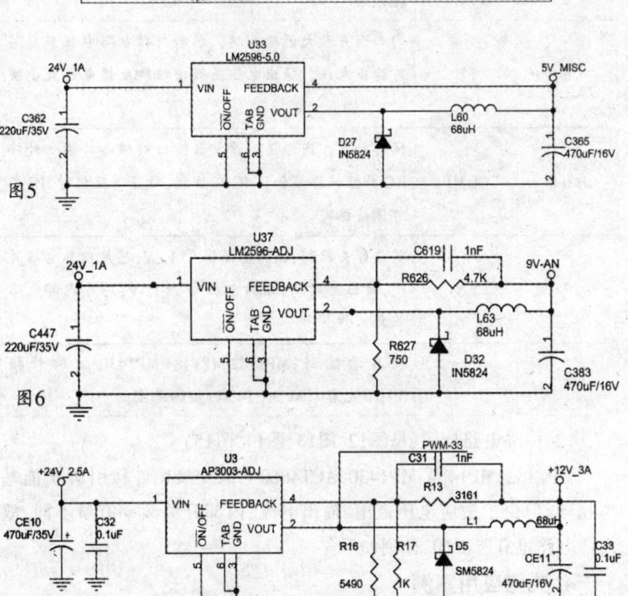

图5

图6

图7

2. 维修与应用主要参考参数

序号	项目	主要参考参数
1	输入电压范围	4.4V~18V
2	输出电流范围	0A~2A
3	内部开关正常工作频率	240KHZ~400KHZ(典型值 300KHZ)
4	负载短路保护工作频率	50KHZ
5	工作环境温度	-25℃~85℃

3. AP1534引脚功能及内部电路框图

(1)引脚功能

引脚序号	引脚符号	引脚功能
1	FB	反馈输入端,该脚电位决定输出电压高低
2	EN	芯片开关控制端,当该脚电压大于2.0V时,芯片正常工作;当该脚电压小于0.8V时,芯片内部电路关断而停止工作。
3	OCSET	最大输出电流设置端,外接电阻上拉到输入电压端,该脚内部偏置电流设定为90μA
4	VCC	DC供电电压输入端
5/6	Output	开关脉冲电压输出端
7/8	VSS	芯片接地引脚

(2)内部电路框图(见图8)

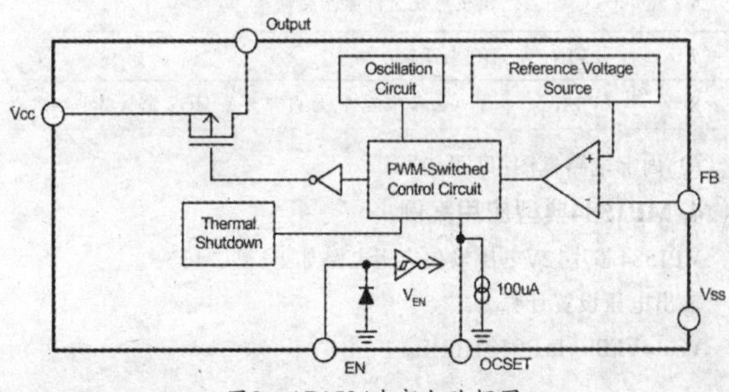

图8 AP1534内部电路框图

4. 典型应用案例

AP1534芯片1.0V电压输出典型应用电路如下(见图9):

AP1534芯片输出电压设置计算公式:

VOUT=VFB×[1+(R1162÷R1164)]。注:R1164的取值范围为0.7K~5K

五、MP1584电源变换IC

1. 概述

MP1584芯片采用耐热增强型SOIC8E贴片封装，输入工作电压4.5-28V,最大工作频率1.5MHz,具有电流模式控制，最大输出电流可达3A。目前广泛用于平板电视、汽车系统、电池供电系统、工业动力系统等。

2. 维修与应用主要参考参数

序号	项目	主要参考参数
1	输入电压范围	4.5V~28V
2	输出电压范围	0.8V~25V
3	输出最大电流	3A
4	内部开关频率	100KHZ~1.5MHZ
5	工作环境温度	-20℃~+85℃

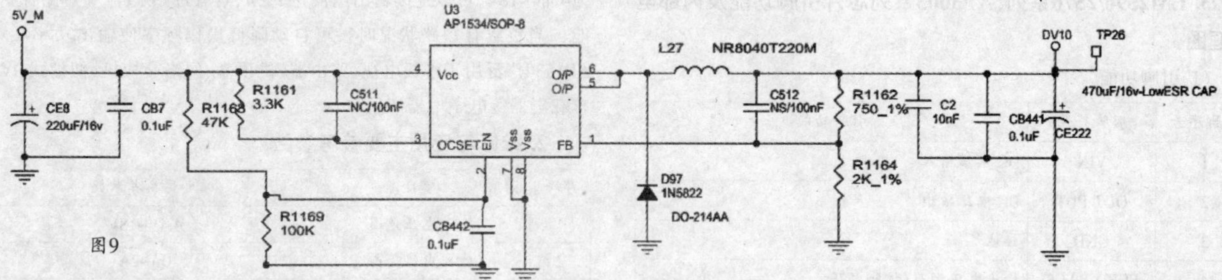

图9

3. MP1584引脚功能及内部电路框图

(1)引脚功能

引脚序号	引脚符号	引脚功能
1	SW	内部MOS开关管高电压开关输出
2	EN	芯片开关控制，该脚电压低于1.2V，芯片内部电路关闭，输出无电压；该脚电压高于1.5V，芯片内部电路正常工作。
3	COMP	网络补偿，内部误差放大器输出端网络补偿，外接RC补偿网络可保证IC在负载，温度等变化时，IC工作保持稳定。
4	FB	内部误差放大器输入端，该脚外接电路电压来自芯片输出电压，输出电压高低由该脚反馈电压大小决定。
5	GND	接地端
6	FREQ	内部开关的开关频率设置，调整该脚外接接地电阻阻值可改变内部开关频率。
7	VIN	DC电压输入端
8	BST	自举电容外接端，为内部开关MOS管驱动电路供电

(2)内部电路框图(见图10)

4. MP1584典型应用案例

MP1584芯片12V电压输出应用电路如下(见图11)：

输出电压设置计算公式：

Vout=VFB×[1+R910÷R912]

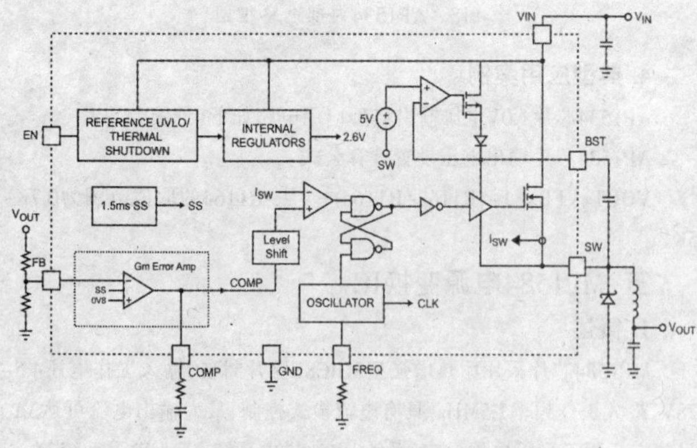

图10 MP1584内部电路框图

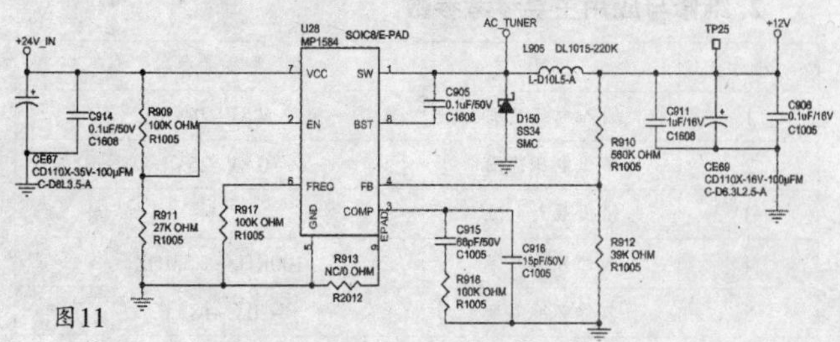

图11

六、MP1482/MP1484/MP1430/ACT4060电源变换IC

1. 概述

MP1482/MP1484/MP1430/ACT4060电源变换IC采用SOIC8N封装；它们内部均集成了2个MOSFET开关管，开关频率在305kHz~490kHz之间，内含过热、过流等保护电路。

2. 维修与应用主要参考参数

型号	主要参考参数				
	输入电压范围	最大输出电流	内部开关频率范围	输出调整基准电压	封装形式
MP1482DS	4.75V~18V	2A	305kHz~375kHz(典型值:340kHz)	0.923V	SOIC8
MP1484EN	4.75V~18V	3A	300kHz~380kHz(典型值:340kHz)	0.925V	SOIC8N
MP1430DN	6.0V~28V	3A	335kHz~435kHz(典型值:385kHz)	1.22V	SOIC8N
ACT4060SH	4.75V~20V	2A	350kHz~490kHz(典型值:420kHz)	1.293V	SOP-8

3. 引脚功能及内部电路框图

(1)引脚功能

引脚序号	引脚符号	引脚功能
1	BST	自举电容外接端，为内部高压侧开关MOS管驱动电路供电
2	VIN	DC电压输入端
3	OUT/SW	开关转换，内接上MOS开关管S极和下MOS管D极，开关管高电压开关输出
4	GND	接地端
5	FB	内部误差放大器输入端，该脚外接电路电压来自芯片输出电压，输出电压高低由该脚反馈电压大小决定。
6	COMP	网络补偿，内部误差放大器输出端网络补偿，外接RC补偿网络可保证IC在负载，温度等变化时，IC工作保持稳定。
7	EN	芯片开关控制，该脚电压低于1.2V，芯片内部电路关闭，输出无电压；该脚电压高于1.5V，芯片内部电路正常工作。
8	SS	软启动控制；MP1482/MP1484/MP1430该脚外接0.1μF电容到地，ACT4060该脚悬空。

(2)内部电路框图(见图12、图13、图14、图15)

MP1482、MP1484、MP1430、ACT4060电源变换IC外接引脚功能基本相同，但由于适应电压范围、输出电流、内部开关频率有所不同，故内部电路也有所不同，分别如下：

4. 典型应用案例

MP1482芯片1.0V电压输出应用电路如下(图16)：

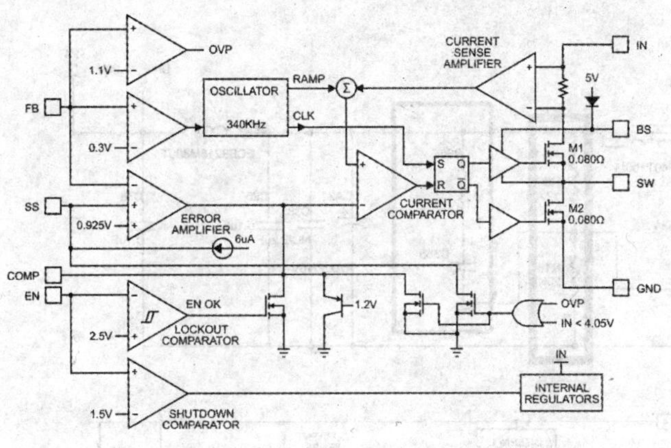

图12　MP1482内部电路框图

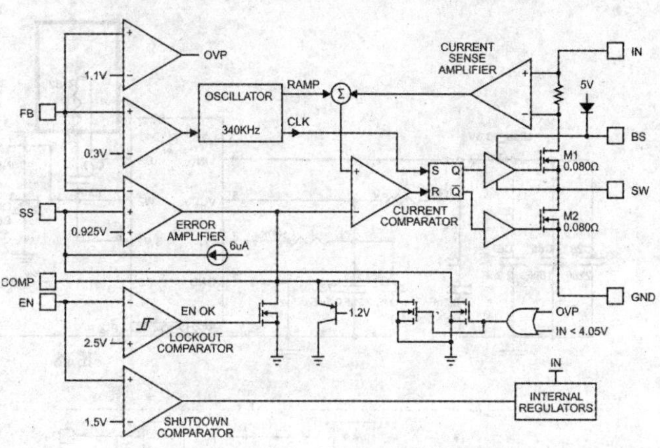

图13　MP1484内部电路框图

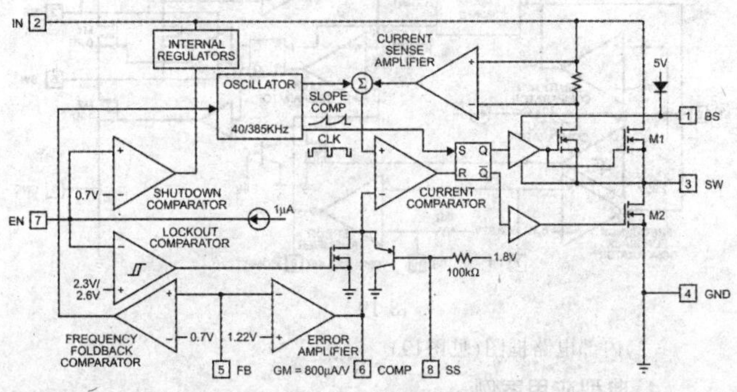

图14　MP1430内部电路框图

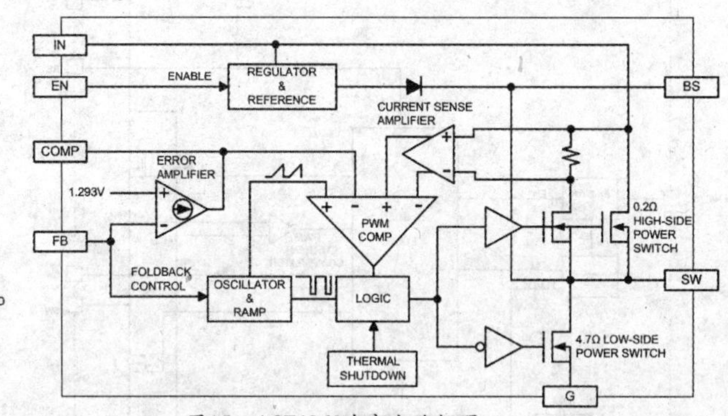

图15　ACT4060内部电路框图

MP1482输出电压设置计算公式：

Vout=0.923×[1+(R905÷R907)]

MP1484输出电压设置计算公式：

Vout=0.925×[1+(R905÷R907)]

MP1430输出电压设置计算公式：

Vout=1.22×[1+(R905÷R907)]

ACT4060输出电压设置计算公式：

Vout=1.923×[1+(R905÷R907)]

七、MP2212电源变换IC

1. 概述

MP2212是一颗输入电压范围为3V~16V、输出电流可达3A的DC-DC变换芯片，广泛用于液晶电视、打印机、网络与电信设备，作为为核心电路供电系统。

2. 维修与应用主要参考参数

序号	项目	主要参考参数
1	输入电压范围	3V~16V
2	输出电流	3A
3	内部开关频率	450kHz~750kHz(典型值:600kHz)
4	封装形式	MP2212DQ:QFN10;MP2212DN:SOIC8E
5	工作环境温度	-40℃~+85℃

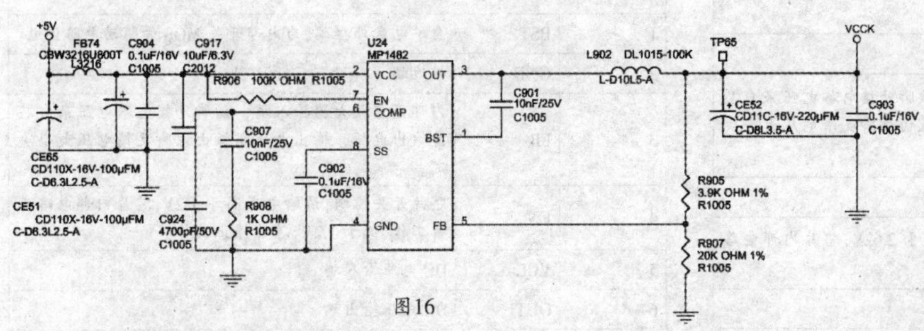

图16

3. 引脚功能及内部电路框图

(1)引脚功能

引脚序号	引脚符号	引脚功能
1	FB	内部误差放大器输入端，该脚外接电路电压来自芯片输出电压，输出电压高低由该脚反馈电压大小决定。
2	GND	接地端
3	VIN	DC电压输入端
4	BST	自举电容外接端，为内部高压侧开关MOS管驱动电路供电
5	VCC	该脚为内部控制电路提供工作电压
6/7	SW	开关转换，内接上MOS开关管S极和下MOS管D极，开关管高电压开关输出
8	EN	芯片开关控制，该脚电压低于0.4V，芯片内部电路关闭，输出无电压；该脚电压高于1.6V，芯片内部电路正常工作。

(2)内部电路框图(见图17)

4. 典型应用案例

MP2212芯片1.26V电压输出应用电路如下(见图18)：

MP2212芯片输出电压设置计算公式：

Vout=0.8×[1+(R366÷R166)]

八、MP1411电源变换IC

1. 概述

MP1411采用双列10脚MSOP封装，是一个单片降压型开关模式DC-DC转换器，它内置了功率MOS管，在较宽的输入电源范围内可得到2A的连续输出电流，并具有极好的负载能力和线性调节性。该芯片广泛应用于平板电视、平板电脑、EDVD、MP4等电源电路中。

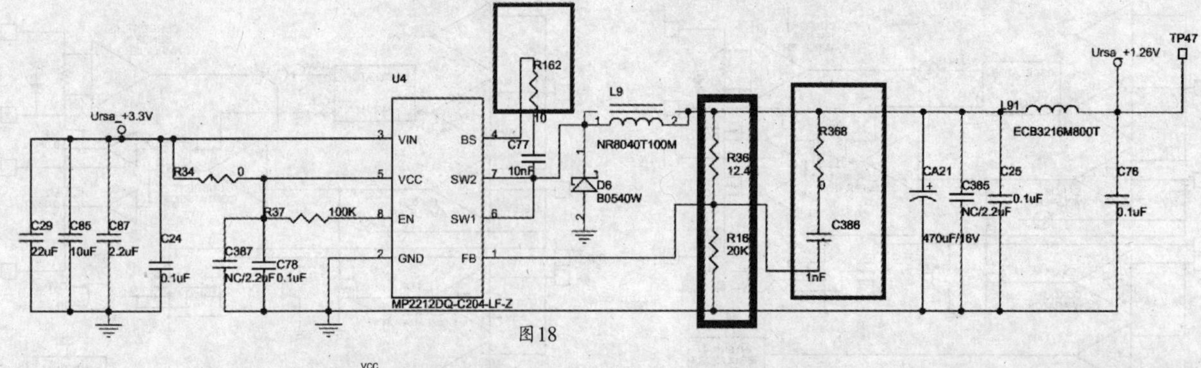

图18

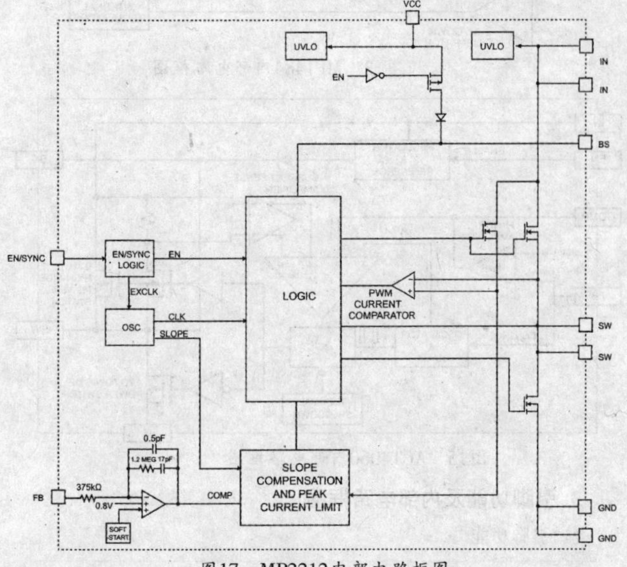

图17 MP2212内部电路框图

2. 维修与应用主要参考参数

序号	项目	主要参考参数
1	输入电压范围	4.75V~18V
2	输出可调电压范围	0.92~16V
3	输出电流	2A
4	内部开关频率	380KHZ
5	封装形式	MSOP
6	工作环境温度	-40℃~85℃

3. 引脚功能及内部电路框图

(1)引脚功能

引脚序号	引脚符号	引脚功能
1	NC	空
2	BST	自举电容外接端，为内部高压侧开关MOS管驱动电路供电
3	NC	空
4	VIN	DC电压输入端
5	SW	开关输出，内接上MOS开关管S极和下MOS管D极
6	GND	接地端
7	FB	内部误差放大器输入端，该脚外接电路电压来自芯片输出电压，输出电压高低由该脚反馈电压大小决定。
8	COMP	内部电流比较器外接补偿端
9	EN	芯片开关控制，该脚电压高于2.62V，芯片内部电路正常工作
10	SS	软启动电容外接端

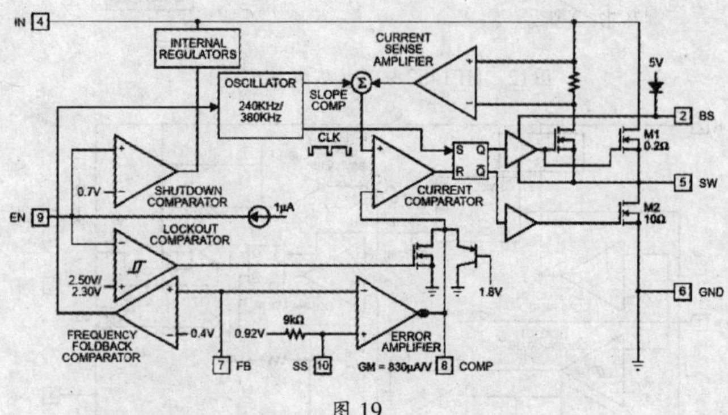

图 19

(2)内部电路框图(见图19)

4. 典型应用案例

MP1411芯片5V电压输出应用电路如下(见图20)：

MP1482输出电压设置计算公式：

Vout=0.92×[1+(R530//R531÷R533)]

九、MP2359/MP2357电源变换IC

1. 概述

MP2357、MP2359是一款用于降压的单片DC-DC变换芯片，两者引脚功能、输入电压范围、输出电压范围、封装形式完全一样，但输出电流不同，广泛用于电力系统、电池充电器、小型LED驱动器、平板电视与平板电脑等设备。

2. 维修与应用主要参考参数

序号	项目	主要参考参数			
		MP2357DJ	MP2357DT	MP2359DJ	MP2359DT
1	输入电压范围	4.5V~24V			
2	输出可调电压范围	0.81~15V			
3	输出电流	0.5A		1.2A	
4	内部开关频率	1.4MHz			
5	封装形式	TSOT23-6	SOT23-6	TSOT23-6	SOT23-6
6	工作环境温度	-40℃~85℃			

3. 引脚功能及内部电路框图

(1)引脚功能

引脚序号	引脚符号	引脚功能
1	BST	自举电容外接端，为内部开关MOS管驱动电路供电
2	GND	接地端
3	FB	内部误差放大器输入端，该脚外接电路电压来自芯片输出电压，输出电压高低由该脚反馈电压大小决定。
4	EN	芯片开关控制，该脚电压高于1.2V，芯片内部电路正常工作，低于1.2V，芯片停止工作
5	VCC	DC电压输入端
6	OUT	DC电压输出端

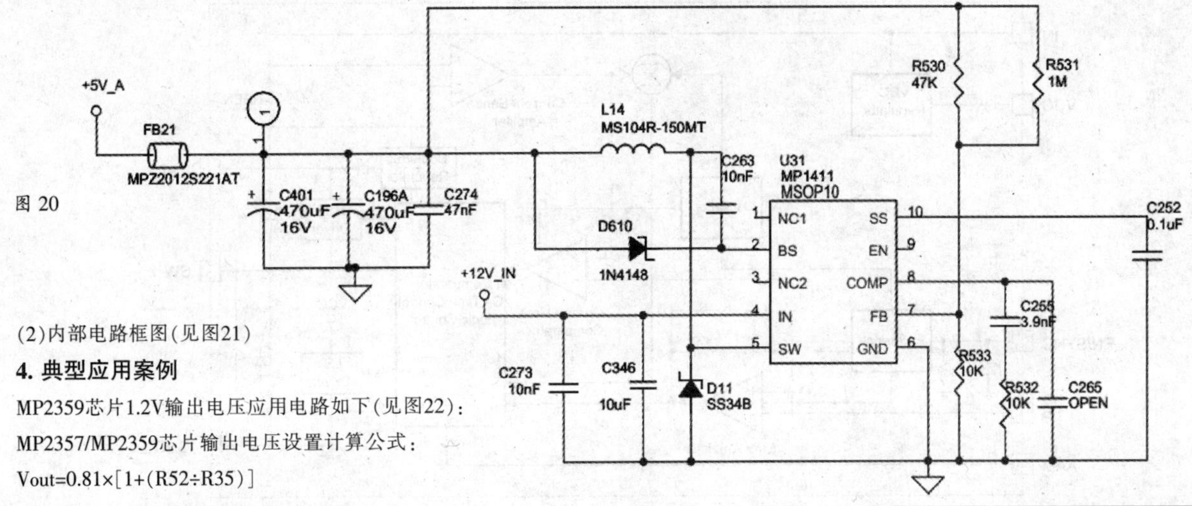

图 20

(2)内部电路框图(见图21)

4. 典型应用案例

MP2359芯片1.2V输出电压应用电路如下(见图22):

MP2357/MP2359芯片输出电压设置计算公式:

Vout=0.81×[1+(R52÷R35)]

十、MP1495电源变换IC

1. 芯片简述

MP1495是一只高频、同步整流、降压的小型开关模式DC-DC变换器,采用TSOT23封装形式,内置MOS开关管,具备过流、过热保护功能,可适应较宽范围的电压输入,并具有良好的线性电流输出特性。

2. 维修与应用主要参考参数

序号	项目	主要参考参数
1	输入电压范围	4.5V~16V
2	输出可调电压范围	0.8~16V
3	输出电流	3A
4	内部开关频率	440KHZ~580KHZ(典型值:500KHZ)
5	封装形式	TSOT238
6	工作环境温度	-40℃~85℃

3. 引脚功能与内部电路框图

(1)引脚功能

引脚序号	引脚符号	引脚功能
1	AAM	高级异步调制。外接分压电阻,从VCC脚获取0.5V左右电压,使IC在轻负载下进入非同步模式,进而处于节能状态。若该脚直接连接到VCC脚高电平,将使IC强制工作在CCM模式
2	IN	DC电压输入端
3	SW	开关输出端
4	GND	接地端
5	BST	自举电容外接端,为内部高压侧开关MOS管驱动电路供电
6	EN	芯片开关控制,高电平(不超过6.5V,100uA)芯片正常工作,低电平,芯片关闭输出
7	VCC	内部5V偏置电压输出
8	FB	误差电压反馈,内部误差放大器输入端,芯片输出电压高低由该脚反馈电压大小决定。

(2)内部电路框图(见图23)

4. 典型应用案例

MP1495芯片5.0V电压输出应用电路如下(见图24):

MP1495芯片输出电压设置计算公式:

VOUT=0.807×[1+(R75÷R49)]

十一、MP1657/MP1658电源变换IC

1. 简述

MP1657/MP1658是一种高频、同步、整流、降压、开关模式变换器,内置功率MOS管,采用SOT563封装,外围线路简洁,性能稳定,输入DC4.5V-16V,输出负载电流为2A/3A,广泛用于汽车电子、工业控制系统、分布式电力系统、无线网卡、便携式电子设备、电池充电设备。

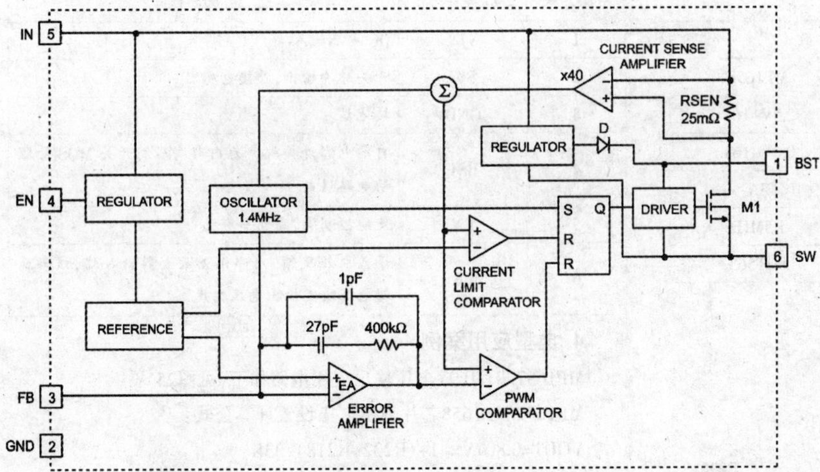

图 21　MP2357/MP2359 内部电路框图

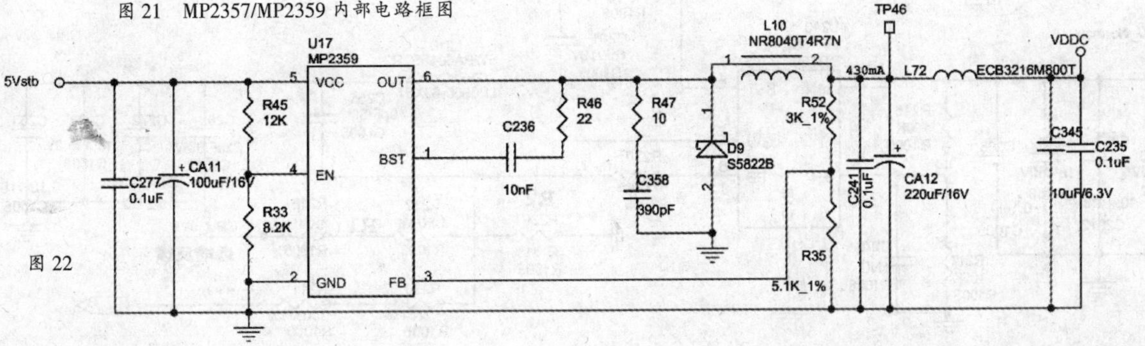

图 22

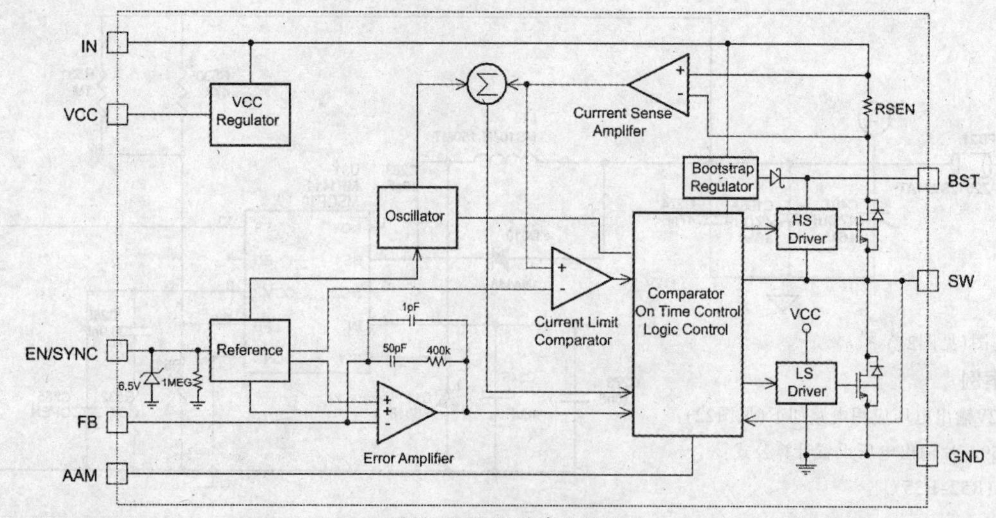

图23 MP1495内部电路框图

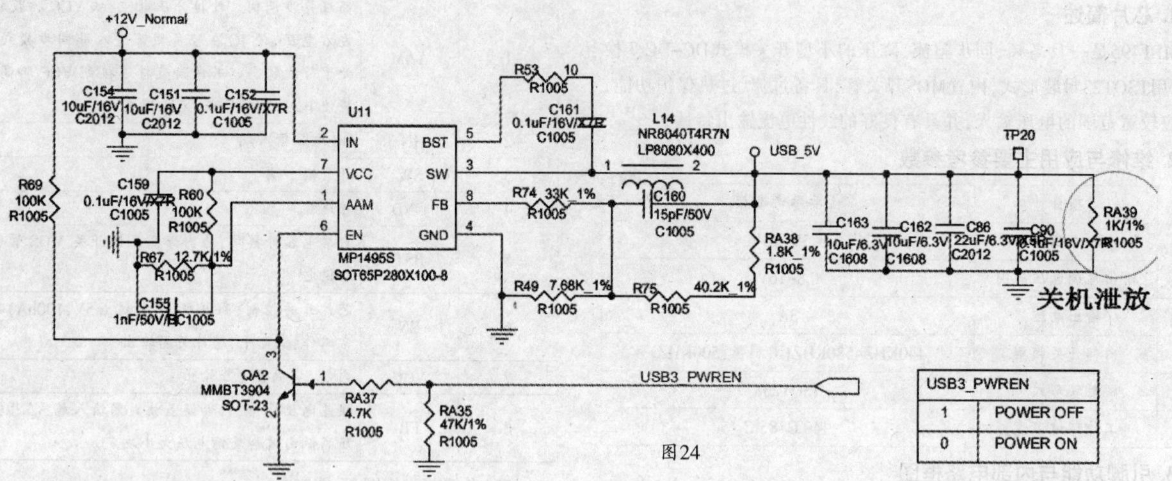

USB3_PWREN	
1	POWER OFF
0	POWER ON

图24

2. 维修与应用主要参考参数

序号	项目	主要参考参数	
		MP1657	MP1658
1	输入电压范围	4.5V~16V	2.5V~16V
2	输出可调电压范围	0.8~16V	0.6V~16V
3	可输出电流	2A	3A
4	内部开关频率	800kHz	1.5MHz
5	封装形式	SOT563	SOT563

3. 引脚功能

引脚序号	引脚符号	引脚功能
1	VIN	DC电压输入
2	SW	开关脉冲输出,外接电感器
3	GND	接地端
4	BST	自举电容外接端，为内部高压侧开关MOS管驱动电路供电
5	EN	使能控制脚,高电平有效
6	FB	误差电压反馈,内部误差放大器输入端,该脚反馈电压决定输出电压精度。

4. 典型应用案例

MP1657芯片0.9V电压输出应用电路如下(见图25):

MP1657/MP1658芯片输出电压设置计算公式:

VOUT=0.807V×[1+(R232+R218)÷33K]

图25

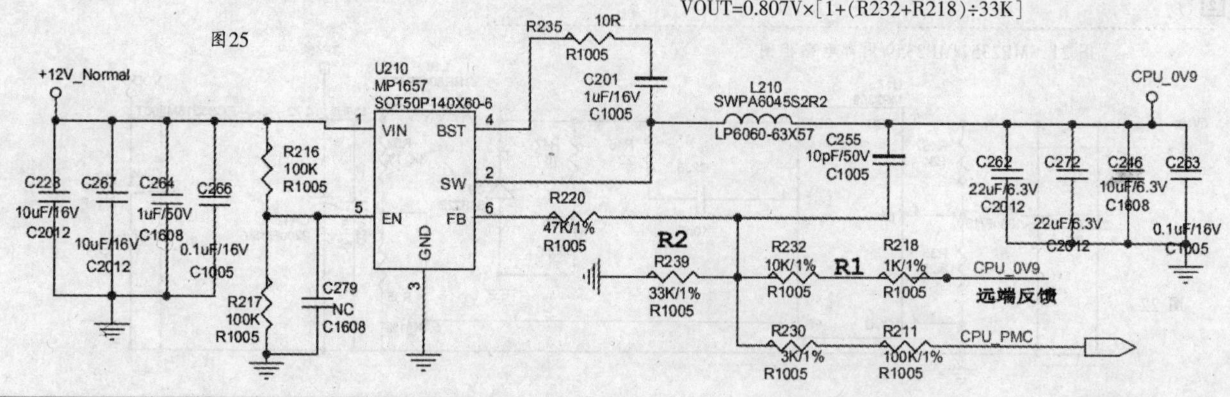

十二、MP1499GD电源变换IC

1. 简述

MP1499GD是一只高频同步整流降压DC-DC变换开关电源芯片，具备较宽电压输入、峰值可达5A电流输出、内置软启动电路、过流保护电路、过热保护电路等特点，采用QFN10封装形式，广泛用于数字机顶盒、平板电视、监视器等电子设备。

2. 维修与应用主要参考参数

序号	项目	主要参考参数
1	输入电压范围	4.5V~16V
2	输出可调电压范围	0.8~16V
3	输出电流	5A
4	内部开关频率	200kHz~2MHz(典型值:500kHz)
5	封装形式	QFN10
6	工作环境温度	-40℃~125℃

3. 引脚功能与内部电路框图

(1)引脚功能

引脚序号	引脚符号	引脚功能
1	FB	误差电压反馈，内部误差放大器输入端，芯片输出电压高低由该脚反馈电压大小决定。
2	VCC	内部5V偏置电压滤波
3	EN	芯片开关控制，高电平(不超过6.5V,100uA)芯片正常工作，低电平，芯片关闭输出
4	BST	自举电容外接端，为内部高压侧开关MOS管驱动电路供电
5	NC	空脚
6	GND	接地端
7	GND	接地端
8	SW	开关输出端
9	IN	DC电压输入端
10	SS	软启动电容外接端

(2)内部电路框图(见图26)

4. 典型应用案例

MP1499芯片5V电压输出应用电路如下(见图27)：

MP1499芯片输出电压设置计算公式：

VOUT=0.807×[1+(R45+R86)÷R33)]

图26 MP1499内部电路框图

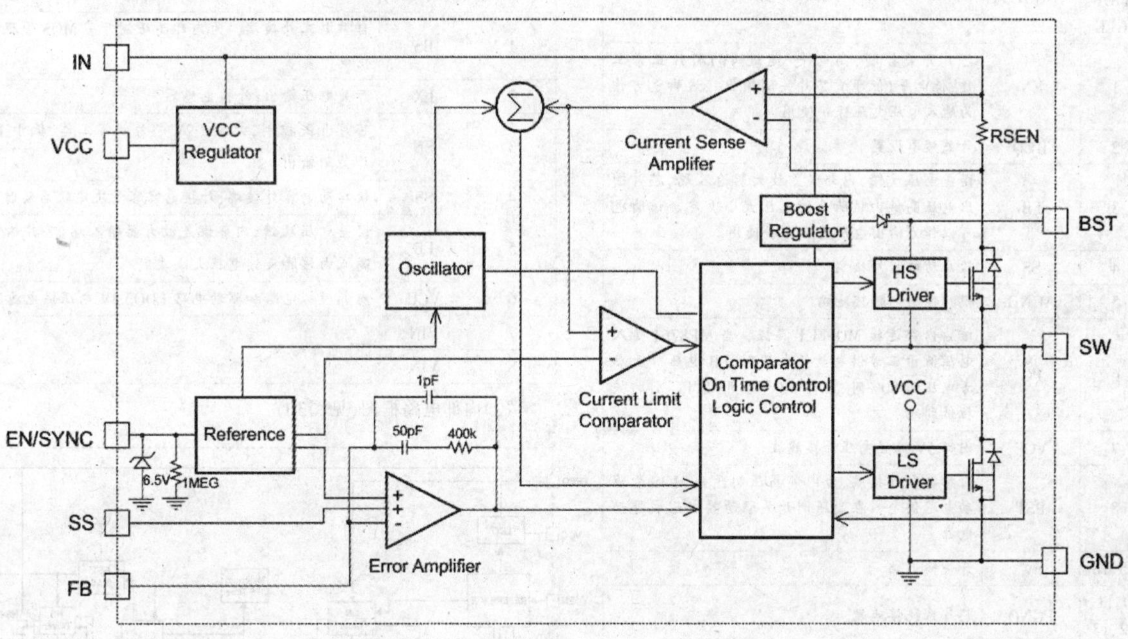

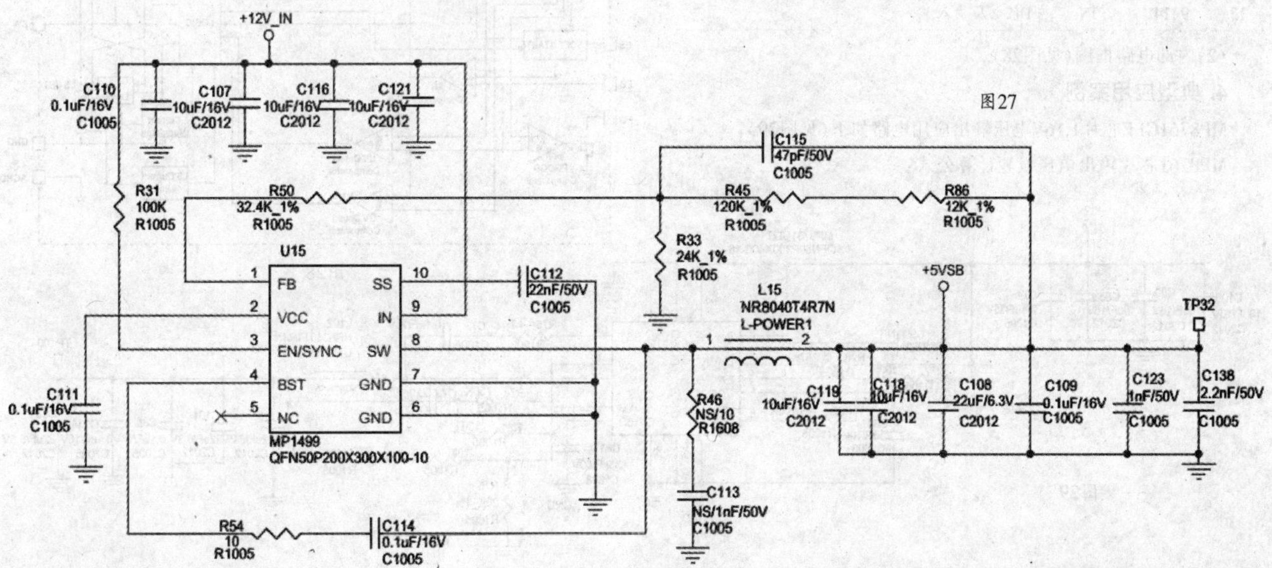

图27

十三、MP8761GL/MP8761GLE

1. 简述

MP8761GL/MP8761GLE是一个完全集成的、高频、同步整流、降压型开关模式DC-DC转换器，可以提供8A输出电流的解决方案，宽输入电源范围，广泛用于机顶盒内置电源、个人录像机、平板电视、平面显示器、分布式电力系统等。

2. 维修与应用主要参考参数

序号	项目	主要参考参数	
		MP8761GL	MP8761GLE
1	输入电压范围	4.5V~18V	
2	输出可调电压范	0.611~13V	
3	输出电流	8A	
4	内部开关频率	200kHz~1MHz(典型值:500kHz)	
5	封装形式	QFN-13	QFN-16
6	工作环境温度	-40℃~125℃	

3. 引脚功能及内部电路框图

(1)引脚功能

引脚序号		引脚符号	引脚功能
MP8761GL	MP8761GLE		
1	1	EN	芯片开关控制，高电平(超过4V)芯片正常工作，低电平(低于)，芯片关闭输出。该脚也可作为输入电压欠压保护使用。
2	2	FREQ	开关频率设置
3	3	FB	误差电压反馈，内部误差放大器输入端，芯片输出电压高低由该脚反馈电压大小决定。该脚也可以作为输出电压过压保护使用。
4	4	SS	软启动电容外接端
5	5	AGND	模拟控制电路接地端
6	6	PG	该脚内部连接MOSFET漏极，当MP8761输入电压低于正常供电最低电压时、FB电压降至参考电压的80%时，内部MOS管开启，PG引脚被拉低到地。
7	7	VCC	内部5V偏置电压外接滤波
8	8	BST	自举电容外接端，为内部高压侧开关MOS管驱动电路供电，在高压侧开关驱动器上形成浮动电源。
9、10	15、16	SW	开关输出端
11、12	10、11、12、13	PGND	芯片系统接地端
13	9、14	IN	DC电压输入端

(2)内部电路框图(见图28)

4. 典型应用案例

MP8761GLE芯片1.16V电压输出应用电路如下(见图29)：

MP8761芯片输出电压设置计算公式：

图29

十四、SY8204FCC/SY8205FCC电源变换IC

1. 简述

SY8204FCC/SY8205FCC是一种能输出4A/5A电流的高效同步降压DC-DC变换器，可适应4.5V到30V宽电压输入，内部集成了主电源极低的RDS开关和同步开关，开关损耗小，瞬态响应快，广泛用于液晶电视、机顶盒、笔记本电脑、存储器、路由器等电子电器设备。

2. 维修与应用主要参考参数

序号	项目	维修应用主要参考参数	
		SY8204FCC	SY8205FCC
1	输入电压范围	4.5V~30V	
2	输出可调电压范围	0.6V~30V	
3	可输出电流	4A	5A
4	内部开关频率	500kHz	
5	封装形式	SOC-8	
6	工作环境温度	-40℃~80℃	

3. 引脚功能及内部框图

(1)引脚功能

引脚序号	引脚符号	引脚功能
1	BS	自举电容外接端，为内部高压侧开关MOS管驱动电路供电
2	LX	开关电压输出，外接电感器
3	EN	芯片开关控制，大于1.2V芯片正常工作，低于1.2V芯片关闭输出
4	SS	软启动电容外接端，外接电容容量决定软启动时间
5	FB	误差电压反馈，内部误差放大器输入端，芯片输出电压高低由该脚反馈电压大小决定
6	VCC	内部模拟电路和驱动电路LDO3.3V电压供电滤波
7	VIN	DC电源输入
8	VIN	

(2)内部电路框图(见图30)

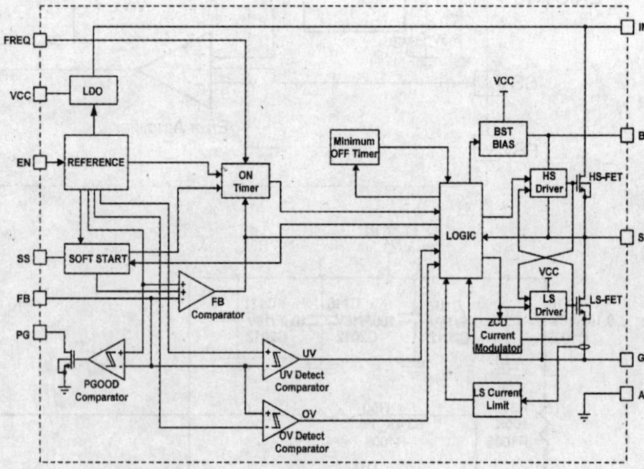

图28

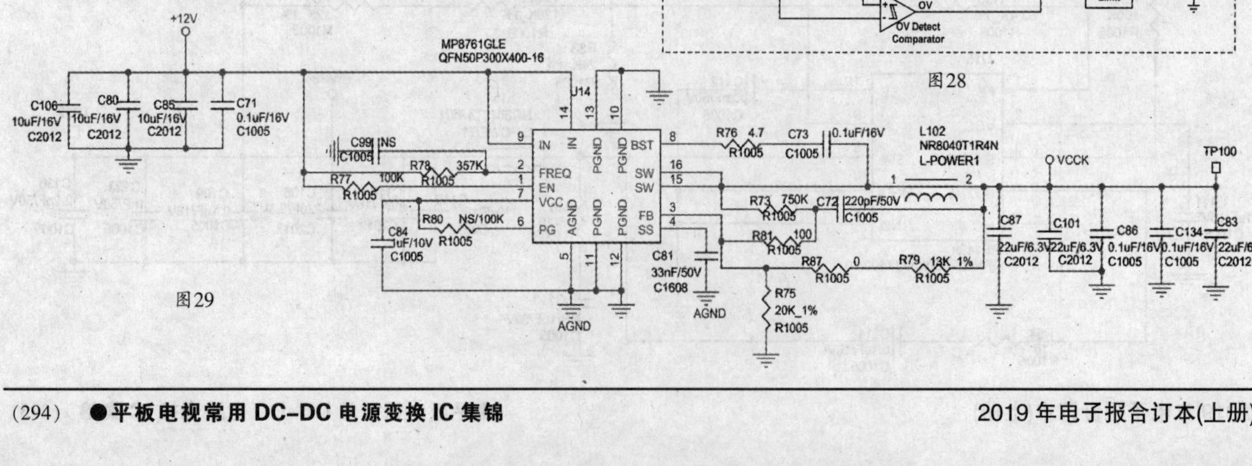

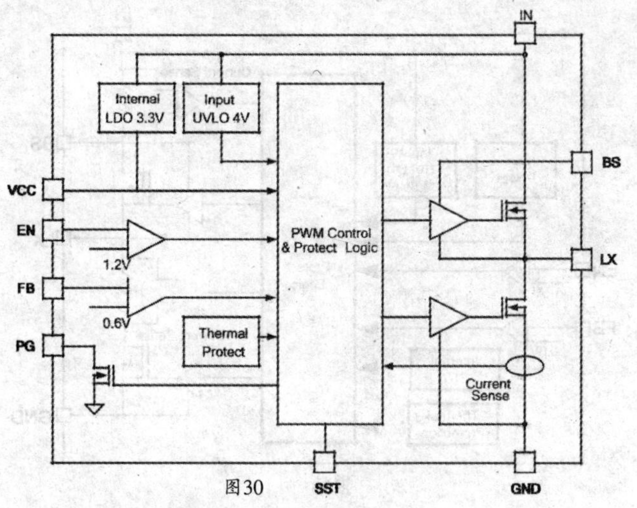

图30

4. 典型应用案例

SY8204芯片5V电压输出应用电路如下(见图31):

SY8204/SY8205芯片输出电压设置计算公式:

VOUT=0.6V×(1+R59÷R62)

十五、SYC812/SYC813电源变换IC

1. 概述

SYC813、SYC812是一个降压型DC-DC变换器,采用SOC-8封装,内部开关频率固定为500KHZ,它们输入电压范围为4.5V~20V,其中SYC813最大输出电流为3A,SYC812最大输出电流为2A,广泛用于机顶盒、平板电视、高清播放器等电子产品。

2. 引脚功能

引脚序号	引脚符号	引脚功能
1	LX	DC-DC 转换开关电压输出,外接电感器
2	BS	自举电容外接端,为内部高压侧开关 MOS 管驱动电路供电
3	EN	芯片开关控制,高电平有效(不能悬空使用)
4	NC	空脚
5	FB	误差电压反馈,内部误差放大器输入端,芯片输出电压高低由该脚反馈电压大小决定
6	SGND	接地端
7	SS	软启动电容外接端,外接电容容量决定软启动时间
8	IN	DC 电源输入

3. 典型应用案例

SYC812芯片1.2V电压输出应用电路如下(见图32):

SYC813/SYC812芯片输出电压设置计算公式:

VOUT=0.6×(1+R172÷R178)

十六、SY8105ADC/SY8104ADC/SY8113B/SY8120B1电源变换IC

1. 概述

SY8105ADC/SY8104ADC/SY8113B/SY8120B1是一种高效率的、内含500khz同步振荡器的DC-DC变换器,内部集成了源极低RDS的开关和同步开关(开),使导通损耗最小化,主要用于机顶盒、便携式电视、各种路由器、DSL调制解调器、液晶电视等产品。

2. 维修与应用主要参考参数

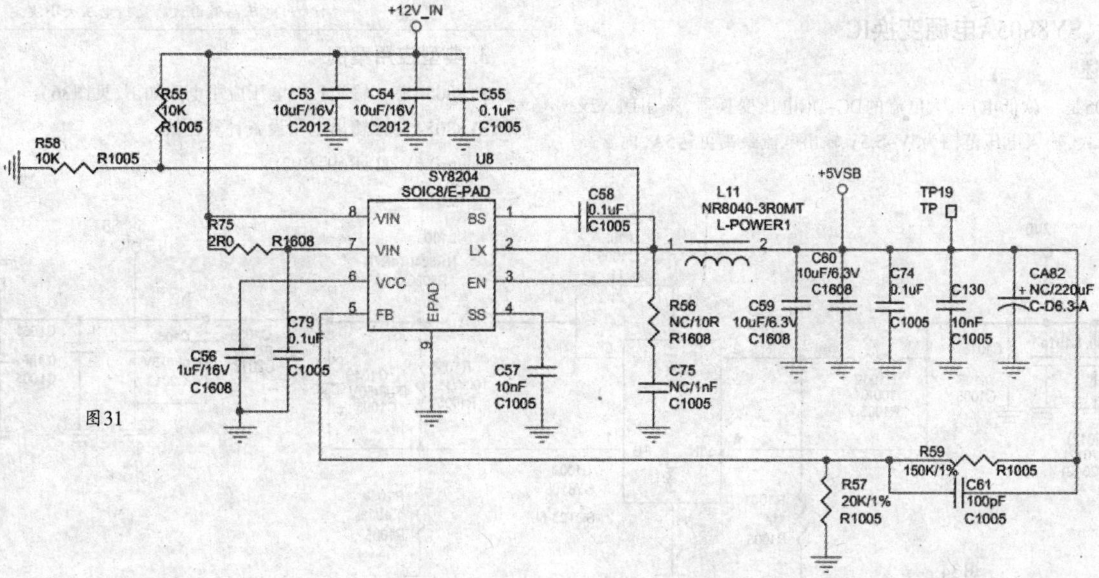

图31

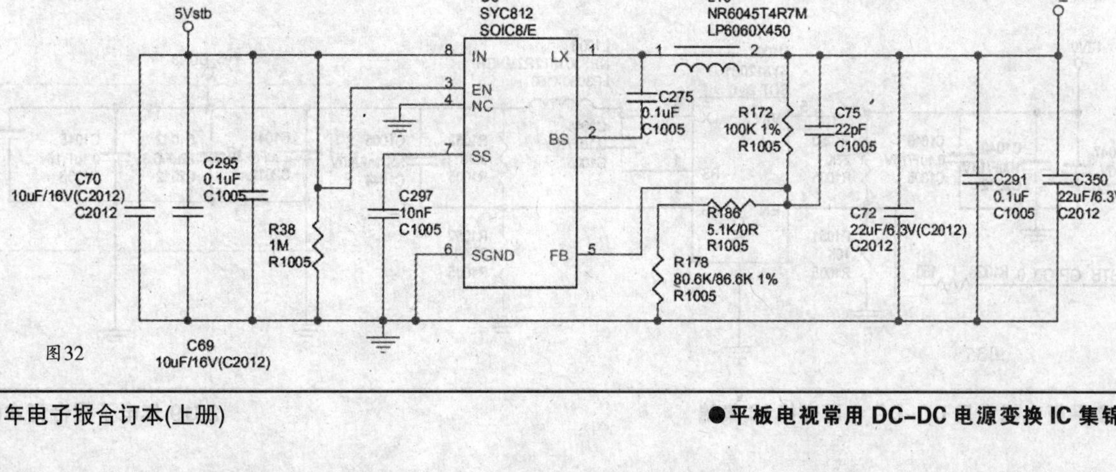

图32

序号	项目	主要参考参数			
		SY8105	SY8104	SY8113	SY8120
1	输入电压范围	4.5V~18V			
2	输出可调电压范围	0.6V~18V			
3	可输出电流	5A	4A	3A	2A
4	内部开关频率	500kHz			
5	封装形式	TSOT23-6			
6	适应环境温度	-40℃~85℃			

3. 引脚功能及内部电路框图

(1)引脚功能

引脚序号		引脚符号	引脚功能
SY8105/SY8104	SY8113/SY8120		
1	3	FB	输出反馈脚,用于输出电压的误差检测与调整
2	4	EN	使能控制,芯片开关控制,高电平有效
3	2	GND	就地端
4	5	VIN	DC电压输入
5	6	SW	开关电压输出,外接电感器
6	1	BST	自举电容外接端,为内部高压侧开关MOS管驱动电路供电

(2)内部电路框图(见图33)

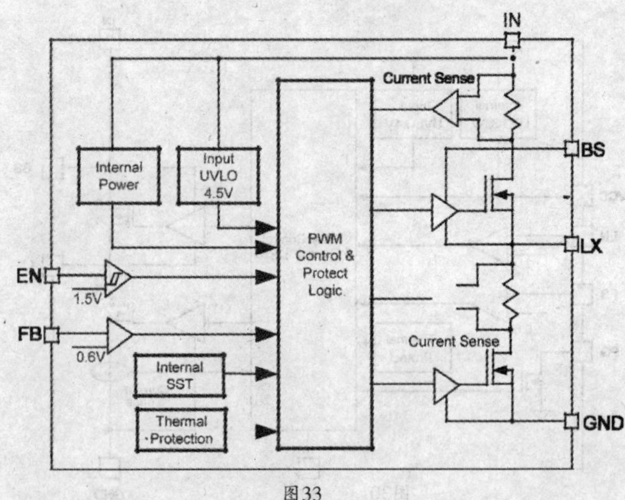

图33

4. 典型应用案例

(1)SY8105/SY8104芯片5V电压输出应用案例(见图34)

(2)SY8113/SY8120芯片1.5V电压输出应用案例(见图35)

(3)SY8104/SY8105/SY8113/SY8120芯片输出电压设置计算公式:

VOUT=0.6×(1+R1056÷R1058)

十六、SY8805A电源变换IC

1. 简述

SY8805是一款低电压、大电流的DC-DC电压变换器,采用DFN2×2-8封装形式,输入电压范围为3V~5.5V,输出电流最高可达5A,内含高达1MHz的可编程开关频率,关断电流≤0.1uA,广泛用于多媒体高清播放器、平板电视、路由器、便携式电脑等设备。

2. 引脚功能

引脚序号	引脚符号	引脚功能
1	EN	芯片开关控制,高电平有效
2	VIN	DC电源输入
3 4	OUT	DC-DC转换开关电压输出,外接电感器
5	GND	接地端
6	OUT	DC-DC转换开关电压输出,外接电感器
7	PG	芯片工作状态指示
8	FB	误差电压反馈,内部误差放大器输入端,芯片输出电压高低由该脚反馈电压大小决定

3. 典型应用案例

SY8805A芯片输出1.1V电压应用电路如下(见图36):

SY8805A芯片输出电压设置计算公式:

Vout=0.6V×(1+R69÷R92)

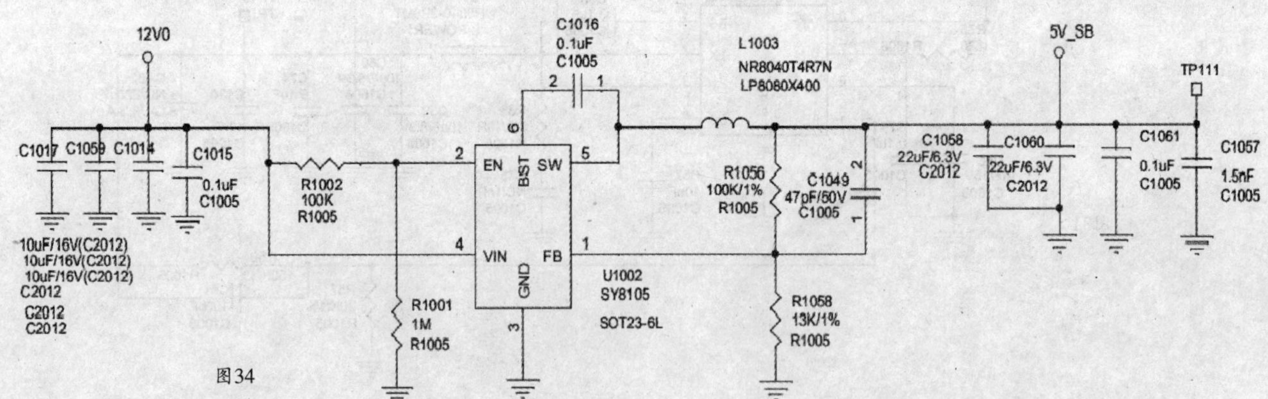

图34

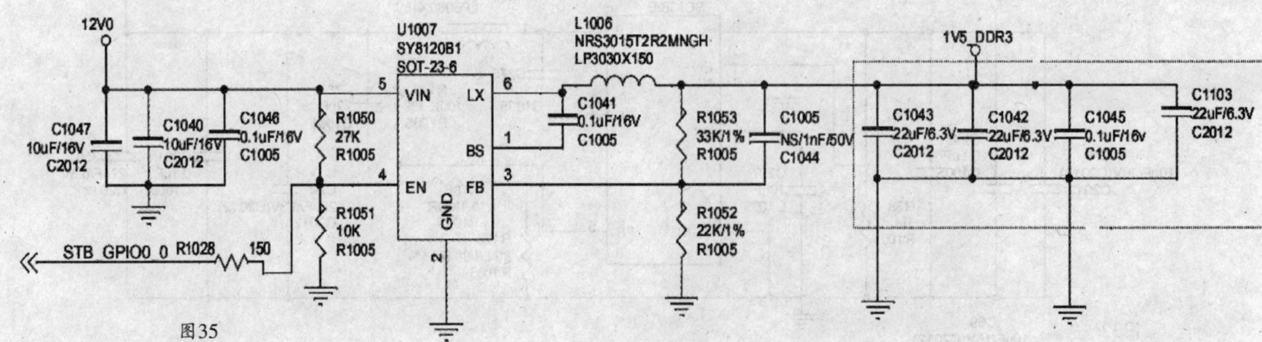

图35

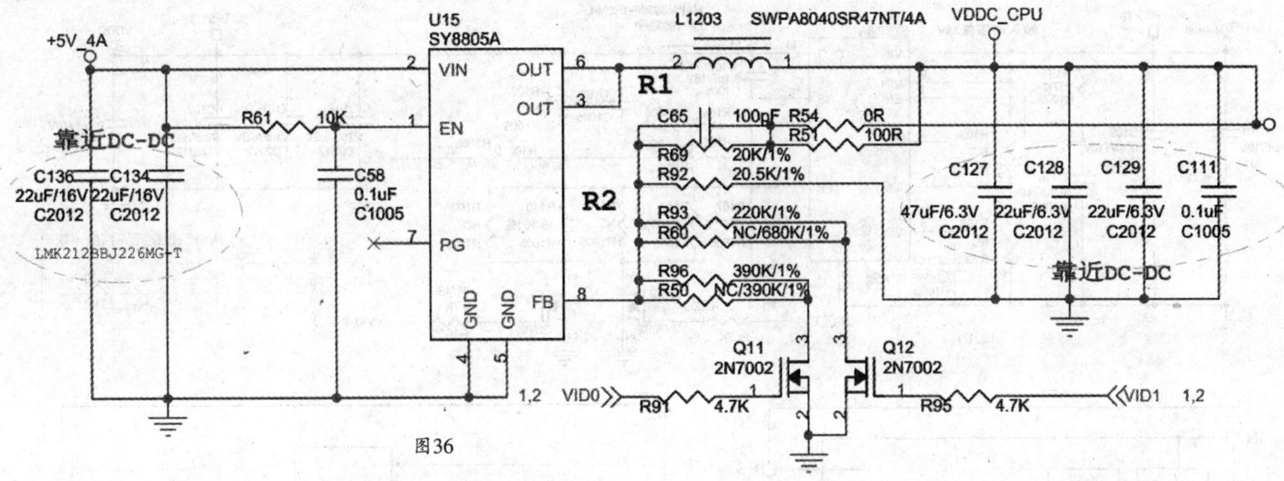

图36

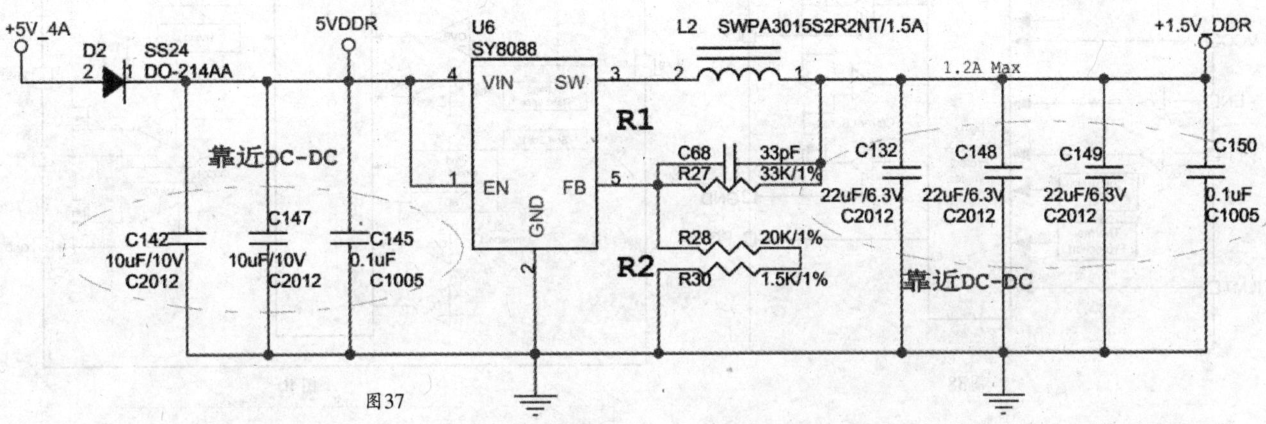

图37

十七、SY8088/SY8077电源变换IC

1、概述

SY8088/SY8077是一种高效率的1.5MHz同步步进直流调节器集成电路，内部集成了极低RDS的开关和同步开关，使导通损耗最小化，它们一般用于便携式导航设备、机顶盒、USB加密狗、媒体播放器、智能手机、液晶电视等产品。

2. 维修与应用主要参考参数

序号	项目	主要参考参数	
		SY8088	SY8077
1	输入电压范围	2.5V~5.5V	2.5V~6.5V
2	输出可调电压范围	0.6V~5.5V	0.6V~6.5V
3	最大输出电流	1A	1A
	静态电流	40uA	40uA
4	内部开关频率	1.5MHz	1.5MHz
5	封装形式	SOT23-5	SOT23-5

3. 典型应用案例

SY8088芯片1.5V电压输出应用电路如下(见图37)：

SY8088芯片输出电压设置计算公式：

Vout=0.6V×(1+R27/(R28+R30)

十八、SY8368A电源变换IC

1. 概述

SY8368是一种大功率的高效同步降压DC-DC变换器，可连续输出8A电流，峰值电流可达16A，内部集成了主开关和同步开关，SY8368采用瞬态PWM结构，快速的瞬态响应以适应负载的快速变化，它主要用于液晶平板电视、机顶盒电源、笔记本电脑、大功率交换机等产品。

2. 维修与应用主要参考参数

序号	项目	维修应用主要参考参数
1	输入电压范围	4V~28V
2	输出可调电压范围	0.8~26V
3	输出电流	8A(峰值电流可达16A)
4	内部开关频率	800kHz
5	封装形式	QFN3×3-10
6	适应环境温度	-40℃~85℃

3. 引脚功能及内部电路框图

(1)引脚功能

引脚序号	引脚符号	引脚功能
1	EN	使能控制，芯片开关控制，高电平有效
2	PG	电源工作状态指示
3	ILMT	电流限制设置。低电平：8A；悬空：12A；高电平：16A
4	FB	输出反馈脚，用于输出电压的误差检测与调整
5	VCC	内部模拟电路和驱动电源电路LDO3.3V电源输出
6	BS	自举电容外接端，为内部高压侧开关MOS管驱动电路供电
7 8	VIN	DC电压输入
9	GND	接地端
10	LX	开关电压输出，外接电感器

(2)内部电路框图(见图38)

4. 典型应用案例

SY8368A芯片0.9V输出电压应用电路如下(见图39)：

SY8368A芯片输出电压设置公式：

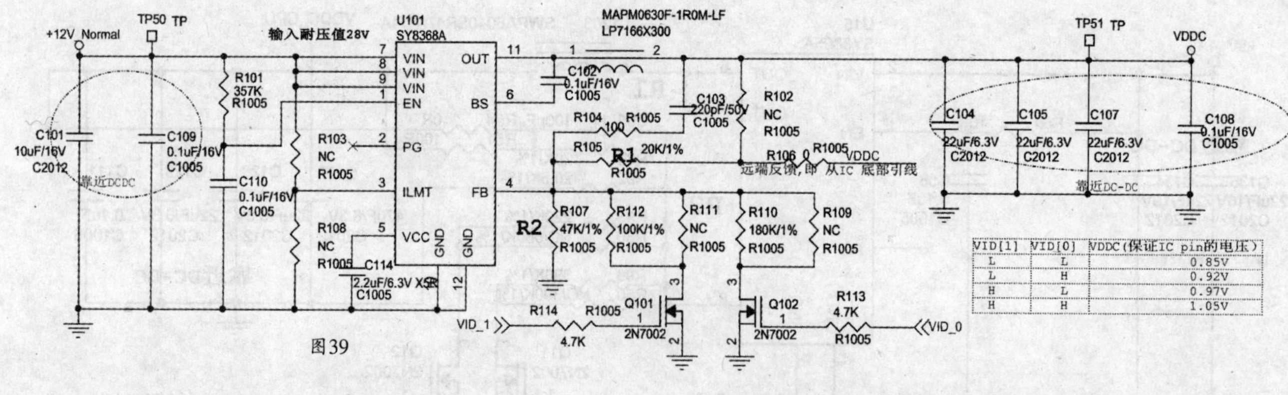

图39

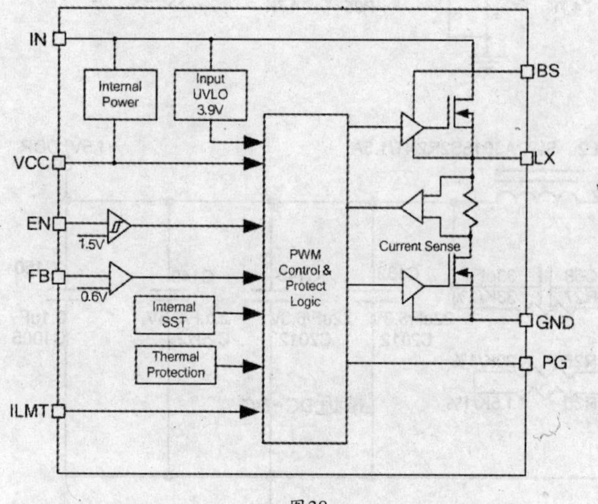

图38

图40

Vout=0.6×(1+R105÷R107)

十九、TPS565200/TPS564201/TPS563200/TPS562200/TPS562201/MP1470GJ电源变换IC

1. 简述

TPS565200/TPS564201/TPS563200/TPS562200/TPS562201/MP1470GJ是2A~5A同步降压DC-DC变换器，内部采用双通道驱动开关模式，从而适应负载的快速瞬态响应，主要用于液晶平板电视、高清播放器、数字机顶盒、网络家庭终端等设备。

2. 维修与应用主要参考参数

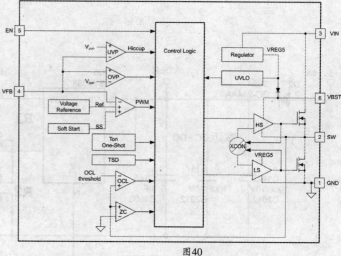

型号	主要参考参数						
	输入电压范围	最大输出电流	关断电流	输出电压范围	内部开关频率	基准电压	封装形式
TPS565200	4.5V~17V	5A	≤1uA	0.76V~7V	500kHz	0.765V	SOT-23-6
TPS564201	4.5V~17V	4A	< 5uA	0.76V~7V	560kHz	0.765V	SOT-23-6
TPS563200	4.5V~17V	3A	< 10uA	0.76V~7V	650kHz	0.765V	SOT-23-6
TPS562200	4.5V~17V	2A	< 10uA	0.76V~7V	650kHz	0.765V	SOT-23-6
TPS562201	4.5V~17V	2A	< 10uA	0.76V~7V	580kHz	0.765V	SOT-23-6
MP1470GJ	4.7V~16V	2A	≤1uA	0.8V~14.4V	500kHz	0.8V	SOT-23-6

3. 引脚功能及内部电路框图

(1)引脚功能

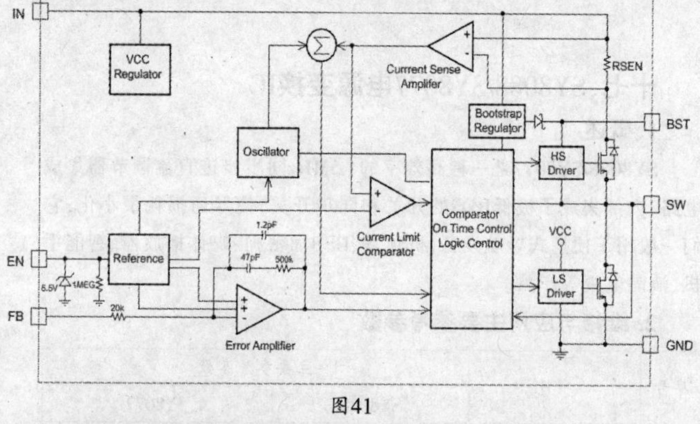

图41

(2)内部电路框图

A. TPS565200/TPS564201/TPS563200/TPS562200/TPS562201芯片内部框图(见图40)

B. MP1482GJ芯片内部框图(见图41)

4. 典型应用案例

TPS565200/TPS564201/TPS563200/TPS562200/TPS562201/MP1470GJ典型应用电路（以TPS563200芯片输出1.1V电压应用为例）。(见图42)

TPS563200/TPS562200/TPS562201芯片输出电压调整计算公式：

VOUT=0.765×(1+R1022/R1008)

MP1470芯片输出电压调整计算公式：

VOUT=0.8×(1+R1022/R1008)

二十、TPS56528DDAR/TPS54628DDAR/TPS54328DDAR/ TPS54528DDAR/TPS54228DDAR电源变换IC

1. 概述

TPS56528/TPS54628/TPS54328/TPS54528/TPS54228系列芯片是最

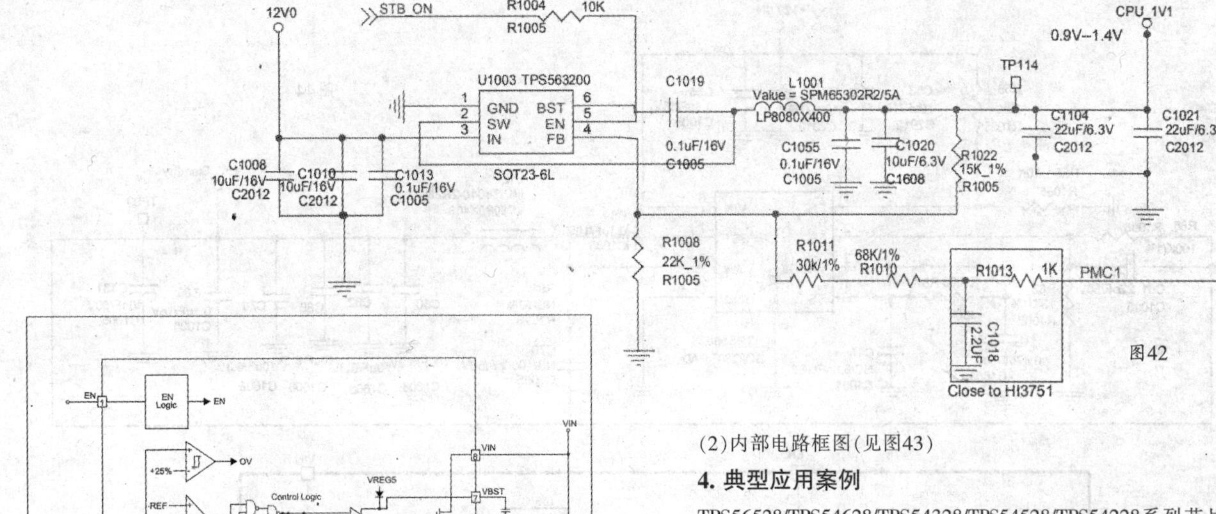

图42

图43

高可输入18V的DC-DC变换器，内部集成了D-CAP2控制模式，可自动适应重负载与轻负载下的无缝转换，它们主要用于平板电视、高清播放器、机顶盒、网络终端设备等产品。

2. 维修与应用主要参考参数

型号	主要参考参数					
	输入电压范围	最大输出	输出电压范围	内部开关频率	基准电压	封装形式
TPS56528DDAR	4.5V~18V	5A	0.6V~7V	650kHz	0.6V	DDA-HSOP8
TPS54628DDAR	4.5V~18V	6A	0.76V~5.5V	650kHz	0.765V	DDA-HSOP8
TPS54328DDAR	4.5V~18V	3A	0.76V~7V	700kHz	0.765V	DDA-HSOP8
TPS54528DDAR	4.5V~18V	5A	0.76V~6V	700kHz	0.765V	DDA-HSOP8
TPS54228DDAR	4.5V~18V	2A	0.76V~7V	700kHz	0.765V	DDA-HSOP8

3. 引脚功能及内部电路框图

(1)引脚功能

引脚序号	引脚符号	引脚功能
1	EN	使能控制，芯片开启控制，高电平有效
2	VFB	输出电压反馈脚，用于输出电压的误差检测与调整
3	VREG5	内部5.5V电源输出
4	SS	软启动电容外接端
5	GND	芯片内部电路接地端
6	SW	开关电压输出，外接电感器
7	VBST	自举电容外接端，为内部高压侧开关MOS管驱动电路供电
8	VIN	DC电压输入

(2)内部电路框图(见图43)

4. 典型应用案例

TPS56528/TPS54628/TPS54328/TPS54528/TPS54228系列芯片应用电路，以TPS56528芯片输出5V电压应用为例(见图44)：

TPS56528芯片输出电压设置计算公式：

VOUT=0.6V×(1+R86÷R82)

TPS54628芯片输出电压设置计算公式：

VOUT=0.765×(1+R86÷R82)

二十一、TPS54531/TPS54332/TPS54331/TPS54231电源变换IC

1. 概述

TPS54531/TPS54332/TPS54331/TPS54231系列芯片是最高可适应28V电压输入的DC-DC变换器，内部集成了D-CAP2控制模式，可实现1uA的关断静态电流，并自动适应重负载与轻负载下的无缝转换，它们主要用于平板电视、CPE设备、充电器、高清播放器、机顶盒、工业和车载音频电源系统等。

2. 维修与应用主要参考参数

型号	主要参考参数					
	输入电压范围	最大输出电流	输出电压范围	内部开关频率	基准电压	封装形式
TPS54531DDAR	3.5V~28V	5A	0.8V~25.5V	570kHz	0.8V	DDA-HSOP8
TPS54332	3.5V~28V	3.5A	0.8V~25.5V	1000kHz	0.8V	SOIC8
TPS54331	3.5V~28V	3A	0.8V~25.5V	570kHz	0.8V	SOIC8
TPS54231	3.5V~28V	2A	0.8V~25.5V	570kHz	0.8V	SOIC8

3. 引脚功能及内部电路框图

(1)引脚功能

引脚序号	引脚符号	引脚功能
1	BOOT	自举电容外接端，为内部MOS开关管驱动电路供电
2	VIN	DC电压输入
3	EN	使能控制，芯片开启控制，高电平有效
4	SS	软启动电容外接端
5	VSNS	输出电压反馈脚，用于输出电压的误差检测与调整
6	COMP	内部误差放大器输出端和脉冲宽度调制比较器输入端的外部网络补偿
7	GND	芯片内部电路接地端
8	PH	内部大功率MOS管源极电压输出

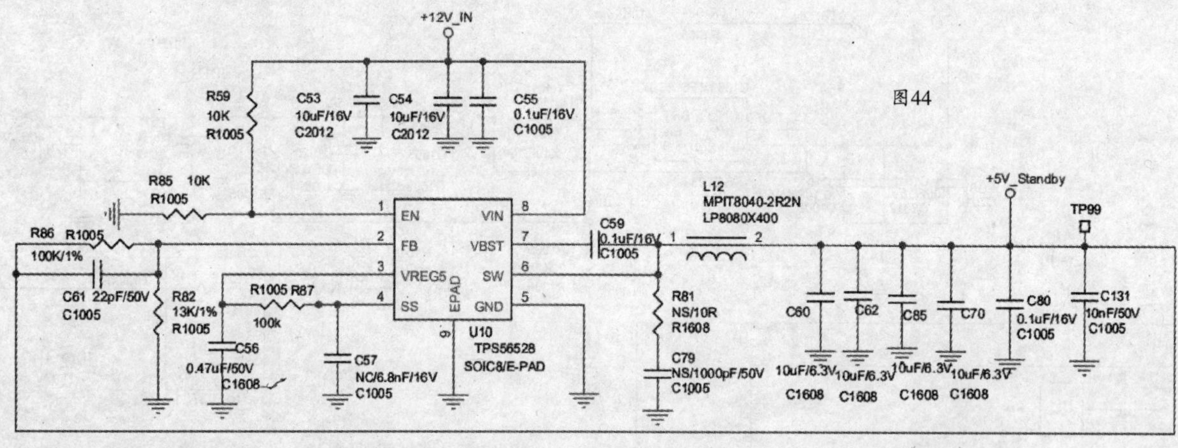

图44

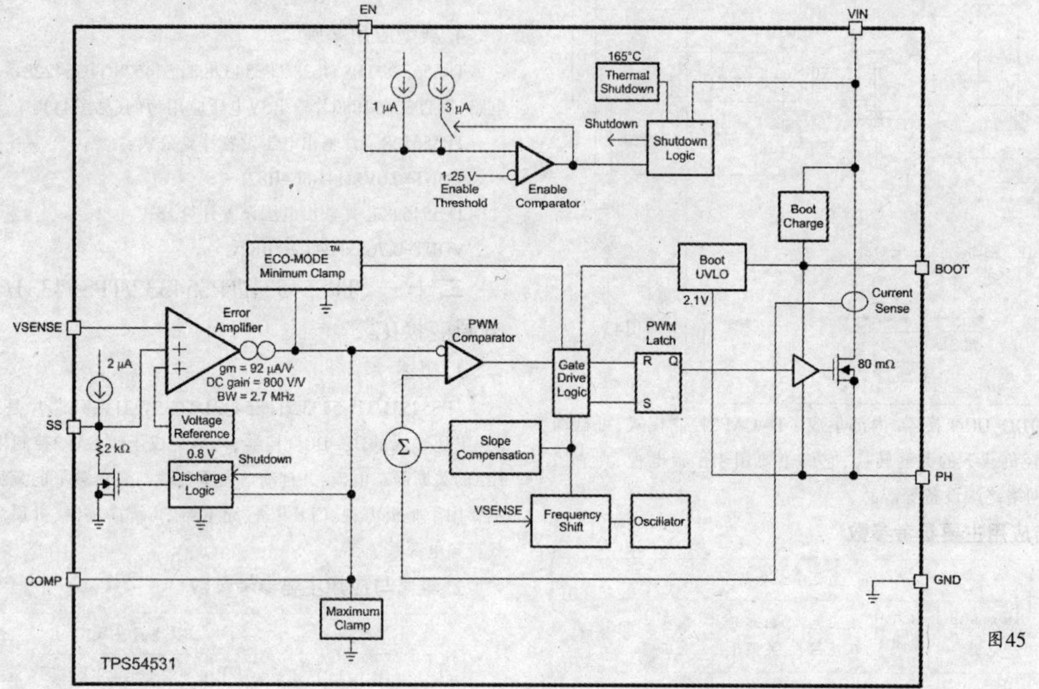

图45

(2)内部电路框图(见图45)

4. 典型应用案例

以TPS54531为例,其12V电压输出典型应用电路如下(见图46):

TPS54531/TPS54332/TPS54331/TPS54231芯片输出电压设置计算公式:

VOUT=0.8×(1+R170÷R161)

二十二、TPS54821电源变换IC

1. 概述

TPS54821是一款可输出最大8A电流的DC-DC变换器,内部集成了大功率的MOS开关管和相应的电流控制电路,可实现2μA的关断静态电流,并自动适应重负载与轻负载下的无缝转换,该芯片主要用于平板电视、数字机顶盒、蓝光DVD、家庭网络终端等产品。

2. 维修与应用主要参考参数

序号	项目	主要参考参数
1	输入电压范围	1.6V~17V
2	输出电压范围	0.6~17V
3	最大输出电流	8A
4	开关频率	200kHz~1.6MHz
5	封装形式	QFN14
6	工作环境温度	-40℃~125℃

3. 引脚功能及内部电路框图

(1)引脚功能

引脚序号	引脚符号	引脚功能
1	RT/CLK	RT模式和CLK模式选择。在CLK模式下,外部电阻设定定时器开关设备的频率
2 3	GND	内部控制电路和功率电路接地
4 5	PVIN	DC电压输入
6	VIN	内部转换控制电路供电输入
7	VSENSE	内部误差放大器反相输入端,用于输出电压的误差检测与调整
8	COMP	内部误差放大器输出端和脉冲宽度调制比较器输入端的外部网络补偿
9	SS/TR	软启动电容外接端,外部电容大小决定内部启动上升时间
10	EN	芯片开关控制端,高电平芯片开启,低电平芯片关闭
11 12	PH	开关电压输出端
13	BOOT	自举电容外接端,为内部高端MOS开关管驱动电路供电

引脚序号	引脚符号	引脚功能
14	PMRGD	电源工作状态指示。当 VSENSE 反馈电压为内部参考电压的 94%~104%时，表示 IC 输出正常，该脚开路漏极输出，当 VSENSE 反馈电压低于内部参考电压的 92%或大于 106%时，表示 IC 工作异常，该脚内部 MOS 管导通，该脚被拉低
15	EXPOSED THERMAL PAD	芯片外部散热及接地端

(2)内部电路框图(见图47)

4. 典型应用案例

TPS54821芯片1.0V电压输出典型应用电路(见图48)：

TPS54821芯片输出电压设置计算公式：

VOUT=0.6×(1+R76÷R80)

二十三、UR6515A/UR6515C电源变换IC

1. 简述

UR6515A、UR6515C是一款低压线性稳压电源管理器，内含高速运算放大器，实现快速的负载瞬态响应，同时具有完善的过热保护、过流保护功能，广泛应用于家用电子产品中的DDR芯片供电。

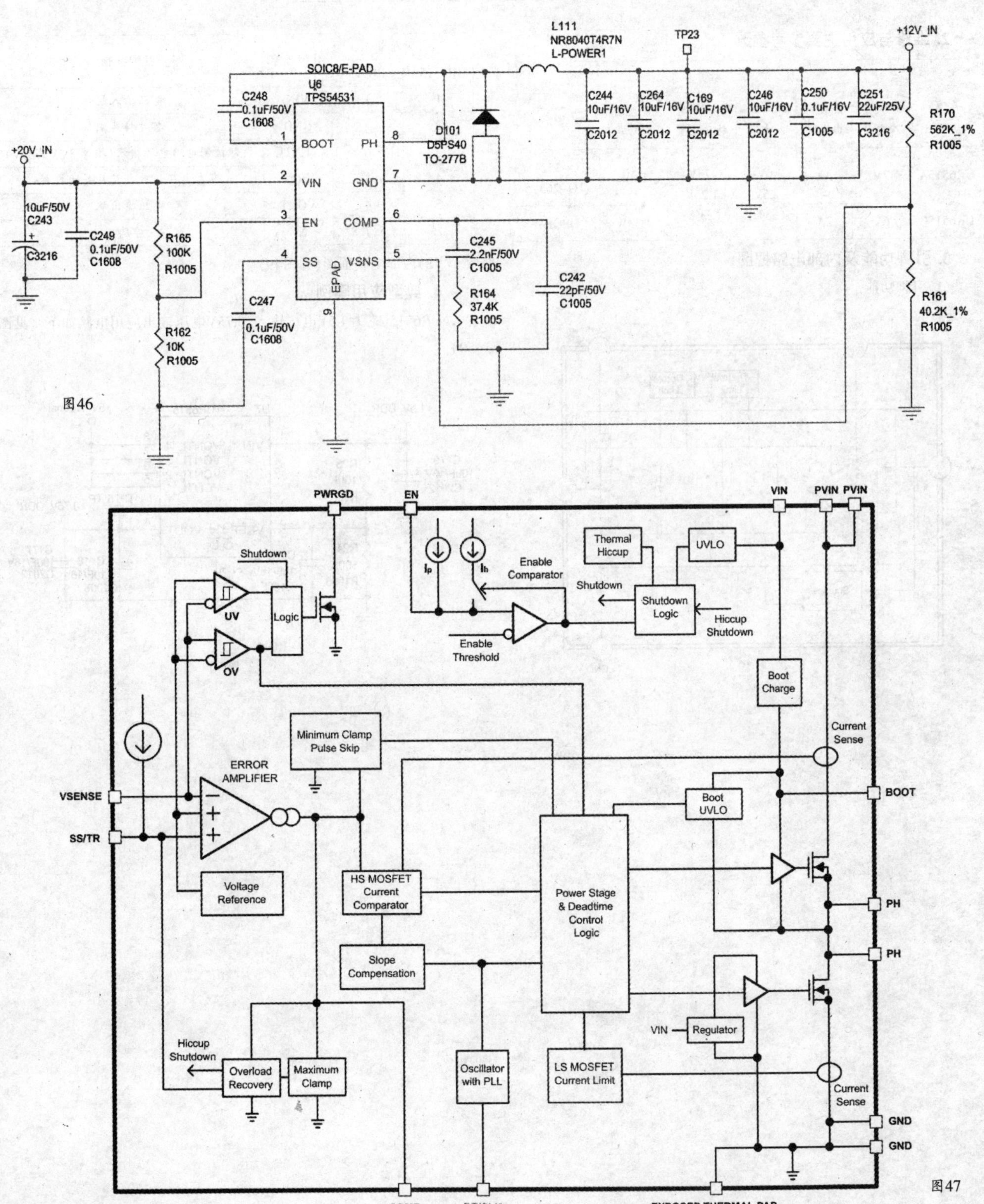

图46

图47

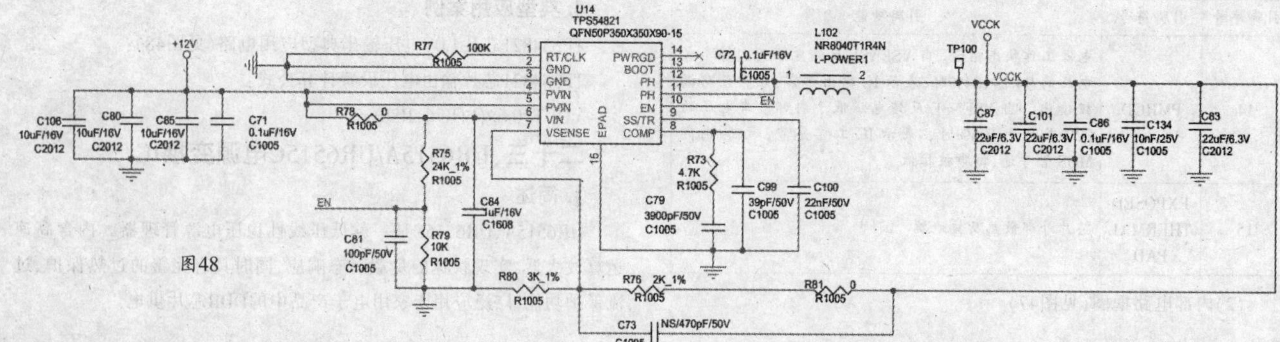

图48

2. 维修与应用主要参考参数

型号	主要参考参数					
	最大输入电压	最大输出电流	推荐输入电压	推荐参考电压设置	最大消耗功率	封装形式
UR6515A	7V	3A	1.5V~2.5V(±3%)	0.75V~1.25V(±3%)	1.9W	TO-252-5/TO-263-5
UR6515C	6V	2A			1.33W	HSOP-8

引脚序号		引脚符号	引脚功能
UR6515A	UR6515C		
1	1	VIN	电压输入端
2	2	GND	芯片接地端
3	6	VCNTL	内部控制电路电源输入(推荐 3.3V 或 5V)
4	3	VREF	参考电压输入或芯片关闭控制
5	4	VOUT	电压输出端
/	5、7、8	NC	空脚

3. 引脚功能及内部电路框图

(1)引脚功能

(2)内部电路框图(见图49)

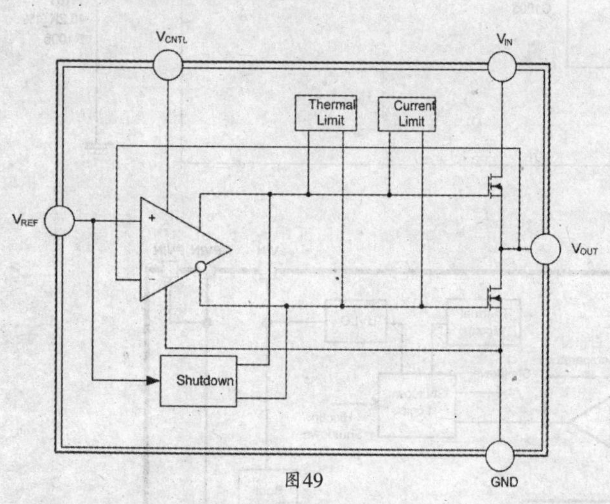

图49

4. 典型应用案例

UR6515C芯片1.5V电压输入,0.75V电压输出应用电路如下(见图50):

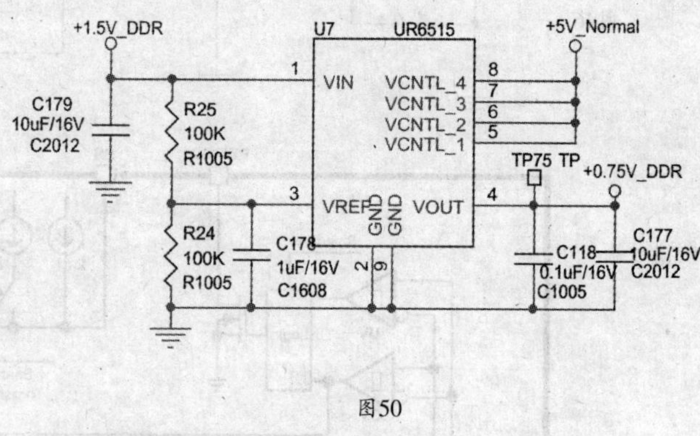

图50

TCL各机芯屏参及物件对照表

张天红

	机型	机芯	屏参信息	显示屏物编	数字板组件号	电源板组件号
1	L58X9200—3D	3DI98S	122	4A—LCD58EP—AU2	08—DI98S03—MA200AA	08—PE301C0—PW200AA
2	D42P6100D	3DI98S	106	4A—LCD42E—CM2	08—DI98S01—MA200AA	08—PE421C2—PW200AA
3	L55V6300—3D	3DI98S	121	4A—LCD55EP—LG1	08—DI98S02—MA200AA	08—PE521C0—PW200AA
4	LCD46M19	MS19C	10	4A—LCD46T—SS9	08—MS19C13—MA200AA	08—PW462C0—PW200AA
5	LED39C720D	MS28	18	4A—LCD39O—CM1	08—MS28004—MA200AA	81—PE371C6—PL200AB
6	L39E5000—3D	MS28	103	4A—LCD39ES—CM2	08—MS28001—MA200AA	81—PE421C5—PL200AA
7	L42E5200BE	MS28	75	4A—LCD42ES—CM5	08—MS28001—MA200AA	81—PE421C5—PL200AA
8	LED43C720DJ	MS28	20	4A—LCD43OS—SS1	08—MS28017—MA200AA	81—PE371C4—PL200AB
9	LED43C720D	MS28	20	4A—LCD43OS—SS1	08—MS28017—MA200AA	81—PE371C4—PL200AB
10	L46F3200E	MS28	22	4A—LCD46E—SS6	08—MS28001—MA200AA	81—PE461C0—PL200AA
11	L50E5000—3D	MS28	102	4A—LCD50ES—CM2	08—MS28001—MA200AA	81—PE421C5—PL200AA
12	LED43C720D	MS28	14	4A—LCD43O—SS2	08—MS28017—MA200AA	81—PE371C4—PL200AB
13	LED43C720D	MS28	14	4A—LCD43OS—SS1	08—MS28017—MA200AA	81—PE371C4—PL200AB
14	L46E5200—3D	MS28	98	4A—LCD46ES—CM5	08—MS28001—MA200AA	81—PE421C5—PL200AA
15	LED55C900D	MS28	16	4A—LCD55ES—SSAP	08—MS28002—MA200AA	81—PE461C0—PL200AA
16	H55S7200C	MS28	102	4A—LCD55ES—SSAP	08—MS28001—MA200AA	81—PE461C0—PL200AA
17	L37E5200BE	MS28	90	4A—LCD37O—AU1	08—MS28001—MA200AA	81—PW371C1—PL200AA
18	L39E5090—3D	MS28	109	4A—LCD39ES—CM3	08—MS28001—MA200AA	81—PE421C6—PL200AA
19	LED43C720D	MS28	20	4A—LCD43OS—SS1	08—MS28017—MA200AA	81—PE371C4—PL200AB
20	L50E5000—3D	MS28	108	4A—LCD50ES—CM4	08—MS28001—MA200AA	81—PE421C6—PL200AA
21	L39E5000—3D	MS28	103	4A—LCD39ES—CM2	08—MS28001—MA200AA	81—PE421C5—PL200AA
22	H40S3200G	MS28	103	4A—LCD40E—SS7	08—MS28018—MA200AA	81—PE461C0—PW200AA
23	H40S3200C	MS28	103	4A—LCD40E—SS7	08—MS28001—MA200AA	81—PE461C0—PL200AA
24	LED43C720DJ	MS28	20	4A—LCD43O—SS2	08—MS28017—MA200AA	81—PE371C4—PL200AB
25.	L46E5200—3D	MS28	77	4A—LCD46ES—CM4	08—MS28001—MA200AA	81—PE421C5—PL200AA
26	H55S7200G	MS28	102	4A—LCD55ES—SSAP	08—MS28018—MA200AA	81—PE461C0—PL200AA
27	L32E5200—3D	MS28	82	4A—LCD32EP—AU6	08—MS28001—MA200AA	81—PE081C0—PL200AA
28	L39E5000—3D	MS28	109	4A—LCD39ES—CM3	08—MS28001—MA200AA	81—PE421C6—PL200AA
29	LED42C800D	MS28	3	4A—LCD42EP—AU1	08—MS28005—MA200AA	81—PE461C0—PL200AA
30	LED43C720D	MS28	20	4A—LCD43OS—SS1	08—MS28017—MA200AA	81—PE371C4—PL200AB
31	46TD100C	MS28	1	4A—LCD46ES—SSA	08—MS28010—MA200AA	08—PE461C3—PW200AA
32	H46S3200G	MS28	22	4A—LCD46E—SS6	08—MS28018—MA200AA	81—PE461C0—PL200AA
33	L48E5000—3D	MS28	81	4A—LCD48ES—SS1	08—MS28002—MA200AA	81—PE421C5—PL200AA
34	L48E5000—3D	MS28	111	4A—LCD48ES—SS1	08—MS28001—MA200AA	81—PE421C6—PL200AA
35	L50E5000—3D	MS28	102	4A—LCD50ES—CM2	08—MS28001—MA200AA	81—PE421C5—PL200AA
36	L50E5090—3D	MS28	108	4A—LCD50ES—CM4	08—MS28001—MA200AA	81—PE421C6—PL200AA
37	H55F3500G	MS28		4A—LCD55OS—SS3	08—MS28018—MA200AA	81—PE461C4—PL200AB
38	L43E5020—3D	MS28	93	4A—LCD43ES—SS3	08—MS28001—MA200AA	81—PE421C5—PL200AA
39	L50E5010—3D	MS28	108	4A—LCD50ES—CM4	08—MS28001—MA200AA	81—PE421C6—PL200AA
40	L32E5200—3D	MS28	94	4A—LCD32EP—LG2	08—MS28011—MA200AA	81—PE081C0—PL200AA
41	L39E5090—3D	MS28	103	4A—LCD39ES—CM2	08—MS28001—MA200AA	81—PE421C5—PL200AA
42	H46F3500G	MS28		4A—LCD46O—SS4S	08—MS28018—MA200AA	81—PE461C4—PL200AB
43	L48E5000—3D	MS28	105	4A—LCD48ES—SS3	08—MS28002—MA200AA	81—PE421C5—PL200AA
44	L50E5000—3D	MS28	97	4A—LCD50ES—CM1	08—MS28001—MA200AA	81—PE421C5—PL200AA
45	L50E5090—3D	MS28	102	4A—LCD50ES—CM2	08—MS28001—MA200AA	81—PE421C5—PL200AA
46	LED43C720D	MS28	14	4A—LCD43O—SS2	08—MS28017—MA200AA	81—PE371C4—PL200AB
47	L43E5000—3D	MS28	93	4A—LCD43ES—SS3	08—MS28001—MA200AA	81—PE421C5—PL200AA
48	L46E5200BE	MS28	98	4A—LCD46ES—CM5	08—MS28001—MA200AA	81—PE421C5—PL200AA
49	L48E5020—3D	MS28	110	4A—LCD48ES—SS1	08—MS28001—MA200AA	81—PE421C6—PL200AA
50	L32P7200—3D	MS28C	79	4A—LCD32ES—CM2	08—MS28C01—MA200AA	81—PE081C0—PL200AA
51	L46P7200—3D	MS28C	78	4A—LCD46ES—CM4	08—MS28C01—MA200AA	81—PE421C5—PL200AA

	机型	机芯	屏参信息	显示屏物编	数字板组件号	电源板组件号
52	L32P7200D	MS28C	101	4A－LCD32E－CS2	08－MS28C01－MA200AA	81－PE081C0－PL200AA
53	L40P7200－3D	MS28C	56	4A－LCD40ES－SS6P	08－MS28C01－MA200AA	81－PE461C0－PL200AA
54	L46P7200－3D	MS28C	99	4A－LCD46ES－CM5	08－MS28C01－MA200AA	81－PE421C5－PL200AA
55	L32V6200DEG	MS28C	46	4A－LCD32E－BK3	08－MS28C01－MA200AA	81－PE081C0－PL200AA
56	L32P7200－3D	MS28C	106	4A－LCD32ES－CM3	08－MS28C01－MA200AA	81－PE081C0－PL200AA
57	L42P7200－3D	MS28C	15	4A－LCD42ES－CM3	08－MS28C01－MA200AA	81－PE461C0－PL200AA
58	L42P7200－3D	MS28C	76	4A－LCD42ES－CM5	08－MS28C01－MA200AA	81－PE421C5－PL200AA
59	L40F3350－3D	MS28E		4A－LCD40O－SS3STA	08－MS28E02－MA200AA	81－PE371C6－PL200AB
60	L40F3320－3D	MS28E		4A－LCD40O－SS3STA	08－MS28E02－MA200AA	81－PE371C6－PL200AB
61	L39F1590B	MS28E		4A－LCD39O－CM3	08－MS28E03－MA200AA	81－PBE032－PW10
62	L40F3360－3D	MS28E		4A－LCD40O－SS3STA	08－MS28E02－MA200AA	81－PE371C6－PL200AB
63	L39F1570B	MS28E		4A－LCD39O－CM3	08－MS28E03－MA200AA	81－PBE032－PW10
64	L40F3350－3D	MS28E		4A－LCD40O－SS3STA	08－MS28E02－MA200AA	81－PE371C6－PL200AB
65	L42F1570B	MS28E		4A－LCD42O－AUBGTA	08－MS28E03－MA200AA	81－PBE039－PW4
66	L39F1510B	MS28E		4A－LCD39O－CM3	08－MS28E03－MA200AA	81－PBE032－PW10
67	L40F3320－3D	MS28E		4A－LCD40O－SS3STA	08－MS28E02－MA200AA	81－PE371C6－PL200AB
68	L40F3360－3D	MS28E		4A－LCD40O－SS3STA	08－MS28E02－MA200AA	81－PE371C6－PL200AB
69	L42F1510B	MS28E		4A－LCD42O－AUBGTA	08－MS28E03－MA200AA	81－PBE039－PW4
70	L32F1550B	MS28ET－AP		4A－LCD32O－CS4	08－S28ET01－MA200AA	81－PWE032－PW17
71	L32F1580B	MS28ET－AP		4A－LCD32O－CS4	08－S28ET01－MA200AA	81－PWE032－PW17
72	L32F1590B	MS28ET－AP		4A－LCD32O－CS4	08－S28ET01－MA200AA	81－PWE032－PW17
73	L32F1560B	MS28ET－AP		4A－LCD32O－CS4	08－S28ET01－MA200AA	81－PWE032－PW17
74	L32F1510B	MS28ET－AP		4A－LCD32O－CS4	08－S28ET01－MA200AA	81－PWE032－PW17
75	L32F1570B	MS28ET－AP		4A－LCD32O－CS4	08－S28ET01－MA200AA	81－PWE032－PW17
76	L32E4370－3D	MS28L	4	4A－LCD32O－AUB	08－MS28L02－MA200AA	81－PE061C2－PL200AA
77	L32E4350－3D	MS28L	4	4A－LCD32O－AUB	08－MS28L02－MA200AA	81－PE061C3－PL200AA
78	L32E4300－3D	MS28L	4	4A－LCD32O－AUB	08－MS28L02－MA200AA	81－PE061C3－PL200AA
79	L32F3300－3D	MS28L	11	4A－LCD32O－AUB	08－MS28L02－MA200AA	81－PE061C2－PL200AA
80	L39E4300－3D	MS28L	16	4A－LCD39OP－AU3	08－MS28L01－MA200AA	81－PE371C4－PL200AB
81	L42E4310－3D	MS28L		4A－LCD42O－AU6	08－MS28L01－MA200AA	81－PE371C4－PL200AB
82	L42F3350－3D	MS28L	10	4A－LCD42OS－CM2	08－MS28L01－MA200AA	81－PE371C6－PL200AB
83	L42F3320－3D	MS28L	10	4A－LCD42OS－CM2	08－MS28L01－MA200AA	81－PE371C6－PL200AB
84	LED43C710K	MS28L	4	4A－LCD43O－SS1	08－MS28016－MA200AA	81－PE371C4－PL200AB
85	46L1305C	MS28L	9	4A－LCD46O－CS2STA	08－MS28L17－MA200AA	81－PE421A8－PW200AA
86	46L3305C	MS28L	6	4A－LCD46O－CS2STA	08－MS28L17－MA200AA	81－PE421A8－PW200AA
87	LE46M10－3D	MS28L	37	4A－LCD46ES－CS2	08－MS28L08－MA200AA	81－PE421C6－PL200AA
88	LE48M15E	MS28L	88	4A－LCD48E－CS3STB	08－MS28L08－MA200AA	81－PE421C6－PL200AA
89	L55F3300－3D	MS28L	21	4A－LCD55OS－SS3	08－MS28L06－MA200AA	81－PE461C4－PL200AB
90	LED32C710KJ	MS28L	1	4A－LCD32O－SS2	08－MS28014－MA200AA	81－PE061C2－PL200AA
91	L32E4300－3D	MS28L	4	4A－LCD32O－AUB	08－MS28L02－MA200AA	81－PE061C3－PL200AA
92	L32E4300－3D	MS28L	4	4A－LCD32O－AUB	08－MS28L02－MA200AA	81－PE061C3－PL200AA
93	L32F3310－3D	MS28L	71	4A－LCD32O－AU1PTA	08－MS28L02－MA200AA	81－PE061C3－PL200AA
94	L42E4350－3D	MS28L	6	4A－LCD42O－AU6	08－MS28L01－MA200AA	81－PE371C4－PL200AB
95	L42E4350－3D	MS28L	6	N/A	08－MS28L01－MA200AA	81－PE371C4－PL200AB
96	L42F3300－3D	MS28L	10	4A－LCD42OS－CM2	08－MS28L01－MA200AA	81－PE371C6－PL200AB
97	LED43C710K	MS28L	4	4A－LCD43O－SS1	08－MS28016－MA200AA	81－PE371C4－PL200AB
98	43CE680LED	MS28L	3	4A－LCD43OS－SS1	08－MS28L07－MA200AA	08－PE371H4－PW200AA
99	L43F3370－3D	MS28L	33	4A－LCD43OS－SS1	08－MS28L06－MA200AA	81－PE371C4－PL200AB
100	L46E5000－3D	MS28L	36	4A－LCD46ES－CS2	08－MS28L01－MA200AA	81－PE421C6－PL200AA
101	LE46M10－3D	MS28L	79	4A－LCD46E－CS2STB	08－MS28L08－MA200AA	81－PE421C6－PL200AA
102	L48E5020－3D	MS28L	57	4A－LCD48E－CS2S	08－MS28L01－MA200AA	81－PE421C6－PL200AA
103	L48F3300－3D	MS28L	20	4A－LCD48OS－SS2	08－MS28L06－MA200AA	81－PE461C4－PL200AB
104	L50E5090－3D	MS28L	77	4A－LCD50E－CM7STA	08－MS28L01－MA200AA	81－PE421C6－PL200AA
105	L55F3300－3D	MS28L	21	4A－LCD55OS－SS3	08－MS28L06－MA200AA	81－PE461C4－PL200AB
106	L55F3320－3D	MS28L	67	4A－LCD55OS－SS3	08－MS28L06－MA200AA	81－PE461C4－PL200AB
107	LED32C710KJ	MS28L	6	4A－LCD32O－CS1	08－MS28014－MA200AA	81－PE061C3－PL200AA
108	L32E4300－3D	MS28L	4	4A－LCD32O－AUB	08－MS28L02－MA200AA	81－PE061C2－PL200AA
109	L32F3320－3D	MS28L	38	4A－LCD32O－AUB	08－MS28L02－MA200AA	81－PE061C3－PL200AA
110	L42E4300－3D	MS28L	6	4A－LCD42O－AU6	08－MS28L01－MA200AA	81－PE371C4－PL200AB

	机型	机芯	屏参信息	显示屏物编	数字板组件号	电源板组件号
111	L42E5000E	MS28L	27	4A－LCD42O－AU5	08－MS28L04－MA200AA	81－PE421C6－PL200AA
112	L46E5000－3D	MS28L	24	4A－LCD46ES－SSD	08－MS28L01－MA200AA	81－PE421C6－PL200AA
113	L46E5000－3D	MS28L	72	4A－LCD46O－CS2STA	08－MS28L01－MA200AA	81－PE421C6－PL200AA
114	46L3300C	MS28L	4	4A－LCD46O－CS2STA	08－MS28L17－MA200AA	81－PE421A8－PW200AA
115	L48F3310－3D	MS28L	76	4A－LCD48OS－SS2	08－MS28L06－MA200AA	81－PE461C4－PL200AB
116	L55F3310－3D	MS28L	30	4A－LCD55OS－SS3	08－MS28L06－MA200AA	81－PE461C4－PL200AB
117	L55F3310－3D	MS28L	30	4A－LCD55OS－SS3	08－MS28L06－MA200AA	81－PE461C4－PL200AB
118	LED32C710K	MS28L	6	4A－LCD32O－CS1	08－MS28014－MA200AA	81－PE061C2－PL200AA
119	LED32C710KJ	MS28L	1	4A－LCD32O－SS2	08－MS28014－MA200AA	81－PE061C3－PL200AA
120	L32E4350－3D	MS28L	53	4A－LCD32O－AUB	08－MS28L02－MA200AA	81－PE061C3－PL200AA
121	L32E4370－3D	MS28L	53	4A－LCD32O－AUB	08－MS28L02－MA200AA	81－PE061C3－PL200AA
122	L32F3370－3D	MS28L	11	4A－LCD32O－AUB	08－MS28L02－MA200AA	81－PE061C2－PL200AA
123	L32F3370－3D	MS28L	11	4A－LCD32O－AUB	08－MS28L02－MA200AA	81－PE061C3－PL200AA
124	L32F3300－3D	MS28L	11	4A－LCD32O－AUB	08－MS28L02－MA200AA	81－PE061C3－PL200AA
125	L32F3300－3D	MS28L	11	4A－LCD32O－AUB	08－MS28L02－MA200AA	81－PE061C3－PL200AA
126	L32F3370－3D	MS28L	70	4A－LCD32O－AU1PTA	08－MS28L02－MA200AA	81－PE061C3－PL200AA
127	LE37M11E	MS28L	81	4A－LCD37E－CS2GTC	08－MS28L16－MA200AA	81－PE371C6－PL200AB
128	LED39C710KJ	MS28L	3	4A－LCD39O－CM2	08－MS28016－MA200AA	81－PE371C4－PL200AB
129	LED39C710K	MS28L	3	4A－LCD39O－CM2	08－MS28016－MA200AA	81－PE371C4－PL200AB
130	L39E4350－3D	MS28L	16	4A－LCD39OP－AU3	08－MS28L01－MA200AA	81－PE371C4－PL200AB
131	L39E5000－3D	MS28L	46	4A－LCD39E－CM4S	08－MS28L01－MA200AA	81－PE371C6－PL200AB
132	L42F1310－3D	MS28L	31	4A－LCD42EP－LG4	08－MS28L01－MA200AA	81－PE421C6－PL200AA
133	L43F3320－3D	MS28L	35	4A－LCD43OS－SS1	08－MS28L06－MA200AA	81－PE371C4－PL200AB
134	L46E5200－3D	MS28L	14	4A－LCD46ES－CS1	08－MS28L01－MA200AA	81－PE421C5－PL200AA
135	L48E5020－3D	MS28L	45	4A－LCD48ES－SS3	08－MS28L01－MA200AA	81－PE421C6－PL200AA
136	L50E4300－3D	MS28L	26	4A－LCD50EP－AU1	08－MS28L01－MA200AA	81－PE461C6－PL200AB
137	L50E5090－3D	MS28L	85	4A－LCD50E－CM8STA	08－MS28L01－MA200AA	81－PE461C6－PL200AB
138	55L5350C	MS28L	3	4A－LCD55E－SS3STA	08－MS28L17－MA200AA	08－PE461A6－PW200AA
139	L32E4300－3D	MS28L	4	4A－LCD32O－AUB	08－MS28L02－MA200AA	81－PE061C2－PL200AA
140	L32F3310－3D	MS28L	13	4A－LCD32O－AUB	08－MS28L02－MA200AA	81－PE061C2－PL200AA
141	L32F3300B	MS28L	9	4A－LCD32O－SS2	08－MS28L05－MA200AA	81－PE061C2－PL200AA
142	LE37M11E	MS28L	80	4A－LCD37E－CS1	08－MS28L16－MA200AA	81－PE371C6－PL200AB
143	L39E5090－3D	MS28L	66	4A－LCD39E－CM5S	08－MS28L01－MA200AA	81－PE371C6－PL200AB
144	L39E5090J－3D	MS28L	82	4A－LCD39E－CM5S	08－MS28L01－MA200AA	81－PE371C6－PL200AB
145	LED42C810DJ	MS28L	11	4A－LCD42O－AU6	08－MS28L12－MA200AA	81－PE371C4－PL200AB
146	L42E4370－3D	MS28L	6	4A－LCD42O－AU6	08－MS28L01－MA200AA	81－PE371C4－PL200AB
147	LED43C710KJ	MS28L	4	4A－LCD43O－SS1	08－MS28016－MA200AA	81－PE371C4－PL200AB
148	L43F3320－3D	MS28L	19	4A－LCD43OS－SS1	08－MS28L06－MA200AA	81－PE371C4－PL200AB
149	L43F3370－3D	MS28L	64	4A－LCD43OS－SS1	08－MS28L06－MA200AA	81－PE371C4－PL200AB
150	46L5350C	MS28L	2	4A－LCD46E－SSASTA	08－MS28L17－MA200AA	81－PE421A8－PW200AA
151	LE46M10E	MS28L	74	4A－LCD46O－CS1GTB	08－MS28L08－MA200AA	81－PE461C4－PL200AB
152	L48F3300－3D	MS28L	20	4A－LCD48OS－SS2	08－MS28L06－MA200AA	81－PE461C4－PL200AB
153	L48F3310－3D	MS28L	29	4A－LCD48OS－SS2	08－MS28L06－MA200AA	81－PE461C4－PL200AB
154	L50E5090－3D	MS28L	50	4A－LCD50ES－CM4	08－MS28L01－MA200AA	81－PE421C6－PL200AA
155	L55F3320－3D	MS28L	67	4A－LCD55OS－SS3	08－MS28L06－MA200AA	81－PE461C4－PL200AB
156	55L3300C	MS28L	5	4A－LCD55O－SS6STA	08－MS28L17－MA200AA	08－PE461A6－PW200AA
157	LED32C710K	MS28L	6	4A－LCD32O－CS1	08－MS28014－MA200AA	81－PE061C2－PL200AA
158	LED32C710KJ	MS28L	6	4A－LCD32O－CS1	08－MS28014－MA200AA	81－PE061C2－PL200AA
159	L32E4350－3D	MS28L	4	4A－LCD32O－AUB	08－MS28L02－MA200AA	81－PE061C2－PL200AA
160	L32E4350－3D	MS28L	69	4A－LCD32O－AU1PTA	08－MS28L02－MA200AA	81－PE061C3－PL200AA
161	L32F3380－3D	MS28L	11	4A－LCD32O－AUB	08－MS28L02－MA200AA	81－PE061C2－PL200AA
162	L32F3320－3D	MS28L	38	4A－LCD32O－AUB	08－MS28L02－MA200AA	81－PE061C2－PL200AA
163	LE37M11E	MS28L	78	4A－LCD37E－CS2GTB	08－MS28L16－MA200AA	81－PE371C6－PL200AB
164	L42E4300－3D	MS28L	6	4A－LCD42O－AU6	08－MS28L01－MA200AA	81－PE371C4－PL200AB
165	LED43C710KJ	MS28L	9	4A－LCD43O－SS1	08－MS28016－MA200AA	81－PE371C4－PL200AB
166	L43F3300－3D	MS28L	19	4A－LCD43OS－SS1	08－MS28L06－MA200AA	81－PE371C4－PL200AB
167	L43F3300－3D	MS28L	19	4A－LCD43OS－SS1	08－MS28L06－MA200AA	81－PE371C4－PL200AB
168	48CE680LED	MS28L	2	4A－LCD48OS－SS2	08－MS28L07－MA200AA	08－PE461C4－PW200AA
169	L50E4350－3D	MS28L	41	4A－LCD50EP－AU1	08－MS28L01－MA200AA	81－PE461C6－PL200AB

	机型	机芯	屏参信息	显示屏物编	数字板组件号	电源板组件号
170	L50E5010—3D	MS28L	49	4A—LCD50ES—CM4	08—MS28L01—MA200AA	81—PE421C6—PL200AA
171	55L3305C	MS28L	7	4A—LCD55O—SS6STA	08—MS28L17—MA200AA	08—PE461A6—PW200AA
172	L32F3310—3D	MS28L	13	4A—LCD32O—AUB	08—MS28L02—MA200AA	81—PE061C3—PL200AA
173	L39E5090—3D	MS28L	47	4A—LCD39E—CM4S	08—MS28L01—MA200AA	81—PE371C6—PL200AB
174	L39E5090J—3D	MS28L	83	4A—LCD39E—CM4S	08—MS28L01—MA200AA	81—PE371C6—PL200AB
175	L42E4300—3D	MS28L	6	4A—LCD42O—AU6	08—MS28L01—MA200AA	81—PE371C4—PL200AB
176	L42E4350—3D	MS28L	6	4A—LCD42O—AU6	08—MS28L01—MA200AA	81—PE371C4—PL200AB
177	L42F3220E	MS28L	51	4A—LCD42E—LG2	08—MS28L10—MA200AA	81—PE421C6—PL200AA
178	LED43C710KJ	MS28L	10	4A—LCD43O—SS1	08—MS28016—MA200AA	81—PE371C4—PL200AB
179	L43F3310—3D	MS28L	28	4A—LCD43OS—SS1	08—MS28L06—MA200AA	81—PE371C4—PL200AB
180	L43F3300—3D	MS28L	34	4A—LCD43OS—SS1	08—MS28L06—MA200AA	81—PE371C4—PL200AB
181	L43F3320—3D	MS28L	52	4A—LCD43O—SS2	08—MS28L10—MA200AA	81—PE371C4—PL200AB
182	L48E5000—3D	MS28L	7	4A—LCD48ES—SS3	08—MS28L01—MA200AA	81—PE421C6—PL200AA
183	L48F3320—3D	MS28L	39	4A—LCD48OS—SS2	08—MS28L06—MA200AA	81—PE461C4—PL200AB
184	LE48M15E	MS28L	87	4A—LCD48E—CS2S	08—MS28L08—MA200AA	81—PE421C6—PL200AA
185	L55F3320—3D	MS28L	40	4A—LCD55OS—SS3	08—MS28L06—MA200AA	81—PE461C4—PL200AB
186	LED32C810DJ	MS28L	12	4A—LCD32O—AU1PTA	08—MS28L11—MA200AA	81—PE061C3—PL200AA
187	LED39C710K	MS28L	7	4A—LCD39O—CM3	08—MS28016—MA200AA	81—PE371C4—PL200AB
188	LED39C710K	MS28L	7	4A—LCD39O—CM3	08—MS28016—MA200AA	81—PE371C4—PL200AB
189	LED39C710KJ	MS28L	8	4A—LCD39O—CM3	08—MS28016—MA200AA	81—PE371C4—PL200AB
190	L39E5000—3D	MS28L	65	4A—LCD39E—CM5S	08—MS28L01—MA200AA	81—PE371C6—PL200AB
191	L42E4310—3D	MS28L	22	4A—LCD42O—AU6	08—MS28L01—MA200AA	81—PE371C4—PL200AB
192	L42E4370—3D	MS28L	6	4A—LCD42O—AU6	08—MS28L01—MA200AA	81—PE371C4—PL200AB
193	L42F1300—3D	MS28L	5	4A—LCD42EP—LG4	08—MS28L01—MA200AA	81—PE421C5—PL200AA
194	LE42M10—3D	MS28L	32	4A—LCD42EP—LG4	08—MS28L08—MA200AA	81—PE421C6—PL200AA
195	L43F3300—3D	MS28L	1	4A—LCD43OS—SS1	08—MS28L06—MA200AA	81—PE371C4—PL200AB
196	46L1300C	MS28L	8	4A—LCD46O—CS2STA	08—MS28L14—MA200AA	81—PE421A8—PW200AA
197	L48F3320—3D	MS28L	68	4A—LCD48OS—SS2	08—MS28L06—MA200AA	81—PE461C4—PL200AB
198	LE48M15E	MS28L	89	4A—LCD48E—CS5STB	08—MS28L08—MA200AA	81—PE421C6—PL200AA
199	L50E5000—3D	MS28L	48	4A—LCD50ES—CM4	08—MS28L01—MA200AA	81—PE421C6—PL200AA
200	L32F1590BL	MS28TL	2	4A—LD32OF—CS9GTA	08—MS28T03—MA200AA	08—EL321C0—PW200AA
201	L32F1590BL	MS28TL	1	4A—LD32OF—CS9GTA	08—MS28T03—MA200AA	08—EL321C0—PW200AA
202	L40E5200BE	MS48IA	59	4A—LCD40E—SS3	08—S48IA04—MA200AA	08—PE421C2—PW200AA
203	L46V6200DEG	MS48IS	64	4A—LCD46E—AU5	08—S48IS06—MA200AA	08—PE421C2—PW200AA
204	L42V6200DEG	MS48IS	65	4A—LCD42O—AU3	08—S48IS06—MA200AA	08—PE421C2—PW200AA
205	L19P11BE	MS58	106	4A—LCD19T—AU2	08—MS58108—MA200AA	81—PW1160—AX0
206	L52C10FBE	MS58	4	4A—LCD52T—SS5	08—MS58025—MA200AA	81—L52C10—PW0
207	L65P10FBEG	MS58A	121	4A—LCD65T—AU8	08—MS58A01—MA200AA	08—PW652C0—PW200AA
208	L32F3510AN—3D	MS600	19	4A—LCD32O—LG1	08—MS60B01—MA200AA	81—PE061C3—PL200AA
209	L32F3570AN—3D	MS600	38	4A—LCD32O—LG1	08—MS60B01—MA200AA	81—PE061C3—PL200AA
210	L39F2560E	MS600	54	4A—LCD39O—CM3	08—MS60001—MA200AA	81—PBE032—PW10
211	L42F3570AN—3D	MS600	24	4A—LCD42O—LG1P	08—MS60B01—MA200AA	81—PE371C5—PL200AB
212	L42F3570AN—3D	MS600	41	4A—LCD42O—AUDPTA	08—MS60B01—MA200AA	81—PE371C5—PL200AB
213	LED46C920DK	MS600	6	4A—LCD46O—SS4S	08—MS60A01—MA200AA	81—PE461C4—PL200AB
214	L46F2550E	MS600	55	4A—LCD46O—CS1	08—MS60001—MA200AA	81—PWE046—PW1
215	L46F3510AN—3D	MS600	44	4A—LCD46O—CS2STA	08—MS60A02—MA200AA	81—PE421C6—PL200AA
216	L46F3570AN—3D	MS600	45	4A—LCD46O—CS2STA	08—MS60A02—MA200AA	81—PE421C6—PL200AA
217	L48E4690A	MS600	61	4A—LD48O5—CS2STA	08—MS60B01—MA200AA	81—PE371C5—PL200AB
218	L48F3511A—3D	MS600	49	4A—LCD48O—CS1STA	08—MS60B01—MA200AA	81—PE371C6—PL200AB
219	L32F3510AN—3D	MS600	37	4A—LCD32O—LG1	08—MS60A02—MA200AA	81—PE061C3—PL200AA
220	L32F3570AN—3D	MS600	38	4A—LCD32O—LG1	08—MS60A02—MA200AA	81—PE061C3—PL200AA
221	L32F3510AN—3D	MS600	37	4A—LCD32O—LG1	08—MS60B01—MA200AA	81—PE061C3—PL200AA
222	L39F2510E	MS600	4	4A—LCD39O—CM3	08—MS60001—MA200AA	81—PBE032—PW10
223	L39F3510A—3D	MS600		4A—LCD39O—AU2PTA	08—MS60A02—MA200AA	81—PE371C5—PL200AB
224	L39F3510A—3D	MS600	20	4A—LCD39O—AU2PTA	08—MS60B01—MA200AA	81—PE371C5—PL200AB
225	L40F3510A—3D	MS600	43	4A—LCD40O—SS3STA	08—MS60B01—MA200AA	81—PE371C6—PL200AB
226	LED42C920DK	MS600	5	4A—LCD42O—LG1P	08—MS60B02—MA200AA	81—PE371C5—PL200AB
227	L42F2510E	MS600	16	4A—LCD42O—AUBGTA	08—MS60001—MA200AA	81—PBE039—PW4
228	L42F3570AN—3D	MS600	41	4A—LCD42O—AUDPTA	08—MS60A02—MA200AA	81—PE371C5—PL200AB

	机型	机芯	屏参信息	显示屏物编	数字板组件号	电源板组件号
229	LED46C920DK	MS600	6	4A－LCD46O－SS4S	08－MS60B02－MA200AA	81－PE461C4－PL200AB
230	L46F2570E	MS600	31	4A－LCD46O－CS1	08－MS60001－MA200AA	81－PWE032－PW17
231	L46F2510E	MS600	30	4A－LCD46O－CS1	08－MS60001－MA200AA	81－PWE032－PW17
232	L46F3510AN－3D	MS600	22	4A－LCD46O－SS4S	08－MS60A02－MA200AA	81－PE461C4－PL200AB
233	L46F3570AN－3D	MS600	25	4A－LCD46O－SS4S	08－MS60A02－MA200AA	81－PE461C4－PL200AB
234	L46F3570AN－3D	MS600	45	4A－LCD46O－CS2STA	08－MS60A02－MA200AA	81－PE421C6－PL200AA
235	L46F3570AN－3D	MS600	25	4A－LCD46O－SS4S	08－MS60B01－MA200AA	81－PE461C4－PL200AB
236	L48F3511A－3D	MS600	49	4A－LCD48O－CS1STA	08－MS60B01－MA200AA	81－PE371C6－PL200AB
237	L50E5000A	MS600	57	4A－LCD50E－CM1GTA	08－MS60B03－MA200AA	81－PE421C8－PL200AA
238	L55F3511A－3D	MS600	50	4A－LCD55O－CS1STA	08－MS60A02－MA200AA	81－PE371C6－PL200AB
239	L32F2590E	MS600	10	4A－LCD32O－CS1	08－MS60001－MA200AA	81－PBE032－PW13
240	L32F2510E	MS600	11	4A－LCD32O－CS2	08－MS60001－MA200AA	81－PBE032－PW13
241	L32F2590E	MS600	12	4A－LCD32O－CS2	08－MS60001－MA200AA	81－PBE032－PW13
242	L32F3570AN－3D	MS600	23	4A－LCD32O－LG1	08－MS60A02－MA200AA	81－PE061C3－PL200AA
243	L32F3510AN－3D	MS600	36	4A－LCD32O－LG1	08－MS60B01－MA200AA	81－PE061C3－PL200AA
244	L39F2590E	MS600	46	4A－LCD39O－AU3GTA	08－MS60001－MA200AA	81－PBE032－PW10
245	L39F2550E	MS600	53	4A－LCD39O－CM3	08－MS60001－MA200AA	81－PBE032－PW10
246	L39F2590E	MS600	9	4A－LCD39O－CM3	08－MS60001－MA200AA	81－PBE032－PW10
247	LED42C920DK	MS600	42	4A－LCD42O－AUDPTA	08－MS60A01－MA200AA	81－PE371C5－PL200AB
248	L46F2510E	MS600	15	4A－LCD46O－CS1	08－MS60001－MA200AA	81－PWE046－PW1
249	L46F3510AN－3D	MS600	22	4A－LCD46O－SS4S	08－MS60B01－MA200AA	81－PE461C4－PL200AB
250	L48F3511A－3D	MS600	49	4A－LCD48O－CS1STA	08－MS60B01－MA200AA	81－PE371C6－PL200AB
251	L39F2570E	MS600	47	4A－LCD39O－AU3GTA	08－MS60001－MA200AA	81－PBE032－PW10
252	L39F2510E	MS600	48	4A－LCD39O－AU3GTA	08－MS60001－MA200AA	81－PBE032－PW10
253	L39F2570E	MS600	13	4A－LCD39O－CM3	08－MS60001－MA200AA	81－PBE032－PW10
254	L39F3510A－3D	MS600	20	4A－LCD39O－AU2PTA	08－MS60A02－MA200AA	81－PE371C5－PL200AB
255	LED42C920DK	MS600	5	4A－LCD42O－LG1P	08－MS60A01－MA200AA	81－PE371C5－PL200AB
256	LED42C920DK	MS600	5	4A－LCD42O－LG1P	08－MS60B02－MA200AA	81－PE371C5－PL200AB
257	L42F2510E	MS600	27	4A－LCD42O－AUEGTA	08－MS60001－MA200AA	81－PBE039－PW4
258	L42F3570AN－3D	MS600	21	4A－LCD42O－LG1P	08－MS60A02－MA200AA	81－PE371C5－PL200AB
259	LED46C920DK	MS600	6	4A－LCD46O－SS4S	08－MS60A01－MA200AA	81－PE461C4－PL200AB
260	LED46C920DK	MS600	6	4A－LCD46O－SS4S	08－MS60B02－MA200AA	81－PE461C4－PL200AB
261	L46F2590E	MS600	32	4A－LCD46O－CS1	08－MS60001－MA200AA	81－PWE032－PW17
262	L46F3510AN－3D	MS600	44	4A－LCD46O－CS2STA	08－MS60A02－MA200AA	81－PE421C6－PL200AA
263	L46F3570AN－3D	MS600	45	4A－LCD46O－CS2STA	08－MS60A02－MA200AA	81－PE421C6－PL200AA
264	L46S3211	MS600	33	4A－LCD46O－CS1	08－MS60001－MA200AA	81－PE461C4－PL200AA
265	L55F3511A－3D	MS600	50	4A－LCD55O－CS1STA	08－MS60A02－MA200AA	81－PE371C6－PL200AB
266	L32F2510E	MS600	18	4A－LCD32O－CS1	08－MS60001－MA200AA	81－PBE032－PW13
267	L32F2570E	MS600	19	4A－LCD32O－CS2	08－MS60001－MA200AA	81－PBE032－PW13
268	L40F3510A－3D	MS600	43	4A－LCD40O－SS3STA	08－MS60B01－MA200AA	81－PE371C6－PL200AB
269	L42F2590E	MS600	26	4A－LCD42O－AUEGTA	08－MS60001－MA200AA	81－PBE039－PW4
270	L42F3510AN－3D	MS600	21	4A－LCD42O－AUDPTA	08－MS60A02－MA200AA	81－PE371C5－PL200AB
271	L42F3510AN－3D	MS600	21	4A－LCD42O－LG1P	08－MS60B01－MA200AA	81－PE371C5－PL200AB
272	LED46C920DK	MS600	6	4A－LCD46O－SS4S	08－MS60B02－MA200AA	81－PE461C4－PL200AB
273	L46F2590E	MS600	7	4A－LCD46O－CS1	08－MS60001－MA200AA	81－PWE046－PW1
274	L46F2560E	MS600	56	4A－LCD46O－CS1	08－MS60001－MA200AA	81－PWE046－PW1
275	L46F3510AN－3D	MS600	22	4A－LCD46O－SS4S	08－MS60A02－MA200AA	81－PE461C4－PL200AB
276	L46F3510AN－3D	MS600	22	4A－LCD46O－SS4S	08－MS60A02－MA200AA	81－PE461C4－PL200AB
277	L46F3510AN－3D	MS600	22	4A－LCD46O－SS4S	08－MS60B01－MA200AA	81－PE461C4－PL200AB
278	L55F3511A－3D	MS600	50	4A－LCD55O－CS1STA	08－MS60A02－MA200AA	81－PE371C6－PL200AB
279	L32F3510AN－3D	MS600	36	4A－LCD32O－LG1	08－MS60A02－MA200AA	81－PE061C3－PL200AA
280	L32F3570AN－3D	MS600	23	4A－LCD32O－LG1	08－MS60B01－MA200AA	81－PE061C3－PL200AA
281	L42F2570E	MS600		4A－LCD42O－AUEGTA	08－MS60001－MA200AA	81－PBE039－PW4
282	L42F2590E	MS600		4A－LCD42O－AUBGTA	08－MS60001－MA200AA	81－PBE039－PW4
283	L42F3510AN－3D	MS600	21	4A－LCD42O－LG1P	08－MS60A02－MA200AA	81－PE371C5－PL200AB
284	L46F3570AN－3D	MS600	25	4A－LCD46O－SS4S	08－MS60B01－MA200AA	81－PE461C4－PL200AB
285	L32F3570AN－3D	MS600	23	4A－LCD32O－LG1	08－MS60A02－MA200AA	81－PE061C3－PL200AA
286	L40F3510A－3D	MS600		4A－LCD40O－SS3STA	08－MS60B01－MA200AA	81－PE371C6－PL200AB
287	LED42C920DK	MS600	5	4A－LCD42O－AUDPTA	08－MS60A01－MA200AA	81－PE371C5－PL200AB

	机型	机芯	屏参信息	显示屏物编	数字板组件号	电源板组件号
288	L42F2570E	MS600		4A—LCD42O—AUBGTA	08—MS60001—MA200AA	81—PBE039—PW4
289	L42F3570AN—3D	MS600	24	4A—LCD42O—AUDPTA	08—MS60A02—MA200AA	81—PE371C5—PL200AB
290	L46F2570E	MS600		4A—LCD46O—CS1	08—MS60001—MA200AA	81—PWE046—PW1
291	L46F3570AN—3D	MS600	25	4A—LCD46O—SS4S	08—MS60A02—MA200AA	81—PE461C4—PL200AB
292	L50E5000A	MS600		4A—LCD50E—CM1GTA	08—MS60A03—MA200AA	81—PE421C8—PL200AA
293	L55F3511A—3D	MS600		4A—LD55O7—CS2STA	08—MS60A02—MA200AA	81—PE371C6—PL200AB
294	L32F2570E	MS600		4A—LCD32O—CS1	08—MS60001—MA200AA	81—PBE032—PW13
295	L32F3510AN—3D	MS600	19	4A—LCD32O—LG1	08—MS60A02—MA200AA	81—PE061C3—PL200AA
296	L32F3570AN—3D	MS600	23	4A—LCD32O—LG1	08—MS60B01—MA200AA	81—PE061C3—PL200AA
297	L42F3510AN—3D	MS600	21	4A—LCD42O—AUDPTA	08—MS60B01—MA200AA	81—PE371C5—PL200AB
298	LED46C920DK	MS600	6	4A—LCD46O—SS4S	08—MS60A01—MA200AA	81—PE461C4—PL200AB
299	L46F3570AN—3D	MS600	25	4A—LCD46O—SS4S	08—MS60A02—MA200AA	81—PE461C4—PL200AB
300	L46F3510AN—3D	MS600	22	4A—LCD46O—CS2STA	08—MS60A02—MA200AA	81—PE421C6—PL200AA
301	L46F3510AN—3D	MS600	22	4A—LCD46O—SS4S	08—MS60B01—MA200AA	81—PE461C4—PL200AB
302	L46F3570AN—3D	MS600	25	4A—LCD46O—SS4S	08—MS60B01—MA200AA	81—PE461C4—PL200AB
303	L50E5010A	MS600		4A—LCD50E—CM1GTA	08—MS60B03—MA200AA	81—PE421C8—PL200AA
304	L37P10BD	MS68	1	4A—LCD37T—LGB	08—MS68009—MA200AA	08—PL3222A—PW200AA
305	L32F19	MS68B	6	4A—LCD32T—SS5	08—MS68B01—MA200AA	08—1P3235A—PW200AA
306	LE43D79	MS801D	6	4A—LCD43OS—SS1	08—M801D01—MA200AA	81—PE371C4—PL200AB
307	LE55V5880D	MS801D	80	4A—LCD55OS—SS3	08—M801D02—MA200AA	81—PE461C4—PL200AB
308	LE55V5880D	MS801D	80	4A—LCD55OS—SS3	08—M801D02—MA200AA	81—PE461C4—PL200AB
309	LC55C19	MS801D	7	4A—LCD55OS—SS3	08—M801D01—MA200AA	81—PE461C4—PL200AB
310	LE48A29	MS801D	5	4A—LCD48OS—SS2	08—M801D01—MA200AA	81—PE461C4—PL200AB
311	LED55C930D	MS801D		4A—LCD55O—SS4STA	08—MS80118—MA200AA	81—PE371C4—PL200AB
312	GE26D2ED	MS801S	37	4A—LCD26O—SS1	08—M801S01—MA200AA	81—ADT203—250
313	L46E5300D	MS801T	62	4A—LCD46O—SS3S	08—S801T01—MA200AA	81—PE371C5—PL200AB
314	L46V101A—3D	MS801V	1	4A—LCD46O—AU4	08—MS80114—MA200AA	08—PE468C1—PW200AA
315	L55V101A—3D	MS801V	2	4A—LCD55O—AU1PTA	08—MS80114—MA200AA	08—PE558C0—PW200AA
316	L46V101A—3D	MS801V	1	4A—LCD46O—AU4	08—MS80114—MA200AA	08—PE468C1—PW200AA
317	L46V101A—3D	MS801V	1	4A—LCD46O—AU4	08—MS80114—MA200AA	08—PE468C0—PW200AA
318	L46V101A—3D	MS801V	1	4A—LCD46O—AU4	08—MS80114—MA200AA	08—PE468C1—PW200AA
319	L26F3200B	MS81	18	4A—LCD26O—BE1	08—MS81002—MA200AA	81—PE061C2—PL200AA
320	C40E320B	MS81	5	4A—LCD40T—SSQ	08—MS81005—MA200AA	08—PW232C0—PW200AA
321	L26F3200	MS81	18	4A—LCD26O—BE1	08—MS81002—MA200AA	81—PE061C2—PL200AA
322	C46E320D	MS81	7	4A—LCD46T—SSKP	08—MS81005—MA200AA	08—PW272C1—PW200AA
323	L26F3200B	MS81	5	4A—LCD26E—SS1	08—MS81002—MA200AA	81—PE061C2—PL200AA
324	L26F3200B	MS81	10	4A—LCD26O—CM1	08—MS81002—MA200AA	81—PE061C2—PL200AA
325	C37E320B	MS81	13	4A—LCD37T—LGE	08—MS81005—MA200AA	08—IL32C21—PW200AA
326	LCD42R18	MS81	2	4A—LCD42O—AU2	08—MS81001—MA200AA	08—IA152C1—PW200AA
327	46F155C	MS81	3	4A—LCD46T—SSIP	08—MS81007—MA200AA	08—PW272C1—PW200AA
328	46F150C	MS81	2	4A—LCD46T—SSIP	08—MS81007—MA200AA	08—PW272C1—PW200AA
329	LCD32R18	MS81	3	4A—LCD32O—AU3	08—MS81003—MA200AA	08—IA112C1—PW200AA
330	L50E5690A—3D	MS818A		4A—LCD50E—CM6STA	08—MS81803—MA200AA	81—PE461C6—PL200AB
331	L55E5690A—3D	MS818A		4A—LD55E7—CS2STA	08—MS81802—MA200AA	81—PE461C6—PL200AB
332	L65E5690A—3D	MS818A		4A—LCD65ES—CM2	08—MS81803—MA200AA	81—PE301C1—PL200AB
333	L48E6700A—3D	MS818C		4A—LD48O5—CS2STA	08—MS81801—MA200AA	81—PE081C5—PL200AA
334	L48A71	MS818C		4A—LD48O5—CS2STA	08—MS81801—MA200AA	81—PE421C8—PL200AA
335	L50E6700A—3D	MS818C		4A—LCD50O—AU1STA	08—MS81801—MA200AA	81—PE071C0—PL200AA
336	L23F3270B	MS81L	50	4A—LCD23E—SS3	08—MS81L05—MA200AA	08—PE041C1—PW200AA
337	L43F3310B	MS81L	14	4A—LCD43O—SS1	08—MS81L10—MA200AA	81—PE371C4—PL200AB
338	L32F2300B	MS81L	76	4A—LCD32E—CS2	08—MS81L07—MA200AA	81—PE061C2—PL200AA
339	L32F3270B	MS81L	76	4A—LCD32E—CS2	08—MS81L07—MA200AA	81—PE061C2—PL200AA
340	LE32M03	MS81L	65	4A—LCD32O—SS2	08—MS81L15—MA200AA	81—PE081C0—PL200AA
341	L32P60BD	MS81L	21	4A—LCD32O—AU3	08—MS81L01—MA200AA	81—IA112C3—PL200AA
342	LCD32R18	MS81L	91	4A—LCD32O—CS1	08—MS81L01—MA200AA	81—IA112C3—PL200AA
343	LCD32R18	MS81L	91	4A—LCD32O—CS1	08—MS81L01—MA200AA	81—IA112C3—PL200AA
344	L37F3370B	MS81L	19	4A—LCD37O—CM1	08—MS81L07—MA200AA	81—PE081C0—PL200AA
345	LED—42U500	MS81L	3	N/A	08—MS81L17—MA200AA	81—PE421C6—PL200AA
346	LE42M03	MS81L	35	4A—LCD42O—AU2	08—MS81L10—MA200AA	81—PE421C5—PL200AA

	机型	机芯	屏参信息	显示屏物编	数字板组件号	电源板组件号
347	LED43C730	MS81L	19	4A-LCD43O-SS1	08-MS81L10-MA200AA	81-PE371C4-PL200AB
348	LED43C750	MS81L	19	4A-LCD43O-SS1	08-MS81L10-MA200AA	81-PE371C4-PL200AB
349	L43F3300B	MS81L	14	4A-LCD43O-SS1	08-MS81L10-MA200AA	81-PE371C4-PL200AB
350	LED32C720	MS81L	95	4A-LCD32O-CS1	08-MS81L07-MA200AA	81-PE061C2-PL200AA
351	LED-32U500	MS81L	3	4A-LCD32O-CS1	08-MS81L11-MA200AA	81-PE081C0-PL200AA
352	LE32M03	MS81L	64	4A-LCD32E-CS2	08-MS81L15-MA200AA	81-PE081C0-PL200AA
353	L37F3320B	MS81L	19	4A-LCD37O-CM1	08-MS81L07-MA200AA	81-PE081C0-PL200AA
354	L37F3320B	MS81L	19	4A-LCD37O-CM1	08-MS81L07-MA200AA	81-PE081C0-PL200AA
355	L39F3320B	MS81L	23	4A-LCD39O-CM2	08-MS81L10-MA200AA	81-PE371C4-PL200AB
356	LCD42R18L	MS81L	18	4A-LCD42O-AU5	08-MS81L02-MA200AA	08-IA152C3-PW200AA
357	LED46U500	MS81L	2	4A-LCD46E-SS6	08-MS81L17-MA200AA	81-PE421C5-PL200AA
358	L26E5300B	MS81L	78	4A-LCD26O-BE1	08-MS81L07-MA200AA	81-PE061C2-PL200AA
359	L32F3300B	MS81L	18	4A-LCD32O-SS2	08-MS81L07-MA200AA	81-PE061C2-PL200AA
360	LCD32R18	MS81L	49	4A-LCD32O-AU9	08-MS81L01-MA200AA	81-IA112C3-PL200AA
361	LCD32R18J	MS81L	99	4A-LCD32O-CS1	08-MS81L01-MA200AA	81-IA112C3-PL200AA
362	L32V10	MS81L	88	4A-LCD32O-CM1	08-MS81L01-MA200AA	81-IA112C3-PL200AA
363	L39F3300B	MS81L	23	4A-LCD39O-CM2	08-MS81L10-MA200AA	81-PE371C4-PL200AB
364	L40P60FBD	MS81L	23	4A-LCD40O-SS1	08-MS81L02-MA200AA	08-IA152C3-PW200AA
365	L42P60FBD	MS81L	37	4A-LCD42O-CM1	08-MS81L02-MA200AA	08-IA152C1-PW200AA
366	LED43C710	MS81L	18	4A-LCD43O-SS1	08-MS81L10-MA200AA	81-PE371C4-PL200AB
367	L43F3300B	MS81L	14	4A-LCD43O-SS1	08-MS81L10-MA200AA	81-PE371C4-PL200AB
368	LED32C730	MS81L	96	4A-LCD32O-CS1	08-MS81L07-MA200AA	81-PE061C2-PL200AA
369	L32P60BD	MS81L	86	4A-LCD32O-CS1	08-MS81L01-MA200AA	81-IA112C3-PL200AA
370	L32V10	MS81L	88	4A-LCD32O-CM1	08-MS81L01-MA200AA	81-IA112C3-PL200AA
371	L37F3370B	MS81L	19	4A-LCD37O-CM1	08-MS81L07-MA200AA	81-PE081C0-PL200AA
372	L42P60FBD	MS81L	9	4A-LCD42O-CM1	08-MS81L02-MA200AA	08-IA152C1-PW200AA
373	LED43C720	MS81L	19	4A-LCD43O-SS1	08-MS81L10-MA200AA	81-PE371C4-PL200AB
374	LED-23U500	MS81L	1	4A-LCD23E-SS3	08-MS81L12-MA200AA	08-PE041C1-PW200AA
375	LED-42U500	MS81L	3	4A-LCD42O-AU5	08-MS81L17-MA200AA	81-PE461C4-PL200AB
376	46FL150C	MS81L	1	4A-LCD46E-SS6	08-MS81L14-MA200AA	08-PE421C2-PW200AA
377	32FL150C	MS81L	1	4A-LCD32E-AU3	08-MS81L13-MA200AA	08-PE081C0-PW200AA
378	L32V10	MS81L	22	4A-LCD32O-AU3	08-MS81L01-MA200AA	81-IA112C3-PL200AA
379	L37F3320B	MS81L	19	4A-LCD37O-CM1	08-MS81L07-MA200AA	81-PE081C0-PL200AA
380	L37F3370B	MS81L	19	4A-LCD37O-CM1	08-MS81L07-MA200AA	81-PE081C0-PL200AA
381	L39F3300B	MS81L	39	4A-LCD39O-CM2	08-MS81L10-MA200AA	81-PE371C4-PL200AB
382	L40P60FBD	MS81L	37	4A-LCD40O-SS1	08-MS81L02-MA200AA	08-IA152C3-PW200AA
383	LED-42U500	MS81L	1	4A-LCD42O-AU2	08-MS81L17-MA200AA	81-PE421C5-PL200AA
384	LE42M03	MS81L	34	4A-LCD42O-AU3	08-MS81L10-MA200AA	81-PE421C5-PL200AA
385	L42P60FBD	MS81L	9	4A-LCD42O-CM1	08-MS81L02-MA200AA	08-IA152C1-PW200AA
386	LED-32U500	MS81L	2	4A-LCD32O-SS2	08-MS81L11-MA200AA	81-PE081C0-PL200AA
387	L32P60BD	MS81L	20	4A-LCD32O-SS2	08-MS81L01-MA200AA	81-IA112C3-PL200AA
388	L32P60BD	MS81L	74	4A-LCD32O-CM1	08-MS81L01-MA200AA	81-IA112C3-PL200AA
389	L37F3300B	MS81L	19	4A-LCD37O-CM1	08-MS81L07-MA200AA	81-PE081C0-PL200AA
390	L37F3300B	MS81L	19	4A-LCD37O-CM1	08-MS81L07-MA200AA	81-PE081C0-PL200AA
391	L42P60FBD	MS81L	36	4A-LCD42O-CM1	08-MS81L02-MA200AA	08-IA152C3-PW200AA
392	L48F3300B	MS81L	15	4A-LCD48O-SS2	08-MS81L10-MA200AA	81-PE461C4-PL200AB
393	L32P21BD	MS81S	29	4A-LCD32O-SS2	08-MS81S01-MA200AA	81-PE081C0-PL200AA
394	LED32C700B	MS81S	98	4A-LCD32E-CS5	08-MS81S01-MA200AA	81-PE081C0-PL200AA
395	LED32C700B	MS81S	97	4A-LCD32E-CS2	08-MS81S01-MA200AA	81-PE081C0-PL200AA
396	LED32C300	MS81S	36	4A-LCD32E-CS2	08-MS81S01-MA200AA	81-PE081C0-PL200AA
397	L32P21BD	MS81S	53	4A-LCD32E-CS2	08-MS81S01-MA200AA	81-PE081C0-PL200AA
398	LCD42R18J	MS81T	54	4A-LCD42O-AU5	08-MS81T01-MA200AA	08-IA152C3-PW200AA
399	L42F2200B	MS81T	49	4A-LCD42O-AU2	08-MS81T02-MA200AA	81-PE371C1-PL200AA
400	L42F3250B	MS81T	45	4A-LCD42O-AU5	08-MS81T02-MA200AA	81-PE371C1-PL200AA
401	LCD42R18J	MS81T	53	4A-LCD42O-AU2	08-MS81T01-MA200AA	08-IA152C3-PW200AA
402	L42S10	MS81T	49	4A-LCD42O-AU2	08-MS81T02-MA200AA	81-PE371C1-PL200AA
403	LCD42R18	MS81T	50	4A-LCD42O-AU5	08-MS81T01-MA200AA	08-IA152C3-PW200AA
404	L42P60FBD	MS81T	43	4A-LCD42O-AU2	08-MS81T01-MA200AA	08-IA152C3-PW200AA
405	L32F3307B	MS82CD	19	4A-LD32OF-CS9GTA	08-MS82T05-MA200AA	08-ES282C2-PW200AA

	机型	机芯	屏参信息	显示屏物编	数字板组件号	电源板组件号
406	L32F2370B	MS82CD	6	4A—LCD32O—CS4	08—MS82T05—MA200AA	08—PE322C0—PW200AA
407	L32F2380B	MS82CD	6	4A—LCD32O—CS4	08—MS82T05—MA200AA	08—PE322C0—PW200AA
408	L42V10	MS82CG	506	4A—LCD42O—CM2	08—MS82T03—MA200AA	81—IA152C4—PL200AA
409	L40C12	MS82CG		4A—LCD40O—SS5STA	08—MS82T03—MA200AA	81—EO402C2—PL200AA
410	LE40D28	MS82CG		4A—LCD40O—SS5STA	08—MS82T03—MA200AA	81—EO402C2—PL200AA
411	L40F3307B	MS82CG		4A—LCD40O—SS5STA	08—MS82T03—MA200AA	81—EO402C2—PL200AA
412	L40F3301B	MS82CG		4A—LCD40O—SS5STA	08—MS82T03—MA200AA	81—EO402C2—PL200AA
413	L40F3309B	MS82CG		4A—LCD40O—SS5STA	08—MS82T03—MA200AA	81—EO402C2—PL200AA
414	C42E330B	MS82CT	501	4A—LCD42O—AU5	08—MS82T01—MA200AA	81—IA152C4—PL200AA
415	L42V10	MS82CT	501	4A—LCD42O—AU5	08—MS82T01—MA200AA	81—IA152C4—PL200AA
416	L42V10	MS82CT	517	4A—LCD42O—AU2	08—MS82T01—MA200AA	81—IA152C4—PL200AA
417	C42E330B	MS82CT	517	4A—LCD42O—AU2	08—MS82T01—MA200AA	81—IA152C4—PL200AA
418	L24C1000B	MS82CY	7	4A—LCD24O—CM4GTA	08—MS82Y01—MA200AA	08—LC242C0—PW200AA
419	L39F3320B	MS82G	533	4A—LCD39O—CM3	08—MS82G01—MA200AA	81—PE371C4—PL200AB
420	L40P20FBD	MS82G	521	4A—LCD40O—SS1	08—MS82G05—MA200AA	08—IA152C3—PW200AA
421	LED42C810D	MS82G	508	4A—LCD42O—AU6	08—MS82G01—MA200AA	81—PE371C4—PL200AB
422	L42F3350B	MS82G	532	4A—LCD42O—AUBGTA	08—MS82G01—MA200AA	81—PE371C4—PL200AB
423	LED32C810D	MS82G	2	4A—LCD32O—AUB	08—MS82G02—MA200AA	81—PE061C3—PL200AA
424	L37F3370B	MS82G	5	4A—LCD37O—CS1	08—MS82G01—MA200AA	81—PE081C5—PL200AA
425	LED42C810DJ	MS82G	508	4A—LCD42O—AU6	08—MS82G01—MA200AA	81—PE371C4—PL200AB
426	L42F3300B	MS82G	510	4A—LCD42O—CM2	08—MS82G01—MA200AA	81—PE371C4—PL200AB
427	LE42M03	MS82G	525	4A—LCD42O—AU7	08—MS82G01—MA200AA	81—PE421C6—PL200AA
428	L39F3300B	MS82G	518	4A—LCD39O—AU1	08—MS82G01—MA200AA	81—PE371C4—PL200AB
429	L42F3350B	MS82G	510	4A—LCD42O—CM2	08—MS82G01—MA200AA	81—PE371C4—PL200AB
430	L43F3310B	MS82G	512	4A—LCD43O—SS1	08—MS82G01—MA200AA	81—PE371C4—PL200AB
431	L37F3300B	MS82G	3	4A—LCD37O—CS1	08—MS82G01—MA200AA	81—PE081C5—PL200AA
432	L39F3320B	MS82G	519	4A—LCD39O—CM2	08—MS82G01—MA200AA	81—PE371C4—PL200AB
433	L39F3300B	MS82G	526	4A—LCD39O—CM3	08—MS82G01—MA200AA	81—PE371C4—PL200AB
434	LE42M03	MS82G	531	4A—LCD42O—AUAGTB	08—MS82G01—MA200AA	81—PE461C4—PL200AB
435	LED43C750	MS82G	523	4A—LCD43O—SS1	08—MS82G01—MA200AA	81—PE371C4—PL200AB
436	LED32C810D	MS82G	2	4A—LCD32O—AUB	08—MS82G02—MA200AA	81—PE061C3—PL200AA
437	L37F3320B	MS82G	4	4A—LCD37O—CS1	08—MS82G01—MA200AA	81—PE081C5—PL200AA
438	L39F3300B	MS82G	519	4A—LCD39O—CM2	08—MS82G01—MA200AA	81—PE371C4—PL200AB
439	L39F3320B	MS82G	527	4A—LCD39O—CM3	08—MS82G01—MA200AA	81—PE371C4—PL200AB
440	L39F3320B	MS82G	518	4A—LCD39O—AU1	08—MS82G01—MA200AA	81—PE371C4—PL200AB
441	LED43C720	MS82G	511	4A—LCD43O—SS1	08—MS82G01—MA200AA	81—PE371C4—PL200AB
442	LED—39B300	MS82G	502	4A—LCD39O—CM3	08—MS82G09—MA200AA	08—PE371F5—PW200AA
443	L39F3320B	MS82G	520	4A—LCD39O—CM2	08—MS82G01—MA200AA	81—PE371C4—PL200AB
444	L40P60FBD	MS82G	521	4A—LCD40O—SS1	08—MS82G05—MA200AA	08—IA152C3—PW200AA
445	L42F3370B	MS82G	510	4A—LCD42O—CM2	08—MS82G01—MA200AA	81—PE371C4—PL200AB
446	LE42M03	MS82G	528	4A—LCD42O—AU8	08—MS82G01—MA200AA	81—PE461C4—PL200AB
447	L32F3320B	MS82G	1	4A—LCD32O—SS2	08—MS82G01—MA200AA	81—PE061C2—PL200AA
448	L39F3300B	MS82G	526	4A—LCD39O—CM3	08—MS82G01—MA200AA	81—PE371C4—PL200AB
449	LE42M03	MS82G	530	4A—LCD42O—AU7GTB	08—MS82G01—MA200AA	81—PE421C6—PL200AA
450	LE42M03	MS82G	529	4A—LCD42O—AU7GTC	08—MS82G01—MA200AA	81—PE421C6—PL200AA
451	LED43C750	MS82G	515	4A—LCD43O—SS1	08—MS82G01—MA200AA	81—PE371C4—PL200AB
452	L43F3320B	MS82G	512	4A—LCD43O—SS1	08—MS82G01—MA200AA	81—PE371C4—PL200AB
453	LED32C810DJ	MS82G	2	4A—LCD32O—AUB	08—MS82G02—MA200AA	81—PE061C3—PL200AA
454	LED—39B300	MS82G	501	4A—LCD39O—AU1	08—MS82G09—MA200AA	08—PE371F5—PW200AA
455	40CE670LED	MS82S	1	4A—LCD40O—SS1	08—MS82S10—MA200AA	08—PE371H4—PW200AA
456	43CE660LED	MS82S	0	4A—LCD43O—SS1	08—MS82S10—MA200AA	08—PE371H4—PW200AA
457	32CE670LED	MS82S	3	4A—LCD32O—CS1	08—MS82S17—MA200AA	81—PE081C5—PL200AA
458	L42F3350B	MS82T	502	4A—LCD42O—AU5	08—MS82T02—MA200AA	81—PE371C4—PL200AB
459	L42F3300B	MS82T	504	4A—LCD42O—AU5	08—MS82T02—MA200AA	81—PE371C4—PL200AB
460	L42F3370B	MS82T	516	4A—LCD42O—AU2	08—MS82T02—MA200AA	81—PE371C4—PL200AB
461	L42F3300B	MS82T	516	4A—LCD42O—AU2	08—MS82T02—MA200AA	81—PE371C4—PL200AB
462	L42F3300B	MS82T	516	4A—LCD42O—AU2	08—MS82T02—MA200AA	81—PE371C4—PL200AB
463	LE42M06	MS82T	535	4A—LCD42O—AU5	08—MS82T02—MA200AA	81—PE371C4—PL200AB
464	L42F3350B	MS82T	504	4A—LCD42O—AU5	08—MS82T02—MA200AA	81—PE371C4—PL200AB

	机型	机芯	屏参信息	显示屏物编	数字板组件号	电源板组件号
465	L42F3370B	MS82T	502	4A－LCD42O－AU5	08－MS82T02－MA200AA	81－PE371C4－PL200AB
466	L42F3300B	MS82T	502	4A－LCD42O－AU5	08－MS82T02－MA200AA	81－PE371C4－PL200AB
467	L42F3370B	MS82T	502	4A－LCD42O－AU5	08－MS82T02－MA200AA	81－PE371C4－PL200AB
468	L42F3350B	MS82T	516	4A－LCD42O－AU2	08－MS82T02－MA200AA	81－PE371C4－PL200AB
469	L42F3300B	MS82T	502	4A－LCD42O－AU5	08－MS82T02－MA200AA	81－PE371C4－PL200AB
470	L42F3310B	MS82T	522	4A－LCD42O－AU2	08－MS82T02－MA200AA	81－PE371C4－PL200AB
471	LE42M06	MS82T	536	4A－LCD42O－AU9GTB	08－MS82T02－MA200AA	81－PE371C4－PL200AB
472	L46V7600A－3D	MS901	1	4A－LCD46O－SS6STA	08－MS90101－MA200AA	81－PE421C8－PL200AA
473	L48C71	MS901	20	4A－LD48O5－CS2STA	08－MS90103－MA200AA	81－PE421C8－PL200AA
474	L55H6600A－3D	MS901	1	N/A	08－MS90101－MA300AA	81－PE421C6－PL200AA
475	L46V7600A－3D	MS901	1	4A－LCD46O－SS6STA	08－MS90101－MA200AA	81－PE421C8－PL200AA
476	L48A71	MS901	14	4A－LD48O5－CS2STA	08－MS90103－MA200AA	81－PE421C8－PL200AA
477	L55V7600A－3D	MS901	1	N/A	08－MS90101－MA300AA	81－PE421C6－PL200AA
478	L55V7600A－3D	MS901	2	4A－LCD55O－SS5STA	08－MS90101－MA200AA	81－PE421C8－PL200AA
479	L42H6600A－3D	MS901		N/A	08－MS90101－MA300AA	81－PE421C6－PL200AA
480	L46V7600A－3D	MS901	1	4A－LCD46O－SS6STA	08－MS90101－MA200AA	81－PE421C8－PL200AA
481	L55V7600A－3D	MS901	2	4A－LCD55O－SS5STA	08－MS90101－MA200AA	81－PE421C8－PL200AA
482	L48A71	MS901	14	4A－LD48O5－CS2STA	08－MS90103－MA200AA	81－PE421C8－PL200AA
483	L48A71	MS901	19	4A－LCD48O－CS1STA	08－MS90103－MA200AA	81－PE421C8－PL200AA
484	L55V7600A－3D	MS901	2	4A－LCD55O－SS5STA	08－MS90101－MA200AA	81－PE421C8－PL200AA
485	L46V7600A－3D	MS901		N/A	08－MS90101－MA300AA	81－PE421C6－PL200AA
486	L47H6600A－3D	MS901		N/A	08－MS90101－MA300AA	81－PE421C6－PL200AA
487	L48A71	MS901	19	4A－LCD48O－CS1STA	08－MS90103－MA200AA	81－PE421C8－PL200AA
488	L50E5690A－3D	MS901K	18	4A－LD50E5－CMDSTA	08－S901K04－MA200AA	81－PE461C6－PL200AB
489	L50V8500A－3D	MS901K	4	4A－LCD50E－CM6STA	08－S901K02－MA200AA	81－PE461C6－PL200AB
490	L65E5690A－3D	MS901K	11	4A－LCD65ES－CM2	08－S901K04－MA200AA	81－PE301C1－PL200AB
491	L55E5620A－3D	MS901K	17	4A－LCD55E－CS1STA	08－S901K05－MA200AA	81－PE461C6－PL200AB
492	L55V8500A－3D	MS901K	3	4A－LCD55E－CS1STA	08－S901K01－MA200AA	81－PE521C3－PL200AA
493	L85H9500A－UD	MS901K	13	4A－LD85ES－SS2STA	08－MS90104－MA200AA	08－PE852C0－PW200AA
494	L55E5690A－3D	MS901K	10	4A－LCD55E－CS1STA	08－S901K05－MA200AA	81－PE521C3－PL200AA
495	L65V8500A－3D	MS901K	5	4A－LCD65E－AU3PTA	08－S901K03－MA200AA	08－PE301C1－PW200AA
496	L55E5690A－3D	MS901K	10	4A－LCD55E－CS1STA	08－S901K05－MA200AA	81－PE461C6－PL200AB
497	L50E5690A－3D	MS901K	12	4A－LCD50E－CM6STA	08－S901K04－MA200AA	81－PE461C6－PL200AB
498	L50E5620A－3D	MS901K	16	4A－LCD50E－CM6STA	08－S901K04－MA200AA	81－PE461C6－PL200AB
499	L40E9F	MS91		4A－LCD40T－SH1	08－MS91020－MA200AA	08－P37C02B－PW200AA
500	40WD100C	MS98WD	106	4A－LCD40ES－SS9	08－S98WD01－MA200AA	08－PE461C3－PW200AA
501	46WD100C	MS98WD	107	4A－LCD46ES－SSA	08－S98WD01－MA200AA	08－PE461C3－PW200AA
502	L42E5300A	MS99	16	4A－LCD42O－AU2	08－MS99004－MA200AA	81－PE371C1－PL200AA
503	L42Z11A－3D	MS99	2	4A－LCD42O－AU4	08－MS99002－MA200AA	08－PE181C0－PW200AA
504	L46Z11A－3D	MS99	3	4A－LCD46O－AU3	08－MS99002－MA200AA	08－PE181C0－PW200AA
505	L46Z11A－3D	MS99	12	4A－LCD46O－AU3	08－MS99005－MA200AA	08－PE181C0－PW200AA
506	LED48C910DJ	MS99	1	4A－LCD48OS－SS2	08－MS99012－MA200AA	81－PE461C4－PL200AB
507	L48F3390A－3D	MS99	19	4A－LCD48O－SS1	08－MS99001－MA200AA	81－PE461C4－PL200AB
508	L55F3390A－3D	MS99	41	4A－LCD55OS－SS3	08－MS99009－MA200AA	81－PE461C4－PL200AB
509	L37E5300A	MS99	7	4A－LCD37O－CM1	08－MS99004－MA200AA	81－PE371C1－PL200AA
510	L40V8200－3D	MS99	1	4A－LCD40ES－SS6	08－MS99001－MA200AA	81－PE461C0－PL200AA
511	L43F3390A－3D	MS99	18	4A－LCD43O－SS2	08－MS99001－MA200AA	81－PE371C4－PL200AB
512	L46E5300D	MS99	42	N/A	08－MS99004－MA200AA	81－PE371C1－PL200AA
513	L32E5300A	MS99	28	4A－LCD32O－CS1	08－MS99004－MA200AA	81－PE081C0－PL200AA
514	L37E5300A	MS99	14	4A－LCD37O－AU1	08－MS99004－MA200AA	81－PE371C1－PL200AA
515	L42Z11A－3D	MS99	2	4A－LCD42O－AU4	08－MS99002－MA200AA	08－PE181C0－PW200AA
516	L43F3390A－3D	MS99	39	4A－LCD43OS－SS1	08－MS99009－MA200AA	81－PE371C4－PL200AB
517	L46E5300A	MS99	6	4A－LCD46O－SS1	08－MS99004－MA200AA	81－PE371C1－PL200AA
518	L46E5300A	MS99	6	4A－LCD46O－SS1	08－MS99004－MA200AA	81－PE371C1－PL200AA
519	L46Z11A－3D	MS99	3	4A－LCD46O－AU3	08－MS99002－MA200AA	08－PE181C0－PW200AA
520	L46Z11A－3D	MS99	3	4A－LCD46O－AU3	08－MS99005－MA200AA	08－PE181C0－PW200AA
521	L48F3390A－3D	MS99	40	4A－LCD48OS－SS2	08－MS99009－MA200AA	81－PE461C4－PL200AB
522	LED55C910D	MS99	3	4A－LCD55OS－SS3	08－MS99012－MA200AA	81－PE461C4－PL200AB
523	L42E5300A	MS99	16	4A－LCD42O－AU2	08－MS99004－MA200AA	81－PE371C1－PL200AA

	机型	机芯	屏参信息	显示屏物编	数字板组件号	电源板组件号
524	L42Z11A－3D	MS99	11	4A－LCD42O－AU4	08－MS99005－MA200AA	08－PE181C0－PW200AA
525	L43F3390A－3D	MS99	47	4A－LCD43OS－SS1	08－MS99009－MA200AA	81－PE371C4－PL200AB
526	L46E5300A	MS99	13	4A－LCD46O－AU2	08－MS99004－MA200AA	81－PE371C1－PL200AA
527	L46E5300D	MS99	6	4A－LCD46O－SS1	08－MS99004－MA200AA	81－PE371C1－PL200AA
528	LED48C910D	MS99	1	4A－LCD48OS－SS2	08－MS99012－MA200AA	81－PE461C4－PL200AB
529	LED48C910D	MS99	4	4A－LCD48OS－SS2	08－MS99012－MA200AA	81－PE461C4－PL200AB
530	LED48C910D	MS99	4	4A－LCD48OS－SS2	08－MS99012－MA200AA	81－PE461C4－PL200AB
531	L42E5300A	MS99	4	4A－LCD42O－AU3	08－MS99004－MA200AA	81－PE371C1－PL200AA
532	L55F3390A－3D	MS99	17	4A－LCD55O－SS1	08－MS99001－MA200AA	81－PE461C4－PL200AB
533	L32E5300A	MS99	5	4A－LCD32O－SS2	08－MS99004－MA200AA	81－PE081C0－PL200AA
534	L32E5300A	MS99	5	4A－LCD32O－SS2	08－MS99004－MA200AA	81－PE081C0－PL200AA
535	L32E5300A	MS99	28	4A－LCD32O－CS1	08－MS99004－MA200AA	81－PE081C0－PL200AA
536	L39F3390A－3D	MS99	30	4A－LCD39O－CM1	08－MS99001－MA200AA	81－PE371C1－PL200AA
537	L46E5300A－3D	MS99	6	4A－LCD46O－SS2	08－MS99001－MA200AA	81－PE371C4－PL200AB
538	L46E5300A	MS99	6	4A－LCD46O－SS1	08－MS99004－MA200AA	81－PE371C1－PL200AA
539	L46E5300A	MS99	6	4A－LCD46O－SS1	08－MS99004－MA200AA	81－PE371C1－PL200AA
540	L46E5300D	MS99	42	N/A	08－MS99004－MA200AA	81－PE371C1－PL200AA
541	LED48C910DJ	MS99	4	4A－LCD48OS－SS2	08－MS99012－MA200AA	81－PE461C4－PL200AB
542	L37E5300A	MS99	14	4A－LCD37O－AU1	08－MS99004－MA200AA	81－PE371C1－PL200AA
543	LED55C910D	MS99	5	4A－LCD55OS－SS3	08－MS99012－MA200AA	81－PE461C4－PL200AB
544	L32E5300A	MS99L	45	4A－LCD32O－CS1	08－MS99004－MA200AA	08－PE061C3－PW200AA
545	L39E5050A－3D	MS99L	36	4A－LCD39ES－CM2	08－MS99007－MA200AA	81－PE371C6－PL200AB
546	L32E5300A	MS99L	45	4A－LCD32O－CS1	08－MS99004－MA200AA	81－PE061C3－PL200AA
547	L37E5300A	MS99L	46	4A－LCD37O－CS1	08－MS99004－MA200AA	81－PE371C6－PL200AB
548	L39F3390A－3D	MS99L	30	4A－LCD39O－CM1	08－MS99001－MA200AA	81－PE371C1－PL200AA
549	L48E5060A－3D	MS99L	32	4A－LCD48ES－SS1	08－MS99011－MA200AA	81－PE421C5－PL200AA
550	L50E5050A－3D	MS99L	38	4A－LCD50ES－CM2	08－MS99007－MA200AA	81－PE421C5－PL200AA
551	L32E5300D	MS99L	45	4A－LCD32O－CS1	08－MS99004－MA200AA	81－PE061C3－PL200AA
552	L43E5060A－3D	MS99L	33	4A－LCD43ES－SS3	08－MS99001－MA200AA	81－PE421C5－PL200AA
553	L42E5300A	MS99T	34	4A－LCD42O－AU5	08－MS99008－MA200AA	08－PE371C1－PW200AA
554	L42E5300E	MS99T	25	4A－LCD42O－AU2	08－MS99008－MA200AA	81－PE371C1－PL200AA
555	L42E5300D	MS99T	25	4A－LCD42O－AU2	08－MS99008－MA200AA	81－PE371C1－PL200AA
556	L42E5300A	MS99T	25	4A－LCD42O－AU2	08－MS99008－MA200AA	81－PE371C1－PL200AA
557	L42E5300E	MS99T	34	4A－LCD42O－AU5	08－MS99008－MA200AA	81－PE371C1－PL200AA
558	L42E5300D	MS99T	34	4A－LCD42O－AU5	08－MS99008－MA200AA	81－PE371C1－PL200AA
559	L42E5300A	MS99T	34	4A－LCD42O－AU5	08－MS99008－MA200AA	81－PE371C1－PL200AA
560	L42E5300A	MS99T	25	4A－LCD42O－AU2	08－MS99008－MA200AA	08－PE371C1－PW200AA
561	32C1C	MT01BG	3	4B－LCD32T－LGET	08－T01BG01－MA200AA	08－PW152C0－PW200AA
562	55GL150C	MT01BS	9	4A－LCD55ES－SSAP	08－T01BS07－MA200AA	81－PE461C0－PL200AA
563	L32E5070E	MT01C	93	4A－LCD32O－CS1	08－MT01E02－MA200AA	81－PE081C5－PL200AA
564	L32F3290B	MT01C	75	4A－LCD32E－CS3	08－MT01E02－MA200AA	81－PE081C0－PL200AA
565	L32F3200B	MT01C	34	4A－LCD32O－SS2	08－MT01E02－MA200AA	81－PE081C0－PL200AA
566	L32F3350E	MT01C	68	4A－LCD32O－AU9	08－MT01E02－MA200AA	81－PE061C3－PL200AA
567	L32F3380E	MT01C	68	4A－LCD32O－AU9	08－MT01E02－MA200AA	81－PE061C3－PL200AA
568	L32F3370E	MT01C	86	4A－LCD32O－CS1	08－MT01E02－MA200AA	81－PE061C2－PL200AA
569	L32F3380E	MT01C	86	4A－LCD32O－CS1	08－MT01E02－MA200AA	81－PE061C3－PL200AA
570	L37E5020E	MT01C	60	4A－LCD37E－CS1	08－MT01E02－MA200AA	81－PE371C6－PL200AB
571	L42F3200E	MT01C	53	4A－LCD42O－AU5	08－MT01E02－MA200AA	08－PE421C5－PW200AA
572	L42F3200E	MT01C	89	4A－LCD42O－AU7	08－MT01E02－MA200AA	81－PE421C6－PL200AA
573	L42F3200E	MT01C	100	4A－LCD42O－AU8	08－MT01E02－MA200AA	81－PE461C4－PL200AB
574	L42F3220E	MT01C	100	4A－LCD42O－AU8	08－MT01E02－MA200AA	81－PE461C4－PL200AB
575	L42P21FBD	MT01C	46	4A－LCD42O－AU2	08－MT01E02－MA200AA	81－PE421C5－PL200AA
576	L43F3200E	MT01C	19	4A－LCD43E－SS1	08－MT01E02－MA200AA	81－PE421C5－PL200AA
577	L43F3350E	MT01C	56	4A－LCD43O－SS1	08－MT01E02－MA200AA	81－PE371C4－PL200AB
578	L46F3200E	MT01C	66	4A－LCD46E－CS1	08－MT01E02－MA200AA	81－PE421C6－PL200AA
579	L48E5010E	MT01C	37	4A－LCD48E－SS1	08－MT01C04－MA200AA	81－PE421C5－PL200AA
580	L32E5070E	MT01C	59	4A－LCD32O－CS1	08－MT01E02－MA200AA	81－PE081C0－PL200AA
581	L32F3200B	MT01C	73	4A－LCD32E－TT3	08－MT01E02－MA200AA	81－PE081C0－PL200AA
582	L32F3290B	MT01C	74	4A－LCD32E－TT3	08－MT01E02－MA200AA	81－PE081C0－PL200AA

	机型	机芯	屏参信息	显示屏物编	数字板组件号	电源板组件号
583	L32F3200B	MT01C	70	4A－LCD32E－SSG	08－MT01E02－MA200AA	81－PE081C0－PL200AA
584	L32F3290B	MT01C	51	4A－LCD32O－CS1	08－MT01E02－MA200AA	81－PE081C0－PL200AA
585	L32F3290B	MT01C	10	4A－LCD32O－AU8	08－MT01E02－MA200AA	81－PE081C0－PL200AA
586	L32F3350E	MT01C	54	4A－LCD32O－CS1	08－MT01E02－MA200AA	81－PE061C2－PL200AA
587	L32F3370E	MT01C	85	4A－LCD32O－AU9	08－MT01E02－MA200AA	81－PE061C3－PL200AA
588	L37E5000E	MT01C	60	4A－LCD37E－CS1	08－MT01E02－MA200AA	81－PE371C6－PL200AB
589	L42F3220E	MT01C	89	4A－LCD42O－AU7	08－MT01E02－MA200AA	81－PE421C6－PL200AA
590	L42F3370E	MT01C	81	4A－LCD42O－AU5	08－MT01E02－MA200AA	81－PE371C4－PL200AB
591	L43E5010E	MT01C	13	4A－LCD43E－SS1	08－MT01E02－MA200AA	81－PE421C5－PL200AA
592	L43E5000E	MT01C	33	4A－LCD43O－SS1	08－MT01E02－MA200AA	81－PE421C5－PL200AA
593	L43F3380E	MT01C	57	4A－LCD43O－SS1	08－MT01E02－MA200AA	81－PE371C4－PL200AB
594	L43F3350E	MT01C	57	4A－LCD43O－SS1	08－MT01E02－MA200AA	81－PE371C4－PL200AB
595	L48E5000E	MT01C	14	4A－LCD48E－SS1	08－MT01C04－MA200AA	81－PE421C5－PL200AA
596	L48F3380E	MT01C	58	4A－LCD48O－SS2	08－MT01E02－MA200AA	81－PE461C4－PL200AB
597	L32E5000E	MT01C	91	4A－LCD32O－CS1	08－MT01E02－MA200AA	81－PE081C5－PL200AA
598	L32E5000E	MT01C	59	4A－LCD32O－CS1	08－MT01E02－MA200AA	81－PE081C5－PL200AA
599	L32F3200B	MT01C	25	4A－LCD32O－PS1	08－MT01E02－MA200AA	81－PE081C0－PL200AA
600	L32F3200B	MT01C	9	4A－LCD32E－SSA	08－MT01E02－MA200AA	81－PE081C0－PL200AA
601	L32F3370E	MT01C	77	4A－LCD32O－CS1	08－MT01E02－MA200AA	81－PE061C3－PL200AA
602	L43F3380E	MT01C	56	4A－LCD43O－SS1	08－MT01E02－MA200AA	81－PE371C4－PL200AB
603	L46P21FBD	MT01C	44	4A－LCD46ES－CM4	08－MT01E02－MA200AA	81－PE461C0－PL200AA
604	L32E5000E	MT01C	59	4A－LCD32O－CS1	08－MT01E02－MA200AA	81－PE081C0－PL200AA
605	L32F3200B	MT01C	42	4A－LCD32E－LGJ	08－MT01E02－MA200AA	81－PE081C0－PL200AA
606	L32F3200B	MT01C	73	4A－LCD32E－TT3	08－MT01E02－MA200AA	81－PE081C0－PL200AA
607	L32F3200B	MT01C	31	4A－LCD32E－CS2	08－MT01E02－MA200AA	81－PE081C0－PL200AA
608	L32F3350E	MT01C	55	4A－LCD32O－CS1	08－MT01E02－MA200AA	81－PE061C2－PL200AA
609	L42F3220E	MT01C	53	4A－LCD42O－AU5	08－MT01E02－MA200AA	08－PE421C5－PW200AA
610	L42F3210E	MT01C	100	4A－LCD42O－AU8	08－MT01E02－MA200AA	81－PE461C4－PL200AB
611	L43F3200E	MT01C	19	4A－LCD43E－SS1	08－MT01E02－MA200AA	81－PE421C5－PL200AA
612	L43F3380E	MT01C	65	4A－LCD43O－SS1	08－MT01E02－MA200AA	81－PE371C4－PL200AB
613	L32F3200B	MT01C	67	4A－LCD32O－CS1	08－MT01E02－MA200AA	81－PE081C0－PL200AA
614	L32F3290B	MT01C	69	4A－LCD32E－TT2	08－MT01E02－MA200AA	81－PE081C0－PL200AA
615	L32F3350E	MT01C	94	4A－LCD32O－CS1	08－MT01E02－MA200AA	81－PE061C3－PL200AA
616	L37F3370E	MT01C	82	4A－LCD37O－CS1	08－MT01E02－MA200AA	81－PE081C5－PL200AA
617	L42F3210E	MT01C	83	4A－LCD42O－AU2	08－MT01E02－MA200AA	81－PE421C6－PL200AA
618	L43E5020E	MT01C	13	4A－LCD43E－SS1	08－MT01E02－MA200AA	81－PE421C5－PL200AA
619	L46F3220E	MT01C	66	4A－LCD46E－CS1	08－MT01E02－MA200AA	81－PE421C5－PL200AA
620	L32F3200B	MT01C	51	4A－LCD32O－CS1	08－MT01E02－MA200AA	81－PE081C0－PL200AA
621	L32F3290B	MT01C	34	4A－LCD32O－SS2	08－MT01E02－MA200AA	81－PE081C0－PL200AA
622	L32F3290B	MT01C	76	4A－LCD32E－CS2	08－MT01E02－MA200AA	81－PE081C0－PL200AA
623	L32F3380E	MT01C	55	4A－LCD32O－CS1	08－MT01E02－MA200AA	81－PE061C2－PL200AA
624	L32F3370E	MT01C	87	4A－LCD32O－CS1	08－MT01E02－MA200AA	81－PE061C2－PL200AA
625	L37F3320E	MT01C	78	4A－LCD37O－CS1	08－MT01E02－MA200AA	81－PE081C5－PL200AA
626	L42F3200E	MT01C	53	4A－LCD42O－AU2	08－MT01E02－MA200AA	81－PE421C5－PL200AA
627	L43E5020E	MT01C	33	4A－LCD43O－SS1	08－MT01E02－MA200AA	81－PE421C5－PL200AA
628	L46F3200E	MT01C	23	4A－LCD46E－SS6	08－MT01E02－MA200AA	81－PE461C0－PL200AA
629	32T158E	MT01C	31	4A－LCD32E－CS2	08－MT01E01－MA200AA	81－PE081C0－PL200AA
630	L32E5020E	MT01C	59	4A－LCD32O－CS1	08－MT01E02－MA200AA	81－PE081C0－PL200AA
631	L32E5000E	MT01C	59	4A－LCD32O－CS1	08－MT01E02－MA200AA	81－PE081C0－PL200AA
632	L32E5020E	MT01C	59	4A－LCD32O－CS1	08－MT01E02－MA200AA	81－PE081C5－PL200AA
633	L32E5000E	MT01C	59	4A－LCD32O－CS1	08－MT01E02－MA200AA	81－PE081C5－PL200AA
634	L32E5020E	MT01C	101	4A－LCD32E－CS5	08－MT01E02－MA200AA	81－PE081C5－PL200AA
635	L32F3200B	MT01C	43	4A－LCD32E－CS3	08－MT01E02－MA200AA	81－PE081C0－PL200AA
636	L32F3200B	MT01C	31	4A－LCD32E－CS2	08－MT01E02－MA200AA	81－PE081C0－PL200AA
637	L32F3200B	MT01C	42	4A－LCD32E－LGJ	08－MT01E02－MA200AA	81－PE081C0－PL200AA
638	L32F3380E	MT01C	55	4A－LCD32O－CS1	08－MT01E02－MA200AA	81－PE061C2－PL200AA
639	L37E5000E	MT01C	60	4A－LCD37E－CS1	08－MT01E02－MA200AA	81－PE371C6－PL200AB
640	L42F3200E	MT01C	53	4A－LCD42O－AU2	08－MT01E02－MA200AA	81－PE421C5－PL200AA
641	L42F3310E	MT01C	79	4A－LCD42O－AU5	08－MT01E02－MA200AA	81－PE371C4－PL200AB

	机型	机芯	屏参信息	显示屏物编	数字板组件号	电源板组件号
642	L43E5000E	MT01C	13	4A－LCD43E－SS1	08－MT01E02－MA200AA	81－PE421C5－PL200AA
643	L43F3380E	MT01C	57	4A－LCD43O－SS1	08－MT01E02－MA200AA	81－PE371C4－PL200AB
644	L46F3200E	MT01C	66	4A－LCD46E－CS1	08－MT01E02－MA200AA	81－PE421C5－PL200AA
645	L48E5020E	MT01C	14	4A－LCD48E－SS1	08－MT01C04－MA200AA	81－PE421C5－PL200AA
646	L48F3350E	MT01C	88	4A－LCD48O－SS2	08－MT01E02－MA200AA	81－PE461C4－PL200AB
647	L32E5020E	MT01C	84	4A－LCD32O－CS1	08－MT01E02－MA200AA	81－PE081C5－PL200AA
648	L32E5020E	MT01C	59	4A－LCD32O－CS1	08－MT01E02－MA200AA	81－PE081C5－PL200AA
649	L32F3200B	MT01C	69	4A－LCD32E－TT2	08－MT01E02－MA200AA	81－PE081C0－PL200AA
650	L32F3380E	MT01C	95	4A－LCD32O－CS1	08－MT01E02－MA200AA	81－PE061C3－PL200AA
651	L37F3380E	MT01C	78	4A－LCD37O－CS1	08－MT01E02－MA200AA	81－PE081C5－PL200AA
652	L42F3210E	MT01C	83	4A－LCD42O－AU2	08－MT01E02－MA200AA	81－PE421C6－PL200AA
653	L42P21FBD	MT01C	16	4A－LCD42O－AU3	08－MT01E02－MA200AA	81－PE461C0－PL200AA
654	L43E5010E	MT01C	36	4A－LCD43O－SS1	08－MT01E02－MA200AA	81－PE421C5－PL200AA
655	L43F3200E	MT01C	19	4A－LCD43E－SS1	08－MT01E02－MA200AA	81－PE421C5－PL200AA
656	L43F3220E	MT01C	19	4A－LCD43E－SS1	08－MT01E02－MA200AA	81－PE421C5－PL200AA
657	L43F3380E	MT01C	56	4A－LCD43O－SS1	08－MT01E02－MA200AA	81－PE371C4－PL200AB
658	L43F3350E	MT01C	56	4A－LCD43O－SS1	08－MT01E02－MA200AA	81－PE371C4－PL200AB
659	L46F3200E	MT01C	8	4A－LCD46E－SS6	08－MT01E02－MA200AA	81－PE461C0－PL200AA
660	L48E5000E	MT01C	14	4A－LCD48E－SS1	08－MT01C04－MA200AA	81－PE421C5－PL200AA
661	46K100C	MT01EB	14	4A－LCD46T－SSIP	08－T01EB01－MA200AA	08－PW272C1－PW200AA
662	42KL300C	MT01ES	15	4A－LCD42O－AU5	08－T01ES07－MA200AA	81－PE421A6－PW200AA
663	46KL100C	MT01ES	17	4A－LCD46E－SS6	08－T01ES01－MA200AA	08－PE421C2－PW200AA
664	55ZD300C	MT01ES	22	4A－LCD55E－LG1P	08－D01ES01－MA200AA	81－PE461C6－PW200AA
665	ST55RMRB	MT01ES	16	4A－LCD55E－AU3	08－T01ES04－MA200AA	08－PE521C0－PW200AA
666	ST555MRB	MT01ES	17	4A－LCD55E－AU3	08－T01ES04－MA200AA	08－PE521C0－PW200AA
667	46KL300C	MT01ES	7	4A－LCD46E－SS9	08－T01ES07－MA200AA	81－PE421A6－PW200AA
668	50KL300C	MT01ES	8	4A－LCD50ES－CM3	08－T01ES08－MA200AA	81－PE461C6－PW200AA
669	ST55RMRC	MT01ES	16	4A－LCD55E－AU3	08－T01ES04－MA200AA	08－PE521C0－PW200AA
670	42KL300C	MT01ES	26	4A－LCD42E－LG2	08－T01ES07－MA200AA	81－PE421C6－PL200AA
671	55TD300C	MT01ES	12	4A－LCD55PS－LG1	08－T01ES09－MA200AA	81－PE461C6－PW200AA
672	42TD300C	MT01ES	14	4A－LCD42EP－LG3	08－T01ES09－MA200AA	81－PE421A6－PW200AA
673	ST46RMRB	MT01ES	9	4A－LCD46E－AU3	08－T01ES05－MA200AA	81－PE461C0－PL200AA
674	47TD300C	MT01ES	13	4A－LCD47PS－LG1	08－T01ES09－MA200AA	81－PE421A6－PW200AA
675	47ZD300C	MT01ES	23	4A－LCD47E－LG1P	08－D01ES01－MA200AA	81－PE421A6－PW200AA
676	40E100CJ	MT23H	100	4A－LCD40E－SS5	08－MT23H10－MA200AA	08－PW232C0－PW200AA
677	40E100CJ	MT23H	102	4A－LCD40T－SSW	08－MT23H10－MA200AA	08－PW232C0－PW200AA
678	32E100CJ	MT23H	93	4A－LCD32T－CM8	08－MT23H02－MA200AA	08－PW152C2－PW200AA
679	40E100C	MT23H	100	4A－LCD40E－SS5	08－MT23H10－MA200AA	08－PW232C0－PW200AA
680	L19F3270B	MT23L	188	4A－LCD19M－AU1	08－MT23L18－MA200AA	08－PE041C1－PW200AA
681	32A100CJ	MT23L	192	4A－LCD32T－AUG	08－MT23L24－MA200AA	08－PW152C2－PW200AA
682	L26F11	MT23L	146	4A－LCD26T－SS3P	08－MT23L25－MA200AA	08－LS262C0－PW200AA
683	32A100C	MT23L	117	4A－LCD32T－AUE	08－MT23L24－MA200AA	08－PW152C2－PW200AA
684	L19P21	MT23L	173	4A－LCD19E－CM2	08－MT23L18－MA200AA	08－PE041C0－PW200AA
685	L26F11	MT23L	146	4A－LCD26T－SS3P	08－MT23L25－MA200AA	08－LS262C0－PW200AA
686	32A100C	MT23L	192	4A－LCD32T－AUG	08－MT23L24－MA200AA	08－PW152C2－PW200AA
687	L19F3270B	MT23L	222	4A－LCD19E－CM3	08－MT23L18－MA200AA	08－PE041C1－PW200AA
688	L19F3270B	MT23L	222	4A－LCD19E－CM3	08－MT23L18－MA200AA	08－ES241I1－PW200AA
689	L26F11	MT23L	5	4A－LCD26T－AU8	08－MT23L01－MA200AA	08－LA262C0－PW200AA
690	32EL100C	MT23S	95	4A－LCD32E－AU3	08－MT23S02－MA200AA	08－PE081C0－PW200AA
691	40EL100CJ	MT23S	96	4A－LCD40E－CM1	08－MT23H09－MA200AA	08－PE371C0－PW200AA
692	40EL100C	MT23S	96	4A－LCD40E－CM1	08－MT23H09－MA200AA	08－PE371C0－PW200AA
693	32EL100CJ	MT23S	95	4A－LCD32E－AU3	08－MT23S02－MA200AA	08－PE081C0－PW200AA
694	46EL100CJ	MT23S	99	4A－LCD46E－SS6	08－MT23S03－MA200AA	08－PE421C2－PW200AA
695	46EL100CS	MT23S	99	4A－LCD46E－SS6	08－MT23S03－MA200AA	08－PE421C2－PW200AA
696	L43F3320－3D	MT25CN	1	4A－LCD43O－SS2	08－MT25C03－MA200AA	81－PE371C4－PL200AB
697	L43F3320－3D	MT25CN	1	4A－LCD43O－SS2	08－MT25C03－MA200AA	81－PE371C4－PL200AB
698	L43F3370－3D	MT25CN	1	4A－LCD43O－SS2	08－MT25C03－MA200AA	81－PE371C4－PL200AB
699	L55F3300－3D	MT25CN	3	4A－LCD55O－SS1	08－MT25C03－MA200AA	81－PE461C4－PL200AB
700	L48F3320－3D	MT25CN	2	4A－LCD48O－SS1	08－MT25C03－MA200AA	81－PE461C4－PL200AB

	机型	机芯	屏参信息	显示屏物编	数字板组件号	电源板组件号
701	L48F3300－3D	MT25CN	2	4A－LCD48O－SS1	08－MT25C03－MA200AA	81－PE461C4－PL200AB
702	L48F3310－3D	MT25CN	2	4A－LCD48O－SS1	08－MT25C03－MA200AA	81－PE461C4－PL200AB
703	L43F3370－3D	MT25CN	1	4A－LCD43O－SS2	08－MT25C03－MA200AA	81－PE371C4－PL200AB
704	L43F3300－3D	MT25CN	1	4A－LCD43O－SS2	08－MT25C03－MA200AA	81－PE371C4－PL200AB
705	L55F3320－3D	MT25CN	3	4A－LCD55O－SS1	08－MT25C03－MA200AA	81－PE461C4－PL200AB
706	L55F3310－3D	MT25CN	3	4A－LCD55O－SS1	08－MT25C03－MA200AA	81－PE461C4－PL200AB
707	L55V8200－3D	MT25CN	23	4A－LCD55ES－SSAP	08－MT25C02－MA200AA	08－PE521C1－PW200AA
708	L43F3300－3D	MT25CN	1	4A－LCD43O－SS2	08－MT25C03－MA200AA	81－PE371C4－PL200AB
709	L43F3310－3D	MT25CN	1	4A－LCD43O－SS2	08－MT25C03－MA200AA	81－PE371C4－PL200AB
710	L48F3300－3D	MT25CN	2	4A－LCD48O－SS1	08－MT25C03－MA200AA	81－PE461C4－PL200AB
711	L43F3300－3D	MT25CN	1	4A－LCD43O－SS2	08－MT25C03－MA200AA	81－PE371C4－PL200AB
712	L48F3320－3D	MT25CN	20	4A－LCD48OS－SS2	08－MT25C02－MA200AA	81－PE461C4－PL200AB
713	L46V7300A－3D	MT25H	28	4A－LCD46ES－SSC	08－MT25H01－MA200AA	81－PE461C0－PL200AA
714	L55V7300A－3D	MT25H	29	4A－LCD55ES－SSB	08－MT25H01－MA200AA	81－PE461C0－PL200AA
715	L55V7300A－3D	MT25H	29	4A－LCD55ES－SSB	08－MT25H01－MA200AA	81－PE461C0－PL200AA
716	L43V7300A－3D	MT25H	27	4A－LCD43ES－SS1	08－MT25H01－MA200AA	81－PE421C5－PL200AA
717	L26E5300E	MT27	16	4A－LCD26O－CM1	08－MT27S02－MA200AA	81－PE061C2－PL200AA
718	L26E5300B	MT27	45	4A－LCD26O－BE1	08－MT27S02－MA200AA	81－PE061C3－PL200AA
719	L26E5300B	MT27	54	4A－LCD26O－SS1	08－MT27S02－MA200AA	81－PE061C3－PL200AA
720	LED32C700	MT27	32	4A－LCD32O－CS1	08－MT27S03－MA200AA	81－PE061C3－PL200AA
721	L32F3270B	MT27	18	4A－LCD32E－CS3	08－MT27S02－MA200AA	81－PE061C2－PL200AA
722	L32F3250B	MT27	19	4A－LCD32O－SS2	08－MT27S02－MA200AA	81－PE061C2－PL200AA
723	L32F3270B	MT27	34	4A－LCD32O－CS1	08－MT27S02－MA200AA	81－PE061C2－PL200AA
724	L32F3270B	MT27	56	4A－LCD32O－SS2	08－MT27S02－MA200AA	81－PE061C3－PL200AA
725	L32F3320B	MT27	6	4A－LCD32O－CS1	08－MT27005－MA200AA	81－PE061C3－PL200AA
726	L32F3300B	MT27	6	4A－LCD32O－CS1	08－MT27S02－MA200AA	81－PE061C3－PL200AA
727	L32F3320B	MT27	6	4A－LCD32O－CS1	08－MT27005－MA200AA	81－PE061C3－PL200AA
728	L32F3310B	MT27	63	4A－LCD32O－CS2	08－MT27005－MA200AA	81－PE061C3－PL200AA
729	L40P20FBD	MT27	14	4A－LCD40O－SS1	08－MT27S01－MA200AA	08－IA152C3－PW200AA
730	L40P60FBD	MT27	14	4A－LCD40O－SS1	08－MT27S01－MA200AA	08－IA152C3－PW200AA
731	L23F3200B	MT27	5	4A－LCD23E－SS3	08－MT27S01－MA200AA	08－ES231C1－PW200AA
732	L26E5300B	MT27	15	4A－LCD26O－BE1	08－MT27S02－MA200AA	81－PE061C2－PL200AA
733	L32F2350B	MT27	17	4A－LCD32E－CS2	08－MT27S02－MA200AA	81－PE061C2－PL200AA
734	L32F2300B	MT27	32	4A－LCD32E－CS3	08－MT27S02－MA200AA	81－PE061C2－PL200AA
735	L32F2350B	MT27	44	4A－LCD32E－CS5	08－MT27S02－MA200AA	81－PE061C3－PL200AA
736	L32F3370B	MT27	6	4A－LCD32O－CS1	08－MT27S02－MA200AA	81－PE061C3－PL200AA
737	L32F3300B	MT27	37	4A－LCD32O－BE1	08－MT27S02－MA200AA	81－PE061C3－PL200AA
738	L32F3390B	MT27	52	4A－LCD32O－CS1	08－MT27S02－MA200AA	81－PE061C3－PL200AA
739	L32F3390B	MT27	51	4A－LCD32O－CS1	08－MT27S02－MA200AA	81－PE061C3－PL200AA
740	L32F3300B	MT27	57	4A－LCD32O－CS3	08－MT27S02－MA200AA	81－PE061C3－PL200AA
741	39L2300C	MT27		N/A	08－T822701－MA200AA	81－PE371A5－PW200AA
742	LED32C300	MT27	26	4A－LCD32E－CS2	08－MT27S03－MA200AA	81－PE061C3－PL200AA
743	L32F2350B	MT27	33	4A－LCD32O－CS1	08－MT27S02－MA200AA	81－PE061C2－PL200AA
744	L32F3300B	MT27	6	4A－LCD32O－CS1	08－MT27S02－MA200AA	81－PE061C3－PL200AA
745	L32F3310B	MT27	55	4A－LCD32O－CS3	08－MT27005－MA200AA	81－PE061C3－PL200AA
746	L26E5300E	MT27	45	4A－LCD26O－BE1	08－MT27S02－MA200AA	81－PE061C3－PL200AA
747	LED32C700	MT27	26	4A－LCD32E－CS2	08－MT27S03－MA200AA	81－PE061C3－PL200AA
748	LED32C750	MT27	24	4A－LCD32O－CS1	08－MT27S03－MA200AA	81－PE061C3－PL200AA
749	L32F2350B	MT27	18	4A－LCD32E－CS3	08－MT27S02－MA200AA	81－PE061C2－PL200AA
750	L32F2300B	MT27	46	4A－LCD32E－CS5	08－MT27S02－MA200AA	81－PE061C3－PL200AA
751	L32F2350B	MT27	49	4A－LCD32O－CS1	08－MT27S02－MA200AA	81－PE081C5－PL200AA
752	L32F3370B	MT27	6	4A－LCD32O－CS1	08－MT27005－MA200AA	81－PE061C3－PL200AA
753	L32F3300B	MT27	6	4A－LCD32O－CS1	08－MT27S02－MA200AA	81－PE061C3－PL200AA
754	L32F3320B	MT27	6	4A－LCD32O－CS1	08－MT27S02－MA200AA	81－PE061C3－PL200AA
755	L39F3300B	MT27	36	4A－LCD39O－AU1	08－MT27S02－MA200AA	81－PE371C4－PL200AB
756	39L2300C	MT27	16	4A－LCD39O－CM3	08－MT27004－MA200AA	81－PE371A5－PW200AA
757	L32F2350B	MT27	19	4A－LCD32O－SS2	08－MT27S02－MA200AA	81－PE061C2－PL200AA
758	L32F2300B	MT27	43	4A－LCD32E－TT2	08－MT27S02－MA200AA	81－PE061C2－PL200AA
759	L32F2300B	MT27	46	4A－LCD32E－CS5	08－MT27S02－MA200AA	81－PE061C3－PL200AA

	机型	机芯	屏参信息	显示屏物编	数字板组件号	电源板组件号
760	L32F2300B	MT27	48	4A－LCD32O－SS2	08－MT27S02－MA200AA	81－PE061C2－PL200AA
761	L32F3270B	MT27	41	4A－LCD32E－SSG	08－MT27S02－MA200AA	81－PE061C2－PL200AA
762	L32F3320B	MT27	58	4A－LCD32O－CS3	08－MT27S02－MA200AA	81－PE061C3－PL200AA
763	L40P60FBD	MT27	14	4A－LCD40O－SS1	08－MT27S01－MA200AA	08－IA152C3－PW200AA
764	L23F3270B	MT27	4	4A－LCD23E－SS3	08－MT27S01－MA200AA	08－ES231C1－PW200AA
765	L26E5300E	MT27	15	4A－LCD26O－BE1	08－MT27S02－MA200AA	81－PE061C2－PL200AA
766	L26E5300B	MT27	30	4A－LCD26O－BE1	08－MT27S02－MA200AA	81－PE061C3－PL200AA
767	L26E5300E	MT27	30	4A－LCD26O－BE1	08－MT27S02－MA200AA	81－PE061C3－PL200AA
768	L26E5300E	MT27	54	4A－LCD26O－SS1	08－MT27S02－MA200AA	81－PE061C3－PL200AA
769	LED32C300	MT27	31	4A－LCD32O－CS1	08－MT27S03－MA200AA	81－PE061C3－PL200AA
770	LED32C720	MT27	24	4A－LCD32O－CS1	08－MT27S03－MA200AA	81－PE061C3－PL200AA
771	LED32C720J	MT27	24	4A－LCD32O－CS1	08－MT27S03－MA200AA	81－PE061C3－PL200AA
772	L32F2300B	MT27	43	4A－LCD32E－TT2	08－MT27S02－MA200AA	81－PE061C2－PL200AA
773	L32F3300B	MT27	6	4A－LCD32O－CS1	08－MT27S02－MA200AA	81－PE061C3－PL200AA
774	L32F3370B	MT27	59	4A－LCD32O－CS3	08－MT27S02－MA200AA	81－PE061C3－PL200AA
775	L32F3320B	MT27	60	4A－LCD32O－CS2	08－MT27005－MA200AA	81－PE061C3－PL200AA
776	L32F3370B	MT27	62	4A－LCD32O－CS2	08－MT27005－MA200AA	81－PE061C3－PL200AA
777	L39F3300B	MT27	36	4A－LCD39O－AU1	08－MT27S02－MA200AA	81－PE371C4－PL200AB
778	39L2305C	MT27	18	4A－LCD39O－CM3	08－MT27004－MA200AA	81－PE371A5－PW200AA
779	L43F3310B	MT27	8	4A－LCD43O－SS1	08－MT27S02－MA200AA	81－PE371C4－PL200AB
780	L23F3200B	MT27	5	4A－LCD23E－SS3	08－MT27S01－MA200AA	08－ES231C1－PW200AA
781	L23F3250B	MT27	5	4A－LCD23E－SS3	08－MT27S01－MA200AA	08－ES231C1－PW200AA
782	L26E5300B	MT27	30	4A－LCD26O－BE1	08－MT27S02－MA200AA	81－PE061C3－PL200AA
783	L32F2300B	MT27	32	4A－LCD32E－CS3	08－MT27S02－MA200AA	81－PE061C2－PL200AA
784	L32F2300B	MT27	42	4A－LCD32O－CS1	08－MT27S02－MA200AA	81－PE061C2－PL200AA
785	L32F2300B	MT27	48	4A－LCD32O－SS2	08－MT27S02－MA200AA	81－PE061C2－PL200AA
786	L32F3270B	MT27	17	4A－LCD32E－CS2	08－MT27S02－MA200AA	81－PE061C2－PL200AA
787	L37F3320B	MT27	20	4A－LCD37O－CS1	08－MT27S02－MA200AA	81－PE081C5－PL200AA
788	L39F3300B	MT27	10	4A－LCD39O－CM2	08－MT27S02－MA200AA	81－PE371C4－PL200AB
789	L39F3320B	MT27	10	4A－LCD39O－CM2	08－MT27S02－MA200AA	81－PE371C4－PL200AB
790	L39F3300B	MT27	10	4A－LCD39O－CM2	08－MT27S02－MA200AA	81－PE371C4－PL200AB
791	L32F2350B	MT27	53	4A－LCD32O－CS1	08－MT27S02－MA200AA	81－PE081C5－PL200AA
792	L32F3310B	MT27	6	4A－LCD32O－CS1	08－MT27S02－MA200AA	81－PE061C2－PL200AA
793	L32F3320B	MT27	50	4A－LCD32O－AU9	08－MT27S02－MA200AA	81－PE061C3－PL200AA
794	L32F3310B	MT27	6	4A－LCD32O－CS1	08－MT27005－MA200AA	81－PE061C3－PL200AA
795	C32E330B	MT27C	2	4A－LCD32O－SP1	08－T27C101－MA200AA	08－IA112C4－PW200AA
796	L32F2370B	MT27C	47	4A－LCD32O－CS1	08－T27C101－MA200AA	08－PE322C0－PW200AA
797	L32F2380B	MT27C	47	4A－LCD32O－CS1	08－T27C101－MA200AA	08－PE322C0－PW200AA
798	C32E330B	MT27C	3	4A－LCD32O－CS1	08－T27C101－MA200AA	81－IA112C6－PL200AA
799	L23F3200B	MT27CH	21	4A－LCD23E－SS3	08－MT27C01－MA200AA	81－ES231C5－PL200AA
800	L23F3250B	MT27CH	21	4A－LCD23E－SS3	08－MT27C01－MA200AA	81－ES231C5－PL200AA
801	L23F3200B	MT27CH	21	4A－LCD23E－SS3	08－MT27C01－MA200AA	81－ES231C5－PL200AA
802	C32E320B	MT27C－H	3	4A－LCD32O－CS1	08－T27C101－MA200AA	81－IA112C6－PL200AA
803	C32E320B	MT27C－H	2	4A－LCD32O－SP1	08－T27C101－MA200AA	08－IA112C4－PW200AA
804	32E305C	MT27－TB	5	4A－LCD32T－AUG	08－T822702－MA200AA	08－PW152C6－PW200AA
805	40E305C	MT27－TB	6	4A－LCD40T－SSV	08－T822702－MA200AA	08－PW232C6－PW200AA
806	32E300C	MT27－TB	1	4A－LCD32T－AUG	08－T822702－MA200AA	08－PW152C6－PW200AA
807	40E300C	MT27－TB	2	4A－LCD40T－SSV	08－T822702－MA200AA	81－PW232C6－PW200AA
808	42EL300C	MT27－TS	13	4A－LCD42O－AU5	08－T822701－MA200AA	81－PE421A6－PW200AA
809	42EL300C	MT27－TS	17	4A－LCD42E－LG2	08－MT27004－MA200AA	81－PE421C6－PL200AA
810	32AL300C	MT27－TS	8	4A－LCD32O－CS1	08－T822701－MA200AA	08－PE081C7－PW200AA
811	32L2305C	MT27－TS	20	4A－LCD32O－CS1	08－MT27004－MA200AA	08－PE061C7－PW200AA
812	42CL300C	MT27－TS	11	4A－LCD42O－AU5	08－T822701－MA200AA	81－PE371C6－PW200AA
813	50EL300C	MT27－TS	1	4A－LCD50ES－CM3	08－T822703－MA200AA	81－PE461C6－PW200AA
814	32CL300C	MT27－TS	8	4A－LCD32O－CS1	08－T822701－MA200AA	08－PE081C7－PW200AA
815	32L2300C	MT27－TS	19	4A－LCD32O－CS1	08－MT27004－MA200AA	08－PE061C7－PW200AA
816	32EL300C	MT27－TS	4	4A－LCD32O－CS1	08－T822701－MA200AA	81－PE081C5－PL200AA
817	42AL300C	MT27－TS	11	4A－LCD42O－AU5	08－T822701－MA200AA	81－PE371C6－PW200AA
818	46EL300C	MT27－TS	3	4A－LCD46E－SS9	08－T822701－MA200AA	81－PE421A6－PW200AA

	机型	机芯	屏参信息	显示屏物编	数字板组件号	电源板组件号
819	S5316A	MT32	13	4A－LCD26O－SS1	08－MT32003－MA200AA	81－ADT203－251
820	S5316A	MT32	13	4A－LCD26O－SS1	08－MT32003－MA200AA	81－ADT203－251
821	S5316A	MT32	13	4A－LCD26O－SS1	08－MT32003－MA200AA	81－ADT203－253
822	L43E5390A－3D	MT32	21	4A－LCD43OS－SS1	08－MT32002－MA200AA	81－PE371C4－PL200AB
823	L55E5390A－3D	MT32	19	4A－LCD55OS－SS3	08－MT32002－MA200AA	81－PE461C4－PL200AB
824	L55E5390A－3D	MT32	27	4A－LCD55OS－SS2	08－MT32002－MA200AA	81－PE461C4－PL200AB
825	L55V7300A－3D	MT32	25	4A－LCD55ES－SSE	08－MT32001－MA200AA	81－PE461C6－PL200AB
826	S5316A	MT32	13	4A－LCD26O－SS1	08－MT32003－MA200AA	81－ADT203－250
827	L46V7300A－3D	MT32	26	4A－LCD46OS－SS2	08－MT32001－MA200AA	81－PE461C4－PL200AB
828	S5318	MT32	14	4A－LCD26O－SS1	08－MT32003－MA200AA	81－ADT203－253
829	S5318	MT32	14	4A－LCD26O－SS1	08－MT32003－MA200AA	81－ADT203－251
830	L32E5390A－3D	MT32	22	4A－LCD32O－AUB	08－MT32002－MA200AA	81－PE061C3－PL200AA
831	L43E5390A－3D	MT32	21	4A－LCD43OS－SS1	08－MT32002－MA200AA	81－PE371C4－PL200AB
832	L43E5390A－3D	MT32	21	4A－LCD43OS－SS1	08－MT32002－MA200AA	81－PE371C4－PL200AB
833	L40E5390A－3D	MT32		N/A	08－MT32002－MA200AA	81－PE371C4－PL200AB
834	L46V7300A－3D	MT32	24	4A－LCD46ES－SSE	08－MT32001－MA200AA	81－PE421C5－PL200AA
835	L48E5390A－3D	MT32	20	4A－LCD48OS－SS2	08－MT32002－MA200AA	81－PE461C4－PL200AB
836	L55E5390A－3D	MT32	19	4A－LCD55OS－SS3	08－MT32002－MA200AA	81－PE461C4－PL200AB
837	S5318	MT32	14	4A－LCD26O－SS1	08－MT32003－MA200AA	81－ADT203－250
838	S5316A	MT32	13	4A－LCD26O－SS1	08－MT32003－MA200AA	81－ADT203－253
839	S5316A	MT32	13	4A－LCD26O－SS1	08－MT32003－MA200AA	81－ADT203－252
840	S5316A	MT32	13	4A－LCD26O－SS1	08－MT32003－MA200AA	81－ADT203－250
841	S5316A	MT32	13	4A－LCD26O－SS1	08－MT32003－MA200AA	81－ADT203－252
842	L32E5390A－3D	MT32	22	4A－LCD32O－AUB	08－MT32002－MA200AA	81－PE061C3－PL200AA
843	L48E5310A－3D	MT32	20	4A－LCD48OS－SS2	08－MT32002－MA200AA	81－PE461C4－PL200AB
844	L48E5390A－3D	MT32	20	4A－LCD48OS－SS2	08－MT32002－MA200AA	81－PE461C4－PL200AB
845	L55V7300A－3D	MT32	25	4A－LCD55ES－SSE	08－MT32001－MA200AA	81－PE461C0－PL200AA
846	S5318	MT32	14	4A－LCD26O－SS1	08－MT32003－MA200AA	81－ADT203－252
847	L40E5390A－3D	MT32	26	4A－LCD40O－SS2	08－MT32002－MA200AA	81－PE371C4－PL200AB
848	L43E5310A－3D	MT32	21	4A－LCD43OS－SS1	08－MT32002－MA200AA	81－PE371C4－PL200AB
849	L43V7300A－3D	MT32	23	4A－LCD43ES－SS5	08－MT32001－MA200AA	81－PE421C5－PL200AA
850	L48E5390A－3D	MT32	20	4A－LCD48OS－SS2	08－MT32002－MA200AA	81－PE461C4－PL200AB
851	L32E5390A－3D	MT36	13	4A－LCD32O－AUB	08－MT36003－MA200AA	81－PE081C0－PL200AA
852	L43E5390A－3D	MT36	12	4A－LCD43O－SS2	08－MT36003－MA200AA	81－PE371C4－PL200AB
853	L48E5390A－3D	MT36	20	4A－LCD48OS－SS2	08－MT36005－MA200AA	81－PE461C4－PL200AB
854	L48E5390A－3D	MT36	11	4A－LCD48O－SS1	08－MT36003－MA200AA	81－PE461C4－PL200AB
855	L55E5390A－3D	MT36	10	4A－LCD55O－SS1	08－MT36003－MA200AA	81－PE461C4－PL200AB
856	L39E5690A－3D	MT36K	26	4A－LCD39E－CM7STA	08－MT36K01－MA200AA	81－PE371C6－PL200AB
857	L39E5690A－3D	MT36K	27	4A－LD39E5－CM8STA	08－MT36K01－MA200AA	81－PE081C6－PL200AA
858	L42E5690A－3D	MT36K	25	4A－LCD42E－CM3STA	08－MT36K02－MA200AA	81－PE371C6－PL200AB
859	L50E5690A－3D	MT36K	26	4A－LCD50E－CM6STA	08－MT36K01－MA200AA	81－PE461C6－PL200AB
860	L42E5690A－3D	MT36K	25	4A－LCD42E－CM3STA	08－MT36K01－MA200AA	81－PE371C6－PL200AB
861	L32F3600A－3D	MT55	23	4A－LD32O5－LG3PTA	08－MT55002－MA200AA	81－PE061C3－PL200AA
862	L32F3600A－3D	MT55	23	4A－LD32O5－LG3PTA	08－MT55002－MA200AA	81－PE061C3－PL200AA
863	L42E4600AN－3D	MT55	15	4A－LCD42O－AUDPTA	08－MT55001－MA200AA	81－PE371C5－PL200AB
864	L48E4600AN－3D	MT55	14	4A－LCD48OS－SS2	08－MT55001－MA200AA	81－PE461C4－PL200AB
865	L48E4600AN－3D	MT55	16	4A－LD48O5－CS2STA	08－MT55001－MA200AA	81－PE371C6－PL200AB
866	L48E4600AN－3D	MT55	16	4A－LD48O5－CS2STA	08－MT55001－MA200AA	81－PE371C6－PL200AB
867	L55F3600A－3D	MT55	22	4A－LCD55O－CS1STA	08－MT55002－MA200AA	81－PE421C8－PL200AA
868	L55F3600A－3D	MT55	22	4A－LCD55O－CS1STA	08－MT55002－MA200AA	81－PE371C4－PL200AB
869	L39E4600AN－3D	MT55	12	4A－LCD39E－CM6STA	08－MT55001－MA200AA	81－PE371C6－PL200AB
870	L39F3600A－3D	MT55		4A－LCD39O－AU2PTA	08－MT55002－MA200AA	81－PE071C0－PL200AA
871	L42F3600A－3D	MT55	26	4A－LCD42O－AUDPTA	08－MT55002－MA200AA	81－PE371C5－PL200AB
872	L43E5390A－3D	MT55	11	4A－LCD43OS－SS1	08－MT55001－MA200AA	81－PE371C4－PL200AB
873	L42E4600AN－3D	MT55	13	4A－LCD42O－LG1P	08－MT55001－MA200AA	81－PE371C5－PL200AB
874	L42F3600A－3D	MT55	32	4A－LCD42O－AUDPTA	08－MT55002－MA200AA	81－PE371C5－PL200AB
875	L48E4600AN－3D	MT55	16	4A－LD48O5－CS2STA	08－MT55001－MA200AA	81－PE371C6－PL200AB
876	L48E4600AN－3D	MT55	16	4A－LD48O5－CS2STA	08－MT55001－MA200AA	81－PE371C6－PL200AB
877	L48E4600AN－3D	MT55	14	4A－LCD48OS－SS2	08－MT55001－MA200AA	81－PE461C4－PL200AB

	机型	机芯	屏参信息	显示屏物编	数字板组件号	电源板组件号
878	L48F3600A—3D	MT55	38	4A—LCD48O—CS1STA	08—MT55002—MA200AA	81—PE371C6—PL200AB
879	L40F3600A—3D	MT55	31	4A—LD40O7—SS8STA	08—MT55002—MA200AA	81—PE071C0—PL200AA
880	L48F3600A—3D	MT55	34	4A—LCD48O—CS1STA	08—MT55002—MA200AA	81—PE371C6—PL200AB
881	L55F3600A—3D	MT55	33	4A—LD55O7—CS2STA	08—MT55002—MA200AA	81—PE421C8—PL200AA
882	L65F3600A—3D	MT55		4A—LCD48OS—SS2	08—MT55001—MA200AA	81—PE461C4—PL200AA
883	L39F3600A—3D	MT55	30	4A—LCD39O—AU2PTA	08—MT55002—MA200AA	81—PE071C0—PL200AA
884	L40F3600A—3D	MT55	25	4A—LD40O7—SS8STA	08—MT55002—MA200AA	81—PE071C0—PL200AA
885	L48E4600AN—3D	MT55	14	4A—LCD48OS—SS2	08—MT55001—MA200AA	81—PE461C4—PL200AB
886	L48F3600A—3D	MT55	27	4A—LD48O5—CS2STA	08—MT55002—MA200AA	81—PE371C6—PL200AB
887	L50F3600A—3D	MT55	28	4A—LD50E5—CMBSTA	08—MT55002—MA200AA	81—PE421C8—PL200AA
888	L48E4600AN—3D	MT55	14	4A—LCD48OS—SS2	08—MT55001—MA200AA	81—PE461C4—PL200AB
889	L48F3600A—3D	MT55	37	4A—LCD48O—CS1STA	08—MT55002—MA200AA	81—PE371C5—PL200AB
890	L55F3600A—3D	MT55	39	4A—LCD55O—CS1STA	08—MT55002—MA200AA	81—PE421C8—PL200AA
891	L39F1510B	RT49		4A—LCD39O—AU3GTA	08—RT49001—MA200AA	81—PBE032—PW10
892	L39F1570B	RT49		4A—LCD39O—AU3GTA	08—RT49001—MA200AA	81—PBE032—PW10
893	L39F1590B	RT49	17	4A—LCD39O—AU3GTA	08—RT49001—MA200AA	81—PBE032—PW10
894	L42F1570B	RT49		4A—LCD42O—AUEGTA	08—RT49001—MA200AA	81—PBE039—PW4
895	L40F1590B	RT49	4	4A—LCD40O—SS5STA	08—RT49001—MA200AA	81—PE371C4—PL200AB
896	L42F1590B	RT49		4A—LCD42O—AUEGTA	08—RT49001—MA200AA	81—PBE039—PW4
897	L32F3350E	RT49	0	4A—LCD32O—CS1	08—RT49001—MA200AA	81—PE061C3—PL200AA
898	L40F1590B	RT49	4	4A—LCD40O—SS5STA	08—RT49001—MA200AA	81—PE371C4—PL200AB
899	L42F1510B	RT49		4A—LCD42O—AUBGTA	08—RT49001—MA200AA	81—PBE039—PW4
900	L39F1570B	RT49		4A—LCD39O—CM3	08—RT49001—MA200AA	81—PBE032—PW10
901	L39F1590B	RT49		4A—LCD39O—CM3	08—RT49001—MA200AA	81—PBE032—PW10
902	L40F1590B	RT49	19	4A—LCD40O—SS5STA	08—RT49001—MA200AA	81—PE071C0—PL200AA
903	L40F1510B	RT49	6	4A—LCD40O—SS5STA	08—RT49001—MA200AA	81—PE371C4—PL200AB
904	L42F1590B	RT49		4A—LCD42O—AUBGTA	08—RT49001—MA200AA	81—PBE039—PW4
905	L42F1510B	RT49		4A—LCD42O—AUEGTA	08—RT49001—MA200AA	81—PBE039—PW4
906	L40F1590B	RT49	4	4A—LCD40O—SS5STA	08—RT49001—MA200AA	81—PE371C4—PL200AB
907	L40F1510B	RT49	6	4A—LCD40O—SS5STA	08—RT49001—MA200AA	81—PE371C4—PL200AB
908	L40F1510B	RT49	6	4A—LCD40O—SS5STA	08—RT49001—MA200AA	81—PE371C4—PL200AB
909	L40F1510B	RT49	20	4A—LCD40O—SS5STA	08—RT49001—MA200AA	81—PE071C0—PL200AA
910	L42F1570B	RT49		4A—LCD42O—AUBGTA	08—RT49001—MA200AA	81—PBE039—PW4
911	L39F1510B	RT49		4A—LCD39O—CM3	08—RT49001—MA200AA	81—PBE032—PW10
912	L55E6700A—UD	RT95	2	4A—LD55O7—CS3STA	08—RT95001—MA200AA	08—PE401C4—PW200AA
913	L55E5690A—3D	RT95	1	4A—LCD55E—CS1STA	08—RT95001—MA200AA	81—PE461C6—PL200AB
914	L32P7200A	SS61	11	4A—LCD32E—SS3	08—SS61001—MA200AA	81—PE081C0—PL200AA
915	55ZD300C	ZD01ES	22	4A—LCD55EP—LG2	08—D01ES01—MA200AA	08—PE461C6—PW200AA
916	L32E4550A—3D	MS801	53	4A—LCD32O—LG1	08—MS80105—MA200AA	81—PE081C5—PL200AA
917	L32E4500A—3D	MS801	96	4A—LCD32O—LG1	08—MS80105—MA200AA	81—PE081C5—PL200AA
918	L32E5300A	MS801	35	4A—LCD32O—CS2	08—MS80105—MA200AA	81—PE061C3—PL200AA
919	L40F3500A—3D	MS801	76	4A—LCD40O—SS3STA	08—MS80105—MA200AA	81—PE371C6—PL200AB
920	L40F3500A—3D	MS801	154	4A—LCD40O—SS3STA	08—MS80105—MA200AA	81—PE371C6—PL200AB
921	L40F3500A—3D	MS801	161	4A—LCD40O—SS3STA	08—MS80105—MA200AA	81—PE371C6—PL200AB
922	L42E4660AN—3D	MS801	141	4A—LCD42O—AUDPTA	08—MS80116—MA200AA	81—PE371C5—PL200AB
923	L42E5500A—3D	MS801	147	4A—LCD42O—LG2STA	08—MS80105—MA200AA	81—PE371C5—PL200AB
924	L42E5610A—3D	MS801	124	4A—LCD42O—LG1P	08—MS80116—MA200AA	81—PE371C5—PL200AB
925	L46E5300A	MS801	10	4A—LCD46O—SS1	08—MS80104—MA200AA	08—PE371C1—PW200AA
926	L46E5590A—3D	MS801	91	4A—LCD46E—SSASTA	08—MS80113—MA200AA	81—PE421C6—PL200AA
927	L46E5590A—3D	MS801	11	4A—LCD46E—SSASTA	08—M600001—MA200AA	81—PE421C6—PL200AA
928	L46F3500A—3D	MS801	162	4A—LCD46O—SS8STA	08—MS80105—MA200AA	81—PE371C6—PL200AB
929	L46V7300A—3D	MS801	50	4A—LCD46ES—SSE	08—MS80104—MA200AA	81—PE421C6—PL200AA
930	L48E4650AN—3D	MS801	114	4A—LCD48OS—SS2	08—MS80116—MA200AA	81—PE461C4—PL200AB
931	L48E4650AN—3D	MS801	114	4A—LCD48OS—SS2	08—MS80116—MA200AA	81—PE461C4—PL200AB
932	L48E4650AN—3D	MS801	165	4A—LCD48OS—SS2	08—MS80116—MA200AA	81—PE461C4—PL200AB
933	L48F3500A—3D	MS801	79	4A—LCD48OS—SS2	08—MS80105—MA200AA	81—PE461C4—PL200AB
934	L48F3500A—3D	MS801	79	4A—LCD48OS—SS2	08—MS80105—MA200AA	81—PE461C4—PL200AB
935	L48F3500A—3D	MS801	118	4A—LCD48O—CS1STA	08—MS80105—MA200AA	08—PE421C6—PW200AA
936	L48F3500A—3D	MS801	163	4A—LCD48O—SS3STA	08—MS80105—MA200AA	81—PE421C8—PL200AA

	机型	机芯	屏参信息	显示屏物编	数字板组件号	电源板组件号
937	L55E5500A-3D	MS801	132	4A-LCD55O-CS1STA	08-MS80104-MA200AA	81-PE421C6-PL200AA
938	L55E5500A-3D	MS801	132	4A-LCD55O-CS1STA	08-MS80104-MA200AA	81-PE421C6-PL200AA
939	L55F3500A-3D	MS801	80	4A-LCD55OS-SS3	08-MS80105-MA200AA	81-PE421C8-PL200AA
940	L55F3500A-3D	MS801	148	4A-LCD55OS-SS3	08-MS80105-MA200AA	81-PE461C4-PL200AB
941	L58X9200A-3D	MS801	1	4A-LCD58EP-AU2	08-MS80103-MA200AA	08-PE301C0-PW200AA
942	L65E5600A-3D	MS801	125	4A-LCD65E-CM1STA	08-MS80116-MA200AA	08-PE301C1-PW200AA
943	L32E4380A-3D	MS801	31	4A-LCD32O-AUB	08-MS80105-MA200AA	81-PE061C3-PL200AA
944	L32E4550A-3D	MS801	107	4A-LCD32O-LG1	08-MS80105-MA200AA	81-PE081C5-PL200AA
945	L32E5300D	MS801	18	4A-LCD32O-CS1	08-MS80104-MA200AA	81-PE061C3-PL200AA
946	L32E5390A-3D	MS801	85	4A-LCD32O-AU1PTA	08-MS80105-MA200AA	81-PE061C3-PL200AA
947	L32F3510A-3D	MS801	99	4A-LCD32O-LG1	08-MS80105-MA200AA	81-PE061C3-PL200AA
948	L39F3500A-3D	MS801	136	4A-LCD39O-AU2PTA	08-MS80105-MA200AA	81-PE371C5-PL200AB
949	L40F3500A-3D	MS801	161	4A-LCD40O-SS3STA	08-MS80105-MA200AA	81-PE371C6-PL200AB
950	L42E5300D	MS801	61	4A-LCD42O-AU5	08-MS80105-MA200AA	81-PE371C4-PL200AB
951	L42E5500A-3D	MS801	176	4A-LCD42O-AUDPTA	08-MS80105-MA200AA	81-PE371C5-PL200AB
952	L42F3500A-3D	MS801	77	4A-LCD42O-LG1P	08-MS80105-MA200AA	81-PE371C5-PL200AB
953	L42F3500A-3D	MS801	134	4A-LCD42O-AUDPTA	08-MS80105-MA200AA	81-PE371C5-PL200AB
954	L46E5500A-3D	MS801	97	4A-LCD46O-CS2STA	08-MS80105-MA200AA	81-PE421C6-PL200AA
955	L46E5500A-3D	MS801	97	4A-LCD46O-CS2STA	08-MS80105-MA200AA	81-PE421C6-PL200AA
956	L48E4680AN-3D	MS801	116	4A-LCD48OS-SS2	08-MS80116-MA200AA	81-PE461C4-PL200AB
957	L48E4680AN-3D	MS801	116	4A-LCD48OS-SS2	08-MS80116-MA200AA	81-PE461C4-PL200AB
958	L48E4660AN-3D	MS801	166	4A-LD48O5-CS2STA	08-MS80116-MA200AA	81-PE421C8-PL200AA
959	L48E5310A-3D	MS801	64	4A-LCD48OS-SS2	08-MS80105-MA200AA	81-PE461C4-PL200AB
960	L48F3500A-3D	MS801	79	4A-LCD48OS-SS2	08-MS80105-MA200AA	81-PE461C4-PL200AB
961	L48F3500A-3D	MS801	135	4A-LCD48O-SS3STA	08-MS80105-MA200AA	81-PE421C6-PL200AA
962	L48F3500A-3D	MS801	135	4A-LCD48O-SS3STA	08-MS80105-MA200AA	81-PE421C6-PL200AA
963	L48F3500A-3D	MS801	175	4A-LCD48O-CS1STA	08-MS80105-MA200AA	81-PE421C8-PL200AA
964	L50E5050A-3D	MS801	13	4A-LCD50ES-CM4	08-MS80104-MA200AA	81-PE421C6-PL200AA
965	L50E5500A-3D	MS801	138	4A-LCD50E-CM9STA	08-MS80105-MA200AA	81-PE461C6-PL200AA
966	L55E5390A-3D	MS801	44	4A-LCD55OS-SS3	08-MS80105-MA200AA	81-PE461C4-PL200AB
967	L55E5610A-3D	MS801	122	4A-LCD55OS-SS3	08-MS80116-MA200AA	81-PE461C4-PL200AB
968	L55E5600A-3D	MS801	126	4A-LCD55OS-SS3	08-MS80116-MA200AA	81-PE461C4-PL200AB
969	L55F3500AN-3D	MS801	133	4A-LCD55O-SS6STA	08-MS80105-MA200AA	81-PE421C6-PL200AA
970	L55F3500A-3D	MS801	182	4A-LD55O7-CS2STA	08-MS80105-MA200AA	81-PE421C6-PL200AA
971	LE55M99AD	MS801	90	4A-LCD55OS-SS3	08-MS80111-MA200AA	81-PE461C4-PL200AB
972	L65E5500A-3D	MS801	70	4A-LCD65E-CM1STA	08-MS80105-MA200AA	08-PE301C1-PW200AA
973	L65V7500A-3D	MS801	3	4A-LCD65ES-CM1	08-MS80102-MA200AA	08-PE301C1-PW200AA
974	L32E4380A-3D	MS801	84	4A-LCD32O-AU1PTA	08-MS80105-MA200AA	81-PE061C3-PL200AA
975	L32E4500A-3D	MS801	20	4A-LCD32EP-LG3	08-MS80104-MA200AA	81-PE081C5-PL200AA
976	L32E4500A-3D	MS801	157	4A-LCD32O-LG1	08-MS80105-MA200AA	81-PE081C5-PL200AA
977	L32F3500A-3D	MS801	145	4A-LCD32O-LG1	08-MS80105-MA200AA	81-PE061C3-PL200AA
978	L37E4500A-3D	MS801	19	4A-LCD37EP-LG3	08-MS80104-MA200AA	81-PE371C6-PL200AB
979	L39E4680AN-3D	MS801	89	4A-LCD39E-CM6STA	08-MS80116-MA200AA	81-PE371C6-PL200AB
980	L39E4660AN-3D	MS801	88	4A-LCD39E-CM6STA	08-MS80116-MA200AA	81-PE371C6-PL200AB
981	L39E5050A-3D	MS801	14	4A-LCD39ES-CM2	08-MS80104-MA200AA	81-PE371C6-PL200AB
982	L39F3500A-3D	MS801	160	4A-LCD39O-AU2PTA	08-MS80105-MA200AA	08-PE071C0-PW200AA
983	L40F3500A-3D	MS801	76	4A-LCD40O-SS3STA	08-MS80105-MA200AA	81-PE371C6-PL200AB
984	L42E4660AN-3D	MS801	111	4A-LCD42O-LG1P	08-MS80116-MA200AA	81-PE371C5-PL200AB
985	L42E4650AN-3D	MS801	110	4A-LCD42O-LG1P	08-MS80116-MA200AA	81-PE371C5-PL200AB
986	L42E4600A-3D	MS801	113	4A-LCD42O-LG1P	08-MS80116-MA200AA	81-PE371C5-PL200AB
987	L42E5300A	MS801	9	4A-LCD42O-AU5	08-MS80104-MA200AA	81-PE371C6-PL200AB
988	L43E5060A-3D	MS801	52	4A-LCD43ES-SS4	08-MS80104-MA200AA	81-PE421C6-PL200AA
989	L46E5300D	MS801	10	4A-LCD46O-SS1	08-MS80104-MA200AA	81-PE371C1-PL200AA
990	L46E5300A	MS801	10	4A-LCD46O-SS1	08-MS80104-MA200AA	81-PE371C1-PL200AA
991	L46E5300A	MS801	58	4A-LCD46O-CS1	08-MS80105-MA200AA	81-PE371C4-PL200AB
992	L46E5300D	MS801	59	4A-LCD46O-CS1	08-MS80105-MA200AA	81-PE371C4-PL200AB
993	L46E5500A-3D	MS801	67	4A-LCD46O-SS4S	08-MS80105-MA200AA	81-PE461C4-PL200AB
994	L46E5610A-3D	MS801	143	4A-LCD46O-SS4S	08-MS80116-MA200AA	81-PE461C4-PL200AB
995	L46F3510A-3D	MS801	103	4A-LCD46O-SS1S	08-MS80105-MA200AA	81-PE461C4-PL200AB

	机型	机芯	屏参信息	显示屏物编	数字板组件号	电源板组件号
996	L46F3500A－3D	MS801	139	4A－LCD46O－CS2STA	08－MS80105－MA200AA	81－PE421C6－PL200AA
997	L46F3500A－3D	MS801	150	4A－LCD46O－SS4S	08－MS80105－MA200AA	81－PE461C4－PL200AB
998	L46F3500A－3D	MS801	162	4A－LCD46O－SS8STA	08－MS80105－MA200AA	81－PE371C6－PL200AB
999	L48E4650AN－3D	MS801	114	4A－LCD48OS－SS2	08－MS80116－MA200AA	81－PE461C4－PL200AB
1000	L48E4660AN－3D	MS801	115	4A－LCD48OS－SS2	08－MS80116－MA200AA	81－PE461C4－PL200AB
1001	L48F3390A－3D	MS801	25	4A－LCD48OS－SS2	08－MS80105－MA200AA	81－PE461C4－PL200AB
1002	L48F3500A－3D	MS801	135	4A－LCD48O－SS3STA	08－MS80105－MA200AA	81－PE421C6－PL200AA
1003	L48F3500A－3D	MS801	149	4A－LCD48OS－SS2	08－MS80105－MA200AA	81－PE461C4－PL200AB
1004	L48F3500A－3D	MS801	163	4A－LCD48O－SS3STA	08－MS80105－MA200AA	81－PE421C8－PL200AA
1005	L48F3500A－3D	MS801	164	4A－LD48O5－CS2STA	08－MS80105－MA200AA	81－PE421C8－PL200AA
1006	L48F3500A－3D	MS801	164	4A－LD48O5－CS2STA	08－MS80105－MA200AA	81－PE421C8－PL200AA
1007	L55E5390A－3D	MS801	44	4A－LCD55OS－SS3	08－MS80105－MA200AA	81－PE461C4－PL200AB
1008	L55E5500A－3D	MS801	69	4A－LCD55OS－SS3	08－MS80104－MA200AA	81－PE461C4－PL200AB
1009	L55E5590A－3D	MS801	92	4A－LCD55E－SS3STA	08－MS80113－MA200AA	81－PE421C6－PL200AA
1010	L55E5590A－3D	MS801	171	4A－LCD55O－CS1STA	08－MS80113－MA200AA	81－PE421C8－PL200AA
1011	L55F3390A－3D	MS801	7	4A－LCD55OS－SS3	08－MS80104－MA200AA	81－PE461C4－PL200AB
1012	L55F3500A－3D	MS801	80	4A－LCD55OS－SS3	08－MS80105－MA200AA	81－PE461C4－PL200AB
1013	L55F3500A－3D	MS801	133	4A－LCD55O－SS6STA	08－MS80105－MA200AA	81－PE421C6－PL200AA
1014	L55F3500A－3D	MS801	174	4A－LCD55O－CS1STA	08－MS80105－MA200AA	81－PE421C6－PL200AA
1015	L65V7590A－3D	MS801	27	4A－LCD65ES－CM2	08－MS80107－MA200AA	08－PE301C1－PW200AA
1016	L32E4500A－3D	MS801	156	4A－LCD32O－LG1	08－MS80105－MA200AA	81－PE081C5－PL200AA
1017	L32E4500A－3D	MS801	155	4A－LCD32EP－LG3	08－MS80104－MA200AA	81－PE081C5－PL200AA
1018	L32E5500A－3D	MS801	146	4A－LCD32O－LG1	08－MS80105－MA200AA	81－PE061C3－PL200AA
1019	L37E4500A－3D	MS801	39	4A－LCD37E－TT1P	08－MS80104－MA200AA	81－PE371C4－PL200AB
1020	L37E4550A－3D	MS801	40	4A－LCD37E－TT1P	08－MS80104－MA200AA	81－PE371C4－PL200AB
1021	L39E4610A－3D	MS801	178	4A－LCD39E－CM6STA	08－MS80116－MA200AA	81－PE371C6－PL200AB
1022	L39F3390A－3D	MS801	8	4A－LCD39O－CM1	08－MS80104－MA200AA	81－PE371C6－PL200AB
1023	L40F3500A－3D	MS801	154	4A－LCD40O－SS3STA	08－MS80105－MA200AA	81－PE371C6－PL200AB
1024	L42E4500A－3D	MS801	21	4A－LCD42EP－LG5	08－MS80104－MA200AA	81－PE421C6－PL200AA
1025	L42E5300A	MS801	42	4A－LCD42O－AU5	08－MS80105－MA200AA	81－PE371C4－PL200AB
1026	L43E5390A－3D	MS801	38	4A－LCD43OS－SS1	08－MS80105－MA200AA	81－PE371C4－PL200AB
1027	L43F3390A－3D	MS801	47	4A－LCD43OS－SS1	08－MS80104－MA200AA	81－PE371C4－PL200AB
1028	L43V7300A－3D	MS801	94	4A－LCD43ES－SS1	08－MS80104－MA200AA	81－PE421C6－PL200AA
1029	L46E5300D	MS801	22	4A－LCD46O－CS1	08－MS80105－MA200AA	81－PE371C4－PL200AB
1030	L46E5300A	MS801	22	4A－LCD46O－CS1	08－MS80105－MA200AA	81－PE371C4－PL200AB
1031	L46E5500A－3D	MS801	67	4A－LCD46O－SS4S	08－MS80105－MA200AA	81－PE461C4－PL200AB
1032	L46E5500A－3D	MS801	67	4A－LCD46O－SS4S	08－MS80105－MA200AA	81－PE461C4－PL200AB
1033	L46E5500A－3D	MS801	97	4A－LCD46O－CS2STA	08－MS80105－MA200AA	81－PE421C6－PL200AA
1034	L46F3500A－3D	MS801	78	4A－LCD46O－SS4S	08－MS80105－MA200AA	81－PE461C4－PL200AB
1035	L46F3570A－3D	MS801	106	4A－LCD46O－SS4S	08－MS80105－MA200AA	81－PE461C4－PL200AB
1036	L46F3510A－3D	MS801	103	4A－LCD46O－SS4S	08－MS80105－MA200AA	81－PE461C4－PL200AB
1037	L46F3500A－3D	MS801	170	4A－LCD46O－SS8STA	08－MS80105－MA200AA	81－PE421C8－PL200AA
1038	L48E4680AN－3D	MS801	116	4A－LCD48OS－SS2	08－MS80116－MA200AA	81－PE461C4－PL200AB
1039	L48E4680AN－3D	MS801	167	4A－LD48O5－CS2STA	08－MS80116－MA200AA	81－PE421C8－PL200AA
1040	L48E4680AN－3D	MS801	167	4A－LD48O5－CS2STA	08－MS80116－MA200AA	81－PE421C8－PL200AA
1041	L48E4610A－3D	MS801	180	4A－LCD48OS－SS2	08－MS80116－MA200AA	81－PE461C4－PL200AB
1042	L48F3390A－3D	MS801	55	4A－LCD48OS－SS2	08－MS80104－MA200AA	81－PE461C4－PL200AB
1043	L48F3500A－3D	MS801	118	4A－LCD48O－CS1STA	08－MS80105－MA200AA	81－PE421C6－PL200AA
1044	L48F3500A－3D	MS801	149	4A－LCD48OS－SS2	08－MS80105－MA200AA	81－PE461C4－PL200AB
1045	L48F3500A－3D	MS801	164	4A－LD48O5－CS2STA	08－MS80105－MA200AA	81－PE421C8－PL200AA
1046	L48F3500A－3D	MS801	175	4A－LCD48O－CS1STA	08－MS80105－MA200AA	81－PE421C8－PL200AA
1047	L48F3500A－3D	MS801	184	4A－LCD48O－CS1STA	08－MS80105－MA200AA	81－PE421C8－PL200AA
1048	L50E4380A－3D	MS801	34	4A－LCD50EP－AU1	08－MS80105－MA200AA	81－PE461C6－PL200AA
1049	L50E5500A－3D	MS801	68	4A－LCD50E－CM5STA	08－MS80105－MA200AA	81－PE461C6－PL200AA
1050	L55E5500A－3D	MS801	132	4A－LCD55O－CS1STA	08－MS80104－MA200AA	81－PE421C6－PL200AA
1051	L55E5610A－3D	MS801	122	4A－LCD55OS－SS3	08－MS80116－MA200AA	81－PE461C4－PL200AB
1052	L55E5600A－3D	MS801	126	4A－LCD55OS－SS3	08－MS80116－MA200AA	81－PE461C4－PL200AB
1053	L55F3500A－3D	MS801	133	4A－LCD55O－SS6STA	08－MS80105－MA200AA	81－PE421C6－PL200AA
1054	L55F3500A－3D	MS801	174	4A－LCD55O－CS1STA	08－MS80105－MA200AA	81－PE421C6－PL200AA

	机型	机芯	屏参信息	显示屏物编	数字板组件号	电源板组件号
1055	L65F3500A−3D	MS801	93	4A−LCD65E−CM1STA	08−MS80105−MA200AA	81−PE301C1−PL200AA
1056	L32E5300A	MS801	11	4A−LCD32O−CS1	08−MS80104−MA200AA	81−PE061C3−PL200AA
1057	L32E5300D	MS801	35	4A−LCD32O−CS2	08−MS80105−MA200AA	81−PE061C3−PL200AA
1058	L32E5390A−3D	MS801	37	4A−LCD32O−AUB	08−MS80105−MA200AA	81−PE061C3−PL200AA
1059	L32E5600A−3D	MS801	111		08−MS80116−MA200AA	81−PE061C3−PL200AA
1060	L32F3500A−3D	MS801	74	4A−LCD32O−LG1	08−MS80105−MA200AA	81−PE061C3−PL200AA
1061	L32F3570A−3D	MS801	104	4A−LCD32O−LG1	08−MS80105−MA200AA	81−PE061C3−PL200AA
1062	L32F3500A−3D	MS801	144	4A−LCD32O−LG1	08−MS80105−MA200AA	81−PE061C3−PL200AA
1063	L37E4560A−3D	MS801	41		08−MS80105−MA200AA	81−PE371C4−PL200AB
1064	L37E5300A	MS801	12	4A−LCD37O−CS1	08−MS80104−MA200AA	81−PE371C4−PL200AB
1065	L39E4650AN−3D	MS801	87	4A−LCD39E−CM6STA	08−MS80116−MA200AA	81−PE371C6−PL200AB
1066	L40E5590A−3D	MS801	119	4A−LCD40O−SS4STA	08−MS80115−MA200AA	81−PE371C5−PL200AB
1067	L42E4680AN−3D	MS801	112	4A−LCD42O−LG1P	08−MS80116−MA200AA	81−PE371C5−PL200AB
1068	L42E4650AN−3D	MS801	140	4A−LCD42O−AUDPTA	08−MS80116−MA200AA	81−PE371C5−PL200AB
1069	L42E5300D	MS801	9	4A−LCD42O−AU5	08−MS80104−MA200AA	81−PE371C6−PL200AB
1070	L42E5300A	MS801	60	4A−LCD42O−AU5	08−MS80105−MA200AA	81−PE371C4−PL200AB
1071	L42E5300D	MS801	183	4A−LCD42O−AUEGTA	08−MS80105−MA200AA	81−PE371C4−PL200AB
1072	L42E5500A−3D	MS801	131	4A−LCD42O−AUDPTA	08−MS80105−MA200AA	81−PE371C5−PL200AB
1073	L42F3570A−3D	MS801	105	4A−LCD42O−LG1P	08−MS80105−MA200AA	81−PE371C5−PL200AB
1074	L43E5300A−3D	MS801	38	4A−LCD43OS−SS1	08−MS80105−MA200AA	81−PE371C4−PL200AB
1075	L43E5390A−3D	MS801	63	4A−LCD43OS−SS1	08−MS80105−MA200AA	81−PE371C4−PL200AB
1076	L46E5300D	MS801	82	4A−LCD46O−SS1	08−MS80105−MA200AA	81−PE371C5−PL200AB
1077	L46F3570A−3D	MS801	106	4A−LCD46O−SS4S	08−MS80105−MA200AA	81−PE461C4−PL200AB
1078	L46V7500A−3D	MS801	4	4A−LCD46OS−SS2	08−MS80102−MA200AA	81−PE371C4−PL200AB
1079	L48E4660AN−3D	MS801	115	4A−LCD48OS−SS2	08−MS80116−MA200AA	81−PE461C4−PL200AB
1080	L48E4660AN−3D	MS801	115	4A−LCD48OS−SS2	08−MS80116−MA200AA	81−PE461C4−PL200AB
1081	L48E4680AN−3D	MS801	167	4A−LD48O5−CS2STA	08−MS80116−MA200AA	81−PE421C8−PL200AA
1082	L48E4650AN−3D	MS801	165	4A−LD48O5−CS2STA	08−MS80116−MA200AA	81−PE421C8−PL200AA
1083	L48E4610A−3D	MS801	180	4A−LCD48OS−SS2	08−MS80116−MA200AA	81−PE461C4−PL200AB
1084	L48F3500A−3D	MS801	149	4A−LCD48OS−SS2	08−MS80105−MA200AA	81−PE461C4−PL200AB
1085	L50E5500A−3D	MS801	137	4A−LCD50O−AU1STA	08−MS80105−MA200AA	81−PE461C6−PL200AA
1086	L50E5600A−3D	MS801	127	4A−LCD50E−CM5STA	08−MS80116−MA200AA	81−PE461C6−PL200AA
1087	L55E5390A−3D	MS801	73	4A−LCD55OS−SS2	08−MS80105−MA200AA	81−PE461C4−PL200AB
1088	L55E5500A−3D	MS801	69	4A−LCD55OS−SS3	08−MS80104−MA200AA	81−PE461C4−PL200AB
1089	L55F3500A−3D	MS801	148	4A−LCD55OS−SS3	08−MS80105−MA200AA	81−PE461C4−PL200AB
1090	L55V7500A−3D	MS801	2	4A−LCD55OS−SS2	08−MS80102−MA200AA	81−PE461C4−PL200AB
1091	L28D66A−P	MS801	1	4A−LD28O5−CS5GTA	08−MS80120−MA200AA	
1092	L32E5300A−3D	MS801	37	4A−LCD32O−AUB	08−MS80105−MA200AA	81−PE061C3−PL200AA
1093	L32E5500A−3D	MS801	152	4A−LCD32O−LG1	08−MS80105−MA200AA	81−PE061C3−PL200AA
1094	L39E5050A−3D	MS801	71	4A−LCD39E−CM4S	08−MS80105−MA200AA	81−PE371C6−PL200AB
1095	L39E5050A−3D	MS801	83	4A−LCD39E−CM5S	08−MS80105−MA200AA	81−PE371C6−PL200AB
1096	L39F3500A−3D	MS801	75	4A−LCD39OP−AU3	08−MS80105−MA200AA	81−PE371C5−PL200AB
1097	L39F3500A−3D	MS801	153	4A−LCD39O−AU2PTA	08−MS80105−MA200AA	81−PE371C5−PL200AB
1098	L40E5300A	MS801	26	4A−LCD40O−SS1	08−MS80105−MA200AA	81−PE371C4−PL200AB
1099	L40F3500A−3D	MS801	76	4A−LCD40O−SS3STA	08−MS80105−MA200AA	81−PE371C6−PL200AB
1100	L40F3500A−3D	MS801	154	4A−LCD40O−SS3STA	08−MS80105−MA200AA	81−PE371C6−PL200AB
1101	L42E5300D	MS801	42	4A−LCD42O−AU5	08−MS80105−MA200AA	81−PE371C4−PL200AB
1102	L42E5300D	MS801	158	4A−LCD42O−AUEGTA	08−MS80105−MA200AA	81−PE371C4−PL200AB
1103	L42E5600A−3D	MS801	129	4A−LCD42O−LG1P	08−MS80116−MA200AA	81−PE371C5−PL200AB
1104	L42F3510A−3D	MS801	102	4A−LCD42O−LG1P	08−MS80105−MA200AA	81−PE371C5−PL200AB
1105	L42F3500A−3D	MS801	177	4A−LCD42O−LG2STA	08−MS80105−MA200AA	81−PE371C5−PL200AB
1106	L43F3390A−3D	MS801	6	4A−LCD43OS−SS1	08−MS80104−MA200AA	81−PE371C4−PL200AB
1107	L46E5590A−3D	MS801	121	4A−LCD46O−SS5STA	08−MS80113−MA200AA	81−PE371C4−PL200AB
1108	L46E5610A−3D	MS801	143	4A−LCD46O−SS4S	08−MS80116−MA200AA	81−PE461C4−PL200AB
1109	L46F3500A−3D	MS801	78	4A−LCD46O−SS4S	08−MS80105−MA200AA	81−PE461C4−PL200AB
1110	L46F3500A−3D	MS801	78	4A−LCD46O−SS4S	08−MS80105−MA200AA	81−PE461C4−PL200AB
1111	L46F3510A−3D	MS801	103	4A−LCD46O−SS4S	08−MS80105−MA200AA	81−PE461C4−PL200AB
1112	L46F3500A−3D	MS801	139	4A−LCD46O−CS2STA	08−MS80105−MA200AA	81−PE421C6−PL200AA
1113	L46F3500A−3D	MS801	150	4A−LCD46O−SS4S	08−MS80105−MA200AA	81−PE461C4−PL200AB

	机型	机芯	屏参信息	显示屏物编	数字板组件号	电源板组件号
1114	L48E4600A－3D	MS801	117	4A－LCD48OS－SS2	08－MS80116－MA200AA	81－PE461C4－PL200AB
1115	L48E4660AN－3D	MS801	166	4A－LD48O5－CS2STA	08－MS80116－MA200AA	81－PE421C8－PL200AA
1116	L48E4650AN－3D	MS801	165	4A－LD48O5－CS2STA	08－MS80116－MA200AA	81－PE421C8－PL200AA
1117	L48E5060A－3D	MS801	72	4A－LCD48E－CS2S	08－MS80104－MA200AA	81－PE421C6－PL200AA
1118	L48F3390A－3D	MS801	5	4A－LCD48OS－SS2	08－MS80104－MA200AA	81－PE461C4－PL200AB
1119	L48F3500A－3D	MS801	118	4A－LCD48O－CS1STA	08－MS80105－MA200AA	81－PE421C6－PL200AA
1120	L48F3500A－3D	MS801	175	4A－LCD48O－CS1STA	08－MS80105－MA200AA	81－PE421C8－PL200AA
1121	L50E4500A－3D	MS801	23	4A－LCD50EP－AU1	08－MS80105－MA200AA	81－PE421C6－PL200AA
1122	L55E5500A－3D	MS801	69	4A－LCD55OS－SS3	08－MS80104－MA200AA	81－PE461C4－PL200AB
1123	L55F3500A－3D	MS801	80	4A－LCD55OS－SS3	08－MS80105－MA200AA	81－PE421C8－PL200AA
1124	L55F3500A－3D	MS801	172	4A－LCD55O－CS1STA	08－MS80105－MA200AA	81－PE421C6－PL200AA
1125	L55V7300A－3D	MS801	51	4A－LCD55ES－SSE	08－MS80105－MA200AA	81－PE461C6－PL200AA
1126	L32E4500A－3D	MS801	53	4A－LCD32O－LG1	08－MS80105－MA200AA	81－PE081C5－PL200AA
1127	L32E5300D	MS801	11	4A－LCD32O－CS1	08－MS80104－MA200AA	81－PE061C3－PL200AA
1128	L32E5300A	MS801	18	4A－LCD32O－CS1	08－MS80104－MA200AA	81－PE061C3－PL200AA
1129	L32E5300A－3D	MS801	86	4A－LCD32O－AU1PTA	08－MS80105－MA200AA	81－PE061C3－PL200AA
1130	L32F3500A－3D	MS801	159	4A－LCD32O－LG1	08－MS80105－MA200AA	81－PE061C3－PL200AA
1131	L39F3510A－3D	MS801	100	4A－LCD39O－AU2PTA	08－MS80105－MA200AA	08－PE371C8－PW200AA
1132	L40F3500A－3D	MS801	161	4A－LCD40O－SS3STA	08－MS80105－MA200AA	81－PE371C6－PL200AB
1133	L40F3500A－3D	MS801	181	4A－LCD40O－SS3STA	08－MS80105－MA200AA	81－PE371C6－PL200AB
1134	L42E4380A－3D	MS801	33	4A－LCD42O－AU6	08－MS80105－MA200AA	81－PE371C4－PL200AB
1135	L42E4500A－3D	MS801	54	4A－LCD42O－AU6	08－MS80104－MA200AA	81－PE371C4－PL200AB
1136	L42E4500A－3D	MS801	95	4A－LCD42O－LG1P	08－MS80104－MA200AA	81－PE371C4－PL200AB
1137	L42E4680AN－3D	MS801	142	4A－LCD42O－AUDPTA	08－MS80116－MA200AA	81－PE371C5－PL200AB
1138	L42E4610AN－3D	MS801	179	4A－LCD42O－AUDPTA	08－MS80116－MA200AA	81－PE371C5－PL200AB
1139	L42E5610A－3D	MS801	169	4A－LCD42O－LG2STA	08－MS80116－MA200AA	81－PE371C5－PL200AB
1140	L43E5300A－3D	MS801	63	4A－LCD43OS－SS1	08－MS80105－MA200AA	81－PE371C4－PL200AB
1141	L46E5300D－3D	MS801	36	4A－LCD46O－AU4	08－MS80105－MA200AA	81－PE371C4－PL200AB
1142	L46E5300D	MS801	173	4A－LCD46O－SS7GTA	08－MS80105－MA200AA	81－PE371C5－PL200AB
1143	L46E5610A－3D	MS801	143	4A－LCD46O－SS4S	08－MS80116－MA200AA	81－PE461C4－PL200AB
1144	L46F3500A－3D	MS801	139	4A－LCD46O－CS2STA	08－MS80105－MA200AA	81－PE421C6－PL200AA
1145	L46F3500A－3D	MS801	150	4A－LCD46O－SS4S	08－MS80105－MA200AA	81－PE461C4－PL200AB
1146	L46F3500A－3D	MS801	170	4A－LCD46O－SS8STA	08－MS80105－MA200AA	81－PE421C8－PL200AA
1147	L48E4660AN－3D	MS801	166	4A－LD48O5－CS2STA	08－MS80116－MA200AA	81－PE421C8－PL200AA
1148	L48E4650AN－3D	MS801	165	4A－LD48O5－CS2STA	08－MS80116－MA200AA	81－PE421C8－PL200AA
1149	L48E5390A－3D	MS801	43	4A－LCD48OS－SS2	08－MS80105－MA200AA	81－PE461C4－PL200AB
1150	L48F3500A－3D	MS801	135	4A－LCD48O－SS3STA	08－MS80105－MA200AA	81－PE421C6－PL200AA
1151	L50E5500A－3D	MS801	185	4A－LCD50O－AU1STA	08－MS80105－MA200AA	81－PE371C6－PL200AB
1152	L55E5590A－3D	MS801	120	4A－LCD55O－SS4STA	08－MS80113－MA200AA	81－PE461C4－PL200AB
1153	L55F3390A－3D	MS801	57	4A－LCD55OS－SS3	08－MS80104－MA200AA	81－PE461C4－PL200AB
1154	L55F3500A－3D	MS801	172	4A－LCD55O－CS1STA	08－MS80105－MA200AA	81－PE421C6－PL200AA
1155	L55F3500A－3D	MS801	172	4A－LCD55O－CS1STA	08－MS80105－MA200AA	81－PE421C6－PL200AA
1156	L32E5500A－3D	MS801	65	4A－LCD32O－LG1	08－MS80105－MA200AA	81－PE061C3－PL200AA
1157	L37E5300D	MS801	12	4A－LCD37O－CS1	08－MS80104－MA200AA	81－PE371C4－PL200AB
1158	L39E4380A－3D	MS801	32	4A－LCD39OP－AU3	08－MS80105－MA200AA	81－PE371C4－PL200AB
1159	L42E5300D	MS801	158	4A－LCD42O－AUEGTA	08－MS80105－MA200AA	81－PE371C4－PL200AB
1160	L42E5500A－3D	MS801	66	4A－LCD42O－LG1P	08－MS80105－MA200AA	81－PE371C5－PL200AB
1161	L42F1580A－3D	MS801	46	4A－LCD42EP－LG7	08－MS80105－MA200AA	81－PE421C6－PL200AA
1162	L42F3500A－3D	MS801	151	4A－LCD42O－LG2STA	08－MS80105－MA200AA	81－PE371C5－PL200AB
1163	L43E5060A－3D	MS801	15	4A－LCD43ES－SS4	08－MS80104－MA200AA	81－PE421C6－PL200AA
1164	L43E5310A－3D	MS801	63	4A－LCD43OS－SS1	08－MS80105－MA200AA	81－PE371C4－PL200AB
1165	L43F3390A－3D	MS801	56	4A－LCD43OS－SS1	08－MS80104－MA200AA	81－PE371C4－PL200AB
1166	L43V7300A－3D	MS801	49	4A－LCD43ES－SS5	08－MS80104－MA200AA	81－PE421C6－PL200AA
1167	L46E5590A－3D	MS801	121	4A－LCD46O－SS5STA	08－MS80113－MA200AA	81－PE461C4－PL200AB
1168	L46E5600A－3D	MS801	128	4A－LCD46O－SS4S	08－MS80116－MA200AA	81－PE461C4－PL200AB
1169	L46F3570A－3D	MS801	106	4A－LCD46O－SS4S	08－MS80105－MA200AA	81－PE461C4－PL200AB
1170	L46F3500A－3D	MS801	170	4A－LCD46O－SS8STA	08－MS80105－MA200AA	81－PE421C8－PL200AA
1171	L46F3500A－3D	MS801	162	4A－LCD46O－SS8STA	08－MS80105－MA200AA	81－PE371C6－PL200AB
1172	L48E4610A－3D	MS801	180	4A－LCD48OS－SS2	08－MS80116－MA200AA	81－PE461C4－PL200AB

	机型	机芯	屏参信息	显示屏物编	数字板组件号	电源板组件号
1173	L48E5060A—3D	MS801	16	4A—LCD48ES—SS3	08—MS80104—MA200AA	81—PE421C6—PL200AA
1174	L48E5300A—3D	MS801	43	4A—LCD48OS—SS2	08—MS80105—MA200AA	81—PE461C4—PL200AB
1175	L48E5300A—3D	MS801	64	4A—LCD48OS—SS2	08—MS80105—MA200AA	81—PE461C4—PL200AB
1176	L48E5390A—3D	MS801	64	4A—LCD48OS—SS2	08—MS80105—MA200AA	08—PE461C4—PW200AA
1177	L48F3500A—3D	MS801	163	4A—LCD48O—SS3STA	08—MS80105—MA200AA	81—PE421C8—PL200AA
1178	L55E5610A—3D	MS801	122	4A—LCD55OS—SS3	08—MS80116—MA200AA	81—PE461C4—PL200AB
1179	L55F3500A—3D	MS801	148	4A—LCD55OS—SS3	08—MS80105—MA200AA	81—PE461C4—PL200AB
1180	L55F3500A—3D	MS801	174	4A—LCD55O—CS1STA	08—MS80105—MA200AA	81—PE421C6—PL200AA

50款常见液晶屏维修“TAB飞线点位”图解总汇

刘应慧

1. 5090A飞线点位图解

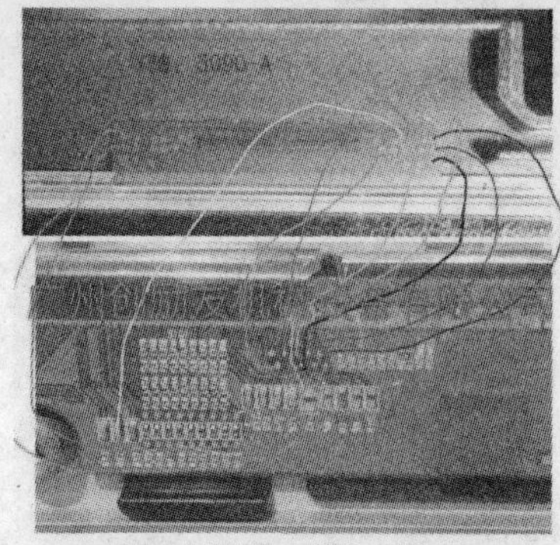

5090A飞线点位实物挂机图解

2. 8658-B CBJV飞线点位图解

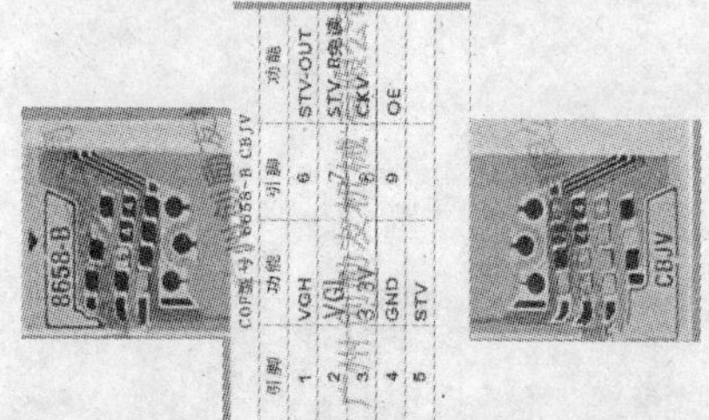

COF型号：8658-B CBJV

引脚	功能	引脚	功能
1	VGH	6	STV-OUT
2	VGL	7	STV-R
3	3.3V	8	CKV
4	GND	9	OE
5	STV		

3. 8658-B X 8031-DCBLG飞线点位图解

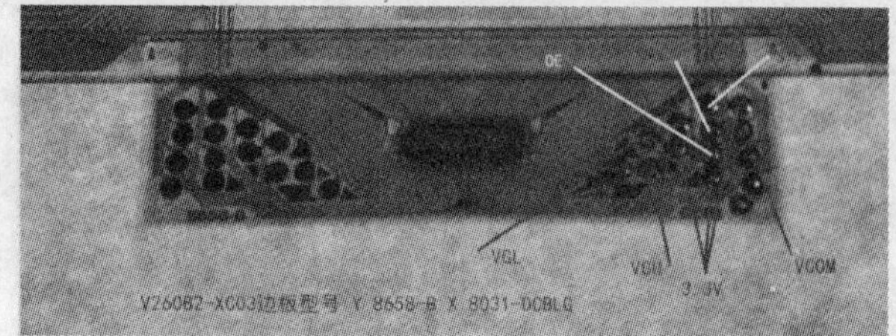

4. 8658-CY40飞线点位图解

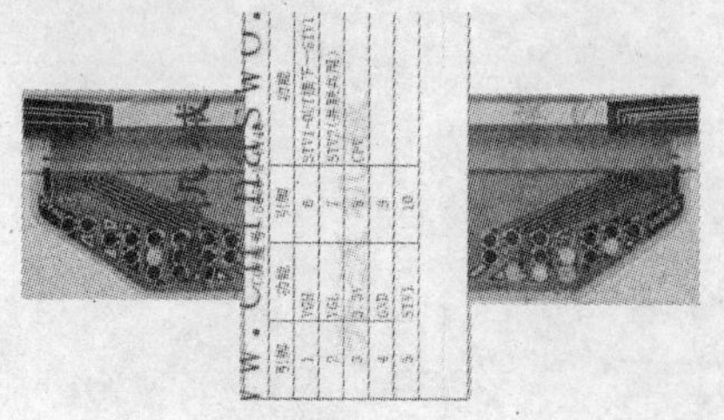

5. 8659-M CY61飞线点位图解

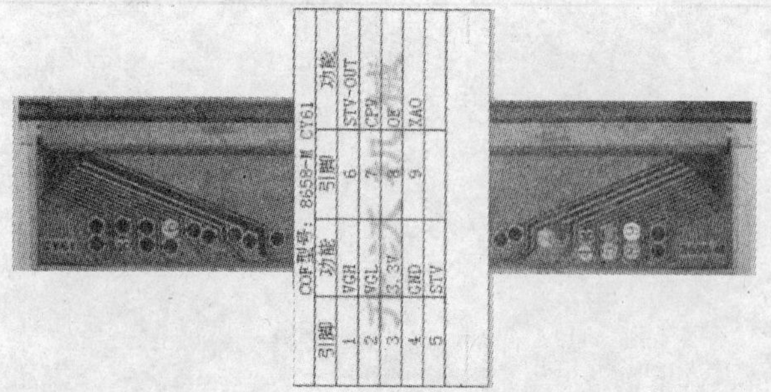

COF型号：8658-M CY61

引脚	功能	引脚	功能
1	VGH	6	STV-OUT
2	VGL	7	CPV
3	3.3V	8	OE
4	GND	9	XAO
5	STV		

6. 8651-A CBD7飞线点位图解

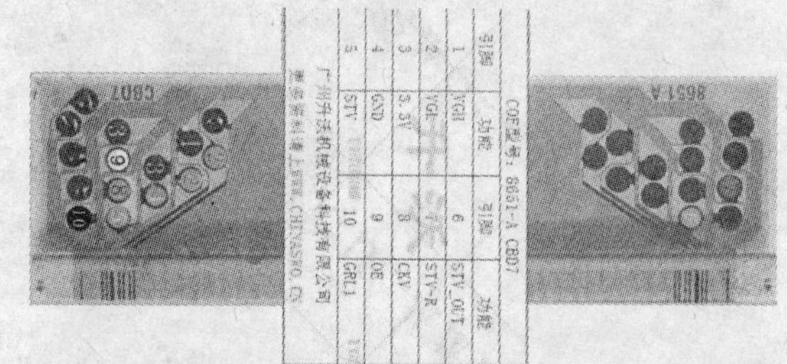

COF型号：8651-A CBD7

引脚	功能	引脚	功能
1	VGH	6	STV_OUT
2	VGL	7	STV-R
3	3.3V	8	CKV
4	GND	9	OE
5	STV	10	GRL1

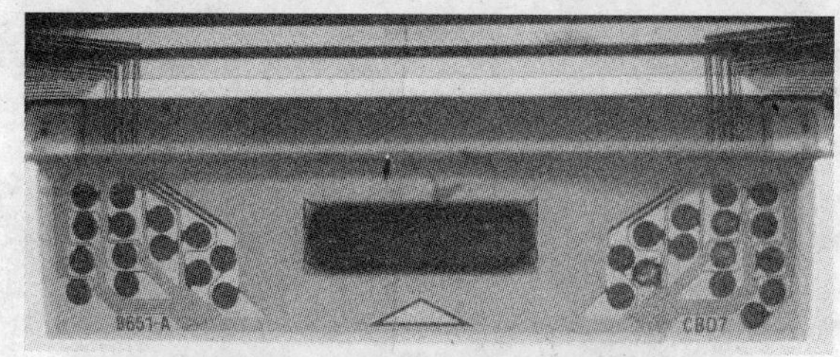

7. 8651-C CV18飞线点位图解

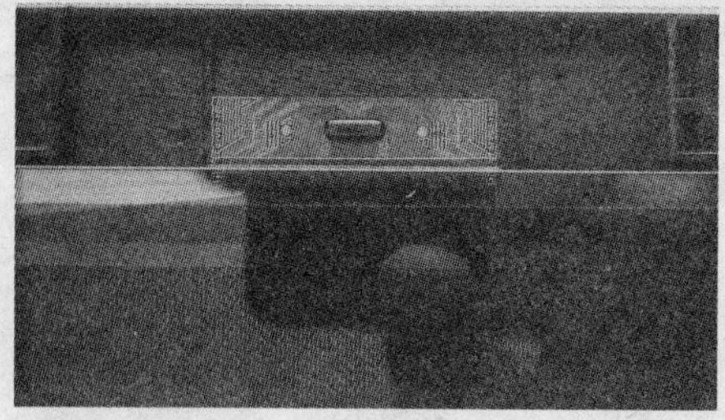

8. 8656-H C502飞线点位图解

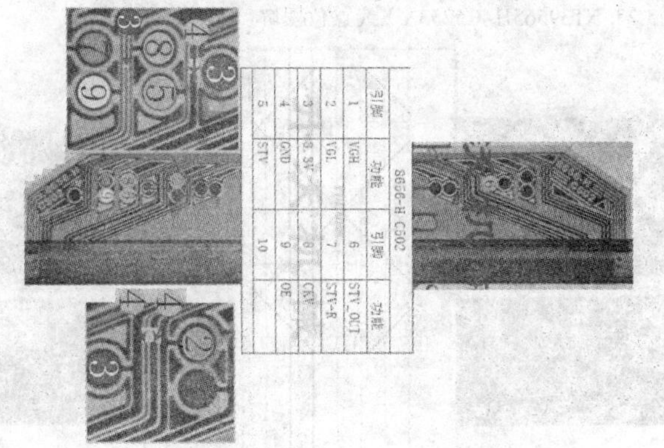

8656-H C502			
引脚	功能	引脚	功能
1	VGH	6	STV_OUT
2	VGL	7	STV-R
3	3.3V	8	CKV
4	GND	9	OE
5	STV	10	

9. 8697-B CYA7飞线点位图解

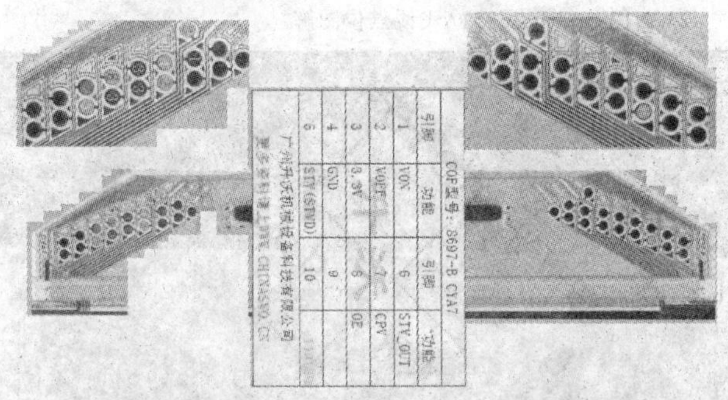

COF型号：8697-B CYA7			
引脚	功能	引脚	功能
1	VON	6	STV_OUT
2	VOFF	7	CPV
3	3.3V	8	OE
4	GND	9	
5	STV(STVD)	10	

广州升沃机电设备科技有限公司
更多资料请上PPS CHINA580.CC

10. 京东方8656-F CYOB vgh飞线点位图解

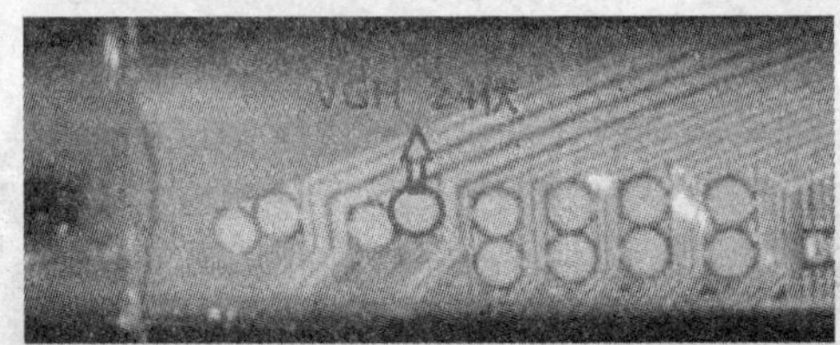

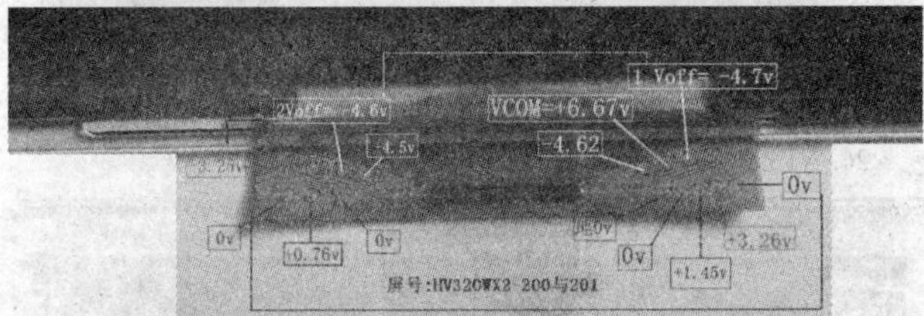

京东方8656-F CYOB 屏号:HV320WX2-200、201飞线点位图解

11. 5253-ACBPQ飞线点位图解

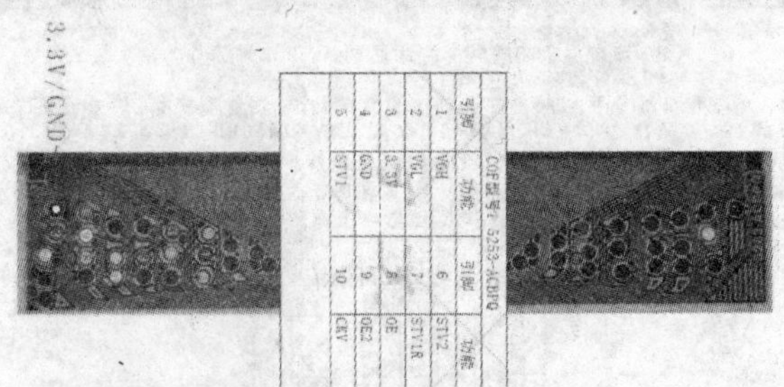

COF型号：5253-ACBPQ			
引脚	功能	引脚	功能
1	VGH	6	STV2
2	VGL	7	STV1R
3	3.3V	8	OE
4	GND	9	OE2
5	STV1	10	CKV

12. 5253-BCBR3飞线点位图解

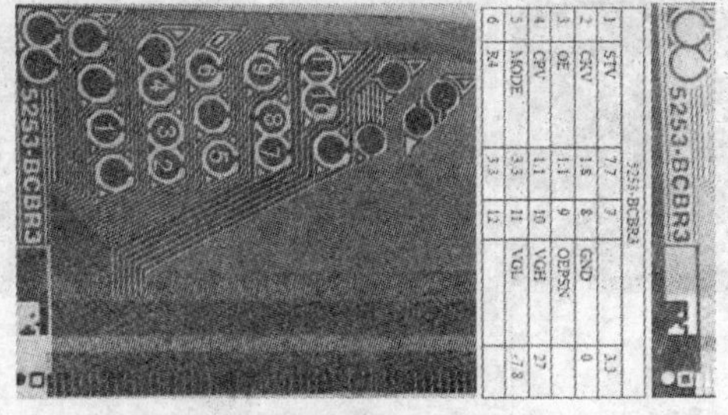

5253-BCBR3					
1	STV	7.7	7		3.3
2	CKV	1.8	8	GND	0
3	OE	1.1	9	OEPSN	
4	CPV	1.1	10	VGH	27
5	MODE	3.3	11	VGL	-7.8
6	R4	3.3	12		

13. 5276ACBR6飞线点位图解

5276ACBR6

编号	名称	电压	编号	名称	电压
5	VGH	27	14	信号	1.1
4	VGL	-7	15	信号	1.1
18	VCM-F	8	16	信号	1.8
8	GND	GND	19		0.3
1,2,3,6		-7	9,11,12,13		3.3

14. D10C30G0023-CF0C1SSR飞线点位图解

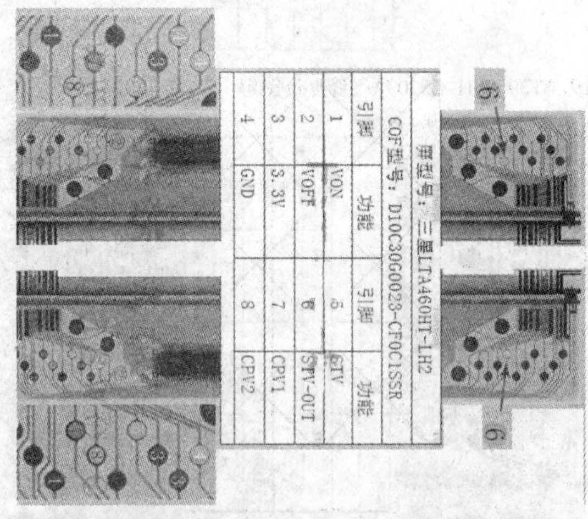

屏型号：三星LTA460HT-LH2			
COF型号：D10C30G0023-CF0C1SSR			
引脚	功能	引脚	功能
1	VON	5	STV
2	VOFF	6	STV-OUT
3	3.3V	7	CPV1
4	GND	8	CPV2

15. 742PPTSFP-A01飞线点位图解

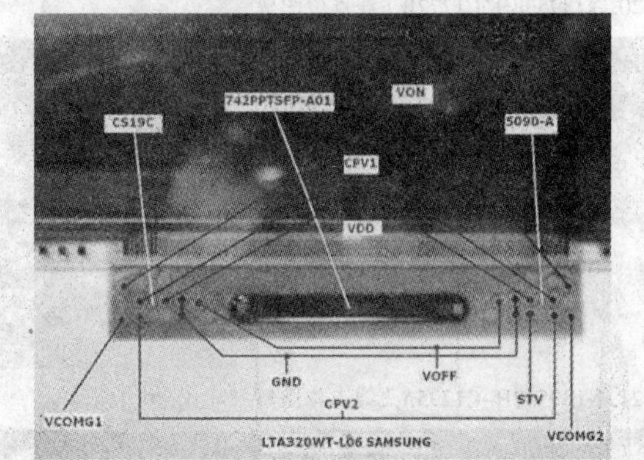

16. MN998473飞线点位图解

17. MT3807VC飞线点位图解

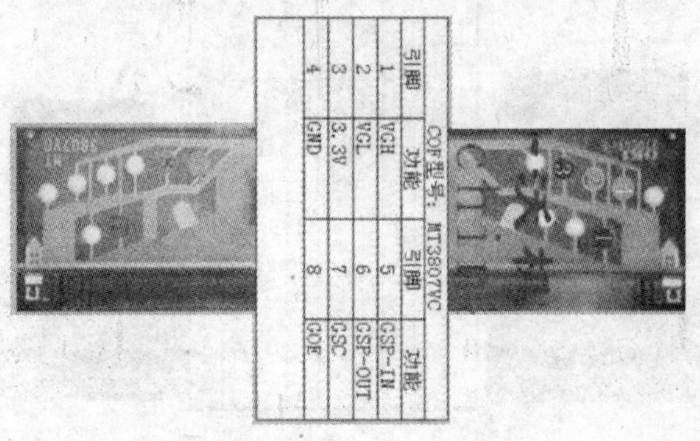

COF型号：MT3807VC			
引脚	功能	引脚	功能
1	VGH	5	GSP-IN
2	VGL	6	GSP-OUT
3	3.3V	7	GSC
4	GND	8	GOE

18. NT3563H-C6502A (B)飞线点位图解

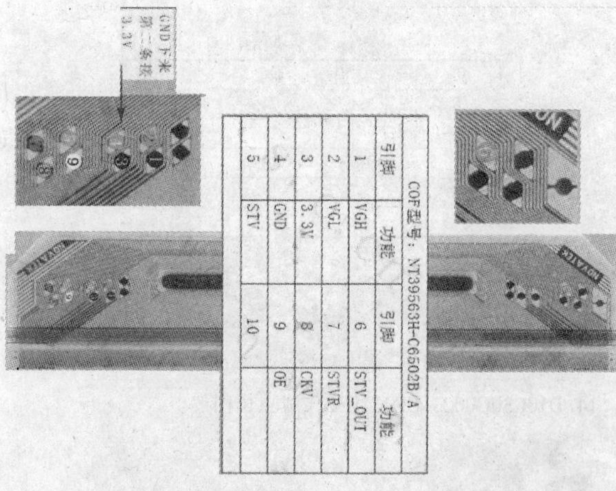

COF型号：NT39563H-C6502B/A

引脚	功能	引脚	功能
1	VGH	6	STV_OUT
2	VGL	7	STVR
3	3.3V	8	CKV
4	GND	9	OE
5	STV	10	

19. NT39530H-C5203A飞线点位图解

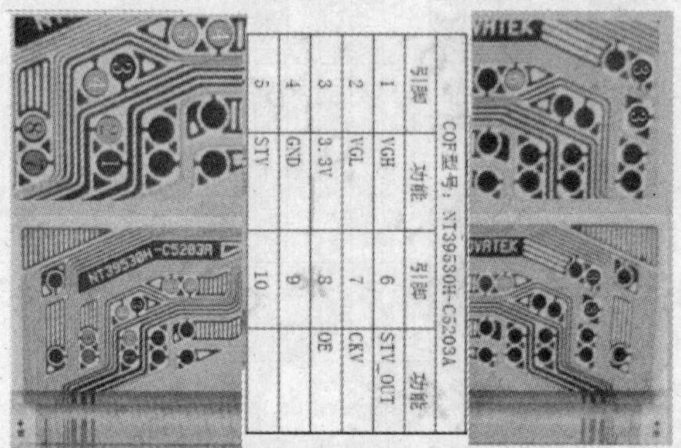

COF型号：NT39530H-C5203A

引脚	功能	引脚	功能
1	VGH	6	STV_OUT
2	VGL	7	CKV
3	3.3V	8	OE
4	GND	9	
5	STV	10	

20. NT39538H-C1272B飞线点位图解

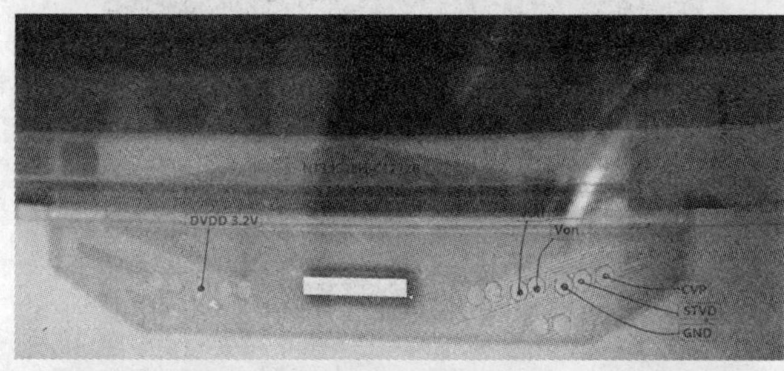

21. NT39538H-C1295A飞线点位图解

22. NT39563H-C6502A(B)飞线点位图解

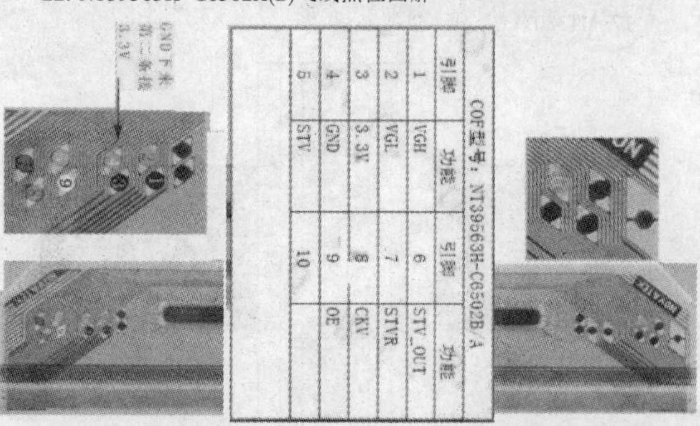

COF型号：NT39563H-C6502B/A

引脚	功能	引脚	功能
1	VGH	6	STV_OUT
2	VGL	7	STVR
3	3.3V	8	CKV
4	GND	9	OE
5	STV	10	

23. NT39565H-C5253A飞线点位图解

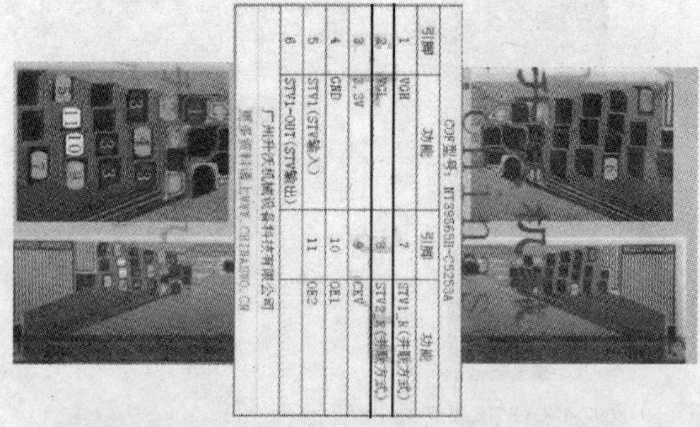

COF型号：NT39565H-C5253A

引脚	功能	引脚	功能
1	VGH	7	STV1_R(并联方式)
2	VGL	8	STV2_R(串联方式)
3	3.3V	9	CKV
4	GND	10	OE1
5	STV1(STV输入)	11	OE2
6	STV1-OUT(STV输出)		

广州升尔机械设备科技有限公司

更多资料请上WWW.CHINASTO.CN

24. NT39567H-C5251A飞线点位图解

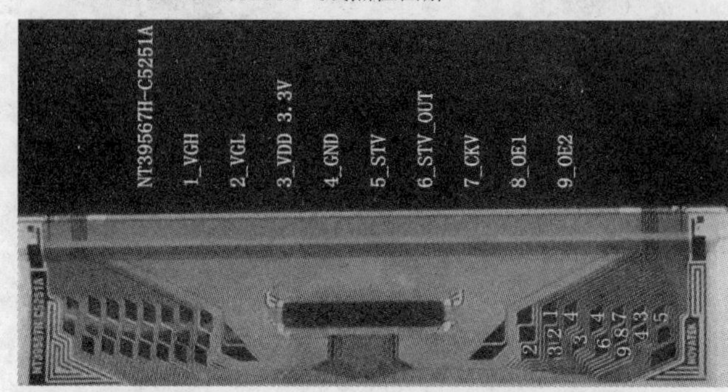

25. NT39567H-C5251B飞线点位图解

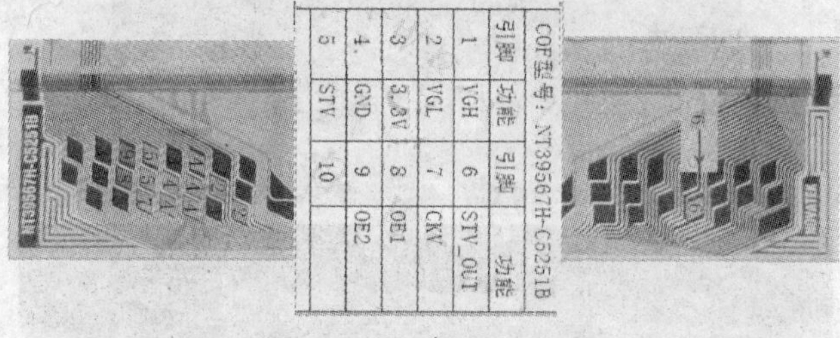

COF型号：NT39567H-C5251B

引脚	功能	引脚	功能
1	VGH	6	STV_OUT
2	VGL	7	CKV
3	3.3V	8	OE1
4	GND	9	OE2
5	STV	10	

26. NT39567H-C5284A飞线点位图解

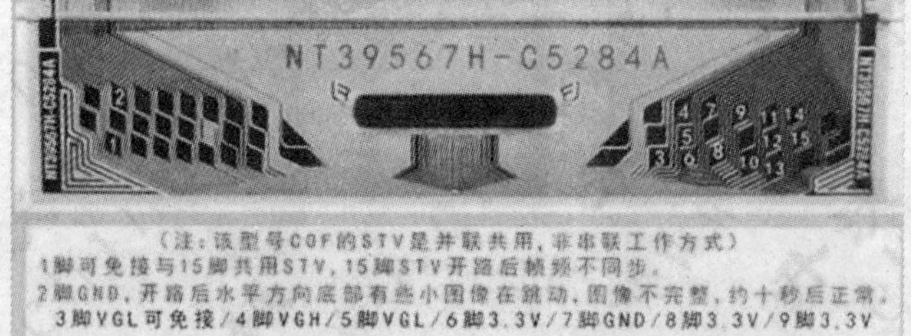

（注：该型号COF的STV是并联共用，非串联工作方式）

1脚可免接与15脚共用STV，15脚STV开路后帧频不同步。

2脚GND，开路后水平方向底部有些小图像在跳动，图像不完整，约十秒后正常。

3脚VGL可免接/4脚VGH/5脚VGL/6脚3.3V/7脚GND/8脚3.3V/9脚3.3V

10脚CKV11脚OE112脚OE2/13脚3.3V可不接/14脚GND可不接/15脚STV

8脚开路时图像上端2分之一被拉伸至满屏。

9脚开路时下端4分之一图像错位显示在上端的4分之一处。

27. NT61203H-C5604A飞线点位图解

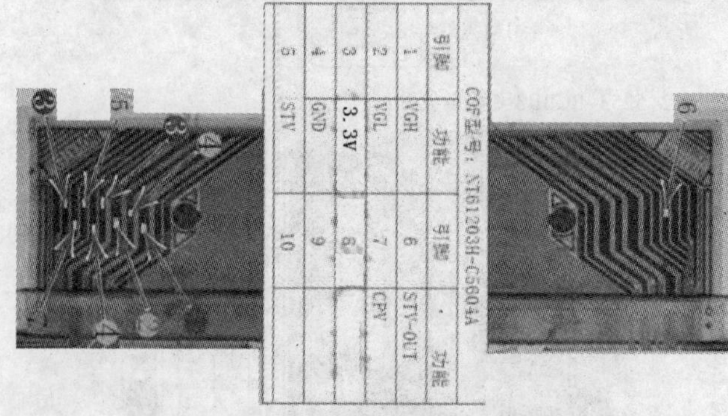

COF型号：NT61203H-C5604A

引脚	功能	引脚	功能
1	VGH	6	STV-OUT
2	VGL	7	CPV
3	3.3V	8	
4	GND	9	
5	STV	10	

28. NT61227H-C1217B飞线点位图解

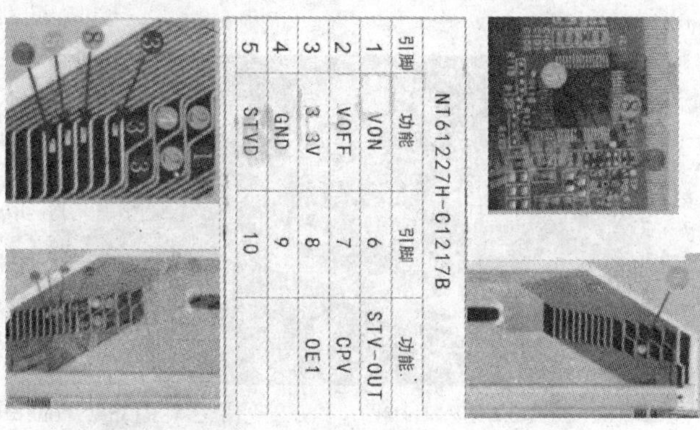

NT61227H-C1217B

引脚	功能	引脚	功能
1	VON	6	STV-OUT
2	VOFF	7	CPV
3	3.3V	8	OE1
4	GND	9	
5	STVD	10	

29. NV1047FHA(L)飞线点位图解

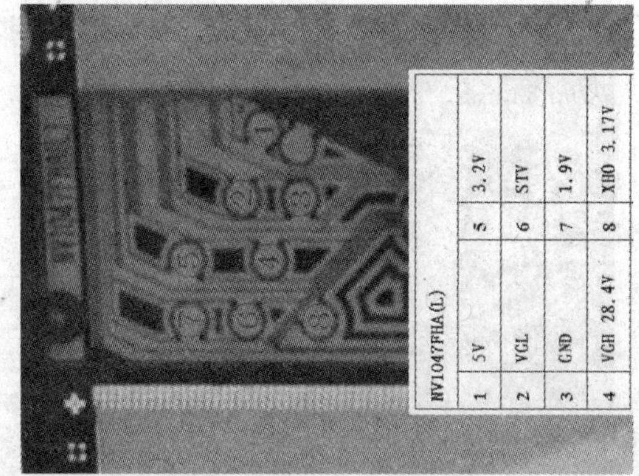

NV1047FHA(L)

1	5V	5	3.2V
2	VGL	6	STV
3	GND	7	1.9V
4	VGH 28.4V	8	XHO 3.17V

30. RM76150FA-034飞线点位图解

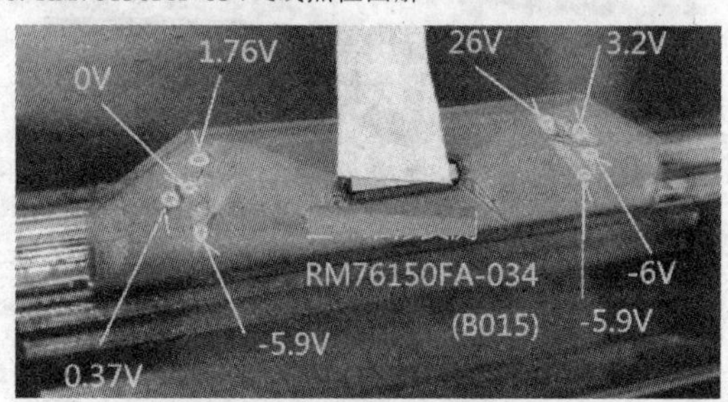

31. RM76151FH-061飞线点位图解

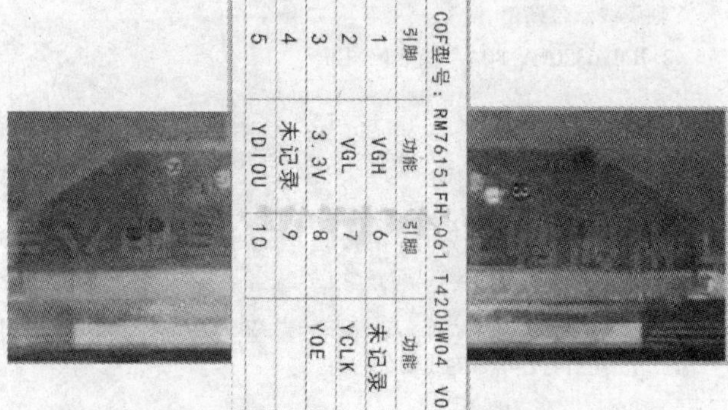

COF型号：RM76151FH-061 T420HW04 V0

引脚	功能	引脚	功能
1	VGH	6	未记录
2	VGL	7	YCLK
3	3.3V	8	YOE
4	未记录	9	
5	YDIOU	10	

32. RM76153FJ-0AI飞线点位图解

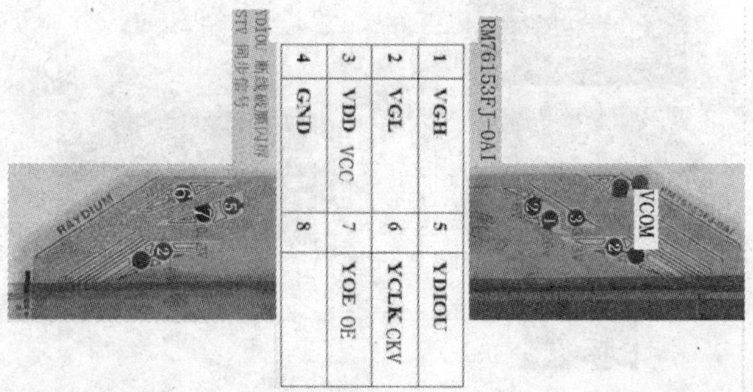

RM76153FJ-0AI

1	VGH	5	YDIOU
2	VGL	6	YCLK CKV
3	VDD VCC	7	YOE OE
4	GND	8	

33. RM76190FA-0A0飞线点位图解

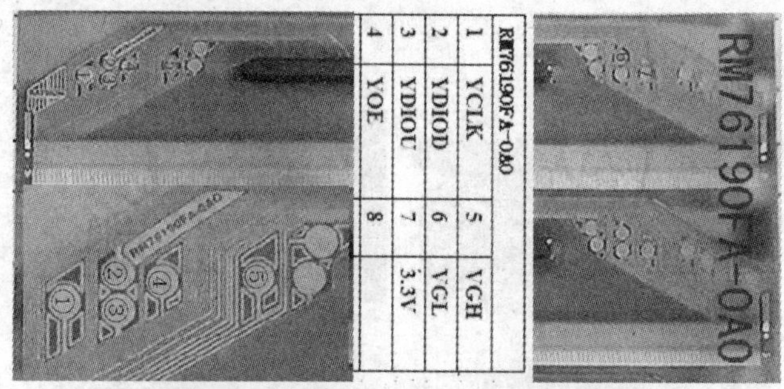

RM76190FA-0A0

1	YCLK	5	VGH
2	YDIOD	6	VGL
3	YDIOU	7	3.3V
4	YOE	8	

34. 京东方、RM76153飞线点位图解

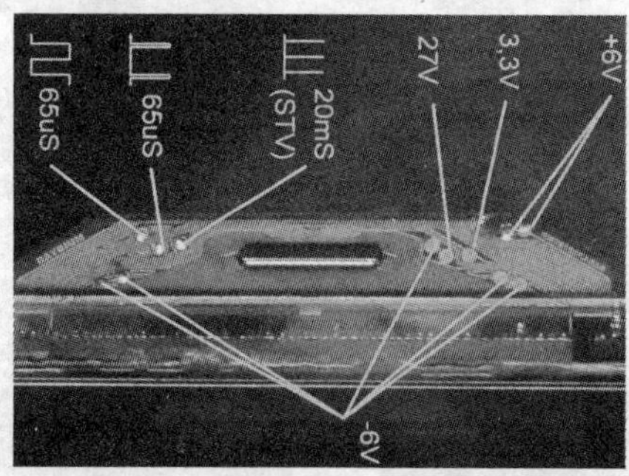

35. SSD3272U2R4、SSD3273U2R4飞线点位图解

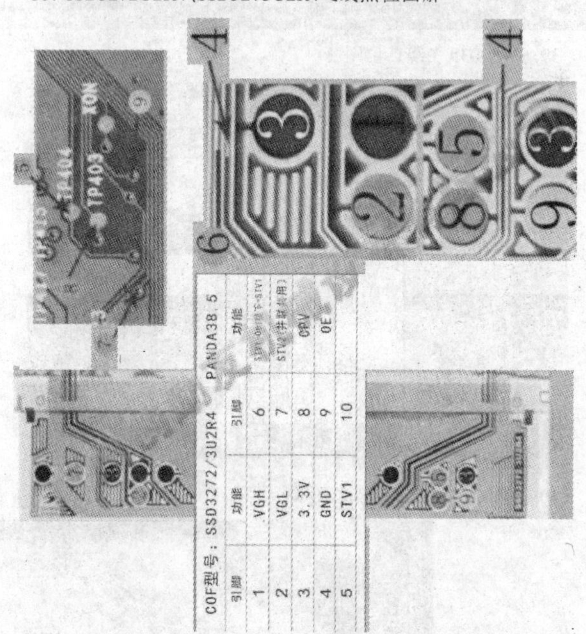

COF型号：SSD3272/3U2R4　PANDA38.5

引脚	功能	引脚	功能
1	VGH	6	[illegible]
2	VGL	7	STV(并联共用)
3	3.3V	8	CPV
4	GND	9	OE
5	STV1	10	

36. SSD3273U2R4飞线点位图解

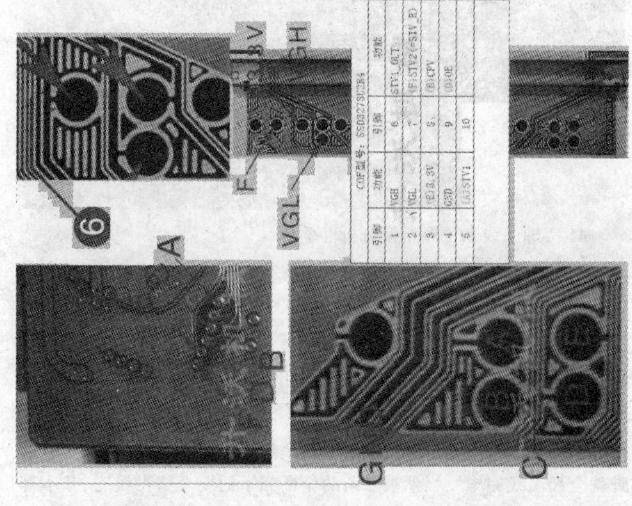

COF型号：SSD3273U2R4

引脚	功能	引脚	功能
1	VGH	6	STV1_OUT
2	VGL	7	(F)STV2(=STV_E)
3	(E)3.3V	8	(D)CPV
4	GND	9	(D)OE
5	(C)STV1	10	

37. RM76320FB-61A飞线点位图解

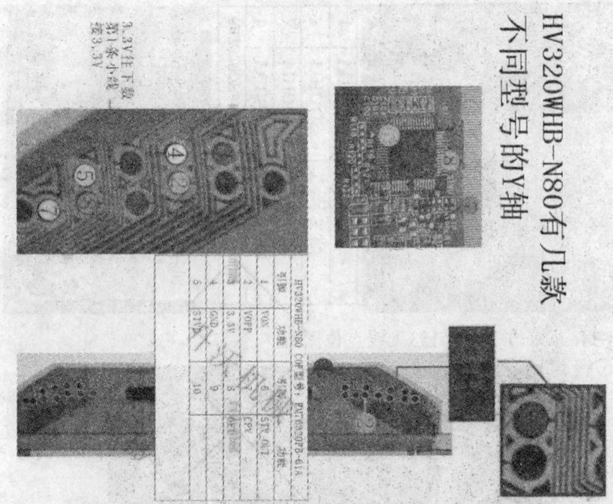

38. RM76320FB-61A飞线点位图解

39. SW8003K飞线点位图解

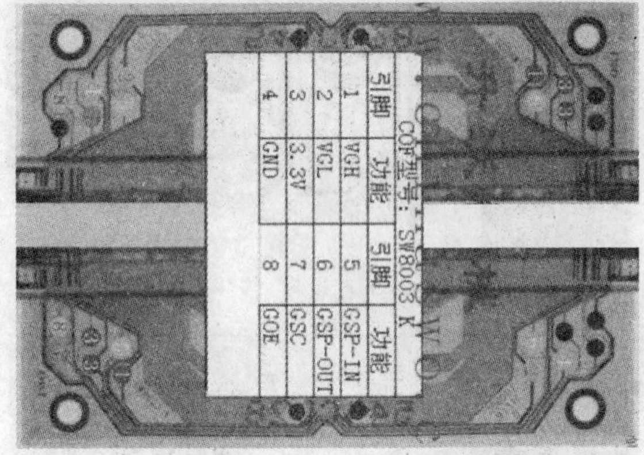

COF型号：SW8003 K

引脚	功能	引脚	功能
1	VGH	5	GSP-IN
2	VGL	6	GSP-OUT
3	3.3V	7	GSC
4	GND	8	GOE

40. V260B1-L12 飞线点位图解

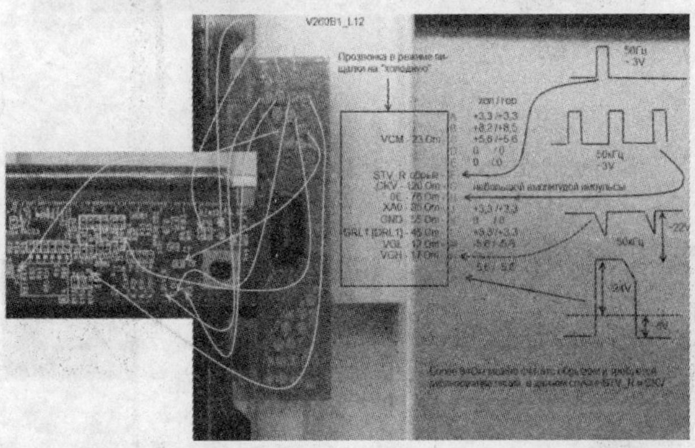

41. Y轴飞线点位图解及分析经验

Y轴故障分析，只要能判断出是Y轴电极接触不良或断极，还有就是你焊接技能过硬，按照下列的点对点飞线即可。另注意：(1)需要知道Y轴①脚和②脚是空脚，是无用脚，在点对点时不能算作为引脚数。(2)Y轴靠近板的除空脚处的①、②、③、④脚是不进Y轴，是无用的，剩下的就是我们飞线要用的引脚了。而PC板X轴靠玻璃边的①脚，Y轴⑥脚时对PC板的⑤脚，⑦脚对⑥脚以此类推，直到Y轴的㉑脚对PC的⑳脚就全部飞线完毕。当然被除角的全断完了的要全部飞线完，基本都是飞前面的5条就行了。因为前面的电极最小屏受潮最容易造成断极和接触不良。

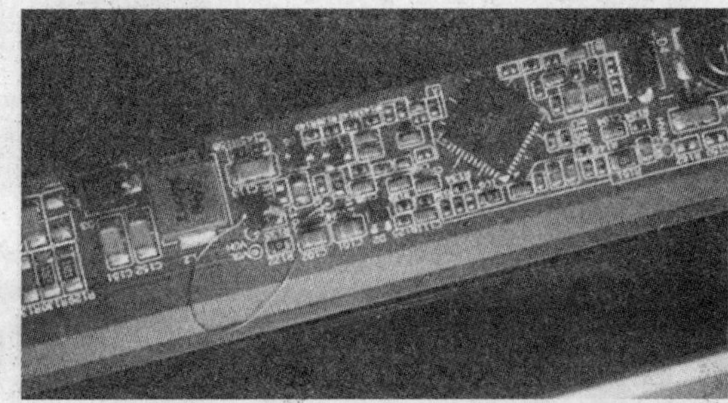

参照奇美屏边采用丝印LD3贴片作升压电路，去掉R135贴片0欧姆电阻，丝印三极管第①脚接VGHF点位，第二脚接VGH点，第三脚串贴片电容接R135另一端，VGH由原来33V升到43V可解决残影暗斑故障。

Y轴飞线点位图解经验

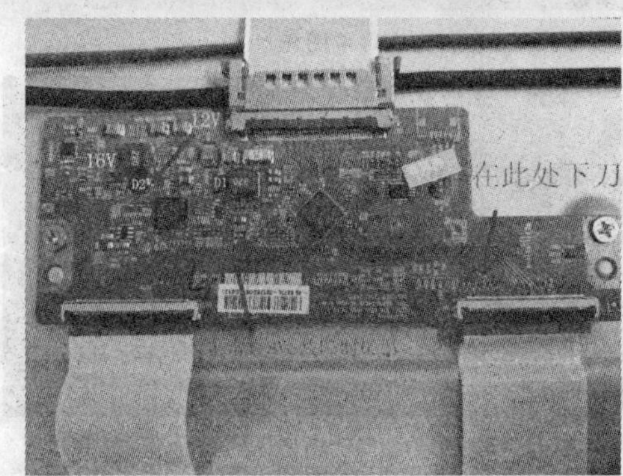

Y轴飞线点位图解

42. RM76370FA-80A飞线点位图解

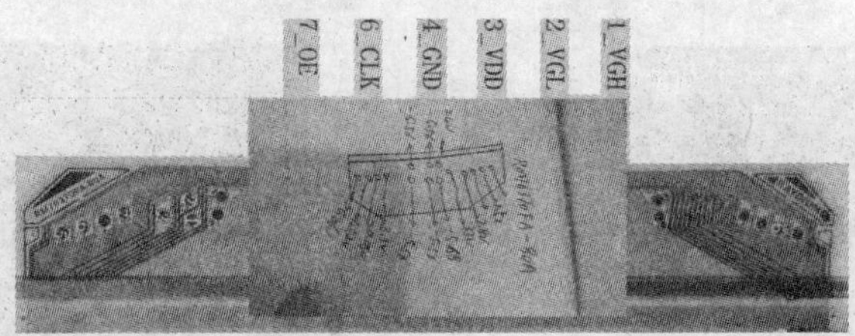

43. RM76311FC-805飞线点位图解

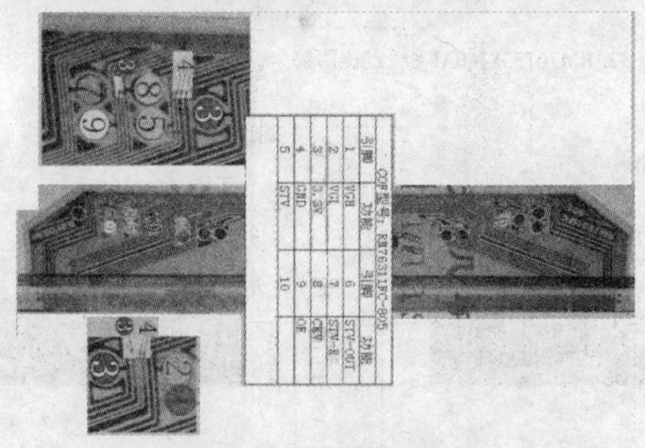

COF型号：RM76311FC-805

引脚	功能	引脚	功能
1	VGH	6	STV-OUT
2	VGL	7	STV-R
3	3.3V	8	CKV
4	GND	9	OE
5	STV	10	

44. ST3151A04-1_RM76311FC-805飞线点位图解

45. RM76112FD-032飞线点位图解

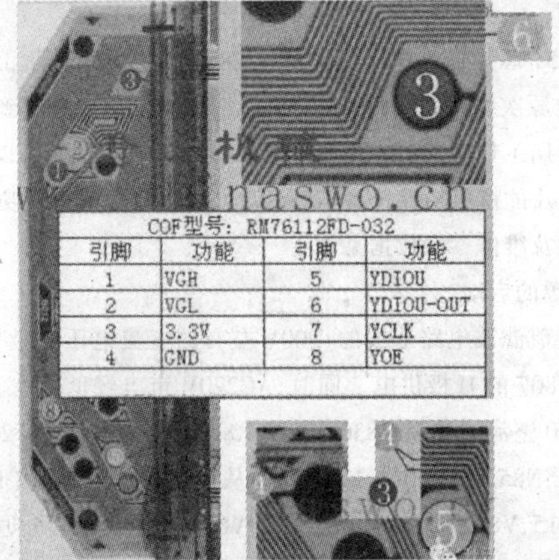

COF型号：RM76112FD-032			
引脚	功能	引脚	功能
1	VGH	5	YDIOU
2	VGL	6	YDIOU-OUT
3	3.3V	7	YCLK
4	GND	8	YOE

46. NT39538H-C1272A(1)飞线点位图解

47. NT39538H-C1272A(2)飞线点位图解

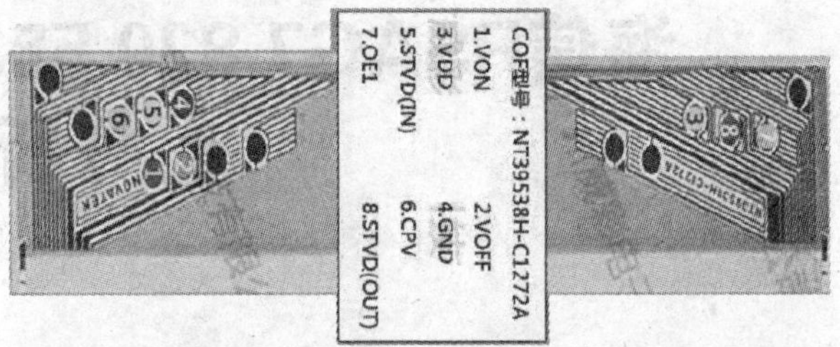

COF型号：NT39538H-C1272A
1.VON　2.VOFF
3.VDD　4.GND
5.STVD(IN)　6.CPV
7.OE1　8.STVD(OUT)

48. NT39538H-C1272A(3)飞线点位图解

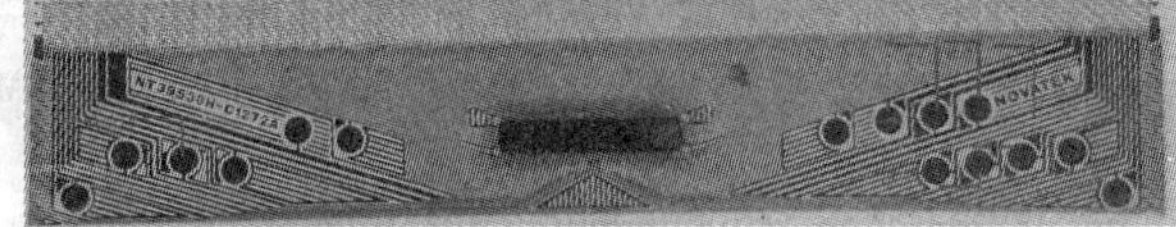

49. NT39530H-C5204A飞线点位图解

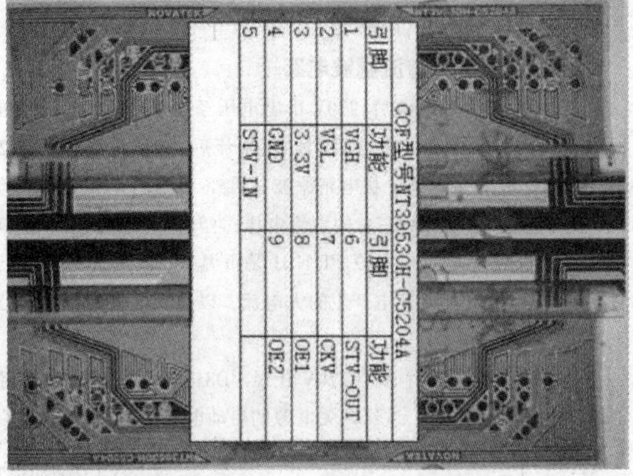

COF型号NT39530H-C5204A			
引脚	功能	引脚	功能
1	VGH	6	STV-OUT
2	VGL	7	CKV
3	3.3V	8	OE1
4	GND	9	OE2
5	STV-IN		

50. NT39538H-C1260A飞线点位图解

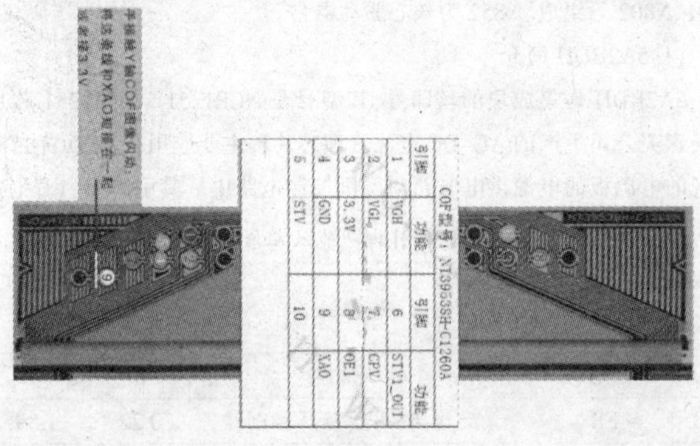

COF型号：NT39538H-C1260A			
引脚	功能	引脚	功能
1	VGH	6	STV1_OUT
2	VGL	7	CPV
3	3.3V	8	OE1
4	GND	9	XAO
5	STV	10	

海信RSAG7.820.5536型电源二合一板电路分析与维修

贺学金

海信LED液晶彩电采用的型号为RSAG7.820.5536的电源板，是集开关电源和背光灯驱动电路为一体的二合一板，其开关电源电路采用5A2RDH（N852），输出12V/2A；背光灯电路采用SELC2010M（N803），输出32V/800mA。

RSAG7.820.5536的电源板应用于海信LED32K20JD、LED32EC260JD、LED39K20D、LED40K20JD、LED40K30JD等液晶彩电中。

一、电源电路工作原理

1. 进线抗干扰及整流滤波电路

如图1所示，接通电源后，220V市电电压经连接器XP802进入电源板，通过熔丝F801和热敏电阻TH101限流后，送到由L801、L802、C801~C804组成的多级抗干扰电路滤波，再经VD805~VD808桥式整流、C810滤波，产生+300V左右的直流电压，为开关电源供电。RV801是压敏电阻，用于市电过压保护。TH101是负温度系数热敏电阻，用于抑制滤波电容C810初始充电产生的大电流，以免充电电流导致F801过流熔断。

滤除高频干扰脉冲后的AC220V还经VD814整流、C850滤波，获得145V左右的直流电压，送给开关电源的启动电路和市电检测电路。

2. 开关电源

如图2所示，开关电源主要由N852（5A2RDH）、V807、T804、N891、N802等组成，N852为核心驱动器件。

(1)5A2RDH简介

5A2RDH是集成块的丝印号，其型号是NCP1251。NCP1251芯片是安森美公司生产的AC-DC电源管理芯片，主要应用在LED背光源电视的电源板的电源供电电路和待机控制电路中。其引脚少（只有6个引脚）、体积小、待机功耗小、可靠性较高，在LED电视的电源板中有较多的应用。

表1 NCP1251引脚功能及维修参考数据

脚号	符号	功能	电压(V) 待机	电压(V) 开机
①	GND	地	0	0
②	FB	反馈脚，用于稳压控制	0.22	1.59
③	OPP/Latch	过功率保护检测输入/自锁脚，同时此脚作为过压保护脚	0	0.01
④	CS	电流检测	0	0.04
⑤	Vcc	集成电路电源	15.14	14.93
⑥	Drv	驱动脉冲输出	0.05	1.25

NCP1251芯片输入电压最大可达28V，芯片内部正常工作频率为65kHz，当电源次级在轻载条件时，芯片工作频率自动降低到26kHz或者进入跳周期工作模式。芯片内置过压、过流保护功能，可以有效保护芯片。该芯片的待机功耗仅为100mW，可以有效降低待机功耗。N852各引脚功能及维修参考数据见1。

(2)电源的启动

市电整流滤波电路形成的+300V左右的直流电压，经T804的初级绕组为V807的D极供电。同时，AC220V市电经低通滤波后，再经VD814、C850整流滤波及R836、R847、R848降压后，为N852的⑤脚提供启动电压，N852内部进入工作状态，从N852的⑥脚输出PWM驱动脉冲，经R815、V813加到MOS开关管V807的栅极，推动开关管V807工作于开关状态，在开关变压器T804次级各绕组中产生感应电压。

(3)振荡维持供电电路

开关电源启动后，开关变压器T804的辅助绕组(②-①绕组)产生的感应电压经R829、R823限流，VD825整流、C819滤波得到直流电压VCC1（待机时为16.5V左右，开机后为19V左右）。VCC1电压再经V812、VD813得到VCC电压(15V左右)，此电压送到N852的⑤脚，用于维持N852内部振荡电路继续工作。

(4)12V、24V电源电压输出电路

开关变压器T804的次级⑩~⑦绕组产生的感应电压经VD802、VD804整流，C855、C861、L811、C862滤波后，形成+12V直流电压，不仅为电源板上LED背光电路中的振荡控制电路供电，而且通过插座XP805输出送到主板。T804的⑫~⑦绕组产生的感应电压经VD816~VD818整流，C827、C828滤波后，形成+24V直流电压，为电源板上LED背光电路中的升压电路供电。

(5)稳压控制电路

稳压控制电路主要由N802、N891及N852的②脚内部电路组成。12V电压由R856、R867分压形成取样电压加到N802的R极。当12V电压升高时，N802的R极电压升高→N802的K极电流增大、电压降低→光耦N891导通程度增加→N802的②脚电流增大，通过N802内部比较器处理后对振荡器产生的脉冲占空比进行控制，使⑥脚输出的PWM方波脉冲变窄，12V电压下降。当12V电压降低时，控制过程与上述相反。

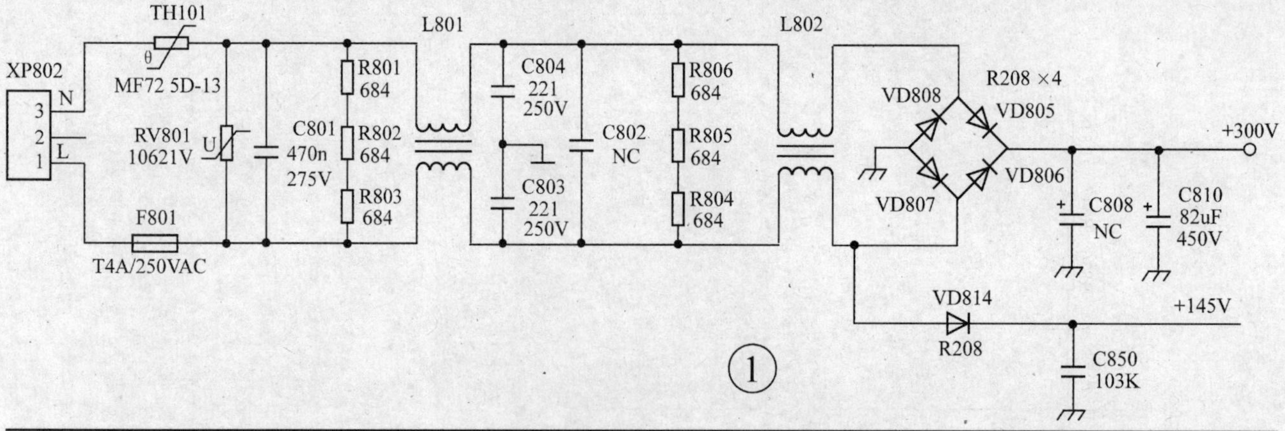

①

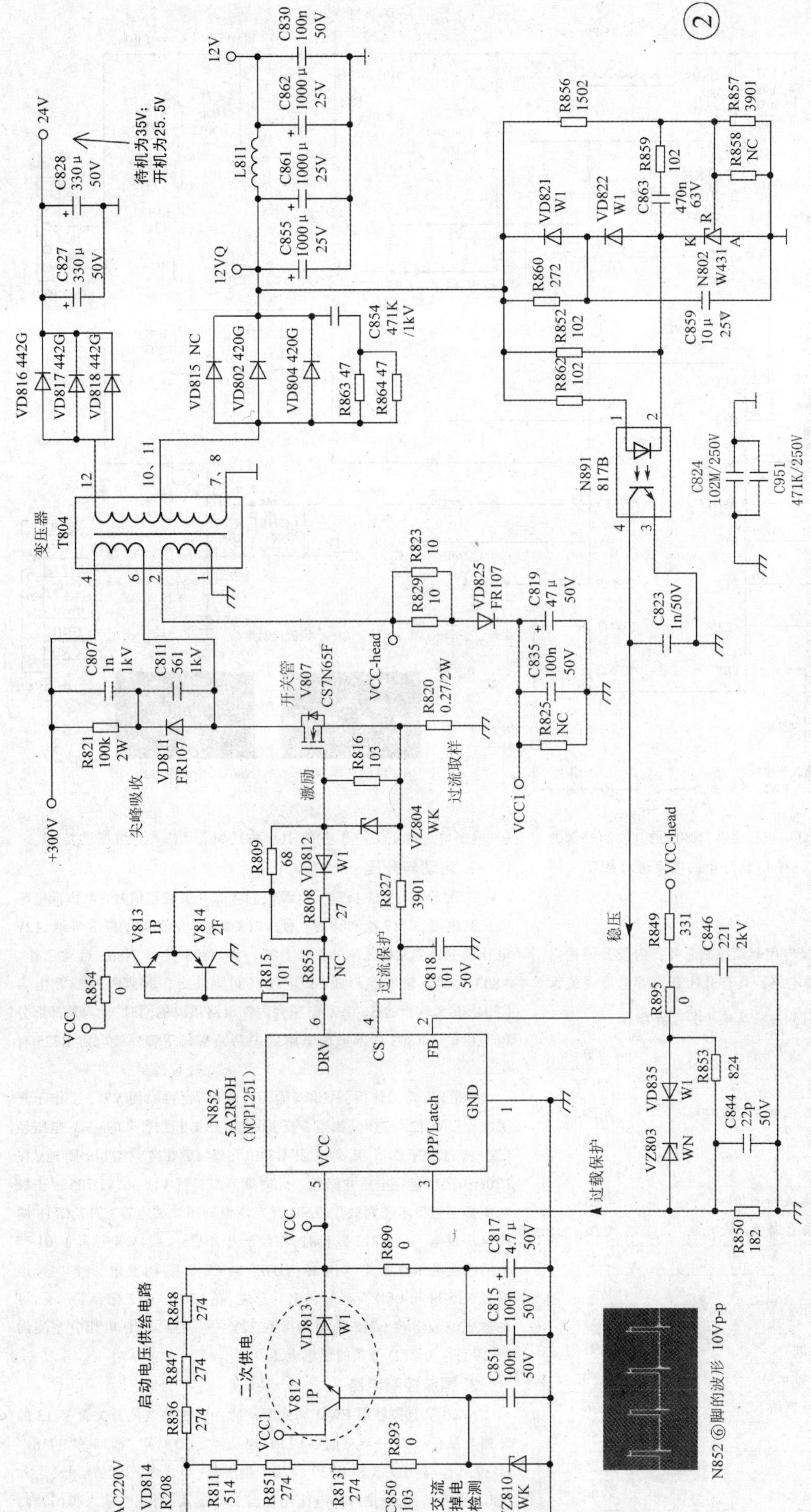

(6)保护电路

1）市电欠压保护电路。AC220V交流电压经VD814整流、C850滤波后产生的直流电压，经R811、R851、R813降压、VZ810稳压后为V812的b极提供偏置电压，V812导通，VCC1电压通过V812、VD813接入N852的⑤脚，为N852供电。

当由于某种原因，交流电压瞬间掉电（或电压过低）时，V812因b极电压过低而截止，N852的⑤脚只能依靠启动电路供电，使电源VCC处于10~15V，N852将在保护和重启两种工作状态之间反复切换。

2)过流保护电路。当负载短路或漏电引起V807的D极电流增大时，在R820两端产生的压降升高，通过R827加到N852的④脚的电压超过0.5V时，N852内的过流检测电路检测到该电压持续100ms后动作，切断⑥脚输出的PWM驱动脉冲，开关管停止工作，避免开关管过流损坏，实现过流保护。

3)过功率、过压保护。N852的③脚是过功率保护检测输入/自锁脚，同时此脚作为过压保护脚。当开关电源12V、25V电压的负载过载或12V、25V电压输出电压过高时，则T804②-①绕组的产生的感应电压VCC-head会升高，经R849、R895、R853加到N852③脚的电压也随着升高，当此引脚电压超过3V，⑥脚停止输出脉冲。

本电源板的开/待机控制在电源模块不对主12V电压进行控制，仅对背光驱动电路进行控制。

二、背光电路工作原理

该二合一电源组件的背光电路主要由升压电路与恒流控制电路组成，如图3所示。振荡与控制电路SELC2010M(N803)、升压输出电路开关管V712、储能电感L701、续流管VD836、VD705、输出滤波电容C717、C718为核心组成升压电路，将开关电源送来的24V供

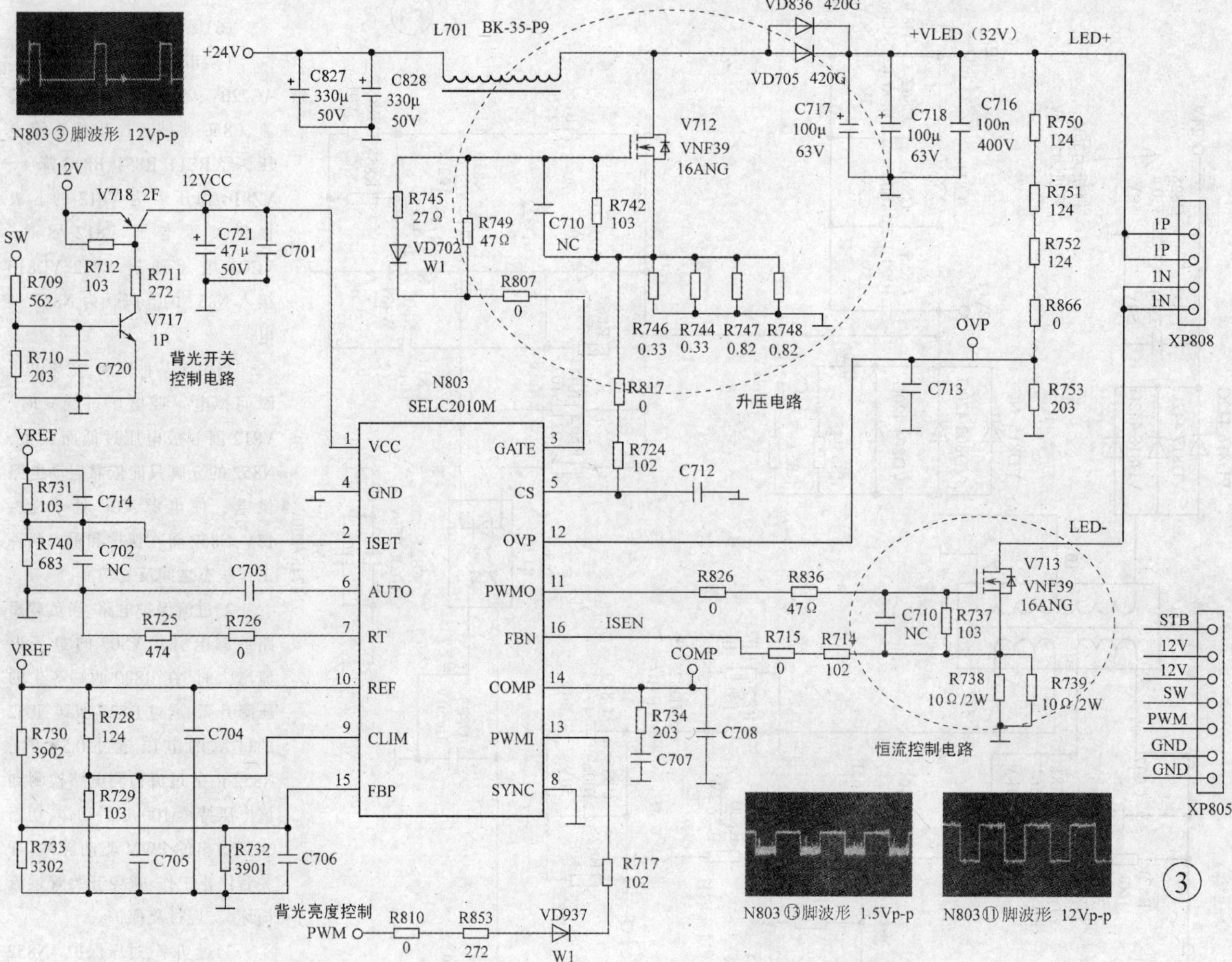

N803⑬脚波形 1.5Vp-p

N803⑪脚波形 12Vp-p

电提升到32V左右，为LED背光灯串正极供电。N803的⑪脚和外部的开关管V713组成恒流控制电路，对LED灯串的电流进行控制和调整，达到对LED恒流控制的目的。

1. SELC2010M简介

SELC2010M是一款LED背光专用驱动控制芯片，内设升压输出驱动电路和背光灯电流控制驱动电路，具有升压开关管电流过流保护、输出电压过压保护等功能，其引脚功能及维修参考数据见表2。

表2 SELC2010M引脚功能及维修参考数据

脚号	符 号	功 能	电压(V)
①	VCC	工作电压输入	11.78
②	ISET	LED短路保护基准电流设置端	4.28
③	GATE	升压驱动脉冲输出	1.18
④	GND	接地	0
⑤	CS	升压MOSFET电流检测输入	0.01
⑥	AUTO	芯片保护后是否自动重启设定端	0.08
⑦	RT	工作频率设定	2.97
⑧	SYNC	同步信号输入	0
⑨	CLIM	电流限制设置	0.37
⑩	REF	5V基准电压输出	4.91
⑪	PWMO	PWM调光驱动输出	6.59
⑫	OVP	升压输出过压检测输入	1.76
⑬	PWMI	PWM调光输入	1.50
⑭	COMP	误差放大器输出补偿	2.25
⑮	FBP	误差放大器正输入端	0.39
⑯	FBN	误差放大器负输入端，用于灯串电流检测	0.22

2. 启动与升压

二次开机后，主板送至电源板的背光开关控制信号SW由低电平变成高电平，V717饱和导通，使V718基极电压下降，V718导通，12V电压通过V718接入N803的①脚，为N803供电，N803启动工作。N803内部调整电路形成5V电压从⑩脚输出，⑩脚外接滤波电容C704。⑩脚输出的5V基准电压为内部电路供电的同时，也为外部部分电路供电。N803内部振荡电路的振荡频率与⑦脚外接电阻R725有关。

N803启动工作后，从③脚输出升压驱动脉冲，使V712工作于开关状态。V712导通时，相当于开关短接，开关电源送来的+24V电压经L701、V712的D-S极及电阻R740∥R744∥R747∥R748到地，在L701中产生感应电压并储能。此时续流二极管VD836、VD705因正极电压低于负极电压而截止，LED背光灯由升压滤波电容C717、C718两端电压供电。当V712截止时，相当于开关断开，+24V电压和L701产生的感应电压叠加，经VD836、VD705向C717、C718充电，并同时经连接器XP808向LED背光灯供电。总之，在L701、V712配合工作下，可在输出滤波电容C718的两端得到32V左右的+VLED电压（实测约33.2V），作为LED灯条的供电电压。

3. 恒流控制电路

N803从⑪脚输出PWM调光驱动脉冲，控制调流开关管V713的导通与截止。V713导通时，+VLED电压经LED灯串、V713和R738∥R739到地，在R738和R739两端产生压降，形成电流检测信号，送入N803的⑯脚，该脚是内部电流比较器负端输入，而正端输入脚（⑮脚）加上的是固定电压（VREF电压通过R730与R733∥R732分压得到的

0.39V)。从电路来看,这是一个典型的负反馈电路,稳定⑪脚输出的信号,从而使流过LED为灯串的电流保持在设计要求上。

4. PWM调光控制电路

PWM脉冲调光信号由主板送到电源组件,经R810、R853、VD937、R717送入N803从⑬脚,通过内部电路对⑪脚输出的PWM调光驱动脉冲占空比进行调整,从而实现背光亮度的控制。

5. 背光灯保护电路

(1)升压开关管过流保护

N803的⑤脚为CS过流检测输入端。V712的S极外接并联电阻R740、R744、R747、R748,这四只电阻为过流取样电阻,其上端取样电压通过R817、R724送给N803的⑤脚。当流过V712的电流过大,使之反馈到N803的⑤脚电压达到保护设计值时,IC内部过流保护电路启动,无升压脉冲输出。

(2)输出电压过压保护

N803的⑫脚为过压保护输入端(OVP)。升压电路的输出电压+VLED经R750、R751、R752与R753分压后,得到OVP过压保护取样电压,送到N803的⑫脚。当升压电路输出电压过高,使之反馈到N803的⑫脚OVP电压超过保护设计值(3V)时,IC内部过压保护电路启动,③脚停止输出升压驱动脉冲。

(3)LED灯串短路保护

N803的⑯脚为LED短路保护ISEN输入端,通过R715、R714与调流开关管V713的S极取样电阻R738、R739相连接。若LED灯串发生短路,则ISEN电压上升,超过保护设计值时,⑪脚立即停止输出调光开关脉冲。LED灯条短路保护阈值电平由②脚外部电阻设置。

三、故障检修思路

1. 指示灯不亮,不开机

此故障多为开关电源不工作或工作异常所致,也有一部分是由于背光电路部分的升压电路有短路性故障引起开关电源的保护电路动作。主要检查以下方面:

(1)接通电源后测试输出端XP805的②、③脚(12V)是否有正常电压。如没有,则进入下一步;如有,则检查主板。

(2)测试C810(450V大电解)电压是否在300V左右电压。如没有,检查前面的进线抗干扰及整流滤波电路,尤其注意检查保险丝是否损坏。

(3)测试N852的⑤脚供电电压,正常应该在15V左右。若无电压,检查启动电阻。

(4)测试N852的②脚是否有电压,如有说明光耦合器N891有反馈,稳压电路基本正常。

(5)检查开关变压器次级的12V、24V整流滤波电路是否存在开路、短路现象,是否短路保护。并注意检查背光电路部分的升压开关管是否击穿,输出滤波电容是否漏电,升压开关管击穿、输出滤波电容漏电会引起开关电源短路保护启动。

(6)检查N852的外围电路,如正常,则更换该芯片。

2. 伴音正常,背光不亮

此故障多为背光电路不工作或工作异常,或者LED灯串开路所致。

(1)检查LED供电插座、输出连接线是否不良。

(2)测量主板送至电源板的SW点灯控制、PWM亮度控制信号是否正常。如果不正常,检测主板控制系统。

(3)检测开关电源输出的24V电压是否正常。若无此电压输出,则查24V整流滤波电路。注意该电源板的24V输出端电压,正常时待机状态为33V左右(因其负载电路未工作,因此其电压会升高),开机后为25V左右。如果开机后,背光电路因故障而不工作,此电压也应在33V左右。

(4)测量芯片N803的①脚供电(12V)是否正常。如果不正常,检测背光开关控制电路(V717、V718)。

(5)检查N803的外围电路,如正常,则更换该芯片。

3. 背光亮一下就熄灭

此故障多为保护电路启动所致。

(1)开机瞬间测量N803⑫脚OVP电压是否在正常范围内。正常情况下,该脚电压1.8V左右。若高于3V,说明过压保护。引起过压保护的原因一是过压保护OVP取样电路电阻变质,二是升压电路输出电压过高。解除保护的方法是在R753两端并联一只10kΩ~20kΩ电阻,以降低取样电压。

(2)检查过流保护电路是否正常。正常时N803的⑤脚(CS)电压低于0.5V,当达到0.5V时,过流保护电路启动。引起过流保护的原因一是升压滤波电容漏电,二是LED灯串发生短路故障,三是恒流电路中的开关管V713击穿,四是过流取样电阻R744、R746~R746中某一电阻开路、烧焦或阻值变大。解除过流保护的方法是将N803的⑤脚对地短路。

四、故障检修实例

例1:通电指示灯闪烁,不开机。

分析检修:测量电源板送往主板的12V电压在6~11V之间内跳动。将电源板到主板的排线取下,对电源通电,测试12V输出端电压仍然低并且跳动,说明电源板自身故障。测量电源控制块N852(5A2RDH)各引脚电压,⑤脚VCC为10~15V,⑥脚DRV开关脉冲输出为0~0.06V,②脚稳压反馈脚为0~0.15V,③脚过功率检测脚为0V。各引脚电压均偏低并且跳变(“打嗝”状态),怀疑是电源控制块N852在保护和重启两种工作状态之间反复切换。于是检查N852⑤脚VCC二次供电电路,先测C819两端有29V的VCC1电压(正常工作时应为19V左右),说明该电压的整流滤波电路能工作,分析电压升高原因可能是该电压没加到其负载上引起的。VCC1电压通过V812、VD813为N852的⑤脚供电,同时还为V813供电。接下来测量V812各极电压,发现c极为29V(正常约为19V),b极为6V(正常约为16V),e极在9.5~11V之间变化(正常约为15.3V)。怀疑市电欠压保护检测电路中有元件变质,逐一检查R811、R851、R813、R893是否开路或阻值变化,稳压二极管VZ810是否性能变差,C851是否漏电。最后查出为C851严重漏电。更换C851后,故障排除。

例2:开机后,伴音正常,但背光不亮。

分析检修:在电源板插座XP805处测量主板送至电源板的SW点灯控制控制电压为2.8V,PWM亮度控制信号端电压为2.7V,且有方波脉冲信号,说明主板控制系统正常,故障应发生在背光电路。测量灯升压电路输入电压(C828两端电压)为37V,LED灯条供电电压VLED为36.6V,说明升压电路没有工作。检查振荡控制块N803的工作条件,测①脚(VCC)有12V供电,但⑬脚(PWMI)电压为0V且无方波脉冲输入,判定XP805的“SW”脚与N803的⑬脚之间有开路现象,导致亮度控制PWM信号中断。检查这两点之间的线路及元件,补焊R810、R853、VD937、R717后故障排除。

也许维修人员会问,LED灯条有36.6V供电电压,比正常值还高些,为何LED灯不亮?其原因很简单,N803的⑪脚PWM脉冲输出是要受⑬脚输入的PWM脉冲信号控制的,⑬脚无输入信号,必然出现⑪脚无开关脉冲输出,因此,恒流控制管V713始终是关断的,没有电流通过LED灯串,LED灯串自然不会亮。另外要注意:检修时当测得VLED电压为三十多伏时,不能判定升压电路已工作,还需测量一下升压电路的输入电压(该电压在待机、开机时不同,并且开机状态下背光不亮与背光亮时也不同),只有在测得输入电压为24~26V,VLED电压为三十多伏时,才可确定升压电路工作。

海信RSAG7.820.5838主板的逻辑板电路分析与检修

贺学金

海信液晶彩电 RSAG7.820.5838 型主板(简称 5838 主板)有两种规格,一种是主板上安装有逻辑板电路部分的元器件,这种主板的屏线接口采用的是扁平插座,另一种是主板没有安装逻辑板电路部分的元器件,这种主板的屏线接口采用的是直插式插座。自带逻辑板电路的主板故障率比一般主板的要更高一些,主要是由于其逻辑板电路容易损坏。本文介绍海信 5838 主板上的逻辑板电路原理与检修方法。

一、电路分析

5838 主板上的逻辑板电路主要由以 R345 5562A(N113)为核心组成的 DC-DC 电路和以 UBF16821(N112)为核心组成的伽马校正电路组成。

1. 逻辑板电路的供电电路

逻辑板电路部分的供电受主芯片的控制,其供电电路主要由 N107 组成,如图 1 所示。这个电路与普通主板的上屏电压形成电路基本相同。N107(Q4459)为 P 沟道 MOSFET 管,G 极电压低于 S 极时导通,要满足此条件,必须要 V105 饱和导通。开机时,主芯片 RTD2644D(N118)的(114)脚输出的屏供电控制信号 PANEL_ON/OFF 为高电平(3.2V),使 V105 饱和导通,V105 集电极为低电平,N107 的 G 极电平下降,N107 导通工作,⑤~⑧脚输出 12V 送往逻辑板电路,为其提供工作电压。

此供电电路是保证逻辑板电路正常工作的必备条件,因此,这部分电路不正常,无供电电压加到逻辑板电路或供电电压低,均会导致电视机有伴音、背光亮、光暗或无图像(灰屏)故障。维修此类故障时,注意查 C124、C126 及 V105 和替换 N107 进行判定。也可直接短接 N107①、⑧脚进行故障判定,但电路必须使用 N107。

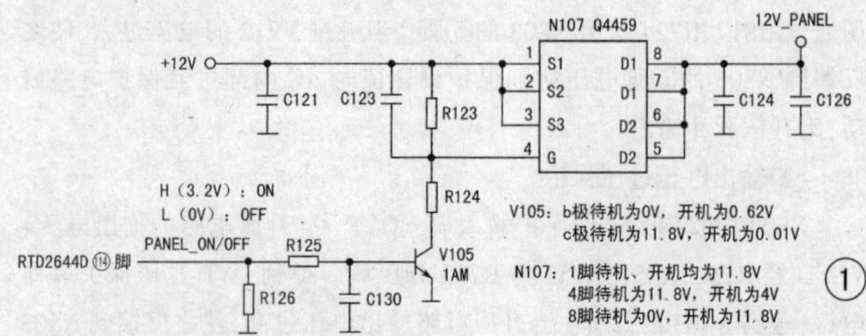

2. DC-DC 电路

逻辑板电路部分的 DC-DC 电路主要由电源管理芯片 R345-5562A(简称 5562A)及外围元件组成,如图 2 所示。其作用是将 12V 电源,经 DC-DC 转换,产生逻辑板电路及液晶屏所需的 VDDD(3.3V)、VDDA(13.1V)、VGL(-6V)、VGH(幅度约 25V 的脉冲电压)电压。

R345-5562A 是一款为 TFT 液晶屏驱动电路提供偏置电压的开关电源芯片,内含振荡器、激励电路、正极和负极电荷泵形成电路、一个运算放大器、高精度的高电压 gamma 基准电压缓冲器,以及高压开关控制模块。工作电压范围 8.0V 至 16.5V,可选择工作频率(500kHz/750kHz),并具有输入欠压锁定和热过载保护功能。该芯片采用 48 引脚 7mm×7mm 的 TQFN 封装方式。5562A 这块芯片集成度高,功能齐全,只

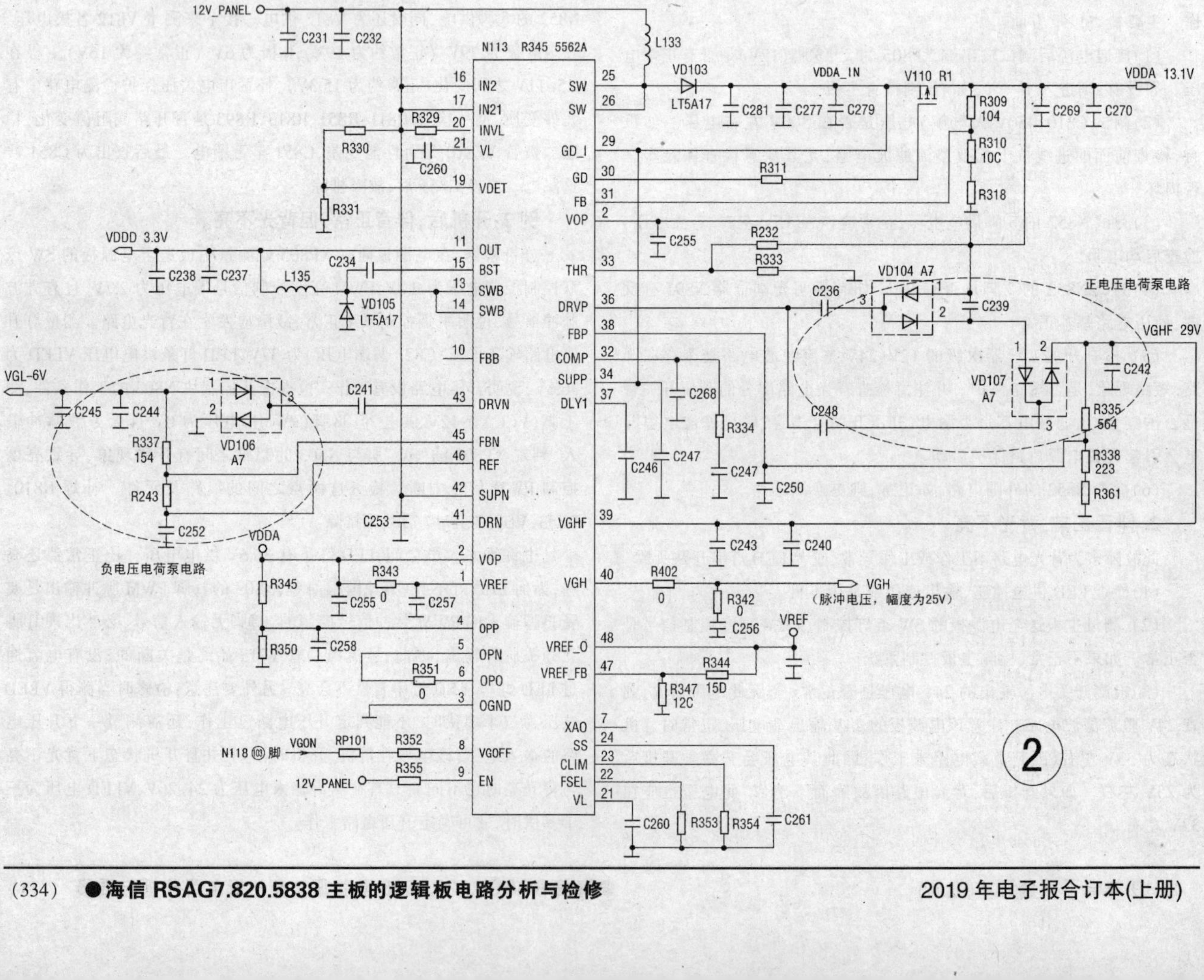

②

需少量的外围元件就可以产生 TCON 电路所需的各种稳压电源。

表1 电源管理芯片R345 5562A引脚功能和维修数据

脚号	符 号	电压(V)	脚号	符 号	电压(V)
①	VREF_I	13.04	㉕	SW	11.71
②	VOP	13.04	㉖	SW	11.71
③	OGND	0	㉗	PGND	0
④	OPP	6.50	㉘	PGND	0
⑤	OPN	6.51	㉙	GD_I	13.06
⑥	OPO	6.50	㉚	GD	6.93
⑦	XAO	1.86	㉛	FB	1.22
⑧	GVOFF	2.53	㉜	COMP	2.08
⑨	EN	11.71	㉝	THR	0.95
⑩	FBB	0	㉞	SUPP	13.07
⑪	OUT	3.24	㉟	CPGND	0
⑫	N.C	0	㊱	DRVP	0.57
⑬	SWB	3.23	㊲	DLY1	4.90
⑭	SWB	3.23	㊳	FBP	测量黑屏
⑮	BST	0.13	㊴	VGHF	29..9
⑯	IN2	11.77	㊵	VGH	25.9
⑰	IN2	11.77	㊶	DRN	0
⑱	GND	0	㊷	SUPN	11.80
⑲	VDET	1.49	㊸	DRVN	11.80
⑳	INVL	11.77	㊹	GND	0
㉑	VL	4.90	㊺	FBN	1.09
㉒	FSEL	6.04	㊻	REF	1.21
㉓	CLIM	1.07	㊼	VREF_FB	1.09
㉔	SS	3.33	㊽	VREF_O	13.05

R345-5562A 的引脚功能及和维修数据见表 1。

(1)VDDD(3.3V)电压的形成

该电压形成电路主要由电源管理芯片 N113(5562A)的⑬、⑭脚内部的开关管、外接的储能电感 L335、续流二极管 VD105 及滤波电容 C237、C238 等元件组成。N113 的⑯、⑰脚是 12V 供电端,在芯片内部⑯、⑰脚和⑬、⑭脚之间有一个开关管,它与⑬、⑭脚的外接元器件组成一个串联型降压型的开关电源,也就是常说的 BUCK 电路。二次开机后,12V_PANEL 供电电压送入电源管理芯片的⑯、⑰脚,芯片内部的开关振荡电路产生高频振荡脉冲,驱动⑬、⑭脚内部的开关管工作于开关状态。

当芯片内部的开关管闭合接通时,12V 电压通过开关管、储能电感 L335 对滤波电容 C237、C238 充电,同时为负载电路供电,流过 L335 的电流在 L335 两端产生左负右正的感应电压,此时 L335 储能。当芯片内部的开关管断开时,L335 两端的感应电压极性变为左正右负,这个感应电压经续流二极管 VD105 继续维持对负载的供电,此时 L335 释能。如此循环往复工作,就可在 C237、C238 两端获得稳定的 3.3V 电压 VDDD。

VDDD 电压主要是向伽马校正电路 N112 提供 VS 工作电压,同时还经上屏输出插座 XP812 送往液晶屏。

(2)VDDA(13.1V)电压的形成

该电压形成电路主要由 N113 的㉕、㉖脚、储能电感 L333、续流二极管 VD103、滤波电容 C281、C277、C279 等元件组成一个并联型升压开关电源,即 Boost 电路。在电源管理芯片 N113 的内部,㉕、㉖脚与地之间有一个开关管。12V 供电电压送入 N113,并且 N113 的使能脚⑨脚加上高电平后,Boost 电路部分的振荡电路产生高频脉冲,驱动芯片内部的开关管工作于开关状态。在开关管闭合接通瞬间,12V 电压经过 L133、芯片内部的开关管到地,在 L133 两端上产生一个上正下负的感应电压,同时 L133 储能。在开关管断开瞬间,L133 上的感应电压开始反转,变为上负下正。此感应电压与 12V 供电电压叠加,通过 VD103 为 C277、C279 充电,形成约 13V 的 VDDA_IN 电压。

VDDA_IN 电压经过控制管 V110 后输出 VDDA 电压(约 13V)。V110 为 P 沟道 MOS 管,G 极电压低于 S 极时导通,其 G 极正常电压为 6.9V。V110 的控制信号从 N113 的㉚脚输出。R309、R310、R318 是输出电压的取样分压电路,取样电压经㉛脚回送到 N113 的内部,对 VDDA 电压进行稳压及幅度调整。

VDDA 电压主要向伽马校正块 N112 提供 VS 工作电压,同时也为液晶屏后级驱动电路提供工作电压,另外,还送到 VGHF 电压形成电路。

(3)VGHF 电压(29V)的形成、VGH 脉冲电压的形成

VGH 脉冲电压是 Gate 开启信号,用于控制 TFT 栅极打开。VGH 脉冲信号是由电源管理芯片首先产生 VGHF 电压(29V 左右的直流电压),再经过转换电路转换得到的。

VGHF 电压形成电路由 N113 的㊱脚及外围元件 C236、VD104(双二极管封装)、C248、VD107(双二极管封装)、C242 等元件组成,这是一个正电压电荷泵电路。其中,C236、C248 为储能电容。N113 的㊱脚输出幅度约 12V 的方波脉冲,VD104 的①脚加上 VDDA 电压,正电压电荷泵电路在方波脉冲的作用下,将输入的 13V 电压(即 VDDA 电压)提升到 29V 左右(图中标注为 VGHF),从 C242 两端输出。R335、R338、R361 是 VGHF 输出电压的取样分压电路,取样电压回送至 N113 的㊳脚,对 VGHF 电压进行稳压及幅度调整。

VGHF 直流电压转换成液晶屏所需的 VGH 脉冲电压是在 N113 内部进行的。VGHF 电压从㊴脚送入 N113 的内部。VGHF 转换为 VGH 需要一个开关控制信号 GVON,该信号由主芯片 RTD2644D(N118)的(103)脚送来,从⑧脚送至 N113 的内部。在 VGON 开关控制信号的作用下,N113 将输入的 VGHF 直流电压转换为液晶屏栅极驱动脉冲信号 VGH(其波形如图 3 所示),从㊵脚输出,经主板的上屏输出插座 XP812 送往液晶屏。

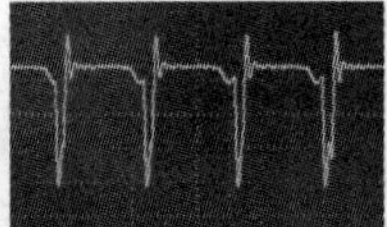
5562A的 ㉕ 脚 12Vp-p

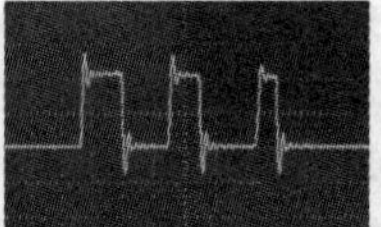
5562A的 ㊱ 脚 12Vp-p

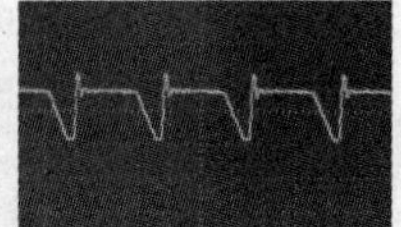
5562A的 ㊸ 脚 8Vp-p

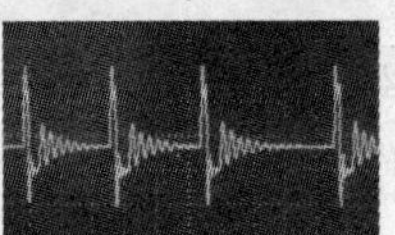
5562A的 ⑬ 脚 12Vp-p

5562A的 ⑧ 脚 4.5Vp-p

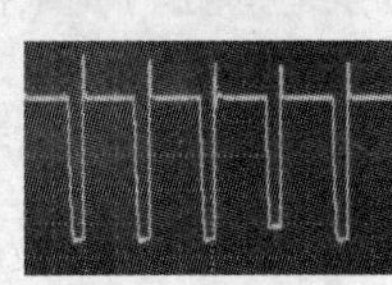
5562A的 ㊵ 脚 25Vp-p

③

(4)VGL 电压的形成

VGL 电压是 Gate 关断电压,用于 TFT 栅极关断的电压。电源管理芯片 N113 的㊸脚与 C241、VD106(双二极管封装)、C244、C245 等元件组成,这是一个负电压电荷泵电路。C241 为储能电容。N113 的㊸脚输出幅度约 8V 的方波脉冲,从 C245 两端输出负电压(-6V),经主板的上屏输出插座 XP812 送往液晶屏。R337、R243 是 VGL 输出电压的取样分压电路,取样电压回送 N113 的㊺脚,对 VGL 电压进行稳压及幅度调整。

3. 伽马校正电路

伽马校正电路主要由 BUF16821(N112)及外围元件组成,如图 4 所示。

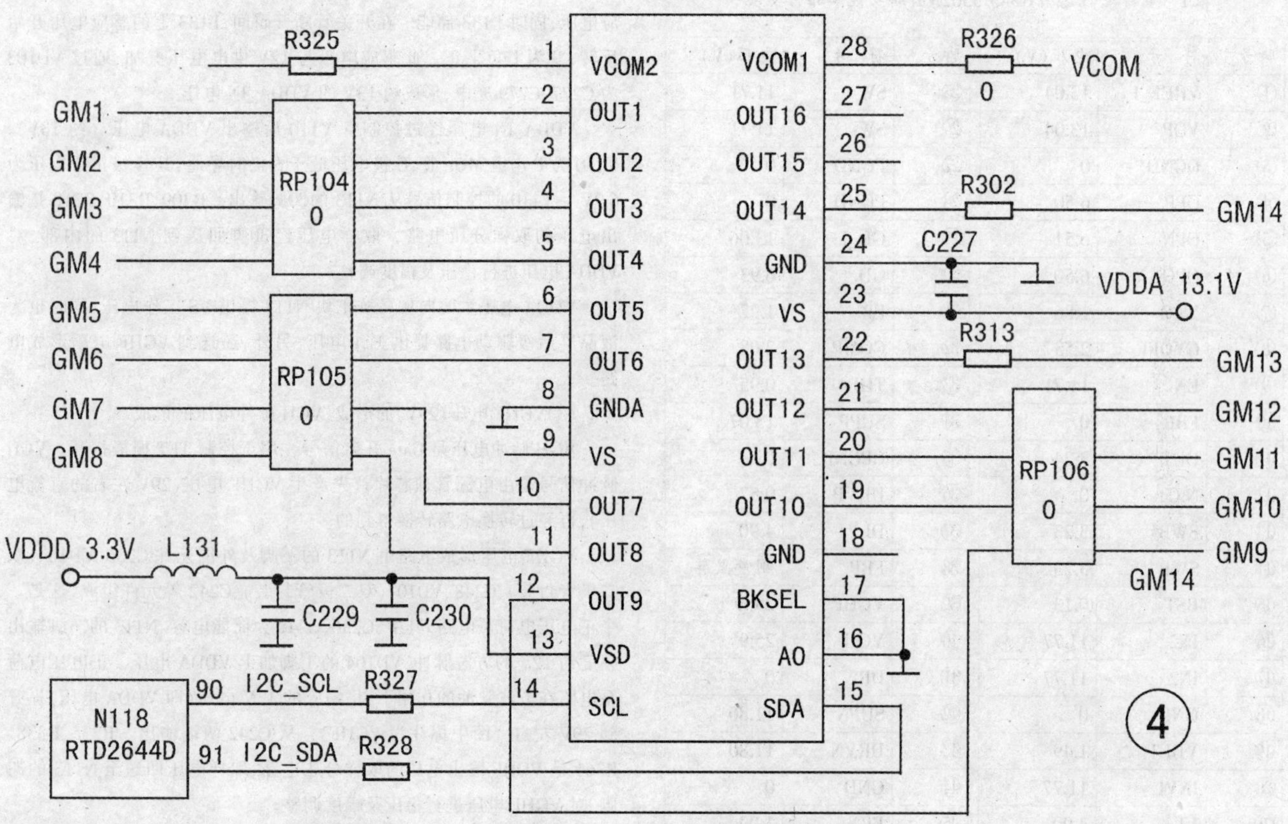

BUF16821是一块可编程伽马电压生成芯片，16通道GAMMA电压输出，还带有两个通道VCOM电压输出，采用I²C总线控制。BUF16821引脚功能和维修数据见表2。

BUF16821的⑬脚数字电源(VSD)，采用DC-DC部分产生的大小为3.3V的VDDD。⑨、㉓脚模拟电路电源(VS)，采用DC-DC部分产生的大小为13V的VDDA。⑭、⑮脚与主芯片RTD2644D的⑩、⑪脚构成I²C总线，主芯片通过I²C总线控制伽马校正电路，在程序的控制下产生一系列符合液晶屏透光度特性的非线性变化的电压。BUF16821可输出16通道的伽马校正电压，但该主板主要是配接HD315DH-F(010)\S0型的液晶屏，实际上该屏只用了从②~⑦、⑫~⑫、⑲~㉑脚输出的12个通道的伽马电压。BUF16821还从①、㉘脚输出两通道的屏公共电极电压VCOM，但液晶屏只用了㉘脚输出VCOM电压。

表2 BUF16821引脚功能和维修数据

脚号	符号	功能	电压(V)	脚号	符号	功能	电压(V)
①	VCOM2	VCOM通道2	5.31	⑮	SDA	串行数据输入/输出	3.28
②	OUT1	DAC输出1	12.06	⑯	A0	A0地址引脚	0
③	OUT2	DAC输出2	10.62	⑰	BKSEL	选择存储体0或1	0
④	OUT3	DAC输出3	9.27	⑱	GNDD	数字地	0
⑤	OUT4	DAC输出4	8.62	⑲	OUT10	DAC输出10	3.29
⑥	OUT5	DAC输出5	8.09	⑳	OUT11	DAC输出11	1.93
⑦	OUT6	DAC输出6	6.28	㉑	OUT12	DAC输出12	0.52
⑧	GNDA	模拟电路地	0	㉒	OUT13	DAC输出13	0
⑨	VS	VS连接到模拟电源	13.07	㉓	VS	VS连接到模拟电源	13.06
⑩	OUT7	DAC输出7	6.27	㉔	GNDA	模拟地	0
⑪	OUT8	DAC输出8	4.50	㉕	OUT14	DAC输出14	0
⑫	OUT9	DAC输出9	3.92	㉖	OUT15	DAC输出15	6.11
⑬	VSD	数字电源	3.24	㉗	OUT16	DAC输出16	6.51
⑭	SCL	串行时钟输入	3.28	㉘	VCOM1	VCOM通道1	5.31

4. 屏接口电路

屏接口电路如图5、图6所示。XP812是主板上的上屏输出插座(采用60脚的扁平插座)。该主板的屏接口电路与一般主板的屏接口电路有很多不同之处：一是，一般主板(不带逻辑板电路的主板)的屏接口为逻辑板提供12V或5V的上屏电压，而该主板自带逻辑板电路，故不再为液晶屏提供12V或5V的上屏电压，而是直接为液晶屏驱动电路提供VDDA、VDDD、VGH、VGL、VCOM及伽马电压(图5中标注为GM)；二是，一般主板配接的液晶屏，液晶屏驱动电路所需的CKV、STV、TP、POL等控制信号由逻辑板上的时序控制芯片提供，主板上的屏接口不输出这几个控制信号，而该主板则要从主板上的屏接口输出这几个控制信号。

主芯片RTD2644D输出LVDS信号采用7对差分输出线对，包括6对LVDS数据信号(FLV0P/FLV0N~FLV5P/FLV5N)和1对LVDS时钟信号(FCLKP/FLCKN)。

液晶屏驱动电路工作所需的控制信号也是从主芯片RTD2644D输出的，它包括CKV_AUO、STV_AUO、TP_AUO、POL_AUO等信号。CKV_AUO是栅极驱动电路的垂直位移触发时钟信号，其重复频率为行频，就是行同步信号。STV_AUO是栅极电路的垂直位移起始脉冲信号，其脉冲宽度为1H时间，重复频率为场频。POL_AUO是控制一个像素点相邻场信号的极性翻转180度，以便满足液晶分子交流驱动的要求。TP_AUO是帧扫描结束信号。液晶屏驱动控制信号的波形如图7所示。

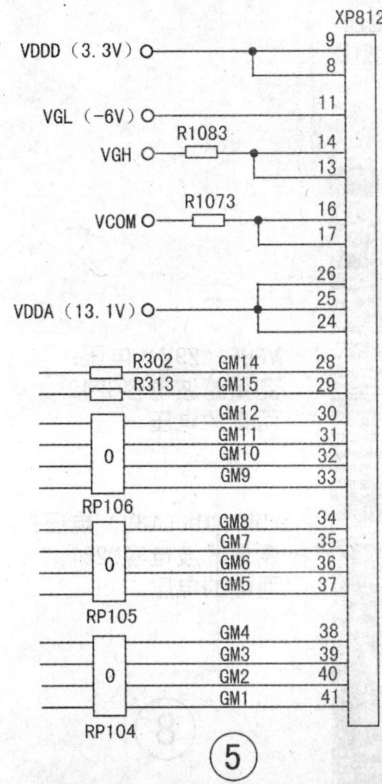

⑤

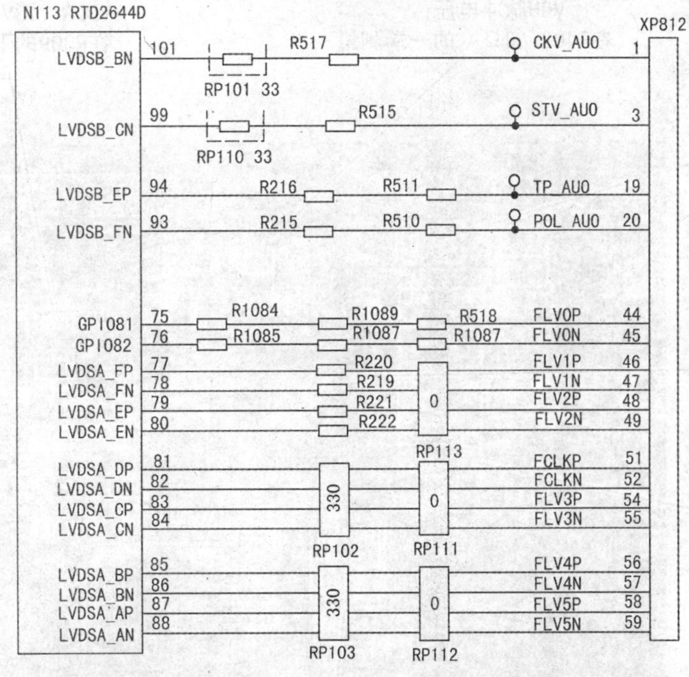

⑥

1对LVDS数据 100Vp-p

FCLKP/FCLKN时钟 50mV

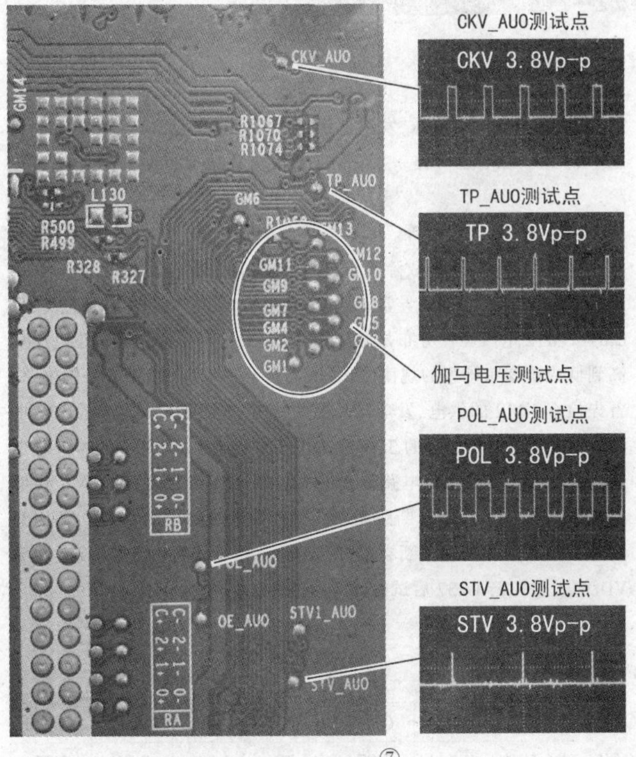

⑦

二、故障检修

1. DC-DC 电路故障检修

逻辑板电路的 DC-DC 电路故障率较高，尤其是 VDDA、VGH 电压形成电路。各电压异常时的故障表现是：(1)12V_PANEL、VDDD、VDDA 电压异常，屏幕无图；(2)VGH、VGL 异常，画面异常或画面切换缓慢。

实修时，测量 DC-DC 电路输入、输出电压是否正常可确定故障部位。主板上未标明 VDDD、VDDA、VGH、VGL 的测试点，给检修带来了不便，现将测试点标出，见图 8。若测得 VDDD、VDDA、VGH、VGL 这几组电压均不正常，说明电源管理芯片 N113 未工作，这时应先查芯片的 12V 供电，再检查其外围元件，最后更换电源管理芯片。若测得 VDDD、VGL 电压正常，但 VDDA、VGH 电压不正常，这时应先查芯片⑧的使能控制信号。若测得某一组电压异常，则检查相应的电压形成电路及后级负载。主板与液晶屏的排线可以断开，若断开上屏线后再通电开机测以上四大电压是否正常，若正常则为屏体故障；不正常为逻辑板电路故障。

2. 伽马电路故障检修

伽马校正电路异常表现出来的故障现象很多，如白屏、负像、图像无层次(对比度差)或图像彩色异常等。

通过测量伽马校正电压和 VCOM 是否正常可确定故障。主板的底面上有一组“GM1~GM14”的测试点(参见图 7)，这些是伽马电压测试点。直接在这些测试点处测量操作不方便，可在 BUF16821 芯片引脚处测，或者在屏边条上的测试点处测。②~⑦、⑫~⑫、⑲~㉑脚输出的 12 路伽马电压（GM1~GM12）由高到低呈非等阶梯状排列，GM13、GM14 未用，均为 0V。若所有伽马电压均不正常，这时先检查伽马校正芯片的供电(VS 为 13V，VSD 为 3.3V)、总线电压及外围元件，最后代换伽马校正芯片；若某一路伽马电压发生突变(不满足递增或递减规律)，则先检查该路的输出电路，最后代换伽马校正芯片。

VCOM 屏公共电极电压，本板中为 5.3V(基本上是伽马校正电压最大值的一半左右)。VCOM 对最终的显示效果影响最大，是维修液晶屏幕图像故障必须首要测量的电压。

3. LVDS 信号和屏驱动控制信号输出电路故障检修

这部分电路异常，会出现无图、花屏等故障。无图故障重点检查 FCLKN、FCLKP 信号和屏驱动控制信号 CKV、STV、TP、POL 信号是否正常。花屏故障重点检查 6 对 LVDS 数据信号是否正常。

维修中，可用万用表测各 LVDS 数据、时钟信号线的直流电压，一般为 1.1V~1.3V。控制信号 CKV 的直流电压约 0.6V，STV 信号的直流电压为 0V、TP 信号的直流电压为 0.2V、POL 信号的直流电压为 1.6V。如果有条件可用示波器进行测量信号波形。如果测得直流电压偏低，或用示波器测得无波形时，最好取下上屏线再测量，要是还是电压偏低或没有波形，判定主板没有送出信号。这时先检查主芯片到屏线插座之间的信号传输电路，最后代换主芯片。

4. 故障检修实例

例 1：二次开机后，伴音正常，背光亮，无图像(灰屏)。

分析与检修：首先测量液晶屏边条上几个关键测试点电压，发现

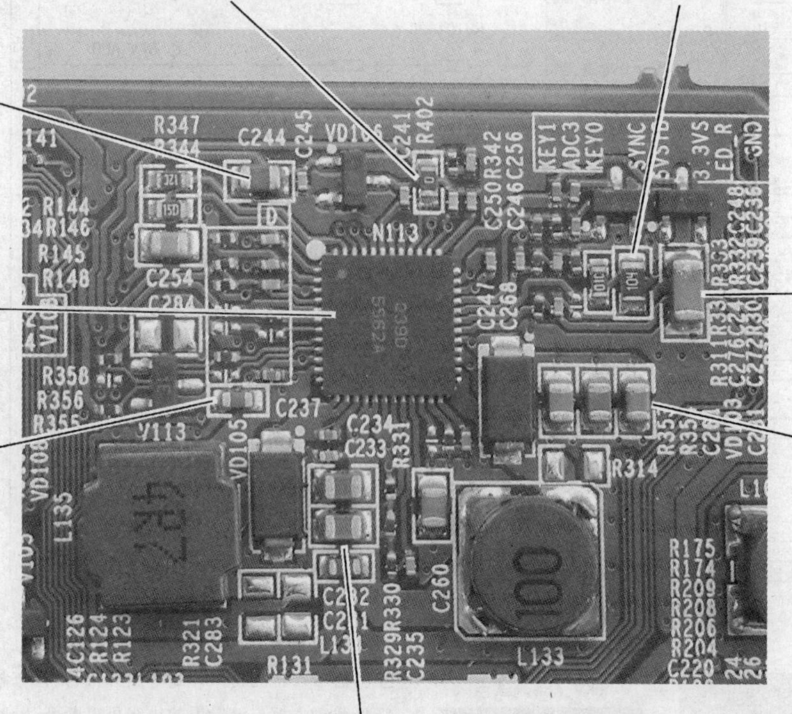

VDDD 电压为 3.2V 正常，VGL 电压为-5.8V 正常，但 VDDA 电压为 0V，VGH 电压也为 0V。取下上屏线后测量主板输出的 VDDA、VGH 电压仍为 0V，判定故障发生在主板上的逻辑板电路。

先检查 VDDA 电压形成电路，测得控制管 V110(安装在主板的底面)的 S 极电压(即 VDDA_IN)只有 11.6V(正常应为 13.1V)，G 极电压为 11.6V(正常应为 6.9)，D 极电压为 0V(正常应为 13V)，说明两个问题，一是控制管 V110 处于截止状态，二是升压电路没有工作，对 12V 的输入电压无提升作用。转向测量电源管理芯片 N113 与 VDDA、VGH 电压形成有关的引脚电压和波形，发现升压电源开关控制脚㉕、㉖脚(SW) 直流电压为正常值 11.6V，但用示波器测量无方波脉冲；外部 MOS 管驱动控制脚㉚脚(CD_I)电压为 11.6V，正常应为 6.9V 左右；正电压电荷泵驱动输出脚㊱脚(DRVP)电压为 0V，并且无方波脉冲输出，正常时电压应为 0.6V，且有方波脉冲输出。经分析认为 N113 内部的升压控制电路和正电压电荷泵驱动电路没有启动工作。这两部分电路启动工作的必要条件是 N113 的使能控制脚⑨脚 (EN) 加上高电平的电压，因此直接查⑨脚电压，发现为 0V。该脚通过电阻 R355 接到 12V 电压上，测量 R355 已开路。用 100Ω 的电阻更换 R355 后试机，故障排除。

例 2：伴音正常，白屏。

分析与检修：根据故障现象分析，故障可能是伽马校正电压 GM、屏公共电极电压 VCOM 异常引起的。经测量，发现 VCOM 电压过高，且 GM1~GM12 电压高低分布是混乱的，见表 3，这不符合伽马校正电压从高到低成阶梯状排列的规律。于是检查伽马芯片 N112 及其外围电路，首先检查 N112 的供电，发现⑬脚无 3.3V 电源电压，⑨、㉓脚的 13V 电源电压正常。N112⑬脚的 3.3V 供电电压来自 DC-DC 部分的 VDDD 形成电路，测量 DC-DC 电路输出的 VDDD 电压为正常值 3.3V，说明 N112⑬脚的供电线路有断路现象。检查供电线路中的贴片电感 L131 正常，判断是印制线路断裂或过孔不通。用导线将 L131 一端连接到 VDDD 滤波电容 C237 后试机，故障排除。

表 3

	GM1	GM2	GM3	GM4	GM5	GM6	GM7	GM8	GM9	GM10	GM11	GM12	VCOM
正常电压(V)	11.92	10.50	9.16	8.52	7.98	6.20	6.19	4.44	3.87	3.26	1.91	0.51	5.25
故障时电压(V)	6.7	0.38	1.73	7.30	0.48	5.56	7.18	6.75	1.39	1.12	8.09	2.46	10.11

LG滚筒洗衣机出现"TE"故障代码检修方法

隗朝

故障现象

LG滚筒洗衣机出现"TE"故障代码的发生条件：温度传感器短路或断路，故障现象如下图：

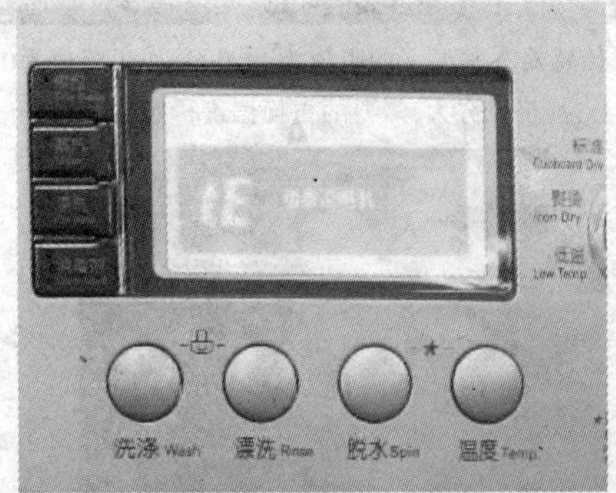

故障代码释义：

开机后，温度传感器两端供电5V直流，如果此时传感器两端没有反馈电压到主板，那么在15秒内显示故障代码。

工作过程中，传感器供电线路断路，或者传感器阻值瞬间增大或减小，主板接收的反馈电压异常时会出现故障代码，此时机器无法正常工作。

故障代码出现后，洗衣机便无法正常工作，需要解除故障后方能正常使用。

工作原理介绍

当LG滚筒洗衣机出现"TE"代码时，如何进行检修呢？首先我们来了解一下温度传感器工作原理及LG滚筒洗衣机使用的温度传感器的分布图。

温度传感器(热敏电阻)

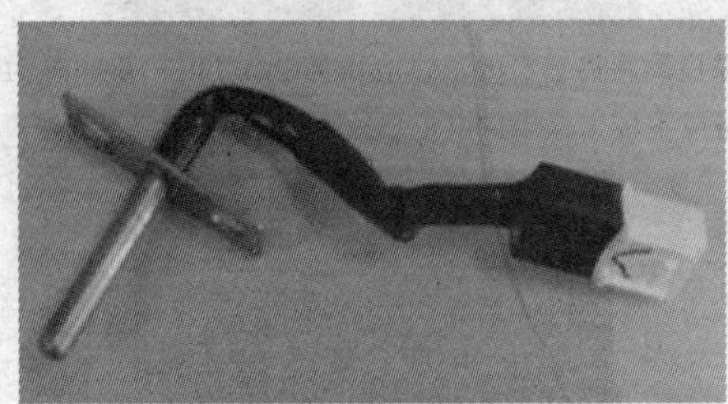

功能及作用：

内部半导体装置会根据温度的变化而变化。

主要用于在调整水温或干衣过程中精确调整内部温度。

温度传感器参数：

传感器	测度温度	判定标准	供电电压
洗涤 烘干 蒸汽	25℃	49.2KΩ±5%	5V
	30℃	39.5KΩ±5%	
	40℃	26.1KΩ±5%	
	60℃	12.1KΩ±5%	
	95℃	3.8KΩ±5%	
	105℃	2.8KΩ±5%	

门锁动作方式：

启动后2~3秒锁定，停止后2~3分钟解锁。

※门开关时间为2~3分钟，所以开关门时必须小心操作。(否则门把手可能会损坏)

线路控制及工作原理：

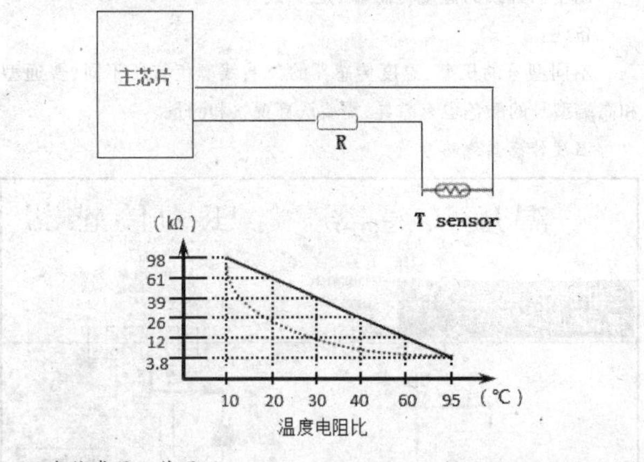

温度传感器工作原理：

温度传感器为"负温度"系数的热敏电阻，会根据温度的变化改变自身的阻值，温度越高，阻值越小，温度越低，阻值越大。

洗衣机加热过程中，主板根据温度传感器的阻值变化来判断是否到达设定温度范围，来控制洗衣机的正常洗涤加热以及烘干加热。

在使用过程中，如果传感器出现短路或断路的现象，会在开机15秒内显示故障代码，或者在运转过程中出现故障代码。

LG滚筒洗衣机温度传感器的位置级线路分布：

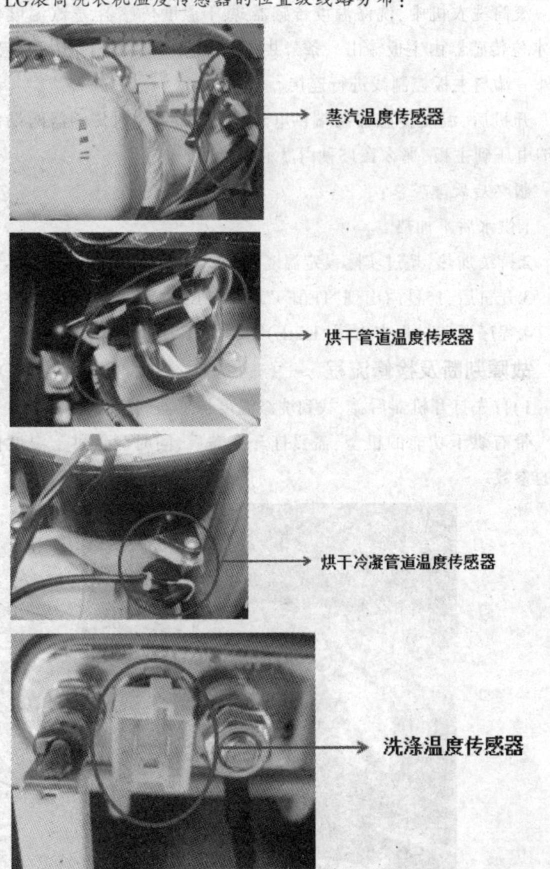

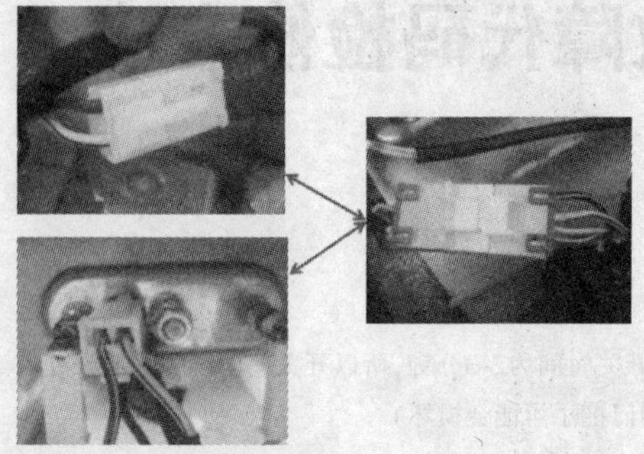

图中白红线为温度传感器的公共线

备注：

不同型号的机型，温度传感器的公共线颜色有所不同，普通型号和高端型号的颜色也有差异，需要认真观察和测量。

温度传感器线路分析：

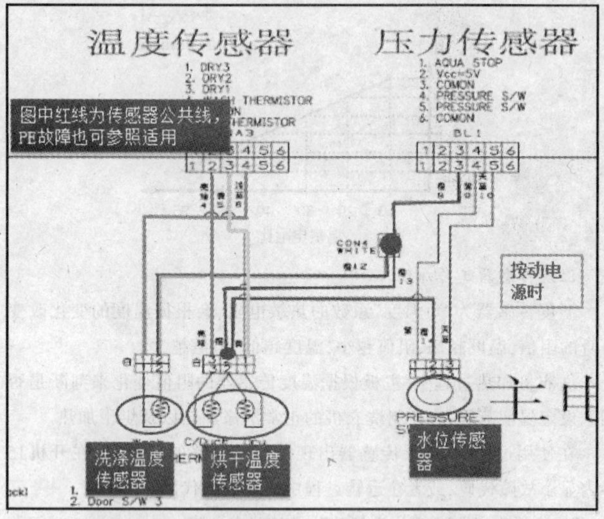

滚筒洗衣机中，洗涤温度传感器.烘干温度传感器.蒸汽温度传感器.水位传感器由主板输出一条公共总线（图中红线）进行连接，传感器另外一端与主板控制线进行连接。

开机后，温度传感器两端供电5V直流，如果此时传感器两端没有反馈电压到主板，那么在15秒内显示故障代码。

损坏后故障现象：

1.供水后不加热

2.持续加热，超过实际设定温度。

3.开机后，15秒内出现“TE(tE)”或“倒FE”代码

4.程序运转过程中出现“TE(tE)”或“倒FE”代码

故障判断及检修流程

1）首先打开机器后盖，找到洗涤温度传感器的位置。

带有烘干功能的机型，需要打开上盖后，同时测量烘干温度传感器的参数。

2）分离温度传感器接插件，测量温度传感器在常温下的阻值。

3）温度传感器在常温下的阻值为49.5kΩ，如果阻值为0，或者阻值为200kΩ以上，甚至无穷大，需要的更换温度传感器。

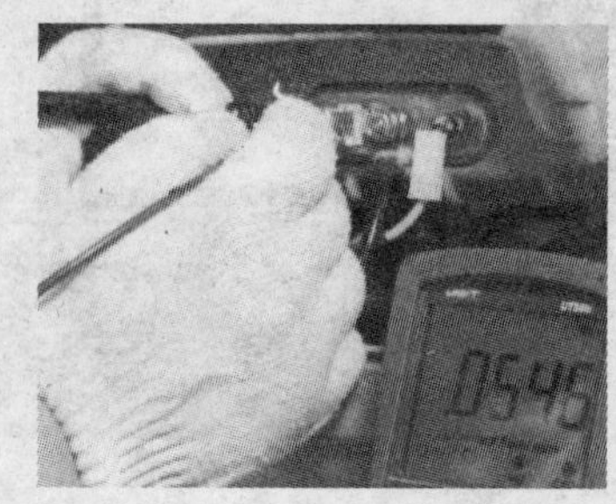

4）如果温度传感器阻值正常，接下来需要检查供电线路是否正常。

开机后，测量传感器两端的工作电压（传感器插件不需要分离），根据环境温度的差异，正常的电压应在1.5-4.5V之间。

5）如果检测到传感器的工作电压为0V，可以初步怀疑为传感器供电线路断路或主板未输出供电电压。

6）在主板位置找到温度传感器的控制线（蓝白线）

7)在主板位置找到温度传感器的公共线(白红线)。

洗衣机的型号不同,公共线的颜色有差别,需要仔细判断。

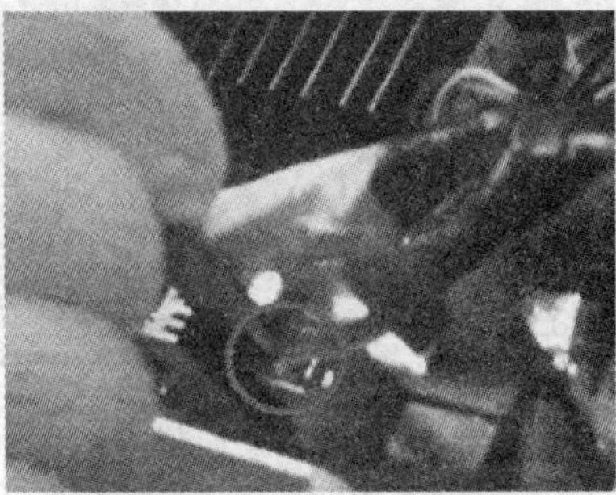

8)开机后,测量主板上公共线与温度传感器的控制线之间的电压。

9)测量出主板的输出电压为5V,则判断为主板控制正常,可以判断为主板到温度传感器的线路断路。

10)如果测量到主板的输出电压为0V,建议更换主板。

总结:

检测后,主板输出电压正常,线路连接正常,温度传感器参数正常,那么故障主要发生在主板和显示板的接插件,或者显示板单体故障。

"TE"故障典型维修案例:

1)开机后,传感器两端电压为3.77V(直流)

2)工作过程中传感器两端电压降到0.31V

3)测量得知,温度传感器供电线束与总线断裂。

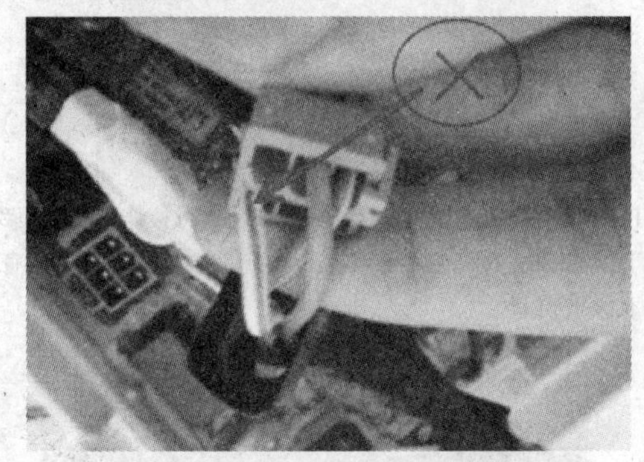

维修方法:

根据线路图可知,温度传感器与水位传感器公共线为同一条线,直接把水位传感器与温度传感器公共线进行连接,不需要更换线束,做好线路绝缘保护即可正常使用。(如下图)

LG滚筒洗衣机出现"DE"故障代码维修指导

隗朝

故障现象

LG滚筒洗衣机出现"DE"故障代码的发生条件：洗衣机门锁无法正常关闭报警，故障现象如下图：

出现"DE"故障代码主要的原因有如下几个方面：

1)门未关好。

2)门铰链变形以及箱体变形。

3)门锁损坏。

4)门钩断裂。

5)主板与门锁线路断路。

6)主板损坏。

工作原理介绍

当LG滚筒洗衣机出现"DE"代码时，如何进行检修呢？首先我们来了解一下LG滚筒洗衣机使用的两种不同的门锁结构，以及工作原理。

1. 机械式门锁

功能及作用：

产品运行过程中用作安全装置，防止洗涤过程中门体打开，而出现水浸或触电的意外。

参数：

1—3脚阻值为1.0-1.3KΩ

1—2脚阻值为∞

2—3脚阻值为∞

供电电压为：220V交流

门锁动作方式：

启动后2~3秒锁定，停止后2~3分钟解锁。

※门开关时间为2~3分钟，所以开关门时必须小心操作。

(否则门把手可能会损坏)

线路控制及工作原理：

门锁控制过程：

插上电源后，红线(3脚)一端与电源相连接，红线端有电压供给，机械门锁其他端子没有电压供给。

开机选择程序并按动启动键后，主板控制门锁继电器吸合，此时主板通过【红黄】双色线(1脚)向门锁供电，此时测量【红黄】红线之间应有220V交流电压。

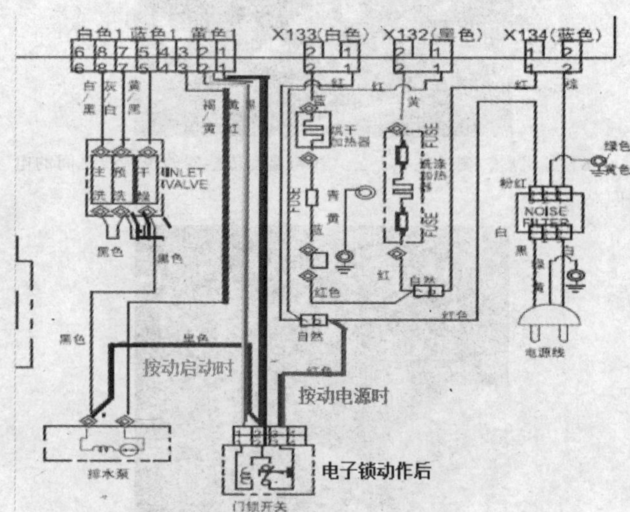

门锁供电后，门锁内部的PTC温度迅速升高，内部双金属片在高温的烘烤下产生形变，致使门锁锁芯横向运动锁住门钩，同时黑线(2号脚)向主板反馈锁门信号，主板接收信号后控制电机进行衣物感知，如果主板未接收到锁门信号，会发出故障代码，提示需要检查。

损坏后故障现象：

1)产品暂停后无法开门

2)按动启动键后显示"DE"代码

3)门关好后显示"DE"代码

2. 电子式自动门锁

自动门锁内部结构图：

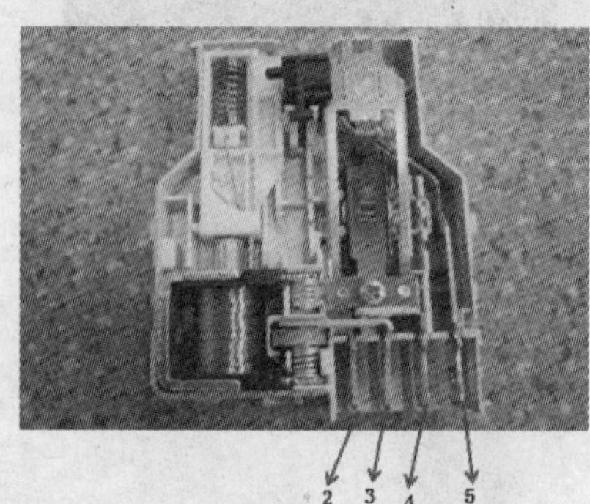

2-4 PTC供电(开机后，可以测量到220V电压。)

3-4电磁铁供电(按动启动键，220V瞬间供电。)

5信号反馈输出(启动后，4.5脚内部触点导通。)

功能及作用：

产品运行过程中用作安全装置，防止洗涤过程中门体打开，而出现水浸或触电的意外。

参数：

2—4脚阻值为0.8-1.3kΩ

3—4脚阻值为300Ω

4—5脚阻值为∞

供电电压：220V交流

门锁动作方式：

按动启动后，在洗衣中途可以添加衣物，不需要等待3分钟时间。

机器工作结束后，可以马上取出衣物，不需要等待3分钟。

线路控制及工作原理：

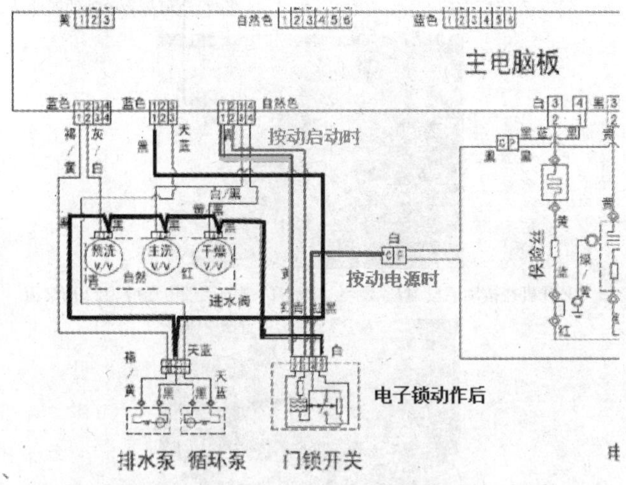

门锁控制过程：

插上电源后，红线(4脚)一端与电源相连接，红线端有电压供给，自动门锁其他端子没有电压供给。

开机后，主板通过【红黄】双色线(2脚)向门锁供电，此时测量【红黄】红线之间应有220V交流电压，此时门锁内部PTC温度迅速升高，内部双金属片产生形变，门锁处于待命状态。

按动启动键后，主板继电器吸合，主板通过蓝色线(3号脚)向门锁内部电磁铁瞬间供电220V交流，电磁铁吸合后拉动机械组件，在双金属片的带动下，门锁锁芯横向运动锁住门钩，同时黑线(5号脚)向主板反馈锁门信号，主板接收信号后控制电机进行衣物感知，如果主板未接收到锁门信号，会发出故障代码，提示需要检查。

损坏后故障现象：

1)门开关工作时有噪音

2)产品暂停后无法开门

3)按动启动键后显示"DE"代码

4)门关好后显示"DE"代码

故障判断及检修流程

1. 机械式门锁检修流程

1)在判断主板正常的前提下，为了更准确地判断出由于机械故障(门体)，或者电路故障(门锁.反馈线路)的原因，拆卸出门锁，进行手动测试。

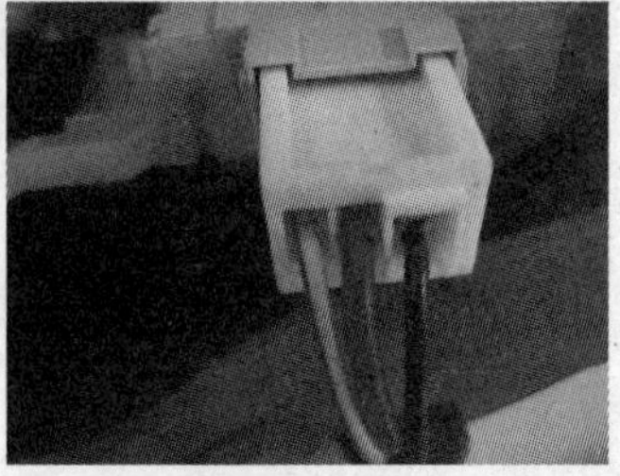

2)开机后按动启动键，测量门锁上1.3号线(黄红.红)应有220V交流电供应。

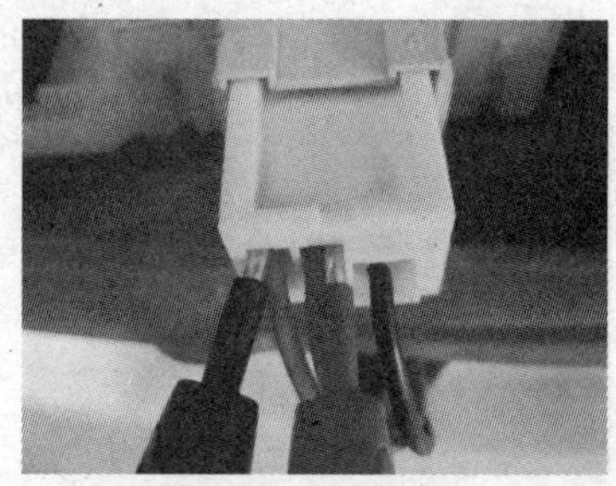

3)如果检测到有220V交流电供应，则证明主板供电正常，排除主板故障。

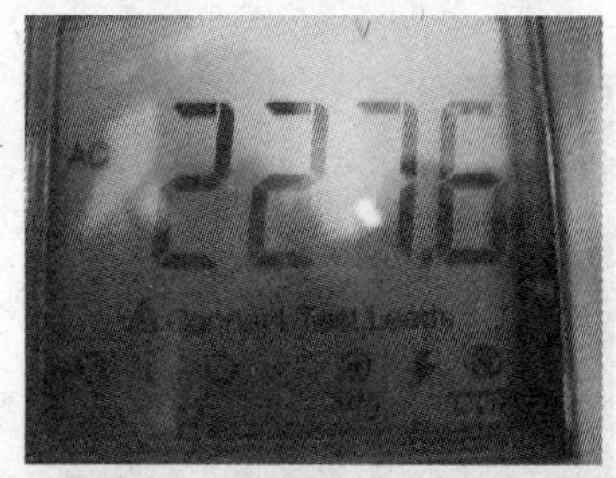

4)如果检测到主板供电电压为0V，则判断为主板故障。

具体检测部位：主板供电线路，线路与箱体摩擦打火，普通碳刷电机供电线与箱体打火，门锁短路。

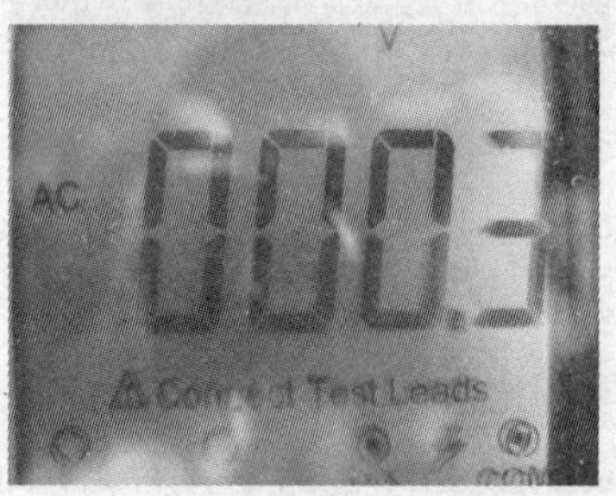

5)主板供电正常的前提下，需要判断故障是由门锁引起，还是由门体变形引起。接下来模拟门体关门的动作，手动把门锁锁扣(图中黑色的杠杆)推向右边，检测门锁是否可以正常关闭。

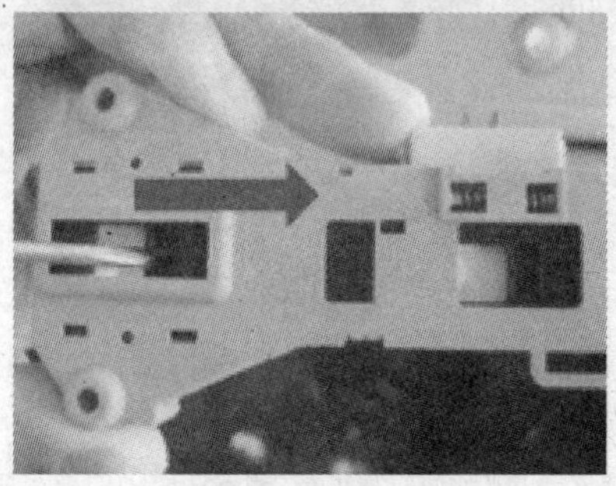

6)手动关闭门锁后，测量门锁1.2号反馈线(黄红.黑)之间的电压应为220V交流。

如果电压正常，测判断门锁正常，如果此时仍旧显示故障代码，则判断为门锁与主板之间的线路断路所致。

如果电压正常，且不再显示故障代码，则判断为门体故障引起。

如果电压为0V，需要检查手动模拟关门是否到位，或者万用表表笔是否接触良好。

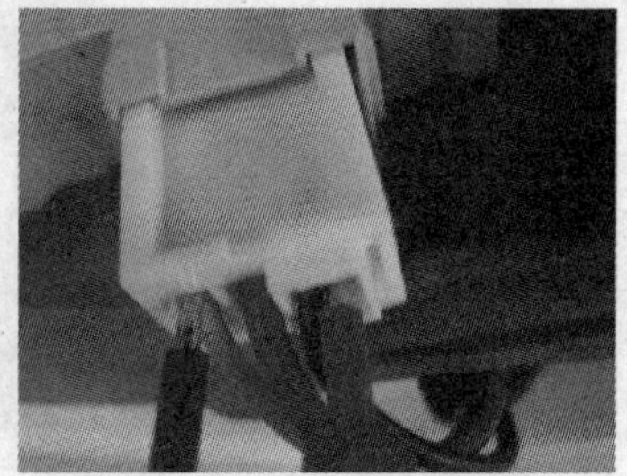

2. 自动式门锁检修流程

1)同机械门方法一样，在判断主板正常的前提下，拆卸出门锁，进行手动测试。

2)开机后，测量门锁上2.4号线(黄红.红)应有220V交流电供应。

如果检测到有220V交流电供应，则证明主板供电正常，排除主板故障。

3)找到自动门锁的锁孔边缘黑色杠杆的位置。

4)用食指或工具顶住杠杆前端，用力向门锁内部推动，检测门锁是否能够正常关闭。

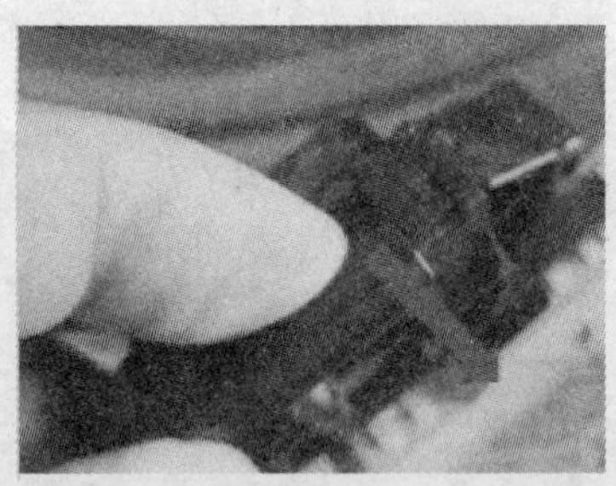

5)手动关闭门锁后，测量门锁2.5号反馈线(黄红.黑)之间的电压应为220V交流。

如果电压正常，则判断门锁正常，如果此时仍旧显示故障代码，则判断为门锁与主板之间的线路断路所致。

如果电压正常，且不再显示故障代码，则判断为门体故障引起。

如果电压为0V，需要检查手动模拟关门是否到位，或者万用表表笔是否接触良好。

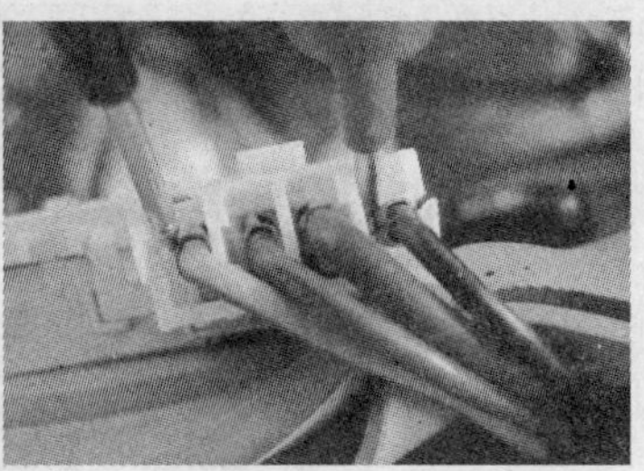

3. 主板反馈信号检测方法

1)出现门锁故障后，首先找到主板电源继电器上的电源供电线棕色或蓝色线。

2)然后找到主板门锁反馈线的黑线。

门锁反馈线部分和进水阀供电线共用一个插件，也可能为单独的插件。

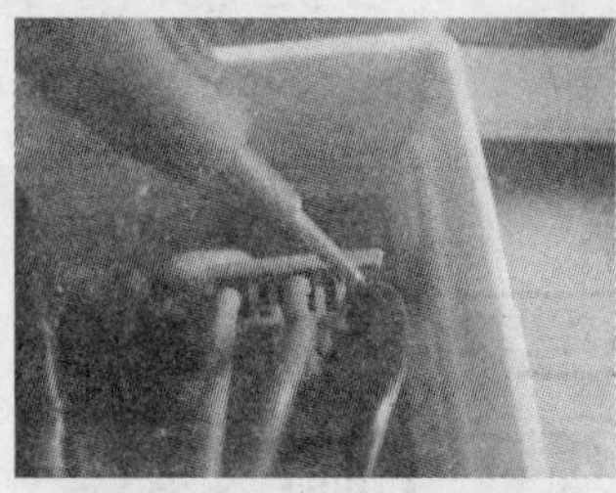

3)开机并按动启动键后，测量主板上门锁的反馈电压应为220V交流。

4)检测电压为220V时，可以判断为门锁反馈线路正常，主板存在故障，且更换主板。

5)检测到反馈电压为0V时，判断为门锁.门锁反馈线路.门体存在故障，主板可以排除。

6)重复多次关门进行试机，如果故障无法排除，需要进行电路检测。

总结：LG滚筒洗衣机出现“DE”故障代码大多数与门锁有关系，所以从简单入手，先检查门是否关好，对门锁进行手动控制，看是否可以正常动作。然后，再来检测门锁控制信号是否到达主板，以便判断是门锁不良，还是线路破损，不要上来就确定主板问题，以免走了不必要的弯路，给维修带来麻烦。

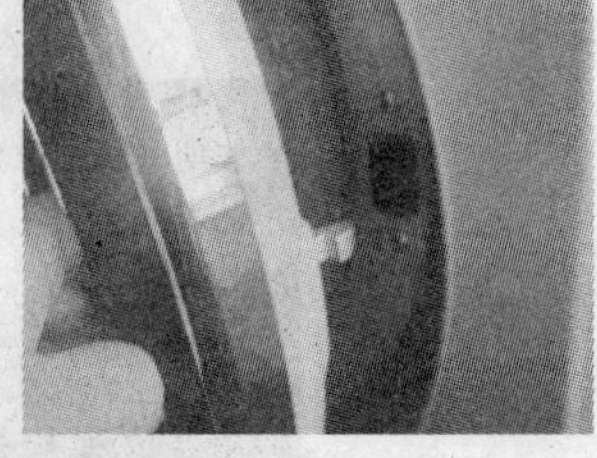

美的IH系列电饭煲电路分析与故障检修

杨玉波　孙立群

美的IH系列电饭锅(电饭锅)与以往电饭煲最大不同的是,采用了电磁加热技术,不仅提高了加热效率,而且更节能环保。因美的IH系列电饭煲电路的构成、电路原理与故障检修方法基本相同,下面以美的WFZ4010MXZ型电饭煲电路为例介绍进行介绍。

一、构成

美的IH系列电饭煲电路主要由控制线路板(电脑板)、电源线路板(电源/功率板)和防溢出检测线路板等线路板,以及线圈盘(电磁加热盘)、温度传感器、风扇等构成,如图1所示。

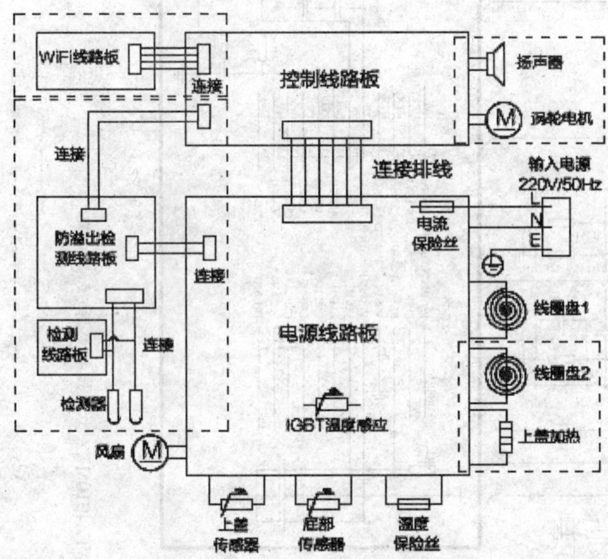

图1 美的IH系列电饭锅的构成

二、电源电路

1. 市电输入电路

市电输入电路由保险丝FUSE131、压敏电阻RZ131、线路滤波器等构成,如图2所示。

220V市电电压经FUSE131进入电源电路,通过由C131、互感线圈L131、C132组成的共模滤波器,以及CY131、CY132和R134、R135组成的差模滤波器滤波双向滤波后,不仅通过整流滤波电路产生300V供电,而且为市电异常保护电路提供取样信号。

市电输入回路的RZ131是压敏电阻,用于过压保护。当市电正常、没有雷电窜入时它不工作;当市电升高或有雷电窜入,使RZ131两端的峰值电压达到470V时它击穿,导致FUSE131过流熔断,切断市电输入回路,避免了功率管IGBT、300V供电电路、开关电源的元件过压损坏,实现市电过压及雷电窜入保护。

2. 300V供电、VD供电电路

参见图2,经滤波后的220V市电电压一路利用BD101桥式整流,C101、L101、C103滤波产生300V直流电压,为电磁回路供电;另一路利用D061、D062全波整流产生脉动直流电压VD。该电压第1路通过双向可控硅(双向晶闸管)为侧面加热器、上盖加热器供电;第2路送给市电检测电路;第3路送给市电过零检测电路;第4路经D091降压隔离、R091限流,EC091滤波产生300V直流电压,为18V开关电源供电。

3. 开关电源

参见图2,该机的开关电源由18V电源和5V电源2套开关电源构成。

1)18V电源电路

18V电源采用电源模块U091(PN8126F)、电感L091、续流二极管D092为核心构成的串联型开关电源。该开关电源的工作效率几乎是并联型开关电源的2倍。

(1)PN8126F简介

PN8126F是由控制芯片和开关管(场效应管)复合而成的新型电源模块,配合较少的外围元件就可以构成小功率非隔离开关电源。

控制芯片的特点:设置了高压启动系统,不仅保证芯片能迅速启动,而且可在85~265V市电输入范围内正常工作;完整的智能化保护功能,包括过流保护、过载保护、过压保护、欠压保护、过热保护;可工作在PFM模式,在轻负载时自动降低工作频率,实现节能控制;采用了降频调制技术,有助于改善EMI特性;内置60kHz振荡器等电路。

(2)功率变换

EC091两端的300V直流电压加到U091(PN8126F)的供电端⑤~⑧脚,不仅为内部的开关管D极供电,而且通过高压电流源对④脚外接的滤波电容EC092充电。当EC092两端建立的电压达到12.5V(典型值)后,U091内部的电源管理系统工作,由其输出的电压为振荡器、PWM控制器等电路供电,振荡器产生的60kHz的时钟信号。该脉冲控制PWM电路产生PWM驱动脉冲,通过放大后使开关管工作在开关状态。开关管导通期间,EC091两端的300V电压通过开关管D/S极、L091的初级绕组、EC093构成导通回路,在L091上产生⑤端正、②端负的电动。开关管截止期间,流过L091初级绕组的导通电流消失,因电感中的电流不能突变,所以L091的初级绕组通过自感产生②端正、⑤端负的电动势。该电动势一路通过EC093和续流二极管D092构成的回路为EC093补充能量;另一路通过D093整流,EC092滤波,在EC092两端产生的电压加到U091的④脚,取代启动电路为U091提供启动后的工作电压。

开关电源工作后,EC093两端产生的18V电压V FAN不仅为风扇电机供电,而且经R092、R093限流后,为功率管的驱动电路供电。

(3)稳压控制

当市电电压升高或负载变轻引起开关电源输出电压升高时,EC092两端升高的电压被U091④脚内的误差取样放大器处理后,经U091③脚外接的C091滤波,对PWM调制器进行控制,使PWM调制器输出的开关管激励信号的占空比减小,开关管导通时间缩短,L091存储的能量下降,开关电源输出电压下降到正常值。反之,稳压控制过程相反。

(4)保护电路

过压保护:PN8126F内置过压保护电路OVP。当稳压控制电路异常导致开关电源输出电压升高,引起VCC电压大于24V(保护阈值最小值)时,芯片内的OVP电路动作,关闭WPM电路输出的PWM信号,开关管截止,以免开关管或负载元件过压损坏。

欠压保护:当自馈电电路、负载电路或稳压控制电路异常,导致开关电源输出电压降低,引起PN8126F的④脚电压降到8V(典型值)时,PN8126F内的欠压保护电路动作,关闭振荡器,使开关管停止工作,以

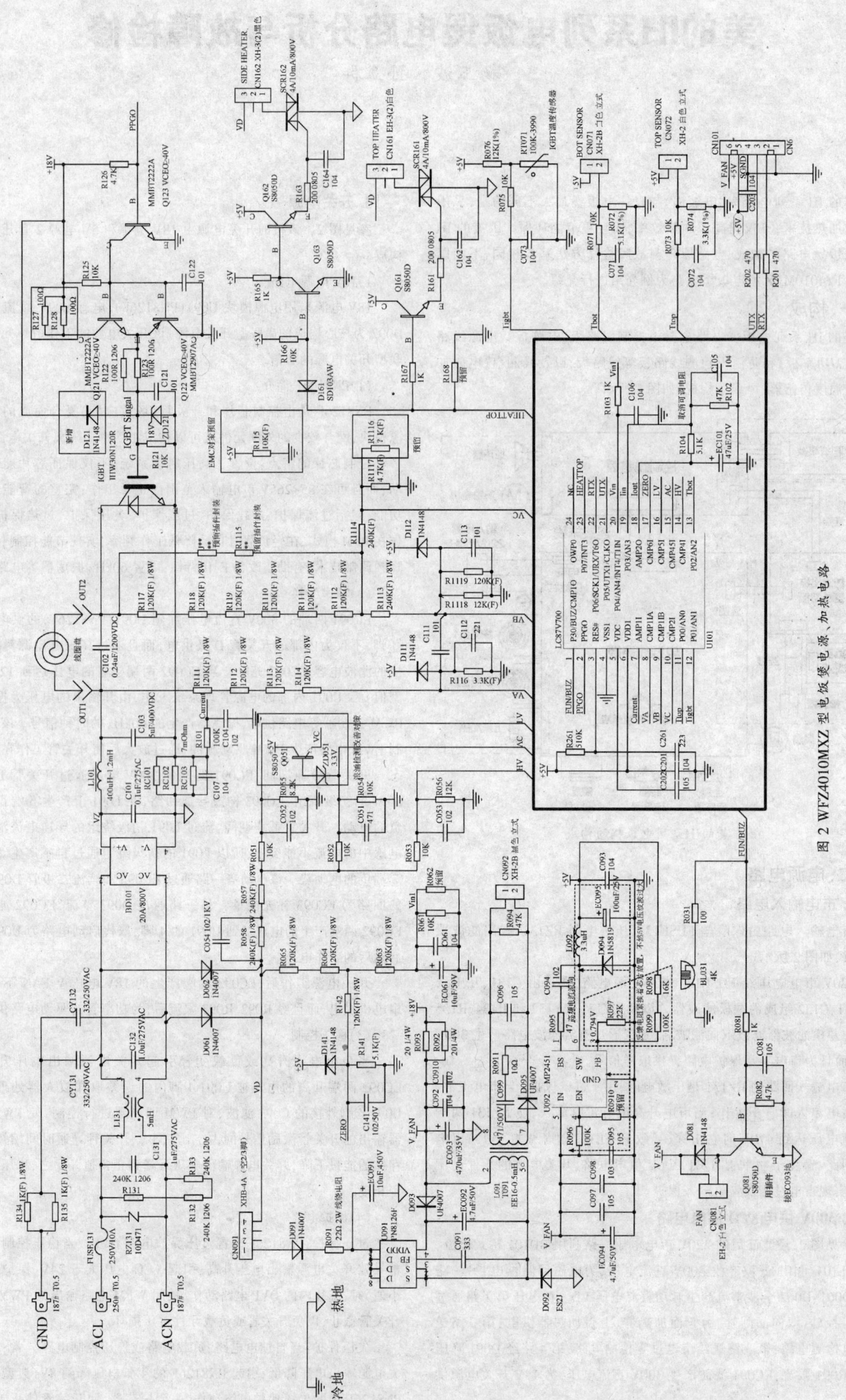

图 2 WFZ4010MXZ 型电饭煲电源、加热电路

免开关管因激励不足而损坏。当④脚电压回升到5V(重启最小值)时芯片会重新启动。但故障未消失前会再次进入保护状态,直至故障排除。

过流保护:PN8126F工作在电感电流临界连续模式CRM中,电流检测电路可逐周期检查流过开关管的峰值电流。当负载异常导致开关管过流并达到1.45A(典型值),使电流过流保护电路OCP动作,缩短开关管的导通时间,开关电源输出电压下降,如果电流恢复正常,则解除限流控制;如果仍过流,则控制开关管停止工作,以免它过流损坏。

电流限制电路还包括一个前沿消隐电路。该电路用来延时电流采样,因为在开关导通瞬间会有脉冲峰值电流,如果此时采样电流值并进行控制,会因脉冲前沿的尖峰产生误触发动作,影响电路启动,前沿消隐电路对检测脉冲延迟400ns,就可以避免这种误触发隐患。

过热保护:PN8126F内部还设置了过热保护电路OTP。当芯片的温度超过160℃(典型值)时,内部的OTP电路动作,关闭振荡器,使开关管停止工作,以免其因过热损坏。当温度降到正常温度范围时,芯片重新启动。

2)5V电源

5V电源采用电源模块U092(MP2451)、电感L092、续流二极管D094为核心构成的串联型开关电源。

MP2451也是由控制芯片和开关管(场效应管)复合而成的新型电源模块,配合较少的外围元件就可以构成小功率非隔离开关电源。

(2)功率变换

18V直流电压V FAN经EC094、C097、C098滤波后,一路通过R096加到U092(MP2451)的使能端④脚,使其内部的启动电路工作;另一路加到U092的供电端⑤脚,不仅为内部的开关管D极供电,而且使启动电路工作,由其输出的电压为振荡器、PWM控制器等电路供电,使PWM电路产生PWM驱动脉冲,通过放大后驱动开关管工作在开关状态。开关管导通期间,18V电压通过开关管D/S极、L092、EC095构成导通回路,在L092上产生下正、上负的电动势。开关管截止期间,流过L092的导通电流消失,因电感中的电流不能突变,所以L092通过自感产生上正、下负的电动势。该电动势通过EC095和续流二极管D094构成的回路为EC095补充能量,所以该电源的工作效率比并联型开关电源高了近一倍。

开关电源工作后,EC095两端的5V电压不仅为电磁炉专用芯片LC87V700供电,而且为系统控制电路、温度检测电路、保护电路等供电。

(3)稳压控制

当市电电压升高或负载变轻引起开关电源输出电压升高时,EC905两端升高的电压经R908、R909和R907取样后,为U902③脚提供的取样电压增大,被U092内部的误差放大器放大后,使PWM调制器输出的激励信号的占空比减小,开关管导通时间缩短,L092存储的能量下降,开关电源输出电压下降到正常值。反之,稳压控制过程相反。

4. 市电过零检测电路

参见图2,脉动直流电压VD经R065、R064、R142、R141分压,利用C141滤波后产生市电过零检测信号ZERO。该信号不仅通过连接器送给系统控制电路,而且从专用芯片U101(LC87V700)的?脚输入,被它内部电路检测后,确保侧面加热器、上盖加热器供电回路中的双向晶闸管SCR161、SCR162在市电过零点处导通,避免了它们在导通瞬间可能因负载电流大而损坏,实现它们的低功耗导通控制。

三、专用芯片及附属电路

1.专用芯片LC87V700的功能

专用芯片LC87V700是集CPU、同步控制电路、振荡器、保护电路等功能于一体的大规模集成电路,它不仅能输出功率管激励脉冲,还具有完善的控制、保护功能。它的引脚功能如表1所示。

表1 专用芯片LC87V700的引脚功能

脚位	脚名	功能
1	FUN/BUZ	风扇电机动信号输出
2	PPGO	功率管驱动信号输出
3	RES	复位信号输入
4	VSS1	接地
5	VDC	参考电压滤波
6	VDD1	供电
7	Gurrent	功率管电流检测信号输入
8	VA	电磁线圈左端谐振脉冲取样信号输入
9	VB	电磁线圈右端谐振脉冲取样信号输入
10	VC	功率管C极脉冲电压检测信号输入
11	Ttop	上盖温度检测信号输入
12	Tigbt	功率管温度检测信号输入
13	Tbot	底部温度检测信号输入
14	HV	市电过压检测信号输入
15	AC	市电浪涌检测信号输入
16	LV	市电欠压检测信号输入
17	ZERO	市电过零检测信号输入
18	Iout	功率管电流检测交流信号输出
19	Iin	功率管电流检测直流信号输入
20	Vin	市电检测信号输入
21	UXT	时钟信号输入
22	RXT	数据信号输出/输入
23	HEATTOP	上盖加热器控制信号输出
24	NC	空脚

2. 芯片的启动

电源电路工作后,由5V电源输出的5V电压经C201滤波后,一路加到芯片U101(LC87V700)的⑥脚,为其供电;另一路经R261和C261组成的积分电路产生一个由低到高的复位信号,该信号加到U101③脚后,使它内部的存储器、寄存器等电路清零后开始工作。U101工作后,从①脚输出蜂鸣器驱动信号,经R031限流驱动蜂鸣器BL031鸣叫一声,表明该机启动并进入待机状态。

待机期间,U101②脚无驱动输出的信号,18V电压经R126限流使倒相放大器Q123导通,致使推挽放大器的Q121截止、Q101导通,功率管IGBT截止。

3. 同步控制电路

线圈盘(电磁线圈)两端产生的脉冲电压经R111~R119、R1110~R1113、R1118、R1119分压产生取样电压VA、VB,再经C112、C113滤波后加到芯片U101(LC87V700)的⑧、⑨脚,U101内的同步控制电路对⑧、⑨脚输入的脉冲进行判断,确保无论是电磁线圈对谐振电容C102充电期间,还是C102对电磁线圈放电期间,②脚均输出低电平脉冲,使功率管IGBT截止;只有加热线圈通过C103、IGBT内的阻尼管放电结束后,U101②脚才能输出高电平信号,通过驱动电路放大后使IGBT再次导通,因此,通过同步控制就实现了功率管的零电压开关控制,避免了功率管因导通损耗大和关断损耗大而损坏。

二极管D111和D112是保护二极管,若取样电路异常使U101的⑧、⑨脚升高后,当电压达到5.4V时它们导通,将⑧、⑨脚电位钳位到5.4V,从而避免了LC78V700过压损坏。

4. 功率管过流保护电路

该机的功率管过流保护电流由取样电阻RC101~RC103、芯片U101为核心构成。

功率管IGBT工作后,它的导通电流在取样电阻RC101~RC103两端产生压降，该压降利用R101限流,C104滤波后得到与电流成正比的取样信号Gurrent送给U101(LC78V700)的⑦脚进行识别。

当负载重等原因引起IGBT过流，产生的取样信号Gurrent过大时,被U101识别后,使②脚无驱动信号输出,进入过流保护状态,以免IGBT过流损坏。

5. 功率管C极过压保护电路

该机的功率管C极过压保护电路由C极电压取样电路和专用芯片U101(LC78V700)构成。

功率管C极电压经R117~R119、R1110~R1114、R1116、R1117分压产生取样电压VC,该电压加到芯片U101的⑩脚。当功率管C极产生的反峰电压在正常范围内时,U101⑩脚输入的电压也在正常范围内,U101②脚输出正常的激励脉冲,该机可正常工作。一旦功率管C极产生的反峰电压过高时，使U101的⑩脚输入的电压达到保护电路动作的阈值后,U101内的保护电路动作,使它②脚不再输出激励脉冲,功率管IGBT截止,避免了过压损坏,实现过压保护。

6. 浪涌电压大保护电路

该机的浪涌电压大保护电路由电压取样电路和专用芯片U101(LC78V700)内的检测电路等构成。

市电电压通过整流管D061、D062全波整流产生脉动电压VD,该电压经R058、R057、R052、R054取样,利用C051滤波后产生取样电压AC。该电压一路加到U101的⑮脚;另一路通过ZD051降压,Q051射随放大后加到U101的⑩脚。

当市电电压没有浪涌脉冲时,U101⑮、⑩脚输入的电压正常,U101②脚能输出正常的驱动信号,驱动IGBT工作。当市电出现浪涌电流或浪涌电压时,U101⑮、⑩脚输入的电压升高，被U101内的CPU识别后,判断市电内浪涌电流或浪涌电压大,切断②脚输出的激励信号,使功率管IGBT截止,避免了IGBT等元件过压损坏,实现浪涌电压大、浪涌电流大保护。

7. 市电异常保护电路

该机的市电电压异常保护电路由电压取样电路和芯片U101(LC78V700)内的市电检测电路构成。

市电电压通过整流管D061、D062全波整流产生脉动电压VD,该电压经R058、R057、R053、R056、R051、R055取样,利用C052、C053滤波后产生取样电压HV和HL。其中,HV加到U101的⑭脚,HL加到U101的⑯脚。

当市电电压低于165V时,市电欠压取样信号HL降到市电欠压保护的阈值，被U101内的CPU检测后,CPU输出控制信号使电磁炉停止工作,避免了功率管等元件因市电欠压而损坏,实现市电欠压保护。

当市电电压高于265V时，市电取样信号HV升到市电过压的保护阈值,被U101内的CPU检测后,CPU输出控制信号停止加热,避免了功率管等元件因市电过压而损坏,实现市电过压保护。

四、系统控制电路

该系统控制电路由超级芯片MC96F6432Q（U201)、操作显示电路、蜂鸣器电路等构成,如图3所示。

1. MC96F6432Q的实用资料

MC96F6432Q的引脚功能如表2所示。

表2 微控制器MC96F6432Q的引脚功能

脚位	脚名	功能	脚位	脚名	功能
1	RESETB	复位信号输入	23	PWM	蜂鸣器驱动信号输出
2	RXD0	数据信号输入/输出	24	SEG1	显示屏数据信号1输出
3	TXD0	时钟信号输出	25	COM5	显示屏地址信号5输出
4		悬空	26	COM4	显示屏地址信号4输出
5		记忆指示灯控制信号输出	27	COM3	显示屏地址信号3输出
6	SDA	I²C总线数据信号输入/输出(接存储器U202)	28	ZERO	市电过零检测信号输入
7	SCL	I²C总线时钟信号输出(接存储器U202)	29	Over Flow	溢出检测信号输入
8	WP	存储器擦写信号输出	30	SEG2	显示屏数据2/WIFI指示灯控制信号输出
9		开盖检测信号输入	31	SEG3	显示屏数据3/WIFI指示灯控制信号输出
10		接预留功能选择电阻	32	SEG4	显示屏数据4/开始指示灯控制信号输出
11	SCL	I²C总线时钟信号输出(接触控芯片U021)	33	SEG5	显示屏数据5/开始指示灯控制信号输出
12	SDA	I²C总线数据信号输入/输出(接触控芯片U021)	34	SEG6	显示屏数据6/DIY指示灯控制信号输出
13		触控芯片U021的供电控制信号输出	35	SEG7	显示屏数据7/DIY指示灯控制信号输出
14		悬空	36	SDA	I²C总线数据信号输入/输出(接烧录座)
15		悬空	37	SCL	I²C总线时钟信号输出(接烧录座)
16		煮粥/记忆等指示灯供电控制信号输出	38	VDD	5V供电
17		开始/记忆等指示灯供电控制信号输出	39	VSS	接地
18		蜂鸣器供电控制信号输出	40		悬空
19	COM1	显示屏地址信号1输出	41		悬空
20	COM2	显示屏地址信号2输出	42		悬空
21	TXD1	时钟信号输出(接WIFI模块)	43	XTAL2	时钟振荡信号输出
22	RXD1	数据信号输入(接WIFI模块)	44	XTAL1	时钟振荡信号输入

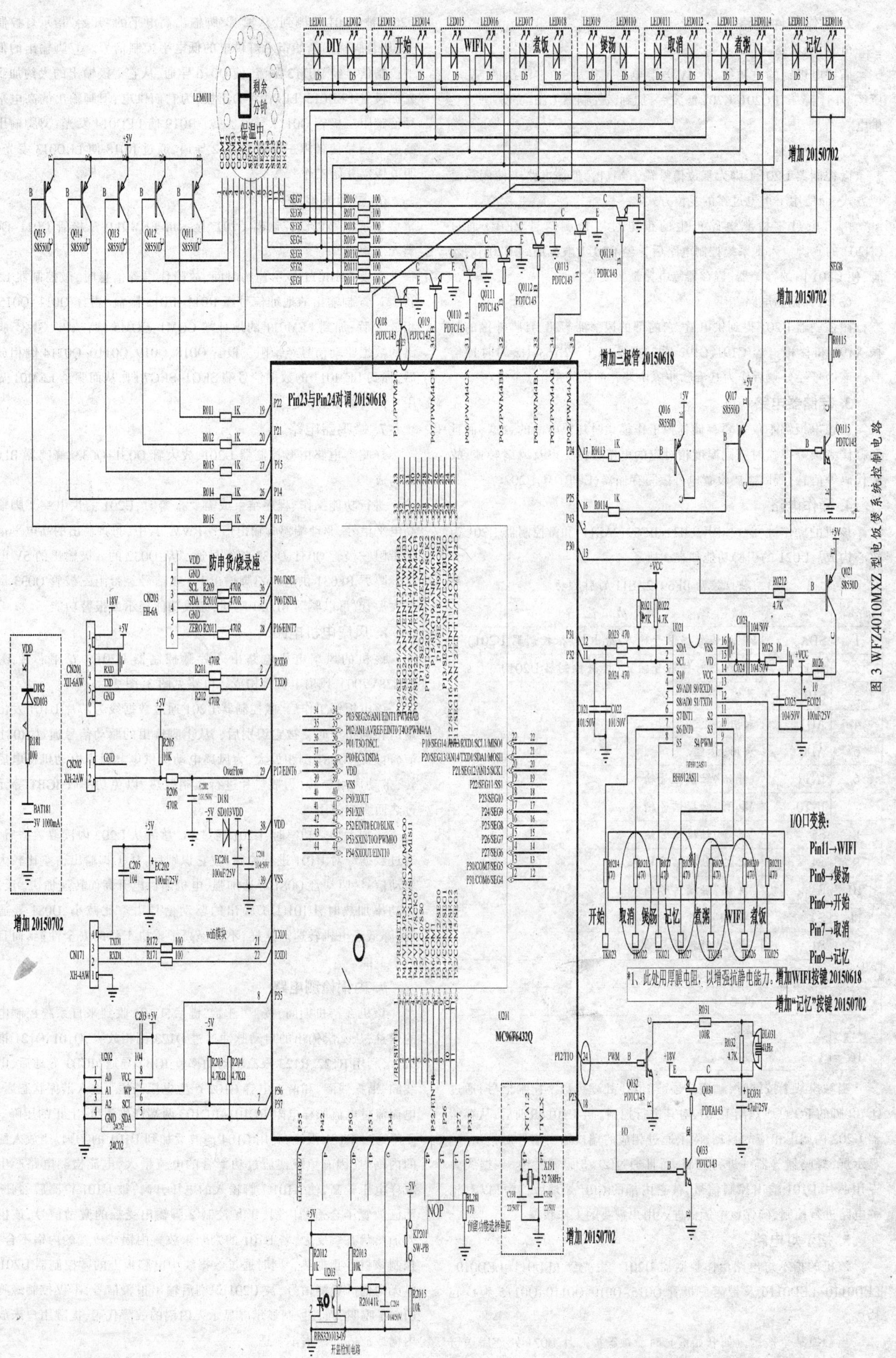

图3 WFZ4010MXZ型电饭煲系统控制电路

2. 工作条件电路

(1)供电电路

插好电饭锅的电源线,待5V电源电路工作后,由它输出的5V电压经D181降压,EC201、C201滤波后,加到微控制器U201的㊳脚为它供电。

(2)复位电路

微控制器U201①脚为复位信号输入端口,但该电路未使用该复位方式,而使用了市电过零的复位方式。

由市电过零检测电路产生的市电过零检测信号ZERO通过CN203的⑥脚输入到系统控制电路后,经R2011限流加到U201的㉘脚,使U201内的存储器、寄存器等电路清零复位。

(3)时钟振荡电路

微控制器U201得到供电后,它内部的振荡器与㊸、㊹脚外接的晶振X191和移相电容C191、C192通过振荡产生32.768kHz的时钟信号。该信号经分频后作为基准脉冲源协调各部位的工作。

3. 存储器电路

由该电饭锅不仅需要存储各种工作模式时加热时间的数据,而且要存储煮饭等模式时不同温度相对应的电压数据,以及风扇转速、故障代码等信息,所以需要设置电可擦写存储器(E^2PROM)U202。

4. 操作电路

该机的操作键、触控芯片U021(BF6912AS11)和微控制器U201为核心构成。U021的引脚功能如表3所示。

表3 触控芯片BF6912AS11的引脚功能

脚位	脚名	功 能
1	SDA	I^2C总线数据信号输入/输出(接微控制器U201)
2	SCL	I^2C总线时钟信号输出(接微控制器U201)
3	S10	悬空
4	AD1	未用,悬空
5	AD0	未用,悬空
6	INT1	"开始"触摸信号输入
7	INT0	"取消"触摸信号输入
8	S5	"煲汤"触摸信号输入
9	S4	"记忆"触摸信号输入
10	S3	"煮粥"触摸信号输入
11	S2	"WIFI"触摸信号输入
12	S1	"煮饭"触摸信号输入
13	S0	未用,悬空
14	VCC	供电
15	VD	滤波
16	VSS	接地

当触摸某个按键时,触摸信号被U021处理为数字控制信号,通过①、②脚的I^2C总线送给U201,对其进行控制。被U201识别后,从存储器U202内调出相应的数据,除了通过相应的端口输出信号对指示灯、显示屏、蜂鸣器等器件进行控制,而且通过②、③脚的时钟、数据线为专用芯片U101输出控制信号,被它内部的CPU处理后,就可以对相关电路进行控制,确保该电饭锅进入用户需要的工作状态。

5. 指示灯电路

该机的指示灯电路由微控制器U201、发光管LED011~LED019、LED0110~LED0116及带阻三极管Q015~Q019、Q0110~Q0115为核心构成。

当触摸某个按键(如开始键)时,被触摸芯片U021处理后送给U201,被U201检测到,从㉜、㉝脚输出高电平的"开始"指示灯控制信号,从⑰脚输出开始指示灯供电的低电平控制信号。⑰脚输出的低电平控制信号经R0113限流,使Q016导通,从它c极输出的大约加到发光二极管LED013、LED014的正极,为它们供电;㉜脚输出的高电平信号使带阻三极管Q0111导通,通过R019使LED014发光;㉝脚输出的高电平信号使带阻三极管Q0112导通,通过R018使LED013发光,表明电饭锅开始工作。

6. 显示屏电路

显示电路以微控制器U201、显示屏LEM011、三极管Q011~Q015等元件构成。

需要LEM011显示预约时间、故障代码等信息时,微控制器U201⑲、㉕~㉗脚输出的地址信号经R011~R015限流,再经Q011~Q015倒相放大后,加到LEM011的地址端COM1~COM5脚;从㉔、㉚~㉟脚输出的数据驱动信号经带阻三极管Q018、Q019、Q0110~Q0114倒相放大后,加到LEM011的数据信号端SEG1~SEG7脚,从而驱动LEM01显示用户需要的信息。

7. 蜂鸣器电路

蜂鸣器电路由微控制器U201、放大管Q031~Q033、蜂鸣器BL031等构成。

进行功能操作、程序结束或需要报警时,U201的供电端⑱脚输出高电平信号,驱动端㉓脚输出信号PWM。其中,⑱脚输出的高电平信号使带阻三极管Q031、Q032相继导通,从Q032的c极输出的5V电压为蜂鸣器BL031供电;㉓脚输出PWM信号经带阻三极管Q033倒相放大后,就可以驱动BL031鸣叫,完成功能提示或报警功能。

8. 风扇电机电路

该机的风扇电机电路由芯片微控制器U201、专用芯片U101(LC78V700)、风扇电机等构成。电路见图3、图2。

该电饭锅工作后,微控制器U201通过数据线为芯片U101发出风扇运转的指令时,被它识别后,从①脚输出的驱动信号通过R081限流,再通过Q081倒相放大,为风扇电动机供电。风扇电动机得电后运转,带动风扇旋转,为散热片进行强制散热,以免功率管IGBT等元件过热而影响使用。

当加大加热功率时,U201通过I^2C总线从U202内读取数据后,再通过数据线对U101进行控制,被它识别后,从①脚输出占空比较大的驱动信号,驱动管Q081导通加强,电机因供电升高而转速加快。反之,小功率加热时,U101①脚输出的驱动信号占空比减小,Q081导通减弱,降低了电机转速。这样,不仅提高了整机工作的安全性能,而且更利于节能。

9. 内锅检测电路

该机在待机期间,按下"开始"键后,U101收到来自系统控制电路的信息,从②脚输出的启动脉冲通过Q123倒相放大,Q101、Q121推挽放大,利用R122、R123限流驱动功率管IGBT导通。IGBT导通后,电磁线圈(谐振线圈)和谐振电容C102产生电压谐振。进入谐振状态后,有电流流过电流取样电阻RC101~RC103两端产生下负、上正的压降。该压降通过R101限流,利用C104滤波后加到U101的⑦脚。当放入配套的内锅时,因有负载使流过功率管的电流增大,电流检测电路产生的取样电压较高,使U101⑦脚输入的电压升高,被U101检测后,判断炉面已放置了合适的内锅,于是控制②脚输出受控的激励信号,该机进入加热状态。反之,若U101的判断未放置内锅或放置的内锅不合适,控制该机停止加热,同时通过数据线为电脑板上的微控制器U201提供无内锅的检测信号,被U201识别后输出报警信号,不仅控制蜂鸣器BL031鸣叫,而且控制显示屏显示无内锅的故障代码,提醒用户未放入内锅或放入的内锅不合适。

10. 加热电路

该电饭锅的加热电路由微控制器 U201、专用芯片 U101、操作电路、上盖传感器、底部传感器、晶闸管 SCR161/SCR162、加热器等构成，如图 3、图 2 所示。上盖、底部传感器采用的是负温度系数热敏电阻。下面以煮饭为例介绍加热电路的工作原理。

触摸操作面板上的煮饭键进行煮饭时，被 U021 译码后对微控制器 U201 进行控制，被 U201 识别后，它不仅输出指示灯、显示屏驱动信号，使煮饭指示灯、显示屏工作，表明电饭锅进入煮饭状态。同时，因锅内温度低，底部、上盖 2 个温度传感器的阻值较大，5V 电压经底部传感器与 R072 取样，利用 R071 限流，C071 滤波后产生的底部温度取样电压 Tbot 较低；5V 电压经上盖传感器与 R074 取样后，利用 R073 限流，C072 滤波后产生的上盖温度取样电压 Ttop 较低。U101 将检测到的 Tbot 和 Ttop 两个电压通过数据线送给 U201，U201 将这 2 个电压数据与存储器 U202 存储的不同电压数据对应的温度值比较后，确认锅内温度低，并且无水蒸汽，于是对 U101 发出加热的控制信号。此时，U101 从②脚输出的驱动信号 PPGO 经 R215、R216 分压限流，利用 Q213 倒相放大，再经 Q121 和 Q122 推挽放大后，由 R122、R123 限流后使功率管 IGBT 工作在开关状态。

IGBT 工作在开关状态后，线圈盘(谐振线圈)与谐振电容 C102 工作在谐振状态，使内锅发热，进入煮饭状态。当水温达到 100℃，底部传感器的阻值减小，5V 电压该传感器与 R072 取样后产生的电压升高，利用 R071 限流、C071 滤波后为 U101⑬脚提供的取样电压增大，被 U101 通过数据线传递给微控制器 U201 进行识别，U201 将数据与存储器 U202 内存储的数据比较后，再通过数据线控制 U101②脚输出间断性加热信号，维持沸腾状态。保沸时间达到 15min 左右，U101 的②脚不再输出驱动信号，IGBT 关断，内锅停止加热，电饭锅进入焖饭状态。

【提示】保沸期间，上盖传感器对锅内温度和水蒸汽进行检测，以改变 U101⑪脚输入的电压，也在一定范围内控制了线圈盘的加热时间。

11. 焖饭、保温电路

保沸结束后，微控制器 U201 根据 U202 内固化的程序控制该机 U101 执行焖饭程序。此时，U201 控制 U101 的 23 脚输出触发信号 HEATOP。该驱动信号一路经 R167 限流，Q161 倒相放大，利用 R161 限流、C162 滤波后，触发双向晶闸管 SCR161 导通，通过连接器 CN161 为上盖加热器供电，使它开始发热；另一路经 D161 倒相，再经 Q163 倒相放大，由 Q102 射随放大，从其 e 极输出的信号通过 R163 限流、C164 滤波后，触发双向晶闸管 SCR162 导通，通过连接器 CN162 为侧面加热器供电，使它开始发热。

上盖加热器发热后，将上盖的凝露水烘干，以免它们滴入米饭，导致米饭发黏；侧面加热器发热后，对锅内侧面的米饭进行加热，确保侧面的米饭也柔软可口。随着焖饭的不断进行，水蒸气逐渐减少，5V 电压经上盖传感器与 R074 取样后产生的电压下降，通过 R073 限流、C072 滤波后为 U101⑪脚提供的取样电压减小，被 U101 检测后送给微控制器 U201，被它识别后执行焖饭结束的程序，不仅输出蜂鸣器信号，驱动蜂鸣器 BL031 鸣叫，提醒用户米饭已煮熟。若未被操作，U201 自动执行保温程序，输出控制信号使显示屏显示“保温中”，提醒用户米饭进入保温状态。随着保温时间的延长，当底部传感器检测的温度降到 60℃左右时，锅底传感器的阻值增大到需要值，产生的取样电压减小，被 U101 和 U201 识别后，U201 控制 U101 从②脚输出驱动信号，IGBT 工作在开关状态，如上所述，内锅开始加热，使温度升高。当温度超过 70℃后，底部传感器的阻值减小，被 U101、U201 识别后控制 IGBT 关断，内锅停止加热。这样，在底部传感器、U101、U201 的控制下，内锅间断性加热，不仅使米饭的温度保持在 65℃左右，而且使米饭干松可口。

12. 防溢出电路

该电饭锅为了防止煮粥或煲汤期间，防止汤汁或米汤溢出，设置了防溢出电路。该电路由微控制器 U201、专用芯片 U101、溢出检测装置构成，如图 3、图 2 所示。

煮粥或煲汤期间，当沸腾的浆沫溢到防溢检测电极，就会通过 R206 使 U201 的㉙脚电位变为低电平，被 U201 识别后，就会判断汤汁已煮沸，控制专用芯片 U101 不再输出 IGBT 的驱动信号，IGBT 关断，内锅停止加热。当汤汁或米汤回落，离开防溢检测电极后，U201 的㉙脚电位又变为高电平，U101 又输出驱动信号，IGBT 工作在开关状态，内锅又开始加热，实现了防溢出的延煮功能。

13. 上盖温度传感器异常保护电路

上盖温度传感器 RT072(图 2 中未标记，编号由笔者加注)是负温度系数热敏电阻，用于检测上盖的温度。当 RT072 损坏后，就不能正常的检测上盖温度，可能会发生糊锅，甚至功率管损坏等故障，为此设置了 RT072 异常保护电路。电路见图 2、图 3。

若 RT072、R071、CN071 开路或 C071 漏电，为 U101⑬脚提供的取样电压过低，被 U101 内的 CPU 识别后，执行上盖温度传感器开路保护程序，切断②脚输出的激励信号，使该机停止加热，同时通过数据线提供给电脑板上的控制器 U201，被 U201 识别后输出报警信号，不仅控制蜂鸣器 BL031 鸣叫，而且控制显示屏显示上盖温度传感器开路的故障代码，提醒用户该机进入上盖温度传感器开路的保护状态。

若 RT072 漏电、R072 阻值增大，为 U101⑬脚提供的取样电压过大，被 U101 内的 CPU 识别后，通知 U201 执行上盖温度传感器短路保护程序。如上所述，该机不仅停止加热，而且通过蜂鸣器显示屏显示表明该机进入上盖温度传感器短路的保护状态。

14. 底部温度传感器异常保护电路

温度传感器 RT073(图 2 中未标记，编号由笔者加注)是负温度系数热敏电阻，用于检测底部(电磁线圈表面)的温度。当 RT073 损坏后，就不能实现底部的温度检测，可能会发生糊锅，甚至功率管损坏等故障，为此设置了 RT073 异常保护电路。电路见图 2、3。

若 RT073、R073、CN072 开路或 C072 漏电，为 U101⑪脚提供的取样电压过低，被 U101 内的 CPU 识别后，执行底部温度传感器开路保护程序，切断②脚输出的激励信号，使该机停止加热，同时通过数据线提供给电脑板上的控制器 U201，被 U201 识别后输出报警信号，不仅控制蜂鸣器 BL031 鸣叫，而且控制显示屏显示底部温度传感器开路的故障代码，提醒用户该机进入底部温度传感器开路的保护状态。

若 RT073 漏电、R074 阻值增大，为 U101 的⑪脚提供的取样电压过大，被 U101 内的 CPU 识别后，通知 U201 执行底部温度传感器短路保护程序。该机不仅停止加热，而且通过蜂鸣器 BL031 和显示屏提醒用户，该机进入底部温度传感器短路的保护状态。

15. 功率管过热保护电路

该机的功率管过热保护电路由温度传感器 RT071、芯片 U101 内的 CPU 为核心构成。电路见图 2、图 3。

RT071 是负温度系数热敏电阻，用于检测功率管 IGBT 的温度。当 IGBT 的温度正常时，RT071 的阻值较大，5V 电压经 R076、RT071 取样后的电压较大，通过 R075 限流，C073 滤波后加到 U101 的⑫脚，被 U101 内的 CPU 识别后，判断功率管温度正常，②脚输出驱动信号，电饭锅正常工作。当风扇停转等原因导致 IGBT 过热（温度超过 100℃）时，RT071 的阻值急剧减小，5V 电压通过 R076 与它分压，使 U101⑫脚输入的取样电压减小，被它内部的 CPU 识别后使②脚不再输出激励脉冲，IGBT 关断，同时通过数据线提供给电脑板上的控制器 U201，被 U201 识别后输出报警信号，不仅控制蜂鸣器 BL031 鸣叫，而且控制显示屏显示 IGBT 过热的故障代码，提醒用户该机进入 IGBT 过热的保护状态。

16. 功率管温度传感器异常保护电路

由于温度传感器 RT071 损坏后就不能实现功率管温度检测，这样容易导致 IGBT 等元件损坏，为了避免这种危害，设置了 RT071 异常保护电路。电路见图 2、图 3。

若RT071 阻值增大为 U101⑫脚提供的电压增大，被 U101 内的 CPU 识别后，②脚不再输出驱动信号，使 IGBT 机停止工作，同时通过数据线提供给电脑板上的控制器 U201，被 U201 识别后输出报警信号，不仅控制蜂鸣器 BL031 鸣叫，而且控制显示屏显示 IGBT 温度传感器开路的故障代码，提醒用户该机进入 IGBT 温度传感器开路的保护状态。

若 RT071、C073 漏电或 R075、R076 阻值增大，为 U101⑫脚提供的电压减小，被 U101 内的 CPU 识别后，使该机停止工作，同时通过数据线提供给电脑板上的控制器 U201，被 U201 识别后输出报警信号，不仅控制蜂鸣器 BL031 鸣叫，而且控制显示屏显示 IGBT 温度传感器短路的故障代码，提醒用户该机进入 IGBT 温度传感器短路的保护状态。

17. 故障代码

为了便于生产和维修，美的 IH 系列电饭锅具有故障自诊功能。当被保护的温度传感器或电路发生故障时，被微控制器 U201 识别后执行保护程序，它不仅驱动蜂鸣器 BL031 鸣叫报警，而且控制显示屏显示故障代码，来表示故障发生部位。美的 WFZ4010MXZ 型电饭煲的故障代码及含义如表 4 所示，其他美的 IH 系列电饭锅的故障代码与含义可参考表 5。

表 4　美的 WFZ4010MXZ 型电饭锅故障代码及含义

故障代码	含　义
U	无内锅
3	IGBT 温度传感器开路或相关元件异常
4	IGBT 温度传感器短路或相关元件异常
5	上盖温度传感器开路或相关元件异常
6	上盖温度传感器短路或相关元件异常
H	IGBT 温度过高
r	通讯接收错误
t	通讯发送错误

表 5　其他美的 IH 系列电饭锅故障代码及含义

故障代码	含义
E¯(横线常亮)	上盖温度传感器短路或相关元件异常
E¯(横线闪烁)	上盖温度传感器开路或相关元件异常
E_(横线常亮)	底部温度传感器短路或相关元件异常
E_(横线闪烁)	底部温度传感器开路或相关元件异常
9t:Sh	IGBT 温度传感器短路或相关元件异常
9t:OP	IGBT 温度传感器开路或相关元件异常
9t:HI	IGBT 过热
CSI	CSI 通讯错误
I2C	I^2C 总线通讯错误
LJ	无内锅

五、拆装方法

1. 上盖总成的装配

上盖总成的组装如图 4~16 所示。

2. 锅体总成的装配

锅体总成的组装如图 17~27 所示。

3. 底座、铰链、内锅的装配

底座、铰链、内锅的组装如图 28~33 所示。

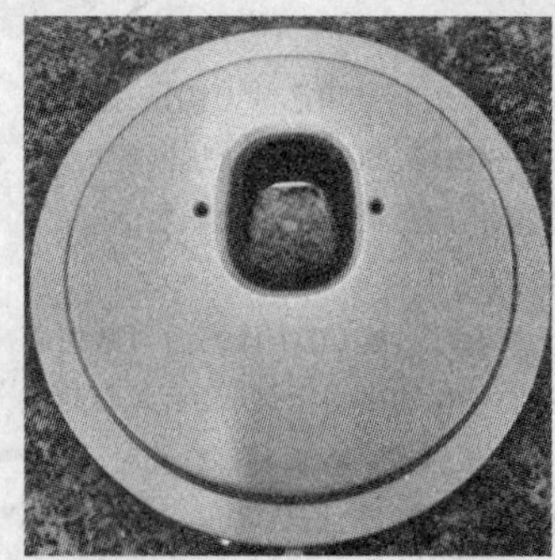

图 4 保温座与密封圈的组装

图 5 保温座与内盖的组装

图 6 开盖顶块、弹簧与内盖的组装

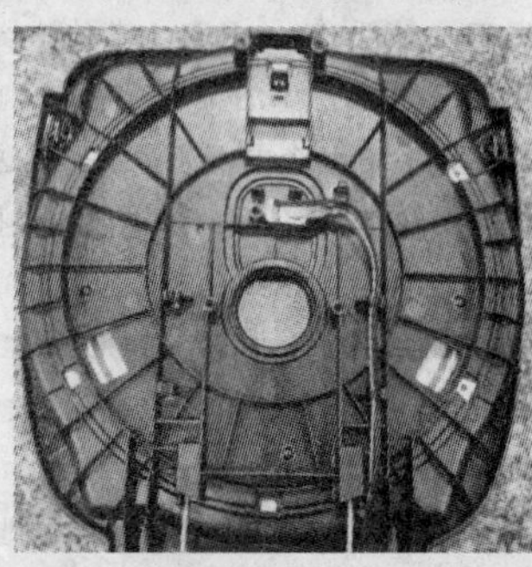

图 7 上盖温度传感器的安装

图 8 铰链弹簧、销轴及轴套的安装

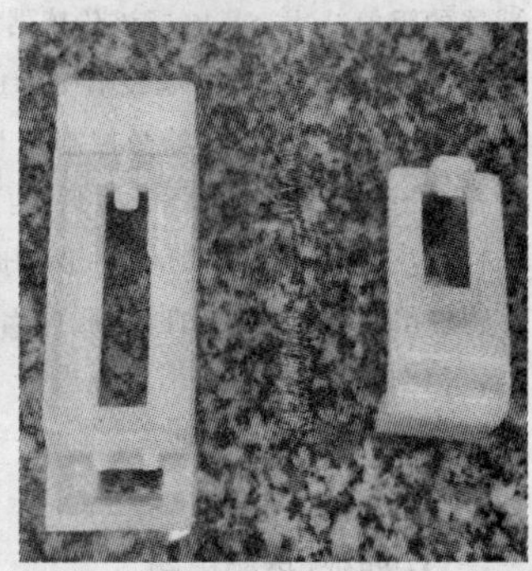

图 9 开盖按钮支架、扣板支架、弹簧

图 10 自锁滑块的安装

图 11 装饰片和面板的安装

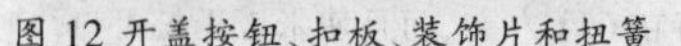

图 12 开盖按钮、扣板、装饰片和扭簧

图 13 内盖与面盖组件的安装

图 14 活动盖板的安装

图 15 外壳罩、内锅支撑架

图 16 上盖和外壳罩的组装

图 17 隔热圈与上盖总成的组装

图 18 线圈盘

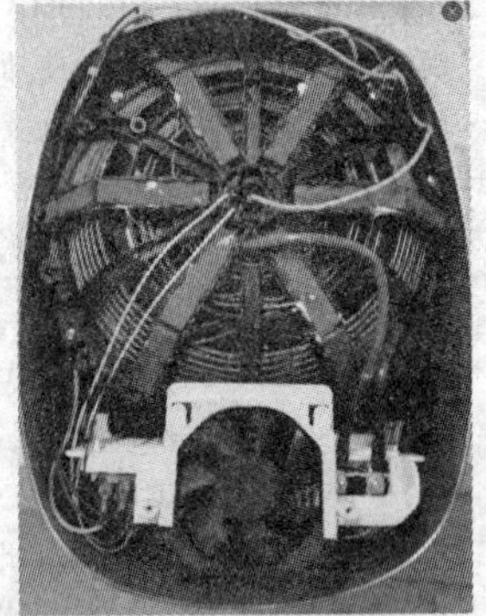
图 19 外壳的组装

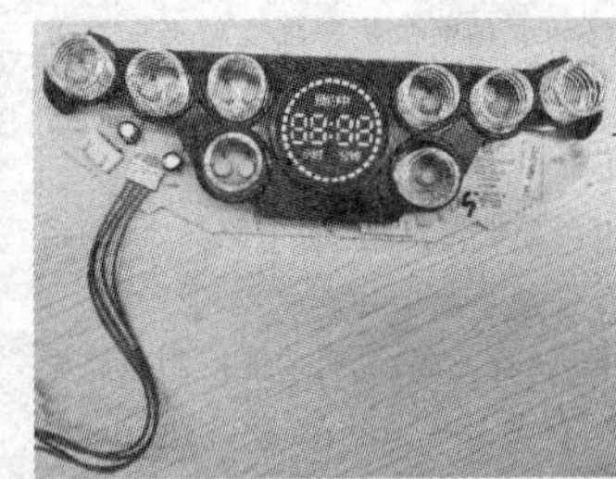
图 20 显示屏及操作电路板

图 21 电源板

图 22 VIFI 及电路板支架

图 23 电源板与操作板的组装

图 24 散热风扇的安装

图 25 线圈盘与电源板的连接

图 26 电源插座的组装

图 27 接地线的安装

图 28 插座、底座的组装

图 29 提手的安装

图 30 铰链的组装

图 31 蒸汽阀的安装

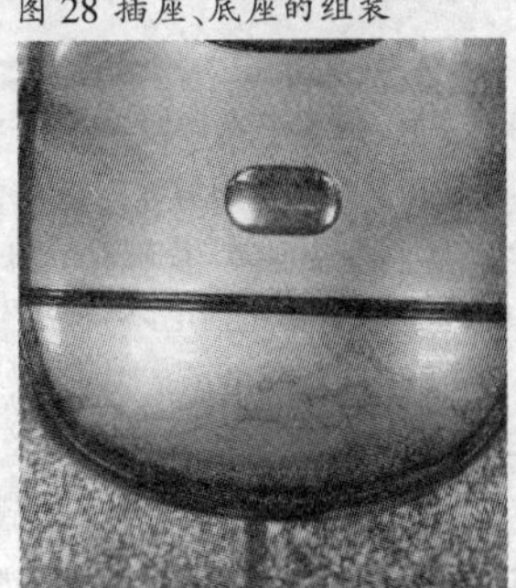
图 32 注塑面板的安装

图 33 内锅的安装

六、常见故障检修

1. 整机不工作

(1)整机不工作且保险丝 FUSE131 熔断

该故障的主要原因:1) 市电滤波电路异常,2)300V 供电电路异常,3)功率管 IGBT 等元件击穿。

首先,用万用表的通断挡在路检测 C131 有无击穿的元件,若有,依次检查 RZ131、C131、C132 是否正常,若异常,更换即可;若正常,检查互感线圈 L131。若在路测 C131 正常,在路测功率管 IGBT 的 3 个极间是否短路,若是,多会连带损坏 ZD121、R122、R123、Q121、Q122 和整流堆 BD101。若 IGBT 正常,在路测整流堆 BD101 内的二极管是否短路,若是,用相同的整流堆更换即可;若 BD101 正常,在路测 C101、C103 是否短路,若短路,用参数相同的电容更换即可。

【注意】功率管 IGBT 击穿后,除了用参数不低于原参管的 IGBT 更换后,还必须检查 300V 供电滤波电容 C103、谐振电容 C102 的是否容量减小,并且还要检查同步控制电路的取样电阻是否阻值增大和芯片 U101 是否损坏,以免更换后再次损坏。

(2)整机不工作,但 FUSE131 正常

该故障主要原因:1)18V 开关电源异常,2)5V 开关电路异常,3)系统控制电路异常。

首先,测 EC905 两端有无 5V 电压,若正常,说明系统控制电路异常;若没有或不正常,测 EC094 两端有无 18V 供电;若有,说明 5V 电源电路或其负载异常;若无 18V 供电,检查 18V 电源或其负载。

确认系统控制电路异常后,检查微控制器 U201 的㊳脚或 EC201 的两端供电是否正常,若不正常,检查供电线路及 D181 是否开路;若 U201 的供电正常,检查时钟振荡电路是否正常,若异常,更换故障元件即可;若正常,检查 U201 的㉘脚有无市电过零检测信号 ZERO 输入,若有,更换电脑板;若没有,测 CN203 的⑥脚有无 ZERO 信号输入,若有,检查 R2011 和线路;若没有,测 R063、R064 的接点处有无取样信号,若没有,检查 R064、R065 及线路;若有,检查 R142、D141、C141。

确认 5V 电源电路或其负载异常时,首先,在路 EC095 两端有无短路现象,若有,依次通过断开其负载供电端,确认具体短路的元件并更换即可;若负载没有短路,说明 5V 电源电路未工作。此时,检查 L092、R095~R910、D094、EC095、C093 是否正常,若异常,更换即可;若正常,检查 U092。

确认 18V 电源电路或其负载异常时,首先,在路 EC093 两端有无短路现象,若有,检查 EC093、EC094、C092、C910 是否正常,若异常,更换即可;若正常,检查模块 U092。若 EC093 两端无短路现象,测 U091 ⑧脚有无 300V 左右的供电,若没有,检查 R091、D091 是否开路,若 D091 开路,更换即可;若 R091 开路,应检查 U091 内的开关管和 EC091 是否击穿;若 U091⑧脚的供电正常,检查 D093、D095、EC092、D095 是否正常,若不正常,更换即可;如正常,查 U901 和开关变压器 L091。

【注意】若 U091 内的开关管击穿后,必须检查 300V 供电滤波电容 EC091、续流二极管 D092 是否正常,以免更换的 PN8126F 再次损坏。

2. 不加热,报警无内锅

该故障主要是由于未放置内锅或 300V 供电、谐振回路、18V 电源、电流控制电路、保护电路等异常,不能形成内锅检测信号所致。

首先,检查是否未放置内锅或放置的内锅不合适,若放置的内锅不合适,则需要更换合适的内锅;若内锅正常,说明机内电路异常。此时,测 18V 供电是否正常,若不正常,测 EC093 两端电压是否正常,若异常,检查主电源电路,检查 R093、R092 及其负载;若正常,测 C103 两端的 310V 电压是否正常,若不正常,检查 BD101、L101 和 C103;若正常,说明锅具检测信号形成电路。此时,开机瞬间测 U101(LC78V700)②脚有无驱动信号输出,若有,开机瞬间测若⑦脚输入电压是否正常,若不正常,检查 U101②脚与 IGBT 的 G 极间元件,以及 U101⑦脚与 IGBT 的 S 极间元件。若⑦脚输入的电压正常,检查 EC101、R104、R102、C105 是否正常,若异常,更换即可;若正常,测 U101 的⑧、⑨脚间压差是否为 0.15V 左右,若是,检查同步电路的取样电阻和 D111、D112;若电压正常,检查 C102 是否正常,若不正常,更换即可;若正常,检查功率管 IGBT 以及 U101、U201。

【提示】加热温度低故障也可参考该故障的检修方法进行检修,而不加热、不报警故障还应检查功率管 C 极过压、市电异常、浪涌电压保护电路。

3. 不加热,报警功率管过热

该故障的主要原因:300V 供电、风扇散热系统、低压电源、同步控制电路、驱动电路等异常使功率管过热,引起功率管过热保护电路动作或该保护电路误动作。

首先,检查风扇是否运转,若不运转,测 CN081 有无电机供电电压输出,若有,检查电机,若无,检查 Q081、C081、R081 是否正常,若损坏,更换即可;若正常,检查 U101。

确认电机运转后,测 18V 供电是否正常,若不正常,检查 R093、R092 及 18V 开关电源;若正常,测 C103 两端电压是否正常,若不正常,检查 BD101 和 C103;若正常,说明温度检测电路、同步控制电路、功率管及其驱动电路异常。此时,测 U101 的⑫脚输入的电压是否正常,若不正常,检查 RT071;若正常,检查 Q121~Q123、R122、R123 和 ZD121 是否正常,若不正常,更换即可;若正常,检查同步电路取样电阻是否正常,若不正常,更换即可;若正常,检查 C102 和功率管 IGBT。

4. 不加热,报警 IGBT 温度传感器开路

该故障的主要原因:1)IGBT 温度传感器开路,2)IGBT 温度阻抗/电压变换电路异常,3)存储器 U202 异常,4)微控制器 U201 异常。

首先,测微控制器 U201⑫脚输入的电压是否正常,若正常,检查 U202 和 U201;若不正常,检查 RT071 的连线是否正常,若不正常,维修或更换即可;若正常,检查 RT071。

5. 不加热,报警 IGBT 温度传感器短路

该故障的主要原因:1)IGBT 温度传感器短路,2)IGBT 温度阻抗/电压变换电路异常,3)存储器 U202 异常,4)微控制器 U201 异常。

首先,测微控制器 U201⑫脚输入的电压是否正常,若正常,检查 U202 和 U201;若不正常,检查 C073 是否短路,R076、R075 是否开路,若损坏,更换即可;若正常,检查功率管温度传感器 RT071 及其连线。

6. 不加热,报警上盖温度传感器短路

该故障的主要原因:1)上盖温度传感器短路,2)上盖温度阻抗/电压变换电路异常,3)存储器 U202 异常,4)微控制器 U201 异常。

首先,测微控制器 U201⑪脚输入的电压是否正常,若正常,检查 U202 和 U201;若不正常,检查 R073 是否开路,若是,更换即可;若正常,检查上盖温度传感器及其连线。

7. 不加热,报警上盖温度传感器开路

该故障的主要原因:1)上盖温度传感器开路,2)上盖温度阻抗/电压变换电路异常,3)存储器 U202 异常,4)微控制器 U201 异常。

首先,测微控制器 U201⑪脚输入的电压是否正常,若正常,检查 U202 和 U201; 若不正常,检查 C073 是否短路,R073、CN702 是否开路,若损坏,更换即可;若正常,检查上盖温度传感器及其连线。

8. 不加热,报警底部温度传感器短路

该故障的主要原因:1)底部温度传感器短路,2)底部温度阻抗/电压变换电路异常,3)存储器 U202 异常,4)微控制器 U201 异常。

首先,测微控制器 U201⑬脚输入的电压是否正常,若正常,检查 U202 和 U201;若不正常,检查 R072 是否开路,若开路,更换即可;若正

常，检查底部温度传感器及其连线。

9. 不加热，报警底部温度传感器开路

该故障的主要原因：1）底部温度传感器开路，2）底部温度阻抗/电压变换电路异常，3）存储器 U202 异常，4）微控制器 U201 异常。

首先，测微控制器 U201⑬脚输入的电压是否正常，若正常，检查 U202 和 U201；若不正常，检查 C071 是否短路，R071、CN701 是否开路，若损坏，更换即可；若正常，检查底部温度传感器及其连线。

10. 不加热，报警通讯错误

该故障的主要原因：1）专用芯片 U101 工作异常，2）U101 与微控制器 U201 之间的通讯电路异常，3）存储器 U202 异常，4）微控制器 U201 异常。

首先，测 U101 的⑥脚供电是否正常，若异常，检查 5V 供电及线路；若正常，检查 U101 的①脚输入的复位信号是否正常，若异常，检查 R261、C261；若正常，测 U101 的㉑、㉒脚与微控制器 U201 间的 CN201、R201、R202 及线路是否正常，若异常，更换即可；若正常，检查 C202、U101、U202 和 U201。

11. 仅侧面加热器不加热

该故障的主要原因：1）放大器 Q162、Q163 异常，2）双向晶闸管 CSR162 异常，3）侧面加热器开路，4）连接器 CN162、R165、R166、R163、C164 异常。

首先，在路检查上盖加热器是否开路，若是，更换相同的加热器并检查 SCR162；若正常，检查连接器 CN162 及其连线是否正常，若异常，维修或更换即可；若正常，在路测 D161、Q162、Q163 是否正常，若异常，更换即可；若正常，测 C164 两端有无触发信号，若有，检查 SCR162；若没有，测 Q162 的 b 极有无驱动信号输入，若有，检查 R163、C164、SCR162；若没有，检查 R166、R165。

【提示】*侧面加热器开路后，必须要检查是否因 SCR162 击穿导致的，以免更换后再次损坏。另外，因侧面加热电路与上盖加热电路大同小异，所以维修时可以通过互换元件的方法来检修。*

12. 显示屏亮，但操作功能失效

该故障的主要原因：1）触控芯片U021的供电异常，2）U021异常，3）U021与U201的总线异常，4）微控制器U201异常。

首先，测触控芯片U021的Θ□□寅Θ脚有无正常的供电，若正常，则检查U021及总线电路；若异常，说明供电电路异常。

确认供电异常后，测Q021的c极有正常的无电压输出，若有，检查R026是否阻值增大，若是，检查EC021、C025、U021是否正常，若异常，与R026一起更换即可；若它们正常，说明R026自身损坏，更换即可。若Q021的c极无电压输出或输出电压过低，测Q021的b极输入电压是否正常，若异常，检查Q021的eb结是否短路、R021是否阻值增大，若都正常，检查U201。若Q021的b极电压正常，检查Q021及线路即可。

确认供电正常后，测U021的①、②脚电压是否正常，若电压低，检查R021~R024阻值是否增大，C021、C022是否漏电，若正常，检查U021、U201；若U021的①、②脚电压正常，测⑮脚电压是否正常，若异常，则检查C023、C024是否漏电及R025是否阻值增大，若正常，检查U021。

13. 某个操作功能失效或不灵敏

该故障的主要原因：1）触点TK021~TK027异常，2）TK021~TK027与触控芯片U021间电阻异常，3）U021引脚脱焊或异常。因每个操作电路的构成相同，下面以煮饭功能异常为例介绍。

首先，检查触点TK025是否脏污，若是，清理干净即可；若正常，检查R0211、U021的⑫脚是否脱焊，若是，补焊即可排除故障，若焊点正常，检查R0211及TK025与U021⑫脚间的铜箔正常后，则说明U021⑫脚内部电路异常。

七、故障检修实例

例 1 通电后无反应(一)

分析与检修：该故障主要是电源电路、系统控制电路未工作所致。

首先，测电源插座有 220V 电压，并且电饭锅的电源线正常，说明它内部电路发生故障。拆开电饭锅底盖，用万用表通断挡在路检测保险丝（熔断器）时，发现熔丝管 FUSE131 已熔断，说明市电输入回路或 300V 供电电路、功率管 IGBT 短路性损坏。用数字万用表通断挡（俗称蜂鸣挡）在路检测压敏电阻 RZ131 时，蜂鸣器鸣叫，说明 RZ131 或高频滤波电容 C131、C132 短路，脱开引脚再次检查后，确认 C132 短路。用相同的电容和熔断器更换后，故障排除。

例 2 通电后无反应(二)

分析与检修：按例 1 的检修思路检查，发现 FUSE131 熔断，在路测 C131 两端无短路，而在路测 C103 两端时发现短路，说明 C103、C101 或功率管 IGBT 击穿。当在路测 IGBT 的 3 个极间导通压降或导通阻值时，发现 IGBT 的 3 个极间导通压降均为 0，说明 IGBT 击穿，接着检查发现整流堆 BD101、稳压管 ZD121 击穿，检查 Q121~Q123、R122、R123 正常，怀疑 BD101、ZD121 击穿是被连带损坏的，而 IGBT 损坏是因驱动电路或同步控制电路异常所致。拆除故障元件后，更换 FUSE131、BD101 后通电，测 300V 和 18V 供电正常，断电后，检测同步控制电路的取样电阻正常，并且 R125~R128、C121、C122 正常，怀疑驱动管 Q121、Q122 性能差导致 IGBT 损坏，更换 IGBT 和 Q121、Q122 后试机，加热恢复正常，故障排除。

例 3 通电后无反应(三)

分析与检修：按例 1 的检修思路检查，检查保险丝（熔断器）正常，说明市电输入电路、300V 供电电路、IGBT 基本正常，但用用数字万用表 20V 直流电压挡测 EC093 两端无 18V 供电输出，说明 18V 开关电源未工作。此时，测 EC091 两端无 300V 电压，而 VD 电压正常，说明有元件断路。断电后，在路检查限流电阻 R091 时发现它已开路，怀疑是过流损坏，在路检查相关元件时发现 U091 内的开关管、D092 击穿，检查其他元件正常，更换已损元件后，18V 开关电源恢复正常，故障排除。

例 4 不加热，显示屏显示故障代码 5，所有按键不起作用。

分析与检修：通过表 4 可知，故障代码 5 表示上盖温度传感器开路或其相关电路异常。根据维修经验，怀疑上盖传感器的引线在上盖转轴处折断，拆开上盖察看，发现上盖温度传感器的引线的确在该处折断，接好后试机，故障排除。

例 5 功能选择正常，但按了开始键时不加热，显示屏时不时乱跳，没有报警声。

分析与检修：拆机后，查电压 18V 和 5V 也正常，检查温度传感器的阻值及相关电路正常，接着检查排线也正常，并且察看电路板上没有脱焊现象，顺势补焊了连接器插座的焊点，但故障依旧，说明电路异常。经仔细检查，发现同步控制电路的 R118（120k）增大为 150k，而 R119（120k）断路，用 2 支 120k 电阻更换后通电试机，加热恢复正常，故障排除。

例 6 通电后显示故障码 LJ，按了开始键有语音，按煮粥等键无反应，随后又显示故障代码 LJ。

分析与检修：部分美的 IH 系列电饭锅的 LJ 故障代码，表示未检测到内锅，说明内锅检测电路异常。首先，测 300V、18V 和 5V 供电正常，说明电源电路正常，开机瞬间测功率管电流检测信号 Gurrent 为 0，说明 IGBT 未工作。在路测 IGBT 的 G、E 极之间的导通压降几乎为 0，怀疑 G、E 极内部或外接元件漏电。因 IGBT 的 D、S 极间正常，怀疑外接元件异常，于是脱开稳压管 ZD121 的一个引脚后测量，发现它已短路，检查其他元件正常，用一只 18V 稳压管更换后试机，故障代码消失，加热恢复正常，故障排除。

智能可编程中央控制系统应用与编程

黄 平

一、智能可编程中控系统应用简述

智能可编程中控系统是对声、光、电等各种设备进行集中控制的一套装置,包含软件和硬件,广泛应用于多媒体教室、多功能会议厅、指挥控制中心、智能化家庭、展览展示厅等场合。

常规的中控系统的操作是通过操作面板的按键进行控制的,而智能控制系统可通过触摸式有线/无线液晶显示控制屏对几乎所有的电气设备进行控制,包括投影机、计算机、实物展示台、电动屏幕、电动吊架、液晶升降器、影音设备、音视频矩阵、电动窗帘、灯光照明开关与调光、音量调节等,实现集中化、人性化的操控。

智能中控简单明了的个性定制中文界面,只需用手轻触触摸屏(包括IPAD、安卓平板或手机)上相应的界面,系统就会自动帮你实现你所想做的功能,它不仅能控制DVD、录像的播放、快进、快倒、暂停、选曲等功能,而且可以控制投影机的开关、信号的切换,还有电动屏幕的上升、下降,白炽灯调节、日光灯开关等等功能,免去了复杂而数量繁多的遥控器。

智能中控同时支持iPad平板电脑、安卓平板电脑、射频触摸屏、Windows电脑控制(笔记本、台式机、一体机等),一个设计器支持多种平台,并且iPad和iPhone、安卓平板或手机、射频触屏及Windows电脑的控制界面完全相同,方便用户使用。多种方式,可同时使用,互为备份,让项目更完美。

二、智能可编程中控系统组成

一套智能中央控制系统主控部分主要由控制主机和触摸屏组成,触摸屏是操控部分,需预先根据需求编制操作界面,可以用厂家标配的触摸屏,也可以用iPad、安卓平板、Windows平板,甚至可以用手机;中控主机的作用是接收到触摸屏发出的指令后,再向受控设备发出操作命令,当然接收和发出指令需通过预先编程设置,才能正确控制设备。

(一)智能中控系统可以集中控制的设备

1. 设备电源的开关,可以对特定设备顺序延时开关(如LED大屏电源可以按一定时序开启,减少对电网的冲击)。

控制方式:继电器控制。

2. 矩阵切换器的音视频信号切换,除了可以按常规控制外,也可以设定特定的场景,一键转换。

控制方式:RS232串行口控制。

3. 投影机的电源开关、视频/计算器输入的选择。

控制方式:RS232串行口控制或IR红外控制。

4. 音响系统的音量控制。

控制方式:总线连接的音量电平控制器。

5. 灯光的控制:控制灯光的开和关,可以实现灯光分组开关,也可以一键全开和全关,配用调光模块还可以实现灯光的亮度控制。

控制方式:继电器和RS485控制。

6. DVD、录像机等设备的播放、停止、暂停、快进、快退及录像。

控制方式:IR红外控制。

7. 电视机控制:控制开关机、信号切换等。

控制方式:IR红外控制。

8. 摄像机控制:包括云台控制、变焦、聚焦等。

控制方式:RS232串口控制或IR红外控制。

9. 台式计算机开关。

控制方式:继电器。

10. 矩阵控制:控制输入、输出信号切换。

控制方式:RS232。

11. 视频处理器控制:控制各种预置场景的切换。

控制方式:RS232。

12. 各种电机设备(电动屏幕、电动吊架、电动升降器、电动窗帘、电动门等)的控制。

控制方式:继电器控制。

智能可编程中控系统常见控制结构图的连接示意图如图1所示(以极地JMD-0801为例)。

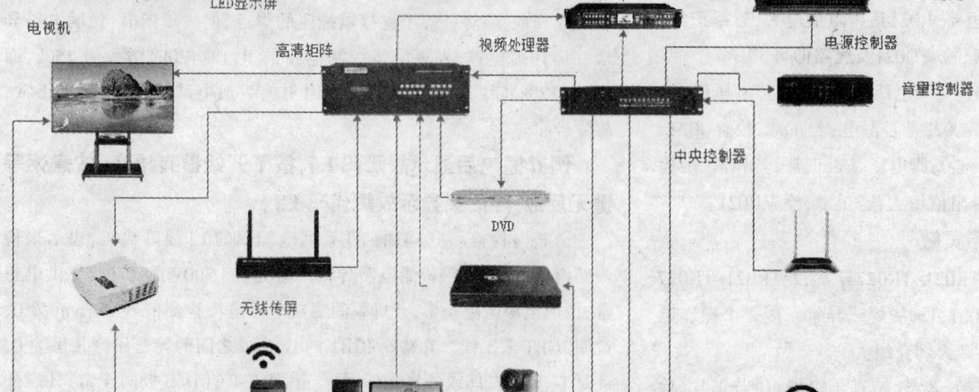

图1

(二)背板接口功能说明(如图2所示)

1. COM口:一共4个,可输出4路RS232信号,控制4个不同设备。

2. RS485接口,共4个,常用于控制继电器,比如灯光开关、电动屏幕升降电机等。

3. I/O接口:共4个,用于检测短路信号,可指定两个引脚从开路到短路触发某些功能,也可指定两个引脚从短路到开路触发某些功能。

4. IR(红外)接口:IR为红外发射口,共4个,发射数据时,面板上IR指示灯会亮起

5. LAN端口:用于连接无线路由器,实现无线控制。

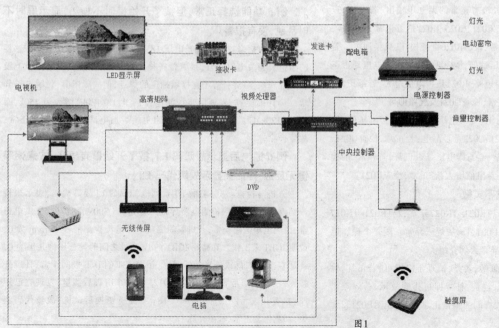

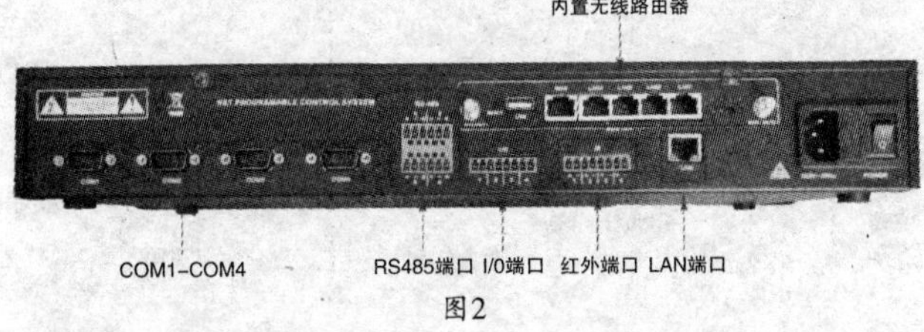

图2

在具体应用时，根据功能需求，连接对应的端口即可。

三、系统编程

智能中控编程主要由两大部分组成：触摸屏设计及主机命令设计（主机编程）。触摸屏设计主要是设计触摸屏的个性化操作界面（按键形状、布局、颜色等），触摸屏可以选用用苹果iPad和iPhone、安卓平板和手机及Windows平板；主机命令设计是指为主机控制相关设备写入控制指令和指定相关控制接口，包括232、485和红外指令。

一般的智能中控系统编程复杂，初学者不容易掌握，本文以极地JMD–0801为例说明，该中控编程简单易学，很容易上手，只要学会了这类中控编程，再学其他中控编程就容易得多。

预先在计算机上安装配套的软件《智能中控系统应用设计平台V4.1.5》，安装完成后，桌面将生成五个图标，分别是：触摸屏设计器、主机命令库设计器、红外学习器和设置IP地址。

(一)编程操作流程及系统工作流程

1. 编程操作流程

先进行触摸屏按键设计，这是触摸屏控制设备时的操作按钮，然后设计主机命令库，导入对应按键操控所需的控制协议（RS232或者红外命令），此时每一个功能按键会自动生成一个命令编号（如501等），再将对应按键的命令编号填写在触摸屏设计器中按键的“组件属性”中的“命令（按下）”选项中，这是触摸屏与主机向主机发出命令的桥梁，说通俗一点，就有点像手机通讯录中的联系人和电话号码之间的关系，按键设计就像新建联系人，命令编号就像电话号码，拨打电话时只需选择联系人即可，只是手机是在一台设备上进行，而智控制是在两台设备上进行。最后将设计好的程序分别上传到触摸屏和中控主机，连接好相关设备，编程就基本完成了。如果需要修改，再返回软件进行修改，改好后要重新上传程序。

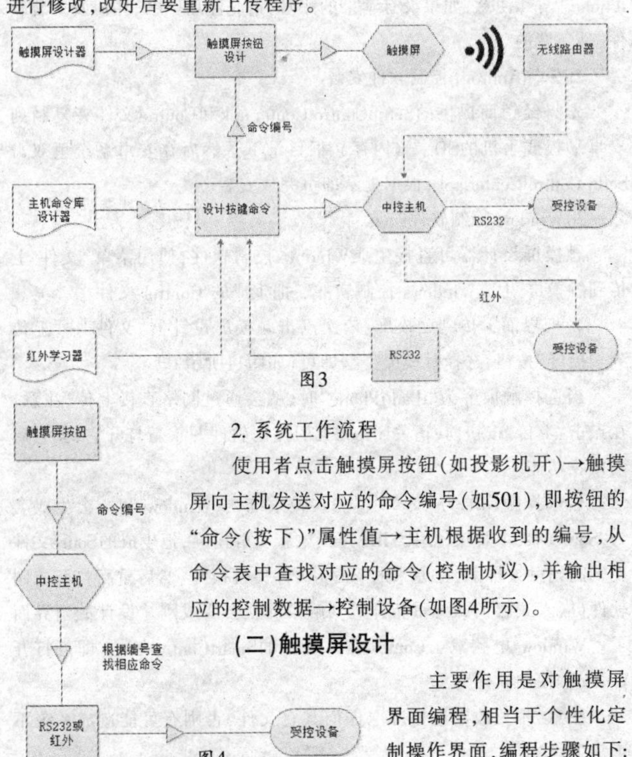

图3

2. 系统工作流程

使用者点击触摸屏按钮（如投影机开）→触摸屏向主机发送对应的命令编号（如501），即按钮的“命令（按下）”属性值→主机根据收到的编号，从命令表中查找对应的命令（控制协议），并输出相应的控制数据→控制设备（如图4所示）。

图4

(二)触摸屏设计

主要作用是对触摸屏界面编程，相当于个性化定制操作界面，编程步骤如下：

1. 在计算机桌面打开触摸屏设计器V4.1.5，这时会显示一个新的工程，窗口的最左边是组件列表（可以选择立体按钮或图片按钮），中间是触摸屏显示页面，右上部是图片库（可以根据实际需求增加图片），右下部是选中组件属性（如图5所示。）

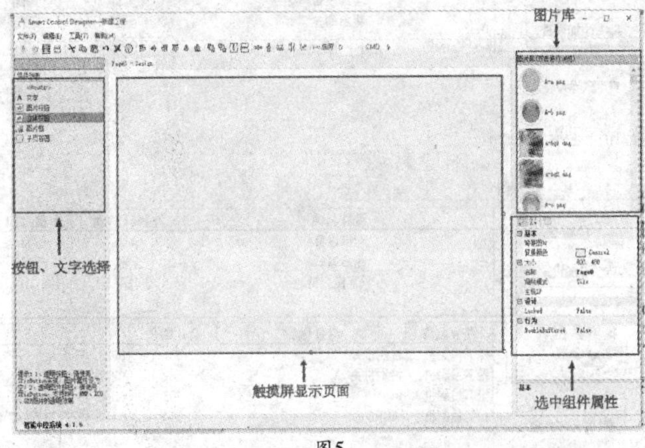

图5

2. 点击中间的页面框，可以在组件属性编辑器中改变页面背景颜色或背景图片，也可以改变页面大小，背景图可以使用软件自带的，也可以添加具有自己特色的图片。

3. 拖拽组件列表中的立体按钮或图片按钮到页面框，然后选中（如图6所示），在属性编辑器中可以改变按钮名称、按钮大小、边框宽度、边框颜色、按键按下和弹起颜色等（如图7所示）。如果选用图片按钮，可以选择图片库中预置的图片作为按钮，如果软件预置的按钮图片不理想，可以用作图软件绘制自己想要的形状图片，每个按钮做两种不同的颜色，分别指示弹起状态和按下状态，然后将做好的图片添加进图片库就可以调用了。

如果控制界面有多个页面，可以点击工具栏中“新建页面”按钮增加即可，可以通过按钮属性中的“跳转页面”选项进行页面变换。

图6

图7

如果要实现一组按钮任何时候只有一个按钮保持按下状态，即“互锁”，请把这组按钮的“组号”属性设为同一个值，并把“自动清空变量值”属性设为False，“变量名称”都设置为eX1或eX2。

4. 设计好按键后，可以运行工具栏中的仿真按钮，模拟触摸屏操作，通过电脑上就可查看前面所设计的界面在触摸屏上的实际运行效果，不满意可以及时修改，避免必须把数据上传到触摸屏才能查看的麻烦。如果电脑已通过网络或串口和主机连接，仿真器完全可替代触摸屏对设备进行控制，可使用仿真器的右键菜单对通讯方式进行设置。

测试按钮效果满意后应及时保存工程，但暂时不要关闭软件，要等待主机命令设计好后填写命令编号。

(三)主机编程

在着手编程之前应该先准备所控设备的相关资料，如设备的控制代码、遥控器等，红外学习的方法后面专门介绍。本文以松下投影机为

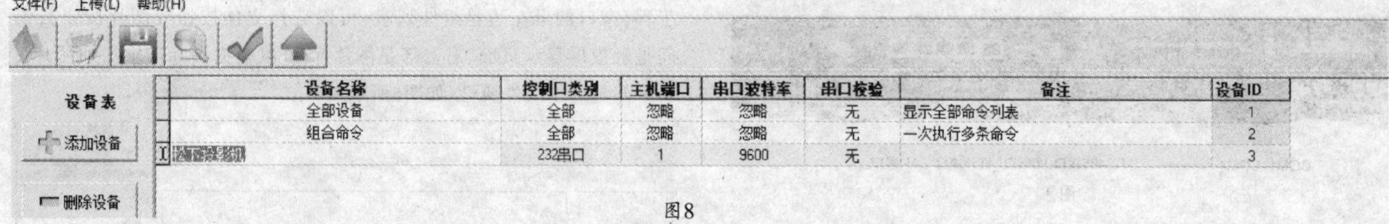

设备名称	控制口类别	主机端口	串口波特率	串口校验	备注	设备ID
全部设备	全部	忽略	忽略	无	显示全部命令列表	1
组合命令	全部	忽略	忽略	无	一次执行多条命令	2
松下投影机	232串口	1	9600	无		3

图8

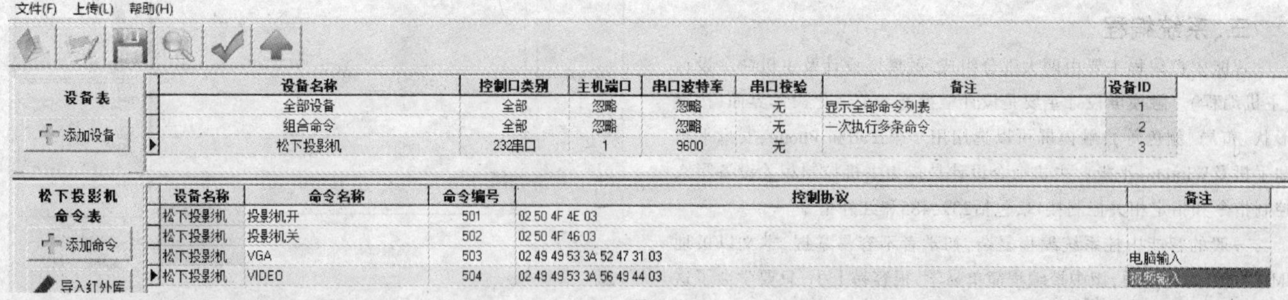

设备名称	控制口类别	主机端口	串口波特率	串口校验	备注	设备ID
全部设备	全部	忽略	忽略	无	显示全部命令列表	1
组合命令	全部	忽略	忽略	无	一次执行多条命令	2
松下投影机	232串口	1	9600	无		3

设备名称	命令名称	命令编号	控制协议	备注
松下投影机	投影机开	501	02 50 4F 4E 03	
松下投影机	投影机关	502	02 50 4F 46 03	
松下投影机	VGA	503	02 49 49 53 3A 52 47 31 03	电脑输入
松下投影机	VIDEO	504	02 49 49 53 3A 56 49 44 03	视频输入

图9

图10

图11

例说明，根据厂商提供的资料，该投影机控制用RS232串口和红外遥控，一般有RS23串口控制功能的优先使用串口控制。根据厂家提供的资料，该机波特率为：9600；效验：无效验；开机控制协议：02 50 4F 4E 03；关机控制协议：02 50 4F 46 03；VGA控制协议：02 49 49 53 3A 52 47 31 03；VIDEI控制协议：02 49 49 53 3A 56 49 44 03，有了这些资料就可以设计操作命令了。

运行主机命令库设计器V4.1.5软件，按以下步骤进行：

1. 点击“”添加设备”按钮，输入设备名称（这里以松下投影机为例），选择控制接口类型（232串口）、主机端口号（COM1）、波特率（9600）、串口效验（无）等（如图8所示）。

2. 点击“添加命令”按钮，根据触摸屏界面设计的按钮填写命令名称，并输入前面准备的相应的控制协议（如图9所示），输入完毕后保存，这是会自动生成命令编号（501~504）。然后将命令编号记下，填入到触摸屏设计器中对应按钮的属性中“命令（按下）”栏中（如图10所示）。如果按钮设计有自锁功能，按钮具有按下和弹起两种状态，并且按下和弹起时，发送不同的命令，此时在“命令（弹起）”栏中就要填入相应的命令编号。

有时RS232代码输入正确，但不能控制设备，遇到这种情况，可以在输入的代码最前面敲一个空格键，即第一个字节前要有空格。

如果设备要用红外线控制，则控制口类别选择“红外”，命令表选择“导入红外库”即可。

3. 触摸屏控制软件安装

触摸屏界面设计好之后，需要将程序上传到相应的触摸设备上，在上传之前应先安装对应的软件。

1）iPad/iPhone控制软件安装

软件已通过苹果官方认证，可在网上商店直接安装。先在iPad/iPhone上打开App store软件，输入abcd123关键词搜索即可找到我们的软件，再点击“Free(免费)”，最后点击“安装”，就可将软件安装到iPad和iPhone上了。注意，如果没有苹果的账号，请先注册一个，注册及安装软件，是免费的。

2)安卓(Android)控制软件安装

先将经销商提供的SetupControlCenter.apk和Control文件夹复制到安卓平板或手机的SD卡（内存）根目录下，然后在安卓系统里双击SetupControlCenter.apk，根据提示即可完成安装。

3）Windows控制软件安装

触摸屏设计器可直接生成Windows控制软件，使用菜单“文件 上传到触摸屏 生成Windows 控制软件”，把生成的 Control 文件

4. 把界面上传到触摸屏：依次点击触摸屏设计器“文件”—“上传到触摸屏”按钮，选择触摸屏类型即可（如图11所示）。

当选择触摸屏为“iPad/iPhone”时，就会通过网络直接上传，注意，在点击“上传”按钮前，请关闭ipad上的控制软件并重新打开它，让它启动接收功能。

当选择触摸屏为“安卓”、“嵌入式系统”、“Windows”时，会生成名为“Source”的文件夹。用USB线连接电脑及触摸屏，把生成的Soure文件夹复制到触摸屏上，把原来的Source文件夹替换掉，然后重新打开控制软件（嵌入式触摸屏要重新开机），触摸屏就会变成刚才设计的新界面了。Windows电脑双击Control文件夹里的SmartControl.exe，即可打开Windows控制软件。

注意，不要改动触摸屏上任何其它文件，否则有可能造成系统不正常工作。

5. 联机测试

第一次使用该功能时，先在“主机命令库设计器”中进行通讯设置(如图12所示)：点击“主机命令库设计器”菜单栏中“上传”→“通讯设置”，在弹出的对话框中输入正确的IP地址(如图13所示)。

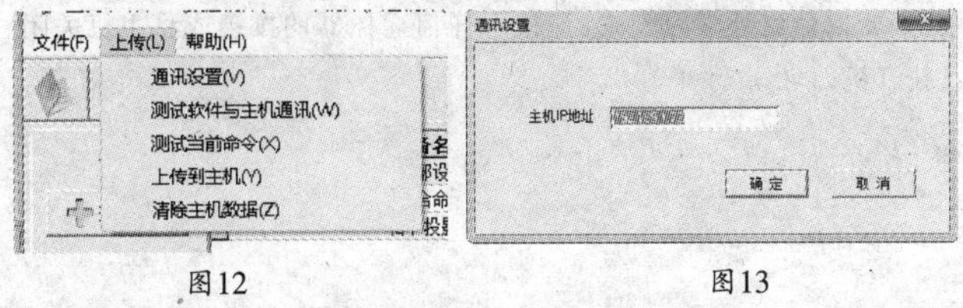

图12　　　　图13

接着用网线把中控主机连接到路由器或交换机上，并保证电脑在相同的网络或能互通的网络上。可使用“测试软件和主机通讯”功能测试电脑和主机通讯是否正常。当通讯方式选择为网络时，可以通过局域网或国际互联网对主机命令库实现远程升级更新。

然后在“主机命令库设计器”中选择“上传”→“测试当前命令”功能，这样可以在把命令上传到主机前，就能知道这条命令能否有效控制设备，方便一边编写一边测试，当进行此操作时，主机就会立即执行你当前选中的命令(如图14所示)，也可以点击菜单栏中按钮进行测试。

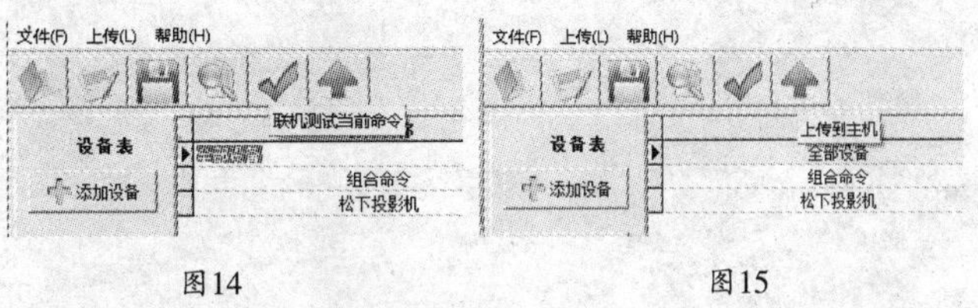

图14　　　　图15

5. 上传命令库到主机

如果测试所有命令都正确，即可进行上传操作，可使用下面两种方式上传命令表。

1)点击“主机命令库设计器”菜单“上传”→“上传到主机”。

2)点击“主机命令库设计器”工具栏上传按钮(如图15所示)。

(四)设置IP地址

一般主机出厂时，有个的默认IP地址，本机的IP地址是：192.168.1.72，在具体应用中可以根据实际使用情况，对主机的IP地址进行更改。

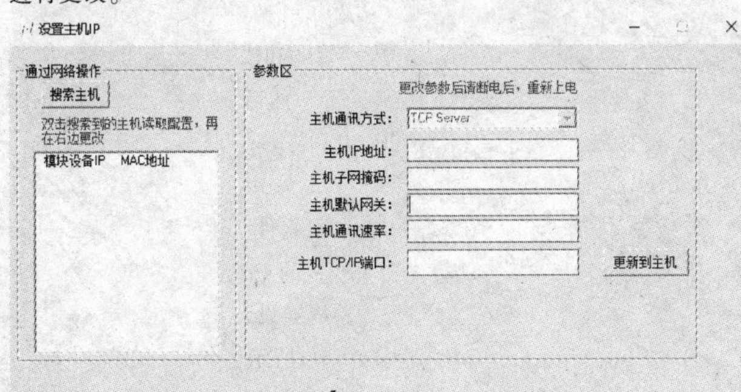

图 16

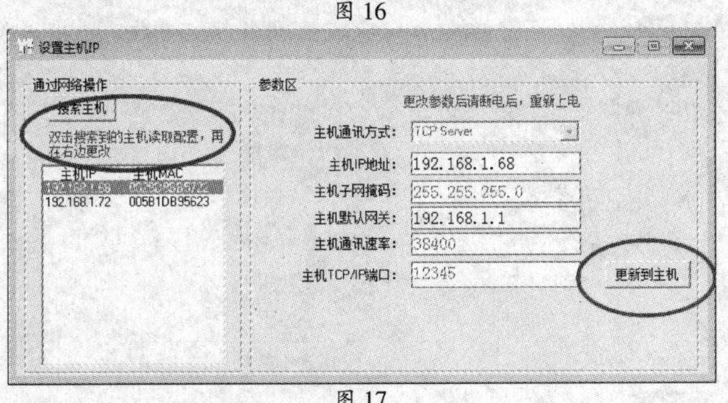

图 17

如果要修改主机IP地址，先用网线连接编程电脑和中控主机，然后运行《设置IP地址》软件，弹出如图16所示界面，然后点击“搜索主机”按钮，这时软件搜索连接到网络上的主机，然后双击需要更改的主机，在参数区里进行修改IP地址，修改完成后，点击“更新到主机”按钮即可(如图17所示)。

注意，要改更IP地址时，中控主机和电脑必位于同一个局域网内，否则软件无法搜索到主机。

(五)红外学习

当要利用红外方式控制设备时，就得使用红外学习功能，通过《红外学习器》软件建立红外库文件，把遥控器的红外数据保存到电脑上，方便编程是调用。开始运行《红外学习器》软件时，会默认建立一个新的红外库文件，你可使用“新建”菜单，针对不同的遥控器建立多个红外库文件。

1. 在Windows电脑上运行《红外学习器》软件(如图18所示)。

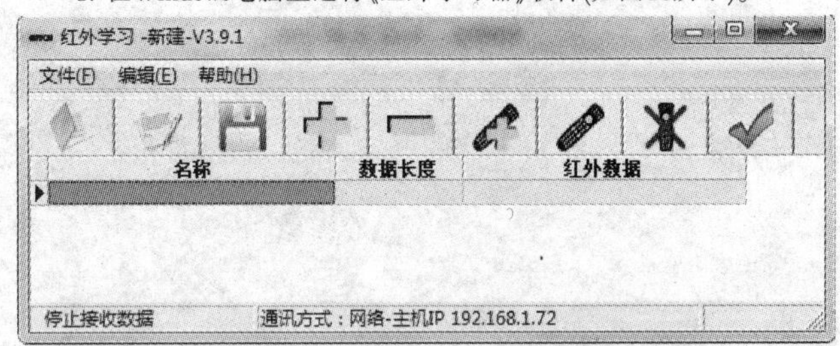

图18

2. 通讯方式设置，第一次使用时，请选择通讯方式，请使用菜单“编辑 通讯设置”进行通讯参数更改(如图19所示)。

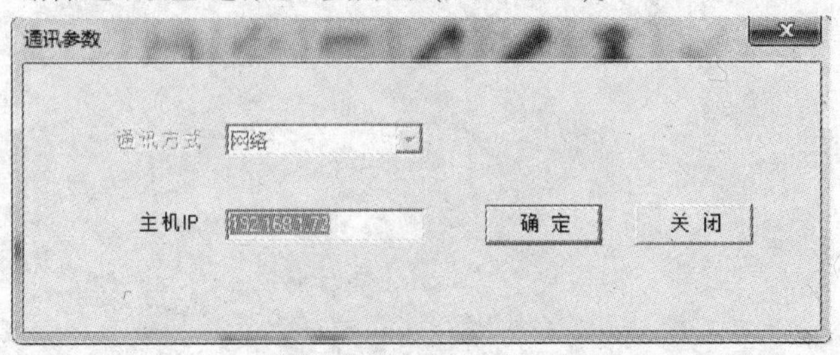

图19

电脑与中控主机可通过网络进行通讯。用网线把中控主机连接到路由器或交换机上，并保证电脑也在相同的网络或能互通的网络上。当通讯方式选择为网络时，可以通过局域网或国际互联网对远程设备进行红外学习。

3. 启动主机红外学习，点击菜单“编辑 启动学习及数据接收”，或点击工具栏按钮，此时主机的IR指示灯会闪烁，表明主机处于红外学习模式，等待接收数据，将遥控器对准主机面板Learn窗口，以最快速度按下后放开遥控器按键，红外学习软件就会提示收到数据，进行保存即可，一个红外库文件可保存无限条红外代码(如图20所示)，建议针对每个遥控器建立一个红外库文件，以方便管理。

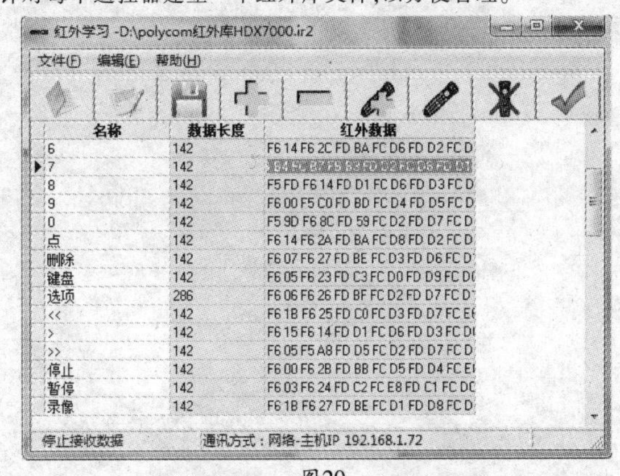

图20

4. 即时验证红外学习的正确性，请将红外发射棒连接到主机的红外输出口1(IR1)，然后点击菜单"编辑 联机测试"，或点击工具栏 ✓ 按钮即可测试。

5. 全部学习完成后，请使用菜单"文件?保存"，把所有红外数据保存为一个红外库文件。

红外学习技巧：按下遥控器按键后，请以最快的速度放开按键，这样的学习效果最佳。因为对绝大部分遥控器而言，按下按键后，先发射一条全码，如果按键连续被按住，则不停发送简码，而对被控设备来说，需要的是全码，简码仅表明按键被按住。所以学习时，按键按下的时间太长，学习器会学到大量无用的简码。

另外主机处于红外学习模式时（IR灯闪烁），其他功能可能会失效，如要取消红外学习模式，请按下任何遥控器的按键或将主机关闭重新开机即可。

电子爱好者手册　电子创客案例集

2019 年电子报合订本

（下册）

《电子报》编辑部　编

四川大学出版社

目 录

一、新闻言论类

爱立信推出增强型5G部署选项 …… 361
从经济学角度看AI"预测"神功 …… 361
开启移动收听模式的首台晶体管收音机 …… 381
工业级无人机应用前景广阔 …… 401
美好的5G未来需要更多的光纤链接 …… 411
彩电"新物种"——叠屏电视问世 …… 411
全球5G市场潜在价值达4.3万亿美元 …… 411
"5G+"智能制造迎来新风口 …… 421
Regency TR1——正式开启了全球信息时代的闸门 …… 431
智能家居让生活更美好 …… 441
虚拟现实产业未来发展趋势 …… 441
已经远去的BP机时代 …… 451
苹果iBook——首款支持WiFi的大众消费品 …… 469
江西校友会组织企业向电子科技博物馆捐赠藏品 …… 461
四方携手助力"5G+"智能制造创新应用中心 …… 480
网络安全行业创新领域未来发展趋势 …… 481
IDC预测未来五年中国大数据市场保持稳定增长 …… 481
让网络融合充分发挥5G时代的物联潜力 …… 491
网络融合赋能未来FTTH/5G/物联网 …… 501
收音机——曾叩开听众通往外部世界认知大门 …… 510
设集成电路一级学科工信部对我国集成电路产业进行了新一轮的规划 …… 511
中国5G大规模商用正式开启 …… 541
康普光缆接头盒为杭黄高铁光纤节点保驾护航 …… 541
政策新红利之下 区块链或将成为主流技术 …… 551
我国6G研发正式启动 …… 551
2020年工信部将重点支持4大类大数据项目 …… 571
未来网络要适应与实体经济深度融合 …… 580
Apple Lisa-1:全球第一台图形界面个人电脑 …… 591
爱立信联合中国移动发布一系列面向5G和未来网络的新产品和解决方案 …… 591
5G时代十大应用场景扫描 …… 611
电子科技博物馆开展"博物馆+课堂"特色课程 …… 611

二、维修技术类

1. 彩电维修技术

电信IPTV常见故障排除方法与检修实例(一)、(二)、(三)、(四) …… 362、372、382、392
海尔JSK3150-050电源板原理与维修(一)、(二)、(三) …… 4402、412、22
长虹HSS35D-1M型(电源+LED背光驱动)二合一板原理与检修(一)、(二)、(三) …… 432、442、452
TCL IPE06R31型(电源+LED背光驱动)二合一板原理与检修(一)、(二)、(三) …… 452、462、472
长虹HSM45D-1M型电源+LED背光驱动(二合一)板原理与检修(一)、(二)、(三) …… 472、482、492
液晶电视机检修实例 …… 492
力铭CLV82006.10型IP板电路分析与检修(一)、(二)、(三)、(四)、(五) …… 502、512、522、532、542
新型LED背光灯驱动电路BD9479FV简介 …… 532
康佳KLD+L080E12-01背光灯板原理与维修(一)、(二)、(三)、(四) …… 542、552、562、572
彩电维修笔记(一)、(二)、(三)、(四)、(五) …… 572、582、592、602、612

2. 电脑、数码技术与应用

保护视力 轻松玩转手机亮度 …… 363
做好无人机航拍摄影前的"功课"(一)、(二) …… 373、383
iOS 13新技巧介绍 …… 393
传统画幅照片巧变宽屏 …… 393
5G向我们悄悄走来 …… 403
提高百度地图的隐私保护力度 …… 403
千兆宽带震撼来袭,您准备好了吗? …… 413
Word实用操作技巧两则 …… 413
"原版"打印PPT技巧二则 …… 423
解决Watch OS 6无法与iPhone配对的问题 …… 423
Excel中的各种平均数函数介绍 …… 433
让第三方App的证书永不过期 …… 433
影视"倒放"特效的实现方法 …… 433
用电脑"学习强国" …… 433
多方式实现"黑底白字"的反转 …… 443
提高百度地图的隐私保护力度 …… 443
巧操作,让Excel运行更高效 …… 453
给彩照上个"黑白"妆吧 …… 463
快速处理Edge下载文件名乱码的问题 …… 463
利用Word 2019新功能提升办公效率 …… 473
临时解决迅飞输入法无法语音输入的问题 …… 473
用好PowerPoint 2019的图标功能 …… 483
一键"扮靓"照片 …… 483
自由控制微信朋友圈的视频播放 …… 483
用好Word 2019的朗读功能 …… 493
巧借LR来凸显相片局部 …… 503
Windows 10操作技巧两则 …… 503
巧妙设置让百度网盘实现不限速 …… 503
iOS13实用技巧四则 …… 513
手机微信截图一页以上内容的方法 …… 514
如何在手机上制作有声影集? …… 523
Excel实用技巧四则 …… 523
简单隐藏手电筒、相机的图标 …… 533
免越狱去除低电量提示 …… 533
Apple Watch实用技巧集锦(一)、(二) …… 543、553
光速切换iPhone的亮度 …… 553
快速实现系统"瘦身"与磁盘清理 …… 563

快速识别WiFi密码明文 …… 563
提高iPhone XS Max的信号稳定性 …… 563
三个方法搞定"中国式"排名 …… 573
正确认识iPhone电池的几种容量 …… 573
戏说PM2.5(一)、(二) …… 583、593
Excel全新超级函数技巧介绍 …… 603
一招修复受损的PPT课件 …… 603
用好iPhone 11的几个小技巧 …… 613
如何对相片进行区域调色 …… 613

3. 电脑、数码维修与技术

阻容降压电路通病检修一例 …… 363
给IBM/ThinkPad X40笔记本电脑替换主板电池 …… 373
三星手机充电器维修一例 …… 383
藤仓12S光纤熔接机电池异常维修一例 …… 393
LGA2011服务器主板自动重启维修一例 …… 403
学修iPhone手机排除故障六则 …… 423
给平板电脑做一只简易助音箱 …… 423
鸿合多媒体实物展台无法开机维修实例 …… 443
用闲置液晶电脑显示器改制彩电 …… 453
智能会议系统常见故障分析及简单处理 …… 464
旧手机如何废物利用 …… 473
中兴ZXV10 T502会议电视系统故障速修3例 …… 474
U盘的实用改造两例 …… 483
大屏显示设备的选择 …… 493
戴尔E7450笔记本电脑无法开机维修一例 …… 503
莫忽视"转手"电脑的数据擦除 …… 513
小米手机突然断电故障检修1例 …… 524
正确使用激光照排机 …… 533
手把手教你排除HDMI转VGA常见故障 …… 543
联想E46A笔记本电脑无线网卡工作异常排除一例 …… 613

4. 综合家电维修技术

LED拼接大屏幕电源电路原理及故障检修(二) …… 364
快速修复微型吊扇故障2例 …… 364
美的电磁炉功率小且不可调故障检修1例 …… 364
心易牌LED灯贴不亮故障检修1例 …… 364
美的MY—GJ152型蒸汽挂烫机剖析与典型故障检修 …… 374
气动阀开阀就跳的故障处理 …… 374
壁挂式暖风机不开机故障检修1例 …… 374
荣事达茶吧机不上水故障检修1例 …… 384
香山牌EK3550家庭用厨房秤使用3.6V锂电池的体会 …… 384
便携式紫外线灯不亮故障检修1例 …… 384
美的TS-S1-13F-M1.1机芯电磁炉分析与检修
(一)、(二)、(三) …… 394、404、414
Z3040型摇臂钻床摇臂升降故障维修1例 …… 424
美的电磁炉不加热故障检修1例 …… 434
台式电风扇电机故障应急修理1例 …… 434
柜式空调改装经验简介 …… 434
美的电磁炉一机多"病"的"医治" …… 444
电器维修经验10则 …… 444
电动车48V锂电池组维修1例 …… 444
风扇电机的变通使用技巧 …… 444
对固态继电器故障错误判断后的维修 …… 454
一台废弃便携音箱/收音机的重生 …… 454
变频器软单项故障的方法与实例 …… 464
电磁炉典型故障检修5例 …… 474
小收放机后盖的拆卸技巧 …… 474
三菱电机MSH—J12UV定频壁挂空调移机奇遇记 …… 484
杭州松下XQR50-458全自动洗衣机故障检修1例 …… 484
美的电磁炉代码E2并非传感器故障 …… 494
BBDB-791小夜灯白天亮故障修理1例 …… 494
美的电饭锅不加热故障检修1例 …… 504
带灯放大镜特殊故障检修1例 …… 504
双色旋转广告灯故障检修1例 …… 504
电动车锂离子电池的维修技巧 …… 514
东风汽车制动力不足故障检修1例 …… 514
电源插座开关失灵导致电脑出现蓝屏故障的检修 …… 514
美的JE701型果汁机电路分析与故障检修方法 …… 524
手提式压力蒸汽灭菌器不加热故障检修1例 …… 524
美的扫地机器人分析与常见故障检修(一)、(二) …… 534、544
锂电池电蚊拍特殊故障检修1例 …… 544
联想L09M6Y23笔记本电脑电池故障检修1例 …… 554
森森JMP-5000型变频调节水泵故障维修1例 …… 554
电热水壶维修技巧 …… 554
一起不该发生的事故 …… 554
美的MD-BGS40A电脑控制型电炖锅分析与检修
(一)、(二) …… 564、574
环鑫LED照明灯不亮维修1例 …… 574
海尔新型智能电冰箱故障自诊速查
(一)、(二)、(三)、(四) …… 584、594、604、614

三、电子文摘

基于运放的电流驱动电流检测电路介绍 365
台积电打造40纳米无线系统SOC …… 365
通过感应电流保持冷却以控制风扇 …… 375
RAONTECH在AWE 2019发布最新款1080P 0.37英寸
LCOS微显示面板 375
BLACKBERRY QNX软件已成功嵌入全球1.5亿辆汽车 …… 375
无线频谱短缺？没那么快 …… 385
中国VR/AR市场产品逐渐迭代将逐步释放潜能 …… 385
电流分流电阻器电感很重要 …… 395
比特大陆Sophon TPU人工智能芯片采用Arteris IP Ncore
缓存一致性互连IP …… 395
Vishay推出专门针对可穿戴设备和智能手机的环境
光传感器 …… 395
混合PWM/R2R DAC改善了两者 …… 405
更小更好的电源微模块LTM8074 …… 415
Maxim发布行业首款高集成度USB-C Buck充电器 …… 415
简化嵌入式视频接口的测试 …… 425
使用宽带隙器件构建高效的双向电源转换器 …… 425
微型微控制器承载双直流/直流升压转换器 …… 435
将光强度转换为电量 …… 435
电池管理系统的温度传感 …… 445
电磁圈枪 …… 455
介绍一种新的改进型的闭锁电源开关电路 …… 465
过滤供电轨外的直流电压 …… 475
非隔离降压型恒流驱动芯片BL8333E …… 485
用于温度传感的智能二极管多路复用 …… 485
可穿戴设备的热能收集 …… 495
摩擦电能量收集 …… 495
优化调制PLL斜坡波形的环路滤波器带宽 …… 505
运算放大器环路稳定性分析的基础：打破环路 …… 515

通过简单的电路增加压电换能器的声学输出 …………… 525
使用RH桥和数字可编程电容器测量湿度 ………………… 525
白光LED的六个常见问题解析 ………………………………… 535
51单片机存储器的结构和原理 ……………………………… 535
AT89C51单片机的流水灯控制设计 ………………………… 545
AVR单片机isp下载时的常见问题解决 …………………… 545
PCB电路板设计的七个基本步骤解析 …………………… 555
O300光电传感器在太阳能电池板生产过程中的应用 …… 555
高压变频器常用的三种散热方式 ………………………… 565
电烙铁的温度是多少 电烙铁40w是多少温度 …………… 565
红外无线音频收发电路 ……………………………………… 575
LED电路的三种接线方式介绍 …………………………… 575
基于STM32F105微控制器的CAN接口电路设计 ………… 585
基于PIC16F628单片机的PVS控制系统设计 …………… 595
接近传感器的主要功能以及应用原理解析
(一)、(二) …………………………………………… 605、615
贴片电容在LED驱动电路焊接中应该注意的问题 ……… 615
两种电磁抱闸制动控制线路 ……………………………… 615

四、制作与开发类

1. 基础知识与职业技能

KEIL MDK应用技巧选汇(2)、(3) ………………………… 366、376
500kV少油断路器控制电源监视回路的改进 …………… 386
简易电子负载的制作 ………………………………………… 386
电赛中高度关注的常见单片机电路设计模块
(一)、(二) …………………………………………… 396、406
简单实用的双态可调温电烙铁 …………………………… 406
虚拟机:设置回收的对象垃圾识别方法 ………………… 416
当前BLDC电机的15类应用归纳 ………………………… 426
浅谈DC-ATX电源模块的制作 ……………………………… 436
只用一个整流二极管实现给电烙铁降温最简单方法 …… 436
STM32 ST-LINK Utility应用功能及使用方法
(一)、(二)、(三)、(四)、(五) ……… 446、456、466、476、486
51和STM32单片机区别 …………………………………… 486
能自动显示调温的电烙铁 ………………………………… 496
PCB设计中良好接地事项(一)、(二)、(三) …… 506、516、526
ArcGIS Engine简单图形绘制功能的实现(点、线、面)
(一)、(二) …………………………………………… 536、546
Android开发环境搭建五部曲(一)、(二)、(三) … 546、556、566
基于ACS712自制电流传感器详解过程 …………………… 566
万能自动控制演示器 ………………………………………… 576
城市家庭农场智能温控系统(上)、(中)、(下) … 576、586、596
给电源拖线板加个超载提示灯 …………………………… 596
自制一款短路保护电路 ……………………………………… 606
用TL431制作大功率精密可调稳压电源 ………………… 606
使用缓冲电路的晶闸管应用电路分析 …………………… 616

2. 制作与开发类

运用VR改变教学方式提高学习效果 ……………………… 367
110kV及以下供配电系统知识点及真题解答(下) ……… 367
时间继电器的符号识读要点 ……………………………… 377
快速解决室内照明供电改线问题 ………………………… 377
基于FX学习软件的PLC创新化编程设计 ………………… 387
单片机基本系统板安装与通电测试
(一)、(二)、(三) ………………………………… 397、407、417
开关量输入输出通道板的制作与测试
(一)、(二)、(三) ………………………………… 427、437、447
软件使用方法及基本系统板的软件测试
(一)、(二)、(三) ………………………………… 457、467、477
三相异步电动机延边三角起动控制(一)、(二) …… 487、497
"单片机编程与调试"技能竞赛辅导(一)、(二) …… 507、517
三端传感器实训五用电路板的设计与制作 ……………… 527
工厂生活区低配线路改造 ………………………………… 527
燃气表干电池供电的改装 ………………………………… 537
谈谈节电改造中的损耗及费用计算 ……………………… 547
电感型镇流器日光灯电路的解题方法(一)、(二) … 547、557
汽车电子控制技术的应用与发展 ………………………… 557
110kV及以下变配电站所控制、测量、继电保护
及自动装置(一)、(二)、(三) ……………………… 567、577、587
单片机仿真软件Proteus ISIS快速入门 ………………… 597
积分电路的原理解析和电路调试 ………………………… 607
Altium Designer 19软件应用实例(一)、(二)、(三)、
(四)、(五)、(六) ……………… 368、378、388、398、408、418
DC-DC转换器电磁干扰近场探头测量方法讨论 ………… 418
LED驱动电源的简介 ………………………………………… 428
基于PSIM SmartCtrl的PFC Boost控制环设计
(一)、(二) …………………………………………… 438、448
半导体熔断器选型参考 ……………………………………… 448
两款1.4GHz电流反馈放大器应用 ………………………… 458
故障集成电路的替换方法及原则 ………………………… 468
DC/DC转换器回路设计准则与参考
(一)、(二)、(三) ………………………………… 488、498、508
5G技术能让互联网医疗行业如虎添翼 …………………… 508
超声电机技术应用与设计 ………………………………… 528
多彩LED发光原理与设计应用 …………………………… 538
电子学习入门五步曲 ……………………………………… 538
负电压的产生电路图原理 ………………………………… 548
在Windows上使用Python进行开发(一)、(二) ……… 558、568
入学编程的三种Arduino开发板(一)、(二) ………… 568、578
教学Keil C51软件安装及STC89C52单片机实训平台的
应用详解(一)、(二)、(三)、(四) ……… 578、588、598、608

五、卫星与广播电视技术类

户户通维修用M系列小板烧录方法简介 …………………… 369
围观:广电提前60秒预警地震(一)、(二) …………… 369、379
回顾电视机发展历程,已表明现在的"电视"已不是电视 … 379
固态电视发射机图像调制器的校正原理 ………………… 389
WISA无线音频传输技术大屏娱乐迎来沉浸式体验 ……… 399
南星ANAM S9接收机无信号检修一例 …………………… 399
中九户户通接收机常见故障维修5例 …………………… 409
IPv6新进展 ………………………………………………… 409
工信部:加快5G商用步伐摇支撑"两个强国"建设 ……… 409
5G来临如何分配"数字红利":700MHz黄金频段
即将定局! ………………………………………………… 419
卫星物联网 ………………………………………………… 429
中九卫星接收机维修两例 ………………………………… 429
关于建立贵州山区自然灾害应急广播系统建设的探索 … 439
浅谈Z10发射机生命支持模式下的工作状态 …………… 449
FAX-HP 10KW调频广播发射机的检修及调试 ………… 459
废物利用——用模拟摄像机作寻星显示器 ……………… 459
4G&5G比辐射 ……………………………………………… 469

光纤的常用工具及使用方法(一)、(二) …… 489、499
广播电视通信用高压开关柜 …… 499
通信有线电视系统电源基础电路(一)、(二)、(三) …… 529、539、549
AVOIP的技术技能储备 …… 549
广电总局超高清测评系统助力高新视频发展：可鉴别“真假4K” …… 559
调频发射机10KW合成器拆卸技巧 …… 559
HD520卫星高清接收机无信号维修实录 …… 559
HARRIS调频发射机冗余性设计(一)、(二) …… 569、579
发射机特殊故障两例 …… 579
户户通卫星接收机维修5例 …… 589
工信部：携号转网，中国广电为可转网运营商 …… 589
广电线材理论大剖析(一)、(二) …… 599、609
优选终端在5G时代的应用 …… 609

六、视听技术类

1. 音响实用技术类

超以象外的音乐舞台 …… 370
百度智能AI语音——鸿鹄芯片 …… 370
秦朝QE520多媒体HI-FI音箱使用及评测(一)、(二) …… 380、390
车载音响主机的质量评价和选购技巧 …… 400
一款复古的CD机 …… 400
数字调音台死机的原因及解决办法 …… 410
从信号谈音频接口 …… 420
如何选一款适合自己的耳机 …… 430
用opa1622作的小体积耳放 …… 450
专业音响故障排除秘诀(一)、(二) …… 470、473
常见单元耳机比较(一)、(二) …… 480、490
如何区别高仿AirPods …… 490
一款采用国产小靓胆6P14制作的高保真放大器 …… 496
音响器材的搭配与调校和音乐知识(一)、(二) …… 500、510
解析专业音响系统调试方法 …… 510
音频动态处理器 …… 519
浅谈音响系统与设备的连接方式(一)、(二) …… 520、530
电子分频与功率分频相结合打造平价的小旗舰音箱方案(一)、(二) …… 540、550
魅族HD60头戴式蓝牙耳机 …… 550
如何选择KTV点歌系统 …… 560
复古收音机—“猫王原子唱机-B612” …… 560
一款内置DAC的发烧级多功能DSP前级：LJAV-DSP-008 DSP音频解码器(一)、(二) …… 570、580
汽车音响改装需要注意哪些误区 …… 580
JVC发布新一代旗舰木振膜耳机HA-FW1800 …… 590
给家用音响安装无线蓝牙接收功能 …… 590
如何预防音响系统啸叫 …… 600
三代Airpods的区别 …… 600

2. 视觉产品技术类

谈谈手机上的HDR …… 410
NVIDIA的AR眼镜 …… 420
首款可卷入式电视 …… 420
提取整合手机中的视频缓存 …… 430
选购4K HDR电视要注意什么(一)、(二) …… 440、450
如何长距离连接HDMI高清线 …… 450
相机照片格式RAW与JPG …… 460
家庭影院视听室构建5部曲 …… 460
教你如何选购智能投影仪 …… 590
关于手机OLED屏幕一二 …… 610
米家智能猫眼开启众筹 …… 610
刷新率对电竞显示屏的影响 …… 620

七、专题类

1. 创新及技术类

新型数据传输Li-Fi灯 …… 381
低成本、工程级、全彩色、顶级3D打印方案(一)(二) …… 391、478
Wifi还是WLAN? …… 421
软路由 …… 451
PCM变相存储器芯片 …… 461
由红米NOTE 8(pro)谈(超)异构 …… 471
Wi-Fi 6简介 …… 479
Mesh——无线上网新组网方式 …… 518
浅谈氮化镓在半导体上的应用(一)、(二) …… 468、469
PC农场 …… 561
PCIe 5.0又要来了 …… 551
阿里巴巴三款芯片曝光 …… 581
折叠屏需要解决的几个问题 …… 601

2. 消费及实用类

从“垃圾分类”说起 …… 371
老黄刀法也不差——看RTX Super系列 …… 401
M2水冷固态硬盘 …… 431
云数据与支付系统 …… 439
磁带存储器 …… 491
RX 5700/5700XT显卡 …… 509
网络连接词汇杂谈 …… 511
未来几年的软件类热门专业 …… 519
SMR与PMR硬盘(一)、(二) …… 521、531
电子健康养生之氢气的功效 …… 531
零冷水热水器 …… 560
正确使用空气加湿器的方法 …… 571
互联网黑色产业链之“薅羊毛”党 …… 617
手机保护壳那些事 …… 618
防止游戏中被来电掉线又一法 …… 618
“五颜六色”选键盘 …… 619
智慧生活、智慧健康分享系列平价、实用的电子健康养生设备(一)、(二) …… 621、622
平价、实用的电子健康养生设备(一)、(二)、(三) …… 621、622、623
教你识别正版授权华为官方维修店 …… 620
五花八门的前置摄像设定 …… 624
家电待机功耗大比拼 …… 624
新风系统知一二 …… 625
GTX 1650super显卡 …… 625
临时注册小号 …… 625
全球IPv4地址耗尽 …… 625

附 录

乐华3MS82AX机芯电视原理与运维 …… 628

乐华S1系列T920L机芯TP.ATM30.PB818维修流程 …… 633

重载启动设备的电动机选型及其控制 …… 637

电工操作证考前学习题库 …… 647

中级电工资格证考前学习题库 …… 664

高级电工资格证考前学习题库 …… 669

电子Altium Designer 19的设计应用 …… 674

青少年编程应用——基于Linkboy对mixly的控制板编程 …… 680

格力H系列家用空调电气控制原理与维修 …… 688

常见电视维修100例 …… 696

非线性超声无损检测仪 …… 709

邮局订阅代号：61-75 国内统一刊号：CN51-0091

微信订阅**纸质版**
请直接扫描
邮政二维码
每份1.50元 全年定价78元
四开十二版 每周日出版

扫描添加**电子报微信号**
或在微信订阅号里搜索“电子报”

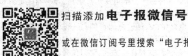

2019年7月7日出版
实用性 启发性 资料性 信息性
第**27**期
（总第2016期）
国内统一刊号：CN51-0091 定价：1.50元 邮局订阅代号：61-75
地址：（610041）成都市武侯区一环路南三段24号节能大厦4楼 网址：http://www.netdzb.com
让每篇文章都对读者有用

爱立信推出增强型5G部署选项

- 前沿的独立组网新空口（NR）系统，支持超快响应时间，并且提供可快速扩大5G覆盖范围的系列新功能；
- 全新高容量大规模天线阵（MIMO）无线产品组合，帮助运营商经济高效的建设5G网络，并满足性能和覆盖等方面的不同要求；
- 强大的分布式云服务边缘解决方案，满足用户对于高带宽和低延迟应用的需求。

随着全球5G部署快速推进，爱立信推出全新软件和硬件解决方案，扩展5G部署选项，不断通过其以运营商为中心的5G平台引领行业发展。这些解决方案将帮助实现更大的网络容量和覆盖范围，从而实现平滑的网络演进，助力推出面向消费者和行业用户的新用例。

爱立信之前已推出使用非独立组网（NSA）5G新空口（NR）的商用5G服务，为领先的运营商提供支持，如今又推出独立组网（SA）新空口软件。除了扩展部署可能性之外，5G独立组网新空口软件还有助于构建全新的网络基础架构，具有超低延迟和更广泛覆盖范围等主要优势。

爱立信还推出针对边缘计算优化的产品，优化其云解决方案，满足用户需求。这将使运营商能够以低成本、低延迟、高精度的方式，为消费者和企业用户提供增强现实和内容分发等全新5G服务。

爱立信集团高级副总裁兼网络业务部总经理Fredrik Jejdling表示：“我们将继续致力于帮助客户在5G时代获得成功。这些全新解决方案将使客户能够以最简便、最高效的方式沿着适合自己发展目标的5G演进路线不断前行。”

满足运营商对于5G独立组网和非独立组网平滑演进的需求

新的5G独立组网新空口软件可安装在现有的爱立信无线系统硬件上。加上与爱立信5G融合云化核心网解决方案相结合，这些新产品旨在为运营商开辟新的商机，尤其是建立起有助于提高敏捷性，为网络切片提供先进支持，并快速创建新服务的新架构。大多数运营商会选择使用非独立组网技术开始5G网络建设，当5G覆盖达到一定程度后，在后期也将部署独立组网技术。

要实现经济高效的扩展现有的5G覆盖，低频段将发挥关键作用。爱立信还推出了一项新的软件功能——基于新空口（5G）频段间载波聚合技术，当与低频段上的新空口相结合时，可扩展中高频段上新空口的覆盖范围和容量。这将有助于提升室内以及覆盖率较差区域的网速。

爱立信无线系统的中频段产品组合中还增加了两个全新的16TR的大规模天线阵（MIMO）产品，使运营商能够根据具体需求灵活和精准地建设5G网络。

强大的分布式云服务边缘解决方案

5G可实现增强现实、内容分发和游戏以及其他需要低延迟和高带宽才能精准实施的应用。为了帮助运营商满足这方面的需求，并面向消费者和企业用户推出全新服务，爱立信发布了专门针对网络边缘而优化的爱立信边缘NFVI产品，进一步加强了爱立信云解决方案。

爱立信边缘NFVI是一种紧凑型大容量解决方案，属于端到端可管理可编排的分布式云基础架构的一部分，可实现分配工作负载，优化网络并在云端部署新服务。

面向虚拟化网络功能厂商的认证项目

爱立信还推出了爱立信合作伙伴虚拟化网络功能（VNF）认证服务，该服务是针对虚拟化网络功能而推出的合作伙伴认证项目，将面向所有虚拟化网络服务厂商开放，并通过爱立信实验室，在爱立信NFVI平台上颁发认证。这将为爱立信与合作伙伴及应用提供商开展合作创建一个上市周期更短的生态系统。

IDC亚太区物联网和电信事业部副总裁，行业分析师Hugh Ujhazy表示：“爱立信最新的5G产品和服务增加了独立组网新空口选项，为运营商提供了更广泛的5G产品组合。爱立信5G平台中新增的一系列解决方案将使运营商合理部署5G服务，灵活自如地把握新商机。用户得到的是更快捷、更实惠的服务，可以更好地利用现有资产，减少上门服务的次数。这真的很不错。”

Analysis Mason研究主管Dana Cooperson表示：“优化的端到端4G/5G网络基础架构灵活性以及5G新用例需要分配工作量至边缘。想要成功推出新服务，运营商亟需为分布式工作负载构建一个成本效益高的平台。爱立信关于边缘NFVI解决方案及分布式云基础架构的倡议将助力运营商在5G时代获得成功。”

◇爱立信中国

（本文原载第27期2版）

从经济学角度看AI“预测”神功

——读《AI极简经济学》

说起AI（人工智能），很多人的印象可能还停留在几年前“阿尔法狗”大展神威的场景，然而科学家的目标绝不是“人-机”对抗，而是要让人工智能更好地服务人类。AI有一项重要的能力，就是预测。这项能力在这部《AI极简经济学》里得到了充分的阐述。

该书由三位作者合作，阿杰伊·阿格拉沃尔，乔舒亚·甘斯和阿维·戈德法布，他们都是多伦多大学颠覆性创新实验室（简称CDL）和“未来人工智能”领域的科学家。截至2017年9月，CDL已经连续三年成为全球最密集的人工智能初创企业的聚集地。当今已经产业化的世界顶级人工智能团队，包括Facebook、苹果公司和埃隆·马斯克的Open AI在内，其领头专家都有多伦多大学的背景。

CDL的首要任务是研究人工智能技术给企业战略带来了何种影响。科学家们发现，人工智能新浪潮实际上带来的不是智能，而是智能的一个关键组成部分——预测。我们的生活充满了不确定性，而CDL的工作就是用经济学告诉我们，人工智能怎样降低不确定性，帮助企业构建战略框架，做出正确决策，确立未来方向。

从经济学角度，作者强调“廉价改变一切”。这里的“廉价”指向数据运营成本的下降。以最简单的经济学原理来看，某样东西的价格低廉，那么人们就会更多地使用它。所以，作者认为，必须推动人工智能，尤其是数据分析的预测功能在各个领域广泛使用，比如传统的库存和需求预测，以及解决新的问题如导航和翻译。预测成本的下降将影响其他东西的价值，比如提高互补品（数据、判断和行动）的价值，降低替代品（人类预测）的价值。

作者们看到了人工智能预测功能的前景，并致力于宣传这项技术。他们把数据比作“新一代的石油”以说明其重要性，强调其与传统预测的区别就在于“智能”。作为企业规划的指导研究机构人员，作者们的关注点往往都很实用，比如，对于企业内部的工作流程，哪些人工智能工具可能带来较高的投资回报率；把决策分为六个关键要素，拆解决策的步骤有哪些，如何根据数据得出合理判断的方法；信息技术革命怎样解构工作流程，人工智能工具怎样为iPhone键盘提供技术支持；如何防范人工智能风险，以及我们需要哪些学习策略，等等。全书还有很多实例，比如以苹果公司等企业为样本的启发性的分析。

对于企业运营尤其是极度依赖信息流的商业企业，该书在理论和实践上都具有意义。但是，有些问题是必须要注意的。比如，该书举例，亚马逊的人工智能通过预测提高推荐购买的有效转化，使得商业模式从先买后寄变成了先寄后买，在竞争中抢先对手。这个成功案例显然有它特定的文化环境，前提是必须搭配完善的个人信用制度，而作者对此绝口未提，只强调预测给亚马逊带来的商业利益，忽视了其中蕴藏着风险。

这个例子也暴露了该书的缺陷，事实上，全书的氛围透露着一些功利气息。作者谈及人工智能在商业零售、金融支付、医疗手术、自动翻译、自动驾驶等方面的成就固然振奋人心，然而有可能存在的危险和负面效应说得太少了。比如，数据预测的顾客行为模式，帮助银行快速发现个人信用卡被盗刷、阻止了客户的财物损失，但同时，这也意味着人们的隐私处于监控之下。而作者关注的是，隐私担忧限制了机器可用的数据。如果机器没有足够的数据来预测许多类型的行为，建立对比模型，机器的预测能力就难以发挥。这是站在资本方立场上的思考模式。人工智能信息系统有着天然的弊端，这种技术是一种借助用户固定印象经过演化筛选处理过的信息，要想克服不确定性，提高预测能力，必须要求大量信息用以建立数据库，但它是否有资格要求人们必须这么做呢？违背意愿的信息搜集，以及每天不停歇的推送等关于商业伦理的问题，作者差不多都回避了。

任何一种技术的提高，尤其是这类在一个明确的目的和手段关系中对人的可替代性进行着尝试的技术替代物——人工智能，在为它的发展前景描绘的蓝图里，对人类的位置必须要有足够的考虑。

◇文 赵青新

（本文原载第27期2版）

电信IPTV常见故障排除方法与检修实例(一)

电信IPTV是一种交互式网络电视,俗称宽带电视或网络电视,业内一般称为互动电视。简单的说,电信IPTV是一种由一个电信专用机顶盒、一条电信宽带和一部可以收看HDMI高清或AV标清视频的电视机组成。电信IPTV,通过电信宽带的网线与电信专用机顶盒连接,机顶盒与电视机通过HDMI高清线或AV标清视频线连接。这种连接方式,节目信号源通过宽带的网线传输到机顶盒,再由机顶盒处理后送到电视机相应的电路处理后还原出图像和声音,因此它是一种基于宽带的互动电视。

为什么说电信IPTV是"互动电视"呢?因为电信IPTV跟传统的电视节目不同,您可以通过电信机顶盒点播,在电视上收看已经储存在电信后台的电影、电视剧、娱乐、音乐等信号源,自己想看啥就选啥,各取所需,具有随时暂停、快进、快退以及回看过去已播放过的电视台节目的功能。例如您今天白天有事错过了看精彩节目,晚上您回家打开电视,通过回放功能,倒回去看白天电视台播出的节目,和录像机一样,使用非常方便。除此之外,电信IPTV还可以通过遥控器玩游戏、买股票、查找信息等。电信IPTV应用非常丰富,使电视变得更加智能,可以满足您的多种需求。下面我们重点讲述电信IPTV常见故障的排除方法与检修实例。

一、电信IPTV机顶盒错误代码对应表

一般来说电信IPTV机顶盒运行出现问题,都会在电视机的屏幕上面看到与故障对应的错误代码,我们只要根据错误代码,就能方便的查找故障和排除故障。表1-3分别是中兴、华为、烽火机顶盒错误代码对应表,由于各地IPTV使用的机顶盒厂家、型号以及同一型号的版本等不尽相同,所以表中对应的错误代码也不尽相同,本文内容仅供参考。

表1　中兴机顶盒错误代码对应表

错误代码	提示信息	故障原因	解决方法
1302	连接服务器失败,请稍后再试一次。	机顶盒多次重试连接EPG主页地址失败,无法与其建立连接。多见网络不稳定导致机顶盒没有成功连接到EPG服务器。	进入设置的"高级设置"→"系统信息"→"网络信息",检查有没有获取到IP地址,有IP地址直接重启机顶盒解决;如果没有IP地址,首先检查网络是否正常。
1304	非常抱歉,网络接入失败!请稍后再试一次,如果仍然失败,请拨打客户服务热线进行咨询。	DHCP+要求的帐号或密码无效,一般通过路由器连接的机顶盒会出现这种问题。	先检查机顶盒的网络接入是否是DHCP方式;再检查路由器有没有成功分配IP地址到机顶盒,需检查路由器相关设置。
1305	非常抱歉,网络接入失败!请稍后再试一次,如果仍然失败,请拨打客户服务热线进行咨询。	DHCP服务没有能够获得有效的IP地址;DHCP/DHCP+协议交互收到服务器返回的错误码。	进入机顶盒的网络设置界面,将网络连接方式由DHCP改成PPPOE连接,然后输入分配您的IPTV帐号和密码就可以了。
1306	设备异常,无法提供服务!请拨打客户服务热线进行咨询。	(1)机顶盒没有进行初始化配置,里面没有配置信息;(2)机顶盒的关键配置信息无效,如MAC地址、EPG主页地址等。	一般返厂重设正确的配置信息解决。有条件的可以通过串口或PC配置工具检测修复。
1401	非常抱歉,网络接入失败!请稍后再试一次,如果仍然失败,请拨打客户服务热线进行咨询。	PPPOE账号拨号失败。	(1)先检查机顶盒连网方式是否是PPPOE;(2)检查IPTV拨号帐号是否正确,如正确尝试重新拨号解决。
1402、/1403	非常抱歉,宽带接入帐号或密码错误,网络接入失败!请稍后再试一次,如果仍然失败,请拨打客户服务热线进行咨询。	IPTV帐号或密码配置有误,导致拨号失败。	(1)输错位置,误将IPTV帐号输到业务认证帐号位置;(2)检查IPTV帐号密码是否输入正确,或在电脑上检测能否正常拨号成功;(3)尝试重启家里光猫设备或机顶盒解决。
1404	非常抱歉,网络接入失败!请稍后再试一次,如果仍然失败,请拨打客户服务热线进行咨询。	IPTV拨号超时没有响应;(1)一般是指机顶盒的网络不通,(2)也可能是播放器软件出错导致的,(3)或者是机顶盒的系统有问题导致报错。	(1)检查机顶盒的网络连接情况,确保网络连接畅通后重新播放。(2)可以重装软件或者升级软件解决;必要时可以换其他相同功能的软件替代一试。(3)重启机顶盒,如故障不能排除,可以重置机顶盒解决。
1901	非常抱歉,线路连接异常!请检查网线是否脱落或网络接入设备是否加电。检查后再试一次,如果仍然失败,请拨打客户服务热线进行咨询。	网线未插上或不通。	检查机顶盒连接的网线状态及通断情况,对症下药解决。
1902	非常抱歉,无线网卡加载失败!请检查无线网卡是否连接正常,稍后再试一次,如果仍然失败,请拨打客户服务热线进行咨询。	用户选择无线接入模式,但没有检测到无线网卡。	开启了无线模式,关闭即可。关闭无线模式方法:选择"高级设置"→"扩展功能设置"→"无线设置",关闭无线开关。
1903	非常抱歉,无线网络连接失败!请检查网络接入设备是否加电,检查后再试一次,如果仍然失败,请拨打客户服务热线进行咨询。	没有成功接入AP。	机顶盒不匹配,此外置无线网卡或未成功连接到无线信号,重新配置连接即可。
10006	网络连接出现异常。	1.网络不良;2.网线连接异常;3.IPTV账号错误;4.机顶盒不良。	1.检查上网功能是否正常,如异常,先排除网络原因;2.检查机顶盒的网线连接是否松动或接触不良,如异常,重新连好并固定好即可;3.登录机顶盒设置,看IPTV账号是否正确,如异常,输入正确的IPTV账号;4.如仍不能解决,则重启机顶盒或更换机顶盒解决。

相关知识延伸

EPG是Electronic Program Guide的英文缩写,意思是电子节目指南。IPTV所提供的各种业务的索引及导航都是通过EPG系统来完成的。EPG实际上就是IPTV的一个门户系统。

DHCP是一种上网方式,它是电脑动态主机设置协议,能够集中管理和自动分配IP网络地址的通信协议。在IP网络中,每个连接Internet的设备都需要分配唯一的IP地址,当某台计算机移到网络中的其它位置时,能自动收到新的IP地址。通常被应用在大型的局域网络环境中,主要作用是集中的管理、分配IP地址,使网络环境中的主机动态的获得IP地址、Gateway(网关)地址、DNS(域名)服务器地址等信息,并能够提升地址的使用率。

DHCP与PPPOE及其他上网方式,它们最终都是为了获得一个能上网的IP地址,一旦获得了IP地址,后面的上网效果都是一样的。它们的区别是:DHCP上网方式,无需认证,但是您自己开机的时候不知道自己的IP地址,要等DHCP的服务器随机从所有能上网的IP地址里面分配一个给您;PPPOE上网方式,要先认证,只有帐户密码正确以后才分配一个有效的IP给您;静态IP,无需认证,一开机就能上网。

AP是Access Point的缩写,它是无线接入点,能够把有线网络转换成无线网络供我们使用。简单的说,AP就是无线网络和有线网络之间沟通的桥梁,可以把有线网络扩大传播范围,增加网络的覆盖范围。

(未完待续)(下转第372页)

◇浙江 周立云

保护视力 轻松玩转手机亮度

随着社会的发展和信息化社会的到来，手机的使用已经非常普遍，长时间用手机已经成了不少人日常生活中的"习惯"。任何事物都有它的两面性，有好的一面必然会有其坏的一面，长时间用手机，虽然满足了人们日常工作和生活的需要，但由此带来的视力影响却不可小觑，而手机影响视力的最关键的一个因素就是手机屏幕过亮，特别是在夜晚关灯的情况下长时间使用手机。在日常使用中，我们发现一个问题，那就是尽管已经将手机的亮度调到最低，但在关灯的情况下，手机屏幕仍然十分的刺眼。硬件不行就软件来补，针对手机屏幕过亮的问题，笔者经过使用多款软件，最后发现一款名为"降低亮度"的软件，非常小巧且十分好用，大家可自行到手机应用商店中搜索下载，找到一个蓝绿色的太阳图标的软件即是本软件（或到下面的地址下载：https://dl.pconline.com.cn/download/734126.html、http://www.md-pda.com/app/apk6874083.html。下载后请自行查杀是否有病毒，笔者手机未报毒，建议最好还是在应用商店中搜索下载）。

笔者喜欢该软件的主要原因是它非常小巧，整个安装软件不到350KB(如图1所示)，安装后系统资源占用也仅仅只有400KB左右（不同版本可能略有差别），几乎不影响系统性能，且没有广告什么的，用起来也十分简单方便，亮度调节范围在0~100%之间(全黑到全亮)。

软件的安装也非常简单，一路点击"下一步"就轻松搞定。软件安装成功后，找到桌面上的太阳图标并点击观察手机屏幕亮度是否有变化，如屏幕亮度有变化就说明软件起作用了(如没有变化，那就要看看软件的设置是否正确以及软件版本是否适用于你的手机)。

下面简要介绍下手机的和软件的设置。

首先打开手机，根据以下路径"设置/显示/亮度/"，打开"亮度"，将亮度滑块滑到最左边并勾选上面"自动调整亮度"后确定(如图2所示)。

接着进行软件设置，点击桌面上小太阳图标，屏幕顶端左上角会出现一个白色的小太阳图标（如看不到左上角小太阳图标，说明软件还未启动，可重新点击桌面小太阳图标）。这时再向下滑动屏幕，找到如图3所示地方并点击进去拖动滑块即可进行亮度设置，一般将屏幕亮度设置在20%~50%范围内（如有特殊需要，也可以根据自己需要进行设置）。此处警告：下边选项"允许将亮度低于20%"前面的勾不要轻易打上，一旦打上可以将屏幕设置为全黑（什么也看不见），由此造成的不便或误操作请自行负责！软件的其他设置可根据需要自行设置。

另外，软件还可以根据需要，设置屏幕颜色滤镜和暂停、停止下的状态以及定时和其他情况设置等（如图4、图5所示）。

该软件还有一个特点，亮度的设置是相对（手机亮度设置）的而不是绝对的，如果手机设置的是最低亮度且是自动调整的话，它就是自动调整的基础上再下降百分之多少（这个数据是你自己设定的），在不同亮度的条件下均可以使用而不需要人为干预。在较亮的环境下可用手挡住手机屏幕上方的感光器等待5秒(或是由亮环境转移到黑暗环境等待5秒以上)，如一切正常的话，屏幕将会有明显的亮度变化。如果到这一步都还无响应无效果的话，说明该软件（或该版本）真的不适合你的手机，还是另寻其他类似软件吧。

◇四川 李德鹏

①

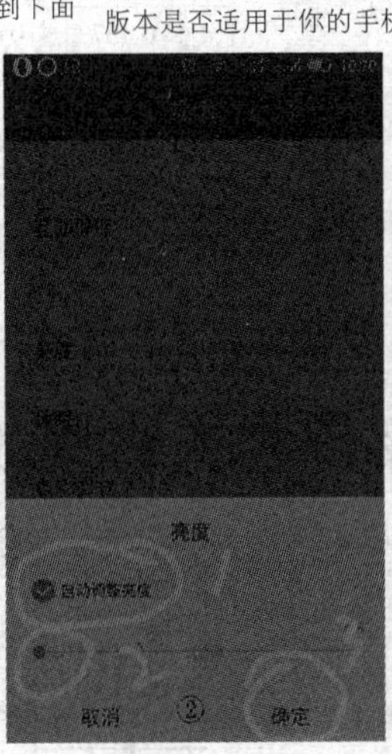

②

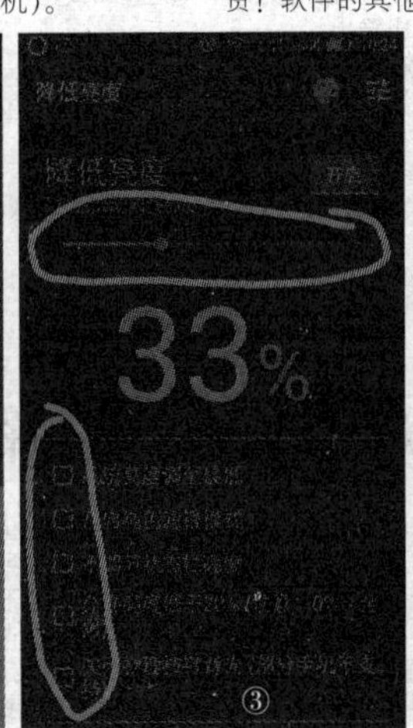

③

④

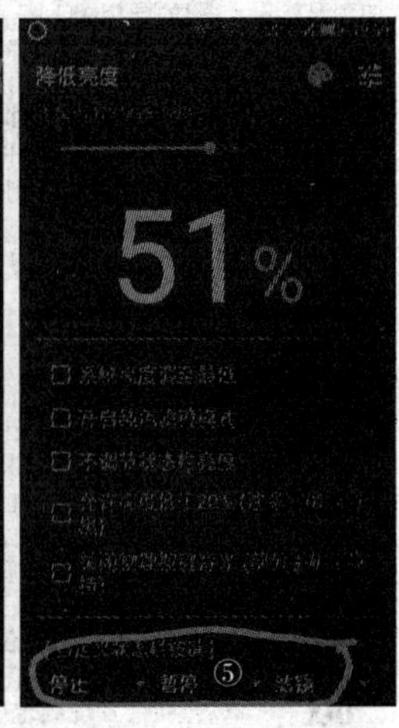

⑤

阻容降压电路通病检修一例

笔者检修一部"天际"牌微电脑隔水电炖锅(型号为:DGD32-32EG，额定功率:600W，额定容量:3.2L)，该机面板功能显示采用液晶屏和LED相结合方式（如图1所示)，整体结构别具一格，造型为椭圆形，锅面直径分别为34cm和24cm(如图2所示)。

①

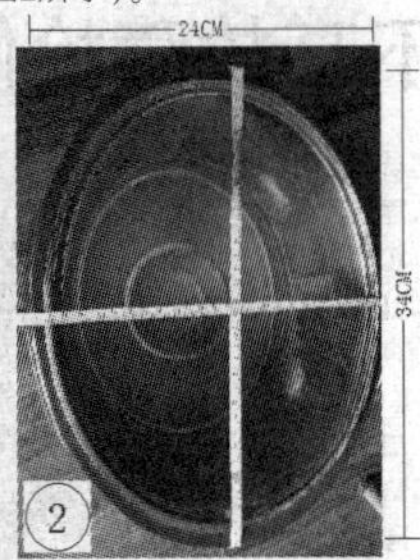

②

故障现象：连接市电时，没有复位音，同时液晶屏显示光线是淡淡的，而且约1秒钟就消失黑屏了；重新再连接市电并紧接按功能键，相应的功能LED指示灯也能亮，同样也是约1秒钟就熄灭了，无法继续下一步操作，无法加热炖汤。

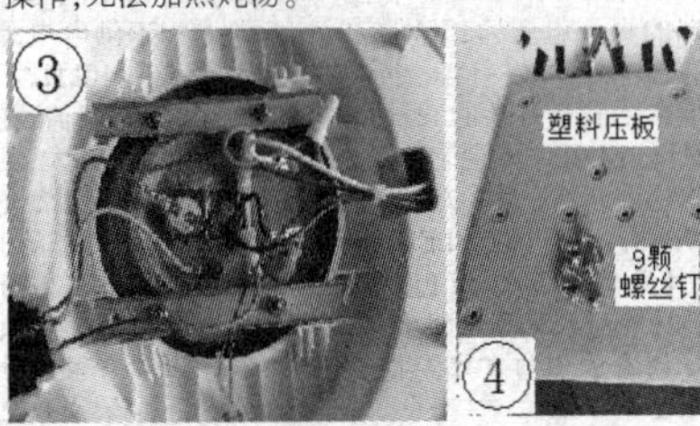

③ ④

分析与检修：根据故障现象判断应属于电源电路工作不正常，导致微电脑芯片供电失常所致。

打开底盖即可见到底部电路布线结构(如图3所示)。从底部找不到电源电路，显然电源电路是在电脑板中，也就是说故障部位是在电脑板之中。

要拆电脑板是一件较麻烦的事，拆机步骤如下。

第1步：先退下紧锁两条角铁的4颗螺丝帽，把角铁拆下来，注意螺丝帽和角铁下面的垫片别弄丢了。

第2步：把底部电路布线的相关接插件拔下来，要拔之前务必先用手机把原状拍照下来(如图3所示)，以便修复后对照恢复安装，连线拔掉后就可以把外壳分离出来。

第3步：在外壳内侧的电脑板上有一块塑料压板，卸下压板上的9颗螺丝(如图4所示)，便可轻松取出电脑板(如图5所示)。

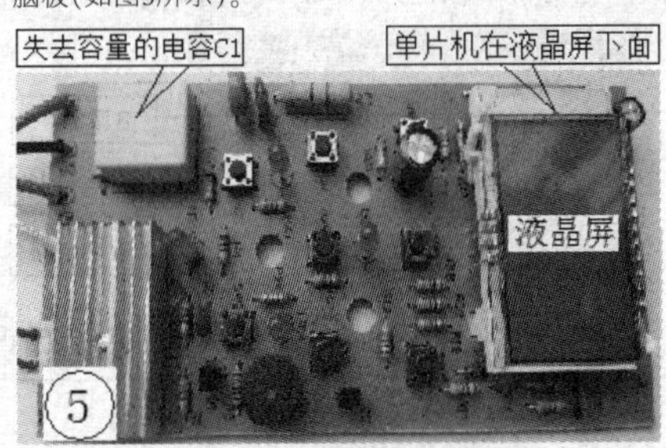

⑤

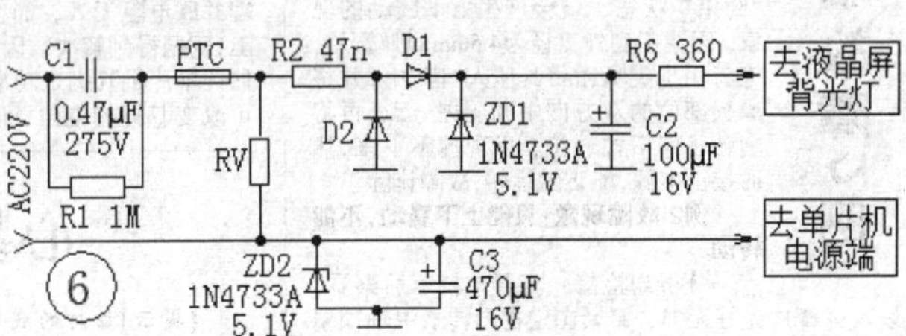

⑥

接下来就可方便检修电脑板：直观察看电脑板的元件，没有可疑迹象。继续采用电压法检测，从红线与蓝线两端输入市电，然后用数字表测量电容C2和C3两端电压，所测结果是：C2两端为3.31V，C3两端为3V左右(相关电路如图6所示)。

以上数据证实电源工作不正常测量的，因为ZD1和ZD2都是5V1的稳压管，照理滤波电容C2与C3两端电压应是5V才对。该电路采用阻容降压结构，再以半波形式整流滤波获得5V电压，为单片机、液晶背光灯和LED显示供电。凭以往检修经验，曾在电压力锅、电炖锅、电饭煲和电风扇等电器中常遇过类似问题，其故障率较高的就是降压电容失去容量，此故障已屡见不鲜，属于阻容降压电路的通病。所以一旦发现电源输出电压不正常，可直截了当把C1拆下来换新，即便手到病除。

经拆下C1测量，其容量仅0.051μF，用同容量电容替换后通电测量，C2与C3两端电压分别为4.87V、5.11V，电源工作恢复正常。

把整机恢复原状安装好通电，复位音正常，液晶屏显示正常，操作按键相应的LED显示正常，按功能键进入加热正常，机器恢复正常。

◇福建 谢振翼

LED拼接大屏幕电源电路原理及故障检修(二)

(紧接上期本版、上册第254页)

(6)软启动过程

当VCC达到8V时，芯片IC1的⑭脚先产生5V参考电压VREF,该参考电压经C17(1μF)、R21(12k)分压后加到IC1的④脚(DTC),并给C17充电,IC1内部的死区时间控制电路将⑧、⑪脚置位为高电平。随着C17的充电及其两端电压的升高,IC1的④脚电位从5V逐渐降低,当④脚的电位降低到3.3V时(大约5ms延时),IC1的死区时间减小到振荡周期的96%,⑧、⑪脚开始交替输出最窄的负脉冲信号(占空比为4%),电源开始输出电压。随着④脚电位的进一步下降,⑧、⑪脚输出的负脉冲宽度逐渐增大,电源的输出电压也逐步升高,直到电容C17被充满电，④脚的电位变为R25（120k）和R21(12k)对VREF的分压值(约0.45V)时,IC1的输出脉冲不受死去时间控制电路控制,IC1的⑧、⑪脚的输出负脉冲宽度开始由两个误差比较器控制，完成软启动过程。

3.稳压控制电路

稳压控制电路由IC1内误差放大器1、R22~R24、电位器RW1、R29~R31、C16、C19等元件组成。VREF经R23、R24分压，给IC1误差放大器1的反相端②脚提供2.5V电压,输出5V电压经R31、R29与R30、RW1分压后加到误差放大器1的同相端①脚。

当输出电压因某种原因下降时,经取样后使IC1①脚输入的电压降低,误差放大器1输出变低,经IC1内部的脉宽调制电路作用，使⑧、⑪脚输出的脉冲宽度增大,开关管Q1、Q2的导通时间延长,开关变压器T1存储的能量增加，使输出电压升高到正常值，实现稳压控制。反之,稳压控制过程相反。

C16和R22为误差放大器1的补偿电路。调整电位器RW1可以微调输出电压。

4.过流及短路保护电路

输出过流保护电路由IC1内误差放大器2、R35、R36、R231、康铜电阻J3-J6、R38、C12及C32构成。误差放大器2的同相端⑯脚经R231和C32接地,VREF经R35和R36、J3~J6分压，为误差放大器2的反相端⑮脚提供约54mV的电压。正常情况下,误差放大器2的输出为低电平,IC1的⑧、⑪脚输出脉冲信号宽度由误差放大器1控制。当负载电流增大时,康铜电阻J3~J6两端电压升高,误差放大器2的反相端⑮脚电压随之下降;负载电流大于42A时,误差放大器2的反相端⑮脚电压低于0,误差放大器2的输出变为高电平，高于误差放大器1的输出电压,IC1的⑧、⑪脚输出脉冲信号由误差放大器2控制，脉冲宽度随误差放大器2输出电压的升高而变窄,电源的输出电压降低。当误差放大器2的输出电压超过3.5V时,IC1的⑧、⑪脚无驱动脉冲删除,电源无输出电压。从而实现电源的过流保护功能。C12和R38为误差放大器2的补偿电路。

输出短路保护电路由Q5、R21、R26~R28、D17和C18构成。一旦负载出现短路，输出端电压低于2.1V时Q5截止,参考电压VREF经R26对C18充电,使IC1的④脚电压升高。当该电压达到3.3V时,死区时间控制逻辑电路使IC1停止输出负脉冲,⑧、⑪脚被置位为高电平,电源无电压输出。

二、故障检修

故障现象：带负载时电源输出电压为0或只有3V左右。

分析与检修:空载加电,测得输出电压为3.9V,并且电源盒发出轻微的“吱吱”声,说明该电源的确异常。断电后打开外壳,仔细察看主要元器件时,发现5V输出滤波电容C22~C25(3300μF/10V)鼓包,拆下并逐个测量,容量分别为19μF、22μF、29μF、31μF。用4只正品同规格同规格电容更换后加电，输出电压变为6.63V,但仍能听到轻微的“吱吱”声,说明开关电源仍有故障。断电后，在路测量整流全桥BD1正常，测量C5、C6(470μF/200V)的容量正常。加电后,测量300V供电V0为299V，测IC1（KA7500B）的⑫脚的VCC电压只有2.03V,并且⑭脚的VREF电压仅为1.27V,说明IC1未工作,怀疑其供电电路异常。断电后,在路测IC1供电的整流二极管D9、D10正常,检测C9(47μF/50V)的容量不足0.4μF,说明它已失效。用同型号电解电容更换后再次加电,测得电源输出为5.07V,“吱吱”声消失,故障排除。

为了便于今后维修，笔者测量了空载和接1.8Ω假负载时，使用胜利VC9805A+型万用表测得IC1(KA7500B)各脚的电压值,如附表所示。

脚号	空载电压(V)	18Ω假负载时电压(V)	脚号	空载电压(V)	18Ω假负载时电压(V)
1	2.482	2.485	9	0	0
2	2.483	2.485	10	0	0
3	3.653V	2.715	11	2.212	1.963
4	0.457	0.458	12	19.18	25.48
5	1.573	1.569	13	4.94	4.94
6	3.657	3.639	14	4.94	4.94
7	0	0	15	0.052	0.047
8	2.16	1.958	16	0V	0

(全文完)

◇青岛 孙海善 林鹏

快速修复微型吊扇故障2例

2012年，笔者为3个房间内分别安装了无锡生产的菊花牌微型吊扇,使用到去年,一个出现很大“咔嚓”声的故障,另一个出现只能上下震动,不能转动的故障。因这2个微型吊扇的外罩采用了ABS工程塑料,质量尚可,打算修复后继续使用。

例1 故障现象:仅能上下震动

分析与检修:打开转子上面的塑料罩后察看,发现固定内转子中轴顶端槽上的弹簧片因磨损而飞至周围的环形磁铁(外转子)上,只有一片划水片留在转轴上。因弹簧片的作用是固定内转子不上下跳动,使内转子在同一平面内正常运转。现弹簧片飞掉,内转子处于无“约束”状态，就会产生上下震动的现象。因买不到外直径为4.5mm的弹簧片,笔者用小尖嘴钳将其压人“槽”中,并将磨损部位的双方向中间压进一点,再将内转子向下拉一拉，发现掉不下来,然后接上电源,能正常运转,故障排除。

例2 故障现象:只能上下震动,不能转动

分析与检修：打开塑料罩后察看,发现弹簧片完好无损，紧紧固定在内转子中轴顶端的槽上,但它底下的划水片“不翼而飞”,由于上下有1mm左右的空隙,所以内转子在转动同会上下移动,从而产生“咔嚓”声的故障。于是，笔者用外径为5mm、内径为3mm的划水片,再用斜口钳将划水片剪了一个外2.5mm、内2mm的缺口。然后用小尖嘴钳将它安装在弹簧片的下端，再用小尖嘴钳将它两开口的部位向中间压紧。由于空隙中有划水片的嵌入,这样转子就在同一平面内转动，消除了上下移动的现象。接上电源,打开开关,运行正常,故障排除。

通过以上2个故障的维修经历来看,微型吊扇不能正常工作多为机械故障所致。因微型吊扇的功率小,线圈的直流电阻在2000Ω左右(较大),即使转子不转时,流过线圈的电流也很小,故接上220V的交流电源后,短时间内产生的热量不至于烧坏线圈。其次,故障原因不是弹簧片或划水片异常,就是上面用来帮助电扇起动的弹簧断裂或变形。只要细心地进行操作,都能迎刃而解。

在这里,提出一点建议:不要轻易扔掉有故障的微型吊扇,只要你耐心的研究,细心地去检修，总会使它们恢复“青春”,让聊以自慰的“修复成功”,默默地在“成功者”的心灵上激起“妙手回春”的自我陶醉！何乐而不为呢?

◇江苏 徐振新

美的电磁炉功率小且不可调故障检修1例

故障现象:一台美的C21-SK2111型电磁炉,操作正常,也能加热,但是功率不足1000W且不可调。

分析与检修:美的牌电磁炉功率小且不可调故障经常碰到,通常是谐振电容失去容量,造成谐振频率偏移,容量变小,电容对加热盘线圈放电的时间变短,导致功率变小;或功率调整电位器生锈接触不良等原因所造成。

拆机后，检测3μF谐振电容的容量为2.94μF（正常),测电位器VR1(103)接触良好,试调VR1的阻值也能变化,可就是功率调不上去,说明功率调整电路异常。

参见附图,测量VR1周边元件正常,在电阻R56两端并联电阻无效，而在电阻R57两端并联一只100k电阻,问题得到解决。因不了解单片机的引脚功能,所以估计单片机⑰脚是功率信号检测输入端。调整VR1就可改变⑰脚的电位,而该脚电位高低可改变电磁炉的输出功率。因某种原因导致单片机的数据发生变化,在R57两端并联电阻后,适当降低了⑰脚的电位,从而恢复了单片机的功率控制功能。坐锅加电后试调VR1,功率能正常变化,最大功率可调到2050W,故障排除。

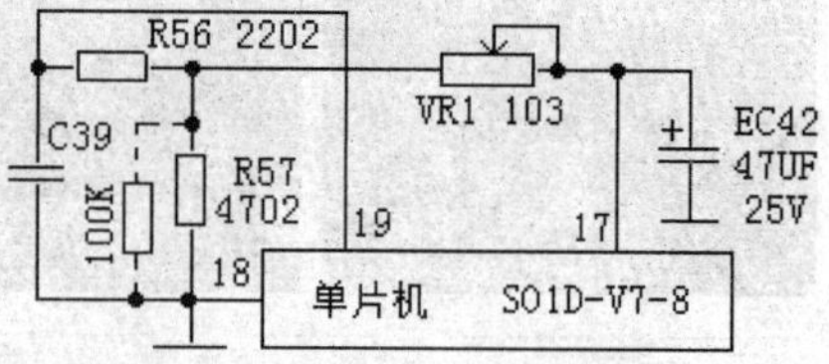

【编者】该文并未查找到故障根源,本次维修只能为应急修理，建议故障再次出现时查找到故障根源,以便根除故障。

◇福建 谢振翼

心易牌LED灯贴不亮故障检修1例

【提示】该灯的底部设计了3颗直径为8mm的磁铁可以任意吸附在铁质材料上,用于其安装灯具固定使用,省去了以往钻孔、打塑料膨胀管、固定底座等繁杂工序。

故障现象:心易牌18W的LED灯不亮。

分析与检修;通过故障现象分析,怀疑LED灯条或其驱动电路异常。拆开外壳后,驱动电路与LED灯条见图1。该灯条由32只0.5W贴片LED构成,其制作工艺讲究精致,用料厚实,仅电源线端留出10mm长的接线端,并且贴片元件的字符标识清晰。驱动电路设计工整、规范,并且便于测量与检修,见图2。

它的电源电路按照标准小功率LED灯的标准设计,其电路图可参考《电子报》2019年14期5版的《一款12W/LED吸顶灯电路故障维修1例》一文中的附图。

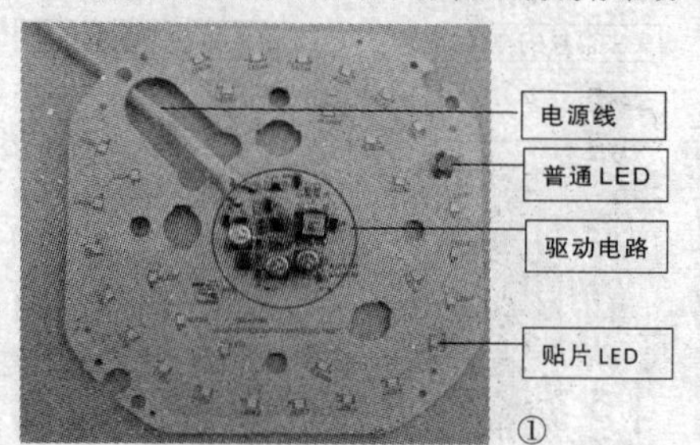

①

②

检修时，先测量市电电压供电端有220V交流电压,接着测C2两端有300V直流电压,说明300V供电电路正常。此时,测量电源输出端的稳压二极管D5、电感L2端的直流电压为150V左右,初步判断LED供电电源正常,故障发生在灯条。断电后,用万用表R×10kΩ挡,逐个在路测量灯条的32只贴片LED的正、反向阻值,在测量至LED20时发现它的正、反向阻值均为无穷大,判断此贴片开路。因手头没有此类LED,将普通的2脚发光二极管焊接在开路的LED位置后通电,灯亮,故障排除。

【提示】由于该LED灯有塑料聚光罩，所以需将LED20处的聚光罩使用直径6mm的钻头打个孔，以便于替换有管帽的发光二极管,并且不影响塑料聚光外壳的整体安装。

◇江西 高福光

编辑：孙立群 投稿邮箱:dzbnew@163.com

基于运放的电流驱动电流检测电路介绍

在此介绍的基于运放的电流检测电路并不新鲜,它的应用已有些时日,但很少有关于电路本身的讨论。在相关应用中它被非正式地命名为"电流驱动"电路,所以我们现在也这样说。让我们首先探究其基本概念,它是一个运算放大器和MOSFET电流源(注意,如果您不介意基极电流会导致1%左右的误差,也可以使用双极晶体管)。图1A显示了一个基本的运算放大器电流源电路。把它垂直翻转,这样我们可在图1B中做高边电流检测,在图1C中重新绘制,来描绘我们将如何使用分流电压作为输入电压,图1D是最终的电路。

图1描述了从基本运算放大器电流源转换为具有电流输出的高边电流检测放大器

基本电路

图2显示了电路电源电压低于运算放大器的额定电源电压。在电压-电流转换中添加一个负载电阻,记住您现在有一个高阻抗输出,如果您想要最简单的方案,这样可能就行了。

根据图2的实施高边电流检测的基本完整电路,需要考虑的细节有:

运放必须是轨对轨输入,或有一个包括正供电轨的共模电压范围。零漂移运算放大器可实现最小偏移量。但请记住,即使使用零漂移轨对轨运放,在较高的共模范围内运行通常不利于实现最低偏移。

MOSFET漏极处的输出节点由于正电压的摆动而受到限制,其幅度小于分流电源轨或小于共模电压。增加增益缓冲器可以降低该节点处电压摆幅的要求。

该电路在死区短路时不具备低边检测或电流检测所需的零伏特共模电压能力。在图2的电路中,最大共模电压等于运算放大器的最大额定电源电压。

该电路是单向的,只能测量一个方向的电流。

增益精度是RIN和RGAIN公差的直接函数。非常高的增益精度是可能的。

共模抑制比(CMRR)一般由放大器的共模抑制能力决定。MOSFET也对CMRR有影响,漏电的或其他劣质的MOSFET可降低CMRR。

图2最简单的方法是使用电源电压额定值内的运算放大器。可通过RGAIN/RIN被配置为增益50。

性能优化

一个完全缓冲的输出总是比图2的高阻抗输出要灵活得多,并且在缓冲器中提供2的轻微增益,可降低第一级和MOSFET的动态范围要求。

在图3中,我们还添加了支持双向电流检测的电路。这里把电流源电路(还记得图1A吗?)与U1非逆变输入的输入电阻(RIN 2)一起使用,等效成RIN(在这种情况下为RIN 1)。然后这个电阻器产生一个抵消输出的压降,以适应必要的双向输出摆动。从REF引脚到整个电路输出的增益基于RGAIN/ROS的关系,使得REF输入可以被配置为提供单位增益,而不考虑通过RGAIN/RIN设置的增益(只要RIN 1和RIN 2是相同的值),从而像传统的差分放大器参考输入:

$$VREF_{OUT}=VREF^{*}(RGAIN/ROS)^{*}A_{BUFFER}$$

(其中A_{BUFFER}是缓冲增益)

注意,在所有后续电路中,双向电路是可选的,对于单向电路可以省略。

图3 此版本增加了缓冲输出和双向检测能力。它提供了一个参考输入,即使在RIN 1和RIN 2值所确定的不同增益设置下,它也总是以单位增益运行。

在高共模电压下使用

通过浮动电路和使用具有足够额定电压的MOSFET,电流驱动电路几乎可在任何共模电压下使用,电路的工作电压高达数百伏特已经成为一个非常常见和流行的应用。电路能达到的额定电压是由所使用的MOSFET的额定电压决定的。

图4中浮动电路包括在放大器两端增加齐纳二极管Z1,并为它提供接地的偏置电流源。齐纳偏压可像电阻一样简单,但本文作者喜欢电流镜技术,因为它提高了电路承受负载电压变化的能力。在这样做时,我们已创建了一个运放的电源"窗口",在负载电压浮动。

另一个二极管D1已出现在高压版本中。这个二极管是必要的,因为一个接地的短路电路最初在负载处会把非逆变输入拉至足够负(与放大器负供电轨相比),这将损坏放大器。二极管限制这种情况以保护放大器。

图4 高压电路"浮动"运放,其齐纳电源在负载电压轨

该电路其他鲜为人知的应用

我不确定是否有人使用电流检测MOSFET。在几年前的一些实验室研究中,我确信,一旦校准,MOSFET电流检测是非常精确和线性的,但它们有约400ppm的温度系数。尽管如此,最佳的电路结构迫使检测电极在与MOSFET的源电压相同的电压下工作,同时输出部分电流。图5显示了如何使用电流驱动电路来实施。

图5 MOSFET检测FET电路

◇湖北 朱少华 编译

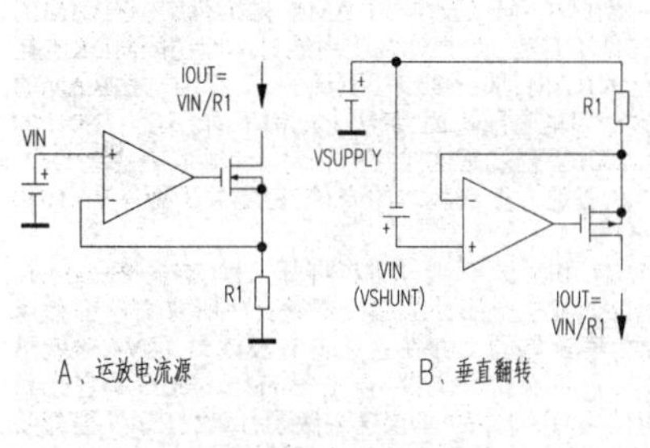

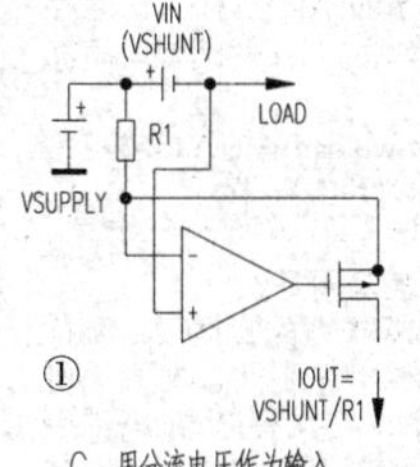

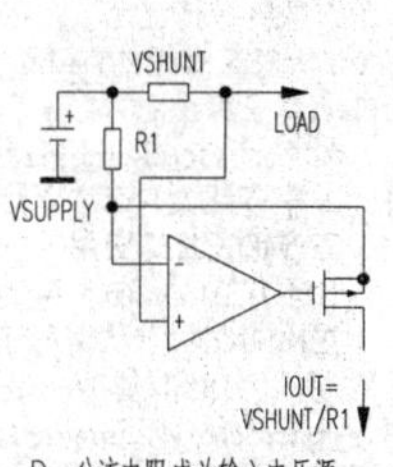

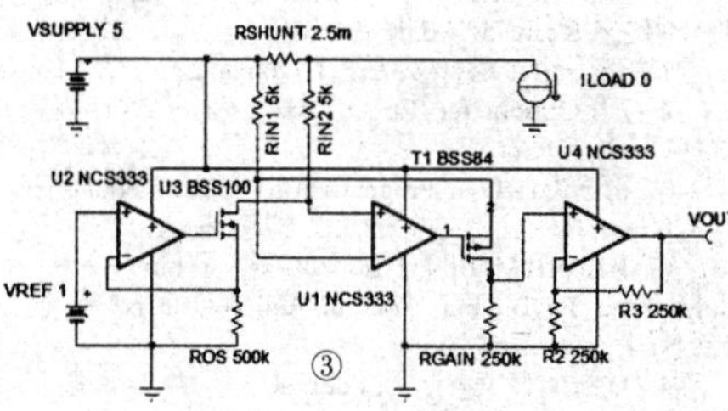

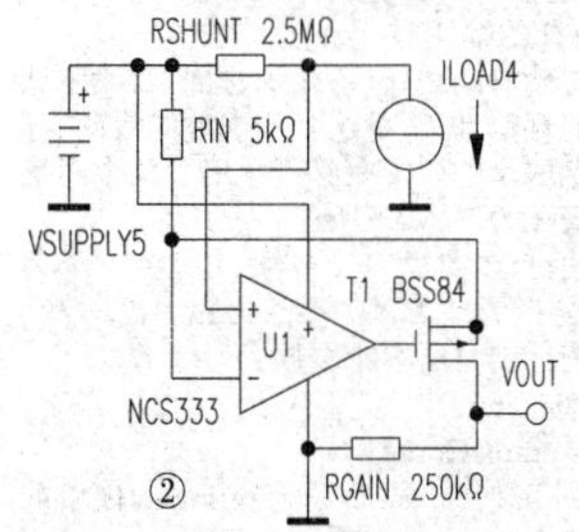

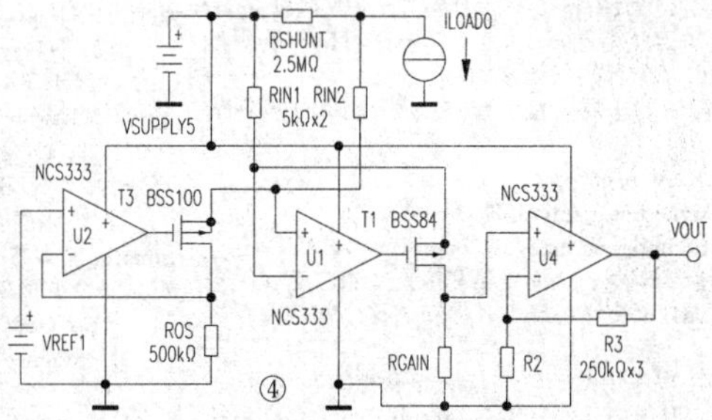

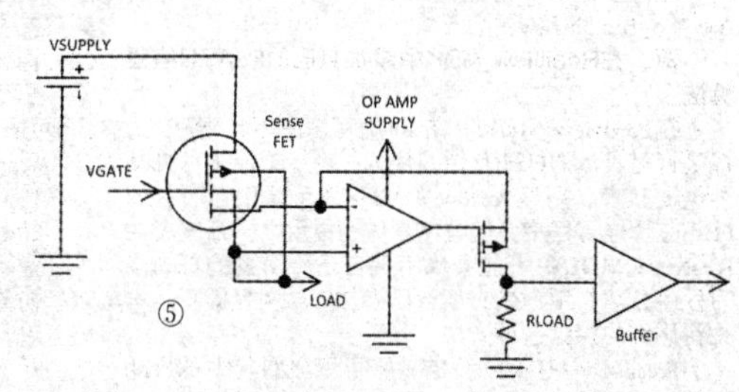

台积电打造40纳米无线系统SOC

台积电、AMBIQ MICRO2日共同宣布,采用台积电40纳米超低功耗(40ULP)技术生产的APOLLO3 BLUE无线系统单芯片(SOC)缔造领先全球的最佳功耗表现。

台积电业务开发人士表示,很兴奋见证AMBIQ设计技术、台积电制程专业所打造的成果。他强调,台积电凭借业界最具规模的设计生态系统,持续开发55ULP、40ULP到22ULL等的完备低操作电压制程组合,乐观未来协助客户生产智能化的互联设备,使产品能随时以简单、直观方式与使用者互动。

AMBIQ MICRO营销人士则说,采用台积电低操作电压制程技术来打造下一代具备SPOT能力的设备。AMBIQ MICRO持续提升产品能源效率,协助客户将真正智能化功能置入电池供电的移动设备。

台积电表示,借由AMBIQ的亚阈值功率优化技术(SUBTHRESHOLD POWER OPTIMIZED TECHNOLOGY,SPOT)平台与台积电40ULP低操作电压(LOW-VDD)制程,具备TURBOSPOTTM技术的APOLLO3 BLUE树立起能源效率的新标准。

并说明,APOLLO3 BLUE将ARM CORTEX M4F核心运算能力提升至96MHZ,操作功耗降至6UA/MHZ以下,可支持电池供电的设备产品。该芯片卓越性能让AMBIQ业务延伸到电池供电的智能家庭设备,以及需随时保持开启的声控应用,如遥控器与耳戴设备等产品等崭新市场。

台积电指出,40ULP技术借由低漏电晶体管来进行节能,其中包括闸极及接面在内的所有漏电路径皆经过仔细的优化。此外,台积电亦提供超低漏电晶体管(EHVT)及超低漏电(ULL)静态随机存取存储器的单位元,低操作电压解决方案结合数种不同临界电压晶体管与完备的设计基础架构,包括支援0.7伏操作电压并具备时序签核方法的标准元件库、支援低操作电压的优化设计流程、以及涵盖低操作电压且具有准确性与宽广范围的SPICE模型。

另外,继40ULP之后,台积电扩展低电压组合至22ULL以支持极低功耗应用,提供更佳的射频与加强的类比功能,以及低漏电EHVT装置与超低漏电静态随机存取存储器的单位元。台积电透露,此项技术支援低电压设计,将操作电压降至0.6伏,并且搭配芯片上的磁阻式随机存取存储器(MRAM)及电阻式随机存储器(RRAM)以实现低漏电嵌入式非挥发性存储器解决方案,支援物联网产品的应用。

◇胡文民

KEIL MDK应用技巧选汇(2)

(紧接上期本版、上册第256页)

三、在Realview MDK 中如何生成*.bin 格式的文件

在Realview MDK 的集成开发环境中，默认情况下可以生成*.axf 格式的调试文件和*.hex 格式的可执行文件。虽然这两个格式的文件非常有利于ULINK2仿真器的下载和调试，但是ADS 的用户更习惯于使用*.bin 格式的文件，甚至有些嵌入式软件开发者已经拥有了*.bin 格式文件的调试或烧写工具。为了充分地利用现有的工具，同时发挥Realview MDK 集成开发环境的优势，将*.axf 格式文件或*.hex 格式文件转换成*.bin 格式的文件是十分自然的想法。本文将详细的探讨这种转换方法。

在详细的介绍这种方法之前，先了解一下ARM公司的RVCT开发套件中的fromelf.exe转换工具是十分必要的，因为在Realview MDK中生成*.bin格式文件的工具正是它。

fromelf.exe转换工具的语法格式如下：

fromelf [options] input_file

其中[options]包括的选项及详细描述见下图表。

选项	描述	选项	描述
–help	显示帮助信息	–vsn	显示版本信息
–output file	输出文件(默认的输出为文本格式)	–nodebug	在生成的映象中不包含调试信息
–nolinkview	在生成的映象中不包含段的信息	–bin	生成 Plain Binary 格式的文件
–m32	生成 Motorola 32 位十六进制格式的文件	–i32	生成 Intel 32 位十六进制格式的文件
–vhx	面向字节的位十六进制格式的文件	–base addr	设置 m32, i32 格式文件的基地址
–text	显示文本信息	-v	打印详细信息
-a	打印数据地址(针对带调试信息的映象)	-d	打印数据段的内容
-e	打印表达式表 print exception tables	-f	打印消除虚函数的信
-g	打印调试表 print debug tables	-r	打印重定位信息
-t	打印字符串表	-y	打印动态段的内容
-z	打印代码和数据大小的信息		

在掌握了fromelf转换工具的语法格式以后，下面将介绍它在Realview MDK中的使用方法：

1.新建一个工程，例如Axf_To_Bin.uv2；

2.打开Options for Target ‘Axf_To_Bin’对话框，选择User标签页；

3. 构选Run User Programs After Build/Rebuild框中的Run #1多选框，在后边的文本框中输入

C:\Keil\ARM\BIN31\fromelf.exe --bin -o ./output/Axf_To_Bin.bin ./output/Axf_To_Bin.axf 命令行；

4. 重新编译文件，在./output/文件夹下生成了Axf_To_Bin.bin文件。

经过上述4 步的操作以后，将得到我们希望的Axf_To_Bin.bin格式的文件。

四、在Realview MDK中添加自己的FLASH编程算法

在Realview MDK中，Flash烧写算法不是通用的，都是针对具体的Flash存储芯片的。由于市面上的Flash种类比较多，所以Realview MDK不可能包含所有的Flash芯片烧写程序。但是在具体的应用中，开发者在Realview MDK中可能会找不到自己所需要的Flash烧写程序，这时，用户就必须自己添加Flash烧写程序。本文将详细的探讨这种方法。

Realview MDK已经定义好了添加到其中的Flash烧写算法的接口，包括1个描述Flash芯片的结构体和6个对Flash芯片操作的函数定义。详细的内容可以参考下面的代码。

```
struct FlashDevice {
unsigned short Vers; //体系结构及版本号；
char DevName欄128欙; //设备的名称及描述；
unsigned short DevType; //设备的类型，例如：ONCHIP，EXT8BIT，EXT16BIT 等等；
unsigned long DevAdr; //默认设备的起始地址；
unsigned long szDev; //设备的总容量；
unsigned long szPage; //页面的大小；
unsigned long Res; //保留，以便将来扩展之用；
unsigned char valEmpty; // Flash擦除后储存单元的值；
unsigned long toProg; //页写函数超时的时间；
unsigned long toErase; //扇区擦除函数超时的时间；
struct FlashSectors sectors欄SECTOR_NUM欙; //扇区的起始地址及容量设置数组。
};
extern int Init (unsigned long adr，unsigned long clk，unsigned long fnc);
extern int UnInit (unsigned long fnc);
extern int BlankCheck (unsigned long adr，unsigned long sz，unsigned char pat);
extern int EraseChip (void);
extern int EraseSector (unsigned long adr);
extern int ProgramPage (unsigned long adr，unsigned long sz，unsigned char *buf);
extern unsigned long Verify (unsigned long adr，unsigned long sz，unsigned char
*buf);
```

在Realview MDK中，添加Flash烧写算法的实质就是填充上面的那个结构体以及实现那6个函数。至于几个函数是如何被Realview MDK调用的，用户不必关心，这些是由Realview MDK自动管理的，只要正确的实现了上面的那些内容，开发者就可以将Realview MDK编译链接后的程序下载到自己的Flash芯片中去。下面是添加一个Flash烧写的详细步骤：

1. 在C:\Keil\ARM\Flash 下新建一个空的子文件夹；

2. 在Flash文件夹中选择一个已存在的，且和欲添加的Flash算法相近的内容(如..\ARM\Flash\LPC_IAP_256) 拷贝到这个新文件中，并将此算法作为新算法的模板；

3.重命名工程文件LPC_IAP_256.UV2以表示新的Flash ROM设备名，如29F400.UV2并用µVision IDE将其打开；

4.在对话框Project – Options for Target–Output中将所有的输出文件名(如LPC_IAP_256)替换为新的设备名；

5.编辑FlashPrg.C文件并为EraseChip，EraseBlock及ProgramBlock定义函数代码。在函数Init和UnInit中编写算法所需的初始化以及卸载代码；

6. 在文件FlashDev.C中的struct FlashDevice结构体中定义设备参数；

7.重新编译工程，将在C:\Keil\ARM\Flash文件夹下生成*.FLX格式的Flash编程算法。此文件即为所添加的Flash编程算法；

8. 使用Configure Flash Download中的Add按钮可将此编程算法文件添加到目标应用工程中。

五、MDK细节应用

1.MDK中的char类型的取值范围是？

在MDK中，默认情况下，char类型的数据项是无符号的，所以它的取值范围是0~255。它们可以显式地声明为signed char或 unsigned。因此，定义有符号char类型变量，必须用signed显式声明。我曾读过一本书，其中有一句话：“signed关键字也是很宽宏大量，你也可以完全当它不存在，在缺省状态下，编译器默认数据位signed类型”，这句话便是有异议的，我们应该对自己所用的CPU构架以及编译器熟练掌握。

2.赋初值的全局变量和静态变量，初值被放在什么地方？

[cpp]view plaincopy

1. unsignedint g_unRunFlag=0xA5;

2. static unsigned int s_unCountFlag=0x5A;

这两行代码中，全局变量和静态变量在定义时被赋了初值，MDK编译环境下，你知道这个初值保存在那里吗？

对于在程序中赋初值的全局变量和静态变量，程序编译后，MDK将这些初值放到Flash中，紧靠在可执行代码的后面。在程序进入main函数前，会运行一段库代码，将这部分数据拷贝至相应RAM位置。

PS：后来看ARM的链接器，才知道ARM映象文件各组成部分在存储系统中的地址有两种：一种是在映象文件位于存储器中时（也就是该映象文件开始运行之前，通俗的说就是下载到Flash中的二进制代码）的地址，称为加载地址；一种是在映象文件运行时（通俗的说就是给板子上电，开始运行Flash中的程序了）的地址，称为运行时地址。赋初值的全局变量和静态变量在程序还没运行的时候，初值是被放在Flash中的，这个时候他们的地址称为加载地址，当程序运行后，这些初值会从Flash中拷贝到RAM中，这时候就是运行时地址了。

3.最新的keil MDK(V4.54)在编辑界面中已经可以支持中文编码了，所以可以在编辑器中直接输入汉字和中文标点符号，再也不会显示乱码或者不显示了。虽然乱写汉字和中文标点在编译时依然会报错，但好歹能显示，也从侧面说明中国市场的崛起。

还清楚的记得自己在大学刚开始用Keil C51那会，一次不小心在一行代码后面用了个中文分号，在当时这个中文分号是不被显示的，然后编译，编译器报错，我双击报错信息定位到报错的代码行，却怎么也检查不出来错误来，当时着急的心情现在想想还很好笑的，那个时候只能将错误代码行用双斜杠注释掉，才能看到那个中文分号。但从V4.54之后，就应该再不会遇到我当时的情况了。

4. 不知道从什么版本开始，keil MDK的标题栏可以显示工程路径了，我是从V4.10直接升级到V4.54，V4.10的标题栏还是下图的这个样子：

kj70n - µVision4

如果你同一个工程有多个备份，你有同时打开了多个备份工程，要想识别出那个工程是那个备份，可是件不容易的事情，还好，keil更新较快。

5.这一条真伪未知，因为我搜索了很久都没有查证。

在一个论坛上看到的，Keil原来是一个人名，住在德国，最初的keil C51编译器就是他开发的.为人低调，话不多，但超级认真.当然，也超级厉害.

6.Stack分配到RAM的哪个地方?

keil MDK中，我们只需要定义各个模式下的堆栈大小，编译器会自动在RAM的空闲区域选择一块合适的地方来分配给我们定义的堆栈，这个地方位于RAM的那个地方呢？通过查看编译列表文件，原来MDK将堆栈放到程序使用到的RAM空间的后面，比如你的RAM空间从0x4000 0000开始，你的程序用掉了0x200字节RAM，那么堆栈空间就从0x4000 0200处开始。具体的RAM分配，其实你可以从编译后生成的列表文件“工程名.map”文件中查看。

7.有多少RAM会被初始化？

大家可能都已经知道，在进入main()函数之前，MDK会把未初始化的RAM给清零的（在程序中自己定义变量初值的见第二条），但MDK会不会把所有RAM都初始化呢？答案是否定的，MDK只是把你的程序用到的RAM以及堆栈RAM给初始化，其它RAM的内容是不管的。如果你要使用绝对地址访问MDK未初始化的RAM，那就要小心翼翼的了，因为这些RAM的内容很可能是随机的，每次上电都不同。至少，NXP的LPC2000系列就是这样。

8.还是一个新版本的变化，还是关于版本V4.10和V4.54

V4.10版本，只要你重新打开工程，点击"Build target files"(就这个图标:)，编译器就会将所有文件都编译一次，不管你的文件在这之前有没改动.但V4.54就不一样了，再次打开文件，点击"Build target files"它会只编译改过的文件的.早该这么做了，每次打开工程都要编译个十几秒钟，着实等的难受.

9.好个一丝不苟的编译器

这是个十分奇葩的问题，碰巧被我遇到了，我承认是我代码写的不够规范，但正是这个不规范的代码，才得以发现这个奇葩的事件。实在忍不住用了两个奇葩来形容。把过程简化一下，如下所述：

假如你的工程至少有两个.c文件，其中一个为timer.c，里面有个定时器中断程序，每10ms中断一次，定义一个变量来统计定时器中断次数：

[cpp]view plaincopy

1. unsignedint unIdleCount;

还有一个timer.h文件，里面是一些timer.c模块的封装，其中变量unIdleCount就被封装在里面：

[cpp]view plaincopy

1.externunsigned int unIdleCount;

在main.c函数中，包含timer.h文件，并利用定时器变量unIdleCount来精确延时2秒，代码如下：

[cpp]view plaincopy

1. unIdleCount=0;

3.while(unIdleCount! =200); //延时2S钟

keil MDK V5.54下编译，默认优化级别，编译后下载到硬件平台。你会发现，代码在

[cpp]view plaincopy

1.while(unIdleCount! =200);

处陷入了死循环。反汇编，代码如下：

[plain]view plaincopy

```
1. 122: unIdleCount=0;
2. 123:
3. 0x00002E10 E59F11D4 LDR R1,
4.0x00002E14    E3A05000    MOV    R5,#key1 (0x00000000)
5. 0x00002E18 E1A00005 MOV R0,R5
6. 0x00002E1C E5815000 STR R5,[R1]
7. 124: while(unIdleCount! =200); //延时2S钟
8. 125:
9. 0x00002E20 E35000C8 CMP R0,#0x000000C8
```

(未完待续)(下转第376页)

◇四川 张凯恒

运用VR改变教学方式提高学习效果

译自：英国《独立报》官网(https://www.independent.co.uk/)

原著：John Pickavance(约翰·皮克文斯博士，利兹大学认知科学研究人员)

约翰·皮克文斯博士报告说：初步数据表明，将虚拟现实作为一种教学工具，教学效果要比传统方法好得多。

虚拟现实允许学习者融入环境自己探索

你可能已经听说过虚拟现实(VR)将如何改变一切，包括我们的工作方式、生活方式以及游戏方式。然而事实证明，每一项真正具有变革性的技术，都会带来大量的技术废弃物，如：我们不再需要自平衡滑板车、3D电视、赛格威代步电动车和迷你光盘了。

对VR持有一定的怀疑态度也是合理的，但是请允许我解释VR可以改变学习方式的三种途径，以及我们作为心理学家为什么对此感到如此兴奋。

探索无法揭示的现象

作为课堂辅助工具，VR有着巨大的潜力。我们知道，当学习者积极参与时，学习更加有效；鼓励互动的实践课程比被动吸收内容的课程更加成功。然而，某些主题在学习者所参与的有意义的任务中很难找到立足之地。

我们以自我为中心的意识还没有进化到一定的程度，从宇宙的无限空间到生物细胞的错综复杂，我们无法理解超出自身认知尺度的任何东西。通过立体技巧和动态跟踪，VR可以为反现实的领域找到可信的理据。学习者首次可以融入这些环境，自己进行探索了。

目前，研究人员正在开发"虚拟植物细胞"，这是专为课堂应用而设计的首个互动式VR体验工具，学习者可以利用这种工具来探索植物细胞中的陌生景观——趟过沼泽般的细胞溶质，在细胞骨架纤维周围左右躲闪着，最终揭开植物亚细胞宝藏的秘密——其中有发生光合作用的翠绿色叶绿体、奇形怪状的线粒体团，或者也可以通过迷幻般的核孔一瞥脱氧核糖核酸(DNA)的结构。

这种VR体验工具将细胞的内部运行情况置于其中，允许学生通过有意义的任务型活动积极参与到课程内容中来。他们可以两两合作，互相交流参观体验。或者，他们可以共同创建光合生产线：学生可以利用直观的手势从细胞周围摘取二氧化碳分子和水分子，将这些分子提供给叶绿体，以产生葡萄糖和氧气。"虚拟植物细胞"应该会成为一种特别有效的教学辅助工具，它拥有积极学习所需的所有要素。实际上，初步研究数据表明：跟传统方法相比，这种教学辅助工具可以将学习成绩提高30%。

VR适合所有人，可以模拟一切情况

VR不仅仅可以辅助学习某个现象是"什么"，还可以辅助学习"如何"做某事。在心理学中，我们之所以在陈述性知识(关于"是什么"的知识)和程序性知识(关于"如何做"的知识)之间进行了区分，恰恰是因为后者是通过动手做而获取的，而且直接适用于给定的任务。简单地说，学习技能的最好方法就是通过"做"来学习。

每个学习者的目标都是获取足够大量的、足够广泛的经验，以便能够利用个性要素来满足处理新问题的需求。为此，相关机构投入了大量资金，对模拟器进行训练，使其掌握飞行和外科手术等高风险技能。有许多低风险技能可能会通过模拟受益，但是没有什么证据可以证明这方面投资的合理性。此前情况是这样的，可是现在情况不同了。

移动技术的进步导致高清VR设备只卖到中档电视的价格，清除了资金花费方面障的碍。消费级VR为学习者敞开了大门，能够使他们在不易获得真实情景的情况下提高技能培训的效果。

我们在利兹大学开发的虚拟景观程序就是其中的一个例子。所有地质学者所参加的培训都有一个重要部分，那就是学习如何进行地质勘察。地质学者的装备有指南针、GPS和地图，他们必须穿越不熟悉的地形进行观察，同时要确保能够充分利用时间。VR模拟可以实时提供这些功能，提供他们在野外期望用到的所有工具。

优势是双重的。利用准确模拟，即使学生缺乏实地考察，这也不会成为学习的主要障碍。勘察山区的难题与勘察热带雨林不同，勘察山区可能更容易看到你要去的地方，但是路径的选择会受到更多限制。学生不必去地球上的各个偏远地区，利用VR便可以呈现这些不同的生物群落区。学习者的体验得到了扩展，他们在该领域解决新问题的能力也变得更强了。

佩戴VR设备，关心他人疾苦

此外，VR可能也是推动向积极行为变化的关键。我们了解到的一种推动方式是，VR通过产生移情作用可以实现这一目标。VR允许人们通过不同的视角进行体验，甚至被称为"终极移情机"。这是一个极高的荣誉称号，而早期的应用已经显示出希望。

最近，斯坦福大学进行的一项研究表明：跟那些在传统台式计算机上进行同样操作的人相比，在VR中体验无家可归状况的参与者对无家可归者表现出了更加积极的行为——在这个案例中，他们签署了一份请愿书，请求解决住房危机问题。这种感受在研究结束后又持续了很长时间。通过亲身体验弱势群体所面临的难题，我们也许可以得到一种共同的认识。

VR可以产生移情作用，我们或许可以利用这一功能来解决更加广泛的社会问题。我们一直在各个学校开展VR拓展性项目，以提高学生对气候变化的认识。通过VR，年轻人亲眼目睹了冰盖的融化；在大堡礁游泳时，看到珊瑚逐渐衰亡对生态系统的影响；他们与大型灵长类动物擦肩而过，由于砍伐森林，这些灵长类动物的栖息地正在消失。我们希望，通过使用VR，在形成相对稳定的态度和养成较为固定的习惯之前，培养孩子们对环境负责的行为。

因此，你要拥有VR。通过把以前无法得到的体验带入课堂，VR可以加快学生对抽象概念的领会，提高他们的技能获取能力，甚至还可能会使他们成为一股社会变革的力量。

◇邢台学院外国语学院 胡德良

河北大学外国语学院 梁玥/译

注册电气工程师备考复习

110kV及以下供配电系统知识点及真题解答(下)

(紧接25期本版、上册第247页)

题5 已知A点的短路容量为38MW，如果380V系统进线电源线路上基波及各次谐波电流值如下表：

谐波次数及注入电网的谐波电流值(A)							
基波	3	5	7	9	11	13	其它各次
600	6	11	90	5	68	60	0

计算380V母线上电压总谐波畸变率是多少？

(A)0.54% (B)0.9% (C)2.39% (D)28.8%

答案：C

解答提示：根据关键词"电压总谐波畸变率"、"基波及各次谐波电流值"，从"知识点索引"中查得该内容在P37-4的GB/T 14549-93【附录A】和【附录C】，按【式C1】、【式A1】、【式A3】、【式A5】计算。

2.2016年上午第12题~第15题

某企业有110/35/10kV主变电所一座，两台主变，户外布置，110kV设备户外敞开式布置，35kV及10kV设备采用开关柜户内布置，主变各侧均采用单母线分段接线方式，采用35kV、10kV电压向企业各用电点供电。请解答下列问题：

题12 某35/10kV变电所，变压器一次侧短路容量为80MVA，为无限大容量系统。一台主变压器容量为8MVA，变压器阻抗电压百分数为7.5%，10kV母线上接有一台功率为500kW的电动机，采用直接起动方式，电动机的起动电流倍数为6，功率因数为0.91，效率为93.4%，10kv母线上其他预接有功负荷为5MW，功率因数为0.9。电动机采用长1km的电缆供电。已知电缆每千米电抗为0.1Ω/km(忽略电阻)，试计算确定，当电动机起动时，电动机的端子电压相对值与下列哪项数值相近？

(A)99.97% (B)99.81% (C)93.9% (D)92.6%

答案：D

解答提示：根据关键词"端子电压相对值"、"电动机起动"、"无限大容量系统"，从"知识点索引"中查得该内容在《工业与民用供配电设计手册（第四版)》P482【表6.5-4】中"电动机端子"有关式计算。①求S_{scB}，②求QL，③求S_{st}，④求u_{stB}，⑤求u_{stM}。

题13 某10kV配电系统，系统中有两台非线性用电设备，经测量得知，一号设备的基波电流为100A，3次谐波含有率为5%，5次谐波含有率为3%，7次谐波含有率为2%；二号设备的基波电流为150A，3次谐波含有率为6%，5次谐波含有率为4%，7次谐波含有率为2%；两台设备3次谐波电流相位角为45度，基波与其他各次谐波的电流同相位。计算该10kV配电系统中10kV母线的电流总畸变率应为下列哪项数值？

(A)6.6% (B)7.0% (C)13.6% (D)22%

答案：A

解答提示：根据关键词"电流总畸变率"、"谐波含有率"，从"知识点索引"中查得该内容在P37-4的GB/T 14549-93【附录A】、【附录C】，按【式A2】、【式C4】、【式C5】、【式A4】、【式A6】计算。

题14 某新建35kV变电所，已知计算负荷为15.9MVA，其中一、二级负荷为11MVA，节假日式运行负荷为计算负荷的二分之一，假定选择容量为10MVA的变压器两台，已知变压器的空载有功损耗为8.2kW，负载有功损耗为47.8kW，空载电流百分数为0.7，阻抗电压百分数为7.5，变压器过载能力按1.2倍考虑。无功功率经济当量取0.1kW/kvar。试校验变压器的容量是否满足一、二级负荷的供电要求，并确定节假日时两台变压器的经济运行方式。

(A)不满足，两台运行 (B)满足，两台运行

(C)不满足，单台运行 (D)满足，两台运行

答案：B

解答提示：根据关键词"校验变压器的容量"、"一、二级负荷"、"35kV变电所"、"经济运行方式"，从"知识点索引"中查得该内容分别在P9-6【3.1】和《工业与民用供配电设计手册(第四版)》P1561【表16.3.8】。

题15 某UPS电源，所带计算机网络设备额定容量共计50kW (cosφ=0.95)，计算机网络设备电源效率0.92，当UPS设备效率为0.93时，计算该UPS电源的容量最小为下列哪项数值？

(A)61.5kVA (B)73.8kVA

(C)80.8kVA (D)92.3kVA

答案：B

解答提示：根据关键词"UPS电源的容量"，从"知识点索引"中查得该内容在《工业与民用供配电设计手册(第四版)》P102，按P103上"(2)不间断电源设备输出功率，应按下列条件选择"进行计算，取最大值。

(全文完)

◇江苏 键谈

Altium Designer 19软件应用实例(一)

一、环境设置

打开设置齿轮图标。

1.设置自动保存：

在设置菜单页面，打开"Data Management"，选择"Backup"，在打开的自动保存页面设置自动保存时间，如30分钟；保持自动备份默认路径。

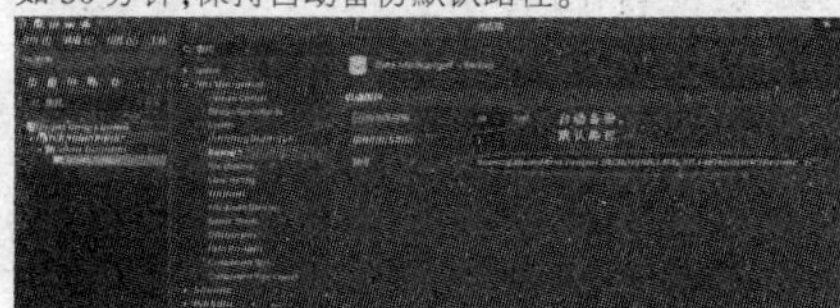

2. 设置单位为英制或公制，及图纸尺寸打开"Schematic"，选择"General"，在"单位"区设置为英制mill或者公制mm；在图纸尺寸下拉框根据实际选择图纸大小，一般为A3。

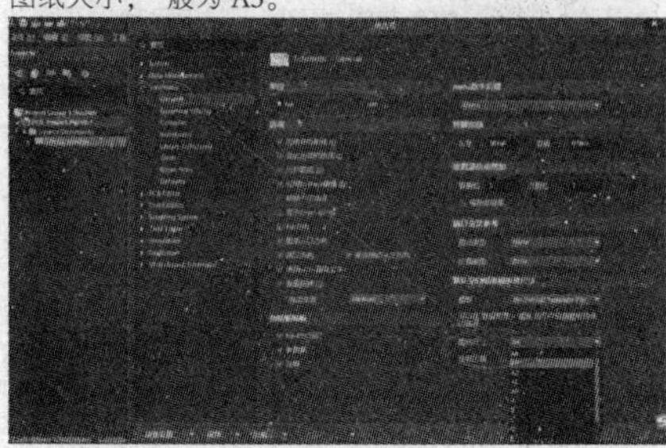

3.设置光标类型及去在线DRC

打开"PCB Editor"，选择"General"，在"其他"区设置"光标类型"为Small90；如果特殊器件需要45度斜放，则旋转步进为45；在"编辑选项"区去掉"在线DRC"的勾选；在"文件格式修改报告"区勾选"禁用打开旧版本报告"。

4.设置系统高亮和交互选择

打开"System"，选择"Navigation"，在"高亮方式"区勾选"选择"和"缩放"；在"交叉选择模式"区勾选"交互选择"、"变暗"、"缩放"。

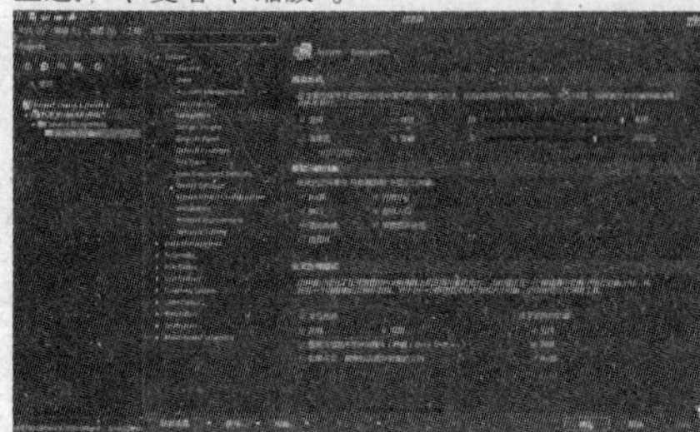

5.设置禁止检查

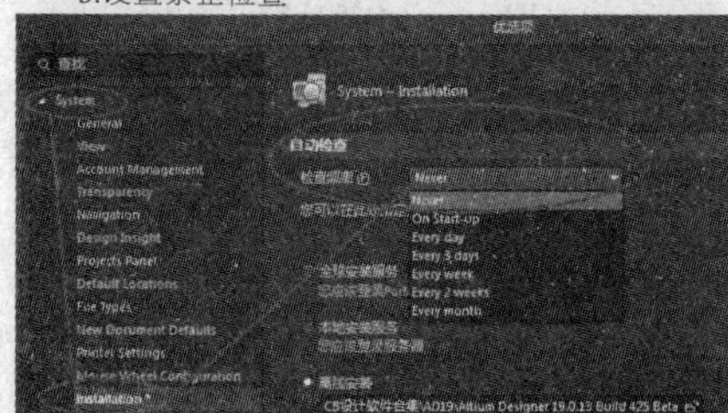

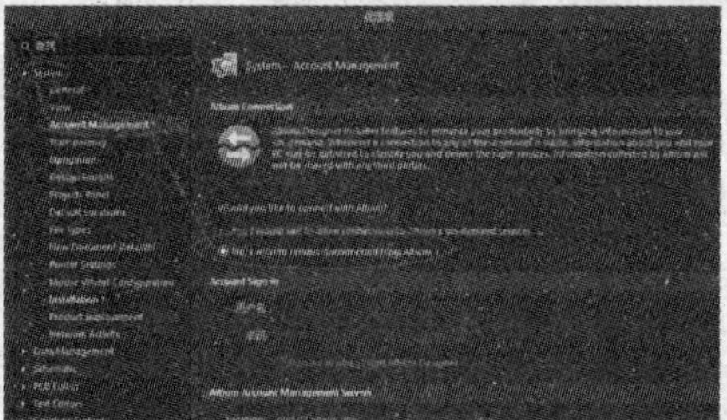

6.设置单层显示无阴影

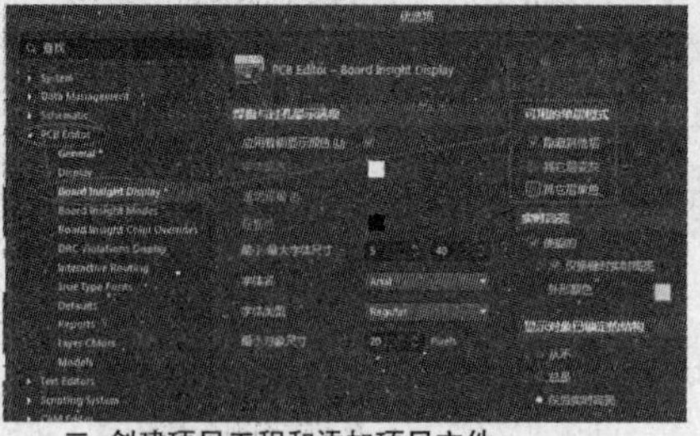

二、创建项目工程和添加项目文件

1.创建项目

打开"文件">"项目"，点击出现新建项目工程的页面。

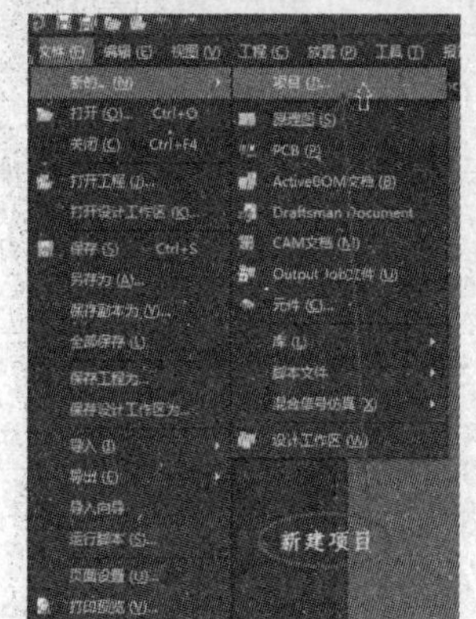

2.设置项目名称、保存路径

在打开的新建项目页面，"Project Name"框里输入项目名称；在Folder框右浏览处点击"…"打开选择路径，可以新建文件夹选择，最后点"选择文件夹"按钮确定。

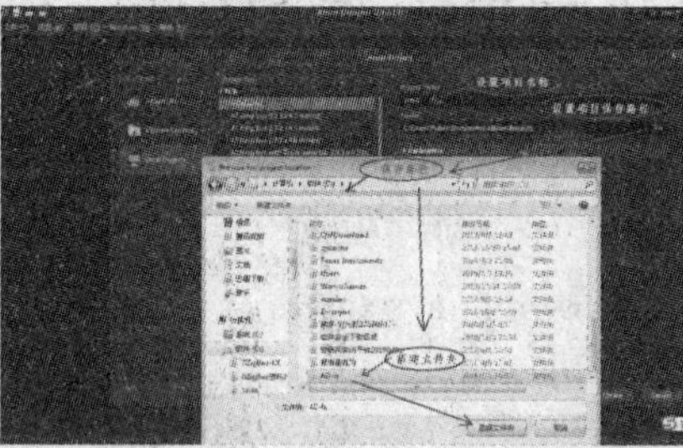

3. 给项目工程添加需要绘制的SCHematic、PCB、SCHematic Library、PCB Library文件。

鼠标右击新建的项目"xx.PrjPcb"，选择"添加新的…到工程">SCHematic、PCB、SCHematic Library、PCB Library文件，分别添加。

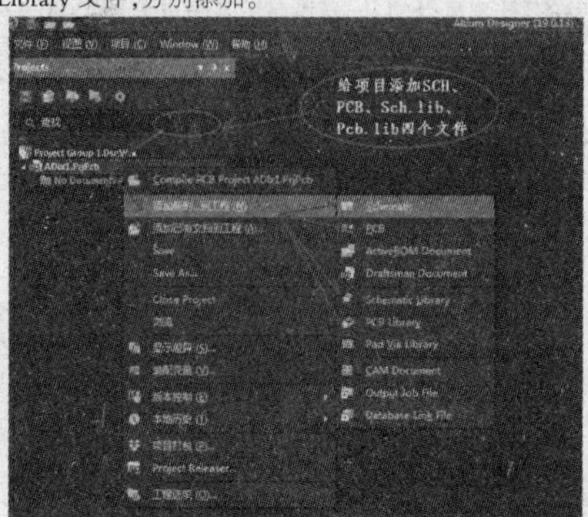

三、绘制原理图元器件库器件图

1.打开新建的"xx.SchLib"文件，点击左边"SCH Library"项目底边的"SCH Library"标签，"Design Item ID"框中点选"Component_1"新器件，在右边出现的"Properties"项目属性中的"Design Item ID"框中输入器件名称，并在"Designator"框中输入"U?"，在"Comment"框中复制粘贴刚才的器件名称。

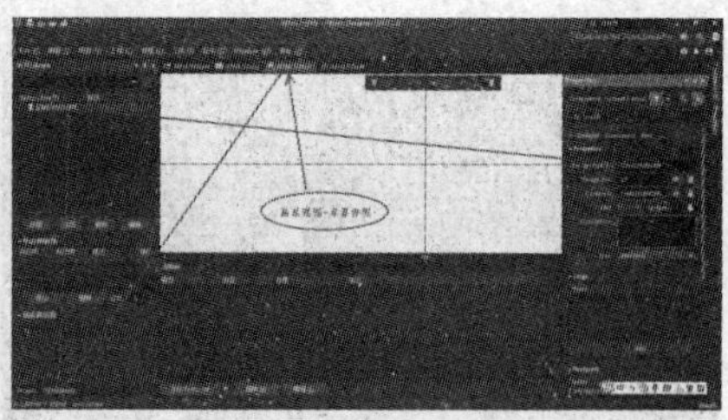

2.使用导航绘制原理图元器件

点击"工具"菜单按钮，选择"Symbol Wizard…"项，打开导航页面。

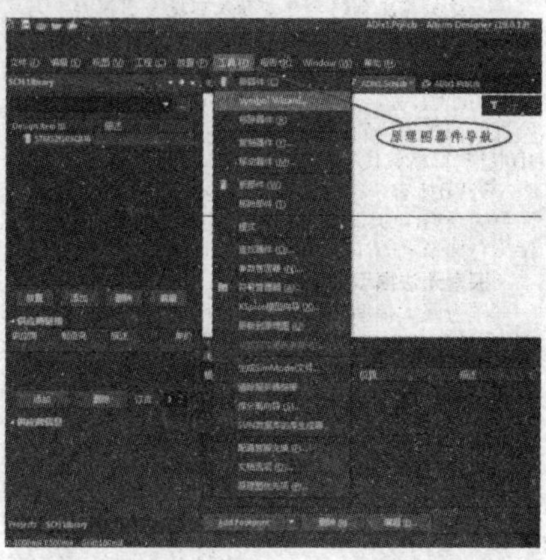

3.设置导航参数

在打开的导航页面中的"Number of Pins"框中输入器件引脚数，并在"Layout Style"下拉选择框中选择封装形式。

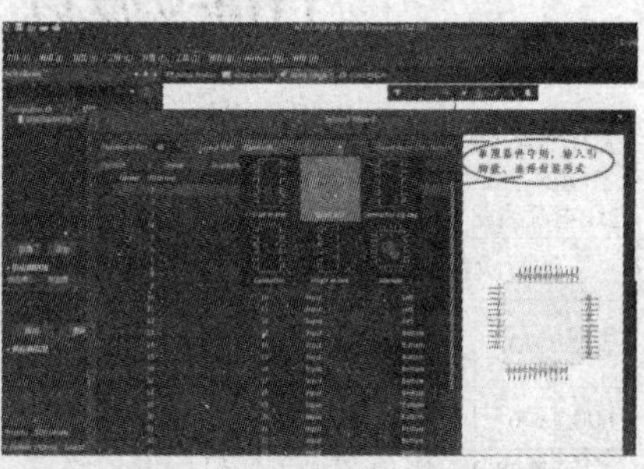

4.修改引脚定义参照器件守册引脚定义，在导航页面中器件的"Display Name"中逐个修改相应引脚的功能定义。

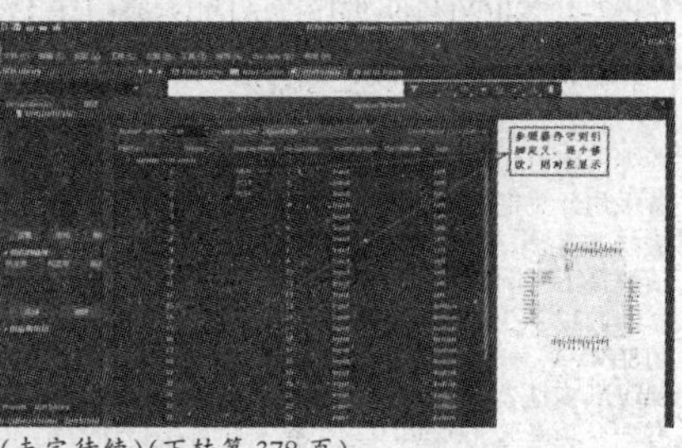

(未完待续)(下转第378页)

◇西南科技大学城市学院 刘光乾

户户通维修用M系列小板烧录方法简介

在维修户户通接收机过程中，经常会碰到定位模块异常故障或接收地周围2G基站关闭导致位置改变而无法正常收看。遇到此类故障时广大维修人员通常用M系列小板来代替原模块工作，不过常用的M3小板(适用于第二、三、四代模块签名)和M5小板(适用于五代模块签名)在写入串号、版本号和位置基站信息时需要联网输入授权码才能进一步操作，另外M3也不能当M5使用(反之也不行)，这样操作起来很不方便，近段时间有人将M系列小板相关资料放到了网上，这样我们就可以把联网版M系列小板改成单机版，或者把M3改成M5(当然反之也可以，硬件相同或类似的M0、M1或M2之类小板也完全可以)。

M系列小板主要由北京兆易创新公司生产的GD32F1308P6单片机(MCU)组成，该单片机是基于ARM Cortex-M3内核的32位通用MCU产品，主频为48MHz，片内闪存为64K，SRAM为8K，供电范围为2.6V-3.6V，内核供电电压为1.2V，I/O口可承受5V电平，内嵌实时时钟(RTC)和2个看门狗，具有掉电复位、上电复位及电压监测功能等，两种封装形式的引脚功能见图1所示。

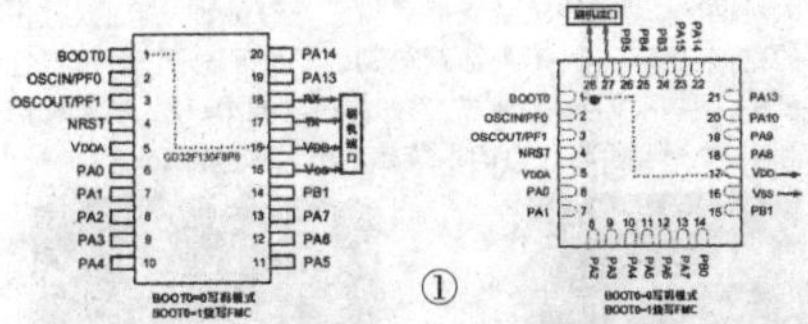
①

M系列小板实质上就是模拟位置锁定模块向主芯片发送相关信息(M0、M1或M2则是向模块发送数据，再由模块把相关数据传给主芯片)，因不同的户户通接收机其内部位置锁定模块具有不同的版本号、串号以及使用者不同的地理位置信息，所以使用M系列小板之前都要写入这些信息。M系列小板硬件电路基本一样，区别在于内部ROM烧录的软件不同，所以我们只要将相应的软件烧录到GD32F1308P6单片机ROM内即可。现在网上可以下载到的到资料包主要包括：GigaDevice MCU ISP Programmer.exe(在线烧录程序)、M3模块模式.hex、M3小板模式.hex、M5模块模式.hex和M5小板模式.hex五个文件，四个16进制hex文件大小均是180K。具体操作方法为：将GD32F1308P6单片机第1脚(boot0)与Vcc相连(即将boot0设置为高电平)，如图2所示，使单片机进入ISP在线编程模式，用常见的431或340刷机小板将M系列小板与电脑连接，接线顺序跟写基站时一样，如图3所示，双击运行GigaDevice MCU ISP Programmer软件，如图4的示，要注意COM口是否正确，若正常则直接点击“next”进入下一步，如图5所示，此界面是“读保护”提示，意思是说该单片机已经执行了读保护操作，可以点击“Remove Protection”去除保护功能，不过ROM内数据将全部丢失，因为我们要将新的HEX写入，所以要点击“Remove Protection”按钮以清除内部数据，待提示读保护成功清除后，再点击“next”按钮会弹出单片机型号对话框(若无法识别型号在下拉列表中手动选择即可)，如图6所示，继续点击“next”按钮便会弹出如图7所示的对话框，主要包括擦除闪存、从闪存下载和上传以及配置选项字节操作：选项“all”可以擦除所有闪存，选项“page selection”可以擦除用户挑选出来的；选项“Download to Device”允许用户将bin或hex文件下载到单片机；选项“Upload from Device”允许用户从单片机读取数据并保存为bin或hex文件，对单片机执行了写保护来说没有什么意义，因为读出来的全是F；选项“Enable/Disable Flash Protection”允许用户设置/删除读保护或写保护；“Edit Option Bytes”允许用户配置选项字节，因此项操作我们用不上，所以这里不再作具体介绍。由于我们要将HEX文件烧入到单片机，所以选择“Download to Device”项，再点击“Open”定位到之前HEX对应的文件位置，最后单击“next”按钮就进行烧录操作了，如图8所示，待进度条走完后点击“Cancel”按钮结束烧录操作，如果不想让他人读出单片机内程序可返回一步再执行一下读写保护即可。

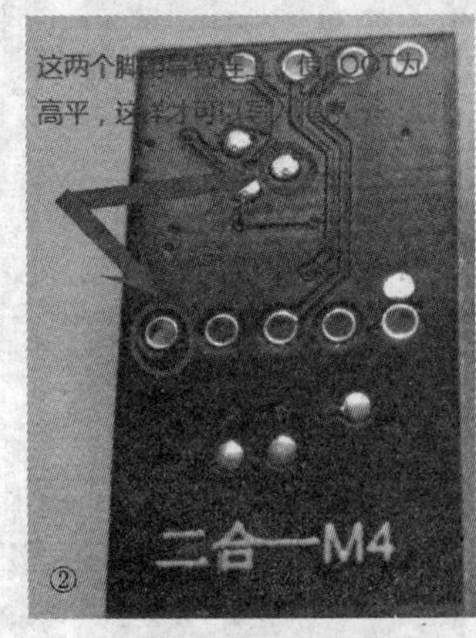

②

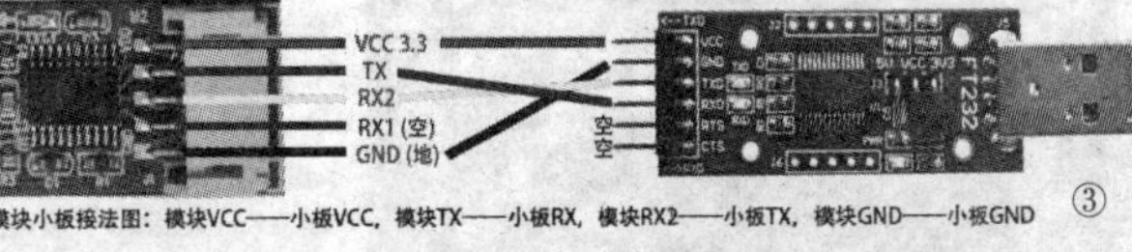

模块小板接法图：模块VCC——小板VCC，模块TX——小板RX，模块RX2——小板TX，模块GND——小板GND ③

◇安徽 陈晓军

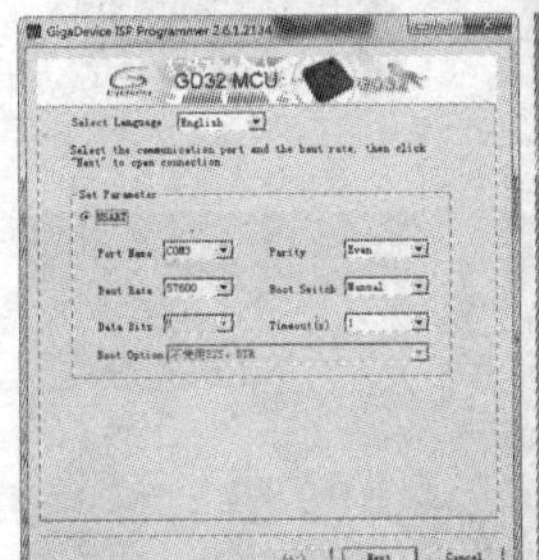
④

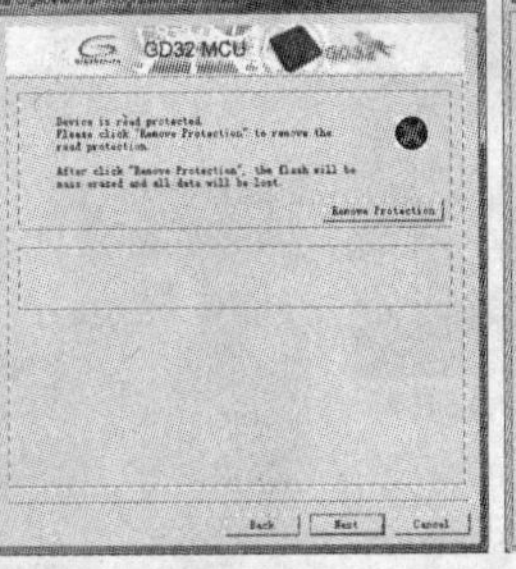
⑤

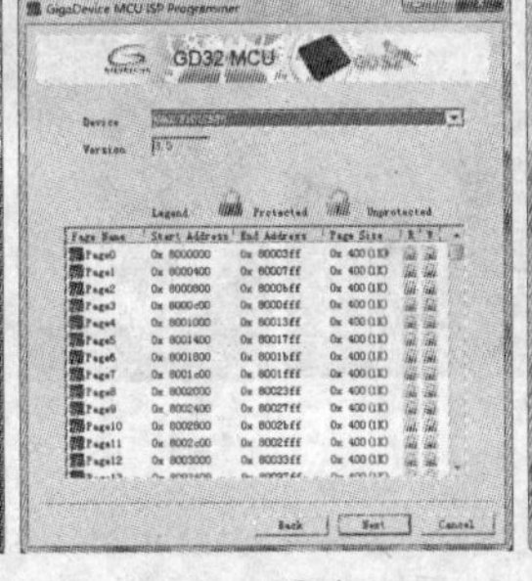
⑥

⑦

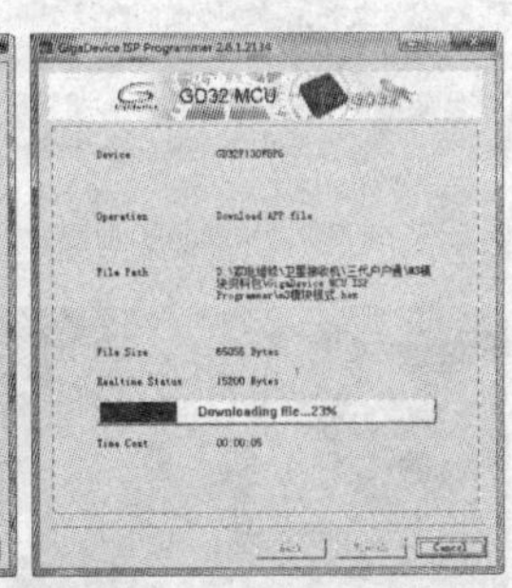
⑧

围观：广电提前60秒预警地震(一)

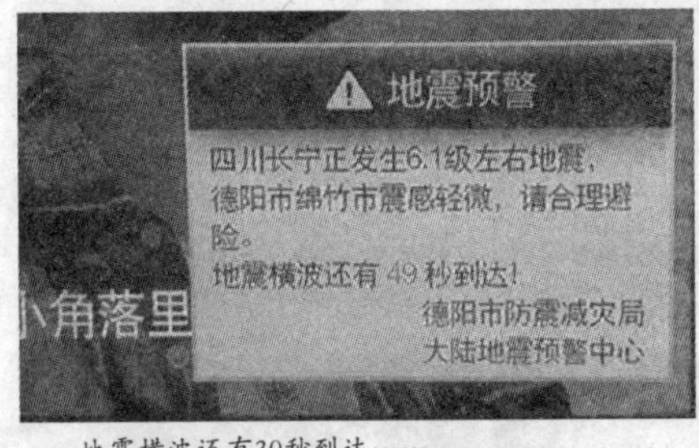

地震横波还有30秒到达……
地震横波还有20秒到达……
地震横波还有10秒到达……
地震横波已到达

地震预警
四川长宁正发生6.1级左右地震，雅安市雨城区震感轻微，请合理避险。
地震横波还有25秒到达!
雅安市防震减灾局
成都高新减灾研究所

中国地震台网测定，6月17日22时55分在四川省宜宾市长宁县(北纬28.34度，东经104.90度)发生6.0级地震，震源深度16千米。四川、重庆、云南多地震感比较强烈。灾区有房屋倒塌严重损坏，人员被埋。

地震发生第一时间，由成都高新减灾研究所与四川广电网络共同建立的大陆地震预警网，提前10秒向宜宾预警，提前61秒向成都预警。在宜宾长宁地震预警中，一条条电视屏幕右下角的倒计时消息，获得了大众广泛的关注。

预警系统为何能抢到这黄金10秒、31秒、61秒？

从技术原理出发，电波的传播速度是每秒30万千米，地震波的传播速度是每秒3.5千米，本次地震预警是利用电波比地震波快的原理。具体而言就是地震发生后，会产生地震波，地震预警仪探测到地震波后，会以电波的形式传到提前放置的探头中，当危险强度到了一定阈值，探头就会将电信号传到广电系统的适配器中，适配器会把信息转变成预警文字、图片等，在各终端播放出去。

不仅是长宁地震，在四川最近发生的数次地震中，四川广电网络的电视地震预警信息服务已发挥了应急预警作用，预警了宜宾兴文5.7级、珙县5.3级地震，自贡荣县4.7级、雅安芦山4.5级地震，为群众提供了几秒至几十秒不等的避险时间。

地震预警需要秒级响应，而广电网络电视具备延迟短、覆盖面广等特点，成为了传递地震预警信息的理想方式。

在地震发生后，四川应急广播平台立即启动应急预案，按照预案要求制作宜宾市地震信息及地震避难科普信息16条，并下发至全省应急广播平台，重点播报到宜宾市属高县、兴文县、南溪区、珙县、筠连县、屏山县6个已建设完成使用的应急广播平台。通过广播“村村响”及时播发给老百姓，做好地震发生时的紧急避险、防范避难等科普工作，让群众掌握更多的应急避险知识。

在灾情中心地域，宜宾市及其所属县应急广播系统也及时启动应急广播预案，全市所有县级应急广播平台、“村村响”、“户户通”、地面数字电视大部分运行畅通，保证了县委、县政府抗震救灾的声音及时传到广大老百姓面前……

(未完待续)(下转第379页)

◇四川 艾克

超以象外的音乐舞台

——来自德国reproducer Epic5监听喇叭赏析

宛如初见 一槌定音

我个人比较喜欢Epic5的外形设计，采用切割的轮廓，偏暖的色调稳重、内敛，协调的时尚感和声学理念体现在诸多细节，具有极为鲜明的结构和流畅的线条，最大的亮点莫过于安置于箱体内隐藏的技术，而单边独立有源提供的充足功率，令还原的音乐积体充满线条和动感。工艺精细，稍微吝啬的尺寸令外形感觉更为统一，中控的音量调节操作便捷，外饰处理一如既往的精细，平心而论这些点缀堪称画龙点睛之笔。

部分欣赏的参考唱片软件

关于Epic5，德国、日本、以及内地的"中国电子报"、"高保真"等多家专业媒体有撰文介绍。由此，技术上的重复我就惜墨如金了。其实在没拿到Epic5之前，就知道此喇叭在德国、日本、韩国的销量很有市场的认知度，近期进入中国大陆亦受到多家录音室和专业人士享用，获得非常不俗的口碑。今天，在与Epic5相处的这些日子，经过三天长时间"煲"之恋，Epic5箱体逐渐得到释放，像抽丝般拨云见月，露出芳容笑貌颜，借此，我把所听所悟整理成文与大家分享……

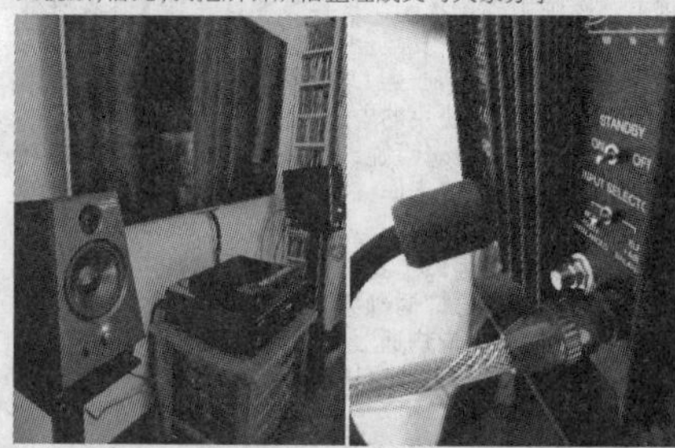

15平方的书房充满音乐的包围感　　好马配好鞍！好的接线遇强则强

腹有诗书气自华

打开铝合金材质的包装箱，迫不及待接上JIB的平衡线，音源是日本原装的先锋X88，此播放器有平衡端子输出，虽主打蓝光影碟，但独立的音频电路设计，播放SACD、CD品质绝对一流。先播一段于建兵录音的'无词剧，条分缕析的敲鼓营造的音画令我目瞪口呆，完好的形态结像关系，三个频段天衣无缝的衔接，特别是运用单边放大设计，张弛有度的推动功率，有条不紊的张力令Epic5生龙活泼。当天还演示另外一首老友杨四平录制的古琴''春晓吟''，琴台渗透传递出来的色彩丰富，高处不姓寒的气质扑面而来。由此可见，Epic5软硬兼施的风格一览无余。以我多年HiFi的经验，想一睹Epic5庐山真面目还为时过早，毕竟新开箱必"煲"些时日。连续播放不同风格的音乐不到二十个小时，发现音色越来越有韵味，特别是弦乐，施耐德汉演奏的莫扎特第五小提琴协奏曲，琴腔渗透传递的节奏，尤如水彩画在水的调和下，透过层次，颜色不断覆盖所产生效果，令音画变化多姿。龚玥的《花非花》单曲。整个音乐场面有种细腻、触动心灵的气息，感觉到歌者唱腔的细微变化，我非常喜欢那种真实还原的味道，把龚玥唱腔的发声自然地融合在一起。这是最明显的亮点。我认为Epic5在细节上能够把情感内涵挖掘出来，无需过多的装饰，却有一种慑人心魄的魅力。接着，放入《The Magic Bow》(魔弓)中的《流浪者之歌》。这段萨拉萨蒂的《流浪者之歌》，旋律回肠荡气的伤感色彩在小提琴技巧交织出来的绚烂令人心旷神怡。在听到管弦乐伴奏部分，强而有力的齐奏既轻松又真实，乐器部分布清晰明确，让我再次对眼前的Epic5的真实价值有了更多一层的认识。

原配的脚钉剑指乾坤，二两博千斤

先锋X88播放器与Epic5相得益彰

一般而言，能歌善舞未必经得起惊涛骇浪，接下来进入测试的重点，是香港唱片一听钟情K2 HD第一首SYMPHONICDANCES。2分多钟的铜管齐奏电闪雷鸣，我感觉播放大场面低频震撼感Epic5亦能够还原庞大的空间，爆棚大动态提供连绵不断的量感，特别是定音大鼓的连续敲击，Epic5始终保持稳定的场面，带着一股王气，非常沉稳，有着无比的雍容。尤如一套超凡的高级器材，提供的细节表现力和瞬间响应能力都很出色。对付大动态的音画，仍能够保持非常纯净的背景和平衡的声音，它的质感艳丽一尘不染，高音空灵飘逸又光滑细腻，中音质感绵密又富有人性，低频量感充沛沉实有力，因此，能够带来开阔与深度层次的音乐场面。

箱底安置了一个6.5寸的被动式低音喇叭

后记：这次欣赏的场景是在我的书房进行的，虽然空间不大，但15平方作为一般听音环境已属中规中矩。我认为欣赏流行音乐、民乐、弦乐的时候，音量11点的位置足矣。Epic5的动感变化是灵动的，概括而言，欣赏纯音乐风情万千，而面对大场面、大动态的录音重播保持著一份优雅从容，鼓敲击声的密度有条不紊，不失活跃热闹的场面十分逼真，瞬变速度极快，频响延伸开阔。收放自如的控制能力，使人的听感倍感舒服，令一套价格过万的系统显示出大家风范。

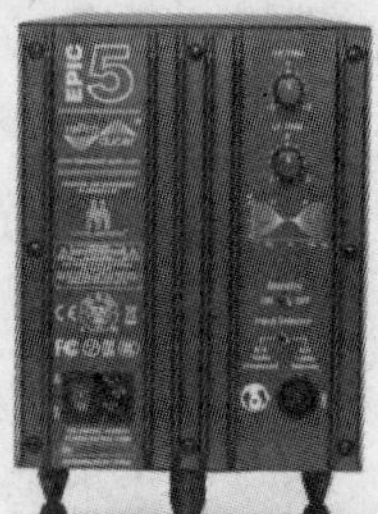

背部设置模拟、平衡输出信号端子，并有高低音调节旋钮，同时独立的功率D类75瓦放大，提供饱满的还原能力

本文作者与reproducer Epic5监听喇叭德国设计师

◇张丹

百度智能AI语音——鸿鹄芯片

在7月3日举行的百度AI开发者大会2019上，百度正式公布了鸿鹄芯片，这是一款由百度飞桨与华为麒麟深度合作推出的远场语音交互芯片。

鸿鹄芯片使用的是HiFi自定义指令集，双核DSP核心，平均功耗为100mW。该芯片将被应用在车载语音交互、智能家居等场景中。

同时百度输入法(语音)也有新的突破，大会现场也展示了百度输入法语音中英混输的技术效果。

由百度语音技术部总监高亮用口语说了一段如下的中英文混搭的长句："Hello Everyone，中英混合说是我们的everyday work，Explore技术的depth和scope是我们的responsibility……"

结果是，通过百度输入法，句子中的英文和中文都被准确地识别了出来，而且过程还是很流畅的。

据悉，这次的技术进度很大程度上得益于百度大脑5.0的升级。凭借百度大脑的截断注意力模型，语音识别速度得以大幅提升，准确率也提高了最大20%。

此次正式公布的百度大脑5.0是一个全面为开发者服务的AI技术平台，目前为止已经向开发者开放了超过200项功能。

2019年7月14日出版 实用性 启发性 资料性 信息性

第28期 国内统一刊号:CN51-0091 定价:1.50元 邮局订阅代号:61-75

地址:(610041)成都市武侯区一环路南三段24号节能大厦4楼 网址:http://www.netdzb.com

(总第2017期) 让每篇文章都对读者有用

从"垃圾分类"说起

自上海出台法规实行强制垃圾分类后，北京、深圳等各地的垃圾分类立法工作也提上日程，公众进入了前所未有的垃圾分类大讨论。其中最大困惑当属干湿垃圾分类，而厨房垃圾往往是干湿混合，实施起来非常麻烦。因此网上也多了很多有关垃圾分类的段子："一杯奶茶喝完该如何丢掉?""大骨头是干垃圾，小碎骨是什么垃圾?""整个小龙虾是什么垃圾?剥下的壳该扔进哪个垃圾桶?还用龙虾肉、龙虾黄怎么办呢?"

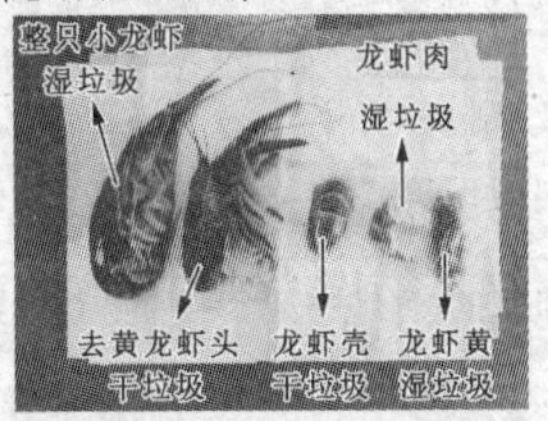

网传恶搞的小龙虾垃圾分类图

在垃圾分类中，"干湿垃圾"并不是真正的干湿垃圾。干湿垃圾并不是根据含水量来区分的。湿垃圾是指容易滋生细菌的生活废弃物(尤其是厨房食用后的垃圾)，而干垃圾是指不能放入另外三个类别的其他废弃物。而像大骨头等这种质地硬不容易被腐蚀和器械分解掉，所以成了干垃圾。

还有一个"定时定点"问题，垃圾回收站规定早上7~9点，晚上6~8点。先不讨论是否合理，对于上班族，特别是家里没有老年人的情况下，干垃圾还可以保存一段时间，要在规定的时间段内丢弃"湿垃圾"确实是一件头疼的事。

设计以人为本，这里给大家介绍一下"厨房垃圾处理器"，主要就是针对最容易产生"湿垃圾"的厨房垃圾的一种粉粹研磨器。它能将厨余垃圾研磨成非常细小的颗粒，然后经过水龙头的冲洗，将垃圾顺利排入下水管道。

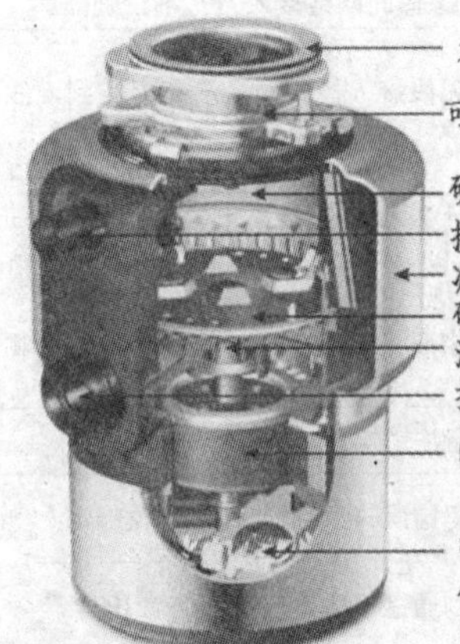

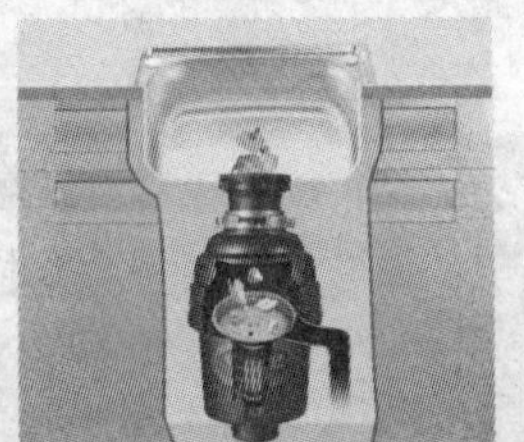

这种粉碎研磨器由防腐研磨腔、全不锈钢研磨锤、全不锈钢研磨盘等构成,其工作原理就是利用内部的电机带动转盘对食物进行打碎和研磨。一般像剩菜、剩饭、菜叶、果皮、鱼刺、菜梗、蛋壳、茶渣，甚至是小型骨头等常见的厨房垃圾都可以通过粉碎研磨器在极短的时间内将食物垃圾研磨成细小颗粒（直径小于4毫米)排出下水道。

1. 将食材级垃圾打碎

2. 研磨器进行充分研磨

3. 全方位进行研磨

4. 研磨成细小颗粒后冲入下水道

研磨器工作流程

与破壁机不一样的是，粉碎研磨器采用的是无刀片设计，利用高速旋转的锤片将食物研磨成细小的颗粒，因此锤片的磨损寿命大大提高了，正常情况下普通家庭一般使用年限都在8~15年左右，并且垃圾处理器十分经济节能，平均每月耗电不到两度。

高速锤片

除了塑料食品袋、头发、金属碎片、玻璃和大型骨头外，其余的厨房食品垃圾都可以一股脑儿丢进去粉碎即可。步骤也非常简单明了：打开水龙头→按动电源开关以启动处理器→将食物垃圾投入处理器→让处理器和自来水继续工作数秒钟→关闭处理器开关和水龙头。

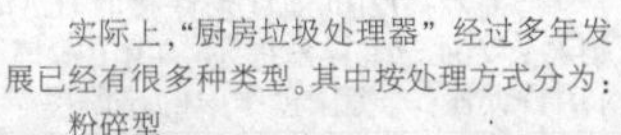

实际上，"厨房垃圾处理器"经过多年发展已经有很多种类型。其中按处理方式分为：

粉碎型

将食物垃圾经过研磨，粉碎后与水混合成液态状直接冲入下水道。

甩干型

将食物垃圾水分与固态物质分离后从水盆下水排走水分，留下固态物质压缩成块状方便保存及处理，这种类型一般安装在餐厅或者食堂的厨房里。

研磨型

将食物垃圾鸡骨、鱼骨、其他小骨研磨成粉，经水冲入下水管道。

按电机类型分为：

直流型

转速较高，(2000~4000转/分)一般来说效率及扭力要大于交流型的，但某些情况下噪音也会稍大。

交流型

制造成本低，使用可靠，转速在1500转/分以下。

当然各类型，各品牌最终的研磨效果也不一样，有的是粉末状，有的是小颗粒状，因此不能完全说有了"厨房垃圾处理器"就不需要考虑下水道的问题了，消费者同样也要根据最终颗粒效果在选购进行甄别，特别是老旧一点的小区还是要考虑到下水道的问题。

以排骨肉渣+排骨为例
各品牌最后的研磨效果也不一样

有人担心"厨房垃圾处理器"将垃圾通过下水道进入城市污水处理系统；恰恰相反，食物残渣增加了污水中易腐性有机物的含量，有利于污水处理厂的生化工艺。

早在1927年，美国就发明出了"食物垃圾处理器"；甚至在密西安那州底特律市规定：从1956年1月1日以后修建的，凡设计、安装使用会导致食物垃圾产生的城市建筑物，都必须配备预先认可的食物垃圾处理设备，如果使用了未配备此种设备的建筑物将构成违法；这一机器在美国家庭的普及率达到95%以上。

而作为13亿人口的大国，我国在垃圾分类及处理上，虽然口号上喊了多少年，但真正制定相关的法律法规并实施是最近才开始的事，2017年3月，国家发改委、住建部发布《生活垃圾分类制度实施方案》，要求在全国46个城市先行实施生活垃圾强制分类。

46个城市包括：

北京、天津、上海、重庆、石家庄、邯郸、太原、呼和浩特、沈阳、大连、长春、哈尔滨、南京、苏州、杭州、宁波、合肥、铜陵、福州、厦门、南昌、宜春、郑州、济南、泰安、青岛、武汉、宜昌、长沙、广州、深圳、南宁、海口、成都、广元、德阳、贵阳、昆明、拉萨、日喀则、西安、咸阳、兰州、西宁、银川、乌鲁木齐。

到2020年底，先行先试的46个重点城市，要基本建成垃圾分类处理系统；其他地级城市实现公共机构生活垃圾分类全覆盖。到2022年，各地级城市至少有1个区实现生活垃圾分类全覆盖。2025年前，全国地级及以上城市要基本建成垃圾分类处理系统。

(本文原载第29期11版)

电信IPTV常见故障排除方法与检修实例(二)

(紧接第362页)

表2 华为机顶盒错误代码对应表

错误代码	提示信息	故障原因	解决方法
10000	非常抱歉,机顶盒网络连接失败。	(1)网络故障;(2)光猫和机顶盒连接不良;(3)光猫和机顶盒本身不良。	(1)检查上网是否正常;(2)检查光猫和机顶盒连接的网线、水晶头;(3)重启光猫和机顶盒。
10021/10023	机顶盒网络帐号拨号失败,网络连接失败!请按以下步骤检查:(1)请尝试断电重启机顶盒重新拨号;(2)请尝试断电重启modem重新拨号;(3)请尝试检查机顶盒、modem和分离器之间网线是否连接正常;(4)若按以上操作,问题仍未解决,请拨打10000客户服务热线进行咨询。	(1)宽带故障;(2)机顶盒故障;(3)IPTV帐号密码无或错误。	首先排除宽带的原因,宽带正常后再重新启动机顶盒检查,如果故障不能排除,再进入设置检查IPTV帐号密码是否正确。进入设置和保存退出的密码一般是"10000"。
10071	页面访问超时无响应。	(1)线路故障:网络、网线、水晶头不良,误码率高;(2)账号未激活或激活失败;(3)IPTV账号没有输入;(4)选择的网络接入方式不正确。	(1)检查网络是否正常连接;(2)检查机顶盒设置中的IPTV账号、接入方式等;(3)如上述检查正常,重启机顶盒即可。
10091	非常抱歉,无线网卡加载失败!请检查无线网卡是否连接正常,稍后再试一次,如果仍然失败,请拨打客户服务热线进行咨询。	用户选择无线接入模式,又没有检测到无线网卡。	关闭无线接入模式即可,方法是:按机顶盒遥控器"设置"→"扩展功能设置"→"无线设置"关闭无线开关。
30002	暂无EPG。	一般是由于电视机连接了电信的IPTV机顶盒以后,机顶盒检测到当前输入的账号不合法,不属于规范的账号。	检查机顶盒设置中的IPTV账号是否正确,应该完整填入电信提供的专属账号,即账号包括前面的tv和后面的@itv。
30005	您的帐号不存在或用户帐号/密码错误。	(1)帐号或密码不正确;(2)帐号在IPTV平台侧不存在。	输入正确的IPTV账号和密码,核实账号是否为新装还没有完工。
30006	IPTV业务停用。	回单时进行注销操作。	通过10000或营业核实。
30007	机顶盒验证失败。	帐号或密码错误,账号被其他机顶盒绑定。	核实IPTV账号和密码;账号如有绑定,将其解绑即可。
30049	请用组播方式登录。	系统检测到通过单播方式使用电信IPTV。	将光猫与机顶盒的连接方式改为组播连接或重新启动机顶盒即可。

表3 烽火机顶盒错误代码对应表

错误代码	提示信息	故障原因	解决方法
0025	机顶盒认证失败。	(1)机顶盒内存被某个程序占用,导致机顶盒报错提示。(2)机顶盒条件接收(CA)模块对节目授权的一些异常提示。(3)传输信号异常或用户误操作,机顶盒作出的错误提示。	一般重启机顶盒,让其重新加载即可解决。
10000	机顶盒连接网络失败。	(1)无网络;(2)连接IPTV机顶盒的网线、水晶头不良;(3)机顶盒本身原因。	(1)检查IPTV网线是否正常连接;(2)尝试关、开机顶盒重启;(3)如经上述检查故障不能排除,请拨打10000客户服务热线报修。
10021	机顶盒网络拨号失败,机顶盒连接网络失败。	(1)网络故障;(2)连接IPTV机顶盒的网线、水晶头不良;(3)IPTV账号绑定;(4)光猫数据出错	(1)检查能否正常上网,如正常,尝试关、开机顶盒重启;(2)检查机顶盒和光猫之间连接的网线是否正常;(3)解绑IPTV账号;(4)检查IPTV网线是否插在光猫的IPTV口,如是,给光猫重新下发配置数据即可。
30022	账号欠费。	(1)IPTV对应的宽带账号欠费;(2)机顶盒、光猫等故障。	(1)检查账号是否欠费;(2)账号无欠费,重启光猫和机顶盒。
30071	页面访问超时无响应。	(1)网络未连接;(2)宽带IP地址不在范围内;(3)业务帐号和机顶盒不匹配。	(1)检查PPPOE或IPOE的帐号、密码是否正确;(2)检查获取的IP地址是否在业务范围内;(3)检查机顶盒的MAC地址是否匹配,如不匹配解绑MAC地址即可。

相关知识延伸

条件接收(CA):它是为数字电视运营提供的一种必要的技术手段,指拥有授权收看的用户能合法地使用某种业务,而未经授权的用户就不能使用。

PPPOE和IPOE的差异:(1)在静态IP的方式上PPPOE相比IPOE,只是多了一个获得IP的过程,一旦获得了IP以后,就和静态IP一样了。(2)在认证方式上PPPOE就是要先认证,只有帐户密码正确以后才分配一个有效的IP。IPOE无需认证,但是要等DHCP的服务器随机从所有能上网的IP里面分配。(3)PPPOE由通道和PPP会话组成,而IPOE由客户端、宽带网络网关控制设备、业务控制系统组成。

MAC地址:MAC是英文Media Access Control Address的缩写,直译为媒体访问控制地址,也称为局域网地址(LAN Address),以太网地址(Ethernet Address)或物理地址(Physical Address),它是一个用来确认网上设备位置的地址。

二、电信IPTV故障检修实例

例1、电视机无图像无声音

分析与检修:根据用户反映,结合电路原理,这种情况不外乎电视机处于待机状态,机顶盒断电或电源未打开,机顶盒到电视机的HDMI高清线或AV视频线未连接或不良,电视机信号源选择错误等几种情况。当然,如果电视机、机顶盒本身不良也会产生这种故障。首先直观检查,发现机顶盒电源指示灯亮绿色,电视机处于开机状态;检查机顶盒到电视机的连接线(DHMI线)也无明显异常。关、开机顶盒和电视机重启,故障现象不变;本着先简后繁的检修原则,用好的机顶盒代换试机,发现故障现象消失,说明故障在机顶盒。拆开型号是烽火HG680-T的故障机顶盒,检查相关电路,发现图1所示的主控及主时钟电路没有主时钟信号,这种情况多见时钟晶体X1(F。C28.800)存在虚焊或不良,但该机补焊和更换时钟晶体X1无效。结合原理,怀疑主控芯片(海思3798M)存在虚焊或不良,小心用热风枪将其补焊后试机,一切正常,故障排除。

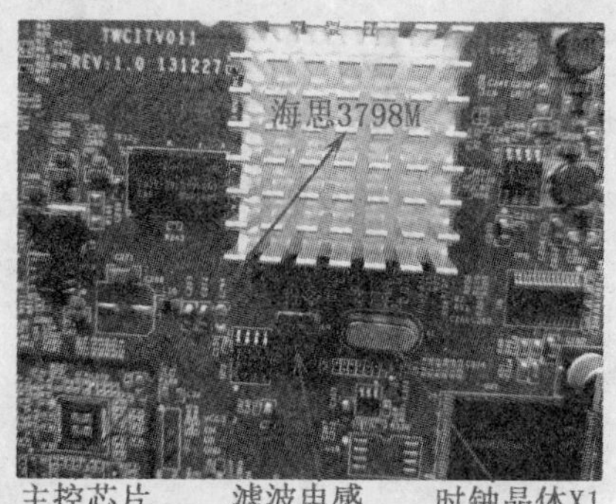

图1 烽火HG680-T机顶盒主控相关电路实物图

(未完待续)(下转第382页)

◇浙江 周立云

给IBM/ThinkPad X40笔记本电脑替换主板电池

IBM/ThinkPad X40笔记本电脑配置为：12寸的4：3普屏，整机重量1.24公斤，平均1.5厘米的厚度。该机曾经是IBM经典机的代表，是当时笔记本电脑中最为轻薄的机型，它让IBM笔记本带来最大的移动性，达到了前所未有的便携性。

X40机型虽然是2004年的产品，距今已有15年了，但其可靠的质量，被用户推为高品质的象征。曾经是五千元的高档机型，但是现在网上二手市场上几百元即可买到，如果仅用作休闲时上上网，仍然非常不错。

X40笔记本电脑内部结构紧凑，装配科学合理，但其拆卸维修，通常要专业人员才行，如果没有丰富的经验和专用的工具，很容易弄巧成拙，不容易安装还原，甚至于造成不可挽回的损失。

我们知道电脑主板上的CMOS电池非常重要，如果BIOS主板闲置没电了，它就无法保存时间及主板参数等信息，个别机型甚至常常报错，无法开机。IBM/ThinkPad X40笔记本电脑如果CMOS电池失效，虽然可以开机，但每次开机中途都会有警告，必须在BIOS中重新设置当前的准确时间，系统才会继续运行。

IBM/ThinkPad X40笔记本电脑主板的CMOS电池和台式机一样，采用的是5分硬币大小的锂离子电池，其规格是CR 2025，电压为3V，用市场上常见的CMOS电池就可替换，当然买贵点的其电力续航时间应该更长久。但凡笔记本电脑换这小玩意，电脑城每次收费要百元左右，这是需要耐心及时间和技术的，不能说人家收费暴利!

X40如何替换CMOS电池呢？我们非专业人员可不可以自已换呢？答案是完全可以，它归咎于IBM的人性化设置，换CMOS电池就是让使用者自已动手替换而设计的。

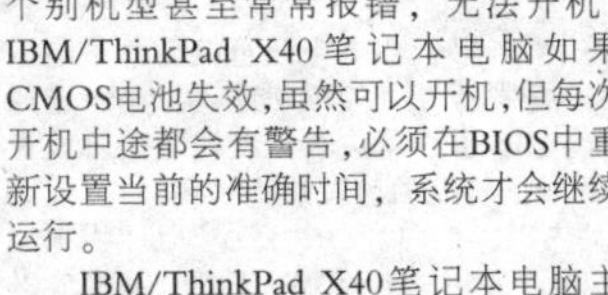

当把X40笔记本翻过来，可以看到背面有很多标识及螺孔，其间有6个螺丝孔(如图1所示)，机壳上清楚地印有小键盘图标，用合适的起子把这6个螺丝孔中的螺钉取出来，再翻过笔记本，用薄刃轻撬键盘，就可发现X40笔记本键盘很松动了，用点巧劲就可以拿起来，注意不要用力去扯键盘的功能铜箔排线，只要把键盘靠屏立起来操作，主板就差不多全部暴露了，其CMOS电池就是键盘右边那个印有参数的黄色物体(如图2所示)。

X40主板CMOS电池不象很多机型设计成电池座结构，它的正负两极是由两个不锈钢片点焊在电池上，再以黄色绝缘纸包裹粘贴在主板上，引正负极双线以插座形式和主板相接。替换时，拔出插座连线，切开黄色绝缘包装，小心地把正负极钢片与电池脱离（这时可用数字万用表测量，锂电池电压几乎是零或只有零点几伏，表明早已电力失效了，因为主板BIOS电池低于1.8V时，时间信息等参数就将无法保存)。接着，把新的3V锂电池摆放在正负两极的不锈钢片之内，红色线是接触锂电池的正极，千万别弄错，准确无误后用透明胶带缠绕一圈，别求牢固缠绕几圈，因为太厚可能装不下呢!

把透明胶固定包好的新主板CMOS电池，小心地粘贴在原位置（如图3所示)，插回电池排线，插头插入到位就行。键盘和主板因为有6个螺钉压紧，因此无须担心电池接触不良问题，只要注意别使电池正负极短路即可，接着就可以恢复安装X40笔记本键盘了。

安装键盘时一定要6个螺丝孔完全对准，否则螺钉无法装正，影响键盘平整美观还是小事，就怕损坏其它结构件，其实只要细心点，完全可以装好键盘。

完成电池安装后，即可通电试机，将BIOS主板系统及时间等参数重新设置后，再次关机断电重新开机，这时发现IBM X40笔记本电脑很顺畅地出现桌面图标，再也不用每次开机需重新设置时间等参数了。

◇江西 易建勇

做好无人机航拍摄影前的“功课”(一)

无人机航拍摄影指的是以无人驾驶飞行器作为空中平台，通过机载遥感设备(如高分辨率的CCD数码相机)进行图像和视频的拍摄，最终借助于计算机对图像影像信息进行处理和存储。不过，对于大多数的工薪层“飞手”(无人机飞行爱好者)而言，目前几千元的单架无人机价位仍是较高的，初学者必须做好航拍摄影前的“功课”，以避免发生各种惨痛的“撞机”事故，顺利完成自己事先做好的航拍计划。在此以目前较为流行的大疆DJI精灵PHANTOM 3 Standard无人机为例，与大家共享八则无人机航拍摄影前的准备工作及相关注意事项。

一、分清并关注飞行器的“机头”朝向

作为一款经典的一体化四轴飞行器，大疆DJIPHANTOM 3飞行器动力转换设备是由呈十字状交叉分布的四个电机组成的，代表“机头”朝向的前方两机臂(设计有单独的凹槽)上分别贴有两道醒目的红色反光贴纸，下方则是机头的LED指示灯（电机启动时红灯常亮以指示飞行器的机头方向)，便于“飞手”从地面仰视分辨飞行器的机头方向。机头的定位方向尤为重要，不管是对于飞行器的空间飞行或是航拍取景朝向，都是最为关键的基准，“飞手”必须要时刻注意机头方位以便及时做出飞行方向的正确调整动作。

二、正确安装好螺旋桨

大疆DJIPHANTOM 3无人机的螺旋桨包括两组(共四支)：一组为两支黑桨帽的螺旋桨，顺时针旋转；另一组为两支银色桨帽的螺旋桨，逆时针旋转。在首次安装或每次飞行前，我们都应该仔细检查一下四支螺旋桨有无损坏，损坏的螺旋桨的平衡性会受到影响，无人机将无法发挥最佳性能甚至发生各种意外，若损坏的话务必要及时更换备用的新螺旋桨。安装螺旋桨时要特别注意：

正确放置好机头的朝向后，其右前方和左后方的两个电机(带有银色标记)是逆时针旋转的，应将两支银桨帽的螺旋桨安装至此——注意要顺时针旋转螺旋桨(上面均有旋转方向标记)，并手动稍用力将其旋紧；左前方和右后方的两个电机（带有黑色标记）是顺时针旋转的，应将黑桨帽的螺旋桨安装至此——注意要逆时针旋转螺旋桨，同样手动稍用力将其旋紧即可(如图1所示)。由于每支螺旋桨的安装方向是与对应电机的旋转方向相反的，因此电机在高速旋转时会将螺旋桨更加稳定地固定住，我们可参照螺旋桨上指示的方向方便地进行安装与拆解。

①

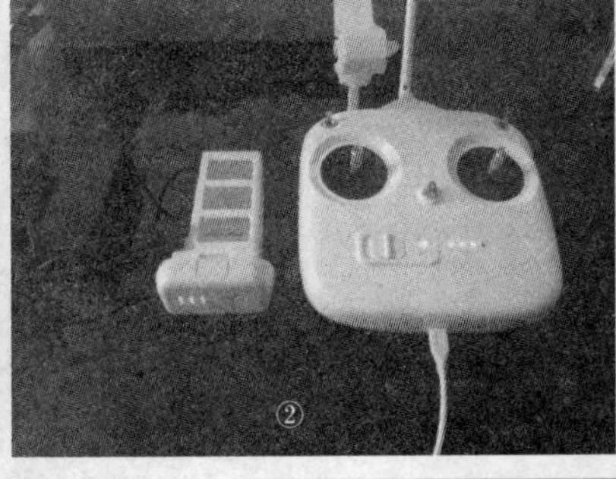

②

三、科学规范地使用和维护好电池

电池是无人机高空飞行及远程遥控的动力资源，飞行器和遥控器上均配有对应的充电电池。将遥控器上的电源开关向右拨，即可开启遥控器并查看遥控器当前电量，此时Power红色灯亮，右侧的四个绿灯则代表当前电池的蓄电量。飞行器的智能飞行电池位于机尾，类型为二次锂离子电池组，电池容量是4480mAh，只须轻按住电池顶部和底部的凸起纹路稍加用力即可缓慢取出。与遥控器类似，短按飞行器智能电池的圆形开关一次，即可查看当前电量(前端的LED灯显示)；短按圆形开关一次、再长按2秒，即可开启电池(再重复操作则可关闭电池)。

每次飞行之前，要确保飞行器和遥控器的电池电量都是充满的，而且在开始充电前务必要关闭智能飞行电池及遥控器电源。其中，飞行器的智能飞行电池在充电前要先打开充电器连线上的保护盖，将插头插入电池上的相应插孔后再将充电器与电源设备相连，此时指示电池电量的绿色LED灯会不停闪烁（表示电池正在充电中)；使用Micro USB连线为遥控器电池充电时，可将USB线与充电器配合使用，电量充满时，电源指示灯会从红色变为绿色(如图2所示)。另外，为了延长飞行器智能电池的使用寿命，在长时间放置、不进行飞行的情况下，建议将其放置于阴凉通风处并在电池中留有一定的“余电”(建议保持50%左右)，因为在默认情况下，智能飞行电池的电量在大于65%时若无任何操作，10天后就会启动自行放电操作以保护电池，且该自放电过程会持续两天左右，此时电池表面会有正常的轻微发热现象（无LED灯闪亮指示)。

四、谨慎选择合适的飞行场所及判断是否满足飞行的天气条件

无人机的起飞点和返航降落点必须要视野开阔，没有树木、电线及大型的金属构造建筑物（可能会干扰到飞行器的指南针)，而且要特别注意周围的人群密集度，建议尽量要远离人群(尤其是行为预判断性较弱的小孩子和各种宠物等)，防止飞行器与它物发生不必要的“撞机”事件。飞行器的飞行高度建议控制在120米以下，并且一定要避免飞到高大建筑物以及其它可能阻挡视线的物体背面，防止出现无法遥控的现象；同时，一定要注意不能在有高压线、通讯基站或发射塔等区域进行飞行，以免遥控器受到干扰而造成飞行器出现各种意外飞行事故；绝对不允许在机场等禁飞区或特殊飞行限制城市(如北京、新疆等)敏感地带限高区进行飞行!

同时，务必要谨慎选择飞行的天气条件——是否会影响到无人机的正常飞行，像大风、潮湿度高的雨雪(特别是带有雷电时）及能见度较低的雾霾等较为恶劣的自然天气，包括阳光酷热的大晴天或异常低温的冬季“晴好天气”(高温和低温都会严重影响到电池的正常使用)，都是无人机航拍摄影的禁忌，理想情况下应该选择微风晴朗、温度适宜的天气。

(未完待续)(下转第383页)

◇山东 牟晓东 牟奕炫

美的MY—GJ152型蒸汽挂烫机剖析与典型故障检修

美的MY—GJ152型蒸汽挂烫机的实物如图1所示，根据实物绘制的电路原理图如图2所示。

220V市电电压通过电源开关、过热熔断器、温度控制器、强弱控制开关AN(或MUR1660CT)为发热板供电，实现加热功能。

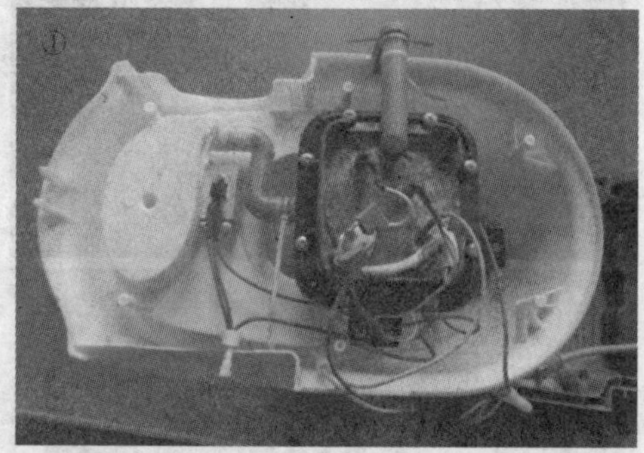

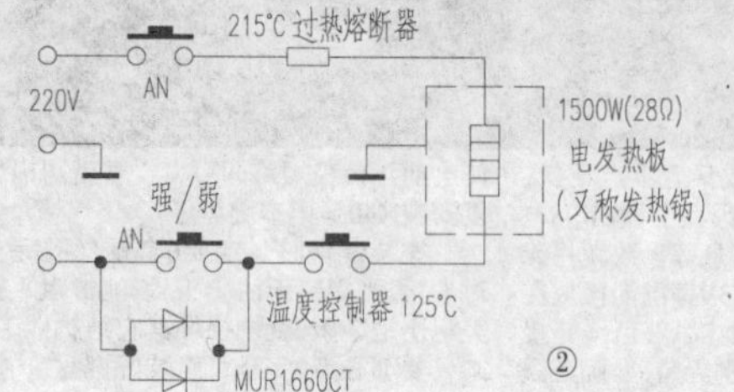

当使用强挡使开关AN接通时，市电电压直接为蒸汽电发热板(俗称发热锅)供电，它处于最大功率加热状态；当选择弱挡使AN断开时，市电电压通过大功率快恢复整流二极管MUR1660CT(16A/600V)半波整流后为发热锅供电，发热板处于半功率加热状态。发热锅发热后，利用“虹吸”原理将水罐内的水形成高温蒸汽，通过专用的蒸汽输出软管、手柄输送给喷嘴，由它喷出后对服装等物品进行熨烫。

发热锅的功率为1500W，阻值约为28Ω。125℃温度控制器将加热温度控制在125℃。215℃过热熔断器用于过热保护，当温控器触点粘连等原因导致加热温度超过215℃时，过热熔断器熔断，切断发热板的供电回路，以免发热板等元件过热损坏。

实际维修中发现，故障多为合金铝结构的发热锅氧化且严重锈蚀(见图3、图4)所致。该发热锅的所有固定螺丝较难拆卸，哪怕使用“清洁剂”润滑后也无法拆卸，只有整体更换才能排除故障。

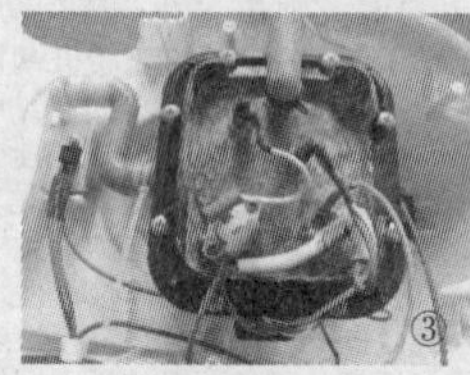

◇江西 高福光

壁挂式暖风机不开机故障检修1例

故障现象：一台壁挂式暖风机平时不拔电源，都是用遥控器控制开/关机、加热、定时进行操作。现在按遥控器开关键和本机面板上的开关键均无反应。

分析与检修：打开机器外壳，察看内部电路，发现该暖风机由风扇电机、摆风电机、PTC陶瓷加热器和2块电路板组成。其中一块电路板是控制板，上面有按键、显示屏和遥控接收器，控制机器开关、定时等功能；另一块电路板是电源板，上面有低压电源电路、2个继电器及其驱动电路。220V交流电压经变压器降压，二极管整流、电容滤波后产生的12V直流电压，分别给继电器驱动电路、出风口的摆风同步电机供电。因为故障是不开机，所以先检查电源板。用万用表电阻档检测变压器，发现变压器初级线圈阻值为无穷大，说明初级线圈开路。从电路板上拆下变压器，发现内部的2A/250V过热熔断器和初级线圈均开路，怀疑是机器长时间不断电造成的。

把12V维修电源接在原来变压器次级线圈的焊点上（不用区分正负极）。维修电源工作后，用遥控器能开机，并且定时、摆风功能都正常，再按加热键，2个控制加热器的继电器能正常的吸合，说明控制电路能正常工作。将原电源电路的变压器和滤波电容拆下不用，找一个输出是2A/12V的监控摄像头电源板，用来替换原来的变压器降压式直流电源电路。首先，将电源板交流输入端接在机器内部电源线两端；其次，将直流输出端的正、负极线焊接在原来滤波电容的正、负极上。最后用绝缘蜡管把新换的电源板固定在机器内部。检查无误后通电试机，一切正常，故障排除。

用户取机器时，嘱咐用户机器长时间不用时应拔掉电源插头。

◇辽宁 安家立

气动阀开阀就跳的故障处理

故障现象：厂房里一台桶式气动阀在运行人员进行操作为打开状态时（见图1），突然这个系统所有画面都变成灰色，而且所有气动阀画面上都显示一个红色的X。

分析与检修：通过故障现象分析，说明供给数据运行的传输系统出现跳电故障。首先，察看控制间供电机柜里的24V供电电路时，发现电源供电系统保护装置8F1的输出指示灯2由为红色（正常时为绿色）且不停的闪烁（见图2），说明24V电源的确异常。进行复位操作后，24V供电恢复正常，上位机显示系统所有画面数据也恢复了正常。为了验证问题的根源所在，将这个系统的其他气动阀操作了一遍都没有问题，唯独点动这个阀由关闭为开启状态时，故障会再次出现，那就确认这个阀门的信号反馈电路存在短路故障。

气动阀通常有2路供电，一路是控制气动阀开启和关闭气路的控制信号电源；另一路是气动阀在开、关状态下的位置反馈系统电源。实际上，这2路是互不干涉的独立供电系统。既然是开启气动阀反馈系统就失电，说明与控制系统没有关系，现场也确认这个电压始终正常。接下来就对这个阀本体上的接线盒（见图3）以及开、关状态的开关进行检查（见图4），确认接线正常后，分别测量一组常开、一组常闭这4根线的绝缘电阻在正常范围内，并且接线盒内的所有接线也都和图纸相符，没有发现掉线或接地现象。在没有找到实质性故障点的情况下，扣盖前再次操作这个阀看状态有无变化，结果开启正常了，没有再出现跳电的问题。无奈就只有整理接线盒内的接线，准备扣盖，结果发现其中一根线有一节的一半被压扁的痕迹，而且这一节就像被砸过的一样，线皮已破损，露出了芯线。仔细查看就是阀开信号的反馈线，将这一节剪掉后重新接线并整理捆绑好线后扣盖子，再次通电恢复正常。

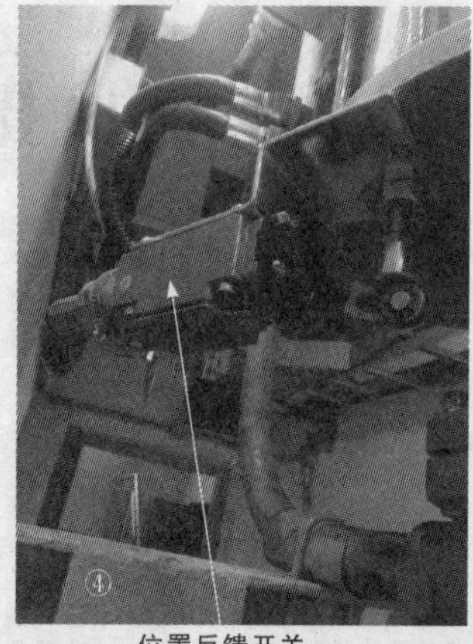
位置反馈开关

通过上述故障的处理，说明电气设备的安装不但要做好外观的工艺美观，接线箱(盒)内部的走线布线工艺同样重要，就拿这个案例来说吧，在接线盒内有4根进线，4根出线，都预留的过多，而且没有把接线整齐的盘好绑好，松散的乱塞在盒里，在扣盖时压住了这根线以至于压破了皮，导致接地短路，也给设备运行留下了隐患。

参见图5，当这个阀在操作打开时，开位状态反馈开关b由断开状态转变为闭合，导致24V供电被瞬间短路，从而产生了供电保护装置8F1跳电故障。

◇江苏 庞守军

8F1输出状态指示灯

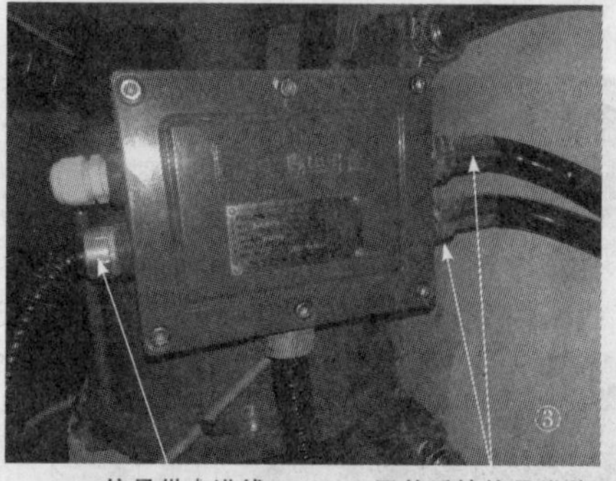
信号供电进线　开关反馈信号进线

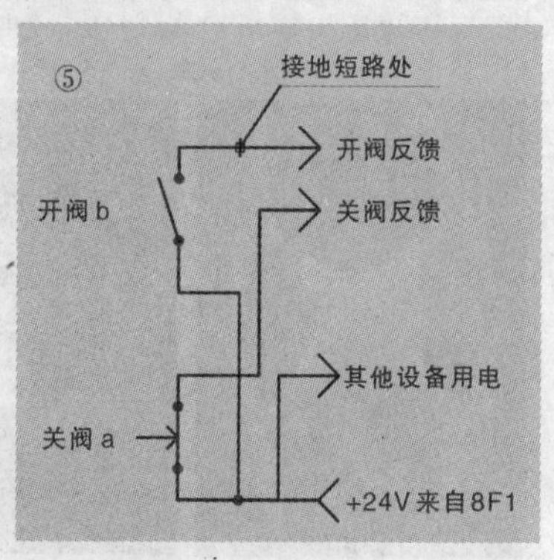

通过感应电流保持冷却以控制风扇

随着努力降低系统功耗和机械风扇噪声的实施，冷却风扇的控制变得越来越流行。设备中使用风扇的目的是降低温度并使其尽可能低。随着温度升高，各种系统的平均故障时间迅速增加。

这带来了基于热的风扇控制IC的广泛选择。事实上，使用温度来控制风扇与保持系统尽可能冷却的理想形成冲突。热风扇控制需要升温才能启用风扇，如图1a所示。比例控制器使风扇速度与温度成比例，这更不合适，因为它需要更高的温度才能实现更高的风扇速度。这种控制策略需要在高温下稳定系统而不是尽可能地冷却系统的系统中更合适。

风扇速度应基于系统的热负荷，即功耗。在大多数电子系统中，功耗与电源消耗成正比，功耗很容易以进入系统的电源电流来测量。除了作为热负载的真实测量之外，电源电流是热负载的瞬时指示器，甚至在片上硅二极管的温度可以检测到它之前很久就需要额外的冷却。基本上，风扇速度应基于系统电源电流，如图1b所示。

CPU活动成比例。

图1a显示了基于温度的风扇控制方案，该方案需要升高温度才能起作用。温度计必须上升才能打开风扇并使其加速。这不是最好冷却方案。图1b显示了一种风扇控制方案，其中风扇速度通过检测电源电流来控制。这使得风扇控制与热负荷成比例，消除了时间滞后并确保了最低的系统温度。

为了进一步说明电流测量的风扇控制的好处，使用计算机CPU的例子比较图2的图表。该图显示了电源电流，并描述了使用热控风扇和电流控制风扇的CPU温度特性。电流控制的风扇立即对热负荷作出反应，热控风扇必须等到温度升高。如果在不考虑温度的情况下提取全电流，则电流控制的风扇将始终以全速运行，从而确保最低的工作温度。

虽然这在表面上足够简单，但电源电流的动态和快速变化远远超过温度测量中发生的自然积分。在处理器控制的情况下，实际的电流控制风扇驱动器将结合集成或延迟，在模拟电路或算法的情况下，以平滑风扇响应。

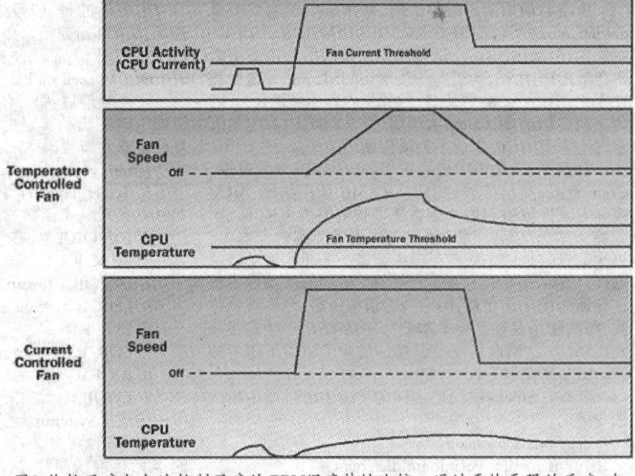

图2 热控风扇与电流控制风扇的CPU温度特性比较。通过更快更强的反应，电流控制的风扇可以防止大的温度偏移并使CPU尽可能保持冷却。

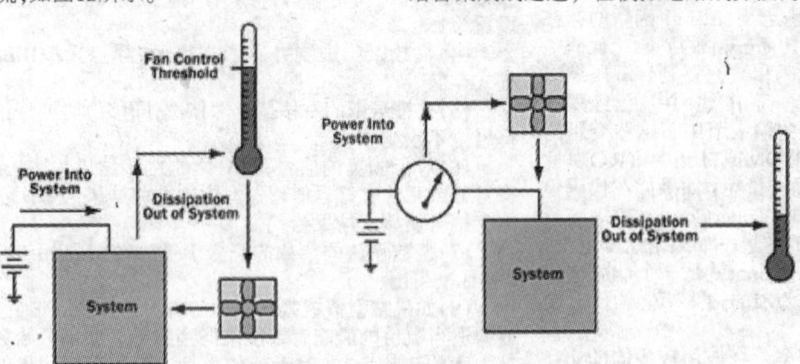

图1a 风扇速度控制与温度成正比

图1b 风扇速度控制热负荷成比例

台式机和笔记本电脑都需要风扇和相关的控制系统。此时风扇控制是通过热量完成的。当然，在计算机中，感测CPU电流可用于控制风扇，这将提供比现有风扇控制方法更低的工作温度。在制造商更喜欢“独立”风扇控制但没有软件参与的计算机中，电流感应是最佳解决方案。通过风扇控制连续使用软件的计算机可以利用软件输入来控制计算机性能监视器和跟踪CPU活动的工具的风扇控制。这种系统中的风扇速度将与

图3显示了一个实现示例。通过使用专用高端电流分流监控IC简化实现电流控制风扇设计，如图3中的CPU感应示例所示，IC1检测RS中的CPU电流，其大小适合于满额定CPU电流下降最大100mV。IC1将该压降转换为IC1输出电流（200 A/V），R1提供负载以产生电压输出。IC1的输出电压在2.7伏电源下只能摆动到最大1.7伏，根据最大输入100mV和IC1的比例因子确定R1的值。

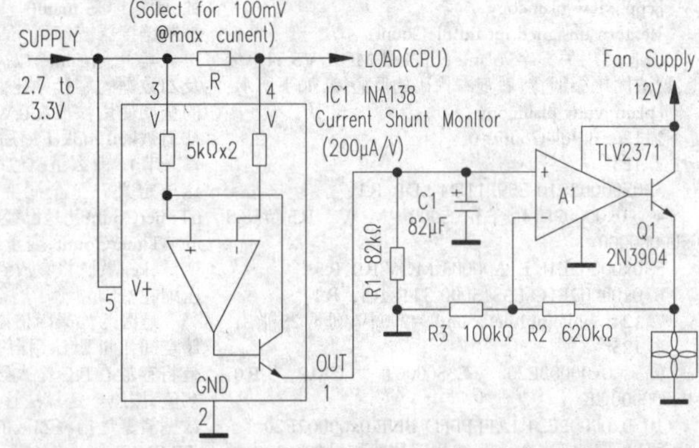

图3 电流控制风扇的简单模拟实现。C1使风扇响应平滑并过滤短期电流尖峰。

A1提供必要的增益（增益=12/1.7=7），以便从IC1的1.7伏输出摆幅驱动12伏风扇。Q1缓冲A1的输出，以提供足够的电流来驱动风扇。这个非常简单的实现仅使用通过C1的集成来平滑风扇对电流波动的响应，同时降低风扇响应的权衡。（可以说风扇响应仍然比热感应快得多，除了它迫使风扇速度达到适合降低温度的设置）。在评估目标系统的热性能之后，通常会凭经验找到C1。图3中所示的C1值提供了大约10秒的时间常数。

◇湖北 朱少华

RAONTECH在AWE 2019发布最新款1080P 0.37英寸LCOS微显示面板

在微显示屏领域具有世界领先技术的韩国企业RAONTECH发布了最新款0.37英寸1080P LCOS(硅基液晶显示面板)微显示面板。这款小巧且低功耗的面板将被有效地用于诸如AR(显示面板)设备、HMD(头戴式显示器)、HUD(车载抬头显示器)和PICO PROJECTOR(微型投影仪)。

硬件规格方面，RDP370F在0.37英寸有效面积上有200万个镜像反射像素点。6000PPI(像素/英寸)像素密度、4.3UM像素尺寸使RDP370F成为波导型光学引擎设计的最佳匹配方案，这正逐渐成为更轻更薄头戴式AR眼镜的主流标配。它通过连续相位和幅度调制保证了最佳的图像质量。其集成的LED背光驱动电路器和温度传感器使其更加便于应用，100 MW的超低功耗可让电池续航时间更长，这是轻型AR眼镜全天候使用必不可少的条件。

过去几年，RAONTECH已经推出了0.55英寸1080P、0.5英寸720P和0.7英寸1440P LCOS微显示面板以及控制器芯片。这些面板和控制器芯片已被用于各种AR眼镜和HMD设备上，包括在AWE 2019上最新发布的AR眼镜和市场上可买到的用于无人机使用的消费级FPV(第一人称视角)护目镜。

对于AR市场来说，LCOS反射式微型显示面板将在未来5年内占据主导地位，因为使用它可获得更高亮度，也更易于生产。自发光显示器MICRO OLED将更适用于VR或室内AR设备中，MICROLED将在电视或智能手表中找到它的商业应用。凭借RAONTECH极具竞争性的半导体技术，我们正与全球一线品牌公司合作，将这三种自研的微显示技术交付给消费级和工业级应用市场，寻找适时机会进行批量生产。”

自2012年以来，RAONTECH已投资超过3000万美元开发微显示面板器及其控制器芯片组，其中1000万美元由韩国风险投资合作伙伴提供支持。现在RAONTECH正在进行C轮融资和寻找中国战略合作伙伴，用于丰富其LCOS微显示面板的产品系列，并加速MICRO-LED和MICRO-OLED产品的开发。

◇吴明浩

BLACKBERRY QNX软件已成功嵌入全球1.5亿辆汽车

BLACKBERRY近日宣布，全球超过1.5亿辆行驶中的汽车已搭载QNX软件。自2018年公司报告汽车用户数量以来，这一数字增加了3000万辆。

作为汽车网络安全领域的领导者，BLACKBERRY拥有ISO 26262 ASIL D这一最高等级的汽车行业功能性安全认证，和数十年为汽车和其他行业的关键任务提供嵌入式系统的经验。大量汽车OEM厂商和一线汽车品牌在其高级驾驶辅助系统(ADAS)、数字仪表板、网络互联模块、免提系统和信息娱乐系统中均应用BLACKBERRY QNX技术，包括奥迪、宝马、福特、通用、本田、现代、捷豹、路虎、起亚、玛莎拉蒂、梅赛德斯-奔驰、保时捷、丰田和大众。

BLACKBERRY官员表示：“这一里程碑事件表明，BLACKBERRY在汽车行业的影响力达到了前所未有的高度。世界领先的汽车制造商、一线汽车品牌和芯片制造商正在继续为其下一代汽车或车载产品选择经安全认证且拥有高度防护性的BLACKBERRY软件。我们将与客户携手，确保移动性的未来是安全的、有保障的、值得信任的。”

BLACKBERRY与行业研究和分析公司STRATEGY ANALYTICS合作，根据QNX产品在汽车市场的出货量以及使用QNX产品和技术的汽车数量，来核实QNX的部署数量。绝大多数集成并应用于车载ECU的QNX软件产品均以每件为单位授权使用并收取许可费。BLACKBERRY QNX技术包括QNX NEUTRINO实时操作系统、QNX高级驾驶辅助系统(ADAS)平台、QNX安全操作系统、QNX CAR信息娱乐平台、QNX数字驾驶舱平台、QNX虚拟机2.0和QNX ACOUSTICS中间件。

◇冯棍龙

KEIL MDK应用技巧选汇(3)

（紧接第386页）

10. 0x00002E24 1AFFFFFD BNE 0x00002E20

重点看最后两句汇编代码，寄存器R0是当前变量unIdleCount的值，汇编指令CMP为比较指令，如果R0中的内容与0xC8不等，则循环。但是这里并没有更新寄存器R0的代码，也就是说变量unIdleCount的值虽然在变化，但跟0xC8一直比较的却是内容不变的R0。因为之前变量unIdleCount被清零，所以R0的内容也是0，永远不等于0xC8，永远不会跳出循环。

看到这里，这很明显是没用volatile修饰变量nIdleCount造成的！！！不错，比起从RAM中读写数据，ARM或其它硬件从寄存器读取数据要快的多的多的多...因此编译器会“自作主张”的将某些变量读到寄存器中，再次运算时也优先从寄存器中读取，上面的例子就是这样。解决这样的方法是用关键字volatile修饰你不想让编译器优化的变量，明白的告诉编译器：你不准优化我，每次使用我你都要本本分分的从RAM中读取或写入RAM。之所以从这里说起，是为了照顾下还不知道volatile关键字的。

其实在timer.c中我是这样定义统计定时器中断次数变量的：

[cpp]view plaincopy

1. unsignedint volatile unIdleCount;

但是，在timer.h中，我确偷了个懒，声明这个变量的代码如下：

[cpp]view plaincopy

1.extern unsigned int unIdleCount;

没有使用关键字volatile，在keil MDK V5.54下编译，默认优化级别，然后查看代码的反汇编，如下所示：

[plain]view plaincopy

1. 122: unIdleCount=0;
2. 123:
3. 0x00002E10 E59F11D4 LDR R1,
4. 0x00002E14 E3A05000 MOV R5,#key1 (0x00000000)
5. 0x00002E18 E1A00005 MOV R0,R5
6. 0x00002E1C E5815000 STR R5,[R1]
7. 124: while(unIdleCount! =200); //延时2S钟
8. 125:
9. 0x00002E20 E35000C8 CMP R0, #0x000000C8
10. 0x00002E24 1AFFFFFD BNE 0x00002E20

可以看出，这个反汇编代码居然和没加volatile关键字的时候一模一样！！代码还是会在while出陷入死循环。

现在，应该知道我要表达的意思了吧，如果引用的变量声明中没有使用volatile关键字修饰，即便定义这个变量的时候使用了volatile关键字修饰，MDK编译器照样优化掉它！

将timer.h中的声明更改为：

[cpp]view plaincopy

1.extern unsigned int volatile unIdleCount;

同样环境下编译，查看反汇编代码，如下所示：

[plain]view plaincopy

1. 122: unIdleCount=0;
2. 123:
3. 0x00002E10 E59F01D4 LDR R0,
4. 0x00002E14 E3A05000 MOV R5,#key1 (0x00000000)
5. 0x00002E18 E5805000 STR R5,[R0]
6. 124: while(unIdleCount! =200); //延时2S钟
7. 125:
8. 0x00002E1C E5901000 LDR R1,[R0]
9. 0x00002E20 E35100C8 CMP R1, #0x000000C8
10. 0x00002E24 1AFFFFFC BNE 0x00002E1C

看最后三句汇编代码，发现多了一个载入汇编指令LDR，这个指令在每次循环中都将变量unIdleCount从RAM中读出到寄存器R1中，然后R1的值再和0xC8比较。这才是符合逻辑的需要的代码。

其实如果好好看看编译原理的书，是不会犯这么低级的错误的，编译器是分文件编译，然后链接，文件A使用了文件B中定义的变量，在编译的时候，文件A是完全不知道文件B里面有什么东西的，只能通过文件B的接口文件(.h文件)来获得使用变量的属性.

以这个为例子，着重说明下关键字volatile，同时也要掌握编译原理的知识，用好手中的工具。

10.关于float类型

在keil中，在不选择"Optimize for time"编译选项时，局部float变量占用8个字节(编译器默认自动扩展成double类型)，如果你从Flash中读取一个float类型常量并放在局部float型变量中时，有可能发生意想不到的错误:Cortex-M3中可能会出现硬fault.因为字节对齐问题.

但有趣的是，一旦你使用"Optimize for time"编译选项，局部float变量只会占用4个字节.

11.默认情况下，从按下复位到执行你编写的C代码main函数，keil mdk做了些什么？

硬件复位后，第一步是执行复位处理程序，这个程序的入口在启动代码里(默认)，摘录一段cortex-m3的复位处理入口代码：

[plain]view plaincopy

1. Reset_Handler PROC;PROC 等同于 FUNCTION，表示一个函数的开始，与ENDP相对？
2. EXPORT Reset_Handler
3. IMPORT SystemInit
4. IMPORT _main
5. LDR R0, =SystemInit
6. BLX R0
7. LDR R0, =_main
8. BX R0
9. ENDP

这这里SystemInit函数是我自己用C代码写的硬件底层时钟初始化代码，这个可不算是keil mdk给代劳的.初始化堆栈指针、执行完用户定义的底层初始化代码后，发现接下来的代码是调用了_main函数，这里之所以有_main函数，是因为在C代码中定义了main函数，函数标签 main() 具有特殊含义。main() 函数的存在强制链接器链接到_main和_rt_entry中的初始化代码。

其中，_main函数执行代码和数据复制、解压缩以及ZI数据的零初始化。解释一下，C代码中，已经赋值的全局变量被放在RW属性的输入节中，这些变量的初值被keil mdk压缩后放到ROM或Flash中（RO属性输入节）。什么是赋值的全局变量呢？如果你在代码中这样定义一个全局变量：int nTimerCount=20；变量nTimerCount就是已经赋值的变量，如果是这样定义：int nTimerCount；变量nTimerCount就是一个非赋值的变量，keil默认将它放到属性为ZI的输入节。为什么要压缩呢？

是因为如果赋值变量较多，会占用较多的Flash存储空间，keil 默认用自己的压缩算法。这个“解压缩”就是将存放在RO输入区（一般为ROM或Flash）的变量初值，按照一定算法解压缩后，拷贝到相应RAM区。ZI数据清零是指将ZI区的变量所在的RAM区清零。使用UNINIT 属性对执行区进行标记可避免_main 对该区域中的 ZI 数据进行零初始化。这句话很重要，比如我有一些变量，保存一些重要信息，不希望复位后就被清零，这时就可以用分散加载文件定义一块UNINIT属性的区，将不希望零初始化的变量定义到这个区即可。

12.关于新版本V4.70

期盼已久的功能终于在V4.7实现了！！IDE升级到了μVision V4.70.00 ，增加了代码和参数自动补全以及动态语法检验，增加了两个性能分析命令。J-LINK驱动更新到V4.62，编译器版本更新到5.03.其中我是最喜欢的是代码和参数自动补全以及动态语法检验。刚回答了一个百度知道提问，提问者问到V4.70a为什么不能自动代码和参数补全，这里也说一下，这并不是4.70a的问题，4.70a相对于4.70只是修正了"linking in MDK-ARM user guides"问题，使能自动补全的功能要设置一下:点击Edit-Configuration...，在打开的对话框中选中Text Completion标签栏，在此页面中选中symbols after复选框即可完全开启(安装后默认并没有选中这个框).补充，你的系统至少要有vc++2010运行库，才能看到这个设置。

另外V4.70自带的动态语法校验我也非常喜欢，在输入的时候就可以检查出我输入的变量名称，标点，函数名等等对不对了.推荐升级测试一下。

做嵌入式行业，编程也多和硬件打交道，好多人说编译器只是工具，重要的在于算法和思想，这话说的本来没错，但要有一个条件在先：那就是你真正掌握了你所用的编译器。但就我来看，真正熟悉编译器的却并不多见。当你深入了解一个编译器后，你能像用汇编一样用C，可以像汇编那样随心所欲的操作MCU！

了解一个编译器，首先应该有汇编的基础，不要求能用汇编编写程序或做过项目，但至少看的懂！不熟悉汇编的嵌入式程序员是不合格的程序员！

了解一个编译器，最好的方法是看它自带的帮助文件，至少要看过Compiler User's Guide，至少遇到问题会想到到帮助中查找方法，虽然帮助大多是E文。

工作以来一直使用keil MDK编译器，对于这个编译器的界面以及设置，可以参考另文；在这里先来看一看keil MDK编译器的一些细节，看看这些细节，你知道多少。

(1)在所有的内部和外部标识符中，大写和小写字符不同。

(2) 默认情况下，char 类型的数据项是无符号的。它们可以显式地声明为signed char 或 unsigned char。

(3)基本数据类型的大小和对齐：

类型	位大小	按字节自然对齐
char	8	1
short	16	2
int	32	4
long	32	4
long long	64	8
float	32	4
double	64	8
long double	64	8
所有指针	32	4
bool (仅用于 C++)	8	1
_Bool (仅用于 C)	8	1
wchar_t (仅用于 C++)	16	2

注：a.通常局部变量保留在寄存器中，但当局部变量太多放到栈里的时候，它们总是字对齐的。例如局部char变量在栈里以4为边界对齐；

b. 压缩类型的自然对齐方式为1。使用关键字_packed来压缩特定结构，将所有有效类型的对齐边界设置为1.

(4)整数以二进制补码形式表示；浮点量按IEEE格式存储。

(5)有符号量的右移是算术移位，即移位时要保证符号位不改变。

(6)对于int类的值：超过31位的左移结果为零；无符号值或正的有符号值超过31位的右移结果为零。负的有符号值移位结果为-1。

(7)整数除法的余数的符号于被除数相同，由ISO C90标准得出；

(8)如果整型值被截断为短的有符号整型，则通过放弃适当数目的最高有效位来得到结果。如果原始数是太大的正或负数，对于新的类型，无法保证结果的符号将于原始数相同。所以强制类型转化的时候，对转换的结果一定要清晰。

(9)整型数超界不引发异常；像unsigned char test; test=1000；这类是不会报错的，赋值或计算时务必小心。

(10)默认情况下，整型数除以零返回零。

(11)对于两个指向相同类型和对齐属性的指针相减，计算结果如下表达式所示：

((int)a-(int)b)/(int)sizeof(指向数据的类型)

(12) 在严格C中，枚举值必须被表示为整型，例如，必须在-2147483648 到+2147483647的范围内。但keil MDK自动使用对象包含enum范围的最小整型来实现（比如char类型），除非使用编译器命令--enum_is_int 来强制将enum的基础类型设为至少和整型一样宽。超出范围的枚举值默认仅产生警告：#66: enumeration value is out of "int" range

(13)结构体：struct {
char c;
short s;
int x;
} //这个结构体占8个字节

但是，结构体：

struct {
char c;
int x;
short s;
} //这个结构体占12个字节

这是为什么？

对于结构体填充，据定义结构的方式，keil MDK编译器用以下方式的一种来填充结构：

定义为static或者extern的结构用零填充；

栈或堆上的结构，例如，用 malloc() 或者 auto定义的结构，使用先前存储在那些存储器位置的任何内容进行填充。不能使用memcmp() 来比较以这种方式定义的填充结构！

(14) 编译器不对声明为volatile 类型的数据进行优化。我发现还有不少刚入门的嵌入式程序员从没见过这个关键字.

(15)_nop()：延时一个指令周期，编译器绝不会优化它。如果硬件支持NOP指令，则该句被替换为NOP指令，如果硬件不支持NOP指令，编译器将它替换为一个等效于NOP的指令，具体指令由编译器自己决定。

(全文完)

◇四川 张凯恒

教学教法

时间继电器的符号识读要点

时间继电器是在电路中起控制动作时间的继电器，它主要用于需要按时间顺序进行控制的电气控制线路中。根据延时触点的动作特点，分为通电延时型和断电延时型两种类型。

通电延时型时间继电器的性能是当线圈得电时，各延时触点不会立即动作，而要通过传动机构延长一段整定时间才动作；线圈失电时延时触点瞬时复位(恢复常态)。

断电延时型时间继电器的性能是当线圈得电时，各延时触点立即动作，即动断(常闭)延时触点瞬时分断、动合(常开)延时触点瞬时闭合；当线圈失电时各延时触点不会立即复位，而要延长一段时间才动作，恢复常态。

由于时间继电器的符号较其它类型继电器的符号复杂，导致在绘制和识读电气原理图时，容易混淆各类延时触点的符号，下面就时间继电器图形符号的特征进行分析、归纳和总结，以帮助大家记忆。

1. 线圈符号如图1所示，文字符号KT。

图1 时间继电器线圈符号

2. 瞬时动作触点符号如图2所示。

图2 瞬时动作触点符号

3. 通电延时型时间继电器触点符号如图3、图4所示。

图3 延时闭合瞬时断开常开触点

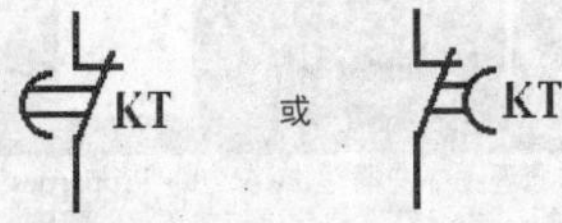

图4 延时断开瞬时闭合常闭触点

4. 断电延时型时间继电器触点符号如图5、图6所示。

图5 延时断开瞬时闭合常开触点

图6 延时闭合瞬时断开常闭触点

5. 延时触点符号特征

由图3、4、5、6可知，延时触点符号增加了一个带有开口方向的半圆限定符号 或 。识读时间继电器延时触点图形符号主要是看触点的半圆符号的开口方向，其遵循的原则是：半圆的开口方向就是该触点的延时动作方向。

6. 通电延时型时间继电器触点符号解读

如图3所示常开触点，半圆符号的开口方向向右，根据"半圆开口方向就是该触点的延时动作方向"可知：当线圈得电时它不会立刻闭合，而是需要延长一段整定时间后才闭合。所以该触点是一个延时闭合瞬时断开常开触点，该继电器是一个通电延时型时间继电器。

同理，图4所示的常闭触点，半圆符号的开口方向向右，说明当线圈得电时它不会立刻断开，而是需要延长一段整定时间后才断开。所以该触点是一个延时断开瞬时闭合常闭触点，该继电器是一个通电延时型时间继电器。

7. 断电延时型时间继电器触点符号解读

如图5所示常开触点，半圆符号的开口方向向左，根据"半圆开口方向就是该触点的延时动作方向"可知：当线圈失电时它不会立刻复位(断开)，而是需要延长一段整定时间后才复位(断开)。所以该触点是一个延时断开瞬时闭合常开触点，该继电器是一个断电延时型时间继电器。

同理，图6所示的常闭触点，半圆符号的开口方向向左，说明当线圈失电时它不会立刻复位(闭合)，而是需要延长一段整定时间后才复位(闭合)。所以，该触点是一个延时闭合瞬时断开常闭触点，该继电器是一个断电延时型时间继电器。

8.说明：

(1)根据绘制电气控制线路图的原则，继电器各触点的位置都是按线圈未得电时的常态位置画出。因此，分析原理时应从触点的常态位置出发。

(2)活动触头的动作方向应遵循自左至右或自下而上的原则。

自左至右，即图形符号垂直放置时，垂直线左侧的触点应为常开触点，垂直线右侧的触点应为常闭触点，如图7所示。

自下而上，即图形符号水平放置时，水平线下方的触点应为常开触点，水平线上方的触点应为常闭触点，如图8所示。

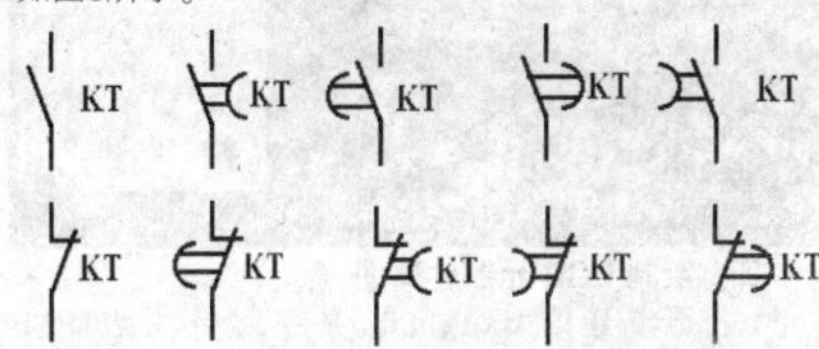

图7 触点符号垂直放置时画法示例

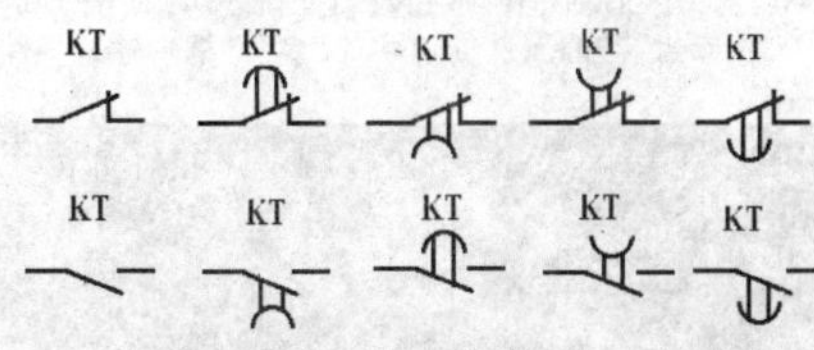

图8 触点符号水平放置时画法示例

总之，时间继电器延时触点的符号识读要点就是看半圆符号的开口方向。半圆符号的开口方向就是该触点的延时动作方向，并且通过识读触点符号还可知该继电器是通电延时型还是断电延时型时间继电器。

◇福建省上杭职业中专学校 吴永康

快速解决室内照明供电改线问题

社区老年大学在老年活动中心租用的教室被小区物业断电了，只好请电工从隔壁配电箱接了一根明线到教室内的墙上，并加装了电表和几个插座。由于插座的位置和门口灯开关有一定距离，便接了一根两芯线(火线和零线)到开关外，并把双路灯开关拆下来，但没有做接线记录。墙壁状态见图1，灯泡状态见图2。用什么方法能快速找到公共零线和两根控制线呢？

第一步：在不确定1到4号线的具体状态的情况下，首先卸掉所有灯泡。

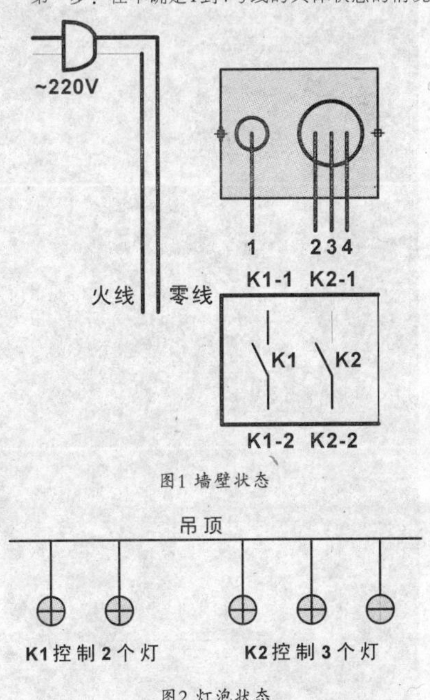

图1 墙壁状态

图2 灯泡状态

第二步：插上插头，用万用表(交流挡)红表笔接火线（一定要注意安全），用黑表笔分别碰触1到4号线。显示220V的那根线就是零线(2号线)，显示只有几伏感应电压的分别是3号线和4号线。

第三步：拔掉插头，将2号线和220V的零线接在一起并包扎好，将3号线接到K1的下游K1-2上，4号线接到K2的下游K2-2上，再将火线并接到K1的上游K1-1和K2的上游K2-1上。剩下的1号线就是原先的火线了，包扎好不用。

第四步：装上所有灯泡，插上插头，开灯控制一切正常。连接好的电路见图3。

注意：上述方法如果不卸掉灯泡，火线对所有线都是显示220V电压，就不能确定到底哪一根是零线、哪两根是开关控制线。

◇江苏连云港 庞守军

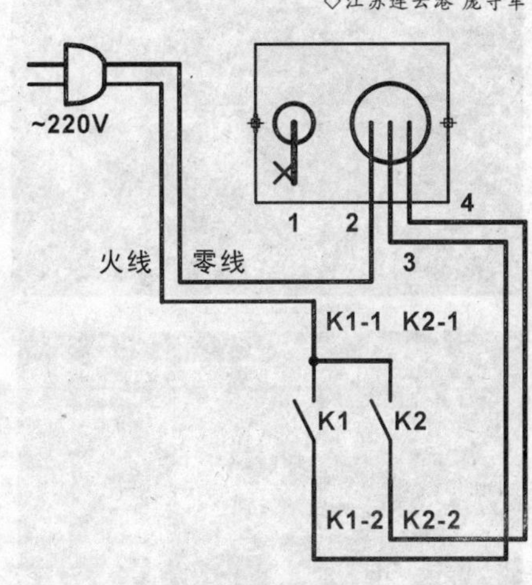

图3 连接好的电路

Altium Designer 19软件应用实例(二)

(紧接上期本版)

5.修改引脚属性

参照器件守册引脚定义，在导航页面中器件的“Electrical type”修改相应引脚的属性定义，可鼠标左键点住拉选全部，再点选其中一个的“Power”或其他属性批量修改。

四、绘制PCB元器件库图

1.打开新建的“xx.PcbLib”文件，点击左边“PCB Library”项目底边的“PCB Library”标签，“Footprints”框中点选“PCBCOMPONENT_1”新器件，则出现的“PCB库封装”的属性窗口中的“名称”框中输入器件名称。

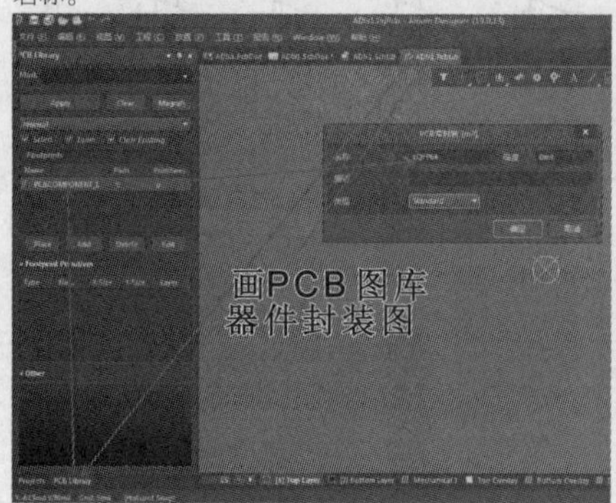

2.使用导航绘制原理图元器件

点击“工具”菜单按钮，选择“IPC Compliant Footprint Wizard…”项，打开导航页面。

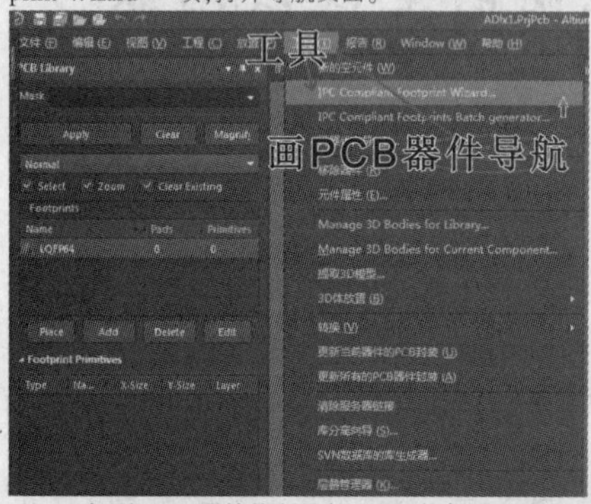

3.打开PCB器件绘制导航页面，点击“Next”进入下一个页面。

下一步：根据器件守册，选择相应封装形式。

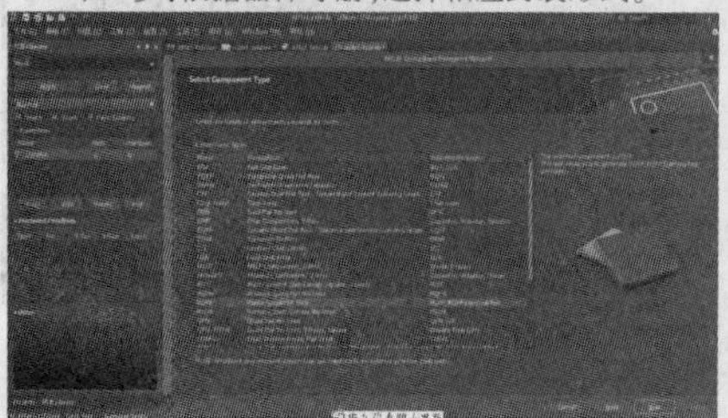

下一步：按照器件守册的引脚宽度尺寸、间距、宽度和长度参数设置相应参数。

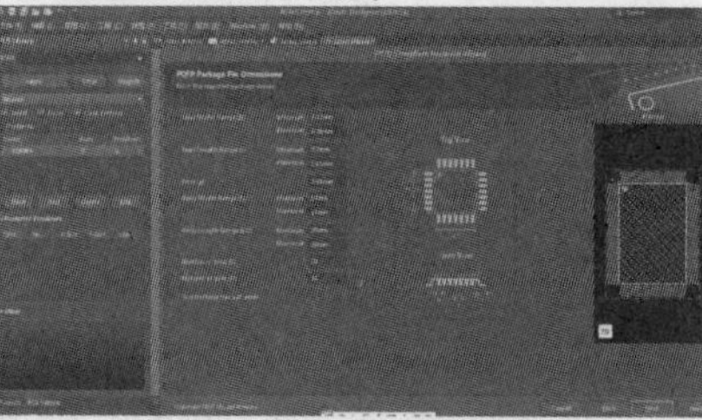

下一步：按器件守册的相应外部尺寸参数标号，输入相应的参数。

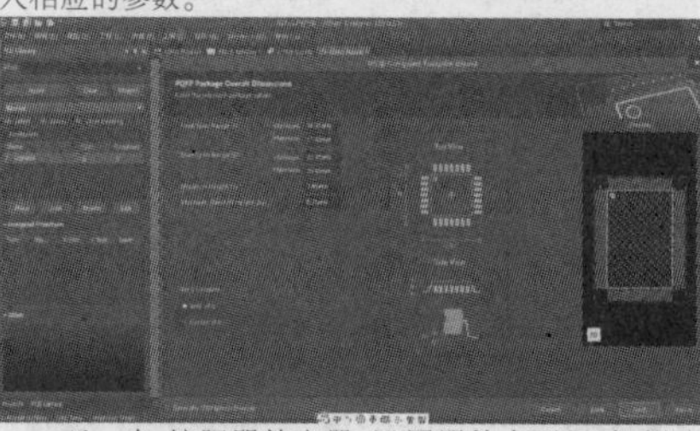

下一步：按照器件守册，设置器件内形尺寸，没有的可以默认为零。

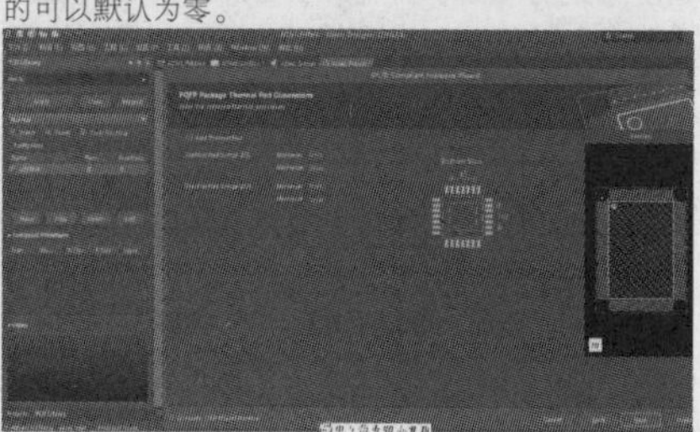

下一步：默认以下参数设置

4.点击“Finish”完成，进行PCB封装关联：

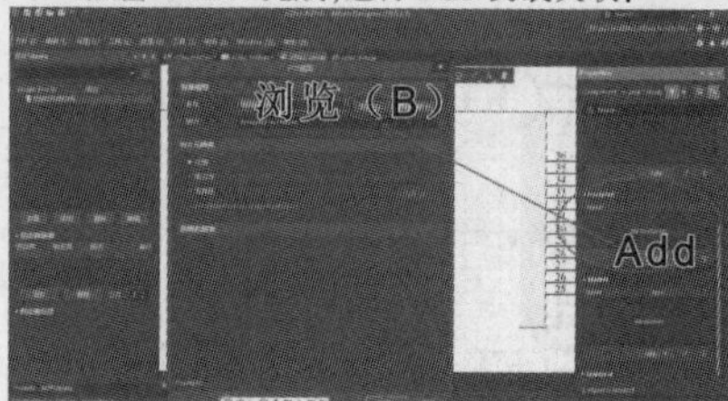

选中原理图中的器件，在右边的“Properties”的“Foot-Print”栏中点击“Add”键，则出现选中浏览的窗口。

5.点击“浏览”按键，在相应的PCB器件库中找到相应的器件封装。

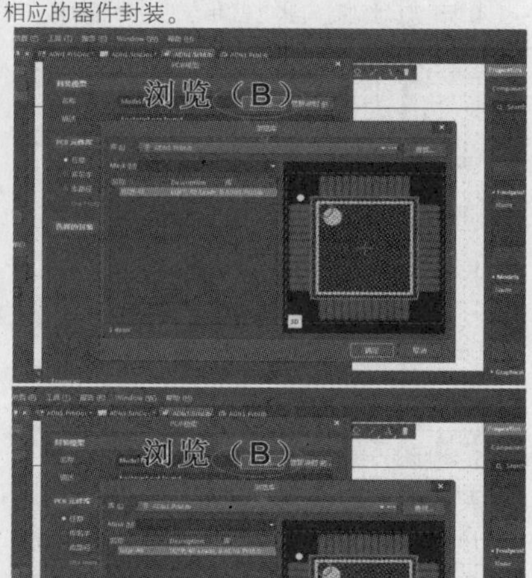

(未完待续)(下转第388页)

◇刘光乾

回顾电视机发展历程,已表明现在的"电视"已不是电视

在没有电脑,没有手机的年代,电视机几乎承载了我们童年所有的欢乐。

小时候,家里第一台电视机的样子你还记得吗?守在电视机面前等候精彩节目的那份期待和幸福感你还拥有吗?

伴随着网络的普及,那些围绕着电视机的美妙夜晚好像距离我们越来越远。

从一台小小的电视机上我们曾经见证了一个时代的辉煌,如今又看见了另一个更加辉煌的时代正在赶来。

机械电视机时代

1925年,英国。

一天,伦敦一家最大的百货店门口挤满了顾客。

他们并非前来购物,而是赶来看一个年轻人的"神奇魔盒"。

据这个20多岁的小伙子说,他发明了一种机器,能把接收到的图像再现出来。

但是观众们乘兴而来,败兴而归。

从那个简陋的显示屏上,他们只看到了模糊不清的影子。

在一片嘲笑声中,小伙子慌忙地解释:"对不起、对不起,现在的技术还不成熟。"

当时没有人会预料到,这个看上去有些呆头呆脑的青年,这个被人嫌弃的"魔盒",会改变一整个时代。

这个年轻人就是未来的"电视之父",约翰·洛吉·贝尔德。

那个"神奇魔盒",就是世界上第一台电视机——机械电视。

每一个好看的未来,都始于不被看好的现在。

1935年,英国广播公司使用了更加清晰的电子电视,次年秋天正式向伦敦市民播送电视节目。

属于电视机的时代,来临了。

黑白电视机时代

1958年,天津无线电子厂制造出了中国第一台黑白电视机,取名"北京",被人誉为"华夏第一屏"。

那一年,全国只有50多台电视,在很多中国人的印象中,电视机也只是一个传说。

七八十年代,电视开始在全国普及。

不过在那个凭票供应的岁月,买台电视机,依旧是身份和地位的象征。

那时看电视是论"群"的,谁家有电视机,谁家晚上必定高朋满座。

在那个衣装仍以黑、蓝、灰为主色调的年代,这方黑白灰的小天地,对于我们的父辈们来说,就是一个多姿多彩的大世界。

《渴望》、《西游记》、《红楼梦》、《霍元甲》、《上海滩》、《济公》、《血凝》……

同样,那时候电视节目少的可怜,但是每一个都成了难以超越的经典。

听父母说,我们家买的第一台电视机是80年代初,爷爷和父亲花了200多元"巨款",买回的14寸"黄山牌"。

电视机盖着"红盖头"进村的那一天,乡亲们争相祝贺,有的竟然还买来鞭炮。

当天晚上,家里就摆下了好几桌酒席,买电视机请客比过年时的杀猪宴还要热闹,这估计是空前绝后的事情了。

电视机在当时是家里最金贵的物件,为了不让小孩子随意乱碰,家长们总是指着满是雪花点的显示屏,吓唬道:

"那个东西放映发热之后会很软,一碰就破了。"

小时候,一群小伙伴只能眼巴巴地瞅着,没有大人在场根本不敢乱动。

而这个谎言,终于在未来的某一天于父亲"啪啪啪"地拍击下,三观尽毁。

然后那么皮实的黑白电视,也像我们皮实的童年一样,不知不觉就走完了属于他们的最美好的时光。

彩色电视机时代

1954年,世界上第一台彩电诞生,美国无线电公司的CT-100,仅12英寸。

16年后,中国也在天津制造出了属于自己的第一台彩电。

终于,属于中国电视最疯狂的年代来临了。

那时候电视和电冰箱一样几乎成为那个年代中国家庭现代化的代名词,任何品牌的电视机都非常紧缺。

"黄山"、"昆仑"、"孔雀"、"飞跃"等现在早已经淹没尽历史记忆中的品牌,名噪一时。

从1958年3月生产出中国第一台电视机,到1987年产量超过美日成为全球最大的电视机生产国,中国电视人用了29年,并将这一荣誉保持至今。

1993年,为了结婚,小舅花下血本买了台将近3000元的松下彩电,用尽了他积攒了两年的工资。

即便之后他过了相当长紧巴巴的日子,但是那一天他却成了村里最骄傲的新郎官。

此后但凡假期,我都会挤占着小舅的那间狭窄的婚房,从那个五颜六色的显示屏中,看到了外面世界的光彩夺目。

当然,最讨厌的是每个周二的下午,那张七彩的"大饼"是每一个少年人挥之不去的"噩梦"。

液晶电视时代

进入21世纪,液晶电视越来越普遍。

每家每户都淘汰了"大头"电视机,换上了大屏液晶电视。

电视变得越来越薄,占地也越来越少。

轻便,成为了新时代的关键词。

2004年,我们家用的是十多年前敲锣打鼓迎接回来的索尼218,就是电视剧《我爱我家》老傅家客厅里的那台。

按照大姐的说法就是,放在家里忒寒碜了。

刚刚大学毕业的大姐给自己制定的第一个目标就是工作后为家里添置一台新彩电,可没想到过年回来,我们家竟然多了一台32英寸的液晶超薄电视。

这个时代的变化真得很快,一不留神,你就发现曾经的引以为傲,变成了无人问津。

后液晶和OLED时代

"那时人们的收入普遍偏低,谁家有一台电视机都能成为新闻,惹得周围人羡慕不已。"

当我给家里的新房装备了一台64寸的曲屏大电视的时候,母亲依旧会经常沉浸在二三十年前的美好回忆中。

如今的电视机,曲面屏、AMO、OLED屏各种概念层出不穷,质量越来越好,价格也越来越亲民了,电视机属于奢侈品的光辉岁月最终成为了渐行渐远的背影。

投影时代的来临

现代信息技术领域,有一个最新的关键词:无屏时代。

有科学家曾大胆预言:"下一个十年或将进入无屏时代。"

回忆一下你家里的电视有多久没打开过,是不是已经沾满了灰尘?电视沦为摆设,似乎真的要跟它说再见了。

不知从什么时候开始,离开了电视机,越来越多的人从另一种显示技术上找到了归宿——智能投影。

几年前,我如果告诉你,把上百英寸的大屏缩进一个饭盒大小的盒子里,走到哪里都能投放出来看电影,你一定觉得那只是个玩笑。

2011年,一个年轻人在一段概念视频里,看到手机与投影"合体",被深深吸引,他坚信"未来的电视一定是无屏的",为实现这个想法至此踏上了创业之路。

两年多后,结合了投影机和电视二者的优势的产品诞生了:

只需要一面白墙,就能投放出上百英寸的大屏;它不用像传统投影那样,需要连接各种线,而是开机就能用,无需安装;采用电视芯片,画质进行了专业调校,更适合看电影电视剧;现在它自带Harman/kardon音响,无需再额外装置音效设备。

可以说,这种打破投影和电视明显界限的创新是颠覆式的。

一开机,如同把电影院搬回了家:一家人围坐在客厅,一起观看热播大剧;小情侣也可以将它投射到卧室的墙上,共同感受一部浪漫爱情片;一个人的时候还可以窝在沙发里,伴随着愉快的综艺度过每一个休闲的时光……

这些美好的场景全都在这个名叫钟波的年轻人手中一一实现,他创办的极米,打破了国外品牌垄断,把爱普生、索尼等国际厂商甩在身后,稳居行业第一。

最近,《人民日报》对极米进行了报道,肯定了其颠覆式创新重新定义了一个新的行业。

这是一个快速迭代的世界,每一天都有新的事物诞生。

科技改变生活,未来还会有越来越多的新型科技服务于大众,无论我们对过去的时代有多么怀念,最终都要也接受新技术的洗礼。

没有颠覆式的创新,极米不会走到现在;没有颠覆式的创新,中国人更不会走到现在。

很喜欢扎克伯格的一句名言:"在一个变化如此快的世界里,你最大的风险就是不冒风险。"

现在看的电视机,已经不是当初电视机的本身含义,如同手机,也已远远超过仅仅通话的功能。

即便有再多的不舍,但是,我们始终相信,所有的失去必将以另一种方式归来。

围观:广电提前60秒预警地震(二)

(紧接上期本版)

各级应急广播体系能迅速反应、机动灵活,也得益于全国广电系统在多年努力下,国家应急广播体系建设得到了稳步推进与完善。

自2012年开始,汶川、北川、茂县在全国率先启用电视地震预警,至今已安全服务社会7年,特别是在九寨沟7级地震等大地震中,成功发挥了减灾效益。

2018年以来,成都高新减灾研究所通过与四川省有线广电股份公司合作,全面打通地震预警网与四川广电网络的技术链路,实现了地震信息在广电网络的实时播发。

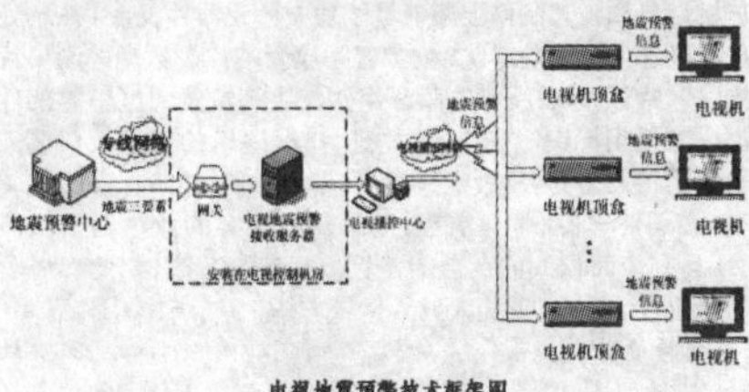

电视地震预警技术框架图

在今年5月举行的第七届中国网络视听大会上,四川省广电公司与成都高新减灾研究所共同举行了电视地震预警方案发布会,宣布电视地震预警延伸到四川所有地震区所有13个市州,覆盖79个区县,占四川省地震区区县60%,其中广元、乐山、宜宾、凉山、德阳、雅安等市州已全部授权开通,另外7个市州的部分区县授权开通,另外,具有亿级电视用户的互联网电视平台也于5月23日开通。

除了电视弹窗预警,应急广播以及村村响也在灾情发生时发挥着重要的作用。此次宜宾长宁地震,成都市高新区180个学校,110个社区提前60秒收到地震预警大喇叭。

在地震发生之后,卫星以及地面数字信号以及中波广播可以迅速将灾情信息传达给用户。目前,我国应急广播已经能够实现通过调频广播、中波广播、直播卫星、地面数字电视等无线方式,实现对城市公共广播、村村响广播、收音机等渠道的覆盖,相关灾难预警、灾情信息。

接下来,各级广电网络将利用5G、物联网技术,发挥广覆盖以及深入社区、家庭的服务能力,加大推广社区、单位地震预警大喇叭公益服务,打造广电网络应急服务体系。据介绍,广电网络正在建设应急内容发布电视专区,以地震灾害应急基础信息为依托,提供地震避灾避险科普知识,按照预警级别、紧急程度、发展态势进行内容整合传播,将应急信息发布由地震扩展到其他灾害信息,有效减少可能带来的伤亡与损失。

应急广播机动系统

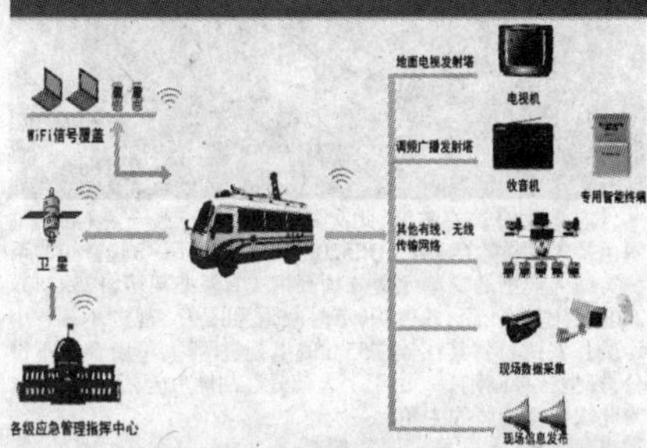

虽然此次宜宾地震预警工作获得了广泛认可,但地震预测与预警仍是世界性难题。未来此项难题的攻克,仍需各国研究者协同发力,更多部门开展广泛合作。而进一步推动国家应急广播体系的建设,利用广播电视权威性强、覆盖面广、方便快捷、抗毁能力强等优势,为家家户户提供更为畅通的灾情预警平台尤为重要,这也是广电人的责任与使命。

(全文完)

◇四川 艾克

秦朝QE520多媒体HI-FI音箱使用及评测(一)

缘起篇：

提起秦朝音响这个品牌，普通消费者大多感到陌生。然而在国内一些知名的发烧音响论坛和很多发烧友心中，却有着不低的热度和良好的口碑。产品虽然小众，但真心的低调务实、性能价格比超高，是很多发烧友的共识。笔者作为在音响业界混迹多年的从业者，惊讶的见证了这个曾经以DIY起步的粤东音响小厂，凭借一份对音乐音响的执爱、一股狂热的发烧精神和一贯的坚持，在历经了十多年的大浪淘沙、优胜劣汰、品牌积累与技术沉淀之后，依然在家庭影院和Hi-Fi这方领域默默精耕细作，与日俱进。事实上，秦朝的掌门人(发烧友昵称的老秦)本身就是一名资深、淳朴的技术型理工男发烧友，他低调做人高调做事的风格，早就为公司的发展奠定了坚实的基础。这就是他们一直坚持和秉承的“做工薪阶层用得起的好音响”为公司核心价值观与产品定位的理念。因而他们不忘初心，踏实做人、用心做事，一步一个脚印，以优质的产品与服务在业界树立了良好的口碑与形象，逐步赢得了众多音响爱好者的青睐。正是有了这样的企业掌门人和精良的技术与生产团队，他们才能在激烈竞争的音响市场中站稳脚跟，发展壮大。其实，许多世界一流的音响器材何尝又不是经历了同样的磨砺和多年的积累与发展之后，才凤凰涅槃、脱颖而出，成为世人仰慕的行业翘楚精英的呢？

于我而言，最初接触秦朝音响，是在2017年10月的成都国际音响展之秦朝音响展厅，记得当时秦朝音响在展厅内布置了一套7.4.4沉浸式全景声家庭影院系统，展会上展出的器材大多都是秦朝自主研发的产品，其中最吸引眼球的当属当年的旗舰系列音箱QT8和秦朝大功率系列后级、以及4台高达威武的旗舰低音炮BQ9115。三天的展会，展厅内4台重炮加持着QT8火力全开，当真音浪如潮涌至、拳拳到肉、虎虎生威！铿锵有力、极其震撼！出色的音质吸引了无数烧友，展厅内人头攒动、场面极其热烈，给我留下了深刻印象！

接触篇：

转瞬间年半时光匆匆而过，秦朝音响也新品不断，随着网络无损高清资源的普及，此次他们又推出了全新打造的QE520高级多媒体有源HI-FI书架箱，据说该音箱功能强大、音质出众，而售价仅需1480元左右，性能价格比如此出众！相信很多工薪族消费者都想具体了解一下，以便作为今后购买的参考，笔者故有此文奉上！以下就烦请感兴趣的朋友们随我一起作一次了解之旅吧：

①

②

应媒体编辑的邀请，此次秦朝发过来一黄一黑(红胡桃木色及黑胡桃木色)两套QE520供编辑作试用评测。音箱的系统类型为典型的二单元两分频倒相式有源书架箱，175×280×240mm(宽×高×深)的体积，每对净重为8公斤，视觉不算娇小玲珑！我试着将其摆放在55寸的电视机两侧，不唐突也不过分，视觉效果刚刚好。由于个人偏爱红胡桃木色，于是将其作为此次评测拍照的主角。

③

从音箱的外观及箱体造型来看，这是一款十足的复古HI-FI箱，中规中矩，1.8cm的中纤板加固连襟隔断支撑，并专门为有源电路板做了独立腔体处理。箱体非常结实，刚性十足。腔体内铺设必要的防驻波吸音材料，有效的避免在音乐大动态、高音量时可能产生的箱震恶声和衍生干扰声波的形成而干扰了纯正的音乐听感。

④

⑤

箱体表面粘贴的是仿红胡桃木的PU皮，此PU皮的仿真度相当高，手触温润，质感细腻，尤其木纹视觉的逼真感，即使用专业微距镜头拍出高清照片，也比较受看和耐看。至于箱体制作工艺：如箱体贴皮、接缝、喇叭的无缝镶嵌、箱体背后倒相孔的无缝镶嵌以及有源功放板的镶嵌都严丝合缝，非常精致，工业感非常强。箱体正面镶嵌的整张透声专业防尘网布也是严丝合缝。当我为了拍照喇叭特写时想要取下网罩，几乎费了洪荒之力才将其毫无损坏的取下来，这样做的防尘性和美观性固然不错，但对于想在使用时随时随地摘下网罩折腾一番的发烧友而言，就显得有点不太方便了。

⑥

也许设计师考虑到QE520多媒体音箱的高保真HI-FI特性，音质是首先要顾及的重要因素，再就是该箱还要能长时间工作在高功率/高声压的卡拉OK状态之下，不仅出声容易、高亢靓丽、清晰通透，还要安全可靠，不会轻易烧喇叭，所以对于喇叭的遴选颇费周折，经过数月的试用改进，最终选择了性能优异、刚柔相继的5.25寸的中低音喇叭，该喇叭是专们为QE520度身定制独家开发的优质单元，集天然强磁钢、大音圈超长冲程、玻璃纤维编织振盆、柔润如眼皮的天然橡胶弹波等优点为一体，尤其玻璃纤维编织振盆最初被用于喇叭振盆是受到陆军防弹衣的启发，此材料刚柔相继，坚固轻盈，特别适合于高功率大动态高声压的环境使用，且材料的顺性好，瞬态反映迅速、变型恢复力超强，好声自不必说。高音喇叭单元则选用了音质细腻油润、磁力超强的钕铁硼25芯天然丝膜大功率HI-FI球顶高音喇叭。这两只喇叭兼顾到声音的音乐性和音响性，“柔”可表现人声中最细、最暖、最嗲的细腻韵味，刚可爆棚枪炮金属撕裂的铿锵炸响！加上厂家运用专业的频谱分析仪和智能声学设计测试系统反复不断的试听测试以修正理想的分频网络，最终为QE520带来宽阔平坦的频率响应和阳光通透、唯美大器的声音表现。

⑦

⑧

该多媒体音箱的控制及输入输出接口全部集中在主音箱背板上面(左音箱)，计有音源选择、音量大小增减、歌曲上一曲、下一曲、播放/暂停等。其所有的操作控制信息都将被珍珠白的液晶数字清楚的显示在音箱下方的荧光屏幕上，非常的人性化。背板右侧有两个卡拉OK话筒接口，方便有线话筒插入唱卡拉OK(也可以选择秦朝的无线话筒，就不必插话筒了)，并设有独立的话筒音量大小调节，不受主音量影响。方便唱K时自由调整人声的音量以取得最合适的音乐与人声配合的理想效果。此外，该音箱背板上还设有左/右声道立体声莲花端子线路输入、超低音前置输出(SW OUT)，用于连接有源低音炮。光纤输入(OPT)，同轴输入(COAX)支持立体声PCM格式解码。还设有USB输入，最大支持64G U盘(FAT32文件系统)，支持标规MP3/WAV/APE/FLAC立体声音乐文件。众多的接口和控制按键，足以满足日常所需了。

⑨

未验证该机的用料情况，笔者用螺丝刀打开了音箱背后的电路盖板，扣开白色的线路连接插座，很容易就能把音箱功放电路板从音箱的电路板腔体拉出来。仔细观察，该机采用了目前最可靠也是多媒体音响最主流的D类数字功放电路：D类功放的优点很多，首先它具有很高的能量使用转换率，而且它的体积小、重量轻，发热量小、故障率极低，具有很高的可靠性和稳定性，符合节能环保的标准。而音质音色也在不断的进化和完善中得到了长足的进步。如今D类功放的使用范围已经全面进入人们的日常生活，尤其在音视频领域得到了广泛的认可。从技术层面而言，它连接的负载阻抗最低值可以达到很低，这是模拟功放所无法企及的优势。另外不管负载阻抗值如何变化，其电压的转换率基本上可以说是不变；D类功放没有高频、中频、低频的相对变化，它的声音非常清晰洪亮厚实，而且声像有很准确的定位。非常适合产品的大批量生产。只要确保安装对元器件，就可以使产品具有的很好的一致性，生产的过程中也不需要任何的调试，安全可靠。

⑩

从印版用料及排版工艺等技术综合情况来看，QE520在选材用料和工艺制作上都下足了功夫，元器件及DSP声场处理集成芯片及大功率D类数字音频放大芯片、数据控制单片集成芯片以及4.2版本的蓝牙组件模块等重要的电子零部件都全部采用标识明确、工艺先进、指标确切的正规大厂名厂器件。工艺方面：排版走线规范，布局合理，波峰焊点圆润美观，接插件牢固、干净清爽；电源部分该有的散热器一只不少，且有表面积大的铝合金盖板一起参与散热，如此有经验的专业设计，一看就让人放心！

(未完待续)

◇ 辨机

2019年7月21日出版 实用性 启发性 资料性 信息性

第29期 国内统一刊号:CN51-0091 定价:1.50元 邮局订阅代号:61-75

地址:(610041)成都市武侯区一环路南三段24号节能大厦4楼 网址:http://www.netdzb.com

(总第2018期) 让每篇文章都对读者有用

新型数据传输Li-Fi灯

Li-Fi(LightFidelity,即可见光无线通信)是一种利用可见光波谱(如灯泡发出的光)进行数据传输的全新无线传输技术,Li-Fi是运用已铺设好的设备(无处不在的LED灯),通过在灯泡上植入一个微小的芯片形成类似于AP(WiFi热点)的设备,使终端随时能接入网络。利用电信号控制发光二极管(LED)发出的肉眼看不到的高速闪烁信号来传输信息,只要在室内开启电灯,无需WiFi也便可接入互联网。

Signify公司推出了一系列名为Truelifi的新型数据传输Li-Fi灯。这种可见光源单体能够使用光波以高达150Mbps的速度向笔记本电脑等设备传输数据,而不是传统的4G或Wi-Fi使用的无线电信号。

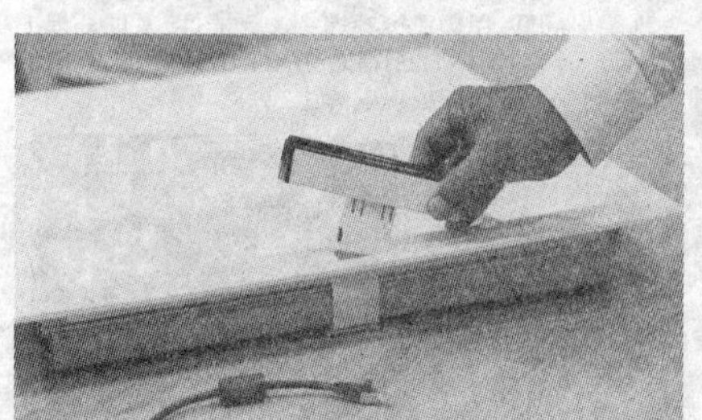

Truelifi系列包括通信灯和收发器,可以改装到现有的家用照明系统中。甚至假如你觉得速度不够快,还可无线连接两个固定点,数据速率就可以叠加到250Mbps。

Signify的前身是飞利浦照明,主要以Hue智能灯泡而闻名。

Truelifi设备主要针对企业细分市场,即在办公楼和医院而非私人住宅中安装这种灯泡,这样Li-Fi技术可以提供尽可能广泛的覆盖范围并覆盖更多用户。

阻碍该技术大规模普及的主要问题在于,其需要使用特殊的外部适配器,否则移动设备无法接收Li-Fi信号。另外为了确保信号足够稳定,接收器必须与光源成直角。Signify公司表示,要在Truelifi产品和笔记本电脑之间建立Li-Fi连接,只需要一个USB适配器。

另一方面,在一些特殊情况下,使用Li-Fi可能是无线电通信的良好替代方案。例如,在具有无线电敏感医疗设备的医院中,以及在具有射频干扰的区域中。此外,为了阻止Li-Fi的传输,需要在特定区域关闭灯光,这在安全性方面也具有一些优势。

虽然Li-Fi技术早在2011年就已经发明出来,目前已经发展到第三代了,其中第三代技术叫"LiFi-X"。相对于前两代产品而言,最明显的区别就是体积进一步缩小;同时,"LiFi-X"的传输速率也大大提升,目前上行、下行速率都达到了40Mbps水准;"LiFi-X"的接收器也发展的更加敏感,可以接受非直接光源,就是说不管是背向还是侧向的光源都能得到有效接收。但是Li-Fi技术最大的局限应该是反向通信,从LED灯泡可以发射信号到终端上,但是如何确保终端反射信号回LED灯泡并没有得到完美解决。

(本文原载第29期11版)

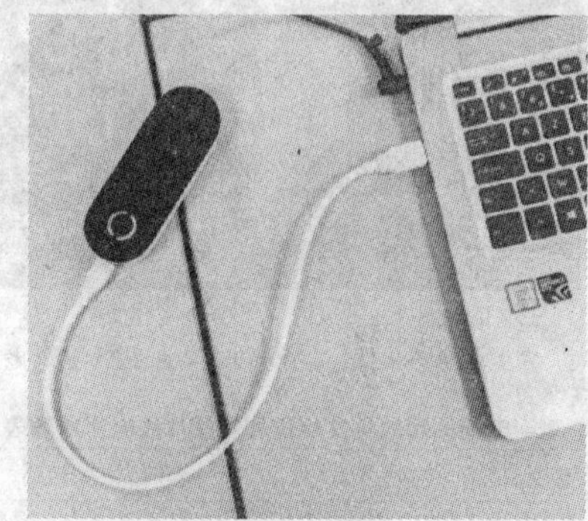

电子科技博物馆专栏

编前语:或许,当我们使用电子产品时,都没有人记得或知道老一批电子科技工作者们是经过了怎样的努力才奠定了当今时代的小型甚至微型的诸多电子产品及家电;或许,当我们拿起手机上网、看新闻、打游戏、发微信朋友圈时,也没有人记得是乔布斯等人让手机体积变小、功能变强大;或许,有一天我们的子孙后代只知道电子科技的进步而遗忘了老一辈电子科技工作者的艰辛……

成都电子科技大学博物馆旨在以电子发展历史上有代表性的物品为载体,记录推动电子科技发展特别是中国电子科技发展的重要人物和事件。目前,电子科技博物馆已与102家行业内企事业单位建立了联系,征集到藏品12000余件,展出1000余件,旨在以"见人见物见精神"的陈展方式,弘扬科学精神,提升公民科学素养。

开启移动收听模式的首台晶体管收音机

从收音机里听广播,是很多人的共同记忆。因为,收音机目前作为独立家电的功能已经逐渐弱化,多组装到汽车、手机、音响等应用场景中。

本文带您回忆新中国"第一台晶体管收音机"。因为它的研制成功,让随身携带、移动收听广播成为可能,不仅开启了人们一种全新的生活方式,而且书写了中国收音机产业从电子管转向晶体管并实现国产化的历史。

晶体管收音机是一种小型的基于晶体管的无线电接收机,是继矿石、电子管收音机后的第三代收音机。世界首款民用晶体管收音机由美国印第安纳波利斯市工业发展工程师协会研制,于1954年11月投入市场。而新中国第一台晶体管收音机则是1958年3月11日在上海宏音无线电器材厂试制成功。该机为便携式7晶体管中波段超外差式收音机,木质外壳,带提手,整机尺寸为270毫米×160毫米×92毫米。所有50多种零件均实现小型化,使用的7只三极管和2只二极管全部是国外产品。由于当时晶体管等国产小型元器件废品率偏高,该机投产时每台成本高达192.83元,物价部门核准零售价为160元,工厂亏损由国家补贴。

1958年7月,试制小组又试制成功第一台晶体管汽车收音机,并安装在上海第一辆国产轿车凤凰牌轿车内。1962年第一台全部采用国产元器件的收音机研制成功,第一条晶体管收音机生产流水线也建立起来。

由于与电子管收音机相比,晶体管收音机耐震动、耗电省、寿命长,上市后立即引起轰动。因此从上世纪六七十年代开始,全国各地收音机需求日增,诸如上海无线电二、三、四厂等大型收音机生产专业厂也相继推出工农兵、海燕等多种品牌和型号的晶体管收音机。到了七八十年代,收音机以黑白灰颜色为主,金属感十足。在1983年,根据国家能源政策,电子管收音机全部被半导体收音机取代。到了九十年代,袖珍、时尚成为了收音机的标签。到了21世纪,随着科技和互联网的发展,收音机的功能被内置到MP3、手机等多种智能终端,化身无形,海量信息随时收听。

如今,60多年过去了,收音机款式已经从大台式转向袖珍式、组合式,突破了调频、立体声、集成化等关键技术。可以说,收音机这一物件不仅承载了几代中国人的美好记忆,更见证了中国的收音机产业经历了从奢侈品到必需品再到收藏品的演变。

◇刘鸿

(本文原载第30期2版)

电信IPTV常见故障排除方法与检修实例(三)

(紧接上期本版)

值得一提的是：电信IPTV故障，可以根据机顶盒面板上面的指示灯，大致判断出故障的部位。电信机顶盒通常有三个指示灯，从左到右依次为：电源指示灯、网络指示灯、遥控指示灯，每个指示灯有两种指示颜色(绿色和红色)。1.电源指示灯不亮：重点检查机顶盒电源是否正确接入，检查电源插座、适配器、电源开关；电源指示灯为红色，机顶盒处于待机状态，请按摇控器红色电源键进行开机；电源指示灯为绿色，机顶盒电源接入正常。2.网络指示灯不亮：重点检查机顶盒电源输入电压是否正常；网络指示灯为红色，检查机顶盒与光猫的网线是否正常连接。3.用摇控器时，机顶盒摇控器指示灯不亮：检查遥控器是否正常；使用按键时遥控器上信号指示灯是否正常，若不亮，更换遥控器电池或检查遥控器按键膜是否脏或磨损；若检查遥控器正常，使用时机顶盒上的遥控器指示灯仍不亮，可以重新关开机顶盒一试。

例2、播放时只有黑白图像

分析与检修：根据故障现象，结合电路原理，重点检查机顶盒与电视机的制式是否匹配，以及相关的AV音视频线(该用户机顶盒采用AV输出)连接是否正常。通常机顶盒的默认输出为PAL，如果制式不匹配，可以用电视机遥控器更改电视机的制式为AUTO或PAL，具体操作方法见电视机说明书或致电厂家客服了解(常见厂家客服联系电话见表4)。检查完机顶盒与电视机的制式匹配，再检查相关的AV音视频线，也没有发现问题。用代换法检查，发现故障在电视机，拆开型号为LC-42B91EI的清华同方液晶电视，检查相关的AV接口，发现视频插座内的金属簧片存在氧化，将其更换后故障排除。

图2 清华同方LC-42B91EI液晶电视AV接口相关实物图

表4 电视品牌的英文标识和客服热线电话对照表

电视品牌	英文标识	客服热线电话
长虹	CHANGHONG	4008-111-666
海信	Hisense	400-611-1111
康佳	KONKA	400-880-0016
创维	Skyworth	95105555
TCL	TCL	400-812-3456
酷开	COOCAA	95105555
海尔	Haier	400-699-9999
乐视	Letv	10109000
LG	LG	400-819-9999
小米	MI	400-100-5678
飞利浦	PHILIPS	4008 800 008
三星	SAMSUNG	4008105858
夏普	SHARP	400-898-1818
索尼	SONY	400-810-9000
东芝	TOSHIBA	400-600-1000
微鲸	WHALEY	4006-726-726

相关知识延伸

AV线：这是一种连接AV接口的专用线，由黄、白、红三种颜色的线组成，其中黄线为视频传输线，白色和红色线是左右声道的声音传输线。

例3、播放时图像正常，但没声音

分析与检修：根据故障现象，结合电路原理，重点检查机顶盒与电视机是否处于静音模式或音量调到最低了；如果机顶盒与电视机采用AV连接，还应检查相关的左右声道音频线连接是否正常。上门修理，发现更换节目源，故障现象不变，排除了信号源的因素；用遥控器检查音量调节也正常，排除了音量控制方面的因素；检查AV三色线连接正常，排除了左右声道音频线不良的因素。试换机顶盒，声音恢复正常，说明故障在机顶盒。拆开华为EC6108V9C机顶盒，检查图3所示的AV相关电路，发现音频芯片U5(TPF632C)第⑨脚3.3V供电只有1.2V(音频芯片TPF632C引脚功能参见图4)。检查相关元件，发现滤波电容C158(0.01μF)存在漏电，用热风枪将其吹下更换，故障排除。

图3 华为EC6108V9C机顶盒AV相关电路实物图

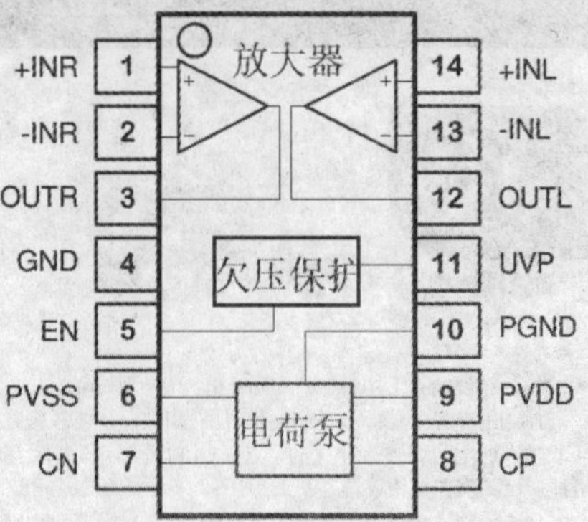

图4 音频芯片TPF632C引脚功能

例4、播放时声音正常，但没图像

分析与检修：从故障现象看，问题出在视频信号通路。直观检查AV线连接正常，两头的插头也无明显氧化。更换其他节目观看测试，还是声音正常没图像，说明故障也不是片源的问题。试换机顶盒图像恢复正常，说明故障在机顶盒。拆开图5烽火HG680-T机顶盒，发现AV输出插座J12的视频信号脚与视频线不通，更换AV输出插座J12，故障排除。

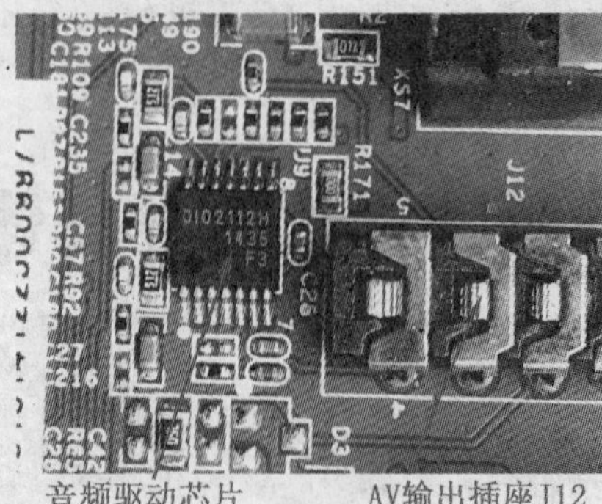

图5 烽火HG680-T机顶盒AV相关电路实物图

例5、电视机开机后IPTV进度条始终在"8%"

分析与检修：根据故障现象，结合维修经验，IPTV进度条始终在"8%"，一般由网络不通引起，个别由光猫、机顶盒故障引起。直观检查光猫IPTV端口指示灯亮，说明光猫与机顶盒之间的网线连接正常，故障可能由机顶盒中的IPTV账号或机顶盒网络接口相关电路不良引起。用遥控器进机顶盒设置，发现IPTV账号正常，说明故障在机顶盒本身。拆开图6华为EC6108V9C机顶盒检查，发现网络接口电路的RJ45插座第①脚与第②脚不通，正常情况，其第①脚与第②脚电阻接近为零，第③脚与第⑥脚电阻接近为零。检查相关印刷电路和网络变压器(D16503G)，发现是网络变压器引脚存在虚焊，将其补焊后故障排除。

图6 华为EC6108V9C机顶盒网络接口相关电路实物图

例6、图像卡顿、马赛克或声音图像不同步

分析与检修：根据故障现象，结合维修经验，首先让用户检查是否光猫、机顶盒长时间工作导致温度高热稳定性差或缓存已占用的原因。方法是让用户试着重启光猫与机顶盒的电源，等待1~3分钟，看故障是否自行消失。再了解用户是否在观看IPTV的同时还使用电脑下载或上网观看影视节目。如果是，告知用户尽量错开看IPTV和电脑下载的时间。该故障通过上述检查不能排除，说明故障由光猫或机顶盒本身不良引起。首先用好的机顶盒代换，结果故障现象消失，说明故障在机顶盒。拆开华为EC6108V9C机顶盒，直观检查，没有发现明显问题，用热风枪补焊相关元器件，发现补焊图7所示的存储模块(D2516EC4BXGGB)后故障现象消失，说明故障由存储模块虚焊引起。

图7 华为EC6108V9C机顶盒存储器相关电路实物图

例7、机顶盒遥控器失灵

分析与检修：从我们对大量的IPTV用户维修看，这种情况多见遥控器电池电量不足或者电池极性装反或遥控器按键磨损引起。首先检查机顶盒遥控器，发现在按按键时，用手机照相机可以看到遥控器有红外线发出，说明遥控器基本正常，故障可能在机顶盒内部的红外接收电路。拆开图8华为EC6108V9C机顶盒，发现其红外接收管D3第②脚、第③脚存在虚焊，将其补焊后试机，机顶盒遥控器恢复正常工作，故障排除。

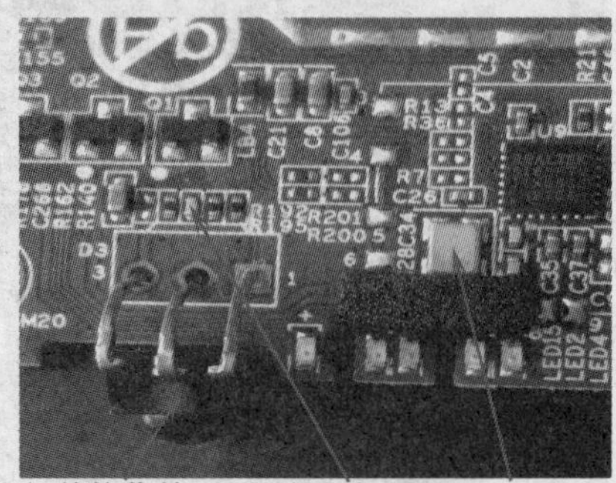

图8 华为EC6108V9C机顶盒红外接收相关电路实物图

(未完待续)(下转第392页)

◇浙江 周立云

做好无人机航拍摄影前的“功课”(二)

(紧接上期本版)

五、开机次序及智能手机的DJI GO App连接使用

无人机的开机次序比较有“讲究”：在启动飞行器之前要确保遥控器是开启状态，而在关闭遥控器之前则要确保飞行器已经关闭了智能电池。切记：一定不要在遥控器处于关闭状态时启动飞行器！因为如果飞行器识别了外界环境中的某些干扰信号后，而自己的控制系统又处于未启动状态，此时飞行器就会偏离航线并失去控制。

在进行正式飞行之前务必要先检查飞行器有无损坏，确保所有部件均准备齐全——飞行器、四支螺旋桨(两黑两银桨帽)、遥控器、智能飞行器电池、智能手机；接着将遥控器的电源开关向右拨动，检查电量并开机；取下飞行器底部的云台锁扣和相机镜头保护套，短按电池电源开关检查智能电池的电量；打开遥控器移动设备支架上的夹子固定好智能手机，并将其调整至合适的位置(如图3所示)。

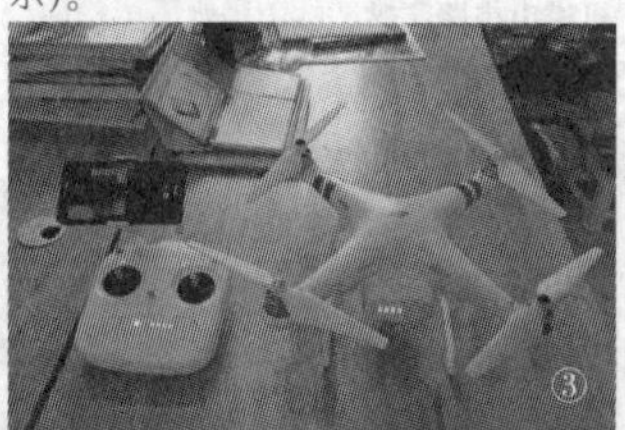

飞行器的智能电池开机后会先响起短暂的音乐提示，同时尾部的LED灯会进行红灯、绿灯和黄灯交替闪烁，表示正在上电自检。同时，云台及相机也会进行自检——相机转动直至稳定；接着，飞行器进入预热模式，尾部的LED灯会显示为黄灯闪烁状态。接下来开启电机，操作方法是在遥控器中使用左右手拇指执行“掰杆”动作——将左右两摇杆均向下向里拨(“内八字”状态)，保持两三秒后即可启动电机，四支螺旋桨开始旋转。此时的电机是处于匀速无异响的怠速运转状态，若有异响则应迅速关闭电机并联系售后服务中心，操作方法是用左手拇指将左摇杆垂直向下拨到底并保持三秒即可(内有磁力吸附装置)。

遥控器内置2.4GHz WiFi中继器，无线信号的有效传输距离为1千米。在手机上安装好DJI GO App操控程序(可扫描无人机的说明书二维码或从大疆官网下载)，点击手机的“无线和网络”-“WLAN”(以华为Mate 9为例)中找到遥控器对应的名称(比如PHANTOM3_010203)进行连接(遥控器背部标签上有具体的编号和初始密码“12341234”)，当出现“已连接(不可上网)”提示后说明手机已经与遥控器对接成功；接着运行DJI GO App，选择好对应型号的飞行器(如PHANTOM 3STANDARD)，点击“飞行器相机”即可显示实时航拍画面，此时表示三者已经进行了正常的连接(如图4所示)。

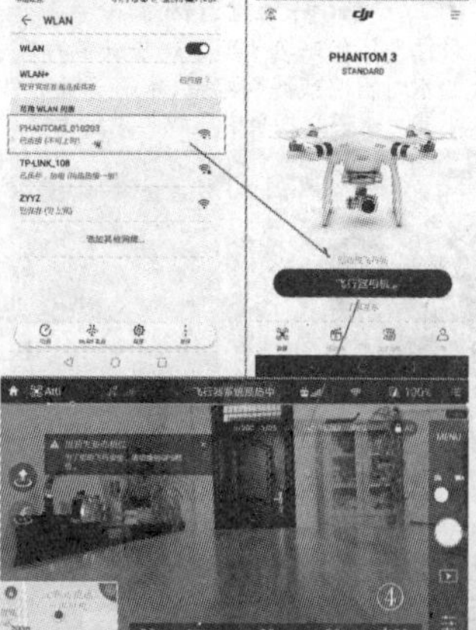

六、校准“指南针”

大疆DJIPHANTOM 3无人机的地磁传感器(俗称“指南针”)是内置于起落架右后方的磁敏感部件，其主要作用是获得当前地理位置磁场的大小和方向等信息，切忌将其靠近扬声器、手机、汽车钥匙、航空模型电机或大型金属物等磁性物体材料，因为它很容易受到第三方外磁场的磁化干扰而出现指示偏差，尤其是在使用飞行器的自动返航功能时，指南针的误差将会直接决定飞行器的返航误差。一般在首次进行户外飞行前，或者是更换飞行地点的时候，都需要在空旷平整的场地上进行指南针的校准(提前在室内的“校准”是无效的)，具体步骤如下所述。

第1步：在DJIGOApp的“飞行器相机”界面中点击上方的“飞行器状态列表”，选择第一项“指南针”后的“校准”按钮(或者直接在遥控器上操作——连续上下拨动右上角的S1开关五次以上也可快速进入指南针校准模式)，提示“成功进入校准指南针模式，请远离金属或带强电物体等，并在离地1.5m左右水平旋转飞行器360度”。

第2步：按照该操作提示，双手握住飞行器的起落架平举，保持标注有红色标记的机头水平向外旋转飞行器360度(人原地不动)，即“平端飞行器原地旋转一周”，飞行器的状态指示灯会显示为绿灯常亮。

第3步：水平旋转校准结束后，会出现新的操作提示：“成功进入校准指南针模式，请远离金属或带强电物体等，并在离地1.5m左右竖直旋转飞行器360度”，操作基本类似，只不过这次是保持飞行器机头为朝下状态，再次原地旋转360度(如图5所示)。若飞行器的状态指示灯显示为红、黄灯交替闪烁，则需要更换场地重新进行指南针校准(说明周围磁场干扰过强)；若飞行器状态指示灯显示为黄灯或绿灯常亮，则表示指南针校准成功。

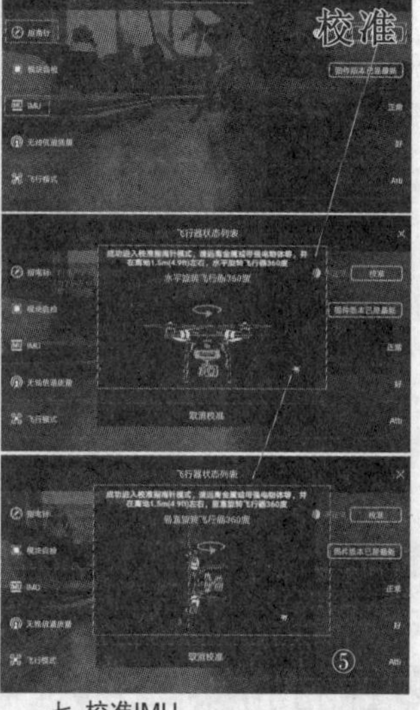

七、校准IMU

当飞行器在运输过程中受到较大幅度的震动或者放置于非水平面时，开机自检时就会显示IMU异常。所谓的IMU即“Inertial Measurement Unit”——惯性测量单元，IMU负责测量并反馈飞行器的速度、航向及重力值，其中的传感器作用是感知飞行器在空中的姿态和运动状态(即“运动感测追踪”)。同指南针的校准类似，首次飞行或经过长时间远距离运输后都要对飞行器进行IMU校准，否则都会影响到飞行器的正常飞行及返航等等。操作方法非常简单，首先要确保将飞行器放置于完整的水平面上，接着在DJIGOApp的“飞行器状态列表”中进行IMU校准(开始校准后会显示“IMU校准中，请耐心等待”的提示)，校准结束后IMU后面显示的是“正常”(如图6所示)。

八、其它需要注意的技术参数等小细节问题

起落架的作用是在飞行器下降时保护云台和相机；云台是一款用于增稳的高精度防抖三轴云台，能够上下调节其俯仰角度；云台防脱落件可防止云台和相机脱落，减振器则可以尽量实现照片和视频稳定流畅的拍摄；为了获得更好的通讯效果，天线内置于飞行器的起落架前端；高能量智能电池和高效率的动力系统可保障飞行器的最大平飞速度达到16米/秒，最大续航时间约为23分钟；相机可拍摄1200万像素JPEG及无损RAW格式的静态照片，同时也能够实现2.7K高清视频的录制；相机的MicroSD卡槽可插入标配的8GB存储卡(最高支持64GB)，通过MicroUSB接口与电脑连接后可实现将照片或视频的传输与存储(特别要注意不能在飞行器智能电池处于开启的状态时执行SD卡的插入或拔出操作)；从飞行器的开机自检到正常飞行，我们都必须要时刻注意它的状态指示灯，以便做出正确的应对处理动作而避免各种不必要的误操作出现——

红绿黄连续闪烁表示系统正在自检中，黄绿灯交替闪烁表示正在进行预热，黄灯快闪表示遥控器信号中断，红灯慢闪表示低电量报警(红灯快闪则表示严重低电量报警)，红灯间隔闪烁表示放置不平或传感器误差过大，红黄灯交替闪烁表示指南针数据发生错误(需校准)，红灯常亮则表示出现了严重错误等等。(全文完)

◇山东 牟晓东 牟奕炫

三星手机充电器维修一例

一只三星旅行充电器(型号为EP-TA20CBC)，在充电过程中不知为何突然不充电了。

该充电器做工精细，支持兼容高通QC2.0快充标准，输出有两档：5V2A(10W)、9V1.67A(15.03W)。就此扔掉感觉有点可惜，于是对其进行了剖解，看看是否有维修价值。

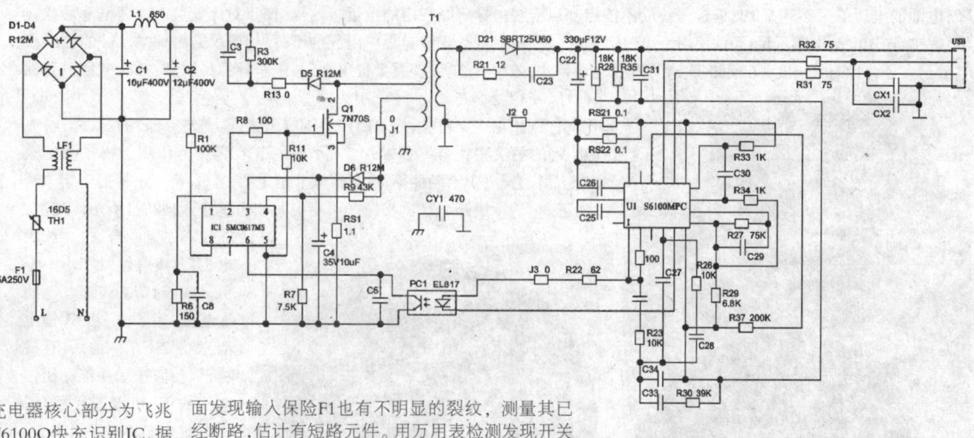

此充电器内部设计比较紧凑，电源的初次级之间使用了塑料支架使之完全隔离开，增加了板子的安全系数。充电器核心部分为飞兆(FairChild)公司生产的FAN6100Q快充识别IC，据网上的资料，它兼容高通QC2.0协议，不仅是一个快充识别IC，同时它还有一套自有的专用快充识别协议。其内部集成了电源管理功能，支持线补、恒流/恒压模式、过流等多种保护功能。

拆机检查发现，有一只电阻外观异常，已分辨不出数值，为检修方便，测绘其电路如附图所示。异常的电阻为Q1的S极电阻RS1，在电路板的另一面发现输入保险F1也有不明显的裂纹，测量其已经断路，估计有短路元件。用万用表检测发现开关管Q1(7N70S)三极短路，其余没有发现明显的异常情况。先更换Q1，S极限流电阻用一支1.1Ω电阻换上后，在输入端串一灯泡，插电灯泡闪亮一下后熄灭，测初级滤波电容C1、C2的正端有300V电压，但USB输出端口没有电压，估计Q1开关管击穿短路时，整流后的300V电压通过G极电阻对电源芯片造成了损害，拆除IC1并换新，认真测量初级各元件，又发现G极电阻R8阻值为10kΩ，明显不正常。参考相关电路，G极电阻R8用一支100Ω电阻更换，此时试插电，保护灯泡闪亮后微亮，测量USB端口已有正常电压输出，试机一段时间后没有发现异常情况，将灯泡去掉后换上同规格保险，进行充电试验，充电正常，修复成功。

◇郑州 赵占营

荣事达茶吧机不上水故障检修1例

茶吧机分为单热型茶吧机与冷热型茶吧机2种,市面上供应的通常是单热型的茶吧机,但是冷热型茶吧机,既可满足热水的供应,又能在炎炎的夏日奉上一杯清凉,使人更加惬意,并可培养健康的饮茶习惯。

茶吧机针对传统饮水机加热温度不能达到沸水温度,桶装水安装费力,开机后反复加热等问题进行了改进,可根据主人设置,将水加热到设定的温度,最高可达100℃。茶吧机可以实现自动上水,加热,达到设定温度后自动停止加热,也可设置为自动保温至设定温度。

接修一台GM10P型荣事达茶吧机,实物外形见图1,使用中出现不上水故障。

1.故障现象

一台荣事达牌茶吧机不能上水。显示屏及面板上共有4个轻触按键,分别是开机键、调温键、注水键和加热键。正常操作时,点触2次开关键,显示屏右下角显示图2所示的开关图符。调温键可以设置水加热的温度。点触一下,显示屏显示96℃,继续操作,每点触一下调温键,温度升高1℃,直至升到100℃。之后再点触调温键,显示屏上的设定温度跳变到40℃。如此可以选择设置水加热的温度。点触注水键2次,显示屏上显示如图3所示的注水图符,茶吧机开始上水。本款荣事达茶吧机属于常规型,启动注水后30秒会定时停止。如果水壶中有一定的水量,则在加水至适当水位时点触一下开关键就可以停止注水。

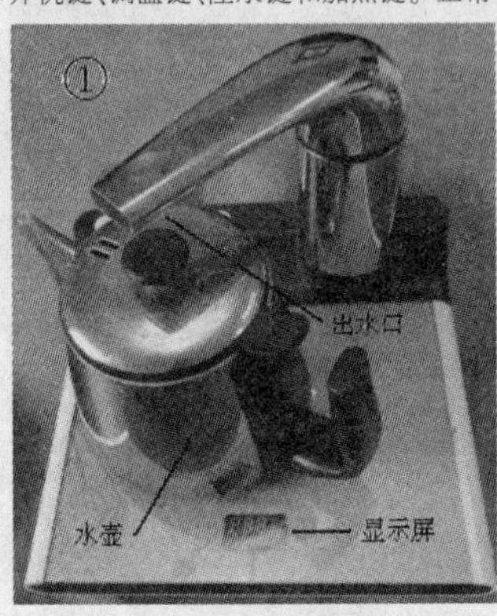

注水完毕,且已设置了加热温度,点触图2中的加热键,茶吧机开始对水加热,水温加热至用调温键设置的温度时断电停止加热。用户使用中,出现不能上水故障,前来报修。

2.故障检修

将茶吧机专用的水管与水源接通,电源线插入AC220V插座内,点触电源开关键开机后,设置水温时能按照意愿自由设定,说明调温功能正常。点触注水键,在显示屏上显示图3所示的注水图符,判断注水控制功能正常,但此时并未注水,也没有任何声音发出。分析其原因,故障原因主要是:1)水源中无水,这种情况应能听到水泵电机旋转的声音;2)水管管路或滤网堵塞,水路不通导致不能上水;3)水泵电机或其供电电路异常;4)供电电源,明显偏离正常电压。

检查水源的水源液位正常。如果水管管路堵塞,除非完全堵塞,上水时应有较小水流流出,现在是滴水不流,基本排除了管路问题。由于注水时,茶吧机不产生任何声响,所以重点怀疑水泵电机及其供电电路上。

拔除进水管和电源线,打开茶吧机底壳,发现控制电路板上干净整洁,未见烧蚀变色的元件。电路板和水泵安装得很规范,拆卸似有难度。将电路板与电动机之间的2条排线寻找了一个便于剪短、又便于接通的地方,错开位置剪断,并将导线的4个断头绝缘皮剥除各约5mm,用万用表测量水泵电机的直流电阻为无穷大,判定电机损坏。为了判断电机故障是否祸及电路板,于是小心给茶吧机通电,并用万用表测量剪断的水泵电机线的控制板侧,观察其电压变化:茶吧机在非注水状态时电压为0;茶吧机在注水状态时有DC12V电压。证明微处理器电路及电机供电电路正常,故障是水泵电机的绕组开路所致。用MG-CLB-01(外形见图4)型水泵电机更换后,茶吧机注水恢复正常,故障排除。

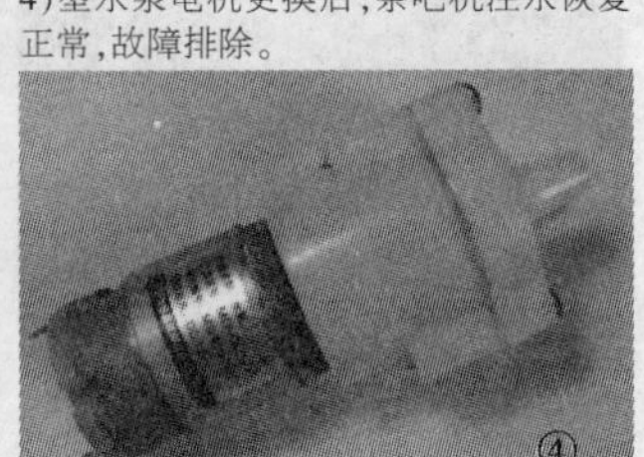

◇山西 杨电功

香山牌EK3550家庭用厨房秤使用3.6V锂电池的体会

家庭用厨房秤多使用一节直径为20mm、厚3mm的3V大号纽扣锂电池。由于此类纽扣电池的使用范围小,市场需求量不大,在电子市场购买的品牌电池都是保质期非常短的。往往在厨房秤上使用时间不长,就因为电池的电流容量下降,电池的电压值虽然还是3V,但厨房秤就不能启动自检校零,报错:告知电池电压不足,无法使用。

用直径为1.6cm、长度为6.6cm的3.6V标准锂电池替代,效果很好。使用时间是纽扣锂电池的好几倍。替代方法如下。

首先,因为“称”为“度量衡”精准仪器;如有实验室的5g、50g、500g等重量的砝码,记下改装前“称”的基本标准值与之上述3款标准砝码的误差值。若没有标准砝码,也可以使用称数节锂电池或一串钥匙等小物件的方法,记住其相对重量,标记好相应的重量。这样,便于对比安装3.6V锂电池后或在拆卸安装过程中出现的不适当,导致厨房秤“失准”的校准参考值,确保更换锂电池后,厨房秤的灵敏度、准确度和重复性不变。

首先,拧下底座上固定重量“压力传感器”的2枚螺丝,先用记号笔在螺丝位置作好标记,各个方位用手机拍照记录(业余条件下,这一步骤非常重要!)后,使用小号的一字改锥撬开4只“倒扣”,即可将台面和底座分开,如图1所示。其次,在底座左侧的合适位置,用电工刀、尖嘴钳“挖”出一个可以安装1节3.6V锂电池的安装槽,用于安装3.6V锂电池,如图2所示。最后,直接将正、负极连线并接在钮扣电池的正、负极连线端(纽扣电池的安装槽保持不变,便于恢复使用纽扣电池)。锂电池安装完毕后,按键操作开机,再进行精准度、重复性的调试校验即可。

①

②

◇江西 高福光

便携式紫外线灯不亮故障检修1例

故障现象:一台广东雪莱特光电科技有限公司生产的紫外线杀菌消毒灯不亮,按开关键无反应。

分析与检修:按照商标说明,该灯采用5V电源供电,正好适用手机充电器电源。于是,插上手机充电器指示灯亮,但充多长时间,指示灯都不能变色,怀疑电池或供电线路异常。小心的拆开外壳察看,线路正常,测量电路板和聚合物电池,发现电池损坏,难怪充不进电。正好手头有2块体积差不多的拆机电池,将其换上后充电,工作正常,待充满电指示灯变绿灯后拔掉充电器,试着开机仍无任何反应,怀疑电路有问题。但检查无效。由于没有该灯的使用说明书,只能凭着多年的维修经验来试验。经多次试验后,发现长按开关键3秒后能开机,按2下开关键为关机。不过,这种操作方法不知是否符合原设计,但起码可以使用了。

【提示】这个紫外线灯虽小,但用途很多。除了日常的杀菌消毒场合以外,还可以擦除存储器IC,紫外线化工固化,并且可以用在需要紫外线检验钱币等物品真伪的场合。

【注意】在使用此类产品时,千万不要伤害眼睛和皮肤,操作时最好带上黑色墨镜。

◇内蒙古 夏金光

无线频谱短缺？没那么快

无线行业一直不得不处理我们以某种方式耗尽无线电频谱的定期(和警报)声明。不是。但这种误解无论如何都会让许多IT和网络管理人员停下来。毕竟,如果无线电的可用性,可靠性,特别是无线容量降低到事实上的短缺，那么局域网和广域网边缘的通信情况将会很糟糕。

因此，让我们开始对任何有关频谱短缺的猜测和对现实的关注：由于无线技术的不断进步，最近对频谱监管政策的改进以及对频谱分配的新思考，我们可以确保“频谱”短缺现在并将继续是一个抽象的理论概念。

了解问题：射频特性和局限性

我们总是可以利用更多频谱，但广泛适用于无线电通信(RF)的频率仅占整个电磁频谱的一小部分，其在美国的调节部分从9KHz延伸到300 GHz。尽管构建当今宽带无线电具有固有的复杂性，但过去三十年来无线通信技术的进步在提高可用性,可靠性,性价比,特别是部署解决方案的吞吐量方面取得了相当大的成功一直到千兆级+速度今天在IEEE 802.11ax和(最终)5G中有所体现。

这些成就的关键在于各种技术,这些技术只能推动无线通信的一个技术方面;频谱效率。频谱效率的提高取决于每单位时间成功传输的比特数,带宽,并且在越来越多地应用多输入/多输出 (MIMO)技术的情况下,空间也是如此。

该领域最重要的进步包括：更密集的调制方案，例如802.11ax的1024-QAM,它可以每赫兹编码10比特;更有效的信道代码，否则会增加（尽管是必要的）开销;高阶MIMO,例如,802.11ac和,11ax中指定的最多八个发射器和接收器;多用户MIMO(MU-MIMO),波束成形,波束转向,波段转向(作为负载均衡的一种形式),以及基于实时分析,人工智能的各种新的上层流量管理功能(AI)和机器学习(ML)。

然而，更高的频谱效率并未消除未许可频带的特别具有挑战性的伪像。随着对该频谱中运行的Wi-Fi和其他技术的需求不断增加，干扰仍然是一个合理的问题。当前的射频频谱管理(RFSM)，无线电资源管理(RRM)解决方案以及AI / ML的应用在很多情况下可以通过调整发射功率，信道分配以及调制和编码来在飞机上很好地处理干扰。然而,更大的问题是来自在给定频率下同时操作的其他不相交技术的相互干扰，例如可能在Wi-Fi和未许可LTE或LTE-A之间发生的技术。然而，本地部署策略与RFSM和RRM技术相结合，也有助于缓解这一非常现实的问题。

第三个挑战带着隐秘的一线曙光。这是信号衰落，它代表了网络管理者在进一步实现最佳频谱利用目标的控制下最重要的技术机会。在无线通信中以多种形式出现的信号衰落基本上限制了给定地面传输的范围。虽然许多人认为可视衰落是一个需要克服的技术问题，但正如我们将在下面讨论的那样，利用这个人工制品是最大化给定无线安装容量的关键。

频谱政策

技术定义了在给定频谱范围内可能的内容。但正如我们上面提到的,任何给定应用的附加频谱的可用性是避免拥塞和最大化产生频谱利用的重要因素。当监管机构将频谱重新分配给更现代和更高要求的应用（此处的技术术语已重新定位)时,该行业受益匪浅。

随着无线通信对整体经济变得至关重要,频谱重组正变得越来越重要。不幸的是，这一重要的政策演变受到历史监管环境的影响，这种监管环境起源于无线电技术和无线电本身远不如现在强大。今天的无线电可以轻松利用具有频率捷变性的宽带信道，发射功率控制以及自适应调制和编码，但这些都是最近的发展。从历史上看，监管机构别无选择,只能将频谱块 - 通常是非常大的块 - 分配给当今价值较低的应用，例如电视广播和政府保留的许多活动。

鉴于当今的技术灵活性，过去的监管政策很容易被描述为僵化和浪费。克服这一历史性赤字并不容易；频谱监管是一种政府和政治功能 - 而且其复杂程度如此之高，以至于无线的物理和工程通过比较看起来很简单 - 这里的进展需要时间。但是,在监管方面取得的一些当前进展的例子正在取得进展,包括：

·更多频谱 - 美国联邦通信委员会最近投票决定扩大未经许可的频谱,开始一个将使未来的Wi-Fi和其他解决方案能够利用6-GHz的过程。频段(5.925-7.125 GHz,相当于1.2 GHz附加频谱)是第一次。在28 GHz下拍卖额外的毫米波(MM-Wave) 频谱才刚刚结束。MM-Wave不仅可以在5G的小区间链路和回程中看到应用，而且还可以在客户端设备的空中链路中看到应用。我们可能仍会看到通过802.11ad和802.11ay的60 GHz免许可频谱7+ GHz的使用率。

·总统特别工作组 - 认识到无线技术对未来的重要性，新的高级别频谱工作组和相应的政策显然是当前政府的关键优先事项。政治肯定会在这里取得任何成果，但认识到这个机会在最高层政府中的重要性至少是令人鼓舞的。

无线频谱：下一步是什么？

用于通信的频谱通常通过拍卖流程许可给单个实体，或者在未经许可的频段中混乱共享,这两种方法都很难实现。但是,正在努力改变现状。

例如,Federated Wireless正在开创一种频谱共享的动态战略。该公司目前的重点是3.5 GHz的公民宽带无线电服务(CBRS)频段。使用一种新颖的数据库驱动方法进行频谱分配，这可能在未来消除对拍卖和混乱的需求。“我们没有频谱供应问题，我们有分配和管理问题，”Federated Wireless总裁兼首席执行官Iyad Terazi说。

这种智能方法最终可以消除频谱拍卖的成本，鼓励使用可能至少暂时休息的频谱，甚至可以避免对大多数预留频谱实施的需求,例如FirstNet,只需通过优先级较高的流量来抢占在需要的时候。

在运营方面，网络管理人员已经可以通过充分利用可用频谱来寻求不那么激进的策略来优化容量,包括：

·小蜂窝。利用每个给定区域的更多小区 - 也称为密集部署或致密化 - 具有降低的发射功率，从而利用衰落以在更短距离上更有效地重用频谱，这明显提高了频谱效率。该策略适用于WLAN部署中的最终用户，并且越来越多地被蜂窝运营商应用，尤其是在5G中。请记住，虽然覆盖范围很重要，但容量是关键。

·小通道。事实上,除了极少数应用之外,容量比最大可能吞吐量更重要。而使用160-MHz时，鉴于它们在802.11ac和.11ax中的可用性,通道似乎是一个明显的方向，几乎总是可以通过80-通常40-MHz获得足够的吞吐量通道。因此,从更多信道的可用性中获得的额外容量在减少媒体访问延迟方面具有额外的益处。

·了解和优化应用程序行为。确定在给定设置中消耗大部分可用带宽的关键应用程序的行为和流量要求是个好主意。Wi-Fi保证产品在这一努力中发挥着至关重要的作用，随着802.11ax推出的进行，对这些产品的升级是一个重要的考虑因素。

我们也可能看到基本无线技术的进步,有些人甚至可能将其定义为激进。例如,Massive MIMO等技术创新可以在未来实现更高的频谱效率。MIMO本身通常看起来违反直觉，但增加更多的电台 - 这是“大规模”部分 - 可能会产生真正惊人的每Hz频率，导致未来的部署。事实上，目前还不清楚在任何特定情况下,每赫兹的比特上限是多少,但对无线服务的不断增长的需求肯定会提供推动任何可能存在的极限的动机，无论这些极限如何。

那么为了最终将频谱短缺的背景噪声进行不断地讨论，将需要结合使用新技术,因为旧产品已退役,附加频谱的可用性以及对频谱分配策略的重新思考。别搞错了；随着无线通信需求的持续增长，终端用户的满意度和生产力仍然需要永远保持警惕，特别是设备供应商和监管机构。不过,作为一个行业,我坚信我们能够胜任这项任务。

◇湖北 朱少华 编译

中国VR/AR市场产品逐渐迭代将逐步释放潜能

国际数据公司（IDC）近期发布的《中国VR/AR市场季度跟踪报告》显示，2019年第一季度中国地区头显设备出货量接近27.5万台，同比增长15.1%。其中VR头显设备出货量同比增长17.6%，增量主要来自于桌面头显以及独立头显设备市场，各细分市场中头部厂商市场占比逐渐拉大。

VR市场：进入2019年，VR头显设备市场延续了平稳较快的增长态势。

国内硬件厂商从一季度末开始逐步发布新产品，预计将在后三个季度保持稳健增长。第一季度商用与消费市场各占到整体出货量的50.0%。

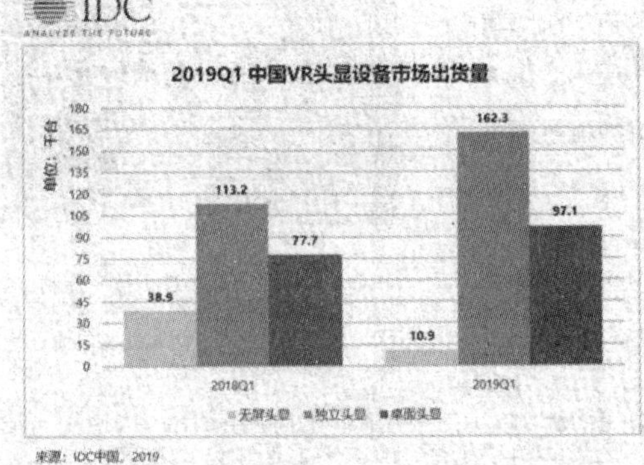

产品方面，设备厂商的产品定位与规划更加清晰，优质的原生内容将加速VR应用在游戏、影视以及社交等场景的应用进程。技术方面，空间定位与交互及眼球追踪等技术革新在行业应用中发挥的作用也将更为显著。

渠道方面，随着商用客户对于整体解决方案的需求大幅上升，包括经销商及服务集成商在内的代理渠道在第一季度中贡献超过了25.0%的市场比例，而得益于在网络管道以及用户分发方面的优势，运营商在未来VR市场渠道中的重要性将会不断提高。

独立头显市场份额进一步升高。第一季度，国内该细分市场占比达到60.0%，远高于全球市场的23.6%。同时，产品价格有持续下探趋势，内容平台成熟度得到不断提升，对于生态发展而言，设备及应用消费门槛降低有助于拓宽用户群体范围，提高行业活跃度。

桌面头显市场份额保持稳定。商用市场占有份额持续上升，在该季度突破70.1%。Oculus以及HTC等厂商在新产品中带来的技术升级将继续拉动制造、医疗等行业对于高端头显设备的需求。

无屏头显市场份额继续下跌。仅占整体市场4.0%，由于中高端头显设备成本逐步降低，该品类产品的市场需求将进一步减少。

AR市场：赋能行业。

2019年第一季度，AR头显设备出货量出现小幅回落，主要来自产品迭代速度较慢，预计这一跌幅将在新产品进入市场后得到扭转。

目前在医疗、安防、教育以及制造业等商用领域中，AR头显设备都为行业用户提供了定制化解决方案。未来，5G技术带来的高带宽和低时延等优势将带动AR应用市场朝着精确度更高以及专业性更强的行业领域深入发展，而以娱乐与移动办公为代表的消费端市场也将成为重要的增长点。

尽管目前AR市场中桌面头显设备占比较小，在第一季度中仅占到整体市场的23.7%，但由于该产品形态能够实现更加轻便化的用户体验，应用场景也更为丰富，因此在未来五年内将会迎来高速发展，以nreal以及Rokid为代表的AR厂商将推动这一品类市场进一步成熟。

IDC中国终端系统研究部市场分析师谭睿指出：“在经历了一段技术与生态的沉淀期后，国内VR/AR行业将伴随着迭代产品进入市场从而释放增长潜能。VR/AR产业作为5G技术重要的落地应用场景之一，硬件设备厂商应该加强行业参与，深度应用云计算、语音交互等技术，建立先发优势。”

◇宜宾职业技术学院 编译

500kV少油断路器控制电源监视回路的改进

目前,500kV的输电电网，已是国家的主力电网。而形形色色500kV的断路器也是系统中的主要骨干设备。其中的少油断路器又是其中的主角。因此,500kV的少油断路器的安全可靠运行是至关重要的。LW15A-500/Y型少油断路器是德国四门子公司的产品,在我国拥有较大的数量。某供电公司500kV变电站有8台该型断路器。投运多年以来,其液压储能电机系统的故障所占比例超过50%，严重影响了系统的安全运行。如某断路器跳闸后,该断路器的储能电机应正常启动打压,但监控发现液压系统油压低信号一直长时间存在,说明系统有问题。现场检查发现,储能电机并未启动打压,原来是储能电机的AC220V控制电源侧的断路器跳闸所致。如果液压系统压力低,有可能要闭锁合闸、或分闸、重合闸。此时系统出现短路故障,分闸又处于被闭锁状态,将酿成重大事故或人员伤亡。

对于此次监控发现液压系统油压低故障信号信号一直长时间存在的故障,进行了检查、分析,并对存在的问题进行了改进。

1.故障检查。储能电机的AC220V电源侧的断路器跳闸原因是断路器的负荷侧电缆绝缘损坏、绝缘大幅降低,导致断路器跳闸。电缆故障处理后,储能电机运行正常。

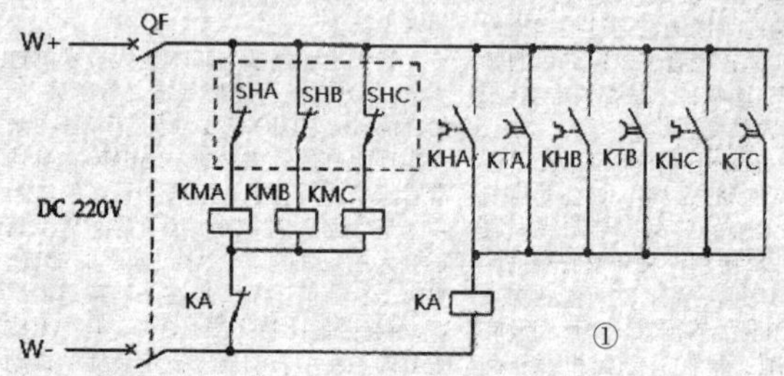

KMA KMB KMC 储能电机接触器 KHA KHB KHC 热继电器 KTA KTB KTC 时间继电器

KA 中间继电器 SHA SHB SHC 储能行程位置开关

2.储能电机控制回路分析。

该断路器为每相有独立的操作机构和液压储能系统,即可三相操作,也可分相操作。直流控制回路如图1。

动作原理:液压系统压力降低到一定数值时，储能电机接触器KMA KMB KMC启动,储能电动机M(A) M(B) M(C)运行打压。压力达到要求时,储能行程位置开关SHA或SHB SHC动作，接触器断开,电动机停运。如机构有故障,热继电器KHA或KHB、KHC闭合,或打压超时,时间继电器KTA或KTB、KTC延时打开触点打开,中间继电器KA启动,也可使储能电机停止运行。

注：YJ为新增设的继电器。

交流控制回路如图2。

3.AC220V控制电源电压监视回路。

原AC220V控制电源采取三个分路断路器的常闭触点来进行监视,见图3。

当任一断路器断开时，通过其常闭触点的闭合发信到控制电源监视信号装置。但当其电源侧失电时,却无信号发出。文章中提及的那一次故障的处理,就是因此而耽搁了时间。并且,由于不能及时反映控制电源的情况,使之可以避免的事故有可能无法避免,这均都对系统的安全运行构成了严重威胁。

4.为此提出了两个改进方案:

方案1：将三分路电源断路器QF1A QF1B QF1C增设失压脱扣功能或改用有失压脱扣功能的。这就可利用其原用于反映断路器跳闸的的常闭触点向控制电源监视装置发信,同时反映交流电源有可能失去。由于一般小型断路器不具备失压脱扣功能,这就需要更换断路器。

方案2：在三分路电源断路器QF1A QF1B QF1C的总电源进口处,加装电压监视继电器YJ,见图2、图3中的粗实线部分。当总电源AC220V失电时,继电器YJ失磁返回,其常闭触点闭合,向控制电源监视信号装置发出信号。

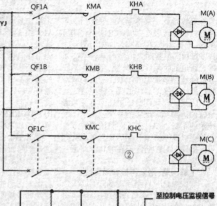

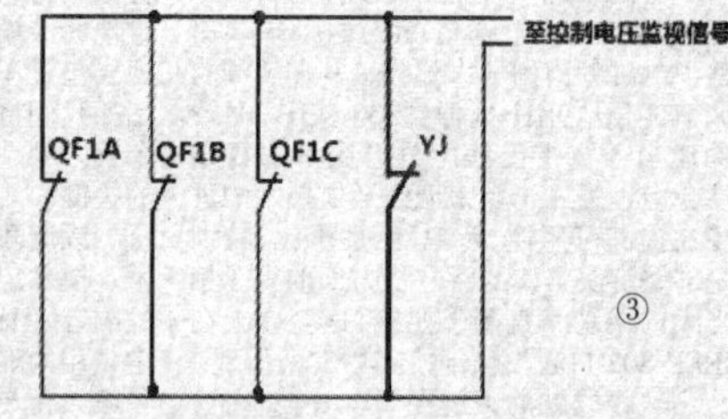

注：粗实线为新增回路

通过经济技术比较,方案2仅装设一只继电器和需要两根导线，其两根导线还可利用到控制电压监视信号装置其他电缆的备用芯,工作量小,且安装十分便捷简单,故决定采用方案2。

◇江苏 宗成徽

简易电子负载的制作

1.什么是电子负载

电子负载的作用:能模拟一个参数可任意变化的负载,从而可测试电源在各种普通状态和极限状态下的表现。蓄电池也是电源,蓄电池的放电和放电测试也是免不了需要指定放电参数，以免电池受到伤害,比如恒流放电、恒功率放电、定电量放电、定时放电、过压自停等等,当然这需要电子负载具有条件触发功能,如定时触发、累计值触发、参数阀值触发等等。电子负载应该有完善的保护功能。在开关电源的调试中,充电器的测试中,电子负载起到了功不可没的作用。

2.它是如何工作的

电子负载的原理是控制内部功率MOSFET或晶体管的导通量（占空比大小),靠功率管的耗散功率消耗电能的设备，它能够准确检测出负载电压,精确调整负载电流,同时可以实现模拟负载短路，模拟负载是感性阻性和容性,容性负载电流上升时间。一般开关电源的调试检测是不可缺少的。

3.自己如何制作电子负载

电子爱好者在测试电源容量时,一般用恒流模式。在恒流模式下,不管输入电压是否改变，电子负载消耗一个恒定的电流。我们利用MOS管的线性区,把它当作可变电阻来用的，把电消耗掉。MOS管在恒流区(即放大状态)内,Vgs一定时Id不随Vds的变化而变化,可实现MOS管输出回路电流恒定。只要改变Vgs的值,即可在改变输出回路中恒定的电流的大小。在实际当中,我们一般通过运放对MOS管进行驱动和电压控制,也就是实现电压-电流的转换。为了实现较高的稳定性，可以用电压基准固定住输入电压。

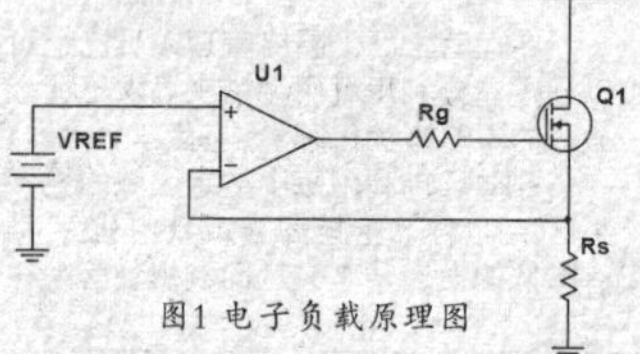

图1 电子负载原理图

如图1所示,采样电阻Rs、运放构成一个比较放大电路,MOS管输出回路的电流经Rs转换成电压后,反馈到运放反相端实现Vgs，从而MOS管输出一定的电流。当给定一个电压V_{REF}时,如果Rs上的电压小于V_{REF},也就是运放的-IN电压小于+IN,运放加大输出,使MOS导通程度加深，使MOS管输出回路电流加大。如果Rs上的电压大于V_{REF},-IN电压大于+IN,运放减小输出,MOS管减少输出回路电流，这样电路最终维持在恒定的给值上,也就实现了恒流工作。

所以,输出电流$Id=Is=V_{REF}/Rs$。由此可知只要V_{REF}不变,Id也不变,即可实现恒流输出。如果改变V_{REF}就可改变恒流值,V_{REF}可用电位器调节输入或用DAC芯片由MCU控制输入,采用电位器可手动调节输出电流。

实用的电子负载电路图如图2所示。原理和上述类似,R1、U2构成一个2.5V基准电压源,R2、Rp对这2.5V电压分压得到一个参考电压送入运放同相端,MOS管输出回路的电流Is经Rs转换成电压后,反馈到运放反相端,实现控制电压Vgs,从而控制MOS管输出回路的电流Is的稳定。电容C1主要作用有2个,一方面是消除杂波，另一方面使得电压变化速度减缓,尽量减少MOS管的栅极电压高频变化引发振荡的可能。根据分压公式,读者可以自行计算负载能吸收的最大电流。

器件选型

运放:因为是直流,可以不考虑单电源工作的问题。但是要考虑运放输出电压的范围,使得MOS管工作在线性区,另外,既然是DIY,一定要低成本,所以可以选择LM358,内置的另一个运放可以用来做保护用。

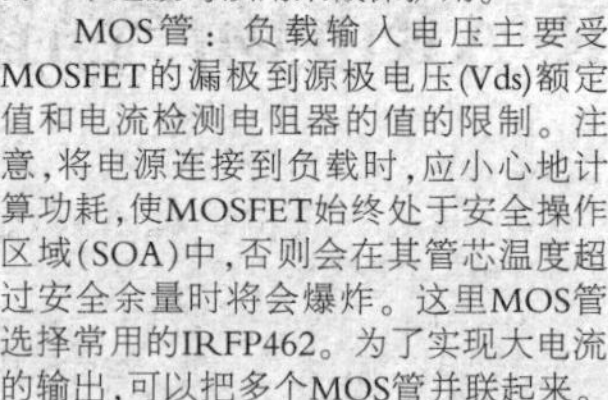

图2 实用的电子负载电路图

MOS管：负载输入电压主要受MOSFET的漏极到源极电压(Vds)额定值和电流检测电阻器的值的限制。注意,将电源连接到负载时,应小心地计算功耗,使MOSFET始终处于安全操作区域(SOA)中,否则会在其管芯温度超过安全余量时将会爆炸。这里MOS管选择常用的IRFP462。为了实现大电流的输出,可以把多个MOS管并联起来。

电压基准:TL431是一款输出电压可调的基准电压源,辅以合适的外围电路它可以在很大范围内输出质量较好的基准电压。

功率电阻:电阻的功率一定要留有余量,最好选择黄金铝壳电阻。如果想做几十安培的大负载,可以考虑用分流器电阻。

制作完成的电路板如图3所示。

注意事项

散热:根据你的测试需要,尽可能用大的散热器。

指示:最好用电压电流数显表头指示工作情况,以防MOS管过载烧坏。

电源：连接待测电源时注意极性不能接反,以防运放芯片烧坏。

4.如何改进

由于MOS管工作在线性区,效率是很低的。我们可以用PWM控制的方式,这样装置的功率密度可以做得较大。喜欢数字化的朋友可以用单片机控制DAC，代替电压基准进行数字控制,这样可以实现精细化控制。有条件的朋友可以设置保护功能，对电压和电流进行限定,这样可靠性大大提升。有了这个电子负载，你不必为缺乏大功率变阻器而操心了,心动就赶快行动起来吧,让电子制作之路越走越远!

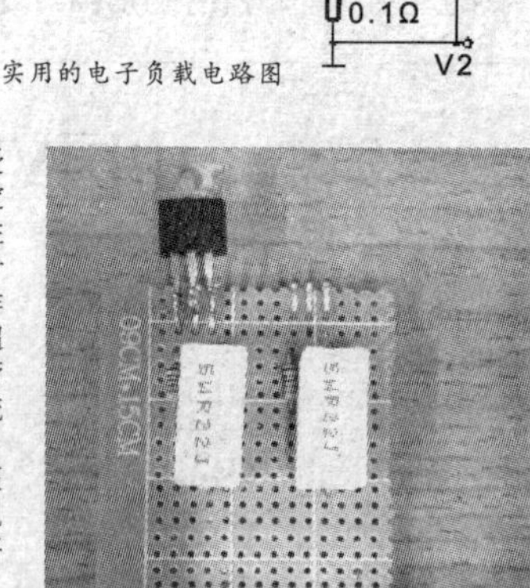

图3 实物图

◇湖南 欧阳宏志

编辑：余 寒 投稿邮箱:dzbnew@163.com

基于FX学习软件的PLC创新化编程设计

所谓PLC创新化编程设计，就是在原来PLC编程设计基础上加入创新化设计的内容。一般来讲，创新化设计有微创新设计（局部创新）和颠覆式创新设计（整体创新）两种类型，常采用逆向思维法，反其道而行之进行设计。笔者在PLC教学过程中，注重学生创新能力培养，有针对性地进行创新编程设计培训，经过一阶段训练，学生创新化编程设计能力得到很大的提升。现就基于FX学习软件谈谈如何进行PLC创新化编程设计。

一、建立创新化编程设计平台

PLC创新化编程设计，需要借助PLC编程设计平台，建立一个创新化编程设计空间，而所用平台应该能满足PLC编程设计的一般要求。笔者选用的平台是一款三菱PLC编程学习软件，全名FX-TRN-BEG-CL-fel（以下简称FX-TRN）。FX-TRN学习软件含有PLC技术知识点、基本练习，以及初、中、高级挑战五个部分内容，为用户提供了一个功能任务编程设计的平台。该软件所编写的程序可以使用三菱专用编程软件GX Developer打开，并能用于对三菱PLC控制器进行控制。与GX Developer编程软件不同的是，FX-TRN学习软件不仅为用户设置了虚拟的输入输出接口设备和PLC控制器，还提供三维虚拟空间场境，用户编写的程序的运行效果通过动画形式呈现出来，形象直观且逼真。

二、选择创新化编程设计案例

创新化编程设计需要有创新化工作任务，工作任务确定编程需要实现的功能。创新化内容是根据实际工作与生活需要设置，由老师和同学共同讨论，并最终确定所需要完成的工作任务。FX-TRN学习软件按渐进式课程的教学原则，安排了难度由浅入深的练习和挑战，供不同水平用户使用。但我们这里主要是用到它的三维虚拟空间场境以及虚拟的输入输出接口设备和PLC控制器。原因是在FX-TRN学习软件中虽然设置了多个工作任务，但都没有涉及基于创新这个主题。创新化工作任务已不同于FX-TRN学习软件中所要求完成的那些基本任务，通过老师和同学共同讨论确定创新化设计内容，一般来讲要比软件中所要求的复杂得多。

案例一：人行横道闪烁灯控制

原任务设计：设计闪烁灯的效果。

创新化任务设计：按照人行横道控制的实际要求，在交通路口车辆停的时候，行人可迅速通过，行人通过前50秒，人行横道提醒绿色灯常亮，随后的30秒，人行横道提醒绿色灯由常亮转为闪亮，完成后进入循环模式。

1.设计任务分析：

原任务只需设计闪烁灯的效果，可用特殊辅助继电器M8013作触发信号，Y0和Y1输出即可实现，程序编写相对简单。

创新化任务设计是根据人行横道闪烁灯实际设置控制要求，采用微创新设计。需要采用双灯切换和闪烁灯两种控制功能来实现。双灯切换可以利用定时器来做时间切换。而闪烁灯的效果通过特殊辅助继电器加输出继电器实现，最后将两种控制结合起来，就能实现人行横道闪烁灯控制，从而实现控制功能的要求。

2.编程设计：

由T0设定双灯切换时间80s，M8013产生1s脉冲，M2辅助继电器在程序起动后前50s内对Y0起到自锁作用，使Y0常亮。

而在接下来的30s，M2辅助继电器不起作用将被断开，Y0输出没有了自锁，不能自保。M8013产生1s脉冲直接控制Y0输出，使Y0保持闪亮。

80s后，系统进入循环。前50s，Y1输出，常亮；随后30s，Y1输出，闪亮。

3.功能验证：

按下X20程序起动，Y0和Y1按设定时间和顺序完成常亮和闪亮动作，并进行循环工作。至此，创新化任务设计功能完成。

案例二：自动实现工件分检、分配线控制

原任务设计：手动实现工件分检、分配线控制。

创新化任务设计：自动检测部件大小并按大小分配到特定的地方。大部件：在传送带分支的分检器（Y3）被置为ON的时候被放到后部传送带，然后从右端落下。中部件：在传送带分支的分检器（Y3）被置为OFF的时候被放到前面传送带，然后被机器人放到碟子上。小部件：在传送带分支的分检器（Y3）被置为ON的时候被放到后部传送带，当传送带分支的传感器检测到部件（X6）被置为ON时，传送带停止，部件被推到碟子上。

1.设计分析：

原任务设计手动实现工件分检、分配线控制，工作效率低下，程序编写繁琐。

创新化任务设计是根据工件自动分检、分配线控制要求，采用整体创新设计。根据控制功能要求，需要进行工件的分检和工件分配送两种控制。工件通过感应装置进行识别实现分检，分检后的工件分配送用挡板动作开通相应配送通道，到达特定的位置。

2.编程设计：

先用X1、X2、X3三个检测元件将大中小部件进行识别，识别后大部件的配送通过开通挡板走一边。而中小部件走另一边，因中小部件配送地点不同还需再次通过二次检测，小部件经过X6检测部件时传送带将停止下来，推出机构推出工件。中部件虽然也被检测到，利用X2元件初次检测的结果对传送带形成互锁使其不能停止，就可使中部件继续通过传送带传送，被机器人放到碟子上。

3.功能验证：

程序起动后，大中小部件被机器人抓起放到传送带上，通过检测后，部件被按大小分配到预定的位置。至此，创新化任务设计功能实现。

以上两个案例，均借助了软件的使用环境，用创新化设计实现了对工作任务的编程，功能效果明显。

◇华容县职业中专 张政军

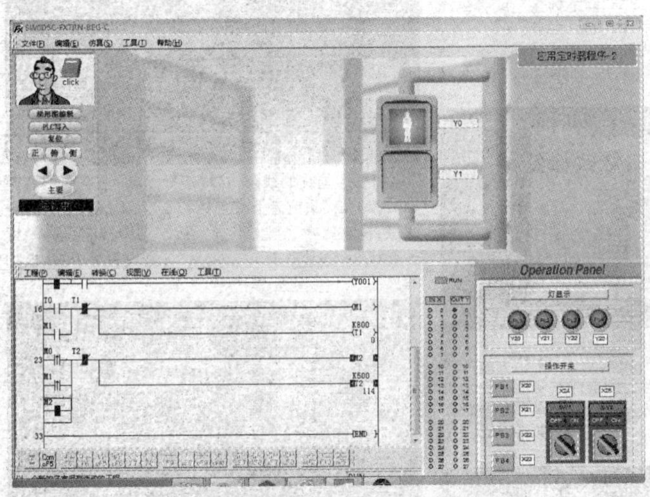

案例一软件运行图

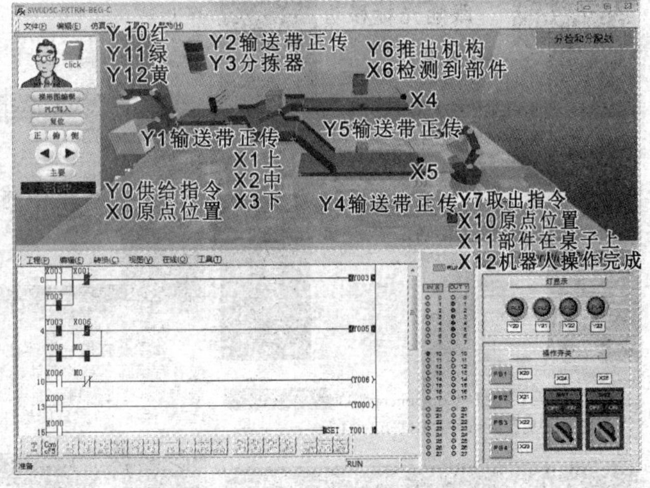

案例二软件运行图

案例一梯形图

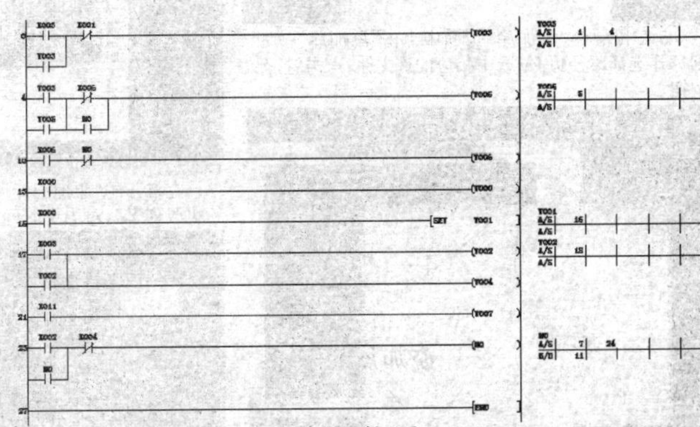

案例二梯形图

Altium Designer 19软件应用实例(三)

(紧接上期本版)

6.点击"确定",则相应器件的封装就和相应的原理图器件相关联。

五、绘制原理图

1.打开已添加的原理图新文件"xx.SchDoc",出现新空白图纸,可以查看右下角的图纸尺寸,鼠标右键拖拉住址显示位置,"Ctrl+鼠标滚轮"缩放大小。

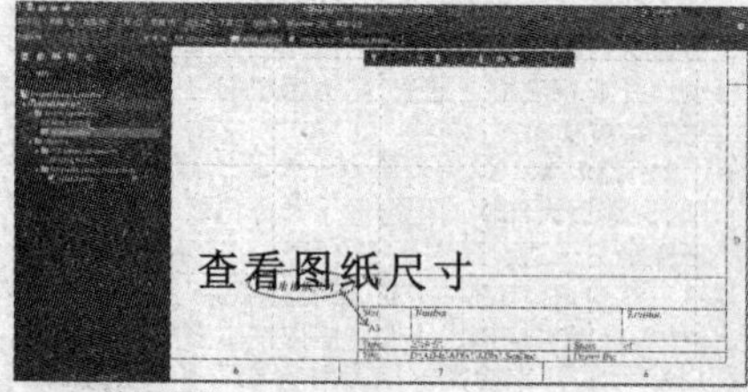

2.放置器件

在打开的原理图图纸上放置需要的器件,点击"放置"菜单按钮,选择"器件"项,或快捷键"P-P",则在相应的器件库中选择需要的器件,双击器件自动跟随光标移动到需要的位置,点击左键放置,右键放弃和停止。

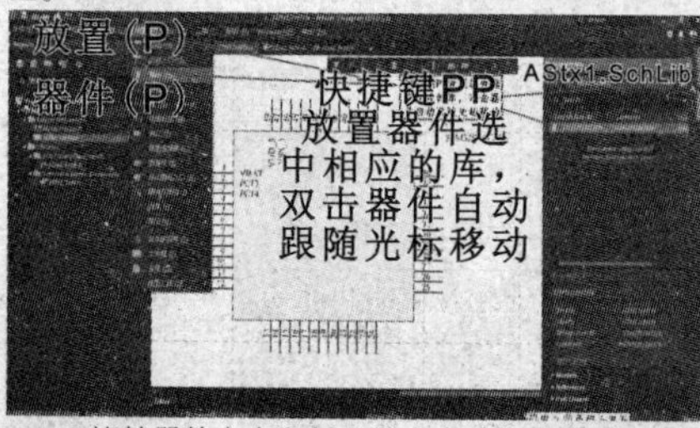

3.旋转器件方向鼠标左键点击选中器件,单击空格键可以旋转器件方向,按住器件同时按"X"键则水平镜像,按"Y"则垂直镜像。

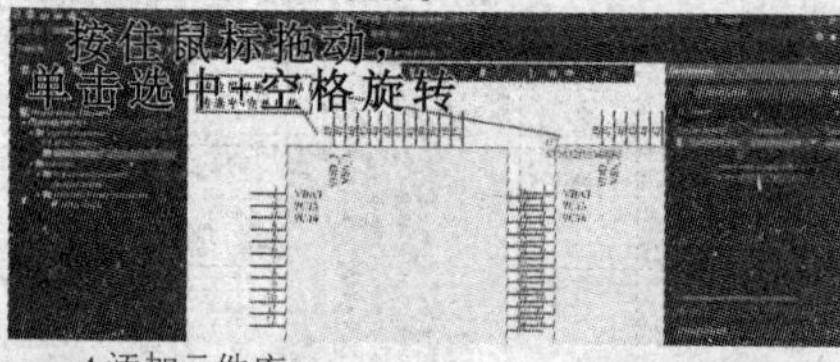

4.添加元件库

在绘制图区右边的"Components"中的中,点击右边的再选中"File-based Libra ries preferences…"。

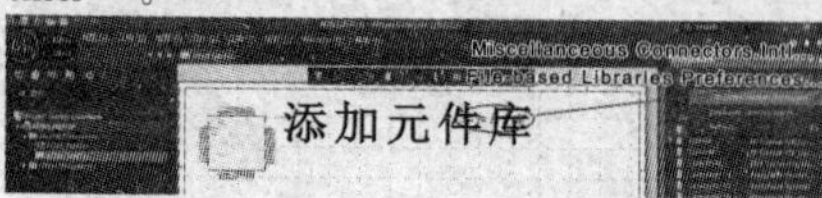

5.在出现的"添加库"页面中点击"添加库"按钮,则打开选择路径页面,选中相应的库文件,点击"打开"按钮。

6.放置连线

点击"放置"菜单按钮,选择"线",或者快捷键"P-W",则放置连线,跟随光标移动到需要的位置,点击鼠标左键放置,右键放弃和停止。系统默认十字交叉线为不链接,需要连接的先可以放置成"丁"字型,在续接。

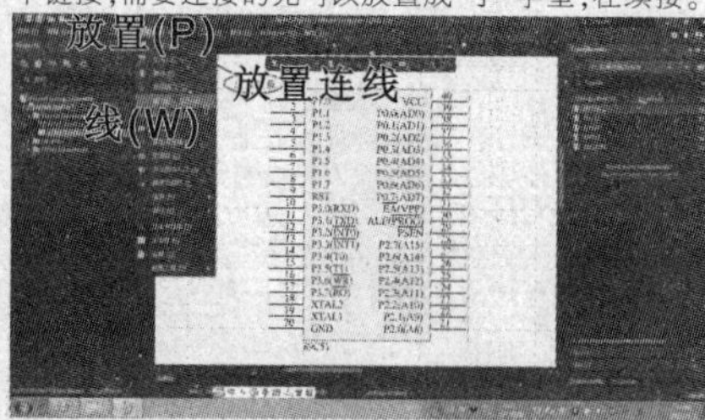

7.设置自动节点显示在线上

在设置"有选项"中,点击"Schematic",选择"Compiler",在出现的页面中的"自动节点"栏中,勾选"显示在线上",并选择"大小"为"Small"。

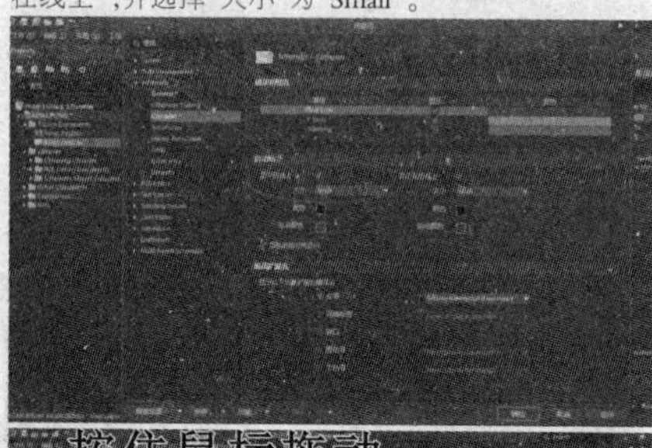

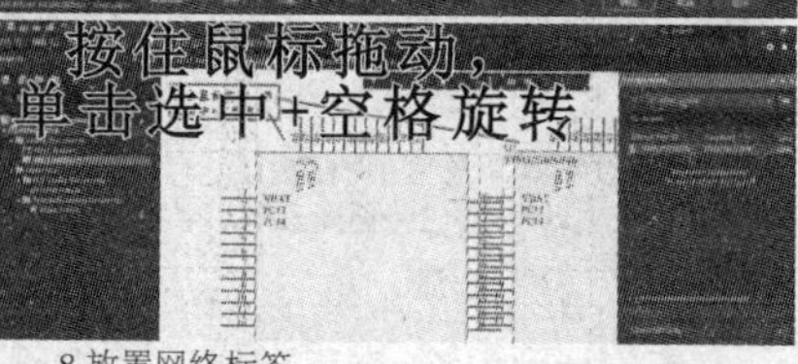

8.放置网络标签

点击"放置"菜单按钮,选择"网络标签",或者快捷键"P-N",则出现默认标签号跟随光标到需要的位置,如果按下"Tab"键,则出现"Properties"窗口,在"Net Name"框里面输入相应的标签名,则会自动生成连号标签自动放置。

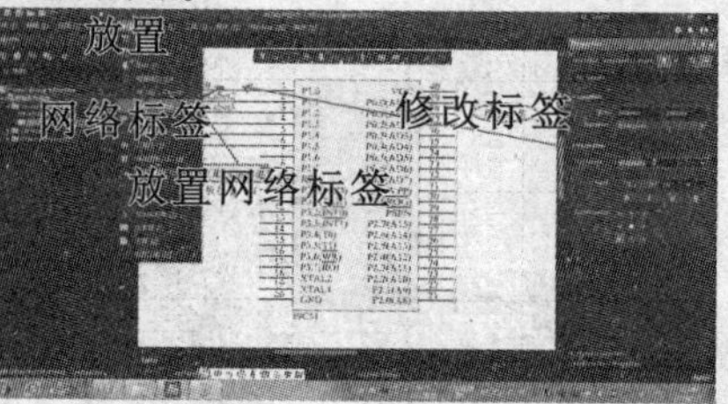

9.修改器件标号

如果没有指定器件型号和标号,系统默认为"U?"或者有相同名称的器件标号,则器件右侧显示红色波浪线。则需进行自动标号矫正。点击"工具"菜单按钮,选择"标注">"原理图标注",则打开原理图"标注"配置窗口。

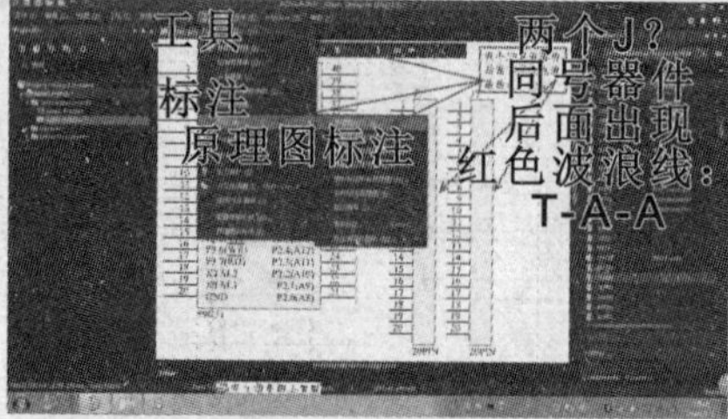

在打开的"原理图标注配置"页面右下角,点击"更新更改列表",对出现的确认对话框,点击"OK"。

对需要更改更新的列表,点击右下角的"接受更改"按钮。

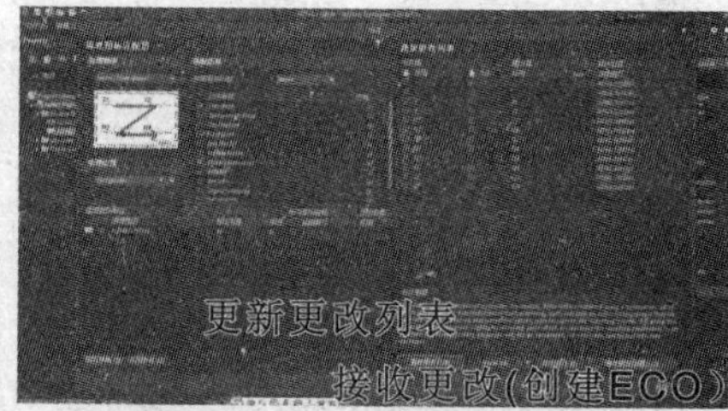

对允许更改的标注,点击"执行变更"按钮,再点"关闭"。

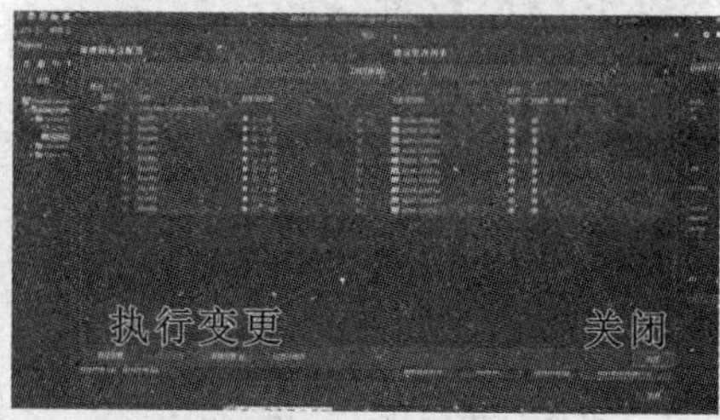

六、绘制PCB图

1.设定PCB板的物理尺寸

打开新建的"xx.PcbDoc"文件,选择机械1层,点击"放置"菜单按钮,选择"线条",或快捷键"P-L",放置一根线条,双击线条,对右边的属性窗口设置起始坐标(可锁定)、线宽、长度;点击"编辑"菜单按钮,选择"原点">"设置",将出现的原点放置到线的0坐标上;再放置第二根线。

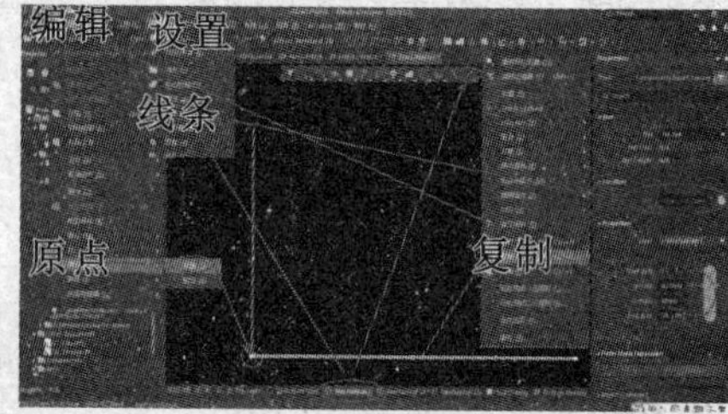

2.框选画好的线条,右键选择复制,在空白处右键粘贴,对准接头或者调整坐标和长度,形成需要的闭合区域;框选闭合区域,点击"设计"菜单按钮,选择"板子形状">"按照选择对象定义",则设置好PCB板物理尺寸。

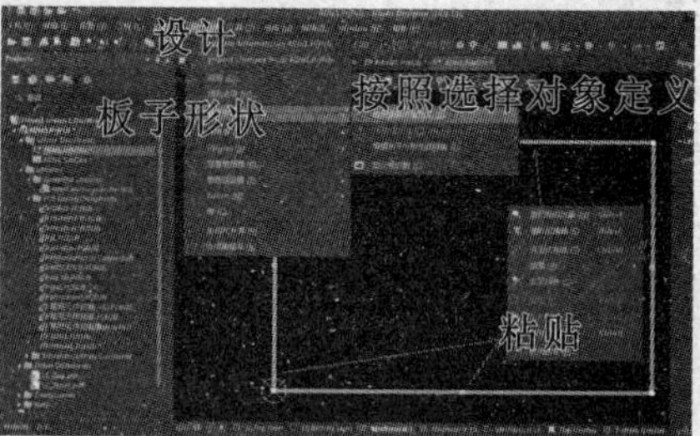

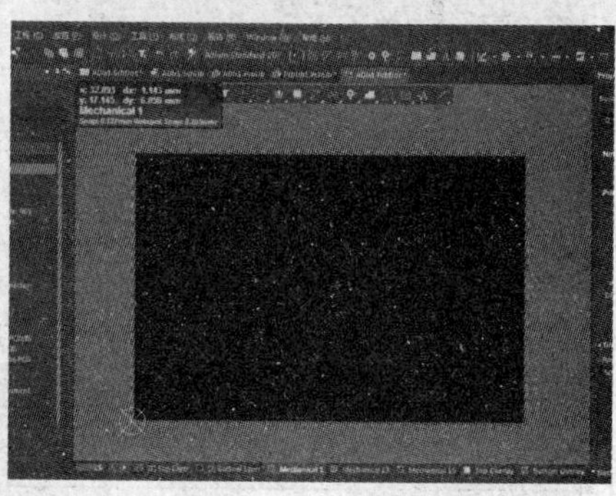

(未完待续)(下转第398页)

◇西南科技大学城市学院 刘光乾

固态电视发射机图像调制器的校正原理

在图像调制电路中，把视频信号和中频信号送到双平衡混频器中，产生图像中频信号。在混频器中的外围，还有放大电路和频响均衡网络。从频率合成电路板输出的38.9MHz的振荡信号，送到了图像调制器的J1中。由于振荡信号的电平在150mv~300mv之间，所以这个信号在送到放大器Q1之前，必须经过分压器R1调整后，才能驱动Q1。Q1集电极的有效阻抗由电阻R4和变压器T1初级的阻抗并联而成，它与发射极的电阻R5之间的比值，决定了Q1的增益，大约为4dB。T1是一个4:1降压变压器，它的输出信号经过平衡电位器R37调整后，分别送到了混频器的L和L1端口，如图1所示。

假如说混频器MX1内部的二极管和变压器，都能够处于理想的平衡状态，MX1的第5脚没有输入电流，第6脚就不可能输出已调中频信号。但是，混频器自身总会存在轻微的不平衡现象，通过调整平衡分压器R37，可以抵消混频器固有的不平衡容差。由于混频器输出的已调中频信号，正比于输入端视频信号的电流。所以，要想提高调制度，就必须增加视频信号的幅度。-15V电源经过二极管CR8稳压后，给混频器提供偏置。调整分压器R12，改变混频器的偏置电流，相应地改变了混频器的调制度。或者通过分压器R10，改变视频信号的输入电流，同样实现改变调制度的目的。

混频器输出的已调中频信号，经过电容C9送到了共基极放大器Q2的发射极上。而平衡调节分压器R37的中心抽头，接在Q2发射极的低阻抗位置上，也就是电阻R16和电容C9的连接节点。R16与Q2集电极阻抗的比值，决定了Q2的增益大约是2dB。在放大器Q2和Q3之间，插入了一级频率响应均衡网络，电容C10和C11控制串联电路的频率响应，电阻R20控制着电路的Q值。如果激励器的其它电路中，由于元器件的非线性影响了幅频特性指标，可以通过调整Q2集电极上的电位器R40进行补偿。R40的作用，能够校正幅频特性曲线的倾斜度和某一频率区域的校正量。电感线圈L3和电容C12、C13，构成了二次谐波陷波电路，它们接在放大器Q3的输入电路中，滤掉已调中频信号的谐波成分。38.9MHz的图像中频信号，被Q2和Q3放大了六次后，经过射极跟随器Q4送到群延时电路中。

如果图像调制器以前没有进行过调整，或者重新更换了电路板，都要按照以下步骤进行校准。逆时针方向，把38.9MHz中频驱动电位器R1旋转到底。顺时针方向，把图像调制器频响调整电位器C11和Q值调整电位器R20，旋转到底。

小心地把视频驱动控制电位器R10和图像调制器偏置控制电位器R12，设置在中间范围上。用一台解调器监测着中频寄生相位调制波形，仔细调整调制器平衡电位器R37，观察波形的变化。如果以前已经校正过这个指标，就不要再乱调R37，以免干扰其它指标。把前面的电平和量程比例设置都完成后，就可以进行图像调制平衡校正了。

在激励器的视频输入端，加一个仅仅有锯齿波、或者阶梯波的亮度信号。调整激励器视频处理和微分增益校正电路板上的视频增益电位器R18，使微分相位校正电路板输出接口，在终端接75Ω标准负载的情况下，输出1Vp-p的视频信号。把图像调制器电路板上的跳接片JP1，放到2、3脚连接的测试状态。用电缆接到高频示波器的输入端，终端接50Ω标准负载。调整视频驱动电位器R10，使调制器输出的同步头峰-峰之间为700mv。调整调制器偏置电位器R12，使白电平峰-峰之间，在CCIR-M格式(12.5%)为88mv p-p。由于这两个电位器的调整相互影响，所以要反复进行调整，直到上面的两个条件都符合要求为止。参考图2列出的典型波形，仔细进行调整。

虽然38.9MHz中频信号驱动控制的调整不是十分关键，但是，适当地调整它的驱动电平，可以改变线性。假设图像调制度已经设置好了，就按照下面的步骤进行：在激励器的输入端，加一个已经调制的锯齿波信号或者是阶梯波信号(叠加副载波)。用矢量示波器，观察激励器输出端解调出来的波形。调整38.9MHz中频信号驱动控制电位器R1，直到微分增益指标最好为止。

如果更换了图像调制器，或者安装新的印刷电路板，就必须进行下面的调整。否则，一般情况下，不要轻易调整平衡电位器。在调整平衡之前，一定要保证其它方面的设置都已经校准了，才可以进行调整。在激励器的视频输入端，加一个五阶梯波形。把激励器上的所有的旁路开关，都拨到旁路位置。从激励器的输出端，解调出已调五阶梯波形，并用波形监测仪观察相位的变化。调整平衡电位器，使白电平处的相位变化最小。重新调整图像调制器的偏置MOD BIAS，参照图3的波形，校正白电平处的调制度。如果相位在前面的电路中已经预校正了，那么微分相位和中频寄生调相ICPM指标，在激励器恢复正常状态时，必须重新调整。

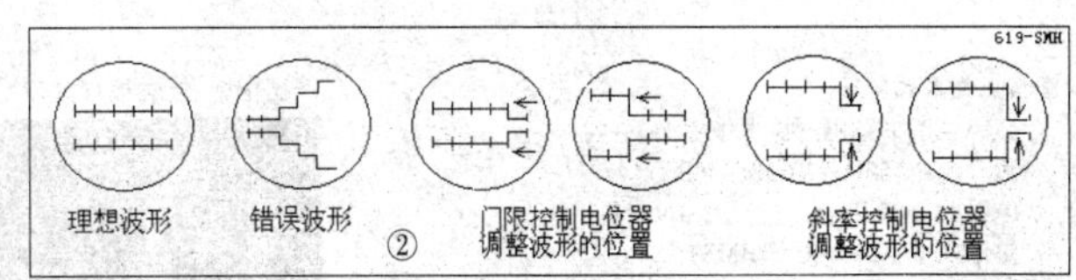

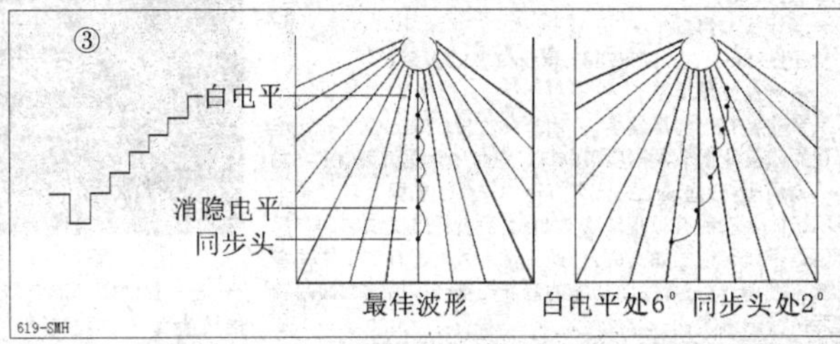

在图像调制器上，有3个地方共同控制着电路的频率响应，它们分别是：斜率控制SLOPE、品质因数Q和频率响应校正FREQUENCY。斜率控制用来倾斜整个扫描曲线的波形；Q值和频率响应这两个电位器配合使用，用来校正载频附近的频响曲线。这些控制电位器，仅仅用来把激励器的频响特性曲线调整的平坦，而不能校正其它地方的频响误差。如果电路不需要进行均衡，就把Q电位器R20和频率响应电位器C11逆时针旋转到底，这样就能有效地把相关电路从整个线路中分割出来。这部分调整，是在输出电平和调制度已经校准的前提下进行的。否则，要先对图像调制器进行设置。

在均衡调整过程中，不允许对电路作很大的均衡补偿，最好不要超过1dB。因为校正量过大，会衰减调制器板的输出电平，而且还要重新调整视频输入电平。所以，只能对这部分电路作轻微的调整就可以了。

在激励器的视频输入端，加一个0~5MHz的同步脉冲扫频信号。观察激励器输出端的频响曲线，把残留边带电路板上的切换开关S1拨到OUT位置，调制器电路板上的群延时补偿开关S101和S102拨到OUT位置。逆时针方向，把Q值电位器和频响电位器FREQ都旋转到底。此时，扫描曲线应该只有轻微的倾斜。用斜率控制电位器SLOPE调整，让曲线尽可能大地倾斜，使光标处的电平超过要求校正的边带门限位置。如果频响特性曲线已经平坦了，就让Q值电位器和频率电位器FREQ离开原来的位置。如果两个光标的位置没变，但光标之间的频响发生了变化，就要调整Q值电位器和频率电位器FREQ。顺时针缓慢调整Q值电位器，然后调整频响电位器FREQ，直到通带内的频响发生明显的变化。然后看一下载频下面的曲线，可能要反复调整几次。顺时针方向，尽可能在很小的范围内调整Q值电位器，轮流调整Q值电位器、频响电位器FREQ和斜率控制电位器，使整个通带内的频响特性曲线平坦。把残留边带滤波器切换开关拨到IN位置，根据需要，再重新调整频响。

调整发射机群时延时，在发射机双工器之前进行取样，而且要把双工器均衡电路旁路。把群延时补偿开关DELAY COMP拨到“OUT”位置的同时，把残留边带滤波器开关VSB IN/OUT也拨到“OUT”位置。要确保发射机的频响特性，在残留边带滤波器和群延时补偿都处于旁路状态下，进行校正。如果以前没有对群延时校正过，不知道从哪些地方着手调整群延时，或者不知道群延时调整需要哪些条件，就按照前面“校准步骤”段落中叙述的方法，进行调整。把残留边带滤波器VSB和群延时补偿DELAY COMPS旁路开关，拨到“IN”的位置上。用平衡控制电位器和相位控制电位器，调整整个发射机的幅频特性曲线处于最平坦的形状。印刷电路板前面的校正主要控制下边带波形，而电路板后面的调整主要控制上边带波形。Q值电位器和频响电位器FREQ对群延时的影响，可以通过观察波形的变化进行调整。保证2T脉冲波形上出现振铃的幅度要最小，12.5T或者20T脉冲的基线出现的失真要最小。千万不要把频响控制电位器FREQ，从预先调整好的位置上旋转超过1圈或者2圈，更不要随意拨动旁路开关。否则，将看不到调整这些电位器对幅频特性的影响。你期望看到的那些光标，可能已经离开了起始点，不会在示波器上出现。反复调整幅频特性曲线和脉冲波形，再微调DG、DP和亮度非线性失真，直到所有的指标都达到甲级标准。

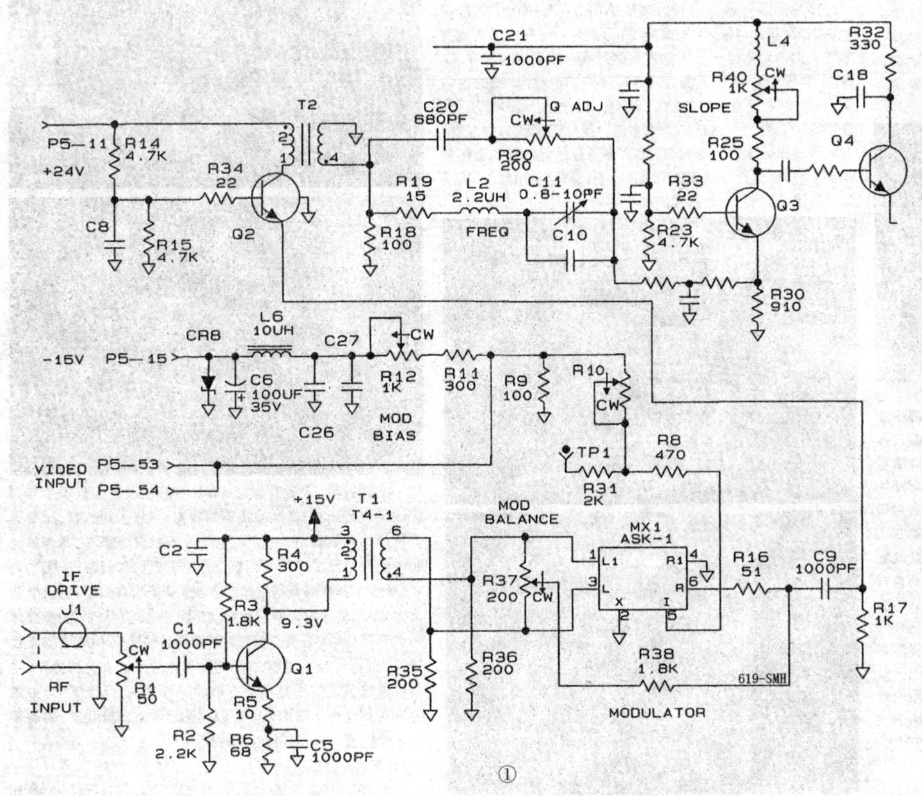

①

◇山东 宿明洪 毕思超

秦朝QE-520多媒体HI-FI音箱使用及评测(二)

(紧接上期本版)

厂家说明书给出的技术指标如下:

频率响应:55Hz~20kHz(-3dB)

信噪比:>83dB(A计权)

输出功率:40W+40W(RMS)

阻抗:4Ω

蓝牙版本:4.2

净重:8kg尺寸:175×280×240mm(宽×高×深)

试听及评测篇:

音响界有一句至理名言:用耳朵收货!以上说了一大堆直观的印象纯属个人初步印象,厂家也一再强调说:QE-520是一款用HI-FI的理念去认真打造的一款功能强大、声音也很不错的多功能有源箱。既然如此,我就重点试试它的音质音色是否如厂家的如是说;为此我重点挑选了有利于它的音质音色发挥、也是最主要功能的蓝牙无损音乐播放和线路输入无损音乐播放:

首先试听蓝牙效果,用我的三星Galaxy Note9手机和QE-520对频,同样是蓝牙4.2版本,可以说是秒连,具体的操作就不赘述了,但笔者还是在播放前将耳朵凑近QE-520感受一下没有信号输入时喇叭发出的静噪很小,耳朵离开音箱20公分左右就几乎不可闻,按照我的经验,即使是入门级的HI-FI音响,能达到这样的静噪听感,肯定算是优秀的了。

点开手机的QQ音乐播放器,选择早已经下载好的无损WAV格式音乐——李健原唱的《贝加尔湖畔》,音量置于55(估计相当于传统音量旋钮的10点钟方向)。音乐渐起:优美欢快的手风琴声伴作极其晶莹通透的木吉他从QE-520不大的箱体里潺潺流淌而出,萦绕在房间的每一个角落,听感很舒服,的确有一种HI-FI器材入耳即溶的韵味,把李健极富磁性、温润婉约且略带忧伤与哀怨的歌声衬托得极其凄美,唱腔圆融舒缓、情深意切,直逼天籁……随着歌声,我的眼前仿佛淡入一泓无边清澈湖水,波光滟潋、深邃而幽兰。据说贝加尔湖是世界上最深的高山淡水湖泊,背衬无边无际的东西伯利亚高山云杉林,高耸入云的树冠掩映在极其清澈的湖光山色,仿佛天上人间,景色优美得令人难以置信!同样令人难以置信的是这如诗如画的音质音色和如此悠扬耐听的歌声会是出自QE-520这款售价不到1500元的蓝牙音箱?真的有点HI-FI的味道耶!笔者想说的是,就算花2000元,能拥有这样的HI-FI听感,也算值了!

接下来试听朱哲琴经典的试音天碟《阿姐鼓》,此碟号称是动态相应超级强悍的喇叭杀手,喇叭的动态范围稍小,或者是功率承受能力稍弱,皆有可能喇叭打底,发出难以承受的撕裂声!之所以用着张天碟试听,目的在于了解QE-520的动态范围和低频下潜深度,毕竟QE-520有一项功能就是用于卡拉OK,而卡拉OK对于喇叭长时间的工作在大动态的高功率大音量状态是有要求的,否则肯定会烧喇叭!再就是说明书上厂家公布的频率响应范围为55Hz~20kHz(-3dB),我也有些担心是否低频响应不够?然而试听后我的感觉是:低频的下潜足够深,鼓皮震动的低频所引发的低频气旋足够强悍,当低频一声强过一声足以感觉到锤心时,喇叭居然没有丝毫拍边打底的躁动!此时为了感受拳拳到肉的震撼,我把音量继续加大到65,喇叭的声音依然从容不迫,听感上低频的质量和重量如潮水汹涌,按照我的经验,这样的低频听感应该已经低于55Hz吧!足见厂家标注的相关指标还保留有较大的余量!事实上,很多厂家都会虚标指标来取悦消费者!在当下市场竞争如此激烈的现实中敢于实话实说,标注留有余地的产品指标,应该是有良心的厂家所为吧!

切换到线路输入用手机音频直出连接QE520播放无损音乐,是一般消费者的典型做法,因为接法简单,只要一根普通的转接线一端插在手机耳机输出口,另一端插在QE520的信号输入端即可。但这样的模拟音频必然会使音质音色劣质化,得不到原汁原味的无损音乐效果。尽管如此,我还是站在普通消费者的角度试听了这样的音质。

接下来以一台高端音乐播放器CEN·GRAND/世纪格雷9i-AD作为音源,播放常安演唱的《百里香》,常安的嗓音是我非常喜欢的女毒之一,常常用来试听人声的质感和韵味:在这里,常安的声音表现极为通透和美艳,有一种辉煌的金色穿透力!仿佛没有阴影的朝阳照耀在清澈的湖面一样的让人倍感澄澈温馨……这样的音质音色,虽然略感靓丽高亢,给人一种丽日晴天的兴奋感,但相信普通音乐爱好者都会接受和喜欢吧。这也许就是QE520的设计者认真选材用料、不厌其烦对其试听调校,努力追求的最终结果。

最后,我将QE520放在了我家客厅55寸的电视机两侧,并找来一只100W的小型有源低音炮,与QE520、小米盒子一起、连接成了典型的2.1音响系统方式去取代液晶电视机那种单薄干涩的音频效果,相信这种非常实用的接法会带给广大消费者的惊喜的。

用这种接法组成的2.1系统,不仅仅可以在看电视节目时音质音色有立竿见影的改善,音质一扫液晶电视机原本那种冷硬/单薄/干涩的伴音效果,声音立马变得洪亮通透、浑厚丰满、低频也大大加强……尤其是在看声/画俱佳的高清大片时,这种简易的2.1音响效果将极大的改善您客厅中的电视效果,使之拥有一套不错的家庭影院效果声!

更为特别的是这对QE520箱体内植入专业卡拉OK电路,并配套了一对灵敏度颇高、易出声、音质不错的防啸叫无线话筒(话筒需要另购),并且可以在所配的25键遥控器上很方便的调整话筒演唱音量大小调节、【ECHO】话筒混响次数调节、【DELAY】话筒混响延时调节、背景音乐大小调节、【TREBLE+-】高音调节、【BASS+-】低音调节、【S.W VOL】超低音输出电平调节、总体声音大小调节等等……通着这一系列功能齐全细致的调节后,肯定可以达到演唱出色的卡拉OK效果的。相信这一功能区别于许多普通的多媒体音箱,定能赢得广大家庭卡拉OK爱好者的青睐的,笔者也曾拿起话筒试了试:在遥控器上选择卡拉OK功能,然后打开无线话筒就能演唱,声音自然清晰、开阳洪亮、混响和回声效果真心不错!

试听表明,这套小小的多媒体音箱的确不愧具备了与同价位高保真HI-FI音响相媲美的实力,声音圆润醇厚,比普通同价位的多媒体好听耐听,尤其中低频饱满醇厚,高音单元和中低音单元在声音的衔接上非常的自然和圆融,低频的力度、量感和弹性都有了上佳的表现!音乐表现清晰通透,细节丰富多彩,高音的延伸感和穿透感明显盖过传统的2.0多媒体系统音箱!尤其以光纤线或UBS数据线驳接CD机或电脑按收音乐源码流信号,那声音的实际重放效果就有质的提升,完全可以媲美入门级高保真音响的声音效果,无论低频、中频还是高频都有不错的表现!以1480元的市场价而言,的确是大大的超值之选,值得向大家推荐!

(全文完)

◇辨机

邮局订阅代号：61-75 国内统一刊号：CN51-0091

微信订阅**纸质版**
请直接扫描
邮政二维码
每份1.50元 全年定价78元
四开十二版 每周日出版

扫描添加**电子报微信号**
或在微信订阅号里搜索“电子报”
2019年7月28日出版
实用性 启发性 资料性 信息性
第30期
国内统一刊号：CN51-0091 定价：1.50元 邮局订阅代号：61-75
地址：(610041)成都市武侯区一环路南三段24号节能大厦4楼 网址：http://www.netdzb.com
(总第2019期)
让每篇文章都对读者有用

我国降低230MHz频段专网和卫星通信系统频率占用费收费标准

近日，国家发展改革委、财政部联合发布《关于降低部分行政事业性收费标准的通知》(发改价格〔2019〕914号)。《通知》指出：为进一步加大降费力度，切实减轻社会负担，促进实体经济发展，经研究，决定降低部分行政事业性收费标准。

据了解，自2019年7月1日起，降低无线电频率占用费等部分行政事业性收费标准；对2019年7月1日前应交未交的相关行政事业性收费，补缴时应按原标准征收；各地区、各有关部门要严格执行本通知规定，对降低的行政事业性收费标准，不得以任何理由拖延或者拒绝执行。

(一)223-235MHz频段无线数据传输系统收费标准。

降低223-235MHz频段电力等行业采用载波聚合的基站频率占用费标准，由按每频点(25kHz)每基站征收改为按每MHz每基站征收，即由现行800元/频点/基站调整为1000元/MHz/基站。

原窄带无线数据传输系统(每频点信道带宽25kHz)的收费标准仍按现行规定执行，即800元/频点/基站。

(二)5905-5925MHz频段车联网直连通信系统收费标准。

1. 在省（自治区、直辖市）范围使用的，按照15万元/MHz/年收取；在市(地、州)范围使用的，按照1.5万元/MHz/年。使用范围在10个省(自治区、直辖市)及以上的，按照150万元/MHz/年收取；使用范围在10个市(地、州)及以上的，按照15万元/MHz/年收取。

2.为鼓励新技术新业务的发展，对5905-5925MHz频段车联网直连通信系统频率占用费标准实行“头三年免收”的优惠政策，即自频率使用许可证发放之日起，第一至第三年(按财务年度计算，下同)免收无线电频率占用费；第四年及以后按照国家规定的收费标准收取频率占用费。

(三)卫星通信系统频率占用费收费标准。

1. 调整网络化运营的对地静止轨道Ku频段(12.2-12.75GHz/14-14.5GHz)高通量卫星系统业务频率的频率占用费收费方式。根据其技术和运营特点，由原按照空间电台500元/MHz/年(发射)、地球站250元/MHz/年(发射)分别向卫星运营商和网内终端用户收取，改为根据卫星系统业务频率实际占用带宽，只向卫星运营商按照500元/MHz/年标准收取，此频段内不再对网内终端用户收取频率占用费。

2.免收卫星业余业务频率占用费。

(四)其他收费项目，按现行标准执行。

◇综合

低成本、工程级、全彩色、顶级3D打印方案(一)

——LJAV UV固化喷墨3D打印机

3D打印机技术经过多年的发展，已经逐步被社会所接受和认可，3D打印广泛应用于设计、生产、教育、营销、生活等多个领域，如图1与图2所示，但主流的技术还停留在单色打印阶段，使得3D打印技术的进一步普及存在一定的障碍。之前3D打印技术一直是热门的话题，资本一直追捧，但近几年开始降温，为什么没有人再热提3D打印了，因市场上有“太多”的“3D打印机”出现，如 “X宝”、“X东”销售的3D打印机只需数百元、数千元、数万元，好似3D打印机在国内已普及，这种“假象”迷惑了很多人，热潮已过，媒体就不感兴趣了，资本也不再看好。面对众多产品，普通用户根本不知如何选购3D打印机，即使一些专业人员有时也有些困惑：欧美老牌厂家如惠普、爱普生、佳能等厂家怎么没急着把3D打印机快速推向市场？我们需要哪类3D打印机？应该怎样研发3D打印机？3D打印机能改变我们多少生活？

①

②

其实不难理解，3D打印还需很多技术有待解决。市场上最需要的是那些工程级、全彩色的3D打印机，而不是那些仅能打印“玩具”的3D打印机。日本Mimaki 3DUJ553 3D打印机与Stratasys J750 3D打印机的出现，使国内3D打印机厂家看到了差距，也找到了目标方向。

日本Mimaki 3DUJ553 3D打印机每台售价超过20万美元，Stratasys J750 3D打印机售价更高。而国内市场上面常见的桌面级3D打印机无法实现真彩色打印，国内已有厂家研发出彩色3D打印机但售价超过100万元，另外桌面级3D打印机打印精度太低，如吐丝类3D打印机，即使稍高端的DLP光固化3D打印机，其分辨率也仅为1920×1080，即时采用4K超高清技术，其分辨率也仅为3840×2160，还是不能实现超高像素打印的需求。

③

日本Mimaki 3DUJ553 3D打印机如图3所示，整机尺寸为2250mm×1500mm×1550 mm，重量约70公斤，有用于固化的两个水冷LED-UV灯，800 DPI分辨率和32微米厚度的标准打印模式，可打印的最大构建尺寸为508mm×508mm×305mm。

要了解3D打印机需先了解部份专业词汇。

DPI是打印分辨率Dot Per Inch的缩写，DPI是指单位面积内像素的多少，也就是扫描精度，目前国际上都是计算一平方英寸面积内的像素。每英寸所打印的点数或线数，用来表示打印机的打印分辨率，这是衡量打印机打印精度的主要参数之一。一般来说，该值越大，表明打印机的精度约高，如惠普喷墨打印机可提供4800 DPI×1200 DPI高标准分辨率。

惠普、爱普生、佳能等厂家都可提供高分辨率喷喷墨打印机，分辨率是4800 DPI×1200 DPI、2880DPI×2880DPI、9600 DPI×2400 DPI，如果一台打印机的分辨率是4800 DPI×1200 DPI，那么意味着在X方向(横向)上，两个墨点最近的距离可以达到1/4800英寸，在Y方向(纵向)上，两个墨点最近的距离可以达到1/1200英寸。工业级别的3D打印机一般精度为720 DPI×720 DPI

目前喷墨3D打印原材料丰富，可粘接材料五花八门。

按技术类型分：粉末粘结成型技术与喷墨直接成型技术。

粉末粘结成型技术长见粘接材料：石膏粉、陶瓷粉、砂、金属粉、碳纤维粉、尼龙粉、石墨、陶土等等。

墨水多种多样，喷墨直接成型技术长见的墨水有：纳米金墨水、纳米银墨水、纳米铜墨水、纳米钢墨水、石墨烯墨水、陶瓷墨水、聚合物墨水、生物墨水、绝缘墨水等等。

喷墨3D打印的核心器件是喷墨打印头。喷墨打印头分为两种：压电式与热发泡。工业级压电式喷墨打印头表面分布着256个到2048个喷孔，每个喷孔以1000—200000HZ的频率喷射2PL—80PL体积大小的墨滴。喷墨打印头的工作原理决定了喷墨3D打印机具有打印速度快、成型精度高的特点。如今压电式喷墨打印头应用较多。

彩色3D打印作为3D打印技术的重要研究方向之一，有着良好的应用前景和极大的提升空间。而市场上面常见的桌面级3D打印机无法实现真彩色打印，现有的彩色3D打印机价格昂贵，也就是国外几家大厂可生产，但售价达数百万元对于小企业、创客工作室及个人来说还是奢望。

市场有分工，站在“巨人”的肩上可以看得更远！市场已有成熟的设备，新产品研发时大可不必重复投资去研发生产，“拿来即用”不是更好？还节约研发费用，专业设备可由专业厂家生产，或找专业厂家配套。普通喷墨打印机技术成熟、市场拥有量大、款式多，能不能通过升级硬件与软件让普通喷墨打印机既能打印彩色照片，又能打印3D实物？答案是可以的！

笔者以深广联GH理光喷墨打印机为例加以说明，该机打印机的前视图如图4所示：

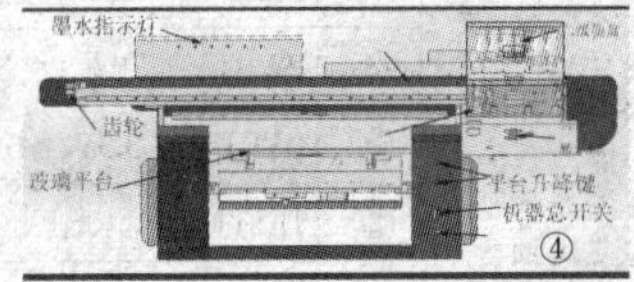

④

该机打印机的后视图如图5所示：

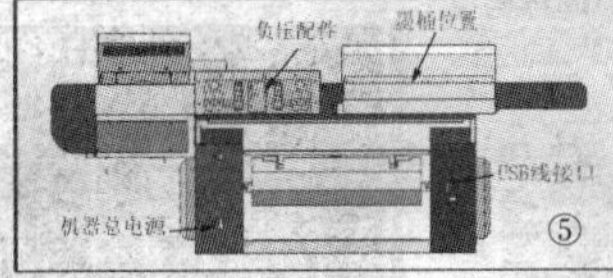

⑤

普通打印机是在水平面方向打印，若每次打印完成后能解决打印物品垂直方向移动，那问题就好办了。结合电子技术、机械自动化技术、图像处理技术，通过多年的研发，蓝舰影音研发团队解决了各类问题，对普通喷墨打印机升级改造，实现了低成本、工程级、全彩色3D打印方案，暂称之为LJAV UV固化喷沫3D打印机，如图6与图7所示。

⑥

⑦

读者可通俗的理解：一个3D实物的构成可以理解为N张平面“图片”叠层而成，普通喷墨彩色打印机是在平面打印照片，每次打印一张，喷墨打印机喷一层就OK。3D喷墨彩色打印机每次打印一张“照片”，若“照片”厚度为0.02mm(也称之为20微米)，按此方式打印，若打印10张“照片”叠加，3D实物的厚度可达0.2mm，若打印100张“照片”叠加，3D实物的厚度可达2mm，若打印1000张“照片”叠加，3D实物的厚度可达20mm，若打印5000张“照片”叠加，3D实物的厚度可达100mm，以此类推。3D打印要打多层，根据需求打印，一层一层的把三维物体盖起，这样就完成了3D实物打印。

LJAV UV固化喷沫3D打印机具有如下功能特点：

1. 6喷头或8喷头可实现1000万颜色以上的全色造型

(未完待续)

(下转第478页)

◇广州 秦福忠

电信IPTV常见故障排除方法与检修实例(四)

(紧接上期本版)

例8、图像不稳定,时有时无

分析与检修:这种情况重点检查机顶盒视频输出通道、机顶盒与电视机连接线(AV线或HDMI线)以及电视机视频信号处理相关电路。直观检查,发现机顶盒与电视机连接正常(该机采用HDMI高清线连接),试换机顶盒,故障现象不变,说明故障在电视机。拆开图9所示的三星UA39F5088AJ液晶电视机,检查相关的HDMI插座等相关元器件,没有发现明显问题,用热风枪补焊主处理芯片后,试机图像恢复正常,故障排除。

图9 三星UA39F5088AJ液晶电视视频接口相关电路实物图

例9、机顶盒开机后,指示灯不亮

分析与检修:这种情况多见用户家电源插座无电或接触不良;机顶盒电源开关忘记打开以及机顶盒电源适配器坏等引起。根据上述检查,没有发现问题,说明故障在机顶盒本身。拆开图10所示的华为EC6108V9C机顶盒,检查电源管理相关电路,发现电源管理芯片(RY1313C)第⑦脚1.5V输出(在滤波电感L9焊盘测量)、第⑫脚1V输出(在滤波电感L8焊盘测量)、第⑳脚3.3V输出、第㉔脚1.1V输出电压均无,但检查电源适配器输入的12V电压正常,怀疑电源管理芯片存在虚焊或不良,将其补焊无效,将其更换后故障排除。

图10 华为EC6108V9C机顶盒电源管理相关电路实物图

例10、观看直播或点播时电视屏幕卡顿、花屏

分析与检修:根据故障现象,结合维修经验,这种情况多见IPTV的带宽不够,如高清机顶盒,只开了标清的带宽(少于等于4M);光猫和机顶盒长时间工作,缓存占满;机顶盒存储电路不良等。根据上述检查,发现重启光猫和机顶盒无效,用电脑测试网速,发现连接机顶盒的网速正常,怀疑是信号源质量问题。通过回看或者快进快退,将出现卡顿的节目再退回去播放一遍,结果在同样的地方就不卡顿了,说明不是片源的问题。试换机顶盒,不再出现卡顿、花屏,说明故障在机顶盒。拆开华为EC6108V9C故障机顶盒,检查图11所示相关电路,没有发现明细异常。补焊检查,发现补焊存储模块(H26M41204HPR)后试机,故障不再出现,说明故障由存储模块虚焊引起。

图11 华为EC6108V9C机顶盒存储相关电路实物图

例11、机顶盒USB插座插入U盘无反应故障之一

分析与检修:根据故障现象,重点检查USB相关电路。拆开故障的烽火HG680-T机顶盒检查,发现该机采用USB2.0 HUB(FE1.1s)控制芯片完成USB读写的控制(参见图12)。结合表5所示的USB2.0 HUB控制芯片引脚功能检查,发现第⑳脚5V供电正常,第㉑脚3.3V供电输出也正常,但第⑬脚无3.3V供电输入,检查结果是该脚存在虚焊。将其补焊后试机,USB功能发恢复正常,故障排除。

表5 USB2.0 HUB(FE1.1s)控制芯片引脚功能

引脚	代号	功能说明
①	VSS	接地
②	XOUT	12MHz主时钟输出端
③	XIN	12MHz主时钟输入端
④	DM4	上传端口4D-
⑤	DP4	上传端口4D+
⑥	DM3	上传端口3D-
⑦	DP3	上传端口3D+
⑧	DM2	上传端口2D-
⑨	DP2	上传端口2D+
⑩	DM1	上传端口1D-
⑪	DP1	上传端口1D+
⑫	VD18_O	1.8V供电输出
⑬	VD33	3.3V供电输入
⑭	ERXT	调节端口,可以调节端口电流大小,通过外接接地电阻大小调节输出端电流的大小。
⑮	DM	上传端口D-
⑯	DP	上传端口D+
⑰	XRSTJ	接3.3V上拉电阻
⑱	VBUSM	通过限流电阻接USB的5V供电
⑲	BUSJ	接3.3V上拉电阻
⑳	VDD5	接5V供电
㉑	VDD3_O	3.3V供电电压输出
㉒	DRV	LED指示灯供电端
㉓	LED1	LED1控制端口
㉔	LED2	LED2控制端口
㉕	PWRJ	电源上拉端口
㉖	OVCJ	3.3V上拉端口
㉗	TESTJ	测试上拉端口
㉘	VD18	外接界1.8V正

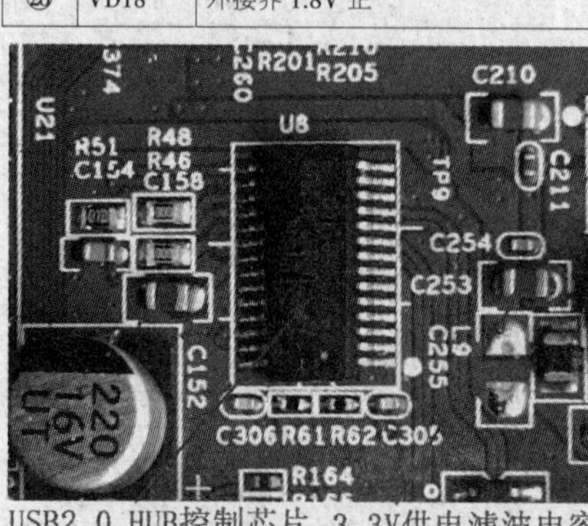

图12 烽火HG680-T机顶盒USB相关电路实物图

例12、机顶盒USB插座插入U盘无反应故障之二

分析与检修:根据故障现象,结合上例检查,发现USB2.0 HUB(FE1.1s)控制芯片相关供电输入、输出电压基本正常(参见图12),但用示波器在其第②脚和第③脚观察不到12MHz主时钟信号波形,怀疑时钟晶体XTAL2存在虚焊或不良(参见图13)。补焊无效,用同规格晶体更换后故障排除。

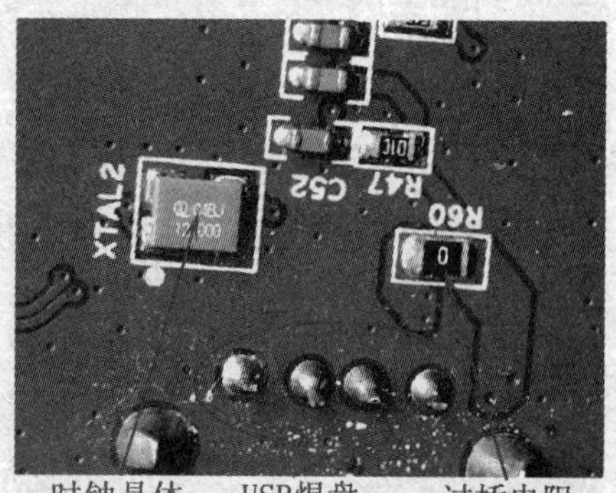

图13 烽火HG680-T机顶盒USB相关电路实物图

例13、机顶盒USB插座插入U盘无反应故障之三

分析与检修:根据原理,结合实际电路,拆开故障的华为EC6108V9C机顶盒,发现图14所示的USB 5V电压供电电路的降压芯片U11(BCBAN)第⑤脚12V输入电压正常,第④脚3.3V电压也正常,但第⑥脚无正常5V电压输出。检查其外接的滤波电容C67无异常,判断降压芯片U11本身存在不良,将其更换后故障排除。

图14 华为EC6108V9C机顶盒USB供电相关电路实物图

例14、机顶盒开机指示灯亮,但电视屏幕黑屏

分析与检修:开机指示灯亮,说明机顶盒外接12V电源适配器基本正常。拆开故障的烽火HG680-T机顶盒检查,发现图15所示的开关电源芯片U19(54329 TI 46A)第②脚12V输入电压正常(芯片第①脚接地),但第③脚无正常的5V左右电压输出,检查第⑦脚控制端3V左右高电平也正常,检查开关电源芯片U19相关外围元件无异常,判断开关电源芯片U19本身存在不良,将其更换后故障排除。

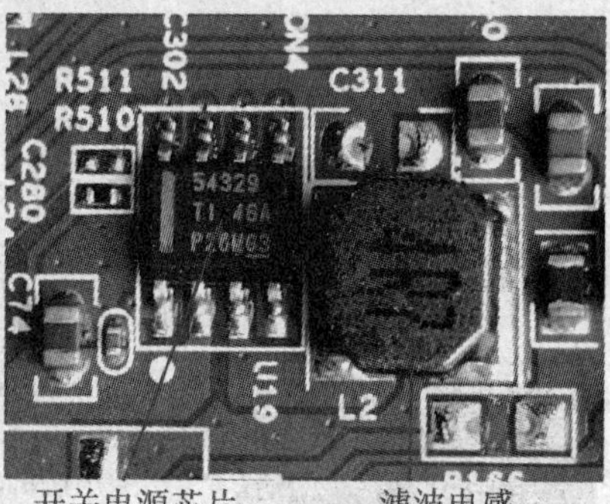

图15 烽火HG680-T机顶盒供电相关电路实物图

(未完待续)(下转第402页)

◇浙江 周立云

iOS 13新技巧介绍

很多朋友已经开始体验iOS 13，这里介绍几个比较新的操作技巧，感兴趣的朋友可以一试。

1.发送信息时自由切换帐户

如果你是双卡用户，那么在发送信息时，现在可以自由切换使用哪一个帐户（如图1所示），在这里直接选择相应的帐户就可以了。

2.批量删除信息

很多朋友诟病于信息的删除方式，以前我们只能逐条滑动删除，操作起来相当的麻烦。现在则方便多了，进入编辑模式之后，直接向左滑动即可选定删除，比起手工选择显然快捷许多。

3.静音未知来电号码

进入设置界面，选择"电话"（如图2所示），我们可以在这里启用"静音未知来电"服务，英文版本名称为"Silence Unknown Callers"，以后有不在联系人列表的未知电话到达时，iPhone将自动静音，该来电将直接发送到语音邮件进行提醒，这样可以在一定程度上避免骚扰电话的轰炸，但是如果经常网购、点外卖，那么请慎重考虑是否启用该服务。

4.Safari浏览器截长图

如果需要截长图，现在不再需要安装第三方的App，在Safari浏览器中完成截图之后，点击右下角的图片，此时会在屏幕上方看到"整页"的按钮（如图3所示），用手指滑动右边的缩略图上的方框，可以查看图片细节，然后点击"完成"按钮，选择"储存PDF到文件"即可。如果需要查看这个截图文件，可以使用iOS自带的"图书"应用打开查看。

需要提醒的是，目前该功能只能保存为PDF文件，不能像其他应用那样直接保存到相册中。

5.独立系统语言单独设置

在iOS13之前的系统，App如果想要显示和系统不一样的语言，需要App提供方自行开发相应的功能。例如系统语言是简体中文，App显示英语。

现在则简单多了，iOS13已经将这种需求集成到设置应用里直接修改，第三方App开发者无需再开发。如图4所示，点击"语言"右侧的">"按钮，进入语言列表界面直接选择相应的语言就可以了，不需要考虑iOS的系统语言。

◇江苏 王志军

①

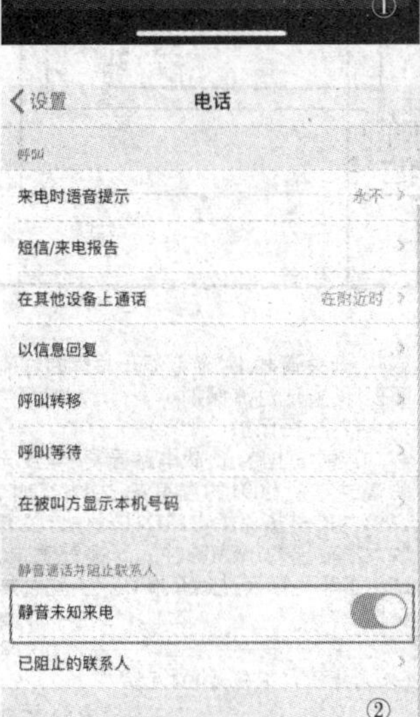

②

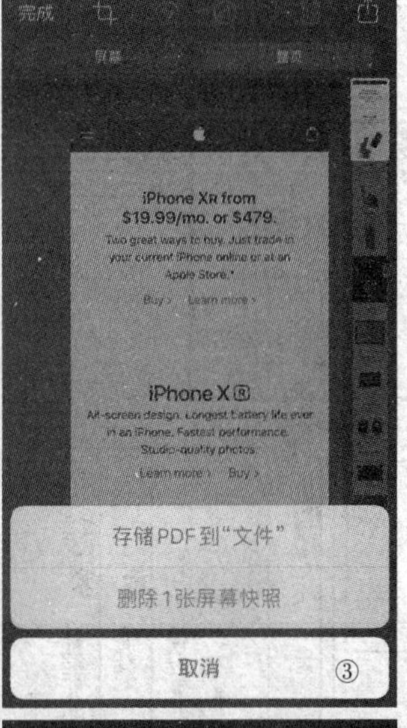

③

④

传统画幅照片巧变宽屏

众所周知，传统的电视屏幕和老旧照片的画幅长宽比率都是4:3的正统矩形，后来发展为16:9的"宽屏"比例画幅（包括还有高于4:3的16:10甚至是21:9等等）。如果直接将4:3比例的传统老旧照片进行16:9非等比例拉伸的话，图像就会发生整体的"压扁"式变形，表现为人物或建筑物都"矮"了；如果按16:9进行等比例拉伸的话，则又会损失一部分画面内容信息，表现为上下两边各被裁掉一部分。其实，我们可以借助PS中的"内容识别缩放"功能来较为完美地实现传统画幅的智能拉伸，得到宽屏照片，操作步骤如下（以PhotoShop CC 2017为例）：

首先将待处理的"老照片.JPG"拖进PS，点击"图层0"后的小锁进行解锁；接着切换为"裁剪工具"，将上方裁剪参数选择设置为"16:9"模式，此时PS会在照片中间生成一个16:9的画框，按住Alt-Shift键的同时使用鼠标左键拖动该画框将其扩至包围住原来的照片（左右两侧出现透明区域），回车；然后点击执行"编辑"-"内容识别缩放"菜单命令（快捷键为Alt-Shift-Ctrl-C），原照片周围现在就会出现选择框，分别拖动其左右控制柄向两侧拉伸至透明区域边界，非常奇妙的是：PS会基本保持原照片中间的主体内容不变、左右两侧的区域进行相似度极高的智能填充（如附图所示）；感觉效果不错的话就再执行"文件"-"存储为"菜单命令，将其导出为新的宽屏图像文件存盘即可。

在整个拉伸过程中如果感觉中间主体被拉动变形的话（尤其是主体在画面中所占比例较大时），可再结合使用PS的套索工具与Alpha遮罩进行禁止拉伸保护，让PS只对该区域之外的大场景进行智能拉伸，最终得到的宽屏照片的效果确实不错，大家不妨一试。

◇山东 杨鑫芳

藤仓12S光纤熔接机电池异常维修一例

接修某施工队一台藤仓12S光纤熔接机，送修者描述故障现象是按电源键不开机。

笔者接手后长按电源键无任何反应，看来与描述一致。由于没有外接电源适配器，而机器直流电源接口上标识"12-18V6A"字样，于是笔者将PS-305D维修电源调至18V并选择合适的插头插入机器，这时可以正常开机并且显示正在充电，因此估计只是电池电量耗尽，可充电几小时后拔下外接供电插头还是不能正常开机，怀疑机器电池有问题。

打开底盖拆下电池，发现是由四块标识6.66WH的锂电池串联组成，用万用表测量电池输出电压为0V，而单独测量每块电池电压仅2V左右，远低于标准的3.7V，明显是电池过放电导致锂电池组保护板执行保护动作了。由于该机器电池价格较高，能否单独给每块电池充电再继续使用呢？刚好笔者手中有块输入供电是USB接口的单节锂电池充电板，为避免烧坏电池组保护板，将每块电池断开一脚再分别进行充电（如图1所示），若干小时后四块电池均正常充满（即充电板上指示灯由红色变成绿色），再焊接好之前断开的电池引脚，此时测量输出电压为16V左右，装入机器按电源键有反应，提示电源类型为电池（如图2所示），稍后便进入工作状态，剥好两根光纤放入机器也可以正常熔纤，待电池快用完时再充电也正常，至此故障排除。

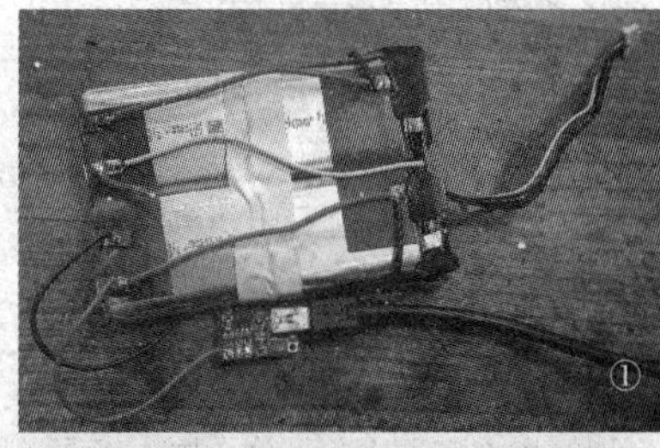

①

②

本例故障的根本原因应该是没有及时充电导致电池保护引起的，为防止再次发现故障，笔者特意提醒施工管理员一定要及时充电。

◇安徽 陈晓军

美的TS-S1-13F-M1.1机芯电磁炉分析与检修(一)

美的TS-S1-13F-M1.1机芯电磁炉采用电磁炉超级芯片LC87FV708Z为核心构成，如图1所示。

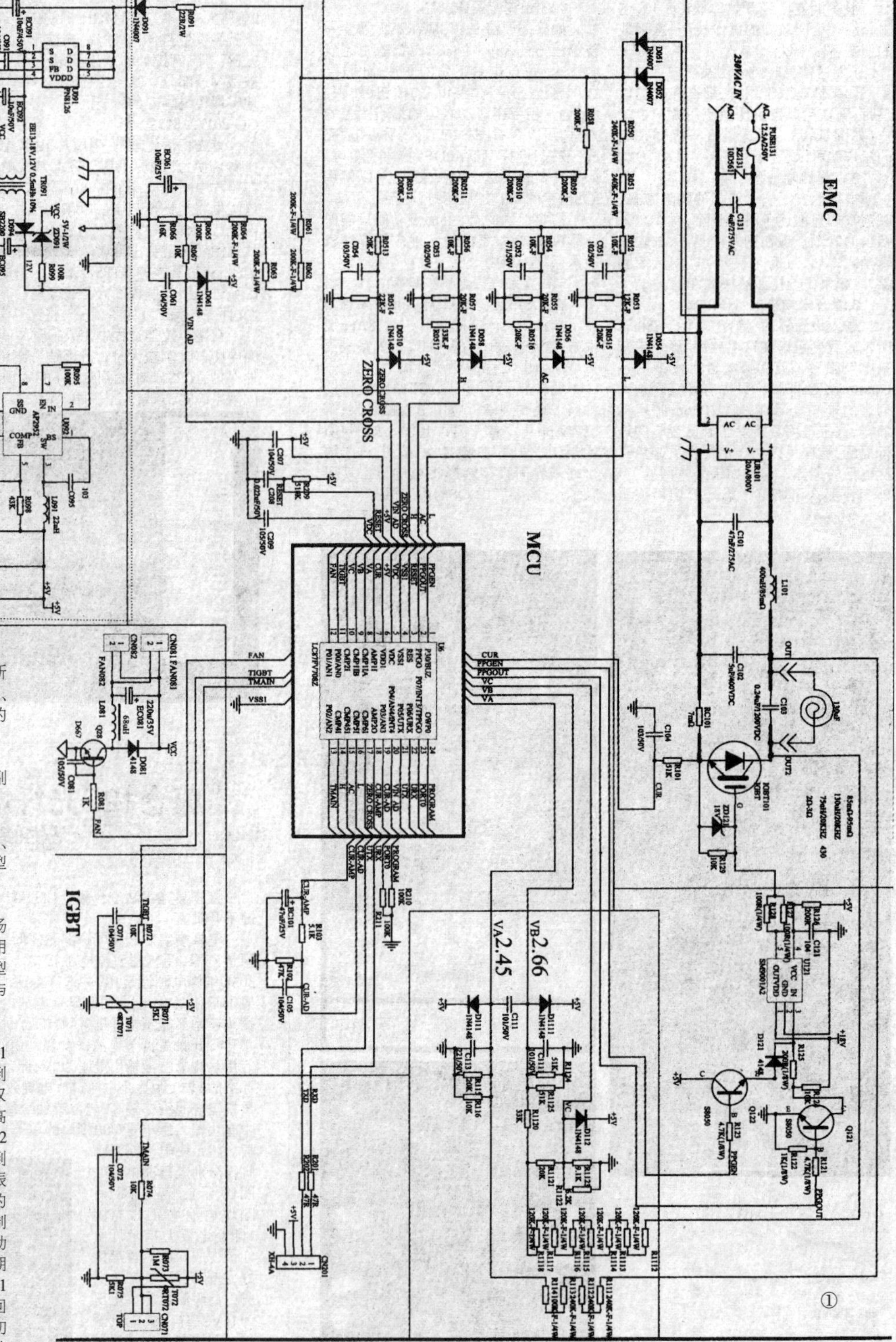

1. 市电输入电路

该机输入的市电电压通过熔丝管FUSE131输入，利用高频滤波电容C131抑制高频干扰脉冲后，不仅送到电压检测电路和开关电源，而且加到整流堆RU131的交流输入端。市电经UR131桥式整流，通过C101、L131和C102滤波产生300V左右直流电压，为功率变换器供电。

市电输入回路安装的RZ131是压敏电阻，它用于市电过压保护。当市电电压正常时RZ131相当于开路，电路正常工作；当市电过高其峰峰值电压达到560V时RZ131击穿，使FUSE131过流熔断，切断市电输入回路，以免滤波电容C101、C102或功率管IGBT101、主开关电源的电源模块等元件过压损坏。

2.电源电路

该机的电源电路采用了主电源和副电源构成。

1)主电源电路

主电源由电源模块PN8126(U091)、开关变压器TR091等元件构成的串联型开关电源。

(1)PN8126的简介

PN8126是由控制芯片和开关管(场效应管)复合而成的新型电源模块，适用于小功率非隔离式开关电源，即串联型开关电源。它的内部构成和引脚功能与常见的VIPer12A基本相同。

(2)功率变换

C102两端的300V直流电压经R091限流，利用D091隔离、EC091滤波后加到U091(PN8126)的供电端⑤~⑧脚，不仅为内部的开关管D极供电，而且通过高压电流源对④脚外接的滤波电容EC092充电。当EC092两端建立的电压达到12.5V后，内部稳压电源输出的电压为振荡器等电路供电，振荡器产生60kHz的时钟脉冲，在该脉冲的控制下PWM调制器产生激励脉冲，经放大器放大后驱动开关管工作在开关状态。开关管导通期间，300V电压通过开关管D/S极、TR091的初级绕组、EC093、D902构成导通回路，不仅为负载供电，而且在TR091的初级绕组上产生右正、左负的电动势。开关管截止期间，流过TR091的导通电流消失，由于电感中的电流不能突变，所以TR091通过自感产生左负、右正的电动势。该电动势一路通过EC093和续流二极管D092构成的回路继续为负载供电；另一路通过D093整流，EC092滤波产生的12.5V左右电压加到U091的④脚，取代启动电路为U091提供工作电压。开关电源工作后，TR091的次级绕组输出的脉冲电压经D094整流，EC095滤波产生12V电压，为副电源电路供电。

(3)稳压控制

当市电电压升高或负载变轻引起开关电源输出电压升高时，EC092两端升高的电压被U091内的误差放大器取样放大后，对PWM调制器进行控制，使PWM调制器输出的激励信号的占空比减小，开关管导通时间缩短，TR091存储的能量下降，开关电源输出电压下降到正常值。反之，稳压控制过程相反。

(4)欠压保护

若稳压控制电路、自馈供电电路或负载电路异常，导致U091工作电压低于8V时，U091内的欠压保护电路OLP动作，关闭放大器输出的PWM脉冲，开关管截止，避免了开关管因激励不足等原因损坏，实现欠压保护。

(5)过压保护

若稳压控制电路异常，导致EC091的工作电压超过24V后，U091内的过压保护电路OVP动作，关闭放大器输出的PWM脉冲，开关管截止，避免了开关管因过激励等原因损坏，实现过压保护。

(6)过流保护

若负载电路异常等原因，导致U091内的开关管过流时，U091内的过流保护电路OCP动作，关闭放大器输出的PWM脉冲，开关管截止，避免了开关管因过流而损坏，实现过流保护。

(7)过热保护

若供电电路、负载电路异常，导致开关管过热使U091的温度超过140℃时，U091内的过热保护电路OTP动作，关闭放大器输出的PWM脉冲，开关管截止，避免了开关管因过热而损坏，实现过热保护。

(未完待续)(下转第404页)

◇山西 芦琪

电流分流电阻器电感很重要

在使用分流器测量电流的高频开关系统中，您可能会发现诸如正弦波电流纹波幅度过大，方波纹波过冲或电流快速转换或过高的高频噪声等问题。这些问题是由电流分流电感引起的，分流电感在较低的分流电阻值下变得更为显著，特别是在1mΩ以下。

故障排除需要一种工具，任何设计电流感应系统的人都应该拥有：一种高质量的钳式电流探头，具有从直流到高频的带宽。泰克电流探头是这种测量的流行和理想选择。最高精度不是它们的强项，你可以通过好质量的分流器和IC获得更好的精度，但是为了测量和解决动态信号的问题，电流探头是必不可少的。不修复这些动态问题可能会损害您的基本电流测量精度和损坏数据采集系统。

图1.这是并联电感问题的等效示意图。100 kHz开关稳压器的方波输出由L1和C1滤波，使得电流纹波为正弦波。H1捕获实际电流波形(由ROUT1探测)，E1捕获分流器上的准确电压及其电感（由ROUT探测），就像电流检测放大器一样(20伏电源有助于方便的偏移和缩放以查看输出波形在一起)。

您可能遇到的一个问题涉及不正确的正弦波纹波信号幅度和波形。在这里建模的一个实际例子中，纹波信号太大，并且对整个测量的准确性产生怀疑。提供给我们的附图显示在分流器附近的原理图上绘制了一个神秘的三角波（没有任何解释），在我模拟电路之前，它首先没有注册给我。

图2. 绿色迹线表示实际的纹波电流，而黄色迹线表示分流器上的电压降，这是与没有输入滤波器的电流检测放大器相同的信号。注意，三角形幅度远大于正弦波(并且源E和H被缩放以使得当一切都正确时它们将匹配)。

图3.这里描述了我们在应用程序中看到的问题。由于应用具有输入滤波器，放大器外的波形是正弦波，但幅度过大。只需要一个太小的滤波电容。

图4. 该应用原理图显示了RFILT和CFILT位置的初始值不正确的滤波器，产生了图3的波形。后面的CFILT修订版为0.3μF将提供正确的波形和幅度，如图5所示。

图5. 具有正确滤波器值的纹波响应。波形位于彼此之上。

果然，正弦波纹波确实会在具有足够电感的分流器上变成三角波形。放大器最初具有正弦波输出，因为设计人员明智地在放大器输入端包含一个低通滤波器，但它没有被正确地“调谐”。在这种情况下，调谐涉及调整电容值，直到纹波与正确的计算值匹配。现实世界分流的问题在于，由于其电感规格的模糊性，它们无视严格的分析方法。您可能会在数据表的正面看到类似“0.5到5 nH”的内容，并且在规格表上没有特定值，如果您幸运的话。因此，您使用电流探头通过迭代电容来确定正确的值(显然，如果振幅太大，则增加电容，反之亦然)。

事实上，如果你有一个真正的方波电流，你可能会有一个过冲，你可以用同样的方式“调出”。一旦找到正确的过滤器值，它将在生产中工作，如果您必须更换分流供应商，甚至可能会成立。构建低于1mΩ的分流器的方法并不多。我是否提到过这种瞬态响应问题，由于分流电感会随着分流器变小而变得更糟，最常见的是值小于1mΩ?

①

②

③

④

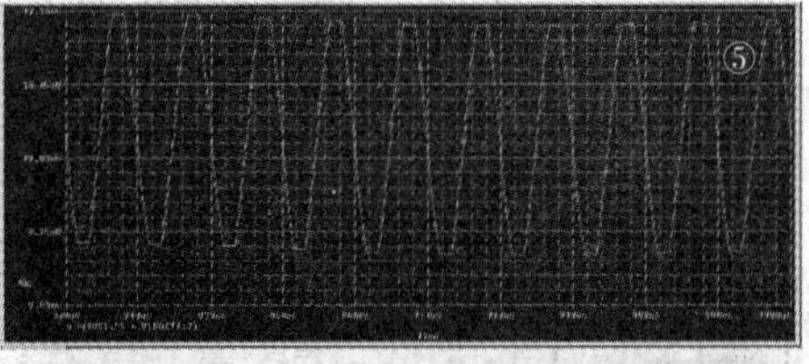

⑤

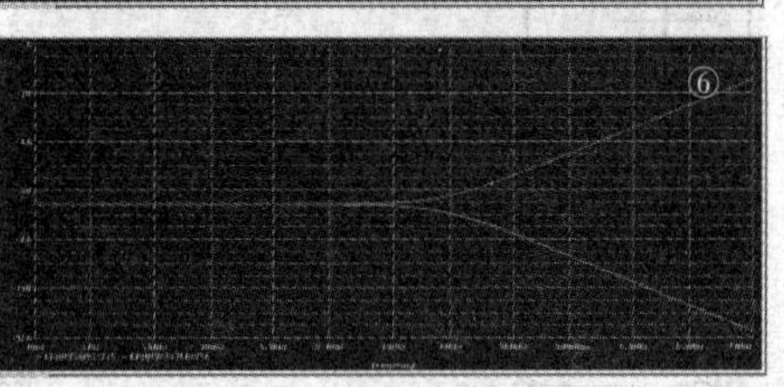

⑥

过滤输入的重要性

重要的是，在电流检测IC输入之前完成该滤波。没有前端过滤的系统的长期数据收集已经证明，在电流和功率值的数据图中偶尔会出现无法解释的(但经常发生问题)。这些尖峰可追溯到分流器的高频响应，导致电流检测前端出现混叠现象。无论是斩波稳定放大器，delta-sigma转换器还是具有平均值的SAR都无关紧要，如果它们是采样系统，所有这些系统都很脆弱。与任何混叠问题一样，正确的解决方案是在电流感测IC输入之前进行模拟滤波。忽略您不需要过滤器的供应商。如果它是采样系统并且您正在收集数据，则需要在当前感测IC中提供干净的信号。还要记住，混叠不是唯一的潜在问题，未经过滤的输入会冒这些高频输入只会使前端过载的风险。

最后，如果您需要更多噪声抑制，您当然可以调谐到甚至更低频率的滤波器。在输入到链中的第一个放大器之前进行滤波总是有益的。大多数电流检测IC限制了单极输入端的实际滤波，但应始终使用，并且如果需要，还可在放大器输出端实现更高阶滤波。

虽然本文讨论了瞬态域中的这个问题，但任何精明的观察者都会意识到它可以被视为一个简单的一阶带宽问题。非常低的欧姆分流器上的分流电感产生数百kHz的转角频率，有时令人惊讶地低。无论您如何对待它，作为带宽问题，时间常数问题或瞬态响应问题，最佳滤波器的时间常数将等于分流电阻及其电感的时间常数(或极点频率，以补偿分流零频率)：

$$\frac{L_{SHUNT}}{R_{SHUNT}}=R_{FILT}\times C_{FUKT}$$

电流检测IC将始终使用差分滤波器，RFILT将是两个电阻的总和。从数学的角度来看，困难的部分是获得LSHUNT的实数。

图6. 最后，频率响应曲线显示500μΩ分流器的上升频率响应，绿色为3 nH电感，输入滤波器与一对10Ω电阻和0.3μF电容互补响应。请注意，此分流器显示转角频率约为30 kHz。

◇湖北 朱少华

比特大陆Sophon TPU人工智能芯片采用Arteris IP Ncore缓存一致性互连IP

作为硅验证成熟的创新型片上互联网络(NoC)IP的领先供应商，Arteris IP公司今日宣布比特大陆已获授权在其新一代Sophon张量计算处理器(TPU)系统芯片中使用Arteris Ncore缓存一致性互连IP来实现人工智能(AI)和机器学习(ML)算法应用中的硬件加速。

比特大陆的Sophon TPU产品是首批针对TPU推理进行优化的商用芯片的一部分，既可作为单独的芯片使用也可作为比特大陆针对服务器领域自研系统的一部分使用。这种产品技术有助于加速实现深度学习框架(如Caffe和TensorFlow)，下一代技术也将为更多学习框架提供支持，同时在性能和功耗上进一步优化。

比特大陆表示：“我们的Sophon人工智能芯片在复杂性和性能上不断提高，因此对于互连IP的选择就变得尤为重要。借助Arteris Ncore缓存一致性互连IP，我们可以提高芯片内部带宽并减小芯片面积，同时更易于在后端实现。Ncore IP的灵活可配置性有助我们优化SoC的芯片面积，在降低成本的同时提升产品性能。”

Arteris IP表示：“比特大陆选择Arteris Ncore缓存一致性互连IP的主要原因是因为Arteris的缓存一致性互连IP产品能够帮助客户实现各种新颖的人工智能系统芯片架构，同时满足客户对性能，功耗和芯片面积的严苛要求。Arteris是目前业界唯一一家不断持续开发演进这种芯片缓存一致性互联技术的IP公司，这种技术可极大的帮助客户加速开发复杂的机器学习和人工智能芯片。”

◇四川 陆祥福

Vishay推出专门针对可穿戴设备和智能手机的环境光传感器

日前，Vishay Intertechnology,Inc.宣布，其光电子产品部推出用于智能手表和运动手环等紧凑应用的新型环境光传感器——VEML6035，这些应用都要求非常高的灵敏度，因为需要能够通过往往很暗的透镜进行感光。Vishay Semiconductors VEML6035将高灵敏度光电二极管、低噪声放大器和16位ADC集成在2 mm×2 mm×0.4 mm的紧凑、透明的表面贴封装中。传感器采用可由阈值窗口外设置启动的活动中断功能，消除主板负载。

VEML6035通过简单的I²C命令轻松操控，可用于智能手机和可穿戴设备等移动设备显示屏调光，以及各种消费电子、计算和工业应用的光开关。器件0.4 mm超薄厚度为空间受限设计中的显示管理系统提供大量设计选择。

Vishay获得专利的Filtron?晶圆级滤光片技术实现接近人眼的环境光频谱灵敏度。传感器可探测0.004 lx至6710 lx高度线性行为，分辨率低至0.0004 lx/ct，可用于采用低能见度（深色）透镜的应用。传感器高度仅为0.4 mm，为空间极为受限的设计实施显示管理提供许多新的选择。VEML6035能抑制100 Hz和120 Hz频闪噪声，出色的温度补偿能力可在环境温度变化的情况下保持稳定性。传感器工作模式下功耗仅为170 μA，可编程关闭模式下为0.5 μA。

VEML6035供电电压和I²C总线电压为1.7 V至3.6 V，器件采用无铅(Pb)6引脚封装，符合RoHS和Vishay绿色标准，无卤素。

◇四川 陆祥福

电赛中高度关注的常见单片机电路设计模块(一)

每年的全国大学生电子设计竞赛,有上千万的电学类学生参加,范围包含了本科生和专科生。每年的控制题或信号处理、通信类题都属于必考类选题,故此本文列举了在电赛各选题中可能应用到的单片机电路设计模块。

1. 双路232通信电路3线连接方式,对应的是母头,工作电压5V,可以使用MAX202或MAX232。

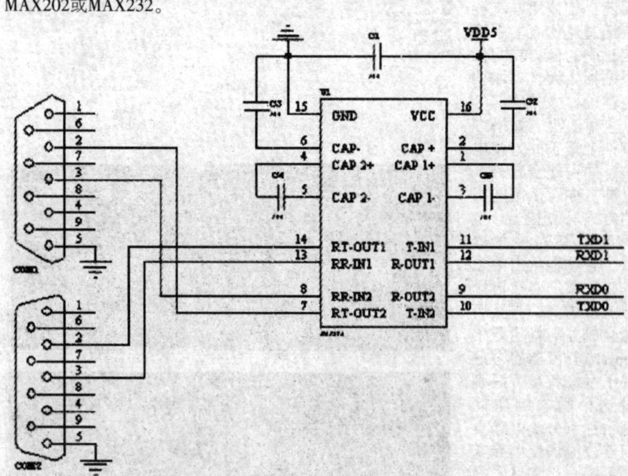

2.三极管串口通信

本电路是用三极管搭的,电路简单,成本低,但是问题,一般在低波特率下是非常好的。

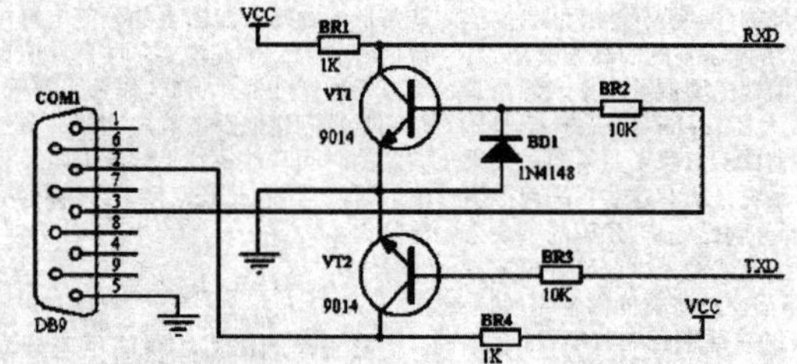

串口模块(BJT)
说明:
1.本模块用三极管构成,效果不错。
2.9014可以用8050替代。

3.单路232通信电路

三线方式,与上面的三级管搭的完全等效。

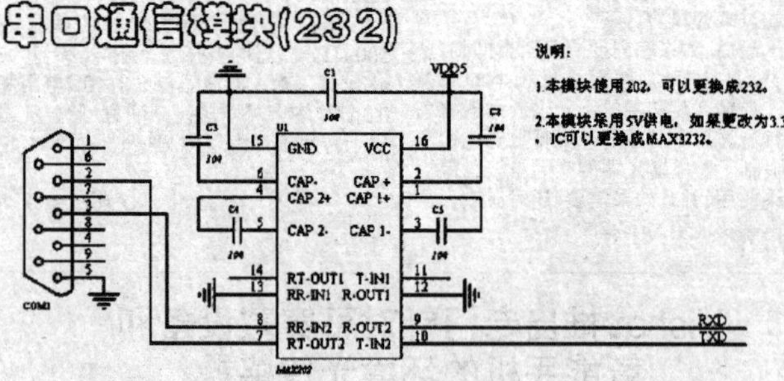

串口通信模块(232)
说明:
1.本模块使用202,可以更换成232。
2.本模块采用5V供电,如果更改为3.3V,IC可以更换成MAX3232。

4.USB转232电路

采用的是PL2303HX,价格便宜,稳定性还不错。

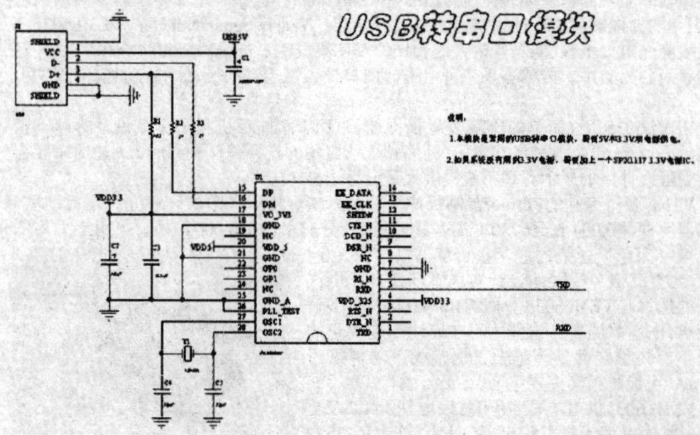

5.SP706S复位电路

带看门狗和手动复位,价格便宜(美信的贵很多),R4为调试用,调试完后焊接好R4。

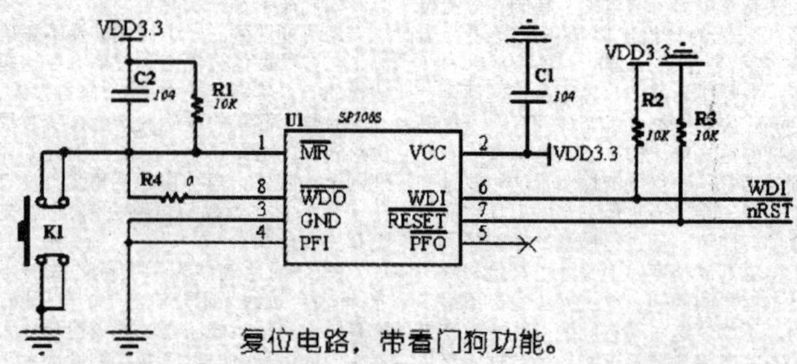

复位电路,带看门狗功能。

6.SD卡模块电路(带锁)本电路与SD卡的封装有关,注意与封装对应。此电路可以通过端口控制SD卡的电源,比较完善,可以用于5V和3.3V。但是要注意,有些器件的使用,5V和3.3是不一样的。

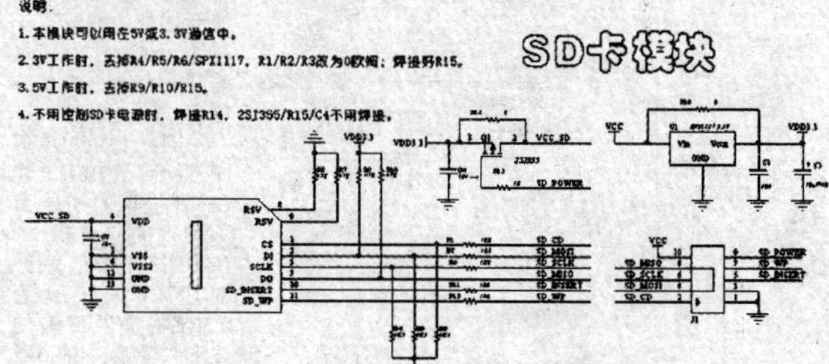

说明:
1.本模块可以用在5V或3.3V器件中。
2.3V工作时,去掉R4/R5/R6/SPX1117,R1/R2/R3改为0欧姆;焊接好R15。
3.5V工作时,去掉R9/R10/R15。
4.不用控制SD卡电源时,焊接R14,2SJ395/R15/C4不用焊接。
SD卡模块

7.LCM12864液晶模块(ST7920)本电路是常见的12864电路,价格便宜,带中文字库。可以通过PSB端口的电平来设置其工作在串口模式还是并行模式,带背光控制功能。

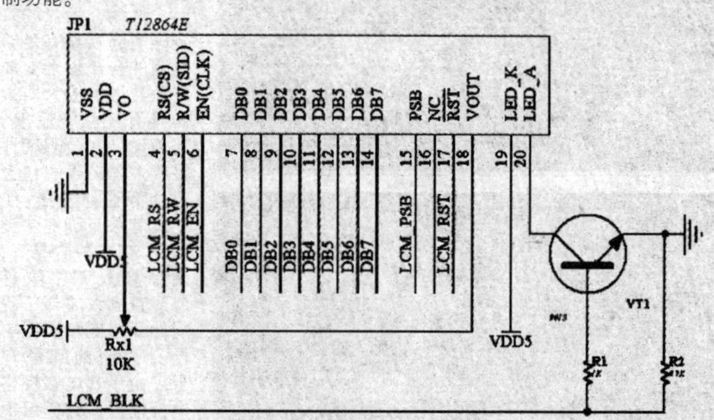

8.LCD1602字符液晶模块(KS0066)最常用的字符液晶模块,只能显示数字和字符,可4位或8位控制,带背光功能。

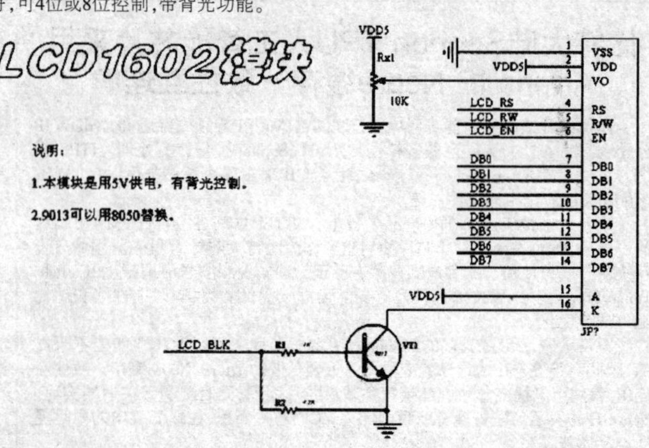

LCD1602模块
说明:
1.本模块是用5V供电,有背光控制。
2.9013可以用8050替换。

(未完待续)(下转第406页)

◇宜宾职业技术学院 陆祥福

用梯形图编程进行STC单片机应用设计制作之一

单片机基本系统板安装与通电测试(一)

通常单片机的应用程序是用C51语言或汇编语言来编写，这里向大家介绍一种新方法：用PLC的梯形图语言来设计单片机应用程序，然后通过将梯形图程序(后缀为.PMW)转换成单片机可执行的代码(后缀为.hex)，再烧录到单片机内。这种方法为没有汇编语言或C51计算机语言编程基础的，懂得继电器-接触器控制原理的一线人员，提供了一条新途径，可以通过梯形图编程平台所提供的应用功能学习和应用单片机控制技术。目前该方法的缺点是转换软件支持的梯形图编程指令较少，但能满足一些实际使用。

本文制作的单片机基本系统板包括单片机、时钟电路、复位电路、电源电路、通信电路、端口状态指示电路。下面分别作介绍。

一、基本系统板组成

1. 单片机

单片机的全称为单片微型计算机或微型控制器。它是在一块芯片上集成了中央处理单元CPU、随机存储器RAM、只读存储器ROM、Flash存储器、定时器/计数器和多种输入/输出(I/O)，如并行I/O、串行I/O和A/D转换器等。就其组成而言，一块单片机就是一台计算机。典型的结构如图1所示。由于它具有许多适用于控制的指令和硬件支持，因而广泛应用于工业控制、仪器仪表、外设控制、顺序控制器中，所以又称为微控制单元(MCU)。

MCS-51系列单片机，是Intel公司继MCS-48系列单片机之后，在1980年推出的高档8位单片机。当时MCS-51系列产品有8051、8031、8751、80C51、80C31等型号。它们的结构基本相同，其主要差别反映在存储器的配置上有所不同。8051内部没有4K字节的掩膜ROM程序存储器，8031片内没有程序存储器，而8751是将8051片内的ROM换成EPROM。

MCS-51单片机内部总体结构如图2所示。MCS-51单片机采用CHMOS制造工艺40引脚双列直插封装形式，在芯片上集成了1个8位中央处理器，4KB/8KB的只读存储器，128B/256B的读写存储器，4个8位（32条）I/O引脚线，2个或3个定时器/计数器，1个具有5个中断源、2个优先级的嵌套中断结构，用于多处理器通信、I/O扩展或全双工通用异步接收发送器(UART)的串行I/O口，以及1个片内振荡器和时钟电路。

算术逻辑运算器(ALU)可以对半字节(4位)、单字节等数据进行操作。能完成加、减、乘、除、加1、减1、BCD码十进制调整、比较等算术运算，还能进行与、或、异或、求补、循环等逻辑操作，操作结果的状态送至状态寄存器(PSW)。

该算术逻辑运算器还包含有一个布尔处理器，用来处理位操作。它是以进位标志C为累加器，可执行置位、复位、取反、等于1转移、等于0转移、等于1转移且清0以及进位标志位与其他可位寻址的位之间进行数据传送等位操作。也能使进位标志位与其他可位寻址的位之间进行逻辑与、或操作。

程序计数器PC共16位，可对64KB程序存储器直接寻址。执行指令时，PC内容的低8位经P0口输出，由外接锁存器锁存，高8位经P2口输出。

本制作中选用的是由国内宏晶公司生产的系列单时钟/机器周期(1T)单片机中的一款，型号为STC12C5A60，PDIP-40封装。该单片机是高速、低功耗、超强抗干扰的新一代8051单片机，其指令代码完全兼容传统8051，但速度快8-12倍。内部集成MAX810专用复位电路，用户应用程序空间达60K字节，片上集成1280字节RAM，2路PWM可用来当2路D/A使用，10位精度ADC，共8路，转换速度可达250K/S(每秒钟25万次)。封装有PDIP-40，LQFP-44，LQFP-48、PLCC-44、QFN-40可选。

2. 时钟电路

时钟电路是确保单片机正常可靠运行最重要电路之一。MCS-51内部集成了一个用于构成振荡器的高增益反相放大器，引脚XTAL1和XTAL2分别是此放大器的输入端和输出端。这个放大器与外接作为反馈元件的片外晶体或陶瓷谐振器构成一个自激振荡器；也可以采用外部振荡。本制作选用频率为11.0592MHz的无源晶振。

3. 复位电路

单片机有一个专门用于复位的引脚，在振荡器正在运行中，该引脚至少保持2个机器周期的高电平才能实现复位。复位电路如图3所示，图3(a)为上电复位电路，图3(b)为开关复位电路。

4. 供电电源电路

单片机的工作电压通常为直流5V或3.3V，考虑到后面用到的输入和输出电路等也需要电源供电才能工作，故我们选用24VDC作为供电电压。从前面有关内容可以知道，本制作选用的是工作电压为直流5V的单片机。为此需要将24VDC降至5VDC才能给单片机供电，降压电路可用开关电源和线性电源之一来实现。开关电源就是进行DC/DC变换，即通过晶体管开关电路进行脉冲宽度调制，将具有占空比的脉冲整流得到5V电压，其电路原理如图4(a)所示。而线性电源就是通过晶体管放大电路来得到5V电压，常用7805稳压集成块获得5V电压的电路，如图4(b)所示，本制作选用后者方法，图中LED_Z和Rd_1为5V电源指示。

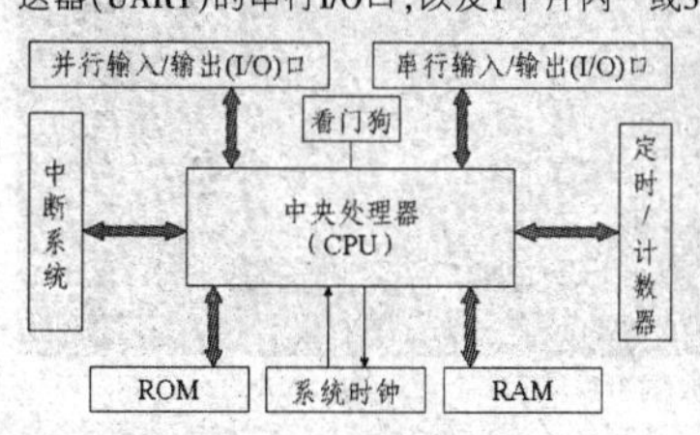

图1 单片机结构框图

图2 MCS-51总体结构图

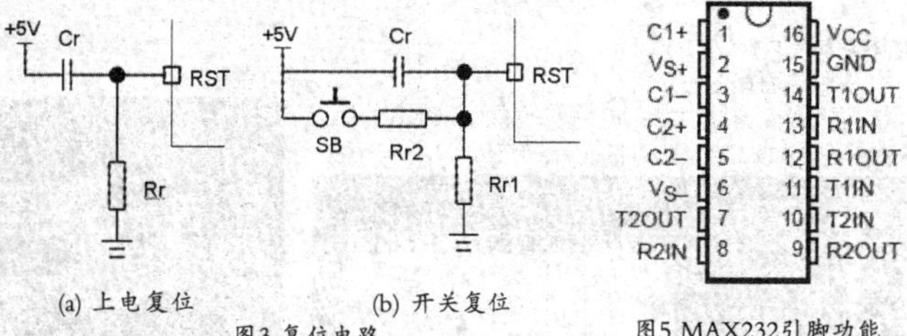

图3 复位电路

C1+ 1	16	VCC
VS+ 2	15	GND
C1- 3	14	T1OUT
C2+ 4	13	R1IN
C2- 5	12	R1OUT
VS- 6	11	T1IN
T2OUT 7	10	T2IN
R2IN 8	9	R2OUT

图5 MAX232引脚功能

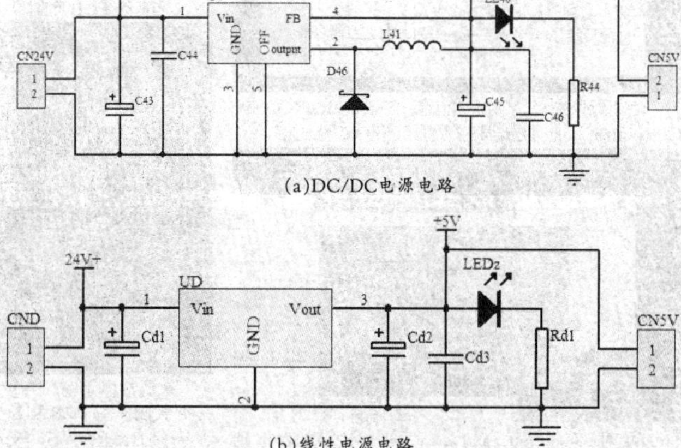

(a)DC/DC电源电路

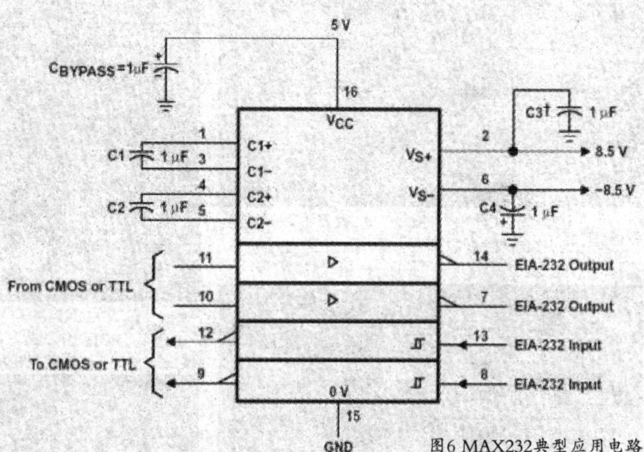

(b)线性电源电路

图4 5V供电电源电路

图6 MAX232典型应用电路

5. 通信电路

通信电路用来下载程序和进行运行监控。STC12C5A60单片机的通信电路为RS-232，本制作选用MAX232芯片，该芯片是由德州仪器公司(TI)推出的一款兼容RS232标准的芯片。由于电脑串口RS232电平是-10v ~+10v，而一般的单片机应用系统的信号电压是TTL电平0 ~ +5v，MAX232就是用来进行电平转换的，故器件内包含2个驱动器、2个接收器和一个电压发生器电路提供TIA/EIA-232-F电平。MAX232是电荷泵芯片，可以完成两路TTL/RS-232电平的转换，它的9、12、10、11引脚是TTL电平端，用来连接单片机的；8、13、7、14引脚是TIA/EIA-232-F电平。MAX232芯片有PDIP-16和SOP-16两种封装，其引脚功能如图5所示，典型应用电路如图6所示。

MAX232芯片是专门为电脑的RS-232C标准串口设计的接口电路，使用+5V单电源供电。内部结构基本可分三个部分：

电荷泵电路。由1、2、3、4、5、6脚和外接4只电容构成。功能是产生+12V和-12V两个电源，提供给RS-232串口电平的需要。

数据转换通道。由7、8、9、10、11、12、13、14脚构成两个数据通道。其中13脚(R1IN)、12脚(R1OUT)、11脚(T1IN)、14脚(T1OUT)为第一数据通道。8脚(R2IN)、9脚(R2OUT)、10脚(T2IN)、7脚(T2OUT)为第二数据通道。

(未完待续)(下转第407页)

◇苏州竹园电科技有限公司 键谈
江苏永鼎线缆科技有限公司 沈洪

Altium Designer 19软件应用实例(四)

(紧接上期本版)

3.编译原理图

点击"设计"菜单按钮,选择"Update PCB Document xx.PcbDoc"打开原理图编译页面。

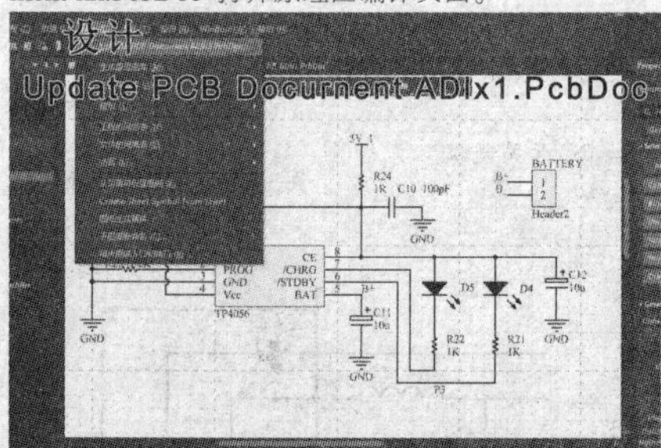

在出现的警告对话框选"automatically Create Component links"及错误对话框点击"OK"略过。

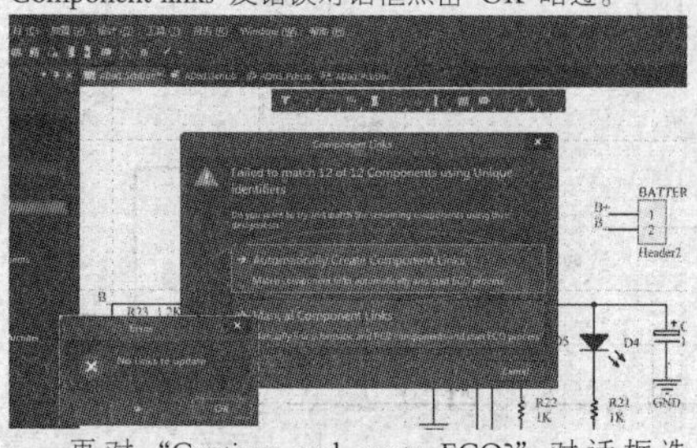

再对"Continue and create ECO?"对话框选"YES"。

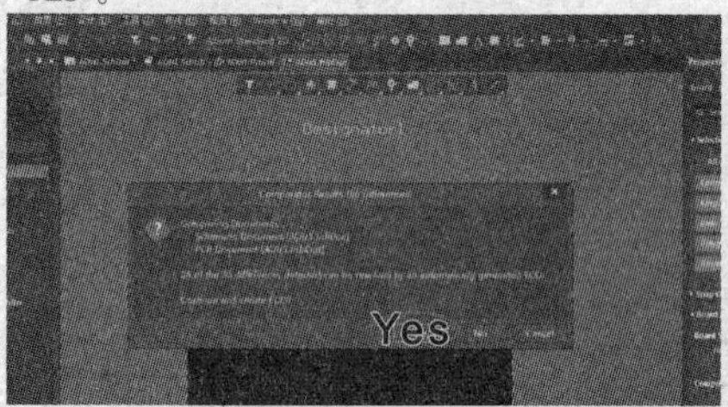

4.在出现的"工程变更指令"中,查看有没有警告和错误行,并对应检查原理图和改正,直到通过编译,选择"执行变更"按钮,再点"关闭"按钮,结束编译。

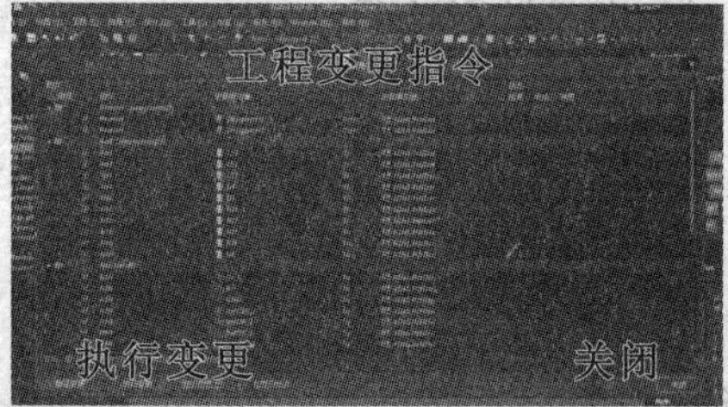

5.在编译原理图完成后,系统会将该原理图自动转换并加载到PCB板图。

6.对导入的PCB元器件,按照逻辑关系大概分类,便于设计放置位置。

对划分块的元器件,根据逻辑关系指示,大概调整位置和方向。

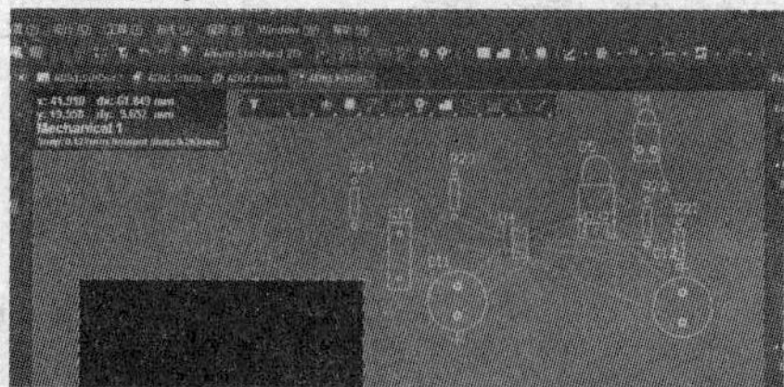

7.放置PCB元器件

将相应的器件按照需要的位置和对应逻辑关系放置在选定的PCB布置面。

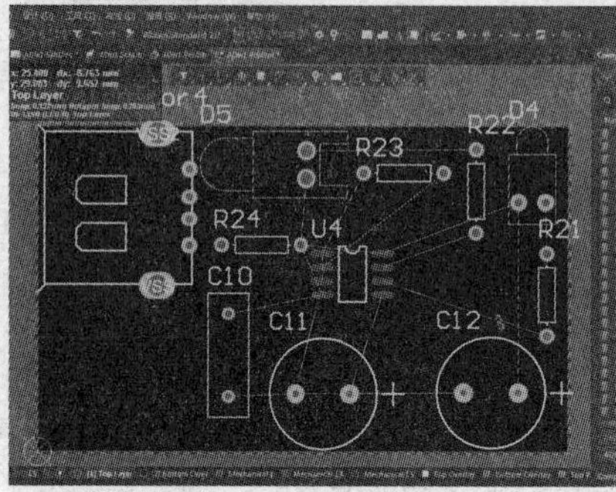

8.调整显示窗口

关闭保留PCB和SCH设计窗口,关闭其他暂时不需要的窗口,点击"Windows"菜单按钮,选择"垂直平铺",则窗口按照垂直方式显示。

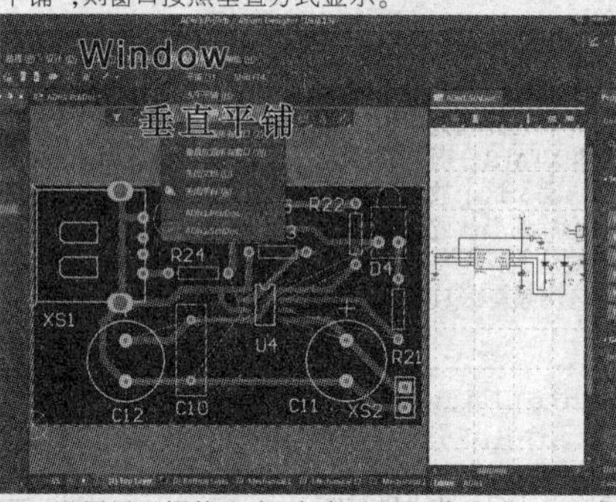

设置显示栅格大小:点击"视图"菜单按钮,选择"工具栏">"应用工具",在出现的"应用工具"快捷工具栏里面点击"栅格"图标,下拉选择。

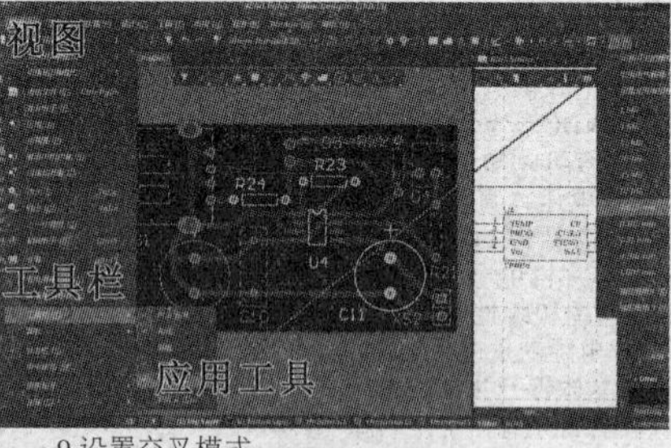

9.设置交叉模式

点击"工具"菜单按钮,选择"交叉选择模式",便于PCB和SCH图中查对和选择器件,在对应的图中以高亮方式显示。

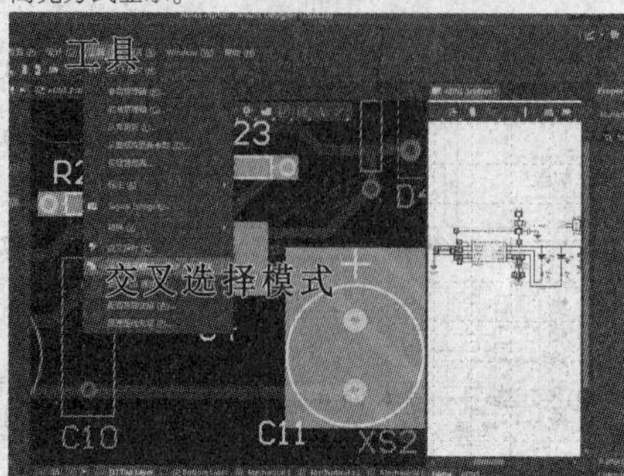

10.设置PCB相关规则:点击"设计"菜单按钮,选择"规则"。

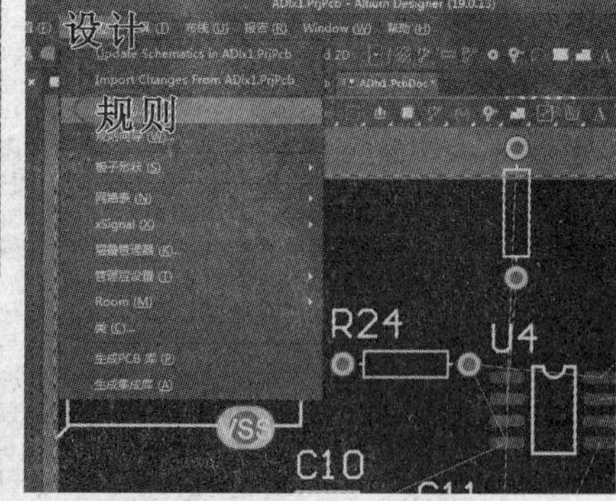

(1)设置最小安全距离

在打开的规则设置页面,点击"Clearance"项;在相应区域设置参数。

(2)设置布线宽度

点击"Routing">"Width",在相应的层面设置布线的宽度参数。

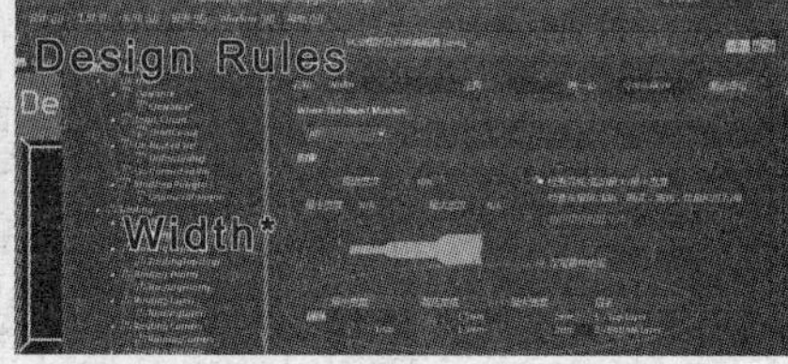

(3)设置过孔大小

点击"Routing Vias",设置过孔直径和过孔孔径大小,一般0.6/0.3mm。

11.放置布线

选择要布线的层面(一般是背面),点击"放置"菜单按钮,选择"线",或者快捷键"P-L",或者选择布线工具栏里面的最后"/"布线图标,则放置布线随光标移动到需要的位置,并自动寻找网格或电气节点,如果需要修改线宽,则按下"TAB"键,在右边相应属性框中修改线宽参数。

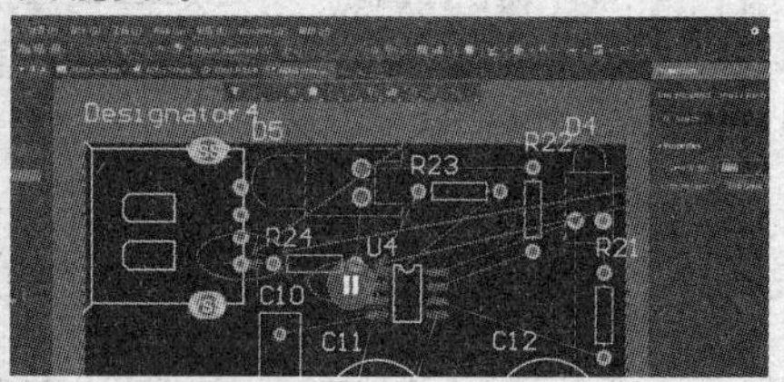

(未完待续)(下转第408页)

◇西南科技大学城市学院 刘光乾

WISA无线音频传输技术
大屏娱乐迎来沉浸式体验

2019年7月，加利福尼亚州圣何塞市，由Summit Wireless Technologies(纳斯达克股票代码:WISA)发起创立、由60多家领先消费电子品牌组成的无线扬声器和音频协会WiSA LLC日前宣布:WiSA协会再度扩容，其电视品牌增加到6家全球顶级的电视机制造商。其最新成员包括以东芝(Toshiba)品牌生产和销售电视机的Compal，小米科技生态系统公司以及领先的激光投影电视制造商峰米科技(Fengmi)，他们将与LG电子、富士康、TCL和Bang&Olufsen一起作为WiSA会员，为家庭娱乐带来高解析度多声道音频体验。

无线化是智能、影音等行业发展的一个大趋势，采用无线连接方式的家庭影院可谓是应运而生，WiSA技术让无线家庭影院音箱于无形处建奇功。看似"波澜不惊"的新闻，另一方面也正说明着WISA无线音频传输技术，在逐渐获得行业内的认可。

"在6家领先的全球性电视品牌的支持下，再加上今年上市的数百万套符合WiSA规范而获得WiSA Ready?*标识的系统，业界正在持续不断地接受我们所倡导的技术标准，"WiSA总裁Tony Ostrom表示。"此外，我们预计8K电视将在今年晚些时候推出，它们将与WiSA成员们的多种WiSA USB Transmitters发送器和所有获得WiSA Certified?认证的扬声器兼容。我们对目前的势头和即将在今年下半年到达的多个里程碑感到兴奋。"

关于WiSA

专注于无线扬声器和音频的WiSA协会是一个消费电子行业联盟，是一个由60多个领先消费电子品牌组成的协会，致力于创建一系列可互联互通的无线高清多声道音频的全球标准，来支持领先品牌和制造商利用智能设备提供沉浸式声效。来自获得WiSA认证的任何会员品牌的组合子系统可以相互组合使用，可确保稳定可靠的、高解析度的、多通道和低延迟的音频，同时消除传统音频系统的复杂设置。从而大大地提升了电影和视频、音乐、体育、游戏/电子竞技等等系统的乐趣。

WISA是Summit Wireless Technologies推出的无线标准，全称Wireless Speaker and Audio，是专为无线音频传输而开发的通讯协议。WISA协议认证的无线音频设备工作频段定在5.2GHz至5.8GHz，有着干扰小、传输更稳定的优势，有了足够的带宽支撑，它支持最高8声道，同时无线传输24bit未压缩的数字音频。WISA传输范围为9米，无线信号传输延迟不超过6毫秒，且工作状态连接无需依靠Wi-Fi网络，这样就免除了网络带宽限制对音箱造成的干扰或损耗。

目前与WISA协议认证合作的音频品牌不少，包括B&O、LG、Klipsch、Xbox、JBL、哈曼卡顿以及Platin等，产品涵盖音箱、AV接收器、音频发射器。

WISA产品的优势

WiSA协议认证的产品使用相对来说不是非常拥挤的5.2GHz-5.8GHz的传输频段，传输不会受到干扰;WiSA协议认证的产品会有足够的带宽以支撑原生采样率播放24bit的无损音频;无需接线就可通过多声道，将一对扬声器上的任何声音传输到完备的7.1环绕系统上;"动态频率选择"(Dynamic Frequency Selection)功能使得WiSA认证的产品可以克服低端无线扬声器不可避免的各种延迟和错误问题，有强大的纠错功能，使得音画更加同步。

WISA能够自动识别2.0到7.1甚至5.1.2的音频配置，支持DolbyAtmos和DTS:X等音频格式，并且拥有强大的兼容性，即使是不同品牌的产品，只要同样拥有"WISA认证"就能相互连接。消费者可以选择不同品牌的音箱组成无线环绕声系统，这也是WISA吸引消费者的最大关键点所在。WISA有两种连接模式，一种是认证设备之间的无缝连接，一种是我们上面提到的"WISAReady"。两者的最大区别在于是否内置信号发射器，"WISAReady"认证设备内置了WISA控制软件，能够操作任何WISA认证的音箱，不过需要通过外置WISAUSB发射器或其它WISA认证的发射器，才能与其它WISA认证的音箱实现无线连接。

所有获得WiSA Certified认证和具备WiSA Ready功能的组合子系统都可无缝地协作，提供无线的多声道音频和真实的家庭影院声效，让听众沉浸在电影和视频、音乐、体育、游戏/电子竞技等的现场效果之中。因此，消费者可以期待发烧级的体验，但不需像传统音频系统一样大费周章，因为其设置很简单，即使是设置较大的5.1和7.1系统也只需几分钟。

WiSA无线连接能让家庭影院更完美

对于音乐发烧友来说，近年来科技装备的不断升级带来极大的便利。免费的在线流媒体音乐，通过耳机来听实在有些质感欠缺，但如果将手机、电脑等设备配合传统HiFi设备使用又会存在线缆连接复杂方面的困扰。用蓝牙音箱呢？这个虽然方便，但目前市场上的蓝牙音箱的整体素质的确一般，又不能充分满足发烧友的高要求。那么，有没有什么更好的解决方案呢？

全新无线扬声器技术WiSA，该无线技术应用于高端数码声音领域，其强劲的声学性能和简捷的操作方式，能带来无与伦比的多声道无线HiFi音质的独特魅力，不仅能让音响发烧友们以无线方式享受24位无损音乐，而且在实现影院级环绕音效的同时，还能告别杂乱无章的接线收纳。

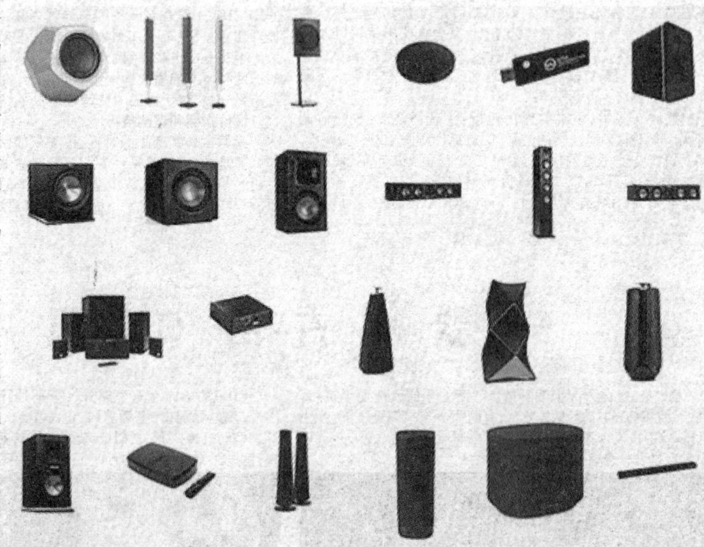

WiSA音箱采用了独特的WiSA无线音箱传输技术，是一种专为无线音频传输而开发的通讯协定，工作频段定在5.2GHz至5.8GHz，与2.4GHz、蓝牙和Wi-Fi都不同，WiSA无线技术采用无磨损的无线信号和能量传输的技术，具有短距离通信、高实时性以及高节点容量等特点，不易受到干扰，更适合用于音响设备之间的无线通信需求。

WiSA音箱与符合WiSA标准的电视或接收机等搭配使用，且具备配置简单、无接线错误、互通性好等优势。通过WiSA平台，消费者可享受到史无前例的三重效果:惊人的音效、灵活便捷的操作以及简单的连接。

结语

WiSA协会及其成员致力于通过WiSA协会建立和认证的通用标准，来提供嵌入式的、无压缩的、高解析度和多声道的声效，从而彻底改变家庭娱乐体验。

虽然WISA在音响产品上的运用较之其他技术的时间要短，但其凭借出色的稳定性和便捷性，迅速成为新一代无线数字环绕声音频标准，广泛应用在音响、高清电视、蓝光光盘播放机、游戏机、机顶盒、AVR处理器等产品当中。

随着专业人员在声音、设计和技术领域的不懈追求，WISA认证的音响器材越来越多，可以预见，还有一大批拥有雄厚的基础的音响器材厂商的加入，WISA无线传输技术在无线音响设备的运用趋势大好，而且正在引领潮流。

◇巴中职业技术学院 张雁 罗琴

南星ANAM S9接收机无信号检修一例

接修一台南星ANAM S9接收机，机主描述的故障现象是馈线进水导致无信号。拆开机器检查发现JT1屏蔽罩周围有进水痕迹，于是用洗板水清洗干净，通电测量发现F头电压为0V，极化电压明显异常。通过跑线发现此机极化供电由U1(DF1506，它是针对DVB-S2应用领域的一颗集成了3路BUCK、1路LNB供电、1路LDO和1路复位电路的专用PMIC)、L3和D7组成，生成的极化供电经C20滤波、D6隔离通过F头送至室外单元，测量D6负极电压正常，这说明JT1屏蔽罩内有断点，因拆JT1比较费事，所以直接用一根线从D6负极飞线到F头焊盘处，如图1所示，接上室外单元(注:因笔者家中没有接收108.2E南星的天线，所以接收138E亚太5C长城平台测试)通电试机一切正常，如图2所示，故障顺利排除。

◇安徽 陈晓军

①

②

车载音响主机的质量评价和选购技巧

有这样一群消费者，他们对于自己爱车的配置各个方面都满意。"没有气囊"，没事，开车躲人家远点；"没有ABS"，没事，开慢点就行了；"没有电动门窗"，没事，手摇就行了，权当锻炼身体；"只有卡带"，那可不行，那样的音质非得郁闷死。很多人接下来的话就是："不行，马上得换个CD。"这样看来，换装"CD"是大多数消费者选择改装音响的第一选择，其数量甚至超出了上一期我们介绍的换装扬声器的人群。在我们访问汽车音响改装店时，销售人员表示，从前只有发烧级人物才考虑的音响改装，现在有很多普通消费者开始问津了。

那么汽车音响的主机在整个音响系统中起到什么作用？如何划分不同种类产品的特性？又有哪些技术指标来衡量它们的好坏呢？市场上有哪些值得选择的产品呢？希望您能从以下的文字中找到答案。

主机的主要功能

车载音响的主机通常放置在汽车的控制面板上，方便驾驶员触及、操纵。在整个车载音响系统中，主机作为最终信号源，可以称得上是所有部件当中最基本、重要的一个。想获得理想的音质，首先主机要能保证输出高质量的信号。好比种树，如果没有良好的树根作为基础，又怎么能指望树叶和花朵能够茂盛生长呢？如果没有良好的声音源，就算买再贵的功率放大器和扬声器也别想有好音质（正所谓"朽木不可雕也"）。

具体一些讲，主机的作用包括：①音调调节，统一协调高、中、低不同频率范围的信号，使之更加协调。②响度调节，对于一些响度不够的信号，主机负责适度予以补充，使声音更丰满；③内置均衡，针对不同风格的音乐设置不同的频率增益补充，例如您在面板上按下了"ROCK"键，那么主机将加强低音和高音，突出摇滚的感受。

理论基础

汽车音响主机的分类方法多种多样，目前最普遍的方法是按照信号源分类。主机的信号源主要有：收音（FM/AM）、磁带、CD、VCD、DVD和MP3等，将这些声音源分类组合，可以生产出不同款式的音响主机，最常见的就是收音、磁带和CD的三合一机型，当然还有MP3、磁带和收音等组合方式，但是那就比较少见了。下面介绍这些信号源各自的特点，以方便您决定是否将"卡带"换成"CD"。

磁带：这可以说是目前最不好的声音源，由于技术上的缺陷，声音载体的存储能力和单位时间内磁头所能读取的数据都较小，所以无论是声音的细腻程度还是音色的表现力都已经远远落后于时代（特点：价格便宜、技术老旧、音质不能保证）。

CD：应用激光技术将模拟音频信号刻录在一张激光唱盘上，这个过程当中，音频信号转化的量化精细程度越高，噪音越低，解析能力越好。目前一般CD碟片量化程度为16 bit，即每采一次样，以1.6 bit的二进制数字模式记录下来。该技术的发明使音频技术有了革命性的发展，音质也有非常大的提高（特点：声音和图像全部采用数字模式存储）。

MP3：采用音频压缩的型式，能在保持较好音质的情况下，获得相当高的压缩比。当然有压缩就有音频损失，所以和HI-FI音质有相当大的差距，音质向大容量妥协了很多，对音质要求较高的消费者不推荐您购买（特点：存储容量大、播放方式灵活）。

MD：分为可录型和不可录型，在音质方面稍逊CD，但是选曲方便，可以录制较长时间的音频信号，编辑方便灵活，抗震效果优于CD（特点：编排方便灵活、抗震效果好）。

当然，市场上还有其他的音频技术，如具有更高解析力的HDCD技术，在音乐的细节表现力和声音的凝聚力方面更加理想；还有具有更加强大解析能力的XRCD，量化精细程度大到了20 bit，能够得到最好的数字音频转换。但是后面介绍的这两种技术的播放器销售量非常小，价格也要比普通CD播放器贵一些，对于普通消费者来说根本没有必要。

评价指标和选购技巧

我们在购买商品的时候，不能仅靠主观判断就说一个东西好还是坏，就算是买件衣服还要看看做工和布料呢。选购主机也是如此，究竟是好是坏，从基本的技术指标上是可以反映一些必要的信息。下面是一些需要注意的指标。

输出功率：是指主机在正常输出音乐时能够提供的最大工作功率。需要注意的是，厂商在产品说明当中标注的数值只是该主机所能提供的峰值功率，实际上能够稳定输出的数值就会大打折扣，实际上能够提供的正常功率只有该数值的50%左右。搭配主机和扬声器时，要注意实际的功率匹配问题。

频率响应：同上一期扬声器的"频率响应"一样，它反映了音响主机的工作频率范围，这个范围越大越好（下限要小一点，上限要大一点），人类的听力范围是20—20000 Hz，所以频响范围相应至少应该涵盖这个频率段，事实上很少有人的听力能达到20000 Hz，男人一般能达到16000 Hz，女人为18000 Hz。

信噪比：指的是音乐信号与噪声信号之间的比例，您在选择音响的时候，看这个数值越大越好，数值越大说明声音越干净，清晰度越高。

谐波失真：指原有频率的各种倍频的有害干扰，一般放大1000 Hz的频率信号会产生2000 Hz的2次谐波和3000 Hz以及更高次数的谐波，理论上讲这个数值越小失真度也就越低。

RCA前置输出：外加功放时，此音频信号电压的高低对音乐实施很好的控制和音色非常重要，这个电压越高越好。

看了这些希奇古怪的技术参数，想必大家会有些摸不着头脑，但是不了解这些基础的知识，在到音响改装店选购主机的时候面对奇形怪状的参数表一定会更晕，糊里糊涂被厂商骗了都不知道。下面给大家介绍一些选购主机时需要注意的问题。

（1）目前市场上的CD主机可以分为发烧级和普通两类，普通CD主机都内置了至少4路的功放系统，不另加功放就可以借扬声器使用。而发烧级主机必须增加外接功放，才可以正常使用。购买时，不要看贵的就买，很可能买到"发烧主机"，回来不能用。

（2）购买主机时，需要注意同车辆的匹配问题，主要是面板风格要一致，如果是一辆非常豪华的"大奔"，却加装了一款面板非常花哨的机器，那么这个车辆的内部风格都会受到影响。

（3）不要一味追求多碟CD，虽然放的光碟多了之后大大方便了驾驶者的使用，但是对于普通消费者来说不是非常必要，而且如果您对音乐质量要求较高，多碟CD带来的信号传输问题多少会影响音质。

（4）选择主机要有RCA输出，出于日后升级的考虑，有了此端口可以选择加装功放。

◇江西 谭明裕

一 款 复 古 的 CD 机

如今，走在大街上放眼望去，听音乐的大都是手机+耳机，而使用CD的却是少之又少。有时候大家想怀一下旧，找出以前的CD机发现破损又不方便维修时难免有些失落。今天就为大家推荐一款怀旧的CD播放机。

这是一款名为"巫"的国产品牌壁挂式CD机，其外包装附送了一个黑色的手提箱，既是它的包装，又可以当做日常出行携带的包装盒。CD机和常见的开仓式CD机不同，它采用的是开放式设计，唱片直接扣在上面即可，这样的造型设计显然较为美观和独特，却也避免不了很容易有灰尘掉落。

CD机的上方有五个部分，分别是开关键、3.5mm音频输出端口、电源端口、电源端口、电源指示灯还有模式切换指示灯。拨动机械式开关，CD就会开始旋转然后音乐就会播放出来，这一过程大概需要4秒时间，强烈的怀旧感油然而生。

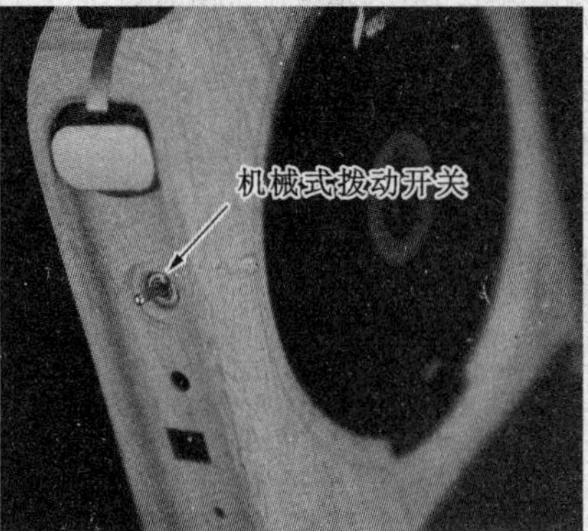

电源充着的时候，电源指示灯为橙红色，状态指示灯在未选择时为蓝绿闪烁，当选择为蓝牙时为蓝色，CD模式则为绿色。

需要注意的是，该机采用的是CD光头，而非VCD、DVD的光头，支持读取的类型有CD/CD±R/CD±RW，DVD是读取不了的。不过这样也有好处，光头的使用寿命更长，还有100%的音频通道。

该CD机采用了两个24芯两寸的5W内磁单元，都配备了独立的腔体，输出功率也达到了6W。并且两个腔体都采用减震结构设计，尽量减少光头的抖动。

在音效设计方面，舍弃了超低频和低频，突出了中高频与高频；因此该机更适合民谣、爵士乐和古典音乐。

该CD机虽然造型复古，不过对于蓝牙也是支持的，同时兼容IOS、Android等蓝牙设备。还配有红外遥控器，另外在CD机本身上没有调节功能的按键，除了开关以外，其余操作需要在遥控器上进行操作，这是该机的"美中不足"的一个地方。

续航方面，该CD机采用了双18650电池（串联），每枚电池容量为2000mAmh。满电情况下，蓝牙模式可持续播放4.5个小时，CD模式可持续播放3.5小时，当然也可以使用有线供电。

最后既然叫做壁挂式CD机，那就可以随时随地悬挂在物件上。除了附送的一个支架外，机身一侧还装有手工鞣制皮带，便于悬挂在挂钩或支架上。皮带可以根据悬挂的方向进行调节，使用非常方便。机身的另一侧，集中了CD机开关、适配器插口、耳机/音响插口及指示灯。而在机身背面，还设有三个悬挂孔，配合墙钉更可以真正做到壁挂状态，解放桌面空间。当然，也可以搭配桌面支撑架，斜放在桌面上。

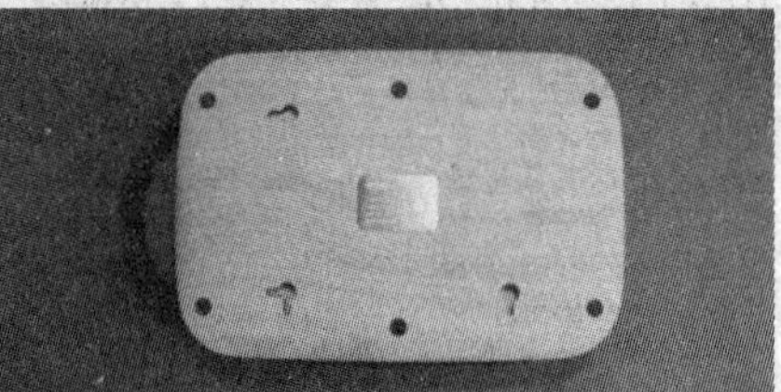

售价方面，目前还有点小贵，网购一般价格在1480元左右。

2019年8月4日出版 实用性 启发性 资料性 信息性

第31期 国内统一刊号:CN51-0091 定价:1.50元 邮局订阅代号:61-75

地址:(610041)成都市武侯区一环路南三段24号节能大厦4楼 网址:http://www.netdzb.com

（总第2020期） 让每篇文章都对读者有用

工业级无人机应用前景广阔

最近，2019世界无人机大会在深圳召开，有国内外400余家无人机企业的1000架无人机参展。从航拍大赛到创新创业大赛，再到竞速比赛及产业融合创新研讨，各路无人机江湖高手竞相登台赛技，在抱拳行礼之中，让世人看到了无人机产业高地上群雄逐鹿的激烈与亢奋。

的确，近年来无人机市场的火热造势令人目不暇接。远的不说，Uber就在酝酿今夏开始用无人机配送快餐，宝马正考虑引进无人机洗车，京东在布局无人机+无人车智慧配送体系。Gartner数据显示，去年全球无人机产量313万台，市场规模73亿美元，同比增速28%；预计今年全球无人机市场出货量将达370.7万台，无人机系统产业投资规模比20年前增长30倍，年产值达150亿美元，未来10年无人机产业的产值将突破4000亿美元。从上游的无人机设计测试、集成研发测试，到中游的零部件与整机制造，再到下游的销售、商业租赁及使用培训与维修服务、无人机串起了一条完整的产业链。

从全球无人机研制的区域市场构成看，目前市场主要集中在北美和欧洲地区，分别占比54%和30%；按照用途划分，全球近50个国家和地区研制出的几百种型号无人机可分为军用和民用两类，我国在民用无人机领域至少控制了全球70%以上的市场，市场产值几乎占全球的二分之一。

统计数据显示，去年全球民用无人机市场规模约为40亿美元，其中消费级无人机市场规模约29亿美元，虽然暂时占有优势，但未来工业级无人机市场增速超过消费级无人机增速却是必然。一方面，从技术上看，消费级无人机门槛并不高，按行业人士的说法，一套开源程序就能支持飞行器的起飞和降落。于是，近几年全球商业资本纷纷涌人消费级无人机领域，造就了消费级无人机市场的红海格局。

另一方面，全球消费级无人机行业的头部现象越来越突出，除了在民用无人机市场上排名高居第一的中国大外，国际知名的无人机制造商还有3DRParrort等，头部企业竞争力的不断增强，必然抬高消费无人机的市场门槛，增加行业进入的市场难度。

业内人士表示，全球消费级无人机市场规模，虽然在近5年增长了近一倍，但增速却在逐年放缓，除了商业竞争原因外，还有消费级无人机行业空间太窄、消费频次低，常见的消费场景仅限于航拍或遥控玩具等的少数功能的因素。还有，消费级无人机可获得性增强，新鲜感在消退。与消费级无人机相比，工业级无人机起步时间要迟一些，行业竞争程度远没有消费级无人机市场演绎得那么激烈。不过，虽然工业级无人机市场目前占比只有28%，但行业应用领域却是个可以无限想象与拓展的市场

与消费级无人机的市场需求具有产品精准化及应用同质化特征完全不同，工业无人机用户更注重数据采取的精准化及在此基础上形成的资源分析与利用价值。因此，对用户的理解能力，才是无人机企业最核心的竞争能力，真正理解用户的发展需求，甚至比用户还更能理解他的需求，无人机企业就能找到市场定位与风口，形成对用户的战略黏性。

基于此，工业级无人机一方面须造就自身强大的专业化能力，同时要有数利用人工智能和大数据等技术，以此拓展出独特的使用场景与应用产品，不难看出，未来无人机产业的主要玩家不是无人机制造，而是在无人机应用场景下延伸出的多元化服务，伴随着应用领域被不断打开，会有更多企业进入无人机服务地带纵横深耕；那些能提供一体化与精准化配套服务产品的商业平台，也将成为无人机产业链条中的最大赢家。

◇山西 刘凡渝

（本文原载第31期2版）

老黄刀法也不差——看RTX Super系列

上文说到AMD将GCN构架用了7年之久，其实NVIDIA对于同核心型号的显卡划分更是厉害。且不说老黄(NVIDIA公司总裁兼CEO黄仁勋)光是一个RTX 2060就“砍”成了6个版本，针对AMD首款Navi构架的RX 5700和RX 5700XT，RTX 2060和RTX 2070确实在同价位上被AMD成功的压制住了。于是NVIDIA又争锋相对地推出了RTX 2060 Super、RTX 2070 Super以及RTX 2080 Super。当然这样厂商间的竞争对消费者也是有利的，毕竟多数人买东西都是谁家的性价比更高就选谁家的。

这次RTX Super系列最大的变化主要是从TU104-400来到了TU104-450，规模扩大，开放两组隐藏的SM，满血释放，流处理器从2944个增至3072个，RT光追核心从46个增至48个，Tensor张量核心从368个增至384个，同时继续192个纹理单元、64个ROP光栅单元。

以RTX2070 Super为例，RTX2070 Super是 TU106-410核心、2560个流处理器、184个纹理单元、TDP 215W。而原先的RTX2070呢只有2304个流处理器、144个纹理单元、TDP 175w。两者显存规格维持不变，NVIDIA的说法是这次RTX 2070 Super的性能可以看齐GTX 1080 Ti，当然相比RTX2080、2944个流处理器、184个纹理单元还是逊色不少。

下面我们通过列表来看看RTX 2060、RTX 2070、RTX 2080以及相应的super系列之间的对比：

RTX 2060/2070/2080 Super(公版)参数对比

RTX	2060	2060S	2070	2070S	2080	2080S
架构	Turing(图灵)					
工艺	12nm					
核心	TU106-200	TU106-410	TU106-400	TU104-410	TU104-400	TU106-450
晶体管	108亿			136亿		
面积	$445mm^2$			$545mm^2$		
流处理器	1920	2176	2304	2560	2944	3072
纹理单元	120	136	144	160	184	192
像素单元	48	64				
Tensor cores	240	272	288	320	368	384
RT Cores	30	34	36	40	46	48
显存	6GB	8GB				
类型	GDDR 6					
位宽	192 bit	256 bit				
核心频率	1365~1680	1479~1650	1410~1710	1605~1770	1515~1800	1650~1815
显存频率	14000MHz					15500MHz
带宽	336GB/S	448GB/S				496GB/S
功耗	160W	175W		215W	225W	250W
外接供电	单8Pin			8+6Pin		
售价	2599起	3199起	3499起	3999起	5699起	5699起

其中RTX 2080 Super还是属于旗舰级产品，其显卡性能超过了Titan Xp显卡，与Titan V显卡性能非常接近。其得分比RTX 2080高7.4%，比GTX 1080Ti高10.6%。RTX2060 Super和RTX2070 Super已经上市了，而RTX2080 Super将在7月29日正式发售。

（本文原载第31期11版）

海尔JSK3150-050电源板原理与维修(一)

海尔JSK3150-050电源板集成电路采用STR-A6069H+NCP1606+SSC9512组合方案，输出+5VSS、+24VDD、+12VDD电压，应用于海尔LE39A90、LE39A70、LE42A700P3D、LE42A800D、LE42A600、LE42A300、LE46H300ND、LA46A700K等LED液晶彩电中。海尔JSK3150-050电源板实物图解见图1所示，电路组成方框图见图2所示。

一、电源电路工作原理

海尔JSK3150-050电源板由三部分组成：一是以集成电路NCP1606(U2)为核心组成的PFC功率因数校正电路，将整流滤波后的市电校正后提升到+380V为主、副开关电源供电；二是以集成电路STR-A6069H(U1)为核心组成的副开关电源，产生+5VS和VCC电压，+5VS为主板控制系统供电，VCC电压经开关机电路控制后为PFC和主电源驱动电路供电；三是以集成电路SSC9512(U3)为核心组成的主开关电源，产生+24VD、+12VD电压，为主板和背光灯板供电。

1.PFC功率因数校正电路

海尔JSK3150-050电源板中的抗干扰和市电整流滤波电路见图3所示，PFC有源功率因数校正电路如图4所示，其中U2功率因数校正控制器采用NCP1606，与大功率场效应开关管Q2和储能电感T1等外部元件，组成并联型PFC功率因数校正电路。

1)NCP1606简介

NCP1606是新型功率因数校正控制器，内部集成有基准电压源、启动定时器、误差放大器、模拟乘法器、电流检测放大器、MOSFET驱动管以及保护电路等。NCP1606系列引脚功能和维修参考数据见表1。

表1 NCP1606系列引脚功能和维修数据

引脚	符号	功 能	开机电压/V
①	INV	电压比较器反向输入	2.5
②	CMP	电压比较器输出电压	2.4
③	MULT	乘法器输入，侦测电网电压	0.01
④	CS	过流检测输入	0
⑤	ZDC	零电流检测输入	0.9
⑥	GND	接地	0
⑦	GD	PFC 驱动脉冲输出	0.06
⑧	VCC	供电电压输入	12.2

2)启动工作过程

AC220V市电经抗干扰电路滤除干扰后，经BD1整流、C2滤波，产生100Hz的+300V脉动直流电压，经储能电感T1的初级绕组⑤-⑩绕组送到大功率MOSFET开关管Q2的D极。二次开机后，开关机控制电路输出的VCC-PFC电压，加到U2的⑧脚，U2内部电路启动工作，从⑦脚输出脉冲调制信号，激励MOSFET开关管Q2工作在开关状态。由于T1的储能作用，振荡的开关脉冲经D3整流、大滤波电容C7、C9滤波，获得约+380V的PFC-OUT直流电压，为后级电源电路供电。

储能电感T1次级①-⑥绕组感应的脉冲经R4限流后加到U2的零电流检测端⑤脚，控制驱动脉冲从⑦脚输出，从而控制Q2导通/截止时间，校正输出电压相位，减小Q2的损耗。

图 1 电源板正面实物图解

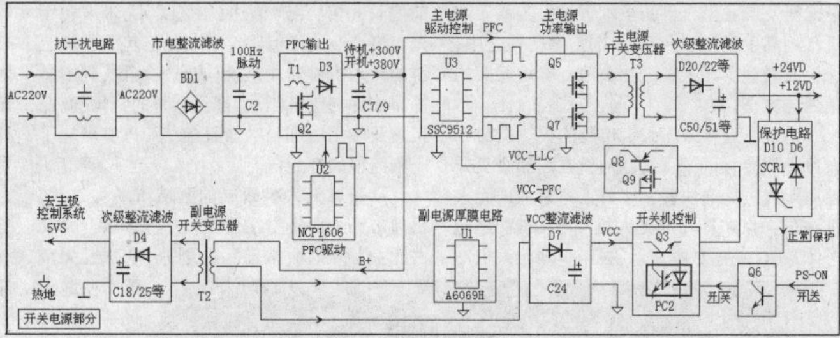

图 2 电路组成方框图

3)稳压控制电路

遥控开机后，VCC-PFC电压为高电平，迫使Q4和Q1导通，将PFC电路输出的PFC-OUT电压送到取样反馈电路，经R9、R10、R11与R15分压后，送到U2的①脚内部的乘法器第二个输入端，经内部电路比较放大后，控制⑦脚输出的脉冲，达到稳定输出电压的目的。

(未完待续)(下转第412页)

◇海南 孙德印

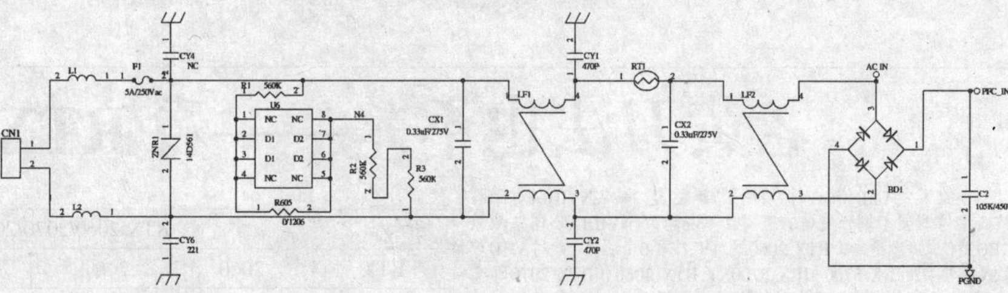

图 3 抗干扰和市电整流滤波电路

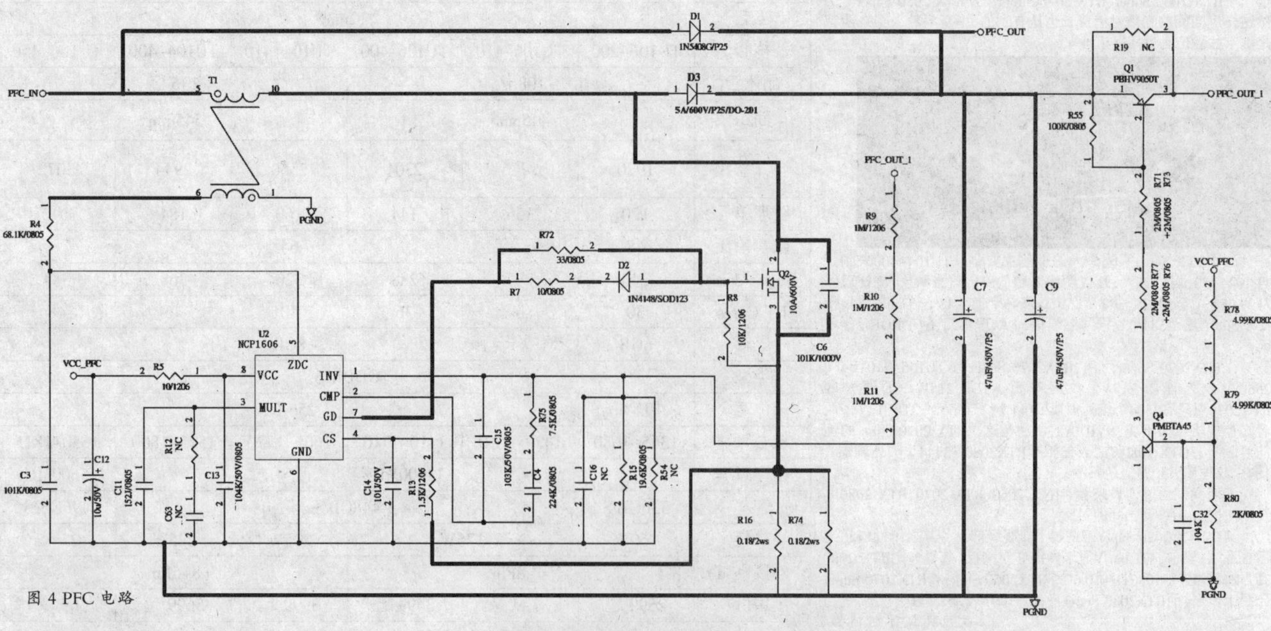

图 4 PFC 电路

5G向我们悄悄走来

当人们还沉浸在4G的高速宽带上网的方便和快捷时，5G已向我们悄悄走来。三大运营商也陆续在多个城市紧锣密鼓地部署，为5G商用进行着最后的准备。可以说，5G离我们已不再遥远，甚至可以说是近在咫尺。

那么什么是5G呢？简单说，5G就是第五代通信技术，主要特点是波长为毫米级，超宽带、超高速度、超低延时。下面通过附图对通信技术的发展作简单介绍：由图可见，1G实现了模拟语音通信，当时的大哥大没有屏幕，只能打电话；2G实现了语音通信数字化，当时的功能手机有了小屏幕，可以发短信了；3G实现了语音以外的图片等多媒体通信，当时的手机屏幕变大了，可以看图片了；4G实现了局域高速上网，手机采用大屏幕的智能机，可以看短视频了。由此可见，通信技术从1G发展到4G，都是着眼于人与人之间更方便快捷的通信，而向我们悄悄走来的5G则是实现随时、随地的万物互联，5G结合尖端的网络技术和最新的研究技术，能提供比4G连接更快的速度，按照芯片制造商高通的说法，5G的最高下载速度高达4.5Gbps/s，平均下载速度约为1.4 Gbps/s，用5G网络下载一部常规大小的电影只需17秒，而4G网络则需要6分钟，两者可谓天壤之别。

对5G的理解，大多数人还只停留在上网速度更快、看视频玩游戏更流畅等方面。其实5G带给我们的是一个万物互联的世界，5G渗透各行各业，改变我们的生活方式。简单来说，5G将突破人与人的连接，转变为人与物、物与物的连接。5G网络最大的"威力"，在于它的"低时延"特性。4G网络下，终端到基站的时延一般为5毫秒，终端到服务器的时延为50到100毫秒；而5G网络下，终端到基站的时延可降低到1毫秒，终端到服务器的时延只需10毫秒。低时延为工业、医疗、安全、家庭等领域的智能控制成为可能，实现真正的"万物互联"。下面，让我们一起来了解一下未来5G的应用吧。

自动驾驶汽车 在5G网络下，具备了高可靠性和低延时性，在车载激光雷达全方位探测、车载计算机人工智能算法等新技术支撑下，自动驾驶汽车能准确绕过障碍物，自动调整前进速度和方向，能有效保证人身和汽车的安全。人们坐在自动驾驶汽车里，什么都不用干，汽车自己就会左躲右闪地一路狂奔，其高超的驾驶技术远远超过任何一个老驾驶员……

高危作业 在危险区域，工作人员难以进入的工作场所进行安全作业，为了保障工作人员的生命安全和健康，通过5G网络，对高危作业机器人实现无线操控，机器人的摄像头远程观察现场情况，并通过5G网络方便操控机器人的机械手臂，进行各种高危作业。

安防布控 通过5G网络与无人机结合，灵活方便实现安防布控，达到全方位无死角。控制中心工作人员，只要通过5G通信终端VR眼镜、PAD等，远程控制无人机机载摄像头的转向、焦距等，实现控制无人机的飞行状态及路线，追踪锁定目标，实时回传安防布控的高清视频。

平安校园 在5G网络下，通过云端智能机器人、远程签名、远程教学、夜视无人机、校园巡逻机器人等5G终端设备，对校园内学生的学习及人身安全、财产安全进行全面的保障。

远程维修 通过5G网络，现场的用户或维修保障人员与远端的技术专家实现"面对面"的对话。实现专家级的维修资料、维修方法和维修技能的快捷、直接的在线支持。这种方式有效提高了维修质量，降低维修成本。

远程医疗 通过5G网络，让病人"面对面"与医生、医学专家对话，有效缓解医疗资源配置的失衡，实现"医疗、医药、医保"的网络在线，提高医疗质量，降低医疗成本，改变医疗环境，使普通老百姓不再看病难。

远程教学 通过5G网络，颠覆传统教育模式，未来我们可以随时随地的进行视频学习，不再需要以教室为基础的教学方式。这种学习方式，也为农村和边远地区的学生提供了方便，缩小了城乡教育的差别。

全景直播 5G网络让高清晰度、高码率的全景直播成为可能。5G网络可实现上行单用户体验速率100Mbps以上，端对端的空口时延少于10ms，这样确保了VR直播的流畅、清晰。今年的全国两会上，各大媒体就采用5G+VR全景直播技术，让观众通过360度影像身临其境。

视频会议 在5G网络下，超高清视频会议，让我们声临其境，随时随地加入会议。在5G网络、云网融合、云端互动、多屏合一、Vol TE技术、超高清、低时延等功能的支持下，轻松实现超高清视频会议。我们虽然相隔千山万水，也能建筑长城，实现"面对面"沟通交流。

特别提示：VoL TE即Voice over LTE，它是一种IP数据传输技术，无需2G/3G网络，全部业务承载于4G网络上，可实现数据与语音业务在同一网络下的统一。

通过上面对5G应用的介绍，让我们知道了5G网络的发展，有助于推动物联网技术的大幅增长，为提供携带大量数据所需的基础设施提供支持，从而建立一个更智能，更连通的世界。无论您在哪里，都可以保持在线状态。这里，大多数人比较关心的是，5G网络还能不能用现在的手机？回答是否定的，我们现在的手机大部分只兼容4G以下网络，无法连接到5G网络；但在以后推出的手机，应该默认兼容5G网络。尽管5G网络优于目前的4G和3G网络，但新技术不会立即取代它。相反，5G网络应该与现有网络连接，以确保所有用户永远不会失去连接，旧网络还可以在新的5G网络还没有覆盖到的地区充当备用。

实施5G可能是一个较慢的过程，就像4G逐渐接管3G一样，现有的网络基础设施需要升级和换代才能处理新技术。所以，您的设备不升级将无法立即连接到新网络。从浙江省信息化工作领导小组得知，今年是浙江省5G部分重点区域试商用，明年进入全省5G规模部署并实现快速商用。力争经过2到3年的规模试验和应用示范，使全省在5G规模试验和示范应用方面走在全国的前列。虽然各地情况有别，但到明年都有望用上5G网络。

值得一提的是：虽然目前小米推出5G版本的MIX3、华为推出5G版本的Mate X手机，但它们的价格都不是普通消费者可以接受的。所以说，现阶段还不适合普通消费者更换5G手机。今明两年将是5G从小范围商用到普及阶段，但实现真正的普及，个人认为还需要两到三年的时间，所以明年人手5G手机相对会比较合适。

◇浙江 周立云

LGA2011服务器主板自动重启维修一例

该主板为双CPU服务器主板，采用LGA2011 Broadwell系列芯片组。

故障现象为：进系统时不断的重启，实测进CMOS画面多久也不会重启，插上U盘进入PE测试，进度条刚出来马上就重启了，依此不断循环。

首先先刷了BIOS和BMC BIOS，故障不变。按以前的经验，有自动重启故障更换PCH的25M晶振后修复的案例，马上更换25M晶振后测试还是一样的现象。

用万用表测量内存、PCH和CPU供电都正常，有点迷糊了；只好用示波器测一下CPU的几组供电，看波形都是正常的；测内存供电波形正常，再测另一组内存供电波形不正常（如图1所示）。

断电卸下主板检查外观似乎没有看到问题，怀疑可能是U15这个驱动IC坏了。正准备用热风枪取下U15的时候，发现旁边的C145瞬间就歪了（如图2所示），仔细观察，原来C145有一边已经坏了。更换相同规格的C145后通电测试波形如图3所示，进PE和系统测试，一切正常。

小结：这个板有4组内存供电，一组供给4个内存槽，每组分2相供电，共16个内存槽。看电路图，C145的作用为自举升压电容，芯片输出的5V电压与内存核心电压叠加后驱动MOS管持续输出1.2V的内存工作电压。在CMOS设置中主板不会自动重启，个人分析为内存工作时的电流较小，所以不会触发保护。当C145这个电容损坏后，在进入系统时工作电流增大，内存的核心供电驱动IC得到不到升压或者升压不够从而导致电流不稳定，启动保护程序，故循环自动重启。

◇湖南 郑鹏

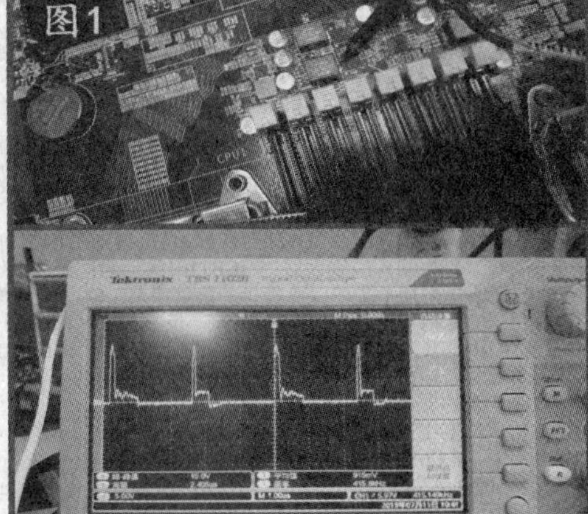

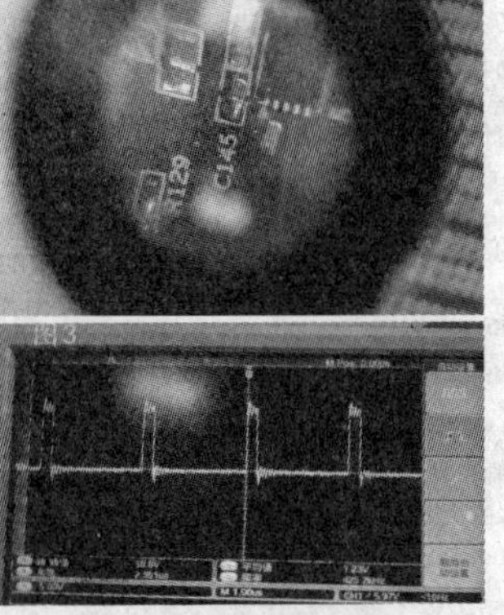

提高百度地图的隐私保护力度

如果经常在iPhone上使用百度地图，那么建议对某些设置慎重考虑，以提高百度地图的隐私保护力度。

在iPhone上打开百度地图，进入设置界面，选择"隐私设置"（如附图所示），在这里可以隐藏自己出没的商圈名称，单击"出行记录设置"右侧的">"按钮，可以根据实际情况设置是否记录足迹点，也可以在这里一键清空所有足迹，至于"自动同步联系人到词库"选项建议启用为好，这样可以提高拨打车载蓝牙电话的语音识别成功率。

进入"帐号管理"界面，在这里可以对自己的百度地图帐号作进一步的保护，例如绑定手机、刷脸登录等。

◇江苏 王志军

中国电信 13:53 99%

〈 隐私设置

对他人隐藏我出没的商圈名称

出行记录设置 〉

自动同步联系人到词库

提高拨打电话语音识别成功率

美的TS-S1-13F-M1.1机芯电磁炉分析与检修(二)

(紧接上期本版)

2)副电源电路

副电源由电源模块AP2952(U092)、动感L091等元件构成的串联型开关电源。

(1)PN8126的简介

AP2952是一款由控制芯片和开关管（场效应管）复合而成的新型电源模块,适用于小功率非隔离式开关电源,即串联型开关电源。它在很宽的输入电压范围(4.75~18V)内提供2A的负载能力。电流控制模式使其具有良好的瞬态响应和单周期内的限流功能。可调的软启动时间能避免开启瞬间的冲击电流，在停机模式下，输入电流不足1μA。它采用SOP8封装结构。它的内部构成如图2所示,引脚功能如表1所示。

表1

引脚	名称	功能
1	BS	上开关管栅极驱动电路升压信号输入
2	IN	供电输入。供电范围是 4.75~18V
3	SW	电压输出。3 脚与 1 脚间接的 C095 是上开关管驱动电路电源的升压电容
4	GND	接地
5	FB	反馈信号(误差取样信号)输入。反馈阈值电压为 0.925V
6	COMP	误差放大器补偿端。外界 R096、C094 构成的补偿网络
7	EN	使能输入端。EN 端为高电平时打开调节器;为低电平时关闭调节器。自动启动时需接上拉电阻 R095
8	SS	软启动信号输入端。外接的 C093 是软启动电容,C093 设置的软启动时间为 0.1mS。需禁用软启动功能时,悬空该脚即可

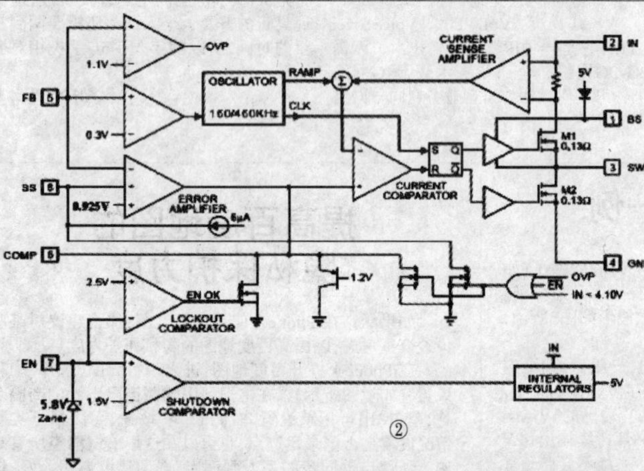

②

(2)功率变换

主电源输出的12V直流电压不仅加到U092(AP2952)的供电端①脚,还通过R095加到使能端⑦脚,使U092内的电源工作，由其输出的5V电压，为振荡器、PWM调制器等电路供电，振荡器产生150kHz的时钟脉冲,在该脉冲的控制下PWM调制器产生激励脉冲,经放大器放大后驱动2个开关管M1、M2工作轮流工作在开关状态。开关管M1导通、M2截止期间,12V电压通过M1的D/S极、L091、EC096、C096、C097到地构成导通回路,不仅在它们两端产生5V电压为负载供电,而且在L091上产生上正、下负的电动势。M2导通、M1截止期间,流过L091的导通电流消失，由于电感中的电流不能突变,所以L091通过自感产生上负、下正的电动势。该电动势通过EC096、C096、C097、M2构成的回路继续为负载供电。开关电源工作后,由其产生的5V电压为微处理器电路、显示电路、温度检测等电路供电。

(3)稳压控制

当负载变轻引起开关电源输出电压升高时,EC096两端升高的电压经R098、R097取样后,为U092的⑤脚提供的取样电压升高,被U092⑤脚内的误差放大器放大后，对PWM调制器进行控制,使PWM调制器输出的激励信号的占空比减小,开关管导通时间缩短,L091存储的能量下降，开关电源输出电压下降到正常值。反之,稳压控制过程相反。

(4)欠压保护

若供电电路或负载电路异常，导致U092（AP2952）工作电压低于4.1V时,U092内的欠压保护电路动作,关闭放大器输出的PWM脉冲,开关管截止,避免了开关管因激励不足等原因损坏，实现欠压保护。

(5)过压保护

若稳压控制电路异常，导致输出电压升高,经取样为U092的⑤脚提供的电压超过1.1V后,U092内的过压保护电路OVP动作，关闭放大器输出的PWM脉冲,开关管截止,避免了开关管因过激励等原因损坏,实现过压保护。

3.市电过零检测电路

参见图1,市电电压经D051、D052全波整流,利用R058、R059、R0510~R0514分压,经C054滤波后加到电磁炉超级芯片U6(LC87FV708Z)的⑫脚。U6对⑫脚输入的信号检测后，确保功率管IGBT101在市电过零点处导通，避免了它在导通瞬间可能因负载电流大而损坏,实现它的低功耗导通控制。

二极管D0510是保护二极管，若取样电路异常使U6的⑫脚升高后,当电压达到5.4V时它导通，将⑫脚电位钳位到5.4V,从而避免了U6过压损坏。

4.电磁炉超级芯片LC87FV708Z的简介

电磁炉超级芯片LC87FV708Z是集微处理器、同步控制电路、振荡器、保护电路等功能于一体的大规模集成电路,它不仅能输出功率管激励脉冲，还具有完善的控制、保护功能。它的引脚功能如表2所示。

表2　超级芯片LC87FV708Z的引脚功能

引脚	名称	功能
1	PPGEN	功率管使能控制信号输出
2	PPGOUT	功率管驱动信号输出
3	RESET	复位信号输入
4	VSS1	接地
5	VDC	基准电压滤波
6	+5V	5V 供电
7	CUR	功率管电流检测信号输入
8	VA	加热线圈左端谐振脉冲取样信号输入
9	VB	加热线圈右端谐振脉冲取样信号输入
10	VC	功率管 C 极脉冲电压检测信号输入
11	TIGBT	功率管温度检测信号输入
12	FAN	散热风扇供电控制信号输出
13	TMAIN	炉面温度检测信号输入
14	H	市电过压检测信号输入
15	AC	市电浪涌电压/电流检测信号输入
16	L	市电欠压检测信号输入
17	ZERO CROSS	市电过零检测信号输入
18	CUR-AMP	直流电流调整信号输入
19	CUR-AD	PWM 电流调整信号输出
20	VIN AD	直流电压检测信号输入
21	UTX	时钟信号输出(到操作显示电路)
22	URX	数据信号输入/输出(到操作显示电路)
23	PORT0	操作信号输出,未用,通过电阻接地
24	PORGR AM	操作信号输出,未用,通过电阻接地

5.待机/开机电路

芯片U6(LC87FV708Z)⑥脚获得供电后,它内部的振荡器产生时钟信号,在复位电路的作用下开始工作，并输出自检脉冲,确认电路正常后进入待机状态,同时输出蜂鸣器驱动信号使蜂鸣器鸣叫一声,表明该机启动并进入待机状态。

待机期间,U1②脚输出的信号为高电平,通过R22使倒相放大器Q2导通,致使推挽放大器的Q1截止、Q3导通，功率管IGBT截止。

电磁炉在待机期间,按下"开/关"键后,U6内的CPU从存储器内调出软件设置的默认工作状态数据，首先输出驱动信号驱动蜂鸣器鸣叫一声，其次是控制显示电路显示电磁炉的工作状态，最后由①脚输出高电平的功率管开启信号,该信号经R123使Q122导通，从其e极输出的电压经D121加到驱动块U121的③脚,使其进入工作状态。

6.复位电路

芯片的复位电路由U6及③脚外接元件构成。开机瞬间,5V供电通过R209对C208充电,产生一个由低到高的复位信号。复位信号加到U6的③脚后,它内部的存储器、寄存器等电路清零复位后开始工作。

7.锅具检测、加热电路

待驱动块U121工作后,U6从②脚输出的驱动脉冲通过R121限流,Q121倒相放大,U121内的推挽放大器放大后,利用R127、R128驱动功率管IGBT101导通。IGBT101导通后,加热线圈(谐振线圈)和谐振电容C103产生电压谐振。谐振回路工作后，有电流流过电流取样电阻RC101，在它两端产生左负、右正的压降。该压降通过R101限流,C104滤波后加到U6的⑦脚。当炉面上放置了合适的锅具时，因有负载使流过功率管的电流增大，电流检测电路产生的取样电压较高,使U6⑦脚输入的电压升高,被U6检测后,判断炉面已放置了合适的锅具,于是控制②脚输出受控的驱动信号，进入加热状态。反之,若U6判断炉面未放置锅具或放置的锅具不合适，控制电磁炉停止加热,U6通过时钟、数据线控制辅助CPU输出报警信号，使蜂鸣器鸣叫报警，提醒用户未放置锅具或放置的锅具不合适。

8.同步控制电路

加热线圈两端产生的脉冲电压经R1112~R1123、R111~R116分压限流产生的取样电压VA、VB加到 U6的⑧、⑨脚,U6内的同步控制电路通过对⑧、⑨脚输入的脉冲进行判断，确保无论是加热线圈对谐振电容C103充电期间，还是C103对加热线圈放电期间,U6的②脚均输出低电平脉冲使功率管截止，只有加热线圈通过C102、IGBT101内的阻尼管放电结束后,U6的②脚才能输出高电平信号，通过驱动电路放大后使IGBT101再次导通,因此,通过同步控制就实现了功率管的零电压开关控制，避免了功率管因导通损耗大和关断损耗大而损坏。

二极管D1111和D111是保护二极管,若取样电路异常使U6的⑧、⑨脚升高后，当电压达到5.4V时它们导通，将⑧、⑨脚电位钳位到5.4V，从而避免了U6过压损坏。

9.功率调整电路

(1)手动调整

该机的手动功率调整电路由芯片U6内的CPU为核心构成。

需要增大输出功率时,U6内的CPU对其内部的驱动电路进行控制后,使U6②脚输出的激励脉冲信号的占空比减小,经Q121倒相放大后,再通过U121推挽放大后,使IGBT101导通时间延长,为加热线圈提供的能量增大，输出功率增大,加热温度升高。反之,若U6②脚输出的激励信号的占空比增大时,IGBT101导通时间缩短,电磁炉的输出功率减小,加热温度下降。

(未完待续)(下转第414页)

◇山西 芦琪

混合PWM/R2R DAC改善了两者

将PWM与小型R-2R梯形结合可以改善两者。它可以显著降低PWM纹波并提高DAC的分辨率。

在本设计实例中，一个八电阻阵列和三个输出引脚构成一个改进的R-2R阶梯（图1）。修改是将底部2R连接到PWM输出而不是接地。

梯形图将VCC分为八个片，PWM从每个电平（0%PWM）填充空间到下一个更高的一个（100%PWM）。这样可以将纹波减少到八分之一，同时增加三个额外的高阶分辨率。或者，您可以从原始PWM占空比值的顶部取这三位，将其时钟速率乘以8。您仍然可以减少8:1的纹波，但增加的时钟速率会将PWM噪声进一步推向滤波器的低地，以获得更大的衰减。

模拟

我已经模拟了这种混合方法。

图2 比较/模拟电路

为了与传统的简单低通滤波器(图2)进行比较，你应该记住R-2R阶梯的输出电阻是R，因为我建议从阵列中并联两个电阻来形成R（用于2R的单独电阻），10kΩ阵列产生5kΩ输出电阻。这就是我用于传统方法以及相同的1μF电容。我将PWM设置为50%占空比，因为这是发生最差纹波的地方。仿真结果(图3)显示传统方法具有约4mV的纹波，而第一种选择（将三个新位添加到原始的8位）导致493μV的纹波，仅约八分之一。第二个选项（将PWM时钟增加8，总共8位）仅产生61μV，约为原始的六十五分之一。

图4a(PWM+低通)和4b(11位混合)是复杂模拟的结果，它将电压从0V缓慢地调节到5V。滤波器中的电容器故意太小，因此我们可以看到这种规模的纹波。一个普通的R-2R梯形图增加了一个阶梯图（红色在4b中），以显示PWM如何从一个电平移动到下一个电平，甚至超出R-2R梯形图的顶部，直到5V。

这也可以用NCO(数控振荡器)技术代替PWM。NCO（向累加器添加值并输出进位）具有优于PWM的优势，因为它可以减少50%设置附近的纹波（通过增加转换频率），这是简单PWM最差的地方。

这也适用于任何其他DAC：只需将PWM/NCO/任何信号连接到最低有效位。

测试

现在对于一些测试结果：我考虑的电阻器阵列具有±2%的容差，但也可以±1%甚至±1/2%获得，但由于我没有任何这些，我只是使用个别1%电阻。我设置了一个运行频率为16MHz的ATmega328的timer1用于8位PWM，并使用10位ADC进行一些测量。由于PWM，R-2R和ADC均以VCC为参考，我们可以将其分解出来，只检查从八个电平中的每个电平读取的值，PWM设置为0%和100%。理想情况下，一步的100%输入应该等于下一步的0%输入（任何ADC读数的警告最多可以关闭两次，如ATmega328数据手册的"ADC特性"部分所述）。

0%	000	07E	0FE	17E	1FF	27F	300	381	
100%		07D	0FD	17D	1FE	27F	2FF	37E	3FF
Expected	000	07F	0FF	17F	1FF	27F	2FF	37F	3FF

这些似乎很合理。然后我使用了一种我称之为"Slow-scilloscope?"的技术，该技术利用ATmega328的能力来安排定时器的A-D转换-与产生PWM的定时器相同。因此，我们可以测量给定PWM周期内的纹波。图5是传统PWM与低通滤波器（绿色）和混合（黑色+红色）的复合图。两者都使用太小的电容，因此我们可以看到纹波。

最后，图6是在每个混合设置下的非同步A-D转换的(无聊)轨迹，允许纹波(或多或少)在结果中产生随机变化。这个使用更大的电容器以获得更真实的结果。

最后，我们已经看到，根据您的观点，PWM可以填充R-2R DAC步长之间的空间，或者R-2R梯形图可以大幅削减通常PWM加上低通滤波器的纹波。或两者。

◇湖北 朱少华 编译

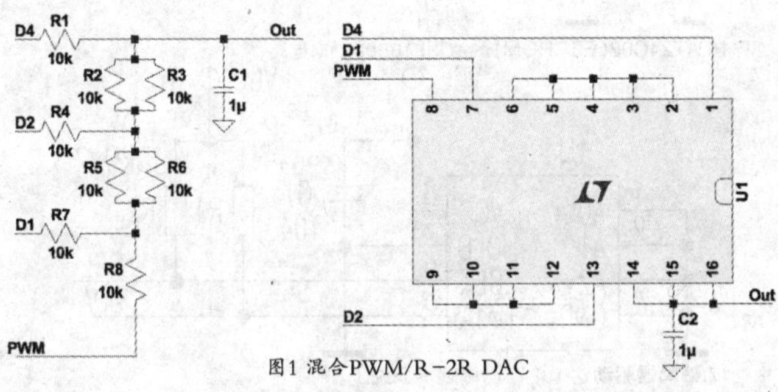

图1 混合PWM/R-2R DAC

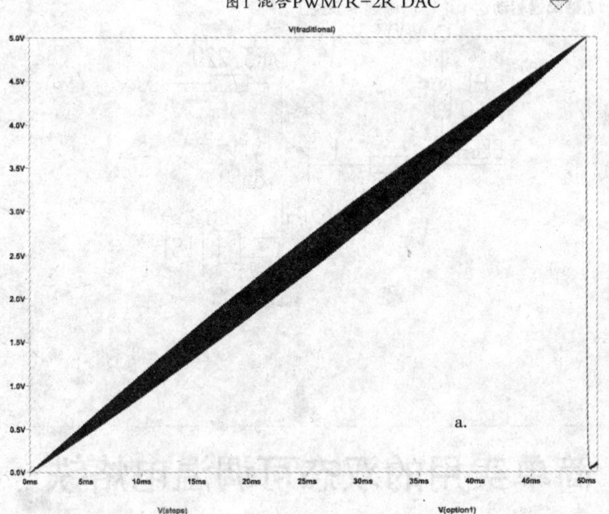

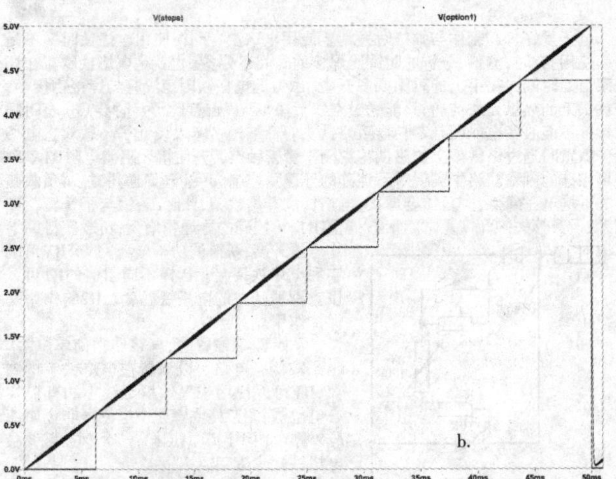

图4 基本PWM DAC(图4a,顶部)和混合DAC(图4b,底部)的模拟纹波

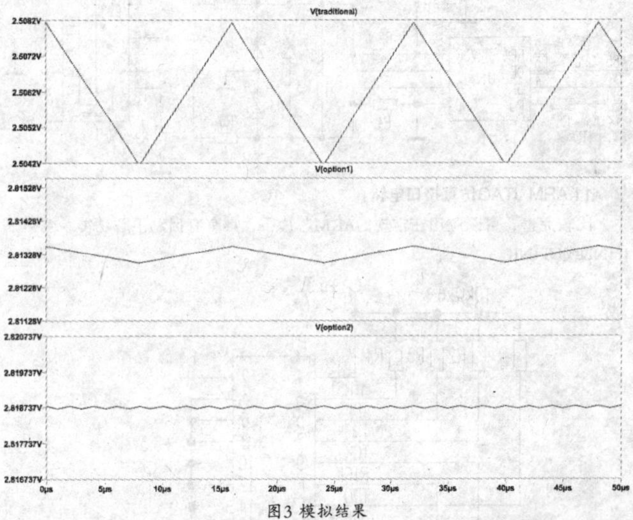

图3 模拟结果

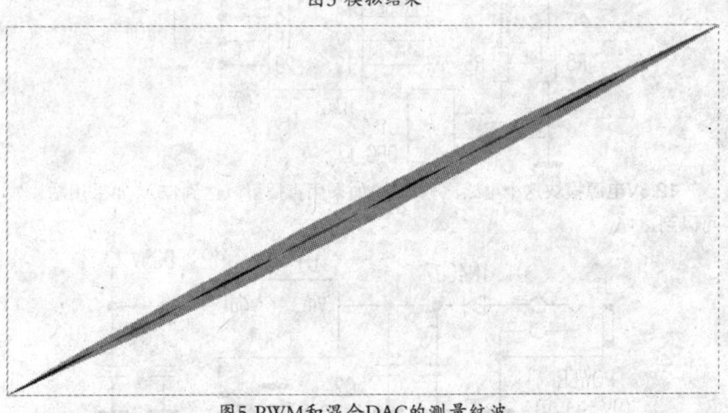

图5 PWM和混合DAC的测量纹波

图6 测量的纹波，混合DAC，最终电容值

电赛中高度关注的常见单片机电路设计模块(二)

（紧接上期本版）

9.全双工RS485电路(带保护功能)带有保护功能，全双工4线通信模式，适合远距离通信用。

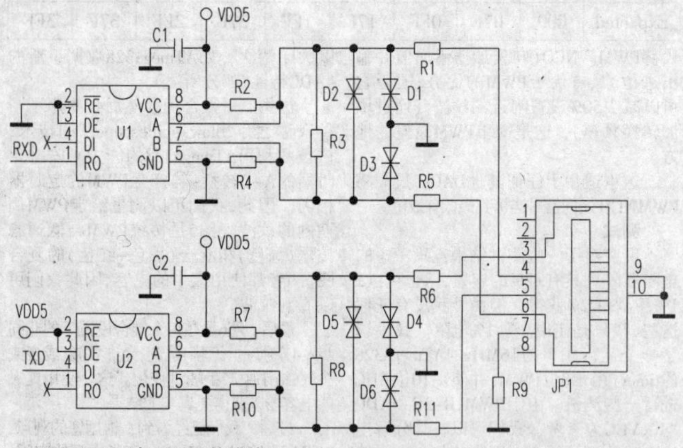

10.RS485半双工通信模块

可以通过选择端口选择数据的传输方向，带保护功率。此模块只能工作在5V。

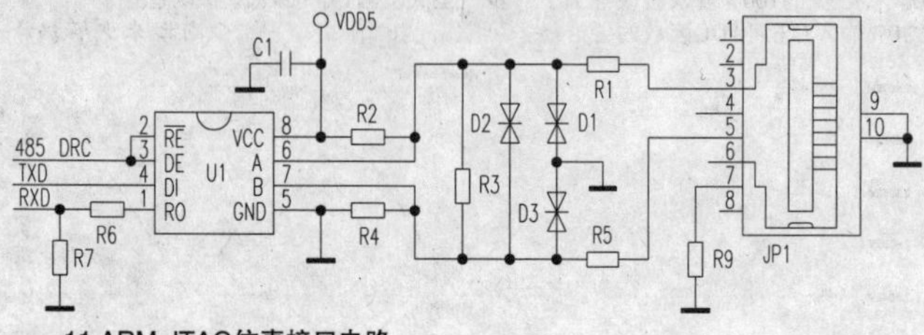

11.ARM JTAG仿真接口电路

比较完善，可以应用在常规的ARM芯片下，具有有自动下载功能，可以用JLINK或ULINK。

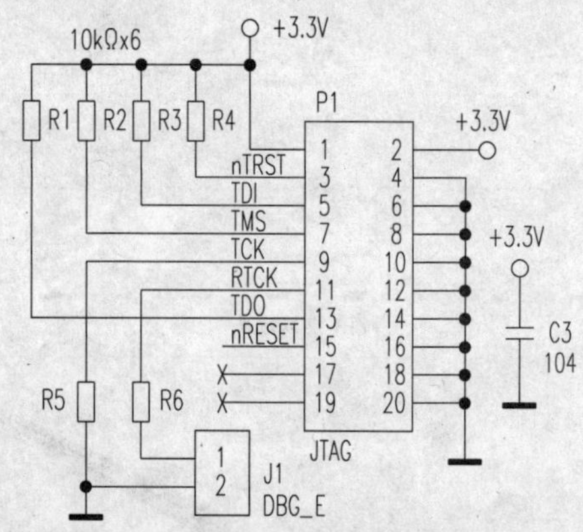

12.5V电源模块这个电路比较简单，如果用直插可以达到1.5A，如果用贴片的可以到达1A。

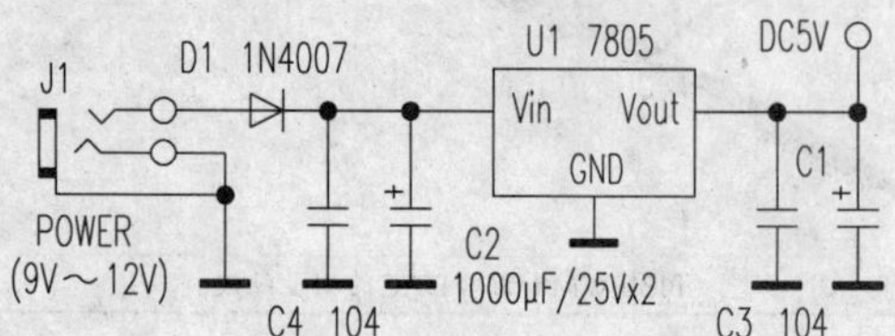

13.3.3电源模块可以到达800mA，价格非常便宜，也有相应的1.8/1.2的芯片，可以直接替换。

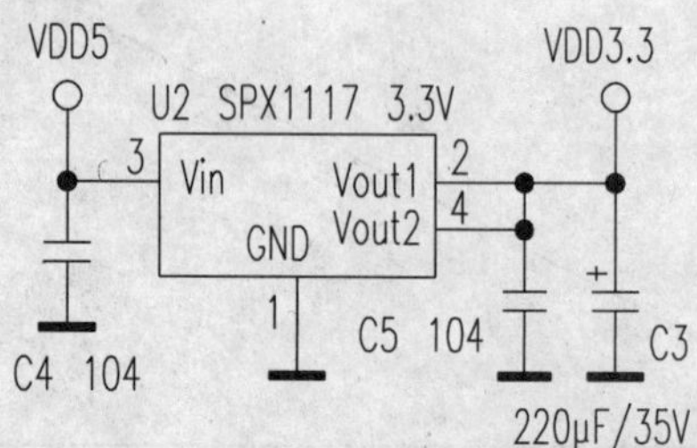

14.最常用的开关电源

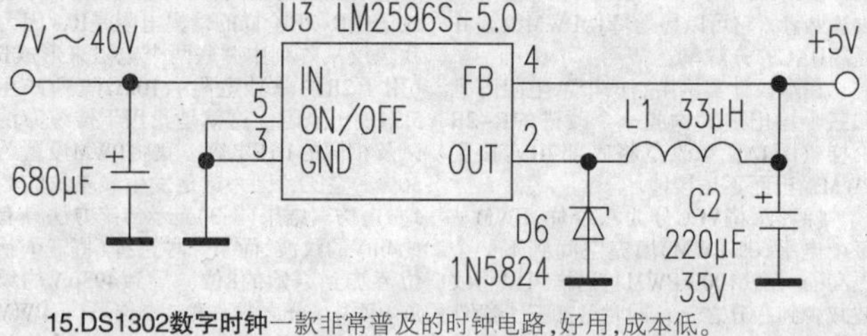

15.DS1302数字时钟一款非常普及的时钟电路，好用，成本低。

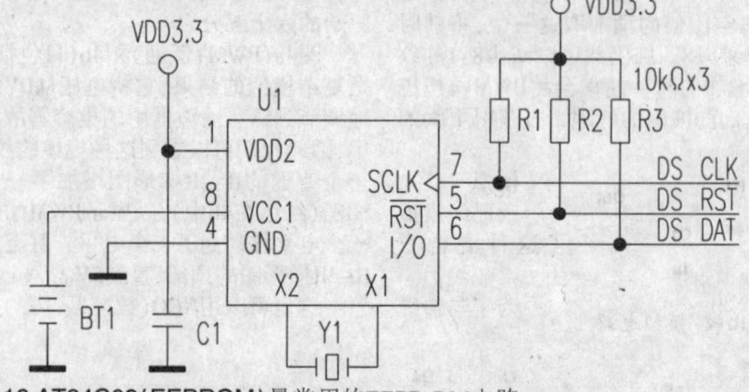

16.AT24C02(EEPROM)最常用的EEPROM电路。

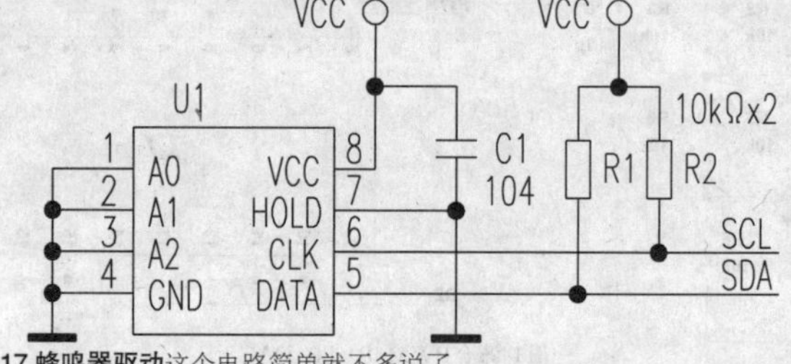

17.蜂鸣器驱动这个电路简单就不多说了。

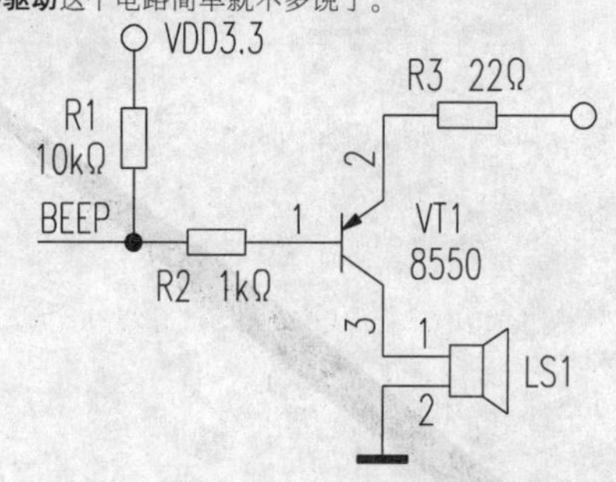

◇宜宾职业技术学院 陆祥福

简单实用的双态可调温电烙铁

电子爱好者们制作与维修时经常要使用电烙铁，而在使用电烙铁时又不是持续使用，有时，测量，分析的时间比焊接的时间还要多。也就是电烙铁歇置在烙铁架上的时间比在手上的时间要多一些。歇置的电烙铁因为没有与焊接物接触，烙铁头上的热量无法传递，只能通过空气散热。所以温度比焊接时要高。长时间歇置，不但浪费电能而且容易导致烙铁头寿命缩短。本人设计了一款双态电烙铁，歇置时通过烙铁架上的磁铁将常闭干簧管触点断开使得大阻值电阻R1串联在可控硅的触发回路中实现对可控硅的导通角控制。可控硅导通角减小，负载获得的平均电压降低，一旦需要焊接，电烙铁离开烙铁架，此时，磁铁与干簧管距离增大，干簧管失磁而恢复常闭状态，短路R1，可控硅的导通角增大，负载获得的平均电压升高，获得的功率增大。调节RV可以实现电烙铁调温。选择不同阻值的R1可以设置歇置状态的电烙铁温度。R2的作用是保护作用。

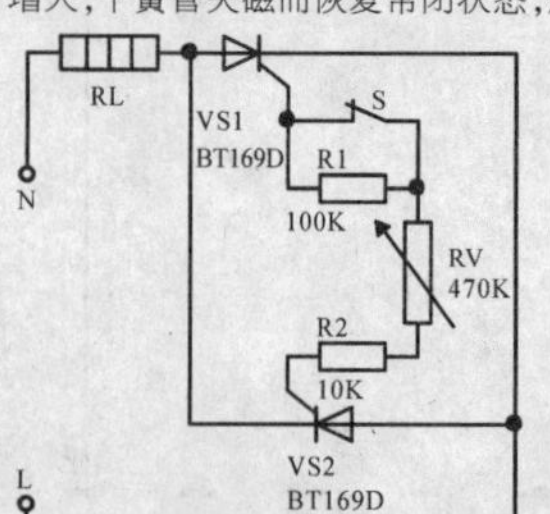

从附图不难看出，电路非常简单，成本也比较低，电路可以放置在电烙铁手柄内部，RV可以使用一只体积比较小的有机实心电位器，调节处或者整个电位器非金属部分外露以便于调节。这样，一个双态可调温电烙铁就改造完毕。

◇湖南 王学文

用梯形图编程进行STC单片机应用设计制作之一

单片机基本系统板安装与通电测试（二）

（紧接上期本版）

，TTL/CMOS数据从T1IN、T2IN输入转换成RS-232数据T1OUT、T2OUT送到电脑DB9插头；DB9插头的RS-232数据从R1IN、R2IN输入转换成TTL/CMOS数据后从R1OUT、R2OUT输出。

供电。15脚GND、16脚VCC(+5V)。

6.引脚状态指示电路

单片机引脚状态指示电路由一LED发光二极管和电阻串联而成，用于指示该输入/输出(I/O)口处在高电平还是低电平状态。当单片机某I/O引脚为高电平时，该发光二极管熄灭；引脚为低电平时发光二极管点亮。PDIP-40封装的单片机最多提供的36个I/O口，故有36个指示电路，本基本系统把单片机的第⑨脚仍作为复位端，故少一个指示电路。

二、基本系统板安装

1.元器件选择

将上面介绍的电路整合起来即可得到本制作的单片机基本系统，电路如图7所示。

在选用单片机时，应考虑到转换软件是否支持，还要考虑输入/输出(I/O)口的多少、封装型式、是否需要通信和在线监控等。

选用电阻、电容时，除了考虑容量、封装外，还须注意其耐压和制造材料等。

在选用输出电压为+5V的三端集成稳压器7805时，其型号78xx前面和后面还有一个或几个英文字母，如：L7805CV、LM7805等。78前面的字母一般是各生产厂(公司)的代号，后面的字母用以表示输出电压容差和封装外壳的类型等，各生产厂家对所用字母的定义不一，不过这对实际使用没有多大的影响。

L7805CV是意法半导体公司生产的L7800系列正电压输出5V的三端稳压器。该稳压器输出电流为1.5A，具有热过载保护、短路保护、输出转换SOA保护。

本基本系统板选用元器件型号规格等材料清单如表1所示。

2.安装、焊接制作

制作单片机基本系统板，要取得良好的效果，除了要选择质量优的元器件外，很重要的是必须妥善地安排元器件的位置、合理的结构和保证焊接的质量。

备全所用元器件后，在空白桌面上把它们分列开来排好后确定大体位置。根据每一个元件或器件占用的孔位，将分布在洞洞板上（洞洞板的孔间间距为2.54mm）的元件所需要的长、宽尺寸计算出来。在洞洞板上做好元器件安装位置的标记，方便安装。选用的洞洞板应比计算结果大一点，留有一点余地。

（未完待续）（下转第417页）

◇苏州竹园电科技有限公司 键谈
江苏永鼎线缆科技有限公司 沈洪

表1 材料清单

电路	代号	名称	型号规格	数量
单片机电路	U1	单片机	STC12C5A60S2,PDIP-40	1
		集成电路插座	PDIP-40 带锁紧型	1
	C4	电容器	104(0.1μF)	1
时钟电路	Y1	无源晶体	11.0592MHz	1
	C1、C2	电容器	27P	2
复位电路	R1、R2	电阻器	1/4W:RJ-10k、RJ-100Ω	各1
	C3	电解电容	10uF/10V,6mm×7mm,铝	1
	SB	轻触按键开关	6mm×6mm	1
电源电路	Ud	集成稳压电路	L7805CV,TO-220,DSR20 散热器	1
	Cd1、Cd2	电解电容	1000 uF/35V、1000 uF/16V,铝	各1
	Cd3	电容器	104(0.1μF)	1
	LEDz	发光二极管	Φ3,红色	1
	Rd1	电阻	1/4W:RJ470Ω	1
	CND、CN5V	接线端子	HG128V-5.0 2P,KF301-2P	各1
通信电路	Ut	通信集成电路	MAX232,PDIP-16	1
		集成电路插座	PDIP-16	1
	C5、C6、C7、C8	电解电容	1uF/16V,铝	4
	CNt	接插件	DB9 或 DR9 母头	1
端口接插件	CN0~CN3、CN4	接插件	XH2.54-8P、XH2.54-3P	4、1
状态指示电路	LED00~07、LED 10~17、LED 20~27、LED 30~37、LED 44、45、46	发光二极管	方形 2 mm×4mm×5mm,红色	35
	R00~R07、R10~R17、R20~R27、R30~R37、R44、R45、R46	电阻	1/4W:RJ-1kΩ	35
		洞洞板	80mm×120mm	1
24VDC 供电		开关电源	S-50-24:输出 24V 2A	1
		三脚单相插头	10A250VAC	1
		床头开关	4A250VAC	1
		熔断器	RT-18 2A	2
导线、焊锡丝等若干				

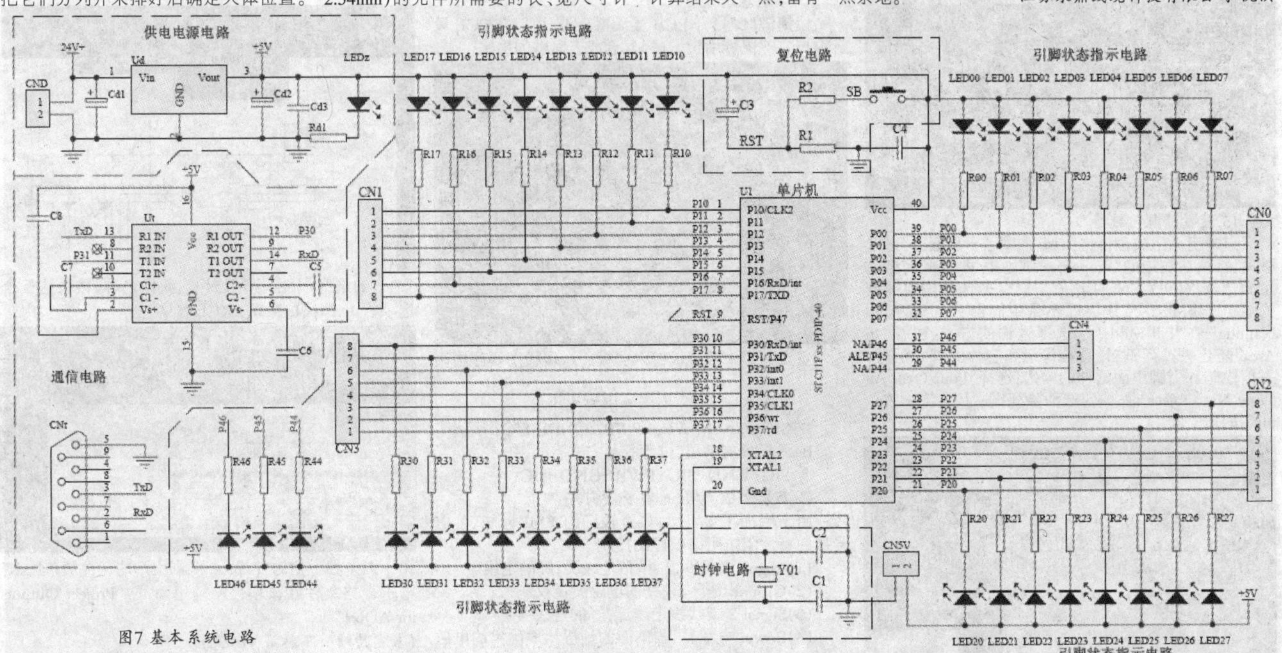

图7 基本系统电路

Altium Designer 19软件应用实例(五)

(紧接上期本版)

12. 在布线过程中合理调整器件位置和走线达到最优化。

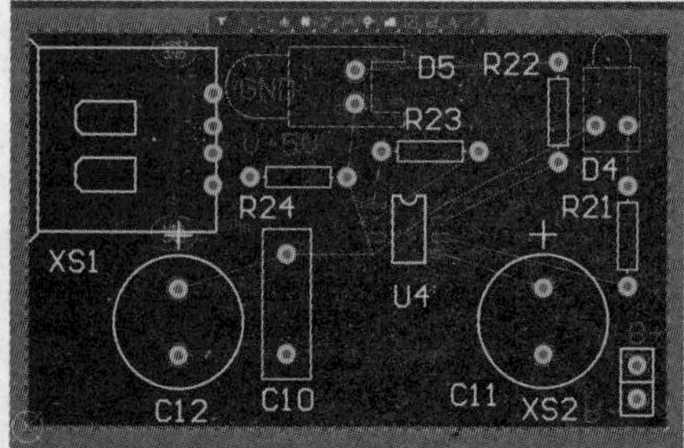

13.器件及布线换层

选中器件,在右边属性框选择需要的层,对应走线可以快捷键“S-P”选中网络,再点击需要的层即可。焊盘加泪滴快捷键 T+E。DRC 检测:快捷键 T+D。

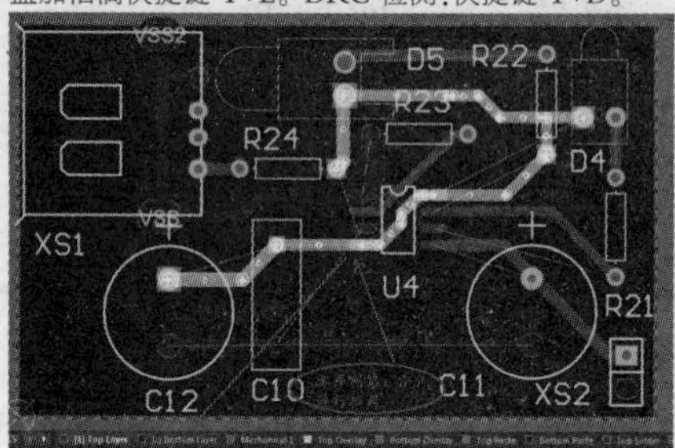

14.铺铜

点击“放置”菜单按钮,选择“铺铜”,或者快捷键“P-G”,则铺铜边界起点光标跟随鼠标光标移动,到起始位置及各边界转折点击放置,直到形成封闭区域,再右键点击终止。按下“TAB”键可在右边的属性框设置参数。

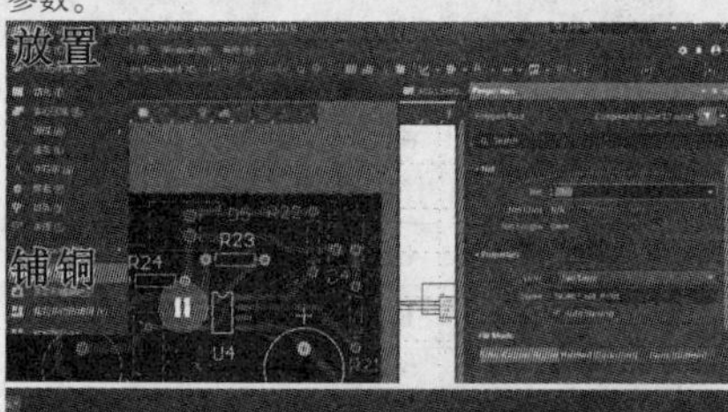

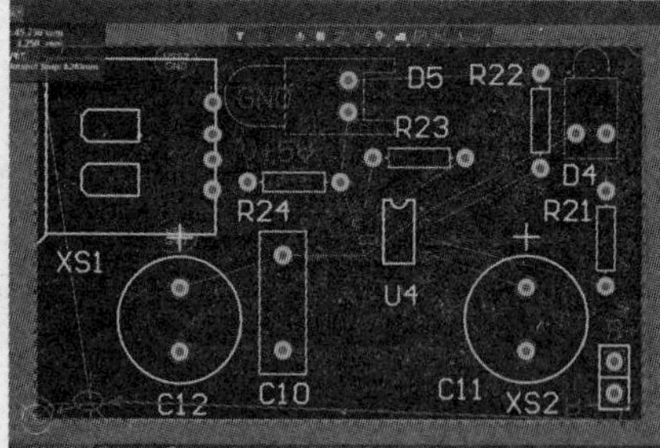

15.设置铺铜参数

点击自动形成预铺铜区域,像蒙了一层面纱,可以移动位置,在右边的“Properties”属性框里“Net”网络框里面选择“GND”;在“Layer”层选框里选择需要铺铜的层,一般是外布线层而不是中间层;勾选“Auto Naming”;在“Fill Mode”区选择铺铜的方式,去掉“In Area”防止去掉死铜;设置与焊盘和芯片引脚的距离,去掉往芯片引脚里面延伸的勾选;选择“Pour Over All Same Net Object”;去掉勾选清除死铜;最后点击“Apply”按钮。

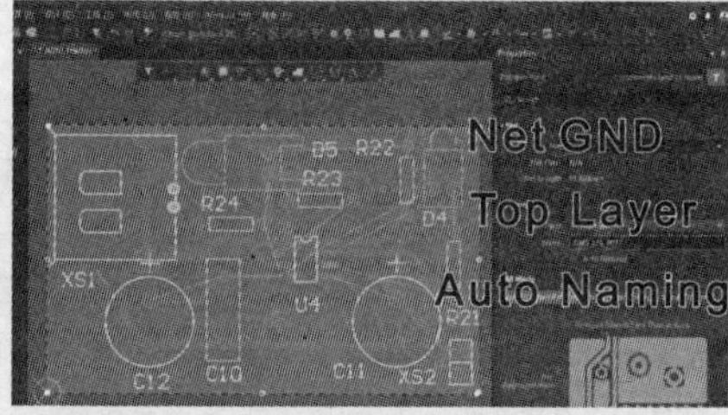

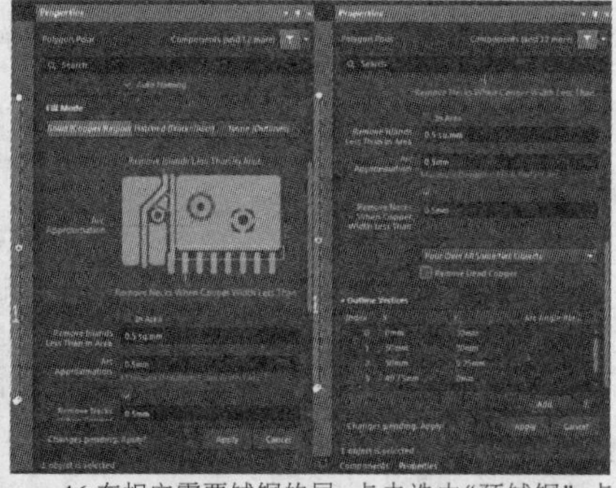

16.在相应需要铺铜的层,点击选中“预铺铜”,点击“工具”菜单按钮,选择“铺铜”>“重铺选中的铺铜”,则完成相应设置的铺铜。用“Ctrl+D”可以设置图层的透明度。

17.给面板表面添加符号注释

点击“放置”菜单按钮,或者快捷键“P-S”,则字符光标随着鼠标光标移动到需要的位置,按下“Tab”键可以在右边属性框里面修改字符内容。

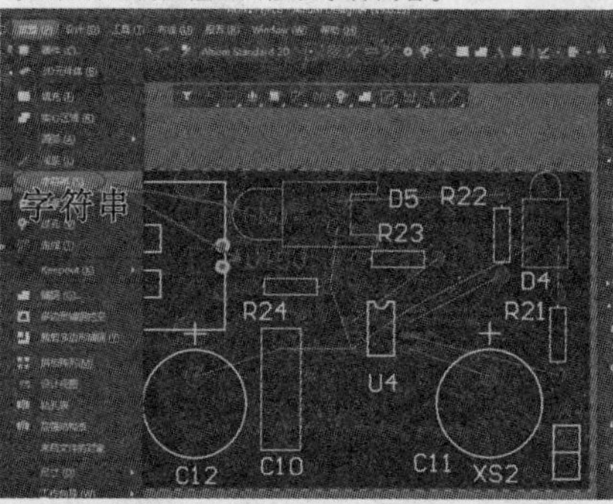

18.多层板分层

快捷键“L”打开 PCB 层设置查看,可以在 PCB 设计窗口底部鼠标右键,选择显示或者隐藏的层。

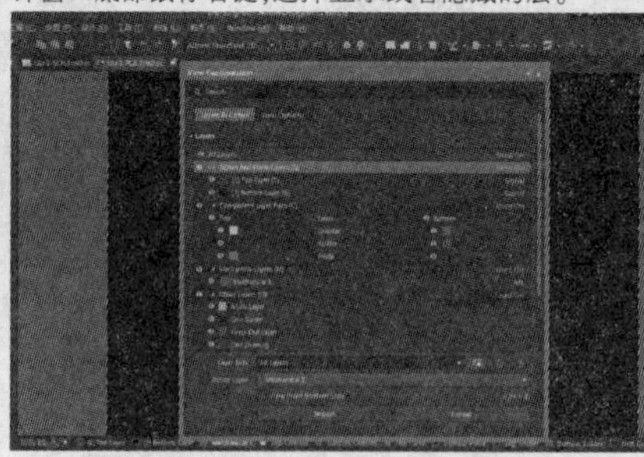

重点介绍下四层板、六层板、八层板主要分层设计:

A、四层板的叠层,推荐叠层方式:

SIG-GND(PWR)-PWR (GND)-SIG;

B、六层板的叠层,推荐叠层方式:

SIG-GND-SIG-PWR-GND-SIG;

C、八层板的叠层,推荐叠层方式:

由于增加了参考层,具有较好的 EMI 性能,各信号层的特性阻抗可以很好的控制

(1) Signal 1 元件面、微带走线层,好的走线层

(2)Ground 地层,较好的电磁波吸收能力

(3)Signal 2 带状线走线层,好的走线层

(4)Power 电源层,与下面的地层构成优秀的电磁吸收

(5) Ground 地层

(6) Signal 3 带状线走线层,好的走线层

(7) Power 地层,具有较大的电源阻抗

(8)Signal 4 微带走线层,好的走线层

最佳叠层方式,由于多层地参考平面的使用具有非常好的地磁吸收能力。

19.添加 mark 点

mark 点是电路设计中 PCB 应用于自动贴片机上的位置识别点,mark 点的选用直接影响到自动贴片机的贴片效率。mark 点一般都是放置于 BGA 封装器件的对脚,将焊盘改为的 mark 点,一般工厂做板时设置。

20.过孔添加阻焊

过孔添加阻焊有两种方式:单个过孔和多个过孔,一般工厂做板时设置。

七、原理图的相关文件生产及导出、打印

1.生产网络表

点击“设计”菜单按钮,选择“工程的网络表”>“Telesis”即生成该原理图的网络表如下,相关文件在该项目路径里面的“Project Outputs for ADlx1”。

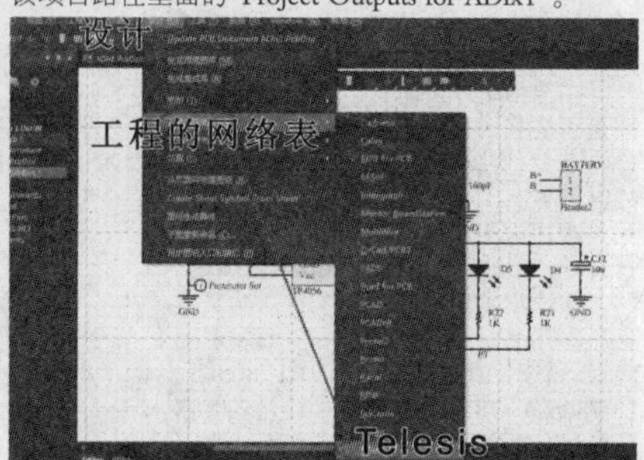

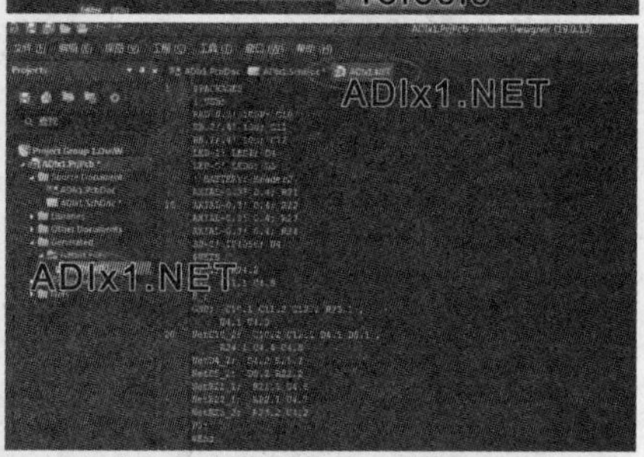

2.生成 BOM 器件清单

(1)点击执行“报告”菜单按钮,选择“Bill of Materials”。

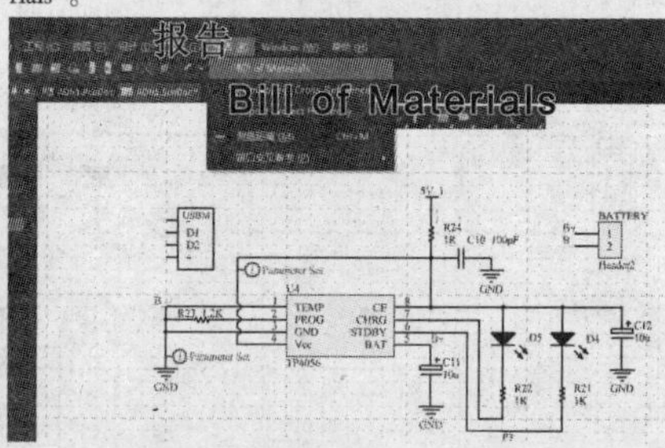

(2)选择属性、标示、封装、元件名称、数量这五个选项。点 Export 生成 EXCL 表格。

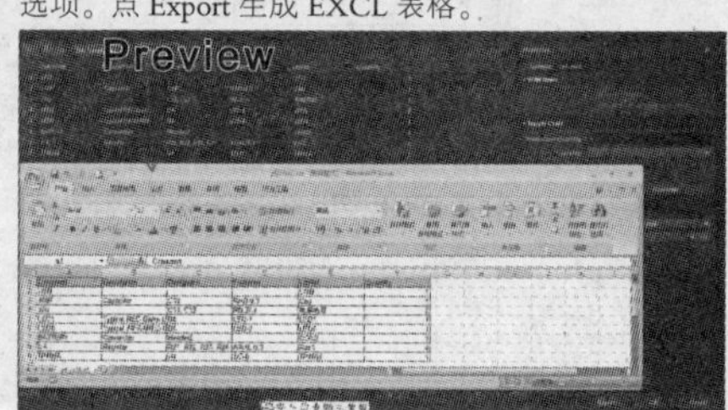

点击右下角的“Exprot...”,则生产的元件清单“.xls”电子表格文件在该项目路径里面的“Project Outputs for ADlx1”。

(未完待续)(下转第 418 页)

◇西南科技大学城市学院 刘光乾

中九户户通接收机常见故障维修5例

1.科海海霸王户户通开机出现"E02智能卡通讯失败"提示框。E02错误说明主芯片已经检测到智能卡,但智能卡无法与主芯片进行通信,通常是卡片金属触点氧化、读卡芯片损坏以及主芯片虚焊或损坏导致,取出智能卡用磨砂橡皮擦拭金属触点并用细沙纸插入卡槽内打磨弹簧均无效。因该机主芯片HD3601没有打胶,所以排除了虚焊的可能性,怀疑读卡芯片U901(ET8024)有问题。拆下卡槽用CS4524LO代替ET8024后开机E02错误消失,如图1所示。不过搜索发现只能收到左极化24个台,测量LNB电压为不变化的17V,而正常情况下应该是在13-18V间变化。本机极化切换电路在电源板上,检查发现Q1(S8550)已击穿,用同型号三极管更换后59个台收视正常了。

①

2.TCL DBS116-CA01户户通接收机开机只亮红灯。将维修电源调到5V接到主板相应端口上,通电发现电流达到4A左右,明显异常。用手逐个触摸主板上元件发现D23(IN4007)严重发热,如图2所示,跑线发现该二极管是将+5V降压后给A100定位模块供电,拆下D23测量完全正常,说明A100模块内部已击穿损坏。此时接上室外天线通电机器可以正常收到节目,不过一会儿后显示异常1(即定位模块没有工作),因该机属于国科131版,用遥控器依次输入"上一页、下一页、下一页、上一页、13425、广播电视切换"固化基站信息即可。不过该机手遥固化基站后又显示异常3,说明闪存25Q64内固件有问题,拆下25Q64装入编程器,用"国科修改器"软件重新修改好固件并烧录到芯片内,焊到主板上以后一切正常。

②

3.陕西如意S011户户通接收机开机显示"E01请插入智能卡"。该机采用国芯GX1121D + GX3011 -M方案,拆机发现读卡芯片ET8024

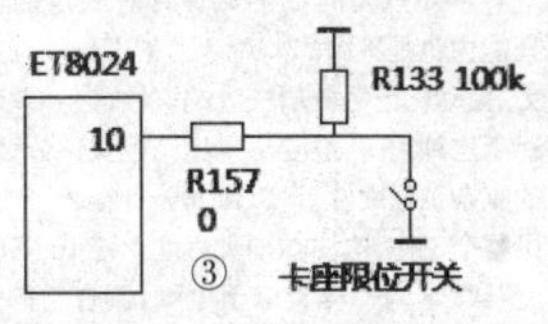

③

周围有霉点,用天那水清洗干净后故障依旧,又用CS4524LO代换原机ET8024还是如此,只好用放大镜仔细观察读卡芯片周围元件是否正常,发现R133一脚已腐,其工作原理如图3所示,没有插入CA卡时限位开关闭合,ET8024第10脚因接地呈低电平状态,代表CA卡没有插入。插入CA卡后限位开关被断开,ET8024第10脚经R133上拉变成高电平,此时ET8024判断CA已经插入。当R133腐烂后ET8024第10脚始终为低电平,这样ET8024就认为卡没有插入,从而出现前述故障。没想到从料板上找来同阻值贴片电阻代换后又出现E02错误,原来卡座里有一个弹簧触点已经损坏,更换卡槽后机器完全正常。另外该机容易出现无信号故障,大多都是LM317损坏导致极化电压不正常,直接更换LM317即可解决问题。

4.博尚BS-ABS666Q户户通接收机开机显示"位置锁定模块升级中"字样且几个小时后都不能消失。开机可以查看到定位模块版本号为08200808,属于早期一代签名模块。因先前维修过每次开机模块均升级的机器是由于24C128内数据出错造成的,所以也将本机24C128拆下清空再装上,不过故障不变。怀疑定位模块有问题,用写好数据的M4小板代替原机模块,用空卡引导时发现不仅不出"模块准备成功"对话框,甚至连基站信息也看不到,看来只能考虑25Q64内软件有问题了。进入系统设置项查看应用软件版本是15D,查资料可知这个版本号对应二代签名模块,而本机模块是一代签名,即应用软件版本与定位模块版本不相符,从网上下载15B版本软件定写入到闪存25Q64内,如图4所示,恢复原定位模块电路,机器完全恢复正常。

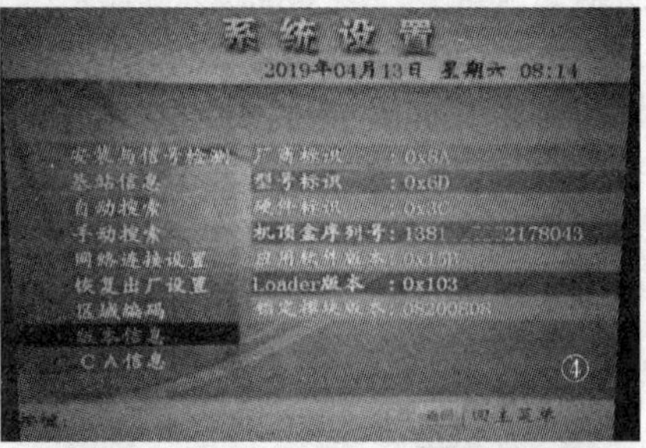

④

5.科海KH-2008D-CA02户户通接收机满屏画面有斜网纹干扰。图像有干扰大多是电源供电有干扰或视频滤波芯片有问题导致的。考虑到本机使用年限较长,所以将电源板上CD1(22uF/400V,300V主滤波电容)和CD5(1000uF/16v,5V滤波电容)更换,通电后发现无改善。因该机采用UPD61214F1+GK5109方案,视频信号从UPD61214F1输出后直接送往RCA插座,所以视频通道应该没有问题,看来还得从主板二级供电方面着手。UPD61214F1核心供电是1.5V,由U16(1117-1.5)提供,输出滤波电容是EC21(100uF10v),拆下检查容量仅60uF左右,不过用200uF电容代换后还是不行,代换3.3V滤波电容TC40(220uF/16V)故障依旧,难道DC/DC转换芯片U26(丝印CU2AH,即SY8009B)本身有问题?抱着试试看的态度用STI3472(丝印S42B开头)代换,如图5所示,没想到故障顺利排除。注意:SY8009B用SGM2554(丝印S14打头)、LP3218(丝印AS11打头)之类5脚电源芯片代换也是完全可以的。

⑤

◇安徽 陈晓军

IPv6 新进展

近日,我国下一代互联网国家工程中心(CFIEC)与亚太互联网络信息中心(APNIC)宣布正式签署战略合作协议,双方围绕IPv6下一代互联网在基础技术研究、IP地址管理、新型互联网基础设施、标准制定以及产业生态建设等方面全面展开合作,共同推进亚太地区乃至全球下一代互联网产业快速发展。

近年来,IPv6迈入黄金时代,全球用户及流量飞速增长,以中国、印度为代表的亚太地区更是发展迅猛。《中国IPv6发展状况》白皮书显示,截至2019年6月,我国IPv6活跃用户数已达1.30亿。我国基础电信企业已分配IPv6地址的用户数达12.07亿。

根据协议,下一代互联网国家工程中心将联合APNIC亚太互联网络信息中心在IPv6技术创新、地址管理、发展监测、新型基础设施、人才培养、标准制订等众多方面展开深入合作。

基础设施方面,双方将共同启动基于IPv6的域名系统、新型互联网交换节点等应用及网络基础设施方面的开发和应用;

技术研究方面,IPv6基础核心技术、IPv6域名系统、基于IPv6的标识技术等将成为双方研究的重心;

地址管理方面,双方将从IPv6的地址规划及管理机制入手,构建高效的IPv6地址管理机制,支撑产业良性发展;

发展监测方面,双方将依托各自工作基础和优势展开合作,建立亚太区域IPv6发展监测服务平台。

下一代互联网国家工程中心主任刘东表示,在全球数字化的时代大潮下,IPv6下一代互联网是未来发展的必由之路。工程中心多年来致力于IPv6下一代互联网的推进和普及,本次与APNIC的合作将加速IPv6产业发展及部署,催生IPv6创新成果,助力亚太地区乃至全球数字经济发展。

关于APNIC

亚太互联网络信息中心(Asia-Pacific Network Information Center,APNIC)成立于1993年,是全球五大区域级互联网IP地址注册管理机构之一,负责亚太地区的IP地址和AS号码等互联网基础资源的分配和管理等工作。多年来,APNIC一直在亚太地区提供信息、培训和支持服务,并致力于支持和建设关键互联网基础设施,以协助创建和维护强大的互联网环境,推动全球互联网发展。

关于下一代互联网国家工程中心

下一代互联网国家工程中心作为领先的第三方IPv6基础设施服务商,以IPv6下一代互联网、DNS根服务器、SDN软件定义网络、NFV网络功能虚拟化以及区块链、人工智能网络等先进网络技术为研究重心,参与全球网络技术标准化和市场化工作,建设运营关键信息基础设施,开展网络安全、性能、一致性等第三方测试认证业务,推动全球网络互联互通。

◇宜宾职业技术学院 陆祥福

数字调音台死机的原因及解决办法

数字调音台的主要特征是：模拟信号进入调音台后，首先进行模数转换，将信号变为数字流；调音台内部以数字方式进行运算。因此，信号在出调音台前，就没有了模拟的概念，一旦出现死机，处理器崩溃，正常的输出也就无从保证了。今天分析一下造成这种情况的原因及解决办法。

外部原因

如果调音台使用的外部环境不好，可能会使调音台出现死机。

第一，排除电源的因素。连接调音台的这路电源，如果平时连接了其他大功率用电器，那么在用电器启动时，就会产生一个大的电压瞬变。瞬间降低了调音台的供电端电压。而调音台本身的变压器对这个电压变化的调整能力是有限的，一旦超过所能够允许的限度时，机器通常便会罢工；如果不罢工，电压超常的变化也可能将噪声带人系统中。另外，在一些地区，由于用电负荷增长，尤其是在夏天，白天可能电压足够，到了晚上，用电负荷增大后，晚间的市电电压降低较多，这对于数字调音台来说，如果变压器不能够应付这种变化，就有可能出现死机。

第二，静电也是一个大的隐患。南方气候相对湿润一些，由于空气湿度相对较大，人身体以及物体表面电荷难以大量积聚。而北方则不然，空气相对比较干燥，人身体穿着不同材质的衣服，经常会聚积不同的电荷。而安装了调音台的空间，通常为了控制声音的反射，经常会在地面上铺设地毯，但地毯本身对电荷的疏导是不利的。这在相对干燥的秋、冬季节比较明显。操作人员的手与调音台表面刚"亲密接触"，就开始"过电"了，这个瞬间的电流，可以产生上万伏特的电压。当这个电压冲击电路，会使得一些器件超出承载的极限，于是死机就出现了。所以房间里的电荷尽快疏导出去。铺设相对导电性能好一些的地毯，对调音台进行接地处理，操作人员少穿易产生静电的服装，做好电荷的疏导。

灰尘对于数字调音台绝对是杀手。很多音乐人有吸烟的习惯，经常在设备旁边吸烟，这会使大量的烟尘进入到机器内部，在各个接触点以及表面堆积，易产生电荷以及电位器接触不良等负面作用。我们打开数字机的机盖，通过肉眼就可以判断出来是否有灰尘堆积。安装除尘装置时，可以用强力电吹风清除表面的灰尘，必要时，可使用精密仪器清洁剂喷撒在需要清洁的位置，等挥发完毕就可以通电测试了。这种情况的处理，对使用时间较长且常年缺乏维护的调音台是有效的。

内部原因

不同规模的数字调音台对大量的状态、参数、数据的处理能力也是不同的。对于大型工程处理文件，或是时间长度较大、自动化记忆使用较大的文件，会导致反应速度慢甚至死机。对于这种情况，需要尽量把工程文件分散处理。如一个60分钟的复杂工程文件，可以每20分钟存为一个文件，用3个文件来记录整个工作，这样在很大程度上降低了死机的风险。

数字调音台类似于电脑，调音台的死机现象一般通过重启，80%的情形下，症状就可以消失了，但这是治标不治本的办法。调音台有时在某一个状态下执行操作总是死机（录制数字调音台），而且原因不好找。好在任何一部数字调音台都有一个重要的存储状态——出厂设置，标记为Default Setting，可以调用这些参数，将调音台恢复到初始状态，这样死机的情况基本可以消失了。

数字调音台也有自己的操作系统，在系统内运行自己的软件。有一些硬件的驱动存在缺陷可能也是造成死机的根源。一般厂商会对自己数字调音台的硬件和操作系统提供免费的升级服务，升级时，需要一台连接网络的计算机辅助。一般的设备在用户使用过程中会反馈大量的信息，厂商根据这些信息解决问题并且修改补充完善软件，使软件硬件都进行提升。需要注意的是，由于升级过程存在风险，请在升级前做好数据的保护，并且特别注意，升级过程当中千万不能断电，否则会带来不可弥补的损失。如果把握不好，要请教专业技术人员。

对于数字调音台，越是大型的调音台，控制部分和信号处理部分分离的程度就越高，在处理死机的情况时，就更需要我们技术人员增加判定的过程。对造成死机的原因进行综合的分析，才能够更好地解决问题。在计算机技术发展的今天，众多现象的发生都无法与传统的音频技术联系起来，对广播电台使用者来说是个挑战。大多数字调音台都有自检的程序，开机后，设备会检测自身的状态，如果出现问题，会提示出来，同时提供出错编号，如果有维修手册，就好找到原因了，对症下药，问题可以迎刃而解。还有一个好的途径，是关注一下数字调音台厂商为产品开辟的论坛，来自全世界不同国家的众多的人会帮助你，提供对你有价值的信息。如果调音台因老化不太好找到死机的原因，那么还是请大家向有经验丰富的专家求教，尽快在其帮助下解决问题。

通过以上方式，我认为大多数字调音台的死机情况都能够解决。由于数字设备自身的特质，使用中会出现无数的可能，当了解了数字调音台的工作原理和方式后，对遇到的问题，你就可以更好地解决处理。

◇江西 谭明裕

谈谈手机上的HDR

HDR（High-Dynamic Range，即高动态范围图像）早已成为高端电视、显示器的必备功能之一。随着2017年发布的索尼Xperia XZ Premium和LG G6开始搭载HDR屏幕，随后HDR屏幕技术在旗舰手机上逐渐普及。这里我们谈到的手机HDR主要涵盖了两个方面，一个是屏幕HDR技术，另一个是摄像头的HDR模式。

柔性激光二极管面板

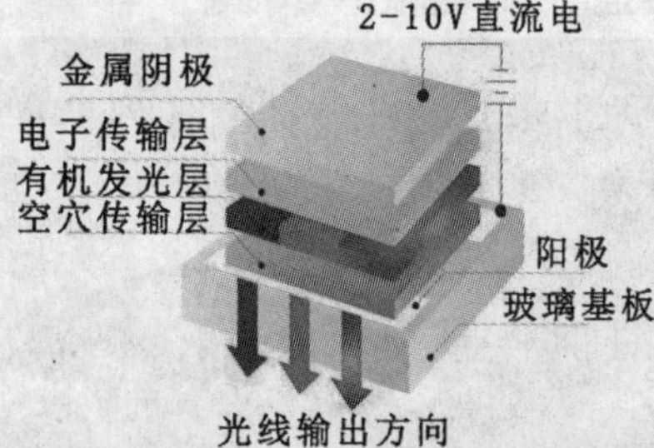

HDR技术的最基本的性能要求是面板的亮度和对比度，否则难以呈现出真实的动态范围。而屏幕材质主要又分为：TFT（ThinFilmTransistor，即薄膜晶体管，是有源矩阵类型液晶显示器AM-LCD中的一种）、IPS（In-Plane Switching，即平面转换，也是TFT技术的一种，又叫Super TFT）、AMOLED（Active-matrix organic light-emitting diode，即有源矩阵有机发光二极体）、Super AMOLED（Super Active Matrix/Organic Light Emitting Diode，AMOLED的升级版，具有效应速度更快、显示效果更佳，能耗更低的特点，还搭载了mDNIe移动数字自然图像引擎技术）等。

DisplayHDR则是针对电脑显示器推出的技术标准，它目前分为几个层次，分别是：DisplayHDR 400（入门级）、DisplayHDR 600（专业级）、DisplayHDR 1000（旗舰级）。还有一些小众的HDR技术，主要是针对各自的显示器或者电视，如：索尼的"4K HDR"、英国BBC和日本NHK电视台合作的HLG标准等基于HDR10改进技术。

所以HDR技术在手机屏幕上的铺开，其实与OLED屏幕的迅速增长是同步的。目前OLED的高亮度已基本达到HDR要求。其次，HDR也需要软件处理的支持，因此从软件技术和图形性能层面上讲，从高通骁龙835处理器开始就已经支持最高10位色深了，凭借这一点和新的面板技术，很多厂商可以真正打造出广色域且具备HDR的手机。

目前手机屏幕主要有三种标准：Dolby Vision杜比视界、HDR 10以及HDR 10+（又叫HDR 10 Plus）。

其中HDR 10是由索尼、三星、微软等厂商合作制定并推动的HDR标准，算是一种入门标准，最关键的是免费开放，也是众多厂商采用最多的方案。

杜比视界和HDR 10+则是此基础上的更高标准。杜比视界标准要求支持高达12位的色彩空间，又叫"HDR 12"，除了要通过杜比实验室的严苛认证外，还需要单独缴纳一笔授权费用，所以在市场上的推广相较于HDR10来说相对少一些。

采用HDR 10+的手机目前仅在三星S10系列上才首次采用，不过早在2017年底，三星的QLED电视和UHD电视就可以通过升级固件支持HDR10+。作为HDR 10标准的制定者之一，三星将HDR10使用的静态元数据升级为了动态元数据，改善有时显示不够细腻的问题，也就是HDR 10的升级版。当然也是免费，或许不久的将来就可以在更多手机上见到。

当然不同标准对片源的要求也不同：HDR 10推出时间早又免费，而且是4K UHD蓝光视频的标准之一，所以片源问题是不用担心了。杜比视界同样得到了苹果、亚马逊、索尼、迪士尼等好莱坞主要制片厂的支持，片源也不用发愁。而最晚出现的HDR 10+，现成的片源极少，用三星S10系列拍摄成了主要来源之一。

同时观看片源的方式也是一个比较具体的问题，HDR视频容量相对要大的多，在线观看的话，目前仅有爱奇艺会员有电视端的最高4K蓝光+杜比全景声、腾讯和优酷则是会员可以享受最高杜比影音画质（腾讯叫杜比视听）；但是否支持视乎片源而定，之后便是HDR，优酷叫"HDR 1080P+"，腾讯叫"HDR臻彩视界"。

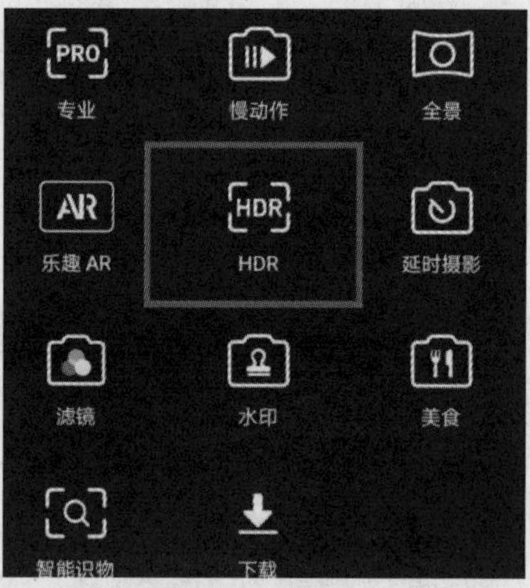

这里再说下摄像功能的HDR模式。目前HDR在手机上的最广泛应用还是在拍照方面，当然拍照时HDR模式并不是需要一直开启，还是根据环境而定。正常视力情况下，人眼对光线、色彩等动态范围还是比相机要宽一些的，打个比方：一般的卡片机动态范围为5~7级、单反为8~11级，而人眼能达到10~14级。

因此在风景、弱光和背光等情况下，需要开启HDR模式以增强画面；而在拍摄运动画面和对比度比较高的场景下，就没有必要开启HDR模式了，这是因为在物体运动情况下，开启HDR模式有一定的几率造成照片模糊（较新的旗舰级手机在AI算法的融合下会处理的更好）；当需要高对比的照片或者场景时，也没必要开启HDR，因为会是对比度减小，反而失去了应该追求的效果。

最后我们看到的HDR照片大多数其实最后还是经过电脑处理才放出来的，并不是单一的手机HDR模式拍照后用傻瓜软件一键就能达到的效果。

2019年8月11日出版 ■实用性 ■启发性 ■资料性 ■信息性

第32期 国内统一刊号:CN51-0091 定价:1.50元 邮局订阅代号:61-75

地址:(610041)成都市武侯区一环路南三段24号节能大厦4楼 网址:http://www.netdzb.com

(总第2021期) 让每篇文章都对读者有用

美好的5G未来需要更多光纤连接

目前,围绕5G展开的竞争在全球范围内迅速升温,拥有领先技术的国家竞相部署自己的5G网络。韩国已率先于今年4月推出全球首个商用5G网络。两天后,美国电信运营商Verizon紧随其后也启用了5G网络。韩国成功推出5G商用网络印证了A10 Networks的研究结果—亚太地区在规划和实施5G网络部署的进程中位居世界前列。与此同时,中国近期也颁发了5G商用牌照,彰显在5G部署的领先地位。

预计至2025年,亚太地区将成为全球最大的5G市场。全球移动通信系统协会(GSMA)的报告显示,亚洲移动运营商计划将在未来几年内投资近2000亿美元,用以升级4G网络及推出全新的5G网络。

超高速的5G网络,即第五代移动互联网连接,有望实现高达1000倍带宽的提升,单用户测速达到10 Gbps以及低于5毫秒的超低时延。物联网(IoT),即互联的数字设备系统,是有望借助5G技术加速发展的领域之一。物联网在当今几乎所有的商用和消费者用例中都日趋普及,从智能手机到GPS,任何通过网络传输信息的互联设备都需要使用物联网,5G技术则会为这些互联设备提供网络支持。

5G和IoT需要光纤基础设施

5G和IoT技术将会渗透至我们生活的每个角落。升级当前的网络基础设施以应对高度连接的未来是各企业和组织的当务之急,而网络运营商则在推进新一代网络的发展中扮演关键角色。

5G覆盖区域需要大量光纤连接以确保网络传输。除了出于对容量的考量,还需满足与网络多样性、可用性和覆盖范围相关的更高层面的5G性能要求,而这些目标需要通过增加互连的光纤网络数量才能得以实现。ResearchandMarkets的调查显示,随着通信技术的进步以及光纤在IT和电信领域的大规模应用,中国和印度将领跑光纤网络领域的营收增长。

为降低功耗并优化空间利用率,如今许多运营商正在向集中式无线接入网(C-RAN)网络架构过渡,而光纤连接在其中也发挥关键作用,为集中式基站基带单元(BBU)与位于数英里之外的多个基站中的远程无线电单元(RRH)之间提供前传连接。C-RAN提供了一种既能提升网络容量、可靠性和灵活性,又能降低运营成本的有效方式。同时,C-RAN也是通往云无线接入网(Cloud RAN)之路上的重要一步。在云RAN中,BBU的处理被"虚拟化",从而可以提供更大的弹性和可扩展性,以满足未来网络的需求。

驱动光纤需求量增加的另一大因素是5G固定无线接入(FWA),这也是目前为消费者提供宽带网络的理想替代方案。FWA是首批部署的5G应用之一,助力无线运营商在家庭宽带服务市场中争夺更高的份额。5G的速度保证了FWA可满足包括OTT视频服务在内的家庭互联网流量传输。虽然固定式5G宽带接入的部署比光纤到户(FTTH)更快捷、更方便,但带宽增长速度的加快也给网络带来了更大的压力,这意味着需要部署更多的光纤来应对这一挑战。事实上,过去10年间网络运营商对FTTH网络的投资也在无意间为5G的部署奠定了基础。

制胜5G

我们正处于无线网络发展的关键十字路口。3.5 GHz和5 GHz频段的发布让运营商驶上了通向5G连接的快车道。网络运营商需采取正确的连接策略,以迎接未来网络的到来。

我们即将迎来一个超级互联的世界,用户体验也将因性能提升的蜂窝基站无线接入点而得到改善。但最终,无线网络的质量和可靠性将取决于承载5G蜂窝基站之间通信的有线(光纤连接)网络。总而言之,5G和IoT部署将需要密集的光纤网络支持,以满足高带宽和低时延性能方面的要求。

虽然少数国家可能已在5G竞争中取得领先,但现在就宣布胜者还为时尚早。未来,5G将点亮我们的日常生活,正确部署光纤网络基础设施将成为释放5G无限潜力的"经济基础"。

◇康普 杨亚俊

(本文原载第33期2版)

彩电"新物种"——叠屏电视问世

继OLED电视、激光电视之后,彩电业又出"新物种"——叠屏电视。据悉,最近海信推出的全球首台叠屏电视与普通液晶电视在外观上几乎没有区别,但是画质表现令人震撼,显示效果甚至"秒杀"普通液晶电视。

那么,什么是叠屏电视?简单说,就是采用"彩色屏+黑白屏"打造的液晶电视超级版,通过双屏协同发力,实现了超高对比度、丰富色阶和广视角,让通过液晶显示技术制造的产品重新站上市场潮头。

据青岛海信电器股份有限公司首席科学家刘卫东介绍,叠屏电视采用了上下两块面板的叠屏显示方案,上层彩色屏专注色彩精控,忠实还原色彩,下层黑白屏专注精细调光,呈现高对比度和暗场细节。值得注意的是,叠屏电视的核心不在于多了一层面板,最为关键的是独有的叠屏控制算法。海信在业内首次使用5颗芯片实现了背光层、控光层和图像层高效协同控制,通过子像素级控光,把液晶电视的静态对比度从此前的最高1万提升到10万以上,让电视充分呈现出自然界真实细腻的色彩和层次。

叠屏电视的问世,也让OLED电视等市场新宠感到压力。中国电子技术标准化研究院音视频国检中心主任董桂官公布的检测数据显示:海信叠屏电视U9E的对比度达到150000:1,这一核心画质指标远远超过OLED电视。同时,峰值亮度、色域覆盖率和色彩准确性等关键画质指标也超越了OLED电视的HDR认证要求。海信电器营销公司总经理王伟坦言,中国电视市场从来不缺价格更低的品牌和产品,缺的是真正能满足消费者个性化、高端品质生活需求的发烧级产品。

中怡康数据显示,从去年5月份至今,彩电行业均价下降近10%,全行业销售额下降近14%。在彩电业深陷同质化竞争之时,以技术创新拓展市场已成为企业发展的关键抉择。据介绍,从屏幕到芯片,海信叠屏电视的核心技术全部由中国企业掌控,海信与京东方研发团队联合技术攻关,一举打破了液晶显示技术的天花板,打开了液晶电视新的画质提升空间,这也标志着中国企业在全球显示技术发展中开始领跑,并有助于在超高清视频技术领域形成中国优势。

中科院院士欧阳钟灿表示,叠屏电视上市是一个足可以让中国人在显示技术发展历史上留名的大事件。叠屏电视的推出,一是让液晶电视从此有了与激光电视、OLED相媲美的高端产品;二是能够带动彩电整机企业积极升级换代;三是有效化解上游液晶面板企业产能过剩的风险。

◇山西 刘国信

(本文原载第33期2版)

全球5G市场潜在价值达4.3万亿美元

据报道,国际会计师事务所毕马威近日发布研究报告认为,5G商用牌照的发放有助于提速国内5G网络建设并增大投资规模,将带动5G全产业链发展。

从产业链角度看,5G的建设包含一系列领域,包括网络规划、基站建设、终端设备商、芯片厂商的发展将会受到持续关注。

根据毕马威的测算,当前,5G技术在主要垂直行业的全球市场潜在价值预计可达4.3万亿美元。对运营商来说,零售、财务、制造业及医疗保健是实现收益最大化的应用领域。

业内专家认为,5G技术在垂直行业的发展周期将涵盖3个时间段:初期的0到3年,5G技术发展主要应用于制造业及工业链中,用以促进智慧城市和智能网络的发展;中期的2到6年,5G技术覆盖面将延伸到服务行业,娱乐、传媒、医疗卫生等大量垂直行业将从中获益;5年之后,预计全球大部分电信运营商将开始大规模部署5G网络,随着移动运营商不断转变商业模式以利用5G带来的边缘计算能力和急速连接能力,5G技术的潜力将充分彰显。

运营商投入巨资兴建网络必须考虑其将带来的盈利及回报周期。考虑到5G技术的价值驱动和潜在收益,运营商在服务公众市场用户的同时,应将重点目光转向企业客户,为企业赋能提供强力支持。

毕马威电信行业中国主管合伙人陈俭德指出,全球5G已进入商用部署的关键阶段,5G之前通过2G、3G、4G的更新替代,改善了人与人之间的沟通方式。5G商用的重要意义在于,通过容量、可靠性、时延、带宽和效率5个方面的价值驱动力,在影响人际沟通之外,极大改善机器与人、机器与机器之间的沟通。在中国,5G将作为重要的网络工具,进一步支撑人工智能、大数据分析以及云计算领域的发展。

◇文摘

(本文原载第33期2版)

海尔JSK3150-050电源板原理与维修(二)

(紧接上期本版)

4)过流保护电路

U2的④脚为开关管过流保护检测输入脚，R16、R74是取样电阻，通过R13连接IC内部电流比较器，对MOSFET大功率开关管Q2的S极电流进行检测。正常工作时MOSFET大功率开关管Q2的S极电流在R16、R74上形成的电压降很低，反馈到U2的④脚的电压接近0V。当某种原因导致MOSFET大功率开关管Q2的S极电流增大时，则R16、R74上的压降增大，送到U2的④脚的电压升高，内部过流保护电路启动，关闭⑦脚输出的驱动脉冲，PFC功率因数校正电路停止工作。

2.副电源电路

海尔JSK3150-050电源板中的副电源如图5所示。由厚膜电路STR-A6069H(U1)、变压器T2、稳压控制电路AP431 (U4)、光电耦合器LTV817MCF(PC1)为核心组成。一是输出+5VS，为整机控制系统电路供电；二是输出VCC电压，经待机电路控制后输出VCC-PFC和VCC-LLC电压，为PFC和主电源驱动电路供电。

1)STR-A6059H简介

STR-A6059H是小型开关电源厚膜电路，内置振荡电路、驱动电路、稳压电路和大功率MOS开关管，体积小、功耗低，通常应用于电源板的副电源电路中。STR-A6069H引脚功能和维修参考数据见表2。

2)启动工作过程

通电后，输出电路C7、C9两端形成的+300V电压为副电源供电，通过T2的①-②-③一次绕组加到U1的⑦、⑧脚(即IC内部MOSFET开关管的D极)，同时经R18、R17、R20与R21分压后加到U1的②脚，U1内部振荡电路启动工作，推动内部MOSFET开关管工作于开关状态。其脉冲电流在T2中产生感应电压，T2的热地端辅助④-⑤绕组感应电压由D7整流、C24滤波形成VCC电压，一是为U1的⑤脚供电，使U1进入准工作状态；二是送到VCC开关机控制电路，控制后为PFC和主电源驱动电路提供工作电压。

表2 STR-A6069H引脚功能和对地参考电压

引脚	符号	功能	参考电压/V
①	S/OCP	内部MOSFET开关管S极	1.0
②	BR	市电检测输入	6.3
③	GND	接地	0
④	FB	稳压控制电路输入	0.85
⑤	VCC	工作电压输入	15.4
⑥	NC	空脚	–
⑦	DS	内部MOSFET开关管D极	380
⑧	DS	内部MOSFET开关管D极	380

3)整流滤波输出电路

D4与C18、C25、L3、C56组成+5VS整流滤波输出电路。T2的二次绕组中的感应电动势，经整流滤波后，产生5VS电压，为主板控制系统和电源板开关机电路供电。

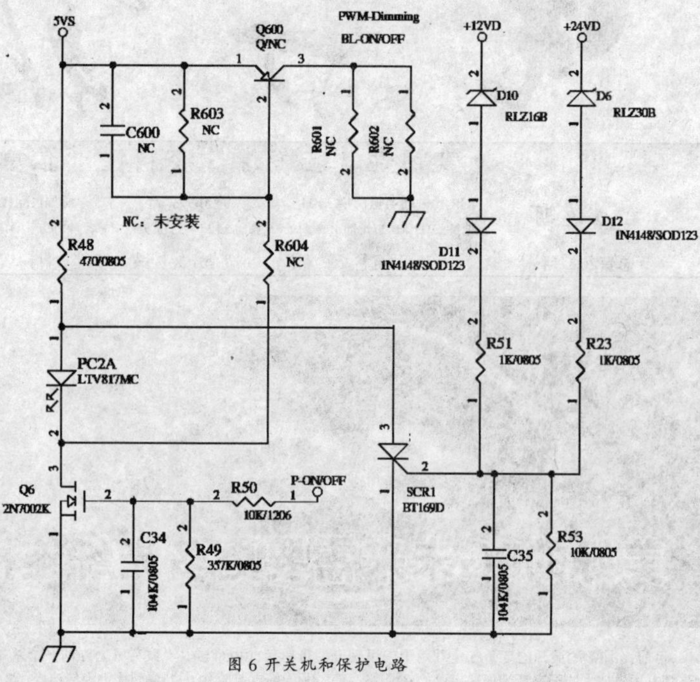

图6 开关机和保护电路

4)稳压控制电路

稳压控制电路由误差放大器AP431(U4)、光电耦合器LTV817MC(PC1)为核心组成，对副电源厚膜电路U1的④脚内部振荡电路进行控制。当副电源输出+5VS因某种原因上升时，U4和PC1的导通电流会增大，将U1的④脚电压下拉，U1内部的电源开关管导通时间缩短，+5VS输出电压下降到正常值。当+5VS输出电压下降时，上述过程相反，起到自动稳压的作用。

5)过流保护电路

U1的①脚内接开关管的S极和过流检测电路，外接R6过流保护电阻，R6两端的电压降反映了开关管电流的大小。当U1内部开关管电流过大，R6两端的电压降随之增大，U1的①脚电压升高，当①脚电压超过保护设定值时，①脚内部保护电路启动，副电源停止工作。

6)开关管过脉冲保护

由C17、D8、D5组成，主要用于吸收厚膜电路U1内部开关管截止时在D极激起的过高反峰脉冲，以避免U1被过高尖峰脉冲击穿。

7)开关机控制电路

开关机电路见图6左侧、图5左下部和图7左下部所示，由Q6、光耦PC2(LTV817MC)、Q3为核心构成，采用控制PFC功率因数校正电路U2和主开关电源驱动电路U3的供电方式。开机时，P-on/off控制信号为高电平，Q6导通，PC2导通，Q3导通，副电源产生的VCC电压经过Q3输出VCC-PFC电压，为PFC电路U2供电。同时VCC-PFC电压经Q9和Q8控制后，输出VCC-LLC电压，为主开关电源驱动电路U3供电，整机进入工作状态。

遥控关机时，P-on/off控制信号为低电平，Q6截止，PC2截止，Q3截止，切断VCC-PFC和VCC-LLC供电，PFC电路和主电源停止工作，整机进入等待状态。(未完待续)(下转第422页)

◇海南 孙德印

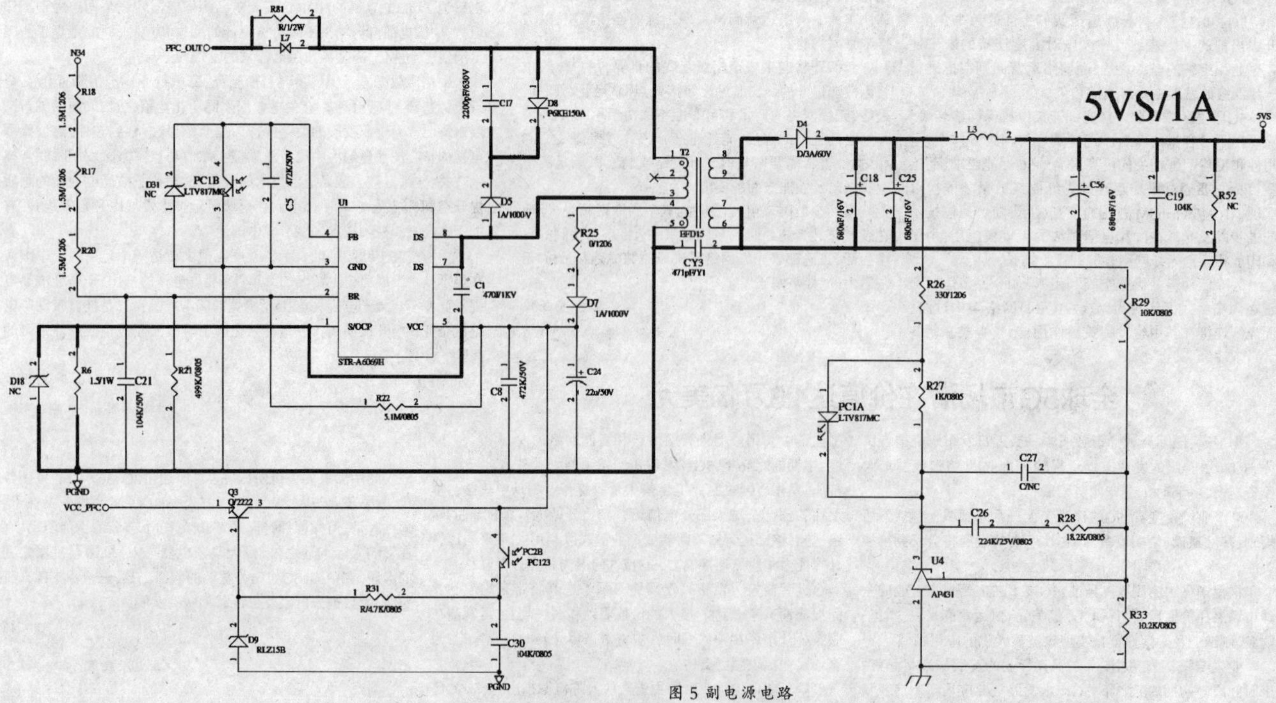

图5 副电源电路

千兆宽带震撼来袭,您准备好了吗?

当今社会离不开网络，网络与我们息息相关。回顾我国的网络发展,从1987年至1993年的研究试验阶段开始，到1994年至1996年的起步阶段，以及1997年至今的快速发展阶段。在20M、50M光纤的时候，我们是抱着电脑畅快淋漓的打游戏;在100M极速宽带的时候,我们是一家人开开心心看直播，全家人用手机或平板电脑连上WiFi，打开微信、支付宝、淘宝、视频各取所需;到了500M、1000M的宽带会是怎样一种感觉?是“秒传”、“秒下”的极致网速吗?回答是肯定。从去年底开始,我国电信、移动、联通三大运营商，陆续开启千兆宽带到户的接入服务试点,并轮番宣传,引来不少消费者的围观和参与。目前,大部分宽带用户已经从光纤到楼升级成光纤到户，具备了开通千兆宽带的条件，虽然现在大部分用户开通的还是100M、200M、300M光纤宽带,但也有抢先一步的用户,开通了500M、1000M光纤宽带。那么,如果安装千兆宽带,您需要准备些什么呢?当然首先是银子，其次是配套的硬件和软件支持。下面,让我们一起了解安装千兆宽带相关的硬件和软件支持吧。

一、检查有线网络

尽管大多数家庭都在选择连接更方便的无线WiFi网络,但是从网络的稳定性与抗干扰能力看,还是有线网络好。目前,三大运营商推出的千兆光纤宽带,用户端由光纤与集合了无线路由功能的光猫、用户手机、平板电脑等通信终端构成。所以,我们在入手千兆光纤宽带时,就需要注意光猫设备的网口是否也是支持千兆(1Gbps)传输速率。图1是中兴F450G全千兆口光猫各接口示意图，由图可见,它有3个千兆网口、1个IPTV电视口、1个电话语音口、2个USB。如果给您安装的光猫不支持无线路由器功能,还要向宽带安装人员确认光猫的网口能否达到千兆。

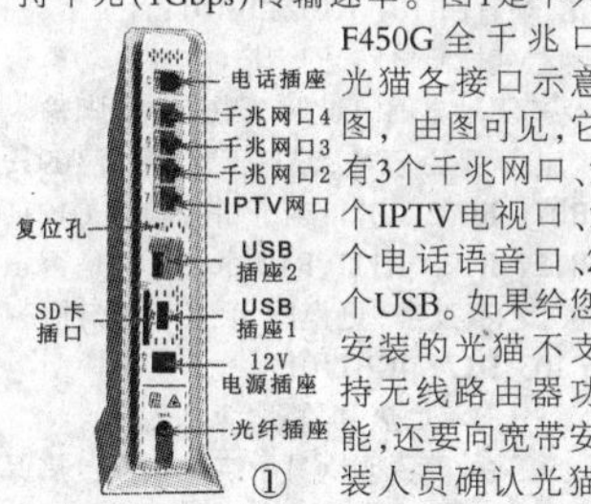

①

二、检查无线网络

我们在确认光猫支持千兆的前提下，再检查组网必不可少的无线路由器是否也同样支持千兆。正常情况下,只要无线路由器的型号不是太老都可以百兆、千兆自适应,除非你还在用好几年前的老设备。我们知道,无线传输速度也是有快慢之分的，而且往往受限于无线路由器所支持的无线标准。翻开各种无线路由器的产品说明书，在速率一栏可以看到，无线路由器有300M、450M、1200M、1750M及2600M以上多种速率，这里所提的M是什么意思?以图2所示的TP-Link AC5400无线路由器各接口示意图为例说明,该款无线路由器的5400,并不是说它与电脑之间的无线连接速度能达到5.4Gbps,而是说这款无线路由器有三个频段（一个2.4GHz频段，两个5GHz频段），这三个频段的速度之和能达到1000Mbps+2167Mbps+2167Mbps=5.334Gbps。

②

值得一提的是：无线路由器的Wi-Fi信号有多个标准,600Mbps是上一代标准802.11n的极限速率,而1300Mbps则是目前主流标准802.11ac的速率。我们不难看出,若想完美接入千兆宽带,家中的无线路由器至少要支持802.11ac的主流标准，当然要是能支持MU-MIMO的802.11ac Wave 2标准的无线路由器就更好了。

三、检查通信终端

在光纤网络具备千兆的前提下,我们再看看自己手中的通信终端——笔记本、手机、平板等,是否也支持相同的无线标准。一般手机WiFi会使用单天线802.11ac标准；笔记本会使用双天线的2×802.11ac标准，实现866Mbps传输速度，基本能够发挥出千兆宽带的绝大部分“效能”。当然,在无线路由器设置时,您千万不要忘了设置5GHz频段,选择通信较少的信道，使无线路由器的传输效率达到最大化。

四、检查网线

千兆网络一定要用千兆网线。我们常用的网线有五类（CAT5)、超五类(CAT5E)、六类(CAT6)、超六类(CAT6E)等几种(如图3所示)。是不是千兆网线?最直观的是看网线外面的标注，标有CAT5E或者CAT6的是千兆网线，如果是CAT5就是百兆网线了。其实,五类线也可以传输千兆网络,只是传输质量没有超五类和六类的高和稳定,六类线的抗干扰性和稳定性会更好一些。六类标准的网线,可以提供2倍于超五类网线速度,并且具有更小的串扰,回波损耗方面也更好，传输性能远高于超五类标准。六类网线由很多十字骨架组成，是为了减少串扰的，具有更好的性能。有的六类网线并没有十字骨架,但是它也符合六类线的标准。

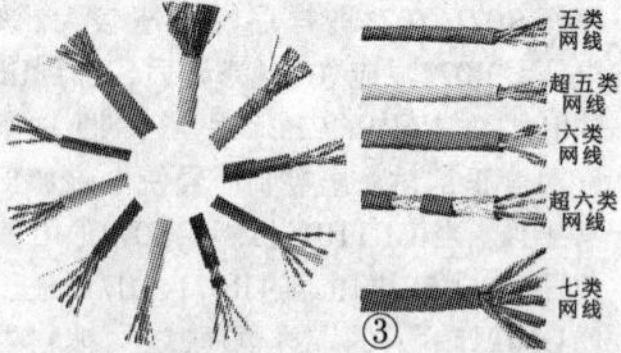

③

值得一提的是：千兆网线一定要测试8根线全通，因为千兆网线8根线都是要工作的;还有,一定要用千兆水晶头,因为百兆和千兆水晶头的结构是有区别的(如图4所示)。

④

五、升级系统更新固件

其实,有了硬件的基础条件,软件支持也一样重要，这点往往会被人们遗忘甚至忽略,平常我们需要将光纤终端、通信终端都及时更新至最新的版本。

六、检查家中有无信号盲点

现在的家庭一般都是一套两室一厅或者三室两厅等格局的房子，要想通过一台无线路由器满足家中所有位置的传输任务是很难做到的,WiFi信号受房子结构、用料等物理特性影响较大。实践证明,5GHz频段的有效传输距离和穿墙性能都比2.4GHz频段差，覆盖范围小,加上有墙体、家具等障碍物阻挡,必定会造成信号的衰减,甚至说存在信号盲点。对于这些位置,其传输速度较慢,甚至还会出现网络中断。因此,若想充分发挥千兆宽带的速度优势，这些信号盲点同样不容忽视。对此,可以使用无线测速软件，在疑似盲点的位置进行测速排查，找出家中的信号盲区，再根据自己的需求选择使用AP,像图5那样,进行AP组网或采用网状网络等方式来解决。

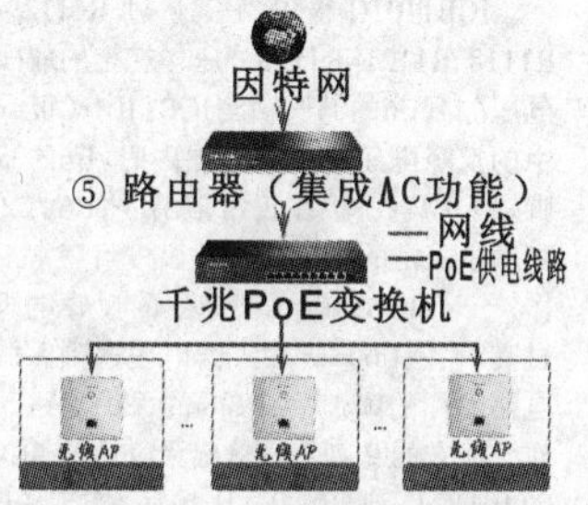

⑤

温馨提示：虽然千兆宽带能带给我们“秒传”、“秒下”的极致网速(最高速率为1024Mbps),但从相关部门了解到,如浙江移动的千兆宽带包年价格是5900元(具体价格请咨询当地运营商服务点),费用都比较高，还不能让我们大部分消费者接受。

◇浙江 周立云

Word实用操作技巧两则

对于职场朋友来说,Word的使用频率可以说是十分之高,这里介绍两则比较实用的操作技巧。

技巧一 快速输入大写金额的数字

有时经常需要输入一些大写金额的数字,如果直接使用常规的输入法,手工输入的效率太低,而且可能还会出现错误。其实,我们可以利用Word的“插入编号”功能解决这一问题:

首先输入小写的数字，注意数字必须介于0和999999之间,另外最好不要带小数点;选中小写数字,切换到“插入”选项卡,单击“符号”功能组的“编号”按钮,此时会弹出“编号”对话框(如图1所示),在这里选择“壹,贰,叁…”,确认之后即可将其转换为大写金额的数字。需要提醒的是,小数点后面的数字会被自动忽略,并不会自动转换为大写数字,我们可以将小数点后面的数字单独转换之后再进行合并。

补充:上述功能借助了Word的“域”实现,可以通过右键菜单切换域代码或进行编辑更新。

技巧二 快速合并文档

如果需要将多份文档合并到一起，可能常规的方法是逐一打开文档,复制、粘贴,这样效率既低而且也容易出现遗漏。其实,我们仍然可以利用Word的“插入”功能解决这一问题:

打开空白窗口,切换到“插入”选项卡,在“文本”功能组依次选择“对象→文件中的文字”,此时会打开“插入文件”对话框(如图2所示),使用Shift或Ctrl键选择需要合并的文件,点击右下角的“插入”按钮就可以了,完成合并之后,只需要对文档进行适当的后期编辑或处理即可,是不是很方便?

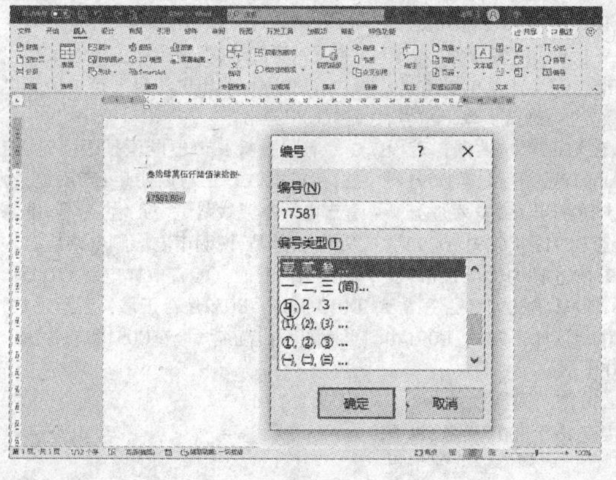

①

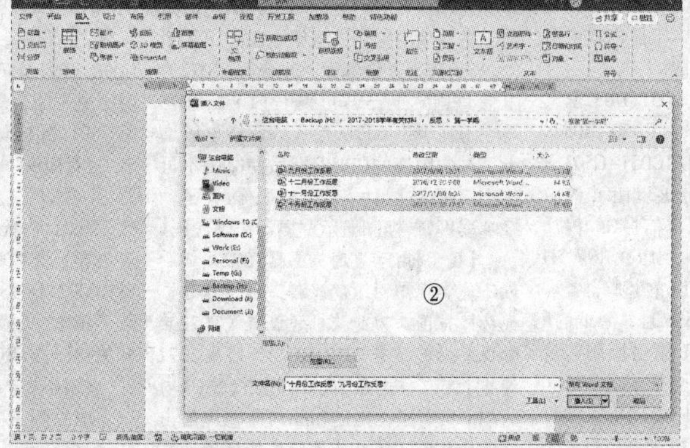
②

◇江苏 王志军

美的TS-S1-13F-M1.1机芯电磁炉分析与检修(三)

(紧接上期本版)

(2)自动调整

该机的功率自动调整电路由取样电阻RC101、芯片U6为核心构成。

功率管导通后产生的电流在取样电阻RC101两端产生的上负、下正的压降。该电压通过R101加到U6的⑦脚。当市电降低引起加热功率减小时,RC101两端电压较小,使U6脚⑦输入的电流检测信号较小,被U6内的CPU检测后,控制②脚输出的激励信号的占空比减小,如上所述,使电磁炉的功率增大。当加热功率过大时,IGBT101的导通电流相应增大,使RC101两端产生的压降增大,被U6⑦脚内部的CPU检测并处理后,使U6②脚输出的激励脉冲占空比增大,如上所述,使IGBT101导通时间缩短,加热功率减小。

10.功率管C极过压保护电路

该机的功率管C极过压保护电路由电压取样电路和芯片U6内的CPU等构成。

IGBT101C极电压通过R1112~R1118、R1121~R1123分压,产生的取样电压加到U6的⑮脚。当IGBT101 C极产生的反峰电压在正常范围内时,U6的⑮脚输入的电压也在正常范围内,U6的②脚输出正常的激励脉冲,该机可正常工作。一旦IGBT101 C极产生的反峰电压过高时,使U6⑮脚输入的电压达到保护电路动作的阈值后,U6内的保护电路动作,使它的②脚不再输出激励脉冲,IGBT101截止,避免了过压损坏,实现了C极过压保护。

11.功率管过流保护电路

该机为了避免功率管IGBT101因过流损坏,还设置了由芯片U6、电流取样电阻RC101等元件构成的功率管过流保护电路。

该机工作后,RC101两端产生上负、下正的压降。该电压通过R101加到U6的⑦脚。当功率管IGBT101未过流时,RC101两端电压较小,使U6⑦脚输入的电流检测电压较低,被U6内部的CPU识别后,U6②脚可输出正常的激励脉冲,该机正常工作。当主回路因市电升高等原因过流时,RC101两端产生的压降增大,通过R101为U6⑦脚提供的电压达到过流保护电路动作的阈值后,被U6内部的CPU检测,它输出控制信号使U6②脚不再输出激励脉冲,使功率管截止,避免了IGBT101过流损坏。

12.市电电压异常、浪涌电压/电流保护电路

该机的市电电压异常、浪涌电压/电流保护电路由整流电路、电压取样电路和U6内的CPU为核心构成。

220V市电电压通过D051、D052全波整流产生脉动电压,由R050~R057、R0515~R0517取样,利用C051~C503滤波后分别产生3个取样电压,即市电欠压取样信号L、市电过压取样信号H和浪涌检测信号AC。其中,L加到U6的⑯脚、H加到U6的⑭脚、AC加到U6的⑮脚。

当市电电压低于165V时,降低的L信号被CPU检测后,CPU输出控制信号使该机停止工作,避免了功率管IGBT101等元件因市电欠压而损坏,同时输出报警信号,表明该机进入市电欠压保护状态。当市电电压高于265V时,升高的H信号被U6内的CPU检测后,CPU输出控制信号停止加热,避免了IGBT101等元件因市电过压而损坏,同时输出报警信号,表明该机进入市电过压保护状态。

当市电电压没有浪涌脉冲时,U6的⑮脚输入的电压AC正常,U6内的CPU控制该机正常工作。当市电出现浪涌电流或浪涌电压时,U6的⑮脚输入的电压升高,被U6内的CPU识别后,判断市电内有浪涌电流或浪涌电压,切断②脚输出的激励信号,使功率管截止,避免了过压损坏,实现浪涌电压或浪涌电流过大保护。

13.功率管过热保护电路

该机的功率管过热保护电路由温度传感器T071、芯片U6内的CPU为核心构成。

T071是负温度系数热敏电阻,用于检测功率管IGBT101的温度。当IGBT101的温度正常时,T071的阻值较大,5V电压经R071、T071取样后的电压较大,该电压经R072限流、C071滤波后,加到U6的⑪脚,被U6内的CPU识别后,判断功率管温度正常,输出控制信号使电磁炉正常工作。当IGBT101过热时,T071的阻值急剧减小,5V电压通过R071、T071分压,使U6⑪脚输入的取样电压减小,被它内部的CPU识别后使②脚不再输出激励脉冲,IGBT101停止工作,并驱动蜂鸣器报警,控制显示屏显示故障代码,表明该机进入功率管过热保护状态。

【提示】由于温度传感器T071损坏后就不能实现功率管温度检测,这样容易扩大故障范围,为此该机还设置了T071异常保护功能。若R071、R072开路或C071、T071击穿,使取样电压TIGBT过小,被U6内的CPU识别后,执行功率管温度传感器短路保护程序,使电磁炉停止工作,并控制显示屏显示故障代码。若T072开路,使取样电压TIGBT过大,被CPU识别后,执行功率管温度传感器开路保护程序,输出控制信号使显示屏显示故障代码。

14.炉面过热保护电路

该机的炉面过热保护电路由连接器CN071外接的温度传感器T072、U6内的CPU为核心构成。

T072是负温度系数热敏电阻,它安装在加热线圈的中间,炉面的底部。当炉面温度正常时,T072的阻值较大,5V电压经T072、R075取样后的电压较小,该电压经R074限流、C072滤波后加到U6的⑬脚,被U6内的CPU识别后,判断炉面温度正常,输出控制信号使电磁炉正常工作。当炉面因干烧等原因过热时,T072的阻值急剧减小,5V电压通过T072、R075与它分压,使U6⑬脚输入的取样电压增大,被它内部的CPU识别后使②脚不再输出激励脉冲,功率管停止工作,并驱动蜂鸣器报警,控制显示屏显示故障代码。

【提示】由于温度传感器T072损坏后就不能实现炉面温度检测,这样容易扩大故障范围,为此该机还设置了T072异常保护功能。若T072、R072开路或C072漏电,使取样电压TMAIN过小,被U1内的CPU识别后,延迟1min切断②脚输出的激励信号,执行炉面温度传感器开路保护程序,使该机停止工作,并控制显示屏显示故障代码。若T072短路、R075开路,使取样电压TMAIN过大,被CPU识别后,执行炉面温度传感器短路保护程序,输出控制信号使显示屏显示故障代码。

15.风扇电路

该机的风扇电机电路由芯片U6、风扇电机等构成。

开机后,芯片U6⑫脚输出风扇运转高电平信号时,通过R081限流,使Q28导通,接通风扇电机的供电回路,使它得电后开始旋转,为散热片进行强制散热,以免该机进入过热保护状态而影响使用。

16.常见故障检修

(1)整机不工作且熔丝管FUSE131熔断

FUSE131熔断多为EMC电路、功率管等元件击穿所致。

首先,在路检测电容C131两端阻值是否过小,若是,说明C131或压敏电阻RZ131击穿;若阻值正常,在路测整流堆UR101内的二极管是否过下,若阻值小,说明IGBT101击穿。IGBT101击穿后,多会连带损坏RC101、ZD121、R129,甚至会损坏U121、UR101、R127、R128。若在路检测IGBT101正常,说明C101、C102击穿,悬空一个引脚后测量就可以确认。

【注意】功率管IGBT101击穿时,必须要检查谐振电容C103、滤波电容C102,以及同步控制电路的电阻、芯片U6是否正常,以免更换后再次损坏。

(2)整机不工作,但FUSE131正常

该故障说明电源电路或微处理器电路未工作。首先,测EC096两端的5V供电是否正常,若不正常,说明电源电路异常;若正常,说明微处理器电路异常。此时,检查U6的⑤脚供电是否正常,若不正常,检查线路;若正常,检查U6的③脚有无复位信号输入,若没有,检查R209和C208;若有复位信号输入,测U6的⑰脚有无市电过零检测信号输入,若⑰脚电压过大,检查D0510是否短路、R0514是否开路;若⑰脚输入的电压过小,检查C054是否漏电或R058~R0513是否阻值增大。若⑰脚有市电过零检测信号输入,检查操作显示电路。此时,检查U6与操作显示电路的时钟、数据信号电路是否正常,若异常,查找故障元件及线路;若正常,检查操作显示电路。

确认电源电路异常时,首先,测主电源输出的12V电压是否正常,若正常,检查副电源的负载是否正常,若异常,检修负载;若负载正常,检查U092及其外接的C093~C097、R095~R098、EC096是否正常,若异常,更换即可;若正常,检查U092、L091及负载。若12V供电异常,说明主电源或负载异常。确认负载正常后,测U091的⑧脚有无正常的供电,若没有,检查R091、D091是否开路,若D091开路,更换即可;若R091开路,多为过流所致。此时,应检查U091和EC091、D092是否击穿;若U091的⑧脚的供电正常,检查EC092、D093、D094、EC093是否正常,若不正常,更换即可;如正常,查U091和开关变压器TR091。

(3)不加热,报警无锅具

该故障主要是由于300V供电、谐振回路、低压电源、电流控制电路、保护电路等异常,不能形成锅具检测信号所致。

首先,测18V供电是否正常,若不正常,检查R092、R093、EC094、C092及其负载;若正常,测C102两端电压是否正常,若不正常,检查UR101和C102;若正常,说明锅具检测信号形成电路或微处理器电路异常。此时,测U6的⑦脚输入的电压是否正常,若不正常,检查RC101、R101和C104;若正常,检查ZD121、Q121、Q122、R125和U121是否正常,若不正常,更换即可;若正常,检查R123、R121、R124、R126、D121是否正常,若不正常,更换即可;若正常,检查C103、IGBT101。

【提示】加热温度低和不加热故障除了参考本故障的检修方法进行检修,还要检查功率管C极过压保护、浪涌大保护等电路。

(4)不加热,报警功率管过热

该故障说明300V供电、风扇散热系统、低压电源、同步控制电路、电流控制电路、驱动电路等异常使功率管过热,引起功率管过热保护电路动作或该保护电路误动作。

首先,检查风扇是否运转,若不运转,检查Q28、R081、风扇电机及其供电电路;若运转,测18V供电是否正常,若不正常,检查R092、R093、EC094;若正常,测C102两端电压是否正常,若不正常,检查UR101、C102和L101;若正常,说明温度检测电路、同步控制电路、功率管及其驱动电路。此时,测U6的⑪脚输入的电压是否正常,若不正常,检查T091、R071、R072、C071;若正常,检查Q121、R127、R128、R121、R124和ZD121是否正常,若不正常,更换即可;若正常,检查C103、U121、IGBT101。

(5)不加热,报警炉面过热

该故障说明锅具干烧、炉面过热保护电路异常或U6内的CPU损坏。

首先,查看锅具是否干烧,若是,进行加注水等处理;若不是,炉面是否过热,若是,按功率管过热检查;若不是,检查温度传感器T072、R074、C072是否正常,若不正常,更换或处理;若正常,检查芯片U6。

(6)不加热,报警市电过压

该故障说明市电过高、市电检测电路或CPU异常。

首先,检测市电电压是否过高,若是,待市电恢复正常后使用;若不是,则检查取样电阻R057、R0517、D058是否正常,若不正常,更换即可;若正常,检查芯片U6。

(7)不加热,报警市电欠压

该故障说明市电不足、市电检测电路或CPU异常。

首先,检测市电电压是否不足,若是,待市电恢复正常后使用;若不是,检查市电插座或线路是否正常,若是,维修或更换;若是,说明市电检测电路或芯片U6异常。此时,检查取样电路的D051、D052、R050~R052是否正常,若不正常,更换即可;若正常,检查C051和芯片U6。

(全文完)

◇山西 芦琪

更小更好的电源微模块LTM8074

电源模块已经上市多年了。电源模块是封装的，通常为开关模式的电源，可以简单地焊接到电路板上，并完成将输入电压转换为稳压输出电压的任务。与开关稳压器IC相比，电源模块通常只将控制器和电源开关集成到芯片中，还可以集成众多无源元件。通常，在集成电感器时使用术语"功率模块"。图2显示了开关模式降压转换器(降压拓扑)的必要组件。虚线描绘了开关调节器IC和电源模块。这些模块的电压转换电路的开发过程由电源模块的制造商承担，因此用户不必是电源专家。除此之外还有其他优点。通过模块中的高度集成，开关模式电源的尺寸可以很小。

更安静，更小的DC-DC调节

开关稳压器自然会产生辐射EMI，因为它们的工作需要在相对较高的频率下发生高dI/dt事件。EMI合规性通常是强制性的，是医疗设备，RF收发器以及测试和测量系统中信号处理的关键设计挑战。

例如，如果系统无法满足EMI要求，或者开关稳压器会影响高速数字或RF信号的完整性，则调试和重新设计不仅会产生较长的设计周期，而且还会因重新评估而提高成本。此外，在更加密集的PCB布局中，噪声的可能性更加明显，其中DC-DC开关稳压器非常靠近噪声敏感元件和信号路径。

而不是依赖繁琐的EMI缓解技术-例如降低开关频率，向PCB添加滤波器电路或安装屏蔽-更好的方法是抑制源处的噪声：DC-DC芯片本身。对于更紧凑的DC-DC解决方案，所有组件(包括MOSFET，电感器，DC-DC IC和支持组件)都可以采用类似于表面贴装IC的微型包覆成型封装。见图1。

图1 LTM8074采用Silent Switcher架构，在小型封装中提供完整的低噪声解决方案。

除了更安静的DC-DC转换，满足大多数EMI兼容性规范，如EN 55022 B类和小尺寸外，最重要的是最大限度地减少PCB上其他元件的数量，如输出电容。利用快速瞬态响应DC-DC稳压器，可降低对输出电容的依赖性。这意味着通过优化的内部反馈环路补偿简化了设计，通过宽范围的输出电容在宽范围的工作条件下提供足够的稳定裕度。

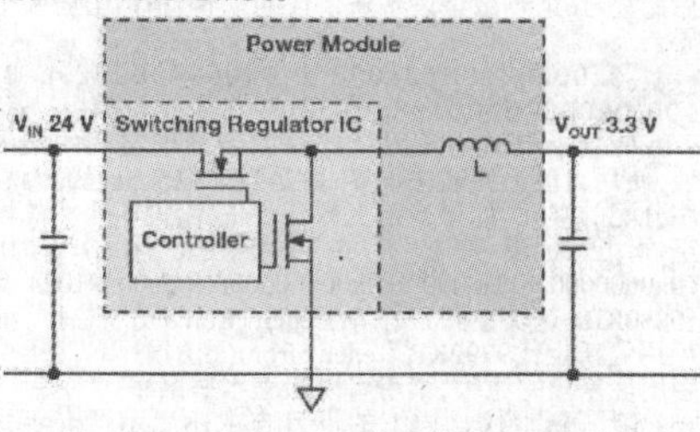

图2 降压开关稳压器与功率模块中的电感器高度集成。

通过仅使用一个外部电阻来设置所需的输出电压，可以降低此种类型的可变性，并为应用提供一定的灵活性。如果不需要软启动，则不需要将电容连接到相应的引脚。所有这些功能都可以在极小的电路板面积内实现电压转换。LTM8074只有4 mm×4 mm的边缘长度和最小的外部接线，整个电源单元只能在大约8 mm×8 mm的电路板面积上工作-输入电压高达40 V且允许使用输出电流高达1.2 A。图3显示了具有最少数量的必要外部元件的示例布局。

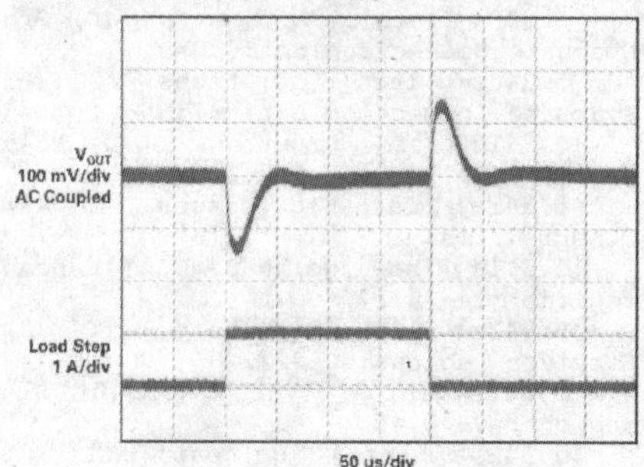

图3 利用最小输出电容（2μF×4.7μF陶瓷），LTM8074可提供快速瞬态响应(12 VIN，3.3 VOUT)。

LTM8074是一款1.2 A，40VIN微模块降压型稳压器，采用纤巧的4 mm×4 mm×1.82 mm，0.65 mm间距BGA封装。其总体解决方案尺寸为60 mm²(3.2 VIN至40 VIN)，3.3 VOUT仅需要两个0805电容器和两个0603电阻器。薄型和轻质(0.08 g)封装允许器件组装在PCB的背面，其中顶部通常非常密集。其静音切换器架构可最大限度地减少EMI辐射，使LTM8074能够通过CISPR22 B类，并降低EMC对其他敏感电路的敏感性。

通常不可能集成所有外部组件。这有一个简单的原因。例如，如果某些设置(例如开关频率或软启动时间)应该是可调节的，则必须告知电路该做什么。这可以以数字方式完成。然而，这意味着使用微控制器和非易失性存储器以及系统中的相关成本。解决此问题的常见方法是使用外部无源组件进行这些设置。

输入和输出电容通常集成在电源模块中，但有时也需要外部电容。图2显示了采用ADI公司新型LTM8074的电路。

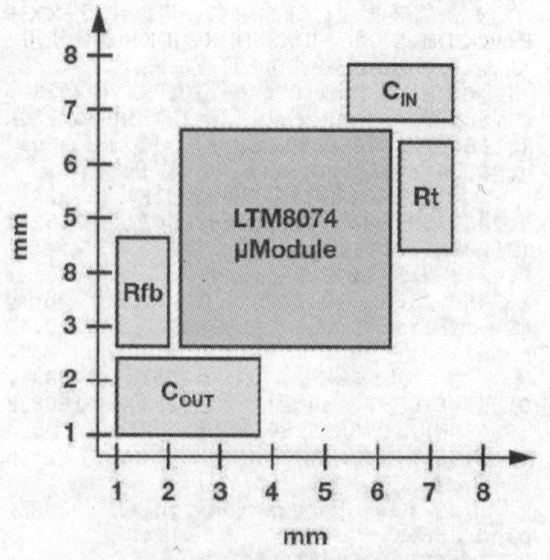

图4 LTM8074的VIN高达40 V，输出电流为1.2 A，空间仅为4 mm×4 mm。

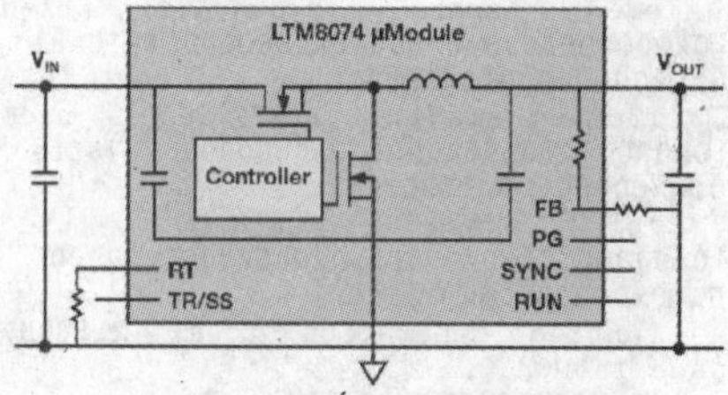

图5 电路板面积约为8 mm×8 mm的布局示例。

对于小型电源，提供特别高的转换效率非常重要，否则可能存在散热问题。

新型LTM8074具有极其紧凑的尺寸，是比较理想的选择。通过其集成的静音切换技术，它甚至可以用于特别对噪声敏感的电路，通常由线性稳压器提供。

高度集成的电源模块不仅适用于简化开关电源的设计，而且还可用于在极小的空间内实现高效的电压转换。

ADIμModule器件的关键性能特征是：

降低噪音(超低噪音和静音切换装置)

超薄封装

6面高效冷却(CoP)

精确的VOUT调节线路，负载和温度

极端可靠性测试

最小接地回路

基板上的多个输出

极端温度测试

◇湖北 朱少华

Maxim发布行业首款高集成度USB-C Buck充电器

axim Integrated Products,Inc(NASDAQ:MXIM)宣布推出MAX77860 3A开关模式充电器，帮助设计者为便携式锂离子电池供电设备轻松增加USB Type-C(USB-C)充电功能。该器件是行业首款集成USB-C端口控制和充电功能的USB-C buck充电器，无需独立的主机控制器，简化软件开发流程并降低整体材料清单(BOM)成本，适用于金融支付终端、移动电源、工业计算机、扫描仪、无线通信设备、多媒体设备、充电底座、便携式扬声器和游戏机等应用。

现在，各式各样的消费类电子设备开始采用USB-C接口，以支持快速发展的通信和电池充电功能，实现更小的设计尺寸。当前设计需要通过主处理器检测电流并配置充电器输入电流上限。IDTechEx调查显示，PC、笔记本电脑和手机推动了USB-C的早期应用，而得益于其他便携设备的普及，USB-C应用将在2020年达到8.5%的年增长率。

为缩减设计尺寸、简化系统硬件及软件设计，MAX77860集成了USB-C配置通道(CC)端口检测和15W电池充电器。这些功能允许电池以USB-C规范的最高速率进行充电，设计尺寸减小30%，同时简化软件开发流程。CC引脚检测功能省去了端对端USB连接的需求，可自启动充电，简化设计。

主要优势

高集成度：省去独立的端口控制器和诸多分立元件；得益于高达2MHz/4MHz的开关频率，电感和电容尺寸进一步降低，使方案尺寸比最接近的竞争器件缩小30%；高集成度特性有效降低了整体BOM成本。

高效率：高效率buck转换器有效降低系统散热，效率达93%以上，充电电流高达3A。

设计灵活性：向下兼容，可同时支持USB-C和传统BC1.2或专用适配器。集成模数转换器(ADC)节省微控制器资源，并支持高精度电压和电流测量。

评价

"针对快速增长的物联网市场，Maxim最新推出的MAX77860为该领域设计工程师带来了切实的优势。"派睿电子电源管理IC事业部负责人表示："器件在缩减成本和开发时间的同时，还提供了当今消费者需要的超高速电池充电能力。""MAX77860在尺寸仅为3.9mm×4.0mm的封装中集成了充电器、电源通路、低压差稳压器、ADC和USB-C CC检测，极大降低系统复杂度。"Maxim Integrated移动方案事业部执行负责人表示："如此高的集成度简化了设计，以最小的印刷电路板空间提供更大功率和更多功能。"

虚拟机:设置回收的对象垃圾识别方法

Java的一大特色就是支持自动垃圾回收（GC),每一个Java开发人员都需要了解虚拟机的垃圾回收机制,本文,就来介绍下如何通过虚拟机的GC日志了解垃圾回收的情况。

最简单的一个GC参数是-XX:+PrintGC（在JDK9、JDK10中建议使用-Xlog:gc),使用这个参数启动Java虚拟机后,只要遇到GC,就会打印日志,如下所示:

```
[GC 4793K->377K (15872K), 0.0006926 secs]
[GC 4857K->377K (15936K), 0.0003595 secs]
[GC 4857K->377K (15936K), 0.0001755 secs]
[GC 4857K->377K (15936K), 0.0001957 secs]
```

该日志显示,一共进行了4次GC,每次GC占用一行,在GC前,堆空间使用量约为4MB,在GC后,堆空间使用量为377KB,当前可用的堆空间总和约为16MB(15936KB)。最后,显示的是本次GC所花的时间。

JDK9、JDK10默认使用G1作为垃圾回收器,使用参数-Xlog:gc来打印GC日志,如下所示:

```
[0.012s][info][gc] Using G1
[0.107s][info][gc] GC (0) Pause Full (System.gc()) 16M->7M(34M) 23.511ms
```

该日志显示,一共进行了1次GC,在GC前,堆空间使用量为16MB,在GC后,堆空间使用量为7MB,当前可用的堆空间总和为34MB。最后,显示的是本次GC所花的时间,为23.511ms。

如果需要更加详细的信息,可以使用-XX:+PrintGCDetails参数。JDK8（JDK9、JDK10建议使用-Xlog:gc*,后面讲述)中的输出可能如下:

```
[GC [DefNew:8704K->1087K (9792K), 0.0665590 secs] 22753K->17720K (31680K),0.0666180 secs] [Times: user=0.06 sys=0.00, real=0.06 secs]
[GC [DefNew:9791K->9791K (9792K), 0.0000350 secs][Tenured:16632K->13533K (21888K),0.4063120 secs] 26424K->13533K (31680K), [Perm: 2583K->2583K (21248K)],0.4064710 secs] [Times:user=0.41 sys=0.00,real=0.40 secs]
[GC [DefNew: 8704K->1087K (9792K), 0.0574610 secs] 22237K->16688K (31680K), 0.0575180 secs] [Times: user=0.06 sys=0.00, real=0.06 secs]
Heap
def new generation total 9792K, used 4586K
[0x00000000f8e00000,
0x00000000f98a0000,
0x00000000f98a0000)
eden space 8704K,40% used [0x00000000f8e00000,0x00000000f916a8e0,0x00000000f9680000)
from space 1088K,99% used [0x00000000f9680000,0x00000000f978ffe0,0x00000000f9790000)
to space 1088K,0% used [0x00000000f9790000,0x00000000f9790000, 0x00000000f98a0000)
tenured generation total 21888K, used 15600K
[0x00000000f98a0000,
0x00000000fae00000,
0x00000000fae00000)
the space 21888K, 71% used
[0x00000000f98a0000,
0x00000000fa7dc278,
0x00000000fa7dc400,
0x00000000fae00000)
compacting perm gen total 21248K, used 2591K
[0x00000000fae00000,
0x00000000fc2c0000,
0x0000000100000000)
the space 21248K, 12% used
[0x00000000fae00000,
0x00000000fb087ca8,
0x00000000fb087e00,
0x00000000fc2c0000)
No shared spaces configured.
```

从这个输出中可以看到,系统经历了3次GC,第1次仅为新生代GC,回收的效果是新生代从回收前的8MB左右降低到1MB。整个堆从22MB左右降低到17MB。

第2次(加粗部分)为Full GC,它同时回收了新生代、老年代和永久区。日志显示,新生代在这次GC中没有释放空间(严格来说,这是GC日志的一个小bug,事实上,在这次Full GC完成后,新生代被清空,由于GC日志输出时机的关系,各个版本JDK的日志多少有些不太精确的地方,读者需要留意),老年代从16MB降低到13MB。整个堆大小从26MB左右降低为13MB左右(这个大小完全与老年代实际大小相等,因此也可以推断,新生代实际上已被清空)。永久区的大小没有变化。日志的最后显示了GC所花的时间,其中user表示用户态CPU耗时,sys表示系统CPU耗时,real表示GC实际经历的时间。

参数-XX:+PrintGCDetails还会使虚拟机在退出前打印堆的详细信息,详细信息描述了当前堆的各个区间的使用情况。如上输出所示,当前新生代(new generation)总大小为9792KB,已使用4586KB。紧跟其后的3个16进制数字表示新生代的下界、当前上界和上界。

```
[0x00000000f8e00000,0x00000000f98a0000,0x00000000f98a0000)
```

使用上界减去下界就能得到当前堆空间的最大值,使用当前上界减去下界,就是当前虚拟机已经为程序分配的空间。如果当前上界等于下界,说明当前的堆空间已经没有扩大的可能性。在本例中(0x00000000f98a0000 -0x00000000f8e00000)/1024 = 10880KB。这块空间正好等于eden+from+to的总和。而可用的新生代9792KB为eden+from(to)的总和,对于两者出现差异的原因,读者可以参考本书第4章。

除了新生代,详细的堆日志中还显示了老年代(tenuredgeneration)和永久区(compactingperm gen)的使用情况,其格式和新生代相同。

JDK9、JDK10使用参数-Xlog:gc*来打印更加详细的GC日志,如下所示:

```
[0.010s] [info] [gc,heap]Heap region size: 1M
[0.012s][info][gc ] Using G1
[0.013s] [info] [gc,heap,coops]Heap address: 0x00000000fe000000, size: 32 MB, Compressed Oops mode: 32-bit
[5.335s][info][gc,start ]GC(0) Pause Young (G1 Evacuation Pause)
[5.336s][info][gc,task ]GC (0) Using 8 workers of 8 for evacuation
[5.339s][info][gc,phases ]GC (0) Pre Evacuate Collection Set:0.0ms
[5.340s] [info] [gc,phases ]GC (0) Evacuate Collection Set: 3.3ms
[5.341s][info][gc,phases ]GC(0) Post Evacuate Collection Set:0.1ms
[5.341s] [info] [gc,phases ]GC (0) Other: 0.6ms
[5.341s][info][gc,heap ]GC (0) Eden regions: 14->0(17)
[5.341s] [info] [gc,heap ]GC (0) Survivor regions: 0->2(2)
[5.342s][info][gc,heap ]GC (0) Old regions: 0->0
[5.342s] [info] [gc,heap ]GC (0) Humongous regions: 0->0
[5.342s][info][gc,metaspace] GC (0) Metaspace: 3418K->3418K(1056768K)
[5.342s][info][gc ]GC(0) Pause Young (G1 Evacuation Pause) 14M->1M (32M) 7.028ms
[5.342s][info][gc,cpu ]GC(0) User=0.05s Sys=0.00s Real=0.01s
```

从这个输出中可以看到,堆的最大可用大小为32MB,系统经历了1次GC,为新生代GC,回收的效果是整个堆从14MB左右降低到了1MB。在JDK9、JDK10中,除了新生代、老年代,还新增了一个巨型区域,即上述输出中的Humongousregions。

另外,日志中有详细的时间信息,第一列显示Java程序运行的时间,PauseYoung (G1 Evacuation Pause) 14M->1M (32M) 7.028ms 表示新生代垃圾回收花了7.028ms。

Pre Evacuate Collection Set、Evacuate Collection Set、Post Evacuate Collection Set、Other代表G1垃圾回收标记—清除算法不同阶段所花费的时间。

最后一行的时间信息跟JDK8相同,不再赘述。

如果需要更全面的堆信息,还可以使用参数-XX:+PrintHeapAtGC(考虑到兼容性,从JDK9开始已经删除此参数,查看堆信息可以使用VisualVM,第6章将会讲述)。它会在每次GC前、后分别打印堆的信息,就如同-XX:+PrintGCDetails的最后输出一样。下面就是-XX:+PrintHeapAtGC的输出样式,限于篇幅,只给出部分输出:

```
{Heap before GC invocations=8 (full 3):
def new generation total 8576K, used 8575K [0x32680000,0x32fc0000, 0x33120000)
eden space 7680K, 100% used [0x32680000, 0x32e00000, 0x32e00000)
from space 896K, 99% used [0x32ee0000, 0x32fbffc0, 0x32fc0000)
to space 896K, 0% used [0x32e00000, 0x32e00000, 0x32ee0000)
tenured generation total 18880K, used 12353K [0x33120000,0x34390000, 0x34680000)
省略部分输出
20929K->14048K (27456K), 0.0017756secs]
Heap after GC invocations=9 (full 3):
def new generation total 8576K, used 895K [0x32680000,0x32fc0000, 0x33120000)
eden space 7680K, 0% used [0x32680000, 0x32680000, 0x32e00000)
from space 896K, 99% used [0x32e00000, 0x32edffc0, 0x32ee0000)
to space 896K, 0% used [0x32ee0000, 0x32ee0000, 0x32fc0000)
tenured generation total 18880K, used 13152K [0x33120000,0x34390000, 0x34680000)
the space 18880K, 69% used [0x33120000, 0x33df8288, 0x33df8400, 0x34390000)
省略部分输出
}
```

可以看到,在使用-XX:+PrintHeapAtGC后,在GC日志输出前、后都有详细的堆信息输出,分别表示GC回收前和GC回收后的堆信息,使用这个参数,可以很好地观察GC对堆空间的影响。

如果需要分析GC发生的时间,还可以使用-XX:+PrintGCTimeStamps（JDK9、JDK10中使用-Xlog:gc*已经默认打印出时间,前文关于-Xlog:gc*已经有讲述,这里不再赘述)参数,该参数会在每次GC时,额外输出GC发生的时间,该输出时间为虚拟机启动后的时间偏移量。如下代码表示在系统启动后0.08s、0.088s、0.094s发生了GC。

```
0.080: [GC0.080: [DefNew: 4416K->512K (4928K), 0.0055792 secs] 4416K->3889K(15872K),
0.0057061 secs] [Times:user=0.00 sys=0.00, real=0.01 secs]
0.088: [GC0.088: [DefNew: 4928K->511K (4928K), 0.0044292 secs] 8305K->7751K(15872K),
0.0045321 secs] [Times:user=0.00 sys=0.00, real=0.00 secs]
0.094: [GC0.094: [DefNew: 4927K->511K (4928K), 0.0044136 secs] 0.099: [Tenured: □ 11238K->11327K (11328K), 0.0113929 secs] 12167K->11750K (16256K), [Perm : 142K->142K(12288K)],
0.0160228 secs] [Times: user=0.02 sys=0.00, real=0.02secs]
```

由于GC会引起应用程序停顿,因此还需要特别关注应用程序的执行时间和停顿时间。使用参数-XX:+PrintGC Application Concurrent Time可以打印应用程序的执行时间,使用参数-XX:+PrintGC Application StoppedTime可以打印应用程序由于GC而产生的停顿时间,如下所示:

```
Application time:0.0026770 seconds
Total time for whichapplication threads were stopped: 0.0091600 seconds
Application time:0.0039006 seconds
Total time for whichapplication threads were stopped: 0.0024330 seconds
```

如果想跟踪系统内的软引用、弱引用、虚引用和Finallize队列,可以打开-XX:+PrintReferenceGC(考虑到兼容性,从JDK9开始已经删除此参数,查看堆信息可以使用VisualVM,第6章将会讲述)开关,结果如下:

```
[GC [DefNew [SoftReference, 0 refs, 0.0000212 secs][WeakReference, 7 refs, 0.0000046 secs] [FinalReference, 4 refs, 0.0000056secs][PhantomReference, 0 refs,0.0000036 secs] [JNI Weak Reference, 0.0000056 secs]: 2752K->320K (3072K),0.0031630 secs] 2752K->2574K (9920K), 0.0031937 secs] [Times: user=0.00sys=0.00, real=0.00 secs]
```

默认情况下,GC的日志会在控制台中输出,这不便于后续分析和定位问题。所以,虚拟机允许将GC日志以文件的形式输出,可以使用参数-Xloggc指定。比如使用参数-Xloggc:log/gc.log(在JDK9、JDK10中建议使用-Xlog:gc:log/gc.log)启动虚拟机,可以在当前目录的log文件夹下的gc.log文件中记录所有的GC日志。JDK9、JDK10生成的文件与JDK8相同,不再赘述。

◇宜宾职业技术学院 陆祥福

用梯形图编程进行STC单片机应用设计制作之一

单片机基本系统板安装与通电测试(三)

(紧接上期本版)

把元器件逐一插入板上的预定位置,可以先插高度低矮的元器件,如卧式安装的电阻和电容、集成电路插座等,以方便焊接。电路连接可用元器件的引脚线来焊接,注意焊盘之间不要出现搭接,制作完成的基本系统板的实物如图8所示。为了能够进行在线监控,需要将通信插座DB9上的7脚和8脚连接起来。

三、基本系统板通电测试

基本系统板焊接完成后就可以进行通电测试了。接下来就是接线,将输出24VDC的开关电源用电线通过一个2A的熔断器和一个床头开关后,接到基本系统板的24V电源端子上,注意端子上的正负极性。类似地,把24VDC开关电源的交流电源(L,N)端通过一个熔断器连接到一个三脚单相插头上,建议使用0.5mm^{2}电线的圆护套线,电线的长度按照使用环境而定。接线示意图如图9所示。

在首次上电前先不要插上集成电路"MAX232"和单片机"STC12C5A60S2",需要再次检查一下基本系统板的焊接和接线是否正确。用万用表电阻挡R×1或蜂鸣挡测量板上电源端子24V和5V是否存在短路,集成电路插座Ut[15]与U1[20]脚、Ut[16]与U1[40]脚应连通。测量确认正确后方可上电试板。

将三脚单相电源插座插入市电插座,闭合床头开关上电,此时基本板上指示灯LEDz应点亮。接着用万用表直流电压挡(10V)测量Ut[15]与Ut[16]脚、U1[20]与U1[40]脚间的电压,黑表笔接Ut[15]或U1[20]脚、红表笔接Ut[16]或U1[40]脚,测得的电压应为5V,如图10所示。然后取一段约10cm长的细导线,导线的一头接U1 [40] 脚,另一头分别去触碰U1上除[40]、[18]、[19]脚外的其余各脚,对应的端口指示灯应点亮,如图11所示。注意不能触碰U1的[40]脚,否则会产生电源输出端短路。最后将万用表的红表笔接U1的脚,按下SB按钮,万用表应指示5V,松开则为0V。检查都正常后就可以关断床头开关。若端口指示灯不亮或无5V电压,则断开电源拔下插头,将基本板的焊接线路与电原理图核对,直到检查出错误,并再上电检测正确为此。

电压检测正确后关断床头开关,待指示灯熄灭后,将集成电路"MAX232"和单片机"STC12C5A60S2"插入基本板上对应的插座,并扳下单片机座的锁紧把手将单片机锁紧。给基本板上电,测量时钟电路引脚的电压,U1的[18]-[20]间的电压应为2V,[19]-[20]间的电压应为1.75V如图12所示。有条件的可以用示波器观察引脚的波形,可看到频率为11.0592MHz的正弦波形。到此为止,制作基本系统板的任务就完成了,可撤下电源待用。下一步将下载一个测试程序进行测试。

(全文完)

◇苏州竹园电科技有限公司 键谈
江苏永鼎线缆科技有限公司 沈洪

图8 基本系统板

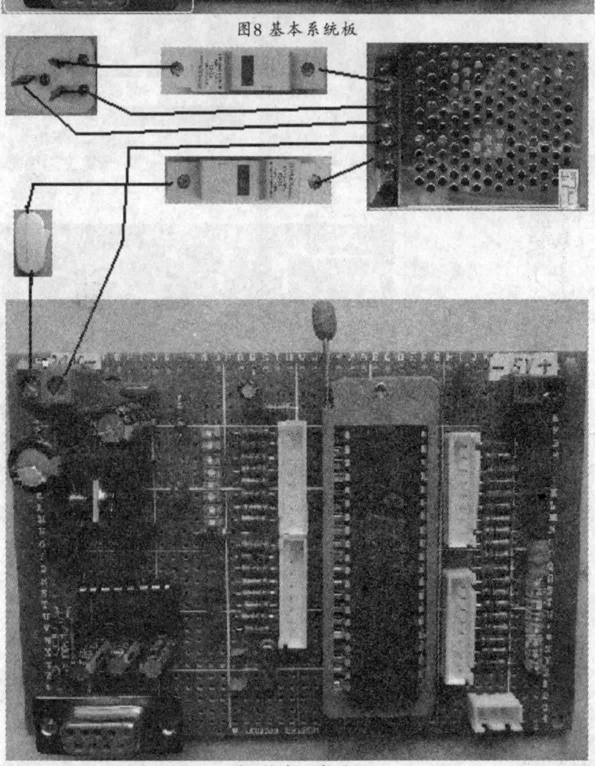

图9 接线示意图

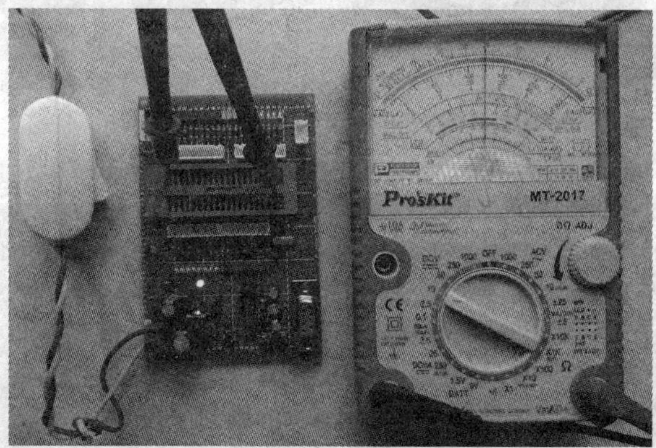

图10 检测单片机电源电压

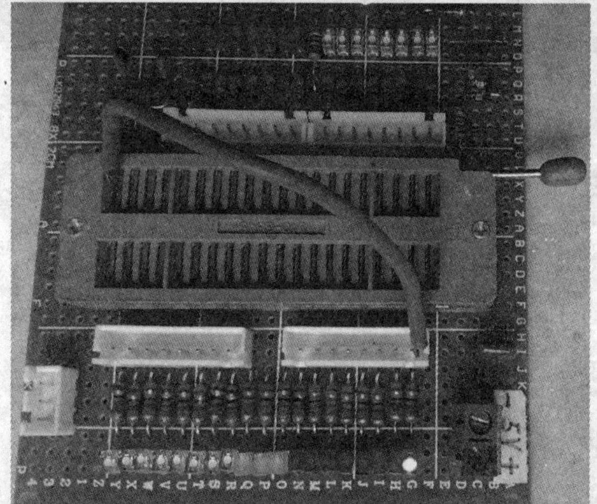

图11 检测单片机引脚电路

(a)测[18]- [20]脚间电压

(b)测[19]- [20]脚间电压

图12 检测时钟电路电压

Altium Designer 19软件应用实例(六)

(紧接上期本版)

3.页面设置及打印

(1)点击"文件"菜单按钮,选择"页面设置"。

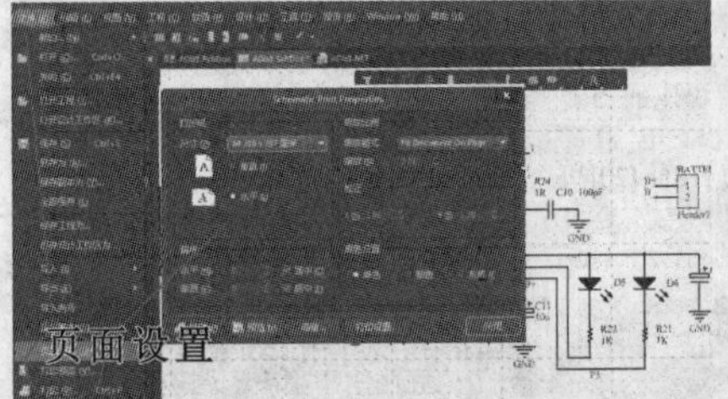

(2)点击"打印预览",则可以预览打印图纸效果。点击"打印",则设置打印参数和执行打印图纸。

八、PCB图的相关文件生产及导出

1.生成坐标文件

点击"文件"菜单按钮,选择"装配输出">"Generates pick and place files"。

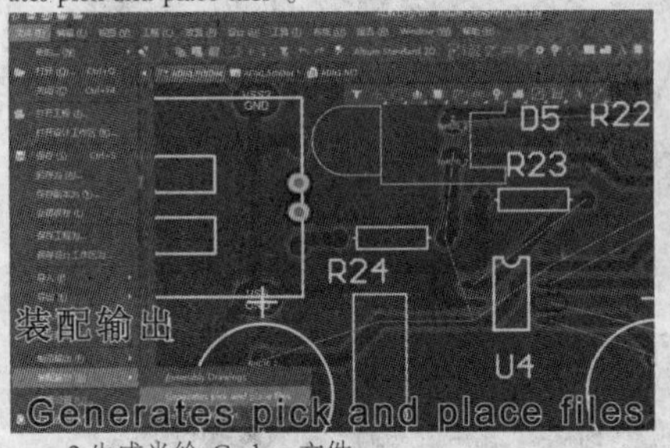

2.生成光绘 Gerber 文件

(1)点击"文件"菜单按钮,选择"制造输出">"Gerber Files",或者快捷键"F+F+Gerber Files"。

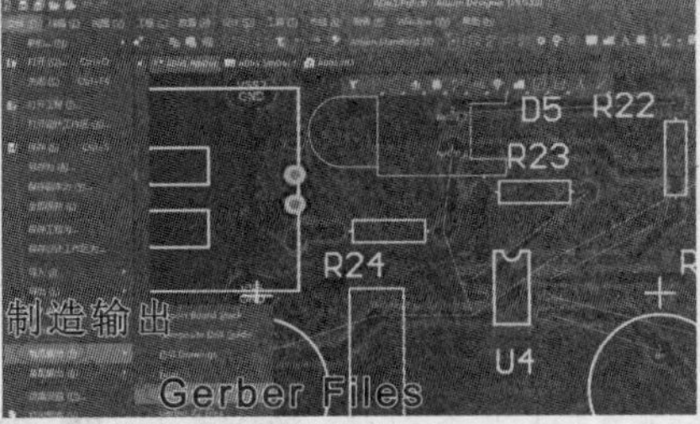

(2)然后 General 选择英尺、2:5

(3)选择 Layers To Plot 下面选择七项:

GTO、GBO、GTL、GBL、GTS、GBS、GKO

(4)选中光圈,打对勾。点击 OK,生成光绘 Gerber 文件。

2.PCB 生成 PDF

点击"文件"菜单按钮,选择"智能 PDF"。

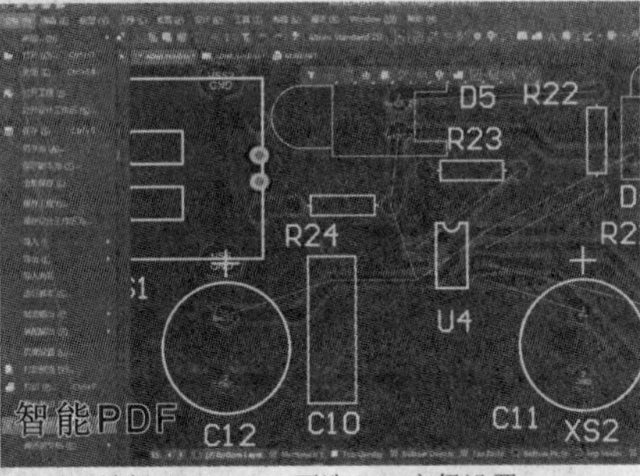

(1)选择 A4、Mono、可选 1:1、高级设置。

(2)设置:输出顶层元器件布局则勾选"Holes",输出底层则勾选"Holes"、"Mirror"这里只需要保留 Top Overlay (Bottom Overlay)、Top Layer (Bottom Layer)、KeepoutLayer、Mechanical1 这四层。其中还需对 Top Layer (Bottom Layer) 层进行设置出了保留元件焊盘(Pads)和过孔(Vias)这两项其他都关掉,pads 和 vias 这两项要选择为 Draft。

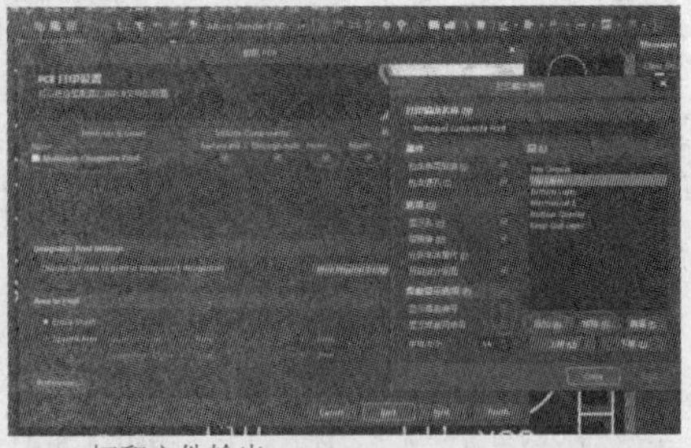

3.打印文件输出

点击"文件"菜单按钮,选择"页面设置",则出现"页面设置"窗口,可以对其"打印预览"、"高级"及"打印设置"项进行设置。

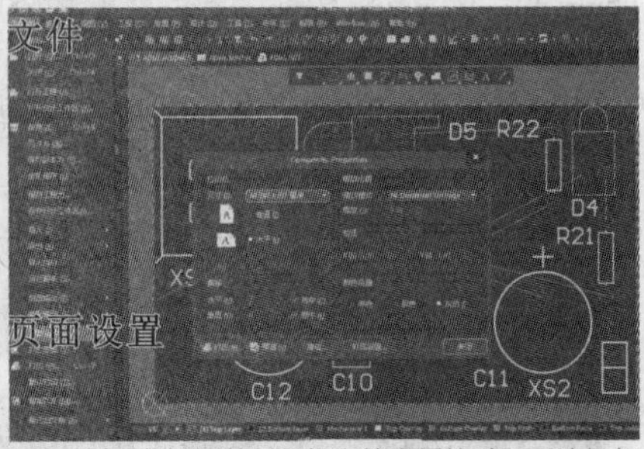

点击"高级"则打开"打印输出属性"框,可选择相应的层双击,则出现相应层的"板层属性"设置框,可对其该层打印时需要打印的项选择"全部"打开,对不需要打印的项目选择"隐藏"则关闭。

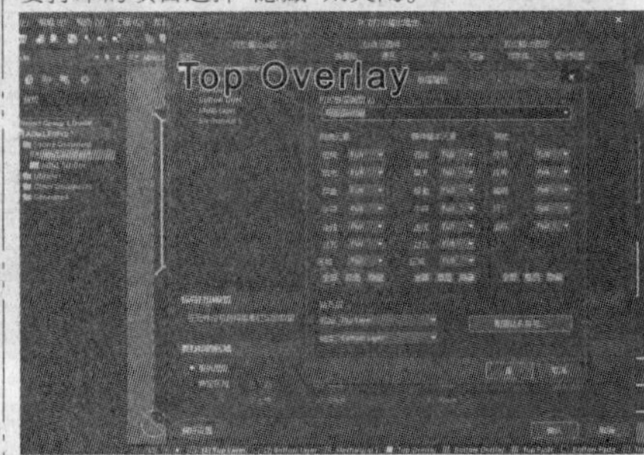

如果需要选择需要或去掉不需要的层,则在"打印输出属性"框,双击 Multilayer Composite Print ,则打开"打印输出特性",可以"添加"、"移除"和"编辑"需要和去掉的层。也可以在"文件">"打印预览"的预览左边小窗口,鼠标右击,选择"配置",进入"PCB 打印输出属性"进行以上设置。

(全文完)

◇西南科技大学城市学院 刘光乾

DC-DC转换器电磁干扰近场探头测量方法讨论

测量DC-DC转换器EMI性能的方式之一是在时域中使用小型磁场(H-FIELD)探头测量上升时间和振铃。透过将磁场探头耦合到转换器输出电感器,即可实现非侵入式测量…

板载DC-DC转换器产生的电磁干扰(EMI)是物联网(IOT)产品的常见问题。这些小电路通常在1MHZ和3MHZ之间以次奈秒级(NS)的边缘速率快速切换,结果产生超过2GHZ的宽带EMI。EMI会影响敏感接收器电路的灵敏度,尤其是蜂巢式和全球导航卫星系统(GNSS)。

测量DC-DC转换器EMI性能的一种有效方式是在时域中使用小型磁场(H-FIELD)探头测量上升时间和振铃。透过将磁场探头耦合到转换器输出电感器,即可实现非侵入式测量(如图1所示)。

检测开关波形上的振铃很重要,因为振铃频率可以转变为发射特性中的宽峰值。磁场探头快速而安全,因为它不需要直接连接到电路,只需耦合到DC-DC转换器输出电感器即可。

图1:将探头耦合到输出电感器来探测典型物联网板载DC-DC电源转换器产生的波形。电感器采用相对较大的圆形封装,所以很容易辨识。如图所示,探头应摆平,以实现最大耦合。

例如,ROHDE & SCHWARZ HZ-15近场探头套件包括几个磁场探头(或环)。探头类型主要根据根据要耦合的是轨迹线中的电流还是元件中的电流来确定的。最大的探头太敏感、分辨率太低不足以隔离发射源。另一个直径约1公分的较小探头(型号RS H 50-1),适合在板级辨识和测量EMI。简单地将探头连接到50Ω的示波器输入端,并进行调整,即可获得显示良好的波形。

我们用数学方法来验证这种特性化测量(如图2所示)。在电感器和磁场探头之间可能存在未知的互耦因子(即下面等式中的M)。由于我们不知道该互耦因子到底是什么,所以振幅无法与示波器探头的实际测量值进行比较。因为我们的目标是EMI,所以在这里主要关注上升时间、一般开关波形和振铃频率。

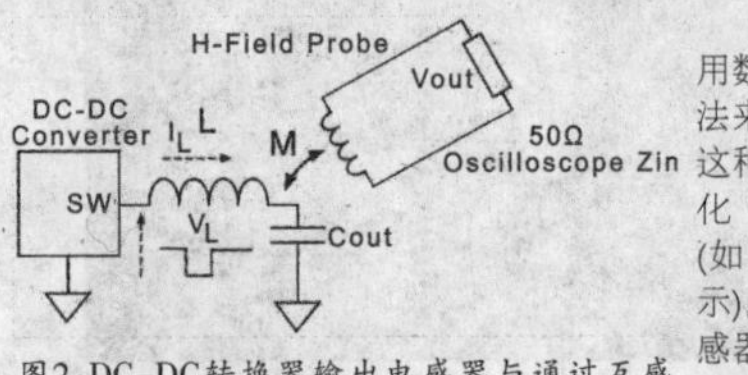

图2:DC-DC转换器输出电感器与通过互感(M)耦合的磁场探头之间的开关波形(SW)。

DC-DC转换器通常有一个近方波讯号(V^L),它来自转换器开关节点(SW)和连到接地返回的输出电感器(L),应该就是我们要用示波器探头进行测量的讯号。通过电感的电流与电压的关系如下:

$$I_L=\frac{1}{L}\int V_L*dt$$

假设磁场探头靠近电感器,得到互耦因子M(未知),则探头的输出是:

$$V_{OUT}=\frac{Md(I_L)}{dt}$$

合并前面两个公式,得出:

$$V_{OUT}=M\frac{d}{dt}\frac{1}{L}\int V_L*dt=\frac{M}{L}V_L$$

然后分解常数M/L,得出$VOUT\propto V$。

由于V^{OUT}与V^L成正比,因此可以轻松且快速地测量最重要的*EMI*特性,而不会与示波器探针产生连接短路。将磁场探头靠近每个*DC-DC*转换器电感器,可以测量上升时间(表示谐波频率的上限)、脉冲宽度和周期(也考虑谐波频率)和振铃频率(在宽带频谱中会导致出现谐振峰值)。

图3为RT-ZS20 1.5GHZ频宽示波器探头(带短探针)和RS H 50-1磁场探头的开关波形特性。

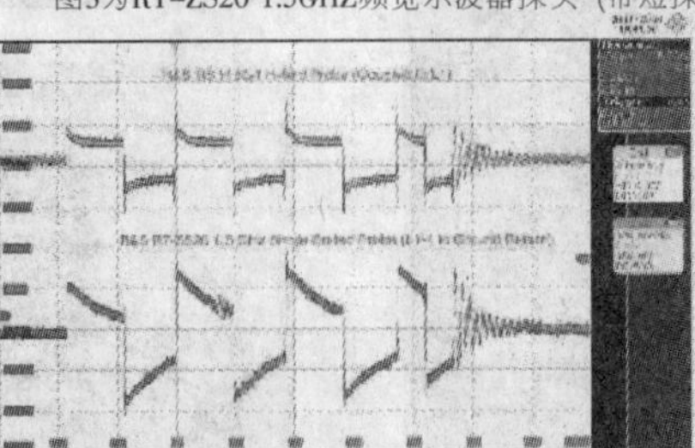

图3:使用耦合磁场探头(上部轨迹线)和直连单端探头(下部轨迹线)测量典型物联网装置的DC-DC转换器输出电感,显示了相似的波形。但使用磁场探头可以快速测量上升时间、周期和振铃,而不会有电路短路的风险。

使用耦合磁场探头(上部轨迹线)和直连单端探头(下部轨迹线)测量典型物联网装置的DC-DC转换器输出电感,显示了相似的波形。但使用磁场探头可以快速测量上升时间、周期和振铃,而不会有电路短路的风险。

在见过的许多案例中,振铃频率很容易发生在100MHZ左右,引起发射频谱的宽峰值,在这种情况下,如果耦合到天线状结构(通常是电缆),则可能导致EMI故障。

◇宜宾职业技术学院 陆祥福

5G来临如何分配“数字红利”：700MHz黄金频段即将定局！

2019年6月6日，工信部正式向中国广电颁发了5G牌照，6月24日，广电总局广播电视规划院官方网站新闻《全国地面数字电视广播频率规划方案即将发布》中描述：“工信部正式向中国广电颁发了5G牌照，标志着700MHz频段已尘埃落地”、“总局近期将正式发布《全国地面数字电视广播频率规划方案》，该方案统筹规划了700MHz频段以下的地面数字电视频率”。

寥寥数语，将广电、700MHz频段与5G之间的关系牵扯在了一起，但略显不详的描述，却让700MHz这个最优质的“数字红利”依然蒙着面纱。

在6月21日，吉林广播电视局在官网发布了《关于开展移动数字电视清理整顿工作的通知》，并已经在全省范围内开展移动数字清理整顿工作。

在中国5G牌照已经发放的背景下，无线领域最优质的“数字红利”在多年之后依然还是迷局。笔者预计最后的面纱要等《全国地面数字电视广播频率规划方案》发布后才能揭开。但综合各方面信息深究的话，或许我们基本可以判断出这一面纱背后的谜底。

一、先科普一下700MHz“数字红利”

从技术特性来讲，了解无线通信背景的都知道，频率越高，波长越短，越趋近于直线传播，绕射能力越差，在传播介质中的衰减也越大，具体实践中的情况是易于受到移动物体的干扰，并难以穿透建筑实现室内覆盖。相反，频率越低，波长越长，绕射能力和衰减越小，能较好地实现穿透建筑实现室内覆盖。

从网络部署来讲，5G如果用了高频段，那么它最大的问题是传输距离缩短和覆盖能力减弱，这就需要以微基站、微蜂窝方式建设网络，其网络部署节奏相对较慢，投资也应该比较大。这就是700MHz作为低频被视为“数字红利”和引发各方争夺的根本原因。

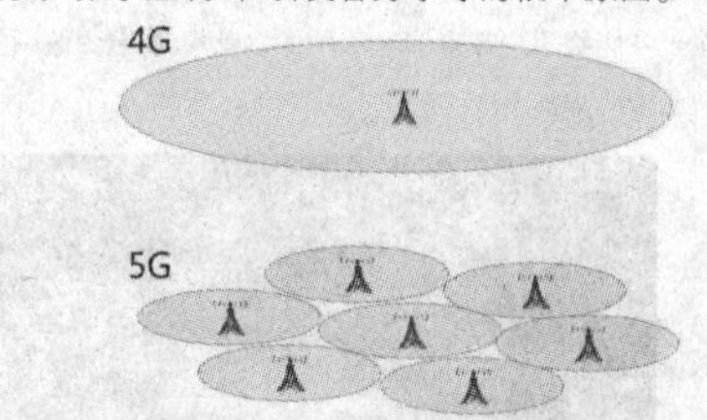

典型的4G宏蜂窝与5G微蜂窝覆盖特性比较

不太多谈技术，笔者就拿具体事例来证明低频段“数字红利”的杀伤力吧。上一次与700MHz类似的低频段规划是，2016年6月工信部关于同意中国电信使用800MHz频段开展LTE组网的193号文。该文同意中国电信使用825-835MHz(终端发)和870-880MHz(基站发)开展LTE组网。

这其中的一个背景是：这是中国电信首次获得的优质低频段，与之相比中国移动和中国联通之前都有900MHz的较优频段。因此，当时通信媒体均认为这对中国电信来说是“重磅利好消息”，并认为通过大规模全网上LTE800，“估计到年底，电信的覆盖和网络质量将会提升一个层次，4G连续覆盖体验将有可能超过移动！”800M频段都能对无线通信带来如此大的改变，何况是更加优质的700MHz黄金频段？

低频段在网络部署上的投资优势

如上图所示，笔者引用此前某有线运营商对于低频段进行LTE网络部署的投资优势研究，可以看到：700MHz较850MHz理论上会节省30%，是1800MHz投资的三分之一。这种强覆盖能力带来的投资利益正是700Mhz频段备受关注的核心原因。

二、欧洲700MHz频段部署参考

从全球角度来看，在移动通信技术体系较为统一、无线频谱规划较为完善的欧洲，早在2016年5月底，欧盟理事会就确定所有欧盟成员国将700MHz频段用于移动服务，特别是未来5G业务。该计划要求欧盟国家根据其“统一技术条件”，在不晚于2020年6月30日之前重新分配694MHz-790MHz频段频谱用于移动宽带服务，以支持移动通信发展和塑造欧洲“统一数字市场”。基于此，各成员国必须在2018年6月30日之前制定好频谱使用技术路线图，并列明他们将如何落实决定。欧盟内部将700MHz称为第二个“数字红利”，800MHz而是首批“数字红利”，后者此前已经大部分腾退完成并多数分配给了移动通信领域使用。正是这些早期的无线频段清理和重新分配工作，目前欧盟也已经确定同时在低、中、高频段部署5G网络，以尽量开发“数字红利”和减少巨额的5G无线网络投资。

当然，在技术更替中进行无线频谱的规划，必然牵涉现有“数字红利”频段的清理，以及跨行业之间的利益协调。特别是700MHz频段过去在欧洲被广泛应用于数字电视广播服务。为了确保这些服务的正常使用，欧盟委员会在上述部署同时也表示：会确保470MHz-694MHz频段频谱至少到2030年之前依旧可以用于数字电视和无线麦克风服务。必须严肃指出的是：在无线领域，欧盟上述宣布提及的数字电视就是“地面数字电视”，在欧洲包括北美等地区都用来提供免费的无线广播电视服务。也就是说，上述频段规划的逻辑是：出于移动通信的便利性和商业前景，欧盟在不损害广播电视公共利益的情况下将原先用于地面电视的部分700MHz频段划到4G/5G。笔者理解其中的技术背景是：作为免费服务的地面数字电视必然不会提供过多的内容，占用的700MHz相关频段不会太多，所以可以留出部分频段用于4G或5G。总的来看，通过统一的频谱规划，在不损害地面广播电视公益需求的情况下，将低频“数字红利”用于移动通信包括最新的5G技术是全球大势所趋。

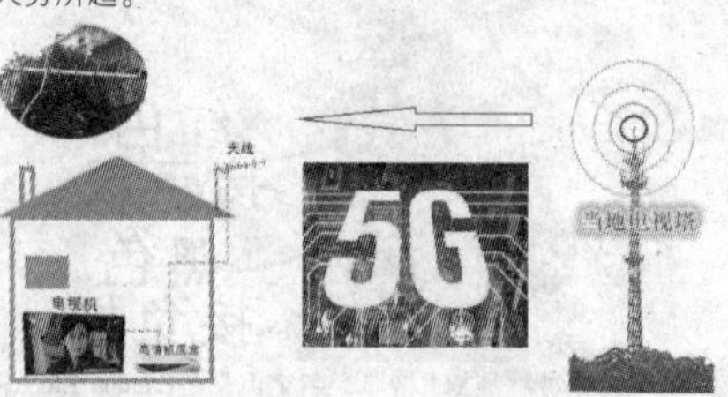

图为：常规技术更新下的无线频谱

读到这里，读者或许会发问：欧洲将原先用于地面电视的部分700MHz频段划到4G/5G是可以理解的，但是在中国我们的地面电视场景在哪？好吧，这确实是一个核心问题。事实上，即使进入广电行业接近十年，笔者也只能很模糊地想起八九十年代在农村，叔叔辈们爬房子拉天线看电视的模拟电视时代——但现在的农村老家公共电视服务主角换成卫星电视了。而在城市，唯一的地面电视场景或许就是公共汽车的电视屏了，而在北京这种场景近年来也消失了，不知道其它城市情况如何。貌似行业曾经设想过针对小区户外固定屏幕用地面数字电视，但这类场景估计不多吧——而且这类场景太容易被新技术替代了。顺便提一下，在2008-2011年前后的短短时间里，应用700MHz频段且针对手持终端的CMMB地面无线电视也曾经“轰轰烈烈”过，但比起发展久远的移动通信，CMMB满是各种缺漏，先天后天都是不足甚至是不对的，少提甚至不提也罢。

三、揭秘700MHz无线频谱使用状况，猜想“数字红利”分配

再次回到文章之初广电规划院的新闻通告，文中表示广电总局近期将正式发布的《全国地面数字电视广播频率规划方案》“统筹规划了700MHz频段以下的地面数字电视频率”。按照笔者的理解，如果认真研究对应的无线频段应用，广电规划院在6月底的这一声明或许已经完全描述了700MHz频段的应用归属问题。

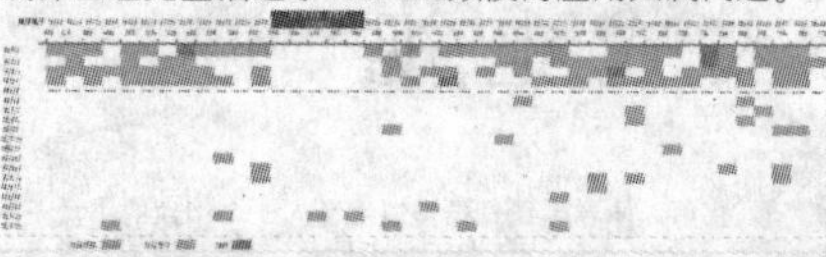

图为：2013年部分城市470M-800MHz无线频率部分使用情况示意

曾经在2013年对700MHz无线频谱有所涉猎。由于该项目已经结束5年多，并且相关信息均不涉及国家或者行业机密，笔者正好重新翻出来，以此确定700MHz频段归属。上图是我国18个大中型城市470M-800MHz无线频率使用情况，横向代表频段情况(以8MHz为一个区隔)，纵向是18城市（为避免以数字代表）。除了558M-590MHz这32MHz频段之外，其它频段分布着地面模拟电视(橙色方块)、地面数字电视(绿色方块)以及个别CMMB应用(蓝色方块)。其中，前4个城市标出了三类电视的频段占用情况，而后18个城市仅列出其地面数字电视频段占用情况。从这个图可以看出：

(1)2013年各类无线电视应用占据较多的是700MHz以下频段(图中竖线之前部分)，估计有2/3以上。

(2)2013年模拟电视占据了大多数频段，地面数字电视和CMMB应用很少。

也就是说，从2013年的技术情况看，在技术上完全可以扩大数字电视承载的电视节目，从而将模拟电视占用的频段省出来——这就是“数字红利”本身的含义。不过，在过去的数年间，中国的地面数字电视一直没有取得进展，广电总局的统计公报也难以找到地面数字电视发展的明确描述。倒是定位于公益服务的卫星数字电视成为地面电视的替代品。按照2018年广电总局统计公报，目前的卫星电视已经覆盖了大部分的农村地区，加上有线数字电视等方式，2018年底农村电视综合人口覆盖率99.01%(其中卫星数字电视和有线电视用户数分别是1.38亿户和0.74亿户)。更为重要的是，按照广电总局官方人士在2013年CCBN期间的说法，中国将在2020年停止地面模拟电视信号——而英美两国分别是在2012年和2008年就已经关闭模拟电视。

所以，现在我们可以逐步得出如下推论：

(1)以直播卫星为主体的公益服务已经可以满足农村等边远地区基本收视需求，模拟电视正式关闭时间已经不能再拖了。

(2)地面模拟电视关闭之后，可以省出很多很多的黄金无线频段，大有可为。

(3)地面数字电视在过去数年间并没有取得显著发展，即使继续占用也占不了太多频段。

再加上前述广电规划院官网关于“700MHz尘埃落地”和广电总局将“统筹规划了700MHz频段以下的地面数字电视频率”的声明，我们或许可以得出第四个也是最重要与5G直接相关的推论：

(4)在即将关闭地面模拟电视的情况下，广电总局或将不得不把700MHz（694MHz）以上的黄金频段让出，用于移动通信特别是5G应用。这应该是两大行业围绕基于三网融合的利益PK/协调的一部分。

同时，广电行业将尽量把700MHz(694MHz)以下频段以地面数字电视应用的名义保持在广电行业。当然，具体切割点还有待观察。

(5)在将部分黄金频段用于移动通信后，广电行业必然会申请其中部分作为广电行业自身5G之用，具体申请多少有待观察。

简单说一下最后一点，近年来在广电总局的领导下，包括贵广网络、电广传媒、湖北广电网络等在内的有线网络运营商都纷纷基于700MHz开展的“有线无线卫星融合网试验”。所以，广电行业必然要将5G频段部分落在700MHz这一黄金频段上，这是不容置疑的。

这里不得不说到的是国务院2016年底公布新修订的《中华人民共和国无线电管理条例》：除因不可抗力外，取得无线电频率使用许可后超过2年不使用或者使用率达不到许可证规定要求的，作出许可决定的无线电管理机构有权撤销无线电频率使用许可，收回无线电频率。事实上，以《中华人民共和国无线电管理条例》、《无线电频率使用许可管理办法》为依据，工信部在2017年专门印发了《无线电频率使用率要求及核查管理暂行规定》(自2018年1月1日起施行)。暂行规定指出，公众移动通信业务：频段占用度不低于80%，区域覆盖率不低于60%，用户承载率不低于60%。从上述角度来说，无线频段是国家的宝贵财产，如果不能合理与有效使用，必然面临各方责难；所以，即使广电总局在近期敲定地面数字电视频段相关规划，但关于700MHz黄金频段的争议也可能不会由此终结。

四、一些猜测

这里顺便回顾一些5G相关的有趣流言，以及笔者不负责的猜想。

A、工信部800Mhz频段清理。6月25日消息，工信部无线电管理局起草了《关于调整800MHz频段数字集群通信系统频率使用规划的通知(公开征求意见稿)》。笔者猜想，工信部是否要在800MHz进行频段清理，以为5G发展腾出空间。

B、国网公司与中国移动合作猜想。广电国网公司拿到牌照后，行业人士普遍认为国网公司的5G频段将(部分)落在4.9G频段。由于中国移动部分5G频段也落在4.9G频段，坊间认为两者也有较大的协同性。事实上，此前湖南电广传媒与华为达成战略合作，合作内容就包括4.9G无线网络实验网、全省700M基础无线网络等。笔者猜想：考虑到网络共享的需求，或许中国移动与国网公司也有较大的合作空间。毕竟，中国移动与广电行业在CMMB上也有过渊源。

C、国网公司与中国联通合作猜想。2017年中国联通混合制改革期间，坊间居然传出国网公司凭借700MHz频段参与其中的流言。事实上，2017年3月，工信部曾经批复中国联通扩大内蒙古试验范围450MHz频段LTE TD建设的试验。或许，在特朗普的极端折腾下，中国的5G比原计划提前了，好多工作需要提前了，所以不妨良好地猜想猜想。

◇宜宾职业技术学院 陆祥福

从信号谈音频接口

我们都知道音频信号的传输和视频信号的传输类似，也有数字信号和模拟信号之分，那么这两者首先从传输方式就不一样。模拟信号的是用电信号模拟来其他信号比如图像或者声音，从上一个再到另外一个来进行模拟，以此类推，到了最后的接收端已经跟发射端的信号有很大出入了，这也是为什么模拟信号的传输相对容易失真、不稳定。

模拟信号

数字信号

而数字信号的传输则要进行模数转换，数字信号是0和1的二进制，所以识别出了0和1，也就识别出了数字信号本身，因此数字信号更稳定更精准呢。分析模数转换的过程中：转换时首先对模拟信号进行采样，比如44.1kHz、48kHz这些采样率，然后将采样后的数值量化成不同的等级，再将量化后的不同等级进行编码，一个等级对应一组二进制数字，最后得到一连串二进制数字，完成了模拟信号到数字信号的转换。所以采样率和量化等级越高，模数转换的精度就越高，对信号的还原能力就越强。

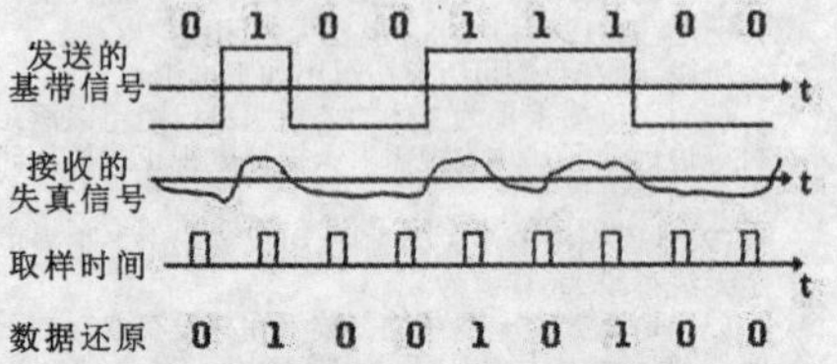

另外，还有非平衡信号和平衡信号的区别，声音信号转换成电信号后，非平衡信号是直接传送出去，而平衡信号则先对电信号进行180度反相处理，同时传输原始信号和反相信号，利用相位抵消原理，可以将信号传输过程中受到的干扰降到最低。

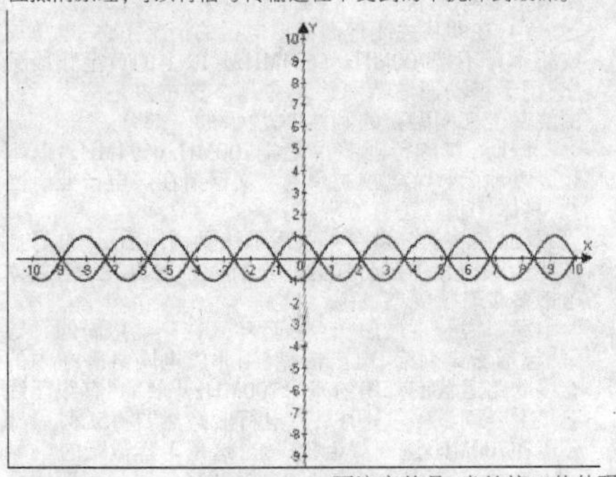

Tip signal wire

Sleeve groundwire

1/4英寸TS

要注意的是，光从接口的外观形态还不能判断出这是否一定是平衡传输，还需要看具体设备的情况。首先来说说TRS接口，这是我们日常生活中最常见的接口形态了，一般有3种尺寸，2.5mm/3.5mm/6.3mm三种，2.5mm在多年前的旧手机上还会出现，但是已经被3.5mm统一市场了。

3.5mm接口是最常见的音频接口了，另外还有6.3mm接口的；3.5mm和6.3mm都有两个绝缘黑环，TRS的含义是Tip(signal)、Ring(signal)、Sleeve(ground)，分别代表了这种接头的3个触点，也就是插头部分分成的3段金属环，3.5mm和6.3mm接头也被称为"小三芯"和"大三芯"。6.3mm的大三芯一般是平衡信号的接头，但它同时也可以传输非平衡信号，所以单从接头的外观形态还不能分辨出传输的信号类型，还要看具体设备。比如当大三芯TRS接头用来传输立体声信号的时候，Tip脚传输左声道信号，Ring脚传输右声道信号，Sleeve脚接地，那么它此时传输的是两路不同的信号，即不是平衡信号。而平衡信号本质上是一路信号，只不过将其反相后，两路同时传输而已。

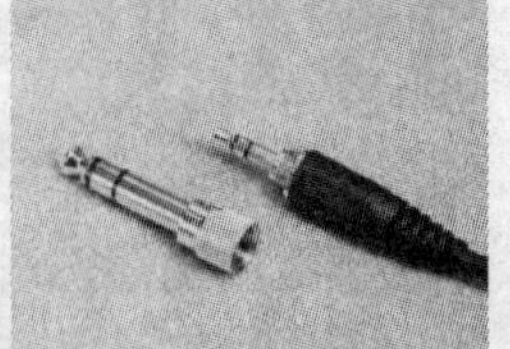

第二种是RCA接口，是美国无线电公司的英文缩写(Radio Corporation of America)，在上世纪40年代，这家公司将这种接口引入市场并用它来连接留声机和扬声器等设备。所以，RCA接口在欧美又被称为PHONO接口，也就是我们俗称的"莲花接口"。在音箱、电视上面经常能看到，也是一种非常常见的接口类型。RCA采用的是同轴传输信号方式，中轴传输信号，外沿一圈的金属层接地，一般白色接口负责左声道传输，红色接口则负责右声道。而每一根RCA线缆负责传输一个声道的音频信号，比如立体声声道的音箱就需要2根RCA线，2.1声道就需要3根RCA线了，以此类推。

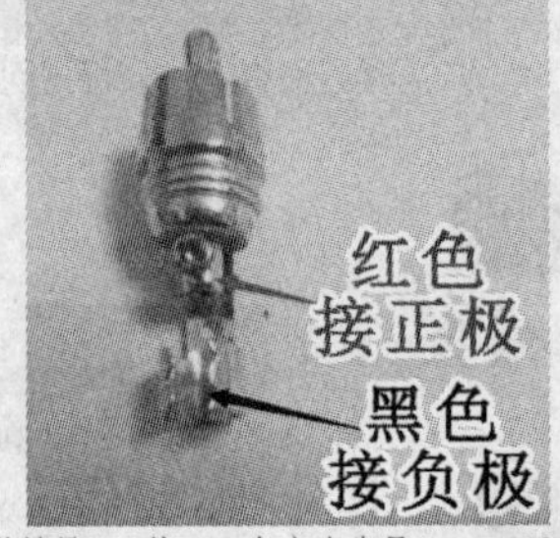

第三种就是XLR接口，名字由来是Cannon Electric公司的"cannon X"系列产品+锁定装置(Latch)+金属触点外的橡胶封口(Rubber compound)，于是这种接口就被称为XLR接口，大家则习惯称为"卡侬口"，针脚数量上有两芯、三芯、四芯的，以常见的三芯接头为例，三个针脚分别是火线、零线和地线，而外面一圈金属圈则是用来固定的。

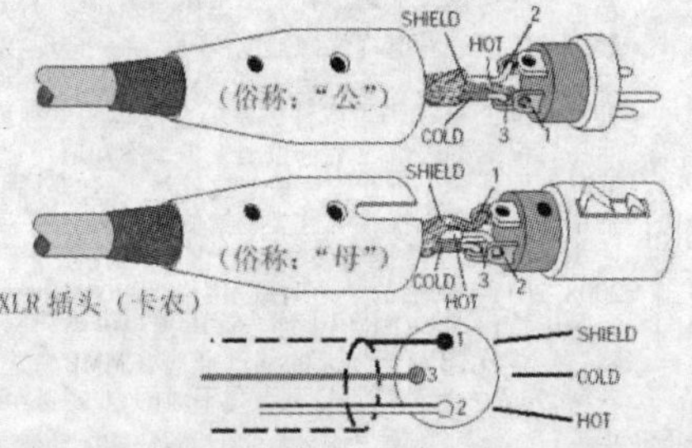

这种接口在电容麦克风、声卡和电吉他上上面都很常见，XLR接口与"大三芯"TRS接口一样，可以用来传输音频平衡信号，同样地不能单纯凭接头形态来判断传输的是否是平衡信号，仍然要看具体设备的实际情况。

首款可卷入式电视

LG Signature OLED TV R作为第一款可量产卷入式电视，在CES 2019s上大出风头；它是一款65英寸的OLED电视，当不想观看时，可以像卷毛毯一样慢慢地滑入一个精致的小盒子。

虽然作为一款可卷入式柔性屏，但是静观其图像显示效果，几乎完全看不到因屏幕曲折而带来的图像损失或者缺陷。没有可见的接缝，任何像素行之间没有间隙，没有明显牺牲OLED的传奇黑电平，没有降低亮度，没有死像素。

在性能方面，LG Signature OLED TV R采用的OLED面板技术与LG全新的2019型号相同。由LG最新的第二代Alpha 9芯片组和webOS智能平台驱动构成。经历了一定的研发时间后，它仍然具有最新的性能和功能规格。在音质方面，隐藏在电视机柜前面的羊毛扬声器盖后面是一个扬声器系统，可在4.2声道配置下提供100W的前置Dolby Atmos声音。

当不看时，除了将电视卷回小盒子外还可以选择不将屏幕卷完全重新放回盒子里。离开屏幕几英寸，自动感应显示很酷的"屏保"，包括闪烁的壁炉视频，显示信息(如时间)或照片画廊。

预计Signature OLED TV R将于明年在全球范围内上市，根据其可卷性很有可能将最终的尺寸设计在65英寸~75英寸之间，当然价格也是非一般家庭能承受的。

NVIDIA的AR眼镜

早在戏称"VR/AR元年"的2014年，各种使用高通骁龙芯片作为视觉/数据处理的虚拟眼镜层出不穷；然而作为真正的图形巨头NVIDIA却在这一块迟迟没有公布旗下产品。果不其然，经过5年的蛰伏期，在跟风又倒闭了一大批VR/AR厂商之后，NVIDIA终于在近日举行的SIGGRAPH大会上推出了两款AR眼镜的原型产品——"Prescription AR"和"Foveated AR"。并且目前放出的消息也仅仅是从人体工程学上做出更合理的设计，而关于其核心芯片和显示材料具体还不得而知。

Prescription AR原型产品

prescription AR是一款嵌入的显示设备。比当前AR设备更轻薄，视野也更宽阔。为了适应佩戴矫正光学器用户，NVIDIA通过结合微型OLED显示器和专门定制的5毫米厚镜片来解决日常配戴问题。

这款设备还可以校正近视、散光或远视等问题，并能给用户带来清晰的图像。其中，数字图像以固定的焦距出现。

Foveated AR原型产品

Foveated AR则可以借助深度学习实时调整图像，从而使其适应用户视线。它能够调整显示图像的分辨率和焦点深度以匹配注视点区域，同时能够"提供更加清晰的图像和更加宽广的视野。

为了做到这一点，Foveated AR结合了用于注视点区域的凹面半镜显示器，以及用于外围区域的宽视场显示器。另外，机械系统能够根据眼动追踪信息移动全息光学元件，从而令显示器匹配瞳孔的位置。

NVIDIA同时表示，这个系统的单眼对角线视场超过100度。与之相比，Hololens 2只是52度。另外，人眼的水平视场为135度，垂直视场是180度，而NVIDIA的Foveated AR头显可以分别达到85度和78度，Hololens 2则是43度和29度。

不过何时商业化目前NVIDIA还没有具体的时间，不过介于旗下最新的RTX光线追踪和强大的AI算力，这两款眼镜未来的方向已经明确，绝非市面上单一又"弱智"的VR/AR"娱乐眼镜"，而是NVIDIA还在酝酿更为强大实用的功能。

邮局订阅代号：61-75 国内统一刊号：CN51-0091

微信订阅**纸质版**
请直接扫描
邮政二维码
每份1.50元 全年定价78元
四开十二版 每周日出版

扫描添加**电子报微信号**
或在微信订阅号里搜索“电子报”

2019年8月18日出版 实用性 启发性 资料性 信息性

第33期 （总第2022期）

国内统一刊号:CN51-0091 定价:1.50元 邮局订阅代号:61-75
地址：(610041)成都市武侯区一环路南三段24号节能大厦4楼 网址：http://www.netdzb.com

让每篇文章都对读者有用

“5G+”时代，智能制造迎来新风口

作为新一代无线通信技术，5G将为智能制造生产系统提供多样化和高质量的通信保障，促进各个环节海量信息的融合贯通。2019年是5G商用元年，将引发一系列融合应用的创新与变革，为制造业向智能化、柔性化、高端化转型升级带来历史性的发展机遇。

柔性生产更具灵活性

柔性生产线可以根据订单的变化灵活调整产品生产任务，是实现多样化、个性化、定制化生产的关键依托。但在传统的网络架构下，生产线上各单元的模块化设计虽然相对完善，但是由于物理空间中的网络部署限制，制造企业在进行混线生产的过程中始终受到较大的约束，而5G将为其带来更多的灵活性，在以下两个方面赋能柔性生产线。

第一，提高生产线的灵活部署能力。未来，柔性生产线上的制造模块，需要具备灵活快速的重部署能力和低廉的改造升级成本，5G网络进入工厂，将使生产线上的设备摆脱线缆的束缚，通过与云端平台无线连接，进行功能的快速更新和拓展，并且可以自由移动与拆分组合，在短期内实现生产线的灵活改造。

第二，提供弹性化的网络部署方式。5G网络中的SDN(软件定义网络)、NFV(网络功能虚拟化)和网络切片功能，能够支持制造企业根据不同的业务场景灵活编排网络架构，按需打造专属的传输网络，还可以根据不同的传输需求对网络资源进行调配，通过带宽限制和优先级配置等方式，为不同的生产环节提供适合的网络控制功能和性能保证。在这样的架构下，柔性生产线的工序可以根据原料、订单的变化而改变，设备之间的联网和通信关系也会随之发生相应的改变。

云化机器人更高效安全

云化机器人的基本特征是位于云端的控制平台，利用人工智能、大数据等先进技术控制本地机器人执行任务，由于云化机器人要与云端平台进行信息量巨大的实时数据交换，因此，需要大速率、低时延、高可靠的无线通信网络支撑，而5G能够为数据交互提供高效通道，在以下三个方面赋能工业云化机器人。

第一，加强机器人之间的协同工作能力。5G为工业机器人之间的通信提供高速网络支持，使机器人具备自组织与协同能力。工业机器人可以通过相互合作，完成过去单个机器人无法独立完成的任务。另外，有更高权限的领导型机器人，能通过5G网络指挥一群执行型机器人高效完成任务。

第二，5G使机器人更加敏捷、安全地与工人协作。5G高可靠、超低时延的特性能使机器人实时感知工人的动作，灵巧地进行反馈与配合，同时始终与工人保持安全距离，保证人机协作的安全。

第三，5G能够实现机器人的远程实时控制。在高温、高压等某些不适合工人进入的特定生产环境，工人可以在监控中心通过5G网络对机器人进行实时远程操控，同步、安全地完成预定的工作目标。

工业AR/VR应用更稳定流畅

未来，工业AR将用于装配过程指导、设备检修等应用场景，通过虚拟影像与真实视觉叠加直观地呈现出操作步骤，帮助工程师缩短作业时间，降低错误率。工业VR将辅助工业设计，使远程的工作人员进入同一个虚拟场景中协同设计产品，也可以实现工厂的三维立体虚拟化展示，使管理人员全面了解工厂的生产情况。超高清AR/VR视频作为发展方向，其每秒产生的流量高达百兆以上，但是目前的4G或WiFi网络很难同时满足稳定、流畅、实时的视觉体验要求，而5G可以在以下三个方面赋能工业AR/VR。

第一，使工业AR/VR终端更加轻便、价格更低。在复杂多变的工厂环境中，AR/VR终端需要具备高级别的灵活性和轻便性。基于5G的工业云，AR/VR可以将数据和计算密集型任务转移到云端处理，终端仅保留连接和显示功能，大幅降低终端的重量以及造价。

第二，提升工业AR/VR设备的显示效果。5G网络高速率、大容量的特性将满足AR/VR中高清图像的海量数据交互需求，提升AR/VR设备的流畅度和清晰度，支撑8K分辨率、3D等极致显示需求，使更加复杂的渲染效果得以呈现，让使用者获得更好的视觉感受。

第三，提高工业AR/VR应用的交互体验。工业AR/VR的发展方向是使用者通过交互设备与虚拟或现实环境进行实时互动，5G将满足远程多人协同设计、虚拟工厂操作培训等强交互工业AR/VR应用的毫秒级低时延需求，增强用户与用户、用户与环境之间的交互体验。

实现海量数据的采集、传输与监控

在智能工厂中，生产数据的采集和车间工况、设备状态的监控愈发重要，能为生产的决策、调度、运维提供可靠的依据。虽然NB-IoT、Zigbee等无线技术已经在工业数据采集与监控中得到了一定程度的使用，但在传输速率、覆盖范围、延迟、可靠性和安全性等方面还存在各自的局限性。5G将在三个方面赋能数据采集与监控。

第一，实现工厂内海量数据实时上传。大连接、低时延的5G网络可以将工厂内海量的生产设备及关键部件进行互联，提升生产数据采集的及时性，为生产流程优化、能耗管理提供网络支撑。另外，工厂内大量的环境传感器可以通过5G网络在极短的时间内进行温度、湿度、亮度、空气质量、污染等信息状态的上报，使管理人员能够对厂房内的环境进行精准调控。

第二，支持超高清视频监控和机器视觉识别。5G网络能够将厂房内高分辨率的监控录像同步回传到控制中心，通过“5G+8K”超高清视频还原各区域的生产细节，为工厂精细化监控和管理提供支持。同时，智能工厂中产品缺陷检测、精细原材料识别、精密测量等场景需要用到视频图像识别。5G网络能保障海量高分辨率视频图像的实时传输，提升机器视觉系统的识别速度和精度。

第三，提升工厂设备远程运维能力。5G广覆盖、大连接、低成本、低能耗的特性有利于远程生产设备全生命周期工作状态的实时监测，使生产设备的维护工作突破工厂边界，实现跨工厂、跨地域的远程故障诊断和维修。

可以说，5G带来的变革不仅是生产过程的优化，如可控性的提高、运营效率的跃升、生产成本与能耗的降低等，未来，随着5G网络与制造业的融合走向纵深，更将带动一系列革命性的新产品、新技术和新模式在制造业中的普及。由此预见，在“5G+”时代，制造业智能化升级将更全面更深入，以5G为核心的融合创新，将成为我国制造业高质量发展的强大动力和有力支撑。

◇山西 刘凡渝(本文原载第34期2版)

Wifi 还是 WLAN?

设置
我的设备 MIUI 10.3.2
WLAN GYZX-1
蓝牙 已关闭

国行版（安卓、苹果都适用）

手机上网其实大多数时候还是通过 WiFi 实现的，不过还有些时候是通过连接 WLAN 上网的。那么手机连接着 WIFI 和 WLAN 会有什么不同？或者说 WIFI 和 WLAN 又有什么区别？

首先来讲一讲它们之间的关系，WIFI 是属于 WLAN 中的一种无线协议。WIFI 是一种无线联网技术，但是一种较短的无线技术，类似于蓝牙技术，它的覆盖半径最多在 100 米以内，一般距离越近，网络传输的越快，如果距离比较远了的话，其网速就会调整到 5.5Mbps、2Mbps 甚至 1Mbps，因此更适用于家庭或者小型办公室。

WLAN 则是无线局域网，在一段范围内传输或者共享网络，但是它和 WiFi 不一样，因为它的传输功率更大，覆盖范围更加广阔，更适用于学校、商场以及大型办公室。

WIFI 是属于 WLAN 中的一种无线协议，WLAN 应用的场景更为广泛，可以看 WiFi 的升级版。

另外还有个小窍门，我们可以利用“手机到底连着 WIFI 还是 WLAN”这一点的区别来辨别手机是国行还是非国行版本，防止自己上当受骗。因为我国规定，凡是国行版本的手机都必须同时支持 WIFI 和 WAPI 两种技术接入 WLAN 网络，如果手机只支持 WIFI 网络的手机不能上市。因此，如果你的手机连接无线时上面显示的是 WIFI，那么你的手机可以判定为非国行版本，所以我们可以根据这一点避免花冤枉钱。该如何查看自己的手机连接的是 WIFI 还是 WLAN 呢？操作方法很简单，只需打开手机上的设置，看一看连接无线功能的外面写着是 WIFI 还是无线局域网，如果是无线局域网说明是国行版的手机。这一点是不是很实用呢？（本文原载第36期11版）

海尔JSK3150-050电源板原理与维修(三)

(紧接上期本版)

3.主电源电路

海尔JSK3150-050电源板中的主电源电路如图7所示,由振荡驱动电路SSC9512(U3)和半桥式推挽输出电路Q5、Q7、开关变压器T3为核心组成。遥控开机后,启动工作,产生+24VD和+12VD电压,为主板和背光灯电路供电。

1)SSC9512简介

SSC9512是由Sanken公司开发的高性能SMZ的电流模式控制器,专为离线和DC-DC变换器应用而设计。它属于电流型单端PFM调制器,可精确地控制占空比,实现稳压输出,还拥有自动调节死区时间、共振偏离检测和众多保护功。内置Soft Start功能,具有输入欠电压保护、输出过压保护、过电流保护、过负载保护以及过热保护等。SSC9512引脚功能见表3。

表3 SSC9512引脚功能

引脚	符号	功能
①	VSEN	电压取样输入
②	VCC	电源供电输入
③	FB	稳压反馈输入
④	GND	接地
⑤	CSS	软启动电容
⑥	OC	过流保护检测
⑦	RC	外接RC电路
⑧	REG	门极驱动电路电源输出
⑨	RV	外接驱动脉冲输入电容
⑩	COM	接地
⑪	VGL	低端开关管激励脉冲输出
⑫	NC	未用空脚
⑬	NC	未用空脚
⑭	VB	内部高端开关管G极驱动
⑮	VS	外接推挽驱动管中点
⑯	VGH	高端开关管激励脉冲输出
⑰	NC	未用空脚
⑱	NC	未用空脚

2)启动供电过程

经功率因数校正电路产生的380V即PFC-OUT电压,一路加到半桥式推挽输出电路Q5、Q7;另一路经R32、R30、R24与R37分压后,加到U3的①脚启动供电端。遥控开机后,开关机控制电路Q8输出的VCC-LLC电压加到集成块U3的②脚,U3内部振荡电路便启动进入振荡状态,产生振荡脉冲信号。振荡电路产生的振荡脉冲信号经集成块内部相关电路处理后,U3的⑪、⑯脚就会输出极性相反的PWM脉冲,分别驱动Q5和Q7进入开关工作状态。在U3的⑯脚输出高电平时(即PWM脉冲的平顶期出现时),Q5导通,同时,U3的⑪脚输出低电平,故Q7截止,Q5导通时,PFC-OUT电压通过Q5的D-S极、T3的一次绕组、C49到地构成回路,并在T3一次绕组中产生④脚正,②脚负的感应电动势。在U3的⑯脚输出低电平时(即PWM脉冲的平顶期过后),Q5截止,同时,U3的⑪脚输出高电平,故Q7转为导通,从而使T3的一次绕组中感应电动势极性反转,又通过C49、Q7的D-S极构成回路,形成LC振荡,并通过T3的二次绕组向负载供电。当U3的⑪脚和⑯脚不断输出极性相反的PWM脉冲时,Q5和Q7就不断推挽输出,从而使主电源工作在开关振荡状态。

3)整流滤波输出电路

T3次级绕组的D17/D21/D19与C36//C37、L5、C38等用于+24VD整流滤波输出,主要为伴音功率输出电路和背光灯升压电路供电;D20/D22与C50//C51、L4、C58等用于+12VD整流滤波输出,主要为主板和背光灯驱动电路等供电。

4)稳压控制电路

稳压电路由误差放大器U5(AP431)、光耦PC3(LTV817MC)为核心组成,对主电源驱动电路U3的③脚内部振荡电路进行控制。当+12VD或+24VD电压出现波动时,通过U5、PC3将波动电压的差值信号反馈到U3的③脚,由U3的③脚内电路控制U3的⑪、⑯脚输出脉冲的占空比,以调整Q5、Q7的导通与截止时间,从而实现自动稳压的目的。

当+12VD或+24VD电压升高时,U5的导通阻值减小,PC3的导通电流增大,U3的③脚电压下降,U3的⑪、⑯脚输出脉冲占空比减小,Q5、Q7导通时间缩短,从而使二次整流输出电压下降,起到自动稳压作用。当+12VD或+24VD电压下降时,上述过程相反,也起到自动稳压的作用。

5)过压保护电路

该机原来设有以可控硅SCR1为核心的过压保护电路,见图7右部所示。当主电源输出的电压过高时,均会击穿各自检测电路的稳压二极管D10、D6,通过隔离二极管D11、D12向SCR1的G极送去高电平,SCR1导通,将开关机控制电路光耦PC2的①脚电压拉低,PC2截止,开关机控制电路Q3也截止,切断VCC-PFC和VCC-LLC供电,PFC电路和主电源电路停止工作。

二、电源电路维修提示

海尔JSK3150-050电源板发生故障,主要引发开机三无故障,可通过观察待机指示灯是否点亮,测量关键的电压,解除保护的方法进行维修。

1.三无、指示灯不亮

1)保险丝烧断

发生开机三无,待机指示灯不亮故障。先查保险丝是否烧断,如果保险丝烧断,说明电源板存在严重短路故障。先查市电输入电路和整流滤波电路是否发生短路漏电故障,再查PFC校正电路、主电源和副电源开关管是否击穿。

2)保险丝未断

如果测量保险丝未断,故障在副电源电路。测量PFC电路待机时输出的+300V是否正常,无+300V电压,查市电输入电路和整流滤波电路;有+300V电压输出,测量副电源U1的②脚有无启动电压,无启动电压,查②脚外部的启动电阻R18、R17、R20是否开路;查U1的⑤脚有无VCC电压,无VCC供电,查⑤脚外部的R25、D7、C24、D8等。如果副电源U1内部开关管击穿,注意检查T2初级并联的尖峰脉冲吸收电路元件是否开路。最后检查U1外围元器件是否正常,必要时再更换U1(STR-A6069H)。

2.三无、指示灯亮

1)查PFC和开关机电路

发生开机三无,待机指示灯亮故障,多为主电源故障。二次开机后,测量P-on/off是否为高电平,如果为高电平,首先测量PFC电路输出的+380V电压和测量U3的②脚VCC-LLC供电。如果380V供电仅为300V,则是PFC电路未工作,首先检修PFC电路。如果无VCC-LLC供电,查开关机控制电路Q6、PC2、Q3和Q9、Q8组成的VCC-LLC控制电路。

2)查主电源电路

上述供电正常,测量U3的⑪、⑯脚有无激励脉冲输出,无激励脉冲输出,查U3及其外部电路;有激励脉冲查⑪、⑯脚外接的半桥式输出推挽电路Q5、Q7和T3次级整流滤波电路。更换U3芯片时,一定注意不要损坏印制电路,拆卸时应小心周围元器件不被弄丢。

三、电源板维修实例

例1 电源指示灯不亮,不能开机

电源指示灯不亮,不能开机,一般是+5VS电源电路有故障或电源熔丝烧断。但在开壳检修前可先检测一下电源插头两极间的阻值,结果其正、反向阻值正常,因而说明机内供电系统中无大功率短路元器件。拆壳后检查,U1已损坏。但检查其他元器件未见异常。根据检修经验,将U1换新后,故障彻底排除。

例2 开机三无,电源指示灯不亮

该机是市电突然升高造成的损坏。拆机观察副电源厚膜电路U1炸飞,①脚接地电阻R6烧毁。更换U1和R6后,通电试机有5VS输出。12VD输出接一5W/12V灯炮,开机脚与5V短接后,通电测量12VD和24VD输出电压正常,但通电试机几分钟后U1再次炸裂,估计有故障元件未能排除。仔细检查副电源器件,发现尖峰脉冲吸收电路的C17裂纹,容量失效。更换C17、U1、R6后,故障彻底排除。

例3 开机三无,电源指示灯亮

指示灯亮,说明副电源正常,遥控开机测量主电源无电压输出,测量PFC电路输出电压PFC-OUT仅为300V,说明PFC电路未工作。测量PFC驱动电路U2的⑧脚无VCC-PFC电压供电,检查开关机控制电路,P-on/off为高电平,Q3的D极VCC供电正常,但S极无电压输出,怀疑Q3内部开路。更换Q3后,故障排除。

(全文完)

◇海南 孙德印

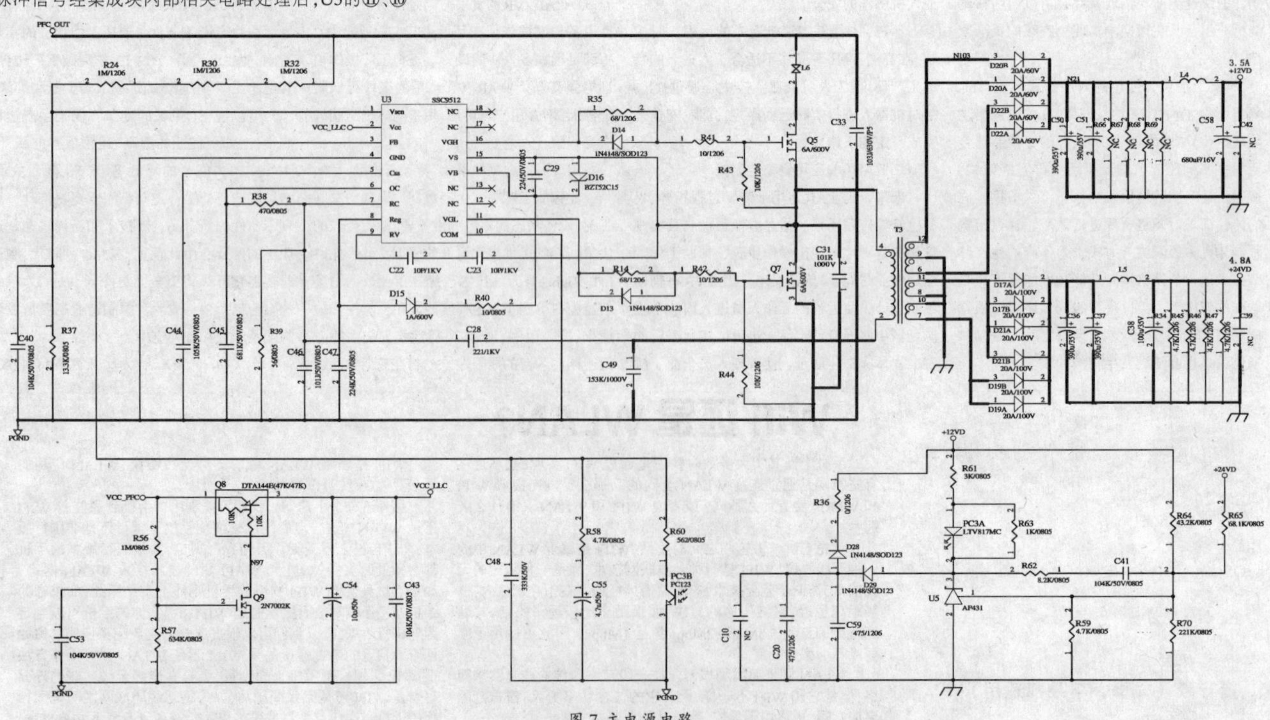

图7 主电源电路

"原版"打印PPT技巧二则

有时我们需要将PPT讲义的所有内容进行"原版"打印，但PPT课件本身的页数又比较多（比如几十页），特别是个别页面所保存的可能只有一两行标题内容，如果不做任何设置改动而直接打印的话会非常浪费纸张。其实解决这样的问题非常简单，在此与大家共享二则打印"原版"PPT的技巧。

【技巧一】通过PPT的"打印版式"来实现

在PPT中执行"文件"-"打印"菜单命令，默认情况下进行打印是"每页打印1张幻灯片"，点击其右侧的小黑三角图标选择第二个"讲义"区域的"6张水平放置的幻灯片"项，同时最好点击选中下方的"幻灯片加框"项；最下方的"颜色"区域默认的是PPT原色彩打印，如果只是通过打印来进行讲义文字阅读的话，最好在此设置为"灰度"或是"纯黑白"，这样在黑白打印机上同样会得到比较清晰的显示效果。如此设置之后，PPT就会先模拟显示出待打印的效果（如图1所示）：一张A4纸上横向有序打印6张带边框的幻灯片，最后点击"打印"按钮即可。

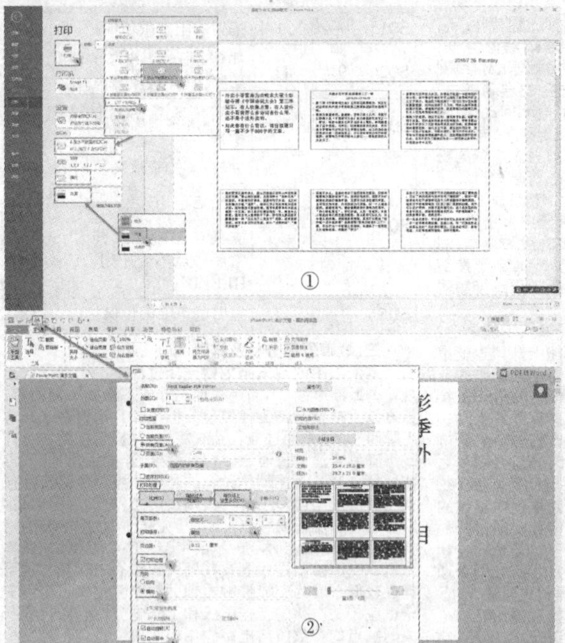

①

【技巧二】通过PDF软件的"打印处理"来实现

如果觉得PPT本身所提供的"打印版式"选项中没有自己所需要的样式，那就需要借助于第三方的PDF软件来进行更为自由的打印设置。首先需要将原PPT讲义通过执行"文件"-"导出"-"创建PDF/XPS文档"菜单命令，生成对应的PDF文件；接着调用福昕PDF阅读器软件打开这个PDF文件，点击"打印"图标，弹出"打印"设置窗口，默认情况下也是进行所有页面的等比例打印（跟PPT是一样的）；点击切换至"打印处理"区域的"每张纸上放置多页"项（默认是"比例"项），在下方的"每页版数"中进行自定义设置（比如3行3列）、打印顺序为"横向"、"打印边框"、"自动旋转"和"自动居中"项均保持默认的选中状态（其他选项保持不变），此时右侧的"预览"区域中会实时显示出模拟打印效果（如图2所示），最后点击"确定"按钮进行打印。

②

◇山东 牟晓东

给平板电脑做一只简易助音箱

一般的平板电脑伴音音质呆板、生硬、单调，系由于平板电脑本身厚度与空间设计所限制。从耳机插口连接有源音箱或使用蓝牙音箱均比较麻烦，移动起来不甚方便。遂一直琢磨怎么能够用比较简单方便的方法让平板电脑的伴音稍稍改善一些，活泼起来。

利用一节PVC塑料管，简单处理加工修饰，便是一只简易的助音箱，将其卡在平板电脑上，使它的伴音有所变化，音质稍稍能够柔和、活泼一些。

制作方法如下：

1. 选择直径50mm，管壁厚度2mm，长130mm~150mm的PVC塑料管一根；

2.用钢锯垂直锯一直线口子，再用锉刀小心打磨锯开的直线口子，去、倒毛刺，精修边角，使直线的开口处达到约有3mm的宽度（如图1所示）；

3. 找一些小的块状海绵或团状腈纶棉之类的吸音材料塞入塑料管中间，作为改善音质之用。

4.利用PVC的塑料管的"张"性，直线开口处约3mm，形成塑料管的截面"C"形状，且有一定的弹性"松紧"张度，便于能够稳定地卡在7mm~10mm左右厚度的平板电脑上使用。

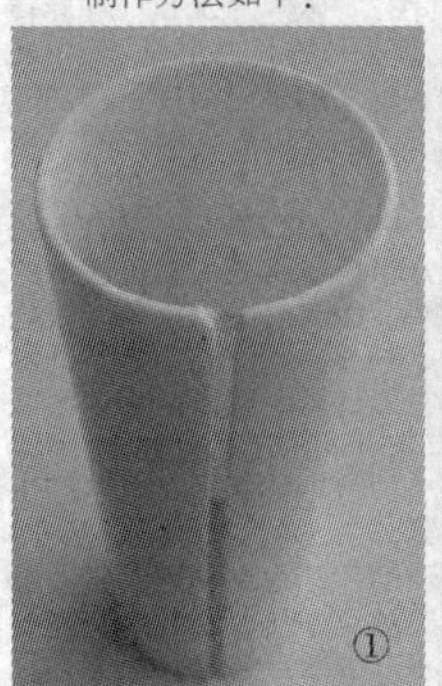

①

②

一只平板电脑简易助音箱做好了，将其沿直线的缝隙插入平板电脑的伴音输出孔一侧（如图2所示），打开平板电脑看电视剧、听音乐，其音质会有改善，音量也会提高一些。

曾在此助音箱的塑料管壁上钻了直径0.5mm发音孔数百只，管的两头也采用封头方式，形成密闭，其音质效果比较与此简约款式差不多，遂放弃。

◇南昌 高福光

解决Watch OS 6无法与iPhone配对的问题

很多朋友已经将Apple Watch的OS版本更新至6.0，iPhone也已经同步更新至iOS 13，但Watch与iPhone配对却始终无法成功。抹除Watch之后尝试重新配对，但配对十分缓慢，耐心等待配对完成之后，Watch却无法使用，只能重新启动，重启之后又提示需要重新配对，进入一个令人抓狂的死循环…

解决的办法很简单，首先再次抹除Watch（在配对时大力按压屏幕即可出现抹除的选项），接下来在iPhone端进入"Watch"界面解除配对，进入配对的欢迎界面，在提示让你将iPhone与Watch靠近时，点击右下角的"i"按钮，选择语言和地区（如附图所示），使用手动配对的方式，不要使用摄像头扫描，很快就可以配对成功，配对成功之后暂时不要设置密码，按照正常的步骤操作就可以了。

◇江苏 王志军

学修iPhone手机排除故障六则

笔者通过边学边实践（又加试验，好与坏对比，点与点对比），将排除智能手机人为故障与普通常见毛病的实例整理出来，以供大家参考。

一、iPhone4S智机，无蓝牙故障的排除

一部iPhon4S手机，用户称此机曾修理过，更换了WiFi模块之后蓝牙无法打开，也找其经营商无果。

分析检修：拆机重新检查，怀疑更换无线模块后造成人为故障。重点检查WiFi模块周围相关元器件，仔细查看主板WiFi模块其周边，果然发现一电阻脱落，查资料得知，该电阻为R108-RF/（100kΩ1/32W），系蓝牙唤醒信号下拉电阻，如果该电阻开路，则会引起无蓝牙问题。试验用一支110kΩ1/16W微碳膜电阻替换后，开机蓝牙打开，连接也正常，故障排除。

二、iPhon4S智机显示屏背光灯不亮故障排除

一部二手iPhon4S智机，手机背光灯不亮，在灯光底下可以隐约看到图像。

分析检修：先询问用户得知，该机没有摔过和进水，说以前进过水一直用得好好的，最近才出现此现象。据此描述应判断是时间久了机内主板有局部腐蚀才出现问题的，继而拆机，采用直观检查法，仔细检查发现，显示屏座子右下角已经局部腐蚀，清洗干净后，在放大镜下仔细观查，发现一电感（FL4）一端底部腐蚀脱落，小心刮其处理干净，补焊后，试机一切功能正常。

三、iPhone5智机无送话故障修理

用户的一部iPhone5手机，曾修过不充电问题，更换完尾插后，不充电故障排除，但是出现了不送话故障现象。

分析检修：据用户描述的问题，此问题是人为造成的概率非常大，考虑需要检查尾插排座周边元器件。拆机直观检查尾插排座附近，用放大镜仔细观查，发现送话器偏压供电电感FL49被拆掉，将其短接后，开机故障排除。

四、iPhone4智机，WiFi信号弱故障排除

一部iPone4智能手机，使用过程中不慎摔到地上，之后发现此机WiFi信号弱的故障现象。

分析检修：据原理得知，引起WiFi信号弱的问题，主要有两个方面引起的：一是iPhone4盖板上最长的那根螺丝，螺丝底下的接触点就是WiFi的天线触点，如果接触不好就会引起信号弱；二是WiFi信号接收滤波器L18不良。拆机壳进行检查，仔细检查天线触点、屏蔽框（系银色的金属半圆框）及相关连接点，均无发现异常。继续再查滤波器L18-RF（LFD181G57DPFC087），发现⑤脚已开路了，故此造成WiFi信号中断。

应急处理，将其输入脚③脚与⑤脚短路，故障排除。

说明：实践证明，在实际修理中，手头若无L18-RF滤波器，只要将其③脚、⑤脚短接，即可恢复WiFi正常功能。

五、iPhoe4手机，开机一直搜索网络故障现象的排除

一部iPhone4二手智能机，使用过程发现电池待机时间短，用户从网上买了一块自己更换，结果换电池之后，不知何原因？开机一直搜索网络。

分析检修：此故障现象，一般怀疑是射频电路出现问题。试用相同手机对比试验，结果并非如此，殊不知iPhone手机要想出现信号，必须要先同步时间才行（内部系统日期、时间一致性）。经检查发觉，该机内原系统日期是1999年，重新设置（调整时间）后试机，约60秒时间信号满格，反复试之，结果都正常，故障排除。

又如：iPhone4S不开机，实践得知，此类机型智机，常因电源电池问题所致。在维修开机电路故障之前，首先要排除电池问题，如果显示"不支持用此配件充电"，一般为电池电量过低或电不足，所以将电池拆下后，试用电源电压相同稳压电源进行充电激活后就OK!

对于新购机，一般出厂机配套的电池质量经质检验合格，问题不大，但需激活后使用，并按说明书上规定充电，可以延长其使用寿命。

六、iPhon5、iPon5S、iPone4S不识卡故障速排除

这几个机型的手机，使用日久，用户常反映机不识卡问题，有的更换SIM卡以后，还是不能读出卡来。

修理实践得知，如果未渗水、没摔碰，则手机安装SIM卡后，屏左显无SIM卡，还原设置重启手机皆没用，常因机内SIM卡槽弹片接触不良或松动、弹性不佳所致。修理不必"大动干戈"！有条件下，自己可动手速排除：试用磁化尖头小镊子小心把卡槽弹片拨正，微增加弹力，使其接触良好即可。

◇山东 张振友

Z3040型摇臂钻床摇臂升降故障维修1例

一台Z3040型摇臂钻床使用过程中，在需要操作摇臂上升或下降时，动作断断续续，很不稳定。

为了维修该故障，这里首先介绍该钻床的基本功能、相关电路工作原理，进而找出摇臂升降故障的原因，并给出解决方案。

一、Z3040型摇臂钻床的基本功能简介

Z3040型摇臂钻床是一种用途广泛的机床，可以钻孔、扩孔、铰孔、攻螺纹及修刮端面等多种加工。Z3040型摇臂钻床的主轴可以在水平面上调整位置，使刀具对准被加工孔的中心，而工件可以固定不动。钻床的摇臂可以根据加工需求上升或下降。摇臂钻床由底座、工作台、立柱、摇臂、摇臂升降电机和主轴电机等部件组成，如图1所示。

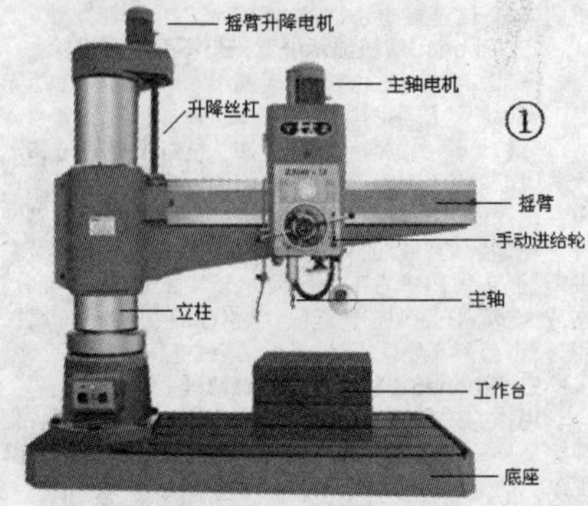

二、Z3040型摇臂钻床的电路原理分析

Z3040型摇臂钻床的电气控制电路见图2。

1.主电路工作过程

Z3040型摇臂钻床的一次电路工作电源由开关QS1引入。熔断器(熔丝管)FU1作为整机的短路保护。M1是主轴电动机，该电动机直接启动，单向运转，由接触器KM1控制其运行或停止，使用热继电器FR1对其进行过载保护。M2为摇臂升降电动机，由接触器KM2和KM3控制其正反转。由于该电动机为短时工作制，所以未设置过载保护。M3为液压泵电动机，为了能使主轴箱和立柱松开与夹紧，该电动机由接触器KM4和KM5控制其正反转。M3使用FR2进行过载保护。M4为冷却泵电动机，由于其电功率较小，所以使用手动旋转开关SA对其进行操作控制，也未设置过载保护。

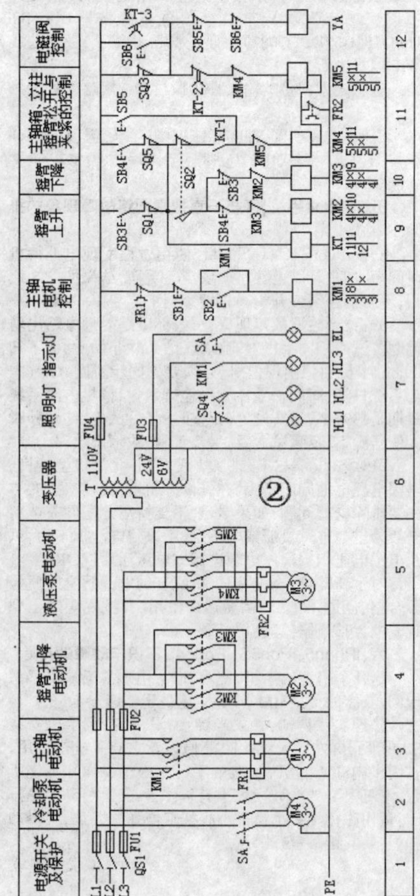

2.控制电路分析

由于本文涉及的故障在摇臂升降电路，所以下边主要分析这部分电路的工作原理。

2.1 摇臂上升控制

摇臂升降的前提条件是液压泵电动机M3先启动运转，经液压系统将摇臂松开，然后才能启动摇臂升降电动机M2驱动摇臂上升或下降。摇臂升降到位后，停止升降电动机M2，通过液压系统将摇臂夹紧，之后停止液压泵电动机M3的运行。

SB3和SB4是摇臂升降电动机M2的点动控制按钮，按住上升按钮SB3(在9区)，时间继电器KT线圈得电，其瞬动常开触点KT-1(在11区)闭合，接触器KM4线圈得电，其主触点(在5区)使液压泵电动机M3启动正转，供出压力油。同时，时间继电器KT的通电瞬间动作、断电延时复位的常开触点KT-3(在12区)闭合，电磁铁YA得电，控制压力油经二位六通电磁阀进入摇臂的松开油腔，摇臂开始松开。摇臂松开后，摇臂结构自动压下限位开关SQ2，其常闭触点(在11区)使接触器KM4线圈失电，液压泵电动机M3停转，液压泵停止供油。SQ2的常开触点(在9区)使接触器KM2的线圈得电，摇臂升降电动机M2正转，拖动摇臂上升。此时由于按钮SB3仍处于压下状态，其常闭触点断开，所以接触器KM3的线圈不能获得电源。

如果摇臂未曾松开，则SQ2的常开触点不能闭合，接触器KM2的线圈不能得电，摇臂不能上升。也就是说，摇臂在夹紧状态未松开时，是不会有上升动作的。

当摇臂上升到所需位置时，松开点动按钮SB3，接触器KM2和时间继电器KT线圈失电，摇臂升降电动机M2停转，摇臂停止上升。时间继电器线圈失电后，断电延时复位闭合的常闭触点KT-2(在11区)延时1~3秒后闭合，接触器KM5的线圈得电，液压泵电动机M3反转，供给压力油。位于12区的时间继电器断电延时复位的常开触点KT-3在延时1~3秒后断开，但此时限位开关SQ3的常闭触点在摇臂未夹紧的情况下，处于闭合状态，所以电磁铁YA仍能得电，控制压力油经二位六通电磁阀进入夹紧油腔，将摇臂夹紧。摇臂夹紧后，位于11区的限位开关SQ3常闭触点断开，接触器KM5和电磁阀YA失电，电磁铁YA复位，液压泵电动机停转，完成了摇臂松开、上升及其夹紧的整个动作过程。

摇臂上升到极限位置，操作人员仍未松开点动按钮SB3时，摇臂装置将触及限位开关SQ1(在9区)，强行切断接触器KM2的线圈电源，电动机M2停转，使设备免受误操作的影响。

2.2 摇臂下降控制

按下摇臂下降点动按钮SB4，时间继电器KT线圈得电，之后的动作过程与摇臂上升非常类似。区别是，按压上升点动按钮SB3(在9区)之后，由于SB3的常闭触点(在10区)断开，所以接触器KM3线圈不能得电，只有KM2线圈得电，使得摇臂升降电动机M2正转，拖动摇臂上升。如果按压按钮SB4，则得电的是接触器KM3的线圈，摇臂升降电动机反转，摇臂下降。

因此，按钮SB3是摇臂上升的点动按钮，SB4是摇臂下降的点动按钮。

2.3 钻床摇臂升降电路中使用的时间继电器

一般电气控制电路中使用的时间继电器，线圈通电延时的比较多，即延时时间从时间继电器线圈通电开始计时，延时时间到，常闭触点断开，常开触点闭合。而该摇臂钻床使用了一款线圈断电延时的时间继电器，即线圈通电时所有各种类型的触点均瞬间动作，线圈断电时，瞬时动作触点立即动作复位，而延时触点则在延时结束时复位。

图3示出了几种时间继电器的图形符号。图3(a)是通电延时型时间继电器的线圈与触点的图形符号，图3(b)是断电延时型时间继电器的线圈与触点的图形符号，图3(c)是线圈通电与断电触点均延时动作的时间继电器的图形符号，图3(d)示出的时间继电器属于断电延时型，但它有一个瞬时动作的常开触点，该触点在线圈通电时立即闭合，线圈断电时瞬间断开。Z3040型摇臂钻床正是使用了图3(d)所示的一款时间继电器，其型号为JS7-4A，该继电器为断电延时型，但它除了有断电延时常开触点(图2中位于12区的KT-3)和断电延时常闭触点(图2中位于11区的KT-2)各一对外，还有瞬时动作的常开触点(图2中位于11区的KT-1)和常闭触点(未使用)各一对。对这种时间继电器的触点动作情况有所了解后，分析图2所示的钻床电路图工作原理会方便很多。

(a) (b) (c) (d)

③

(a)线圈通电延时型 (b)线圈断电延时型

(c)通电断电均有延时型

(d)通电断电延时，且有瞬动触点

2.4 Z3040摇臂钻床使用的限位开关

为了提高操作的自动化程度，摇臂钻床使用了5只限位开关SQ1~SQ5，这些限位开关在电路控制中发挥了重要作用。它们在电路中的功能介绍见表1。

表1 Z3040型摇臂钻床电路图中使用的限位开关

编号	在电路图2中所处的区号		功能说明
	常开	常闭	
SQ1	——	9	摇臂的上升限位保护。
SQ2	9	11	摇臂松开后，SQ2的常闭触点断开，常开触点闭合。
SQ3	——	11	摇臂夹紧后，SQ3的常闭触点断开。
SQ4	7	7	立柱与主轴箱夹紧时，SQ4的常开触点受压闭合，指示灯HL2点亮； 立柱与主轴箱松开时，SQ4的常闭触点不受压闭合，指示灯HL1点亮。
SQ5	——	11	摇臂的下降限位保护

三、故障原因分析及排除

本例故障的现象是摇臂升降过程中，摇臂动作无规律的断断续续，不能持续地上升或下降到所需位置。根据以上摇臂升降工作原理分析可知，摇臂在上升或下降时，必须先通过液压系统将摇臂松开；摇臂在上升或下降到合适位置时，经过时间继电器的适当延时，再将摇臂夹紧。上述动作过程涉及到的控制电路元件包括，时间继电器KT及其三对触点；交流接触器KM2~KM5的线圈及辅助触点；行程开关SQ1~SQ3和SQ5的常开触点、常闭触点。从涉及元件出现不可靠动作的概率分析，交流接触器线圈及其辅助触点的出现异常的可能性较低，因为交流接触器辅助触点额定参数均可安全适应相关电路的工作电压和工作电流。另外，行程开关的触点的参数值与电路应用相比较，也是相对安全的。而Z3040摇臂钻床使用的时间继电器JS7-4A，其触点额定控制容量仅为100VA，推测其出现触点粘连、氧化、接触不良、抖动等故障的几率较大。

由于摇臂钻床的电器元件安装较为紧密，测量检查不是很方便，于是准备逐次更换可疑元件的方法排除故障。首先更换时间继电器，之后通电试验，居然一举将故障排除。摇臂升降过程恢复稳定正常。

从图2电路分析可见，由于时间继电器延时触点使用年久，导致触点接触压力不足或抖动，致使摇臂在上升或下降过程中被再次夹紧，受到震动后又能松开，使得上升或下降过程断断续续，不能正常动作，这就是出现本例故障的原因。

四、图2中的电路分区及继电器触点分布

机床电路图中通常给出区域标号，作用是便于检修人员快速查找到控制元件的触点位置。为了达到这个目的，机床电路图中通常还给出继电器或接触器的触点所处的区域号，如本文图2所示。图2的右侧(旋转90°后就是下侧)有12个大小不一的长方形框，其中标注有1~12等数字，这些数字标注的是电路中不同功能电路的区域编号。例如区域2是冷却泵电动机的主电路。

在图2右上角位置(旋转90°后就是右下角)有一组表示继电器、接触器触点分布在电路图中某一区域的标记符号，现用图4给以说明。图4(a)中用一条竖线将继电器常开触点与常闭触点分开，竖线左边是常开触点所处的区域编号，竖线右边是常闭触点所处的区域编号。由于继电器通常只有常开和常闭两种触点，所以标记中使用一条竖线。当然这个标记应画在电路图中相应继电器下方的适当位置。

接触器的触点除了有辅助常开触点和辅助常闭触点外，还有主触点，共有三类触点，所以图4(b)中交流接触器的触点使用两条竖线将三类触点分开。如果标记中的三类触点如果没有完全使用，则未使用的触点类别位置空缺，或者使用符号"×"去填充那些未使用的触点位置，而将使用的触点类别标注在竖线旁边，读图时只要观察到哪条竖线旁有数字，就会知道这些数字代表的是主触点、辅助常开触点或者辅助常闭触点，并根据数字从电路图中找到这些触点所处的位置。

◇山西 杨德印

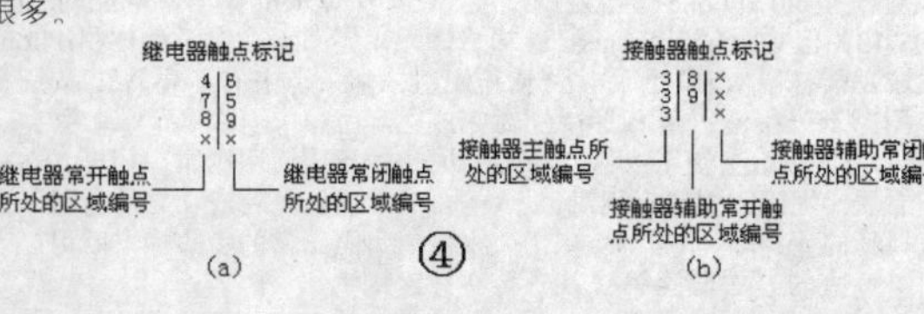

简化嵌入式视频接口的测试

视频接口在所有类型的嵌入式平台中都很常见，从单板计算机到IIoT(工业物联网)设备都可能用到。然而，在使用传统方法时，生产测试界面从模拟或数字前端到处理单元的数字视频输入的完整路径在复杂性和时间方面都具有挑战性。本文介绍一种更简单的嵌入式视频接口的测试方法。

嵌入式平台上的典型视频前端和生产测试设置环境中的数据路径通用流程如下所示(图1)。

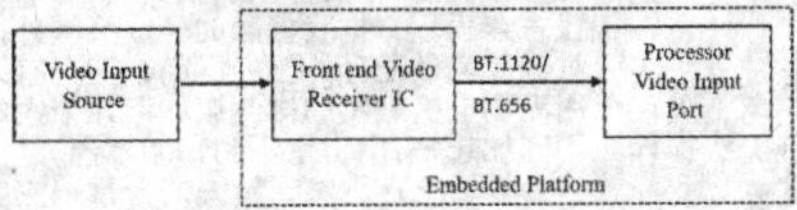

图1 嵌入式平台的测试设置和视频前端

视频前端包括视频接收器IC，可以是ASIC，也可以实现为FPGA内部的RTL IP。该ASIC/FPGA的输出通常是BT.1120/BT.656标准格式的并行视频总线，连接到处理器视频输入端口。生产测试软件的目的是确保完整的视频路径没有任何与装配相关的问题，例如在多条信号线之间保持高电平或低电平或短路的线路。

用于视频接口生产测试的常用技术包括主观评估和固定视频数据模式利用。在主观评估中，测试者捕获几秒钟的测试视频并在视觉上将捕获的图像与测试图像进??行比较。这种技术的缺点是它需要人为干预并且需要解释。例如，如果视频数据总线的较低位被卡在低位，那么即使像素值可以减少1，这种微小的视觉变化也难以通过手动检查来感知。

使用来自视频输入源的固定视频数据模式（例如彩条模式）提供了进行更定量测试的机会。系统捕获一些视频数据帧并将其与固定视频数据模式进行比较。这种比较可以使用诸如MD5之类的校验和来快速完成，因为捕获的视频帧应该像素对应地与正在播放的固定视频数据模式帧匹配。

这种技术的缺点是固定的视频图像源，例如视频播放器，并不容易用于所有可能的前端视频接口和标准。围绕此限制的常见方法是使用可用于一个标准的播放器，然后使用转换器将其更改为所需的标准和接口。然而，这些转换器在从一个标准变为另一个标准时改变像素值。例如，在从HDMI转换到3G-SDI接口时，视频数据从RGB888转换为YUV422表示。这导致像素值的改变，从而产生识别出错误。

但是，还有另一种方法可以对视频路径进行生产测试。要理解这种技术，首先要了解路径中使用的并行视频接口格式BT.1120/BT.656的一些基本概念。

BT.1120是一个16位并行接口，它使用嵌入在视频数据流中的代码来区分活动(可见)和消隐(不可见)视频片段。相同的概念适用于BT.656，唯一的区别是BT.656是8位并行总线。下图显示了一个隔行扫描视频帧中像素的划分。

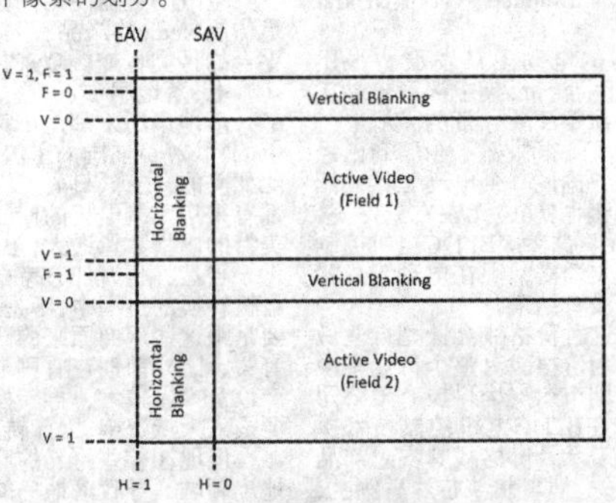

图2 完整的数字视频帧

每个活动的视频像素行由活动视频(EAV)结束和活动视频(SAV)代码的开始划分。这些代码基于当前有效线的H(水平同步)，V(垂直同步)和F(场)值，也称为定时同步信号。SAV和EAV代码长度为四个字节，数据模式为“FF 00 00 xy”，其中“FF 00 00”是前导码，xy是包含定时同步信号和四个错误检测/校正位的状态字。下表显示了如何生成SAV和EAV代码。

SAV/EAV	D7	D6	D5	D4	D3	D2	D1	D0
Preamble	1	1	1	1	1	1	1	1
	0	0	0	0	0	0	0	0
	0	0	0	0	0	0	0	0
Status word	1	F	V	H	P3	P2	P1	P0
P3 = V ⊕ H　P2 = F ⊕ H　P1 = F ⊕ V　P0 = F ⊕ H ⊕ V								

图3 SAV和EAV代码生成

这些代码是检查视频数据路径完整性所需的全部代码;视频本身并不重要。如果数据路径中存在生产错误，例如短路，开路或固定故障，则EAV和SAV代码将与预期值不匹配。

可以扩展上述方法以帮助测试视频输出接口;只需将它们连接到视频输入界面即可。这样做的缺点是，如果出现错误，我们将不知道错误是在输出还是输入接口路径中。需要更多测试来找出具有错误的特定接口。

我的公司已经广泛使用这些方法来测试它开发的硬件板上的视频接口。该方法大大缩短了视频接口的整体测试时间，从而降低了电路板测试成本。

◇湖北 朱少华 编译

使用宽带隙器件构建高效的双向电源转换器

许多功率转换任务涉及获取输入电压并将其转换为不同的输出电压，该输出电压通常已经稳定，从AC转换为DC(反之亦然)，然后进行电流隔离。当您使用交流电源适配器为手机充电或使用逆变器将DC从汽车电池转换为交流电源时，会发生这种情况。

这些是单向转换，但对替代能源方案和电动汽车(EV)的兴趣日益增加意味着人们越来越关注能够使电力在两个方向上有效流动。这可能是有用的，例如，在光伏电池装置中，其中过量的DC太阳能电力在白天被馈入AC电网，然后当本地蓄电池耗尽时，它们可以通过双向转换器从电网充电/逆变器。另一个例子是电动汽车(EV)，其中双向DC-DC转换器将400V牵引电池电压降至12V以驱动辅助设备，但如果牵引电池的电量过低则将12V转换回400V(见图1)。

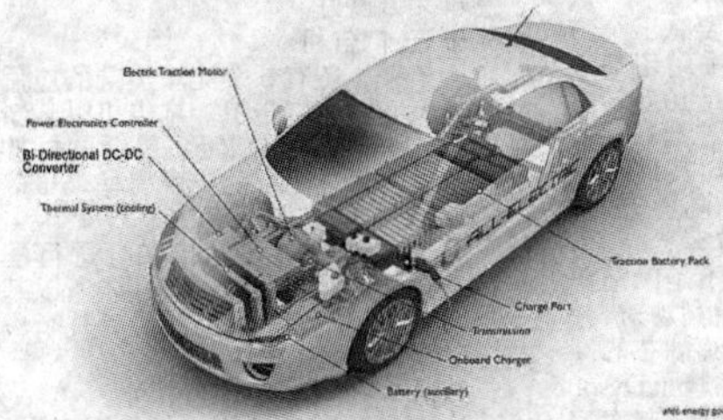

图1 典型的电动车电池系统

这种往返电池的双向能量流需要仔细管理。广泛用于汽车的12V铅酸电池需要受控的电流直到它们完全充电，然后是涓流电流。相比之下，用于电动汽车牵引的400V锂离子电池阵列需要精心控制的恒定电压。

构建双向转换器

如果在每个方向的转换中损失大量能量，那么以这种方式使能量流入和流出电池几乎没有意义。这意味着使用高效的电源转换器，通常会增加电路复杂性。通过将“反并联”的两个单向转换器与激励其中一个或另一个的感测电路连接起来，可以进行到一半。这可能很容易，但这意味着组件数量，成本增加了一倍，并且在车辆应用中显著增加了重量。更优雅且更具有成本效益的方法是将电源组件配置为在两个方向上运行。

考虑400V牵引电池和12V辅助电池之间的隔离双向能量交换，从400V转换到12V的首选功率级拓扑是全桥，它可以限制开关应力并有效地使用隔离变压器。输出级是双相整流器，可最大限度地减少电路应力和元件数量，如图2a所示。

可能不清楚12V电源如何转换回400V，但图2b显示12V输出二极管可以用同步整流器代替，开关Q1-4可以关闭，实际上只留下它们的体二极管D1-D4在电路中。但是，从右到左读取电路，看起来很熟悉:带有全桥输出整流器的电流馈电推挽式功率级。功率元件和磁性元件是相同的，但不同地用于设定能量流动的方向。Q1-Q4也可以作为同步整流器主动切换以提高效率，尽管在400V时这样做的增益可能有限。

实现高效的双向电源转换需要复杂的控制芯片，这些控制芯片通常位于低压侧，因此它们可以方便地从12V电池获取启动电源。如果转换器的高压侧采用相移全桥拓扑结构，则控制IC可以使用简单的变压器轻松地通过隔离栅传递栅极驱动信号。由于信号具有固定的宽度，仅相对于彼此进行相移以提供调节，因此变压器不会面临可变脉冲宽度的问题，从而导致不同的峰值正和负栅极电压。

可以使用AC-DC转换器进行类似的练习，将有源桥式整流器配置为逆变器的支路，用于反向能量流动。一种现代方法是使用图腾柱整流器和功率因数校正级，可以很容易地重新配置为逆变器，如图3所示。

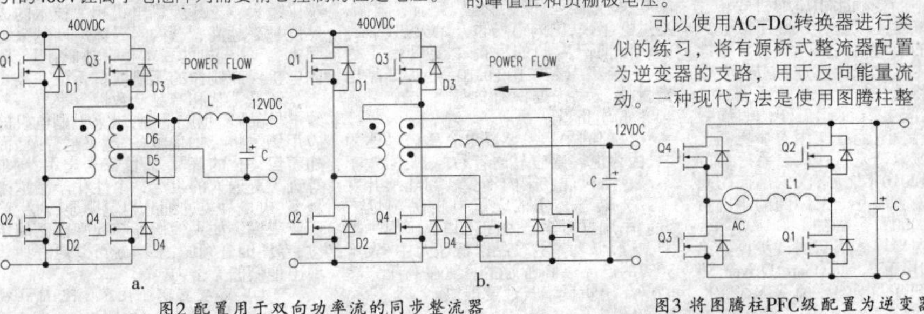

图2 配置用于双向功率流的同步整流器

图3 将图腾柱PFC级配置为逆变器

功率转换中的宽带隙器件

宽带隙(WBG)碳化硅(SiC)和氮化镓(GaN)半导体体现在可用于替代硅器件。作为开关，它们提供比硅材料更低的导通电阻，更快的开关速率和更高的温度操作。分立式SiC二极管不会受到反向恢复电荷的影响，并且可以在高电压下工作。SiC开关具有快速体二极管，并且坚固耐用，具有高雪崩能量和出色的短路电流额定值。有JFET，MOSFET和级联的SiC版本-Si-MOSFET和SiC JFET的常关组合，具有接近理想的开关特性(图4)。

WBG器件特别适用于需要考虑效率和尺寸的双向转换器。当在高频下工作时，快速切换边缘导致低损耗，这反过来允许使用更小的无源元件。

如果图2b中电路的开关Q1-Q4配置为同步整流器，而不是将它们关闭并允许其体二极管充当整流器，则可以使用高压Si-MOSFET实现它们。然而，这些器件具有比SiC更大的传导损耗，以及可能导致器件故障的差的体二极管反向恢复特性。另一方面，额定高电压的SiC级联仍然具有低压Si开关的体二极管特性，具有非常低的正向压降和快速恢复，从而实现低损耗操作。

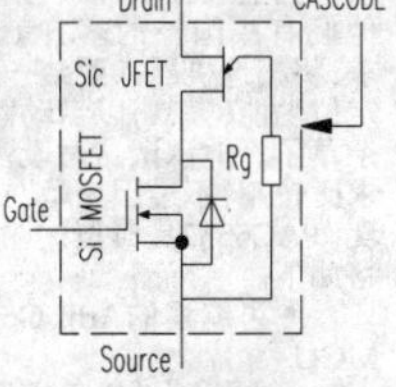

图4 Si-MOSFET和SiC JFET的共源共栅配置

如果全桥Q1-Q4用作功率级，它通常将以带有相移控制的谐振模式运行。这种方法可提供高于几百瓦的最佳效率，并在开关打开时实现零电压开关，外部电感与变压器的电容和开关的输出电容COSS共振。SiC器件，特别是级联，具有非常低的COSS值，因此设计人员可以使用相对较小的外部电感来实现谐振，这有助于增加占空比范围和/或最大开关频率。

SiC和双向功率转换相互补充

SiC器件在双向功率转换策略中运行良好，并具有实现低损耗的正确特性。UnitedSiC提供各种SiC二极管，SiC JFET和SiC FET级联，并提供大量有用的应用数据。

◇湖北 朱少华 编译

当前BLDC电机的15类应用归纳

虽然电机的历史已经超过百年，但是无刷直流(BLDC)电机的历史不过50年的历史。随着永磁新材料、微电子技术、自动控制技术，以及电力电子技术，特别是大功率开关器件的发展BLDC电机得到了长足的发展。现在，BLDC电机已经在军事、航空、工业、汽车、民用控制系统，以及家用电器等领域都有广泛的应用。

2018年全球BLDC电机市场的规模为153.6亿美元，据《电子发烧友》估计，未来几年的市场增长率为6.5%左右，预计2022年BLDC电机市场规模将达197.6亿美元左右。这主要是由于全球各国的能效标准变得越来越严格；BLDC电机相关技术变得越来越成熟，比如说锂电池的价格更加亲民，国内半导体厂商逐渐强大，元器件成本降低；以及BLDC电机驱动电路成本的下降，无刷电机与有刷电机相比，因为多了驱动电路，增加了电气元器件，特别是在初期电机本体与驱动电路的价格大约为1:10，高昂的价格制约了无刷电机的发展。但近年来，随着技术的进步电机本体与驱动电路的价格比已经降至1:1~3，这为无刷电机的大规模应用创造的先决条件。

BLDC电机的应用场景越来越多，<电子发烧友>根据晶丰明源半导体有限公司电机系统负责人钱志存的演讲与市场观察，总结了目前BLDC电机的15大热门应用。

一、吸尘器/扫地机器人

吸尘器和扫地机器人是BLDC电机应用中备受重视的一个领域，目前新型的吸尘器和扫地机器人主要以Dyson和莱克等为代表。

这几年来，心尘器的开发热点主要集中在高速电机上，各个厂家的方案有所不同，其中Dyson以单相高速电机为主，国内很多厂家为了规避专利，以三相居多。另外，Nedic直接开发性价比很好的高度电机，对国内厂家造成了一定的冲击。

在BLDC电机控制技术讨论中上，来自深圳市赛领未来科技有限公司的研发主管彭鸿表示，目前国内的扫地机器人大部分都是采用了Nedic的无刷电机，主要是他们的电机不仅性能不错，价格也下降得厉害，"我们现在用的是自己设计的电机，不过下一代产品，我们可能也要换成Nedic的电机了。"

他同时透露，现在扫地机器人不仅仅是在室内使用，现在也有大街上使用的，只是打扫街道的扫地机器人需要更精确的定位功能。

其实室外的扫地机器人不仅可以用来打扫卫生，还可以用来除草，彭鸿谈到他们有些国外的客户就有这方面的需求，将扫地机器人改装一下，加上刀片和定位功能，就可以自动割除花园里面的杂草了。他承认这对设备的定位精度要求比较高，不过因为是在室外，也不难实现。PAC5532是典型的一款驱动芯片，资料如下。

- 可编程的Arm Cortex-M4F 32位MCU
- 电机驱动级可编程过流保护
- 128kB FLASH, 32kB SRAM, 2.5MSPS逐次逼近型ADC
- 集成160V DC/DC降压控制器
- 3路集成180V/2A高端栅极驱动器
- 3路集成2A低端栅极驱动器
- 集成PGA(3路差分，4路单端)
- 集成DAC和比较器
- UART,SPI,I2C和CAN 2.0B串行接口
- QEP解码器
- 最少外围元件
- 低电流消耗IQ的全休眠模式
- 8x8mm,51引脚QFN

PAC5532属于Active-Semi的电源应用控制器(PAC)家庭。PAC系列产品是高度优化的SOC器件，可在单个集成IC中实现BLDC或PMSM可编程电机控制器和驱动器。PAC5532集成了一个Arm Cortex-M4F的MCU，并包含FLASH，电源管理，高端和低端栅极驱动器以及单个产品中的信号调理组件。

PAC5532针对48V至120V电池供电的BLDC应用进行了优化，例如园林工具或电池供电的自行车和滑板车。

二、电动工具

电动工具的无刷化其实很早就开始了，在2010年时，国外有些品牌就推出了采用无刷电机的电动工具了。随着锂电池技术的成熟，价格越来越亲民，手持工具的量级在逐年增加，现在可与插电式的工具平分秋色。

据统计，国内电扳手基本上已经实现了无刷化，电钻类、高压型，以及园林类工具还没有完全无刷化，不过也转换过程中。

这主要是由于无刷电机的节能和高效率，让手持式电动工具可以运行更长时间。现在很多国际厂商和国内厂商都投入很多资源进行产品开发，比如Bosch、Dewalt、Milwaukee、Ryobi、Makita等。

目前国内的电动工具发展也很迅速，特别是在江浙一带，集中很多电动工具厂商。最近几年江浙一带的无刷电机控制方案成本下降很快，不少厂商已经发动了价格战，据说一个电动工具的无刷电机控制方案也就6、7元左右，有的甚至只需要4、5元。据参加BLDC电机控制技术沙龙的网友透露，现在电动工具的方案价格战并没有结束。

有人担心这种价格战会让把行业做坏，也有人认为价格战对整个行业来说并非坏事。深圳市东安华科技有限公司研发总监王峰在BLDC电机控制技术探讨中讨论环节表示，价格战其实对产品的普及是利好的。他拿北斗芯片举例说，"北斗芯片刚开始出来的时候，一套系统的价格都在4000元左右，但当时有家公司就直接在行业内报出2000元的价格，开始的时候大家都很难受，觉得没钱赚了，但其实价格下来后，出货量增加了，最后做下来发现赚的比之前还多。"

现在国内不少芯片厂商也都推出了相应的电动工具无刷化解决方案。比如华大半导体，灵动微和凌鸥创芯等。

三、设备散热风扇

设备散热风扇在多年以前就开始向BLDC电机方向转换，在这个领域内有一个标杆企业，那就是依必安派特(EBM)，该公司的风机和电机产品广泛应用在了通风、空调、制冷、家电、供暖、汽车等多个行业。

据钱志存透露，目前国内有不少公司在做与EBM类似的无刷散热风机，而且抢占了不少EBM的市场，甚至有好几公司已经成功上市。

特别是国内充电桩的兴起，给了很多厂家以信心。现在国内很多厂家都加大了在DC风扇，可实现智能互联的EC技术风扇上的创新投入，在技术和工艺上与台资厂商的产品已经非常接近了。

四、冰柜冷却风机

由于行业标准和国家能效标准的影响，冰柜冷却风机开始转向BLDC电机，而且转换速度相对较快，产品数量比较大。据钱志存观察，现在出口使用SP电机的产品越来越少，他预计在2022年之前，60%的冰柜冷却机将会换成变频电机。

冰柜冷却机使用的BLDC电机有三相的，也有单相的；电压也有高压和低压的区分，一般来说，功率大于30W的BLDC电机将会采用高压方案。

在冰柜冷却机方面，目前国内配套的厂家，主要集中在长三角和珠三角一带。

五、冰箱压缩机

由于冰箱压缩机的转速决定了冰箱内部的温度，而变频冰箱压缩机的转速可根据温度来发生改变，从而可以让冰箱根据当前的温度情况做出调整，让冰箱内的温度更好地保持恒定。这样，食物的保鲜效果将更好。变频冰箱压缩机大都选择BLDC电机，因此工作的时候效率更高，噪声更小，而且使用寿命更高。

这一领域以前是日、韩、台系厂商的产品为主，但2010年之后，国内厂商的起步很快，据说上海有一家厂商的年出货量已经接近3000万台左右了。

随着国内半导体厂商的进步，不论是主控MCU厂商，预驱Gate Driver，还是功率MOSFET，国内厂商基本都能提供了。

比如说ST推出的冰箱方案，采用了STSPIN系列MCU和STGD5H60DF驱动新品，可实现30mW的待机功耗。

国产芯片厂商华大半导体也推出了其冰箱压缩机平台变频驱动方案，该方案采用了基于HC32系列芯片，使用了无位置传感器FOC控制策略，可实现压缩机的调速功能。

六、空气净化器

自从前几年雾霾天气加剧后，人们对空气净化器的需求量越来越大。现在有很多厂家都进入了这个领域。

据钱志存透露，目前空气净化器市场上的产品，小型的一般采用NMB和Nedic的外转子电机，大型的空气净化器一般都使用EBM的风机。

空气净化器使用的国产电机，大多是仿制Nedic的产品，不过现在国产电机平台的种类也变得越来越丰富了。

七、落地扇

落地扇历来都是小家电电机厂家必争的领域。目前国内主流的小家电厂商，比如美的，先锋、日彩、艾美特等，基本上都有采用无刷电机的产品面市。其中艾美特的出货数量最大，小米的成本最低。

当然，也有部分家电厂商在向无刷电机转换的过程中，不是那么顺畅，这主要是跟这些厂商原来的研发和生产体系有关，比如前期在有刷电机的研发和生产设备投入较大，再转换成无刷电机有要投入大量资金，因此转换动力不足。

但现在有些跨界的厂商正在进入落地扇领域，导致落地扇的无刷变频转换率加快了。再加上国内电机厂的进步，在落地扇应用领域，已经把不少日系电机厂商挤出了中国市场。可以说，国内无刷电机厂家已经在落地扇主流品牌中占有一席之地了。

八、水泵

水泵是一个比较传统的行业，其种类繁多，方案类型也多种多样。就算是相同功率的驱动板，目前市面上就有多种，价格从不到两元的，到四、五十元不等。

在水泵应用中，中大型功率多以三相异步电机为主，小微型水泵以AC两极泵为主。现在北方取暖改造对于泵类方案的技术创新是一个好机会。不过，钱志存透露说，虽然有厂家在该领域有投入，但效果还不太明显。

如果只从技术的角度来说，无刷电机是比较适合在泵类领域应用的，其体积、功率密度，甚至成本都有一定的优势。

九、风筒

风筒是个人护理领域出货量比较大的一个应用，特别是自从Dyson推出了高速数码电机产品后，带火了整个风筒市场。

目前国内的风筒方案主要有三个方向：一是以Dyson为标杆的，采用超高速无刷电机的方案，转速一般是10万转左右，最高的有16万转每分钟；二是U马达取代方案，转速与U马达类似，其优势是重量轻，风压大；三是外转子高压方案，其电机主要是仿制Nedic的方案。

目前国内的仿制产品，不是以前单纯的抄了，基本上都做到了专利规避，并且做了一定的创新。比如凌鸥创芯的高速风筒控制方案就很好地规避了Dyson的专利。据其CEO李鹏介绍，该方案启动平稳，最高转速达12万转，拥有100%的知识产权，不用担心专利问题。

十、吊扇及吊扇灯

近年来市场上很多的灯厂，陆续转型生产吊扇灯。吊扇灯产品的主要销往印度、马来西亚、澳大利亚、美国等国家，不过近年来，国内市场也开始火热起来。

目前国内的的厂商主要以代工为主，厂商集中在中山、佛山等地，产品出货量比较大，据说有的厂商一个月有400K的出货量。

以前的吊扇主要以电容感应马达为主，因为电容感应马达容易控制，但效率不高，所以现在国内不少厂商陆续开发了以外转子为主的无刷电机吊扇灯方案。吊扇灯方案分为高压和低压两种类型，一般低功率的产品以低压为主，大于50W的产品以高压为主。现在高压方案的产品出货量增长速度很快。

十一、排气扇

排气扇的无刷化转换其实很早之前就开始了，但是由于排气扇的种类相当多，功率范围特别广，再加上SP马达的价格实在太低了，其转化率一直不高，也相当混乱。

由于国外的能效标准更加严格，其转化率更高一点，但出货量其实不算大。钱志存表示，"据我接触的一些给国外排气扇厂家做配套的国内厂商，现在有采用无刷电机方案的排气扇，但几个大的厂商加起来，出货量不到1000万台。"

据钱志存观察，传统的排气扇主要高压电机、SP马达和电容马达为主，在中小功率，特别是小于200W的排气扇中，转换成无刷电机已经成为了一种趋势。

十二、抽油烟机

抽油烟机是厨房电器的重要组成部分，传统动力部分为单相感应异步电机。其实抽油烟机是无刷化转换时间长，但转换率不高的一个应用，这其中一个重要的原因是变频的成本控制得不够好，目前变频的方案大概需要150元左右，而非无刷电机方案不要100元就能搞定，低成本的可能只需要30元左右。

如果抽油烟机的无刷电机方案能够把成本控制下来，转换率应该会更高，毕竟无刷电机的优势摆在那里，比如传统的SP马达、PSC马达功率范围是60W~300W，改成变频后，功率范围可降至30W~150W之间。

十三、个人护理

现在喜欢健身的人越来越多，专业玩家锻炼后往往会给肌肉放松，因此，筋膜枪的出货量近年来开始井喷。据说现在健身房教练和运动爱好者都配备了筋膜枪。筋膜枪是利用了震动的力学原理，通过筋膜枪将震动传递到深层的筋膜肌肉，达到放松筋膜的作用，降低肌肉张力。有人将筋膜枪当作是运动后的放松神器。

不过现在筋膜枪的水也很深，虽然外形看起来都差不多，但价格从100多元的到3000多元的都有。

从技术上来说，筋膜枪多数都是采用无感外转子无刷电机。

十四、体育器材

近两年来，健身房的相关器械电动化趋势越来越明显，特别是跑步机。现在采用外转子无刷电机的跑步机也是越来越多，其功率范围800W~2000W，转速多数在2000rpm~4000rpm之间，以高压方案为主。一般专业级别的跑步机产品里面有飞轮，以增加惯性，防止在停电时急停。

凌鸥创芯的李鹏表示，跑步机产品并不好调试，因为跑步机的"脚感"相当重要，这就要求电机的控制精度很准确，他坦承，他们的这个跑步机方案他调试了三年才调试好。

十五、广告机

近年来，还有一个比较热门的应用就是各大商场的广告机。广告机以其新颖的结构，靓丽的3D展示，灵活的摆放等特点成为新应用中的一匹黑马。虽然出货量不大，但值得期待。

因为广告机需要电机和灯进行配合，加上对转速精度要求比较高，所以基本都采用变频方案。现在佛山有几个厂商在做这方面的产品。

结语

从这些无刷电机的热点应用来看，未来这些应用转换成无刷电机是必然的趋势，主要原因有以下几个：

一是能效标准越来越严格；二是产品的外观已经不能在很大程度上左右客户的选择，但技术营销对消费者的影响越来越大；三是无刷电机相关技术的成熟度越来越高，国内半导体厂商越来越强大，无刷电机的成本越来越低；四是国内电机厂商制作的无刷电机无论在技术上，还是工艺和产品一致性上都直追一线电机品牌。也就是说，未来无刷电机的应用场景将会越来越多，越来越普及。而随着自动化的普及，智能家居应用，汽车等进入普通人的生活，个性化产品越来越多，电机种类的细分也更明显，对生产厂商来说，如果他们能够找好自己的定位，专注细分领域，那样就可以更好地体现出他们的竞争力。

◇宜宾职业技术学院 陆祥福

电子制作

用梯形图编程进行STC单片机应用设计制作之二

开关量输入输出通道板的制作与测试(一)

用单片机进行应用设计，除了单片机基本系统板外，还需要输入通道和输出通道。本文将介绍开关量的输入和输出通道板的制作，它们分别是采用光电耦合器的输入电路、晶体管输出电路、继电器输出电路。

一、主要元器件简介

(一)光电耦合器

光耦合器是由发光器件与受光器件组合而成的一种器件，它的输入、输出之间是电绝缘的，具备可以用光传输信号的特性。简言之，其输入端是一个发光二极管，输出端是一个光敏三极管，或二极管和放大电路的集成器件。电信号流过光耦合器的输入一侧，经输入器件进行电-光转换后，成为光传输信号，即光信号；通过绝缘而且透光的环氧树脂后到达受光器件，再经过光-电转换后，作为电信号从输出一侧取出。

从功能的角度，光耦合器可以看作能够起到与继电器、信号变压器同样作用的信号传输器件。主要特征有：输入、输出之间电绝缘；信号传输是单向的，输出信号对输入信号没有影响；容易与逻辑器件接续；响应速度比较快；体积小、重量轻，能够实现高密度安装等。

光耦合器按封装形式分，有双列直插式PDIP型和小外廓型SOP型两种。按输出类型分有单晶体管输出、达林顿管输出、晶闸管输出。它们的主要特性有下列5个：①电流传输比(CTR)，指的是流过输出一侧光敏三极管的光电流(集电极电流I_c)与流过输入一侧发光器件的电流(正向电流I_F)之比。②电流传输比温度特性，指的是光敏三极管灵敏度、电流放大倍数随温度的变化。③输入输出间绝缘耐压，指的是光耦合器输入端与输出端能承受的最高电压。④响应特性，指的是在规定工作条件下，输入正向脉冲波，到输出出现与输入相同幅值脉冲波的时间，其主要由输出一侧的光敏三极管决定，也随输入正向电流以及负载电阻值而变化。⑤共模抑制比(CMR)，指的是在每微秒光耦能容许的最大共模电压上升或下降率。

PC817是日本夏普公司生产的一款线性光耦合器件，其紧凑型双列直插封装有4种：PC817为单通道光耦，PC827为双通道光耦，PC837为三通道，PC847为四通道。它们的内部结构框图、外形尺寸、引脚排列如图1所示。参数的典型值如表1所示，电光性能如表2所示。电流传输和输出特性曲线分别如图2和图3所示。

(二)三极管

三极管全称为半导体三极管，亦称双极型晶体管、晶体三极管，主要是通过控制电流把微弱的信号放大成幅值较大的电信号。三极管主要是在半导体基片上制作两个相距很近的PN结，使整块半导体划分为三个部分，中间部分为基区，两侧部分为发射区和集电区。三极管按制造材料分为硅管和锗管，按极性分为NPN型和PNP型两种。

(未完待续)(下转第437页)

◇苏州三电精密零件有限公司 张雷
苏州竹园电科技有限公司 键谈

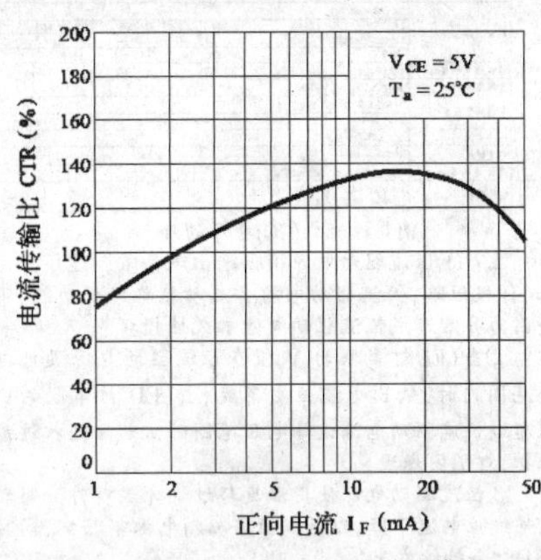

图2 PC817系列光耦合器电流传输特性

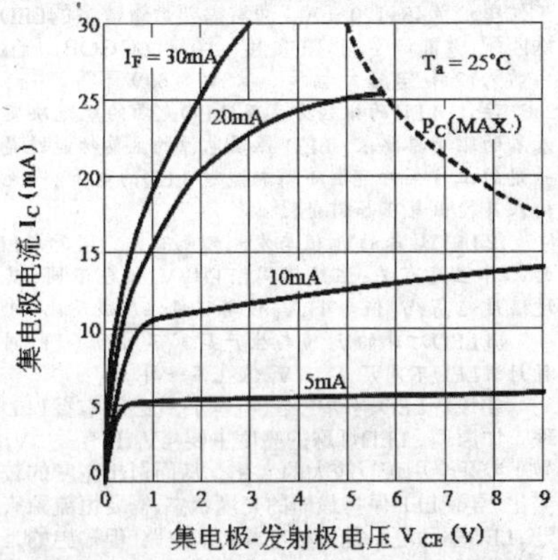

图3 PC817系列光耦合器输出特性

表1 PC817系列光耦合器参数典型值(绝对最大值)

	参数	符号	典型值	单位
输入端	正向电流	I_F	50	mA
	*1正向电流峰值	I_{FM}	1	A
	反向电压	V_R	6	V
	功耗	P	70	mW
输出端	集电极-发射极电压	V_{CEO}	35	V
	发射极-集电极电压	V_{ECO}	6	V
	集电极电流	I_c	50	mA
	集电极功耗	P_c	150	mW
总功率消耗		P_{tot}	200	mW
*2绝缘电压		V_{iso}	5000	V_{rms}
工作温度		T_{opr}	-30 到 +100	℃
贮藏温度		T_{stg}	-55 到 +125	℃
*3焊接温度		T_{sol}	260	℃

*1：脉冲宽度 ≤100μs，占空比：0.001。*2：40%~60% RH，AC持续1分钟。*3：不超过10s

表2 PC817系列光耦合器电光性能

(Ta = 25 ℃)

	参数		符号	测试条件	最小	典型	最大	单位
输入端	正向电压		V_F	I_F = 20mA	–	1.2	1.4	V
	正向峰值电压		V_{FM}	I_{FM} = 0.5A	–	–	3.0	V
	反向电流		I_R	V_R = 4V	–	–	10	μA
	终端电容		C_t	V = 0, f = 1kHz	–	30	250	pF
输出端	集电极暗电流		I_{CEO}	V_{CE} = 20V	–	–	10^{-7}	A
传输特性	电流传输比		CTR	I_F = 5mA, V_{CE} = 5V	50	–	600	%
	集电极发射极饱和电压		$V_{CE(sat)}$	I_F = 0mA, Ic = 1mA	–	0.1	0.2	V
	绝缘电阻		R_{ISO}	DC500V, 40 to 60%RH	5×10^{10}	10^{11}	–	Ω
	浮动电容		C_f	V = 0, f = 1MHz	–	0.6	1.0	pF
	截止频率		f_c	V_{CE} = 5V, Ic = 2mA, R_L = 100Ω, -3dB	–	80	–	kHz
	响应时间	上升时间	t_r	V_{CE} = 2V, Ic= 2mA, R_L = 100W	–	4	18	μs
		下降时间	t_f		–	3	18	μs

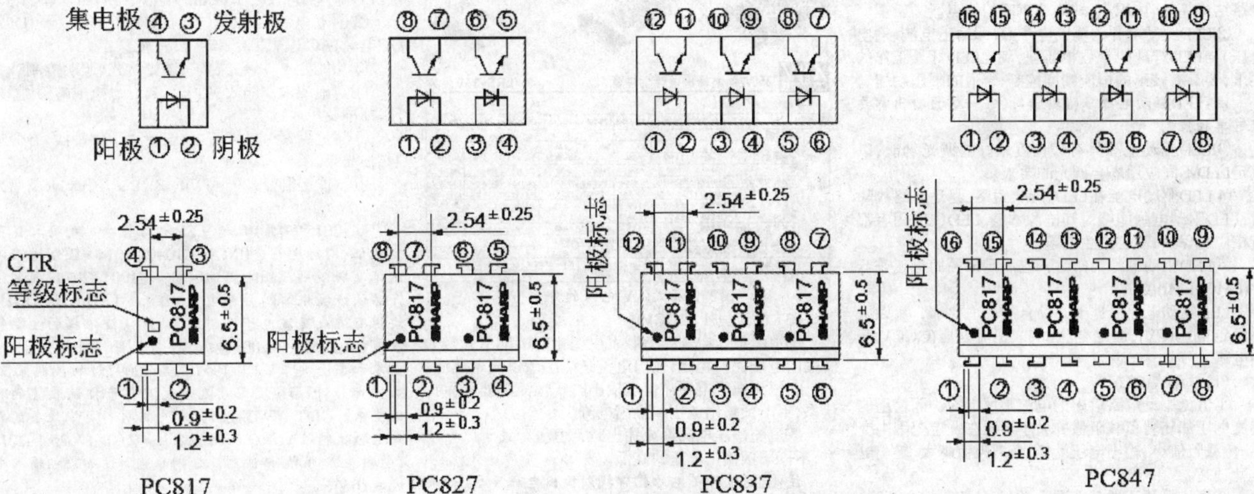

图1 PC817系列内部图框、尺寸及引脚排列图

LED 驱动电源的简介

LED 照明灯具在设计时，就必须考虑选用合适的LED 驱动电源，LED驱动电源的质量直接决定了LED灯具的质量，同时更要考虑LED的连接方式。目前LED的连接方式有串联、并联、混联、交叉阵列。LED灯板设计是要根据产品的设计实际情况，进行合理的匹配设计(采用合理的方式将LED 连接在一起)，才能保证 LED灯板的正常工作。白光LED灯珠的正向电压范围一般为3.0~3.6 V，功率为1W、3W，工作电流为350mA、700mA(实际工作电流为300mA、600mA)。但是对LED日光灯、LED筒灯等照明灯具是用多个中小功率 LED灯珠通过串并联方式组合在一起的，其中每一颗LED工作电流为45~120 mA。通常需要数量较多的LED灯珠匹配，才能产生均匀的亮度。目前也有COB面光源，串数为12串，电流大小不一，从3W到60W不等。

注：①LED的排列方式及 LED光源的规范决定着基本的驱动器要求。LED 驱动电源的主要功能就是在一定的工作条件范围下限制流过 LED的电流，而无论输入及输出电压如何变化。

②LED灯珠的V_F值与发光颜色有关，同时与LED的工作温度有关，温度不同LED的V_F值也不同，其环境温度越高，V_F值越小，V_F值与环境温度成反比。

③LED灯珠的V_F值与生产厂家不同而不同，同一种封装LED不同厂家，其V_F值也不一样。

要设计LED驱动电路(电源)，就必须掌握LED灯珠工作原理。LED灯珠的亮度主要与V_F、I_F有关。V_F的微小变化会引起I_F较大的变化，从而引起亮度的较大变化。要使LED保持最佳的亮度状态，需要恒流源来驱动。LED驱动电路是一种电源转换电路，但输出的是恒定电流而非恒定电压。无论在任何情况下，都要输出恒定而平均的电流，纹波电流要控制在一定的范围内。

选择LED驱动电源时，要确定LED灯珠工作环境温度状态下的V_F值的大小，根据连接LED数量的串并关系来选择合适的驱动电源输出电压(工作电压)工作范围。用LED最大V_F值×串联LED数量得出的总电压=LED工作电压最大值。其工作电压的最大值比电源的输出最高电压小5V以上。用LED最小V_F值×串联LED数量得出的总电压=LED工作电压最小值，其工作电压最小值比电源的输出最低电压高5V以上。也就是LED驱动电源工作电压范围=(LED工作总电压(3.2V×串联LED数量)+5V~LED工作总电压(3.2V×串联LED数量)−5V)。LED驱动电源工作总功率的为其选择电源功率90%左右。

注：①V_F是LED灯珠的正向压降、I_F是LED灯珠的正向电流。LED驱动电源输出最高电压=电源功率÷输出电流，最低输出电压=输出最高电压×60%。

②LED灯具整灯光效=(LED光源光效×透光率×热损失×驱动电源转换效率)。

③选择LED 驱动电源时，要选择效率高的驱动电源，这样的驱动电源发热小，其工作寿命长，目前10W以下LED 驱动电源，其效率一般在80%以上。10W以上LED 驱动电源，其效率一般在90%以上。

白光LED要得到良好的应用，且能获得较高的使用效率。就必须采用相适应的LED驱动电源来满足LED工作要求。LED驱动电源的要求如下：

①LED驱动电源是为LED供电的特种电源，具有电路结构简单、体积小、转换效率高的特点。

②LED驱动电源的输出电参数(即输出电流、输出电压)与LED灯珠的参数相匹配，满足LED灯具工作的要求，要具有较高的恒流精度控制、合适的限压功能。

注：LED驱动电源多路输出时，每一路的输出都要能够单独控制。

③LED驱动电源具有线性度较好的调光功能，以满足LED不同应用场合调光的要求。

④LED驱动电源在LED开路、短路、驱动电路故障时，LED驱动电源能够对其电源本身、LED、使用者都有相应的保护，不会产生危险。

⑤LED驱动电源工作时，应满足相关的电磁兼容性(EMC、EMI)要求。

LED驱动电源根据不同场合的应用要求，可以采用恒定电压(CV)、恒定电流(CC)、恒流恒压(CCCV)三种电路。

(1)恒流式(CC)

①恒流驱动电路输出的电流是恒定的，而输出的直流电压却随着负载阻值的大小不同在一定范围内变化。负载阻值小，输出电压就低；负载阻值越大，输出电压就越高。

②恒流电源不怕负载短路，但严禁负载完全开路。

③恒流驱动电源驱动LED光源是较为理想的，但相对而言价格较高。

④注意电源在使用最大承受电压值，它限制了LED光源的使用数量。

恒流式(CC)电源的外形，如图1所示。

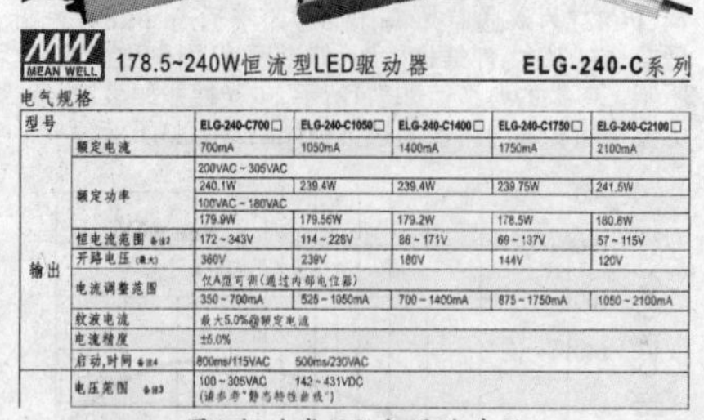

MW MEAN WELL 178.5~240W恒流型LED驱动器 ELG-240-C系列

电气规格

型号		ELG-240-C700□	ELG-240-C1050□	ELG-240-C1400□	ELG-240-C1750□	ELG-240-C2100□
输出	额定电流	700mA	1050mA	1400mA	1750mA	2100mA
	额定功率	200VAC~305VAC				
		240.1W	239.4W	239.4W	239.75W	241.5W
		100VAC~180VAC				
		179.9W	179.56W	179.2W	178.5W	180.6W
	恒电流范围 备注2	172~343V	114~228V	86~171V	69~137V	57~115V
	开路电压(最大)	360V	239V	180V	144V	120V
	电流调整范围	仅A型可调(通过内部电位器)				
		350~700mA	525~1050mA	700~1400mA	875~1750mA	1050~2100mA
	纹波电流	最大5.0%@额定电流				
	电流精度	±5.0%				
	启动,时间 备注4	800ms/115VAC 500ms/230VAC				
	电压范围 备注3	100~305VAC 142~431VDC (请参考"静态特性曲线")				

图1 恒流式(CC)电源的外形

注：①恒流驱动电源输出端出现异常，造成产品正、负极短路，恒流驱动电源会启动短路保护功能，不会因为异常造成恒流驱动电源永久性损坏。

②当LED灯串联的 V_F值在恒流驱动电源设计电压范围内时，输出电流恒定不变，当LED 灯串联的V_F值超过恒流驱动电源设计电压范围时，电源进入过载保护，灯呈闪烁现象。

③恒流驱动电源使用温度超过设计温度时。驱动IC呈线性电流下降，以保证恒流驱动电源不损坏，同时LED灯会持续发光。

④恒流驱动电源有的有空载保护，在接上电瞬间是没有输出的，这一点读者要注意的。

⑤LED驱动电源选择无频闪的，输入输出线符合安规标准，LED驱动电源通过相关的认证，如EMC与E-MI、CE、SAA、CQC、CCC、UL认证。

⑥功率因数是有功功率与视在功率的比值，在一定程度上反映了电能利用的比例，数值越大超越好，最好能接近1。

(2)恒压式(CV)

①当恒压电源中的各项参数确定以后，输出的电压是固定的，而输出的电流却随着负载的增减而变化。

②恒压电源不怕负载开路，目前的恒压电源有短路保护、过流及过载保护。

③以恒压驱动电源驱动LED光源，每串需要加上合适的电阻，才能使每串LED光源显示亮度平均。

④LED光源亮度会受整流而来的电压变化的影响。

注：①恒压电源在恒压工作时，其负载功率只能是恒压电源功率的80%。

②开关电源产品广泛应用于工业自动化控制、军工设备、科研设备、LED照明、工控设备、通讯设备、电力设备、仪器仪表、医疗设备、半导体制冷制热、空气净化器，电子冰箱，液晶显示器等领域。

恒压式(CV)电源的外形，如图2所示。

MW MEAN WELL 350W单组输出电源供应器 LRS-350系列

电气规格

型号		LRS-350-3.3	LRS-350-4.2	LRS-350-5	LRS-350-12	LRS-350-15	LRS-350-24	LRS-350-36	LRS-350-48
输出	直流电压	3.3V	4.2V	5V	12V	15V	24V	36V	48V
	额定电流	60A	60A	60A	29A	23.2A	14.6A	9.7A	7.3A
	电流范围	0~60A	0~60A	0~60A	0~29A	0~23.2A	0~14.6A	0~9.7A	0~7.3A
	额定功率	198W	252W	300W	348W	348W	350.4W	349.2W	350.4W
	纹波与噪声(最大)备注2	150mVp-p	150mVp-p	150mVp-p	150mVp-p	150mVp-p	150mVp-p	200mVp-p	200mVp-p
	电压调整范围	2.97~3.6V	3.6~4.4V	4.5~5.5V	10.2~13.8V	13.5~18V	21.6~28.8V	32.4~39.6V	43.2~52.8V
	电压精度 备注3	±4.0%	±4.0%	±3.0%	±1.5%	±1.0%	±1.0%	±1.0%	±1.0%
	线性调整率 备注4	±0.5%	±0.5%	±0.5%	±0.5%	±0.5%	±0.5%	±0.5%	±0.5%
	负载调整率 备注5	±2.5%	±2.5%	±2.0%	±1.0%	±0.5%	±0.5%	±0.5%	±0.5%
	启动、上升时间	1500ms, 50ms/230VAC 1500ms,50ms/115VAC(满载时)							
	保持时间(Typ)	16ms/230VAC 12ms/115VAC(满载时)							
	电压范围	90~132VAC / 180~264VAC (通过开关选择) 240~370VDC (开关开启230VAC)							
	频率范围	47~63Hz							

图2 恒压式(CV)电源的外形

(3) 恒流恒压(CCCV)

①恒流恒压电源在负载发生变化的情况下，努力使输出电压保持稳定，输出电流必须小于恒流电流值。

②恒流恒压电源在恒压输出时，恒流源处于休止状态，不干预输出电压和输出电流。

③恒流恒压电源恒流输出时，恒压源处于休止状态，不再干预输出电压的高低。

注：①通过开关电源铭牌找到输出电压参数，如果输出电压是恒定的电压值(如DC 5V、12V、24V等)，则为恒压源。如果输出电压标称为一个电压范围(如27-42V、15-30V等)，则为为恒流源。

②恒流恒压LED驱动电源具有恒压(CV)和恒流(CC)特性，既可以工作在恒压CV方式，也可以工作在恒流(CC)方式。

恒流恒压(CCCV)电源的外形，如图3所示。

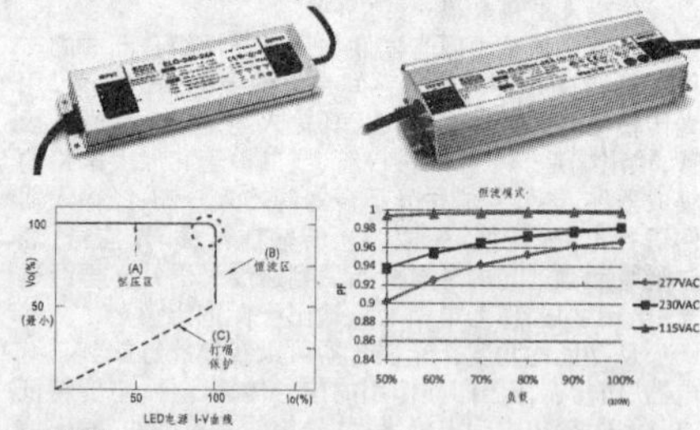

MW MEAN WELL 180~240W恒流型+恒压型LED驱动器 ELG-240系列

电气规格

型号		ELG-240-24□	ELG-240-36□	ELG-240-42□	ELG-240-48□	ELG-240-54□
输出	直流电压	24V	36V	42V	48V	54V
	恒电流范围 备注2	12~24V	18~36V	21~42V	24~48V	27~54V
	额定电流	10A	6.66A	5.71A	5.0A	4.45A
	额定功率	200VAC~305VAC				
		240W	239.76W	239.82W	240W	240.3W
		100VAC~180VAC				
		180W	180W	179.76W	180W	180.36W
	纹波与噪声(最大)备注3	200mVp-p	250mVp-p	250mVp-p	250mVp-p	350mVp-p
	电压调整范围	仅A型可调(通过内部电位器)				
		22.4~25.6V	33.5~38.5V	39~45V	44.8~51.2V	50~57V
	电流调整范围	仅A型可调(通过内部电位器)				
		5~10A	3.33~6.66A	2.86~5.71A	2.5~5A	2.23~4.45A
	电压精度 备注4	±2.0%	±2.0%	±2.0%	±2.0%	±2.0%
	线性调整率	±0.5%	±0.5%	±0.5%	±0.5%	±0.5%
	负载调整率	±0.5%	±0.5%	±0.5%	±0.5%	±0.5%
	启动,上升时间 备注6	500ms, 100ms/230VAC, 1000ms, 100ms/115VAC				
	保持时间(Typ.)	10ms/115VAC, 230VAC				

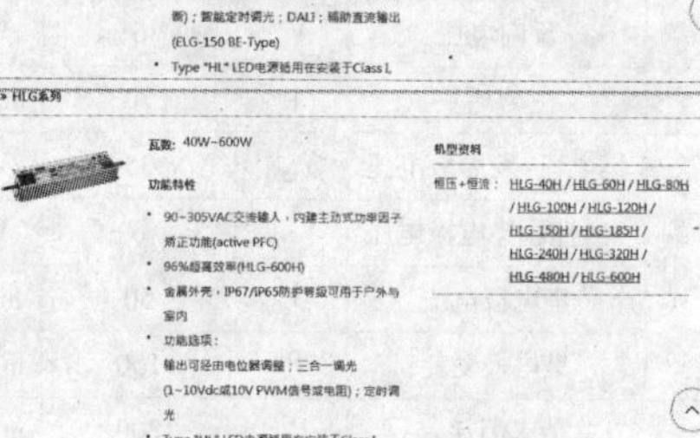

图3 恒流恒压(CCCV)电源的外形

注：①明纬电源的HLG、ELG系列产品具有具有恒压(CV)+恒流(CC)特性，即可以以恒压(CV)方式驱动，也可以以恒流(CC)方式驱动直接驱动。

②明纬电源的常用开关电源系列有G3系列、LRS系列及PFC 系列。

LED照明灯具设计需要考虑的因素如下：

①输出功率。主要涉及LED正向电压范围及电流及LED排列(串并)方式及LED封装、LED功率等。

②驱动电源。电源的类型有AC-DC电源、DC-DC电源、AC电源直接驱动、要有3C认证。

③功能要求。调光要求、调光方式、照明控制。

④其他要求。能效、功率因数、尺寸、成本、故障处理、标准及可靠性等。

⑤其他因素。机械连接、安装、维修/替换、寿命周期、物流等。

⑥智能控制。传感器、Wifi、ZigBee、Z-wave及蓝牙等。

注：2015年9月1日起，LED驱动电源正式纳入3C强制认证，同时也符合CNCA-C10-01:2014《强制性产品认证实施规则照明电器》及CQC-C1001-2014《强制性产品认证实施细则 照明电器》要求。LED电源(LED模块用直流或交流电子控制装置)3C认证依据的主要标准有GB 19510.1-2009《灯的控制装置 第1部分：一般要求和安全要求》、GB 19510.14-2009《灯的控制装置 第14部分：LED模块用直流或交流电子控制装置的特殊要求》、GB/T 17743-2017《电气照明和类似设备的无线电骚扰特性的限值和测量方法》及GB 17625.1-2012《电磁兼容 限值 谐波电流发射限值 (设备每相输入电流≤16A)》。

◇广州 刘祖涛

卫 星 物 联 网

卫星物联网：卫星通信技术（Satellite communication technology）是一种利用人造地球卫星作为中继站来转发无线电波而进行的两个或多个终端之间的通信。从物联网的角度来说，卫星物联网的本质，是以航天技术为手段，借助社会和资本的资源，实现"全球"万物互联的商业价值。

近年来，物联网的发展得到了广泛的关注，低轨卫星物联网也成为卫星通信领域的发展热点，围绕着终端小型化、低功耗、低成本、长电池使用寿命开展了大量探索性的工作。卫星物联网实现全球陆地、海洋、空中等多层次数据的互联互通，与传统物联网是互补关系。

卫星物联网，作为全球物联网以及5G产业的重要组成部分，将会分享物联网和5G产业带来的巨大商机，目前正在商业化落地。

一、为什么需要卫星网络？

目前，地面布设基站及连接基站的通信网受到诸多的限制：

1) 占地球表面大部分面积的海洋、沙漠等区域无法建立基站；

2) 用户稀少或人员难以到达的边远地区建立基站的成本将会很高；

3) 发生自然灾害时（如洪涝、地震、海啸等）地面网络容易被损坏。因此，地面物联网的覆盖范围是有限的。

如果将基站搬到"天上"，即建立卫星物联网，使之成为地面物联网的补充和延伸，则能够有效克服地面物联网的不足。

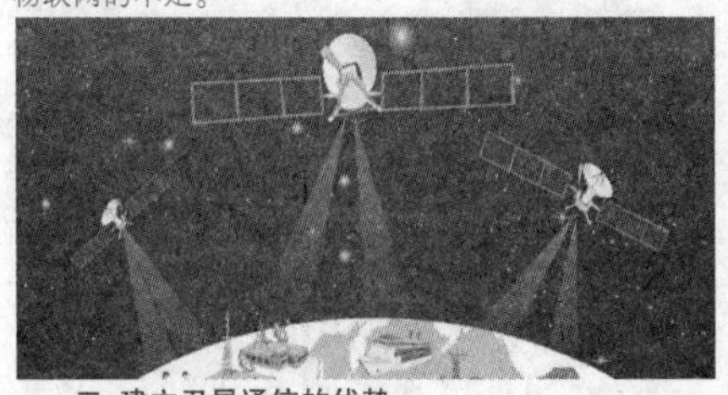

二、建立卫星通信的优势

1) 通信容量大，卫星通信一般使用1~10GHz的微波波段，有很宽的频率范围，可在两点间提供多条话路，提供每秒百兆比特的中高数据通道。

2) 覆盖面广，全球无缝连接，通过多颗低轨卫星构成星座实现全球无缝覆盖（含南北两极），提高物联网的覆盖范围；

3) 通信稳定性好，卫星链路大部分在大气层以上的宇宙空间，属恒参信道，传输损耗性小，电波传播稳定，不受通信两点间各种自然环境和人为因素的影响；

4) 实现见天通，解决特定地形内（如 GEO 卫星视线受限的城市、峡谷、山区、丛林等区域）通信效果不佳问题；

5) 组网方便，缓解 GEO 卫星轨道位置和频率协调难度大的问题。

三、我国目前的卫星通信系统

我国目前的卫星通信系统主要有卫星广播通信、卫星宽带互联网和卫星移动通信三种类型：

1) 在卫星广播通信领域，主要建设发展中星、亚太系列通信广播卫星系统，在轨运行的民用通信卫星约15颗，通信业务基本实现亚洲、欧洲、非洲、太平洋等区域覆盖，在全球卫星空间段运营服务商排名第六位。

2) 在卫星宽带互联网领域，我国高通量宽带卫星发展刚刚起步，整体技术水平、系统容量和服务能力与国外先进卫星系统尚有差距。

3) 在卫星移动通信领域，2016年我国发射的"天通一号"01星是我国自主建设的首颗移动通信卫星，支持最低1.2Kbps电路域话音、最高分组域384Kbps的数据业务，移动宽带服务能力较为薄弱，与OneWeb约50Mbps的数据接入能力相比有明显差距，难以满足当前地面移动通信宽带服务需求。

四、中国卫星物联网产业发展现状

1.世界各国轨道频谱资源竞争激烈

轨道和频谱是通信卫星能够正常运行的先决条件，面对有限的轨道、频谱资源，国外公司纷纷推出自己的低轨通信卫星建造计划，甚至SpaceX的Starlink计划卫星数量达到惊人的12000颗，争取在低轨卫星通信系统组网建设上占得先机，"跑马圈地"意图明显。

目前，国外已经公布的低轨通信卫星方案中，卫星总数量约为23892颗，卫星轨道高度主要集中在1000~1500km之间，频段主要集中在Ka、Ku和V频段，在轨道高度十分有限、频段高度集中的情况下，卫星轨道和频谱的竞争将愈加激烈。由于轨道和频谱在国际电信联盟的有效占有时间有限，不如期发射卫星，原有轨道和频谱将失效，因此，预计下一阶段各家公司将抢先发射卫星，以实际占有轨道和频谱！

2.中国力量加入低轨通信卫星竞争阵营

我国疆域辽阔，自然地形复杂。在面对偏远山区的自然村落时，与地面光缆相比，"从天上"解决成本更低，并且能够同时解决海上通信问题。2016年12月的《十三五国家信息化规划》中也明确提及"通过移动蜂窝、光纤、低轨卫星等多种方式，完善边远地区及贫困地区的网络覆盖。"

据《华尔街日报》报道，2018年底中国已有约80家太空技术初创企业投入这一领域，太空已成中国商界的"新边疆"。

卫星物联网项目盘点(国内)

公 司	名称	卫星数量	项目进展	项目投资
航天科技	鸿雁	300 颗	2018 年 12 月发射首颗试验	首期投资约 200 亿元
航天科工	虹云	156 颗	2018 年 12 月发射首颗试验	约为 100 亿元
航天科工	行云	80 颗		
银河航天		>1000 颗		公司估值 35 亿元
九天微星		800 颗		
星网宇达		30 颗		
和德宇航	天行者	60 颗		
信威集团	灵巧通信	32 颗		
国电高科	天启	36 颗		
欧科微	翔云	40 余颗		

1)备受关注的就是中国航天科技集团的鸿雁星座计划。中国鸿雁星座由300颗低轨道小卫星及全球数据业务处理中心组成，具有全天候、全时段及在复杂地形条件下的实时双向通信能力，可为用户提供全球实时数据通信和综合信息服务。

2)中国航天科工集团的虹云工程计划。中国虹云工程计划发射156颗小卫星，在距离地面1000公里的轨道上组网运行，构建一个星载天基宽带全球移动互联网络，以满足中国及国际互联网欠发达地区、规模化用户单元同时共享宽带接入互联网的需求。虹云工程预计在2022年完成部署，并在2018年发射首颗卫星。

3)九天微星成立于2015年6月，主要研发小卫星总体设计、关键载荷研发和组网等技术，主做微小卫星创新应用与星座组网运营，按照计划，2018下半年九天微星将发射"一箭七星"的"瓢虫系列"，未来近百颗物联网卫星将发射升空。

4)天启物联网星座由北京国电高科科技有限公司部署和运营，该公司在2018年10月底发射首颗卫星，计划到2021年前部署完成有38颗低轨卫星组成的覆盖的全球的物联网数据通信星座，天启物联网星座除能有效解决地面网络覆盖盲区的物联网应用，广泛应用于地质灾害、水利、环保、气象、交通运输、海事和航空等行业部门的监测通信需求，服务国家军民融合战略，还能有效解决制约智能集装箱产业发展的关键通信问题，从而极大加速这个百亿级市场的产业化进程。

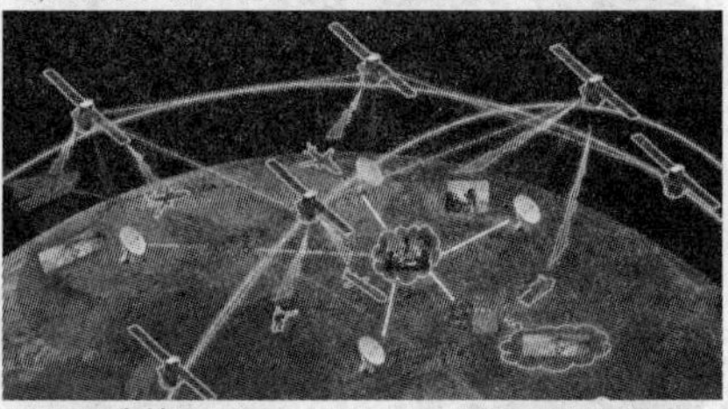

五、小结

从当前现状看，低轨卫星物联网仍未取得突破性的进展，尤其是在相对传统数据采集系统的性能提升方面尚无明显的改进，还需要开展大量的研究工作。不得不承认在未来很长的一段时间内，地面网络将始终以5G通信为主，卫星通信为辅的格局存在。虽说低轨卫星通信应用时机已经成熟，但在短期内，低轨星座完全取代地面基站，是不现实的，但随着科技的不断发展，不依赖地面网络的卫星通讯系统或许在未来成为现实。

◇宜宾职业技术学院 陆祥福

中九卫星接收机维修两例

案例 1 创维 S3100 ABS-S 户户通接收机信号时有时无。接机通电测试发现是右旋信号时有时无，而左旋信号始终正常。故障出现时测量 LNB 右旋极化电压为 15.6V，比正常值稍微偏高，向前检查发现电源板 14V 输出电压升高至 17.4V，目测电源板发现 5V 滤波电容 C10(1000 uF)已鼓包，如图 1 所示，更换后电压由故障时的 17.4V 恢复到正常的 14.8V，此时 F 头处右旋信号下电压为 13V，故障完全消失。本例故障实质是 C10 容量下降导致 5V 电压下降，经 TL431 误差取样后使 14V 和 20 输出电压分别升高从而引发前述故障。

案例 2 神州 SABSS-28037OIII-CA01 中九二代村村通接收机通电无任何反应。拆机检查发现电源板 5V 输出很低，将电源线从主板上取下后 5V 恢复至正常状态，判读主板 5V 支路存在短路现象，用数字表二极管档测量主板 5V 插针对地电阻接近 0，看来判断正确。仔细观察主板发现 PWM 芯片 U11(P2310A)烧个小洞，该芯片是将 5V 转换成 3.3V 用于二级供电。将该芯片拆除后发现 5V 对地不再短路，考虑到芯片损坏很可能是负载有问题导致，所有笔者将维修电源调到 3.3V 接入电路，同时打开接收机和维修电源的开关后发现机器工作正常，维修电源上显示的电流仅 0.4A 左右，看来负载完全正常。从料板上找来 P2310A 更换后，没想到收看不足 1 分钟就烧坏，考虑到更换的芯片本身有问题，又更换一个没想到还是烧坏了。在负载没有问题的情况下屡烧 PWM 芯片，说明 PCB 板焊盘有问题了。刚好笔者手里有 CA-1235 型开关电源板，可以将 5-15V 输入电压转换成 1.25V、1.5V、1.8V、2.5V、3.3V 或 5V 输出电压，最高电流可达 3A。使用时将 PCB 板上标识 3.3V 两个焊点用焊锡短接，代表输出电压为 3.3V，再按正确的接线方式接入电路并找个合适的位置用热熔胶固定好，如图 2 所示，长时间通电一切正常，机器完全恢复正常使用状态。

◇安徽 陈晓军

①

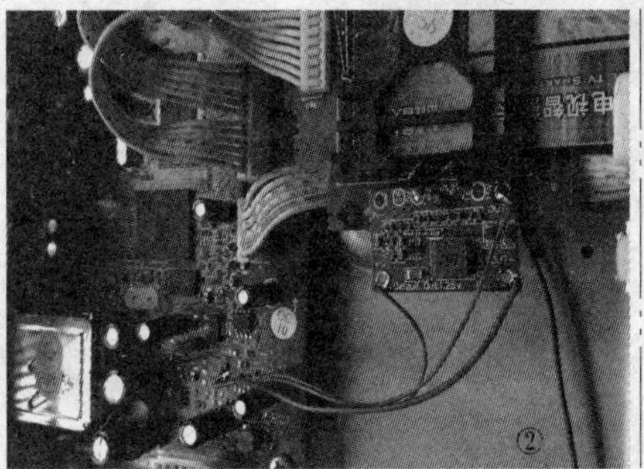

②

如何选一款适合自己的耳机

最近经常有朋友向我打听关于买耳机的问题，不是让推荐一款耳机就是告诉你的价钱，然后让你挑一款这个价钱里面最给力的耳机。前者还好说，但是后者真心没办法，每个人的听音习惯不同，对于好声音的判定也各不一样。正所谓众口难调，想要挑到一款适合自己的耳机产品，确实很不容易！

其实在购买耳机的时候，除了要考虑下牌子和外观这些因素之外，声音和价格也是朋友们购买耳机的时候最为重视的因素。对于一些在耳机领域摸爬滚打了多年的发烧友来说，选择耳机的时候也会犯难，就更不必说现在的耳机小白们了！

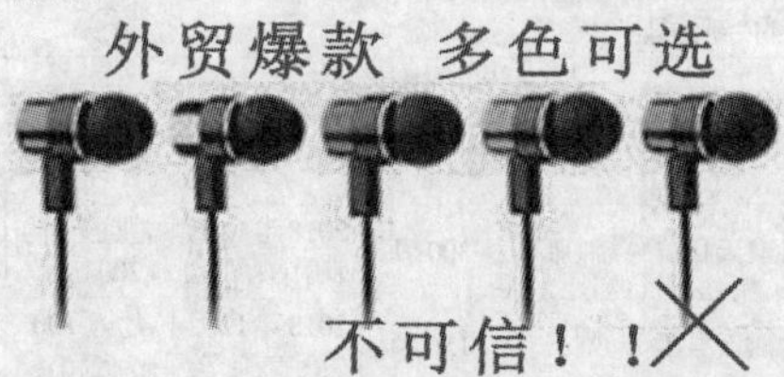

现在购买耳机的途径无外乎为到实体店购买和去电商处购买，但是朋友们真的知道在你掏钱购买耳机的时候，应该掌握一些什么知识么？去实体店就真的享受不到优惠的价格么？去电商处买耳机就真的是能省钱买到好货么？

为了让朋友们能更加从容的买到自己喜欢的耳机产品，也为了让朋友们在购买耳机的时候少走弯路，我们本次就为各位对耳机市场不太了解和害怕上当受骗的用户带来了买耳机之前的必读指南，让朋友们都能享受到好声音就是我们最大的心愿。

朋友们在买耳机的时候千万别着急掏钱，来看看你之前到底需要注意一些什么吧！

现在朋友们在购买耳机的时候选择更多，实体店跟电商的竞争也很好的体现在了耳机的价格当中，但是更多的选择渠道也会让用户变得更加的容易花冲动钱，比如说你在实体店看到一款耳机价格在2000元左右，在网上一找，哎呀我天那才不到500块，还不赶紧下手等啥呢！

买正品行货才是王道

朋友们对于上面描述的场景是不是很熟悉，这可能就是有人上当之前遇到的情况，其实耳机产品确实有低价货，但是这些低价的耳机很多都是在国外搞活动的时候购买到的产品，流入到国内的尚属少数。那么为什么有的耳机价格那么低呢？

耳机的价格有时候低的让你不敢相信

这里我们就要来了解一下耳机的渠道问题了，耳机除了行货之外，跟手机相同也会有水货和厂货等等，行货在这里我们就不必多说了，就是正规渠道拿到的耳机，明码实价特价什么的在这里并不常见，那么水货跟厂货是什么呢？

耳机店内基本都是正品行货

水货其实解释起来也非常的容易，就是通过非正常渠道流入国内，销售这类耳机的人基本上都有自己从国外弄回耳机的渠道，代购网站和论坛是他们经常出没的地方，但是这类耳机由于没有走国内的正规代理商环节，所以在质量和售后维修等方面并没有什么保证，这一点朋友们一定要考虑清楚。

厂货其实真的能找到

这里面最为神秘的厂货到底是什么东西呢？为什么这类耳机的价格比水货的耳机还便宜不少呢？其实这类耳机就是一些耳机工厂内的半成品或者残次品，工人自己带出来销售赚点外快，质量可想而知，如果你买耳机的时候人家跟你说这款耳机是厂货的话，千万不要废话，小便宜咱真心占不得啊！

在了解了购买耳机的渠道之后，下面我们就来说说在实体店购买耳机的时候真正用得上的技能吧！其实购，比如你在买耳机的时候一定不要仅仅注意耳机的本身，先拿外包装看一下，上面的防伪涂层和标注编码就是朋友们最容易忽视的细节之一，朋友们在拿到一款耳机之后，可以通过上面的信息在官方核对，保证你买到的这款耳机是正规渠道的行货。

防伪编码很重要

之后我们为了防止无良奸商给我们偷梁换柱(即用正规耳机的包装放入残次耳机产品)所以我们就要拆开耳机来验下货了，千万不要怕麻烦，实体店虽然靠谱，但是你买回家在验货，发现有缺陷的话，在回去换难免有点理亏，所以当着他们的面拆开直接验证才是王道。

看耳机的话首先要看耳机的整体做工，细节部分的表现是否达到了该品牌的标准，比如连接部分是不是有明显的线头和毛刺，耳机的粘合部分有没有明显的开胶等等，之后带上你买到的这款耳机，之后在试一下店里的样品机，虽然会有差距，但是差距并不会太大。

开过了耳机本身之后，耳机的线材和插头等等也要注意，高端货和地摊货在这里一眼就能看出来。耳机的线材质感如何，耳机的插头金属感和刚性是不是能达到标准，连接的时候是否顺畅，是否会有明显的掉漆等等，这些细节朋友们千万不要忽视。

说完了实体店那些看得见摸得到的耳机产品之后，下面我们再来看看最火的电商，如果现在提起电商朋友们会想起来什么？不要跟我说你一想起电商就能想起京东，想起京东就能想到奶茶MM，虽然我们也这样但是不要表达出来。我们在这里说起电商指的并不仅仅是一些正规的电商，还有一些打着超低价格的小电商就是我们最需要注意的地方。

电商的价格低到离谱，千万不要相信这个是正品

在电商处购买耳机的话，虽然没有实体店那些附加的费用，但是耳机产品在出场之前，已经考虑到了经销商的利润和本身材质等等问题，所以降价也不会降的太低，而一些电商处的售价却比市场价低出那么多，俗话说得好，事出反常必有妖，这些低价耳机朋友们购买的时候一定要慎重。

网上的价格不能全信

我们也知道现在很多朋友们在网上购物的时候，对于商家的信誉和关注度等非常的在乎，这些也几乎成为了朋友们在网上买东西的时候唯一的标准，其实稍微对这些有一点了解的用户就会知道，这些东西都是可以刷出来的，虽然需要一些费用，但是为了让朋友们上当，这点小本钱还是有很多的商家愿意下。

而像是京东商城跟亚马逊网或者是天猫等这些正规的电商虽然降价没有小电商那么明显，但是这些电商的品质有保证，售后服务等等也相对给力不少，而且不定期的还会有一些优惠活动，想要网购的更加放心，这些电商才是王道。

在看过了实体店和电商处购买耳机需要注意的事项之后，我们在来为朋友们解决一些购买耳机的时候遇到的小麻烦，比如说试听环节。试听环节可以说是购买耳机的时候最为重要的一个环节，经过了试听才能知道这款耳机是不是适合你的耳朵。但是并不是所有朋友们的身边都有耳机的实体店，就算是有也不一定都有出色的试听环境，既然听不到的话，朋友们应该选择呢？

耳机店的试听环境非常专业

其实看一些正规网站(比如我们中关村在线数字音频频道)的评测，通过专业编辑的介绍来简单的了解一下耳机的声音表现，这样就不用担心没有试听环境这一问题了。但是希望有条件的朋友们不要忽略这一环节，因为每个人的耳朵取向不同，挺感也各不相同，所以有条件的话可以结合评测跟现场试听，这样才能找到最适合你的那一款耳机。

◇江西 谭明裕

提取整合手机中的视频缓存

当我们用手机APP看到喜欢的视频时，想要下载下来时，除了收藏以外，要想复制到手机上，基本上是不可能的。不过有一种情况例外，当手机的视频APP在下载视频的时候，会将视频缓存到自己的专有文件夹，而且下载的视频常常还是分段储存的M3U8格式。例如一段不到一分钟的视频，可能就被分成了十几段，这主要是因为APP播放网络视频本来就是分段缓冲的，下载回来的数据自然也就没合并在一起。

当然手机APP下载回来的视频并不能直接用视频播放器打开，也没有那么容易找到其所在，更别说将它拿出来在手机(电脑)上看了。不过，还是有办法将APP下载的视频转变为普通视频、并将其导出来的。

视频合并_功能强大的视频编辑软件_操作简单

零基础轻松视频合并,简单好用的视频编辑软件,可实现马赛克,调整视频速度,亮度等 视频编辑操作,内置300-让你轻松制作专业视频!

www.airmore.cn 2019-08 - 评价 广告

视频合并_全民都会用的视频剪辑软件

完全满足日常剪辑需求 剪辑,分割合并视频 添加马赛字,叠附效果及设置转场效果等 支持剪辑16:9,4:3,1:1,频,完美适配各大视频平台

www.lightmake.cn 2019-08 - 评价 广告

缓存视频合并app下载-缓存视频合并工具下载v1.5.0手机版-西西

2019年1月29日 - 缓存视频合并工具,缓存视频合并是缓存的视频进行合并的应用工具,可以进行自动扫描并酷、腾讯、搜狐、b站等视频以及猎豹浏览器,非常实

西西软件园 - - 百度快照

缓存视频合并APP下载-缓存视频合并客户端 v1.5.0_手机乐园

手机乐园提供缓存视频合并下载,缓存视频合并是一款界面简洁操作非常的简单,并且没有任何的广告影响你将自己设备上一些缓存的视频....缓存...

手机乐园 - - 百度快照

这里我们可以通过下载安装各种"缓存视频合并"APP对经过缓存视频的文件进行整理合并，它的作用就如名字一样，可以用来合并APP缓存的视频。下载好相应的APP安装并开启后，它会自动扫描手机存储，视频APP所缓存下载的视频都会显示在主界面当中。缓存视频合并APP的主界面一方面罗列出这些缓存视频所处的目录，同时也会显示该视频来自于什么APP，辨识度还是不错的。勾选想要合并导出的视频，就可以操作了。

缓存视频合并

/storage/emulated/0/Android/data/com.tencent.qqlive/files/videos_WcytK/r0027yrgqgc.322001.hls {r0027yrgqgc.322001}

文件个数：11　文件大小：5.02 MB
视频来源：腾讯视频　文件状态：有效文件

/storage/emulated/0/Android/data/tv.danmaku.bili/download/26504488/1/lua.flv480.bili2api.32 {黄子华最新栋笃笑DVD新上线-2014.[唔鹅线唔正常].DVD.720i}

文件个数：20　文件大小：0.98 GB
视频来源：哔哩哔哩　文件状态：有效文件

/storage/emulated/0/Android/data/tv.danmaku.bili/download/53847211/1/lua.flv.bili2api.80 {华农兄弟：烤兄弟家的小龙虾，美滋滋，很漂亮，很好吃-华农兄弟：烤兄弟家的小龙虾，美滋滋，很漂亮，很好吃}

文件个数：1　文件大小：162 MB
视频来源：哔哩哔哩　文件状态：有效文件

勾选视频后，点击右上角的菜单键，即可看到合并视频的选项。合并视频的速度取决于手机性能和视频长度，不过这只是将视频重新封装，不涉及编码，因此速度不会慢到哪里去。合并完成后，可以直接点击视频，调用第三方播放器播放；也可以查看合并视频的所在目录，将其复制到其他地方，或者传输到PC当中，都完全不成问题。

缓存视频合并APP还有其他一些功能设置，例如可以查看合并历史、可以选择输出目录、可以合并后删除合并前的缓存视频等等，也可以手动查找M3U8格式的视频合并，毕竟一个APP不可能全支持市面上所有视频APP。

合并设置

合并后输出目录：/storage/emulated/0/com.ge.video...

合并后删除分段视频

删除历史后是否删除合并的视频

恢复默认设置

合并历史

/storage/emulated/0/com.ge.video.merge/merge/r0027yrgqgc.322001.mp4

视频来源：腾讯视频　文件大小：5.02 MB

2019年8月25日出版 实用性 启发性 资料性 信息性

第34期 国内统一刊号:CN51-0091 定价:1.50元 邮局订阅代号:61-75

地址:(610041)成都市武侯区一环路南三段24号节能大厦4楼 网址:http://www.netdzb.com

(总第2023期) 让每篇文章都对读者有用

电子科技博物馆专栏

编前语:或许,当我们使用电子产品时,都没有人记得或知道老一批电子科技工作者们是经过了怎样的努力才奠定了当今时代的小型甚至微型的诸多电子产品及家电;或许,当我们拿起手机上网、看新闻、打游戏、发微信朋友圈时,也没有人记得是乔布斯等人让手机体积变小、功能变强大;或许,有一天我们的子孙后代只知道电子科技的进步而遗忘了老一辈电子科技工作者的艰辛……

成都电子科技大学博物馆旨在以电子发展历史上有代表性的物品为载体,记录推动电子科技发展特别是中国电子科技发展的重要人物和事件。目前,电子科技博物馆已与102家行业内企事业单位建立了联系,征集到藏品12000余件,展出1000余件,旨在以"见人见物见精神"的陈展方式,弘扬科学精神,提升公民科学素养。

Regency TR1——正式开启了全球信息时代的闸门

电子产品在我们生活中随处可见,其中有不少电子产品的发布不仅起着划时代的意义,而且很多甚至在之后直接对相关行业进行了革命。本期电子科技博物馆专栏给大家回顾下Regency TR-1晶体管收音机。

Regency TR-1,被称为世界上第一款民用商业化晶体管收音机,由美国印第安纳州的印第安纳波利斯市工业发展工程师协会Regency部研制于1954年。这款收音机便携小巧,电池可以操作安装,绰号"口袋收音机",销售价格为49.95美元,配置4种颜色系列,非常具有现代时髦,一上市后就一举轰动全美消费者,销售量快速的突破了10万台,成为全球晶体管收音机生产上第一款真正意义上的"爆款"产品,似乎也是全球半导体工业发展历程中第一个真正意义上的"爆款"消费品。

由于这款收音机在其放大单元使用晶体管代替了电子管,因而比电子管收音机更加小巧和省电,满足了人们"随身"这个需求。可以说,这台超小型晶体管收音机的面世不但能够将世界上最重要的政治和经济事件以最快的速度进行广泛的传播,而且也让人们的音乐享受进入到了一个新的时代——随身听时代。于是Regency TR-1引发了全球消费者第一次对小型和便携式电子产品的强烈需求,而这种需求也成为了当今个人消费电子产品和设备的蓬勃发展、持续不断追求和培育新技术的DNA之起点。自此,从上世纪50年代一直到上世纪70年代,包括中国老百姓在内的全球消费者,晶体管收音机成为了一个通用的商标名称——TR。其中受其影响和带动,随后SONY公司设计出了WALKMAN这一统治随身听市场的长达20余年的系列产品以及后续的iPod系列。

◇文章

(本文原载第34期2版)

电子科技博物馆"我与电子科技或产品"

本栏目欢迎您讲述科技产品故事,科技人物故事,稿件一旦采用,稿费从优,且将在电子科技博物馆官网发布。欢迎积极赐稿!

电子科技博物馆藏品持续征集:实物;文件、书籍与资料;图像照片、影音资料。包括但不限于下列领域:各类通信设备及其系统;各类雷达、天线设备及系统;各类电子元器件、材料及相关设备;各类电子测量仪器;各类广播电视、设备及系统;各类计算机、软件及系统等。

电子科技博物馆开放时间:每周一至周五 9:00--17:00,16:30 停止入馆。

联系方式

联系人:任老师 联系电话/传真:028--61831002

电子邮箱:bwg@uestc.edu.cn 网址:http://www.museum.uestc.edu.cn/

地址:(611731)成都市高新区(西区)西源大道2006号

电子科技大学清水河校区图书馆报告厅附楼

M2 水冷固态硬盘

水冷固态盘?!没错!当固态硬盘速度越来越快,性能越来越好的时候,随之而来也出现了一个问题,那就是固态硬盘的发热量很高,长时间的发热量无论是固态硬盘性能还是寿命都会受到影响。因此有一家名为Team Group的公司发布了一款名为T-Force Cardea Liquid M.2的水冷固态硬盘。

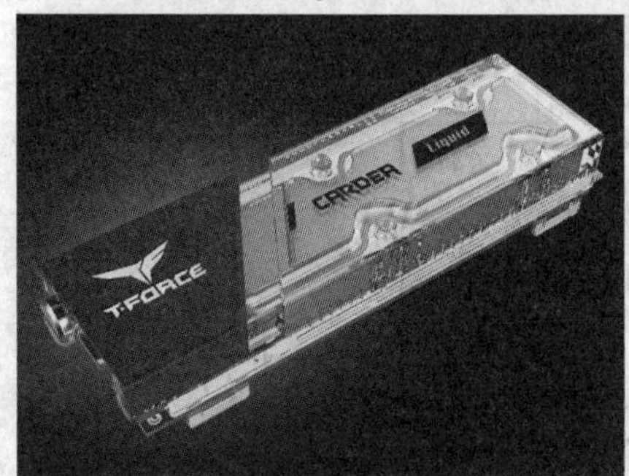

初看外型有点像小型的显卡,这是因为在传统固态硬盘上面增加外壳水冷保护槽一样,两个舱室挨着芯片,一个负责吸收热量,一个负责导流铝片散热释放热量。形成了一个热力小环流。如同CPU/GPU的水冷散热系统一样,但也有小部分区别,就是散热体系还是集中在整个固态硬盘内部,没有外部散热空间,官方给出的数据是可以在原有温度上降低10℃左右。

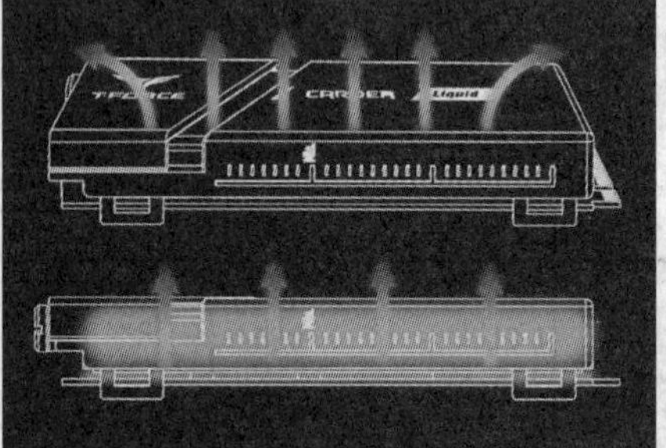

写入速度方面:持续读写速度3GB/s、1-3GB/s,随机读写速度200-450K IOPS、200-400K IOPS。最大写入量380TB、800TB、1665TB,平均故障间隔时间200万小时,质保时间3年,平均每天1.4-1.5次全盘写入,不过这款硬盘目前还不能轻易买到,除了作为首款水冷散热固态硬盘,售价奇高以外,其本身设计难度也比较大,量产速度也是非常低的。

当然类似风冷散热的固态盘早已有厂商推出了,而且是单独的风冷散热外套。这款M.2固态盘风冷外套的全称是:威刚(ADATA)XPG STORM RGB M.2 2280固态硬盘散热器(注:不带固态盘)。威刚的官方数据表示采用该风冷散热外套后,固态盘的温度能降低25%左右。

由于该外壳体积为8.14×2.4×2.2cm³,因此在购买前需要注意的是,配备风扇后导致固态硬盘变得更厚,无法安装在位于PCI-E间的M.2插槽上(因为显卡等PCI-E设备无法安装),用户可以选择安装在PCH芯片附近或者CPU附近的M.2插槽。XPG Storm RGB M.2 SSD的RGB LED采用标准的控制接口,兼容华硕、技嘉以及微星等主板的RGB同步功能(还带RGB光效)。

售价方面也比较能让大众接受,目前价格大约在219元。

名词解释:IOPS (Input/Output Operations Per Second)是一个用于计算机存储设备(如硬盘(HDD)、固态硬盘(SSD)或存储区域网络(SAN))性能测试的量测方式,可以视为是每秒的读写次数。和其他性能测试一样,存储设备制造商提出的IOPS不保证就是实际应用下的性能。(本文原载第33期11版)

长虹HSS35D－1M型(电源+LED背光驱动)二合一板原理与检修(一)

长虹HSS35D－1M型(电源+LED背光驱动)是长虹公司近年推出的一款性能优异的中、小屏幕液晶彩电二合一电源板。图1是它的电路结构方框图。从图1可知,该电源板主要由市电输入抗干扰及整流滤波电路、PWM控制电路（控制芯片U101/NCP1251A）、背光LED控制/驱动(控制芯片U401/OB3350)反馈、保护及开/待机控制等电路组成,省去了常用的PFC和独立的待机电源电路（待机电源由PWM电源输出的12.3V电压经主板上DC/DC控制芯片降压获得)。PWM控制电路输出两路电压:一路为52V,送往背光驱动电路;另一路为12.3V,除电源板自用外,还送往主板。该二合一电源板具有电路结构简洁、性价比高、性能稳定、保护功能完善等优点。目前在长虹前中、小屏幕液晶电视中广泛采用。下面先就该二合一板电路工作原理、故障维修思路作下说明,最后给出维修实例。

一、工作原理介绍

1.电源工作过程简述

市电经保险管F101、热敏电阻RT101、压敏电阻RV101、进入抗干扰滤波电路（见图2)。电容CX101、

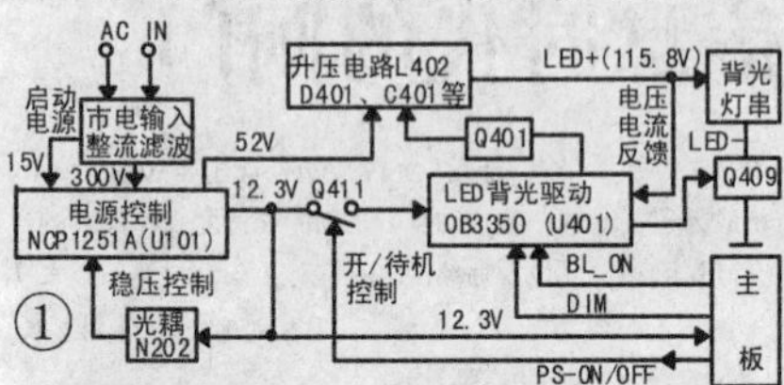

①

CX102~CX104、电阻R101~R104、电感LF101、LF102等构成EMC电路,以消除电网与开关电源之间的相互干扰。滤除干扰后的市电经D101~D104全波整流、C101滤波后在C101正极对热地获得约300V的脉动直流电压。图2中,在抗干扰电阻R216、R217连接中点取出的1/2市电电压,经D209整流、R201限流、C201/C202滤波后,得到约15V的启动电压送至PWM电源控制芯片U101(NCP1251A)的电源端⑤脚。于是,内部振荡器、脉宽调制器工作,⑥脚输出开关激励脉冲,开关管Q106、Q201工作于开关状态,开关变压器T201初级⑥-④绕组被注入能量。由于电磁感应,次级①-②绕组产生感应电压,经R204/R205限流、D202整流、C205滤波、D201续流、R202再次限流后,取代启动电源为U101⑤脚正式供电。与此同时,T201次级⑫-⑦绕组产生的感应电压,经D302、D304整流、C342/C343滤波后,得到52V电压,作为LED升压电路的输入电源。T201次级⑫-⑨绕组产生的感应电压,经D303整流、C332~C334、C307及L304等滤波后获得12.3V主电压,作为LED驱动电路和主板的工作电源。

该PWM电源稳压系统主要由光耦器N202(PC817)、基准电压比较器U301(TL431)和它们周围元件及U101(NCP1251A)内部相关电压比较器、脉宽调制器等组成。其工作过程是:当负载变重导致12.3V输出电压降低时,经电阻R335加至光耦器N202初级,N202A的①脚的电压降低→流过光耦器初级①-②脚(发光二极管)的电流下降→光耦器次级N202B的③-④脚(光敏三极管)内阻变大→U101的②脚(电压反馈端)电压上升→U101内部脉宽调制器输出的脉冲宽度增加→开关管Q106、Q201导通时间延长→对T201的注能增加→保持输出电压不变。当负载变轻,导致输出电压升高时的稳压过程与上述相反。顺便指出,图2中C209、R219、D204为高压吸收电路,防止开关管Q201截止时尖脉冲高压将它击穿。

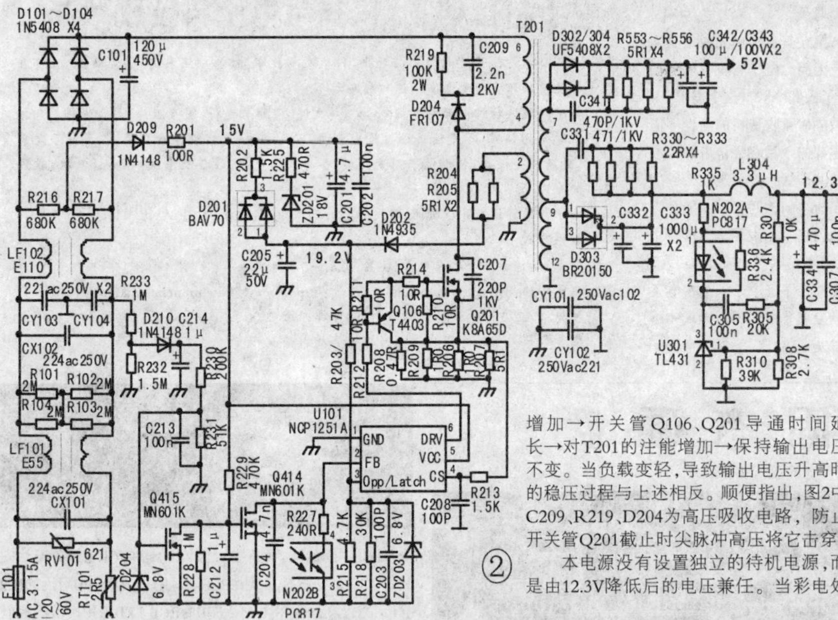
②

本电源没有设置独立的待机电源,而是由12.3V降低后的电压兼任。当彩电处于待机状态时,主板送来的低电平PS-ON待机信号经R432(见图3)加至控制管Q403的g极→控制管Q413截止→Q402截止→Q411截止→背光驱动及控制芯片U401(OB3350)的①脚因失去工作电源而停止工作,也就是整个LED驱动电路停止了工作。此时由于U101的负载变轻了许多,U101工作频率会自动由65KHz降为26KHz。PWM电源输出的12.3V电压虽然有所降低,但主板上待机电源DC/DC变换块输出的待机电压仍旧不变,即待机电路照常工作。

2.LED驱动电路原理

在主控芯片发出高电平PS-ON开机指令后,控制管Q403的g极呈高电平(见图3),使Q413导通。此时主板送来的高电平BL-ON背光点亮信号已加至Q413的e极,由于Q413已经导通,该高电平背光点亮信号经R409使控制Q402导通→Q411导通→12.3V电压经Q411、D403、R444送到驱动控制芯片U401(OB3350)电源端①脚。几乎同时,主板送来的高电平亮度调节信号DIM被分为两路,一路经R426加至U401的亮度控制端⑧脚。于是,U401内部的脉冲振荡器开始工作→②脚输出激励脉冲→升压管Q401工作于导通和截止两种状态→在Q401截止期间,储能电感L402两端感应出的自感电动势方向是左负右正,与送来的52V输入电压同相位,两电压迭加,经D401续流、C401滤波后得到LED+电压,并被送到插座CON1①脚;另一路亮度调节信号经R428加至控制管Q407的g极→Q407导通→Q404导通→Q404的e极约12V电压经Q404、R434使恒流控制管Q409处于受控导通状态。于是,LED+电压由插座CON1的①脚的插头软线接至显示屏后面的LED背光灯串的总正电压端。LED灯串的总负电压端由软线经插头送回插座CON1的③脚加至控制管Q409的D极,再经Q409的S极、电流取样电阻R412、R414、R404~R407、R413到地,形成电流回路,点亮LED背光灯串,使显示屏发光。取样电阻R404~R407、R413上端产生的电流取样电压经R423送回U401的LED电流设置端⑤脚。当彩电画面亮度增大时→主板送来加至驱动控制芯片U401的亮度控制电平升高→U401脉冲输出端②脚输出的脉冲宽度增加→升压开关管Q401导通程度增加→通过的电流增大→输出的LED+电压升高,加至LED灯串组的输入电压升高。与此同时,由于亮度电平升高→Q407导通程度增加→Q404导通增加→Q408导通变浅→Q409导通变深→流过LED灯串的电流增大→屏幕亮度变亮。反之亦然。顺便指出,U401⑤脚为LED电流设值定端,当某种原因引起LED电流增大过多时,⑤脚的取样电压与内部的电压比较器比较后会输出一控制电压,使开关管Q401、Q409导通变浅→LED电流变小→屏幕亮度变暗。也就是说,U401内部的控制电路会根据⑤脚返回的LED电流的取样电压,按画面实际要求精准调整②脚输出的激励脉冲占空比,使其在一定范围内变化,也就是按画面实际要求在一定范围内调整LED+灯条供电电压的高低,从而保证屏幕画面亮度不会突然明显变亮或变暗。

(未完待续)(下转第442页)

◇武汉 王绍华

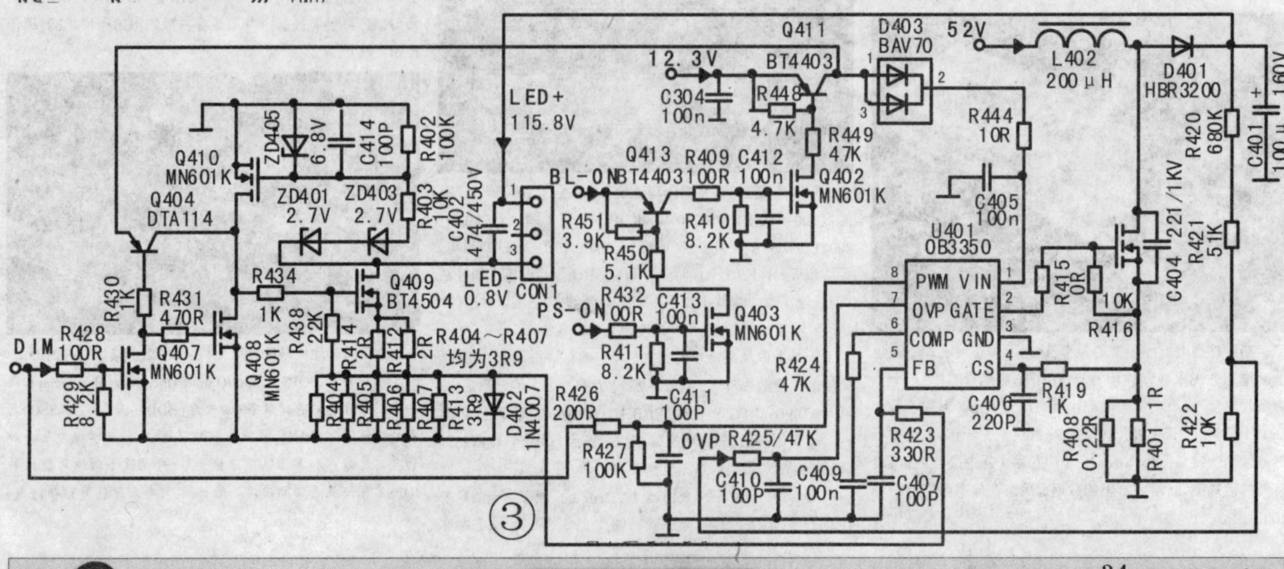
③

Excel中的各种平均数函数介绍

实际工作中，有时会涉及各种平均数的计算，Excel提供了相应的函数和公式，这里以图1所示的数据源为例，简单介绍一下。

1.算数平均数：也就是我们平时习惯的求平均值，相应的计算函数是AVERAGE。

本例使用"=AVERAGE(A1:A14)"的公式，执行之后即可求得平均值。当然，上述公式适用于连续的区域，如果是不连续的，可以使用类似于"=AVERAGE(C1,E1,D2,D3,E3,C4)"的公式，计算效果如图2所示，这里也可以通过"插入函数→函数参数"对话框实现。

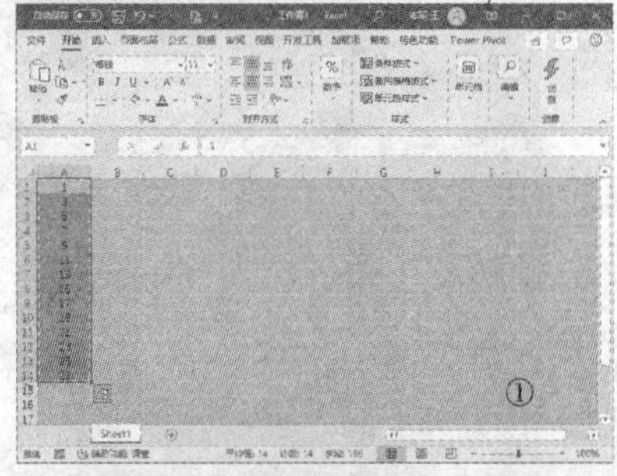

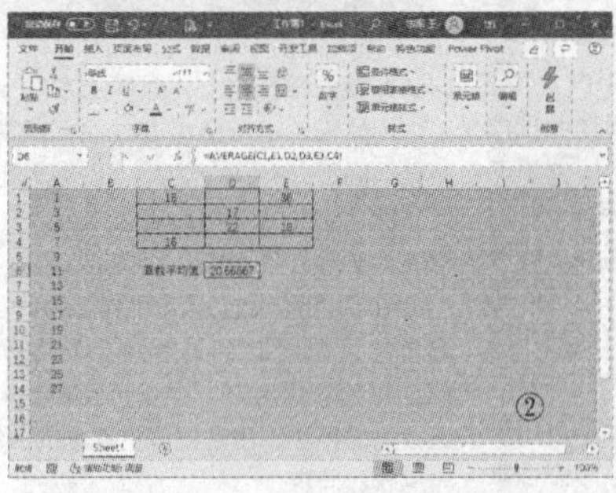

2.几何平均数：相应的计算函数是GEOMEAN。

需要说明的是，求几何平均数的数据一定是非负的，例如这里使用公式"=GEOMEAN(A1:A14)"即可，当然也可以使用"=PRODUCT(A1:A14)^(1/14)"的公式获得。

3.平方平均：先针对N个数值计算出平方和，然后再取平均值。

本例使用"=SQRT(SUM((A1:A14^2)/14))"的数值公式，SQRT函数用于数值的平方根，SIM函数用于求和，计算之后可以获得图3所示的效果。

4.调和平均数：调和平均数是平均数的一种，又称倒数平均数，是总体各统计变量倒数的算术平均数的倒数，调和平均数也有简单调和平均数和加权调和平均数两种。

在数学中调和平均数与算术平均数都是独立的自成体系的，计算结果前者恒小于等于后者，Excel中相应的计算函数是HARMEAN。

本例使用"=HARMEAN(A1:A14)"的简单公式，计算效果如图4所示，或者也可以使用"=14/SUM(A1:A14^-1)"的数值公式，后者更为直观一些。

综合起来，在数学上，调和平均数≤几何平均数≤算术平均数≤平方平均数，当且仅当所有数值相同时取等号，感兴趣的朋友可以研究。

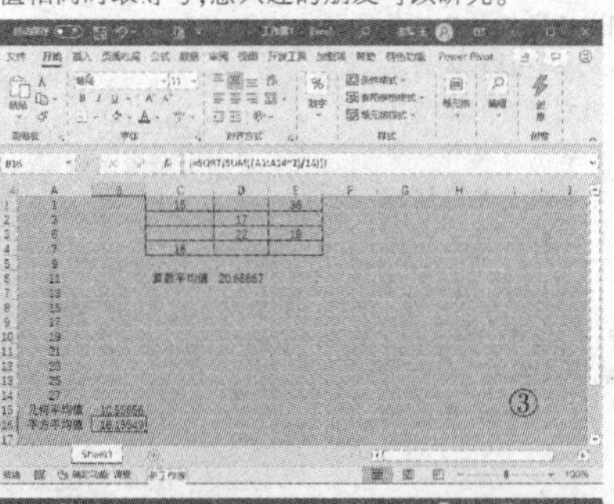

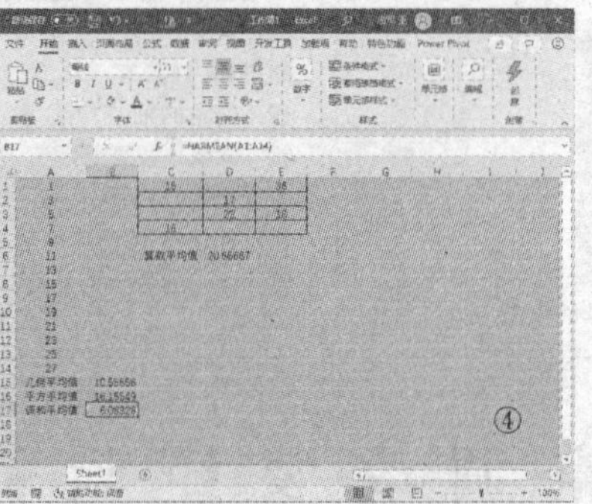

◇江苏 王志军

用电脑"学习强国"

家中父亲等一帮老哥们儿近期都迷上了"学习强国"，大家每天都在手机上看新闻、关注时事、答题积分，忙得不亦乐乎。但时间一长，问题就来了：智能手机毕竟屏幕太小，而且大家的手指基本上已经不太灵活，"老花眼"也容易出现一些误操作，怎么办呢？

其实解决的方法非常简单，只须将所有的操作全部从手机端转移至电脑端即可——现在家中的电脑基本上都是24英寸的大显示器，再加上光电鼠标的可控性远胜于手指触摸手机屏。不过，由于目前的"学习强国"并未提供有电脑端程序，只有官方网页和手机App程序，因此最直接的方式就是安装手机模拟器，即在电脑上虚拟出安卓手机的运行环境，这样之前那些只能运行于手机上的App程序就能够在电脑上"安家落户"了。

首先需要下载一款安卓模拟器，目前网络上的同类软件比较多，使用方法和功能均大同小异，大家可自行选择。在此以"逍遥安卓模拟器"为例，其官网地址为：http://www.xyaz.cn/，下载这个大小为215MB的"XYAZ-Setup-6.0.8-haee639eea.exe"安装程序之后，双击进行安装，结束后点击"开始使用"按钮；在软件的"主页"界面的"内置应用"中找到"浏览器"，运行后搜索"学习强国App"（大小为77MB）进行下载和安装（如图1所示）。

安装完成之后就像在手机上操作一样，使用自己之前注册过的手机号进行登录（包括使用验证码），进入自己的账号后的所有点击操作都与在手机上完全一样（如图2所示）。这样一来，年岁大的人每天就可以不必依赖智能手机而是在电脑上进行相关的时事新闻浏览和答题活动了，使用极为方便。

◇山东 牟晓东

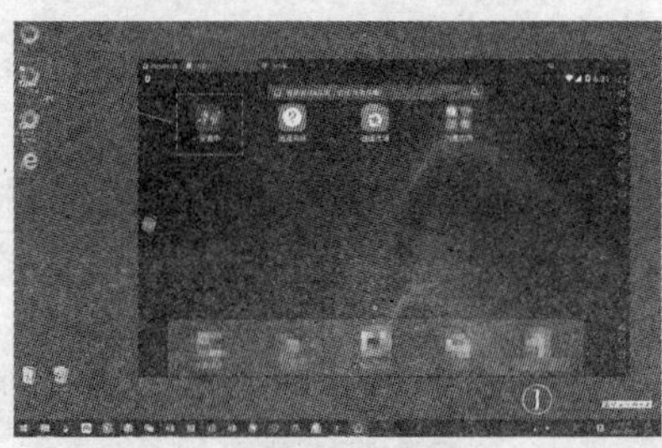

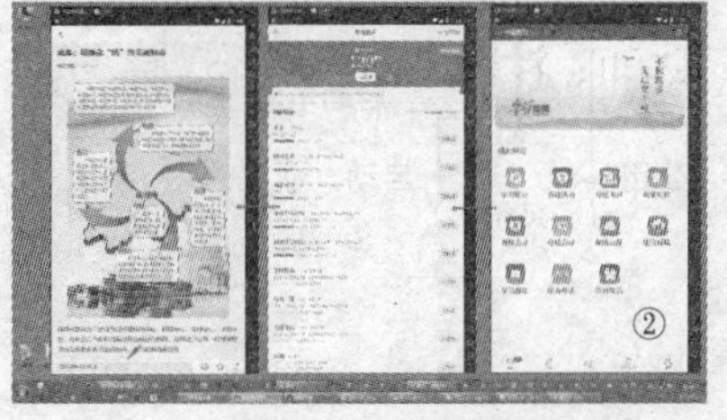

让第三方App的证书永不过期

很多朋友的iPhone在越狱之后，安装了各种各样的第三方App，但这些第三方App的证书经常会出现过期的情况，重新签名显然是非常麻烦，而且签名时可能还会出现直接闪退的情况。其实我们可以按照下面的步骤进行操作，让这些App的证书永不过期。

在App安装完成之后，此时打开App会提示"未受信任……"，打开Filza这个文件管理器，进入证书目录：/var/MobileDevice/ProvisioningProfiles。

按照时间方式进行排序，找到刚刚安装App时所生成的证书，向左滑动屏幕删除证书，重新启动iPhone，现在就可以正常使用App了，再也不会出现证书过期的问题。当然，必须保证iPhone处于越狱状态，而且越狱工具的证书不能删除哟。

◇江苏 大江东去

影视"倒放"特效的实现方法

在平时的影视观赏过程中，我们经常会看到有"倒放"镜头，比如花儿由绽放恢复至花骨朵状、武侠人物从地上一个"旱地拔葱"跃至房顶等等。其实此类特效的处理并不复杂，在Premiere等常见的视频特效制作和剪辑软件中均能实现，在此分别以AE和Edius为例来实现"倒放"特效。

方法1.在AE中借助"时间重映射"

在AE中实现视频片段"倒放"效果的原理是先生成首尾两个关键帧，然后进行互换，时间线上原本顺序播放的视频就会变成"倒放"效果了。

首先在AE时间线上使用鼠标左键点击选中待处理的视频素材片段，接着点击右键选择"Time"（时间）-"Enable Time Remapping"（启用时间重映射），或者直接使用快捷键Ctrl-Alt-T，此时在时间线上该段素材下方就会出现"Time Remap"特效属性，先将时间线播放指针定位于素材的开头，点击一下该特效码表左侧的关键帧标志（由灰色变为蓝色），生成开头关键帧，然后将时间线播放指针定位于素材的结尾，同样再点击一次关键帧标志生成结尾关键帧（如图1所示），最后通过鼠标左键的拖动将这两个菱形关键帧互换一下位置，视频的"倒放"效果就设置完成了。

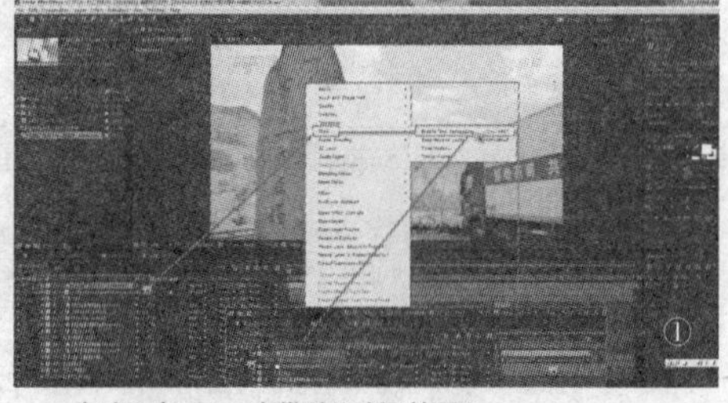

方法2.在Edius中借助"时间效果"

在Edius中实现视频片段"倒放"效果的原理是直接调节其播放速度，将正常的比率值由"100%"顺序播放修改为逆向的"-100%"即可。

首先在Edius的时间线上左键点击选中待处理的视频素材片段，接着点击右键，在快捷菜单中选择"时间效果"-"速度"选项（或直接按组合键Alt-E），此时Edius会弹出"素材速度"对话框，只须将其默认的"正方向"（下面对应的"比率"是100%）修改为"逆方向"，"比率"值变为"-100%"（如图2所示），最后点击"确定"按钮关闭该对话框即可，现在时间线上该视频素材片段的播放就变为"倒放"效果了。

◇山东 杨鑫芳

美的电磁炉不加热故障检修1例

故障现象：插电后开机，面板有显示，风扇转动。但按下加热开关键，面板虽有显示，风扇停转，不能加热。

分析与检修：拆开后盖，仔细察看，未见有变色元件。此时，将高压和低压电路里的滤波电容拆下用数字表电容挡细查，全部正常。难道是加电后，故障才出现？将300V整流块的正、负极各接1根导线引出，接表开机测量，按不按加热键，300V电压都能保持稳定，维修陷入困境。想起《电子报》上刊登的用串联灯泡用观察灯泡检修的事例，于是照此操作，串联灯泡后，灯泡亮度正常，按下开机键，不见灯闪亮，故障仍旧。静下心来细想，保险丝(熔丝管)、整流桥、门管是俗称的"三危件"，检查保险丝、整流块正常，是否是门管有弊呢？立马用万用表×1k挡在路测其3个引脚间的阻值不正常，怀疑它损坏，拆下后检测，发现EG两脚间已击穿短路。检查其他元件正常后，换上同规格门管，再插电开机，灯闪亮，说明门管已能工作。去掉串联灯泡，再插电开机，锅内水被加热有水泡产生，故障排除。

【反思】串联灯泡开机时不烧保险灯不闪亮，也就是说亮度没有变化，就应该想到"三危件"中的保险丝、整流块无恙，但灯亮不变化，就应想到"门管"可能不能正常工作，立马检查"门管"就可能找出故障件，用不着花费大量时间去检查高压、低压电路的滤波电容器和整流器。将拆下的"门管"仔细分析检查，见结构图1和实物图2所示。"门控管"是一只绝缘栅双极晶体管，面对字符左手边引脚为G极，右手边引脚为E极，而中间引脚为C极。从其结构图可看出正常的"门管"仅其EC呈二极管导通状态，正向阻值约为5k，反向阻值和其他引脚间的阻值均为∞。而拆下的此管，用×1k挡测量，该管EC极间仍呈二极管导通状态，反向也仍呈∞，但EG极的正向、反向阻值为0，说明它的E、G极间已击穿短路，从而导致电路不能工作。串联灯泡开机，灯亮稳定不闪只能说明保险丝、整流块完好，不能加热且灯不闪亮，可能"门管"未能工作所致，应先检查"门管"，只有确保"三危件"正常后，再检查其他电路，才能事半功倍。

◇广西 李玉德

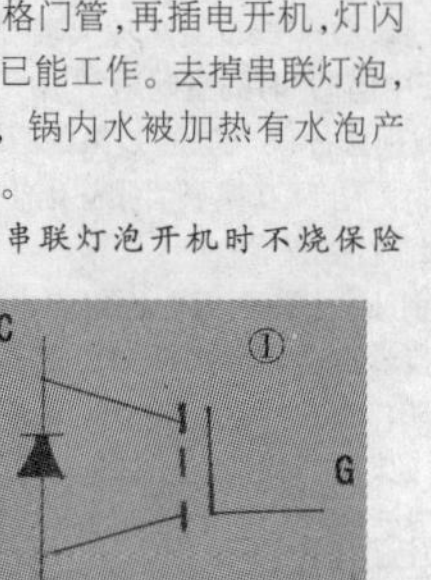

绝缘栅双极场效应管(门控管)

GE近乎击穿，正反阻值约1K

台式电风扇电机故障应急修理1例

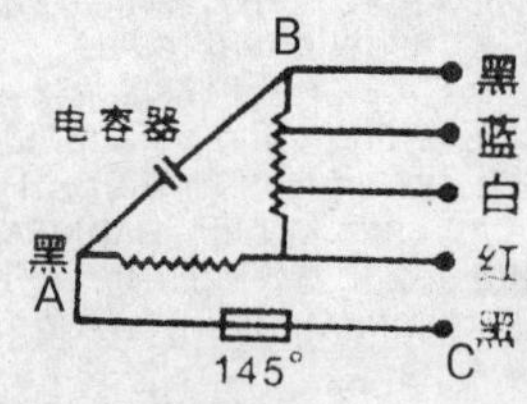

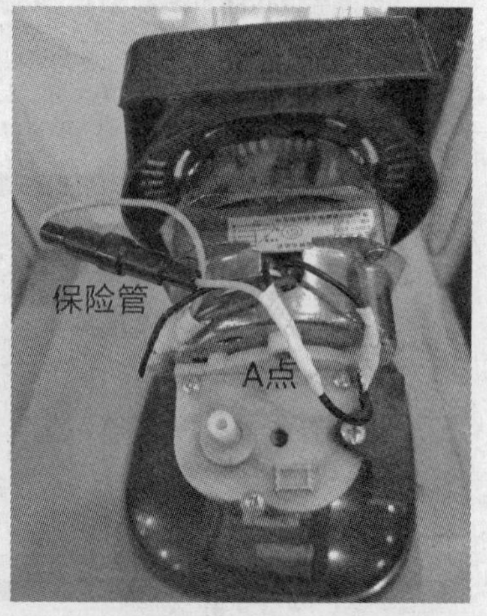

故障现象：台式电风扇通电后电机不转。

分析与检修：首先，检查电机转子转动自如，怀疑电气方面异常。用万用表检测定时器和按键开关均正常。按图1测量电机引线阻值时，发现红黑线间阻值为无穷大，红蓝线间的阻值为240Ω，电容两端的阻值为1270Ω，说明电机过热导致内部的过热保护器(145°C热熔断器)开路。要更换或短接该热熔断器就要打开电机，以前拆过此类风扇电机，热熔断器埋在线圈的下面，并涂有一层绝缘漆，绕组的线径还非常的细，稍不注意就可能把线碰断。网购电机要等四五天，天气热顾客着急使用。察看图1，有了一个不拆电机在外部连接AC两点的想法。先要确定电容两端的哪一端是A点。红色线接在控制开关的强风挡上，强风状态时，A红之间线圈为运行绕组，B红之间线圈为启动绕组。测量电容两端与红线的阻值分别是540Ω和730Ω。电机启动绕组阻值大于运行绕组阻值。确定A点后，连接AC两点再通电，风扇工作正常。为安全起见在两点之间串接一个250V/1A的保险管(见图2)。并告诉顾客这只是应急的办法，还是应该更换电机，顾客也欣然同意。

◇辽宁 安家立

柜式空调改装经验简介

本文介绍机房用3p、5p柜式空调机的室内机主控电路板故障排除方法。

由于机房使用的空调多采用三相供电，工作环境比较特殊，而且是常年不间断工作，所以损坏率相对较高。比如，前年和去年，用空调万能改装板改装过得两台柜式空调前些时又罢工了。具体损坏的原因一时还不明。有可能是雨季雷击造成的。在突击抢修时，笔者重新改装了控制电路。为了便于日后的维修，此次改装的方法并不复杂，懂电路图维修人员或爱好者一看就会。

室外机改装校对简单，因为不同的产品有不同的电路设计，所以要先检测室外机主控继电器线圈的供电电压。如果采用220V供电就简单的多了，直接把线圈的一端通过原信号线接到室内温控仪上即可；如果是380V供电，还需要通过一只中间继电器接到室内温控仪上。见图1。

对于室内机的改装可能要麻烦一些。首先，断开220V供电线和原机电路板。还要把风机的启动电容和排插取下来，并且要仔细的查看并分清楚电机的几条引线的作用。公用、高速、中速、低速、启动，按图纸接线即可。参见图2，风机的风速改成了手动控制，新增加了3个开关分别控制风机的3种工作状态。使用时，根据需要调节风机的转速即可。

对于主控温度控制仪，笔者使用了图3所示的成品双数显智能温控仪来控制。关于数显智能温度控制仪的具体使用方法，请读者查看所用产品附带的使用说明书操作即可。温控仪的控制输出是220V。室内室外220V供电通过3孔插头接到温度控制仪上即可。使用时通过调节温控仪的上限和下限数值即可。整体改装其实很简单。这种温控仪我已经在其他多种仪器上使用了多次，目前来看产品运行是比较可靠的。只要其他元件可靠的话是没有问题的。因为时间不等人啊。

◇内蒙古 夏金光

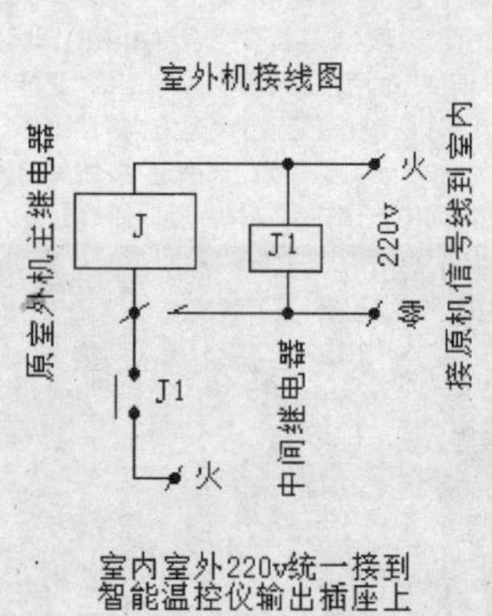

①

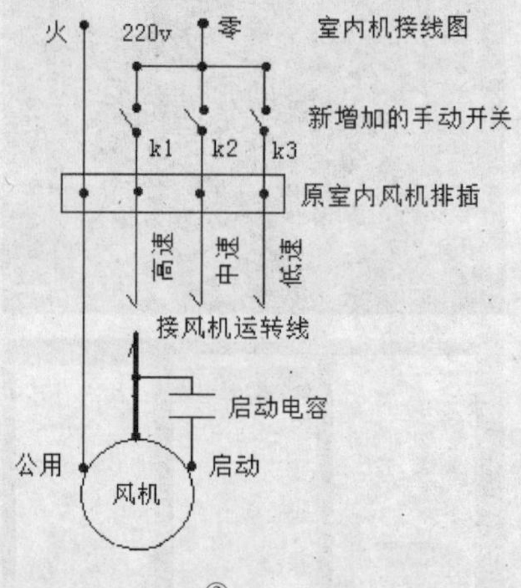

②

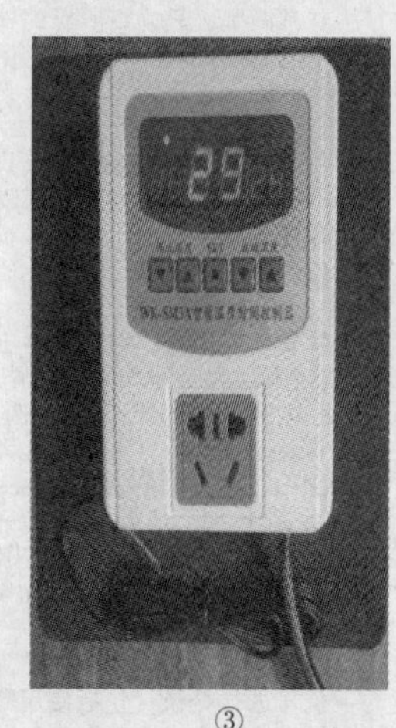

③

微型微控制器承载双直流/直流升压转换器

电池是便携式系统应用的典型电源，如今找到基于微控制器的便携式系统并不罕见。各种微控制器在低电源电压下工作，例如1.8V。因此，您可以使用两个AA或AAA电池为电路供电。但是，如果电路需要更高的电压-例如LCD需要大约7.5V直流的LED背光-你必须使用合适的DC/DC转换器将电源电压从例如3V提升到所需电压。但是，您还可以使用微控制器在一些额外的分立元件的帮助下开发合适的DC/DC升压电压转换器。

本设计实例展示了如何仅使用一个小型八脚微控制器和一些分立元件来创建一个而不是两个DC/DC转换器。该设计具有可扩展性，只需更改微控制器的控制软件，即可适应各种输出电压要求。您甚至可以对微控制器进行编程，以生成任何所需的输出电压启动速率。图1显示了升压开关稳压器的基本拓扑结构。这种调节器的输出电压大于输入电压。

升压开关稳压器以CCM(连续导通模式)或DCM(非连续导通模式)工作。为DCM操作设置电路更容易。这个名称来自DCM中每个PWM周期内电感电流在一段时间内降至0A的事实；在CCM中，电感电流从不为0A。在PWM输出的高电平周期结束时(当开关打开时)，最大电流通过电感，并且：

$$I_{L_{MAX}}=\frac{V_{DC}\times D\times T}{L} \qquad (1)$$

其中VDC是输入电压，D是占空比，T是总循环时间，L是电感的电感量。通过二极管的电流在时间TR下降到零。

$$TR=\frac{V_{DC}\times D\times T}{(V_{OUT}-V_{DC})} \qquad (2)$$

负载电流是二极管的平均电流，

$$I_{LOAD}=\frac{I_{L_{MAX}}\times T_R}{2\times T} \qquad (3)$$

从等式1和等式2中简化为：

$$I_{LOAD}=\frac{V_{DC}^2\times D^2\times T}{2\times L\times(V_{OUT}-V_{DC})} \qquad (4)$$

输出电压VOUT为：

$$V_{OUT}=V_{DC}\times 1\times\frac{V_{DC}\times D^2\times T}{2\times L\times I_{LOAD}} \qquad (5)$$

决定纹波电压的输出电容值为：

$$\frac{dV}{dt}=\frac{I}{C} \qquad (6)$$

其中dV/dt表示PWM信号周期内输出电压的下降，I是负载电流，C是所需的输出电容。

PWM波的总周期是T，并且是系统常数。D是PWM波的占空比，TR是二极管导通的时间。在TR结束时，二极管电流降至0A。对于DCM，波的周期是T>D×T+TR。PWM周期T和(D×T+TR)的差值是死区时间。

操作电感器的开关通常是BJT(双极结晶体管)或MOSFET。MOSFET是优选的，因为它具有处理大电流，更高效率和更高开关速度的能力。然而，在低电压下，难以找到具有足够低的栅极-源极阈值电压的合适MOSFET，并且可能是昂贵的。因此，这种设计使用了BJT(图2)。

微控制器提供10 kHz至200 kHz以上的PWM频率。需要高PWM频率，因为它会导致较低的电感值，从而转换为小电感。Atmel的Tiny13 AVR微控制器具有"快速"PWM模式，频率约为37.5 kHz，分辨率为8位。更高的PWM分辨率提供了更紧密跟踪所需输出电压的能力。对于20μH电感，公式1的最大电感电流为0.81A。切换电感的晶体管的最大集电极电流应大于该值。2SD789NPN晶体管具有1A集电极电流限制，因此适用于此DC/DC转换器。根据公式4，这些值可实现的最大负载电流为54 mA，因此可满足7.5V输出电压所需的最大负载电流。

Tiny13微控制器拥有两个高速PWM通道和四个10位ADC通道。另一个PWM通道和一个ADC通道构成第二个DC/DC转换器，输出电压为15V，最大负载电流为15 mA。该转换器的电感值为100μH。要计算输出电容值，请使用公式6。对于5 mV纹波，7.5V输出电压的电容值为270μF，因为输出电流为50 mA且PWM时间周期为27μs，所以这个电路使用最接近的较大值330μF。同样，对于15V输出电压，所需的电容值为81μF，因此该设计使用100μF电容。

微控制器的程序采用C语言，并使用开源AVR GCC编译器。AVR Tiny13微控制器的内部时钟频率为9.6 MHz，没有内部时钟频率分频器，因此PWM频率为9.6 MHz/256=37.5 kHz。内部参考电压为1.1V。主程序交替读取两个ADC通道，监视中断子程序中的输出电压。主程序执行无限循环，通过读取ADC值并相应地调整PWM值来监视输出电压。

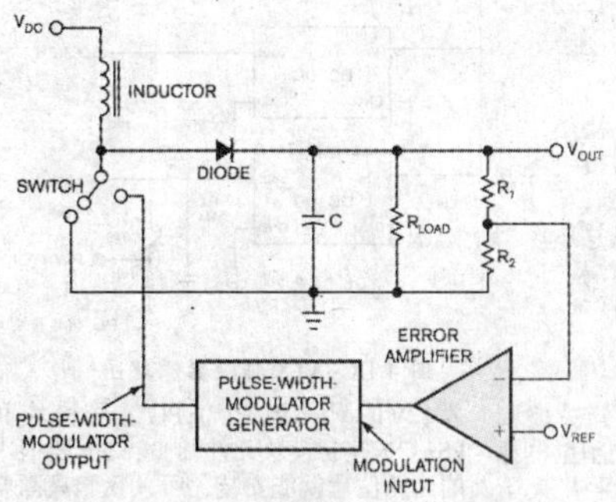

图1 升压开关稳压器的输出电压高于输入电压。升压开关稳压器以CCM（连续导通模式）或DCM（非连续导通模式）工作。

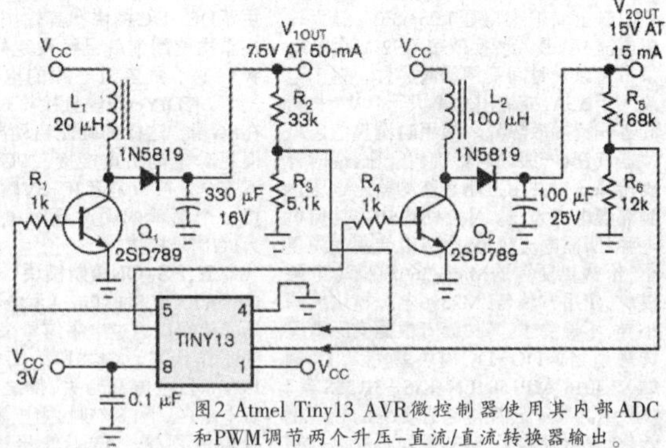

图2 Atmel Tiny13 AVR微控制器使用其内部ADC和PWM调节两个升压-直流/直流转换器输出。

◇湖北 朱少华 编译

将光强度转换为电量

光强度的确定可能是至关重要的，例如，如果您想要设计房间的照明，或准备拍摄照片。然而，在物联网(IoT)时代，它在所谓的智能农业中也发挥着重要作用。在这里，一项关键任务是监测和控制有助于最大化植物生长和加速光合作用的重要植物参数。因此，光是最重要的因素之一。大多数植物通常吸收可见光谱的红色，橙色，蓝色和紫色区域的光。通常，光谱的绿色和黄色区域的波长的光被反射并且仅对生长有轻微贡献。通过在各个生命阶段中控制光谱的部分和曝光强度，可以使生长最大化，并且最终提高产量。

用于测量可见光谱上的光强度的相应电路设计，其中植物具有光合作用，如图1所示。这里，使用三种不同颜色的光电二极管(绿色，红色和蓝色)，它们响应不同的波长。现在可以根据各个植物的要求使用通过光电二极管测量的光强度来控制光源。

这里显示的电路由三个精确的电流-电压转换器级(跨阻抗放大器)组成，每个级别对应绿色，红色和蓝色。它们连接到Σ-Δ模数转换器(ADC)的差分输入，例如，它将测量值作为数字数据提供给微控制器以进行进一步处理。

图1 用于测量光强度的电路设计

光强度转换为电流

根据光强度，或多或少的电流流过光电二极管。电流和光强之间的关系近似为线性，如图2所示。它显示了红色（CLS15-22C/L213R/TR8)，绿色（CLS15-22C/L213G/TR8）和蓝色光电二极管（CLS15-22C/L213B/TR8)输出电流作为光强度函数的特性曲线。

然而，红色，绿色和蓝色二极管的相对灵敏度是不同的，因此每个级的增益必须通过反馈电阻RFB单独确定。为此，必须从数据表中获取每个二极管的短路电流（ISC），然后在由其确定的工作点处获得灵敏度S(pA/lux)，再按如下方式计算RFB：

$$R_{FB}=\frac{V_{FS,P-P}}{S\times INT_{MAX}}$$

VFS,P-P代表所需的全输出电压范围（满量程，峰-峰值）和INTMAX最大光强度，即直射阳光下的120,000勒克斯。

电流-电压转换

对于高质量的电流-电压转换，运算放大器的最小偏置电流是理想的，因为光电二极管的输出电流在皮安范围内，因此可能导致相当大的误差。还应存在低偏移电压。ADI公司的偏置电流通常为1 pA，最大偏移电压为1 mV，是这些应用的理想选择。

模数转换

为了进一步处理测量值，首先转换成电压的光电二极管电流必须作为数字值提供给微控制器。为此，可以使用具有多个差分输入的ADC，例如16位ADC AD7798。因此，测量电压的输出代码如下：

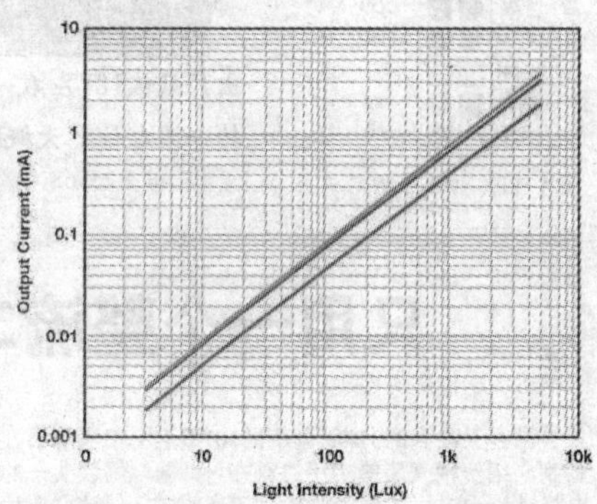

图2 红色，绿色和蓝色光电二极管的电流与光强度的特征曲线

$$Code=\frac{(2N\times A_{IN}\times GAIN)}{V_{REF}}$$

其中：

AIN=输入电压，

N=位数，

GAIN=内部放大器的增益系数，

VREF=外部参考电压。

为了进一步降低噪声，在ADC的每个差分输入上使用共模和差分滤波器。

所有描述的组件都非常省电，使得该电路非常适合电池供电的便携式现场应用。

结论

必须考虑诸如组件的偏置电流和偏移电压之类的误差源。而且，不利的转换器级放大因子会影响质量，从而影响电路的结果。利用图1所示的电路，可以以相对简单的方式将光强度转换为电气值，以进行进一步的数据处理。

◇湖北 朱少华 编译

浅谈DC-ATX电源模块的制作

不少DIYer喜欢购买小巧玲珑又省电的ITX主板组建个人网络存储服务器、软路由、MODT等。然而很多便宜实惠的ITX主板却是使用ATX电源接口,如果使用标准ATX电源,既失去ITX主板原有小巧玲珑的体积优势,对于24小时×7天的使用环境而言,ATX电源的静态功耗也失去了使用ITX主板省电环保的节能优势。所以DIYer们也想出了DC电源+DC-ATX模块的方案。但是成品的DC-ATX模块少则数十元,贵则上百元,电源成本甚至超过了一块二手ITX主板+CPU的成本。通过研究,笔者发现一个完整的DC-ATX转换器可以拆分为若干模块,通过将这些模块的拼接,大部分电子爱好者都能完成DC-ATX转换器的制作。下面我们一同学习DC-ATX转换器的制作吧。

一、ATX标准

为方便理解DC-ATX转换器的各个模块,我们先来了解ATX电源20针接口的定义(图1)。从接口定义得知ATX电源输出电压有+12V (Pin10/黄线)、+5V (Pin4、6、19、20/红线)、+3.3V(Pin1、2、11/橙线)、-12V (Pin12/蓝线)、-5V (Pin18/白线)以及+5V SB(Pin9/紫线)几种。另外Pin8/灰线为电源正常信号(又叫Power-OK、Power Good或PG等),Pin14/绿线为电源控制脚。因此,DC-ATX转换器可以分解为DC-DC模块、PG信号模块、PS-ON控制模块。

二、开关电源的选择

接着我们说说开关电源的选择,因为开关电源直接决定了使用什么样的DC-DC模块。因为ATX电源本身就有一组+12V电源,所以如果选择12V的开关电源,就可以少用一组DC-DC模块。不过现在电商平台上好多二手笔记本电脑电源价钱便宜质量又好,多用一组DC-DC模块也基本不影响组装成本。当然,出于安全和转换效率考虑,也不宜选择电压过高的开关电源。另外,电源的额定输出功率必须大于系统的总功耗。还好目前的ITX主板和配套的CPU都是省电的主儿,因此目前市面上的笔记本电源都符合这个要求。下面就以使用笔记本电脑电源为例,谈谈如何组装DC-ATX转换器。

三、DC-DC模块

虽然标准ATX规范里有+12V、+5V、+3.3V、-12V、-5V、+5V SB六组电源,但实际绝大部分主板都已经不用-12V、-5V了,在ITX主板上更不是必须的,所以这两组可以忽略。考虑到材料的易得性和成本,笔者建议使用便宜可靠的LM2596电源模块(图2),它是可调DC-DC降压模块,输入电压3.2V-46V(输入的电压必须比要输出的电压高1.5V以上),输出电压1.25-35V,最大输出电流3A,最大转换效率为92%。输出2A以下可以长时间不用加散热片,输出电流大于2.5A(或输出功率大于10W)长时间工作请加散热片。使用时调整蓝色电位器旋钮(一般顺时针旋转升压,逆时针旋转降压),并用万用表监测输出电压达到需要电压为止。因为+5V SB作为待机电源,所需电流较小,也可以使用体积更小,价钱更便宜的Mini-360航模小电源模块,使用方法与LM2596电源模块大同小异,不再赘述。各位读者根据实际情况选择适当的DC-DC模块就可以了,例如XL4016、MP1584EN、KIS-3R33S等。如果为了整个转换电路有更好的一体化效果,也可以购买2595S系列芯片自行制作DC-DC模组。我们只要按照2596S的官方典型应用电路(图3)制作即可。在自制DC-DC电路的时候,建议选用固定电压的型号,例如2596S-3.3、2596S-5.0、2596S-12,它们的输出电压分别是3.3V、5V和12V,这样可以获得更高输出精度和效率。

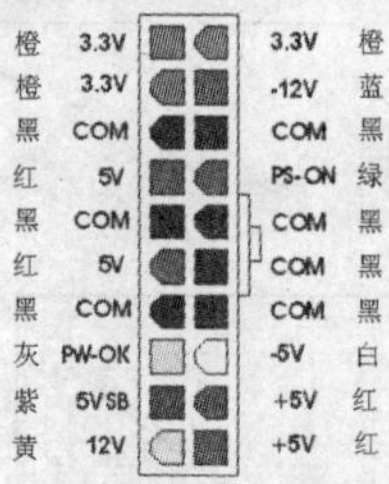

图1 ATX电源引脚定义

顺时针升压,逆时针降压

出厂默认18V左右,逆时针转一圈电位器大概降1V左右

图2 2596S电源模块

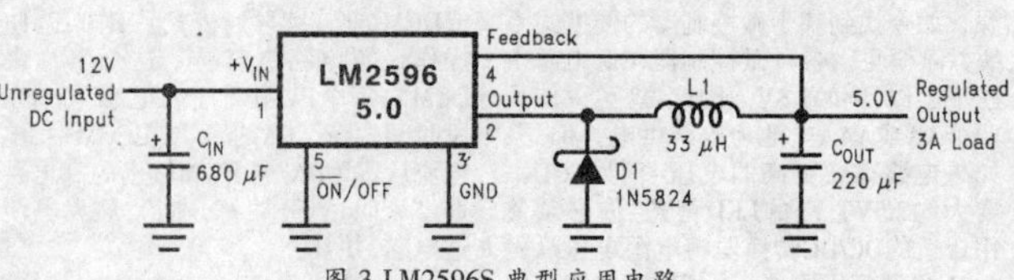

图3 LM2596S典型应用电路

四、PG信号模块

PG信号顾名思义就是检测各组输出都达到预定电压后,告诉电脑"各组电源都准备好了"。一般情况下,灰色线PG端口的输出如果在2V以上,那么这个电源就可以正常使用;如果PG端口的输出在1V以下时,这个电源将不能保证系统的正常工作。因为使用了DC-DC模块,其输出电压在首次使用前就已经设定好了,我们就不做各组电源的电压检测了。有DIYer干脆直接将+5V接在PG端,这样的确能启动电脑,但将功率电路直接接在PG端并不安全。所以笔者在+5V输出端接一个简单的缓冲延时电路作为PG信号模块。

五、PS-ON控制模块

ATX电源的Pin14为电源开关控制端,该端口通过电平信号来控制主电源的工作状态。该端口为高电平(大于1.8V)时,主电源为关;反之信号电平为低电平(低于1.8V)时,主电源为开。现在我们就用这个电平信号控制主电源(DC-DC模块)的开关:按下主机电源按钮,电源开关控制端输出低电平,Q2、Q3、Q4相继导通,后续DC-DC模块得电工作。如果DC-DC模块有使能端,而且使能端是高电平有效的(例如KIS-3R33S),把使能端接在A点,主板输出开机信号时该模块即可工作。电源开关管为P沟的MOS管,如选用FDS4435A则导通电阻RDS<20毫欧。

六、总装

因为一个DC-ATX转换器至少需要4个DC-DC模组(如果DC电源输出为12V的只需要3个),PG信号模块和PS-ON控制模块元件稀少,只需要很小的边角位置就能安装,所以我们只需要一块比4个DC-DC模组总面积稍大"洞洞板"作为母板即可。按照图4组装好后,先检查各个模块的正负极有没有接错,确认无误后再通电,先用电线或者镊子对地短路PS-ON端口,这个时候各个DC-DC模块应该有电压输出。在确认各个DC-DC模块的输出电压无误后再测量PG端口的电压。如PG端口输出高电平,则整个DC-ATX转换器制作和检测完成。

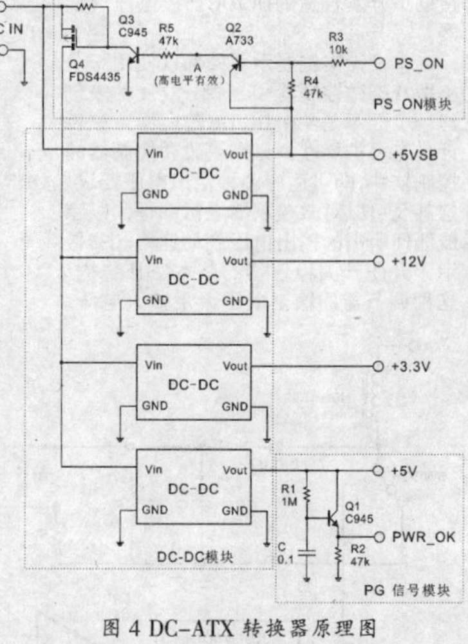

图4 DC-ATX转换器原理图

当然,笔者只是提供一个可行的方案,不见得是最优的方案。如果读者朋友们有更好的方案,也请不吝赐教,与广大读者共享,共同提高。

◇广东 潘邦文

只用一个整流二极管实现给电烙铁降温最简单方法

从今天收到的31期《电子报》07版上看到介绍一种《简单实用的双态可调温电烙铁》一文,可实现给间隙性工作的电烙铁降温,以免长时间不用通着电,影响烙铁头子的使用寿命,是个不错的方法。但该文要用七个电子元件,略显复杂。其实,给电烙铁降温温用不到那么精细的,本人只用一个拨动开关和一只整流二极管与一个插座组合起来即可实现给电烙铁降压,以达到给间隙性工作的电烙铁降温的目的,其电路原理见图1所示。

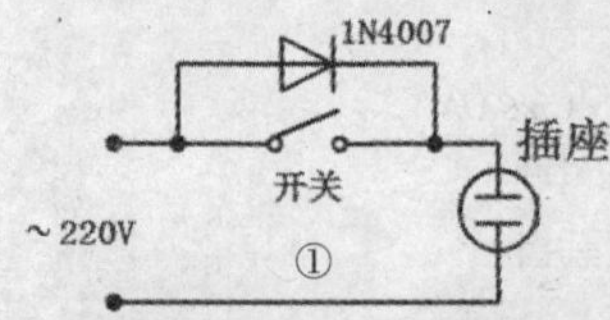

其给电烙铁降温工作原理也很简单,开关闭合时插座上全交流电压加于插座上,也就是220V供电给插入其上的电烙铁,电烙铁正常工作。当开关打开后,交流电压经1N4007整流二极管半波整流,电压降至交流电压近一半,130V左右,如此就达到给电烙铁降温的目的。一旦要用电烙铁焊接的话,将开关闭合,交流电压马上全压加于插座上,稍后,电烙铁马上就会升温到正常工作状态,即可正常焊接。以下图片2为用了20多年的给电烙铁降温自制实物图片。

以下图3、图4为开关内部整流二极管接线实物图片,从拆开的拨动开关盖子,可以看出整流二极管与开关并连连接。

从以上图片中可以看到,编号1为将开关拨动到闭合位置,也就是打开开关位置。编号2为电压通过整流二极管后给插座供电。以下图5、6为将开关拨动到打开、闭合后,插座上实测交流电源电压。

整流二极管,是用的旧电路板上拆机件,使用前需用万用表测试检查。

◇贵州省 马惠民

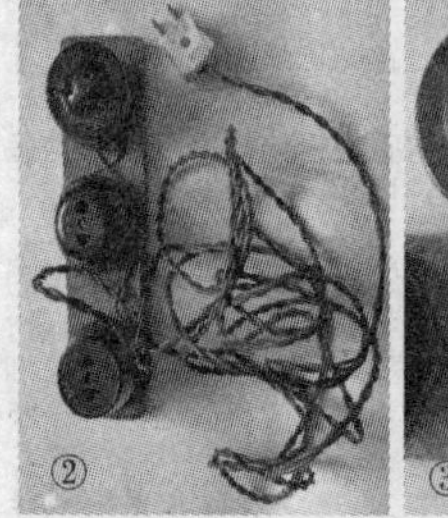

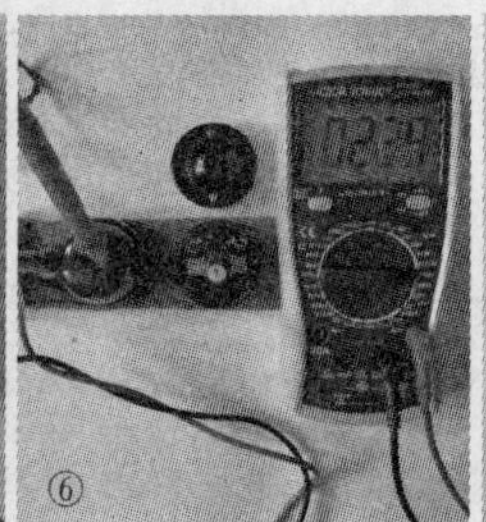

用梯形图编程进行STC单片机应用设计制作之二

开关量输入输出通道板的制作与测试(二)

(紧接上期本版)

2N5551三极管是FAIRCHILD的NPN型硅通用放大管,其引脚排列图和符号如图4所示,电气特性如表3所示,输出特性和增益特性如图5和图6所示。

(三)继电器

继电器是一种用较小的电流来控制较大电流实现控制目的的器件,具有控制系统(又称输入回路)和被控制系统(又称输出回路),在自动控制电路中有广泛的应用,具有隔离调节、安全保护、转换电路等作用。继电器的种类很多,按工作原理可分为:电磁式继电器、感应式继电器、电动式继电器、热继电器、固态继电器。

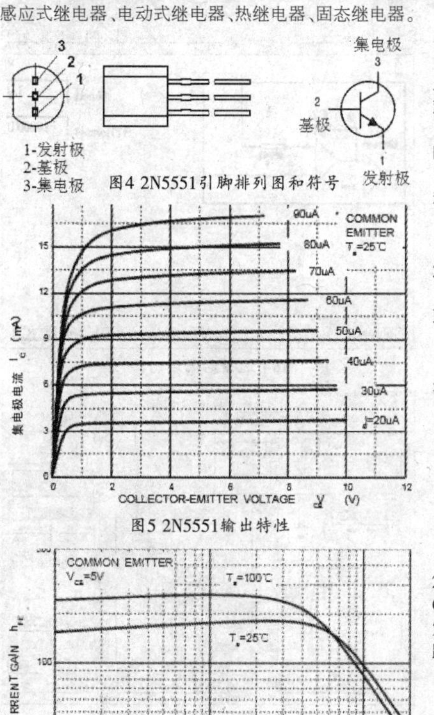

图4 2N5551引脚排列图和符号

图5 2N5551输出特性

图6 2N5551增益特性

对于常用的电磁式中间继电器,选型时应主要考虑2个参数:①线圈工作电压,②触点的种类和容量。一般来说,继电器切换负荷在额定电压以下,电流大于100mA、小于额定电流的75%较好。

HF46F是由厦门宏发电声股份有限公司生产的一款超小型中功率继电器,具有5A触点切换能力、线圈与触点间抗浪涌电源10kV、功耗仅为200mW等特点。它的外形图、接线图和安装孔尺寸如图7所示,性能参数如表4所示。

二、开关量输入输出电路

(一)输入电路

输入电路由一个光电耦合器和3个电阻组成,电路如图8所示,图中光电耦合器OPT1选用PC817。从图2所示曲线可以看出,若取正向电流I_F=7mA时对应的电流传输比CTR=125,故设计光电耦合器的工作电流为5mA。从表2查得,当正向电流I_F=20mA时,PC817的正向电压V_F为1.2V~1.4V,这里取V_F=1.2V。假定图中取I_i=7mA,下面确定电路中输入电阻和负载电阻的阻值:

$$R_{10}=\frac{V_{cc}-1.2-0.4}{7}=\frac{24-1.2-0.4}{7}=3.2\Omega$$,取R_{10}=3.3kΩ

考虑到CTR的温度变化以及长期稳定性,取$CTR_{(min)}$=35%,则有:

$$I_{c(min)}=I_F\times CTR_{(min)}=7\times0.35=2.45\text{mA}$$

考虑TTL电路低电平输入电流I_{IL}和高电平漏电流I_{IH},负载电阻值:

$$R_{12}>\frac{V_{cc}-V_{IL}}{I_c+I_{IL}}=\frac{5-0.8}{2.45-1.6}=4.94\text{k}\Omega$$

$$R_{12}<\frac{V_{cc}-V_{oH}}{I_{CE0}+I_{IH}}=\frac{5-2.4}{0.041}=63\text{k}\Omega$$

取R_{12} = 10kΩ

(二)晶体管输出电路

晶体管输出电路由一个光电耦合器、三极管和2个电阻组成,电路如图9所示,图中光电耦合器OPT4也选用PC817,晶体三极管Qo4选用2N5551。假定图中取I_i=8mA即I_F=8mA,下面确定电路中输入电阻器的阻值:

$$R_{k8}=\frac{V_{cc}-1.2-0.4}{8}=\frac{5-1.2-0.4}{8}=425\Omega$$

取Rk8 = 470Ω,R_{k14}=1kΩ

(三)继电器输出电路

继电器输出电路由一个光电耦合器、继电器、二级管和2个电阻组成,电路如图10所示,图中光电耦合器OPT4也选用PC817。假定图中取I_i=8mA即I_F=8mA,电路中输入电阻的阻值为:

$$R_{k8}=\frac{V_{cc}-1.2-0.4}{8}=\frac{5-1.2-0.4}{8}=425\Omega$$,取R_{k8}=470Ω

继电器RLo2选用宏发HF46F型,线圈电压24VDC,触头容量5A、250VAC。续流二极管D_{k4}选用1N4148。(未完待续)(下转第447页)

◇苏州三电精密零件有限公司 张雷
苏州竹园电科技有限公司 键谈

表4 HF46F性能参数表

参数		值
绝缘电阻		1000MΩ(500VDC)
介质耐压	线圈与接触点	4000VAC 1min
	断开触电间	1000VAC 1min
浪涌电压(线圈与动触点间)		10kV(1.2/50μs)
动作时间(额定电压下)		≤10ms
释放时间(额定电压下)		≤10ms
冲击	稳定性	98m/s²
	强度	980m/s²
振动		10Hz~55Hz 1.5mm 双振幅
湿度		5%~85%RH
温度范围		-40℃~85℃
引出端方式		印刷版式
重量		约3g
封装方式		塑封型

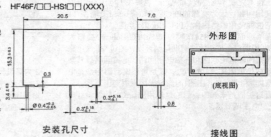

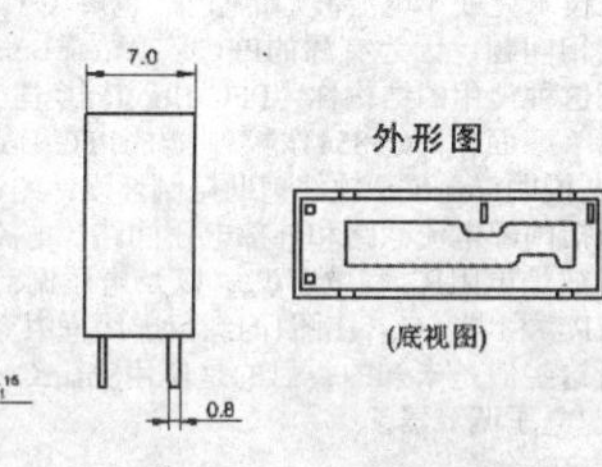

安装孔尺寸
(底视图)

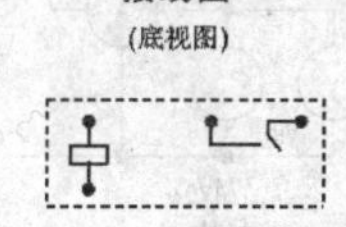

图7 HF46F尺寸和接线图

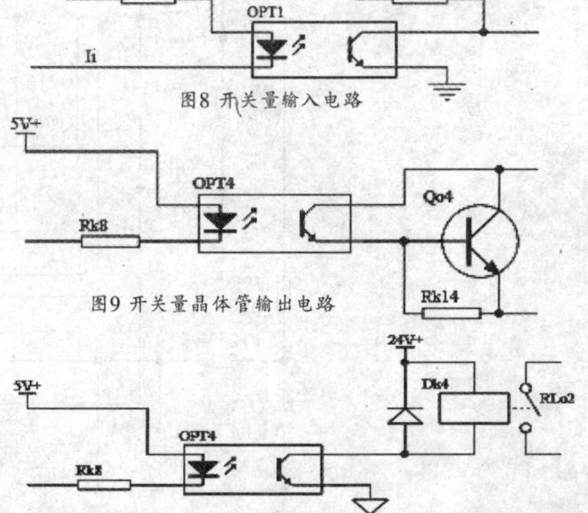

图8 开关量输入电路

图9 开关量晶体管输出电路

图10 开关量继电器输出电路

表3 2N5551电气特性

参数	符号	测试条件	最小值	最大值	单位
C-B极间击穿电压	$V_{(BR)CBO}$	Ic=100μA;I_E=0	180		V
C-E极间击穿电压	$V_{(BR)CBO}$	Ic=100μA;I_B=0	160		V
E-B极间击穿电压	$V_{(BR)CBO}$	I_E=100μA;Ic=0	6		V
集电极截止电流	I_{CBO}	V_{CB}=180V,I_E=0		50	nA
发射极截止电流	I_{EBO}	V_{EB}=4V,Ic=0		50	nA
DC电流增益	$h_{FE(1)}$	V_{CE}=5V,Ic=1mA	80		
	$h_{FE(2)}$	V_{CE}=5V,Ic=10mA	80	300	
	$h_{FE(3)}$	V_{CE}=5V,Ic=50mA	50		
C-E集电极-发射极饱和电压	$V_{CE(sat)(1)}$	Ic=10mA,I_B=1mA		0.15	V
	$V_{CE(sat)(2)}$	Ic=50mA,I_B=5mA		0.2	V
B-E基极-发射极饱和电压	$V_{BE(sat)(1)}$	Ic=10mA,I_B=1mA		1	V
	$V_{BE(sat)(2)}$	Ic=50mA,I_B=5mA		1	V
集电极输出电容	C_{ob}	V_{CB}=10V,I_E=0,f=1MHz			pF
发射极输入电容	C_{ib}	V_{BE}=0.5V,I_C=0,f=1MHz		20	pF
特征频率	f_T	V_{CE}=10V,I_C=10mA,f=100MHz	100	300	MHz

基于PSIM SmartCtrl的PFC Boost控制环设计(一)

PSIM 是专门为电力电子和电动机控制设计的一款仿真软件。它可以快速地仿真和便利地与用户接触,为电力电子,分析和数字控制和电机驱动系统研究提供了强大的仿真环境。智能控制(SmartCtrl)是为电力电子领域设计的控制设计工具。它为控制环设计提供了一个易于使用的接口。包含了绝大多数电力电子设备的传递函数,如不同的DC/DC拓扑,AC/DC变换器,逆变器和电机驱动。用户也可以导入自己设计的传递函数,为优化控制环设计提供了极大的灵活性。为了使初学者更容易入门,建立稳定的解空间,软件提供了名为解图(Solutions Map)的程序。基于特定设备,传感器和调整器类型,解图提供了不同穿越频率和相位裕度的组合,引导使用者设计稳定的系统。因此,设计者能够选择其中一个稳定的解空间,改变调整器参数使用系统的频率响应,瞬态响应等等。当参数变化的时候,所有的响应都可以实时更新。

主要特点:

- 预定义电力电子设备和传感器中的通用传递函数
- 可以通过TXT文本导入自定义传递函数
- 帮助用户评估一个稳定的解空间
- 系统参数动态变化
- 频率响应(波特图),瞬态响应实时更新

1 PFC Boost转换器介绍

Boost,即升压,是DC/DC拓扑之一。开关电源产品,会对电网带来严重的污染,主要包括电流谐波较大,输入功率因数低,为了抑制这一现象,提出了相应的谐波标准,功率在75W以上的开关电源产品都要满足谐波标准,在这一标准的要求下,PFC Boost转换器开始大放异彩。PFC是功率因数校正(Power Factor Correction)的英文缩写。在开关电源中,功率因数包含两个因素,一个是电压电流的波形不同步,还有一个是波形的畸变,特别是电流波形并不是正弦函数,并产生多次谐波,干扰了其它用电器具的正常工作,这就是电磁干扰(EMI)和电磁兼容(EMC)。PFC是针对非正弦电流波形畸变而采取的方法,它迫使交流线路电流追踪电压波形瞬时变化轨迹,并使得电流和电压保持同相位,使系统呈纯电阻性,所以现代的PFC功率因数校正技术完成了电流波形的校正,也解决了电压、电流的同相问题。因为有源的PFC必须依靠Boost实现,所以把这种常用的结构称为PFC Boost转换器。

下面以UC3854作控制器的PFC Boost转换器为例,说明SmartCtrl软件辅助控制环设计的过程。该电路包括内部电流回路和外部电压回路。电流回路调节器参数是电阻R_{ci}和电容C_{ci},以及电压调节器参数是电阻R_{VF}和电容C_{VF},在图1的红色虚线框中突出显示。假设这些值是未知的,目的是使用SmartCtrl软件设计电流/电压调节器。

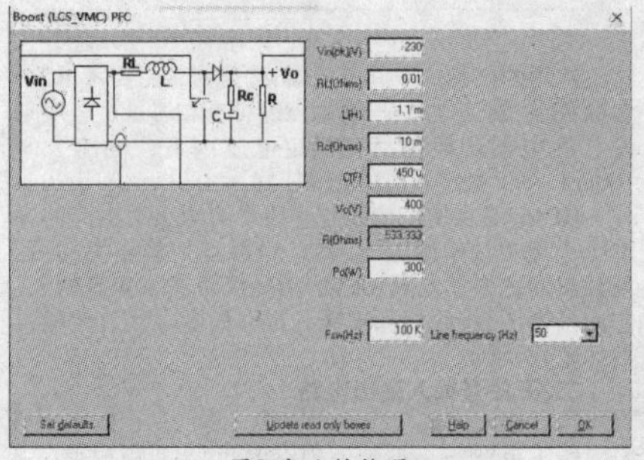

图2 定义转换器

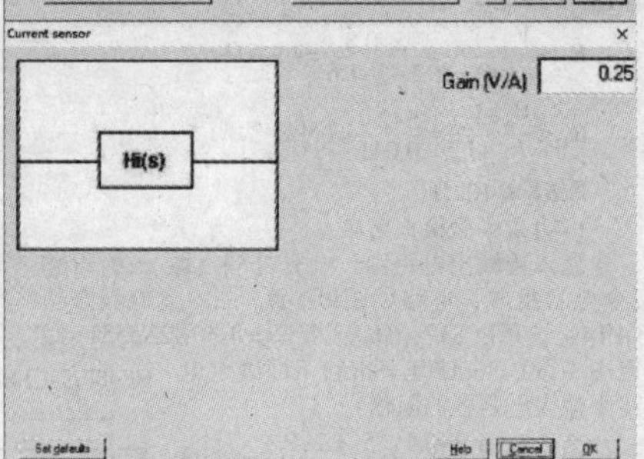

图3 选择电流传感器

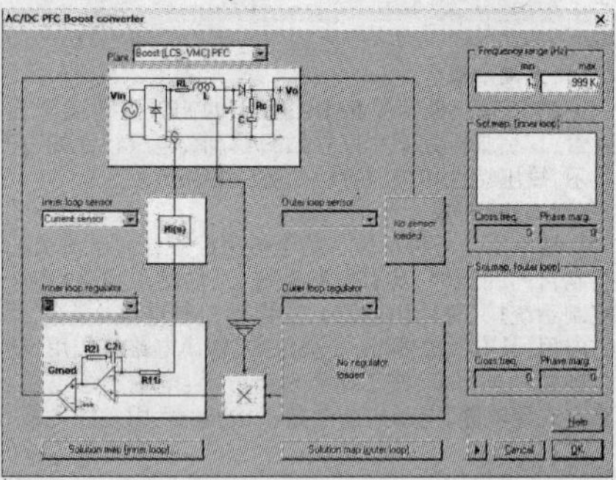

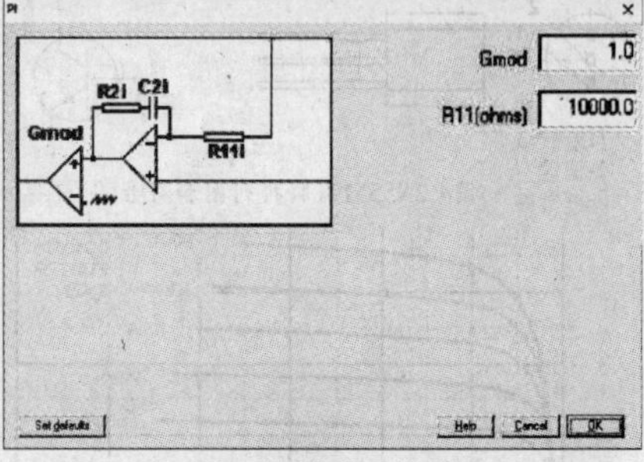

图4 选择电流调制器

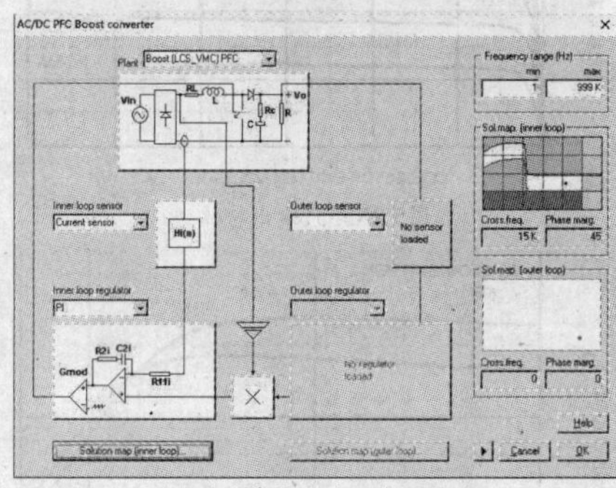

图5 确定穿越频率和相位裕度

2 内环设计

2.1 定义转换器

选择Boost (LCS_VMC) PFC作为PFC Boost转换器,完成相应参数的填写,注意输入电压是峰值电压。

2.2 选择电流传感器

选择传感器的类型,将增益定为0.25,实际上是采样电阻的值。

2.3 选择电流调制器

在内环调制器下拉菜单中,选择PI型调制器。

2.4 确定穿越频率和相位裕度

SmartCtrl通过解图(Solution Map)的方式提供选择穿越频率和相位裕度的简易方法。在解图中,白色区域的点对应着稳定的解。当选定一个点时,在该开关频率下的传感器和调制器亦被确定。当然也可以人工输入穿越频率和相位裕度的值。穿越频率和相位裕度选定后,解图立即在右边区域显示,想修改时点击白色区域即可,非常方便。内环设计好后,开始外环的设计。

(未完待续)

(下转第448页)

◇湖南 欧阳宏志

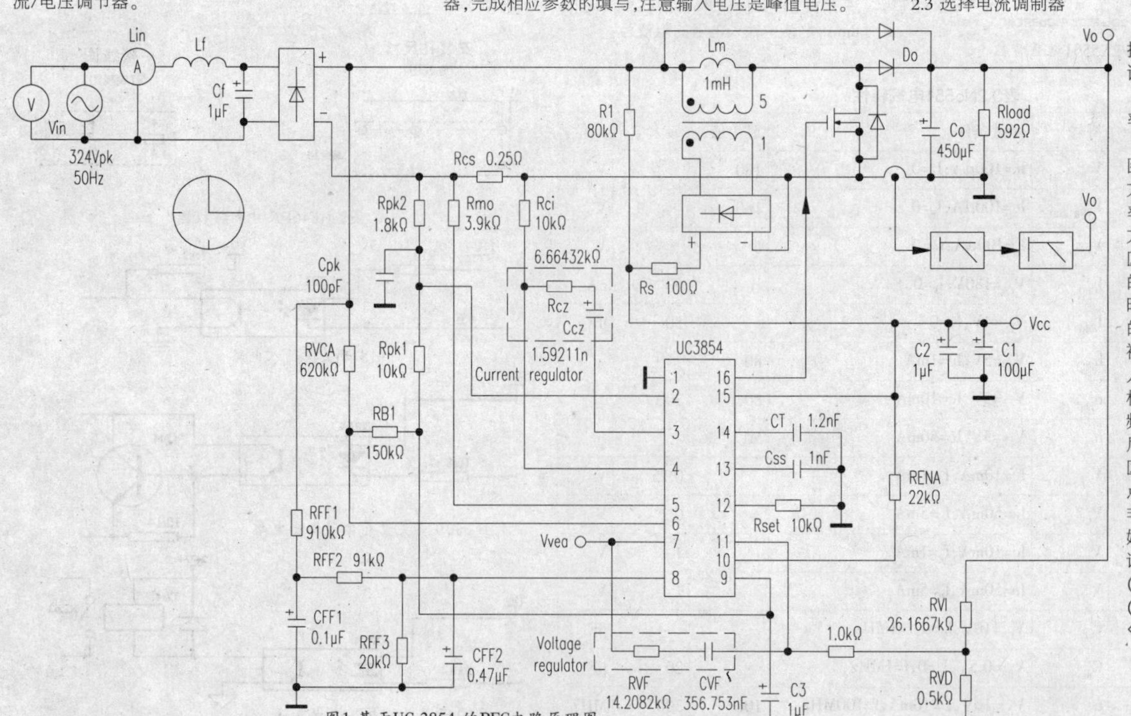

图1 基于UC 3854 的PFC电路原理图

关于建立贵州山区自然灾害应急广播系统建设的探索

摘要：应急广播是贵州省的一项重大民生工程，《中华人民共和国国民经济和社会发展第十三个五年规划纲要》将国家应急广播体系建设列入公共服务清单，在《贵州省突发事件应急体系建设"十三五"规划》中，已明确提出"加强农村偏远地区广播电视、大喇叭等紧急预警信息发布手段建设，完善广播电视、报纸、网络等大众媒体的信息发布体系"。本文结合贵州山区实际，从贵州山区应急广播体系建设进行一定探讨，阐述新形势下贵州山区建立应急广播的必要性和重要性，并提出符合贵州山区应对自然灾害应急广播建设思路和措施。

关键词：自然灾害；应急广播；探索

引言

贵州省，简称"黔"或"贵"，地处中国西南腹地，与重庆、四川、湖南、云南、广西接壤，是西南交通枢纽。贵州境内地势西高东低，自中部向北、东、南三面倾斜，全省地貌可概括分为：高原、山地、丘陵和盆地四种基本类型，高原山地居多，素有"八山一水一分田"之说。受地形地貌影响，贵州省气候变化复杂多样，造成"一山分四季、十里不同天、无灾不成年"的格局。历史上，贵州自然灾害通常呈现"旱灾一大片，水灾一条线，小地震大灾害"的特点，贵州自然灾害频发、多发、损失重，从而使得贵州成为全国自然灾害损失比较严重的省份之一。与此同时，国民对全面、准确、及时获取应急信息的要求越来越高，各级政府向公众发布应急和救助信息的公共服务需求越来越迫切，探索建立贵州山区自然灾害应急广播应对各种突发事件显得尤为重要。

1.应急广播系统概念

应急广播是指当发生重大自然灾害、突发事件、公共卫生与社会安全等突发公共危机时，应急广播可提供一种迅速快捷的讯息传输通道，在第一时间把灾害消息或灾害可能造成的危害传递到民众手中，让人民群众在第一时间知道发生了什么事情，应该怎么撤离、避险，将生命财产损失降到最低。

2.贵州山区自然灾害应急广播体系建设可行性

广播电视具有点对面传播的独特优势和调度灵活、接收简便、传播快速、信息权威的特点，是世界各国普遍采用的应急信息传播方式。目前，依托于我国广播电视基础的国家应急广播体系正在建立，各项标准规范、关键技术已日益成熟。通过多年的建设，贵州省广播电视已经具备了良好的基础，截止2017年底，全省广播、电视综合人口覆盖率分别达到93.45%和96.47%。综上所述，贵州省较为完善的广播电视制作播出、传输覆盖基础设施为开展应急广播工作奠定了坚实的基础，全面建设全省应急广播系统的条件已成熟。

3.贵州山区自然灾害应急广播建设思路探讨

(1)管理平台实现对接

贵州山区自然灾害应急广播平台应满足省、市、县三级应急信息播发的要求，相互独立但又可统一调度管理。应急广播平台对接包括两个方面：1）省市县三级平台在纵向上均需与上级应急广播平台对接；2）省市县三级平台在横向上与三级政府应急信息发布部门的对接。

(2)有效的资源整合

应急广播系统建设应充分整合现有资源，一是建设单位应积极联系本地政府部门，由应急管理部门牵头整合气象、水利、民族自治县文化工程等应急扩音设备；二是应充分利用广播电视现有的节目制作、节目播出、传输发射、村村响、"百县万村工程"等技术基础和设施，促进系统建设和信息发布的经济性和高效性。

(3)实现应急信息快速广泛覆盖

应急广播要充分利用省内广播电视网络资源，同时在某些地区利用通信网络扩大覆盖范围，确保在应急时期向我省重点地区进行应急信息的快速有效覆盖。系统拟采用卫星、省级中波、省级调频同步网、县级调频、有线数字电视、地面数字电视、应急广播大喇叭系统、IPTV、新媒体等手段，形成面向贵州省城乡的全面综合信号覆盖网络。其中，省新闻广播、省综合电视频道、省调频同步网和省中波广播规划为省级应急广播资源，由省级应急广播平台直接调度使用；地市级自办广播节目频率、自办电视节目频道及相关发射机，以及市辖区应急广播大喇叭系统，属市级应急广播资源，由市应急广播平台直接调度使用；应急县自办广播节目频率、自办电视节目频道、县调频广播、有线数字电视网络、应急广播大喇叭等规划为县级应急广播资源，由县应急广播平台直接调度使用。

(4) 满足突发事件处置全过程的信息传输要求

应急广播系统应可满足贵州省应急部门在处置突发事件的"事前、事中、事后"全过程的信息快速传输要求。首先，应急广播应具备"平时"运维和应急演练功能，确保各个环节设备稳定可靠，满足应急部门在"事前"进行应急信息播发、预防知识普及的需要；其次，在重点防灾地区的应急广播系统应在信号传输通道、应急移动广播手段等方面考虑抵御重大灾难的能力，在发生重大应急事件时仍能发挥作用，满足应急部门在"事中"进行舆论引导、次生灾害防范、应急救援宣传等方面的需要；最后，系统关键设施在受到损坏后，应能快速恢复使用，满足应急部门在"事后"对公共设施进行恢复重建的要求。同时，应急广播应具备完善的评估功能，满足突发事件处置中应急信息播发的"事后"评估、总结的要求。

(5)因地制宜，分类实施

针对贵州省多丘陵地形的特点，基本可划分为城镇、城郊乡村和远郊乡村三类，根据因地制宜的原则，应急广播系统建设应针对上述不同区域类型，并充分结合本地网络资源进行分类实施。

(6)统一标准，快速联动

省、市、县三级平台之间、应急广播平台与应急信息发布部门之间、应急广播平台与各级台站/前端之间以及各类传输覆盖通道中，采用统一的平台接口规范和应急广播传输覆盖通道指令封装协议，对全省各类应急广播系统及资源、应急广播终端采用统一的地址规划和编码，核心关键设备采用统一标准，全系统的信息传递实现互联互通，应急信息播发实现快速响应，核心设备实现互换。

(7)平战结合

应急广播应具备"平战结合"的特点，即除了在应急时期及时、准确的播报应急信息外，在"平时"也要能满足各地尤其是乡镇、村级公共服务信息播发需求，利用本系统进行发送公共信息、应急知识和政策宣传节目，提高广大人民群众防灾意识和抗灾能力，普及应急处置的相关知识，同时，要确保整个系统在"战时"的随时可用。

4.结语

伴随着各类自然灾害事故的频发，应急广播作为及时迅速的救灾信号的传递尤为重要，第一时间发布灾害信息，对于降低贵州山区抵御各种自然灾害，减少财产损失，保障人民生命安全具有重要意义。

参考文献：

[1]张国能.农村应急广播体系建设的实践与探索[J]. 中国有线电视，2017(8).

[2]夏书奎.山区应急广播系统的研究[J]. 中国有线电视，2017(8).

[3]李仁德.农村应急广播系统建设方案探讨[J]. 中国有线电视，2014(11).

作者简介：莫树情（1988-），男，苗族，贵州贵阳人，本科，助理工程师，研究方向：广播电视。

◇贵州 莫树情

云数据与支付系统

随着苹果公司的亚洲最大数据中心在贵安开建以及阿里云、华为、腾讯等互联网巨头在贵阳建立全球备案中心与技术支持中心等一系列大公司将数据中心建立在贵州。贵州的大数据储存业务迎来了最好机遇。

为什么这么多大公司要把大数据中心设立在贵州，主要得益于以下几点：

1.水电充足，电力很便宜。

建设中的贵安七星华为云数据中心

正在建设的腾讯贵安七星绿色数据中心

2.有很多山洞，山洞里面恒温恒湿，是一个最合适建大型绿色数据中心的好地方。

3.除了贵州西部有几条小地震带外，同样是电力便宜的四川西部却恰恰相反；20世纪以来，中国共发生6级以上地震近800次，遍布除贵州、江浙两省和香港特别行政区以外所有的省市区，因此从安全性上讲也非常适宜构建大数据中心。

而我国目前使用支付宝或者微信支付已经成为了大众日常生活付费的主流，由此又引发出一个问题，要是万一出现数据连接电缆中断或者数据中心被破坏，那么连接全国或者全球的网络银行数据交换或者支付系统又该怎么办呢？

首先要知道，某个互联网服务商特别是大公司一般都有两到三个以上的数据中心，比如华为在全国就有三个大的数据中心基地，分别是深圳、内蒙古和贵州，用以存储数据，这种方式可以简单地称为"两地三中心"。

就是指两个不同的地方，分别设有生产中心、同城容灾中心、异地容灾中心；两个城市的三个机房内部有独立的数据库及其系统，其中又分为主库和备库，且备库在不断地复制主库里的数据，保持数据的一致。异地的机房也同样采用相同的数据复制，只是受网络传输影响，数据有一定的延迟。当出现数据故障或者因灾害导致外在的物理破坏时，系统会将数据服务转换至(异地)备库，保证网络服务。

在"两地三中心"的基础上，又升级为"三地五中心"，其原理不变，对于数据更加安全。主要体现在：单城市故障情况下，不会造成任何数据丢失；读操作性能不会下降，但受城市距离影响，写操作延迟增加；主库故障时自动切换，读库自主寻找合适源同步数据；整个方案对上层业务透明，应用无需改动；不依赖第三方同步平台和工具，完全基于数据库自身的多副本机制；无需人工参与，运维简单。

只从字面上看，仅仅加了"一地"和"二中心"；不过这个投入的费用则是蹭蹭地往上涨：灾备机房基础设施、灾备中心人员等场地费用；灾备存储、交换机、路由器、协议转换器、主机等设备费用；设备服务费、系统维护费等等。这些都可以用"烧钱"来形容，而且采用的起"三地五中心"的也只有阿里、腾讯这样的互联网巨头。

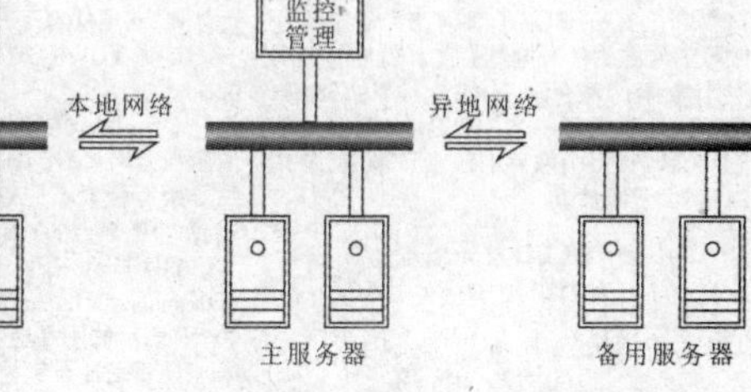

最后退一万步讲，即使在"三地五中心"这样的庞大数据系统断网的情况下，支付宝或者微信系统仍然可以使用。这又是什么原理呢？

先说下在线支付系统，在用户和商家均有网络的情况下，用户打开支付系统App时，会向支付的服务端发出申请命令，得到命令后会生成付款码；商家使用扫码枪读取付款码，同样上传至支付系统的服务器；支付系统服务器收到商家传来的付款码后，与命令系统保存信息进行对比，比对通过则创建支付订单，如果余额足够便可完成支付。

还有一种是商家有网，用户无网的情况；由于支付系统app预先缓存了一些命令，这样使用的时候从支付系统app本地提取二维码便可完成支付；商家所收到的钱由支付系统先垫出，等用户有网后再将交易传回支付系统服务器端扣除，这个也叫单离线支付(俗称：你扫我)。

既然有单离线支付，那么也有双离线支付。用户手机终端与结算机同时离线下，完成支付操作。但这一技术目前更多的是用于智能公交刷卡机。早在2016年8月，蚂蚁金服便与杭州公交合作，在2条试点线路上开始测试基于底层双离线技术的二维码支付模式，目前，该技术已在杭州、武汉、南昌等多个城市公交线路上投入使用。

（本文原载第31期11版）

选购4K要注意什么(一)

4K的标准，最早来自于2004年电影行业的DCI标准，后来在2012年，国际电信联盟(International Telecommunication Union，即ITU)发布了超高清电视(Ultra HDTV)的国际标准。在该标准中，对4K电视做了如下定义：水平分辨率3840，垂直分辨率2160，宽高比16:9，总约830万像素。其中，水平分辨率和垂直分辨率的像素数分别是之前1080P（1920×1080)标准的2倍，面积是HDTV标准即1080P的4倍，也就是4倍的像素数，画面信息更加丰富细腻。

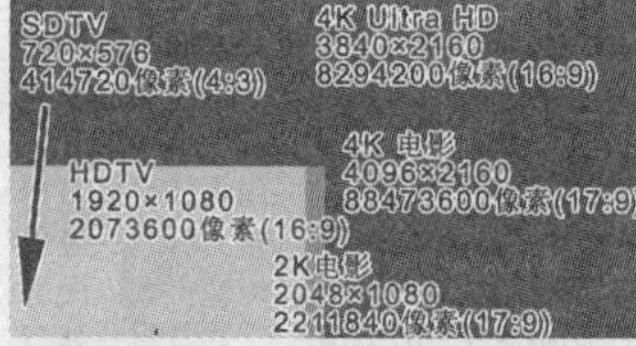

2013年12月31日，创维在上海正式发布国内第一台4K家庭互联网电视——酷开U1。短短的五年时间，我国4K电视获得迅速普及，市场渗透率已经逼近60%。来自中国电子视像行业协会的数据显示，到2018年年底，我国4K电视渗透率将达到58%，预计3年后将达到71%。

普通消费者在购买新电视的时候，4K几乎已经成为电视的必备参数之一。而在选购电视时，4K电视厂商为了突出自己产品的差异性和独特性，吸引消费者的目光，各种新概念、新技术、新标准铺天盖地的宣传让消费者眼花缭乱。有些技术标准确实是代表着更好的画质和更高的性能，但也有不少的技术标准其实是为了降低成本，毕竟性价比也是消费者关注的一个地方。抛开性价比，只谈谈技术、标准对画面影响的重要因素。

四色VS三色

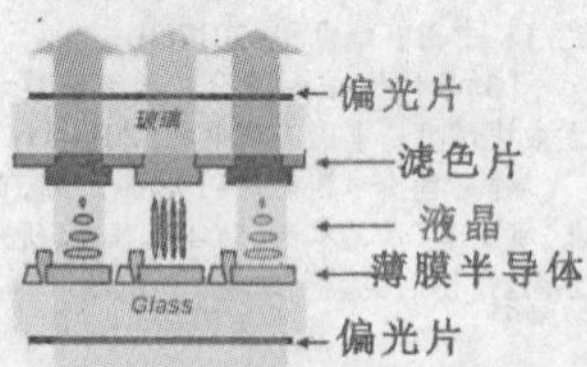

LCD发光原理

传统的液晶电视屏幕是通过RGB（红绿蓝)三原色来调和色彩及亮度显示的。每个像素点实际上有3个RGB子像素，3个子像素分别按照信号源的信号控制亮度，就能够调制出一个像素的颜色。在4K分辨率（3840×2160)下，一幅画面一共有8.3M(M为百万单位)个像素点，每个像素有三个子像素，总共有24.9M个子像素。

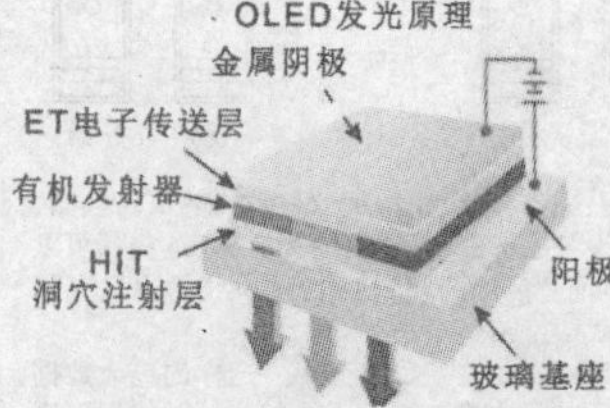

而4色4K，最早由韩系厂商三星和LG采用，在RGB基础上加入一个W(white)子像素，就是白色像素，单独控制亮度，这样液晶面板的亮度控制能力更强，透光率更高，细节及对比度表现会更好，而且更节能。

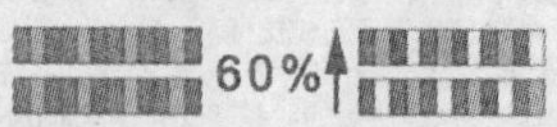

那么是不是4色4K技术就一定比3色4K技术好呢？

要知道多出来的W子像素，并不是额外制作的，而是占用了原本像素点的位置。按老老实实的布局设定，4色4K应该是一幅画面有3840×2160个像素，每个像素有4个子像素，这样硬件上就应该比3色4K多3成的像素点才是正常情况。但在厂商(主要是韩系面板)“精打细算”下，这些4色4K面板，其设定的一个像素并不是有4个子像素的。

部分4K液晶面板像素点、分辨率及子像素量			
厂家类型	子像素排列	分辨率	子像素总数量
三星面板之Green UHD（RGBW）	RGBWRGBW BWRGBWRG	1920×2160×4 1个像素点由2个子像素组成(RG/BW)	16.6M (2.7倍FHD)
LG面板之G+ UHD（RGBW）	RGBWRGBWRGBW BWRGBWRGBWRG	2880×2160×4 1个像素点由2.5个子像素组成(RGBWR)	24.9M (4倍FHD)
三色4K面板（RGB）	RGBRGBRGBRGB BRGBRGBRGBRG	3840×2160×3 1个像素点由3个子像素组成(RGB)	24.9M (4倍FHD)

在这种“特殊”的定义下，一个像素并不是RBGW四个子像素，而是一个像素只有2个子像素(RG像素或者BW像素)，等于是把原本一个像素拆成了2个来算。这样4色4K总共的子像素总数量是3840×2160×2=16.6M，比3色4K少了8.3M，也就是少了830万个子像素，如果按照RGBW4个子像素构成一个像素的算法来算，这种4色4K实际的分辨率只有1920×2160的水平，4K标准分辨率是3840×2160，两者差距自然分晓。

还有一种是以LG为主导的4色4K面板，是5个子像素算作2个像素；其物理分辨率是2880X2160，比三星那种1920×2160要好一些，但比起4K标准分辨率3840×2160，水平方向还是短了一大截，不过子像素的总数量依然是24.9M，和传统3色4K持平。有可能厂商极力宣传其“4色4K”，但在硬件上仍然属于子像素量和普通的“3色4K”没有增加，只是把显示模式换了，具体效果就看个人喜好了。

总而言之，“4色4K”面板在实际物理分辨率上都达不到3840×2160的4K标准分辨率的要求，可以看作“伪4K”，当然话说回来，这种“伪4K”电视也许在价格上更具有诱惑力，就看消费者怎么选择了。

YUV

与我们熟知的RGB类似，YUV也是一种颜色编码方法，主要用于电视系统以及模拟视频领域，它将亮度信息（Y）与色彩信息(UV)分离，没有UV信息一样可以显示完整的图像，只不过是黑白的，这样的设计很好地解决了彩色电视机与黑白电视的兼容问题。并且YUV不像RGB那样要求三个独立的视频信号同时传输，所以用YUV方式传送占用极少的频宽。

有的厂商也把YUV4:4:4作为一个卖点进行炒作，这里就YUV进行一个简单的科普。

首先YUV格式分为两大类：planar和packed。

对于planar的YUV格式，先连续存储所有像素点的Y，紧接着存储所有像素点的U，随后是所有像素点的V。对于packed的YUV格式，每个像素点的Y,U,V是连续交叉存储的。

YUV分为三个分量，“Y”表示明亮度(Luminance或Luma)，也就是灰度值；而“U”和“V”表示的则是色度(Chrominance或Chroma)，作用是描述影像色彩及饱和度，用于指定像素的颜色。

YUV码流的存储格式与其采样的方式密切相关，主流的采样方式有三种：“YUV4:4:4”、“YUV4:2:2”、“YUV4:2:0”；其详细原理这里就不一一介绍了，下面分别用三个图直观地表示“YUV4:4:4”、“YUV4:2:2”、“YUV4:2:0”如何根据其采样格式来从码流中还原每个像素点的YUV值。只有正确地还原了每个像素点的YUV值，才能通过YUV与RGB的转换公式提取出每个像素点的RGB值，然后显示出来。

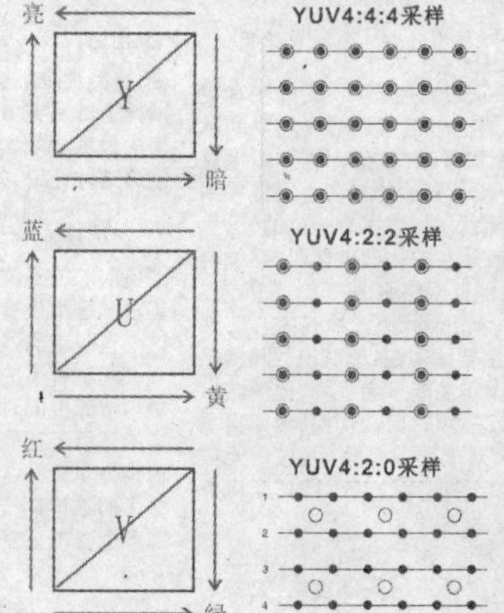

其中黑点表示采样该像素点的Y分量，空心圆圈表示采用该像素点的UV分量。

如图所示，在YUV 4:4:4采样中，每一个Y对应一组UV分量；YUV 4:2:2采样中，每两个Y共用一组UV分量；YUV 4:2:0采样中，每四个Y共用一组UV分量。另外除了4:4:4，常见的还有4:2:2、4:2:0、4:1:1三种采样格式。

可以看出YUV 4:4:4像素点采集最为全面，也就是说4:4:4的信号是无损的，信息更加丰富，画面色彩更好。不过这种采样对存储空间及传输带宽要求也是非常高。其他三种方式是为了节约带宽和存储空间，对色彩进行了压缩；有的厂商为了降低成本会相应地选择其他几种方式。

不过从片源(信号源)上讲，因为4:4:4信号数据量实在太大，存储及传输成本都很高。实际上通过蓝光光盘、网络下载、机顶盒、各种网络盒子，得到的片源都是经过压缩的，而且大部分是4:2:0、4:1:1的方式压缩的，4:2:2的片源都是很少见。支持YUV4:4:4的电视机在播放这类片源时并没有太大意义。

但是如果要玩游戏的话，将电视机作为主屏，不管是从电脑、PS4、Xbox One、甚至机顶盒里面的游戏APP，这些本地生成的视频信号，大部分都支持以YUV4:4:4方式传送，如果用支持YUV4:4:4的电视来显示，带来的画面、色彩，及文字显示的提升是非常明显的。并且随着移动5G以及带宽的提升，在网络上收看高容量的片源也不是不可能的事。

有人也许会问：“为什么要用YUV编码，而不是干脆直接用RGB编码？”。因为YUV的压缩方式，比起RGB有先天优势，就是可以把轮廓和色彩的信息分开，只压缩色彩，不影响轮廓。Y信号就是Luma，代表的是亮度信息，直观来看就是轮廓。

无论是4:2:2或者4:2:0还是4:1:1，亮度Y对应的都是4，也就是说不会对保存轮廓信息的Y信号进行有损压缩。而压缩的都是色彩信息，即U和V信号，这样就非常不容易看出画质损失。RGB压缩三原色的信号更容易影响轮廓清晰度，相比之下，YUV只压缩色彩，不影响轮廓清晰度，是一种非常好的压缩方式。

HDR

关于HDR，也就是高动态范围(High-Dynamic Range)，本版也讲解了一些概念性知识，随着越来越多的拍摄设备及片源使用了10bit甚至更高的编码；而HDR编码格式包括了HDR10/10+，Dolby Vision，HLG和Technicolor HDR；其内容可以用一种或多种格式编码。

支持HDR的电视的品牌/型号决定了它兼容的格式。比如HLG标准由英国BBC和日本NHK电视台联合开发的，最大的特点就是所广播的单独信号流可以同时兼容HDR和非HDR电视。而PS4 PRO和XBOX One X这两款游戏主机仅支持HDR 10标准。最后是4K UHD蓝光影碟则基本上都支持HDR 10格式，还有一小部分支持杜比视界(Dolby Vision)。

规范的厂商都会明确标注产品所支持的HDR标准

三星，索尼，海信，夏普，飞利浦等品牌都展示了自己的HDR电视支持HDR 10标准；而LG电子则同时支持HDR 10和Dolby Vision两种标准。国产的大品牌也会注明自家产品相对的HDR标准，而一些低价位（2000元以下）的“伪HDR”4K电视则是含糊其辞地表示支持HDR，这种情况就要当心。

这种仅表示“支持HDR”的说明就需要小心了

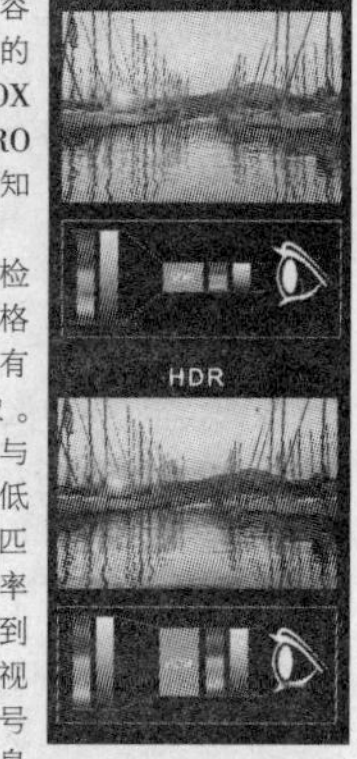

检测是否兼容“4K HDR”最简单的方式：直接连上XBOX ONE X或者PS4 PRO根据相应的提示就知道了。

如果电视无法检测到兼容的HDR格式，它将显示没有HDR提升的图像。SDR到HDR处理：与电视高分辨率显示低分辨率视频信号以匹配电视的显示分辨率类似，SDR的视频到具有HDR功能的电视机上可以分析SDR信号的对比度和亮度信息并提升对比度范围这样就近似了HDR的质量。

并非所有具有HDR的电视都是可以提升SDR。

支持HDR的电视能够显示HDR的效果取决于电视的最大亮度。这称为峰值亮度，以Nits为单位进行测量。

比如说，以Dolby Vision HDR格式编码的内容可以在最暗的白色和最白的白色之间提供4000Nits的范围。很少有HDR电视可以达到如此的亮度，目前的能支持1000Nits的HDR电视已经越来越多了。但大多数HDR电视都还达不到这个。OLED HDR电视最大可达750-800Nits，许多低端LED/LCD HDR电视可能低至500Nits。并且根据发光原理OLED电视可以显示绝对黑色，但LED/LCD电视则不能。

当电视检测到HDR信号但无法发出足够的亮度以显示其全部范围时，它将采用色调映射的方式以最佳地匹配HDR内容的动态范围与电视自身的亮度输出能力。

其他影响

HDR是指在电视屏幕上显示的扩展亮度和对比度范围，因此HDR与分辨率无关，这表示HDR的应用不会改变基础视频分辨率，HDR是在4K之上实现的，而不是代替它。由于其对亮度和对比度的影响，HDR还增强了色彩，所以可以在任何屏幕尺寸上看到SDR和HDR之间的视觉差异。

另外，由于亮度输出能力的不同，同一信号HDR效果可能在不同电视之间看起来有不同效果。可以这么说：所有HDR电视都是4K电视，但并非所有4K电视都是HDR电视。并非所有HDR电视都具有SDR到HDR处理功能。购买具有HDR功能的电视时，除了考虑兼容HDR10/10+，Dolby Vision和HLG格式外，还要考虑到电视的峰值亮度，这对HDR的范围影响十分重要。

(未完待续)(下转第450页)

◇厦门 郭博

成都市工业经济发展研究中心
Chengdu Industrial Economic Development Research Centre
发展定位：正心笃行 创智襄业 上善共享
发展理念：立足于服务工业和信息化发展，
当好情报所、专家库、智囊团
发展目标：国内一流的区域性研究智库
服务对象：
各级政府部门
各省市工业和信息化主管部门、
各省市园区主管部门、企业
联系电话：028-62375945 网址：HTTP://WWW.CDGYZX.CN/
地址：四川省成都市一环路南三段24号

2019年9月1日出版 实用性 启发性 资料性 信息性

第35期 （总第2024期）

国内统一刊号:CN51-0091 定价:1.50元 邮局订阅代号:61-75

地址:(610041)成都市武侯区一环路南三段24号节能大厦4楼 网址:http://www.netdzb.com

让每篇文章都对读者有用

近年来，随着人工智能技术和移动终端的快速发展，智能家电日益普及，家居智能化已成为流行趋势。近日，国家发改委、生态环境部、商务部印发了《推动重点消费品更新升级畅通资源循环利用实施方案》，鼓励消费者使用节能、智能型家电，并鼓励有条件的地方政府给予支持，推动智能家居行业快速升级，满足人民群众日益增长的生活需求。

智能家电广受青睐

通过智能互联，用指纹解锁开门，移步到房屋中，射灯、吊灯依次亮起，灯光自动调节成温馨模式，窗帘缓缓从两侧向中间合拢，中央空调和空气净化器又开始工作了；通过远程操控，下班回到家晚饭已经煮熟，房间自动打扫好，洗澡水自动烧热，电视里播着正在追的电视剧……

如今，伴随着人们对美好生活的渴望，家电不再是冷冰冰的摆设，而是被赋予了审美需求和情感需求，个性化、智能化的家电产品日渐走入寻常百姓家。当您走进家电卖场很容易发现，现在的家电产品颜值越来越高了。尤其是冰箱、空调、电视等大家电，一眼望去个个都有高大上的“外表”。不仅颜值高内涵也丰富，多数家电都配有无线互联、远程操控等智能化功能，居家使用，可以随时感受智能生活的便利。

事实上，消费者对智能家电的诉求具有普遍性。“懒人经济”下，人们愿意花时间去工作、健身、学习、社交、娱乐，而吝于花力气去做家务等，希望一切从简，智能家电产品便凭借其高科技优势闯入人们的日常生活。

现如今，无论是品位升级了的城市中产，还是致富了的小镇青年，以及极具购买力的富裕人群，消费者在物质和精神层面都有了更高追求，也催生出更高层次的消费需求。尤其是三线城市以上以中青年为代表的新一代消费者，开始愿意为智能、个性、娱乐、健康、品位等品质生活买单，对家电的需求尤其如此。

智能家电尚存提升空间

一般意义上的智能家电，是指加载了网络平台、传输、接收器三大基本要素的家电。而智能家居则是通过多个传感器把相互孤立的信息连接起来，用物联网技术将家中的各种设备连接到一起。生活中，因为不同家电品牌有着各自的优势，大部分消费者在选择家电时并不会完全选择同一品牌，所以多数家庭的家电产品只能达到局部智能。

事实上，综观目前市场上的智能家电，多数仍停留在连上WiFi，手机APP远程操控的“低智商”层次。一些智能产品看似炫酷，却因操作繁琐、实用性差频遭用户吐槽。因此，智能家电在显示“智能”本领的同时，如何避免将简单的生活复杂化，仍将是消费者最关注的环节。

前不久，王老先生在外地工作的的儿子将老人家用的老电视淘汰掉，换成一款智能电视。售后服务人员安装后并告知了各项操作方法，开始几天老人还能凑合着使用，可外出旅游了几天回来后，就几乎忘记了。据了解，目前不光是老年用户有这种烦恼，就连一些年轻人，如果到朋友家做客，想搞定别人家的智能电视也不容易，好几个遥控器该如何配合，着实让人犯晕。

近来，天气炎热空调成为热销品类，在某家电卖场笔者看到，无论是柜机还是挂机，几乎每台空调上都贴着WiFi信号标志。正在选购空调的张先生表示，“大热天的时候，下班前就把家里空调打开，让室温降下来，多方便啊。”智能家电的上网功能，对于许多年轻人自然有着极大的吸引力。但据调查，目前市面上所谓的智能电器，普遍停留在连接WiFi，进而手机APP远程操控的阶段。

业内专家指出，目前智能家电还远没有达到理想中的人机交互的程度，也无法增强核心使用功能，智能家电尚存很大的提升空间。而厂商之所以对智能家电趋之若鹜，奥秘在于售价上。一般标榜“智能”的家电产品，身价总比一般产品高不少。比如，一款2匹挂机空调，智能产品在4000元左右，而不能联网的老款便宜1000多元。一款智能电饭煲，价格在1600多元，比功能相似、无法上网的同品牌产品高三四百元。这样的溢价效应，对于利润微薄的家电制造商而言，无疑具有很大的诱惑力。

智能家居发展前景广阔

说到智能家电，不得不提智能家居，因为家电是家居的重要组成部分。真正的智能家居不是放置在家庭空间中的一件件智能终端间单纯的连接，而要“连接生活”，实现智能生活的便利与温馨。因此，随着智能家电的普及，家居智能化已成为流行趋势。

据了解，目前导致智能家电不能全面普及或者全屋普及的原因主要有三点：一是家庭使用的网络速度妨碍了全屋智能的发展，尤其是在现有的4G网络下，设备交换信息传输间存在延时问题；二是各大家电品牌只实现了部分开放，全屋智能还需要一个媒介来支撑，这给消费者带来很多不便；三是多数消费者习惯于先装修后买家电，而不是将家电从一开始就植入装修设计，妨碍了后面的安装使用；四是价格偏高，智能家电价格普遍高于传统家电。

业内人士表示，目前家电市场已经从“满足使用”逐步向“追求品质”转变，随着政策的逐步落地，节能智能型家居产品惠民力度有望再加码，“智能”“绿色”将成为未来家居消费升级的需求导向。从政策层面来讲，自今年以来，相关部门已经连续发布了多个助力家电行业消费升级的相关政策。除了《推动重点消费品更新升级畅通资源循环利用实施方案》外，还有《绿色高效智能行动方案》《超高清视频产业发展行动计划》，以及《进一步优化供给推动消费平稳增长促进形成强大国内市场的实施方案》等多项政策。随着新一轮家电刺激消费政策的陆续启动，将有利于刺激家电消费需求，今年“6·18”家电消费的火爆即是消费市场释放潜力的体现。在政策助力推动下，家电将进一步拉动国内消费，迎来新的一波发展。

从家电行业来讲，目前各大品牌正在不断地提升软硬件技术，并通过整合各领域、全链条资源形成开放生态圈，并细化为衣联网、食联网等密集且独立的生态体系，以此覆盖用户所有细碎的差异化需求。比如，海尔发布的全互联互通智慧家电，在客厅、厨房、浴室、卧室等不同的物理空间内，搭载了海尔操作系统的智慧家庭，可通过手机、冰箱、电视等多个入口，实现人、机、物的实时互联，让家电根据个性化需求主动提供服务。

根据奥维咨询预测，2020年中国智能家居的整体产值将突破万亿元。据悉，目前除一些传统家电厂商外，华为、小米、京东等科技公司，也在纷纷进军智能家居领域。对于智能家电的发展前景，业内人士表示，尽管目前智能家电尚存在“智商”不足的状态，但随着人工智能技术日臻成熟及5G网络的应用，智能家居系统将有着广阔的市场前景。

◇山西 杨果平

（本文原载第32期2版）

虚拟现实产业未来发展趋势

近年来，我国虚拟现实产业快速发展，相关关键技术进一步成熟，在画面质量、图像处理、眼球捕捉、3D声场、机器视觉等技术领域不断取得突破。

日前，工信部部长苗圩在2019世界VR产业大会上表示，中国是全球虚拟现实产业创新创业最活跃、市场接受度最高、发展潜力最大的地区之一，产业发展呈现以下几个特点：

一是研发制造体系基本形成，中国生产了全球70%以上的高端头戴式VR终端，具有较为完备的设计制造能力；

二是用户体验大幅改善；

三是内容资源不断丰富；

四是融合创新步伐加快，VR技术已在教育培训、设计制造、展览展示等领域实现应用，不断为传统行业赋能。

有机构在经过市场调研后，分析认为，未来虚拟现实产业将呈现以下发展趋势：

云虚拟现实加速。在虚拟现实终端无绳化的情况下，实现业务内容上云、渲染上云，成为贯通采集、传输、播放金流程的云控平台解决方案。其中，渲染上云是指将计算复杂度高的渲染设置在云端处理。

内容制作热度提升，衍生模式日渐活跃。硬件设备的迭代步伐逐步放缓和VR商业模式的进一步成熟，内容制作作为虚拟现实价值实现的核心环节，投资呈现出增长态势。衍生出体验场馆、主题公园等线上线下结合模式，受到市场关注。

虚拟现实+释放传统行业创新活力。虚拟现实业务形态丰富，产业潜力大、社会效益强，以虚拟现实为代表的新一轮科技和产业革命蓄势待发，虚拟经济与实体经济的结合，将给人们生产方式和生活方式带来革命性变化。

硬件领域将成为主战场。目前国内的虚拟现实产业还处于起步阶段，尚未形成明确的领跑者，参与到虚拟现实领域的企业大幅增加，主要集中于硬件研发及应用配套领域。

◇中商

（本文原载第43期2版）

长虹HSS35D-1M型(电源+LED背光驱动)二合一板原理与检修(二)

(紧接上期本版)

3.保护电路

1)过/欠压保护

(1)市电过/欠压输入保护

当市电输入电压过高时(相关电路见图2),压敏电阻RV101将会击穿,使交流输入保险管F101熔断,达到保护之目的。如果压敏电阻失效,因R216与R217连接点取出的电压会升高很多→经D209整流输出的电压会经R201、R225使稳压管ZD201击穿→U101的⑤脚的VCC电压低于8.8V→控制芯片U101停振→靠U101工作后供电的所有电路均停止工作→整机得以保护。另外,经R201输出电压,还会通过R229加到控制管Q414的g极,高电平会使Q414导通→U101反馈端②脚电压低于0.25V,内部电压比较器动作,U101关闭②脚激励脉冲,整机进入保护状态。如果这路保护电路出现问题,那么,在输入电路R232、R233连接点取出,经D210整流、C214滤波、R230限流加至稳压管ZD204的过高电压会使ZD204齐纳击穿→Q415截止→Q414导通→重复上述过程,整机进入保护状态。必须指出,当市电输入电压过高时,开关变压器T201的①-②绕组产生经D202整流输出的电压必升高,该电压经R203加至U101的③脚电压若超过3V时,U101进入过压锁定状态,整机得以保护。过压保护措施十分完善。反之,当市电输入电压低于110V时→U101的⑤脚工作电源电压将低于8.8V→芯片进入欠压锁定状态→U101停止工作→靠U101工作后供电的所有电路均停止工作→整机处于保护状态。除此以外,从输入电路R232、R233连接点取出,经D210整流、C214滤波、R230限流加至Q415的g极电压几乎为零→Q415截止→Q414导通→…U101进入锁定状态,整机得以保护。

(2)PWM电源输出过压保护

当电源的稳压环路(见图2)失控时→开关变压器T201的①-②绕组整流滤波后的电压必升高,若经R203加至U101的③脚电压超过3V时,U101内部电路进入锁定状态,电源无输出。还有,当电源输出的12.3V电压过高时,通过稳压电路会使光耦器N202次级③-④脚内部的光敏三极管内阻极低,使U101②脚电压下降许多,若低于0.25V时,U101会进入锁定状态。顺便提及,当U101⑤脚的VCC电压超过25.5V时,U101芯片会自动进入过压保护状态,电源无输出,整机进入保护状态。

(3)LED驱动电路输入欠压、过压、输出过压保护

U401(OB3350)电源端①脚电压低于8V时,内部欠压保护电路动作,高于13V时,内部过压输入保护电路动作,U401均停止工作。U401⑦脚为LED+输出过压保护检测端,当(R420+R421)与R422的分压值高于1.2V时,U401内部的LED+过压输出保护电路动作,U401关闭②脚的驱动脉冲,LED升压电路停止工作。与此同时,若输出的LED+电压过高,则由灯串返回的LED-端电压也会相应升高→ZD401、ZD403相继齐纳击穿→Q410导通→Q410的D极电压为零→经R434使恒流管Q409截止→显示屏无光→LED驱动电路进入过压保护状态→从而避免故障扩大。

2)过流保护

(1)开机浪涌电流限制

在冷机开机时,由于在市电输入回路串入了负温度系数热敏电阻RT101(2R5),因而可避免对电网和市电整流二极管及造成过流冲击,开机后因RT101上有电流流过,温度升高,阻值会迅速下降,对输入电路造成的影响可忽略。

(2)PWM电源电路输出过流保护

当负载出现问题而引起输出过流时→开关管Q201的S极所接的过流保护取样电阻R206~R209两端压降增大→若经R213加至U101过流检测端④脚电压达到0.2V以上时→U101内部过流保护电路动作→U101⑥脚无脉冲输出→电源停止工作→整机处于保护状态。顺便说明:当电源输出过流时,一定会导致12.3V输出电压降低,通过稳压环路将使得开关变压器T101①-②绕组输出的电压升高。显然,经R203加至U101③脚电压也会同步升高,当达到3V时,U101会停止工作,由此可见,过流、过压保护有时也是相辅相成的。

(3)LED驱动电路输出过流保护

当因某种原因引起LED驱动电路输出过流时→电流取样电阻R401、R408两端的取样电压上升→当通过R419加至U401过流检测④脚电压达到0.2V时→U401内部过流电路动作→U401②脚无激励脉冲信号输出→LED电路进入保护状态。与此同时,R404~R407、R413两端的取样电压也会上升,并通过R423加至U401的LED电流设置端⑤脚,当电压大于0.5V时,U401内部过功率保护电路被触发,关闭②脚输出的激励脉冲信号。由于过流,灯串的LED-端电压自然会相应升高→ZD401、ZD403相继齐纳击穿,使Q410导通,Q410的D极电压为零,并经R434使恒流管Q409截止,显示屏无光。这可理解为一种双保险措施。

顺便指出,芯片U401还具有过热保护功能,当芯片内部温度达150℃时,芯片将停止工作。

二、故障检修思路

本型电源板常见故障主要有:

1.电源无输出

这种故障应检查U101⑤脚是否有约15V启动电压,若没有,再查市电整流后的300V电压是否正常。若也为零,说明有可能是市电输入电路有问题,若300V电压正常,极可能是启动电源电路有故障,应对R216、R217、D209、R201及ZD201等进行检查排除。若查得上述电压均正常,可重新开机,用示波器查看U101⑥脚是否有激励脉冲输出。如果查得没有,表明U101可能已损坏或外围元件有问题。如果只有开机瞬时有激励脉冲输出,说明存在过压或过流故障,应对开关激励和12.3V、52V电压形成、稳压环路、过压及过流保护等电路进行认真检查。比如,试机瞬时查出U101③脚电压≥3V,说明故障是输出过压所致。如果试机查得刚开机瞬间U101④脚电压≥0.2V,表明是过流保护电路动作,应对12.3V负载或保护电路本身进行检查。为了方便读者检修,表1列出了U101引脚功能及在路电压,供参考。

表1 U101(NCP1251A)引脚功能与在路对热地实测电压

脚号	符号	功能	电压(V)
①	GND	接地	0
②	FB	输出电压反馈	1.55
③	OPP/Latch	过功率保护/锁存	1.53
④	CS	过流保护检测、锯齿波补偿	0.04
⑤	VCC	芯片电源端	15.0
⑥	DRV	驱动开关脉冲输出	1.69

2.电源负载能力下降

电源负载能力差故障表现在彩电声音变大或亮度变大时,电源输出的电压明显下降并波动,从而引起过流保护电路动作,导致黑屏。检修时可在带负载的情况下查市电整流、滤波后输出的300V电压是否正常。如果明显偏低,在市电输入正常的情况下,很可能是市电整流或市电滤波电路存在故障。比如,D101~D104整流管之中有击穿或开路或正向电阻变大故障,C101有失容或漏电故障。若300V电压正常,在带负载的情况下监测电源输出的12.3V及52V电压。若在声音、亮度变大时,两电压同时波动且降低,则可能是PWM电源开关管Q106、Q201饱和压降过大(或激励脉冲幅度不足),U101⑥脚输出的激励脉冲波形不得低于$3V_{P-P}$(直流电平不低于1.6V)。否则应对怀疑元件用替换法检查,若查得在声音、亮度变大时,只是某一路输出电压发生波动,则说明该路输出电压的整流滤波电路存在问题,确认应比较容易,这里不再赘述。

表2 U401(OB3350)引脚功能与在路对热地实测电压

脚号	符号	功 能	电压(V)
①	VIN	芯片电源	11.6
②	GATE	开关激励脉冲输出	1.95
③	GND	接地	0
④	CS	升压管过流保护检测输入	0.12
⑤	FB	LED 灯串电流设置	0.35
⑥	COMP	升压环路补偿	3.2
⑦	OVP	输出过压保护信号输入	0.81
⑧	PWM	亮度调节脉宽信号输入	2.3

3.背光灯不亮

背光灯不亮,说明LED灯串的供电或控制电路存在故障。首先查U401①脚的约11V电源电压是否正常。若正常,再查U401亮度控制端⑧脚是否有大于2V的直流控制电平加至。如果没有或电压偏低,应对信号的发出、传递及控制电路进行检查。比如,U401①脚的约11V电压能否送到,不仅与BL-ON(背光点亮信号)有关,而且还与PS-ON(开机控制信号)有关。如果查得U401上述两脚电压无异常,可试机,看开机瞬间能否在LED+端检测到LED+电压(因空载时LED+电压升高很多,会迅速引起过压保护电路动作),如果有,可将LED-端(正常发光情况下该端电压约为0.8V),即插座CON1③脚直接接地,观察背光能否点亮(含部分点亮)。若不能点亮,则是屏后的灯串板上LED灯串回路有开路故障。若能点亮,则是LED恒流控制管Q409本身或它的周边控制电路有故障。比如,ZD401、ZD403击穿,导致Q410导通致使Q409截止。另外,电流取样电阻R404~R407/R412、R414变值(含开路或它们的焊点有裂纹),也会引起U401过功率(过流)保护电路动作,可通过检测U401⑤脚电压是否大于0.5V来确认。若发现LED+电压始终为零,应试机再查控制芯片U401②脚是否有激励脉冲波形输出,如果有输出,说明是LED+电压形成的开关、整流或滤波电路有问题。如果没有激励脉冲波形输出,则可能是U401本身已损坏或它的外围元件有问题,比如,U401②脚外接的升压开关管Q401击穿。为了帮助大家检修,表2给出了U401(OB3350)引脚功能与在路实测电压,供参考。

4.开机后屏幕瞬间闪烁,随即黑屏。

该故障现象表明有电压已经瞬时加在LED灯串上了,随后变为黑屏,表明电压又迅速消失了。导致该故障现象一般是因为输出的LED+电压过高(本型电源在实测某机型显示屏正常发光时的LED+电压值为115.8V)或保护电路本身有问题,从而引起过压保护电路动作所致。可在LED灯串闪亮瞬时检测U401过压保护信号输入端⑦脚电压,若高于1.2V,在LED升压电路52V输入电压正常的情况下。极有可能是过压取样电阻(R420+R421)与R422电阻变值或焊点出现隐性裂纹,应注重检查。在实际故障检修中曾发现一例过压保护电路的取样电阻R422因焊点出现虚焊,从而形成因保护电路自身原因的非过压保护故障。实际情况表明,过流保护是观察不到显示屏能瞬间闪亮现象的,这是因为过流时,输出电压会下降许多,LED灯串本来就难以点亮,这时过流保护电路就已经动作了。

三、故障检修实例

例1 电源无输出

按下电源开关,二次开机后电源无电压输出。首先查U101电源端⑤脚VCC电压,发现为零。再检查市电整流滤波后的300V电压正常,显然,故障很可能是U101启动电源有问题。经查,发现是启动电源中的限流电阻R201(100Ω,见图2)一端焊点已出现一圈裂纹,重新加焊后试机,故障排除。

例2 电源无输出。

查市电整流后的300V电压正常,测控制芯片U101电源端⑤脚只有约8V启动电压,显然U101已经进入欠压保护状态。由于市电整流后的300V电压正常,看来故障应在启动电源。查整流二极管D209、滤波电容C201、C202均无异常。最后,查出是限流电阻R217(680KΩ,见图2)已开路。更换后试机,15V启动电压恢复正常,故障消失。

例3 电源无输出

经查,市电整流滤波后的300V电压、U101⑤脚的启动电源电压均正常。再次试机,发现U101激励脉冲输出端⑥脚,在开机瞬时有激励脉冲波形输出,但随后消失,显然,该故障有可能是保护电路动作。为了确定是过流、还是过压保护,试在12.3V对地端事先接上电压表后开机,发现电压表读数正常,但随后消失,据此,可排除故障是过压保护动作的可能。于是,怀疑故障系过流保护电路动作。为了证实这一判断,试断开12.3V电压输出端,并在断开处串接一只电流表后试机,发现电流表读数不足1A,然后很快为零,从这一事实,又可排除过流问题。因此故障极可能是保护电路本身有问题所致。接下来,在U101的过流保护端④脚对地并接一只电压表,试机,发现在开机时,电压表读数在上升至0.2V后,随之消失表明Q201的S极串接的过流保护取样电阻R206~R209之中(见图2)有阻值变大或开路的现象存在。通过用放大镜观察,终于发现R206、R209的焊点疑似有裂纹。经加锡重焊后试机,故障不再出现。

例4 电源无输出

经检测,开关管Q101的D极有300V电压,U101⑤脚的启动电源电压也正常。随后用示波器观察U101⑥脚有激励脉冲输出波形,但手摸开关管Q201(K8A65D)没有温升,检测Q201的g极也有正常的激励脉冲波形,怀疑Q201已经损坏,焊下检测,发现Q201已击穿,更换后开机,机器正常工作,于是交付用户使用。哪知过几天后,用户又将彩电送回,说故障跟以前一样。经开盖检查,发现更换的开关管Q201又击穿了,不可能两只管都有问题!问题只可能是市电压过高或开关管在截止时,吸收T201④-⑥绕组尖锋脉冲的元件出现问题。最后终于查出是R204开路所致,经重新换后试机,该故障再未出现。

(未完待续)(下转第452页)

◇武汉 王绍华

编辑:王友和 投稿邮箱:dzbnew@163.com

多方式实现“黑底白字”的反转

【发现问题】

朋友从网络上下载了许多自己喜欢的字帖(JPG格式图像文件),想打印后进行练习,但尝试打印了几张这种“黑底白字”的字帖后却发觉打印效果非常差,因为背景黑色区域面积远远大于白色文字前景,再加上纸张间的摩擦或手指滑动而变得越来越模糊,也特别“费墨”。其实,只要将这种图像文件进行简单的“反色”处理,变为“白底黑字”的显示效果后再进行打印即可。解决这个问题的方式非常多,可根据自己的喜好来选择不同的软件来轻松完成“黑底白字”的反转。

【解决问题】

方式1.使用Windows“画图”的“反色”功能来实现

Windows的“画图”程序功能非常简单,打开字帖图像文件之后先按Ctrl+A组合键进行全选,接着点击鼠标右键选择“反色”(如图1所示),最后存盘退出即可。

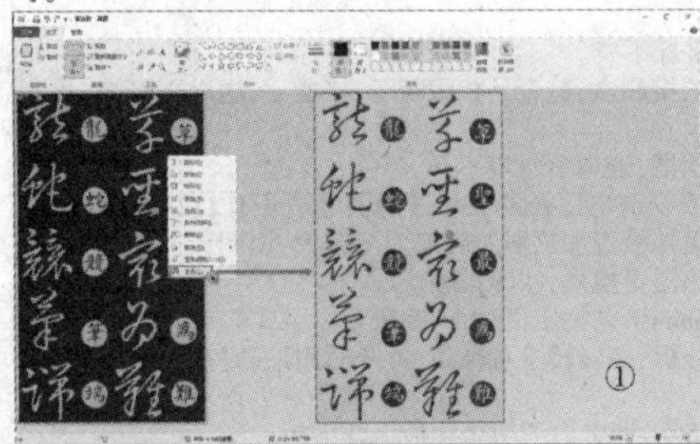

方式2.使用光影魔术手的“反色”功能来实现

光影魔术手是一款比较大众化的简易图片处理软件,打开字帖图像文件之后,在右侧的“数码暗房”区域中找到“反色”点击一下(如图2所示),最后存盘退出。

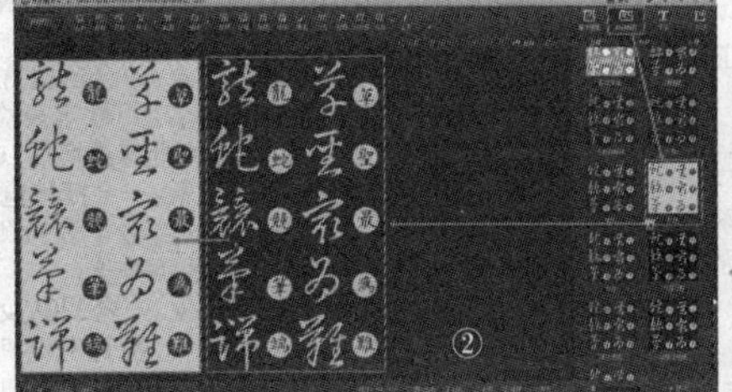

方式3.使用SnagIt的“颜色反转”功能来实现

SnagIt是一款经典的屏幕抓图和处理软件,打开字帖图像文件之后点击切换至“图像”选项卡;接着,选择“修改”区域中“颜色效果”下的第二项“颜色反转”(如图3所示),最后存盘退出。

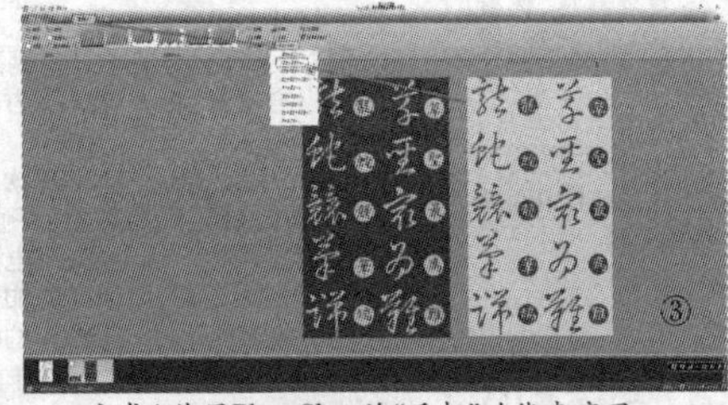

方式4.使用PhotoShop的“反相”功能来实现

使用PhotoShop几乎可以进行所有的图像处理操作,“反色”更是不在话下。在PSCC中打开字帖图像文件之后,依次执行“图像”-“调整”-“反相”菜单命令,或者直接按Ctrl+字母I组合键(如图4所示),图像的反色操作立刻生效,最后将处理好的图像文件进行存盘退出即可。

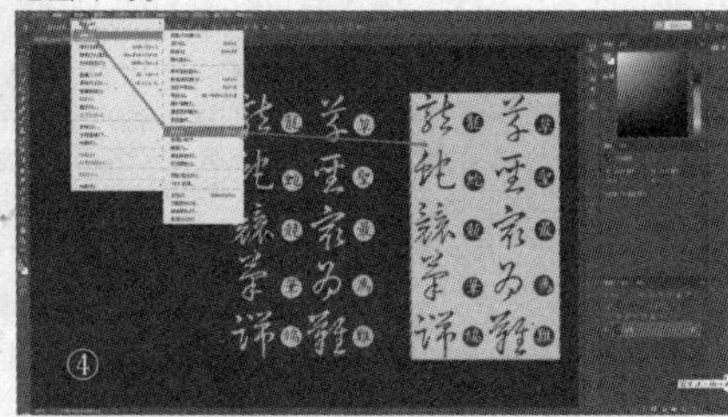

方式5.使用AE的“反转”功能特效来实现

AE是著名的视频特效处理软件,它同样可以被用来进行各种图像的特效处理。首先将字帖图像文件导入AE的素材库,然后将它拖至时间线;选中后再点击鼠标右键,点击执行“Effect”(特效)下的“Invert”(反转)命令,“黑底白字”立刻变成了“白底黑字”(如图5所示),最后按Ctrl+Alt+S组合键进行单帧图像文件的导出即可。

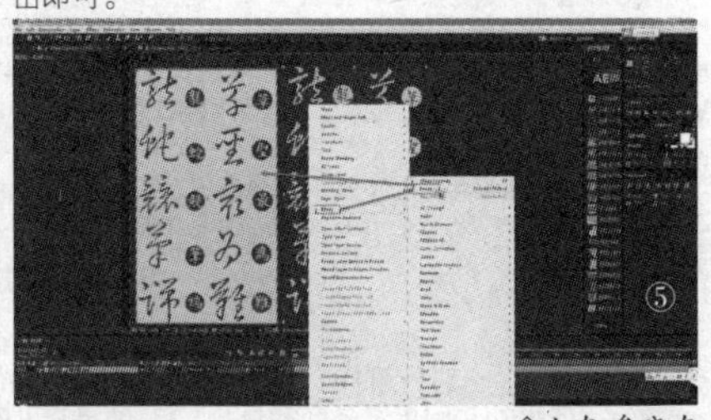

◇山东 牟晓东

鸿合多媒体实物展台无法开机维修实例

例1 一台HZ-V220多媒体实物展台无法开机

故障现象:一台HZ-V220多媒体实物展台通电无法开机。

维修过程:插上电源适配器,展台电源指示灯点亮(红色),按电源键展台无反应(正常情况下,按电源键正常开机后,电源指示灯马上由红色变为蓝色,摄像头内发出自检时电机转动的声音),用遥控器也不能开机,由此可以确定故障原因不是电源键损坏所致,怀疑是展台主板损坏。

拆开展台底板,取出主板插上电源适配器,通电测量主板供电情况:12V输入正常,测量稳压集成电路U1(型号为78M05,如图1所示)输入为12V、输出为0V,用手触摸U1表面,感觉很烫手。马上切断电源,用万用表电阻档测量U1输出脚对地电阻,接近0Ω,说明负载严重短路。

该展台供电电路简洁明了,除辅助照明LED灯管、摄像头、电源指示等采用12V直接供电外,其余电路基本都是由U1提供5V供电,所以涉及元件最多。为了快速查出短路元件,先插上电源,稍后触摸主板上各元件,未见异常;断电后取下电感L11、L52,再测量,发现两电感的负载端(分别是控制部分和USB部分)阻值已不是0Ω,说明故障元件不在该部分,应该在信号切换部分,主要集中在U12 (74HC14D)、U13 (TE330C)、U15 (TE330C)、U16 (HCF4052)、U40 (SGM6502) 等元件。

根据平时维修经验,74HC14D损坏率最高,但常常都是导致输出无信号,短路这种情况还是没有遇到过。先用热风枪吹下U12,再测量U1输出脚对地电阻,此时电阻已很大了,说明U12已损坏,取一块新件换上,再测量U1输出脚,正常,接着将L11、L52恢复,插上电源适配器按电源按键,电源指示灯由红色变为蓝色,摄像头内发出电机转动的声音,展台已经能正常开机,监视器出现正常画面,操作各种功能键,均正常,故障排除。

小结:此例故障不算复杂,难点是连接在U1负载上的元件多,且损坏的元件不发热,排查故障元件时应尽量缩小范围,这样就能很快查出故障元件。

例2 鸿合HZ-V190实物展台无法开机

故障现象:插上电源后,电源指示灯闪烁,按开机键,无法开机。

检修过程:拆开展台外壳,插上电源适配器(5V),测量供电输入插座J1上有5V电压,继续测量自恢复保险丝F1,一端电压为5V,另一端为2.8V左右,而且不稳定,与之相连的瞬态抑制二极管D1发烫(如图2所示),估计瞬态抑制二极管损坏,断电后用相同型号(P6KE6.8A)元件代换后试机,电源指示灯发光正常,测量D1电压为5V,正常,按开机按键,机器顺利开机,图像正常,故障排除。

瞬态抑制二极管(TVS)是一种高效能的保护器件,当两端受到瞬间的高能量冲击时,TVS管能瞬间的将自身的高阻特性转化为低阻特性,吸收大电流从而将TVS管两端的电压钳制在一个确定的值上(TVS管的耐压值,本机采用的P6KE6.8A,为6.8V),从而使后边电路免受瞬态高能量的冲击,保护电路安全。

◇成都 宇扬

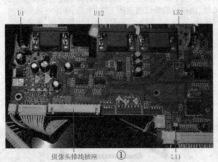

U1 U12 L52

摄像头排线插座 ① L11

提高百度地图的隐私保护力度

如果经常在iPhone上使用百度地图,那么建议对某些设置慎重考虑,以提高百度地图的隐私保护力度。

在iPhone上打开百度地图,进入设置界面,选择“隐私设置”(如附图所示),在这里可以隐藏自己出没的商圈名称,单击“出行记录设置”右侧的“>”按钮,可以根据实际情况设置是否记录足迹点,也可以在这里一键清空所有足迹,至于“自动同步联系人到词库”选项建议启用为好,这样可以提高拨打车载蓝牙电话的语音识别成功率。

然后进入“帐号管理”界面,在这里可以对自己的百度地图帐号作进一步的保护,例如绑定手机、刷脸登录等。

◇江苏 王志军

中国电信 13:53 99%

隐私设置

对他人隐藏我出没的商圈名称

出行记录设置 >

自动同步联系人到词库

提高拨打电话语音识别成功率

美的电磁炉一机多"病"的"医治"

故障现象：一台美的C21RK2102电磁炉，开机显示正常，按键操作也正常，但没有故障代码，只有报警声且不加热。

分析与检修：根据故障现象推测，辅助电源工作基本正常。检修报警不加热故障是比较棘手的问题，在检修美的牌电磁炉经历中经常遇到，此故障涉及的范围比较广，要耐心地检查。整流滤波电路、高压检测电路、浪涌保护电路、同步电压比较电路、驱动放大电路、锅具检测电路、传感器变质等电路内其中某一处发生异常，整机工作就会失常。本机同一机内就同时存在以下几种故障。

故障1：18V电压异常。

拆机后，首先测高压300V为321V正常（本地供电为230V），5V供电为5.01V，但在主板上找到标注18V与GND测试点，用数字表测量时，发现直流20V挡会溢出，调到200V档，显示电压为20.6V，偏离得太多，如图1所示。

电源异常必须率先解决，因为要使机器正常工作，电源正常是先决条件。直观查看电源部分元件都完好，所有电解电容既没有鼓包也不见漏液，用数字表在路测量电源模块U2(AP8012)周边二极管和稳压管，未发现异常，怀疑18V稳压管DW2性能变差，但试换后无效。就在反复通电、断电测量的过程，突然电源不工作了，还以为电源插头松脱，就去测量市电进线端电压正常，再测量主滤波电容EC19(4.7μF/450V)两端电压为218V，说明300V供电电路异常。拆下EC19检查，发现该电容正极引脚锈迹斑斑，测量其容量为0，这才恍然大悟，18V电压异常原来是它异常所致。换上一只相同规格电容后，测EC19两端电压为316V正常，但辅助电源仍旧不工作，这显然是U2损坏无疑。用一只VIPer12A替换后，通电复位音清脆，再测量18V测试点电压为18.98V，电压已恢复正常。

【提示】之前为什么18V电压会偏高呢？可能是300V电压失常使U2勉强工作所造成，甚至促使U2的性能变差，在要坏不坏的临界状态下工作致使18V电压升高。

故障2：同步电路电压取样电阻变质。

接着遵循先易后难的原则，从故障多发单元入手，查同步电路采样电阻有没有变质(相关电路见图2)。凭经验通常是那些串联的大功率电阻阻值变大或变小，焊脱R4和R19的一端，测量各电阻，结果查出R4(820k)阻值变大为865k，换上一只全新的820k/2W电阻后，恢复电路安装通电试机，故障依旧，说明机器还有存在故障。

故障3：IGBT电路中钳位稳压管DW1变质。

几经多方位的测量，确认激励电路正常，传感器阻值正常，电流检测电阻RK1(康铜线)两端焊锡未见裂纹，电网浪涌检测电路正常。最后来一番扫荡，用数字表在主板上对较容易变质的非线性元件测量一遍，侧重对二极管和稳压管测量，结果还蛮见效，查出IGBT栅极电位的钳位稳压管DW1(18V)变质(见图2)，用数字表二极管挡测量其正反向压降值为0.071，怀疑它损坏。换上一只新的18V稳压管后，恢复整机安装试机，报警声消失，加热正常，故障排除。

◇福建 谢比豪

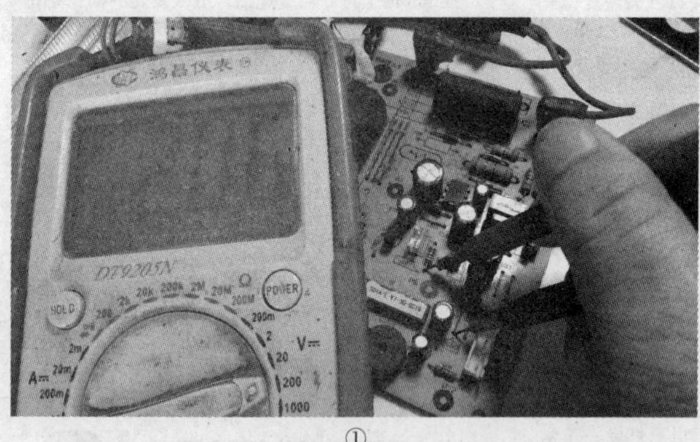

①

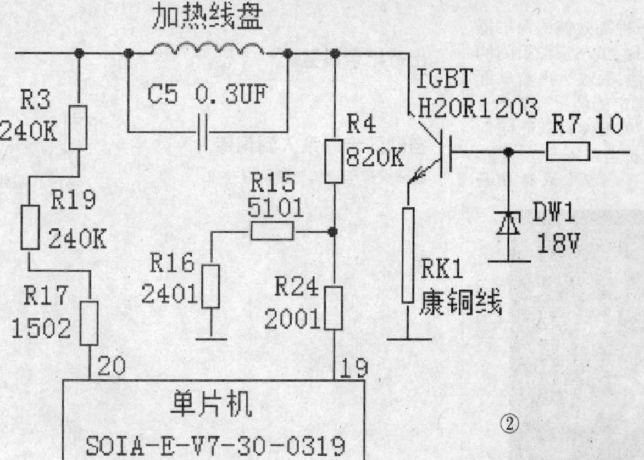

②

电器维修经验10则

例1 故障现象：一辆爱码牌无刷电动车的前灯不亮，电动机不转。

分析与检修：采用开路法检查，发现是控制器损坏。用散热式控制器更换后，试灯灯亮，骑行正常，故障排除。

例2 故障现象：一台伍捷牌220V电焊机输出电压不足，电焊焊接时打不出孤光。

分析与检修：经用数字表检查，发现电源板上的25μF/400V电容损坏，检查其他元件正常，用相同的电容更换后，电焊机恢复正常，故障排除。

例3 故障现象：一台捷牌电焊机送电后，电焊机不起弧光。

分析与检修：经数字表检测，线路板上的变流器损坏，用相同的变流器更换后，电焊机恢复正常，故障排除。

例4 故障现象：一台220V交流发电机，启动运行后不发电。

分析与检修：经检查发电机绕组线路完好，怀疑该发电机失磁了。用2节1号电池串联后给直流部分充磁后，发电机发电正常，故障排除。

例5 故障现象：一台热水器使用6年后，打开水阀门，电磁针不打火。

分析与检修：折开外壳检查，发现接头已严重氧化，用细砂低打磨干净线头包扎好，点火恢复正常，故障排除。

例6 故障现象：退休办的一层因线路老化，重新布线后送电，但无法正常用电。

分析与检修：用数字表检测电压仅为110V，经检查是相线与地线混淆了，改正后，电压恢复为220V，故障排除。

例7 故障现象：某小区有俩路灯不亮。

分析与检修：拆开电杆下方的接线盒，检查是相线断了，接通后，送电器灯亮，故障排除。

例8 故障现象：一台220V饮水器，通电后水烧不开。

分析与检修：经用数字万用表交流电压挡测加热器的供电端子有222V交流电压，怀疑加热器开路。断电后，用电阻挡检查加热器的阻值为无穷大，说明该加热器开路，检查其他元件正常，用相同的加热器更换后，故障排除。

例9 故障现象：一只220V的6mm手电钻使用时，火花较大。

分析与检修：通过故障现象分析，怀疑转子有杂质，折开后用细砂打磨，火花消失，故障排除。

例10 故障现象：电热壶使用5年，通电后不加热且指示灯不亮。

分析与检修：通过故障现象分析，说明供电系统异常。经检查，发现壶座中心的电座烧坏。用相同的电座更换后，故障排除。

◇河南 尹衍荣

电动车48V锂电池组维修1例

故障现象：一组电动车48V锂电池组充电后，但骑行距离太短。

分析与检修：把电池组来打开后，发现该电池组采用了26只3.6V电池，每2只并联一组再串联起来(见附图)，也就是说13组X3.6V约等于48V。电路板上安装了65℃温度传感器，用于检测电池组充电时的温度，实现电池的过热保护作用。另外，电路板上还设计了13组电池电压检测，充电时确保每一组电池电压不过充，有效地保护了电池组的安全充放电。特别需要注意的是，在检修前一定要先认真做好维修笔记，特别是不要随意改动13个电压监测点的引线。检修时先拔下排插头，逐组断开测量。经仔细对每组电池测量后，发现有2组电池性能不良，虽然没有损坏但已不能正常使用。因换一组新的锂电池实在是太贵了，经用户同意后，找到几只好的拆机电池重新组装在一起，充完电后接到车上试跑了一下，用户比较满意。

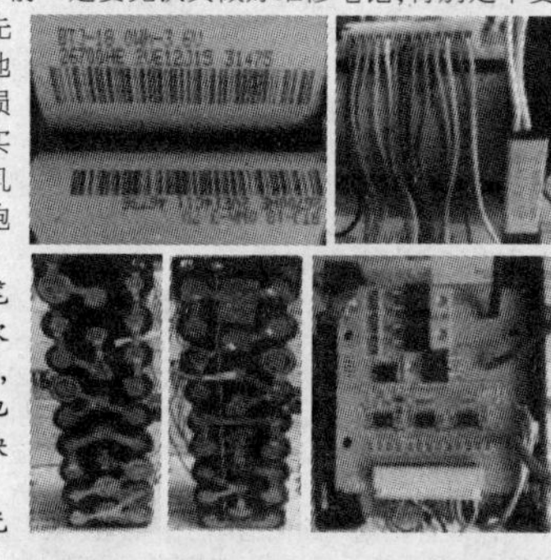

【提示】充电器最好使用脉冲式的，笔者一直使用的是高士牌的充电器。经这次检修，了解了电动车锂电池组的结构形式，收货较大。从今后的发展趋势来看，锂电池的应用和维修量会越来越大，所以应尽快掌握这项维修技术。

◇内蒙古 夏金光

风扇电机的变通使用技巧

故障现象：一台机械调速台式电风扇，该电风扇在使用中突然出现打火冒烟，中速和低速挡出现了反转现象，但快速挡正常。

分析与检修：通过故障现象分析，怀疑由于打火造成风扇电机的两线包绕组间短路，出现相位差错。用万用表检测风扇电机的快速挡绕组的阻抗为500Ω，说明风扇电机的快速挡绕组正常。用户要求恢复电风扇的低速挡，或送微风，以利晚上睡眠开机。通常的维修手段就是更换风扇电机，但该机的快速挡运转正常，于是，考虑将风扇的快速挡再分别引入两路不同的电源输入，以作为中速和低速档。方法比较简单，笔者用了两只耐压400V的CBB电容，一只容量为2.2μF，另一只容量为4.4μF。首先断开机械调速开关上中速和低速与电机的连线，然后将两只电容的一端并联后接快速挡，4.4μF电容的另一端接中速开关，而2.2μF电容的另一端接低速开关，如附图所示。经此改动后，台式电风扇恢复了3速，其风速也得到用户的认可。

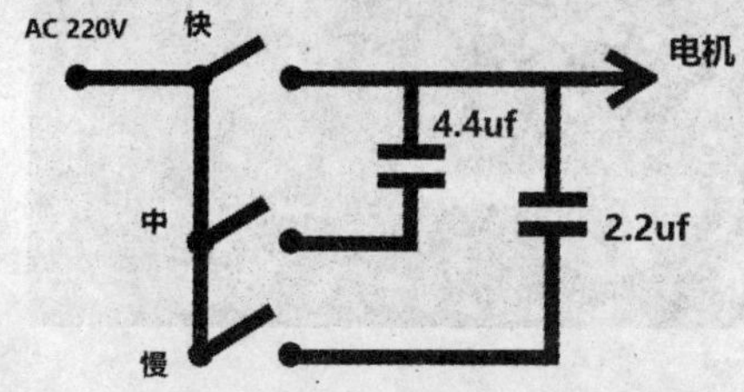

值得一提的是，如果使用中感觉电扇的风量不足，可以再提高固定电容的容量，以加强电扇的风力。

◇青岛 宋国盛

电池管理系统的温度传感

除了许多其他功能之外，电池管理系统(BMS)还必须密切监控电池单元和电池组的电压，电流和温度。温度测量对于保持电池和BMS本身的操作特性以及通过防止降解来优化健康状态(SOH)是重要的，尤其是在快速充电和放电阶段期间。

温度测量通常通过读取具有温度依赖特性的器件的电压来执行–通常是电阻器件，如热敏电阻或RTD。其他技术(如热电偶)需要冷端补偿和适当的屏蔽以及毫伏读数，而基于二极管/BJT的传感器需要恒定电流激励。使用NTC热敏电阻的主要好处是它们具有高灵敏度，高精度，性价比和多功能性。它们的可用性允许易于接触测量，为每个必须监控的点或区域提供最佳的温度传感选项。不同接触温度测量技术的比较可以在下面的表1中找到。热电偶通常在设计阶段使用。

在高功率电池组中，BMS需要多个温度传感器输入以确保最佳的整体性能，这是由于电池组的尺寸以及电池组内可能来自单个电池和/或充电/放电条件的可能的热梯度。

负温度系数(NTC)热敏电阻呈现非线性指数递减电阻/温度特性，如图1和等式1和2所示。

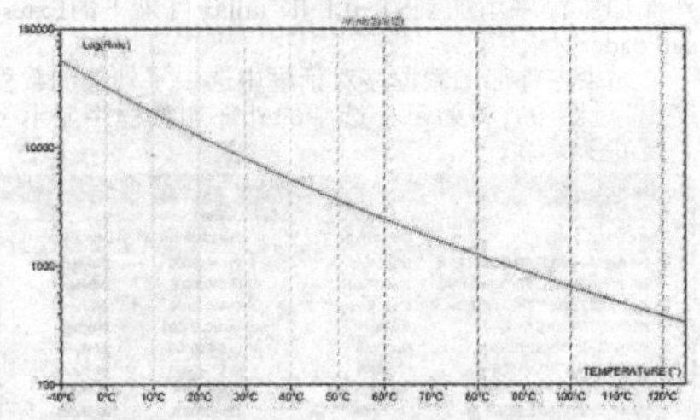

图1 NTC热敏电阻曲线具有非线性指数递减电阻/温度特性

$$R_T = R_{25} * e^{\left(A+\frac{B}{(T+273.15\ \mathrm{K})}+\frac{C}{(T+273.15\ \mathrm{K})^2}+\frac{D}{(T+273.15\ \mathrm{K})^3}\right)} \quad (1)$$

$$T = \frac{1}{\left[A_1+B_1*\ln\left(\frac{R_T}{R_{25}}\right)+C_1*\ln^2\left(\frac{R_T}{R_{25}}\right)+D_1*\ln^3\left(\frac{R_T}{R_{25}}\right)\right]} \quad (2)$$

NTC热敏电阻的一个优点是可以生产不同类型的不同电阻值(R25)和斜率(B值)，从(远程)PCB上的表面安装到可以安装的高度绝缘的表面传感器通过螺钉或甚至焊接到连接杆。

用于电阻分压网络，如图2a所示，热敏电阻电压取决于S形的温度(见图2b和公式3)。

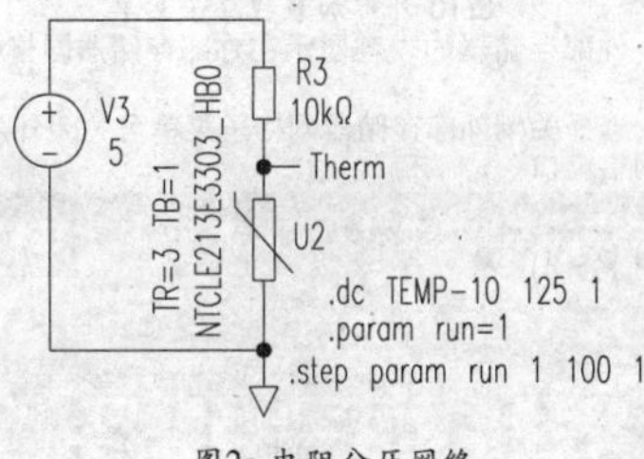

图2a 电阻分压网络

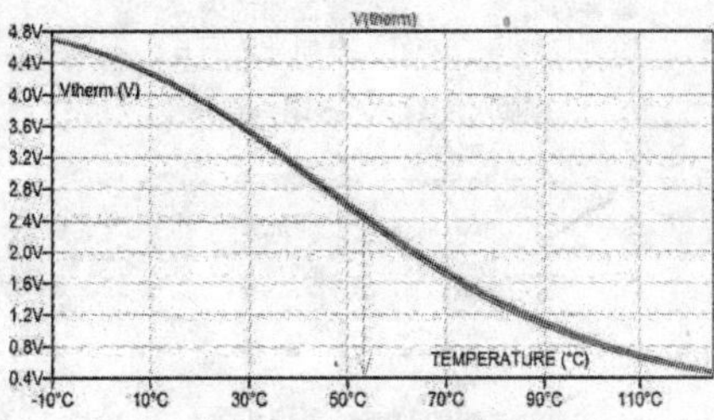

图2b 热敏电阻电压取决于S形的温度

$$V_{\mathrm{therm}} = V_{\mathrm{cc}} * \frac{R_1}{(R_1+R_{\mathrm{ntc}})} \quad (3)$$

图2b中的温度和Vtherm之间的关系可以在查找表(LUT)中建立，也可以使用算法(2)+(3)建立，这将允许ADC和控制器IC应用预定义的策略来控制电池组充电或稳健调节的不同阶段。

简单来说，我们可以使用ADI公司的LTC4071，这是一种用于锂离子和锂聚合物电池组的充电器IC，用于能量收集应用和嵌入式汽车系统。

仿真在图3中重新打印。基本上，原理图复制了ADI公司提供的LTC4071的SPICE宏模型和锂离子电池的型号。

可以执行的模拟在图4(简化)的图中表示。锂离子电池的充电(由IC控制)从三种不同的电压开始：

4.2 V充满电；

3.6 V 50%充电；

3.0 V空；

在开始时(时间0)，电池的环境温度为20℃，并将升至70℃，然后恢复到正常环境温度。为了长期可靠性，电动汽车(EV)中使用的电池组通常在20%至85%的能量充电范围内工作，因此它们很少充电至4.2 V电池电压或低于3.2 V电池电压。

图4表示当温度达到不同的临界阈值时BMS的性能。

随着温度(由电压源V1表示)增加，热敏电阻跟随该变化，其延迟由系统的响应时间限定。对于初始电压

4.2 V(绿色曲线)

当温度达到不同的连续上升阈值时，通过施加短电流放电，电池电压逐步自动降低。对于初始电压

3.0 V(红色曲线)

当温度上升到第一个阈值时充电停止，温度下降到一定水平以后再启动。

为了以最佳的精度和可重复性测量电池温度，Vishay提供多种NTC热敏电阻封装。NTCALUG01T可确保在150℃下长达10,000小时的长寿命，并暴露在2.7 kV介电电压下，以检测高压/电源连接端子和棒的温度，这些端子和棒可能处于与控制器电路不同的电压水平。金属表面温度传感的另一个选择是NTCALUG02热敏电阻，其低温度梯度小于0.05 K/K。

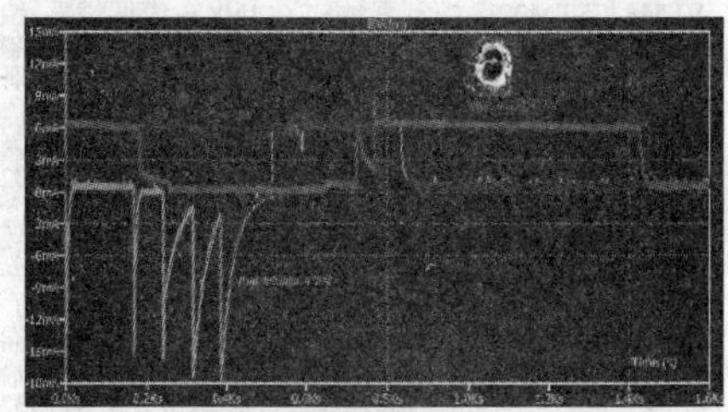

图4a 充电电流

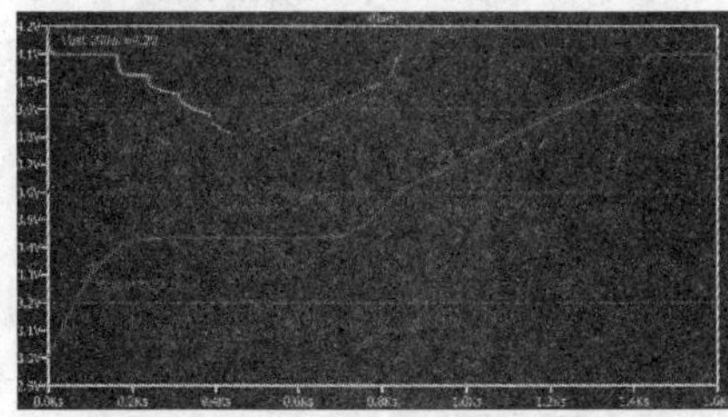

图4b 电池电压

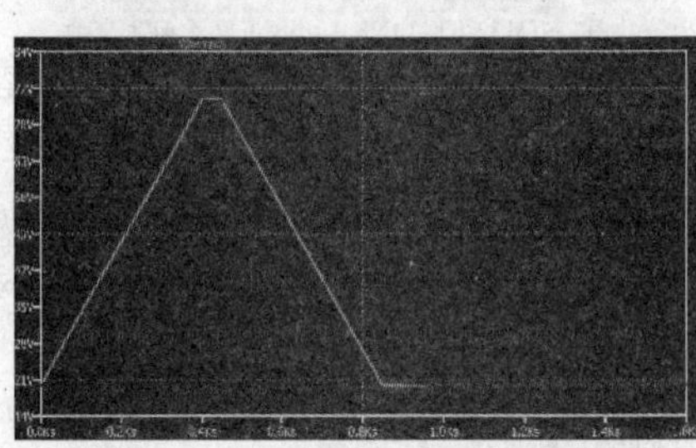

图4c 电池温度

在用于EV/HEV车辆的BMS内，可以采用不同的温度传感策略，主要取决于电池特性，装配设计和控制IC算法。它本身就是一个完整的混合科学，并且在不断发展。在这个热点问题上，Vishay作为制造商通过制定多样化的机械执行和电气仿真模型做出了贡献，并将在未来继续这样做。

◇湖北 朱少华

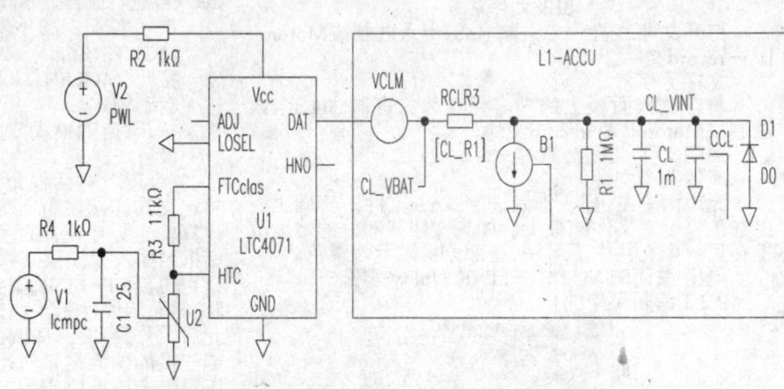

图3 仿真显示复制ADI公司提供的LTC4071的SPICE宏模型和锂离子电池模型的原理图

表1 不同接触温度测量技术的比较

Technology→ ↓Characteristic	TC (Thermocouples)	Pt RTD (Thin film)	NI RTD (Thin film)	NTC (Thermistors)	Diode/BJT/IC
Temp range applicstion and type related(℃)	−200 to+370	−70 to+450	−55 to+250	−55 to+200	−55 to+150
Size/shape	small wire when uncased	small	small	small size/various shapes, down to 1.0mm∅	Down to 2mm×2mm
Response time	Very low if uncased	low	low	low	low
Linearity	Nearly linear	Nearly linear	Nearly tinear	Non−linear	Linear
α(TCR)	Not applicable	0.385%/K	0.59%/K	−4.5%/K	Not applicable
Voltage sensitivity	40μV/K to 50μV/K	3.85mv/K	6.9mV/K	50mV/K	−2mV/K
Best accuracy	±1.0℃+%T	±0.15℃	±0.15℃	±2.0℃	±0.5℃
Signal output	Low voltage	Medium voltage	Medium voltage	Medium to high voltape	Medium voltage
Measurement topology	2wires÷cold junction campensation	2/3 wires	2 wires	2 wires	2/3 wires canstant current excitation
Self−healing	No	Low	Low	Very low	low
Laetime/durability	High if cased	Excellent	High	High	High
Stability at high temperature	Very high	Very high	Very high	High	high

表2 热敏电阻的类型和特性

Thermistor Type→ ↓Characteristic	NTCS(SMD)	NCAFLES NTCAFLEX	NTCLE300/301/308 THT insulated leads	NTCALUG01/54/91
Temprange(℃)	−55 to+150	−40 to+125	−40 to+125	−40 to+150
Size/mounting	0803/0805,remote PCB,clamp	<1.4mm,flat contact	<2.5mm/3.0mm∅,insert/pot/fix	M3/4/5,screw mounting
Response time	<5s	<3s	<1.5s	<10s
Accuracy	±1.0℃	±1.0℃	±0.5℃	±1.0℃
Thermal gradient	<0.1K/K	0.02K/K	<0.05K/K	<0.1K/K
Insulation voltage	–	$500V_{AC}$	$500V_{AC}$	$1500V_{AC}/2700V_{AC}$

STM32 ST-LINK Utility应用功能及使用方法(一)

使用STM32 ST-LINK Utility时,首先下载和熟悉STM8和STM32微控制器的ST-LINK在线调试器/编程器用户手册(UM0627)或 STM8 和 STM32 微控制器的ST-LINK/V2在线调试器/编程器用户手册(UM1075),它们提供了ST-LINK工具的更多相关信息。本文仅对使用初中的应用功能和方法进行介绍,以适应更多的电子开发应用者高效快速的应用STM32 ST-LINK Utility。

一、安装STM32 ST-LINK Utility

按照以下步骤和屏幕上的说明安装STM32 ST-LINK Utility: 1. 从ST网站下载STM32 ST-LINK Utility软件压缩文件。 2. 将.zip文件的内容解压缩至临时目录。 3. 双击解压缩后的可执行文件setup.exe开始安装,并按照屏幕上的提示在开发环境中安装STM32 ST-LINK Utility。实用工具的文档位于安装STM32 ST-LINK Utility的子目录 \Docs 中。

二、STM32 ST-LINK Utility用户界面

2.1 主窗口

图1 STM32 ST-LINK Utility用户界面主窗口

主窗口由三个区和三栏组成,如图 1所示: ●存储器显示区 ●器件信息区 ●存储器内容区 - 选中实时更新复选框可实时更新存储器数据 ●标题栏:当前菜单的名称 ●菜单栏:使用菜单栏访问STM32 ST-LINK Utility的以下功能: - 文件菜单 - 编辑菜单 - 查看菜单 - 目标菜单 - 帮助菜单状态窗口:状态栏显示: - 连接状态和调试接口 - 器件ID - 内核状态(仅在"实时更新"功能激活并选中了存储器网格时激活)STM32 ST-LINK Utility用户界面还提供额外的表单和描述性的错误弹出消息。

2.2 菜单栏

菜单栏(图 2)允许用户探索STM32 ST-LINK Utility软件的功能。

图2 菜单栏

2.2.1 文件菜单

图3 文件菜单

打开文件... 打开二进制、Intel十六进制或Motorola S-record文件。

文件另存为...

将存储器面板上的内容保存为二进制、Intel十六进制或Motorola S-record文件。

关闭文件 关闭加载的文件。

比较两个文件

比较两个二进制、十六进制或srec文件。不同之处以红色显示在文件面板上。如果文件某部分的地址范围在另一个文件中不可用,这部分将显示为紫色。

退出 关闭STM32 ST-LINK Utility程序。

2.2.2 编辑菜单

图4 编辑菜单

剪切 剪切在文件或存储器网格中选中的单元格。

复制 复制在文件或存储器网格中选中的单元格。

粘贴 粘贴位于文件或存储器网格中选中位置的已复制单元格。

删除 删除在文件或存储器网格中选中的单元格。

查找数据 在文件或存储器网格中查找二进制或十六进制格式的数据。

填充存储器 使用选定的数据从选定的地址开始按SIZE填充文件或存储器网格。

2.2.3 查看菜单

图5 查看菜单

二进制文件 显示加载的二进制文件的内容。

器件存储器 显示器件存储器的内容。

外部存储器 显示外部存储器的内容。

2.2.4 目标菜单

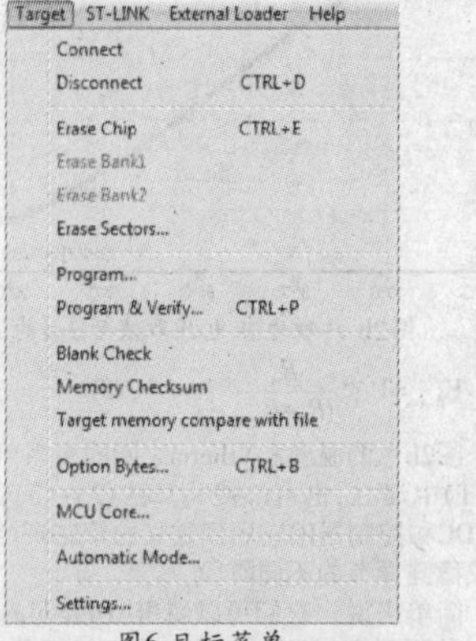

图6 目标菜单

连接:连接目标器件并在器件信息区显示"器件类型"、"器件ID"和"Flash存储器大小"。

断开:断开与目标器件的连接。

擦除芯片:执行Flash存储器批量擦除,然后在存储器面板上显示Flash存储器的内容。

擦除存储区1 擦除Flash存储器的存储区1。仅当连接到XL容量器件时,才使能该菜单。

擦除存储区2 擦除Flash存储器的存储区2。仅当连接到XL容量器件时,才使能该菜单。

擦除扇区...

使用擦除扇区对话框窗口选择要擦除的扇区。

编程...

将二进制、Intel十六进制或Motorola S-record文件加载到器件存储器(Flash或RAM)中。为此,选中一个二进制、Intel十六进制或Motorola Srecord文件,在编程对话框窗口中输入起始地址(文件在器件中的放置位置),然后点击编程按钮。

编程和验证...

将二进制、Intel十六进制或Motorola S-record文件加载到器件存储器(Flash或RAM)中,然后执行编程数据的验证。

空白检查

确认STM32 Flash存储器为空白状态。如果Flash存储器不是空白状态,将在提示消息中突出显示第一个包含数据的地址。

存储器校验和

计算指定存储区的校验和值,该存储区由主窗口的存储器显示区中的地址和大小字段来定义。基于算术和算法按位计算校验和。结果截断为32位字。校验和值显示在日志窗口。

比较器件存储器和文件

将MCU器件存储器的内容与二进制、十六进制或srec文件进行比较。不同之处以红色显示在文件面板上。

选项字节... 打开选项字节对话框窗口。

MCU内核...

打开"MCU内核"对话框窗口。

自动模式...

打开"自动模式"对话框窗口。

设置...

"设置"对话框允许用户选择一个ST-LINK探头并定义其连接设置。ST-LINK探头列表包含连接到计算机的所有探头的序列号。如果在显示"设置"对话框时插入或拔出某些ST-LINK探头,使用"刷新"按钮可更新ST-LINK探头列表。当用户选中一个探头时,将显示固件版本和连接的目标(取决于连接设置)。此后,用户可以选择调试接口(JTAG或 SWD),并选择要连接的访问端口(当器件包含多个访问端口时)。还可以选择复位类型:* 使用"复位状态下连接"选项可在执行任何指令之前连接到目标。这在很多情况下是很有用的,例如当目标包含了禁用JTAG/SWD引脚的代码时。使用"热插拔"选项可在不停机或复位的情况下连接到目标。这对于在应用运行时更新RAM地址或IP寄存器非常有用。当通过ST-LINK/V2连接目标时,"供电电压"组合框显示目标电压。当使用ST-LINK连接STM32F2或STM32F4器件时,"供电电压"组合框允许用户选择能够正确完成Flash存储器编程的目标供电电压。使用"在低功耗模式下使能调试"选项可连接处于低功耗模式的器件。如果任何连接设置发生变化,对话框会尝试识别具有新的连接设置的目标。

注:"复位状态下连接"选项只对 ST-LINK/V2 的 SWD 模式可用。对于 JTAG 模式,自 ST-LINK/V2 固件版本 V2J15Sx 起提供"复位状态下连接"。JTAG 连接器(引脚 15)的 RESET 引脚应连接到器件复位引脚。"热插拔"选项在 SWD 模式下可用。当用户断开与目标的连接时,低功耗模式禁用。对于 JTAG 模式,自 ST-LINK 固件版本 V2J15Sx 起提供"热插拔"。要在多探头的情况下使用的 ST-LINK 固件版本应为:● V1J13S0 或更高 ST-LINK 固件版本。● V2J21S4 或更高 ST-LINK/V2 固件版本。● V2J21M5 或更高 ST-LINK/V2-1 固件版本。当另一应用使用 ST-LINK/V2 或 ST-LINK/V2-1 探头时,将不显示该探头的序列号且其不能在 ST-LINK Utility 的当前实例中使用。

2.2.5 ST-LINK菜单

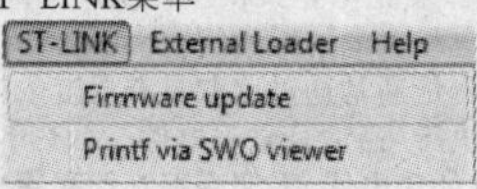

图7 ST-LINK菜单

固件更新:显示ST-LINK和ST-LINK/V2固件的版本并更新至新版本:ST-LINK:V1J13S0 ST-LINK/V2:V2J21S4 ST-Link/V2-1:V2J21M5

通过SWO查看器发送Printf 显示通过SWO从目标发送的printf数据

2.2.6 外部加载程序菜单

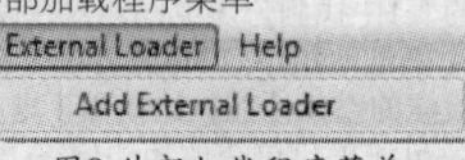

图8 外部加载程序菜单

STM32 ST-LINK Utility包含添加外部加载程序子菜单,它允许用户选择将被ST-LINK Utility用来读取、编程或擦除外部存储器的外部加载程序。必须将外部加载程序添加到ST-LINK utility目录下的ExternalLoader目录中。

如果在外部加载程序对话框中选中了外部加载程序(参见图 9),将为每个选中的外部加载程序显示一个新的子菜单。

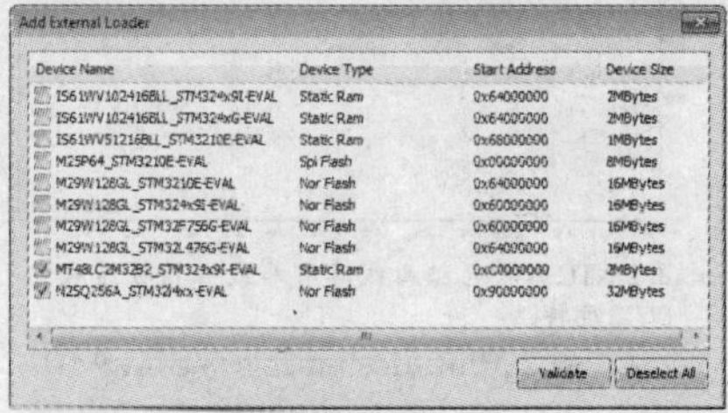

图9 外部加载程序窗口

这些子菜单提供相应外部加载程序提供的所有功能(编程、扇区擦除等)(参见图 10)。

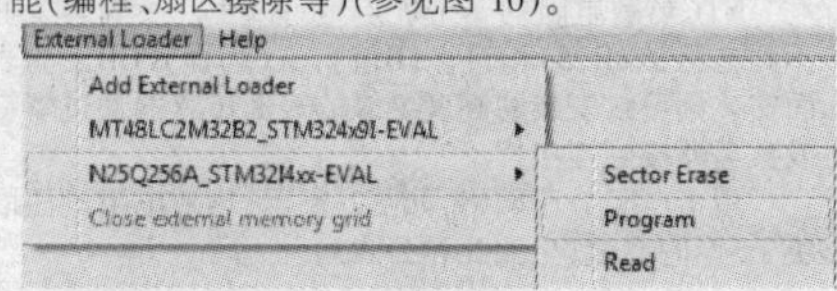

图10 外部加载程序子菜单

外部存储器的内容显示在外部存储器网格中(图 11)。

选择关闭外部存储器网格子菜单可关闭外部存储器网格窗口。

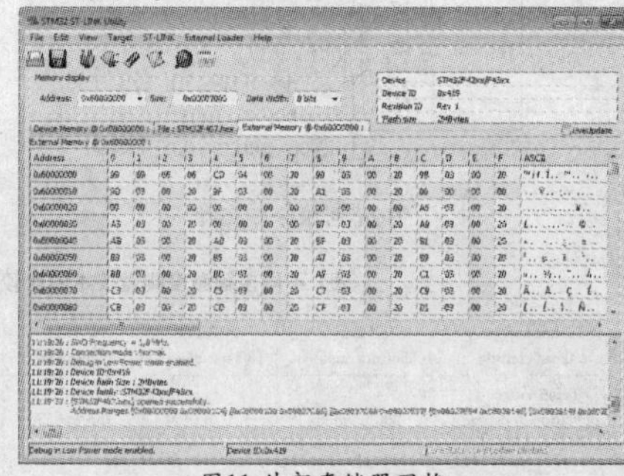

图11 外部存储器网格

2.2.7 Help菜单

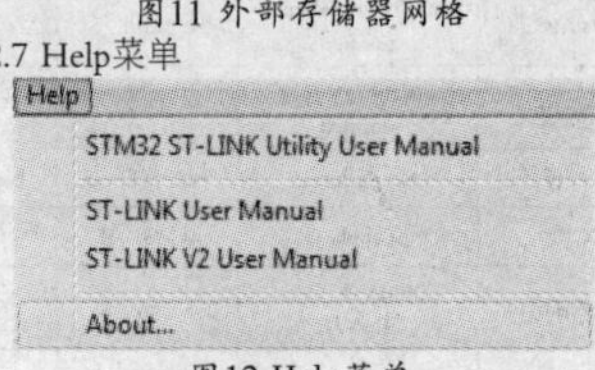

图12 Help菜单

STM32 ST-LINK Utility用户手册打开STM32 ST-LINK Utility用户手册。

ST-LINK用户手册打开ST-LINK用户手册。

ST-LINK/V2用户手册打开ST-LINK/V2用户手册。

关于... 显示STM32 ST-LINK Utility软件版本和版权信息。

(未完待续)(下转第456页)

◇湖北 李坊玉

用梯形图编程进行STC单片机应用设计制作之二

开关量输入输出通道板的制作与测试(三)

(紧接上期本版)

三、输入输出电路板制作

(一)4路输入板

4路输入电路板由图8所示的4个输入通道电路组成,如图11所示。图中输入侧端子"CNI"①端为信号公共端,通常接外部电源直流24V正极;②~⑤端分别为通道1~4的信号输入端,这里将它们分别定义为"X0"~"X3"。图中输出侧端子"CNDY"为供电电源输入端,必须与基本系统板上的5V电源(下称内部电源)相连,该端子的①端接电源正极,②端接电源负极;输出侧端子"CJO1"为信号输出端,端子上的①~④脚分别对应于信号输入通道1~4的信号;这些信号端子将分别与单片机基本系统板上的端口相连,将信号送入基本系统板。

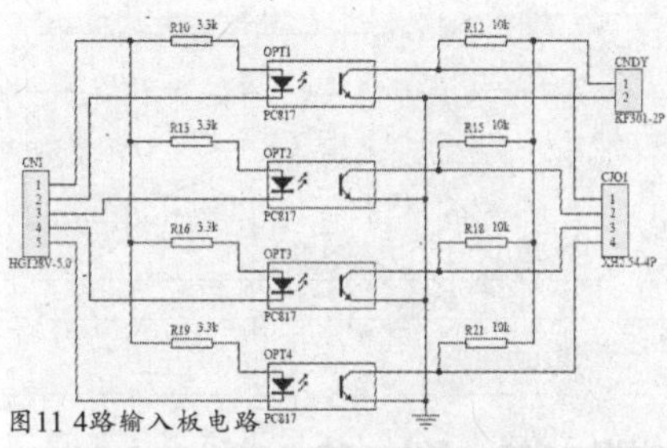

图11 4路输入板电路

(二)4路晶体管输出板

4路晶体管输出板由图9所示的4个输出通道电路组成,如图12所示。图中电源端子"5V+"应接内部电源直流5V正极;输入侧端子"CJI"中①~④端分别为输出通道1~4的信号输入端,它们将与基本系统板上单片机的端口相连,把输出信号送出。图中输出侧端子"CNO"为通道输出端,端子上的①~④脚分别对应于信号输出通道1~4的信号,端子⑤为4路输出通道的公共端。

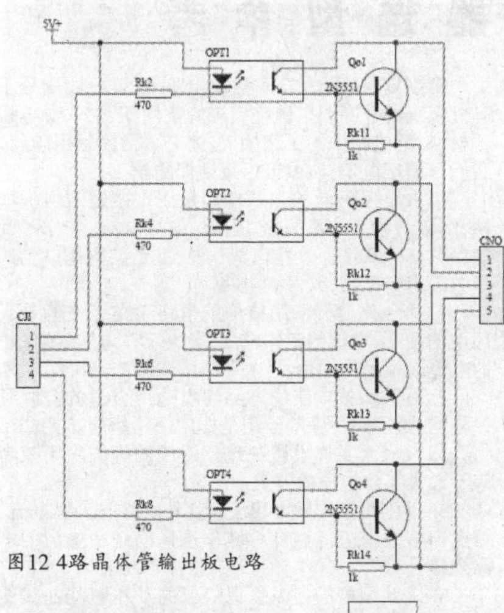

图12 4路晶体管输出板电路

(三)4路继电器输出板

4路继电器输出板由图10所示的4个输出通道电路组成,如图13所示。图中电源端子"5V+"应接内部电源直流5V正极;输入侧端子"CJI"中①~④端分别为输出通道1~4的信号输入端,它们将与基本系统板上单片机的端口相连,把输出信号送出。图中输出侧端子"CNO"为通道输出端,端子上的①~④脚分别对应于信号输出通道1~4的信号,端子⑤为4路输出通道的公共端。"CND"接24V电源,其中①脚接直流24V正极,②脚接直流24V负极。

图13 4路继电器输出板电路

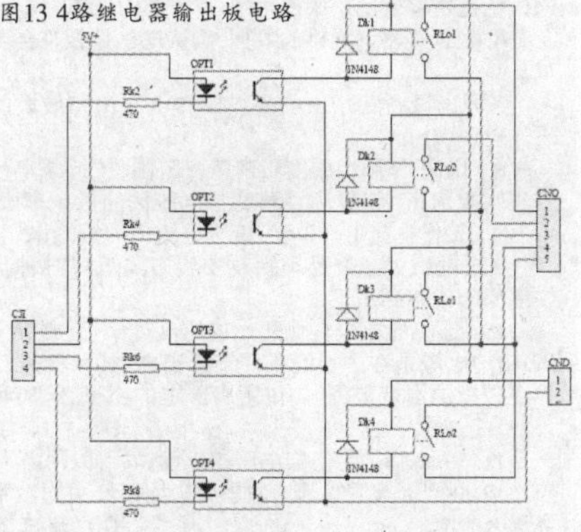

(四)元器件选择

图11、图12和图13所示电路中各元器件的型号规格如表所示。

表6 材料清单

电路	代号	名称	型号规格	数量
4输入电路	OPT1、OPT2、OPT3、OPT4	光电耦合器	PC817	4
	R_{10}、R_{13}、R_{16}、R_{19}	电阻	1/4W:RJ-3.3kΩ	4
	R_{12}、R_{15}、R_{18}、R_{21}	电阻	1/4W:RJ-10kΩ	4
	CNI	接插件	HG128V-5.0 5P	1
	CJO1	接插件	XH2.54-4P	1
	CNDY	接插件	KF301-2P	1
	API	洞洞板	60mm×40mm	1
晶体管输出板	OPT1、OPT2、OPT3、OPT4	光电耦合器	PC817	4
	R_{k2}、R_{k4}、R_{k6}、R_{k8}	电阻	1/4W:RJ-470Ω	4
	R_{11}、R_{12}、R_{13}、R_{14}	电阻	1/4W:RJ-1kΩ	4
	Q_{o1}、Q_{o2}、Q_{o3}、Q_{o4}	晶体三极管	2N5551	4
	CJI	接插件	XH2.54-4P	1
	CNO	接插件	HG128V-5.0 5P	1
	APB	洞洞板	50mm×50mm	1
继电器输出板	OPT1、OPT2、OPT3、OPT4	光电耦合器	PC817	4
	R_{k2}、R_{k4}、R_{k6}、R_{k8}	电阻	1/4W:RJ-470Ω	4
	D_{k1}、D_{k2}、D_{k3}、D_{k4}	晶体二极管	1N4148	4
	RL_{o1}、RL_{o2}、RL_{o3}、RL_{o4}	继电器	HF46F:24-HS1 5A 250VAC	4
	CJI	接插件	XH2.54-4P	1
	CNO	接插件	HG128V-5.0 5P	1
	CND	接插件	HG128V-5.0 2P	1
	APR	洞洞板	50mm×70mm	1
导线、焊锡丝等若干				

(五)安装与焊接

制作4输入电路板要取得良好的效果,除了要选择质量好的元器件外,很重要的是必须妥善地安排元器件的位置,保证合理的结构和焊接的质量。

备全所用元器件后,在空白桌面上把它们分列开来排好后确定大体位置。根据每一个元件或器件占用的孔位,将分布在洞洞板上(洞洞板的孔间间距为2.54mm)所需的长和宽计算出来。选用的洞洞板应比计算结果大一点,留有一点余地。然后,在洞洞板上做好元器件安装位置的标记,方便安装。

把元器件逐一插入板上的预定位置,可以先插高度低矮的元器件,如卧式安装的电阻和接插件等,以方便焊接。电路连接可利用元器件的引脚线。注意焊盘之间不要出现搭接。制作完成的4输入电路板和4路继电器输出电路板的实物如图14和图15所示。

四、通电测试

输入输出电路板焊接完成后就可以进行通电测试了。

(一)输入电路板测试

检查4路输入电路板焊接线路正确无误后便可接线,将该板上的信号输入端子"CNI"中的①端接到24VDC开关电源的24V正极,将4路输入电路板上的"CNDY"端子接5V直流电源,如基本系统板上5V输出端子(24V电源已接入),其中①端接正极,②端接负极。

测量驱动电流。选用万用表直流电流"25mA"或相近挡,将万用表的黑表笔接24V直流电源的负极,红表笔逐一接4路输入板上输入侧端子"CNI"的②~⑤端,测量每一路的驱动电流,测量结果应为约7mA,对应的输出端"CJO1"上的引脚电压应小于0.4V(万用表红表笔接"CJO1"的引脚,黑表笔接"CNDY"的②端)。

(二)晶体管输出板测试

检查4路晶体管输出板焊接线路正确无误后便可接线,将该板上的电源端子"5V+"接5V电源的正极,如基本系统板上5V输出端子的正极;然后将万用表设置在直流电流"25mA"或相近挡,用万用表的黑表笔接5V电源的负极,红表笔逐一接4路晶体管输出板上输入侧端子"CJI"的①~④端,测量每一路的驱动电流,测量结果应为约8mA。

(三)继电器输出板测试

检查4路继电器输出板焊接线路正确无误后便可接线,将该板上的电源端子"5V+"接5V电源的正极,如基本系统板上5V输出端子的正极;然后将万用表设置在直流电流"25mA"或相近挡,用万用表的黑表笔接5V电源的负极,红表笔逐一接4路继电器输出板上输入侧端子"CJI"中①~④端,测量每一路的驱动电流,测量结果应为约8mA。

将该板上的电源端子"CND"接24V电源,①脚接正极,②脚接负极。当用导线把"CJI"上①~④脚与5V直流电源的负极接通时,对应的输出继电器应动作,且输出端子"CNO"上的①~④脚与⑤脚导通。

若测试的结果与上述不一致,应断开电源,检查焊接电路,直到测试通过。

(全文完)

◇苏州三电精密零件有限公司 张雷
苏州竹园电科技有限公司 键谈

图14 输入电路板

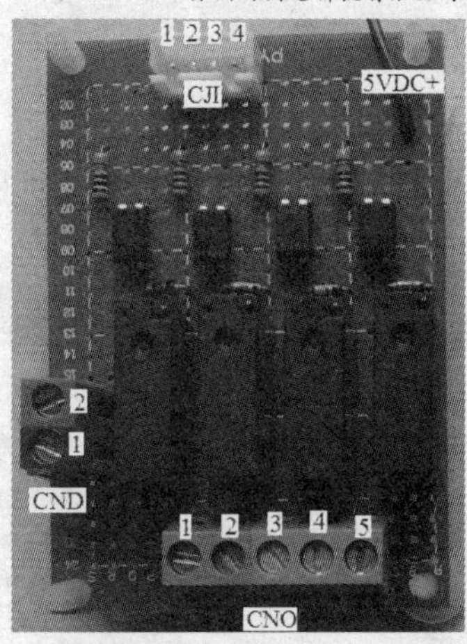

图15 继电器输出电路板

基于PSIM SmartCtrl的PFC Boost控制环设计(二)

(紧接上期本版)

3 外环设计

3.1 选择电压传感器

使用分压器时，必须输入参考电压值，程序自动计算传感器增益。在本例中，参考电压为取7.5V。输入数据窗口如图6所示。

3.2 选择外环调制器

选择Single pole型调制器。

3.3 确定穿越频率和相位裕度

方法与内环设计类似，这里不再赘述。

4 设计验证

一旦参数确定之后，程序自动显示控制系统的行为，如波特图、幅相图、奈奎斯特图、瞬态响应等。两个环可以轮换显示。此时，就完成了转换器的控制回路设计，生成的控制电路可以导入到PSIM主界面当中，最后通过时域仿真来验证设计的合理性。

为了验证软件的合理性，我们来比较两个方案在时域方面的性能。两个方案的区别在于内环的穿越频率，一个是3 kHz，另一个是15 kHz，瞬态仿真结果见图11所示。

可以明显看到，相比设计1，设计2输入电流的失真更少，输出电压的纹波更小，因为内环的穿越频率提高了。

可以看出，PSIM中的SmartCtrl程序为功率因数矫正方面应用提供了快速而有力的设计验证，更多的应用请读者参考软件自带的例程。

◇湖南 欧阳宏志

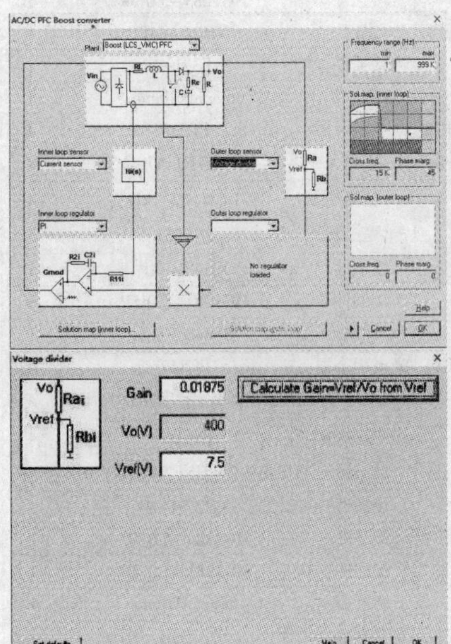

图6 选择电压传感器

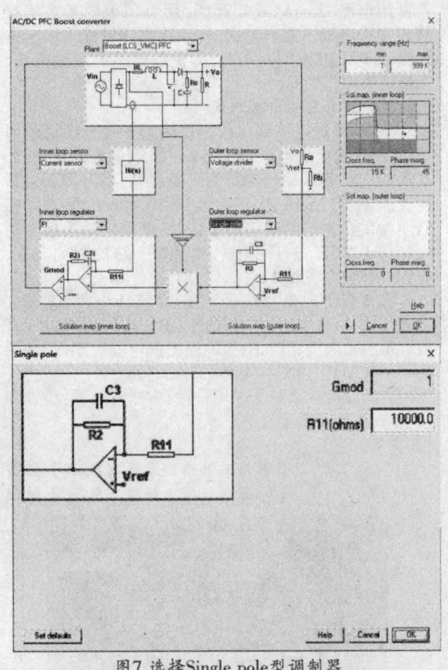

图7 选择Single pole型调制器

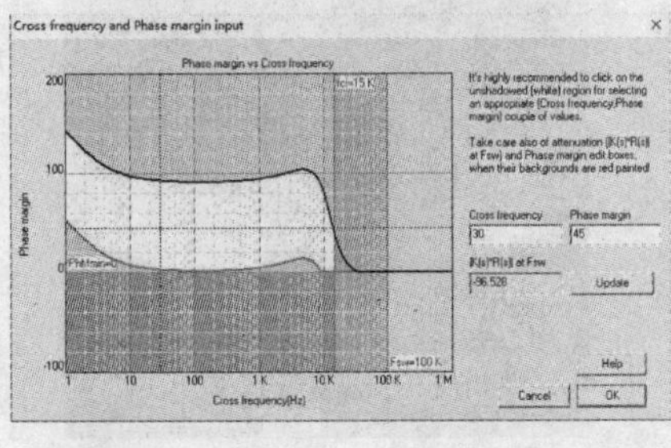

图8 确定穿越频率和相位裕度

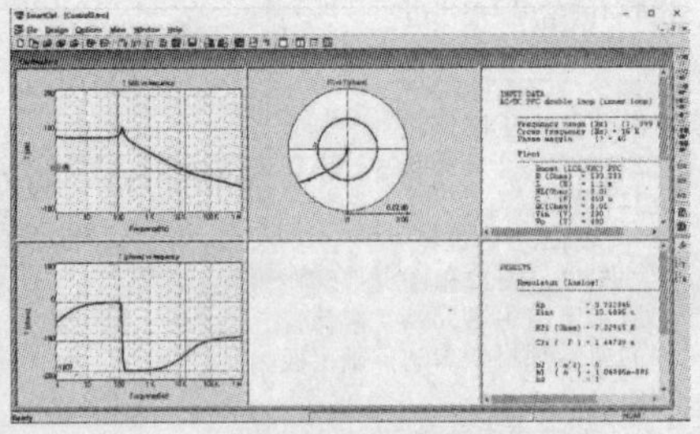

图9 内环结果显示界面

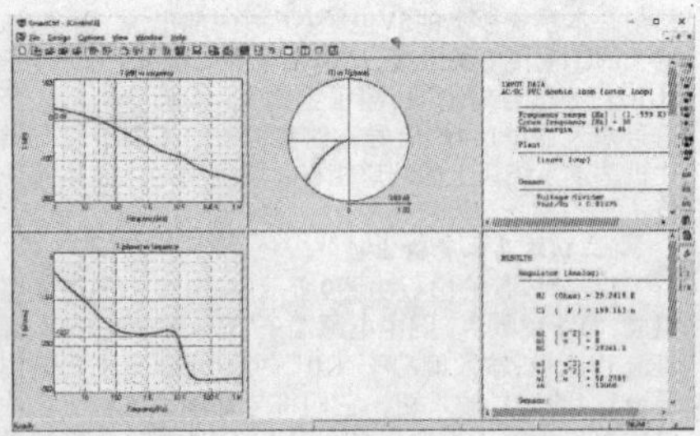

图10 外环结果显示界面

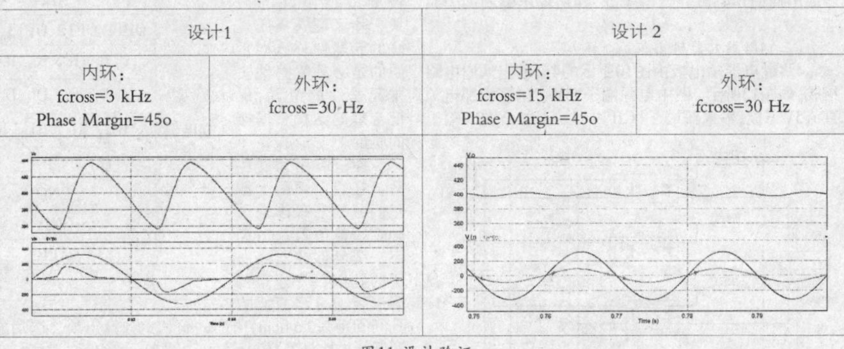

设计1		设计 2	
内环： fcross=3 kHz Phase Margin=45o	外环： fcross=30 Hz	内环： fcross=15 kHz Phase Margin=45o	外环： fcross=30 Hz

图11 设计验证

半导体熔断器选型参考

一、半导体保护熔断器

半导体保护熔断器是专为功率半导体器件如IGBT、IGCT、GTO、SCR等提供保护的快速熔断器。半导体产品非常昂贵，但承受的过载能力却非常有限。因此，必须制造过载更灵敏、分断更迅速的熔断器对其提供保护。

特性分类：aR 局部短路保护

gR全范围保护，低I2T

gS 全范围保护，低功耗

常见标准分类：

UL标准圆柱形　IEC标准方体　BS标准圆柱体

选型的因素：

1.额定电压

2.电弧电压

3.环境温度

4.冷却条件

5.频率

6.过载电流

7.熔断I2T

8.功耗

9.短路等级

10.导体线径

11.熔断器的串并联

二、自恢复保险丝

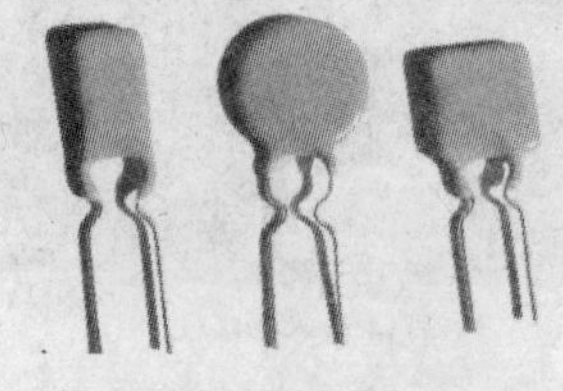

自恢复保险丝是一种过流电子保护器件，高分子有机聚合物在高温。硫化反应的条件下，加入导电粒子材料，经过特殊的工艺加工，才有了自恢复保险丝。我们习惯把PPTC叫做自恢复性保险丝。

自恢复保险丝的主要作用是用来做过流保护作用，所以保险丝有耐压值，耐流，维持电流，动作时间等参数。才有了保险丝选型一说，就是要根据以上的参数去选定型号，来保护电路。

1. 第一先要弄清楚被保护电路正常工作的最大环境的温度，电流的工作电流，最大工作电压，要保护的电流以及动作参数。

2. 看被保护电路的产品特点选用合适的自恢复保险丝，是用贴片保险丝还是插件保险丝的。

3. 以最大工作电压来选出耐压的等级大于或者等于最大工作电压的同类产品。

4. 以电路工作最大环境温度和电路的工作电流，对比自恢复保险丝温度折减率选择出合适电流的产品规格。

5. 以此型号的自恢复保险丝的动作时间曲线图来确认是否符合动作保护时间。

6. 根据规格书提供的数据，确认规格是否符合要求。

7.列出设备线路上的平均工作电流(I)和最大的工作电压(V)。

8.列出工作环境温度正常值及范围，按折减率计算正常电流Ih (详见环境温度与电流值的折减率表) Ih=平均工作电流(I)÷环境温度与电流值的折减率。

9.根据I、V值，产品类别及安装方式选择一种自恢复保险丝系列。

10. 选出的自恢复保险丝的I值必须小于或等于Ih，额定电流是在一定的条件下给出的，如果要求工作在较宽的温度范围，应该留有一定的裕量，一般可以取1.5−2倍。

11. Vmax指的是击穿电压，交直流均可以用。

12. 由于是半导体聚合物器件，所以开关次数不会那么少的。

◇广西 王岚

浅谈Z10发射机生命支持模式下的工作状态

Z10发射机的微处理器中，设计安装了一个生命支持板。当主控制器不能工作时，生命支持板就取代主控制器，控制着发射机降低功率维持运行。在生命支持模式下，要求发射机的功放控制器和电源控制器，继续监控相应部分的工作状态。因此，维修人员必须熟练掌握生命支持模式下的工作状态，合理分析可能出现的故障，便于及时发现和排除。

启动程序：发射机开机时，可以通过前面板按键或遥控来操作，不管是高开还是低开，主控制器都产生一个高电平开机信号(TX-ON)，这个信号送到生命支持板的J1-A55端(N105)，然后接到与门电路。另一路低开信号不经过主控制器，直接送到生命支持板的A14(N143)。由于主控器工作，U26-10的MSTR-NORMAL 1是高电平，所以，经过U26-8输出高电平开机信号。从遥控接口来的低电平低开信号A10(N810)，激活光电耦合器U24和触发器U27-9、U26-4。允许遥控操作REM-ON-ENABLE信号，经或门U32到达U26-5，在U26-6输出高电平遥控低开信号。

以上这两个信号送到或门U32-10和U32-9，在U32-8或逻辑输出高电平开机信号。A33(N169)是主控制器送过来的前面板禁止操作信号PANEL-DISABLE，与主控制器正常信号MSTR-NORMAL 1在U7形成与否逻辑，此信号到达与门电路U26-13与前面板A14来的低电平开机信号U26-12形成与逻辑。U26-11输出一个高电平的前面板低开信号。这样，U32-8、U26-11在U23上或逻辑，U32-11和U4-12最终都是高电平。经U4进行脉冲展宽和U35与逻辑计算后，在U35-11(J1-A83)输出整个发射机的开机信号TX-RESTART(N230)。然后，送到所有的PA控制器的㉚脚和PS控制器的㉔脚，去启动它们，如图1所示。

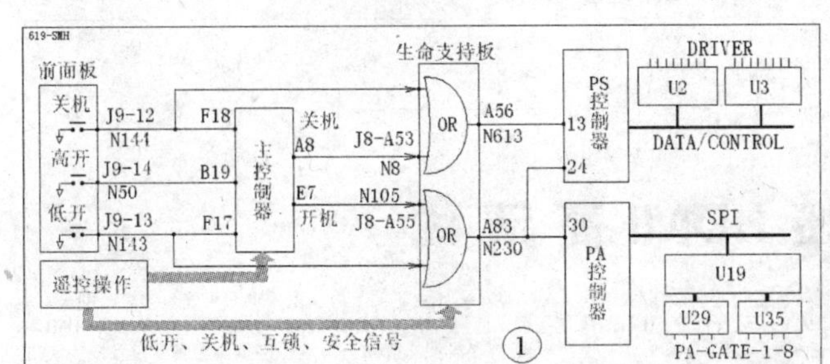

不管什么时候，所有的控制器只要接收到开机命令，都会被复位、初始化和清除所有故障，发射机将尽快达到满功率播出。如果先前的故障依旧出现，发射机只能返回到原来的故障状态。按开机命令时，不能从诊断显示中擦掉任何故障纪录。像功放控制器和电源控制器这样的组件，以前由于故障而关闭，再次接收到开机命令后，仍然能够重新开启。

激励器的选择方式：发射机配置了主/备激励器，主控制器用软件控制着激励器的选择。激励器出现故障或者没有射频输出时，可以用手动或自动方式来切换激励器，激励器切换由锁存继电器K1来完成。主控器送来激励器1选择信号是一个高电平脉冲，在生命支持板上就是J1-A88-EXCITER 1-SELECT信号。这个高电平信号供给与门U12-9；如果主控器正常，高电平信号MSTR-NORMAL 1供给U12-10，在U12-8输出一个高电平信号。这个信号通过反相器U13-1-16，加到继电器K1的复位端RESET，原理图中显示的是激励器1被选择的位置。此时，K1-4变成低电平，它送到以下两个地方：从K1-4输出的低电平信号离开生命支持板J1-A64，送到激励器分配板上的激励器选择继电器。在原理图中，J7-19就是生命支持板过来的激励器选择信号，它控制着激励器选择板上的继电器K1。K1-4输出的低电平信号还作为一个状态信号，从J1-A26送到主控器，让主控器知道当前使用的是哪一个激励器。在生命支持模式下，K1-4输出的低电平信号还封锁播出时备用的激励器(可能是激励器1或者2)，经过U35-1和U27-13连接到封锁电路中。激励器2选择信号EXCITER 2-SELECT变高时，经过U13-2-15去设置继电器K1，就会选择使用激励器2。同时，K1-4也变高电平，在激励器切换板上选择激励器2，如图2所示。

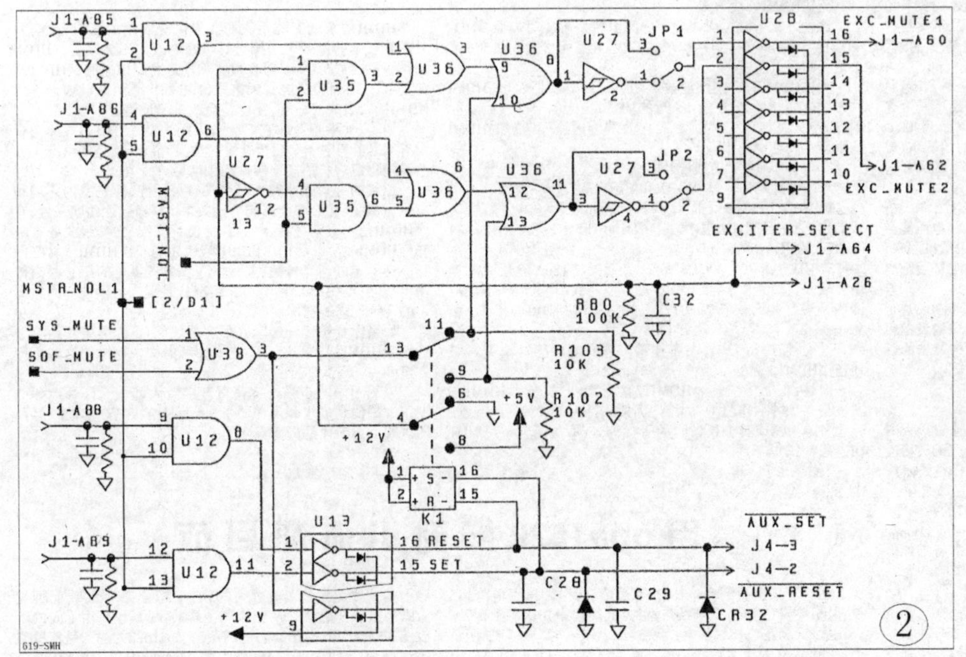

输出功率控制：发射机的输出功率是由预功放输出电平控制的，而IPA的输出功率由MSTR-IPA-CTL信号控制。MSTR-IPA-CTL是一个变化的直流电压，它控制IPA的栅极电压。改变IPA的栅极电压，就可以改变IPA的输出功率。在图3中，MSTR-IPA-CTL加在生命支持板的A35端，然后加到模拟开关U5-1上。如果主控制器正常，MASTER-NORMAL就是高电平，U5的①-②接点闭合，MSTR-IPA-CTL信号到达U5-4。如果当前没有系统封锁信号，U5-5也是高电平，U5的④-③接点闭合，MSTR-IPA-CTL经过CR4加到U15-3。CR4、R30和MSTR-IPA-CTL一起产生一个负极性的栅极控制电压。当主控制器失效时，MASTER-NORMAL信号变低，它只有一个功能，送到生命支持板的模拟开关。主控制器板的APC电路产生的IPA模拟控制信号MSTR-IPA-CTL，送到生命支持板的A35，这个信号去控制IPA的栅极电压。如果主控器正常，U5-3高电平，IPA控制信号就能到达U5-2。假若没有软启动封锁信号SOFTSTART-MUTE或者系统封锁信号SYSTEM-MUTE，IPA控制信号就通过U5-3到达U15-3。U15把控制信号缓冲放大后，送到IPA选择继电器K2。

发射机正常时，由于控制电路的阻抗很低，手动调整参考电压电位器R25起不了太大的作用，甚至对电路没有影响。如果U5-1至U5-2损坏或电路阻抗变大，控制信号失效，可以由此电压代替预功放控制电压。射频放大器栅极电压为-18V时关闭，-0.6V时全部导通。CR4和R30把APC电压和-15V电压相加，结果使APC电压由正电压变为负电压，依靠锁存继电器K2把此电压送到IPA-AB1或者IPA-AB2，控制着整个发射机的输出功率。主控制器出现故障时，发射机转入生命支持模式，R25就开始承担功率控制的任务。此时，生命支持板上的模拟开关U5的①、②脚之间开路，去掉了APC电压，断开了APC环路。生命支持模式下，调节电位器R25，设置输出功率不能超过正常情况下的25%。由于激励器的输出功率是固定的，提高或降低预功放的栅极电压，IPA的输出功率就会相应地提高或降低，从而使整个发射机的输出功率发生改变。

◇山东 彭海明 宿明洪

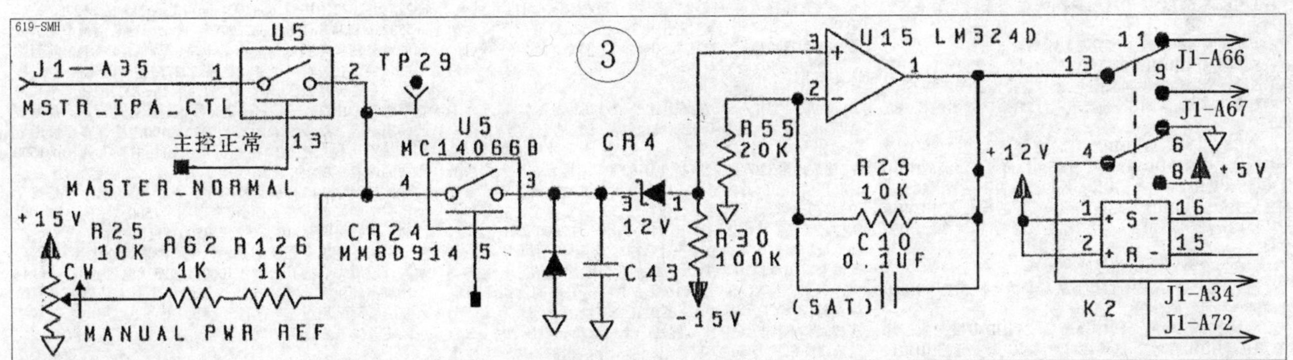

选购4K要注意什么(二)

(紧接上期本版)

接口方面

接口起到传输信号的作用，就目前来讲单一从网络上接收大量的高清信号的时候不多，更多的时候还是借助蓝光光碟或者游戏机，这时候接口的带宽就显得非常重要了。

HDMI

首先是HDMI接口，它有好几代标准：1.0,1.1,1.2,1.3,1.4,2.0a,2.0b，目前2.0a是位宽最宽的标准，可以达到18G。相较于老旧的SDR，HDR需要更多的数据量来存储亮度信息。在4K分辨率下的4K HDR片源，比2k HDR片源，传输带宽的要求也提升了4倍，需要更高的传输带宽。同样包括YUV4:4:4，10bit这些改善画面的技术规格，都是对传输接口的带宽有更高要求的。

DP(DisplayPort)接口

一般只有高端的竞技显示器才会有HDMI和DP接口并存的情况

假如遇上4K HDR 60Hz 10bit的信号源，并且还是YUV4:4:4的，就算是最快的HDMI 2.0a线都抗不住了，其信号数据量太大会导致线路塞车，为了保证正常运行，信号源会自动降低颜色深度到8bit甚至更低。那么这种情况就需要DisplayPort接口的数据线，因为HDMI接口速度已经跟不上了。

有的厂商要么没有HDMI 2.0接口，要么用1.4甚至更低速的接口；而目前已知的具有DP接口的4K电视只有松下的AX800C这款产品，这还是差不多2017年的产品了。出于各种各样的原因和考虑，基本没有厂商把DP接口加入到新产品中。但是从PS4、Xbox或者高配PC主机来讲，真正要享受4:4:4 60p的高规格4k HDR画面，还只有一个选择。

总结

本文单从参数角度讲解了一些东西，实际在选购电视时大家还是注重性价比，也不是说一些节约成本的技术性东西就不好，只是其中几个概念让大家明白清楚，做到明明白白的消费，不一定某些参数非要达到业内顶尖水准才购买，根据自己的需求选择合适的产品。

(全文完)

◇厦门 郭博

Signal	Color Depth	bit	HDMI1.4	HDMI2.0	
			Level C	Level B	Level A
4096/60p	YUV 4:2:2	12	No	No	Yes
3840/60p					
4096/50p	YUV 4:4:4	8	No	No	Yes
3840/50p					
4096/30p	YUV 4:4:4	12	No	No	Yes
4096/60p	YUV 4:2:0	8	No	Yes	Yes
3840/60p					
4096/50p	YUV 4:2:0	8	No	Yes	Yes
3840/50p					
4096/24p	YUV 4:4:4	8	Yes	Yes	Yes
	YUV 4:2:2	10			
3840/30p	YUV 4:4:4	8	Yes	Yes	Yes
	YUV 4:2:2	10			

如何长距离连接HDMI高清线

HDMI有个很大的好处，那就是你可以通过单条线缆从信号源(例如蓝光播放机)传送音频和视频信号到接收端(例如AV功放或者电视机)。

但是HDMI自身也有它的局限性。例如偶尔发生的"握手问题"(信号源和电视机以及投影机均需要依次来识别对方以达到连通)。另外，HDMI有数个不同的版本，版本之间有不同的特点，不同的版本决定了它们支持什么以及不支持什么。针对某个HDMI版本，不同的厂家也许会决定其设备提供或不提供某项功能。

HDMI的另外一个问题是，在长距离传输时会遇到麻烦：一般来说，为了实现最佳效果，通常推荐的HDMI连接长度在15feet以内(约4.6m)，某些品质较好的HDMI线可以做到30feet(9m左右)。如果在线材本身质量控制做得很好的情况下(虽然价格不一定很贵)，也有HDMI线能做到50feet(约15m)亦可正常工作。

但是做到这样长的时候，情况会变得比较微妙，你大概率的可能会看到显示设备这边出现"闪屏"现象。你也可能会遭遇更严重的"握手问题"——直接黑屏。当然了，话说回来，如果你买到的是劣质非正规厂家出品的线材，即使是短距离传输依然可能会遇到这些问题。

所以，如果你想把HDMI传输距离从15m延长到30m甚至是90m，或者给你整个房子布线以便让带HDMI接口的设备可以在任意地方放置，你应该怎么办？采取以下几种有效的解决方案

有线解决方案

方案1：通过网线传输HDMI

延长HDMI传输距离的一种有效方案，便是通过以太网电缆进行传输。在家中或者办公室环境中试用专门的转接设备把HDMI信号连接到路由器的Cat5、5e、6以及Cat7的网线上，同样可以用来在家庭影院系统中传递音频和视频信号。

这种方法需要采用一个HDMI转Cat5、5e、6或7的转换器。市面上提供这类转换器的品牌包括Gofanco、J-Tech和Monoprice。这种转换器包含发射端和接收端，两端都需要额外供电。

以下是这种方案的设置步骤：

1.把发射端和接收端放置在你所需要的位置；

2.把HDMI的信号端(例如DVD/蓝光播放机、流媒体中心、各种盒子、游戏机甚至是一个AV功放的输出端)连接到发射端的输入端口；

3.将Cat5、6、7之类的网线，其中一端连接到发射端的输出口；

4.网线的另外一端连接到接收端的输入口；

5.接收端的HDMI输出口与你的电视机或者投影机连接；

6.给发射端和接收端都供电，确认这个设置都正常工作。

如果不工作，重新连一遍，还不行，联系转换器的技术支持人员。

除了使用网线传HDMI信号以外，还可以通过光纤以及射频同轴电缆来传HDMI信号。光纤可以传更长距离的HDMI信号，估计是1000m以上。实体布局以及设置跟采用网线延长的方法类似。HDMI信号端连接到一个发射器端，把HDMI信号转换成光纤或者同轴信号，传递到接收端，再转换回HDMI信号。

方案2：有源光纤HDMI线材

通过网线、光纤、同轴线缆加转换器的方法来延长HDMI传输是一种可行的办法。

另外还有一种把光纤转换器集成到HDMI接头内部的"有源光纤HDMI线材"。这种线材使用起来跟普通的HDMI线材一样，即插即用，无需额外供电。一头接信号端，一头接设备端，插上就可以使用了。这种线材有不同的长度，取决于不同的制造商，你或许还可以定制长度。现有的光纤HDMI线材，在技术上支持传输长达100m甚至更远的距离。

市面上的光纤HDMI线材品牌包括菲伯尔FIBBR、Gofanco、Monoprice以及Sewell Direct。

无线HDMI解决方案

这种方案可以实现在大型房间里完全不使用长距离HDMI线材，通常能支持到9~18米。但有些设备可能会提供50m甚至更长的覆盖范围。

无线HDMI的方案跟通过网线、光纤和同轴线延长HDMI的方案类似，也是通过一条短的HDMI线把信号源接到发射端，通过无线方案传到接收端，接收端再通过一条短的HDMI线跟显示设备端连接。

有两种不同的"无线HDMI"格式在竞争，每种都只支持它这个阵营规格的产品：WHDI和WiHD。

WHDI采用5GHz频带，支持最高30m或更大的范围(视设备而定)。采用WHDI技术方案的无线HDMI设备品牌如ActionTec、IOGEAR和Nyrius。

WiHD方案采用60GHz频带，最远支持18m，但是如果穿墙会减弱性能甚至不通。建议发射端和接收端在同一视线范围内是最好的。支持WiHD方案的品牌包括DVDO、Gefen和Monoprice。

这两种选择都是旨在摒弃不美观的线材而实现更方便地连接HDMI设备。

但是，正如传统有线HDMI连接方案一样，无线HDMI方案也会有各种小问题。例如传输距离限制、直线对传的问题、旁边有路由器或类似设备时的干扰等等(取决于你采用WHDI还是WiHD方案)。

两种方案在不同品牌和型号上面可能也会有区别，例如是否支持某种格式的环绕声或者3D格式。很多无线HDMI发射器/接收器不支持4K分辨率，但是通过多台设备同步使用就可能会支持，如果你需要支持4K，一定要仔细查询产品的特征和参数，看它是否支持。

归纳总结

HDMI是家庭影院系统的业界广泛使用的接口标准，并且随着版本的提升未来相当长时间内应该不会改变。HDMI提供了从信号源到AV功放和显示设备之间传递高清HD(现在是4K)视频和特定音频格式的能力。甚至在电脑世界里HDMI接口也成为标配，无论是台式机还是笔记本。

但是，如果不考虑它广泛被采用的特性，HDMI并非完全没有问题。其中一个短板就是它在没有额外支持的情况下无法清晰稳定的长距离地传输视频信号。

无线的方案虽然使用时更具有灵活性，但是室内环境和信号覆盖、干扰等都会影响传输效果。从稳定性角度来说，有线HDMI延长方案是适合的：包括使用网线、光纤线或者有源光纤HDMI线。以菲伯尔FIBBR为代表的光纤HDMI线材既保障高速稳定的信号传输，又提供了免外置供电的超长距离传输可能性(支持100m甚至更长距离)，是现今可供选择的方案中的一个优秀的选择。

如果你要组建一套家庭影院系统，而且你需要长距离地连接带HDMI接口的设备，建议你考虑文中探讨的这些可行方案。

采用不同的布线方案花费差别巨大，因此，好好地评估一下你的使用需求和环境要求，从而最终决定在你的预算范围内哪个方案才是最适合你的。

◇江西 谭明裕

用opa1622作的小体积耳放

在网上某宝看到有opa1622双运放，可以输出正电流145豪安，负电流130豪安。增益带宽32兆，转换率10伏每微秒，可以正伏2伏到正负18伏供电。我感到很适合作耳放，就拍了一个。它是安在一个运放大小的八脚的电路板上正好可以作一个直插的双运放用，一脚的位置有个白点标记。在这店里还有一片直插双运放ne5532的运放前级放大板，单电源供电，用贴片工艺安电阻，输入输出电容表面安装，有整流桥和滤波电容和7812稳压，电路板50豪米长，33豪米宽。正好可以opa1622耳放用，我用洞洞板是做不到这么小体积的，就附带买了一个。

好像只要把opa1622插上这个板就可以了，实际上为了合用和发挥芯片性能我要改动成品板几处地方。首先，作为前级放大板，它的放大倍数太大。这个板运放是反相放大电路，输入电阻2200欧，负反馈电阻8200欧。那么它放大倍数是5倍，以CD机2伏的输出电压作音源太大的放大倍数使音量电位器只开一点就很大声了。正常应该开音量电位器在8或9点钟位置为好。我拿出贴片电阻包，选出二片2000欧贴片电阻，在原板上反馈电阻上叠上一个2000欧电阻焊上两端。现在负反馈电阻实测1770欧，放大倍数接近二倍，很合用。

店家介绍输入的16伏10微法电容是进口的优质无极电解，那就不换了。放大电路要失真小驱动能力强通常是把电压放大和电流放大分开。就是一个运放负责电压放大，一个运放缓冲只放大电流。我拿出一个网上购得的二片双运放代换一片双运放的转换板，板上靠下一片运放是电压放大的，靠上的一片运放是电流放大的，它一脚与二脚短接，七脚与六脚短接。一般这二片运放同型号最保险，也可用不同的运放调音。查了下opa1622的使用评论，opa1622的输入是双极型晶体管，输入电阻不很高，推力强，声音清晰但没胆味，适合作后级。查我的运放库存，有ad827,ad823,ad826,ad817,op275,tle2072,lt1057,opa2604,ad712,opa2134,opa627,ne5532,ne5534,lm4562,opa2227等。有个原则是说一个功放前面的电路转换率要低于后面的电路，否则后级跟不上前面信号变化会产生失真。于是我选opa2227高精度低噪音运放，压摆率二点三伏每微秒，增益带宽八兆。Opa2227的转换率和带宽都低于opa1622，而且它还是一片很有胆味的运放。最后要改输出电容，从板上表面安装的16伏100微法电容正极焊上铜芯线引出到我搭棚焊在耳机输出插孔引脚上的16伏1500微法的电容正极上。开始我用了每声道二个电容，对比直藕的耳放，音质很好，就是低频的背景芬围上薄了点。于是我又加了四个同样电容在上面，每声道四个1500微法的电容。这下这个耳放用拜亚710和飞利普9500耳机试听都好。

完成后耳放外壳仅烟盒大，电源外置是18伏开关电源。输入耳放后先在插孔上焊了1000微法25伏电容滤波，再用4个10豪亨的工字电感串连当作正极导线引入功放板电源输入座。实际试用没有电源的干扰反应，可见运用电容电感是可以使开关电源应用功放的。

◇张文茂

邮局订阅代号：61-75 国内统一刊号：CN51-0091

微信订阅**纸质版**
请直接扫描
邮政二维码
每份1.50元 全年定价78元
四开十二版 每周日出版

扫描添加**电子报微信号**
或在微信订阅号里搜索“电子报”

2019年9月8日出版 实用性 启发性 资料性 信息性

第36期 国内统一刊号:CN51-0091 定价:1.50元 邮局订阅代号:61-75
地址:(610041)成都市武侯区一环路南三段24号节能大厦4楼 网址:http://www.netdzb.com

(总第2025期) 让每篇文章都对读者有用

软 路 由

随着家庭物联网的不断应用,需要无线连接的设备越来越多,另外高清视频的播放也是非常占用带宽的,很多老的路由器对于无线网络已经不堪负荷了,需要升级新的路由器。既然本文提到了“软路由”,那么我们先来说下“硬路由”。

硬路由就是以特用的硬设备,包括处理器、电源供应、嵌入式软件,提供设定的路由器功能。硬路由器包括电源、内部总线、主存、闪存、处理器和操作系统等,专为路由功能而设计,成本较低。路由器中的软件都是深嵌入到硬件中,包括对各种器件驱动的优化,针对不对场景需求应用有相对的cpu不同优化方案等等,这个软件不是应用软件,而是系统软件,和硬件不能分开的。

由于架构设计考虑了长时间运作,所以稳定性有更高保证,再加上重要的功能大部份都已在内置系统设计中完成,所以人工管理设定的功夫非常少,可节省技术或网络管理人员的时间。但相对的,如果某一款硬件规格不强大,扩充性不宽,因此将有可能无法满足需求,尤其是需要加进持别功能时,如果厂商没有提供,那么技术或网络管理人员也无法解决。因此“硬路由”的专业性非常强。

而“软路由”就是台式机或服务器配合软件形成路由解决方案,主要靠软件的设置,达成路由器的功能。

“软路由”的优点有很多,如使用便宜的台式机,配合免费的Linux软件,软路由弹性较大,而且台式机处理器性能强大,所以处理效能不错,也较容易扩充。具有一定软件基础和手动能力强的朋友完全可以自己拿家里淘汰或者很低配的电脑组装一台“软路由”,用在自己家里或者小工作室,比起专业的“硬路由”性价比非常高。

硬件准备:一台功耗较低的旧电脑或者赛扬J1800/J1900级别平台(二手200~300元)作为“软路由”,至少要有两个千兆以上的网口;另一台电脑进行配置设置。

软件准备:下载固件“koolshare Lede X64 Nuc”(或者根据需求自行选择)

下载openwrt...这两个

(下载地址:https://firmware.koolshare.cn/LEDE_X64_fw867/)

解压后得到一个“.img”格式的文件。

再下载一个固件写入软件,这里推荐DiskImager,通过写入软件将固件“koolshare Lede X64 Nuc”导入带PE的U盘。

将导入固件“koolshare Lede X64 Nuc”的U盘插入需要制成“软路由”的电脑,开机选择U盘启动;进入系统后点击U盘里的img镜像文件进行安装;安装成功后关机,通过网线接到另一台电脑(“软路由”端接LAN2端口)。

再用另一台电脑进行配置路由器:

第一次进入以后,只保留LAN(右边协议:静态地址)、WAN、WAN-6三个接口,其余全部删除;然后是设置唯一一个LAN,IPv4地址按自己习惯设置就是,IPv6需要关掉,桥接接口点上,接口只选择“eth1”(WAN接口对应LAN1也就是eth0);返回接口界面,点击“添加新接口”,协议选择“PPPoE”,这次接口选择“eth0”;最后WAN接口一定要分配到WAN的防火墙里,否则会拨号失败。

这样一台“软路由”就成功设置好了,剩下的就可以根据自己的喜好安装各种插件了。

注意事项:一般“软路由”的电脑配置较旧,主板都没有无线WiFi,还是需要单独的PCIe网卡,并且连上无线路由器(AP);设置为AP模式或者静态地址,路由器AP模式只需要做无线转发。

优点

由于是利用电脑作为“软路由”,根据相对应的CPU和网卡其性能也更为强悍(CPU越强性能越强大、网卡越强越稳定),千兆宽带接入更是无压力。

能安装更多的插件,可以实现更多的拓展功能,手动能力强的朋友甚至可以将“软路由”变为全天候服务的NAS、高清盒子、Web服务等多功能于一体的设备;能支持更多的终端设备。

价格便宜,性价比高;相对于专业的企业级路由器,其价格动不动就3、4000元甚至更高;即使是组建一台全新的赛扬J1900级别的平台也才1000多元。

缺点

有门槛,“软路由”不像路由器那样比较无脑,需要有一定软硬基础的人才能操作,不然相当折腾(当然这也是DIY乐趣所在);系统不稳定,虽然能装很多插件,但往往插件越多也越容易死机或者发生BUG,毕竟不是专业定制的系统,因此相对发生错误的几率也更高;功耗相对更高,即使是低配平台,功耗也在20W左右,普通的路由器功耗在5W左右,如果“软路由”配置更高,相应的功耗也更高。

Ps:目前用赛扬J1800/1900的方案最多,毕竟是双核高频;也有一些“讲究”的玩家用赛扬3215U,该CPU最大的优势是原生支持intel的虚拟机技术;还有一些追求性能更高的移动级的赛扬N3050/N3150/N3160/N3700/N3710,遗憾的是不支持虚拟机技术。

(本文原载第33期11版)

已经远去的BP机时代

在网上不经意看到一条“日本最后一家传呼机服务公司宣布将于2019年停止传呼服务”的旧闻,顿时唤起了对于传呼机的回忆。

说起来寻呼机“古老”到现在的小朋友可能完全不知道它是啥玩意。但对于70后、80后来说,寻呼机是永远忘不掉的回忆。

由于固定电话有无法移动的局限性,无法满足人们即时通讯的需求,传呼机的出现则改变了这个情况。BB机的英文是Beeper/Pager,正式的中文名则是传呼机。1949年由美国人格罗斯发明,它是一种用来接收和传送简单文字信息的个人无线电通讯工具。上世纪七十年代以后,BP机通信技术不断成熟,传呼通信业务开始由美国流行并蔓延到世界各地。BP机只有三个火柴盒那么大,你不能用它回复任何消息,但它能让你知道,此刻有人找你。这款老物件通常有一个长条型屏幕和几个简单的按键。收到信息后,BP机会发出“哔哔”的响声。

国内90年代初才开始慢慢普及传呼机,一开始的时候一台传呼机的价格要一千多元,算上入网费和选号费,起码是两千元打底。那个时候大陆的收入水平平均也就几百元,传呼机一般都是那些收入比较高的富裕家庭使用。直到90年代中后期,随着经济发展,传呼机的使用也迅速增加,“摩托罗拉”、“Call机”之类的陌生名词也逐渐变得流行起来。很多年轻人、中年人甚至是时髦的老年人,腰间都会别着一个传呼机。数据显示在1998年的时候,全国的传呼机用户已经突破了6546万,位居世界第一。

不过随着时间推移和经济的快速发展,曾经风光一时的寻呼机很快就被手机取代,2005年8月,全国寻呼机用户只剩222万。2007年3月22日,国内最大的BP机运营商中国联通正式停止北京、天津、河北、山西等30个省/直辖市/自治区无线寻呼业务。

总之,手机取代传呼机,智能手机取代按键手机,5G取代4G,在移动通讯技术飞速发展的时代,某项技术、某个物件非常容易变成历史。

◇陆铭

(本文原载第32期2版)

电子科技博物馆“我与电子科技或产品”

本栏目欢迎您讲述科技产品故事,科技人物故事,稿件一旦采用,稿费从优,且将在电子科技博物馆官网发布。欢迎积极赐稿!

电子科技博物馆藏品持续征集:实物;文件、书籍与资料;图像照片、影音资料。包括但不限于下列领域:各类通信设备及其系统;各类雷达、天线设备及系统;各类电子元器件、材料及相关设备;各类电子测量仪器;各类广播电视、设备及系统;各类计算机、软件及系统等。

电子科技博物馆开放时间:每周一至周五9:00--17:00,16:30停止入馆。

联系方式

联系人:任老师 联系电话/传真:028--61831002
电子邮箱:bwg@uestc.edu.cn 网址:http://www.museum.uestc.edu.cn/
地址:(611731)成都市高新区(西区)西源大道2006号
电子科技大学清水河校区图书馆报告厅附楼

TCL IPE06R31型(电源+LED背光驱动)二合一板原理与检修(一)

IPE06R31型（电源+LED背光驱动）二合一板是TCL公司推出的一款性能优异的经济型电源板。图1是它的电路结构方框图。由图1可看出，该电源板主要由输入整流滤波电路、PWM主电源（控制芯片TEA1733）、背光LED驱动电路（控制芯片MP3394）、待机电源（控制芯片EUP3482）等电路组成，省去了常用的PFC电路。该二合一电源板具有电路简单、性能稳定、保护功能完善、性价比高等优点。电源输出电压为3.3V、24V，在目前TCL中、小屏幕经济型电视中广泛采用。下面先介绍该二合一板各部分电路工作原理，然后谈下它的维修思路，最后给出维修实例。

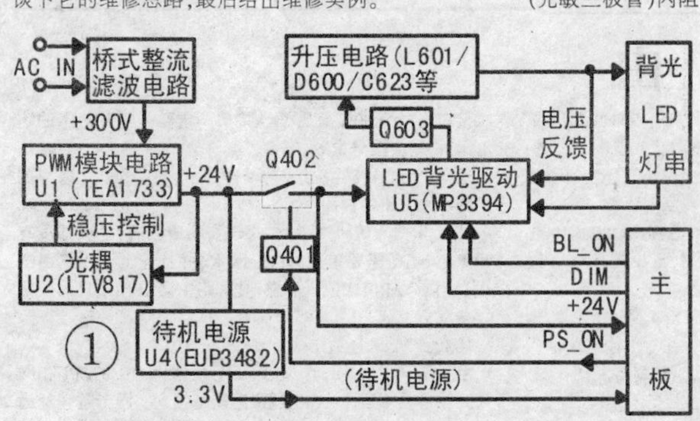

一、工作原理介绍

1.电源启动与工作过程

该电源（见图2、图3）工作过程是：市电经保险管F1、压敏电阻RV1进入抗干扰滤波电路。电感LF1/LF2、电容CX1/CY1/CY2、电阻R100~R103等构成EMC电路，以消除电网杂波进入开关电源，同时防止开关电源产生的干扰进入电网。市电经热敏电阻RN1限流及滤除干扰后由D101~D104全波整流、CE1、CE2滤波后输出约300V的直流电压HV。该电压经开关变压器TS1初级⑥-④绕组、电感FB401送至PWM电路功率管QW1的D极。另外，由R100~R103连接中点取出的市电电压，经R432限流、D404半波整流后得到的约+26V电压送至控制芯片U1电源端①脚，此时内部的高压稳压电路工作，为振荡器提供启动电源。于是，内部的振荡器、脉宽调制器工作，产生的开关激励脉冲从U1的③脚输出，使功率开关管QW1工作于开关状态，给开关变压器TS1注入能量。由于电磁感应，①-②绕组产生的感应电压，经D402整流、C424滤波、ZD403钳位后得到约+15V电压送往U1的①脚，作为U1正式电源为其供电（此时，①脚内部的高压稳压电路会自动断开）。同时，TS1次级⑦-⑧绕组产生的感应电压，经D404整流、C402、C404滤波后，得到+24VA电压，作为稳压系统取样电压和LED驱动电路的输入电源。+24VA电压经电感L400和C405滤波后得到+24VB电压，作为稳压系统基准电压和待机电源控制芯片U4（EUP3482）的工作电源及输出控制管Q402的输入电源。当主板送来的高电平开机信号，经R452送到前置控制管Q401的b极时→Q401导通→Q402导通→对外输出+24V主电压，彩电进入工作状态。反之，当主板送来的低电平待机信号经R452送到Q401的b极时→Q401截止→Q402截止→Q402的D极输出电压为零，彩电处于待机状态。+24VB电压经电感FB2送到待机电源控制芯片U4的电源端②脚，再经R435降压后加至U4使能端⑦脚。于是，U4进入工作状态，③脚输出直流脉冲电压，经电感L401、电容C407、C426滤波后，得到送至主板的3.3V待机电压。该电源的稳压系统主要由光耦器U2（LTV817C）、基准电压比较器U3（TL431）和它们周围元件及U1内部相关电压比较器、脉宽调制器等组成。其工作原理是：当负载变重导致输出+24VA电压降低时，经电阻R422加至光耦器U2的①脚的电压降低→流过光耦U2的①-②脚（发光二极管）的电流下降→U2次级③-④脚（光敏三极管）内阻变大→U1的⑦脚（反馈端）电压上升→U1内部脉宽调制器输出的脉冲宽度增加→功率开关管QW1导通时间延长→对开关变压器TS1的注能增加→保持输出电压不变。当负载变轻导致输出电压升高时的稳压过程与上述相反。顺便说明，图2中C414、C415、R434~R438、D400为高压吸收电路，防止开关管QW1截止时，TS1初级绕组的反峰脉冲高压将它击穿。

（未完待续）（下转第462页）

◇武汉 王绍华

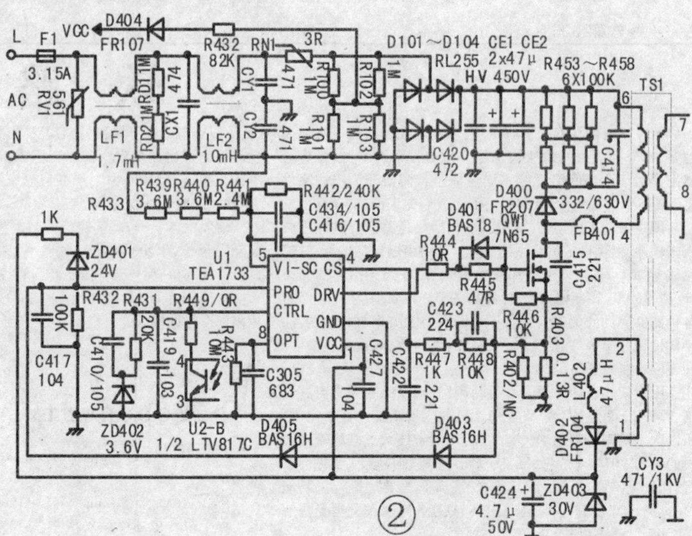

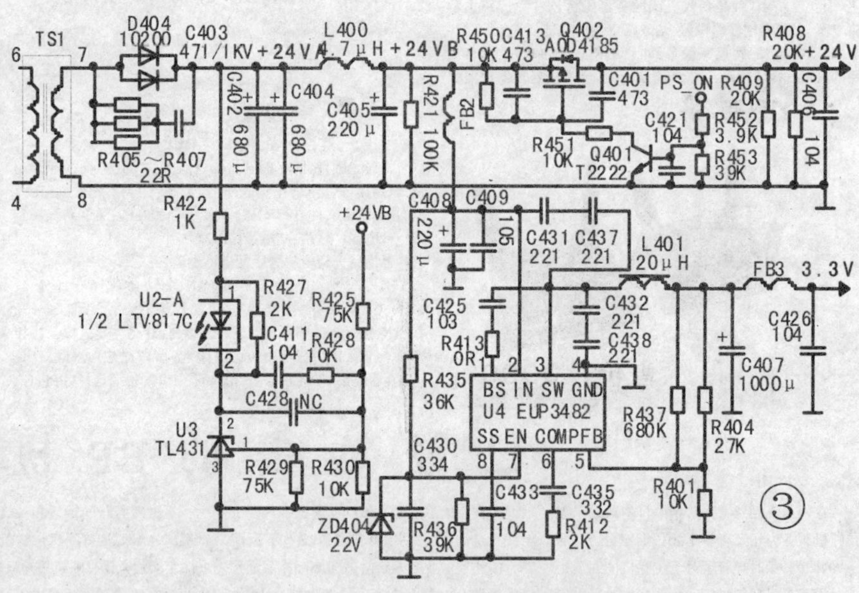

长虹HSS35D-1M型(电源+LED背光驱动)二合一板原理与检修(三)

（紧接上期本版）

例5 亮度或声音变大时自动关机

这是负载能力变差的典型故障表现，决定通过检测关键点电压来锁定故障的大致部位。试机，先测量市电整流滤波后的电压约为290V。试将音量开大，测电源的两路输出电压均有所波动，表明故障在前面的公共部分，最终查出是D101~D104四只市电整流二极管中有一只的正向电阻竟达20KΩ（RX1KΩ挡测量），正常约4KΩ~5KΩ，反向电阻也不足100KΩ（正常应∞）。更换后试机，故障排除。

例6 黑屏

经查，发现LED背光灯串不亮，LED+电压为零。查控制芯片U401电源端①脚有11.6V电压（相关电路见图3）。再测U203亮度控制端⑧脚也有2V以上的高电平。接下来查U401②脚也有激励脉冲波形输出。据此，基本可确定故障在LED+电压的形成电路。于是，对这部份电路进行检查，终于发现是续流二极管的一端引脚因上锡不够而产生了一圈裂纹，经重新加焊后试机，故障消失。

例7 黑屏

经检查，LED+电压为零。再查U401的供电、亮度控制均无异常。且在开机瞬间查得U401的②脚，有激励脉冲波形输出。这只有一种可能，就是保护电路动作了。接下来确定是过压保护，还是过流保护。于是，在LED+端对地接一只电压表试机，发现电压表读数达140多伏时就变为零了，据此，表明是过压保护电路动作。但按照常理，过压保护时显示屏应有瞬间闪亮现象，现在没这现象，说明LED灯串的电流回路存在开路故障。为了确定故障大致范围。接下来，将插座CON1③脚（LED-端）直接接地后试机，发现背光灯能正常点亮，也不自动熄灭了。显然，故障在恒流控制管Q409或它周边的电流控制电路。于是，对Q409及它周边的电路进行认真检查，终于查出是控制管Q408（DMN601K）已击穿。Q408击穿后，使得亮度信号就不能间接控制Q408的导通状态了，使Q408始终处于截止状态，因此，LED灯串不会点亮，此时过高的LED+空载电压将导致过压保护电路动作，从而形成本故障。更换损坏的Q408后开机，显示屏点亮，故障排除。

（全文完）

◇武汉 王绍华

巧操作，让Excel运行更高效

微软的Excel几乎是平时我们进行各种数据处理的代名词，不过，很多情况下在实现相同的处理结果过程中，采用不同的操作方法所带来的工作效率却差别极大，比如有时按一个简单的快捷组合键就能快速实现一个看似复杂的"任务"。如何让自己的Excel运行得更为高效呢？

【操作技巧一】Ctrl+D/Ctrl+R：向下/向右的快速复制操作

Ctrl+C和Ctrl+V是大家都极为熟悉的复制/粘贴快捷操作，其实在Excel中还有两个更为直接的复制操作快捷组合键，那就是Ctrl+D和Ctrl+R，它们分别对应的是向下和向右复制"上行"或"左列"的区域内容：D和R分别是Down（向下）和Right（向右）的首字母。具体操作方法如下：

比如要在A19~G19这一行复制得到A18~G18共7个连续单元格的内容，可先通过鼠标拖动先选中A19~G19，然后按Ctrl+D组合键，此时就会在该区域得到A18~G18的内容（如图1）。另外，我们还可以只选择1个单元格（比如选择B19可Ctrl+D复制得到B18的内容），也可以选择连续的单元格（比如选择C19~E19可用Ctrl+D复制得到C18~E18的内容），但不能借助Ctrl键选择不连续的多个单元格进行这样的Ctrl+D复制操作。

使用Ctrl+R实现向右复制的操作也是类似的：比如拖动选中H4~H18共15个连续单元格，然后按Ctrl+R就能够复制得到G4~G18所对应的单元格内容；同样，Ctrl+R的向右复制操作也是支持单个单元格和连续单元格的复制。Ctrl+D和Ctrl+R操作都是不需要提前先选中待复制的区域进行粘贴前的复制准备，它们是直接进行"垂直"或"平行"方向的复制操作。

【操作技巧二】多个空行/列的快速插入

通常在Excel中插入单个空行的操作方法是先点击选中待插入空行处的某行，然后点击鼠标右键选择"插入"项即可生成一个新的空行，空列的插入操作也是如此。如果需要一次性插入多行或多列的话，一般都是先选择多个数据行（或列），接着再选择"插入"项即可。

其实Excel还提供了一种更为快速的多个空行或空列的插入方法，那就是先点击选中某目标行（比如第11行），然后将鼠标移至该行第一个单元格A11左下角处，当鼠标指针变为黑色实心小十字状态时按住Shift键不放，此时鼠标指针又会变为"中间为等号、上下方各为小箭头"状（如图2所示）；然后执行向下的拖动操作，拖动几行的距离就会直接插入几个新空行，非常直观。如果需要插入多个空列的话也是执行同样的操作，只不过鼠标指针会在按下Shift键时变为"中间为等号、左右方各为小箭头"状。

【操作技巧三】在"迷你图"中快速生成柱形图

有时我们需要在Excel中根据同系列数据来生成对应的柱形图，当数据量比较大时，"迷你图"就能派上用场了——在单个单元格中放置的一种微型图表，比如班级有50个成员的8次测试成绩。

首先拖动选中第一位成员的所有成绩数据B2~I2单元格，松开鼠标后Excel就会在右下角弹出"快速分析"小图标；点击后切换至最后的"迷你图"项，接着再点击中间的"柱形图"，此时Excel就会在J2单元格中快速生成一个柱形迷你图（如图3所示），显示出该成员8次测试的成绩变化情况。最后，移动鼠标至J2单元格的右下角，当指针变为黑色实心十字状时垂直向下拖动，一直拖至J51单元格后再松开鼠标，这样，本班50个成员的8次测试成绩的迷你柱形图就在J列快速生成了。当然，我们还可以根据实际情况来得到迷你图的"拆线图"或"盈亏图"。

【操作技巧四】数据的快速"去重"操作

有时在Excel中的某行或某列同序列区域数据中会存在若干的重复数据，如果数目不多的话还可以先排序再查找并删除，但这样很容易出错且效率太低，最快捷的数据"去重"操作过程如下：

首先选中待处理的数据区域（一般为某行或某列），接着点击"数据"-"数据工具"-"删除重复值"菜单项，在弹出的"删除重复值"对话框中保持默认的"全选"、"数据包含标题"等不变，直接点击下方的"确定"按钮；Excel会提示"发现了80个重复值，已将其删除；保留了463个唯一值"（如图4所示），点击"确定"按钮返回，此时我们就会在D列区域得到了精准的无重复值的数据信息。

以上方法简单高效，大家不妨一试。

◇山东 牟晓东 牟奕炫

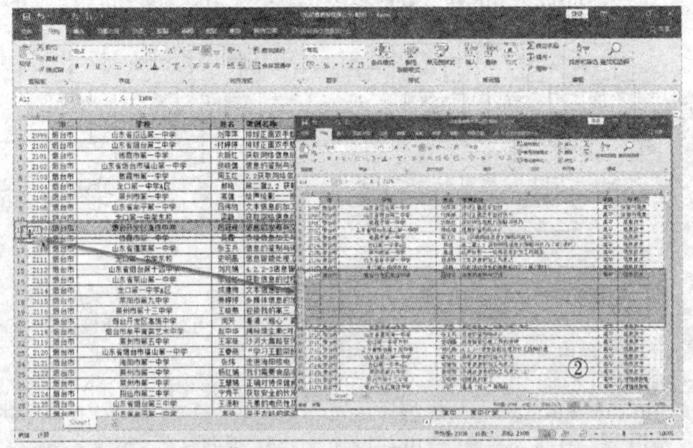

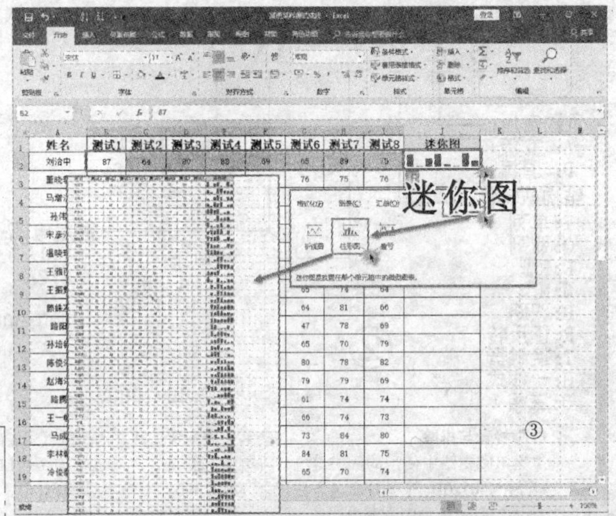

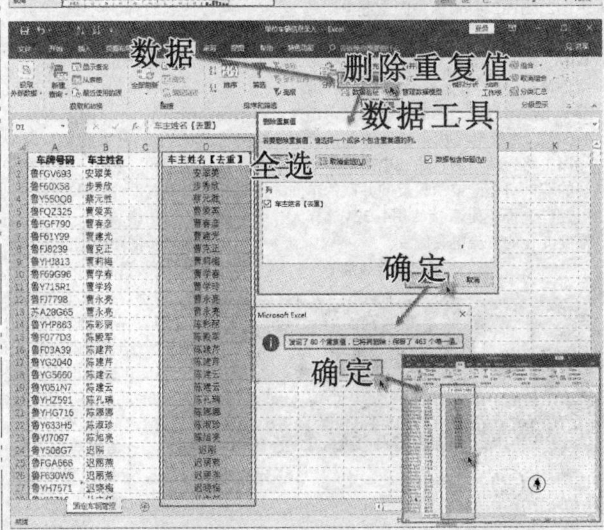

用闲置液晶电脑显示器改制彩电

笔者有一台使用多年的24吋液晶电脑显示器，近来看微小字迹和电路图时有轻微模糊现象，因从事的工作对电脑中电路图细节的清晰度要求较高，故把它更换下来。由于电脑显示屏是轻微老化，看活动图像无任何问题，所以打算把它改为彩电使用。需要解决的问题是如何把电脑VGA接口变为AV接口，以便和电视机顶盒连接。查阅网上信息，在淘宝上找到一款SAIKANG品牌的AV转VGA转换器，非常符合应用标准，价格亦不贵，仅40多元/个，并配齐相关附件，于是马上下单订购，同时还购买一对电脑有源小音箱，用于播放音频。

收到货后，仔细观察实物，该转换器体积小巧，前面是视频VIDEO接口、笔记本电脑S端子接口和VGA OUT信号输出接口，两个侧面分别是电源插座和VGA IN接口，后面是6个调整按键。先连接好机顶盒与转换器之间的视频线，把VGA线一端连接到转换器VGA OUT插座、另一端连接到电脑显示器，把机顶盒的音频输出连接到电脑有源小音箱，然后，在接线板分别插入各个电源插头。

安装完毕，接通电源试机，蓝色屏幕跳出，分别按6个功能键：按RESET键，可调节画面比例，图像在16:9、16:10、FU11、4:3标准之间选择，以适合不同屏幕尺寸的电脑显示器；按AV/SV/VGA键，可进行输入信号切换，现在按使用要求予先调整在AV位置上；PIP键是悬浮窗口键；按MODE键，可调整图像分辨率，支持图像高清多种模式；按最后一个PP键，可改变图像亮度。

本转换器连接电脑显示器后，不但适合机顶盒收看电视节目，也可以用作DVD机播放，画面清晰流畅，效果不错。

另提醒购买者，由于是新开发的产品，难免存在一些瑕疵，请妥善保管好原包装，万一遇到质量问题，可按照商家承诺的产品"三包"规定期限及时处理。

◇浙江 方继坤

对固态继电器故障错误判断后的维修

某钢化玻璃生产企业使用多台套固态继电器控制电炉丝产生的热量，对钢化玻璃进行加工处理。控制系统图见图1。系统使用12只固态继电器SSR1~SSR12和12只电炉丝RL1~RL12，其中RL1~RL6的电炉丝单只功率为8kW，RL7~RL12的电炉丝单只功率为10.5kW,总功率为111kW。由于对温度控制要求比较严格，电脑系统通过传感器随时监测每一路电炉丝加热区域的温度,保证钢化玻璃加工处理的质量。

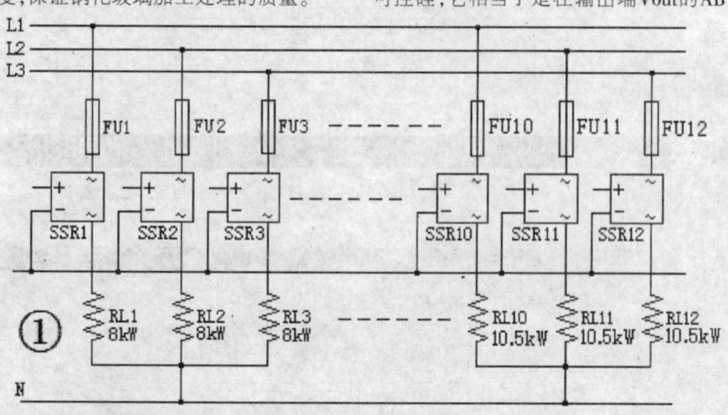

1.电脑提示出现故障

一天上午10时许，电脑系统报警提示,电炉丝RL2加热区域(见图1)的温度偏低，且不可调控。该系统采用220V/380V的电源供电,每一个电炉丝的主电路相对简单，于是对电炉丝RL2的支路进行故障排查。

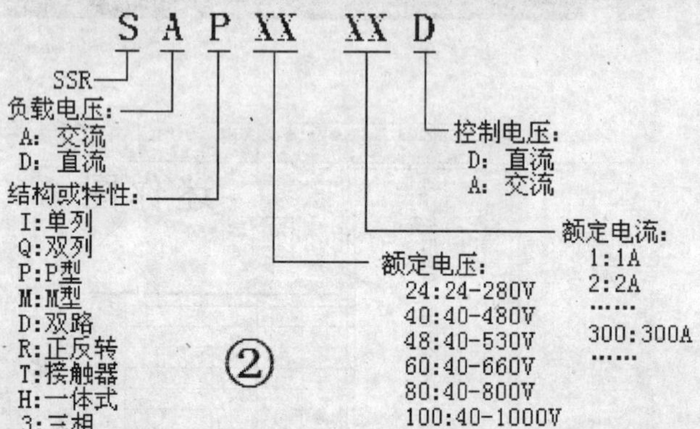

2.故障检查与排除

电炉丝RL2支路中使用的固态继电器型号为SAM40120D,其型号命名方法见图2。由图2可见,这种固态继电器是一种额定电压40~480V、最大工作电流120A、负载电压为交流、控制电压为直流的M型(外形为长条形)固态继电器。控制电压为直流，控制电压允许范围为4~32V，这个电压用来启动内部的光耦隔离电路，然后通过后续电路触发输出端的双向可控硅或两只反向并联的单向可控硅，而不是直接使用4~32V这样大幅度变化的直流电去触发。

检测时首先断开电源，检查熔断器FU2完好。然后将与报警支路对应的固态继电器SSR2作为输出开关的输出端两条接线拆除(可参见图3),用万用表的电阻档测量其正反向电阻,均为极大值。测量结果与相邻能够正常工作的SSR相同,好像固态继电器没有问题。

继续对固态继电器SSR2进行检测。图4是装置中使用的固态继电器的内部电路结构示意图。图4中的TRIAC是双向可控硅,它相当于是在输出端Vout的AB两端之间的一个电子开关。双向可控硅导通时,相当于开关AB接通,双向可控硅截止时相当于开关AB断开。

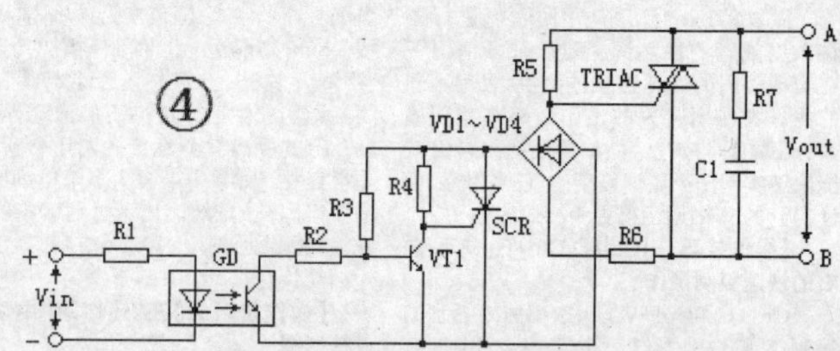

测试时首先恢复SSR2的电源侧接线(图4中的A端),暂时未接负载侧接线(图4中的B端),在做好安全防护的前提下通电测量,SSR2负载侧B端用低压试电笔可检测到正常发光；用万用表的交流电压档测量，测到该端与相线L1、L3之间有约390V电压(参见图1),与零线N之间可以测到225V的电压。接着将SSR2的输入端插头拔除,测量结果没有变化。于是又怀疑固态继电器出现异常。

为了证实这种判断,做好安全防范,对相邻能够正常工作的固态继电器进行相同的测试测量,结果测量数据与SSR2的测量数据相同。因此不能依据输入端开路、输出端有电的测量结果得出固态继电器损坏的结论。

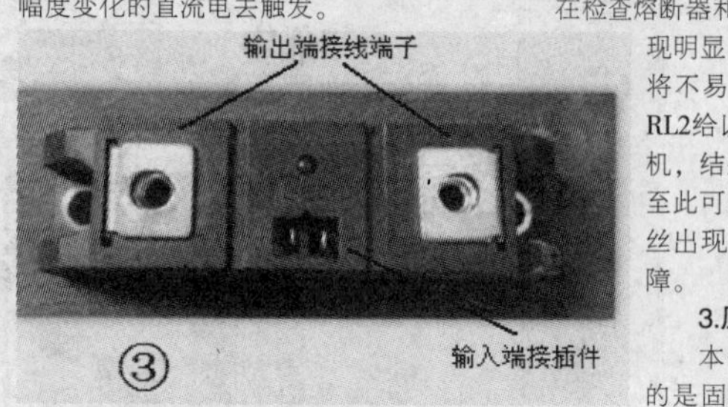

在检查熔断器和固态继电器均未发现明显异常的情况下,只好将不易出现故障的电炉丝RL2给以更换,然后通电试机，结果设备恢复了正常。至此可以得出结论,是电炉丝出现断裂引发了这起故障。

3.原因分析

本例故障中令人疑惑的是固态继电器在没有输入控制信号、仅在一个输出端上连接电源的状态下，在另一个输出端上能测量到几乎正常的电压。

释疑这一疑惑的前提条件是了解固态继电器的内部电路结构。

对于类似于本案例功能的控制电压为直流、负载电压为交流的固态继电器,其内部电路示意图可参见图4。用数字式万用表的二极管档测量其输入端时,应能测量到类似于发光二极管的正反向特性,即正表笔接Vin的"+"端,黑表笔接"—"端,应有1500~2000(1.5~2V)的正向压降测量指示；调换表笔后测值应为"1",表示测量值无穷大。这是因为光电耦合器GD的输入端是一只红外线发光管的缘故。如果用万用表的欧姆档测量固态继电器的输出端，则测量结果正反向均应为阻值无穷大。

本故障案例检测过程中，固态继电器的输入、输出四个端子中,仅将输出端的A端连接一条相线，其余三个端子悬空,由图4可见,由于内部电路双向可控硅TRIAC的A、B两端并联有R7和C1组成的RC吸收回路，在B端测量其与其它相线之间有接近正常的交流电压就不奇怪啦。所以不能依据悬空端有电压来判定固态继电器已经损坏或出现异常。

通常电阻R7的阻值为20~100Ω;电容C1的容量为0.1~0.47μF，并要求有足够的耐压值。RC吸收回路不仅可防止过电压,而且可改善电压的上升率dv/dt。

4.结论

检修设备故障时，首先要搞清楚电路中元器件的特性与功能参数，元器件与相邻元件之间的连接关系，以及它们之间可能产生的相互影响，然后进行测试测量,分析判断故障原因。防止作出错误判断使维修误入歧途,多走弯路。

◇山西 杨电功

一台废弃便携音箱/收音机的重生

故障现象:一台型号为iFOUnd的便携式音箱/收音机被人丢弃野外风吹日晒日久,捡回来时机身满是污泥,检查电池仓触点和扬声器铁制部分已生锈,锂电池爆裂,所幸扬声器纸盆并没有腐烂,TF卡还插在卡槽里。本机小巧玲珑,外壳看起来还很新,心想也许可以修得起来。

分析与检修:拆开外壳,将所有器件等都卸下来,除扬声器外,其他器材都放在清水中浸泡、洗尽,晾干;测扬声器完好,将它置于阴凉处晾干;用电吹风热风挡加热电路板以彻底驱除潮气;用砂纸将电池仓触点和扬声器的生锈部分清理干净,涂上防锈油。清理完毕后重新装配,再换上一块4C诺基亚手机里用的锂电池,插上TF卡,旋开音量电位器旋钮,红色电源灯亮,不禁心里一阵窃喜,再按播放键却不响。取出TF卡,观察卡槽触点，似有接触不良现象,用小什锦锉轻轻锉一锉，再插入TF卡,播放,还是不响。转动音量电位器,一点杂音都没有,难道功放部分坏了？用改刀碰触功放的输入端,喇叭发出轻微的咔咔声,表明功放部分有放大。将300Ω高阻耳机串联一只0.047μ的聚酯电容到地(耳机外壳的金属部分)和电位器的热点之间，耳机中传来了悦耳的音乐声，表明TF卡播放部分正常;看来播放电路与功放电路之间的电路存在故障,最有可能的是电位器。拆开电位器,发现里面锈蚀得厉害,铁锈已经把碳膜都盖住了。用棉花擦去铁锈,再用纯酒精清洗电位器碳膜，干燥后开启播放键,喇叭响了,但声音很小,稍微开大音量就咔咔响个不停，说明有阻塞现象,以为是滤波电容失效，更换后还是不行,说明功放部分有问题。该机采用的是数字型小功放,全部是贴片元件,无法下手，最后按附图制作了一个TDA2822构成的BTL功放，用它取代原来的数字功放后,TF卡播放恢复正常,音质也不错。

收音部分是一个FM调频头,原机的拉杆天线已损坏,接了一根30cm长的细塑包线做天线，按切换键,FM部分自动选台,可以收到中央台、福建交通台、经济台和莆田综合台,音质尚可。至此,iFOUnd便携音箱/收音机得以重生。

◇福建 蔡文年

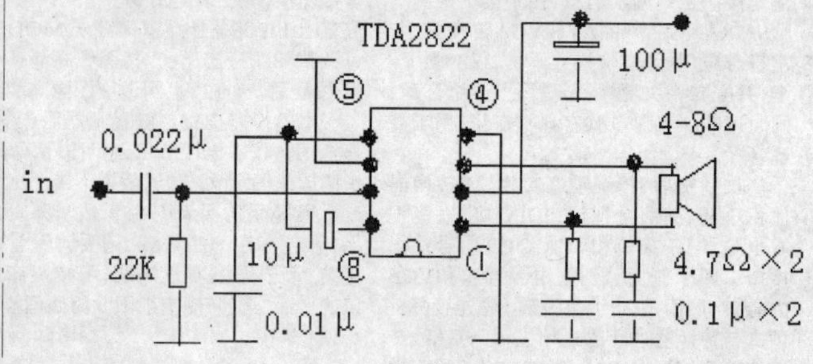

电磁线圈枪

电磁线圈枪是一种使用电磁发射线圈或一系列发射线圈来加速铁磁射弹的武器。本文的目的是帮助您设计和制造电磁线圈枪。

需要提醒的是本文中包含的信息具有潜在危险性，在使用高压和电容放电电路时要格外小心。如果您没有建造此类电力电子设备的经验，那么不要尝试建立这个项目。作者和出版商不承担任何责任，也不对因设计或恶意使用设计而造成的任何灾难负责。

介绍

本文介绍了我的电磁线圈枪简化版的构建，能够以适中的高速发射小型铁磁弹。我试图在一个简单的单级线圈枪背后包含一些关于基本理论的辅助信息，以及如何在家用电子实验室中构建一个。

基本形式的线圈枪由发射线圈，高压电容器电源组，低压电源，触发器和门控机构组成，通过发射线圈释放存储在电容器组中的丰富能量来发射弹丸。发射时，发射线圈产生一个锐磁场，将铁磁射弹吸入枪管。当射弹到达发射线圈时，磁场关闭，导致射弹以高速继续向下进入枪管。

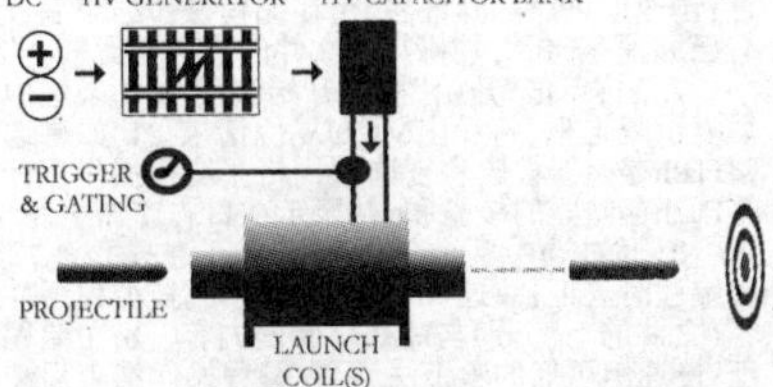

便携式电磁线圈枪需要便携式电源，但是这种低压DC源不足以驱动发射线圈。这就是使用高压直流发电机(DC/DC升压转换器)为高压电容器电源充电的原因。从电容器电源组通过触发器和门控机构到发射线圈的强大，短暂的电流放电将由于感应磁场而吸引铁磁射弹(子弹)。射弹自然地希望前进并停留在发射线圈(螺线管)的中心，但是当射弹到达发射线圈的中间时，电容器移动电源完全放电并且不再存在磁场。因此，射弹继续飞过发射线圈而不是停在枪管中间。这个理论就足够了，因为本文介绍的电磁线圈枪非常小，更注重简单性和必要部件的可用性而已！

建造电磁线圈枪

简化版非常便宜且易于构建（并且不需要爆炸性推进剂！）。以下电路是我设计和制造的：

电子概述

给定电路的第一部分是高压发生器，可将6 VDC输入提升至约120 VDC。电容器电源组实际上不是电容器组，而是两个串联连接的330-μF/200-V电解电容器(C1-C2)的组合。该系列组合产生一个165μF/400V的电解电容，但仅充电至120 VDC。如果需要，高压(400 V)额定值允许您用另一个(更强大的)高压发生器电路替换第一个段。“NE-2”霓虹灯(NL1)是一种简单的“就绪”灯。这里使用一个常见的SPDT滑动开关(S1)作为电源开/关开关，而触发按钮使用重型按钮开关(S2)。

高压发生器是一种阻塞振荡器电路（反馈振荡器产生弛豫振荡），由D882-Y晶体管(T1)，固定1K2电阻(R1)和小型高频变压器(斩波变压器)组成来自USB充电器电路板)。根据我的观察，与T1的基极和发射极引线反并联的红色LED(LED1)将在很大程度上保护晶体管免受意外故障的影响。

基本上，自行程/正反馈振荡器电路通过快速切换晶体管以输出DC型脉冲来工作。请参阅下面的交叉探测随机波形图！

在此电路中，您将使用斩波变压器(TR1)原始初级线圈(PRI)作为次级线圈(输出侧)，反之亦然。需要注意的一点是，在零振荡的情况下，您可能需要更换辅助线圈(AUX)的连接点。请参阅此项目以获取更多详细信息。

发射线圈和抛射物

您既可以制作自己的发射线圈，也可以购买现成的推/拉式螺线管并对其进行修改。如果你想在家里建造但是找不到合适的梭芯，那就从一个已经不存在的电磁继电器或螺线管上取下一个梭芯（就像我用过的那个，一个电磁铁从一个旧电动叮咚的撞针机构上抬起)钟门铃)并用它来缠绕一个新的发射线圈。要制作发射线圈，请开始在线轴上缠绕合适的磁线，直到完全填满梭芯。确保在磁线的两端留下长引线，以便您可以轻松地将发射线圈连接到电子设备。完成缠绕作业后，在其周围缠上一些电工胶带，这样就不会划伤磁线并将其短路。您可以在下面看到我自制的发射线圈(带估算值)：

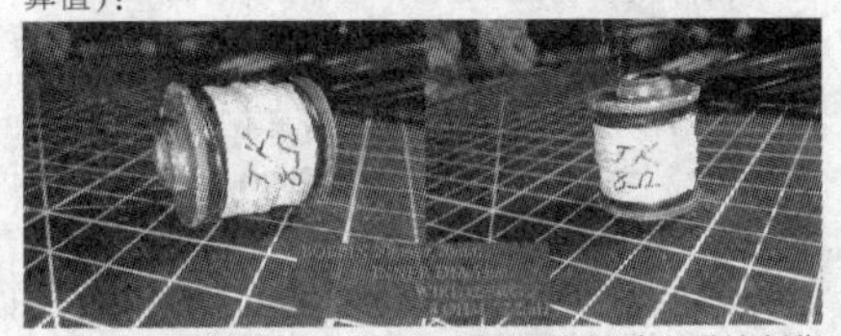

对于导磁弹，我认为使用为钟声门铃电磁铁制作的相同撞针(活塞)会更好。活塞只是一个由非磁性金属管覆盖的小铁芯(见下图)。如果您决定塑造自己的射弹，那么请尝试各种尺寸和重量，直到找到适合您模型的射弹。注意，这里通常需要圆柱形铁磁射弹，但可以使用任何铁质材料（铁磁材料是与磁场相互作用但不能被磁化的材料)。

开始射击子弹

您可以通过将射弹插入发射线圈筒，打开电源开/关滑动开关，等待电路上的霓虹灯发光指示灯亮起(这表示电容器已充电)来测试您的电磁线圈枪，再按下按钮触发开关，等待大约五秒钟才能发射弹丸。它的工作原理你可以在我的电磁线圈枪的快速测试电影中看到。毋庸置疑，射弹必须插入发射线圈的后端，并在射击前装入最佳位置(放置在发射线圈内，离中心最佳距离)。下面的图像非常类似于真枪的螺栓，配置成使得在螺栓布防后子弹正好位于线圈后面的正确位置！

外壳设计和性能测试

各种零件可以安装在一块木头或亚克力板上(你可以将它们放在一个大玩具枪盒或胶枪盒内)。据我所知，测量线圈枪效率的一种常用方法是将电容器组中的电能与发射的弹丸的能量进行比较。

效率=抛射物的动能/电容器中的能量

如果详细说明，效率=质量×速度的平方/电容×电压的平方

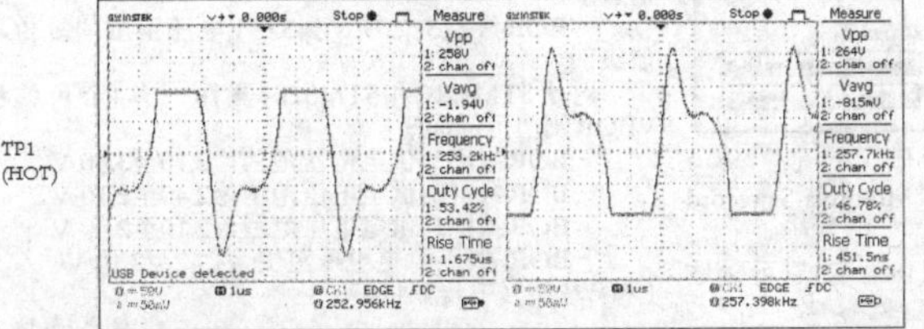

据观察，我的模型的近似抛射速度仅为0.40 m/s，因此，目前尚未讨论其关键参数，如弹丸能量和线圈枪效率。顺便说一下，因为我还没有用于实验室内性能测试，射击和速度测量等的速度陷阱，我已经订购了一个商用计时码表(以及其他一些好东西)来进行改进设计的评估过程要在整洁的未来建造！

Capacitor Bank Energy		
Voltage	120 Volts	
Capacitance	0 mF	165 μF
Energy	**1.19 Joules**	
Efficiency		
Projectile Weight	6.5 grams	
Projectile Speed	0.43 m/s	
Spent Energy	1.19 Joules	
Coil gun Efficiency	**0.05 %**	
Projectile Energy	**0.00 Joules**	
Vertical shot calculator		
Time	0 s	
Initial Speed	**0.00 m/s**	
Microphone calculator		
Distance	0.15 m	
Time	0.35 s	
Speed	**0.4291123 m/s**	

https://uzzors2k.4hv.org/projectfiles/430jcoilgun/Coilgun%20Calc.xls

一些想法和建议

这个小项目仅供演示；增强的设计可以更加可靠地工作。以下是关于增加基本电磁线圈枪的功率(和性能水平)的随机想法。当然，可以对高压发生器电路，电容器电源组，发射线圈，触发电路和射弹(和发条盒)设计进行改进，以实现更高的性能等级。

- 这是还存在一些不确定的因素。正如你可能已经注意到的那样，我只是在我的模型中使用了一个小电容器组并将其放在发射线圈中，这样电容器就会很快耗尽电荷，因此一旦射弹到达磁场的磁中心就会关闭发射线圈。然而，在许多情况下，预测发射线圈保持所需的时间并不容易，因为这取决于许多因素，例如子弹质量，子弹距发射线圈的距离等。
- 需要强大的电压升压器和电容器移动电源。根据经验，发射线圈越强大，弹丸的加速度就越大。在我的设计中，在电容器两端观察到的最大电压约为120 VDC，这导致仅约1.2焦耳的电容器组能量。提高电容器组能量的有效方法是具有相对高的电容器组电压，但这需要改进的高压发生器电路（增加总电容最终将决定最大浪涌电流及其放电持续时间)。
- 适用于哈士奇版本的发射线圈。当涉及发射线圈增强时，它需要具有较小的电感值以减少可能的低效率，但是需要更多的匝数以增加磁通量，并因此增加在弹丸上引起的磁力(通常需要折中)。
- 采取更好的射弹。现在你知道空心螺线管和电如何加速弹丸！这很好，但是你需要更好的射弹穿过枪管并在空中飞行（用不同长度和质量的弹丸进行一些实验)。抛射物应尽可能多地填充枪管以承受最大的力。您可以使用冷轧钢，钢制圆筒和/或通常在旧收音机中找到的长铁氧体棒制作自己的射弹。如果你需要一个“理想的”抛射物，那么试着将一端用于空气动力学形状。如何为你喜爱的射弹增加稳定鳍？
- 电子触发器和门控电路的作用。上述想法需要解决严重问题-触发定时问题-意味着发射线圈理想地需要在正确的时间关闭以阻止射弹被吸引回到发射线圈的中心。单独的普通按钮开关无法做任何事情，因为精确的“电子开关”电路对于创建完美的触发事件至关重要。一种经过验证的方法是使用基于半导体的触发器-例如可控硅整流器-和门控电路，它作为高压大电流开关，将电容器组的能量转储到右侧的发射线圈中方式。

这就是基本想法：

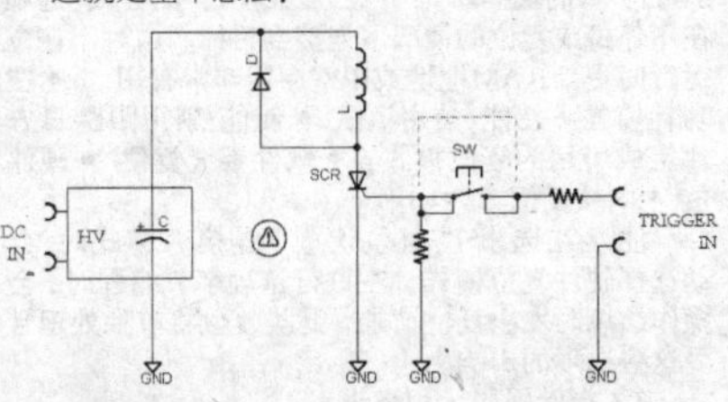

这里，高压型电子开关(SCR)必须在估计的最大电流上具有至少10%至20%的脉冲电流额定值。反并联二极管用于保护电容器组在其关闭时不被线圈中的能量反向充电。其余组件用于从内部或外部触发输入或电路触发SCR。

我会尽可能提供最新消息。与此同时，用你自己的电磁线圈枪的想法来顺利开始，以利用电磁铁的“隐藏”力量。请记住，在缺乏经验的人手中，高压/大电流电路非常危险。请注意不要在实验室中电击自己或其他人！

◇湖北 朱少华摘编

STM32 ST-LINK Utility应用功能及使用方法(二)

(紧接上期本版)

三、STM32 ST-LINK Utility的功能

3.1 器件信息

器件信息区显示如图13所示的信息。

Device	STM32F40xx/F41xx
Device ID	0x413
Revision ID	Rev Z
Flash size	1MBytes

图13 主用户界面中的器件信息区

器件:连接的STM32器件所属的系列。每种器件类型包含许多具有不同特性(例如 Flash存储器大小、RAM大小和外设)的器件。

器件ID:外部PPB存储器映射中的MCU器件识别码。

版本ID:连接的MCU器件的版本ID。

Flash大小:片上Flash存储器的大小。

3.2 设置

图 14所示的"设置"对话框显示关于连接的ST-LINK探头和STM32目标的有用信息,并用于配置连接设置。

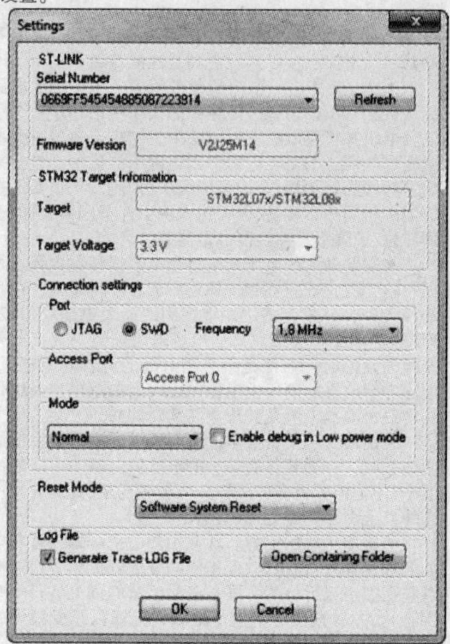

图14 "设置"对话框

用户可以根据探头序列号或连接的目标(显示在STM32目标信息区)来选择一个已连接的 ST-LINK探头进行使用。当使用ST-LINK/V2或ST-LINK/V2-ISOL时,将测量目标电压并显示在STM32目标信息区。

可用的连接设置:●端口:JTAG或SWD ●访问端口(当器件包含多个访问端口时)●频率 ●模式:-Normal 使用"Normal"连接模式时,目标是休眠的,随后挂起。使用 "Reset Mode" 选项来选择复位的方式 - 复位状态下连接"复位状态下连接"选项能够在执行指令之前使用复位向量捕获连接到目标。这在很多情况下是很有用的,例如当目标包含了禁用JTAG/SWD引脚的代码时。 - 热插拔使用"热插拔"选项可在不停机或复位的情况下连接到目标。这对于在应用运行时更新RAM地址或IP寄存器非常有用。 ●在低功耗模式下使能/禁用调试 ●使能/禁用跟踪日志文件生成可用的复位模式:●软件系统复位 ●硬件复位 ●内核复位

注:在选择"复位状态下连接"模式时,会自动选择硬件复位模式。在进行选项字节编程时,会在操作结束时发出复位请求。此类复位将单独处理且不受这些选项的影响。

3.3 存储器显示和修改

除了器件信息区,主窗口还包含其他两个区:●存储器显示 ●存储器数据存储器显示:该区包含三个编辑框:

地址:用户要读取的存储区起始地址。

大小:要读取的数据量。

数据宽度:显示的数据的宽度(8位、16位或32位)。

存储器数据:该区域显示从文件读取的数据或连接的器件的存储器内容。在下载前,用户可以修改文件内容。 ●要使用该区域显示二进制、Intel十六进制或Motorola S-record文件的内容,请转至文件 | 打开文件... ●要使用该区域读取和显示所连接器件的存储器内容,请在存储器显示区输入存储区起始地址、数据大小和数据宽度,然后按下Enter键。●在读取数据后,用户还可以修改每个值,方法是双击相应的单元格,如图15所示。用户还可以使用菜单文件 | 文件另存为...,将器件存储器内容保存到二进制、Intel十六进制或Motorola S-record文件中。●在使用"实时更新"功能时,器件存储器网格将实时更新,修改过的数据显示为红色。

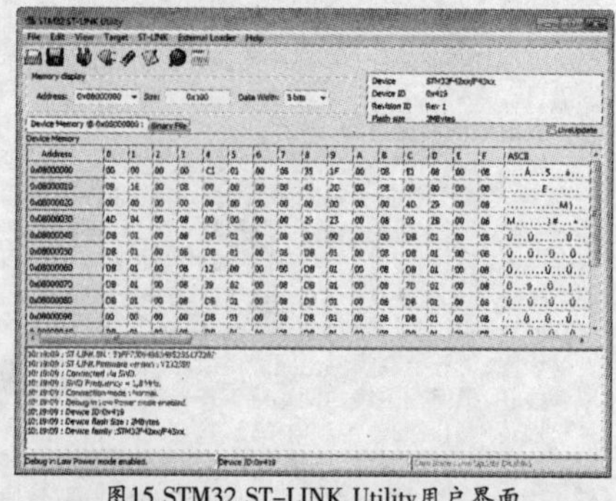

图15 STM32 ST-LINK Utility用户界面

注:当存储器数据区显示器件存储器内容时,任何修改都将自动应用于芯片。用户可以修改用户Flash存储器、RAM存储器和外设寄存器。对于STM32F2和STM32F4器件,可以直接从存储器数据区修改OTP区。

3.4 Flash存储器擦除

有两种类型的Flash存储器擦除:●Flash批量擦除:擦除所连接器件的所有Flash存储器扇区。点击菜单目标 | 擦除芯片执行擦除。●Flash扇区擦除:擦除选中的Flash存储器扇区。要选择扇区,请转至目标 | 擦除扇区...,系统随即显示Flash存储器映射对话框,用户可以从这里选择要擦除的扇区,如图16所示。- 使用全选按钮可选中所有Flash存储器页面。- 使用取消全选按钮可取消选中所有已选中页面。- 使用取消按钮可放弃擦除操作,即使已选中某些页面。- 使用应用按钮可擦除所有选中页面。

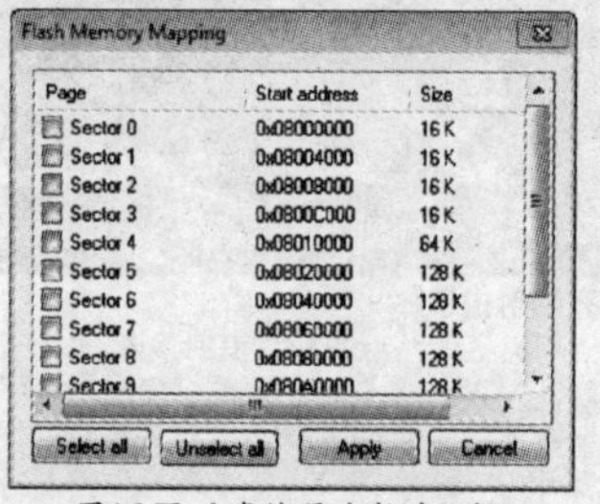

图16 Flash存储器映射对话框

注:要擦除超低功耗STM32L1器件的Flash数据存储器扇区,请选中列表末尾的数据存储器复选框并点击应用。

3.5 器件编程

按照以下步骤,STM32 ST-LINK Utility可将二进制、十六进制或srec文件下载到Flash或 RAM中:

1. 点击目标 | 编程...(若用户想要验证写入的数据,则点击目标 | 编程和验证...)打开打开文件对话框,如图17所示。如果二进制文件已打开,则转至步骤3。

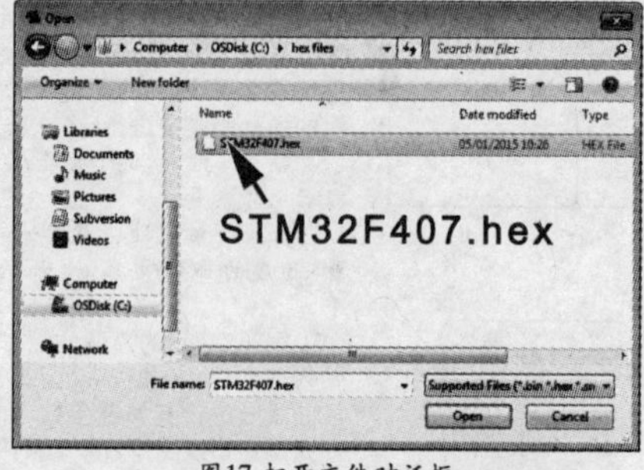

图17 打开文件对话框

2. 选中二进制、Intel十六进制或Motorola S-record文件并点击打开按钮。

3. 指定开始编程的地址,如图18所示;它可以是Flash或RAM地址。

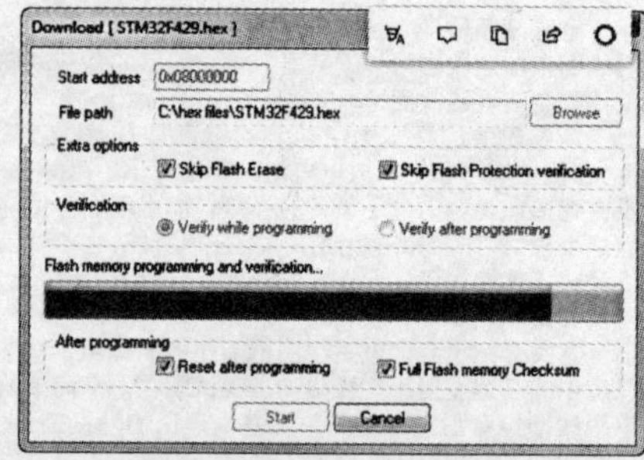

图18 器件编程对话框(编程)

4. 如果器件已擦除,则选中"跳过Flash擦除"选项跳过Flash擦除操作。

5. 如果器件无保护,则选中"跳过Flash保护验证"选项跳过Flash保护验证。

6. 通过选中两个单选按钮之一选择验证方法:a)在编程时验证:快速片上验证法,可比较编程缓冲区内容(文件的一部分)与Flash存储器内容。b)在编程后验证:慢速但可靠的验证法,可在编程操作结束后读取所有已编程存储区,并将其与文件内容进行比较。

7. 后,点击"开始"按钮开始编程:a)如果选中编程后复位复选框,将发出MCU复位请求。b)如果选中完整Flash存储器校验和复选框,将在编程操作后计算完整Flash存储器的校验和,并显示在日志窗口中。

8. 通过选中两个单选按钮之一选择验证方法:a)在编程时验证:快速片上验证法,可比较编程缓冲区内容(文件的一部分)与Flash存储器内容。b)在编程后验证:慢速但可靠的验证法,可在编程操作结束后读取所有已编程存储区,并将其与文件内容进行比较。

9. 最后,点击"开始"按钮开始编程:a)如果在第一步中选择了目标 | 编程和验证...,将在编程操作期间完成检查。b) 如果选中编程后复位复选框,将发出MCU复位请求。

注:1. 根据MCU供电电压,STM32F2和STM32F4系列支持不同的编程模式。当使用ST-LINK时,应在目标 | 设置菜单中指定MCU供电电压,以便能够以正确的模式进行器件编程。当使用ST-LINK/V2时,会自动检测供电电压。如果器件受读保护,读保护会被禁用。如果Flash存储器页面受写保护,编程期间会禁用写保护,之后会再恢复。

2.用户可以对包含不同目标存储位置(内部Flash存储器、外部Flash存储器、选项字节等)的多个片段的十六进制/Srec文件进行编程。如果将"读出保护"设定为2级(调试和从SRAM/系统内存自举功能禁用),将显示用于确认的消息框,以避免意外的芯片保护操作。

3.额外选项专用于无保护和已擦除器件上的编程操作。

3.6 选项字节配置STM32 ST-LINK Utility可通过选项字节对话框(如图19所示)(通过目标 | 选项字节...访问)配置所有选项字节。

选项字节对话框包含以下几个部分:●读出保护修改 Flash 存储器的读保护状态。STM32F0、STM32F2、STM32F3、STM32F4、STM32L4和STM32L1器件有以下读保护级别:

- 级别 0:无读保护
- 级别1:存储器读保护使能
- 级别2:存储器读保护使能且所有调试功能禁用。对于其他器件,只能使能或禁用读保护。

●BOR级别欠压复位级别。该列表包含激活/释放欠压复位的供电电压阈值。该选项仅对STM32L1、STM32L4、STM32F2、STM32F4和STM32F7器件可用。对于STM32L4器件,有5个可编程VBOR阈值可供选择:

- BOR级别0:复位电压阈值为约1.7 V
- BOR级别1:复位电压阈值为约2.0 V
- BOR级别2:复位电压阈值为约2.2 V - BOR级别3:复位电压阈值为约2.5 V
- BOR级别4:复位电压阈值为约2.8 V对于超低功耗器件,有5个可编程VBOR阈值可供选择:
- BOR级别1:1.69 V到1.8 V电压范围的复位阈值级别
- BOR级别2:1.94 V到2.1 V电压范围的复位阈值级别
- BOR级别3:2.3 V到2.49 V电压范围的复位阈值级别
- BOR级别4:2.54 V到2.74 V电压范围的复位阈值级别
- BOR级别5:2.77 V到3.0 V电压范围的复位阈值级别

对于STM32F2和STM32F4器件,有4个可编程VBOR阈值可供选择:

- BOR级别3:供电电压范围为2.70至3.60 V
- BOR级别2:供电电压范围为2.40至2.70 V
- BOR级别1:供电电压范围为2.10至2.40 V
- BOR关闭:供电电压范围为1.62至2.10 V

(未完待续)(下转第466页)

◇湖北 李坊玉

用梯形图编程进行STC单片机应用设计制作之三

软件使用方法及基本系统板的软件测试(一)

本文介绍梯形图编程软件FXGP/WIN，梯形图转单片机HEX转换软件PMW-HEX-V3.0.exe，以及代码烧录软件stc-isp-15xx-v6.69.exe的使用方法和具体操作。

一、FXGP/WIN-C编程软件

梯形图程序设计语言是用图形符号来描述程序的一种程序设计语言。它来源于继电器-接触器逻辑控制系统的电原理图，通过对符号的简化、演变而形成的一种形象、直观、实用的编程语言。采用梯形图程序设计语言，程序用梯形图形式描述，这种程序设计语言采用因果关系来描述事件发生的条件和结果。每一个梯级代表一个或多个因果关系，描述事件发生的条件表示在左面，事件发生的结果表示在最右面。

三菱PLC编程软件FXGP/WIN有两种版本：复制版V3.00和安装版V3.30。这是一个比较"古老"的编程软件，两种版本的编程软件的使用操作方法相同。顾名思义，复制版就是只要把该文件夹拷贝到硬盘上即可使用，而安装版必须将该软件安装到硬盘上才可使用。这两种编程软件都是应用于FX系列PLC的中文编程软件，可在Windows 9x、Windows2000或Windows XP操作系统上运行。在SW0PC-FXGP/WIN-C环境中，可以通过梯形图符号、指令语言或SFC符号来创建程序，还可以在程序中加入中文、英文注释。该软件还能够监控PLC运行时的动作状态和数据变化情况，而且还具有程序和监控结果的打印功能。总之，SW0PC-FXGP/WIN-C编程软件为用户提供了程序录入、编辑和监视手段，是一款功能较强的基于电脑的PLC编程软件。复制版软件的文件如图1所示，将其拷贝到电脑即可使用。

图1 FXGP/WIN-C软件文件

(一)软件的初始界面

双击"FXGPWIN.EXE"图标，即可启动编程软件，桌面出现启动界面，数秒钟后中间的软件标志消失完成启动，初始界面如图2所示。

初始界面从上到下是标题栏、菜单栏、工具栏、工作空间、状态栏、功能键栏和指令库等。工具栏上只有两个按钮是黑色可用的，分别是"新文件"和"打开"按钮，其他都是灰色暂不起作用的。若要退出"FXGP_WIN-C"系统，只要点"文件"菜单，选"退出"即可。

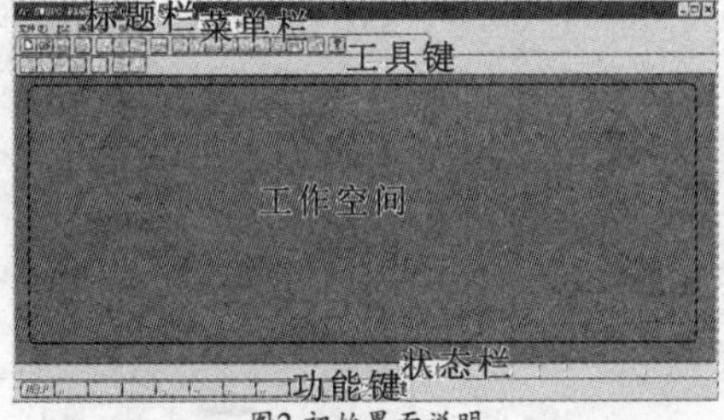

图2 初始界面说明

(二)软件的基本操作

1.新文件创建

首次使用该软件编辑应用程序时，在初始界面上点击"新文件"按钮，或点下拉菜单"文件"选"新文件"命令。桌面出现"PLC类型设置"，根据转换软件指定所使用的PLC型号进行选择，即FX_{1N}系列，选好后点"确认"按钮，出现如图3所示的编程界面，图中工具栏上各快捷功能见图上文字。

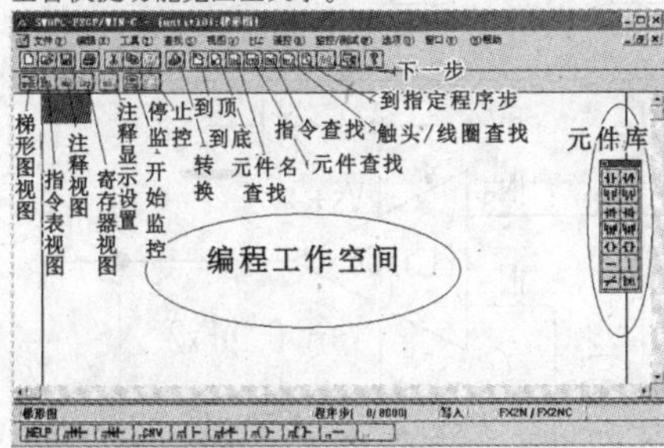

图3 编程界面和工具栏快捷按钮说明

图3右侧的梯形图指令库浮于界面上，相关指令的含义说明如图4所示。

图4 梯形图指令库说明

2.梯形图录入

下面介绍将图5所示用于检测基本系统板的程序进行录入的步骤，该程序共有16行(7个梯级)。

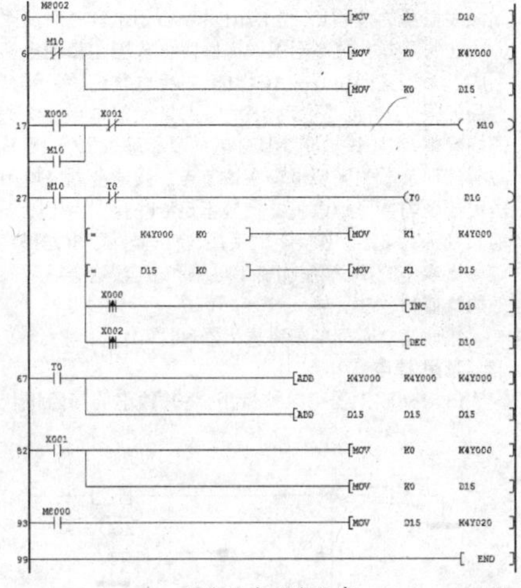

图5 硬件测试程序

第一行的输入方法：在编程界面上，按功能键"F5"或点击梯形图指令库中的，在弹出的对话框中输入"M8002"，再点"确定"按钮；接着按功能键"F8"或点击梯形图指令库中的，在弹出的对话框中输入"MOV K5 D10"，再点"确定"按钮，这样第一行梯形图录入完毕了。

第二行的输入方法：按功能键"F6"或点击梯形图指令库中的，在弹出的对话框中输入"M10"，再点"确定"按钮；接着按功能键"F8"或点击梯形图指令库中的，在弹出的对话框中输入"MOV K0 K4Y00"，再点"确定"按钮，第二行梯形图录入完毕

第三行的输入方法：移动鼠标到第二行"M10"后的区域，点击，将光标移至第二行第二列，点击梯形图指令库中的；接着按功能键"F8"或点击库中的，在弹出的对话框中输入"MOV K5 D15"，再点"确定"按钮，这样第三行梯形图输入完毕。

用类似的方法将余下的各行依次录入。

3.转换操作

在保存或另存文件前，一定要对工作空间中的录入内容进行转换，否则新录入的内容将不被保存。转换操作的目的是把梯形图转换成指令语句。具体操作是：点击快捷按钮""，或点下拉菜单上的"工具"，在菜单中选"转换"即可，如图6所示。图6是转换前的窗口，图7是轮换后的窗口，请注意转换前后窗口中背景颜色的变化。

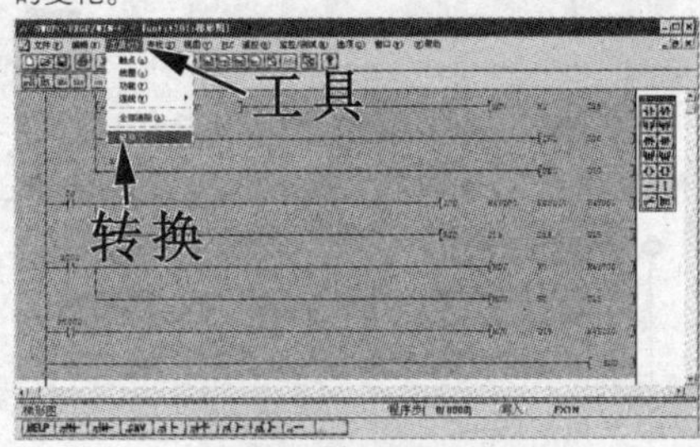

图6 转换前的窗口

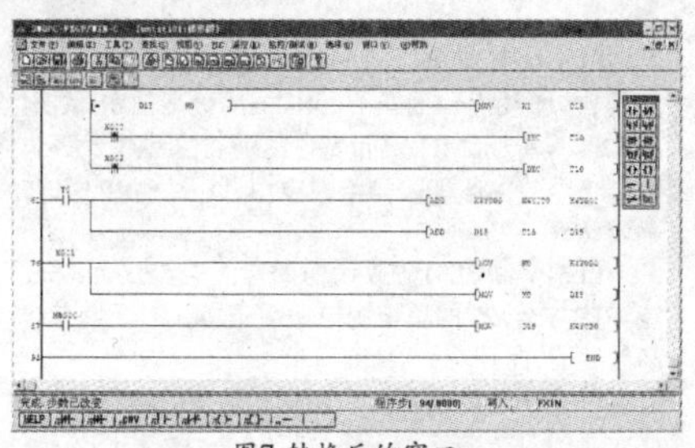

图7 转换后的窗口

4.保存文件

保存文件有两种操作，即"保存"和"另存为"。对新文件的保存，我们点"文件"下拉菜单选"保存"，或直接点快捷按钮。在弹出的"File Save As"子窗口中，按照类似打开文件的方法选择好保存文件的"驱动器""文件夹"和文件类型(一般是*. PMW)，并在"文件名"下方的文本框中输入文件名(如"测试")，如图8所示，再点"确定"按钮。文件名只能是8位字母或数字的组合，若用汉字则最多只能输入4个字。然后输入文件题头名，再点"确定"，文件就被保存了。如果在原程序中作了修改，需要改用其他文件名，则不选用"保存"，而是选用"另存为"。

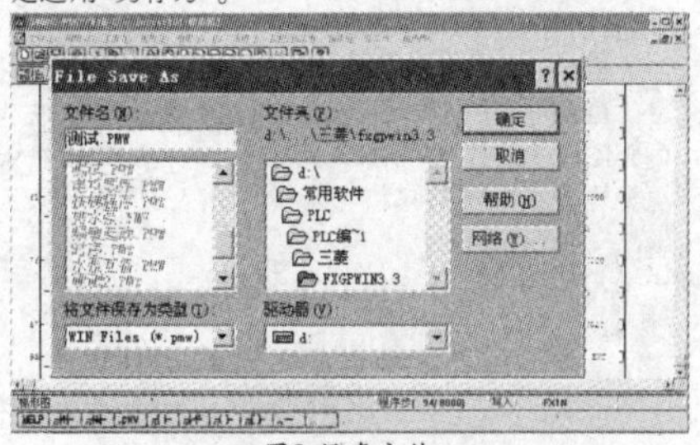

图8 保存文件

对打开的原有文件，如果没有作修改，那么可以按新文件的保存方法操作。如果作了修改，应该将修改后的应用程序文件另存，备份原程序。另存文件的方法是：在图7的界面中点"文件"下拉菜单，选"另存为"，在弹出的"File Save As"子窗口中对原文件名进行重命名，再点"确定"按钮。最后输入"文件题头名"后点"确定"，另存文件完毕。

5.打开文件

如果要打开电脑上已经存放有后缀为".PMW"的三菱PLC的应用程序，在初始界面上点"打开"按钮或点下拉菜单"文件"选"打开"命令，桌面上就会弹出"File Open(文件打开)"子窗口，如图9所示。"文件打开"指的目录是软件文件存放所在的目录。

图9 打开文件

在"File Open"子窗口中，第一步点"驱动器"下文本框中的倒三角箭头，选择应用程序文件存放的驱动器，如"d:"；第二步，在"文件夹"下的导航栏中逐级点开文件夹，选择存放文件的文件夹，如"D:\PMW-51HEX"；第三步，点"文件类型"下文本框中的倒三角箭头，选择应用程序的文件类型"*.pwm"，此时，所选文件夹中的*.pwm文件全部显示在"文件类型"上方的窗口内；第四步，点击需要打开的文件如"测试.pwm"(有时需要点框中上下箭头或滚动条来查找)，此时在"文件名"下方的文本框内就会出现被点的文件，如图9所示。最后点"确定"按钮，或直接双击该文件"测试.pwm"即可。

(未完待续)(下转第467页)

◇江苏永鼎线缆科技有限公司 沈洪
苏州竹园电科技有限公司 键谈

两款1.4GHz电流反馈放大器应用

EL5166和EL5167是一款具有电流反馈特性的放大器，在增益为+1时具有1.4GHz的极高带宽，在增益为+2时具有800MHz高带宽。这使得这些放大器非常适合当今的高速视频和监视应用，以及一些RF和IF频率设计。

EL5166和EL5167放大器的电源电流仅为8.5mA，能够在5V至12V的单电源电压下工作，不仅具有非常高的性能，而且功耗很低。

EL5166还集成了一个使能和禁用功能，可将每个放大器的典型电源电流降至13μA，且可将CE引脚悬空或施加低逻辑电平来使能放大器。EL5167采用5 Ld SOT-23封装，EL5166采用6 Ld SOT-23封装和业界标准的8 Ld SOIC封装。两放大器均可在-40°C至+85°C的工业温度范围内工作。

EL5166和EL5167的工作电源电压范围从5V到10V，并且也能够摆动到输出电压的1V以内。由于其电流反馈拓扑结构，EL5166和EL5167没有与电压反馈运算放大器相关的正常增益带宽产品。相反，当闭环增益增加时，它们的-3dB带宽保持相对恒定。高带宽和低功耗的组合以及具有竞争力的价格使得EL5166和EL5167成为许多低功耗/高带宽应用的理想选择，例如便携式，手持式或电池供电设备。

应用信息

EL5166和EL5167的电流反馈运算放大器，它提供的1.4GHz和一个宽-3dB带宽每个放大器8.5毫安的低电源电流。该EL5166和与电源电压范围从单一5V至EL5167工作10V和他们也能够摆动内的1V任一电源上的输出。因为他们的电流反馈拓扑结构中，EL5166和EL5167没有正常与电压反馈增益带宽乘积相关运算放大器。相反，他们的-3dB带宽保持相对恒定的闭环增益增大。这高带宽和低功耗，再加上组合积极的定价使EL5166和EL5167理想对于许多低功率/高带宽应用的选择，如便携式，手持式或电池供电设备。

反相200mA输出电流分布扩增fier(见图1)。

电路板布局

正如任何高频设备，良好的印刷电路电路板布局是必要的，以获得最佳的性能。低阻抗接地层结构是必要的。表面安装组件的建议，但如果含铅使用的组件，引线长度应尽可能短可能。电源引脚必须有良好的旁路减少振荡的危险。一个4.7μF的结合钽电容并联一个0.01μF的电容有被证明工作良好时，放置在每个电源引脚。为了获得良好的AC性能，寄生电容应该是保持在最低限度，特别是在反相输入端。即使接地平面结构的情况下，它应该被删除从邻近的反相输入端，以尽量减少任何杂散的区域电容在该节点。碳或金属膜电阻器可接受的金属膜电阻器稍显不足给峰化和由于附加的系列带宽电感。套接字的使用，特别是用于SO封装，应尽量避免使用。插座加寄生电感和电容，这会导致额外的峰值和过冲。

快速建立时间的精密放大器(见图2)。

禁用/掉电

EL5166放大器可以被禁用，将其输出的高阻抗状态。禁用时，放大器的电源电流减少到13μA。该EL5166被禁用时，其CE引脚被上拉至内的正电源的1V。类似地，放大器由浮动或拉动其CE激活销至少3V以下的正电源。对于±5V电源，这意味着，一个EL5166放大器将被启用时CE是2V或更低，和残疾人时，CE高于4V。虽然逻辑电平是不标准的TTL，这种选择的逻辑电压允许通过捆绑CE启用的EL5166到地，即使在5V单电源应用。CE引脚可以从驱动CMOS输出。

电容在反相输入端任何制造商的高速电压或电流反馈放大器可受到处的杂散电容反相输入端。对于反相增益，这种寄生电容影响不大，因为反相输入是虚地面上。但对于非反相增益，这种电容(以有反馈和增益电阻一起)创建一个极点在放大器的反馈路径。这种极，如果低够在频率上具有相同的去稳定化作用的在向前的开环响应为零。使用大值反馈和增益电阻加剧了这一问题通过进一步降低极点频率（增大振荡的可能性）。该EL5166和EL5167频率响应是优化的电阻值在图3中使用的高这些放大器的带宽，这些电阻值可能当寄生结合引起稳定性问题电容，从而接地平面是不推荐周围放大器的反相输入端子。

反馈电阻值

EL5166和EL5167已设计并指定在增益为+2时有RF约392Ω。这个值反馈电阻给人的-3dB带宽为800MHz的一V=2约调峰0.5分贝。由于EL5166和EL5167是电流反馈放大器，但也可以改变R的值F获得更多的带宽。如图中曲线频率响应为不同的RF和RG在第4页，带宽"典型性能曲线"和峰值可以通过改变的价值很容易地修改反馈电阻。由于EL5166和EL5167的电流反馈放大器，其增益带宽积是不是一个常量不同的闭环增益。该功能实际上是允许EL5166和EL5167保持相当稳定-3dB带宽不同的增益。增益增加时，带宽略有下降，而稳定增加。自循环稳定性改善与提高的闭环增益，因此能够减少R的值F以下指定250Ω并且仍然保留稳定性，导致只有一个带宽的轻微损失增加的闭环增益。

视频性能

为了获得良好的视频性能，放大器需要保持相同的输出阻抗，并且在同一频率响应为DC电平在被改变输出。找到一个标准时，这是特别困难150Ω的，因为在输出电流中的变化的视频载荷与直流电平。此前，良好的差分增益只能通过运行通过高怠速电流达到输出晶体管(以减少偏差输出阻抗)。这些电流是典型媲美每个EL5166的整个8.5毫安电源电流和EL5167放大器。特殊的电路已被纳入的EL5166和EL5167，以减少输出的变化阻抗与电流输出。这导致的dG和DP规格的0.01%和0.03°，而驱动150Ω在增益为2。差分线路驱动器/接收器(见图3)。

◇云南 黄丰

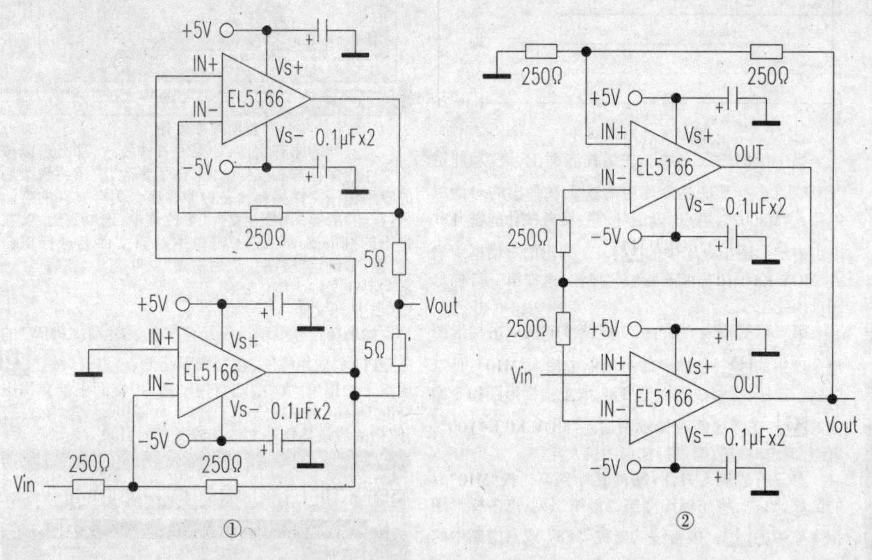

① ②

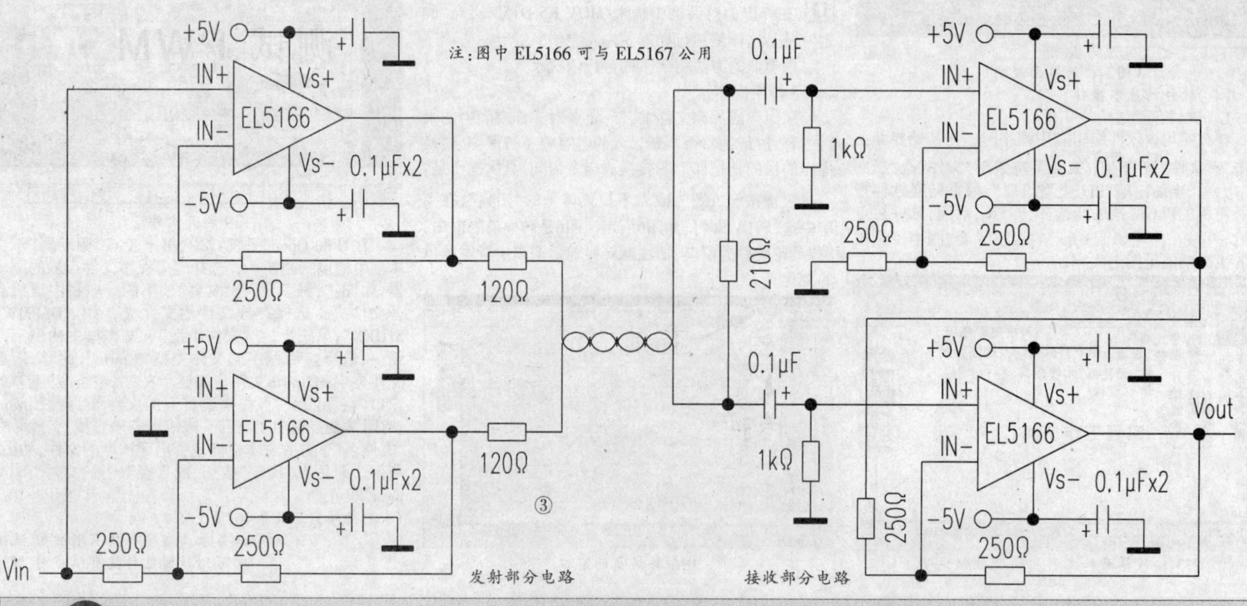

③

发射部分电路　　接收部分电路

FAX-HP 10KW调频广播发射机的检修及调试

为提高中央人民广播电台3套调频广播节目在湖南长沙地区的覆盖效果，我台达摩岭基地的3台调频广播发射机和多工器进行了更新，采用了进口GATESAIR FAX-HP 10KW功率等级发射机。设备安装调试后，进行了测试和收听，发射效果十分理想。该发射机结构紧凑，布局合理，界面直观，操作简便，效率高达67%以上。同时还能兼容FM、FM+CDR和CDR三种模式工作。2016年4月在我台使用至今，工作相当稳定。

一、故障检修

今年在正常播出中，突然显示输出功率为零，机器进入了保护状态。

故障检修：在使用备用机器播出的情况下，我们对发射机进行了分析检修。故障时，发射机主屏幕显示整机输出功率为零，激励器显示为1W，反射功率为0.8W。如图1所示。

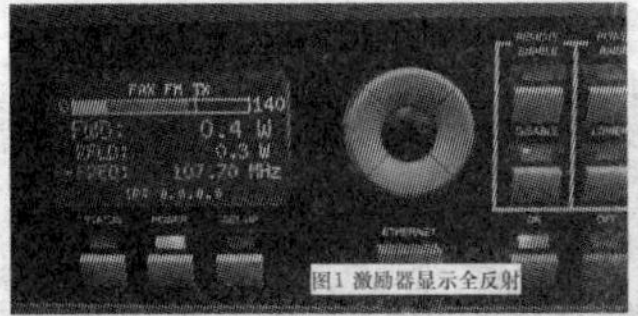

图1 激励器显示全反射

根据现象判断为激励器为全反射状态，一般情况下是激励器负载开路。用一个50欧姆假负载接入电路，显示参数正常。遂怀疑是后面通道有问题，顺着激励器射频通道查找到分配器，中间部分有三块主通道控制板A7、A8、A9，通过三个继电器进行A、B通道信号切换，逐一对控制板进行替换，故障依然存在，如图2所示。

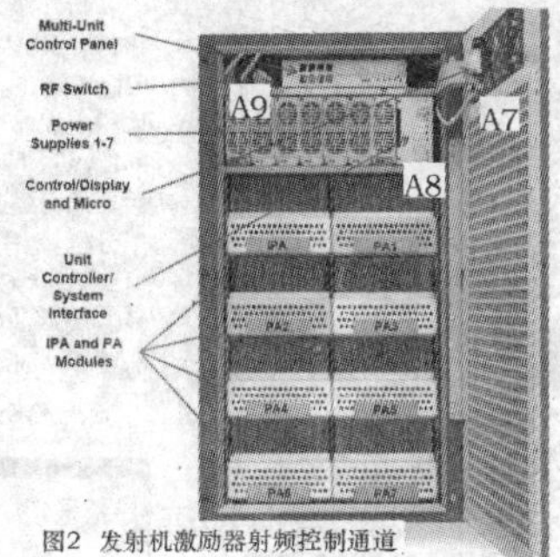

图2 发射机激励器射频控制通道

因一时找不出故障点，将激励器拆下来放到工作台上，拆开盖板，发现激励器输出插座铜芯脱焊，如图3所示。导致激励器时而输出正常，时而开路，处于开路状态时自然是全反射状态，导致整机保护性停机。

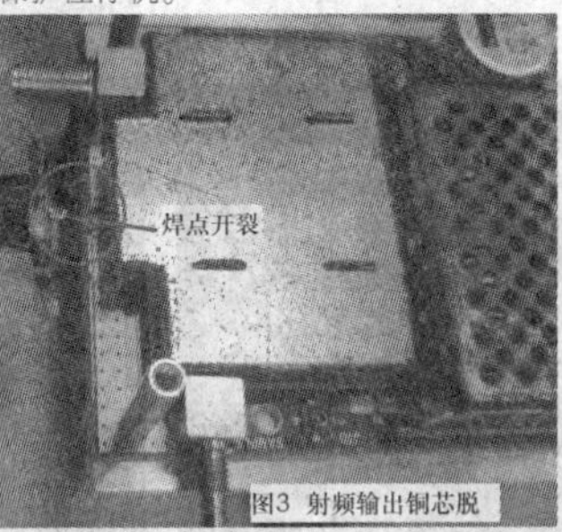

图3 射频输出铜芯脱

二、维护经验

每一次检修就是一次对机器设备进行熟悉的过程，本发射机有比较完善的保护电路，具体大家可以详细阅读说明书。在检修时，我们发现有必要了解以下的保护部分，以减少检修弯路。

1.射频封锁

射频封锁信号线位于发射机后门J1用户远程接口的引脚7。如果射频(RF)封锁线未接地(开路)，该功放机柜的功率控制电路将强制射频(RF)输出为零，但50V直流电路和冷却风扇仍继续工作。还有一处是与同轴开关的位置开关相连(如果有)，当同轴开关运转时发射机封锁输出，一旦同轴开关完成切换，发射机快速升至满功率。该功能可通过系统接口板/多单元接口板上的拨码开关S2-5控制启动/禁用。出厂时设置为禁用。

2.外部联锁

外部联锁信号位于发射机后门J1用户遥控接口的引脚24和引脚25。联锁引脚保持短接时，FAX发射机才能开机。发射机随机装有"伪"DB25接头保证发射机初始化开机。联锁需要手动或遥控"TX ON"开机命令，实现发射机重启。

3.设备联锁

设备联锁信号位于发射机后门J1用户遥控接口的引脚9。根据用户配置设置高电平或低电平有效。当输入信息反馈无错误时，发射机将会自动启动。

三、应急播出时的参数设置

经过仔细阅读发射机的说明和动手操作，在逻辑控制接口或数据线损坏的情况下，仍然可以以内部控制模式正常工作。操作如下：

1. 拔掉激励器后面板DB25逻辑控制数据线，按SET-UP进入设置界面(图4)。

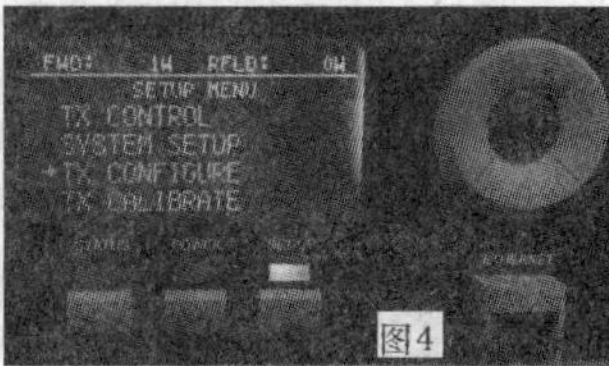

图4

2. 选择TX CONFIGURE，进入激励器配置界面，设置APC MODE为INT APC(图5)，即激励器内部控制模式。

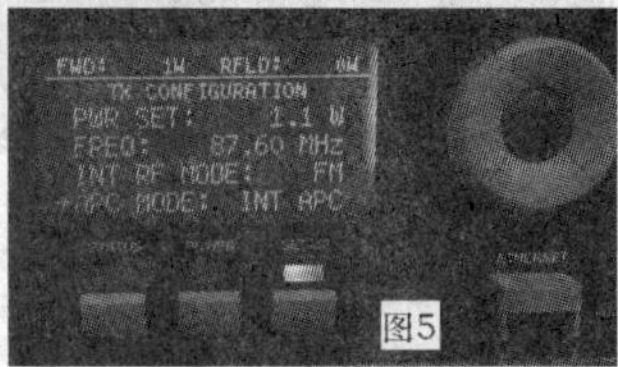

图5

3. 在设置界面进入EXCITER SET-UP，将TX TYPE设置为STD ALONE模式(图6)，即将激励器本身设置成标准独立的工作模式。这样在没有后面板DB25数据线的情况下，显示屏可以正常显示当前激励器的发射功率、反射功率等工作状态，激励器输出也完全正常，并且可以通过激励器调节整机的发射功率。

图6

◇湖南 方哲轶 朱智强 沈龙辉

废物利用——用模拟摄像机作寻星显示器

星友们在室外调星时，有的采用寻星器。在无寻星器时，有的采用卫星机顶盒上显示的信号质量数字进行。后者虽简单，但不直观，也不太方便。在这里，向各位星友推荐一种寻星显示器——模拟摄像机。

上个世纪八、九十年代风靡一时的模拟摄像机，已被数字摄像机、数码相机及有摄像功能的手机所代替。现在，模拟摄像机被打入冷宫，处于闲置状态，等于废品。我想，能否利废利旧，用它来作为调星用的显示器呢？笔者作了试验，竟一举成功，实现了我的设想！

笔者有一台上个世纪90年代末购买的日产JVC GR-AXM33型模拟摄像机，已停用多年了，现在拿出还可正常使用。如何把它用作寻星的显示器呢？笔者原打算拆开它，找到其内部的显示屏的视频输入电路，以把卫星机的视频输出接入，让卫星信号在摄像机的显示屏显示。由于不了解摄像机的结构，弄了半天，怎么也不能把外壳拆开，使我的设想被迫中断。但在拆卸过程中，无意中发现了在时钟电池盒的右方有一个15个触片的小矩形插座。我估计此插座可能是厂家做调试用的。即然做调试用，可能就会用此插座输入模拟视频信号，用来调试摄像机的摄像等功能。笔者认为，其他类型的摄像机也应该有此调试用的插座或其他信号输入装置。

笔者采用同洲CDVB 3188C卫星机接收卫星信号，将其视频输出的接地端与摄像机的地端连接，信号端接万能表的表笔，启动摄像机在摄像状态(CAMERA，不进行摄像)下，关闭镜头盖的开关LENS COVER(关闭镜头)，用表笔的笔尖在插座的各个触片上触试。当触及到第10个触片时(由上往下数)，3英寸的液晶显示屏上出现了清晰的黑白图像，试验获得成功，达到了寻星显示器的要求。如果想把图像录制下来，只要按动摄像按钮即可。

试验成功后，在摄像机上安装视频输入插座，接好连线。插座可选用一般的AV插座。安装位置选在AV(音视频)输出插座盒内的上部，可用AB胶固定。由于插座较大，原AV输出插座盒盖就不能使用了。如能选用小型的插座，那就可以使原AV输出插座盒盖恢复功能。插座安装后的图如图1。

图1中，右下是AV输出端子盒(盖打开了)，上面的黄色端子是新加装的频输入端子。电池盒上部左侧是圆形时钟电池，右侧内部有厂家调试用的插座。

使用摄像机寻星时，可将卫星机的视频输出线做的长一些，以方便手持着摄像机来回走动。摄像机可以手持，也可以挂在脖子上，使显示屏背向阳光也很方便，这比使用小黑白电视机灵活、实用多了。下面是2张接收卫星信号(凤凰资讯台)的图2、图3(图中的PAUSE是摄像机的功能显示符)。

另外，老式模拟摄像机的原配电池一般均已失效，新品在市场上也难以买到。图2中的充电电池是笔者自制的。笔者邮购了两节SHARP 3.6V 1200mAh 18650型、外型尺寸为67×22mm的锂电池。从该锂电池的尺寸可以看出，两节锂电池可以放入到原镍镉电池的外壳内，利用原镍镉电池的外壳和触点，就可方便的安装在原摄像机或原充电器（电源适配器)上使用。电池改装方法：将镍镉电池的背面(无触点的一面)用锯锯掉，取出内部的5节电池不用。把壳内的活动触点支架的高度减少到原来的1/3，再用AB胶将其固定在原处。使用粘胶带粘把两节锂电池粘在一起。按串联方法将两节锂电池的正负极与原镍镉电池外壳上的触点相连接，然后把两节锂电池放进原镍镉电池的外壳内，并用粘胶带固定，一套摄像机可使用的锂电池就改装完成了。如果想用稳压电源来代替电池，也是可以的。可采用6V2000mA的稳压电源，与摄像机电池的正负极连接即可。不过，寻星处应有交流电源。

有模拟摄像机的星友不妨一试。

◇江苏 宗成徽

图1 摄像机的后部图(摄像机的电池未安装)

图2 接收的卫星信号图(电池已安装上)

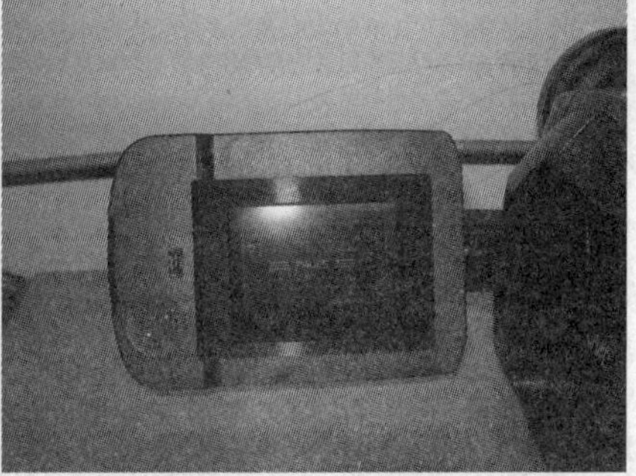

图3 显示的卫星信号质量图

相机照片格式 RAW 与 JPG

一般数码相机拍摄完后的图片格式可以用“RAW”或“JPG”格式存储，那么两者有什么区别呢？

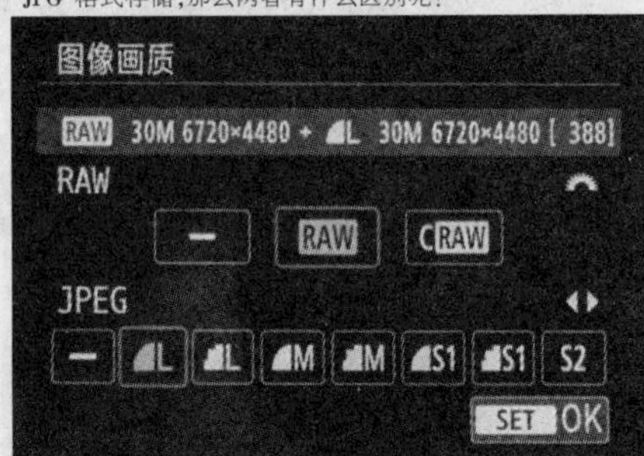

RAW格式的全称是RAW Image Format，在英文中的解释是未处理的、自然状态的，RAW图像就是CMOS或者CCD图像感应器将捕捉到的光源信号转化为数字信号的原始数据，因此RAW文件也被人们称之为“数码底片”。以RAW格式来保存文件，相机便会创建一个包含锐度、对比度、饱和度、色温、白平衡等信息的页眉文件，但是图像并不会被这些设置而改变，它们只不过是在RAW文件上加以标记。随后RAW文件将同这些有关设置以及其他的技术信息一同保存至存储卡中。

JPEG格式的全称是Joint Photographic Experts Group，中文叫联合图像专家组，后缀为".jpg"或".jpeg"；是最常用的图像文件格式，由一个软件开发联合会组织制定，是一种有损压缩格式，能够将图像压缩在很小的储存空间，图像中重复或不重要的资料会被丢失，因此容易造成图像数据的损伤。

RAW通常用色彩深度来表示，色彩深度的单位是bit，一般的JPG照片色彩深度为8bit，这意味着RGB这三种颜色，每个颜色有256个等级，组合起来可以产生总共256×256×256即约1677万种不同的颜色。RAW格式的照片主要是12bit和14bit，一些全画幅机身则能够达到14bit。还有一些高端的中画幅相机能够支持16bit RAW格式文件。相机将文件从12位或14位模式转化成8位模式，换句话说就是将每个像素的4096到16384个亮度层次骤减到256个。色彩深度越高，携带的信息就越多，当然文件体积也大；对于专业的摄影师来说，这个数值当然是越大越好。

假设300万像素每个像素包含10bit的数字信息，那么它的未压缩的RAW文件大小：3,000,000 × 10bit = 30,000,000 bit = 3,750,000byte ≈ 3662.1K ≈ 3.58M

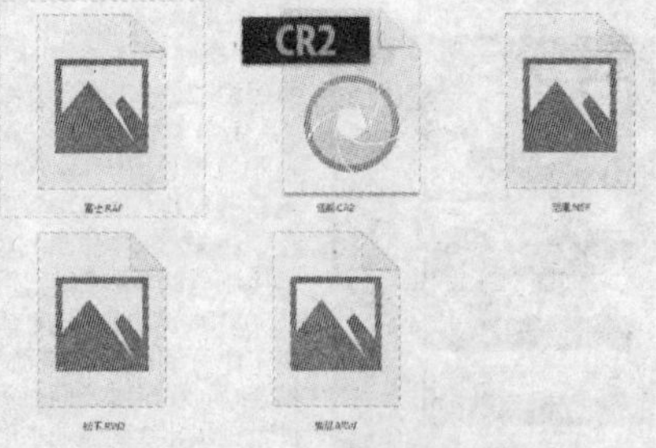

有的相机还会对RAW文件进行压缩，是类似zip的无损压缩算法，文件还会更小一些。不论是哪个品牌的RAW格式文件，体积都要比JPG格式照片大很多。比如佳能的后缀名是.CR2，尼康的后缀名是.NEF，索尼的后缀名是.ARW，富士的后缀名是.RAF，松下的后缀名是.RW2，宾得的后缀名是.PEF，徕卡的后缀名是.DNG等等。

当然RAW也在不断升级，力求在不压缩图像的前提下，做到更小的体积。比如去年佳能就推出了全新的“CR3”(此前是CR2)。

.CR3

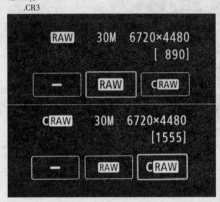

RAW 30M 6720×4480 [890]
— RAW CRAW
CRAW 30M 6720×4480 [1555]
— RAW CRAW

新升级的RAW文件“.CR3”有何优点？首先是体积的变化，新的RAW格式一分为二，即传统的RAW文件以及全新的CRAW文件。CRAW文件是画质有很小损失的RAW文件，但是体积上能够节省接近50%的空间大小。而普通后缀名为.CR3的RAW文件，在宽容度方面有所提升，让佳能后续的产品在后期的时候具有更好的表现，修正照片的范围也就更加广泛了，这也是佳能专门针对专业影像市场下的功夫。

由于“.CR3”是各大品牌中最新的RAW格式后缀，所以很多老版本的Camera RAW滤镜都无法打开这个格式的文件，需要在Adobe官网搜索Camera RAW滤镜，就可以找到更新的下载了。

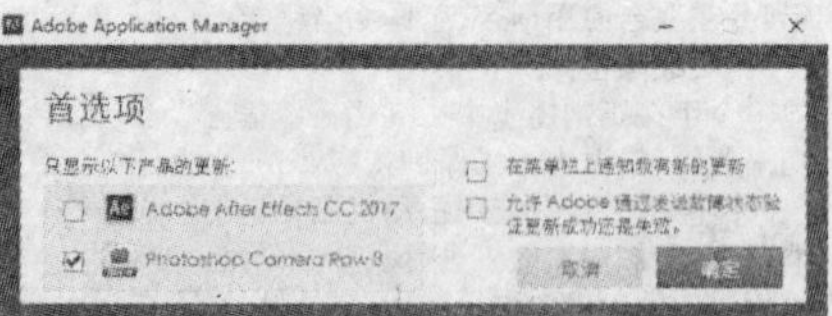

当电脑系统升级为Windows 10以后，有部分RAW格式也可以直接进行预览了，而Adobe的Bridge软件也可以进行所有的RAW文件预览。

宽容度

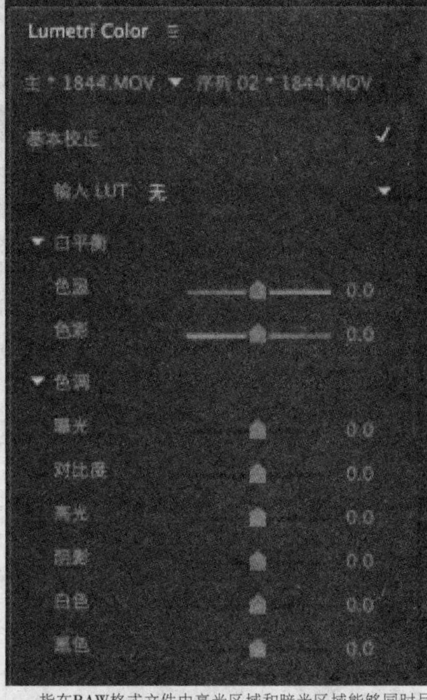

指在RAW格式文件中亮光区域和暗光区域能够同时呈现正确的曝光，这在相机直接用JPG格式几乎是不可能的呈现。但在RAW文件中，就可以通过后期修正回来，这个把过曝和过暗修正回来的度，称之为宽容度。比如在JPG格式照片中，如果出现过曝或者过暗，基本上就只能进回收站了，但是RAW文件提供了最大限度的挽救。当然RAW文件的宽容度也不是无限的，过于夸张的操作也是行不通的。

那么是不是JPG格式就一无是处呢？

JPEG压缩技术可以用最少的磁盘空间得到较好的图像品质。而且JPEG是一种很灵活的格式，具有调节图像质量的功能，允许用不同的压缩比例对文件进行压缩，支持多种压缩级别，压缩比率通常在10:1到40:1之间，压缩比越大，品质就越低；相反地，压缩比越小，品质就越好。

当然JPEG压缩技术也可以在图像质量和文件尺寸之间找到平衡点。JPEG格式压缩的主要是高频信息，对色彩的信息保留较好，适合应用于互联网，可减少图像的传输时间，可以支持24bit真彩色，也普遍应用于需要连续色调的图像。

JPEG格式是目前网络上最流行的图像格式，是可以把文件压缩到最小的格式，在Photoshop软件中以JPEG格式储存时，提供11级压缩级别，以0—10级表示。其中0级压缩比最高，图像品质最差。即使采用细节几乎无损的10级质量保存时，压缩比也可达5:1。以BMP格式保存时得到4.28MB图像文件，在采用JPG格式保存时，其文件仅为178KB，压缩比达到24:1。经过多次比较，采用第8级压缩为存储空间与图像质量兼得的最佳比例。PG文件的优点是体积小巧，并且兼容性好。

对于普通用户，相机采用JPG直出同样有优化；对于喜欢摄影的人来说，RAW格式提升的不仅是画质、锐度和宽容度等方面，可以帮助摄影者修正一些前期拍摄的小失误，容错率也提升了不少。

家庭影院视听室构建5部曲

很多朋友都会念叨说，想在家里设计一个专门的独立视听室，苦于没有专业的理论知识做铺垫，单凭着论坛帖子刨来的一堆影音器材，怕是浪费了。事实也是如此，随着现有经济水平的提升，越来越多的家庭开始规划影音室，笔者整理的简单5步，相信能让您厘清些头绪！

第一步：确定预算

虽然家庭影院是用来满足精神文化需求的，但本质上还是一项消费，还是要你用人民币买单的。既然是消费，就要规划预算。家庭影院到底要花多少钱呢？其实，就像装修一样，这个答案真是每家都不同。所以，我们只能说个大致范围。在这里，我们不谈几千块钱的家电影院，只说专业家庭影院，专业家庭影院指的是使用1080P分辨率的家用投影机，配合功放、无源家庭影院专用音箱，再加上高清播放器这些设备，就目前的市场价格来说，一般说来在人民币2万元上下开始起步，往上去5万、10万、15万、20万左右都是一个档。

你也别看不起2万的入门级家庭影院，这两年各种入门级器材性能升级了不少，价格却也没增加多少。用车来打个比方，2万元左右的入门级专业家庭影院就相当于福克斯、速腾，卡罗拉这类A级车，虽有不足，但对于普通家庭来说足够了。当然，你有充足的预算，会有更好表现的设备等着你，毕竟帕萨特、蒙迪欧还是比速腾、福克斯高级。

第二步：选择房间

有了人民币，你还得有间房。在大多数情况下，多数家庭影院会选择在客厅组建，因为毕竟客厅的功能和家庭影院相近，叠加组建不会显得特别突兀。当然，如果房间多，也可以选择一个单独的房间做家庭影院。虽说躺着看电影听起来很爽，但实际上选择在卧室做家庭影院的人并不多，如果非要这么做，当然也没人拦着你。

第三步：确定声道数并埋线

家庭影院最重要的组成部分就是音箱，多声道带来的环绕效果也是专业家庭影院的主要魅力所在，清晰的对白，左右穿梭的子弹，头顶上轰鸣而过的战斗机，这些声效都可以在专业家庭影院中感受到。

既然是多声道环绕，那就有个问题，到底是几声道！目前，5.1声道是家庭影院的最基本配置，这里特别解释一下5.1的意思，5就是说有5个声道，“.1”是代表低音炮的数量。7.1是在5.1的基础上增加了位于身后的2个声道的环绕声，让声音包围的更完整。

杜比公司目前大力推广的全景声(DOLBY ATMOS)沉浸式声音技术也逐渐进入家庭中，

目前家庭中能够实现的全景声主要是5.1.2和5.1.4，7.1.2以及7.1.4，这个数字怎么来理解呢，前面两个数字上面已经解释过，最后那个数字就是指在天花板上的声道。以7.1.4举例，就是地面上有7个声道，分为前三、中间两个、后面两个，“.1”是指有一个低音炮声道，“.4”是指天花板有4个声道。

第四部：确定投影距离和画面大小

说完声音，再来看看大画面。投影机因为工作原理，在镜头和幕布之间需要有一个距离，这个距离叫投距。每个投影机因为镜头参数的不同，投距都是不一样的。例如同样是3米，有的机器能投100英寸，有的可能就投不到。

确定投距是很重要，而且这也决定了你的投影机安装在哪个位置(通常情况下吊装在天花板)，以及事先需要埋多长的HDMI线。每款投影机的参数表里面都会有一个投影距离和相对应画面的大小，如果你需要120英寸的画面，那就需要在选择在你能选择的投距范围内的能实现120英寸画面的投影机。

另外一种情况，就是你的房间特别窄小、或者安装条件受限，再或者户型比较另类，实在没有足够的距离去摆放投影机，但又希望享受大画面。这种情况下，就需要采购短焦投影机，这种机器的投距很短，放在电视柜上就可以了。但短焦机画面的边缘失真会增加，而且机器选择面会比常规机型少。目前有一些叫做激光电视的产品，本质上就是采用激光光源的超短焦投影机，如果空间或者安装条件受限，并且能负担较高成本，这种机型也是不错的选择。

第五步：购买器材

在上面的基础工作准备充分之后，就可以购买音箱、功放、播放器、投影机、线材、幕布等设备来安装。在这里需要说明的是，购买器材的预算只是一个参考，很多用户在确定方案的时候，往往会选择修改预算，在消费力能保证的情况下，有人会适当提高预算，以获得更良好的使用感受。

◇江西 谭明裕

2019年9月15日出版 实用性 启发性 资料性 信息性

第37期 国内统一刊号:CN51-0091 定价:1.50元 邮局订阅代号:61-75

地址:(610041)成都市武侯区一环路南三段24号节能大厦4楼 网址:http://www.netdzb.com

(总第2026期) 让每篇文章都对读者有用

PCM 变相存储器芯片

这几年存储技术飞速发展,以闪存存储单元为例,从2D NAND到3D NAND,通过把内存颗粒堆叠在一起来解决2D或者平面NAND闪存带来的限制。国内的长江存储今年初已开始量产基于Xtacking架构的64层256 Gb TLC 3D NAND闪存,以满足固态硬盘、嵌入式存储等主流市场应用需求。

而作为未来的存储技术,PCM相变存储更是受到了广大市场的瞩目;下面就简单地介绍下PCM技术的特点。

PCM(Phase Change Memory,即相变存储器)是一种非易失存储设备,利用材料的可逆转的相变来存储信息。利用特殊材料(比如硫族化合物)在晶态和非晶态巨大的导电性差异来存储数据。PCM是业界公认的第四代相变存储器的最成熟的技术,以其高集成度、低功耗等特点被认为是替代DRAM的新型NVM技术之一。

工作原理

PCM器件的典型结构由顶部电极、晶态GST、α/晶态GST、热绝缘体、电阻(加热器)、底部电极组成。

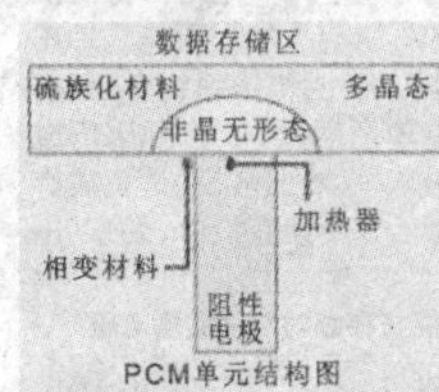

PCM单元结构图

在器件单元上施加不同宽度和高度的电压或电流脉冲信号,使相变材料发生物理相态的变化,即晶态(低阻态)和非晶态(高阻态)之间发生可逆相变互相转换,从而实现信息的写入("1")和擦除("0")操作。相互转换过程包含了晶态到非晶态的非晶化转变以及非晶态到晶态的晶化转变两个过程,前者被称为非晶化过程,后者被称为晶化过程。然后依靠测量对比两个物理相态间的电阻差异来实现信息的读出,这种非破坏性的读取过程,能够确保准确地读出器件单元中已存储的信息。

相变材料在晶态和非晶态的时候电阻率差距相差几个数量级,使得其具有较高的噪声容限,足以区分"0"态和"1"态。目前,各机构用的比较多的相变材料是硫属化物(以英特尔为代表)和含锗、锑、碲的合成材料(GST),如Ge2Sb2Te5(以意法半导体为代表)。

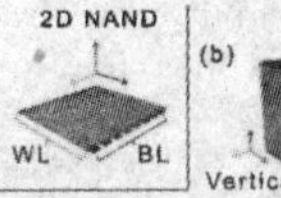

现在,我们知道了相变存储器的基本原理,那么这种技术有什么特点呢?其实,相变存储器的优点很多,例如可嵌入功能强,优异的可反复擦写特性,稳定性好以及和CMOS工艺兼容等等。到目前为止,还未发现PCM有明确的物理极限,研究表明相变材料的厚度降至2nm时,器件仍然能够发生相变。正因如此,PCM被认为是最有可能解决存储技术问题、取代目前主流的存储产品,成为未来通用的新一代非挥发性半导体存储器件之一。

相变存储器提高存储容量的方式有两种:一种是三维堆叠,还有一种是多值技术。英特尔和美光重点突破的是三维堆叠技术,而IBM则在多值存储领域取得了突破性进展。三维堆叠技术通过芯片或器件在垂直方向的堆叠,可以显著增加芯片集成度。当前,三维新型非易失存储器的研究主要集中在器件和阵列层面,且与传统的二维存储器不同,三维相变存储器采用了新型的双向阈值开关(OTS)器件作为选通器件。

IBM是相变存储器多值存储技术的推进者,其每个存储单元都能长时间可靠地存储多个字节的数据。为了实现多位存储,IBM开发出了两项创新性的使能技术:一套不受偏移影响单元状态测量方法,以及偏移容错编码和检测方案。

尽管PCM芯片技术上亮点很多,但迟迟没有大规模量产的原因在于,PCM芯片除了生产难度之外还有一个关键问题就是容量太小,核心容量不过512Mb、1Gb左右,与NAND闪存的512Gb、1TB相差甚远,所以不可能替代NAND闪存,主要用于一些嵌入式产品中,与NOR闪存之类的产品相比,PCM相变存储目前也没有明显的优势。

时代芯存公司的PCM相变存储芯片项目进程及规划

2018年	中低密度独立型相变产品(EEPROM、NOR)
2019年	中低密度嵌入式相变产品和特殊应用相变产品(FPGA/PLD、TCAM、MCU)
	高密度相变产品1期(2D Xpoint)
2020年	推出神经网络测试芯片
2021年	高密度相变产品2期(MLC、3D Xpoint)和神经网络智能存储产品

目前,国内外有不少企业和科研机构都在研究相变存储器,但由于PCM技术还有很多难点有待攻克,故大多机构的研发进展并不顺利,且PCM知识产权主要被索尼、三星、IBM、美光四家公司所垄断。国内方面,目前对PCM技术的研究机构主要有中国科学院上海微系统与信息技术研究所、华中科技大学等。中国科学院上海微系统与信息技术研究所发现了比国际量产的Ge-Sb-Te性能更好的Ti-Sb-Te自主新型相变存储材料,自主研发了具有国际先进水平的双沟道隔离的4F2高密度二极管技术,开发出了我国第一款8Mb PCM试验芯片。

(本文原载第39期11版)

电子科技博物馆专栏

编前语:或许,当我们使用电子产品时,都没有人记得或知道老一批电子科技工作者们是经过了怎样的努力才奠定了当今时代的小型甚至微型的诸多电子产品及家电;或许,当我们拿起手机上网、看新闻、打游戏、发微信朋友圈时,也没有人记得是乔布斯等人让手机体积变小、功能变强大;或许,有一天我们的子孙后代只知道电子科技的进步而遗忘了老一辈电子科技工作者的艰辛……

成都电子科技大学博物馆旨在以电子发展历史上有代表性的物品为载体,记录推动电子科技发展特别是中国电子科技发展的重要人物和事件。目前,电子科技博物馆已与102家行业内企事业单位建立了联系,征集到藏品12000余件,展出1000余件,旨在以"见人见物见精神"的陈展方式,弘扬科学精神,提升公民科学素养。

博物馆传真

江西校友会组织企业向电子科技博物馆捐赠藏品

日前,电子科技博物馆一行到江西南昌、九江和景德镇征集藏品。由江西校友会组织的江西恒明科技发展有限公司、北方联创通信有限公司(国营第834厂)、同方电子科技有限公司(国营第713厂)、江西景光电子有限公司(国营第740厂)纷纷拿出自己发展历史中有意义或者获奖的产品,向电子科技博物馆捐赠了LED显示器件、电子管和数字接收机等藏品。

据介绍,在此次捐赠的藏品中,其中SSD021型短波数字化接收机是90年代推出的高性能数字化接收机,是当时国内短波接收机的领先产品;70型一级半导体接收机是国内第一代全晶体管化产品的代表,它的研制成功标志着我国的通信接收机由电子管产品发展到全晶体管化产品,这些产品都是历史发展的见证,很有代表性。

在捐赠仪式上,电子科技大学校党委副书记申小蓉代表学校感谢江西校友会,她表示本次捐赠的藏品都是公司发展历史的见证,是民族电子工业发展的缩影,很有代表意义,博物馆将进行重点展示。江西校友会相关人士表示本次捐赠活动只是开端,后期江西校友会将持续扩大宣传,为电子科技博物馆征集更多的藏品。

(本文原载第38期2版)

电子科技博物馆"我与电子科技或产品"

本栏目欢迎您讲述科技产品故事,科技人物故事,稿件一旦采用,稿费从优,且将在电子科技博物馆官网发布。欢迎积极赐稿!

电子科技博物馆藏品持续征集:实物;文件、书籍与资料;图像照片、影音资料。包括但不限于下列领域:各类通信设备及其系统;各类雷达、天线设备及系统;各类电子元器件、材料及相关设备;各类电子测量仪器;各类广播电视、设备及系统;各类计算机、软件及系统等。

电子科技博物馆开放时间:每周一至周五9:00--17:00,16:30停止入馆。

联系方式

联系人:任老师 联系电话/传真:028--61831002

电子邮箱:bwg@uestc.edu.cn 网址:http://www.museum.uestc.edu.cn/

地址:(611731)成都市高新区(西区)西源大道2006号

电子科技大学清水河校区图书馆报告厅附楼

TCL IPE06R31型(电源+LED背光驱动)二合一板原理与检修(二)

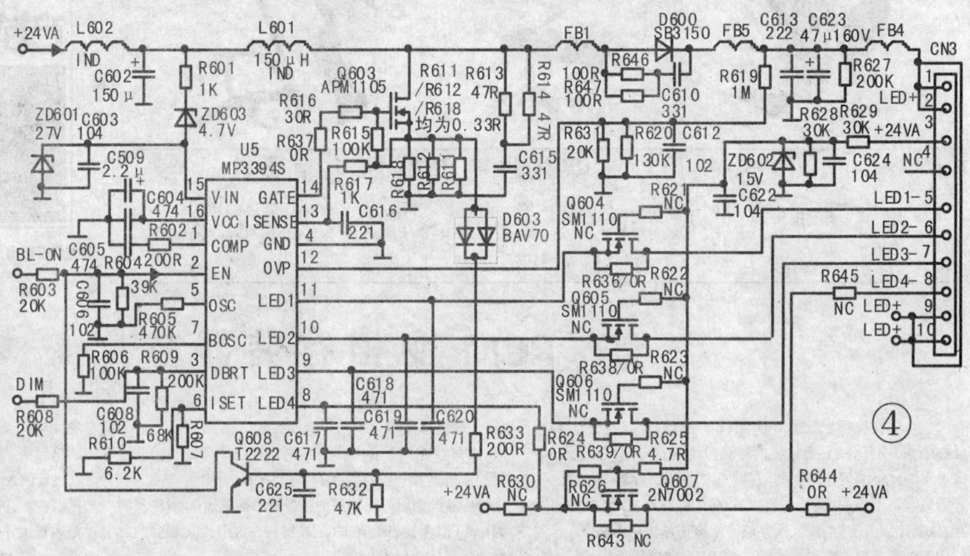

(紧接上期本版)

2.LED驱动电路

在主控芯片发出开机指令后，电源输出的+24VA电压通过L602、R601、ZD603加至LED驱动控制块U5(MP3394S)的电源端⑮脚(见图4)。同时，+24VA电压送到升压电感L601的左端。另外，主板上送来的背光点亮信号BL_0N、亮度调节信号DIM也分别由R603、R608送至控制芯片U5背光使能端②脚、亮度控制端③脚。于是，MP3394S内部的振荡电路开始工作，经过整形的开关激励脉冲信号从U5的⑭脚输出，由R637、R616送到升压开关管Q603(APM1105)的栅极，使开关管工作于开关状态。在开关管截止瞬间，储能电感L601感应出的自感电动势的方向是左负右正，与24V电源供电电压的方向同向，于是两电压同向迭加，经升压二极管D600续流、C613、C623滤波后得到约48V的LED+输出电压(该输出电压不是固定的，它等于背光板上LED灯串中单只LED管正向电压降之总和，因不同机型LED灯串的LED灯个数有所不同，故输出的LED+测量值不会相同)，然后送到过压保护取样电路及输出插座CN3的①、②、⑨、⑩脚。送入插座CN3的LED+电压，通过插排线送往显示屏的LED背光灯串组电源输入LED+端。LED背光灯串组的末端LED-，又通过排插送回到插座CN3的④、⑤、⑥、⑦脚，然后分别接至调流管Q604、Q605、Q606(均为SM1110的D极)。再分别由R636、R638、R639送到U5的⑪、⑩、⑨脚，经内部的均流控制电路控制后，对地形成回路，用以点亮屏幕LED背光。当彩电画面亮度增大时→驱动控制块U5③脚的亮度控制电平自动升高→驱动脉冲输出端⑭脚输出的脉冲宽度增加→功率场效应管Q603栅极电平升高→导通程度增加→通过的电流增大→加至LED灯串组的LED+输入电压升高→流过LED灯串的电流增大→屏幕亮度变亮。反之亦然。顺便指出，流过背光灯电流由U5⑥脚外接电阻R607//R610并联后的阻值决定。另外，当U5使能端②脚为低电平时→U5内部的振荡器停振→⑭脚无激励脉冲输出→升压管Q603停止工作。同时，U5内部的均流控制电路关断→LED背光灯串组无电流流过→显示屏无光。

3.保护电路

1) 过/欠压保护

(1)市电过/欠压输入保护

当市电输入电压高于260V时 (相关电路见图2)，压敏电阻RV1将会击穿，使交流输入保险管F1熔断，达到保护之目的。除此以外，市电还经R438、R440、R441加至U1⑤脚，若加至该脚电压高于3.52V或低于0.72V时，U1均会停止工作，整机得以保护。

(2)主电源输出过/欠压保护

当主电源的稳压环路(见图2)失控导致U1电源端①脚电压大幅升高时→ZD403击穿→U1①脚电压为零→U1因失去电源而停止工作。除此以外，U1①脚VCC电压还经R433、稳压管ZD401加至保护端⑥脚，若⑥脚电压大于0.8V时，则内部保护电路动作，U1停止工作。这可理解为另一途径的过压保护。反之，当主电源稳压环路出现故障，致使加至U1电源端①脚电压过低，进而经R433、ZD401加至保护端⑥脚电压低于0.5V时，内部保护电路动作，整机处于保护状态。顺便提及，U1还具有芯片过热保护功能，当U1内部温度达到135℃时，芯片内部过热保护电路动作，U1停止工作。

(3)LED驱动电路过压保护

A.24V输入电压过高保护

当升压电路输入的24V电压过高时 (见图4)→ZD603、ZD601齐纳击穿，驱动芯片U5因电源端⑮电压为零而停止工作，整机进入保护状态。

B.24V输入电压过低保护

当升压电路输入的24V电压过低时，ZD603将不被齐纳击穿，驱动芯片U5同样因电源端⑮电压为零而停止工作，屏幕完全无光。

C.LED驱动电路输出过压保护

当LED驱动电路输出过压→经R619与R620//R631分压后，加至U5过压保护端⑫脚的取样电压超过1.2V时→U1内部输出过压保护电路动作→U5的⑭脚无激励脉冲输出→Q603停止工作→无提升电压，与此同时U5内部调流控制电路关闭→显示屏无光。

2) 过流保护

(1)开机浪涌电流限制

在冷机开机时，由于需要对大容量CE1、CE2电容充电，为了避免对市电整流二极管造成过流冲击，故在市电输入回路串入了负温度系数热敏电阻RN1。在刚开机瞬间，由于RN1温度较低，所以阻值较大，对冷机开机时形成的浪涌电流有较大的限制作用。开机后因RN1上有电流流过，温度升高，故阻值迅速下降，对输入电路造成的影响可忽略不计。

(2)主电源电路输出过流保护

当负载出现短路而引起输出过流时 (见图2)→过流保护取样电阻R403电压降增大→若经R448、R447加至U1过流检测端④脚电压达到0.1V以上时→U1内部过流保护电路动作→③脚关闭脉冲输出→电源停止工作，避免故障进一步扩大。另外，R403电压降还会经D403、D405加至U1⑥脚，当超过0.8V时，保护电路动作。还有一保护途径，当负载过重(相当于电源输出过流)时，会通过稳压环路使U1⑦脚电压上升，当超过5.1V时，U1内部的过载保护电路动作，电源处于打嗝式间歇振荡状态。

(3)LED升压管输出过流保护

当负载短路，引起LED驱动电路输出过流时→升压开关管Q603源极电流必增大→过流取样电阻R611、R612、R618两端电压降必上升→经R617送到U5过流保护端⑬脚电压上升，当达到0.5V时→U5内部过流保护电路动作→U5⑭脚无激励脉冲输出→升压管 Q603停止工作，同时U5⑧~⑪脚内部的均流控制电路关闭→显示屏黑屏。与此同时，Q603 S极的过流取样电压还会经D603、R633使控制管Q608导通，将U5②脚点灯电压钳位在0.6V以下，使U5停止工作，显示屏不亮，从而避免故障进一步扩大。

(4) LED灯串开路/短路保护

当某条LED灯串出现开路故障时，相对应的这条LED-端电压会几乎为零(相当于总负载变轻)。此时驱动电路输出的LED+电压会升高，但未达到过压保护(OVP)电路动作阈值，且输出的LED电压仍低于设定值时，U5内部的均流控制电路会发出控制信号，使U5⑭脚关闭输出脉冲，显示屏黑屏。当某路LED灯串中有两只或以上的LED短路时，相对应的LED-端电压会升高至约6V或更高，这时U5内部的均流控制电路同样会发出控制信号，使U5⑭脚关闭输出脉冲，背光灯熄灭，上述两种保护措施避免了显示屏出现亮度不均匀现象。

二、故障检修思路

电源板常见故障主要有：

1.Q402电压输出端无+24V电压输出

先假定输出控制管Q402的S极有+24VB电压，应检查Q402的G极是否有低电平输入。若没有，再查R452上端(见图3)是否有高电平输入，如果没有，说明故障在主板(在此从略)。若有，说明Q401，或Q402，或它的偏置电路元件有问题。假定Q402的S极没有+24VB电压，说明电源无输出。可查U1①脚是否有≥20V电源启动电压，如果没有，再查CE1/CE2两端是否有约+300V的HV电压。假定没有，说明市电的输入、整流滤波电路有问题。如果有，应对R432、D404、C424、ZD403等进行检查。如果上述查得HV和U1①脚启动电压均正常，且功率管QW1漏极也有+300V电压，可试机，查看开机瞬间QW1栅极是否有约2V驱动电压(或用示波器能看到驱动脉冲) 到达。如果没有，很可能是U1损坏。若瞬间有驱动脉冲输出，说明稳压系统有问题或机器存在过流/过压 (含保护电路本身)故障，应进一步甄别。比如开机瞬时测得+24VA电压正常，说明稳压系统基本正常，问题极可能是保护电路本身有问题。如果明显大于或低于24V，说明故障很可能是输出过压或过流所致。如果是过压，表明稳压系统有问题；如果电压过低，可断开+24V输出端再试，若电压仍过低，则是稳压系统故障。若电压恢复正常，则是负载有过流故障，可进一步查找。为了方便读者检修，表1列出了U1引脚功能及在路电压，供参考。

表1 U1 (TEA1733)引脚功能与在路对热地实测电压

脚号	符号	功 能	电压(V)
①	VCC	芯片电源	16
②	GND	接地	0
③	DRV	激励脉冲输出	2.1
④	CS	过流保护检测输入	0.04
⑤	VI-SE	输入电压检测输入	2.4
⑥	PRO	保护信号输入	0.7
⑦	CTRL	输出反馈信号输入	1.4
⑧	OPT	保护延时时间设置	0.02

2.无3.3V待机电压输出

由图3可看出，+24VB电压作为芯片U4(EUP3482)的工作电源，送入U4的②脚。内部功率开关管输出的直流脉冲从③脚输出，经L401、C407、FB3等滤波后输出3.3V电压。因此，当无3.3V电压输出时，重点是要查U4的②脚是否有24V电源电压，⑦脚是否有高电平使能信号输入，①脚外接的两元件有无损坏。如果上述检查均正常，则很可能是U4损坏。表2是EUP3482R的引脚功能与在路实测电压，供大家维修时参考。

表2 U4(EUP3482)引脚功能与在路对冷地实测电压

脚号	符号	功 能	电压(V)
①	BS	自举升压	22.4
②	VIN	输入电源	24
③	SW	开关输出	2.8
④	GND	接地	0
⑤	FB	输出电压反馈	0.91
⑥	COMP	外接补偿元件	10.2
⑦	EN	输出使能	13.3
⑧	SS	软启动端	5.8

(未完待续)(下转第472页)

◇武汉 王绍华

给彩照上个“黑白”妆吧

彩照有着丰富的色彩表现力，但黑白照在凸显光影、明暗变化以及强化拍摄对象间的对比度方面也有着极大的优势，并且在一定程度上还能够“掩盖”某些相片色彩的失调。如果想为彩照上个“黑白”妆实现一定的艺术效果，非常简单，我们可以根据自己的操作习惯通过不同的工具软件来快速实现。

1.在PPT中使用“图片工具”

首先在PPT中任意新建一张空白演示页面，将待处理的图片拖进来（或通过“插入”-“图片”菜单命令）；接着，点击选中该图片，此时上方的菜单栏右侧就会弹出“图片工具”-“格式”菜单，在其下左侧的“调整”区域中点击“颜色”右侧的小黑三角，此时有两种方式均可实现“黑白”妆：

一是选择“颜色饱和度”中的第一项“饱和度：0%”；另一种是选择“重新着色”中的第二项“灰度”，PPT立刻就会呈现出黑白效果；最后，在该图片上点击鼠标右键，选择“另存为图片”项，将这张黑白效果图保存于硬盘中即可（如图1所示）。

①

2.在美图秀秀中使用“黑白”特效

美图秀秀和光影魔术手是目前普通用户对图片文件进行处理的简易工具。

首先在图片文件上点击鼠标右键选择“使用美图秀秀编辑和美化”项，接着点击执行“美化编辑”选项卡中的“特效”-“LOMO”-“黑白”命令，黑白效果马上就会生效，下方出现的“透明度”不用调节（如图2所示），最后点击右上角的“保存分享”，将黑白图片文件进行保存。

②

3.在光影魔术手中使用“黑白效果”

打开光影魔术手，首先点击“打开”按钮将彩色图片文件读取进来；接着，切换至右侧的“数码暗房”区域，点击下方的“黑白效果”项，彩色图片也马上就变为黑白了，同时还会弹出“黑白效果”的“反差”和“对比”两个子调节项，点击“确定”按钮（如图3所示）；最后，点击执行“另存”菜单命令，将黑白效果的图片保存于硬盘中。

③

4.在SnagIt中使用“灰度”命令

SnagIt是一款著名的屏幕捕获和编辑软件，首先在编辑器中打开彩色图片文件，切换至“图像”项；接着，点击“修改”区域中的第一项“灰度”，彩色立刻也变为黑白效果了（如图4所示），最后通过“文件”-“另存为”菜单命令来完成文件的保存操作。

④

5.在Camtasia中进行“颜色调整”

Camtasia与SnagIt同属TechSmith，是一款专门的录屏工具软件，目前主要应用于教学微课的制作。在Camtasia中，首先点击“导入媒体”按钮将彩色图片文件导入媒体箱；接着，将它拖动至任意轨道中并点击使之处于选中状态；然后在左侧切换至“视觉效果”区域，将其中的“颜色调整”项点击选中并拖动至轨道1的彩色图片素材上松手，黑白效果立刻出现（如图5所示）；此时可以再将其“亮度”和“对比度”适当调节一下，“饱和度”保持默认的“-100”即为黑白效果；最后，点击执行“分享”-“导出帧为”（或直接按Ctrl-F组合键）菜单命令，将黑白相片导出另存至硬盘中。

⑤

6.在PS中使用“黑白”校色功能

如今PS几乎是“修图”的代名词了，用它来进行彩色相片的“黑白”化处理非常简单：首先在PS中打开彩色图片文件，默认情况下该图会被放置在最底层并自动命名为“背景”图层；接着，点击右下角第四个小图标并选择其中的“黑白”，此时PS也会马上显示出黑白效果，同时弹出对应的属性浮动选项卡，不必做任何改动（如图6所示），最后点击执行“文件”-“存储为”菜单命令，将已经做过黑白处理的图片文件进行保存即可。

⑥

7.在AE中使用“Black&White”颜色校正

AE是一款图形视频后期特效处理软件，我们也可以使用它来完成彩色图片的“黑白”化操作：首先在AE中将彩色图片文件导入至项目库（Project），并且将它拖至下方任意合成的时间线中；接着，在预览窗口中点击鼠标右键选择“Effect”（特效）-“ColorCorrection”（颜色校正）-“Black & White”（黑白）项，黑白效果立刻就显示出来了（如图7所示）；最后，点击执行“Composition”（合成）-“SaveFrameAs”（帧另存为）-“File”（文件）菜单命令，将黑白图片文件保存至硬盘中。

以上几种为彩照上“黑白”妆的方式都非常简单，而所实现的最终效果也稍有所差别，大家不妨一试。

◇山东 牟晓东 牟奕炫

快速处理Edge下载文件名乱码的问题

最近不知是什么原因，在Microsoft Edge浏览器下载文件时，只要是中文的文件名，或者文件名包含中文字符，那么都会出现乱码的问题（如图1所示），虽然不影响正常解压缩，但看着总是非常的别扭。该如何解决呢？

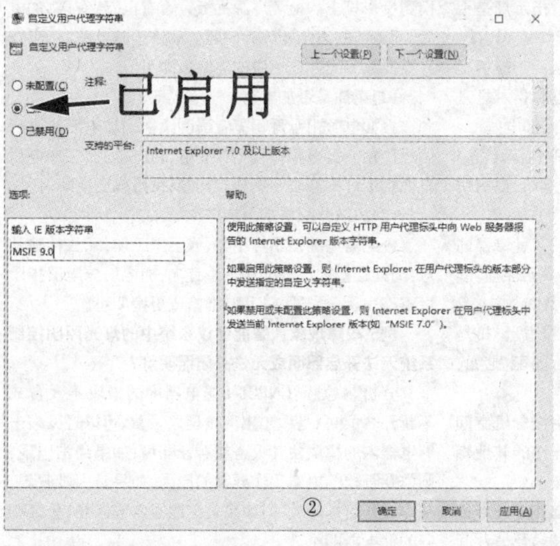

② ①

解决的办法很简单：按下“Window+R”组合键，打开“运行”对话框，输入“gpedit.msc”并回车，打开本地组策略编辑器，依次展开“计算机配置→管理模板→windows组件→Internet Explorer”，在右侧列表找到“自定义用户代理字符串”，双击打开，选择“已启用”单选按钮（如图2所示），在左侧的“输入IE版本字符串”文本框输入字符串“MSIE 9.0”，点击“确定”按钮关闭对话框，然后关闭并重新打开Microsoft Edge浏览器即可。

或者，也可以单击右上角的“…”按钮，从快捷菜单中选择“使用Internet Explorer打开”，在Internet Explorer的窗口里直接右键，从弹出的菜单中选择“编码”，从这里查看默认设置的编码是否为“UTF-8”，如果不是请手工更改。关闭所有Microsoft Edge和Internet Explore窗口，之后再重新启动Edge，现在下载中文的文件名或包含中文字符的文件，应该就不会出现乱码的问题了。

◇大江东去

变频器软单项故障的方法与实例

一、过流

(1)重新启动时,一升速就跳闸。这是十分严重的过电流现象。主要原因有:负载短路、机械部位卡住、逆变模块损坏、电动机的转矩过小等现象引起。

(2)通电就跳,这种现象一般不能复位,主要原因有:模块坏、驱动电路坏、电流检测电路坏。(3)重新启动时并不立即跳闸而是在加速时,主要原因有:加速时间设置太短、电流上限设置太小、转矩补偿V/F设定较高。

例1 一台43.7kW变频器一启动就跳,进入"OC"保护状态

分析与维修:打开机盖察看,未发现烧坏的迹象,在线测量模块IGBT(7MBR25NF-120)基本正常,为进一步确认,把IGBT拆下后测量7个单元的大功率晶体管开通与关闭都很好。在测量上半桥的驱动电路时,发现1路与其他2路有明显的区别,怀疑该路异常。经仔细检查后,发现一只光耦A3120的输出脚对地短路,用相同的光耦更换后,在路测量与其他2路基本一样。装上模块后通电,运行一切良好,故障排除。

例2 一台2.2kW变频通电就跳且不能复位,进入"OC"保护状态

分析与维修:首先,检查逆变模块正常;其次,检查驱动电路也正常,估计问题可能出在过流信号处理电路。拆掉传感器后通电,显示一切正常,确认传感器损坏。用一只正常的新品更换后试机,运行正常,故障排除。

二、过压

过电压报警一般是出现在停机的时候,其主要原因是减速时间太短或制动电阻及制动单元有问题。

例3 一台3.7kW变频器在停机时跳,进入"OU"保护状态

分析与维修:这台机器进入"OU"保护的原因,是因为变频器在减速时,电动机转子绕组切割旋转磁场的速度加快,转子的电动势和电流增大,使电机处于发电状态,回馈的能量通过逆变环节中与大功率开关管并联的二极管流向直流环节,使直流母线电压升高所致,所以应该着重检查制动回路。此时,测量放电电阻没有问题,测量制动管ET191时发现它已击穿,更换后通电运行恢复正常,故障排除。

三、欠压

欠压也是使用中经常碰到的问题。主要是因为主回路电压太低(220V系列低于200V,380V系列低于400V),主要原因:(1)某一路整流桥损坏或3路可控硅中有工作不正常的;(2)主回路接触器损坏,导致直流电压消耗在充电电阻上;(3)电压检测电路发生故障。

例4 一台18.5kW变频器通电就跳,进入"Uu"保护状态

分析与维修:经检查这台变频器的整流桥的充电电阻都正常,但在通电后没有听到接触器(这台变频器的充电回路未采用可控硅,而是利于接触器的吸合来完成充电的)动作,怀疑故障可能出在接触器或其控制回路。拆掉接触器后,单独为其加24V直流电后它能工作正常,怀疑24V电源电路异常。该电源电路由三端稳压器LM7824为核心构成。检测时,发现LM324损坏,更换后24V供电恢复正常,故障排除。

例5 一台变频器显示正常,但加载后跳,进入"DCLINKUNDERVOLT"(直流回路电压低)保护状态

分析与维修:这台变频器从现象上看比较特别,但经仔细分析后,发现问题也不是那么复杂。该变频器也是通过接触器的控制来完成充电的。通电时没有发现任何异常现象,怀疑故障是加载后直流电压下降引起的。而直流电压是通过整流桥全波整流后,由电容平波后提供的,所以应着重检查整流、滤波电路。经在路测量,发现整流桥有一路桥臂开路,更换新品后故障排除。

四、过热

过热也是一种比较常见的故障,主要原因:周围温度过高,风机堵转,温度传感器性能不良,马达过热。

例6 一台22kW变频器在运行半小时左右跳,进入"OH"保护状态

分析与维修:因为是在运行一段时间后才出现故障,所以怀疑温度传感器坏的可能性不大,故障多为变频器的温度太高,进入保护状态所致。通电后发现风机转动缓慢,防护罩里面堵满了很多棉絮(该变频器用在纺织行业),经打扫后开机风机运行良好,故障排除。

五、输出不平衡

输出不平衡一般表现为马达抖动,转速不稳,主要原因:(1)模块坏,(2)驱动电路坏,(3)电抗器坏等。

例7 一台11KW变频器,输出电压相差100V左右

分析与维修:拆开机器,在线检查逆变模块6MBI50N-120正常,测量6路驱动电路也正常,将模块拆下后测量,发现有一路上桥的大功率晶体管不能正常导通和关闭,说明模块已经损坏。更换新品后一切正常,故障排除。

六、过载

过载也是变频器比较常见的故障。检修过载故障时,首先应分析是电机过载,还是变频器自身过载,通常情况下电机的过载能力较强,只要变频器参数表的电机参数设置得当,一般不大会出现马达过载。而变频器本身由于过载能力较差,容易出现过载报警。通过检测变频器的输出电压、电流检测电路等故障易发点,来确认故障部位并排除即可。

例8 一台55KW变频器在运行时经常跳"OL"

分析与维修:据客户反映,这台机器原来是用在37kW的电机上,现在改用在55kW的电机上。参数也没有重新设置过,所以怀疑参数可能出现异常。经检查,发现变频电流的极限设置值为37kW马达的额定电流,将参数重新设置后运行恢复正常,故障排除。

◇湖南 黄志屹

智能会议系统常见故障分析及简单处理

例1 故障现象:智能会议系统音响系统喇叭出现杂音或啸叫

分析与检修:(1)麦克电池电量不足或功放音量调得过大容易产生杂音,建议用户先更换麦克电池或适当降低功放的音量。(2)麦克离喇叭过近或正对喇叭容易产生啸叫,请调整麦克与喇叭之间的距离和角度;功放音量过大也会产生啸叫,可调低功放音量。

例2 故障现象:智能会议系统音响系统麦克无声(无线)

分析与检修:(1)检查麦克电池是否没电了,若无电,更换电池即可;(2)无线麦克接收机是否加电,若没有加电,坚持未加电的原因即可;(3)接收机与调音台之间的连线是否连接异常或线路开路。若连接异常,重新连接即可;若线路开路,更换相同的线路即可。

例3 故障现象:智能会议系统音响系统喇叭不响

分析与检修:(1)检查功放是否开机或为其供电的插座是否加电,用户往往在关闭系统时将设备的电源也一起关闭。(2)假如功放打开了,检查是否将系统静音,或将功放播放的音量调得太低,以至于喇叭无声或播放的音量小。(3)如功放打开了,音量也调了,喇叭仍无声音,则检查调音台是否电源关闭。

例4 故障现象:智能会议系统中的投影机不亮

分析与检修:投影机不亮通常有2种情况:a)投影机未加电;b)加电不投影。检查方法如下:

步骤1:判断投影机自身是否工作正常

(1)投影机电源开关是否打开加电,指示灯是否亮?

加电后指示灯不亮表明投影机有问题。一般情况下用户投影机的硬开关电源是长开的,电源指示灯是长亮的。其中,黄灯:等待;绿灯:正常;红灯:加电

(2)LAMP灯、TEMP灯是否长亮或闪烁?(显示红色)

LAMP指示灯显示红灯表示投影机灯泡坏,提醒用户更换灯泡。

EMP指示灯显示红灯表示投影机处在某种错误的状态无法投影,投影机处在自我保护状态或元件损坏。如果是元件损坏,更换故障元件即可排除故障。

(3)让用户将计算机与投影机直接连接,投影机是否投影?投影机接收信号的端口设置是否匹配(比如,是否设置在VGA接收端口)?

直接连接投影机后投影机不投影表明投影机有问题,如果投影机投影正常,表明与投影机连接的其他相关设备或连接线有问题。

步骤2:如判断投影机工作正常,应检查与投影机相连的其他设备(即桌插、矩阵、VGA分配器)及彼此间的连接线。若未正常连接,重新连接即可;若连接线有问题,则需要维修或更换。

(1)矩阵是否开机?

VGAS矩阵关机,那么所有的VGA信号都将无法切换到投影机上。检测电源插板是否有电,若有电,加电后矩阵不亮,表示矩阵有问题。维修矩阵电路时,查找并更换故障元件或相应的电路板即可。

(2)桌插是否加电?

桌插电源指示灯不亮,表明桌插未加电无法进行信号传输。看电源插板是否有电,若有电,而在加电后桌插指示灯不亮表示桌插有问题,维修或更换即可。

(3)VGA分配器是否加电?

分配器电源指示灯不亮,表明未工作,无法传输信号,与此连接的电源插板是否有电,加电后分配器指示灯不亮表示分配器有问题,维修或更换即可。

例5 故障现象:智能会议系统中的灯光照明控制系统无法开启照明或无法关闭照明灯?

分析与检修:CNPCI-8继电器内的模块不吸合或不断开。如果只是偶尔出现该现象,那么可以轻微敲击继电器内的模块使其吸合或断开即可;如果经常出现,则需要查找继电器工作异常的原因,如果是引脚脱焊,补焊后即可排除故障;如果是继电器内部问题,更换相同的继电器即可。

◇江西 谭明裕

介绍一种新的改进型的闭锁电源开关电路

在2014年第21期的《电子报》上，笔者编译了一篇“使用瞬时按钮的闩锁电源开关电路”的文章。该文的设计实例电路概述了一个相对简单的电路，其中可以使瞬时按钮像锁定机械开关一样起作用。这篇文章产生了大量的读者反馈。在其他评论中，读者质疑是否有可能调整电路以提供(a)交叉耦合布置，其中两个开关可以互相“抵消”；(b)“时间延迟”版本，其中电路将在预定时间过后关闭。本文将试图解决这些建议中的每一个。

交叉耦合锁定开关

图1显示了以交叉耦合方式连接的两个开关电路，其中每个开关通过其自身的瞬时按钮接通和断开，并且每当一个开关接通时，另一个开关会断开。这种相互抵消行为适用于汽车指示灯等应用。

两个开关电路是相同的并且彼此镜像，即R1a提供与R1b相同的功能，Q1a的功能与Q1b完全相同，依此类推。此外，除了附加的交叉耦合组件(C2，D1，D2，R6，R7和Q3)之外，每个电路与前一个设计实例的图1(a)所示的电路大致相同，您可以在其中找到基本电路如何工作的详细说明。请记住，R5可能需要也可能不需要，具体取决于负载的性质，对于电机等负载，可能需要在OUT(+)端子和负载之间安装一个阻塞二极管。

为了理解交叉耦合如何工作，假设开关(a)当前关闭，开关(b)打开，使Q1a和Q2a关闭，Q1b和Q2b都导通并通过R3b和R4b相互提供偏置。如果现在按下瞬时按钮Sw1a，则Q1a和Q2a接通，并且开关(a)锁定到其通电状态。在Q2a导通的瞬间，电流脉冲通过D1a，C2a和R7a传递到Q3a的基极，导致Q3a瞬间导通，短暂地将Q1b的基极短路至0V。Q1b和Q2b现在都关闭，开关(b)锁定到关闭状态。开关(a)现在锁定在其通电状态，开关将保持此状态，直到按下任一按钮开关。因此，如果现在按下Sw1b，Q1b和Q2b接通，开关(b)锁定到其通电状态，Q3b瞬间接通，导致Q1a和Q2a关断。

流经Q3的短暂脉冲的时间长度由C2–R7时间常数决定，并且必须足够长，以使相对的MOSFET完全关断。请记住，当Q1关断时，存储在Q2栅极上的电荷必须通过与R3串联的R1完全消除。一些大电流MOSFET的栅极电容为几十纳法，因此当R1=R3=10kΩ时，栅极可能需要几毫秒才能完全放电。现在，当C2=100nF且R7=10kΩ时，Q3将Q1的基极钳位约5ms，这个时间应足够长以关闭大多数P沟道MOSFET。

在上述电流脉冲结束时，C2上的电压将大致等于电源电压+VS。如果没有二极管D1，该电压将保持Q1导通，从而防止开关关断。有了D1，阻断动作将允许开关正常关断，这样当Q2关断时，C2上的电压将通过R6–D2–R7这个路径放电。

虽然开关(a)和开关(b)是相同的，但它们不需要共享相同的电源电压，即+Vs(a)和+Vs(b)不需要相等并且可以从不同的源获得。但是，对于图1中的电路实现交叉耦合，开关(a)和开关(b)必须共用一个共地回路(0V)。对于有此问题的应用，Q3a和Q3b可以用光耦合器代替(图2)，它允许每个开关有自己的接地回路，与另一个开关电流隔离。大多数普通光电耦合器应该可以很好地工作，但请记住，光电LED需要比晶体管更多的驱动电压，因此如果电源电压+Vs比较低时，可能需要降低R7的值(并相应增加C2的值)。

具有定时输出的闭锁开关

某些应用可能需要一个锁定开关，该锁定开关在预设的一段时间后自动关闭。实现定时输出的一种相当简单的方法如图3所示，其中Q1已从单个晶体管变为达林顿对，电容器C2已插入Q2的漏极和R4之间。和以前一样，瞬时按钮Sw1用于控制电路。当开关闭合时，Q2导通，并通过C2和R4向达林顿基极提供偏置电流。电路现在锁定在通电状态，Q2通过Q1保持导通。

C2现在开始充电，C2和R4连接处的电压下降的速率很大程度上取决于C2–R4时间常数。当电压下降时，通过R4输送到达林顿的基极电流也会下降；最终，达林顿的集电极电流变得太小，无法为Q2提供足够的栅极驱动，MOSFET关断。开关现在恢复到未锁定状态，C2通过D1放电，负载与R5并联(如果安装)。请注意，只需按下按钮，开关即可在定时“开启”期间的任何时刻解锁，无需等到输出超时。

达林顿对提供的高电流增益允许使用大的R4值(大约几兆欧)来产生长时间常数。由15V电源供电的测试电路产生的“开启”时间，范围从大约9秒(C2=1μF，R4=1MΩ) 到超过15分钟 ( )0C2=10μF，R4=10MΩ)。将C2增加到100μF，导致“开启”时间超过两小时。

虽然适用于要求不高的应用，但该电路存在几个缺点，这些缺点可能限制其适用性。达林顿的电流增益(可能因器件和温度而变化很大)在确定电路的时间常数方面起着重要作用，从而使电路不适合需要精确控制“导通”时间的应用。同样，电源电压的变化也会影响“开启”时间。

此外，达林顿的集电极电流逐渐减小的事实导致MOSFET相对缓慢地关闭。

该电路的改进版本如图4所示，其中达林顿已被双开漏/集电极开路比较器(IC1)取代，R5已被潜在的分压器R4–R5取代。R6–R7分压器产生参考电压Vref(比较器电源电压的恒定分数Vcs)，为两个比较器提供稳定的参考电压。

当第一次按下按钮开关时，Q2导通，为负载供电，同时正向偏置D1，为比较器提供电源电压Vcs。现在，如果R4/R5=R6/R7，电压Vx将略大于Vref，导致IC1a的输出晶体管导通。其输出变为低电平(接近0V)，从而通过R3为Q2提供栅极偏置。

电路现在锁定在“导通”状态，定时电容C4开始通过R8充电，C4上的电压Vc呈指数上升。在Vc刚刚超过Vref的点处，比较器IC1b跳闸并且其输出晶体管导通，将Vx拉低至0V。IC1a的输出晶体管现在关闭，由于Q2不再有栅极驱动，MOSFET关断，开关解锁。C4现在通过D2–R6–R7路径相对快速地放电。与上述简单的电路一样，只需按下按钮即可随时解锁开关。

阻塞二极管D1提供双重功能。当Q2关闭时，它将R2与存储在C2上的电荷隔离，从而确保开关正确解锁。此外，当开关关闭时，它可以防止C2(和C4)通过负载快速放电。这为比较器在Q2关闭时保持供电提供了短暂的时间，从而确保电路以有序的方式关闭。从开关输出而不是从电源电压为比较器供电满足了本文所有电路的基本要求，即(就像机械开关一样)“关闭”状态下的功耗为零。

忽略D1上的压降，比较器电源电压与直流电源电压(Vcs≈+Vs)大致相同，这会影响可以使用的比较器类型。TLC393双微功耗比较器因其极小的功率要求和极低的输入偏置电流(通常为5pA)而成为理想选择，尽管它们仅限于16V左右的电源电压。LM393具有相同的功能，可在高达30V的电源电压下使用。但是，电源电流大于TLC393，输入偏置电流相对较大(通常为–25nA)，这会影响C4的充电速率。选择R4–R7的值时，请确保Vx和Vref不超过比较器的高共模电压限值(对于TLC393和LM393，大约低于Vcs 1.5V)。

除了对定时输出提供相当精确的控制外，电路从“接通”状态转换到“断开”状态的速度比图3中的简单电路快得多。图5所示的波形图显示了测试电路的输出由15V供电，并采用与上述简单电路相同的500Ω负载和FDS6675A MOSFET。与图4中稍微缓慢的响应相比，从完全“开启”到完全“关闭”的开关时间大大缩短，只有大约100μs。

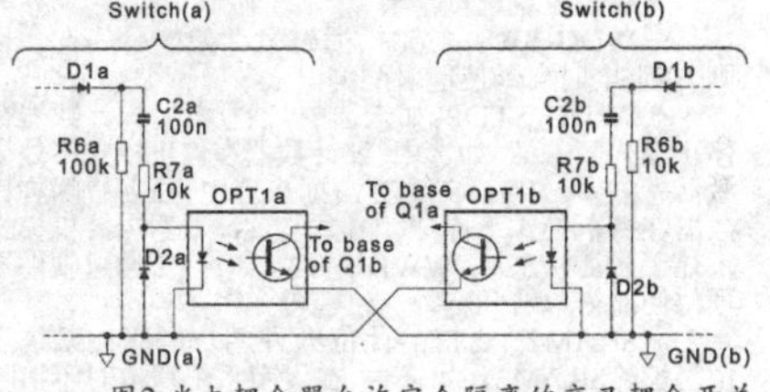

图2 光电耦合器允许完全隔离的交叉耦合开关

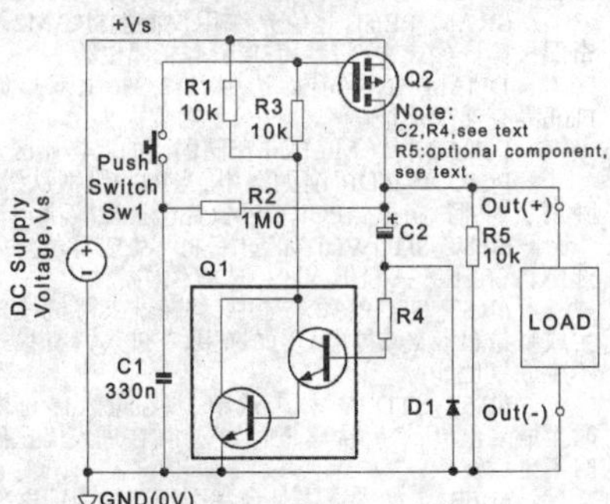

图3 基本开关电路的微小变化允许预设定时输出

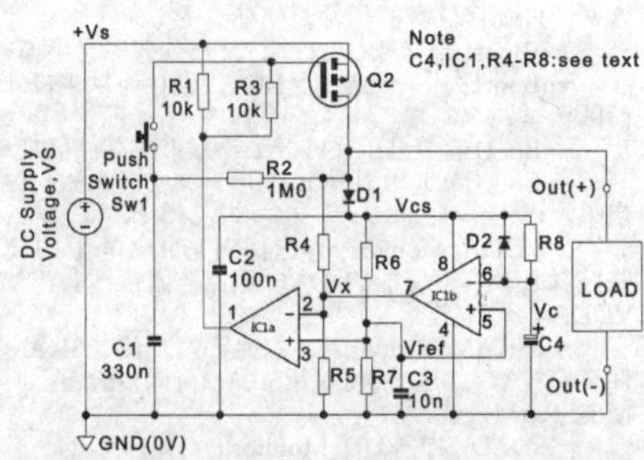

图4 改进的电路提供精确的时序，快速切换和对电源电压变化的抗扰度

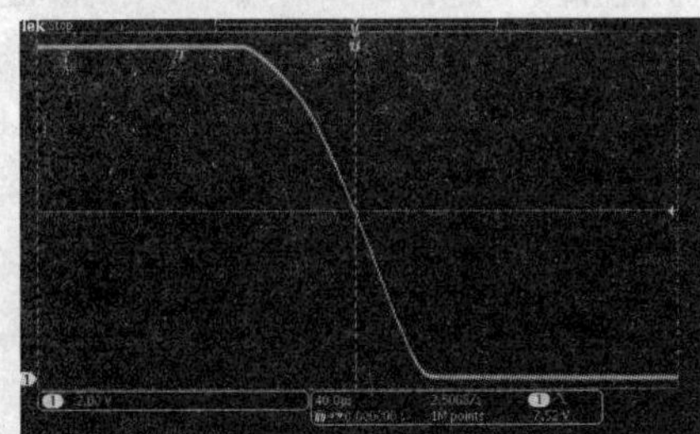
图5 电路的修改产生了从“开”到“关”的更快速转换

选择组件

对前面电路中使用的双极晶体管和二极管没有特殊要求。只要提供最大电源电压，那么大多数具有良好电流增益的NPN双极晶体管都是合适的。在最大漏极–源极电压，电流处理和功耗方面，P沟道MOSFET的额定值必须与高端驱动器电路中使用的任何器件相同。但请注意，某些类型的MOSFET的最大栅源电压限制远低于漏源电压额定值。例如，像IRFR9310这样的器件的最大漏源电压额定值为–400V，而栅源电压仅限于±20V。如果您的应用需要非常大的电源电压，可能需要在MOSFET的栅极和源极之间安装保护齐纳二极管，以便将栅极电压钳位到安全水平。

虽然在所有电路中都使用了按钮开关，但是可以用簧片继电器(提供磁激活开关)或其他类型的瞬时触点代替。唯一的要求是触点必须相对于电源轨电气“浮动”。

最后，请记住图4中的IC1必须是漏极开路或开路集电极类型。此外，请注意，大阻抗和敏感节点使电路易受噪声影响，这可能导致错误触发和不可预测的行为，因此避免“杂乱”构造，并在必要时屏蔽电路免受EMI和RFI的影响。

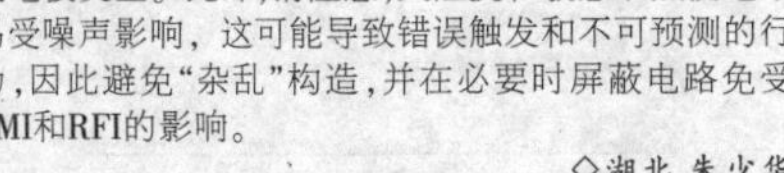

◇湖北 朱少华

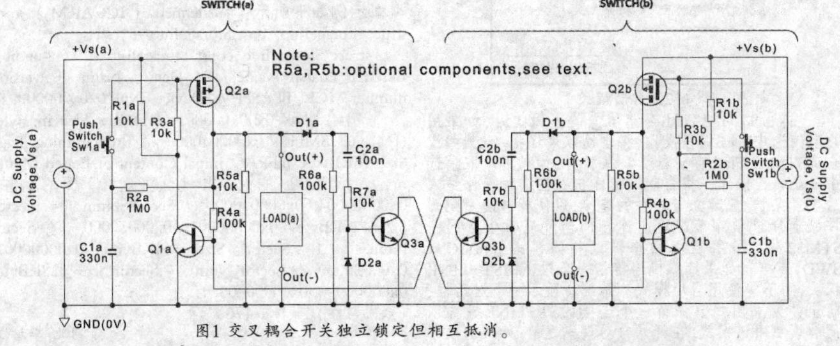

图1 交叉耦合开关独立锁定但相互抵消。

STM32 ST-LINK Utility应用功能及使用方法(三)

(紧接上期本版)

●用户配置选项字节

-WDG_SW:如选中,通过软件使能看门狗。否则,在上电时自动使能看门狗。

-IWDG_STOP:如未选中,独立看门狗计数器在停止模式下冻结。如选中,该计数器在停止模式下处于激活状态。-IWDG_STBY:如未选中,独立看门狗计数器在待机模式下冻结。如选中,该计数器在待机模式下处于激活状态。-WWDG_SW:如选中,通过硬件选项位使能窗口看门狗。

-SRAM2_RST(a):此位允许用户使能在系统复位时擦除SRAM2。如选中,在发生系统复位时不擦除SRAM2。如未选中,在发生系统复位时擦除SRAM2。

-SRAM_PE(a):此位允许用户使能SRAM2硬件奇偶校验。如选中,将禁用SRAM2奇偶校验。

-DUALBANK(b):如选中,512/256 K双存储区Flash具有连续地址。

-DB1M(c):1-Mb Flash存储器上的双存储区。

-PCROP_RDP(a):如选中,当RDP级别从级别1降至级别0时,将擦除PCROP区(完全批量擦除)。

-nRST_SHDW(a):如选中,将不生成复位。如未选中,将在进入关断模式时生成复位。

-nRST_STOP:如未选中,将在进入待机模式时生成复位(1.8 V域掉电)。如选中,在进入待机模式时不生成复位。

-nRST_STDBY:如未选中,将在进入停止模式时生成复位(所有时钟停止)。如选中,在进入停止模式时不生成复位。

-nBFB2:如未选中且自举引脚置位为让器件在启动时从用户Flash自举,则器件将从Flash存储区2自举;否则,将从Flash存储区1自举。该选项仅在连接至包含两个Flash存储区的器件时使能。

-nBoot1(d):与BOOT0引脚一起,选择自举模式:

-nBoot1选中/未选中且BOOT0=0=>从主Flash存储区自举;

-nBoot1选中且BOOT0=1=>从系统存储区自举;

-nBoot1未选中且BOOT0=1=>从嵌入式SRAM自举。

-VDDA_Monitor(d):选择对VDDA电源的模拟监控:如选中,将使能VDDA电源监控器;否则,将禁用VDDA电源监控器。

-nSRAM_Parity(d):此位允许用户使能SRAM硬件奇偶校验。如选中,将禁用SRAM奇偶校验;否则,将使能SRAM奇偶校验。

-SDADC12_VDD_Monitor(e):

a.仅对STM32L4器件可用。b.仅对支持双存储区模式的STM32L4器件可用。c. 仅在STM32F42x/STM32F43x 1-Mb器件上可用。d. 仅对STM32F0和STM32F3器件可用。

如选中,将使能SDADC12_VDD电源监控器;否则,将禁用SDADC12_VDD电源监控器。

-nBoot0_SW_Cfg (a):此位允许用户完全禁用BOOT0硬件引脚并使用用户选项位11(nBoot0)。如选中,BOOT0引脚将绑定至GPIO引脚(对于LQFP32和更小封装为PB8,对于QFN32和更大封装为PF11)。

●自举地址选项字节:对于支持BOOT_ADDx的器件,它允许从选项字节BOOT_ADDx定义的基址自举。BOOT_ADDx[15:0]对应地址[29:11]。对于支持BOOT_ADD0和BOOT_ADD1的器件,则取决于BOOT0引脚:-如果BOOT0=0,从选项字节BOOT_ADD0定义的基址自举。

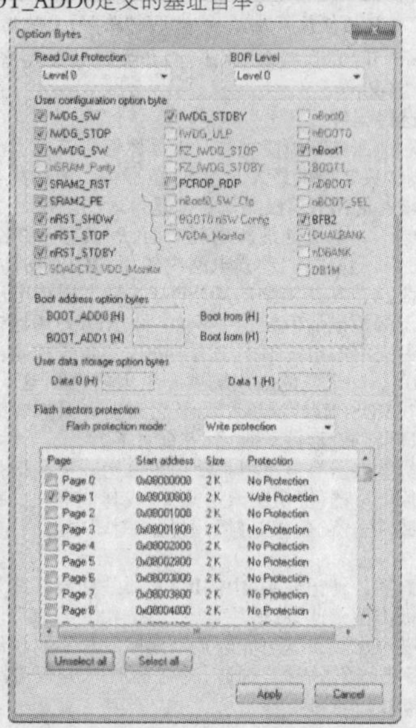

图19 选项字节对话框

-如果BOOT0=1,从选项字节BOOT_ADD1定义的基址自举。用户可以输入自举地址或BOOT_ADDx选项字节值。●用户数据存储选项字节:包含两个用于用户存储的字节。这两个选项字节对STM32F0、STM32F2、STM32F3、STM32F4和STM32L1器件不可用。●Flash扇区保护:根据连接的器件,按定义的页数将Flash扇区分组。在这里,用户可以修改每个Flash扇区的写保护。●对于支持PCRop功能的器件,可以使能/禁用每个扇区的读保护。"Flash保护模式"允许用户选择读或写保护。

●读/写保护存储区A:如选中,PCROPA_STRT、PCROPA_END、起始地址(H)和结束地址(H)字段可编辑,用户可以输入PCROP STRT/END字段或起始/结束地址。

●保护整个存储区A:如选中,对整个存储区A进行pcrop保护。

●PCROPA_strt: 存储区A中受保护区的PCROP起始字段。

●起始地址: 由PCROPA_strt字段定义的起始地址。

●PCROPA_end:存储区A中受保护区的PCROP结束字段。

●结束地址:由PCROPA_end字段定义的结束地址。

●读/写保护存储区B:如选中,PCROPB_STRT、PCROPB_END、起始地址(H)和结束地址(H)字段可编辑,用户可以输入PCROP STRT/END字段或起始/结束地址。

●保护整个存储区B:如选中,对整个存储区B进行pcrop保护。●PCROPB_strt:存储区B中受保护区的PCROP起始字段。●起始地址:由PCROPB_strt字段定义的起始地址。●PCROPB_end:存储区B中受保护区的PCROP结束字段。●结束地址:由PCROPB_end字段定义的结束地址。更多详细信息,请参阅www.st.com网站上Flash编程手册和参考手册中的选项字节部分。

3.7 MCU内核功能

图21所示的内核面板对话框显示ARM Cortex-M3内核寄存器值。它还允许用户使用右侧的按钮对MCU执行以下操作:●运行:运行内核。●停止:停止内核。●系统复位:发送系统复位请求。●内核复位:复位内核。●步骤:执行一步内核指令。●读取内核寄存器:更新内核寄存器值。

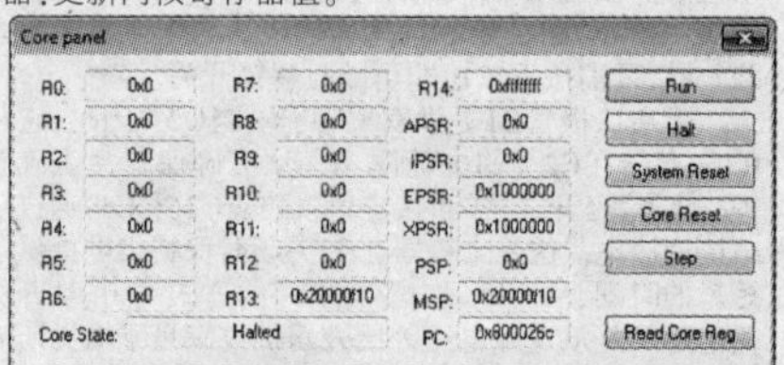

图21 MCU内核面板对话框

注:PC和MSP寄存器均可以从该面板进行修改。

3.8 自动模式功能

图22所示的自动模式对话框允许用户对环路中的STM32器件进行编程和配置。它还允许用户对STM32器件执行以下操作:●全片擦除●Flash编程●验证:-在编程时验证-在编程后验证●选项字节配置●运行应用点击"开始"按钮对连接的STM32器件执行选中的操作,等到断开当前器件并连接新器件后重复相同操作。

图22 自动模式

注:当STM32 Flash存储器受读出保护时,如果用户取消选中Flash编程操作,将自动取消保护。当某些或全部STM32 Flash存储器受写保护时,如果用户取消选中Flash编程操作,将自动取消保护并在编程操作结束后恢复保护。应建立与器件的连接,以便能够使用配置按钮选择选项字节配置。连接的器件应衍生自同一STM32系列,并且必须全部以相同模式(JTAG或SWD)连接。如果计算机连接了一个以上的ST-LINK探头,则不能使用自动模式。系统会显示一个对话框,阻止并要求用户只保留一个连接的ST-LINK探头以便继续使用该模式。在开始自动模式之前,如果选项字节配置已选中,则必须使用"配置..."按钮配置选项字节。

在首次为特定器件ID配置选项字节时,将从连接的器件加载初始值。如果已连接器件与配置选项字节时连接的器件的器件ID不相同,则必须在自动模式开始前使用"配置..."按钮配置选项字节。

3.9 为外部存储器开发自定义加载程序

基于ExternalLoader目录下的示例,用户可以为给定的外部存储器开发自定义加载程序。这些示例适用于三种工具链:MDK-ARM、EWARM和TrueSTUDIO。自定义加载程序的开发可以使用上述三个工具链之一来执行,能够保持相同的编译器/链接器配置,如示例中所示。

要创建一个新的外部存储器加载程序,请按照以下步骤操作:1.使用外部存储器相关的正确信息,来更新Dev_Inf.c文件的StorageInfo结构中的设备信息。2.在Loader_Src.c文件中重写相应的函数代码。3.更改输出文件名。

注:一些函数是强制性的,不能省略(参见Loader_Src.c文件中的函数说明)。不应修改链接文件(linker files)或分散链接描述文件(scatter files)。在构建外部加载程序项目之后,会生成一个ELF文件。ELF文件的扩展名取决于所用工具链(对于Keil为.axf,对于EWARM为.out,以及对于TrueSTUDIO或任何基于gcc的工具链为.elf)。必须将ELF文件的扩展名更改为".stldr",且必须将该文件复制到/ExternalLoader目录下。

3.9.1 Loader_Src.c文件

基于特定IP为内存开发外部加载程序需要以下函数:Init函数 Init函数定义将外部存储器连接到设备所用的GPIO引脚,并初始化所用IP的时钟。如果成功则返回1,失败则返回0。int Init (void) Write函数 Write函数将一块RAM范围中的缓冲区数据写入到指定的地址上去。如果成功则返回1,失败则返回0。int Write (uint32_t Address, uint32_t Size, uint8_t* buffer) ●SectorErase函数 SectorErase函数擦除指定扇区的存储器。如果成功则返回1,失败则返回0。

注:该函数在SRAM存储器中不能使用。

int SectorErase (uint32_t StartAddress, uint32_t EndAddress) 其中,"StartAddress" = 要擦除的第一个扇区的地址,"EndAddress" = 要擦除的后一个扇区的地址。

必须在外部加载程序中定义上述函数。工具用其来擦除和编程外部存储器。

例如,如果用户从外部加载程序菜单中单击程序按钮,该工具将执行以下操作:●自动调用Init函数来初始化接口(QSPI、FMC……)和闪存 ●调用SectorErase()来擦除所需的闪存扇区 ●调用Write()函数来编程存储器。

除了这些函数,我们还可以定义以下函数:●Read函数 Read函数用来读取指定范围的存储器,并将读取的数据返回到RAM里的缓冲区中。如果成功则返回1,失败则返回0。int Read (uint32_t Address, uint32_t Size, uint16_t* buffer)

其中"Address"=读取操作起始地址,"Size"=读取操作的大小,"buffer"=指向读取后的数据的指针。

注:对于QSPI/OSPI (Quad-SPI/Octo-SPI)存储器,可以在Init函数中定义存储器映射模式;这种情况下,Read函数无用。Verify函数选择"verify while programming"模式时会调用Verify函数。该函数检查编程的存储器是否与RAM中定义的缓冲区保持一致。它返回一个uint64,定义如下:checksum<<32 + AddressFirstError 其中"AddressFirstError"为第一次失配的地址,"checksum"所编程缓冲区的校验和值 uint64_t Verify (uint32_t FlashAddr, uint32_t RAMBufferAddr, uint32_t Size) MassErase函数 MassErase函数擦除整个存储器。如果成功则返回1,失败则返回0。int MassErase (void) 校验和函数所有上述函数在成功操作的情况下返回1,在失败的情况下返回0。

3.9.2 Dev_Inf.c文件

该文件定义了StorageInfo结构。该结构定义的信息类型示例如下所示:#if defined (_ICCARM_) _root struct StorageInfo const StorageInfo = { #else

struct StorageInfo const StorageInfo = { #endif "External_Loader_Name", // Device Name + version number MCU_FLASH, // Device Type 0x08000000, // 器件起始地址 0x00100000, // Device Size in Bytes (1MBytes/8Mbits) 0x00004000, // Programming Page Size 16KBytes 0xFF, // Initial Content of Erased Memory // 指定扇区的大小和地址 (查看下面的示例) 0x00000004, 0x00004000, // Sector Num : 4 ,Sector Size: 16KBytes 0x00000001, 0x00010000, // Sector Num : 1 ,Sector Size: 64KBytes 0x00000007, 0x00020000, // Sector Num : 7 ,Sector Size: 128KBytes 0x00000000, 0x00000000, };

(未完待续)(下转第476页)

◇湖北 李坊玉

用梯形图编程进行STC单片机应用设计制作之三

软件使用方法及基本系统板的软件测试(二)

(紧接上期本版)

二、梯形图转单片机HEX转换软件

这里介绍的共享版梯形图转单片机HEX转换软件为PMW-HEX-V3.0。该软件只有两个文件，在安装时还需要两个压缩文件"DotNetFX40.rar"和"DotNetFX40Client.rar"，如图10所示。

图10 PMW-HEX-V3.0文件

PMW-HEX-V3.0安装完成后，会在桌面上生成一个图标 。点击该图标便可进入软件界面，如图11所示。

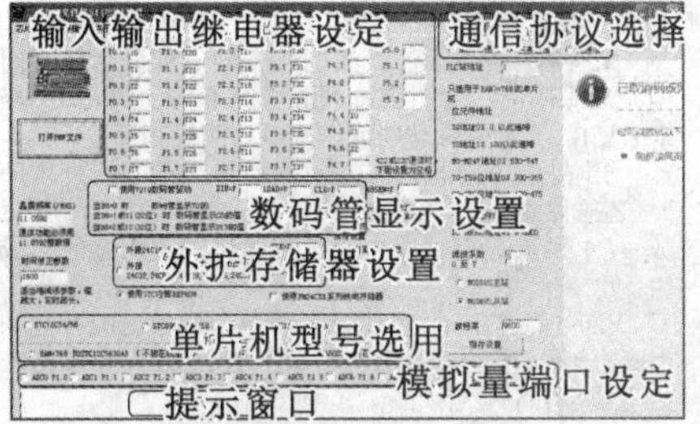

图11 PMW-HEX-V3.0界面

(一)支持指令

三菱FX系列PLC的指令分为基本指令、步进指令和应用指令。PMW-HEX-V3.0软件支持的基本指令有：LD、LDI、LDP、LDF、AND、ADI、ANDP、ANDF、OR、ORI、ORP、ORF、ANB、ORB、SET、RST、MC、MCR、MPS、MRD、MPP、INV、STL、RET、OUT、PLS、PLF、NOP、END。因篇幅有限，仅列出部分基本指令的助记符、功能及其梯形图表示方法，如表1所示。

三菱PLC的应用指令可以处理16位或32位数据，在指令助记符前加字母D，表示该指令处理的是32位数据，助记符前没有字母D的为16位数据处理指令。该转换软件支持的应用指令有：ZRN、DPLSY、PLSY、DPLSR、PLSR、ALT、MOV、ZRST、INC、DEC、ADD、SUB、MUL、DIV、DADD、DSUB、DMUL、DDIV、LD =、LD >、AND=、AND>、OR=、OR>。

因篇幅有限，这些应用指令的助记符、功能及其梯形图不再列出，使用时再作说明。

(二)支持资源

PLC内部资源有继电器、定时器、计数器、状态器、数据寄存器等元件，其中继电器还分为输入继电器、输出继电器和辅助继电器。由于其内部根本不存在我们通常见到的那些继电器、定时器，计数器等，实质上这些元件是PLC内部存储器中的某一位或一个字(16位)，故称它们为虚拟元件。PMW-HEX-V3.0软件支持资源如表2所示。

表2 PMW-HEX-V3.0软件支持资源

元件名称	数量	范围
输入继电器	44	X00 ~ X43 (8进制)
输出继电器	44	Y00 ~ Y43 (8进制)
辅助继电器	248	M0 ~ M247
特殊功能继电器	6	M8000、M8002、M8011~M8014
定时器	60	T0 ~ T59 时基:0.1s
计数器	16	C0 ~ C15
状态器	80	S0 ~ S79
数据寄存器	80	D0 ~ D79

需要提醒的是，在用"FXGPWIN"软件编制应用程序时，只能使用转换软件所支持的指令和资源，否则会出错。

表1 转换软件支持的基本指令

指令助记符	功能	可用虚拟元件	梯形图表示
LD	加载常开触点	A:X,Y,M,S,T,C	
LDI	加载常闭触点	A:X,Y,M,S,T,C	
LDP	取脉冲上升沿，上升沿检出运算开始	A:X,Y,M,S,T,C	
LDF	取脉冲下降沿，下降沿检出运算开始	X,Y,M,S,T,C	
AND	常开触头串联连接，常开"与"连接	B:X,Y,M,S,T,C	
ANI	常闭触头串联连接，常闭"与"连接	B:X,Y,M,S,T,C	
ANDP	上升沿检出串联连接，"与"脉冲上升沿	B:X,Y,M,S,T,C	
ANDF	下降沿检出串联连接，"与"脉冲下降沿	B:X,Y,M,S,T,C	
OR	常开触头并联连接，常开"或"连接	C:X,Y,M,S,T,C	
ORI	常闭触头并联连接，常闭"或"连接	C:X,Y,M,S,T,C	
ORP	上升沿检出并联连接，"或"脉冲上升沿	C:X,Y,M,S,T,C	
ORF	下降沿检出并联连接，"或"脉冲下降沿	C:X,Y,M,S,T,C	
ANB	并联回路块的串联连接，块"与"	—	
ORB	串联回路块的并联连接，块"或"	—	
SET	置位	G:Y,M,S	SET Y000
RST	复位，寄存器清零	G:Y,M,S,T,C,D,V,Z	RST Y000
MC	公共串联点的连接线圈指令，主控	Y,M(特殊M除外)	MC Ni B
MCR	公共串联点的消除指令，主控复位	—	MCR Ni
MPS	运算存储，压栈	—	MPS
MRD	读栈顶数据		MRD
MPP	取出栈顶数据		MPP
INV	取反	—	
STL	步进接点驱动	S	STL
RET	步进结束返回	—	RET
OUT	驱动线圈，输出	G:Y,M,S,T,C	

(未完待续)(下转第477页)

◇江苏永鼎线缆科技有限公司 沈洪
苏州竹园电科技有限公司 键读

故障集成电路的替换方法及原则

在电子产品开发与维修中，在考虑其成本，或确认一块集成电路损坏后，通常要找一个与原器件的规格、型号一致的集成块来替换。而要找一个与原器件规格、型号一致的替换件并不容易，因此如何寻找能够替代原品的集成电路器件，就成了维修的关键。了解集成电路常见故障类型，掌握集成电路替换的原则、方法和注意事项。可以使维修或替换集成电路事半功倍。

一、集成电路故障类型

可以把每一块集成电路(简称“组件”)看成带有电源端、输入、输出端，且具有一定功能的黑匣子，而不必深究内部电路结构，只要判明它的电源端并了解其输入、输出之间的逻辑关系正确，便认为它是正常的，否则表明组件有故障。组件故障通常可以分为组件内部电路故障和组件外部电路故障两类。

1.组件内部电路故障

(1)输入、输出脚脱焊开路。

(2)输入、输出脚与Ucc电源或地线短路。

(3)Ucc电源和地线以外的两个引线之间短路。

(4)组件内部逻辑功能失效

2.组件外部电路故障

(1)Ucc电源和地线与外部电路节点之间短路。

(2)Ucc电源和地线之外的两节点间短路。

(3)信号开路。

(4)外部元件故障，如电感、电容和电阻等。

3.组件静态参数和静态功能故障

综上所述，组件的故障类型不外乎开路、短路和功能失效三种。大量的实践证明，组件的动态参数(延迟时间、上升边沿时间、下降边沿时间)失效情况较少，而静态参数、静态功能失效的情况较多。

静态参数和静态功能是在直流电压信号和低频信号下测试的参数与功能。其功能故障一般有以下8种：

(1)组件的功能电流过大、组件发热，使组件功能失效。

(2)组件的输入电流过大，使前级负载加重，将前级信号或电平拉垮。

(3)几个输入端的交叉漏电流过大，引起逻辑功能失效。

(4)输入和输出引脚中有开路或短路，致使功能失效。

(5)组件的频率特性变坏，当工作频率升高时，输出电平的幅度降低(如工作电源电压为5v的组件降为3V)，致使功能失效。

(6)组件内部输出管负载特性变坏，低电平升高，大于0.8v(如在1v-2v之间)，使逻辑产生错乱。

(7)组件内部驱动管输出电流太小。不能驱动下一级负载.使逻辑出错。

(8)高低电平不符合要求，如低电平大于0.6V，高电平小于2.8V，这样的电平一般被称为危险电平或不可靠电平。具有这样输出电平的组件应当剔除。需要注意的是，当集电极开路门组件的输出端不加匹配电阻时，也会产生故障电平，但这不是组件有故障.不应剔除。

以上属于数字集成电路的故障类型。对于其他集成电路(如模拟线路集成电路)则可作为借鉴。

二、替换的原则

1.外形规格及引线排列顺序应相同

尽量选用同型号的集成电路或可以直接代换的其他型号.这样可以不改变设计或原机电路的引线.简便易行、容易满足设计要求或恢复原机的性能指标。有少数集成电路，虽然其型号相同，但还要考虑其外形尺寸。

2.电路的结构及工艺类型应相同

如TTL替换TTL，CMOS替换CMOS.ECL替换ECL等。

3.电路的功能特性应相同

应确保替换的集成电路是好的，否则判断排除故障更费周折。

4. 电路的一些主要参数应相同或相近如电源电压、工作频率等。

三、替换的方法

首先要熟悉国内外集成电路的命名方法，查阅有关集成电路数据替换手册. 进而决定选取哪一种型号作替代品。通常有以下5种情况：

1.型号字母不同，数字相同。如CD4001、TC4001、SCL4001、HCF4001、CC4001等均为同一功能产品，并且引脚排列等完全相同，符合替换的基本原则。一般来说，这种情况直接替换。通常可得到满意的替换效果，但也有例外，在没有完全把握时，需要进一步查阅有关资料加以证实。

2.型号字母相同，数字不同。这种情况一般是同一生产厂家不同系列或改进型产品，替换的可能性很大。

3.型号和字母都不同。这种情况可替换的型号较多，主要是由于各生产厂家互相仿制，只要查有关数据手册的替换表就可查到。

4.引脚数目不同。这种情况替换看似不太可能，但实际上却是可以的。因为功能相同而引脚不同，引脚多的一般是增加了散热脚或共地脚。

5.封装不同。这种情况较为多见。如同一功能的产品有金属圆形封装和双列直插封装等。虽然封装不同，但电特性完全相同.通过加长引脚并套上绝缘套，按引脚功能要求进行连接，便可完成替换。当然，是在实在找不到替代品的情况下才采用这种方法。

四、替换的注意事项

1.选用同型号的集成电路可以直接代换。

2.更换原机上的集成电路时，不要急躁.也不要乱拨、乱撬集成电路的引脚.根据自己所具备的条件来选择拆卸方法。

3.在还没有判断外围电路是否有故障.以及未确认集成电路损坏之前，不要轻易更换集成块，否则换上去的集成块有可能再次报废。

4.有些集成电路，虽然型号中的大部分字符相同但其后缀不同，则引脚排列等可能不同，如M5115与M5115R，二者引脚功能的排列顺序刚好相反。

5. 在选用相同功能但不同型号或不同引脚排列时，还应注意：

(1) 尽量选用功能、电气特性相同或相近的集成块。

(2)引脚连接时，应尽量利用原印刷板上的孔位和线路，连线要整齐，信号前后数不要交叉，以免电路产生干扰、短路等故障。

(3) 集成电路的供电电压与集成电路的电源电压典型值应相符合。

(4)集成电路的各信号的输入、输出阻抗要与原电路匹配。

◇四川 秦士力

浅谈氮化镓在半导体上的应用(一)

随着半导体的不断发展，其运算能力越来越强，不过随之而来的功耗发热问题也是日益彰显。而氮化镓(GaN)拥有极高的稳定性，它的熔点约为1700℃。作为目前是最优秀的半导体材料之一，GaN用作整流管能降低开关损耗和驱动损耗，提升开关频率，附带地降低废热的产生。这些特性让氮化镓应用在电源上有很好的发挥，降低元器件的体积同时能提高效率。

氮化镓(GaN)材料是1928年由Jonason等人合成的一种Ⅲ-Ⅴ族化合物半导体材料。早在2000年左右，就开始射频氮化镓技术的研究工作了。

氮化镓被业界称为第三代半导体材料，被应用到不同行业的产品上，应用范围包括半导体照明、激光器、射频领域等，应用在电源类产品上可以在超小的体积上实现大功率输出，改变行业设计制造方案、改变消费者使用习惯。(见表1)

氮化镓作为氮和镓的化合物，结构类似纤锌矿，硬度很高。作为时下新兴的半导体工艺技术，提供超越硅的多种优势。与硅器件相比，GaN在电源转换效率和功率密度上实现了性能的飞跃。

相对于硅、砷化镓、锗甚至碳化硅器件，GaN器件可以在更高频率、更高功率、更高温度的情况下工作。另外，氮化镓器件可以在1~110GHz范围的高频波段应用，这覆盖了移动通信、无线网络、点到点和点到多点微波通信、雷达应用等波段。近年来，以GaN为代表的Ⅲ族氮化物因在光电子领域和微波器件方面的应用前景而受到广泛的关注。

适用于CoolGaN™ 冷却原理的贴片式(SMD)封装 infineon

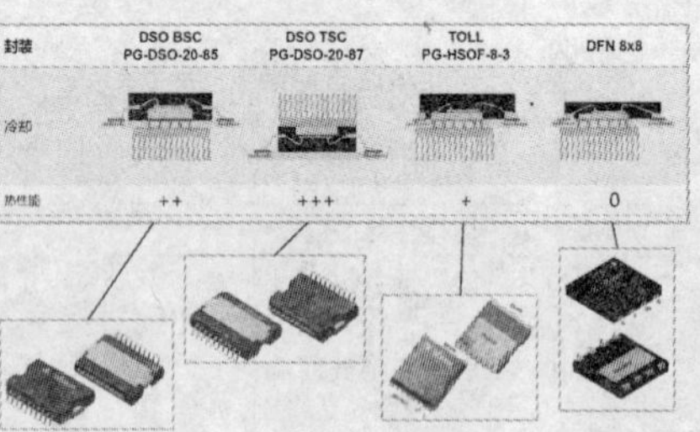

表1

半导体材料发展史				
半导体材料		带隙(eV)	熔点(K)	应用范围
第一代	锗(Ge)	1.1	1221	低压、低频、中功率晶体管、光电探测器
	硅(Si)	0.7	1687	
第二代	砷化镓(GaAs)	1.4	1511	微波、毫米波器件、发光器件
第三代	碳化硅(SiC)	3.05	2826	1. 高温、高频、抗辐射、大功率器件；2. 蓝、绿紫发光二极管、半导体激光器。
	氮化镓(GaN)	3.4	1973	
	氮化铝(AIN)	6.2	2420	
	金刚石 C	5.5	>3800	
	氧化锌(ZnO)	3.37	2248	

表2

第一、二、三代半导体部分材料特性及应用对比				
	材料	硅(Si)	砷化镓(GaAs)	氮化镓(GaN)
物理特性	带隙(eV)	0.7	1.4	3.4
	饱和速率(×10-7cm/s)	1.0	2.1	2.7
	热导(W/c·K)	1.3	0.6	2.0
	击穿电压(M/cm)	0.3	0.4	5.0
	电子迁移速率($cm^2/V·s$)	1350	8500	900
应用情况	光学应用	无	红外	蓝光/紫外
	高频性能	差	好	好
	高温性能	中	差	好
	发展阶段	成熟	发展中	初期
	相对制造成本	低	高	高

英飞凌GaN贴片式封装工艺

作为一种具有独特光电属性的半导体材料，GaN的应用可以分为两个部分：

凭借GaN半导体材料在高温高频、大功率工作条件下的出色性能可取代部分硅和其它化合物半导体材料；

凭借GaN半导体材料宽禁带、激发蓝光的独特性质开发新的光电应用产品。

目前GaN光电器件和电子器件在光学存储、激光打印、高亮度LED以及无线基站等应用领域具有明显的竞争优势，其中高亮度LED、蓝光激光器和功率晶体管是当前器件制造领域最为感兴趣和关注的(见表2)。

最开始氮化镓器件成本高、产量不高，氮化镓器件主要应用于军事和航天领域(雷达和电子战系统)；比如点对点军用通信无线电中就有使用氮化镓工艺的放大器，未来手机是否也会获得军事领域的下放技术还说不清楚。但氮化镓器件已经开始走向大众消费领域了，比如已量产的氮化镓充电器和电源等。

(本文原载第39期11版)(下转第469页)

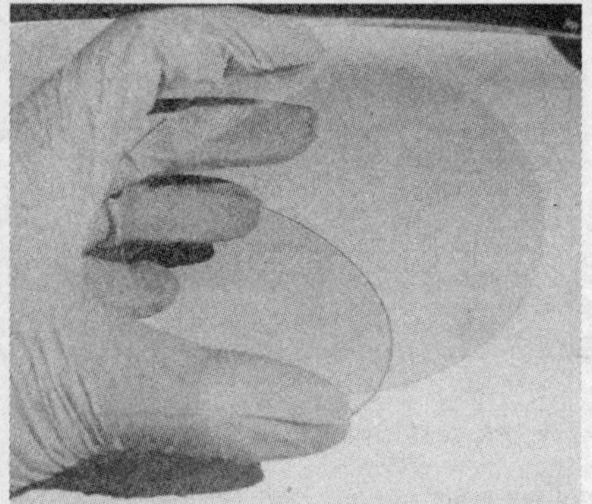

氮化镓的熔点和饱和蒸气压相当高，因此在自然界无法以单晶体的形式形成，目前常用的制备方法为薄膜法和溶胶凝胶法。

4G & 5G 比 辐 射

2019年6月6日，工信部向中国电信、中国移动、中国联通、中国广电发放5G商用牌照。有一个问题再一次备受关注，那就是——"5G时代来了，我周围的辐射量会变大吗？"

近日，中国工程院院士邬贺铨对这个问题进行了回应："很多人会误认为基站有电磁辐射危险，4G基站美国的辐射标准是每平方厘米600微瓦，中国基站电磁辐射标准只有40微瓦，比美国严格10倍"。

5G网络比4G速度更快，不是靠增强通信基站的信号发射功率，而是靠扩容传输带宽。5G基站和4G基站一样都是小于40微瓦/平方厘米。而且，基站覆盖越密，手机信号接收才越好，用户受到的电磁辐射反而会越小。所以，随着通信基站越来越多，信号更好，辐射也更小。

误区一：通信基站越多，辐射越大？

答：通信基站的辐射量还不如你家的电器！

划重点！通信基站数量越多，手机通话效果就越好，手机和基站之间产生的电磁辐射反而越小。其实，通信基站的辐射量还没有一屋子家电辐射大。

"大块头"的通信基站并不意味着巨大的辐射值。

辐射其实是一种能量传递方式，地球本身就是一个大磁场。在自然界，电闪雷击、太阳黑子活动、大气、宇宙等都在产生电磁辐射。

在生活中，无线电台、基站天线、微波炉、电脑、电视机、吹风机、收音机等和人们生活密不可分的家用电器也会产生电磁辐射。

比如，一般来说，电吹风的辐射可以达到100微瓦/平方厘米，电磁炉的辐射量甚至能达到580微瓦/平方厘米，家庭中常用的无线路由器，在1米范围内产生的辐射量也有60微瓦/平方厘米以上。

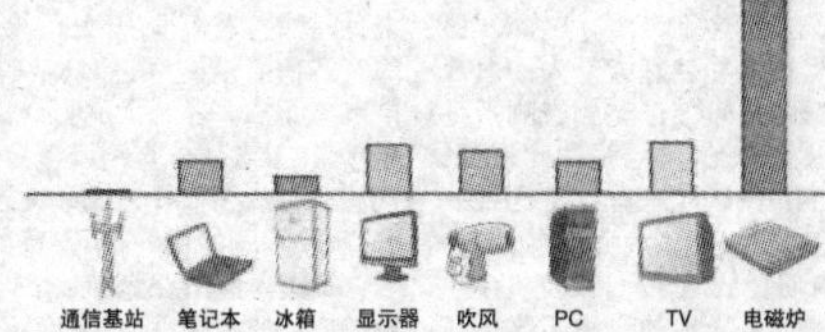

而通信基站的电磁辐射，按照国家标准要求，要小于40微瓦/平方厘米。在实际执行的时候，运营商考虑到信号叠加，工程施工要控制在8微瓦/平方厘米以内。

与这些常用家用电器相比，小区基站的辐射量微乎其微。

因为，通信基站天线的辐射覆盖面积较广，辐射功率分散在方圆几平方公里的面积上，而且与人体的距离往往超过10米，对人体的影响较小。而笔记本电脑、手机等产品往往是跟人体零距离接触，所以辐射值反而更大。

误区二：手机信号越好，电磁辐射越大？

答：手机信号好，反而对人体的辐射更小！

通信基站数量越多，手机通话效果就越好，手机和基站产生的电磁辐射也越小。

因为，手机与基站之间有个智能控制机制，会动态调整互相之间的通话信道、电磁辐射功率。

一个覆盖半径在500至700米的通信基站，相对于该范围内的移动手机而言，距离基站越远，对应通话信道和手机的发射峰值功率就越强。

通俗地说，通信基站覆盖越好，手机通话信号就越好。信号好，则手机与基站联系的发射功率就小，对应功耗低，对人体的辐射也小。

实验显示，手机剩一格信号的时候，通话1分钟辐射量相当于基站1年辐射量。

所以，如果您经常发现随身手机的信号强度显示只有一格，就应该主动和运营商联系，争取在附近建基站，既提高通话接通率，又降低手机的发射功率，通话者才越安全。

误区三：离通信基站越近辐射越大？

答：通信基站辐射属于"灯下黑"，距离近不一定辐射大。

近年来，许多新建住宅小区的手机信号不好，其中一个重要原因是旧基站被拆除，新的基站又难以落地建设。

目前，城市中绝大部分的通信基站优先选择建设在公园、绿地、广场、路灯杆上等相对宽敞的公共区域内，这样距离居民小区较远，建设的阻力相对较小。

很多市民都认为离通信基站越近辐射越大，因此反对在自家小区内或楼顶上建通信基站。

其实，通信基站的电磁波主要向水平方向发射，在垂直方向上衰弱明显。

所以，基站的正下方，功率密度往往是最小的。就像是"油灯"一样，越在灯下越黑暗，越向外亮度也就越大。

此外，电磁辐射强度与距离的平方成反比。也就是说，发射基站越高，对人体的影响就越小。

误区四：4G、5G通信基站辐射更大？

答：网络提速和基站辐射增值无关！

我们都知道4G网络速度更快，但这个提速不是靠增强通信基站的信号发射功率，而是靠扩容传输带宽，就像拓宽高速公路一样。

4G时代，频率带宽大大提升，大家觉得网速更快了，但是4G通信基站的辐射标准并没有变，还是要小于40微瓦/平方厘米，未来的5G通信基站也是一样。

而且，就像上面解释过的一样，通信基站覆盖越密，手机信号接收才越好，用户受到的电磁辐射反而会越小。

◇河北 古塔

浅谈氮化镓在半导体上的应用(二)

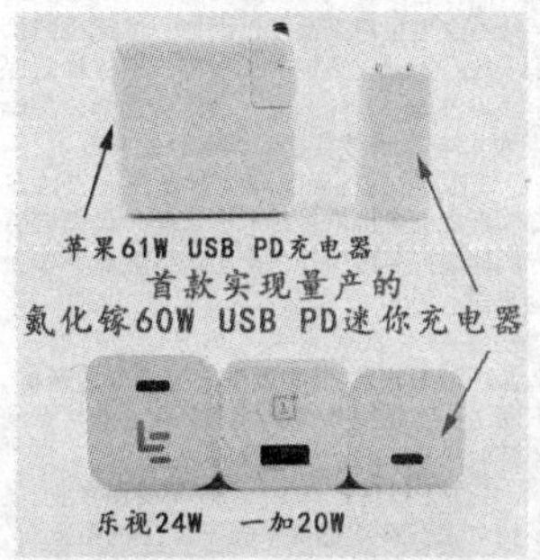

(紧接第468页)

目前经过测试发现，用氮化镓材料代替传统的MOSFET后，电源的驱动损耗、开关损耗会更小，死区也缩小(缩短优化开关转换时的死区时间)。而更高的电子迁移率使得反向恢复时间极短，也就不存在反向损耗。不过虽然氮化镓的优点多，物理性能优异，但它不能应用在比较高的电压环境下。与现今的硅器件相比，氮化镓的导通电阻要低3个数量级，击穿电场是硅器件的10倍，带来的就是更高的转换效率和工作频率，并降低元器件体积。另外氮化镓可以在严酷的工作环境下保持正常的性能，不过目前氮化镓的成本还是太高了，所以目前氮化镓比较成熟的应用是在小型的充电器以及电源上。

而作为机箱电源，在高端领域，除了各大品牌的钛金电源在用料和做工讲究以外，高功率高转换效率也是重中之重，有的为了追去极致的转换效率已经在采用氮化镓做材料了。

说完了这些采用氮化镓电源设备的优点，再说说缺点：首先就是价格贵，比如一个氮化镓60W USB PD充电器差不多要200元的价格。然后非PD设备最高只支持10W左右的功率充电。最后在30W功率区间，又比较尴尬，笔记本一般需要65W充电功率，30W功率过低可能出现笔记本CPU降频或者笔记本在使用时无法给电池进行充电。目前手机快充多数还处于18W一档，这体积和18W PD充电头相比的话优势又不明显了。

对于5G时代，氮化镓更能发挥出巨大作用，这种材料非常适合提供毫米波领域所需的高频率和宽带宽，加上低内阻低发热量、适合在高温环境下工作的特点，GaN材料将应用于各种被动散热的户外电子设备以及汽车上。

(本文原载第40期11版)

电子科技博物馆专栏

苹果iBook——首款支持WIFI的大众消费品

1999年7月21日，史蒂夫·乔布斯在纽约Macworld博览会上发布了其第四款产品iBook。业界认为它的诞生为苹果在全球获得巨大成功立下了汗马功劳。

资料显示，根据乔布斯重返苹果后提出的2×2产品线策略，iBook是苹果首次面向更广大市场，以年轻用户特别是学生为目标用户的笔记本电脑产品，而这也将成为最后一款产品。苹果从当时的iMac借鉴了色彩艳丽的透明外观，给iBook G3做出了一个"Clamshell"(蛤壳)设计，共有橘色、蓝莓、灰黑、亮蓝和柠檬绿五种颜色，备受目标用户群体的欢迎。因此当时，它的市场口号为"iMac to go"，产品重量为6.7磅。

最初的iBook售价为1599美元(约合人民币11003元)，其12.1英寸显示器的分辨率为800x600，配置全尺寸键盘和触控板以满足年轻人的使用需求。即便价格并不便宜，但作为第一个支持无线网络的大众消费产品，iBook的市场吸引力和竞争力依旧十分强劲，在销售过程的表现也相当不俗，成为苹果电脑复苏的功臣之一。

有评论认为，通用性强，适用场景广，赶上新兴技术发展，不强制用户使用新技术，创新点符合笔记本移动性的本质，当年iBook上加入无线功能这一令人拍手叫绝的创新，其意义不仅仅局限于一款产品、一个时代，因为它揭示了创新的本质，为创新活动提供了一个科学的方法论，指导后人去发现未来、引领潮流并影响世界。

然而随着科技的不断进步，iBook的历史意义似乎已经超过了它的实际使用价值。等到苹果公司于2006年正式推出MacBook后，iBook也随之被取代，悄然退下历史舞台。

◇王强(本文原载第36期2版)

本栏目欢迎您讲述科技产品故事，科技人物故事，稿件一旦采用，稿费从优，且将在电子科技博物馆官网发布。欢迎积极赐稿！

电子科技博物馆藏品持续征集：实物；文件、书籍与资料；图像照片、影音资料。包括但不限于下列领域：各类通信设备及其系统；各类雷达、天线设备及系统；各类电子元器件、材料及相关设备；各类电子测量仪器；各类广播电视、设备及系统；各类计算机、软件及系统等。

电子科技博物馆开放时间：每周一至周五9:00--17:00，16:30停止入馆。

联系方式

联系人：任老师 联系电话/传真：028--61831002

电子邮箱：bwg@uestc.edu.cn 网址：http://www.museum.uestc.edu.cn/

地址：(611731)成都市高新区(西区)西源大道2006号

电子科技大学清水河校区图书馆报告厅附楼

专业音响故障排除秘诀(一)

目前专业音响设备种类繁多，这么多设备在使用当中难免会有一些各种各样的故障，有些是设备本身的故障(硬故障)，有些是使用不当造成的人为故障(软故障)。大体上音响系统出现故障可归纳为：电源故障、线路故障、人为操作故障、设备本身故障、干扰故障等共五大类。笔者今天主要从电源故障、线路故障及人为操作故障进行解析：

一、音响系统电源故障

(一)系统总电源故障

音响系统总的电源配置很重要，需要注意的有以下几点：

1.三相动力电

一般使用专业音响设备的场所都会申请安装三相动力电源，比较重要的场所还会采用两条各自独立的三相动力电源，万一其中一条出现故障时不至于整个系统都瘫痪；甚至非常重要的场所还会使用类似于电脑的“UPS”之类的备用电源，可见电源方面是多么的重要。

2.音响、灯光电源分开

音响系统和灯光最好要有各自的电源，否则一个是容易产生干扰，再一个工作起来也不安全。

3.总电源分配

光有了强劲的电源还不够，还要注意对电源的分配：原则上调音台及各种音源设备要有一路独立电源；各种周边设备要有一路独立电源；功放及其它设备还要有至少2路独立电源。每一路独立电源用相应的空气开关控制，这样我们在开关设备时就非常方便了。

(二)设备分电源故障

设备本身的电源故障也可以分为3部分：

1.设备内部本身的电路部分故障

这个我们一般的音响师没办法排除，需要专业的维修人员或设备供应商来保修。

2.供给设备的电源有问题

比如有一些直流供电的设备要使用变压器，有时候变压器会出现故障；还有就是连接设备的电源线有问题，这种情况很少发生，不过也真有好好的电源线看起来没问题就是不通电，而换一条电源线故障就排除的时候。

3.接插设备的装置有问题

比如与设备相连接的插座、电源时序器等有问题，这种故障的发生机率相对来说还是很高的，特别是在流动演出时要更加注意。

(三)电源稳压、接插设备故障

现在各行各业用电量都在增加，因此电源的电压就很难保证在一个恒定的标准范围内，这种情况下好多使用音响的场所就给音响系统配置了稳压器等电源处理设备，但在挑选设备时一定要注意稳压器的稳压功率和质量；还有的地方用的电源插座或电源时序器质量比较差，这样也容易产生故障。

电源系统故障案例

1.某一舞厅新开业，白天调试音响系统时电压正常，系统也正常，但晚上演出时就不行了，电压低到180伏，还有些音响设备工作不正常了。这个场所使用的是三相动力电，音响系统一相，灯光系统和空调系统共用一相，其它场所照明系统一相。白天调试音响时舞厅里的灯光和空调都没有开，因此电源正常，晚上就不一样了，三相电源不平衡，问题就来了。后来把空调系统也单独使用一相电，场所照明系统使用了民用电系统，这样三相电平衡了，问题就解决了。

2.某一舞厅演出时音箱总是发出“咔咔”的冲击声，结果发现是使用的稳压器质量不是很好，每当稳压器稳压指针跳动时音箱就发出“咔咔”声，后来更换稳压器后发现有时候还会有电源脉冲声，结果又发现每当按动舞台摇像头控制台时，音响就有杂音了，后来把这台控制器的电源干脆插到民用电普通插座里，和调音台那路总电源分开问题就解决了。

通过以上的例子，我们知道电源引起的故障是多种的，必须靠我们细心的安装、配置和使用了，因此电源部分非常关键和重要。

二、音响系统线路故障

(一)电源线路故障

一套音响系统里使用电源的地方很多，都需要有各种各样的电源线来连接，比如：调音台及音源播放器等电源、周边设备电源、功放电源、舞台电源、有源音箱电源、视频系统电源等等，因此电源连接线要安全可靠，尽量避免发生故障。

(二)信号线路故障

假如把一套音响系统比喻成一个人，那么音响系统的信号连接线就好像是人的血管一样，“血液循环”如何，直接影响到音响系统的稳定性如何，但即使知道信号线如此重要，有时故障还会发生，归纳起来有以下几种故障：

1.信号线本身质量问题

这种故障是最让人上火的，出了这种问题我们一边只能无奈的骂骂那些奸商，另一边还要挖空心思去重新放线，真正的郁闷。

2.安装时导致信号线损害

有时候我们用了质量很好的线，安装前检测没有问题，但安装后就出问题了，这可能是安装时导致了信号线的损害，特别是有些长距离传输的线材，在安装过程中穿管时太用力扯线材，就可能导致线材损坏；也有可能是别的工种在施工时不小心损坏；还大有可能是线材被老鼠练磨牙功给咬断了，反正故障原因种种，因此放线时尽量要多放几条备用线。

3.信号线焊接问题

在焊接信号线时一方面要注意每一个焊点的焊接质量，还有一个就是各种信号线与其相应的各种接插头之间要正确对接，比如XLR卡侬接头有1、2、3三个接点，不能搞混了，所以信号线焊接好后还要用万用表检测一下，看会不会短路或断路。

(三)功放和音箱连接线路故障

功放和音箱之间的连接大家都比较重视了，都会采用质量好的、粗一点的音箱线，音箱线出现故障一般就是短路了，现在音箱连接都是四芯插头还好点，过去好多音箱都是采用TS6.35插头，这样的插头短路的危险就会大增；音箱线一般很少出现断路情况，那么粗的线要是断路了一般是人为的了，不大可能是线材本身问题。

线路系统故障案例

某公司给一个海关做多功能厅时，那里的舞台到音控室有80米左右，舞台上需要8只话筒，结果所有8只话筒打开后音箱里的噪音像下雨一样大，根本验收不了。后来决定把所有会议电容话筒的TS6.35非平衡插头剪掉，全部改为XLR卡侬插头，全部采用平衡传输方式。结果8只话筒做平衡传输后，在正常音量下，离音箱2米基本上听不到明显的噪音了，一样的信号线，换了下接头，结果就大不一样了，因此我们一定要注意信号线引起的故障。

三、人为操作故障

(一)信号连接问题

1.音源播放设备与调音台的连接：各种CD、DVD、MD、卡座等要用与其配套的线材与调音台连接，一般插在高阻端口。

2.有线动圈话筒、电容话筒等一般插在XLR低阻端口。但无线话筒信号是经过接收机放大了的，需要实验一下才知道插在哪一种端口合适。

3.原则上乐队等设备输出的信号要插在高阻端口，但如果线路较长，干扰较大，也可以插在低阻信号端口。其它的音源信号都可以做下实验，看看用哪一种端口输入才合适。如果这些输入到调音台的线路有问题，那就很麻烦，最怕是线路接触不良，不是没有声音，而是时有时无，还伴随噪音，所以这些信号线音响师最好亲自手制作并连接，做到心中有底，方可最大限度的避免故障。

(二)设备调控问题

音响设备很多种，对于音响师来说要把每一台音响设备都调整好，我们说的人为操作故障主要发生在演出期间，如：无声、断音、回输、噪音等多种，下面我们就逐一讲一下容易发生人为操作故障的常用音响设备。

(1)调音台：我们一般把调音台比喻成一套音响系统的心脏或大脑，因此调音台也是产生人为操作故障最多的音响设备，调音台的人为操作故障一般表现为：无声、声音很小、声音失真、声音忽大或忽小、严重回输、明显噪音等等。

1.调音台通道电平衰减开关：有的调音台在增益旋钮前增加了一个20dB左右的电平衰减转换开关，当CD等音源从高阻端口输入进来后，由于电平较高，可能需要按下此转换开关把音源信号衰减20dB才合适，但有些音响师在演出时要是不小心把这个开关按了起来，那就是：老板很生气，后果很严重了！这时的声音信号没有经过衰减突然大了20dB，后果可想而知，轻者全部听众会吓得从椅子上蹦起来，重者部分音响设备会当场报废，因此我们在对每一个旋钮或开关进行调整时都要有清晰、明确的目的，不要盲目操作。

2.调音台增益调整：有些音响师不知道通道增益的重要性，对此旋钮信手乱调，有时候把增益旋钮关掉，甚至还同时按下了20dB电平衰减开关，想下这时候的声音会有多么小？根本谈不上音乐的信噪比和动态了，如果对话筒通道也如此思路调整，那歌手只有自认倒霉了，就是喊破天也不会有高昂极具穿透力的歌声出来；当然也有些音响师喜欢把增益调到很大，对于音乐还好，最多是显得音乐硬邦邦的，但歌手可就惨了，稍微一大声就像洪水冲破了堤坝一样显得无法控制，高昂的歌声会变得像破锣或爆豆一样的嘈杂，因为此时电平太大信号已经严重失真了，另外这种情况下话筒还会经常回输。由此可见增益之重要，搞不好就会造成演出期间事故。

3.调音台均衡组调整：调音台顾名思义主要是用来调整音色的，调整音色主要还是要靠均衡组，说来很简单，无非就是高中低音再加上几个相应的选频旋钮，正常操作下虽然音色不一定就会很好，但也不会发生演出事故，但有些音响师对均衡旋钮有时候大胆地转来转去，我看到这样的音响师都会觉得心惊，如果把低音加到很大，整个功放和音箱的负担就大大增加了，可能会损坏设备，同时声音也会很容易失真；如果中音高音加到很大，那么高音喇叭就危险了，总之提升均衡旋钮要有个度，过度提升会产生不可预期的故障。

4.调音台AUX调整：大家知道AUX主要是用来发送信号给效果器的，在一个调音台里，假如我们从AUX6发送信号给效果器，经过效果器处理后若输出了2路信号到调音台的23–24路，那么此时23–24两个通道中的AUX6旋钮就不要再打开了，否则刚才经过效果器处理后的信号就会又流回到效果器里。由此，AUX和效果器之间就会又形成了一个循环，当环路电平增益超出一定范围，便会产生声反馈现象。除此以外，AUX的推子前后等问题也要注意。

5.调音台声像：声像旋钮大家好想把它当作可有可无的东西，有时候我们只用总输出的左路或者右路输出音量时，那么声像就要注意了，如果用总输出右路输出信号而调音台通道声像都打到左边，那此时就造成无声故障了，左右正好相反呀。

6.调音台监听及静音开关：一般调音台监听和静音开关是靠近在一起的，操作时候一定要看清楚，往往在按监听开关时会错按了静音开关，那就造成无声故障了。记得以前有个徒弟，戴着耳机监听，原则上要一路一路监听信号，他一按几个通道还不小心把男歌手通道的静音开关按下了，结果他自己戴着耳机享受纯乐队声音，歌手急得拿着话筒跑过来踹音控室门，因此操作时一定要小心，而且现场音响师也不能总戴着耳机，那样就没有大局观了。

7.调音台编组问题：对通道声音进行编组当然是方便控制，但由于编组按钮比较小又比较多，因此一定要仔细操作，在具有此功能调音台上做编组静音操作时一定看分明了。

8.调音台INS插入插出插口：有些音响师不懂这个插口怎么用，假如不小心把调音台的INS插入插出插口里插入一条TS接头的信号线，那调音台那路总输出就会没声音了。

9.调音台干扰源查找：有时候调音台里会有干扰噪声，所有分路通道开关关闭，只开调音台的总音量，都会有很大的噪声出去，这个时候我们可以戴上耳机一路路监听下，看看噪音是调音台哪一路进来的，或者一路路的拔掉调音台的输入线路甚至是输出线路，等拔到哪一路噪声消失了，就找到噪声源了。

10.调音台幻象电源：大部分调音台内都会有一个48伏的幻象电源，它可以用来推动多种电容话筒，但由于它是从话筒线上传输的电流，因此要经常检查话筒线，保证线路畅通，否则线路接触不好时就会发出很大的电流冲击声。还有一个现象是：如果在一个调音台里你使用了带电池的会议电容话筒时，就不要再打开幻象电源了，否则两者之间可能会互相干扰，可能会发出下雨一般的“沙沙”声。现在有些调音台打开幻象电源时会发出很大的电流冲击声，因此要小心操作。

(2)反馈抑制器：反馈抑制器的主要功能就是防止系统产生回输，保护音箱设备，下面说下调整电子分频器时需要注意的几点问题及故障排除：

1.在利用话筒进行反馈点抑制时，最好找几只经常使用的话筒，而且在调整时要不断的变换话筒的位置，也可以在调整时放一点背景音乐或对着话筒讲一些话，这样可以使声场更活跃，更利于精确、快速的寻找到声反馈频率。

2.系统中如果有压限器的，还要注意把压限器直通，等调整完后再恢复。而系统中的其它音频处理设备如：调音台、均衡器、激励器、分频器、效果器等都要调整到正常的工作状态。

3.注意检测一下系统中所使用的反馈抑制器对音乐信号和话筒反馈信号的分辨率，检测方法是：关掉所有的话筒，把反馈抑制器串接在任何有音乐信号的通道中，最好放一段的士高音乐，不断地加大此通道的音量，如果发现反馈抑制器开始工作了，并且严重的影响了音质，那证明此反馈抑制器还不是很完美。

4.有一点需要特别注意：如果你已经调整好了反馈抑制器，那在现场演出的过程中，千万不要按动Reset按钮，因为这样会把你以前设置的所有参数清除，把反馈抑制器变成了刚出厂的原始状态，这样做是非常危险的，系统很可能会出现强烈的啸叫，严重时还会损害设备。

5.有些反馈抑制器有自动和手动等工作方式选择，如果你认为你的调整已经很完美，系统不会发生声反馈了，那你可以把反馈抑制器放在手动或锁定的工作模式，这样既保留了设备里原有的参数，又不会因为设备误检测、误启动而改变已经调整好的参数。

6.还有一点：反馈抑制器是没有办法既抑制声反馈又调整声场的，调整声场需要有专门的模拟多段房间均衡器或专业数字参量均衡器。

(3)数字效果器：数字效果器是处理、制造各种声场效果、混响效果的音响周边器材，下面说一下使用效果器时需要注意的几点问题及效果器容易产生故障的地方：

1.在工程施工当中，为了美观和专业，很多技术人员喜欢把效果器安装在机柜里面，这样做看似正规合理，但由于效果器最容易受到外界信号的干扰，机柜里众多的设备、再加上从机柜到调音台之间比较长的信号线，这些都会严重干扰效果器，造成效果器传送到调音台里的信号有很多杂音，严重时可能全部都是噪声简直无法使用。所以在设备安装时，最好把效果器放在调音台的旁边，但不要和无线话筒、碟机等设备叠放在一起。这样一则方便操作，可以灵活的变换我们所需要的效果；再一个最重要的是减少了干扰。我相信现在有很多音响师都没意识到这一点，大家可以自己做下试验。

2.有一些效果器当我们选择好效果程序时，还需要按一下“锁定”键，否则此程序数字一直在闪烁，表示此程序并未被激活使用，这时除非我们知道原来的常用程序，否则不要盲目去锁定另一个我们未知的效果程序，因为有些效果程序出来的声音比较“恐怖和怪异”，有些程序的信号输出电平还非常高，如果误选择了这样的程序，那可能会引起话筒严重的回输或人声的严重恶化。

3.现在大部分效果器从一个程序变换到另一个程序时，中间是要有一段转换时间的，这段时间效果器里就没有效果输出了，虽然只有不到几秒钟的时间，但如果在演出当中变换效果时还是会让人察觉的，我们应该尽量避免这种现象。

(未完待续)(下转第473页)

◇江西 谭明裕

2019年9月22日出版

实用性 启发性 资料性 信息性

第38期

(总第2027期)

国内统一刊号:CN51-0091 定价:1.50元 邮局订阅代号:61-75

地址:(610041)成都市武侯区一环路南三段24号节能大厦4楼 网址:http://www.netdzb.com

让每篇文章都对读者有用

由红米 NOTE8(pro)谈(超)异构

作为2019年机型销售的前三名——红米NOTE 7(pro)系列国内销量已经超过了2000万台,作为其后续机型红米NOTE 8(pro)其配置也早已铺天盖地的宣传到大家耳中。红米NOTE 8采用高通骁龙665的CPU、红米NOTE 8 pro则采用的是联发科的Helio G90T。

	红米 Note 7 Pro	红米 Note 8 Pro	红米 Note 8
处理器	骁龙 675(11nm)	MTK G90T (12nm)	骁龙 665 (11nm)
摄像头	4800 万双摄 (IMX586)	6400 万+800 万+200 万+200 万 前置 2000 万	4800 万+800 万+200 万+200 万 前置 1300 万
电池	4000 毫安	4500 毫安	4000 毫安
NFC	无	有	无
红外	有	有	有
游戏定制	无	液冷散热/X天线	无
售价	6G+128GB 当前 1399 元	6G+64GB 首发 1399 元	4G+64GB 首发 999 元

其中引起广大米粉最大争议的就是这款Helio GT90;毕竟在华为(麒麟810、麒麟980)、高通(骁龙855、骁龙855+)和苹果(A12)制程工艺迈入7nm时,红米却采用12nm的Helio G90T。虽然在安兔兔跑分上,Helio G90T (12nm) 得分为222923,略高于骁龙730 (8nm) 的203258,略低于麒麟810(7nm)的237437;不过作为同级对手,其12nm的制程工艺成为了一个槽点。

对于手机芯片而言,工艺制程越先进,芯片的性能将会越强,功耗也低。芯片工艺制程的提升,意味着同样面积可容纳的集体管的数量越多,计算性能越强;芯片工艺制程越低,电流穿过时的损耗、发热量也就越低,功耗响应会降低很多,所以也可以看出工艺制程对手机性能的重要性。

目前,7nm制程工艺是移动芯片领域的顶峰,接着分别是8nm、10nm、12nm等等,可以说12nm已经落后了两代,在性能和功耗上距离主流水平都存在一定差异。

再看看MTK G90和MTK G90T的构架:

MTK G90:12nm+2×A762.0GHz+6×A55 2.0GHz+4×Mali G76 720MHz。

MTK G90T:12nm+2×A762.05GHz+6×A55 2.0GHz+4×Mali G76 800MHz

因此吐槽也是有理由的,这相对落后的制程却搭载了ARM架构里最新的A76核心,这是强调极致性能的旗舰级大核,需要高主频才能充分体现其性能优势,用7nm的工艺去配合,对于功耗和发热量来讲是目前最好的搭配。大家最担心的是12nm制程能效较差,对于A76大核的发挥有多大影响?手机长时间运行游戏发热量如何?会不会为了压住功耗和发热只能降低主频,结果影响了A76真正性能的发挥?虽然红米官方给出的解决方案是,采用了液冷降温和4500毫安的大容量电池;但仍旧有很多人认为12nm工艺搭载A76核心,有点"好马配破鞍"的味道。

但为什么红米NOTE 8 pro要坚持用MTK G90T呢?最主要的原因还是省钱。从28nm、16nm、12nm、10nm到7nm,每一代工艺升级之后研发和生产芯片的困难程度和成本都是指数级上升的。以高通7nm芯片为例,光是研发就耗时长达3年,花费了数亿美元成本,总共有超过1000位电路设计和工艺专家参与,消耗了超过5000块工程验证开发板。

对联发科和小米而言,采用相对落后的12nm制程,也意味着可以节省高昂的研发成本和生产成本。比如去年热销的联发科Helio P60处理器(12nm)和骁龙660处理器(14nm)各有千秋,而Helio P60为9.16美元(约合人民币62元),定价比骁龙660的11.55美元(约合人民币78元)还要便宜。

由此引出了一个鉴于研发成本的技术,要降低处理器成本,异构计算是影响着以后集成芯片发展方向的一个重要因素。

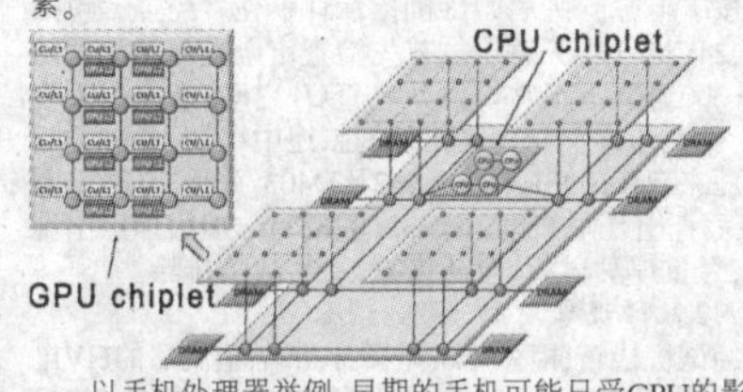

以手机处理器举例,早期的手机可能只受CPU的影响比较大,但随着手机的计算应用向多元化发展,越来越多的场景开始引入CPU、DSP、GPU、ASIC、FPGA等多种不同计算单元来进行加速计算,由此,异构计算应运而生。异构计算的核心点在于"异构"二字,说白了就是用不同制程架构、不同指令集、不同功能的硬件组合起来解决问题,这就是异构计算。它能协调地使用性能、结构各异地机器以满足不同的计算需求,并使代码(或代码段)能以获取最大总体性能方式来执行。

那么为什么要用不同制程架构的硬件,而不用同一制程架构的硬件来解决问题呢?这其中其实可能有不少人存在一定的误解,把半导体芯片与CPU划等号。但其实半导体芯片制程、工艺包含的不只是处理器,还包括存储、通信、图形等芯片。而每一种芯片并不完全是由一家厂商设计、生产、封装,各家技术实力不同,那么在各自领域推进芯片制程工艺的速度就不同。比如处理器芯片进入7nm制程节点,但GPU芯片可能还在12nm制程节点,通信芯片可能还在28nm制程节点,且不同芯片之间的架构不同,所以如果没有异构技术的话,很难将这些不同规格的芯片封装到一个主板上使用。

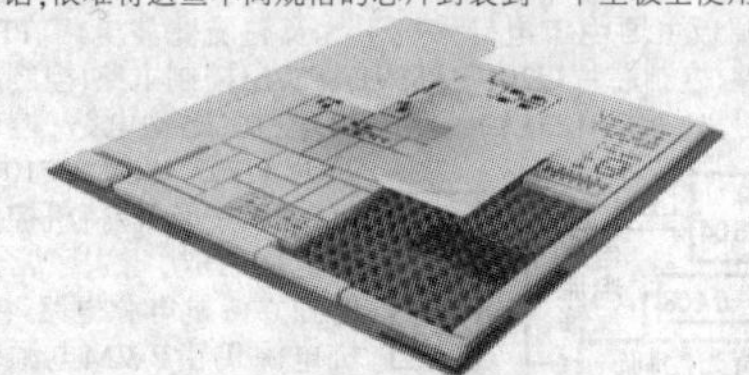

异构计算从上世纪80年代就已经开始出现了,目前主要分为芯片级(SoC)异构计算和板级集成异构计算。

芯片级(SoC)异构计算就是将不同制程、不同架构的芯片进行异构来解决计算问题。最典型的就是手机的集成处理器,比如苹果手机的处理器能力强大吧,可是目前暂时在基带这一块(特别是5G时代)还需要高通或者英特尔来解决;而近两年来,在手机处理器市场混得不是很好的联发科,却是第一家成功推出整合5G基带到处理器的芯片商。还有2018年英特尔推出的KabyLake-G平台,也是将英特尔处理器与AMD Radeon RX Vega M GPU进行异构,来解决运算和图形计算问题。

板级异构计算同样很好理解,就是将不同功能的主板进行异构,通过高带宽连接来解决计算问题。

随着市场竞争的愈演愈烈,芯片商都想推出更具竞争力,然而在制程节点演进到5nm、3nm甚至1nm之后,微缩技术的发展以及成本的考虑还能否满足如此快速的节点迭代演进和市场收益呢?如果无法满足,那么有没有其它技术可以弥补呢?

这就是现阶段行业重提异构计算的一个大的背景。即当制程节点演进速度放缓、新架构研发成本增高,那么要解决更大规模、更高负载的计算时,异构是一种非常不错、且行之有效的解决方案。

在这种背景之下,半导体巨头英特尔不仅重新开始关注异构计算,而且在其基础之上提出了超异构计算概念。就是把很多现有的、不同节点上已经验证得挺好的Chiplet(可相互进行模块化组装的"小芯片")集成在一个封装里,在这个层级下可以保证体积是小的,能把它的功耗控制的再低一些的话就可以享有更高的带宽和更短的延迟。成本上一定比板集组合便宜很多,而且既快又灵活,甚至可能会比SoC还便宜。如果SoC都做10nm芯片异构,那么成本可能并不便宜,但现在是把一些10nm和14nm,甚至22nm的芯片整合使用,这样就可以很好的控制成本。

因此,"超异构计算"概念主要是通过封装技术实现不同计算模块的系统集成,通过EMIB、Foveros这些2D、3D封装技术将多个Chiplet装配到一个封装模块中,一方面不像SoC异构那么复杂,也规避了长周期造成的灵活性不足的问题;另一方面则比传统板级异构的体积更小。

英特尔在2019年初公布了一款通过最新的3D封装技术Foveros打造的LakeField异构主板,这块小巧的主板上集成了英特尔10nm IceLake CPU和22nm Atom小核心。前者负责高负载计算处理,后者负责低负载运算,可以合理的分配算力与功耗。而且可以看到,通过这种方式异构的主板,在具备完整PC功能的同时,又能够保证小尺寸的设计。同时集成在一个主板之上,也可以规避带宽限制,达到更高的效率。

总而言之,异构计算的未来会相当丰富。在桌面端,将继续依靠GPU的大规模并行计算能力,不断突破人类计算的极限。而在手机端将联合不同类型的CPU,展现出强大的性能。

未来的移动计算,需要闲时更加省电,这需要借助DSP、低功耗处理器的帮忙。同时也需要在瞬时展现出更强大的性能,而这更需要借助移动GPU进行异构计算。

作为移动应用的开发者,可以借助RenderScript开发出强大的Android应用。更可以使用如Adreno SDK、MARE SDK等第一方芯片厂商的方案,轻松为应用做更深层的优化。

PS:近年来,随着用手机玩游戏的人越来越多,很多人在购买手机往往只看其中几个参数,CPU、GPU、存储速度、摄像头、电量。异构计算除了节省成本外,其各部分的运算也是互相有联系的。

就以GPU举例:以往多数人对GPU的印象是其功能仅应用于游戏。但事实上,GPU所能完成的工作不仅仅是运行大型的3D游戏,还可以利用其计算特性做很多重要的事情。比如高通骁龙系列的SoC芯片中,包含了三块具备较大处理能力的单元:Krait CPU、Adreno GPU和Hexagon DSP。如何更好的利用这三个计算单元,成为了移动应用开发者们必备的新"常识"。

要知道CPU的整数运算能力很强,GPU的浮点计算能力更强,而DSP更倾向于处理有时间序列的任务。比如多媒体编解码任务,这是DSP最擅长做的。在视频编解码过程中的通常算法,是会根据前后两帧之间的差值来进行计算。因此DSP更适合去做一些机械的、简单的计算工作。它最大的特点就是功耗低,使用它做计算可以更省电。

GPU近年来的应用场景一直在不断的拓展。这是因为很多新兴的应用类型都涉及到图形处理,都对浮点运算有着很高的要求。举例来说,用户可能会在拍照之后,用图片处理应用对照片进行"美白"、"磨皮"、增加曝光度、增加色彩饱和度等一系列复杂的处理。这些都可以用到GPU强大的并行计算特性。

如何庞大的数据处理,一直是手机拍照的技术难题,就拿红米NOTE 8 pro来说,其后置摄像头将达到6千万像素,当然这和搭载最新的Mali G76图形处理器也是相呼相应的。

摄像头像素规格——系统需要实时处理的数据量

8 megapixel COMS——12 MBytes
13 megapixel COMS——19.5 MBytes
21 megapixel COMS——31.5 MBytes
41 megapixel COMS——61.5 MBytes

在图片处理应用中,直接调用GPU的计算能力,会比调用某些所谓的8核心CPU更好、更快、更省电。又例如,很多具备所见所得滤镜的视频录制应用,用户在手机屏幕上可以实时的看到"老照片"、"黑白"、"反色"、"美肤"等视频滤镜的效果。这种情况下就需要调用GPU来对实时滤镜进行渲染处理。

(本文原载第36期11版)

TCL IPE06R31型(电源+LED背光驱动)二合一板原理与检修(三)

(紧接上期本版)

3.背光灯不亮

背光灯不亮，说明LED灯串的供电或控制电路可能存在故障。应首先检查控制芯片U5的⑮脚(电源端)是否有15V电源电压，开关管Q603漏极是否有+24V直流电压，U5的②脚(背光点亮)、③脚(亮度控制)是否分别有大于1.8V、1V的电压。否则应对电源供给及控制信号的发出及传输电路进行排查。假定上述检查正常，应再检查开机瞬时升压输出端是否有大于30V的提升电压(因LED灯串未点亮，故此时空载电压较高)。如果没有，应检查开机瞬时U5的⑭脚是否有开关脉冲(直流电压约2V)输出，若没有，说明U5极可能已损坏。若有，应对升压电路（包括Q603、L601、FB1、D600、C613、C623等）进行检查。假若开始有输出，但随即消失，则可能是过流保护电路（含过流保护电路本身故障，比如过流取样电阻R611、R612、R618阻值变大或焊点接触不良）动作所致，这可从U601的⑬脚电压是否大于0.5V来判断。若是，应对负载或保护电路本身进行检查。如果查得故障并不是过流保护所致，则说明故障有可能是输出插座CN3与插头接触不良而引起输出过压保护所致（这类过压故障，因LED+电压未到达LED灯串板，所以灯串不会瞬间点亮）。为了帮助大家检修，表3给出了MP3394S引脚功能与在路实测电压，供参考。

表3 U5 (MP3394S)引脚功能与在路实测电压

脚号	符号	功 能	电压(V)
①	COMP	升压器补偿	2.7
②	EN	背光点亮控制	2.8
③	DBRT	亮度控制电压输入	1.7
④	GND	接地	0
⑤	OSC	振荡器频率设定	1.2
⑥	ISET	LED 灯串电流设置	1.8
⑦	BOSC	脉宽振荡器频率设置	1.2
⑧	LED4	LED4 灯串末端反馈	0.6
⑨	LED3	LED3 灯串末端反馈	0.8
⑩	LED2	LED2 灯串末端反馈	0.8
⑪	LED1	LED1 灯串末端反馈	0.8
⑫	OVP	过压输出保护检测	0.95
⑬	ISEN	升压管过保护检测	0.06
⑭	GATE	升压管脉冲输出	1.9
⑮	VIN	芯片电源输入	18.5
⑯	VCC	内 5.8V 稳压器输出	5.8

4.开机后屏幕瞬间闪烁，随即黑屏

开机后显示屏能瞬间闪烁，表明有电压瞬时加在LED灯串上，之后变为黑屏，显然电压又消失了。导致该故障现象一般是因为输出的点灯电压过高或保护电路本身有问题，引起过压保护电路动作所致。可在LED灯串点亮瞬时检测输出电压，若明显高于48V，在24V输入电压正常的情况下，很可能是U5⑭脚输出的驱动脉冲占空比过高造成。应检查U5的⑦脚外接频率设置电阻R606是否变值或焊接不良(含U5的第⑦脚)。若输出的点灯电压正常，则是过压保护电路本身存在故障。比如，取样电阻R610、R625、R631焊点出现虚焊或它们自身阻值变大(含开路)，均会导致过压保护电路误动作。至于过流保护导致显示屏黑屏，还未发现显示屏能瞬间点亮闪烁，随后黑屏的现象，这是因为如果过流的话，输出电压会降低许多，在灯还未亮时，过流保护电路已经动作。

三、故障检修实例

例1.整个电源无输出

按下电源开关后，待机指示灯不亮。经查，包括3.3V、24V电压均无输出。首先检查市电整流滤波后的HV(+300V)电压正常。但开机查U1启动/电源端①脚电压，发现为零。从上述原理的叙述中可知，此脚的启动电压来自R100~R103、R432及D403（相关电路见图2)，最后查出是限流电阻R432(82KΩ)一端的焊点出现裂纹，经重焊后试机，电源恢复输出，故障排除。

例2.故障现象同上

经试机检查(相关电路见图2)，市电整流后的HV电压正常，电源芯片U1电源端①脚有23V启动电压。关机后在U1的③脚接好示波器，再开机观察到U1的③脚有激励脉冲输出，说明故障不是过流保护电路动作所致。接下来查开关管QW1的G极也有激励脉冲信号，D极也有+300V电压，看来QW1可能损坏。焊下检测，发现QW1的G、S极已经开路。用一只STF10N65管更换后试机，故障排除。

例3.故障现象同上

经检测，市电整流滤波电路产生的HV电压、U1的①脚启动电压均正常。接下来测U1激励脉冲输出端③脚激励脉冲，发现在开机时有脉冲波形，但随后消失，看来该故障有可能是保护电路动作。于是，断开输出部分L400右端(见图3)与电路的连接，在L400右端对地接一个电压表通电试机，结果电压表读数为零。显然，不存在过压问题，那故障是不是过流保护所致呢？于是，在U1过流保护检测端③脚对地，接上万用表选直流0.5V电压挡后试机，发现电压表显示为0V。表明故障极有可能是QW1损坏或它的偏置电路有问题。最终果然发现是过流取样电阻R403(0.13RΩ)一端的焊点有一圈隐性裂纹。重新加焊后开机，故障消失。

例4.无3.3V电压输出

经查，电源输出的+24V电压正常。显然，这是待机电源控制芯片U4 (EUP3482) 或它的周边元件存在问题。接下来，查U4供电端②脚的+24VB电压正常，可是⑦脚使能端电压却为零。显然，问题极可能在U4⑦脚外接的元件中（参见图3)，最后查出故障是缓冲电容C430严重漏电所致。更换后试机，故障排除。

例5.黑屏

经查，背光驱动升压电路的+24VA电压正常(相关电路见图4)、升压电路输出端没有提升电压、LED背光灯串也不亮。接下来检查背光点亮控制端②脚及亮度控制端③脚电压，均未发现异常。于是，决定先从保护电路查起。经试机检查，过流保护端⑬脚与过压保护端⑫脚电平，均未达到保护动作值。据此，基本可确定故障是以U5为主的LED驱动电路本身有问题。用放大镜仔细观察电路焊点，发现U5第⑤脚的振荡频率设置电阻R605和⑦脚的脉宽振荡器定时电阻R606及U5相关引脚的焊点均疑似虚焊。将可疑焊点重焊后试机，故障排除。

例6.开机后屏幕瞬时点亮，随即黑屏

此故障根据维修经验，通常是LED驱动电路过压保护电路动作所致。查升压电路+24V输入电压正常，试在LED+电压输出端对地接一只电压表，用以检测开机瞬时的LED+输出电压，发现并未超过70V(空载电压偏高属正常)。显然，这是过压保护电路本身存在故障。查U5过压保护检测端⑫脚电压，发现在开机瞬时电压已超过1.2V。接下来对过压取样电阻R619、R620、R631(见图4)进行检测，发现R620(130KΩ)已经开路。更换后试机，故障消失。

(全文完)

◇武汉 王绍华

长虹HSM45D-1M型电源+LED背光驱动(二合一)板原理与检修(一)

长虹HSM45D-1M型(电源+LED驱动)二合一板是长虹公司近年推出的一款性能优异的大屏幕液晶彩电电源板。图1是它的电路结构方框图。从图1可知，该电源板主要由市电输入抗干扰及整流滤波电路、PFC电路(控制芯片U201 FA5591)、PWM控制电路(控制芯片U101 NCP1251A)、背光LED控制、驱动电路(控制芯片U203 UCC25710)、反馈、保护及开/待机控制等电路组成，省去了常用的独立待机电源电路（待机电源仍由PWM电源输出电压经主板上DC/DC控制芯片降压获得）和常规独立的LED升压电路。电源板输出电压为12.3V。该二合一电源板具有性价比高、性能稳定、保护功能完善等优点。在目前长虹大屏幕液晶电视中得到广泛使用。下面先就该二合一板电路工作原理、故障维修思路作下说明，最后给出维修实例。

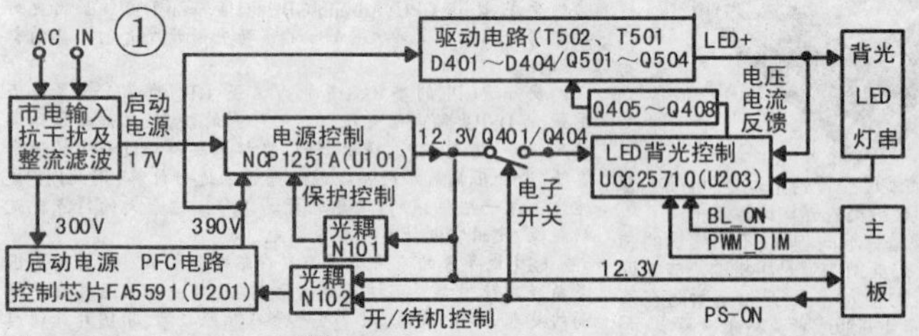

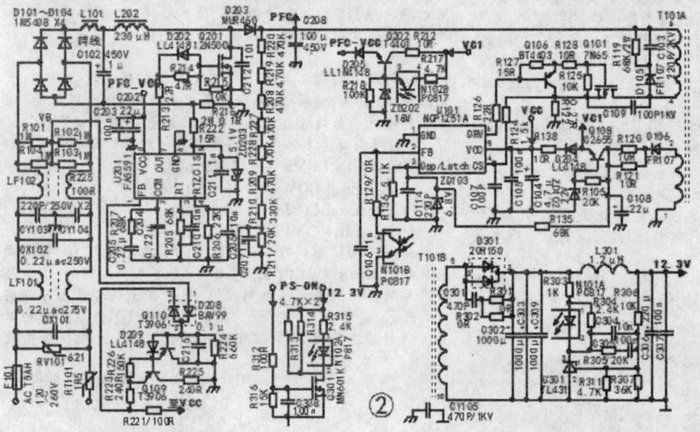

一、工作原理介绍

1.电源工作过程简述

市电经保险管F101、热敏电阻RT101、压敏电阻RV101、抗干扰电容CX101进入抗干扰滤波电路(见图2)。电容CX102~CX104、电阻R101~R104、电感LF101、LF102等构成EMC电路，以消除电网与开关电源之间的相互干扰。滤除干扰后的市电经D101~D104全波整流、C102滤波后在C102正极对热地获得约300V的脉动直流电压。在图2中，控制芯片U201(FA5591)与它周边元件构成PFC电路。在开机后，开关变压器T101次级①-②绕组产生的感应电压，经D106整流、C108滤波、Q108后获得VC1电压。此电压由Q202 (T4401) 作开关控制，经D205续流后，作为PFC_VCC(约16V)送到U201电源端⑧脚。U201进入工作状态，内部振荡器开始振荡，在⑦脚输出的激励脉冲作用下，Q201工作于开关状态。在Q201截止期间，储能电感L202的感应电压是左负右正，与市电整流获得的+300V脉动电压同相位，二者迭加，在续流管D203负极得到约+390V的PFC电压。稳压过程是：当某种原因使PFC电压变低时，经R220、R219、R208……等等与R211的分压值(取样电压)被送到U201反馈端①脚，与内部的基准电压比较后产生的误差电压先与振荡器产生的PWM信号比较，再通过触发器使⑦脚输出的脉冲占空比增加→开关管Q201导通时间延长→储能电感L202储能时间延长→PFC电压上升到正常值。反之亦然。为了保证PFC提升电压(L202两端的自感电压)始终与市电整流后的100Hz脉动直流电压同相位，使Q201的导通损耗最小，所以设置了市电过零检测电路。由于流过电阻R216的电流是呈周期性变化的，因而经R222在U201⑤脚形成了一个随市电电流变化的电压检测信号，此检测信号加至U201内部的ZCD检测比较器正端，与-10mV基准信号进行比较，获得误差电压，去控制⑦脚输出激励脉冲电压的相位，以保证Q201的工作效率最高。

(未完待续)(下转第482页)

◇武汉 余俊芳

利用Word 2019新功能提升办公效率

很多时候，我们都会涉及一些页数较多的Word文档，如果纯粹使用鼠标翻页的话，操作起来相当麻烦，如果能够像电子书那样自动翻页就比较好了；另外，有的文档密密麻麻的一页文字，阅读起来太费劲，眼睛也吃不消。有没有比较好的解决办法呢？

利用Word 2019的翻页和沉浸式学习工具，可以轻松解决这些问题，让我们在更舒适的环境下阅读。

一、横向翻页

在Word 2019之前的版本中，默认的翻页模式为垂直翻页模式，即只能从上往下阅读。而Word2019 版本增加了横向翻页模式，让文档阅读有了"读书"的感觉，横向翻页模式的使用步骤如下。

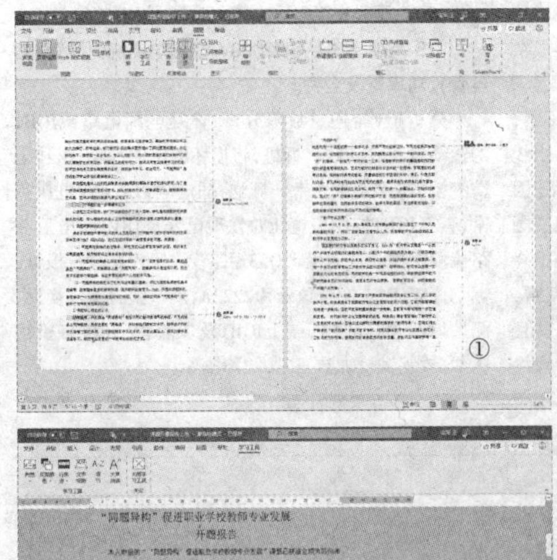

打开需要浏览的长文档，切换到"视图"选项卡，在"页面移动"功能组选择"翻页"按钮（如图1所示），此时页面变成了横向翻页模式，拖动下方的滚动条就可以翻页阅读了，继续拖动翻页滚动条，阅读文档的其他内容。

二、利用沉浸式学习工具浏览

使用Word 2019 的沉浸式阅读模式，可以根据个人的阅读习惯，将文档调整到最舒适的阅读状态，具体的操作步骤如下。

打开相应的文档，切换到"视图"选项卡，在"沉浸式"功能组选择"学习工具"按钮，进入沉浸式阅读状态后，可以进行阅读参数调整：如果需要调整列宽，可以在"学习工具"功能组选择"列宽"按钮，选择"适中"列宽模式；如果需要调整页面颜色，可以选择"页面颜色"按钮，选择"棕褐"选项；如果是调整文字间距，可以选择"文字间距"按钮，让该按钮处于选中状态，从而增加文字间距，这里还可以根据需要，选择是否对当前文档进行大声朗读，从而帮助用户更好的校对文档，效果如图2所示。

◇江苏 王志军

旧手机如何废物利用

在这个智能手机更新换代非常迅速的时代，每个家庭肯定都有那么一两台不知怎么处理的旧手机。很多闲置下来的旧手机其功能都正常而且性能还不错，其实完全可以将闲置手机再利用，让这些旧手机继续发挥余热，今天笔者就给大家带来几招旧手机的妙用，一起来看看吧！

一、作为监控摄像头

不论是iPhone还是Android手机，都可以通过安装软件变成一款"互联网监控摄像头"，此类应用非常多，包括AtHome Video Streamer、SplashtopCamCam等等，不仅可以调用手机的前、后置摄像头进行监控，还可以在其他手机、平板或是PC上查看实时监控视频，获得更全面的家庭安全保障。

二、控制蓝牙音箱

如果你是一个爱音乐的人，并且希望能够随时随地享受到优质的音乐，那么你只要拥有一套好的音响设备和一台智能手机就够了。用智能手机连接到音响，就可以将智能手机作为音响系统的控制中心进行音乐的串流播放了，不管在房间的哪个位置，都能随时随地播放音乐和切歌哦。

三、作为汽车导航仪

购买一款好用的车载支架和点烟器电源，就可以把老旧智能手机作为专用的车载导航仪了。事先在手机上安装主流的导航地图应用，并且下载离线地图，这样即便手机不安装SIM卡也能够实现准确导航。当然，更新地图也很方便，可以随时把它拿回家连接WiFi网络、甚至是使用现有手机的数据网络作为无线热点来完成。

四、作为智能电视/电视盒子的遥控器

现在很多智能电视/电视盒子都支持第三方的遥控器软件来操作，比如比较通用的是通过沙发管家安装的悟空遥控器，就可以很好的操控智能电视以及电视盒子，省去一大堆遥控器的麻烦。

五、改装成电视盒子，在电视上看电影

现在很多智能手机的配置比电视盒子的配置要高很多，可以通过MHL线连接到电视上，如果是安卓手机用户的话，可以在手机上安装一个沙发管家，通过沙发管家安装各类视频软件，手机上的大片直接就能在电视上看。

◇江西 谭明裕

专业音响故障排除秘诀(二)

（紧接上期12版、第470页）

4.效果器如果操作不当时，还会产生声反馈，这种反馈声一般是持续的，不像话筒声反馈是短暂而强烈的，例如在一个调音台里，假如我们从AUX6发送信号给效果器，经过效果器处理后若输出了2路信号到调音台的23-24路，那么此时23-24两个通道中的AUX6旋钮就不要再打开了，否则刚才经过效果器处理后的信号就会又流回到效果器里。由此，AUX和效果器之间就会又形成了一个循环，当环路电平增益超出一定范围时，便会产生声反馈现象。当然一套音响系统中要有良好的人声只靠效果器来处理是不够的，还需要系统中能发出很好的直达声，然后再配合合适的效果声，这样才会尽可能达到完美的人声效果。

(4)功放与音箱

1.功率匹配：一般来说功放的功率要大于音箱的功率，正常情况下功放的功率要比音箱的功率大30%以上，如果用小功率功放来推大功率音箱时，功放容易过载，会产生对音箱有害的电流，此时喇叭单元很容易损坏。

2.阻抗匹配：目前专业音响系统中使用的功放一般都是定阻的，一般功放在4Ω--8Ω工作时最多，有些音响师喜欢一台功放推2只以上音箱，这时就要注意音箱的阻抗了，多只音箱并联时阻抗就会降低，要是低于2Ω时那此时功放就很容易损坏，这种近似短路的工作模式最好不要用。

3.功放与音箱之间的线路连接：功放的信号线要尽量用平衡线，如果系统中有多台功放时，最好使用信号放大分配器分出数量足够多、没有衰减的信号线供给每一台功放单独使用，这样可以减少系统噪音、减少隐患、提高信噪比。同时还需要注意的就是音箱线的质量和连接，尽量用比较粗、短的音箱线，连接时一定注意分清正负极和避免短路，特别是专业四芯或四芯以上音箱插头，里面的几个接线柱很小，接线时一定要注意。

4. 功放后面有时候有很多转换开关，如：单声道工作模式、立体声工作模式、桥接工作模式；还有的有电平大小调整开关、信号频率切换开关等，我们在使用时一定要注意看清这些转换开关，把功放调整到正确的或自己想要的工作状态，否则真有可能造成不可预期的故障。

功放与音箱故障案例：

1.某DJ大赛音响设备时，工程师说低音不够，在找前级的原因，我一看所有重低音功放中130Hz的低切除开关都打开了，等于把130Hz以下的低音都切除了，这种情况下自然不可能有满意的低音了。

2.一场户外演出，系统内一共有四台功放，2台QSC的，2台老的英国录音大师的，信号线是通过功放后面输入和输出接口来转换分配的，他按照正常、正规的方法把整个系统的电源线及信号线都连接好了，结果开机后系统中怎么弄也没有声音出来。我过去看了看调音台正常，其它前级设备也没问题，后来我把音频信号单独输入到QSC功放中音箱有声音，单独输入到老的英国录音大师功放中音箱也有声音，但当两台功放通过信号线连接在一起时，两台功放所推动的音箱就全部都没有声音了，我仔细观察一下发现老的英国录音大师的功放XLR卡侬接口中，3为热端，2为冷端，1为接地，而QSC和现在大多数专业功放机后面XLR卡侬接口中2为热端，3为冷端，1为接地，由于信号端口制式和标准不同，当这两台功放的信号连接在一起时，实际上就是等于短路了，音响系统中自然不会有声音出来了。后来我把调音台中2路主输出信号给了QSC功放，把调音台2路编组信号给了老的英国录音大师功放，此时系统就正常了。当然我后来发现新出的录音大师功信号端口也调整为：2为热端，3为冷端，1为接地了。总之功放和音箱是系统中最后两种设备了，前面所有周边设备都是为了它们而服务的，在一个工程中，能正确、合理的连接配置好功放和音箱，那这个工程就成功一半了。

（全文完）

◇江西 谭明裕

临时解决迅飞输入法无法语音输入的问题

如果你的iOS已经更新至iOS 12.4或iOS 13 Beta 3这一版本，由于第三方输入法的后台录音权限已经被iOS系统所禁止，因此在调出迅飞输入法，点击语音按钮之后，此时并不会进行后台录音，而是直接跳转到设置程序，然后跳转回输入界面。即使卸载之后重新安装迅飞输入法，问题依然存在，此时可以按照下面的步骤临时解决这一问题。

进入设置界面，依次选择"语音设置→键盘语音免跳转"，在这里关闭这一选项，就可以正常进行语音输入。但麻烦的是，每次进行语音输入的时候，都需要跳转到设置界面，说完之后再自动返回输入界面。

◇江苏 王志军

电磁炉典型故障检修5例

例1 九阳JYC-18X型电磁炉插电后发出一声"嘀"音，按开关键开机后风扇转动正常，但不能加热，显示故障代码E0。

分析与检修：通过故障现象分析，说明该机进入内部电路故障保护状态。内部电路故障牵涉的故障范围比较大。拆机检查，测各电压正常，检测高压取样、同步电路的各个电阻也正常，并且常温下测炉面温度传感器的阻值为100k，说明它也正常，而在检测电路板上插座的阻值异常。清理电路板后，发现该插座的焊点脱焊，补焊后试插电开机，显示代码E1（无锅或锅具不合适），放上锅具加热正常，故障排除。

例2 美的MC-SY1913电磁炉插电后指示灯不亮、整机无反应。

分析与检修：该机保险管已烧断，IGBT三极短路。拆除IGBT及线盘，更换保险管后通电，测量+5V电源正常，但无+18V电源，几分钟后电源变压器发热严重，怀疑18V电源或其负载异常。断电后，检查+18V电源的调整管Q5（D667）及18V稳压管Z2击穿短路，更换后+18V电源恢复正常，继续检查IGBT管G极电压达到18V，怀疑驱动电路异常。在路检查驱动电路时，发现驱动管Q9已短路，将两个驱动管Q8、Q9同时换新后IGBT管G极电压恢复正常。装上IGBT及线盘后试机加热正常，此时发现散热风扇不转，检测时发现驱动管Q10发热严重，查Q10正常，怀疑风扇故障，更换风扇后彻底修复。

【提示】估计该机最初故障是散热风扇损坏，但用户一直使用，造成+18V负载过重及内部温度过高，从而引起+18V电源和IGBT损坏。

例3 荣事达20-C29电磁炉通电后发出一声"嘀"音，但数码管有显示后逐渐消失，无法开机。

分析检修：拆机上电查+18V、+5V电压均有显示后逐渐消失，一分钟左右闻到有糊味且发现电源集成块Viper12发热严重，怀疑其损坏，但更换后故障依旧。因无图纸，顺线路查找发现二极管D6在路阻值不正常，但拆下测量正常，继续检测至高频变压器发现两组线圈间阻值不正常，拆下变压器测量发现线圈已短路。因拆线圈时不小心将磁芯损坏，便试用节能灯内扼流圈磁芯及线圈骨架代替。根据原线圈数据，将18V绕组绕210匝，5V绕组绕80匝，经装机试验，测18V供电正常，7805输入端电压为7.5V，能满足7805的供电要求，并且电磁炉工作正常。为保证维修质量，将变压器用绝缘漆处理后，装机经老化试验，线圈温升正常，故障排除。

例4 美的SH-1980电磁炉开机后，有检锅脉冲，但不能正常加热。

分析检修：拆机检查，该机采用TM-A11主板。插电试机，开机后各功能键控制正常，经多次开、关机后有时会加热，有时断续加热，不显示故障代码，且故障毫无规律性。清洗电路板后故障不变，怀疑电路板有元件引脚脱焊，但对怀疑的焊点加焊后无效。在清除电路板上粘胶时，发现同步电路电阻R9处粘胶有碳化现象，拆掉R9清除其附近碳化粘胶，检测R9（150k）的阻值增大为250K，更换R9后试机，工作正常，故障排除。

例5 尚朋堂SR-CH2008W电磁炉屡烧保险管（熔丝管）、功率管及全桥。

分析检修：通过故障分析，怀疑电源电路或IGBT的驱动电路有问题。拆机，将损坏的元件拆除，仅装上整流桥，在保险管处串一灯泡，插电测+18、+5V电压正常，查至IGBT控制极电压时发现已升至18V，断电后在路检测相关元件时发现Q53短路。该管为贴片三极管，标示为W1P，查图纸该管为2222A，用一塑封管代换后，测控制极电压正常，装上IGBT及保险管，开机有检锅脉冲，放锅试机加热正常，故障排除。

◇河南 赵占营

中兴ZXV10 T502会议电视系统故障速修3例

可视会议系统以其省时、省费用、部署灵活等优势，得到了党政机关、企事业单位的青睐，也为本企业的业务培训、例会召集等提供了很大的帮助。可视会议系统在使用过程中难免出现一些故障。只要操作维护人员仔细分析、冷静处理，就一定能将故障及时排除，就可以保障会议的质量。下面介绍3个该会议系统典型故障检修实例，供读者参考。

例1 本端会场发言时，对端会场有回声。

分析与检修：该故障的主要原因：1）本端或对端的调音台设置有问题，2）本端的会议电视终端设备的音频设置不当。

经与对端会议电视设备维护人员联系，对方反映其它几个点的发言都没有回声，只有我方有这个问题，所以确定故障发生在本端。通过检查本端调音台的设置旋钮正常，用手持遥控器检查本端会议电视终端设备的音频设置情况，音频界面进入的路径为：菜单主界面→系统管理→音频。检查"回声抵消状态"的数据为"关闭"，于是用遥控器将此数据更改为"打开"，然后将此数据进行保存，操作完毕。接着与对端设备维护人员联系试机，一切正常，故障排除。

例2 本端会场收听音量过小。

分析与检修：这一故障现象的发生，有可能是对端发信音小，也有可能是本端调音台音量设置或会议电视终端设备的音频设置有问题。

经与对端会议电视设备维护人员联系，对方反映其它几个点的收听音量都正常，确定故障发生在本端。首先，将本端调音台的对应端口的音量调到最大，收听音量的改变不大，接着用设备终端的遥控器对着会议电视终端设备的遥控窗口将收听音量键调到最大，音量改变也不太明显。于是，又用遥控器检查本端会议电视终端设备的音频设置情况，音频界面进入的路径为：菜单主界面→系统管理→音频。检查"音频输入增益"的数据为"6"，将设置音频输入的增益值用手持遥控器调整为"16"，然后将此数据进行保存，操作完毕。接着与对端设备维护人员联系试机，本端会场收听音量恢复正常，故障排除。

例3 在会议的收听收看过程中，声音出现间歇性杂音，影响了会议质量。

分析与检修：针对这一故障现象，询问对端会议人员在收听收看过程中没有杂音，所以确定故障发生在本端。而影响本端会议声音的设备多在会议终端、调音台、功率放大器上，最有可能出现杂音的设备是调音台。于是，上下滑动调音台的滑动音量电位器看是否有接触不良现象，结果故障依旧，接着检查3种设备之间的连接线正常。在检查过程中，偶尔发现控制室的日光灯灯管因变质而间歇闪动，它的闪动频率与会议系统出现杂音的频率相符。于是关掉日光灯的电源开关，此时会议系统的间歇杂音消失。由此断定是这只变质的日光灯惹的祸。本次会议结束后，通知后勤人员换上一只新的日光灯管，故障再也没有出现过。

分析该故障的原因是由于日光灯采用了电子镇流器，而电子镇流器使用了非线性元件，在日光灯管变质间歇开闭的过程中，电子镇流器就会产生丰富的谐波，通过交流电源系统就近地串入功放、调音台或会议终端设备中，干扰会议系统而使它们产生与日光灯间歇开闭频率相同的杂音。

【维修心得】1）任何故障的产生都有其内在的机理，只要深入分析，仔细观察，冷静处理，就一定能找到故障的症结所在，将故障迅速排除。2）维护操作人员有必要多学习，勤观察，在每次故障处理完毕后，要善于总结，积累经验，以后碰到类似的问题就能迎刃而解。

◇湖北 朱少华

小收放机后盖的拆卸技巧

家用电器有了故障，需要检查与修理，必须先打开后盖才能完成。有的机器能明显看出固定螺钉，直接用改锥拧下就可打开，有的是用卡扣，需用改锥一点点撬方可打开。而有些机器螺钉被隐藏着，粗看是一个整体，似乎没有螺钉，但后盖又打不开，给修理带来困难。笔者遇到2个小收放机即如此，后经观察和琢磨，终于打开盖进行了修理；其实就是电源开关坏了，打开盖更换开关即可故障排除。现将方法介绍如下：

1.AMOi夏新小收放机：1）背面：拿掉电池小盖，取出电池，用小十字改锥卸掉2颗螺钉。2）正面：右上（数码显示窗盖），用小刀轻轻撬开它，里面有1螺钉卸下；左边（装饰喇叭盖，上面贴有的AMOi铭牌）。用刮胡刀片插入缝中，慢慢往上轻撬，等能放进小刀时，再用小刀（或小一字改锥）撬起，即可拿下小盖，里面有3个螺钉用改锥拧下，整个收放机后盖就打开。

2.SAST先科小收放机：1）背面：拿掉电池小盖，取出电池，无螺钉可卸。2）正面：右半部分（数码显示窗盖）：用小刀撬开它，拧下最右边的2螺钉；左半部分（喇叭网罩）：用小刀撬开，将角上的4颗螺钉拧出，就可取下后盖。

◇北京 赵明凡

过滤供电轨外的直流电压

有源低通滤波器可以具有广泛的AC响应特性，但它们都有一个共同点，那就是它们通过DC。与其他模拟处理模块一样，它们因此可能在DC偏移和增益或跨度中引入误差。由于所使用的放大器的偏移电压，大多数滤波器配置引入DC偏移误差。我们在“低通滤波器：不漏电流的故事”中看到了一种可以在某种程度上缓解这种情况的方法。在那里呈现的最终电路中(再次如下图1所示)，频率响应管理的繁重提升是通过有源“侧链”完成的，主信号只是从输入到输出通过电阻网络。对失调误差的唯一贡献来自放大器输入泄漏电流，该电阻网络上的电压降低。在现代CMOS放大器中，这些泄漏电流很小(至少在室温下)。

但是，有一些用例仍然不支持此配置。一个是你不能依赖放大器输入电流足够低而忽略的地方。如果滤波器位于地下非常深的热洞底部的地震传感器内，即使使用CMOS放大器也可能出现这种情况。另一种情况乍一看似乎不是一个合法的案例。这就是您要过滤的电压超出了可用于运行有源电路的电源电压的位置。

例如，假设您有一个数十或数百伏的高值偏置电压，并且您正试图对其进行低通滤波以消除一些纹波，但您的电路板上只有5伏电源。将电压衰减到“适合”是不可能的，因为您希望滤波电压与输入值相同-只是更清洁。

在这些情况下，我们通常不使用串联电阻（适当的低值）和分流去耦电容吗？当然，无论纹波电平是多少，我们都可以通过充分增加所产生的单极无源低通滤波器的时间常数来将其抑制到可忽略的水平。但是，你可能已经在你自己的设计中遇到过这种情况，如果你只是依靠这种简单的方法，那么你可能会遇到电容器尺寸太大而且步长稳定太慢的双重打击。

考虑使用更高阶滤波器来解决这个问题似乎是显而易见的。如果纹波频率非常低，则无源滤波器可能需要不方便的大电感器。在下一篇文章中，有更多关于无源方法，并选择实际的滤波器响应。现在让我们专注于无电感解决方案-即有源滤波器。

我们可以使用图1所示的D元件梯形滤波器技术来创建合适的高阶滤波器吗？好吧，不是它的立场。从原理图中可以看出，某些放大器输入端子通过电阻路径连接到输入电压，这将设置这些端子的静态电压。没有实际的方法。我们需要的是一种D元件拓扑，它实际上并没有“看到”它所连接的直流电压。而且，虽然我们正在使用它，如果它使用更少的放大器不是一个好主意吗？(运算放大器制造商无需回答这个问题)。为了让我们开始，让我重新介绍一下您可能已经非常熟悉的滤波器配置：

这可能是最受欢迎的二阶带通滤波器电路，网络充斥着它的信息。现在看来，这看起来并不是很有用，因为它是一个带通滤波器，放大器输出端出现的滤波信号不包含输入电压的直流值。这有点，很好，传统，我们需要再看看。

想想在图2中标记为J的点处发生了什么。你能通过检查看到那个点的频率响应是什么样的，参考输入？嗯，我们知道放大器输出端的电压具有带通特性。我们还可以看到C2，R2和放大器形成的块只是一个微分器，每个倍频程上升斜率为+6 dB。因此，J乘以+6 dB/倍频程斜率时的电压看起来像带通。为此，J的电压实际上必须具有相对于输入的二阶低通响应，如图3所示：

为什么这有用？好吧，它表明我们可以制作一个电路，我们可以“贴上”电阻，为我们提供更多的阻滞抑制，而不仅仅是单独使用分流电容。你可能会认为这是一个“超级电容器”。但坚持下去，并不是“布鲁顿魅力：使用精明的缩放让那些电感消失”和“啧啧，我明白了”中引入的D元件的另一个绰号！广义阻抗转换器的来龙去脉。你打赌！事实证明(你可以通过一些手动分析很容易地证明这一点)，在C1和C2的连接处，我们的电路′看起来像′值为C1+C2的电容和值为C1C2R2的D元件的并联组合。如果你侧面看电路会更容易看到，如图4所示：

此外，放大器的输出和反相输入都通过电容连接到电阻R1。输入电压和滤波器电子元件的有源部分之间没有电流连接。这意味着我们可以在电阻上放置我们想要的任何电压（当然受电容器击穿额定值的影响)，与放大器的电源电压无关。

我们可以将一堆这些链接在一起以获得RDC梯形滤波器，如图5所示：

现在，我们没有制造纯D元件，而是一个并联电容器的元件。当我们在梯形滤波器电路中使用这些而不是纯D元件时，我们得到了标准设计方法未涵盖的滤波器电路。等效LCR无源滤波器(在我们应用布鲁顿变换之前)包含电容器，每个电容器并联一个电阻器。我们如何考虑到这一点？好吧，你会记得我对“使用Million Monkeys方法的滤波器设计”的依恋-使用电子表格求解器来处理过滤器电路以获得正确的响应。下次我们将再次看到这些Monkeys如何能够做得很好，并为这种拓扑创建有用的滤波器设计。

更重要的是，你可以看到我们只需要为滤波器中的每个分支使用一个放大器。图5显示了一个七阶滤波器，它仅使用三个放大器，而不是图1中常规单端D元件设计所需的六个放大器。

这可能看起来都是理论上的，而且缺乏“我如何使用它？”的信息。下一次我将描述这种高阶滤波器的工作示例，该滤波器用于高偏置电压，远远超出可用的直流电源，使用这种方法来满足严格的元件尺寸和稳定时间限制，而这些限制根本无法满足“打开一个电容器”。这还将深入探讨截止频率，阻滞抑制和建立时间如何相互作用，以及我们如何优化这些非标准电路中的值以实现最佳性能。同时，为什么不侧视某些其他电路？快乐(无DC)过滤！

◇湖北 朱少华 编译

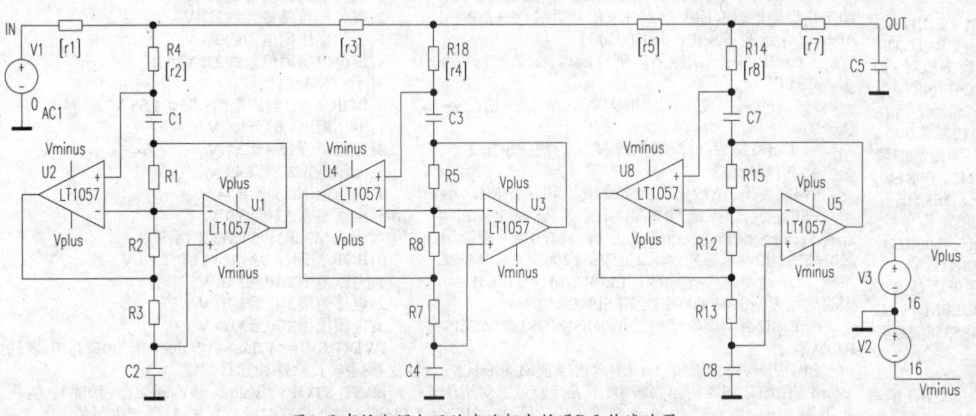

图1 具有低失调电压的直流耦合低通D元件滤波器

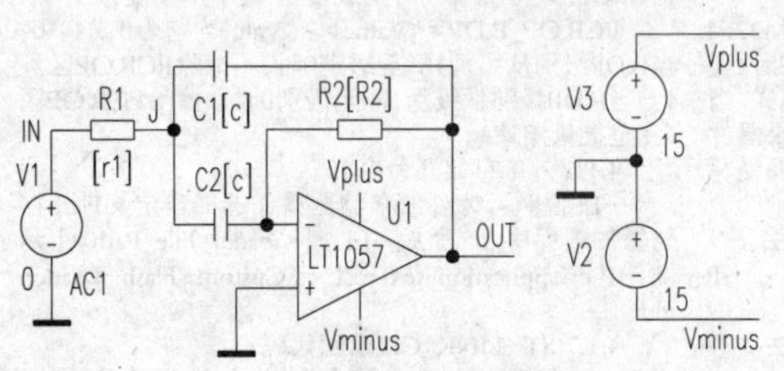

图2 广受欢迎的多反馈带通滤波器

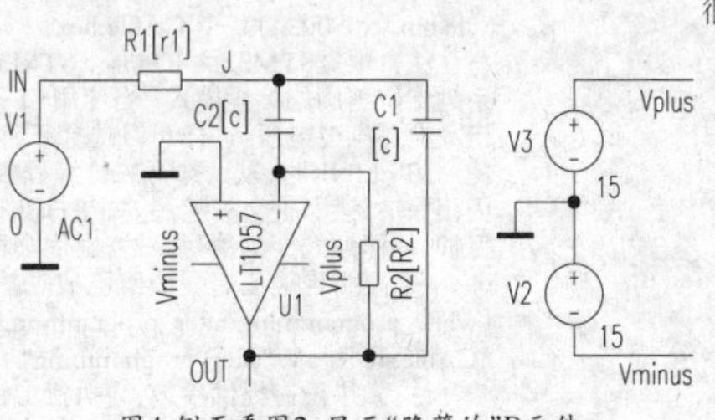

图4 侧面看图2，显示“隐藏的”D元件

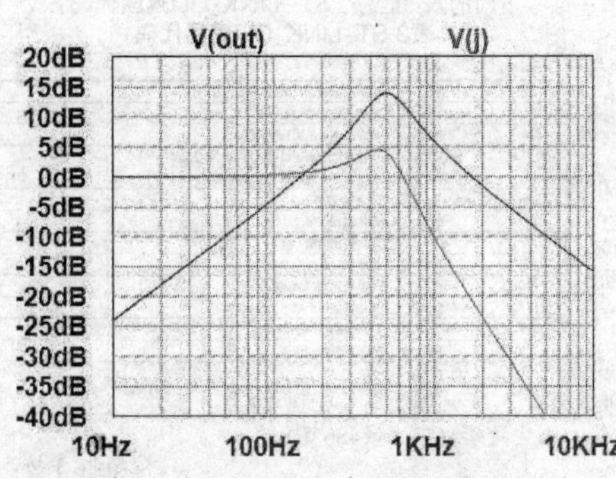

图3 节点输出的电压和图2中的J.V(j)是低通响应

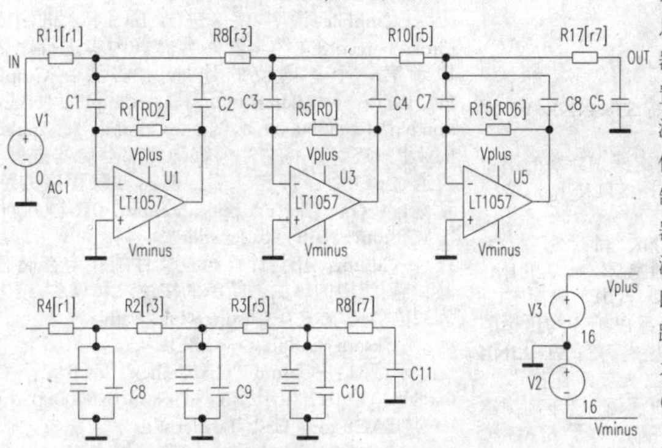

图5 将我们的新电路串在一起以制作更高阶的滤波器

STM32 ST-LINK Utility应用功能及使用方法(四)

(紧接上期本版)

3.10 通过SWO查看器查看Printf

通过SWO查看器从目标板上的SWO脚位输出打印信息(Printf)，通过Printf,可以在程序运行中显示一些有用的信息。在开始接收SWO数据之前，为了让工具正确地配置ST-LINK,用户必须指定准确的目标系统时钟频率,以及正确的SWO频率的目标。"激励端口"组合框允许用户选择给定ITM刺激端口(从端口0至31)或从所有ITM激励端口同步接收数据。

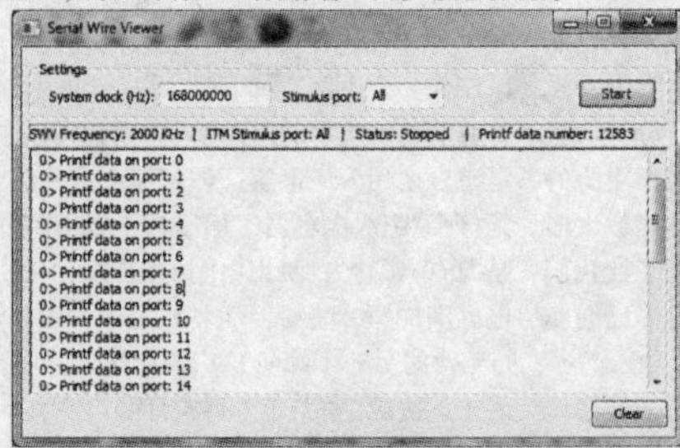

图23 串行线查看器窗口(SWV)

SWV信息栏显示关于当前SWV传输的有用信息，例如SWO频率(从系统时钟频率推导得出)和接收的数据量(以字节为单位)。注：由于ST-LINK硬件缓冲区的容量有限，传输期间可能会丢失一些 SWV 字节。

四、STM32 ST-LINK Utility命令行接口(CLI)

4.1 命令行的使用

以下各节介绍如何由命令行来使用STM32 ST-LINK Utility。ST-LINK Utility命令行接口位于以下地址：[Install_Directory]\STM32 ST-LINK utility\ST-LINK utility\ST-LINK_CLI.exe

4.1.1 连接和存储器操作命令

说明：选择JTAG或SWD通信协议。默认使用JTAG协议。语法：-c [ID=<id>/SN=<sn>] [UR/HOT-PLUG] [ID=<id>]：当有多个探头连接到主机时，要使用的ST-LINK[0..9]的ID。 ：选择的ST-LINK探头的序列号。[UR]：在复位状态下连接到目标。 ：在不停机或复位的情况下连接到目标。 ：JTAG或SWD协议的频率，以KHz为单位(将频率值提高到允许的频率值)。SWD频率值：4000KHz、1800KHz、900KHz、480KHz、240KHz、125KHz、100KHz、50KHz、25KHz、15KHz和 5KHz。SWD协议的默认频率值为4000KHz。JTAG频率值：9000KHz、4500KHz、2250KHz、1125KHz、562KHz、281KHz、140KHz。JTAG协议的默认频率值为9000KHz。 ：在低功耗模式下激活调试示例1：-c ID=1 SWD UR LPM JTAG freq=1000 示例2：-c SN=55FF6C064882485358622187 SWD UR LPM

注:已弃用 和 选项，

改用 选项。 ：SWD 协议的频率 [0..10] 0 = 4.0 MHz (未指定时的默认值) 1 = 005 KHz

2 = 015 KHz
3 = 025 KHz
4 = 050 KHz
5 = 100 KHz
6 = 125 KHz
7 = 240 KHz
8 = 480 KHz
9 = 0.9 MHz
10 = 1.8 MHz

：JTAG 协议的频率 [0..6]

0 = 9.0 MHz (未指定时的默认值)
1 = 140 KHz
2 = 281 KHz
3 = 562 KHz
4 = 1125 KHz
5 = 2250 KHz
6 = 4500 KHz V2J24xx 或更高 ST-LINK/V2 固件版本支持 。

注:如未指定[ID=<id>]和，将选择 ID=0 的第一个 ST-LINK 。按 ID 或序列号选择 STLINK 的情况适用于：

• V1J13S0 或更高 ST-LINK 固件版本 • V2J21S4 或更高 ST-LINK/V2 固件版本 • V2J21M5 或更高 ST-LINK/V2-1 固件版本 [UR] 只对 ST-LINK/V2 的 SWD 模式可用。当用户断开与目标的连接时，模式禁用。对于 JTAG 模式，自 ST-LINK 固件版本 V2J15Sx 起提供"复位状态下连接"。JTAG 连接器(引脚 15)的 RESET 引脚应连接到器件复位引脚。在 SWD 模式下可用。对于 JTAG 模式，自 ST-LINK 固件版本 V2J15Sx 起提供热插拔连接。

-List：说明：列出连接到计算机的每个ST-LINK探头的相应固件版本和唯一的序列号(SN)。

注：为了获得正确的SN,ST-LINK固件版本应为：

- V1J13S0 或更高 ST-LINK 固件版本。
- V2J21S4 或更高 ST-LINK/V2 固件版本。
- V2J21M5 或更高 ST-LINK/V2-1 固件版本。

当另一应用使用 ST-LINK/V2 或 ST-LINK/V2-1 探头时，将不显示该探头的序列号且其不能在 ST-LINK Utility 的当前实例中使用。

-r8：说明：读取<NumBytes>存储器。语法：-r8 <Address> <NumBytes> 示例：-r8 0x20000000 0x100

-w8：说明：向指定存储器地址写入8位数据。语法：-w8 <Address> <data> 示例：-w8 0x20000000 0xAA

注：-w8 支持对 Flash 存储器、OTP 、SRAM 和 R/W 寄存器的写入。

-w32说明：向指定存储器地址写入32位数据。语法：-w32 <Address> <data> 示例：-w32 0x08000000 0xAABBCCDD

注：-w32 支持对 Flash 存储器、OTP 、SRAM 和 R/W 寄存器的写入。

4.1.2 内核命令

-Rst：说明：复位系统。语法：-Rst

-HardRst：说明：硬件复位。语法：-HardRst

注：-HardRst 命令仅对 ST-LINK/V2 可用。JTAG 连接器(引脚 15)的 RESET 引脚应连接到器件复位引脚。

-Run：说明：按照用户应用的定义设置程序计数器和堆栈指针，并执行运行操作。语法：-Run [<Address>] 示例：-run 0x08003000

-Halt：说明：停止内核。语法：-Halt

-Step：说明：执行步骤内核指令。语法：-Step

-SetBP：说明：在特定地址设置软件或硬件断点。如未指定地址，则使用0x08000000。语法：-SetBP [<Address>] 示例：-SetBP 0x08003000

-ClrBP：说明：清除所有硬件断点(如果有)。语法：-ClrBP

-CoreReg：说明：读取内核寄存器。语法：-CoreReg

-SCore：说明：检测内核状态。语法：-SCore

4.1.3 Flash命令

-ME：说明：执行全片擦除操作。语法：-ME

-SE：说明：擦除 Flash 扇区。语法：-SE <Start_Sector> [<End_Sector>] 示例：-SE 0 => 擦除扇区0 -SE 2 12 => 擦除扇区2至扇区12 * 对于STM32L系列，以下命令用于擦除数据EEPROM：-SE ed1 => 擦除地址为0x08080000的数据EEPROM

-SE ed2 => 擦除地址为0x08081800的数据EEPROM

-P：说明：将二进制、Intel十六进制或Motorola S-record文件加载到器件存储器中，不进行验证。对于十六进制和srec格式，地址十分重要。语法：-P <File_Path> [<Address>] 示例：-P C:\file.srec -P C:\file.bin 0x08002000 -P C:\file.hex

注：根据STM32供电电压，STM32F2和STM32F4系列支持不同的编程模式。当使用ST-LINK/V2时，会自动检测供电电压。这样可以选择正确的编程模式。当使用ST-LINK时，默认选择32位编程模式。如果器件受读保护，读保护会被禁用。如果Flash存储器页面受写保护，编程期间会禁用写保护，之后会再恢复。

-V：说明：验证编程操作已成功执行。语法：-V [while_programming/after_programming] 示例：-P *C:\file.srec* -V "after_programming"

注：如果没有提供参数，将执行编程时验证法 。

4.1.4 其他命令

-CmpFile：说明：将二进制、Intel十六进制或Motorola S-record文件与器件存储器内容进行比较，并显示第一个不同值的地址。语法：-CmpFile <File_Path> [<Address>] 示例1：-CmpFile "c:\application.bin" 0x08000000 示例2：-CmpFile "c:\application.hex 用户还可以将文件内容与外部存储器进行比较。应通过-EL命令指定外部存储器加载程序的路径。示例1：-CmpFile "c:\application.bin" 0x64000000 -EL "c:\Custom-Flash-Loader.stldr"

-Cksum：说明：计算给定文件或指定存储区的校验和值。使用的算法是简单的按位求和算法。结果截断为32位字。语法：-Cksum <File_Path>

-Cksum <Address> <Size>

示例1：-Cksum "C:\File.hex" 示例2：-Cksum 0x08000000 0x200 示例3：-Cksum 0x90000000 0x200 -EL "C:\Custom_Flash_Loader.stldr"

-Dump：说明：读取目标存储器内容并保存到文件中。语法：-Dump <Address> <Memory_Size> <File_Path>

-Log：说明：使能跟踪日志文件生成。生成的日志文件位于 % userprofile% \STMicroelectronics\ST-LINK utility目录下。

-NoPrompt：说明：禁用用户确认提示(例如，在文件中设定RDP级别2)。

-Q：说明：使能静默模式。不显示进度条。

-TVolt：说明：显示目标电压。

4.1.5 选项字节命令

-rOB：说明：显示所有选项字节。语法：-rOB

-OB：说明：配置选项字节。该命令：• 将读保护级别设为级别0（无保护）• 将IWDG_SW选项设为"1"(通过软件使能看门狗) • 将nRST_STOP选项设为"0"(在进入待机模式时生成复位) • 设置Data0选项字节 • 设置Data1选项字节语法：-OB [RDP=<Level>][IWDG_SW=<Value>]

[nRST_STOP=<Value>][nRST_STDBY=<Value>][nBFB2 =<Value >] [nBoot1 =<Value >] [nSRAM_Parity=<Value>]

示例：-OB RDP =0 IWDG_SW =1 nRST_STOP=0 Data0=0xAA Data1=0xBC

选项字节命令参数说明

RDP=<Level>：

RDP=<Level>设置Flash存储器读保护级别。<Level>可以是以下级别之一：0：保护禁用 1：保护使能 2：保护使能(调试和从SRAM自举功能禁用)

注：级别2仅对STM32F0、STM32F2、STM32F3、STM32F4和STM32L1系列可用。

BOR_LEV=<Level>：

BOR_LEV设置欠压复位阈值电压。

对于STM32L4系列：

0：复位电压阈值为约1.7 V
1：复位电压阈值为约2.0 V
2：复位电压阈值为约2.2 V
3：复位电压阈值为约2.5 V
4：复位电压阈值为约2.8 V

对于STM32L1系列：

0：BOR关闭，电压范围1.45至1.55 V
1：电压范围1.69至1.8 V
2：电压范围1.94至2.1 V
3：电压范围2.3至2.49 V
4：电压范围2.54至2.74 V
5：电压范围2.77至3.0 V

对于STM32F2和STM32F4系列：

0：BOR关闭，电压范围1.8至2.10 V
1：电压范围2.10至2.40 V
2：电压范围2.40至2.70 V
3：电压范围2.70至3.60 V

IWDG_SW=<Value>：<Value>应为0或1：0：硬件独立看门狗 1：软件独立看门狗

nRST_STOP=<Value>：<Value>应为0或1：0：在CPU进入停止模式时生成复位 1：不产生复位

nRST_STDBY=<Value>：<Value>应为0或1：0：在CPU进入待机模式时生成复位 1：不产生复位

PCROP_RDP=<Value>：<Value>应为0或1：0：当RDP级别从级别1降至级别0时，不擦除PCROP区。1：当RDP级别从级别1降至级别0时，擦除PCROP区(完全批量擦除)。

4.1.6 外部存储器命令25

-EL说明：为外部存储器操作选择自定义Flash存储器加载程序。语法：-EL [<loader_File_Path>] 示例：-P c:\application.hex -EL c:\Custom-Flash-Loader.stldr

4.1.7 ST-LINK_CLI返回代码

在执行ST-LINK_CLI命令时，如发生错误，返回代码(Errorlevel)将大于0。

下面的表 3汇总了ST-LINK_CLI返回代码：

表3 ST-LINK_CLI返回代码

返回代码	指令	误差
1	全部	命令参数错误。
2	全部	连接问题。
3	全部	命令对连接的目标不可用。
4	-w8，-w32	向指定存储器地址写入数据时发生错误。
5	-r8，r32	无法从指定存储器地址读存储器。
6	-rst，-HardRst	无法复位MCU。
7	-Run	未能运行应用。
8	-halt	未能停止内核。
9	-STEP	未能执行单指令步骤。
10	-SetBP	未能设置/清除断点。
11	-ME, -SE	无法擦除一个或多个Flash扇区。
12	-P，-V	Flash编程/验证错误。
13	-OB	选项字节编程错误。
14	-w8，w32，-r32，-P，-V，-ME，-SE	存储器加载程序故障（内部Flash或外部存储器）

(未完待续)(下转第486页)

◇湖北 李坊玉

用梯形图编程进行STC单片机应用设计制作之三

软件使用方法及基本系统板的软件测试(三)

(紧接上期本版)

(三)界面说明

转换软件PMW-HEX-V3.0的主界面各区域如图11所示,下面简要介绍各区域的功能。

1.输入输出继电器设定

该区域用于设定单片机应用系统每一个输入或输出通道的端口号,即输入继电器X00~X43,或输出继电器Y00~Y43。将一个通道的端口号与单片机的一个引脚建立对应关系,可以任意设定,但不能出现重复。例如,把单片机的P0.0引脚设定为输出继电器Y0,只要用鼠标点击"P0.0"右边的框内,并输入"Y 0"即可。

2.通信协议选择

该转换软件有"MODBUS"和"三菱通信"两种通信协议可选,选用某种协议,只需用鼠标点击该协议前的圆框即可。选中"三菱通信"可使用编程软件进行监控。选中"无协议",转换后生成的单片机可执行代码的存储容量会节省一些。

3.晶振频率选择

晶振频率可根据应用系统的需要来设定,若需要通信功能,则必须用"11.0592"的整数倍。建议一般使用11.0592MHz的晶振。

4.数码管显示设置

用数码管显示器作为应用系统的一个输出通道时,就要对该区域的驱动引脚进行设定。数码管作显示输出时,转换软件只支持8位7段串行输入的"7219"芯片,故要对驱动串行输入的数据输入端、加载数据输入端、时钟端进行设定。具体操作为:用鼠标点击"使用7219数码管驱动"前的小方框,然后分别点击"DIN=P""LOAD=P""CLK=P"后边的方框,分别输入单片机驱动"7219"芯片使用的引脚,如"4.4""4.5""4.6"。

5.外扩存储器设置

当需要在单片机基本系统上扩展存储器时,就要对该区域进行设定。分别用鼠标点击"SCK=P""SDA=P"后边的方框,分别输入单片机驱动外接存储器芯片使用的引脚,如"3.6""3.7"。需要注意的是,转换软件支持的存储器芯片有限,只能是24C14、24C32、24C64、24C128、24C256、24C512。

6.单片机型号选用

转换软件支持的单片机分三个系列,分别是"STC12C54/56" "STC89C54/55/58" 和 "STC11/10/12C5A"。请选择RAM为768字节以上、FLASH 30K以上的STC51单片机。需要有模拟量采集和输出时,应选择STC12C5A/56系列单片机。设置时根据选用单片机的型号,用鼠标点击三类中对应的圆框即可。表3列出了STC12C5A60系列单片机程序存储器容量、SRAM及封装形式,供参考。

7.模拟量端口设定

需要采集和输出模拟量时要设定采集和输出通道的引脚,即在模拟量设定区域用鼠标点击对应引脚前的圆框。STC12C5A60系列单片机只有P1端口可作为模拟量输入、输出通道使用。

8.按钮

转换软件界面上有两个按钮:"打开PMW文件"和"保存设置"。后者在界面设置区域全部设定完毕后用鼠标点击,即可将当前界面上的设定值予以保存,供转换过程中使用。前者则是在保存设置后去选中被转换的".pmw"文件,将该文件转换为单片机可执行的"fx1n.hex"文件。

(四)几点说明

使用本转换软件时,还需要注意以下几点:

1. 上升沿、下降沿、ALTP、INCP、DECP等脉冲边沿指令的总数不要超过40。

2. 所有支持的功能指令都可以支持D开头的32位指令,如DMOV、DINC、DDEC。

3. MAX7219支持16位/32位寄存器的显示,最多8位数码管。

4. 支持STC12C5A/56系列芯片的AD采样,支持10位采样结果,带有20次采样平均值滤波。

5. 对于STC12C56系列单片机,支持2路PWM输出。

6. 有模拟量输入和输出时,需要接通对应的辅助继电器,它们分别是:M68 ON 采集ADC0数据到D0,M69 ON 采集ADC1数据到D1,M70 ON 采集ADC2数据到D2,M71 ON 采集ADC3数据到D3,M72 ON 采集ADC4数据到D4,M73 ON 采集ADC5数据到D5,M74 ON 采集ADC6数据到D6,M75 ON 采集ADC7数据到D7;D11(0-255)、D12(0-255)、D15(0-255)、D16(0-255)分别对应DAC0、DAC1、DAC2、DAC3的0-5V输出。

7. PLSY 只能对Y0或Y1发脉冲。Y0发脉冲时,M66 ON为结束标志;Y1发脉冲时,M67 ON为结束标志。

8. 两路脉冲可以同步发送,脉冲最高频率是10kHz,建议使用2 kHz以下的发送频率,可以保证频率精度。

三、烧录软件

STC单片机的烧录软件有多种版本,本文使用"stc-isp-15xx-v6.69.exe"。若需要更新的版本,可以到STC单片机网站下载。

双击"stc-isp-15xx-v6.69.exe"的图标即可运行软件,其界面如图12所示。虽然看上去该界面比较复杂,但这里用到的只有几项:确定单片机型号、串口号、打开程序文件、下载/编程。

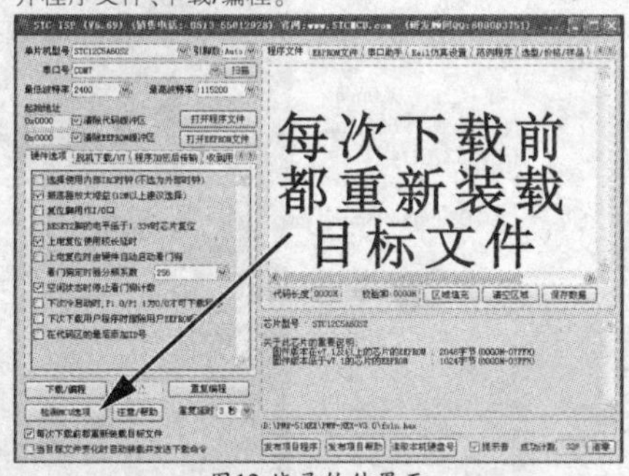

图12 烧录软件界面

1.选择单片机型号

用鼠标点击"单片机型号"右边框内的箭头,便可出现下拉列表,根据单片机控制板上所用的单片机型号,找到相同系列,点击前面的"+"展开,再点击与板上一致的型号即可。必要时可拖动滚动条查找。本单片机基本系统板使用的是"STC12C5A60S2"。

表3 STC12C5A60系列单片机程序存储器容量及封装

单片机型号	程序存储器容量	SRAM	封装形式
STC12C5A08S2/AD	8KB	1280	PDIP40,LQFP44,PLCC44,LQFP48,PDIP48
STC12C5A16S2/AD	16KB	1280	PDIP40,LQFP44,PLCC44,LQFP48,PDIP48
STC12C5A20S2/AD	20KB	1280	PDIP40,LQFP44,PLCC44,LQFP48,PDIP48
STC12C5A32S2/AD	32KB	1280	PDIP40,LQFP44,PLCC44,LQFP48,PDIP48
STC12C5A40S2/AD	40KB	1280	PDIP40,LQFP44,PLCC44,LQFP48,PDIP48
STC12C5A48S2/AD	48KB	1280	PDIP40,LQFP44,PLCC44,LQFP48,PDIP48
STC12C5A56S2/AD	56KB	1280	PDIP40,LQFP44,PLCC44,LQFP48,PDIP48
STC12C5A60S2/AD	60KB	1280	PDIP40,LQFP44,PLCC44,LQFP48,PDIP48
STC12C5A62S2/AD	62KB	1280	PDIP40,LQFP44,PLCC44,LQFP48,PDIP48

2.确定串口号

当使用USB-RS232电缆时,只要一插上电缆,该转换软件就会自动搜索到所用的端口。若需要操作者选择端口时,可用鼠标点击"串口号"右边框内的箭头,便可出现下拉列表,点击所用的串口号即可。

3.打开程序文件

可用鼠标点击"打开程序文件"按钮,在弹出的对话框中选择转换软件存放的目录,然后点击转换后生成的文件"fx1n.hex",再点击"打开"按钮;或直接双击生成的文件"fx1n.hex"。选中需要下载的程序后,界面如图13所示,此界面内右侧"程序文件"标签页内显示的就是待下载文件的十六进制代码。下一步操作就可点击"下载/编程"按钮,将该文件烧录到目标单片机中了。

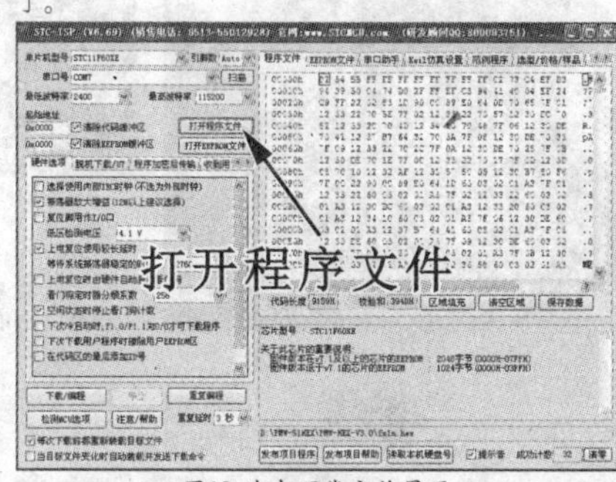

图13 选中下载文件界面

四、用软件测试基本系统板

基本系统板的测试程序把单片机的"P4.4"、"P4.5"和"P4.6"引脚设定为输入端,其余P0、P1、P2、P3口都设定为输出口。"X0"与电源"-"触碰一次,输出口指示灯流水闪;"X1"与电源"-"触碰一次,输出口指示灯停闪。在灯闪烁期间,"X0"与电源"-"触碰一次,闪烁时间变长;"X2"与电源"-"触碰一次,闪烁时间变短。

第1步:打开转换软件,将界面设定为如图14所示,点击"保存设置"按钮。

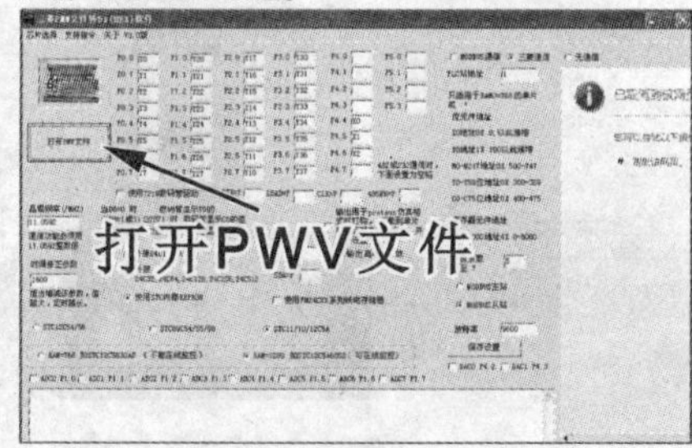

图14 基本系统板测试设定

第2步:点击"打开PMW文件"按钮,选择上面录入的"测试.pwm"文件,等待转换软件转换,直到界面上"打开PMW文件"按钮下出现"FX1N.HEX DONE",表示转换完成。

第3步:打开"stc-isp-15xx-v6.69.exe",选中使用的单片机型号,插上下载电缆。点击"打开程序文件"按钮,选中"FX1N.HEX DONE"文件。

第4步:在基本系统板未通电的状态下,点击"下载/编程"按钮,随即给基本系统板上电,进行烧录。当界面中右下方提示窗口出现如图15所示 "操作成功"提示,表明烧录完成。

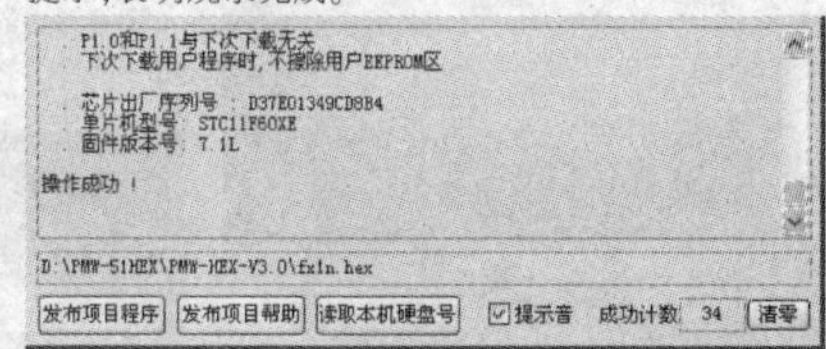

图15 提示烧录完成

第5步:用细导线将"X0"(即P4.4)与电源"-"触碰一下,一个输出口指示灯点亮,随即流水闪。若要停止闪,用细导线将"X1"(即P4.5)与电源"-"触碰一下即可。

(全文完)

◇江苏永鼎线缆科技有限公司 沈洪
苏州竹园电科技有限公司 键谈

低成本、工程级、全彩色、顶级3D打印方案(二)

——LJAV UV固化喷墨3D打印机

(原载第27期11版)(上接第391页)

LJAV UV固化喷沫3D打印机安装有两个水冷LED-UV灯，如图8所示亮红光与蓝光之处。UV固化墨水，把墨水打印在承印物上，在紫外线照射下零点零几秒就可固化，即把墨水变为固体。机器左视图如图9所示：

彩墨白墨UV灯
光油UV灯
主板
Y轴驱动器
⑨

机器右视图如图10所示：

升降控制板
升降感应
UV电源盒
⑩

LJAV UV固化喷沫3D打印机安装6个喷头(以深广联GH理光喷墨打印机为例)，如图11所示(一级墨合)、如图12所示(二级墨合)；或装8个喷头(以爱普生喷墨打印机为例)。可实现1000万颜色以上的全色造型，打印软件支持爱普生、精工、理光等工业级喷头。打印厚度可设定：20微米、40微米、50微米等多种。国内已有厂家可提供支持20个喷头的喷墨打印机，国外已有厂家可提供支持38个喷头的喷墨打印机，打印速度更快，3D打印机后续升级容易！

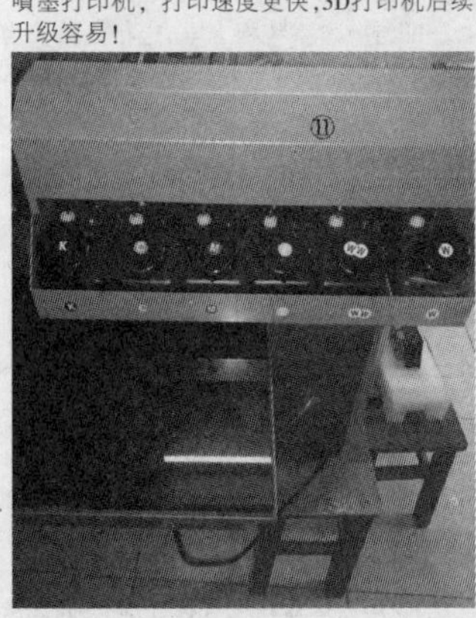

2.高精度：兼容多种分辨率，最高可实现5760DPI；

3DUJ553打印机分辨率为800 DPI，LJAV UV固化喷墨3D打印机720DPI、800DPI、960DPI、1200DPI、2800DPI、4800DPI、5760DPI等多种精度可选，打印精度可达到人眼的极限。

3.多种尺寸3D打印，可实现3000 mm×2000 mm×3000 mm的超大尺寸3D大作品打印。

LJAV UV固化喷墨3D打印机是直接选用市场的喷墨打印机二次开发，所以能实现多种尺寸3D打印，如图6与图7所示，如图7所示LJAV 3D打印机可打印的最大构建尺寸为900mm×600mm ×600mm。3DUJ553 3D打印机可打印的最大构建尺寸为508mm×508mm×305mm。若直接利用市场3000mm ×2000mm的喷墨打印机二次开发，可以打印3000 mm ×2000 mm×3000 mm的超大作品。紧追普通喷墨彩色打印机的发展潮流，3D打印机就可打印出更大3D作品。

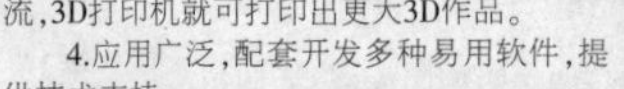

4.应用广泛，配套开发多种易用软件，提供技术支持。

(1)应用领域较广：如3D实物打印、医疗教学领域、3维地图、沙盘、军工、城规、测绘、无人机航拍等重多领域，地形地貌模型的制作等等。

如用无人机航拍的某两个海岛地形地貌用LJAV 3D打印机打印出的地形地貌模型如图13、图14所示。现在上网很方便，用谷歌地图、百度地图查询地形地貌很方便，我们可利用这些免费资源用LJAV 3D打印机打印需要的3D地形地貌模型，如图15所示的夏威夷海岛3D地形地貌模型；如图16所示的日本富士山3D地形地貌；如图17所示的美国总统山3D地形地貌。

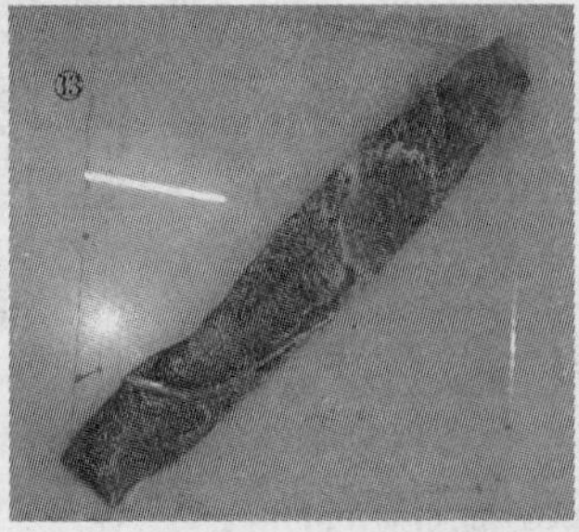
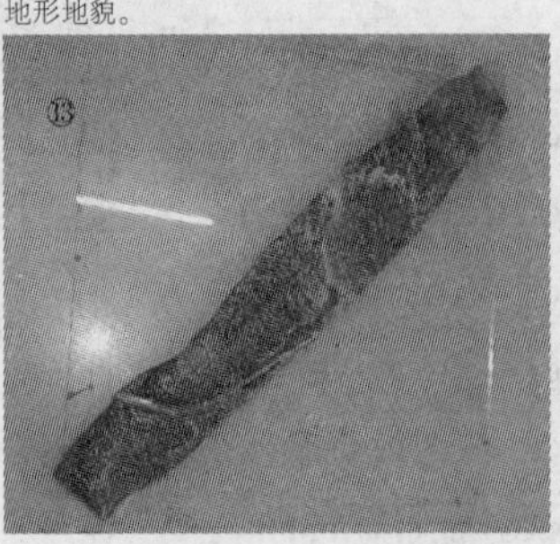

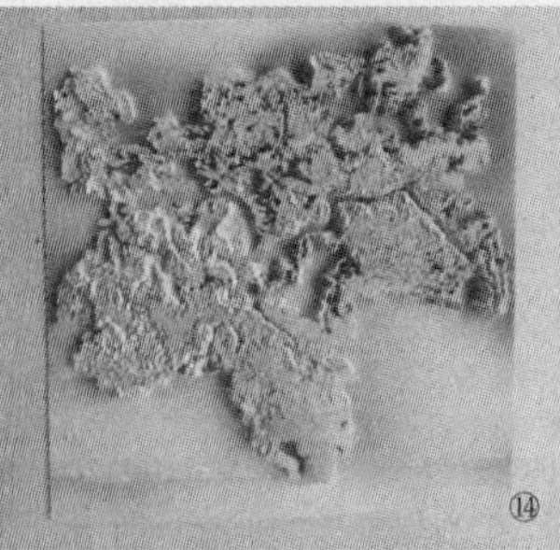

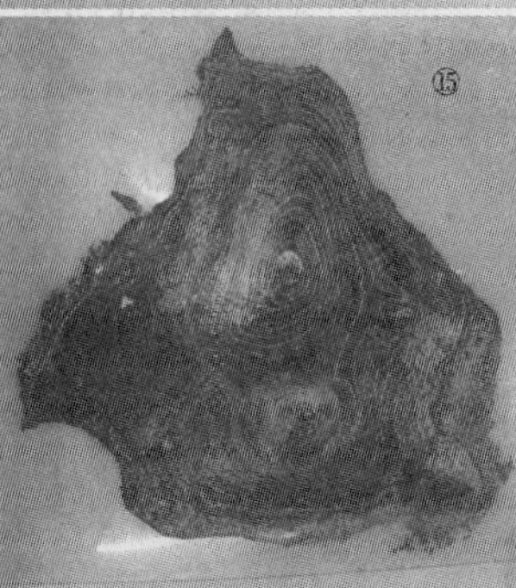

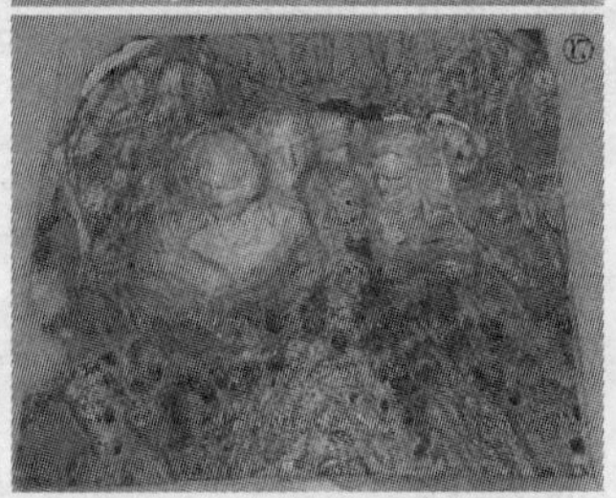

(2)广泛用于文化创意、工艺美术、动漫、电影道具、CG艺术、人像、文物的修复与复制、领域等等，使科技与艺术的完美结合！

把普通的平面图片打印成3D实物。如把一幅名画，通过再创作，可以多种理解有多种方案，我们可以以用LJAV UV固化喷墨3D打印机打印出3D模型来，如图18、图19所示。该打印机即能打彩色照片，也能打3D模型。发挥平台的优势，可全彩色3D建模，彩色3维模型切片，出打印图等，有可能实现远大梦想。

5.造价低，这是该3D打印机方案的最大的优势。

如今国内市场上，低、中、高档喷墨打印机售价约2—30万元。国产3D打印墨水售价较平，约200元左右/升，通过打印参数设定，完全能代替进口3D打印墨水，如图20所示的两种墨水对比打印。打印耗材便宜，喷墨打印机已国产化，众多便利条件为研发与生产低成本、工程级、全彩色、顶级的3D打印机创造了条件。

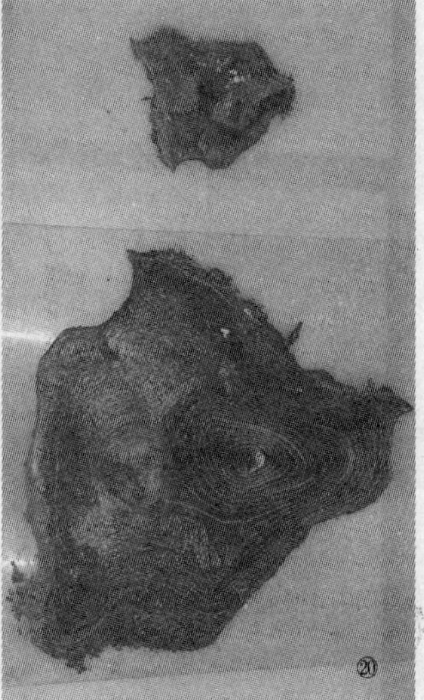

可为客户作3D打印硬件、软件方面的配套，也可承接3D打印服务。比如，根据客户需求，可把市场上已有的喷墨打印机升级改造为直喷式3D打印机，售价在可控范围；也可与平面打印机厂家合作，可开发生产最前沿的3D打印机。

"科技创新"《电子报》一直走在最前沿！笔者记得上世纪80年代，本报就推出了系列卫星接收机制作的技术性文章；上世纪90年代，大屏幕电视、投影机还是天价，本报已有系列文章介绍通过3寸—7寸液晶屏来改制彩投，或小尺寸CRT彩电通过光学放大等技术来获得更大的画面，让很多电子爱好者提前尝鲜大屏幕投影电视。2008年本报有DIY LED高清投影机的技术性文章与制作，这几年LED投影机才开始在各个领域大量运用。某些方法看起来虽然"土"一些，但很实用，费用也低很多，在新技术的宣传与普及方面《电子报》一直是走在最前沿，相信3D打印机部份文章的介绍可能会让更多的小企业、创客工作室及个人、以及读者从中受益！

(全文完)

◇广州 秦福忠

Wi-Fi 6简介

在即将到来的5G时代,也许有人会问:"如果在流量包月的前提下还有必要用Wi-Fi吗?"。其实这么对比是很不恰当的,一个是移动通讯系统(5G),其数据传输是非竞争的,有中心化资源调度的;Wi-Fi则是私有有线完整的连接协议,并且其数据传输存在一定的竞争性。以及后面提到的"5G WiFi"跟"5G通信"完全是风马牛不相及的两码事:"5G WiFi"中的5G指的是"信号频率",也就是"5 Giga Hz"的简称;"5G通信"中的5G指的是"5 Generation"也就是第五代通信技术的意思。

单从速度上先看看两者的数据,首先是5G的速度:以中国联通的5G体验店为例,该频段建立在3.5GHz频段上,可以支撑高达1.6Gbps单用户峰值速率。经对比检测,4G下载速率为63.6Mbps、上传速率为27.7Mbps,5G下载速率则为934Mbps、上传速率为76.8Mbps,就4G而言5G快了接近20倍。

再看看Wi-Fi的速度,由于Wi-Fi的标准众多,这里从近几年的说起。

Wi-Fi 4(11n)

诞生于2009年,基于40MHz频宽以及MIMO技术(Multiple-Input Multiple-Output,即多入多出技术,在发射端和接收端分别使用多个发射天线和接收天线,使信号通过发射端与接收端的多个天线传送和接收,从而改善通信质量。)。

它包含了一些最常见的一些标准,例如802.11 a/b/g/n,这些都被我们称为2.4G WIFI,将Wi-Fi理论带宽从11a/g的54Mbps升至600Mbps(150Mbps×4条空间流),同时支持2.4G和5G双频段。缺点是它和蓝牙标准的信道重合,信号干扰严重。

Wi-Fi 5(11ac)

诞生于2013年,又称之为802.11ac标准。Wave 1基于80MHz频宽,将单流带宽升至433Mbps;2016年Wave 2翻倍至160MHz频宽,加上10%的调制效率提升,其理论传输速率最高能达到1.7Gbps。另外还有ah,ad等一系列拓展标准,不过并不是主流。

值得注意的是Wi-Fi 5只支持5G频段。

Wi-Fi 6(11ax)

诞生于2018年,又称之为802.11ax标准。由于向下兼容,因此支持2.4G和5G,兼容802.11a/b/g/n/ac。在密集区域,最高吞吐量可达ac的四倍,最高支持10.756Gbps理论无线速率。目前这一标准仅在一些高端产品和商用场合能见到。

对除了速率上的大幅度以外,Wi-Fi 6还对基于物联网的AI、AR、云计算等新技术有很大的联系。

首先从公式理论上看,WiFi带宽=(符号位长×码率×数据子载波数量)×(1/传输周期)×空间流数。因此速率提升与调制方式、码率、数据子载波数量、传输周期、空间流数都有关系。

先看调制方式,Wi-Fi 6采用的是1024-QAM调制编码方案,最大连接速率能达到9.6Gbps。

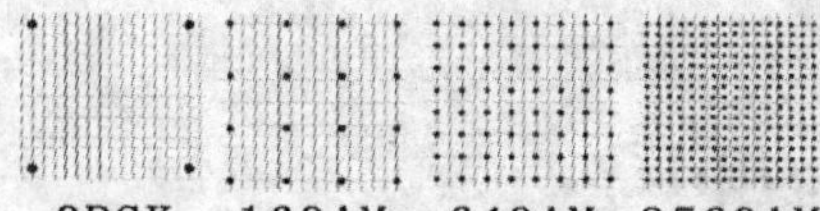

QPSK　16QAM　64QAM　256QAM

数据子载波数量则体现在使用了OFDMA(Orthogonal Frequency Division Multiple Access,即正交频分多址接入)方案。该技术可以将无线信道划分成多个子信道(子载波),形成多个频率资源块,这样数据就能在时间段内实现多个并行传输。

而此前的Wi-Fi 5则使用的是OFDM(Orthogonal Frequency Division Multiplexing,即正交频分复用技术)方案,它只是多载波调制的一种,其调制和解调分别基于IFFT和FFT来实现。虽然OFDM有很多优势,但由于其信号调制机制也使得OFDM在传输过程中存在一些劣势:

1.对相位噪声和载波频偏十分敏感。

2.峰均比过大。

3.所需线性范围宽。

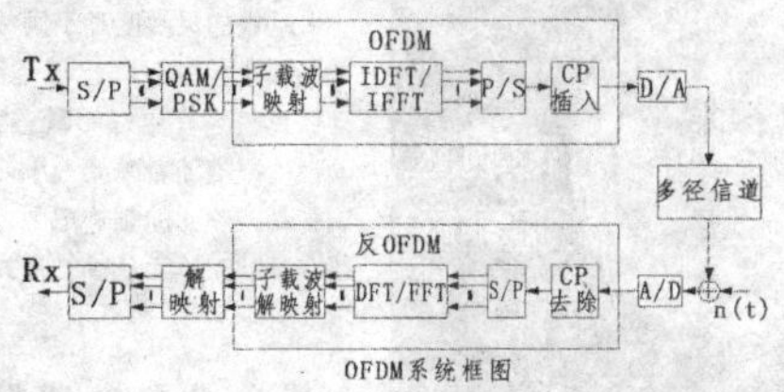

OFDM系统框图

OFDMA是OFDM技术的演进,将OFDM和FDMA技术结合。在利用OFDM对信道进行子载波化后,在部分子载波上加载传输数据的传输技术。通过把高速率数据流进行串并转换,使得每个子载波上的数据符号持续长度相对增加,从而有效地减少由于无线信道时间弥散所带来地ISI,进而减少了接收机内均衡器地复杂度,有时甚至可以不采用均衡器,而仅仅通过插入循环前缀地方法消除ISI的不利影响。

OFDM技术可效的抑制无线多径信道的频率选择性衰落。因为OFDM的子载波间隔比较小,一般的都会小于多径信道的相关带宽,这样在一个子载波内,衰落是平坦的。进一步,通过合理的子载波分配方案,可以将衰落特性不同的子载波分配给同一个用户,这样可以获取频率分集增益,从而有效的克服了频率选择性衰落。

传统的频分多路传输方法是将频带分为若干个不相交的子频带来并行传输数据流,各个子信道之间要保留足够的保护频带。而OFDM系统由于各个子载波之间存在正交性,允许子信道的频谱相互重叠,因此于常规的频分复用系统相比,OFDM系统可以最大限度的利用频谱资源。

由于Wi-Fi 6支持MU-MIMO(Multi-User Multiple-Input Multiple-Output,即多用户多入多出技术)技术,因此路由器一次可以与8个设备同时通信,且支持上下行MU-MIMO,无需排队;而Wi-Fi 5一次只允许与4个设备通信,只支持下行MU-MIMO;两者效率显然不言而喻,当然目前由于技术成本和针对场景不一样,不一定在家里或者通讯设备比较少的情况下就非要用Wi-Fi 6,还是需要根据服务应用类型来定。

抗干扰性

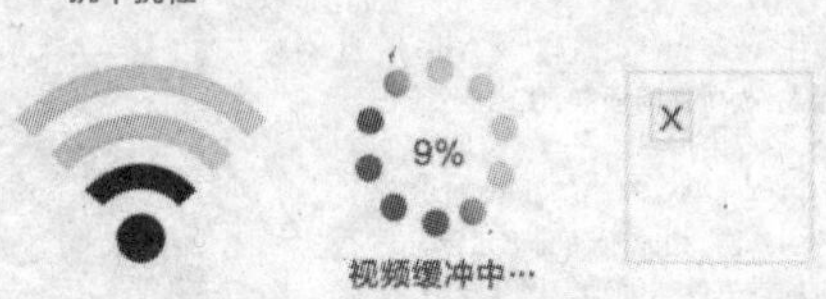

由于现在几乎每家都有需要连接WiFi的设备,比如手机、平板、笔记本电脑等,越来越多的设备需要无线网的支持。随着周边邻居的无线网越来越多,无线信号的干扰也越来越严重,特别是2.4G频段的信号,那么在不更换升级WiFi的前提下如何解决呢?

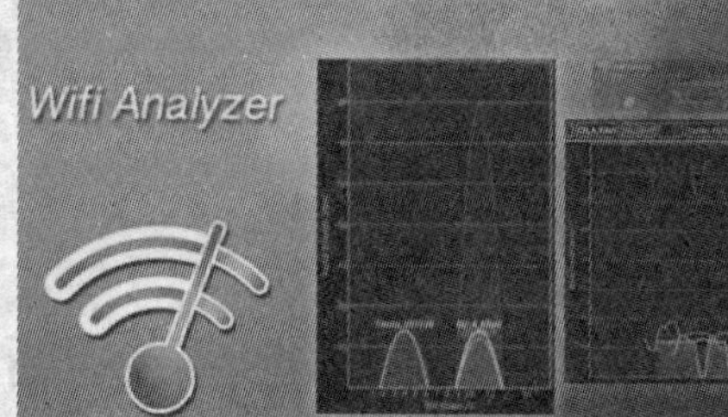

先使用WiFi分析仪查找空闲的无线信道:一般如果2.4G网络拥挤,可以首先使用手机安装WiFi分析仪查看无线网络信道的占用情况,一般找出空闲的信道,在路由器的无线设置中直接将无线信道修改为空闲信道即可。

或者使用电力猫,如果家庭宽带为100兆以上宽带,则考虑购买千兆电力猫。一般购买电力猫套装,只需分别在路由器附近的插座和上网房间的插座上分别插上电力猫,一般无需设置,连接网线就可以直接上网了。电力猫上网一般安装和设置比较简单。

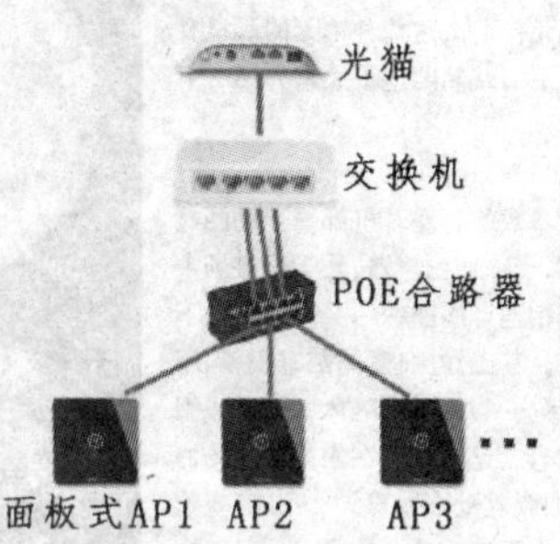

最后就是使用5G频段,但是5G频段的覆盖范围和穿墙能力太差,需要想办法增加5G信号的发射点来提高覆盖范围。一个比较好的解决办法就是在信号比较弱的房间内,将网络面板替换为面板式双频无线AP。这样,既不影响面板本身网口的使用,同时又可以提供WIFI信号,一举两得,而且不占地方,比较美观。但是面板需要POE供电模块,如果要安装的面板比较多,可以直接购买一个POE交换机。在安装的时候网线8根线芯要根据586B的线序接好;安装完成后,配置AP发射5G信号可以了。

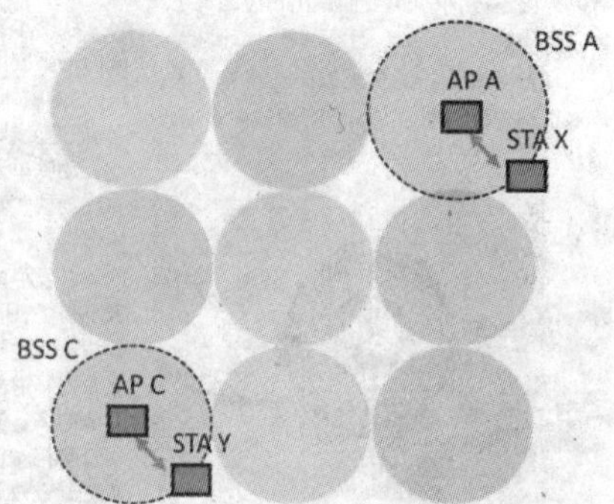

而Wi-Fi 6为了解决在密集AP环境中信号强度弱的问题,采用了一种叫BSS(Baisc Service Set,基础服务集合)着色位(Color Bit)的信道空间复用技术来标记识别这个数据帧属于哪个BSS,因此也叫BSS着色技术(BBS Coloring)。这种技术可以识别两个相距不远但又不相邻的AP及设备,能在同一时间内实现安全传输并且互不影响,空间效率更高。

当然这种技术在802.11ax(也就是Wi-Fi 6)之前是不为信道接入协议所允许的。

更省电

既然万物互联,那么门禁、家电、监控设备以及工厂的机床、机器人、运输设备等都可接入WiFi。为什么说Wi-Fi 6更适用于物联网,主要还是其支持TWT技术(Target Wakeup Time,即目标唤醒时间),它允许AP规划与设备的通讯,协商在哪个时间段唤醒并进行数据传输;通过设置将终端设备分到不同的TWT周期,在"唤醒"状态下才进入工作状态,其余时间处于休眠,减少了无线资源的竞争以及增加电池续航能力。

总的说来,即将普及的Wi-Fi 6进一步通过编码和调度方式的增强,不仅仅是大幅提升了空间复用的效率,使得每个AP可以同时与更多的设备通信、可以允许更大密度的设备部署、更低的延时、更远的覆盖、更高的速度。还在低功耗方面的改进,可延长电池寿命,对那些使用电池的物联网设备方面也是必须的。

(本文原载第28期11版)

常见单元耳机比较（一）

目前市面上的耳机主要分为动圈和动铁耳机，少部分发烧友还会选择平板耳机和静电耳机几种单元；那么这几种单元的耳机有什么特点呢？下面就简要地跟大家介绍一下各种耳机单元。

动圈单元

目前绝大多数的耳塞耳机都属于动圈式耳机，原理类似于普通扬声器，处于永磁场中的线圈与振膜相连，线圈在信号电流驱动下带动振膜发声。其工作原理：内部有震膜、闭合线圈、永磁体（一般都是钕磁体），闭合线圈接入声音电信号，产生磁场，在永磁体磁场的作用下，带动振膜震动而发声。

其中按开放程度分为开放式、半开放式、封闭式。

开放式

开放式的耳机一般听感自然，佩带舒适，常见于家用欣赏的hifi耳机，声音可以泄露、反之同样也可以听到外界的声音，耳机对耳朵的压迫较小。

半开放式

没有严格的规定，声音可以只进不出亦可以只出不进，根据需要而做出相应的调整。

封闭式

耳罩对耳朵压迫较大以防止声音出入，声音正确定位清晰，专业监听领域中多见此类。

动圈单元拆机图

动圈单元的造价与音质成正比，劣质与优质的单元有着明显的听感差异，这主要取决于耳机单元的振膜、线圈和磁体强度。

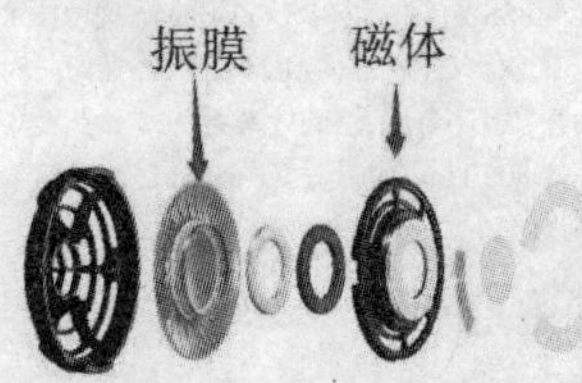

振膜

振膜材料的力学性能与最终声音息息相关，振膜的面积、强度、弹性、韧性是直接影响声音的因素。理论上，振膜越大、力学性能越好，单元具有的上限越高。

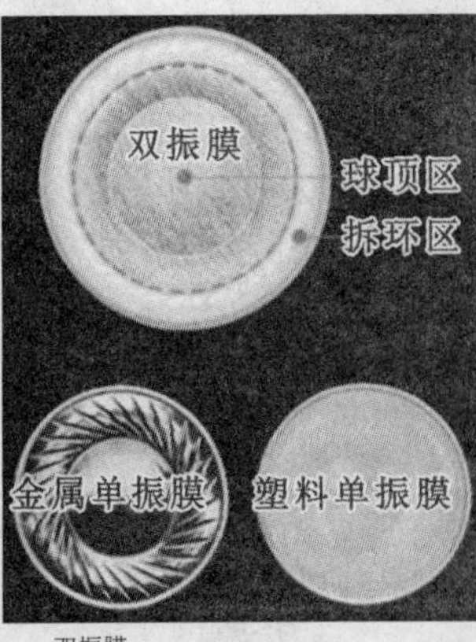

双振膜

双振膜和音响的同轴是类似的，用多层振膜来覆盖更广的音质，它是一个磁体两层振膜结构。双振膜对高中低三频有很好的区分隔离，不同的材质对三频分工协作，让复杂的场景丝毫不会混乱而听得非常清楚，传递更细微的声音细节。

线圈与永磁体

线圈本身处于永磁体磁场中，当输入电流信号强度固定时，永磁体的磁性与音量成正比，永磁体的磁性越强、线圈受到的磁力越大、加速度越大、对振膜的材料性能就越高。

动铁单元

动铁式耳机是通过一个结构精密的连接棒传导到一个微型振膜的中心点，从而产生振动并发声的耳机。动铁式耳机由于单元体积小得多，所以可以轻易的放入耳道。这样的做法有效地降低了入耳部分的面积可以放入更深的耳道部分。耳道的几何结构要比耳廓简单的多，属于类圆形所以一个质地柔软的硅胶套相对传统耳塞已经能起到良好的隔音及防漏音效果。

工作原理

内部有永磁体、线圈、电枢、震膜，声音电信号通过线圈输入，改变磁场强度，使电枢受力带动震膜震动，从而发声。

因为动铁的占空间小，因此动铁单元能够放入更深部分的耳道。相比于动圈单元，动铁单元需要更少的空气参与震动，因此能够有效的控制隔音问题。

振膜

动铁的灵敏度高于同级动圈，主要原因是振膜小、易驱动，也正是得益于高灵敏度，动铁耳机具有更好的瞬态表现和声音密度。动铁的振膜随着单元大小而改变，但体积限制了动铁单元的频响范围，当今耳机厂商一般以多动铁单元分频的形式来提高耳机的上限。

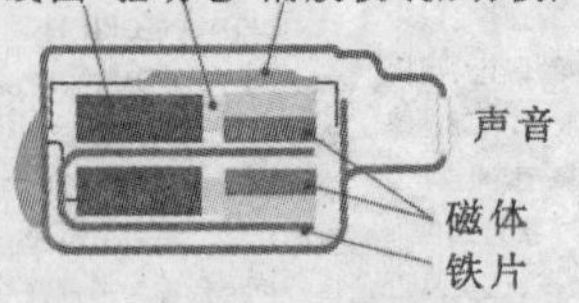

线圈与永磁体

动铁单元中，永磁体与振膜保持相对平衡，当线圈接入声音电信号时，电枢带动震膜受磁力震动产生声音。所以与动圈单元相比，动铁单元的内部构造更加精密、生产成本也很高，所以低端耳机一般不采用动铁单元。

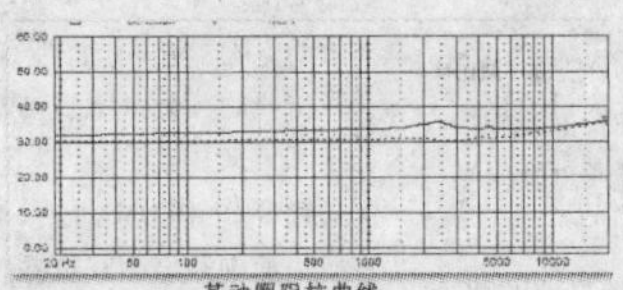

某动圈阻抗曲线

相比于动圈，动铁单元的密封性强，因此涉及到的可调音部分都在内部构造中。但由于其内部极其精密，因此调节起来也是十分有难度。不过我们可以通过分频器进行高、中、低音之间的调节。毕竟目前的多单元动铁耳机几乎都装了分频器。用以将输入的模拟音频信号分离成高音、中音、低音等不同部分，然后分别送入相应的高、中、低音喇叭单元中重放。

分频必备工具——人工耳

其实这个方法是借用全频喇叭的经验。全频喇叭特点是结像，线性有明显优势，因为在人耳最敏感的频段200~7K Hz没有分频点，避免了不同频响和相位引起的问题；然而全频喇叭是两头残，所以会添加超低和超高单元来补充。实际上200~7K均衡的全频喇叭还是有一定难度的，但在耳机单元里就容易的多了，几乎所有的动铁耳机都可以满足。

某动铁阻抗曲线

二分频

低频 1mm导管，导管里用海绵滤掉200以上的频率和调整低频的灵敏度；中高频1.5~2mm导管，长度5mm左右，根据高频响应来确定，用2mm导管好处是方便加阻尼，但29689用1.5mm导管高频响应很好（实际ER4就是1.5导管）。三分频

低频导管可以参照二分频；中高频导管也可以用1mm；超高频导管参照二分频的中高音，串电容或用阻尼滤除分频点以下频率。对于二分频，分频点取200附近；对于三分频，分频点取200和7K以上；更多分频点实无必要。关键是中高频单元的选择，灵敏度不高的全频单元就是很好的选择，例如29689；低频要求灵敏度高于中频15个DB以上；超高频灵敏度度和中高频单元接近，对于29689单个30095足以。

微动圈

2008年JVC开发出全球第一款5.8MM微动圈单元耳机，严格意义上说，微动圈也算是一种动圈耳机；普通动圈单元在8~11mm直径，而3~6mm直径的动圈又叫微动圈，在动圈原理的技术上进行了革新技术的优化，可以理解为是动圈和动铁技术之间的一个融合。它们大多一反以往的传统设计，取消了入耳导管和前声学腔体的驱动单元前置设计。得益于小尺寸的单元，所以6mm的微动圈有着非常显著的声音特点，拥有动圈本身的易推性，杂食性、同时也拥有动铁在声音方面的高解析度，瞬态响应快等特色音质表现。

6mm动圈耳机高频金属感的明亮度很强，延伸也非常不错；中频音色直白，声音缺乏厚度；低频冲击力强，很猛烈，有一定弹性，但是缺少了动圈的那种氛围烘托感和雄厚感。

（未完待续）（下转第490页）

四方携手助力“5G+”智能制造创新应用中心

近日，爱立信（中国）通信有限公司与中国移动通信集团江苏有限公司无锡分公司、捷普电子（无锡）有限公司、无锡国家高新技术产业开发区管委会签署5G智能制造创新战略合作协议。此次战略合作签约仪式在无锡的捷普电子（无锡）有限公司内举行，共同见证了“5G+”智能制造创新应用中心的启动仪式。

随着国家5G技术的快速发展，物联网技术也会不断从“概念”走向“实践”，它将与大数据、云计算、人工智能等技术交叉发生作用，呈现出蓬勃活力，引发物联网技术创新和工业应用的伟大变革。在此背景下，四方通过友好协商，结成了长期且全面的战略合作伙伴关系，充分发挥各自在技术与服务领域的资源优势，实现资源共享和共同发展。

据介绍，智能制造创新应用中心将建立5G的工业场景应用，打造集制造、研发、维修、应用于一体的完整产业链，助力各方在“5G+”领域开创出更美好的未来。试点开创了在电子生产现场大规模部署5G前沿应用的先例，在工业互联、人机通信、机器对话等方面，开启AI人工智能的新时代，在大数据、数字孪生、边缘计算、远程诊断、全球培训等方面实现真正的云同步。具体应用包括接收天线、手机、笔记本5G数据传输，5G驱动厂区物流AGV、AVI，5G远程运维、捷普5G办公室、车间5G网络改造项目等实际内容。

爱立信一直致力于联合各个垂直行业开展5G业务创新，推进5G产业生态的构建，尤其是在工业互联网、智能制造等领域，已和全球多个企业展开广泛合作和研究。爱立信此次携手各方，希望共同探索基于5G的网络切片和边缘计算技术在工业领域的应用，助推柔性制造和个性化生产，实现企业智能化转型。

而此次合作也将是爱立信利用下一代技术推动未来制造业变革的完美典范。作为一家全球化企业，爱立信通过5G技术的测试和在各行各业的应用积累了宝贵的经验。如今，我们将这些经验和见解应用于制造领域，从而惠及整个生态系统。中国市场的广大用户也将受益于智能工厂生产所带来的先进技术、速度和生产力优势。

◇爱立信中国

（本文原载第39期2版）

邮局订阅代号：61-75 国内统一刊号：CN51-0091

微信订阅**纸质版**
请直接扫描
邮政二维码
每份1.50元 全年定价78元
四开十二版 每周日出版

扫描添加**电子报微信号**
或在微信订阅号里搜索"电子报"

2019年9月29日出版 实用性 启发性 资料性 信息性

第39期 国内统一刊号:CN51-0091 定价:1.50元 邮局订阅代号:61-75
地址:(610041)成都市武侯区一环路南三段24号节能大厦4楼 网址:http://www.netdzb.com

(总第2028期) 让每篇文章都对读者有用

网络安全行业创新领域未来发展趋势

与全球相比，中国网络安全市场虽然起步较晚，但近几年在国家政策法规、数字经济、市场需求等多方驱动下，市场规模持续快速发展。而随着相关法律法规的逐步落地，监管部门监管力度的不断提升，中国网络安全相关硬件、软件和服务市场将继续保持快速增长态势。

据预测，2019年我国网络安全市场规模或达到680亿元，同比增长25%。随着对网络安全的愈加重视及布局，市场规模将持续扩大，预计到2021年中国网络安全市场规模将达千亿元。此外，云安全市场保持增长。数据显示，2018年中国云安全市场规模达37.76亿元，增长45%。随着信息安全越来越受到重视，云安全市场将进一步扩大。预计2019年，中国云安全市场规模将达56.1亿元，增长近五成。到2021年，预计我国云安全市场规模将超100亿元。

目前，有相关机构提出了网络安全行业创新领域未来发展趋势：

1.自主可控技术发展保卫网络空间

"十三五"时期，信息安全市场的自主可控和国产化替代趋势非常明确。在技术方面，网络安全产品为了完成自主可控，必须在以下关键组成部分实现国产化替代，包括：芯片、操作系统、数据库和中间件。

从芯片角度分析，国内的龙芯、申威、飞腾和兆芯，分别使用MIPS、Alpha、ARM和X86架构，不论是自主研发指令集和微结构，或是购买外厂商指令集授权配合自主研发的微结构并开放源码检查，都可以满足现阶段安全可控的要求。

从国产操作系统方面分析，中标麒麟、普华等国产操作系统，可以满足自主可控需求，也已经形成面向桌面操作系统、服务器操作系统、安全操作系统等多类型产品，能支持X86、龙芯、申威、飞腾等CPU平台。

综合以上情况分析，对于自主可控技术的关键组成部分，业界已经基本具备了国产化替代国外产品的能力，应用条件已经相对成熟。可以预见的是，自主可控产品将在这样良好的条件下大力发展，真正做到保卫国家网络空间。

2.物联网安全迎来发展机遇

据数据显示，2018年IoT设备增长迅猛，全球的设备数量已经达到70亿台。由于拥有IoT设备数量众多，且很多设备存在漏洞和弱口令，相互攻击感染问题严重，导致我国成为全球IoT攻击最频发的国家，同时也是最大的受害国(占总攻击的比例达到19.73%)。在5G及IoT领域，终端数量极其庞大，当大量的终端设备遭到入侵控制后，攻击者可以利用这些设备进行DDoS攻击或进行恶意挖矿，造成物联网设备上的正常业务受到影响。

IoT的各个方向已经发展成较为独立的领域，在各个领域上安全需求有所区别。随着未来5G及IoT物联网领域的发展，其将为未来IoT安全市场带来巨大的空间。

3.云情报、机器学习等人工智能预测技术成为安全防护的重点

传统的安全架构中，较多依赖特征匹配的模式。在这种模式中，防护设备需要先将某个攻击事件写入特征库，然后才能防御这个攻击，而且安全设备的特征库，数量是非常有限的，所以最大的问题在于滞后性和局限性，防护方永远落后于攻击方，对0day等未知威胁无能为力。如今，网络安全界的潮流是转后手为先手，让安全变得更主动、更前置，主要的技术手段包括云威胁情报和机器学习预测技术。

4.自适应安全架构促使智能安全落地

自适应安全理论体系打破了传统安全的理念，在安全架构中增加了诸多环节，指明了不同环节之间的融合关系，这促使了安全产品不仅要不断推出新功能，还要将不同的功能进行互相关联和顺序编排，从而推进了智能化技术在安全产品上落地。在未来，自适应安全将会纳入更多环节，安全产品的特性也将会越来越多，智能化发展趋势已成必然。

5.云安全催生虚拟化安全新架构

云安全技术的发展，不仅更好地解决了云内安全问题，也让以NFV（网络功能虚拟化）的生态得到了良好的发展。目前，以安全能力虚拟化+安全能力调度为技术架构的众多一体机产品，例如等级保护一体机、网点出口一体机、数据中心安全防护一体机，已经实现了对嵌入式网络通信平台的部分替代。未来，网络安全技术的划分会更加精细，安全能力将会越来越多，尤其是在私有云等环境下尤为明显，虚拟化安全新架构将会有更广阔的应用前景。

◇中商

(本文原载第39期2版)

IDC预测未来五年中国大数据市场保持稳定增长

IDC最新发布的《全球半年度大数据支出指南，2018H2》预测：未来五年，由于政策支持以及多方技术融合，中国大数据市场将保持稳定增长。

IDC预测，2019年中国大数据市场总体收益将达到96.0亿美元，2019-2023年预测期内的年CAGR(复合年均增长率)为23.5%，增速高于全球平均水平。到2023年，市场规模则将增长至224.9亿美元。从技术上看，大数据相关硬件在2019年中国整体大数据市场中占比最高，达到45.2%；大数据相关服务支出和软件收益的占比则分别为32.2%和22.6%。而到2023年，随着技术的成熟与融合、以及数据应用和更多场景的落地，软件规模占比将逐渐增加，服务相关收益占比保持平稳的趋势，而硬件规模在整体的占比则逐渐减少。硬件、服务、软件三者的比例将更为相似，逐渐趋近于各占三分之一的权重。

大数据细分市场

从子市场来看，2019年中国大数据市场最大的构成部分仍然来自于传统硬件部分——服务器和存储，占比超过45%；其次为IT服务和商业服务，两者共占32%的比例。而到2023年，随着海量异构数据的大量生成，机器学习、高级分析算法与企业业务应用的融合，人工智能软件平台将取代商业服务成为中国大数据市场的第三大细分市场。同时，服务器和存储的占比逐渐降低，大数据软件子市场规模增长。

大数据行业应用

从行业上来看，2019年中国大数据与商业分析解决方案市场中收益前三的行业依次是金融(包括银行、保险、证券与投资)、政府、通信，三者总和占中国总体的50%以上。金融行业，大数据分析技术赋能于金融反欺诈、风控、信贷业务等业务。政府行业，智慧城市、公共安全、交通、气象各部委对大数据应用较多。电信行业，三大运营商拥有庞大的个人位置数据，精准营销、信用评估等是大数据技术主要的应用的方向。

大数据企业规模

从企业规模的视角来看，2019-2023年预测期内，雇员超过1000人的特大型企业比例最高，占中国大数据市场整体的45%。同时，雇员数量在100-499人的中型企业发展迅速，在整体市场中的占比已与500-999人的大型企业相当。未来，在大数据与商业分析解决方案投入的厂商中，特大型企业将持续保持领先，持续探索技术服务与应用场景的多样性。

◇IDC中国

(本文原载第39期2版)

长虹HSM45D-1M型电源+LED背光驱动(二合一)板原理与检修(二)

(紧接上期本版)

该电源板中的PWM电源在PFC电路工作之前,实际已率先工作,其过程是:由抗干扰电阻R101~R104的连接中点取出1/2的市电电压VB,经D208整流、R221限流、C104、C105滤波后,得到约16V的启动电压送至控制芯片U101(NCP1251A)的电源端⑤脚→内部振荡器、脉宽调制器工作→⑥脚输出开关激励脉冲→开关管Q106、Q101工作于开关状态→开关变压器T101被注入能量→①-②绕组产生感应电压。经D108整流、R120、R121限流、C108滤波、Q108稳压后,由防倒灌二极管D204、限流电阻R138向U101⑤脚提供约18V的正式工作电源。另外,T101次级⑩-⑧绕组产生的感应电压,经D301整流、C302、C303、C309、C306及L301等滤波后,得到12.3V电压,作为LED驱动电路和主板的输入电源。该PWM电源稳压系统主要由光耦器N101(PC817)、基准电压比较器U301(TL431)和它们周围元件及U101(NCP1251A)内部相关电压比较器、脉宽调制器等组成。其工作过程是:当负载变重导致12.3V输出电压降低时,经电阻R303加至光耦器N101A①脚的电压降低→流过光耦器N101①-②脚(发光二极管)的电流下降→光耦器N101B③-④脚(光敏三极管)内阻变大→U101②脚(电压反馈端)电压上升→U101内部脉宽调制器输出的脉冲宽度增加→开关管Q106、Q101导通时间延长→对T101的注能增加→保持输出电压不变。当负载变轻导致输出电压升高时的稳压过程与上述相反。顺便指出,图2中C103、R119、D105为高压吸收电路,防止开关管Q101截止时,T101初级绕组感应出的尖脉冲高压将它击穿。

本电源没有设置独立的待机电源。当彩电处于待机状态时,主板送来的低电平PS-0N待机信号经R312加至控制管Q301的G极→Q301截止→光耦器N102发光二极管中无电流通过→光敏三极管截止→控制管Q202截止→加至PFC电路控制芯片U201⑧脚的PFC_VCC电压为零→PFC电路停止工作。与此同时,主板送来的低电平PS-0N待机信号还经R446(见图3)加至控制管Q401的G极→Q401截止→Q404截止→LED驱动电路U203因失去工作电源而停止工作。此时由于U101的负载变轻了,U101工作频率自动由65KHz降为26KHz。PWM电路输出的12.3V电压降为约7V左右,仍送到主板上的待机电源DC/DC变换块的输入端,使待机电源继续正常工作,为主控芯片(MCU)与遥控等相关电路提供工作电源。

2.LED驱动电路原理

在主控芯片发出高电平PS-0N开机指令后,控制管Q401的G极呈高电平(见图3)→Q401导通→Q404导通→12.3V电压经D503送到LCC半桥谐振式驱动控制芯片U203(UCC25710)电源端①脚。与此同时,主板送来的高电平BL-ON背光点亮信号经R418加至U203的⑩脚、高电平亮度调节信号PWM_DIM也经R420送至U203的亮度控制端⑨脚。于是,U203内部的半桥驱动脉冲振荡器开始工作→②、③脚分别轮流输出正、负激励脉冲→Q406、Q405/Q407、Q408分别轮流导通和截止→开关变压器T502初级①-④绕组中分别出现顺时针和逆时针流动的电流→T502次级⑥-⑤/⑩-⑨绕组中分别感应出极性相反的正、负激励脉冲→Q503/Q504轮流截止、导通→Q503导通时,Q504截止→开关变压器T501初级①-④绕组中有顺时针方向流动的电流,同时对电容C501充电,极性是上正下负→Q504导通时Q503截止→C501放电,T501初级①-④绕组中有逆时针方向流动的电流→T501次级⑧-⑦绕组中有感应电压产生→经D401~D404全波整流、C401滤波后得到LED+电压,并被送到插座CON301①脚,由插头软线接至显示屏后面的LED背光灯串的正电压端。LED灯串的负电压端由软线经插头送回插座CON301③脚,经跳线J402、电流取样电阻R447~R451到地,形成电流回路→点亮LED背光灯串→显示屏发光。取样电阻上端产生的ISNS电流取样电压经R452送回U203的过功率保护设置端⑬脚。当彩电画面亮度增大时→主控芯片会使亮度控制电平升高→驱动控制芯片U203驱动脉冲输出端②、③脚输出的脉冲宽度增加→开关管Q405~Q408及Q503、Q504导通程度增加→通过的电流增大→输出的LED+电压升高,加至LED灯串组的输入电压升高→流过的电流增加(即流过LED灯串的电流增大)→屏幕亮度变亮。反之亦然。顺便指出,U203的⑮脚为LED电流值设定端。当某种原因引起LED电流增大过多时,⑬脚的取样电压与内部的电压比较器比较后输出一控制电平,使开关管Q405~Q408及Q503、Q504导通变浅→LED电流变小→屏幕亮度变暗。也就是说,U203内部的控制电路会根据⑬脚返回的LED电流的取样电压,按画面实际要求精准调整②、③脚输出的激励脉冲占空比,使其在一定正常范围内变化,也就是按画面实际要求在一定范围内调整LED+灯条供电电压的高低,从而保证屏幕画面亮度不会突然变亮或变暗。

3.保护电路

1)过/欠压保护

(1)市电过/欠压输入保护

当市电输入电压高于压敏电阻的耐压值时(相关电路见图2),压敏电阻RV101将会击穿,使交流输入保险管F101熔断,达到保护之目的。如果压敏电阻失效,因R101~R104连接中点取出的VB电压会升高很多→经D208整流输出的电压会经R223使控制管Q109导通→Q110导通→控制芯片U101的⑤脚因VCC电压极低而停振→靠U101工作后供电的所有电路均停止工作→整机得以保护。如果这路保护电路也出现问题,那么,T101①-②绕组输出的VC电压会大幅升高,经R135加至U101③脚(功能之一为过功率保护)电压将≥3V,U101停止工作。相反,当市电输入电压低于110V时→U101⑤脚工作电源电压将低于8.8V→芯片进入欠压锁定状态→U101停止工作→靠U101工作后供电的所有电路均停止工作→整机处于保护状态。

(2)PFC电路输出过压、欠压及U201电源电压欠压保护

当PFC电路输出的PFC电压过高→控制芯片U201①脚电压将大于2.7V→U201内的过压保护电路动作,关闭其⑦脚的脉冲输出,进入保护状态。反之,当PFC电压过低→U201①脚电压低于0.3V时→内部欠压保护电路动作,关闭⑦脚的脉冲输出,进入保护状态。当U201电源端⑧脚PFC_VCC电压低于9V时,U201启动欠压锁定功能,其⑦脚无输出,进入保护状态。

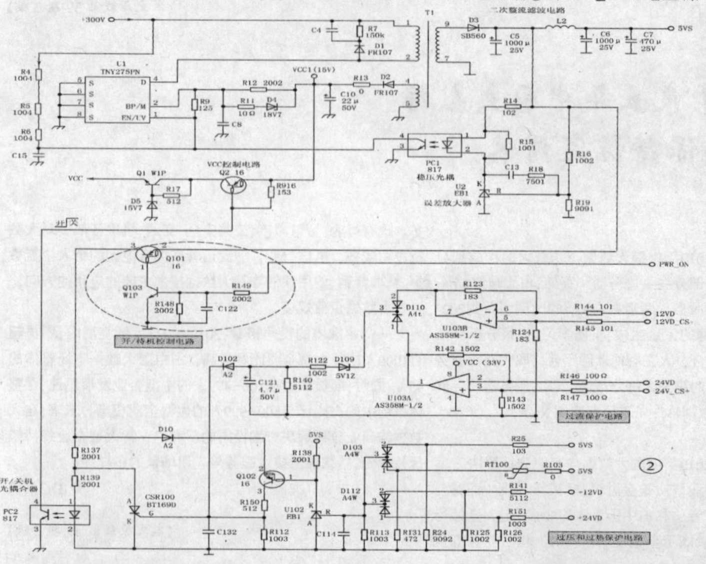

(3)PWM电源输出过压保护

当电源的稳压环路(见图2)失控时→开关变压器T101①-②绕组产生的VC电压必升高,过高的VC电压会经R135加至U101③脚。若该脚电压超过3V时,内部电路进入锁定状态,电源无输出。还有,若加至U101⑤脚的VCC电压超过25.5V时,U101芯片会自动进入过压保护状态,电源无输出。可见过压保护措施非常完善。

(4)LED驱动电路输入欠压、过压保护

U203电源端①脚电压低于9.3V时,内部欠压保护电路动作,高于18V时,内部过压输入保护电路动作,U203均停止工作。U203的⑪脚为LED+输入欠压保护检测端。当R417+R423与R415的分压值低于2.4V时,U203内部的LED+欠压输入锁定电路动作,U203关闭②、③脚的驱动脉冲,LED+电路停止工作。若输出的LED+电压过高,加至芯片U203的LED+过压保护端⑤脚即R422+R429与R421分压后的取样电压高于2.6V时,U201内部的过压保护电路动作,U203的②、③脚无驱动脉冲输出,背光灯熄灭,避免故障扩大。

2)过流保护

(1)开机浪涌电流限制

在冷机开机时,由于在市电输入回路串入了负温度系数热敏电阻RT101,因而可避免对电网和市电整流二极管及相关元件造成过流冲击。开机后因RT101上有电流流过,温度升高,阻值会迅速下降,对输入电路造成的影响可忽略。

(2)PFC电路过流保护

当PFC电路输出电流过大,致使经R222加至U201的⑤脚的取样电压低于0.6V时,内部的过流(OCP)比较器输出控制信号,关闭U201⑦脚输出的激励脉冲,进入保护状态。

(3)PWM电源电路输出过流保护

当负载出现问题而引起输出过流时→开关管Q201的S极所接的过流保护取样电阻R122(0.27Ω/2W)两端压降增大→若经R124加至U101过流检测端④脚电压达到0.2V以上时→U101内部过流保护电路动作→U101⑥脚无脉冲输出→电源停止工作→整机处于断电保护状态。顺便提及,当电源输出过流时,通过稳压环路使开关变压器T101①-②绕组的感应电压升高,显然经R135加至U101D的③脚电压也会同步升高,当达到3V时,U101会停止工作,可见过流、过压保护有时也是相辅相成的。

(4)LED驱动电路输出过流保护

当因某种原因,引起LED驱动电路输出过流时→电流取样电阻R447~R451两端的取样电压上升→通过R452使U203功率检测端⑬脚电压达到0.95V时→U203内部过功率保护电路动作→U203②、③脚无激励脉冲输出→LED电路进入保护状态。与此同时,R447~R451两端的取样电压还会通过R411加至U203的过流保护检测端⑯脚,当电压大于0.85V时,U203内部过流保护电路动作,关闭②、③脚的激励脉冲,这可理解为一种双保险措施。

顺便指出,芯片U203(UCC25710)还具有过热保护功能,当芯片内部温度达160℃时,芯片将停止工作。

二、故障检修思路

本型电源板常见故障主要有:

1.无12.3V电压输出

这种故障应检查U101⑤脚是否有约16V启动电压。若没有,再查市电整流后的300V电压是否正常。若也为零,说明有可能是市电输入电路有问题,若300V电压正常,极可能是启动电源电路有故障,应予以检查排除。假若查得上述电压均正常,可重新开机,用示波器查看U101⑥脚是否有激励脉冲输出。如果查得没有,表明U101可能已损坏或外围元件有问题。如果只有开机瞬时有激励脉冲输出,说明存在过压或过流故障,应对开关激励和12.3V电压形成及稳压电路、过压、过流保护电路进行认真检查。比如,试机瞬时查出U101③脚电压≥3V,说明故障是输出过压所致。如果查得开机瞬间U101④脚电压≥0.2V,表明是过流保护电路动作,应对12.3V负载或保护电路本身进行检查。为了方便读者检修,表1列出了U101引脚功能及在路电压,供参考。

表1 U101(NCP1251A)引脚功能与在路对热地实测电压

脚号	符号	功能	电压(V)
①	GND	接地	0
②	FB	输出电压控制	1.47
③	OPP/Latch	过功率保护/锁存	1.43
④	CS	过流保护检测、锯齿波补偿	0.03
⑤	VCC	芯片电源端	17.7
⑥	DRV	驱动开关脉冲输出	1.9

(未完待续)(下转第492页)

◇武汉 余俊芳

用好PowerPoint 2019的图标功能

在制作PPT的设计过程中，我们经常会使用到图标，它可以让我们的PPT更有视觉化；也更形象，加深用户对于信息的理解，PowerPoint 2019的图标功能更为强大，这里简单介绍一下。

一、在演示文稿中插入图标

PowerPoint 2019中提供了如人物、技术和电子、通信、商业等多种类型的图标，用户可根据需要在幻灯片中插入所需的图标。切换到"插入"选项卡，在"插图"功能组单击"图标"，打开"插入图标"对话框，在左侧选择需要图标的类型，例如"分析"选项（如图1所示），在右侧的"分析"栏中选中图标对应的复选框，单击"插入"按钮就可以了。

如果在"插入图标"对话框中一次性选中多个图标对应的复选框，那么单击"插入"按钮后，可同时对选择的多个图标进行下载，并同时插入幻灯片中。下载完成后将返回幻灯片编辑区，在其中可看到插入图标的效果。

二、更改已有的图标

对于幻灯片中插入的图标，我们可以非常轻松的将其更改为其他图标或其他需要的图片。

在打开的演示文稿中选择幻灯片中的图标，切换到"图形格式"选项卡，在"更改"功能组单击"更改图形"按钮，在弹出的快捷菜单选择"从图标"，此时仍然会弹出"插入图标"对话框，在这里直接选择新的图标即可（如图2所示）；如果选择"来自在线来源"，那么会打开"在线图片"对话框，在搜索框中输入关键字，例如输入"箭头"，按下回车键之后开始进行图片搜索（如图3所示），这里会显示根据关键字搜索到的所有图片，选择需要的图片，插入幻灯片中就可以了。

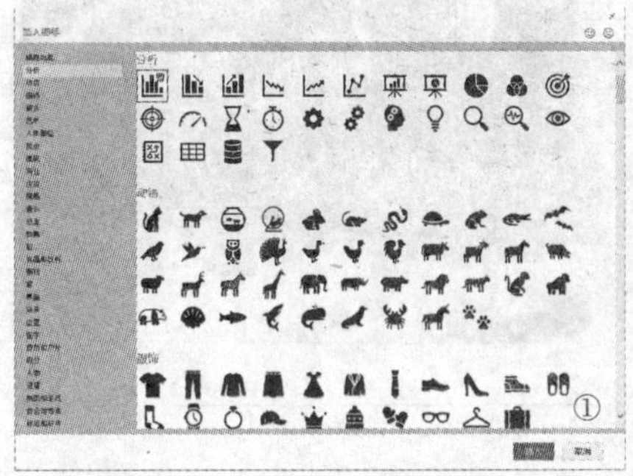

①

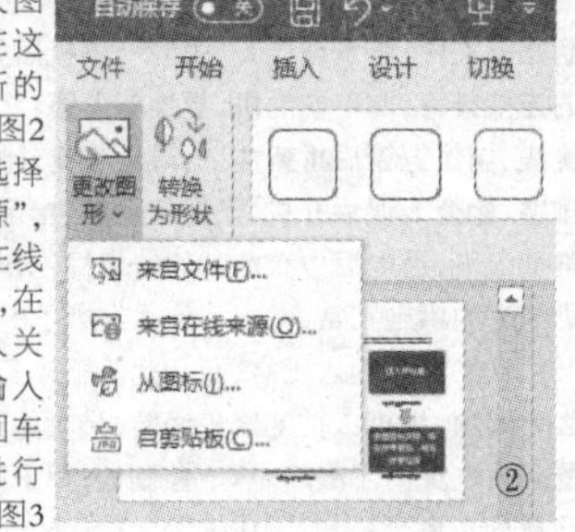

②

如果需要将图标更改为计算机中保存的图片，可以选择"来自文件"，打开"插入图片"对话框，在这里选择事先准备好的图片，单击"插入"按钮即可将其更改为图片。

三、编辑图标

对于幻灯片中插入的图标，也可以根据需要对图标进行编辑和美化，使图标效果与幻灯片更贴切。选择幻灯片中的图标，切换到"图形格式"选项卡，可以在选择"图形样式"和"排列"、"大小"功能组进行相应的调整，感兴趣的朋友可以一试。

◇江苏 王志军

③

一键"扮靓"照片

如今，拍照已经越来越大众化了，不过大部分人在使用智能手机或单反相机拍照时基本上还都是在使用"AUTO"自动模式，就是不需要调节任何参数直接按快门式的操作。大多数情况下，这种傻瓜式操作基本可以满足常规画面记录的需求，但当拍摄场景中有投影或LED显示屏之类的亮背景时，光线明暗的强烈对比就会造成拍摄到的画面人物过黑或背景过亮的曝光异常——因为自动模式只能兼顾某一个亮度倾向的光线。如果担心使用PS（PhotoShop）修图麻烦的话，建议大家试一下LR（LightRoom），完全可以实现一键"扮靓"照片，将照片的清晰度进行适度的纠正，操作步骤如下：

首先打开LR，将待处理的"微课教研活动.JPG"照片文件拖入主界面；接着，点击右下角的"导入"按钮读取至LR的"图库"中，此时可观察到该照片确实存在背景投影过亮、前方主体人物过暗的问题；然后在右上方切换至"修改照片"项，其它的设置均不用动，直接点击一下右侧"色调"处的"自动"按钮，LR就能识别出该照片的色调信息并进行自动调整，此时，原照片的整体画面立刻清晰起来（如附图所示），不仅背景仍保持一定的相对亮度，而且最关键的是前景人物比之前要"靓"得多。最后，点击执行"文件"－"导出"菜单命令，将刚刚一键调整后的清晰照片保存为图片文件即可，大家不妨一试。

◇山东 牟晓东

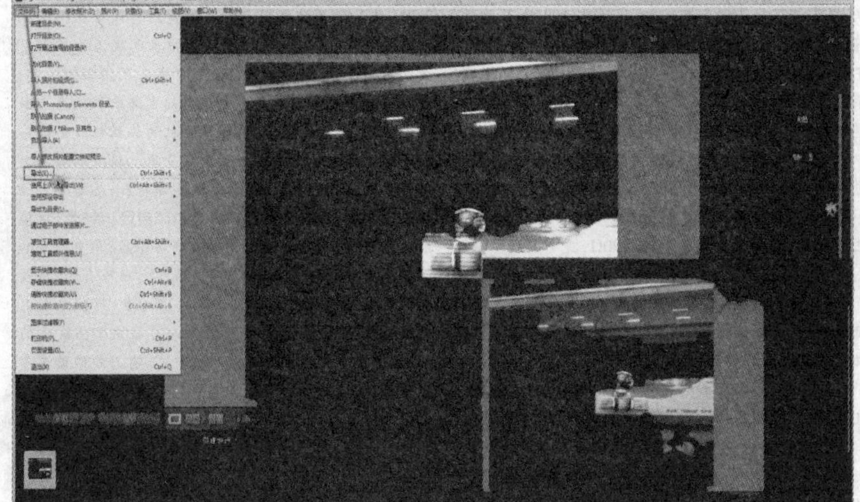

U盘的实用改造两例

U盘因为携带、使用方便，基本成为了电脑使用者的标配了。然而日常使用中却常常遇到两个难题：1.放在衣袋里忘记拿出来，结果连同衣服一起洗了；2.用完U盘后，找不到U盘盖了。针对这两个问题，笔者对U盘作如下改造。

一、U盘的防水改造

大家都知道，水是电子设备的大敌，U盘是精密电子电路，自然也不例外。笔者常常把U盘随衣服一起放到洗衣机里洗，U盘坏了就算了，可是数据也找不回来了，这下损失可大了。后来笔者检修热水器时发现，原来因为热水器常常工作在高温高湿环境中，厂家就将整个热水器控制器的电路板封固。受此启发，笔者打开U盘外壳，将整个U盘主板的表面、USB插头的根部、U盘外壳每个缝隙的内壁涂满704硅橡胶（如图1所示），再把外壳合上。自此之后，笔者的U盘经历了多次洗衣机洗礼，但晾干USB插头水份之后，都能正常使用。因为有704硅橡胶的隔绝，液体就无法侵蚀U盘内部的电子元件了。

①

二、U盘盖防遗失改造

大部分U盘的U盘盖是分体设计的，但因为U盘盖是细小物件，与主体分离后不容易寻找甚至会遗失。为此，笔者将U盘盖用坚韧的鱼线栓在U盘主体上，这样就像拴在一起的两个蚂蚱，谁都跑不掉。具体办法是找一根比鱼线稍粗一点儿的针头，烧红后插入U盘盖顶部的中央，因为U盘盖都是塑料件，一般一到两次就能穿透（如图2所示）。在U盘盖上烫出小孔后，用美工刀修整小孔外的毛刺，再用鱼线通过这个小孔穿进U盘盖。然后把鱼线在U盘盖内侧打一个死结，有了线结鱼线就卡在小孔里无法完全拔出来了，这个时候我们把多余的线头剪掉就可以了（如图3所示）。最后将鱼线的另一端系在U盘的钥匙孔上，U盘和U盘盖从此就长相厮守，永不分离了。

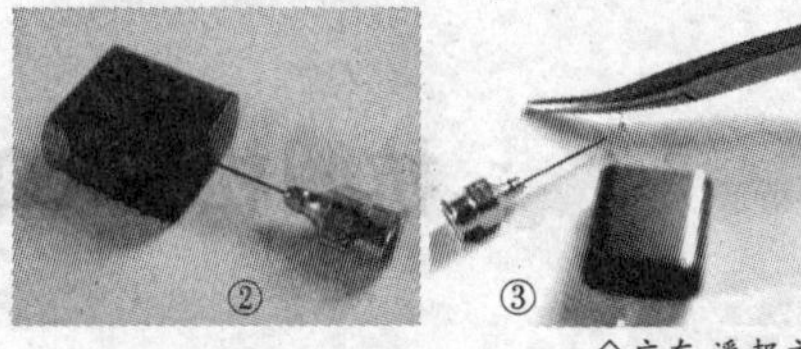

② ③

◇广东 潘邦文

自由控制微信朋友圈的视频播放

如果你的微信已经是7.0.5或更高版本，那么可以自由控制朋友圈的视频播放方式，例如自动播放。

在iPhone上打开微信，切换到"我"选项卡，点击"设置"右侧的">"按钮，进入设置界面之后依次选择"通用→照片、视频和文件"，进入之后会看到附图所示的界面，在这里可以根据实际情况决定是否启用在移动网络下自动播放视频，设置之后立即生效。需要提醒的是，上述选项仅针对移动网络，WiFi无线网络环境下是无法关闭自动播放功能的。

◇江苏 大江东去

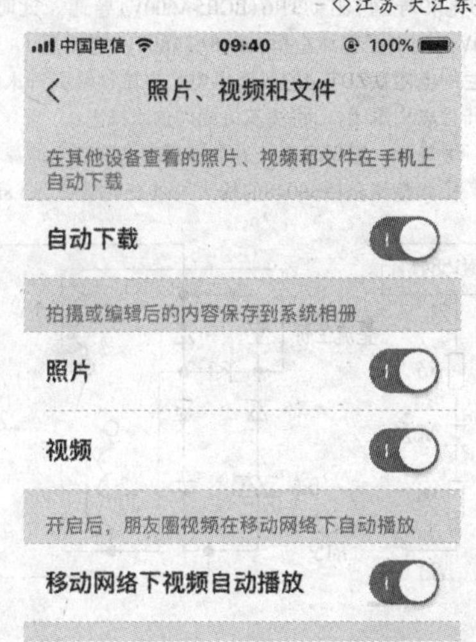

三菱电机MSH—J12UV定频壁挂空调移机奇遇记

这台三菱电机空调购自2003年，工作正常、仍然给力。去年，为改善生活品质，购买了同品牌的变频机换下了这台定频机，将其移机至乡下住宅。

一、装机历程

室内、外机安装完毕后通电试机，室内机电源指示、温度指示正常，室内机的风扇启动送风。正常情况下，约3分钟后室外机应启动，然而过了10多分钟，室外机仍没有一点动静。移机前工作好好的，怎么现在出现了异常呢？再次检查内外机接线，接线正确。仔细观察后，发现连接室内、外机电缆的4个压接端子根部电线绝缘皮龟裂剥落现象，用绝缘胶布包扎处理后通电开机，故障依旧。思考良久，忽然想起，该型号空调上市之初，有一批机器的室内、外机的连接电缆因绝缘未达标，导致用户使用不久，便出现室外机不启动故障（有数码管显示的机器，数码管会显示故障代码E1）。本机的电缆线芯绝缘皮出现老化现象，会不会导致线间绝缘下降，出现室外不启动故障呢？家中正好有1根YJV—4×2.5的电缆，于是用它临时替换后，试机一切正常。剪下一段原机电缆，剥开外皮观察，4根线芯的绝缘皮已大面积老化、龟裂（见图1）。由于手头工作较忙，维持临时状态使用。

今年6月闲暇之余，拟正式完善这台空调。家中找到一根长度合适的日产RVV—8×1.5电缆，将其两两并联后，非常合适用作室内、外机的连接电缆。

第1步，制冷状态下，回收制冷剂。第2步，关闭外机高低压阀（关闭操作中，高低压阀有些漏气，但阀芯转到底能关住，不予理会）。第3步，停机后先拆下室外机的连接铜管，取下室内机，更换新电缆；其次，将室内机接线、包扎铜管后重新挂上；最后将室外机接管、接线、排空。检查无误后开机，无任何动静、指示灯也不亮。正常情况下，通电后应有"嘀"的一声提示音。检查室内机进线端的供电正常，又出了什么幺蛾子？

既然电源输入正常，而且此前工作正常，应该没什么大问题。根据以往的修机经验，最大的可能是控制板的开关电源出了故障。拆下控制板，焊下待机电源的屏蔽罩检查发现，一个10μF/25V的电解电容轻微鼓包，轻轻摇动，其中一个脚已烂断（可能是内机拆卸时的震动，使原本即将断裂的引脚加速脱离，见图2）。用同规格的新电容更换后，复装控制板试机，运行正常。用双头表连接外机加液口与R22液罐，补充制冷剂至标称压力，这台空调又恢复了应有的活力，故障排除。

二、移机感想

1.什么样的空调适合移机？

任何空调产品都是有一定的生命周期的。对于使用了一定年限的产品，当然是大品牌、状况良好的机器为首选。因小品牌或杂牌机在移机时更容易出现异常情况，劳时费力、得不偿失，所以直接淘汰算了。

2.什么样的条件适合移机？

要有一定的业余时间及相关的动手能力。笔者早年有过家电维修经历及资源，现在的工作岗位有双休。假如你几乎没有业余时间、又不懂此行；又或者像"比尔盖茨"那样富裕，那还是选择报废淘汰吧。移机顺利还好，假如遇到笔者这样的移机奇遇，与其请人挨宰不说，几次反复，光人工费就很不划算了！

◇江苏 孙建东

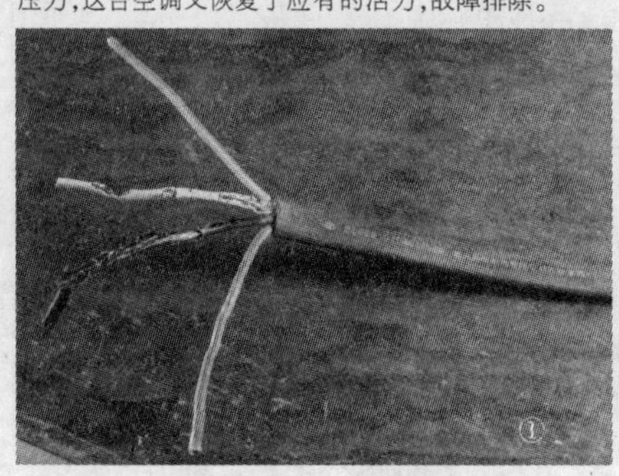
①

②

杭州松下XQR50-458全自动洗衣机故障检修1例

故障现象：一台杭州松下XQR50-458全自动洗衣机进水、洗涤均正常，但不能够排水。

分析与检修：全自动洗衣机出现不排水故障可能是，排水管道中有异物堵塞，排水控制电路或排水牵引器以及排水阀损坏；根据附图可知，排水控制电路工作原理是：当洗衣机进水过程结束或洗涤时，CPU（MN158411WXR）㉑脚输出电压为0，驱动管VT3截止，双向可控硅TR6不能导通，排水电磁铁线圈两端无电压，电磁铁铁芯不动作拉动排水阀和离合器，洗衣机就不能排水；当洗衣机处于排水状态时，CPU的㉑脚输出高电平为5V时，经过R3、VD21、R47送至VT3的基极，使VT3饱和导通，驱动TR6（BCR5A600V）导通。此时，220V交流电经整流全桥S6048（1A600V）整流后，为带阻尼的电磁铁ZDT-4的线圈供电，电磁铁牵引排水阀打开且离和器闭合，将洗衣机桶内的水排出。

维修时，先用表笔扎进电脑板防水硅胶内的焊点处，检测整流全桥S6048的输入端的正向阻值为3.8k，反向阻值为500k且不稳定，说明它已损坏；接着检查双向可控硅TR6已短路，怀疑有其他故障导致它们损坏。用刀割开防水硅胶后，发现由TR6的输出极至整流全桥间的线路铜箔已烧断，先将TR6换新后，再把KBP210、2A800V整流全桥安装到原来的位置，用导线把TR6的输出端与桥堆连接好后，再涂抹2遍704硅胶即可。接着维修牵引器（该机的排水牵引电磁铁的型号为ZDF-4，具有阻尼结构，工作电压为DC200V，主绕组L1的阻值为87Ω左右，副绕组L2的阻值为1160Ω左右，主副绕组相串后约为1250Ω，牵引力为50N）。首先，检测牵引电磁铁的主绕组L1阻值时，发现它已开路；其次，从安装在电磁铁上控制主副线圈接通与断开的动、静触点处测得副绕组L2的阻值为1160Ω，由此判断为主绕组线圈L1已断路。本着死马当做活马医的想法，对牵引电磁铁线圈进行拆解修理，先拆开电磁铁上盖，再把线圈从U字型铁芯中取出，从线圈接线端子不通的一侧棱角处，用板锉或砂轮将其磨去3.5mm左右后要勤观察，此时可见线圈骨架内有蜂窝状的空洞，大约锉下4mm左右时，基本上就可以找到烧断的0.35mm漆包线引出端，测得主线圈电阻约为90Ω，说明主线圈恢复正常。

【提示】*在焊接线圈引出线时，不用刮除其表面的绝缘漆，直接涂上焊锡膏，用电烙铁在漆包线上来回拖动几次就能吃好锡。*

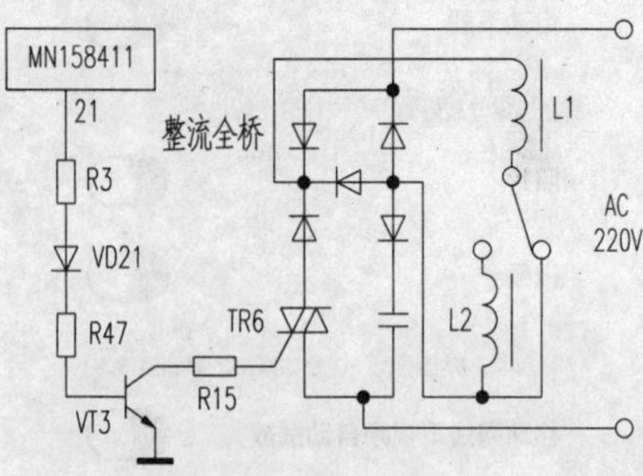

吃好锡，用细多股导线连接好，再涂抹2遍金盛达704硅胶，最后把线圈骨架按照原样装回U型铁芯内，确保线圈骨架两侧的4个凹点与U型铁芯上的4个凸出点完全吻合，以保证电磁铁铁芯上的推动接通与断开主副线圈动触点的推杆能动作到位（在台钳上操做比较方便快捷）。待704硅胶完全固化后，把牵引电磁铁装回原处，再将把洗衣机皮带调整一下，开机试验，洗衣机恢复正常，故障排除。

【提示】*如果感觉修理电磁铁牵引器比较麻烦，也可以将其改成排水电机。对于5kg左右的全自动洗衣机，只要排水电机的牵引力大于50N（牛）即可。该机可选用的型号为XPQ-6（AC220V/50Hz、行程22.5mm、牵引力70N）的排水电机。代换方法与技巧如下：*

第1步，把洗衣机倒置底面朝上，拆除原电磁铁牵引器后，把排水电机的钢丝拉线上的卡子与排水阀连接好；第2步，单独给排水电机供电让其保持在钢丝拉线收紧状态；第3步，用左手握住排水电机沿着底盘用力向后拖动，拉到排水阀完全打开离合器闭合的位置；第4步，右手拿笔沿着排水电机前端在洗衣机底盘上画一条线后，关闭电源，观察排水电机的钢丝拉线是否将排水阀关闭到位且将离合器彻底分离，经微调后固定好排水电机；第5步，把排水电机底部的2个凸起的定位桩涂上红色印泥，再对齐画好的标记横线；第6步，把排水电机底部2个凸起的定位桩准确烙印后，用直径5mm的钻头垂直钻2个10mm深的孔；第7步，用原有的2个较大的自攻螺钉把排水电机固定好；第8步，拆掉洗衣机电脑板上的整流全桥，再把双向可控硅TR6输出的AC220V交流电用导线连接过去即可。有兴趣的读者不妨一试。

◇北京 王楠 于鹏飞 曹立锟

非隔离降压型恒流驱动芯片BL8333E

非隔离降压型恒流驱动芯片BL8333E工作交流电压85~265V,芯片内部集成了500V功率管,内置高精度采样补偿电路，使电路能够达到±3%的恒流精度芯片工作在超低工作电流,无需辅助供电电路,电感电流临界连续模式,输出短路、采样电阻开路、输出过压、欠压保护电路、过温自适应调节功能,并且能够实现输出电流对电感与输出电压的自适应，从而取得优异的线性调整率和负载调整率。应用在LED球泡灯、LED日光灯的场合。芯片的外形如

图1所示、表1是芯片的引脚功能说明与实测电压。

工作原理：电路如图1所示,220V的交流电压经晶体二极管D1~D4组成桥式整流电路通过电容C1滤波得到直流电压提供给电阻R1通过直流电压给非隔离降压型恒流驱动芯片BL8333E的4脚VDD端供电。工作流程：电容C2充电,当VDD4脚达到开启阈值时,电路开始工作,芯片正常工作时,电路内部工作电流可以低至135uA以下,并且内部具有独特的供电机制,因此无需辅助绕组供电,降低了元器件的成本。非隔离降压型恒流驱动芯片BL8333E工作在CRM模式中，其内部一个400mV的基准电压，这个基准电压与外部中电感原边峰值电流进行比较,当电路上电后输出控制脉冲,内部MOSFET将不断地工作在导通和关闭状态，内部MOS管打开时，电感也将导通,开始蓄能直到达到电流峰值时,内部MOS管关闭，电感电流将从峰值逐渐降低,直到降低为0时,内部MOS管将再次开启。电路的工作频率与输入电压成正比,与选择电感L成反比,当输入电压最低或电感取值较大时,工作频率较低。当输入电压最高或电感取值较小时，工作频率较高。因此在电路输入电压范围确定时,电感的取值直接影响到工作频率的范围以及恒流特性，所以说工作频率不可过低,例如进入音频范围。也不宜过高,它会导致功率管损耗过大以及EMI影响。同时芯片设定了最小/最大退磁时间以及最小/最大励磁时间,它的工作频率设定在50KHZ~120KHZ之间。电阻R5、电容C3组成RC滤波电路消除交流成分得到直流电压给5730贴片发光二极管点亮照明,R2、R3、R4调节LED贴片发光二极管的驱动电流大小的。芯片有两种电压电流模式,第1种输出直流电压80V、输出电流330mA。第2种输出直流电压36V、输出电流360mA。本人实测输出空载直流电压110~113V、输出负载直流电压80~82V、电路图1所示。

LED保护工作原理：当LED开路时,由于无负载连接,输出电压会逐渐上升,进而导致退磁时间也会逐渐变短，因此通过芯片2脚RADJ外接电阻R2来控制相应的退磁时间,就可得到需要的开路保护电压。非隔离降压型恒流驱动芯片BL8333E设定了多种保护功能,如LED开短路保护、2脚ISEN电阻开路短路保护、4脚VDD过压负压电路过温自适应调节等功能。在工作时,自动监测着各种工作状态,若负载开路,电路将立刻进入过压保护状态,关断内部MOS管,同时进入间隔检测状态，当故障恢复后电路也将自动恢复到正常工作状态。若负载短路,芯片将工作在5KHZ左右的低频状态,功耗很低,同时芯片不断监测负载,若负载恢复正常,电路也将恢复正常工作。当7.8脚ISE电阻短路或者电感饱和等其他故障发生,电路内部快速保护机制也将立刻停止MOS管的开关动作,停止运行,此时电路工作电源也将下降,当触发UVLO电路时,芯片将重启,如此可以实现保护功能的触发,重启工作机制。若工作过程中,芯片监测到电路结温度超过过温调节阈值155℃时,电路将进入过温调节控制状态,减小输出电流以控制输出功率和温升,使得芯片能够保持一个稳定的工作温度范围。

元器件的选择：整流二极管D1~D4选用1N4007、D5选用肖特基二极SR102-1061A的，不能用普通的二极管,这一点要注意。L选用成品的电感、电容C1、C2、C3选用铝电解电容温度~40℃+105℃。电阻R1选用0.8M、0.5W的功率误差+1%、R2、R3、R4选用1/8W的功率、误差+1%。为什么要用高精度的呢?首先LED工作在恒压恒流的状态下,它才能起到保护的作用。R5选用155K精度没有要求。贴片二极管选用5730的型号,它的工作电流150mA,直流电压3~3.6V,功率0.5W、光通亮40~60LM。

设计LED印刷线路板的注意事项:VDD旁路电容尽量靠近VDD及其GND引脚,电感的充放电回路尽量短、母线电容、续流二极管、输出电容等功率环路面积尽量小、芯片距离功率器件也尽量远,从而减小EMI以及保证电路安全稳定工作，电路地线及其他小信号的地线必须与采样电阻地线分开布线，尽量缩短与电容的距离,RADJ外接电阻尽量靠近RADJ引脚，并且就近接地,有条件时可用地线将RADJ电阻环绕,DRA引脚5脚,6脚的敷铜面积尽量大,以帮助芯片散热。

◇江苏 陈春

BL8333E 50910P ①

表1

引脚	名称	功能说明	空载电压实测	负载电压实测	厂家电压
1	GND	电源地	—	—	—
2	RADJ	设置开路保护电压,外接电阻	0.2~1.02V	0.5~1.1V	-0.3~6V
3	NC	空脚,建议接至 GND	—	—	—
4	VDD	电源正极	11.8V	17V	-0.3~20V
5、6	DRN	内部 MOSFET 的漏极	205~209V	212V	-0.3~500V
7、8	ISEN	电流采样,外接电阻到地	0.9~1V	0.8~1.4V	-0.3~6V

②

用于温度传感的智能二极管多路复用

有电的地方就有热量，有热量的地方经常需要感应温度(最广泛感知的物理变量)。我们所说的温度是我们对材料热能的测量，并且有许多传感器可用于测量它，从非常低的成本和有限的范围到复杂和专业的单元。在某些情况下,决定使用哪种传感器是困难的，因为有很多可行的选择，而其他时候只有一个或几个可以进行切割,可以这么说。毫不奇怪,使用的是预期温度本身(高,低和跨度),所需精度和分辨率,成本(当然)和其他因素的函数。

自从温度，电压和结电流之间基于物理的关系发展以来，基本二极管和晶体管的二极管结已被用于温度传感。回想一下您对半导体器件的介绍,您将有希望记住这个指数图(图1)。

它清楚地表明了正向偏置二极管的经典公式：

$$I = Is(eV/\eta VT - 1)$$

其中Is是反向饱和电流，V是二极管的正向压降，η是理想因子（1到2之间的常数),VT是二极管的热电压,而二极管的热电压又由下式给出：

$$VT = kT / q$$

其中T是以开尔文为单位的绝对结温，q是电子电荷,k是玻尔兹曼常数。

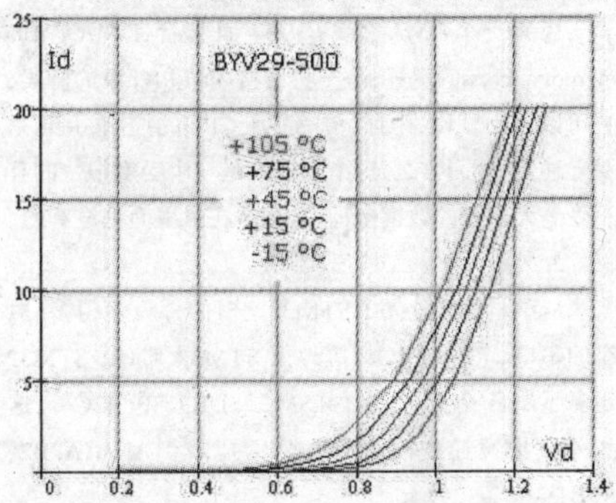

图1基本二极管结电流/电压曲线与温度的关系是高度非线性的，可能是一个障碍或用作正效应

你可能会想:我已经知道了这一点,请你给出足够的物理学知识。另一方面,如果您不熟悉这一点，那么上网进行简短的复习或学习教程是个好主意。

二极管结的这种温度依赖性既是诅咒又是祝福。当然,当电流和电压发生变化时,它对半导体器件的基本性能产生严重影响,温度系数(tempco)是经过仔细研究的数据表编号。IC设计人员采用了许多巧妙的拓扑结构来最大限度地减少其影响，或者甚至更好地制定出方案,因此它所引发的变化将取消它们。

虽然这种温度灵敏度是分立器件和IC性能的障碍,但它也可以用于温度传感。许多模拟和数字器件使用基本的片上结来检测自己的芯片温度，甚至在芯片过热时调用关机。这消除了对单独传感器的需求,并且是自我监控的经济有效的解决方案。

但是，当您想要与用作传感器的多个外部二极管接口时,接口在多路复用和A/D转换方面会变得复杂。幸运的是，IC供应商已经认识到使用多个二极管的挑战，并创建了一些与这些传感器一起使用的独特接口。这让我对最近发布的Microchip Technology的EMC1812系列低压二极管传感器IC产生了兴趣(图2)。根据所选的特定系列成员，这些IC可处理一至四个外部温度检测二极管和一个片上传感二极管。

该系列中的IC不仅仅提供基本的二极管接口和数字化，还具有SMBus/I2C兼容接口。它们可以实施温度变化率计算，然后在该速率超过用户设定限制时提供抢先警报。它们还通过包括电阻误差校正功能来改善二极管作为温度传感器的性能，该功能可自动消除串联电阻引起的温度误差，从而为热二极管布线提供更大的灵活性。它们还采用了β补偿,以消除由当前精细几何处理器中常见的低和可变β晶体管引起的温度误差;并确定最佳传感器外部二极管/晶体管设置。

像这样的IC可以转换二极管结,用作低成本但具有挑战性的温度传感器，需要大量的模拟和数字I/O支持。相反,二极管更容易接口,同时减少了系统处理器不断评估读数,检查报警条件等的需要。这是接口集成电路如何将旧传感器的使用现代化为与当今的I/O和处理器需求兼容的另一个示例。

◇湖北 朱少华 编译

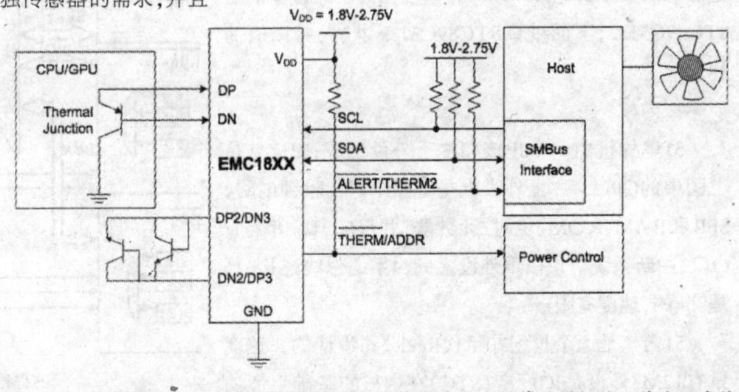

图2 Microchip技术EMC1812系列不仅提供一个或多个二极管的模拟接口作为温度传感器;它还包括数字化,处理器接口和一些基本数据分析,以卸载处理器

STM32 ST-LINK Utility应用功能及使用方法(五)

(紧接上期本版)

五、STM32 ST-LINK Utility外部加载程序开发

在外部加载程序项目中,有两个基本文件:Loader_Src.c和Dev_Inf.c。

5.1 Loader_Src.c文件

基于特定IP为内存开发外部加载程序需要下述函数。请注意,必须在外部加载程序中定义以下函数。

• Init函数 Init函数定义用于连接外部存储器的GPIO,初始化所用IP的时钟,并定义使用的 GPIO。 int Init (void) • Write函数 Write函数对使用RAM范围内的地址定义的缓冲区进行编程。 int Write (uint32_t Address, uint32_t Size, uint8_t* buffer) ? SectorErase函数(Flash存储器) SectorErase函数擦除由起始地址和结束地址定义的存储器扇区。

注:该函数在SRAM存储器中不能使用。 int SectorErase (uint32_t StartAddress, uint32_t EndAddress) 其中,"StartAddress" = 要擦除的第一个扇区的地址,"EndAddress"=要擦除的后一个扇区的地址。

下面是可以定义的其他函数:Read函数该函数用来读取指定范围的存储器,并将读取的数据返回到RAM里的缓冲区中 int Read (uint32_t Address, uint32_t Size, uint16_t* buffer)其中,"Address" = 读取操作的起始地址,"Size"= 读取操作的大小,"buffer"= 指向读取后的数据的指针。

注:对于QSPI/OSPI(Quad-SPI/Octo-SPI)存储器,可以在 Init 函数中定义存储器映射模式;这种情况下,Read 函数无用。 Verify函数选择"verify while programming"模式时会调用该函数。该函数检查编程的存储器是否与RAM中定义的缓冲区保持一致。它返回一个uint64,定义如下:checksum<<32 + AddressFirstError

其中"AddressFirstError"为第一次失配的地址,"Checksum"所编程缓冲区的校验和值。 uint64_t Verify (uint32_t FlashAddr, uint32_t RAMBufferAddr, uint32_t Size) MassErase函数该函数擦除整个存储器。

int MassErase (void) 校验和函数 Checksum函数计算已编程的存储器校验和。使用的算法是简单的按位求和算法。结果截断为32位字。使用在ST-LINK Utility中打开的文件计算校验和值,是一种更快的验证编程操作的方法。 如果成功则返回1,失败则返回0。

5.2 Dev_Inf.c文件

该文件定义了StorageInfo结构。该结构定义的信息类型示例如下所示:#if defined (_ICCARM_) _root struct StorageInfo const StorageInfo = { #else struct StorageInfo const StorageInfo = { #endif " External_Loader_Name", // Device Name + version number MCU_FLASH, // Device Type 0x08000000, // Device Start Address 0x00100000, // Device Size in Bytes (1MBytes/8Mbits) 0x00004000, // Programming Page Size 16KBytes 0xFF, // Initial Content of Erased Memory // 指定扇区的大小和地址(查看下面的示例) 0x00000004, 0x00004000, // Sector Num : 4 ,Sector Size: 16KBytes 0x00000001, 0x00010000, // Sector Num : 1 ,Sector Size: 64KBytes 0x00000007, 0x00020000, // Sector Num : 7 ,Sector Size: 128KBytes 0x00000000, 0x00000000

(全文完)

◇湖北 李坊玉

51和STM32单片机区别

先普及一个概念,单片机(即Microcontroller Unit;MCU) 里面有什么。一个人最重要的是大脑,身体的各个部分都在大脑的指挥下工作。MCU跟人体很像,简单来说是由一个最重要的内核加其他外设组成,内核就相当于人的大脑,外设就如人体的各个功能器官。下面来简单介绍下51单片机和STM32单片机的结构。

一、51系统结构

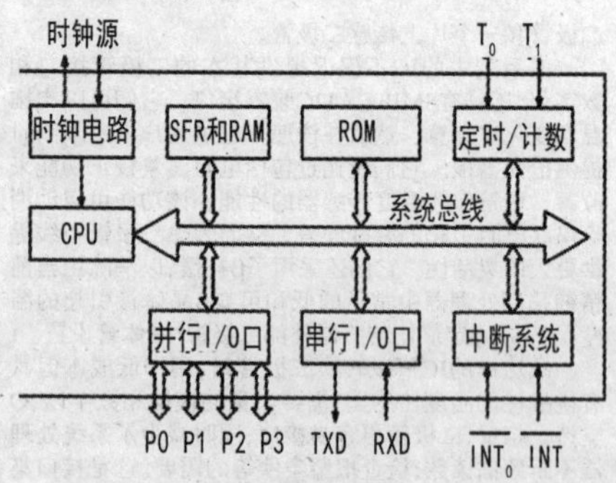

51系统结构框图

说的51一般是指51系列的单片机,型号有很多,常见的有STC89C51、AT89S51,其中国内用的最多的是STC89C51/2,下面就以STC89C51来讲解,并以51简称。

1. 内核

51单片机由一个IP核和片上外设组成,IP核就是上图中的CPU,片上外设就是上图中的:时钟电路、SFR和RAM、ROM、定时/计数器、并行I/O口、串行I/O口、中断系统。IP核跟外设之间由系统总线连接,且是8bit的,速度有限。

51内核是上个世纪70年代Intel公司设计的,速度只有12M,外设是IC厂商(STC)在内核的基础上添加的,不同的IC厂商会在内核上添加不同的外设,从而设计出各具特色的单片机。这里Intel属于IP核厂商,STC属于IC厂商。后面要讲的STM32也一样,ARM属于IP核厂商,ARM给ST授权,ST公司在Cortex-M3内核的基础上设计出STM32单片机。

2. 外设

在学习51的时候,关于内核部分接触的比较少,使用的最多的是片上外设,我们在编程的时候操作的也就是这些外设。

编程的时候操作的寄存器位于SFR和RAM这个部分,其中SFR(特殊功能寄存器)占有 128字节(实际上只用了 26 个字节,只有 26 个寄存器,其他都属于保留区),RAM占有 128 字节,在程序中定义的变量就是放在RAM中。其中SFR和RAM在地址上是重合的,都是在80~FF地址区间,但在物理区间上是分开的,所以51的RAM是有256个字节。

编写好的程序是烧写到ROM区。剩下的外设都是我们非常熟悉的IO口,串口、定时器、中断这几个外设。

二、STM32系统结构

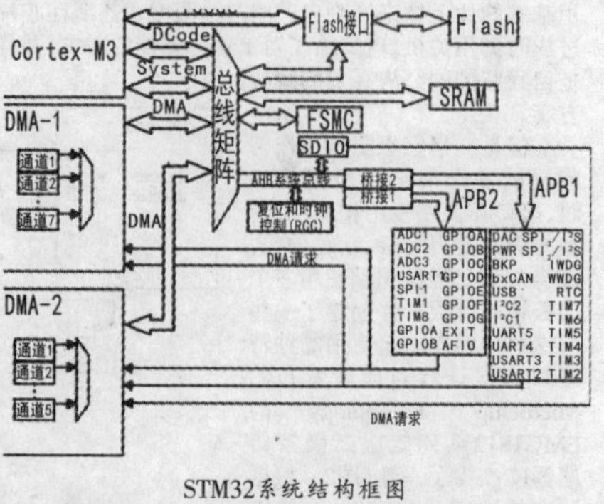

STM32系统结构框图

1. 内核

在系统结构上,STM32和51都属于单片机,都是由内核和片上外设组成。只是STM32使用的Cortex-M3内核比51复杂得多,优秀得多,支持的外设也比51多得多,同时总线宽度也上升到32bit,无论速度、功耗、外设都强于51。

从结构框图上看,对比51内核只有一种总线,取指和取数共用。Cortex-M3内部有若干个总线接口,以使CM3能同时取址和访内(访问内存),它们是:

指令存储区总线(两条)、系统总线、私有外设总线。有两条代码存储区总线负责对代码存储区 (即FLASH外设)的访问,分别是I-Code总线和D-Code总线。

I-Code用于取指,D-Code用于查表等操作,它们按最佳执行速度进行优化。

系统总线(System)用于访问内存和外设,覆盖的区域包括SRAM,片上外设,片外RAM,片外扩展设备,以及系统级存储区的部分空间。

私有外设总线负责一部分私有外设的访问, 主要就是访问调试组件。它们也在系统级存储区。

还有一个DMA总线, 从字面上看,DMA是data memory access的意思,是一种连接内核和外设的桥梁,它可以访问外设、内存,传输不受CPU的控制,并且是双向通信。简而言之,这个家伙就是一个速度很快的且不受老大控制的数据搬运工,这个在51里面是没有的。

2. 外设

从结构框图上看, STM32比51的外设多得多,51有的串口、定时器、IO口等外设 STM32 都有。STM32还多了很多特色外设:如FSMC、SDIO、SPI、I2C等,这些外设按照速度的不同, 分别挂载到AHB、APB2、APB1这三条总线上。

◇合肥 祁芸浩

用梯形图编程进行STC单片机应用设计制作之四

三相异步电动机延边三角起动控制(一)

当三相异步电动机不能满足全压起动时，可选择降压起动,降压起动常见的是星-三角形降压起动。延边三角形降压起动是在星-三角形降压起动的基础上加以改进的一种起动方式,这种起动方式适用于具有9个出线端子的低压笼型异步电动机。本文介绍用单片机采用梯形图编程的延边三角形降压起动控制电路和程序编制。

一、继电器-接触器控制电路

采用继电器-接触器控制的延边三角形降压起动电路如图1所示,图中左侧是主电路,右侧为控制电路。其中,“KM1”为运转接触器,“KM2”为三角形接线,“KM”为延边三角形接线,“FR”为电动机过载热保护继电器。起动时接触器KM1、KM吸合,KM2断开,电动机定子绕组接成延边三角形。降压起动完毕，接触器KM1、KM2吸合,KM断开，电动机绕组接成三角形,电动机进入正常运行状态。

从图1控制电路可以看出,电路的输入信号有按钮热保护FR和SB1、SB2，输出信号有KM1、KM2、KM,中间信号有KT和KA。指示灯信号暂不考虑。起动过程中各电器元件的动作状态如图2所示,起动过程的时间长短由时间继电器KT设定。

二、单片机控制电路

在单片机基本系统板上外接4路输入电路板和4路继电器输出电路板，便可进行电动机延边三角形降压起动控制,主电路仍然采用图1左侧电路,单片机控制电路原理如图3所示。图中“QF”为控制电源断路器,“SP”为直流24V开关电源,“FU1”为直流24V熔断器,“FU2”为供给接触器线圈的交流220V电源熔断器。“APB”为单片机基本系统板,“API”为4路输入电路板,“APO”为4路继电器输出电路板。输入板外接的有:“FR”为热保护继电器常闭触点,“SB1”为停止按钮,“SB2”为运转按钮;输出板外接的有:“KM1”为运转接触器线圈,“KM2”为绕组三角形接线接触器线圈,“KM”为绕组延边三角形接线接触器线圈,“RY1”“RY4”“RY”为浪涌保护器。

由于是用三菱PLC的梯形图来编制控制程序的，且使用的是PMW-HEX-V3.0转换软件,因此需要使用转换软件所支持的资源,这里设定图2中API板上“CNI”端子中②端为“X0”、③端为“X1”④端为“X2”。APO板上“CNO”端子中①端为“Y0”、②端为“Y1”、③端为“Y2”、④端为“Y3”、⑤端为公共端“com”。以三菱FX_{1N}类型的控制电路输入和输出信号资源分配如表1所示。

(下转第497页)(未完待续)

◇苏州三电精密零件有限公司 张雷
苏州竹园电科技有限公司 键谈

表1 信号资源分配

输入信号			输出信号		
元件代号	元件符号	功能	元件代号	元件符号	功能
FR	X0	热保护	KM1	Y0	运行
SB1	X1	停止	KM2	Y1	三角形接线
SB2	X2	起动	KM	Y2	延边三角接线
中间信号(内部资源)					
KT	T10	起动时间	KA	M10	辅助继电器

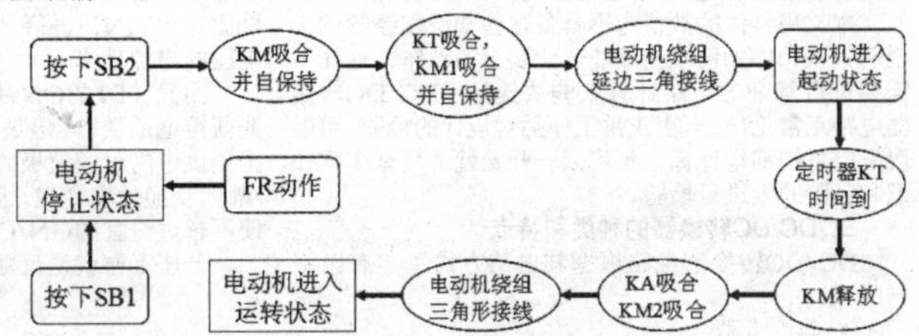

图2 起动过程各电器动作状态

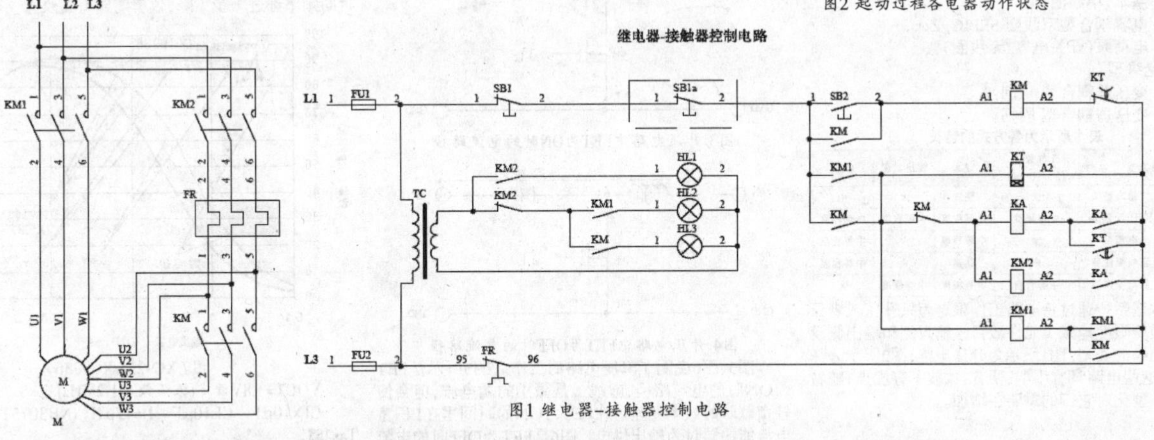

图1 继电器-接触器控制电路

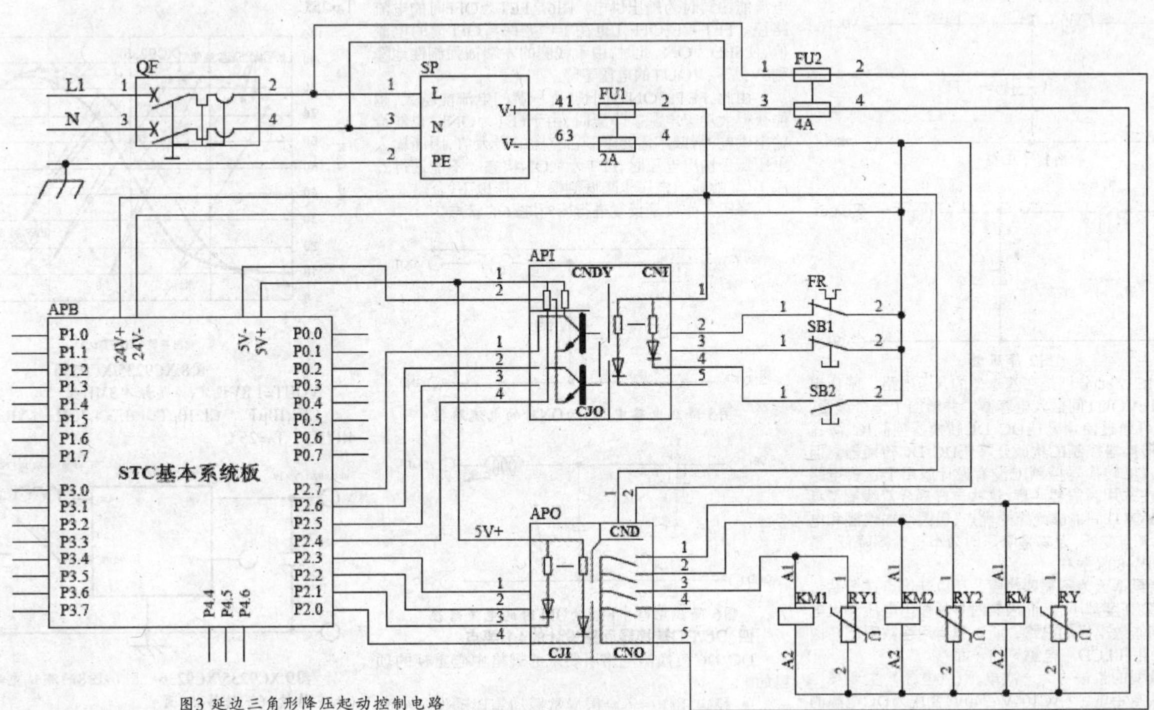

图3 延边三角形降压起动控制电路

DC/DC转换器回路设计准则与参考(一)

一、DC/DC转换器

本文为DC/DC转换器电路的设计提供一些提示，尽量用具体事例说明在各种制约条件下，怎样才能设计出最接近要求规格的DC/DC转换器电路。

DC/DC转换器电路的各种特性(效率、纹波、负载瞬态响应等)可根据外设元件的变更而变更，一般最佳外设元件因使用条件(输入输出规格)不同而不同，例如，当您问"怎样才能提高效率?"，回答"视使用条件而不同"或者"那要看具体情况啦"，感觉好像被巧妙地塘塞过去了，估计您也遇到过这样的情况吧。那么，为什么会出现这样的回答呢？其理由就是因为电源电路大多使用市售的商品作为电路的一部分，所以必须既要考虑大小、成本等的制约又要考虑电气要求规格来设计。

通常产品目录中的标准电路选定的元件大多是在标准使用条件下能发挥一般特性的元件，因而，并不一定能说在各种使用条件下都是最佳的元件选定。所以在各个设计中，必须根据各自的要求规格(效率、成本、贴装空间等)从标准电路进行设计变更。但要能设计出符合要求规格的电路，需要足够的知识和经验。

本文用具体的数值为不具备这些知识和经验的人说明哪些元件如何改变就能达到要求的动作，这样不需要进行复杂的电路计算就能快捷地使DC/DC转换器电路正常工作。至于正常工作后对设计的检验，可以自己以后细细地计算，也可以一开始就请具有丰富知识和经验的人进行检验。

二、DC/DC转换器的种类和特点

DC/DC转换器电路根据其电路方式主要有以下一些：

- 非绝缘型
- 基本(单线圈)型
- 电容耦合型双线圈 SEPIC, Zeta,…
- 电荷泵(开关电容/无线圈)型
- 绝缘型
- 变压器耦合型 正向
- 变压器耦合型 回扫

表1 所示为各方式的特长

电路方式		元件数目(贴装面积)	成本	输出功率	纹波
非绝缘型	基本型	少	便宜	大	小
	SEPIC、Zeta	中等程度	中等程度	中等程度	中等程度
	电荷泵	少	中等程度	少	中等程度
绝缘型	正向变压器	多	昂贵	大	中等程度
	回扫变压器	中等程度	中等程度	中等程度	大

基本型系指通过将电路工作限定为只升压或者只降压来最低限度地减少元件数目，输入侧和输出侧没有电气绝缘的类型。图1所示为升压电路，图2所示为降压电路，这些电路具有小型、便宜、纹波小等优点，随着设备的小型化对它们的需要在增加。

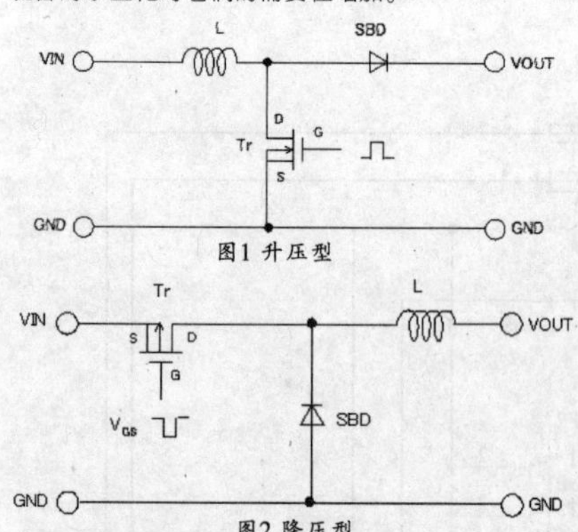

图1 升压型

图2 降压型

SEPIC、Zeta分别是在基本型的升压电路、降压电路的VIN-VOUT间插入电容器，并增加了一个线圈。而且，都可通过使用升压DC/DC转换器控制IC、降压DC/DC转换器控制IC构成升降压DC/DC转换器。但有些DC/DC转换器控制IC没有设计成用于这些电路方式，故在选用时需要注意。这些电容耦合双线圈型具有VIN-VOUT间能够绝缘的优点，但因增加线圈和电容器，效率会变低，尤其是降压时效率也大幅降低，是通常的70%~80%左右。

电荷泵型因为不需要线圈，所以其优点在于贴装面积、贴装高度都小，然而因其对多种输出电压和大电流不易制作效率好的电路，所以也有用途被限制在白LED驱动用和LCD用电源等的一面。

绝缘型的也被称为一次电源(主电源)，主要被广泛用于从商用电源(AC100V~240V)变压为DC电源的AC/DC转换器、因去除噪声等理由输入侧和输出侧需要绝缘等时。因为它们使用变压器将输入侧和输出侧分离，故可以通过改变变压器的匝数比和二极管极性来构成升压/降压/反转等控制，从而，能从一个电源电路获得多个电源。尤其是使用回扫变压器的因能由较少的元件构成，有时也被用作二次电源(局部电源)电路。但是，由于回扫变压器需要用于防止内核磁饱和的空隙，所以外形尺寸较大。而正向变压器虽然易于获得大功率电源，但在一次侧需要用于防止内核磁化的复原电路，因而元件数目增加。变换器控制IC也需要输入侧和输出侧的GND分离的。

三、DC/DC转换器的基本工作原理

我们拿最基本的基本型来说明一下DC/DC转换器电路的升压和降压的工作原理。其它使用线圈的电路方式在升压电路和降压电路的组合或应用电路都可见到。

图3、图4说明了升压电路的工作。图3所示是FET为ON时的电流路径，虚线虽是微小的漏电流，但会使轻负载的效率变差。在FET为ON的时间里在L积蓄电流能。图4是FET为OFF时的电流路径，FET即便OFF，L也在工作要保持OFF前的电流值，线圈的左端被强制性固定于VIN，进行升压工作提供足以给VOUT接上电压的电源功率。

由此，FET的ON时间长L里积蓄的电流能越大，越能获得电源功率。但是，FET的ON时间太长的话，给输出侧供电的时间就极为短暂，FET为ON时的损失也就增大，变换效率变差。因而通常限制占空比的最大值以便不超过适宜的ON/OFF时间比(占空比)。

升压工作就是反复进行图3、图4的状态。

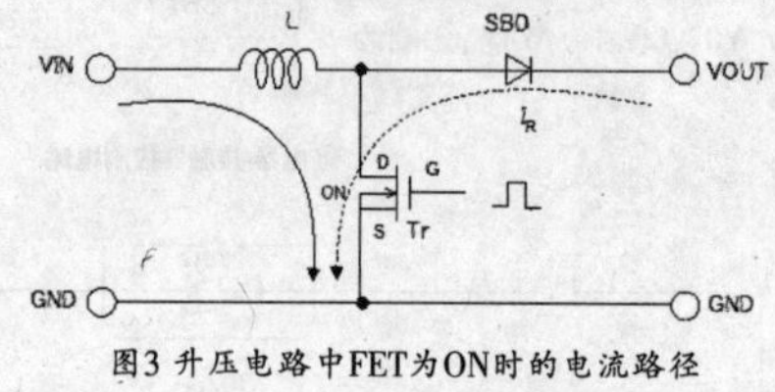

图3 升压电路中FET为ON时的电流路径

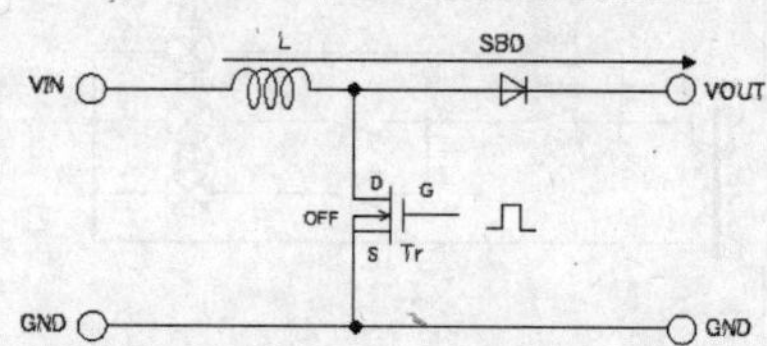

图4 升压电路中FET为OFF时的电流路径

图5、图6说明了降压电路的工作。图5所示是FET为ON时的电流路径，虚线虽是微小的漏电流，但会使轻负载时的效率变差。在FET为ON的时间里在L积蓄电流能的同时为输出供电。图6是FET为OFF时的电流路径。FET即便OFF，L也在工作要保持OFF前的电流值，使SBD为ON。此时，由于线圈的左端被强制性地降到0V以下，VOUT的电压下降。

由此，FET的ON时间长L里积蓄的电流能越大，越能获得大功率电源。降压时，由于FET为ON时也能给输出供电，所以不需要限制占空比的最大值，因而输入电压低于输出电压时，FET为常ON状态，不能进行升压工作，故输出电压也降低到输入电压以下。

降压工作就是反复进行图5和图6的状态。

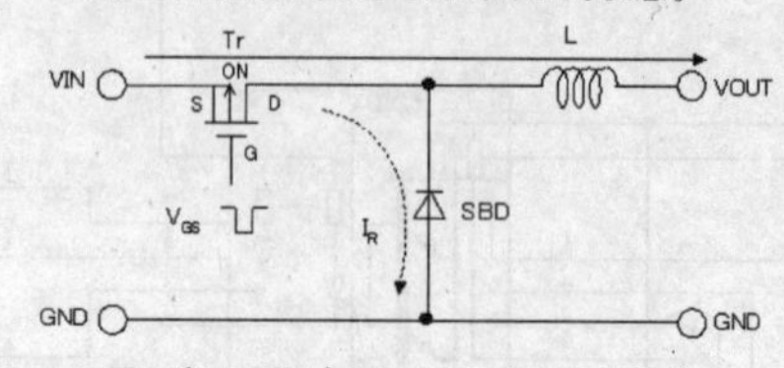

图5 降压电路中FET为ON时的电流路径

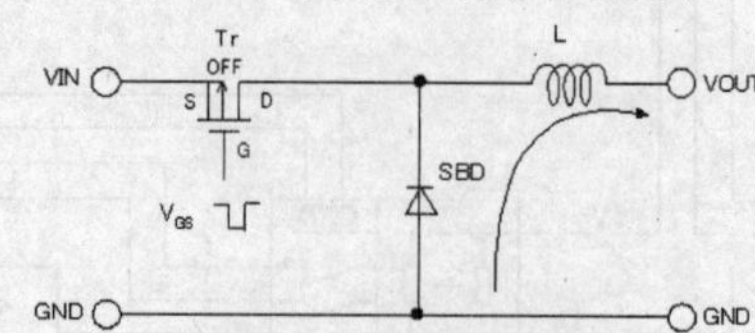

图6 降压电路中FET为OFF时的电流路径

四、DC/DC转换器回路设计的4个要点

DC/DC转换器电路所要求的规格中应重视的项目如下：

- 稳定工作(=不会因异常振动等误动作、烧损、过电压而损坏)
- 效率大
- 输出纹波小
- 负载瞬态响应好

这些可通过变更DC/DC转换器IC和外设元件得到某种程度的改善。这4个项目的加权因各项具体应用而不同，下面从选择各元件的观点出发，以怎样才能改善这4个项目为中心进行说明。

五、DC/DC转换器开关频率的选择

DC/DC转换器IC具备固有的开关频率，频率的不同会对各种特性产生影响。一般来说，开关频率的不同会对表2中所示的各种特性产生影响。

表2 开关频率与各种特性的关系

各种特性	低频	高频
最大效率	大	小
效率最大的输出电流	轻负载	重负载
纹波	大	小
响应速度	慢	快

图7~图8以XC9235/XC9236(1.2MHz)和XC9235/XC9236(3MHz)为具体例子表明开关频率与效率的关系。效率明显呈现表2中所示的结果。效率最大的电流值不同是因为不同的开关频率适合的感应系数值也不同的缘故。对于结构相同的线圈，感应系数越大直流电阻越增加，重负载时的损失增加，由此，效率最大的电流值越是低频的越会向轻负载侧移动。相反，频率高则因FET的充放电次数增加和IC自身的静态消耗电流增大，3MHz产品比1.2MHz产品在轻负载时的效率大幅度变差。

综合来看这些影响，可知1.2MHz产品的效率最大值大(=效率图的峰值最大)，效率最大的输出电流值小(=效率图的峰值偏左)。此外，PFM工作时，轻负载时的频率都进一步下降，效率明显得到改善。

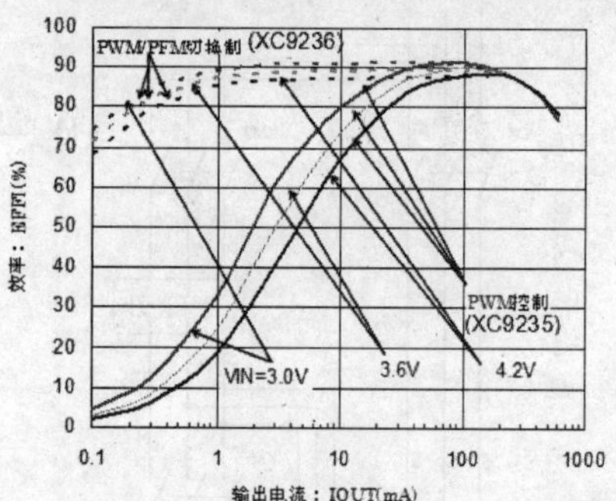

图7.XC9235/XC9236

VOUT=1.8V设定(振荡频率1.2MHz)

CIN:10μF CL:10μF L=4.7μH (NR3015T-4R7M) Ta=25℃

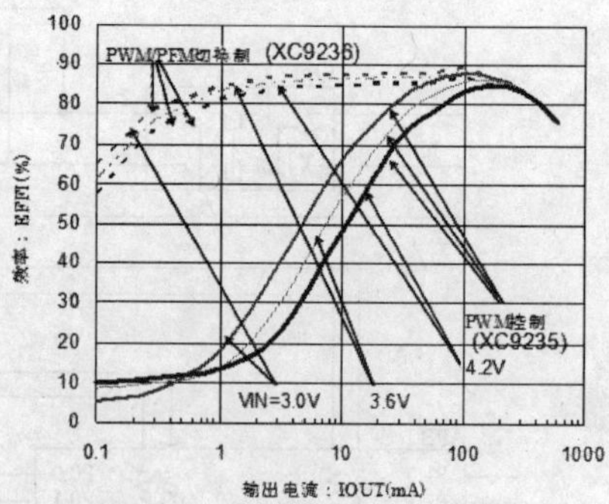

图8.XC9235/XC9236

VOUT=1.8V设定(振荡频率3MHz)

CIN:10μF CL:10μF L=4.7μH (NR3015T-4R7M) Ta=25℃

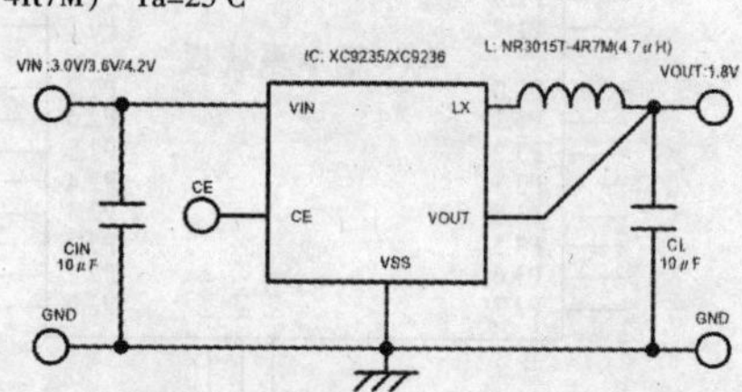

图9.XC9235/XC9236 图7~图8的测试电路

(未完待续)(下转第498页)

◇四川 王鲁坤

光纤的常用工具及使用方法(一)

光通信行业中光缆施工和维护的工作逐渐增加，促使各种光纤工具的需求量上升，市面上常见的光纤工具有光纤剥线钳、光缆剥皮器、光缆切割剪等，种类繁多，各种工具的用途也各不相同，您真的熟悉它们吗？了解什么时候用什么样的光纤工具吗？

一、光纤剥线钳

光纤剥线钳是一种用来剥离紧包光纤的光纤工具，一般用于熔接光纤时将紧包光纤剥离开。

现如今市面上有三种常见的光纤剥线钳：

第一种是FTTH光缆剥线钳；

第二种是三孔光纤剥线钳；

第三种是CFS-2光纤剥线钳；

FTTH光缆剥线钳顾名思义是专用于FTTH光纤到户的光纤剥线钳，其体积小、重量轻、操作简单、切口平整、携带便捷；三孔光纤剥线钳采用了三孔分段式剥线设计，无需调校即可使用，并且可在保证不伤及光纤的情况下快速准确的剥离2-3mm、900μm到250μm和250μm到125μm的光纤；CFS-2光纤剥线钳用于剥离125μm光纤的250μm涂覆层，同时第二个孔可剥离尾纤外护层。

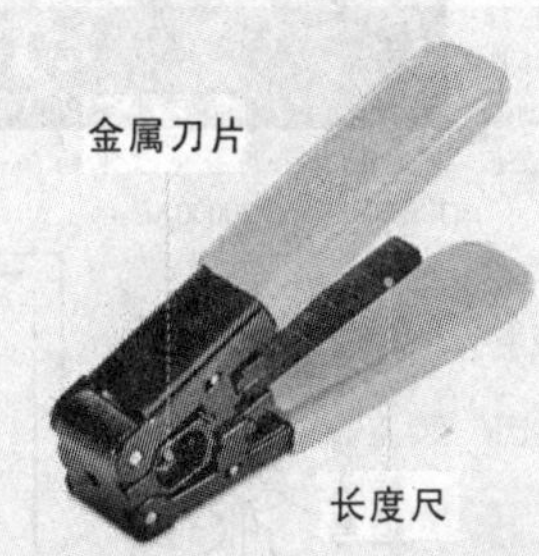

二、光缆切割剪

光缆切割剪是一种用来剪切光缆中芳纶丝的光纤工具，其刀刃采用高碳钢材料，锋利坚韧，可轻松剪切光缆中的芳纶丝，一般用于光缆熔接工作中，与光纤剥线钳或光纤剥线器搭配使用，那么如何使用光缆切割剪剪切芳纶丝呢？只需三步骤：

首先，使用光纤剥线钳剥开光纤外护皮；然后将剥离的光纤外护皮取下；最后使用光缆切割剪将裸露在外的芳纶丝剪切下即可。

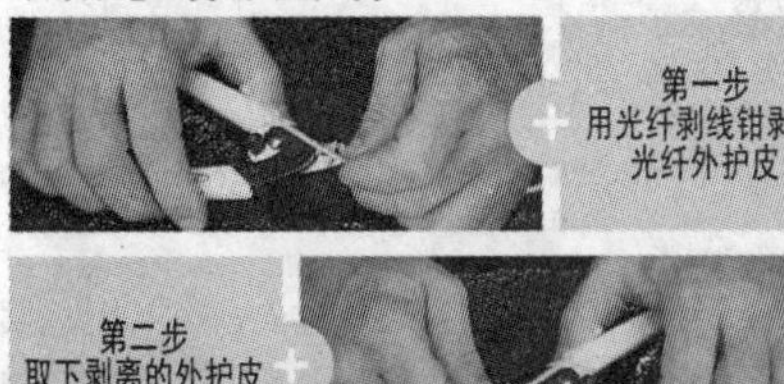

三、光缆剥皮器

光缆剥皮器是一种可纵向切割和环绕切割直径大于等于25mm圆缆绝缘层的光纤工具，由于光缆剥皮器可完整剥离各种绝缘层(例如电缆外护套、光缆松套管等)，且其切割深度可调节，切割深度最高达5mm，一般可用于通信电缆、低压电缆(PVC绝缘层)、中压电缆（PVC绝缘层）或光缆等其他圆形光缆的绝缘层切割。具体的切割方式如下：

操作人员一只手握住电缆，同时用大拇指按压住光缆剥皮器，另一只手握住光缆剥皮器手柄，以拇指为导向向任意方向进行切割即可。

用调节按钮调节切割深度（0-5mm）

按压刀片，用拇指导向，开始进行切割

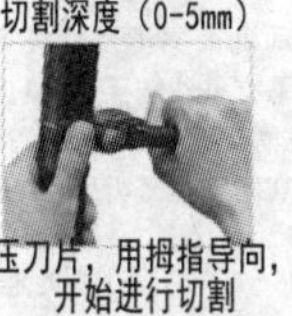

压刀片，用拇指导向，开始进行切割

按压刀片，用拇指导向，开始进行切割

四、光纤工具的选择

根据上述对光纤剥线钳、光缆切割剪、光缆剥皮器三种光纤工具的详细介绍，相信您应该很清什么时候用什么光纤工具进行操作：

1.在光纤熔接时选择光纤剥线钳将其紧包光纤剥离；

2.在光纤熔接时选择光缆切割剪将光缆中的芳纶丝剪掉；

3.在室外光缆割接和电缆切割时选择光缆剥皮器将其中心松套管、PE/PVC外护套等绝缘层剥离开。

网线工具是找出网络故障点、解决网线故障等网络管理的必备工具，那网络管理员一般需要自备哪些应手的硬件工具呢?接下来，本文将主要为大家介绍网线管理常用工具：剥线刀、打线刀、网络线缆测试仪、电缆测试仪/查线仪与地下线缆探测器。

(一)剥线刀

1.什么是可调剥线刀与便携式小剥线刀

可调剥线刀，外形小巧精美，刀片切线深度可调，方便剥离不同规格的线缆，如扁平线、细圆线和网线等，自带安全锁扣，且收纳方便安全，是用于切线和剥线的专业工具。

便携式小剥线刀是一种在准备安装插头或梯形插座的过程中，拆除网络线缆、电话线或UTP/STP双绞线等周围的保护外套的工具。能帮助用户加快执行光纤网络维护工作的过程，并避免过多的网络停机时间。

可调剥线刀

便携式小剥线刀

(二)打线工具

1.什么是打线工具

打线工具也称之为克隆工具，是一款电信和网络技术工人的小型手工工具。一般用于将线缆插入打线端、接线板、Keystone模块、表面安装盒的绝缘置换连接器上。打线工具适用所有110Connect终端的行业标准，可用于110Connect和SL系列模块插座和其他110式终端，是综合布线的专业打线工具。

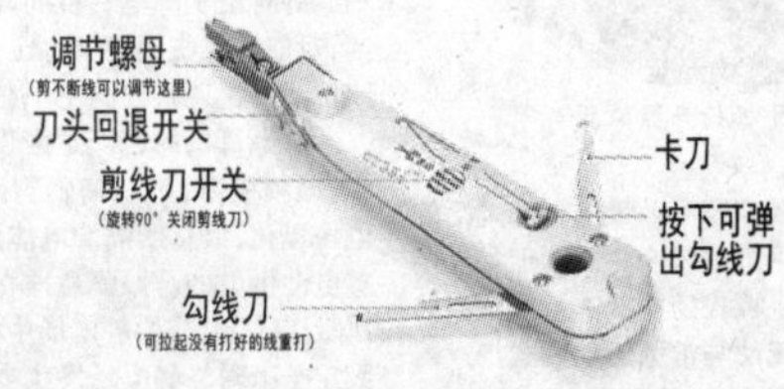

2.打线工具的使用方法

①将线序排列后把打线刀放到打线位置。

②用力下压打线刀并将打线刀切线口朝外切断多余线缆。

③完成。

④连接110连接器等终端设备。

(三)网络线缆测试仪

1.什么是网络线缆测试仪

网络线缆测试仪包括主机和辅机，主要用于检测网络、线路远程检测与同轴电缆测试，功能较强、实用方便。其采用的自动扫描方式，能快速进行测试，同时采用了符合人体工程学流线型外形设计，与防摔、防光设计，线条流畅简洁，更符合施工现场。

2.网络线缆测试仪的使用方法

(1)二合一多功能测试仪使用方法

①打开主机的电源开关，主机的指示灯亮起，即可自动扫描测试。测试结果1-8按顺序跳，即说明网线导通。

②对双绞线1、2、3、4、5、6、7、8、G各线对逐根（对）测试，并可区别判定哪一根(对)错线，短路和开路。

(2)若接线正常，则会按下述情况显示

①若是进行网线测试，则正常情况下1-8号指示灯依次闪烁。

②若是进行电话线测试，则3-4号指示灯依次闪烁为正常情况。

(3)若接线不正常，则会按下述情况显示

①当有一根网线如3号线短路，则主测试仪和远程测试端3号灯饰都不亮。

②当有几条线不通，则几条线都不亮，当网线少于2根线连通时，灯都不亮

③当两头网线乱序，例2、4线乱序，则显示如下：

主测试器不变：1-2-3-4-5-6-7-8-G

远程测试端为：1-4-3-2-5-6-7-8-G

④当网线有2根短路时，则主测试器显示不亮，而远程测试端显示短路的两根线灯都微亮，若有3根以上(含3根)短路时，则所有短路的几条线号的灯都不亮。

(四)电缆测试仪/查线仪

什么是电缆测试仪/查线仪

电缆测试仪/查线仪，主要由测试器、接收器和远端识别器三部分组成，具有线缆长度测试、寻线、对线、串绕、断点等多种线路状态测试功能。能够检查线路误差并测量电缆长度；能作为接收器，找超五类、电话线、同轴电缆及其他电缆；能远程识别，测试线缆与RJ45和BNC链接。电缆测试仪/查线仪是通信线路、综合布线等弱点系统安装，维护工程技术人员的实用工具。

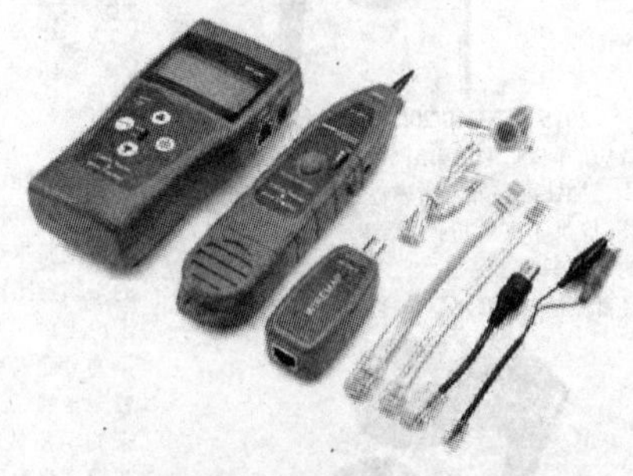

五、如何根据现场情况选用工具?

相信经过对上述剥线刀/打线刀/网线测试仪/电缆测试仪/地下线缆探测器等网线工具的介绍，您已经较为清晰的了解网线工具的选择：

1.在进行切或者剥离不同规格的线缆时选择剥线刀；

2.在将线缆插入打线端、接线板、Keystone模块、表面安装盒的绝缘置换连接器上时，选择打线刀进行操作；

3.在进行检测网络、线路远程检测与同轴电缆测试时选择网线测试仪；

4.在进行线缆长度测试、寻线、对线、串绕、断点等多种线路状态测试时，选择电缆测试仪/查线仪进行操作；

5.在定位墙壁或地下带电线缆的路径时选择地下线缆探测器。随着光纤在高速通信中的广泛使用，高性能/可靠/稳定的光纤对网络是至关重要的，光纤故障会严重影响到网络的性能及其正常运行状态，因此光纤检测是一项非常重要的工作，现如今市面上光纤测试工具五花八门，例如红光笔、光功率计、激光稳定光源、光纤显微镜等，面对这些光纤测试工具该如何选择?想要知道什么时候用它们，那么必须先清楚它们是什么、有什么作用。

六、光纤测试工具

(一)光纤测试工具之红光笔

红光笔即光纤故障检测笔主要是用于检测光纤的连通性以及定位光纤故障点的一种光纤测试工具，通常情况下为了避免光纤连接之后网络无法正常运行，在连接光纤跳线之前会使用红光笔对每根光纤跳线的连通性进行检测，若是红光笔恒亮则表示光纤连通性良好即可使用。另外，当光纤断裂、弯曲等造成网络故障时，则可使用红光笔对光纤跳线进行检测，可快速有效查找出故障光纤跳线，及时更换光纤跳线，网络维护更加方便。

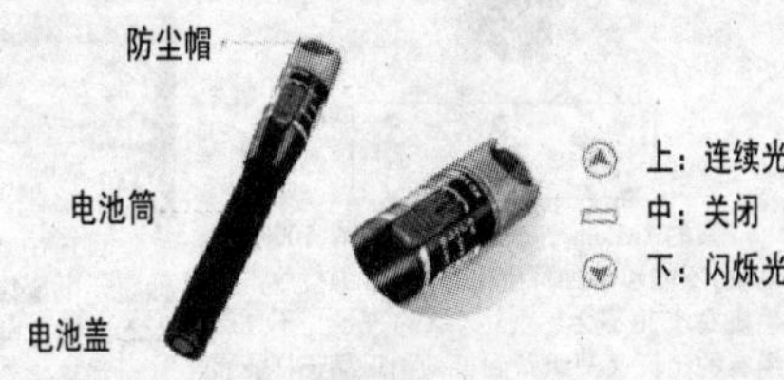

(未完待续)(下转第499页)

◇陕西 张鹏

常见单元耳机比较（二）

（紧接上期本版）

而10mm动圈耳机的低频是蓬松、流畅而且富有弹性；三频衔接表现顺滑自然，音乐耐听；而微动圈却缺少了这样自然的表现，而且还缺乏泛音，但是解析力却相比动圈更高。

微动圈耳机一直是JVC强项之一，顺带看看微动圈的进化史：

2008年7月，全球第一款前置微动圈单元耳机——FXC50在JVC诞生，能够把驱动单元直接深入耳朵内部，保证"高清技术"对声音的高级解析力，降低了外部噪音，从而得到更清晰的震撼力。

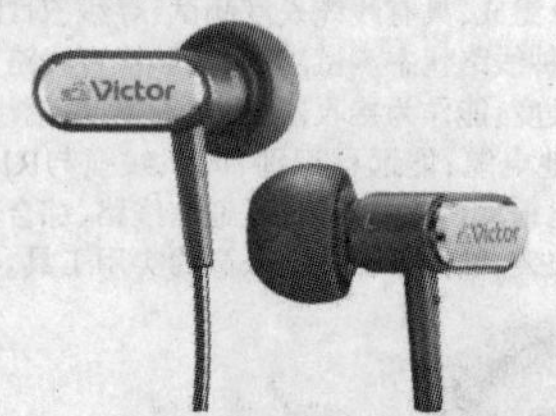

2015年FXH10/20/30问世，针对动圈高频效应的问题，采用第5代微动圈三明治磁缸结构，加钛振膜加双重磁体构造以及前置式封装，提供了高解析力，低音下潜，关键是振膜的直径只有5.8mm，比大多数的动圈耳机直径都要小，却比大多数耳机都要均衡。

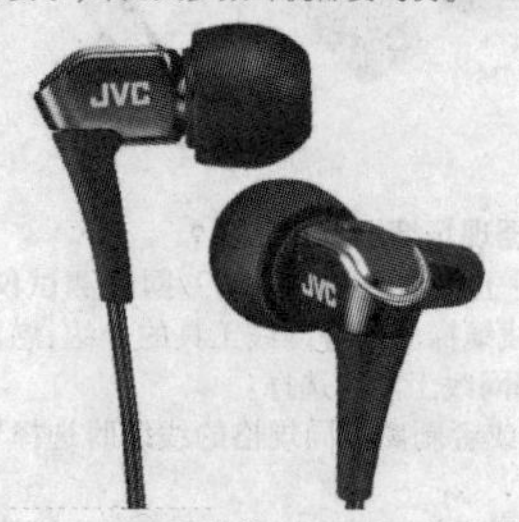

2017年全金属腔体FD8上市，作为微单元前置旗舰耳机，适合流行金属或者ACG轻灵女声等，作为动圈兼备了动铁高速响应和动圈低频弹性饱满的优点，可以说是千元级别相当不错的一款人声耳机。

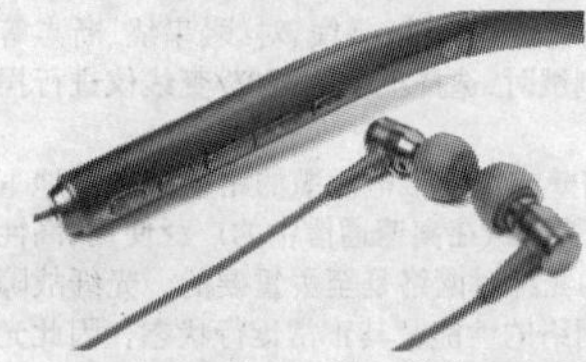

2018年FD8的蓝牙版，搭载K2技术的FD70BT上市，满足蓝牙市场的需求。

平板耳机

平板耳机更专业的叫法是"平面振膜耳机"（即Flat Diaphragm Headphone），这正是由于它的发声单元的特别之处，相比起传统的动圈式单元来说，平面振膜单元的振膜是"平"的。

自上个世纪初动圈式扬声器诞生到现在，从根本上讲，如今的动圈式扬声器和五十年前的扬声器本质上只是材料、结构等方面发生了变化，而原理、结构仍然大同小异。动圈式扬声器它的发声辐射源并不是一个平面，而是一个散射面，并且由于其非平面设计的结构，从而很难避免来自扬声器振膜的分割振动（Split vibration），分割振动将为耳机带来无法避免的失真，从而影响声音的保真度。

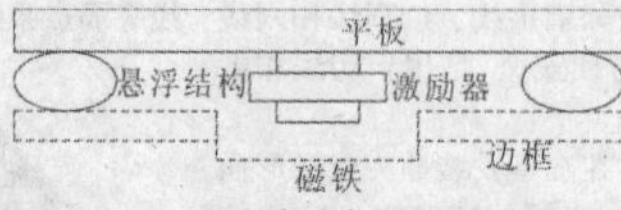

平板扬声器基本结构

为了能让扬声器有着相对平坦的频响曲线，以及尽可能地减少振膜的分割振动，就需要对振膜本身进行改进，因此一个绝对平面的振膜要比锥形的振膜的声学性能更好。从理论上讲，平板耳机的扬声器单元相比起常见的动圈式耳机扬声器单元在声学性能上有着一定的优势，由于没有了锥形扬声器所带来的前室效应（Anterior chamber effect）所以能带来更为平坦的频率响应，并且振膜的活塞式振动范围更宽，可以有效地在带宽频带当中降低失真。

平板耳机扬声器振膜

优缺点

虽然平板式扬声器可以带来更加宽泛的频率响应和相对平坦的频响曲线，但是对于音箱来说，单靠平板式扬声器本身能发出的低频能量，仍然无法与常见的动圈式扬声器所比拟，所以平板式扬声器在音箱产品上还是以中高频单元的角色最为常见。而对于耳机产品来说，由于平板振膜单元本身的尺寸很难像常规动圈耳机那样做的更小，所以它会带来较大的体积占用，这也就限制了它往便携化、轻量化的趋势发展。而且对于平板式扬声器来说，它对耳机腔体本身的结构更为敏感，大部分平板振膜耳机都采用了开放式的声学结构。

平板耳塞即使采用双层磁铁，但受单元尺寸影响，仍有欠缺。

此外，平板式耳机的成本还偏高，光是耳机单元本身就已经高达几百元的成本，并且驱动方面并不是手机、播放器等便携移动端可以随便驱动的，仍然需要考虑购买耳放来聆听。

静电耳机

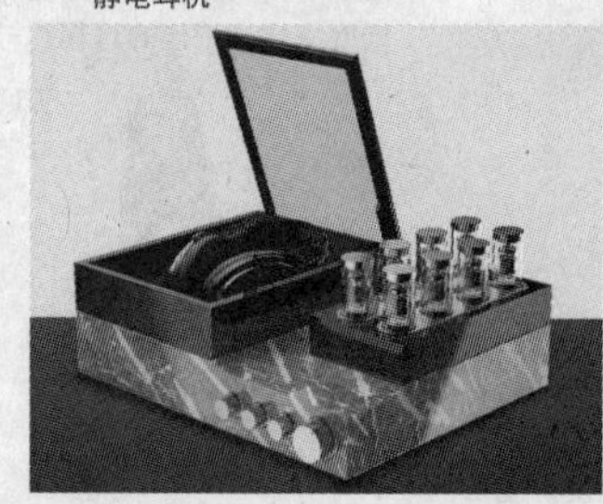

森海塞尔HE 1宫廷红大理石特别限定版，售价110万

静电耳机，那就是高端、昂贵的代名词，因为静电耳机不同于与传统动圈耳机的发声原理，不是随便用个前端或是手机就能驱动响的静电耳机需要专门的耳机放大器来驱动，同时由于静电耳机的高解析力和高透明度，对前端系统的要求也比较高，因此门槛相比传统耳机还是要高出一截的。

静电耳机的原理是振膜处于变化的电场中，振膜极薄，可以精确到微米级，由高直流电压极化，极化所需的电能由交流电转化，也有电池供电的。振膜悬挂在由两块固定的金属板（定子）形成的静电场中，当音频信号加载到定子上时，静电场发生变化，驱动振膜振动。单定子也是可以驱动振膜的，但双定子的推挽形式失真更小。在电场力的驱动下带动振膜发声。

优点

1.振膜可以做得极薄极轻，如STAX最新一代的中高档静电耳机振膜厚度只有1.35微米，这是动圈耳机的振膜无论如何无法接近的。目前最高级的动圈耳机的振膜也至少有5微米厚；更轻更薄的振膜带来的是更快的速度、更佳的瞬态反应、更强的细节表现力。

2.动圈耳机的振膜无论怎样设计，振膜受力都不均匀，存在着分割振动，而静电耳机的振膜是夹在正负两个平行固定极板之间的完全平面的振膜，受到的电场是完全均匀的，能做到线性驱动，不存在分割振动。

缺点

STAX旗舰产品SR-009，售价40000元

静电耳机发音单元的技术复杂，且价格昂贵，市面上的静电耳机多数售价都在万元以上。不易于驱动，所能到达的声压级也没有动圈式耳机大。目前全球掌握静电耳机技术的公司不多，主要品牌有：日本的STAX（旗下全线产品均采用静电发音单元，已于2011年12月被中国漫步者收购）、美国的高斯KOSS（成立于1953年）、森海塞尔的奥菲斯系列、舒尔SHURE（1925年成立于美国，专注麦克风和电子音频产品）。

舒尔首款采用静电技术的隔音耳机——KSE1500，售价20000元。

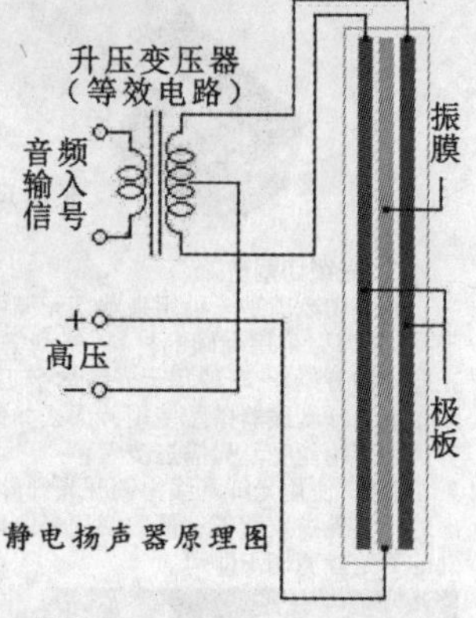

静电扬声器原理图

振膜

微米级的静电振膜在通电极化后，在电磁偏压下快速震动，带来极佳的瞬态反应和细节解析。

极板

极板在静态的静电单元中，电荷量与振膜保持一个相对稳定状态，当音频电信号输入时，极板产生电性至振膜受力振动，与动圈单元不同的是两个平行极板能够做到完全的线性驱动（即正相关表现为直线），而动圈单元则无法达到。由于静电振膜面积较大，参与振动的气浪较多，极板上一般会有很多镂空部分来保证空气畅通。

写在最后

鉴于消费力，我们还是主要说说在选购动圈和动铁单元时需要注意的地方。

动圈单元耳机 动圈单元与同级的动铁单元比，它往往表现的声音更加倾向柔和、自然舒适的全频听感，但声音的细节解析上有些许落后，这是单元材质造成的，可以通过改变震膜材质、单元构造材质等方法来改善，但同时价格也会越来越飙升。

动铁单元耳机 动铁耳机是细节爱好者的宠儿，与同级动圈耳机相比，动铁耳机因为与生俱来的高灵敏度能带来精密的细节和高密度的声音。但由于体积问题，动铁单元一般无法达到全频高能，所以目前最好的解决方法是多动铁复合单元。多动铁复合单元耳机虽能达到全频高能解析，但不同单元间声音容易出现相位问题。

平板耳机和静电耳机都属于发烧级产品，用户群体较少。如果有条件购买，尽量选购旗舰级产品，因为这两类耳机技术相对运用较少，每一代产品提高的不止是听感，还有利于降低的耳机故障率。

（全文完）

如何区别高仿AirPods

自2018年11月，就已经曝出有工厂破解了AirPods的W1芯片，这意味着能做到和原厂一样的连接动画，完全可以造出外观造型完全一致的高仿AirPods。

那么无法从连接动画看出是否正版，还可以从以下几点进行区别：

电量显示

假的AirPods只能显示50%或100%的电量，不能看单独耳机电量，而且国行版本的手机右上角不会出现这个X的符号。不过已经有的工厂又升级做到可以和正品一样能显示0–100%的电量了。

状态栏图标

山寨AirPods本质还是蓝牙耳机，所以连上苹果手机也会把它当做蓝牙设备来在状态栏显示，标志就是「耳机+电量」，正版标志就是只有耳机。

左右耳机显示

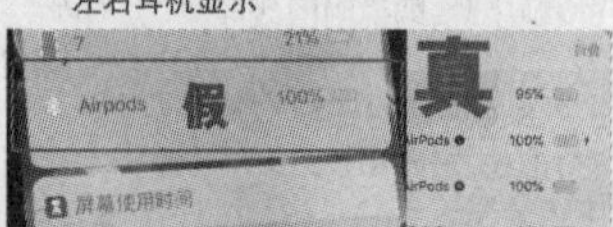

目前山寨的AirPods还不能左右耳机单独显示电量，会统一显示；而正版会分别显示左右耳和充电盒的电量。

最后是价格的区别，高仿的一般在400元左右，而正版则是1100元左右。

2019年10月6日出版 实用性 启发性 资料性 信息性

第40期 国内统一刊号:CN51-0091 定价:1.50元 邮局订阅代号:61-75

地址:(610041)成都市武侯区一环路南三段24号节能大厦4楼 网址:http://www.netdzb.com

(总第2029期) 让每篇文章都对读者有用

磁带存储器

看到"磁带"不少人脑海会立马浮现出多年以前用随身听听磁带歌曲的画面,一种怀旧感油然而生。其实磁带并没有随着时代变化而被完全淘汰,只是普通大众早已使用手机等更方便的设备收听歌曲了。但在存储界,磁带凭借其容量大、价格低的特点仍然占据一定的市场。

磁带存储器(Magnetic Tape Storage)是以磁带为存储介质,由磁带机及其控制器组成的存储设备,可以作为计算机的一种辅助存储器。

读写原理

在磁带存储器中,利用磁头的装置来形成和判别磁层中的不同磁化状态。

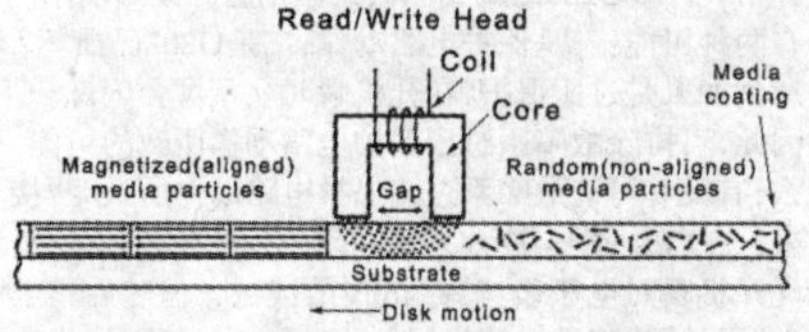

写操作

当写线圈中通过一定方向的脉冲电流时,铁芯内就产生一定方向的磁通。由于铁芯是高导磁率材料,而铁芯空隙处为非磁性材料,故在铁芯空隙处集中很强的磁场。在这个磁场作用下,载磁体就被磁化成相应极性的磁化位或磁化元。若在写线圈里通入相反方向的脉冲电流,就可得到相反极性的磁化元。如果我们规定按图中所示电流方向为写1,那么写线圈里通以相反方向的电流时即为写0。上述过程称为写入。显然,一个磁化元就是一个存储元,一个磁化元中存储一位二进制信息。当载磁体相对于磁头运动时,就可以连续写入一连串的二进制信息

读操作

当磁头经过载磁体的磁化元时,由于磁头铁芯是良好的导磁材料,磁化元的磁力线很容易通过磁头而形成闭合磁通回路。不同极性的磁化元在铁芯里的方向是不同的。当磁头对载磁体作相对运动时,由于磁头铁芯中磁通的变化,使读出线圈中感应出相应的电动势e。负号表示感应电势的方向与磁通的变化方向相反。不同的磁化状态,所产生的感应电势方向不同。这样,不同方向的感应电势经读出放大器放大鉴别,就可判知读出的信息是1还是0。

记录方式

形成不同写入电流波形的方式,称为记录方式。记录方式是一种编码方式,它按某种规律将一串二进制数字信息变换成磁层中相应的磁化元状态,用读写控制电路实现这种转换。在磁表面存储器中,由于写入电流的幅度、相位、频率变化不同,从而形成了不同的记录方式。常用记录方式可分为不归零制(NRZ),调相制(PM),调频制(FM)几大类。这些记录方式中代码0或1的写入电流波形。

不归零制(NRZ)

特点是磁头线圈中始终有电流,不是正向电流(代表1)就是反向电流(代表0),因此不归零制记录方式的抗干扰性能较好。不归零制(NRZ1)与NRZ0制的相同处:磁头线圈中始终有电流通过。不同处:记录0时电流方向不变,只有遇到1时才改变方向。

调相制(PM)

特点是在一个位周期的中间位置,电流由负到正为1,由正到负为0,即利用电流相位的变化进行写1和0,所以通过磁头中的电流方向一定要改变一次,这种记录方式中1和0的读出信号相位不同,抗干扰能力较强。另外读出信号经分离电路可提取自同步定时脉冲,所以具有自同步能力。这也是磁带存储器采用比较多的记录方式。

调频制(FM)

特点是:(1)无论记录的代码是1或0,或者连续写1或写0,在相邻两个存储元交界处电流都要改变方向;(2)记录1时电流一定要在位周期中间改变方向,写1电流的频率是写0电流频率的2倍,故称为倍频法。这种记录方式的优点是记录密度高,具有自同步能力。FM可用于单密度磁盘存储器。改进调频制(MFM)与调频制的区别在于只有连续记录两个或两个以上0时,才在位周期的起始位置翻转一次,而不是在每个位周期的起始处都翻转,因而进一步提高了记录密度。MFM可用于双密度磁盘存储器。

而富士于今年9月推出的LTO Ultrium 8 磁带,采用了BaFe(钡铁氧体磁性材料),及富士专利的纳米超薄涂层技术,磁带长度960m,宽度12.65mm,厚度5.6um,容量最高可达30TB,是前代产品的两倍,而且速度可达750MB/s(未压缩时是360MB/s),适合长期保存重要数据。

现在传统的家庭数据存储和服务器数据库多采用硬盘,好处是能够反复高速读写,但目前最大的单盘容量也仅有16TB,并且机械硬盘的故障率还比较高。而磁带主要用于建立磁带库,磁带库有数据存储量大的优势,在备份效率和人工占用方面同样拥有巨大优势。磁带介质保存时间久远、成本低廉,已广泛应用于银行、广播电视媒体、档案馆、国土资源、卫星资源等行业内。

据了解,富士LTO Ultrium 8磁带有两种类型,一种是可以重复擦写数据的,另一种WROM仅可写入一次,多次读取,可防止数据被篡改或者被意外删除,提高安全性。对于备份、保存不常用的冷数据来说,成本低廉,存储容量超大的磁带再合适不过了。

(本文原载第42期11版)

让网络融合充分发挥5G时代的物联网潜力

为网络融合奠定基础

可以肯定的是,无论部署情况如何,物联网设备性能的充分发挥取决于其赖以运行的网络基础设施。运营商面临的挑战在于需要确保网络的智能融合,保证物联网设备能够快速有效地运行。

为此,电信和移动网络运营商们在构建面向未来的融合型、可扩展且成本效益高的网络时,会关注以下主要领域:

一流的骨干网

拥有企业级稳定的有线和无线基础设施至关重要,在网络运营商需要应对设备密度的增加并需要更高带宽和更快连接的时代中更是如此。要做到这一点,运营商的基础设施需要具备适应和扩展能力,以满足边缘网络的需求。

前传集成

在边缘网络中,集成是实现网络极简化的关键。为此,运营商应考虑部署最能够支持Wi-Fi和物联网技术(BLE、ZigBee等)的融合接入点(APs),并采用集成式共存技术来对干扰情况进行管理。在单一接入点中统一多种无线协议的方法让IT管理员能够节省物理空间并简化安全设备的安装。此外,融合接入点让管理员能够使用单一管理控制台,更轻松地查看、管理并保护整个无线基础架构。

融合后端

能够通过对单一控制面板进行控制并管理服务是降低复杂性的关键,尤其是当不同厂商提供的物联网设备需要管理、配置并连接至相关本地或云服务时。

爆炸性移动数据增长使光纤部署成为强大的网络回传解决方案

融合为需要大量光纤连接的网络提供了具有高成本效益的解决方案。该技术让大型运营商能够使用单一光纤网络来支持各种5G应用场景,从而最大限度地提高资产利用率并延长投资回报。

如今,5G和大量无线超容量协议共存且互补,用以支持物联网设备、网络和应用。随着今年六月中国向四大电信运营商发放商用5G牌照,中国也正式进入5G部署元年。5G将与前景可期的万物互联的世界一起到来,网络运营商们需要把握新的增长机会,创造新的收入来源、服务和商业模式,为此,只有打好网络融合的基础才能充分发挥5G时代的物联网潜力。

◇康普 杨亚俊

(本文原载第42期2版)

长虹HSM45D-1M型电源+LED背光驱动(二合一)板原理与检修(三)

(紧接上期本版)

2.电源带负载能力下降

电源带负载能力差故障表现在彩电声音变大或亮度变大时，电源输出的12.3V电压明显下降并波动，从而引起过流保护电路动作，导致黑屏。检修时应先查PFC电路输出的PFC电压(390V)是否正常。若过低，应再对市电整流滤波电路输出的300V电压进行检查。如果明显偏低，在市电输入正常的情况下，很可能是市电整流或市电滤波电路存在故障。若300V电压正常，PFC电压却偏低，则表明PFC电路有问题。比如，PFC电路本身未工作或电感L202局部有短路或功率开关管Q201本身质量差或续流管D203正向电阻过大或PFC滤波电容C208失容(含漏电)。如果上述检查PFC电压正常，则可能是PWM电源开关管Q106、Q101内阻过大(或激励不足) 或12.3V电源的整流或滤波电路有故障，需用排除法判断故障点。为帮助大家检修，表2给出了U201引脚功能及在路电压，供参考。

表2 U201(FA5591)引脚功能与在路对热地实测电压

脚号	符号	功 能	电压(V)
①	FB	输入电压反馈	1.21
②	CONP	锯齿波补偿/误差电压输出	2.32
③	RT	开关管导通时间设置	1.43
④	RTZC	过零点导通延迟时间设置	0.02
⑤	IS	感应电流输入	0.01
⑥	GND	接地	0
⑦	OUT	驱动开关脉冲输出	1.79
⑧	VCC	芯片电源	16.0

3.背光灯不亮

背光灯不亮，说明LED灯串的供电或控制电路存在故障。首先查U203①脚的电源电压是否正常。若正常，再查U203亮度控制端⑨脚、背光控制端⑩脚是否均有大于2V的直流控制电平加至。如果没有或电压偏低，应对信号的发出和传递电路进行检查。如果查得U203上述相关脚电压无异常，可试机，看开机瞬间能否在LED+端检测到电压 (因空载时LED+电压升高很多，会迅速引起过压保护电路动作)，如果有，可将LED-端，即插座CON301③脚直接接地，观察背光能否点亮(含部分点亮)。若不能点亮，则是屏后的灯串板上LED灯串总回路有开路故障。若能点亮，则是LED灯串有短路故障或电流取样电阻R447~R451变值 (含它们的焊点有裂纹)，从而引起U203过功率(过流)保护电路动作。若发现LED+电压始终为零，应试机再查控制芯片U203②、③脚是否有激励脉冲波形输出，如果有输出，说明是LED+电压形成的开关或整流滤波电路有问题。如果没有激励脉冲波形输出，则可能是U203本身已损坏或它的外围元件有问题，比如⑲、⑳脚外接的频率设置电阻是否变值或开路，可考虑用替换法确诊。为了帮助大家检修，表3给出了U203(UCC25710)引脚功能与在路实测电压，供参考。

表3 203(UCC25710)引脚功能与在路实测电压

脚号	符号	功 能	电压(V)
①	VCC	芯片电源 11~18V	11.6
②	GD1	激励脉冲输出 1	±1.8
③	GD2	激励脉冲输出 2	±1.8
④	GND	地	0
⑤	VREF	5V 参考电压输出	5
⑥	LEDSW	LED 开关信号	0.4/1
⑦	DTY	锯齿波形成电容	0.15
⑧	DADJ	锯齿波斜率设置	0.03
⑨	DIM	亮度调整	2.5
⑩	BLON	背光点亮控制	0/.5
⑪	UV	欠压保护检测输入	4.8
⑫	OV	过压保护检测输入	1.3
⑬	CL	过功率保护设置	0.53
⑭	DSR	调光转换率设置	3.3
⑮	CREF	电流限制值设置	0.7
⑯	CS	过流保护检测输入	0.58
⑰	ICOMP	电流环路补偿	2.5
⑱	SS	软启动时间设置	5.1
⑲	FMAX	最高频率设置	0.81
⑳	FMIN	最低频率设置	1.65

4.开机后屏幕瞬间闪烁，随即黑屏

该故障现象表明有电压已经瞬时加在LED灯串上了，随后变为黑屏，显然电压又消失了。导致该故障现象一般是因为输出的点灯电压过高或保护电路本身有问题，引起过压保护电路动作所致。可在LED灯串闪亮瞬时检测U203过压保护检测端⑫脚的输入电压，若高于2.6V，在测得取样电阻R422、R429及R421正常的情况下，有可能是U203⑳脚外接的最低频率设置R404电阻变值或焊点出现隐性裂纹，应重点检查。在实际故障检修中曾发现过压保护电路的取样电阻R421因焊点出现虚焊，从而形成非过压的保护故障。至于过流保护为何显示屏不能瞬间点亮，是因为过流时，输出电压会下降许多，LED灯串还未来得及点亮，过流保护电路已经动作了，所以观察不到在开机瞬时显示屏能瞬间点亮的现象。

三、故障检修实例

例1.电源无输出

按下电源开关后，待机指示灯不亮(正常应闪烁数秒后变为常亮)，12.3V电压无输出。首先查U101电源端⑤脚VCC电压，发现为零，再检查市电整流滤波后的300V电压正常，显然，故障很可能是U101启动电源有问题。经查，发现是启动电源中的整流二极管D208(BAV99、见图2)焊点出现裂纹，重新加焊后试机，故障排除。

例2.电源无输出。

查市电整流后的300V的电压正常，测控制芯片U101电源端⑤脚有16V启动电压，开关管Q101的D极也有300V电压。随后用示波器观察U101⑥脚激励脉冲输出波形，发现波形幅度极低。怀疑U101质量欠佳，但更换后故障现象不变。为了判断故障是否在U101⑥脚外的驱动电路，试断开R126的一端后试机，发现U101⑥脚输出的激励脉冲波形正常，说明U101⑥脚外的驱动电路的确有问题 (见图2)。最后查出是控制管Q106(BT4403)已经击穿，更新后开机，故障消失。

例3.电源无输出

经查，市电整流滤波后的300V电压、U101⑤脚的启动电源电压均正常。再次试机，发现U101激励脉冲输出端⑥脚，在开机瞬时有激励脉冲波形输出，但随后消失。显然，该故障有可能是保护电路动作。于是，分别断开12.3V电压输出端，并在断开处串接一只电流表后试机，发现电流表读数并不大，故可排除过流问题。因此故障是过压保护所致的可能性较大。于是在U101③脚对热地接上万用表直流10V挡后开机，结果发现电压表读数超过3V，表明判断正确。显然故障在稳压系统。接下来对稳压系统元件进行检查，终于查出光耦器N101(PC817)的③-④脚内部已经开路。更换N101后开机，故障排除。

例4.黑屏

经查，发现LED背光灯串不亮，LED+电压为零。查控制芯片U203电源端①脚有11.8V电压(相关电路见图3)。再测U203亮度控制端⑨脚、背光点亮控制端⑩脚电压，均未发现异常。接下来查U203②、③脚也有激励脉冲波形输出，据此基本可确定故障在LED+电压的形成电路。于是，对这部份电路进行检查，终于发现是开关变压器T502的①脚，因氧化而产生虚焊，经重新除氧化，加焊后试机，故障排除。

例5.黑屏

经观察，LED背光灯条未亮，测LED+电压为零。查U203的供电、亮度控制、背光点亮控制端的电压均无异常。再查U203的②、③脚，无激励脉冲波形输出。这有两种可能：一是保护电路动作；二是U203已损坏。注意到如果是过压保护，在开机瞬时显示屏会闪烁一下。因此，可排除故障系过压保护电路动作所致的可能，那么，有没有可能故障系过流保护电路动作所致呢?接下来，在LED+端与冷地之间并联一只电压表后试机，发现开机瞬时电压表竟有约50V的读数，但随后马上消失。显然，故障是过流保护电路动作所致。于是，拔下插座CON301上去显示屏LED背光灯条板的插头，在CON301①、③脚之间接上一只75Ω/50W的线绕电阻作为假负载。重新开机，测量LED+电压已经升至约150V。这表明LED背光灯条有严重的短路故障。更换短路的LED灯串后开机，显示屏点亮，故障排除。

(全文完)

◇武汉 余俊芳

液晶电视机检修实例

例1、机型：海尔LE42A500P

故障现象：偶尔能够正常开机，开机后正常工作，有时又不能正常开机。

检修过程：开机，电源红色指示灯亮，测量5V,12V,24V正常，根据故障现象，分析主板上有性能变差的原件，测量MCU供电只有1.2V，正常值1.8V。顺着三端稳压集成块U4(1084-18)检测，附图所示。输入端有2.0V左右，不正常，应该3.3V左右，观察发现降压的两只二极管M4有点变黄。找两只M4替换后，测量U4的②脚输出端有1.8V，进行二次开机，电视机正常工作。

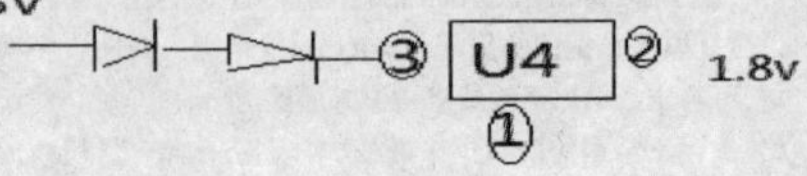

例2、机型：康佳LED49TI6A

故障现象：正常开机，正常工作约10min左右，黑屏，声音正常。

检修过程：分析认为背光LED灯有问题，或者LED灯控制电路有问题，误保护。用测试仪测量LED灯珠正常，于是把LED灯的控制集成块N701(AP3041M-G1)的保护脚①脚用短接线到地。长时间工作正常。

例3、机型：创维42E60HR

故障现象：开机灰屏，声音正常。

检修过程：观察背光灯已经点亮，测量逻辑板上的12V电压为0，顺着12V供电线路查找发现，12V、5V、3.3V都由集成块U1(P3842)提供，测24V供电到了，但没有输出电压。估计U1有问题，身边没有一模一样的集成块，但有MP14820S，它的线路与P3842十分相似，想换来试一试，结果成功，电视机正常工作。

例4、机型：长虹LED32538

故障现象：有时可以正常开机，有时不能正常开机。

检修过程：能正常开机时，测量5V、12V、24V电压输出端，实际电压为4.4V、11.5V、24.2V。分析认为重点查5V电压。把5V虑波电容EC4、EC5换新成1000uF/16V电容后，测量实际输出电压5V、11.8V、24.5V。正常开机，正常工作。

◇宜宾市屏山县大乘中学校 黄辉林

大屏显示设备的选择

当前，科技发展迅猛，新产品、新技术不断改变着人们的工作环境、工作方式，教育、会议、指挥、监控等进行大屏显示所用方案有多种多样的选择，如小间距LED、COB、投影机、DLP背投拼接、液晶LCD拼接、微距背投、移动液晶显示终端等，这么多的显示方式，应该选择哪种合适呢？这需要根据这些产品的特点去分析，以及根据不同的场所和不同的用途进行取舍。

一、特点分析

1.小间距LED、COB、微距背投、DLP背投、液晶LCD拼接屏特点

小间距LED特点：画质亮度高、色彩鲜艳，容易吸引注意；对眼睛损害大，不适合人眼长久凝视；在室外使用是最佳选择；安装和维护方便。

COB的特点：与LED封装不同，LED灯之间填充了塑胶并固定在板子上，表面光滑防水；维修时无法更换坏灯，只能换板子；对眼睛损害大，不适合人眼长久凝视；安装同小间距LED。

微距背投的特点：最大的优点就是护眼，高亮不刺眼，色彩逼真，表现丰富，对比度达110000：1，画质柔和舒适，避免了蓝光对人眼的伤害，没有光污染(如图1和图2所示权威测试报告比较)；长时间凝视没有不舒适感；铝制基板封装，散热好；可进行像素坏点更换，维修费用低；安装简单方便。

DLP背投的特点：新型DLP背投采用激光光源或LED光源，克服了光源寿命短的缺点；采用新型背投屏幕材料增加了画面的清晰度，使一度将被淘汰的DLP背投方案增添了新的活力。其优点是分辨率高、对眼睛的损害较小；缺点是拼接窄缝使画面被分割，使用一段时间，各小屏会产生亮度不均匀和色差，维修费用高，安装需要占用较大的场地空间，需要有维修通道从后面维护。

液晶LCD拼接屏的特点：分辨率较高、色彩丰富，但拼缝较宽(现在无缝拼接技术已上市)，光污染有一点，人眼长时间凝视感觉疲劳，价格较低，安装方便。

2.防蓝光比较

光污染主要是屏幕的蓝光辐射亮度过高而引起的，据资料显示，蓝光是一种波长在400nm~480nm的高能量可见光，有害短波蓝光具有极高能量，使人的眼睛黄斑区毒素量增高，诱发致盲眼病，对眼睛造成不可逆的损伤。

液晶电视的亮度辐射为0.6339W/m²·sr·nm，OLED亮度辐射量为0.1441W/m²·sr·nm，微距背投自发光特性以及屏幕表面有专利屏幕保护，微距背投蓝光波段主要集中在460nm处，通过“中国计量科学研究院”测试报告显示，微距背投的蓝光在460nm辐射亮度为0.0135W/m²·sr·nm，远低于100W/m²·sr·nm无危害的标准，同时相当于OLED屏幕蓝光辐亮度的1/10，此数据也表明微距背投对人眼的伤害，可以忽略不计。

二、结合特点与用途分析

1.监控、指挥

用于交通、安防、勤务或是教学等监控，需要将多个信息点进行多画面同时显示时，选择DLP拼接或LCD拼接较为合适。二者都有拼缝，每个单元都有较高的分辨率，可在较近的距离观看；如果采用中间一块大屏与周围多块小屏组合方案时，比如某机关统一采用“四一四”规定方案，中间可用一块微距背投做大屏，左边四块和右边四块均用液晶LCD拼接，这是因为这两者的安装厚度基本一致，微距背投的护眼优点，对长时间观看是最佳选择，将重点监控的几个点轮番切换到大屏上，可供多人观看。

对于指挥，可在多方信息收集的基础上，综合监控情况进行指挥或发出号令。有的指挥需要大屏进行地图、地形图等显示，这种情况可根据具体指挥模式进行选择。

2.教学、会议

现代化多媒体教室，多采用黑板与大屏显示相结合，长期以来投影机一直是教室大屏显示的主角，投影机显示方案经济实惠，缺点是受环境光影响较大(如图3所示，投影机与微距背投比较)。当前，将小间距LED和COB用于高档教学场所的有很多，但这两种方案对眼睛伤害较大，亮度只能调到20%左右，即使把亮度调得再低，潜在的蓝光等光污染不能长时间观看，并且亮度调低后色彩就会失真，选用微距背投是最佳选择。从图4可看出，微距背投(左)能够真实还原色彩；小间距LED(右)色彩失真，还有摩尔纹。在最近的一次展会上，微距背投推出了教育型的黑板+微距背投显示多功能模式，深受观摩者青睐。

③

④

①

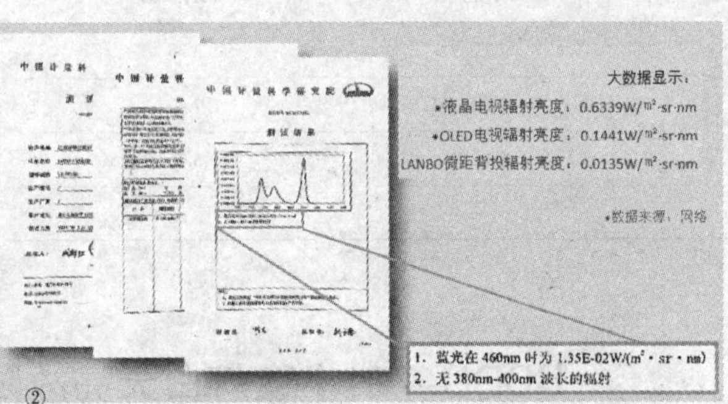

②

对于大型会议场所，可以选择小间距LED、COB和微距背投，最优选择仍然是“微距背投”。

3.如果是临时布置场所，应急使用，近距离演示等，可选用移动液晶显示终端。

三、综合分析

1.产品分辨率与屏幕尺寸及观看距离的合理选择

根据信号源的分辨率，能够将像素点按照1:1精确显示在屏幕上是最清晰的。手机屏幕小，分辨率1920×1080或1920×1200(下面以分辨率1920×1080来介绍)是用来在超近距离观看的；办公用LCD液晶显示器(假设21寸)，1920×1080分辨率是在1米范围内使用的；常规的教室、会议室，高度大约在3米多，那么要制作大屏的高度应在2米左右，选用像素为1.8mm的微距背投或点距为1.8mm的小间距LED，制作3.5米×2米的大屏，可对1920×1080分辨率进行1:1精确显示，观看距离大于3米；如果选用1.2mm的像素或间距去制作，尽管选用了高分辨率的材料，制作3.5米×2米的大屏，显示分辨率1920×1080时无法实现1:1满屏显示，只能兼容显示。那么，一个场所既需要高分辨率的小屏做监控，又需要大屏做会议和教学使用，应该选择LCD液晶拼接和DLP拼接，这样用高分辨率的设备兼容低分辨率的信号是可以的；相反，把一个教学和会议正常使用的小间距LED大屏分割为几个小屏做监控使用是不清晰的。

2.从大屏设备的不断改进和发展变化来分析

大屏显示设备，最早使用普通液晶LCD投影机，后来出现DLP投影机，大屏拼接也随之发生变化，但最早的拼接系统亮度低、分辨率低、色彩不佳、缝隙较宽。投影机在不断的完善和改进，除了亮度、对比度、分辨率有了很大提高，LED光源、激光光源的产生，提高了光源寿命。由于投影机(LCD或DLP)背投和液晶LCD拼接方式都会产生拼缝，后来出现的小间距LED及COB，似有取代DLP背投之势。然而LED太亮，对眼睛伤害较大，人们在追求高亮、高清、高寿命的同时，也在不断的研究开发光污染更小、更加环保、对人眼保护更好的健康显示设备。北京环宇蓝博科技有限公司针对前面众多缺点进行研究改进，研制出了高画质、绿色环保的“微距背投”系列产品。通过权威机构测试对人眼危害最小的是“微距背投”；通过实际观看比较，长时间使用，眼睛最舒适的是“微距背投”。

3.性价比分析

工程造价是设备选择的一个重要问题，普通教室、会议室使用投影机经济实惠；普通的监控使用液晶LCD拼接可节省资金；高级别的场馆、会议室、指挥、监控、实验室、学术报告厅可选择微距背投、DLP拼接；小间距LED、COB用在广告宣传、舞台等场所。

◇天津 吕建刚

用好Word 2019的朗读功能

你可能对于Word的“朗读”功能并不陌生，我们可以通过“选项”对话框的“自定义功能区”选项卡，将“朗读”功能添加到软件菜单，或者将其添加到快速访问工具栏。不过，在Word 2019这个版本中，使用“朗读”功能更为方便。

现在我们不再需要通过自定义功能区添加“朗读”功能，直接切换到“审阅”选项卡，我们可以在这里发现“大声朗读”这个功能按钮，单击之后(如图1所示)，Word 2019会从当前光标的所在位置开始大声朗读，当然只是针对文档中的文字进行朗读。开始朗读之后，我们可以在右侧窗格的位置发现朗读工具条，通过这个工具可以暂停朗读，或者切换到前一段或后一段进行朗读，单击齿轮按钮可以调节朗读速度，同时还可以选择不同的语音(如图2所示)，在商务场合时建议选择Microsoft Kangkang语音为好。

需要提醒的是，Word 2019的朗读功能在修订尚未接受之前，只会针对原有内容进行朗读，同时也不会朗读批注内容。

◇江苏 王志军

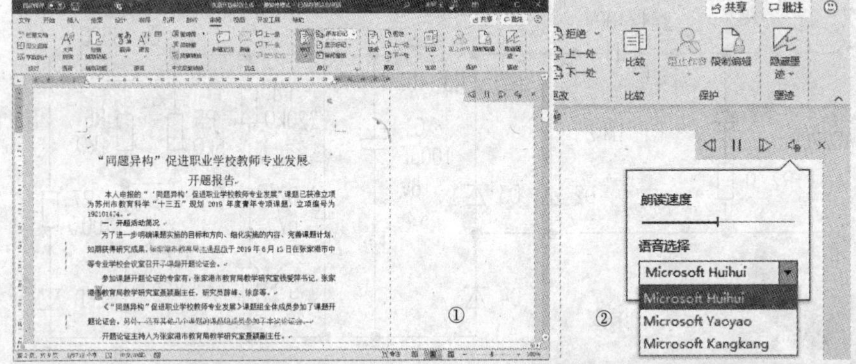

① ②

美的电磁炉代码E2并非传感器故障

故障现象：一台美的C21-KT2115电磁炉，通电时显示和操作都正常，依次按开/关键和功能键(如火锅键)，风扇运转正常，也能加热，不到3秒钟就出现故障代码E2，但不报警，只是停止加热。

分析与检修：根据故障现象分析，说明辅助电源电路工作基本正常，并且主板基本没问题。经查美的电磁炉故障代码含义得知，代码E2是表示机内传感器有故障；或散热不良机内温度过高。但本故障是在开机时间极短，不到3秒钟就显示E2，并且风扇运转正常，根本谈不上机内温度过高，所以怀疑的焦点只能是传感器有故障了。

拆开机壳发现，该机设计与众不同：首先在电源线输入端设有控干扰扼流线圈；其次在机内设置一块专用电路板，板上安排双重的LC滤波电路(见图1)。这种设计好处是：一方面能更干净滤除电网有害杂波进入机内，使机器更安全工作；另方面又抑制了机内工作时产生的高频纹波泄漏到电网，影响其他用电设备。

拔下加热线盘中心的负温度热敏电阻(主传感器)插头，用数字表200k挡检测该传感器，阻值为79k左右(室温为30℃左右)，试用电烙铁对热敏电阻加热，阻值能正常变小，说明没坏；再查找IGBT管温度过热保护传感器，发现该机是采用一只比芝麻还小的贴片元件RT0701，安装在焊锡面，挨在IGBT管的发射极(见图2)。为了精确测量，把该贴片元件焊脱。

【提示】贴片元件细小容易丢失，建议焊脱时在电路板焊锡面找个合适的焊锡点，把贴片元件的一端暂时寄焊在焊锡点上，这样既不会丢失又能很方便测量)，实测阻值为77k，同样用烙铁靠近对其加热，阻值也能正常变小，说明该传感器也没坏。至此可以下结论：故障代码E2并非传感器故障。

但是，这下笔者感觉懵了，2只传感器都正常，机内又不存在过热现象，那为什么会出现代码E2呢？

【编者注】因CPU识别的电压信号，所以电器产品在显示传感器短路或开路的故障代码时，除了是传感器故障外，还包括其阻抗/电压转换电路及CPU相应端口内部电路。

虽然2只传感器都正常，但是电路板上的元件是否正常呢？接着动手测量主传感器三针插座(CN 0701)的上下两端，实测正反向阻值约为4. 33k(传感器已拔掉)，参考美的牌其他型号电磁炉，该处阻值在拔掉传感器后为9k左右(不同型号有所差别)，比对之下相差悬殊有怀疑；接着用数字表200Ω挡测单片机U1⑨脚正、反向对地阻值仅为14.8Ω，说明它近似短路(见图3)，这时又怀疑贴片电容C0702漏电，但焊脱该电容测量阻值为无穷大是完好的。仔细观察电路板，传感器下端是接地的，上端经过贴片电阻R 0701(5101)作限流接U1电源端⑩脚，上端又经过信号采样贴片电阻R 0704与单片机U1的⑨脚相连(见图4)，显然单片机⑨脚就是温度检测端。通过以上测量，说明单片机确实有问题。

为证实单片机有问题，再来一次采用电压法测量：通电，单片机电源端⑩脚实测电压为5.06V，单片机⑨脚电位为0.005V，并且3针插座上端电压仅为3. 35V，说明单片机⑨脚内部电路对地短路，致使检测端电位被下拉为0V，也就是⑨脚的采样信号被旁路掉，从而产生本例故障。

电磁炉单片机出故障，就相当于人类得了癌症，治愈的几率非常渺茫。但是，无巧不成章，笔者前不久从废品收购店获得一块伤痕累累的电路板，型号正好与该机相同，所幸单片机没被砸坏，从表面看是完好的，只是不知芯片内部数据是否完好，于是抱着试试看的心理，把芯片拆下来替换，细心焊接就绪后通电试机，复位音和显示正常，坐锅加水开机，加热正常。经过长时间工作，工作始终正常，故障排除。

故障排除前后，用DT9205测得的关键点数据如附表所示。

附表 关键点数据

修复前后		CN0701上端(拔掉传感器)	单片机⑨脚
故障时	对地阻值	4.33kΩ(20k挡)	14.8Ω(200Ω挡)
	电压/V	3.35	0.005
修复后	对地阻值/kΩ	7.60	正向：17.56；反向：16.18
	电压/V	5.05	5.05

◇福建 谢比豪 陈清全

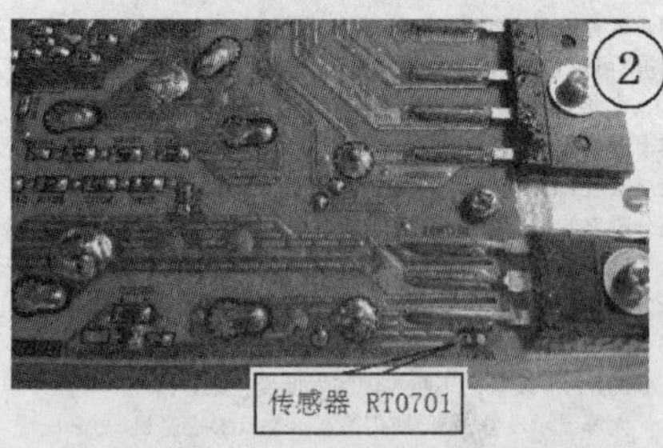

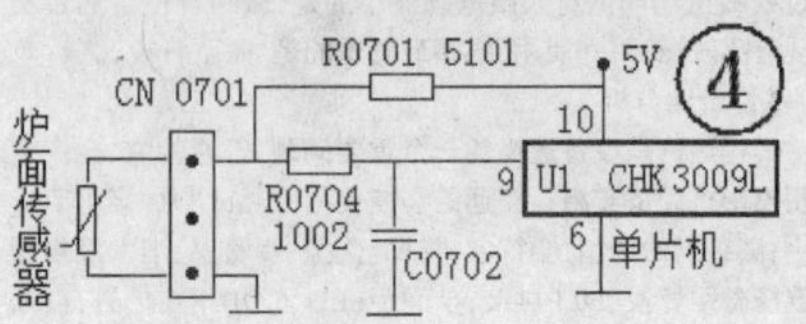

BBDB-791小夜灯白天亮故障修理1例

故障现象：通电后LED灯白天晚上均亮。

分析与检修：为了便于检修，根据印板绘出电路如图时图所示。该电路的控制部分原理：白天光敏电阻RH受光照阻值变小，三极管Q2因b极电位降低而截止，导致Q1的b极电压升高，Q1也截止，LED无导通电流不亮；到晚上因无光照，RH的阻值增大，Q2的b极电压升高导通，Q1的b极电压变低而导通，LED有导通电流而发亮。

LED灯白天、晚上都亮，说明电阻R7、LED是好的，稳压管DZ及左边限流、整流、滤波电路没问题，故障发生在控制部分的R4、R5、R6、RH、Q1、Q2这6个元件中。用电表测R4、R5、R6无短路和开路，测光敏电阻RH，将万用表置于R×1k挡，红、黑表笔接RH两脚，有光照时电阻小，无光照时电阻变大，说明RH是好的；测Q1正常，再测Q2时发现它的ce极间阻值为0，说明Q2管坏。用2SC945更换Q2后，小夜灯恢复正常，故障排除。

由于Q2的ce结短路，使Q1的b极总处于低电位而导通，从而产生本例故障。

◇北京 赵明凡

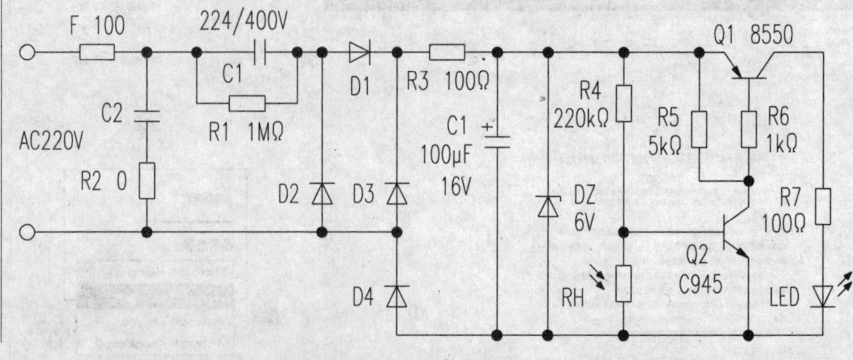

可穿戴设备的热能收集

根据守恒定律,系统的总能量是守恒的,有可能从一种形式转变为另一种形式。一个典型的例子是两个台球与相应的“能量声”的碰撞和在接触点产生的热量。

在地球的任何地方,在宇宙中的任何一点,都存在温度梯度,因此,没有什么能阻止我们为设备供电。通过在过程控制期间利用生产设备的功率,在工业级也可获得相当大量的热能。塞贝克效应控制物理过程产生电力。然后,该过程将热能(其为化学和力学等其他形式的能量的副产物)转换为具有特定功率的电信号。

在可穿戴系统中使用的一种有趣的方法是通过产生小电流来与能量收集技术相关联,所述小电流利用热能作为两个温度之间的差异,即身体的温度与外部环境的温度之间的差异。在自然环境和人造环境中,温度差异随处可见。这些差异可用于产生热电能。

塞贝克效应

导体末端之间的温差产生电位差。塞贝克通过实验证明了它的存在,在第一种方法中思考通过观察罗盘针的运动发现了一种新形式的磁场。实际上,在他不知情的情况下,他以电压的形式发现了一种新的效应(因此得名)。根据以下关系,该电压的大小与材料和温差(Th−Tc)有关:

$$\Delta V=S\Delta T$$

其中S是塞贝克系数。收集的最大功率由以下关系给出:

$$P_e=\frac{A}{l}\left(\frac{1}{4}\frac{S^2(Th-Tc)^2}{\rho_m}\right)$$

其中A是材料的截面,ρm是电阻率,l是热电偶的长度,而用T表示暖边(带下标h)和冷边(带下标c)的温度。在设计阶段,必须使用合适的传感器监测每一侧的温度,例如热敏电阻,根据以下关系,根据电阻的变化测量温度:

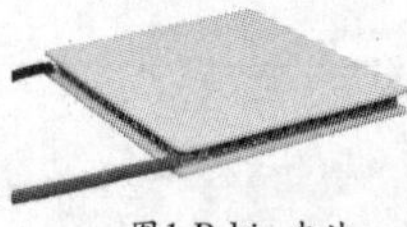
图1 Peltier电池

$$R(T)=R_0\exp\left(\frac{B(T_0-T)}{TT_0}\right)$$

其中R(T)是耐温性,T,B是常数,T0和R0分别是25℃(环境)下的温度和电阻。温度系数是R0随温度变化而改变,可表示如下:

$$\alpha=\frac{1}{R}\frac{dR}{dT}=-\frac{B}{T^2}$$

在热发电机的设计中,必须稳定热电偶两侧的温度。温度也可以通过PID控制器控制,PID控制器通过反馈网络进行补偿以稳定过程。加热器,冷却器和发电机(TEG)使用热电材料制成。

理想的热电材料将具有:

- 导热系数低
- 高导电性
- 塞贝克的高系数

考虑到体温为37°C,我们的身体相对温暖。皮肤温度通常在32摄氏度范围内。对于典型的室内空气温度,连接到人体皮肤的能量收集设备提供高达10摄氏度的ΔT。热发电机是Peltier电池。Peltier电池是一种热电装置,由许多串联的PN结组成(图1)。

电路解决方案

调节电路在能量收集系统中通过诸如输入阻抗的各种参数以及诸如功率控制和滤波之类的电路功能起基本作用。关键部件包括传感器,无论是热传感器,光电传感器还是振动源,以及IC能量调节器,微控制器和存储设备(超级电容器)。

转换器旨在通过在现有项目中添加能量收集电路来轻松延长电池寿命,从而满足这一需求。通过产生一个跟随所安装的主电池的输出电压的输出电压,可以毫无问题地使用LTC3107,以便在新的或预先存在的电池供电系统中通过自由热能源的能量收集获得可能的成本控制。LTC3107与少量热能源一起可以延长电池的使用寿命,在某些情况下可以延长到期,从而降低了由于更换电池本身而导致的定期维护成本。它设计用于根据负载条件和可用的存储能量独立完成电池或甚至为负载供电(图2)。

另一个例子是使用LTC3331,这是一种具有完全调节功能的能量收集解决方案,可提供高达50 mA的连续输出电流。LTC3331集成了全波整流系统以及同步降压－升压型DC/DC转换器,可为能量收集应用创建单一连续输出,如无线传感器节点(WSN)和各种物联网设备(图3)。LTC3106是一款针对多源优化的集成降压－升压型DC/DC转换器。在没有负载的情况下,LTC3106在提供高达5V的输出电压时仅消耗1.6μA电流。

◇湖北 朱少华 编译

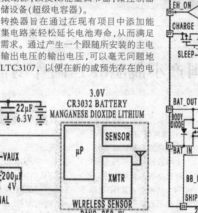

图2 具有无线传感器的系统配备基于LTC3107的电池和热能收集电路

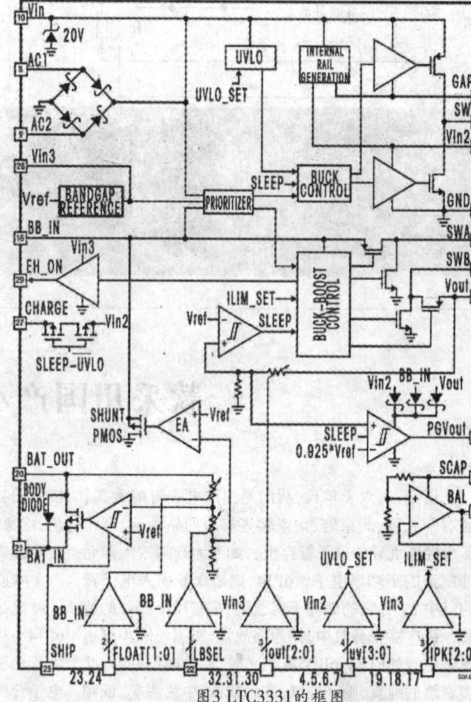

图3 LTC3331的框图

摩擦电能量收集

能源是决定我们生活质量的最重要资源之一。在过去的二十年中,移动电子产品的广泛应用和推广已经遍及我们生活的每个角落,能量收集也纳入议事日程。许多解决方案有时使用有毒材料,而其他形式则适用于结构电子产品。摩擦电效应被定义为由表面的接触和移动产生的少量静电,用于产生能量,该能量以非常低的功率收集并存储到功率传感器和电子设备中。

摩擦电效应

摩擦电效应是这样一种现象,即当它们被摩擦在一起时,或者甚至在接触和移除时,在两种不同材料(其中至少一种是绝缘体)的物体之间转移电荷。因此,从运动开始产生张力。

电荷的强度取决于许多因素,从材料的类型到接触表面的宽度,摩擦的强度等等。摩擦电是自古以来所有人都知道的现象的名称:一个典型的例子是玻璃或塑料棒在用特定布擦拭后吸引纸屑的能力,另一个例子是丙烯酸服装对我们头发的影响。

静电荷的形成不一定需要摩擦。实际上,电子从一种材料到另一种材料的转移也通过简单的接触表现出来。一个例子是展开胶带(纤维素)。这里没有摩擦:当胶带展开时,胶带条与胶粘剂层接触,纤维素条带从胶水中移除,并且在分离时,电子从胶水转移到胶带上。胶水带正电,下面的胶带带负电。产生的电势大约为几十kV。固体与液体或气体之间也可能发生摩擦电效应。

在已发表的文献中,有“摩擦电系列”,即最有可能产生或获得电子的材料清单,其中首先是玻璃,尼龙,羊毛,皮革和人发,而后者则是有聚四氟乙烯,聚氯乙烯,聚乙烯,聚酯和聚氨酯。

解决方案

摩擦电能“收割机”是利用两种材料之间的电气化接触原理来捕获传输的电力的装置。为了持续捕获能量,相应材料之间必须保持恒定的间隔。近年来,称为摩擦电纳米发电机(TENG)的摩擦电能收集系统开发取得了一定进展。这些系统需要最少的必要部件:至少两层摩擦电材料,它们之间的物理隔离,以及用于收集电力的电极,还有用于最大化收集效率的调节电路。可以在TENG的结构中使用不同的材料。

能量管理策略的第一步是最大化从TENG到后端电路的电流传输。TENG可以如图1所示,使用整流器和串行开关来同步和释放最大能量。

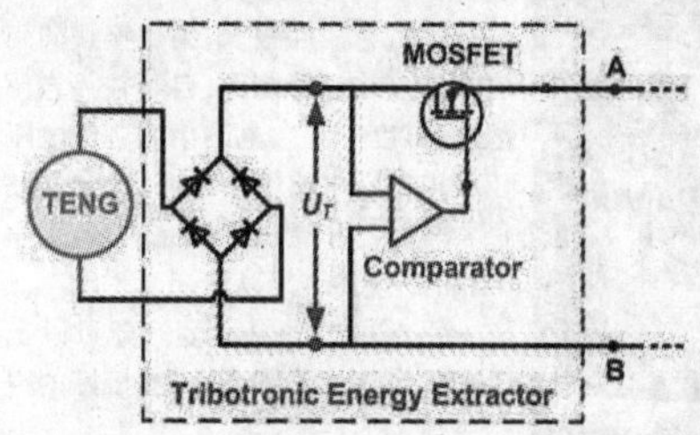

图1 摩擦电能量收集的电路应用

2012年,佐治亚理工学院的王中林教授首次展示了摩擦纳米发电机。摩擦纳米发电机可用于收集人体运动,行走,日常生活中所有可用但浪费的机械能,振动,机械启动,旋转轮胎,风,自来水等。

以这种方式构思的主要电池尺寸为4.5×1.2cm,并且由厚度为125μm的Kapton和220μm的PET中的一种形成,所述PET既滑动又因此“摩擦”,并且还插入由两个可延展的片构成的两个电极Au/Pd－Au。Kapton和PET之间的摩擦通过电路收集,该电路可以获得约10.4mW/cm 3的电功率密度,在3.3V的端子处的电位差和约0.6μA的发射极电流(图2)。

您对摩擦电能量收集有什么经验?可以写出来供大家一起分享!

◇湖北 朱少华 编译

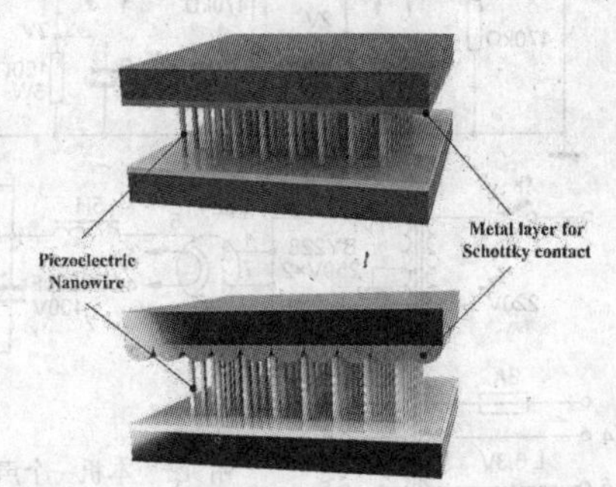

图2 具有不同触点的典型垂直纳米线集成式纳米发电机的示意图

能自动显示调温的电烙铁

本人发表在《电子报》2010年，第35期上的《一体化电烙铁》如图1，在使用中发现，水银开关和干簧管时常损坏，不能正常使用，并根据《电子板报》2013年，第47期上刊登的《多功能自动烙铁架》一文中，崔恩仲老师的提醒，水银开关只能用于30V以下低压电路，不能直接用在220V交流电路中，因此对该电路进行了一些改进，改进后的电路，如图2。平时将烙铁插在烙铁架上，烙铁头低手炳高，水银开关处于断开状态，又因水银开关，是串在可控硅控制极上的，可控硅得不到触发电流，所以可控硅也就无法导通，烙铁也就处于停止加热状态，两灯也就处于熄灭状态。要想将烙铁加热，只需将烙铁放在烙铁架上，使其烙铁头高，手柄低，水银开关处于闭合状态，此时电源通过二极管D，和一个LED，向可控硅的控制极提供触发电流，使可控硅导通，烙铁开始处于低温加热状态，此时只有一只LED灯亮；如需要高温加热时，需将手柄移至烙铁盒内磁铁处，使干簧管导通，电源处于全波供电状态，此时两只LED同时发光，表示烙铁处于高温加热状态，。当拿起烙铁焊接时，由于烙铁头向下，手柄在上，水银开关断开，使可控硅关断，电源停止对烙铁供电，两只发光管同时熄灭，此时的焊接，是利用烙铁余热，进行焊接的。所以这种电烙铁，在焊大规模集成电路，微电脑控制电路，CMOS集成电路以及场效应管时，不用担心漏电或接地不良，造成的损失了。

D 4007
SCR
3A 400V
AC
220V
LED
R1 10kΩ
RL
水银开关
干簧管

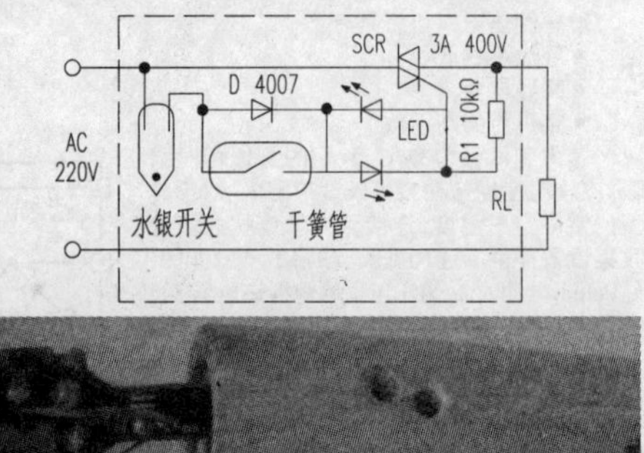

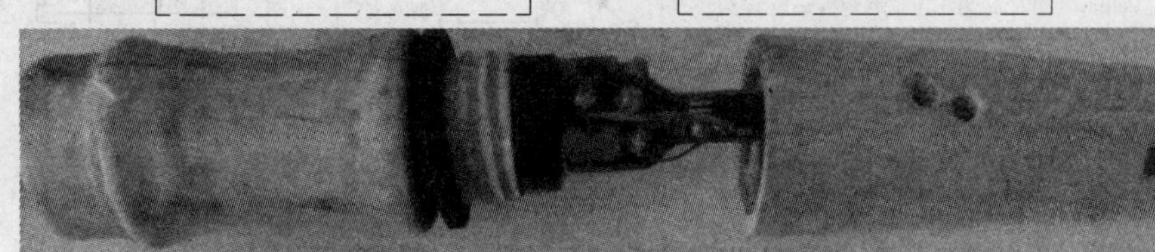

改进后的电路，经过几年的使用，没有发现水银开关和干簧管的损坏，同时该烙铁，还能自动显示温度的高低，以及电源的通断，高温双灯亮，低温单灯亮，断电双灯都熄灭。如在使用中，发生电热丝烧坏或其它原件损毁时，电源也都会被立即切断，同时双灯也将立即熄灭。从而能保正用电的安全。

本人在制作该烙铁时，是采用普通25W外热木把电烙铁改装的，把新增7个原件全部装在烙铁的手柄内，要考虑到烙铁的手柄与烙体之间是采用螺旋连接，要使控制部分7个原件全部塞进手柄内的有限空间内，旋上手柄时，要使控制部分与烙铁芯之间的连线，不被旋断，必须将新增7个原件，焊在一块电路板上的正反两面，并将电路板上的两条连接线一端，接在电源线上，另一端接在烙铁芯上，并加以固定。另外还要在手柄侧面开两个小孔，要能够清楚的看到两个LED发光二及管的显示才行。实体烙铁如图3。

◇辽宁 麻继超

一款采用国产小靓胆6P14制作的高保真放大器

上世纪五、六十年代，我国是生产电子管的大国，产品有曙光牌、北京牌、南京牌等等系列品种，至今还有不少性能优异的电子管存世，如专为音频放大器而设计制造的小功率电子管6P14，就是众多优秀电子管中的其中之一。它的性能不容置疑，常应用于那时的特级和一级广播收音机中，作为强放管。和国外同类型小功率电子管如EL84、6BQ5等相比较，音质毫不逊色。此管声音清丽纯真，圆润细腻，高频飘逸、中频甜美、低频松软，故有"淑质英才"之称。

笔者在自制电子管放大器时，重视的是电路工作点的合理选取，如根据电子管的特性曲线，选择电压、电流、栅偏压值等；还有就是一些关键部位优质元器件的应用和搭配，如电子管、输出变压器、耦合电容器等。机器安装完成后，还要进行校音，找到满意的音质音色，这通常需要有一个很长的过程，主要取决于自己的实际装机经验和训练有素耳朵的聆听。

本设计和自制放大器的电原理图如附图所示。

电路极其简单易制，是一级共阴极电压放大推动6P14小功率电子管作3瓦以上不失真功率输出。电压放大管采用进口管6DJ8、6922、ECC88、E88CC等，该类型电子管产地众多，高档管有德国的德律风根、英国的大盾、荷兰的"吹喇叭"和飞利浦等。国产的同类型管型号为6N11，音质亦很不错，只是和优质进口管相比较，尚存在一定的差距，表现为音乐味稍淡些。由于6P14输入灵敏度较高，所以在该管栅极一端串联一个1K消振电阻，可防止电路产生自激振荡，从而出现杂音。

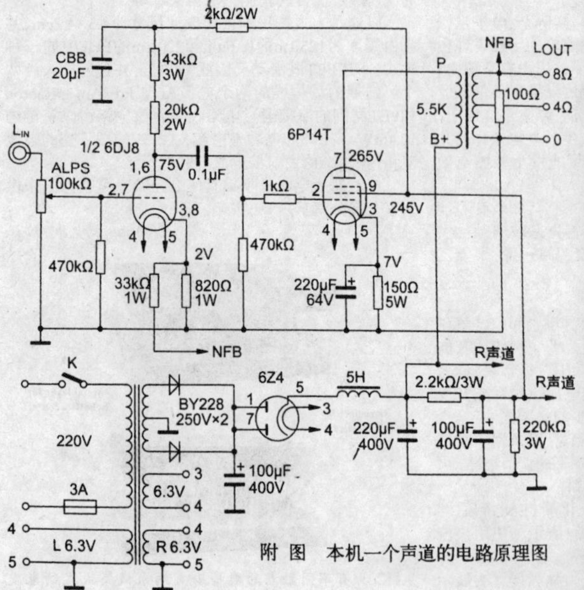

附 图　本机一个声道的电路原理图

耦合电容器对音质的影响较大，应选用听感较好的发烧级电容，如英国的钩仔油浸电容、丹麦的战神油浸电容、美国的斯碧油浸电容、日本的乐声油浸电容等，音色圆润顺耳；若选用CBB材质的电容器，应尽量采用较优质的，如M一CAP、MIT、MKP等，音色表现会有另一种风格。6P14的阴极旁路电容，可选用瑞典RIFA124长寿命电解电容，德国ROE电木壳电解电容等。

电源变压器、输出变压器、扼流圈一定要采用优质品牌的，本机选用从精诚电器部淘宝网购买的"乐潘电子"牛，计有P-0701电源变压器1只，S-1001输出变压器1对，扼流圈1只。输出变压器附有详细的测试参数，如频响曲线、阻抗曲线、相位曲线、直流-电感量曲线等，初级阻抗5.5千欧，次级阻抗0-4-8欧，上面贴有条型识别码，质量较好。

高压部分用晶体二极管作全波整流，再将整流电子管6Z4阳极并联作为缓冲器，阳极并联使用虽然整流电流达不到总和144毫安，但也绝不止理论上的72毫安。实践也证明这一点，本机已使用数年，6Z4仍在正常工作。加缓冲器的目的，是缓慢加上高压电压，以避免功率管瞬时电压太高超过极限值而烧毁管子。

本机元器件较少，采用接线架用搭棚焊接法进行制作，自制较为方便容易，难度不大。电路中的各个电压工作点已在电路图中标明，读者在按图索骥制作和调试过程完成后，工作点稍有出入影响不大。

用本机推动灵敏度91分贝以上的全频音箱或分频音箱，有极好的声音表现。

◇浙江 方继坤

用梯形图编程进行STC单片机应用设计制作之四

三相异步电动机延边三角起动控制(二)

(紧接上期本版)

三、程序编制

控制梯形图程序以继电器-接触器控制线路为原型，通过元件替换、符号替换、触头修改、按规则整理四个步骤，整个过程如图4所示。

首先绘制出继电器-接触器控制电路（不考虑指示灯电路），如图4(a)所示。第1步进行“元件代号替换”，将图4(a)中的代号用表1中对应的输入信号、输出信号、内部资源的“元件符号”替换，替换后如图4(b)所示；第2步进行“符号图形替换”，将4(b)中符号用梯形图替换，替换后的如图4(c)所示，注意定时器T10的时基是0.1s，5s为K50；第3步进行“触头动合/动断修改”，将信号输入点外接常闭触头的元件，其常闭图形改为常开图形，如X01等，修改后的梯形图如图4(d)所示；第4步按PLC“编程规则整理”，整理得到的梯形图如图4(e)所示。

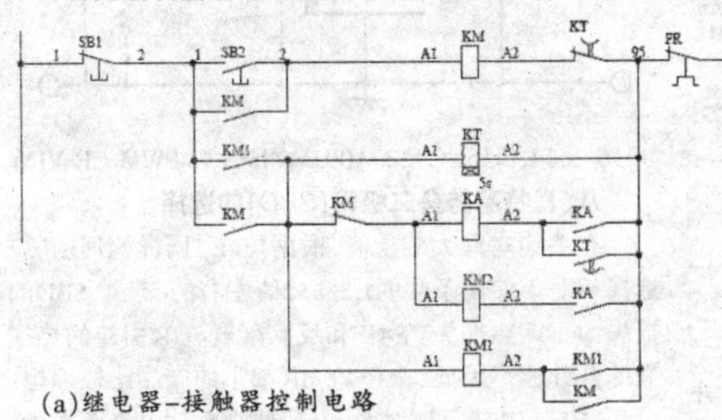

(a)继电器-接触器控制电路

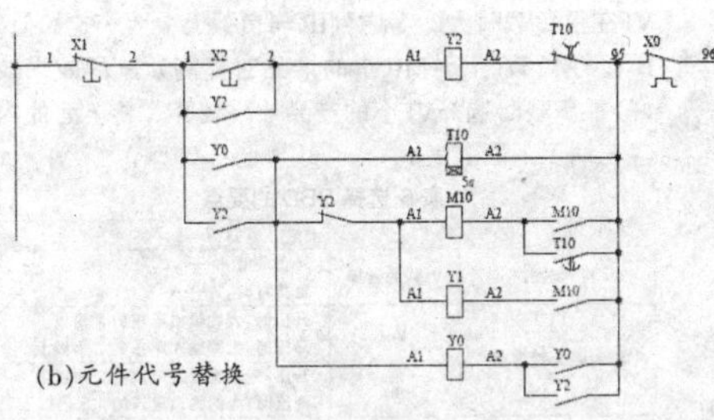

(b)元件代号替换

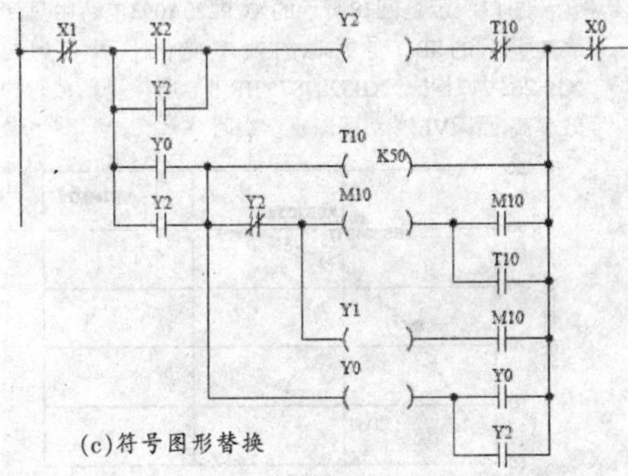

(c)符号图形替换

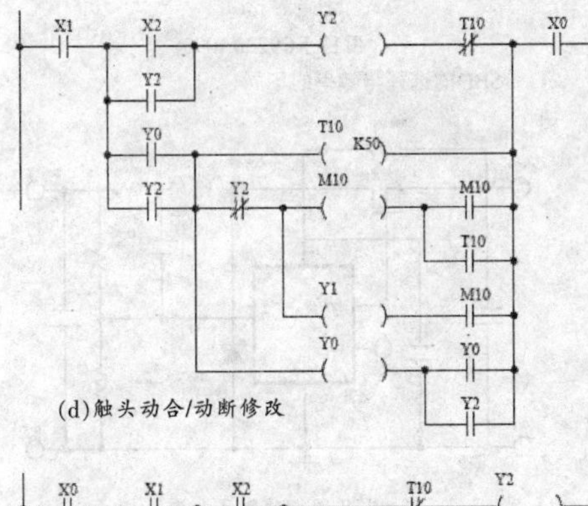

(d)触头动合/动断修改

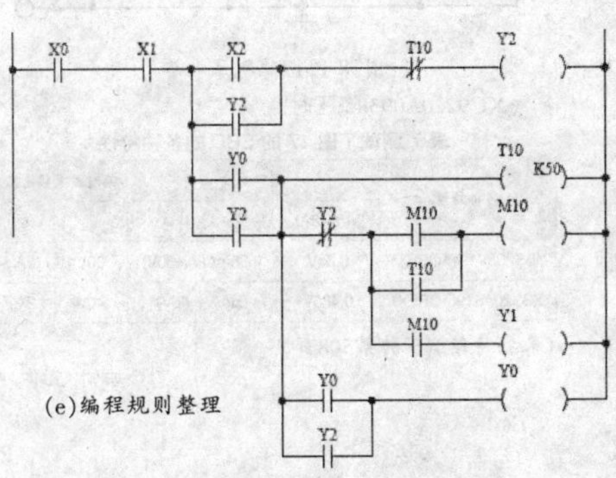

(e)编程规则整理

图4 程序编制过程

将图4(e)所示梯形图用三菱PLC编程软件FXGP/WIN录入后，以文件名“延边三角”保存。

3.程序转换和烧录

程序转换前先要确定参数设置的设定值，主要是程序中用到的输入或输出端子号(即表1中的“元件符号”)要与所接单片机引脚对应起来。图3电路使用的是单片机端口P2，其对应关系如表2所示。

点击桌面上图标运行“PMW-HEX-V3.0.exe”，将界面设置为如图5所示，没有使用的引脚不作设定，点按钮“保存设置”。再点“打开PMW文件”按钮，找到保存的“延边三角.PMW”文件，点击“打开”按钮便进入转换状态，等待转换软件转换。直到界面上“打开PMW文件”按钮下出现“FX1N.HEX DONE”，表示转换完成，此时界面如图6所示。

表2 输入输出端与单片机引脚关系

输入输出端子	X0	X1	X2	Y0	Y1	Y2
单片机引脚	P2.7	P2.6	P2.5	P2.3	P2.2	P2.1

运行STC单片机烧录程序“stc-isp-15xx-v6.69.exe”，单片机选用“STC12C5A60S2”后，点“打开程序文件”按钮，选中刚才转换结果的文件“fx1n.hex”，再点击按钮“下载/编程”烧录程序。烧录成功后的界面如图7所示。

四、功能验证

按照图3所示电路原理接线，检查接线无误后上电。上电后控制电路处在停机状态，此时单片机基本系统板上引脚“P2.7”和“P2.6”的指示灯应点亮，程序监控状态如图8所示。若按下热保护继电器上的试验按钮或按下“SB1”按钮，引脚“P2.7”和“P2.6”的指示灯应熄灭。

按下按钮“SB2”，控制电路进入起动状态，程序监控状态如图9所示。

经过5s时间后转入正常运行状态，此时程序监控状态如图10所示。在运行状态按下按钮“SB1”或热保护继电器“FR”动作，控制电路便立即停止运行。

(本系列结束)

◇苏州三电精密零件有限公司 张雷，苏州竹园电科技有限公司 键谈

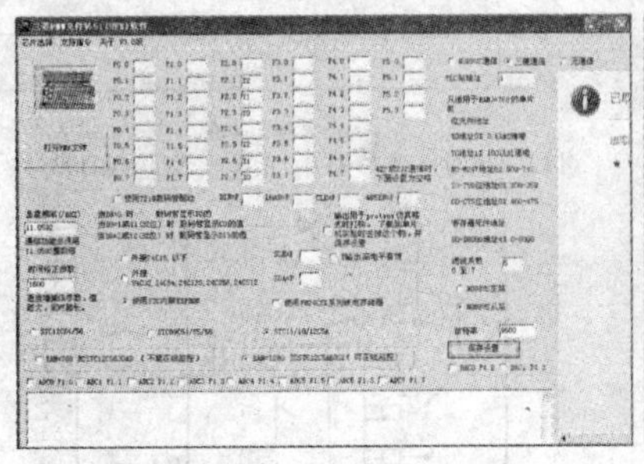
图5 参数设置

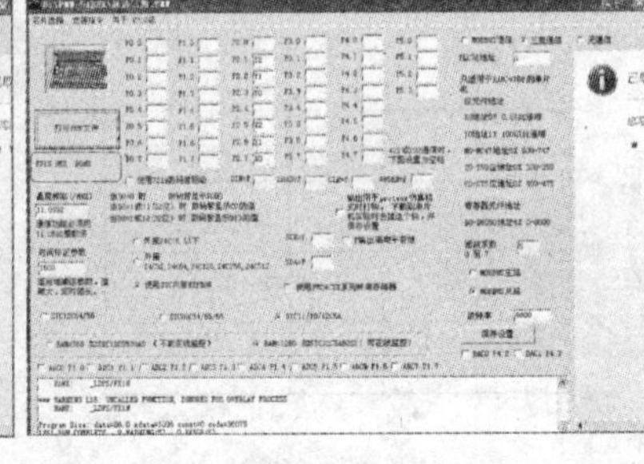
图6 转换完成

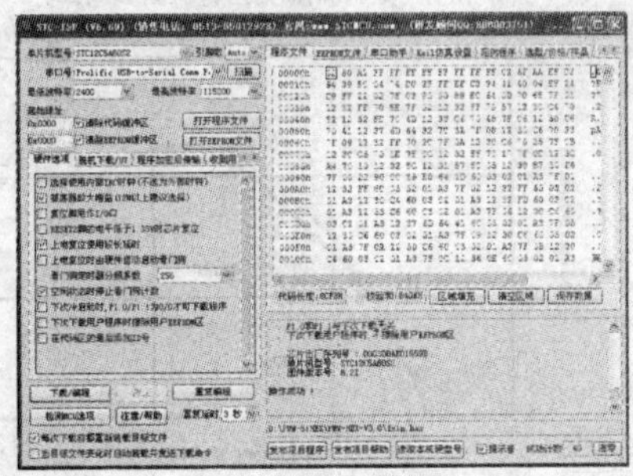
图7 程序烧录成功

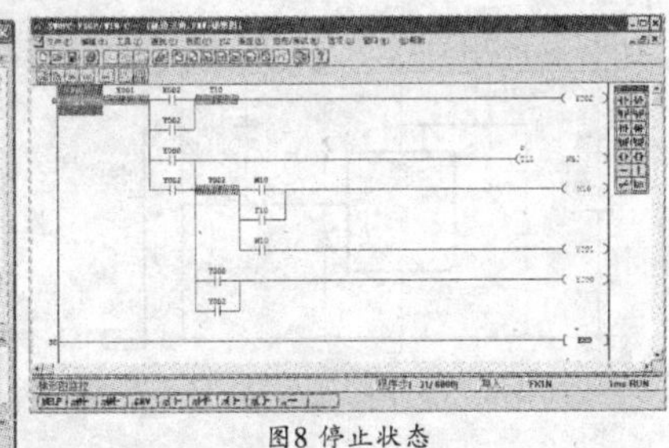
图8 停止状态

图9 延边三角起动状态

图10 三角形运行状态

DC/DC转换器回路设计准则与参考(二)

(紧接上期本版)

六、场效应晶体管(FET)的选择

对电压·电流的绝对最大额定值,选择以减少开关时的尖峰噪声和脉冲噪声的故障率为目的的、额定值为使用电压的1.5倍~2倍左右、RDS和CISS引起的损失最小的产品,可构成效率好的DC/DC转换器电路。虽然RDS和CISS都是越小损失也越小,但因RDS和CISS成反比关系,改善损失大的一方效果更好。

CISS引起的损失是FET的栅源极间充放电时被丢弃的功率,可用CISSVGS2f/2来表示。驱动电压和开关频率越大损失就越大,由于重负载时和轻负载时损失值基本相同,所以会使轻负载时的效率大幅度变差。

而RDS引起的损失是作为因FET的漏源极间电阻成分发生的热而放出的,它的值用RDSID2来表示,负载越大其值越是增大。因此,可以说轻负载时减少CISS引起的损失对提高效率的效果较好,重负载时减少RDS引起的损失效果较好。将上述内容归纳于下面的表3中。

表3 选择FET之例

项目		设计例
电气特性	R_{DS},C_{ISS}	重视轻负载时效率;C_{ISS}→小 重视重负载时效率;R_{ON}→小
绝对最大额客值	V_{DS}	升压时;大约输出电压的2倍 降压时;大约输入电压的2倍
	V_{GS}	升压时;大约V_{DD}的2倍 降压时;大约输入电压的2倍
	I_D	升压时;大约输入电流的2倍 降压时;大约输出电流的2倍

输入电流可用输出(负载)电流×输出电压÷输入电压÷效率来计算求出。效率未知时,可姑且升压时采用70%,降压时采用80%左右来计算。

图10是图11所示的XC9220C093的外设元件中只更换了FET后测试的效率图。其中所用的各FET的规格值如表4中所示。

从图10来看,使用RDS小的FET(XP162A11C0)呈现能驱动更大电流,重负载时的效率得到若干改善的趋势。但也可知进一步大幅度降低轻负载时的效率,不必要地使用电流驱动能力大的FET是不适当的。

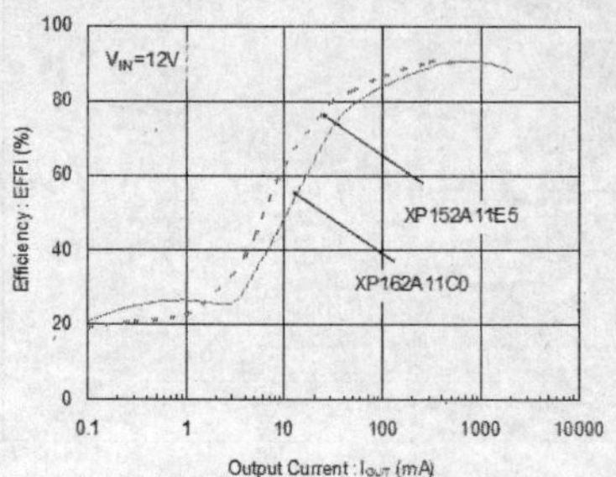

图10. XC9220C093
更换FET后的效率变化

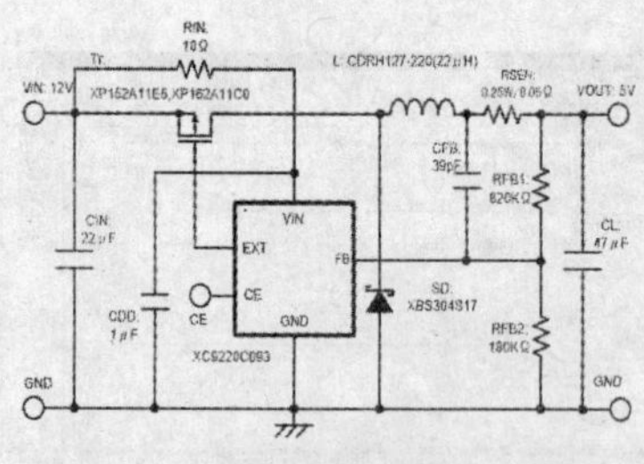

图11 XC9220C093
图10的测试电路

表4 FET的各种特性

项目	电气特性		绝对最大额定值		
	R_{DS}(mΩ)	C_{ISS}(pF)	V_{DS}(V)	V_{GS}(V)	I_D(A)
XP152A11E5	200	160	−30	±20	−0.7
XP162A11C0	110	280	−30	±20	−2.5

七、线圈的选择

开关频率不同的话,最佳L值也不同,因为线圈的电流与FET的ON时间成正比,与L值成反比。

线圈引起的损失表现为线圈的绕线电阻RDC、铁氧体磁心产生的损失等的合计值。不过对于2MHz左右的开关频率,可以认为线圈的大部分损失是RDC引起的损失,首先应选择RDC小的线圈。但是为了减小RDC而选择L值过小的线圈的话,在FET为ON的时间内电流值过大,FET、SBD、线圈产生的热损失变大,效率下降。而且,因电流增加,纹波也增大。

相反,L值过大的话,RDC变大,不仅重负载时的效率变差,而且铁氧体磁心发生磁饱和,L值急速减少,这样就不能发挥出线圈的性能,陷入电流过大引起发热的危险状态。因而,为了在L值大的线圈流经大电流,形状上必须有一定程度的大小,以避免磁饱和。

综上所述,从相对于开关频率的外形尺寸和效率两个方面来考虑的话,适当的L值已被限定。表5所示为各开关频率值的标准L值。为VIN,VOUT在6V以下的参考数据。

表5 相对于开关频率的标准L值与额定电流值

项目	条件	标准值		
L值	开关频率	重视轻负载	标准值	重视重负载
	30kHz,50kHz	330μH	220μH	100μH
	100kHz	220μH	100μH	47μH
	180kHz	100μH	47μH	22μH
	300kHz	47μH	22μH	10μH
	500kHz	33μH	15μH	6.8μH
	600kHz	22μH	10μH	4.7μH
	900kHz	10μH	4.7μH	3.3μH
	1.2MHz	6.8μH	3.3μH	2.2μH
	2MHz	3.3μH	2.2μH	1.5μH
	3MHz	2.2μH	1.5μH	1.0μH
额定电流	升压时	大约最大输入电流的2~3倍		
	降压时	大约最大输出电流的1.5~2倍		

图12、图13所示是图14所示的XC9104D093(升压)电路图12所示的是图13的XC9104D093升压电路的效率图,出示只变更L值的效率变化。

同样,图14、图15所示是图16所示的XC9220A093(降压)电路的效率和纹波的实例。

两个实例都是线圈结构相同时,增大L值则最大输出电流值减少,轻负载时的效率增大,纹波减少。由此可知选择与输出电流相适应的L值是非常重要的。

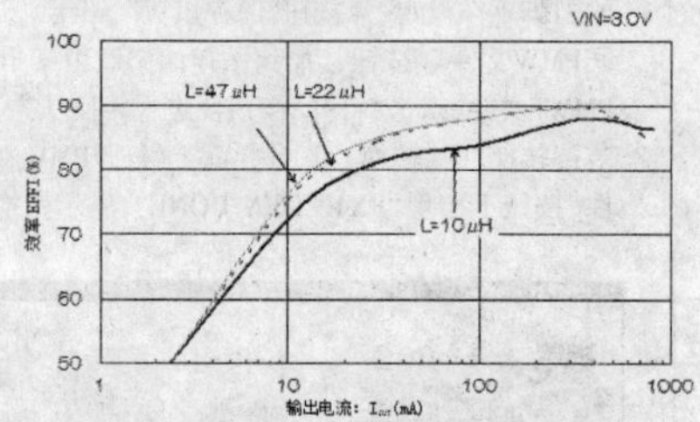

图12. L值与效率的关系(升压时:XC9104D093)

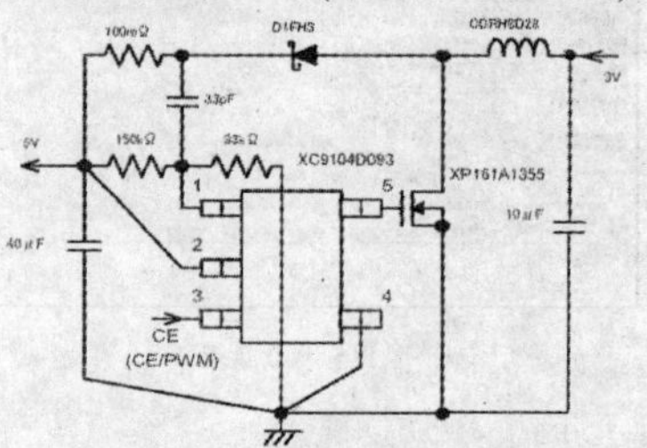

图13 XC9104D093图12的测试电路

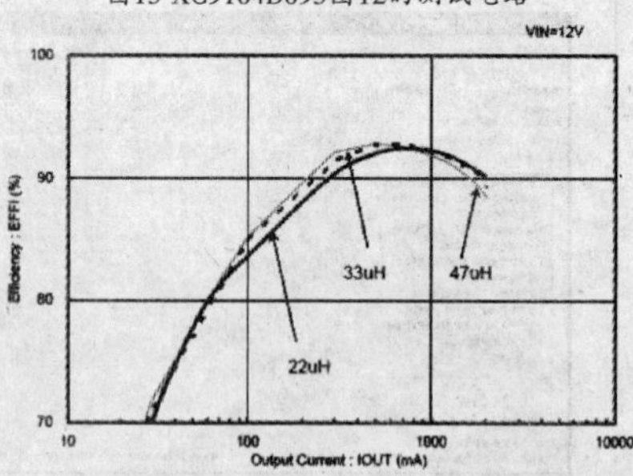

图14 L值与效率的关系(降压时:XC9220A093)
L:VLF10045T(L:VLF10045T(22μH,33μH,47μH)

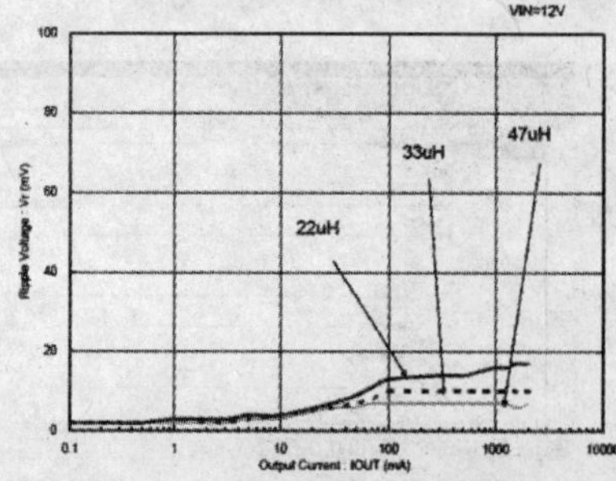

图15 L值与纹波的关系(降压时:XC9220A093)

L:VLF10045T(22μH,33μH,47μH)CL:22μF、Tr:2SJ616

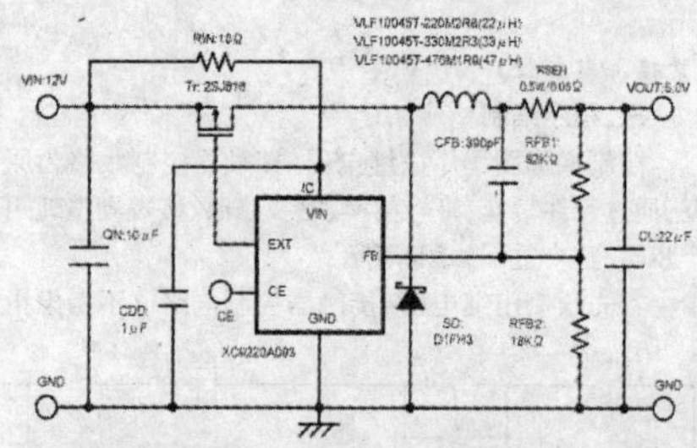

图16 图14、图15XC9220A093的测试电路(PWM=CE=VIN)

八、肖特基势垒二极管(SBD)的选择

有关绝对最大额定值,根据与FET同样的理由,应选择相对于使用条件的1.5倍~2倍左右的产品。SBD的损失为正向热损失VF×IF和反向漏电流IR引起的热损失的合计值。因此,选择VF、IR都小的产品比较理想。但是,VF与IR成反比关系,一般要视负载电流而选用。VF在重负载时大,考虑到IR与负载无关为一定的值,所以轻负载时选择IR小的产品对提高效率的效果较好,重负载时选择VF小的产品效果较好。将上面的内容归纳于下面的表6中。

表6 选择SBD的要点

项目		设计例
电气特性	V_F,I_R的选择	轻负载时;I_R→小 重负载时;V_F→小
绝对最大额客值	V_{RM}	升压时;大约输出电压的2倍以上 降压时;大约输入电压的2倍以上
	I_{RM}	升压时;大约输入电流的2倍以上 降压时;大约输出电流的1.5倍以上

图17所示是图18所示的XC9220A093电路中只用表7所示的SBD变更时的效率变化。可看到与XBS203V17相比,XBS204S7的IR小,所以轻负载时的效率高,而因VF较大,所以重负载时效率低。

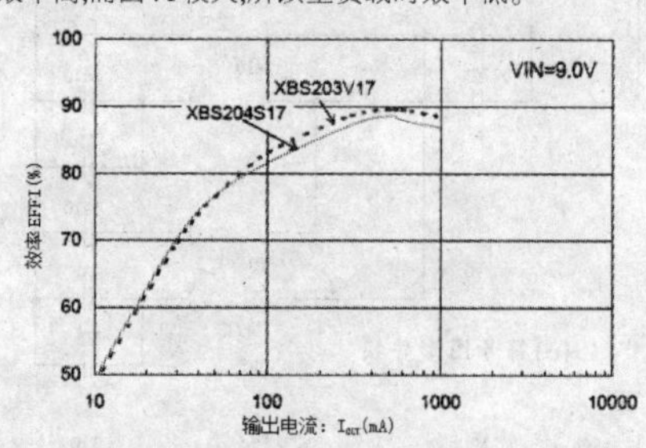

图17 XC9220A093
SBD的选择与效率的不同

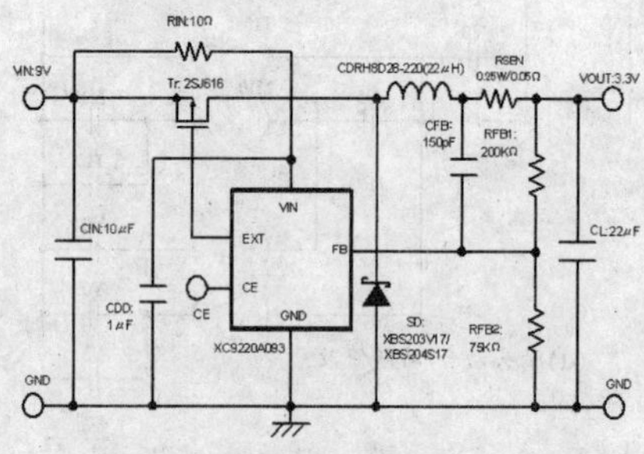

图18 图17的测试电路
XC9220A093(降压时)

表7 测试了图17的SBD的各种特性

各种特性	电气特性		绝对最大额定值	
	V_F(I_F=2A)	I_R	V_R	I_F
XBS203V19(TOREX)	0.35V	0.35mA(V_R=30V)	30V	2A
XBS204S19(TOREX)	0.485V	6μA(V_R=40V)	40V	2A

(未完待续)(下转第508页)

◇四川 王鲁坤

光纤的常用工具及使用方法(二)

(紧接上期本版)

(二)光纤测试工具之光纤显微镜

光纤显微镜是一种对光纤连接器端面污染进行检测的光纤测试工具，其具备400倍光学放大、图像清晰鲜明、快速、精准、高效等特点。现如今市面上常见的光纤显微镜有两种：一种是手持式光纤显微镜，另一种是台式光纤显微镜；手持式光纤显微镜可以对FC/SC/LC光纤跳线/尾纤(公头)的光纤连接器端面情况(如刮痕、污染、凹陷等)进行检测，台式光纤显微镜可以对MTP/MTRJ/MPO/LC/SC光纤跳线的光纤连接器端面进行检测。

由于光纤连接器受到污染会增加光信号的衰减，降低光纤性能，甚至会造成光纤链路故障，因此在连接光纤之前需要使用光纤显微镜对其光纤连接器端面进行检测，若是端面有污染需对其进行清洁之后再连接，若是损坏严重(如端面凹陷)，则需更换光纤。

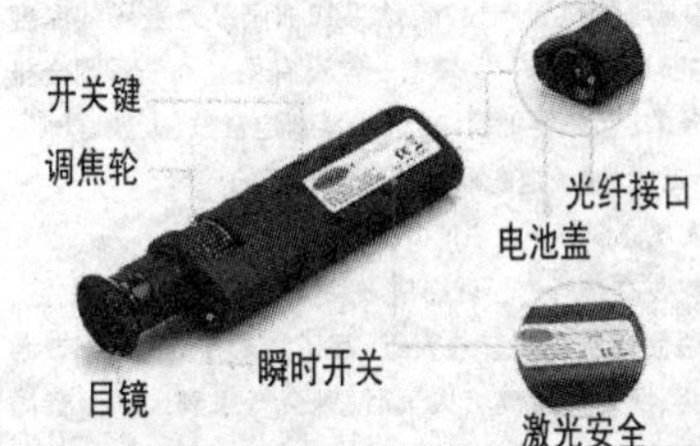

(三)光纤测试工具之光功率计

光功率计是一种用于测量绝对光功率和某一段光纤光功率相对损耗的光纤测试工具，通常情况下光功率计一般与稳定光源一起搭配使用可测量光纤跳线的损耗、检验其连续性以及检测光纤链路传输质量，可用于光纤通信和光纤CATV、光纤实验室测量及其他光纤测量，光功率计在光损耗测量要比OTDR精准。

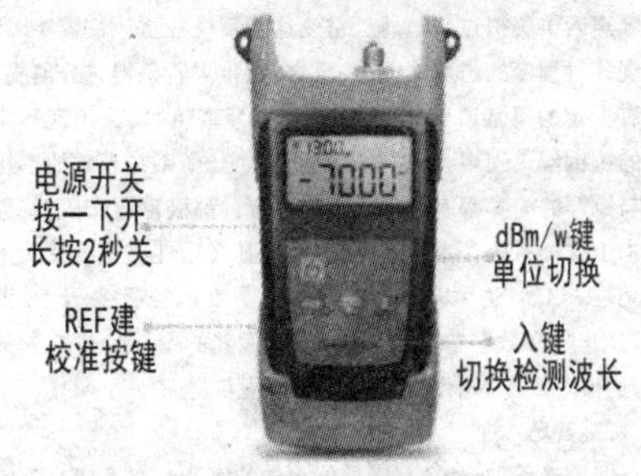

(四)光纤测试工具之激光稳定光源

激光稳定光源是一种与光功率计搭配使用用于测量光纤功率相对损耗的光纤测试工具，由于在光纤通信中测量光纤损耗、连接损耗以及光接收灵敏度等都需要用到光源，而激光稳定光源是对光纤系统发射已知功率和波长的光源，因此在测量光纤损耗、连接损耗以及光接收灵敏度等时需使用激光稳定光源。

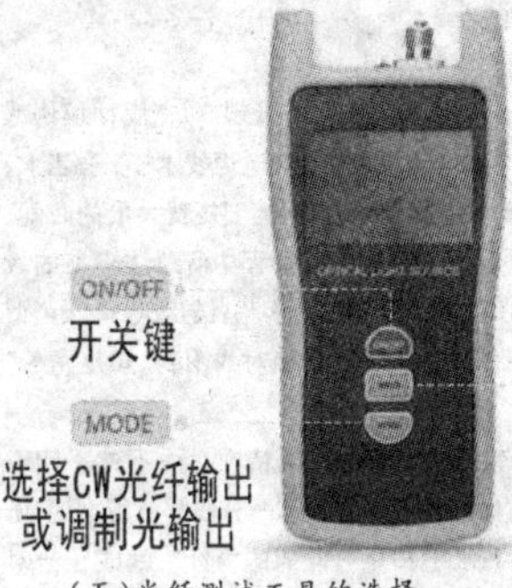

(五)光纤测试工具的选择

经过上述对红光笔/光纤显微镜/光功率计/稳定光源等四种常见光纤测试工具的介绍，相信您已经充分了解了它们的作用，更加清楚了光纤测试工具的选择：

1. 检测光纤的连通性及故障点定位时选择红光笔；

2.检测光纤连接器端面污染时选择光纤显微镜；

3.测量绝对光功率和相对损耗时选择光功率计和激光稳定光源。

(全文完)

◇陕西 张鹏

广播电视通信用高压开关柜

高压开关柜是指用于电力系统发电、输电、配电、电能转换和消耗中起通断、控制或保护等作用。

开关柜具有架空进出线、电缆进出线、母线联络等功能。主要适用于发电厂、变电站、石油化工、冶金轧钢、轻工纺织、厂矿企业和住宅小区、高层建筑等各种不同场所。

组成

开关柜应满足"交流金属封闭开关设备标准"的有关要求，由柜体和断路器二大部分组成，柜体由壳体、电器元件(包括绝缘件)、各种机构、二次端子及连线等组成。

材料

1.冷轧钢板或角钢(用于焊接柜)

2.敷铝锌钢板或镀锌钢板(用于组装柜)

3.不锈钢板(不导磁性)

4.铝板(不导磁性)

柜体的功能单元

1.主母线室

2.断路器室

3.电缆室

4.继电器和仪表室

5.柜顶小母线室

电器元件

柜内常用一次电器元件(主回路设备)常见的有如下设备：

电流互感器、电压互感器、接地开关、霹雷器(阻容吸收器)、隔离开关、高压断路器、高压接触器、高压熔断器、变压器、高压带电显示器、绝缘件、高压电抗器、负荷开关、高压单相并联电容器等等。

柜内常用的主要二次元件(又称二次设备或辅助设备，是指对一次设备进行监察、控制、测量、调整和保护的低压设备)，常见的有如下设备：

继电器，电度表，电流表，电压表，功率表，功率因数表，频率表，熔断器，空气开关，转换开关，信号灯，电阻，按钮，微机综合保护装置等等。

五防

1.高压开关柜内的真空断路器小车在试验位置合闸后，小车断路器无法进入工作位置。(防止带负荷合闸)

2.高压开关柜内的接地刀在合位时，小车断路器无法进入工作位置合闸。(防止带接地线合闸)

3. 高压开关柜内的真空断路器在合闸工作时，盘柜前后门用接地刀上的机械与柜门闭锁。(防止误入带电间隔)

4. 高压开关柜内的真空断路器在工作时合闸，接地刀无法关合投入。(防止带电合接地线)

5.高压开关柜内的真空断路器在工作合闸运行时，无法退出小车断路器的工作位置。(防止带负荷拉刀闸)

分类

断路器安装方式

按断路器安装方式分为移开式(手车式)和固定式

安装地点

按安装地点分为户内和户外

柜体结构

按柜体结构可分为金属封闭铠装式开关柜、金属封闭间隔式开关柜、金属封闭箱式开关柜和敞开式开关柜四大类。

选购要点

1.明确项目定位

高压开关柜是成套的组合产品，目前国内虽有数百家生产厂商，但其核心部件仍采用进口的产品为主，如果遇到技术问题，设备维护和更换都比较麻烦，因此，在预算充裕的情况下，应尽量选择知名的品牌，由于其备货充足，遇到问题时的解决效率比较高。

2.检验资质

选购前要向生产厂家索取开关柜出厂试验大纲(或要求)，一般正规生产厂家都会有的，应该搞清楚主要元器件是否按图纸要求配置并选择了指定品牌，如西门子、施奈德等。

3.柜体材料

高压开关柜体积较大，因此，柜体材料对价格影响很大，一般情况下，部件支架等都采用进口铝锌板，而门板则采用300系列优质钢板。

4.整组柜排列

柜体排列次序及操作面位置是制造厂考虑制作柜内隔板、终端护板、母线分段支架等问题时正确施工依据，平面布置图要与现场进出线实际位置吻合，尤其是要正确表示出柜体操作面方向，才能使高压柜到达现场后能顺利进行安装。往往起先不予重视，设备到达现场后，发觉与现场要求不符合，最后导致返工。

5.进出线方式

开关柜上常规进出线基本有二种连接方式：(1)进出线电缆电缆室连接，(2)进出线由柜顶穿墙套管引出，并与母线桥架相连母线桥架再经穿墙套管与架空线连接。也有少数用户，电缆电缆架由柜顶引入，柜内连接，柜顶连接，另设安全网架。用户订货时提供了一次系统图和标准方案，但进出线方式不可能完全表达十分清楚，用户应该现场实际安装要求技术协议中加以说明为妥，到现场安装时发生困难。

6.断路器开断容量正确选择

一次系统图上，所选用断路器，表明断路器型号、额定工作电压、额定工作电流外还必须选定断路器开断容量。有用户图纸，断路器开断容量不选定，使制造厂进行工程设计时带来困难，开断容量选择要依据系统短路参数来选定，若制造厂不了解系统短路参数是很难作出正确选择。还有些用户图纸，不考虑系统短路参数情况，盲目选择高开断参数，造成不必要浪费资金。正确选择开断容量是很重要，既要保证安全运行，又要考虑到降低产品成本。

◇广西 李倪

音响器材的搭配与调校和音乐知识(一)

音响器材的搭配与调校是一门涉及很广、充满神秘诱惑与挑战性的学问;它不但集电子技术、电声技术、音乐艺术、美学修为、音乐鉴赏水平为一体,同时还要耗费大量的时间、金钱、精力,去换取不断实践和学习过程中所总结出来的教训和经验累积。其间的酸甜苦辣、失落悲哀与欢呼雀跃可谓多味人生,因此在发烧友的字典里,绝对找不到"知足常乐"这句成语。

选配音响"合理"二字最要紧,其精要之处不外乎四个字:"质高价廉"。可惜音响业界向来有一分钱一分货之说,所以"尽可能高的Hi-Fi水平和尽可能低的售价",就成了一对很难相容的矛与盾,所谓"又要马儿跑得快,又要马儿少吃草"几乎不太可能吧!事实上,这种不太可能的苛求,正是器材搭配的真功夫与玩机发烧的乐趣所在,也正是合理搭配调校音响所应该追求和达到的至高境界,谁能解决好这对矛与盾,谁就堪称"大师"水平。

一、音乐性

何谓音乐性,音乐性即乐感。一个系统的放音有没有乐感,是区分Hi-End与非Hi-End的分界线,因为乐感是Hi-End系统的灵魂。但系统有没有很好的音乐性,取决于器材制造设计、选配以及应用调校过程的微妙问题,并非完全取决于系统的价格,与此相关连的,当然也不完全取决于组件的质量和器材的重量;甚至有不少中、高档以上的晶体机,有不错的功率输出,在顺性与调性方面也说得过去,放出的声音也十分标准,听音效光盘中飞机的盘旋、炮弹发射进行的轨迹、以及砸碎玻璃的声音等都相当出色,现场感不错,这种系统也不存在特别令人厌恶的恶声,但对于音乐爱好者,特别是古典音乐爱好者兼发烧友来讲,听音乐时总觉得"味同嚼蜡",这就是所谓系统音乐性差。就目前的一般制造与应用水平而言,管机的音乐感优于晶体机,个人认为LP唱机的音乐感比CD唱机好,以致于至今仍有不少很有身份的高级发烧友,还是沉迷于管机与LP唱机的系统之中,并尊称这种有乐感的声音为"管味",而对晶体机系统嗤之以鼻,甚至不屑一顾,一律贬斥它们发出的声音为"晶体声"。

那么"乐感"又是什么呢?这的确是一个难以确切定义的词汇。只能说乐感是具有音乐艺术欣赏力的听众,对音乐美好内涵的主观欣悦感受。这种美好内涵也许包括韵律、和谐、平衡以及其它许多特有的诱惑力。音乐是千百年来发展交流所形成的庞大的、广范畴的东西,可分为声乐和器乐两大类。声乐是由人歌唱或咏颂发出的声音,歌唱者有男、女声以及男、女童声之别;按歌唱者人数有独唱、重唱、轮唱、合唱之别;按声部有低、中、高音之别;按唱法又分为古典美声唱法、民族唱法及通俗唱法等。而器乐则是由单件或多件乐器演奏形成的音乐,乐器种类是相当多的,按类型可粗分为弦乐器(小、中、大提、低音大提、中乐之各种胡琴等);木管乐器(长笛、短笛、单簧管、双簧管、英国管以及中乐的各种箫、笛、唢呐、笙等);铜管乐器(小号、圆号、长号、大号等);键盘乐器(钢琴、钢片琴、管风琴、电子琴等);弹拨乐器(竖琴、吉他、曼陀林、中乐的琵琶、月琴、三弦以及筝、古筝、古琴等);打击乐器(有调击乐器有定音鼓、钟琴、木琴等;无调打击乐器有大鼓、小鼓、钹、锣、三角铁、乐板、铃鼓、沙球等)。器乐按演奏方法又可分为独奏、重奏、协奏以及交响乐等。每一类声音都能呈现音乐感。要鉴听一套音响系统的乐感,最好将上述的各种声乐、器乐作品都放出来仔细听一听,但这需要大量的声源软件,也需要相当长的鉴听时间。那么有没有便捷的方法,也可以较准确地鉴听系统的音乐性?我认为,集中放一些最具代表性的音乐天碟就行了。

多年实验和经验证明,器乐比声乐在鉴定乐感时敏感些,也科学、标准些;而器乐中主要可通过鉴听两种乐器发出的声音即可,这两种乐器就是号称乐器之后的小提琴以及号称乐器之王者的钢琴。一张名家演奏、录音效果极佳、公认的小提琴天碟,在一套真正的Hi-End系统中,放出的小提琴声音,简直美到极点。钢琴的Hi-End音乐性,则充满了阳刚、健美、精灵、激越、响脆、清澄、重击时如雷霆万钧,琴音能与整个演奏厅共鸣;轻松时又如碧波涟漪,毫无拖泥带水的无病呻吟感;若放音系统质量较差的话,则听钢琴曲味同嚼蜡,没有任何诱人的音乐感召力。

小提琴声与钢琴声之间,有一种很微妙的声音平衡。小提琴声若柔美得过浓、过腻,常使这套系统在重放钢琴声时,出现某种程度的击木式闷声;反之,钢琴声若显得过分清脆,没有一定的重量质感,则在重放小提琴音色时,会出现不应有的擦钢丝式硬声,而失去音乐美感。一个系统若重放小提琴与钢琴的演奏都有非常出色的声音,都极富有音乐性,那基本上这个系统在重放任何音乐时,其音乐性将不会有太大的问题。当然,也可以放几张交响乐、男女声独唱、以及"夜深沉"、"丰收锣鼓"、"鬼太鼓"之类有锣鼓的音乐片作补充鉴听,这样对系统音乐性的评价将更客观与全面。

二、音场

何谓音场,"音场"到底是什么样的概念?在发烧音乐的发源地——美国,有两个词与音场有关,一个是"SoundField",另一个是"SoundStage"。"SoundStage"主要是指舞台上乐队的排列位置和形状,包括长、宽、高,是一个三度空间的概念,而我们所指的"音场"其实就是"SoundStage",因为如果把"SoundStage"直译成"声音的舞台"或"音台",这确实无法让人望文生义。至于"SoundField",就是聆听环境的"空间感"。当我们提到"音场的形状"时,实际上就是指器材所再生的乐队所排列的形状。由于受到频率响应曲线分布不均匀,以及扬声器摆放位置的影响,音响所播出来的声场,实际上或多或少是与原录音时的情形有差异的。有些音场形状本来就是四四方方,没有拱凸凹的。这种音场舞台的不同形状当然不能与录音时的原样符合。有一个值得注意的问题:现场演奏时,乐团的排列是宽度大于深度的;但在录音室中,为了产生出音响效果,乐团的排列方式往往会改变,通常纵深会拉长,尤其是打击乐器会放得更远一些。这样就不是我们在音乐厅中所见到的排列。

音场的位置

音场的位置应该包括音场的前、后、高、低。搭配不当的器材,会使整个音场听起来像飘浮在半空中;有些又像是坐在音乐厅的二楼观看舞台一样。形成音场位置的原因很多,比如扬声器的摆位、频率响应的不均匀都有很大的影响。一个理想的音场位置应该是怎样的呢?我们可以用听一个交响乐团演奏的方法来体会,当交响乐团演奏时,低音提琴、大提琴的声音应该从比较低一点的地方发出来,小提琴的位置要比低音提琴和大提琴略高一些;录音时,乐团应该是前低后高,像铜管乐器就极有可能在较高的位置。对于整个音场的高度,我们可以用下面的方法来确定:音场高度应该略低于坐着时两眼平视的高度;换句话说,小提琴应该在视线以上,大提琴、低音提琴应该在视线以下;铜管至少要与小提琴等高或更高。那么音场的前、后位置应该在那里呢?资深的发烧友都知道,应该在扬声器的前面板拉一条直线,然后往后延伸的一段距离内。当然,这种最理想的音场位置是不容易实现的,因为它与音响的搭配、聆听环境和所播放的软件有极大的关系。一般来说,从扬声器前面板往后延伸比较容易,不过不能"后缩"得太多,如果后缩太多,像一些发烧友说的那样"直抵对街"就不对了。

音场的宽度

有时候我们常常能听到发烧友夸口:"我的音场不只是超出音箱,甚至可以破墙而出"。这句话在外行人听来简直是天方夜谭,但对于有经验的朋友来说,只不过有一点夸张而已。通常,在流行音乐的演奏中,偶尔可以听到有乐器在音箱外侧响起;而在古典音乐演奏时,往往会觉得乐团的宽度已经超出二个音箱之间的宽度,这就是超出音箱、宽抵侧墙。许多发烧友都有这种经验,不必多费口舌。至于破墙而出,那恐怕就要靠一点想象力了,至少用想象的眼睛能够看得到的音场位置才算真正的音场,墙外的东西我们看不到,我们很难肯定它在那里。所以,音场的宽度其实只在墙壁之内而已,这种感觉完全可以从1812序曲中体会到。如果您听到的1812序曲,声音是紧缩在两只音箱的中间,而没有超出音箱两侧的话,那么最好帮您的音响诊断一下,看看是那儿出了毛病。

音场的深度

"音场的深度"就是我们常说的"深度感","深度感"不同于"层次感"、"定位感",因为层次和定位与音场没有多大的关系,而深度感却仍然属于音场的范围。与"音场的宽度"一样,许多人会说他家的音场深度早已破墙而出深到对街,这当然也仅仅是一种自我满足的形容词而已。真正的"音场深度"指的是音场中最前一排乐器与最后一排乐器之间的距离,换句话说,它极可能是指小提琴与大鼓、定音鼓之间的距离。有些器材或环境由于中低频或低频过多,因此大鼓与定音鼓动的位置会靠前一些,这时音场的深度当然很差;反过来说,有些音场的位置向后缩,结果却被误以为音场的深度很好,其实那是错误的。我想您一定没有见过一个乐团会排成一个竖条的,您只要把握住"小提琴到定音鼓、大鼓之间的距离"这个概念,就一定能准确地说出音场的深度。

音场表现

听音响要有音场感,就必需要将喇叭摆在适当的位置,喇叭直接贴在背墙或离背墙太近,都不会形成音场,或音场太浅;而喇叭摆的位置离墙太远时,就会产生舞台大而音场小的局面。

但是除了喇叭摆位之外,其它各器材的回放声音也会影响音场的表现,这与频率响应的分布情形有关。频率响应宽,所营造出的音场通常都较大。我们指的音场表现系指乐器所发出的反射音,所营造出的三度空间感,录音时除了在各乐器之前装设麦克风之外,也在音乐厅的各地方装设麦克风捕捉空间的反射音,是由乐器的间接音而来。

一般来说频率响应与音场有密切的关系。高频的延伸决定音场的高度,而低频及高频的延伸又决定音场的深度,而极低频与极高频如果都延伸的话,则音场就会比较大。所以VT-3S+ND-100所呈现的音场远不足外加了超低音WOOFER-1的。

舞台上各乐器发出的声音,传递到舞台两边的侧墙、背墙及屋顶,所反射回来的声波所产生的时间差,即所谓的残响,形成了三度空间的音场感。因此器材除了高低频两端的延伸之外,也与器材的相位正确性有关,器材好到极高的水平,则连后场的左、右两边角落也会清楚,请注意!此处所谓的相位或时间,也不是指用仪器所测试的相位差及上升时间,而是指人耳实际所听到的情形。

A.音场规模感

所有器材所营造出的音场大小都不一样,这除了与器材频率响应的延伸有关之外,与喇叭的大小也有关。

B.音场比例

音场高又宽,但不深;或高又深,但不宽;又或深又宽,但不高,都不是好的比例。又或音场不够高又不够低,也不是好的比例,这又与器材的频率响应延伸有关。

C.音场透视度

一般音响器材大多都能呈现音场前排由左至右的层次来,但却很难明显地呈现出后场的层次,因此只有在极佳的音响器材中才能有较佳的音场的层次感。

D.空气感(堂音)

空气感指的是音乐在音场中流动的情形。与音响器材的S/N比以及声音的纯净度有关,零件的质量不好,或机箱(音箱)的质量不好,所呈现的空气感就会比较脏,有的音场的空间有雾,有的音场空间有像砂石的粒子,都不会有好的空气感。空气感与音质的纯度有关,高频有杂质或高频比例较多的,空气感就会显得干、燥;中频有渲染或中频比例较多的,空气感就会比较湿;而低频有渲染或低频比例比较多的,空气感就会比较闷。又空气感与高频泛音的成份是不是够多也有关系,高音的泛音漂亮到一定的程度,就会在音场中四处流窜飘逸,那是由于残响较为丰富之故,因此空气感的好坏是由许多因素所造成的。

(未完待续)

◇江西 谭明裕

2019年10月13日出版 ■实用性 ■启发性 ■资料性 ■信息性

第41期 (总第2030期)

国内统一刊号:CN51-0091 定价:1.50元 邮局订阅代号:61-75

地址:(610041)成都市武侯区一环路南三段24号节能大厦4楼 网址:http://www.netdzb.com

让每篇文章都对读者有用

网络融合赋能未来FTTH、5G和物联网

数字化世界的发展驱动带宽需求量的增加，推动有线和无线网络向着网络融合的方向发展。网络融合的定义是指在单一网络上使用多种通信模式，以实现单一基础设施所无法提供的便捷性和灵活性。将高速数据流从数据源/信号源，经由高带宽网络传送至无线分配点，是当前网络发展的方向。

无线网络的覆盖范围正在快速增长。近期行业研究显示，亚太区5G网络的部署在全球范围内处于领先地位，79%的亚太区网络运营商表示将在未来18个月内推出5G网络，而这一比例在全球范围内为67%。根据GSMA预测，至2025年，亚太区将成为全球5G覆盖最广的区域。亚洲移动运营商计划将于未来几年内投资近2000亿美元，用以升级4G网络并推出全新5G网络。今年六月中国向四大电信运营商发放了商用5G牌照，据GSMA移动智库(GSMA Intelligence)预测，截至2025年底，中国的5G连接数将达到4.6亿，占全国总连接数的28%。

5G网络的部署将需要全新、广泛的光纤网络，以满足高带宽和低时延的性能要求。借助融合网络，服务提供商可提供更广泛的服务，包括采用全新业务模式推出创新性的服务，从而更高效、快速地进入新市场。

对于运营商而言，网络融合可带来颇多益处，包括大幅节省部署总成本，通过光纤网络简化连接，实现物物相联，并保证在必要时可切换其他运营模式，确保运营商基础网络架构标准化的同时兼具灵活性，从而满足未来新技术的需求。

光纤到户和5G致密化

光纤到户(FTTH)在亚太区覆盖广泛。新加坡凭借93%的FTTH覆盖率、100%的4G覆盖率和超过一万个Wi-Fi热点，被FTTH委员会评为亚太区最佳智慧光纤城市。东京和首尔凭借90%的光纤到户覆盖率紧随其后，再之后是中国香港、釜山和墨尔本。中国大陆也迅速在几年内完成了大量4G和FTTH部署，目前国内FTTH网络已覆盖90%以上的家庭和80%以上的用户。

网络融合为需要大量光纤的FTTH网络提供了具有高成本效益的解决方案，因为该技术可让大型运营商通过使用单一的光纤网络来支持各种5G用例，从而最大限度地提高资产利用率并延长投资回报期。无线网络架构下一步演进的方向将是4G/LTE致密化和5G无线网络，即固网连接和无线接入点的融合。

传统蜂窝网络(即宏蜂窝基站构成的网络)中，每个基站独立供电，并通过不同类型的回程网络互连，包括光纤、HFC、铜缆和微波。移动设备的信号覆盖就有赖于宏蜂窝基站来实现。虽然4G带动了宏蜂窝基站数量的增长，但5G和预期带宽需求的激增将需要更多数量的蜂窝基站—尤其目前，旨在实现更高速度的5G网络频率依旧受到距离的限制。当前使用的独立微波点对点通信(P2P)的常规链路将无法满足带宽需求，此时服务提供商需要思考如何使用光纤来连接蜂窝站点。这也反向催生了对融合网络的需求。

网络融合也为未来无线接入网络(RAN)提供了解决方案。光纤的使用对于集中式RAN架构的实施至关重要，其高带宽、灵活性和可扩展性可支持RAN的持续演进。因此，拥有光纤资源的运营商将能够更好地部署先进的RAN网络，从而更好地服务于客户。

物联网(IoT)

据Gartner预测，至2020年，消费者将拥有超过260亿的物联网设备，主要原因之一就是希望通过自动化流程来缩减时间和管理成本。随着消费者越来越依赖互联设备及其带来的一种日益互联的生活方式，为助力运营商满足这一需求，网络融合发挥着不可或缺的作用。

在以互联网为中心的世界中，对带宽的普遍需求推动了固定网络和无线网络向着网络融合的方向发展。高速的数据流从数据源产生，经由高带宽网络，传输至无线分配点，上行则反向，是当前网络的发展方向。随着物联网设备在获取信息方面更具时效性，一个高质量网络的价值也将随之提升。因此，在向消费者快速提供信息服务的过程中，网络融合终将发挥重要作用。

物联网设备能否充分发挥用武之地取决于其赖以运行的网络基础设施。因此，目前运营商面临的挑战在于需要确保网络融合，让物联网设备能够快速有效地运行。

融合是发展方向，现在和未来均是如此

融合网络的优势显而易见。面向5G以及未来更多的可能性，网络融合是打造前瞻性网络的最佳选择。特别是应对伴随5G和物联网应用激增带来的对高带宽需求以及资源限制方面的挑战，网络融合能够为运营商提供合理且经济的解决方案。

◇康普 杨亚俊

(本文原载第43期2版)

电子科技博物馆专栏

编前语：或许，当我们使用电子产品时，都没有人记得或知道老一批电子科技工作者们是经过了怎样的努力才奠定了当今时代的小型甚至微型的诸多电子产品及家电；或许，当我们拿起手机上网、看新闻、打游戏、发微信朋友圈时，也没有人记得是乔布斯等人让手机体积变小、功能变强大；或许，有一天我们的子孙后代只知道电子科技的进步而遗忘了老一辈电子科技工作者的艰辛……

成都电子科技大学博物馆旨在以电子发展历史上有代表性的物品为载体，记录推动电子科技发展特别是中国电子科技发展的重要人物和事件。目前，电子科技博物馆已与102家行业内企事业单位建立了联系，征集到藏品12000余件，展出1000余件，旨在以“见人见物见精神”的陈展方式，弘扬科学精神，提升公民科学素养。

收音机——曾叩开听众通往外部世界认知大门

66年来，中国的收音机产业经历了从奢侈品到必需品再到收藏品的演变。在电子科技博物馆中有一个展厅是以收音机为主题的，在这条展线中基本包含了所有类型的收音机，是博物馆最具观赏性的展品了。

从电子管、晶体管到后来的集成电路，收音机经历了三代发展。资料显示，1953年，中国研制出第一台全国产化“红星牌”电子管收音机；1958年，上海宏音无线电器材厂、天和电化厂等9个工厂及上海无线电子技术研究所联合研制成功了我国第一台半导体收音机。此后，上海、北京、南京等地的一些无线电工厂先后生产出“春蕾”、“飞乐”、“牡丹”、“北京”、“红灯”、“咏梅”等半导体收音机。其中，最为著名的是南京无线电厂生产的“熊猫”牌半导体收音机。随后，半导体收音机逐渐在全国推广开来。1983年，根据国家能源政策，电子管收音机全部被半导体收音机取代。90年代后收音机款式也从大台式转向袖珍式、组合式，突破了调频、立体声、集成化等关键技术。

可以说中国收音机产业的繁荣，与建国至改革开放初期人民获取外界信息渠道贫乏、生活水平不断提高息息相关。收音机对大多人而言是当时获取各种社会知识最好的一个途径。在上世纪五六十年代，收音机也被称作“戏盒子”。这个会说话的“戏盒子”是很多人心中的“大世界”。

虽然如今的收音机已是逐渐被MP3、电视机、电脑、手机所取代，而且还以一种功能被整合到智能手机、汽车中，独立的收音机似乎已成为了老古董，但是它却是咱们国家在电子设备领域核心元器件国产化程度最早、也最完备的一个产品，对中国半导体产业来说起到了承前启后的作用。

◇林明 (本文原载第46期2版)

电子科技博物馆“我与电子科技或产品”

本栏目欢迎您讲述科技产品故事，科技人物故事，稿件一旦采用，稿费从优，且将在电子科技博物馆官网发布。欢迎积极赐稿！

电子科技博物馆藏品持续征集：实物；文件、书籍与资料；图像照片、影音资料。包括但不限于下列领域：各类通信设备及其系统；各类雷达、天线设备及系统；各类电子元器件、材料及相关设备；各类电子测量仪器；各类广播电视、设备及系统；各类计算机、软件及系统等。

电子科技博物馆开放时间：每周一至周五9:00--17:00，16:30停止入馆。

联系方式

联系人：任老师 联系电话/传真：028--61831002

电子邮箱：bwg@uestc.edu.cn 网址：http://www.museum.uestc.edu.cn/

地址：(611731)成都市高新区(西区)西源大道2006号

电子科技大学清水河校区图书馆报告厅附楼

力铭CLV82006.10型IP板电路分析与检修(一)

力铭CLV82006.10型IP板（开关电源+逆变器）主要应用于长虹LT26610、LT26620、LT26629等液晶彩电中。CLV82006.10板包括开关电源部分和逆变部分。开关电源部分输出5V、24V、12V三组电压提供给主板电路使用；逆变部分输出4组高压提供给液晶屏内部4根灯管。

一、开关电源电路分析

1.进线抗干扰(EMI)及整流滤波电路

进线抗干扰(EMI)及整流滤波电路如图1所示。交流市电从CN401输入，经保险丝F1、RT1(热敏电阻)、ZNR1(压敏电阻)、CY1、CY2、CX1、CX2、LF1、LF2组成的进线抗干扰电路处理后，送到BD1整流，经C1、L1、C2、C3滤波获得+300V直流电压。

2.副电源电路

该IP板的副电源采用小功率开关电源芯片TNY275PN，如图2所示。

TNY275PN电源芯片内部集成了一个700V高压MOSFET开关管和一个电源控制器，与传统的PWM控制器不同，它使用简单的开/关控制方式来稳定输出电压。控制器包括一个振荡器、使能电路、限流状态调节器、5.8V稳压器、多功能引脚(BP/M)、欠压及过压保护电路、限流选择电路、过热保护、电流限流保护、前沿消隐电路。该芯片具有自动重启、自动调整开关周期导通时间及频率抖动等功能。 TNY275PN引脚功能和实测数据见表1。

(1)启动工作过程

接通电源后，交流220V整流滤波电路输出300V直流电压，经开关变压器T1的①-②绕组加到U1的④脚，为内部MOSFET开关管的D极提供电源，同时经内部电路为U1提供启动电压，副电源启动工作，产生激励脉冲，驱动内部MOSFET开关管工作于开关状态，在T1的各个绕组产生感应电压。

开关变压器T1的热地端④-⑤绕组产生的感应电压，经D2整流、C10滤波后产生VCC1(约15V)电压。该电压分为两路：一路经R12反馈到U1的②脚，主要用于U1对VCC1电压进行监测来实现过压保护控制；另一路送到待机控制电路Q2的发射极，受待机控制电路的控制，为主电源芯片U100提供VCC工作电压。T1的次级⑨-⑦绕组产生的感应电压，经D3整流，再经C5、L2、C6、C7滤波，产生5VS电压，为主板控制系统供电。

(2)稳压控制电路

该电路主要由三端精密稳压器U2(EB1)、光耦PC1(817)及取样电阻R16、R19等组成，通过对U1的①脚输出电流的大小进行控制，经内部处理后控制开关功率管的导通和截止，稳定5VS的输出。

当5VS电压升高时，光耦PC100的①脚电压升高，同时R16和R19的分压也升高，即U2的R极电压升高，则U2的K极电压下降，即PC1的①-②脚间电压增大，其内部的发光二极管发光增强，PC1的④-③脚间光敏三极管导通程度加深，其c-e极等效电阻减小，导致从U1的①脚内部流出的电流增加，在芯片内部PWM控制器的作用下，调整U1内开关管激励脉冲的占空比，使输出5VS电压稳定。若输出的5VS电压降低时，其稳压过程与上述相反。

(3)输出过压保护电路

当某种原因引起5VS电压过高时，VCC1电压也会相应大幅度升高，通过R12加到U1的②脚的电压也升高，流进②脚的电流增大，当其电流大于5.5mA时，芯片锁定，停止工作。

(4)开关机控制电路

开关机控制电路参见图2。待机时，主板送来的开关机控制电压PWR_ON为低电平，Q103、Q101截止，光耦合器PC2截止，Q2截止(b极电压接近e极电压)，副电源提供的VCC1电压不能经Q2输出，VCC电压为0V，即主电源U100的①脚无工作电压，主电源不工作，整机处于待机状态。

二次开机时，主板送来的开关机控制电压PWR_ON变为高电平，经R149加到Q103的b极，使得Q103饱和导通，Q101随之导通，5VS电压通过Q101、R137、R139、PC2的①-②脚到地，使得光耦合器PC2导通，将Q2的b极电压拉低，Q2导通，由副电源提供的VCC1电压经Q2输出，再经Q1、R17、D5稳压得到VCC电压(约14.3V)，送到主电源U100的①脚，主电源启动工作。

表1 TNY275PN引脚功能和实测数据

引脚	符号	功能	电压(V)
①	EN/UV	使能/电源欠压检测，本电源用于稳压控制	0.82
②	BP/M	旁路及多功能引脚，外接0.1μF电容为内部的5.85V供电电源滤波，本电源用于VCC反馈电压输入	6.19
③		空脚	—
④	D	MOSFT管漏极	300
⑤~⑧	S	MOSFT管源极	0

(未完待续)(下转第512页)

◇四川 贺学金

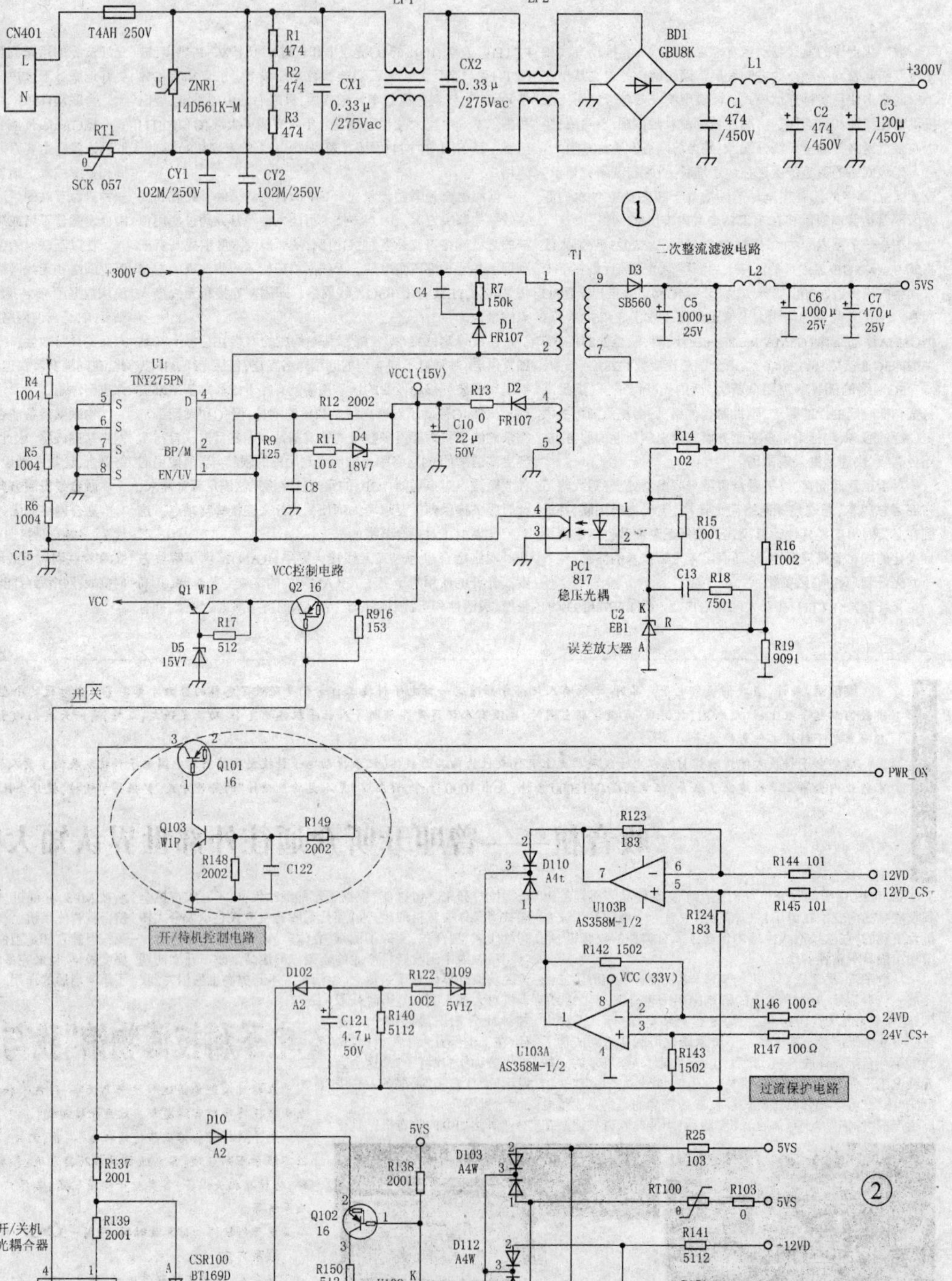

巧借LR来凸显相片局部

通俗而言，所谓的"修片"指的是平时在使用单反相机完成相片拍摄之后，再借助PhotoShop之类的图片处理软件对相片的白平衡、曝光度、色调及饱和度等相关参数进行微调，从而完成一些瑕疵的修复或是营造出某种艺术意境。很多情况下，除了统一调节参数来影响相片的整体画面外，有时我们还想只针对其中的某个局部进行调整，比如要实现相片中主角部分的凸显功能，借助于LR(LightRoom)提供的"暗角"和"径向滤镜"功能，我们可以非常方便地来完成凸显相片局部的修片操作，在此与大家共享这两种方法。

1.使用"暗角"来实现凸显

首先将待处理的相片文件"座谈.JPG"导入到LR中，并切换至"修改照片"选项卡中；在左侧"预设"区提供了简单的暗角加载，从无、亮到中和较多，只需点击即可应用到相片上，但即使是"较多"项也只是在原相片四周轻微添加了暗角特效；如果想要进行更为自由的调节的话，可点击切换至右侧"效果"下的"裁剪后暗角"(左侧的"较多"暗角对应右侧"-30"数量级暗角)，直接拖动"样式"下各参数的滑杆，比如：数量为-66、中点为40、圆度为-2、羽化为50(如图1所示)，效果会非常明显。

通过给相片加暗角的方式可以快速地对原相片的四周进行光线的"压暗"处理，如此便会起到凸显中心主角的作用，观众的视线自然会直接关注于中央较亮的区域，简单直接，非常有效。这种方法适用于主角基本上处于相片最中心位置的情况，如果是偏离中心(比如井字构图的四个交点处)，仅只是通过这种简单的加暗角方法就稍显逊色了，建议再试一下"径向滤镜"。

2.使用"径向滤镜"来实现凸显

同样还是先将"座谈.JPG"文件导入至LR的"修改照片"选项卡，点击右侧上方第五个"径向滤镜"圆圈图标；接着在相片文件中定位主角中心点后进行拖动操作，出现一个椭圆(可再进行中心点位置及四周边界大小的多次调节)，如果保持默认的"羽化"处"反相"不选中状态的话，调节"效果"处的各参数就会直接影响椭圆区域内部(反之则为外部)；由于该相片整体亮度基本正常，因此将曝光度向左减小至-1.81，同时将对比度调节为34、高光调节为-31，同样也达到了凸显相片主角的修片目的(如图2所示)。

与上面的"暗角"调节方法不同的是，"径向滤镜"的位置更自由些，其实它的作用也相当于暗角。值得注意的是，不管是使用哪一种方法，最终我们都要在LightRoom中通过执行"文件"-"导出"菜单命令来将调整好的相片文件进行保存。

◇山东 牟晓东 牟奕炫

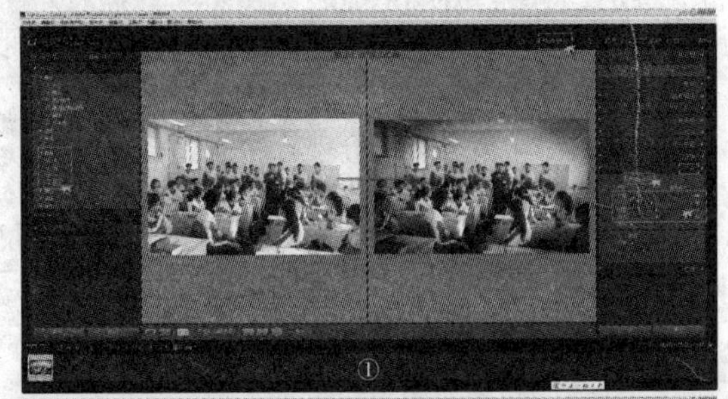
①

②

Windows 10操作技巧两则

无论是主动或是被动，相信绝大多数的朋友现在使用的应该是Windows 10操作系统，这里介绍两则操作技巧。

技巧一：在非活动窗口使用鼠标滚轮

在很多朋友的想法中，鼠标滚轮操作只能在当前的活动窗口中使用，如果需要对其他的窗口进行滚轮操作，必须使该窗口成为活动窗口才行，当打开的窗口比较多的时候，切换窗口就并不是一件容易的事情了。其实，我们只要进行简单的设置，就可以在非活动窗口使用鼠标滚轮。

从开始菜单进入设置界面，依次选择"设备→鼠标"(如图1所示)，在右侧窗格启用"当我悬停在非活动窗口上方时对其进行滚动"选项。以后，当我们将鼠标移到非活动窗口上方时，直接就可以滚动鼠标进行操作。

技巧二：启用颜色滤镜

Windows 10提供了一个相当不错的颜色滤镜，但默认设置并未启用，我们可以按照下面的步骤手工激活。

从开始菜单进入设置界面，选择"轻松使用"，进入之后在左侧功能列表选择"颜色滤镜"，随后就可以在右侧窗格启用"打开颜色滤镜"，默认的选项是"关"(如图2所示)，启用之后就可以在下方选择反转、灰度、反转灰度等颜色滤镜，甚至还可以选择色盲症滤镜，这样可以更好的保护我们的视力。

◇江苏 王志军

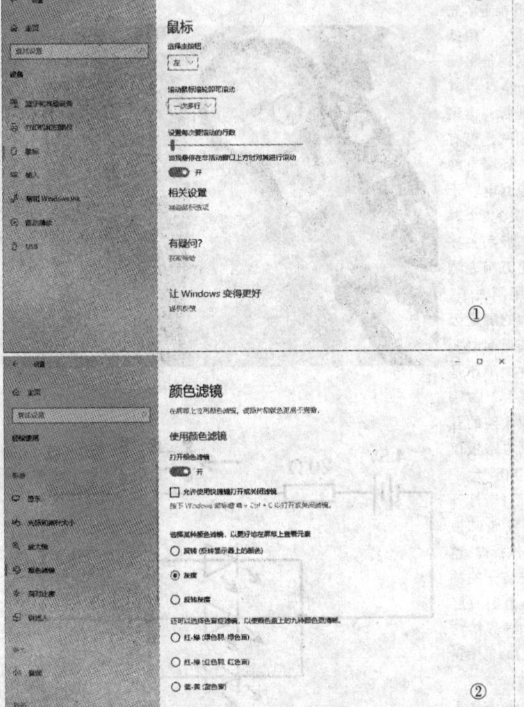

①
②

戴尔E7450笔记本电脑无法开机维修一例

故障现象：一台戴尔E7450笔记本电脑在使用中突然黑屏关机，无法再开机。

检修过程：不连接适配器，用电池供电，按开机键，无反应；插入适配器，发现适配器指示灯随即熄灭。用该适配器连接在另一台电脑上，工作是正常的，取下电池，适配器仍然保护，说明笔记本主板有问题，引起适配器保护。

拆开机器，用维修电源给主板供电，维修电源一打开就保护。为了快速找到故障点，先将维修电源输出电压调至最低，然后打开维修电源，慢慢调高电压，当电压调到0.5V时，电流接近1A，触摸主板上元件，未见异常，继续调高电压，当调至1V时，电流接近2A，用触摸主板，发现PQ700和PL700发热。如果PQ700损坏，PL700不会发热，估计是PL700之后的电路有问题。断电后用电阻档测量，发现PL700对地短路，由于与PL700连接的元件很多，采用逐个断开元件的方法工作量大，决定采用通电触摸元件温升的方法来检查问题。

再次通电，触摸主板，根据维修经验，估计是某个电容引起故障的可能性较大，所以先触摸相关电容，结果发现PL700旁的一颗电容有微热感(如附图所示)，估计此电容有问题，焊下后测量果然短路，用维修电源再次通电，电流接近零，说明主板没有其他地方短路了，插上适配器，指示灯不再熄灭，按开机键，机器顺利启动点亮。用相同规格电容更换后，机器使用正常，故障排除。

◇成都 宇扬

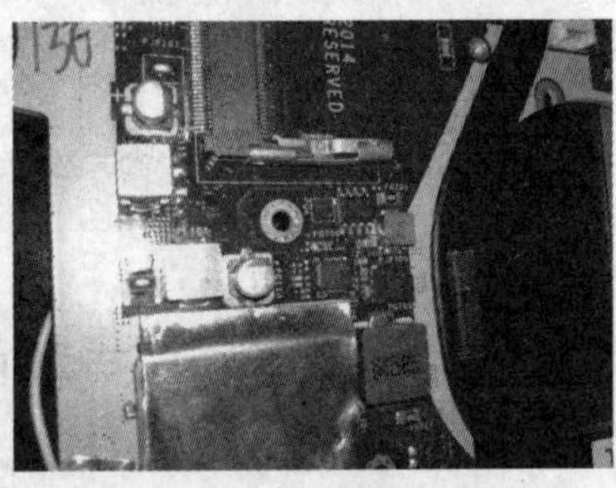

巧妙设置让百度网盘实现不限速

很多朋友都是百度网盘的忠实用户，但如果不是会员的话，下载时可能会出现限速的情况。排除各种所谓的破解方法，按照下面的步骤，我们可以在iPhone上让百度网盘实现不限速。

首先下载并安装Alook浏览器，进入"浏览器标识"设置界面(如图1所示)，设置移动版浏览器标识为"塞班"；打开百度网盘，复制需要下载文件的私密链接，将其粘贴到备忘录，进入编辑界面，在"baidu"的后面加上"wp"，再次进行复制；打开Alook浏览器，粘贴输入刚才编辑好的私密链接地址，输入密码，等待跳转即可实现不限速下载，不限速的原理其实就是跳转pandownload解析进行下载，下载效果如图2所示。

◇江苏 大江东去

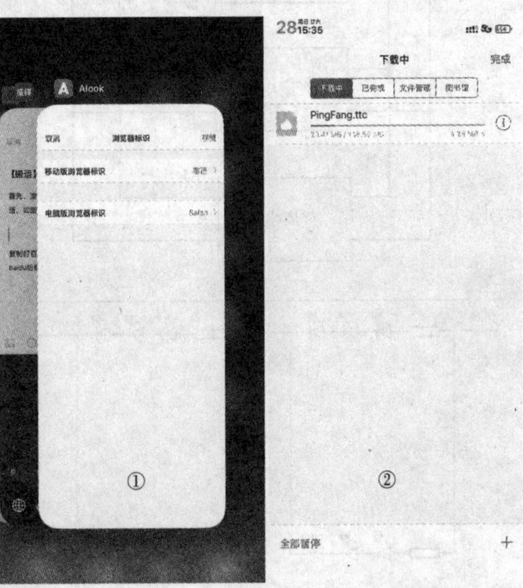

①
②

美的电饭锅不加热故障检修1例

一款12年生产的美的MY-12LS505A电饭锅搁置了很长时间后，再次使用时，面板上的电源指示灯亮，但按下任何键都有蜂鸣声和对应的功能指示显示，就是不加热，而且还闻到一股焦糊味。

分析与检修：断电后打开锅底，发现电路板上控制继电器的一边有打火烧黑的痕迹（见图1），拆掉所有接线取下电路板，看到背面也有更大的烧黑痕迹，确认为继电器输出脚接触不良导致的电路打火故障。由于面板能进行操作，说明控制部分没有问题。检查驱动电路正常后，拆掉烧坏的继电器，用同规格的继电器更换，装机后测试，所有功能都恢复正常，故障排除。

为了便于读者维修时参考，根据电路板绘制电路图，如图2所示。

【提示】该例故障发生的原因，就是因为控制继电器的输出脚工作时间过长而发热，导致引脚上的焊锡逐渐老化，而长期搁置后冷却收缩，使这个焊盘出现裂纹。在本次加热使用时，由于加热盘工作时的大电流导致焊点的焊锡融化并打火冒烟，使线路板烧焦后将整个线孔都产生了碳化，从而产生了本例故障。

◇江苏 庞守军

①

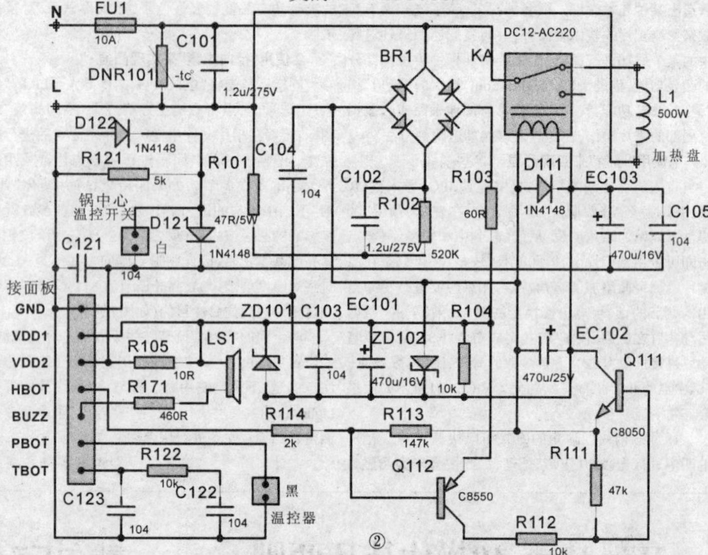

②

带灯放大镜特殊故障检修1例

故障现象：一台带灯放大镜的3颗LED发光二极管时亮时不亮。正常亮灯时如图1所示。

分析与检修：通过故障现象分析，怀疑线路或开关接触不良。检查线路正常，怀疑开关异常，该带灯放大镜使用的开关为一种小型6脚按压式开关，如图2所示。

用数字万用表的通断检测开关，发现该开关的触点接触不良，将其更换后，但出现了一个奇怪的现象：即关闭开关后，发现它的3个发光二极管仍微亮。拔出电池后，用万用表电阻挡测开关的2个焊点有阻值（见图3），以为是换上的开关漏电。再次换一个开关后故障依旧。将装上的开关拆下来后测量，漏电电阻没有变化。

为了便于维修，根据实物绘制了该带灯放大镜的电路原理，如图4所示。

从图4可知，该带灯放大镜的发光电路并不复杂，用放大镜观察印刷电路板两面，也没发现有明显短路现象，这种怪现象还是第一次碰到！百思不得其解。经仔细分析，怀疑电路板漏电，用棉签沾专用的“香蕉水”将电路板清洗干净，晾干后用万用表测试，仍有漏电阻。至此，检查陷入困境。无奈，只好先装好，用纸片隔开电池的一端，使其不能通电发光。

笔者从小就爱好无线电，比这复杂的电路都经历过，想起七十年代安装过电子管收音机、晶体管收音机，八十年代安装黑白电视机等等。对这么一个带灯放大镜，居然查不出漏电故障的原因，真是不甘心！第2天，又拆开检查。先取下灯开关，用壁纸刀或钢锯条将开关的2个焊点与其他焊点割断，再用万用表测试，仍有漏电阻，怀疑电路板的基板漏电。于是，将开关的2个焊点间的基板刮去一层，再用万用表测试，漏电阻消失了，说明故障的确是因电路板基板漏电所致。这种故障还是头一次碰到。该因定带灯放大镜的开关的印刷电路板仅比大拇指甲大一点，就装了1个灯开关和1只发光二极管。经多次拆焊，也破坏了安装开关的铜箔，恢复时只好用焊锡和导线搭接后测试，LED工作正常，故障排除。

◇贵州 马惠民

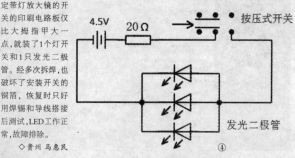

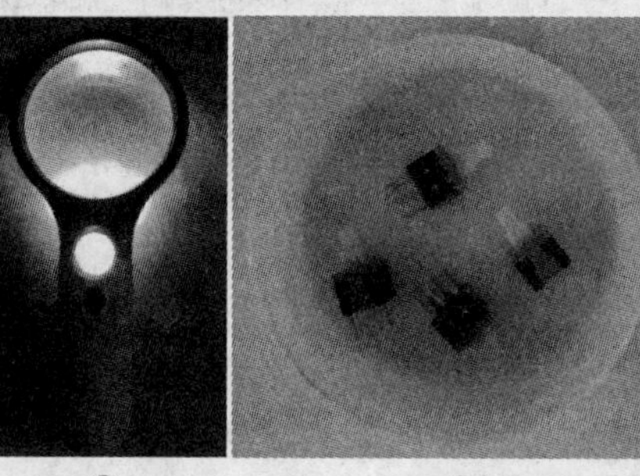
① ②

③

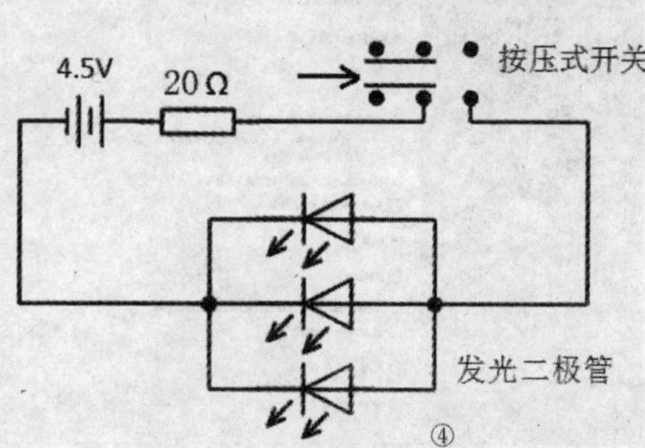

④

双色旋转广告灯故障检修1例

故障现象：一理发店门口双色旋转广告灯，正常工作时蓝白2色灯带都亮，突然白色灯带熄灭。

分析与检修：通过故障现象分析，怀疑白色灯带或其供电电路异常。打开旋转灯筒底部，发现给2色灯带供电的交流变直流电源共有相同3台，如图1所示。3台直流电源为并联，蓝白两色3条灯带的连接方式是：每条灯带之间是串联关系，如图2所示。用10V稳压电源对白色灯带逐段仔细检查，发现有部分LED灯损坏，一个直流稳压电源带负载时输出电压太低，考虑其对整个设备的影响，把3个直流稳压电源和白色灯带全部更换，并按原来灯筒形状用不干胶贴牢，接入220V交流电，广告灯恢复正常工作，故障排除。

◇安徽 陈勇

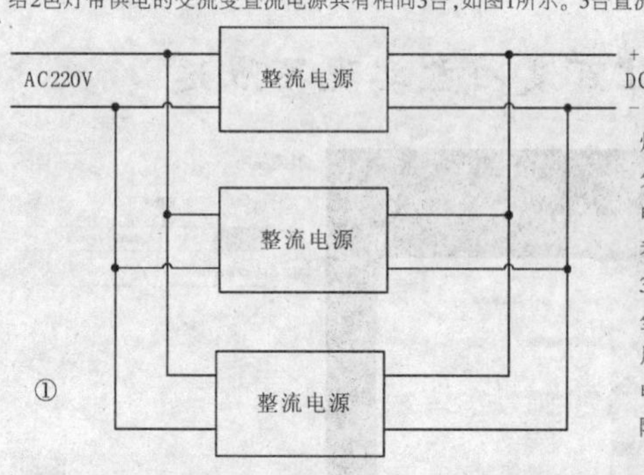

①

蓝 蓝 白

②

优化调制PLL斜坡波形的环路滤波器带宽

简介

雷达具有广泛的应用，包括探测其他汽车和跟踪飞行物体，它甚至用于医疗应用。一般概念是通过发出信号并测量该信号返回所花费的时间来检测另一个物体的位置。由于信号速度c和返回时间Δt是已知的，因此可以计算距离d，如公式1所示：

$$d=\frac{c}{2\cdot\Delta t} \tag{1}$$

雷达有两种常见的架构。第一种架构(如图1所示)使用数模转换器(DAC)调节压控振荡器(VCO)的频率，以生成适当的波形。

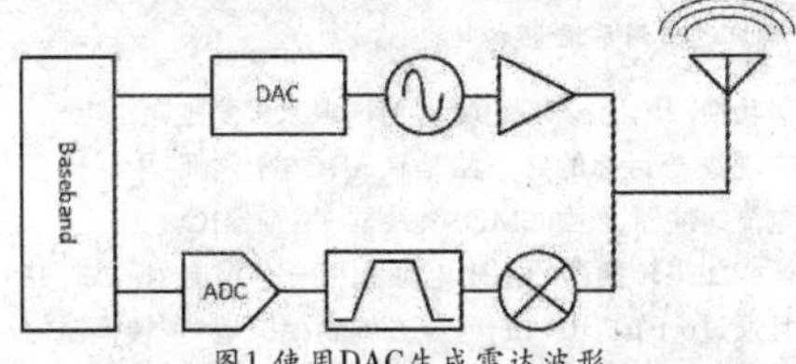

图1 使用DAC生成雷达波形

这种方法适用于生成可能突然改变频率的波形。然而，控制频率的精度需要一些补偿，因为VCO频率可能在过程，电压和温度上发生显著变化。

第二种架构(如图2所示)使用了锁相环(PLL)。这种方法提高了频率精度，但引入了与频率变化速度相关的挑战。

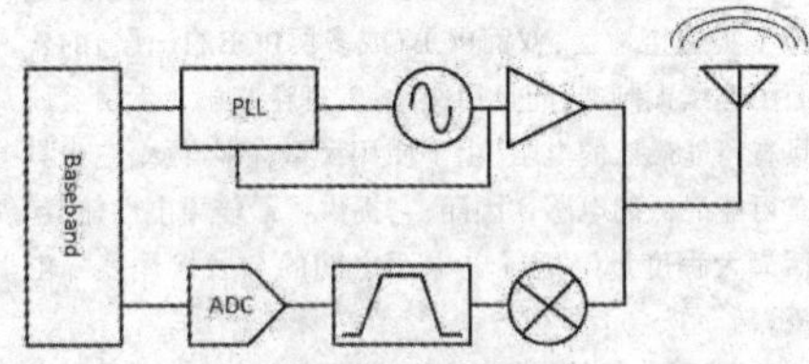

图2 使用PLL生成雷达波形

在本文中，我将讨论PLL架构，并介绍使用此方法可能实现的最大频率变化。

常见的调制雷达波形类型

在雷达应用中，波形的实际形状根据特定应用的需要而变化。在待检测物体很远的情况下，发射的波形可以是快速脉冲，您可以使用反射脉冲返回的时间来计算d。在物体移动速度非常快的情况下，波形形状可能涉及突然的频率步进，如图3所示。从硬件角度来看，步进波形有时更容易实现，但可能需要更多的后端处理。

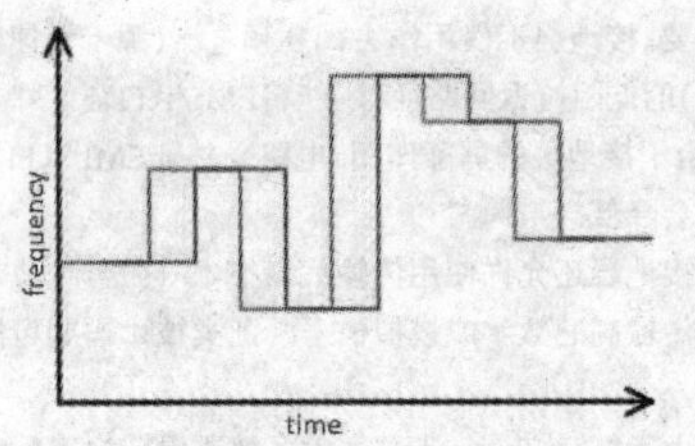

图3 步进波形示例

第三种波形是啁啾/斜坡波形，如图4所示。该波形从一个频率开始，具有已知斜率m的线性斜坡。根据光速和传输频率与测量频率变化之差Δf，可以计算到目标的距离，如公式2所示：

$$d=\frac{c}{2\cdot\Delta t}=\frac{c\cdot m}{2\cdot\Delta f} \tag{2}$$

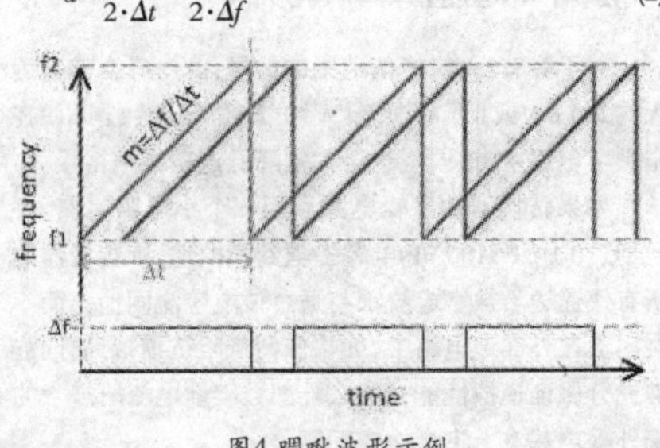

图4 啁啾波形示例

第四种波形是三角波形，如图5所示。通过增加一个额外的向下斜率，可以检测运动物体的速度及其位置。

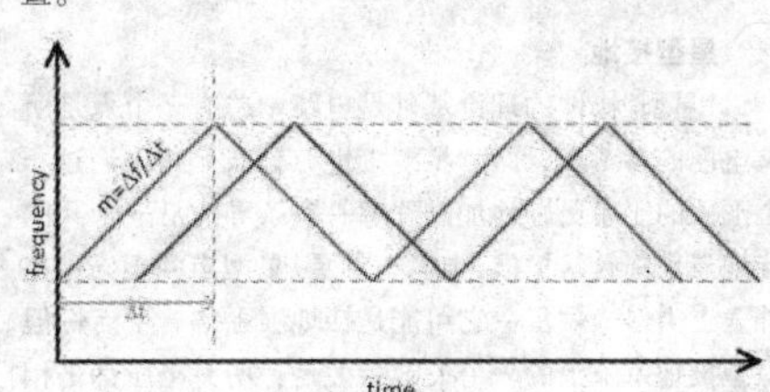

图5 三角波形示例

图2所示的PLL架构方法可以产生良好的线性斜坡，如图4和图5所示。然而，PLL的环路带宽BW将对最快的斜坡速率mMAX产生限制。

使用模拟PLL模型得出最大斜率

您可以使用图6中所示的传统模拟PLL模型来确定对最大斜率的限制之一。

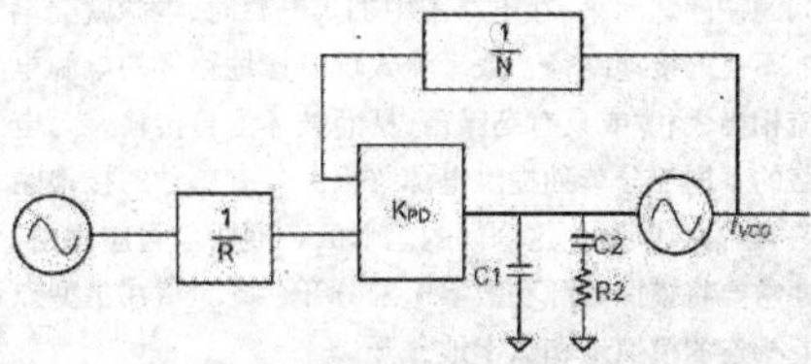

图6 PLL模拟模型

确定最大可能斜坡率的第一步包括根据时间常数T1和T2计算环路滤波器阻抗Z(s)，以弧度为单位计算环路带宽ωc，如公式3和4所示。推导出这些方程式。

$$Z(s)=\frac{1+s\cdot TZ}{s\cdot A0\cdot(1+s\cdot T1)} \tag{3}$$

$$A0=C1+C2=\frac{K_{PD}\cdot K_{VCO}}{N\cdot \omega c^2}\cdot\sqrt{\frac{1+\omega c^2+T2^2}{1+\omega c^2\cdot T1^2}} \tag{4}$$

使用参考文献中的更多公式和45度相位裕度和伽马优化参数1的简化假设得到方程式5和6表示的关系：

$$T2=\frac{1}{\omega c^2\cdot T1} \tag{5}$$

$$T1=\frac{\sqrt{2}-1}{\omega c} \tag{6}$$

将等式5和6代入等式4得到总环路滤波器电容A0的关系，表示为公式7：

$$A0=\frac{K_{PD}\cdot K_{VCO}}{N\cdot\omega c^2}\cdot\frac{1}{\sqrt{2}-1} \tag{7}$$

A0是总电容，您现在可以从中计算转换速率(公式8)：

$$m_{MAX}=\frac{K_{VCO}\cdot K_{PD}}{A0}=N\cdot\omega c^2\cdot(\sqrt{2}-1)=N\cdot(2\pi\cdot BW)^2\cdot(\sqrt{2}-1) \tag{8}$$

近似地会产生一个简单的经验法则(公式9)：

$$m_{MAX}<16\cdot N\cdot BW^2 \tag{9}$$

导出最大压摆率以避免循环滑动

虽然公式9给出了基于模拟PLL的最大压摆率的指示，但相位检测器的数字采样动作也会产生称为周期滑动的效应，这会使波形失真。根据参考文献，避免循环滑动的经验法则是满足公式10：

$$\frac{f_{PD}}{BW}<\frac{5}{\left|1-\frac{f2}{f1}\right|} \tag{10}$$

其中fPD是相位检测器频率，f1是起始频率，f2是结束频率。

然而，公式10基于累积相位变化到足以引起周跳的所花费的时间量，假设频率立即从f1变为f2。实际情况是，这是从f1到f2的线性斜坡，而不是瞬时变化。因为相位是频率的积分，相位误差将精确地累积在一半的速率，引入因子2.因此，公式11是使用的正确公式：

$$\frac{f_{PD}}{BW}<\frac{10\cdot f1}{|f1-f2|} \tag{11}$$

在将两侧除以Δt之后，公式11可以重新排列为公式12：

$$mMAX<\frac{10\cdot N\cdot BW}{\Delta t} \tag{12}$$

其中N是PLL反馈分频比。

将斜坡转换速率模型用于测试

为了确认公式9实际模拟现实，我使用了具有800 kHz环路带宽的Texas Instruments LMX2492PLL。我测量了从9,400 MHz到9,000 MHz的斜率切换。图7显示了1,100 MHz /μs的最终斜率测量值。我必须使用斜率的负侧，因为公式12强加的限制将在转换速率限制之前生效。

根据表1中显示的结果，计算结果与测量结果之间存在合理的一致性，但不完全相同。回想一下，等式9基于几个简化的假设，所以我没想到完全匹配。

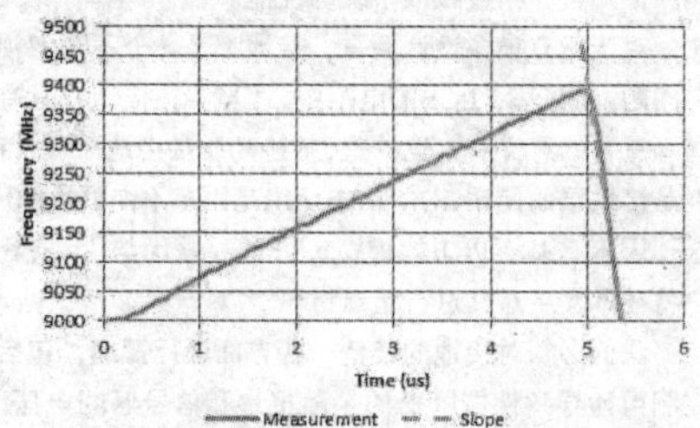

图7 斜坡波形负斜率测量

表1 负斜率和斜率：测量值与计算值之比

Parameter	Description	Value	Unit
BW	Loop bandwidth	0.8	kHz
N	Feedback divider value	93	n/a
m	Calculated slope value	1,100	MHz/μs
	Measured slope value	920	MHz/μs

为了将公式12置于测试中并观察周期滑动的影响，我使用相同的设置，除了正斜率，我还通过在5μs结束时改变最终目标频率来改变斜率。结果如图8所示。

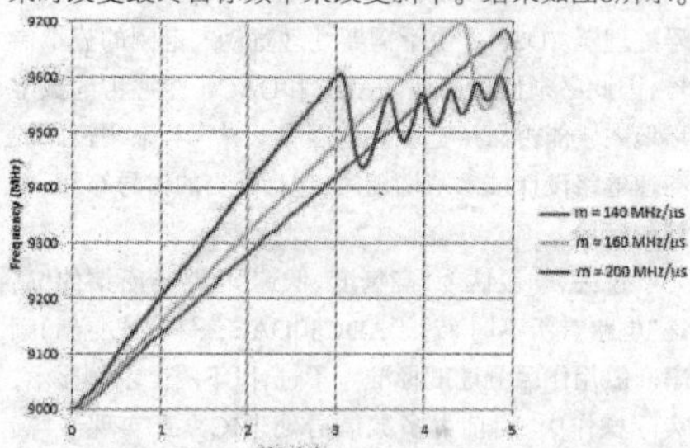

图8 正斜坡：最大频率变化

在m = 140 MHz /μs和m = 160at 800 MHz /μs之间的某处，开始发生循环滑动。这与表2中mMAX = 145 MHz /μs的计算值非常吻合。

表2 正斜率和斜率：测量值与计算值之比

Parameter	Description	Value	Unit
N	Feedback divider value	93	n/a
BW	Loop bandwidth	0.8	MHz
Δt	Theoretical time change	5	μs
m_{MAX}	Calculated maximum ramp rate	145	MHz/μs
$m=\frac{\Delta f}{\Delta t}$	Measured maximum ramp rate	140–160	MHz/μs

结论

PLL架构是创建非常线性斜坡波形的有效方法，可用于雷达应用。话虽这么说，一个考虑因素是斜坡可以改变多快，并且仍然有PLL跟踪它。环路滤波器需要能够允许频率足够快地转换，并且您需要采取措施以避免周期滑动。

两个关键结果是方程9和12，它们将测量结果与合理程度相匹配。实际上，这些方程式更接近断点，因此您需要增加余量。

参考文献：

1.班纳吉，迪恩。"PLL性能，模拟和设计，第5版"，Dog Ear Publishing：2017。

◇湖北 朱少华 编译

PCB设计中良好接地事项(一)

接地无疑是系统设计中最为棘手的问题之一。尽管它的概念相对比较简单,实施起来却很复杂,遗憾的是,它没有一个简明扼要可以用详细步骤描述的方法来保证取得良好效果,但如果在某些细节上处理不当,可能会导致令人头痛的问题。对于线性系统而言,“地”是信号的基准点。遗憾的是,在单极性电源系统中,它还成为电源电流的回路。接地策略应用不当,可能严重损害高精度线性系统的性能。

对于所有模拟设计而言,接地都是一个不容忽视的问题,而在基于PCB的电路中,适当实施接地也具有同等重要的意义。幸运的是,某些高质量接地原理,特别是接地层的使用,对于PCB环境是固有不变的。由于这一因素是基于PCB的模拟设计的显著优势之一,我们将在本文中对其进行重点讨论。

我们必须对接地的其他一些方面进行管理,包括控制可能导致性能降低的杂散接地和信号返回电压。这些电压可能是由于外部信号耦合、公共电流导致的,或者只是由于接地导线中的过度IR压降导致的。适当地布线、布线的尺寸,以及差分信号处理和接地隔离技术,使得我们能够控制此类寄生电压。

我们将要讨论的一个重要主题是适用于模拟/数字混合信号环境的接地技术。事实上,高质量接地这个问题可以—也必然—影响到混合信号PCB设计的整个布局原则。

目前的信号处理系统一般需要混合信号器件,例如模数转换器(ADC)、数模转换器(DAC)和快速数字信号处理器(DSP)。由于需要处理宽动态范围的模拟信号,因此必须使用高性能ADC和DAC。在恶劣的数字环境内,能否保持宽动态范围和低噪声与采用良好的高速电路设计技术密切相关,包括适当的信号布线、去耦和接地。

过去,一般认为“高精度、低速”电路与所谓的“高速”电路有所不同。对于ADC和DAC,采样(或更新)频率一般用作区分速度标准。不过,以下两个示例显示,实际操作中,目前大多数信号处理IC真正实现了“高速”,因此必须作为此类器件来对待,才能保持高性能。DSP、ADC和DAC均是如此。

所有适合信号处理应用的采样ADC(内置采样保持电路的ADC)均采用具有快速上升和下降时间(一般为数纳秒)的高速时钟工作,即使吞吐量看似较低也必须视为高速器件。例如,中速12位逐次逼近型(SAR)ADC可采用10 MHz内部时钟工作,而采样速率仅为500 kSPS。

Σ-Δ型ADC具有高过采样比,因此还需要高速时钟。即使是高分辨率的所谓“低频”工业测量ADC(例如AD77xx-系列)吞吐速率达到10 Hz至7.5 kHz,也采用5 MHz或更高时钟频率工作,并且提供高达24位的分辨率。

更复杂的是,混合信号IC具有模拟和数字两种端口,因此如何使用适当的接地技术就显示更加错综复杂。此外,某些混合信号IC具有相对较低的数字电流,而另一些具有高数字电流。很多情况下,这两种类型的IC需要不同的处理,以实现最佳接地。

数字和模拟设计工程师倾向于从不同角度考察混合信号器件,本文旨在说明适用于大多数混合信号器件的一般接地原则,而不必了解内部电路的具体细节。

通过以上内容,显然接地问题没有一本快速手册。遗憾的是,我们并不能提供可以保证接地成功的技术列表。我们只能说忽视一些事情,可能会导致一些问题。在某一个频率范围内行之有效的方法,在另一个频率范围内可能行不通。另外还有一些相互冲突的要求。处理接地问题的关键在于理解电流的流动方式。

星型接地

“星型”接地的理论基础是电路中总有一个点是所有电压的参考点,称为“星型接地”点。我们可以通过一个形象的比喻更好地加以理解—多条导线从一个共同接地点呈辐射状扩展,类似一颗星。星型点并不一定在外表上类似一颗星—它可能是接地层上的一个点—但星型接地系统上的一个关键特性是:所有电压都是相对于接地网上的某个特定点测量的,而不是相对于一个不确定的“地”(无论我们在何处放置探头)。

虽然在理论上非常合理,但星型接地原理却很难在实际中实施。举例来说,如果系统采用星型接地设计,而且绘制的所有信号路径都能使信号间的干扰最小并可尽量避免高阻抗信号或接地路径的影响,实施问题便随之而来。在电路图中加入电源时,电源就会增加不良的接地路径,或者流入现有接地路径的电源电流相当大和/或具有高噪声,从而破坏信号传输。为电路的不同部分单独提供电源(因而具有单独的接地回路)通常可以避免这个问题。例如,在混合信号应用中,通常要将模拟电源和数字电源分开,同时将在星型点处相连的模拟地和数字地分开。

单独的模拟地和数字地

事实上,数字电路具有噪声。饱和逻辑(例如TTL和CMOS)在开关过程中会短暂地从电源吸入大电流。但由于逻辑级的抗扰度可达数百毫伏以上,因而通常对电源去耦的要求不高。相反,模拟电路非常容易受噪声影响—包括在电源轨和接地轨上—因此,为了防止数字噪声影响模拟性能,应该把模拟电路和数字电路分开。这种分离涉及到接地回路和电源轨的分开,对混合信号系统而言可能比较麻烦。

然而,如果高精度混合信号系统要充分发挥性能,则必须具有单独的模拟地和数字地以及单独电源,这一点至关重要。事实上,虽然有些模拟电路采用+5 V单电源供电运行,但并不意味着该电路可以与微处理器、动态RAM、电扇或其他高电流设备共用相同+5 V高噪声电源。模拟部分必须使用此类电源以最高性能运行,而不只是保持运行。这一差别必然要求我们对电源轨和接地接口给予高度注意。

请注意,系统中的模拟地和数字地必须在某个点相连,以便让信号都参考相同的电位。这个星点(也称为模拟/数字公共点)要精心选择,确保数字电流不会流入系统模拟部分的地。在电源处设置公共点通常比较便利。

许多ADC和DAC都有单独的“模拟地”(AGND)和“数字地”(DGND)引脚。在设备数据手册上,通常建议用户在器件封装处将这些引脚连在一起。这点似乎与要求在电源处连接模拟地和数字地的建议相冲突;如果系统具有多个转换器,这点似乎与要求在单点处连接模拟地和数字地的建议相冲突。

其实并不存在冲突。这些引脚的“模拟地”和“数字地”标记是指引脚所连接到的转换器内部部分,而不是引脚必须连接到的系统地。对于ADC,这两个引脚通常应该连在一起,然后连接到系统的模拟地。由于转换器的模拟部分无法耐受数字电流经由焊线流至芯片时产生的压降,因此无法在IC封装内部将二者连接起来。但它们可以在外部连在一起。

图1显示了ADC的接地连接这一概念。这样的引脚接法会在一定程度上降低转换器的数字噪声抗扰度,降幅等于系统数字地和模拟地之间的共模噪声量。但是,由于数字噪声抗扰度经常在数百或数千毫伏水平,因此一般不太可能有问题。

模拟噪声抗扰度只会因转换器本身的外部数字电流流入模拟地而降低。这些电流应该保持很小,通过确保转换器输出没有高负载,可以最大程度地减小电流。实现这一目标的好方法是在ADC输出端使用低输入电流缓冲器,例如CMOS缓冲器-寄存器IC。

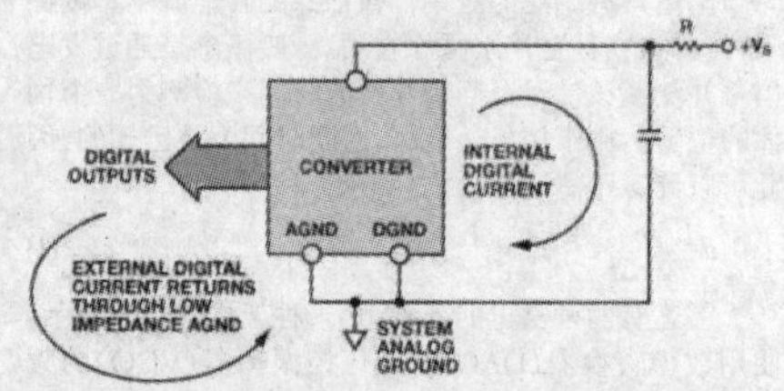

图1 数据转换器的模拟地(AGND)和数字地(DGND)引脚应返回到系统 模拟地。

如果转换器的逻辑电源利用一个小电阻隔离,并且通过0.1 μF(100 nF)电容去耦到模拟地,则转换器的所有快速边沿数字电流都将通过该电容流回地,而不会出现在外部地电路中。如果保持低阻抗模拟地,而能够充分保证模拟性能,那么外部数字地电流所产生的额外噪声基本上不会构成问题。

接地层

接地层的使用与上文讨论的星型接地系统相关。为了实施接地层,双面PCB(或多层PCB的一层)的一面由连续铜制造,而且用作地。其理论基础是大量金属具有可能最低的电阻。由于使用大型扁平导体,它也具有可能最低的电感。因而,它提供了最佳导电性能,包括最大程度地降低导电平面之间的杂散接地差异电压。

请注意,接地层概念还可以延伸,包括电压层。电压层提供类似于接地层的优势—极低阻抗的导体—但只用于一个(或多个)系统电源电压。因此,系统可能具有多个电压层以及接地层。

虽然接地层可以解决很多地阻抗问题,但它们并非灵丹妙药。即使是一片连续的铜箔,也会有残留电阻和电感;在特定情况下,这些就足以妨碍电路正常工作。设计人员应该注意不要在接地层注入很高电流,因为这样可能产生压降,从而干扰敏感电路。

保持低阻抗大面积接地层对目前所有模拟电路都很重要。接地层不仅用作去耦高频电流(源于快速数字逻辑)的低阻抗返回路径,还能将EMI/RFI辐射降至最低。由于接地层的屏蔽作用,电路受外部EMI/RFI的影响也会降低。

接地层还允许使用传输线路技术(微带线或带状线)传输高速数字或模拟信号,此类技术需要可控阻抗。

由于“总线(bus wire)”在大多数逻辑转换等效频率下具有阻抗,将其用作“地”完全不能接受。例如,#22标准导线具有约20 nH/in的电感。由逻辑信号产生的压摆率为10 mA/ns的瞬态电流,流经1英寸该导线时将形成200 mV的无用压降:

$$\Delta v=L\frac{\Delta i}{\Delta t}=20nH\times\frac{10mA}{ns}=200mV \quad (1)$$

对于具有2 V峰峰值范围的信号,此压降会转化为大约200 mV或10%的误差(大约“3.5位精度”)。即使在全数字电路中,该误差也会大幅降低逻辑噪声裕量。

如果转换器的逻辑电源利用一个小电阻隔离,并且通过0.1 μF (100 nF)电容去耦到模拟地,则转换器的所有快速边沿数字电流都将通过该电容流回地,而不会出现在外部地电路中。如果保持低阻抗模拟地,而能够充分保证模拟性能,那么外部数字地电流所产生的额外噪声基本上不会构成问题。

(未完待续)(下转第516页)

◇湖北 闵夫君

技能竞赛

"单片机编程与调试"技能竞赛辅导(一)

近年来,从国家到地方,都把开展职业技能竞赛作为培养高技能人才的重要措施。因此,学生职业技能竞赛成绩好坏,就成为衡量职业院校教育教学质量好坏的一项重要评估指标。各级各类学校均高度重视技能竞赛在人才培养中的引领作用,不断加大经费投入,建立健全激励机制,完善国家、省、市、校四级职业技能竞赛体系,以竞赛为导向,动态调整并修订专业人才培养方案,将技能竞赛对选手的要求融入课程体系建设中,把竞赛的项目融入教学项目中,着力实现培养方案与岗位要求、教学组织与生产过程、教学内容与岗位任务、实训环境与岗位实境的高度融合。学生通过参加技能竞赛,不仅可以提高自身的职业技能和职业素养,为自己走上成功之路创造有利条件,还能以点带面,影响和造就一大批在职业院校学习的学生成才。笔者曾多次指导学生参加"单片机编程与调试"等项目的职业技能竞赛,并取得不错的成绩,结合学校的做法,对该赛项进行介绍。

一、项目任务准备

赛前做好准备工作是取得好成绩的基础。学校必须围绕竞赛工作做系统安排。根据下发的省市学生职业技能竞赛项目通知精神,学校成立职业技能竞赛项目领导工作小组,负责对竞赛项目进行组织与指导。各赛项组织两至三名教师成立辅导团队,负责对竞赛项目选手进行遴选、培训、组织竞赛。对照赛项方案要求和已开设的《电子技术基础与应用》《电子线路》《单片机应用技术(C语言版)》基础课程,辅导团队对参赛选手重点开展以下几项培训:

1. 电路设计和原理分析;
2. 利用软件绘制电路原理图和PCB设计;
3. 常用工具和仪器仪表使用;
4. 电子电路调试、检测及电路仿真;
5. 电子电路常见故障分析及问题处理;
6. 职业与安全意识培养。

二、项目任务内容

熟悉竞赛内容并按任务要求实施是取得好成绩的关键。参赛选手必须对照任务清单要求逐项完成。

1. 竞赛时量:

选手需在240分钟内完成赛项所有任务。

2.实施内容及要求:

(1)按控制要求完成原理图设计

分析控制要求,参考赛场所提供的元器件,形成设计思路,完成原理图电路设计。

要求:电路设计功能完整,符合技术规范。

(2)编写单片机控制程序

依据原理图电路设计进行程序编写,并运用Keil软件对编写程序进行检测。

要求:编写思路清晰,程序运行可靠。

(3)电路模拟仿真

利用Proteus软件配置电路加载编写程序并进行仿真模拟,修正程序错误。

要求:元件布局合理,走线规范,连接正确。

(4)绘制电路原理图与PCB图

使用Protel99sc或 Protel DXP绘制原理图和设计PCB双面板。

要求:元件布局合理,走线规范,连接正确,便于安装、调试与检修,并按题目要求命名文件和存盘。

(5)元器件识别、筛选、检测

要求:根据给出套件的各个模块电路原理图和元器件清单,正确无误地从赛场提供的元器件中选取所需的元器件及功能部件。

(6)元件装配与焊接

将选出的元器件准确安装,插接件需连接可靠,焊接元器件直接焊接在印制电路板上。

要求:元器件安装位置正确,不出现错漏的现象,紧固件安装牢固可靠不松动,元器件上字符标识方向一致,焊接符合工艺要求,不出现漏焊和缺陷。

(7)电路综合调试

烧录单片机程序,依照控制功能进行调试,检测项目任务功能是否正常。

要求:检查单片机及外围电路连接、布线是否符合工艺要求、安全要求和技术要求。按题目要求命名文件和存盘。

(8) 安全与职业素养

要求:着装及操作符合安全操作规程和职业岗位要求。

三、项目评分要点

知晓竞赛的评判规则是避免扣分和失分的重要保障。日常教学和竞赛辅导中,必须督导学生养成良好的行为习惯和竞赛心态。

1.原理图设计(5%)

布局合理,设计规范,单片机及外围电路接线正确,原理图完整。

2.单片机程序调试(25%)

按所设计的原理图,加载编写程序,Proteus连线,将Keil生成的可执行文件传送到 Proteus软件中,执行校验程序,功能实现完整。

3.绘制原理图及PCB图(25%)

原理图设计符合项目任务要求,合理选用元器件及连线,电阻、电容等元器件的参数正确标明,排版合理且美观,PCB板图规范严谨。

4.元器件识别、筛选、检测(10%)

参考元器件清单,准确清点和检查全套装配材料的数量和质量,正确使用工具和仪表对元器件进行识别和检测,正确筛选元器件。

5.单片机控制器电路板焊接(20%)

印制板插件位置正确,元器件极性正确,元器件、导线安装及字标方向均应符合工艺要求;接插件、紧固件安装可靠牢固,印制板安装对位;无烫伤和划伤,整机清洁无污物;元器件焊点大小适中,无漏、假、连焊,焊点光滑、圆润、干净,无毛刺;引脚加工尺寸及成形符合工艺要求;导线长度、剥头长度符合工艺要求,芯线完好,线头用给定的红色、黑色0.5mm²杜邦线各20cm接至PCB板规定的电源插针,并接入实训台DC5V电源。

6.单片机通电综合调试(15%)

电路连接布线整齐、美观、可靠,工艺步骤合理,方法正确,各方面都符合技术要求和工作要求,检测电路的参数正确,并实现任务书拟定的功能要求,完成报告书的撰写。

7.安全文明(10%)

职业素养高,操作符合安全操作规程,不损坏赛场提供的设备,不浪费材料,不污染赛场环境,不出现工具遗忘在赛场等不符合职业规范的行为。

四、单片机竞赛模拟题

设计要求:考生在规定时间内完成交通信号灯单片机控制器的设计与制作,要求用数码管实现循环显示输出的0~9这10个数字,完成原理图绘制、模拟调试、PCB板设计、元件选择、焊接调试等工作,书写相关报告、提供产品样机和电子技术文档。

1.原理图绘制(5 分)

在给出的原理图中(参见图1),根据题目要求绘制各元器件连接线和单片机电路。

(未完待续)(下转第517页)

◇华容县职业中专 张政军

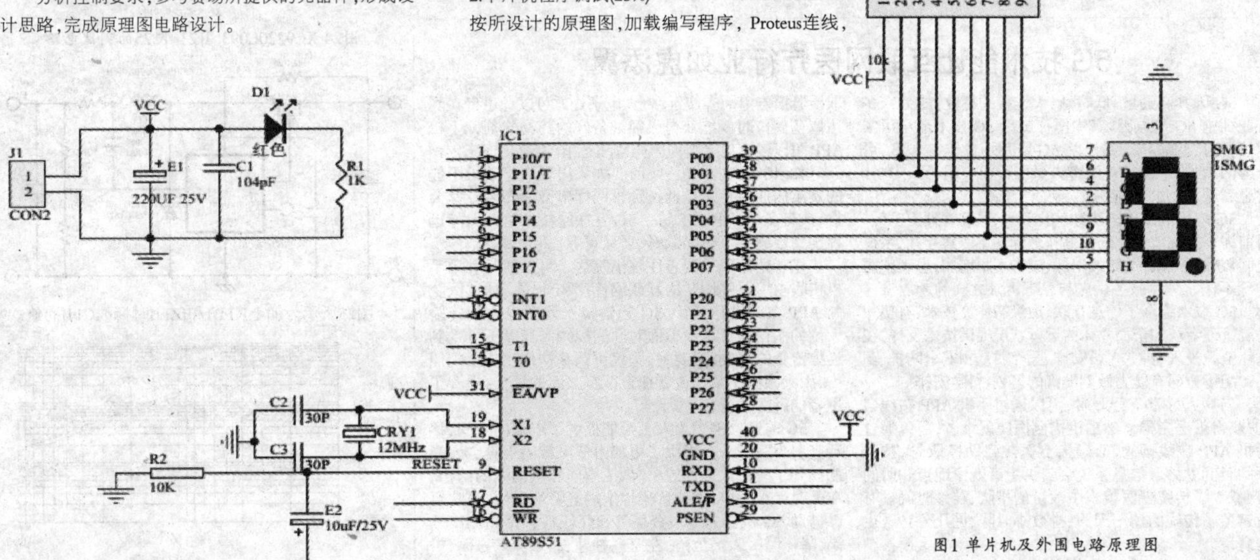

图1 单片机及外围电路原理图

DC/DC转换器回路设计准则与参考(三)

(紧接上期本版)

九、CL的选择

CL越大则纹波越小,但过分大的话,电容器的形状也大,成本提高。CL由所需的纹波大小而定。首先,大致以10mV~40mV的纹波大小为目标,升压时从表8的电容值开始,降压时从表9的电容值开始。但是,不支持低ESR电容器的DC/DC有异常振荡的危险,以连续模式使用时要想采用低ESR电容器的话,应预先检查负载瞬态响应,确认输出电压能否及时稳定(振荡大致在2次以内即收敛)。

图19是图20所示的XC9104D093中只更换了CL后测试的输出纹波变化。纹波与ESR成正比,与电容值成反比地增大。铝电解电容时,没有并联的陶瓷电容的话,ESR过大难以获得输出电流。

表 8 升压时 C_L 的标准

输出电流	陶瓷电容	OS	钽电容	铝电解电容
0mA-300mA	20μF	22μF	47μF	100μF+2,2μF(陶瓷)
300mA-600mA	30μF	47μF	94μF	150μF+2,2μF(陶瓷)
600mA-900mA	40μF	100μF	150μF	220μF+4,7μF(陶瓷)
900mA-1.2A	50μF	150μF	220μF	470μF+4,7μF(陶瓷)

表 9 降压时 C_L 的标准

输出电流	陶瓷电容	OS	钽电容	铝电解电容
0mA-500mA	10μF	15μF	22μF	47μF+2,2μF(陶瓷)
500mA-1.5mA	20μF	22μF	33μF	100μF+2,2μF(陶瓷)
1.5A-3A	20μF	33μF	47μF	100μF+4,7μF(陶瓷)
3A-5A	30μF	47μF	68μF	220μF+4,7μF(陶瓷)

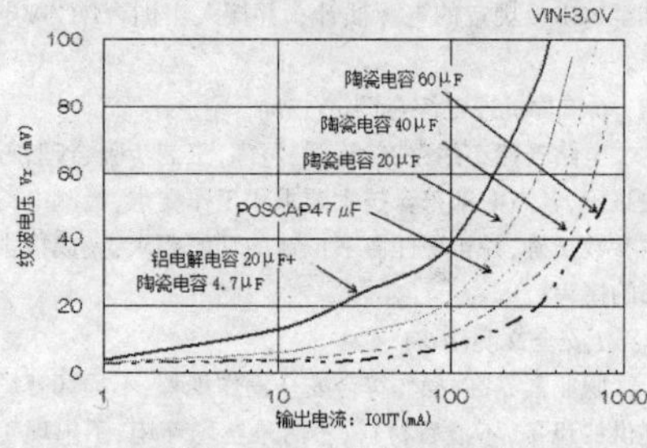

图19 随CL值变化的输出侧纹波例(XC9104D093)

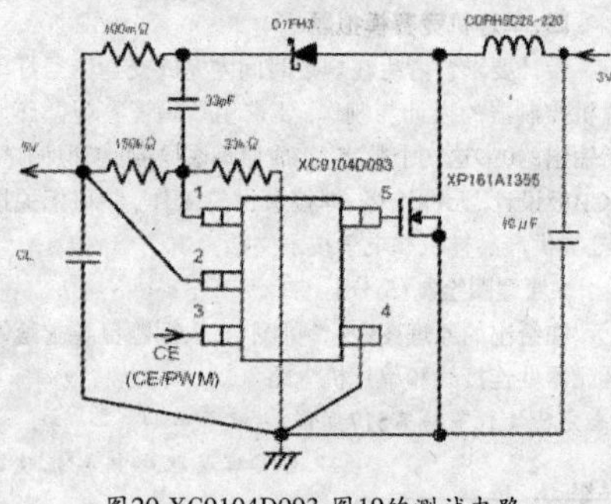

图20 XC9104D093 图19的测试电路

十、CIN的选择

虽然不及CL对输出稳定性的影响大,但CIN也是电容值越大、ESR越小则输出稳定性越好,纹波也越小。大到某种程度,降低纹波的效果会变小,从防止对输入侧的电磁干扰(EMI)的意义上说,电容值应从CL的一半左右开始探讨较好。

图22同样显示了使图23中的CIN变化时输入侧纹波大小会发生怎样的变化。虽然是一般不常进行确认的数据,但对降低EMI是很重要的数据。CIN不会因ESR太小而输出振荡,所以尽量使用低ESR电容为宜。

十一、RFB1, RFB2的选择

使用FB(反馈)产品时,RFB1、RFB2用于决定输出电压,对同一输出电压有时可考虑多种组合。此时选择RFB1+RFB2=150kΩ~500kΩ比较妥当。这里成为问题的是轻负载时的效率和重负载时的输出稳定性。因为流向RFB1、RFB2的电流没有被作为输出功率使用,而视作DC/DC转换器的损失,所以要想提高轻负载时的效率的话,要将RFB1、RFB2设定得大一些(RFB1+RFB2<1MΩ左右)。而要想提高重负载时的瞬态响应的话,则要做好轻负载时的效率差的准备。

十二、CFB的选择

CFB是纹波反馈调整用电容器相位补偿电容,该值也会影响负载瞬态响应。根据L值,表10中的CFB值为最佳值。过小于该值或过大于该值工作稳定性都差。

图中以XC9220C093为例说明了CFB的影响。在图26的电路中,RFB1=82kΩ时,fZFB=10kHz的CFB为390pF左右。(图23=39pF)、(图24=390pF)和(图25=1000pF)是对改变CFB时的负载瞬态响应的比较。39pF的话,负载变重时电压急剧下降,电压恢复到恒定状态的时间短,而1000pF的话,负载变重时的瞬间电压下降虽小,但电压恢复到恒定状态的时间长。

表 10 决定最优 C_{FB} 的标准 f_{ZFB}

品名	fZFB=(1/(2π×RFB1×CFB)) ()内所示为可调整的范围
XC9103/XC9104/XC9105 XC9106/XC9107	L=10μH 时:30kHz L=22μH 时:20kHz L=47μH 时:10kHz
XC9101D09A	10kHz
XC9201D09A	10kHz
XC9210B092 XC9210B093	12kHz(可在 1kHz 和 50kHz 之间调整)
XC9213B093	10kHz(可在 1kHz 和 50kHz 之间调整)
XC6367B/XC6367D XC6368B/XC6368D	10kHz(可在 0.5kHz 和 20kHz 之间调整)
XC6367B/XC6367D XC6368B/XC6368D	10kHz(可在 0.1kHz 和 20kHz 之间调整)
XC9220/XC9221	5kHz(可在 1kHz 和 20kHz 之间调整)
XC9223/XC9224	20kHz(可在 1kHz 和 50kHz 之间调整)

图21 XC9220C093负载瞬态响应(IOUT=0mA⇔200mA, CFB=39pF)

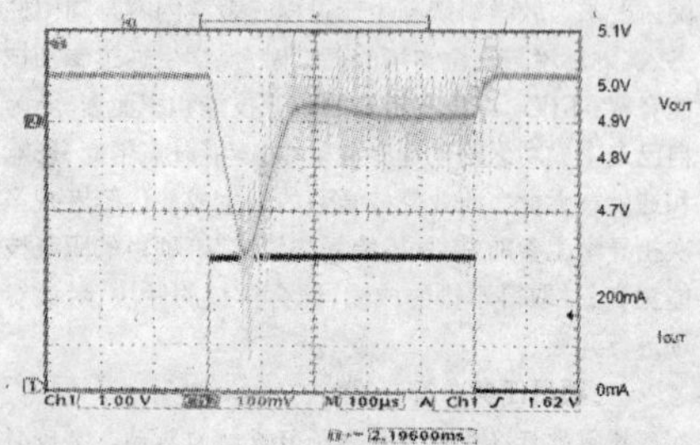

图22 XC9220C093负载瞬态响应 (IOUT=0mA⇔00mA, CFB=390pF)

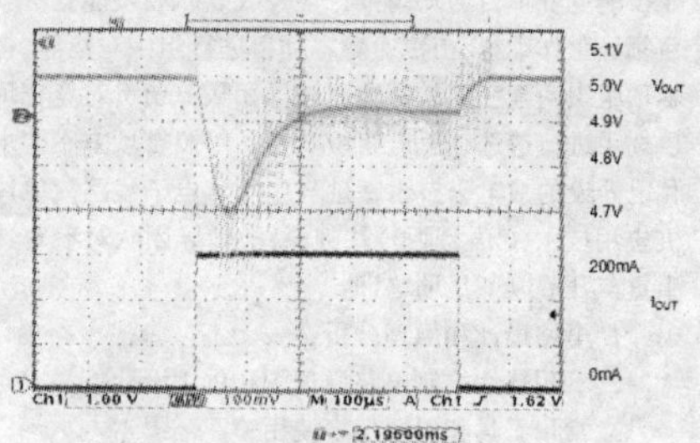

图23 XC9220C093负载瞬态响应(IOUT=0mA⇔200mA, CFB=1000pF)FB=1000pF)

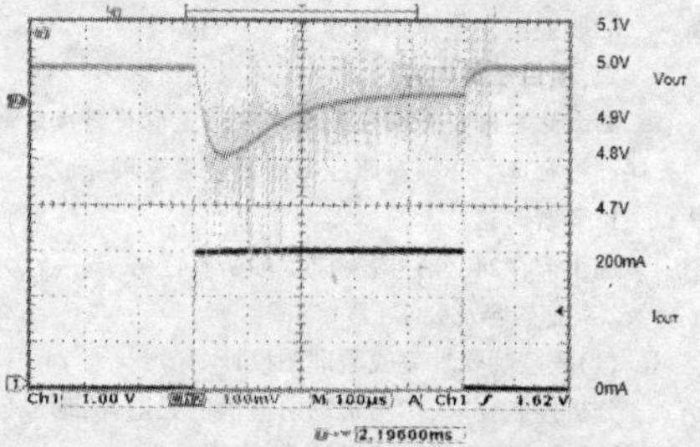

图24 XC9220C093 图23~图25的测试电路

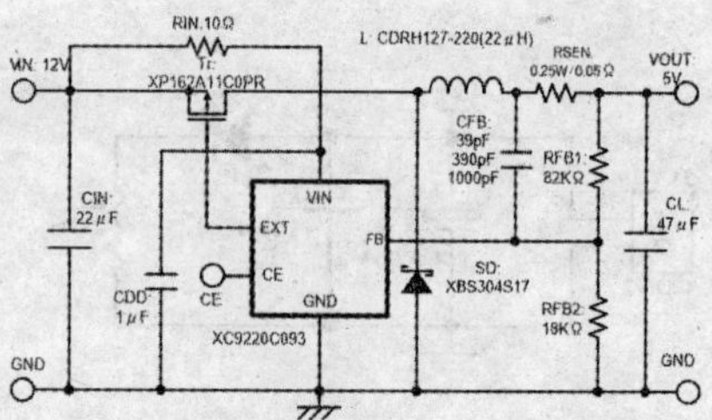

图25所示为加上RFB1和fZFB时标准CFB的值。

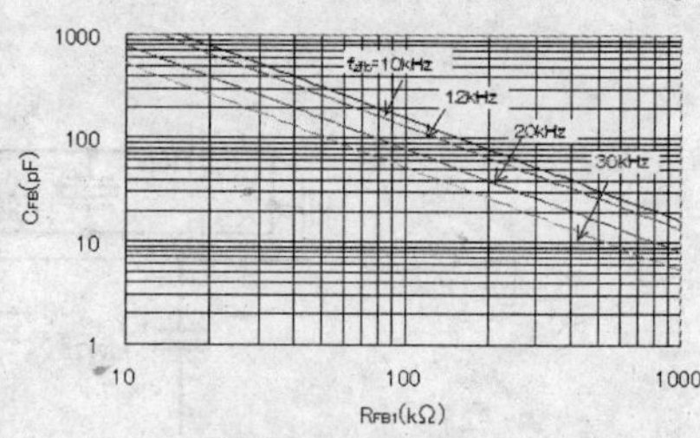

图25 RFB1与CFB的关系

(全文完)

◇四川 王鲁坤

5G技术能让互联网医疗行业如虎添翼

5G因其高通量、低时延、大连接的特性,成为众多行业拥抱5G的原因。其中医疗成为5G技术最早可实现、可推广的领域。在医院5G应用场景非常丰富,可分为两大类:一类针对医务人员的行业应用;另一类针对患者服务的公众应用。

5G应用能改善医院数字化管理,医院管理更高效。目前许多医院信息化的孤岛和烟囱现象依然存在,系统之间数据不一致;运转效率低、成本不断增加;患者就医体验不佳,医疗服务供应与患者诉求之间的矛盾难纾解。5G技术综合了信息互联、边缘智能等技术,有望为医院管理者获知全面立体的运营状况提供技术支撑,在医疗资源投入、科室人员安排、医疗质量和安全防护、药品调配等方面有能力做到准确的筹划、科学安排。

当病人感觉不舒服时,可以通过手机APP在线咨询,获得就医指导。然后确需到医院就诊者,可以通过手机APP在线预约门诊号,到医院自助机取号,按照预约时间就诊,信息系统会告诉患者就诊地点和时间段,减少了传统就医模式中大量的排队、候诊时间。有效避免了传统的请一天假、排数小时队、见几分钟医生的窘境。

利用5G网络的快速高通量特性,患者在门诊可以利用手机导航,到各检查检验科室完成检查;患者更是可以在利用手机APP查询检查检验报告,不用在为取检验报告单而奔波于路上。电子处方可以让患者在到达取药窗口时就能获得已经准备好的药物配剂,手机APP可以告诉患者如何用药和注意事项,避免遗忘。

如果病人在本地住院时,如果出现治疗效果不佳的疑难病症时,可以通过远程医疗申请之知名专家会诊,或者多学科联合会诊。5G互联网技术可以保障远程会诊数据交互更加顺畅、质量可靠。

患者门诊确诊或者住院出院后,可以随时利用手机接收主诊医师团队的互联网诊疗和随访,通过医院的APP在家进行复诊,5G通信技术为医患之间传输大量的病程信息、模拟面对面的视频沟通等不再受到通信流量的限制,必要时,医院可以派护理团队上门照护,大大减少了复诊患者往返医院之间的烦恼,提升了患者的就医体验。

5G的通信能力为人工智能提供了广阔的空间,移动查房为医护人员提供了更加方便可靠的工具,大幅度提升了医护人员的效率。人工智能和机器人的结合,在面对严重污染、重症传染性疾病等特殊区域,医院可以借助5G机器人承担查房等诊疗任务,提高隔离效果,降低医护人员危险。在家庭护理、居家养老方面,护理机器人能解决家庭人力不足的困难,这些都离不开具有可靠性通信和远程控制的5G通信技术。

◇四川科技职业学院 张雪鹏

RX 5700/5700XT 显卡

由AMD推出的全球首款7nm制程独显Radeon VII已经在今年6月进入停产退市阶段，剩余库存销售完毕后就会退出零售市场。Radeon VII价格虽然低于NVIDIA同级产品，但7nm的高昂成本、高功耗、高发热量、噪音大、没有支持光线追踪等劣势使它与NVIDIA的对比时缺少竞争力，因此AMD近期全新推出了Radeon RX 5700/5700XT独显。

这两款显卡搭载了AMD全新一代的RDNA架构和TSMC最新的7nm制程工艺。当然这两款产品与Radeon VII没有直接的传承关系，而是RX Vega 56和RX Vega 64的后继型号；主要对标NVIDIA的RTX 2060和RTX 2070。

RDNA作为AMD历史上全新的第五代架构，进步非常明显。RDNA配合7nm工艺，相比Vega10可以提供1.5倍的每瓦性能，单位核心面积性能提升2.3倍。CU单元的结构与GCN完全不同。RDNA仍然拥有统一着色器，但标量、矢量单元采用融合设计，拥有更多的ALU，单个CU单元的效能大大提升。虽然没有采用价格高昂的HMB显存，但也换成了GDDR6显存。采用了和Radeon VII一样的石墨导热垫设计，不过经过测试降温效果不是很明显，两款显卡的供电规格都是8+6Pin设计，接口同样是三个DP1.4和一个HDMI2.0的配置。散热设计也一样，只不过RX 5700XT散热片要多一些。

总的说来RDNA架构并非GCN的补丁式升级，而是一个全方位重新设计的GPU架构。在早先的GCN架构上，单个CU里含有4组16个流处理器，共计64个流处理器，并搭配相应的标量、向量单元、调度器与寄存器。而在RDNA架构中，这64个流处理器被分为了两组，每组32个，并配备两倍数量的标量单元，两倍数量的调度器与向量单元。

这意味着，当显卡在运行基于Wave64指令的游戏时，早先的GCN架构需要将指令拆分为四份，整体运行完毕需要四个时钟周期，而RDNA架构凭借着新的流处理器分组形式可以将该指令拆分为两份，并进行同步处理，实现单条Wave64指令一个周期内执行完毕的高效运行，进而将运算单元的执行效率达到100%，无需等待下一个时钟周期，大幅提升了运行性能。

此外，RDNA架构将每两个CU计算单元进行了捆绑，组成一个Work Group处理器，每个CU计算单元的标量解码和发射单元、矢量解码和发射单元、调度器的数量都增加了一倍，指令处理率因此也提升一倍，同时捆绑设计使得可用ALU单元、寄存器数量翻番，缓存带宽更是之前的四倍。RDNA架构还提升了图形流水线的效率，可以通过架构的改进来提升性能，并通过使用时钟门控技术来达成更高的能耗比，减少逻辑电平来达到更高的工作频率。最终在相同功耗、相同流处理器数量的环境下，RDNA架构能获得50%的性能提升。

RDNA架构对缓存也进行了大幅改进，包括加入128KB、16路L1缓存，将L0缓存与流处理器之间的载入带宽提升了2倍，大幅降低了缓存、显存的延迟。根据官方数据，RDNA架构L0缓存的延迟降低了21%，L1/L2缓存降低24%，内存延迟也降低7%。

RDNA架构还内建了四个增强的ACE异步计算引擎，改进了DELTA COLOR COMPRESSION三色压缩技术的算法，着色器可以直接读取或写入压缩色彩数据，显示引擎可以直接读取压缩色彩数据。

AMD有望在下一代RDNA架构产品上实现硬件加速来提高光线追踪的效能。

附GCN架构发展史：

GCN，全称为Graphics Core Next(次世代显示架构)。在第三代架构VLIW的弯路上走了许久之后，AMD终于正视了GPU在通用计算领域重要的作用，重新设计了像NVIDIA的SM一样的GCN单元的第四代GPU(也叫做CU，Compute Unit)架构GCN。

GCN设计的成功让AMD挤牙膏似的使用了7年之久，在GCN架构的大框架下，推出了一代又一代的“马甲卡”。其中众多显卡型号参数就不一一例举了，

(本文原载第 30 期 11 版)

	RX5700 XT	RX5700	VEGA64	VEGA56
核心代号	Navi 10	Navi 10	Vega10	Vega10
架构	RDNA 1.0	RDNA 1.0	GCN 5.0	GCN 5.0
制程工艺	7nm	7nm	14nm	14nm
晶体管数	10.3 亿	10.3 亿	12.5 亿	12.5 亿
核心面积	251mm^2	251mm^2	495mm^2	495mm^2
计算单元	40	36	64	56
流处理器	2560	2304	4096	3584
核心频率	1605MHz	1465MHz	1274MHz	1156MHz
游戏频率	1755MHz	1625MHz	N/A	N/A
BOOST 频率	1905MHz	1725MHz	1546MHz	1471MHz
峰值频率	N/A	N/A	1630MHz	1590MHz
单精度浮点性能	9.75 TFLOPS	7.95 TFLOPS	12.7 TFLOPS	10.5 TFLOPS
半精度浮点性能	19.5 TFLOPS	15.9 TFLOPS	25.3 TFLOPS	21.0 TFLOPS
纹理填充率	304.8 GT/s	248.4 GT/s	395.8 GT/s	330.0 GT/s
像素单元	64	64	64	64
像素填充率	121.9 GP/s	110.4 GP/s	98.9 GP/s	94.0 GP/s
显存容量	8GB GDDR6	8GB GDDR6	8GB HBM	8GB HBM
显存带宽	448 GB/s	448 GB/s	483.8 GB/s	410 GB/s
显存位宽	256 bit	256 bit	2048 bit	2048 bit
功耗	225W	185W	295W	210W
售价	3099(-300)元	2699(-300)元	3399 元	2699 元

GCN架构部分显卡汇总

GCN 代数	核心代号	显卡名称	马甲卡(马甲核心)
GCN 1.0	Tahiti XT	HD7970/R9 280X	N/A
	Tahiti Pro	HD7950/R9 280	
	Tahiti LE	HD7930	
		HD7870+/ HD7890	
	Pitcairn XT	HD7870	R9 270(X)/ R9 370X (Curacao/Trinidad XT)
	Pitcairn Pro	HD7850	R7 265/ R9 370 (Curacao/Trinidad Pro)
	Pitcairn LE	HD7830	N/A
	Cape Verde XT	HD7770/R7 250X	N/A
	Cape Verde Pro	HD7750/R7 250E/ R7 350/R7 450	
	Cape Verde LE	HD7730	R7 250/R7 340/R5 430 (Oland XT)
		N/A	R7 240/R5 330 (Oland Pro)
GCN 2.0	Hawaii XT	R9 290X	R9 390X(Grenada XT)
	Hawaii Pro	R9 290	R9 390(Grenada Pro)
	Bonaire XT	HD7790/R7 260X	N/A(Tobago XT)
	Bonaire Pro	R7 260	R7 360/ R7 455 (Tobago Pro)
GCN 3.0	Fiji XT	R9 Fury X/ R9 Fury Nano	N/A
	Fiji Pro	R9 Fury	
	Tonga XT	R9 285X	N/A
		N/A	R9 380X(Antigua XT)
	Tonga Pro	R9 285	R9 380(Antigua Pro)
GCN 4.0	Polaris10 XT	RX 480	RX 580(Polaris20 XTX)
			RX 590(Polaris30 XTX)
	Polaris10 Pro	RX 470	RX 570(Polaris20 XL)
	Polaris10 LE	RX 470D	N/A
	Polaris11 XT	RX 460	RX 560(Polaris21 XTX)
	Polaris11 Pro	RX 460D	RX 560D(Polaris21 XL)
	Polaris12 Pro	RX 550/ Radeon 540	N/A
GCN 5.0	Vega 10	VEGA 56/VEGA 64	N/A
	Vega 20	Redeon VII	N/A

音响器材的搭配与调校和音乐知识(二)

(紧接上期本版)

三、音色

什么是音色?依字面的解释,所谓的"音",即物体因振动而经由空气传达发出的声波,经人耳能感觉到的声音,而"音色",即因发声体的谐音(泛音)成份比例不同,而产生的不同声音。大自然中的任何声音皆为复杂的波形,这种复杂的波形除了基本频率的波形之外,还会有一系列的谐振频率,也就是所谓的"泛音"(harmonic),它与基音有一定的"倍音"关系,例如,某物体振动之基本频率为240Hz,也会发生480Hz(二次谐波),720Hz(三次谐波)等频率,每一个物体的倍音组成成份比例都不相同,这种不同物体发生不同的倍音成份的声音就是音色(timbre)。

其实在音响系统中的每个环节、每个零件都会有各自的音色,比如电阻、电容器、晶体管、真空管、线材、机箱材质、机箱结构等等,很多人不明白为什么音响器材中只要有一点小小的不同,声音就大大的不一样这道理,其实道理很简单,就是每一样零件的音色不同的缘故。而今音响器材的仪器测试多偏谐波失真、互调失真、频率响应、阻尼因素等测量,并未用频谱分析仪将泛音的结构加以分析,但即使是用频谱分析仪分析出泛音的比例成份,还是无法知道声音的好坏,这也解释了为什么两台频率响应一样,失真一样的机器,而声音却不同的原因。因此我们不得不借助于一些对音色客观的字汇来叙述,虽然不能尽意,但多少可以意会,要不评论器材只要用仪器来测试,何需用耳听?音响杂志时常会用各式各样的形容词来形容音色与音质,像硬朗、明快、柔和、有韵、顺畅、圆润、华丽、高贵、模糊、混浊、尖锐、凝聚、松散、厚重、浅薄、清澈、透明、细致、粗糙、强劲、丰满、活泼等等,不下百种形容词。

颜色有暖调、冷调之分,而音色也有暖调、冷调或硬调之分,这与音响器材发出泛音的比例有关。泛音成份中的中低音比例较多,声音就会有温暖、柔和、饱满、丰厚的倾向;泛音成份中的中高音比例较多,声音就会有冷调、硬朗、瘦、薄的倾向;音色不暖不冷的,我们则称为中性。在音响圈里的习惯,对音色的形容,除了上述的音色之外,还有明、暗、湿、干、水、娇、嫩等音色的形容名词。而音质就是声音本身的质感,我们对音质最习惯的用语有粗、细、松、紧、密、疏、滑、涩等形容词,不一而足。

音准

音准即音高,也就是音调。音响器材发出来的音准,是不是原来乐器的音调(tone或key),亦即各种乐器的音高像不像原来乐器的音调,例如器材声音的音调偏高,中提琴的声音听起来像小提琴,又或是器材声音的音调偏低,女生的声音听起来像男生。通常晶体管的扩大机或小喇叭的音调都较高,当然最像真实乐器的音准,评分就愈高。

音色鲜艳度

以绘画来比喻,油画的颜色较为鲜艳,而水彩画的颜色较较为淡雅,但在这里是指各种乐器音色的丰富程度,有的器材表现出各种乐器的音色变化不大,有的器材则表现出各种乐器的音色变化丰富,有些器材却达不到这个项目的标准。

高贵感

高贵感是异于一般形容质感的名词,像银之于铜,自有一番脱俗之高贵感,它意味着更低的失真,更纯的声音,更高的品味。与音响器材本身使用材质(如机箱材质、木箱材质、脚垫材质等)与零件(如电阻、电容、线材、真空管、晶体管、IC等)有关,就好像制造乐器的音色与所使用的材料有关的情形是一样。如果使用的材质或零件质量特佳,则声音的质量就较好,这与使用材质或零件的本身谐振泛音组成结构有关,很可惜的,这种高贵感较少出现在一些价格较廉价的器材上,主要是因为较廉价的器材受到成本的影响,无法使用质量较高的零件之故。

四、音质

音质的含义是什么?"音质"这个词,一般笼统的意义是声音的质量,但是在音响技术中它包含了三方面的内容:声音的音高,即音频的强度和幅度;声音的音调,即音频的频率或每秒变化的次数;声音的音色,即音频泛音或谐波成分。谈论某音响的音质好坏,主要是衡量声音的上述三方面是否达到一定的水平,即相对于某一频率或频段的音高是否具有一定的强度,并且在要求的频率范围内、同一音量下,各频点的幅度是否均匀、均衡、饱满,频率响应曲线是否平直,声音的音准是否准确,既忠实地呈现了音源频率或成分的原来面目,频率的畸变和相移又符合要求。声音的泛音适中,谐波较丰富,听起来音色就优美动听。

(全文完)

◇江西 谭明裕

解析专业音响系统调试方法

很多时候专业音响系统的使用不是仅仅按照书上说的就能做好,现在的实际应用中,往往环境的复杂程度远远超过以往,因此书本上的理论知识是需要理解并灵活运用才能做好专业音响系统的正确使用。而专业音响调试工作就是在实践中检验对错,毕竟一个演出是很多台前幕后人的心血,没有调试好音响系统一旦在演出中出现问题,就会让整场演出大打折扣。下面为大家介绍专业音响系统的调试方法,希望能帮到大家。

调试前的准备

1.音箱位置的摆放:舞台主扩音箱朝台前两侧摆放,分体式音箱中低音音箱在最下,中高音箱于中间,高音音箱放在最上,因为低音音箱发声方向性小,人体、桌、椅等物体吸收少。高音音箱方向性强,易被物体吸收。两套音箱的辐射区尽量彼此相叠,以增大立体声听音区。歌舞厅两侧的辅助扩声音箱箱口偏向厅后区,以满足后区观众听音需要,使厅内声场分布较均匀。不宜在厅后墙壁置音箱,要确保声像统一,避免出现反馈。

2.音箱接线:音箱接线必须采用音箱线,每根应在200股以上。音箱线两根颜色不同,连接音箱和功放输出端子应严格区分,两个声道完全一致,决不能错接,否则会导致音箱反相放声,使声场分布不均匀,放声音质变坏。

3.音响设备的连接:音响设备连接必须采用音频电缆,电缆屏蔽线和芯线应牢固焊接,避免虚焊现象出现。注意各插头的接线规则,不能任意颠倒,尤其卡侬插头平衡连接,卡侬插头与大二芯插头做平衡非平衡转换连接,应按规范进行。调音台后接设备的前两台尽量采取平衡方式连接,以减少系统噪声,提高抗干扰能力。常用连接中卡侬插头的2脚与大二芯或大三芯插头的尖端芯连接。

4.依照各种歌舞厅音响设备的连接图接好调音台、音源以及周边设备。

5. 调音台的输入通道参量均衡提衰量处于0dB状态,输入推子和主控推子均处于最低位置。

(1)压限器:噪声门阀关闭,输入增益0dB,压缩阀处于0dB,压缩比2:1,启动时间10ms,回复时间500ms,输出增益0dB。

(2)(房间)均衡器:输出增益0dB,各刻度频点处于0dB上,提衰范围±12dB,低切键弹出。

(3)延迟器:处于直通状态。

(4)反馈抑制器:处于旁路状态,削波电平调节放在2点位置。

(5)激励器:激励电平按键弹出,调谐旋钮处于12点位置,混合比例旋至最低位置,低音补偿处于关闭状态。

(6)电子分频器:各频段放大量放在9点位置,低端交叉点频率放在800HZ,高端交叉点频率放在2KHZ上,输入电平调在0dB处。

(7)功率放大器:将左右声道输入电平调节放在满刻度的2/3上,使功放留有储备量。

(8)效果机:置于旁路状态。

专业音响系统调测声场主要是调测传输频率特性、最大声压级、声场均匀度、传声增益、清晰度。调测要用到的测试仪器是声级计和实时分析仪。专业音响系统调测声场的测量条件和详细步骤

(1)测量条件

①设备已经安装完毕,具备加电条件。

②调音台(以及功放)的频率补偿置于干直位置。

③测试点的声压级至少高于厅堂总噪声15dB。检测混响时信噪比不小于35dB。

④各项测量一般在空场条件下进行。

⑤所有测试点必须离墙1.5m以外,对地面高度为1.6m。2.3M。有楼座的厅堂应包括楼座区域。

⑥测试点应均匀分布在厅内,一般不得少于4—9点。形状对称的歌舞厅,其主要活动区的调试点最低要求为:100㎡以下测4点,100㎡—200㎡测6点。200㎡以上测9点。要求测试点均匀分布在对称的一侧。

(2)测量传输频率特性

测量系统的配置如图。当扬声器配备有控制器或分音器时.应在均衡器与功放之间接入这些设备。实际上,紧接着上述调试步骤3之后,撤除混响环节,按下均衡器、压限器、激励器、啸声抑制器等周边设备的旁路(Bypass)按钮,系统即进入待测状态。测量步骤如下:

①开启测量系统,输出粉红噪声信号,调节噪声源的输出,使音响系统的输出足够大,满足测量条件第③项的要求(通常取90dB左右)。

②在每一个测试点上用实时分析仪测试并记录频谱(此时无须使用1/3Otc滤波器)。

③如用声级计,由于声级计没有频谱分析功能,须用1/3Otc滤波器在传输频率范围内逐点选通三分之一倍频程的粉红噪声信号进行测量。

④由于声级足够大,声级计用平坦特性(不计权)。

(3)调整传输频率特性

在测量传输频率特性的基础上,接入均衡器(释放其旁路按钮),按实测的传输频率特性相反的形状调节均衡。使用实时分析仪时,该项调节十分容易.只需把分析仪上的谱线顶部调平即可,当均衡器也已调尽仍不能获得平坦特性时,可适当调节控制器(分音器)以及各路功放的增益来进行补偿。当系统具有左右两个声道时,应当逐个声道调整。

(4)测量最大声压级

在调好均衡的基础上,向系统馈入粉红噪声信号,逐渐推起调音台主推子,令主扬声器达到满功率(不能让主功放饱和指示灯点亮),在各测试点测出最大声压级。

(5)测量声场均匀度

把声级计或实时分析仪移到声场中央,调节粉红噪声声级在90dB左右,再测量其他测试点,用列表或作图方法整理测量结果得到相应的声场分布。严格的说,该项测试应诸葛三分之一倍频程点进行测量。

(6)测量传声增益

(7)评价语言清晰度

音响技术声音的评价术语

1.声音有水分(或称油水):失真很小,频响宽而均匀,声音出得来,有一定的响度和亮度,混响声与直达声的比例合适,尤其是中高频混响声足量,在听觉上感到不干,圆润,有水分。

2.声音干:主要是录音棚、听音室音响条件差,扩散不好,混响时间短,特别是缺少中高频混响声所造成,听起来感到干涩,费力。为了改善音质,常在录音棚内加设一些不规则的弧形扩散板,增加反射声,或采用人工混响器。

3.声音透(透明度):失真很小,瞬态响应好,频响宽而均匀,中高频及高频出得来,混响声合适,尤其是中高频混响足量,低音不糊,有一定的力度,声音清楚明亮,层次感好,音色透。

4.声音糊:即含糊不清,音色糊成一片,指低音过多,低频混响时间过长,缺乏中高频,有互调失真,或者感觉声音好像蒙了一层纱幕,在听觉上感到明亮度、清晰度差,层次不清。

5.声音实:结实,中低频声能平均能级较大,高频及中高频不缺,直达声比例较强,混响声适量,声音厚实、明亮、失真小,响度高。如电影新闻片里的解说,如将传声器距离声源近一些,就会有主音突出,声音结实的感觉。

6.声音空:混响太大,直达声比例过小,传声器方向没有对准声源,传声器距离声源太远,或在混响较大的场合用无方向性传声器接受声源,就会感到声音空、清晰度差、主音不突出,甚至会觉得声源的方位不清楚。

7.声音荡:对这个术语也有2种概念,一是好的评价,中高音不缺,低音丰富而好听,低频段频响展宽,并有足够的能量,声音松弛有弹性,混响尤其是低频混响稍大,失真小,如有多频率音调补偿器在80–150赫提升4–6分贝听音乐就明显地感到低音丰满色荡。二是差的评价,如果将低音过分夸张,使声音失去平衡,或声源本身缺乏低频,而由扬声器(箱)的低频谐振峰造成共振,或者阻尼,瞬态响应不好,都会产生一种附加的"低音",在听觉上感到沉闷,缺少亮度与层次,这是一种失真,是非高保真度的音质。

8.声音木:低音或中低音较多,声扩散差,混响偏短,显得声音不活跃,呆板,中高频及高频欠缺,木是声音荡的反义。

9.声音柔(或称松):低频及中低频能量充足,声音厚实,松弛,不紧,响度合适,混响声稍大,失真小,瞬态响应好,中高频、高频适量,在主要频段内,频响比较均匀,并有一定的亮度,听起来不费力,音色丰满、柔和。

10.声音尖:频响分布不均匀,缺低音、中高音,尤其是高音分量过多,失真较大,在听觉上感到刺耳。

◇董美玉

邮局订阅代号：61-75 国内统一刊号：CN51-0091

微信订阅纸质版
请直接扫描
邮政二维码
每份1.50元 全年定价78元
四开十二版 每周日出版

扫描添加电子报微信号
或在微信订阅号里搜索"电子报"

2019年10月20日出版 实用性 启发性 资料性 信息性
第42期 国内统一刊号:CN51-0091 定价:1.50元 邮局订阅代号:61-75
地址：(610041)成都市武侯区一环路南三段24号节能大厦4楼 网址：http://www.netdzb.com
(总第2031期) 让每篇文章都对读者有用

网络连接词汇杂谈

2019年中国网民已经接近9亿人，一些专业网络术语也经常出现在大家视野里，今天就为大家对一系列相关的网络术语进行解读。

IP地址

IP地址是每个连接在Internet(因特网)上的电脑主机分配的一个地址(IPv4为32bit，IPv6为128bit)。按照TCP/IP协议规定，IP地址用二进制表示，每个IP地址长32bit，每个bit换算成4个字节。比如一个IPv4地址为"00001010000000000000000000000001"(IPv6更是128位长，后面会单独讲到)，为了方便使用，采用十进制形式来表示为"10.0.0.1"中间用"."来分开。

另外，IP地址又分为外网IP和内网IP，外网IP是全球唯一地址，内网IP一般设置为192.168.1.X（X为2-254之间的数字），由路由器或者交换机分配地址。

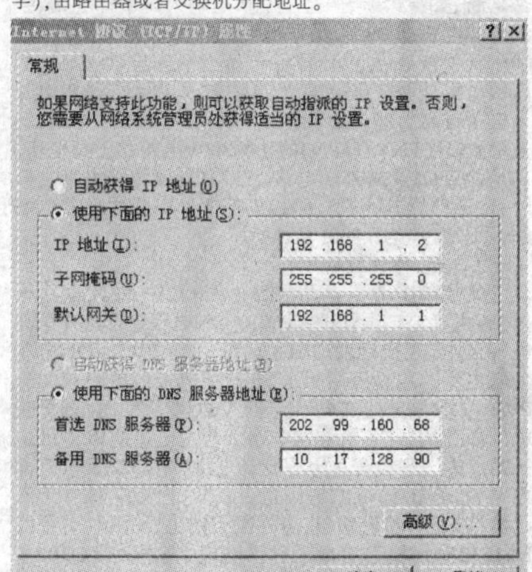

网关

又叫网间连接器、协议转换器；负责在两个高层协议不同间的网络互联，是复杂的网络互联设备。根据标准不同，网关不同，最常见的网关就是TCP/IP协议里的。

192.168.1.x
255.255.255.0
网络1
网关:192.168.1.1

192.168.2.x
255.255.255.0
网络2
网关:192.168.2.1

比如网络1的子网掩"255.255.255.0"，对应的IP地址是"192.168.1.X"。网络2的子网掩"255.255.255.0"，其IP地址为"192.168.2.X"；当与其他网络通信时，其网关可设置为"192.168.2.1"。

在没有路由器的情况下，不同的两个网络之间不能进行TCP/IP通信，即便是同一台交换机下，TCP/IP协议也会根据子网掩码判断两个网络的主机处在不同的网络里，如果网络1的主机发现数据包的目的主机不在本地网络，就会把数据包发给自己的网关，再由网关转发给网络2的网关，由网络2的网关转发的网络2的主机。

设置好了网关的IP地址才能实现不同网络之间的TCP/IP协议通信。

子网掩码

由于一个IP地址由网络和主机部分组成，因此为了区分网络位和主机位，产生了子网掩码。

比如网络1有"192.168.1.1"和"192.168.1.2"，其子网掩码都是"255.255.255.0"；网络2也有"192.168.1.1"和"192.168.1.2"其子网掩码是"255.255.0.0"。这时就必须通过子网掩码来判断哪个是网络1，哪个是网络2了。

DNS服务器地址

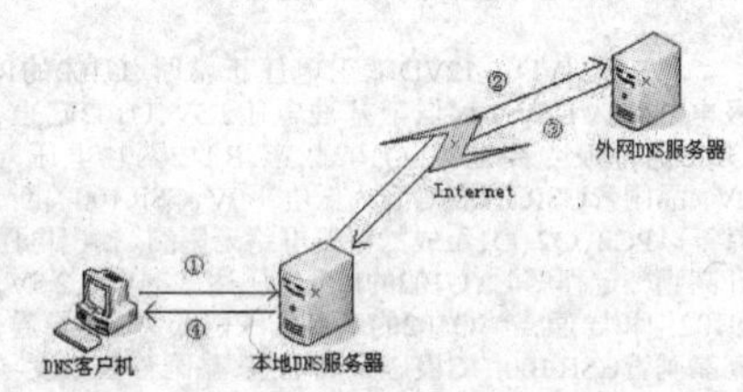

以前我们讲过DNS被劫持或者污染的状况（详见本报2019年第21期11版），知道DNS是把网址翻译成IP地址的服务器，一般出现DNS无法解析一般就是这两种原因，这里就不一一解释了。

MAC地址

很多时候我们家庭上网时的IP地址是在不断变化的，但是唯一不变是物理地址，每台电脑在制造的时候都有唯一的网络标识，即MAC地址。

FAST_0AA41A
57Mbps
安全
WPA/WPA2 PSK
IP地址
192.168.1.1
子网掩码
255.255.25
网关
192.168.
DNS 1
192.168.
AP MAC
A8:57:4E:0A:A4:
忘记 取消 连接

IP编号原则

例如我国的IP地址编号分配原则，其中IPv4分为三种：见图3里的A、B、C三种分配方式，其中红色部分的网络号是国家固定的，剩下的绿色部分的主机号是开发商定的，这个编号组合起来就是你的IP地址了。

IPv6地址

而IPv6地址总共有128位，为了便于人工阅读和输入，统一和IPv4地址一样，IPv6地址也可以用一串字符表示。只不过IPv6地址使用16进制表示，IPv6地址划分成8个块，每块16位，块与块之间用":"隔开。

同时，对于多个地址块为0的情况时，可以使用"::"号，进行化简。

网络号 7位 主机号 24位
A 0
网络号 14位 主机号 16位
B 10
网络号 21位 主机号 8位
C 100
其他 ……

化简原则

+全0块"0000"，可以化简为"0"

+多个全0块，可以化简为"::"

+一个IPv6地址中只能出现一个"::"，出现多个全0块时，"::"要化简最长的一段，没有最长的要就近(左)

+"::"可以出现在地址开头或结尾

具体示例如下

化简前	化简后
ABCD:0000:2345:0000:ABCD:0000:2345:0000	ABCD:0:2345:0:ABCD:0:2345:0
ABCD:EF01:0:0:0:0:0:6789	ABCD:EF01::6789
ABCD:0:0:0:ABCD:0:06789	ABCD:ABCD:0:0:6789
ABCD:0:0:6789:ABCD:0:0:6789	ABCD::6789:0:0:6789
0:0:0:0:0:0:0:1	::1
2001:0:0:0:0:0:0:0	2001::

IPv6地址整体上分为下面几种类型：

未指定地址

主要用于系统启动之初，尚未分配IP时，对外请求IP地址时，作为源地址使用，它不能用于数据包的目的地址之中。

环回地址

用于自己向自己发送数据包时使用，在日常网络排错中可以测试网络层协议状态。

组播地址

一个组播地址对应一组接口，发往组播地址的数据包会被这组的所有接口接收。

本地链路单播地址

本地单播地址的前缀为FE80::/64，它的作用是在没有路由(网关)存在的网络中，主机通过MAC地址自动配置生成IPv6地址，仅能在本地网络中使用。

全球单播地址

一个单播地址对应一个接口，发往单播地址的数据包会被对应的接口接收。

任播地址

一个任播地址对应一组接口，发往任播地址的数据包会被这组接口的其中一个接收，被哪个接口接收由具体的路由协议确定。

具体的地址分配如下表，

类型	二进制前缀	IPv6
未指定地址	00…0(全是0)	::/128
环回地址	00…1(最后1位是1)	::1/128
组播地址	11111111	FF00::/8
本地链路单播地址	1111111010	FE80::/10
全球单播地址	剩余的所有	
备注	任播存在于单播地址之中，没有专门的区分	

（本文原载第32期11版）

设集成电路一级学科工信部对我国集成电路产业进行了新一轮的规划

当前复杂国际形势下，工业半导体材料、芯片、器件及绝缘栅双极型晶体管(IGBT)模块的发展滞后将制约我国新旧动能转化及产业转型，进而影响国家经济发展。

工信部及相关部门将持续推进工业半导体材料、芯片、器件及IGBT模块产业发展，根据产业发展形势，调整完善政策实施细则，更好的支持产业发展。通过行业协会等加大产业链合作力度，深入推进产学研用协同，促进我国工业半导体材料、芯片、器件及IGBT模块产业的技术迭代和应用推广。

工信部和相关部门将继续加快推进开放发展。引导国内企业、研究机构等加强与先进发达国家产学研机构的战略合作，进一步鼓励我国企业引进国外专家团队，促进我国工业半导体材料、芯片、器件及IGBT模块产业研发能力和产业能力的提升。

为分阶段突破关键技术，工信部提到，将继续支持我国工业半导体领域成熟技术发展，推动我国芯片制造领域良率、产量的提升。积极部署新材料及新一代产品技术的研发，推动我国工业半导体材料、芯片、器件、IGBT模块产业的发展。

此外，人才问题特别是高端人才团队短缺成为制约我国工业半导体材料、芯片、器件及IGBT模块产业可持续发展的关键因素。对此，工信部表示，下一步，工信部与教育部等部门将进一步加强人才队伍建设。推进设立集成电路一级学科，进一步做实做强示范性微电子学院，加快建设集成电路产教融合协同育人平台，保障我国在工业半导体材料、芯片、器件及IGBT模块产业的可持续发展。

◇综合

力铭CLV82006.10型IP板电路分析与检修(二)

(紧接上期本版)

3.主电源

主开关电源主要由U100(EA1532A)、Q100、T100为核心构成,如图3所示。

EA1532是在单一IC上集成HV与LV芯片,HV用于高压驱动,LV用于小信号驱动。EA1532主要功能包括:可工作在DCM/QR或CCM模式下;低负荷或无负荷时会进入跳周期模式以降低频率及待机功耗;在QR模式下工作时,可通过低电压/零电压开关提高效率;EA1532A开关频率最高可达65kHz;多功能保护引脚,提供过载保护、输出短路保护、OVP及开放回路保护等功能。EA1532A与TEA1532A可互相代换。EA1532A引脚功能和实测数据见表2。

(1)启动与振荡

300V直流电压经开关变压器T100①-③绕组送到开关管Q100漏极。二次开机后,VCC控制电路输出的VCC电压送到U100的①脚,U100内部振荡电路启动,从⑦脚输出PWM脉冲,驱动开关管Q100工作于导通和截止状态。

开关变压器T100次级⑥-⑧绕组产生的感应电压经D105整流,C100滤波,ZD302稳压,得到33V电压,为逆变部分保护电路中的双运放U103(AS358M)供电;T100次级⑨-⑧绕组产生的感应电压经D106整流,C103、C104、C117、L100滤波,得到24V电压,为逆变电路供电;T100次级⑩-⑧绕组产生的感应电压经D107整流,C118、C116滤波,得到12V电压,送主板。

(2)稳压控制

本电路同时对输出的24V、12V两组电压进行监测来实现稳压控制。它主要由U101、PC100及U100④脚内部电路构成。R133、R132、R134组成取样电路,其中R133对12V电压进行取样,R132对24V电压进行取样,误差电压经R133、R132、R134组成的分压电路分压后送到U101的R极,经U101比较后产生误差信号,通过光耦PC100对开关电源芯片U100的④脚内部振荡电路进行控制,调整U100的⑦脚输出的PWM脉冲的占空比,使输出24V、12V电压稳定。

4.开关电源保护电路

在主、副开关电源的二次侧,设计了CSR100晶闸管保护电路(参见图2),通过控制开关机控制电路中的光耦合器PC2和晶体管Q2、Q1,对主开关电源驱动控制电路EA1532A的①脚VCC电压进行控制。

(1)保护执行电路

晶闸管电路CSR100为保护执行电路。CSR100的G极外接三种保护检测电路:一是由D103、D112、U102、Q102等组成的+5V、+12V、+24V过电压保护检测电路;二是由RT100组成过热保护检测电路;三是由运算放大器U103(AS358M)组成的+12V、+24V过电流保护检测电路。正常时晶闸管CSR100的G极为低电平0V,当过流、过电压保护检测电路检测到故障时,向晶闸管电路CSR100的G极送入高电平触发电压,晶闸管电路被触发导通,将待机控制电路光耦合器PC2的①脚电压拉低,与待机控制相同,光耦合器PC2截止,进而控制Q2截止,切断了VCC的供电电压,主开关电源停止工作,整机进入待机保护状态。

(2)过压保护和过热保护电路

过压保护检测电路由Q102、U102、D103、D112及分压电阻R25、R24、R103、R131等组成。

D103、D102二极管电路构成或门电路,负责对过压检测信号选通。在副电源的5VS输出端和主电源的+24VD、+12VD输出端均接有分压电阻,各路输出电压经分压电阻分压,得到取样电压,再经或门电路选通叠加(或门电路选通最高电压通过)后加到U102的R极。

5VS/+24VD/+12VD输出电压正常时,U102的R极电压约为1.8V,远低于基准电压2.5V,U102截止,Q102的基极为高电平,Q102截止,R112两端电压为0V,晶闸管CSR100的G极为低电平0V,CSR100关断,对于以PC2、Q2、Q1组成的待机电路无影响。输出电压升高到一定程度时,U102的R极电压达基准电压2.5V,U102饱和导通,将Q102的基极电压拉低,Q102导通,向晶闸管CSR100的G极送入高电压,晶闸管被触发导通,将PC2的①脚电压拉低,使开/关机光耦PC2截止,进入待机保护状态。

(3)过热保护电路

12V整流二极管D107的过热保护电路。热敏电阻RT100被胶粘在12V整流管D107的散热片上,分压电阻RT100与R131对5VS分压。正常时,R131分得的电压小(仅为0.2V),D103①、③脚之间的二极管截止,对于U102、Q102无影响。当12V整流管散热片温度高到一定程度,使RT100阻值下降到一定程度,使R131分得的电压升高到约3V时,D103①、③脚之间的二极管导通,U102的R极电压达基准电压2.5V,U102饱和导通,之后电路的工作情况与过压保护时相同。

(4)过流保护电路

过电流保护检测电路由24V过流取样电阻R107、12V过流取样电阻R108和双运算放大器U103(AS358M)及外围元器件组成。R107、R108分别是接在主电源24V、12V输出回路中的电流取样电阻,均为康铜丝(参见图3)。U103的①~③脚为24V过流内部放大器,U103的⑤~⑦脚为+12V过流内部放大器。U103的输出端①、⑦脚通过D110、D109、R122、D102与晶闸管CSR100的G极相连接。因两个运放保护电路完全相同,下面以24V过流保护电路为例进行分析。

24V负载电流由R107取样,其两端的对地电压分别标为24V_CS、24VD,这两点的电压分别接到U103的正相输入端③脚和反相输入端②脚。正常工作时,由于外接R147、R143的分压作用,③脚电压将低于②脚电压,运放①脚输出低电平,D110①、③脚之间的二极管截止,保护电路不动作;如果24V负载短路或者出现过流现象,R107上的压降急剧增加,导致24V_CS高于24VD较多,使得U103③脚电压高于②脚电压,运放①脚由低电平变为高电平,D110①、③脚之间的二极管导通,将D109齐纳击穿,向CSR100的G极送入高电平触发电压,CSR100触发导通,开关电源进入待机保护状态。

总之,上述三个保护只要有一个启动,则晶闸管导通,把待机光耦PC2的①脚电压拉低到0.7V,故待机光耦PC2截止,使热端VCC为约0V,主电源电路停振。

二、开关电源故障检修

采用CLV82006.10电源板的长虹液晶彩电,开关电源部分引发的故障主要有以下三种,其检修方法如下。

1.待机指示灯不亮

采用CLV82006.10电源板的长虹液晶彩电发生指示灯不亮故障时,主要检测副电源。首先检查熔丝F1是否熔断,如果熔断,一是检查市电输入抗干扰电路、整流滤波电路、副电源厚膜电路内部的开关管、主电源大功率开关管是否击穿短路;二是检查市电输入附近的压敏电阻是否击穿烧焦,如果击穿,则很可能是市电输入电压过高引起。如果熔丝未断,检查副电源电路,一是检查U1(TNY275PN)的④脚300V电压和①脚电压;二是检查U1及其外部电路。当U1内部的开关管击穿时,注意检测其④脚(漏极)外部的尖峰脉冲吸收电路是否正常,避免开关管再次损坏。

2.三无,待机指示灯亮

此故障多为主电源故障,无+12V、+24V电压输出。首先确定二次开机后PWR_ON电压是否为开机高电平,Q1是否导通输出VCC供电。如果PWR_ON电压为低电平,应检查主板上的开/关机控制电路;如果PWR_ON电压为高电平,但无VCC电压输出,则检查电源板上的开/关机控制电路。若主电源的VCC供电正常,接下来检查主电源驱动电路EA1532A及其外部电路,检查①脚VCC电压是否正常,检查⑦脚有无激励脉冲输出,若无输出,查外围元件也无问题,可更换EA1532A一试;若有激励脉冲输出,查开关管Q100及外围元件。另外,也要注意检查逆变电路中的4只大功率MOS管Q200~Q203是否击穿短路。

(未完待续)(下转第522页)

◇四川 贺学金

表2 EA1532A引脚功能和实测数据

引脚	符号	功能	电压(V)
①	VCC	电源供电	13.46
②	GND	接地	0
③	PROTECT	保护控制输入	1.03
④	CTRL	开关管脉宽控制	1.59
⑤	DEM	去磁控制输入/过压过载保护输入	0
⑥	SENSE	开关管电流检测输入	0.03
⑦	DRIVER	开关管驱动脉冲输出	1.64
⑧	DRAIN	启动电压输入	2.75

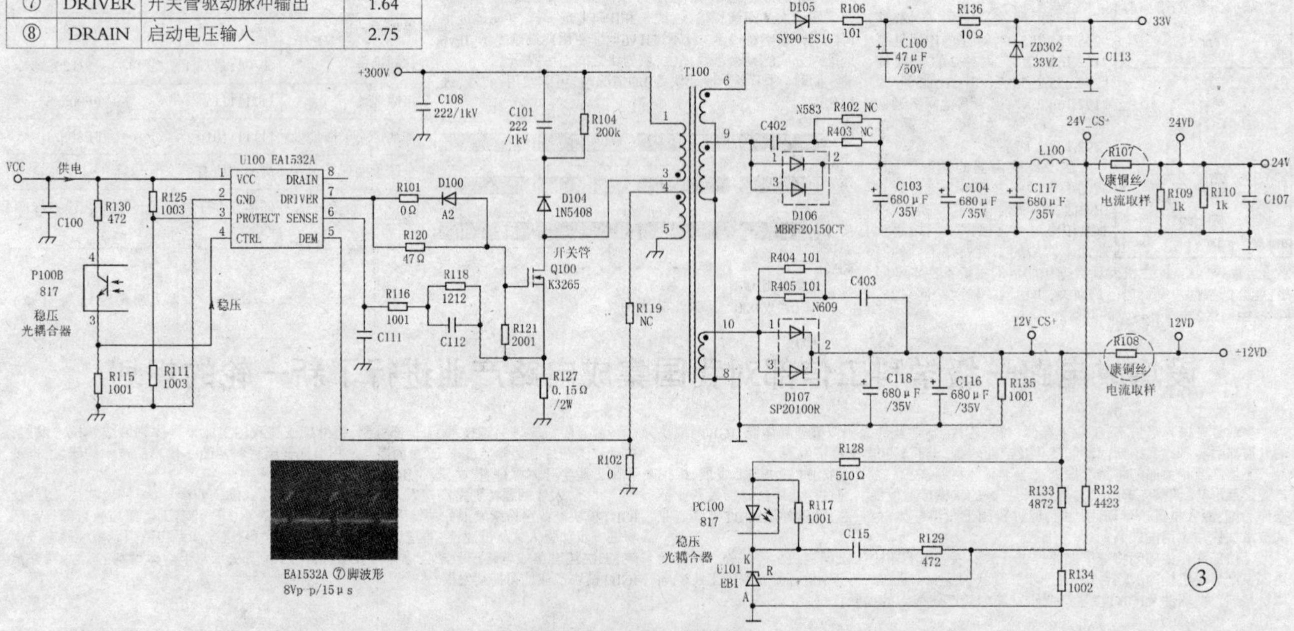

iOS13 实用技巧四则

一、简单实现iOS13保数据降级

如果你想将已经更新至iOS 13 Beta的iPhone进行降级，而且不希望丢失现有资料，那么请按照下面的步骤进行操作：

首先打开iTunes，连接iPhone之后进行备份，注意不要加密；进入设置界面(如图1所示)，在这里暂时关闭"查找我的iPhone"服务，接下来将iPhone进入DFU模式(如图2所示)，按下Shift键，点击"恢复iPhone"按钮，选择事先准备好的低版本系统固件，而且等待降级完成。

在等待iPhone降级的过程中，我们需要将iOS 13下备份的文件修改为可以在 iOS 12 通用的数据类型，从资源管理器进入C:\Users/用户名/AppData/Roaming/Apple Computer/MobileSync/Backup，在这里找到一串乱七八糟数字和字母组成的文件夹，在这里找到一个名为 info.plist 的文件，右键使用记事本打开，按下"Ctrl+F"组合键，查找"Product Version"(如图3所示)，将当前的13.0改为你降级的版本12.3或12.3.1，然后保存即可。

等待iPhone降级结束之后，连接计算机打开iTunes，选择"恢复备份"，就可以正常恢复之前的数据啦。

二、解决iOS 13打不进电话的问题

如果你的iPhone使用的是移动卡，而且iOS已经更新至iOS 13 Beta版本，那么可能会出现电话打不进的问题。如果不想降级iOS，那么可以按照下面的步骤尝试解决：

其实这是系统设置中新增加的来电阻止与身份识别功能所导致的问题，访问App Store，下载并安装腾讯手机管家，进入设置界面，选择"电话"，进入"来电阻止与身份识别"界面(如图4所示)，在这里启用"识来电"服务就可以了。

三、用好iOS 13的相册功能

很多朋友都已经开始体验iOS 13，其实它的相册功能也是相当的强大：

1.智能照片浏览

如果你注意的话，会发现在浏览相册时，不仅动态图片和视频都会自动播放，而且较之以前的版本，iOS 13的相册新增加了年度、月、天的分类(如图5所示)，我们可以左右滑动切换时间查看，新的时间分类模式更便于照片分类，帮助用户重温回忆。

如果按年份浏览，相册会选取往年的今日照片展示；按月份浏览时，会根据照片展示的事件对图片进行分类，并显示名称、位置等信息，而且检测到生日照片时，会对照片中的人物进行识别，并与通讯录中的生日信息进行对照，从而在标题中显示其名字；按天展示时，借助人工智能学习技术，相册会隐藏画面重复度的高照片、屏幕截图等，自动选取一张最佳照片进行放大展示。

2.专业级编辑功能

除了相册的变化，iOS13的照片编辑工具更加强大和完善，照片编辑界面进行了重新设计，相比iOS 12系统更加直观(如图6所示)，所有参数均位于同一层级，无需多次进入对应的参数分组，圆形按钮外环展示参数强度，修改起来更加直观快速。

照片编辑工具可以说是简约却不简单，既有包括曝光、对比度、暗亮等项目在内的基本调色工具和照片矫正，又有智能自动调节系统，我们可以调用更多、更强的编辑工具，包括降噪、晕影以及在拍摄建筑中非常好用的水平、垂直校正等，基本包含了摄影后期阶段所需的所有工具(如图7所示)，原有的旋转和裁剪页面加入了矫正畸变的功能，即使是初级用户，也可以轻松完成调校操作。几款滤镜工具虽然和其他主打滤镜的应用还有一定差距，但用来对付日常的朋友圈图文还是绰绰有余。

四、提高iPhone的省电能力

进入设置界面，依次选择"隐私→分析"，此时会进入分析设置界面(如图8所示)，在这里关闭所有相应的服务，无须重启iPhone即可生效，此时不仅可以提高iPhone的省电能力，也可以更好的保护隐私信息。如果不希望关闭所有分析服务，那么最起码可以关闭共享iPhone、分析数据、共享iCloud分析这三项服务，建议保留"增强的Beta版反馈"服务，该服务可以帮助Apple改进Beta版软件计划。

◇江苏 王志军

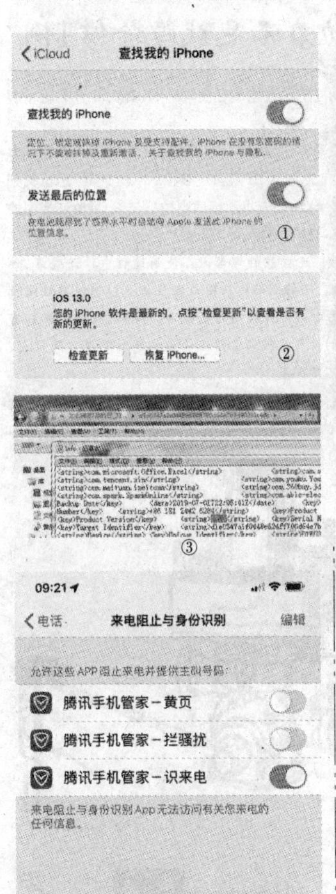

①②③④

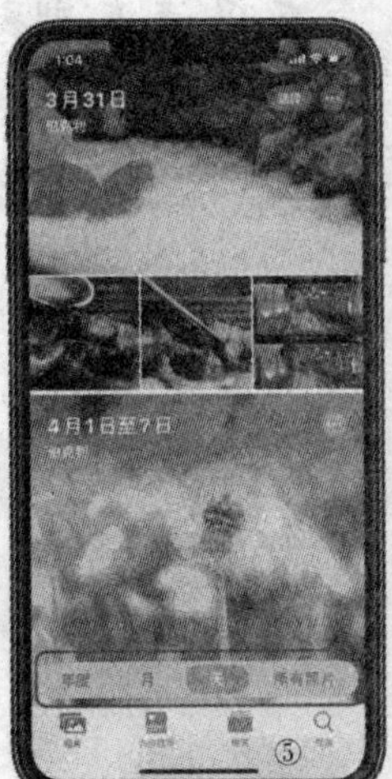

⑤

⑥

⑦

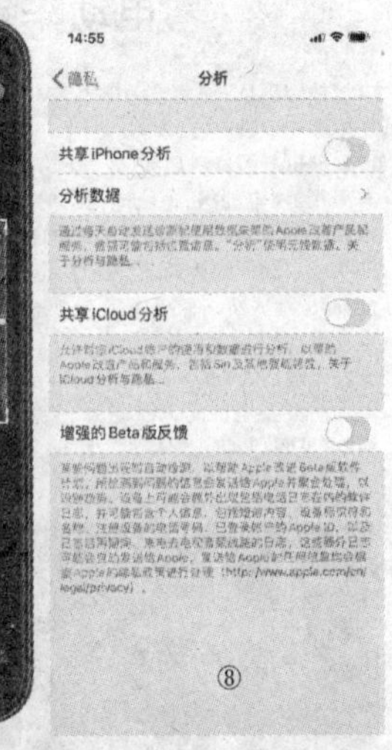

⑧

莫忽视"转手"电脑的数据擦除

【发现问题】

语文康老师最近新购了一台电脑，准备将之前用过七八年的旧机器低价"转手"他人；在将自己的程序文件通过U盘剪切粘贴转至新电脑之后，康老师总感觉不太放心——资料虽然已经清理了，但不知会不会被他人再"恢复"造成泄密。的确，这种担心并非是多余的，毕竟现在有很多的数据恢复软件(甚至还包括格式化操作后的恢复)功能都比较强大，建议待"转手"的个人电脑都应该进行一步数据擦除操作以防"泄密"的后患，如何操作呢？

【解决问题】

在微机老师的指导下，笔者先简单查看了下康老师的旧电脑，发现操作系统C盘(Win 7)运行得比较流畅，像Office 2016、QQ等各种常规应用软件也是极为合理地安装在了D盘；之前刚刚通过剪切粘贴操作转移走的数据文件都是分散保存于D盘、E盘和F盘，没有进行二次系统安装的必要性。此时最为简单易行的处理方法就是借用"360安全卫士12"的"磁盘擦除"功能，来实现个人数据文件及各种操作使用痕迹的消除，具体操作方法如下：

首先在360安全卫士主界面中点击切换至"功能大全"，找到其中的"磁盘擦除"(首次运行时需要进行联网安装)；接着，在弹出的"360磁盘痕迹清除器"中切换至第二项"擦除磁盘剩余空间"选项卡(默认已经选中了C盘)，此时需要加选D盘、E盘和F盘，然后再点击右下角的"开始擦除"按钮；360卫士会提示——"擦除磁盘剩余空间，会对磁盘进行大量读写操作，可能会影响硬盘寿命，请谨慎操作！是否继续？"，没问题，直接点击"确定"按钮后即可正式开始磁盘剩余空间的数据擦除操作(如附图所示)。

一般每个磁盘的擦除时间大致需要10分钟左右，若感觉比较耗时，还可以将左下角的"擦除完毕后自动关闭电脑"项勾选，当所有的操作完成之后就自动关闭电脑。然后就可以放心地将旧电脑进行"转手"，因为个人数据已经被安全"擦除"消失了，不用再担心发生数据的泄密啦。

◇山东 牟奕炫 牟晓东

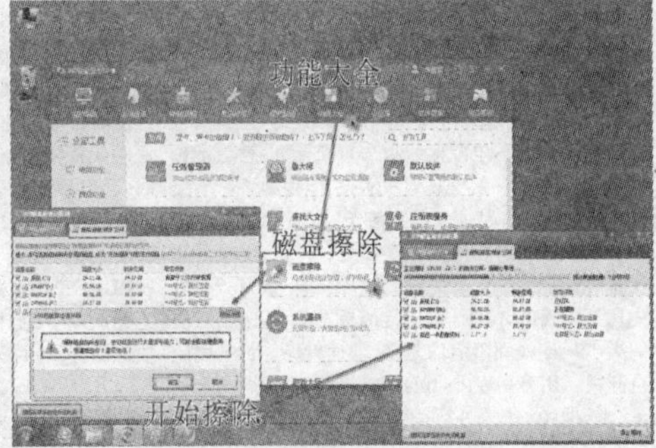

手机微信截图一页以上内容的方法

在工作或生活中，有时需要截图一页以上内容的文字或图片，用于保存重要的具有纪念意义的信息，或者保存用作证据材料。这里介绍操作的方法。

1.截取屏幕上可见的信息内容

截取手机上一屏以内的信息内容，方法较简单，可在找到欲截图的内容，使其完整的显示在手机屏幕上，同时按压手机的"开关"键和"音量减"键即可实现截图。截图成功后图片就保存在相册中。打开相册即可对其继续加工，如图1所示。在图1下方有一行菜单，包括"分享"（点击之可将图片分享给微信朋友或微信朋友圈）、"收藏"、"编辑"（点击之可对图片进行旋转、修剪、过滤、保留色彩、虚化、马赛克、涂鸦、标注等编辑操作）、删除或其他更多操作。

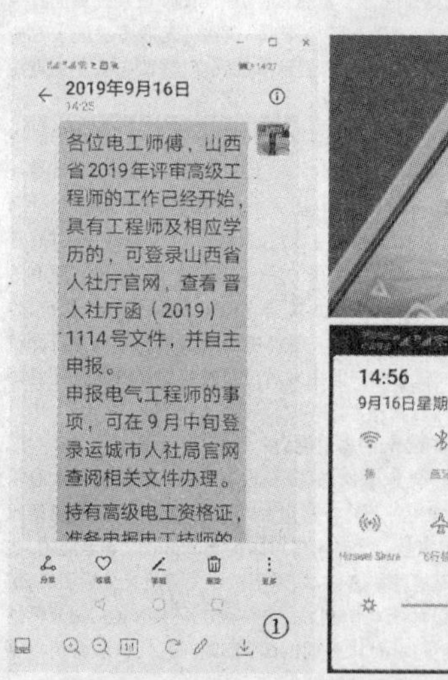

①

② ③

④

很多手机都可以如此操作实现截屏。

有些手机还有其他的截屏方法，例如华为系列的荣耀8X手机，进入需要截屏的画面，后，从手机屏幕顶部状态栏处下拉，即按照

图2中箭头方向向下拉，呼出控制中心，如下图3所示。图3中有"截屏"按钮（被粗黑线框起来的的那个按钮），点击"截屏"按钮即可实现截屏。

2.滚动长截图

使用上方第一种或第二种方法截图之后，然后会看到屏幕下方有【滚动截屏】的选项，点击它就可以进行长截图了。

荣耀8X手机长截图的操作程序如下。

进入需要截屏的画面的开始位置，从屏幕顶部状态栏处向下拉，呼出控制中心，点击"截屏"按钮即可实现当前可见页面的截屏。截屏成功后，被截屏的图片缩小到手机屏幕的左下角，点击这个被缩小的图片，该图片放大至略小于屏幕尺寸，并在在图片下方出现一行菜单，包括"分享"、"编辑"、"滚动截屏"和"删除"等按钮，这时点击"滚动截屏"按钮，手机就开始将屏幕内容逐渐滚动上翻并截屏。当需要停止截屏时，用手指触摸手机屏幕任意位置，则长截屏停止。然后，若需对长截屏进行编辑，按常规方法操作即可。

如果在长截屏过程中没有触摸手机屏幕，截屏将持续进行，但达到一定时长时，截屏会自动停止。

◇山西 杨德印

电动车锂离子电池的维修技巧

故障现象：一套电动车用50V/10000mA的锂离子电池充不进电。

分析与检修：打开外壳，取出电池查看，该电动车采用2块电池组，每块电池组的电压诶25V，两组串联起来为50V。每组由5串X3的18650/2200 mA电池构成。经仔细检查，发现一块电池组1串的3个电池损坏，造成断路，导致该组电池充不进电。另一块电池组内2串的6个电池严重损坏。取出坏的电池换上好电池后，再逐一将各个电池连接起来即可。换电池时要在电池的正极端上一定要再垫上一层绝缘纸（见图1），防止焊接时短路正、负极。

【注意】焊接正极时一定不要时间过长，否则容易导致电池过热损坏。

焊好后先用小电流充一段时间，检测各组电池均正常后再按正常电流充电。电路板上有温度传感探头（见图2），一定要和电池紧密接触上，否则起不到保护作用。电路板上设计有5组电压监测点，用来监测每串电池的电压，使得每串电池充电电压达到平衡。充满电后测量总电压，每块电池只有20V，达不到原设计指标，只能凑合着用了。

【提示】分析这组电池损坏的原因可能是过充放电造成的。原则上讲，锂电池应随用随充。

◇内蒙古 夏金光

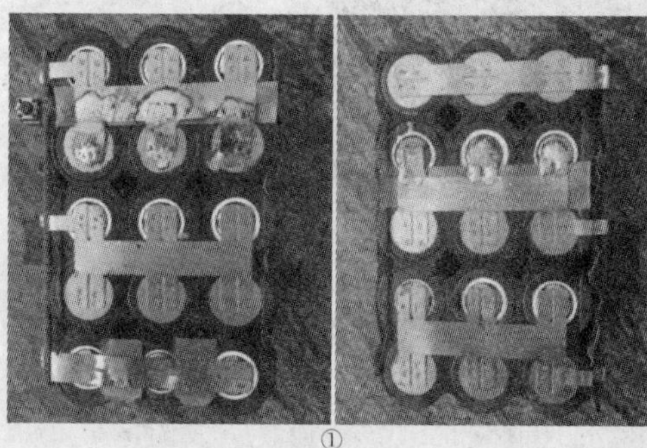
①

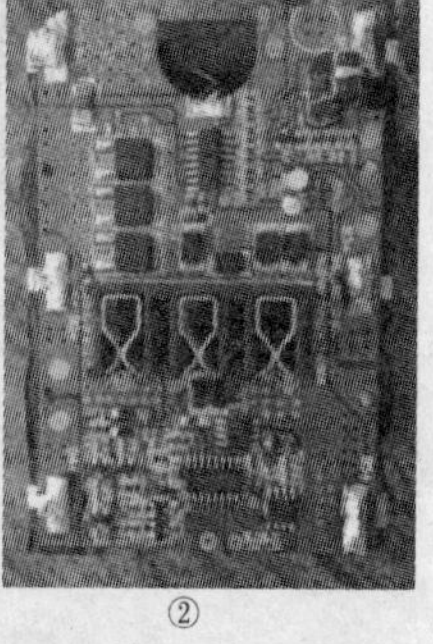
②

电源插座开关失灵导致电脑出现蓝屏故障的检修

在2018年10月4日上午刚开台式电脑，突然出现蓝屏。因电源接线板已用了6个年头了，所以笔者初步怀疑电脑主机的电源插头和接线板插座之间接触不良的缘故，导致电脑出现蓝屏。为了要迅速找到产生蓝屏的原因，笔者就将该电脑主机的电源插头从接线板上拔出，尔后又将此电脑主机的电源插头重新插进该板的另一个插座中（该板共有6个插座，先前仅用了3个）。在拔出和插进的过程中，轻轻地挪动了一下电源接线板后重新开机，意想不到的奇迹出现了——蓝屏突然消失，但稍动了一下接线板，蓝屏又出现了。据此迹象，判断这次蓝屏的"病根"就在电源接线板上。于是，拆开接线板后用什锦锉锉插座中所有的铜接触片，继而断开开关，先用万用表R×10Ω挡测出接线板上6个插座相对应的火、零、地线间阻值均为零，导通良好。断电后闭合开关，用万用表R×10Ω挡测接线板3脚插头上的火、零、地和该板上6个插座中一一对应的火、零、地线间的阻值，发现每一组有时为20Ω，有时为10Ω，有时为0，很不稳定，说明接线板上按钮开关的动、静接触片严重接触不良。因该开关用了年数较多，由于动、静接触片接触不紧密，则在通电时短距离产生的电火花造成急剧氧化，久而久之聚积的氧化物越来越多，而金属氧化物的电阻率较大，在长度、横截面积和金属相同的情况下，它的电阻就较大，通电时必然在它上面的降压较大，致使主机输入电压明显降低。当电源输入电压低于某一个设定值时，会导致硬件工作在临界状态，此时系统工作会非常不稳定，导致电脑出现蓝屏。查清了此情的原委后，我更换了一块质量好的电源接线板，输入电压稳定在220V，蓝屏现象立即消除，使用至今从未出现。偶有电脑蓝屏出现的使用者，不妨藉此为例，快速修机，马到成功，令你欣喜。

◇江苏 徐振新

东风汽车制动力不足故障检修1例

故障现象：一辆东风EQ3286L汽车在空载行驶时制动正常，而重载时出现制动不足、制动距离过长的现象。

分析与检修：由于汽车在空载时制动正常，首先排除了制动蹄片间隙调整不当引起故障的可能；其次是检查气压表，发现气压表指示气压正常。经认真分析，怀疑故障可能是感载阀异常所致。检查发现感载阀拉杆与中、后桥连接端的螺母脱落。锁紧螺母更换后试车，故障排除。

【提示】感载阀拉杆与中、后桥连接端的螺母因在使用过程中松动脱落，致使感载阀失去调节制动气压功能，而将制动气压固定在某值上。但因感载阀拉杆自身重量有1.3kg左右，在失去中后桥连接端的支撑后，对感载阀调节摆杆有一下拉重力，使感载阀输出的制动气压较正常情况输出的制动气压下降较大，使得车辆在重载时出现制动力不足现象。

感载阀工作原理：参见附图，感载阀安装在汽车车架上，通过摆杆及弹性臂与后桥相连。空载时，后桥与阀的距离最大，摆杆处于最低位置。随着汽车的加载，此距离缩小，摆杆从空载向满载位置方向移动（摆杆顺时针转动），受摆杆控制的凸轮，使挺杆g上升到相应的负载位置控制感载阀的输出制动气压，给车辆提供最佳制动力。避免制动器处于过载工作状态，可改善制动器工作强度并延长工作寿命。若摆杆或弹性臂断裂时，凸轮自动回位，使挺杆g处于某个特定位置，从而决定了感载阀处于半载或满载制动气压位置的功能。

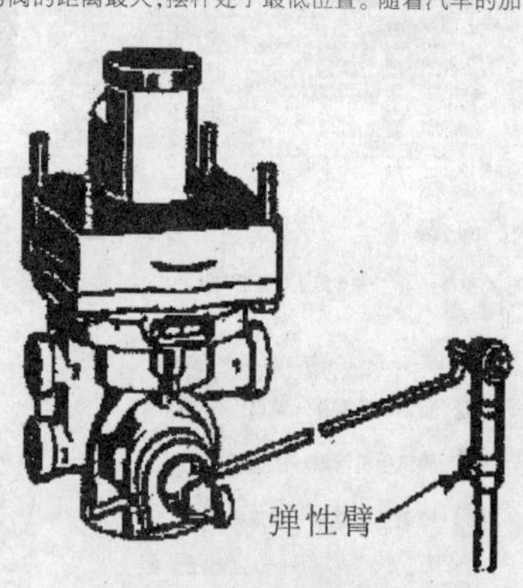

【注意事项】当车辆出现感载阀拉杆连接螺母脱落故障时，可临时将拉杆拆掉，感载阀仍能安全工作（即相当于继动阀）；不影响车辆制动安全。但到服务站后应及时按上述解决方案处理。另外，如果用户自行加装中后桥钢板弹簧也会导致重载制动力不足，因为加装中后桥钢板弹簧将会改变感载阀凸轮行程。

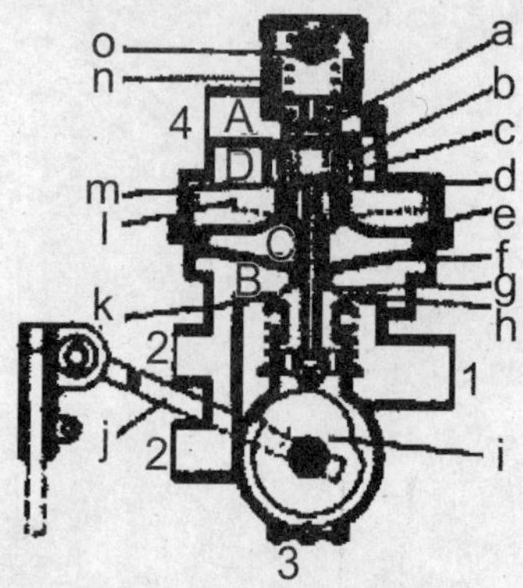

◇辽宁 孙永泰

运算放大器环路稳定性分析的基础：打破环路

在我的最后一篇信号链路基础文章“运放环路稳定性分析的基础知识：双环路增益的故事”之后，我收到了关于如何生成我所评论的开环SPICE仿真曲线的问题。虽然有很多方法可以做到这一点，但我一直使用的方法是打开或“中断”环路，同时将一个小信号注入高Z节点并查看环路中不同点的响应。但是你可能还有其他问题，关于在哪里打破环路，用于打破环路的方法以及此方法与其他更正式的环路稳定性方法的比较。

让我们用图1作为挖掘这种方法的起点；我还会解释为什么我很习惯使用它以及你可能遇到的挑战。此过程中最重要的部分之一是了解必须进行的组件交互，以进行精确的环路增益仿真。为了使这些可视化更容易，图1显示了运算放大器开环输出阻抗ZO和输入电容CIN，在放大器外部用分立元件表示。

请注意，CIN从两个共模电容和差分电容简化为单个集总电容。由于ZO和输出负载CL之间的相互作用，将对电路的开环增益曲线进行修改。因此，您不应该以将ZO与CL或系统中的其他负载隔离的方式来中断环路。

需要发生的第二个交互是在反馈组件，RF和RI以及CIN之间。反馈分量相互作用导致反向反馈因子(1/β)曲线的修改。因此，您不应该以将CIN与其他组件隔离的方式来中断环路。

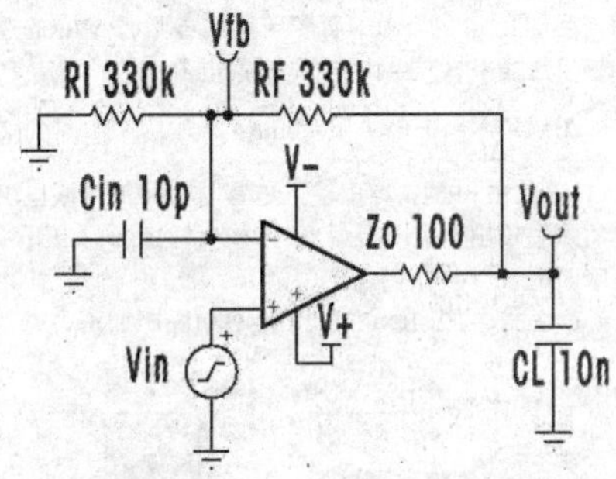

图1 具有ZO和CIN的典型运算放大器电路代表运算放大器外部

图2显示了可以打破环路的最常见位置。第一行中的选项无效并且分别阻止输出负载和ZO之间或放大器反馈网络和CIN之间的适当交互。第二行和第三行中的选项可有效捕获运算放大器ZO和CIN发生的主要交互。第二行中的选项错过了ZO与反馈网络之间的细微交互，这种交互可能发生在具有无功输出阻抗的高带宽放大器(>10−50 MHz)中。可以在不修改主电路拓扑的情况下实现此中断，并且因为它捕获主要交互，所以这是最常推荐的方法。

第三行中的选项捕获所有可能的电路交互，但需要在运算放大器的宏模型外部创建运算放大器的ZO或CIN模型，这反过来要求您了解这些组件以及如何对它们建模。

第三行中的右下角选项与包含多个反馈回路的更高级电路相同，并且只需要对运算放大器输入电容进行外部建模。这些输入电容通常可在产品数据手册中找到，并可使用单个电容建模，如图2中的CIN所示。

下一步是在执行开环仿真时保持适当的DC工作点。为了获得精确的小信号开环结果，运算放大器电路必须偏置在线性直流操作区域。在DC处具有开路反馈环路的运算放大器将产生输出电压，该输出电压基于输入电压较大而饱和到输出轨道之一中，作为比较器操作。在这种饱和条件下偏置时，小信号开环分析将不正确，因为内部电路元件将饱和，并且不会像在线性工作区域中那样表现。断开环路的方法仍然必须提供有效的DC工作点，同时充当AC频率的开路。

我教的方法使用大电感和电容。大电感在DC处提供非常低的阻抗(短路)；其较大的电感值为感兴趣的交流频率(> 0.01 Hz)提供了非常大的阻抗(开路)。大电容器提供相反的效果，并且对于DC处的电路呈现非常大的阻抗(开路)而对于感兴趣的AC频率呈现非常小的频率(短路)。这些效应如图3所示，使用简单的运算放大器缓冲电路作为示例。开关SW1和SW2分别代表DC和AC频率的电感器和电容器。

使用这些方法，图4以两种方式打破了图1中原始电路中的反馈环路。左侧电路使用更常见的方法，并将正确捕获运算放大器模型的ZO和CIN参数与电路负载和反馈网络之间的相互作用，而无需在外部添加它们。正确的电路会打破输入端的环路，这是一种稍微强大的方法。它捕获输出阻抗和反馈网络之间的轻微交互，但要求您在外部添加CIN组件，以便考虑其与反馈网络阻抗的相互作用。您应该将此方法用于具有多个反馈回路的电路，例如有源滤波器，大多数伺服回路和一些电容性负载驱动电路。

图5中的公式使用模拟电路中的VOUT和VFB探头计算AOL，1 /β和AOLβ。

图6显示了各个电路断路的结果。结果表明，这两种方法产生几乎相同的相位环增益幅度和相位响应，证实两种方法在大多数情况下都有效。在我的职业生涯中，我已经多次将从这种方法中获得的结果与其他方法进行了比较，并发现打破环路是稳健和准确的，提供了类似的结果。其他方法当然也可以，但需要多次模拟，并且通常需要更高级的计算，您必须将结果粘贴到电子表格中进行处理。

为了获得准确的仿真结果，在断开电路上的环路时要小心，这样可以保持适当的直流工作点并保持重要的元件相互作用。具有对两个输入的反馈的更高级电路需要差分分析，其使用类似但略微修改的方法，其在两个输入处断开环路，同时以差分方式注入信号。如果您正确建模运算放大器的AOL，ZO和CIN参数，并且在构建硬件之前解决模拟中的大多数稳定性问题，模拟结果也已经多次确认，以便与工作台结果很好地匹配。

◇湖北 朱少华 编译

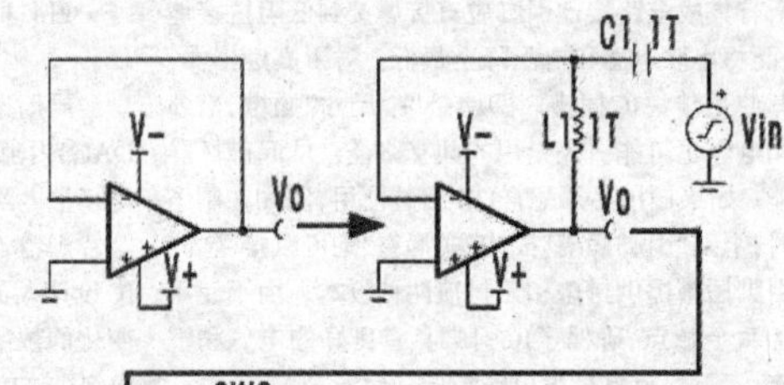

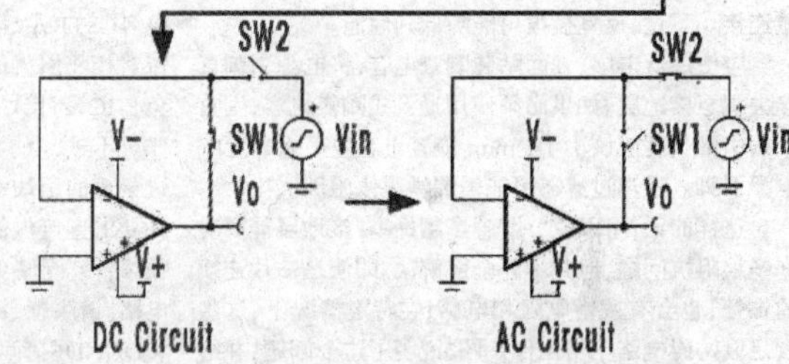

图3 在缓冲电路上断开环路并显示L1 / C1在直流和交流频率下的影响

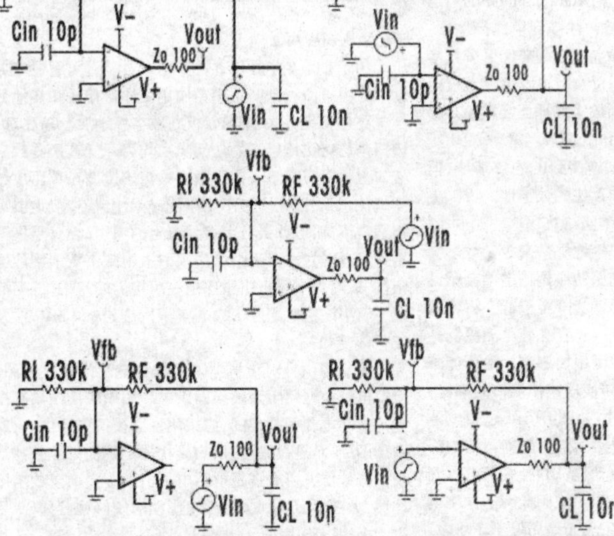

图2 不同的电路位置，你可以打破环路

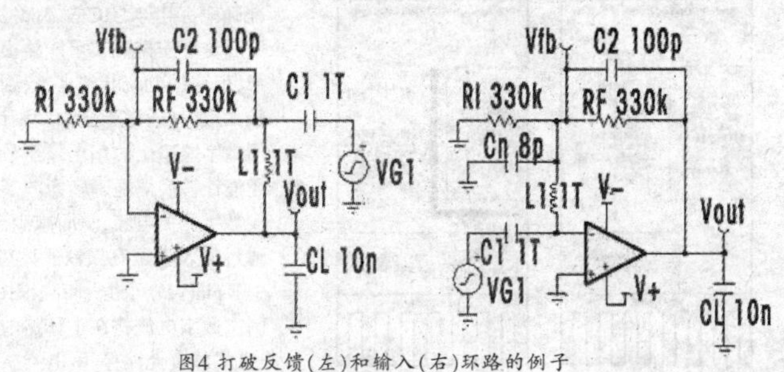

图4 打破反馈(左)和输入(右)环路的例子

Feedback Break:

$A_{OL} = V_{OUT}/V_{FB}$

$1/\beta = 1/V_{FB}$

$A_{OL}\beta = V_{OUT}$

Input Break:

$A_{OL} = V_{OUT}$

$1/\beta = V_{OUT}/V_{FB}$

$A_{OL}\beta = V_{FB}$

图5 用于从模拟探针计算开环电路参数的等式

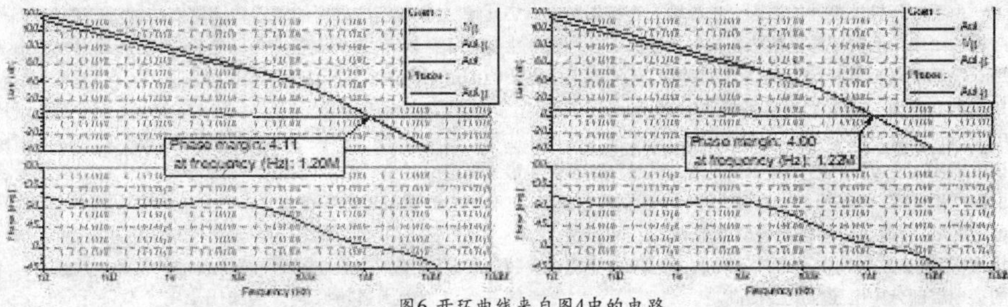

图6 开环曲线来自图4中的电路

PCB设计中良好接地事项(二)

(紧接上期本版)

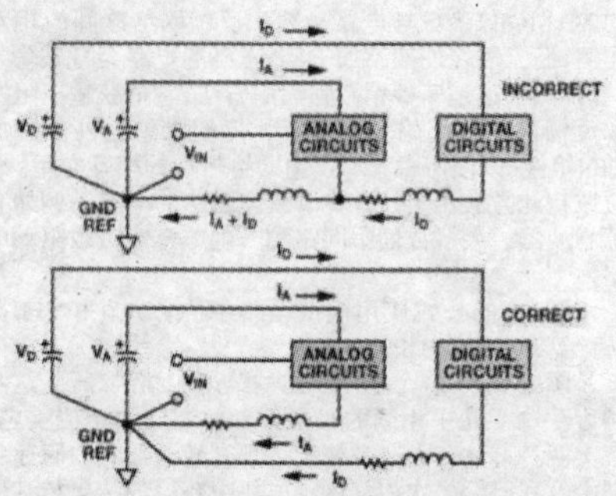

图2 流入模拟返回路径的数字电流产生误差电压。

图2显示数字返回电流调制模拟返回电流的情况(顶图)。接地返回导线电感和电阻由模拟和数字电路共享，这会造成相互影响，最终产生误差。一个可能的解决方案是让数字返回电流路径直接流向GND REF，如底图所示。这显示了"星型"或单点接地系统的基本概念。在包含多个高频返回路径的系统中很难实现真正的单点接地。因为各返回电流导线的物理长度将引入寄生电阻和电感，所以获得低阻抗高频接地就很困难。实际操作中，电流回路必须由大面积接地层组成，以便获取高频电流下的低阻抗。如果无低阻抗接地层，则几乎不可能避免上述共享阻抗，特别是在高频下。

所有集成电路接地引脚应直接焊接到低阻抗接地层，从而将串联电感和电阻降至最低。对于高速器件，不推荐使用传统IC插槽。即使是"小尺寸"插槽，额外电感和电容也可能引入无用的共享路径，从而破坏器件性能。如果插槽必须配合DIP封装使用，例如在制作原型时，个别"引脚插槽"或"笼式插座"是可以接受的。以上引脚插槽提供封盖和无封盖两种版本。由于使用弹簧加载金触点，确保了IC引脚具有良好的电气和机械连接。不过，反复插拔可能降低其性能。

应使用低电感、表面贴装陶瓷电容，将电源引脚直接去耦至接地层。如果必须使用通孔式陶瓷电容，则它们的引脚长度应该小于1 mm。陶瓷电容应尽量靠近IC电源引脚。噪声过滤还可能需要铁氧体磁珠。

这样的话，可以说"地"越多越好吗？接地层能解决许多地阻抗问题，但并不能全部解决。即使是一片连续的铜箔，也会有残留电阻和电感；在特定情况下，这些就足以妨碍电路正常工作。图3说明了这个问题，并给出了解决方法。

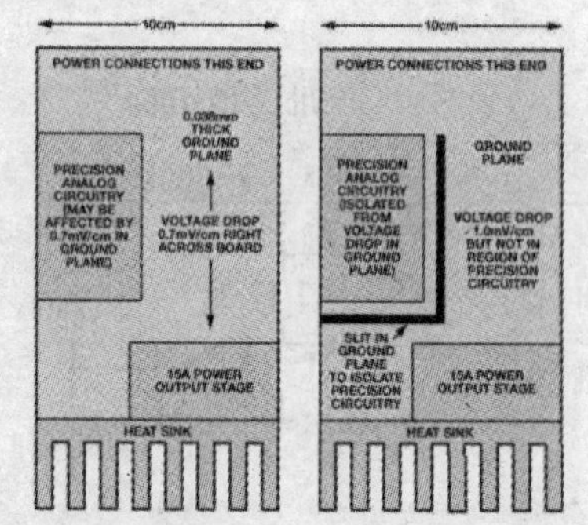

图3 割裂接地层可以改变电流流向，从而提高精度。

由于实际机械设计的原因，电源输入连接器在电路板的一端，而需要靠近散热器的电源输出部分则在另一端。电路板具有100 mm宽的接地层，还有电流为15 A的功率放大器。如果接地层厚0.038 mm，15 A的电流流过时会产生68 μV/mm的压降。对于任何共用该PCB且以地为参考的精密模拟电路，这种压降都会引起严重问题。可以割裂接地层，让大电流不流入精密电路区域，而迫使它环绕割裂位置流动。这样可以防止接地问题(在这种情况下确实存在)，不过该电流流过的接地层部分中电压梯度会提高。

在多个接地层系统中，请务必避免覆盖接地层，特别是模拟层和数字层。该问题将导致从一个层(可能是数字地)到另一个层的容性耦合。要记住，电容是由两个导体(两个接地层)组成的，中间用绝缘体(PC板材料)隔离。

具有低数字电流的混合信号IC的接地和去耦

敏感的模拟元件，例如放大器和基准电压源，必须参考和去耦至模拟接地层。具有低数字电流的ADC和DAC(和其他混合信号IC)一般应视为模拟元件，同样接地并去耦至模拟接地层。乍看之下，这一要求似乎有些矛盾，因为转换器具有模拟和数字接口，且通常有指定为模拟接地(AGND)和数字接地(DGND)的引脚。图4有助于解释这一两难问题。

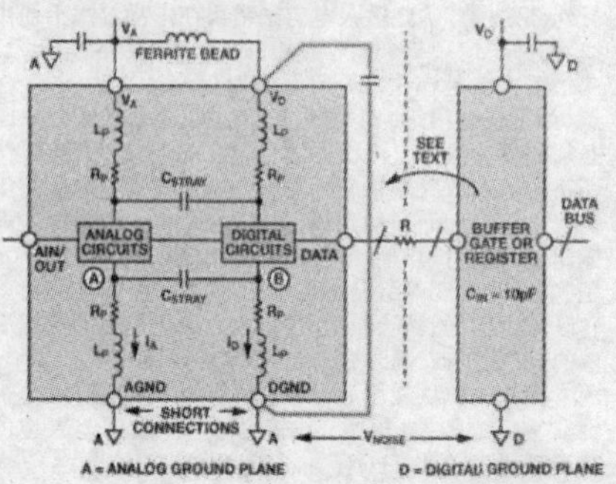

图4 具有低内部数字电流的混合信号IC的正确接地。

同时具有模拟和数字电路的IC（例如ADC或DAC)内部，接地通常保持独立，以免将数字信号耦合至模拟电路内。图4显示了一个简单的转换器模型。将芯片焊盘连接到封装引脚难免产生线焊电感和电阻，IC设计人员对此是无能为力的，心中清楚即可。快速变化的数字电流在B点产生电压，且必然会通过杂散电容CSTRAY耦合至模拟电路的A点。此外，IC封装的每对相邻引脚间约有0.2 pF的杂散电容，同样无法避免！IC设计人员的任务是排除此影响让芯片正常工作。不过，为了防止进一步耦合，AGND和DGND应通过最短的引线在外部连在一起，并接到模拟接地层。DGND连接内的任何额外阻抗将在B点产生更多数字噪声；继而使更多数字噪声通过杂散电容耦合至模拟电路。请注意，将DGND连接到数字接地层会在AGND和DGND引脚两端施加 VNOISE，带来严重问题！

"DGND"名称表示此引脚连接到IC的数字地，但并不意味着此引脚必须连接到系统的数字地。可以更准确地将其称为IC的内部"数字回路"。

这种安排确实可能给模拟接地层带来少量数字噪声，但这些电流非常小，只要确保转换器输出不会驱动较大扇出(通常不会如此设计)就能降至最低。将转换器数字端口上的扇出降至最低（也意味着电流更低)，还能让转换器逻辑转换波形少受振铃影响，尽可能减少数字开关电流，从而减少至转换器模拟端口的耦合。通过插入小型有损铁氧体磁珠，如图4所示，逻辑电源引脚pin(VD)可进一步与模拟电源隔离。转换器的内部瞬态数字电流将在小环路内流动，从VD经去耦电容到达DGND(此路径用图中红线表示)。因此瞬态数字电流不会出现在外部模拟接地层上，而是局限于环路内。VD引脚去耦电容应尽可能靠近转换器安装，以便将寄生电感降至最低。去耦电容应为低电感陶瓷型，通常介于0.01 μF(10 nF)和0.1 μF(100 nF)之间。

再强调一次，没有任何一种接地方案适用于所有应用。但是，通过了解各个选项和提前进行规则，可以最大程度地减少问题。

小心处理ADC数字输出

将数据缓冲器放置在转换器旁不失为好办法，可将数字输出与数据总线噪声隔离开(如图4所示)。数据缓冲器也有助于将转换器数字输出上的负载降至最低，同时提供数字输出与数据总线间的法拉第屏蔽(如图5所示)。虽然很多转换器具有三态输出/输入，但这些寄存器仍然在芯片上；它们使数据引脚信号能够耦合到敏感区域，因而隔离缓冲区依然是一种良好的设计方式。某些情况下，甚至需要在模拟接地层上紧靠转换器输出提供额外的数据缓冲器，以提供更好的隔离。

ADC输出与缓冲寄存器输入间的串联电阻(图4中标示为"R")有助于将数字瞬态电流降至最低，这些电流可能影响转换器性能。电阻可将数字输出驱动器与缓冲寄存器输入的电容隔离开。此外，由串联电阻和缓冲寄存器输入电容构成的RC网络用作低通滤波器，以减缓快速边沿。

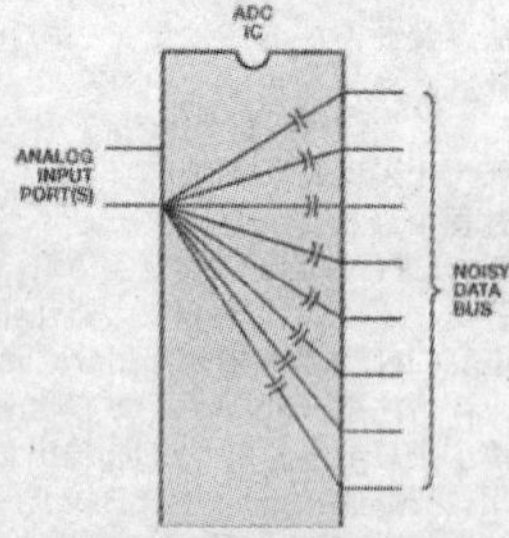

图5 在输出端使用缓冲器/锁存器的高速ADC具有对数字数据总线噪声的增强抗扰度。

典型CMOS栅极与PCB走线和通孔结合在一起，将产生约10 pF的负载。如果无隔离电阻，1 V/ns的逻辑输出压摆率将产生10 mA的动态电流：

$$\Delta i=C\frac{\Delta v}{\Delta t}=10pF\times\frac{1V}{ns}=10mA \qquad (2)$$

驱动10 pF的寄存器输入电容时，500 Ω串联电阻可将瞬态输出电流降至最低，并产生约11 ns的上升和下降时间：

$$t_r=2.2\times t=2.2\times R\times C=2.2\times500\Omega\times10pF=11ns \qquad (3)$$

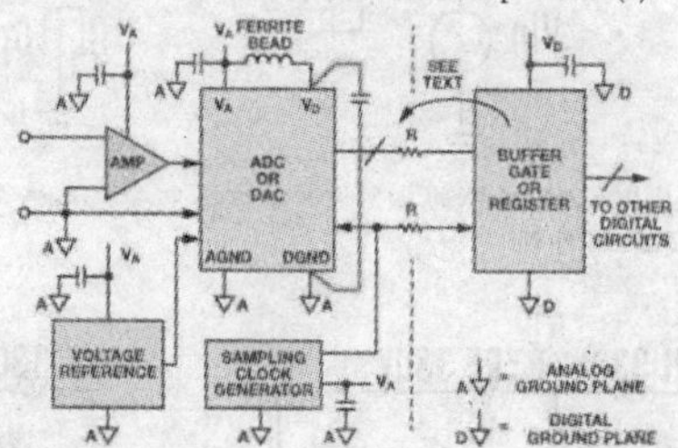

图6 接地和去耦点。

由于TTL寄存器具有较高输入电容，可明显增加动态开关电流，因此应避免使用缓冲寄存器和其他数字电路应接地并去耦至PC板的数字接地层。请注意，模拟与数字接地层间的任何噪声均可降低转换器数字接口上的噪声裕量。由于数字噪声抗扰度在数百或数千毫伏水平，因此一般不太可能有问题。模拟接地层噪声通常不高，但如果数字接地层上的噪声(相对于模拟接地层)超过数百毫伏，则应采取措施减小数字接地层阻抗，以将数字噪声裕量保持在可接受的水平。任何情况下，两个接地层之间的电压不得超过300 mV，否则IC可能受损。

最好提供针对模拟电路和数字电路的独立电源。模拟电源应当用于为转换器供电。如果转换器具有指定的数字电源引脚(VD)，应采用独立模拟电源供电，或者如图6所示进行滤波。所有转换器电源引脚应去耦至模拟接地层，所有逻辑电路电源引脚应去耦至数字接地层，如图6所示。如果数字电源相对安静，则可以使用它为模拟电路供电，但要特别小心。

某些情况下，不可能将VD连接到模拟电源。一些高速IC可能采用+5 V电源为其模拟电路供电，而采用+3.3 V或更小电源为数字接口供电，以便与外部逻辑接口。这种情况下，IC的+3.3 V引脚应直接去耦至模拟接地层。另外建议将铁氧体磁珠与电源走线串联，以便将引脚连接到+3.3 V数字逻辑电源。

采样时钟产生电路应与模拟电路同样对待，也接地并深度去耦至模拟接地层。采样时钟上的相位噪声会降低系统信噪比(SNR)；我们将稍后对此进行讨论。

(未完待续)(下转第526页)

◇湖北 闵夫君

“单片机编程与调试”技能竞赛辅导(二)

(紧接上期本版)

2.编写单片机程序(25分)

按照电路功能介绍进行单片机程序编写。利用单片机串行口和串行输入并行输出移位寄存器74LS164,扩展一个8位输出通道,用于驱动一个数码管,在数码管上循环显示从51单片机串行口输出的0~9这10个数字。

3. 在Protel99sc或Protel DXP软件环境中绘制原理图及PCB图(25分)

要求:在E盘根目录下建立一个考试专用文件夹,文件夹名称为:DPJ+考号。考生考试过程中的所有电子文件均保存在该文件夹下,如果保存文件的路径不对,则无成绩。文件包括:各文件的主文件名,工程文件,工位号。原理图文件sch+XX;原理图元件库文件slib+XX;Pcb文件pcb+XX;Pcb元件封装库文件plib+XX。其中,XX为考生工位号的后两位,如考生工位号后两位为96,则其原理图文件名应为sch96。。

(1)绘制完整原理图(10分)

图中的IC1(89S51) 可直接使用元件库中8031的符号。应在原理图下方注明自己的工位号。

(2)绘制PCB电路板图(15分)

电路板尺寸为不大于100mm(宽)×80m(高);将单片机控制与显示电路和按键分区域布局,元件均放置在 Toplayer,信号线宽10mil,VCC线宽20mil,接地线宽30mil;在电路板边界外注明自己的工位号。

4.元器件识别、筛选、检测(10分)

(1)元器件检测表(8分)

元器件	识别及检测内容	配分	评分标准	得分
数码管1只	判断数码管为共阳极?共阴极?	4	检测错一只扣2分	
电解电容2只	检测电解电容极性及质量	2	判断错1项,不得分	
电阻	检测电阻的阻值	2	测量误差超过5%,不得分	

(2)剩余元器件(电阻、发光二极管、晶振)选择无误(2分)

元器件选择有错的扣0.5到2分。

5.单片机电路板外围元件焊接(20分)

赛场提供单片机电路板,要求焊接外围元器件。

(1)使用斜口钳、电烙铁等工具,完成电路板的修剪、焊接等工作,撰写焊接调试报告。

(2)提供焊接完整的电路板(10分)

(3)装配、焊接质量(5分)

注:疵点少于10处每处扣0.5分,疵点10处以上扣5分

(4)调试报告(5分)

6.单片机通电综合调试(15分)

(1)检查电路无误后,接通电源,单片机能正常工作(5分)

(2) 单片机及外围电路按设计要求正常工作(10分)

7.安全文明(职业素养)

对工具设备的使用、维护、安全及文明生产的要求。选手有下列情形的,需从参赛成绩中扣分。

(1)违反比赛规定,提前进行操作的,由现场评委负责记录,扣5-10分。

(2)选手应在规定时间内完成比赛内容,竞赛过程中有评委记录每位参赛选手的违规操作,依据情节扣5-10分。

(3)现场操作过失未造成严重后果的,由现场评委负责记录,扣10分。

(4)发生严重违规操作或作弊,经确认后,由主评委宣布终止该选手的比赛,以0分计。

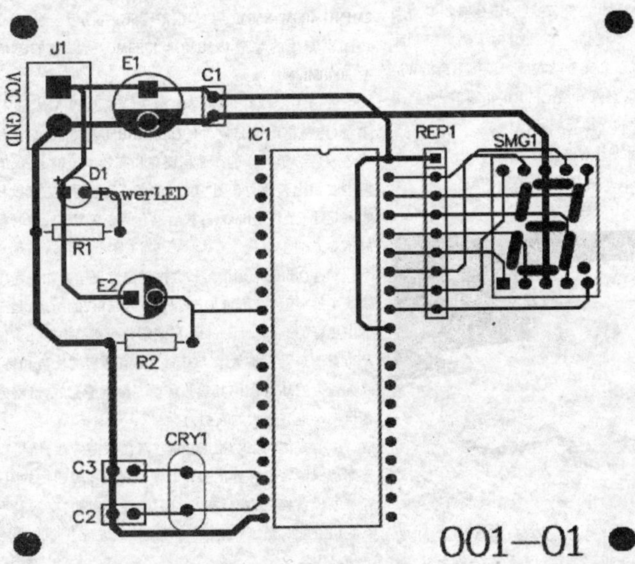

图2 单片机及外围电路PCB板图

表1

元器件	识别及检测内容			评分标准	评分
电阻器3只	测量值			检测错误不得分	±5%范围内
	R1		1kΩ		
	R2		10kΩ	检测错误不得分	
	RP1		1kΩ		
电容器4只	E1 E2	判断好或坏(在□中用✓号表示你的选择)		检测错误不得分	
		☑好	□坏		
		类型	介质		
		聚丙烯电容(CBB)	金属化聚丙烯膜		
	C1 C2 C3	判断好或坏(在□中用✓号表示你的选择)		检测错误不得分	
		☑好	□坏		
		类型	介质		
		瓷片电容	瓷片		
数码管		判断极性(在□中用✓号表示你的选择)		极性写错不得分	
		□共阴	☑共阳		

表2

调试内容	技术要求	评分标准	得分
实现功能	在数码管上循环显示从51单片机串行口输出的0~9这10个数字。	1.电源部分能输出5V直流电压 2.晶振能正常起振 3.数码管能从0~9正常循环显示	

五、单片机模拟竞赛题部分答题参考

1. 单片机及外围电路原理图(见图1)

2.单片机控制参考程序

```
/* 名称:单只数码管循环显示 0~9
说明:主程序中的循环语句反复将 0~9 的段码送至 P0 口,使数字 0~9 循环显示
*/
#include
#include
#define uchar unsigned char
#define uint unsigned int
uchar code DSY_CODE ={0xc0,0xf9,0xa4,0xb0,0x99,
0x92,0x82,0xf8,0x80,0x90,0xff};
//延时
void DelayMS(uint x)
{
uchar t;
while(x--) for(t=0;t<120;t++);
}
//主程序
void main()
{
uchar i=0;
P0=0x00;
while(1)
{
P0=~DSY_CODE[i];
i=(i+1)%10;
DelayMS(300);
}
}
```

3.PROTEL软件绘制PCB板图(见图2)

4.元器件的识别与检测表(见表1)

5.通电综合调试结果(见表2)

(全文完)

◇华容县职业中专 张政军

Mesh——无线上网新组网方式

当单位或者家庭空间布局复杂时，要组建一个有效率的无线网络，是一件有难度的事情。换上多天线的大功率或者子母路由器等等措施，虽然能在一定程度上改进WiFi布局效果；不过最有效的还是分布式路由器，它不需要布线、支持无缝漫游，对于空间复杂有死角的单位(家庭)来说，非常适合。

在传统的无线局域网(WLAN)中，每个客户端均通过一条与AP(Access Point)相连的无线链路来访问网络，形成一个局部的BSS(Basic Service Set)。用户如果要进行相互通信的话，必须首先访问一个固定的接入点(AP)，这种网络结构又被称为单跳网络。传统的无线局域网布局拓扑结构不外乎星型结构、线型结构、网状结构、树型结构、环型结构、以及复杂一点的混合型等。最为常见的是星型结构和线型结构；星型结构是以中央节点为核心，其他节点都连接至中央节点上，其优点是延迟小、结构简单便于管理，缺点在于成本较高、可靠性较低。线型结构则是各个网络设备都挂接在一条总线上，没有明显的中心。其优点是结构简单、扩展性强；缺点是一旦出了问题维护很困难，因为有众多的分支结构不方便故障查找。而作为更安全、更高效的运行环境，目前绝大部分运行中的商用型局域网都采用多种网络拓扑结构组合的方式，扬长避短，尽可能发挥各结构的性能并避免阻碍的产生。

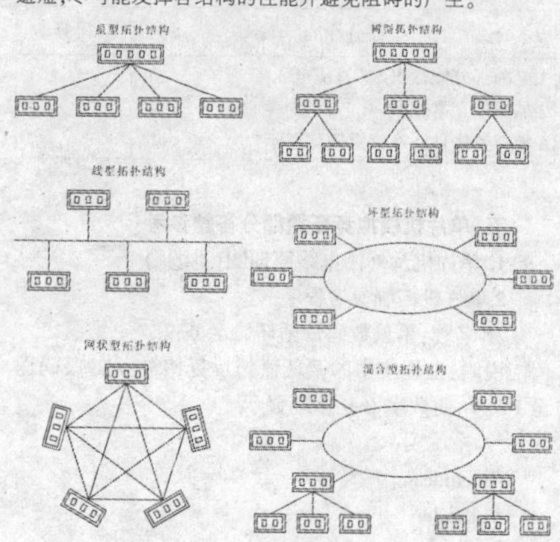

而在多节点无线网络(又叫分布式路由器)中，以Mesh为例，任何无线设备节点都可以同时作为AP和路由器，网络中的每个节点都可以发送和接收信号，每个节点都可以与一个或者多个对等节点进行直接通信。

这种结构的最大好处在于：如果最近的AP由于流量过大而导致拥塞的话，那么数据可以自动重新路由到一个通信流量较小的邻近节点进行传输。依此类推，数据包还可以根据网络的情况，继续路由到与之最近的下一个节点进行传输，直到到达最终目的地为止。这样的访问方式就是多跳访问。

比如当某一条线路堵塞或无响应时，该网络结构便可根据情况选择其他线路进行数据转播。也就是说，任何一个节点故障都不会影响整个网络的访问，所以网络的可靠性非常高。

下面我们就来看看类似于Mesh网络的分布式路由器都有哪些特点：

安装

无线Mesh网络的安装非常简单，通过无线方式连接，当第一个分布式路由器接入光猫设置上网后，其他路由器通电即可与最近路由器自动组网，SSID名称与密码由主路由自动下发，其他路由器接收命令后自动更改Wi-Fi相关设置。不是每个Mesh节点都需要有线电缆连接，这是它与有线AP最大的不同。

传输距离

传统网络只有一个数据发送节点，就是连接AP的中心节点，在中心节点覆盖范围内，数据发送和传输是有效的，当距离变远后便会无效。在无线Mesh网络中，每一个节点都相当于一个中继器，利用无线Mesh技术可以很容易实现NLOS配置，扩大了数据覆盖的范围，能够为连接AP的节点视距之外的用户提供网络，大幅度提高了无线网络的应用领域和覆盖范围

效率

在单跳网络中，一个固定的AP被多个设备共享使用，随终端设备数量的增多，AP的通讯网络可用率会大幅下降。但在Mesh网络中，由于每个节点都是AP，根本不会发生此类问题，一旦某个AP可用率下降，数据将会自动重新选择一个AP进行传输。

带宽

Mesh网络将传统WLAN的“热点”覆盖扩展至更大范围的“热区”覆盖，消除原有的WLAN随距离增加而导致带宽下降；另外，采用Mesh结构的系统，信号能够避开障碍物的干扰，使信号传送畅通无阻，从而消除盲区。

自我调节

当无线Mesh网络中两个节点之间需要传递数据时，节点可以根据连接情况和响应情况，自动选择响应时间最快、传输速度最高的转发路径，避免了节点通信堵塞。甚至说，对一些拥有极高权限的节点，Mesh可以同时选择多个节点并发传输数据至多个目标，大大节约了数据传输时间，提高了效率。并且Mesh的兼容性很好，采用标准的802.11b/g/n/ac制式，可广泛地兼容无线客户终端。

拓展

无线Mesh网络甚至可以延伸到无线局域网的基础设施到无法为一个接入点配备电缆的地方，当然这样做也付出了回程链路吞吐量下降的代价，对于连接到Mesh网状无线网络接入点的客户端也一样。除此之外，在远端还是需要电力支持。比如公交车站已经有了电力支持，而且对于热点控制面板的管理几乎不需要带宽。公交车站的接入点将不会给Wi-Fi客户端提供服务。相反，它具有自己的RJ-45端口，可启用并配置来提供热点所需要的虚拟局域网。

下面以三种Mesh组网的方案进行简要地展示，当然实际市场上还有很多种不同价位的品牌分布式路由器。

方案一 荣耀分布式路由

荣耀分布式路由由包含了3个特殊的双频1167M路由，主要针对大别墅、复式房以及大平层等户型有较好的覆盖率，即插即用的组网玩法，不需要任何专业知识就可以实现；这也是一套具备新技术——MU-MIMO技术的设备，相比传统MIMO技术，它可以发挥出更好的效率使得其可以轻松实现同时传输数据到多个设备之间，充分发挥组网的高效率传输能力，同时还让家庭信号覆盖无死角。

方案二 Linksys Velop

2.4G+5G的双频无线设计，单体最大传输量为AC1300且三台Mesh组网之后可以实现AC3900Mbps，反正挺抓眼球的。Linksys Velop AC3900也支持无线回程和有线回程的混合使用，在组网状态下自动选择最优的信号连接给客户。

方案三 Orbi RBR50

Orbi是最早Mesh组网的传统品牌之一了，这其中包括RBK22、RBK23以及RBK44等型号；这套组网更为简单，只有两个设备完成——包括一个主体RBR50和一个分身RBS50，相比其他两套三台组网，Orbi RBR50是最特别的一个。

首先在技术和硬件上，Orbi RBR50采用的是高通IPQ4019的四核芯片，可以负责处理2×2MIMO的2.4G和5G，而4×4MIMO的5G则由QCA9984来负责处理，硬件上的实力可见一斑；RBR50内置6根天线，有2根是双频合一的天线，即2×2MIMO 400M+866M，另有4根单频5G的pcb板天线，是负责无线回程专用的频道4×MIMO4 1733M，所以它的总传输为AC3000Mbps。

就这三款设备而言，各有各的特点，从WAN口的搭配上来看，传统搭配的是网件的Orbi RBR50，它除了能够在无线覆盖放慢给予同样的大面积覆盖和高效率传输之外，有线支持也要相比其他两套要“实在”的多。其他两组方案就稍微有些不足了，尤其是linksys，甚至只有两个WAN口，有时侯就真的不太方便了。

网件Orbi的传输信号和数据稳定性更佳，如果考虑到后续的拓展，还可以再增加一个分身达成1+2的组合，是三组方案中更好的选择。而Linksys和荣耀分布式路由则在价位上以及布置节点乃至扩大节点方面，都有各自的优势和特点，组件更强大的Mesh网络其实只需要一键就能完成，价格方面两者也相对拥有更大的吸引力。

总的来说，在这几组Mesh方案在数据传输、信号稳定性方面都保留着良好的优势，即便面对更多障碍物的阻碍、更复杂的设备接入，应付起来也可以轻松自如，在家中不同的点使用家里的无线网络，都可以流畅的进行上网的冲浪了。

（本文原载第34期11版）

音频动态处理器

压缩器(Compressor)和均衡器(Equalizer)是音频和音乐制作中最重要的两个工具，压缩器是动态处理器的一种,在深入压缩器等动态处理器的细节之前,我们先来了解一些有关声音的基础知识。

什么是振幅?

我们都知道,声音由振动产生,当通过音箱播放音乐时,音箱的单元会前后移动,从而改变周围空气的压力。由此产生声波,声波的压力变化到达人耳时,会振动神经末梢,大脑将它们转换成声音信息。

通常,我们从两个维度上测量声波:频率(frequency)和振幅(amplitude)。频率是空气粒子震动的速度,较高的频率产生较高的音调，而较低的频率产生较低的音调。

在本文中,我们讨论声波振幅的变化。当震动产生声波时时，大气压力会随之发生变化。我们听到的声音,就是音箱单元按一定规律前后振动的结果。振幅与人们所感知的声音响度成正比,换句话说就是,声波的振幅越大,我们就会听到声音越响。

喇叭单元向前时压缩室内空气,使室内压力提高,空气密度增大,我们将这个称为推(PUSH),在波形上的正数表示。而向后时会吸室内空气，使室内压力变低,密度降低,我们称为拉(PULL),在波形上用负数表示。

这一过程在物理上称为压缩(compression)和稀疏(rarefaction)，图中这些压缩和稀疏的高度表示振幅。声波的振幅越大,我们就会听到声音越响。

振幅的测量

我们的耳朵和大脑让我们感觉到声音的大小。响亮的声音具有较大的振幅，而柔和的声音具有较小的振幅。

然而,为了更好地将这些应用到音乐中,我们需要能够更精确地测量声波的振幅。之后我们可以建立规则,当振幅达到某个电平之后应该怎样处理,并控制声波振幅的范围。这个测量的过程构成了所有动态处理器的基础,如果我们能够测量它,那么就可以控制它。

振幅的大小用电平表示,在数字音频工作站中,我们使用 dBFS 作为电平单位。dBFS (dB Full Scale) 是数字音频信号电平单位,简称满度相对电平。

这个刻度定义了音频系统中振幅的最大和最小值,也就是所谓的动态范围。它有助于我们测量和控制该范围内的音频信号的相对振幅。有时候 dBFS 可能会让人感到迷惑，因为它从负数到零。为什么是这样呢?

因为在数字音频系统中，高于 0 dBFS 的信号将会被一刀切,造成数字失真,又称为削波,因此没有比 0 dBFS 更高的数值。

分贝刻度用对数表示。对于多数人来说,将音频信号的音量调高 1dB 基本上是感觉不出来的,至少需要3dB才能注意到它。但是,由于使用对数,响度会迅速提升。增加 10dB 意味着感觉到响度加倍，而增加20dB 大约是增加了四倍的响度。

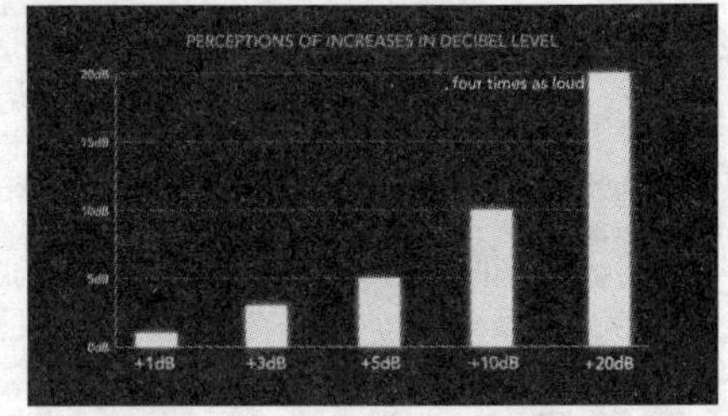

了解这些数字对于混音会有帮助，但最终的评判还是要依靠耳朵。听众并不关心你军鼓的电平是多少,只是当你的歌曲与其他乐器混合时感觉如何。使用电平表测量振幅是，帮助我们控制音频信号动态范围的第一步。

什么是动态处理器

动态处理器最简单的形式就像一个自动的音量控制器,当音量太大时讲音量减低,当音量太小时将音量调高。在音频领域中,动态处理器通过测量信号的振幅来调整动态范围，并设置规则对这些振幅做出相应改变。

动态处理器可以让我们以各种方式改变信号的振幅和动态范围;有时会减少它,有时会增加它,而且通常在一段时间内都会连续这样做。

动态处理器在改变振幅之前，必须先设定一个开始反应的振幅电平,这个被称为阈值(Threshold)。还要为当电平超过阈值时应该怎样创建一个规则，例如在压缩器中,当信号的振幅电平超过阈值时,高于阈值的信号将被压缩。

所有的动态处理器都在这样一个基本模型上工作，通常是指定一个让动态处理器开始工作的信号电平,然后对信号做出某种形式动态变化。你要做的只是告诉处理器要关注什么,以及在什么情况下要做什么。

生活中动态处理器的例子

我举一个几乎每个人都经历过的例子，假设你正在观看电视节目，并且您的电视机音量已经处于一个比较舒适的大小，可以清楚听到您最喜爱的演员说所的每一个字。突然之间,广告进来了,你被广告声吓的从沙发上跳起来,然后去寻找遥控器。

你本能地拿起遥控器把音量调低，以不至于打扰到邻居。当你在遥控器找到一个合适的音量大小之后,只要广告一结束,当节目重新开始,你发现你听不清演员在说什么。再一次,你本能地拿起遥控器把电视音量恢复到广告的大小。

在这种生活中常见的情景下，你没有意识到你就是一个动态处理器,是一个压缩器呢?

当广告突破出现的时候，节目的音量和响亮的广告之间的差异,会在你的大脑中触发一个“太大声”的阈值。而你随之拿起遥控器并将音量调小,有效地减少了电视节目相对于广告的动态范围。

一旦广告结束,节目回来之后,你脑海中的另一个阈值:“我听不到他们刚才说的话”再次被触发,并拿起遥控器将音量恢复到之前的状态。

现在请你想一想,我刚刚描述的电视的例子,并试图将其与现实中混音困境联系起来。

如何让一个音量起伏较大的人声，不被伴奏所淹没呢?我们希望清楚地听到所有歌词,但我们也不希望他们跳出歌曲太多。借助动态处理器可以实现这一点,DAW 软件中的动态处理器，在沙发上看电视时所做的事情是一样的,只不过处理速度更快,准确度更高。

◇四川省广元市高级职业中学校 兰虎

未来几年的软件类热门专业

2018年岗位平均薪资TOP30		2018年岗位平均薪资TOP30	
职位	平均月薪(¥)	职位	平均月薪(¥)
架构师	29600	JavaScript	14276
算法研究员	28435	Web 前端	13128
机器学习	26798	数据分析	12912
Golang	22961	HTML 5	12630
Hadoop	20872	PHP	12540
数据挖掘	20205	硬件工程师	11929
测试开发	19480	投资经理	11777
C++	17309	品牌公关	11244
数据开发	17089	.NET	11223
Python	16688	C#	11093
产品经理	15859	测试工程师	10725
Java	15718	财务经理	10573
运维开发	15537	课程设计	10389
iOS 开发	14866	运维工程师	9862
Android 开发	14389	策划经理	9621

早在二十年前,软件行业就是当时比较热门的专业,经过多年发展,软件行业伴随着互联网的融合,结合一些传统行业,不断有更新更细化的工种划分,根据《2018岗位平均薪资榜单》集结了排名最高的前30个岗位,详见如下表:

随着5G时代物联网的到来，人工智能领域已经开始初显锋芒,而其中深度学习、计算机视觉和自然语言处理三个方向又是重点。

深度学习算法是人工智能领域最尖端的技术之一,也是像BAT这样的互联网巨头在内的最渴求的岗位，深度学习专家往往会拥有极高的薪资待遇和福利，也拥有很大的晋升空间,属于公司战略人才。

当然相应的该职位一般要求学历至少是硕士以上学历，除了机器学习算法等相关专业教育外还会要求至少熟悉一种以上的深度学习框架,有丰富的深度学习模型训练经验。需要有扎实的学术和技术背景，目前整个深度学习算法还处于行业摸索的状态，需要有很强的解决问题和喜欢探索的能力。

视觉工程师也是高学历要求，需要在图像处理、模式识别、机器学习、应用数学等相关专业领域具有相当的造诣，熟练掌握比如:CNN、RNN、LSTM等算法,同时对C/C++、Python等编程语言也必须熟练掌握。

自然语言(NLP)则是针对人工智能语音这一块，这也是目前最为接近大众生活的智能应用。主要涉及到语言学、计算机语言以及数学等知识。特别是中文这种一个文本或者一个汉字甚至带有标点语气都有多层意思的语言，还有上下文关系和谈话环境对同样文字不同影响，这是自然语言理解中的主要困难和障碍。而从目前所谓的人工智能语音来看，大多数还处于“人工智障”阶段。

(本文原载第 32 期 11 版)

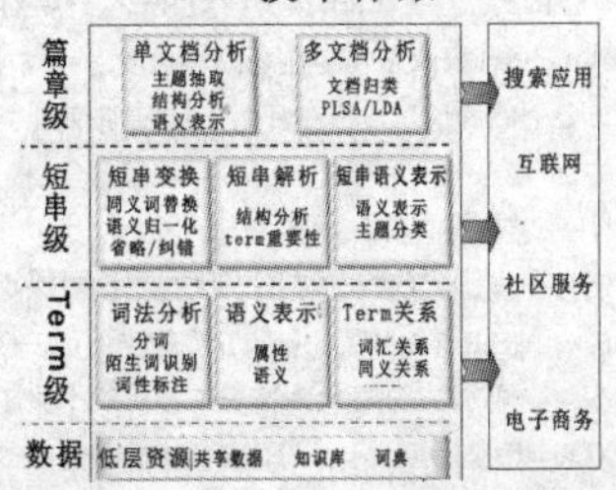

1. Tensorflow基本应用
2. BP神经网络
3. 深度学习概述
4. 卷积神经网络(CNN)
5. 图像分类(vgg,resnet)
6. 目标检测(rcnn,fast-rcnn,faster-rcnn,ssd)
7. 递归神经网络(RNN)
8. lstm,bi-lstm,多层LSTM
9. AutoEncoder自动编码器
10. eq2Seq
12. Seq2Seq with Attension
13. 生成对抗网络
14. irgan
15. finetune及迁移学习
16. 孪生网络
17. 小样本学习

浅谈音响系统与设备的连接方式(一)

音响系统的连接有很多种,不同的系统和设备有不同的连接方法。但大体上原理都一样,主要是由音源、功放和喇叭组成的。

1.现在的音源包括各种乐器,各种音源播放器及一些特殊的声音发生器。

2.功放是有各种放大电路组成的,可以对前级的信号进行放大,来推动后级的喇叭。

3.现在一般把多个喇叭组合在一起,形成音箱,也组成了很多种类的音箱。

以上就是最简单的一套音响系统。当然现在的系统中又加入了很多辅助设备,简称为周边设备。我们现在一般是按照使用特点和客户的要求来灵活搭配音响系统,但同样的设备不同的连接方法所产生的音响效果也是不一样的,所以要求我们技术人员要多掌握这方面的知识。

音响系统中常用的连接线和接插件,音响系统中设备与设备之间要达成联络传输、沟通等,都必须依赖其连接的工具,这就是线材与接头。它在整个音响系统中占据着非常重要的角色,现在专业音响系统中使用的连接线和接插件种类较多,下面我们把常见的线材与接插件种类作一下简单介绍:

一、各种线材

1.专业音频线:现在音频线有两芯、三芯、四芯、五芯等,这种线由于屏蔽效果好,可以用来传输高质量的音频信号;现在较专业的话筒一般使用三芯以上的线材,这种线材抗干扰能力强,可以做远距离传送。当然这种线材也可以传送其它信号,如传送电脑灯的DMX512控制信号。

2.同轴电缆线:一般用在视频方面,也有一些音频线,由于这种线材抗干扰能力较差,再加上设计时就不是主要用来传输音频信号的,因此不适合做长距离的音频信号传输。

3.集中式电缆线:就是多条讯号线包裹在同一个保护管内,一般是连接系统内部使用,以减少独立线材的数量。现在也用在诸如电视转播车、地下预埋和其它特殊方面。这种线一般是有专业厂家加工好的,质量上较有保障。

4.光纤:许多CD或MD等录放音器材上常使用的传输线材,它传送的是数码信号。随着数字化的普及,今后光纤在音响系统里的运用会越来越多。

5.MIDI线:通常为五芯线,传送有关MIDI的信息,现在大多数使用在键盘、效果器等设备上。

6.特殊的线材,比如电脑点歌系统里原来用来连接网络的多芯网线现在也可以用来传送音视频,实现电脑自动点播功能。

二、各种接插件

1.XLR:俗称卡侬接头(Cannon),此种接头是由三个接点所组成,分别为1—Ground接地;2—热端(+级);3—冷端(-级),当然也有的设备里规定3是热端(+级);2是冷端(-级),这点要看清楚设备的说明书。卡侬连接插件是专业音响系统中使用广泛的一类接插件,可用于传输音响系统中的各类音频信号,一般平衡式输入、输出端子都是使用卡侬接插件来连接的。在某种意义上说,使用卡侬接插件也是专业音响系统有别于民用音响的特征之一,其好处是:

a.采用平衡传输方式的,抗外界干扰能力较强,利于远距离传输。

b.具有弹簧锁定装置,连接可靠,不易拉脱。

c.接插件规定了信号流向,便于防止连接上的差错。

卡侬插头有公插与母插之分,插座也同样有公插座与母插座之分。公插的接点是插针,而母插的接点是插孔。按照国际上通用的惯例,以公插头或插座作信号的输入端;以母插头、插座作为信号的输出端。

2.RCA:在中国一般俗称莲花头(因某些型式的RCA接头外观看似莲花瓣),此种接头是由两个接点所组成,分别为热端(+级);冷端接地(-级),其使用同轴电缆连接,当然也可以使用多芯音频线,常使用在一般家用音响器材上。因其长度在3.5厘米左右,所以通常又叫它:3.5cm插头。

3.TRS:一般叫立体声接头,它是由三个接点所组成,分别为:头端(+级);环端(-级);接地(Ground),使用在小型耳机上的长度在3.5厘米左右,但最多还是使用在专业音响当中,其长度为6.35厘米,目前专业调音台的高阻输入和插入插出插口大都使用这种插头,其它音响设备也大都采用了此端口。

4.TS:俗称单音(声)接头,此种接头是由两个接点所组成,分别为头端(+级);接地端(Ground)。以上两种接头,用在专业音响里的其长度在6.35厘米左右,所以通常我又叫它6.35cm插头。虽然TS接头和TRS接头二者长度一样,外表也很相似,但具体功能可不同,TRS立体声接头可以用三芯线做平衡方式传送信号;但TS单声道接头只能采用非平衡的信号传送方式。

5.MIDI接头:使用在MIDI应用上的接头,有五个针脚,传送有关MIDI上的信息。

6.音箱接头,现在一般使用四芯专业接头,还有的采用TS单声道接头或者其它方法。

7.各式转换接头:可以方便的运用这种接头在各种不同接头之间转换。

三、音响系统中连接线的制作

目前专业音响设备的输入、输出信号方式基本上分为:Balance平衡方式与Unbalance非平衡方式。平衡与平衡、非平衡与非平衡端口之间当然是可以直接馈送信号的;在要求较高的场合,平衡与非平衡端口之间,则须经过专门的转换器才能相互连接。但在实际工程当中,只要信号线不要太长、干扰不要太大,平衡端口和非平衡端口是可以直接相连正常传输信号的。在一套音响系统中,除了功放与音箱间的功率传输线以外,其它设备之间的信号连接线要应尽可能多采用平衡方式进行传输,这样可以提高系统的抗干扰能力,增加信号的有效传输距离。

A.平衡与平衡之间的信号线:

1.XLR卡侬公接头→XLR卡侬母接头:这种线在专业音响系统中使用的最多,制作方面把卡侬公和母之间1、2、3三个接点分别连接起来,接点1接屏蔽层,接点2接信号热端(+极),接点3接信号冷端(-极)。

2.TRS立体声接头→TRS立体声接头:制作方面分别把两个TRS立体声接头之间的头端(+级)、环端(-级)、接地(Ground)三个接点分别连接起来。这种线实际上在音响系统中也应该大量使用,但是好多音响师由于图省事,经常用TS单音(声)接头来代替了,这个尤其要注意,这样一代替信号传输方式就从平衡传输变成非平衡传输了。

3.XLR卡侬公或母接头→TRS立体声接头:制作方面卡XLR侬接头的接点1(屏蔽接地)对接TRS立体声的接地(Ground);XLR接点2热端(+极)对接TRS的头端(+极);XLR接点3冷端(-极)对接TRS的环端(-极)。这样也是一种平衡传输方式,在专业音响系统中也是经常使用。

4.XLR卡侬公→XLR卡侬公或XLR卡侬母→XLR卡侬母:这种线有点特殊,最多使用在功放与功放之间或功放与其它周边设备之间的信号连接,制作方面也是把两个接头之间的1、2、3三个接点分别连接起来,接点1接屏蔽层,接点2接信号热端(+极),接点3接信号冷端(-极)。

还有一点,为了防止"环路干扰",我们可以把一条信号线中的一个XLR卡侬接头的接点1(屏蔽接地)或一个TRS立体声接头的接地(Ground)在特殊情况下空出一个来不接,例如:一条XLR卡侬公对XLR卡侬母的平衡线,我们可以空出XLR卡侬母接头里面接点1(屏蔽接地)来不接,这样可以避免设备之间的某些干扰;TRS接头原理一样,任意空出一个接地(Ground)接点就好了。这样一条平衡线我们原来在制作时一共要焊接6个焊点,现在空出一个来就是焊接5个焊点了,但非平衡线不能采用此方法。

B.非平衡与非平衡之间的信号线:一般是指TS单音(声)接头→TS单音(声)接头之间的信号线,这是一种非平衡传输方式,制作方面分别把两个TS单音(声)接头之间的头端(+级)、接地(Ground)二个接点分别连接起来。

C.平衡与非平衡之间的信号线:XLR卡侬公或XLR卡侬母接头→TS单音(声)接头,这种连接方式实际上信号也变成了非平衡传输方式了,制作方面XLR卡侬接头的接点1和3合并接屏蔽线然后对接TS单音(声)接头的接地(Ground);XLR接点2热端(+极)对接TS单音(声)接头的头端(+极)。在专业音响系统中这种线经常使用在包厢卡拉OK系统中做话筒线用。

D.音箱线:在专业音响系统的功放与音箱连接中,音箱线的电阻应该尽量低,选用粗、短一些的线材及合理的布线。现在的音箱一般使用四芯专业接头,功放也一般采用了四芯专业接头或接线柱,在制作方面,把音箱四芯专业接头的1(+极)和1(-极)与功放输出的(+极)和(-极)正确连接好就行了。还有一些采用TS单声道接头及接线柱的音箱或功放,其连接的原理一样。都是正极对正极,负极对负极,要是接反了音箱会反相,这样会影响音箱的音质及稳定性,同时在连接时避免短路,否则会损害功放设备。

总体来说以上就是我们经常在系统中使用的连接线种类了,也许以前大家没有非常注重信号线及音箱线的连接,以信号线为例:其实它就像人体内的血管一样的重要,而且从稳定性和长远性考虑,我们一定要使用优质的线材和优质的接插头,并保证优质、无故障的把它们焊接好。现在我做工程时不管多么忙多么累,系统中所有的信号连接线我都习惯自己亲手焊接,如果采用了别人焊接的信号线连接了系统,心里就一点底都没有,就好像你不知道前进的路上哪里会有一颗地雷一样,你也不知道哪条信号线会在何时出现故障,所以相对而言,再烂的设备我也可以相信它的稳定性,但我不会随便相信质量得不到保障的信号连接线及音箱线。

四、音响系统设备连接顺序

制作好了各种信号连接线后,就要准备进行设备连接了,现在音响系统中周边设备比较多,连接时候总要有个先后,这里再归纳几个简单的连接顺序:

1.低音系统设备连接顺序:调音台(1-2编组)→均衡器→分频器→压限器→低音功放→低音音箱。

2.辅助音响系统设备连接顺序:调音台(3-4编组)→均衡器→延时器(可选)→压限器→辅助音箱功放→辅助音箱。

3.主音响系统设备连接顺序:调音台(L-R主通道)→均衡器→激励器(可选)→反馈抑制器(可选)→压限器→主音箱功放→主音箱。

4.监听系统设备连接顺序:调音台(AUX输出)→均衡器→压限器→监听音箱功放→监听音箱。

以上几种连接方式可以单独控制低音的音量,这样我们在慢摇或迪高时调音台1-2编组的音量就可以开大些,在歌手演唱时就可以开小些,这样很灵活;第2种连接方法也可以很好的控制辅助音箱的声音;第3种主音箱我们当然习惯从调音台的L-R总输出来输出音量;第4种监听系统,标准来说要从AUX来输出音量,这样可以按照歌手或乐队的要求,灵活调整调音台各声道的音量,但在较小的音响系统中,监听信号可以直接从主通道信号取。以上第1和第2种连接法还要注意:既然1-2、3-4编组我们已经从后面相对应的输出口独立输出信号了给低音系统和辅助系统了,那1-2、3-4编组就不要再通过调音台的总音量输出了,也就是1-2、3-4编组到调音台总音量的切换开关就不要再开了。

当然我们还是要根据需要和设备的数量来灵活安排设备连接时的顺序,以上顺序只供参考。

(未完待续)(下转第530页)

◇江西 谭明裕

2019年10月27日出版
实用性 启发性 资料性 信息性
第43期
(总第2032期)
国内统一刊号:CN51-0091 定价:1.50元 邮局订阅代号:61-75
地址:(610041)成都市武侯区一环路南三段24号节能大厦4楼 网址:http://www.netdzb.com
让每篇文章都对读者有用

SMR与PMR硬盘(一)

SMR(Shingled Magneting Recording),又名叠瓦式记录技术;在SMR硬盘出现之前,硬盘记录技术普遍为PMR(Perpendicular Magnetic Recording),即垂直式记录技术。要了解PMR以及SMR的区别,还是要先从机械硬盘基本的结构原理说起。

这是一个机械硬盘的内部结构示意图,它的主要部件包括主轴、磁盘、磁头,其他部件包括空气过滤片、音圈马达、永磁铁等。其中:主轴下方包含马达电机以及轴承;磁盘(又被称作盘片),多采用铝合金材料,被固定在主轴电机的转轴上,工作的时候磁盘会随着主轴进行高速旋转,当然硬盘内的盘片数量都不止一片。

磁头和磁头臂是是一个整体,磁头主要负责读写数据,在硬盘驱动器的控制下,磁头工作时会在盘面上快速移动,准确定位到指令要求定位的磁盘磁道上。

先看看磁盘的其内部结构及工作原理。以单一的磁盘来看,它被划分为由一圈一圈同心圆组成的磁道,当然,这些磁道窄而密集,通常一个盘面就有上千条磁道。当然这些磁道肉眼是看不到的,可以通过下图表示:

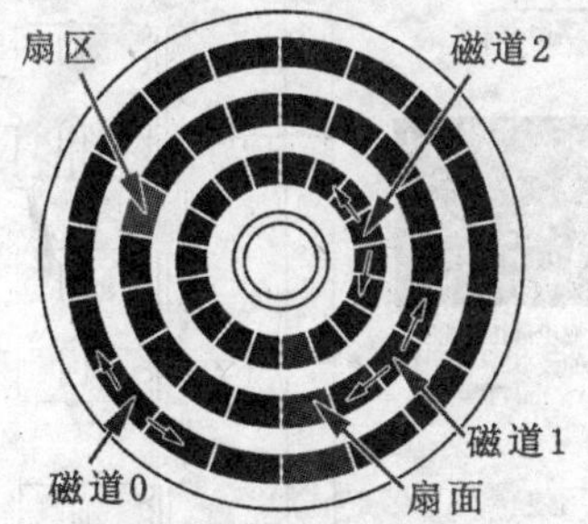

在这张单盘面图中,磁盘最外围的磁道称为0磁道,硬盘数据的存放就是从最外围的0磁道开始的;由此向内数,下一个磁道就是1磁道,然后是2磁道、3磁道……以此类推;并且这些由同心圆组成的磁道并不是连续的,它们被横向地划分成了一道一道的圆弧,每一段磁道形成的圆弧,就叫做扇区,而在同一个圆心角范围内的扇区组成了一个扇面。

扇区是操作系统在硬盘上存储信息的具体形式,一个扇区包括512个字节的数据和其他的标记信息,例如标记扇区三维地址的信息方便寻址,还有"不良扇区"的标志等等。

另外一个硬盘中一般都不止一张磁盘,这些磁盘规格以及磁道分布都是一样的,不同盘面上的同一磁道又可以构成一个圆柱,这个柱体就叫做柱面。而数据的读取和写入都是按柱面的顺序进行的,而不是按照盘面顺序。

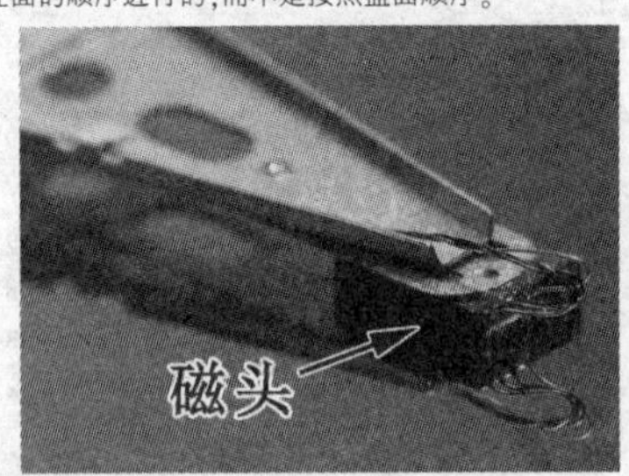

磁头是用线圈缠绕在磁芯上制成的,也是硬盘读取数据的关键部件,主要作用是将存储在硬盘盘片上的磁信息转化为电信号向外传输;它的工作原理则是利用特殊材料的电阻值会随着磁场变化的原理来读写盘片上的数据,磁头的好坏在很大程度上决定着硬盘盘片的存储密度。比较常用的是GMR(Giant Magneto Resisive)巨磁阻磁头,GMR磁头的使用了磁阻效应更好的材料和多层薄膜结构,这比以前的传统磁头和MR(Magneto Resisive)磁阻磁头更为敏感,相对的磁场变化能引起来大的电阻值变化,从而实现更高的存储密度。

硬盘在工作时,磁头通过感应旋转的盘片上磁场的变化来读取数据;通过改变盘片上的磁场来写入数据。为避免磁头和盘片的磨损,在工作状态时,磁头悬浮在高速转动的盘片上方,而不与盘片直接接触,只有在电源关闭之后,磁头会自动回到在盘片上的固定位置(称为着陆区,此处盘片并不存储数据,是盘片的起始位置)。

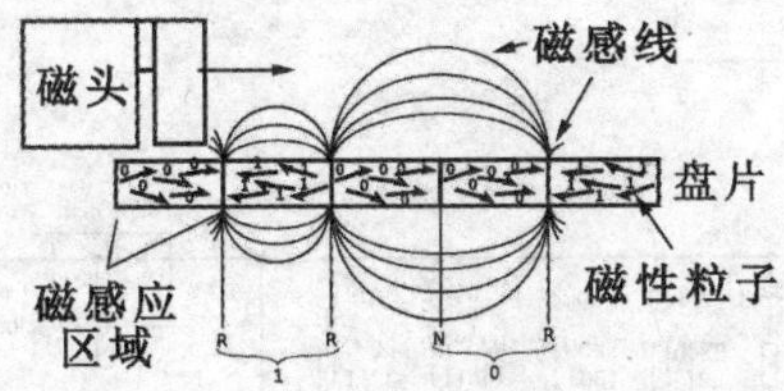

磁盘(盘片)存储信息的原理和磁带比较相似,在磁盘的表面,涂有一层薄薄的磁性材料,磁盘本身主要是铝合金材质,也有的尝试过其他材质(比如玻璃),磁性材料在磁盘表面可以涂敷得非常平整。磁头读取/写入数据的时候,磁头上的线圈通电,在周围产生磁场。根据物理原理,改变电流的方向,磁场的方向也会改变,而磁场会磁化磁盘表面的磁性物质,使它们按照磁场的方向排列。切换不同的磁场方向,不同的磁性微粒也会有不同的方向,就可以用来表示"0"和"1",因为计算机中的数据都是以二进制的形式存在的,可以用这个方法来读取/写入二进制的原始数据。

说到这里,机械硬盘的读取/写入原理看似简单,实际操作环境却复杂多了。首先磁头需要采用特别的材料制作,需要对磁感应非常敏感,并且要求极高的精密度,因此磁头的工艺、材料和制作环境都要求非常高;然后硬盘在工作时;磁头是不能与高速旋转的磁盘表面接触的,而是以非常微小的距离悬空在磁盘表面,即要有效地发生磁场感应,又不能让磁头擦伤盘面的磁性涂层或者说不让磁性涂层损伤磁头;最后还要保证高度的无尘密闭工作环境,因为在这种高速、精密的运转状态下,一旦进入灰尘,就有极大的可能碰伤磁头或者划伤磁盘表面的磁性涂层,导致硬盘数据丢失甚至损坏,这也是图1中空气过滤片起到的作用。

在SMR技术没出来之前,要提高硬盘的数据容量,一是增加磁盘的数量,二是增加磁盘的面积,三是增加每个磁盘上存储数据的密度。不过现在市场上的机械硬盘绝大多数都是3.5英寸的机箱硬盘、2.5英寸的笔记本硬盘以及少量的超薄本的1.8英寸和1.3英寸硬盘(超薄本更多时候采用的是固态盘),可以说硬盘的尺寸早已标准化了,并且盘片尺寸大了在高速旋转时惯性也大,稳定性和转速降低,对读写性能也会造成影响。因此加磁盘数量和面积的方法很少采用,更多的技术手段是增加磁轨密度。

早期的磁盘上每个存储位的磁性粒子是平铺在盘面上的,磁感应的方向也是水平的。这种感应记录方式被称为LMR(Longitudinal magnetic recording),即水平磁性记录,这种方式有一个缺点,就是比较占面积,另外当磁粒过小,相互靠得太近,磁性就很容易受到热能的干扰,令方向发生混乱。所以,LMR的时代,单个磁盘能够存储的数据有限,整个硬盘的容量也就存在瓶颈。

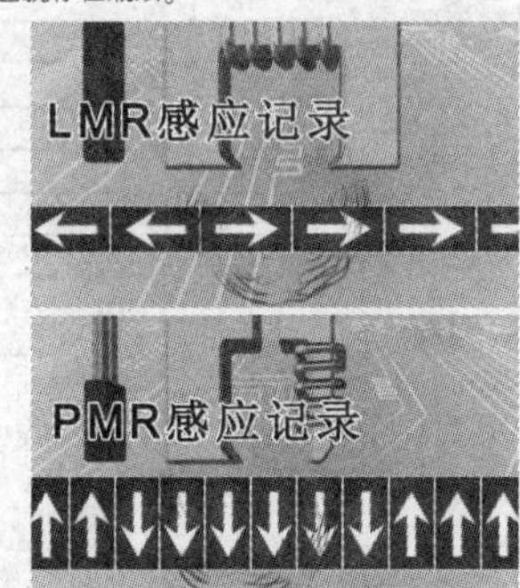

随后研究人员采用了让磁性粒子和磁感应的方向相对盘片垂直,以此提高了空间密度;这种垂直磁性记录的方法,就叫PMR(Perpendicular Magnetic Recording);同时还采用热辅助磁记录技术来提高在高密度下的信息写入能力。这种技术采用了一种热稳定记录介质,通过在局部进行激光加热,来短暂减小磁阻力,从而有效提高磁头在微场强条件下的高密度信息写入能力。采用PMR技术的3.5英寸硬盘,其单碟容量已达到1TB。

但是受固态盘(SSD)的挑战,机械硬盘只能不断发挥自身大容量的优势才能在市场上占据位置。叠瓦式记录技术(SMR)就是在这种背景下研发出来的。

(未完待续)

(本文原载第40期11版)

(下转第531页)

力铭CLV82006.10型IP板电路分析与检修(三)

(紧接上期本版)

3.主电源电压输出降为0V

如果发生开机后主电源有电压输出，然后降为0V，则是主电源次级保护电路启动引起，主要检查主电源稳压电路和保护电路。常见为主电源稳压电路取样电阻变质，过热、过电压保护电路中的U102(EB1)性能不良，过流保护电路中的双运放AS358M性能不良，稳压管D109漏电等。解除保护的方法：一是将保护执行电路晶闸管CSR100的G与K极短路；二是焊开晶闸管的A极。要确定是哪个保护检测电路引起的保护，可测量隔离二极管D102正极、U102的K极电压，也可分别焊下D102、R150，如果断开哪一路后开机不再保护，则是该检测电路引起的保护。

三、逆变电路分析

逆变电路如图4所示，主要由MP1038EY(U200)振荡驱动控制电路和MOS管Q200~Q203组成的高压形成电路组成，产生800V以上交流电压，经连接器输出，点亮4根CCFL背光灯管。

1.驱动控制电路

MP1038EY是CCFL背光灯驱动脉冲控制电路，它是有L和R两组激励脉冲输出功能，设有二次电流和灯电流检测、灯故障检测保护电路。MP1038EY引脚功能和参考电压见表3。

二次开机后，主电源输出+24V电压，加到U200的⑮、㉒脚，为U200供电。主板CPU输出的背光开/关控制信号BL-ON由低电平变为高电平，经CN400的⑩脚送入二合一电源板，经R223送到U200的⑬脚(同步使能控制端)，U200内部振荡电路开始启动，产生振荡脉冲，经内部移相控制和驱动电路变换整形后，从⑰、⑳、㉔、㉗脚输出PWM脉冲信号，送到高压形成电路。⑰、⑳和㉔、㉗脚输出的PWM脉冲信号波形如图5所示。

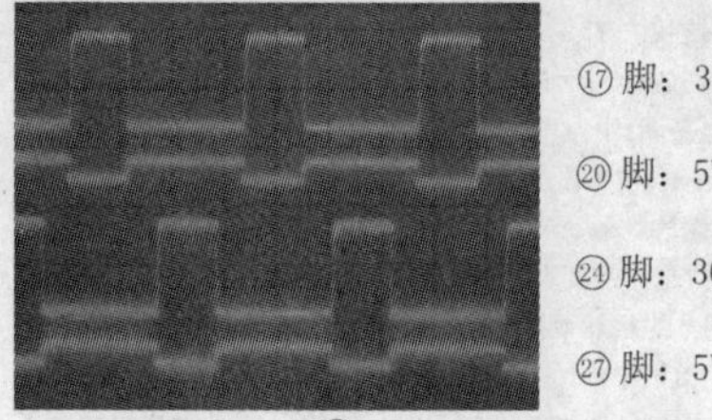

⑰脚：30Vp-p

⑳脚：5Vp-p

㉔脚：30Vp-p

㉗脚：5Vp-p

⑤

U200的⑦脚外接R、C元件决定U200内部振荡频率，U200的⑲、㉖脚输出6V左右的IC-VCC基准电压，为U200内外电路供电。

2.高压形成电路

高压形成电路采用全桥功率放大电路，主要由Q200~Q203、T300~T303构成。变压器T300~T303的初级绕组分别串联一只谐振电容C300、C301、C302、C303(这些电容又常称为正弦化电容)，4只变压器的初级回路并联在一起。功率放大电路的工作电压来自于主电源输出的24V电压。4只变压器电路结构相同，下面以T301这路为例。

控制芯片U200输出的PWM脉冲信号送到Q200~Q203的G极，驱动Q203和Q200、Q202和Q201轮流导通与截止。当Q203和Q200同时导通(Q202和Q201截止)时，24V电压经Q203的D、S极，T200的①-②绕组、T301的①-②绕组，电容C301及Q200的D、S极到地，形成电流回路；当Q202和Q201同时导通(Q203和Q200截止)时，24V电压经Q201的D、S极，电容C301、T301的②-①绕组，T200的②-①绕组及Q202的D、S极到地，形成电流回路。在T300~T303中产生感应电压，二次侧产生800V以上交流高压，经连接器输出，点亮背光灯管。

(未完待续)(下转第532页)

◇四川 贺学金

表3 MP1038EY引脚功能和实测数据

引脚	符号	功能	电压(V)
①	SI	次级电流反馈输入	测时保护
②	LI	灯电流反馈输入	1.16
③	LV	灯电压反馈输入	0.42
④	COMP	反馈补偿	2.79
⑤	AC	模拟地	0
⑥	FT	故障超时时间设置	0
⑦	LCS	灯的工作时间设置	1.17
⑧	LCC	灯时间控制	0
⑨	BRC	突发重复频率控制	0
⑩	BRS	突发重复频率设置	5.89
⑪	DBRT	数字亮度控制输入	2.57
⑫	ABRT	模拟亮度控制输入	5.89
⑬	ENSYNC	复合输入和同步启用	5.08
⑭	LOK	灯故障检测	5.88
⑮	PRR	电源输入	23.8
⑯	BTR	右端隔离输出	14.03
⑰	UGR	高边MOS管G极输出	10.49
⑱	OUTR	桥式输出，连接到MOS管S极	8.84
⑲	VCCR	电压输出	5.86
⑳	LGR	低边MOS管G极输出	3.60
㉑	PGR	电源地	0
㉒	PRL	电源输入	23.8
㉓	BTL	左端隔离输出	14.20
㉔	UGL	高边MOS管G极输出	10.66
㉕	OUTL	桥式输出，连接到MOS管S极	8.86
㉖	VCCL	电压输出	5.86
㉗	LGL	低边MOS管G极输出	3.59
㉘	PGL	电源地	0

注：测量⑦脚电压时，屏叫。

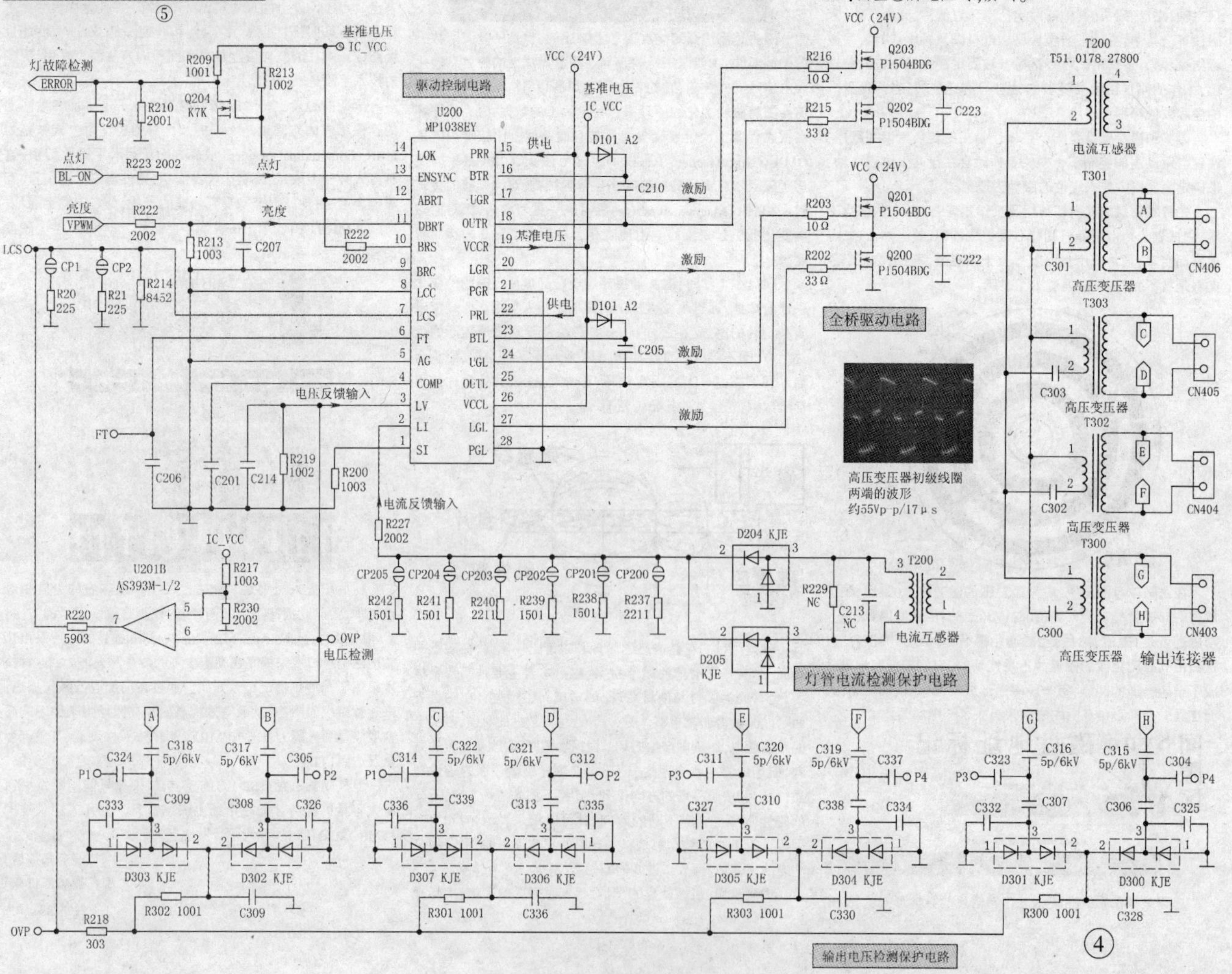

驱动控制电路　全桥驱动电路　灯管电流检测保护电路　输出电压检测保护电路

高压变压器初级线圈两端的波形 约55Vp-p/17μs

④

如何在手机上制作有声影集？

现在很多人乐于旅游，同时拍摄一定数量的风景照和人像照，如果把这些照片制作成有声影集，那真是有声有色锦上添花，你想何乐不为呢，下面就来谈一谈制作有声影集的方法。

在玩手机时，经常会看到视频页面下方有红底白字即"我要做影集"(如图1所示)。

我要做影集 ①

如果点击了"我要做影集"，再接下去点击不一定能顺利进行。因此，我们首先在手机上添加一个"小年糕微信号"，添加方法就像添加好友一样，点击手机微信页面的右上角菜单"+"，打开后，点击"添加朋友"，然后在页面上方键入：小年糕xiaoniangao_fw，再点击"搜索"，打开后，上面一项字为：该用户不存在，下面一项是：搜一搜小年糕xiaoniao-gao_fw，再下面一项是：小年糕、公众号、文章、朋友圈和表情。

这时，点击"搜一搜小年糕xiaonian-gao_fw"，打开后点击"进入公众号"，就这样小年糕的头像终于在你的微信上了（如图2所示）

②

这时把小年糕头像打开，打开后可以看见页面下方有三个栏目：网友佳作、制作影集、我的服务。

接下来谈制作影集的操作步序：

1.点击"制作影集"，打开后如图3所示，图中三种图片代表三种模板。

③

2.点击任一个模板，即播放模拟视频和音乐(如图4所示)。

④

3.点击"开始制作"，这时打开手机相册(如图5所示)。

⑤

4.点击一张照片，此时照片被放大(如图6所示)。

⑥

5.点击图四右上角"完成"，这时照片添加到制作页面(如图7所示)。

⑦

6.接着继续依次添加照片，此时点击图7上方添加符号"+"，打开后再点击"上传照片"，如此反复进行添加照片至完毕(如图8所示)，这里仅仅是举例，因此只选择6张照片，实际可以添加几十张以上。

⑧

⑨

7.点击"提交制作"，这时出现"正在制作中……"页面(如图9所示)，稍等一下待制作完成会发出声音。制作完成的页面如图10所示，这时你可以点击播放按钮进行播放。

⑩

8.点击播放页面右上角"编辑"，打开后点击"修改标题"，可以输入需要的影集名称，如果不修改，那么原标题的名称为小年糕影集。

结束语：音乐和模板的修改，照片的增加或删除都是可以的，只要点击"编辑"，根据文字的指点引导就不难操作了。

◇上海 虞荣生

Excel实用技巧四则

日常工作中，Excel是我们使用频率非常高的办公软件之一，但有时由于缺乏技巧，一个极其简单的问题，可能需要耗费几个小时来解决，这里介绍四则比较实用的技巧。

①

②

技巧一 转置粘贴

Excel的复制粘贴有多种形式，尤其是复制带公式、格式的数据时，可以根据需要灵活使用粘贴功能，例如可以将原来以列排列的数据粘贴为以行排列的形式。

例如图1所示的数据，现在需要将其粘贴到下面的行，首先选择A2:A5单元格的内容，将其复制到剪贴板；选择B8单元格，右击打开"选择性粘贴"对话框，勾选"转置"复选框，确认之后即可看到图2所示的转置粘贴效果，代理单位的粘贴步骤相同。

技巧二 输入时复制

在输入数据时，如果需要在不连续单元格内输入相同的内容，可以巧妙应用"Enter"键：首先按住Ctrl键，逐一选择相应的单元格，接下来在其中一个单元格输入文本内容，最后按下"Ctrl+Enter"组合键，此时所有选中的单元格都会同时输入刚才的文本内容，效果如图3所示。

③

④

技巧三 让公式正确显示复制结果

很多时候，我们都会直接向下拖拽填充柄以复制公式，但如果看到的都是相同的计算结果，那就比较尴尬了。之所以会出现这种情况，一般是Excel启用了手工计算的选项，按照如下步骤即可解决。

跳转到"公式"选项卡，在"计算"功能组依次单击"计算选项→自动"即可，当然这样只是对当前工作簿生效；或者，也可以打开"Excel选项"对话框，切换到"公式"选项卡，在右侧窗格的"计算选项"小节选择"自动重算"，这样可以修改全局选项。

补充：如果输入公式之后不计算，那么请检查数据格式的问题，修改为"常规"重新计算即可。

技巧四 提高表格的阅读效果

辛辛苦苦做好了表格，但如果不注意最后的细节，那么很可能导致表格打回重新修改，这里介绍一些注意事项：

将光标定位在需要他人首先阅览的单元格中，方便对方一目了然；如果表格过长，那么尽量冻结首行首列；如果是没有必要呈现的内容，可以进行隐藏处理，而不是删除；保持单元格内数据的字体、字号与格式一致；行标题、列标题请加粗，并给表格加上合适的框线。

◇江苏 王志军

美的JE701型果汁机电路分析与故障检修方法

美的JE701果汁机电路由电源开关S3、变速开关R3、电机M、双向可控硅(双向晶闸管)Q1、整流管D1~D4等构成,如图1所示;电路板实物如图2所示。

1.市电输入电路

接通电源开关S3后,市电电压通过保险管(熔丝管)F1输入到电路内,经高频滤波电容C1和动感L1、L2组成的线路滤波器双向滤波后,送给电机供电电路。R1是C1、C2的泄放电阻。

2.电机供电电路

经滤波后的市电电压经C2降压后,加到电位器R3的一端,同时还加到双向晶闸管Q1的T1极。调整3P使R3、RJ2、C3构成的充电回路开始工作,为C3充电。当C3的充电电压达到双向触发二极管D5的转折电压后,D5导通,为Q1的控制极G提供触发电压,使Q1导通,从其T2极输出的交流电压经D1~D4桥式整流产生脉动直流电压。该电压经连接器CN1、CN2为电机供电,使其带动刀片旋转,实现打汁功能。

调整R3改变C3的充电速度后,可改变Q1的导通角大小,也就改变了Q1的T2极输出电压的高低。Q1输出电压高时,通过整流为电机提供的工作电压增大,电机转速增大,反之相反。这样,通过调整R3就可以改变加工速度。

3.常见故障检修

(1)电机不转

该故障的主要原因:1)供电线路异常,2)开关S3开路,3)双向晶闸管Q1或其触发电路异常,4)电机或其直流供电电路异常。

首先,测插座的市电电压是否正常,若不正常,检查插座;若电压正常,拆开机壳后检查熔丝管F1是否熔断,若熔断,说明有过流现象;若正常,说明电机或其供电电路异常。

确认F1熔断后,在路检查C1、D1~D4是否正常,若异常,与F1更换即可;若正常,检查Q1是否击穿,若是,还应检查D5、电机是否正常;若Q1正常,检查电机运转是否受阻,若是,处理后即可排除故障;若电机正常,说明F1是自然损坏。

确认F1正常后,检查S3是否开路,若开路,更换即可排除故障;若正常,测电机有无供电电压;若有,说明电机异常;若没有,说明电机供电电路异常。此时,测Q1的G极有无触发电压输入,若有,检查Q1、D1~D4;若没有,测R3的可调端有无电压输出,若有,查RJ1、D5、C3;若没有,检查R3、C2、L1、L2是否开路,C3是否击穿即可。

(2)电机转速调整范围窄

该故障的主要原因:1) 双向晶闸管Q1异常,2)R3、RJ1阻值增大,3)C2容量减小,4)C3、D5异常,5)D1~D4异常。

调整R3时,测Q1的G极输入的电压是否正常,若正常,检查Q1、D1~D4;若不正常,测C2输出的电压是否正常,若异常,检查C2及线路;若正常,检查D5是否导通电阻大,若是,更换即可;若正常,检查R3、RJ1是否阻值增大,若是,更换即可;若正常,检查C3是否漏电或容量不足即可。

(3)电机转速过快

该故障的主要原因:1)Q1或D5击穿,2)R3异常。

在路测量Q1、D5是否正常,若不正常,更换即可排除故障;若正常,检查R3。

◇内蒙古 孙广杰

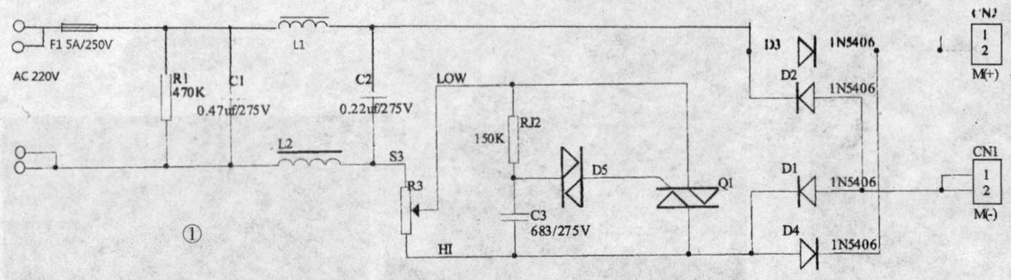

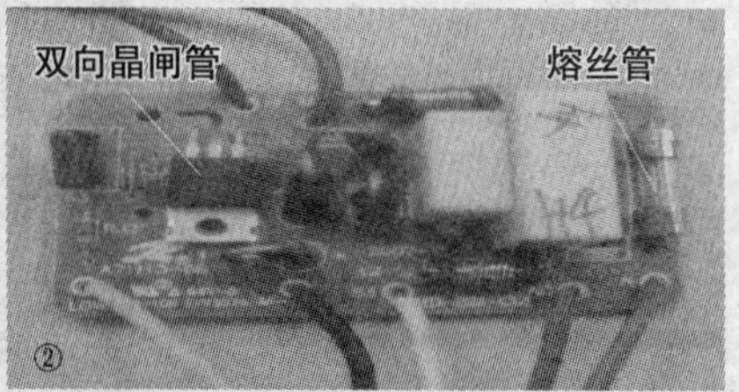

手提式压力蒸汽灭菌器不加热故障检修1例

故障现象:一台合肥华泰医疗设备有限公司生产的YX-280D-II型手提式压力蒸汽灭菌器按启动键,有按键音,加热指示红灯和运行绿灯均不亮,不加热。按设置键和温度加、减键均有相应的反应,有时反复按压启动键,机器能加热。

分析与检修:通过故障现象分析,怀疑电源电路或微处理器电路异常。该机的微处理器电路采用的是ARM单片机。按下启动键后,单片机相应单口输出加热信号通过一只贴片三极管放大后,使固态继电器SSR的直流端(初级部分)构成回路,控制SSR工作,并且使加热指示红灯和运行绿灯点亮。SSR得到驱动信号后,它次级部分的开关闭合,给加热器提供220V交流电,实现加热目的。如果SSR的初级回路不闭合,就无反馈信号给单片机,单片机就会输出保护信号,禁止加热,以免扩大故障。试验时,需要给高压锅加水,并且要超过水位开关,否则被单片机识别后控制电路进入缺水保护状态。温度传感器用来检测温度。

维修时,可将电路板拆出独立维修。首先,利用导线将220V交流电接入变压器初级绕组,由其输出的交流电压经整流滤波后,通过三端稳压器7805稳压,电容滤波后产生5V供电。测5V电压正常,按压按键均有按键音和相应显示,唯独按启动键时不加热,并且相应指示灯不亮,说明操作键电路或单片机进入保护状态。将4个按键全部更换,故障不变,证实按键未坏。

观察固态继电器SSR通过导热硅脂螺丝固定在锅下侧面,高温使硅脂变稀溢流至SSR初级的压线端子上,产生接触不良现象(见附图),并且该压线端子为叉子型,致使硅脂通过缺口渗透进来进一步导致接触不良,被单片机识别后,进入保护状态。将压线端子叉子型改为圆口型,清理掉接触部位的油脂,再紧固好,恢复正常,故障排除。

◇山东 侯金叶

小米手机突然断电故障检修1例

为爱人购买的一部小米6手机,已使用近2年时间,随着手机电池容量的逐渐下降,充满电后手机待机或工作时间越来越短,于是在今年的7月28日,以71元的价格网购了一块商家说是小米6原装电池BM-39。笔者根据网上视频教程对小米6电池进行了更换,使用时发现手机待机和工作时间虽然没有新机时长,还说得过去。但是,使用一个多月后,手机开始出现忽然断电关机的现象。

一、故障分析

手机(MIUI版本为10.3.1.0)在使用过程中,手机电量显示大于20%甚至大于60%时就忽然关机,且不能开机。刚开始以为手机出了问题,但充电(半个小时内就能充满电)后,手机又能开机。面对这种故障现象,不知道是手机内部的检测电路、充电电路出了问题,还是手机的电池出了问题。再仔细观察,发现手机充满电使用时,电量下降较快,到显示电量有60~70%时就出现断电黑屏现象;充电时,手机电量显示从0迅速增长,一般在半个小时内就能充满。根据上述情况分析,如果电池接触不良引起的故障现象,充电时电量显示应该从关机前的60%多往上增长;如果是电池容量变小原因造成的,为什么在电池容量还有60~70%时就出现断电故障?至少应显示电池容量低于20%,给机主一个没电的提示才正常呀?电池购买不到2个月,卖家坚称是原装电池,于是认为电池容量变小引起故障的可能性较小,而手机内部检测或控制电路部分出现异常,导致充放电不正常的可能性占70%。由于电池内置,打开测量太麻烦,没有专业工具,对电池性能测量也不现实。

二、故障排查

不得已对手机有关电池省电、维护保养等方面的设置进行查看,当点击打开手机"设置"功能,选取进入"电量和性能"项,再点击打开"省电优化",进行"一键优化"后,可以查看到省电优化的一些参数,在页面的最下边,可以看到耗电历史图形曲线、电池状态、电池电压、电池温度、剩余电量等有关电池性能的数据,其中图形化的耗电历史纵坐标是电池剩余电量百分比值,横坐标是时间值;电池状态标示的是状态良好或有故障;电池电压以数字方式显示电池的当前实际电压;电池温度以数字方式显示电池的当前温度;剩余电量以分数表示,分母固定为3350mAh,分子为3350mAh减去手机已使用了的毫安与时间(小时)的乘积。经长时间的观察、分析电池电压和剩余电量2项内容,终于找到了手机出现忽然断电关机的原因。由于电池状态显示的是"状态良好",手机系统就认为电池是好的,所以理所当然地认为电池充满电后的容量应为3350mAh,剩余电量的分母就使用了3350mAh这个数值。剩余电量的分子就从3350mAh算起,手机每一项工作用去多少mAh就减掉这个数值。正常的、容量充足的电池这样计算没有问题,但实际容量减少较多的电池提供的容量远远少于3350mAh,继续使用这样的方式计算剩余电量时就会出现问题。例如,当电池提供出1100mAh的电量后,系统计算出它当前的电量为:(3350 -1100)mAh/3350mAh =2200mAh/3350mAh=67%,67%这个数值还显示在屏幕的右上角,系统认为还可以继续工作,手机当然不会显示电量将耗尽的告警提示,用户看到屏幕右上角电量提示为67%,也不会考虑到即将没电,但是,电池实际剩余电量只有3%左右!随着手机的继续使用,当实际剩余电量达到0时(但手机屏幕显示的剩余电量却是64%左右),由于电池内部电量耗尽避免伤害电池芯的保护机制,停止向外供电,手机当然忽然断电黑屏。为了验证这种分析正确性,反复进行几次实验,得到相同的结果:把手机充满电,每隔几分钟观察、记录电池电压和剩余电量这两项参数,当电池充满电时,电池电压为4.4V,剩余电量为100%(值为3350 mAh/3350mAh);当电池电压降到3.6V时,说明锂电池电量已快耗尽,需要及时充电,但此时手机显示的剩余电量约还为70%(2250mAh/3350mAh);而一旦电池电压下降到电池最低,即截止保护电压3.4V时(手机显示的剩余电量约为64%),在1~2分钟内手机必定断电,说明上述分析是正确的,并反向推算出电池的实际容量约为:3350mAh×(1-64%)=1206 mAh。因此,确定故障是由于电池质量太差、容量下降过快和系统不适当的剩余电量计算引起的。

三、故障排除

找到故障原因后,在另一家网店购买了一块非原装的优质电池进行了更换,使用一段时间后观察,待机和工作时间基本超过原装电池,手机忽然断电关机的现象再也没有出现过,故障彻底排除。

◇河南 决蒙

通过简单的电路增加压电换能器的声学输出

为了增加压电蜂鸣器或超声换能器的声音输出，已经提出了许多不同的实例。它们中的大多数涉及相当复杂的电路，这会增加总解决方案的成本。例如将低压逻辑电源升压至更高电压或使用H桥拓扑。

相反，本设计实例表明如何在减少零件数量和成本的同时增加压电换能器的声音输出。在研究新方法之前，让我们看一下一些最常用的压电声学设计及其缺点。

最简单的压电驱动电路由一个传感器和一个开关晶体管组成(图1)。换能器两端的电压不能大于电源电压，这会在声音输出上设置上限。电阻器R2用于使换能器的电容放电。RC时间常数相对于换能器谐振频率的周期应该短些。低电阻值会降低电效率，同时会削弱换能器的机械(声学)共振，这当然会降低声学效率。

该电路的一个常见增强功能是用电感器代替R2，如图2所示。

通常，选择电感值以在换能器的声共振时与换能器(蜂鸣器)的电容发生电共振。与并联电阻器方法相比，此方法可提供更多的声音输出，但仍有很大的改进空间。充其量，传感器两端的峰峰值电压可能会达到40Vppk，而使用5V电源时，典型值为20Vppk。

这是因为在由电感器和换能器电容形成的并联谐振电路的负摆幅上，晶体管集电极-基极结被正向偏置，从而钳制了电压摆幅，因此限制了声音输出。

添加一个二极管可以使C-E结（或者，如果使用FET，则是体二极管结）与该负摆幅解耦，从而在换能器上提供更大的电压摆幅，因而增加声学输出(图3)。尽管二极管的正向电压确实会降低施加的电源电压，但增加的谐振电压足以弥补这一小损耗。

为了实现任何进一步的改进，我们需要考虑在这个小型系统中实际上有两个共鸣：

1.换能器的声共振，机械共振和腔共振

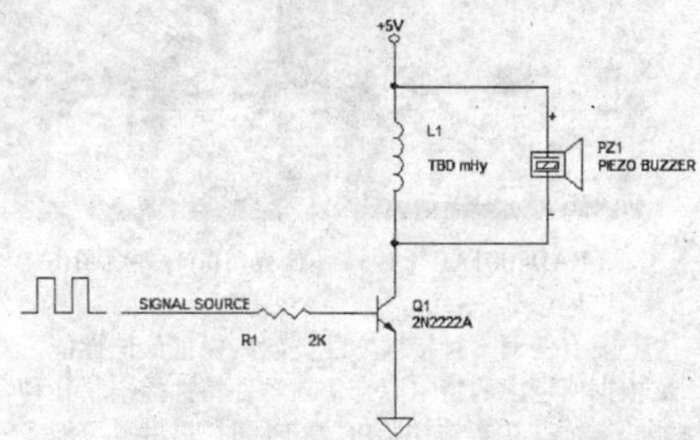

图1 该压电驱动电路虽然简单，但效率很低

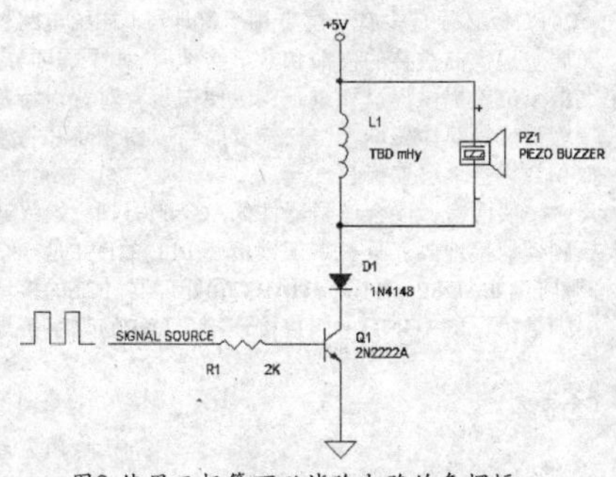

图2 用电感器代替R2可改善压电驱动器的输出和效率

图3 使用二极管可以消除电路的负摆幅

2.电感和换能器电容的电谐振

电谐振频率不必与声谐振的频率相同。实际上，如果大约是声共振的2倍，则可以大大提高换能器两端的峰值电压。

如图4所示，其中使用以下电路参数得出波形：

1.电源=5VDC

2.L1=3.2mHy

3.C(压电)=2nF

4.信号源频率=PZ1，谐振频率=40KHz

5.调整信号源占空比，以消除开启时的大电流尖峰

请注意，第5项标识了此新解决方案中潜伏的潜在问题，必须要解决。如果在换能器电压变为正后信号源可以导通晶体管，则将出现较大的窄电流尖峰，这会降低电效率并随着时间的推移可能使晶体管退化。当谐振电压略为负时，增加占空比以导致晶体管导通可以消除该尖峰。

整理好所有内容之后，让我们使用方便的四迹线智能示波器来观察电路在现实生活中的表现：

- 黄色=驱动电压，?48%占空比，5Vppk。在40KHz
- 紫=换能器两端的谐振电压，为92Vppk。在80KHz
- 绿色=晶体管发射极电流，在40KHz时?80mA峰值
- 蓝色=换能器的声音输出，用MEMS麦克风测量

通过使用比在40KHz时谐振的电感器更小的电感器，可以实现换能器两端的高峰值电压，从而使电流上升的速度大约是该电感器的两倍，在此示例中，提供了两倍的电流来为电感器的磁场"充电"。

峰值电压类似于推动摆动，在这种情况下，可用的峰值电压越高，传递的推动就越困难。在该系统中，这转化为换能器表面的较大位移，从而导致较大的声音输出。

本设计实例并不意味着要成为谐振电路的详尽论述。取而代之的是，它演示了一种程序，通过该程序，可以用非常简单的低成本电路将任何谐振压电换能器或蜂鸣器驱动到高声输出。

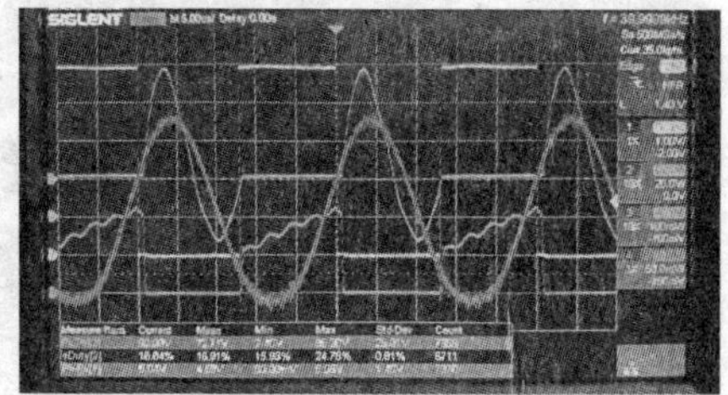

图4 这是电路在现实生活中的行为

该过程可以总结如下：

1.确定换能器的声共振频率

2. 以50%的占空比开始以相同的频率创建驱动脉冲序列

3.根据需要调整占空比以消除电流尖峰

4.确定换能器的电容值

5.选择一个电感值，该电感值将以大约两倍于声共振的频率发生电共振。

由于换能器由两个或多个潜在的谐振元件组成，因此难以复制此处在仿真中显示的声学/电气电路。这些包括换能器元件的机械共振，换能器外壳的声共振(参考亥姆霍兹共振)，当然还有换能器电容与外部电感的电共振。

来自换能器端口或膜片的辐射所产生的声负载又给仿真增加了难度。该电路的简单电气仿真在换能器两端产生了240Vppk，是实际电路中产生的电压的两倍多。与模拟结果相比，声负载可能代表降低该系统中换能器峰值电压的大部分损耗。

通过使用这种简单的过程，可以以最少的时间和精力轻松地使换能器输出最大化。

◇湖北 朱少华

使用RH桥和数字可编程电容器测量湿度

AC桥电路可用于测量传感器的未知电容，例如相对湿度(RH)传感器。一些RH传感器具有电容与%RH的传递函数。通常，电容变化(ΔC)从0%到100%的值非常小。使用具有高步进分辨率的NCD2400数字可编程电容器阵列可以使用标准AC桥电路帮助确定未知电容和RH的值。

NCD2400是采用微型DFN封装的I2C控制器件，具有宽电容范围和非易失性操作，具有512态数字电容状态。数据通过标准I2C 2线总线写入。图1显示了典型电路。

该电路用作简单的交流电桥电路，具有匹配的电阻值和稳定的固定频率源。Cbulk可以固定在将要使用的特定RH传感器的0%RH电容下。例如，在图2中，0%大容量电容约为270pF。在该近似值的电桥中设置固定电容器允许NCD并联电容以355fF步长从12.5pF扫描到60pF(在该示例中为133个离散值)。根据图2中的图表，该扫描电容与282.5pF至330pF或0%至100%RH的跨度相关。

当通过写入NDC2400从低电容到高电容扫描电容时，差分放大器输出电桥中的差分电压。当ADC/μC检测到电压最小值时，NCD的电容值与RH传感器电容相匹配。此时，电容值可用于确定RH%。

校准

系统校准至关重要，系统通常在湿度室中校准，以确定传感器的校准曲线。由于RH和电容之间的关系不一定是线性的，校准更有可能产生以下形式的二次传递函数：

RH=A(Cp2)+B(Cp)+C其中Cp=传感器电容，A，B，C是系数。

用使用NCD获得的电容值替换Cp传递函数并使电路归零将产生RH结果。然后使用RH结果以及来自图1中的温度传感器的测量温度值来计算温度补偿的RH结果，因为这将产生最高精度。

RH测量是一项复杂的任务，应考虑所有测量不确定度。幸运的是，如果在系统级执行校准，许多杂散电容和分支阻抗都会消除，重复性也很好。

◇湖北 朱少华

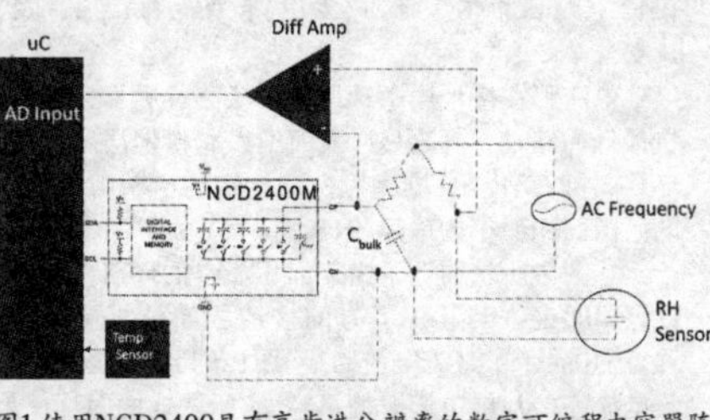

图1使用NCD2400具有高步进分辨率的数字可编程电容器阵列可以使用标准AC桥电路帮助确定未知电容和RH的值

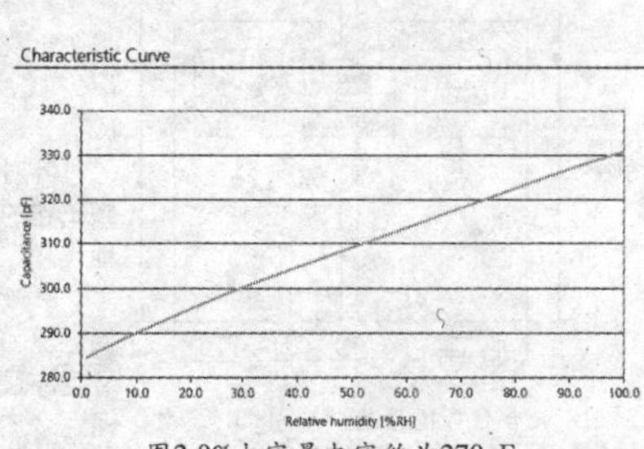

图2 0%大容量电容约为270pF

PCB设计中良好接地事项(三)

（紧接上期本版）

采样时钟考量

在高性能采样数据系统中，应使用低相位噪声晶体振荡器产生ADC(或DAC)采样时钟，因为采样时钟抖动会调制模拟输入/输出信号，并提高噪声和失真底。采样时钟发生器应与高噪声数字电路隔离开，同时接地并去耦至模拟接地层，与处理运算放大器和ADC一样。

采样时钟抖动对ADC信噪比(SNR)的影响可用以下公式4近似计算：

$$SNR=20\log_{10}\left[\frac{1}{2\pi f t}\right] \tag{4}$$

其中，f为模拟输入频率，SNR为完美无限分辨率ADC的SNR，此时唯一的噪声源来自rms采样时钟抖动tj。通过简单示例可知，如果tj=50 ps (rms)，f=100 kHz，则SNR=90 dB，相当于约15位的动态范围。

应注意，以上示例中的tj实际上是外部时钟抖动和内部ADC时钟抖动(称为孔径抖动)的方和根(rss)值。不过，在大多数高性能ADC中，内部孔径抖动与采样时钟上的抖动相比可以忽略。

由于信噪比(SNR)降低主要是由于外部时钟抖动导致的，因而必须采取措施，使采样时钟尽量无噪声，仅具有可能最低的相位抖动。这就要求必须使用晶体振荡器。有多家制造商提供小型晶体振荡器，可产生低抖动(小于5 ps rms)的CMOS兼容输出。

理想情况下，采样时钟晶体振荡器应参考分离接地系统中的模拟接地层。但是，系统限制可能导致这一点无法实现。许多情况下，采样时钟必须从数字接地层上产生的更高频率、多用途系统时钟获得，接着必须从数字接地层上的原点传递至模拟接地层上的ADC。两层之间的接地噪声直接添加到时钟信号，并产生过度抖动。抖动可造成信噪比降低，还会产生干扰谐波。

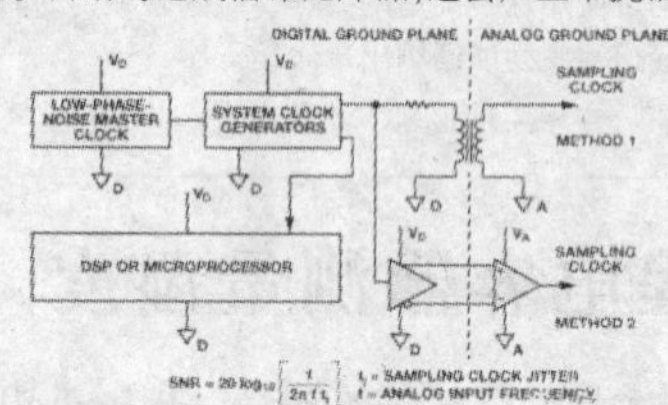

图7 从数模接地层进行采样时钟分配。

混合信号接地的困惑根源

大多数ADC、DAC和其他混合信号器件数据手册是针对单个PCB讨论接地，通常是制造商自己的评估板。将这些原理应用于多卡或多ADC/DAC系统时，就会让人感觉困惑茫然。通常建议将PCB接地层分为模拟层和数字层，并将转换器的AGND和DGND引脚连接在一起，并且在同一点连接模拟接地层和数字接地层，如图8所示。这样就基本在混合信号器件上产生了系统“星型”接地。所有高噪声数字电流通过数字电源流入数字接地层，再返回数字电源；与电路板敏感的模拟部分隔离开。系统星型接地结构出现在混合信号器件中模拟和数字接地层连接在一起的位置。

该方法一般用于具有单个PCB和单个ADC/DAC的简单系统，不适合多卡混合信号系统。在不同PCB(甚至在相同PCB上)上具有数个ADC或DAC的系统中，模拟和数字接地层在多个点连接，使得建立接地环路成为可能，而单点“星型”接地系统则不可能。鉴于以上原因，此接地方法不适用于多卡系统，上述方法应当用于具有低数字电流的混合信号IC。

针对高频工作的接地

一般提倡电源和信号电流最好通过“接地层”返回，而

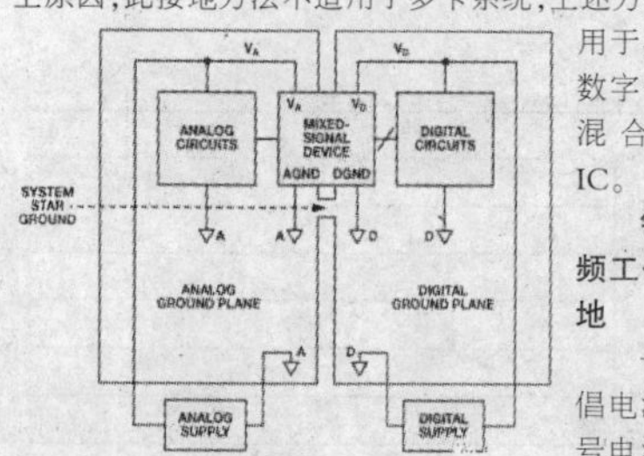

图8 混合信号IC接地：单个PCB(典型评估/测试板)。

且该层还可为转换器、基准电压源和其它子电路提供参考节点。但是，即便广泛使用接地层也不能保证交流电路具有高质量接地参考。

图9所示的简单电路采用两层印刷电路板制造，顶层上有一个交直流电流源，其一端连到过孔1，另一端通过一条U形铜走线连到过孔2。两个过孔均穿过电路板并连到接地层。理想情况下，顶端连接器以及过孔1和过孔2之间的接地回路中的阻抗为零，电流源上的电压为零。

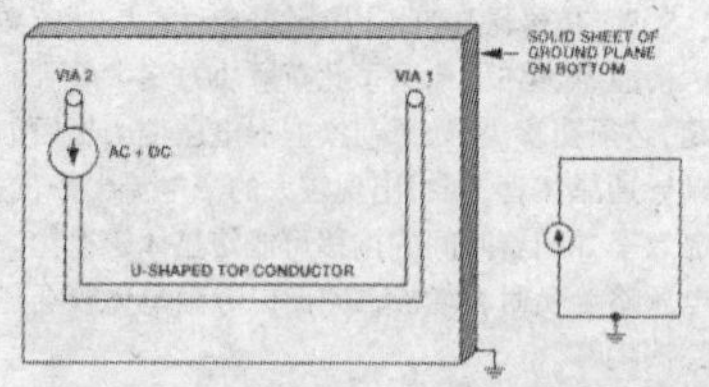

图9 电流源的原理图和布局，PCB上布设U形走线，通过接地层返回。

这个简单原理图很难显示出内在的微妙之处，但了解电流如何在接地层中从过孔1流到过孔2，将有助于我们看清实际问题所在，并找到消除高频布局接地噪声的方法。

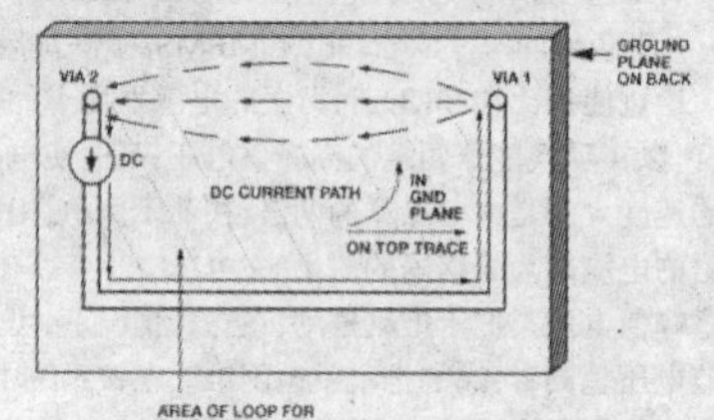

图10 图9所示PCB的直流电流的流动。

图10所示的直流电流的流动方式，选取了接地层中从过孔1至过孔2的电阻最小的路径。虽然会发生一些电流扩散，但基本上不会有电流实质性偏离这条路径。相反，交流电流则选取阻抗最小的路径，而这要取决于电感。

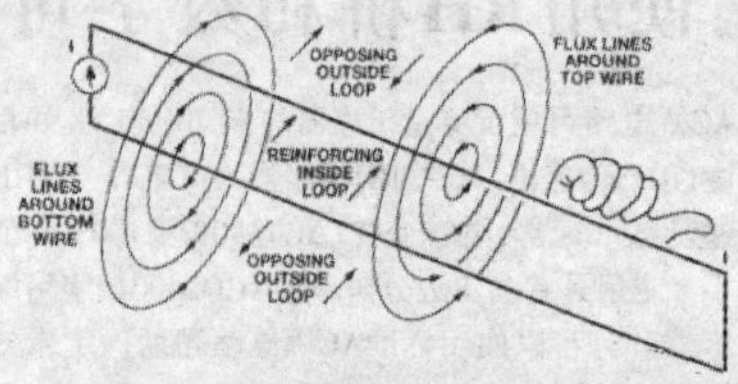

图11 磁力线和感性环路(右手法则)。

电感与电流环路的面积成比例，二者之间的关系可以用图11所示的右手法则和磁场来说明。环路之内，沿着环路所有部分流动的电流所产生的磁场相互增强。环路之外，不同部分所产生的磁场相互削弱。因此，磁场原则上被限制在环路以内。环路越大则电感越大，这意味着：对于给定的电流水平，它储存的磁能(Li2)更多，阻抗更高(XL=jωL)，因而将在给定频率产生更大电压。

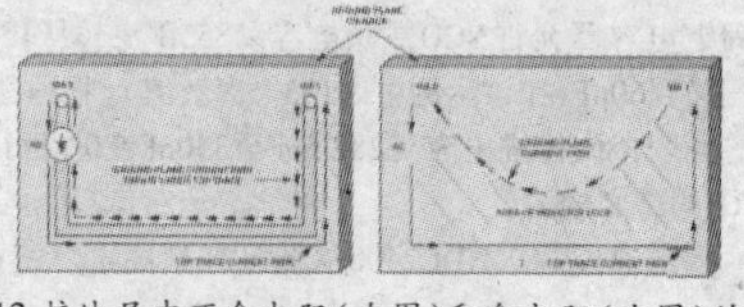

图12 接地层中不含电阻(左图)和含电阻(右图)的交流电流路径。

电流将在接地层中选取哪一条路径呢？自然是阻抗最低的路径。考虑U形表面引线和接地层所形成的环路，并忽略电阻，则高频交流电流将沿着阻抗最低，即所围面积最小的路径流动。

在图中所示的例子中，面积最小的环路显然是由U形顶部走线与其正下方的接地层部分所形成的环路。图10显示了直流电流路径，图12则显示了大多数交流电流在接地层中选取的路径，它所围成的面积最小，位于U形顶部走线正下方。实际应用中，接地层电阻会导致低中频电流流向直接返回路径与顶部导线正下方之间的某处。不过，即使频率低至1 MHz或2 MHz，返回路径也是接近顶部走线的下方。

小心接地层割裂

如果导线下方的接地层上有割裂，接地层返回电流必须环绕裂缝流动。这会导致电路电感增加，而且电路也更容易受到外部场的影响。图13显示了这一情况，其中的导线A和导线B必须相互穿过。

当割裂是为了使两根垂直导线交叉时，如果通过飞线将第二根信号线跨接在第一根信号线和接地层上方，则效果更佳。此时，接地层用作两个信号线之间的天然屏蔽体，而由于集肤效应，两路地返回电流会在接地层的上下表面各自流动，互不干扰。

多层板能够同时支持信号线交叉和连续接地层，而无需考虑线链路问题。虽然多层板价格较高，而且不如简单的双面电路板调试方便，但是屏蔽效果更好，信号路由更佳。相关原理仍然保持不变，但布局布线选项更多。

对于高性能混合信号电路而言，使用至少具有一个连续接地层的双面或多层PCB无疑是最成功的设计方法之一。通常，此类接地层的阻抗足够低，允许系统的模拟和数字部分共用一个接地层。但是，这一点能否实现，要取决于系统中的分辨率和带宽要求以及数字噪声量。

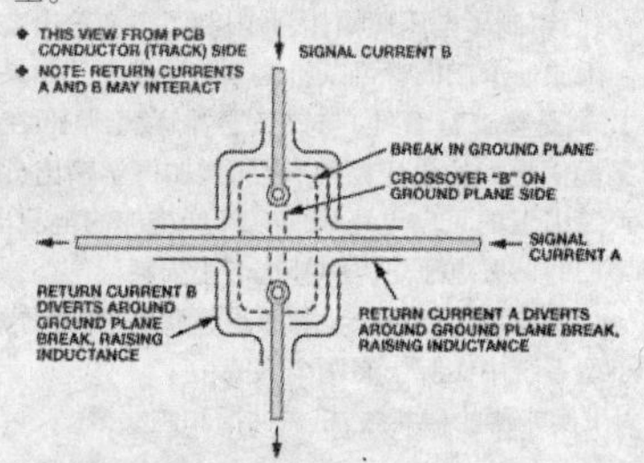

图13 接地层割裂导致电路电感增加，而且电路也更容易受到外部场的影响。(紧接上期本版)

其他例子也可以说明这一点。高频电流反馈型放大器对其反相输入周围的电容非常敏感。接地层旁的输入走线可能具有能够导致问题的那一类电容。要记住，电容是由两个导体(走线和接地层)组成的，中间用绝缘体(板和可能的阻焊膜)隔离。在这一方面，接地层应与输入引脚分隔开，如图14所示，它是AD8001高速电流反馈型放大器的评估板。小电容对电流反馈型放大器的影响如图15所示。请注意输出上的响铃振荡。

图14 AD8001AR评估板—俯视图(a)和仰视图(b)。

接地总结

没有任何一种接地方法能始终保证最佳性能。本文根据所考虑的特定混合信号器件特性提出了几种可能的选项。在实施初始PC板布局时，提供尽可能多的选项会很有帮助。

PC板必须至少有一层专用于接地层！初始电路板布局应提供非重叠的模拟和数字接地层，如果需要，应在数个位置提供焊盘和过孔，以便安装背对背肖特基二极管或铁氧体磁珠。此外，需要时可以使用跳线将模拟和数字接地层连接在一起。

一般而言，混合信号器件的AGND引脚应始终连接到模拟接地层。具有内部锁相环(PLL)的DSP是一个例外，例如ADSP-21160 SHARC®处理器。PLL的接地引脚是标记的AGND，但直接连接到DSP的数字接地层。

(全文完)

◇湖北 闵夫君

三端传感器实训五用电路板的设计与制作

2019年2月17日《电子报》刊登了笔者拙作《传感器实训四用电路板》，介绍了针对开关量传感器而设计的一种四用PCB板。本文针对简单而常用的五种三端传感器设计了一种实训五用电路板，即用一块电路板即可完成5种常用三端传感器的实训。

LM35模拟温度传感器有多种不同封装型式，常用封装TO–92，其引脚定义为：①电源正+Vs；②信号输出Vout；③电源地GND。

DS18B20可编程单总线数字温度传感器有多种不同封装型式，常用封装TO–92，其引脚定义为：①电源地GND；②数据输入/输出引脚DQ；③外接供电电源输入端VDD。

红外接收传感器含有红外一体化接收头，常用型号为HS0038等，采用3脚直插封装，脚间距2.54毫米，其引脚定义为：①信号输出OUT；②电源地GND；③电源正Vcc。

以上三种集成电路传感器都有3个管脚，名称相同，只是排列序号不同，红外一体化接收头体积比前两种大，占用PCB板的面积较大。

单总线数字温湿度传感器DHT11产品为4针单排引脚封装，其引脚定义为：①VDD供电3.3~5.5V DC；②DATA串行数据，单总线；③NC空脚；④GND接地，电源负极。图1为DHT11产品外观和引脚说明图。它虽有4个引脚，但有一个空脚，实为三端传感器，与上述三种集成电路传感器相同，只是体积大，占用PCB板的面积也大。

旋转角度传感器利用旋转电位器测量旋转角度，从0到300度。旋转电位器外观见图2。它两端接电源和地，中间抽头接信号输出，与上述四种集成电路传感器相同，只是体积大，占用PCB板的面积也大。

图3为五种三端传感器的实训电路原理图。其中J1为输入输出接线端子，U1为LM35模拟线性温度传感器，U2为DS18B20可编程单总线数字温度传感器，U3为红外一体化接收头，U4为单总线数字温湿度传感器DHT11，RP1为旋转角度电位器，电阻R1为信号S的上拉电阻。

根据图3绘制印刷电路板图（PCB）。将元件U1和U2的PCB封装背对背重叠放置，3个焊盘中心对齐重合，二者位于旋转电位器封装内。布完连线的PCB见图4。

按图4生产制作PCB板，可分别用作五种三端传感器的实训PCB板：在U1处焊上元件LM35，就是模拟线性温度传感器；在U2处焊上元件DS18B20，就是数字温度传感器；在U3处焊上元件HS0038，同时要焊接上拉电阻R1，就是红外接收传感器；在U4处焊上元件DHT11，就是数字温湿度传感器；在RP1处焊上元件旋转电位器（注意不焊上拉电阻R1），就是旋转角度传感器。这样可以节省4块PCB板的工程费，减少备板的种类和数量，灵活生产制作。

◇哈尔滨远东理工学院 解文军

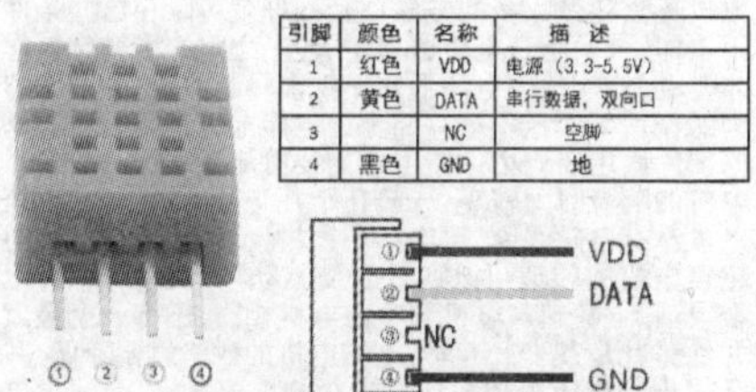

引脚	颜色	名称	描述
1	红色	VDD	电源（3.3~5.5V）
2	黄色	DATA	串行数据，双向口
3		NC	空脚
4	黑色	GND	地

图1 DHT11产品外观和引脚说明图

图2 旋转电位器外观图

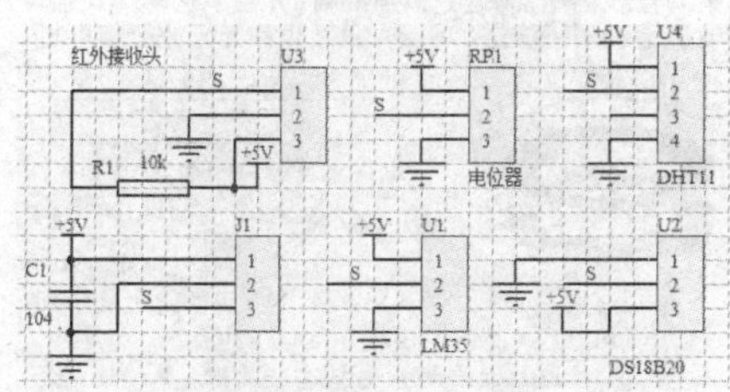

图3 五种三端传感器电路原理图

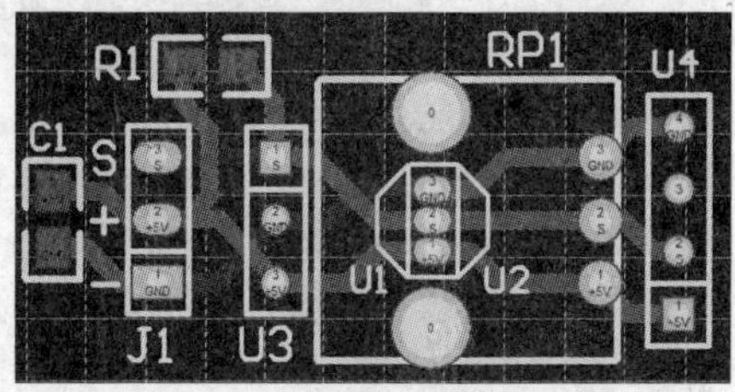

图4 五种三端传感器印刷电路板图

工厂生活区低配线路改造

企业用电负荷中，生活后勤设施用电占相当比重，一般厂矿企业占比达10%~18%。由于生活区用电设备、设施通常为企业的三类负荷，常未引起电气专业人员的足够重视，部分配电线路设计不够合理，存在诸多问题。本文简述我区机械厂生活区配电网改造方案，供参考。

一、存在问题

我区机械厂是年产值8千万元的中型企业，日用电负荷1700kW，占总用电负荷的14.1%，功率因数平均为0.76。原生活区配电线路设计为两台SLJ–315/10/0.4kV变压器（一用一备），其馈电线路是多回路架空出线，部分回路所配负荷多且导线线径小，加上主要用电设备、设施距离变压器达600~900m，因而电能损耗大。

原接线方案存在几个问题：多种负荷接于一路干线上，操作管理不便，尤其是某个负荷发生故障时会导致全回路跳闸，可靠性低；导线均为10~25nn²铝芯线，线路的直流电阻大，当某干线上多个负荷电流增大时，线损高，压降大；由于均为小线径铝芯线架设，导线强度低，易断裂，故障率高。当电杆线路检修时，需大面积长时间停电，且电气人员作业安全无保障；部分回路功率因数低，导致315kVA变压器处于满负荷运行，变损高达23520kWh/a，变压器处于不经济运行状态。

二、改造设计方案

针对这些问题，我厂对生活设施及住房楼房等六路重点负荷回路进行了改造设计，改变传统的单一的放射式和树干配电方案。具体技术措施是：

将原多种负荷接于一条干线上，改为路线供给一个动力负荷。将过去一路线供给1幢楼照明，改为南北两片两条回路供至宿舍区中心，再由两个中心配电柜分13个单回路送至各幢宿舍楼，实行一楼一路线一个开关控制，便于管理，互不影响。

将五路出线铝芯架空线全部改为vv29—l kV—3×6—35~70mm²的铅饼铠装塑料电力电缆埋地敷设。既增大了导线截面和强度，又避免了架空线受外界自然气候影响。同时，线路损耗大为降低。

在小农场用电设备末端（距变压器920多米）和生活泵房（17kW电机）实行电容就地补偿，有效降低了线损和变损，使变压器低压侧的功率因数大大提高，线路压降得到明显改善。

三、经济技术分析

改造的六个主要回路的动力及照明线路，投入实际运行后，每年线损由原来的122749kwh降为2540kWh，降低79.3%。同时，在生活泵房和小农场用电设备安装了各30kVar的电容，使这两条线路的功率因数从0.72~0.73提高到0.95。这样，变压器低压侧总功率因数从原来的0.76提高到0.92以上，降低了线路损耗和变压器损耗。计算过程如下：

1. **小农场线** $I_1=37A \quad I_2=24A$

$$\Delta W_1=3I_1^2\times R\times10^{-3}\times h$$
$$=3\times(37)^2\times0.7\,856\times10^{-3}\times4\,708=15\,190kWh/a$$

$$\Delta W_2=3I_2^2\times R\times10^{-3}\times h$$
$$=3\times(24)^2\times0.7\,856\times10^{-3}\times4\,708=6\,391kWh/a$$

$$\Delta W_1-\Delta W_2=15\,190-6\,391=8\,799kWh/a$$

2. **生活泵线** $I_1=18A \quad I_2=14A$

$$\Delta W_1=3I_1^2\times R\times10^{-3}\times h$$
$$=3\times18^2\times0.1\,618\times3\,960=622kWh/a$$

$$\Delta W_2=3I_2^2\times R\times10^{-3}\times h$$
$$=3\times14^2\times0.1\,618\times3\,960=376kWh/a$$

$$\Delta W_2-\Delta W_2=622-376=246kWh/a$$

3. **变压器损耗**

$P_0=0.76kWh \quad P_k=4.8kWh \quad S=315kWh$

补偿前：$COS\varphi_1=0.75,\beta_1=98\%$

$S_1=311kVA$

补偿后：$COS\varphi_2=0.92,\beta_2=80.5$

$S_2=252kVA$

$$\Delta W_1=[P_0\times\beta_1^2-P_k]\times h$$
$$=[0.76(98\%)^2\times4.8]\times4\,380=23\,520kWh/a$$

$$\Delta W_2=[P_0\times\beta_2^2-P_k]\times h$$
$$=[0.76(80.5\%)^2\times4.8]\times4\,380=16\,952kWh/a$$

$$\Delta W_1-\Delta W_2=23\,520-16\,952=6\,568kWh/a$$

4.由于COSφ提高，变压器供电能力增加

$$\frac{S_1-S_2}{S_1}\times100\%=\frac{311-252}{311}\times100\%=18.97\%$$

5.总损耗降低

$$W_{总}=\Delta W_{短}\cdot\Delta W_{变}$$
$$=97\,346+8\,799+246+6\,568$$
$$=112\,959kWh/a$$

6.经济效益

节约电耗费用$C_1=\Delta W_{总}\times$元/kWh=11295×0.35=3953.65元/a

节约运行维护费用C_2=人工费+线路设施材料费=1260+3486=4746元/件

节约总费用$C=C_1+C_2$=39535.65+4746=44281.65元/年

四、结论

经实践应用，改造后每年直接经济效益44281元。同时，由于低压配电网功率因数提高，供电可靠性增加，故障率大为降低，检修方便，运行安全。而改造投资仅一年就可收回。可见，工厂生活区尤其是大中型企业生活区配电线路的合理设计，对生活区配电网的经济运行、安全管理、故障频率、检修作业和电能消耗，都具有直接影响。

◇辽宁 孙永泰

超声电机技术应用与设计

一、电磁电机与超声电机比较

一提到电动机人们可能马上想到电磁电机。从1820年奥斯特发现电磁作用，到1836年电磁电动机应用于印刷机上，仅用了十几年的时间。目前，电磁电机在日常生活和工业生产中都有着广泛的应用。电磁电机利用电磁效应把电能转换成机械能。一个常见的直流电磁电机的换能部件主要由定子和转子组成；定子产生一个固定的磁场，转子产生一个可以旋转的磁场；定子与转子不接触，而通过两个磁场的相互作用驱动转子转动。普通电磁电机的特点是转速快，每秒上千转。电动机的输出功率是力矩乘以转速，所以一般电磁电机的直接输出力矩都比较小。

20世纪90年代日本佳能公司研制出一种压电电动机，这种电动机的工作原理是利用逆压电效应把电能转换成机械能。常见的压电电机也是由定子和转子组成，但定子是由压电材料和金属材料组合制成，转子是由金属材料制成；压电材料把电能转换成机械振动能，激励定子金属体振动；转子与定子相接触，通过摩擦力，定子的振动驱动转子运动。由于定子的振动频率一般在大于20kHz的超声频段，因此人们也将压电电机称为超声电机。

早在1948年美国科学家威廉斯和布朗就申请了“超声电机”的专利。随后，很多人试图将超声电机的想法变成产品，都没有成功。1982年日本人指田提出了一个超声电机的设计方案；但直到1992年佳能公司才利用指田的方案制造出商业化的超声电机，并应用于照相机中，作为镜头调焦的驱动器。在此之后，许多国家都开展了超声电机的研究。目前超声电机已经广泛应用在光学仪器、高档轿车、精密仪器、自动控制、航空航天等许多领域。

超声电机的工作原理和工作效果与电磁电机完全不同，一个主要特点就是超声电机可以得到较低转速，因此输出力矩较大，可以省去减速机构直接带动负载。除了转速低，超声电机还有很多其他的特点：(1)因为超声电机不使用电磁场作为驱动力，因此电磁辐射小。许多情况下，不希望有电机产生强电磁干扰，或者在强磁场环境中，电磁电机的正常工作会受到影响；而超声电机不需要做太多的电磁屏蔽处理就可以在这些条件下工作。(2)超声电机依靠定、转子之间的接触摩擦作为驱动方式，关闭电源后转子就会马上停止，并在摩擦力的作用下固定不动；而步进电磁电机若要把所驱动的部件固定在一个位置上则需要电流来维持。(3)超声电机的响应时间较短，一般在十几毫秒以内。(4)超声电机没有电磁线圈，可以不用铜材，节省原料造价。(5)超声电机的转速可以通过改变驱动频率进行调节，比较灵活。(6)超声电机与电磁电机相比，还有一个最大的优势就是在小尺寸时，电磁电机的效率急剧降低，并且很难制作出直径在1mm量级的电磁电机，而超声电机在很小尺寸上都可以有效工作。

二、各种各样的超声电机

超声电机的工作原理，是把特殊形式的振动通过摩擦力转换成转动或平动。根据振动体的不同形式，可以制作出多种多样的超声电机。日本佳能相机中应用的超声电机就有两种。一种是环式电机，另一种是棒式电机。 环式电机的定子振动体和压在其上的转子都是圆环形薄片(图1)。电机工作时，在定子圆环上产生的是弯曲振动的行波。行波是沿着圆环的周向行进，圆环表面质点的振动轨迹是椭圆形。表面质点在波峰处，位移有一个平行于静止圆环的分量，这个分量通过摩擦驱动了与之接触的环形转子[图1(b)]。转子的中间放置镜头，转子的转动可以通过适当的机构转换成镜头的直线运动，以达到调焦的目的。由于这种环式超声电机是利用行波进行驱动，所以也称为行波超声电机。

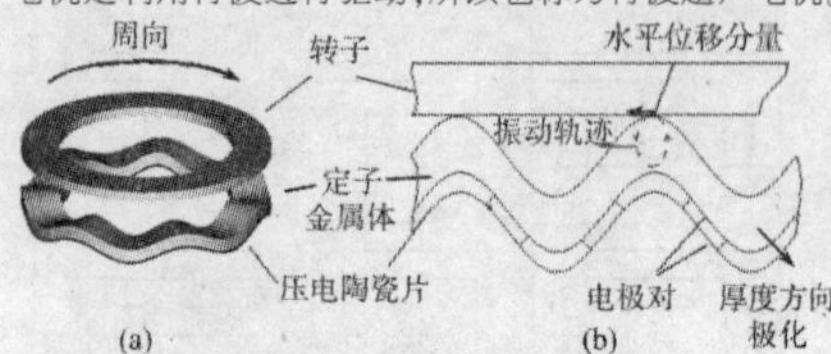

图1 行波超声电机工作原理

把转动转换成直线运动的方式很多，如图2所示，转子上连接一个圆筒，圆筒的侧壁上开有斜槽，圆筒的中间放置镜头筒，镜头筒的外壁上固定有销钉，销钉插在斜槽中。当转子转动时，斜槽推动销钉使镜头筒产生直线运动。

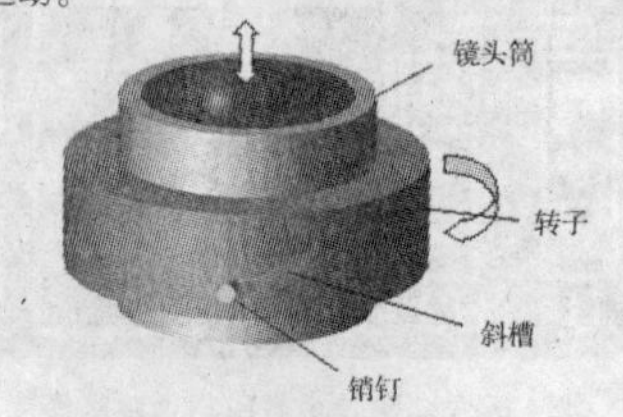

图2 转动转换成直线运动

环形行波超声电机的输出力矩一般不大。要得到较大力矩的行波超声电机，定子和转子都采用圆盘形，转子的中间和输出力矩的轴相联。定、转子的相互作用发生在圆盘的边缘处。 佳能相机中，棒式超声电机的工作方式有些像呼啦圈。定子是圆柱形。振动时，圆柱的轴线发生弯曲，这时定子端面上只有一个点与转子相接触(图2)。改变圆柱弯曲的方向，接触点的位置也改变。如果让接触点绕原轴线旋转，与定子相接触的转子被摩擦力驱动随着接触点发生转动。与呼啦圈类比，人的腰部对应于定子端面上的接触点，转子对应于圆圈。由于这种棒式超声电机的定子是做弯曲旋转运动，所以也被称为弯曲旋转超声电机，工作原理见图3。

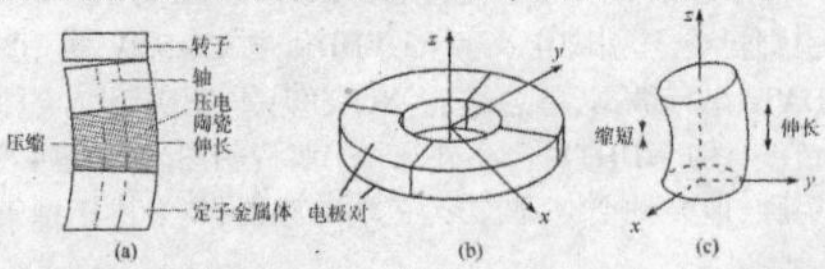

图3 弯曲旋转超声电机工作原理图。(a)定、转子结构示意图；(b) 分出4个电极对的压电陶瓷片；(c)定子激振原理图

棒式超声电机可以做得很小。目前最细的超声电机直径约为0.8mm，长度约为6mm。定子也采取弯曲旋转的形式运动。转速可以从300转/秒到3000转/秒之间变化。这种微型超声电机可以用作内窥镜的扫描驱动器。

棒式超声电机除了有弯曲旋转型，还有扭纵型。扭纵型电机沿着轴线纵振动，同时围绕轴线扭转振动。纵振动使定、转子之间交替分离和接触。在扭转振动的前半个周期，定子与转子接触，通过摩擦驱动它向一个方向转动；扭转振动的后半个周期，定子反方向扭动，但此时定、转子恰呈分离状态，转子不会反方向运动。每个周期都重复该过程，转子就能保持向同一个方向旋转。扭纵超声电机的输出力矩可以很大，目前能达到40牛米。由于这种电机要产生两种振动，根据设计规律就要求轴向尺寸很大，因而限制了它的应用范围。

一种大力矩行波超声电机可以弥补扭纵超声电机在尺寸上的不足。在普通的圆盘行波超声电机中，定子和转子都是悬臂梁结构，圆盘的中间是支撑处。因为超声电机是靠摩擦力产生输出力矩，因此要得到大力矩，可以增加定、转子之间的压力。但这会引起定子和转子的较大变形，而在设计时很难确定两个变形，因此不容易设计出较好的结构，得到大力矩。新型大力矩行波超声电机中，把振动体作为转子，把外壳作为定子，这样就只有转子是悬臂梁，改善了受力结构，使得设计上比较容易实现大力矩输出。大力矩行波超声电机的形状为圆盘形，厚度约为40mm，输出的力矩可以驱动小轿车的车窗玻璃。目前，这种超声电机的输出力矩可以达到8牛米。

目前世界上手机的拥有量非常巨大，并且大多数手机都带有照相功能。我们知道光学变焦的分辨率要高于数码变焦，但是带光学变焦的手机相机却很少见，主要是因为没有适用于驱动镜头变焦的电机。虽然佳能公司的两种超声电机已经很成功地应用在照相机的调焦机构中，但他们尺寸都很难再减小。而电磁电机在小尺寸时效率很低，耗电量急剧增加，无法满足使用要求。

为解决手机光学调焦的难题，一种螺母型超声电机应运而生。这种电机的定子为螺母型，用空心螺杆作转子，螺杆中空处放置镜头(图4)。在定子的内壁上产生的是垂直于内壁振动的环绕行波，与圆环行波超声电机相类似，行波波峰的运动驱动转子螺杆转动；螺纹驱动螺杆做直线运动，实现调焦。这种电机除了具有超声电机的一般优点外，还具有省电、体积小和抗震等优点。螺母型超声电机有望在近期应用于手机相机的光学调焦机构中。

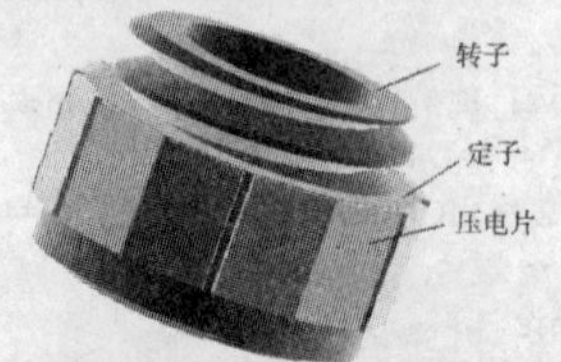

图4 螺母型超声电机结构示意图

根据超声电机的工作原理，超声电机还可以制作出许多不同的形式。例如，超声电机可以很容易实现直线运动；还可以实现多自由度运动。多自由度超声电机的转子是一个圆球，转子上可以放置多个环形定子，每一个定子的轴线就是一个转动轴，因此可以有多个转动方向。另外，超声电机的转速既可以很慢，也可以很快，非接触式高速超声电机可以达到每分钟上万转。

三、振动的形成

超声电机需要有振动源，一般采用压电陶瓷，把电能转换成机械能。压电材料有一个极化方向。如果在压电材料的极化方向上加电压时，当电场方向与极化方向一致或相反时，压电材料会在极化方向上发生伸长或缩短变形；如果在垂直于极化方向上加电压，就会产生剪切变形。

当电压方向交替变化时，就会产生交变的机械变形，即发生机械振动。振动的频率是和交流电的频率一致的。电机的机械振动频率在超声频段，因此超声电机需要一个超声频段的交流电源。适当设计定子的结构就可以得到需要的振动形式。例如，如图1(b)所示，要在环形行波超声电机的圆环表面上产生行波，可以把压电陶瓷片与金属圆环粘在一起；压电陶瓷片是在厚度方向上进行极化，两面上涂有银电极，沿着周向上分成许多对电极；当在厚度方向上加电压时，压电片在厚度上发生变形，同时根据弹性原理，在周向上也会发生变形。每对电极上加交变电压，使陶瓷片在周向上交变伸长和缩短。因为金属环和陶瓷片粘接在一起，因此金属环也交替发生伸长和缩短变形。如果电压交变频率与定子的振动模态频率一致，就会激励出相应模态的驻波振动。我们知道两个驻波可以形成一个行波，如果让相邻两对电极在空间和时间相位上都相差π/2，就可以激励出行波。

于此相类似，螺母型超声电机是在螺母型定子外壁粘上压电陶瓷片，每一个压电片上按适当的时序加电后，可以在螺母内壁产生行波。

佳能相机中的棒式超声电机的定子是两个金属圆环中间夹着压电陶瓷圆环组成，环的中心穿有螺栓把它们联在一起。压电环沿着周向分成4对电极，如图3(b)。加在相邻两个对电极上的电信号相差1/4周期，这样，在一个方向上，相对的两对电极上的电压相差1/2周期，在另外一个垂直方向上，相对的两对电极上的电压为零。如图3(c)所示，在y方向上对称的两对电极上加的电压相位相差1/2周期，一侧产生压缩变形，另一侧就产生伸长变形，整个定子柱就会向负y方向发生弯曲，而在x方向上没有发生变形。在1/4周期时间后，y方向上处于平衡位置，定子柱向正x方向弯曲。顺序改变电信号，可以使弯曲的方向依次变化，产生旋转的效果。

扭纵超声电机也是棒式电机。它的定子是由两个金属圆环中间夹着两组压电陶瓷圆环组成，见图5。一组压电环沿着厚度方向极化，用于产生轴线的纵振；另一组压电环沿着圆周方向极化，当在厚度方向上加电压时会产生剪切变形，用于产生扭转振动。两组压电陶瓷片上加的电压的频率相同，但有一个相位差。

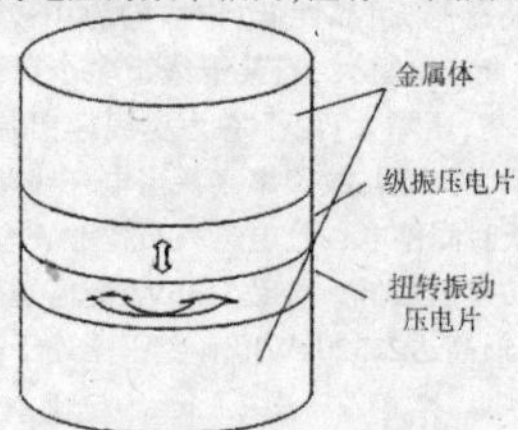

图5 扭转超声电机定子结构

有一类超声电机为振动模态转换型。这类超声电机的振动源比较简单，一般只有单一的振动源，复杂的振动形式是靠结构来实现的。例如，在一个纵振棒的端部有特殊形状的多个齿，振动激励这些齿做复杂的运动，齿上压着的转子就会通过摩擦力产生转动。

四、超声电机研究进展、前沿和方向

超声电机的研究涉及超声学，压电学，摩擦学和电子学等多学科，非常复杂。这也是为什么超声电机从提出想法到实用花费了近50年时间的原因之一。

超声学中的主要问题是如何产生简单有效的振动；另外，在大力矩超声电机中如何考虑转子对振动体的影响也是一个难题。

压电学中的一个重要研究内容就是如何得到无铅的压电材料。压电材料种类很多，目前广泛采用的压电陶瓷为锆钛酸铅，含铅，对环境有污染。但因为这种材料性能优良价格低廉，目前其他压电材料无法相比。因此找到无铅的、能够替代目前采用的压电陶瓷是当务之急。

摩擦学方面，目前大多数应用的超声电机都是摩擦驱动型。而在超声振动条件下，接触面上摩擦的现象还需要深入研究。作为超声电机驱动机理研究中最为关注的超声振动对接触界面摩擦特性的影响被列为一万个科学难题之一。

电子学中的主要研究内容就是要得到低成本的智能控制系统。超声电机只有在高性能的驱动电路系统的配合下，才能显示出它的市场竞争优势来。

超声电机的研究方兴未艾，目前成本较高是限制其广泛应用的主要瓶颈之一。而我们期待着，随着科学技术的发展，超声电机的制造成本会逐步降低，在越来越多的地方发挥它的作用。

◇四川省广元市高级职业中学校 兰虎

通信有线电视系统电源基础电路(一)

本文搜罗了常见的通信有线电视系统稳压电源、DCDC转换电源、开关电源、充电电路、恒流源相关的经典电路资料，为广播电视职业领域内工程师提供最较为全面的电路图参考资料。

一、稳压电源

1. 3~25V电压可调稳压电路图(见图1)

此稳压电源可调范围在3.5V~25V之间任意调节，输出电流大，并采用可调稳压管式电路，从而得到满意平稳的输出电压。

工作原理：经整流滤波后直流电压由R1提供给调整管的基极，使调整管导通，在V1导通时电压经过RP、R2使V2导通，接着V3也导通，这时V1、V2、V3的发射极和集电极电压不再变化（其作用完全与稳压管一样）。调节RP，可得到平稳的输出电压，R1、RP、R2与R3比值决定本电路输出的电压值。

元器件选择：变压器T选用80W~100W，输入AC220V，输出双绕组AC28V。FU1选用1A，FU2选用3A~5A。VD1、VD2选用 6A02。RP选用1W左右普通电位器，阻值为250K~330K，C1选用3300μF/35V电解电容，C2、C3选用0.1μF独石电容，C4选用 470μF/35V电解电容。R1选用180~220Ω/0.1W~1W，R2、R4、R5选用10KΩ、1/8W。V1选用2N3055，V2选用 3DG180或2SC3953，V3选用3CG12或3CG80

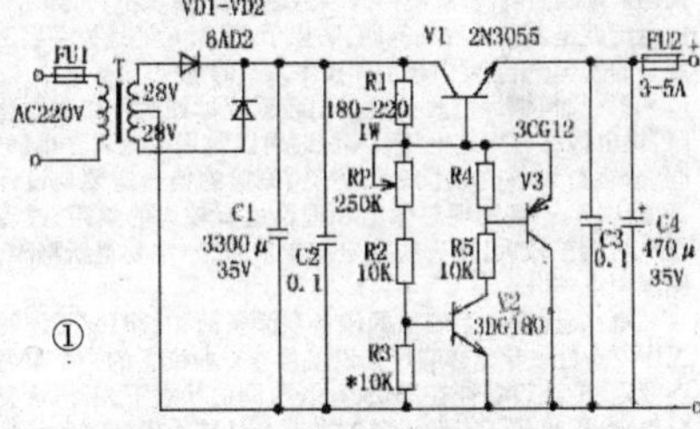

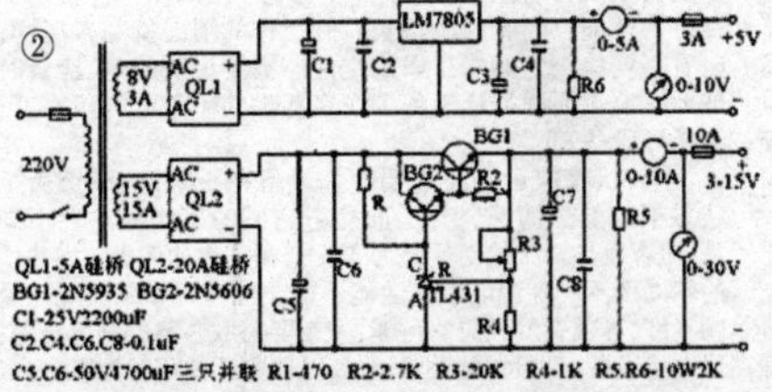

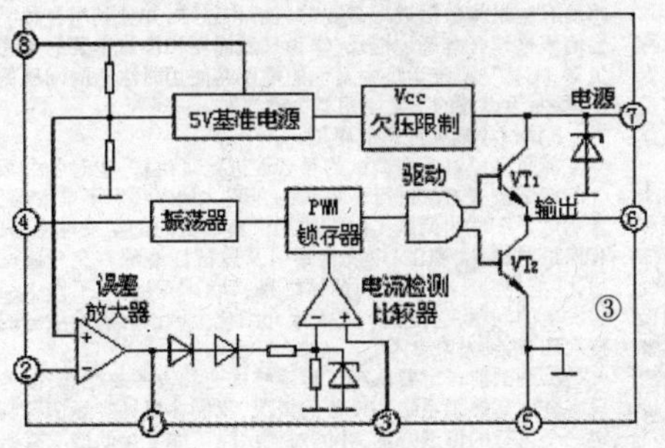

2. 10A3~15V稳压可调电源电路图(见图2)

无论检修电脑还是电子制作都离不开稳压电源，下面介绍一款直流电压从3V到15V连续可调的稳压电源，最大电流可达10A，该电路用了具有温度补偿特性的，高精度的标准电压源集成电路TL431，使稳压精度更高，如果没有特殊要求，基本能满足正常维修使用。

其工作原理分两部分：第一部分是一路固定的5V1.5A稳压电源电路。第二部分是另一路由3至15V连续可调的高精度大电流稳压电路。

第一部分的电路非常简单，由变压器次级8V交流电压通过硅桥QL1整流后的直流电压经C1电解电容滤波后，再由5V三端稳压块LM7805不用作任何调整就可在输出端产生固定的5V1A稳压电源，这个电源在检修电脑板时完全可以当作内部电源使用。

第二部分与普通串联型稳压电源基本相同，所不同的是使用了具有温度补偿特性的，高精度的标准电压源集成电路TL431，所以使电路简化，成本降低，而稳压性能却很高。图中电阻R4，稳压管TL431，电位器R3组成一个连续可调得恒压源，为BG2基极提供基准电压，稳压管TL431的稳压值连续可调，这个稳压值决定了稳压电源的最大输出电压，如果你想把可调电压范围扩大，可以改变R4 和R3的电阻值，当然变压器的次级电压也要提高。变压器的功率可根据输出电流灵活掌握，次级电压15V左右。桥式整流用的整流管QL用15−20A硅桥，结构紧凑，中间有固定螺丝，可以直接固定在机壳的铝板上，有利散热。调整管用的是大电流NPN型金属壳硅管，由于它的发热量很大，如果机箱允许，尽量购买大的散热片，扩大散热面积，如果不需要大电流，也可以换用功率小一点的硅管，这样可以做的体积小一些。滤波用50V4700uF电解电容C5和C7分别用三只并联，使大电流输出更稳定，另外这个电容要买体积相对大一点的，那些体积较小的同样标注50V4700uF尽量不用，当遇到电压波动频繁，或长时间不用，容易失效。最后再说一下电源变压器，如果没有能力自己绕制，有买不到现成的，可以买一块现成的200W以上的开关电源代替变压器，这样稳压性能还可进一步提高，制作成本却差不太多，其它电子元件无特殊要求，安装完成后不用太大调整就可正常工作。

二、开关电源

1. PWM开关电源集成控制IC−UC3842工作原理

UC3842工作原理；图3为UC3842 内部框图和引脚图，UC3842 采用固定工作频率脉冲宽度可控调制方式，共有8 个引脚，各脚功能如下：

①脚是误差放大器的输出端，外接阻容元件用于改善误差放大器的增益和频率特性；

②脚是反馈电压输入端，此脚电压与误差放大器同相端的2.5V 基准电压进行比较，产生误差电压，从而控制脉冲宽度；

③脚为电流检测输入端，当检测电压超过1V时缩小脉冲宽度使电源处于间歇工作状态；

④脚为定时端，内部振荡器的工作频率由外接的阻容时间常数决定，f=1.8/(RT×CT)；

⑤脚为公共地端；

⑥脚为推挽输出端，内部为图腾柱式，上升、下降时间仅为50ns 驱动能力为±1A ；

⑦脚是直流电源供电端，具有欠、过压锁定功能，芯片功耗为15mW；

⑧脚为5V 基准电压输出端，有50mA 的负载能力。

UC3842是一种性能优异、应用广泛、结构较简单的PWM开关电源集成控制器，由于它只有一个输出端，所以主要用于音端控制的开关电源。

UC3842 7脚为电压输入端，其启动电压范围为16~34V。在电源启动时，VCC＜16V，输入电压施密物比较器输出为0，此时无基准电压产生，电路不工作；当 Vcc＞16V时输入电压施密特比较器送出高电平到5V蕨稳压器，产生5V基准电压，此电压一方面供销内部电路工作，另一方面通过⑧脚向外部提供参考电压。一旦施密特比较器翻转为高电平(芯片开始工作以后)，Vcc可以在10V−34V范围内变化而不影响电路的工作状态。当Vcc低于10V时，施密特比较器又翻转为低电平，电路停止工作。

当基准稳压源有5V基准电压输出时，基准电压检测逻辑比较器即达出高电平信号到输出电路。同时，振荡器将根据④脚外接Rt、Ct参数产生 f=/Rt.Ct的振荡信号，此信号一路直接加到图腾柱电路的输入端，另一路加到PWM脉宽市制RS触发器的置位端，RS型PWN脉宽调制器的R端接电流检测比较器输出端。R端为占空调节控制端，当R电压上升时，Q端脉冲加宽，同时⑥脚送出脉宽也加宽(占空比增多)；当R端电压下降时，Q端脉冲变窄，同时 ⑥脚送出脉宽也变变窄(占空比减小)。UC3842各点时序如图4所示，只有当E点为高电平时才有信号输出，并且a、b点全为高电平时，d点才送出高电平，c点送出低电平，否则d点送出低电平，c点送出高电平。②脚一般接输出电压取样信号，也称反馈信号。当② 脚电压上升时，①脚电压将下降，R端电压亦随之下降，于是⑥脚脉冲变窄；反之，⑥脚脉冲变宽。③脚为电流传感端，通常在功率管的源极或发射极串入一小阻值取样电阻，将流过开关管的电流转为电压，并将此电压引入境脚。当负载短路或其它原因引起功率管电流增加，并使取样电阻上的电压超过1V时，⑥脚就停止脉冲输出，这样就可以有效的保护功率管不受损坏。

2. TOP224P构成的12V、20W开关直流稳压电源电路

由TOP224P构成的 12V、20W开关直流稳压电源电路如图5所示。电路中使用两片集成电路：TOP224P型三端单片开关电源 (IC1)，PC817A型线性光耦合器(IC2)。交流电源经过UR和Cl整流滤波后产生直流高压Ui，给高频变压器T的一次绕组供电。VDz1和VD1能将漏感产生的尖峰电压钳位到安全值，并能衰减振铃电压。VDz1采用反向击穿电压为200V的P6KE200型瞬态电压抑制器，VDl选用1A/600V的UF4005型超快恢复二极管。二次绕组电压通过V砬、C2、Ll和C3整流滤波，获得12V输出电压Uo。Uo值是由VDz2稳定电压Uz2、光耦中LED的正向压降UF、R1上的压降这三者之和来设定的。改变高频变压器的匝数比和VDz2的稳压值，还可获得其他输出电压值。R2和VDz2五还为12V输出提供一个假负载，用以提高轻载时的负载调整率。反馈绕组电压经VD3和C4整流滤波后，供给TOP224P所需偏压。由R2和VDz2来调节控制端电流，通过改变输出占空比达到稳压目的。共模扼流圈L2能减小由一次绕组接D端的高压开关波形所产生的共模泄漏电流。C7为保护电容，用于滤掉由一次、二次绕组耦合电容引起的干扰。C6可减小由一次绕组电流的基波与谐波所产生的差模泄漏电流。C5不仅能滤除加在控制端上的尖峰电流，而且决定自启动频率，它还与R1、R3一起对控制回路进行补偿。

本电源主要技术指标如下：

交流输入电压范围：u=85~265V；

输入电网频率：fLl=47~440Hz；

输出电压(Io=1.67A)：Uo=12V；

最大输出电流：IOM=1.67A；

连续输出功率：Po=20W(TA=25℃，或15W(TA=50℃)；

电压调整率：η=78%；

输出纹波电压的最大值：±60mV；

工作温度范围：TA=0~50℃。

(未完待续)(下转第539页) ◇广东 沙河源

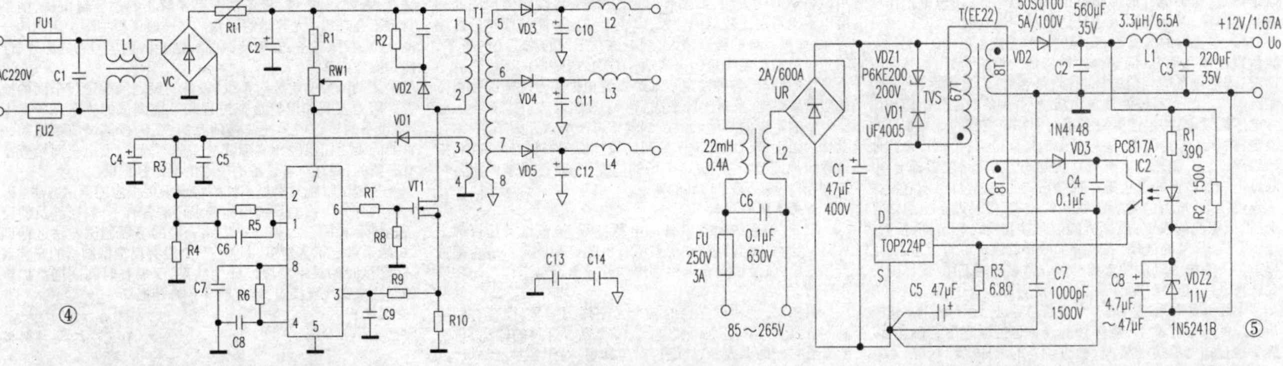

浅谈音响系统与设备的连接方式(二)

(紧接上期本版)

五、设备连接时的要点

以上简单介绍了各种连接线的种类、制作以及设备连接顺序,在设备的具体连接中,面对各种各样、数目繁多的设备插口,好多音响师就不知道怎么下手了,其实很简单,大家只要记住以下几点就好了:

1.Balance平衡方式:现在大多数音响设备后面板上的插口都是平衡端口,我们只不过是选择是用XLR卡侬接头的平衡线路来连接设备还是用TRS6.35cm立体声接头的平衡线路来连接设备而已。

2.Unbalance非平衡方:虽然现在大多数音响设备后面板上的插口都是平衡端口,但有一些设备还是有非平衡端口的,比如有些电子分频器的输出插口有的就标有:Balance-OUT(平衡输出)和UnbalanceOUT(非平衡)输出,所以我们也可以采用TS6.35cm单声道接头的非平衡线来连接设备,只要线路不要太长,干扰不要太大,这样连接还是可以的。

3.IN输入和OUT输出:有的初学者一看设备后面有那么多插口就晕了,其实有个诀窍:不管什么音响设备,基本上都可以分为"IN输入"和"OUT输出"两大部分的,因此我们只要认准"IN和OUT"就好了,其它不熟悉的插口不要随便连接,总之连接设备像流水一样:上游的水流过来就要流进"IN输入";而流向下游的水就要通过"OUT输出"再流出去,这样一级一级的不是很简单明了了吗?

工程的设备调试

1.设备调试的重要性

经过前面的工程一系列的规划、设计、选型和施工,可以说一个工程的基本概貌已经形成了,各种系统也已经构成,甚至多数设备这时就可以使用了,但是专业音响工程与其他工程不同的地方还有一个,这就是各系统设备的调试。只有经过科学合理调试的系统,它们才能适应不同的环境,充分地发挥相应的功能,相互协调地配合,长期保证正常稳定地工作。可以这样比喻,没有经过严格调试的系统,它的所有设备就象没有经过严格训练的部队一样,命令各不相同,行动起来始终处在无序的状态,表现出来的水平就很低了。严格的调试重要性除了直接反映在充分发挥系统的各种性能以外,另一个重要性表现在:严格规范的调试能让设备准确地在最佳的工作状态工作,加上在后期的使用中注意保养,设备的使用寿命可以延长很多。实际的经验和调查表明,在正常范围内损坏的设备,绝大多数都是由于设备调试和保养不当造成的,而在大量的工程中,实际具有能力、条件和调试经验的就是工程设计、施工单位,可见工程中设备的调试工作显得多么重要。

2.设备调试的步骤

专业的音响工程的各个系统所包括的设备类型和数量都比较多,各种设备的使用方法以及系统的工作模式都不尽相同,所以系统的设备调试也有所区别,但是由于工程的类型同样也千差万别,如果要对所有类型工程的设备调试方法都一一进行介绍,未免篇幅太长,所以我们这里只就一般类型的工程后期设备调试的步骤进行一番讲解。

首先是调试前的准备

音响工程的调试是一项既需要技术和经验,又需要认真和负责精神的工作,当设计、选型、布局和施工都符合要求时,设备和系统的调试就是达到设计要求的手段了,所以在调试前要作好充分的准备工作。这些准备包括:准备必要的仪器和工具,例如,音响调试需要的相位仪、噪声发生器、频谱仪、声压计以及万用表等;准备所有的工程设计和施工图纸;认真阅读所有设备的安装和使用说明书,并且将重要或特殊设备的使用说明书准备好备用;再有需要准备的是,调试工作开始前一定要保证现场没有无关的人员,避免调试工作受到干扰。

其次,按照设计和布局要求检查设备的安装、连接情况。与工程的施工步骤不同的是,在设备调试阶段对系统和设备的安装、连接情况的检查的思维是以整个系统为轮廓的,目的也是希望发现问题,而且也容易发现问题,所以在调试前的检查很有必要;同时检查过程中要向施工人员询问在施工过程中是否有遗留的问题,确信供电线路和电压没有任何问题。

再者就是对所有设备进行相应的设定。因为各系统设备的组成情况不同,设备工作的环境不同,各系统的信号处理、传输方式也不同,所以进行设定的意义就在,使得设备工作在一个合理的状态,使得设备间的配合、控制有一个好的基础。音响系统的设定包括:所有设备的电压档要设定为供电电压,而且尽量高一个档位;系统的信号传输电平值要尽量设定一致,保证信号的传输基准参考点相同;功放的工作状态是立体声、并联单声道还是桥接单声道,保护状态设定没有,输入变压器的选择等;音箱的分频方式是怎样的,高频衰减位置在什么地方;调音台的信号输入衰减情况,信号编组情况;周边设备的档位选择怎样,是否旁路,是否联动,是否激活等等。灯光系统的设定包括:所有设备的工作电压和信号电压的设定;特定控制设备里对所需要控制的灯具型号的设定;数字信号传输中,信号的编码形式设定,接收设备的地址编码设定;调光台上所有灯具或动作的光路位置确定,电脑灯上功能按键的设定等。视频系统的设定包括:所有设备工作电压的设定;信号彩色制式的设定,摄录设备上黑白平衡、拍摄照度的设定;投影机的信号接收模式的选择,投射、显示方式、尺寸的选择,三色叠加效果的设定等等。总之,工程里各个系统的设备设定是一项非常重要的工作,要仔细检查认真进行,必要时要阅读相应的说明书。

下面就是对系统内的各个设备单独进行运行检查。这一步工作的意义就在于,从单独的设备运行检查中,我们可以逐步检查信号的传输情况,检查设备的单独工作状况,为系统的正常工作,达到一个较好的声、光、像质量做好准备。特别是音响系统的设备较多,设备之间的上下关系比较密切,单独设备运行可以着重在信号的电平、增益、平衡、相位以及畅通情况进行比较细致、准确而有针对性的调定,保证前级设备为下级提供最佳的效果的信号,最终使得系统的信号情况良好;同时,单独进行设备的运行检查的意义在于,单独设备的运行特别能清楚地知道所有设备工作是否正常,是否稳定,一旦有故障,处理起来也比较方便,也不会危及系统其他设备的安全,所以进行这一步工作时一定要仔细,耐心,最好不要将该工作带到后面的步骤中。需要注意的是:音响系统的设备单独运行最好不要将功放和系统的其他设备同时打开,以免由于故障而损坏功放和音箱。

然后就可以将系统的所有相关设备配合使用,进行系统整体的调试了。由于这项工作是系统调试的关键,所以我们分为音响、灯光和视频来讲解。

音响系统的调试

第一、将功放和音箱接入系统,逐一打开设备的电源,待它们工作稳定后,接入相位仪,在较小的音量下,逐一检查所有音箱的相位是否正确。

第二、将噪声发生器和均衡器接入系统,准备好频谱仪,按照国家有关厅堂扩声质量测试要求,将频谱仪设置在相应的地方。然后以适中的音量对粉红色噪声信号扩声,在20-20kHz的音频范围内,细致微小地调节均衡器的各个频点,在保持音量一致的前提下,使得频谱仪显示的房间频响曲线在各个测试点处基本平直,并且记录好均衡器各频点的位置。同样在音量较小和额定的音量下,再对均衡器进行调试,并记录好,最后将这些记录好的均衡器频点进行相应的折中处理,再利用频谱仪的高一级的档位进行测试,适当修正后就可以确定好均衡器的频点位置了。注意,在进行均衡器的调试时,调音台的频率均衡点一定要在0处,其他周边处理设备要处在旁路状态。另外,考虑到普通人的听音习惯,可以将均衡器10k以上的信号适当做一些衰减。

第三、将电子分频器接入系统,进行分频器的调试。对于仅作为低音音箱分频的分频器,可以在均衡器调试结束后,让低音系统单独工作,将分频器的分频点取在150-300Hz处,适当调整低音信号的增益,感觉音量适合即可,然后与全频系统一道试听,平衡低音和全频音量;对于作为全频系统的分频器,一定要尽量参照音箱厂家推荐的分频点进行设定,然后反复调整各频段信号的增益,直到听感比较平衡后,再参照后面的声压级测试对增益做进一步的微调即可。

第四、声压级的测定。同样将粉红色噪声仪接入扩声系统,象调试均衡器一样选取几个测试点放置声压计,将音响系统的所有设置都调整完毕,最后打开系统的设备,逐渐提升噪声信号音量,要求在保证信号的最佳动态的前提下,调整各设备的增益,使得系统的扩声声压在各测试点都要达到设计的要求,同时需要参考声压级在高、中、低各频段的情况,再对均衡器和分频器略微做一些调整,当然高、中、低各频段的声压级不可能完全相同,一般为了考虑听感的特点都需要在高频的声压级上做一些降低,而DISCO系统的低音系统打开后又需要低频声压级更高些。在声压级的测试时,需要将各测试点的声压级比较一番,如果各点的结果偏差较大,即说明该声场的均匀度不好,就应该认真地进行分析和改进,这个问题将在后面讲述。

第五、话筒和效果器的调试。对于话筒的调试一般要分类进行,人声、乐器用的有线话筒通常需要日常使用者配合完成,调试时需要了解好各人、各乐器最合理的话筒型号和使用距离,音质好,没有可闻的线路噪音即可;而无线话筒需要注意:天线的位置要合理,话筒使用时的死点和反馈点要足够少,并详细对位置作好记录,接收机的信号增益要适可,噪声抑制的微调旋钮要反复调试等;对于效果器的调试工程要求都不严格,只要将信号的输入和输出增益调试合理,保证有一定的余量,并且将混响时间和延时量限制在一定范围,以免影响语言的清晰度和信号的连续性即可,其他具体的使用调整可以让操作者来自己进行。

第六、对于压限器的调试,一般要在其他设备调试基本完成后再进行。在多数工程中,压限器的作用是保护功放和音箱,以及保持声音平稳,所以要先视信号强弱来设定压缩起始电平,通常起始电平不要设定太低,否则系统音质会受到影响,但设定太高也会失去保护作用;压缩启动的时间设置也不宜太长,以免使保护动作不及时,但太短又会破坏音质,产生奇怪的声音,压缩恢复时间却不宜太短,否则也会产生奇怪的声音;压缩比在一般的工程中设定为4:1左右。在设定压限器上的噪声门时,可以这样:如果系统没有什么噪声,可以将噪声门关闭,如果有一定的噪声,可以将噪声门的门槛电平设置在比较低的位置,以免造成信号断断续续的打嗝现象,如果系统的噪音较大,就应该在工程的施工上分析了,不应该单独利用噪声门来解决。总之,压限器的调试没有一个具体的标准,各种设定基本都需要根据信号的情况和声音的质量来决定,反复比较来找到一个最佳点。

音响系统的其他设备调试就不再一一做介绍了,大家在具体的工程调试中应该仔细阅读设计说明书和产品说明,细致逐步地调节,在不破坏声场的前提下,有选择地使用各种音频处理设备,满足设计的要求。

灯光系统的调试

第一、将系统所有设备的电源打开,检查设备是否都进入稳定状态,尤其是注意观察所有电脑灯和调光台是否都进行了自检,以及调光台上检索出的灯具是否与工程布局和设定一致。

第二、分别使调光台的各个光路输出信号,检查它们控制的灯具和动作是否协调,对于传统舞台灯具的输出,只需要看看它们的调光、点控是否对应即可;对于各种电脑灯,就应该检查它们的所有动作、颜色、图案以及各个灯之间的动作顺序是否与设定一致。

第三、对于灯光系统最重要的调试是各种灯具、控制台的设定以及控制台的运行检查,对于设定的内容我们已经在前面进行了介绍;对于控制台的运行我们需要检查的是:是否各个光路输出正常,操作程序编辑、存取是否正常,程序运行步骤和速度是否与编辑一致等。

视频和辅助系统的调试

第一、将视频系统设备电源打开,用各个视频信号源播放各种节目,经过切换后,检查各视频信号的对应位置和播放质量。特别是投影机的显示效果如果不佳,就要重新对它的图象效果、尺寸、位置等进行调整。

第二、着重检查摄像编辑设备的控制情况,检查摄像云台的位置是否合适,检查现场影象的摄取效果,检查编辑机对各视频信号的处理情况是否良好等,并根据这些检查结果来对设备再做调节。

第三、根据其他设备的具体使用情况,单独进行调整。当所有系统都完成基本的调试后,应该对整个工程的所有系统同时进行总体的调试,与各系统单独调试不同的是,各系统综合的调试的目的就是,在各系统协同运行的过程中,检查它们的相互联系的动作是否协调,检查它们协同工作时是否相互影响和干扰,尤其是灯光系统给音响系统的噪音干扰和灯光系统的动作不准确问题,一般都会在该步骤中发现,这样在后面的工程问题的解决中就有针对性了。当然,各系统的总体调试没有明显的调试内容,主要还是在协同工作时发现问题。

在完成系统的调试工作后,就应该进行系统的模拟运行了。进行模拟运行的原因是,专业音响工程的工程设计、施工技术复杂性强,难免会有些不足之处;工程各系统的设备数量和系统复杂程度都较高,以及各设备工作状态有一定区别;特别是工程调试时设备的工作时间比起实际使用时的工作时间要短的多,工作的环境也不如实际使用恶劣,所以综合起来说明系统的不足和隐患在调试时不容易发现和显现,如果不在使用前期及时解决,会使得故障迅速扩大,带来不利的影响,模拟运行就是要尽量发现问题,防患于未然,尤其是关系到工程安全的内容,一定要引起工程技术人员的重视。

第一、模拟运行时要测量出各系统单独运行和协同运行时,供电线路各相的电流。测试时可以利用钳流表分相、分时间、分运行设备的数量进行测量,测量的值一定要与设计理论值比较,一旦发现总体值和理论值有较大的差距,或者各相电流偏差较大,或者线路电流异常时,一定要重新整改,以确保用电安全。

第二、检查各系统里的设备在满负荷和长时间工作时的工作安全性。专业音响灯光设备与非专业设备的一个重要差别就是,专业设备能在满负荷、长时间的状态下,工作情况十分稳定,这也成了专业设备的重要产品技术指标。尤其是许多优良的设备,能在环境条件十分恶劣的情况下,长期保持良好的性能,而有的设备长时间工作的情况就令人担忧,所以有必要检查它们的工作稳定性。需要说明的是,检查时不能为了检查而强行让设备工作在恶劣的不正常的状态下,以免损坏设备。

第三、模拟运行还需要检查设备在长时间、满负荷工作状态下的发热情况,与上面检查它们的工作稳定性不同的是,检查发热情况的目的是为了安全和防火的考虑。发热情况的不同倒不一定说明设备性能不佳,检查时如果发现热量散发不好,导致引发火灾的可能,一定要采取必要的通风措施;如果发生设备保护时,要做好记录,以便实际使用时注意。

在进行完毕各系统的调试和模拟运行后,一定要集中地将所有结果和数据进行必要的分析和总结,并且利用各种明显的表格作好准确地记录,作为日后使用和维修重要的参考资料,尤其是系统运行中发现的需要在使用时注意的问题的记录,对于设备的正常使用至关重要。

3.调试中需要注意的事项

前面已经对工程调试的重要性进行了讲解,也对各个系统的调试步骤方法进行了系统的介绍,从中我们不难发现,音响灯光工程的调试工作需要用认真负责的态度来对待,只有保证对设计、施工、系统构造以及设备性能都有充分认识后,才能得到一个较好的调试结果,针对一般调试工作中经常发生的问题,这里我们向大家介绍几个调试时应该注意的技术环节,供大家参考。

①调试前一定要认真了解系统构造和设备的性能,因为只有全面掌握了系统和设备的情况,我们才根据实际情况制定一个可行的调试方案,才能对调试时可能发生的情况有所估计,否则,对系统、设备情况不了解不熟悉盲目调试,结果肯定不会理想。尤其是对于我们在一般工程中很少用到的一些新型、特殊设备,安装调试前一定要认真学习它的原理、性能和操作方法。

②调试前一定要对系统、设备的设定情况进行全面的检查。因为安装和单机检查过程和系统调试的侧重点毕竟不同,设备的设定情况往往是随意的,在进行调试前可能某些重要的设定钮已经和实际要求完全不同了,所以全面检查是有必要的,最好对各设备的设定情况作好记录。

③调试时应该根据系统的特点采用相应的调试方法。因为音响灯光工程的系统指标要求可能各有不同,所涉及的设备也不尽相同,如果一味依照一般的工程调试方法进行调试,结果肯定不会理想。比如:一个没有反馈抑制器的音响系统,调试时如果不参照设计的结果,仅靠长时间高增益扩声的办法来查找反馈点,就可能导致音箱损坏。

(全文完)

◇江西 谭明裕

编辑:小 进 投稿邮箱:dzbnew@163.com

2019年11月3日出版 实用性 启发性 资料性 信息性
第44期 国内统一刊号:CN51-0091 定价:1.50元 邮局订阅代号:61-75
地址:(610041)成都市武侯区一环路南三段24号节能大厦4楼 网址:http://www.netdzb.com
(总第2033期) 让每篇文章都对读者有用

SMR与PMR硬盘(二)

(紧接521页)

在LMR和PMR技术下,磁盘是被划分为一圈一圈微小的磁道来记录数据的,这些磁道之间并不是连续的,而是磁道与磁道之间存在一个保护距离,从而不让不同磁道的数据产生干扰。由于硬盘信息的读取和写入是两种不同的操作,因此读取磁头和写入磁头也是不一样的。现在的硬盘主要采用的是分离式磁头结构,写入磁头仍是传统的磁感应磁头,相对比较宽;读取磁头则是新型的MR磁头(磁阻磁头),相对比较窄;磁道在划分的时候,当然要满足最宽的标准。但是写入磁头在工作的时候,实际上对于每个磁道,其写入信息的宽度是和读取的宽度一样的,在这个工作原理下,磁道的空间就存在"浪费"的情况。

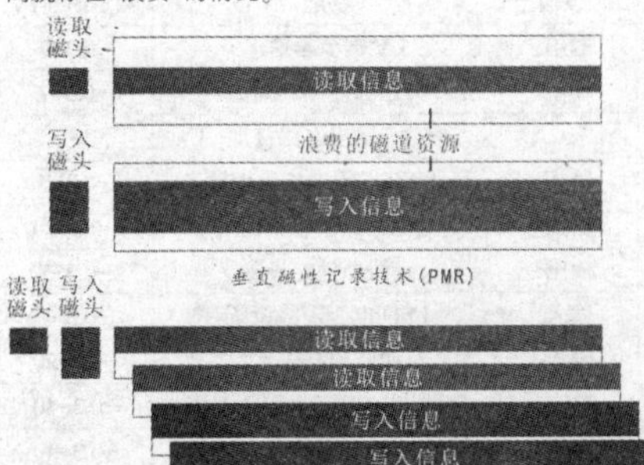

垂直磁性记录技术(PMR)

叠瓦式磁性记录技术(SMR)

那么科研人员是如何再一次"挤牙膏"式的利用空间呢?方法就是如图所示将磁道"被浪费"的一小部分重叠起来,写入的时候沿着每条磁道上方进行写入,中间留下一小段保护距离(这个保护距离相对于PMR来说也缩小了),再写下一条磁道。同样的空间,磁盘上磁道的密度就相对又增加了,容量也就比PMR硬盘更大了。

优点

采用SMR技术的机械硬盘的首要优点就是容量大,单碟磁盘从2015年的1.33TB提升到了目前的2TB;然后引入了充氦技术,使得其功耗和发热量都降低了;并且进一步降低了大容量机械硬盘的价格。

缺点

首先是转速不高,由于磁盘上的高密度叠加,转速自然也不会太快。

然后是读写风险,在有数据的轨道上继续往附近区域擦写数据时,会有可能直接将已有数据重写。而导致的直接结果就是这片区域多次的擦写带来的掉速。这种掉速就相当于SSD的MLC颗粒与TLC颗粒的速度差距,如果把PMR技术比作MLC固态,SMR就等于开了SLC模拟的TLC固态。

如果在写入数据时意外断电,还会导致本来硬盘上保存好的数据在写入其他数据时被一起重新写入而造成数据丢失。

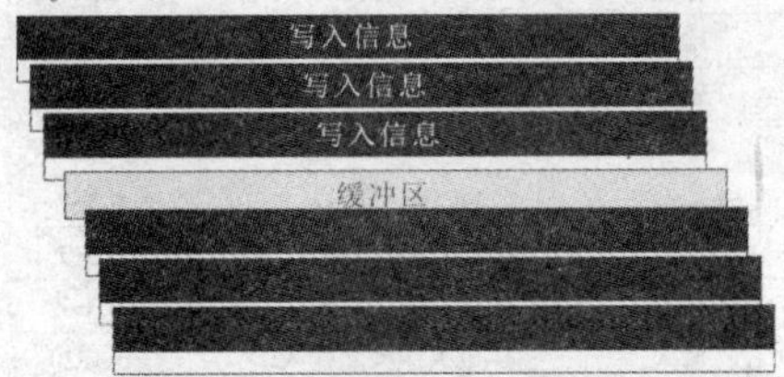

单纯读取数据还是没什么大问题,但是要写入某个磁道上的数据就比较麻烦了,因为磁道间隙比较小,而磁头比较宽,比如修改2磁道的数据,就必然会影响相邻的3磁道的数据。

解决这个问题有两个办法,一是每重叠一部分磁道时,隔开一些距离,二是设置一些专用的缓冲区,当修改2磁道的数据时,先把3磁道的数据取出来放到缓冲区中,等2磁道的数据改完了,再将3磁道的数据放回去。

但总的说来SMR硬盘的擦写特性并不能很好地应付大范围反复重写入过程。为了对付这个问题(注意是对付而不是解决),一般厂商都会加入大缓存(一般PMR是64MB缓存、而PMR则是256MB缓存)来缓解读写压力。但是缓存本质是RAM,RAM断电后内部数据会完全清空。因此在写入数据这个过程,硬盘上本来保存的数据跟着新写入的数据一起同时转存至缓存暂时保存着,假如一断电,新数据与旧数据就一起消失了,文件没拷贝进去不说,原来硬盘里面的东西还会丢失。

识别方法

目前硬盘产品包装上基本不会标注采用的是PMR还是SMR技术的,最好的方法当然是通过官方客服进行询问。如果嫌麻烦,只能凭经验进行大概的判断:

1. 通常3.5寸硬盘大于1TB、2.5寸硬盘大于500GB时,SMR硬盘的可能性就非常高了。

2. SMR硬盘的缓存都比较大,至少是128MB起步的。但也有少数SMR硬盘缓存只有64MB,另外一些高端的大容量PMR硬盘的缓存也能达到256MB。所以这个判断方法不保证100%正确。

3.根据硬盘的总容量计算每片磁盘的容量,可以大概估摸硬盘是SMR还是PMR了。通常2.5寸SMR硬盘一般每碟是500G左右,大的能到1TB,而3.5寸SMR硬盘一般是1TB左右,大的能到1.5TB。

写在最后

看了SMR硬盘可能有不少人觉得SMR硬盘就是个坑,其实也不完全。相较于PMR的硬盘,SMR硬盘是不适合用来当做系统盘或者需要频繁读写的硬盘来用的;SMR硬盘有它的优势,性价比非常不错,作为电影盘或者备份数据还是可以的。

附硬盘部分中英文参数说明:

Recording - HDD写入技术Capacity - HDD容量Sector - 逻辑扇区大小,表格里只包含了512e和4KnDisk - 碟片数TB/Platter - 单碟TB大小Helium - 是否充氦PWR IDLE - 待机功耗瓦数PWR TYPC - 典型运行功耗瓦数PWR PEAK - 峰值功耗瓦数Workload - 工作负荷 (TB/年)UBER - 不可恢复比特误码率,14=10^{14}内1个bit错误L/UL- 磁头加载/卸载循环次数,单位是千,所以300=300,000次AFR-年化故障率POH - 通电小时数/年MTBF - 平均故障间隔小时数,单位是百万,所以0.75=750,000小时,Toshiba的数值为MTTF,跟MTBF有所不同Warranty-质保年数。

(全文完)

(本文原载第41期11版)

智慧生活、智慧健康分享系列:

平价、实用的电子健康养生设备(一)

笔者与一些朋友聊起氢气的保健作用,一些朋友很惊奇:"第1次听说氢气有这么多好处,真神奇!";也有朋友会说:"又忽悠人吧? 不可能!"。笔者有必要先科普一下氢方面的小知识。

1.氢分子的全球法律地位

美国食药监局FDA 2014年将氢水加入饮用水目录。欧盟:欧盟执行"负面清单制",将氢气排除在负面清单之外。日本厚生省1995年批准氢气食品添加剂名录第168号。2016年,日本官方批准呼吸氢气纳入国家先进医疗B类。韩国食品医疗药品安全厅批准氢气作为食品添加剂。2014年我国GB2760-2014氢气为不设限量的食品添加助剂。2015年GB31633-2014氢气的食品国家安全标准出台。

截止2018年,中国开展氢气生物医学研究的单位达数百家,从事科研人员超千人,中国发表的学术论文占该领域全球总量的近50%。氢气生物学领域获得国家自然科学基金项目58项。距今,国际已发表2000余篇氢分子医学学术论文,证明氢对多种疾病具有潜在辅助改善作用。氢分子应用于人类疾病临床研究项目达40余个,全球各研究机构涉及动物及人类170余种疾病研究。

在生物医疗领域比较重要的国家与著名的研究机构都在参与,如哈佛大学、匹斯堡大学、东京医科大学、上海交通大学、泰山医学院、复旦大学、第二军医大学、第四军医大学、首都医科大学、协和医院等等。

2.氢知识小问答

(1)什么是"氢气水"?

氢气水顾名思义就是溶解了氢气的水,也叫"富氢水",日本叫"水素水",(水素即日语中的氢气)。

(2)氢气不溶于水吗?

氢气在水中的溶解度不高,属于微溶,但不是不溶。氢气与氧气溶解度相似,鱼可以依靠水中的氧气存活,因此从生物学的角度讲氢气的溶解度并不低。

(3)氢气是如何被人体吸收利用的?

"氢气"即"氢分子",是自然界最小的分子,穿透性极强,可以轻易穿透皮肤、粘膜,弥散进入人体任何器官、组织、细胞以及线粒体和细胞核,氢气不需要被人体吸收,而是直接进入人体。

(4)氢气作用机制是什么?

氢气能够清除细胞内过剩的自由基,氧自由基只要正常活动就会产生,我们无法阻止它的形成,如图1所示,但是可以及时清理,清除过多的自由基,排毒原理可用图2作表述。

日本某些研究证实,氢气具有选择性抗氧化的作用,可以选择性地高效清除细胞毒性自由基,而细胞毒性自由基也是万病及衰老之源,高效清除细胞毒性自由基的同时,实现机体内环境平衡,启动激发人体自我修复机制,各种亚健康及慢性病逐渐痊愈,或"自愈"。日本已销售一款氢气疗养仓,多用于慢性病康复与美容行业。日本在我国也销售的一款氢气泡浴机,与浴缸配合使用,多用于高端酒店与高端家庭使用。

①

(5)氢气对人体的好处

氢气为全身提供全方位的抗氧化呵护,具体表现为代谢功能修复、免疫调节、消除炎症,改善过敏体质、防止细胞突变(防癌抗癌)、促进组织修复、抗衰老美容养颜等等,部分功能用图表示,如图3所示。

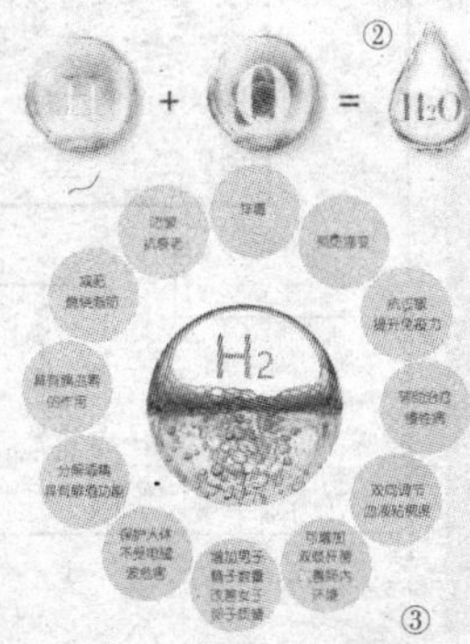

②

③

(未完待续)

◇广州 秦福忠

(本文原载第42期11版)

力铭CLV82006.10型IP板电路分析与检修(四)

(紧接上期本版)

3.调光电路

控制芯片U200的⑪脚为数字亮度控制端(DBRA),⑫脚为模拟亮度控制端(ABRA),本电源采用PWM调光方式,主板送来的PWM亮度控制信号从CN402的⑫脚进入后,经R222、R213分压后送到U200的⑪脚,经内部电路处理后控制U200输出的驱动脉冲占空比。

4.保护电路

(1)过压保护电路

U200的③脚(LV)为灯电压反馈输入端。在变压器T300~T303的高压输出端,均接有高压检测电路。4只变压器的高压检测电路完全相同,下面以T301输出过压检测电路为例,分析过压保护过程。

高压检测电路由C318、C309、C333、D303、C317、C308、C326、D302及C309、R302组成。C318、C309、C333和C317、C308、C326组成脉冲分压电路,分别对脉冲的两个半周进行检测。当T301输出电压异常升高,造成C333、C326分得的电压升高时,由D303、D302整流、C309滤波后的电压就会升高,该电压经R302后与另三个变压器输出端的高压检测电路得到的检测电压混合,形成过压保护检测电压(OVP),经R218送到控制芯片U200的③脚(LV)。当U200的③脚电压升到设定值时,U200内部直接关闭⑰、⑳、㉔、㉗脚输出的脉冲,逆变电路停止工作,实现过压保护。

过压保护检测电压(OVP)还有一路送到电压比较器保护电路,该电路由电压比较器U201(AS393M)及外围元件组成。OVP电压加到U201的反相输入端⑥脚,而U201的同相输入端⑤脚加有经电阻R217、R230对6V分压所得的1V基准电压,正常工作时⑥脚电压约0.4V,小于同相输入端⑤脚,其输出端⑦脚便输出高电平(约1.2V),对控制芯片U200的工作无影响。当加到U201的反相输入端⑥脚的OVP电压升高,高于⑤脚电压时,则⑦脚由高电平变为低电平(0V),使U200的⑦脚也变为低电平,U200内部保护电路启动进入保护状态。

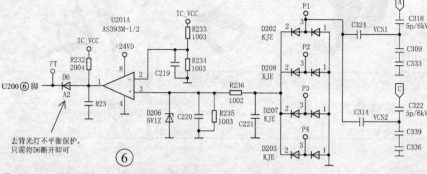

(2)高压不平衡保护电路

高压不平衡保护电路如图6所示。该电路由D202、D203、D207、D208、U201A(AS393M)为核心构成,对控制芯片U200的⑥脚电压产生影响。

去背光灯不平衡保护,只需将D6断开即可

⑥

在4只高压变压器的次级输出端,均设计有电容分压取样电路,在分压电容上产生取样电压,然后将4个变压器的8路输出取样电压两两相叠加,形成4个检测电压,即P1、P2、P3、P4。以P1为例,变压器T301上端输出电压从C318与C309之间取出VCS1电压,变压器T303上端输出电压从C322与C339之间取出VCS2电压。正常时,VCS1与VCS2是大小相等、相位相反的高压反馈信号,经C324与C314耦合叠加,输出检测电压P1接近0V。

如果T301、T303次级绕组输出的电压不平衡,VCS1与VCS2叠加输出电压P1就会变大,经D202、C221整流滤波,直流电压也增大。这个直流电压送到比较器U201A的③脚,该脚电压上升到高于②脚电压(IC_VCC电压通过R233、R234分压得到约3V电压)时,U201A的①脚输出高电平,通过D6向控制芯片U200⑥脚注入高电平,U200内部保护电路启动,逆变器停止工作。

(未完待续)(下转第542页)

◇四川 贺学金

新型LED背光灯驱动电路BD9479FV简介

BD9479FV是ROHM公司生产的新型白光LED背光灯驱动控制电路,应用于大型LCD面板背光灯驱动电路中,具有高效驱动程序,内置软启动电路、振荡器、基准电压稳压器、逻辑控制和升压驱动、调流控制等电路。设有供电欠压UVLO保护、升压过压OVP保护、升压开关管过流OCP保护、灯串开路OSP保护、短路保护、芯片过热保护等保护功能。设有模拟调光(线性)功能和单通道PWM调光功能。

BD9479FV引脚功能见表1所示,典型应用电路见图1所示。BD9479FV可驱动1个升压与8路调流电路同时工作。输入工作电压范围9V到35V,工作频率150kHz,工作温度范围:-40℃+85℃,最大驱动设置电流500毫安。

◇海南 孙德印

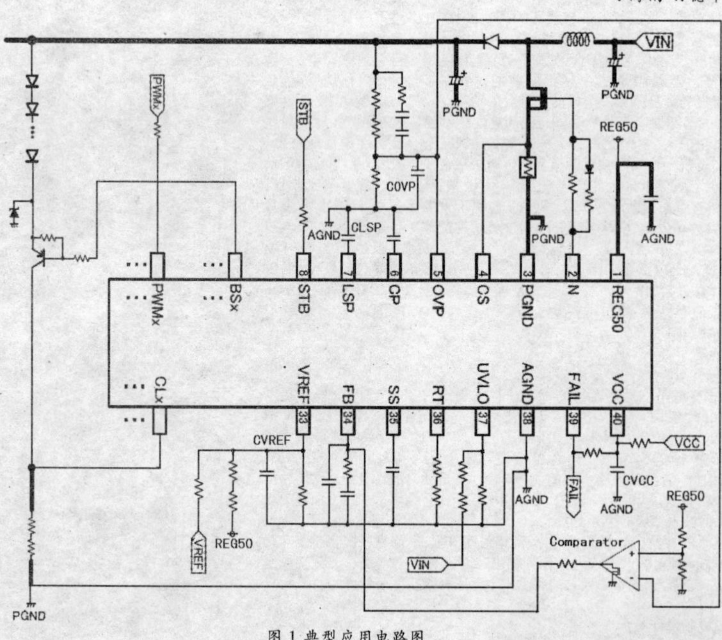

图1 典型应用电路图

表1 BD9479FV引脚功能

引脚	符号	输入/输出	功能	额定耐压/V
①	REG50	输出	5V调节器输出	-0.3~7
②	N	输出	升压脉冲驱动输出	-0.3~7
③	PGND	-	功率输出电路接地	-
④	CS	输入	升压MOS管电流检测输入	-0.3~7
⑤	OVP	输入	过电压保护检测输入	-0.3~20
⑥	CP	输出	计时器锁定设置	-0.3~7
⑦	LSP	输入	LED电压短路设置	-0.3~7
⑧	STB	输入	使能控制输入	-0.3~20
⑨	BS1	输入	接调流PNP三极管1基极	-0.3~40
⑩	BS2	输入	接调流PNP三极管2基极	-0.3~40
⑪	BS3	输入	接调流PNP三极管3基极	-0.3~40
⑫	BS4	输入	接调流PNP三极管4基极	-0.3~40
⑬	BS5	输入	接调流PNP三极管5基极	-0.3~40
⑭	BS6	输入	接调流PNP三极管6基极	-0.3~40
⑮	BS7	输入	接调流PNP三极管7基极	-0.3~40
⑯	BS8	输入	接调流PNP三极管8基极	-0.3~40
⑰	PWM1	输入	单通道调光信号输入1	-0.3~20
⑱	PWM2	输入	单通道调光信号输入2	-0.3~20
⑲	PWM3	输入	单通道调光信号输入3	-0.3~20
⑳	PWM4	输入	单通道调光信号输入4	-0.3~20
㉑	PWM5	输入	单通道调光信号输入5	-0.3~20
㉒	PWM6	输入	单通道调光信号输入6	-0.3~20
㉓	PWM7	输入	单通道调光信号输入7	-0.3~20
㉔	PWM8	输入	单通道调光信号输入8	-0.3~20
㉕	CL8	输出	接调流PNP三极管8集电极	-0.3~7
㉖	CL7	输出	接调流PNP三极管7集电极	-0.3~7
㉗	CL6	输出	接调流PNP三极管6集电极	-0.3~7
㉘	CL5	输出	接调流PNP三极管5集电极	-0.3~7
㉙	CL4	输出	接调流PNP三极管4集电极	-0.3~7
㉚	CL3	输出	接调流PNP三极管3集电极	-0.3~7
㉛	CL2	输出	接调流PNP三极管2集电极	-0.3~7
㉜	CL1	输出	接调流PNP三极管1集电极	-0.3~7
㉝	VREF	输入	基准电压设置	-0.3~20
㉞	FB	输入/输出	DCDC c阶段	-0.3~7
㉟	SS	输出	软启动设置	-0.3~7
㊱	RT	输出	外接频率设定电阻	-0.3~7
㊲	UVLO	输入	供电欠压检测输入	-0.3~20
㊳	AGND	-	模拟电路接地	-
㊴	FAIL	输出	故障检测输出	-0.3~36
㊵	VCC	-	供电输入	-0.3~36

正确使用激光照排机

激光照排机的正确使用和正常的维护保养对于一套精密设备是至关重要的，所以，熟练的掌握激光照排机的使用、故障的排除、必要的维护和保养是操作者所具备的要求。正确的使用可使设备的使用寿命延长，更可靠地工作，取得最佳的出片质量效果。

一、准备工作

在开机前，做好准备工作

1.首先必须将收片盒安装好。

2.其次检查供片盒有无胶片，如无胶片，应在暗室将胶片在供片盒内装好，然后将供片盒装在照排机上，并固紧。但一定要注意片盒尺寸一定要大于胶片尺寸，不要装反，否则将会出现输片故障。

3.从供片盒出口处将胶片拉出，放在片道中间，并使片头覆盖扫描狭缝，最后关上压片门并锁紧。

4.上片中，应检查一下裁片刀是否在空位上，否则胶片无法通过片道，并且检查一下胶片装上后，供片道和收片道是否松紧适度，否则影响正常工作，就需要重装。

5.整个上片工作程序完成后，照排机进入自检工作状态或预热阶段。

6.胶片用完后，需冲洗胶片，将收片盒取下后，在暗室进行冲洗工作。

二、照排过程

1.工作流程

1)开启总开关，电源接通，激光发光，预热机器。

2)按扫描按钮，扫描电机工作，电机达到额定转速后，指示灯亮(有的是语音提示)。

3)扫描指示灯亮后，按下照排钮，此时主机便可启动照排机的输片系统，开始照排工作。

4)当胶片用完时，通过无片指示装置自动报无片，自动通知计算机停止工作。

2.故障处理

1)在工作中出现故障或其他指示有异常，可按下故障钮，计算机等就会停止工作，待故障排出后再工作。

2) 在一卷胶片未用完时或生产急需可切断胶片后，重复部分上片工作。

3)一旦照排工作结束，关闭扫描电机，否则长时间空转，会缩短使用寿命。

4)如照排机短时间不继续工作，电源开关不用关断，反之，应关掉电源。

三、密度盘的使用

1.密度盘分有档次，即数小档次的亮度最亮，数最大的档次亮度最小（暗），对不同感光度的胶片应选择不同的档次。

2.为了得到较理想的制版底片，其它条件因素很多。除要求照排机自动的成像质量好外，胶片的质量、冲洗条件、曝光量的选择，都是很重要的条件。当胶片确定后，冲洗条件(药液配方、温度、时间)与最佳曝光量的选择，要经过反复多次试验，才能最后确定下来，曝光量的选择是适当改变密度量的档次来实现的。

3.当胶片冲片条件及密度盘档次选定之后，不应该随意变动。当改用其它的品牌的胶片时，要重新通过试验来确定新的各个条件及要求。

四、日常维护

1.片盒因经常在暗室装片、取片，特别是收片盒，经常在冲洗机上工作，易接触显、定影液，特别容易锈蚀。因此应经常保持清洁及时擦干，转动部位应定期加油，一般三个月进行一次，不要拆卸。加油时可往轴隙中点油即可，用一般挥发较慢的润滑油(机油、透平油、仪表油等)，但不要加油过多，以免流淌，不能用缝纫机油。供片盒的片口要保持清洁，可用软毛刷清理，以保证不划伤胶片。

2. 输片部分要特别注意输片辊，输片胶辊一定保持清洁，不得有灰尘和杂物，保证其对胶片的摩擦力。清擦时可用脱脂纱布蘸少量酒精，绝不可用汽油、石油醚等液体擦拭，以免胶辊橡胶部分老化变形。输片的传动部分的清洗加油，应由专业维修人员进行，以免造成输片故障(因要保证一定的尺寸位置的精度，及一定的压力和摩擦力)。注意：摩擦阻力部分一定不要加油。

3.对机器的光学部分的清擦维护，一定要由有专门光学经验的人员进行，因光学玻璃很容易擦伤，特别是表面的镀膜，很容易擦毛，因此一般情况下，可用吹气球(皮老虎)吹掉光学元件表面的灰尘即可。

4.切刀部分的刀架及滑块应经常进行清擦加油，用以保证滑动舒适灵活。

5.激光管的更换。机器在使用中，如用密度盘的1档照排，在胶片感光度及冲洗条件均正常，声光调制器的衍射效率最佳情况下，激光电流在5~7mA之间，底片密度仍不够，则说明激光管已老化，需要更换。选择激光管的方法是：激光管点亮后将光点照射在较远的墙上(最好在4m以上)观察，光斑应是圆形的，整个光斑明亮均匀，亮度不变，并且没有云雾状暗影。

更换方法：

1）在更换前，应开机观察(可不用开扫描)，记住所使用的1级光与0级光的方向位置，通过反射镜座上的光栏板小孔的是1级光，另一种分辨的方法是开机后在不开扫描情况下，变换“阴阳图”开关，始终不灭的光点为0级光，用此简捷方法，容易识别1级光(此方法只限能点亮激光管的情况)。

2）关闭电源，旋下激光器筒两端盖，注意在取下端盖时不要触碰电极，以免触电，用导线将激光器两极短路放电(在关机情况下进行)。

3）旋松激光器筒的两顶丝，即可抽出激光器。装上新管，要使激光器与管筒两端长度对称，并用酒精棉擦好激光管的端面，并注意激光器正负极性及发光方向，管内有铝筒的一端为负极，电源绝不可接反，否则将损坏激光器。轻轻旋紧两个顶丝，接好电源，旋上两端盖，通电检查激光束是否在端盖中心孔处射出。如光束碰在小孔壁上，则应重新调整激光管的位置，加垫即可，直至激光束完整的在小孔中射出为止。注意，激光器筒上的两个顶丝，一定不要太紧，太紧会使激光管变形，发光光强变弱；太松固定不牢，一经振动位置会发生变化，发光受影响。

4）调整激光器座上的调整螺钉，使激光器后端的光束通过后面的光栏板小孔(有的机器没有)，前端光束在通过声光调制器后，使0级光照射在原0级光的位置，1级光通过光栏板小孔，精调激光器位置，可在扩束器前用一白纸，或描图纸，看从腰形光栏处出射的光是否均匀，两侧是否一致，如不一致就要调整激光器座上的调整螺钉，使之光斑均匀。然后还要检查1级光是否完全通过两光拦板的小孔（有无拦光现象)，理想状态是光束同时通过两个光拦板小孔。这里要特别强调注意的是，无论怎样调整，都不能动两个反射镜座上的两个光栏板，也决不能动两个反射镜座，因为这是光路的基准。如果基准动了，就要造成扫描倾斜，激光束充不满扩束器口径现象。全部调好后还要检查声光调制器的衍射效率是否最佳，如果不开扫描，而1级光不如0级光亮时，就要调整声光调制器的角度，使之衍射效率达到最佳状态。

6.声光调制器的更换。声光调制器与驱动电源有一些是要求配对使用(也有不用配对使用，如果是要求配对使用，而不进行配对使用，可能影响衍射效率)。在使用中往往是驱动源容易出故障。所以更换时，只要先更换驱动源便可以了。如只更换驱动源还不行，那么就要全套更换。更换时，只要把联接线接好，然后上下、左右旋转声光调制器的角度，则可找到一个衍射效率最高的位置，再垫好垫片固定，注意不要使激光照射在声光调制器两面的孔壁上即可。在一般情况下，不开扫描时，1级光都比0级光亮。

7.刀片的更换。激光照排机所使用的刀片为双刃，此刀片可用文化用品商店出售的单面刀片改制，将刀刃处折下约6mm宽一条(中间折断可做两个)，在刀刃对面，再开出刀刃即可换上。装新刀片时，要将刀立到中间位置，然后将刀片装在压板下面，并轻轻向下推至刀片端面靠在下片道板的刀槽内，固紧螺钉即可。

◇辽宁 孙永泰

简单隐藏手电筒、相机的图标

在锁屏和下拉界面的底部，iPhone仍然有手电筒、相机这两个图标，可能有些强迫症的用户会感到不舒服，如果你的iPhone没有越狱，那么可以通过下面的方法实现简单隐藏。

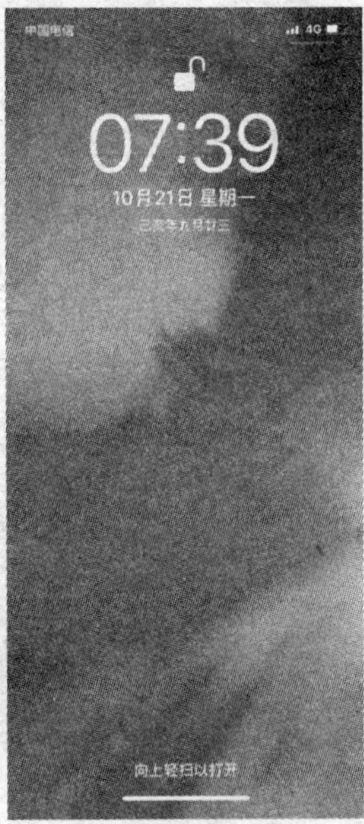

下拉状态栏或者激活锁屏界面，从屏幕中间往上拉，直至手电筒和相机的图标被隐藏，注意此时不要松开上拉的手指，用另一个手指快速从屏幕底部往上滑动进入桌面，此时就可以看到类似于附图所示的清爽界面，注意不要重启或注销iPhone，虽然这两个图标被隐藏，但功能并未消失，仍然可以正常使用，直接从激活控制中心即可调用。

如果需要恢复手电筒、相机的图标，只要往下拉状态栏，从中间往上拉一下，然后松开手指就可以了。◇江苏 大江东去

免越狱去除低电量提示

在iPhone进入低电量状态时(电量不足20%)，iPhone都会弹出低电量警报，同时会有提示音，感觉着实有些烦人，麻烦的是即使进入设置界面也无法关闭这一功能，越狱之后，可以安装第三方插件去除这一提示，如果iOS版本低于12.1.1，那么其实即使没有越狱，也可以按照下面的方法去除低电量提示。

打开Safari浏览器，访问https://serverdbs.com/index.php，点击右侧的三横线按钮，点击之后选择“iOS Configuration”，向下翻动页面，找到“Springboard Configuration”部分（如附图所示），在下拉列表框选择“Hide Low Power Alrts”，点击“Generate”按钮生成描述文件，接下来按照提示安装描述文件，安装完成之后重启iPhone。以后当电量低于20%时，iPhone不会弹出低电量警报，也不会发出提示声音，电池图标直接显示为红色。

◇江苏 王志军

中国电信 08:41 100%
serverdbs.com
Springboard
Choose Sprinboard Setting
Generate
Follow me on Twitter
完成
Show Internal Apps
Dont Lock After Respring
Hide Low Power Alerts
Use System Gestures
Hardware Switch Orientation

美的扫地机器人分析与常见故障检修(一)

美的扫地机器人的功能和原理基本相同，下面以美的R3-L081C型扫地机器人为例介绍美的扫地机器人的工作原理与故障检修方法，供读者参考。

一、组成

美的R3-L081C型智能扫地机器人主要由电池及电源电路、系统控制中心、吸尘部分、行走驱动部分、防碰撞/跌落检测部分等构成，如图1所示，实物如图2所示。

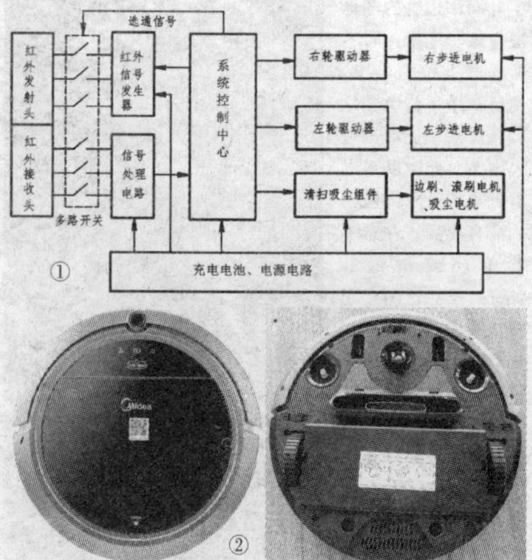

①

②

二、清扫模式

当在清扫过程中，遇到碰撞障碍物或可能跌落时，都是先执行后退，以便机器人转向，再转向直走。下面介绍各模式的清扫行走路径。

1.自动清扫模式

按下遥控器上的“开始键”或主机面板上的“开始/暂停键”，机器人会随机→螺旋→沿壁→螺旋→Z字行走→螺旋→随机……的路径清扫，如图3所示。

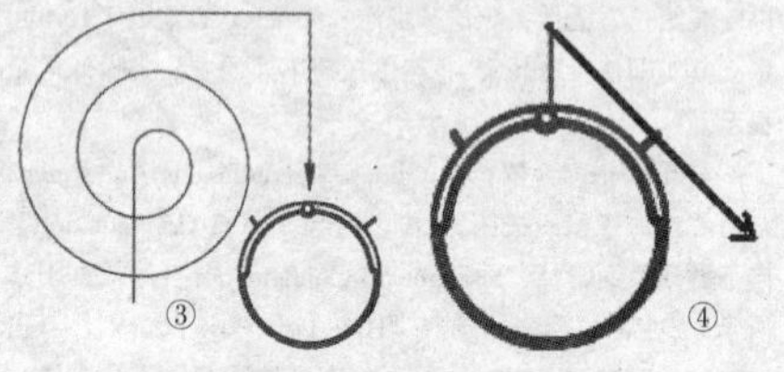
③ ④

2.随机清扫模式

按下遥控器上的“随机模式键”后，被扫地机器人的CPU识别后，输出控制信号，驱动电机以随机模式进行清扫。清扫途中若遇到障碍物，被防碰撞电路检测处理后，CPU输出的控制信号让机器人后退10cm，再转45°后直行，如图4所示。

3.重点清扫模式

按下遥控器上的“重点清扫”键，被机器人内的CPU识别后，输出控制信号使其进入重点清扫模式。

清扫时，沿着阿基米德螺旋线行走，半径随着时间增加而变大。当遇到障碍物时后退10cm，再转45°后直行，并且转为自动清扫模式；如果未遇到障碍物，清扫时间到150s后，自动进入自动清扫模式，如图5所示。

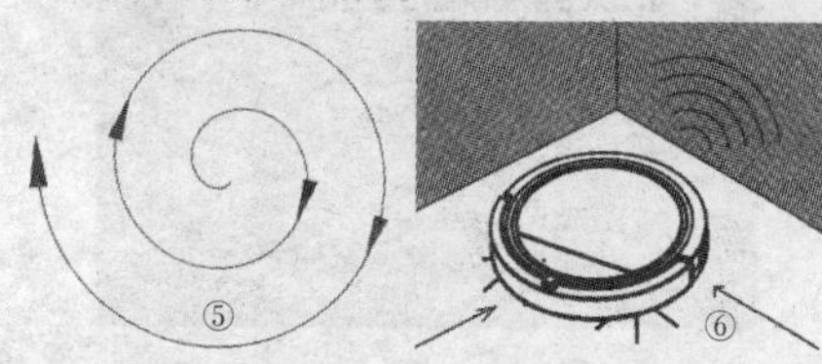
⑤ ⑥

6.沿墙清扫行走模式

按下遥控器上的“沿墙清扫”键，被机器人内的CPU识别后，输出控制信号使其以沿墙模式清扫。

清扫期间，如果没有遇到墙墙壁，则一直以直线行走的方式清扫。当遇到墙壁后先退5cm，再往墙的反方向转20°，随后增大离墙远一侧轮子的速度，减小离墙近轮子的速度，以这样的方式行走3s。3s内碰到墙壁就重复以上运动；如果3s内未碰到墙壁，就向墙的方向调转180°后直行，找下一面墙壁。清扫示意图如图6所示。

7.弓字型清扫模式

按下遥控器上的“弓字型清扫”键，被机器人内的CPU识别后，输出控制信号使其工作在弓字型清扫模式。

清扫时遇到墙壁后，先退10cm，右轮为轴心向转右180°，再沿着直线进行清扫；遇到下一面墙后，会先后退10cm，左轮为轴心向转左180°后，再直线，如此反复。示意图见图7。

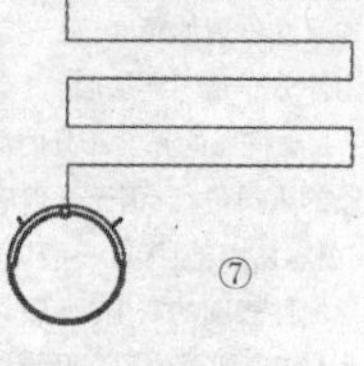
⑦

三、保护电路

1.防碰撞电路

扫地机器人为了防止行走过程中碰撞到硬物损坏，设置了防碰撞电路。该电路由4组红外防撞感应器和系统控制电路为核心构成。红外防撞检测系统见图3。

清扫途中若没有障碍物，红外接收器收不到红外信号，它始终输出低电平的检测信号；当靠近障碍物时，红外发射出的红外信号被阻挡后反射回来，红外接收器会接收到红外信号，从而会输出一个高电平检测信号，被系统控制中心的CPU识别后，输出相序相反的驱动信号，控制步进电机反相(向)运转，进而驱动后轮反方向运转，控制机器人反方向行走(即左边碰撞向右转，右边碰撞向左转)，实现了防碰撞功能。

⑧

2.防跌落电路

扫地机器人为了防止从较高的地方跌落，给人、物或机器人本身带来伤害，设置了防跌落电路。该电路由系统控制电路的CPU和3组红外防跌落开关(见图9)为核心构成。每组防跌落开关都由1个红外发射器和1个红外接收器构成。

在地面行走时，红外发射器发出的红外信号经地面反射后送给红外接收器，使红外接收器为系统控制的CPU提供正常行使的检测信号，被CPU识别后它输出电机驱动信号，驱动电机正常运转，使该机正常工作；当机器人抬离地面后，红外接收器无法收到红外信号，被CPU识别后输出电机停转信号，机器人停止运行，同时驱动报警灯和电源灯闪烁，提醒用户进入防跌落保护状态。

【提示】当机器人的3个跌落感应传感器全部感应的时间超过1s，或单个跌落感应的时间超过3s，被CPU识别后，输出停止行走的控制信号，进入防跌落保护状态。

将机器人放回地面，机器人会自动解除保护状态，开始行走。

⑨

3.防碰撞电路

防碰撞保护电路也是由控制系统的CPU和防碰撞开关构成的。该机的防碰撞开关由红外检测电路和机械碰撞开关2部分构成。

1)红外检测：在清扫途中若碰撞到家具等物品，前遮挡开关会被压向机器人，挡住了红外发射器发出的红外信号，使接收管无法收红外信号，被控制系统的CPU识别后，不仅输出电机停转信号，使步进电机停转，机器人停止行走，而且驱动报警灯、电源灯长亮，提醒用户进入防碰撞保护状态。

2)机械检测：参见图10，当扫地机器人碰到较小的物体时，而红外防撞功能未检测到，为了防止电机因电流过大而损坏，也为了避免家具等物品因碰撞而受损，该机还设置了机械防碰撞检测电路。当碰撞到物品后，机械式碰撞检测开关闭合的时间超过8s，被CPU识别后，它输出控制信号使机器停止工作，进入防碰撞保护状态。

【提示】进入防碰撞保护状态后，需要重新启动时，按“开始/暂停键”即可。

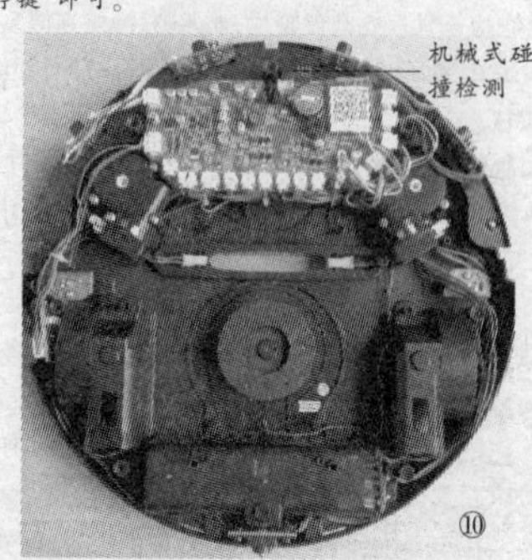

⑩

4.尘盒未安装电路

扫地机器人在清扫过程中若未安装尘盒，扇叶就可能伤到用户或物品，为了避免这种伤害，该机设置了尘盒未安装保护电路。该电路也是利用系统控制电路的CPU和红外检测电路构成，如图11所示。

当不安装尘盒，被尘盒安装检测电路检测到，它为CPU提供尘盒未安装的检测信号，被CPU识别后输出控制信号使机器停止运行，同时控制报警灯长亮、电源灯闪烁，提醒用户进入尘盒未安装保护状态。

进入该保护状态后，安装尘盒并重新开机即可使用。

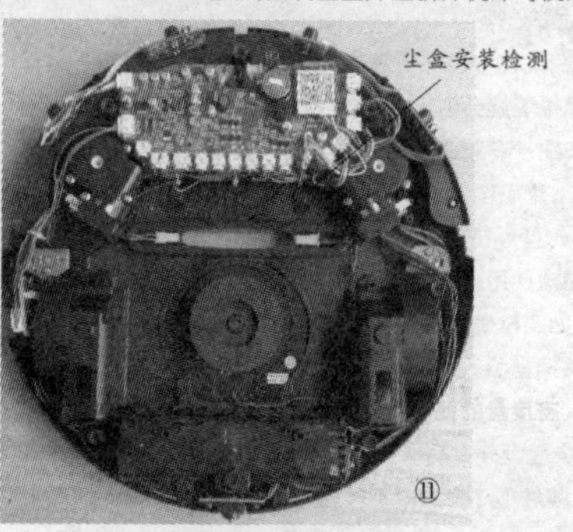

⑪

5.尘盒满或吸尘口堵塞检测电路

扫地机器人在清扫过程中，若垃圾盒满了或者吸尘口被异物堵住时，会影响清扫效果，所以安装了尘盒异常检测(见图12)电路。

当尘盒满了或吸尘口被堵住，尘盒检测开关动作，为CPU提供尘盒异常的检测信号，CPU输出控制信号驱动报警灯闪烁，提示用户需要清洁尘盒或吸尘口。进入该保护状态时，机器人仍会能工作在清扫状态。

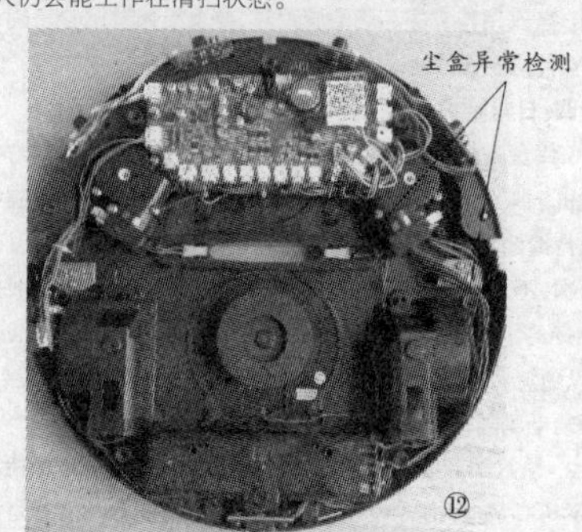

⑫

(未完待续)(下转第545页)

◇内蒙古 孙广杰

白光LED的六个常见问题解析

一、为什么不能超电压或超电流使用白光LED?

一般最常用的5mm白光LED，其正常工作电压多在3.0-3.5V范围之内，正常工作电流为20mA。但很多人误以为超电压或超电流使用白光LED会更亮，而实际测试结果是15mA以后光通量增长很厉害，20mA以后几乎没有见长，增大到30mA，比20mA只多了5%，但LED却有明显的发热。还有寿命的试验：20mA工作了一个月，衰减只有5%，现在还有95%的光通量，30mA的工作到19天的时候，光通量就只有50%了。可以这样认为，一只在正常条件下可工作10万小时的白光LED，在大电流下使用，寿命只有600小时。LED在一般说明中，都是可以使用50,000小时以上，还有一些生产商宣称其LED可以运作100,000小时左右，但这并不能保证LED产品也可以使用如此之久。错误的操作及工序就可以轻易地"毁掉"LED，LED会随着时间的流逝而逐渐退化，有预测表明，高质量LED在经过50,000小时的持续运作后，还能维持初始灯光亮度的60%以上。要想延长LED的使用寿命，就有必要降低或完全驱散LED芯片产生的热能。热能是LED停止运作的主要原因。

二、为什么白光LED发出的光的颜色总有些偏蓝或偏黄?

这是由于白光的LED，本来就是在发射蓝光的1nGaN基料上覆盖转换材料荧光粉，这种材料在受到蓝光激励时会发出黄光。于是得到蓝光和黄光的混合物，在肉眼看来就是白光。看看白色LED的发射谱线就知道，它有两个峰值，因此真正发射白光的LED是不存在的。这样的器件很难制造，因为LED的特点是只发射一个波长的单彩色光，而真正的白色光需要多色彩光谱合成。由于工艺关系，包括十多元进口的LED，也有这个问题，光斑边缘都存在偏色，只是多少而已。

白色发光二极管有微黄色的到略带紫色的白光。常见的白光发光二极管色温通常都在6500K到8000K范围内。

三、LED采用并联接法好还是采用串联接法好?

LED采用并或串联接法，主要应该根据电源盒电路的形式及要求决定。并联或串联接法各有它们的优缺点。并联接法只需要在每个LED两端施加较低的电压，但需要利用镇流电阻或电流源来保证每个LED的亮度一致。如果流过每个LED的偏置电流大小不同，则它们的亮度也不同，从而导致整个光源亮度不均匀。然而，利用镇流电阻或电流源来保证LED的亮度一致将缩短电池的使用寿命。采用串联接法本质上可以很好保证流过每只LED电流的一致性，但要求电源电压要高。LED采用并联接法时，由于电路的总电流是各个LED电流之和，所以要求电源要能供给足够大的电流。

另外，采用串联接法的电路，当其中一只LED断路时整串的LED都不亮；但当其中一只LED短路时其他LED都还能亮。采用并联接法的电路，当其中一只LED断路时其他的LED都还能亮；但当其中一只LED短路时则整个电路的电源将被短路，这样不仅其他的LED都不能正常工作，而且还有可能损坏电源。故相比之下还是串联接法的电路较有优势。

在实际运用中常采用串并联形成的LED阵列，这样可以克服或减小上述单个LED断路或短路造成整串LED不亮或对整个电路和电源的影响。所谓串并联就是先用少量LED串联再串镇流电阻组成一条支路，再将若干条支路并联组成"支路组"。此外，还能采用串并串形式，就是在已组成的"支路组"的基础上，再将若干"支路组"串联构成整个灯具电路，此种接法不仅缩小了一只LED故障时的影响面，而且将镇流电阻化整为零，将几只大功率电阻变成几十只小功率电阻，由集中安装变成分散安装，这样既利于电阻散热，又可以将灯具设计得更紧凑。

四、能不能采用其他颜色的LED发光二极管代替白光LED发光二极管?

完全可以。只不过必须注意，由于各种颜色的LED正常工作电压不一样，而且相差较大，如红色和黄色LED正常工作电压都只有2V左右，而蓝色和绿色LED正常工作电压则较接近白光LED，都是3V左右。所以在使用时必须根据各种管子的工作电压，所串联或并联的管子数量也必须相应改变，或者改变所串联的限流电阻的阻值，否则就有可能使LED超过正常的工作

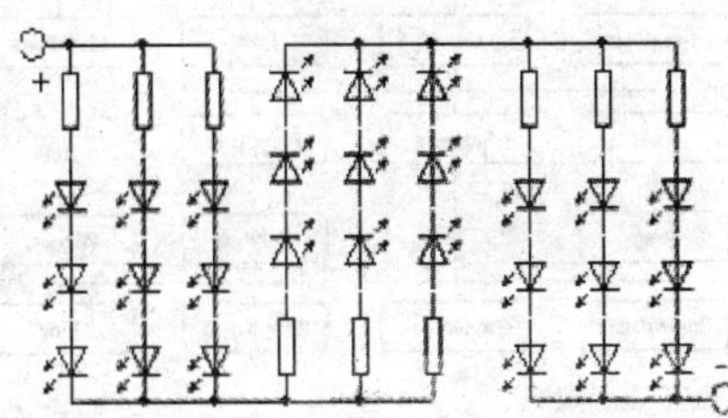

电流而缩短其使用寿命，严重的甚至可能烧毁LED。当使用红色或黄色LED时，则所串联的LED数量应该增加，或串联的限流电阻应该加大；当使用蓝色或绿色LED时，一般只调整限流电阻的阻值就可以了。

五、聚光型LED与散光型LED有什么不同?如何选用?

聚光型LED的发光强度数值很高，因为它的光线是经过其本身把光线聚合起来，所以它的发光角度一般都较小，光线照射范围小，其发出的光就像手电筒发出的光束，光斑的亮度很高，但光斑外围就不太高了。而散光型的LED发光强度数值较低，它的发光角度大，可达120度以上，因此它的光照范围大，发出的光线均匀，就像普通照明灯发出的光，虽然散光型的LED所标亮度值一般都较低，但实际上它们发出的总光通量(总的光线)一般都是高于聚光型的LED。

聚光型的LED最适合于要求亮度高，但照射范围较小的场合，如制作射灯、筒灯、手电筒等，而散光型的LED则更适合于一般的房间照明和需要光线柔和均匀的场合，因此，要根据具体的情况进行选择，以达到最好的照明效果。

六、电路装好通电时灯不亮是什么原因?应该如何检查?

这要根据具体电路做具体分析。但原因大多数都是LED在装接前没有进行检测或装焊过程中不小心接错了LED的正负极性，也有可能是没焊好造成虚焊(虚焊就是表面上看是焊上了而实际没焊牢固)，虚焊是本故障的最主要原因，特别是缺少焊接经验的新手最容易发生此问题，其次是电烙铁功率过大过热或焊接时间过长而把管子烫坏了，还有可能是电烙铁漏电造成LED击穿短路。还有就是驱动电路的部分接错或没焊好，一些电路也有可能是该调整的元件数值没调整好。

当电路装好通电前应该先仔细检查核对无误后再通电，如果通电时灯不亮应该立即关闭电源，然后再进行检查，不能带电敲打电路板试图查找故障，特别是采用220V电源的电路更应该如此。

如果是接有滤波电容的电路，首先还应该用螺丝刀或导线把滤波电容的两脚短路放电后再进行检查，这一步骤非常重要。因为滤波电容上残存有电源电压1.4倍以上的高电压(如220V电源时可高达310V)，以免电容上残存的高电压击伤人体或在电路接通的瞬间击毁LED。

检查已经装焊在电路板上的LED，应该先认清LED管身缺口的负极标记，检查各LED极性是否错接，然后再用两只电池串联后引出正负两极电源分别触碰各只LED的两脚，必须注意电池电源极性要与LED的极性相一致，以检查各LED是否能亮。

对驱动电路的检查，应该根据电路图仔细核对电路是否接错，特别注意检查整流桥（长脚的是正极输出，其对角是负极输出，另外两脚是交流输入）或整流二极管以及稳压二极管的极性是否正确（印有黑线或白线的一端是负极），还有检查晶体三极管或稳压集成电路的三个电极是否错接等。

◇西南科技大学城市学院 刘光乾

51单片机存储器的结构和原理

一、存储器结构

51单片机存储器采用的是哈佛结构，即是程序存储器空间和数据存储器空间分开，程序存储器和数据存储器各自有自己的寻址方式、寻址空间和控制系统。

51存储器可以分为

程序存储器ROM：用于存放程序和表格之类的固定常识。C51编程中用code关键词声明。

内部数据存储器RAM:51子系列有128字节RAM，52子系列有256字节RAM

特殊功能寄存器SFR：80H-FFH字节地址的RAM

地址	区域
7FH-30H	用户RAM区（堆栈、数据缓冲区）
2FH-20H	可位寻址区
1FH-18H	第3组工作寄存器区
17H-10H	第2组工作寄存器区
0FH-08H	第1组工作寄存器区
07H-00H	第0组工作寄存器区

内部可直接寻址RAM结构图

位地址空间：片内RAM0x20-0x2f空间，本空间允许按位或者字节寻址。可用bdata进行声明。

外部数据寄存器RAM：片外的RAM，最大寻址空间2^{16}即是64K大RAM。Pdata用于声明片外第一页RAM空间为0-255；xdata用于声明外部RAM空间为0-65535。

此外data用于片内直接寻址RAM空间0-127；idata用于片内间接寻址RAM空间0-255。

二、C51增加的修饰符说明

C51变量声明方式：

存储类说明符 类型说明符 修饰符 标识符；

例如：static unsigned char idata temp;

存储类说明符：包括auto、extern、staTIc、register;

符号说明符：包括unsigned char、char、unsigned int、int、long、unsigned long、float、bit、sfr、sft16、sbit;

修饰符：包括data、idata、pdata、xdata、bdata、code;

此外，在编译C51源程序时可选用三种存储模式之一：即小模式(small)、紧凑模式(compact)、大模式(large)。三种模式的ROM空间相同，而三种模式的默认RAM空间：对small模式来说，就是片上RAM的所用空间data和idata；对compact模式来说，是片外pdata空间；large模式，为片外xdata空间；

以上就是对这几天对8051的重新认识，当然不是很全面。在此之前，一直对其存储结构不是太明了。现在多少有一些许了解了，很是兴奋。另外，现在市场上的51内核芯片与之前传统的还是有些许不同的，具体不同之处就需要认真读读供应商的文档资料了。举个例子来说，STC的89c51系列单片机，其ROM空间可以根据信号来判别，其RAM最小的型号89C51，就有256字节内部RAM和扩展的256字节外部RAM，其内部还有4K的EEPROM。

◇四川 刷唐

ArcGIS Engine简单图形绘制功能的实现(点、线、面)(一)

在ArcGIS Engine中，由点连线，再到面的操作容易操作失败，本文仅以此为例，通过我们添加点、线、面来实现图形的编辑需要使用Geometry对象类。

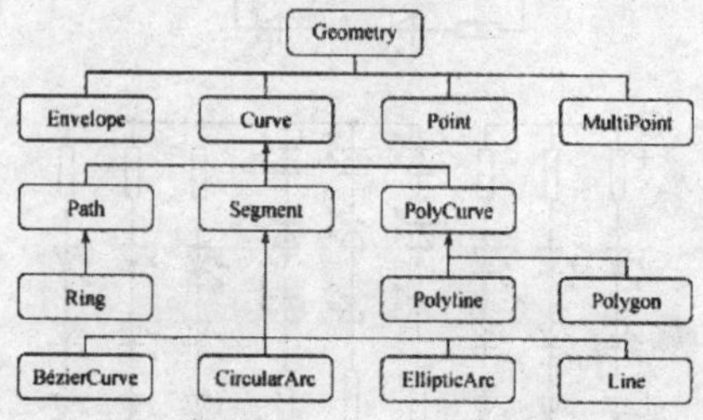

Point(点)

是一个0维的几何图形，具有X、Y坐标值，以及可选的属性，如高程值(Z值)、度量值(M值)、ID值等，可用于描述需要精确定位的对象。

Polyline(线)

是一个有序路径(Path)的集合，这些路径既可以是连续的，也可以是离散的。折线可用于表示具有线状特征的对象，用户可以用单路径构成的折线来表示简单线，也可以用具有多个路径的多义线来表示复杂线类型。

Polygon(面)

是环(Ring)的集合，环是一种封闭的路径。Polygon可以由一个或者多个环组成，甚至环内嵌套环。但是内、外环之间不能重叠，它通常用来描述面状特征的要素。

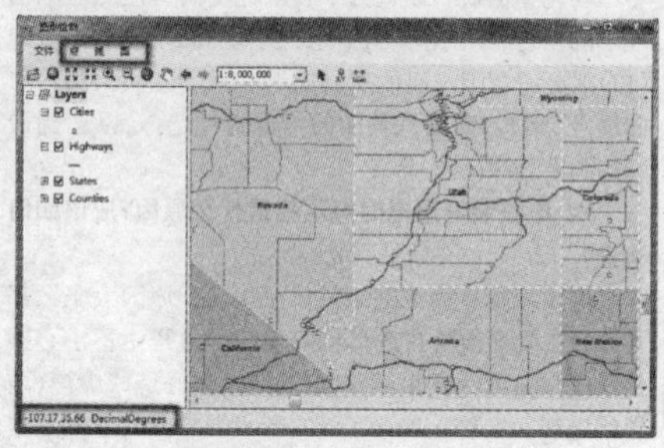

操作步骤大纲：

①定义一个Operation枚举

②设置鼠标移动的函数

③添加图形绘制的单击事件

④axMapContol控件的鼠标单击事件

⑤完善各事件中需要用到的函数

①定义一个Operation枚举

//定义一个Operation枚举enum Operation

{

ConstructionPoint,//绘制点

ConstructionPolyLine,//绘制线

ConstructionPolygon,//绘制面 Nothing

}

②设置鼠标移动的函数

/// <summary>/// 鼠标移动的函数/// </summary>/// <param name = "sender" ></param >/// <param name="e" ></param >private void axMapControl1_OnMouseMove (object sender, IMapControlEvents2_OnMouseMoveEvent e)

{

try

{

toolStripStatusLabel1.Text = string.Format("{0},{1} {2}", e.mapX.ToString ("#######.##"), e.mapY.ToString ("#######.##"), axMapControl1.MapUnits.ToString().Substring(4));

}

catch

{ }

}

③添加图形绘制的单击事件

#region 添加图形绘制的单击事件private void 点ToolStripMenuItem_Click(object sender, EventArgs e)

{

oprFlag = Operation.ConstructionPoint;

}

private void 折线ToolStripMenuItem_Click (object sender, EventArgs e)

{

oprFlag = Operation.ConstructionPolyLine;

geoCollection = new PolylineClass();

ptCollection = new PolylineClass();

}

private void 面 ToolStripMenuItem_Click (object sender, EventArgs e)

{

oprFlag = Operation.ConstructionPolygon;

}

#endregion

④axMapContol控件的鼠标单击事件

/// <summary>/// axMapContol控件的鼠标单击事件/// </summary>/// <param name="sender"></param>/// <param name="e"></param>private void axMapControl1_OnMouseDown (object sender, IMapControlEvents2_OnMouseDownEvent e)

{

//表示 System.Type 信息中的缺少值。 此字段为只读。

missing = Type.Missing;

//若为添加点的事件

if (oprFlag == Operation.ConstructionPoint)

{

//axMapControl1控件的当前地图工具为空

axMapControl1.CurrentTool = null;

//通过AddPointByStore函数，获取绘制点的图层——Cities

//从GetPoint函数获取点的坐标

AddPointByStore ("Cities", GetPoint (e.mapX, e.mapY) as IPoint);

//点添加完之后结束编辑状态

oprFlag = Operation.Nothing;

}

//若为添加折线的事件

if (oprFlag == Operation.ConstructionPolyLine)

{

//axMapControl1控件的当前地图工具为空

axMapControl1.CurrentTool = null;

//获取鼠标单击的坐标

//ref参数能够将一个变量带入一个方法中进行改变，改变完成后，再将改变后的值带出方法

//ref参数要求在方法外必须为其赋值，而方法内可以不赋值

ptCollection.AddPoint (GetPoint (e.mapX, e.mapY), ref missing, ref missing);

//定义集合类型绘制折线的方法

pGeometry = axMapControl1.TrackLine();

//通过addFeature函数的两个参数, Highways——绘制折线的图层; Geometry——绘制的几何折线

AddFeature("Highways", pGeometry);

//折线添加完之后结束编辑状态

oprFlag = Operation.Nothing;

}

//若为添加面的事件

if (oprFlag == Operation.ConstructionPolygon)

{

//axMapControl1控件的当前地图工具为空

axMapControl1.CurrentTool = null;

// CreateDrawPolygon(axMapControl1.ActiveView, "Counties");

//面添加完之后结束编辑状态

oprFlag = Operation.Nothing;

}

}

⑤完善各事件中需要用到的函数

1.添加点的事件中需要用到的函数：

AddPointByStore

/// <summary>/// 获取绘制点的图层——Cities, 保存点绘制的函数/// </summary>/// <param name = "pointLayerName" ></param >/// <param name="point"></param>private void AddPointByStore (string pointLayerName, IPoint pt)

{

//得到要添加地物的图层

IFeatureLayer pFeatureLayer = GetLayerByName (pointLayerName) as IFeatureLayer;

if (pFeatureLayer ! = null)

{

//定义一个地物类，把要编辑的图层转化为定义的地物类

IFeatureClass pFeatureClass = pFeatureLayer.FeatureClass;

//先定义一个编辑的工作空间，然后将其转化为数据集，最后转化为编辑工作空间

IWorkspaceEdit w = (pFeatureClass as IDataset).Workspace as IWorkspaceEdit;

IFeature pFeature;

//开始事务操作

w.StartEditing(false);

//开始编辑 w.StartEditOperation();

//创建一个(点)要素

pFeature = pFeatureClass.CreateFeature();

//赋值该要素的Shape属性

pFeature.Shape = pt;

//保存要素，完成点要素生成

//此时生成的点要素只要集合特征(shape/Geometry)，无普通属性 pFeature.Store();

//结束编辑 w.StopEditOperation();

//结束事务操作

w.StopEditing(true);

}

//屏幕刷新

this.axMapControl1.ActiveView.PartialRefresh (esriViewDrawPhase.esriViewGeography, pFeatureLayer, null);

}

(未完待续)(下转第546页) ◇艾克

燃气表干电池供电的改装

随着管道天然气供气的普及，燃气表逐步进入普通的家庭用户。当前，市场上流行的燃气表普遍采用4节串联的1.5V/AA型5号碱性干电池供电。这种供电方式具有设计简单、安全性高、电池更换便捷等优点。但在实际使用中存在一些缺点：由于燃气表的放置环境密闭潮湿，电池的连接电极弹片或弹簧容易锈蚀，内部的储能电容容易损坏，导致燃气表的静态电流和工作电流均远超正常值，引发俗称的“漏电”或“跑电”现象，电能消耗较大。由于1~2个月甚至1~2个星期就要更换4节高容量干电池，干电池用量较大，以每年总共更换24节南孚牌1.5V/AA型5号碱性干电池计算，一块燃气表每年的干电池费用为2.50元/节*24节=60元，导致支出额外费用较多。

本文介绍一种采用聚合物锂离子电池进行供电改装的方法。聚合物锂离子电池具有体积小、重量轻、容量大、技术先进、安全性高、充电速度快、放电特性优良、循环充电使用次数多等优点。该方法不仅设计简约、可行性强、安全性高，而且费用较低、制作容易、调试简单、使用便捷、性能稳定。

1.工作原理

目前市场上流行的燃气表普遍可在DC4.75V~DC6.3V的供电下工作，静态电流≤20uA，工作电流≤100uA。如果采用4节串联的1.5V/AA型5号干电池供电，当该电池组的电压低于DC5.2V时，显示“电量不足”，提醒用户及时更换电池；当该电池组的电压低于DC4.8V时，则自动关闭阀门，停止供气。因此，改进时可选用DC3.7V的聚合物锂离子电池作为充电电池，再经过DC-DC升压模块升压，变换成约DC5.75V（理论上，该电压值在DC5.2V~DC6.3V之间均可），给燃气表供电。改装的电路原理图如图1所示。

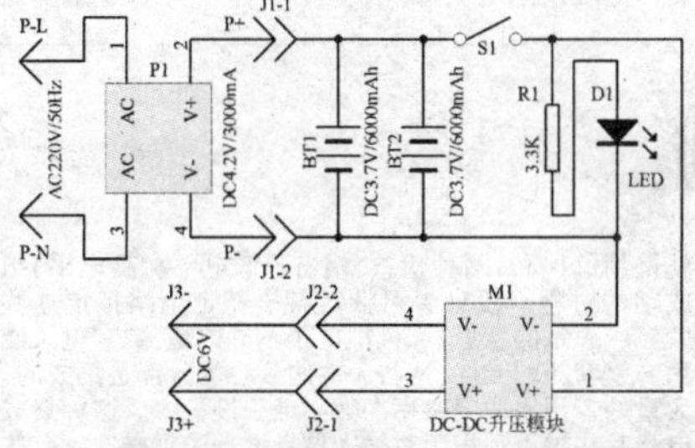

图1 燃气表供电改装工作原理图

图中，P1是直流充电器，输入AC220V，输出DC4.2V。并联的BT1和BT2均为DC3.7V/6000mAh的大容量聚合物锂离子电池，接在DC充电接头J1上进行充电。BT1和BT2充满电量后，该电池组的电压升至DC4.2V，可在DC2.75V~DC4.2V的放电区间内，对后面的负载供电。

单色发光二极管D1和限流电阻R1，组成聚合物锂离子电池组供电发光指示支路。

S1为控制开关，M1为DC-DC升压电源模块。当S1接通时，M1可将聚合物锂离子电池组输出的直流电压升压到DC5.75V，经DC接头J2，给燃气表供电。

J3为一对鳄鱼夹，与燃气表干电池仓中的正、负电极对应连接。这对鳄鱼夹还通过合适长度的两根导线，与输出接头J2配套的DC接头对应连接，获取DC5.75V的供电。

2.元器件选择

充电器P1可选用适用于聚合物锂离子电池的高效成品充电器，输入AC220V，输出DC4.2V。要求输入电压范围宽，输出电压纹波和噪声小，额定输出电流≥1000mA，采用恒流、恒压、涓流三段式充电模式，含防雷、超温、过载及短路保护电路，带输入和输出电源线及插头。

BT1和BT2选用成品聚合物锂离子电池，标称电压为DC3.7V，储存电量为6000mAh，内阻小于60mΩ，可在DC2.75V~DC4.2V的放电区间内输出0A~6A工作电流，带有过充电、过放电、短路、过流保护功能电路板及正、负极导线。

J1选用与充电器P1的输出插头配套的DC电源插座，外/内径为5.5mm/2.5mm或5.5mm/2.1mm，带有孔塞。

直流升压电源模块M1选用高性能的XL6009型DC-DC可调升压模块，采用高频开关技术，超宽输入/输出电压范围。

控制开关S1选用圆形自锁按钮开关，直径为12mm，额定电流/电压为3A/250V。

电阻R1可选用3.3KΩ/0.25W的RTXE型碳膜电阻器。发光指示二极管D1选用直径为Φ3mm或Φ5mm的单色发光LED。另外，适当增大R1的电阻值，可以降低发光二极管D1的亮度及功耗。

J2选用一对配套且长度合适的DC电源公、母插头，外/内径为5.5mm/2.5mm或5.5mm/2.1mm。

J3选用一对带红、黑色胶套的小号鳄鱼夹。

3.制作

由于改装设计十分简约，用到的元器件数量不多，制作相当简便，只需焊接相关引脚并连接起来，即可进行调试、组装和投入使用。

3.1 焊接

器件连接时，可用功率为25W左右的电烙铁进行焊接。焊接时，有如下注意事项：

(1)焊接DC电源插座J1的正、负极引脚前，先用万用表测量无误后再焊接。

(2)由于聚合物锂离子电池BT1和BT2的正、负极输出引线带电，将其分别焊接时，要注意防止短路。另外，由于其保护电路板含有MOS管，焊接时还要注意将电烙铁接地，以及佩戴防静电手腕带。

(3)为方便使用，可将DC电源公、母插头J2的母插头的引线，分别对应焊接到一对带红、黑色胶套的鳄鱼夹J3上；将其公插头的引线，分别对应焊接到直流升压电源模块M1的输出端上。

3.2 测试

确认器件质量可靠、焊接无误、连接正确后，即可进行充、放电及输出电压的测试。步骤如下：

(1) 聚合物锂离子电池组BT1和BT2的充电接头与充电器P1连接后，该充电器的充电指示灯一般先发红色光，待电量充满后，自动跳变为绿色光。

(2)接着，拔掉充电器P1，按下控制开关S1后，发光指示二极管D1应该正常发光。

(3)然后，用万用表的直流电压挡检测直流升压电源模块M1的输入端，应该检测到大约DC4.15V的电压。由于直流升压电源模块M1的输出电压可调，因此应该在该模块通电以后，接入燃气表以前，调节其精密电位器，使其在空载状态下的输出电压为DC5.75V。

进行以上测试时，如果某成品模块或分立元器件工作不正常，可以对照工作原理图进行检查，直至故障被排除。

3.3 组装

测试通过以后，为了安全、美观和实用，可将以上焊接的绝大部分器件，一起装入尺寸大小合适的防水盒里。组装时，有如下注意事项：

(1) 可在盒子侧面的合适位置，钻取一个直径为Φ7mm的孔，将DC电源充电插座J1固定。

(2) 可在盒子正面的合适位置，钻取一个直径为Φ12mm的孔，将圆形控制开关S1固定。

(3) 可在盒子侧面的合适位置，钻取一个直径为Φ3mm或Φ5mm的孔，将发光指示二极管D1的顶部露出并蘸取少许502胶水加以固定。

(4)可在盒子侧面的合适位置，钻取一个直径约为Φ12mm的孔，安装一个PG7防水接头，以方便穿过连接鳄鱼夹的电缆。

(5)为了安全起见，在盒内安放直流升压电源模块M1时，还应将其外套绝缘套管或采用其他绝缘隔离措施。

以上组装后的效果图如下：

图2 改装后的电池组内部

图3 改装后的电池组

4.使用

使用前，先在燃气表的电池仓仓盖的正中间位置，钻取一个直径约为Φ3mm的孔，以方便DC电源公、母插头J2的母插头的引线电缆穿过(可先将鳄鱼夹焊下，待该电缆穿过后，再将鳄鱼夹焊上)。接着，找出电池仓内原来串接的4节干电池中首尾两节电池所连接的正、负极金属弹片或弹簧(一般情况下，与正极连接的，为较短的金属弹片或弹簧；与负极连接的，为较长的金属弹片或弹簧)，并借助万用表的欧姆挡，找出原来4节干电池串接的中间连接金属片，用油性记号笔作好标记。然后，将红、黑色鳄鱼夹分别与正、负极金属弹片或弹簧牢靠地夹上。如图4所示。

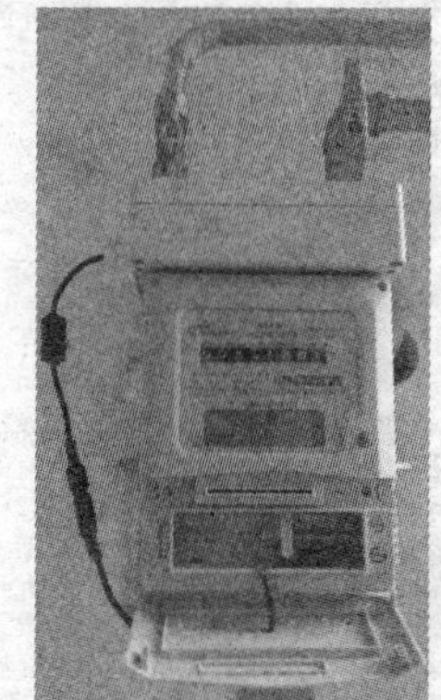

图4 改装后的电池组连接图

合上燃气表电池仓的仓盖，将供电改装后的电池组放在燃气表上部，再把J2的公、母插头接在一起，然后按下控制开关S1，即可启用改装的聚合物锂离子电池供电了。最后，按下燃气表上的启动按钮1~3下，燃气表即可正常使用。如图5所示。

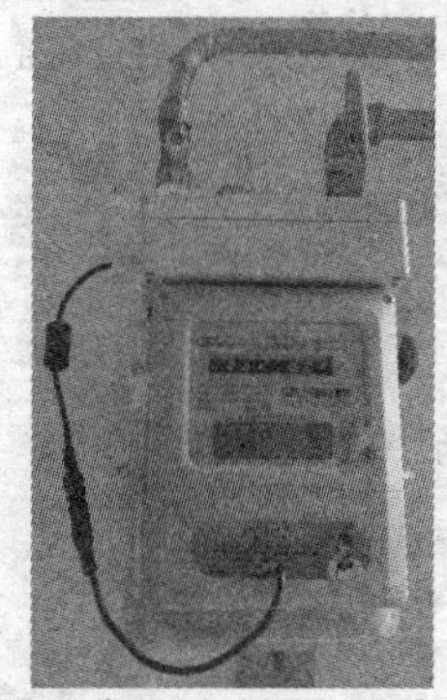

图5 改装后的电池组使用场景图

一旦发现改装后的电池组电量不足，应及时卸下电池组，使用配套的充电器P1单独对其进行充电。待充满电量后再放回继续使用。

◇湖北 余建波 丁恒 余祖源 黄品川

多彩LED发光原理与设计应用

发光二极管的英文简称是LED（Light Emitting Diode）。顾名思义，这是一种会发光的半导体组件，并且具有二极管的电子特性。

一、发光二极管的特性

LED就是发光二极管的英文Light Emitting Diode简称，和二极管一样都是有PN结，具有单向导电性，在PN结两头的引脚加以正向电压，空穴和自由电子相遇，产生复合，然后产生了一定的能量。这种能量要么就以发热这种方式呈现出来，要么就以发光的形式呈现出来，发光二极管就是以发光的形式呈现出来，当然了发光二极管也会发热。普通的二极管是不能发光滴。发光二极管与二极管差别并不大，发光二极管在PN结掺杂了一些化合物：镓、砷、磷、氮等。把这些化合物掺杂到P区和N区，然后加上引脚，用环氧树脂给包起来，包起来坚固耐摔抗震。

发光二极管是采用磷化镓，磷砷化镓等半导体材料制成的，可以将电能直接转化成光能的器件。发光二极管除了具有普通二极管的单向导电特性外，还可以将电能转换为光能。给发光二极管外加正向电压时，它也处于导通状态，当正向电流流过管芯时，发光二极管就会发光，将电能转换为光能。

颜色	波长(nm)	正向偏置电压(V)	半导体材料
红外线	>760	<1.9	砷化镓
红	760~610	1.63~2.03	铝砷化镓，磷化镓
橙	610~590	2.03~2.10	磷化铟镓铝
黄	590~570	2.10~2.18	磷化铟镓铝
绿	570~500	2.18~4	氮化镓，磷化镓
蓝	500~450	2.48~3.7	碳化硅
紫	450~380	2.76~4	铟氮化镓
紫外线	<380	3.1~4.4	氮化铝

发光二极管的发光颜色主要由管子的制作材料及掺入的杂质的种类决定，目前，常见的发光二极管的发光颜色主要有：蓝色，绿色、黄色、红色、橙色、白色等。其中白色发光二极管出现的比较晚。

二、发光二极管的工作电压

发光二极管的工作电压（即正向压降）随着材料的不同而不同：普通绿色、黄色、红色、橙色发光二极管的工作电压约为2.0V，白色发光二极管的工作电压通常高于2.4V（2.5~3.2V），蓝色发光二极管的工作电压通常高于3.3V。发光二极管可用直流、交流、脉冲等电源驱动。工作电流通常为2~25mA。（工作电流越大，亮度越大，通常10mA的电流即可满足亮度需要）。发光二极管的工作电流不能超过额定值太高，否则有烧毁的危险，故通常在发光二极管回路中串联一个电阻作为限流电阻R。R的阻值可由公式R=（U−Uf/If算出，其中U是电源电压；Uf是工作电压；If是工作电流）。

三、红外发光二极管

红外发光二极管是一种特殊的发光二极管，其外形和发光二极管相似，只是它发出的是红外光，一般情况下人眼是看不见的。其工作电压一般是1.4V，工作电流一般小于20mA，红外发光二极管的结构、原理与普通发光二极管相近，只是使用的半导体材料不同。红外发光二极管通常使用砷化镓、砷铝化镓等材料，采用全透明或浅蓝色、黑色的树脂封装。

四、双色发光二极管

有些生产厂家将两个不同颜色的发光二极管封装在一起，使其成为双色二极管（变色发光二极管），这种发光二极管通常有三个引脚，其中一个是公共端。它可以发出三种颜色的光（其中一种是两种颜色的混合色），盎通常作为不同工作状态的指示器件。

发光二极管的发光颜色一般和它本身的颜色相同，但是现在出现了透明色的发光二极管，也能发出红、黄、绿等颜色的光，只有通电后才能知道其发光颜色。发光二极管主要分为可见光与不可见光两大类。目前可见光发光二极管被广泛应用在大型全彩广告牌、信息显示板、汽车、扫描仪、信号灯各种电子设备中。相对于可见光，波长在800nm以上的不可见光主要分为两种，即短波长红外光、长波长红外光。短波长红外光主要应用在无线通信用光源、遥控器、传感器，而长波长红外光则用在短距离光纤中通信用光源，在信息及通信中的应用越来越广泛。

普通发光二极管的发光颜色与发光波长有关，而发光波长又取决于制造发光二极管所用的半导体材料。红外发光二极管的波长一般为650~700nm，琥珀色发光二极管的波长一般为650~700nm，橙色发光二极管的波长一般为650~700nm，黄色发光二极管的波长一般为585nm左右，绿色发光二极管的波长一般为555~570nm，不同波长的发光二极管应用领域也有所不同。

五、七彩发光二极管

还有一种七彩发光二极管，可做各种电子产品的显示及指示，多种颜色自动变换，七彩发光二极管内部自带集成电路控制芯片和红、绿、蓝三个发光芯片，接通电源后，三个发光芯片在集成电路的控制下自动点亮和熄灭，可以组合成各种颜色交替循环点亮。七彩发光二极管的工作电压为2.4V以上，推荐工作电流为20mA，在一般情况下，不论供电电压是多高，都要串联一只限流电阻，改变限流电阻的阻值让其工作在1~30mA之间，工作电流大，发光亮度就会高。电流太大时，管芯会发热，工作寿命会缩短。一般5~10mA就够用了。

六、闪烁发光二极管

闪烁发光二极管是将CMOS振荡电路芯片与LED管芯组合封装而成的一种新型半导体器件。

闪烁发光二极管的最大优点是内部封装有大规模集成电路，当外加额外电压时，内部振荡器便产生一定频率的方波脉冲，经分频器变换为超低频脉冲，再通过驱动发光二极管闪烁发光，可自行产生较强视觉冲击的闪烁光。闪烁发光二极管的主要参数有工作电压、工作电流、闪烁频率及发光强度等。如常用的BTS11405型红色闪烁发光二极管的主要参数为：工作电压5V，工作电流小于等于35mA，闪烁频率1.3~5.2Hz，发光强度0.8mcd。

现如今LED照明已经遍布咱们的生活，LED消耗能量和白炽灯减少80%左右，较节能灯减少40%左右。白炽灯主要是通过钨丝的发热产生光源，这种灯效率不高，大部分的电能被转化为热能消耗掉了，温度越高，钨丝慢慢升华成为了钨气，然后粘附在灯泡里，使灯泡变黑，白炽灯做成"大肚子"是有原因的，钨气升华后扩散的广，不会集中一起，不然黑色覆盖灯泡，发光亮度就会减少。慢慢的钨丝越来越细，等它断了，这只白炽灯也就结束了它的寿命。

LED照明应用范围广，效率高，占据了主要的市场，但是效率受高温影响而急剧下降，发热量也大，这就是为什么LED灯有个散热器的原因了，一般情况下LED寿命长达50000个小时，能用个五、六年。白炽灯慢慢的也退出了历史的舞台，将来会不会有其他的照明硬件把LED给挤下去呢？

◇四川 罗晨

电子学习入门五步曲

对于一个要学习电子学的初学者来说，最困难的可能就是准确的了解什么是我们应该学习的？哪些内容值得学习？学习这些内容一般要按照怎样的顺序？

出发点

下图提供了一个很好的出发点，告诉我们那些是要学的，要按照怎样的顺序学。这张图提供了用来设计使用电子设备的基本元件的概况，并且给出了应该怎样学习的信息。

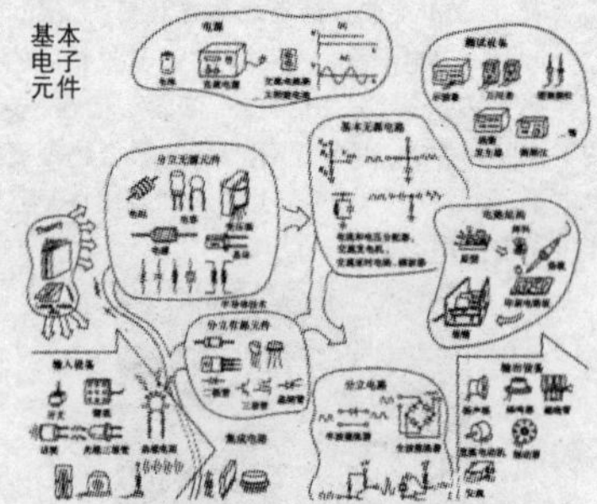

这个图从理论出发。都有哪些理论呢？电压、电流、电阻、电容、电感的知识，各种用于判断电路中电压和电流的大小及方向的定律的法则。当我们学习这些基本理论时，我们将接触到基本无源元件，如电阻、电容、电感和变压器。

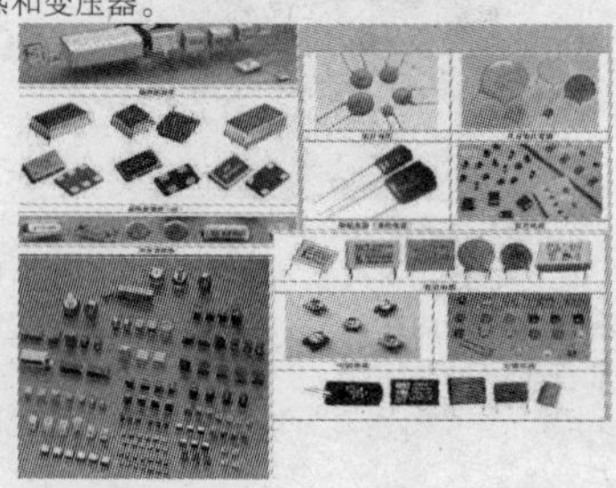

第二步

接下来就是分立无源电路。分立无源电路包括限流网络、分压器、滤波电路、衰减器等等。这些简单的电路就它们本身而言并不是十分有趣，甚至还很枯燥，但它们是更多复杂电路的组成部分。

学习了无源元件和电路之后，就可以继续学习分立有源器件。有源器件是由半导体材料制成的，主要包括二极管（单向电流门）、三极管（电子开关/放大器）和半导体开关元件（只由电控制的开关）。

学习了分立有源器件之后，可接着开始接触分立有源/无源电路。这些电路包括整流器（交流直流转换器）、放大器、振荡器、调制器、混频器和稳压器。从这部分起，电路就开始变得有趣了。

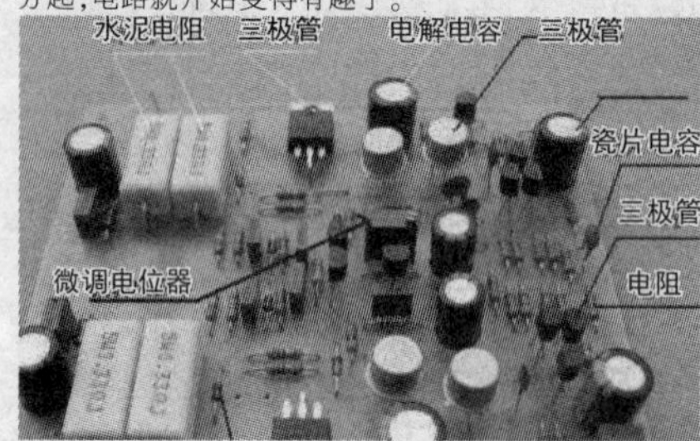

第三步

为了使电路设计者更加方便，生产商设计出了集成电路（IC）。集成电路是把我们前面所提到的这些分立电路做到一小块硅片上。这种芯片通常都封装在塑料里，再通过内部的细小导线连到外部的金属接线端。像放大器和稳压器这类的集成电路被称为模拟设备，这些设备的响应和激励信号是变化的电压（不像数字集成电路，只有两种电压值），熟悉集成电路对每个应用电路设计者来说是必需的。

第四步

接下来是数字电子学。数字电路只有两种电压状态，高电平（一般是5V）、低电平（一般是0V）。只有两种电压状态的原因是便于产生和存储数据（数字、符号、控制信息）。把信息编码成数字电路能够识别的信号，就是用位（0和1两种状态，相当于低电平和高电平）组成字的过程。设计者可针对某一特定电路指定这些"字"所表示的意思。和模拟电子不同的是，数字电子使用一整套新的元件，这些元件的核心部分都是集成的。大量的专用集成电路用在数字电子设备中。这种集成电路有些被设计用于对输入信息进行逻辑操作，有些被设计成用来计数，还有一些被设计成用来存储信息（这些信息以后可以取回再用）。数字集成电路包括逻辑门、触发器、移位寄存器、计数器、存储器、处理器等等。熟悉电路赋予电子小发明电路一个"大脑"。为使数字电路和模拟电路能够相互作用，必须用一种特殊的模-数转换电路来实现将模拟信号转换成由0和1组成的字符串。同样的，数-模转换电路用来将由0和1组成的字符串转换成模拟信号。

通过对电子学的学习，我们将会了解各种输入/输出（I/O）设备。输入设备将声音、光、压力等物理信号转换成电路所需要的电信号。输入设备包括话筒、光电晶体管、开关、键盘、热敏电阻、应变计、发生器和天线。输出设备将电信号转换成物理信号。输出设备包括电灯、LED和LCD显示器、扬声器、蜂鸣器、电动机（直流、伺服、步进）、螺线管和天线。正是这些I/O设备使得人和电路能够互相联系起来。

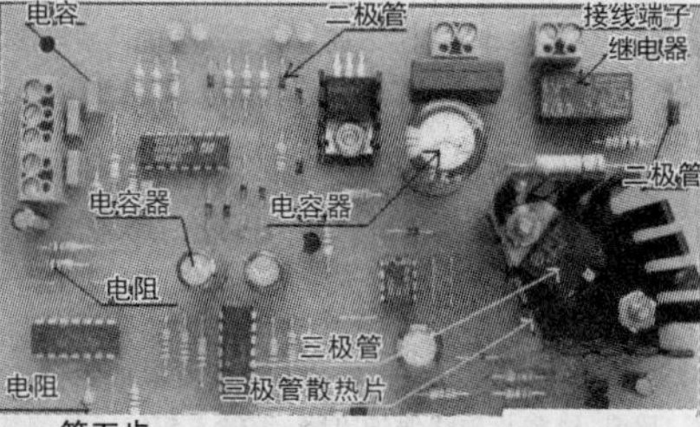

第五步

最后进入了搭建、测试阶段。这包括学会读电路原理图、用实验线路板搭建电路模型、测试电路模型（用万用表、示波器和逻辑笔）、修改电路模型（如果需要的话），最后再使用各种工具和专用电路板制出最终的电路。

◇西南科技大学城市学院 刘光乾

通信有线电视系统电源基础电路(二)

(紧接上期本版)

三、DC-DC电源

1. 3V转+5V、+12V的电路图

重量的目的，故一般常用3~5V作为工作电压，为保证电路工作的稳定性及精度，要求采用稳压电源供电。若电路采用5V工作电压，但另需一个较高的工作电压，这往往使设计者为难。本文介绍一种采用两块升压模块组成的电路可解决这一难题，并且只要两节电池供电。

该电路的特点由电池供电的便携式电子产品一般都采用低电源电压，这样可减少电池数量，达到减小产品尺寸及是外围元件少、尺寸小、重量轻、输出+5V、+12V都是稳定的，满足便携式电子产品的要求。+5V电源可输出60mA，+12V电源最大输出电流为5mA。

该电路如上图所示。它由AH805升压模块及FP106升压模块组成。AH805是一种输入1.2~3V，输出5V的升压模块，在3V供电时可输出 100mA电流。FP106是贴片式升压模块，输入4~6V，输出固定电压为29±1V，输出电流可达40mA，AH805及FP106都是一个电平控制的关闭电源控制端。

两节1.5V碱性电池输出的3V电压输入AH805，AH805输出+5V电压，其一路作5V输出，另一路输入FP106使其产生28~30V电压，经稳压管稳压后输出+12V电压。

从图中可以看出，只要改变稳压管的稳压值，即可获得不同的输出电压，使用十分灵活。FP106的第⑤脚为控制电源关闭端，在关闭电源时，耗电几乎为零，当第⑤脚加高电平》2.5V时，电源导通；当第⑤脚加低电平<0.4V时，电源被关闭。可以用电路来控制或手动控制，若不需控制时，第⑤脚与第 ⑧脚连接。

2. 用MC34063做3.6V电转9V电路图(见图6)

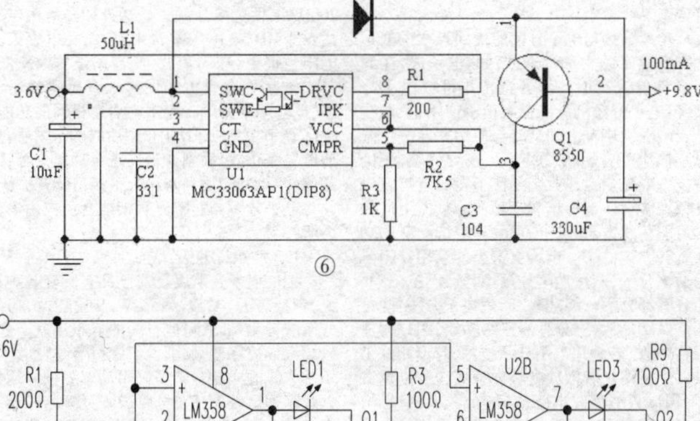

工作状态：

无负载：

输入：3.65V、18uA(相当600mAH的电池待机三年多)

有负载：

输出：9.88V、50.2mA，输入：3.65V、186.7mA，效率为72%

工作原理：

无负载时，IC的 6脚没有电，停止工作，输入端3.65V工作电流只有18uA(相当600mAH的电池待机三年多)！

当有负载时(Q1有Ieb电流)，8550的EC极导通，IC得电工作。

IC是否工作是由是否有负载决定的，就相当一个电池。

用IC做电压转换效率高，输出稳定！

这个电路加点改进，增加功率可以做"不需开关的4.2V转5V移动电源"。可以用个电池盒做手机的后备电源！

我的电感是用0.3mm的线在1cm的工字磁芯上绕约30匝。我觉得这磁芯用得偏大了，他的空间还没有绕上一半。

四、充电电路

1. lm358碱性电池充电器电路图(见图7)

碱性电池能否充电的问题，有两种不同的说法。有的说可以充，效果非常好。有的说绝对不能充，电池说明提示了会有爆炸的危险。事实上，碱性电池确可充电，充电次数一般为30~50次左右。

实际上是由于在充电方法上的掌握，导致了截然不同的两种后果。首先，碱性电池可以充电是毋庸置疑的，同时，在电池的说明中，都提到碱性电池不可充电，充电可能导致爆炸。这也是没错的，但是注意这里的用词是"可能"导致爆炸。你也可以理解为厂家的一种免责性的自我保护声明。碱性电池充电的关键是温度。只要能做到对电池充电时不出现高温，就可以顺利地完成充电过程，正确的充电方法要求有几点：

(1)小电流50MA

(2)不过充1.7V，不过放1.3V

一些人尝试充电实践后，斩钉截铁地说不能充电，之所以出现充不进电、用电时间短、漏液、爆炸等问题，多数是充电器的问题，如果充电器充电电流太大，远超过 50ma，如一些快速充电器充电电流在200ma以上，直接的后果是电池温度很高，摸上去烫手，轻则会漏液，严重的就会爆炸。

有的人使用镍氢充电电池充电器来充，低档的充电器没有自动停充功能，长时间的充电导致电池过充也会出现漏液和爆炸。好一点的充电器有自动停充功能，但停充电压一般设定为镍氢充电电池的1.42V，而碱性电池充满电压约为1.7V。因此，电压太低，感觉上就是充不进电，用电时间短，没什么效果。再有就是电池不过放指的是不要等到电池完全没电再充电，这样操作，再好的电池也就能充三、五次，且效果差。

一般建议用南孚碱性电池电压不低于1.3V。所以，你如果打算对碱性电池充电，必须要有一个合格的充电器，充电电流50ma左右，充电截止电压1.7V左右。看看你家的充电器吧。

市面上有卖碱性电池专用充电器的，所谓专利产品。实际上就是充电电压1.7V电流50ma的简单电路。利用手边现有的零件LM358和TL431，我做了个简单电路，截止电压1.67V自动停充，成本两元而已。供感兴趣的朋友参考。

相关说明：

碱锰充电电池：是在碱性锌锰电池的基础上发展起来的，由于应用了无汞化的锌粉及新型添加剂，故又称为无汞碱锰电池。这种电池在不改变原碱性电池放电特性的同时，又能充电使用几十次到几百次，比较经济实惠。

碱性锌锰电池简称碱锰电池，它是在1882年研制成功，1912年就已开发，到了1949年才投产问世。人们发现，当用KOH电解质溶液代替NH4Cl做电解质时，无论是电解质还是结构上都有较大变化，电池的比能量和放电电流都能得到显著的提高。

它的特点：

(1)开路电压为1.5V；

(2)工作温度范围宽在-20℃~60℃之间，适于高寒地区使用；

(3)大电流连续放电其容量是酸性锌锰电池的5倍左右；

(4)它的低温放电性能也很好。

充电次数在30次以内，一般10-20次，需要特别充电器，极为容易丧失充电能力。

2. 2.75W中功率USB充电器电路图(见图8)

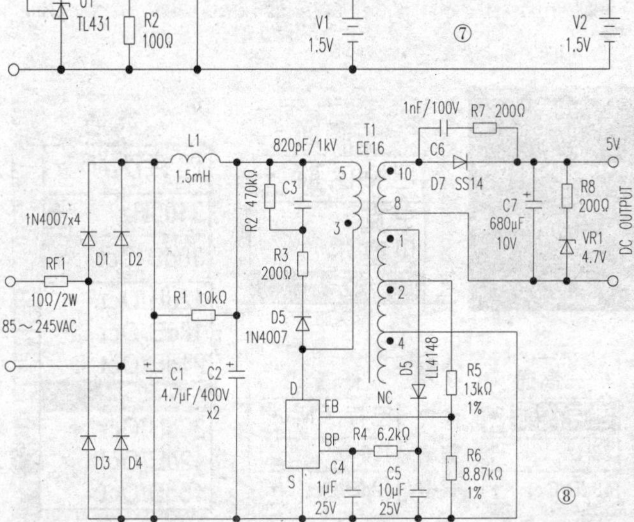

该设计采用了Power Integrations的LinkSwitch系列产品LNK613DG。这种设计非常适合手机或类似的USB充电器应用，包括手机电池充电器、USB 充电器或任何有恒压/恒流特性要求的应用。

在电路中，二极管D1至 D4对AC输入进行整流，电容C1和C2对DC进行滤波。L1、C1和C2组成一个π型滤波器，对差模传导EMI噪声进行衰减。这些与Power Integrations的变压器E-sheild?技术相结合，使本设计能以充足的裕量轻松满足EN55022 B级传导EMI要求，且无需Y电容。防火、可熔、绕线式电阻RF1提供严重故障保护，并可限制启动期间产生的浪涌电流。

图1显示U1通过可选偏置电源实现供电，这样可以将空载功耗降低到40 mW以下。旁路电容C4的值决定电缆压降补偿的数量。1μF的值对应于对一条0.3 Ω、24 AWG USB输出电缆的补偿。(10 μF电容对0.49 Ω、26 AWG USB输出电缆进行补偿。)

在恒压阶段，输出电压通过开关控制进行调节。输出电压通过跳过开关周期得以维持。通过调整使能与禁止周期的比例，可以维持稳压。这也可以使转换器的效率在整个负载范围内得到优化。轻载(涓流充电)条件下，还会降低电流限流点以减小变压器磁通密度，进而降低音频噪音和开关损耗。随着负载电流的增大，电流限流点也将升高，跳过的周期也越来越少。

当不再跳过任何开关周期时(达到最大功率点)，LinkSwitch-II内的控制器将切换到恒流模式。需要进一步提高负载电流时，输出电压将会随之下降。输出电压的下降反映在FB引脚电压上。作为对FB引脚电压下降的响应，开关频率将线性下降，从而实现恒流输出。

D5、R2、R3和C3组成RCD-R箝位电路，用于限制漏感引起的漏极电压尖峰。电阻R3拥有相对较大的值，用于避免漏感引起的漏极电压波形振荡，这样可以防止关断期间的过度振荡，从而降低传导EMI。

二极管D7对次级进行整流，C7对其进行滤波。C6和R7可以共同限制D7上的瞬态电压尖峰，并降低传导及辐射EMI。电阻R8和齐纳二极管 VR1形成一个输出假负载，可以确保空载时的输出电压处于可接受的限制范围内，并确保充电器从AC市电断开时电池不会完全放电。反馈电阻R5和R6设定最大工作频率与恒压阶段的输出电压。

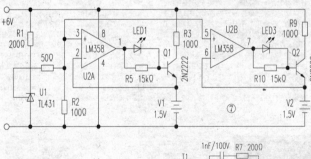

(未完待续)(下转第549页)

◇广东 沙河源

新瓶装旧酒音响发烧系列之一：

电子分频与功率分频相结合打造平价的小旗舰音箱方案(一)

一年一次的发烧音响展在国内各大城市举办,吸引了很多音响发烧友观展,特别是大的展厅多展示大公司的旗舰音响:旗舰音源、旗舰功放、旗舰音箱等,如图1~图5所示,其中图1、图2所示为国外厂商设计音响系统,图3所示为国内澳门一音响公司设计音响系统,图4所示为国内杭州隐士音响公司设计音响系统,图5所示为国内一进口喇叭代理商设计的音箱。音响老烧在这些展厅观摩、交流、学习，多数音响发烧友在家玩小口径低音单元的音箱，在这些展厅大口径单元给观众留下不一样的低频体验。

某些爱乐人士也深有体会，一些很“垃圾”的12寸低音、15寸低音的专业音箱搭配调音台与专业功放,即使在较小音量状态,其音响发出的低频很强劲、舒适,这种低频是可以用身体感受的,8寸低音以下的家用音箱怎么调试也较难发出类似的低频响应。其实很多用户不知,很多专业功放末级都是4-8对大功率对管作电流放大,功放内阻较低;再者专业功放变压器功率较大,大多600瓦-3000瓦;又是大水塘滤波,4-16个10000UF电解,功放能量储备够劲。而家用功放,每声道多使用是1-2对大功率对管作电流放大,配套功放变压器多为100瓦-300瓦，滤波多为2个或4个10000UF电解,若家用功放每声道用到4对大功率对管,一定会在广告中大力宣传:整机用到16只大功率对管,4个10000UF大水塘滤波。就怕客户不知道这些“重料”!但这些用料与专业功放比起来差距还是较大的,其实《电子报》早期也有很多文章对比,通过增加家用功放的变压器功率来摩机，低频的改善是巨大的,比单独增加大容量滤波电容更明显。其实少数高保真专业功放也可用于家庭音乐欣赏,中、高频方面可能比某些家用功放逊色一些,但售价会低很多,性价比较高!

某些发烧友喜欢玩单拿的音箱或者用惠威的“D”系列单元DIY音箱,比如D8、D10、D12等,用家用功放驱动,很多玩了两年都找不到自己满意的低频,不得其解?其实家用低音单元多采用25mm、30mm、35mm的音圈,而单拿、惠威的某些低频单元，多采用45mm、65mm、75mm的音圈,承受功率较大,灵敏度稍低,较“吃”功率,用一般的家用功放肯定推不好,需用4对以上定制的功放驱动或找匹配的专业功放驱动较好。

玩音响如同玩手机不可能一步到位。玩手机刚开始只要能打电话、能发短信即可,后来玩熟悉后又要能上网娱乐、聊天、照像、摄像等等,再玩到一定程度,可能要追求手机的运行速度、摄像头的像素、手机的功能与手感体验等等。玩音响也一样,可能刚开始一对5寸低音的书架箱就可满足要求，到后来一对比发觉玩3分频、多分频音箱更全面一些,再后来追求低频的量感与声场定位、空间感、音乐的感染力等等,玩器材、玩线材、玩电源、玩房间布局等等不亦乐乎。

从一些旗舰音箱的外观可以看出：多采用大口径低音单元、亚铃式布局,这类音箱的特点:具有较好的低频、较宽的声场、较佳的人声定位。作为旗舰音箱,一般厂家在设计与生产方面投资很高,开发费用巨大,特别是箱体外观方面的物料成本有可能比喇叭单元的成本还高,当然传统的旗舰音箱旗售价不平,售价在数万元较少见、售价数十万元是平常事、售价数百万元也不会惊奇。为旗舰音箱配套功放也是一件不易的事，所以某些代理商推荐某些旗舰功放搭配某些旗舰音箱为最佳组合,除商业因素外也是有一定道理的。

很多烧友与我交流，若不考虑房间因素与音箱外观因素，用有限的资金比如数千元或数万元搭配一套稍好的音响系统，包括音源、处理器、功放、音箱几大件,是否可行？可以搞,但困难较多!能否在音箱与功放方面花上数千元、数万元,搞一套平民化的小旗舰音箱,满足自己的“虚荣心”,这也是笔者多年的愿望。经过多年的准备,笔者已搞好部分平价的小旗舰音箱方案,现作一简述,愿与读者交流分享。

功率分频与电子分频的优缺点本报很早就有多篇专题文章讨论过,如《电子报》在二十多年前就有很多作者宣传与推广电子分频,但电子分频仍没能在大范围使用,只能在小众范围发烧友之间交流与使用。若按传统思路搞旗舰音箱,其投资大、较难突破,无论是技术或是资金，业余条件下多数音响发烧友较难实现。部份旗舰音箱在分频器上的物料可能花费数千元、上万元,其就选配套的功放就够你忙的了。市场上销售的家用音箱多用功率分频,若用功率分频:两分频、三分频、四分频都只需一路功放。若用电子分频:两分频需两路功放,三分频需三路功放,四分频需四路功放。若全用电子分频技术,若没测试工具，就多路功放摆放就够你头痛，别说调试了。所以只能另辟小径、综合考虑、系统设计,笔者推荐采用电子分频与功率分频相结合的方法搞2.2音响系统,作为“新瓶装旧酒音响发烧系列之一”科普宣传。谈2.1、5.1、7.1音响系统,很多读者明了,2.2音响系统,即左右两个声道都有1路超低音音箱作补偿,即2个1.1音响系统。

若用功率分频:两分频、三分频、四分频都只需一路功放。若用电子两分频也只需两路功放。业余条件下,这种组合把调试点可降到最少。

比如我们采用DSP分频进行两路分频,联接电脑,分频点可任意设置,如图6、图7、图8、图9所示,还可进行多频点频率均衡,比如Q值可任意设置，即可对某一频段的频率作提升或衰减，比如25HZ-80HZ的频率可作8dB的提升，也可对20HZ-35HZ以下的频率进行切除,以获得较干净的低频。若在70HZ-200HZ采用功率分频，低通分频器所用电感达数十MH,电感成本费用巨大,另电感直流电阻也很大,接入功放,低音扬声器效率低。其实数字均衡也可实现传统音箱内部用电感、电容功率分频与频率均衡之相同的功能,比LC调节更方便。DSP分频后的两路信号:高通信号经功放1后到音箱1,进行功率分频;低通信号经功放2后到音箱2,直接超低音扩音。

电子分频与功率分频相结合可应用多种场所:

1.音响系统升级:

相信很多音响发烧友已拥有一套音响系统,包括音源、功放、音箱等,音质还行,与部分旗舰音箱相比,可能音箱的低频稍差一些,只要我们搞好低频,那我们就可节约发烧。

传统的成品音箱多采用功率分频，两分频音箱销量较大,但3分频或多分频的音箱的声音较全面。为兼顾到中音与低音,一些品牌主流高保真两分频音箱低音单元多以5寸或6寸为主。大多数高保真书架箱可作到100Hz—20KHz，少数5寸书架箱低频下限可达55Hz,少数8寸低音的书架箱低频下限可达45Hz。

(未完待续)(下转第550页)

◇广州 秦福忠

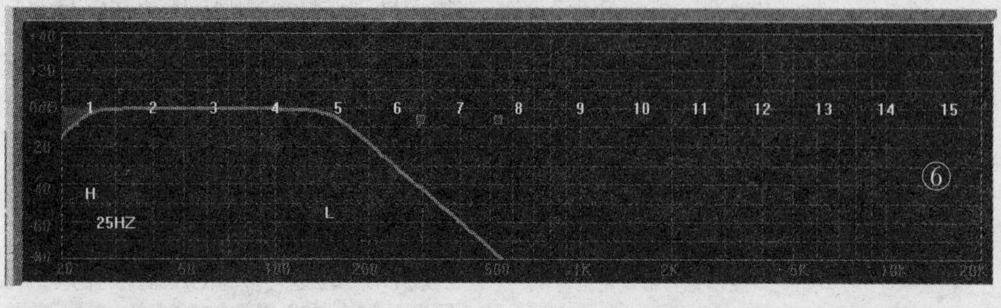

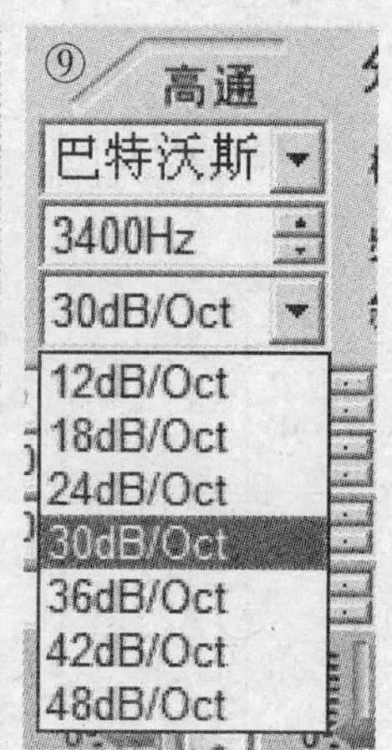

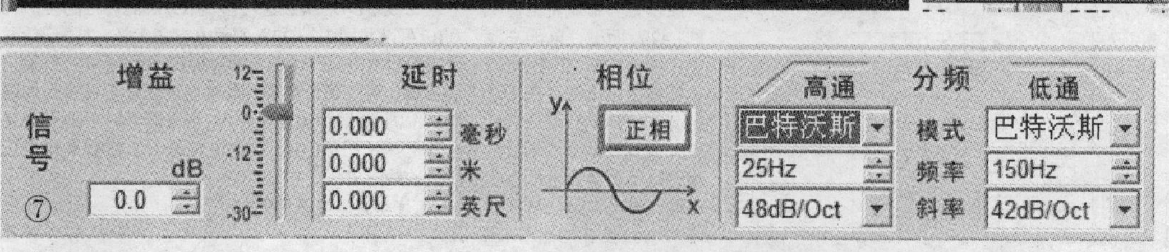

2019年11月10日出版

实用性 启发性 资料性 信息性

第45期

(总第2034期)

国内统一刊号:CN51-0091 定价:1.50元 邮局订阅代号:61-75

地址:(610041)成都市武侯区一环路南三段24号节能大厦4楼 网址:http://www.netdzb.com

让每篇文章都对读者有用

邮局订阅代号:61-75 国内统一刊号:CN51-0091

微信订阅**纸质版**

请直接扫描

邮政二维码

每份1.50元 全年定价78元

四开十二版 每周日出版

扫描添加**电子报微信号**

或在微信订阅号里搜索“电子报”

中国5G大规模商用正式开启

10月31日,在2019年中国国际信息通信展览会上,工信部宣布:5G商用正式启动。同一天,中国移动、中国电信、中国联通三大运营商公布了5G商用套餐,套餐于11月1日正式上线。自此,无论有多少质疑,也不管面临多大挑战,中国的5G时代开启了。

据悉,三大运营商提供的5G基础套餐最低从129元起,最高至869元,套餐中包含移动流量从30GB到300GB不等。看到5G资费,许多网民表示,尽管定价有竞争力,但5G移动服务的价格还是有点太高了。

有业内人士表示,从资费基础内容看,三家运营商资费基本没有差异,但是各家的5G套餐中包含的权益各有差别。以速率作为收费基准的5G套餐,意味着服务的优劣将成为5G时代运营商竞争的关键。有数据显示,截至9月底三家基础电信企业已在全国开通5G基站8万余个,5G预约用户数已经突破1000万。

虽然从目前来看,5G网络建设加速,向以SA为主体的网络过渡,并且随着资费政策的落地,2020年中国5G将迎来全面爆发。但是,对于5G发展,三大运营商都有清醒地认识。中国电信董事长柯瑞文表示,5G商用网络是基础,中国电信正与中国联通推进共建共享,已取得阶段性网络建设进展。不过5G商用仍处于探索阶段,与用户期待、技术进步还有差距,需要产业界共同探索和完善。中国移动董事长杨杰表示,5G成熟需要一个过程,在这个过程中,可能会出现这样或那样的问题,诚恳希望广大客户、社会各界一起努力,使得5G网络越来越好,越来越完善,也希望大家能给予充分的理解与支持。

当然,5G终端也将是一个关键性因素,目前国内已推出了18款5G手机,预计2020年将会有大批价格更低的5G手机上市场。据悉,5G资费套餐发布后,各大手机厂商也都纷纷表态。OPPO官方表态说,5G套餐资费正式推出,意味着5G正式商用。作为终端厂商,OPPO将与网络和资费共振,于12月发布高通双模5G手机,为用户带来更完善的5G体验,加速5G普及。华为、vivo等多家手机厂商表示将会推出更多5G双模手机。而一直在5G手机上“迟缓”的苹果也有动静,据媒体报道称,苹果公司计划在2020年推出3款5G版本的iPhone手机。业界甚至预测,2020年会有1000-2000元的入门级5G手机上市。

显然,2020年将是5G发展最为关键的一年,这一年,5G将逐渐走向成熟并大规模普及。但是这需要运营商、设备厂商、应用企业以及终端厂商共同的努力,才能让5G落地千家万户。

◇林一

康普光缆接头盒为杭黄高铁光纤节点保驾护航

杭黄高铁,作为连接浙江省杭州市与安徽省黄山市的高速铁路,正线全长265公里,项目总投资365.5亿元,于2018年12月25日正式开通运营。高铁运营过程中,稳定的信号控制确保了铁路的安全运行,而旅客良好的上网体验亦得益于通畅的网络。通信网络基础设施供应商康普公司为杭黄铁路沿线的光缆铺设提供直线式凝胶密封接头盒,为铁路的各光缆熔接点提供保护,保证稳定可靠的光纤传输,康普专业的外线部施能力得到了杭黄高铁运营商的认可。

山水万千重,信号控制险中求

杭黄高铁沿线穿越了大量不良地质带、富水破碎带和极高地应力段等区域,并且途径多个隧道和桥梁,复杂的地形和地质条件给高铁施工增加了难度。为保证铁路沿线光纤直放站的信号连接,并兼顾长期的发展需要,在铺设光缆时,稳定可靠的光缆熔接点保护尤为重要。

不同于传统电信运营商的光纤网络架构和施工环境,高铁轨旁光纤沿线设有独立的线缆槽,用于铺设动力线缆、控制信号电缆和通讯光缆。但是,由于线缆槽的内部空间有限,光缆无法在熔接点盘留,因此不能使用帽式光缆接头盒,而必须采用直线式光缆接头盒。

同时,施工队需要在很短时间内完成运营商的光缆铺设和熔接,以便按期进行联调联试,因此前期施工难度大、工期紧。在这个过程中,能否快速简便地实现对光缆熔接的保护是影响施工进度的主要因素。另外,由于后期维护成本高、维护难度较大,产品的稳定性和可靠性也是关键考量因素。一旦产品投入使用后发生信号连通问题,将影响列车的运行和安全。因此,高品质的光缆接头盒是高铁通信信号稳定传输的重要保障。

术业专攻,康普凝胶密封接头盒承担重任

现场施工时,传统型的马蹄胶密封的接头盒安装繁杂。其胶带需要现场铺设,而马蹄胶本身较硬,接头盒密封时均需采用螺栓配合密封,现场安装起来较为耗时。后期维护时,首先开启接头盒需要花费大量时间,再次密封时还需事先清除残留的密封胶条,再更换新的密封胶条。此过程不仅费时费力,如果安装工艺不佳还容易造成事后的漏水现象。

难题当面,服务杭黄高铁的通信运营商采用了康普针对外线网络的直线式凝胶密封接头盒。该接头盒采用具有记忆功能的凝胶作为密封材料,其凝胶非常柔软,只需施加非常小的压力就能改变其形状。凝胶在受到压力后,会均匀地填满整个腔体的空间,从而达到可靠密封的效果。

康普直线式凝胶接头盒的优势可以概括为以下几方面:第一,康普直线式SCIL-B(144芯)和SCIL-C(288芯)光缆接头盒体积小巧,可顺利放置于轨交管线槽中;第二,壳体密封凝胶在工厂预制,无需现场铺设胶条。其采用搭扣式壳体扣紧方式,便于施工人员安装,省时省力;第三,康普直线式凝胶接头盒无需更换凝胶条,即可实现多次重复开启,降低了将来的维护成本;第四,高品质高标准的产品,比如壳体采用100%新料注塑成型、固缆附件采用不锈钢材质,这些特性都有效保证了接头盒的抗冲击性、耐环境性以及光缆的固定稳定,进而保证了列车信号传输的稳定性。

以小见大,轨交应用的理想方案

统计数据显示,康普直线式凝胶接头盒现场安装的时间比传统马蹄胶接头盒缩短15%,重复开启维护效率提高30%。康普直线式凝胶接头盒成功帮助运营商缩短了现场施工和安装的时间,并提升了日常维护的效率。

纵观杭黄铁路的建设和投资,光缆接头盒在整个投资额中占比小,但是提供稳定可靠的光纤节点保护对于整个轨道信号控制和乘客网络使用体验来说至关重要。康普直线式凝胶接头盒尺寸小、质量高、操作方便、安装简单,满足轨交槽道光缆铺设熔接和保护的需求以及高铁轨道网络的设计规范,是轨交应用的理想解决方案。

为了打造优质的外线网络解决方案,运营商不仅要考虑固定资产投入(CAPEX),更要关注将来维护成本(OPEX)的增加。光网络必须具备可靠性高、可升级性好、可维护性强和简单方便等特性,从而有效降低设备日常损耗支出和现场施工人员的培训费用。如今,在全光网络时代,在各种苛刻严酷环境下,如何保证外线设施中光缆的接续保护的稳定和可靠性尤其需要各大网络运营商的考量。

为高铁建设护航,康普助力“中国速度”

自2005年我国第一条高速铁路津京城际铁路开通以来,高铁已然成为中国制造的新名片。十四年间,中国持续对相关技术投入,扩大交通运输系统的建设规模,预计至2025年,高铁线路将再增9,321英里(约1.5万公里)。康普与国内多家运营商展开合作,为多个高铁车站及铁路局中心机房提供无线及有线网络解决方案。

华东四大高铁特等站之一的合肥南站,作为国家级综合交通枢纽,曾面临严峻的网络拥堵问题。而在采用康普新型赋形天线取代原有天线之后,合肥南站于2018年顺利完成了“网络提速工程”,改善了用户网络访问体验。此外,康普公司还参与建设了中国北端某铁路局的站点机房,为其提供新一代光纤总配线架NGF解决方案,解决了原有系统容量不足、责任分工不明和线缆管理困难等问题。

未来,康普将继续通过提供高品质的综合网络连接方案,满足高铁未来的通信发展需求,为“中国速度”保驾护航。

◇陈薇薇

(本文下转第46期2版)

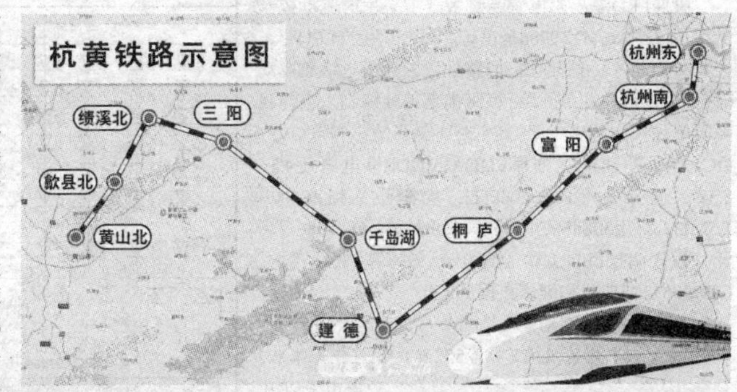

力铭CLV82006.10型IP板电路分析与检修(五)

(紧接上期本版)

(3)过流保护电路

U200的②脚(LI)为灯电流反馈输入端。电流反馈电路由电流互感器T200、D204、D205等元器件组成。电流互感器T200串联在4只高压变压器的初级回路中。当功率放大电路过流时，在T200③-④绕组感应输出取样电压，经D204、D205全波整流后形成电流检测电压，经R227反馈到控制芯片U200的②脚。当该脚电压上升到设定值时，U200内部电路保护，逆变电路停止工作。

MP1038EY的⑭脚(LOK)是该逆变器进入保护状态的信息输出端。该脚输出信号经Q204倒相后从CN402的⑨脚输出送给主板上的CPU，以便CPU在逆变电路出现故障时控制整个液晶电视机进入待机保护状态。正常工作时，⑭脚电压为高电平(约5.9V)；逆变器出现故障时，该脚由高电平变为低电平(0V)。

四、逆变器部分故障检修

1.摘板维修

CLV82006.10型IP板可以单独维修。只要接通电源后副电源即工作，输出+5V待机电压。测量排插CN402的⑦脚输出的5VS电压是否正常，若无电压输出，则可判定副电源存在故障；反之，进行下一步检查。

维修主电源时，需要给排插CN402的①脚(PWR_ON)加上高电平模拟二次开机，可将该脚通过一个2.2kΩ的电阻连接到CN402的⑦脚(5VS)。

维修逆变电路时：需要给排插CN402的⑩脚(BL-ON)加上高电平，该脚通过一个2.2kΩ的电阻连接到CN402的⑦脚，模拟主板发出的背光灯打开控制信号；需要给排插CN402的⑫脚(VPWM)加上2.5~3V的直流电压，如用6.8kΩ电阻与8.2kΩ电阻对+5V分压得到2.8V加到该脚，模拟主板发出的背光亮度控制信号。逆变电路还必须在高压输出端接上假负载，否则，逆变电路将进入保护状态，造成无法对逆变电路进行故障判断和维修。本板逆变电路的假负载可选用150kΩ/10W的水泥电阻。

2.常见故障检修

(1)背光灯始终不亮

检查时首先检查CN400⑩脚(BL-ON端)背光启动电压是否为高电平，⑫脚(VPWM端)的亮度控制信号是否正常。若上述电压异常，应检查主板上的相关控制电路。

如果上述电压正常，故障应在由U200(MP1038EY)组成的振荡、调制电路，或为功率放大电路提供工作电压的电路上。检查U200的工作条件：测⑮、㉒脚的24V供电、⑬脚点灯控制电压、⑪脚亮度调整控制信号是否正常。U200工作条件正常，测量⑰、⑳、㉔、㉗有无激励脉冲输出，如果无输出，查U200的外围元件也无问题，可更换MP1038EY一试。如果上述检查无问题，则重点检查全桥驱动电路和升压变压器是否损坏。

(2)背光灯亮一下就灭

此类故障多是高压变压器、高压输出插座、灯管损坏引起的保护电路动作所致。该IP板逆变电路保护功能比较完善，只要有一路升压变压器输出有问题，或灯管损坏，保护电路就会动作。背光电路过压、高压不平衡、过流保护电路主要对MP1038EY②脚、③脚和⑥脚电压进行控制。开机后在保护前的瞬间，测量背光驱动控制芯片MP1038EY的②脚、③脚和⑥脚电压判断保护电路是否启动。②脚电压正常工作时为1.2V，若远高于此值则判断为过流保护；③脚电压正常工作时为0.4V，大于1V则是过压保护；⑥脚电压正常工作时为0V，大于1V则判断为高压不平衡保护。过流保护多是由升压变压器匝间短路引起的负载电流过大所致，也有部分是输出插座打火引起的保护；过压保护多是高压采样分压电容失效或断裂所致；高压不平衡保护多是某只灯管断裂、灯管插头松脱所致。

确定保护之后，可采取解除保护的方法，开机观察故障现象，测量关键点电压，确定故障部位。对于过压保护电路，断开MP1038EY的③脚与各路保护检测电路的连接电阻R218。对于高压不平衡保护电路，断开MP1038EY的⑥脚与保护检测电路的连接二极管D6。对于过流保护电路，断开MP1038EY的②脚与过流保护检测电路的连接电阻R227。每断一路检测电路，进行一次开机实验。如果断开哪路检测电路后，开机不再保护，灯管正常发光，则是该保护电路引起的保护。如果解除后，开机灯管仍然不亮，则是逆变电路故障；如果个别灯管不亮或亮度不正常，则是该灯管及其高压形成电路的故障。

(全文完)

◇四川 贺学金

康佳KLD+L080E12-01背光灯板原理与维修(一)

康佳部分大屏幕LED液晶彩电采用型号为KLD+L080E12-01的背光板，编号为34007165，版本号为35014746。该板驱动控制电路采用两个OZ9986集成电路，组成两个驱动电路，为12条LED背光灯串供电。主要应用于LED42MS92DC、LED42IS97N、LED37IS95N、LED37MS92C等超薄大屏幕LED液晶彩电型号中。型号为KLD+L075E12-01的背光灯板与该板基本相同，可参照代换维修。

一、背光灯电路工作原理

康佳KLD+L080E12-01背光灯板实物图解见图1所示，电路组成方框图见图2所示，背光灯板的供电电路见图3所示。背光灯板电路图分为两部分，见图4和图5所示。由于大屏幕液晶屏需要点亮的LED灯串达到12条以上，背光灯板采用两个完全相同的LED背光灯驱动电路。每个驱动电路由三部分组成：一是由集成电路OZ9986为核心组成的驱动控制电路；二是由储能电感、MOSFET开关管、续流管、输出电容组成的BOOST结构升压输出电路；三是由三极管、二极管、电感组成BUCK结构的均流控制电路。为12路背光LED灯串提供62.7V，每路110mA均流电流，使LED灯条正常点亮。

1.背光灯驱动电路

1)OZ9986电路简介

康佳LED液晶彩电背光灯板普遍采用的驱动控制电路是OZ9986，OZ9986是美国凹凸公司生产LED背光控制专用芯片，可同时驱动3路独立的升压电路和驱动6路独立的LED灯条回路，每路都是单独控制。当出故障时单独关闭其中一路，其它路不受影响。内置OVP/OCP等保护功能。推荐VDDA、VDDP供电电压4.5~5.5V，运行频率100~200kHz，均衡开关频率300~1.5MHz，采用30脚SSOP和30脚SOP封装。OZ9986采用开关模式调整LED负载上的电流，效率高，性能稳定。OZ9986引脚功能和维修数据见表1。

2)OZ9986引脚功能及维修参考数据

(未完待续)(下转第552页)(表1见下期本版)

◇海南 孙德印

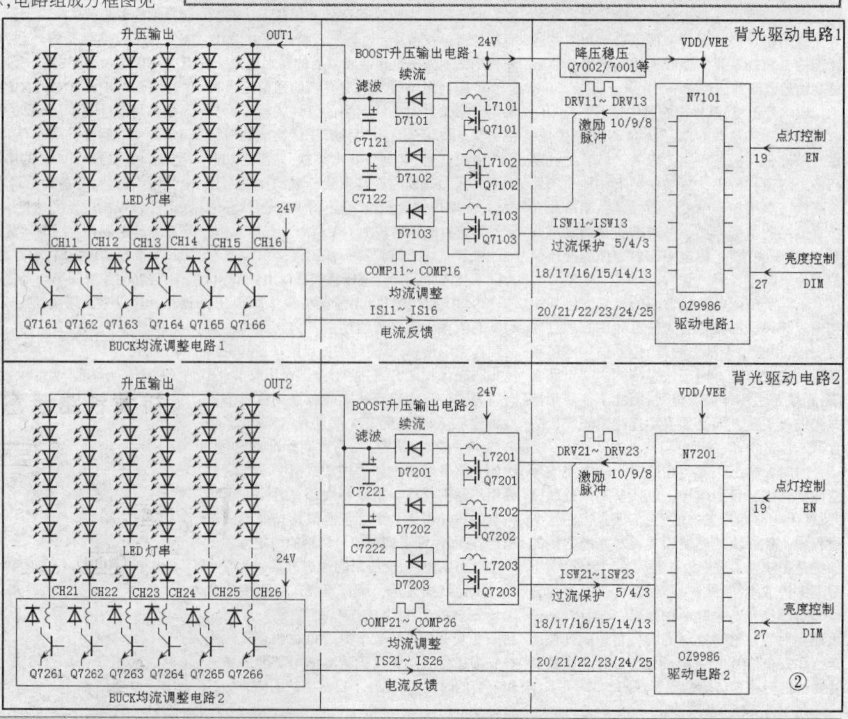

②

Apple Watch实用技巧集锦(一)

一、Watch自建体能训练项目

对于拥有Apple Watch的朋友来说，除了内置的跑步、游戏等体能训练项目之外，有时可能也希望自行新建相关的体能训练项目，该如何操作呢？

方法很简单，在开始体能训练的时候，选择"其他-开放式目标"(如图1所示)，在开放式训练结束之后，在这个界面会有一个设置训练名称的选项，设置之后就可以看到类似于图2所示的效果了。

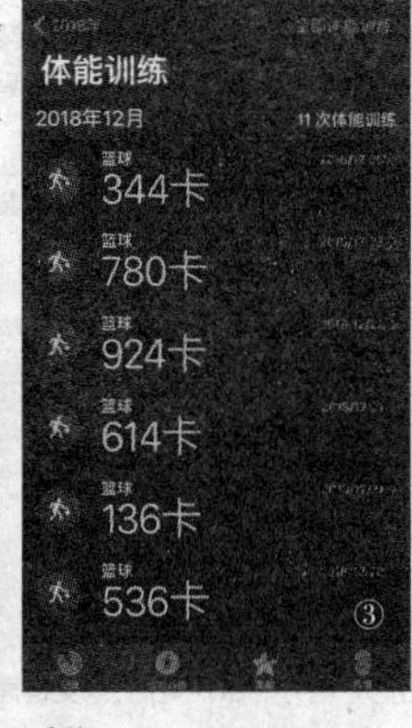

③

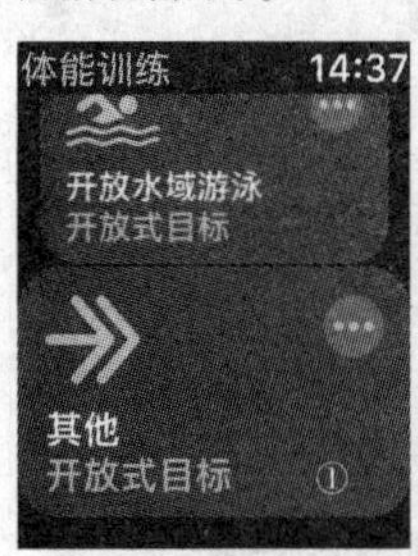

①

二、简单开通Watch的ECG功能

很多朋友都希望开通Apple Watch的ECG功能，但由于国内医疗政策的原因，国行版本的Apple Watch在软件层面被屏蔽了这一功能，有些朋友为此专门申办了香港电话卡或者港澳台流量包，操作相当繁琐……

其实，如果你到港澳边境旅游，并不需要申办香港电话卡或港澳台流量包，在接收到类似于图3所示的信息时，在iPhone进入设置界面，选择"蜂窝移动网络"，点击你的移动号码，进入之后在"网络选择"列表下关闭"自动"，请选择"China Mobile HK"，电信或联通用户请选择相应的网络。接下来的操作就简单多了，依次选择"健康→健康数据→心脏"立即就可以激活ECG功能，效果如图4所示，而且回到内地之后仍然可以正常使用。

当然，成功开通ECG功能之后，仍然请将"网络选项"切换回"自动"。

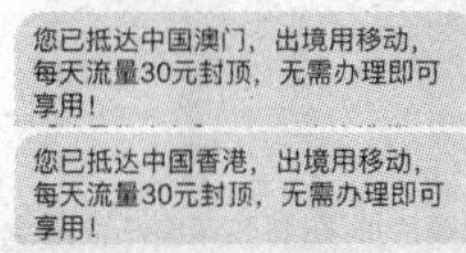

②

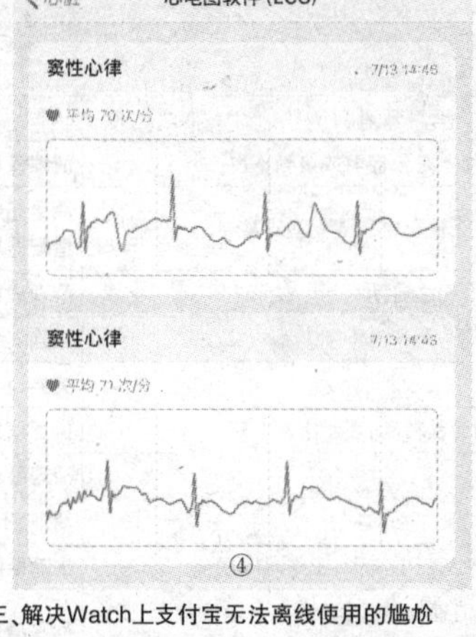

④

三、解决Watch上支付宝无法离线使用的尴尬

在将Watch OS更新至5.2版本之后，有些朋友发现Apple Watch上的支付宝无法离线使用，付款码老是无法正常显示，十分的令人尴尬。我们可以按照下面的步骤进行解决：

在iPhone上打开"支付宝"，切换到"我的"选项卡，单击个人头像右侧的">"按钮，进入"个人信息"界面，在这里可以查看身份认证的相关信息，点击右侧的">"按钮，进入之后点击"身份验证"右侧的">"按钮(如图5所示)，在这里完成包括人脸、银行卡、身份证、户口本在内的全部验证。

中国电信 18:24 100%
返回 身份验证
验证人脸 已验证
验证银行卡 已验证
验证身份证 已验证
验证户口本 未验证 >

⑤

四、让Watch表盘显示自定义时间样式

如果你的Apple Watch支持图文表盘而且已经启用此表盘，那么可以根据自己的喜好对时间样式进行自定义：

打开App Store，搜索并下载"WatchTheTime!"App，注意将其安装到Watch上，然后打开WatchTheTime!，进入自定义界面(customize)，单击"date→format"右侧的">"按钮，进入之后可以选择内置的标准样式，也可以在"custom"小节手工输入自定义的时间格式，例如输入"M月d日E"，按下回车键确认。关闭并退出WatchTheTime!，重新打开，Watch表盘上就会显示图6所示的自定义内容了。

⑥

五、让Watch表盘直接显示海拔高度

如果你的Apple Watch是S3、S4等内建气压计硬件的机型，那么可以让Watch表盘直接显示海拔高度：

在iPhone上打开Watch应用，切换到"App Store"选项卡，搜索并下载"AltiBaroMeter"，完成安装之后即可使用。注意必须在Apple Watch上启用图文表盘，长按表盘界面，直至表盘显示"自定"字样，点击"自定"进入表盘配置界面，点击需要自定义的模块区域，通过滚动表冠将AltiBaroMeter模块添加进来，最后再按下表冠确认返回表盘界面，就可以看到类似于图7所示的海拔高度效果了。

⑦

(未完待续)(下转第553页)

◇江苏 王志军

手把手教你排除HDMI转VGA常见故障

最近几年出产的笔记本、电玩、网络盒子等设备基本都配备了最新的HDMI高清接口，而对于仍然在使用旧电视、投影仪等只带有VGA接口设备的家庭，想要把带有HDMI接口的设备连接到大屏电视机上，只能通过HDMI转VGA这类产品转换了。

但很多人在使用过程中经常会遇到一些问题，比如信号不佳、黑屏、画面断断续续、甚至画面不显示等，本来对这些转换器就不太熟悉，对于出现的问题更无从下手了。这里整理了一份全面的HDMI转VGA使用中常遇到的问题，手把手教你排除HDMI转VGA常见故障。

当使用HDMI转VGA转换器遇到间歇性黑屏、连接断断续续、画面显示不完整等各种问题时，该怎么更好解决呢？

首先，是否因为HDMI转VGA供电不足导致？

大部分情况下，使用HDMI转VGA转换器时出现信号不稳定、间歇性黑屏等，基本都是因为接口供电不足导致的。每个设备对于供电需求不同，所以连接不同设备时有的可能需要连接供电线有的不需要，比如有用户在用绿联HDMI转VGA转换器给家里设备进行转换时，之前用华为盒子连接电视机时是完全没有问题的，画面也很清晰。但后来用笔记本连接时，信号就不太稳定，画面也是断断续续的，连接上供电线后基本就正常了。

除了设备本身，供电不足可能还与转换器VGA端连接的VGA线有关。或许甚少人会去细究，这里简单说明一下，目前市面上有3+4、3+6、3+9多种不同针脚的VGA线。3+N说的是VGA线的芯数(屏蔽不算在内)，3代表红、绿、蓝三色数据线，后面的4/6/9代表的就是线芯数了，一般芯数多的完全可代替芯数少的，当我们连接到VGA转换器上时，芯数少的VGA线也更容易出现供电不够分辨率不够的问题。

所以供电不足有时与所使用的VGA线也是有一定关系的，尽量选择多线芯的VGA线，可以有效保证设备更好的连接。

二、检查接口以及VGA线

有部分人，可能自己家设备接口老化了，或者线(插头)有问题了都不自知，还一个劲的寻求解决方法，有问题时我们尽量先排除最基础的设备自身问题，这是基本思路。

检查电视画面是否切换到HDMI信号源；检查设备接口是否都正常；检查连接线是不是坏的；尝试多次重新插拔线头。

还有一点就是使用VGA线是多长的，一般来说，满足使用的情况下，长度短的线更好，因为达到一定长度时，线越长信号损失越大，所以若是你用太长的VGA线连接，也不排除是VGA线本身导致信号衰减，没能起到良好的信号传输效果，这时直接换一根短线试试。

三、看看设备的分辨率是否调正确

在用HDMI转VGA转换器时，很多人可能会忽略分辨率的问题。一般来说，PS3/PS4的HDMI输出频率都比较高，所以通过HDMI转VGA转换器连接到电视机之后若是出现不间断黑屏，过一会又恢复正常，那也可能是超频了，把输出设备的频率调到电视机支持或更低分辨率即可。

举个例子，笔记本的分辨率是1920×1080，显示器是1280×720，这种情况下，调整分辨率就稳定了。要记得，HDMI端设备的分辨率不能比显示设备的高就是了，不然会造成超频，导致画面显示不稳定或其他无法正常显示的问题。

四、电脑显卡驱动的问题

因为如果电脑显卡驱动不是最新的话，很有可能会识别不了信号，或者出现各种不兼容问题，包括对HDMI转VGA设备的兼容。更新显卡驱动很简单，直接在网上下载驱动人生或驱动小精灵这些驱动，然后自动检测更新就可以了。对于普通用户来说，原本就不怎么熟悉这些转换器，很多时候使用过程一旦出现问题，我们没法用各种解码替换，更没法进行拆解看看是否是里面芯片什么的问题，只能自行通过最基本的方法来逐一排除解决。

以上这些方法是笔者实践中总结的一些小技巧，希望这些简单操作能够帮到大家。

◇江西 谭明裕

美的扫地机器人分析与常见故障检修(二)

(紧接上期本版)

四、常见故障检修

该扫地机器人常见故障现象、故障原因及故障处理方法如附表所示。

序号	故障现象	故障原因	处理方法
1	主机无法充电	主机与充电座的充电极片未充分接触或接触不良	清理极片,确保主机与充电座的充电极片良好对接
		电源适配器故障,充电座无输出电压或电池异常	测量充电座输出电压,确定是电源适配器的故障,还是电池异常。如果是电源适配器异常,需要维修或更换;如果电池异常,则需要更换相同的电池
2	主机工作时边刷不转	边刷被头发等杂物缠绕而无法转动	清理边刷上的杂物
		边刷未按装到位	正确安装边刷,应按照与卡槽对应颜色正确安装
		边刷固定处塑料件破裂	更换边刷
3	主机工作时滚刷不转	关机后用手转动滚刷,若无法转动,表示滚刷卡死	折下滚刷并正确安装
		滚刷被头发或杂物缠绕	清理滚刷上的头发或杂物
		清理长毛地毯时滚刷被卡死	清理,不建议在长毛地毯上使用
4	主机工作时间变短或进入报警状态	尘盒过滤网吸入纸巾导致运行电流大,工作时间短	去除纸巾
		滚刷、边刷长时间缠绕,清理次数少,导致工作电流偏大,工作时间变短	彻底清理边刷、滚刷
		电池深度放电或长期未使用时,其容量可能会减小,导致工作时间变短	参照说明书给出的充电方法激活电池,或更换同规格的新电池
5	吸力不足且噪声大或进入报警状态	吸尘口可能有脏物堵塞或者滚刷两端轴承处缠绕较多的毛发或杂物	清理滚刷吸尘口组件
6	主机工作时不能感知楼梯	防跌落红外发射/接收器脏污	用微湿的眼镜布擦拭发射/接收器
		防跌落红外发射/接收器故障	检修该发射/接收器及相关电路
		该处地面反光强,导致主机判别落差的能力不足	在此放置防护栏,防止主机跌落
7	遥控器失效(有效距离为5m)	遥控器电池电量不足	事项,检查是电池的原因,还是充电器的原因并进行相应的处理
		主机电源开关未接通或主机电池电量不足	确保主机电源开关已接通,并有足够的电量完成操作
		遥控器红外发射或者接收器脏污,无法发射和接收信号	用干净棉布擦拭红外发射器及主机红外接收器
8	突然停机,相应的报警指示灯工作	说明机器被保护的部位发生故障	根据故障代码的含义排除故障

(全文完)

◇内蒙古 孙广杰

锂电池电蚊拍特殊故障检修1例

故障现象:不能充电也不能放电,充电时充电指示灯不亮,放电时电击指示灯也不亮。

分析与检修:通过故障现象分析,怀疑充电电路和电击电路都不工作。为了便于检修,根据实物绘制了电路原理图,如附图所示。

拆开外壳,仔细检查,发现充电指示灯、充放电拨动开关损坏。更换充电指示灯后,拆开拨动开关察看,发现内部簧片严重脏污,用酒精擦净后重新装上,故障依旧。将开关置于充电位置后加电,测充电电路无电压输出,怀疑充电电路有故障。

首先,测105/250V的降压电容正常,在路测桥式整流的4只二极管时,发现一只断路,一只短路,说明这是充电指示灯损坏的原因。换掉损坏的两只二极管,充电指示灯仍不亮,测充电电路仍无输出,怀疑交流供电电路有故障。断电后,用欧姆挡测电蚊拍插头与整流电路间的引线,发现一条线内部断路,怀疑是组装外壳时把导线的线芯夹断了(开始可能还未断,后来彻底断了),换新线后充电指示灯终于亮了,测18650锂电池正、负极间电压约为4V,打开拨动开关,按动微动电击开关,电击指示灯不亮,用螺丝刀插入电击网也无火花产生,估计微动开关有问题。拆下该开关测量,确认它已损坏。但用相同的微动开关更换后,还是不能电击,难道是高压产生电路有问题?正准备把电路板翻过来测量,没想到锂电池掉了出来,上面只连着一根线,发现与负极压接的焊片掉了,将其焊接好后,故障彻底排除。

【提示】这支电蚊拍没有牌子,也没有厂址,属于三无产品。但其外观不错,不强使用的是锂电池,这在市场上还是很少见的。不过,电路板上用料比较马虎,整流二极管像是用的二手货(不同牌子),耐压不够,拨动开关和按键开关质量较差。另外,虽然电路内安装了过压泄放电路,即附图中的MCR100-6及其触发电路,但锂电池没有带保护电路,有可能给用户使用带来安全隐患。

◇福建 蔡文年

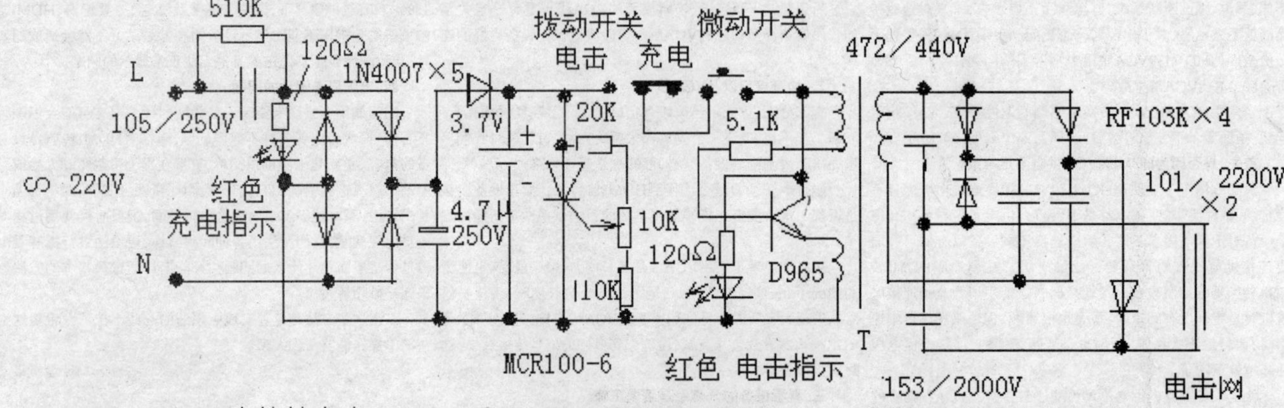

AT89C51单片机的流水灯控制设计

由于程序花样显示比较复杂，所以完全可以通过查表的方式编写程序，简单。如果想显示不同的花样，只需要改写表中的数据即可。流水灯程序：#include “reg51.h”

```
#define uint unsigned int
#define uchar unsigned char
const table={0xfe,0xfd,0xfb,0xf7,0xef,0xdf,0xbf,0x7f};
void delay(uint z) //delay 1ms
{
uint x,y;
for(x=z;x》0;x--)
for(y=124;y》0;y--);
}void main(void)
{
uchar x;
```

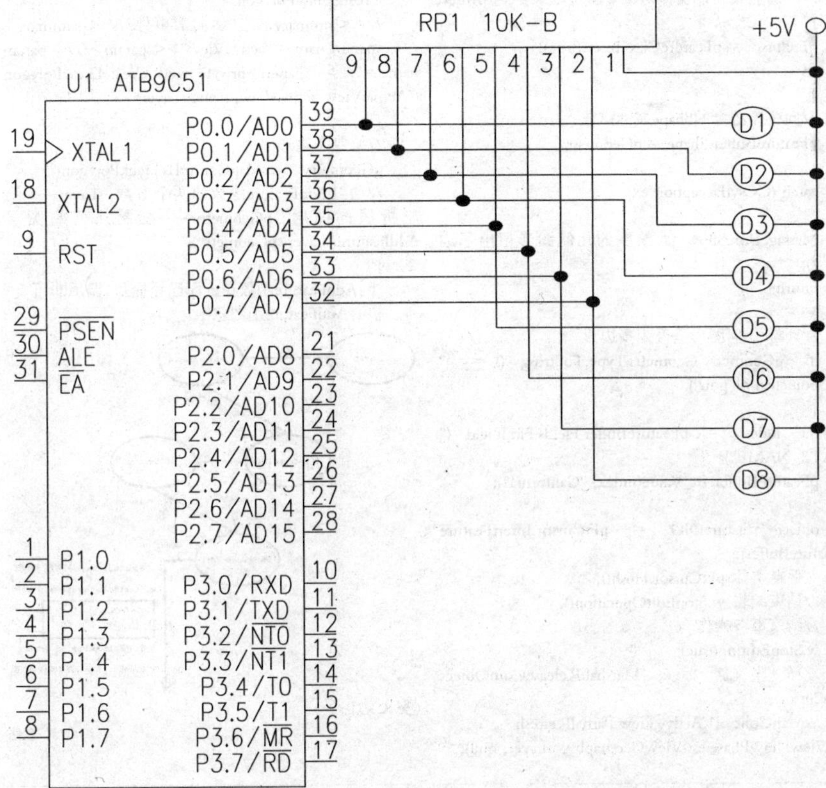

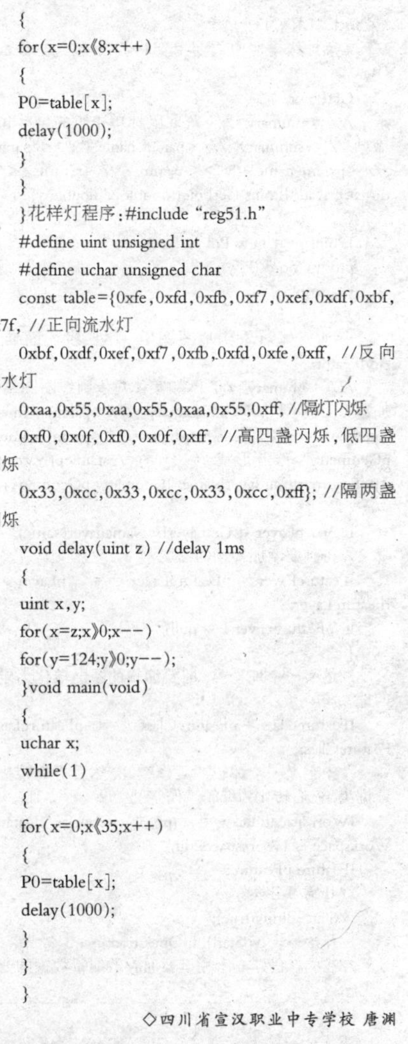

```
while(1)
{
for(x=0;x《8;x++)
{
P0=table[x];
delay(1000);
}
}
}
```

花样灯程序：#include “reg51.h”

```
#define uint unsigned int
#define uchar unsigned char
const table={0xfe,0xfd,0xfb,0xf7,0xef,0xdf,0xbf,0x7f, //正向流水灯
0xbf,0xdf,0xef,0xf7,0xfb,0xfd,0xfe,0xff, //反向流水灯
0xaa,0x55,0xaa,0x55,0xaa,0x55,0xff, //隔灯闪烁
0xf0,0x0f,0xf0,0x0f,0xff, //高四盏闪烁，低四盏闪烁
0x33,0xcc,0x33,0xcc,0x33,0xcc,0xff}; //隔两盏闪烁
void delay(uint z) //delay 1ms
{
uint x,y;
for(x=z;x》0;x--)
for(y=124;y》0;y--);
}void main(void)
{
uchar x;
while(1)
{
for(x=0;x《35;x++)
{
P0=table[x];
delay(1000);
}
}
}
```

◇四川省宣汉职业中专学校 唐渊

AVR单片机isp下载时的常见问题解决

isp进行了简单总结，通过在线编程的方式(高压变换的同时不断复位芯片来实现对芯片的编程)，可以对MCU的flash、eeprom、熔丝位、加密位等进行修改；该下载线支持时钟在8kHz以上，电压在2.7-5.5v之间的AVR单片机；

isp下载出现问题一般是下面几个方面：

在线编程可能出现的问题以及解决办法：

1. AVR工作在低压(1.8~2.7V)时，不能进行在线编程(注意下载线使用的电压范围)；

2. AVR在写熔丝出错后可能导致不能进行ISP编程：

写SPIEN为“1”导致ISP功能关闭；

写RSTDISBL为“0”，复位引脚失效，导致ISP功能失效；

写DWEN为“0”，导致ISP功能失效(针对带debug wire接口的AVR器件)；

写CKSEL熔丝位出错，如接外部晶振，熔丝却选择是外部CLOCK等；

注意，新的AVR里有CKDIV8熔丝位，该位写“0”后，将对系统时钟进行8分频；

3. 在SPI口(MISO,MOSI,SCK)上有滤波电容导致通信信号变形；

4. 有些强制性信号或电平加在SPI接口上，使得信号不正常；

5. 引脚连接不正确，使得不能进行ISP；

6. PC机的并行或串行接口损坏，下载线损坏，芯片型号选择不对等都会引起ISP不正常。

对于atmega64、atmega128，除了以上注意的以外，需要注意这两种芯片有专门的isp下载管脚(串口0)，而不是复用MISO和MOSI，而且要彼此对应对了(这次自己就对应错了，如RXD0其实应对应MOSI)：

对于Atmega 64，Atmega128，除了以上的注意事项外，还要注意以下几点：

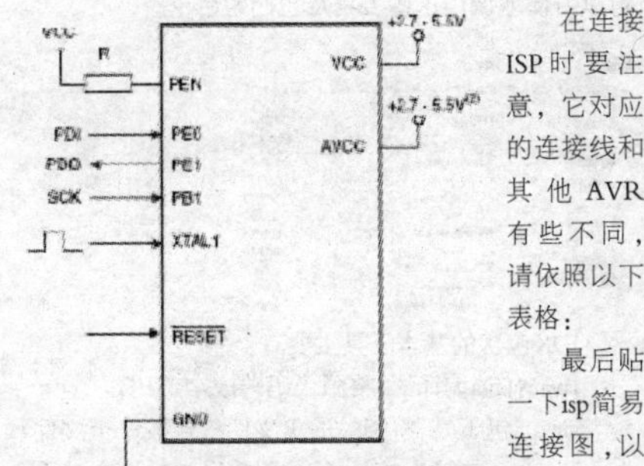

在连接ISP时要注意，它对应的连接线和其他AVR有些不同，请依照以下表格：

最后贴一下isp简易连接图，以供以后参考：

标准ISP接口	Mega64 or mega128	引脚
MOSI	PE0/RXD0/PDI	PIN2
MISO	PE1/TXD0/PDO	PIN3
SCK	PBI/SCK	PIN11

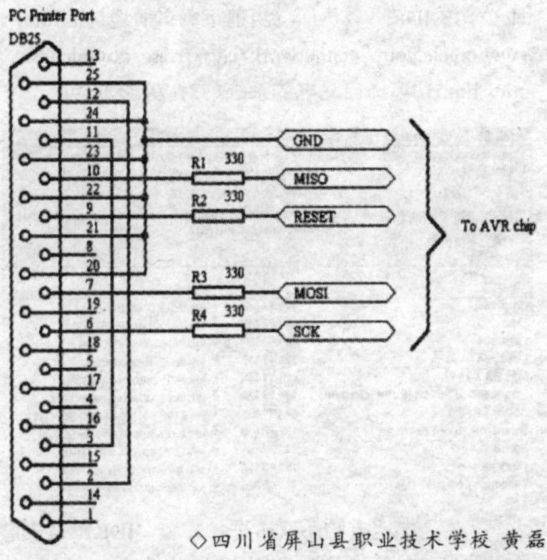

◇四川省屏山县职业技术学校 黄磊

ArcGIS Engine简单图形绘制功能的实现(点、线、面)(二)

(紧接上期本版)

2.添加线事件中需要用到的函数(也包含面面事件)

```
GetPoint
/// <summary>/// 获取鼠标单击时的坐标位置信息/// </summary>/// <param name="x"></param>/// <param name="y"></param>/// <returns></returns>private IPoint GetPoint(double x, double y)
{
IPoint pt = new PointClass();
pt.PutCoords(x, y);
return pt;
}
```

添加实体对象到地图图层(添加线、面要素)AddFeature

```
/// <summary>/// 添加实体对象到地图图层(添加线、面要素)/// </summary>/// <param name="layerName">图层名称</param>/// <param name="pGeometry">绘制形状(线、面)</param>private void AddFeature(string layerName, IGeometry pGeometry)
{
ILayer pLayer = GetLayerByName(layerName);
//得到要添加地物的图层
IFeatureLayer pFeatureLayer = pLayer as IFeatureLayer;
if (pFeatureLayer != null)
{
//定义一个地物类，把要编辑的图层转化为定义的地物类
IFeatureClass pFeatureClass = pFeatureLayer.FeatureClass;
//先定义一个编辑的工作空间，然后将其转化为数据集，最后转化为编辑工作空间
IWorkspaceEdit w = (pFeatureClass as IDataset).Workspace as IWorkspaceEdit;
IFeature pFeature;
//开始事务操作
w.StartEditing(true);
//开始编辑 w.StartEditOperation();
//在内存创建一个用于暂时存放编辑数据的要素(FeatureBuffer)
IFeatureBuffer pFeatureBuffer = pFeatureClass.CreateFeatureBuffer();
//定义游标 IFeatureCursor pFtCursor;
//查找到最后一条记录，游标指向该记录后再进行插入操作
pFtCursor = pFeatureClass.Search(null, true);
pFeature = pFtCursor.NextFeature();
//开始插入新的实体对象(插入对象要使用Insert游标)
pFtCursor = pFeatureClass.Insert(true);
try
{
//向缓存游标的Shape属性赋值
pFeatureBuffer.Shape = pGeometry;
}
catch (COMException ex)
{
MessageBox.Show("绘制的几何图形超出了边界！");
return;
}
//判断:几何图形是否为多边形
if (pGeometry.GeometryType.ToString() == "esriGeometryPolygon")
{
int index = pFeatureBuffer.Fields.FindField("STATE_NAME");
pFeatureBuffer.set_Value(index, "California");
}
object featureOID = pFtCursor.InsertFeature(pFeatureBuffer);
//保存实体 pFtCursor.Flush();
//结束编辑 w.StopEditOperation();
//结束事务操作
w.StopEditing(true);
//释放游标 Marshal.ReleaseComObject(pFtCursor);
axMapControl1.ActiveView.PartialRefresh(esriViewDrawPhase.esriViewGeography, pLayer, null);
}
else
{
MessageBox.Show("未发现" + layerName + "图层");
}
}
```

3.添加面事件中需要用到的函数

```
CreateDrawPolygon
/// <summary>/// 添加面事件/// </summary>/// <param name="activeView"></param>/// <param name="v"></param>private void CreateDrawPolygon(IActiveView activeView, string sLayer)
{
//绘制多边形事件
pGeometry = axMapControl1.TrackPolygon();
//通过AddFeature函数的两个参数，sLayer——绘制折线的图层；pGeometry——绘制几何的图层
AddFeature(sLayer, pGeometry);
}
```

注:AddFeature函数在上面已经提及,调用即可

核心AddFeature函数总结:

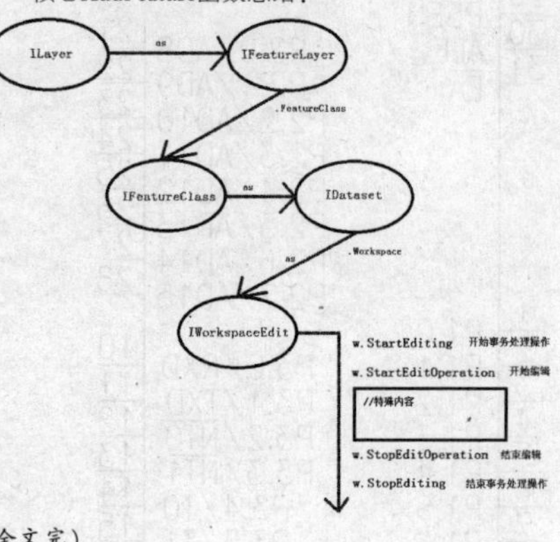

(全文完)

◇刘光乾

Android开发环境搭建五步曲(一)

在windows安装Android的开发环境不简单也说不上算复杂，本文写给第一次想在自己Windows上建立Android开发环境投入Android浪潮的朋友们,为了确保大家能顺利完成开发环境的搭建,文章写的尽量详细,希望对准备进入Android开发的朋友有帮助。

本教程将分为五个步骤来完成Android开发环境的部署:安装JDK、配置Windows上JDK的变量环境、下载安装Eclipse、及为Eclipse安装ADT插件。

一、安装JDK

要下载Oracle公司的JDK可以百度"JDK"进入Oracle公司的JDK下载页面(当前下载页面地址为http://www.oracle.com/technetwork/java/javase/downloads/index.html),选择自己电脑系统的对应版本即可。

Java SE Development Kit 8u20

You must accept the Oracle Binary Code License Agreement for Java SE to download this software.

Thank you for accepting the Oracle Binary Code License Agreement for Java SE; you may now download this software.

Product / File Description	File Size	Download
Linux x86	135.24 MB	jdk-8u20-linux-i586.rpm
Linux x86	154.87 MB	jdk-8u20-linux-i586.tar.gz
Linux x64	135.6 MB	jdk-8u20-linux-x64.rpm
Linux x64	153.42 MB	jdk-8u20-linux-x64.tar.gz
Mac OS X x64	209.11 MB	jdk-8u20-macosx-x64.dmg
Solaris SPARC 64-bit (SVR4 package)	137.02 MB	jdk-8u20-solaris-sparcv9.tar.Z
Solaris SPARC 64-bit	97.09 MB	jdk-8u20-solaris-sparcv9.tar.gz
Solaris x64 (SVR4 package)	137.16 MB	jdk-8u20-solaris-x64.tar.Z
Solaris x64	94.22 MB	jdk-8u20-solaris-x64.tar.gz
Windows x86	161.08 MB	jdk-8u20-windows-i586.exe
Windows x64	173.08 MB	jdk-8u20-windows-x64.exe

下载到本地电脑后双击进行安装。JDK默认安装成功后，会在系统目录下出现两个文件夹，一个代表jdk,一个代表jre。

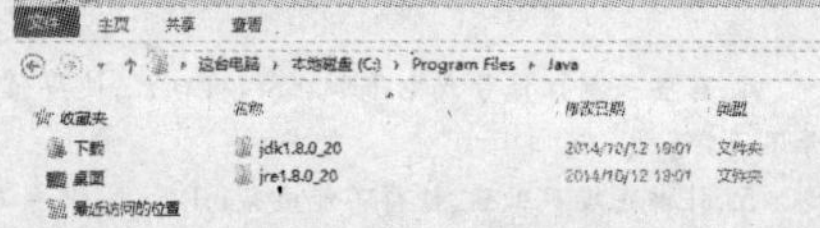

JDK的全称是Java SE Development Kit,也就是Java开发工具箱。SE表示标准版。JDK是Java的核心,包含了Java的运行环境(Java Runtime Environment),一堆Java工具和给开发者开发应用程序时调用的Java类库。

我们可以打开jdk的安装目录下的Bin目录，里面有许多后缀名为exe的可执行程序,这些都是JDK包含的工具。通过第二步讲到的配置JDK的变量环境,我们可以方便地调用这些工具及它们的命令。

JDK包含的基本工具主要有:

javac:Java编译器,将源代码转成字节码。

jar:打包工具,将相关的类文件打包成一个文件。

javadoc:文档生成器,从源码注释中提取文档。

jdb:debugger,调试查错工具。

java:运行编译后的java程序。

二、配置Windows上JDK的变量环境

很多刚学java开发的人按照网上的教程可以很轻松配置好Windows上JDK的变量环境,但是为什么要这么配置并没有多想。

我们平时打开一个应用程序，一般是通过桌面的应用程序图标双击或单击系统开始菜单中应用程序的菜单链接，无论是桌面的快捷图标还是菜单链接都包含了应用程序的安装位置信息，打开它们的时候系统会按照这些位置信息找到安装目录然后启动程序。

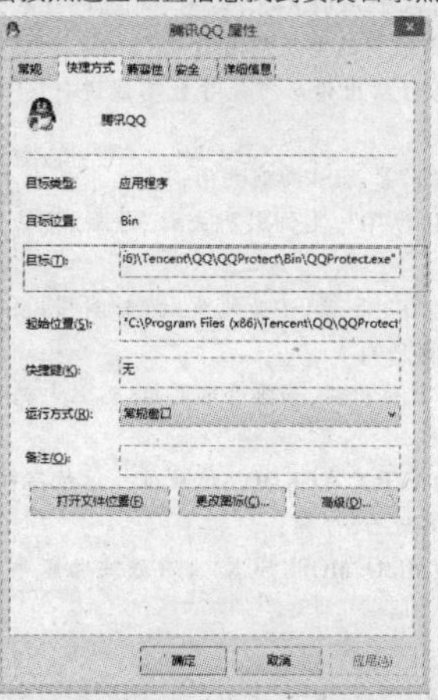

(未完待续)

(下转第556页)

◇艾克

技术商榷

谈谈节电改造中的损耗及费用计算

拜读了《电子报》今年第43期第8版的"工厂生活区低配线路改造"一文，笔者根据手头的资料，整理出一些节电计算公式以方便大家使用，并提出了原文中存在的几点疑问。

1.变压器功率损耗计算

变压器空载有功功率损耗 P_0(kW)、变压器负载有功损耗 P_k(kW)，变压器空载电流百分数 $I_0\%$，变压器额定短路阻抗百分数 $u_k\%$，这四个参数通常可在变压器的铭牌或样本中查到。若变压器的额定容量为 S_{rT}，则有：

(1) 额定空载无功损耗 Q_0 计算式：$Q_0\approx\frac{I_0\%}{100}\times S_{rT}$ kVar

(2) 额定负载无功损耗 Q_k 计算式：$Q_k\approx\frac{u_k\%}{100}\times S_{rT}$ kVar

(3)有功损耗 ΔP 计算式为：$\Delta P=P_0+\beta^2\times P_k$kW

(4)无功损耗 ΔQ 计算式为：$\Delta Q=Q_0+\beta^2\times Q_k=\frac{I_0\%}{100}\times S_{rT}+\beta^2\times\frac{u_k\%}{100}\times S_{rT}$kW

(5)计算负荷下变压器综合有功损耗计算式为：

$$\Sigma P=P_0+\beta^2\times P_k+K_Q\times Q_0+K_Q\times\beta^2\times Q_k=P_0+K_Q\times\frac{I_0\%}{100}\times S_{rT}+\beta^2\left(P_k+K_Q\times\frac{u_k\%}{100}\times S_{rT}\right)$$

式中：

β 为变压器负载率，$\beta=\frac{P_2}{S_{rT}\times\cos\theta_2}=\frac{I_2}{I_{2rT}}$，即变压器二次侧负载电流与额定电流比值。

K_Q为无功经济当量，单位为 kW/kVar。根据 DL/T 985-2012《配电变压器能效技术经济评价导则》，一般35kV 配电变压器的取值范围为 $0.02\leq K_Q\leq0.05$，10kV 配电变压器的取值范围为 $0.05\leq K_Q\leq0.1$。

2.提高功率因数与节电

功率因数的提高减少了无功电流，因而减少了线路及变压器的电流，从而减小了电压降。由于提高了功率因数，供给同一负荷功率所需的视在功率及负荷电流均减少，减小了线路的截面及变压器的容量，节约设备投资。

(1)提高功率因数可减少线路损耗。如果输电线路导线每相电阻为 R(Ω)，则三相输电线路的功率损耗为：

$$\Delta P=3\times I^2\times R\times10^{-3}=\frac{P^2\times R}{U^2\times\cos^2\varphi}\times10^3\text{kW}$$

式中 ΔP 为三相输电线路的功率损耗，单位为 kW

R 为输电线路导线每相电阻，单位为 Ω。20℃时导体电阻系数铜为 0.01724 Ωmm²/m，铝为 0.02826Ωmm²/m；电阻温度系数铜为 0.00393/℃，铝为 0.00403/℃。

U 为线电压，单位为 V。

I 为线电流，单位为 A。

在线路电压 U 和有功功率 P 不变的情况下，改善前的功率因数为 $\cos\varphi_1$，改善后的功率因数为 $\cos\varphi_2$，则三相回路减少的功率损耗可按下式计算：

$$\Delta\Delta P=\left(\frac{P}{U}\right)^2\times R\times\left(\frac{1}{\cos^2\varphi_1}-\frac{1}{\cos^2\varphi_2}\right)\times10^3\text{kW}$$

(2)提高功率因数可以减少变压器的铜损。变压器的损耗主要有铁损和铜损。如果提高变压器二次侧的功率因数，可使总的负荷电流减少，从而减少铜损。提高功率因数后，变压器节约的有功功率 ΔP_T和节约的无功功率 ΔQ_T的计算公式为：

$$\Delta P_T=\left(\frac{P_2}{S_{rT}}\right)^2\times\left(\frac{1}{\cos^2\varphi_1}-\frac{1}{\cos^2\varphi_2}\right)\times P_k\text{kW}$$

$$\Delta Q_T=\left(\frac{P_2}{S_{rT}}\right)^2\times\left(\frac{1}{\cos^2\varphi_1}-\frac{1}{\cos^2\varphi_2}\right)\times Q_k\text{kVar}$$

式中：

ΔP_T为变压器的有功功率节约值，单位为 kW。

ΔQ_T为变压器的无功功率节约值，单位为 kVar。

P_2 为变压器负荷侧输出功率，单位为 kW。

S_{rT}为变压器额定容量，单位 kVA。

$\cos\varphi_1$为变压器原负荷功率因数。

$\cos\varphi_2$为提高功率因数后变压器负荷功率因数。

P_k为变压器额定负荷时的有功功率损耗，单位为 kW。

Q_k为变压器额定负荷时的无功功率损耗，单位为 kVar。

3.变压器电能损耗计算

综合电能损耗计算式为：

$$W_P=H_{Py}\times\left(P_0+K_Q\times\frac{I_0\%}{100}\times S_{rT}\right)+\tau\times\beta^2\times\left(P_k+K_Q\times\frac{u_k\%}{100}\times S_{rT}\right)\text{kWh}$$

式中：

W_P为变压器年综合电能损耗，单位为 kWh

H_{Py}为变压器带电小时数，单位为 h，通常取 8760h。

τ 为变压器年最大负载损耗小时数，单位为 h，生活用电可取值范围：774h~1874h。

4.不同负荷率下变压器年运行费用

(1)采用一部电价

$$C_n=W_P\times E_e=P_0+K_Q\times\frac{I_0\%}{100}\times S_{rT}+\tau\times\beta^2\times\left(P_k+K_Q\times\frac{u_k\%}{100}\times S_{rT}\right)]\times E_e$$

(2)采用两部电价

$$C_n=W_P\times E_e=P_0+K_Q\times\frac{I_0\%}{100}\times S_{rT}+\tau\times\beta^2\times\left(P_k+K_Q\times\frac{u_k\%}{100}\times S_{rT}\right)]\times E_e+12E_d\times S_{rT}$$

式中：

C_n为变压器年运行费用，单位元。

E_e为企业支付的单位电量电费，单位元/kWh。

E_d为企业支付的单位容量电费，单位元/kVA。

5.年电能消耗量计算

(1)用年最大负荷利用小时计算：$W_y=P_c\times T_{max}$；$V_y=Q_c\times T_{max.r}$

(2)用年平均负荷计算：$W_y=\alpha_{av}\times P_c\times8760$；$V_y=\beta_{av}\times Q_c\times8760$

式中：

W_y为年有功电能消耗量，单位 kWh。

V_y为年无功电能消耗量，单位 kVarh。

Pc 为有功计算功率，单位 kW。

Qc 为无功计算功率，单位 kVar。

T_{max}为年最大有功负荷利用小时数，单位 h。

$T_{max.r}$为年最大无功负荷利用小时数，单位 h，缺乏数据时可取稍高或等于 T_{max}

α_{av}为年平均有功负荷系数。

β_{av}为年平均无功负荷系数。

6.原文中几点疑问

原文在计算线路损耗时，改造前后的线路电阻相同。若改造后采用相同截面的铜芯电缆，则电阻值应是原线路的 0.61 倍。若改用铝芯电缆，则由于线、缆的区别及敷设方法等环境因素的变化也应该考虑选择截面时校正系数。还有原文中在计算变压器损耗时，忽略了变压器的无功功率损耗。

另外，可计算两台变压器是否符合经济运行的条件，若符合可考虑放弃一用一备，两台同时投用，分列运行。其计算式为：$S_{JP}=S_{rT}\times\sqrt{2\times\frac{P_0+K_Q\times Q_0}{P_k+K_Q\times Q_k}}$，式中 K_Q可取 0.1。

由于原文中每一条架空线的截面面积和长度均没有说明清楚，且给出的电流值是最大负荷电流还是平均负荷电流，以及时间值是最大负荷利用小时数还是最大负荷损耗小时数等都未作说明，故这里不便进行计算。

在进行节电改造预算时，除了要计算改造后减少损耗所获得的节电及降低维护费用的收益外，还应考虑改造所投入的费用，如购买电线电缆的材料费、安装人工费等。另外，更换下来旧物料的残值等，也应加以综合考虑，并给出一个明确的回收年限。

◇江苏 键谈

教学教法

电感型镇流器日光灯电路的解题方法(一)

R-L 串联电路的分析与计算是中等职业学校加工制造类、交通运输类及信息技术类等大类专业中涉电专业的核心课程《电工电子技术与技能》《电工技术基础与技能》中必须掌握的主要内容。由于电感型镇流器日光灯电路(见图 1)的典型性，下面以该电路为例，结合教学对 R-L 串联电路的特点及应用作一归纳总结。

电感型镇流器日光灯的灯管可视为电阻元件。由图 1 可知，它就是典型的 R-L 串联电路，等效电路如图 2 所示。图中 L_1 为镇流器等效电感，R_1 为镇流器直流电阻，R_2 为灯管等效电阻。

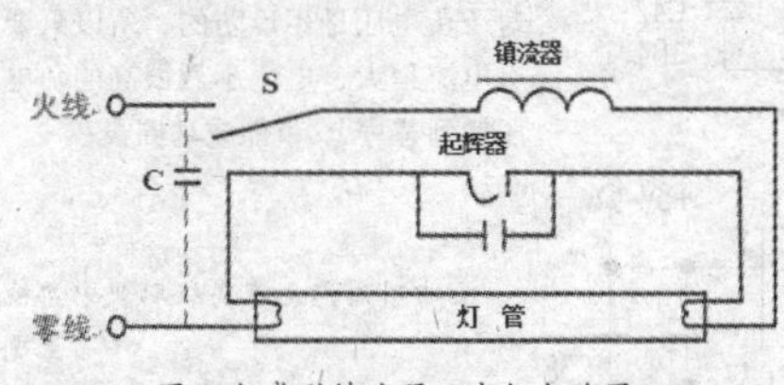

图 1 电感型镇流器日光灯电路图

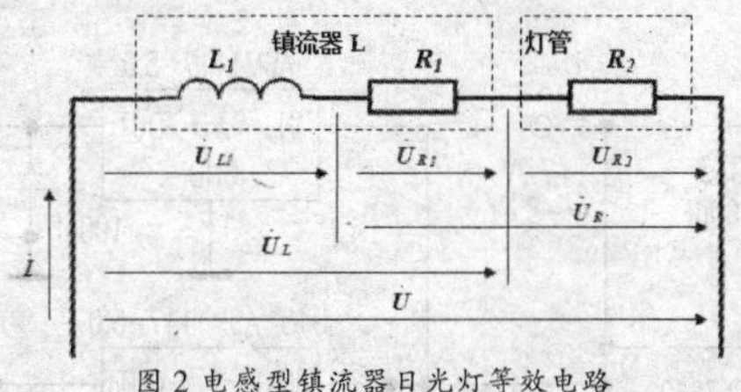

图 2 电感型镇流器日光灯等效电路

【例】一功率 P=40W 的日光灯(带电感镇流器)接在电压 U=220V、频率 f=50Hz 的正弦交流电源上，如图 1、2 所示，测得灯管两端的电压 U_{R2}=100V，镇流器两端的电压 U_L=170V。试求：(1)通过日光灯的电流 I；(2)灯管的等效电阻 R_2；(3)镇流器的直流电阻 R_1；(4)镇流器的等效电感 L_1；(5)电路的功率因数 cosφ；(6)镇流器的功率因数 $\cos\varphi_1$。

【分析】由于日光灯电路属于 R-L 串联电路，所以电压与电流之间存在相位差，且电压超前电流 φ。因此，在分析它们的数值关系时要运用矢量合成法则进行运算，即首先根据题意画出电压、电流相量图(电压三角形)，然后利用勾股定理或余弦定理等方法求解，本例的电压、电流相量图如图 3 所示。

(1)通过日光灯的电流 I

$$I=\frac{P}{U_{R2}}=\frac{40}{100}=0.4(\text{A})$$

(2)灯管的等效电阻 R_2

$$R_2=\frac{U_{R2}}{I}=\frac{100}{0.4}=250(\Omega)$$

或 $R_2=\frac{U_{R2}^2}{P}=\frac{100^2}{40}=250(\Omega)$

或 $R_2=\frac{P}{I^2}=\frac{40}{0.4^2}=250(\Omega)$

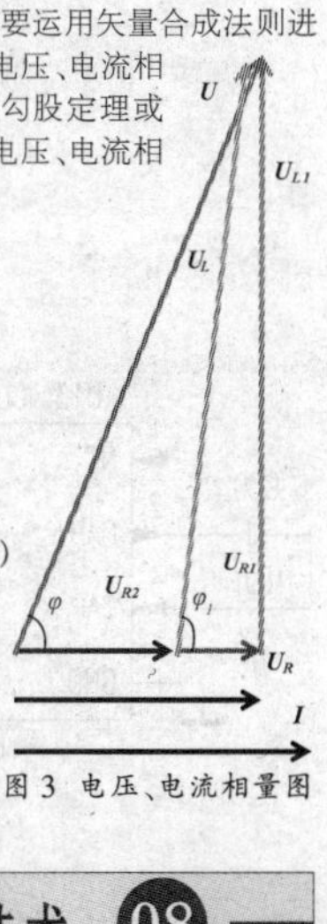

图 3 电压、电流相量图

(未完待续)(下转第 557 页)

◇福建省上杭职业中专学校 吴永康

负电压的产生电路图原理

在电子电路中我们常常需要使用负电压，比如说我们在使用运放的时候常常需要建立一个负电压。本文就简单的以正5V电压到负电压5V为例说一下它的电路。

通常需要使用负电压时一般会选择使用专用的负压产生芯片，但这些芯片都比较贵，比如ICL7600，LT1054等。差点忘了MC34063了，这个芯片使用的最多了，关于34063的负压产生电路这里不说了，在datasheet中有的。下面请看我们在单片机电子电路中常用的两种负电压产生电路。

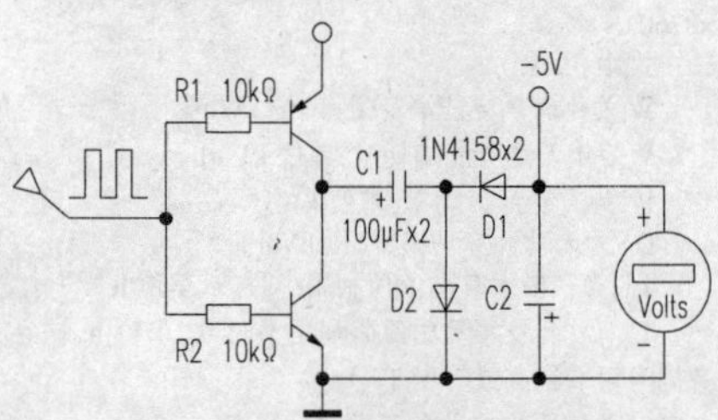

现在的单片机有很多都带有了PWM输出，在使用单片机的时候PWM很多时候是没有用到的，用它辅助产生负压是不错的选择。

上面的电路是一个最简单的负压产生电路了。使用的原件是最少的了，只需要给它提供1kHz左右的方波就可以了，相当简单。这里需要注意这个电路的带负载能力是很弱的，同时在加上负载后电压的降落也比较大。

由于上面的原因产生了下面的这个电路：

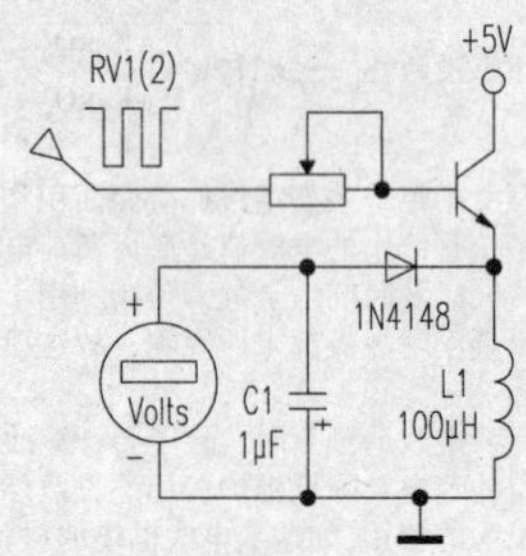

负电压产生电路分析

电压的定义：电压（voltage），也称作电势差或电位差，是衡量单位电荷在静电场中由于电势不同所产生的能量差的物理量。其大小等于单位正电荷因受电场力作用从A点移动到B点所做的功，电压的方向规定为从高电位指向低电位的方向。

说白了就是：某个点的电压就是相对于一个参考点的电势之间的差值。V某=E某-E参。一般把供电电源负极当作参考点。电源电压就是Vcc=E电源正-E电源负。

想产生负电压，就让它相对于电源负极的电势更低即可。要想更低，必须有另一个电源的介入，根本原理都是利用两个电源的串联。电源2正极串联在参考电源1的负极后，电源2负极就是负电压了。

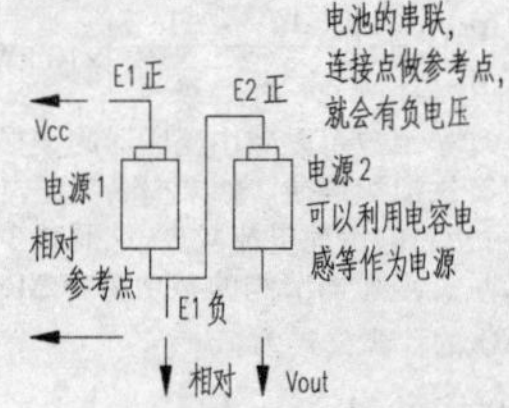

一个负电压产生电路：利用电容充电等效出一个新电源，电容串联在GND后，等效为电源2，则产生负电压。

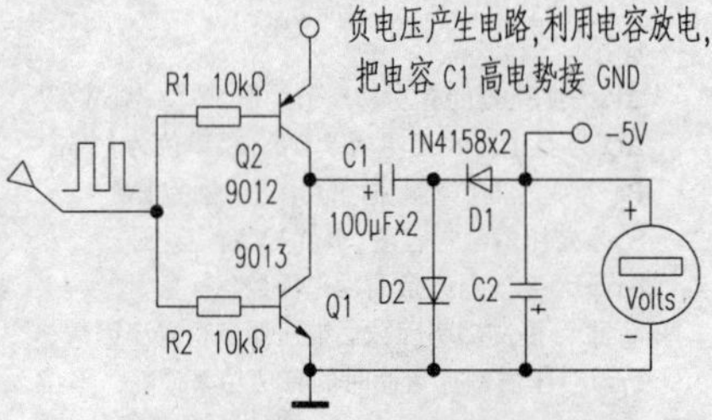

1.电容充电：当PWM为低电平时，Q2打开，Q1关闭，VCC通过Q2给C1充电，充电回路是VCC-Q2-C1-D2-GND，C1上左正右负。

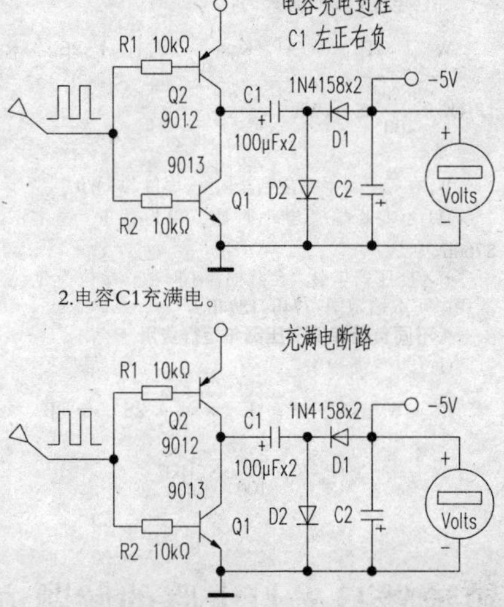

2.电容C1充满电。

3. 电容C1作为电源，C1高电势极串联在参考点。C1放电，从C2续流，产生负电压。

当PWM为低电平时，Q2关闭，Q1打开，C1开始放电，放电回路是C1-C2-D1，这实际上也是对C2进行充电的过程。C2充好电后，下正上负，如果VCC的电势为5点几伏，就可以输出-5V的电压了。

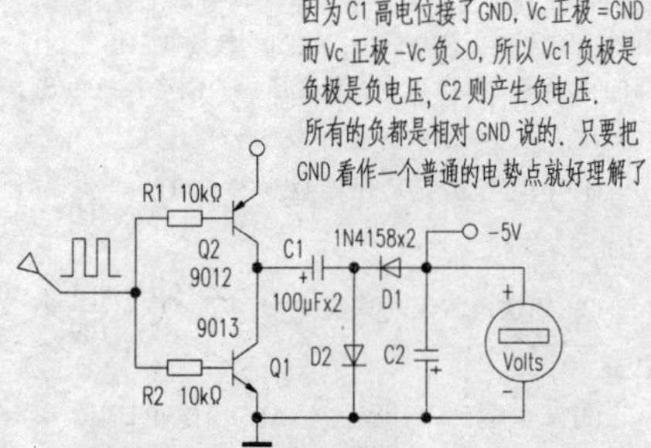

产生负电压(-5V)的方案

7660和MAX232输出能力有限，做示波器带高速运放很吃力，所以也得用4片并联的方式扩流。

第一版是7660两片并联的。

用普通的DC/DC芯片都可以产生负电压，且电压精确度同正电压一样，驱动能力也很强，可以达到300mA以上。

一般的开关电源芯片都能产生负电压，实在不行用开关电源输出的PWM去推电荷泵，也可以产生较大的电流，成本也很低，不知纹波要求多少，电荷泵用LC滤波之后纹波相当小的。7660是电荷泵，所以电流很小。

整个示波器的设计，数字电源的+5V和模拟电源的+5V是分开供电的，但是数字地和模拟地应该怎么处理呢?

数字地和模拟地是一定要连在一起的，不然电路没法工作。

数字部分的地返回电流不能流过模拟部分地，两个地应该在稳定的地参考点连在一起。

负电压的意义

1. 人为规定。例如电话系统里是用-48V来供电的，这样可以避免电话线被电化学腐蚀。当然了，反着接电话也是可以工作的，无非是电压参考点变动而已。

2.通讯接口需要。例如RS232接口，就必须用到负电压。-3V~-15V表示1，+3~+15V表示0。这个是当初设计通讯接口时的协议，只能遵守咯。PS:MAX232之类的接口芯片自带电荷泵，可以自己产生负电压。

3.为(非轨到轨)运放提供电源轨。老式的运放是没有轨到轨输入/输出能力的，例如OP07，输入电压范围总是比电源电压范围分别小1V，输出分别小2V。这样如果VEE用0V，那么输入端电压必须超过1V，输出电压不会低于2V。这样的话可能会不满足某些电路的设计要求。为了能在接近0V的输入/输出条件下工作，就需要给运放提供负电压，例如-5V，这样才能使运放在0V附近正常工作。不过随着轨到轨运放的普及，这种情况也越来越少见了。

4.这个比较有中国特色，自毁电路。一般来说芯片内部的保护电路对于负电压是不设防的，所以只要有电流稍大，电压不用很高的负电压加到芯片上，就能成功摧毁芯片。

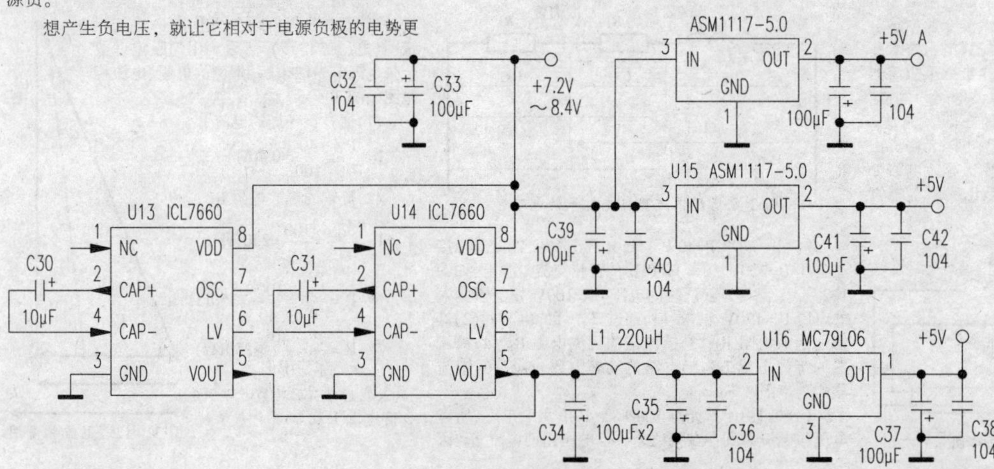

◇四川省广元市高级职业中学校 兰虎

编辑：春 魏 投稿邮箱：dzbnew@163.com

通信有线电视系统电源基础电路（三）

（紧接上期本版）

五、恒流源

1. 浅谈如何设计三线制恒流源驱动电路

恒流源驱动电路负责驱动温度传感器Pt1000，将其感知的随温度变化的电阻信号转换成可测量的电压信号。本系统中，所需恒流源要具有输出电流恒定，温度稳定性好，输出电阻很大，输出电流小于0.5 mA（Pt1000无自热效应的上限），负载一端接地，输出电流极性可改变等特点。

由于温度对集成运放参数影响不如对晶体管或场效应管参数影响显著，由集成运放构成的恒流源具有稳定性更好、恒流性能更高的优点。尤其在负载一端需要接地的场合，获得了广泛应用。所以采用图2所示的双运放恒流源。其中放大器UA1构成加法器，UA2构成跟随器，UA1、UA2均选用低噪声、低失调、高开环增益双极性运算放大器OP07。

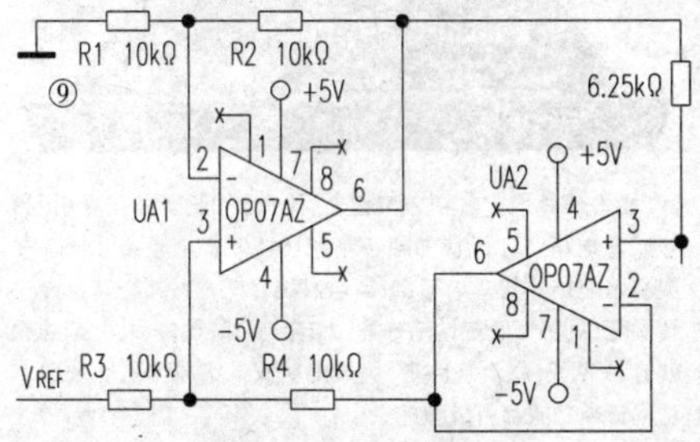

设图2中参考电阻Rref上下两端的电位分别Va和Vb，Va即为同相加法器UA1的输出，当取电阻R1=R2，R3=R4时，则Va=VREFx+Vb，故恒流源的输出电流就为：

由此可见该双运放恒流源具有以下显著特点：

1）负载可接地；2）当运放为双电源供电时，输出电流为双极性；3）恒定电流大小通过改变输入参考基准VREF或调整参考电阻Rref0的大小来实现，很容易得到稳定的小电流和补偿校准。

由于电阻的失配，参考电阻Rref0的两端电压将会受到其驱动负载的端电压Vb的影响。同时由于是恒流源，Vb肯定会随负载的变化而变化，从而就会影响恒流源的稳定性。显然这对高精度的恒流源是不能接受的。所以R1，R2，R3，R4这4个电阻的选取原则是失配要尽量的小，且每对电阻的失配大小方向要一致。实际中，可以对大量同一批次的精密电阻进行筛选，选出其中阻值接近的4个电阻。

2. 开关电源式高耐压恒流源电路图

研制仪器需要一个能在0到3兆欧姆电阻上产生1MA电流的恒流源，用UC3845结合12V蓄电池设计了一个，变压器采用彩色电视机高压包，其中L1用漆包线在原高压包磁心上绕24匝，L3借助原来高压包的一个线圈，L2借助高压包的高压部分。L3和LM393构成限压电路，限制输出电压过高，调节R10 可以调节开路输出电压。

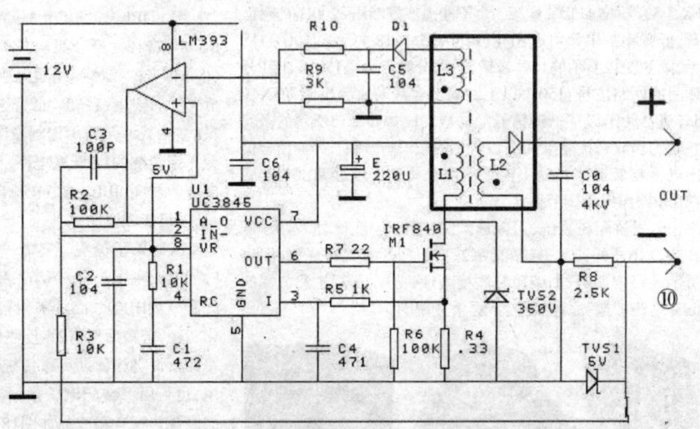

（全文完）

◇广东 沙河源

AVOIP的技术技能储备

随着技术的融合发展，不得不承认的是，AV在促进设备控制、系统互连、跨应用程序通信以及会议室、设备的管理和AV操作方面已经变得越来越依赖IT。目前来说，在网络上配置AV设备已经成为一项相当容易管理的工作，而且对IT运营商造成的干扰也变得越来越小。由于独立网络，VLAN（虚拟局域网）和子网为AV系统提供了一个安全的环境，也让IT人员不用担心他们的网络会受到AV活动的影响。以前，因为网络安全等各种问题，直接在企业或者客户网络上安装AV设备让不少企业不敢轻易尝试，但是现在这种情况正在迅速得到改变。而且，随着AVoIP的来临，无论是AV专业技术人员还是IT专业人员，对于他们原有的技能要求也在发生着变化。

AV over IP解决方案不仅为客户提供了巨大的价值和机遇，而且也为采用这种技术的AV专业人才的未来提供了巨大的机会。那些精通网络而且愿意学习新技术，并且能够跳出固定框架去思考他们角色和责任的AV技术人才，未来将占据着更大的优势。对于这些人来说，IP上的AV将以AV网络工程师、AV网络设计师或AV网络调试和配置专家等工作的形式提供新的机会，并可能提供新的身份。

对于IT专业人员来说，当面对AV系统IP化，他们更熟悉的解决方案是通过IP上的AV，将AV矩阵切换器替换为IT网络交换机，促进使用典型的IT硬件和网络作为AV基础架构的主干。尽管AV over IP有很多优点，但它的缺点也是不可忽视的。技术的更新进步从来都是需要经过一个漫长的过程，与许多其他技术进步一样，AV over IP技术的增长和采用也在慢慢地使行业专业人士改变了思维方式。特别是在近一两年来，行业中已经有越来越多的企业认为AV over IP不再是一种被讨论的趋势，而是已经发展成为基本的事实和标准。很多企业在应对IP化的浪潮中，已经做出了全面的应对，推出了适合趋势发展的产品，解决方案，甚至是以IT思维打造了全面的生态系统，而克莱默就是一家典型的用IT思维迎接行业IP化的公司。作为最早致力于发展AV/IT的业内厂商之一，克莱默为需要处理AV系统的IT专业人员提供IT友好的框架，为传统的AV专业人员提供简单便捷的AV到IP转换路径。克莱默如今已经实现了全面的IT化，所有的产品和解决方案都已日臻成熟。

当AV行业主动去深入了解和理解IT世界之后，发现从传统的AV基础设备转向IP网络基础设备似乎也没有那么难。在传统的视听系统中，众所周知，故障排除是一件很难的事，而且自从模拟系统转向数字系统后，故障排除技术也没有变得更加高效。随着视频移动到IP上，对AV技术人员也有了更多的要求，他们必须具备了解网络的需要、设置网络设备、排除网络通信故障以及与客户那边的专业人士交流IT语言的能力。除了在网络上配置AV设备外，通过网络连接笔记本电脑以运行安装和诊断软件的能力也很重要。这意味着客户端必须允许软件安装在其中任何一台机器上，或者外部技术人员或程序员的笔记本电脑也必须允许在网络上安装。和大多数项目不同的是，对于IP上的AV解决方案更为关键的是需要客户端、技术经理、集成商和程序员必须在一起共同讨论和分配好在网络上配置和测试设备的角色和责任。IP上的AV不仅需要定义IP地址和子网，还需要有效管理端口、通信协议和安全机制。这些设置和权限必须事先讨论和确定好，以确保部署过程中不会出现任何差错。根据客户端的不同情况，由于安全要求和带宽问题，可能需要几天或者几周时间才能批准新的网络设备加入其组织的网络。如果要确保拥有最佳的解决方案，就必须提前考虑好所有的因素并且提前规划，这样也有利于后续计划的开展。在前期的讨论和准备都妥当的情况下，一旦设备被批准用于网络和IP地址和端口设置的要求，并且通信协议也得到了解决，这个时候就需要开始设置和测试设备，以确保视频和音频信号从源点顺利传输到另一个点。根据以往经验，第一次开始尝试设置肯定会遇到不同程度的障碍，因此需要具有网络知识并且有权限访问客户网络的IT人员一起参与前期准备讨论，以排除故障并对有可能出现的问题提出解决方案。在IP化的AV系统中，视频传输使用带有AV over IP系统的解码器和编码器支持将视频从网络中的任何点传输到任何其他点，这不仅更加灵活便捷而且也带来了更多的可能性。比如说，在物理空间中，源点到目的地的潜在矩阵转换有了更多的灵活性，而且也允许解码器将任何源文件传输到企业内部网络中的任何其他空间。因此，从控制面板明确用户可用的信号切换要求和权限就变得至关重要了。程序员要清楚知道哪些功能是需要被限制的，哪些功能是允许开放的，这样他们就可以提出、计划和开展合适的工作。

然而，上面提到过，尽管AV over IP有很多优点，但也不能忽略它的缺点。实际上，当用于传输的实际网络无法进行测试时，AV over IP解决方案会降低传统视听系统在分段中呈现的巨大价值。在审查控制功能、设备完整性和布线方面，分段仍然具有价值；但是，无法访问客户端网络就无法真正模拟实际系统在运行过程中会出现的实际问题。此外，当从测试网络过渡到客户机环境时，设备设置（包括以太网交换机设置）也可能需要重新调整。并且，作为AV设计和调试过程的一部分，AV调试人员应记录网络图、设备配置指南和维护计划的注意事项，并提供给客户的IT团队。尽管在部署和验收测试期间，系统可能被设置为最理想的运行模式，但企业的IT团队对这些网络设备、设置、固件版本和维护能够有一个系统全面的了解对于系统的持续运行是至关重要的。尽管应对IP化，行业还在不断探索当中，但一些较早看到趋势的企业，已经研发出了能够让用户轻松应对IP化浪潮的产品。在InfoComm China展会上，不少企业也来了应对IP化的产品，克莱默就带来了全线的产品和成熟的解决方案，帮助用户化解一切AV/IT的挑战。面对4K传输过程中遇到的信号延迟、压缩等不同问题，克莱默也推出了不同层级的IP流媒体产品应对不同应用需求。在展会上全新亮相的KDS-8系列视频流媒体编解码器，就能够通过10G IP网络接口传输高达4K@60Hz(4:4:4)分辨率的HDMI信号，实现了无损压缩和零延迟，具备视频墙和多画面显示功能，对于医学影像、视频图像处理、娱乐现场演出、控制中心、大规模矩阵等对于延迟和压缩要求极高的领域，KDS-8系列是个不错的选择。

◇四川 陆福祥

新瓶装旧酒音响发烧系列之一：

电子分频与功率分频相结合打造平价的小旗舰音箱方案(二)

(紧接上期本版)

笔者认为玩音箱先从玩书架箱开始，听感满意后再进行系统升级。LS 3/5音箱是经典，英国BBC电台大量使用，后来在家用领域广泛使用，《电子报》20年前就有读者解析LS 3/5音箱并用国产喇叭单元DIY 3/5音箱，如今国内外很多厂家都推出了×× 3/5音箱，也被部分烧友认可并接受，很多发烧友用胆机驱动该箱，与大音箱相比，该箱低频稍不足，国内某些厂家通过增加无源纸盆的方法增加低频。

以分享FX 3/5音箱为例，如图10所示，该箱单独使用时性能已很好，灵敏度88dB，很多家用功放均可推好。还可以给FX 3/5音箱增加低音炮箱。为了能播放好25Hz-200Hz的超低音，低音喇叭单元可选10寸、12寸、15寸、18寸等等，如图11所示，以如图12所示的15寸音箱为例，分频点可选150Hz，DSP分频后的两路信号：150Hz以上高通信号经功放胆机驱动FX 3/5音箱；150Hz以下低通信号经功放2，比如如图13所示的多管并联的功放直接驱动如图12所示的超低音音箱。高通信号输出电平与低通信号输出电平的混合比例可通过测试与听感在DSP操作界面调节。

若发烧配置系统，可以选购2对书架音箱，比如2对5寸低音或2对6寸低音的书架箱，每2只1组作亚铃式布局，如图14所示。每声道2只书架箱并联接入1路功放，再用上述方案的低音炮箱加盟，原理相同，不再重复说明。

该方案也可把现有的小旗舰音箱升级为大旗舰音箱系统，以LJAV—FX—1206 3分频6单元小旗舰音箱为例说明，该小旗舰箱采用了2只3寸丝膜球顶高音，2只6.5寸低音、2只12寸低音单元，功率3分频亚铃式对称设计，如图15所示，若在大的豪宅使用时，客户还有要求，要求每声道配置1只18音寸低音箱。采用上述电子分频与功率分频相结合的方法轻易打造出平价的大旗舰音箱方案。功放可有多种选择方式，比如可以选择模拟功放，也可选用300-2000瓦的数字功放，再难搞的低音喇叭单元也可轻松推好，如图16所示。

2.一体化设计音箱：

解析JBL一款3单元3分频落地音箱，采用1寸球顶高音+6.5寸低音+8寸低音组合方案，从这款JBL空箱体可以看出其6.5寸低音的箱体体积要大很多，其实就是一款HIFI的6.5寸低音的书架箱+1只8寸低音炮箱组成的2.5音响系统，不过那只8寸喇叭单元采用定制设计生产，中高频自然作衰减，该单元不接传统的LC低通电路，而是直接接功放输出，由于没有电感的损耗，JBL这款3分频音箱低频听感很好，整只音箱而只有1组接线柱。

有时为了美观，还需一体化设计音箱箱体。以LJAV—FX—1005—01音箱为例说明，这箱空箱体如图17所示，其实就是一款HIFI的5.5寸书架箱+1只10寸低音炮箱组成的一体化音箱，音箱后部有2组接线柱，5.5寸书架箱1组，10寸低音炮箱1组，该空箱体即可按传统的功率分频3分频音箱来设计使用，也可用于装配电子分频与功率分频相结合的音箱，装好的混合分频音箱成品如图18所示，采用相同扬声器单元设计的另一款LJAV—FX—1005—02混合分频音箱成品如图19所示。

3.模块组合式音箱：

业余条件下音响爱好者由于没有生产量，大多数订货仅为1对、2对空箱体，木箱生产厂家不愿接单。自己加工箱体费工且成本较高，这时我们可把音箱分解成多个箱体，可以利用手边现有的箱体改造，达到节约发烧的目的，也可寻找现有的空箱体任意组合。以FX—KX为例，该系列有5寸、6寸低音书架空箱，也有8寸、10寸、12寸、15寸单独的空箱体，如图20所示，箱体外观采用PVC贴皮按设计图生产，成本较低。音箱既可分开使用，比如如图21所示6.5寸低音的书架箱，与如图22所示10寸超低音箱，音箱可单独使用在不同的场合，也可组合构成一个完整的体系。可根据房间大小、使用者的爱

好、成本预算选定音箱方案组合：比如5寸低音书架音箱配8寸低音炮箱；5寸低音书架音箱配10寸低音炮箱；6寸低音书架音箱配15寸低音炮箱；每声道2只6寸低音书架音箱亚铃式结构配1只15寸低音炮箱等等。2.2音箱系统搞好后，配套功放就容易多了，业余条件下，集成IC功放或集成IC驱动大功率功率管类功放都可以考虑。

由于是系统设计、综合考虑，调试点降到最少。包括音源、处理器、功放、音箱、把音箱内的部分分频器均衡处理通过外置均衡处理。由于是主动操作，包括房间声学处理，可以作个性化的设置，包括通过DSP处理可对全频段信号作处理，也包括对书架箱的音色再作处理，可以把系统声音作得更完美一些。以上2.2系统配图国产音响物料可全部国产化，包括扬声器单元、箱体、分频器件、DSP处理、功放等等，为实现打造平价旗舰音箱提供了物料保障，电子分频与功率分频相结合2.2音响系统为实现打造平价旗舰音箱提供了技术支持。电子分频与功率分频相结合也可用于小功率音响系统，如录音室监听有源音箱、多媒体有源音箱等等。

(全文完)

◇广州 秦福忠

魅族 HD60 头戴式蓝牙耳机

2003.06 MX

2004.04 ME

2004.09 E2

2004.07 MI

2005.01 X2

2005.04 E5

2005.04 X6

2005.08 E3

2006.05 M6

2007.01 M3

2003年~2007年
魅族发布的
几款代表性MP3

魅族成立于2003年，比很多国内手机厂商都要早一些。在2009发布旗下首款智能手机M8之前，魅族一直耕耘在MP3领域，推出了多款经典产品，并一度成为了国内MP3行业的领导者。

随后魅族转向手机市场并且取得了不俗的成绩，不过魅族也没有间断过在音频方面的研究。在今年的10月，魅族又推出了最新的HD60头戴式蓝牙耳机。

HD60采用包耳式设计，耳罩材质为新型蛋白皮，佩戴更加舒适。头梁采用了三明治结构设计，梁架部分则采用了粉末冶金技术不锈钢伸缩滑动支架，整机提供雾银黑和热带橙两种配色。

配置方面，HD60采用40mm生物振膜超大发声单元、独立后腔提升低频，失真率不到0.5%，比HiFi耳机标准高出一倍以上，且拥有Hi-Res认证。同时，魅族HD60采用蓝牙5.0连接，支持aptX技术。

其他功能还包括：支持有线音频连接，拥有Type-C接口，充电一次续航可达25小时。此外，魅族HD60还支持触控操作，可唤醒小溪、Siri等多个手机品牌的智能语音助手。

售价方面也比较大众，目前为499元，感兴趣的朋友不妨试试。

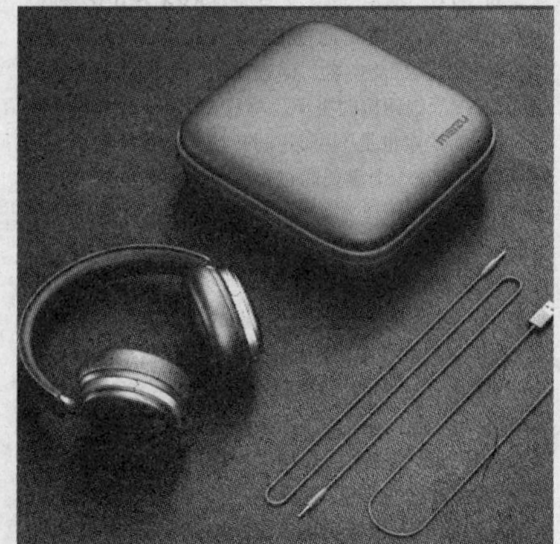

2019年11月17日出版 实用性 启发性 资料性 信息性

第46期 (总第2035期)

国内统一刊号:CN51-0091 定价:1.50元 邮局订阅代号:61-75

地址:(610041)成都市武侯区一环路南三段24号节能大厦4楼 网址:http://www.netdzb.com

让每篇文章都对读者有用

政策新红利之下 区块链或将成为主流技术

把区块链作为核心技术自主创新重要突破口,我国正加快推动区块链技术和产业创新发展。

10月24日,中共中央政治局集体学习了区块链技术发展现状和趋势,并强调区块链技术的集成应用在新的技术革新和产业变革中起着重要作用。一时间,区块链领域引起了国内社会各界热议。

近日,工信部网站发布的《对十三届全国人大二次会议第1394号建议的答复》(以下简称《答复》),披露了工信部经商银保监会答复"关于将新零售、区块链和工业互联网相结合,助力中小微企业高质量发展的建议"的具体内容。

"互联网、区块链、大数据等先进技术将对中小企业发展起到重要的促进作用,是解决企业发展痛点问题的有效手段。"工信部在《答复》中指出,"我部高度重视区块链、工业互联网等新一代信息技术发展,联合银保监会等有关部门积极采取措施推动相关产业研究、技术研发和应用推广等工作。"

工信部在《答复》中指出,下一步,工信部将会同银保监会等有关部门,立足我国区块链、工业互联网产业基础和应用需求,做好产业发展初期的政策引导,规划合理发展模式,努力营造良好的发展环境,推动新零售、区块链与工业互联网的有机结合,助力中小微企业高质量发展。

具体而言,推动区块链健康有序发展方面,工信部在《答复》中指出:一是加强区块链规划引导。深入分析区块链对经济社会发展的价值与影响,加强与各方面的协同互动,进一步明晰区块链创新发展的路径。组织开展关键技术、产业链条梳理,对标国际先进水平明确发展重点,引导产业合理配置资源。

二是建立健全区块链标准体系。推动成立全国区块链和分布式记账技术标准化委员会,体系化推进标准制定工作。加快制定关键急需标准,构建标准体系。积极对接ISO、ITU等国际组织,积极参与国际标准化工作。

三是加快推动行业应用落地。继续举办区块链开发大赛,遴选优秀解决方案,发布区块链发展白皮书,加快推动行业应用落地。鼓励骨干企业发挥引领带动作用,支持产业链上下游开展协同创新,加快丰富行业应用。

虽然区块链的热度在短时间内被迅速引爆,但其实在2018年,国家领导人已经在中国科学院第十九次院士大会上,将区块链与人工智能、量子信息、移动通信、物联网一并列为新一代信息技术代表。甚至在更早的2016年,区块链已经被写入《"十三五"国家信息化规划》。业内人士表示,随着区块链的热度持续飙升,脱离数字货币的传统狭隘印象,这一现实火爆的概念正以前沿技术的形象走到前台。

◇林一

PCIe 5.0又要来了

今年AMD刚在消费级平台上首发了PCIe 4.0,让这个快速传输标准从服务器领域走向了DIY市场。不过Intel迟迟没有跟进PCIe 4.0,根据爆料,原来Intel是预计在2021年的处理器上直接跃升到PCIe 5.0。

Intel预计在2021年的处理器上升级LGA4677插槽,将会支持PCIe 5.0。Intel在未来两年里会有一波LGA插槽升级,桌面版的从LGA1151升级到了LGA1200,也就是Comet Lake及400系芯片组。服务器市场上,现在的LGA3647会在2020年升级到LGA4189。

其中LGA4189插座已经过英特尔验证,并且看似有两种不同的产品:LGA4189-4和LGA4189-5。两个插座均具有精确的4189针布局,0.9906毫米六角间距和2.7毫米SP高度。据不确切的消息:LGA4189-4插座,也称为Socket P4,是为Whitley平台设计的,包含Ice Lake-SP和Cooper Lake-4芯片。LGA4189-5插座,也称为Socket P5,专为Cedar Island平台量身定制,适用于Cooper Lake-6芯片。

2021年新一代插槽LGA4677面世,这一代则会加入PCIe 5.0支持,不过不能确定是首发,因为2021年的时候AMD的Zen4架构"热那亚"处理器也问世了,据说也是PCIe 5.0支持,而且也有DDR5内存支持。

(本文原载第46期11版)

Whitley (Socket P4)		Cedar Island (Socket P5)	Mechanical Overlap
Cooper Lake-4	Ice Lake-SP	Cooper Lake-6	

我国6G研发正式启动

据科技部网站消息,为促进我国移动通信产业发展和科技创新,推动第六代移动通信(6G)技术研发工作,2019年11月3日,科技部会同发展改革委、教育部、工业和信息化部、中科院、自然科学基金委在北京组织召开6G技术研发工作启动会。

会议宣布成立国家6G技术研发推进工作组和总体专家组,其中,推进工作组由相关政府部门组成,职责是推动6G技术研发工作实施;总体专家组由来自高校、科研院所和企业共37位专家组成,主要负责提出6G技术研究布局建议与技术论证,为重大决策提供咨询与建议。会上,总体专家组代表介绍了6G技术研发态势及未来发展思路与建议;TD产业联盟、未来移动通信论坛代表分别介绍了前期工作开展情况、未来6G畅想及下一步工作计划的建议。6G技术研发推进工作组和总体专家组的成立,标志着我国6G技术研发工作正式启动。

科技部王曦副部长在总结讲话中指出,目前全球6G技术研究仍处于探索起步阶段,技术路线尚不明确,关键指标和应用场景还未有统一的定义。在国家发展的关键时期,要高度重视、统筹布局、高效推进、开放创新。下一步,科技部将会同有关部门组织总体专家组系统开展6G技术研发方案的制订工作,开展6G技术预研,探索可能的技术方向。通过6G技术研发的系统布局,凝练和解决移动通信与信息安全领域面临的一系列基础理论、设计方法和核心技术问题,力争在基础研究、核心关键技术攻关、标准规范等诸多方面获得突破。为移动通信产业发展和建设创新型国家奠定坚实的科技基础。

康佳KLD+L080E12-01背光灯板原理与维修(二)

(紧接上期本版)

2.供电与启动工作

1)背光灯板供电

背光灯板的供电电路见图3所示。电源板输出的24V电压经输入连接器XS7001的①~⑤脚为背光灯板供电,其中24V直接为BOOST结构的升压输出电路和BUCK结构的均流控制电路供电;同时经两级串联稳压电路Q7002、D7003和Q7001、D7001降压、稳压后,产生5V的VDD电压和VEE电压,为驱动控制电路OZ9986(N7101/N7201)的⑫脚、㉖脚供电。

2)启动工作过程

遥控开机后,主板输出的点灯控制EN电压和亮度调整DIM电压分别送到OZ9986(N7101/N7201)的⑲脚和㉗脚,背光灯电路启动工作。一是OZ9986(N7101/N7201)的⑩、⑨、⑧脚输出DRV升压激励脉冲电压,推动BOOST结构的升压输出电路MOSFET开关管工作于开关状态,与储能电感和续流二极管、输出滤波电容配合,将24V供电提升到45~60V(根据显示屏大小和背光灯串的需要,各个背光灯供电电压有所不同),为背光灯串供电;二是OZ9986(N7101/N7201)的⑱、⑰、⑯、⑮、⑭、⑬脚输出COMP均压激励脉冲电压,推动BUCK结构的降压型均流控制电路中的MOSFET开关管工作于开关状态,与储能电感和续流二极管配合,对各个灯串的电流进行控制,达到均衡电流和稳定背光灯亮度的目的。

表1

引脚	符号	功能	工作电压/V	电阻	
				正向阻值/kΩ	反向阻值/kΩ
①	RT	定时电阻设定工作频率	0.52	180	173
②	VSEN	过电压和过驱动保护阈值	1.68	2.61	2.6
③	ISW3	升压功率 MOSFET 的电流检测 3	0	99Ω	100Ω
④	ISW2	升压功率 MOSFET 的电流检测 2	0	99Ω	100Ω
⑤	ISW1	升压功率 MOSFET 的电流检测 1	0	100Ω	100Ω
⑥	SSTCMP	升压转换器的软启动和补偿	1.48	1.88	2552k
⑦	GNDA	模拟电路接地	0	0	0
⑧	DRV3	升压功率 MOSFET 驱动器输出 3	2	2.6Ω	3.3Ω
⑨	DRV2	升压功率 MOSFET 驱动器输出 2	2	2.2Ω	2.8Ω
⑩	DRV1	升压功率 MOSFET 驱动器输出 1	1.99	2.4Ω	2.7Ω
⑪	GNDP	电源接地	0	0	0
⑫	VDDP	电源供电输入	5.1	∞	39.6k
⑬	COMP6	LED 灯串均流控制输出 6	4.54	∞	12300k
⑭	COMP5	LED 灯串均流控制输出 5	4.69	∞	12120k
⑮	COMP4	LED 灯串均流控制输出 4	4.55	∞	12340k
⑯	COMP3	LED 灯串均流控制输出 3	4.69	∞	12250k
⑰	COMP2	LED 灯串均流控制输出 2	4.71	∞	12180k
⑱	COMP1	LED 灯串均流控制输出 1	4.53	∞	12550k
⑲	ENA	芯片使能点灯控制	4.56	10.89k	10.88k
⑳	ISEN1	LED 灯串电流检测 1	0.24	102Ω	102Ω
㉑	ISEN2	LED 灯串电流检测 2	0.24	102Ω	102Ω
㉒	ISEN3	LED 灯串电流检测 3	0.23	102Ω	102Ω
㉓	ISEN4	LED 灯串电流检测 4	0.24	102Ω	102Ω
㉔	ISEN5	LED 灯串电流检测 5	0.23	102Ω	102Ω
㉕	ISEN6	LED 灯串电流检测 6	0.24	102Ω	102Ω
㉖	VDDA	信号电源输入集成电路	5	∞	1172k
㉗	DIM	调光控制输入	2.6	5.2k	5.2k
㉘	SEL	直流电压来设置 VSYNC 与 PWM 调光频率比	5	∞	245k
㉙	VSYNC	同步信号或 PWM 调光频率设定	0.53	24.5k	24.4
㉚	LPF	锁相环补偿	5	∞	39.6

模块电路采用恒定电流方式驱动LED负载,因此输出电压会随LED负载的正向电压变化而做自动调整。

3.BOOST升压输出和BUCK均流控制电路

由于背光灯板需要为12条背光灯串提供电源,工作电流较大,为此不但采用两个相同的背光灯驱动电路,而且每个背光灯驱动电路采用3个相同的BOOST升压输出电路并联运行,和6个BUCK结构的降压型均流控制电路,以提供足够的供电电流。

图4所示背光灯驱动电路1中的BOOST结构升压输出电路:开机背光灯电路启动后,OZ9986(N7101)的⑩、⑨、⑧脚输出DRV1、DRV2、DRV3升压激励脉冲电压,分别经D7167、R7450、R7147、R7139,D7168、R7157、R7148、R7160,D7169、R7158、R7149、R7167去推动三路BOOST结构的升压输出电路的MOSFET开关管Q7101、Q7102、Q7103工作于开关状态,与储能电感L7101、L7102、L7103和续流二极管D7101、D7102、D7103、输出滤波C7121、D7122电容配合,将24V供电提升到60V左右(根据显示屏大小和背光灯串的需要,一般在45~63V之间),产生OUT1输出电压,经连接器XS7101、XS7102的⑦、⑥脚为6路LED背光灯串供电。

图4所示背光灯驱动电路1中的BUCK结构均流控制电路:开机背光灯电路启动后,OZ9986(N7101)的⑱、⑰、⑯、⑮、⑭、⑬脚输出COMP1、COMP2、COMP3、COMP4、COMP5、COMP6均压激励脉冲电压,推动BUCK结构的降压型均流控制电路的MOSFET开关管Q7161、Q7162、Q7163、Q7164、Q7165工作于开关状态,与储能电感L7161、L7162、L7163、L7164、L7165、L7166和续流二极管D7161、D7162、D7163、D7164、D7165、D7166、电容器C7181、C7182、C7183、C7184、C7185、C7186配合,对连接器XS7101、XS7102的①、②、③脚6路LED灯串回路CH11、CH12、CH13、CH14、CH15、CH16的电流进行控制,达到均衡电流、稳定背光灯亮度的目的。

图5所示背光灯驱动电路2中的BOOST结构升压输出电路和BUCK结构均流控制电路与图4所示的背光灯驱动电路1中的电路结构和原理相同,只是元件编号不同,不再重述。

图4和图5所示的背光灯驱动电路的BOOST结构升压输出电路和BUCK结构均流控制电路工作原理是相同的,我们将图4中的驱动电路U7101中的⑩脚外部以Q7101为核心的BOOST结构升压输出电路和⑱脚外部的以Q7161为核心的BUCK结构均流控制电路为例,绘出工作原理简图如图6所示,说明BOOST升压输出电路和BUCK均流控制电路工作原理。

1)BOOST升压输出电路

BOOST升压输出电路由储能电感L7101、MOSFET开关管Q7101、续流管D7101、输出电容C7121//C7122为核心组成,其工作原理与电源板的PFC功率因数校正电路工作原理基本相同。

MOSFET开关管Q7101导通时,24V电流经储能电感L7101、开关管Q7101、R7121~R7125到地,在储能电感L7101中产生感应电压并储能,此时由开机状态24V电压在输出滤波电容C7121//C7122两端形成的电压为背光灯串供电;

开关管Q7101截止时,24V电压经电感L7101、D7101、C7121//C7122到地,对C7121//C7122充电,同时,流过L7101电流呈减小趋势,电感两端必然产生左负、右正的感应电压,这一感应电压与24V电压叠加,经续流二极管整流、输出电容滤波,将24V供电电压提升到60V左右,根据负载自动调整,满足LED灯串的供电需要,经连接器输出为LED背光灯串供电。

(未完待续)(图4、图5见下期本版)

(下转第562页)

◇海南 孙德印

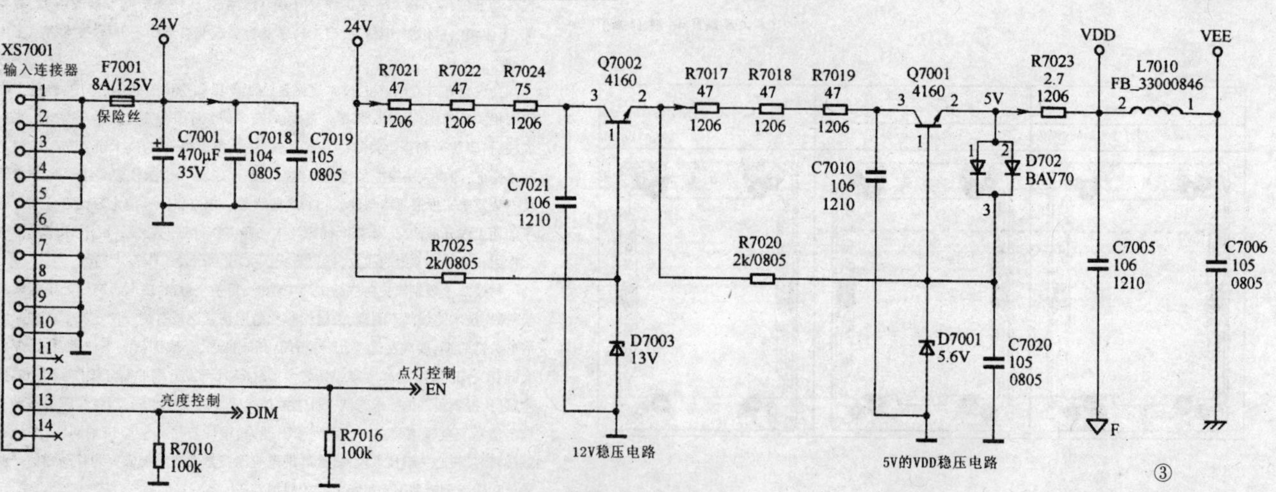

Apple Watch实用技巧集锦(续)

(紧接上期本版)

六、让网易云音乐在Watch上连续播放歌曲

很多朋友都是通过网易云音乐在Apple Watch上播放歌曲，使用AirPods聆听，但可能会发现无法实现连续播放，每次听完一首歌曲(如图8所示)，都要把手腕抬下再点击下一首，或者必须始终亮屏，感觉比较麻烦。该如何解决呢？

其实这是操作的问题，不应该在这个界面切换歌曲，正确的做法是返回本地播放界面，也就是显示歌曲列表的界面，这样就可以实现歌曲的连续播放了。

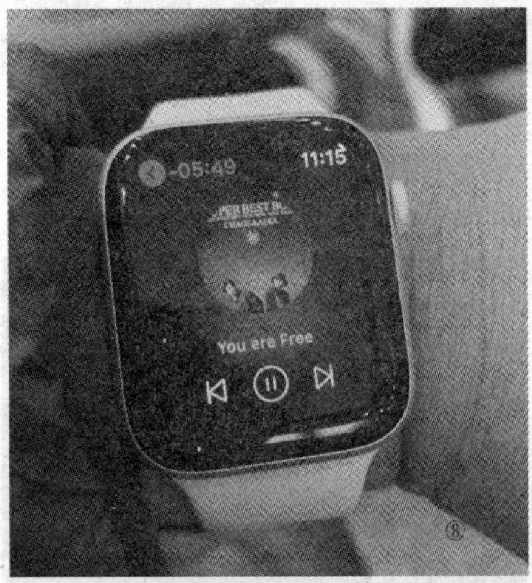

⑧

七、利用捷径查看Watch电池数据

很多朋友希望查看Apple Watch的电池寿命等数据，但恐

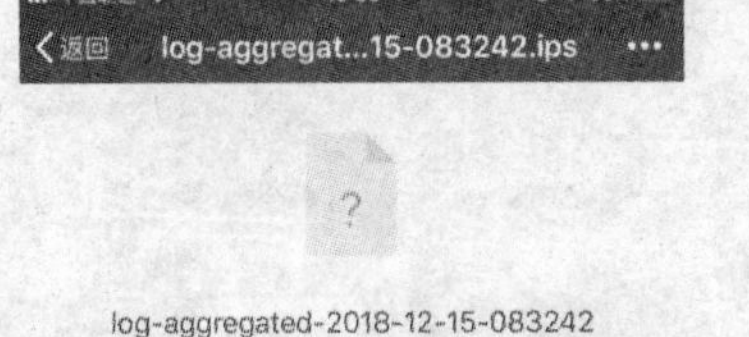

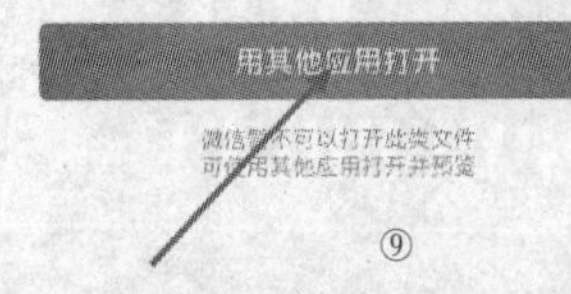

⑨

怕并不容易办到，如果你的iPhone的iOS版本已经是12.0或更高，那么可以利用捷径解决这一问题：

在iPhone上打开Safari浏览器，访问https://www.icloud.com/shortcuts/dbae91e4286347a5b06a92ac5f934e44，点击"获取捷径"按钮，按照提示下载安装"电池寿命"捷径；在iPhone进入设置界面，依次进入"隐私→分析→分析数据"，如果是第一次启用此选项，那么第二天才会有数据，找到数据列表最新日期的那个文件，点击右侧的">"按钮，点击数据文件右上角的分享按钮，将其分享到任意一位微信好友(例如自己的另一个帐号)；打开微信(如图9所示)，选择"用其他应用打开→捷径→电池寿命"，随后就可以查看Watch的电池数据了，效果如图10所示，上面的一行是Watch的电池数据，下面的一行是iPhone的电池数据。

⑩

八、解决Apple Watch 4蜂窝和WiFi状态下微信无法收发的问题

iPhone、Apple Watch 4都已经满足相关条件，已经激活ESIM，但发现当Apple Watch 4离开iPhone，使用蜂窝数据或WiFi的时候，微信无法正常收发消息。从蜂窝移动数据用量界面下可以查看到，除了Apple自带的App可以使用蜂窝数据之外，其他的第三方App都没有任何蜂窝数据流量。该如何解决这一问题呢？

首先在iPhone上移除蜂窝移动套餐，接下来将Apple Watch 4和iPhone解除绑定，然后重新进行配对，注意请将Apple Watch 4设置为全新手表，不要选择从备份恢复，配对过程中不要激活蜂窝移动套餐。

配对完成之后，首先激活蜂窝移动套餐，接下来再在Apple Watch 4下载微信和QQ以及其他第三方App，这样Apple Watch 4就可以脱离iPhone独立使用微信和QQ，而且从蜂窝移动数据用量中可以看到其他第三方App也可以正常使用蜂窝移动数据了。

九、Watch也能使用拼音输入法

很多时候，我们需要在Apple Watch上进行一些简单的回复，但如果直接使用手写输入的功能，还是不太方便的。其实，Apple Watch同样可以使用拼音输入法。

在iPhone上打开App Store，搜索并下载"IUsms"，下载之后注意再将其安装到Apple Watch上才可以使用，或者直接在Watch应用的"App Store"界面完成安装工作。这款输入法是10个数字键实现汉字的拼音输入，如图11所示，这就是在Apple Watch上使用益友拼音输入法的效果，很方便吧？甚至，借助这款输入法，我们还可以直接拨打电话或发送信息(如图12所示)，只要按照提示操作就可以了。

⑪ ⑫

十、拒绝循环播放，让Watch更省电一些

对于Apple Watch用户来说，有很多默认的设置可能并不是太在意，其中某些设置可能会对耗电造成比较大的影响，例如"音乐→循环播放"这个设置，在iPhone和Apple Watch刚完成配对的时候，会启用自动同步的相关选项，如果iPhone有很多音乐，那么会在Apple Watch设置完成之后自动同步iPhone的音乐列表，当然也包括音乐文件，显然这样会相当耗电，如果有网络课程，那么情况可能会更严重。

解决的办法很简单，在iPhone上打开"Watch"应用，切换到"我的手表"选项卡，依次进入"音乐"界面(如图13所示)，在这里关闭"循环播放"就可以了。

⑬

(全文完)

◇江苏 王志军

光速切换iPhone的亮度

进入设置界面，依次选择"通用→辅助功能→显示调节"，启用之后可以进入"显示调节"界面，在这里启用将"降低白点值"设置为启用状态(如图1所示)，拖拽滑块将数据调整为60；切换到"辅助功能→辅助功能快捷键"(如图2所示)，在这里勾选"降低白点值"。

完成上述设置之后，连续按下3次电源键或侧边按钮即可切换iPhone的亮度，白天在户外时可以选择比较亮的，进入室内就选暗一点的，非常方便吧？

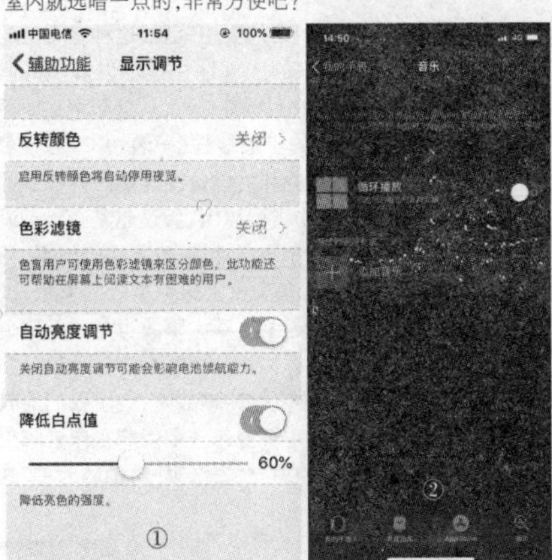

①

②

◇江苏 大江东去

联想L09M6Y23笔记本电脑电池故障检修1例

故障现象：一台联想L09M6Y23笔记本电池不能充电也不放电，就是说无任何反应。

分析与检修：通过故障现象分析，说明电池或其充电电路异常。取下电池，测量接口插座端的电压为0V。在出现故障前，笔记本工作一直正常，可是不知是什么原因突然挂了。首先，小心的拆开塑料外壳，取出电池(见图1)，用万用表测电池两端总的电压，发现这组电池剩余电压为10V，说明这组电池并没有损坏，不能正常充放电的故障原因应发生在电路板上。接下来，用万用表直流电压挡分别测电池两端对接口插座正、负极电压时，发现电池正端对接口插座负端电压为10V，电池负端对接口插座正端电压为0，说明有开路现象(见图2)。断开电池正端，用万用表欧姆挡进一步测量，确认已开路。检查该电路时，发现接口插座正端接了一只12AH3的元件。

参见图2，经仔细测量，确定故障的确是12AH3断路造成的。上网查了一下，12AH3是一个12A锂电池专用的熔断器。用万用表电阻挡测量负载的对地阻值正常，怀疑它是自然损坏。用网购的同型号熔断器更换后，故障排除。

◇内蒙古 夏金光

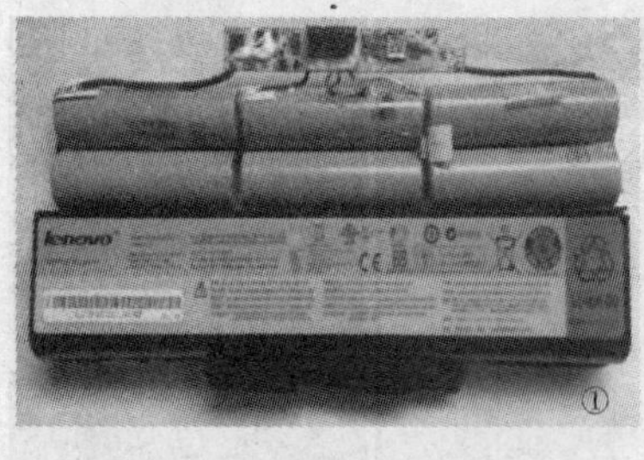

①

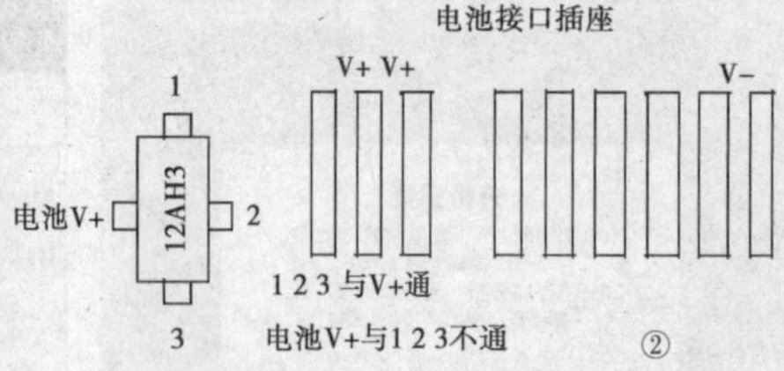

②

电热水壶维修技巧

电热水壶的故障形成有其特有的原因。因它在使用时，不可避免水溢出，致壶底电极与电源电极铜触头打火而氧化发黑，看不到铜色，引起触点接触不良，从而产生不加热或加热不正常的故障。有的壶底座接触不良后，已放壶的信息无法被CPU识别，导致CPU不能发出加热指令，也会产生不加热的故障。

维修时，先察看壶底电极是否发黑，若是，则说明已碳化(见图1)。用小十字螺丝刀把电极拆出一个，用细砂纸轻微打磨，露出触点的本色(见图2)后复原，再拆出另外的电极并打磨即可。

【注意】切忌不要将电极一起拆出，以免弄乱引线，无法复原。

【提示】电脑控制型电热水壶的操作方式有触摸式和按键式2种。其中，按键式电热水壶的按键容易因受潮产生接触不良的现象。维修时，只要被测按键的闭合阻值不为0，就说明它的触点异常。用相同的按键更换后，即可排除故障。

◇山东 侯金叶

森森JMP-5000型变频调节水泵故障维修1例

故障现象：一台森森牌JMP-5000型变频调节水泵通电后，调节器面板上的8只发光管中，1、6~8这4只发光管不停闪烁，并且电机有规律的转动一下，间隔时间较长，类似步进电机。

分析与检修：通过说明书得知，该故障是因电机堵转所致。拆开电机检查，电机转轴转动灵活，怀疑调节器坏。该调节器的型号为BP-100，如图1所示。

该调节器用ARM单片机产生运转脉冲，利用GIPN3H60A切换三相绕组中电流方向，模拟产生三相交流电，实现变频调速的目的。因电机能步进，怀疑GIPN3H60A异常。于是，用网购的GIPN3H60更换GIPN3H60A(见图2)后，电机不再步进且4只发光管不再闪烁，初步怀疑不可代替。后来网购升级产品，新电机型号和原来一样，新调节器内部元件相同，估计只是程序升级。代换原电机，结果电机运行正常。而用新的调节器接原来的电动机，故障现象依旧，证明电机有问题。更换相同的电机后，故障排除。

◇山东 侯金叶

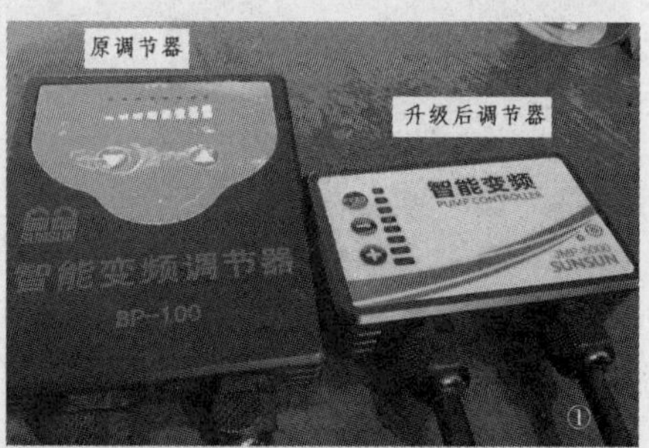

①

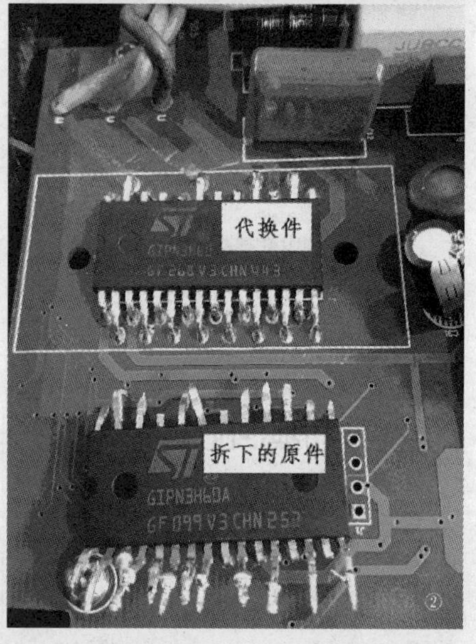

②

一起不该发生的事故

如果制造的机器在使用过程中因误操作造成伤害，甚至许多人因此丧失了生命或致终身残疾，给工厂和家庭造成极大损失。下面列举的这起因错误操作导致伤人事故的经过及启示。

2018年11月16日，某厂一青年工人赵某在清理压伸机预压轴辊上粘结的焦油煤膏并加注润滑油时，因错误操作——点动设备，将在同一台压伸机上部检查伞齿轮档盖螺帽是否松动的张某的右手无名指、小指及腕部肌肉绞入齿轮中，因当时受伤部位污染严重和部分粉碎性骨折，经治疗之后，从右肘关节下80mm处截肢，造成张某终身残废。这是一起典型的错误操作导致伤人事例。

分析原因和事故责任，从客观上看，设备本身陈旧老化(为五十年代产品)，经常在操作过程中出现预压轴辊缺乏润滑造成起动不灵活、螺丝松动等机械故障，平时这些故障也是由操作者加以排除的。从主观看，赵某在点动设备前，应告知张某，而在张某不知情的情况下，赵某私自盲目开车造成他人伤残。经事故调查分析，确定赵某为事故的主要责任者，受到了应有的处分和经济处罚。

事故给张某及家人带来巨大痛苦和悲伤。我们应从这起事故中得到如下教训和启发。

1. 加快设备的更新改造

随着科学技术的发展，机械化程度会越来越高，而且应用的范围越来越广泛。但是，我们大多数企业所使用的机械设备是五、六十年代制造的老设备，无论从其性能，还是其安全可靠程度，都不能适应当今生产的需要，“超期服役”现象十分严重。这方面给国家财产造成的巨大损失和人民生命安全带来严重危害的事例很多。因此，加快设备的更新改造迫在眉捷。

2. 加强安全生产教育

血的教训告诫我们，安全生产教育的内容，要注重于对操作者的“我不伤害别人，我不被别人伤害”的“两不伤害”教育，使每一个操作者都牢牢确立一个“自我保护”的意识。在目前设备本身更新改造得不到解决的情况下(大多是受经济条件的制约)，抓人(操作、使用者)的安全教育就显得尤为重要，特别是2人以上联合操作者。上例事故就是一个很好的说明。

3. 适当调整生产人员的年龄结构

生产人员的年龄结构不合理也是造成事故的因素之一。各企业目前普遍存在着青年职工比例大，技术素质偏低，安全操作经验缺乏的突出茅盾，这种客观上的状况给生产组织者带来的困难往往是难以解决的问题。这起错误操作导致他人伤害事故，从这起事故中可以看到：由两名操作者的年龄结构(一名19岁，另一名28岁)分析，岗位操作经验和对设备性能熟悉的程度都很缺乏，这是造成事故的重要原因。假设赵某在点动设备前，观察一下周围的情况，见到张某所处的位置，招呼一声，引起张某注意，完全可以避免事故的发生；或者张某伸手检查时招呼赵某一声，事故也是可以避免的，但他们2人都没有这样去想、去做。

总之，从这起本不该发生的事故中，给予我们的教育和启示是深刻的。衷心希望每一个生产操作者和生产组织者，一定要牢固的树立“安全第一，预防为主”的思想。

◇辽宁 林漫亚

PCB电路板设计的七个基本步骤解析

一般而言，设计电路板最基本的过程可以分为以下步骤：

（1）电路原理图的设计：电路原理图的设计主要是PROTEL099的原理图设计系统（AdvancedSchematic）来绘制一张电路原理图。在这一过程中，要充分利用PROTEL99所提供的各种原理图绘图工具、各种编辑功能，来实现我们的目的，即得到一张正确、精美的电路原理图。

（2）产生网络表：网络表是电路原理图设计（SCH）与PCB电路板设计（印制）之间的一座桥梁，它是电路板自动的灵魂。网络表可以从电路原理图中获得，也可从PCB电路板中提取出来。

（3）PCB电路板设计：印制电路板的设计主要是针对PROTEL99的另外一个重要的部分PCB而言的，在这个过程中，我们借助PROTEL99提供的强大功能实现电路板的版面设计，完成高难度的等工作。

一、电路板设计的先期工作。

1.利用原理图设计工具绘制原理图，并且生成对应的网络表。当然，有些特殊情况下，如电路板比较简单，已经有了网络表等情况下也可以不进行原理图的设计，直接进入PCB设计系统，在PCB设计系统中，可以直接取用零件封装，人工生成网络表。

2.手工更改网络表将一些元件的固定用脚等原理图上没有的焊盘定义到与它相通的网络上，没任何物理连接的可定义到地或保护地等。将一些原理图和PCB封装库中引脚名称不一致的器件引脚名称改成和PCB封装库中的一致，特别是二、三极管等。

二、画出自己定义的非标准器件的封装库建议将自己所画的器件都放入一个自己建立的PCB库专用设计文件。

三、设置PCB设计环境和绘制印刷电路的版框含中间的镂空等。

1.进入PCB系统后的第一步就是设置PCB设计环境，包括设置格点大小和类型，光标类型，版层参数，布线参数等等。大多数参数都可以用系统默认值，而且这些参数经过设置之后，符合个人的习惯，以后无须再去修改。

2.规划电路板，主要是确定电路板的边框，包括电路板的尺寸大小等等。在需要放置固定孔的地方放上适当大小的焊盘。对于3mm的螺丝可用6.5~8mm的外径和3.2~3.5mm内径的焊盘对于标准板可从其它板或PCBizard中调入。注意：在绘制电路板地边框前，一定要将当前层设置成KeepOut层，即禁止布线层。

四、打开所有要用到的PCB库文件后，调入网络表文件和修改零件封装这一步是非常重要的一个环节，网络表是PCB自动布线的灵魂，也是原理图设计与印像电路板设计的接口，只有将网络表装入后，才能进行电路板的布线。在原理图设计的过程中，ERC检查不会涉及零件的封装问题。因此，原理图设计时，零件的封装可能被遗忘，在引进网络表时可以根据设计情况来修改或补充零件的封装。当然，可以直接在PCB内人工生成网络表，并且指定零件封装。

五、布置零件封装的位置，也称零件布局Protel99可以进行自动布局，也可以进行手动布局。如果进行自动布局，运行“Tools”下面的“AutoPlace”，用这个命令，你需要有足够的耐心。布线的关键是布局，多数设计者采用手动布局的形式。用鼠标选中一个元件，按住鼠标左键不放，拖住这个元件到达目的地，放开左键，将该元件固定。Protel99在布局方面新增加了一些技巧。新的交互式布局选项包含自动选择和自动对齐。使用自动选择方式可以很快地收集相似封装的元件，然后旋转、展开和整理成组，就可以移动到板上所需位置上了。当简易的布局完成后，使用自动对齐方式整齐地展开或缩紧一组封装相似的元件。提示：在自动选择时，使用ShiftX或Y和CtrlX或Y可展开和缩紧选定组件的X、Y方向。注意-零件布局，应当从机械结构散热、电磁干扰、将来布线的方便性等方面综合考虑。先布置与机械尺寸有关的器件，并锁定这些器件，然后是大的占位置的器件和电路的核心元件，再是外围的小元件。

六、根据情况再作适当调整然后将全部器件锁定假如板上空间允许则可在板上放上一些类似于实验板的布线区。对于大板子，应在中间多加固定螺丝孔。板上有重的器件或较大的接插件等受力器件边上也应加固定螺丝孔，有需要的话可在适当位置放上一些测试用焊盘，最好在原理图中就加上。将过小的焊盘过孔改大，将所有固定螺丝孔焊盘的网络定义到地或保护地等。放好后用VIEW3D功能察看一下实际效果，存盘。

七、布线规则设置布线规则是设置布线的各个规范（像使用层面、各组线宽、过孔间距、布线的拓扑结构等部分规则，可通过Design-Rules的Menu处从其他板导出后，再导入这块板）这个步骤不必每次都要设置，按个人的习惯，设定一次就可以。

◇四川省宣汉职业中专学校 唐渊

O300光电传感器在太阳能电池板生产过程中的应用

太阳能作为一种新型的能源方式，一直都很受市场和用户的欢迎。而要保证太阳能电池板的高品质，拥有一条较高水准的自动化生产线是必不可少的重要条件。

某企业的太阳能电池板生产就是在一种高度自动化的制造方式，如其扩散工艺就是由装载着电池片的石墨舟通过输送带运往扩散炉中自动完成的。

扩散工艺是太阳能电池板生产中非常重要的一个组成部分，能够显著提高晶体硅太阳能电池片的光电转换效率。为确保产品加工的有效进行，在石墨舟进入扩散炉之前，需要使用传感器进行石墨舟有无的检测。

但采用普通的光电传感器却难以保证检测的准确性，这是由于石墨舟是一种黑色的物质，由于吸光能力强，常常会对传感器的检测光源造成过度的衰减，使检测出现错误。

是时候请出堡盟出马了。

这一次，堡盟启用了其经典的O300光电传感器来解决问题。

堡盟O300光电传感器是创新一代的传感器，其安装尺寸只有1英寸，非常适合在空间有限的场合中应用。

在太阳能电池板的加工中，加工空间有限的用户非常青睐这种小巧尺寸的传感器，对其大加赞赏。

不过，能被用户高度认可的还在于其光感应能力。由于石墨舟本体呈黑色，本身就是吸光比较强的物体，一般传感器发出的光束在经反射后都会呈现出衰减，而且考虑到石墨舟在使用长时间后表面会出现各种斑点，给传感器检测带来了隐患。

O300的性能使得其不需要很强的光照，在较暗的环境下依然能够顺畅运行，精准探测不受颜色的影响。而且其最大感应距离可达4000mm，更是这种太阳电池板检测的可靠帮手。

此外，由于O300有较高的光源选择自由度，特别是结合堡盟独特的、可精准聚焦的小型均匀光斑Pin-Point LED光源，可为细小零件精确定位和探测。这种光源的光束呈现为聚束型，可穿过最小4毫米的孔洞，对近距离检测非常的可靠。同时，这种聚束型的光束也最大限度地降低了外界的干扰，使得检测更为准确。

另外一点受到用户大加赞赏的技术就是堡盟为O300所使用的qTeach技术，这是一种使用方便且无磨损的新型自学习程序，具有易操作、安全、无磨损等特点，相比较其他旋钮式或按键式设计的传感器产品，O300只需要使用螺丝刀等任意铁磁性工具触碰传感器表面的自学习感应区域，即可完成传感器的调试，十分的方便。在只能安装在狭窄空间内的调试中解决了用户难以调试的烦恼。

O300是堡盟倾注心血精心研制的新一代光电传感器，其拥有非常强的检测能力。除了本应用中的黑色物体外，物体的颜色、透明度、反光与否、厚薄程度以及形状是否规则这些检测中常见的“灾难”都无法影响到O300的检测结果。

而O300另外一个多光源的配置特性更高度增强了其检测优势，无论是标准的LED，还是堡盟独创的SmartReflect智能反射技术，都在O300可靠的选择列表中，保证用户在任何苛刻环境中都能够完成检测任务。

◇安岳县职业技术教育中心 蒋金洪

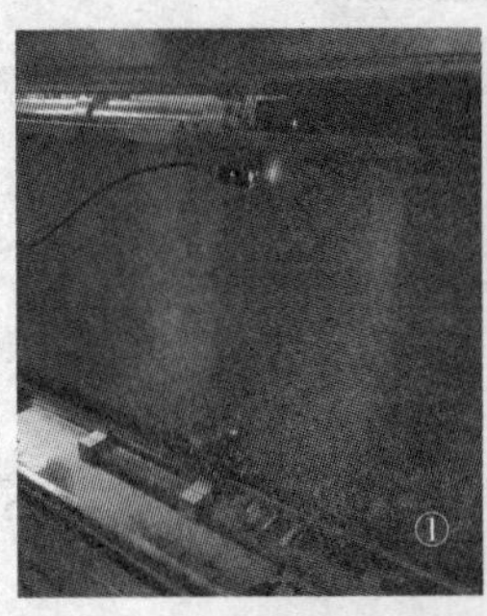
①

②

③

Android开发环境搭建五步曲(二)

(紧接上期本版)

知道了一个应用程序的安装目录位置，我们也可以通过命令行工具打开，如QQ的位置为：C:\Program Files (x86)\Tencent\QQ\QQProtect\Bin，QQ的应用程序名为为QQProtect.exe，那么我们打开命令行工具，然后进入到“C:\Program Files (x86)\Tencent\QQ\QQProtect\Bin”目录，再输入“QQProtect”，即可运行qq。

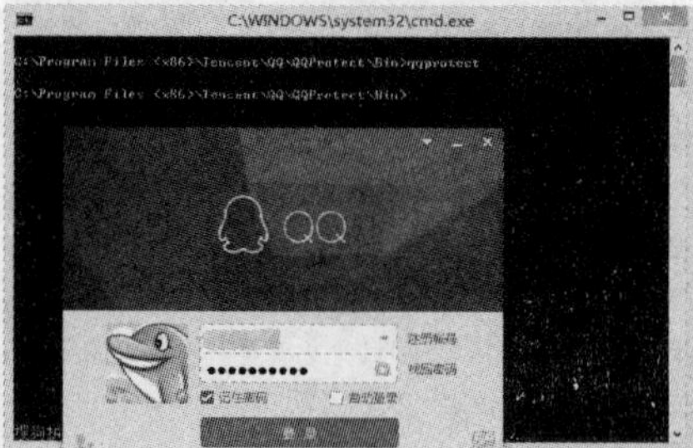

如果我们希望打开命令行工具后，直接输入“QQProtect”就能启动qq程序，而不是每次都进入qq的安装目录再启动，这个时候可以通过配置系统环境变量Path来实现。右击“我的电脑”，选择“属性”，在打开窗口中点击左边的“高级系统设置”，出现“系统属性”窗口，在“高级”选项卡下面点击“环境变量”。

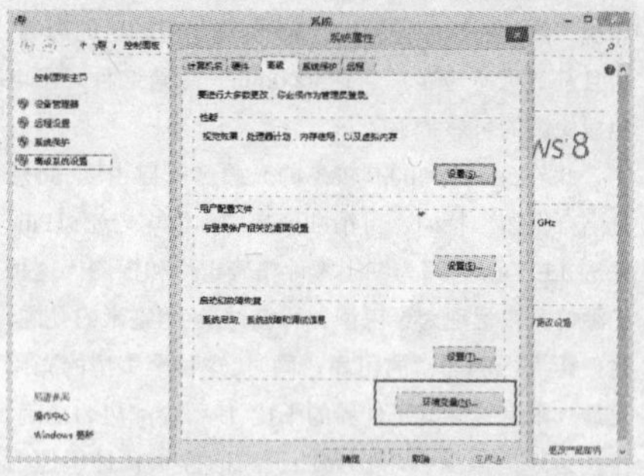

编辑系统变量名“Path”，在“Path”变量(字符串内容)的后面追加qq的安装目录：;C:\Program Files (x86)\Tencent\QQ\QQProtect\Bin 注意追加的时候要在目录字符串的前面加个英文的分号;，英文分号是用来区分Path里面不同的路径。

确定保存后，再回到命令窗口，不管在任何目录下，你只要输入qqprotect的命令，qq就会启动。

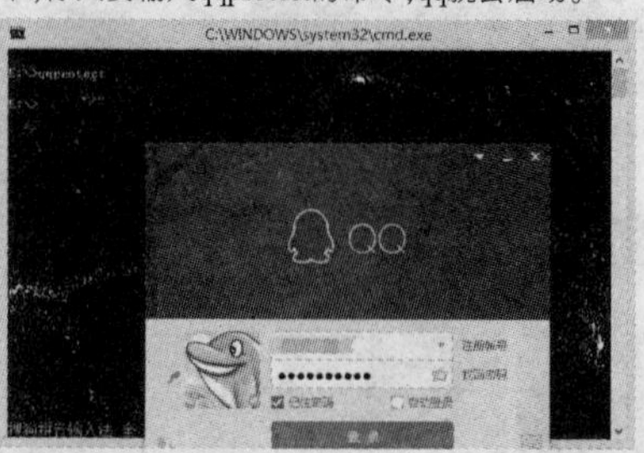

通过启动qq的例子，我们总结下：当要求系统启动一个应用程序时，系统会先在当前目录下查找，如果没有则在系统变量Path指定的路径去查找。前面我们说了JDK包含了一堆开发工具，这些开发工具都在JDK的安装目录下，为了方便使用这些开发工具，我们有必要把JDK的安装目录设置了系统变量。这就是为什么在Windows安装了JDK后需要设置JDK的bin目录为系统环境变量的原因。

为了配置JDK的系统变量环境，我们需要设置三个系统变量，分别是JAVA_HOME，Path和CLASSPATH。下面是这三个变量的设置防范。

JAVA_HOME

先设置这个系统变量名称，变量值为JDK在你电脑上的安装路径：C:\Program Files\Java\jdk1.8.0_20。创建好后则可以利用%JAVA_HOME%作为JDK安装目录的统一引用路径。

Path

PATH属性已存在，可直接编辑，在原来变量后追加：;%JAVA_HOME%\bin;%JAVA_HOME%\jre\bin 。

CLASSPATH

设置系统变量名为：CLASSPATH 变量值为：.;%JAVA_HOME% \lib\dt.jar;% JAVA_HOME% \lib\tools.jar 。

注意变量值字符串前面有一个"."表示当前目录，设置CLASSPATH 的目的，在于告诉Java执行环境，在哪些目录下可以找到您所要执行的Java程序所需要的类或者包。

三、下载安装Eclipse

Eclipse为Java应用程序及Android开发的IDE(集成开发环境)。Eclipse不需要安装，下载后把解压包解压后，剪切eclipse文件夹到你想安装的地方，打开时设置你的工作目录即可。

Eclipse的版本有多个，这里选择下载Eclipse IDE for Java EE Developers这个版本。

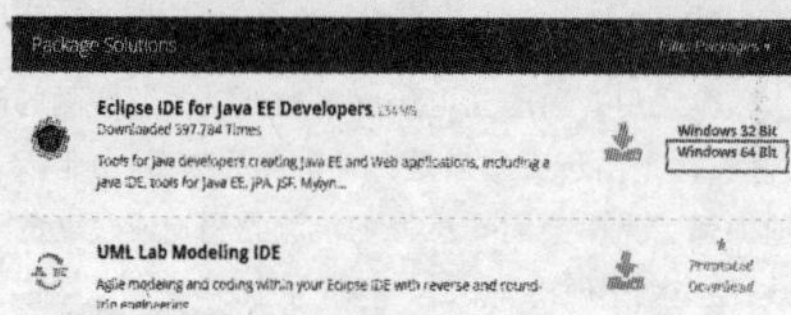

四、下载安装Android SDK

配置了JDK变量环境，安装好了Eclipse，这个时候如果只是开发普通的JAVA应用程序，那么Java的开发环境已经准备好了。我们要通过Eclipse来开发Android应用程序，那么我们需要下载Android SDK(Software Development Kit)和在Eclipse安装ADT插件，这个插件能让Eclipse和Android SDK关联起来。

Android SDK提供了开发Android应用程序所需的API库和构建、测试和调试Android应用程序所需的开发工具。

打开http://developer.android.com/sdk/index.html，我们发现google提供了集成了Eclipse的Android Developer Tools，因为我们这次是已经下载了Eclipse，所以我们选择单独下载Android SDK。

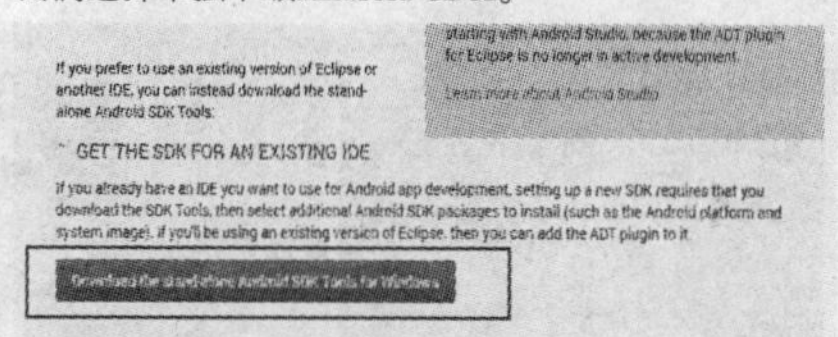

下载后双击安装，指定Android SDK的安装目录，为了方便使用Android SDK包含的开发工具，我们在系统环境变量中的Path设置Android SDK的安装目录下的tools目录。

在Android SDK的安装目录下，双击“SDK Manager.exe”，打开Android SDK Manager，Android SDK Manage负责下载或更新不同版本的SDK包，我们看到默认安装的Android SDK Manager只安装了一个版本的sdk tools。

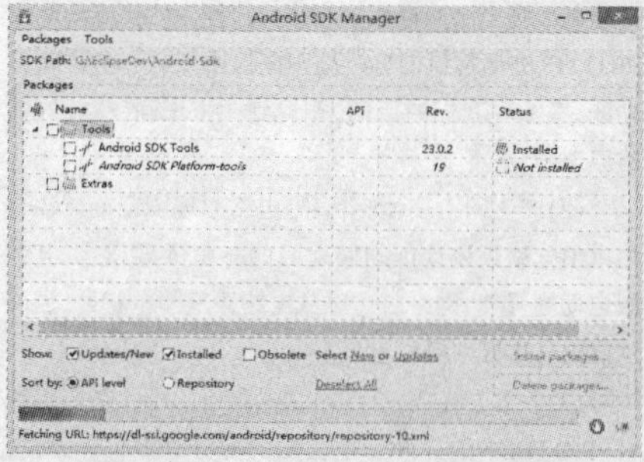

打开Android SDK Manager，它会获取可安装的sdk版本，但是国内有墙，有时候会出现获取失败的情况。

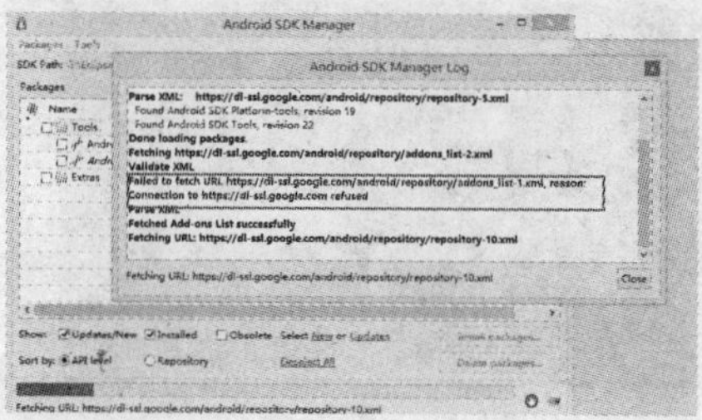

从弹出的log窗口中，我们可以看到连接“https://dl-ssl.google.com”失败了。我们通过ping命令，发现果然网络不通。

从万能的互联网上，我们找到了解决这个问题的方案，而且行之有效。

更改host文件

首先更改host文件，host文件在C:\Windows\System32\drivers\etc目录下，用记事本打开“hosts”文件，将下面两行信息追加到hosts文件末尾，保存即可。如果你的是windows8系统可能没有权限修改host文件，可以右击hosts文件，将Users组设置为可对hosts文件完全控制的权限即可。

203.208.46.146 dl.google.com

203.208.46.146 dl-ssl.google.com

上面两行放在host文件的意思是将

将Android SDK Manage上的https请求改成http请求

打开Android SDK Manager，在Tools下的 Options里面，有一项 Force https://..sources to be fetched using http://... 将这一项勾选上，就可以了。

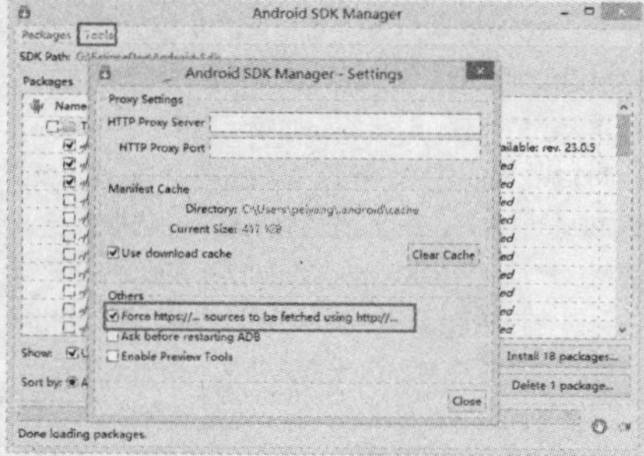

(未完待续)(下转第566页)

◇艾克

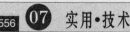

初学入门

汽车电子控制技术的应用与发展

本文重点探讨电子技术在汽车上的应用特点及发展前景，帮助汽修专业学生认清汽车电子控制技术的发展方向，努力掌握相关专业需具备的知识结构体系，如《电工基础》《模拟电路》《数字电路》《计算机工作原理》《网络技术》《通信技术》等。

一、汽车电子控制技术的发展历程

汽车控制技术的飞速发展和汽车相关法规(节能，安全，排放等)的建立，是汽车电子控制技术形成与发展的两大主要因素。汽车电子控制技术形成和发展过程可分为3个阶段。

第一阶段：20世纪60年代中期至70年代末，汽车电子技术萌芽及初级发展阶段。这一阶段的主要特点是改善汽车单个零部件的性能，比较有代表性的技术有电子收音机、发电机硅整流器、电压调节器、晶体管无触点电子点火、电子控制燃油喷射等。

第二阶段：20世纪70年代中末期到90年代中期，汽车电子控制技术的大发展阶段。这一阶段开始出现具有一定综合性的汽车电子控制系统。大规模集成电路和超大规模集成电路技术的快速发展和自动控制理论的引入，使得汽车电子控制技术基本成熟，并逐渐向汽车的其他组成部分扩展。这一阶段的代表性技术有发动机电子控制系统、自动变速器、防抱死制动系统、电控悬架、电控转向、电子仪表和影音娱乐设备等。

第三阶段：20世纪90年代中期至今，电子装置成为汽车设计中必不可少的装置。20世纪90年代后，汽车电子控制技术进入广泛应用阶段，几乎渗透到了汽车的各个组成部分。汽车电子控制技术成为提高和改善汽车性能的主要途径。在此期间，各种控制系统的功能进一步增强，性能更加完善。

动力控制方面，在发动机管理系统(EMS)的基础上，增加了变速器控制功能，拓展为动力传动控制系统(PCM)。汽车主动安全控制方面，在防抱死制动系统(ABS)的基础上，增加了牵引力控制系统(TCS)和驱动防滑系统(ASR)控制的功能。车辆稳定性控制方面，出现了车辆稳定性控制(VSC)系统，强化车辆稳定性系统(VSE)及智能悬架控制系统。被动安全控制方面，发展了主动安全带和安全囊的综合控制技术。改善驾驶人劳动强度和保障行车安全方面，在传统的巡航控制系统的基础上，出现了智能巡航控制(也称自适应巡航控制ACC)，其控制项目包括防抱死制动、牵引力控制及车辆稳定性控制等。驾驶人即使没有踩制动踏板，智能巡航控制也能在必要的时刻自动完成汽车制动操作，以保证安全。此外，在汽车内部环境的人性化设计方面，无线网络通信技术、防盗报警系统和车载防雷达等电子装置，得到了进一步的开发和应用。

以控制器局域网(CAN)为代表的数据总线(Data Bus)技术在此期间有了很大的发展。CAN总线将各种汽车电子装置连成为车载网络。在车载网络中，各控制装置独立运行，完成各自的控制功能，同时还可以通过通信线为其他控制装置提供数据服务，实现信息共享。

出现了以大规模集成电路和控制器局域网为特征的、多学科综合的汽车电子控制技术，是第三阶段的突出特点。其代表性技术有智能传感器、16位和32位微处理器、车载网络系统等。

二、汽车电子控制技术的发展特点

从上述3个发展阶段来看，汽车电子技术发展的特点如下：

1.汽车电子控制技术从单一的控制逐步发展到综合控制，如点火时刻、燃油喷射、怠速控制、排气再循环。

2.电子控制技术从发动机控制发展到汽车的各个组成部分，如防抱死制动系统、自动变速系统、信息显示系统等。

3.从汽车本身到融入外部社会环境。

三、汽车电子控制技术的发展趋势

当前，汽车电子控制技术的发展趋势主要体现在集成化、网络化和智能化几个方面。

1.控制系统集成化

将发动机管理系统和自动变速器控制系统集成为动力传动系统的综合控制；将制动防抱死控制系统、牵引力控制系统和驱动防滑控制系统综合在一起进行制动控制；通过中央底盘控制器，将制动、悬架、转向、动力传动等控制系统通过总线进行连接。控制器通过复杂的控制运算，对各子系统进行协调，将车辆行驶性能控制到最佳水平，形成一体化底盘控制系统(UCC)。

2.信息传输网络化

由于汽车上电子装置数量急剧增多，为了减少连接导线的数量，网络、总线技术有了很大的发展。如通过使用网络简化了布线，减少了电气节点的数量和导线的用量，同时也增加了信息传递的可靠性。利用总线技术将汽车中各种电控单元、智能传感器、智能仪表等连接起来，从而构成汽车内部的控制器局域网，实现各系统间的信息资源共享。

根据侧重功能的不同，美国机动车工程师学会(SAE)早期将总线协议粗略地划分为A、B、C三大类：A类是面向传感器和执行器的一种低速网络，主要用于后视镜调整、灯光照明控制、电动车窗控制等，目前A类的主流是LIN；B类是应用于独立模块间的数据共享中速网络，主要用于汽车舒适性、故障诊断、仪表显示等，目前B类的主流是低速CAN；C类是面向高速、实时闭环控制的多路传输网络，主要用于发动机、ABS和自动变速器、安全气囊等的控制，目前C类的主流是高速CAN。

但是，随着X-by-Wire线控技术的发展，下一代高速、具有容错能力的时间触发方式的通信协议，将逐渐代替高速CAN在C类网中的位置，力求在未来几年之内使传统的汽车机械系统变成通过高速容错通信总线与高性能CPU相连的百分之百的电控系统，完全不需要后备机械系统的支持，其主要代表有TTP/C和FlexRay。而在多媒体与通信系统中，MOST、IDB1394和监牙技术成为了今后的发展主流。此外，光纤凭借其高传输速率和抗干扰能力，越来越广泛地用作高速信号传输介质。

3.汽车智能化

汽车智能化相关的技术问题已受到汽车制造商的高度重视。智能汽车是一个集环境感知、规划决策、多等级辅助驾驶功能于一体的综合系统，集中运用了计算机、现代传感、信息融合、通信、人工智能及自动控制等技术，是典型的高新技术综合体。

智能汽车装备有多种传感器，能够充分感知驾驶人和乘客的状况、交通设施和周边环境的信息，判断驾乘人员是否处于最佳状态、车辆和人是否会发生危险，并及时采取对应措施。

汽车智能化还表现在汽车由交通工具到移动办公室的转换上。利用Windows操作系统开发的车载计算机多媒体系统，具有信息处理、通信、导航、防盗、语言识别、图像显示和娱乐等功能。

智能汽车与智能交通系统是相辅相成的。智能交通系统(ITS)是将先进的信息技术、通信技术、传感技术、控制技术及计算机技术等有效地集成运用于整个交通运输管理体系，而建立起来的一种在大范围内全方位发挥作用的、实时、准确、高效、综合的运输和管理系统。交通智能化代表着未来汽车和未来交通系统的发展方向。

四、汽车电子控制技术的应用概况

现代汽车的电气设备包括八大系统——电源系统、起动系统、点火系统、照明系统、信号系统、仪表系统、舒适系统、微机控制系统，都是由先进的电子技术和电子计算机来控制的。

电源系统的触点式电压调节器已由电子式调压器逐步取代，后者更轻便、更稳定、更精确。集成电路电压调节器效率高、体积小，易于更换。起动系统的起动继电器、点火开关和控制电路更离不开电子技术的支持。电子点火系统取代了传统点火系统。作为第三代电子点火装置，具有次级电压上升速度快、点火能量大、对火花塞积炭不敏感、高速点火可靠等优点，使发动机燃烧更充分、工作更可靠，同时还降低燃料的消耗，对改善排放污染起到积极的作用。汽车的照明系统、信号系统和仪表系统更是电子技术在汽车上的率先应用。汽车各个部件和总成上都融合了电子技术，如发动机电子控制系统、电子控制自动变速器、汽车电子制动稳定性控制系统、电子控制悬架系统、汽车电控转向系统、汽车巡航控制系统、汽车智能安全气囊系统、车载网络技术、汽车电子控制系统检测诊断。电子控制技术在提高汽车综合性能、推动汽车及交通智能化等方面发挥着不可替代的作用。汽车控制系统的集成化、网络化和智能化是电子控制技术的发展趋势。

汽车电子控制技术在提高汽车动力性、燃油经济性、安全可靠性、乘坐舒适性，改善汽车尾气排放和噪音控制，推进汽车及交通智能化等方面发挥着不可代替的作用。随着电子技术、控制技术和通信技术的快速发展，汽车的电子化程度越来越高，汽车电子控制技术的应用越来越广泛。

目前，汽车电子控制技术已经成为衡量汽车技术发展水平的重要指标。未来汽车技术的发展和汽车性能的进一步提高，仍将依赖汽车电子控制技术的发展。

◇黄石市俊贤高级技工学校 张辽星

教学教法

电感型镇流器日光灯电路的解题方法(二)

(紧接上期本版)

(3)镇流器的直流电阻 R1

根据图 3，利用电压三角形可写出下面关系式：

$U_{L1}^2=U_L^2-U_{R1}^2$……①

$U_{L1}^2=U^2-U_R^2$……②

由式①②可得：$U_R^2=U^2-U_L^2+U_{R1}^2$……③

又 $U_R=U_{R1}+U_{R2}$……④

把式④代入式③可得：

$$U_{R1}=\frac{U^2-U_L^2-U_{R2}^2}{2U_{R2}}=\frac{220^2-170^2-100^2}{2\times100}=47.5(V)$$

所以 $R_1=\frac{U_{R1}}{I}=\frac{47.5}{0.4}\approx119(\Omega)$

(4)镇流器的等效电感 L_1

由 U_L、U_{L1}、U_{R1}构成的电压三角形可知：

$$U_{L1}=\sqrt{U_L^2-U_{R1}^2}=\sqrt{170^2-47.5^2}=163.2(V)$$

$$X_L=\frac{U_{L1}}{I}=\frac{163.2}{0.4}=408(\Omega)$$

$$L=\frac{X_L}{2\pi f}=\frac{408}{2\times3.14\times50}=1.3(H)$$

(5)电路的功率因数 $\cos\varphi$

$$\cos\varphi=\frac{U_R}{U}=\frac{U_{R1}+U_{R2}}{U}=\frac{47.5+100}{220}=0.67$$

(6)镇流器的功率因数 $\cos\varphi_1$

$$\cos\varphi_1=\frac{U_{R1}}{U_L}=\frac{47.5}{170}=0.30$$

(全文完)

◇福建省上杭职业中专学校 吴永康

在Windows上使用Python进行开发(一)

作为流行编程语言，由于在数据分析、机器学习、以及Web开发等领域有着相当的优势和表现，Python受到越来越多的支持。近日，微软上线了一套Windows Python开发教程，内容包括设置开发环境、在Windows与WSL子系统中安装相应开发工具，以及如何集成 VS Code 和 Git 等工具的指南。Windows 正在做出支持 Python 开发人员的重大改进。

设置开发环境

对于不熟悉 Python 的新手，我们建议从 Microsoft Store 安装 Python(https://www.microsoft.com/zh-cn/p/python-37/9nj46sx7x90p?activetab=pivot%3Aoverviewtab)。通过 Microsoft Store 安装将使用 basic Python3 解释器，但会为当前用户(避免需要管理员访问权限)设置路径设置，并提供自动更新。如果你处于教育环境或组织中限制权限或管理访问权限的部分，则此项特别有用。

如果在 Windows 上使用 Python 进行web 开发，则建议为开发环境设置其他设置。建议通过适用于 Linux 的 Windows 子系统安装和使用 Python，而不是直接在 Windows 上安装。有关帮助，请参阅:开始在 Windows 上使用 Python 进行 web 开发(https://docs.microsoft.com/zh-cn/windows/python/get-started/python-for-web)。如果你有兴趣自动执行操作系统上的常见任务，请参阅以下指南：开始在 Windows 上使用 Python 进行脚本编写和自动化(https://docs.microsoft.com/zh-cn/windows/python/get-started/python-for-scripting)。对于某些高级方案(例如需要访问/修改 Python 的已安装文件、创建二进制文件的副本或直接使用 Python Dll)，你可能需要考虑直接从python.org 下载(https://www.python.org/downloads/)特定的 Python 版本，或考虑安装一种替代方法(https://www.python.org/download/alternatives/)，如 Anaconda、Jython、PyPy、WinPython、IronPython 等。仅当你是更高级的 Python 程序员时，才建议使用此方法，具体原因是选择替代实现。

安装 Python

使用Microsoft Store安装Python:

1.中转到 "开始" 菜单(左下方的窗口图标)，键入 "Microsoft Store"，选择用于打开应用商店的链接。

2.打开存储区后，选择右上方菜单中的 "搜索"，然后输入 "Python"。从 " 应用 " 下的结果中打开 " Python 3.7"。选择 "获取"。

3.Python 完成下载和安装过程后，请使用 "开始" 菜单 (左下方的窗口图标) 打开 Windows PowerShell。打开 PowerShell 后，输入 Python-version以确认已在计算机上安装 Python3。

4.Python 的 Microsoft Store 安装包含pip，即标准包管理器。Pip 允许你安装和管理不属于 Python 标准库的其他包。若要确认还具有用于安装和管理包的 pip，请输入 pip-version。

安装 Visual Studio Code

通过使用 VS Code 作为文本编辑器/集成开发环境(IDE)，可以利用IntelliSense(代码完成帮助) Linting (有助于避免在代码中产生错误)、调试支持(帮助你在中查找错误)运行后的代码)、代码片段(小型可重用代码块的模板)以及单元测试(使用不同类型的输入测试代码的接口)。

VS Code 还包含一个内置终端，使你能够使用 Windows 命令提示符、PowerShell 或你喜欢的任何方式打开 Python 命令行，从而在你的代码编辑器和命令行之间建立无缝的工作流。

1. 若要安装 VS Code，请下载适用于https://code.visualstudio.comWindows 的 VS Code:。

2. Python 是一种解释型语言，若要运行 Python 代码，必须告知 VS Code 要使用的解释器。建议坚持使用 Python 3.7，除非你有特定的原因要选择其他内容。若要选择 python 3 解释器，请打开命令面板(Ctrl + Shift + P)，开始键入以下命令：选择 " 解释器" 进行搜索，并选择命令。你还可以使用底部状态栏上的 "选择 Python 环境" 选项(如果可用)(它可能已显示选定的解释器)。该命令显示 VS Code 可以自动查找的可用解释器列表，包括虚拟环境。如果看不到所需的解释器，请参阅配置 Python 环境(https://code.visualstudio.com/docs/python/environments)。

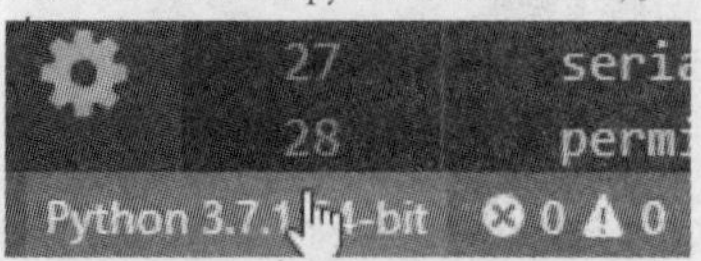

3. 若要在 VS Code 中打开终端，请选择 "查看 > 终端"，或者使用快捷方式Ctrl + ˊ (使用反撇号字符)。默认终端为 PowerShell。

4. 在 VS Code 终端中，只需输入以下命令即可打开 Python: python

5. 输入以下内容，尝试使用 Python 解释 print("Hello World") 器:。Python 将返回语句 "Hello World"。

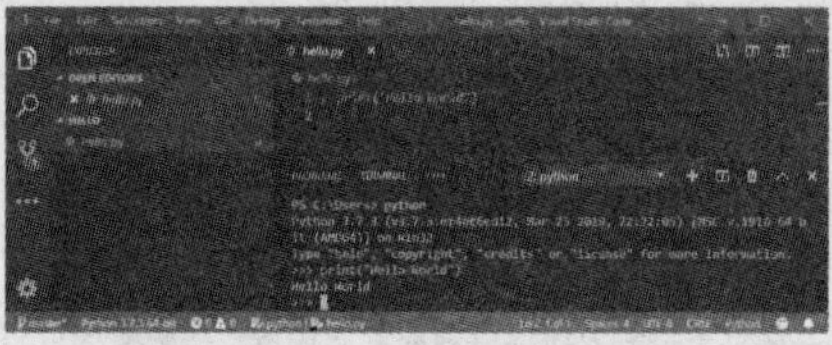

安装 Git (可选)

如果你计划在 Python 代码上与其他人进行协作，或在开源站点 (例如 GitHub) 上托管你的项目，VS Code 支持使用 Git 进行版本控制。VS Code 中的 "源代码管理" 选项卡跟踪所有更改，并在 UI 中内置内置的 Git 命令(添加、提交、推送和拉取)。首先需要安装 Git 才能打开源代码管理面板。

1.从git-scm 网站(https://git-scm.com/download/win)下载并安装适用于 Windows的Git。

2. 其中包含了一个安装向导，该向导将询问一系列有关Git安装设置的问题。建议使用所有默认设置，除非您有特定原因要更改某些内容。

3.如果以前从未处理过 Git，GitHub 指南(https://guides.github.com/)可帮助你入门。

有关某些 Python 基础知识的Hello World教程

根据其 creator Guido van Rossum，Python 是一种 " 高级编程语言"，其核心设计理念全部与代码可读性和语法相关，使程序员能够在几行代码中表达概念。

"Python是一种解释型语言。与编译的语言不同，你编写的代码需要转换为机器代码才能由计算机处理器运行，Python 代码直接传递给解释器并直接运行。只需键入代码并运行代码。试试吧!

1. 打开 PowerShell 命令行后，输入python以运行 Python 3 解释器。(某些指令更喜欢使用命令py或python3，它们也应该有效。)你将知道，你会成功，因为将显示一个>>>提示，其中三个符号为三个。

2. 可以通过几种内置方法修改 Python 中的字符串。使用以下方式创建变量：variable = ˊHello World! ˊ。对于新行，请按 Enter。

3. 用以下内容打印变量print (variable):。这会显示文本 "Hello World! "。

4. 使用：len(variable)查找字符串变量的长度和使用的字符数。这会显示使用了12个字符。(请注意，该空格在总长度中被计为一个字符。)

5. 将字符串变量转换为大写字母：variable.upper()。现在将字符串变量转换为小写字母：variable.lower()。

6. 计算在字符串变量中使用字母 "l" 的次数：variable.count("l")。

7. 搜索字符串变量中的特定字符，让我们查找感叹号，使用：variable.find("!")。这会显示感叹号位于字符串的第11个位置字符中。

8. 将感叹号替换为问号：variable.replace("! ", "?")。

9. 若要退出 Python，可以输入exit()、quit()或，然后选择 Ctrl+z。

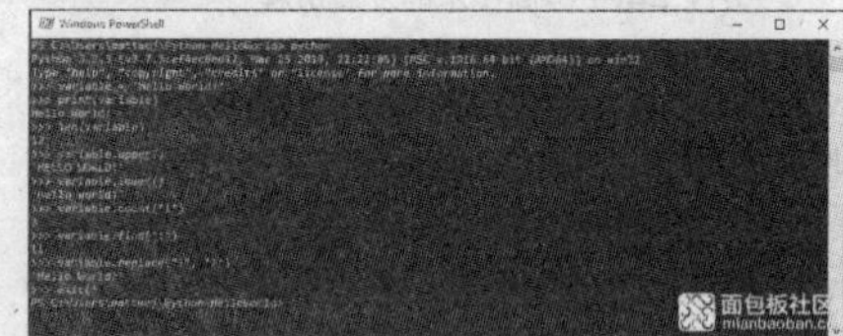

希望使用 Python 的某些内置字符串修改方法时要开心。现在，请尝试创建 Python 程序文件并使用 VS Code 运行该文件。

使用 Python 与 VS Code Hello World 教程

VS Code 团队已结合了有关 Python 的精彩入门教程 (https://code.visualstudio.com/docs/python/python-tutorial#_start-vs-code-in-a-project-workspace-folder)，介绍如何使用 python 创建 Hello World 程序、运行程序文件、配置和运行调试器，以及安装程序包(例如matplotlib和numpy在虚拟环境中创建图形绘图。

1. 打开 PowerShell 并创建名为 "hello" 的空文件夹，导航到此文件夹，然后在 VS Code 中打开它:

```
console
→ mkdir hello
→ cd hello
→ code .
```

2. VS Code 打开后，在左侧的资源管理器窗口中显示新的 " hello " 文件夹，通过按Ctrl + ˊ (使用反撇号) 或选择 "查看 > ",在VSCode的底部面板中打开命令行窗口。终端。通过在文件夹中开始 VS Code，该文件夹将成为你的 " 工作区"。VS Code 存储特定于 vscode/settings 中的工作区的设置，它们不同于全局存储的用户设置。

3. 继续 VS Code 文档中的教程：创建 Python Hello World 源代码文件(https://code.visualstudio.com/docs/python/python-tutorial#_create-a-python-hello-world-source-code-file)。

使用 Pygame 创建简单游戏

Pygame 是一种流行的 Python 包，用于编写游戏-鼓励学生学习编程，同时创建有趣的东西。Pygame 在新窗口中显示图形，因此它将无法在 WSL 的命令行方法下运行。但是，如果您通过本教程中所述的 Microsoft Store 安装了 Python，它将正常工作。

1. 安装 Python 后，通过键入 python -m pip install -U pygame --user 从命令行 (或 VS Code 内的终端) 安装 pygame。

2. 通过运行示例游戏来测试安装：python -m pygame.examples.aliens

3. 一切正常，游戏就会打开一个窗口。完成播放后，关闭窗口。

(未完待续)(下转第568页)

◇ 刘光乾

广电总局超高清测评系统助力高新视频发展：可鉴别“真假4K”

8月28日消息，国家广播电视总局广播电视规划院参加青岛国际影视博览会，在展会上，中共中央宣传部副部长、国家广播电视总局党组书记、局长聂辰席和山东省委书记、省人大常委会主任刘家义等广电总局及山东省领导莅临规划院展台参观指导。

广播电视规划院院长余英重点介绍了规划院最新研发的超高清节目技术质量测评系统。总局领导对规划院在超高清方面的工作给予了充分肯定，并希望规划院未来能在超高清视频质量评价领域作出更大的贡献。

规划院在本次展会上展示了“超高清节目技术质量测评系统”、“超高清测试图像序列标准”和“超高清测试评估服务”三个方面的内容。

超高清节目技术质量测评系统

劣质超高清节目损害观众利益，破坏行业健康生态，开展超高清节目技术质量评估对维护行业高质量发展十分必要。广播电视规划院充分挖掘多年积累的视频图像主观评价经验，联合高校研究力量，引入人工智能，成功开发出超高清节目技术质量智能评价系统，有力满足我国超高清产业规模化高质量发展的需要。

系统包括两种形态，基于文件的软件平台和基于实时信号的硬件平台，分别支持基于文件的超实时评价和基于SDI信号的实时评价，可应用于超高清节目源质量评估及超高清节目播出质量监测，鉴别“真假4K”，有效考察超高清节目传输质量。

评价系统基于图像自由能特征、自然统计特征、视觉特性特征、图像频谱特征等，结合机器学习，以实现超高清节目技术质量的智能化测评。

系统可逐帧给出评估分值，评估结果与主观评价结果有着较高的一致性。优质节目、“真4K”片源评分较高，质量较差节目、“假4K”片源评分较低。

通过不同类型的高低质量4K、“真假4K”节目的大节目样本、大数据量评估结果统计，系统对超高清节目技术质量评估的准确率达到了90%以上，可有效评估节目质量，鉴别“真假4K”。

广播电视规划院将持续研究，对系统不断优化，更好地服务于超高清节目质量评价，助力广播电视和网络视听产业高质量发展。

超高清测试图像序列标准

作为超高清主观评价的标准素材，超高清测试图像序列包括64个序列，均为精心设计、高质量制作的标准图像序列。其中17个已被ITU正式采纳作为标准测试图像，超过日本、欧洲、美国，为ITU贡献了数量最多的超高清测试图像。

超高清测试评估服务

广播电视规划院以超高清测试评估平台及超高清标准研究与测试实验室为依托，为行业提供科研、标准、咨询、测试、认证及产品等服务，业务范围涉及整个超高清链路，包括摄录、前期制作、后期制作、播出分发、传输及接收显示等环节。目前已提供的典型服务案例包括：中央电视台4K超高清技术体系建设工程可行性研究；超高清摄像机、演播室、转播车、后期制作、播出、编解码器、显示设备等系统及设备测试；《超高清电视节目制作和交换参数值》标准制定等。

◇北京 高菲

调频发射机10KW合成器拆卸技巧

在实际工作中，我们每年都要对调频发射机10KW合成器进行年度维修保养。但是，拆卸10KW合成器非常麻烦，而且容易损坏硬馈的芯子和转接头。根据我台七部调频发射机的维修经验，我们总结了10KW合成器拆卸的一些技巧，分享给从事调频发射机工作的维修人员，步骤如下：

第一步：从前面板关闭发射机，关闭低压电源断路器CB1，切断交流电源。拆下发射机前面的电源箱盖板，拧下发射机后面风扇箱的六个螺丝和两个螺帽。拆风扇箱时，要慢慢向外滑动。小心地拆下风扇电源线，把风扇箱彻底拆下来。拧开电源底座的固定螺丝。

第二步：拆下电缆W21。W21是一条灰色带状电缆，电缆接头是橙色的，接在电源箱前面、整流器的右侧。找出两个整流器中间的灰色接线板A17TB1，A17TB1的接线槽从左到右依次是1#~8#。从1#上拆下1#线；从3#上拆下2#线；从5#上拆下3#线；从7#上拆下40#线；从8#上拆下41#线。在电源箱顶部，有固定接地电缆的螺丝。橙色接地电缆分别是46#、260#、60#和246#，把它们拆下来。把直流输出电缆从各自的穿壁电容上拆下来，C8上拆252#、C7上拆245#、C4上拆52#、C3上拆45#。

第三步：拿住拆下的电缆，慢慢地把电源组件从电源箱中向外拉。拉到电源箱的一半停住，观察一下，不要扯着别的电缆。从整流器上拆下蓝色带状电缆，W11、W21和W212。在两个变压器中间，左边的底盘上找出A1J2和A1P2，断开它们的连接。将电源组件慢慢向外拉出约3/4的位置，小心不要扯到别的电缆。从整流器板上拆下W12，然后把整个电源组件全部拉出来。

第四步：在电源正上方，有一个罩着10KW合成器的铝盒子，拧开四周的螺丝，就可以拆下铝盖了。此时，可以看到10KW合成器组件了。然后，到发射机后面，看到接在10KW合成器上的两个5KW输出馈管。它们是1 5/8英寸的铜管，左、右各一根，中间是10KW输出端。3 1/8英寸的输出馈管插在底座上，没有任何包箍或其他固定的地方，只要向上拔，就可以拆下滤波器了。

第五步：拆下发射机顶部的输出电缆和馈管，拆下接在定向耦合器上的电缆J3 J4和J5，拆下顶部的底盘和连接装置。这样，就可以把滤波器向上拔出约15厘米。松开两个包箍，拿住滤波器，并把它从10KW合成器中拔出。然后，再把包箍拧紧，利用机箱顶部，固定住已经拔出的滤波器。

第六步：从10KW合成器的J4上拆下线W143。一个人在前面，另一个人在后面，拿住10KW合成器，松开两个5KW合成器输出馈管的包箍，拆开合成器四周的硬件。拧开低通滤波器下端后面的2个螺丝，卸下合成器输出支架，慢慢把它从发射机上向下平放，以便于5KW合成器的输出端脱离开来。拆开10KW合成器的支架，让它能够从发射机中完全取出来。把合成器放在适当的工作面上，从盖板上拧开32个螺丝，拆下盖板，合成器内部的物理结构和工作情况，就全部暴露了出来。至此，10KW合成器就顺利地拆卸下来了。

◇山东 付恺 宿明洪

HD520 卫星高清接收机无信号维修实录

接修外地网友一台HD520卫星高清接收机，描述的故障现象是开机无信号，根据过去维修经验来看大多是极化供电或调谐芯片有问题。拆开机器通电测量发现极化电压在13V-18V间变化，说明LNB极化供电完全正常。进入系统设置界面发现信号强度始终为红色93%，而正常的接收机在没有接室外高频头情况下信号强度和信号质量均为0，看来问题出在调谐芯片M88TS2022(TU2)身上，没想到在一代中九机器上拆下一只同型号芯片装上后故障依旧。

观察电路板发现该机信道解调电路也是单独的，由M88DS3103(TU1)组成，如图1所示，测量其工作条件发现供电滤波电感TL1处电压公2V多些，而查资料得知M88DS3103正常工作时供电为3.3V，供电电压明显异常。通过跑线发现整机3.3V供电由U10(丝印S15BCB)+L1组成的DC/DC电路提供，经Q16(用于待机控制)后送至TL1，通电测量发现Q16的S极电压为3.3V，而D极为2V多些，这说明后级有短路或Q16本身有问题。用风枪拆下Q16，将维修电源调到3.3V接入Q16的D极处，发现电源0.7A左右，看来没有短路处。由于找不到类似的场管代换，干脆将焊盘DS极短路，如图2所示，此时不接室外单元信号强度和信号质量均为0，接上138室外单元收视节目一切正常，如图3所示，取消Q16仅遥控待机后功耗变大，其他方面无影响。

◇安徽 陈晓军

如何选择KTV点歌系统

目前,全国销售KTV点歌系统的厂家很多,但是,国家没有对这个行业制定质量标准,使得用户不知道如何挑选是好,很多就仅从价格上去考虑,而使用了一段时间后,就会发现自己花的钱买的KTV点歌系统可能不是最好的,可能再花多一点的钱就会买到具备更好效果的产品,重新投资吧,不划算,不改造吧,又影响经营,使得用户进退两难。

造成这样的原因是以下几个方面:

第一、在选择KTV点歌系统时没有一个标准,不知道从什么地方下手去评判一个系统的好坏,这样选择出来的产品就会不周全,就会在某一个方面出现问题;

第二、用户不够重视,很多用户都把装修家具做的很出色,但是就是对点歌系统没有给予足够的重视,最后,只是从价格上考虑,以价格为标准来选择产品,这样就给经营埋下了隐患;

第三、用户投资的经济状况,有些用户初次进入这个行业,可能为了避免风险,选择了价格便宜并且没有达到经营要求的点歌系统,这样也会造成日后的经营损失;

第四、选择系统的时候会有很多复杂的因素,造成在选型的时候,明明有可以达到标准的系统,用户也有钱,但是没有选中,而是拿着购买品牌达标的钱买了非品牌未达标的产品,这样钱没有少花,效果没有达到。

选择一套好的KTV点歌系统品牌需要综合考虑,主要从以下几点进行筛选:

点歌系统

这是对经营者和客人同样重要的,来KTV就是为了唱歌的,没有点歌系统不行,点歌系统不好也不行。对经营者:点歌系统的稳定性、系统架构都很重要,这是牵扯到是否能够挣到钱的问题;对客人:就是点歌系统的界面是否美观、是否人性化、是否快捷、是否简便。

点歌系统之因为市场种类很多,是由于入行的门槛比较低,目前全国起码有上百家能经销点歌软件的公司,还包括盗版者,各自的水平高低不一致,界面也是五花八门,但什么是好,什么是功能全,还要让经营者说了算,无论什么样的界面最后的目的都是为了把歌给点出来,如果设计的界面很复杂,不人性化,点一首歌需要花很长的时间,那么客人就不满意了,关键是能否赶紧把所需要的歌曲点出来,当然了,经营者还是要能够保证有自己特色的界面,尽管系统稳定,也需要有差异性,有些厂家由于种种原因,不能为经营者设计自己风格的界面,有的厂家是买的别人的产品或者是盗版,也不能为经营者设计界面。

软件的稳定性还是要经过长期使用后才会被证实,没有一家的软件敢说不出问题,只是相对稳定,既然是相对稳定,那就有好有坏,所以需要对软件的功能和稳定性进行特别注意。首先要看厂家所提供的方案是不是合适,是不是能起到最大的安全保证,还要调研其系统所使用过经营者的意见,更要听听其系统在市场上的口碑。

歌曲库

歌曲是客人很直观地评价一个歌厅的水平,来歌厅是为了唱歌,那歌曲的质量好坏就会成为影响一个歌厅经营很重要的因素。KTV场所在经营中对自己的歌库要有个高的标准,其实考察歌库的水平就和考察点歌软件是一样的,要看有多少歌曲,有多少好版本好质量的歌曲,有多少不重复的歌曲,还要考虑到歌曲的版本,很多点歌系统是不能显示歌曲版本的,但是对客人就非常的需要,所以这个也是衡量KTV场所歌库的一个很重要的因素,因为歌曲MTV版的越多,并且歌曲大多数是DVD的,说明歌曲库质量好,否则,歌曲是DVD的,但都是风景和人物的,就不是好歌库,VCD的质量太多的歌曲也不是好歌库。所以,KTV场所在歌库的建立上,要注重音频(KTV最要重视的就是音频,要保证能唱)、视频(视频就要看清晰度、版本、字幕和音乐的配合),然后就是歌曲的更新和歌曲的数量。现在KTV场所采用歌曲库最重要的问题是歌曲的版权问题,在VOD点播行业中一些大型厂商都与国家版权部门有很好的合作,可以帮助用户加入到正规的交纳版权费用的队伍中,从正确的途径解决歌曲版权问题。

后台管理软件

管理系统俗称后台管理软件或后台收银系统,是专门针对KTV管理者开发使用的,如果没有这个软件,那些小的歌厅还行,大的量贩式、夜总会在管理上就会有问题,而后台管理系统是随着管理方的管理模式而变化的,管理是没有定式的,一家有一家的要求,往往是满足了这家,满足不了下一家,只有积累了很多管理模式的后台管理系统才会满足经营者的要求。所以,后台系统好不好用,能不能灵活的改动,都是评价后台管理系统的因素,毕竟后台管理系统不是KTV厂家的强项,点歌的需求就那么多,很好满足,可是后台就不一样,要想满足就需要有很高的技术。凡是那些后台管理系统不要钱的或少要钱的,都是不负责任的厂家,肯定就是将就经营者,或是被市场的竞争逼得没有办法了,就是经营者买了也不会得到好的服务,当然,谁给的钱多谁就会得到好的服务应该是一种常理。

就目前的后台管理系统来说,是需要分在夜总会上使用,还是在量贩式上使用,两者有联系,也有很大的区别。后台系统和点歌系统之间又有千丝万缕的联系,融合的越紧密就越好,如果这两者不是一家研发的产品,就会出现很多的缺憾,不能很好地为用户服务。

在评价后台系统上,一定要区分为经营和管理两大方面功能的实现程度,经营就是:能不能按照场所需要的各种模式来进行各种操作,是不是能及时的调整经营的模式,设置上是不是灵活,经营涉及的方面是不是广泛;管理就是:不管经营怎么样,管理者最后需要的各种数据是不是能够体现出来,是不是能够灵活的组合报表的内容,是不是有数据的分析能力。

售后服务

经营场所从买了产品后的第一天起,就有售后服务的要求了,所以,选择好的售后产品是一个很关键的指标,售后服务主要体现在对系统的正常维护、修改用户的特殊需求、升级软件,过保服务等方面。

◇江西 谭明裕

复古收音机—“猫王原子唱机-B612”

这是一台名为“猫王原子唱机—B612”复古造型的迷你收音机,虽然唱片机一样的造型看上去有点“古董”的感觉,但是功能一点也不差。

功能设定

猫王原子唱机-B612三视图

旋钮掌控者音量的大小和暂停,拨杆负责曲目的切换和快进,滑扭兼顾开关和蓝牙,功能相对独立各司其职。

虽然外观复古,但在这个万物同手机互联的时代,“猫王原子唱机-B612”还支持手机点播。扫描机身背部的二维码即可获得官方的“猫王妙播”APP,机子绑定之后就免费赠送三个月的会员。除了支持市面上主流的音乐APP播放外,还可以选择官方的OH PLAY风格设定,内置文化频道猫王音乐台,可以每日更新电台音乐节目。

通过图示对比可以看出“猫王原子唱机—B612”体积非常小,比上一代猫王小王子显得更小,外壳材质也由实木改为金属。那么不免有人疑问,这么小的体积,音量(色)如何?

首先该机的重量还是不轻的,裸机约130克;它搭载了一台额定功率3W、阻抗4Ω的扬声器。虽然功率相对很小,在低音表现上也稍显不足,但日常居家使用还是足够的。总体音质和当前的普通家用蓝牙音箱类似,但在在中音高音方面,表现力还是相当不错的。

满电状态下,正常音量播放可持续7个小时;另外背部有4个小脚垫,顶部是挂绳孔(附送挂绳),十分方便携带。

“猫王原子唱机-B612”目前售价为299元,感兴趣的朋友不妨试试。

零冷水热水器

冬天洗澡是件麻烦的事,开启后多少要等一定的时间水才会变热。这是因为热水器加热开启后,热水器会先加热胆瓶内的凉水;当打开水开关后,热水流到出水口有段距离,这段距离内的水都是冷水,所以热水会先将这部分的凉水顶出来,才会流出热水。

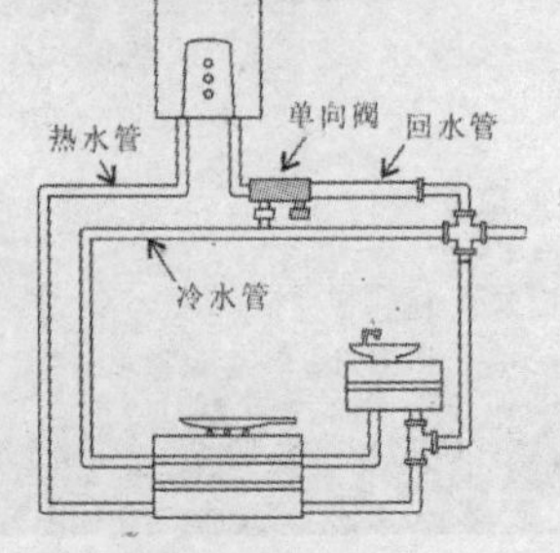

当然也有零冷水式的热水器,当你一打开水龙头就能有源源不断的热水出来,无需再等待。其原理很简单,零冷水燃气热水器通过把热水管中残余的冷水带走,先循环加热再进行供水。

再说的简单点,就是比传统的热水器多了一个循环泵,通过循环泵将热水管内残留的冷水抽走罢了。

但这个方法只适合还没有装修的时候,要想使用零冷水燃气热水器则必须在装修之前就将回水管给埋好。如果已经装修好的房子再去铺设回水管,那就非常麻烦了。

如果是已经装修过的普通热水器,就需要在外部加装一个回水器,通过循环阀实现回水即可,当然代价是会占用一定的空间。

随着近年来大众生活质量的提高,不少厂家如美的、海尔、万和、A.O.史密斯、万家乐、华帝、林内、能率、云米等品牌先后推出零冷水产品。不过目前还存在售价偏高的情况,最低价位都是1599元、多数价位在1999元~2999元之间。随着技术的不断成熟和市场竞争,相信以后的价格会不断下降。

(本文原载第47期11版)

2019年11月24日出版　实用性　启发性　资料性　信息性

第47期　国内统一刊号:CN51-0091　定价:1.50元　邮局订阅代号:61-75

地址:(610041)成都市武侯区一环路南三段24号节能大厦4楼　网址:http://www.netdzb.com

(总第2036期)　让每篇文章都对读者有用

PC 农场

近期，英特尔又带来了一套全新的PC解决方案——PC农场,其被定义为“PC新物种”以及“生产新工具”,其外观与服务器相仿,但事实上确是实打实的PC。它的出现,重新定义了PC的使用场景、使用方式,使得Personal Computer的定义被放大。而且在我看来,如果以“共享电脑”来命名的话,可能会更加容易让人理解其定位。

定义

PC农场外形是服务器,但内核是货真价实的PC。二者一个主要区别是，服务器可以允许多人同时访问，但PC农场一台机器同时只能一个人使用，一个人用完下线了,另一个人可以接着使用这台机器。

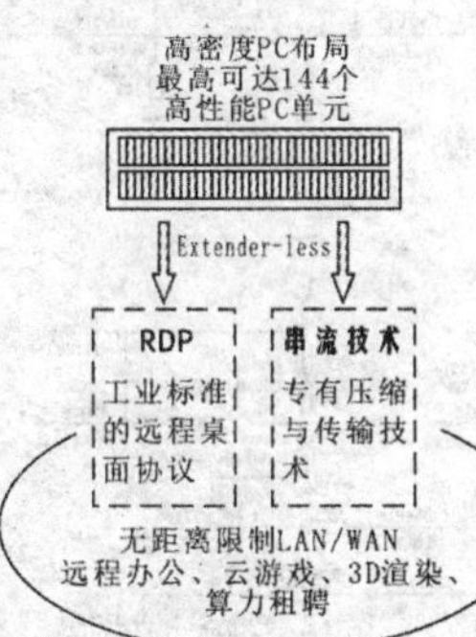

它通过服务器式的高密度部署，使得每个每机柜可达144个高性能PC单元,也就是1个机柜可以容纳144台PC。如果每台机器都有人使用的话,同时可以支持144人使用。

通过高密度、集中化的部署,PC农场拥有空间和费用节省,简化实施和维护管理,提升产品利用率,便于数据资产保护的特性。同时其三个技术要点为:PC高密度放置,人机界面远程延伸,以及高效率管理。

配置(见表)

与服务器的硬件配置采用的至强平台不同,之所以叫PC农场是因为它的硬件配置就是采用常见的酷睿i5、i7等平台,以及普通大众用户使用的内存、硬盘、显卡构成,仅仅是外观上像服务器而已。

简而言之就是,PC农场外形与服务器相仿，但配置与定位均与普通PC无异;非单一部署,而是采用高密度的集中化部署方式;1个机柜可以部署144台PC,节约空间和成本。

系统

系统安装也是非常简单快捷，除了厂家定制系统外,也可以快速安装各种版本的Windows系统,其流程如下表:

不过由于带“云端”功能,因此界面交互和个人PC还是有区别的,主要方案有两种。

延长器方案

延长器方案

直连延长器
成对设备（TX，RX）
标准网线介质RJ45
传输HDMI+USB信号
无损，无延迟
最远100米（无中继器）
适用于游戏、渲染等
高性能需求

无延长器方案又分为两种:

无延长器方案一

RDP延伸方案
可采用瘦客户端
标准RDP协议

低延迟（局域网）
适用于办公、教学等
无距离限制

无延长器方案二

串流延伸方案
专有压缩和传输技术
适用于各种终端设备
（需要安装相应的客户端软件）
低延迟（局域网）
专业的行业应用
无距离限制

针对不同的方案,英特尔会为客户提供专业的团队和技术支持,帮助用户完成部署和调试。

使用延长器方案的话,那么PC农场与客户终端之间必定不会离得太远,比如上面提到的设计工作室、培训教室等场景。通过延长器接收盒在个人终端与PC农场之间建立连接,应该是更加经济实惠、更稳定、更容易实现的部署方案。

其次,非延长器方案必然是通过网络将PC农场的画面投射到用户的终端设备上,计算在PC农场实现,显示部分和操控交互部分在用户手上的终端设备上实现。在网速允许的情况下,老旧的个人电脑、平板电脑、智能手机等已换发新机;甚至还可以在移动端上玩PC游戏等功能。

管理方案

PC的集中部署和管理早已有先例了,曾经的英特尔vPro方案就是一种使用虚拟PC进行统一部署和管理的方法。但是PC农场又与之前的方案有区别。

1.PC农场是把多个PC单元整合到一起,这样的话在部署过程中就更为简单。

2.PC农场是将PC(Personal Computer),从个人电脑的定义中“解放”出来,实现了个人电脑的集中式管理。

3.PC农场可以使单个PC单元的利用率达到最大化,规避资源闲置和浪费。

PC农场通过虚拟化系统为用户提供服务，那么针对虚拟化系统，自然会有更高效的管理软件。英特尔以及其合作伙伴为PC农场方案提供了多种管理方式，比如传统的单机系统管理、无盘集中管理方案,对于小规模部署而言,可以选择这种管理方式;而通过虚拟化技术,利用管理软件英特尔定制开发)实现大规模、大量PC单元的效率管理;以及硬件方面(主要是IP-MI)管理和控制方案。

U盘安装虚拟化系统
或
原厂预装定制系统

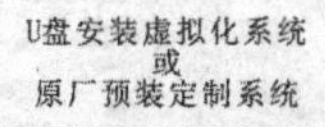

配置网络
（DHCP环境直接省略）
（大约2分钟）

网盘或U盘
导入虚拟镜像
（大约10分钟）

虚拟化管理系统的优点

1.带外管理控制可实现与操作系统无关的管理,比如即便遇到蓝屏和死机情况,依旧能够保证可管理性;同时实现节点的网络远程开关机、重启;实现机箱内部温度的远程监控;实现机箱内部的风扇智能控制,也适合冗余电源的电源管理。

冗余电源:是用于服务器中的一种电源,是由两个完全一样的电源组成,由芯片控制电源进行负载均衡,当一个电源出现故障时,另一个电源马上可以接管其工作,在更换电源后,又是两个电源协同工作。冗余电源是为了实现服务器系统的高可用性。除了服务器和PC农场外,磁盘阵列系统也非常适合。

2.基于用户管理和业务逻辑流程的OS的作业镜像管理,可实现高效系统部署、调度,以及硬件资产复用。具体包括:镜像部署、升级和同步、镜像备份+回滚、系统还原保护、批量安全功能配置、批量镜像切换以及定时开关机等维护和管理功能。

应用场景

根据PC农场的特点来看,它很适合被部署在中小型企业之中。比如设计工作室、VR影院、云游戏、远程3D渲染、教育培训机构等,这些工作场景有一个共同特点就是需要集中化的、高密度的PC部署,而PC农场是非常适合的方案。

(本文原载第46期11版)

延长器硬件

1.延长器组件:2k/4k
2.超五类/六类网线
（屏蔽线优选）
3.本地部署、教室、SMB

RDP/串流方案

1.网络I/O组件
（瘦客户机/终端设备）
2.普通网络
3.云端部署

软件管理方式

1.单机系统/无盘管理
（传统方案/PXE boot）
2.虚拟化管理
（适用于海量PC管理）
3.IPMI（硬件管理）

规格	KBL-G 8 节点 (独显) 8+8		CFL-SR 8 节点 (核显) 8+0	CFL-SR 4 节点 (独显) 4+4
CPU	i7-8709G 3.1GHz/4.1GHz 4C/8T	I5-8305G 2.8GHz/3.8GHz 4C/8T	Gen8/9 65W TDP LGA1151 Up to i9 9900 (非 F 处理器)	Gen8/9 65W TDP LGA1151 Up to i9 9900
GPU	RX Vega M GH Graphics +HD 630	RX Vega M GL Graphics +HD 630	Intel UHD Graphics	RTX2070 RTX2060 GTX1660Ti + Intel UHD Graphics
内存	SODIMM 2×Dim (最大支持 16GB×2 2400)		SODIMM 2×Dim (最大支持 16GB×2 2133/2400)	
存储	1×M.2(SATA/NV/ME)或 1×SATA(2.5〃HDD/SSD)			
网络	1Gb NIC			
芯片组	HM175		H310C	
I/O	2K 延长器/4K 延长器/网络 I/O			
管理				IPMI

康佳KLD+L080E12-01背光灯板原理与维修(三)

(紧接上期本版)

R7121～R7125为Q7101的S极电流取样电阻，R7121～R7125两端电压反映了Q7101的电流大小，产生ISW11电流取样电压，反馈到OZ9986的⑤脚内部控制电路，对开关管Q7101的工作电流进行监测。当Q7101发生过流故障，⑤脚电压达0.5V时，OZ9986采取保护措施，停止输出激励脉冲DRV1，直到下一个驱动器周期开始。

2)BUCK均流控制电路

背光灯点亮后，均流电路对LED灯串回路电流进行控制，达到调整灯串亮度平衡的目的。

(未完待续)(下转第572页)

◇海南 孙德印

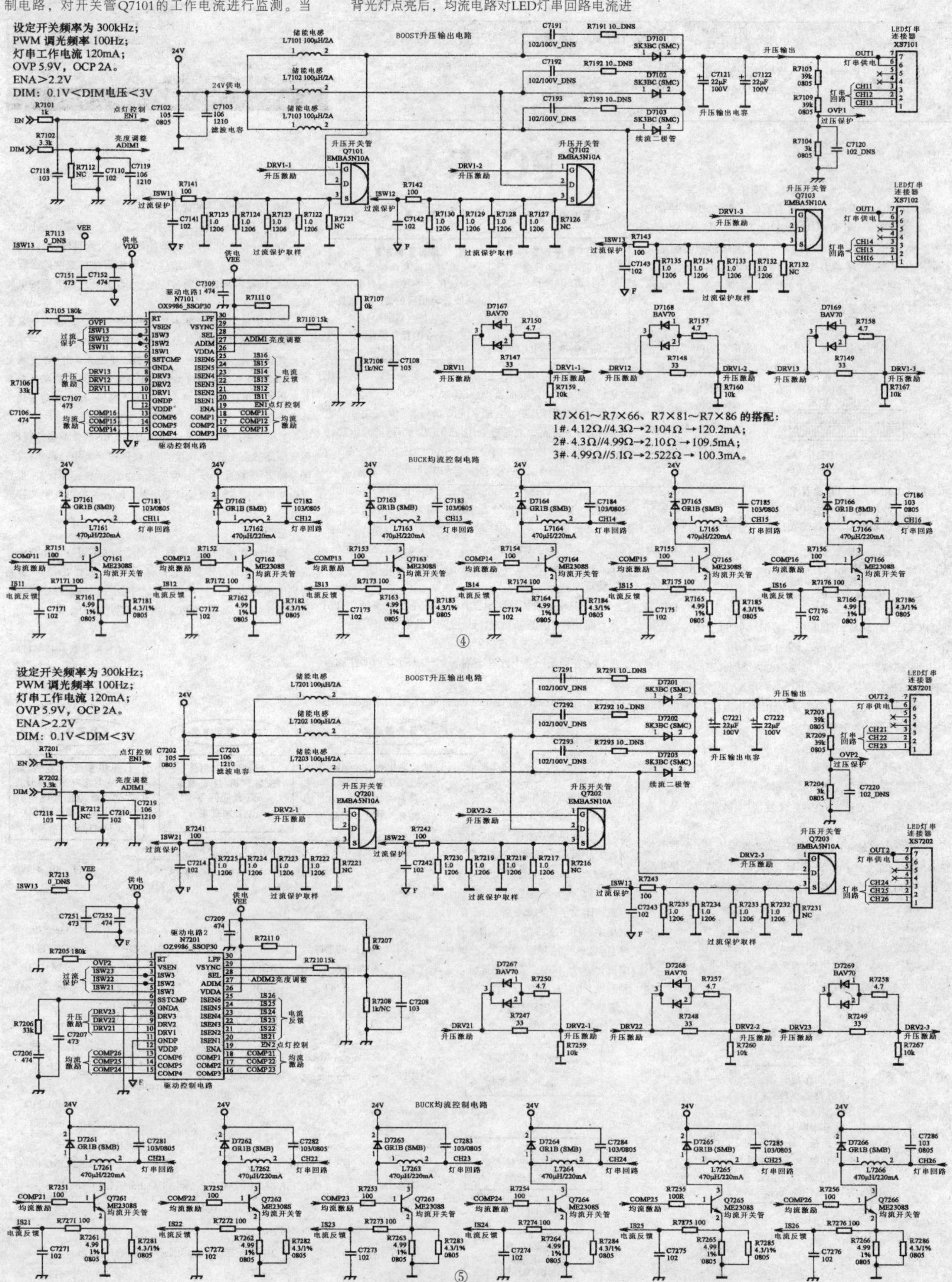

快速实现系统“瘦身”与磁盘清理

众所周知，Windows系统在使用一段时间之后都会变慢——应用软件的安装与运行都会造成硬盘空间的“吃紧”和垃圾碎片的堆叠，通常情况下我们会进行两种常规的系统盘清理操作。

一是直接在资源管理器的系统C盘上点击右键选择“属性”项，接着在“常规”选项卡中点击“磁盘清理”按钮，根据实际情况在“要删除的文件”下进行“已下载的程序文件”、“Internet临时文件”等项的勾选，最后点击“确定”按钮进行系统盘的清理(如图1所示)。

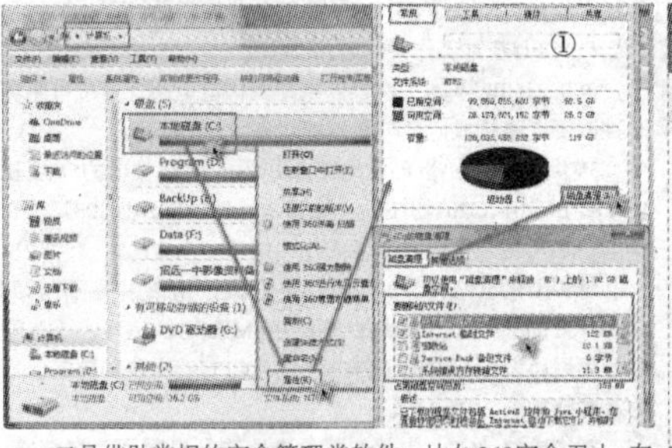

二是借助常规的安全管理类软件，比如360安全卫士，在其主界面的“电脑清理”项中点击“全面清理”按钮，接着就会扫描显示出包括“系统垃圾”、“微信清理”等项的临时及缓存文件，点击“一键清理”进行垃圾文件的清除；另外还可以在“优化加速”项中点击“全面加速”按钮，扫描结束后再点击“立即优化”按钮进行“关闭软件”、“系统加速”等项的优化(如图2所示)。

这两种方式的操作效率与清理效果“中规中矩”，如果自己的电脑使用频率比较高，尤其是经常进行一些大容量视频文件剪辑合成的话，建议大家尝试一下绿色中文版的电脑垃圾及痕迹清理工具Wise Disk Cleaner，该软件功能强大且操作简单快捷，能通过系统瘦身来释放系统盘空间，并且提供有磁盘整理功能——可识别和清除50多种垃圾文件，同时还支持自定义文件类型清理和磁盘碎片的整理。首先从百度云盘中下载Wise Disk Cleaner压缩包(https://pan.baidu.com/s/1nL-wVnv44WPZC5b4bR9EBAQ)，大小仅为4.6MB；解压缩后直接双击运行“WiseDiskCleaner.exe”程序，在“常规清理”项中点击“开始扫描”按钮进行“计算机中无用文件”和“计算机中的痕迹”的搜索，很快就会有提示：“发现836个文件，共计2.61GB。发现485条痕迹。”，点击“开始清理”按钮即可快速完成相关垃圾文件的清除操作(如图3所示)。

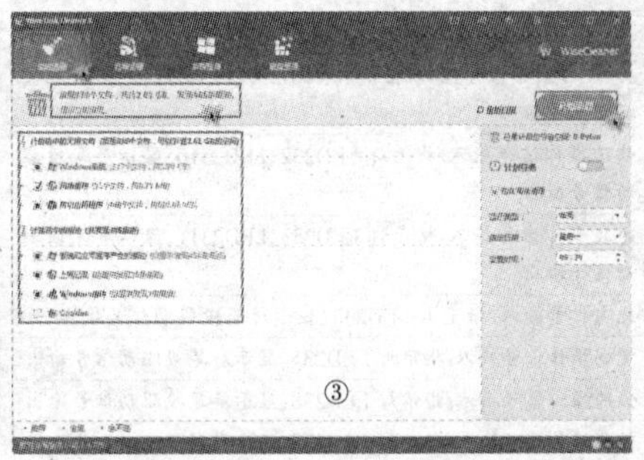

接着再点击切换至“高级清理”项，保持默认选择的扫描位置(本机所挂接的所有分区)不变，点击后面的“开始扫描”按钮；扫描速度确实非常快，仅仅用了12秒时间就提示：“发现1509个文件，共计3.0GB”，点击“开始清理”按钮将这些“临时文件”清除掉(如图4所示)。

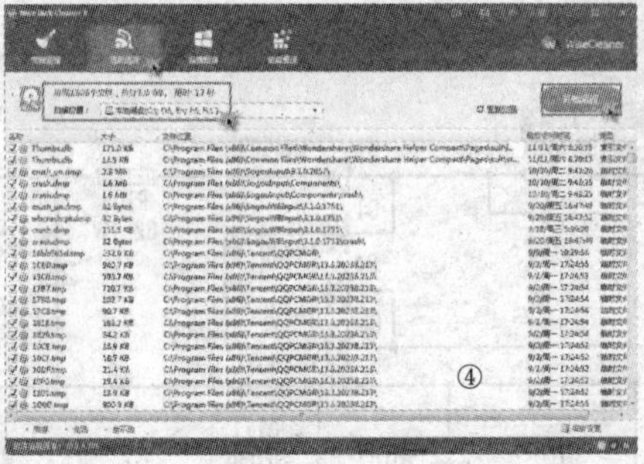

再切换至“系统瘦身”项，Wise Disk Cleaner会直接提示“共发现10项。瘦身之后可以帮您节省349.92MB磁盘空间。”，可根据情况对下方的各项进行自定义“加选”(比如可能一直用不到的“日语IME”、“韩语IME”等项目)，点击“一键瘦身”按钮后进行相关项的清除操作(如图5所示)。

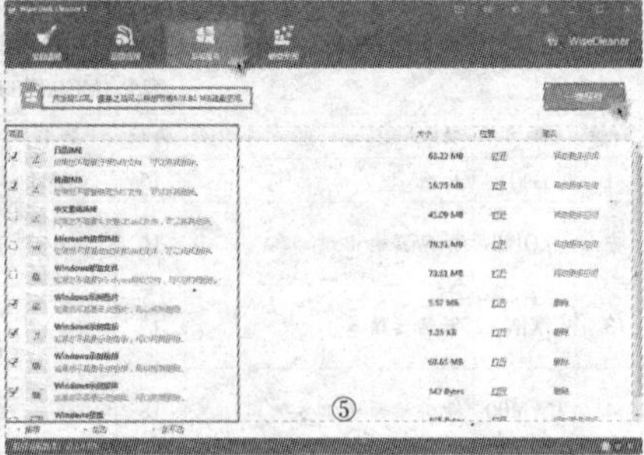

最后切换至“磁盘整理”项，同样也是默认选择所有分区；点击右下角的“碎片分析”按钮先进行快速的磁盘碎片分析，Wise Disk Cleaner会快速给出各分区的总计容量、可用空间和碎片率；然后点击切换右下角的“立即整理”或“快速优化”、“完整优化”，开始进行磁盘碎片文件的清理，同时上方的“状态”栏会实时显示“优化中1.18%”进度等信息(如图6所示)。

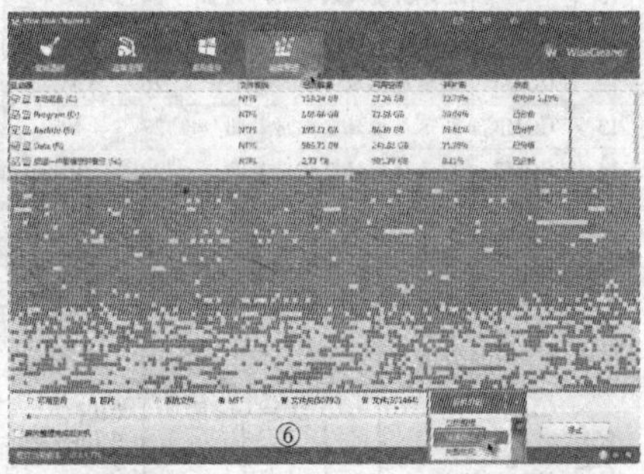

Wise Disk Cleaner使用简单快捷，确实是电脑系统“瘦身”和磁盘清理的好助手，大家不妨一试。

◇山东 杨鑫芳 王洪梅

快速识别WiFi密码明文

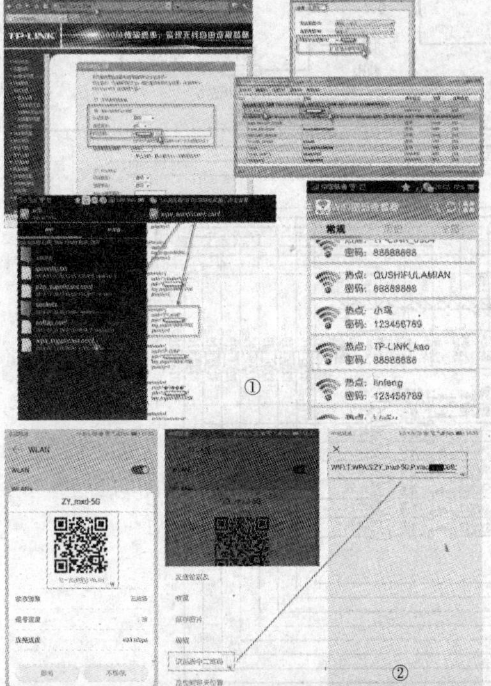

一般情况下，如果之前已经通过输入密码来连接过某无线WiFi，想再次查看其密码明文通常有多种方式(比如要进行新设备网络接入)。

在笔记本电脑上可以先登录到无线路由器上(一般IP是192.168.1.1，默认的账号和密码是admin)，在“无线设置”-“无线安全设置”-“WPA-PSK/WPA2-PSK”-“PSK密码”处就会看到明文密码；或者是点击右下角的无线连接选择已经连接的无线网络，在“属性”窗口中切换至“安全”选项卡并勾选“显示字符”，这样就会直接在“网络安全密钥”处显示出明文密码了；还可以直接通过一些工具软件来提取显示密码明文，比如WiFiPasswordRevealer等等。

在智能手机上如何操作呢？一般可以直接在其资源管理器中打开data/misc/wifi目录下的wpa_supplicant.conf文件，每个“psk=”标志后所显示的字符串信息就是WiFi的明文连接密码；或者是通过一些APP应用软件，比如“WiFi密码查看器”(如图1所示)来查看。

其实，通过手机来查看之前已经连接过的WiFi密码明文的最简单方法是识别二维码，操作过程如下：

首先进入手机的“设置”-“无线和网线”项(笔者以华为M9为例)，接着点击“WLAN”下当前正在连接的WiFi，此时就会弹出该WiFi的连接二维码(若其它手机想连接进入该WiFi的话就可以在此直接扫描它)；同时按下开关机键和音量降低键进行手机屏幕抓图，然后到微信中将该截屏图片发送至任意朋友，接着再按住该图片就会弹出快捷操作项，选择其中的“识别图中二维码”，明文的连接密码立刻就会显示出来了(如图2所示)，大家不妨一试。

◇山东 牟晓东

提高iPhone XS Max的信号稳定性

很多朋友垢病于iPhone XS Max的信号稳定性，尤其是使用了联通卡更是如此(如附图所示)，无论单卡、双卡，经常会出现信号差的问题，我们可以按照下面的方法进行解决。

首先关闭非流量卡的4G服务，联通卡可以选择3G服务；取消非流量卡的网络自动选择，手工选择相应的网络；取消“蜂窝移动数据”小节下的“切换蜂窝移动数据”；最后关闭并重新启动iPhone，当然也可以重启飞行模式，不过还是重启比较好。

◇江苏 王志军

美的MD-BGS40A电脑控制型电炖锅分析与检修(一)

美的MD-BGS40A电脑控制型电炖锅内含电源板、控制板2块电路板。其中,电源板由电源电路、加热盘供电电路构成,如图1所示;控制板由微处理器电路、操作指示电路、蜂鸣器电路构成,如图2所示。

1. 电源电路

参见图1,220V市电电压经热熔断器(俗称温度保险丝,图中未画出)输入电路电源板,通过熔丝管(俗称保险丝)F101加到C101两端,由其高频滤波后,不仅通过继电器K111的触点为加热盘供电,而且经R101限流,C102降压,再利用D1~D4桥式整流产生脉动直流电压。该电压利用ZD101~ZD103稳压,经EC102、EC101滤波产生-12V受控直流电压和8.2V直流电压。其中,-12V受控直流电压在CPU的控制下,为继电器K111的驱动电路供电;8.2V直流电压通过三端稳压器IC101稳压,EC103、C105滤波产生5V的直流电压,为微处理器电路供电。

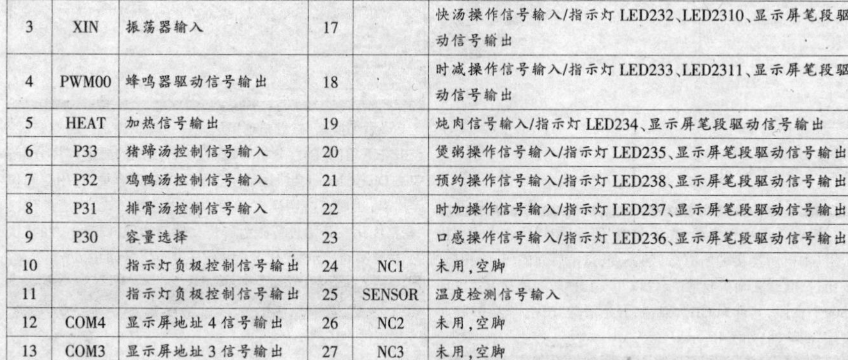

表1　MC96F8316M的引脚功能

脚位	脚名	功能	脚位	脚名	功能
1	GND	接地	15	COM1	显示屏地址1信号输出
2	XOUT	振荡器输出	16		关/保温操作信号输入/指示灯LED239、LED231、显示屏笔段驱动信号输出
3	XIN	振荡器输入	17		快汤操作信号输入/指示灯LED232、LED2310、显示屏笔段驱动信号输出
4	PWM00	蜂鸣器驱动信号输出	18		时减操作信号输入/指示灯LED233、LED2311、显示屏笔段驱动信号输出
5	HEAT	加热信号输出	19		炖肉信号输入/指示灯LED234、显示屏笔段驱动信号输出
6	P33	猪蹄汤控制信号输入	20		煲粥操作信号输入/指示灯LED235、显示屏笔段驱动信号输出
7	P32	鸡鸭汤控制信号输入	21		预约操作信号输入/指示灯LED238、显示屏笔段驱动信号输出
8	P31	排骨汤控制信号输入	22		时加操作信号输入/指示灯LED237、显示屏笔段驱动信号输出
9	P30	容量选择	23		口感操作信号输入/指示灯LED236、显示屏笔段驱动信号输出
10		指示灯负极控制信号输出	24	NC1	未用,空脚
11		指示灯负极控制信号输出	25	SENSOR	温度检测信号输入
12	COM4	显示屏地址4信号输出	26	NC2	未用,空脚
13	COM3	显示屏地址3信号输出	27	NC3	未用,空脚
14	COM2	显示屏地址2信号输出	28	VDD	5V供电

【提示】若ZD101采用的是5V稳压管,则不需要安装IC101,将其输入端、输出端短接即可。

市电输入回路的ZNR101是压敏电阻,用于过压保护。当市电正常、没有雷电窜入时它不工作;当市电升高或有雷电窜入,使ZNR131两端的峰值电压达到470V时它击穿,导致F101过流熔断,切断市电输入回路,避免了电源电路或加热盘等元件过压损坏,实现市电过压及雷电窜入保护。

2. 微处理器电路

参见图2,微处理器电路由微处理器IC201(MC96F8316M)为核心构成。MC96F8316M的引脚功能如表1所示。

(1)CPU基本工作条件电路

该机的CPU基本工作条件电路由供电电路、复位电路和时钟振荡电路构成。

5V供电电路:当电源电路工作后,由它输出的5V电压VDD经EC201、C201滤波后,加到微处理器IC201的28脚为它供电。

时钟振荡电路:IC201得到供电后,它内部的振荡器与②、③脚外接的晶振X251通过振荡产生4MHz时钟信号。该信号经分频后协调各部位的工作,并作为CPU输出各种控制信号的基准脉冲源。

复位电路:IC201内部的复位电路在开机瞬间为存储器、寄存器等电路提供复位信号,使它们复位后开始工作。

(未完待续)(下转第574页)

◇内蒙呼伦贝尔中心台 王明举

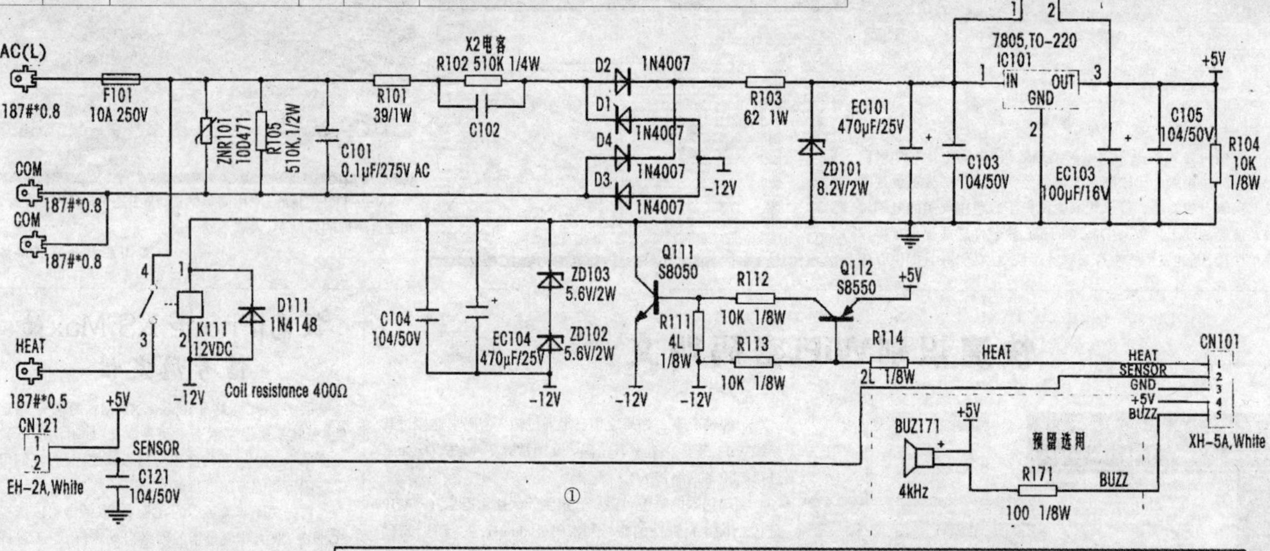

①

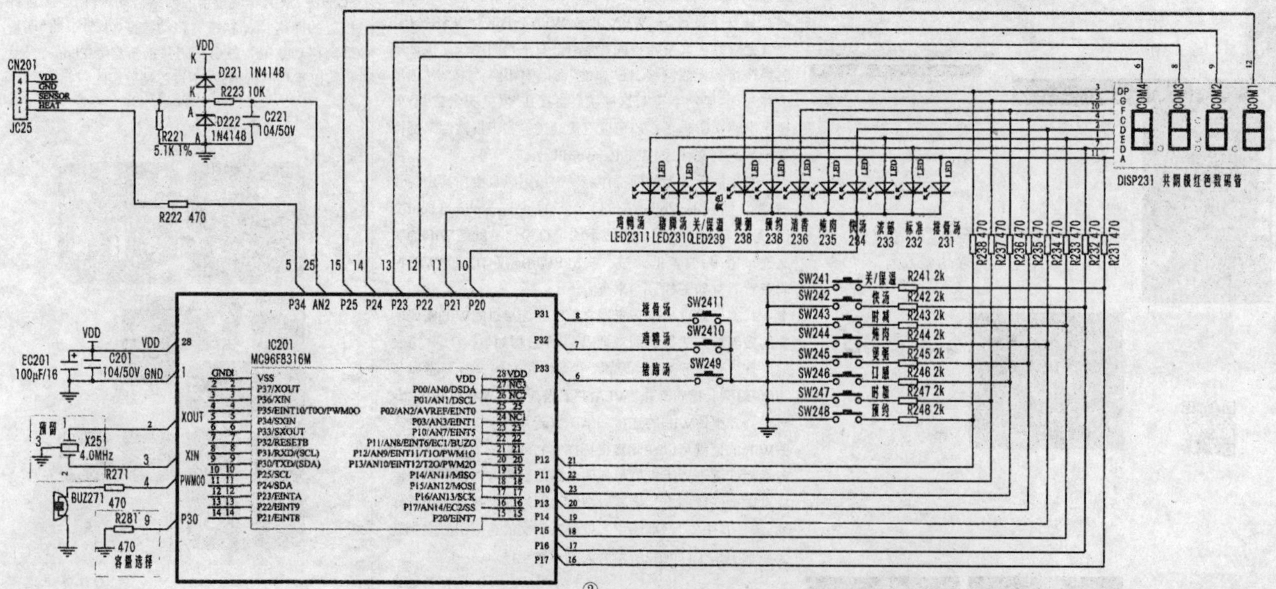

②

编辑:孙立群 投稿邮箱:dzbnew@163.com

高压变频器常用的三种散热方式

一、空调密闭冷却方式

为了提高高压大功率变频器的应用稳定性，解决好高压变频器环境散热问题。目前常用的办法是：密闭式空调冷却。该方法主要是为高压变频器提供一个固定的具有隔热保温效果的房间，根据高压变频器的发热量和房间面积大小计算出空调的制冷量，从而配备一定数量的空调。采用空调冷却时，房间的建筑面积过大会增加空调冷却负荷。同时，由于变频器排出的热风不能被空调全部吸入冷却，因此，造成系统运行效率低，造成节约能源的二次浪费。变频器室内的冷热风循环情况如图1所示。

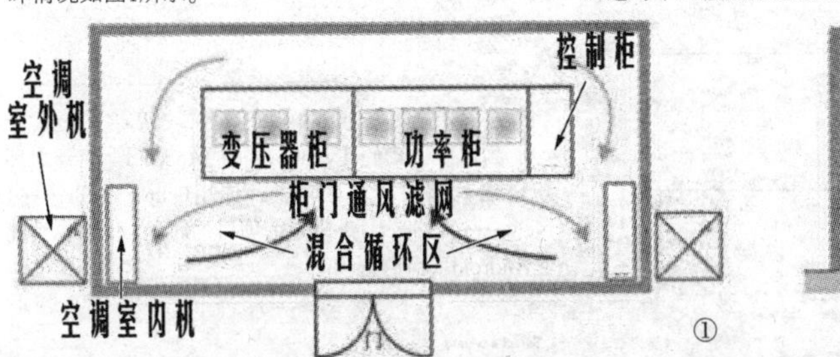

①

变频器从柜体的正面和后面吸入空气，经柜顶风机将变频器内部的热量带走排到室内。从而在变频器室上部形成一个温度偏高、压力偏高的气旋涡流区，在变频器的正面部分形成一个偏负压区。在运行中，变频器功率柜正面上部区域实际上是吸入刚排出的热风进行冷却，形成气流短路风不能达到有效的冷却效果。空调通常采用下进上出风结构，从而与变频器在一定程度上形成了"抢风"现象，这就是"混合循环区"。在这个区域变频器吸入的空气不完全是空调降温后的冷空气，空调的降温处理也没有把变频器排出的热空气全部降温，从而导致了整个冷却系统的运行效率不高。变频器自身是节能节电设备，而通常采用的空调式冷却则造成能源的二次浪费。这种情况在大功率、超大功率的变频应用系统中更加明显。

二、风道冷却

功率柜风道设计见图2：

从功率柜散热系统图可知：功率单元内部散热系统通过安装在单元内的风机强制冷却单元里的散热器，使每一个功率单元满足散热需求，同时，由于功率单元内风机吹走热风，使其进风处的柜体内形成强力负压，柜外冷风大量进入高压变频气内，通过功率单元风道对单元散热器进行冷却。同时，由于柜顶风机大量抽风，使其密闭风室内形成强力负压，加速功率单元内热风进入密闭风室，通过柜顶风机抽出高压变频器柜外。通过建立严密畅通的风道，以及在功率单元内设计强制风冷，大大提高那高压变频器散热系统的散热能力和效率，同时，也可以减少散热器体积和功率柜体积，实现高压变频器的小型化，为用户安装高压变频器节省空间。

三、空–水冷却系统

高压变频器对运行环境温度通常要求在-5~40℃，环境粉尘含量低于950ppm。过高的温度会造成变频器温度过热保护而跳闸，粉尘含量过高导致变频器通风滤网更换清洗维护量过高，增加维护费用。因此，采用何种冷却方式和系统结构至关重要。

为了解决高压变频器的运行环境冷却和控制问题，提高系统安全可靠性、降低运营成本。可以解决单位散热密度高、功率大，有效提高系统安全可靠性、降低运营成本的问题。

空–水冷却系统是一种利用高效、环保、节能的冷却系统，其应用技术在国内处于领先地位。在电力、钢铁等行业的高压大功率变频应用中得到广泛的推广应用。该系统由于其采用完全机械结构设计，较空调等电力、电子设备而言具有明显的安全、可靠性。

其主要原理是：将变频器的热风通过风道直接通过空冷装置进行热交换，由冷却水直接将变频器散失的热量带走；经过降温的冷风排回至室内。空冷装置内通过冷水温度低于33℃，即可以保证热风经过散热片后，将变频器室内的环境温度控制在40℃以下满足变频器对环境运行的要求。从而，保证了变频器室内良好的运行环境。冷却水与循环风完全分离，水管线在变频室外与高压设备明确分离，确保高压设备室不会受到防水、绝缘破坏等安全威胁和事故。

同时，由于房间密闭，变频器利用室内的循环风进行设备冷却，具有粉尘度低，维护量小的特点；减少了环境对变频器功率柜、控制柜运行稳定性的不利影响。空–水冷却系统结构原理图如图3。

◇四川省宣汉职业中专学校 唐渊

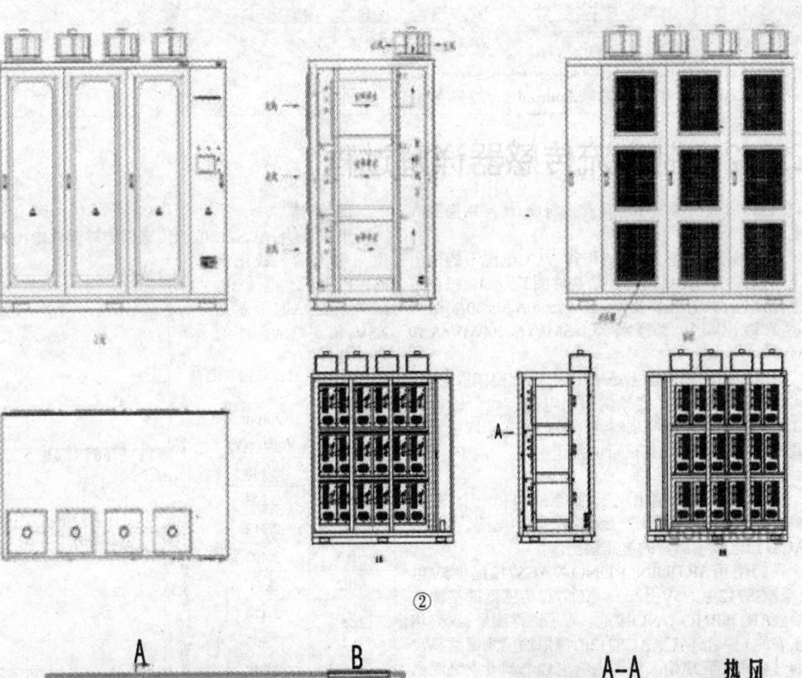

②

③

电烙铁的温度是多少 电烙铁40w是多少温度

电烙铁的温度是多少

电烙铁的温度是300–400℃。

具体来说，需要直插电子料时，烙铁头的温度应该设置在330–370度之间，如果是表面贴装物料，温度适宜在300–320度之间，蜂鸣器的维修需要270–290度的温度，大的组件脚的焊接温度不能超过380度，另外，对于特殊物料，还需要对温度进行特别设置。

电烙铁分为外热式和内热式两种：

外热式电烙铁由烙铁头、烙铁芯、外壳、木柄、电源引线、插头等部分组成。由于烙铁头安装在烙铁芯里面，故称为外热式电烙铁。烙铁芯是电烙铁的关键部件，它是将电热丝平行地绕制在一根空心瓷管上构成，中间的云母片绝缘，并引出两根导线与220V交流电源连接。

内热式电烙铁由手柄、连接杆、弹簧夹、烙铁芯、烙铁头组成。由于烙铁芯安装在烙铁头里面，因而发热快，热利用率高，因此，称为内热式电烙铁。内热式电烙铁的常用规格为20W、50W几种。由于它的热效率高，20W内热式电烙铁就相当于40W左右的外热式电烙铁。

内热式电烙铁的后端是空心的，用于套接在连接杆上，并且用弹簧夹固定，当需要更换烙铁头时，必须先将弹簧夹退出，同时用钳子夹住烙铁头的前端，慢慢地拔出，切记不能用力过猛，以免损坏连接杆。

电烙铁40w是多少温度

电烙铁40w焊锡熔点大约在250度–300度之间。电烙铁的功率越大温度则越高。

◇宜宾市南溪职业技术学校 徐文平

Android开发环境搭建五部曲(三)

(紧接上期本版)

再打开Android SDK Manager.exe，正常情况下就可以下载Android的各个版本的sdk了。你只需要选择想要安装或更新的安装包安装即可。这里是比较耗时的过程，还会出现下载失败的情况，失败的安装包只需要重新选择后再安装就可以了。

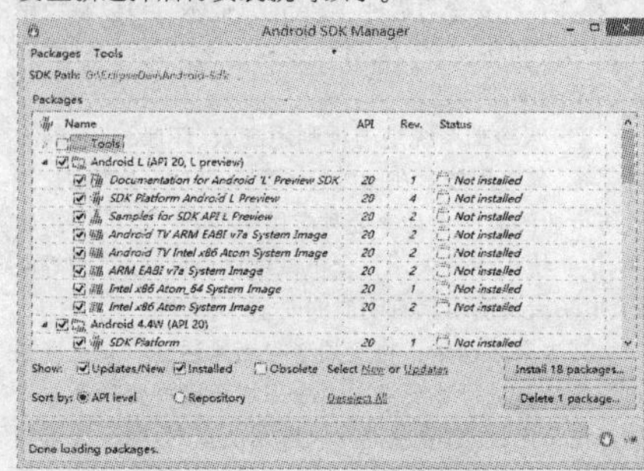

如果通过更改DNS也无法下载Android SDK，还有两个方法，第一个是自备梯子翻墙，第二个是从这个网站上下载，下载的地址是：http://www.androiddev-tools.cn/

五、为Eclipse安装ADT插件

前面我们已经配置好了java的开发环境，安装了开发Android的IDE，下载安装了Android SDK，但是Eclipse还没有和Android SDK进行关联，也就是它们现在是互相独立的，就好比枪和子弹分开了。为了使得Android应用的创建，运行和调试更加方便快捷，Android的开发团队专门针对Eclipse IDE定制了一个插件：Android Development Tools(ADT)。

下面是在线安装ADT的方法：

启动Eclipse，点击 Help菜单 -> Install New Software…？，点击弹出对话框中的Add… 按钮。

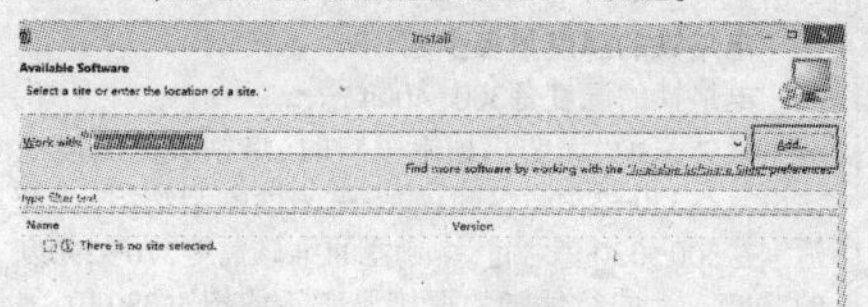

然后在弹出的对话框中的Location中输入：http://dl-ssl.google.com/android/eclipse/，Name 可以输入ADT，点击“OK”按钮。

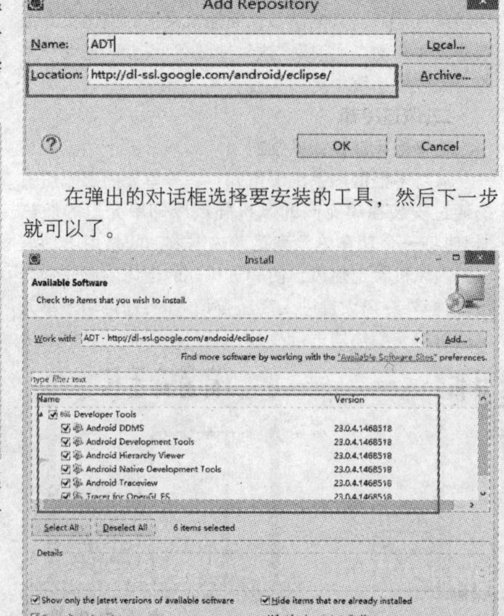

在弹出的对话框选择要安装的工具，然后下一步就可以了。

安装好后会要求你重启Eclipse，Eclipse会根据目录的位置智能地和它相同目录下Android sdk进行关联，如果你还没有通过sdk manager工具安装Android任何版本的sdk，它会提醒立刻安装它们。

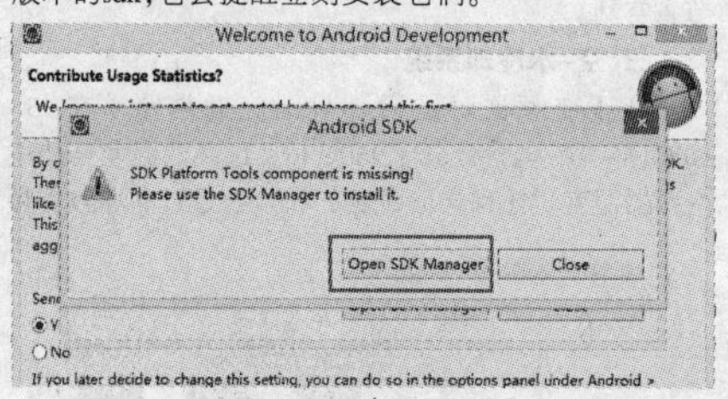

如果Eclipse没有自动关联Android sdk的安装目录，那么你可以在打开的Eclipse选择 Window -> Preferences，在弹出面板中就会看到Android设置项，填上安装的SDK路径，则会出现刚才在SDK中安装的各平台包，按OK完成配置。

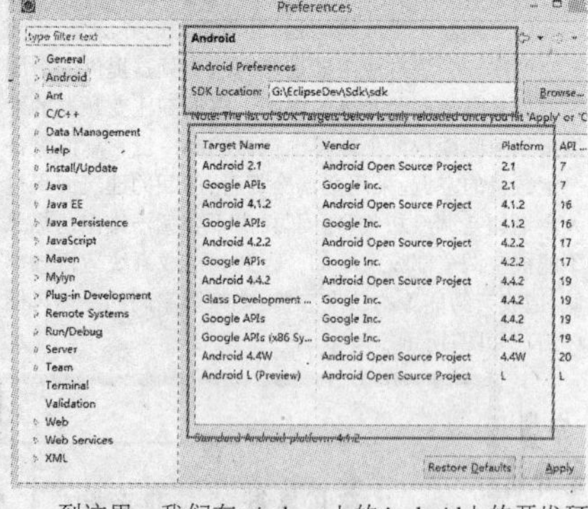

到这里，我们在windows上的Android上的开发环境搭建就完成了，这时候，你用Eclipse的File——》New——》Project...新建一个项目的时候，就会看到建立Android项目的选项了。

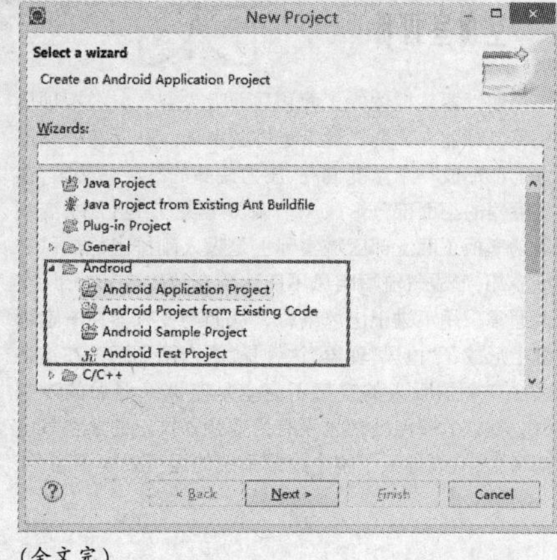

(全文完)

◇艾克

基于ACS712自制电流传感器详解过程

ALLEGRO的ACS712电流传感器是一款基于霍尔效应的效应的电流传感器，利用该器件可以制作一款自己的电流传感器。其详细制作过程如下：

①

一、所需元器件硬件部分

1. SPARKFUN的低电流传感器-ACS712

2. 1欧电阻，额定功率8W

3. ARDUINO UNO和GENUINO UNO

二、应用介绍

霍尔效应传感器是换能器类型的组件，可以将磁信号转换为电信号以进行后续的电子电路处理。通常，电流传感器使用霍尔效应将电流输入转换为电压输出。在霍尔效应中，来自电流的电子流过磁场板。然后，该场使电子“推”到板的一侧，并在两侧之间产生电压差。来自板侧的电压差是传感器的输出。

ACS712是可以同时在AC和DC上运行的电流传感器，具体应用电路件图2所示。该传感器工作电压5V，并产生与测量电流成比例的模拟电压输出。该工具由一系列带有铜线的精密霍尔传感器组成。

当电流通过铜初级传导路径(从引脚1和2到引脚3和4)增加时，该仪器的输出具有正斜率。传导路径的内部电阻为1.2MΩ。

该传感器在输入电流0A和5V VCC电源下的输出电压为VCC X 0.5=2.5(应用结构件图3所示)。根据可读电流范围，共有三种类型：±5A，±20A和±30A，每种类型的输出灵敏度分别为185MV/A，100MV/A和66MV/A。

该电流传感器的输出是模拟的，因此要读取它，我们可以使用电压表直接测量输出电压，也可以使用ARDUINO之类的微控制器通过模拟方式读取引脚电压或ADC引脚电压对其进行测量。

②

③

三、制作方法

我们使用电源(输出电压为0至5伏)和一个1欧姆的额定功率8瓦电阻器来产生0至5安培的电流。再将测量ACS712电流传感器的电压输出。

我们使用ARDUINO UNO为ACS712提供5V电源(至ACS712中的5V引脚)。ACS712传感器的接地也连接到ARDUINO UNO接地。为了进行测量，我们将电压表的+探针连接到ACS712的模拟输出测试结果我们通过在-2A至2A输入范围内给出12个测量点来测试传感器。每个相应测量的电压读数为：

Input Current(A)	Output Voltage(V)
-2	2.148
-1.5	2.225
-1	2.312
-0.5	2.403
-0.2	2.44
0	2.474
0.2	2.505
0.5	2.546
1	2.645
1.5	2.727
2	2.817

由所得结果的回归线可得：

$V_{out} \approx 0.17I_{in}+2.5V$

该结果表明，在0A时输出为2.5V，斜率为170MV / A，如参考表所述。

④

四、小结

事实证明，ACS712电流传感器能够读取电流并产生与电流输入成比例的输出电压。电流-电压关系在0A时显示为2.5V，每安培的斜率约为170MV。

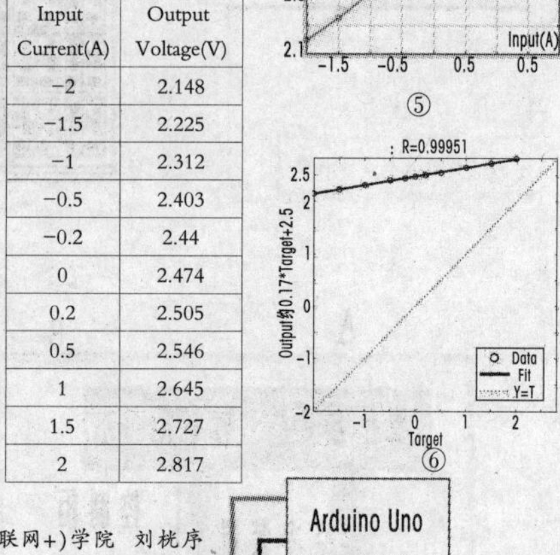

⑤

⑥

◇四川科技职业学院鼎利(互联网+)学院 刘桃序

110kV及以下变配电站所控制、测量、继电保护及自动装置(一)

注册电气工程执业资格考试大纲对"110kV及以下变电站所控制、测量、继电保护及自动装置"的要求如下:掌握变配电所控制、测量和信号设计要求;熟悉电气设备和线路继电保护的配置、整定及选型;了解变配电所自动装置及综合自动化的设计要求。

根据大纲要求,该部分涉及规范2本、手册3本,主要有:①GB/T50062-2008《电力装置的继电保护和自动装置设计规范》,②GB/T50063-2017《电力装置的电测量仪表装置设计规范》;③《工业与民用供配电设计手册(第四版)》(简称"配四")第7、8章,④《钢铁企业电力设计手册(上册)》(简称"钢上")第15、16、17章。因规范更新,"钢上"版本较早,后续印刷的没有进行修订,将其列入作为"配四"的补充。

本文对注册电气工程师(供配电专业)执业资格考试范围涉及的规范内容中的知识点作一个索引,以方便读者查找学习。另给出2018年的部分真题和解答提示,以抛砖引玉,帮助读者掌握备考答题技巧。

一、规范或手册索引

文中符号"→"后面指出页码以2015年4月版《考试规范汇编》为例或单印本,"【】"内是条文编号。

1. GB/T50062-2008《*电力装置的继电保护和自动装置设计规范*》

1.1 电力变压器保护

3~110kV,63MVA及以上电力变压器应装保护装置→P11-7【4.0.1】

瓦斯保护装设的变压器、及动作要求→P11-7【4.0.2】

变压器引出线。套管及内部短路保护要求→P11-7【4.0.3】

变压器纵联差动保护要求→P11-7【4.0.4】

过电流装设后备保护的规定→P11-7【4.0.5】

外部相间短路保护规定→P11-7【4.0.6】,【4.0.7】

110kV中性点直接接地电网零序电流保护、后备保护规定→P11-8【4.0.8】,【4.0.9】

变压器低压侧中性点小电阻接地的保护→P11-8【4.0.10】

接地变压器的保护→P11-8【4.0.11】

变压器中性点经消弧线圈接地的保护→P11-8【4.0.12】

0.4MVA及以上;绕组为星-星接线的保护、动作,三角-星接线的保护、动作,并列运行→P11-8【4.0.13】,【40.14】,【4.0.15】1.2 3~66kV电力线路保护

线路应装设保护装置→P11-8【5.0.1】

3~10kV线路:相间短路保护要求、规定,经低电阻接地的→P11-9【5.0.2】、【5.0.3】,【5.0.4】

35~66kV线路:相间短路保护要求,经低电阻接地的→P11-9【5.0.5】、【5.0.6】

3~66kV中性点非直接接地的规定→P11-9【5.0.7】

1.3 110kV电力线路保护

110kV线路应装设保护→P11-10【6.0.1】

接地短路保护,相间短路的规定→P11-10【6.0.3】,【6.0.4】

应装全线速动保护情况→P11-10【6.0.5】

并列运行,电气化铁路供电,电缆应装设保护→P11-10【6.0.6】,【6.0.7】,【6.0.8】

1.4 母线保护

3~10kV母线及并列运行的双母线保护→P11-10【7.0.1】

35~110kV母线保护,要求→P11-10【7.0.2】,【7.0.3】

3~10kV分段母线保护,旁路和母联或分段断路器保护→P11-10【7.0.4】,【7.0.5】

1.5 电容器和电抗器保护

3kV及以上并联补偿电容器组应装设保护、规定(熔丝额定电流选用)→P11-11【8.1.1】、【8.1.2】及P11-26条文说明

单相接地,过电压,失压,高次谐波过负荷→P11-11【8.1.3】,【8.1.4】,【8.1.5】,【8.1.6】

3~110kV并联电抗器应装设保护、规定→P11-11【8.2.1】

油浸式装瓦斯保护、动作→P11-11【8.2.2】

电流速度、过电流保护的动作→P11-11【8.2.3】、【8.2.4】

并联电抗器,双星形保护→P11-11【8.2.5】、【8.2.6】,【8.2.7】

1.6 3kV及以上电动机

异步和同步电动机应装设保护→P11-12【9.0.1】

绕组及引出线相间保护规定→P11-12【9.0.2】

单相接地,过负荷,低电压保护→P11-12【9.0.3】,【9.0.4】,【9.0.5】

失步、失磁→P11-12【9.0.6】、【9.0.7】

2MW及以上的→P11-12【9.0.8】、【9.0.9】

1.7 自动重合闸

应装设情况,可装设→P11-12【10.0.1】,P11-13【10.0.2】

单/双侧电源自动重合闸方式选择规定→P11-13【10.0.3】,【10.0.4】

装置应负荷规定→P11-13【10.0.5】

1.8 备用电源和备用设备的自动投入装置

应装设情况,符合要求,切换方式→P11-13【11.0.1】,【11.0.2】,【11.0.3】

1.9 二次回路及相关设备

工作电压,电缆绝缘水平→P11-15【15.1.1】~【15.1.4】

最小截面及要求,截面与芯数规定→P11-15【15.1.5】,【15.1.6】

回路、端子等→P11-15【15.1.7】~【15.1.11】

电流互感器,电压互感器规定→P11-15【15.2.1】,【15.2.2】

直流母线电压波动范围→P11-16【15.3.1】

继电保护和自动装置电源/信号回路保护设备配置规定→P11-16【15.3.2】,【15.3.3】

继电保护和自动装置接地铜排、屏蔽电缆规定→P11-16【15.4.2】,【15.4.4】

1.10附录

继电保护最小灵敏系数→P11-17【表B.0.1】

2. GB/T50063-2017《*电力装置的电测量仪表装置设计规范*》

2.1 电测量装置

准确度(装置的,电流/电压互感器及附/配件)→P5【3.1.3】、【表3.1.3】,【3.1.4】、P6【表3.1.4】

指针仪表指示,测量仪表满刻度值和变送器校准值计算→P6【3.1.5】,【3.1.7】、P30【附录A】、P32【附录B】

双向回路,励磁回路,无功补偿,设有监控、保护及测控→P6【3.1.8】~【3.1.12】

功率测量装置接线方式→P7【3.1.13】

应测量交流电流回路→P7【3.2.1】,P8【3.2.2】

宜测量负序电流→P8【3.2.3】

应测量直流电流回路→P8【3.2.4】

应测量交流电压,中性点有效接地系统的电压测量→P9【3.3.1】,【3.3.3】

应测量交流系统绝缘的回路,绝缘监测方式→P9【3.3.4】,【3.3.5】

应测量直流电源的回路,监测绝缘→P9【3.3.6】,P10【3.3.7】

功率测量,频率测量,谐波监测→P10【3.4】,P11【3.5】,P12【3.6】

2.2 电能计量

装置分类规定→P17【4.1.2】、P68条文说明

执行功率因数调整电费,正/反向输电应装设→P17【4.1.4】,【4.1.5】

装置接线方式,低负荷计量标定电流,低压供电接入式→P17【4.1.7】,P18【4.1.8】,【4.1.12】

有功/无功电能计量回路→P18【4.2.1】,P19【4.2.2】

计算监控系统测量,电测量变送器(等级指数和误差极限)→P20【5】,P22【6】、【表6.0.2】

2.3 测量用电流、电压互感器

电流互感器(测量用)标准准确级,一次额定电流确定→P23【7.1.2】,【7.1.4】

电流互感器(电能计量用)额定一次电流确定→P23【7.1.5】

电流互感器(测量用)二次电流,负荷,功率因数,保安限制→P23【7.1.6】,【7.1.7】、P24【表7.1.7】,【7.1.8】,【7.1.9】

电子式电流互感器规定→P24【7.1.11】

电压互感器(测量用)标准准确级,二次绕组接入负荷→P24【7.2.2】,【7.2.4】

电子式电压互感器规定→P25【7.2.6】

2.4 测量二次接线

仪表和保护共用电流互感器的措施→P26【8.1.3】

二次电流回路电缆截面选择→P26【8.1.5】

电压互感器(测量用)二次回路允许压降,电缆截面→P27【8.2.3】,【8.2.5】

2.5 仪表装置安装条件

测量仪表中心线距地安装高度→P29【9.0.2】

电能仪表中心线距地安装高度→P29【9.0.3】

屏尺寸,电流/电压回路导线截面→P29【9.0.4】,【9.0.5】

2.6 附录

测量仪表满刻度值的计算→P30【附录A】

电测量变送器校准值的计算→P32【附录B】

3. *"配四"第7、8章*

3.1 继电保护和自动装置

3.1.1 一般要求

四项基本要求、灵敏系数即短路电流取值、最小灵敏系数、保护分类→P513【7.1.1】、【式7.1-1】、P514【表7.1-1】

微机保护要求→P515【7.1.2】

3.1.2 电力变压器保护

应装设保护装置,保护配置→P516【7.2.1】,P519【7.2.2】、【表7.2-1】、P520【表7.2-2】

整定计算→P520【7.2.3】、【表7.2-3】▲短路电流计算公式中系数需查表

差动保护(平衡系数、比率差动启动值/动作电流/斜率、谐波制动系数、制动电流/灵敏系数)→P522【7.2.4】、【式7.2-1/2】、P524【式7.2-3】~【式7.2-9】、【式7.2-10】~【式7.2-18】

后备保护(复合电压,零序过电流,零序电流、电压保护)→P525【7.2.5】、【式7.2-19】~P526【式7.2-23】,【式7.2-24】~P527【式7.2-27】

非电量保护→P527【7.2.6】,P528【表7.2-4】、【表7.2-5】

短路时各种保护装置回路内电流分布→P529【表7.2-6】~P532【表7.2-9】

示例(过电流保护、电流速断保护、低压侧单相接地保护)→P538【例7.2-1】

示例(比率制动纵差保护、过电流保护、过负荷保护)→P539【例7.2-2】

▲最大不平衡电流、制动电流,流入差动回路电流计算→P540【例7.2-2】

示例(纵联差动保护、过电流保护、过负荷保护、零序电流保护)→P540【例7.2-3】

(未完待续)(下转第577页)

◇江苏 陈洁

在Windows上使用Python进行开发(二)

(紧接上期本版)

下面介绍了如何开始编写自己的游戏。

1. 打开 PowerShell (或 Windows 命令提示符) 并创建一个名为 "弹跳" 的空文件夹。导航到此文件夹并创建一个名为 "bounce.py" 的文件。 在 VS Code 中打开文件夹:

PowerShell
→ mkdir bounce
→ cd bounce
→ new-item bounce.py
→ code .

使用 "VS Code", 输入以下 Python 代码 (或复制并粘贴):

Python
→ import sys, pygame
→ pygame.init()
→ size = width, height = 640, 480
→ dx = 1
→ dy = 1
→ x= 163
→ y = 120
→ black = (0,0,0)
→ white = (255,255,255)
→ screen = pygame.display.set_mode(size)
→ while 1:
→ for event in pygame.event.get():
→ if event.type == pygame.QUIT: sys.exit()
→ x += dx
→ y += dy
→ if x < 0 or x > width:
→ dx = -dx
→ if y < 0 or y > height:
→ dy = -dy
→ screen.fill(black)
→ pygame.draw.circle(screen, white, (x,y), 8)
→ pygame.display.flip()

3. 将其另存bounce.py为:。

4. 从 PowerShell 终端, 通过输入以下内容来运行 python bounce.py:它。

请尝试调整某些数字, 以查看它们对弹跳球的影响。

阅读有关通过 pygame 在pygame.org编写游戏的详细信息。

用于持续学习的资源

建议通过以下资源来帮助你继续了解 Windows 上的 Python 开发。

学习 Python 的在线课程

- Microsoft Learn 上的 Python 简介: 尝试交互式 Microsoft Learn 平台并获得完成本模块的经验要点, 其中涵盖了有关如何编写基本 Python 代码、声明变量以及使用控制台输入和输出的基本知识。 交互式沙箱环境使其成为尚未设置 Python 开发环境的人员的理想位置。 https://docs.microsoft.com/en-us/learn/modules/intro-to-python/

- Pluralsight 上的 Python:8个课程, 29小时:Pluralsight 上的 Python 学习路径提供了涵盖各种与 Python 相关的主题的在线课程, 其中包括用于衡量技能和找出缺口的工具。https://app.pluralsight.com/paths/skills/python

- LearnPython.org 教程:开始学习 Python, 无需在 DataCamp 的人员中安装或设置这些免费交互式 Python 教程中的任何内容。https://www.learnpython.org

- Python.org 教程: 为读者提供 Python 语言和系统的基本概念和功能。https://docs.python.org/3/tutorial/index.html

- Lynda.com 上的学习 Python:Python 的基本简介。https://www.lynda.com/Python-tutorials/Learning-Python/661773-2.html

在 VS Code 中使用 Python

- 在 VS Code 中编辑 Python:详细了解如何利用适用于 Python 的 VS Code 自动完成功能和 IntelliSense 支持, 包括如何自定义其 behvior .。。或者只是将其关闭。https://code.visualstudio.com/docs/python/editing

- Linting Python:Linting 是运行程序的过程, 该程序将分析代码以查找可能的错误。 了解 VS Code 为 Python 提供的不同形式的 linting 支持, 以及如何对其进行设置。https://code.visualstudio.com/docs/python/linting

- 调试 Python: 调试是指识别和删除计算机程序中的错误的过程。 本文介绍如何使用 VS Code 初始化和配置 Python 的调试, 如何设置和验证断点, 如何附加本地脚本, 如何针对不同的应用程序类型或远程计算机执行调试以及一些基本的故障排除。https://code.visualstudio.com/docs/python/debugging

- 单元测试 Python:介绍了一些背景, 说明了单元测试的含义、示例演练、启用测试框架、创建和运行测试、调试测试和测试配置设置。https://code.visualstudio.com/docs/python/testing

(全文完) ◇西南科技大学城市学院 刘光乾

入学编程的三种Arduino开发板(一)

什么是Arduino? 相信很多读者都会有这个疑问, 甚至有人认为手中的开发板就是Arduino。维基百科上说,"Arduino是一块单板的微控制器和一整套开发软件, 它的硬件包含一个以ATMEL AVR单片机为核心的开发板和其它各种I/O板; 软件包括一个标准编程语言开发环境和在开发板上运行的烧录程序。"

Arduino项目起源于意大利,该名字在意大利中是男性用名,意思为"强壮的朋友",作为一个专有名词, Arduino总是以首字母大写的形式出现。Arduino最初是为一些非电子工程专业的学生设计的,因其开源、廉价、简单易用等特点,一经推出便迅速受到到广大电子爱好者的喜爱和推崇。几乎任何人, 即便不懂电脑编程,利用这个开发板也能做出炫酷有趣的东西。

Arduino是一个嵌入式计算机开发平台, 可以通过硬件和软件与周围环境进行互动,例如,你可以用Arduino制作一个简单的延时照明灯, 让一个按钮和一盏小灯与Arduino相连,Arduino一直处于等待按钮按下的状态,一旦按钮被按下,就点亮那盏小灯并开始计时,当计时到15秒时,熄灭小灯并等待下一次按钮被按下。

Arduino可以通过面包板或者其他扩展板与发光二极管(Light Emitting Diode,LED)、液晶显示屏(Liquid Crystal Display,LCD)、有机发光显示屏(Organic Light Emitting Diode,OLED)、按钮、直流电机、步进电机、舵机、温湿度传感器、距离传感器、压力传感器或其他能够输出数据或被控制的任何东西相连, 也可以通过蓝牙、WiFi、Zigbee、NB-IoT等无线通信模块与其他设备进行无线连接, 或者接入互联网。你也可以通过Arduino收集来自传感器的数据并上传到数据中心,然后根据数据中心下达的指令去控制与其相连的外围设备进行动作。

采用Arduino编程要用到集成开发环境(Integrated Development Environment,IDE),IDE是电脑端的软件,是一款用于程序开发的应用程序, 一般包括代码编辑器、编译器、调试器和图形用户界面等工具,集成了代码编写、编译、调试等功能。Arduino IDE是一款免费的软件,使用便捷,自带很多例程,并有丰富的第三方库函数支持。

Arduino开发板有各种各样的型号, 如Arduino Uno、Arduino Leonardo、Arduino101、Arduino Mega 2560、Arduino Nano、Arduino Micro、Arduino Ethernet、ArduinoYún、Arduino Due 等。Arduino Uno 是基于ATmega328p的单片机开发板, 有14个数字输入/输出引脚 (有6个可用作PWM输出)、6个模拟输入因脚、16 MHz晶振;Arduino Mega 2560是基于ATmega2560单片机开发板,有54个数字输入/输出引脚(有15个可用作PWM输出)、16路模拟输入、4个UART;Arduino Nano是基于ATmega328p的小型开发板, 可以直接插在面包板上使用。

Arduino UNO R3(参考价:20-88元)

Arduino Uno是2011年9月25日在纽约创客大会上发布的,目前官方最新的版本是Rev3版,称为Arduino Uno R3,本书的实验均以这个版本为准。Arduino Uno以AVR单片机ATmega328p为核心,其中字母p表示低功耗picoPower技术。Arduino Uno中单片机安装在标准28针IC插座上,这样做的好处是项目开发完毕,可以直接把芯片从IC插座上拿下来,并把它安装在自己的电路板上。然后可以用一个新的ATmega328p单片机替换Uno板上的芯片,当然,这个新的单片机要事先烧写好Arduino下载程序(运行在单片机上的软件,实现与Arduino IDE通信,也称为bootloader)。你可以购买烧写好的ATmega328p, 也可以通过另外一个Arduino Uno板自己烧写。Arduino Uno还有一款采用贴片工艺的版本,命名为Arduino Uno SMD。

Arduino Uno R3开发板如下图所示,由于Arduino的硬件和软件都是开源的,所有关于Arduino的软硬件资源都可以从网上获得,因此,可以买到到大量的克隆板。如果愿意你也可以使用官方原理图、PCB板图自己做一个。

(未完待续)(下转第578页) ◇四川 秦士力

HARRIS调频发射机冗余性设计(一)

一、电路分析

HARRIS调频发射机的主控制器有3个存储器，分别是只读存储器ROM（固化程序）、随机存储器RAM(断电信息丢失)和电擦除可编程只读存储器EEPROM U39(信息不丢失)。当低压电源加到控制器上后,只读存储器ROM,开始向随机存储器RAM加载程序。然后，向电擦出可编程只读存储器EEPROM U39中,把发射机的配置、校正设置、各个部分的功率电平、故障门限电平等数据写进去。固化在U18和U28中的启动程序，让主控器开始工作，如图1所示。电擦除可编程只读存储器EEPROM U39中的所有设置,都可以通过诊断显示菜单来修改,修改后的数据都将自动保存在EEPROM U39中，或者按下按键进行保存。

当合上低压电源开关CB1后,+5V电压就加到微处理器U30的㊷脚和U18、U28的㉜脚。同时,+5V电压还加到U30的㊵脚的读/写端R/W。这一端是高电平时读出数据,低电平时写入数据。U30一旦加电,⑩脚就输出低电平的引导程序,去控制U18和U28的片选启动端CE、输出启动端OE。U18和U28把固化在内部的启动程序写入微处理器U30和其它RAM中,控制器开始工作。

以高功率开机为例,说明发射机的开机顺序。按发射机上的高开按键后,前面板接口J9-14(N50)把开机信号送到发射机上部的主控制器J1-B19。主控制器板上的八D锁存器U32(74HC573)和片选信号CS1,共同把这个高开信号送到数据总线上。主控制器中的微处理器U30(MC68HC16)根据软件程序,产生一个开机信号TX-ON,通过J1-E7(N105)送到生命支持板上的J8-A55端。或者按低开按键,既送到主控器,又直接送到生命支持板的J8-A14端。

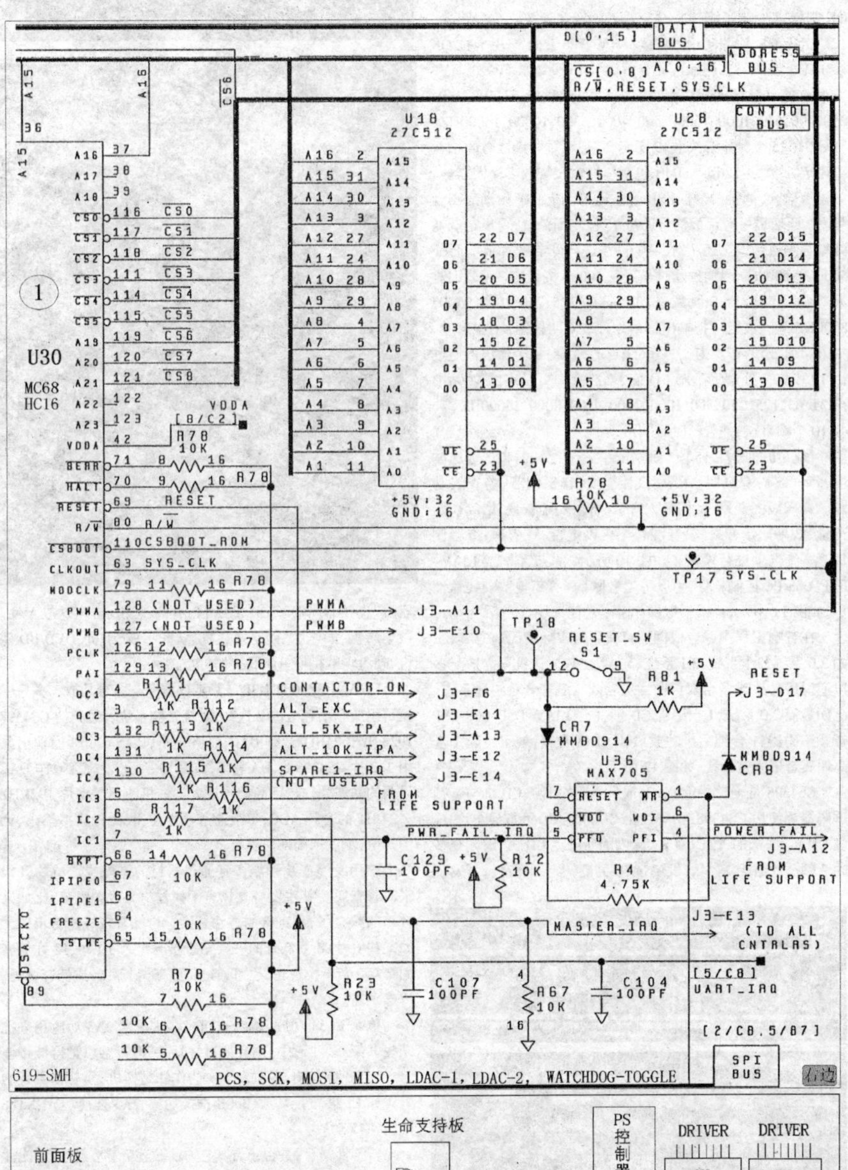

①

生命支持板
前面板
关机
高开
低开
J9-12 N144
J9-14 N50
J9-13 N143
F18
B19
F17
主控制器
关机 A8 J8-A53 N8
E7 N105 开机 J8-A55
或门 OR
A56 N613 P/S DISABLE
A83 N230 TX-RESTART
PS控制器 1#和2#
PA控制器 1# 2# 3# 4#
DRIVER U2
DRIVER U3
DATA/CONTROL
SPI
U19
U29
U35
PA-GATE- 1~8
遥控操作
低开、关机、互锁、安全信号
619-SMH
②

在生命支持板上,A55线上的开机信号和主控制器正常信号(MSTR-NORMAL1)在U26上形成与门逻辑。A14线上的低功率开机信号和前面板禁止操作信号,也在U26上形成与门逻辑。然后,这两路信号在或门电路U32（生命支持板上的U32）进行逻辑运算后,送到COMS双精密单稳态触发器U4(MC14538)的⑫脚。MC14538由两个独立的单稳态触发器组成,⑨脚至⑭脚的触发器用在开机信号状态转换上，②脚至⑦脚的触发器用在主控制器是否正常的监测上。U4的输入端(⑫脚)可以利用下降沿进行连续触发,在⑩脚输出稳态的开机信号,送到U35的⑬脚。在U35上,⑫脚的+20V电源故障POWERFAIL低电平有效信号,与⑬脚的开机信号形成与逻辑。一路经过U35的⑪脚送到A83，然后送到功放控制器和电源控制器进行发射机的重新启动(TX-RESTART);另一路经过U6和U16转换，变成交流接触器吸合状态信号(CONTACTOR-ON-STATUS)和功放控制器进行中断请求命令。同时,经过U30的⑪脚变成一个高电平有效的电源关闭信号,经过J8-A56输出。这个高电平信号命名为P/S-DISABLE，意思是指该信号为高电平时,电源将被关闭,而低电平时电源才被启动。在电源控制器板上,这个信号也标注为PS-DISABLE,送到J3-13。在片选信号CS0的控制下,经过八D锁存器发送到微处理器U6的数据线上。电源控制板上的U2和U3接收到PS-DISABLE信号时，就通过DISCHARGE命令关闭了电源。这种情况只是关闭了整流器上的可控硅，而电源控制器对应的电源变压器初级上,380V交流电却仍然存在。PS-DISABLE为低电平时,电源才能启动。如果电源控制器上有电源反馈回来的故障信号，那么不管生命支持板送过来的PS-DISABLE信号是高电平还是低电平,电源控制器都将关闭电源。开关机控制框图2如下：

简单地说,不管是前面板控制开机还是遥控开机,都通过锁存器把开机命令写入数据总线。然后,送到主控制器上的微处理器U30中进行逻辑运算。处理后的结果，一方面送到同步串行外设总线SPI BUS上,另一路从U30-74(N105)输出到生命支持板的J8-A55,在生命支持板上进行逻辑运算后输出。

关机指令也通过锁存器写入数据总线，然后送到主控制器上的微处理器U30中进行逻辑运算。一路送到同步串行外设总线SPI BUS上，另一路从U30-73(N8)输出,送到生命支持板的J8-A53。通过与门和或门逻辑,控制锁存继电器K4释放,同时主交流接触器断开,完成关机程序。

通过以上分析可以看出,如果主控制器出现故障,可以通过生命支持板低功率播出。但是生命支持板出现故障,就会无法开机,影响安全播出。为此,我们设计了一个电路,可以替代主控制器和生命支持板工作,增加了发射机的冗余性。

二、设计思路

第一步,交流电源加到发射机的输入端后,设计一个控制电压,使得交流接触器吸合,让整机得到380V电源。

第二步,设计一个冷却风机控制信号,启动风机。

第三步,让四个+50V电源组件启动,输出功放电压。

第四步,给激励器加电,输出功率。

(未完待续)(下转第579页)

◇山东 彭海明 宿明洪

一款内置DAC的发烧级多功能DSP前级：LJAV-DSP-008 DSP音频解码器(一)

音频解码器在市场常见，发烧友使用的也较多。传统的家用DAC多采用数字接收、数字滤波、音频DAC架构，部份DAC增加了USB音频解码功能，可参考今年2月2日《电子报》电子版微信公众号笔者《采用模块打造前卫的音频解码器方案》一文。

音频DSP功能强大，可以实现模拟音频处理解决不了的问题。市场上的音频DSP多使用在专业音响领域，家用音响多使用传统的方法。传统的DSP处理器多采用模拟信号输入，音频ADC转换，DSP处理，音频DAC转换，若传统的家用DAC与传统的DSP处理器整合会开发出很多新产品，比如内置音频DSP的发烧级DAC，或多功能DSP前级。

LJAV-DSP-008是基于32位音频DSP的音频解码器，也是一款内置DAC的发烧级多功能DSP前级。该机基于音频信号处理、卡拉OK信号处理，发烧DAC等多个功能于一体，该机的外观图如图1、图2、图3所示。内部图如图4所示，该前级具有如下功能：

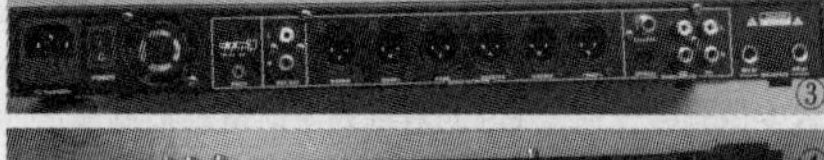

1. 采具有光纤、同轴、和USB音频输入接口，保留2路模拟音频输入接口。

2. 用32位的高性能DSP进行信号处理，可实现多种功能，使用24位的音频ADC与音频DAC。

3. 音频信号输入选择，音乐15段参量均衡，高通滤波器和低通滤波器。

4. 4组麦克风输入、2组输入音量电位器，麦克风高通和低通滤波器，拥有双麦克风输入，双路独立15段参量均衡。

5. 6个独立通道输出，每个通道都有独立的混音、高低分频器、主输出和环绕10段参量均衡。中置和超低音7段参量均衡， 每一路均有延时、压限、极性变换、音量调节、静音等功能。

6. 独特的麦克风反馈抑制算法，8级强度可调。专业演唱的回声效果。

7. 内设动态均衡、频谱显示，具有音频处理能力，拥有超精细的延时调整。

8. 方便的两种混音模式，一种为简洁模式适用传统的KTV功能，另一种为进阶模式适用音频处理器功能。

9. 加强版的开关机静音功能，不再为开关机的杂音和损坏音箱而苦恼。

10. 管理者、用户有初级模式，密码管理。密码按键锁、工程锁、三组设定功能。

11. 拥有10组用户参数调用。

12. 无线红外控制

13. WIFI无线联接，可实现PC软件控制全部参数。

14. 内设RTA频率测试系统。

由于该机功能强大，可以通过机器面板按键配合旋钮操作，如图5、图6、图7所示，也可用遥控器进行常用功能操作，如图8所示。还可通过电脑安装LJAV-DSP-008随机配套的软件，电脑与DSP机通过USB线联接。由于电脑显示屏幕大，操作界面更直观。

作为专业音频处理器，不外乎用于以下3个领域：1.卡拉OK领域；2.专业音响领域；3.家用发烧音响领域。

卡拉OK领域使用很广，如KTV音响工程，家用卡拉OK娱乐等，该机可实现输入的音乐信号15段数字均衡处理，频率点Q值、增益等均可设定，比如频率点：25、40、63、100、160、250、400、630、1000、1600、2500、4000、6300、10000、16000HZ等等，共15个频率点，如图9所示，并且可对输入信号的增益可设定，比如：-12dB~-0dB，包括模拟输入与数字输入信号，如模拟输入，同轴、光纤、USB等。还可设定低通频率与高通频率。同理也可对话筒信号进行15段均衡处理，可设定低通频率与高通频率。还可对混响、回声进行设定，比如混响时长500ms—5000ms，混响预延时长可在100ms内设定。可分别对混响与回声进行5段频率均衡：如125、250、1000、2500、8000HZ等。该机可把输出信号处理成6路输出：左右声道、中置声道、超低音声道、左右环绕声道。可对每个输出通道进行10段均衡处理，频率点Q值、增益等均可设定，比如频率点：31、63、125、250、500、1000、2000、4000、8000、16000HZ等，共10个频率点，并且延时时间可设定。

该机功能强大，15段参量均衡，高通滤波器和低通滤波器，每一路均有延时、压限、极性变换、音量调节、静音等功能。音乐最大音量、话筒最大音量、音乐初始音量、话筒初始音量、效果初始音量，录音混音电平设定，系统密码、音箱测量等多个选项进行设定，如图10所示。读者若需要LJAV-DSP-008 PC控制软件，可以与笔者联系。读者电脑安装软件后，如图11所示，可以模拟操作各个功能选项。

在音响工程中，应根据预算费用与实际情况选方案，比如2.0系统、2.1系统，3.1系统、5.1系统等。该机只需搭配多声道后级功放或多台双声道后级功放与配套音箱组建系统。比如最简2.0系统，1台平价CD机、1台LJAV-DSP-008 DSP音频解码器、1台纯后级功放、1对HIFI音箱，就可组建1套高保真音乐欣赏系统，如图12所示。

CS4398是一款平价DAC，很多早期的发烧CD机与音频解码器都使用CS4398，如马兰士CD6005、CD6006，英国的雅俊CD机、法国的文豪CD机、国内的斯巴克CD机、国内众多的音频播放器等等。玩“发烧音响”并非一定要花高价，“发烧器材”也并非局限于CD机或LP唱机、胆机、音箱这三大件。数字转盘，如电脑、网络播放机、智能平板、手机、DVD/BD碟机、硬盘点歌机等等都是好“转盘”。

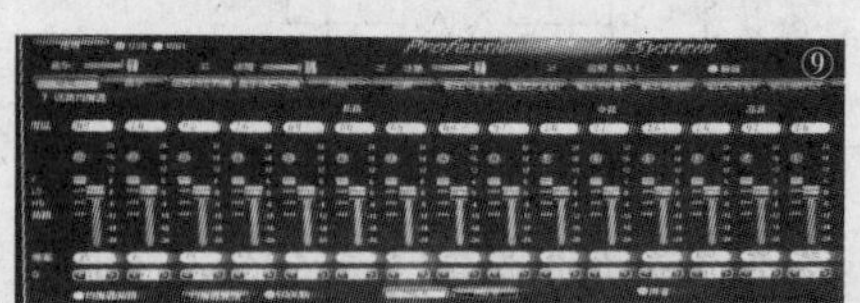

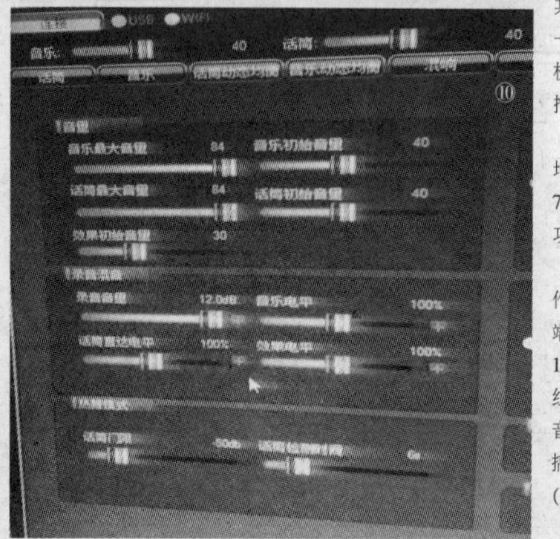

LJAV-DSP-008 DSP音频解码器可与多台功放、多只音箱可组成全新理念的2.1、2.2发烧音响系统，经典的CS4398 192KHZ／24BIT音频DAC，好听不贵，该机6个通道输出共用了3片CS4398作DA转换，如图13所示，发烧运放作DAC后面的滤波处理与话筒信号放大。该机使用了多片192KHZ／24BIT的音频ADC，每个通道独立使用，比如模拟输入，话筒部份，测试话筒部份等等。

家用发烧音响领域多是通过器材的搭配或器材的升级来改善音质。某些发烧友热衷于换器材来改善听感，比如某音箱低频少了，最直接的方法是换一台低音较好的音箱。比如某些6寸、8寸低音的书架箱直接升级为10寸、12寸低音的音箱。若不换音箱，也可通过功放来调节高音或低音，作到听感平衡。

单端EL34功放、单端300B功放、单端2A3功放用来推某些书架箱好听，中、高音很讨好耳朵，但听感总觉得低频差一点，若升级音响，多数发烧友的作法是换机，换功率更大的机，如EL34推挽功放、300B推挽功放、2A3推挽功放、KT88推挽、845功放。

若不换器材，是否还有其它方法改善听感？当然有，比如增加一台DSP处理器，我们只需把低频段作少许提升，比如70HZ以下频段作5DB—8DB的提升，你会发觉用单端EL34功放、单端300B功放、单端2A3功放的听感会平衡很多。

若感觉系统功率不足，还可保留原音响器材的情况下，作2.1或2.2处理，DSP处理后，左右声道信号进入原来的单端功放，超低音通道可单独用一台晶体管功放推动10寸—18寸的低音箱，以前多宣传胆石混合功放、或前胆后石搭配组合，现在胆机、石机混合音响系统会有更多玩法。若把超低音信号分成两路，用双声道功放驱动2只超低音音箱，还可搞另类2.2音响系统。

(未完待续)(下转第580页)

◇广州 秦福忠

编辑：小 进 投稿邮箱：dzbnew@163.com

电子报

2019年12月1日出版

实用性 启发性 资料性 信息性

第48期

(总第2037期)

国内统一刊号:CN51-0091 定价:1.50元 邮局订阅代号:61-75

地址:(610041)成都市武侯区一环路南三段24号节能大厦4楼 网址:http://www.netdzb.com

让每篇文章都对读者有用

正确使用空气加湿器的方法

冬季干燥的空气(尤其是北方)会造成室内灰尘、悬浮物增多,人体则会感到口干舌燥,皮肤加速老化,电器和化纤物也很容易产生静电等现象。因此很多人开始使用家用加湿器,那么我们该注意些什么呢?

相对湿度

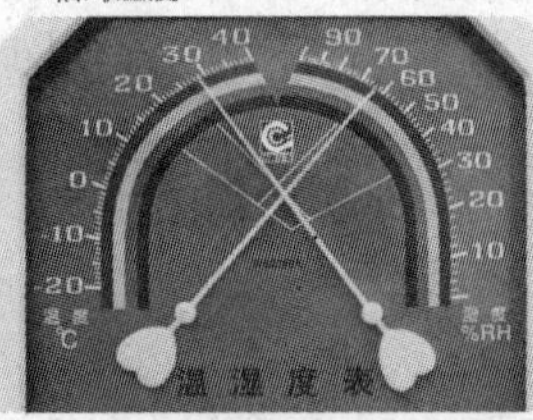

在了解相对湿度前,我们先了解下绝对湿度和饱和湿度。

绝对湿度定义为:在标准状态下(760mmHg)每立方米湿空气中所含水蒸汽的重量,即水蒸汽的体积密度 $\rho=2.169P/(273.15+\theta)$,$\rho$为绝对湿度(g/m3),其中P为水蒸气压,单位Pa。

饱和湿度是表示在一定温度下,单位容积空气中所能容纳的水汽量的最大限度。如果超过这个限度,多余的水蒸气就会凝结,变成水滴,此时的空气湿度便称为饱和湿度。

相对湿度是指空气中水汽压与饱和水汽压的百分比。湿空气的绝对湿度与相同温度下可能达到的最大绝对湿度之比。也可表示为湿空气中水蒸气分压力与相同温度下水的饱和压力之比。

湿度少了,会引起上述的一系列干燥问题;湿度多了也不好(特别是湿冷的南方)则会使热传导加快约20倍,使人觉得更加阴冷、抑郁。关节炎患者由于患病部位关节滑膜及周围组织损伤,抵抗外部刺激的能力减弱,无法适应激烈的降温,使病情加重或酸痛加剧;食物和衣物容易回潮和发霉。

相对湿度在45%~55%之间,人体感觉才是最舒适。小于30%属于湿度过低,大于80%属于湿度过高,另外科学还证明了细菌、病菌的繁殖与传播与相对湿度的关系,当相对湿度在45~55%时,空气中的细菌寿命最短,人体皮肤会感到舒适,呼吸均匀正常,所以这个范围是最为宜人的湿度范围。

加湿机的类别

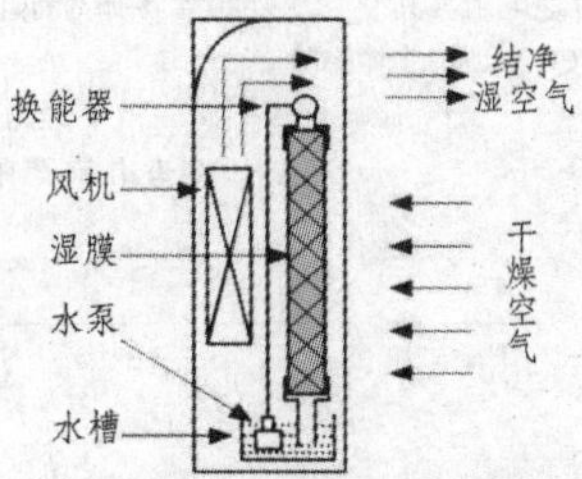

加湿机根据工作原理,分为以下几种:

1.热蒸发型加湿器

这也是最简单的加湿器,其工作原理是将水在加热体中加热到100℃,产生蒸汽,再用电机将蒸汽送出,这种加湿器没有什么技术含量,如果室内粉尘或者细菌较多很容易与水蒸气混合在一起反而对健康不利。

2.超声波加湿器

一般采用超声波高频震荡1.7MHZ频率,将水雾化为1~5微米的超微粒子,通过风动装置,将水雾扩散到空气中,使空气湿润并伴生丰富的负氧离子,能清新空气,增进健康,营造舒适的环境。超声波方式将水雾化,并通过风机将雾化的水汽吹出壳体,从而达到加湿空气的效果。

3.直接蒸发型加湿器

也称为纯净型加湿器,通过最新的分子筛蒸发技术,除去水中的钙、镁离子,彻底解决"白粉"问题。通过水幕洗涤空气,在加湿的同时还能对空气中的病菌、粉尘、颗粒物进行过滤净化,再经风动装置将湿润洁净的空气送到室内,从而提高环境湿度和洁净度。

4.冷雾型加湿器

利用风扇强制空气通过吸水介质时与水接触、交换来增加空气的相对湿度。这种加湿器的特点是能随空气的相对湿度自动调节,即空气相对湿度低的时候加湿量大,空气相对湿度高时,加湿量低;缺点是加湿量低(约为超声波加湿器的1/5),噪声相对于超声波加湿器大,但这种加湿器耗能少,噪音低。

正确的使用方法

很多人在使用时图方便直接加自来水,而自来水中一般都含有氯,最好不要直接加入加湿器中。更不能随意添加杀菌剂,这样容易被人吸入体内从而引起疾病;香水和精油多含有芳香剂、防腐剂,同样也不宜添加在加湿器中。建议在加水时使用凉白开水、纯净水或含杂质较少的蒸馏水即可。

首次使用应在室温条件下放置半小时后再开机使用;请使用温度低于40℃的清洁水;机器工作时远离木质家具和家电产品,以免造成受潮变形和短路;加湿器与地面距离0.5~1.5米效果最好,同时要放在通风、光照适中的地方;请勿将加湿器放置于空洞的物体上,以免产生共频共振噪音;请勿在无水状态下开机;加湿器最好每天换水,每两周彻底清洗一次,因为换能器在工作时其表面很容易产生水垢,如果不定期保养清洗,将导致换能器工作时负载加重,指示机器不能正常工作;一段时间不用的加湿器初次启动,一定要彻底清洁;清洗时,可用流水反复冲洗,然后用软布拭去水箱周边的水垢,尽量少用杀菌消毒剂。

一般家用的话,20m²的房间适宜使用加湿量为270ml/h以上的加湿器,40~50m²的房间选择加湿量为540ml/h的产品就可以了。

有一个很简单的方法辨别加湿器的质量好坏。如果加湿器喷出的是白雾容易吸附空气中的粉尘、细菌等有害物质("白粉"问题),所以选择无雾或者少雾的加湿器最好。另外,也可以将手放在喷气口大约10秒钟,若手心未出现水珠,说明超声波加湿器最重要的部件换能片的均匀程度好,反之则表明其工艺粗糙。

加湿器的材料也关系到呼吸健康,一些厂商为了降低产品成本,使用二次加工的塑料,质地较差且存在污染问题。作为提升室内空气质量的加湿器,如果采用污染较严重的塑料,是与产品使用的初衷背道而驰的,其危害程度可能远远大于产品本身的积极作用。

如果不想使用加湿器又要室内保持一定的湿度,可以放一块干净的湿毛巾在暖气片上,或者在暖气下放置一盆水,将一条毛巾或吸水性强的棉布一头放在水盆里,一头搭在暖气上,使水汽蒸发,增加空气湿度(注意毛巾不要因遮挡影响了暖气的正常运行)。用吸水性好的拖把多擦几次地,也能起到同样效果。

(本文原载第41期11版)

2020年工信部将重点支持4大类大数据项目

近日从工业和信息化部获悉,2020年,工信部将围绕工业大数据融合应用、民生大数据创新应用、大数据关键技术先导应用、大数据管理能力提升4大类7个细分方向,遴选一批大数据产业发展试点示范项目,通过试点先行、示范引领,总结推广可复制的经验、做法,推进大数据产业健康有序发展。

据悉,目前,2020年大数据产业发展试点示范项目申报工作已经启动。本批试点明确为4大类。在工业大数据融合应用方面,选择能源、航空、钢铁、汽车、船舶、化工等重点行业,提升行业专业化和集成化水平,助力制造业提质增效。

在民生大数据创新应用方面,选择政务、医疗、环保、扶贫、教育、物流、智慧城市等领域,持续优化资源配置,提高社会服务质量,促进形成公平普惠、便捷高效的民生服务体系。

在大数据关键技术先导应用方面,工信部要求企事业单位应推广先进适用、安全可靠的大数据产品,带动大数据管理及计算分析、超大规模数据集群、多源异构一体化查询分析/多模引擎等关键技术创新应用。

在大数据管理能力提升方面,工信部将鼓励大数据产业平台提供政策咨询、数据测试评估、数据开放、知识产权、投融资对接、创业孵化等公共服务,带动产业生态高质量发展。

试点示范项目由各地大数据产业主管部门、中央企业集团等各有关单位组织推荐。工信部提出,鼓励推荐单位在政策、资金、资源配套等方面加大对入选项目的支持力度,推动试点示范项目在各地方、各行业的应用推广。

为促进大数据产业发展,工信部还鼓励产业投资机构和担保机构加大对大数据企业的支持力度,引导金融机构对技术先进、带动力强、惠及面广的大数据项目优先予以信贷支持,鼓励大数据企业进入资本市场融资,为企业重组并购创造更加宽松的市场环境。

◇文章

康佳KLD+L080E12-01背光灯板原理与维修(四)

(紧接上期本版)

MOSFET开关管Q7161导通时,LED灯串电流CH11经储能电感L7161、开关管Q7161、R7161//R7181到地,LED灯串下端CH11电压下降,在储能电感L7161中产生感应电压并储能,理论上此时背光灯电流最大,发光最亮;开关管Q7161截止时,储能电感L7161中的储能电压经续流二极管D7161整流、电容C7181滤波,LED灯串下端CH11电压上升,理论上此时背光灯电流最小,发光最暗。由于电感和电容两端电压不能突变,开关管的工作频率较高,在Q7161的控制下,维持灯串下端CH11电压相对稳定。

OZ9986输出的均流控制脉冲宽度越宽,Q7161导通时间越长,CH11电压相对下降,LED背光灯变亮;OZ9986输出的均流控制脉冲宽度越窄,Q7161导通时间越短,CH11电压相对上升,LED背光灯变暗。

R7161//R7181为Q7161的e极电流取样电阻,R7161//R7181两端电压反映了Q7161和LED灯串电流大小,产生IS11电流取样电压,反馈到OZ9986的⑳脚内部控制电路,对开关管Q7161的工作电流进行监测,据此对⑱脚输出的COMP脉冲进行控制。当Q7161发生过流故障,⑳脚电压达0.5V时,OZ9986采取保护措施,相应的引脚停止输出COMP激励脉冲,并会恢复到正常状态的最低ON时间占空比。

据上述分析,BOOST升压输出电路对LED背光灯串上部的供电电压进行控制,BUCK均流控制电路对LED灯串下部的电压进行控制,二者协同配合,对加在LED灯串的实际工作电压进行控制和平衡,达到稳定LED工作电压和发光亮度的目的。

3)过压欠压保护电路

在图4和图5的BOOST升压输出电路滤波电容C7121、C7122或C7221、C7222两端设有分压取样电阻R7103、R7109、R7104和R7203、R7209、R7204,获取取样电压OVP1或OVP2,反馈到驱动控制电路U7101或U7102的②脚。当背光灯板输出的OUT1或OUT2电压过高、过低,送到U7101或U7102的②脚检测电压OVP低于0.1V或高于3.0V时,U7101或U7102停止输出激励脉冲DRV,达到保护的目的。

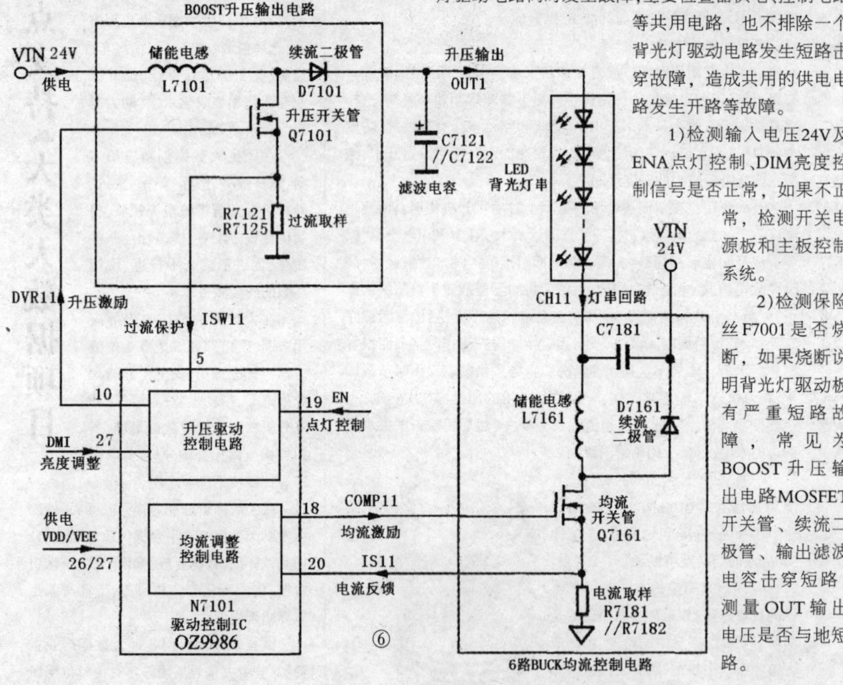

二、背光灯电路维修提示

康佳LED液晶彩电背光灯板发生故障时,一是背光灯板不工作,所有的LED灯串均不点亮,引发有伴音无光栅的故障;二是驱动电路1或驱动电路2其中一个发生故障,引发相应的背光灯串不亮,产生半个屏不亮的故障;三是个别灯串发生故障或老化,引发显示屏局部不亮或亮度偏暗的故障。

由于背光驱动电路1和背光灯驱动电路2的电路结构相同,每个背光灯驱动电路内部的3个BOOST升压输出电路和6个BUCK均流控制电路的电路相同,维修时可采取测量相同电路的相同部位电压、电阻的方法,将测量的结果对比分析,找到电压或电阻异常的故障电路,再对该电路元件进行检测,直到找到故障元件。

1.黑屏

显示屏背光灯串全部不亮是背光灯板的2个背光灯驱动电路同时发生故障,主要检查器供电、控制电路等共用电路,也不排除一个背光灯驱动电路发生短路击穿故障,造成共用的供电电路发生开路等故障。

1)检测输入电压24V及ENA点灯控制、DIM亮度控制信号是否正常,如果不正常,检测开关电源板和主板控制系统。

2)检测保险丝F7001是否烧断,如果烧断说明背光灯驱动板有严重短路故障,常见为BOOST升压输出电路MOSFET开关管、续流二极管、输出滤波电容击穿短路,测量OUT输出电压是否与地短路。

3)检测降压稳压电路输出的VDD、VEE的5V供电是否正常,如果不正常检查稳压管D7003、D7001和稳压三极管Q7002、Q7001是否正常,测量限流降压电阻R7021、R7022、R7024、R7017、R7018、R7019、R7023是否烧断或阻值变大,如果烧断说明降压、稳压电路存在严重短路故障,应首先排除、更换短路器件,再更换损坏的电阻。

4)检查OZ9986的外部电路元件是否异常,如异常,更换新器件,如正常,更换OZ9986芯片。

2.半边屏不亮

出现半边屏不亮现象,由于背光灯板有2个相同的背光灯驱动电路,根据不亮LED灯串,首先判断是哪个背光灯驱动电路发生故障,再检测该通道续流二极管及升压MOSFET管、输出电容器是否异常。如异常,更换新器件,如正常,更换OZ9986芯片,如果还不正常,检测输入端是否对地短路。

3.个别灯串偏暗

出现个别灯串偏暗现象,多为背光灯LED灯串或Buck均流控制电路发生故障,根据不亮LED灯串判断出故障通道后,检测相关联的Buck电路上的开关管G极波形是否正常,逐一检测续流二极管、MOSFET开关管及电感,如果全部正常,还没有输出或输出异常,就是因为OZ9986上对应的均流通道异常,只能更换OZ9986。

例1:开机有伴音,无光栅

分析与检修:遇到显示屏背光灯全部不亮情况,主要检查背光灯板的供电电路、点灯控制和亮度调整电路。测量输入连接器XS7001的①~⑤脚输入的24V电压正常,测量降压稳压电路无5V电压输出,检查供电电路保险丝F7001烧断,说明背光灯板有严重短路故障。

测量BOOST升压输出电路开关管,发现Q7102烧断,其S极电阻R7127、R7128、R7129、R7130连带烧焦。拆下上述损坏器件,发现Q7102的G极与D极之间电路板烧焦,将烧焦的电路板处理后,由于R7127、R7128、R7129、R7130为1Ω贴片电阻。手头没有该器件,用普通0.24Ω/1W电阻代替后,在旧电路板上拆下EMBA5N10A开关管更换Q7012,再更换保险丝F70014后,通电试机故障排除。

例2:开机有伴音,光栅局部偏暗

分析与检修:遇到显示屏局部亮度暗的故障,一是LED背光灯串发生开路、老化故障;二是均流控制电路发生故障。测量LED背光灯连接器灯串回路XS7101、XS7102、XS7201、XS7202的①、②、③脚回路CH电压,发现只有XS7202的③脚CH24电压与其它CH引脚电压不同,怀疑故障在该LED灯串及其控制电路。

检查XS7202的③脚外部均流控制电路,发现开关管Q7264各脚对地电阻与其它均流控制管各脚对地电阻有差异,更换Q7264后,故障排除。

(全文完)

◇海南 孙德印

彩电维修笔记(一)

彩电系家用电器主要电子产品之一,社会拥有量庞大,故维修显得比较重要。本文结合业余实际维修及朋友的上门和送修的电视机故障排除记录,整理部分有关各型号电视机,以液晶机为主,旧彩电为副的典型实例,供同仁、初学者、朋友们参考。

一、旧式CRT彩电故障精修理

例1 东芝(TOSHIBA)2979XP大屏彩色电视机开机三无

东芝牌(TOSHIBA)2979XP具有画中画PIP功能,即屏幕同时显两个不同的节目,一个电视节目,另一个外接视频装置的节目,或两个来自内藏的UHF/VHF双重电视调谐之节目。该机使用近十载,一天突然开机三无,细听机内有轻微"吱吱"声。

据此现象,应重点检查开关电源与相关电路及行扫描电路。先开机壳采用观察法,静态下,对易损件、可疑相关部件,直观一一仔细检查。交流保险丝、直流保险电阻、高压易损元件,均未见异常,也未发现断路、局部开路、局部烧损、变质变色等异常元件。继而动态下,测量开关电源输出有正常+125V输出,即C831(330uF/200V)正端;顺线再测电感L826(TLN3155D)一端与保险管F803(T1.2AL/250V)相接端,也有123V左右电压,而另一端电压仅有0.25V,显然异常,故障点很可能在F803内部。随将其拆下,用万用表电阻挡Rx10或RX1测量,内部果真已开路。试更换同规格、同型号保险管后,故障排除。使用一段时间后,用户反馈信息是彩电一直正常收看,证实,该保险确属自然损坏。

(未完待续)(下转第582页)

◇山东 张振友 贺方利

三个方法搞定“中国式”排名

无论是期末还是期初，学校都有例行的考试，也免不了排名。排名分为两种：美国式排名和中国式排名。美国式排名可以直接使用Excel函数来实现，而中国式排名就不可能了。

以一个简单的例子来说明美国式排名和中国式排名的对比（如图1所示）：美国式排名中，分数相同并列名次，有多少个人，就有多少名，最后一名的排名和总人数相同，因为吴用和公孙胜的分数相同，两个人并列第3名，所以接下来的刘唐的名次跳过第4名，为第5名；中国式排名中，分数相同并列名次，有多少种分数，就有多少名，最后一名的排名小于或等于总人数，吴用和公孙胜并列第3名，接下来的刘唐的名次为第4名。

美国式排名可以用Excel的Rank函数实现，G3单元格中输入公式“=RANK(F3,F$3:F$11,0)”

解释：RANK(number,ref,[order])，number为需要排名的数值；ref为排名数值的范围；order为次序，0表示降序，1表示升序。

G3　=RANK(F3,F$3:F$11,0)

	A	B	C	D	E	F	G	H
1								
2	学号	姓名	语文	数学	英语	总分	美国式排名	中国式排名
3	43	彭玘	85	87	85	257	1	1
4	8	呼延灼	77	85	83	245	2	2
5	3	吴用	84	89	69	242	3	3
6	4	公孙胜	71	89	82	242	3	3
7	21	刘唐	84	88	69	241	5	4
8	16	张清	80	86	72	238	6	5
9	7	秦明	73	76	88	237	7	6
10	26	李俊	59	89	89	237	7	6
11	11	李应	87	60	89	236	9	7

①

在Excel中是不能靠现成的函数或简单的排序来实现中国式排名的，我们有以下三个方法。

假设数据表格为：姓名在C列，总分在G列，需要进行的排名在H列；第2行为标题，第3行到第52行为数据，共50个（如图2所示）。

	A	B	C	D	E	F	G	H
1	2018-2019年度第二学期六年级成绩表							
2	班级	学号	姓名	语文	数学	英语	总分	排名
3	六（1）班	1	宋江	61	52	56	169	
4	六（1）班	2	卢俊义	55	85	89	229	
5	六（1）班	3	吴用	84	89	69	242	
6	六（1）班	4	公孙胜	71	89	82	242	
7	六（1）班	5	关胜	66	68	69	203	
8	六（1）班	6	林冲	70	66	73	209	
9	六（1）班	7	秦明	73	76	88	237	
10	六（1）班	8	呼延灼	77	85	83	245	
11	六（1）班	9	花荣	68	62	86	216	
12	六（1）班	10	柴进	63	63	86	212	

②

方法一：

1.首先将A2到H52的标题和数据选中，点击“数据”选项卡中的“排序”按钮，将数据按照G列“总分”进行降序排列。

2.选中数据中任意一个单元格，点击“插入”选项卡中的“数据透视表”按钮。在打开的对话框中，使用默认设置（即把数据透视表放置在新工作表上），点击“确定”按钮。Excel会自动插入一个“sheet1”表格。

3.在右侧的“数据透视表字段”中，将字段列表框中“姓名”拖到“行”下区域，将“总分”拖到“值”下区域。这样在生成的数据透视表中有了两列数据：“行标签”列下方是姓名，按照拼音排序的，“求和项：总分”列下方是对应的总分。

4.选中“求和项：总分”列中的任意一个单元格，单击右键，在菜单中选择“值显示方式”，在子菜单中选择“降序排列”，在跳出的“值显示方式（求和项：总分）”对话框中点击“确定”按钮（图3所示），此时“求和项：总分”下数值变成了人名相对应的中国式排名名次。

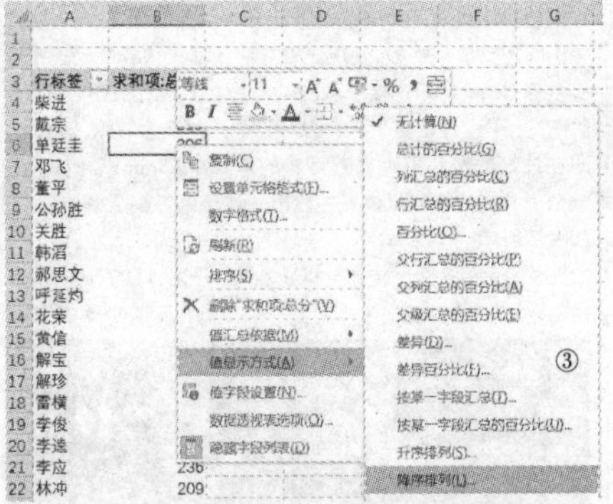

5.再次选中“求和项：总分”列中的任意一个单元格，单击右键，在菜单中选择“排序”，在子菜单中选择“降序排列”（即对“总分”降序），名次已经从小到大排序了（如图4所示），选中“求和项：总分”下的所有数据，按Ctrl+C进行复制。

6.然后回到分数表中，选中“排名”列的第一个单元格，按Ctrl+V进行粘贴即可。

	A	B
1		
2		
3	行标签	求和项:总分
4	彭玘	1
5	呼延灼	2
6	吴用	3
7	公孙胜	3
8	刘唐	4
9	张清	5
10	秦明	6
11	李俊	6
12	李应	7
13	燕青	8
14	朱武	9
15	史进	10
16	卢俊义	10

④

方法二：

1.首先将A2到H52的标题和数据选中，点击“数据”选项卡中的“排序”按钮，将数据按照G列“总分”进行降序排列。

2.在“排名”下的H3单元格中输入“1”，再在H4单元格中输入“=IF(G4<G3,H3+1,H3)”回车，选中H4单元格，双击右下角向下复制，排名随之出现（如图5所示）。

解释：使用IF函数来判断，表示本行总分比上一行的总分小，则名次就加1；如果两个总分是相等的，则名次不变。

注意一点，如果将来还需要根据学号或姓名排序时，一定要提前将名次以数值的形式固定下来，否则会出现错误。选中H列，按快捷键Ctrl+C进行复制，然后再按快捷键Ctrl+Alt+V呼出“选择性粘贴”，选择“数值”，点击“确定”即可。

H4　⑤　=IF(G4<G3,H3+1,H3)

	A	B	C	D	E	F	G	H
2	班级	学号	姓名	语文	数学	英语	总分	排名
3	六（1）班	43	彭玘	85	87	85	257	1
4	六（1）班	8	呼延灼	77	85	83	245	2
5	六（1）班	3	吴用	84	89	69	242	3
6	六（1）班	4	公孙胜	71	89	82	242	3
7	六（1）班	21	刘唐	84	88	69	241	4
8	六（1）班	16	张清	80	86	72	238	5
9	六（1）班	7	秦明	73	76	88	237	6
10	六（1）班	26	李俊	59	89	89	237	6
11	六（1）班	11	李应	87	60	89	236	7

方法三：

在排名下的H3单元格中输入“=SUMPRODUCT((G$3:G$52>G3)*(1/COUNTIF($G$3:G$52,G$3:G$52)))+1”回车，选中H3单元格，双击右下角向下复制，排名随之出现。即便后续需要根据姓名或总分重新排序时，名次依然有效（如图6所示）。

解释：

1.SUMPRODUCT()函数内的1/COUNTIF($G$3:G$52,G$3:G$52)是数组计算，相当于一个数组，里面包含着1/COUNTIF($G$3:G$52,G$3)、1/COUNTIF($G$3:G$52,G$4)、…1/COUNTIF($G$3:G$52,G$52)，选中1/COUNTIF($G$3:G$52,G$3:G$52)，按F9可以看到这个数组（用{}表示）。如果此行的数在选定范围内重复3次，在数组的这个位置就为1/3，且在数组中总共会出现3个1/3，它们和永远等于1。

2.COUNTIF($G$3:G$52,G$3)表示“G$3”在“$G$3:G$52”范围内重复的个数

3.SUMPRODUCT()函数中的(G$3:G$52>G3)是一组逻辑值的数组，表示“$G$3:G$52”范围G列的每一行大于G3，还是不大于G3。大于G3为“TURE”，否则为“FALSE”。选中(G$3:G$52>G3)，按F9可以看到这个数组。“TURE”在参加计算的时候为数值1，“FALSE”为数值0。

4.两个条件相乘，就表示同时满足两个条件：在范围内，G列大于此行“总分”的不重复数量，这个数最后再+1，那就是这个“总分”的名次了。

H3　=SUMPRODUCT((G$3:G$52>G3)*(1/COUNTIF(G$3:G$52,G$3:G$52)))+1

⑥

	A	B	C	D	E	F	G	H
1	2018-2019年度第二学期六年级成绩表							
2	班级	学号	姓名	语文	数学	英语	总分	排名
3	六（1）班	1	宋江	61	52	56	169	34
4	六（1）班	2	卢俊义	55	85	89	229	10
5	六（1）班	3	吴用	84	89	69	242	3
6	六（1）班	4	公孙胜	71	89	82	242	3
7	六（1）班	5	关胜	66	68	69	203	25
8	六（1）班	6	林冲	70	66	73	209	22
9	六（1）班	7	秦明	73	76	88	237	6
10	六（1）班	8	呼延灼	77	85	83	245	2
11	六（1）班	9	花荣	68	62	86	216	17

三个方法的优劣分析：

方法一不需要使用任何函数和公式，只依靠排序和数据透视表，但步骤比较繁琐，且每次分数变化，都需要重新进行操作。

方法二使用了排序和简单的公式，但每次分数变化，都需要重新排序，并重输公式进行计算。

方法三更加灵活些，一次成功，哪怕分数变化，名次也随之变化。

◇苏州 王东

正确认识iPhone电池的几种容量

对于iPhone用户来说，一个绕不开的坎显然是2~3年一换的电池，无论是从官方或第三方更换，了解相应的电池知识是必须的。

一、设计容量

设计容量是针对实际容量作百分比参考值才有的，例如iPhone X电池的设计容量是2701 mAh，新电池的实际容量大概是2770 mAh左右，换算为百分比就是2770÷2701≈1.02，也就是说实际容量有102%。

iOS 11之后的版本，我们可以在设置界面查看电池的健康度（如图1所示），这个健康度的显示就是按照实际容量÷设计容量，当然里进行了某些限制，超过100%容量的电池，只能显示到100%。如果我们打开爱思助手、沙漏助手、imazing等检测电池软件（如图2所示），电池详情里面都有设计容量的显示。

二、标定容量

标定容量是电池正反面显示的容量数值，我们可以在电池正面左下角看到这个数值（如图3所示），也可以在电池背面拐歪地方的黑皮纸最下方看到这个数值，标定容量类似于物品的说明参数一样，没有实质性的作用，标定容量有个作用就是电池真实容量肯定是大于标定容量的。

三、实际容量

实际容量显然是我们应该关注的重点，实际容量的大小，会直接影响iPhone的使用时间。电池的实际容量是浮动变化的，容量变化的因素受天气的温度、电压影响而变化。

◇江苏 王志军

美的MD-BGS40A电脑控制型电炖锅分析与检修(二)

(紧接上期本版)

(2)操作、显示电路

操作电路以微处理器IC201、操作键(SW241~SW2411)、指示灯(LED231~LED2311)、数码管显示屏DISP231构成。

用户需要使用某项功能，按下相应的按键，被微处理器IC201识别后，不仅控制⑤脚输出的加热信号，而且通过相应端子输出指示灯控制信号，表明该机处于的工作状态。而在使用预约功能时，会通过显示屏DISP231显示预约时间，并且在进入保护状态后，显示屏还会显示故障代码。

(3)蜂鸣器电路

参见图2，该机的蜂鸣器电路由微处理器IC201、蜂鸣器BUZ237等构成。

当进行功能操作时，微处理器IC201④脚输出的脉冲信号经R271限流，驱动蜂鸣器BUZ237发音，表明该操作功能已被IC201接受，并且控制有效。

当某项操作功能（如排骨汤）完成后，IC201也会驱动BUZ237鸣叫，提醒用户设置的功能已完成。

3. 加热电路

加热电路由微处理器电路、加热盘供电电路为核心构成，如图2、1所示。

当锅内放入食物(如鸡鸭)和适量的水，按下SW2410键，被微处理器IC201识别后，不仅路输出指示灯控制信号使LED2311发光，表明该锅工作在鸡鸭汤状态；而且控制显示屏显示时间等信息。同时，因锅内温度低，CN121所接的温度传感器的阻值较大，5V电压经该温度传感器与R221取样，利用R223限流，C221滤波后为微处理器IC201㉕脚提供的取样电压较低，IC201将这个电压数据与内部存储器存储的不同电压数据对应的温度值比较后，确认锅内温度低，于是控制⑤脚输出高电平的加热控制信号HEAT。该信号经R222、CN201/CN101输出到电源板，再经R114使Q112截止，进而使Q111截止。Q111截止后，ZD102、ZD103两端形成的-12V电压为继电器K111的线圈供电，K111的触点闭合，接通加热盘的供电回路，加热盘得电后开始加热，使锅内的温度逐渐升高。当水温达到设置值，温度传感器的阻值减小，5V电压经该传感器与R221取样后产生的电压升高，利用R223限流、C221滤波后为IC201㉕脚提供的取样电压增大，IC201将数据与存储器内存储的数据比较后，控制⑤脚输出间断性加热信号，维持煲汤状态。保沸达到设置时间后，IC201的⑤脚输出低电平控制信号，使Q112、Q111相继导通，将ZD102、ZD103两端短路，-12V电压消失，继电器K111的线圈失电，内部触点断开，加热盘失去供电而停止加热，进入保温状态。

4. 保温电路

煲汤结束后，若未被操作，IC201自动执行保温程序，输出控制信号使保温指示灯LED239发光，提醒用户进入保温状态。随着保温时间的延长，锅内温度下降并被温度传感器检测，温度传感器的阻值增大到需要值，产生的取样电压减小，被IC201识别后，IC201的⑤脚输出高电平加热信号，K111的触点闭合，加热盘得电后开始加热，使温度升高。当温度超过70℃后，温度传感器的阻值减小，取样电压升高到设置值，被IC201识别后控制K111的触点释放，加热盘停止加热。这样，在温度传感器、IC201的控制下，加热盘间断性加热，实现保温控制。

5. 过热保护电路

为了防止加热盘等器件过热损坏，该机采用一次性热熔断器(图中未画出)来实现过热保护。

当继电器K111的触点粘连，Q112、Q111损坏，或IC201异常，使加热盘加热时间过长，导致加热温度达到165℃时热熔断器熔断，切断市电输入回路，实现过热保护。

6. 故障代码

为了便于生产和维修，美的电脑型电炖锅具有故障自诊功能。

当被保护的温度传感器或电路发生故障时，被微处理器IC201识别后，它不仅驱动蜂鸣器BUZ271鸣叫报警，而且控制显示屏显示故障代码，来表示故障发生部位。故障代码及含义如表2所示。

表2 美的电脑型电炖锅故障代码及含义

故障代码	含义
E1	温度传感器异常或相关元件异常
E0	加热温度过高

7. 常见故障检修

(1)不加热、指示灯不亮

该故障是的主要原因：1）供电线路异常，2）电源电路异常，3)CPU电路异常。

首先，检查电源线和电源插座是否正常，若不正常，检修或更换；若正常，用电阻挡测量电炖锅电源插头两端阻值，若阻值为无穷大，说明电源线异常或熔断器开路。电源线开路后，用相同的电源线更换即可；若电源线正常，拆开电炖锅后，测热熔断器、熔丝管F101是否开路。

当热熔断器开路，应先检查有无过热现象。首先，在路检测Q111、Q112是否损坏、继电器K111的触点是否粘连，若是，与热熔断器一起更换即可；若Q111、Q112、K111正常，说明热熔断器是自身损坏。

当F101开路，需要检查它是否因过流所致。此时，检查压敏电阻ZNR101和滤波电容C101是否击穿，若它们击穿，与F101一起更换后即可排除故障；若它们正常，检测加热盘有无短路现象，若有，与F101一起更换即可；若正常，

当热熔断器和F101正常，测EC103两端有无5V电压，若有，查CPU电路；若没有，说明电源电路异常。首先，测EC101两端电压是否正常，若正常，检查IC101、EC103及负载；若EC101两端电压也异常，说明8.2V电源异常。此时，断电后，在路测限流电阻R101、R103是否开路，若R101开路，在路检查D1~D4、C102、是否击穿，若是，更换即可；若R1103开路，检查EC101、ZD101、IC101是否正常即可。

确认故障发生在CPU电路时，首先，要检查微处理器IC201㉘脚的供电是否正常，若不正常，查线路；若正常，查晶振X251是否正常，若异常，更换即可；若正常，检查按键有无短路，若有，用相同的轻触开关更换即可；若正常，检查IC201。

(2)不加热、但指示灯亮

该故障主要原因：1)加热盘及其供电电路异常，2）-12V电源电路异常，3)CPU电路异常。

首先，测加热盘的供电端子有无220V左右的交流电压，若有，检查加热盘；若没有，按SW244键时，察看指示灯LED235能否发光，若不发光，检查SW244、R244和微处理器IC201；若发光，测K111的线圈两端有无12V供电，若有，检查K111；若没有，测IC201的⑤脚有无高电平加热信号输出，若没有，检查IC201；若有，测Q112的b有无高电平输入，若没有，检查CN201/CN101、R114、R222及线路；若有，检查Q112、Q111、ZD102、ZD103。

(3)不能煲粥，其他功能正常

该故障主要原因：1)煲粥操作电路异常，2)CPU电路异常。

按SW245键时，察看指示灯LED238能否发光，若不发光，检查SW245、R245是否正常，若异常，更换即可；若正常，检查线路和微处理器IC201。

【提示】出现无排骨汤或鸡鸭汤、猪蹄汤、快汤、炖肉功能的故障时，检修方法与不能煲粥故障相同，可参考该方法检查相关电路即可。

(4)无预约功能

该故障的主要原因：1)预约操作电路，2)微处理器IC201异常。

首先，按SW248键时，察看显示屏有无变化，若有变化，说明IC201异常；若无变化，检查SW248、R248是否正常，若异常，更换即可；若正常，检查线路和微处理器IC201。

(5)不加热、显示屏显示故障代码E0

该故障主要原因：1) 温度传感器热敏性能差，2)D222、C121、C221漏电，3)R223阻值增大，4)微处理器IC201异常。

首先，检查温度传感器热敏性能是否下降，若性能下降，更换即可；若正常，在路检查D222、C121、C221是否漏电，若是，更换即可；若正常，检查R223是否阻值增大，若是，更换即可；若正常，检查微处理器IC201。

(6)不加热、显示屏显示故障代码E1

该故障主要原因：1)CN121、CN101的引脚脱焊或连线断路，2）温度传感器异常，3)C121、C221、D221或D222漏电，4)R221或R223异常，5)微处理器IC201异常。

首先，检查CN121、CN101的引脚焊是否脱，若是，补焊即可；若正常，检查它们的连线是否正常，若异常，更换即可；若正常，检查温度传感器是否正常，若异常，用相同的负温度系数热敏电阻更换后即可，若正常，说明阻抗/电压信号变换电路或CPU异常。此时，检查C121、C221、D221、D222是否漏电，若是，更换相同的元件即可；若正常，检查R221或R223是否开路或阻值增大，若是，更换相同阻值的电阻即可；若正常，检查微处理器IC201。

8. 故障检修实例

例1 通电后无反应(一)。

分析与检修：通过故障现象分析，该故障的主要原因：1)供电线路异常，2)电源电路异常，3)CPU电路异常。

首先，测电源插座有220V电压，并且电炖锅的电源线正常，说明它内部电路发生故障。打开电炖锅底盖，用数字万用表的通断挡(俗称二极管挡)在路检测热熔断器(温度保险丝)时，发现它已熔断，初步判断是因过热熔断的，怀疑温度检测电路、加热盘供电电路异常。检查加热盘供电电路时，发现驱动管Q111的be结击穿，检查其他器件正常，更换故障元件后，故障排除。

【提示】因Q111的be结击穿，导致继电器K111的线圈始终有供电，它的触点不能断开，加热盘加热温度过高，引起热熔断器过热熔断，进入过热保护状态。

例2 通电后无反应(二)。

分析与检修：按例1的检修思路检查，确认热熔断器正常，初步判断未进入过热保护状态。在检查电源板时，发现熔丝管F101熔断，怀疑是过流损坏。用数字万用表通断挡(俗称蜂鸣挡）在路检测C101时，蜂鸣器鸣叫，说明C101或压敏电阻ZNR101短路，脱开引脚再次检查后，确认C101短路。检查其他元件正常，用0.1μF/400V电容更换C101，并用10A熔丝管更换F101后，故障排除。

例3 通电后无反应(三)。

分析与检修：按例1的检修思路检查，确认热熔断器和熔丝管F101正常，初步判断没有过流和过热现象。用数字万用表20V直流电压挡测EC103两端无电压，测ZD101两端电压比较低，说明电源电路异常。断电后，在路测R101正常，整流管D1~D4正常，怀疑降压电容C102容量不足，用电容挡检测，果然容量不足，检查其他元件正常，更换C102后，EC103两端电压恢复正常，故障排除。

例4 有时加热正常，有时不能加热。

分析与检修：通过故障现象分析，说明电源电路、加热盘供电电路或微处理器电路有元件接触不良或热稳定性能差。

打开电炖锅底盖，检查热熔断器和加热盘的连线正常，怀疑电路板上有元件接触不良。察看电源板时，发现继电器K111的引脚脱焊，并且引脚处的线路板有焦痕，清理焦痕后补焊，加热恢复正常，故障排除。

例5 加热温度低。

分析与检修：通过故障现象分析，说明电源电路、温度检测电路、加热盘供电电路或CPU电路异常。

打开电炖锅底盖，检查电源电路输出电压正常，并且加热盘供电电路正常，还有温度检测电路异常。检查该电路时，发现温度检测电路阻值减小，用相同的负温度系数热敏电阻更换后，加热恢复正常，故障排除。

(全文完)

◇内蒙呼伦贝尔中心台 王明举

环鑫LED照明灯不亮维修1例

例 故障现象：5W玉米灯上电不亮

分析与检修：该玉米灯由7块LED长方形铝基灯板和1块LED圆形铝基灯板串联而成，电源由电容降压后经全波整流滤波后供电。先用万用表R×10k挡对每个LED进行测量，当黑表笔接LED+、红表笔接LED-时，正常的LED会微亮且表针偏转。经测量，各LED均正常。接着拆开圆形底盖，轻轻地拉出降压整流线路板，发现一根导线脱落。该导线是连接灯头金属外壳的，即连接交流220V电源的N线，因压接不牢而脱落。由于没有压接工具，决定采用“微创手术”办法来修复，即在该灯的塑料外壳靠近灯头的地方用2.5mm麻花钻头钻一个小孔，将接线从该孔中拉出并焊接到灯头金属外壳上，如附图所示。

修复后，将该灯装在台灯上，合上开关，灯能点亮，故障排除。

◇江苏 陈洁

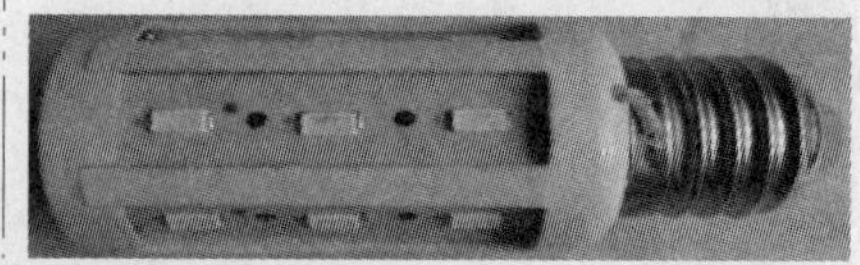

红外无线音频收发电路

红外线是有限距离内无线数据传输常用的媒介之一。本文中，我们将来了解如何用红外LED打造一个简略的无线音频传输器。使用该电路可以让你的IPod，手机或电脑直接在外部扬声器上播放音乐，而不需要将他们用音频线相连。但是这样的电路限制比较大，现在更完善的方式是蓝牙播放，此处只是一个解释红外传输更有趣的电路。

工作原理

该电路的工作原理需要用两个独立电路来解释，一是发射器电路，二是接收器电路。其中发射器电路会与3.5mm音频接口相连，用于音频输入，而接收器电路将与扬声器连接用于播放音乐。音频信号将通过发射器电路上的红外LED发射出去；而接收器电路上的光电二极管则负责接收该信号。但是因为光电二极管收到的音频信号十分微弱，所以我们需要用LM386放大器电路来放大，最终在扬声器上播放出来。

这有点像电视遥控器，你将红外LED对准电视然后按下按键，它就会发送一个信号，随后被光电二极管（通常是TSOP）接收，信号解码后电视会得知你所按下的按键。而此处传输的信号是音频信号，接收器是普通的光电二极管。这项技术在普通LED和太阳能电池板上也能实现，和我们现在常谈到的Li-Fi技术也有相似之处。

所需电子元器件

红外LED

3.5mm音频接口

LM386

光电二极管

100kΩ可调电阻

定值电阻(1kΩ,10kΩ,100kΩ)

电容(0.1uF,10uF,22uF)

电路图

该电路的完整电路原理图图如下。

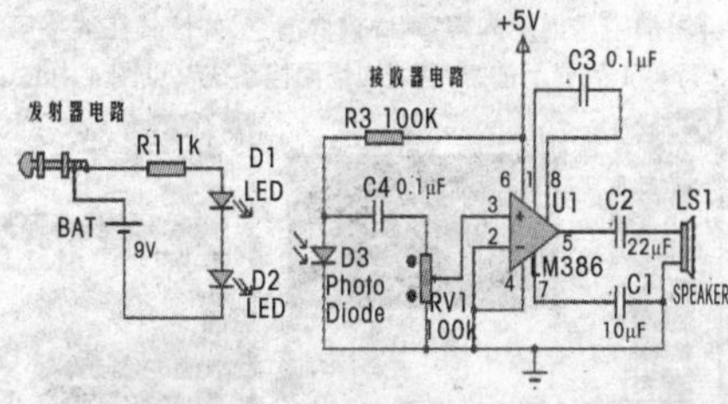

发射器电路

发射器电路只有几个红外LED和电阻组成，并直接与电池和音频源相连。而可能遇上问题的地方就是将音频接口放入到电路中去。寻常的音频接口会有三个输出引脚，两个用于一左一右两个声道，另一个则作为接地起到屏蔽作用。我们只需要一个信号引脚就好。你可以用万用表来选择最合适的引脚。此处电路中音频接口的引脚格式如下图所示。

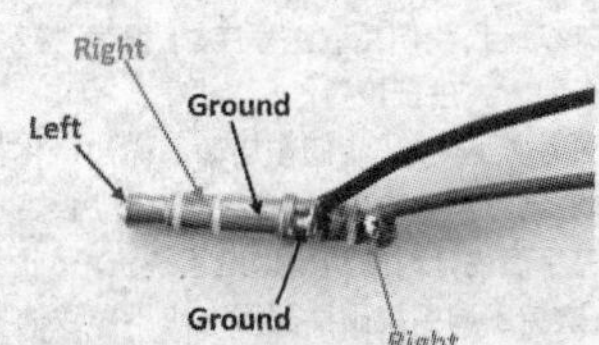

发射器电路的原理比较简单，红外LED上的红外光起到载波信号的作用，而红外光的强度则作为调制信号。所以我们通过音频源来驱动红外LED的话，电池会使红外LED基于音频信号而变换强度。我们这里用到了两个红外LED增加电路的范围；该电路可以通过5V到9V的电源驱动，实物中使用了稳压的5V取代电池，所以没有使用电路图中限流电阻1kΩ。实物连接如下，此处使用IPod作为音频源，但是你还是可以使用任何有音频接口的设备（当然非3.5mm的手机就不行了）。

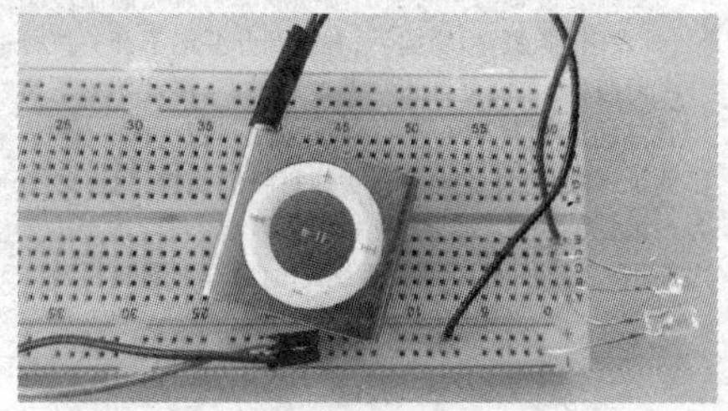

接收器电路

接收器电路由光电二极管组成，并与音频放大器电路相连。音频放大器电路是由常见的LM386组成的，这个电路的优势也在于所需器件很少。这个电路的供电范围在5V到12V，你可以用稳压模块输出+5V这样就不用再用9V的电池了。实物图如下。

LM386的引脚如下图所示。

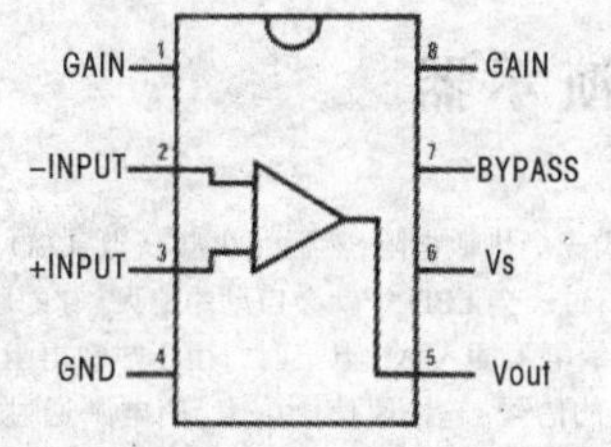

引脚1和8：这两个是增益控制引脚，内部增益被设为20，但可以通过两引脚间的电容增大到200。我们用10uF的电容C3将其增大到最高增益200。合理的电容可以让这个值在20到200之间变换。

引脚2和3：这是声音信号的输入引脚。引脚2位负输入引脚，应与地相连。引脚3为正输入引脚，也是声音信号输入的地方。在我们的电路中。正输入引脚与电容麦克风和100kΩ的电位计RV1相连。电位计可以当作音量控制器。

引脚④和⑥：LM386的电源引脚，引脚⑥用于+Vcc，而引脚④接地。电路的驱动范围在5V-12V之间。

引脚⑤：这是输出引脚，也是我们得到放大过后的音频信号的地方。我们将它与扬声器相连，中间加入一个用于滤除直流耦合噪声的电容C2。

引脚⑦：这是旁路引脚。我们可以留空，或者接地，也可以用一个电容来提升稳定性。

电路的调试

搭建好电路后，将它们分别上电，并与音频源相连，将接收器电路和发送器电路放在10cm左右的对称位置。如果你没有听到声音的话，可以试着调整电位器RV1。

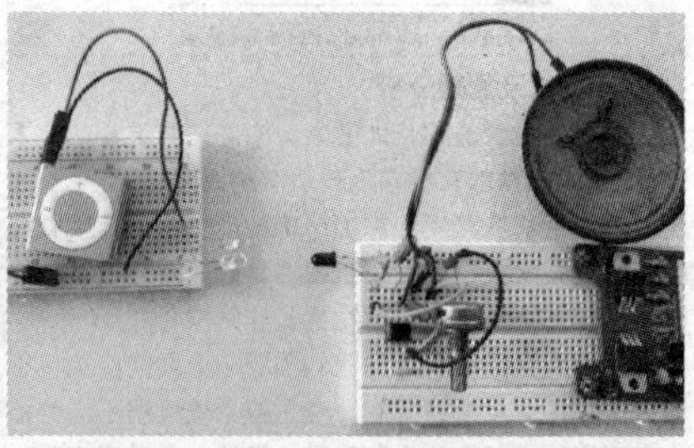

如果电路直接成功了，那么恭喜你，因为这个电路有很多可能出错的地方，首先在面包板上搭建音频电路很容易受到噪声的影响。所以如果首次没能成功的话，可以按照以下思路来排错。

1.发射器电路三点后，用你的手机相机来检测红外LED是否在闪光，在暗室中更容易发现。在有光照的屋子里，相机也很难捕捉到红外光。

2.接收器电路搭建完毕后，将光电二极管用3.5mm接口替换，然后播放一首歌曲。你手机中的音乐应该会被放大并在扬声器中播放出来，如果不管用的话就继续调整电位器RV1。一旦确保正常工作后再将光电二极管替换回去。

3.除了上面两步之外，还要确保两个电路之间的距离，尽可能固定发射器电路，调整接收器电路的角度直到接收到信号为止。

◇四川省剑阁职业高级中学校 何小波

LED电路的三种接线方式介绍

LED电路的接线方式决定了电路正常工作所需的电压和电流。下方两条电路使用了五个160-1445-1-ND LED。单个LED电压2V 20mA。如您所见，每条电路所需的工作电压和电流之间存在显著差异。

各并联元件具有相同的电压，但电流存在波动。如下图：

电路总计2V/100mA

各串联元件具有相同的电流，但电压存在波动。如下图：

电路总计10V/200mA

一般说来，大多数LED照明都使用串并联组合。如下图：

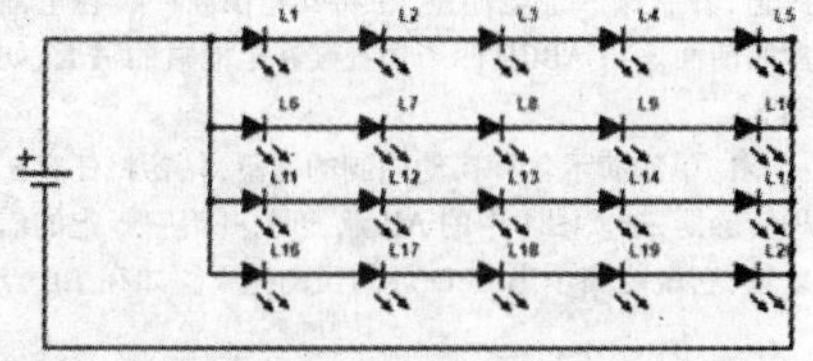

电路总计10V/100mA

理想情况下，出于可靠性和照明连续性考虑，最好将一个LED灯条串联至恒流驱动器。而较长的LED灯条通常无法使用串联电路，因为驱动LED灯条需要非常高的电压，而且如果LED灯条中的一个LED烧坏，那么整个灯条都将熄灭。但如果采用组合式串并联接线，则只有灯条的一部分熄灭，剩余部分仍会发光。

请注意，当一个LED或多个LED烧坏、损坏或从采用组合恒流电路的LED灯条中断路时，剩余的LED也可能会损坏，因为对于其余的LED而言，原先的总固定电流可能过高。这是恒压驱动更易于使用且通常优先用于串并联组合电路的另一个原因。

◇四川省宣汉职业中专学校 唐渊

基于arduino控制和Linkboy图形化编程软件的实例应用：

城市家庭农场智能温控系统(上)

Linkboy是一种高度模块化的编程仿真软件，并且是一种图形化的编程应用软件，软件简单、易懂、易操作，很适合不太会写C代码和青少年创客的编程应用，产品用户也可以自己和培养青少年创客体验编程。

我们的项目是基于arduino开源硬件平台和Linkboy图形化编程软件设计的"城市家庭农场智能温控系统"。Linkboy编程及仿真软件见图1。

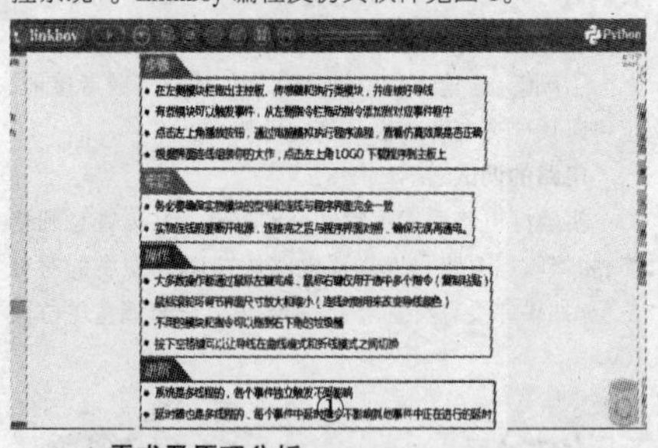

一、需求及原理分析

对于植物生长的几大要素，温度是很重要的要素之一，每种植物都有相应生长适宜的温度，低于生长温度则停止生长甚至发生冻害严重致死亡，高于生长温度则过度失水或被炙烤致组织器官破坏而死亡。所以，实时监测和调控温度对植物生长非常重要。

按照项目需求，首先我们需要一个温度检测传感器来检测环境温度，并有一个主控系统根据不同的植物在不同的生长期和季节时段，设置一个温度下限和上限范围。

当温度传感器实时监测的温度低于设置的温度下限，则发出"低温"报警提示，并打开升温电子开关执行升温调控，直到恢复至正常温度范围。当温度传感器实时监测的温度高于设置的温度上限，则发出"高温"报警提示，并打开降温电子开关执行降温调控，直到恢复为正常温度范围。如果忽略报警提醒或者解除报警进行人工升降温操作，则需要系统复位(原理框图如图2)。

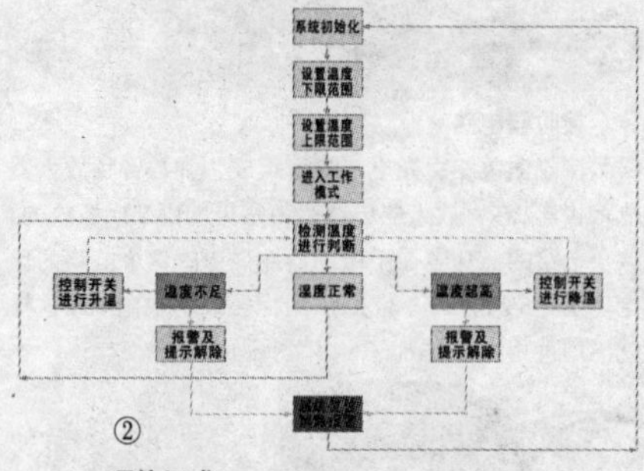

②

二、硬件组成

根据系统功能需求，项目需要用到的器件有：电源或蓄电池供电，温度传感器用于检测温度，液晶显示屏用于显示温度值等一些重要信息，矩阵键盘输入温度值，黄、绿、红三个按钮分别用于系统设置、启动工作和系统复位，红、黄、绿指示灯用于报警提示和指示状态，继电器作为调节控制部分电子开关使用，系统控制选用Arduino Nano作为主控板，系统组成及连接图见图3。

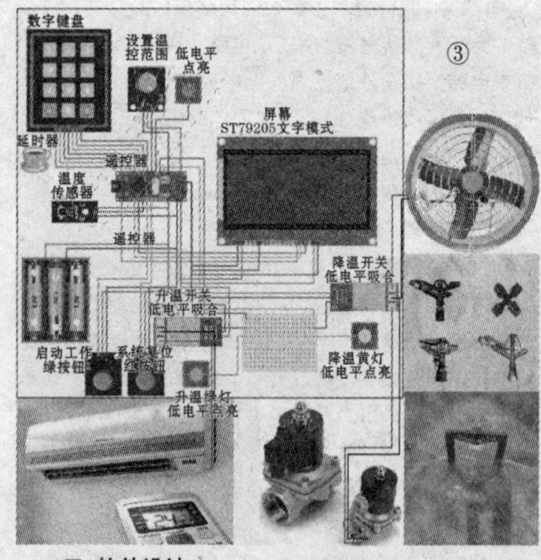

③

三、软件设计

启动Linkboy软件的快捷图标，按照图3所示调出相关软件模拟组件，并进行连线(实物组件根据情况用类似的软件组件或电平端口代替)。根据功能需要，设置相关变量 WD_XX 为"温度下限"变量，WD_SX 为"温度上限"变量，WD_JC 为"温度检测"变量，N 为临时变量。

(一)初始化和主程序

对于初始化，一般是指对系统相关软硬件组件初始状态的清空或置为初始状态。

此项目需要初始化做如下设置：临时变量N=0，温度检测变量WD_JC=0，温度上限变量WD_SX=0，温度下限变量WD_XX=0，报警及工作指示红灯熄灭，升温状态指示绿灯熄灭，降温状态指示黄灯熄灭，显示屏幕清空，"显示内容"软件模块清空，并让其在屏幕第2行第1列显示信息"智能农场温控系统"(见图4中)。

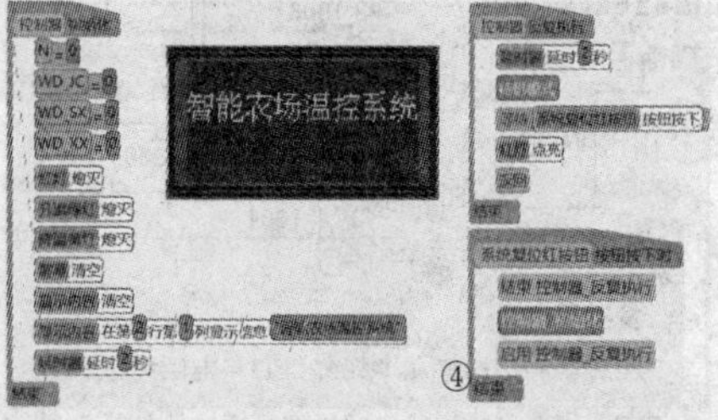

④

由于初始化程序执行在程序开始，且只执行一次结束后就进入主程序，因此该信息显示需要延时2秒左右，才能保证用户在操作时看清楚该项目产品的功能类型是"温控系统"，初始化程序设置如图4左。

主程序是一个系统运行的主要控制部分，对于主程序的设置尽量模块化，以保证程序运行顺畅和高效率。对于该项目，我们采取主程序、子程序、模块功能程序相结合的方式进行设置。

如图4右上所示，我们在启动系统初始化各组件，及"智能农场温控系统"的信息显示2秒后结束。接着进入主程序后先延时2秒，以给系统资源分配一个缓冲时间，避免不同系统硬件配置响应不一致的影响。再进入待机模式，在待机模式结束后等待系统复位"红按钮"按下，此时如果"红按钮"按下，则"红灯"点亮，系统进入到"红灯"按下时执行的"系统复位"功能。当等到执行"系统复位"功能程序后，需要设置"返回"，回到主程序反复执行以保证程序继续实时运行。

(未完待续)(下转第586页)

◇西南科技大学城市学院(鼎利学院)：陈丹、马兴茹
指导老师：刘光乾

万能自动控制演示器

《电子报》2002年10期，2004年27期，2009年22期，分别发表了自动控制演示器，本人认为以上电路，各有所长，确实能在教学中，发挥很大的作用。但是，它只能演示LED灯的自动发光，不能演示LED灯的自动熄灭；而且它也不能同时演示，三种不同的自动控制试验。本人设计的这个万能自动控制演示器，它即能单独演示各种自动控制试验，也能同时演示三种不同的自动控制试验。电路如图1所示。曾获辽宁省第31届青少年科技创新大赛，教师项目的二等奖。该演示器的全部原件及电池都装在一个废灯泡内，灯泡顶部留有四个插孔，分别为ABCD，用来插传感器的，试验时只需将灯泡，拧在装有灯头的木板上就行了。实体如图2。它的制作方法很简单，将废灯泡内胆掏出，并制作一个电池盒，在将其全部原件装在电池盒的前面。将ABCD四个插孔装在电池盒的后面，如图3。

1. 单独演示各种自动控制的试验，只要将任意一种传感器，插入图1中的AB点上时，并给它一定的信息量，它就能演示出LED灯的自动亮灭。如在AB点上，插入一个热敏电阻，然后用火柴一点，LED灯就会被点亮，过一会LED灯就会自动的熄灭。它的原理是：当将热敏电阻插入AB点上时，由于热敏电阻没有接收到火的信号，它的阻值会很大，使电源通过R1，向电容C缓慢的冲电，而使V1导通，V2截止，LED灯不能发光。当用火柴点亮时，热敏电阻接受到一定的温度后，它的阻值就会变的很小，迫使电源停止对电容C的冲电，改为放电，而使V1截止，V2导通，LED灯就此发光，然后再靠电容的放电来为持一段时间，等电容C放电结束后，LED灯也就会自动的熄灭了。再如在AB点上插上一只，红外线接受二极管，然后用任意一种红外线遥控器，都能遥控LED灯的亮灭。当然也可以插入其它传感器，如声控、光控、水控、温控、磁控、气控、遥控、压力控制、震动控制、倾斜控制、定时控制等。

2. 同时能演示3种不同的自动试验，如在AB点上，插入一只驻极体话筒，在CD的点上插入一只，光敏二极管，就能同时演示出：声控、光控，以及延时楼道灯的亮灭。它的原理是：在白天时，由于光敏二极管受到光照后，它的阻值会变的很小，使V2的基极处于低电位，此时就是有声音信号，进入话筒，V2也不会导通，所以LED灯也就不能被点亮。当天黑时，(需将光敏二极管套上一个防光帽)光敏二极管的阻值，就会变的非常大，从而结束了对V2的钳制，此时要是击掌，话筒收到声音信号后，使电容C停止冲电，改为放电，V1的基极就此变为低电位，而使V1截止，V2导通，LED灯就此被点亮。当电容C结束放电后，V1导通，V2截止，LED灯熄灭。完成了声控，光控，以及延时灯的演示。该万能自动控制演示器，简单实用，价格低廉，只有2元钱左右，即是教具，又是课件，小学三，四年级的学生用一堂课的时间，就能直接搭焊成功，有兴趣的老师，不妨让学生一试呀。

①

③

②

◇辽宁 麻继超

110kV及以下变配电站所控制、测量、继电保护及自动装置(二)

(紧接上期本版)

3.1.3 3~110kV线路保护

应装设保护装置，保护配置→P547【7.3.1】,P550【7.3.2】、【表7.3-1】

整定计算(6~20kV,35~66kV)→P550【7.3.3】、【表7.3-2】、P552【表7.3-3】

线路光纤纵联差动保护（非有效接地或低电阻接地,直接接地)→P552【7.3.4】

示例(无时限电流、带时限电流速断、过电流、单相接地)→P559【例7.3-1】

3.1.4 6~110kV母线及分段断路器保护

应装设保护装置，保护配置→P562【7.4.1】,P563【7.4.2】、【表7.4-1】~【表7.4-3】

整定计算(6~20kV,35~66kV)→P563【7.4.3】、P564【表7.4-4】、【表7.4-5】

母线差动(启动电流高值/低值、比率制动系数高值/低值、电压闭锁、断线电流)→P563【式7.4-1】~【式7.4-3】、0.7/0.5、70V/4~8V/6~10V、【式7.4-4】

母联充电、过电流、失灵、死区、非全相、断路器失灵保护整定→P567【式7.4-5】~P569

示例(过电流保护)→P569【例7.4-1】

3.1.5 3~20kV电力电容器保护

应装设保护装置，保护配置→P571【7.5.1】,P572【7.5.2】、【表7.5-1】

整定计算→P572【7.5.3】、【表7.5-2】

示例(短延时速断、过电流、过负荷、单相接地、过电压、低电压、零序电压保护)→P575【例7.5-1】

示例(每相电抗、单台额定电流、中性线不平衡、短延时电流速断保护)→P580【例7.5-2】

3.1.6 3~10kV电动机保护

应装设保护装置，保护配置→P581【7.6.1】,P583【7.6.2】、【表7.6-1】

整定计算→P583【7.6.3】、P584【表7.6-2】

差动保护(比率制动最小动作电流、斜率、灵敏系数、速断动作电流、速断灵敏系数)→P585【式7.6-1】~【式7.6-4】

负序过电流保护→P585【式7.6-5】~P586【式7.6-8】

过热保护→P585【式7.6-9】~P586【式7.6-11】

低电压、启动时间过长、堵转保护→P587

磁平衡差动(不平衡电流、纵差动作电流、零序电容、绕组单相接地)→P588【式7.6-12】~P590【式7.6-21】

同步电动机失步保护（电机失步判据)→P590【7.6.4】、P591倒数第6行

同步电动机单相接地电容电流计算、短路比→P592【式7.6-22】、P593【式7.6-23】

异步示例(电流速断、过负荷、负序过电流、单相接地、低电压、过热、启动时间过长、堵转)→P594【例7.6-1】

同步示例(比率制动差动、定时过电流、过负荷、负序过电流。单相接地、过热、失步)→P597【例7.6-2】

隐极同步示例(绕组接地电容、磁平衡保护动作电流)→P599【例7.6-3】

凸极同步示例(电容电流、磁平衡保护动作电流)→P600【例7.6-4】

3.1.7 保护用电流互感器及电压互感器

电流互感器(性能、类型、参数、准确级及误差限值、K_{alf})→P601【7.7.1.1】~P603【7.7.1.4】

电流互感器稳态性能验算(性能验算、额定二次极限电动势、二次感应电动势、二次负荷计算)→P604【(2)】、【式7.7-1】~P605【式7.7-6】

示例(低压侧短路流过电流互感器电流I_{psc},额定二次极限电势、二次负荷)→P606【例7.7-1】

电压互感器(分类、配接线、电压选择、准确等级和误差限值)→P607【7.7.2.1】~P608【7.7.2.5】

电压互感器二次绕组容量选择及计算防谐振→P609【7.7.2.6】、【7.7.2.7】

3.1.8 接地信号与接地保护

中性点接地方式不同的保护→P611【7.8.2】~P616【7.8.4】

接地变压器(保护配置、整定计算)→P617【7.8.5】、【表7.8-1】

3.1.9 交流操作的继电保护

UPS电源容量(正常操作、事故操作)→P622【式7.9-1】、【式7.9-2】▲不宜超过3KVA

3.1.10 继电保护装置的动作配合

上下级时差,反时限动作方程、判据→P625【2)】、P629【式7.10-10】~P631【式7.10-20】

3.1.11 自动重合闸装置及备用电源自动投入装置

自动重合闸规范要求、动作时间→P635【7.11.1.1】、P636【式7.11-1】

备用电源自动投入装置(规范要求、参数整定、过电压元件动作电压$U_{op,k}$、AAT动作时间)→P637【7.11.2】、P641【式7.11-2】、P64/2【式7.11-3】

分段断路器备用电源自投保护功能→P643【7.11.2.3】

3.2 变电站二次回路

3.2.1 电气测量与电能计量

一般要求(准确度)→P740【8.3.1.1】、【表8.3-1】~P741【表8.3-3】

仪表装设，安装条件→P742【8.3.1.2】,P745【8.3.1.4】

电流互感器选择(测量与计量用,实际二次负荷/电阻计算)→P747【8.3.2.1】,P748【式8.3-1】~【式8.3-3】

电压互感器选择(测量用误差限值、二次回路电压降)→P750【8.3.3.1】、【表8.3-8】、P751【(5)】

二次测量仪表满刻度值计算→P753【8.3.4.2】、P754【式8.3-4】~P755【8.3-11】

3.2.2 二次回路的保护及控制、信号回路的设备选择

熔断器或低压断路器配置，额定电流选择→P755【8.4.1.1】,P756【8.4.1.4】

电压互感器二次侧熔断器、断路器选择→P756【8.4.1.5】、P757【8.4.1.6】、【式8.4-1】~【式8.4-5】

3.2.3 二次回路配线

电流回路电缆截面计算(测量用、保护装置用)→P761【式8.5-1】、P762【式8.5-2】

电压回路电缆截面计算(测量用、保护装置用)→P762【式8.5-3】、P763【式8.5-4】

4. "钢上"第15、17章

4.1 继电保护

4.1.1 设计原则

主、后备、辅助保护，短路保护最小灵敏系数→P655【15.1】,P656【表15-1】

4.1.2 电力变压器保护

保护原则、配置→P655【15.2.1】、P568【表15-2】

保护原理图→P660【15.2.2】

保护整定计算→P668【15.2.3】

电流速断→P668【表15-3】

差动→P669【表15-4】~P677【表15-7】

带时限过电流→P678【表15-8】和P679【表15-9】

低压起动带时限过电流→P680【表15-10】

复合电压起动过电流→P680【表15-11】

单相接地→P681【表15-12】~P683【表15-14】

过负荷→P683【表15-15】

计算实例(过电流、电流速断、零序过电流)→P683【例1】

计算实例(电流速断、带时限过电流、过负荷)→P684【例2】

计算实例(差动、过电流)→P685【例3】

计算实例(三绕组、差动)→P686【例4】

4.1.3 3~10kV电动机保护

保护原则、配置→P690【15.3.1】、P591【表15-20】

保护原理图→P692【15.3.2】

保护整定计算→P697【15.3.3】

电流速断→P697【表15-21】

差动→P698【表15-22】

过负荷→P698【表15-23】

单相接地→P699【表15-24】

低电压→P700【表15-25】

同步电动机失步→P700【表15-26】

计算实例(电流速断、过负荷、零序过电流、低电压)→P700【例1】~P701【例3】

计算实例(同步电动机、纵联差动、失步)→P702【例4】

计算实例(变压器电动机组、电流速断)→P702【例4】

4.1.4 电炉变压器保护

保护原则，保护原理图→P703【15.4.1】,P704【15.4.2】

保护整定计算→P705【15.4.3】

电弧炉变压器→P705【表15.-27】

电阻炉、工频感应炉变压器→P706【表15.-28】

铁合金炉变压器→P706【表15.-29】

计算实例(瞬时过电流、带时限过负荷、带时限过电流)→P706【例】

4.1.5 6~35kV并联电容器保护

保护原则，保护原理图→P711【15.6.1】,P712【15.6.2】

保护整定计算→P712【15.6.3】、【表15-32】

计算实例(中性线不平衡电流、短延时过电流、过电压、失压)→P715【例1】

4.1.6 变电所母线保护

保护原则,保护原理图→P716【15.7.1】,【15.7.2】

保护整定计算→P719【15.7.3】

不完全电流差动（带电流速断和过电流)→P720【表15-33】

不完全电流差动(带电流闭锁电压速断和过电流)→P721【表15-34】

完全电流差动(电流相位比较式)→P722【表15-35】,P723【表15-36】

4.1.7 母线分段及母线联络断路器保护

保护原则,保护原理图→P724【15.8.1】,【15.8.2】

保护整定计算→P725【15.8.3】、【表15-37】

计算实例(电流速断)→P725【例1】

4.1.8 6~10kV架空和电缆线路保护

保护原则，保护原理图→P726【15.9.1】,P727【15.9.2】

保护整定计算→P727【15.9.3】

电流速断→P729【表15-38】

过电流→P729【表15-39】

单相接地→P730【表15-40】

计算实例(架空线、电流速断、带时限过电流)→P731【例1】

计算实例(电缆、过电流、零序过电流)→P731【例2】

计算实例(线路)→P732【例2】~P733【例4】

4.1.9 35~66kV架空和电缆线路保

保护原则，保护原理图→P734【15.11.1】,P736【15.11.2】

保护整定计算→P740【15.11.3】

(未完待续)(下转第587页)

◇江苏 陈洁

入学编程的三种Arduino开发板(二)

(紧接上期本版)

Arduino Uno R3

Arduino Mega 2560(参考价:35-299元)

Arduino是一个系列，除了流行的Arduino UNO外,还有一些常用的开发板,Arduino Mega2560就是其中的一种。Mega和UNO的主要区别在于处理器,ATmega2560比ATmega328内存更大，外围设备更多。Mega的PCB也要大一些,但保持了和标准Arduino接口的兼容，在右边增加了3个扩展插座,PCB的长度增加了约1英寸(2.54mm)，电路其它部分基本和Arduino Uno是一样的，如下图所示，外形和功能几乎都兼容Arduino UNO。

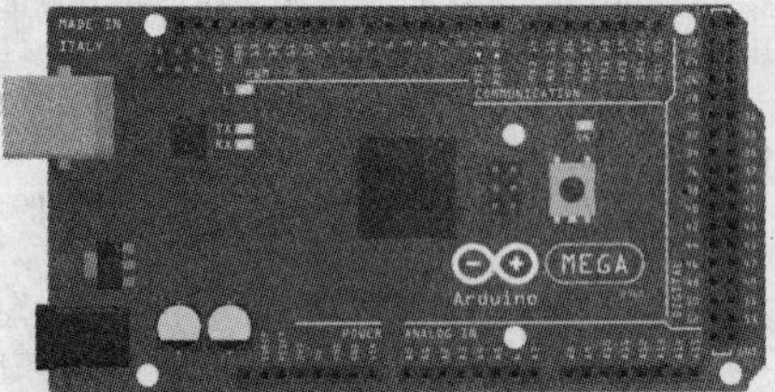

Arduino Mega2560

Arduino Mega相较于Arduino UNO提供了更多IO口，它有54个数字输入/输出引脚(其中15个可用于PWM输出)、16个模拟输入引脚、4 UART接口、1个USB接口、1个DC接口、1个ICSP接口、1个16 MHz的晶体振荡器、1个复位按钮。

最初的Mega和Mega 2560主要是所用的处理器不同，最初的Mega用的是128KB程序存储器的ATmega1280，而Mega 2560用的是256KB程序存储器的ATmega2560。除了存储器差别,这两个芯片的其他特性基本一致，表1-2给出了Arduino Uno和Arduino Mega功能的比较。

表1-2 Arduino Uno和Arduino Mega功能的比较

技术参数	Arduino Uno	Arduino Mega 1280	Arduino Mega 2560
处理器	ATmega328	ATmega1280	ATmega2560
程序存储器	32KB	128KB	256KB
数据存储器	2KB	8KB	8KB
EEPROM	1KB	4KB	4KB
芯片引脚	28/32*	100	100
数字I/O引脚	14	54	54
模拟输入	6	16	16
PWM输出	6	14	14
串口	1	4	4

*ATmega328的DIP版本是28引脚，而SMD版本是32引脚。

Arduino Nano(参考价:13-199元)

Arduino Nano是Arduino Uno的微型版本,去掉了Arduino Duemilanove/Uno的直流电源接口及稳压电路,采用Mini-B标准的USB插座。如下图所示,Arduino Nano的尺寸非常小,可以直接插在面包板上使用。

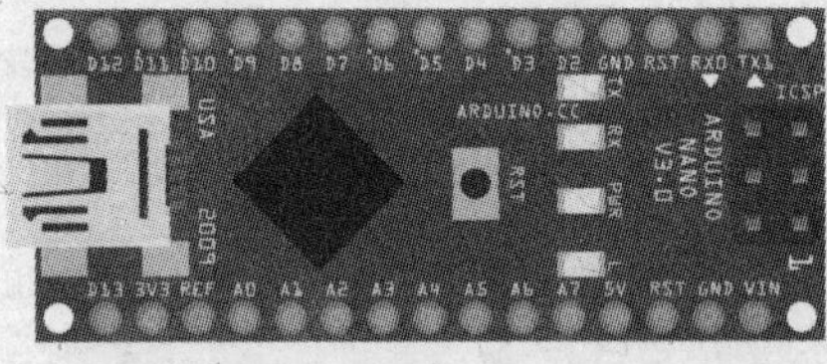

Arduino Nano

除了外观变化,Arduino Nano的其它接口及功能基本保持不变,控制器同样采用ATmega328(Nano3.0),具有14路数字I/O口(其中6路支持PWM输出)、8路模拟输入、1个16MHz晶体振荡器、1个mini-B USB口、1个ICSP header和1个复位按钮。

Arduino Nano和Arduino Uno在使用上几乎没区别,注意在IDE中选对开发板型号,另外,两种板子采用的USB接口芯片不同,Uno用的是ATmega16U2,Nano用的是FT232RL。由于两种板子用ATmega328的封装形式不同,Nano比Uno多了A6和A7两个引脚，能够支持8路模拟输入。

(全文完)　　　◇四川科技职业学院鼎利学院 秦士力

教学Keil C51软件安装及STC89C52单片机实训平台的应用详解(一)

作为单片机程序应用软件,Keil C51 uVision 4是常用教学实训平台配套软件之一。Keil C51是美国Keil Software公司出品的51系列兼容单片机C语言软件开发系统。与汇编相比,C语言在功能上、结构性、可读性、可维护性上有明显的优势,因而作为教学实训配套软件比较实用。

Keil C51 V9.01的常用稳定版本uVision 4,生成目标代码效率非常高,多数语句生成的汇编代码很紧凑,容易理解。在开发大型软件时更能体现高级语言的优势。

作为单片机编程教学应用软件，学生在有了一定的C语言和单片机知识基础之上，进行综合实训平台实训操作，还是对软件安装应用中存在一些程序和细节上的不了解,现就Keil C51软件安装、设置、程序编译编辑、程序下载烧写等系列环节进行详细讲解。

本详解可作为单片机实训教学操作手册，也可以作为单片机爱好者实操指导书与大家共勉。

项目一 Keil C51软件安装

1. 解压安装包

将Keil C51软件压缩包进行解压到备份磁盘中备用。

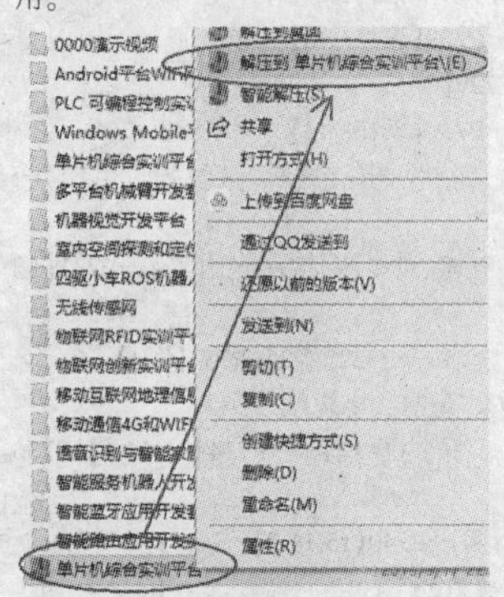

2. 在解压开的压缩文件包里打开相应目录。

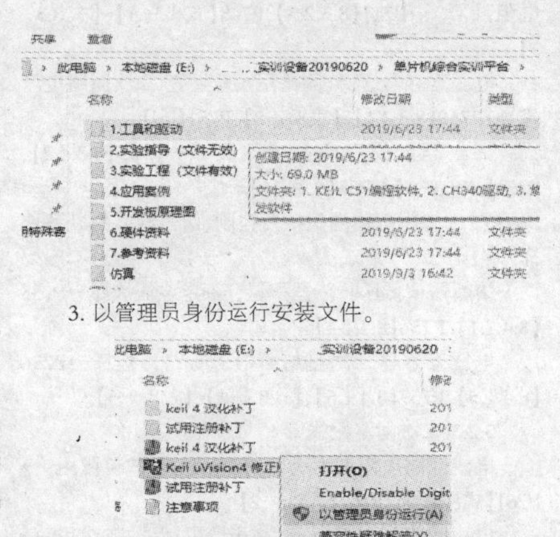

3. 以管理员身份运行安装文件。

4. 版本信息提示,下一步。

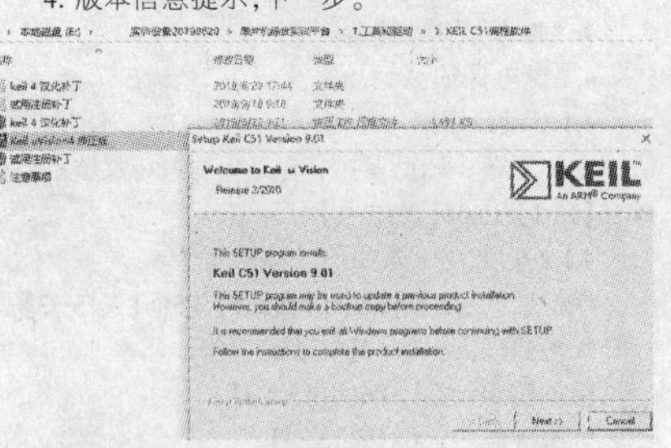

5. 接受协议,下一步。

6. 设置安装位置,下一步。

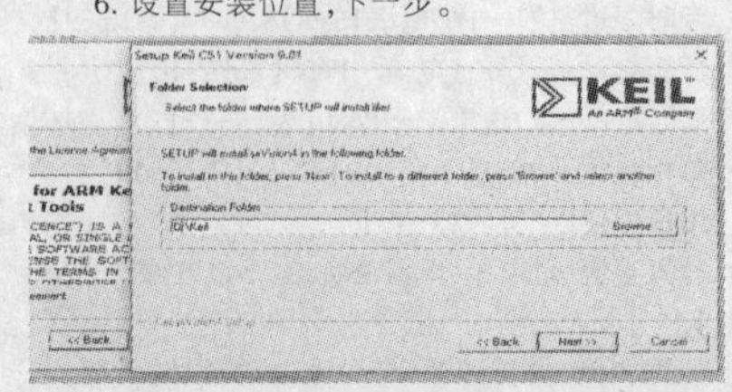

7. 客户信息,每个里面用随意空格跳过,最后下一步。

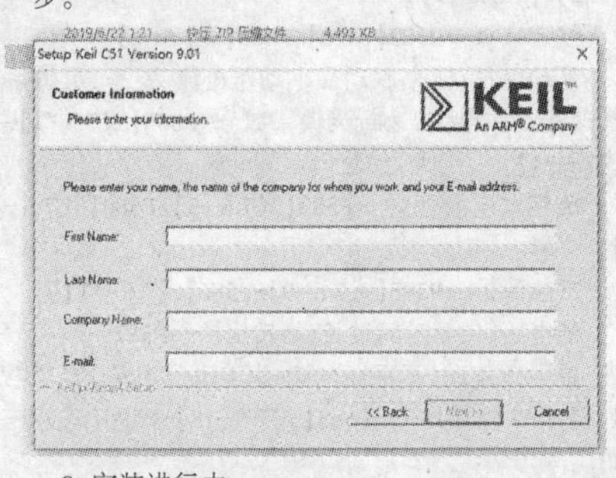

8. 安装进行中。

9. 安装完成。

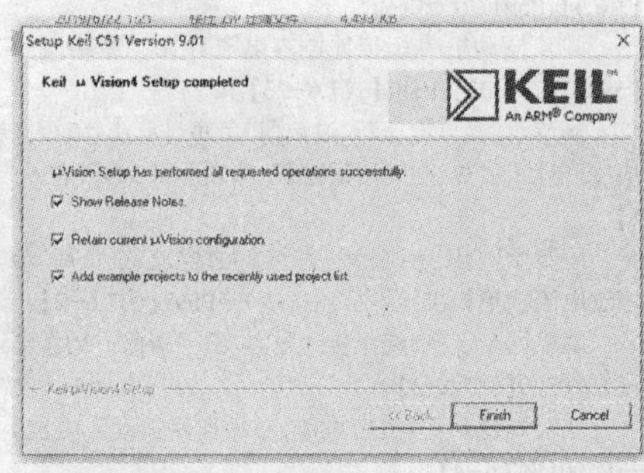

10. C51发行说明,直接关掉。

(未完待续)(下转第588页)

◇西南科技大学城市学院鼎利学院 刘光乾

HARRIS调频发射机冗余性设计(二)

(紧接上期本版)

三、电路的设计安装

根据设计思路，我们首先找出发射机的交流接触器周边电路及原来的控制方式，如下图。主交流接触器K1是通过低压电源板上的小型密封继电器驱动的，而驱动继电器由受控于生命支持板上的锁存继电器的+12V控制电压。

所以，生命支持板一旦出现故障，不管是主控器异常，或者看门狗检测电路故障，或者缓冲放大器和锁存继电器故障，都会导致生命支持板无法输出控制信号。我们要人为地从低压电源板上再取一路+12V电源，利用一个钮子开关接入电路，控制另一个继电器。从继电器的接点上输出220V交流电压，控制主交流接触器的吸合。至此，第一步动作就可以实现了。

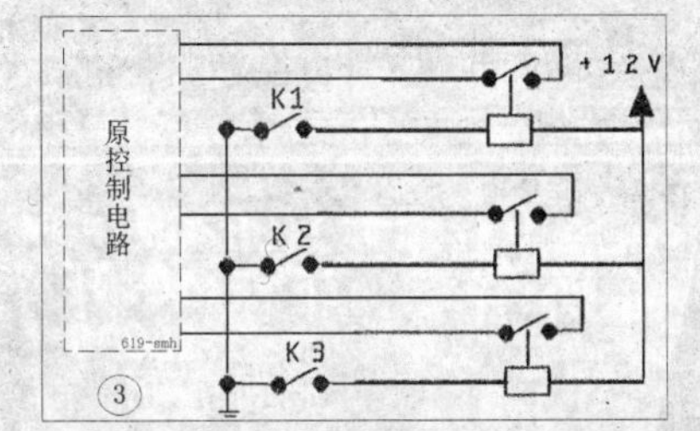

原来发射机对于冷却风机的控制是，加电就运行在高速状态。只有在主控制器监测到所有电路都正常的情况下，才发出命令，让生命支持板输出低速控制信号。在生命支持模式下，只有高速状态，没有低速命令。我们设计电路时，只能让风机运行在高速状态。

我们选择了小型的钮子开关，安装在发射机后面的低压电源板上。通过转接板，把外加电路接入原来的控制系统，具体安装位置如图4所示。

按发射机上的高开按键，开机命令只送到发射机上部的主控制器。然后由主控制器逻辑产生一个开机信号TX-ON(E7-N105)，送到生命支持板上的J8-A55端。但是，如果按低开按键，开机命令既送到主控器，又送到生命支持板的J8-A14端。在生命支持板上A55和主控制器正常信号，在U26上形成与门电路；A14和前面板禁止操作信号也在U26上形成与门电路。这两路信号在或门电路U32进行逻辑运算后，送到COMS双精密单稳态触发器U4的12脚。MC14538由两个独立的单稳态触发器组成，一个用在开机信号状态转换上(⑨-⑭脚)，另一个用在主控器正常监测上(②-⑦脚)。U4的输入端(⑫脚)可以利用下降沿进行连续触发，在⑩脚输出稳态的开机信号，送到U35的⑬脚。在U35上，与+20V电源故障POWERFAIL低电平有效信号形成与电路。

一路经过U35的⑪脚送到A83，然后送到功放控制器和电源控制器进行发射机的重新启动(TX-RESTART)。

另一路经过U6和U16，转换成交流接触器吸合的状态信号和功放控制器进行中断请求。再经过U30变成一个高电平有效的信号，经过J8-A56输出。这个高电平信号命名为P/S-DISABLE，意思是指该信号为高电平时，电源将被关闭，而低电平时电源才被启动。

在图5中，虚线和虚线框内标注的部分，就是我们设计的强制启动电路。根据原来电路的工作原理进行分析测量，软启动时电源控制器通过缓冲放大器送过来的软启动信号电平大约是2—3V左右。然后，送到反相放大器U2的⑦脚，经过U2⑫脚翻转变成了低电平，驱动软启动电源控制场效应管Q32导通，整个电源系统开始工作。同时，必须把B面的驱动信号从低电平转换成高电平。只有这样，才能保证每一个电源组件的两面同时启动工作。具体安装的电路如图6虚线标注的部分。利用钮子开关，强制把J4-15端的电平抬高，使得U2的6脚始终处于高电平状态。

具体安装在电源组件的前面散热片前端，总共安装了四个钮子开关，从左到右排列循序，分别控制着PS1、PS2、PS3和PS4。利用钮子开关的两组正反向接点K1和K2，分别接入同一个电源组件的两个电路中。正常情况下K1处于断开状态、K2闭合；强制启动时，K1闭合，通过10K的降压电阻R，产生启动电压；K2断开，使得U2的⑥脚处于高电平。

四、使用效果

我们在HARRIS调频发射机上安装强制启动电路，已经三年了，遇到前面板按键失效，或者主控器使用的+5V引导电压低于4.6V时，用这种方法启动发射机，效果非常理想，给安全播出提供了保障。

(全文完)

◇山东 彭海明　宿明洪

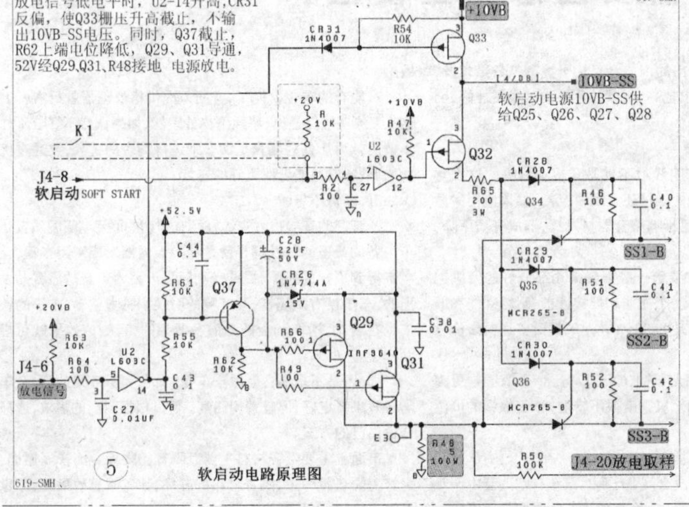

软启动电路原理图

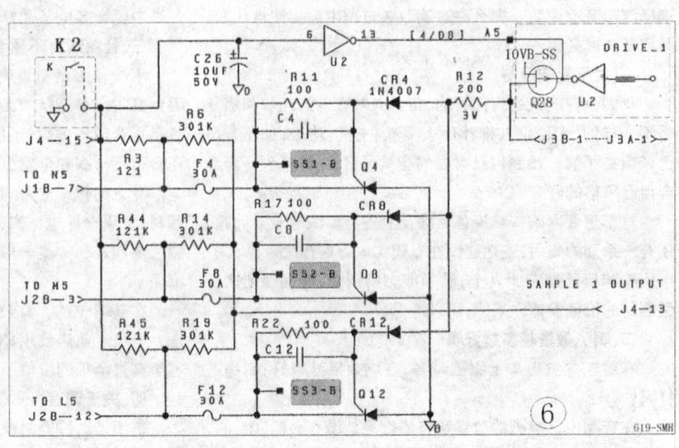

发射机特殊故障两例

1. 故障现象：发射机在使用主激励器播出过程中，整机输出功率为零，发射机自动切换到备激励器播出。分析处理：激励器切换盘包括两部分，一部分是逻辑控制电路板，它安装在激励器上面的附属盘内；另一部分是切换继电器盘，它安装在控制柜前面板背后。主激励器和备激励器输出的图像信号和伴音信号，同时送到继电器盘的小型检波器中，取样信号用来控制发射机的输出功率。从前面板仪表盘来看，两个激励器的各项数值都正常，排除激励器自身的问题。关机后，把两个激励器的输出电缆交叉连接，发现不管哪个激励器，只要连接到第一路检波器上，整机都没有输出功率。用转接插头把检波器跨接后，输出功率正常，判断可能是检波器内部问题。拆开检波器，用万用表测量输入端和输出端之间的阻值为无穷大，说明已经开路。仔细检查，发现图1圆圈标注的芯子有裂痕，重新焊接后，上机实验，一切正常，故障排除。

2. 故障现象：主控制器出现A3-ISO故障代码，复位后无法消除故障记录。分析处理：出现这种故障，说明功率放大器输出的相位或者幅度发生了变化，导致了故障模块与这个四元组里的其余3个模块不匹配。在图2中，J1是功率放大器的射频输入端，每一个功率放大器典型的射频输入电平是15~20W。TL1、C1和C2是50Ω输入阻抗匹配电路，微调电容C1，可以使功率放大器输入端射频信号的相位保持在允许的范围以内，以便让所有的模块能够进行同相合成。用万用表测量Q1和Q2各个极的直流阻抗，基本相同，而且没有开路或者短路现象，排除了场效应管损坏的可能性。试探性地顺时针微调C1大约30度后，上机实验，故障消失，说明C1容量的变化造成了A3-ISO故障。

◇山东 付恺　宿明洪

一款内置DAC的发烧级多功能DSP前级：LJAV-DSP-008 DSP音频解码器(二)

(紧接上期本版)

音响从来都不是玄学，其实是科学与艺术结合，只不过有些科学技术部分属商业机密，暂不方便对外公布。比如曾测试单拿的多款发烧音箱，通过音箱内部分频电路把某个频率段衰减1.5dB—2DB，虽然音箱测试曲线看起来不那么平直，但音箱听起来耐听，大音量时不吵耳。通常功放的频响曲线都是平直的，音箱的频响曲线基本是平直的，但都有少许差异，这也是各个品牌音箱厂家的风格。若功放、音箱已购买，业余条件下用户较难进行改变。

一定要有自己的发烧理念，别人买一条信号线数千元、一对音箱线数千元或数万元。有的音箱线标价数百万元一条，信号线、音箱线再好，若不升级机内(包括CD机、功放机、音箱内部)联接线与接插线，再好的线其性能都会打折，还不如用DSP处理来得更直接，你想声音通透、低音有弹性、高频有穿透力，只需在操作界面上拉动曲线几下即可。其实看看唱片公司的录音室、各类音乐会的现场调试等等，线材重要，但不是占主导地位。各类测试软件与调试软件才是重头戏！能玩好这些软件要看使用者的功底！

某些音响发烧友可能一看机器具有卡拉OK功能就认为机器不发烧，这种偏见会让人固步自封。其实发烧是相对的，若该DSP处理器卡拉OK功能去掉，音频DAC换作ES9038、或AK4497，软件界面作时尚一些，产品经过包装、市场运作把商品定价为数万元，这种运作也可行，但销量太小，发烧圈就那么一小块，销售收入还不够产品研发费用，看看发烧音响展那些报价数万元、数十万元的DAC就明了。其实卡拉OK领域与专业音响工程领域产品的需求量更大，需要很多平价、实用的发烧利器，不能人云亦云，该处理器若不使用卡拉OK功能，就是一部发烧级的音频处理器，若使用卡拉OK功能，也是按发烧的理念来作信号处理，该机功能更强大。我们可以功放搭配DSP处理器来调试出自己满意的音色。单拿是音箱内部均衡处理来得到自己的风格，那我们可以通过DSP处理器来调试某一段频率，作衰减或提升，达到与单拿音箱类似的风格。若追求完美，还可组建发烧级2.2音响系统。由于是DSP调节，可实现很多传统模拟前级实现不了的功能，如图15、图16所示。

LJAV-DSP-008 DSP音频解码器是按HIFI的标准设计电路与选料生产，如图14所示，USB音频解码使网络音频成为新亮点，电脑、网络播放机、智能平板、手机、DVD/BD光盘机、硬盘点歌机等等都可作为发烧信号源使用。现场使用测量话筒配套DSP前级使用，可以得到与Smaart 7测试一致的声场曲线。配套专业调试与测试软件，你也有可能成为“音响大师”。

◇广州 秦福忠

汽车音响改装需要注意哪些误区

大家都知道很多汽车原车音响分析力低，灵敏度不够，失真度高，越来越多的车主对音响有更高品质的需求，也都选择汽车音响改装，那么在音响改装过程中需要注意什么，又有哪些误区呢？

一、关于音响设备

我们改音响是给自己听的，每个人对音乐的理解和感受是不一样的，无论别人推荐什么喇叭、主机、功放，都还是自己亲自去了解。找到自己喜爱的音响风格，才能挑到一套适合自己风格的好音响。

对于想要网购音响设备，涉及到安装调试等专业问题，还有一系列的售后，还是建议在专业实体店更有保障。

除非自己是专业人士，动手能力特别强，能确保把这一丢器材的价值发挥出来的，可以考虑。

二、喇叭数量越多越好吗

有些车主觉得车上喇叭越多，音响效果就越好，真是这样吗？

在音响中，喇叭的数量和音质效果是没有必然联系的，喇叭的数量在于精而不在于多，左右两个声道即可形成立体声，每个声道有高中低三个喇叭就够用了。

而且，每个喇叭发出的声波会互相干扰喇叭数量越多，干扰越严重，对调音要求越高，所以并不是喇叭多了才好，而是高中低音齐全了才好。

三、音箱线材不重要

不少车主会觉得音响线材不就是几根铜线吗？这么贵吗？其实汽车音响改装的线材还是很讲究的，如果使用劣质或是不合适的线材，不但影响整套器材发挥，造成音质下降，还会留下一些安全隐患。

专业的汽车音响改装店一般都会采用品质好的无氧铜线材，无氧铜导电率高，加工性能和焊接性能、耐蚀性能和低温性能均好，纯度一般是99.995%，无氧铜比普通铜线价位高。

在高端一些，有4N无氧铜，6N无氧铜，8N无氧铜则更高端，一般专业店使用4N无氧铜就很不错啦，8N无氧铜的价位甚至高过金子的价位了。

四、关于调音

是不是选好器材就没有问题了呢？汽车音响改装中调音这一步骤是最不可忽略的。一个好的调音师需要具备专业的调音知识，还要对音乐有一定的理解，耳朵对声音也要足够敏感。

可能有的车主就说了，音质方面价格处理器就行啦？要这么复杂吗？但是，只单纯价格处理器，如果调音不好哈不如不调的效果。处理器只是调音师进行调音的工具，要通过优秀的调音师，才能发挥更好的音效。

五、隔音不想做

一套好的音响跟隔音的好坏有密切的联系。四门隔音是车主做的最多的，做隔音就是让门板内部形成密闭音箱，让声音得到更好的还原，提升音响效果。因为声音是靠震动发出的，车子没有做隔音，开音响的时候喇叭啦震动，车子的铁皮也在震动，这样就会抵消很多低频的，音响的效果就可想而知了。

那么，是不是隔音要做全车呢？如果预算充足的话，全车隔音效果肯定好，但是费用略高。可以根据自己的需求，选择合适自己的方案。

市面上主要隔音材料主要以隔音止震板、消音隔热棉、引擎盖隔热膜为主，隔音材料的好坏，除了减震效果外，无毒无害不流胶，也是重要标准之一。

◇江西 谭明裕

未来网络要适应与实体经济深度融合

在世界5G大会“2019未来信息通信技术国际研讨会”上，4位院士围绕5G领域的技术前沿、产业趋势、创新应用等发表演讲并进行高端对话。

中国工程院院士、通信与信息系统专家刘韵洁认为，对毫米波等前沿通信技术要提前布局。他表示，互联网业务形态和业务需求正在发生巨大变化，从过去的语音型业务，发展为现在的消费型网络，未来将是生产型互联网。他认为，未来网络要适应与“实体经济深度融合”，不再是当前“消费型互联网”场景下面对突发情况的“尽力而为”，而是要转向5G时代的“生产型互联网”：它稳定、高效、有充分的差异性服务能力。

中国科学院院士陆建华认为，发展5G是国家战略，发展好5G以及未来的移动网络产业，战略谋划不可或缺。为谋求长远优势，基础研究是重中之重。陆建华指出，未来的通信网络也提出挑战，要从根本上解决共享共建的体制机制和网络机制问题，建立天地一体化网络发展按需覆盖的新模式，从而适应业务时空尺度的不均匀性，大幅度提升资源利用率。他还畅享虚拟化移动终端，“未来通信网络可能会出现虚拟化移动终端，随便一个物理实体终端，只要指纹一识别就是手机。”他说。

中国工程院院士余少华提供了三个维度来寻找5G的标志性新应用和新设备：从人与人连接角度，标志性新应用可能是沉浸式虚拟社交和游戏，标志性的应用和设备是高清云VR/AR设备；从物与物连接角度，标志性新应用可能是基于工业互联网的数字智能工厂，标志性设备就是垂直行业的自动控制设备和机器人等；从人与物连接的角度，标志性新应用可能是远程的饲养和放牧等等，这样就可能出现各类生物传感等新设备来支撑这一应用。余少华认为未来的6G网络时代将是一个“无人不互联、无处不互联、无时不互联、无事不互联”的4W时代。在6G时代，网络会在5G网络上延伸，速度更快、链接更多、延迟更低，达到亚毫秒时延，而且还会打通空天一体，从太空到地面全覆盖。

中国科学院院士尹浩指出，4G从标准发布到正式完成部署花了4到5年时间，5G基本标准完成到正式商用才一年，真正成熟完善还需要一段时间。但毫无疑问的是，5G网络将为数字经济发展提供全新的关键基础设施，仅运营商的5G网络建设投入预测就要达到3.3万亿元，再加上带动各个行业产业发展，预计可以拉动的经济产值将达到15.2万亿元。他认为5G将触发“大智物云”的聚合效应，将大数据、物联网、云计算、人工智能融为一体，产生远远超过单个技术能力的聚合效应。

◇综合

(本文原载第48期2版)

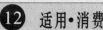

2019年12月8日出版

实用性 启发性 资料性 信息性

第49期

国内统一刊号:CN51-0091 定价:1.50元 邮局订阅代号:61-75

地址:(610041)成都市武侯区一环路南三段24号节能大厦4楼 网址:http://www.netdzb.com

(总第2038期)

让每篇文章都对读者有用

阿里巴巴三款芯片曝光

自中兴华为事件以来,我国也开始在芯片和软件生态链重视起来。虽然在PC端(x86架构)和移动端(ARM架构)的芯片研发还没那么简单;但对于物联网时代的到来,基于RISC-V架构的芯片研发还是有弯道超车的希望。

阿里巴巴借助自身的优势,经过十年的研发积累,于近日相继推出了三款芯片,分别是基于RISC-V的处理器IP核"玄铁910"(2019年7月发布)、一站式芯片设计平台"无剑"(2019年8月发布)、云端AI芯片"含光800"(2019年9月发布)。

玄铁910

玄铁910使用12nm工艺能跑到2.5GHz,16核心,单位性能7.1 Coremark/MHz。假如玄铁910火力全开,大约相当于2012年旗舰手机的处理器性能。

当然,因为处理器的多核心优化比较困难。日常主要应用很多时候要看单核心性能。2.5GHZ的玄铁910,单核心性能大约在500Mhz的ARM11水平,大约相当于2008第二代iPhone3G的水平,不如2009年的iPhone3GS。

从性能看,虽然玄铁910的核心数很多,主频不低,但主要还是应用在移动和嵌入式领域。它距离高性能计算,还有很遥远的距离。在910之后,阿里巴巴还规划了一个名为"960"的产品,"960"被定义为"世界一流的RISC-V CPU"。

无剑SoC芯片平台

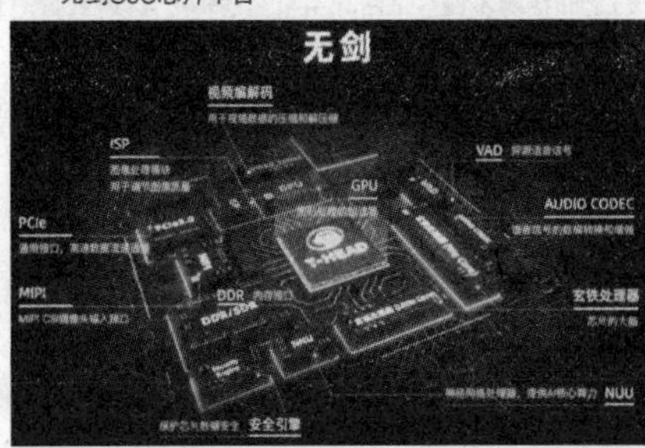

无剑是一款面向AIoT时代的一站式芯片设计平台,提供集芯片架构、基础软件、算法与开发工具于一体的整体解决方案。

它由SoC架构、处理器、各类IP、操作系统、软件驱动、开发工具等模块构成,能够承担AIoT芯片大约80%的通用设计工作量,芯片研发企业可以因此将精力专注在另外20%的专用设计工作上,降低系统芯片的研发门槛,提高研发效率和质量,让定制化芯片成为可能。

未来,无剑平台还将进入MCU(微控制器)、工业、安全、车载、接入等领域。有关数据显示,预计到2025年,全球联网的IoT设备将超过400亿台,其中80%都需要AI加持。

含光800

含光800采用台积电12nm制程工艺,含170亿晶体管,支持PCIe 4.0和单机多卡,今年第四季度开始量产。

在芯片测试标准平台Resnet 50上,含光800的具体分数为:每秒处理78563张图片,能效比达500 IPS/W。与业界几款领先的云端推理芯片相比,含光800的性能大约是第二名的4-5倍,其能效比约是第二名的3.3倍。

目前含光800应用于阿里巴巴内部核心业务中。在杭州城市大脑的图像处理业务测试中,1颗含光800的算力相当于10颗通用GPU。

含光800采用平头哥自研芯片架构,集成达摩院算法,配以自动化开发工具。其顶层架构采用四核设计,任一NPU Core坏死,都不会影响芯片工作。

含光芯片在架构设计中主要做了如下优化方向:

(1)大大减少内存带宽,每次内存访问会造成较大功耗损失,平头哥自研架构将计算单元放在离存储很近的位置,高密度的计算和存储可大幅减少对内存的访问,在保证高性能的情况下,将芯片功耗降到最低水平。

(2)组合算子优化融合,对算法网络深入调节,单位对内存、片上寄存器的访问更加精简,将计算效率、能源利用效率提升至较高水准。

基于冯·诺依曼架构的传统通用处理器,存储和运算分离,做大量读写操作时会遇到带宽瓶颈,效率受限。

含光800根据神经网络推理运算特征,设计特定的硬件神经元、高速连接的存储结构以及专用指令集,对内存和计算单元实现高效组织管理,实现单条指令完成多个操作,提高计算效率和内存访问效率。

(3)算法压缩,采用稀疏、量化等推理加速技术,以及密集压缩的计算、存储、流水线技术,有效解决芯片性能瓶颈问题。除了INT8/INT16量化加速外,也覆盖FP16/BFP16的向量计算。

比较突出的一点是基本实现全网络量化,所有数据存储按照比较压缩的形式,计算过程根据精度要求把数据做拓展,保持其较高精度,存储单元时则变成较压缩的格式。

(4)计算中高度并行处理,含光芯片深度优化CNN及视觉类算法,不仅加速矩阵乘法、交换机,支持反卷积、空洞卷积、3D卷积、插值、ROI等,还可加速向量计算、激活函数等运算,这些优化均有效提高其计算能力和效率。

根据阿里巴巴的计划,含光800、900代表高端系列,600代表中端系列,200、300代表低端系列,也就是说以后还会发布中端和低端系列。

RISC-V的意义

RISC-V诞生于2010年的美国UC Berkeley大学。该指令集以精简、高效、低能耗、模块化、可拓展、免费开放、无历史负累低效指令等为研发目标。最关键的是RISC-V创立之初就是开源免费的,不会收取高额的授权费。

从技术上看,RISC-V很多指令与MIPS高度类似,但是它去掉了MIPS指令集的一些兼容性包袱,也设计的更加简洁规范。RISC-V是一个比MIPS更简洁,更开放,没有商业公司垄断,因此使用RISC-V的好处是限制少,但是也缺乏支持的一个指令集,需要自己搞出一套以RISC-V为基础的指令集。

单纯从性能看,玄铁910的多核心与华为2012年的K3V2在同一个水平线上,单核心性能更弱。但是玄铁910有一个独特的地方,是它用了RISC-V指令集,而没有用大家常见的ARM指令集。

无独有偶,另一个软件大国印度也将RISC-V作为国家指令集来发展,并且一些半导体巨头如西部数据、nVIDIA等巨头也在支持RISC-V;毕竟在物联网时代,正是适合RISC-V大放异彩的舞台。

(本文原载第47期11版)

彩电维修笔记(二)

(紧接上期本版)

例2 老式熊猫3608A (立式遥控彩电)20英寸电视机无彩色

据用户描述:图声正常,且无规律地出现彩色时有时无现象,而后一直无彩色。

动态开机检查,显示黑白图像、伴音均正常,确认无彩色。此时调色饱和度电位器时,偶尔有彩色,又细调结果一直无彩色出现。检查电位器无接触不良现象。据此重点检查色解码电路。测TA7698集成块关键脚⑦脚电压(彩色控制)只有1.25V,且调饱和度电位器时无变化,正常时应在0.5V~8V间变化。细查有关各脚外围元件均未发现异常。据维修经验:故将TA7698集块相关脚又重新用电烙铁细心地焊了一遍,检查无误,再调⑦脚电压,结果有变化.。试机,"柳暗花明"彩色重现。此故障因集成块使用多年,其焊脚局部氧化造成接触不良或虚焊所致。

例3 夏普牌C—1805DK旧式彩电水平一条亮线

据理论与实践,这是典型的场扫描电路及相关部件牵连造成,故重点查输出集成块IC0640CE。开盖采用观察法检查,发现此集成块已被烧坏,位于集块中左下部位已局部炸裂,并有一小洞。从集块表面损坏程度看,似乎有高压加上所致,查其外围电路,未发现异常。试更换一块IC0640CE后,该机已恢复正常。但连续试机两半小时后突然在屏下半部出现一条横向干扰亮线,并有一小块面积不规则光斑,接着机内"叭"的一声响,屏又为一条水平亮线。再查发现该块又损坏,现象同前。故此分析,开机工作一段时间机内温升高,某元器件受热后使该场输出电路中串入了较高电压或较高脉冲电压所致。为快速查明其因,在拆下集块的情况下,关小亮度进行带电检查。用示波器和万用表监测有关脚的在路电压波形和电压数据。当试机约一个多小时后,发现②脚有瞬时电压冲击脉冲信号,用示波器探头仔细观察发现系行脉冲信号,此时用开路法得知,此脉冲信号由场偏转线圈中来,说明场线圈与行线圈受热后有类似短路现象。静态下,仔细检查偏转线圈,发现场偏转线圈引出线和行偏转线圈引出线绞连在一起,且相连处绝缘漆已发霉,判定绝缘漆霉变腐蚀形成短路。继而,将两根引出线挑开测试,已无高压脉冲,遂把发霉的漆包线涂上绝缘胶处理,再装上新场块,这里用LM7830直代,经长时间试机,再未出现故障,彩电至此修复。

例4 沙巴T51SC32DTC彩电的遥控功能正常,但遥控器耗电量大

据用户反映遥控器使用功能一切均正常,只是用电快,即每换两节电池大概只能用一个月左右电流就耗尽。

据此现象,首先测其静态电流,测得为10.5mA异常,说明遥控器内有严重的漏电现象。因为,正常遥控器在静态时是不耗电的(用模拟万用表测不出电流),而正常遥控器的动态电流也不过1mA。由此可知,其漏电现象是造成电池使用周期短的主要原因。继而,打开遥控器后盖,观察线路板相关元器件、关联线、管脚等未发现有发霉、变色、变质,锈触现象。然后,去掉电池测其整机直流电阻为363Ω异常,正常遥控器的整机电阻大于4.05KΩ。更进一步证明,该遥控器有严重的漏电现象。为速查故障点及漏电元件,在线用万用表RX1挡或RX10挡,对其可疑部件一一仔细测量检查,发现调制信号发射放大管TB01的集电极(c)与发射极(e)之间的正向直流电阻变小为349Ω,说明该三极管内结已失效(内损)。故更换一只3DG6A(硅管)代替,故障排除。

例5 索尼KV-1882CH遥控彩电图像正常,但屏幕(光栅)整个底色偏蓝

屏幕底色偏蓝,此故障重点查视放电路。由于光栅底色偏蓝,故首先检查视放管Q701(2SC2278)的c极电压,动态下,实测138.9V,较正常值165V偏低差较大,再测红、绿视放输出管Q703、Q702各脚电压均在正常值范围。由此可见,断定因蓝管c极电压下降,使蓝色电子枪发射的电子束电流偏大,故造成荧屏光栅底色偏蓝。故此,调节蓝色背景电位器RV701、并配合调RV704,可使偏蓝底色消除。可几天后又恢复底色偏蓝的故障,于是怀疑该视放管Q701性能下降,故而采用交换法来(置换法)试之。将Q701管与Q703管位置对调,结果变为偏绿故障。由此判定Q701蓝视放管故障。重新更换一只优质2SC2637管后,底色偏蓝故障根除,彩色图像稳定。

例6 康佳T25887X彩色电视机三无

动态开机,无光栅,也无伴音。用户反映,之前偶尔开机屏黑,也无音。该机采用T87机芯电路。

据此开机壳静态检查,测电视电源输入插头直流电阻正常,再查,发现熔丝F401已熔断,且内部已发黑,说明机内有过流元件,或局部短路部件。故此对易损件、可疑部件,在线进行一一检查,经实测发现开关管V401(D4111)c—e(集电极与发射极)结内部已击穿,电阻值几乎为0Ω。此机芯的开关电源的地线是悬浮地(热地),与整机的地线(冷地)是分开的,检修该机除了注意人身安全外,还要注意不能将电源的地线和整机地线直接连接在一起。测电源系统的工作电压时,负表笔要接在悬浮地线上,避免得出错误的测量结果和判断。再仔细检查其它相关元件,易损件、可疑部件均属正常,判断是因V401管本身质量欠佳造成的。试代换同规格、同型号的V401后,彩电恢复正常,故障排除。

例7 长虹CJ—47A彩色电视机出现图像中无红色,伴音正常

长虹牌CJ—47A型彩色电视机采用原松下M11机芯组装。国内老牌用此芯组装的还有:牡丹、熊猫、金凤、乐华、美乐、青岛、昆仑、泰山等牌号。

据此,光栅、伴音正常,只是图像中缺红色,说明整机绝大部分电路工作正常,仅是视放电路中红色通道存在故障,故重点查视放电路。先静态检查视放电路相关元器件、电路焊点等未见异常。再动态下,小心手摸红、绿、蓝三视放管外壳温度,其中红管较蓝、绿两管温差异常,怀疑此管有问题。查该管相连元件无问题,进一步检测红视放管Q353的c极电压达169.5V,比其余两管高出了40V~49.5V,显然该管处于截止状态,其内损后造成红枪停止发射。将其焊下测量,b−e结已断路,证实判断正确。试用手头一只3DA87C代换已坏的红视放管2SC2258,焊接无误后,开机红色恢复,电视图像色彩正常。实测Q353红色视放管c极电压约为127.9V,b极电压为2.59V,e极为2.19V,均正常,故障排除。

例8 组装的彩电出现图像上有局部彩色爬行现象

该电视机采用TA7698AP彩色信号处理集成块(视频、色度、行场扫描处理电路),如同长虹C2988型电视机。

据此,重点检查色解码相关电路元器件。开机壳,小心把主电路板抽出后,动态下,用示波器探头检测NQ501(TA7698AAP)的⑲关键脚,延迟色度信号输入端无信号,再查,色度延迟线DL502输入端也无信号,由此怀疑色度延迟线DL502内部损坏。试用一同型号色度延迟线更换DL502后,故障排除。由于DL502损坏后,无延迟色度信号输入,则NQ501不能完成U、V信号的分离,造成了该机故障。

例9 飞利浦G3488AA彩色电视机开机后面板上的绿色指示灯亮,但无光栅

飞利浦G3488AA型彩色电视机电源主要采用STR−83145构成典型的并联他激开关电源电路。

据故障现象,因绿色指示灯亮,说明开关电源工作基本正常,初判问题在行电路。但接通电源后,发现显像管灯丝亮,说明行振荡电路正常工作。此时,按压"POWER"键不起作用,利用遥控操作也不起作用,故疑故障在微处理器上。为慎重起见,测得7222的㊷脚电压为0V,又测得7174管的射极电压为0V,b极电压也为0V,明显异常。继续追踪检查,观察6174稳压管表面颜色异常,随将焊下,测其正、反向电阻均接近0Ω,证明其已击穿短路。代换6174后工作正常。

例10 老式东芝牌C—2021ZB彩电全屏红光栅且满幅有回扫线,伴音正常

此属单色故障,从理论原理与经验判断,问题出在视放电路和显像管电路。故重点查之。形成此故障之因可能有:其一,红视放管击穿;其二,像管R极放电极对地短路;其三,像管内红阴极与灯丝短路。总而言之,是红阴极对地工作电压很低或为零造成。像管红枪阴极对地短路后,失去了栅阴之间的负电场,使红枪发射能量增强,导致其它两枪不工作,显像管整屏为红光栅。短路后,场消隐信号加不到像管,造成满幅回扫线。动态开机,测显像管R(红)端对地电压为零。R端为零均可由以上三种情况引起,继而静态下,进一步用分割法检查。小心拔掉视放板,测其视放板上R端电阻正常,又测像管红枪阴极与灯丝两脚电阻很小,故此,确诊为像管红阴极与灯丝内短路。

为增强职业美德,发扬勤俭节约(节省成本)之作风,不增加用户负担,决定复活此像管,即救活这只彩色显像管,故此采用"悬浮法"(即灯丝两端不接地)。具体方法是:先用塑料导线在行输出变压器FBT的磁芯上穿绕10匝,开机测得其端电压为20.2V,平均每匝2V,然后拆去7匝,保留3匝(6.3V)作为"悬浮"供电的灯丝绕阻。再用绝缘胶布将线头包扎固定好,用废钢锯条或小刀在印刷板上将原灯丝供电切断,接上"悬浮"灯丝供电绕阻,试开机后像管复活,恢复正常工作。

二、液晶彩电故障排除实例

例1 康佳LC42FFS81DC液晶彩色电视机不开机

该机第一天晚上收看正常,次日开机后,其面板上出现黄灯闪烁,不开机,再多次开机后出现绿灯亮,且黑屏也无伴音。

据此,开机试之,其黑屏而无音,电源电路指示灯亮。先开机盖,静态检查保险管、相关限流电阻、保险丝及易损件,均未发现异常。继而,动态开机观察,背光灯亮,说明电源板和背光驱动电路基本正常。测12V电压正常。再测主板三端稳压器输入输出电压,N804输入11.72V、输出4.91V;N806输入4.9V、输出3.3V;N807输入5V,输出3.25V;N808输入4.9V、输出2.5V,应属正常范围。继续追踪检查,当查到V801时(D3056,P型场效应管),其①-④脚12V,而⑧脚无输出。静态关机后,用电阻挡测量V801管①-④脚短路,⑧脚电阻也近几0Ω,似乎短路。V801是供逻辑板电源的,⑧脚对地短路,说明逻辑板(TCON,也称时序控制板)相关部件工作异常,或与液晶屏组件连插口,及与LVDS插口(接主板)之间接触不良。试断开主板至逻辑板连线后,再测V801的⑧脚对地直流电阻正常。换V801和同规格逻辑板后,试机一切正常。交用户后半年询问一切正常。

例2 海信TLM37E29X液晶彩电不能开机,红灯亮

据此先开机壳,静态直观检查相关部件,未见可疑元件异常。再开机仔细检查主、副电源各路直流电压输出均正常。据维修经验估计系操作按键板内有灰尘、污垢及受潮氧化物等引起漏电所致。经仔细清理,并更换不良按键后,结果开机一切正常,证实判断正确。

例3 创维牌32E330E液晶电视机偶尔出现无图无声

开机壳直观检查,未发现相关部件、接插头、接线等接触不良现象。又动态试验,该机操作正常,能开机,也能待机,但任何信号源下均无图无声,初步怀疑是主板之主芯片(RTD2648)工作异常引起。先查主芯片的各路供电电压,皆正常,故怀疑主芯片内部局部损坏。思之再三,考虑更换主芯片风险较大,故干脆从厂家购同规格、同型号的主板换上,试机故障排除。

(未完待续)(下转第592页)

◇山东 张振友 贺方利

戏说PM2.5

一、什么是PM2.5

在中国，PM2.5似乎是一个近几年刚出现的新词，但在发达国家不是。以美国为例，1980年已经开始了相关的研究，1997年就通过了PM2.5控制标准法案。PM2.5究竟是什么？简单地说，PM2.5就是泛指悬浮在大气中的直径等于或小于2.5微米的固态或液态颗粒物，其中的PM是英文particulate matter的缩写。PM2.5往往又是众多病原微生物和重金属等有毒物质的载体，可以随呼吸直达细支气管和肺泡，其中，重金属有毒物质可以通过肺泡壁进入毛细血管，参与整个血液循环系统的循环；一些无法进入血液循环系统的微型颗粒物可能永远沉积在肺泡内，所携带的病原微生物可能会引发呼吸系统的疾病。北京大学公共卫生学院潘小川教授的研究指出：PM2.5会导致肺癌和膀胱癌。

PM2.5只是众多悬浮在大气中的微型颗粒物中的一种，较为引人注目的还有PM10和PM50。PM10是呼吸过程中仅能到达咽喉部位的微型颗粒物，故PM10以下的微型颗粒物统称为"可吸入颗粒物"；PM50是呼吸过程中仅能到达鼻腔部位的微型颗粒物，也是肉眼能够分辨的最小的微型颗粒物。

据报道，在欧盟国家，PM2.5可导致人的寿命平均减少8.6个月。在中国，一直未见这方面的报道。但国外也有研究指出：大气污染，使淮河以北的居民较淮河以南的居民寿命减少5.6年。

其实，漂浮在大气中的有害成分何只是有形的微型颗粒物一种！另外还有SO_2、NO_2、O_3、CO等多种无形的气态污染物。因此，官方评价空气质量的好坏，不是用常说的PM2.5含量的多少，而是用一个称作"空气质量指数"的指标。空气质量指数是一个无量纲指数，简称"AQI"，AQI是英文Air Quality Index的缩写。参与空气质量评价的主要污染物为SO_2、NO_2、PM10、PM2.5、O_3、CO等六项，空气质量按照AQI大小分为六级：一级0~50为优；二级51~100为良好；三级101~150为轻度污染；四级151~200为中度污染；五级201~300为重度污染。

近年来，尽管国内对大气污染的综合治理付出了很大的努力，但收效并不理想，"雾霾治理基本靠风"的尴尬局面仍旧没有从根本上得到改观，有些地区的大气污染程度依旧相当严重。以山东淄博桓台的某地点为例，2019年1月4日7时29分的PM2.5的自测值仍旧达到636μg/m³(见图1所示，用益杉霾表测量，非专业级霾表，可能存在一定误差)。因此，我们离真正的"蓝天白云"还有很长、很长的路要走。

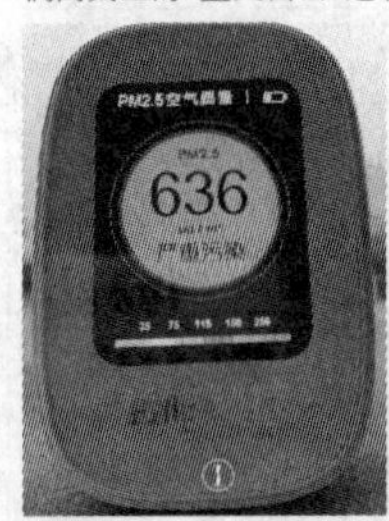

①

图2是从网上能够查到的美国宇航局2013年12月7日拍摄的中国雾霾分布图，或许现在仍有一定的参考价值。图3是几年前复旦大学做的对PM2.5滴注大鼠气管144小时后的实验结果，详细见网上有关文章。

面对这样的大气环境，于普通家庭而言，唯一可行、而且行之有效防范措施就是使用空气净化器。气象部门的提醒"关好门窗，减少外出"虽是善意的，但作用不大。关好门窗，并不会把雾霾挡在室外。虚幻的心灵鸡汤，无法解决现实的环境问题。所以说，当今这些家庭最重要的家用电器，不是冰箱、也不是彩电，更不是空调等等，而是空气净化器！——不管你承认或不承认，时今的中国，已进入了一个

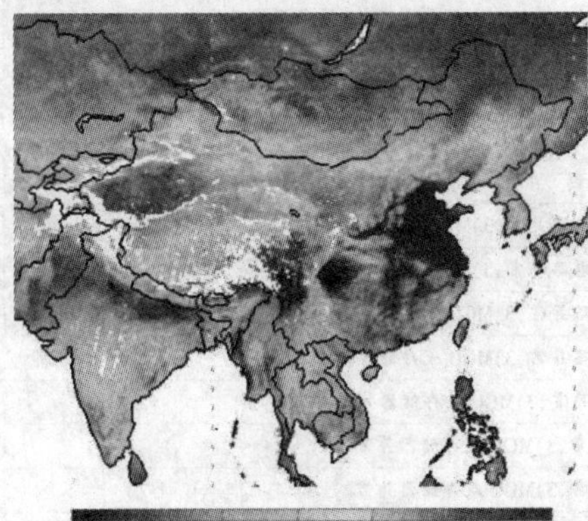

②

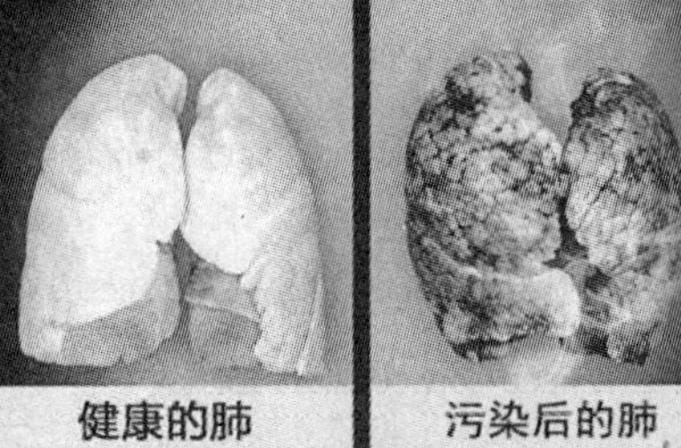

③

一边燃煤发电制造雾霾，一边用燃煤发出的电治理雾霾的怪圈。当今的中国人，确实是在一边享受着煤电带来的现代文明，一边又不得不吞咽着大气污染带来的苦果！可悲的是：人们对大气污染造成的危害，真正有所了解的并不多，真正有所防范的更是少之又少！——尤其是在广大农村地区。

二、空气净化器的分类及工作原理

按照其使用的主要净化原件来分，市场上见到的空气净化器可分为三种：一种是HEPA空气净化器，一种是金属栅空气净化器，一种是水洗式空气净化器。

HEPA空气净化器是当今市场上最为常见的空气净化器，这种空气净化器的特点是使用HEPA过滤网作为主过滤原件。HEPA是英文High efficiency particulate air Filter的缩写，中文意思为高效空气过滤器(网)。HEPA过滤网由玻纤、棉纤、化纤等制成，最常见的为化纤材质，厚度多在1mm~1.5mm之间，分进风面和出风面。进风面纤维分布稀疏，出风面纤维分布致密，为了增大与空气的接触面积。HEPA过滤网多做成皱褶状，为了使皱褶分布均匀，有的HEPA过滤网还带有塑料骨架。带有塑料骨架的HEPA过滤网在使用中无多少自由伸缩的余地，不带塑料骨架的HEPA过滤网在使用中有较大的伸缩余地，常见的HEPA过滤网(带边框、带塑料骨架)如图4所示，不带边框和塑料骨架的HEPA过滤网如图5所示。

④ ⑤

工作原理。如图6所示：在电风扇的作用下，HEPA过滤网出风面后方形成一定负压，于是HEPA过滤网进风面前方的空气经由HEPA过滤网向出风方向流动。在通过HEPA过滤网时，由于HEPA过滤网的纤维分布密度大，空气流动阻力也大，空气流动的速度很慢，故空气中较大的微型颗粒物先被拦截并被吸附在HEPA过滤网的纤维上，较小的微型颗粒物则后被拦截并吸附在HEPA过滤网的纤维上，相对干净的空气从HEPA过滤网的出风面流出。

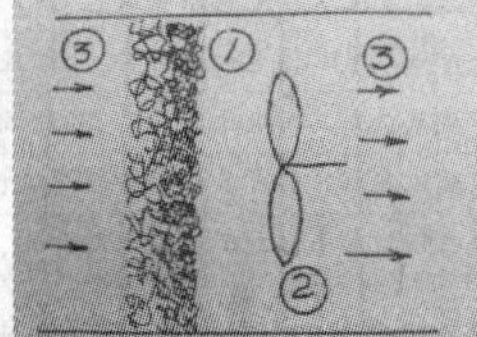

① HEPA过滤网
② 风扇
③ 空气流动方向
⑥

随着使用时间加长，HEPA过滤网上累积的微型颗粒物越来越多，通透性也越来越差，风扇负荷也越来越重，拦截微型颗粒物的能力也越来越低下。当微型颗粒物的累积达到一定程度后，HEPA过滤网的寿命便宣告终结。在此有需指出的是：HEPA过滤网对空气的净化，所采用的并不是真正的筛网式滤，仍然是以吸附为主的拦截。因此，它的工作效率随空气流动的速度改变而改变，空气流动速度越快，效率越低；反之就越高。在合适的工况下，HEPA过滤网对PM10及PM2.5的拦截效率都能达到90%以上。

不过，多数HEPA空气净化器，并不是采用单一的工作方式，而是如图7所示，采用多重过滤的方式对空气加以净化，一般还装有初效过滤网、活性炭过滤网、冷触媒过滤网等。初效过滤网可有效拦截空气中的毛发、棉絮等，主要用于HEPA

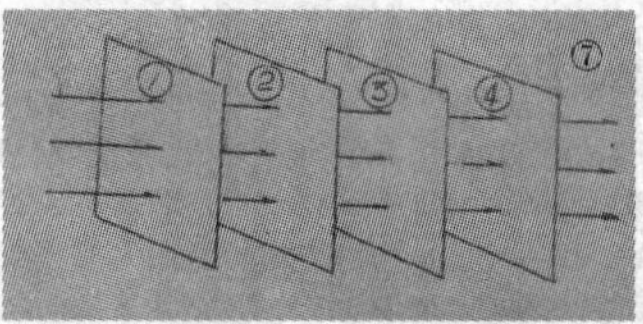
① 初效过滤网　② HEPA过滤网
③ 活性炭过滤网　④ 冷触媒过滤网

过滤网的保护；活性炭过滤网可以吸附0.1微米以上的微型颗粒物、细菌等；冷触媒过滤网可促进甲醛、氨气、苯类、TVOC、硫化氢等多种有害气体与空气中的氧气发生反应，生成无害的二氧化碳和水。有的HEPA空气净化器还外加臭氧发生器、紫外线发生器等，以便尽可能地把空气中的有害物去除干净。图8为带边框的活性炭过滤网，图9为带边框的冷触媒过滤网。

⑧ ⑨

这种空气净化器的优点是工作相对可靠，空气净化效率高，缺点是HEPA过滤网需要定期更换，耗电量较大，因而运行成本较高。

金属栅空气过滤器出现的较晚，国内生产的企业也不多。其工作原理是：在风扇的作用下，空气流过带高压静电的金属栅，于是空气中的微型颗粒物就被吸附到金属栅上。这种空气净化器的优点有二：其一，过滤网由金属栅制成，清洗一下就可以继续使用，无需经常换新；其二，金属栅之间的距离大，风阻小，风扇电机无需较大的功率，用电省，故运行成本较低。缺点是：由于金属栅之间的距离较大(事实上也无法做小，小了不便清洗)空气一次性循环的净化率太低，故室内空气必须经过多次循环净化，质量才能达到相应的标准要求。因而市场上并不多见。

水洗式空气净化器，其实就是加湿器的一种。因后来发现也具空气净化的作用，于是歪打正着，干脆当空气净化器来卖。这种空气净化器，由于其使用的净化方式所决定，在工作中能够把空气中的微型颗粒物带入水中的同时，也往室内散发出大量的水分，进一步增加了室内空气的湿度，故只能在空气相对干燥的环境中使用。

三、空气净化器的选购

在此仅介绍HEPA空气净化器的选购。

1. 适用面积要足够大。产品使用说明书上所标定的允许适用面积，是指风扇电机在最大转速下的使用面积，但风扇电机转速越大，对环境造成的噪音污染也越严重。因此，选择空气净化器时，以适用面积大一些的为好，比如15平米的房间选适用面积30平米的空气净化器，30平米的房间选适用面积60平米的空气净化器，尤其是对卧室使用的空气净化器的选择，更应注意到这一点。

2. 最好选择使用常见规格HEPA过滤网的空气净化器，可方便日后过滤网的选购和自制。常见的HEPA过滤网为方形，皱褶高度在1.5cm~2.5cm之间，这种过滤网市场上很容易买到，售价也不高。异形HEPA过滤网，比如圆筒状HEPA过滤网、圆片状HEPA过滤网，市场上少见，自制难度又大，原装过滤网失效后，只好去原厂配套，经济上很不合算。

3. 空气净化器必须采用带过载保护的风扇电机。空气净化器多数情况下需要连续运转，负荷也随空气的污浊程度、HEPA过滤网使用的时间长短等因素的改变而不断地变化，因此风扇电机不光要求强劲有力，而且还应该带过载保护，否则，容易引发用电安全事故。

(未完待续)(下转第593页)

◇山东　田连华

海尔新型智能电冰箱故障自诊速查(一)

为了便于生产和维修，海尔新型智能电冰箱的系统控制电路具有故障自诊功能。当被保护的某一器件或电路发生故障时，被微控制器(MCU)检测后，通过显示屏显示故障代码，来提醒故障发生部位。因此，掌握故障自诊功能的进入、退出方法及故障代码的含义，对于维修智能型电冰箱是至关重要。

一、海尔BCD-579WE、BCD-626W/649WADE/BCD-628*/649***系列智能电冰箱**

1. 海尔BCD-579WE进入/退出方法

在锁定状态下，同时按住“速冻”、“假日”2键，3秒后进入自检模式。如果没有故障，3秒后自动退出。

2. 海尔BCD-626W/649WADE进入/退出方法

在锁定状态下，同时按3次“间室指示功能图标”、“速冻功能图标”键，随着蜂鸣器发出1声提示音，进入自检模式。如果没有故障，3秒后自动退出。

3. 海尔BCD-628***/649***进入/退出方法

在锁定状态下，同时按住“功能选择”、“冷藏温度”2键，3秒后随着蜂鸣器发出1声提示音，显示屏显示“—”，进入自检模式。进入自检模式后，如果有故障，则3秒后显示故障代码；如果没有故障，3秒后自动退出。

4. 故障代码及其原因

海尔BCD-579WE、BCD-626W/649WADE/BCD-628***/649***系列电冰箱的故障代码及其原因如表1所示。

二、海尔BCD-801WDCA系列智能电冰箱

1. 进入/察看方法

在解锁状态下，同时按5次“温区选择”、“速冻”键，随着蜂鸣器发出1声提示音，进入自检模式。

进入自检模式后，按锁定键可以察看下一个故障代码。

2. 故障代码及其原因

海尔BCD-801WDCA系列电冰箱的故障代码及其原因如表2所示。

三、海尔BCD-586WS/586WSF/586WSG/586WSL588WS/588WSF系列智能电冰箱

1. 海尔BCD-586WS/586WSF/588WS/588WSF进入/退出方法

在锁定状态下，同时按住“人工智慧”、“冷藏调节”2键，3秒后随着蜂鸣器发出1声提示音，松开手后自动进入自检模式，在冷藏室温度窗口显示故障代码；1分钟后自动退出。

2. 海尔BCD-586WSG/586WL进入/退出方法

在锁定状态下，同时按住“冷冻调节”、“功能确认”2键，3秒后随着蜂鸣器发出1声提示音，松开手后自动进入自检模式，在冷藏室温度窗口显示故障代码；1分钟后自动退出。

3. 故障代码及其原因

海尔BCD-586WS/586WSF/586WSG/586WSL/588WS/588WSF系列电冰箱的故障代码及其原因如表3所示。

(未完待续)(下转第594页)

◇内蒙呼伦贝尔中心台 王明举

表1 海尔BCD-579WE、BCD-626W/649WADE/BCD-628***/649***系列电冰箱故障代码及其原因

故障代码	含义	故障原因
F2	环境温度传感器异常	1)环境温度传感器异常,2)该传感器的阻抗信号/电压信号变换电路异常,3)MCU或存储器异常
F3	冷藏室温度传感器R1异常	1)冷藏室传感器R1异常,2)冷藏室R1的阻抗信号/电压信号变换电路异常,3)MCU或存储器异常
F4	冷冻室温度传感器异常	1)冷冻室温度传感器异常,2)该传感器的阻抗信号/电压信号变换电路异常,3)MCU或存储器异常
F5	变温室温度传感器异常	1)变温室温度传感器异常,2)该传感器的阻抗信号/电压信号变换电路异常,3)MCU或存储器异常
F6	化霜温度传感器异常	1)化霜温度传感器异常,2)该传感器的阻抗信号/电压信号变换电路异常,3)MCU或存储器异常
F8	冷藏室温度传感器R2异常	1)冷藏室传感器R2异常,2)冷藏室R2的阻抗信号/电压信号变换电路异常,3)MCU或存储器异常
FC	制冰机传感器异常	1)制冰机传感器异常,2)该传感器的阻抗信号/电压信号变换电路异常,3)MCU或存储器异常
E0	通讯不良	1)MCU与被控电路间的通讯线路异常,2)被控电路异常,3)MCU或存储器异常
E1	冷冻风机异常	1)冷冻风机或其供电电路异常,2)该风机的检测电路(PC电路)异常,3)MCU或存储器异常
E2	冷却风机异常	1)冷却风机或其供电电路异常,2)该风机的检测电路(PC电路)异常,3)MCU或存储器异常
E4	真空泵异常	1)真空泵或其供电电路异常,2)真空泵的检测电路异常,3)MCU或存储器异常
E5	真空保鲜异常	1)真空保鲜室异常,2)MCU或存储器异常
Ed	化霜加热系统异常	1)化霜加热器或其供电电路异常,2)化霜检测电路异常,3)MCU或存储器异常
Er	制冰机异常	1)制冰机或其供电电路异常,2)制冰机检测电路异常,3)MCU或存储器异常

表2 海尔BCD-801WDCA系列电冰箱故障代码及其原因

序号	故障代码	含义	故障原因
1	—	正常	
2	F2	环境温度传感器异常	1)环境温度传感器异常,2)该传感器的阻抗信号/电压信号变换电路异常,3)MCU或存储器异常
3	F3	冷藏室空间温度传感器异常	1)冷藏室空间温度传感器异常,2)该传感器的阻抗信号/电压信号变换电路异常,3)MCU或存储器异常
4	F4	冷冻室温度传感器异常	1)冷冻室温度传感器异常,2)该传感器的阻抗信号/电压信号变换电路异常,3)MCU或存储器异常
5	F1	冷藏室化霜传感器异常	1)冷藏室化霜传感器异常,2)该传感器的阻抗信号/电压信号变换电路异常,3)MCU或存储器异常
6	F6	冷冻室化霜传感器异常	1)冷冻室化霜传感器异常,2)该传感器的阻抗信号/电压信号变换电路异常,3)MCU或存储器异常
7	F5	变温室温度传感器异常	1)变温室温度传感器异常,2)该传感器的阻抗信号/电压信号变换电路异常,3)MCU或存储器异常
8	FE	人感传感器异常	1)人感传感器异常,2)该传感器的阻抗信号/电压信号变换电路异常,3)MCU或存储器异常
9	E0	通讯不良	1)MCU与被控电路间的通讯线路异常,2)被控电路异常,3)MCU或存储器异常
10	E1	冷冻风机异常	1)冷冻风机或其供电电路异常,2)该风机的检测电路(PC电路)异常,3)MCU或存储器异常
11	E2	冷却风机异常	1)冷却风机或其供电电路异常,2)该风机的检测电路(PC电路)异常,3)MCU或存储器异常
12	E6	冷藏风机异常	1)冷藏风机或其供电电路异常,2)该风机的检测电路(PC电路)异常,3)MCU或存储器异常
13	Ec	冷藏化霜加热系统异常	1)冷藏化霜加热器或其供电电路异常,2)该化霜检测电路异常,3)MCU或存储器异常
14	Ed	冷冻化霜加热系统异常	1)冷冻化霜加热器或其供电电路异常,2)该化霜检测电路异常,3)MCU或存储器异常

表3 海尔BCD-586WS/586WSF/586WSG/586WSL/588WS/88WSF系列电冰箱故障代码及其原因

故障代码	含义	故障原因
F1	冷藏室温度传感器异常	1)冷藏室温度传感器异常,2)该传感器的阻抗信号/电压信号变换电路异常,3)MCU或存储器异常
F2	冷冻室温度传感器异常	1)冷冻室温度传感器异常,2)该传感器的阻抗信号/电压信号变换电路异常,3)MCU或存储器异常
F3	环境温度传感器异常	1)环境温度传感器异常,2)该传感器的阻抗信号/电压信号变换电路异常,3)MCU或存储器异常
F5	化霜温度传感器异常	1)化霜温度传感器异常,2)该传感器的阻抗信号/电压信号变换电路异常,3)MCU或存储器异常
F6	制冰机传感器异常(588系列无)	1)制冰机传感器异常,2)该传感器的阻抗信号/电压信号变换电路异常,3)MCU或存储器异常
E1	冷冻风机异常	1)冷冻风机或其供电电路异常,2)该风机的检测电路(PC电路)异常,3)MCU或存储器异常
E2	冷却风机异常	1)冷却风机或其供电电路异常,2)该风机的检测电路(PC电路)异常,3)MCU或存储器异常
Ed	化霜加热系统异常	1)化霜加热器或其供电电路异常,2)化霜检测电路异常,3)MCU或存储器异常
Er	制冰机异常(588系列无)	1)制冰机或其供电电路异常,2)制冰机检测电路异常,3)MCU或存储器异常

基于STM32F105微控制器的CAN接口电路设计

控制器局域网(ControllerA reaN etwork,CAN)是一种多主方式的串行通讯总线。CAN总线具有较高的位速率,很强的抗电磁干扰性,完善的错误检测机制,在汽车、制造业以及航空工业领域中得到广泛应用。由于船舶机舱环境极为恶劣,且船舶航行过程中维修条件不如陆上,对CAN通信的可靠性要求很高,采取双CAN冗余总线提高通信可靠性。

1.硬件平台组成

STM32F105是STM icroe lectron ics公司推出的一款基于ARM Cortex-M3内核的32位微控制器,其内核是专门设计于满足高性能、低功耗、实时应用的嵌入式领域的要求。由于采用Thumb-2指令集,与ARM7微控制器相比STM32运行速度最多可快35%且代码最多节省45%。较高的主频和代码执行效率使系统在进行CAN总线数据收发的同时仍可运行总线冗余算法。STM32F105微控制器内部集成2路独立的CAN控制器,控制器集成在芯片内部,避免了总线外扩引人的干扰,同时简化了电路设计、降低成本。

系统使用两条完全独立的CAN总线,两个CAN总线收发器和总线控制器,实现物理层、数据链路层的全面冗余。在初始化时两个控制器被同时激活,一个作为主CAN,另一个作为从CAN,为主控制器的备份。正常运作时,数据通过主CAN优先发送;当主CAN总线繁忙时,从CAN总线分担部分通信流量;而当主CAN总线发生故障时,数据转移至从CAN控制器传输,反之亦然。在任一总线发生故障时,数据都能经由另一条总线传输,而当两条总线都正常时,使用两总线同时传输,增加约1倍的通信带宽,这样在保证了通信可靠性的同时提高了实时性。

CAN总线接口电路设计如图1所示,使用TJA1050作为总线收发器,它完成CAN控制器与物理总线之间的电平转换和差动收发。尽管TJA1050本身具备一定的保护能力,但其与总线接口部分还是采用一定的安全和抗干扰措施;TJA1050的CANH和CANL与地之间并联两只10pF的小电容,可以滤除总线上的高频干扰;另外,为了增强CAN总线节点的抗干扰能力,总线输入端与地之间分别接入一只瞬态抑制二极管,当两输入与地之间出现瞬变干扰时,收发器输入端电压被钳位在安全范围。

为防止总线过压造成节点损坏,STM32F105内置CAN控制器的数据收发引脚并不与TJA1050直接相连,通过ADuM1201磁隔离器实现信号隔离传输。与传统光耦隔离相比,磁隔离简化了隔离电路设计,并且磁隔离芯片的功耗很低,大约相当于光耦隔离的1/10。除了将CAN数据信号隔离外,TJA1050T使用的电源和地也必须与系统完全隔离,使用5V隔离输出的开关电源模块IB0505LS提供隔离电源。由于CAN总线数据传输率较高,为了提高信号质量,网络拓扑结构应尽量设计成单线结构以避免信号反射,同时终端连接120欧姆左右的匹配电阻。

2.软件设计

CAN协议规范定义的数据链路层和部分物理层并不完整,双CAN冗余应用需要实现总线状态监控、网络故障的诊断和标识,这就要通过添加软件冗余模块来实现。冗余模块在程序主循环中调用,根据不同总线错误状态执行收发通道切换。CAN总线错误状态分为3类:错误激活、错误认可、总线关闭。总线正常工作时处于错误激活状态,控制器检测到错误后将发送/接收错误计数器的值递增,当值大于127时进入错误认可,大于255时总线关闭状态,CAN总线错误检测模块通过读取错误状态寄存器作为总线故障的测试条件,在错误状态发生改变时调用冗余算法,执行总线切换操作。

通过实际调试发现,总线连接断开且只有1个节点不断发送报文时产生发送错误,控制器进入错误认可状态,但不进入总线关闭状态;其他错误均使错误计数器增加,依次进入错误认可状态、总线关闭状态,后两种状态表明总线被严重干扰,需要采取相应措施。为简化控制逻辑设计将错误认可和总线关闭合并为总线故障。

冗余算法使用状态机实现发送模式的切换,根据不同总线故障选择发送使用的总线。状态切换流程图如图2所示,程序首先读取错误状态寄存器获得总线错误状态,判断当前总线是否处于错误激活模式,若检测到总线故障程序置相应标志位向其他程序模块指示错误。为提高报文发送效率,发送程序一次将多个报文写人发送邮箱由硬件控制自动发送,在切换总线时,需先把故障总线发送邮箱中的报文中回读,通过备份总线优先发送,这一机制保证报文不会因总线切换而丢失。控制器向故障总线发送数据域为空的测试报文,每成功发送1报文,总线发送错误计数器的值递减,直至其值小于128总线恢复到错误被动状态;每隔一定时间冗余程序读取错误状态寄存器,检测故障总线是否恢复正常。

在2总线同时传输模式,发送程序优先写人总线1邮箱,当总线1邮箱满时写入总线2的邮箱,由于报文按优先级仲裁发送,若某一路发送邮箱经常为空,说明该路总线通信流量较小,发送程序将较多报文转由空闲总线发送,实现报文的负载均衡。

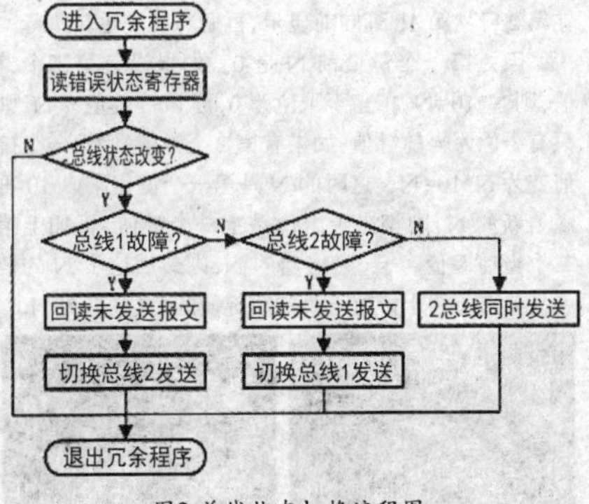

图2 总线状态切换流程图。

3.双总线冗余的可靠性分析与测试

对双CAN冗余系统的可靠性进行定量分析,引入平均无故障运行时间 (Mean Time To Failure,MTTF)的概念。MTTF描述一个系统从开始工作到发生故障的时间间隔,也即平均寿命。为简化分析作如下假设:每路CAN总线的故障率相同;CAN总线的损坏属于物理损坏,即不可修复的损坏。指数分布可以很好地用来描述电子元器件的寿命,假设CAN总线的寿命分布服从指数分布,CAN总线的可靠性模型如图3所示。

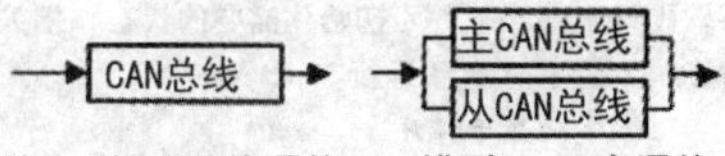

图3 CAN 总线可靠性模型图

模型1为单总线的可靠性模型,因为总线寿命服从指数分布,根据单一CAN总线无故障运行时间MTTF1=1/λ。模型2为双CAN总线冗余可靠性模型,系统由两条独立的总线并联而成,即只有当这2条总线都失效时系统通信才会失败,于是系统的平均寿命MTTF2=3/2。采用双线冗余设计使CAN通信的平均无故障时间增加了50%。

双线CAN冗余系统的另一关键指标是总线切换时间,它等于检测错误所需时间与处理故障总线未发送报文所需时间之和,切换时间越短,总线故障对报文传输造成的延迟就越小。检测错误所需时间,即从总线错误出现到被冗余程序检测到所需的时间。以总线断开故障为例,发送器每发送一个报文产生一次应答错误,错误计数器每次加8,需连续进行16次发送,使错误计数器值达到128引起总线切换。在位速率125kbps情况下,发送最长为128位的报文,若忽略控制器重发间隔时间,从故障发生到被检测到的响应时间为:

$$k_{EQ}=\frac{1}{125}\times128\times16=16.38(ms)$$

为避免在总线切换时丢失报文,冗余算法需回读故障控制器中未发送报文,由此产生额外的故障处理时间,因为每个发送邮箱最多存储3个报文,假定位速率125kbps不变,备份总线发送时即取得仲裁,最长故障处理时间为:

$$HANDLE=\frac{1}{125}\times128\times3=3.07(ms)$$

因此总线切换时间为16.38+3.07=19.45ms。

通过实验测得在125kbps位速率下连续发送不同报文长度的总线切换时间如表1所示:

表1 总线切换时间

数据域长度(字节)	报文长度(位)	总线切换时间(ms)
0	64	14.00
1	72	14.80
2	80	16.00
4	96	18.40
8	128	22.80

在125kbps位速率下切换时间为22.80ms,比理论计算值稍长,这是由总线切换时运行冗余算法及读取控制器错误寄存器(ESR)所额外消耗的,但在实际应用中,发送报文获取仲裁所需的等待时间远大于切换时间,总线故障并不频繁发生,冗余切换算法对系统的运行并无显著影响。

4.结束语

与传统单片机总线外扩两片CAN控制器的冗余方案相比,本设计充分利用STM32F105微控制器内置的两路CAN控制器,简化电路设计,相对降低了成本,同时双CAN冗余通信系统的采用提高了系统整体可靠性。所使用双总线负载均衡技术,可以提高总线带宽,平衡通信负荷。系统船舶机舱监控系统的图像和数据信号的传输中取得很好的效果。

◇长宁县职业技术学校 王海彬

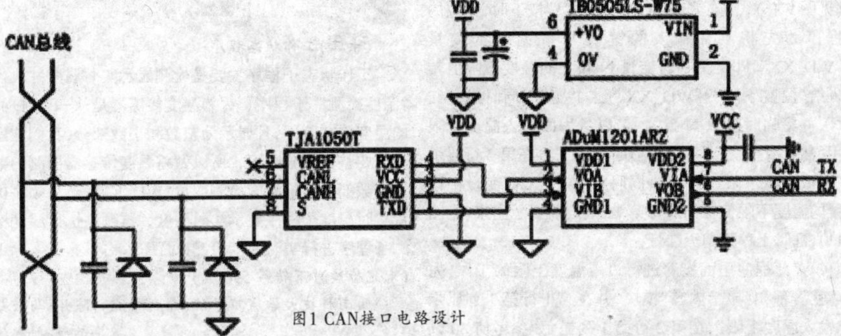

图1 CAN接口电路设计

基于arduino控制和Linkboy图形化编程软件的实例应用：

城市家庭农场智能温控系统(中)

(紧接上期本版)

(二)系统复位程序

系统复位程序是实现系统运行中任意时候，包括初始启动、待机状态、设置状态及工作状态下，在正常工作监测报警及调控时，可以让用户使用该功能忽略报警终止调控，或进行人工调控操作。

进入该程序，先停止主程序运行，再让系统初始化将软硬件组件状态置为初始化需要的状态和相关变量置0，再让主程序重新运行。

(三)常规显示程序

常规显示程序是系统除了特殊显示外，通常显示的温度下限和温度上限部分(见图5左下)。

在"常规显示"子程序里面，先要清空显示屏幕和"显示内容"软件模块，然后在第1行显示"温度下限值"，在第2行显示"温度上限值"(见图6)。

(四)待机模式与待机状态

"待机模式"是主程序进入待机模式子程序后，将执行"待机模式"子程序(见图5左上)。

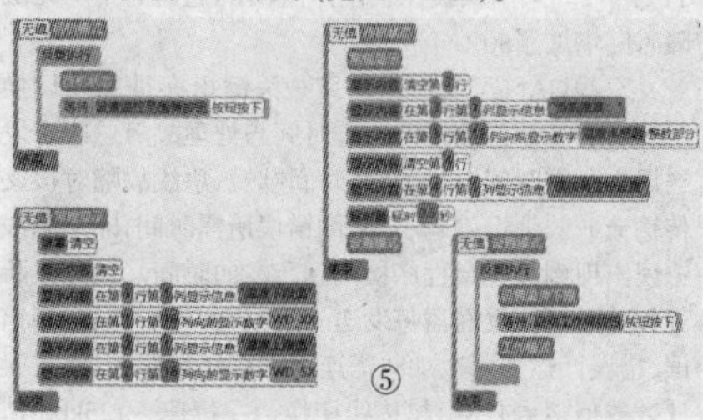

在"待机模式"子程序中，需要放置一个反复执行框架，在此框架中先进入"待机状态"子程序进行待机状态中的功能执行，"待机状态"中有提示"按黄按钮"进入设置温度范围和显示当前温度值的功能(见图6)。

然后等待"黄按钮"按下执行温度范围的设置，这里是需要进入下一个"设置温度范围"的环节，则不用在此处返回。

"待机状态"是程序进入该子程序，执行待机状态需要执行的相应功能(见图5右上)。

在该子程序中，先进行常规显示未设置温度范围时，"温度下限值"的初始值0和"温度上限值"0。然后将"显示内容"软件模块清空第3行，并在第3行开始显示"当前温度"的温度值。因为常规显示已经占用了第1行和第2行，所以当前温度值显示在第3行，而在第4行显示"按黄按钮设置"的提示(见图6)。处理完这两部分显示后，延时0.5秒，再进入设置模式。

⑥

⑦

(五)设置模式程序

设置模式是需要完成温度范围的设置和等待工作模式启动按钮绿按钮按下，再进入工作模式，由于是需要进入下一个工作环节，则这里也不需要返回(见图5右下)。

(六)设置温度下限程序

设置温度下限子程序是实现设置温度范围的下限值(见图8)。这里需要放置反复执行的框架，进入循环先等待"黄按钮"按下，如果没有按下就会一直等待，再判断"黄按钮"是否按下，如果黄按钮按下，则将临时变量N置0，再将屏幕和"显示内容"模块清空。

然后在第1行显示"输入温度下限"，在第2行显示"参考值10以上"的提示信息，当然根据不同的植物可以设置相应的下限温度值，只需要比正常下限值稍微高点即可实现低温提前预警和调控。

然后在第4行显示"输完按*键确认"的提示信息，延时0.5秒后完成(见图7)。这里已经是一个功能完成程序结束，下面的程序需要按键才能执行，则在等待的并行末尾需要放置"返回"。

(七)设置温度上限程序

设置温度上限子程序是实现设置温度范围的上限值，该部分程序放置在星号键"*"程序里面，也就是确认温度下限输入完成后接上(见图9右)。在输完下限值后在第1行显示"输入温度上限"，在第2行显示"参考值30以下"的提示信息，同样根据不同的植物可以设置相应的上限温度值，只需要比正常上限值稍微低点即可实现高温提前预警和调控。

(八)数字键盘程序

数字键盘程序是需要输入数字时执行的功能程序(见图9左上)。当程序执行到提示输入温度下限时，则根据提示按下相应的数字键，如"10"。

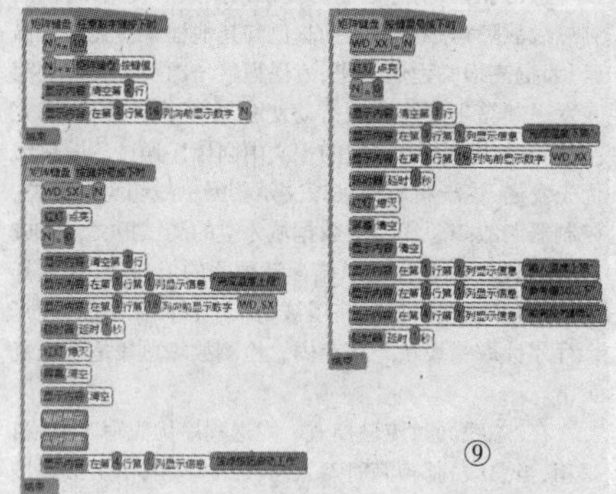

当矩阵键盘检测到有数字键按下时，先将临时变量N乘以10再赋给N，再将当前按下的按键键值加上刚才的变量N，再将此时的N再转赋给新的N，再在第2行从第16列向前显示，再循环检测重新执行。

因为第一个键值前N是0，如果没有第二个键值，则N*10=N，相当于十位为0，再N+"键值"=N，则只有个位为当前键值；如果有第2个键值，则第一个键值变为N*10=N，这时的N是第一个键值乘以10再赋给新的N，则相当于十位是上一个键值，再加上第二个当前键值，一起赋给新的N，则最后这个N的值就是前键值的十位加上第二个键值的个位(见图11)。

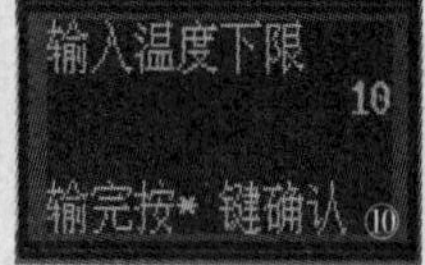

⑩

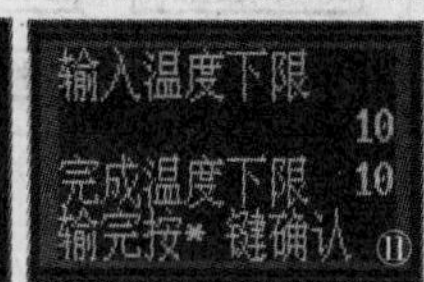

⑪

(九)星号键"*"程序

星号键程序是为了确认刚才输入的温度下限值(见图9右)。当矩阵键盘的星号键"*"按下时，相应的程序为先将刚才输入的键值N赋给新的变量"WD_XX"，即是把临时变量N收集的温度下限值转入给"温度下限"("WD_XX")这个变量，同时点亮红灯，并将临时变量N置为零，以备后面输入温度上限用。然后清空"显示内容"模块第3行，再在第3行显示"完成温度下限"的信息，同时将"WD_XX"变量中设置的温度下限值在第3行第16列向前显示出来(见图11)，延时1秒再熄灭红灯。

在此程序里面接着进行设置温度上限的工作，先清空屏幕和"显示内容"模块，并在第1行第1列显示"输入温度上限"，在第2行第1列显示"参考值30以下"，在第4行第1列显示"输入按#号键确认"的提示信息，并延时显示1秒(见图12)。

此时通过键盘数字键输入温度上限值，如30，则程序同前面数字键输入时执行一样，将第一次输入的键值乘以10加上第二次输入的键值一起作为温度上限值赋给新的N，并显示出来(见图13)。

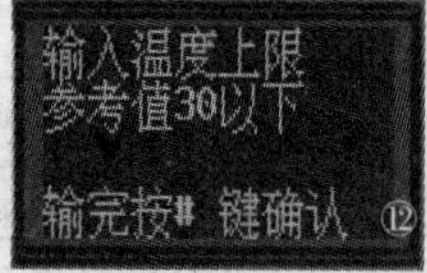

⑫

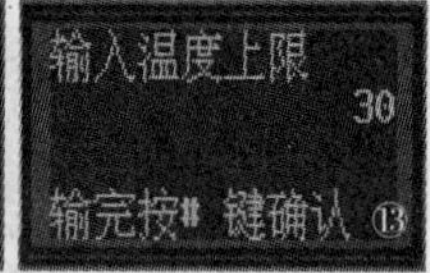

⑬

(十)井号键"#"程序

井号键程序是为了确认刚才输入的温度上限值(见图9左下)。当矩阵键盘的井号键"#"按下时，相应的程序为先将刚才输入的键值N赋给新的变量"WD_SX"，即是把临时变量收集的温度上限值转入给"温度上限"("WD_SX")这个变量，同时点亮红灯，并将临时变量N置0，以备后用。然后清空"显示内容"模块第3行，再在第3行显示"完成温度上限"的信息，同时将"WD_SX"变量中设置的温度上限值在第3行第16列向前显示出来(见图14)，延时显示1秒后结束，同时熄灭红灯。

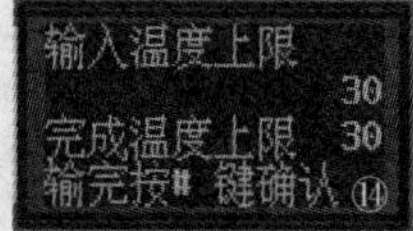

⑭

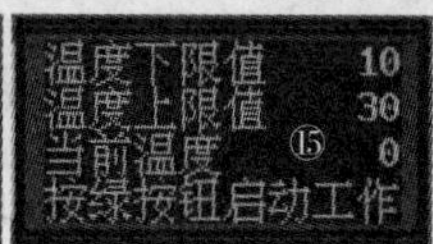

⑮

此时需要提示按"绿按钮"进入工作模式，所以需要清空屏幕和"显示内容"模块，并在第4行显示"按绿按钮启动工作"(见图15)。因为是在设置环节完成需要进入工作模式，则系统默认实时显示当前温度和设置的温度范围，则先执行常规显示子程序和实时温度两个子程序即可，这也是采用子程序实现灵活相同功能调用的好处。

(十一)工作模式子程序

当设置好温度的下限和上限范围并按绿按钮进入工作模式后，此时系统进入工作模式进行实时检测及调控。

工作模式中主要反复执行工作状态子程序，并监测系统复位按钮"红按钮"是否按下，如果"红按钮"按下，则执行系统服务程序，并"返回"(见图16右上)。

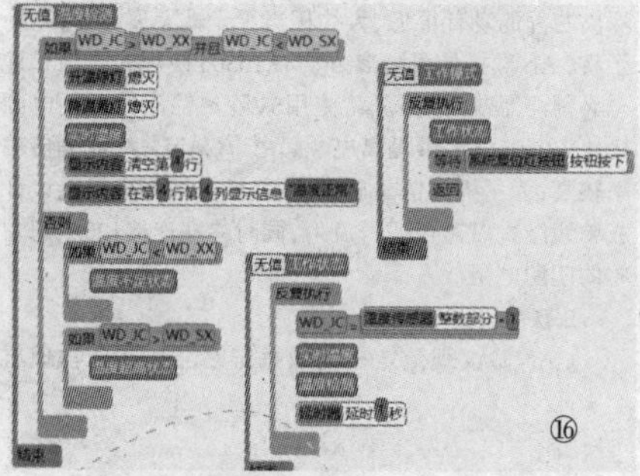

(十二)工作状态程序

工作状态子程序主要是检测显示实时温度并执行"温度检测"子程序，因为温度传感器是从-10到+43的温度检测范围，且显示为整数和小数部分，我们这里只需要整数部分即可，所以做将温度传感器检测的数据整数部分赋给温度检测变量"WD_JC"。然后顺序执行实时温度子程序显示实时温度，再顺序执行温度检测子程序进行实时温度检测(见图16右下)。

(未完待续)(下转第596页)

◇西南科技大学城市学院(鼎利学院)：陈丹、马兴茹

指导老师：刘光乾

编辑：余 寒 投稿邮箱：dzbnew@163.com

注册电气工程师知识点及解答提示

110kV及以下变配电站所控制、测量、继电保护及自动装置(三)

(紧接上期本版)

无时限电流和电压速断→P740【表15-41】

带时限电流和电压速断→P740【表15-42】

平行线路横差电流方向→P741【表15-43】

平行线路带低压闭锁横差电流方向→P743【表15-44】

计算实例(三段电流保护)→P744【15.11.4】

4.1.10 交流操作继电保护

保护接线→P764【15.14.1】

整定计算(电流互感器一次计算电流/最大允许励磁电流/过电流倍数/二次线圈电势)→P766【15.14.2】、【式15-23】~【式15-30】

4.1.11 保护装置动作配合

配合要求→P767【15.15.1】

电流配合(配合系数)→P767【15.15.2】、【式15-31】、【式15-32】

继电保护配合计算实例→P771【15.15.6】

绘制过电流保护装置动作时限配合曲线→P771【例1】

熔断器与熔断器保护配合→P771【例2】

4.1.12 保护用电流互感器

选择原则,按10%误差曲线校验步骤→P776【15.16.1】,【15.16.2】

允许误差计算→P777【15.16.3】

一次电流倍数计算→P777【式15-33】、【式15-34】~P778【式15-38】

二次负荷计算公式→P778【表15-55】、【式15-39】

连接导线最小截面、互感器二次电流最大倍数计算→P781【式15-40】、【式15-41】

4.1.13 小接地电流电网中接地电容电流计算及补偿

电缆电容电流计算(含估算)→P782【式15-42】、【式15-43】,P783【式15-47】

架空线路电容电流计算(含估算)→P783左上第3、5行、→P783【式15-46】

同步电动机定子线圈单相接地电容电流计算(凸极、隐极)→P783【式15-44】、【式15-45】

补偿原则和方法→P783【15.17.2】

4.1.14 同步电动机短路比及失步时定子电流倍数估算

短路比计算式→P792【式附15-1】

不饱和纵轴同步电抗、纵轴同步电抗标幺值计算→P792【式附15-2】、【式附15-3】

失步时定子电流倍数估算→P792【式附15-4】、P793【式附15-5】

4.2 变电所二次接线

4.2.1 电气测量与电能计量

常用测量与计量仪表接线图→P861【17.3.2】

电流互感器二次侧容量、实际负荷计算→P869右下、P870右上

二、真题及解答提示

1. 2017年下午第7、8题

某新建110/10kV变电站设有两台主变,110kV采用内桥接线方式,10kV采用单母线分段接线方式。

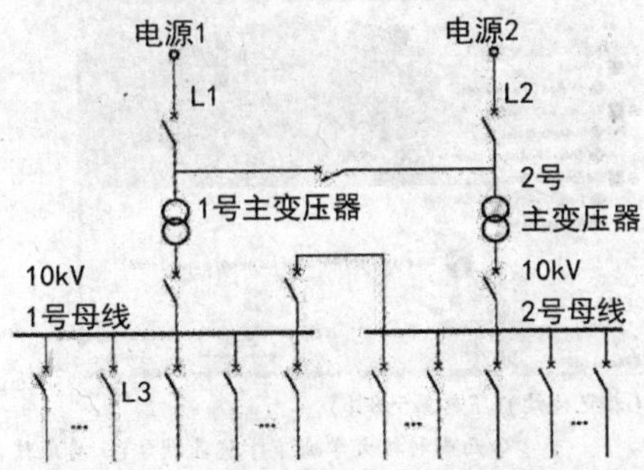

110kV进线及10kV母线均分别运行,系统接线如图所示。电源1最大运行方式下三相短路电流为25kA,最小运行方式下三相短路电流为20kA;电源2容量为无限大,电源进线L_1和L_2均采用110kV架空线路,变电站基本情况如下:

(1)主变压器参数如下:

容量:50000kVA;电压比:110±8×1.25%/10.5kV;

短路阻抗:U_k=12%;空载电流为I_0=1%;

接线组别:YN,d11;变压器允许长期过载1.3倍。

(2)每回110kV电源架空线路长度约40km;导线采用LGJ-300/25,单位电抗取0.4Ω/km。

(3)10kV馈电线路均为电缆出线,单位电抗为0.1Ω/km。

请回答下列问题,并列出解答过程。

题7. 假定本站10kV1#母线的最大运行方式下三相短路电流为23kA,最小运行方式下三相短路电流为20kA,由母线馈出一回线路L3为下级10kV配电站配电。线路长度为8km,采用无时限电流速断保护,电流互感器变比为300/1A,接线方式如下图所示,请计算保护装置的动作电流及灵敏系数应为下列哪项数值(可靠系数为1.3)

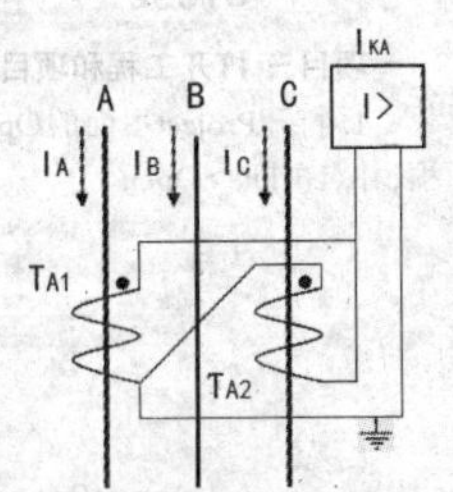

(A)2.47kA,2.34

(B)4.28kA,2.34

(C)24.7A,2.7

(D)42.78A,2.34

答案:[D]

解答提示:根据关键词“10kV线路”“保护装置”“无时限电流速断”“动作电流”“灵敏系数”,从“知识点索引”查得,根据《工业与民用供配电设计手册(第四版)》P550【7.3.3】、【表7.3-2】求解,表中计算动作电流公式中用到的是“最大运行方式下线路末端三相短路电流”,故需要将母线最大运行方式下三相短路电流及电缆的阻抗求出线路末端的三相短路电流,用到P284式4.6-12。还需要注意的是,灵敏度计算公式中用的是“二相”短路电流,而已知是三相,须乘0.866。

题8. 若10kV母线最大三相短路电流为20kA,主变高压侧主保护用电流互感器(安装于变压器高压套管出)的变比为300/1A,请选择电流互感器最低准确等级应为下列哪项(可靠系数取2.0)

(A)5P10 (B)5P15 (C)5P20 (D)10P20

答案:[B]

解答提示:根据关键词“主保护用电流互感器”“最低准确等级”,从“知识点索引”查得,“钢上”P777【15.16.3】,按【式15-34】计算得到一次电流倍数,结合“配四”P603【7.7.1.4】中【4)】。

2. 2016年上午第20题

某企业新建110/35/10kV变电所,设2台SSZ11-50000/110的变压器,U_{k12}%=10.5,U_{k13}%=17,U_{k23}%=6.5,容量比为100/50/100,短路电流计算系统如图所示。第一电源的最大短路容量S_{1max}=4630MVA,最小短路容量S_{1min}=1120MVA;第二电源的最大短路容量S_{2max}=3630MVA,最小短路容量S_{2min}=1310MVA。110kV线路的阻抗为0.4Ω/m。各元件有效电阻值较小,不予考虑。请回答下列问题:

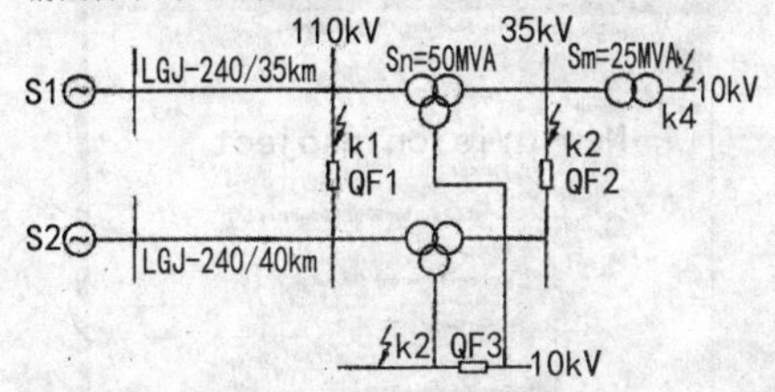

题20. 假设变压器S_{π}高压侧装设电压起动的带时限过电流保护,110kV侧电流互感器变比为300/5,电压互感器变比为110000/100,电流互感器和电流继电器接线图如下图所示,则保护装置的动作电流和动作电压为下列哪组数值(运行中可能出现的最低工组电压取变压器高压侧母线额定电压的0.5倍)?

(A)5.25A,41.7V (B)6.17A,36.2V (C)6.7A,33.4V (D)7.41A,49V

答案:[B]

解答提示:根据关键词“变压器高压侧”“带时限过电流保护”“保护装置的动作电流和动作电压”,从“知识点索引”查得,根据《工业与民用供配电设计手册(第四版)》P520【7.2.3】、【表7.2-3】求解。注意“配四”与“配三”中电流继电器返回系数不同0.9/0.85。

3. 2014年下午第11~15题

有一台10kV、2500kW的异步电动机,cosφ=0.8,效率为0.92,起动电流倍数为6.5,本回路三相Y接线电流互感器变比为300/5,容量为30VA,该电流互感器与微机保护装置之间的控制电缆采用KVV-4×2.4mm²,10kV系统接入无限大电源系统,电动机机端短路容量为100MVA(最小运行方式)、150MVA(最大运行方式),继电保护采用微机型电动机成套保护装置。请回答下列问题。(所有保护的动作、制动电流均为二次侧的)

题11. 该异步电动机的差动保护中比率制动差动保护的最小动作电流计算值为下列哪一项?

(A)0.48~0.96A (B)0.65~1.31A (C)1.13~2.26A (D)39.2~78.4A

答案:[B]

解答提示:根据关键词“异步电动机”“差动保护”“比率制动差动保护”“动作电流”,从“知识点索引”查得,根据《工业与民用供配电设计手册(第四版)》P585【式7.6-1】即可求得。

题12. 如果该电动机差动保护的差动电流为电动机额定电流的5倍,计算差动保护的制动电流应为下列哪一项?(比率制动系数取0.35)

(A)9.34A (B)28A (C)46.7A (D)2801.6A

答案:[C]

解答提示:根据关键词“电动机差动保护”“制动电流”,从“知识点索引”查得,根据《工业与民用供配电设计手册(第四版)》P585【式7.6-2】即可求得。

题13. 如果该电动机差动速断电流为电动机额定电流的3倍,计算差动保护的差动速断动作电流及灵敏系数应为下列哪一项?

(A)7.22A,12.3 (B)9.81A,8.1 (C)13.1A,9.1 (D)16.3A,5.6

答案:[B]

解答提示:根据关键词“电动机差动速断”“差动速断动作电流”“灵敏系数”,从“知识点索引”查得,根据《工业与民用供配电设计手册(第四版)》P585【4】及【式7.6-4】即可求得。

题14. 如果该微机保护装置的连接电阻与接触电阻之和为0.55Ω,忽略电抗,计算电流互感器至微机保护装置电缆的允许长度为下列哪一项?(铜导线电阻率0.0184Ω·mm²/m)

(A)52m (B)74m (C)88m (D)163m

答案:[C]

解答提示:根据关键词“连接电阻与接触电阻”“电缆的允许长度”,从“知识点索引”查得,根据《工业与民用供配电设计手册(第四版)》P748【式8.3-1】~【式8.3-3】,及电阻计算公式即可求得。

题15. 计算电动机电流速断保护的动作电流及灵敏度系数为下列哪一项?(可靠系数取1.2)

(A)20.4A,2.3 (B)23.5A,3.4 (C)25.5A,3.1 (D)31.4A,2.5

答案:[C]

解答提示:根据关键词“电动机电流速断保护”,从“知识点索引”查得,根据《工业与民用供配电设计手册(第四版)》P584【表7.6-2】,按表中“电流速断保护”对应公式计算,两相短路电流计算时应用平均电压、0.866。

(全文完)

◇江苏 陈洁

教学Keil C51软件安装及STC89C52单片机实训平台的应用详解(二)

(紧接上期本版)

项目二 注册

1. 以管理员身份运行已经安装好的Keil uVision4的桌面快捷图标：

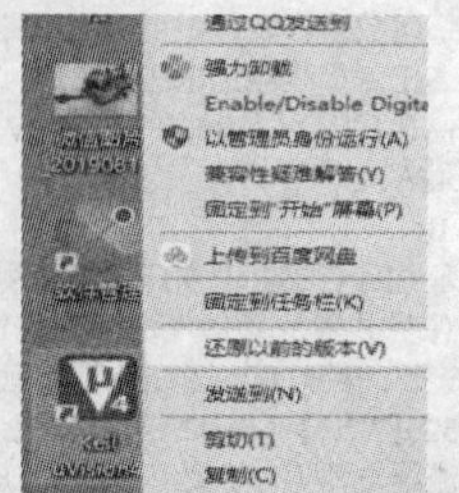

2. 阅读注册说明，在打开的软件里面点击File > License Management：

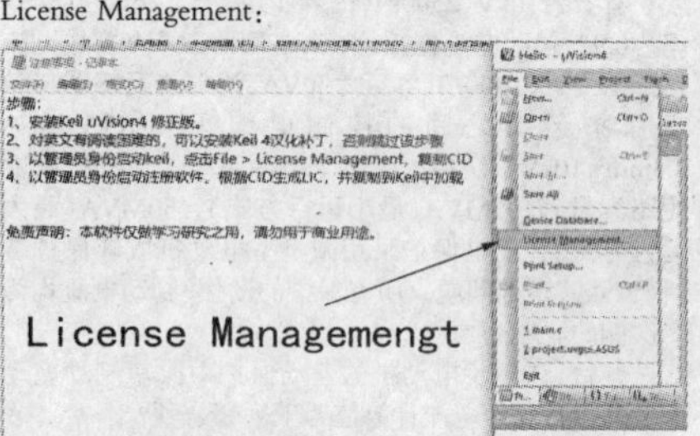

3. 复制生成的CID内容：

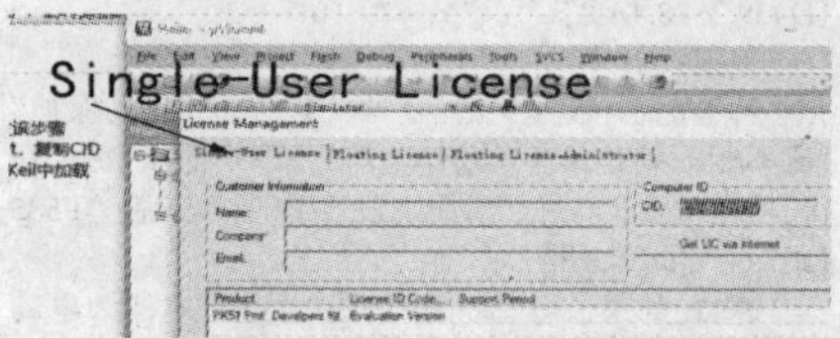

4. 解压注册补丁文件，并以管理员身份运行KEIL_Lic注册机文件：

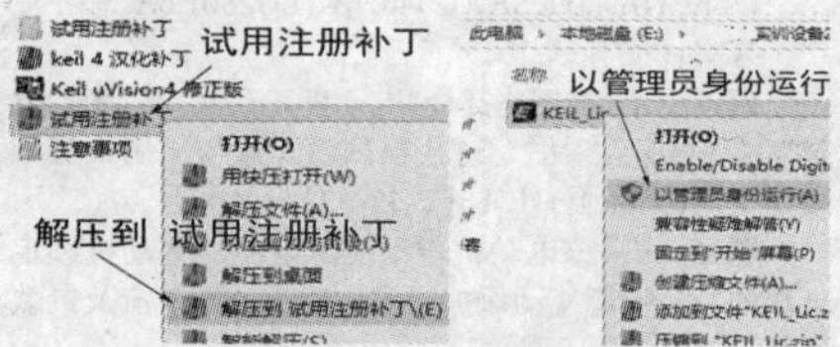

5. 在启动的注册机里面，将复制的CID内容粘贴在对应的CID框内，并点击Generate按钮。

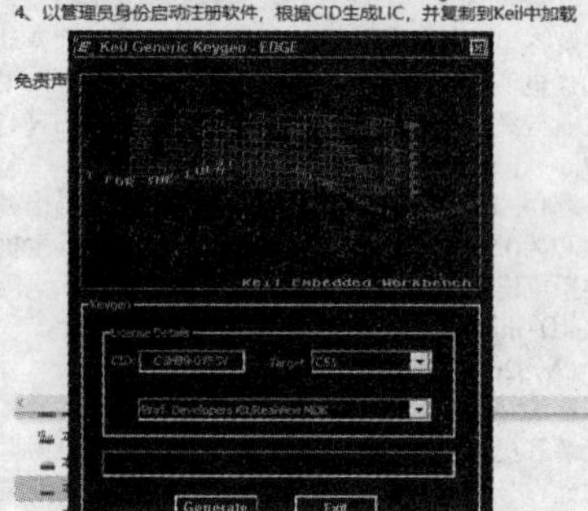

6. 复制生成的LIC内容：

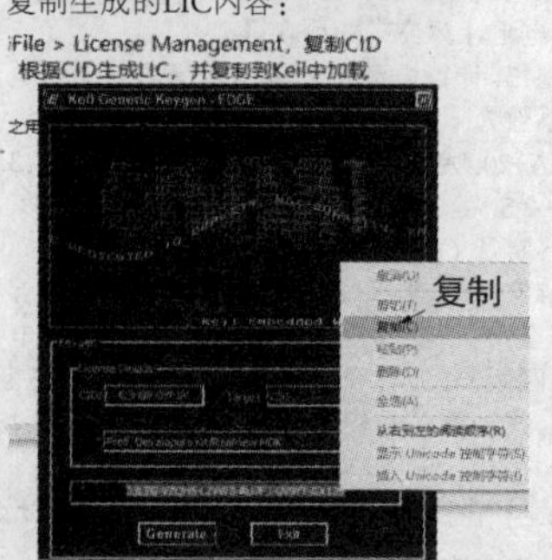

7. 将复制的LIC内容粘贴在Keil软件打开的License Management对话框的LIC框中，关闭。

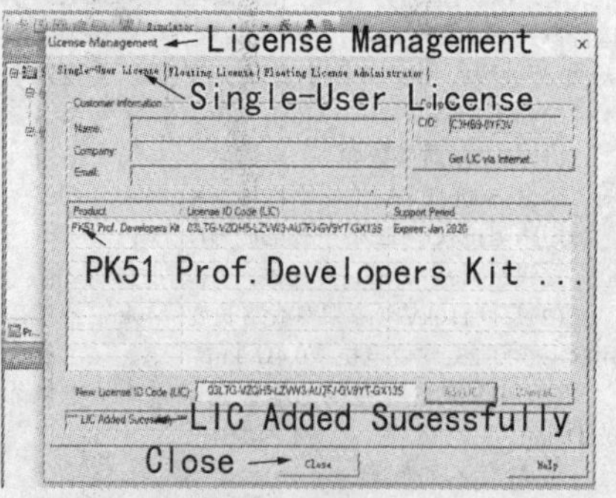

项目三 打开工程和项目文件

1. 打开Project里面的Open Project，则打开一个工程，并点击File>Open。

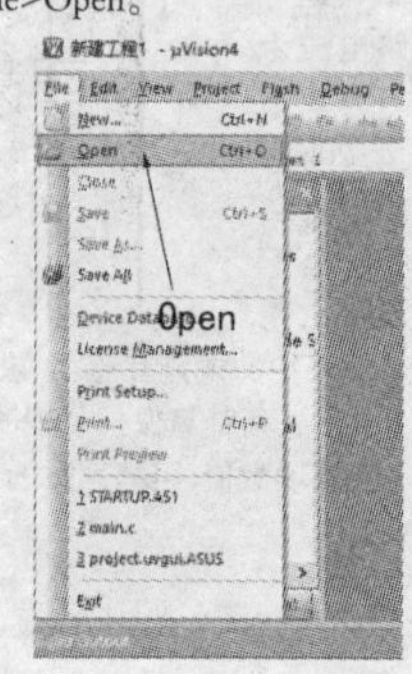

2. 选择要打开项目文件main.c所在的位置。

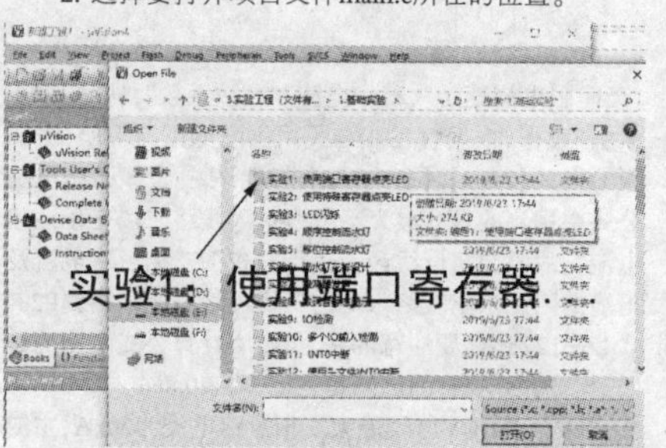

3. 打开项目文件main.c文件，即可进行编辑和编译。

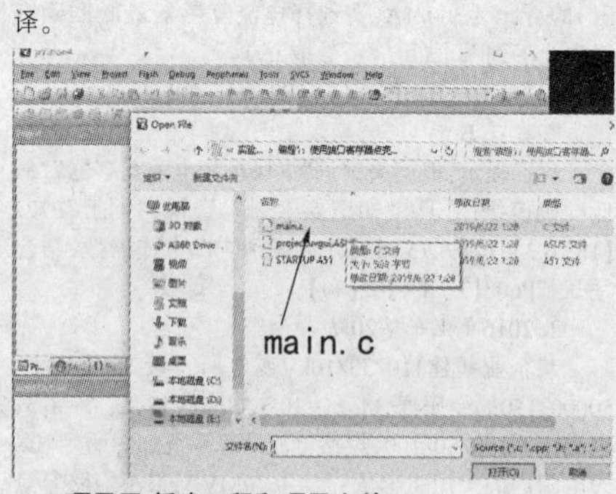

项目四 新建工程和项目文件

1. 点击Project>New uVision Project。

2. 在弹出的保存工程文件对话框里面，设置保存位置和工程名字，默认文件后缀名为：.Uvpro。

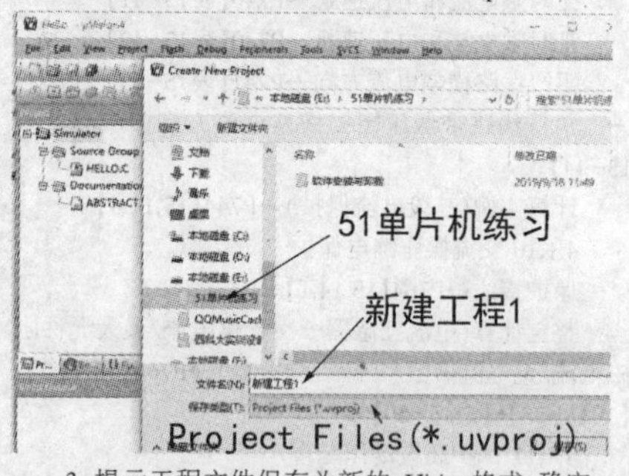

3. 提示工程文件保存为新的uVision格式，确定。

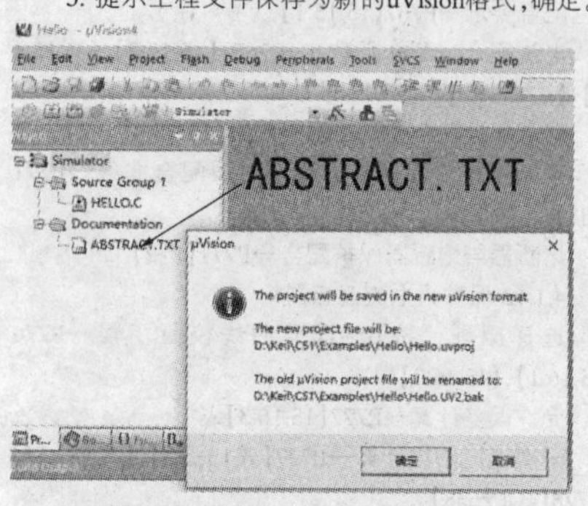

4. 设置对应单片机型号，这里选Atmel>AT89S52或者AT89C52，确定。

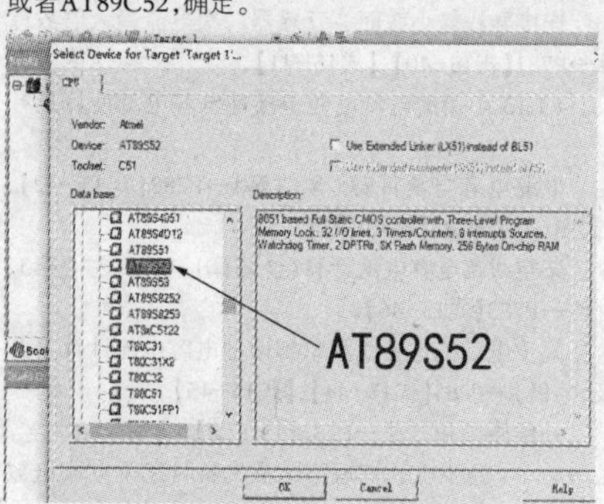

5. 是否添加标准8051代码到项目，选是。

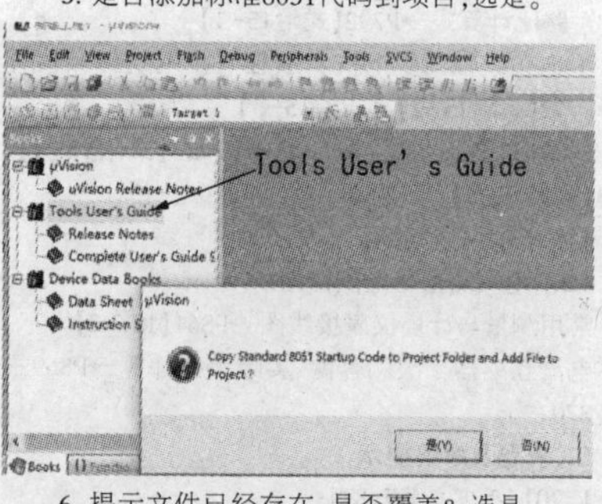

6. 提示文件已经存在，是否覆盖？选是：

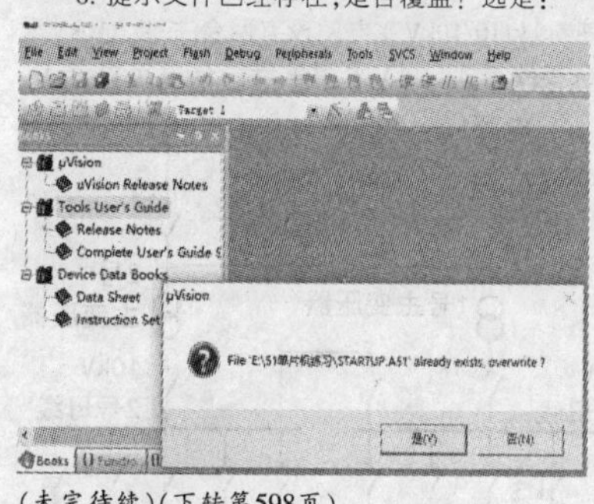

(未完待续)(下转第598页)

◇西南科技大学城市学院鼎利学院 刘光乾

户户通卫星接收机维修5例

1. 卓异ZY-5518A-CA01E户户通接收机无视频输出。由于前面板显示和声音输出均正常，估计视频通道有问题。该机视频通道实物如图1所示，工作原理见图2所示，主要由低成本的单通道4阶标清视频滤波驱动器FMS6141组成。U1（GK6105S）输出的视频信号经匹配电阻R30和隔直电容C1后送至U9（FMS6141）第3脚，经内部放大后再经限流及匹配电阻R65送至RCA插座。通电测量发现U9第3、4脚电压均为0V，第5脚VCC为正常的5V。R30一端有0.43V电压，说明U1有视频信号输出，看来问题出在U9身上，断电后测量U9第4脚对阻值为0Ω，明显内部已短路，更换U9后测量FMS6141第3脚为1.43V，第4脚为0.43V，接上电视图像正常。FMS6141损坏大多是带电插拔莲花插头引起的，本机因为有视频滤波FMS6141的“牺牲”而保护了主芯片，而对于那些没有视频滤波芯片的机器来说通常都是主芯片损坏而导致无法修复。

①

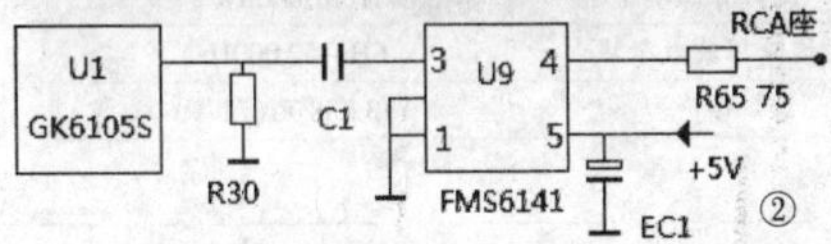

②

2. 科海KH-2008D-CA02户户通接收机输出音量很小。接上笔者自己的音箱发现声音确实小，估计音频放大部分有毛病。目测该机音频放大部分使用的芯片是U2（C4558），测量其第8脚供电端无电压。跑线发现电源板输出15V电压经场效应管Q23（D3SUB，由Q24控制）的D、S极及R113送至运放C4558第8脚，正常情况下主芯片送来的控制信号使Q24（HH-FY）导通，进而使Q23导通，Q23导通后15V电压便能送给C4558使之正常工作。通电发现Q24已导通而Q23未导通，怀疑场效应管Q23已损坏。由于手中没有类似的场效应管更换，观察PCB板发现标识R356焊盘为空，而该焊盘刚好用于连接Q23的D、S极，用焊锡将两个焊点短路后声音恢复正常，如图3所示。Q23和Q24估计用于广播控制，即机器工作在广播方式时切断U2供电。本机只是用来收看电视，所以直接短路焊点没有不良影响。

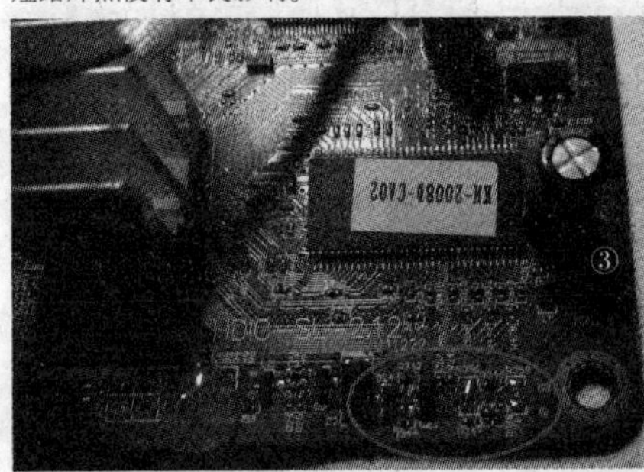

③

3. 科海海旋风KH-2008-CA02D4户户通接收机开机花屏。机主描述先前是偶尔不开机或收看几小时后画面停顿，现在故障变成开机即花屏，如图4所示。考虑到主芯片HD3601虚焊会导致各种古怪故障，所以笔者直接给HD3601重做BGA，没想到故障依旧。根据维修经验可知花屏或画面停顿一般与RAM有关，因为对MPEG码流进行解码时需要RAM来暂存数据。RAM正常工作的提前就是主供电2.5V、REF和VTT（REF和VTT均为主供电一半）电压正常，测量3.3V经M7二极管降压得到的2.5V正常，REF及VTT电压由2.5V经RM25（1K）和RM26（1K）分压再经CM409滤波获得，测量CM409两端电压为0.81V，与正常1.25V相关较大，测量RM25和RM26阻值正常，怀疑U401（ESMT M13S2561616A-ST）有问题，于是从料板上拆下华邦W9425G6HX-5装上，如图5所示，开机并长时间观察均正常，故障排除。

④

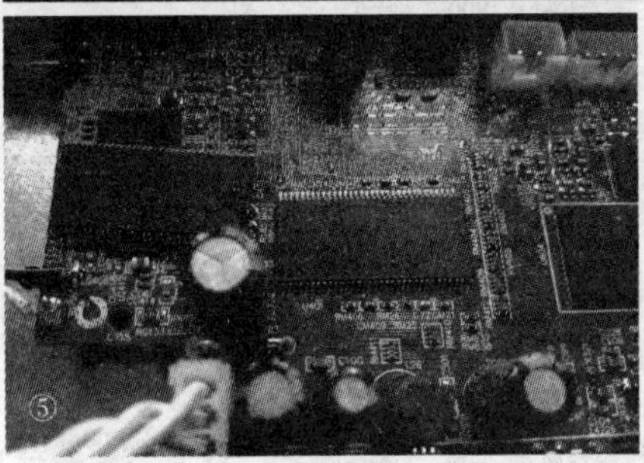

⑤

4. 科海KH-2008D-CA02户户通接收机通电无任何反应。拆机测量电源板5V输出正常，主板上3.3V、2.5V及1.2V三组二级供电也正常，由于主芯片打胶导致整机通电无反应是科海户户通接收机的通病，所以笔者马上给U604（HD3601）除胶并重植锡，通电开机还是如此。因担心重做BGA没有弄好，又重做三次还是如此，怀疑主芯片HD3601已损坏，用手触摸发现温度并不高，无意中碰到U4（25Q64）发现温度很高，如图6所示，原来问题出在存储器身上。观察机器STB号发现是2016年第41周产品，查找资料发现这一时期HD3601对应的固件是15E版本，从料板上拆块25Q64并写好15E固件装上，如图7所示，开机一切正常。

⑥

⑦

5. 思达柯RK-YF2005-CA10户户通接收机收不到右旋节目。根据维修经验，采用S8550极化切换电路收不到右旋节目大多是S8550击穿所致，可检查本机发现Q1（8550）正常，只好绘出电路原理图来具体分析，如图8所示，接收右旋节目时U604（HD3601）送来低电平信号使QM4截止，导致Q1也截止，电源板送来的20V电压因Q1截止而无法送往LNB，15V经DT03和DA3被送往LNB；接收左旋节目时U604（HD3601）送来高电平信号使QM4导通，导致Q1也导通，电源板送来的20V电压因Q1导通而送往LNB，DT03和DA3因负极高于正极而截止。通电后将接收机调到接收右旋节目方式下测量Q1发射极为19.9V，基极为19.2V，说明Q1已导通，将Q1基极从电路中断开发现收到右旋节目，估计QM4软击穿，如图9所示，更换后故障排除。

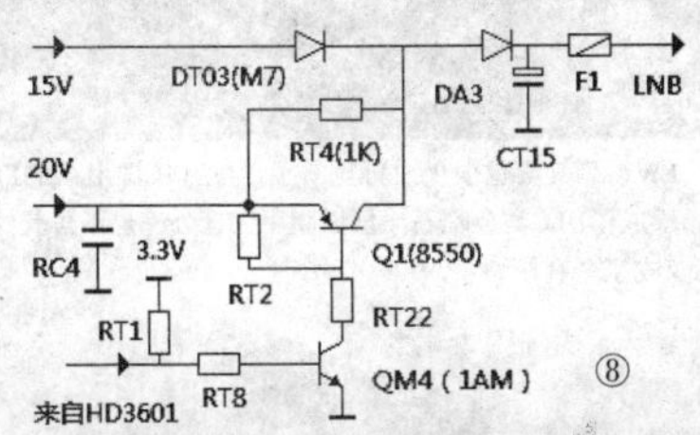

⑧

⑨

◇安徽 陈晓军

工信部：携号转网，中国广电为可转网运营商

今年11月11日，工信部为加强携号转网服务管理，提升行业服务质量，不断增强人民群众的获得感，根据《中华人民共和国电信条例》《电信服务规范》及相关法规和规章，制定并发布了《携号转网服务管理规定》。

《携号转网服务管理规定》工信部网站通知截图

在《携号转网服务管理规定》工信部网站通知开头，工信部此次印发通知的对象明确提到了“中国广播电视网络有限公司”，说明在携号转网这件事上，中国广电也会参与其中。

最近，在ICTC、四川电视节、规划院技术交流会等各个活动上，最显而易见的是中国广电的身影越来越多，而所讲的内容越来越重磅，更多详细内容可关注我们公众号查看历史消息。

最直观的一点是中国广电5G的建设在朝着良性的方向前进着，此次工信部的文件似乎回应了之前的猜测——中国广电进入移动通信业已是板上钉钉的事了。

从目前种种迹象看来，中国广电进入移动通信最大的好处就是获取移动端的优势，在当前人手最少一部手机的时代，如果放弃移动端，等于是自掘坟墓了。

尤其是中国移动手中有着大量内容的优势，与其做管道传输，不如自己做平台，用流量绑定内容，在海量内容的攻势下，没有谁不愿意去办一张广电的卡，或者说没有谁在乎是移动还是广电，因为需要；然后衍生出的增值业务，就更好开展了，比如融媒体APP、宽带套餐等等。

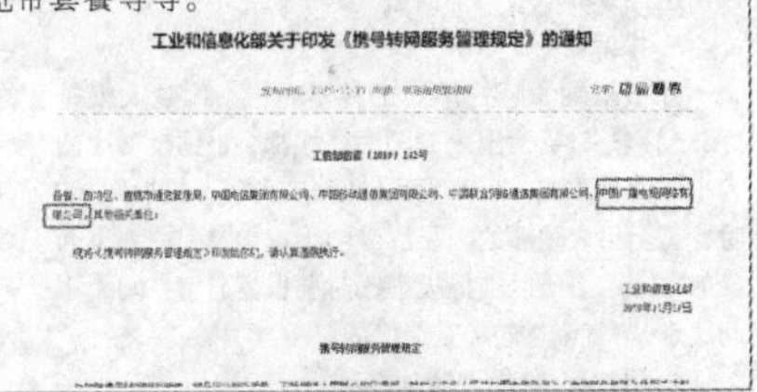

工业和信息化部关于印发《携号转网服务管理规定》的通知

JVC发布新一代旗舰木振膜耳机HA-FW1800

自10年前第一代木振膜耳机发售以来，JVC旗下的WOOD系列一直秉持"原音探究"的理念，不断探索力求打造高品质木质耳机，为用户带来感动的声音。而最新发售的突破性木振膜十周年旗舰纪念机型HA-FW10000，该机型因其细腻的音质表现和温润优美的声音受到广大发烧友的高度评价。

FW系列其实也很久没再更新了，年初JVC推出新的FD系列，改成了DLC类金刚石涂层振膜单元，外壳也不再是木头的，变成了全金属。

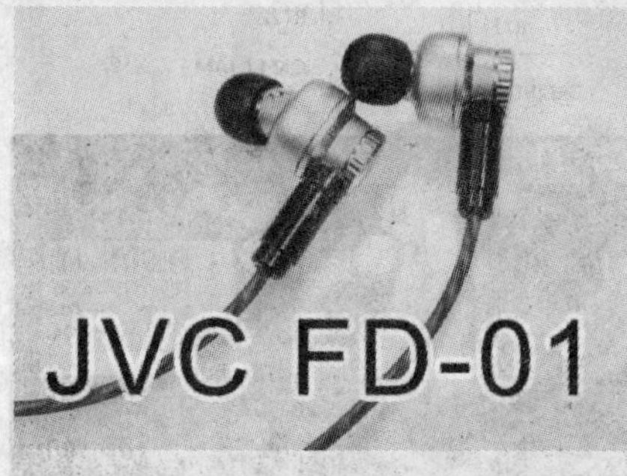

不过本次的新品HA-FW1800融合了HA-FW10000的高音质技术木质球顶驱动单元设计，将原始音质进行调整，着重于优质的低频和清晰的高频表现开发，再现丰富的细节和卓越的自然音效。外观方面，HA-FW1800采用黑色木纹及玫瑰金饰面外壳的高档外观设计。

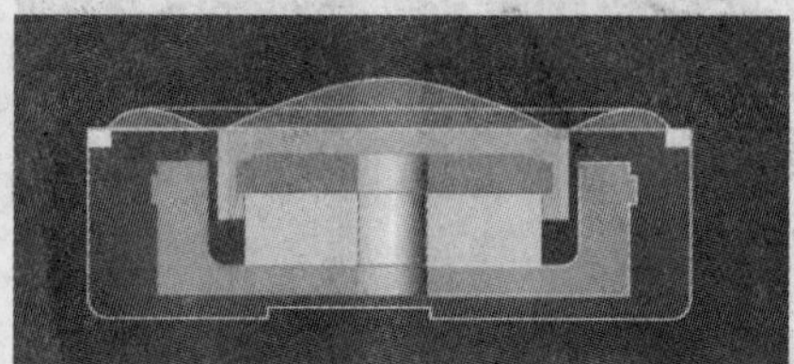

HA-FW1800主要特点

1. 采用木质球顶碳质振膜。

JVC特有的桦木薄膜加工技术，超薄的振膜增加了声音的传播速度，同时降低了由于振动带来的衰减。木质球顶和有碳涂层的PET振膜组合，使得振膜外周部分有适度的柔韧性，振膜中心的球顶可以维持高强度。

2. 采用声音净化器。

在耳机导声障板扩散杂音的点状结构中配置了声音净化器，优化点状布局及尺寸，提高分辨率，实现自然声音的扩散，使音色清晰通透。

3. 动圈单元部分。

JVC为HA-FW10000设计了全新的单元，同许多其它高端耳塞一样采用不同材料混合的膜片。高音球顶部分以桦木制成仅50μm厚的薄片，外圈则采用碳素涂层的PET材料，振膜总直径11mm。单元外壳使用强度出色并拥有良好声学性能的钛合金制造，内置Accrete空气阻尼提升振膜运动的精度，并采用了磁性更强的CCAW轻质音圈，配合阿波和纸与丝绸制作的吸音材料，频响范围达到了6-52000Hz，令人对其音质表现有着较高的期待。

4. L/R完全分离的高级耳机线。

从耳机本体到插头的L/R都是完全独立的结构，可以改善分离度，提高空间表现力。此外，耳机线采用了改进的高级芯线，使声音更加丰富细致。

5. 螺旋凹点+(SpiralDot+plus)硅胶耳塞。

耳机用了SMP-iFit材料的螺旋凹点+(plus版本)耳塞，佩戴舒适贴合皮肤。设于耳塞听筒内壁的凹点能有效解决声波扩散及反射引起的音质劣化，控制听筒内反射及扩散引发的浊音，带来纯净之声的享受。

HA-FW1800规格参数	
驱动单元	Φ11mm轻量级木质球顶碳材料振膜
	不锈钢驱动单元盒
	自动调节空气式阻尼器
导声管	声音净化器
耳仓	镀铬、黄铜
吸音材料	丝绸
耳机线	采用丝绸的MMCX可脱L/R完全分离的沟槽式耳机线
插头	Φ3.5mm高品质厚镀金插头
耳塞	螺旋凹点(Plus)耳塞
出力音压水平	103Db/1mW
播放周波数带域	6Hz-52,000Hz
售价	¥13,888元(预售)

教你如何选购智能投影仪

近年来，智能投影凭借高清晰、大画面、真色彩等几大亮点逐渐成为智能家庭娱乐生活中不可或缺的"成员"。随之，如何选购一款优质的投影仪成为广大消费者心中的一大难题。下面笔者整理了一份较为详细的智能投影选购技巧，在购买时我们需要注意什么呢？不妨一起来瞧瞧。

1. 亮度

亮度是智能投影最为关键的一大参数。纵观市场，"亮度虚标"或已成为投影行业的一个惯例。那么作为投影小白应该如何分辨出真实亮度和虚标亮度呢？一般来说，在我们平常生活中最常见的流明分为两种，一种是光源亮度，一种是ANSI流明。

光源亮度，是指投影仪中的激光器、灯泡、LED灯等能为投影机提供的"最原始的发光亮度水平"；另外一种，ANSI流明则是被世界所公认所认可的投影仪流明的国际标准单位。

2. 分辨率

分辨率是除亮度之外，投影仪的第二大重要参数，因为其直接关乎到用户的投影体验。目前市面上的智能投影仪分辨率主要分为三类：4K、1080P和800P。

4K：就现阶段而言，分辨率达到4K的智能投影仪产品还不多见。正所谓一分价钱一分货，拥有4K分辨率的投影仪售价自然也不菲。

1080P：相比4K分辨率，1080P算是当前智能投影仪的主流分辨率，大多数激光投影和旗舰LED投影均采用这一分辨率

3. 投射比

并不是越大越好事实上并不是投射比越大就越好，一般来说，投射出来的画面往往都会根据投射比的大小而发生改变。目前市面上很多宣称可以投射中100吋，甚至更大画面的产品因受限于家中空间的大小而投射"失败"。所以选择投射比时要根据自家空间大小而决定，毕竟合适的才是最好的。

4. 硬件配置(处理器、内存)

目前市面上主流的处理器来自Mstar、MTK和Amlogic这三家，Mstar是规模最大、出货量最多且技术实力最为雄厚的厂商，市面上很多都是搭载了64位Mstar6A938极光芯片；MTK在电视芯片厂商仅次于Mstar；而Amlogic相比于前两者略占下风。

5. 校正功能

支不支持水平垂直45°梯形校正和自动对焦功能，眼下已成为考验一款投影仪是否"灵活"的硬性指标。如果你的房子在装修时并没有预留投影仪的安装位置，那么在选购时就得注意这项功能了，支持上述功能的投影仪在使用上都非常方便，不需要正对墙面，即使是从侧面投屏，画面依然可以调整至方正，且开动后无需手动对焦。

6. 散热系统

众所众知，投影仪在使用过程中会产生热量，这些热量如果不能及时散出去，就会造成投影仪温度过高，并对投影仪内部元器件产生影响，轻则降低使用寿命，重则直接损坏。所以，一款投影仪的散热系统好不好，也是至关重要。

7. 灯泡寿命

灯泡是投影仪内部的一个重要器件，目前市面上投影仪标准的灯泡寿命分为两种模式，一种是正常模式，一般都在3000-4000小时；另一种是ECO模式(节能模式)，在这种模式下，投影画面的亮度会降低，以此将寿命延长至最高6000小时。

8. 内容资源

拥有优质、海量资源的投影仪才是一款拥有灵魂的投影仪。在选购投影仪的过程中，除了以上几大方面外，内容资源也同样值得注意。就目前来说，虽然还没有一款投影产品可以囊括腾讯、爱奇艺、搜狐、优酷、芒果TV等所有视频内容，但是我们可以通过应用市场下载沙发管家，爱奇艺、腾讯视频等日常所需软件，满足大家更多的观影需求！

◇江西 谭明裕

给家用音响安装无线蓝牙接收功能

随着互联网技术的不断发展，手机音源信号已成为取之不尽、用之不竭的音乐源泉，很多人有用耳机聆听音乐的习惯。那么，我们如何把手机音乐信号接入家用音响系统，来达到大音量大空间欣赏音乐的目的，通过实验方法并不复杂，如果不追求Hi—Fi的效果，用作一般听听音质也过得去。首先，手机必须具备蓝牙设置功能。在网上花费十几元钱，购买一块由深圳天士凯电子有限公司生产的MP3蓝牙解码音频接收器专用模块，该小板经实际试用，价廉物美，效果较好。据其资料介绍，它的解码集成芯片支持蓝牙4.1，支持自动回连功能，支持WAV+APE+FLAC+MP3无损解码，立体声输出，板子体积仅3厘米乘3厘米。连接极其简单，仅需准备一副带有3.5毫米插头的双声道音频信号线和一个手机充电器。该板电源USB接口可用5V手机充电器直接供电，亦可以用板中予留的焊接点外接3.7V—5V锂电池供电。当使用USB接口时，听完后应关掉充电器接线板电源或拔出充电器电源插头，以避免USB接口频繁插拔而过早损坏。音频输出有标准3.5mm插座，插座和左、右声道线路是连通的，即输出信号完全一致。用带有3.5毫米插头的双声道音频信号线，一端直接插入解码板3.5毫米立体声声频接口插座，另一端RCA插头可驳接音响功率放大器AUX线路端子或其它线路输入端子。

解码板连接好与功放机之间的音频信号线、接通电源之后，蓝色指示灯亮起，进入蓝牙模式，等待与手机配对。开启手机蓝牙设置，点击手机蓝牙链接，当手机蓝牙搜索到解码板"XY-BT"设备名称之后，手机显示已配对，音响会发出两声"叮咚"声，手机提示已连接到媒体音频，有的手机则直接显示已连接，说明解码板与手机连接成功，即可以播放音乐。由于蓝牙是一种讯号强度很低的无线传输技术，所以其覆盖范围和传输距离一般不会大于10米。

使用时，由于功放机输入灵敏度不同，若觉得音量偏小，必要时加装前置放大器。

◇浙江 方继坤

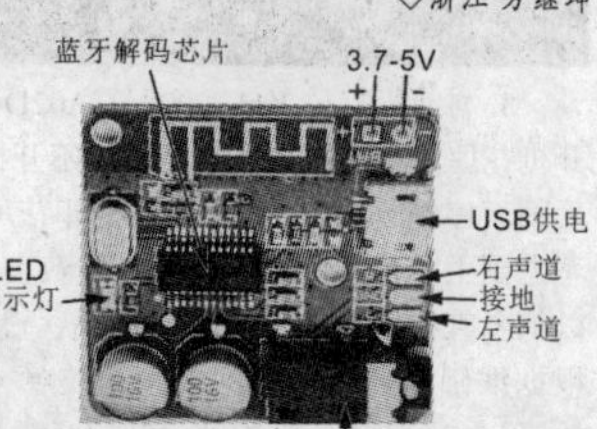

TD

2019年12月15日出版
实用性 启发性 资料性 信息性
第50期
(总第2039期)
国内统一刊号:CN51-0091 定价:1.50元 邮局订阅代号:61-75
地址:(610041)成都市武侯区一环路南三段24号节能大厦4楼 网址:http://www.netdzb.com
让每篇文章都对读者有用

爱立信联合中国移动发布一系列面向5G和未来网络的新产品和解决方案

近日,在第二届中国国际进口博览会期间,爱立信联合中国移动共同举办了《中国移动-爱立信5G+新技术新产品发布会》,会上双方联合发布了一系列面向5G和未来网络的新产品和方案。

5G NR 4.9GHz室内皮站解决方案

5G相对传统技术的一个重要区别点就在于对垂直行业等特殊场景的支持,特别是中国移动正在大力实施5G+计划,积极拓展行业应用。而对于许多垂直行业场景,5G网络要求有两大特点,一是对上行速率性能要求高(AR、视频监控等),二是对时延要求更加严格。在目前中国移动的5G部署频段中,4.9GHz频段可以用更加灵活的上下行配比满足对上行速率和时延更高的要求。因此,4.9GHz的设备对于中国移动5G在行业应用上的重要性不言而喻。同时,工业制造等大量5G行业应用的场景又多发生在室内环境,如厂房内的生产线或仓库。这就需要包括室内皮站在内的丰富的覆盖解决方案。

爱立信此次和中国移动研究院联合发布全球首款4.9GHz新型室分产品——4.9GHz 5G NR DOT。作为一款多次获得设计大奖的业界明星产品,"5G点"系统继承了家族的产品架构和一贯的紧凑、轻巧设计,安装方便,部署灵活。

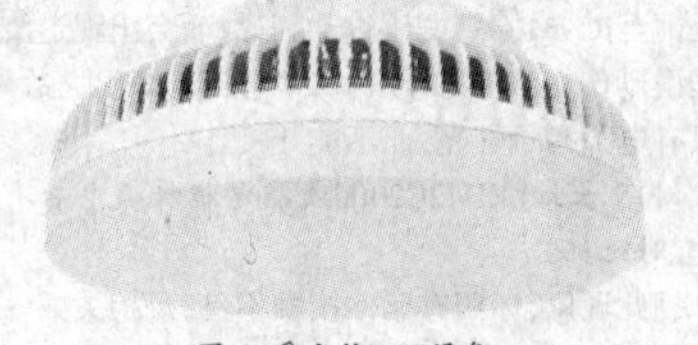

图一 爱立信DOT设备

中国移动研究院首席专家刘光毅和爱立信网络事业部室内产品线总裁黄吉莹、副总裁Thomas Rörgren共同发布了该产品。

5G云原生边缘云联合研究成果及POC

5G SA核心网络基于SBA架构、云原生技术及分布式云架构,可以支持高可靠和低时延要求的行业场景,使得移动网络的应用场景大大扩展。与此同时,这些应用也给移动网络提出了低成本、业务灵活性和网络快速实施的要求。

爱立信和中国移动研究院合作,共同发布了5G云原生边缘云联合研究成果。从云原生技术和边缘云面对未来发展的机遇和挑战出发,探讨了云原生边缘云及企业专网对该技术的期望、服务框架设计、对三方应用服务的支持形式,以及未来的应用场景规划。

面向小型行业应用要求,爱立信和中国移动研究院联合试验了基于云原生的MEC及5GC技术方案。边缘云方案的硬件只需要体积为4英寸*4英寸的NUC硬件,可以实现UPF下沉加行业应用下沉,快速部署,简单应用等更适合边缘云需求的解决方案。

5G SA一体化硬件方案只需一台通用x86服务器。该一体化方案体积小,便于移动,适合多场景需求及企业私有网络部署等。

中国移动研究院网络与IT所所长段晓东和爱立信中国移动全国业务部CTO陈明共同发布了该产品。

5G智慧网络联合研究成果及POC

随着网络技术的发展,人们期待着网络变得更加有"智慧"以更深刻地赋能社会。另一方面,网络复杂性的增加也需要网络自身的运营变得更加有"智慧"。

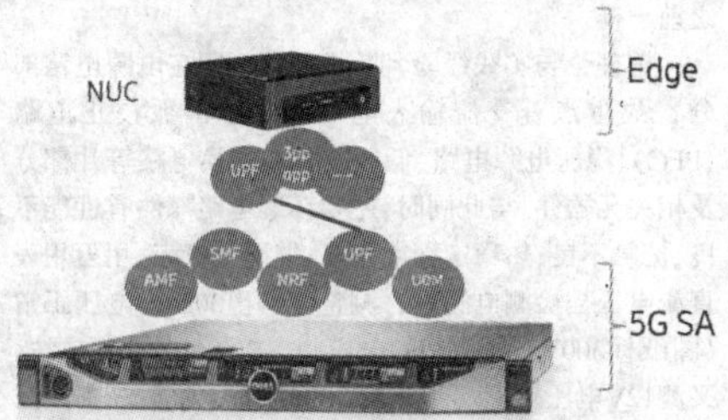

图二 5G云原生边缘云架构及设备

爱立信和中国移动研究院一起联合发布了第一版智慧网络联合研究成果。从网络发展带来的机遇与挑战出发,探讨了零接触(Zero-Touch)网络的愿景,智能及其实现的基本原则,智慧网络架构的设计思路和挑战,及智慧网络的应用场景及示例等。

为了探索智慧网络的智慧概念,爱立信和中国移动研究院共同开展了基于机器学习的智能寻呼项目,利用机器智能有效减少网络寻呼信令及相关资源消耗;研究5G核心网中的新功能实体NWDAF(网络数据分析功能)及应用案例。

中国移动研究院网络与IT所所长段晓东和爱立信中国移动全国业务部CTO陈明共同发布了该产品。

◇爱立信中国(本文原载第49期2版)

电子科技博物馆专栏

编前语:或许,当我们使用电子产品时,都没有人记得或知道老一批电子科技工作者们是经过了怎样的努力才奠定了当今时代的小型甚至微型的诸多电子产品及家电;或许,当我们拿起手机上网、看新闻、打游戏、发微信朋友圈时,也没有人记得是乔布斯等人让手机体积变小、功能变强大;或许,有一天我们的子孙后代只知道电子科技的进步而遗忘了老一辈电子科技工作者的艰辛……

成都电子科技大学博物馆旨在以电子发展历史上有代表性的物品为载体,记录推动电子科技发展特别是中国电子科技发展的重要人物和事件。目前,电子科技博物馆已与102家行业内企事业单位建立了联系,征集到藏品12000余件,展出1000余件,旨在以"见人见物见精神"的陈展方式,弘扬科学精神,提升公民科学素养。

推荐藏品

Apple Lisa-1:全球第一台图形界面个人电脑

技术的快速变革让许多曾经红极一时的电子产品湮没在时代的长河中,哪怕它们陪伴你走过了人生中许多重要的岁月,但回头来看,似乎也很难在自己的回忆里为它们保留小小空间。本期笔者特整理此文,一起和大家回顾曾影响苹果走向的苹果Lisa-1电脑。

Apple Lisa是苹果公司于1983年推出的一款具有划时代意义的电脑,它特别之处是世界上首款将图形用户界面(GUI)和鼠标结合起来的个人电脑,与早期计算机使用的命令行界面相比,Apple Lisa采用的图形用户界面更易于接受,减轻使用者的认知负担,操作也更人性化,并且能进一步优化产品的性能。这对于当时铺天盖地全是使用DOS系统的人来说,Apple Lisa很华丽、很前卫。只不过遗憾的是,由于苹果没有考虑大众对电脑消费的承受能力,导致不少企业用户更倾向于采购价格相对低廉的IBM PC机,另外操作系统的复杂性也让Lisa运行十分缓慢,更重要的是由于苹果独断专行没有遵循当时标准以及缺少独立软件开发者,使得它对市场上的任何软件都不能兼容,因此Apple Lisa于1986年8月正式退出历史舞台。

资料显示,在苹果发布Lisa同年的11月,微软正式发布了Windows 1.0,从此Windows的图形界面王朝开始拉开序幕。可以说正是苹果这种创新精神,使得图形用户界面和鼠标结合起来的个人电脑成为一种趋势,并推动了个人计算机发展,从这点上来看,苹果的Apple Lisa对于个人计算机的发展起了深远影响。

◇明亮(本文原载第48期2版)

电子科技博物馆"我与电子科技或产品"

本栏目欢迎您讲述科技产品故事,科技人物故事,稿件一旦采用,稿费从优,且将在电子科技博物馆官网发布。欢迎积极赐稿!

电子科技博物馆藏品持续征集:实物;文件、书籍与资料;图像照片、影音资料。包括但不限于下列领域:各类通信设备及其系统;各类雷达、天线设备及系统;各类电子元器件、材料及相关设备;各类电子测量仪器;各类广播电视、设备及系统;各类计算机、软件及系统等。

电子科技博物馆开放时间:每周一至周五9:00--17:00,16:30停止入馆。

联系方式

联系人:任老师 联系电话/传真:028--61831002

电子邮箱:bwg@uestc.edu.cn 网址:http://www.museum.uestc.edu.cn/

地址:(611731)成都市高新区(西区)西源大道2006号

电子科技大学清水河校区图书馆报告厅附楼

彩电维修笔记(三)

(紧接上期本版)

例4 长虹LT3788液晶电视机通电无反应，指示灯不亮

该电视机收看三载后，一天开机黑屏，再通电无反应，指示灯不亮。据此，开机壳先直观检查，重点查背面的独立电源板，查相关电气连线、关联元器件未见掉线、碰线、松动、变色、烧毁、裂迹等异常现象。故此将电路板单独取下再仔细对易损件、可疑件一一检查。当查到桥式整流堆时，发现其300V直流输出正极端有松动感，细查此焊点微开裂，至此找到故障点。此焊点因受高温环境热胀冷缩所致，重焊好此焊点，开机试验，彩电恢复正常，故障排除。

例5 海尔L42A11—AK液晶彩电刚开机屏闪

该机开机屏闪大约3~5分钟后才能正常工作，如不关机，可一直能坚持正常收看，如关机后再开机故障同之前一样。

据理论与实践经验判断，估计问题在电源电路部分，故重点查交流输入电路、功率因数校正电路(PFC)、稳压电源电路、低压差直流变换电路等几部分及相关元器件。与此同时，还要怀疑电路部件有性能不良、接触不良、热稳定性变差等。继而开机壳，用万用表直流电压挡检测电源板，测整流输出302.6V电压正常(图纸标300V)，再测PFC电压也是302.6V，显然异常。又测12V电压输出端刚开机为8V左右，尔后渐渐地升至11.2V时，机子才能正常工作。故判故障在PFC电路及相关部件。查得该机PFC振荡电路为L6562D，因电路在几分钟后能工作，其内局部损坏的可能性较小，故此先查其外围元件，尤其易损件(电解电容、限流电阻等)。继而仔细检查，静态在线测量，当查到L6562D的⑧脚外接电容C44(47uF/25V)，发现该电容表面颜色异常，随焊下用欧姆挡测量得知，其容量变小。试更换一支47uF/25V优质电容后，试机一切正常。

例6 康佳LED42MS11DC液晶彩电开机屏闪一下后黑屏，指示灯一直显绿色

据此现象，判断电源电路基本正常，重点检查背光灯驱动电路及相关易损件、可疑部件。该机采用KIP+L110E02C2(-01)型电源板，即采用部件是：FAN7530+FSGM300N+FSFR1700组合方案，提供+5.1V/4.0A和12.2V/4.0A电压，为主板和二合一板的LED背光控制部分供电，同时，还提供+146V/0.24A电压，为LED背光驱动部分供电。开机壳，通电在路检查各关键电压输出点，顺线测输出到主板的5.29V正常，PS—ON(3.2V)也正常。再查主板上4只三端稳压器输入与输出电压，分别为N803输入3.31V、输出1.56V；N804输入5.3V、输出2.5V；N805输入5.3V、输出3.3V；N807输入5.3V、输出3.3V均属正常。静态下，进一步再查二合一板，未见烧损、变色、焊点异常等现象。当查至背光板插座的CH11时，发现一线点已脱焊，重补焊后，开机一切正常。

例7 夏华LC—32V25液晶开机黑屏无音，红指示灯亮

开机试之，红指示灯亮，用遥控器遥控开机，蓝灯亮一下马上又变成红灯，正常是遥控开机红灯熄灭，蓝灯应该常亮，且黑屏，无图也无伴音。故此开机壳，用动态电压测量法检查，查主板电源电路，各输入输出电压，测其插座X504的①脚14.29V，②脚0V；X506的①、②、③、④脚为24V；再测X505的①脚2.8V、③脚5V、⑦脚14.29V，其中X505的①脚电压有点可疑。为速查到故障点，再静态关机检查，经一一细查为X505的①脚虚焊所致。经补焊后开机一切正常。

例8 海信TLM3233D液晶彩电开机偶尔屏闪了一下黑屏

据此现象，重点查电源电路部分，及背光灯驱动电路部分，还要重点查相关高压高温部件、高电压、大电流阻容件，以及可疑元件等。开机壳，查主板电源部分未发现异常现象，继而检查背光灯升压板(也称背光灯高压板、背光板驱动板，简称背光灯板)。因背光灯升压板是将直流电压变换为高频高压交流电压，这与开关电源板的作用刚好"相逆"。其作用是根据背光灯管之要求，将+24V(少数为+18V、+12V)电源变换升压为高频高压脉冲，提供给液晶屏组件上的CCFL背光灯管，点亮背光灯管，照亮液晶屏，使眼睛即能看到液晶屏显示的彩色图像。进一步检查背光灯板上的易损件及可疑部件，当查至升压变压器(共3只)时果然发现，其中2只烧坏(表面有烧损的裂迹)，型号为：4301H—729009(CD)。全部换同规格新变压器，检查无误后，通电试机，一切正常。

备注：估计原背光变压器质量欠佳，其内漆包线绝缘层性能下降，自然损坏所致。

例9 海信TLM32E29液晶电视机收看中突然冒烟，并伴有焦糊味

据用户描述知悉，先开机壳直观检查，重点查看电源板，即高压、高温易损件部分。据理论得知，该电源由220VAC消干扰、副电源电路及开/待机控制、PFC电路、小信号电路供电电源、背光灯升压单元电路组成。经查故障源为高压S板上两只管子(Q201、Q204)表面局部发黑烧焦，在路又仔细测量c-e、b-c、b-e，均已击穿短路。而M电路板大功率部件的位置也烘烤变色发黄，为防绝缘板漏电，故同时更换了左、右S、M板后，再细查无误后试机，一切正常，故障排除。

例10 长虹LED32B3060S液晶彩电开机蓝灯亮黑屏，无伴音

蓝灯亮，说明电源电路正常，且CPU已经执行开机命令，重点检查背光系统、图/声信号通道及控制信号。查各部分电路相关电源输入、输出电压及信号和波形，开机壳动态测量电源板各路电压值，电源12V正常，再测主板5V、3.3V均正常。再查背光灯升压板是否正常工作，经验得知：可直接测量灯管输出口表面的感应电压，正常时可感应到交流信号波形，可用示波器探头靠近高压变压器，将示波器的接地夹接地，屏可显示正弦波形，即交流波形。也可用万用表置于交流电压挡，表笔触到背光灯升压板的输出接口表面绝缘体，约有25VAC感应电压，说明升压板工作正常；否则说明背光灯升压板工作异常。继而再查系统控制部分，检查主板上的CPU(或主芯片)有开机电压，问题在那里呢？几经周折，百思不得其解，偶尔想到：电脑黑屏故障有时系内存条不良引起。故而受启发，考虑是否是该机主信号电路的存储器不良？系数据程序存储器，型号为2SQ64—FS161339。试换后，果然开机一切正常。

例11 TCL—L40910FBEG液晶电视机无法正常开机且异响

开机后机内电路板上的继电器产生"咔哒、咔哒"异常声，且屏一闪即灭，如此反复。

开机壳，静态观察，主机电路板继电器、可疑部件等未见开路、碰线、接触不良等异常现象。继而动态测量电源板关键输出电压，3.3V正常，但24V、12V输出端伴随继电器之咔哒声忽高忽低。再查二次开机端ON/OFF有3.3V~0.5V波动电压，故怀疑该机的二次开机异常。为保证正常安全收看，并经用户同意，暂采用应急处理，具体方法是：试用2.7KΩ~3.3KΩ/1/4W金属膜电阻联接3.3V至ON/OFF端，电视即可正常。估计主芯片CPU执行关联电路稳定性变差。经应急处理虽不能待机，但能正常收看节目及使用电视其它功能，免去更换主板减轻用户负担，机主满意，半年之后询访，机子一切正常。

例12 TCL—LCD32B66L液晶彩电黑屏有伴音

黑屏有伴音，说明主机电源电路及供电电路、伴音电路均正常，重点检查主机高压板相关电路。故开机壳首先查电源板相关各路电压，测得各输出端直流电压24V、12V，均正常。再测高压板启动电压3.2V也正常，解除过压和过流的接点，试机故障依旧，故怀疑灯管或高压板有问题。试更换同机型、同规格高压板后，电视恢复正常，故障排除。

例13 创维牌32E330E液晶电视机一个喇叭有声

这是一台用超级平板图像处理器(主芯片：RTD2648)、D类数字功率放大器(TPA3110D2，2X15W)为核心的创维牌32E330E液晶电视机。用户使用中，突然声音异常，系一个喇叭有声，即一个声道有伴音，但图像正常。

据此故障现象涉及范围较小，检修较简单，重点查伴音功放电路及参与伴音处理的相关元器件或扬声器。开机壳后，静态下，先从终端两路扬声器开始查起。用万用表1Ω挡测扬声器电阻，均有"咯啦"声，说明扬声器是好的。顺藤摸瓜，继而往前查，发现扬声器CN601插件有松动感，再用RX10Ω挡测线阻异常，可能内接触不良，故重插接插件后，试机，故障排除。

例14 飞利浦32PFL340/93液晶电视机不开机，电源指示灯亮

电源灯亮，又不能开机，据理论原理与实践经验得知，其因一般是+12V、+24V电源开关稳压电路工作异常。从该机型中电源板元件实物组装知悉，电源电路由IC931(TNY277)和IC951(L6599D)两部分开关稳压电源电路组成。故重点检查以IC951(L6599D)为主组成的电路，L6599D为绿色芯片与Q951、Q952等组成+24V、+12V直流电压电路，为升压板与主板供电。开机壳，静态检查与其相关的怀疑部件、易损件、限流电阻等，在路测量Q951(2SK4097LS)、Q952(2SK4097LS)高、低端开关管(场效应管)各极间正、反向电阻均正常。再细查看，发现一电阻表面变色，标号为R965(0.33Ω)，系电源限流保护电阻。焊下一端测量该电阻阻值变大接近300KΩ。再检查其它元件未见异常后。将其换新，故障排除。

小结：查线路得知，R965串在Q952源极与地之间起过流保护作用。当阻值变大或变质失效时，其端压升高反馈至IC951⑥脚电压也升高，故而会出现过流保护功能误动作，致使+24V、+12V电压无输出之故障，造成只有电源指示灯亮，而不能开机。

例15 长虹LED42C2000液晶电视机通电后有时正常，有时死机

据此现象，怀疑有元件接触不良，及相关部件稳定性减弱、变差等。此时，开机壳，首先查电源板交流输入端过压保护件的熔断器(3.15A)正常，继而，怀疑机内的副电源电路工作异常；经查整流滤波和电源开关管无异常；再查看电源主要元器件时，发现线路滤波器(FLP101)左边的引脚脱焊。将其引脚重焊后，故障消失，电视恢复正常。

例16 康佳LC32HS62B开机无光无声，绿灯闪烁

开机壳，动态测量+12.2V输出电压，在4.2V左右摆动，断开负载(即小心拔掉电源板与主板之间的供电接插件)再测+12.2V输出电压，在11.52V左右抖动，由此说明，故障在电源电路。测NW901(FSQ0465)各脚电压，发现③脚电压在9.1V左右摆动，故怀疑是③脚外围关联元件影响所致。又仔细反复检查，确认是由于RW909内开路造成，试更换后，故障排除。

例17 创维46E300D机使用中出现三无，电源指示灯也不亮

据此，毫无疑问故障在电源电路。开壳后检测电源保险管(F9901—FUSE)已烧断，说明电源电路中有严重的短路现象存在。因保险管烧断，故怀疑与保险管串联的负温度系数热敏电阻(NR9901)也烧断，检查后果然如此。进一步检查两个压敏电阻RV9901和RV9902均正常，再查桥堆BD9901(KBJ1008G—FU)，也正常。接着查PFC开关管Q9801即场效应管(TK13A60D)，用RX10Ω挡测量，发现其内部D—S已击穿。将上述损坏元件全部换新后，试机，故障排除。

(未完待续)(下转第602页)

◇山东 张振友 贺方利

戏说PM2.5(续)

(紧接上期本版)

4.无需买太贵的。空气净化器结构并不复杂,主要部件就是一个外壳、一台电风扇,外加一张HEPA过滤网、一张活性炭过滤网、一张冷触媒过滤网。其他的附加功能,如臭氧、负离子、紫外线等,基本上属可有可无,PM2.5显示、换网提示、定时等功能也无多大实用价值。淘宝网上有一种档次高一点多功能空气净化器,售价竟高达数千元,在笔者看来,这个价格对普通消费者而言实在没有多大实际意义,与四、五百元的相比,作用也没有多大不同。一般情况下,大气中的主要污染物就是微型颗粒物和甲醛,因此,对空气净化器的选择,只要上述两种污染物的去除效果良好就可以了。几年前,笔者女儿从淘宝网上花了200元买了一台纸壳空气净化器,里面就是一台涡轮风机、一张HEPA过滤网,除霾效果也很好。当然,空气净化器除了购买外,简易型的也完全可以自制。

简易型空气净化器的制作。自制简易型空气净化器,最省事的做法是:从淘宝网上买一张尺寸合适带边框的HEPA过滤网(大概20元~30元),用绳子捆绑在鸿运扇的进风面上,便大功告成。

制作完毕的简易型空气净化器外形见图10,这种空气净化器的最大优点是出风口在前方。因此,纵是室内密闭性很差,人们也可以呼吸到从正面直接吹过来的净化后的空气。在此需要重复强调的是:自制简易空气净化器,同样须要注意风扇电机的选择。

四、空气净化器的使用注意事项

1.由于空气净化器空气循环的特点所决定,空气净化器的布置最好做到每室一台。家中只装一台大功率的空气净化器,无法较好地净化所有房间的空气,所以,一室一台是最好的选择,这样做,室内空气净化不光相对彻底,而且也最省电。

2.空气净化器应摆放在上风向。受室外风向、风速等因素的影响,室内的空气也在不断地自行流动,尽管有时人们觉察不到。根据清华大学早年的实验结果,在密闭的居室内,空气完全自行更新一次的时间约为一小时。因此,空气净化器摆放在室内的上风向,才能更好地发挥作用。

3.空气净化应做到与通风换气兼顾。空气净化器采用的是循环净化方式,因此使用中必须关闭门窗,若门窗关闭太严,虽对空气净化有利,但室内的二氧化碳浓度也会不断增加,所以在使用空气净化器时,必须考虑到空气净化与通风换气兼顾。

4.安装过滤网时应注意顺序。新买的空气净化器,过滤网多数情况下不会预装,需要用户自己动手。安装时,一要注意除去过滤网上的塑料包装,二要注意过滤网的安装顺序。一般是初效过滤网安在最外,往里依次是HEPA过滤网、活性炭过滤网、最后是冷触媒过滤网。如上所述,HEPA过滤网分前后面,不能装反,否则空气净化效果会大打折扣。没有初效过滤网的,应自行加装。初效过滤网又称粗过滤网,最常见的是无纺布初效过滤网(如图11所示)。省去初效过滤网,HEPA过滤网的使用寿命会缩短很多。

5.空气净化器的启闭应以室内空气污染物的实测结果为依据。这因为,大气污染物的分布并不均匀,大气污染情况随风向、风速、降水、污染源的距离等因素的变化而不断变化,因此,当地大气污染的情况很难做到与官方预报的一致,有时甚至会相差很远,故空气净化器启闭的依据只能是家中空气质量的实测值。如今市场上售价1000元以上的空气净化器自身多带档次相对高一点的PM2.5显示器,这种显示器采用的是激光检测,读数相对可靠一些。500元以下的产品,使用的多是低档次的红外线检测,读数误差太大,基本无参考价值。只有另购合适的PM2.5检测仪(霾表),以便正确地使用空气净化器。

6.霾表的选购与使用。在此只简单介绍激光检测类霾表的选购与使用。这种霾表,按功能分可分为两类:一类是单功能霾表、另一类是多功能霾表。单功能霾表,仅能检测空气中PM10、PM2.5、PM1.0等微型颗粒物的含量。多功能霾表,除了具备上述功能外,还能检测空气中的甲醛、二氧化碳、温度、湿度等多项指标。自然,单功能霾表与多功能霾表的相比,售价也相差很大,单功能霾表一般在250元~350元之间,多功能霾表一般为500元以上。作为普通家庭而言,购买霾表,也无需要求功能太多,具有PM2.5(霾)和甲醛两种检测功能就差不多了,有条件的再加上二氧化碳检测功能更好。

有人可能看过2017年《消费日报》上报上刊登的一篇题目为《抽检全军覆没,霾表热销全靠忽》的文章。该文章称:国家质检总局对网售霾表进行了抽查,结果非常震惊。在抽查的30个批次的样品中,用两套测试方案进行测试,结果无一合格!这家报纸说的没错。尽管如此,离开这种东西却又实在不行!有了它,使用空气净化器时还总算有个依据;没有它,就只有跟着感觉走了。试想,使用进口名牌激光传感器组装的霾表误差尚达到20%,那些百八十元一只的其他类型的霾表,读数准确的程度还敢问吗?这种类型的霾表,淘宝上常见的品牌有汉王、益杉、岚宝、小米、阿格瑞斯、乐控(美国品牌)等,最为牛气的是汉王。请记住:霾表使用完毕要及时关掉电源,原因是:霾表内部的主传感器使用寿命有限,一般数千小时,多数霾表采用锂离子电池供电,这种电池的使用寿命也不长,充放几百次后就需要换新(附图12为多功能霾表)。

当然,在没有霾表的情况下,通过肉眼逆光对大气透明度的观测,也可大体判断空气中微型颗粒物的含量,但此法需要长时间的实践才能掌握。

7.臭氧及负离子功能最好少用。臭氧由高压放电产生,负离子也由高压放电产生,况且负离子产生过程中也会出现臭氧。臭氧在空气中含量过高则对人的健康有害,在相对密闭的条件下使用此功能,室内臭氧的含量是否合适也实在不易掌握。

8.过滤网的清洗和更换。初效过滤网,可以视情形7天~15天清洗一次;HEPA过滤网,根据空气污染的程度不同,可3个月~12个月换新一次。大金空气净化器称:他们的HEPA过滤网可使用两年,但实际上也无法办到,能用上一年就很不错了。活性炭过滤网和冷触媒过滤网,一般情况下,厂家要求与HEPA过滤网同时更换,在气态污染物浓度不是太高的情况下,可以适当延长更换时间。新过滤网,可由原厂配套,也可从淘宝网上订购,网上订购价格要比原厂配套便宜很多。

HEPA过滤网的清洗。经过激烈的竞争,空气净化器卖高价的日子已基本过去。但有些生产企业又开始打过滤网配套的歪主意,淘宝网上有一个商家,空气净化器卖的不贵,只有300多元,但配套的过滤网要价却相当高,100多元一套。难怪一个买家在产品评价中感叹说:机器卖得确实不贵,就是过滤网用不起,新买来的空气净化器,用不了几个月就提示换网。因此,HEPA过滤网是否能够清洗并再次利用就成了一个值得讨论的问题。

几乎所有的空气净化器生产厂家都称他们的HEPA过滤网是一次性的,不能清洗后再次利用。但实验结果表明,有的HEPA过滤网可以清洗,而且效果还不错。以下是笔者做的大金MC70空气净化器使用的HEPA过滤网(一种玻纤材质无边框、无塑料骨架的HEPA过滤网)的清洗实验:先把用过的HEPA过滤网半展开,进风面朝下、出风面朝上,放在一块平板上,然后用洗浴用的喷淋头不停地往HEPA过滤网上喷自来水,这样就有大量的棕黑色的污水从HEPA过滤网的底部流出,待水变清后,把HEPA过滤网改放在一只平底盆内(注意HEPA过滤网的前面依旧朝下),往盆内加入适量自来水,水面的高度以能够淹没HEPA过滤网为宜,此后再加入适量中性洗涤液,用手指不停地挤压过滤网的二个外侧,使过滤网的皱褶不断地展开、闭合(如附图13所示),以便使污垢脱落并进入洗涤液中。

如此清洗十几分钟后,再用自来水把洗涤液冲洗干净,最后沥水、晾干就可以了。图14为正在使用中HEPA过滤网,图15为清洗过的HEPA过滤网。

注意HEPA过滤网在清洗过程中不能用手搓,以免内部的纤维排列发生改变,洗涤后也不可用手或机器甩干,以免过滤网被拉长,造成回装困难。经测定,三次洗涤后的HEPA过滤网与新网相比,在去除PM2.5的效率上并无明显差异。其他类型的HEPA过滤网,没有做过清洗实验,盼望有条件的人士不妨一试。清洗HEPA过滤网不只是为了省钱,对环保也益处多多。笔者设想,HEPA过滤网若用超声波清洗,效果可能会更好一些。

10.金属栅过滤网的清洗。有的HEPA空气净化器也装有金属栅过滤网,最好半月左右清洗一次。这种过滤网,金属栅部分较容易清洗,难于清洗的是它的塑料支架部分,因为,空气净化器使用时间长了,不光金属栅过滤网上沾满了灰尘,塑料支架部分也沾满了灰尘,而且难以彻底清除。这些灰尘,在降低了塑料支架的绝缘性能的同时,又容易形成高压放电支路,一旦高压放电支路形成,金属栅网上的电压就会急剧下降,吸附灰尘的能力也就会随之下降,所以金属栅过滤网清洗的重点应是与高压通路相邻近的塑料支架部分,尤其是插头、插座等连接件的周围,应用棉签沾清水仔细擦洗。看来,金属栅过滤网,使用一段时间后除尘效果明显变差是一个难以解决的问题,除非把金属栅过滤网的塑料支架改为陶瓷支架。

11.恢复出厂设置。现在的商品空气净化器多数有定时功能,当空气净化器使用一段时间后,换网指示灯点亮,提示更换过滤网。实际上,出现这种现象,只说明厂家设定的换网时间到了,与过滤网的使用寿命与否接近终止并无任何关系,这个时间的长短,不同的生产企业设定各不相同,有的几个月,有的可能长达一、两年。如果此时发现过滤网仍旧可用,那就无需理会它的提示,继续使用。若嫌指示灯老闪、令人心烦,可让空气净化器恢复出厂设置,使计时器清零。恢复出厂设置的方法也因厂家而异,有的在说明书上可以查到,有的需要电话询问,常见的低档空气净化器德沃莱斯TH-138,恢复出厂设置的方法是长按模式键5秒以上。

(全文完)

◇山东 田连华

海尔新型智能电冰箱故障自诊速查(二)

(紧接上期本版)

四、海尔BCD-536WDSS/536WBCM/536WBCV/536WB-CA/536WISS系列智能电冰箱

1. 进入方法

在锁定状态下,同时按住"冷藏调节"、"功能确认"2键,3秒后随着蜂鸣器发出1声提示音,松开手后即可进入自检模式。

2. 故障代码及其原因

海尔BCD-536WDSS/536WBCM/536WBCV/536WISS系列电冰箱的故障代码及其原因如表4所示。

五、海尔BCD-728WDSS/728WDCA/728WICS系列智能电冰箱

1. 进入/察看方法

在锁定状态下,同时按3次"温区选择"键和"速冻"键即可进入自检模式。

进入自检模式后,按锁定键可察看下一个故障代码。

2. 故障代码及其原因

海尔BCD-728WDSS/728WDCA/728WICS系列电冰箱的故障代码及其原因如表5所示。

六、海尔BCD-450WDSD/452WDPF系列智能电冰箱

1. 进入/察看/退出方法

进入:在锁定状态下,按住"冷藏"键的同时,连续点按"智能"键5次,即可进入自检模式。进入自检模式后,通过冷藏室或冷冻室的温区及主板上的单个指示灯显示故障代码。

察看:自检期间,按"解锁"键可循环察看故障代码。

退出:无故障时,自动退出自检模式。

2. 故障代码及其原因

海尔BCD-450WDSD/452WDPF系列电冰箱的故障代码及其原因如表6所示。

(未完待续)(下转第604页) ◇内蒙呼伦贝尔中心台 王明举

表4 海尔BCD-536WDSS/536WBCM/536WBCV/536WISS系列电冰箱故障代码及其原因

故障代码	含义	故障原因
F3	冷藏室温度传感器异常	1)冷藏室温度传感器异常,2)该传感器的阻抗信号/电压信号变换电路异常,3)MCU或存储器异常
F4	冷冻室温度传感器异常	1)冷冻室温度传感器异常,2)该传感器的阻抗信号/电压信号变换电路异常,3)MCU或存储器异常
F2	环境温度传感器异常	1)环境温度传感器异常,2)该传感器的阻抗信号/电压信号变换电路异常,3)MCU或存储器异常
F6	化霜温度传感器异常	1)化霜温度传感器异常,2)该传感器的阻抗信号/电压信号变换电路异常,3)MCU或存储器异常
FC	制冰机传感器异常(536WISS系列)	1)制冰机传感器异常,2)该传感器的阻抗信号/电压信号变换电路异常,3)MCU或存储器异常
E1	冷冻风机异常	1)冷冻风机或其供电电路异常,2)该风机的检测电路(PC电路)异常,3)MCU或存储器异常
E2	冷却风机异常	1)冷却风机或其供电电路异常,2)该风机的检测电路(PC电路)异常,3)MCU或存储器异常
Ed	化霜加热系统异常	1)化霜加热器或其供电电路异常,2)化霜检测电路异常,3)MCU或存储器异常
Er	制冰机异常(536WISS系列)	1)制冰机或其供电电路异常,2)制冰机检测电路异常,3)MCU或存储器异常
Eh	湿度传感器异常	1)湿度传感器异常,2)该传感器的阻抗信号/电压信号变换电路异常,3)MCU或存储器异常
E0	通讯不良	1)MCU与被控电路间的通讯线路异常,2)被控电路异常,3)MCU或存储器异常

表5 海尔BCD-728WDSS/728WDCA/728WICS系列电冰箱故障代码及其原因

序号	故障代码	含义	故障原因
1	00	正常	
2	F2	环境温度传感器异常	1)环境温度传感器异常,2)该传感器的阻抗信号/电压信号变换电路异常,3)MCU或存储器异常
3	F3	冷藏室温度传感器异常	1)冷藏室温度传感器异常,2)该传感器的阻抗信号/电压信号变换电路异常,3)MCU或存储器异常
4	F4	冷冻室温度传感器异常	1)冷冻室温度传感器异常,2)该传感器的阻抗信号/电压信号变换电路异常,3)MCU或存储器异常
5	F6+冷藏温区	冷藏室化霜传感器异常	1)冷藏室化霜传感器异常,2)该传感器的阻抗信号/电压信号变换电路异常,3)MCU或存储器异常
6	F6+冷冻温区	冷冻室化霜传感器异常	1)冷冻室化霜传感器异常,2)该传感器的阻抗信号/电压信号变换电路异常,3)MCU或存储器异常
7	FC	制冰机传感器异常	1)制冰机传感器异常,2)该传感器的阻抗信号/电压信号变换电路异常,3)MCU或存储器异常
8	F5+冷冻温区	左变温室温度传感器异常	1)左变温室温度传感器异常,2)该传感器的阻抗信号/电压信号变换电路异常,3)MCU或存储器异常
9	F5+冷藏温区	右变温室温度传感器异常	1)右变温室温度传感器异常,2)该传感器的阻抗信号/电压信号变换电路异常,3)MCU或存储器异常
10	Eh	湿度传感器异常	1)湿度传感器异常,2)该传感器的阻抗信号/电压信号变换电路异常,3)MCU或存储器异常
11	E0	通讯不良	1)MCU与被控电路间的通讯线路异常,2)被控电路异常,3)MCU或存储器异常
12	E1	冷冻风机异常	1)冷冻风机或其供电电路异常,2)该风机的检测电路(PC电路)异常,3)MCU或存储器异常
13	E2	冷却风机异常	1)冷却风机或其供电电路异常,2)该风机的检测电路(PC电路)异常,3)MCU或存储器异常
14	E6	冷藏风机异常	1)冷藏风机或其供电电路异常,2)该风机的检测电路(PC电路)异常,3)MCU或存储器异常
15	Ed+冷藏温区	冷藏化霜加热系统异常	1)冷藏化霜加热器或其供电电路异常,2)该化霜检测电路异常,3)MCU或存储器异常
16	Ed+冷冻温区	冷冻化霜加热系统异常	1)冷冻化霜加热器或其供电电路异常,2)该化霜检测电路异常,3)MCU或存储器异常
17	Er	制冰机异常	1)制冰机或其供电电路异常,2)制冰机检测电路异常,3)MCU或存储器异常

表6 海尔BCD-450WDSD/452WDPF系列电冰箱故障代码及其原因

序号	故障代码	含义	故障原因
1	F2,主板指示灯闪2次,灭3s,循环显示	环境温度传感器异常	1)环境温度传感器异常,2)该传感器的阻抗信号/电压信号变换电路异常,3)MCU或存储器异常
2	F3,主板指示灯闪3次,灭3s,循环显示	冷藏室温度传感器异常	1)冷藏室温度传感器异常,2)该传感器的阻抗信号/电压信号变换电路异常,3)MCU或存储器异常
3	F4,主板指示灯闪2次,灭3s,循环显示	冷冻室温度传感器异常	1)冷冻室温度传感器异常,2)该传感器的阻抗信号/电压信号变换电路异常,3)MCU或存储器异常
4	F6,主板指示灯闪2次,灭3s,循环显示	冷冻室化霜传感器异常	1)冷冻室化霜传感器异常,2)该传感器的阻抗信号/电压信号变换电路异常,3)MCU或存储器异常
5	E0,主板指示灯长亮	通讯不良	1)MCU与被控电路间的通讯线路异常,2)被控电路异常,3)MCU或存储器异常
6	E1,主板指示灯闪1次,灭6s,循环显示	冷冻风机F FAN异常	1)冷冻风机或其供电电路异常,2)该风机的检测电路(PC电路)异常,3)MCU或存储器异常
7	E2,主板指示灯闪2次,灭6s,循环显示	冷却风机C FAN异常	1)冷却风机或其供电电路异常,2)该风机的检测电路(PC电路)异常,3)MCU或存储器异常
8	Ed,主板指示灯闪10次,灭3s,循环显示	冷冻化霜加热系统异常(化霜70min,温度低于7℃)	2)冷冻化霜加热器或其供电电路异常,2)冷冻室化霜检测电路异常,3)MCU或存储器异常

基于PIC16F628单片机的PVS控制系统设计

随着表面贴装技术(SurfaceMounted Technology,SMT)的不断优化及贴片元器件制作工艺的迅速发展,贴片机在电子制造业中的应用日益突出。CM402型高速贴片机是由日本松下公司研发和生产,针对某些特定工件、按特定工序进行批量加工的专用设备。根据笔者为期两周的现场调查和论证,传统CM402型高速贴片机在拼接料生产过程中,若出现拼接料检知停止时,停机扫料的时间将影响到生产效率。通过认真分析该设备的工序流程及阅读其用户手册,可将此拼接料检知、停机扫料程序进行技术改造,并在原有电控系统上利用PVS控制系统替代Timer(计时器),可实现接料不停机控制功能,从而可提升其生产效率。

本文以利用PIC16F628单片机构成PVS控制系统为例,从硬件系统设计和软件系统设计入手,给出了印制电路板图、电路原理图及源代码。

硬件系统设计

该PVS控制系统以PIC16F628单片机为核心,由PIC16F628单片机及其外围元器件、电源模块、继电器模块组成,印制电路板和电路原理图如图1、图2所示。

PIC16F628单片机及其外围元器件

PIC16F628单片机是由Microchip公司生产的PIC系列8位CMOS闪存单片机之一,该系列单片机采用RISC(Reduced Instruction Set Computer) 嵌入式结构,具有执行速度高、功耗低、体积小巧、工作电压低、驱动能力强、品种丰富等优越性能。其总线结构采取数据总线和指令线分离独立的哈佛 (Harvord)结构,具有很高的流水处理速度。与同类8位单片机相比,程序存储器可节省一半,指令运行速度可以提高4倍左右。PIC16F628单片机封装形式为DIP-18,配合相应程序,该芯片可实现继电器智能控制功能,即配合其他配套电路可构成PVS控制系统,实现CM402型贴片机接料不停机控制功能。JP2为报警信号输入端 JP5为PC机并口解锁信号输入端、SB1、SB2为定时时间调节按钮,LED1~LED6构成定时时间显示电路,单只LED亮表示10s,全部亮表示60s。

图1 印制电路板

电源模块

电源模块设计的质量直接关系到PVS控制系统的稳定性。该控制系统直接利用CM402型贴片机的+24V稳压电源,故采用稳压性能较好的三端稳压集成电路LM7812、LM7805实现两级稳压,为单片机、光电耦合器等元器件提供+5V直流稳压电源。JP1为24V电源输入端,与CM402贴片机相应插座直接连接。

继电器模块

继电器模块由晶体管驱动电路和固态继电器构成。其中VT1、VT2选用C9014型晶体管;欧姆龙TQ2-24V型24V继电器。该模块工作状态由单片机RA4(第3脚)控制,并通过JP3、JP4与CM402型贴片机相应端口相连。

软件系统设计

软件环境实现了PIC16F628与CM402型贴片机控制系统改造设计功能,程序如下:

```
#include
_CONFIG(0X1F3C);
#define ulong unsigned long
#define uint unsigned int
#define uchar unsigned char
#define RD (1)
#define WR (1《1)
#define WREN (1《2)
#define WRERR (1《3)
#define FREE (1《4)
#define CFGS (1《6)
#define EEPGD (1《7)
#define START_READ_EEPROM () EECON1=EECON1|RD
#define START_WRITE_EEPROM() EECON1=EECON1|WR
#define ENABLE_WRITE_EEPROM() EECON1=EECON1|WREN
#define DISABLE_WRITE_EEPROM() EECON1 =EECON1& (~WREN)
#define SELECT_EEPROM () EECON1 =EECON1& (~(EEPGD | CFGS))
#define out RA3
uint js=1;
uchar Key_Num = 0x00,Key_Num1 = 0x00; //本次键码
uchar Key_Backup = 0x00, Key_Backup1 = 0x00; //备份键码
uchar key,temp,key1,temp1;
bit Key_Dis_F = 0,Key_Dis_F1 = 0, OFF_ON=0;
uchar ES=1,ES_DATA=1;
bit a;
ulong z=1;
uchar ES_BC_DATA;
void ms(uint b);
void keyscan(void);
char readByte(char addr);
void writeByte (char addr, char data);
void X_Y_IN(void);
void main()
{ TRISB2=0;
TRISB3=0;
TRISB4=0;
TRISB5=0;
TRISA6=0;
TRISA7=0;
RB2=1;
RB3=1;
RB4=1;
RB5=1;
RA6=1;
RA7=1;
TRISB0=1;
TRISB1=1;
RB0=1;
RB1=1;
TRISB6=1;
TRISB7=1;
RB7=1;
RB6=1;
GIE=1;
PEIE=1;
T1CON=0X01;
TMR1IE=1;
TMR1IF=0;
TMR1L=0XEF;
TMR1H=0XD8;
CM0=1;
CM1=0;
CM2=1;
C2OUT=0;
C2INV=1;
TRISA4=0;
RA4=1;
TRISA3=0;
RA3=1;
a=out=1;
ES_BC_DATA=readByte(0x00);
ES_DATA=ES=ES_BC_DATA;
while(1)
{ asm("clrwdt");//清看门狗
keyscan();
X_Y_IN();
if((C2OUT==1)&(OFF_ON==1)&(a==0))
{ ms(4);
if((C2OUT==1)&(OFF_ON==1)&(a==0))
{ C2OUT=0;
ES_DATA=ES_BC_DATA;
OFF_ON=0;
a=out=1;
z=1;
}
}
switch(ES)
{ case 1:
RB2=1;
RB3=1;
RB4=1;
RB5=1;
RA6=1;
RA7=0;
break;
case 2:
RB2=1;
RB3=1;
RB4=1;
RB5=1;
RA6=0;
RA7=0;
break;
case 3:
RB2=1;
RB3=1;
RB4=1;
RB5=0;
RA6=0;
RA7=0;
break;
case 4:
RB2=1;
RB3=1;
RB4=0;
RB5=0;
RA6=0;
RA7=0;
break;
```

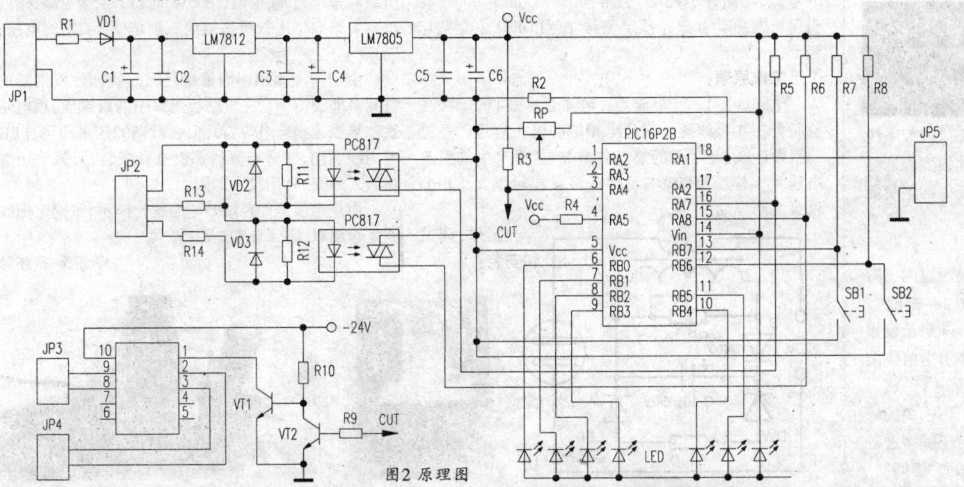

图2 原理图

结束语

该PVS控制系统以PIC16F628单片机为核心,具有集成度高、性能稳定、抗干扰能力强、性价比高等优点。该PVS控制系统已制作成品销售,由苏州翔庆精密机械有限公司等单位经过6个月的联机生产验证,证明该设计方案可靠、可行。利用该PVS控制系统改造CM402型贴片机,预期可提升生产力约4%,具有良好的实用价值。

◇四川 李铭

基于arduino控制和Linkboy图形化编程软件的实例应用：

城市家庭农场智能温控系统(下)

(紧接上期本版)

(十三)实时温度程序

实时温度程序是实现实时检测的当前温度值，因为经常用到实时温度，则专门设置该子程序。

进入实时温度子程序，先清空"显示内容"模块的第3行，再显示"当前温度"的文字，并在后面显示温度检测变量"WD_JC"的当前温度值，并延时2秒显示(图18上)。

(十四)温度检测程序

温度检测程序，主要是实时检测当前温度，并与之前设置的温度范围进行比较判断(见图16左)。

进入温度检测程序，先进行温度值的比较，如果是当前温度大于温度下限值，且小于温度上限值，即"WD_XX"<"WD_JC"<"WD_SX""，也即是为正常温度，则将升温指示绿灯和降温指示黄灯关闭。此时显示实时温度（正常的当前温度)，并清空"显示内容"模块第4行，显示"温度正常"的提示信息(见图17)。(图17)

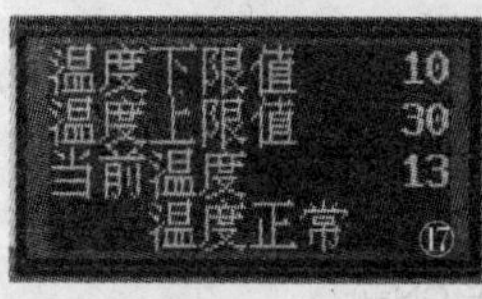

⑰

如果"WD_XX">"WD_JC"即当前检测温度低于温度下限，则执行"温度不足状态"子程序，如果"WD_JC">"WD_SX"" 即当前检测温度高于温度上限，则执行"温度超高状态"子程序。

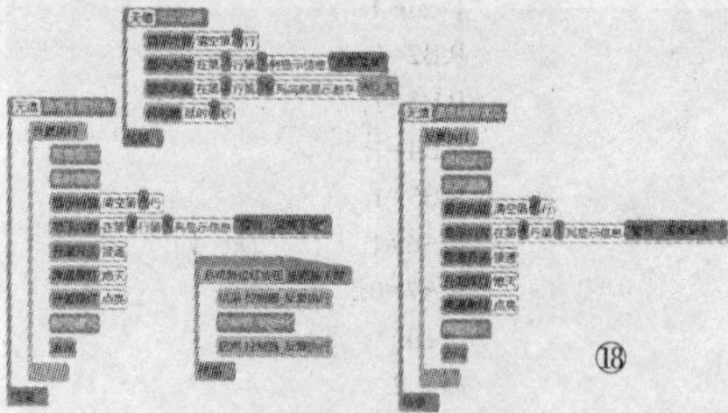

⑱

(十五)温度不足状态程序

温度传感器检测的当前实时温度值低于温度下限值，则程序进入"温度不足状态"子程序(见图18左)。

该程序中先执行"常规显示"子程序，以显示设置的温度范围，再执行"实时温度"子程序显示当前检测的实时温度。然后清空"显示内容"模块第4行，显示"警告:温度不足"的警告信息，并接通升温开关，关闭黄灯，点亮升温指示绿灯，再执行"报警模式"子程序进行报警。这里已经到末端程序，则最后放置"返回"。

这里是仿真状态，因为温度传感器初始状态是0，所以系统检测为低温状态（实物连接运行时则是当前实时温度)，则系统检测到低温状态时进行当前温度值显示和设置的温度范围显示，并闪亮红灯报警，同时启动升温系统的电子开关进行升温调控，且点亮绿灯指示为升温状态(见图19)。

⑲

⑳

在低温状态下，系统会提示按"红按钮"进行系统复位解除报警和终止升温，可实现忽略此温度为低温解除报警，也可进行人工升温措施，以保证植物不受低温冻害而影响生长(见图20)。

(十六)温度超高状态程序

温度传感器检测的当前实时温度值高于温度上限值，则程序进入"温度超高状态"子程序(见图18右下)。

该程序中先执行"常规显示"子程序，以显示设置的温度范围，再执行"实时温度"子程序显示当前检测的实时温度。然后清空"显示内容"模块第4行，显示"警告:温度超高"的警告信息，并接通降温开关，关闭绿灯，点亮降温指示绿灯，再执行"报警模式"子程序进行报警。同样这里已经到末端程序，则最后放置"返回"。

仿真状态下，可以调节温度传感器的状态值到高温状态(连接实物则根据实时检测的温度)，如果是系统检测温度超高温度上限，则系统进行当前温度值显示、设置的温度范围显示和"警告:温度超高"的警告信息，并闪亮红灯报警，同时启动降温系统的电子开关进行降温调控，且点亮黄灯指示为升温状态(见图21)。

㉑

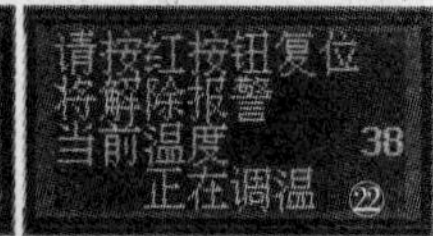

㉒

在高温状态下，同样系统会提示按"红按钮"进行系统复位解除报警和终止降温，可实现忽略此温度为高温解除报警，也可进行人工降温措施，以保证植物不受高温而影响生长(见图20、22)。

(十七)报警模式程序及复位解除报警程序

当进行温度检测比较温度范围异常时，程序显示温度范围和当前温度值，并进入"报警模式"子程序(见图23)。

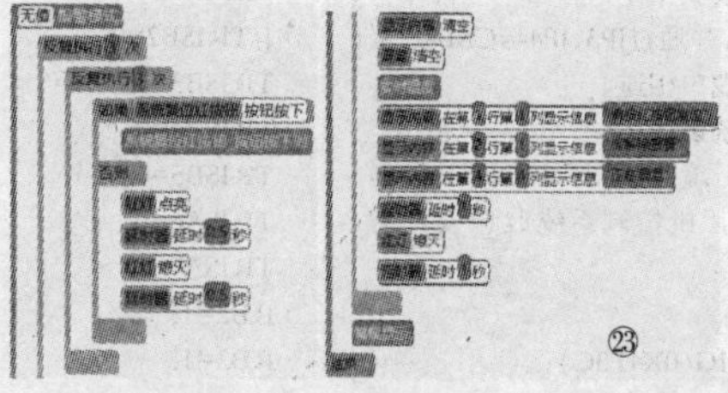

㉓

在报警模式子程序中，设定反复执行3次的循环框架，并在里面嵌套一个反复执行3次的循环框架用于检测是否有系统复位按键按下，和驱动红灯以0.5秒的频率闪烁进行报警指示。

如果没有复位按钮按下，则清空"显示内容"模块和屏幕，执行"实时温度"子程序显示当前的实时温度，并在第1行显示"请按红按钮复位"，在第2行显示"将解除报警"，在第4行显示"正在调温"的提示信息，延时1秒显示，再关闭报警指示红灯。

如果按下"红按钮"，则系统进行复位，解除报警。系统复位程序见前面，程序见图18下中。

四、实物连接与调试

Linkboy软件集成了软件编写与仿真，及在线仿真和程序下载功

能，只要编译仿真通过，只需要对应连接实物调试即可。

系统调试比较简单，只要对应连线正确，注意电源、地和信号线、控制线的对应和连接，如果连接大功率组件，确保安全可以采用低电平控制的继电器控制。

五、应用启发

通过应用Linkboy软件编程控制Arduino Nano控制板进行智能电子产品的设计，非常适合青少年创客进行创作。作品应用不仅解决生产生活的实际需求，降低成本和开发周期，更能让用户可以自主编程，让更多的创客加入"大众创业、万众创新"的潮流中来，更多的服务于社会。

附：本文是笔者在专业老师的指导下，进行原创设计体验的全程总结，在此贡献给广大读者朋友共勉，让更多的青少年朋友更好的学习和应用智能电子产品的设计，如有不足之处，欢迎指正与交流。

(全文完)

◇西南科技大学城市学院(鼎利学院)：陈丹、马兴茹

指导老师：刘光乾

给电源拖线板加个超载提示灯

电源拖线板（也称插线板、插排和转换器等)有多个插口，可同时插上多个用电器，给使用者带来便利，但拖线板也有功率限制，一般标称值为2500W(250V10A)，普通使用者不易识别用电器的功率大小，将多个电器同时插在一个拖线板上，如果造成拖线板过载就会发热，甚至燃烧起来，据统计，电器用电不当引起的火灾大多是拖线板先烧起来的。

拖线板不是一个单独使用的装置，它起着承上启下的作用，交流电源通过它输送到用电器，传输的实际功率受电源和用电器的接触、材质和时长等因素的制约，笔者认为拖线板不宜满负荷使用，尤其是那些陈旧或质量差的。

现有的拖线板多只有电源指示灯，而没有超载指示灯，给使用者带来安全隐患。可在现成的产品中加发光管和相应电路来提示，此电路简单、体积小、成本低，电路并不耗电，电路构思巧妙而实用，只有当用电器总功率超过预定值时红色LDE灯才会亮起警示。

工作原理：

电路如图1。当电流通过电流互感器T的初级线圈时会在次级线圈上感应出相应的电压信号，经过二极管D和电容器C的整流并滤波，如果产生的直流电压大于稳压管DW的反向击穿电压时发光管LED就会发出亮光。

制作、调试和安装：

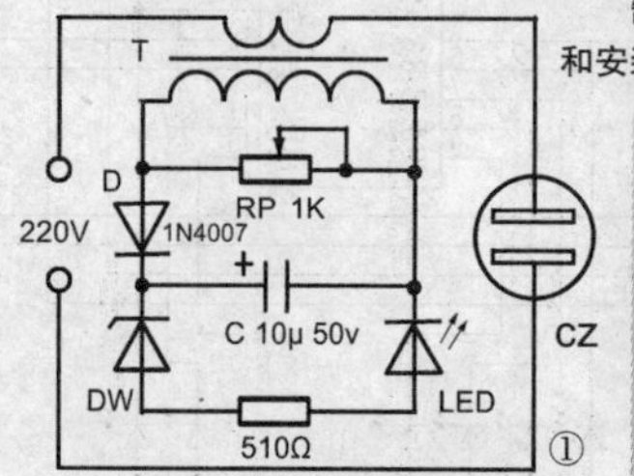

①

②

③

电流互感器T的绕制，考虑到体积的问题，要用小型铁芯，图2是笔者采用铁芯(硅钢片)的外尺寸高16mm、宽20mm、叠厚8mm，初级用φ1mm漆包线绕6匝，次级用φ0.1mm漆包线绕600匝。要注意的是铁芯不宜过小，否则铁芯容易磁饱和，就是输入信号增大到一定程度后输出信号不再随着变大。另外由于电流比较大(本例的电流为5A)，因此初级线圈的线径不能过细，可以不发热为度。其余元件均采用小型者，紧凑地装在电路板上成一个模块，其体积很小(如图3)，整体为30mm×20mm×20mm。

笔者以1200W的电热器（阻性负载）为例来调试，先将电位器RP调到阻值最大(1KΩ)，在不接稳压管DW的情况下，在插座CZ上接通电热器，实测C两端电压为21V，据此选择DW的规格，此处是用15V的稳压管，然后调小RP阻值，直至LED发光为止，这样负载功率大于额定值(1200W)时LED会发出明亮的红光。选取稳压管稳压值的原则是低于C端的电压，以其四分之三为宜。

由于模块体积小而重量轻，一般拖线板内部的空间多能装得下。在电路板上焊出两根铜丝，用电烙铁加热嵌入塑料外壳，再滴入少许502胶水即可，LED可用线引出，在适当醒目部位打孔按装，双脚也可加热嵌入外壳，再用胶水加固。

用户可根据红色LED灯的发光提示，来确定拖线板是否超载，以保证安全运行。

◇苏州 张怀治

单片机仿真软件Proteus ISIS快速入门

Proteus ISIS 具有原理图绘制，模拟、数字电路仿真，单片机及其外围电路组成的系统的仿真、软件调试，以及各种虚拟仪器的测量等功能的软件，是电子工程人员设计电路的必备工具。

一、绘制原理图

Proteus ISIS 的工作界面是一种标准的 Windows 界面，包括：标题栏、主菜单、标准工具栏、绘图工具栏、状态栏、对象选择按钮、预览对象方位控制按钮、仿真进程控制按钮、预览窗口、对象选择器窗口、图形编辑窗口。

绘制原理图的步骤如下：

1.画导线。当鼠标的指针靠近一个对象的连接点时，跟着鼠标的指针就会出现一个“×”号，点击连接点，移动鼠标到另一个连接点点击即可。如果要改变路径，只需在拐点处点击即可。在画线的过程中，可以按 ESC 或点击右键放弃画线。

2.画总线和分支线。当电路中有多根数据线、地址线、控制线并行时，用总线可以简化画图。画总线的方法：点击总线按钮即可画总线。画分支线的方法：点击工具菜单的 WAR 关闭自动线路器，画斜线表示分支线以区分一般的导线，同时右击分支线，选择 Place/Net Label 放置网络名，否则分支线不具有电气连接。

3.放置线路节点。点击工具箱的节点放置按钮+，当指针指向一条导线的时候，会出现一个“×”号，此时点击左键就可放置一个节点。

4.放置元件。放置元件的工作包括库文件添加、元件查找和添加、编辑元件、旋转对象、编辑对象属性等。

(1)库文件添加

Proteus 中共有 36 种大的类别元件库，有超过 8000 种元件。Proteus 中的元件并不是很全，有时需要添加第三方库文件才可进行仿真，添加方法如下方式：

A. 将第三方库文件拷贝至 Proteus 程序目录下的 LIBRARY 目录下，相应的元件模型文件也要拷贝到 MODELS 目录下。

B.将第三方库文件统一放至一个文件夹中，同时元件模型文件也要统一放至一个文件夹中，打开 Proteus 菜单 SYSTEM 下的 SET PATH…，在弹出的 Path Configuration 对话框的 Library folders 中添加库文件目录，在 Simulation and folders 中添加元件模型文件目录。

(2)元件查找和添加

Proteus 元件库界面如图 1 所示。

点击 Proteus 左侧工具栏按钮，进入元件模式，再次点P按钮，即可调出元件库。接着，可通过搜索关键词来查找元件。在“Keywords”中输入所需元件的关键字，如果库中有相应元件，就会在元件区域列出，双击它，即可将元件添加到电路图的 DEVICES。如图 2 所示。

单击 DEVICES 区所选元件，在电路图合适的空白区域，单击，即可放置相应元件。

(3)编辑元件

A.选中对象。用鼠标指向对象并右键可以选中该对象，选中时对象会高亮显示，该对象上的所有连线同时被选中。如果要选中一组对象，可以依次在每个对象上右击，也可以通过右键拖出一个选择框进行选择，当然，只有完全位于选择框内的对象才可以被选中。

B.取消对象。在空白处点击鼠标右键可以取消所有对象的选择。

C.移动对象。选中对象并用左键拖曳可以拖动该对象到所需要的地方。

D. 删除对象。选中对象并点击右键选择 Delete Object 即可删除该对象，同时删除该对象的所有连线。

E.复制对象。选中对象，点击 Copy 图标，在空白处点击，然后点击 Paste 图标，移动指针到所需要的地方点击，即可复制成功。

(4)旋转对象。许多类型的对象可以调整角度，旋转 0°、90°、270°、360°，也可通过 x 轴 y 轴镜象旋转。选中对象，如果用左键点击 Rotation 图标，可以使对象逆时针旋转；如果用鼠标右键点击 Rotation 图标，可以使对象顺时针旋转；如果用鼠标左键点击 Mirror 图标，可以使对象按 x 轴镜象；如果用鼠标右键点击 Mirror 图标，可以使对象按 y 轴镜象。

(5)编辑对象的属性。先用鼠标右键点击对象，再用左键点击对象，此时出现属性辑对话框。也可以用另一种方法：先点击工具箱的按钮，再点击对象。在这里，可以改变如电阻的标号、电阻值、PCB 封装以及是否把这些东西隐藏等等。修改完毕，点“OK”按钮即可。

5.放置电源及接地符号。点击按钮(终端模式下)中的 POWER 和 GROUND，即可在电路图中放置电源和地。也可以在电路中空白处右击，弹出菜单下的放置-终端也可以放置电源和地。电源放置后默认为+5V。如果需要修改电源的值（如要修改为 15V），可以双击需要修改的电源符号，在弹出的对话框的标号(STRING)内输入值。注意，此处一定要有“+”号，如图 3 所示。

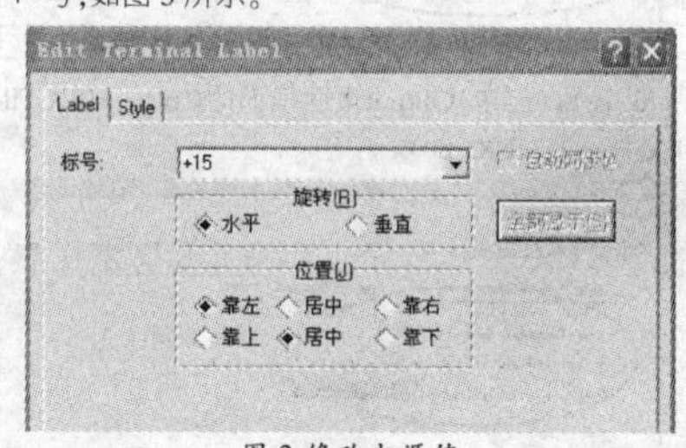

图 3 修改电源值

在 Proteus 中，为了方便使用者，很多元件隐藏了电源和地的引脚，Proteus 默认已加载此类元件引脚对应的电源和地，仿真时即使不人为添加电源和地也可以正确运行。比如 89C52、74138 等。但如果元件未隐藏电源和地引脚，比如共阳数码管的共阳端、共阴数码管的共地端，则需要添加相应的电源和地，否则不能正确仿真运行。

二、单片机仿真

1.画好原理图

2.用 Keil C μVision2 编程：创建一个新项目(Project)，并为该项目选定合适的单片机 CPU 器件（如：Atmel 公司的 AT89C51），并为该项目加入 Keil C 源程序，编译并生成 hex 文件。

3.在 Proteus 中，双击单片机图形符号，将上一步生成的 hex 文件装载进单片机，然后进行仿真运行，便可直观地看到单片机控制的结果。

三、常见库和常用元件

1.常见库

Analog Ics 模拟电路集成库

Capacitors 电容库

CMOS 4000 series CMOS 4000 库

Connectors 插座，插针，等电路接口连接库

Data Converters ADC,DAC 数/模、模/数库

Debugging Tools 调试工具

Diodes 二极管库

ECL 10000 Series ECL 10000 库

Electromechanical 电机库

Inductors 电感库

Laplace Primitives 拉普拉斯变换库

Memory ICs 存储元件库

Microprocessor ICs CPU 库

Miscellaneous 元件混合类型库

Modeling Primitives 简单模式库

Operational Amplifiers 运放库

Optoelectronics 光电元件库

PLDs & FPGAs 可编程逻辑器件

Resistors 电阻库

Simulator Primitives 简单类模拟元件库

Speakers & Sounders 扬声器、蜂鸣器库

Switches & Relays 开关及继电器库

Switching Devices 开关类元件库

Thermionic Valves 热电子元件库

Transducers 晶体管库

Transistors 晶体管库

TTL74 余下皆为 TTL74 或 TTL74LS 系列库

2.常用元件

本文列出部分常用元件对应的搜索关键字，以方便读者搜索。

数码管 7SEG

电阻 RES

电容 CAP

二极管 LED

晶振 CRYSTAL

液晶 LCD

开关 SWITCH

按键开关 BUTTON

电池 BATTERY

马达电机 MOTOR

或 与 非 门 OR AND NOT

可变电阻器 POT-LIN

扬声/蜂鸣器 SPEAKERS

拨码开关 DIPSW

排阻 RESPACK

◇江苏省靖江中等专业学校
产学研中心 倪建宏

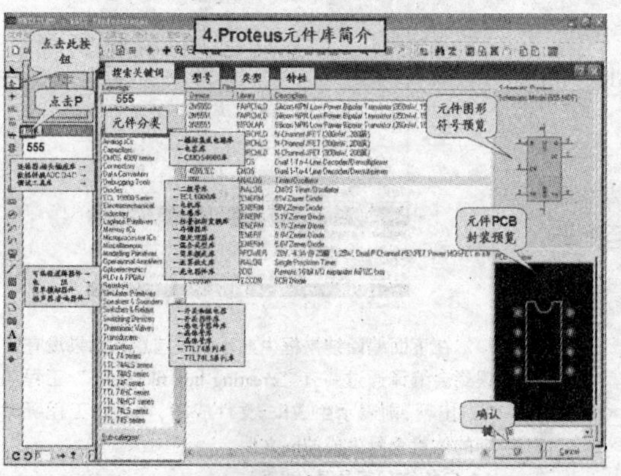

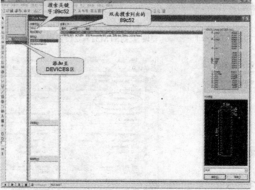

图 1 Proteus 元件库界面

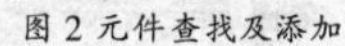

图 2 元件查找及添加

教学Keil C51软件安装及STC89C52单片机实训平台的应用详解(三)

(紧接上期本版)

7. 新建项目文件，点击File>New，则新建一个默认为Text*(*为1、2、3……等)。

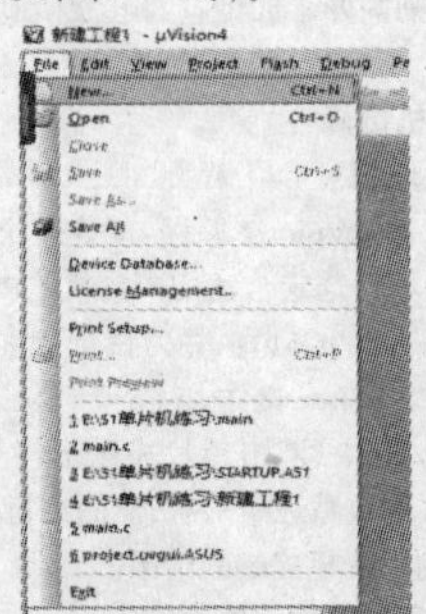

8. 保存新建的项目文件，点击Save，保存新建的项目文件。

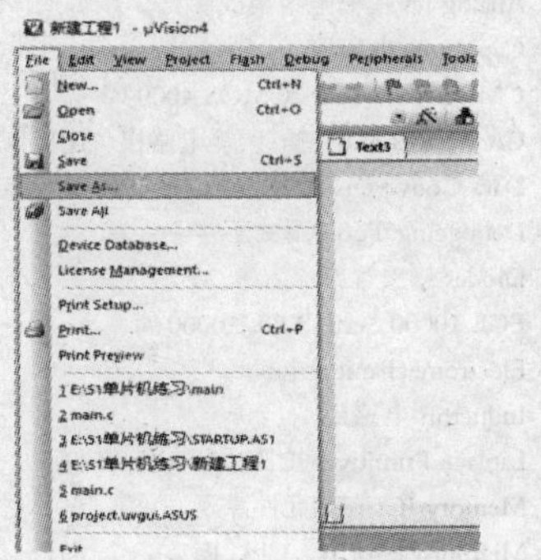

9. 选择保存位置，保存新建的项目文件为main.c(注意，文件名一定是xx.c)。

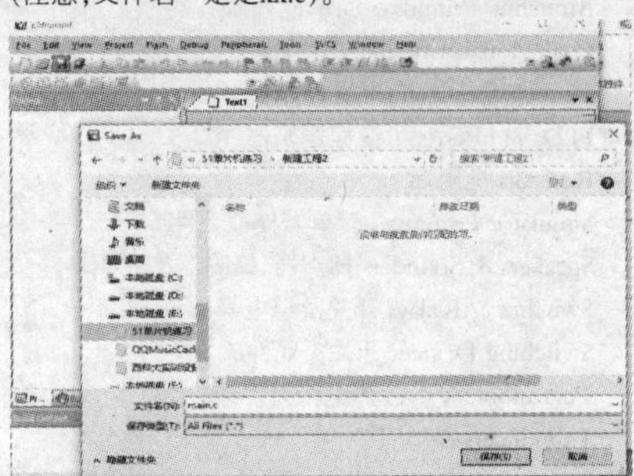

10. 编辑程序并保存。

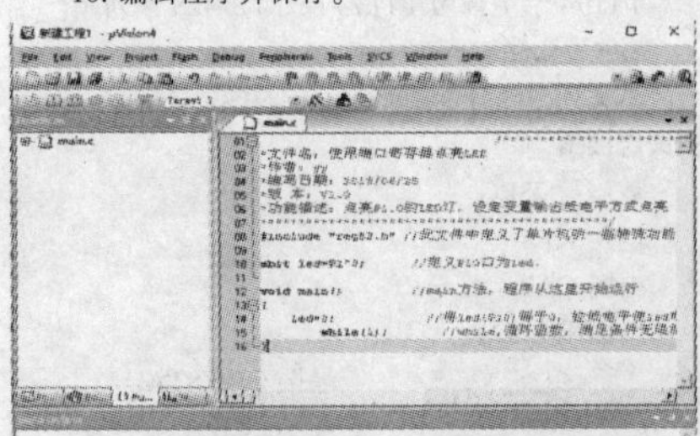

项目五 编译环境设置

1. 点击Project>Options for Target"Target 1…"。

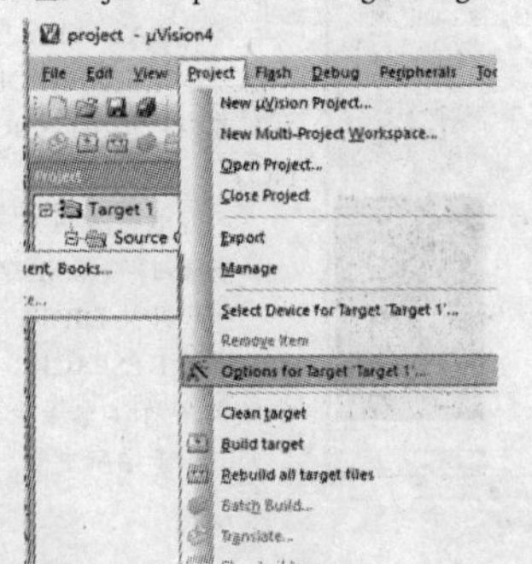

2. 或者点击如图快捷按钮图标，打开环境设置对话框。

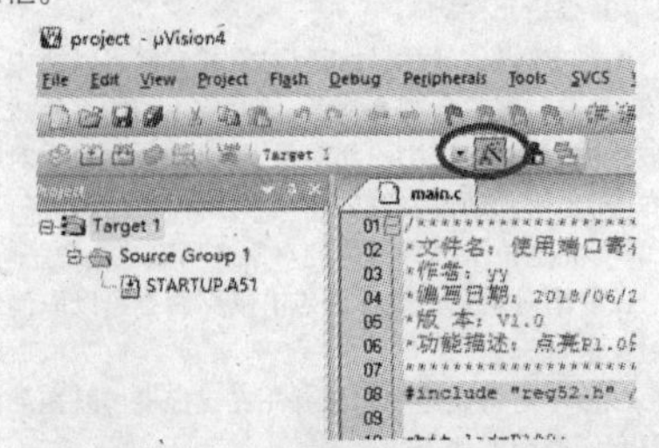

3. 检查Device页里面的单片机型号，设置成AT89S52或AT89C52。

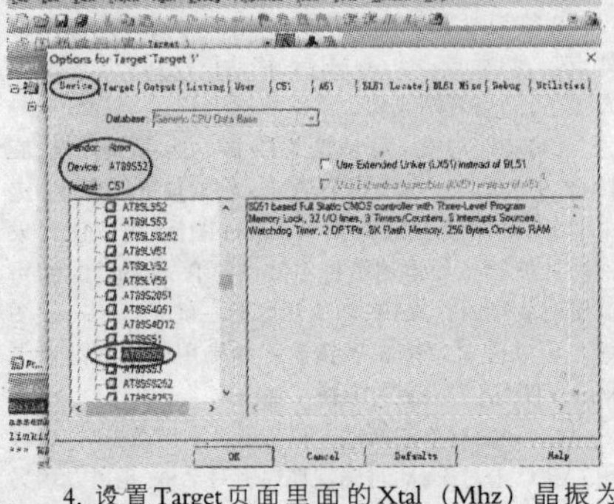

4. 设置Target页面里面的Xtal（Mhz）晶振为11.0592。

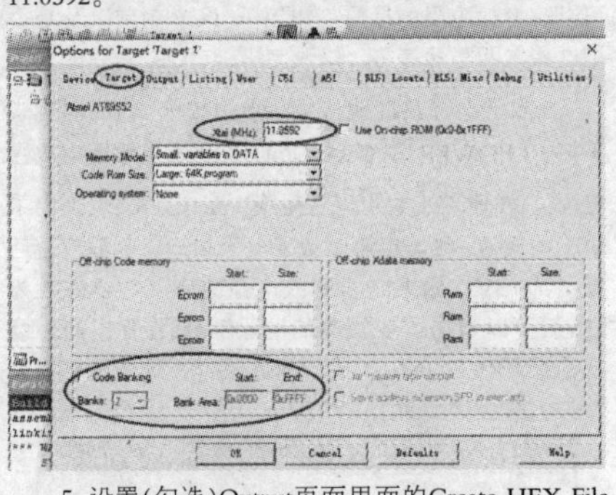

5. 设置(勾选)Output页面里面的Create HEX File HEX Fomat(HEX-80)。

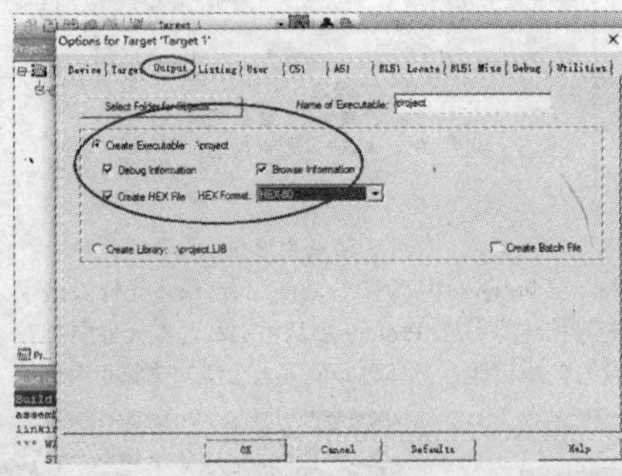

6. Debug页面里面的Use Simulator对51系列不需要设置，对STM32需要设置模拟仿真。

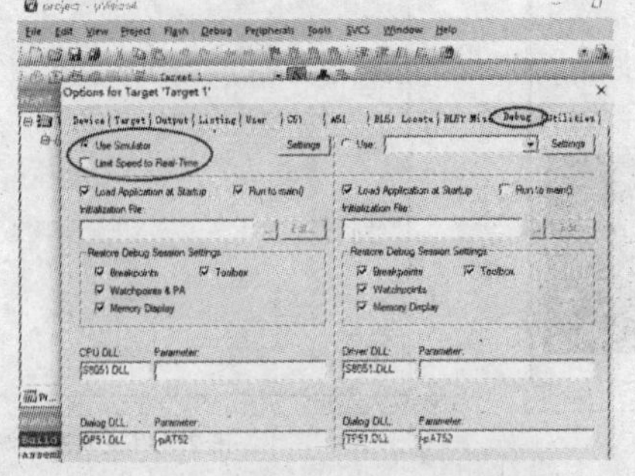

7. Utilities页面里面的Use Target Driver for Flash Programming对51系列不需要设置在线仿真。

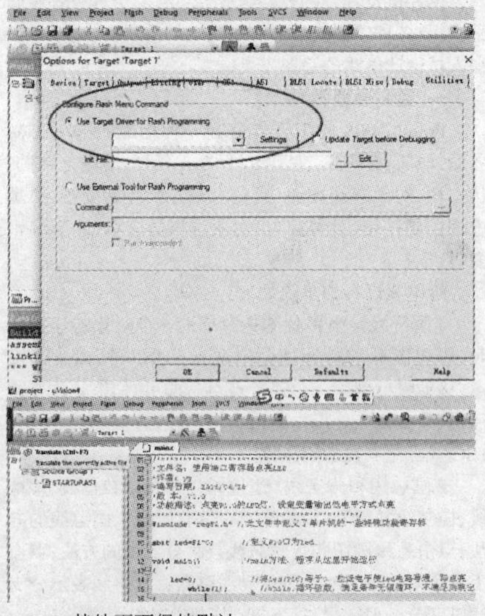

8. 其他页面保持默认。

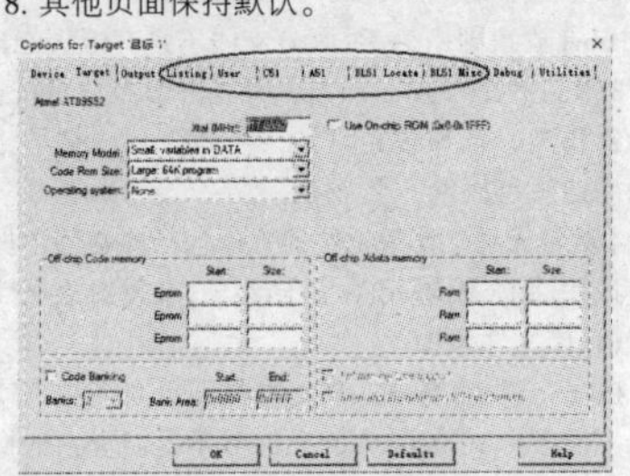

项目六 编译生成hex可执行文件

1. 三个编译按钮，第一个为当前文件，第三个为编译所有文件。

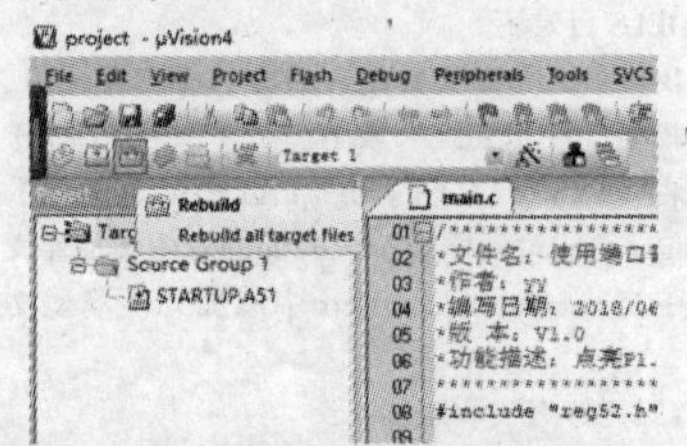

2. 第二个为编译文件修改部分，常使用可节省编译时间。

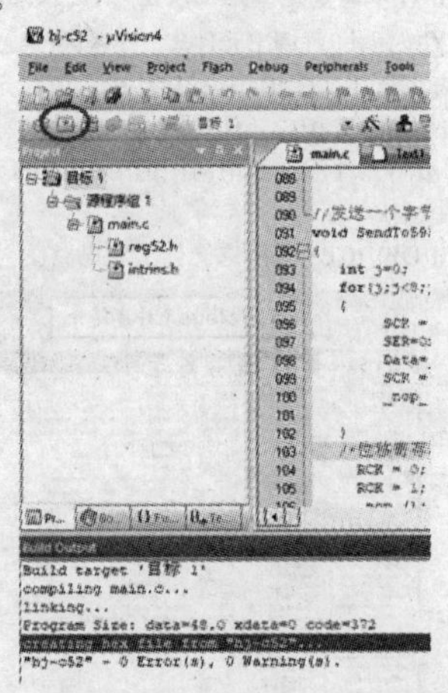

在下面编译结果框中显示相关信息，如果没有错误则会编译通过并有“creating hex file from ”工程名“...”出现，则表示生成hex文件成功，可以在工程所保存的位置查看生成的he文件。

(未完待续)(下转第608页)

◇西南科技大学城市学院鼎利学院 刘光乾

广电线材理论大剖析(一)

信号线和喇叭线大概是音响系统中最受争议的一个环节,从早期完全遭到漠视,经由怀疑、争论到广为音响迷所接受,中间持续多年,反对者坚持导线在理论上,除了极端的特例,对音响系统的声音不会有任何的影响,美国某杂志为了证明这一点,特别举行了一次盲眼测试,测试者包含了金耳族、对音响已接触一段时间的人以及门外汉,测试是在测试者遮住双眼下进行的。

其结论是人耳无法从声音中区别出"好线"和"坏线",即使是金耳族也不会比一般人强多少,此结果自然也带来不小的震撼,批评之声蜂拥而至,后来经证实,常人的听觉会受到视觉的影响,所以盲眼测试不具有代表性,之后未再听过类似的测试。

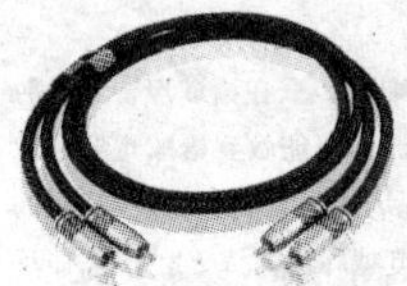

高价导线比比皆是

现今导线已进入"发烧"的阶段,在音响中的地位大为提升,肯花数万元买对一米长信号线的大有人在,甚至耗费十余万元在系统的接线上,比大多数人所拥有的整套音响还贵上许多。一条够水准的接线也要数千元,足以可买一台普及型彩色电视机。

导线为何具有如此大的魅力,能使音响迷们乐此不疲的投下巨资而不悔,原因是每种线都有其个性和特殊的音色,解析力、三度空间的重现能力、音域的均衡性皆有所不同,若能和音响器材搭配得当,可使整体性能充分发挥,声音更上层楼;也可以尝试更换不同的导线,调校出自己喜爱的音色,取得截长补短之效,更甚者若是无器材可换或无力换器材,更可借换线来变变口味。

脑筋动得快的厂商看准此点,不断挖空心思以不同的理念、材质和结构来设计各种导线,以满足音响族追求完美的心态,于是这方面的进展有如一日千里,设计者们也能从经验的累积下,创造出更佳的产品,价格自然跟着水涨船高,一些发烧线已涨到令人咋舌的地步。

导线的生命周期大概是音响器材中最短的,一根价值不菲的名线往往在一两年内便被打入冷宫,相信玩过线的朋友都会存留一些古董线,这些线再被拿来用的机会可说是微乎其微,由此可见其竞争之激烈及技术进步之快了。

影响导线的物理特性

这里所称的导线泛指信号线及喇叭线,当信号在导体中通过时会产生电场和磁场,电场会影响导线的电容和介质,磁场会影响到导线的电感。信号的强度会随着导线的阻抗而减弱,绝不会有增强的现象,一般人所谓某根线高(低)频段延伸特别好,只能说是这根线在这些频段内的信号损失较少。现在将会影响导线声音的特性分八项来说明:

(1)电阻(RESISTANCE)

OFC.LC-OFC.PCOCC

所谓电阻是指电子在导体中流动,导体有阻止其流动的趋势,同时使电能转变为热能之性质者。导体的电阻愈低,则导电性愈佳,在常温下,银是最佳的导体,铜次之,因此导线的材质几乎都拿这两种金属制成,表一为各种金属和银的导电性相比的情形。

表一:金属之电导系数(和纯银相比)

导体	电导系数
银	100%
银	94.5%
金	59.3%
铝	57.6%
钨	29.7%
镍	21.0%
铁	16.6%
白金	16.5%
铅	7.47%
水银	1.70%

因为银价较高,且其机械强度逊于铜,所以大部分导线的材料都用铜,由于氧化物会降低导电性,于是无氧铜(OFC)便成为导线的主要材料,但不论铜的纯度有多高,常处于大气之下仍会慢慢氧化,于是有的厂商便用无氧铜外包银的方式。

例如van den Hul,Discrete Technology便是有名的例子,一些用漆包线的设计也有防止钢氧化的功能。另外,Hitachi一再推广其线性结晶无氧铜(LC-OFC),Audio-Technica也推广以「加热铸型式连续铸造法」所铸造出的单结晶高纯度无酸素铜(PCOCC),前者宣称在一厘米内只有20个结晶体,后者则在2米内的结晶仅一个,可以大大减少信号传递过程中所经过结晶与结晶之间的界线,在声音上的好处是清晰、低杂音及瞬间响应更佳。

可是由于结晶拉长,很容易在外力的影响下发生断裂,这种情形在出厂前便有可能发生,在导线的缠绕及编股过程中由于材质过于歪曲而导致晶体折断,如果断裂处过多,则和一般的无氧铜没多大的差别。

有鉴于此,除了日本以外,其他地区的导线制造商甚少使用这类长结晶铜作为导线的材料,而是专注于研究对音质影响更大的其他因素。

Siltech回火处理

另外,著名的荷兰Siltech厂,导线用的材质为线性结晶无氧银(LC-OFS),为了防止长结晶在制线过程中被破坏,在制造后采用了一套简单的回火处理,使被破坏结构的晶粒能恢复原状,其过程是将导线以摄氏200度加热4分钟,然后让其缓慢冷却,纵然如此,在使用这类导线时切忌过度弯曲,以免破坏晶粒结构。

美国的Kimber Cable,在旗舰级的AG系列中,信号线及喇叭线采用的是纯度高达99.9999%的银,银要精练到如此地步绝非易事,设计者用如此高价位材质的理由是,唯有这种几乎不含杂质的银才能消除从前银线声音过"亮"的缺点,由此可见设计者为了追求完美毫不妥协的态度。名家厂商采用种种不同的导线材料,无非是要降低电阻,使信号能在导体中更顺畅的流通。

(2)电感(INDUCTANCE)

导线的回路

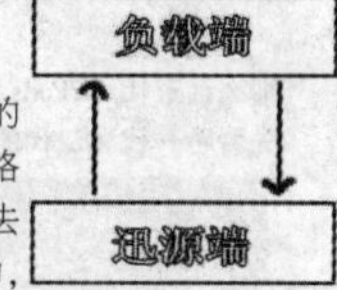

电流经过导体,会在导体的周围形成磁场,由于导线是联络信号端及负载端,随着电流的去回(如上图所示),磁场随之移动,如此会使导体本身以及接近的其他导体产生感应电流,电感量虽然十分微弱,但会随着频率的增高而使导体的电阻产生非线性现象,导致相位失真。如何使电感量降低是导线设计的重要课题之一,这可以从下面几个方法来着手:

a. 由于导体的电感量由公式(电感量=2×导体长度/导体的半径)决定,所以可以增加导体的半径或减短导体的长度或两者并行来降低导线的电感。

b.另一公式(总电感=L1+L2-2M)可计算上图去回电路的总电感量,其中L1和L2为图一中两根导线的自感量,M为两根导线的共同电感量。由于二根导线的电流方向相反,所以共同电感量可以降低总电感量,由此可知要减少总电感量只要增加共同电感量便可,这个可由减少两线的间距来达成,当两线紧密结合在一起时共同电感最大,但这种情形最好避免,因为两线太接近时会产生串音(cross-talk),污染信号,所以两线还是保持相当的间距为宜。

c.采用改绞线的设计,只要使二线离开相交的中心轴线上,则在相交的部分可以大大降低自感量。

d.如果是同轴设计的导线,要降低电感可从三方面着手:降低介质的磁导率(采用空气或导磁低的物质如铁氟龙、聚乙烯)、增加内导体的半径以及减少内外导体间的距离。

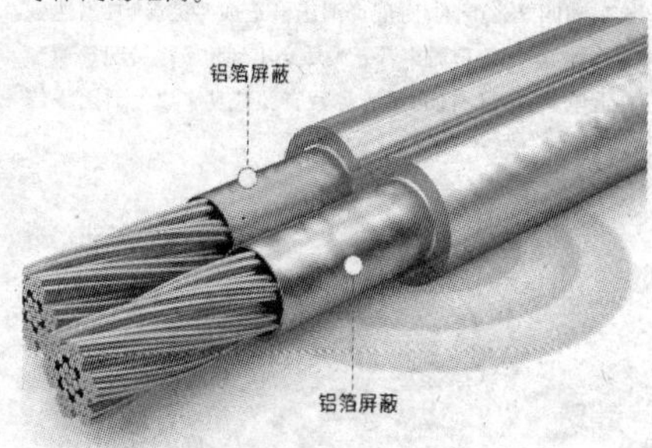

(3)集肤效应(SKIN EFFECT)

当直流电流过导体时,通过截面的电子是均匀的,但交流电的情况就不同了,由于受到磁场及电荷交互的影响,使电荷存在朝导体外围移动的现象,在这种情况下,导体截面的电流密度变得不均匀,中央部分通过的电流比表面为少,频率愈高,中央抵制电流的力量愈大。由此可看出,频率增高使有效截面积降低,同时也增加了电阻。

虽然集肤效应是传输射频(Radio Freqllency)或更高频率的主要问题,但对可听到的频率范围内的高频部分仍有影响,所以设计导线也必须考虑此点。

解决的办法可以在铜线表面镀上一层银,增加线的传导率,这层银便成为高频主要载体;由于线径愈粗集肤效应愈严重,传统上将多股的绝缘细线编在一起,借着表面积增加来降低高频的阻抗。

但最近有人提出,如果将多股细线紧密结合在一起,对集肤效应的改善效果反而不如同粗的单蕊导体好,经实际测量,对于一千Hz以上的频率,多股线的阻抗反而增加得较快。所以选择适当径粗的导体反而比增加表面积更为重要,至于多粗的实心导体才适当?如太粗会使集肤效应严重,太细又会使导体的电阻增加,所以1mm左右是适当的选择。

(4)微动杂音(MICROPHONY)

两个平行导体,若载有相同方向的电流,则两个导体有互相吸引之趋势,若载有异向电流,则有互相排斥而相远离之趋势。如果导体是由许多股细线绞合而成,则在此导体内的每股线皆载有同相电流,所以彼此吸引,但对另一导体而言则是异向电流(参照《导线的回路》),会产生相斥现象。

每股线受到临近线相吸或相斥的力量而振动,因而产生杂音。设计导线为了避免这种现象,传统上将每股线绞得十分紧密且在两根导体的空隙处填满了吸收振动的材料,以抑制振动。但最近Cardas导线的设计者George Cardas,无意中发现这种发生在多股绞线结构导体上的机械谐振,可以用不同粗细的绞线而减轻,他的做法是一股比一股线粗(细)上1.618倍(黄金比率)的多股线绞合在一起,每根导线至少由三种或以上按黄金比率来增加径率的粗细线结构能有效地抑制振动,其原因不明。

(5)电容(CPACITANCE)

导线可以看成一个简单的长电容器,两导体分离,在其间填充绝缘物质,由于导体有储存电荷的特性,若导体之间有电位存在,电容阻抗就会随着频率改变而显著改变。

假如两导体所传送的电流方向相反,且间隔很大,那么将有更多的磁通量出现(即使两导体十分靠近,仍然无法抵消他们的磁反应),其分布电感量也随之增加,若两导线间隔加大,电容量将降低。

由此可知,如要导线的电感低,则电容量必定高,反之亦然。导线上的电容和电感都会使信号损失、失真或形成不必要的相位移。所以,在设计导线时必须在这两者之间作一取舍,通常比较趋向于低电感而非低电容,因为电容对可听范围频率的影响并不严重,另外放大机以高电容喇叭线来推动喇叭,发生不甚稳定现象的情形也甚少见,再加上两个导体间使用的介质也会影响导体的电容量,因此可以改用不同的介质来降低电容量。(未完待续)(下转第609页)

◇四川科技职业学院鼎利(互联网+)学院 刘游双

如何预防音响系统啸叫

啸叫一旦发生，轻者会造成传声器通路音量无法调大，调大后啸叫非常严重，对现场演出会造成恶劣影响，当达到啸叫临界点时，传声器声音开大后会出现声音振铃现象声音存在混响感，破坏音质；重者导致音箱或功率放大器由于信

号过强而烧毁。

因啸叫而烧毁音箱高音单元的情况并不少见，因为在啸叫状态下，强烈的信号会使功放出现削波(切顶)失真而产生大量的高频谐波，高音单元如果无法承受如此强大的高频信号，就会造成音圈烧毁；另外，在啸叫状态下，功放如果输出过载，也可能被烧毁。

有扩声系统中才存在啸叫问题，它是扩声系统中经常出现的一种不正常现象。在扩声系统中当使用话筒拾音时，由于话筒的拾音区域与音箱的放音区域不可能采取声隔离措施，某些频率的声音过强引起声电信号自激振荡，从而产生啸叫。啸叫的产生，需要满足三个条件：

1.话筒与音箱同时使用；

2.音响放送的声音能够通过空间传到话筒；

3.音箱发出的声音能量足够大、话筒的拾音灵敏度足够高。

应该如何抑制啸叫？

啸叫是扩声系统所特有的声学问题，不可能完全消除掉。在实践操作中，音响专家们总结出了许多抑制音响系统啸叫的方法，通过采取行之有效的的措施和借助一些电声设备，从而达到抑制、减少和消除啸叫的目的，思路就是避免音响系统同时出现啸叫的三个条件。

1.使音箱的声音不容易传到话筒中

a.麦克风远离音箱。

b.减小麦克风的音量。如果麦克风音量过大，发生振铃现象的概率就会增加，要及时将音量减小，以避免啸叫。另外，如果要手持或佩带麦克风经过音箱，也要注意控制音量，否则会因距离太近而造成严重啸叫。

c.合理利用音箱和麦克风的指向特性

麦克风和音箱都具有指向性，如果麦克风的使用位置不在音箱声音的辐射区域，音箱的声音就不容易传到话筒中；同样，如果音箱不在麦克风的拾音区域，麦克风就很难拾取到音箱的声音。所以，通过适当调整音箱的角度，在使用麦克风时让其避开音箱的放音区域，或者使音箱的声辐射区域不与麦克风的使用区域存在重叠，就可以抑制啸叫。

2.使用电声设备抑制啸叫

a.频移器。通过频移器来改变声音频率，可以破坏产生啸叫的条件，从而抑制啸叫。但是该设备存在一定的局限性，不适宜在演唱和乐器中使用，它够将声音信号增加5Hz，在语言扩声时使用起来效果很好，因为语言的频率范围在130至350Hz之间，5Hz频率的变化不会使人有明显的音调变高感觉；而声乐和器乐的下限频率为20Hz左右，5Hz的音调变化人们听了有很明显的声音变调感。

b.均衡器和反馈抑制器

之所以产生啸叫，是因为系统中某些频率的信号过强，削弱这部分信号就能抑制住啸叫，均衡器和反馈抑制器都可以有效削弱反馈频率点的增益(拉馈点)从而抑制啸叫。不同的是，均衡器需要音响师根据啸叫的频率手动将馈点拉下来；反馈抑制器可以自动发现啸叫频率并将其衰减下来，几乎不会对音乐造成任何影响，还会使麦克风拾取的声音变得好听，更适合小白。

c.压限器

压限器可以根据输入信号的强弱自动改变输出信号放大量(增益)，所以当音量大到即将产生啸叫时，通过压限器将声音信号强度超过阀值，这样就不会产生啸叫了。美中不足的是，采用压限器抑制啸叫会带来声音动态损失。

3.搞好房间建筑声学设计

房间出现声染色是导致啸叫的主要原因之一，房间建声条件不好，如房间声学共振使声音中的某些频率得到加强，就会导致啸叫。要消除房间声染色，就要尽可能减少共振现象的发生，我们曾就减少或消除共振现象做出过介绍，本文不再赘述。

另外，室内的凹面反射引起的声聚焦导致声场内局部音量过强，当麦克风处在声聚焦的区域拾音时，由于声音能量的回授量很大，也会产生啸叫。

室内设计时，应尽量避免凹面反射或将凹面做成凹凸不平的漫反射结构，同时采用吸音材料和吸音结构，不仅对房间的频率响应特性的改善有好处，还可以有效抑制啸叫。

4.合理选用音箱

音箱的指向特性和频响特性等声学特性对啸叫的产生也有影响。比如，指向角度大的音箱发出的声音容易直接送到麦克风中，造成啸叫发生；频率峰凸明显的音箱也可能诱发啸叫。因此，应尽量选择选择指向角度小、频率响应曲线平坦且无明显峰凸的音箱。

5.合理选用麦克风

麦克风的主要作用是拎取声音信息，在拾取声音信息时避免拾取到不需要拾取的声音而尽可能做到拾取想要拾取的声音，不仅可以带来更好的现场效果，还可以减少啸叫的发生。一般来说，麦克风的灵敏度越高越容易产生啸叫，应尽量采用灵敏度低的麦克风。

麦克风的指向特性和频响特性也会引起啸叫，抑制啸叫应选用指向角度及频率特性曲线平坦的麦克风。

◇江西 谭明裕

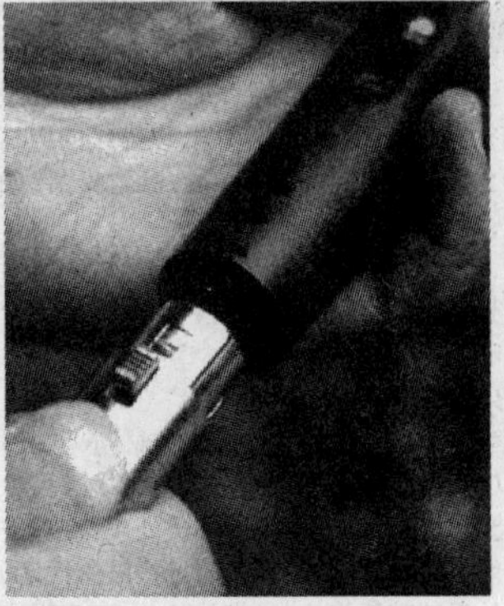

双31段电子图示均衡器（带压限和III类杜比降噪）

三代 Airpods 的区别

2016年9月，苹果发布了第一代AirPods和iPhone7，也许是为了进一步推销AirPods，2017年9月，苹果发布了iPhone8，从这一代开始苹果取消3.5mm耳机孔；2019年3月，苹果又发布了第二代AirPods(即AirPods 2)。没想到仅仅半年多的时间，苹果就发布了第三代AirPods（即AirPods Pro）。

那么这三代AirPods都有些什么区别呢？

先看看一代和二代的区别：

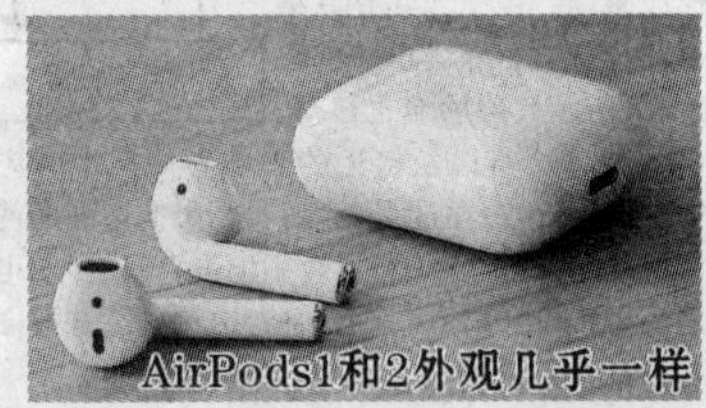

AirPods1和2外观几乎一样

在硬件配置上，AirPods2内置了H1芯片，较上AirPods1在设备切换速度上提高了1倍，在连接速度上也较上一代有了2倍的提升。

在续航时间上，AirPods1和AirPods2都可以配合充电盒使用，可以聆听超过24小时的时间；但是在通话时间上，AirPods2通话时间最长可达18小时，比AirPods1提高了7小时。单次充满电使用，AirPods2通话时间最长可达3小时，较AirPods1提高了1小时。放入充电盒充电15分钟，AirPods2能过提供超过2小时的通话时间，也比AirPods1提高了1小时。

在充电方式上，AirPods2由于配备了无线充电盒版本，所以可以支持Qi标准无线充电。不过新增的无线充电盒也适用于AirPods1，所以目前已有AirPods1的用户可以考虑单买无线充电盒即可。

最后系统支持也有不同，AirPods2需要至少是iOS12.2、watchOS5.2或者macOS10.14.4系统版本采用正常使用；而AirPods1则要求系统为iOS10及其以上、watchOS3及其以上和macOS Sierra及其以上系统即可。

再看看二代和三代的区别：

首先外观上AirPods Pro相比AirPods在外观上有着极大的变化，主要在于由入耳式变为了耳塞式，并且在功能上还加入了主动降噪功能。

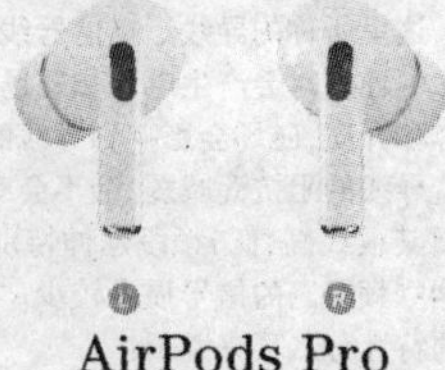

AirPods Pro

从以前轻敲切换功能变成了捏按，AirPods2要设置双耳的功能，AirPods pro两边切歌功能都可以用。

最大的区别就是主动降噪和自适应均衡器，Pro内置了力度传感器，可以通过触控的方式直接在主动降噪模式和通透模式之间切换，感觉就像耳机上的3Dtouch。主动降噪就是检测外部声音来确定周围环境噪音，然后在噪音到达用户耳朵之前产生等效的"抗噪音"生效来消除噪音。另外还还有一个额外的麦克风朝内，对着用户的耳朵。当麦克风检测到的任何剩余没有过滤的噪音之后，都将以类似的方式进行处理，从而进一步增强主动降噪的效果。通透模式可以让用户能听到环境音效的同时正常听音乐，从而避免外出时无法听到交通鸣笛或者其它潜在的危险状况。

在充电方式上，AirPods Pro支持有线、无线两种充电方式；总的说来有线充电比无线充电速度更快：有线充电半小时可以充入23%电量，无线充电半小时充入16%电量；有线充电2小时34分钟可充满，无线充电充满需要花上3小时46分钟。续航上pro更好，而且也增加了IPX4级别的防水功能。

最后是价格上，AirPods 2含无线充电盒约1300元，AirPods Pro约2099元。

邮局订阅代号：61-75 国内统一刊号：CN51-0091

微信订阅**纸质版**
请直接扫描
邮政二维码
每份1.50元 全年定价78元
四开十二版 每周日出版

扫描添加**电子报微信号**
或在微信订阅号里搜索“电子报”

2019年12月22日出版 实用性 启发性 资料性 信息性

第51期 （总第2040期）

国内统一刊号:CN51-0091 定价:1.50元 邮局订阅代号:61-75

地址:(610041)成都市武侯区一环路南三段24号节能大厦4楼 网址:http://www.netdzb.com

让每篇文章都对读者有用

折叠屏需要解决的几个问题

小米MIX Alpha概念机(预计量产一万台)的发布让不少米粉耳目一新,但某个网友一句不经意的戏称“没解决好折叠屏的铰链问题”,仔细想想可能还说的在理。

首先小米官方工程师郑扬表示:“每生产一百台,可能只有一台是可以使用的。”也就意味着小米MIX Alpha良品仅为1%甚至更低。不要小看了这一块“折叠”屏的技术含量,首先就有以下几个问题需要解决:“屏幕怎么生产?整机怎么装配?屏幕下指纹怎么实现?5G天线方案怎么实现?”

材质上小米官宣的是“柔性屏分层贴合方案”,如果加上难度更高的铰链设计,那无疑就是一款折叠屏手机了。对于常规的单面全面屏手机,小米MIX Alph不得不得作出了以下的“牺牲”:“1、没有前置摄像头(可以翻转手机用后置摄像头自拍);2、没有听筒(利用屏幕发声技术通话);3、厚度激增至10.4mm重量为241g;4、天线如何安放?具体信号还是个未知数!5、既然作为旗舰级概念机,却没有无线充电的设计!”

另外在其他硬件上还有传感器的设计布局、柔性电池等问题需要解决。

除了硬件上的麻烦需要厂家自己设计解决以外,还有个软件系统及应用的问题,这可不是单一手机生产商就能解决的。

和之前的单面触摸屏相比,折叠屏最大的特点显然是显示面积可变,不同的显示面积会随着设备的形态变化,产生不同的组合:例如当折叠屏张开一个角度,不同的部分可以显示不同的内容。而对于多变的硬件形态,目前的系统和App应用并不能直接适应这种多变的形态。

分辨率

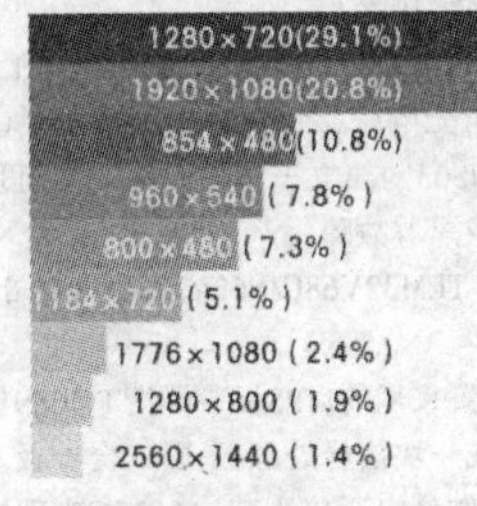

近年安卓机常见的几种分辨率

折叠屏在前期推出时同样没有统一的标准,各家的设计、尺寸和展开方式都不一样。就和早期的单面触摸屏智能手机一样,不同分辨率导致的App显示问题层出不穷。特别是作为安卓系统,在早期安卓智能手机存在800×480、854×480、960×640等不同的分辨率,App运行在分辨率不同的机器上,常出现UI界面变形、扭曲等显现。直到现在经过十年的发展,仍旧有好几种分辨率,只不过相对几个尺寸都有对应的分辨率。

不仅仅是安卓机,就连当初苹果10面市时,其特殊的刘海屏也造成了一些App出现了大黑条,而初期的折叠屏手机为了各自的特色肯定会在展开以及显示方面会呈现出百花齐放的局面。

好在安卓系统的开发商谷歌针对折叠屏,提供了一项名

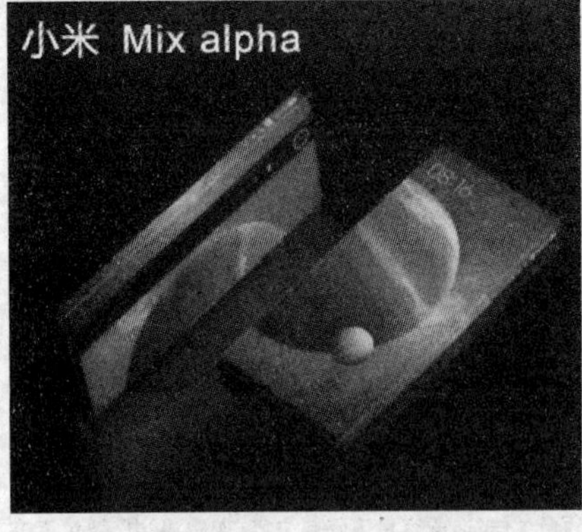

为“Foldables”的全新技术规范,为安卓开发者提供了“Screen Continuity(屏幕连续性)”的原生系统支持。在最新的安卓Q系统中,Foldables特性已经能同时支持内折和外折开合,跟进了Foldables的App,可以在折叠屏开合的时候,自动调整尺寸布局,在折叠屏不同形态下都得以显示。

App

但这并不表示所有的App就能适应Foldables,在Foldables还没成为安卓系统必须的规范前,有的折叠屏设备采用的是双系统方案,分别适配手机模式和平板模式,在折叠屏开合的时候,自动切换手机版本和平板版本的App。

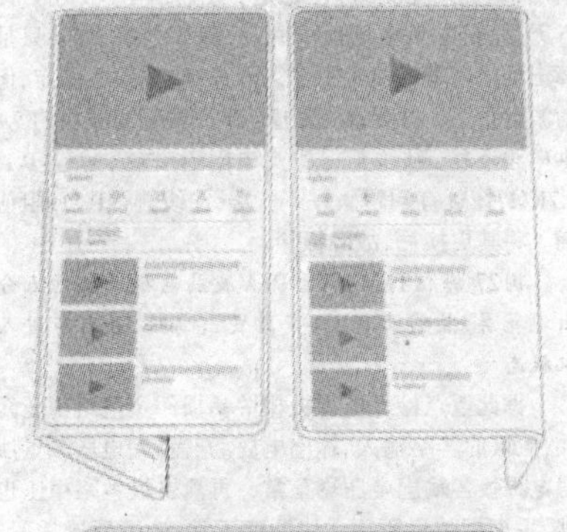

当然谷歌也在采用技术和强制手段大力推行Foldables,首先在安卓9.0中禁止API Level低于17的App运行,今年的Google Play准入门槛又提升到了API Level 28;然后在安卓8.0以后引入了Project Treble,将系统和驱动分离,设备可以更迅速地跟进系统升级,App自然也就能放心使用新的开发规范,没有必要花大力气去兼容旧版系统了。不过在折叠机还没大规模上市前(目前折叠屏手机仅有三星Galaxy Fold和华为Mate X发布),对于开发者来说无关痛痒。

多屏模式

也有一些设计者希望通过多屏模式一劳永逸地解决折叠屏的显示界面问题。目前安卓早在7.0版本就能够使用分屏模式,在屏幕上同时显示多个App,这让用户能够同时使用两个APP。但是,目前安卓的分屏模式仍不够完美,除了视频播放等少数功能外,两个APP并不能同时运行。当用户在分屏模式下使用一个App时,另一个App会挂起暂停,并且一些App在分屏使用的过程中,也容易出现屏幕不适配的问题,最典型的就是在聊天界面想打个字,弹出的键盘一下把上半部分的App给挤到几乎看不见,没法做到完美的多任务。

而在安卓Q中,系统加入了一项名为“Multi-Resume”的特性,可以在分屏模式下让系统真正地同时运行多个App,其他窗口的App将不再被暂停挂起,这能给用户带来更进一步的多任务体验。尽管Multi-Resume是为推行折叠屏而面世的,但它无疑也能惠及其他安卓设备。多任务是安卓的特色之一,也许不久以后在折叠屏的推动下,这种设计将会变得更加完善。

（本文原载第48期11版）

彩电维修笔记(四)

(紧接上期本版)

例18 创维32L05HR液晶电视在收看节目中出现无规律黑屏,但伴音一直正常

此现象首先考虑该机系统控制及相关信号通路偶尔遇阻的可能性。动态下,测量12V、24V、背光ON/OFF等电压正常,显然供电无问题。此时,根据设计电路等效原则,故采用试探法,小改修复。试用一支22KΩ/1/2W金属膜电阻,并联在电路C28位置后,试机电视一切正常,土法修复成功。

例19 长虹LT37710液晶彩电(LS23机芯)黑屏

开机背光亮,无图黑屏。该机背光亮,说明CPU工作正常,即输出了背光控制信号。用电压测量法,首先测屏供电电压(VCC—PANEL)为0V,该机上屏供电由U3(AP3003S—12)输出,测其输入端24V正常,而输出端为0V,显然异常,说明在其之间相关部件有问题。顺线路重点查U3模块组成的电路及外围相关的可疑阻容件与稳压管等,发现外围一只二极管表面变色,标号:D1:1N5824,系稳压二极管。焊下测量,其内结已击穿短路。换新后12V电压恢复正常,彩色图像即正常。

提示:U3输出的12V电压还供给伴音处理块R2A15908SP,若该电压异常还会造成无伴音故障。

例20 长虹LT37710液晶彩电(属奇美屏)花屏

开机观察发现字符和图像全部花屏,且有规律的局部竖格与横带呈现。据理论原理与经验得知,此现象应重点检查逻辑板电路(U26,TPS65161)。液晶电视机的逻辑板功能类似CTR电视机视放板(但原理不同),负责把LVDS格式的图像信号转换成液晶屏组件能够识别的RSDS格式的数字图像信号,以通过屏内的行、列驱动电路,控制液晶屏显示彩色图像。据此,开壳静态检查逻辑板上的LVDS接口、屏接口,未见变形和氧化腐蚀,再查看可疑部件也未见变色、开裂、松动等异常现象。开机状态下,手摸相关部件表面温度,无异常发热,烧损的现象,再用放大镜一一细观查,发现U26外围件D53、D54两只二极管其表微纹、字迹发黑模糊不清,显然可疑。用万用表验证测量,确认均已开路。经查资料与实物对比得知,D53、D54型号为:BAV99,其内串联倍压整流二极管。更换同型号、同规格二极管后,故障排除。

例21 创维40E360E液晶彩电收看中出现不定时花屏、黑屏,有时还有竖线干扰,且屏线性不良

据维修经验得知,此现象系典型的逻辑板及相关联的连接器、部件、元器件异常所致。先静态仔细检查逻辑板,即屏驱动板上的相关部件、核心部件,及输入、输出接插口;其屏驱动集成芯片表面未见变色、发黄、龟裂现象,通电后手感也不发热;接着查看驱动板输入接口,此接口系通过驱动芯片与主板视频信号输出口相接,输入LVDS低压差分数字对信号,经查看、手触摸、轻拨,再用欧姆挡测量相关脚与地间在线电阻值,判断逻辑板接口到主板间的接插排线内接触不良。小心将其拆下后,用无水酒精清洗逻辑板插头和插座污物后,试机故障排除。之后约半年再询访机主,答复:一直工作正常。

例22 创维24E12RH液晶电视背光灯不亮,有伴音

该机采用8R04机芯组装,其LED驱动电路的核心芯片采用RT8482,故此,重点检查背光驱动电路。开机测LED驱动电路的升压输出端为16.2V左右,说明电路工作异常。继而检测RT8482的⑮脚供电电压正常,⑬脚也有高电平,开机后,该点必须为高电平,否则电路不会工作,待机时该点才为低电平。接着用示波器探头观测②脚(GATE)无脉冲波形,该脚为PWM脉冲输出,驱动外部场效应开关管MOSFET。继而,再测⑭脚电压接近0V,正常1.2V左右,说明芯片并未保护,再查外围件无问题,故怀疑RT8482内局部损坏。更换后,故障排除。

例23 TCL王牌L24S10液晶彩电TV状态无图像,无伴音,但AV状态正常

据修理实践经验得知,TV状态无图像无伴音,但AV状态图声正常时,一般是高频调谐器(U1,TOQ—3EPD)电路有问题,故首先检查该电路的相关引脚电压。经检测得知,高频调谐器的⑥脚电压仅有0.69V,异常,正常为30V,而⑤脚的+5V电压正常,因而说明高频调谐器的30V调谐电压电路中有损坏元件。查看高频调谐器实物板获知,重点怀疑由滤波电解电容C114(22uF/50V)、D102、L105组成的30V升压电路。当这些元件故障时,会使30V电压下降或无电压,此时,在线一一检查,确诊为C114电容漏电,将其换新后,故障排除。

例24 创维32E60HR液晶彩电通电后三无,电源蓝灯亮

开壳静态直观检查机内电路主要元件,未见变色、变形、烧毁、裂迹,继而开机几分钟后断电,马上手摸功率元件、集成块等未感到发热烫手。仔细观察主板电路部件时,发现有一个三端稳压器表面有轻微的变色,系可疑对象。接着,开机检测电源输出端各路电压值,均正常,再测P—on/off二次开机端电压为0V,又查主板的三端稳压器V18,输入电压正常,但输出的1.8V电压只有1.3V左右,并有波动。换新1.8V稳压器后,复测1.8V输出端为2.48V偏高,因原机用的稳压器是可调型,调整脚用680Ω电阻,为安全、保证质量,因此,小改之。将新换稳压器②脚接一只5.6Ω/1/4W金属膜电阻,另一端接地后,输出稳定的1.8V,试机一切正常。

例25 TCL—L37M71液晶彩电屏左边下部有局部噪波点干扰,开机时间越长越严重

据检修实践经验得知,此故障现象是由于电源电路中滤波电容因受机内环境污染,或因电解电容本身质量欠佳,造成容量下降或失容、变质、漏电、鼓包等等异常现象,故重点检测之。首先检查电路板各输出电压均正常,又仔细观查电解电容发现有两只局部微凸且变色,可能有问题。经查此电解CA20,容量由100uF降为19uF;另一只CA21,由100uF降为23uF,电容量均变小。换新后,一切正常,故障排除。

例26 TCL—LCD47K73液晶电视正常收看中有时黑屏,但伴音始终正常

据实践经验判断,故障可能在电源供电电路,或背光电路,或主板相关电路。故开壳通电检测电源输出各电压,12V、5V、18V均稳定正常,再测+24V背光电压发现不稳定。仔细观察24V的5只滤波电容均有鼓包。换新后,试机又复测24V已稳定,电视正常。交用户使用五天后,机主又电话反馈说:故障和之前一样,只是故障出现的频率较之前低了。再查24V依旧不稳定,但较前波动小了。再查24V输出电路的振荡集成块的⑨脚,供电也不稳,顺线查得一支电阻已变色,标号:R119/4.7KΩ,怀疑有问题。焊下一端,在线测得R119阻值大增。将其更换后,故障根除。

例27 海信TLM46V89PKV液晶电视开机约五分钟出现花屏、竖线干扰、扬声器发出鸣叫,并自行进入待机状态

据此重点检查电源板相关易损件及电路稳压元器件,主板的各路输入、输出电压。开盖,用电压测量法测得电源板各输出电压均正常,再测主板各路稳压也正常,手摸相关稳压集成块温度正常,未发现异常现象。接下来测到N32电源模块SE8117TA,发现输出电压在1V~2V之间跳动,图像正常时为2.12V,显然此件内损。试更换N32后一切正常。半年后询问,机主回复:电视一直正常工作。

例28 海信TLM42V66PK液晶彩电开机后电源指示灯闪两次后熄灭,处于“三无”状态

据此故障现象先查电源板各路电压,后查主板相关易损元件。开机壳测电源板各输出端电压,16V、12V、5VS、5VN、5VM均正常,开待机BL—ON/OFF电压也正常,再查PFC为402V正常,逆变振荡器N701/QZ9938的②脚工作电压有稳定的5.2V。当查到控制背光灯工作的(SW)电压时为0V,并且该机用遥控器开关机无效,故判断为主板相关部件局部损坏。为安全快速修复,只好更换主板,试机一切正常。半年之后询问用户,电视运行正常。

例29 东芝46K100C液晶彩电二次开机红灯能转绿灯,但黑屏无伴音

据此故障现象说明电源板工作正常,重点检查背光板驱动电路,及主机板微处理器相关元器件。开盖检查电源板输出的24V、3.3V均正常,但无背灯BL—DIM电压和亮度控制(ADIM)电压。检测主板5只稳压集成块各输入、输出电压均正常,再查主板LVDS接口、微控制器表面未见异常,故怀疑晶振不良。因条件所限,只能用同型号正常的主板对原主板进行代换,换后一切正常。

例30 清华同方LC32B82E液晶彩电开机后蓝灯常亮,三无,且无法转换开/待机状态

据此故障现象,先重点检查电源电路各输出路电压是否正常。由原理可知,电视在接通电源后,副电源就会工作,输出待机5V电压,为MCU(或CPU)及遥控、按键电路供电。开机在线测5V、12V、24V电压均正常,接着测三端稳压块(D1084,1N4002)输入电压为1.69V,输出为0.8V,显然异常。再从D1084电压输入端往前查起,测到D100时,发现二极管正、反向电阻均较大,异常。故换D100(1N4007)后,试机一切正常。

例31 海信LED32K11液晶电视在正常收看中突然听机壳内“啪”的一声响,随即三无,配电盘跳闸

据此,重点检查交流输入电源的滤波元件、全桥整流管、整流滤波电容、大功率开关管等易损件。先断开负载后,测整流管VD807击穿短路,电源抗干扰电容C807(470PF/1KV)也击穿,保险丝断路。将损坏元件换新后,试机,一切正常。

例32 海信TLM32V66液晶彩电黑屏有伴音

据理论原理与修理经验判断,黑屏有伴音故障一般是背光控制电路有问题,故先观察背光灯是否点亮,并重点查高压逆变输出电路。该机背光控制电路主要由N803(FAN7313)芯片及外围贴片元件组成。此时仔细观察实物元件未发现变形、龟裂、接触不良等异常现象,再检测N803相关脚电压,⑩脚无输出,⑦脚使能端电压仅0.68V左右,且有抖动现象,正常为3.85V左右,该脚用于灯管点亮控制。接着查其⑦脚外接元件,发现C865(0.1UF)电容严重漏电,并已变色。用0.15uF瓷片电容代换后,故障排除。

小结:N803的⑦脚在开机时应有大于1.25V的电压输入,关机时无电压,因为C865漏电时,其⑦脚被钳位于低电平,N803内部电子开关动作,关闭⑪VCC输入电压,故形成黑屏故障。

例33 海信TLM32V68C/N62液晶彩电伴音正常,图像鬼影

该机板配置采用的LIPS板,即把TCON板(逻辑板)与主板集成一块信号处理板,即二合一板。据此现象分析判断是伽马电压校正芯片AS15G内部性能不良所致。故采用替换法,经试换同型号的IP板(主板)后,故障排除,一切正常。

例34 创维24S15NM液晶彩电彩色开机约3~5分钟后伴音出现“沙沙”声,工作时间越长越明显

据此故障现象,重点检查该机主板电路的音频信号处理芯片,音频切换开关,音频功率放大等关联部件、关键电压、输出/输入信号波形是否正常。经初查,未发现可疑部件。查AV音频输入接口与扬声器的插座,均正常;用干扰法分段触碰,沙沙声依旧,怀疑高谐波干扰,即有源滤波不良引起;再经细查相关电路及阻容元件未果。继而,为提效率,故求助相关维修人,经上网得到贺先生提供的资料并解答:拆下L44,换成10Ω电阻。经试替换后,果然伴音清晰效果良好。在此以表致谢!

(未完待续)(下转612页) ◇山东 张振友 贺方利

Excel全新超级函数技巧介绍

如果你的Excel 2019或Excel 365已经加入Office预览体验计划，而且已经更新至最新的版本，那么下面的这几个超级函数不可不看。

技巧一　分割获取多行多列

例如需要将A列的员工姓名，分布为多行多列的效果，在以前需要借助类似于"=INDEX($A:$A,MOD(COLUMN(I1),9)+ROW(A1)*9-8,1)"的超级复杂公式才能实现，对初级用户来说相当麻烦。现在只需要利用SEQUENCE函数即可解决，SEQUENCE函数的功能是返回一个数字序列，该函数的使用语法为=SEQUENCE(行数,[列数],[起始值],[步长])，例如"=INDEX(A:A,SEQUENCE(30,9))"可以将A列分割为30行9列的矩形，效果如图1所示。

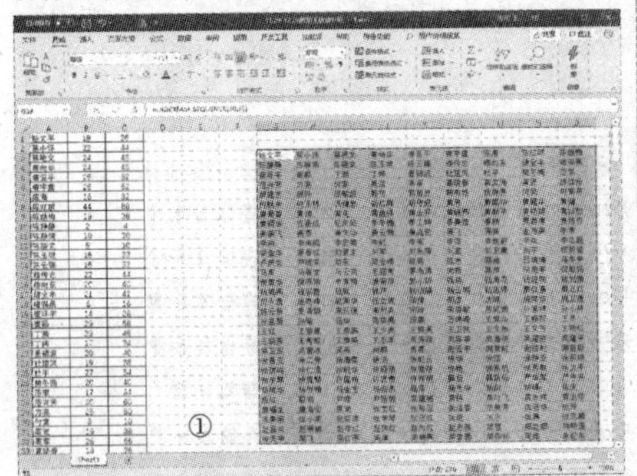

①

技巧二　各类查询一键搞定

很多朋友困惑于VLOOKUP的复杂应用、困惑于INDEX+MATCH的组合应用、困惑于IF({1,0}……，现在只要改用FILTER函数即可解决这一问题，该函数可以基于定义的条件筛选一系列数据，使用语法为=FILTER(数据源区域,条件,[找不到])，可以实现一对一查找、一对多查找、多对多查找、错位查找等诸多任务。

例如"=FILTER(A2:C278,C2:C278=H1)"可以实现一对多查找，这里的"A2:C278"表示数据源区域，"C2:C278=H1"表示在C列找出金额为H1单元格数值的所有记录，查找效果如图2所示。如果需要按照其他条件查找，只要更改第二参数即可。

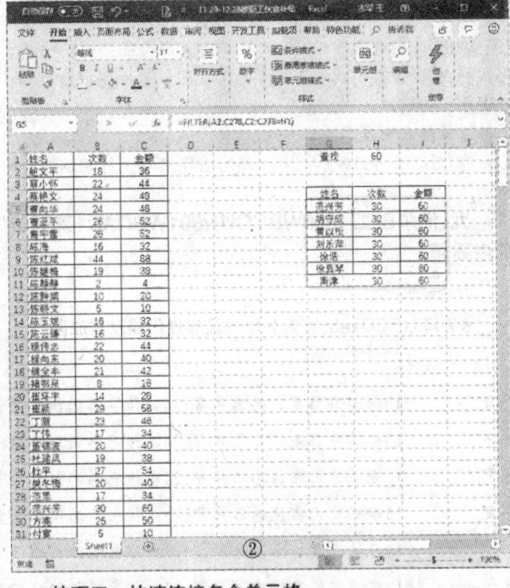

②

技巧三　快速连接多个单元格

如果需要将多个单元格的内容连接起来，那么选择CONCAT函数是再简单不过的了，选定目标单元格，在编辑栏输入公式"=CONCAT(A2:A248&"、")"，这里使用顿号进行分隔，公式输入之后按下"Ctrl+Shift+Enter"组合键转换为数组公式，很快就可以看到类似于图3所示的合并效果。

虽然也可以使用PHONETIC函数完成连接，但PHONETIC函数比较挑剔，无法处理公式返回的结果，而且不支持对内存数组进行连接。

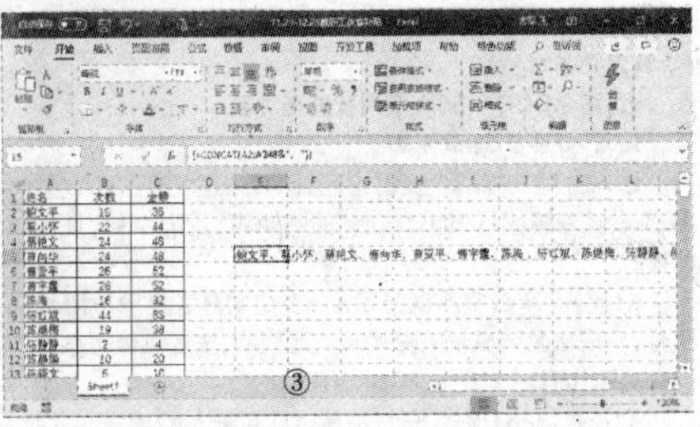

③

技巧四　去除重复项

虽然"数据"选项卡提供了删除重复值的功能，但如果源数据发生变化，那么必须再次操作，利用公式可以实现结果的自动更新，但相应的公式太复杂了，现在只需要使用UNIQUE函数即可搞定，该函数的语法为：=UNIQUE(数据源,[按行/按列],[唯一值出现次数])，需要强调的是第3个参数，如果该参数设置为0或缺省时，将去除所有重复值；如果该参数设置为1，将只提取唯一出现过的值。

例如"=UNIQUE(C2:C248)"执行之后可以得到类似于图4所示的去重效果，这里列出所有不重复的金额。如果需要列出所有不重复的补贴次数，可以将公式修改为"=UNIQUE(B2:B248)"。

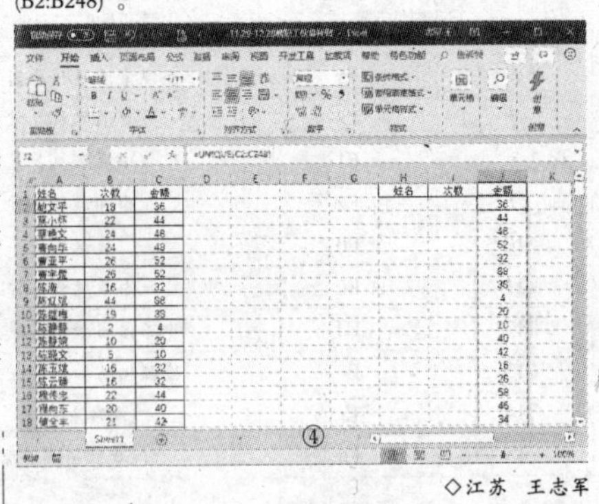

④

◇江苏　王志军

一招修复受损的PPT课件

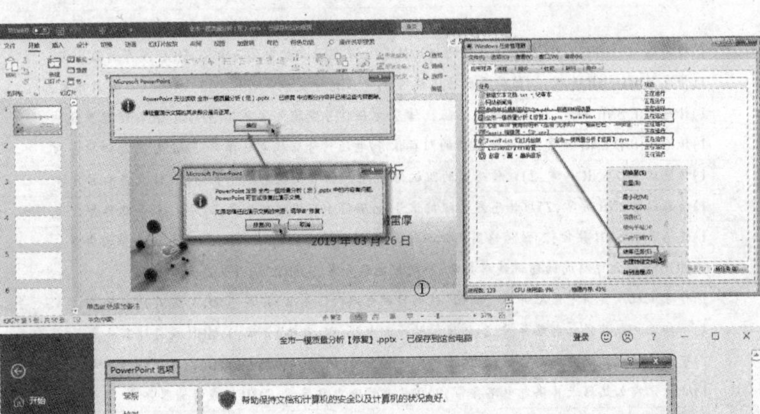

①

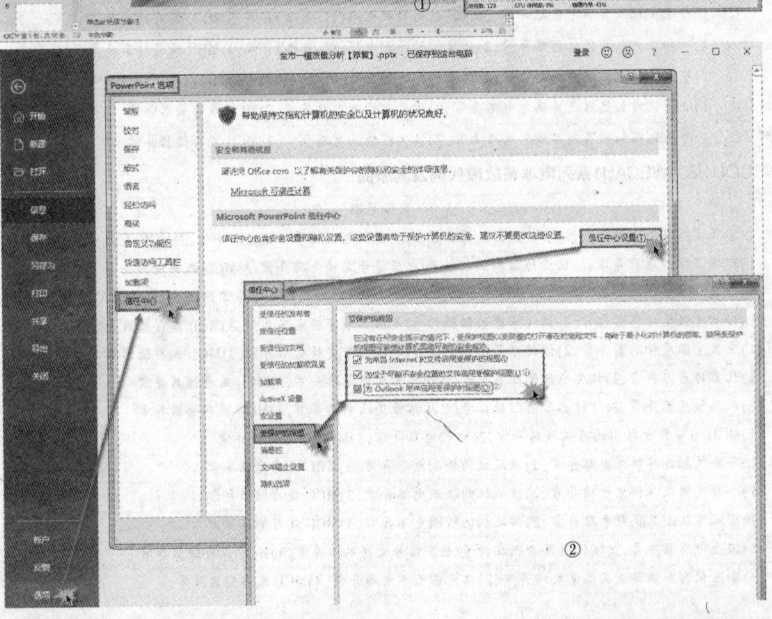

②

前几天，物理老师说自己有个PPT课件无法正常使用，总是提示"修复错误"——"PowerPoint发现XXX.pptx的内容有问题，可尝试修复此演示文稿。如果您信任此演示文稿的来源，请单击'修复'。"，只是在点击"修复"按钮之后，PPT 2016先是提示"已修复中的部分内容并已将这些内容删除，请检查演示文稿的其余部分是否正常。"，接着就会"修复"新生成一个PPTX类型文件，在尝试按F5功能键播放时却产生了"假死机"现象——并未出现正常的放映画面，按Ctrl+Shift+Esc组合键调出Windows任务管理器查看，能够查找到该PPT文件的正常显示状态及放映的两个"正在运行"进程，只好通过点击右键选择"结束任务"将"假放映"进程停止(如图1所示)，连续尝试了几次都是如此(包括不按照PowerPoint的提示进行修复更是无法打开该PPT课件)，怎么办呢？

对于这个貌似"棘手"的难题，好像令人无从下手，其实仔细想想还是有根可寻的——既然放映"修复好"的演示文稿时出现"假死"(进程是正常的"正在运行"状态)，估计很可能是PPT启动了一定级别的文件保护以防止发生崩溃，而PPT 2016的"信任中心"中就有个"受保护的视图"选项，会不会是这里的设置在"搞鬼"呢？那就来测试一下吧。

打开这个"XXX【修复】.pptx"文件，首先点击"文件"-"选项"菜单，在弹出的"PowerPoint选项"窗口中选择左侧底部的"信任中心"项，右侧的"Microsoft PowerPoint信任中心"提示"信任中心包含安全设置和隐私设置，这些设置有助于保护计算机的安全，建议不要更改这些设置"，忽略该警示，点击右侧的"信任中心设置"按钮，在弹出的"信任中心"窗口中选择左侧的"受保护的视图"选项，此时右侧的警示信息是"在没有任何安全提示的情况下，受保护视图以受限模式打开潜在的危险文件，有助于最小化对计算机的损害，禁用受保护的视图可能使计算机面临可能的安全威胁"，估计就是这个比较保守的安全保护设置造成修复后的PPT演示文稿无法正常放映，直接将其下方的"为来自Internet的文件启用受保护的视图"、"为位于可能不安全位置的文件启用受保护视图"和"为Outlook附件启用受保护的视图"三个项目前的对勾全部点击取消(如图2所示)，最后点击右下角的"确定"按钮返回PowerPoint，按Ctrl+S组合键保存一下文件，关闭后再重新打开并按F5功能键，PPT演示文稿终于成功开始放映了，问题得以解决。

看来，一直出现这个"无法修复"问题的根源就是PPT启用了"受保护的视图"功能，从而进入"死循环"。如果大家也遇到这个问题，不妨也试一下取消这三个"保护"项，应该就会顺利解决问题。

◇山东　牟奕炫　牟晓东

海尔新型智能电冰箱故障自诊速查(三)

(紧接上期本版)

七、海尔BCD-455W系列智能电冰箱

1. 进入/察看/退出方法

进入:打开冷藏室、变温室门,同时按住"冷冻"和"解锁"键,3s后随着蜂鸣器发出"嘀嘀"的鸣叫声,显示为A1,进入自检模式。

A1模式:冷藏室温区显示A1,变温室温区显示故障代码序号,冷冻室温区显示故障代码。此期间,按变温键可察看下一个故障代码。

A2模式:在A1模式下,按冷藏键即可进入A2模式。此时,按变温键可在FS SS RS,rd,IC,AT,CH间切换。

退出:在自检模式下,同时按住"冷冻"和"解锁"键,随着蜂鸣器发出"嘀嘀"的鸣叫声后,自动退出自检模式。

2. 故障代码及其原因

海尔BCD-455W系列电冰箱的故障代码及其原因如表7所示。

八、海尔BCD-460W系列智能电冰箱

1. 进入/察看/退出方法

在锁定状态下,按住MY ZONE键的同时,连续点按3次"速冻"键,随着蜂鸣器鸣叫1声,即可进入自检模式。进入自检模式后,按锁定键可察看下一个故障代码。无操作1分钟后自动退出自检模式。

2. 故障代码及其原因

海尔BCD-460W系列电冰箱的故障代码及其原因如表8所示。

九、海尔BCD-800WBCOU1/801WBCAU1系列智能电冰箱

1. 进入/察看/退出方法

进入:在解锁状态下,连续同时按5次"温区选择"、"速冻"键,随着蜂鸣器发出1声提示音,进入自检模式。

察看:进入自检模式后,按锁定键可以察看下一个故障代码。

退出:1)进入自检模式后,若无故障时显示"_"5s后自动退出;2)有故障,20s内若未操作,则自动退出自检模式;3)在自检模式下,同时按5次"温区选择"、"速冻"键也可以退出自检模式。

2. 故障代码及其原因

海尔BCD-800WBCOU1/801WBCAU1系列电冰箱的故障代码及其原因如表9所示。

(未完待续)(下转第614页)

◇内蒙呼伦贝尔中心台 王明举

表7 海尔BCD-455W系列电冰箱故障代码及其原因

序号	故障代码	含义	故障原因
1	F3	冷藏室温度传感器异常	1)冷藏室温度传感器异常,2)该传感器的阻抗信号/电压信号变换电路异常,3)MCU或存储器异常
2	F4	冷冻室温度传感器异常	1)冷冻室温度传感器异常,2)该传感器的阻抗信号/电压信号变换电路异常,3)MCU或存储器异常
3	F1	冷藏室化霜传感器异常	1)冷藏室化霜传感器异常,2)该传感器的阻抗信号/电压信号变换电路异常,3)MCU或存储器异常
4	F6+冷冻温区	冷冻室化霜传感器异常	1)冷冻室化霜传感器异常,2)该传感器的阻抗信号/电压信号变换电路异常,3)MCU或存储器异常
5	F2	环境温度传感器异常	1)环境温度传感器异常,2)该传感器的阻抗信号/电压信号变换电路异常,3)MCU或存储器异常
6	F5	变温室温度传感器异常	1)变温室温度传感器异常,2)该传感器的阻抗信号/电压信号变换电路异常,3)MCU或存储器异常
7	E8	变温风机异常	1)变温室风机或其供电电路异常,2)该风机的检测电路(PC电路)异常,3)MCU或存储器异常
8	E1	冷冻风机异常	1)冷冻风机或其供电电路异常,2)该风机的检测电路(PC电路)异常,3)MCU或存储器异常
9	E2	冷却风机异常	1)冷却风机或其供电电路异常,2)该风机的检测电路(PC电路)异常,3)MCU或存储器异常
10	E0	通讯不良	1)MCU与被控电路间的通讯线路异常,2)被控电路异常,3)MCU或存储器异常
11	E6	冷藏风机异常	1)冷藏风机或其供电电路异常,2)该风机的检测电路(PC电路)异常,3)MCU或存储器异常
12	Ed	冷冻化霜加热系统异常	3)冷冻化霜加热器或其供电电路异常,2)该化霜检测电路异常,3)MCU或存储器异常
13	Ec	冷藏化霜加热系统异常	1)冷藏化霜加热器或其供电电路异常,2)该化霜检测电路异常,3)MCU或存储器异常
14	Er	制冰机异常	1)制冰机或其供电电路异常,2)制冰机检测电路异常,3)MCU或存储器异常
15	Fh	湿度传感器异常	1)湿度传感器异常,2)该传感器的阻抗信号/电压信号变换电路异常,3)MCU或存储器异常

表8 海尔BCD-460W系列电冰箱故障代码及其原因

序号	故障代码	含义	故障原因
1	00-温区	正常	
2	F2	传感器RT SNR异常	1)传感器RT SNR异常,2)该传感器的阻抗信号/电压信号变换电路异常,3)MCU或存储器异常
3	F3	传感器R1 SNR异常	1)传感器R1 SNR异常,2)该传感器的阻抗信号/电压信号变换电路异常,3)MCU或存储器异常
4	F4	传感器F SNR异常	1)传感器F SNR异常,2)该传感器的阻抗信号/电压信号变换电路异常,3)MCU或存储器异常
5	F6-冷藏温区	传感器R/D SNR异常	1)传感器R/D SNR异常,2)该传感器的阻抗信号/电压信号变换电路异常,3)MCU或存储器异常
6	F6-冷冻温区	传感器F/D SNR异常	1)传感器F/D SNR异常,2)该传感器的阻抗信号/电压信号变换电路异常,3)MCU或存储器异常
7	F5-冷藏温区	传感器S SNR异常	1)传感器S SNR异常,2)该传感器的阻抗信号/电压信号变换电路异常,3)MCU或存储器异常
8	Eh	传感器H SNR异常	1)传感器H SNR异常,2)该传感器的阻抗信号/电压信号变换电路异常,3)MCU或存储器异常
9	E0	通讯不良(2min内通讯失效)	1)MCU与被控电路间的通讯线路异常,2)被控电路异常,3)MCU或存储器异常
10	E1	冷冻风机F FAN异常	1)冷冻风机或其供电电路异常,2)该风机的检测电路(PC电路)异常,3)MCU或存储器异常
11	E2	冷却风机C FAN异常	1)冷却风机或其供电电路异常,2)该风机的检测电路(PC电路)异常,3)MCU或存储器异常
12	E6	冷藏风机R FAN异常	1)冷藏风机或其供电电路异常,2)该风机的检测电路(PC电路)异常,3)MCU或存储器异常
13	Ed-冷藏温区	冷藏化霜系统异常(化霜1h,温度未达到7℃)	1)冷藏化霜加热器或其供电电路异常,2)该化霜检测电路异常,3)MCU或存储器异常
14	Ed-冷冻温区	冷冻化霜系统异常(化霜1h,温度未达到7℃)	4)冷冻化霜加热器或其供电电路异常,2)该化霜检测电路异常,3)MCU或存储器异常

表9 海尔BCD-800WBCOU1/801WBCAU1系列电冰箱故障代码及其原因

序号	故障代码	含义	故障原因
1	F1	冷藏室蒸发器温度传感器异常	1)冷藏室蒸发器温度传感器异常,2)该传感器的阻抗信号/电压信号变换电路异常,3)MCU或存储器异常
2	F2	环境温度传感器异常	1)环境温度传感器异常,2)该传感器的阻抗信号/电压信号变换电路异常,3)MCU或存储器异常
3	F3	冷藏室温度传感器R1异常	1)冷藏室温度传感器R1异常,2)该传感器的阻抗信号/电压信号变换电路异常,3)MCU或存储器异常
4	F4	冷冻室温度传感器异常	1)冷冻室温度传感器异常,2)该传感器的阻抗信号/电压信号变换电路异常,3)MCU或存储器异常
5	F5	变温室温度传感器异常	1)变温室温度传感器异常,2)该传感器的阻抗信号/电压信号变换电路异常,3)MCU或存储器异常
6	F6	化霜传感器异常	1)化霜传感器异常,2)该传感器的阻抗信号/电压信号变换电路异常,3)MCU或存储器异常
7	FE	人感传感器异常	1)人感传感器异常,2)该传感器的阻抗信号/电压信号变换电路异常,3)MCU或存储器异常
8	E0	通讯不良	1)MCU与被控电路间的通讯线路异常,2)被控电路异常,3)MCU或存储器异常
9	E1	冷冻风机F FAN异常	1)冷冻风机或其供电电路异常,2)该风机的检测电路异常,3)MCU或存储器异常
10	E2	冷却风机C FAN异常	1)冷却风机或其供电电路异常,2)该风机的检测电路异常,3)MCU或存储器异常
11	E6	冷藏风机R FAN异常	1)冷藏风机或其供电电路异常,2)该风机的检测电路异常,3)MCU或存储器异常
12	Eh	湿度传感器异常	1)湿度传感器异常,2)该传感器的阻抗信号/电压信号变换电路异常,3)MCU或存储器异常
13	Ed	化霜加热系统异常(化霜1h,温度低于7℃)	1)冷冻化霜加热器或其供电电路异常,2)该化霜检测电路异常,3)MCU或存储器异常
14	Eb	掰边错误故障	

接近传感器的主要功能以及应用原理解析(一)

接近传感器具有使用寿命长、工作可靠、重复定位精度高、无机械磨损、无火花、无噪音、抗震能力强等特点。在自动控制系统中可作为限位、计数、定位控制和自动保护环节。被广泛地应用于机床、冶金、化工、轻纺和印刷等行业。

在讲述接近传感器的应用之前，我们先来了解一下,它所具备的一些主要功能：

1.检验距离检测电梯、升降设备的停止、起动、通过位置；检测车辆的位置，防止两物体相撞检测；检测工作机械的设定位置，移动机器或部件的极限位置；检测回转体的停止位置，阀门的开或关位置；检测气缸或液压缸内的活塞移动位置。2.尺寸控制金属板冲剪的尺寸控制装置；自动选择、鉴别金属件长度；检测自动装卸时堆物高度；检测物品的长、宽、高和体积。3.检测物体存在有否检测生产包装线上有无产品包装箱；检测有无产品零件。4.转速与速度控制控制传送带的速度；控制旋转机械的转速；与各种脉冲发生器一起控制转速和转数。5.计数及控制检测生产线上流过的产品数；高速旋转轴或盘的转数计量；零部件计数。6.检测异常检测瓶盖有无；产品合格与不合格判断；检测包装盒内的金属制品缺乏与否；区分金属与非金属零件；产品有无标牌检测；起重机危险区报警；安全扶梯自动启停。7.计量控制产品或零件的自动计量；检测计量器、仪表的指针范围而控制数或流量；检测浮标控制侧面高度、流量；检测不锈钢桶中的铁浮标；仪表量程上限或下限的控制；流量控制，水平面控制。8.识别对象根据载体上的码识别是与非。9.信息传送ASI(总线)连接设备上各个位置上的传感器在生产线（50-100米）中的数据往返传送等。目前，接近传感器在航空航天、工业生产、交通运输、消费电子等各行各业的领域中都有广泛的应用，下面介绍几种典型的应用场景，以便能为你在接近传感器的应用设计中打开一些思路。人体接近传感器在ATM取款机监控中的应用人体接近传感器是一种用于检测人体接近的控制器件，可准确探知附近人物的靠近，是目前作为报警和状态检测的最佳选择。它的传感部分对附近人物移动有很高的检测灵敏度，且对周围环境的声音信号抑制，具有很强的抗干扰能力。内部采用微电路芯片作程控处理，具有较高探测灵敏度和触发可靠性，探测与控制两部分合二为一，守候功耗低，开关信号输出，直接触发报警录像。由于对人体感应的灵敏度是连续可调的，这使得人体接近传感器可以适用于很多不同的场合。在安全防盗方面，如资料档案、财会、金融、博物馆、金库等重地，通常都装有由各种接近传感器组成的防盗装置。

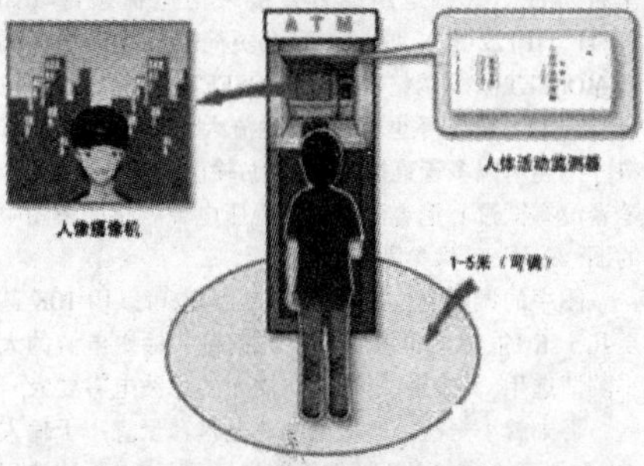

接近传感器在飞机起落架系统中的应用 航空动力装置、起落架系统、导航系统是航空公司上报的航空器使用困难报告数据中位列前三的系统。其中，起落架系统故障易造成飞机返航、备降等不正常事件，给公司带来经济损失，给航空安全带来隐患。在一般的空客飞机起落架控制系统中，通常采用的是数字电传控制系统。其基本原理便是将传感器信号送给控制盒(控制计算机)，经过综合运算比较后发出指令给执行机构，控制环节为余度控制。现代民用飞机起落架收放包括正常收放和应急释放两套系统。起落架控制系统在操纵方式上使用电传操纵，且与其他系统实现交联，广泛采用感应式接近传感器用于检测起落架的位置。每个起落架起主要作用的传感器有两个，即收上锁传感器和放下锁传感器，分别用于收上和放下锁好时接通传输位置信号。该类型传感器为磁阻型接近传感器，主要由两部分组成：传感器主体和传感器激励片。传感器主体将电能转换成磁场，激励片主要起到增大导磁率的作用。当起落架与激励片接近到一定距离时导磁率增加，传感器发出信号警告组件指示起落架位置。它们之间的距离直接影响到指示的准确程度，一般调节要求也比较严格。此外，不同机型略有差别，调节时还需参看该机型的AMM手册。用感应式接近传感器检测起落架的位置，提高了传感器寿命。此外，通过控制计算机方便地实现了与航空电子系统的信息传输与信息共享。接近传感器在铁轨道口监测中的应用在所有的铁路事故中，列车相撞占到很大一部分，且常常后果严重。利用接近传感器对交叉道口过往列车监测，成为提高铁路安全性措施中非常重要的一个环节。在实际应用中利用接近传感器非接触式位置测量的特点，可以将它们分别对称地安装在交叉口铁轨的两端。当有列车经过时，铁轨两端的接近传感器能够检测到各自端车轮经过时引起的变化。通过道口监测微处理系统对各传感器信号进行分析，可以判断车辆行驶的方向及穿越时的状态(通过与否、是否停留)。最终，以线缆或者无线通信的方式，将信息发送到交管控制中心，以便对列车进行调运。

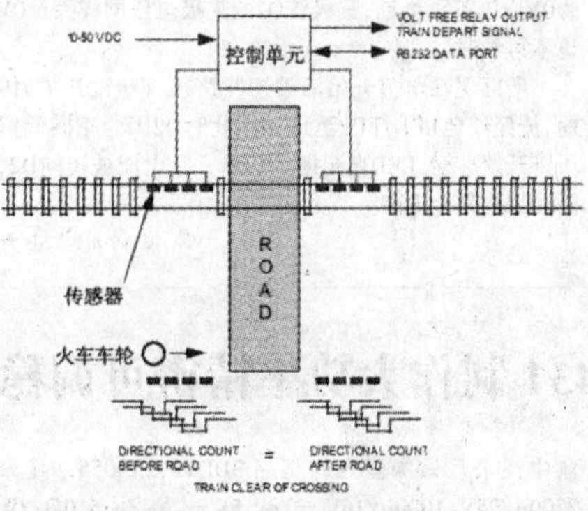

接近传感器在自动包装机械中的应用机械化生产制造催生了对自动包装技术的需求，人工包装的方式已远远不能满足批量生产作业。自动包装机械能够在控制系统的引导下完成一系列物品的包装工艺流程，提高了产品包装效率，降低了包装成本，但仍然免不了会出现纰漏。为此，自动包装检测成为保证包装质量的一个重要环节。其中对于包装过程中含铁磁类物质的情况，利用接近传感器进行非接触检测是常采用的一种方式。接近传感器内部的能产生交变磁场的线圈，当被检测铁磁物处于该环境下时，便会因电磁感应原理作用而在内部形成涡电流。当涡电流所产生的磁场足够大时便会反过来改变接近传感器原有电路参数，从而产生信号输出。因此，利用接近传感器能识别附近一定范围是否存在含磁性或者易磁化的物质。在一些自动包装过程中，如巧克力金属箔纸包装，通过接近传感器对磁性物质存在性的检测，可以判断是否出现包装错误或工序遗漏的不合格产品，进而提高包装质量。

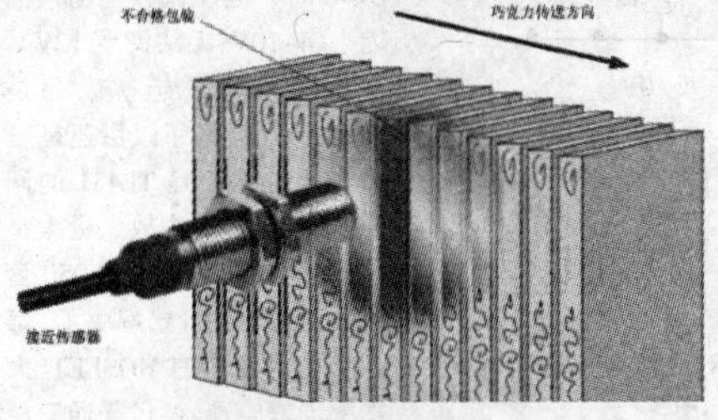

接近传感器在机器人手夹持器中的应用机器人手夹持器是一种具有多个自由度，可灵巧抓取物体的机械结构部件。可用于各种工业自动化生产、装配和操作中，可在高风险环境下执行信息探测、物品收集和侦查、排爆等任务。机器人手夹持器一般多采用钳形结构，以开、合的方式来夹取物体。因此，“钳口”开合度的精确测量和控制，是直接影响夹取过程成功与否的关键性因素。由于接近传感器能够感应距离和位置的变化，所以，也是机器人手夹持器中，测量开合情况的常用传感器件，它利用磁场的变化与被测金属部件的相对位置关系来进行测量。通常传感器被安装在夹持器的其中一个夹钳上，在夹取物体时，接近传感器能够通过感应磁场的大小变化而判断两者（夹钳）距离的远近。从而可与设定值进行比较，调节手夹持器开度的大小，避免抓空或损坏物件。

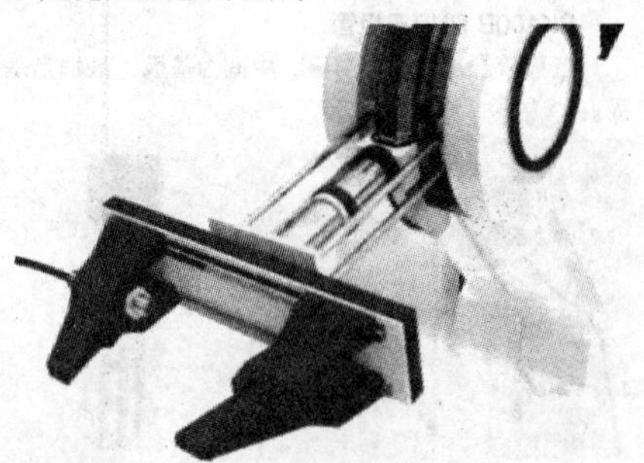

电容式接近传感器在汽车电子中的应用汽车电子应用领域对接近检测传感器的需求一直在稳步攀升，接近检测在汽车电子行业的可能应用是无限的，例如：汽车门禁控制；检测手靠近门把，进而启动开锁程序当手掌靠近屏幕表面时，就能照亮和唤醒触摸屏在手掌靠近传感器时，就能打开/关闭车内照明灯通过检测手掌在空中的简单动作来打开/关闭设备在停车过程中检测汽车周围的大障碍物 针对各种不同的汽车电子应用需求，有多种接近检测方法，如电容感测、红外、超声波、光学等。对从5mm到300mm范围的接近检测，电容式感测技术相对其他技术而言有许多优势：出色的可靠性、简单的机械设计、低功耗和低成本。电容式接近检测的一个示例是在汽车门禁系统中的应用（见下图）。检测人手靠近的接近传感器位于车门把手(1)内。一旦检测到有物体靠近，主控单元(2)通过低频天线(3)发送一个唤醒信号；该信号激活汽车钥匙发送器(4)。汽车钥匙发送器于是与RFID接收器(5)交换信息；如果编码信息与主控单元(2)匹配，汽车门锁就打开。接近检测和ID识别的整个过程约几分之一秒。这意味着当手拉门把时，门锁已经打开了。相比于触摸检测，在汽车门禁系统中使用接近检测的优势在于它能够在识别车主的时间上抢先，其结果是拉门之前，门锁就已经处于打开状态。

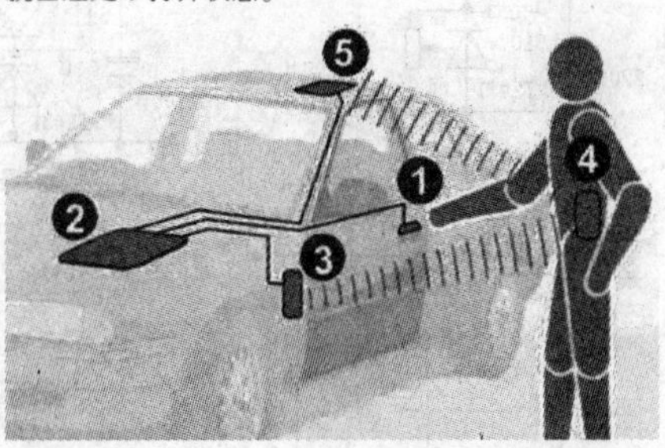

◇四川 唐渊

自制一款短路保护电路

短路是两个给负载供电的引脚间的无意连接。在交流和直流电路中都会发生，如果是交流的话短路会影响一整个区域的供电，但从供电站到房屋内有许多级的保险丝和过载保护电路。如果是电池这样的直流源，则短路会使电池过热，且电池放电会更快。某些极端情况下电池甚至会爆炸。有多种电路来避免短路，也有许多种保险丝来应对过载保护。

本例我们来设计并学习一种简单的低压直流短路保护电路。该电路的作用是为了让微控电路更加安全的运行，并保护其免受电路其它部分的影响。

所需元器件

SK100B PNP三极管x1

BC547B NPN三极管x1

1kΩ电阻x1

10kΩ电阻x1

330Ω电阻x1

470Ω电阻x1

6V直流电源x1

SK100B PNP三极管

三极管凸起处的为射极，中间为基极，最后是基极。

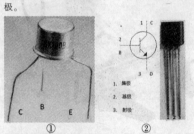

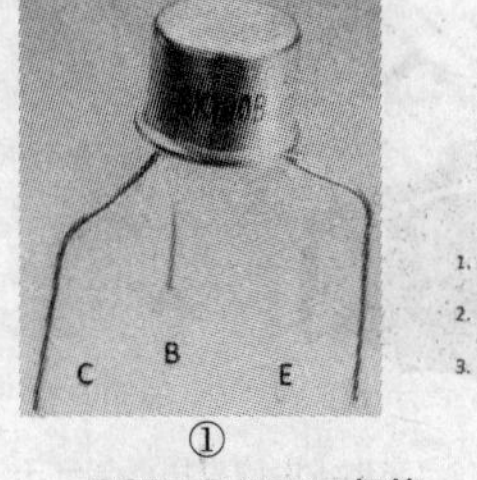

① ②

BC547B NPN三极管

短路保护电路

最常见的短路就是电池的正负引脚用一个低阻值的导体连接，比如导线等。这种情况下电池可能会起火甚至会爆炸。许多手机电池起火往往是这样发生的。

为了避免短路，我们需要加入短路保护电路。短路保护电路会分流一部分电流或切断电路与电源间的连接。

有时候我们使用一些有故障的家用电器比如烤箱，熨斗时会出现断电或火花。这是因为电路某处电流过大，这可能会导致漏电或起火等。为了避免这样的损失，我们常用保险丝或断路器。短路情况下保险丝或电路器会将房屋电源切断。熔丝断路器电路也是一种短路保护电路，其中低阻值的导线会在大电流下熔断，从而切断供电。

电路图

短路保护电路的工作原理

以上短路保护电路由两个三极管电路组成，一个是BC547 NPN三极管的电路，一个是SK100B PNP三极管的电路。电源输入为5V的直流电源，既可以用电池也可以用变压器实现。

电路的工作原因很简单，当绿色LED灯D1亮起，意味着电路正常工作且无损坏风险。红色LED灯D2亮起时则意味着有短路发生。

当电源打开的时候，三极管Q1偏置导通，LED灯D1亮起。这段时间内因为没有短路所以红色LED灯D2关闭。

绿色LED灯D1的亮起同样意味着电源电压与输出电压近乎相等。

仿真电路中我们利用输出端的一个开关创造一次“短路”。当短路发生时，输出电压跌至0V，Q1基极电压为0V所以不再导通。三极管Q2的集极电压同样跌至0V也不再导通。

所以现在电流开始沿着短路路径（穿过开关）传输，流经红色LED灯D2至地。而此时D2因为正向偏置所以开始导通，LED亮起提示短路，且电流被转向D2，而非损害整个电路。

◇四川 秦士力

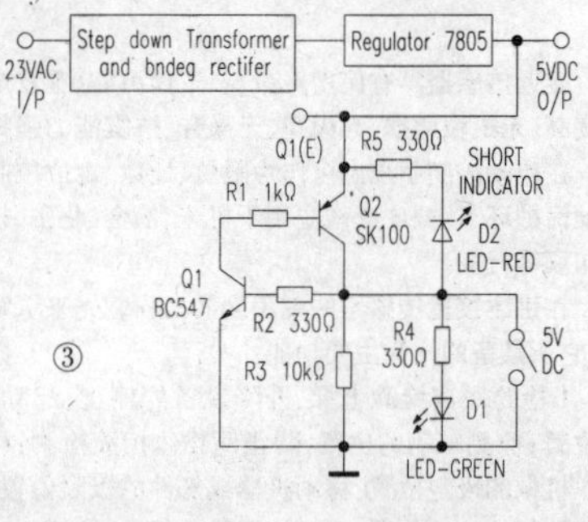

③

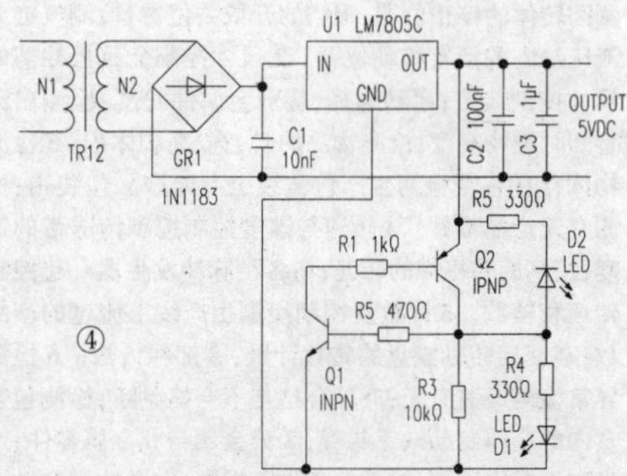

④

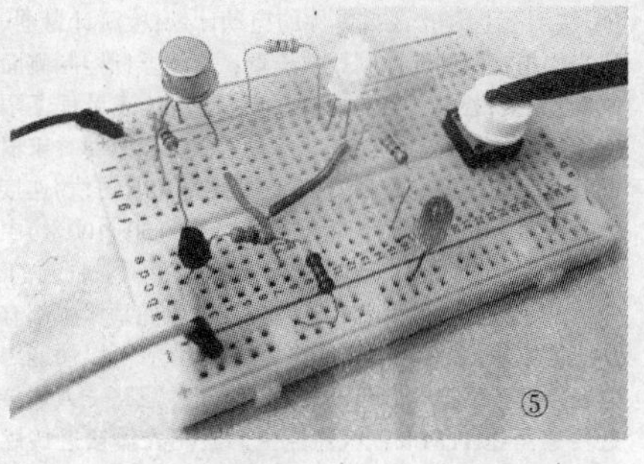

⑤

用TL431制作大功率精密可调稳压电源

家里的太阳能电池板的控制板出现了问题，无法输出12V直流电压对电瓶充电。由于其电路板采用了双面板和大量贴片元件以及控制Ic，无法修复，只能考虑自己制作一个大功率稳压电源为电瓶充电。考虑到一般串联型稳压电源发热量大，效率低且电路也比较复杂，故拟用TL431来实现上述目的。

上网可知TL431是输出电压可调的精密电压基准IC，是一款有良好热稳定性的三端可调分流基准源，辅以适当的外围电路（只需两只电阻或一只电位器）即可实现输出电压从2.5V至36V连续可调，电路简单制作难度小而精度很高，而且输出纹波极小，甚至可以为要求较高的高档电器供电，因此完全可以满足要求。

从废开关电源板上找到几只TL431，再从元件盒中找来几只绿蓝点的正品3DD15、2N3055，几只2200μ/25V、1000μ/16V电容、5K电位器、510Ω/?W电阻，几块废板还有铝板散热器，按图一电路组装，然后将输入端接到一只0—20V可调直流电源上，调可调直流电源输出为15V，这时TL431板输出4V，调电位器可使TL431板输出4V—12V。再将可调直流电源从15V缓缓调到20V，可以看到TL431板输出始终保持在12V不变。给TL431接一只12V10AH电瓶，并将输入端接入太阳能板（该板正常输出在17V至21V），用3A电流表串入充电回路，并用万用表25V档监测TL431板的输出电压，改变太阳能板的方向，可以看到电流表的示数在0至2.1A之间变化，而电压表的示数始终保持12V不变，表明TL431充电板制作获得成功且工作状态良好。

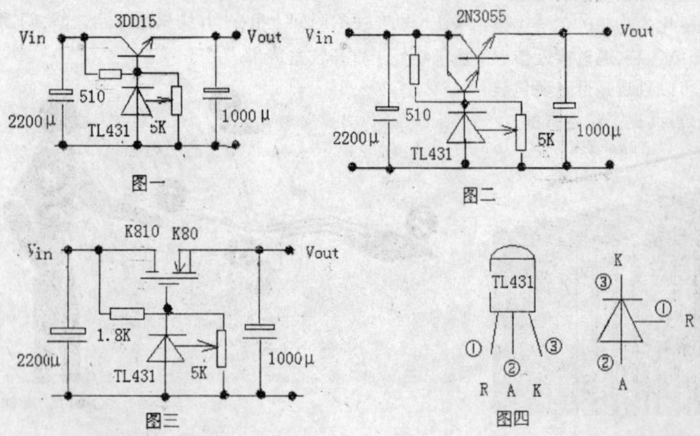

图一 图二 图三 图四

后来又陆续做了三个类似的稳压电源，都用TL431作电压调整，效果不错，其中两个当所用大功率管β<40时，电压调整范围大幅缩小（4–10V，无法调至12V），且电压不稳，起初以为是TL431不行，换了以后还是一样，才觉察不是TL431的问题，是大功率管的放大量太小的缘故，增加了一只8050管构成达林顿就轻松解决了。第四个是用N沟道MOSFET（大功率场效应管）替代普通三极管同样获得成功，只是限流电阻要改为1.8K。四个稳压电源至今一直工作正常。

小结：①TL431性能优异，电压调整效果好，用它制作的稳压电源性能不错，值得推荐。②普通双极大功率管如3DD15、2N3055 β应大于60，越大越好，并且应该选择管压降较小的管子，否则应该增加一级中功率管构成达林顿电路或者直接采用达林顿管（如TIP41、TIP122等N型达林顿管）更简单。③采用N沟道MOSFET管作调整管更好。MOSFET管的内阻小（只有0.几Ω），管压降也小，输出电流大，效率高，根据资料介绍还可以多管直接并联使用，输出电流更大（这个笔者没有试过）。笔者试验过的稳压电源电路如下图中的图一—图三，供参考。

图中的调整电位器如无5K的，也可以用10K甚至几十K的；滤波电容也可以根据输入输出电流的大小酌情选用，一般来说，输出电流大的滤波电容要大一些，否则就小一些，但输出端的电容容量宜小于输入端，否则可能造成电压调整管的损坏；限流电阻的选用应满足TL431的工作电流<150ma且>1ma，一般输出电流大限流电阻小，反之则大一些。④TL431的最大输入电压不应超过37V，否则可能造成损坏。⑤TL431管脚排列如图四。

本电源除可直接利用太阳能为12V电瓶充电外，还可以为18650锂电池、手电筒、电蚊拍充电（调成5V），为收音机供电（调成3V），用处多多，唯一的缺憾是不能为智能机充电（无法识别）。

◇福建 蔡文年

编辑：余寒 投稿邮箱：dzbnew@163.com

教学方法

积分电路的原理解析和电路调试

积分电路是模拟电路的重要电路之一，主要用于波形变换、放大电路失调电压的消除及反馈控制中的积分补偿等场合。教科书在讲解积分电路时都是用高等数学的积分公式来表述 $u_0 = |\frac{1}{RC}\int u_i dt$，当 u_i 在一段时间内是一个负向的阶跃电压时，在理想的条件下，与之对应的输出电压变化表现为一个恒流源向 C 电容充电，如图 1 所示。$R1\ C1$ 称为积分时间常数。

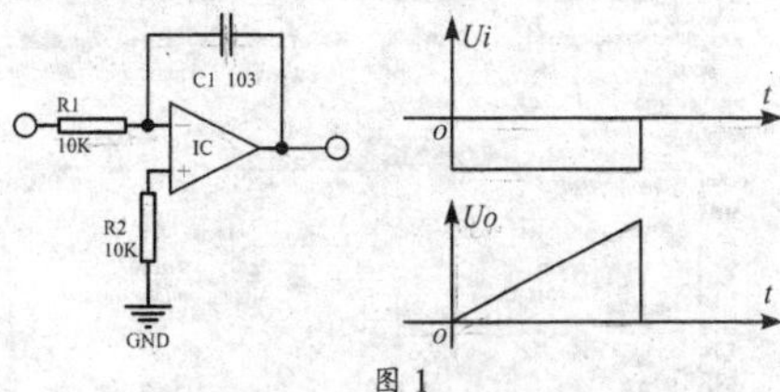

图 1

这些表述很经典，但高职学生高数学得比较浅，无法理解得很透彻。搭接积分电路时，我们只给一个没有参数的基本积分电路，输入方波的频率也由学生自己搭建的文氏振荡器频率决定，学生要根据测量的频率去调试确定积分电路的参数。在调试过程中，出现了各种失真，有的学生虽然改善了失真，但并不明白：产生失真的原因是什么？解决问题的机理是什么？怎样才能在输入不同频率的方波时输出正常的三角波？如果没有理论的支撑，后面的制作、调试、答辩就没有办法深入进行。

针对这种情况，笔者采用了退而求其次的讲课方式，上面的积分公式只提一下，不做展开，尽量从学生已学过的知识和容易理解的角度，用类似于图解的方法来讲解。

积分电路的实质是一只电阻和一只电容串联组成的电路，如图 2 所示。可以往这个电路输入方波，观察输出的波形，来理解积分电路的输入输出关系。

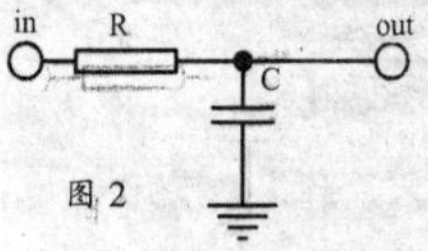

in R out C

图 2

选用四组不同的 RC 组合来看它们的充放电曲线，如图 3 所示。输出分别为 VF1、VF2、VF3、VF4。当不同的 RC 组合形成不同的时间 τ 时，其输出的曲线就不同，τ 越大，曲线越平坦。这些都是前面学过的关于 RC 充放电的知识。

当输入高电平时，输出为充电曲线，输出端的波形是一个规律变化的指数曲线，得到上升的一段曲线，如图 4 所示。

当输入端跳变为低电平时，电容上的电压就向电阻放电，U_C=E，形成一条放电曲线，如图 5 所示。

积分电路在输入方波时输出为三角波，三角波是有两条左右倾斜的线段组成的。其实，上面讨论的充放电曲线就是左右倾斜的两条指数曲线。一段弧线，如果只取中间一段很短的线段，就可以近似地认为是一段线段。因此，三角波向上的斜边，实际上是用方波的高电平时间 t1 截取的充电曲线的起始一段弧，如图 4 的坐标原点到 VF4 点之间的线；三角波向下的斜边，就是用方波低电平时间 t2 截取的放电曲线中起始的一段弧，如图 5 的 (0,5) 到 VF4 点之间的线。把截得的这两条斜边组合起来，就是三角波了。

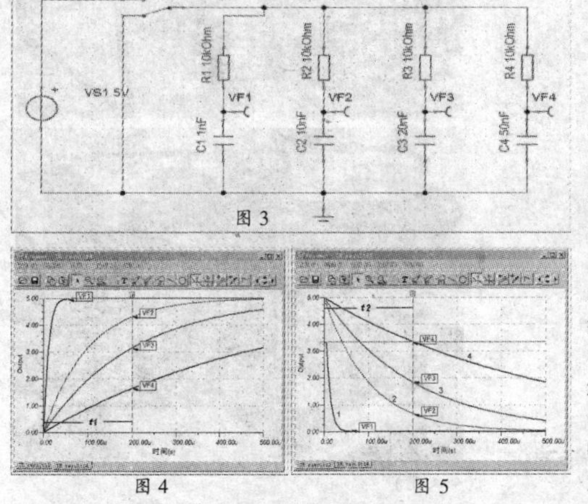

图 3

图 4 图 5

对照图 4、图 5 可知，当我们用脉冲时间为固定的 t1、t2 来截取不同的 RC 组合曲线时，4 号线的 τ 值大，截取到的斜边线性度好，但幅值低；2 号线的 τ 值小，截取到的电压高，但斜边的线性度差。由此，可以得到它们之间的规律：当输入积分器的方波频率不变时，τ 越大，截取的斜边的线性越好，但幅值越低。这可以用仿真软件来验证：对图 3 电路输入不同频率的方波，看输出波形的变化情况。

由此我们可以知道，积分常数与输入方波的频率之间有一个配合关系。如果积分电路的时间常数大于或等于 10 倍输入波形的时间宽度，输出三角波的线性就比较好，而且有比较合适的幅度。如图 6 所示。

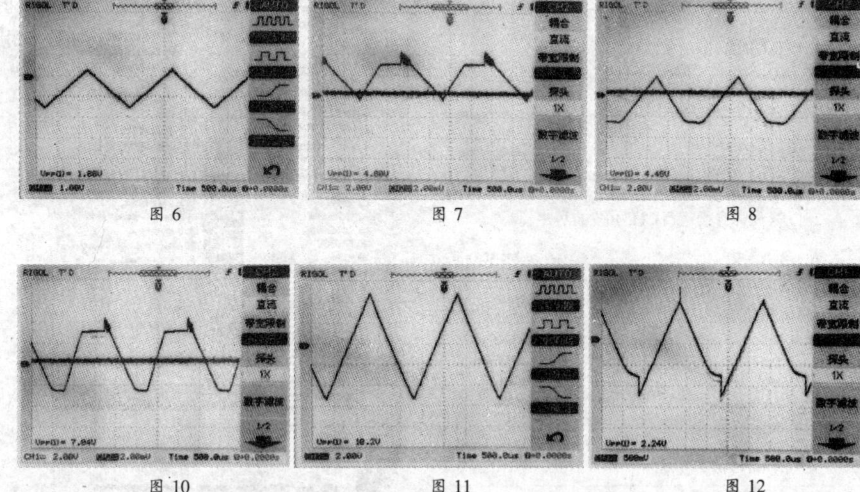

图 6 图 7 图 8

图 10 图 11 图 12

在实际调试时还会碰到其他种类的失真，直流偏移；如图 7、8。

这时要提醒学生把示波器的耦合方式调到 DC 挡，设定好 0V 的基准线。从 DC 挡上可以读出三角波的顶端（底端）已超过电源电压，三角波的中心线已明显偏离 0 电位线，由此可以判断，顶端的失真是三角波发生直流漂移后被电源电压限幅所致。

在直流时，标准的积分电路的电容等效为开路，电路相当于一个开环比较器，理论上直流增益为 ∞，输入信号中的任何直流分量都会被放大。即使输入信号中没有直流分量，但由于是开环放大，积分器的直流分量也可能会明显偏向一边，造成三角波的整体漂移，直至被 V_{CC} 所限幅。这时，单纯降低三角波的幅值不一定能解决问题。

解决问题的思路是降低直流时电路的增益，在积分电容两端并上大阻值的电阻，把积分器变成反相比例积分电路。当积分电阻为 10K 时，反馈电阻阻值可以在 100KΩ~2MΩ 之间选择，该阻值不能太小，因为并联的电阻造成了对积分电容的放电，会严重影响 RC 的时间常数，使得三角波的斜边不直。通过调试可以观察到，这种加负反馈的方法对大部分电路有效。

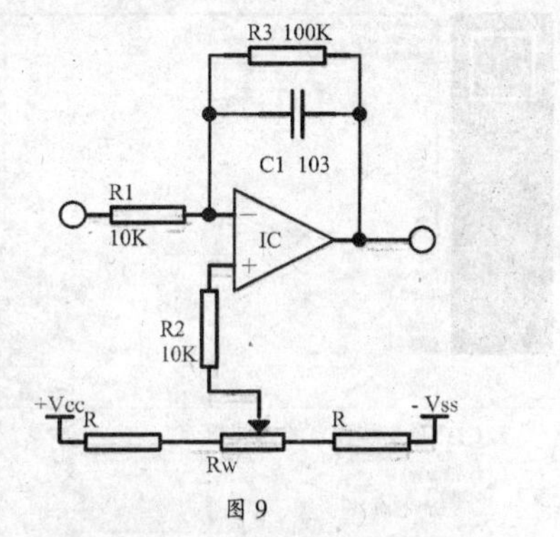

图 9

如果输入的脉冲信号中混有一定的直流成分，经反相比例积分电路放大后，会造成输出端更大的直流偏移。实验用的方波是由正弦波通过比较器后得到的，再通过双向限幅后接入积分电路。由于两只稳压管的稳压值有差异，会导致方波信号中含有一定的直流分量，导致积分后三角波发生平移。对于这种情况，靠加负反馈已无法纠正了，只能采用运放的调零技术来纠正直流偏移，如图 9。用此方法可以将三角波的中心线准确地调整到 0V 基线上。

实验中还会出现图 10 的情况。电路直流基本正常，但三角波上下的尖都被压缩了，这时 Vpp=7V。而图 11 中 Vpp=10V 并没有出现压缩失真。这两个波形都出自同一电路，不同的是图 11 的电路使用的电源电压比图 10 高一倍以上。这提醒同学们，在使用低电源电压时，要加大积分常数、压低三角波的幅值，以免三角波的峰峰值超出运放的输出范围，才能保证三角波不失真。

积分器的输入信号幅值不能太大，信号太大也容易引起输出波形的失真，如图 12。一般输入幅值控制在积分器电源电压的一半以下。

细心的同学可能会注意到，前面画出的输入输出曲线的相位关系与实际电路输出的相位不符。原因是，前面讲三角波来源时两条斜边是直接从 RC 充放电曲线上截取的，这时还没有考虑到反相比例放大器的作用。当截得的两条斜边从运放的反相输入端输入时，输出端的波形就会进行倒相，从输出端得到的就是反相之后的三角波，理论和实际就完全相符了。

◇江苏 王迅

教学Keil C51软件安装及STC89C52单片机实训平台的应用详解(四)

(紧接上期本版)

项目七 安装CH340驱动程序

为了适应USB接口下载程序，需要安装CH340驱动程序。

1. 找到CH340驱动安装程序文件位置。

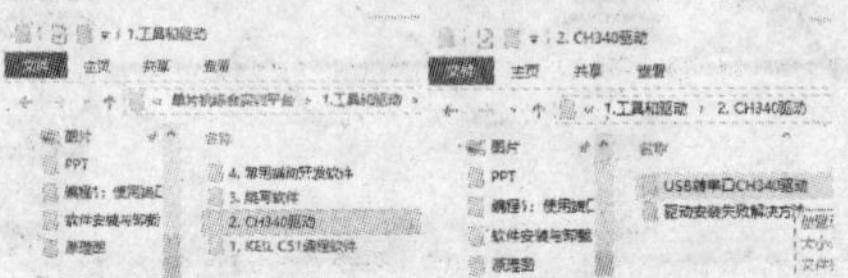

2. 以管理员身份运行CH340安装程序。

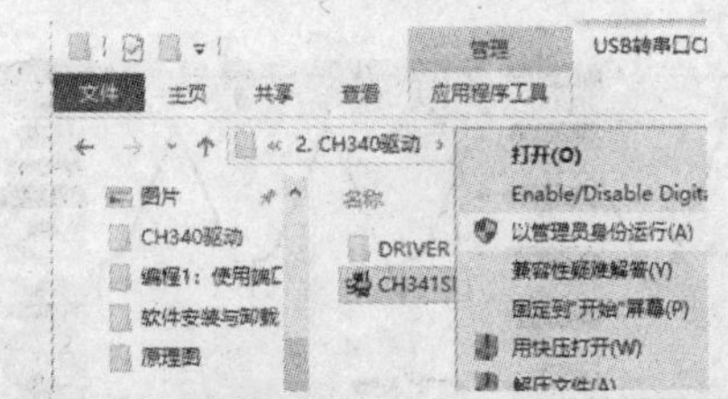

3. 启动CH340安装程序。

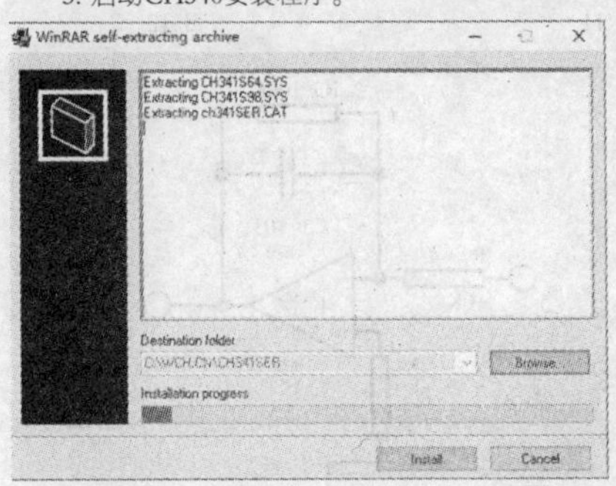

4. CH340安装程序的安装界面。

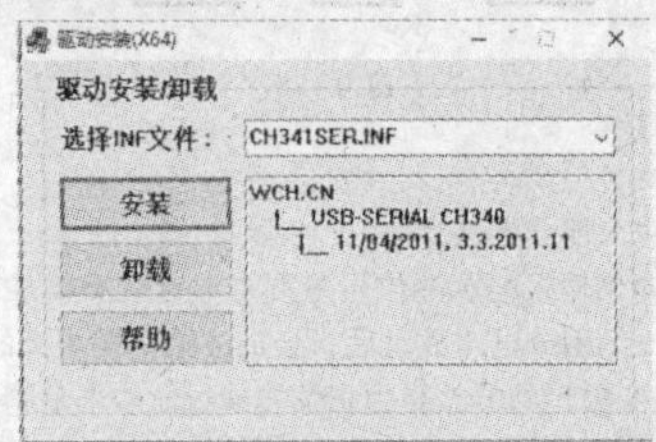

5. CH340驱动程序安装过程。

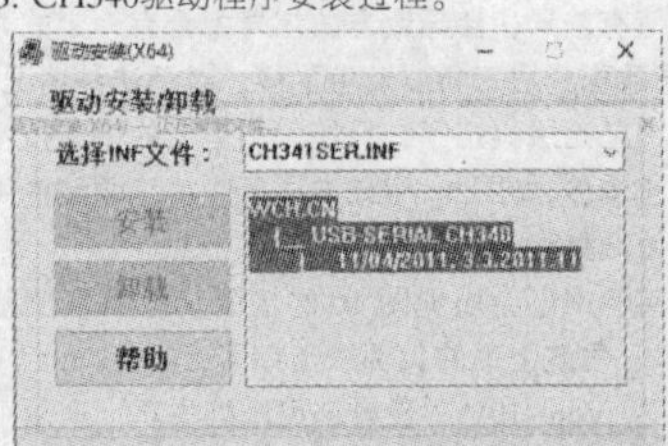

6. CH340驱动程序安装完成，确定。

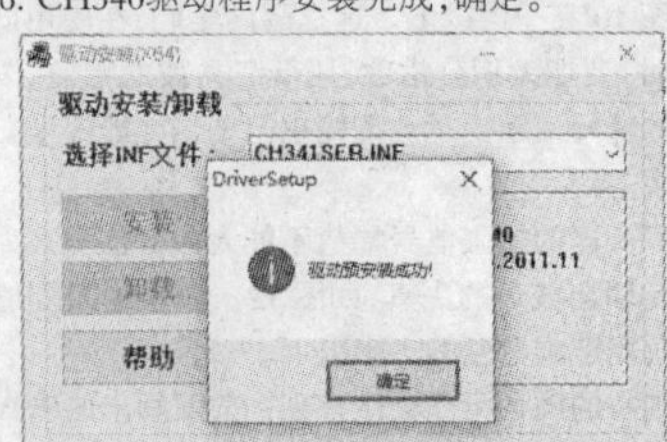

7. 端口查看。

项目八 下载烧写文件

编写好的单片机程序经过编译生成的hex可执行文件，需要用相应的程序下载烧写软件将其下载烧写到单片机中，才能实现相应的功能。

1. 以管理员身份运行烧写程序stc-isp-15…桌面快捷程序图标。

2. 版本信息提示，确定。

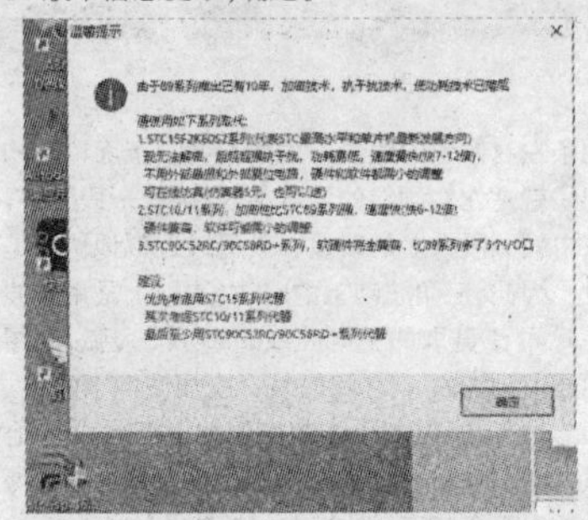

3. 波特率兼容提示。

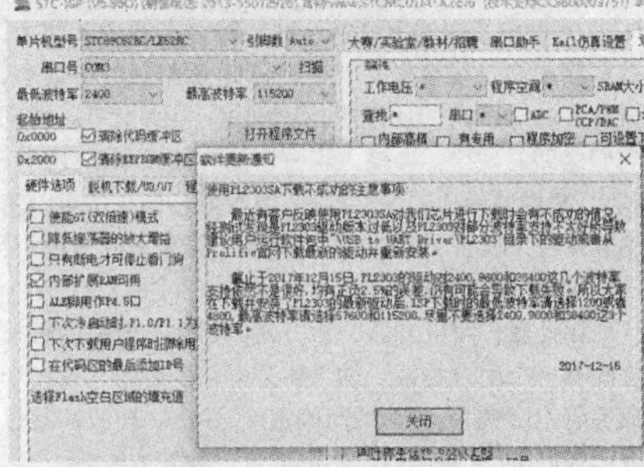

4. 打开烧写程序，选择单片机型号STC89C52RC系列的STC89C52RC/LE52RC。

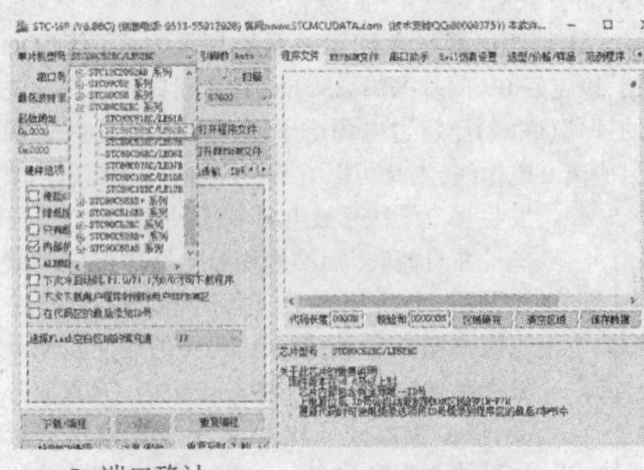

5. 端口确认。

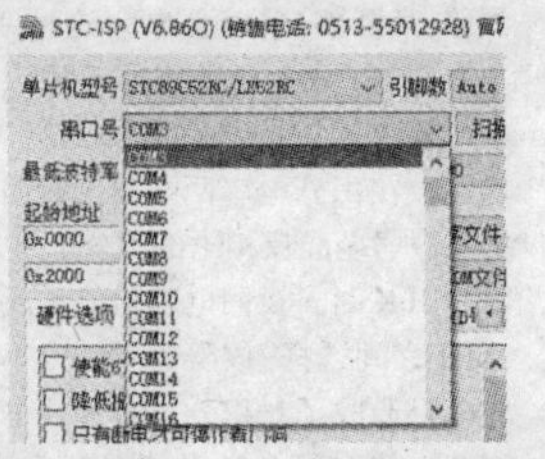

6. 波特率设置：最低1200或4800，最高57600或115200。

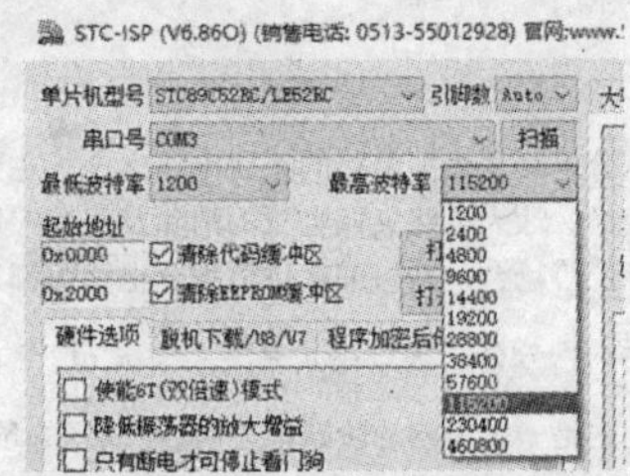

7. 加载项目hex文件。

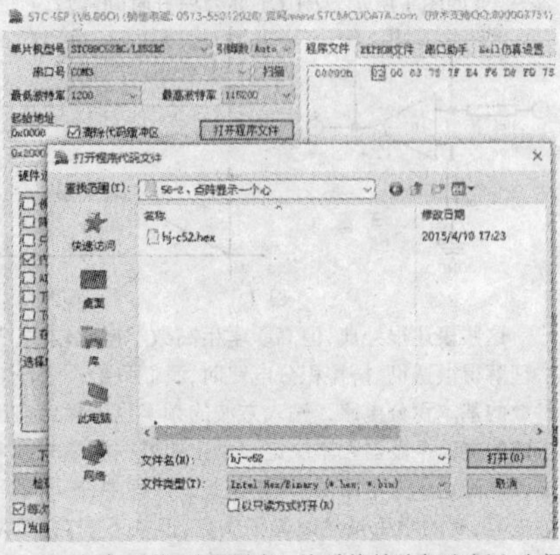

8. 点击下载/编程按钮，然后将单片机主板上电源按钮关闭再开启，则开始检测并下载程序。

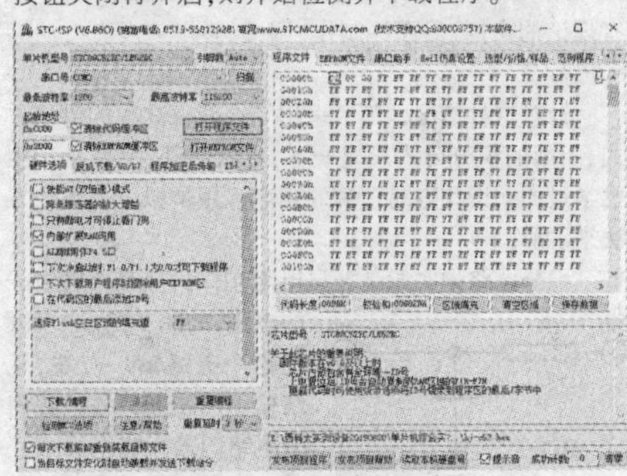

9. 下载烧写程序。

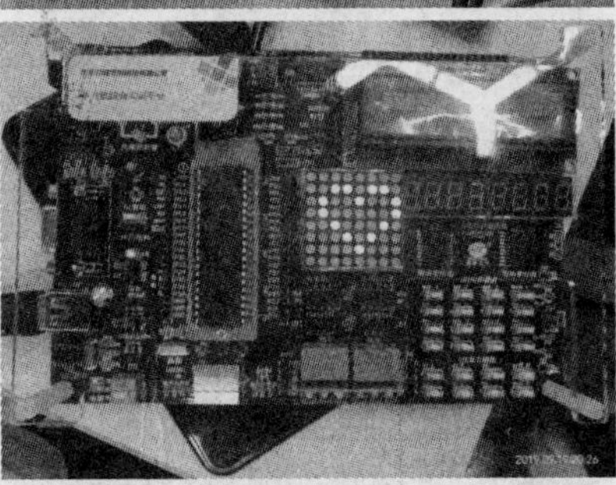

(全文完)

◇西南科技大学城市学院鼎利学院 刘光乾

广电线材理论大剖析(二)

(紧接上期本版)

(6)介质(DIELECTRIC)

如何选择两个导体间的介质是设计导线考虑的另一重要因素，信号所产生的电场会和介质相互影响，介质内的电子轨道会因为带负电的导体排斥另一带正电导体的吸引力而改变，此种改变需要讯源端提供能量，因而增加了损失，某些介质材料如橡胶，必须从讯源吸收很多能量才能改变原子结构，所以介质损失大，而且介质所吸收的能量会以较慢的速度释放出来，对声音也会有不利影响。

有些介质的原子的电子路径很容易加以改变，例如空气，从讯源吸收的能量很少，以这类物质来当介质其损失非常小，由于用空气来当介质在制线时较为困难，且不利于弯曲，因而一般高级导线大都采用铁氟龙、聚丙烯等昂贵的材料来当介质，虽然介质损失比空气高，但和其他低价位介质的损失比仍然算低。

(7)遮蔽(SHIELDING)

由于射频(RF)的干扰是无所不在的，这包含在大气中传播的各种频率的电波，射频也会侵入电源，暴露在大气中的输电电线有如一个长形的天线，它会吸收电波也会再发射出去，于是电流中也会受到射频的干扰。

由于信号线传递的信号十分微弱，所以一定要予以遮蔽，以免受到外来杂讯的干扰，最常见的遮蔽是用铜线编织成十分紧密的遮蔽网，导体包含其内，编织网外再覆以聚丙烯或其他合成橡胶，用来防止湿气及机械撞击，除了用钢网来做遮蔽外，还可以铝箔来代替；其他金属遮蔽也有，但十分少见，总之一定要用非磁性金属。

遮蔽除了使导体免受干扰之外，也可防止导线内的信号发射出去干扰其他系统，另外一个优点是其导线对地平衡，也就是说，无论在何处，导线间的电容都是均匀的。但遮蔽层和导体间必须保持适当且均匀的间隔，如果两者完全接触在一起，遮蔽层会将电磁能反射给最接近的导体。同轴型式的导线，电场和磁场均无法扩展到外导体之外，磁场被限制在两导体之间(如图二)，因此同轴线是完全遮蔽线外来的杂讯是进不去的，也可减少发射损失。

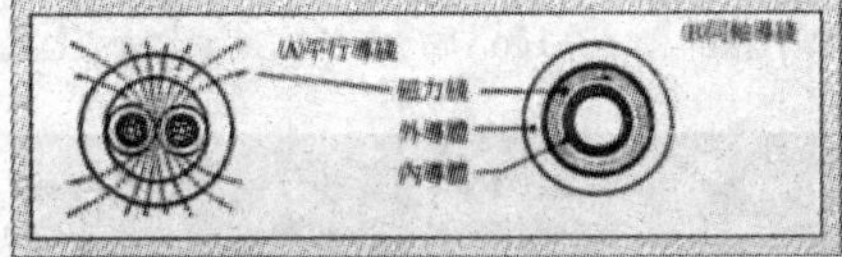

一般平行双导线和同轴导线之磁场分布图

至于喇叭线，由于其输送的电流量较信号线大很多，外来杂讯干扰的能量甚微，会被音乐讯号本身所遮蔽，因而不会有太大的影响，一般喇叭线都是无遮蔽的设计，但有些毫不妥协的喇叭线制造厂商为了避免此种微量的干扰，仍加上遮蔽网。

(8)其他因素

a.发射损失及感应损失

环绕导体的静电场和电磁场在导线中也会造成损失，静电场的作用是对邻近物体产生充电的现象，另外导电的电流和电压变化所产生的变化磁场，磁力线的一部分从导线发射出去，情况与天线发射能量的方法类似，这两种情形都能造成能量的损失，可用接地的遮蔽来减少这类损失。

b.摩擦电流摩擦电流是由于导体和绝缘层摩擦而产生，自由电子附着于导体上使电荷变为不平衡而导致电流产生，这种情形会因导线弯曲后导体和绝缘层附着在一起而发生。c.压电电流压电电流是当机械用力施加在某种绝缘体上而产生的，同样的情形也会发生在陶瓷及一些塑胶上，铁氟龙及PTEE(聚四氟乙烯)虽然较聚乙烯更不易引起化学作用及更佳的抗潮性，但压电电流较多。所以在设计导线时，其绝缘层材料的选择也是颇为重要的一环，必须全盘衡量各项优缺点后才能决定。d.接头、接点、焊锡和焊功一根导线的性能是否能完全发挥，接头的选择及銲接方面占据十分重要的角色，是绝对不容轻视的一环，若是这方面处理不当，往往使一根优良的导线产生拙劣的声音。

(全文完)

◇四川科技职业学院鼎利(互联网+)学院 刘游双

优选终端在5G时代的应用

2019年，是我国5G商用元年，也是5G终端商用的关键之年。终端是5G产业链的重要一环，终端是否成熟，直接影响客户对5G的感知。10月初，Strategy Analytics发布的《至2024年，全球88国智能手机销量预测按技术划分》预测，5G设备在2019年有一个缓慢的开始，2020年将会起飞，5年内5G手机将占所有手机销量的近一半。

2019年MWC，全球首批5G终端亮相，包括华为折叠屏、TCL的折叠机、HMD的五摄手机、5G无人船等。5G时代定义了三大场景，将彻底地改变原有终端的部署方式。不只是智能手机，超高清流媒体(视频、游戏、VR/AR等)、车联网或自动驾驶、网联无人机等相关的智能终端需求也方兴未艾。5G时代，智能手机将不再是唯一的主流终端，多模多频多形态的泛智能终端将逐渐走进我们的生活。

一、国内5G终端策略

我国要成为5G全球领跑者，能否提供低成本5G终端至关重要。当前，我国三大运营商积极调整终端策略，严防以待5G全球竞争。

中国电信将继续坚持全网通策略，合作搭建泛智能终端的创新平台。一是协同研发促进5G产业成熟。成立5G终端研发联盟，共同推动5G全网通成为全球标准。二是共投资源促进5G规模增长，出台更具吸引力的终端激励政策，推动成本下降，让用户买得起、用得上。三是根据用户需求，丰富5G终端种类，特别是共同推出手机以外的泛智能终端。

中国移动执行三"多"一"新"的5G终端总体策略。支持多模式多频段，推进终端多模多频发展，同步支持NSA/SA；聚焦车联网行业、电力行业、工业互联网、新媒体直播等重点行业需求，发展多终端形态；高中低端协同，提供多用户选择，推动5G通用模组和终端价格下探；探索新型合作共生共赢关系，打造新产业生态，拓展To B/C新业务模式。

中国联通加速推进5G终端实现"四化"，从而推动实现5G终端普及。四化即手机5G化、手机通用化、价格民众化、终端泛在化。联通提出要构建"两个引领+四大平台+四大能力"的终端产业链新生态，将在消费类终端以及wifi覆盖、安防监控、人机交互等面向家庭和个人的智慧生活终端上，不断丰富5G智能终端产品库，满足消费者和行业的新需求。

我国三大运营商的5G终端策略，包括以下几个共同点。一是早期以NSA功能为主的5G手机将会成为发展的主力，但SA终端才是三家运营商未来要努力的方向；二是重视泛智能终端、行业终端，强调结合应用场景的终端研发；三是加强与终端厂商合作，实现5G时代网络和终端的同步成熟；四是三大运营商目前均没有补贴5G终端的计划。

二、国外5G终端进展

GSA发布的《2019年8月5G生态系统报告》，汇总了近期以来全球的5G进展。报告显示，截至目前全球发布的5G终端已达到100款。已经实现5G商用的国家，基本实现了网络和终端的同步发展。

韩国5G网络与终端空前同步。4月3日，韩国三大运营商宣布商用5G时，已建成近8万5G基站，并同步推出了三星Galaxy S105G手机。面对国内激烈的市场竞争，韩国三大运营商都采取了终端补贴，可以说，终端补贴是韩国运营商快速吸引5G用户的一把利器。

美国5G网络与终端发展缓慢。根据BayStreet Research的数据显示，截至2019年6月，美国电信运营商仅售出了2.9万部5G终端设备，且预测全年都不会增长太多。少数城市的网络覆盖、消费者对5G终端价值需求不清晰、上市的5G终端数量少且价格高昂，使得美国5G市场发展缓慢。

三、5G终端机遇和挑战

结合国内外5G终端发展现状，可以看出5G终端与技术、内容、应用紧密融合，将会创造发展甚至颠覆市场的机会。但同时，我国5G终端发展也依然面临成本高、客户需求不明显等挑战。

机遇-提振产业和市场爆发。目前智能手机基本达到了饱和，5G时代的到来，智能手机传输速率大幅提升、应用场景不断拓宽，终端射频终端天线等市场将迎重大变革，带来新一轮的换机潮，拉动产业实现新的发展。另外，可折叠手机、更高分辨率的手机、内置5G模块等多种多样的终端形态，也会给产业带来新的机遇。同时，IoT市场将进入高速发展期，可以看到TWS耳机、智能手表等销量飞涨。未来2~3年，将是智慧家庭、人工智能的爆发期，将带来大量的智能终端需求。

挑战-产业和应用挑战。5G标准带来的每一项技术革新都会为终端研发带来要求。目前5G终端需要支持毫米波等新技术，并且需兼容4G网络，芯片、射频等初期研发成本居高不下。但当产业成熟后，5G设备开始大规模普及，高中低端设备协同发展，数量提升，价格也将下降。同时，消费类杀手级应用未显现，行业领域需整体解决方案。

四、趋势总结及对策建议

未来几年，5G终端通信能力将全面成熟、业务应用创新突破、产品形态多样丰富。对家庭、个人客户而言，智能手机、CPE等是主要产品；对企业客户来说，工业互联网、车联网、新媒体直播等领域，5G需求爆发，基础连接类、通用场景类、行业定制类终端将迎来重大发展机遇。

◇北京 温敏程

关于手机 OLED 屏幕一二

随着技术成本的降低，很多中端手机屏幕也开始使用 OLED 屏幕了，其中有些人觉得 OLED 闪屏会伤眼，到底 OLED 屏好不好？其实关键还要从亮度、对比度、色域和分辨率以及屏幕尺寸这些综合参数说起。

亮度

亮度是指发光体(光强与人眼所"见到"的光源面积之比,定义为该光源单位的亮度,即单位投影面积上的发光强度。亮度的单位是坎德拉/平方米(cd/m2),又称为流明(nit)。

早期的采用 LCD 屏幕的手机（多以 TFT-LCD 屏幕为主),会出现在强光下(比如大太阳天气)根本看不清屏幕,这就是因为早期的智能机屏亮度很低,导致反光较强。当时的手机厂商普遍公认只要大于 400 nit 的亮度，就可以正常使用。要知道目前的主流旗舰手机屏幕亮度都在 500 nit 以上。

并且现在手机厂商还会对手机屏幕进行超频,以往的手机基本都是 60Hz 的刷新率，用户平常使用过程中倒也并没有感觉有何不同。随着近几年游戏手机概念的引入,屏幕刷新率也得到了革新,先是 ROG Phone 2 中加入了 120Hz 高刷新，其后努比亚红魔 3S 也支持到了 90Hz 刷新率，一加 7 PRO 也提供了 90Hz 刷新率的流体屏，而最近的 OPPO Reno Ace 也支持到了 90Hz 刷新率,可见手机屏幕刷新率也将成为一项手机的考核标准。

超频会导致什么样的显示效果呢？比如三星 Galaxy S9 虽然参数最高亮度只有 690 nit,但是在烈日下则会进行超频到最高亮度高达 1130nit。因此很多厂家设定了传感器感应到强烈的日光时,会触发类似超频的机制,进一步将亮度拔高。

虽然屏幕自动超频能满足在日光下的更好的可视度。但是缺点也很明显,首先高亮度就意味着高功耗;其次还存在烧屏的风险;最后是超频也需要一定的技术实力才行,不是说超就能随便超的。目前手机厂商在屏幕超频方面都还是设定了一定值的,就是超频亮度不会超过 1000nit。

色域和对比度

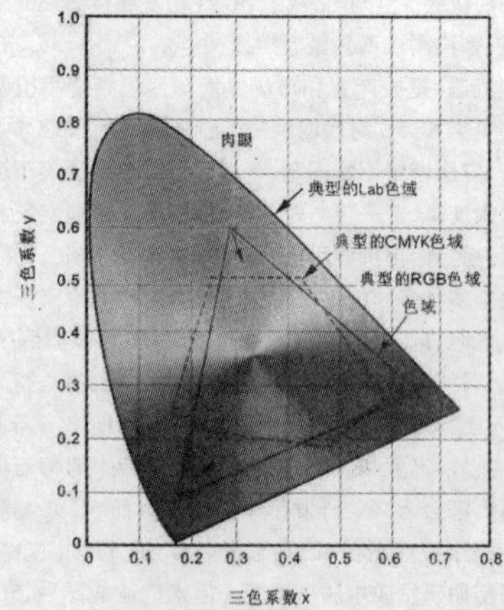

色域(Color Space),又称之为色彩空间,它代表的是一个色彩影像所能显示的颜色范围,也就是判断红绿蓝三种颜色显示是否到位的标准。通常来说,这个颜色范围我们用一个三角形区域来表示,色域覆盖的范围越大,显示器的色彩就越艳丽。需要注意的是,显示的色域只会无限接近这个三角区域,但不会完全覆盖,至少目前还没有这样的产品。为什么我们都觉得索尼和三星的屏幕好？因为对比度和色域是肉眼直观感受的,色域越高可以带来更加趋于真实的色彩,而对比度可以理解为整体画面的明暗对比,对比度越高则屏幕在黑暗画面下的细节显示能力越好。

在手机屏幕当中,sRGB 与 NTSC 标准更为常见。sRGB 色域是由微软、爱普生与惠普等公司联合定制的,让显示器、打印设备与扫描仪等计算机外置设备与应用程序之间有一种共通的色彩语言，而 NTSC 色域是由美国国家电视标准委员会提出的,范围比 sRGB 更广。外界普遍认为 72%的 NTSC 色域约等于 100%的 sRGB 色域,因此一些 80%以上 NTSC 色域的显示屏,就可以理解为 sRGB 色域超过 100%了,这些数据被不少厂商列为卖点。目前千元机屏幕的 sRGB 色域多在 90%左右,中端手机的色域则可接近 100% sRGB 色域,而顶配手机往往会选择超过 100%色域的屏幕搭配。

在手机屏幕色域里又分为两个派别：

第一个派别，就是坚守 sRGB 的标准，不超过 100%的 sRGB 色域，苹果手机就是坚持使用接近全 sRGB 色域的屏幕,虽然坚持这个标准颜色效果可能没有其他机型的屏幕鲜艳,但是屏幕看起来会更加自然,颜色效果更平易近人。

第二个派别，就是色域范围超过 100% sRGB 色域的屏幕,也就是超过 72%的 NTSC 色域,通常以 NTSC 为指标去表明自己的色域水平。三星手机就是此类代表。在以往超过 100%的 sRGB 色域的手机一般都搭载 AMOLED 材质的屏幕,而近年来随着更先进的显示技术与工艺被应用到手机液晶屏幕当中,即使是 LCD 屏幕,也有拥有较高的 NTSC 色域值。

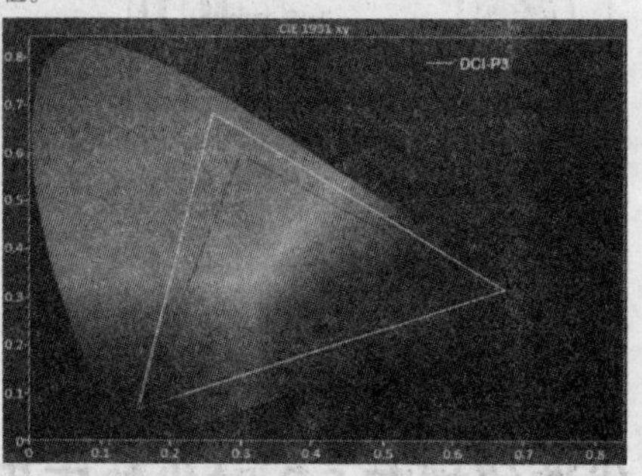

现在很多手机都在主打 DCI-P3 色域屏幕,DCI-P3 色域是一种应用于数字影院的色域，相对于 AdobeRGB 来说,它没有覆盖太多 CIE 色域,但是它可以更好地满足人类视觉的体验,并且可以满足电影中全部色彩要求,也就是说,DCI-P3 是一款更加注重于视觉冲击,而不是色彩全面性的色域。并且相对其他色彩标准，它拥有更广阔的红色/绿色系色彩范围。

假如你购买了支持 DCI-P3 广色域新手机，可以进入设置里面选择色彩菜单,通常手机厂商会预定好三种不同的模式供消费者选择或者给你自定义,如果不喜欢默认的设置色域,可以换其他模式。

屏幕材质

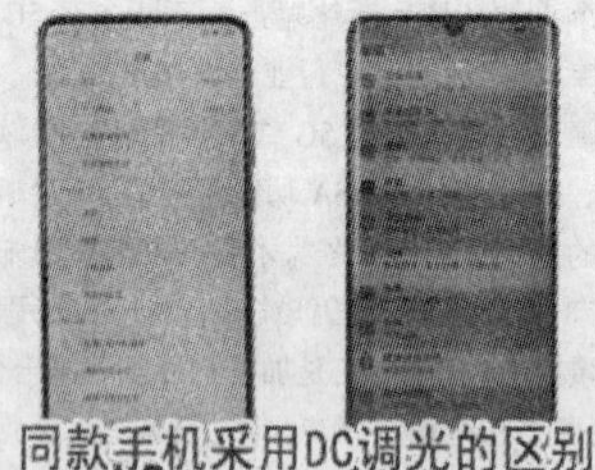

同款手机采用DC调光的区别

目前智能手机屏幕的主流材质不外乎有 LCD（IPS)和 OLED(AMOLED),虽然有很多因"OLED 闪屏伤眼论"而坚持 LCD,但 OLED 屏手机不断的降价以及 DC 调光或 PWM 调光技术,让更多的用户主动投向了 OLED 屏,毕竟在显示效果上 OLED 的参数是在是太诱人,OLED 屏幕可以轻松带来 100%的 sRGB 色域;而对比度方面,OLED 屏幕有着数万比一的对比度,而 LCD 只有 1000:1。另外,若采用黑色或者深色屏幕背景,OLED 屏幕可以做到几乎不耗电;还有没有漏光和屏幕指纹等功能卖点也让 OLED 屏幕进一步占据目前手机市场。

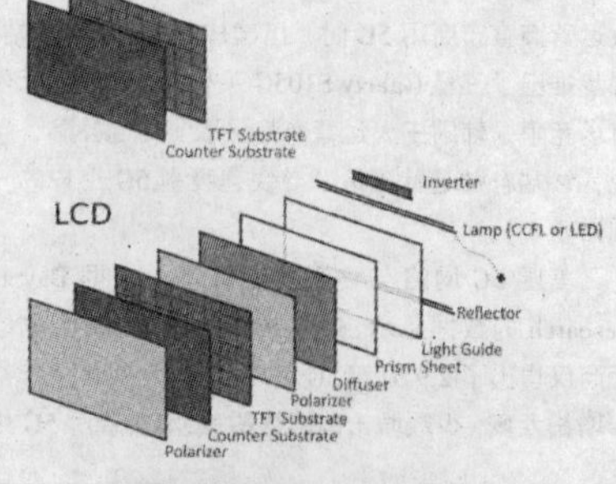

说了 OLED 屏这么多优点,但始终 OLED 屏幕有个很烦人的问题就是——烧屏(Burn-in),OLED 屏幕长时间显示相同的画面容易出现烧屏和鬼影现象。

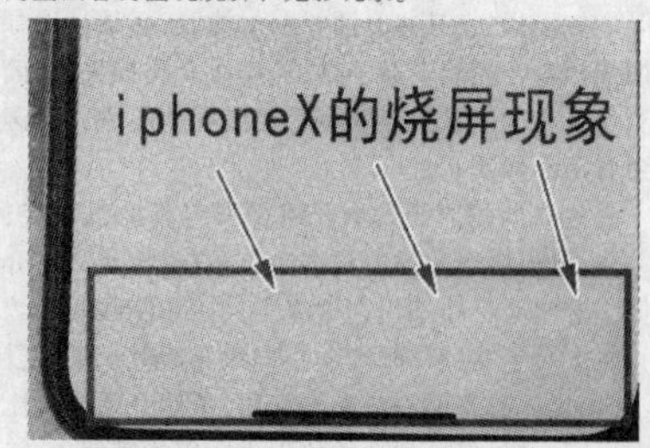

烧屏原因是由于在使用过程中手机屏幕亮度高,一段时间之后,屏幕的颜色均匀度下降或者部分色彩不均匀,有时候屏幕显示还有重影。对于 OLED 屏幕来说,屏幕是由无数个红绿蓝子像素点组成的,在高亮度下长时间使用,有些子像素的性能就下降了,而且在显示不同色彩的情况下子像素点衰减的速度不一样,由此造成了烧屏现象。

针对烧屏问题，各手机厂商也纷纷做出了专项优化,比如三星在息屏提醒界面下,每隔一段时间就会变换显示字体的像素点,像素级移动显示区域,以防止烧屏现象发生。不过虽然这在一定程度上减小了烧屏现象的发生,但有时烧屏也是在所难免的。

而在苹果官网,指数支持一栏也对其所使用的 OLED 屏幕进行了介绍,既说明了 OLED 技术的优势,也提及了这种技术也不是十全十美,还存在不足之处。并且告诉消费者 iPhone X 的屏幕变色或烧屏均属于正常现象，并给出了一下建议：

1. 操作系统更新到最新版本的 IOS。
2. 开启自动亮度调节功能。
3. 不使用时关闭显示屏,避免长时间以最大亮度显示静态图像

其中第 2/3 条建议适用于所有采用 OLED 屏幕的手机,开启自动亮度调节功能可以使手机在光线较弱的环境下屏幕亮度自动调低,对于 OLED 屏幕来说,屏幕亮度越低,烧屏的几率也越低。对于 OLED 屏幕来说,烧屏往往是由于长时间停留在一个静止的图像下造成的,因此避免长时间以最大亮度显示静态图像是非常有用的。

最后和深色背景省电相反,OLED 屏幕如果显示偏亮丽的画面,耗电量往往也要高于 LCD,所以采用深色壁纸,可以显著提升 OLED 手机的续航能力。

米家智能猫眼开启众筹

小米米家官方微博宣布,将于12月11日上午10点开启米家智能猫眼众筹,零售价499元,众筹为399元。据介绍,这款智能猫眼便携拆装。

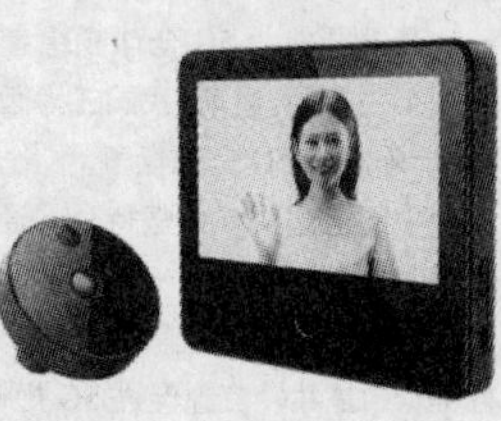

米家智能猫眼主打AI人形侦测功能，配备定制PIR人体感应传感器,可识别门外来人,配合智能算法可减少非人体触发的误报,例如风、动物等导致的误触发。

侦测到有人出现在门前,猫眼会启动录像并将警报消息推送到手机;如有人停留或猫眼被撬,智能猫眼将会推送消息并进行本地警报。

该产品配备5英寸IPS液晶屏,分辨率为854x480,161°超大广角,可通过米家APP、小爱触屏音箱远程查看门前画面。

续航方面,米家智能猫眼内置6000mAh锂电池,标准模式下续航2.5个月,省电模式下续航为7.5个月。

众筹价:399元

零售价:499元

2019年12月29日出版 实用性 启发性 资料性 信息性

第52期 国内统一刊号:CN51-0091 定价:1.50元 邮局订阅代号:61-75

地址:(610041)成都市武侯区一环路南三段24号节能大厦4楼 网址:http://www.netdzb.com

(总第2041期) 让每篇文章都对读者有用

5G时代十大应用场景扫描

与前几代移动网络相比,5G网络的能力将有飞跃发展。5G除了带来更极致的体验和更大的容量,它还将开启物联网时代,并渗透进各个行业。华为Wireless X Labs无线应用场景实验室发布的《5G时代十大应用场景白皮书》在分析多个场景对5G的依赖性和商业价值后,总结出十大应用场景。

1.云VR/AR——实时计算机图像渲染和建模

当人们谈起5G时代的新应用,VR/AR总是一大热门话题。4G时代移动网络已经足以承载起高清视频,那么5G时代理所当然就能传输数据量更大的沉浸式VR/AR影像。因此,不少人将5G视为VR/AR崛起的踏板,随时随地"身临"天涯海角,似乎并非是遥不可及的梦。

当前,4G网络应用在VR/AR上会带来大约70ms的时延,这个时延会导致体验者存在眩晕感,而5G数据传输的延迟可达到毫秒级,可以有效解决数据时延带来的眩晕感,有助于VR/AR的大规模应用。目前随着5G网络的逐新普及,VR/AR产业正逐步走向复苏,市场热情在逐渐升温,虚拟现实游戏、虚拟现实现场直播等都是5G在VR/AR上的具体应用。5G技术带来更大的带宽,让网络数据传输更加快,延迟更加低,这就给VR/AR以及多人在线游戏提供了支撑,5G能让人们在更好的网络环境下游戏,让人们的游戏体验更加丰富,更加顺畅。此外还能让游戏进行"云渲染",这样还可以在一定程度上降低游戏的硬件要求。

2.车联网——远控驾驶、编队行驶、自动驾驶

传统汽车市场将彻底变革,因为互联网的作用超越了传统的娱乐和辅助功能,成为道路安全和汽车革新的关键推动力。驱动汽车变革的关键技术——自动驾驶、编队行驶、车辆生命周期维护、传感器数据众包等都需要安全、可靠、低延迟和大带宽的连接,这些连接特性在高速公路和密集城市中至关重要,而只有5G可以同时满足这样严格的要求。

业内人士认为,5G可以为自动驾驶、远程驾驶等提供高速、低时延、高可靠的网络支持,通过车联网技术C-V2X的投入使用,将帮助汽车与周边车辆、交通信号灯、云端等进行直接连接。在直连通信模式下,所有车辆、道路基础设施等都在一个公共频段上将各自的位置、意图等信息广播出来,实现低时延服务。由于不需要经过蜂窝网络,直连通信能够让汽车更快速感知周边环境并做出响应,使得车与车、车与人、车与路高效协同,有助于驾驶安全,5G的普及必定催生无人驾驶汽车产业的崛起。

3.智能制造——无线机器人云端控制

创新是制造业的核心,其主要发展方向有精益生产、数字化、工作流程以及生产柔性化。在传统模式下,制造商依靠有线技术来连接应用。近些年WiFi、蓝牙和WirelessHART等无线解决方案也已经在制造车间立足,但这些无线解决方案在带宽、可靠性和安全性等方面都存在局限性,只有依靠5G,才能解决这些难题。

5G是一座连接工业互联网未来的"彩虹桥",将会改变传统企业的生产运营方式,推动产业升级和数字化转型。比如,5G让设备变得可实时感知和控制,助力企业实现"机器换人";5G通过大视频方式帮助现场人员提升技能,实现"机器强人";5G可助力推动机器人云化,加速推动制造业变革,助力企业转型发展,为制造业提质增效和实体经济的转型升级注入新的活力。

4.智慧能源——馈线自动化

在发达市场和新兴市场,许多能源管理公司开始部署分布式馈线自动化系统。馈线自动化(FA)系统对于将可再生能源整合到能源电网中具有特别重要的价值,其优势包括降低运维成本和提高可靠性。馈线自动化系统需要超低时延的通信网络作为支撑,譬如5G。通过为能源供应商提供智能分布式馈线系统所需的专用网络切片,移动运营商能够与能源供应商优势互补,这使得他们能够进行智能分析并实时响应异常信息,从而实现更快速准确的电网控制。

5.无线医疗——具备力反馈的远程诊断

目前,世界人口老龄化不断加速。据预测,从2000年到2030年的30年中,全球超过55岁的人口占比将从12%增长到20%,一些国家如英国、日本、德国、意大利、美国和法国等将会成为"超级老龄化"国家,需要更先进的医疗水平为老龄化社会作重要保障。在过去5年里,移动互联网在医疗设备中的使用正在增加,医疗行业开始采用可穿戴或便携设备集成远程诊断、远程手术和远程医疗监控等解决方案。未来5G的超高速率、超大连接、超低时延技术将发挥更大作用,一切对时延和精度要求较高的产业,在5G普及后将得到快速发展。今年1月,福建一名外科医生利用5G技术实施了全球首例远程外科手术。医生利用5G网络,操控约50公里外一个偏远地区的机械臂进行手术,成功切除了一只实验动物的肝脏。由于延时只有0.1秒,手术操作稳定、顺利。

6.无线家庭娱乐——超高清8K视频和云游戏

其他基于视频的应用(如家庭监控、流媒体和云游戏)也将受益于5G WTTx。例如,目前的云游戏平台通常不会提供高于720p的图像质量,因为大部分家庭网络还不够先进,而广大用户是其商业生存之本,只有以最低成本吸引大量用户才是初期的主要商业模式。5G有望以90fps的速度提供响应式和沉浸式的4K游戏体验,这将使大部分家庭的数据速率高于75Mbps,延迟低于10毫秒。

7.联网无人机——专业巡检和安防

无人驾驶飞行器(Unmanned Aenal Vehicle)简称为无人机,其全球市场在过去十年中大幅增长,现在已经成为商业、政府和消费应用的重要工具,在农牧林业植保、消防救灾、投递快递、高空摄影等行业大显身手。

8.社交网络——超高清/全景直播

移动视频业务不断发展,从观看点播视频内容到以新模式创建和消费视频内容。目前最显著的两大趋势是社交视频和移动实时视频:一方面,一些领先的社交网络推出直播视频,例如Facebook和Twitter;另一方面,直播视频的社交性,包括视频主播和观众以及观众之间的互动,正在推动移动直播视频业务在中国广泛应用和直接货币化。

9.个人AI辅助——AI辅助智能头盔

伴随智能手机市场的成熟,可穿戴和智能助理有望引领下一波智能设备的普及。由于电池使用时间、网络延迟和带宽限制,个人可穿戴设备通常采用WiFi或蓝牙进行连接,需要经常与计算机和智能手机配对,无法作为独立设备存在。而5G将同时为消费领域和企业业务领域的可穿戴和智能辅助设备提供机会。

10.智慧城市——AI使能的视频监控

智慧城市拥有竞争优势,因为它可以主动而不是被动地应对城市居民和企业的需求。为了成为一个智慧城市,市政当局不仅需要感知城市脉搏的数据传感器,还需要用于监控交通流量和社区安全的视频摄像头……而随着5G的商业化应用,将使这些成为可能。

"4G改变生活,5G改变社会。"当城市里5G网络普及的时候,5G网络将连接城市里的一切,到时候将是一个万物联网的城市,几乎一切都可以实现智能化,终将创造出一个智慧型城市。

从2G的语音、短信,到3G的数据业务,再到4G流畅的视频体验,每次通信技术的进步都给人类的生活带来改变。如今5G的出现,不仅仅是一次技术的飞跃,也将是一次社会生产和生活的变革,将开启万物互联时代,令人们对5G未来有了更多的想象和期待。智慧城市、联网无人机、远程驾驶/自动驾驶、智能制造、无线医疗等众多的5G场景,无疑让这种想象变得更加清晰,更快地变为现实。

◇山西 刘国信

(本文原载第50期2版)

电子科技博物馆专栏

教育科学研究院附属小学学生到电子科技博物馆"寻宝"

电子科技博物馆开展"博物馆+课堂"特色课程

电子科技博物馆自开馆以来,针对大中小学生,有层次有针对性地利用多种形式开展科普教育活动,目前已接待观众十万余人次。近日,成都市成华区教育科学研究院附属小学60名学生走进电子科技博物馆,开展"博物馆+课堂"特色课程。

为增加此次参观的趣味性,博物馆为小朋友们精心准备了"寻宝图",在工作人员的带领下,小朋友们踏上了电子科学技术的魅力"寻宝之旅"。小朋友们对展厅中莫尔斯电码互动设备、老式电话、收音机、电脑等藏品表现出浓厚的兴趣,在工作人员的引导下,认真寻找"寻宝图"上面的设备。"老师,这么大的木头壳壳是收音机吗,我爸爸的手机上就能听收音机呢,以前为什么用这么大的壳壳装着呢?"面对着小朋友在珍妮诗落地式收音机前好奇地发问,工作人员耐心地给小朋友们讲解了收音机从矿石收音机到电子管收音机、晶体管收音机、集成电路收音机的发展历程。"这排电视机以前从没见过呢,原来爷爷年轻时候,看的是电子管电视机,爸爸年轻时候看的是液晶的电视机,老师,我们家现在的数字电视比这一排电视机都要大呢!"有的小朋友在参观广播电视单元时兴奋地边看边感叹。

同时,教研院附属小学徐敏老师以博物馆展品为背景,给大家梳理了电子元器件的发展历程,现场用实物展示了电子管、晶体管和集成电路,分享了电子元器件在生活中的广泛应用,现场带领孩子们感受电子科学技术的魅力。据悉,今后,电子科技博物馆将继续发挥好科普教育工作,更好的提升公民科学素养。

(本文原载第50期2版)

电子科技博物馆"我与电子科技或产品"

本栏目欢迎您讲述科技产品故事,科技人物故事,稿件一旦采用,稿费从优,且将在电子科技博物馆官网发布。欢迎积极赐稿!

电子科技博物馆藏品持续征集:实物;文件、书籍与资料;图像照片、影音资料。包括但不限于下列领域:各类通信设备及其系统;各类雷达、天线设备及系统;各类电子元器件、材料及相关设备;各类电子测量仪器;各类广播电视、设备及系统;各类计算机、软件及系统等。

电子科技博物馆开放时间:每周一至周五9:00--17:00,16:30停止入馆。

联系方式

联系人:任老师 联系电话/传真:028--61831002

电子邮箱:bwg@uestc.edu.cn 网址:http://www.museum.uestc.edu.cn/

地址:(611731)成都市高新区(西区)西源大道2006号

电子科技大学清水河校区图书馆报告厅附楼

彩电维修笔记(五)

(紧接上期本版)

例35 创维19L111W液晶彩电指示灯不亮,黑屏

据此故障现象,这是典型的电源故障,故重点查电源板。此时拆机壳查看,对实物进行分析可知,该机左侧为电源板,此电源板将开关电源电路和背光灯逆变器电路合二为一。其中开关电源部分采用以控制电路NCP1207为核心的并联型开关电源,背关逆变压器部分控制电路主要采用MP1048EM。据实物和查控制IC的资料得知,主要对开关电源板输出连接器的12V、市电整流滤波后大滤波电容两端的300V,振荡控制NCP1207的⑧脚启动电压、⑥脚VCC供电电压、⑤脚激励脉冲电压进行测量,即可大概判断故障范围。继而,测量电源板输出连接器无12V电压输出,再测大滤波电容两端有300V电压,又测控制器NCP1207的⑧脚有启动电压,而⑥脚有VCC电压,⑤脚有激励脉冲输出。查⑤脚外接MOS开关管的D极电压正常,怀疑MOS开关管G极(栅极)开路,随代换MOS开关管,电源板输出12V电压正常,但显示屏仍不亮。接着再测量背光灯逆变器电路无12V供电,仔细检查12V供电,发现逆变器上的保险丝烧断。测量逆变器电路无明显短路现象,试换用2A普通保险丝代后,故障彻底排除。

三、等离子电视机故障排除实例

等离子彩电,即等离子体显示彩电,等离子体显示屏(PDP)采用的是厚膜工艺(丝网印刷),优质合格率高,其材料成本仅相当于采用薄膜工艺的液晶显示的1/4,可与CRT竞争。在大屏幕,低成本方面优于LCD,其最大的优点是屏幕大,厚度较薄,图像质量优于CTR,但功耗大,即电压与电流较大。这里限于篇幅仅介绍几例典型故障如下:

例1 松下TH—942XT50C等离子彩电开机后“三无”,电源指示灯也不亮

毫无疑问,这是典型的电源某一元件异常引起的故障。故重点先检查电源电路的电压高、电流较大、功耗高的易损件。静态下,用观察法查看电源保险丝、限流电阻、整流管、开关管及PFC电路相关元件,未见异常。继而,又动态开机测量电压,测得电源输出端均为0V,但全桥整流后有309.5V电压,而无电压输出。继续查其副电源相关元件,发现电源膜块IC顶部略有变色,怀疑其内部不良。将其IC(FAN6755)更换后,试机,彩电恢复正常。

例2 海尔P32R1等离子屏彩电电源指示灯亮,但不开机

开壳,采用电压测量法,直接检测各路电压输出端,5V端子有4.9V、VA:62.71V、VS:19.6V基本正常。再仔细观察,5V端电容C210、C211其表已鼓包,肯定漏电或者失容,换新后,开机正常。但放节目时(从AV端入)图像很暗,又从S端子输入信号图像正常,伴音也正常。仔细查AV输入线路,查到一支二极管D11内部击穿短路,用手头一支1N4007整流二极替代后,一切正常。

例3 长虹3D51C2000等离子彩电正常收看中突然停电,再开机只有指示灯亮,其它操作无反应

据此现象判断,电源电路部分在工作,其它电路可能有过压或过流后损坏的元件,或短路部件。此时,拆机壳加电测量电路板,发现在刚开机时有5.4V、15V电压,而VA:57V和VS:205V一直无输出。断电测电源板各路电压输出端对地阻值,VA:57端和VS:205V端均对地短路,继而,断开VA、VS两输出端,再上电测量VA、VS电压,结果两端电压VA:58V、VS:206V都正常。由此说明,两路电源板负载内均有击穿短路的元件。故经进一步检查,发现Y板和Z板上所有绝缘栅,双极场效应管(FGPF4536)共8只全部击穿短路。显然电源板内还有短路或局部短路的相关元器件需待查。而再复查VA、VS电路,输出电压稳定正常。为快速修复,故采用换板维修,购Y板(JUQ7.820、000644999)和Z板(JUQ7.820.00064492),重新换上板后加电,试机,彩电恢复正常。半年后,询问用户回复电视一直正常收看。

例4 长虹42英寸等离子彩电(三星YD05等离子屏)电源指示灯亮,二次开机指示灯闪烁3~4秒后无图声

据维修实践得知,此故障现象说明电源电路部分正常,重点怀疑其余供电电路板上有部件损坏。该机电路大概结构分:电源板VS、VSC、VA、VE、VG为一路,二路5V、3.3V供信号板与逻辑板,15V供伴音;扫描板(Y);维持板(X);扫描缓冲板(或上、下选址板);逻辑板;地址驱动板(三星屏称:E、F、G板)。开壳,查电源板的输出电压,即Y板与X板的VS电压,均为0V,显然异常,正常206.9V。进一步分别查Y板和X板的VS电压保险管,发现X板上的保险已烧断,说明板上有短路部件,考虑暂不换板,尽力元件级维修,不给用户带来经济损失,降低修理成本。此时,拆下X板,用在路电阻法速查出Q4005、Q4006(RJH3047)三极(G—D、G—S、D—S、)之间均已击穿短路,再查其它部件未发现异常。试更换同型号优质场效应管后,再复查无误,为安全起见,可在X板的VS电压输入端上串入一支3.15A延迟保险丝,通电试机,故障排除。

例5 海信TPW—421等离子彩电在正常收看中突然停电,来电开机看了一会,又停电,再开机三无

据此故障现象,肯定电源电路部分出了问题,故重点先检查交流输入电路。拆机检查,用观察法查看,马上发现,压敏保护电阻SA8001(300)已爆裂,而保险管F8001(8A)也烧黑。再仔细耐心地检查结构紧密的电源板,相关有源贴片元件与其关联的阻容元件,未发现异常。更换损坏元件压敏电阻SA8001,型号为300(300V),用手头一支型号为470(470V)的压敏电阻,经试验得知,将其并在300V直流端,同样能起到保护作用。与此同时,更换新F8001(8A)同规格保险管后,再试机,彩电一直工作正常。此故障因市电网络故,瞬间峰压浪涌入机内所致。建议有条件在电视交流输入装一个安全保险插座。

例6 三星S42SD—YD05(三星V3等离子屏)等离子彩电故障黑屏

首检查电源板,三星V3等离子屏电源板系大板组装,检测主电源整流全桥及主滤波电容、PFC电路器件、VSB电源整流桥及滤波电容、T8001、VSB5V电源开关变压器、VSB5V电源整流二极管及滤波电容、VSB5V电压调整可调电阻、15V稳压集成块、电源开管变压器、VS电压整流二极管、VS驱动MOS管、VSET电源控制集成块等等未见异常。通电查得VSET电压高达241.9V,而其它支路电压正常。该机V3电源板正常时,VSET电压在135V~165V之间(不同的屏,略有差异)。注意检测此电压动作要迅速,通电时间要短,以免过高电压损后面的元件。顺线路板实物元器件仔细查看,VSET电压生成电路主要由IC8012(KA5M0380R)、开关变压器T8003、整流二极管D8023、滤波电容C8034组成。VSET电压的稳压控制电路则主要由IC8011(PC817)、IC8013(KIA431A)、取样电阻R8098、R8099、R8104及VSET电压调整电阻VR8003组成。对VSET稳压控制电路的相关元件进行一一检查,用放大镜查看,偶尔发现R8099(220KΩ)一端表面微裂,且已变色,并用Rx1KΩ或Rx10KΩ挡测量验证,果然其阻值已变为无穷大。将其更换后,故障排除。

例7 三星V3等离子屏组装的一台等离子电视二次开机电源保护,指示灯亮但黑屏

此机无图纸,只有对实物元件及电路板标号,相关元件性能与作用进行分析与探测,并参考相似机型保护电路原理,实行模糊修理。据此,首先怀疑电源板问题,将电源板取下,并将PS—ON端接地,VS—ON接5V电压,开机观察电源仍然保护,由此确定电源板确有故障。指示灯亮说明5VSB电压工作基本正常。再次通电探测各路电压瞬间情况,经测发现VAMP、A12V、VG、D5V、PFC各组电压均未达到正常值就保护,因此判断保护电路有问题。保护电路主要由CPU(J8002)、U8004(LXX431)核心组成。各组电压正常后,待机电路的17V电压提供给U8004一个工作电压,与其相关的元器件组成各路保护检测电路。故而,先采用观察法查看保护电路实物部件,CPU芯片、外围阻容件、光耦合器PC8005、继电器RLY8001/RLY8002、光耦合器PC8003等未见异常。为进而查明哪路保护检测电路有问题,测CPU的④脚电压为3.09V左右,说明A12、D5A、VG电压保护检测无问题,显然问题在AC与PFC保护检测电路中。动态通电瞬间,测得U8004的⑧脚17V供电压正常,而②脚的基准电压为1.59V左右,且极不稳定。再测与其关联元件,电解电容C8027(22uF/16V)两端为1.26V左右也不稳,而其顶部变色且呈凸状形,手摸有温差之感,经验得知,显然有问题。将其拆下检查发现,果真已严重漏电,更换一只优质22uF/16V电解电容后,故障排除。

例8 康佳PDP4218等离子电视电源板故障速判之法

实修经验得知,检修该机型黑屏三无故障,一般是电源板上的电容除击穿外,由于灰尘、污垢以及老旧的关系引起漏电,或引出线之间的绝缘性能逐渐降低造成。再如,非线绕固定电阻在使用过程中,由于过热而使电阻层损坏造成阻值增大,严重者完全断裂,此时其表面呈烧焦状,很容易观察出来。但经验进一步证明,通过观察电源板上与逻辑板上的指示灯,可大致判电源板的好坏及故障原因与部位。具体是:

1)插上电源后LED8003一般会点亮,如果不亮,则说明整机供电或VSB形成电路异常,需继而查之。

2)发出开机指令后LED8002一般会点亮,如果不亮,则说明RELAY信号异常,待查之。

3)发出开机指令后LED8002一般即亮,随着LED8001相继点亮,如果不亮,则说明AC220V或PFC电路异常;如果LED8001点亮后,而逻辑板上的指示灯LED2000一般也会点亮,如果不亮,则说明D5VL与D3V3形成故障。

4)如果LED2000点亮后,电源板各组电压一般会正常输出,如果不正常,则说明VS、VSET、VSCAN、VE电压形成电路也许有损坏的元器件,需按图索骥,仔细查出相关故障点。

5)维修此电源板时,如果保护电路启动后,LED8004一般会点亮,则说明相关电路异常,需进一步检查之。

(全文完)

◇山东 张振友 贺方利

用好 iPhone 11 的几个小技巧

很多朋友已经开始使用 iPhone 11，这里介绍几个比较实用的小技巧。

技巧一　在景框外拍摄照片

我们可以利用 iPhone 11 的多个摄像头保存照片，进入设置界面，跳转到"相机"界面(如图 1 所示)，在这里启用"超取景框拍摄照片"，默认模式下这里只会自动启用"超取景框拍摄视频"。以后每次按下快门时，会同时生成两张照片，一张是普通的，另一张是超宽的，编辑照片时可以获得一个更广阔视野的照片。

技巧二　选择原生色调

iPhone 11 使用所谓的"原彩显示"选项显示，此时会自动调整 iPhone 显示的白色平衡，以纠正环境光条件的变化，从而在不同环境下保护色彩的显示一致，如果不喜欢这种样式，此时可以进入设置界面，跳转到"显示和亮度"界面(如图 2 所示)，在这里关闭"原彩显示"选项即可。

如果 iOS 已经更新至 13.2 Beta2，那么在使用 iPhone 录像时，可以快捷更改分辨率和帧数，不需要再返回设置界面进行设置，显然是方便不少。

技巧三　各取所需 emoji 表情

相信大家对于 emoji 表情应该不会陌生，不过 iPhone 11 在这方面的变化相当之大，例如这里有一组关于职业的 emoji 表情，这些职业都是生活中常见的岗位，例如警察、工人、医生……，如果你注意的话(如图 3 所示)，会发现每种职业都设计了 2 个图标，一男一女，这样的设计是为了消除大众对于职业的性别歧视；还有一组关于恋爱和家庭关系的 emoji，里面涵盖的情侣类型非常多元，不仅包括异性恋情侣，甚至还包括女同性恋情侣、男同性恋情侣等；你还可以找到导盲犬的 emoji、带着手杖的盲人、坐在轮椅上的人。除了这些为弱势群体设置的 emoji 之外，我们也可以找到各种肤色互相搭配的情侣组合。

技巧四　自动切换深色模式

切换到深色模式之后，无论是系统界面，或是键盘、相册等应用界面(如图 4 所示)，都会以黑、灰色呈现，特别适合在被窝玩 iPhone 的朋友。当然，如果你怕麻烦，那么也可以进入设置界面，选择"显示和亮度"，在"外观"分栏下启用"自动"选项，这样 iOS 会根据日升日落自动启用浅色和深色模式。

技巧五　取代 3D Touch 呼出菜单

没有了 3D Touch 可能确实不太习惯，但我们可以在桌面或控制中心通过长按的操作呼出更多菜单，例如长按"设置"图标，即可看到类似于图 5 所示的呼出菜单；如果需要移动 App，只需要按住这个 App 并弹出更多菜单后继续保持长按，就可以看到 App 图标的抖动，接下来就可以进行移动或删除操作了。长按 App 并弹出菜单后进行拖动，也可以达到同样的效果。

技巧六　快速切换网站

在 iPhone 11 的 Safari 浏览器中，我们可以更加快速的切换桌面网站和移动网站，只需要点击左上角的"AA"按钮(如图 6 所示)，可以从快捷菜单中切换到桌面模式，反之也可以快速切换到移动模式。同时，Safari 浏览器的右上角，这里还增加了下载管理器，可以管理在浏览器中下载的文件。

技巧七　自动化快捷指令

从桌面进入快捷指令界面，切换到"自动化"选项卡，在这里点击"创建个人自动化"按钮(如图 7 所示)，接下来可以根据日程、行程、设置的步骤进行快速设置，即使是菜鸟级新手，相信也能很快上手。

◇江苏　王志军

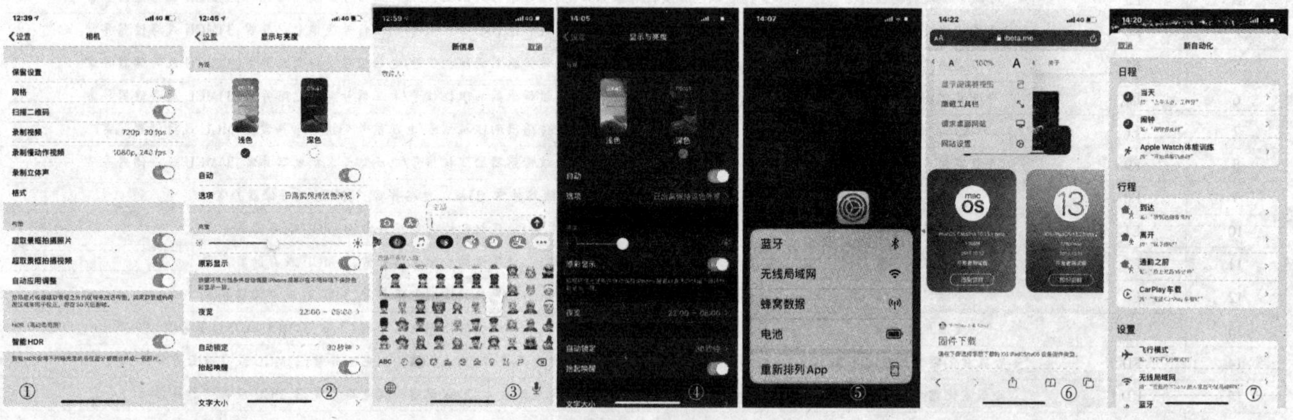

如何对相片进行区域调色

有时我们对所拍摄的相片进行后期"修片"并非是对整个画面进行调色等操作，而仅仅是针对相片的某个特殊局部来进行区域调色，比如拍摄的日出或日落相片，虽然阳光、云彩和天空等较为明亮的区域是正常的曝光状态，但其余区域就会处于相对较弱的"欠曝光"灰暗状态，从而造成很多细节的缺失，影响到整张相片的美感。怎么办呢？此时，借助LightRoom软件的"渐变滤镜"功能就可以较为轻松地进行相片的区域调色，操作方法非常简单，步骤如下：

首先将待处理的照片(在此以"校园一角日出图"为例)导入到LR的图库中，接着切换至"修改照片"选项卡；该照片上方约三分之一的区域为曝光正常的日出天空景色，光线非常柔和，但其它的建筑物群及操场、台阶等区域就因曝光相对不足而缺失很多细节，此时可先点击右侧工具栏中的"渐变滤镜"，接着在照片上方约三分之一处按住鼠标左键进行拖动，产生一个圆点和三条直线；拖动圆点可微调该径向滤镜的位置(也可以旋转)，两条边界直线之外的两个区域分别对应可调整和非调整区域，中间区域则为混合过渡区域，三条直线都可以拖动调整其对应的作用区域；现在就可以只针对于最底下直线的下方区域(建筑物)进行曝光量提升操作了，比如在右侧将曝光度适当提升至0.95，高光和阴影分别根据实际情况调节至17和27，该灰暗区域的细节部分就会立刻显现出来(如图1所示)；同时顶部直线的上方区域(天空朝阳)仍旧保持原片的曝光量，不受刚刚调节的曝光度、高光和阴影调节的影响；两条直线中间的渐变区域则受这几个调节参数的过渡影响，渐变比较柔和。

①

②

当经过若干参数的调节之后，如果感觉效果已经比较满意，就点击"完成"按钮，此时通过与原照片的对比也不难发现的确有了很大的"起色"(如图2所示)；最后再通过执行"文件"-"导出"菜单命令，将应用过渐变滤镜效果的"新"图片文件保存，非常完美地完成相片区域调色的任务，大家不妨一试。

◇山东　杨鑫芳　王洪梅

联想E46A笔记本电脑无线网卡工作异常排除一例

同事送来一台联想 E46A 笔记本电脑，说是无线网络无法使用。笔者接手后开机发现显示屏下方的无线网络指示灯呈熄灭状态，系统托盘区无线符号也呈灰色。根据经验是无线网卡已被关闭，找到无线网开关发现已经打开，再按键盘上"Fn+F5"组合键发现无线网络指示灯还是熄灭的。进入设备管理器查看无线网卡工作正常，将其删除再重新安装故障依旧，想到以前遇到过笔记本电脑找不到无线网卡时 CMOS 恢复出厂设置可以解决，所以笔者也进入 CMOS 恢复一下出厂设置(如图 1 所示)，没想到故障还是如此。

无奈之下又进入 CMOS 查看各项设置，在 Advanced 项中发现有 WLAN Device 打开或关闭选项(如图 2 所示)，抱着试试看的态度将其选为 Disabled 后并保存，接着再次进入 CMOS 将其改成 Enabled 保存退出，这时启动系统发现显示屏下方的无线网络指示灯已点亮，无线网络功能完全恢复正常。

◇安徽　陈晓军

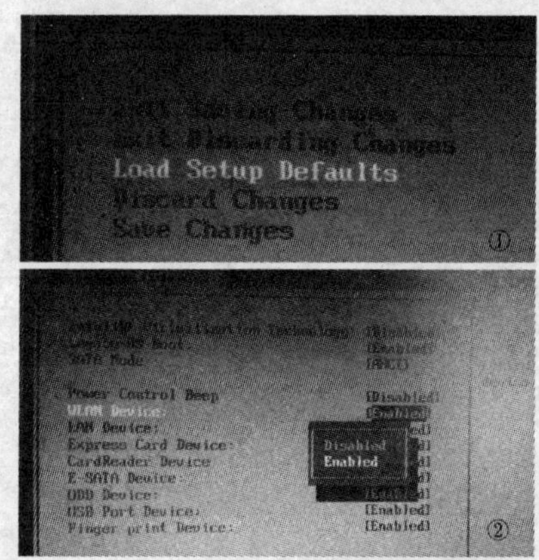

海尔新型智能电冰箱故障自诊速查(四)

(紧接上期本版)

十、海尔BCD-620WDGF/621WDCAU1/621WDVZU1系列智能电冰箱

1. 进入/察看方法

进入:连续同时按5次"冷藏温度调节"键和"假日"键,随着蜂鸣器鸣叫1声,即可进入自检模式。

察看:进入自检模式后,冷藏室温区显示"--",有故障时显示故障代码,按锁定键可优先级显示多个故障代码。

退出:进入自检模式后,无故障时温区显示"--"5s后自动退出自检模式;有故障时未按按键20s后自动退出自检模式;自检模式下,连续按5次"冷藏温度调节"键和"假日"键可退出自检模式。

2. 故障代码及其原因

海尔BCD-620WDGF/621WDCAU1/621WDVZU1系列电冰箱的故障代码及其原因如表10所示。

十一、海尔BCD-420W系列智能电冰箱

1. 进入/察看/退出方法

进入:在锁定状态下,按住"冷冻"键的同时,连续点按"智能"键5次,即可进入自检模式。

察看:自检期间,按"锁定"键可循环察看故障代码。

退出:1)自检期间若无操作时,2分钟后自动退出自检模式;2)自检模式下,按住"冷冻"键的同时,连续点按"智能"键5次,即可退出自检模式。

2. 故障代码及其原因

海尔BCD-420W系列电冰箱的故障代码及其原因如表11所示。

◇内蒙呼伦贝尔中心台 王明举

表10 海尔BCD-620WDGF/621WDCAU1/621WDVZU1系列电冰箱故障代码及其原因

序号	故障代码	含义	故障原因
1	F1	冷藏室化霜传感器异常	1)冷藏室化霜传感器异常,2)该传感器的阻抗信号/电压信号变换电路异常,3)MCU或存储器异常
2	F2	环境温度传感器异常	1)环境温度传感器异常,2)该传感器的阻抗信号/电压信号变换电路异常,3)MCU或存储器异常
3	F3	冷藏室温度传感器异常	1)冷藏室温度传感器异常,2)该传感器的阻抗信号/电压信号变换电路异常,3)MCU或存储器异常
4	F4	冷冻室温度传感器异常	1)冷冻室温度传感器异常,2)该传感器的阻抗信号/电压信号变换电路异常,3)MCU或存储器异常
5	F5	变温室温度传感器异常	1)变温室温度传感器异常,2)该传感器的阻抗信号/电压信号变换电路异常,3)MCU或存储器异常
6	F6	冷冻室化霜传感器异常	1)冷冻室化霜传感器异常,2)该传感器的阻抗信号/电压信号变换电路异常,3)MCU或存储器异常
7	Fr	干区温度传感器异常	1)干区温度传感器异常,2)该传感器的阻抗信号/电压信号变换电路异常,3)MCU或存储器异常
8	F9	变温室化霜传感器异常	1)变温室化霜传感器异常,2)该传感器的阻抗信号/电压信号变换电路异常,3)MCU或存储器异常
9	E0	通讯不良	1)MCU与被控电路间的通讯线路异常,2)被控电路异常,3)MCU或存储器异常
10	E1	冷冻风机异常	1)冷冻风机或其供电电路异常,2)该风机的检测电路异常,3)MCU或存储器异常
11	E2	冷却风机异常	1)冷却风机或其供电电路异常,2)该风机的检测电路异常,3)MCU或存储器异常
12	E6	冷藏风机异常	1)冷藏风机或其供电电路异常,2)该风机的检测电路异常,3)MCU或存储器异常
13	E9	变温风机异常	1)变温风机或其供电电路异常,2)该风机的检测电路)异常,3)MCU或存储器异常
14	FD	冷冻室化霜加热系统异常	1)冷冻室化霜加热器或其供电电路异常,2)该化霜检测电路异常,3)MCU或存储器异常
15	RD	冷藏室化霜加热系统异常	1)冷藏室化霜加热器或其供电电路异常,2)该化霜检测电路异常,3)MCU或存储器异常
16	HD	变温室化霜加热系统异常	1)变温室化霜加热器或其供电电路异常,2)该化霜检测电路异常,3)MCU或存储器异常
17	EH	湿度传感器异常	1)湿度传感器异常,2)该传感器的阻抗信号/电压信号变换电路异常,3)MCU或存储器异常
18	DF	冷冻室门开关异常	1)冷冻室门开关异常,2)该开关与MCU间电路异常,3)MCU或存储器异常
19	DR	冷藏室门开关异常	1)冷藏室门开关异常,2)该开关与MCU间电路异常,3)MCU或存储器异常
20	DH	变温室门开关异常	1)变温室门开关异常,2)该开关与MCU间电路异常,3)MCU或存储器异常

表11 海尔BCD-420W系列电冰箱故障代码及其原因

序号	故障代码	含义	故障原因
1	F1	冷藏室化霜传感器RD-SNR异常	1)冷藏室化霜传感器RD-SNR异常,2)该传感器的阻抗信号/电压信号变换电路异常,3)MCU或存储器异常
2	F2	环境温度传感器AT-SNR异常	1)环境温度传感器AT-SNR异常,2)该传感器的阻抗信号/电压信号变换电路异常,3)MCU或存储器异常
3	F3	冷藏室温度传感器R-SNR异常	1)冷藏室温度传感器R-SNR异常,2)该传感器的阻抗信号/电压信号变换电路异常,3)MCU或存储器异常
4	F4	冷冻室温度传感器F-SNR异常	1)冷冻室温度传感器F-SNR异常,2)该传感器的阻抗信号/电压信号变换电路异常,3)MCU或存储器异常
5	F5	变温室温度传感器S-SNR异常	1)变温室温度传感器S-SNR异常,2)该传感器的阻抗信号/电压信号变换电路异常,3)MCU或存储器异常
6	F6	冷冻室化霜传感器FD-SNR异常	1)冷冻室化霜传感器FD-SNR异常,2)该传感器的阻抗信号/电压信号变换电路异常,3)MCU或存储器异常
7	EH	湿度传感器异常	1)湿度传感器异常,2)该传感器的阻抗信号/电压信号变换电路异常,3)MCU或存储器异常
8	E0	通讯不良	1)MCU与被控电路间的通讯线路异常,2)被控电路异常,3)MCU或存储器异常
10	E1	冷冻风机F FAN异常	1)冷冻风机F FAN或其供电电路异常,2)该风机的检测电路异常,3)MCU或存储器异常
11	E2	冷却风机C FAN异常	1)冷却风机C FAN或其供电电路异常,2)该风机的检测电路异常,3)MCU或存储器异常
12	E6	冷藏风机R FAN异常	1)冷藏风机R FAN或其供电电路异常,2)该风机的检测电路异常,3)MCU或存储器异常
13	EC	冷藏室化霜加热系统异常	1)冷藏室化霜加热器或其供电电路异常,2)该化霜检测电路异常,3)MCU或存储器异常
14	ED	冷冻室化霜加热系统异常	2)冷冻室化霜加热器或其供电电路异常,2)该化霜检测电路异常,3)MCU或存储器异常
15	U1	WIFI通讯不良	查找WIFI与本地路由器不能连接的原因即可
16	U2	WIFI通讯不良	查找WIFI与远程服务器不能的原因即可
17	N0-n9	WIFI模块信号强度	进入自检模式后,当wifi的数值大于6,说明信号强度好;若低于3则表示信号弱;若为0,则说明未连接
18	F7	下层红外传感器R1-SNR异常	1)下层红外线传感器R1-SNR异常,2)该传感器的阻抗信号/电压信号变换电路异常,3)MCU或存储器异常
19	F8	中层红外传感器R2-SNR异常	1)中层红外传感器R2-SNR异常,2)该传感器的阻抗信号/电压信号变换电路异常,3)MCU或存储器异常
20	F9	下层红外传感器R3-SNR异常	1)下层红外传感器R3-SNR异常,2)该传感器的阻抗信号/电压信号变换电路异常,3)MCU或存储器异常
21	FF	光感传感器1异常	1)光感传感器1异常,2)该传感器的阻抗信号/电压信号变换电路异常,3)MCU或存储器异常

贴片电容在LED驱动电路焊接中应该注意的问题

在设计LED驱动电路的过程中，需要设计人员特别细心，每一个原件都决定着使用寿命，本文讲解LED驱动电路中的贴片电容的注意事项。

贴片电容全称叫作多层(积层，叠层)片式陶瓷电容器，英文缩写为MLCC。MLCC受到温度冲击时，容易从焊端开始产生裂纹。在这点上，小尺寸电容比大尺寸电容相对来说会好一点，其原理就是大尺寸的电容导热没这么快到达整个电容，于是电容本体的不同点的温差大，所以膨胀大小不同，从而产生应力。这个道理和倒入开水时厚的玻璃杯比薄玻璃杯更容易破裂一样。另外，在MLCC焊接过后的冷却过程中，MLCC和PCB的膨胀系数不同，于是产生应力，导致裂纹。要避免这个问题，回流焊时需要有良好的焊接温度曲线。如果不用回流焊而用波峰焊，那么这种失效会大大增加。MLCC更是要避免用烙铁手工焊接的工艺。然而事情总是没有那么理想。烙铁手工焊接有时也不可避免。比如说，对于PCB外发加工的电子厂家，有的产品量特少，贴片外协厂家不愿意接这种单时，只能手工焊接；样品生产时，一般也是手工焊接；特殊情况返工或补焊时，必须手工焊接；修理工修理电容时，也是手工焊接。无法避免地要手工焊接MLCC时，就要非常重视焊接工艺。

贴片电容

众所周知，IC芯片的封装贴片式和双列直插式之分。一般认为：贴片式和双列直插式的区别主要是体积不同和焊接方法不同，对系统性能影响不大。其实不然。PCB上每一根走线都存在天线效应。PCB上的每一个元件也存在天线效应，元件的导电部分越大，天线效应越强。所以，同一型号芯片，封装尺寸小的比封装尺寸大的天线效应弱。

同一装置，采用贴片元件比采用双列直插元件更易通过EMC测试。此外，天线效应还跟每个芯片的工作电流环路有关。要削弱天线效应，除了减小封装尺寸，还应尽量减小工作电流环路尺寸、降低工作频率和di/dt。留意最新型号的IC芯片(尤其是单片)的管脚布局会发现：它们大多抛弃了传统方式——左下角为GND右上角为VCC，而将VCC和GND安排在相邻位置，就是为了减小工作电流环路尺寸。

不仅是IC芯片，电阻、电容(BUZ60)封装也与EMC有关。用0805封装比1206封装有更好的EMC性能，用0603封装又比0805封装有更好的EMC性能。目前国际上流行的是0603封装。零件封装是指实际零件焊接到电路板时所指示的外观和焊点的位置。是纯粹的空间概念. 因此不同的元件可共用同一零件封装，同种元件也可有不同的零件封装。像电阻，有传统的针插式，这种元件体积较大，电路板必须钻孔才能安置元件，完成钻孔后，插入元件，再过锡炉或喷锡(也可手焊)，成本较高，较新的设计都是采用体积小的表面贴片式元件(SMD)这种元件不必钻孔，用钢膜将半熔状锡膏倒入电路板，再把SMD元件放上，即可焊接在电路板上了。

以上就是在设计过程中应该注意贴片电容的注意事项，这样才能设计出寿命长的驱动器，不浪费资源。

◇广西 闵文

接近传感器的主要功能以及应用原理解析(二)

(紧接上期本版)

检测空间手势用于打开或关闭设备，也是汽车电子中常见应用。同时使用两个或多个电容式接近传感器，就可以通过检测手掌在空中的简单动作(如在被检设备前挥手)来打开或关闭设备。下图所示为使用这样的系统来开/关汽车内照明的简单例子。对着灯向某一个方向挥手是打开灯，向反方向挥手则是关灯。该系统能够分析接近传感器的信号，确定手势指示开灯，还是关灯。在电灯内设计传感电极有许多不同的方法，从使用细铜线到采用可直接附着在塑料上的导电聚合物都有。

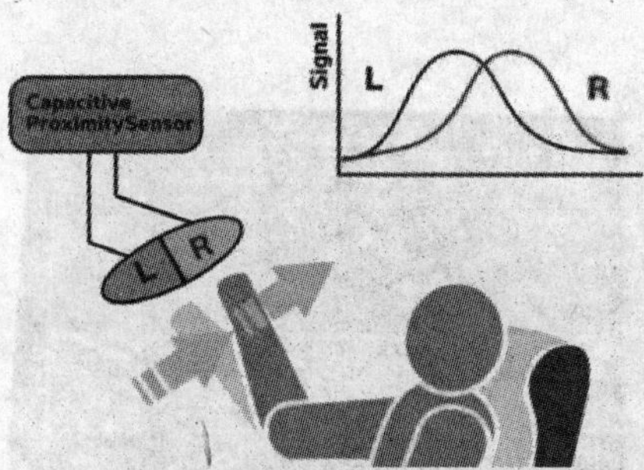

接近开关传感器在屏蔽门上的应用为了安全，地铁屏蔽门越来越多地被地铁站台所使用。接近开关传感器将会大量投入屏蔽门的技术应用中，地铁事故将会在传感器的应用中降到最低。

目前屏蔽门系统用来检测开门与关门的常用方案，一般是通过两个接近开关来检测门的开启和关闭。由于接近传感器能以非接触方式进行检测，所以不会磨损和损伤检测对象物。这也是它适合在地铁上安装的一个主要原因，随着接近传感器性能进一步提高，它将应用于更多的场合，未来不仅仅是地铁门，在公交等其他屏蔽门上都会有广泛的应用。

接近传感器在触摸屏手机中的应用接近传感器运用MEMS技术，在智能手机中得到了普及。

触摸屏手机流行之初，用户们就发现了触摸屏的一个缺陷：当我们用最常见的姿势接起电话时，往往脸部会碰到触摸屏幕上，无意中点击到了挂机键或者免提键，造成不必要的尴尬。于是，手机厂商利用MEMS技术，将MEMS接近传感器设计进了触摸屏手机，在接电话的时候自动锁屏，避免误触发。另外，锁屏的同时还可以关掉背光，可以有效节能，延长待机时间。

智能手机就是运用了MEMS环境光感器和接近传感器：即环境光检测(根据传感器的照度用受光部检测的光量来判断周围的明暗)与接近检测(从具备传感器的发光源放射的光线照射到测量对象上，根据反射到传感器的接近用受光部的光量来判断距离测量对象的远近)。环境光传感器可以优化调节LED背景灯的照明，这样不管是在昏暗的电影院还是光照充足的室外，在任何环境下我们的手机都能自我调节到适合的亮度。接近传感器可以在接听电话的时候关掉触屏，这样我们就不会触到屏幕上的按键导致突然挂断电话或者点开其他功能了。

◇四川 唐渊

两种电磁抱闸制动控制线路

电磁抱闸制动控制线路(一)

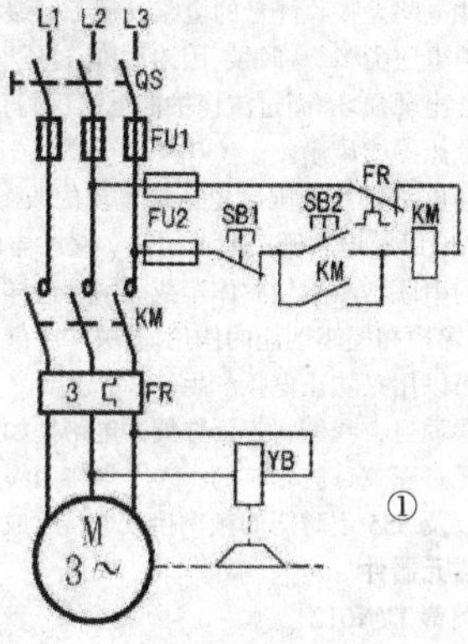

如图1所示，电磁抱闸制动控制线路的工作原理简述如下：

接通电源开关QS后，按起动按钮SB2，接触器KM线圈获电工作并自锁。电磁抱闸YB线圈获电，吸引衔铁(动铁芯)，使动、静铁芯吸合，动铁芯克服弹簧拉力，迫使制动杠杆向上移动，从而使制动器的闸瓦与闸轮分开，取消对电动机的制动；与此同时，电动机获电起动至正常运转。当需要停车时，按停止按钮SB1，接触器KM断电释放，电动机的电源被切断的同时，电磁抱闸的线圈也失电，衔铁被释放，在弹簧拉力的作用下，使闸瓦紧紧抱住闸轮，电动机被制动，迅速停止转动。

电磁抱闸制动，在起重机械上被广泛应用。当重物吊到一定高度，如果线路突然发生故障或停电时，电动机断电，电磁抱闸线圈也断电，闸瓦立即抱住闸轮使电动机迅速制动停转，从而防止了重物突然落下而发生事故。

采用图1控制线路，有时会因制动电磁铁的延时释放，造成制动失灵。

造成制动电磁铁延时的主要原因：制动电磁铁线圈并接在电动机引出线上。电动机电源切断后，电动机不会立即停止转动，它要因惯性而继续转动。由于转子剩磁的存在，使电动机处于发电运行状态，定子绕组的感应电势加在电磁抱闸YB线圈上。所以当电动机主回路电源被切断后，YB线圈不会立即断电释放，而是在YB线圈的供电电流小到不能使动、静铁芯维持吸合时，才开始释放。

解决上述问题的简单方法是；在线圈YB的供电回路中串入接触器KM的常开触头。如果辅助常开触头容量不够时，可选用具有五个主触头的接触器。或另外增加一个接触器，将后增加接触器的线圈与原接触器线圈并联。将其主触头串入YB的线圈回路中。这样可使电磁抱闸YB的线圈与电动机主回路同时断电，消除了YB的延时释放。改进电路见图2所示。

电磁抱闸制动控制线路(二)

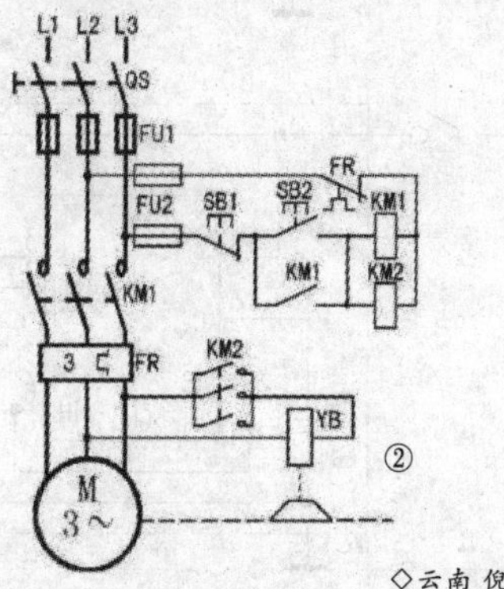

◇云南 倪锋

使用缓冲电路的晶闸管应用电路分析

缓冲电路是吸收能量的电路，用于舒缓因电路电感造成的电压尖峰。有时候，因为过流，过压以及过热，元器件会出现损坏。而过流保护的电路我们有保险丝，过热有散热器或风扇。

缓冲电路则用于限制电压或电流的改变速率(di/dt或dv/dt)以及电路开关时的过压。缓冲电路是电阻与电容的串联，然后与晶体管或晶闸管这样的开关相连，起到保护和提高性能的作用。开关和中继间的缓冲电路也可以用来防止电弧产生。

在该项目，我们将告诉你缓冲电路是如何保护晶闸管免受过压或过流影响的，整个电路由缓冲电路和晶闸管以及555定时器的频率生成电路组成。

所需元器件

晶闸管TYN612

555定时器

电阻(47kΩx2,10kΩx2, 1kΩx1,150Ωx1)

电容(0.01uF,0.001UF,0.1uFx2)

二极管1N4007

开关

9V电源

示波器(用于输出确认)

电路图

电路的第一部分是555定时器组成的频率生成电路。当555定时器以无稳态模式工作时，我们可以得到一个100kHz的脉冲。电路的第二部分则用于获取加入缓冲电路后晶闸管的开关特性。

晶闸管-TYN612

TYN612中的6代表着断态重复峰值电压，VDRM和VRRM为600V，而12代表着通态电流有效值IT(RMS)为12A。晶闸管TYN612可以用于过压撬棍保护，电机控制电路，励磁涌流闲置电路，电容点火和稳压电路中。它的门极触发电流IGT范围在5mA到15mA。其工作温度范围在-40℃到125℃。

TYN612的引脚图

引脚标号	引脚名	描述
1	K	晶闸管的负极
2	A	晶闸管的正极
3	G	晶闸管的门极，用于触发

缓冲电路的设计

我们知道，缓冲电路是电阻与电容的组合。电路中的电容则负责防止不必要的dv/dt来触发紧张管。因为电路通电后，开关设备会产生一个瞬时的电压。电容Cs起到短路的作用，也就使得晶闸管两端的电压为0。一段时间过后，电容Cs两端的电压慢慢增加。

那么电阻Rs起到什么作用呢？当晶闸管打开时，电容通过晶闸管放电，并发出Vs/Rs大小的电流。由于阻值很低，di/dt会过高可能会对晶闸管造成损坏。所以为了限制放电电流，此处用到了Rs。

缓冲电路的原理

电路被分为两个部分。第一部分是555定时器组成的频率生成电路，它的输出用到晶闸管的门极。电路的第二部分用于检查晶闸管有无缓冲电路下的开关特性。

情况1：无缓冲电路

当无缓冲电路时，晶闸管的输出见上图，波形中会出现比较高的电压尖峰。所以为了缓和电压尖峰，我们需要用缓冲电路来避免设备因过压或dv/dt的误触发受损。

情况2：有缓冲电路

运用了缓冲电路后，它减少或缓和了波形上的电压尖峰。因此，设备不会由于过压而受到损坏，也将设备的dv/dt值降到最大值之下。

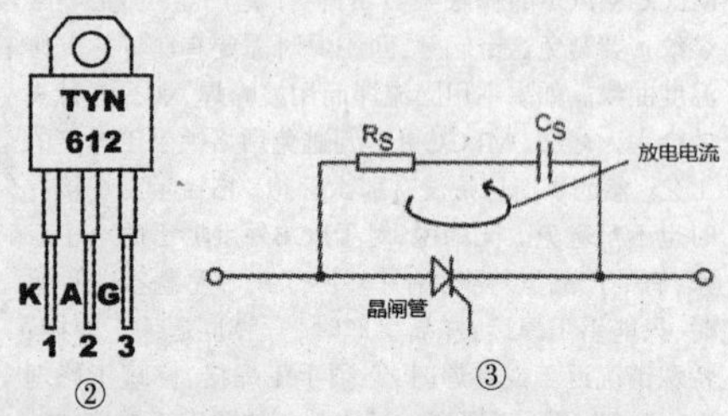

② ③

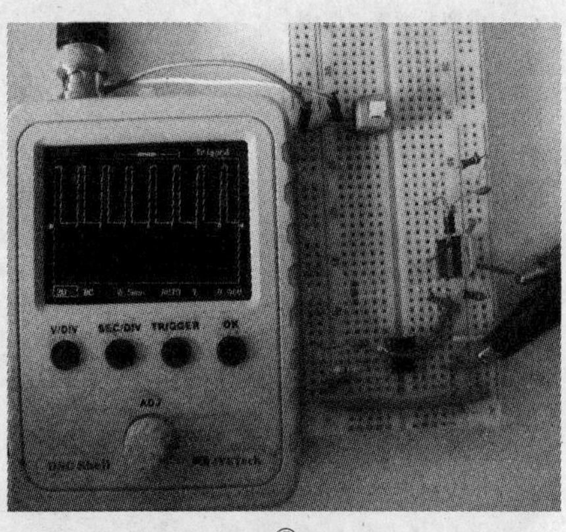

⑤

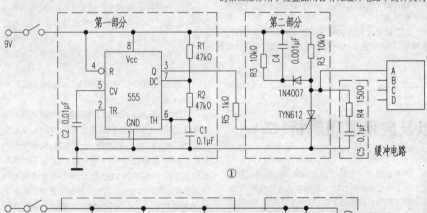

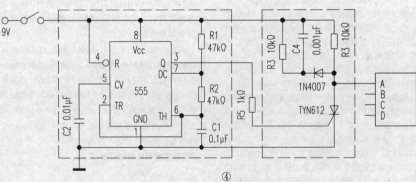

第一部分 第二部分 9V 缓冲电路

①

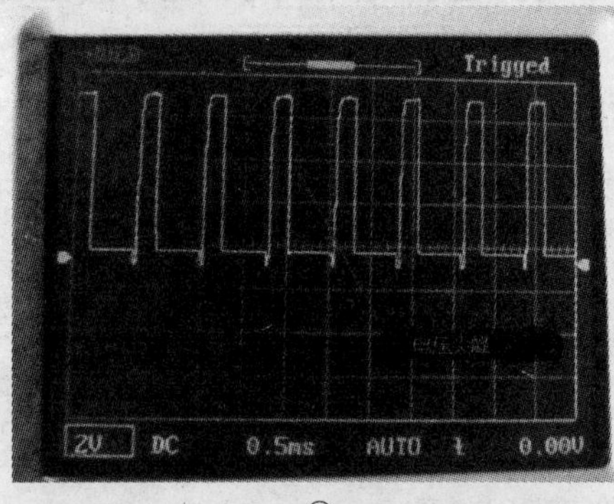

⑥

④

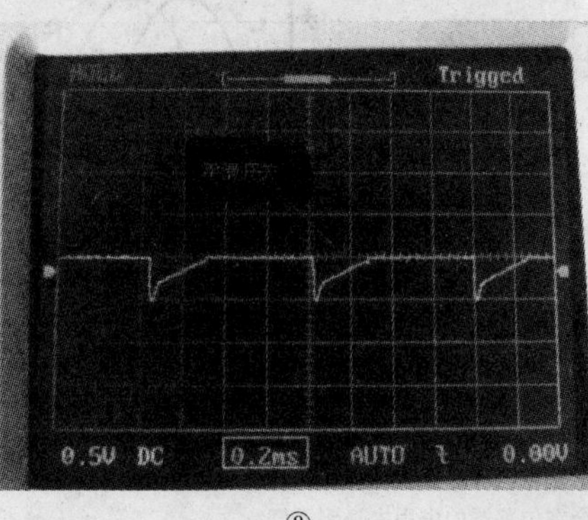

⑧

⑦

◇四川 李家波

互联网黑色产业链之“薅羊毛”党

中国人口众多，当然有优势也有劣势，导致在这个高度发达的社会体系下有许多让你意想不到的职业，比如专注于各大网站(尤其是网购商城)的福利党、刷单党等新兴网络职业，甚至有专门的网站收集各大网购商城的优惠券、福利活动等；不要小看了这些爱“占小便宜”的刷单抢购，其中不乏大公司吃尽了苦头；今天通过几起比较出名的事例给大家扒一扒互联网优惠活动方面的“薅羊毛”黑历史。

典型事例一

2016年8月份，有个爆炸性的消息在各大网赚群、“薅羊毛”群里传播：曾经的某行业上市公司老大DZH看中了直播这块“肥肉”，其旗下的全资子公司要力推直播软件，不惜投入巨资来推广其直播平台。只要注册了这个直播，每天直播10分钟，第一天30元，第二天30元，第三天还是30元，以后每天还有10元，而且第二天即可提现。如果看你直播的人多，还有排位奖！有人利用漏洞采取单个账号主播，其余小号去刷礼物的方法，一天收入数万元。

究其原因，是这家公司看到了直播带来的流量及其经济效益，在这个流量为王的网络时代，“活动→流量→利润”这招屡试不爽，但是如果不好好把控投入经费与收益以及活动把关的话，其产生的后果导致的经济损失无法估量。

这次活动的结果是：截止2016年底，根据统计机构的数字，该直播软件的活跃用户仅有112万，与其投入的16亿资金极其不成比例，净亏损约10亿元，该公司被ST(ST是指境内上市公司被进行特别处理的股票，也是退市风险警示。)，其中主播分成就达到了近14亿，不知道有多少被“薅羊毛党”给薅走了。

典型事例二

2018年8月13日，土耳其发生经济动荡，土耳其里拉汇率发生大幅度贬值，然而国内某旅游网站XCW并没有及时跟进或者关闭相关的购买与退票手续服务。“薅羊毛党”通过其国际版APP购买了国内到土耳其之间的机票又到X航官网将机票退掉，利用土耳其里拉暴跌造成的汇率差进行盈利，“100万买票可以退出117万”。XCW方面也是非常无奈，只能关闭了土耳其里拉的支付方式。

典型事例三

2018年12月17日，某国际著名咖啡连锁公司XBK推出全国性圣诞节促销活动“APP注册新人礼”，结果也遭受互联网黑色产业链的大规模刷单捡漏，这些“薅羊毛”党利用其网站系统逻辑缺陷通过大量手机号批量注册其APP账号，批量领取兑换券。短时间内获取数十万张的电子兑换券，然后又通过网络渠道以便宜价格进行倾销变现。

虽然该活动仅仅持续了一天半时间就被发现漏洞，但是按照其对换饮料的平均售价来估算，其损失可能高达1000万人民币。

典型事例四

2019年1月20日凌晨，某著名的购物网站PDD被曝出现重大Bug，用户可领100元无门槛券，且并非抢购，而是无门槛领取，优惠券可全场通用(特殊商品除外)，有效期一年。“薅羊毛”党立即将这部分优惠券通过即时充值的话费、Q币等模式迅速洗成现金。虽然PDD及时跟进(从出现到被修补接近10小时)，并于当日表示，灰色产团伙所利用的“优惠券漏洞”盗取的相关优惠券，系PDD此前与江苏卫视某一档相亲电视节目，因节目录制需要特殊生成的优惠券类型，仅供现场嘉宾使用。

关于“黑灰产通过平台优惠券漏洞不正当牟利”的声明

1月20日晨，有黑灰产团伙通过一个过期的优惠券漏洞盗取数千万元平台优惠券，进行不正当牟利。针对此行为，平台已第一时间修复漏洞，并正对涉事订单进行溯源追踪。同时我们已向公安机关报案，并将积极配合相关部门对涉事黑灰产团伙予以打击。

最终该公司实际资损大概率低于千万元，也通过上海警方已以“网络诈骗”的罪名立案并成立专案组，并依据“财产保全”的相关规定，对涉事订单进行批量冻结。

网贷

而到了网贷兴起时代，“羊毛”就更加丰厚了，对于“薅羊毛党”中的大牛来说，更是迎来了“黄金时期”。

首先只需要新购入一张电话卡，养卡半年，然后一次性下载几百个网贷App，挨个贷款，借助防骚扰软件，只要输入手机号、身份证号和贷款平台名称，平台的催收座机就会被拦截；“黑吃黑”贷完后立马剪卡，从此人间蒸发。

产业链解读

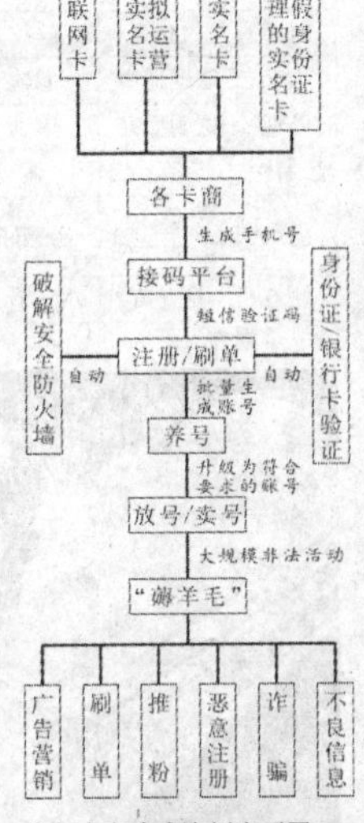

可以说从互联网公司发布各种小恩小惠活动时起，“薅羊毛”党就随之诞生了。按活动思路，普通人只有一个手机号，所以只会注册一次享受一次优惠，并且大多数都是用自己的身份证或者银行卡进行了实名认证，即使发现漏洞也不会进行什么恶意的刷单行为。

而在这种互联网黑色产业链中处于上游链的各卡商就不一样了，通过“猫池”(ModemPOOL，原本用于大量具有多用户远程联网需求的单位或需要向从多用户提供电话拨号联网服务的单位)让手机卡可以直接拨号和接收短信，上游卡商就靠着在相关的平台上售卖卡号和验证码赚钱。目前这条产业链早已成熟，其技术和服务还在不断发展，“薅羊毛”党在平台购买以后，平台还会提供软件支持、业务结算，赚取分成。根据验证码属性及难度的不同，平台与卡商分成比例也不同。

猫池是一种可同时支持多张手机卡的设备，根据机型不同，插口从8到2048不等

顺带说一句，随着微商的兴起，微信号也成为一种获利的方式，在认证齐全的前提下，黑市上的新微信号大概为10元/个，老号则为70~100元/个不等。当然作为运营商的腾讯公司是严厉打击这种贩卖微信号的行为。

这些有组织的“薅羊毛”党分工明确，有人专门紧盯各个电商平台、网络平台的优惠券、秒杀、返利等活动；他们对电商平台规则更熟悉，往往能够迅速发现商品短时间的价格差，低价买进高价卖出，靠价格差获取利益。每年在各种互联网业务活动中，缺乏安全防控的红包、优惠券促销活动，会被“羊毛党”以机器、小号等各种手段抢到手，70%~80%的促销优惠会被“薅羊毛”党薅走。

并且极小部分商家对优惠券使用不够娴熟，也会出现一些优惠规则的漏洞；“薅羊毛”党通过购买商品再售出，虽然说利润很小，但由于羊毛党往往手中握有大量账号，在批量倒卖后累积获利也不菲。

监控与防范

首先我们要了解“薅羊毛”党获利的步骤过程进行了解。

——24小时活跃度统计

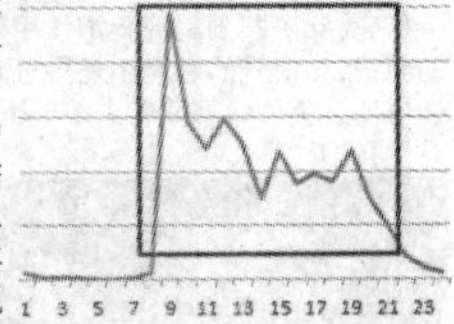

正常的普通用户群24小时IP活跃度统计表

第一步：需要一个账户注册过程，若要多获利，需要大量的注册账户；第二步：账户注册完成后，用其中一个账户进行试探，发现“抵用券/折扣卷”可以用来充值消费的漏洞；第三步：确认漏洞后，通过大量的注册账户来领券；第四步：进行大批量的“薅羊毛”活动，领券后出售或者转换成同价值的其他点卷，比如进行话费充值以便套现；第五步：套现，比如利用话费充值进行游戏点卡充值，随后再卖游戏点卡，以达到洗钱套现的目的。

针对这些行为，目前主要还是通过对IP地址和时间段的监控进行分析管理。

这种批量的账户注册(垃圾注册)，通常表现为同一IP地址下，一段时间内的连续的注册。当同一IP地址上，短时间内出现了大量的注册和登录行为，系统需要马上识别出其潜在的风险。对异常时间段内(通常是凌晨2点到早晨8点之间)也要特别小心，除了电商活动日(比如京东618、苏宁818、天猫双11等)凌晨外，普通用户一般不会在这个时段进行购物，如果系统已经触发了异常群体登录的警告，该同一IP地址上多个账户发生的大量交易，需要进行实时的监控防范。

另外还要对账户进行周期性的团伙识别。通过账户登录行为的一致性来判断哪些账户存在领券等行为表现的群体性特征。通常“薅羊毛”党参与的活动都具有一定的规模效应，其行为通常存在着团伙关联，这些关联表现在一段时间内的密集一致行为上，如同一IP，或者同时间段内密集领券，或者密集消费的行为。通常这种行为分析需要一定的历史积累，如月度、半年、一年间隔的账户行为一致性的分析，进一步对账户进行分组分群。对历史分组的账户，IP分别进行监控，从而达到防范的目的。

当然，仅仅依靠单一IP地址上发生的这些特征对“薅羊毛”党进行监控，也不能保证就一定有效。随着近几年IPv6地址的使用，对IP地址聚集性的特征也造成了严重的影响。由于IPv6的可用地址远超IPv4，完全可能让每个账户都独立使用一个IP。从新的技术角度讲，黑色产业链也完全有可能将一致性的行为进行分散化处理。因此，IPv6的普及应用，对于黑产防控来讲，是增加了困难程度，带来新的挑战的。

写在最后

除了黑色产业链本身分工明确、组织严谨外，跟电商有时候允许其在一定的范围内打擦边球也有关系。

几乎每个电商企业每年都要下达一定的指标，要求员工达到一定的绩效考核，而这些绩效又下放到各渠道商，自然要采取一定的优惠活动以求吸引消费者，有的渠道商甚至采用刷单来提高流量；为了冲量，最好的方式就是找“薅羊毛”党进行刷单。

模式	拍A发B模式	传统模式、QT、YY、互刷
成本	举例客单单价300元，1个小礼物+运费=8元(左右)	主持或工作室佣金+刷手佣金+运费=15-20元
时效	根据注册买家，想刷多少单，就发布多少份礼物。	拿钱求职业刷手，“收菜慢”，来来去去就那么几个人。
评语	连同小礼物一起发给买家，需要好评晒图，联系买家	空包还没有到，就要给你好评？遇上同行甚至给差评！
权重	搜索下单，每人搜索/购买方式都可以不一样；完全模拟真实购物流程，对应标签。	小号会被判为异常号，非真实买家号，刷单没有效果，导致越刷排名越靠后。
安全	真正的买家号，买家单纯的为了得到你的精美小礼物。	职业刷手，一人多号，一号多刷，全是有风险的小号和黑号。
排插	后台能看到买家的QQ、电话、IP、账号等信息。系统先排查，再人工审核，双重保障。	自己一个一个人工检查，时间长、效率低。
保障	具有一定实力的公司，安全。	小工作室，遇到风险会跑路。

近年来刷单模式也在“与时俱进”不断升级

随着互联网的成熟，刷流量的成本逐年递增，即使都依靠“薅羊毛”党，一般也需要30-50万，剩下的几十万分给渠道商；形成“薅羊毛”党赚钱，渠道商获利，电商运营完成业绩的三赢“合作”方式。并且针对电商检测系统，刷单方式也在变相升级，这也是有时候普通消费者为什么能遇上类似“9.9元包邮”甚至“5.9元包邮”这样的活动的原因之一。

很多时候“薅羊毛”党和电商之间属于“半推半就”的关系，不过一旦有规则漏洞，很可能电商就会被“薅羊毛”党反噬。“刷单找死，不刷等死。”——这就是目前众多中小电商(渠道商)面临的一个困境，也许没过多久还会曝出类似以上案例的大漏洞。

(本文原载第35期11版)

手机保护壳那些事

相信不少朋友在购买了自己心仪的手机以后都会为自己的爱机配上手机贴膜和手机壳吧。有关手机贴膜的文章我们介绍过不少；不过手机壳这里倒是第一次介绍，不要小看手机壳，除了起到美观装饰作用外，其对手机的保护，对信号的影响还是很重要的。我们就按材质分类为大家简要介绍一下。

TPU

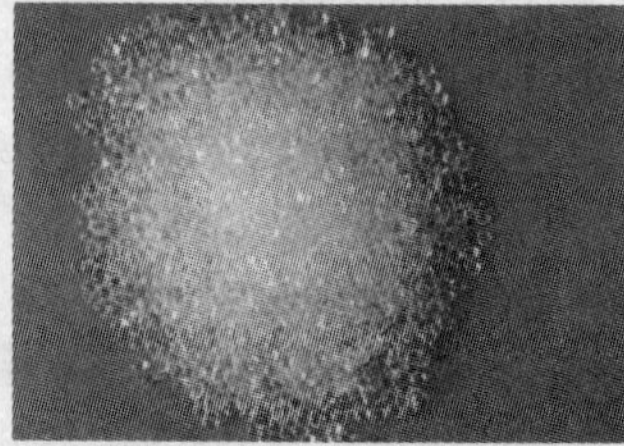

TPU原料

这是目前的最主流的材质，拥有橡胶的高弹性及塑料的高强度。TPU作为弹性体是介于橡胶和塑料之间的一种材料，耐油、耐水、耐霉菌，TPU制品的承载能力、抗冲击性及减震性能突出。

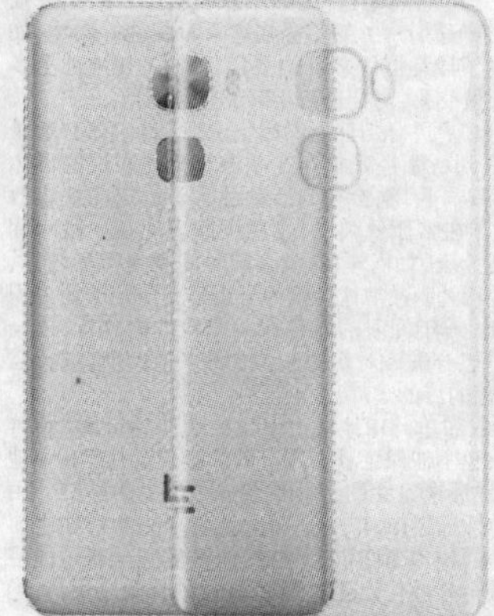

成型工艺

TPU属于塑胶类，产品是注射成型工艺做出来的，就是把一粒粒的塑料米加温融化以后，用炮筒射入塑胶模具而制成产品。

优点

其优点是耐冲击、抗刮性强。对于经常需要接触到粗糙表面的手机壳来说是绝佳的材料，同时，较软的材质也带来出色的包裹性，能够为手机提供更全方位的保护。从外观看，TPU是可以做很透明的那种的，硅胶则不可以，最透的感觉都像一层磨砂玻璃。正是由于TPU的这种透明感觉，现在比较受用户欢迎。而且TPU产品高档次还还很多，可选择性比较强，花纹变化比硅胶也多。

缺点

容易"变黄"，由于芳香类TPU材料本身分子结构上带有苯环，易吸收光照。在合成后开始就会慢慢变黄。从手感感觉，一般TPU的硬度会比硅胶要硬，用手捏的弹性强，硅胶的弹性稍微差一些。

硅胶

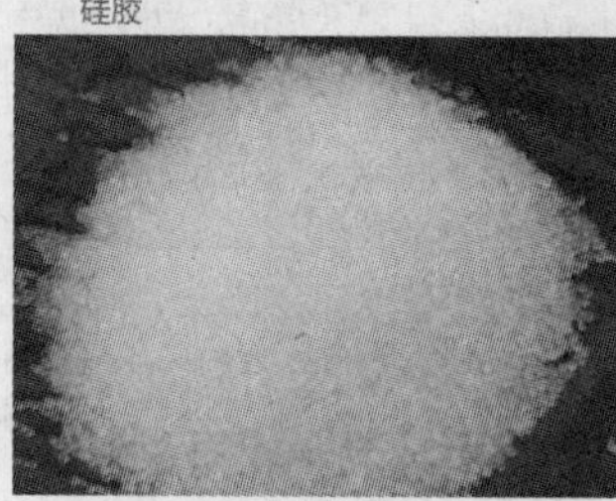

硅胶原料

硅胶(Silica、Silica gel)，是一种高活性吸附材料，属非晶态物质，其化学分子式为$mSiO_2·nH_2O$。不溶于水和任何溶剂，无毒无味，化学性质稳定，除强碱、氢氟酸外不与任何物质发生反应。各种型号的硅胶因其制造方法不同而形成不同的微孔结构。

硅胶的化学组份和物理结构，决定了它具有许多其他同类材料难以取代的特点：吸附性能高、热稳定性好、化学性质稳定、有较高的机械强度等。硅胶根据其孔径的大小分为：大孔硅胶、粗孔硅胶、B型硅胶、细孔硅胶。

而硅胶套又主要分为两种，一种是有机硅胶，一种是无机硅胶。目前市售的基本属于有机硅胶。其具备可耐高温、擅抗侯性(不怕紫外线或臭氧分解)、绝缘性佳、材质稳定等特点。

成型工艺

主要是硫化成型，利用油压机的温度与压力，借助模具把产品硫化成型出来。这种工艺相对成本低，产量高，应用比较普遍。它多用于单色的硅胶产品。也可应用于双色双硬度的产品或是多色多硬度，但是产品的结构不灵活，受限制。硅胶模具是上下开模的，把一片一片的硅胶原料切好，放在模具里面，加温加压而做出产品。

优点

价格便宜，吸附性能高，缓冲性能良好，不易磨损，保护较全面。

缺点

质感偏厚，款式少，易油腻，和机身贴合性稍差，同时材质稍差的还容易沾灰和进灰

硅胶材质最柔软，也最为贴合手机，但是这也造成了抗摔程度不高问题，硅胶由于透气性较差，长期使用容易导致手机机身热量集聚，影响性能。同时，硅胶材质无法做成透明，美观度和耐用度上也会打折扣。并且硅胶套本身具有轻微的粘性，使用一段时间后会吸附大量的灰尘在手机上。

PC材质

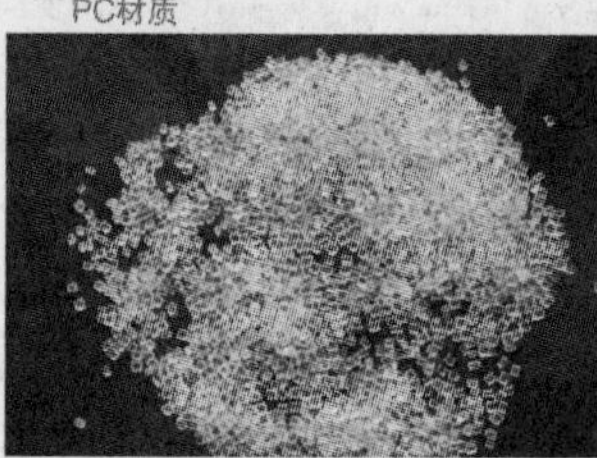

PC原料

PC(Polycarbonate)是聚碳酸酯的简称，又称PC工程塑料，PC材料其实就是工程塑料中的一种，作为被世界范围内广泛使用的材料，PC有着其自身的特性和优缺点，PC是一种综合性能优良的非晶型热塑性树脂，具有优异的电绝缘性、延伸性、尺寸稳定性及耐化学腐蚀性，较高的强度、耐热性和耐寒性；还具有自熄、阻燃、无毒、可着色等优点，大规模工业生产及容易加工的特性也使其价格极其低廉。其优势在于高强度、高透光性及透明度，因此多数印有图案的手机壳，都会采用PC材质以呈现清晰的纹理；并且PC不会像TPU材质那样变黄，比较美观。

而一些布制、木制表面的"非主流"手机壳，也多数会采用PC材质作为衬底，因为PC材质价格低廉，易于量产。

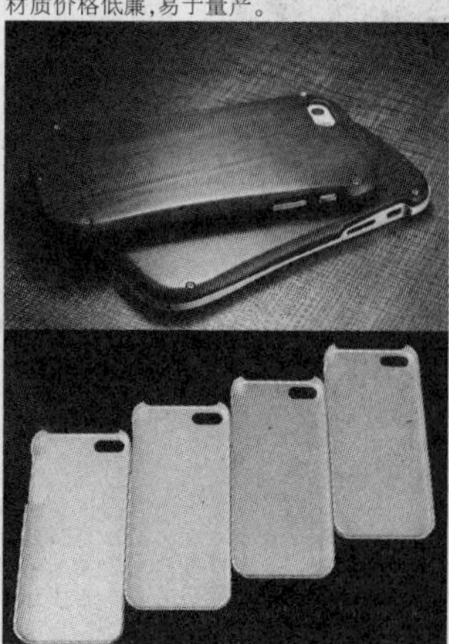

PC材质的保护壳不同于硅胶和TPU保护壳，它是硬质的，PC塑胶的韧性很好，透光度也很好，纯PC塑胶的有纯透明的，透明黑透明蓝等各种颜色，都很还不错。然而PC材质也不是万能的，比如很多PC材质的手机壳买回来很漂亮，但是用久了却会发现上面全是各种划痕，因此聚碳酸酯的手机壳虽然好看，但是不耐刮。

成型工艺

PC材质的外壳主要有三种工艺。

真空电镀工艺

在PC壳上电镀，电镀完雕刻一些花纹，质感不错，不过真空电镀完以后要过一到UV光油。

PC喷涂工艺

可以喷手感橡胶油，这种手感也有很多人喜欢，再复杂一点就是在有色(透明红、透明蓝、透明黄等)透明PC壳上喷一层底漆，再镭射雕刻一些花纹，最后过一道橡胶漆，这种产品显得很高档。

PC水转印热转印工艺

在PC壳上做一些转印上去花纹图案，然后再喷UV光油，或者有软软手感的橡胶油。转印后喷UV光油的，手一捏，表面的UV光油比较容易裂开，所以转印工艺的最好选择喷橡胶油的，软软的手感，表面哑光，做得好的工艺，也会显得很高档。缺点是表面不耐刮，如果某个局部掉了漆，就会沿着掉漆的地方很容易越脱越多。转印优点是图案花色很丰富。

优点

透光度好，硬度强，抗摔，轻薄，强度和韧性好

缺点

不耐刮，不耐强酸，不耐强碱，不耐紫外线

主流材质手机保护壳特点比较

材质	TPU	硅胶	PC
手感	软硬适中	偏软	偏硬
外观	透明度高	单调	可塑性高
耐磨性	强	强	易刮花
优点	美观、耐用、成本低	手感好	强度高、不变黄
缺点	易变黄	外型单一	不耐用

金属壳

以前2G、3G时代还能见到金属手机保护壳，不过现在已经很少看到了。这是因为金属材质虽然看上去坚固，从手感和外型上也很上档次，但对于手机壳材料来讲不是一个好选择。因为当金属包围手机边框时候，会形成一个"法拉第笼"，从而阻挡电磁波信号的接收和发射。

即使是"半包式"金属壳，手机信号也会受到影响的；而在即将到来的5G时代，毫米波通讯将成为主流，而毫米波又是十分容易被阻挡的高频电波，就连手机本身采用金属材质也容易出现信号的波动，更不要说再加上一层金属外壳了。如果再加上无线充电，金属材质外壳更是影响充电效率，这也是目前苹果手机几乎都不支持无线充电的原因之一。

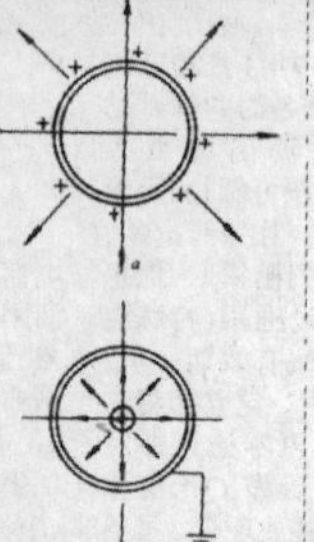

法拉第笼原理图

题外话，有一家名为NuVolta的科技公司开发出了一种针对金属外壳手机的提高无线充电技术，其方案是由NU1000功率管理IC及6.78MHz磁共振架构所构成。功率管理IC整合所有关键基础功能，包含功率金属氧化物半导体场效电晶体 (MOSFET)、闸驱动器(Gate Driver)、电流感测(Current Sensing)和I²C介面。此元件为5mm×5mm或6mm×6mm无接脚封装(QFN)，并可支援介于4.5V~28V的输入电压。单从手机上讲，需要开孔15mm以上，无线充电效率可比之前提升70%。不过该方案更适用于以后的可穿戴设备及笔记本等设备，因此还是尽量不要使用金属材料的手机保护壳。

其他

另外还有各种三防手机壳、带充电宝功能的手机壳、带液态散热的手机壳；虽然看上去都个性十足，但是这些复杂结构的手机保护壳尽量不要购买，毕竟现在手机发热量和电池量都比较大，长时间使用，很难保证热量有效地散发出来反而更存在安全隐患。

(本文原载第37期11版)

防止游戏中被来电掉线又一法

电子报2019年第16期11版中<游戏中来电掉线怎么破>一文，提到了手机在不连接WiFi情况下玩手机网络游戏时，只要有来电手机就会自动把上网使用的4G LTE网络切换到语音通话专用的2G GSM/CDMA网络，由于两种网络不能同时运行，故造成游戏断线。文中提供的解决方案就是手机端设置"启用VoLTE高清通话"，同时通过发送短信代码到对应运营商服务号码来开通VoLTE服务。

这里面就有个问题，部分手机没有"启用VoLTE高清通话"的功能选项，那怎么办呢？笔者提供一种比较极端的方式：仅允许手机保持在4G网络，无法切换到2G网络。这样一来，电话就无法拨打进来了。

以笔者的Sony XZ1C手机为例来说明：设定-网络和互联网-移动网络-首选网络类型-仅4G，按此设置，电话就拨打不进来，同样的你自己也拨打不出去（切记过后要切换回图中所示第一个选项）。

笔者经常用手机开热点给电脑上玩游戏使用，各种骚扰电话造成游戏掉线苦不堪言，才出此下策，希望可以帮助到有同样烦恼的朋友们。

Tips:经过测试，对方拨打我的号码时会收到语音提示：正在通话中！

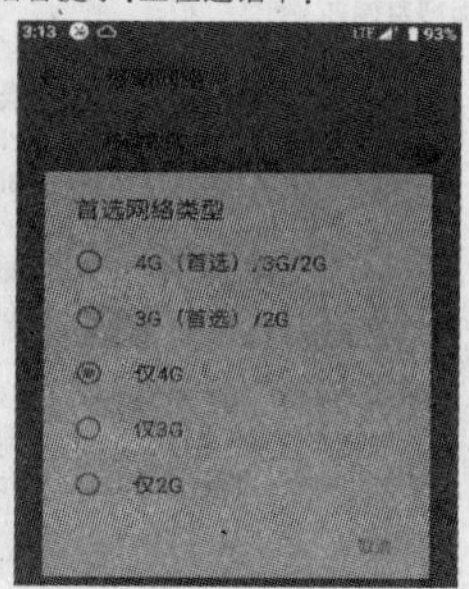

(本文原载第37期11版)

“五颜六色”选键盘

如今手机游戏已经占据了很大一部分市场了，再除开家用游戏机，还热衷于用PC玩游戏的人已经不多了。不过话说回来，能坚持在PC端玩游戏的人也是游戏死忠，舍得在硬件配置上花钱，除了力求性价比的几大部件外，外设方面也十分讲究。今天我们就来谈谈外设的主要设备之一——键盘。

键盘在玩竞技类游戏的作用仅次于鼠标，因为竞技类游戏的特殊性，对键盘要求颇高，这是采用什么轴就至关重要了。

以全球著名的键盘制作商Cherry的几款轴为例，其中最新的银轴的触发键程仅为1.2mm；接着是此前被誉为最适合竞技的黑轴，触发键程为1.5mm；然后依次是红轴和茶轴的触发键程2.0mm，最后是青轴触发键程2.2mm。

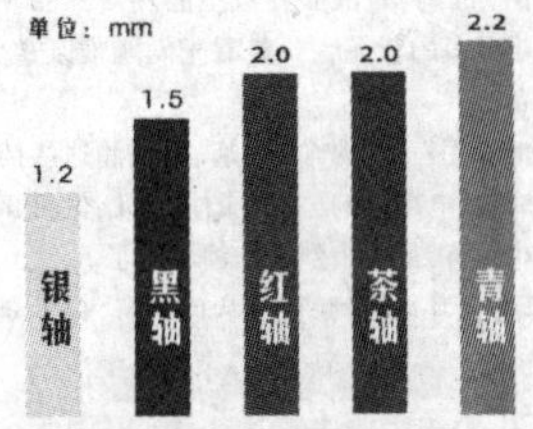

不同轴体的触发键程，数值越小越好

不要小看了这0.3mm的差距，如今的电竞比赛也越来越被重视，一个按键相隔0.3mm的时间差累计起来的响应时间，对于职业选手来说，完全可以进行一些超级细节或是决定胜负的关键。

而压力克指数是指按下按键所需要的力度(又叫厘牛顿、厘牛)，根据使用习惯而言，压力克数越低，在一定程度上对于长久使用者越友好，产生疲劳感也就越延迟。

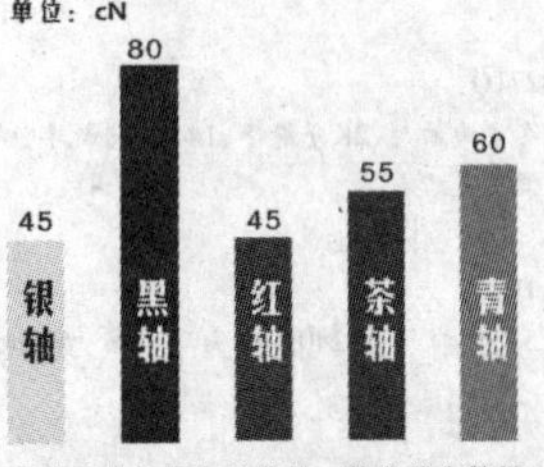

不同轴体的压力克指数，数值越小越好

银轴和红轴的压力克数为45cN，表现是最优异的；其次是黑轴的80cN，青轴的60cN以及茶轴的55cN，它们带来的操作压力和长久使用产生的疲劳感，相对要差一点。

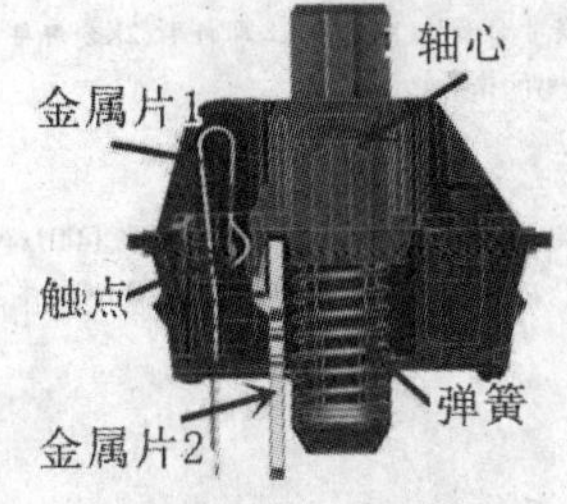

而目前市场上的大部分轴体都是仿照MX轴体的结构来制作的。

开关帽固定卡
跳线
底座
弹簧
触点金属片
开关帽

唯一区别就是有一些是五脚轴、有一些是三脚轴；其中五脚轴比三脚轴多了两个固定柱，这样五脚轴就可以通过多的两个固定柱，来上一些无钢板结构的键盘。

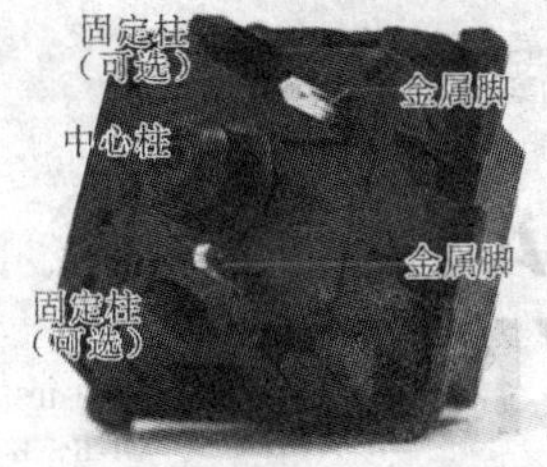

另外还有其他几种轴，都是按照轴芯的颜色来区分不同手感的轴。

下面就看看Cherry的几个有代表性的轴体。

银轴

类型：线性轴
总行程：3.4-0.4mm
触发行程：1.2±0.4 mm
初始压力：30gf min
触发压力：45±15gf

触发行程短，推出以来一直被称为速度轴，比红轴更加的爽快，当然也更容易误触，经常有误放双招的情况。

黑轴

类型：线性轴
总行程：4-0.4mm
触发行程：2±0.6 mm
初始压力：30gf min
触发压力：60±20gf

直上直下的手感和偏重的触发，能有效避免了很多误触和重复按键的情况。

红轴

类型：线性轴
总行程：4.0-0.4mm
触发行程：2±0.6 mm
初始压力：30gf min
触发压力：45±15gf

很多人称之为退烧轴，线性的手感，较轻的触发压力；相比黑轴、青轴而言，能让人感到一丝解放手指的快感。真正舒服的樱桃红轴是在无钢设计的键盘上，也是一代红轴神器。

茶轴

类型：段落轴
总行程：4.0-0.4mm
触发行程：2±0.6 mm
触发压力：45±20gf
初始压力：30gf min
段落压力：55±25gf

又称之为“万能轴”。在不知道选什么轴更适合自己的情况下，那就选茶轴吧，几乎可以胜任任何一种输入要求。

青轴

类型：段落轴
总行程：4-0.5mm
触发行程：2.2±0.6 mm
初始压力：25gf min
触发压力：50±15gf
段落压力：60±15gf

青轴的声音相对比较大，喜欢安静或者有室友在入睡时你仍喜欢使用键盘的建议不要入手。

绿轴

类型：段落轴
总行程：4.0-0.5mm
触发行程：2.2±0.6 mm
初始压力：25gf min
触发压力：70±20gf
段落压力：80±20gf

有点类似青轴的感觉，很多量产键盘都是用绿轴做青轴键盘的大键轴体，初始压力不重，相对青轴来说有越按越重的感觉。

奶轴

类型：段落轴
总行程：4.0-0.5mm
触发行程：2.2±0.6 mm
初始压力：30gf min
触发压力：70±20gf
段落压力：80±20gf

更像是超重版青轴，初始压力就比绿轴高，所以带来的感觉是更重的手感。

白轴

类型：段落轴
总行程：4-0.5mm
触发行程：2.0±0.6 mm
初始压力：40±15gf
触发压力：55±15gf
段落压力：65±20gf

把绿轴看作重青轴，那么白轴就是重茶轴（有些茶轴键盘会用白轴作为空格或者大键）。

粉轴(静音红轴)

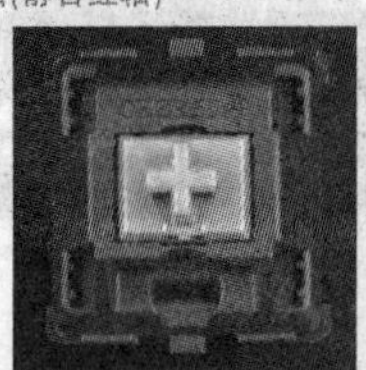

类型：线性轴
总行程：3.7-0.4mm
触发行程：1.9±0.6mm
初始压力：30gf min
触发压力：45±15gf

粉轴的触发行程很短，因此也更容易误触了，虽然说是静音轴，但其实并不静音，只是相对于常见的四轴来说，声音小了一点。手感方面，有点很独特的感觉，比较另类。

静音黑轴

类型：线性轴
总行程：3.7-0.4mm
触发行程：1.9±0.6mm
初始压力：30gf min
触发压力：60±15gf

由于行程短，和普通的黑轴体验感也不一样。

矮轴（Cherry MX Low Profile RGB红轴）

类型：线性轴
总行程：3.2mm
触发行程：1.0±0.2 mm
触发压力：45±15gf

这是Cherry最新出的轴体，运用与超薄键盘与笔记本上，目前只有红轴，它继承了红轴的顺滑优点，而且因为有导向柱的存在，稳定性更好。

介绍完这么多各种轴体的特点，最终选择还是根据个人喜好或者手感来定，购买之前最好问问是否支付7天无理由退换货，毕竟好的轴体键盘价格也不便宜。

（本文原载第45期11版）

刷新率对电竞显示屏的影响

现在配电脑显示器时，很多销售商都在推荐高刷新率的电竞屏（120Hz以上，最新的已经达到144Hz标准），那么这种高刷新率到底有什么影响，还是要从画面帧数说起。

以24帧为例。24帧的电影看起来很流畅，但24帧的游戏玩起来就感觉很卡了。为什么呢？其实是因为运动模糊这个概念。

以24帧为例，电影拍摄时摄像机每秒的快门时间为1/24，在这1/24秒的时间里，所有物体运动的信息都被记录下来了，其中就包含了运动模糊的信息。就是通过欺骗感官认知，让意识将它识别为一个连贯的场景。

而游戏不同，它在这1/24秒的时间里，画面都是渲染好的静止的，不会有什么动态的运动信息被记录下来。在理论上，没有运动模糊的游戏画面其实是"卡顿"的，只是因为帧数的不同而让人的视觉产生流畅与卡顿的感觉。

像《堡垒之夜》这样的3A大作对帧数的要求

并且在游戏中，分辨率对画面的影响也是非常大的。随着分辨率由1080P增加至2K，甚至到4K，其数据处理量是以指数级别增长的，所以即使画质变得更加细腻，但游戏帧数会下滑得比较严重。

因此，配置够高，可以带动游戏在4K以及144Hz的设置下运行，那么购买一款144Hz的显示器显然是最好的搭配。但配置一般，那就没有必要追求4K显示器。

说到刷新率，不得不提到显卡，就算是N/A两家的高端游戏显卡，也各自打造了自家相应的驱动才解决了高画质、高分辨率、高刷新率下的画面撕裂效果。

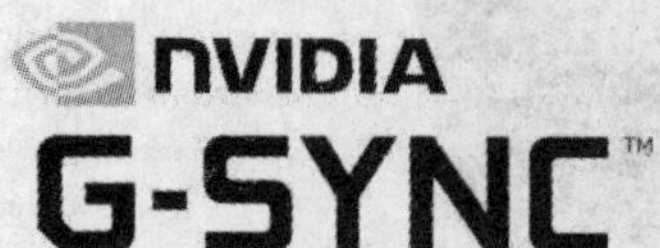

G-Sync由于是NVIDIA开发的，功能集成在一个模块上，而显示器厂商要获得G-Sync授权，每台显示器需要给NVIDIA付出较高昂的授权费。而FreeSync则不同，AMD免费开放该技术给显示器厂商，因此在购买时，会看到有些竞技屏价格相差很大：G-Sync的屏幕都在3000元以上，而FreeSync的屏幕1000多元就能拿下。当然也有部分显示器可以G-Sync和FreeSync同时支持。

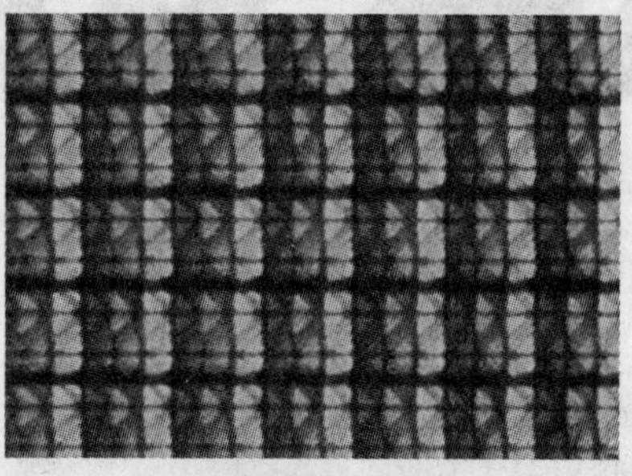

面板的影响

早期的电竞屏是清一色的TN面板，这是因为TN面板相对于其他LCD面板液晶分子拥有更快的反应速度，所以在最初制作生产电竞显示器时无论是高端还是入门都一致采用TN面板。

当然TN面板的缺点大家也很熟悉，就是正对屏幕与从侧方观看屏幕有很大的区别。面板厂商也在努力采用其他材质的面板做电竞屏，其中有MVA面板和IPS面板。

MVA BGR

MVA（Multi-domain Vertical Alignment）由富士通于1998年开发，目的是作为TN与IPS的折衷方案，其原理是增加突出物来形成多个可视区域。但是MVA面板相对于TN面板的成本较高及较慢的响应时间（它会在亮度变化小时大幅增加）。经过三星改良开发出PVA面板，其综合素质相对于MVA面板有很大的提升，但却有着黑色不纯正的缺点，导致整体色彩偏亮，但其优势在于强大的高产能和高良品率，被各大厂商所广泛采用，主要用于中高端显示器和液晶电视。

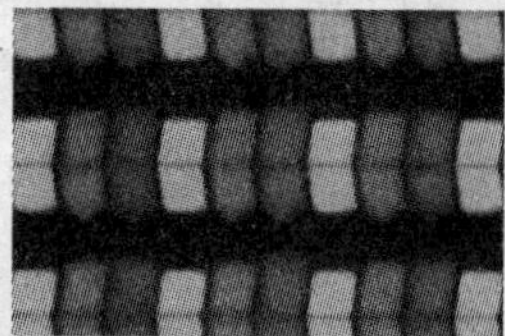

IPS RGB

而IPS面板就种类众多了，目前常见的有H-IPS、S-IPS、AH-IPS、E-IPS、IPS-ADS，综合性能排名：H-IPS/S-IPS>IPS-ADS（高端）>AH-IPS>E-IPS。IPS面板的优势是可视角度高、响应速度快，色彩还原准确，是液晶面板里的高端产品。但是，IPS面板因为需要更多的背光，一般漏光问题难以避免，响应速度也难以提高。

而电竞屏市场上除了三星、戴尔、明基、飞利浦这些传统的电脑显示器厂商外，做电视机的创维、康佳、TCL，做机箱电源的长城、航嘉、游戏悍将，都加入到这个领域来了。

附：部分性价比电竞屏（排序按价格从低到高，但不分排名）

惠科（HKC）GF40

重要参数：24英寸曲面屏、144Hz刷新率、不闪屏滤蓝光护眼技术、响应时间4ms。

售价：899元。

航嘉X277XCK

重要参数：27英寸曲面屏、支持G-SYNC兼容模式、2K分辨率、144Hz刷新率、广色域。

售价：1499元。

飞利浦275M7C

重要参数：27英寸曲面屏，2K分辨率、144Hz刷新率、响应时间1ms、广色域、低蓝光。

售价：1699元

惠科（HKC）G271Q

重要参数：27英寸曲面屏、2K分辨率、144Hz刷新率、响应时间1ms、广色域、低蓝光。

售价：1699元。

宏碁KG251Q D

重要参数：24.5英寸曲面屏、240Hz超高刷新率、响应时间1ms、1080P分辨率。

售价：1699元

华硕VG278Q

重要参数：27英寸曲面屏、兼容G-SYNC和FREE-SYNC技术、2K分辨率、144Hz刷新率。

售价：1999元

宏碁VG270U Pbmiipx

重要参数：27英寸曲面屏、144Hz以上刷新率、2K分辨率、IPS面板、支持Free-sync技术。

售价：1999元

LG 34GL750

重要参数：34英寸曲面屏、21:8超宽比例、IPS屏、144Hz刷新率、1ms响应时间、广色域、支持HDR10、支持G-SYNC技术。

售价：3199元。

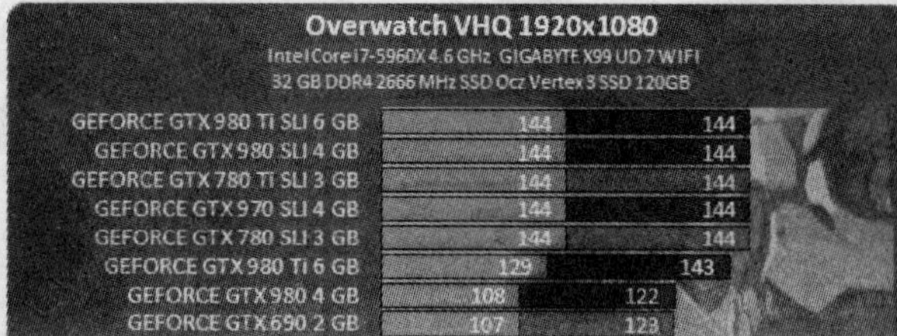

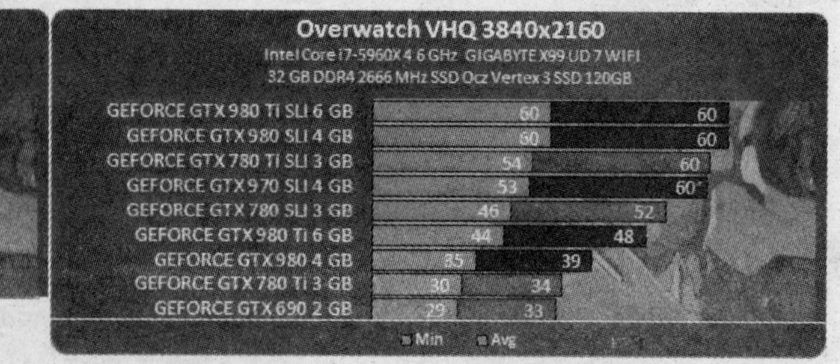

相同的配置在《守望先锋》中，4K的分辨率比起1080帧数会下降不少

智慧生活、智慧健康分享系列
平价、实用的电子健康养生设备(一)

5G网络在一些城市已落地,比如:今年8月起,广东移动在广东省内各地市已建5G体验厅,客户均可前往体验感受5G网络。5G时代,人工智能、数字城市即将大力推广运用。

科技在向前发展,时代在变,某些行业也在改变。就拿影音行业来说:上世纪90年代至2008年以前,出租LD影碟、VCD光盘、DVD光盘在很多城市存在很久,智能手机普及以后,很多行业重新洗牌,也催生了许多新的行业,在家电领域很多传统从业者被迫改行,网络时代老一辈家用电器维修师傅很多不知所措,多数关门停业。作为影音行业的从业者,笔者有时也很迷茫,是继续坚持还是另寻它路?有时不得不适应市场!

若按传统的思维,预计家庭数字影院还可搞几年时间,但5G网络普及后,移动影院可能是潮流,A1人工智能、AR、VR会更火爆。60后、70后、80后的电子从业者可能真“老了”,这些年代的人可能要学会改变思维,比如卡拉OK这块,KTV早已是夕阳产业,很多人都不看好,但咪咪哒等小型K吧在各大城市兴起,还上市运作,卡拉OK重显活力,成为90后、00后的追捧对象。平时笔者与不同行业的从业者交流,有时得到好多反馈信息,是的,知道用户的需求,某些问题就好解决了。现在大城市房价高较高,由于居住环境所限,多数家庭还真不敢购买多声道影K系统,它太占空间了,反尔一些别墅、豪宅愿购买多声道影K系统较多。

不变=淘汰!现在各行业都在变,没有明确的界限,“跨界”可能是以后的一个潮流!笔者看好健康产业与教育产业,以后很多电子产品可能会围绕这两个行业去服务,物联网是发展方向。传统的电子产品如何升级换代,或许给老产品装一个“芯”,有可能延续生命力。比如给我们的音源、DSP处理器、功放、投影机等设备装一个物联网模块,就可用我们的手机进行相关操作。手机遥控操作将是主流,以后遥控器可能会“退居二线或退休”!若定制某类机型,可远程操作,也可远程解决某些工程工期结束后收款难的问题。

某些智能家居理念稍超前,笔者后期专文介绍。在某些商业领域如何实现跨行业合作是一件值得关注的事。比如我们看电影、听音乐这段时间可能就给全身作了个健康体检,你手机扫码,检验报告便出现在你手机屏幕。在这看电影、听音乐的时候,顺便帮你作了1~2小时的理疗(比如远红外理疗、量子能量加入,氢水理疗、磁疗、电疗等等),以后的录像厅、卡拉OK厅有可能也是健康理疗厅、也可能是小餐厅、也有可能还是直播厅、还可能是VR教育学习厅、也有可能是VR展示厅、数字空间展示厅,总之功能可扩展,多个功能一厅搞定,因5G到来,很多前沿技术会落地。

笔者接触电子产品越多,发觉跨行业越多,产品优势越大,比如某些健康风险评估、预警与理疗康复系统的设备,吸收了电子学、物理学、生物学、能量学、神经科学、心理学、计算机技术、人工智能、大数据处理等技术,将多学科融为一体,多个模块工作,从而作到评估、预警、理疗、康复等功能。这类产品稍超前、费用较高,多是大单位购买使用。

中医博大精深,“中医文化+现代科技”前景广阔!花小钱办大事!民间常用的保健方法很多:如晒太阳、热水洗脚、脚底按摩、艾薰、艾灸、姜片洗脚、姜薰、穴位按摩、针灸等,这些方法值得保留。

智慧生活、智慧健康要落地,不能总是“高”、“大”、“上”,需从小处着手!对老百姓来说,需要的是平价、实用的健康理疗产品,用平价、实用的电子理疗设备来改善我们的生活是一件值得作的好事。在此,笔者推荐部分电子产品供读者参考:

一、LJDZ—JK—01远红外足膝经络养生桶

故语说:人老脚先衰,养生先养脚!市场上众多理疗产品,是从脚底接触理疗的,如图1示意图所示。传统的沐足桶市场较常见,技术也很成熟。

远红外线波长1.5~400微米,被表层皮肤吸收后,使肌肉皮下组织产生热效应,能加速血液循环、加快新陈代谢、减轻疼痛感,使局部皮肤肌肉松驰,有如按摩后的感觉。许多疾病的治疗护理通过远红外灯的应用,能使疾病得到尽快康复,病情得到缓解.对于长期卧床病人如果发生压疮、通过远红外理疗,能缩短恢复时间。外科手术后创口、烧伤创面通过远红外线理疗,能达到抗炎、抑菌、促进伤口愈合的作用。再有颈椎病、肩周炎、腰腿痛、关节炎等疾病通过远红外理疗能减轻疼痛,有助于恢复。

使用时注意,照射距离以感觉舒适为主,不要用眼直射红外灯,注意远离各种易燃物品。设备注意通风散热,如图2所示。

LJDZ—JK—01远红外足膝经络养生桶是蓝舰电子推出的健康系列产品之一,该木桶外壳采用加拿大进口铁杉木,可抗菌、防霉、防腐,防虫蛀,清香环保、耐用不易变形,桶身经过细致打磨抛光。桶边:经过无缝拼接固定,如图3、图4所示,木桶表面处理与原木色两款。若用图展示该桶功能,如图5与图6所示。

该养生桶有如下特点:

1.无水足疗、远红外理疗

石墨烯是改变21世纪的神奇材料,LJDZ—JK—01远红外足膝经络养生筒采用的发热板就是由石墨烯制成的,其性能较市场上其它发热板(碳晶板/纳米碳墨板等)发热更快、更均匀、更稳定、更省电、更安全。石墨烯加热片上每个点的温度都非常均匀,点温度在极小的范围内波动。

2.负离子理疗功能

该桶内部足底托玛琳石加热按摩,可释放负离子。负离子又称空气的维他命,具有调节人体离子平衡的作用能使人身心放松

3.太极按摩

按摩轮12颗球形滚珠同心逆向揉捏360度太极按摩,全自动双脚按摩,享受健康生活!

4.蓝牙音乐

该机USB接口有配套蓝牙音响供应,支持蓝牙音乐播放,也可通过USB接口驳接其它电器。

整个理疗桶外接36V直流电源供电,通过外接220伏交流转36V直流电源适配器供电(实际使用多配备35V的直流电源),比传统的电热丝沐足桶安全可靠。远红外无水足疗可一键设定,方便快捷,温度可在30~60度之间设定,红外理疗时间可设定,设备可汗蒸到大腿,可以一边沐足,一边欣赏音乐。

操作也较简单,提前联接好220V交流转35V直流电源适配器,使用者坐在合适高度的凳子上,双腿伸入桶中,双脚放于按摩轮上。接通桌面轻触开关,设定养生桶工作时间,比如30分钟,可在1~60分钟任意设定。然后调节温度,比如60度,可在30~65度任意调节。2分钟左右桶内温度就可升起,设定的时间到后自动停止。当然也可随时关机,比如使用5分钟后有其它事需去办,只需关闭电源即可。

市场上某些低价无水沐足桶多采用塑料外壳,多采用电热丝作发热材料,这类产品市场也有需求,但较难进入工程领域。LJDZ—JK—01远红外足膝经络养生桶参考零售价在三千元以内,主要使用于商业健康养生场所:如沐足店、酒店、旅馆、特色民宿、农家乐、康养基地、疗养院等,当然家庭也可使用。

作为商业场所使用,投资方追求的是收益,希望能吸引更多的客户使用,传统的某些产品可能达不到客户要求。若音响部份设计为小型发烧级听音系统,那么可派生出音乐理疗与无水沐足一体的养生桶。

若使用在商业场所,还可升级功能,我们可为该机加入其它功能,比如加入物联网模块,可升级为共享远红外足膝经络养生桶,扫码开机,扫码支付、无人值守、远程管理。

还可为高端酒店定制影院沐足系统,戴上VR眼镜,“200英寸”巨幕超高清3D电影就可呈现在眼前,支持4K、8K超高清播放,轻松打造最“潮”的保健娱乐系统。可以看电影、也可VR培训与学习,在养生时间学习、娱乐;在学习、娱乐时间养生!也可作为定制的广告系统:比如产品宣传、特色风景区推广,向特定用户推广推送,或者作成“另类”的共享广告机,扫码看广告可作理疗。

创新就是客户需要什么,厂家就提供什么,为客户服务!开发公司要不断的推出高科技的新产品,引导客户消费!

二、LJDZ—JK—02远红外多功能理疗凳

该理疗凳如图7、图8、图9所示,其思路是把传统民间艾灸薰蒸、姜片薰蒸、远红外线理疗与传统的家用坐凳结合起来,作成一整体。该凳子功能较多,如:

1.远红外线理疗

主要治疗与缓解风湿性关节炎,伤口愈合、挫伤(软组织损伤)、扭伤、淤伤等。

2.负离子理疗功能

内置负离子发生模块,200万高浓度负离子释放,可以改善睡眠,降血压,有镇静、镇痛、镇咳、止痒的功效。

3.姜片薰蒸理疗功能

可在凳子中部发热铁板上放入姜片,如图7所示,然后盖子放于坐凳上面,人坐坐凳上面,从而达到解表驱寒、治疗风湿性关节炎目的。

4.艾灸薰蒸理疗功能

拿出凳子侧面的的钢管,如图8所示,插入艾柱(成品),点燃艾柱,然后再把钢管放入凳子侧面,让艾燃烧,然后盖子放于坐凳上面,人坐坐凳上面,从而达暖宫、止疼之功效,治疗脾胃虚寒、痛经、手足发凉、痔疮、便秘等。

5.中药包薰功能

根据具体问题配制,可在凳子中部发热铁板上放入中药包,如图7所示。

6.蓝牙音乐播放功能

该凳内置蓝牙音响,在理疗过程享受高品质音乐带来的快乐!

7.客厅小坐凳

不作理疗时可用于家庭小板凳,使用、操作简单,安全实用。

8.空气净化功能

若不坐凳时可以用来净化室内空气,有效防止细菌感染。

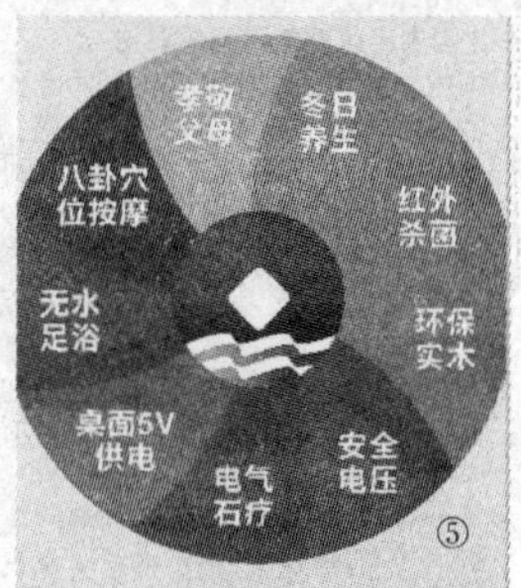

⑤

热敷设计

远红外碳晶发热板

•过热买断电保护 •发热快且均匀 •隐藏式防烫设计

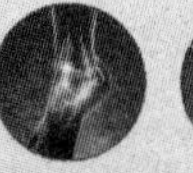
暖足

暖膝盖

暖关节 ⑥

⑦

⑧

⑨

①

②

③

④

该理疗凳操作也较简单,插好220V电源线,打开凳子侧面电源开关,使用者坐在凳子上,从配套的控制板上设定理疗凳的工作时间,比如30分钟,可在1~60分钟任意设定。然后调节温度,比如55度,可在30~60度任意调节。设定的时间到后自动停止。当然也可随时关机,比如使用20分钟后有其它事需去办,只需关闭电源即可。

该理疗凳零售参考价仅数百元,有一定的市场需求!让每个家庭都拥有一只养生的桶、每个人都拥有一个能养生的凳,这是我们追求的目标。

(本文原载第38期11版)(下转第622页)

◇广州 秦福忠

智慧生活、智慧健康分享系列：

平价、实用的电子健康养生设备(二)

(紧接第621页)

3.国内专家对氢研究的看法

国内众多名人对氢研究作了肯定！中国工程院钟南山院士曾说："氢分子主要针对慢性疾病，最基本的是抗氧化应激的加强作用，不是单纯修复作用，有利于基本恢复，理念是对因治疗不是对症制疗。"

中国人民解放军海军军医大学孙学军教授："没有氧气，人活不了的，但是没有氢气，人可能活不好的。"

生命科学与生物工程学院马雪梅副院长："人体获得氢分子常见的方式，就是我们的饮用水，通过仪器制成含氢的水。"

今年6月1日《氢气控癌：理论和实践》一书出版发行，更是将氢健康推向高潮，更多读者观注氢健康、氢产品、氢产业。该书作者：徐克成，是白求恩奖章获得者，也是著名肿瘤专家。

氢气能治病?这是不是真的吗?

中国工程院院士钟南山说："这是真的！"

中国科学院院士吴孟超指出："氢气控癌，肿瘤康复的颠覆性探索。"

中国工程院院士王振义说："氢气控癌，肿瘤康复的革命性课题。"

氢气作为一种选择性抗氧化剂，它不只中和坏的自由基，还能抗炎症，而炎症是许多疾病的罪魁祸首。此外，它还调节细胞信号转导通路，保护细胞线粒体。文献中显示，氢对包括心脑血管疾病、呼吸疾病、癌症在内的一百多种疾病都有积极的作用。

氢对人体是否安全，徐克成专家说目前有4大证据支持：1.潜水员呼吸氢气进行潜水；2.人体大肠细菌本身就可产生氢气；3.欧盟及美国将氢气作为食品添加剂；4.吸氢机列为日本B类医疗器械。为了让更多患者受益于氢医学，徐克成继阳光氢分子体验中心中心后，今年4月10日，又在广州中山二路再开一家近200平方米的免费体验中心，主要面向广东生命之光癌症康复协会的会员。徐克成认为：氢气作为天然之气、居家健康、生理之气、无药为医！这是对氢最恰当的评价。

如今，从事氢科普的书报很多，中央电视台《CCTV发现之旅》也多次报道富氢水即水素水的神奇。国内从事氢产业的科研单位与生产厂家很多，氢产品也很多，包括氢水、氢气类的产品，也包括产生氢水、氢气类的电子产品。

国内已有几个大厂生产易拉罐装氢水饮料，参考零售价十多元一罐，如图4所示，也有简装的平价氢水供应市场。

美国已有食品级矿物质(镁)供应，外观与药片类似，放入水中一片，立马产生氢，笔者也曾喝过那款氢水，喝起来酸酸甜甜，口感回味很有新颖。中国对氢的研发也没落伍，食品级矿物质(氢)也开始批量上市，已获多个专利，多个批文。如图5所示，就是放了1-2克这种矿物质的氢水效果图，出门在外可以方便随时随地喝氢水。人喝氢水后的效果图如图6所示，常喝氢水会对某些疾病可对因治疗，如图7所示。

由于这类新科技产品售价目前偏高，主要面向高端用户群体。而生产小家电是我国的强项，产生氢水、氢气类的电子产品很多，代表产品有：氢水杯、吸氢杯、氢气呼吸机、氢气水疗仪、氢气泡浴仪、台式氢水机、中央微纳米氢水机、大型氢气产生设备、氢水美容仪、氢气护肤仪、氢水护肤仪、氢气健康舱、氢水茶吧机、氢窖美酒器、氢水补水仪、氢水面膜机等等。由于是电子设备，产生氢气、氢水相对便宜，在多个场所均可使用。

笔者认为：富氢水对人体健康有一定作用，但不应过份夸大其功用。市场需要什么，就有人炒作什么，市场就会鱼目混杂，有时低价低质扰乱市场，出现"李鬼"打败"李逵"的现象，把一个健康产业毁掉。好比如今的净水机市场，一般老百姓不知所措，不知如何选购，特别是某些黑心的商人，到农村推销安装净水设备，把差的产品高价卖，很多人上当受骗。用户是需要家用净水设备的，如今飞利浦、海尔等大公司也进军"水健康"行业。某些用户就买最便宜的产品，某些用户就买最贵的产品。把差的产品低价卖，把差的产品高价卖，把好的产品高价卖都是市场行为，后续行业都有影响。

其实国内不缺高端的产品，也能生产部分高端的产品，如很多人在日本抢购智能马桶盖，细心的客户回国后竟发现该马桶盖竟然是杭州一厂家生产。普及行业专业知识，提高用户的认知水平，让中国老百姓能够用上平价、实用的好产品是多数国内生产厂家的共同心愿。同时厂家销售模式也要与时俱进，比如直销、社交电商、分享模式、工业4.0模式，用户可以直接定制产品(1件也可生产)，让用户、销售商、厂家多赢。在此，笔者推荐部分电子产品供读者参考：

一、LJDZ—JKFX—01 便携式富氢机

LJDZ—JKFX—01 便携式富氢机外观如图8所示，作为健康分享的电子产品，该机主要功能：一键制氢、缺水报警、流量指示雾化、时间控制、气体过滤、净化等人性化设计。可以供氢水，也可供氢气，一机多用。

LJDZ—JKFX—01 便携式富氢机工作原理：富氢机是采用SEP技术把满足要求的纯净水或者二次蒸馏水（建议使用4.5升怡宝纯净水)输入电解池阳机室，被供到膜电极组件上，在阳极侧反应析出氧气/氢离子和电子（2H2O—4H++ 4E+ O2)，电子通过外电路传递到阴极，氧气从阳极排出，氢离子以水合离子的形式(H3O+)在电场力的作用下通过SEP离子膜到达阴极，吸收电子形成氢气(4H++ 4e—2H2)，从阴极室排出，进入气水分离器生成高纯度氢气。

该机在核心材料均选用优质配件，如杜邦N117铂金膜、气水分离器、调压阀、纯水电解装置、密封联结头、稳压电源、静音风扇等等。

SEP制氢技术其全称是固态聚合物电解质电解水制氢，核心是固态聚合物电解质电解池，电解槽池是由膜组件、钛合金组件、密封组件等构成。其中膜组件是电解池的核心组件，决定电解池的使用性能，保证富氢机输出压力稳定、安全、持续、纯度高的氢气。该机不会析出重金属，可使用60度以上的热水，SEP质子交换膜、SEP电解法生成的富氢水小分子团子更小，结构更稳定，浓度更高，富氢水存留时间更长。氢水电解时的臭氧、双氧水、氧气等从机器后部排水孔排出。

该机整机尺寸：420mm×410mm×220mm。外观材质：五金+ 亚克力，制氢纯度：99.999%，氢浓度1500—4000 ppb，氢流量 300cc—1500cc(min)。

机器前面板有3个小插孔，如图9所示，分别是氢气插口、雾化插口、氢水插口，分别接塑料吸管。机器后有220V电源线插口与3个小插孔，分别是加水孔、排气孔、排水孔。机器内置水泵，自动添加饮用水，将电解的氧气从排气孔排出，将需要更换的水从排水孔排出，如图10所示。该机操作也很简单，配有触摸控制小屏，机器面板电源开关、制氢开关、缺水报警、雾化开关、工作时间设定等全部轻触按键操作，如图11所示。

该富氢机适合多场景使用，如康养院、办公室、家庭等等，适合人群广泛，主要以水为原料制作氢气，通过气体过滤可为人体吸收。该机为便携式设计，体积更小巧，产品针对性更强，操作简单明了，自动定时工作时间，安全可靠，低水位报警器(机身透明材料可观察气量)时刻呵护着你。

二、LJDZ—JKFX—02 便携式氢气泡浴机

氢气泡浴缸售价较高，日本那款氢气泡浴机售价也较高，可能多数氢爱好者购买时会考虑很久。还是那个俗语说：人老脚先衰，养生先养脚！我们也可先从便携式氢气泡浴机着手，我们可把氢气泡浴机的氢气发生器放入塑料水盆中，接通电源，把产生的氢水用来洗脸、沐足等。如图12、13所示是LJDZ—JKFX—02 系列便携式氢气泡浴仪的外观图，有LJDZ—JKFX—02(A)、LJDZ—JKFX—02(B)、……，有A、B、C、D……多个款，该系列产品除外观少许差异，整机工作电压有所不同，以适应当地的供电电压，作为国内使用，该机国内版为220V工作电压，用中文菜单指示操作。作为健康分享该系列机内部部件几乎相同，该氢气泡浴仪有两部份组成：控制主机与氢气发生器两部分组成，控制主机放于桌面，控制主机可控制电源的开关、调节氢气发生器的工作时间，比如10分钟或60分钟，或更长时间；也用来显示氢气发生器的工作电压，比如14.8V—15.2V 等等。氢气发生器由15V直流电压供电工作，由主机提供电源。氢气发生器需放入水中，工作时产生红光指示，如图14所示，其实国外很多客户用该机产生的氢水用于洗脸，国内氢水若用于沐足可能使用面更宽，LJDZ—JKFX—02 便携式氢气泡浴机可产生1600—2000ppb 的氢水。

由于氢气遇明火易燃烧，初中化学课同学们就学过有关氢气的基本知识。使用该机时应作警示：远离火源！特别是应禁止氢水沐足时抽烟！

三、LJDZ—JKFX—03 便携式高浓度富氢杯

现在手机充电宝很普遍，若把喝水的杯子开发成制氢水或吸氢气功能，用USB充电，那市场前景很广阔。LJDZ—JKFX—03 便携式高浓度富氢杯就是一款可以制氢水的杯子，如图15所示，该杯同样采用美国杜邦SEP质子膜，制氢纯度99.99%。该杯同样采用钛铂金电解片，SEP质子交换膜，如图16所示。SEP电解法生成的富氢水小分子团子更小，结构更稳定，浓度更高，富氢水存留时间更长。

该杯材质，高硼硅玻璃，该杯氢浓度800—2000 ppb，消耗电量6-7瓦，工作次数10—15次。该杯采用SEP制氢技术，具有超高浓度与超高纯度两大特点。制造100%纯氢气水，分离氢气与氧气。

(本文原载第43期11版)

(下转第623页，图13、14、15见第623页)

◇广州 秦福忠

④ ⑤

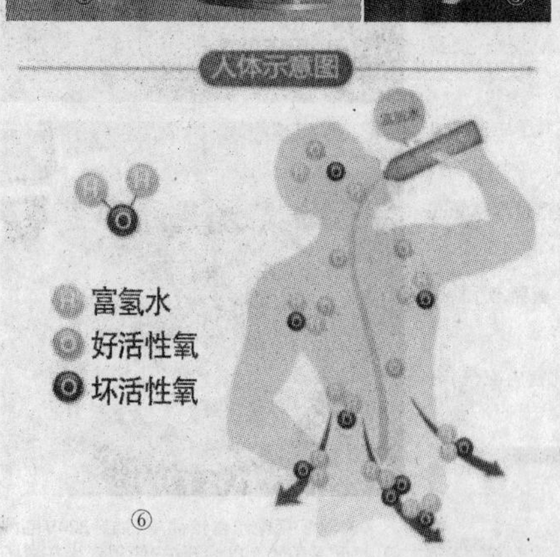

⑥

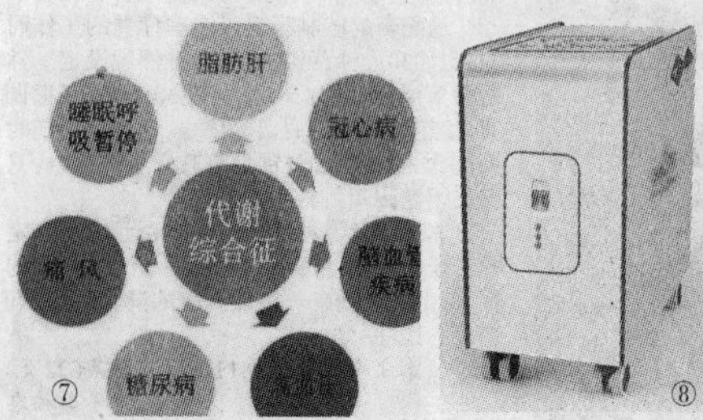

⑦ ⑧

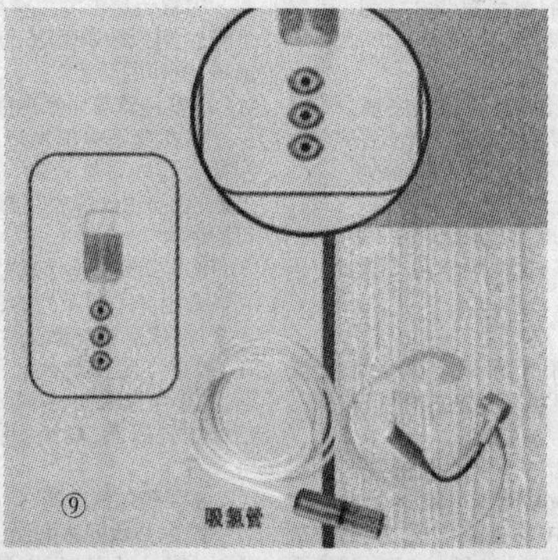

⑨

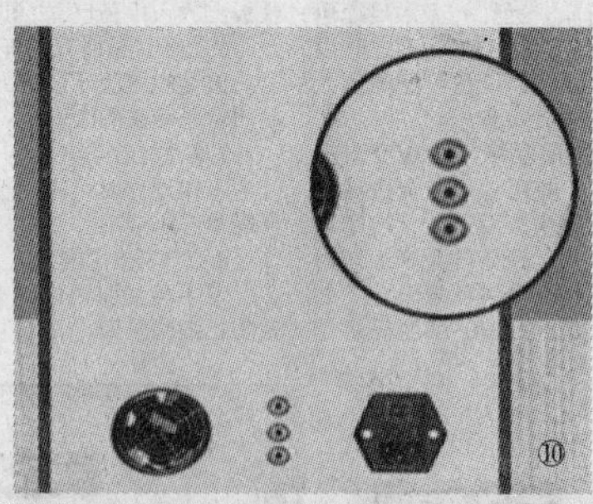

⑩

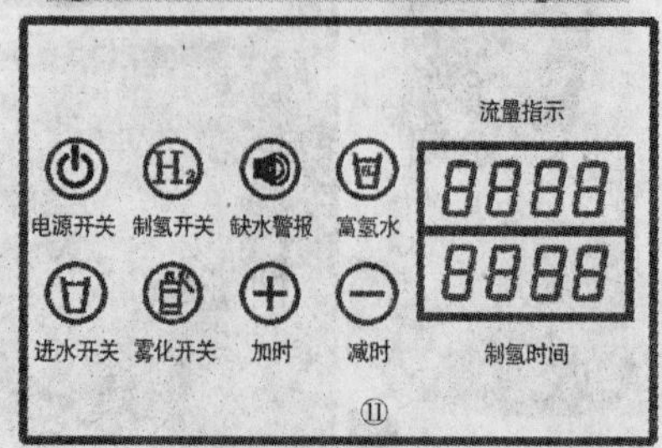

⑪

投稿邮箱:dzbnew@163.com 电子报

智慧生活、智慧健康分享系列：

平价、实用的电子健康养生设备(三)

(紧接第622页)

该杯操作也很简单，把饮用纯净水倒入杯中，按杯下方轻触开关，电源接通，开始制氢，5分钟后制氢结束，电解一次生产800—1300 ppb的氢水，可以喝氢水了。若第1次制氢结束，接着按动开关，进行第2次制氢；若第2次制氢结束，接着按动开关，进行第3次制氢，电解2—4次，可产生1200—2000ppb 的氢水。一般代购的水素杯制氢浓度低，多为300—800 ppb 。该杯电解时产生的臭氧、双氧水、氧气等从底部分离排出，一般代购的水素杯没有膜产生臭氧、双氧水、氯气等无法排出。便携充电，可使用市面常规USB接口，充电随时随地制氢水。该杯小巧美观，随身携带。

钟南山院士说，长期在室外作业的交警、环卫工人，通过氢气的摄人能够对雾霾清除氧化自由基的清除有促进作用，即使吸入污染的空气也会产生氧化应激作用，目前正在进行实验。笔者认为通过长期喝氢水、吸氢气、氢水洗脸、氢水泡脚这些简单日常行为，能有效作到健康保健的功效，在家就可使用作保健、作美容，大可不比去美容院 。

作为健康分享电子产品，可接受OEM与 ODM定制，也可作为新型的电子礼品作社交分享，当然产品的价格应该考虑多数用户的消费水平，产品应平价实用。现在国内太阳能板存量大，光伏制氢机的机会来了，小型模块化制氢可能也是个商机，有共同爱好的可以一起来研究，氢健康、氢能源、氢农业等试验可以跨行业交流！

(全文完)

(本文原载第44期11版)◇广州 秦福忠

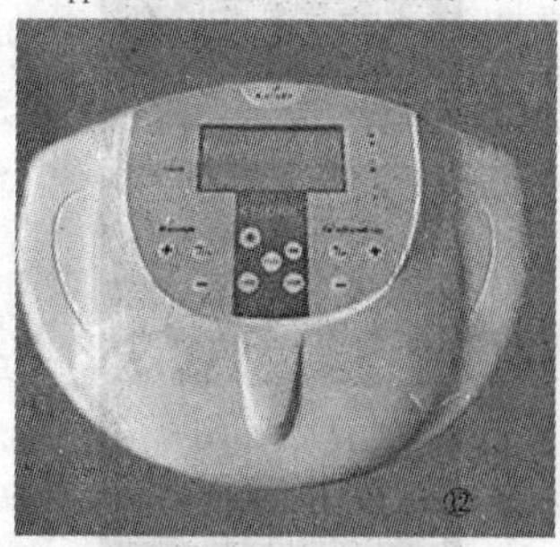
⑫

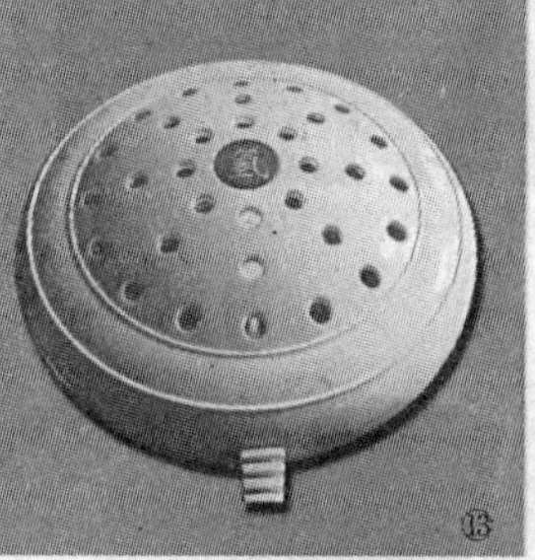
⑬

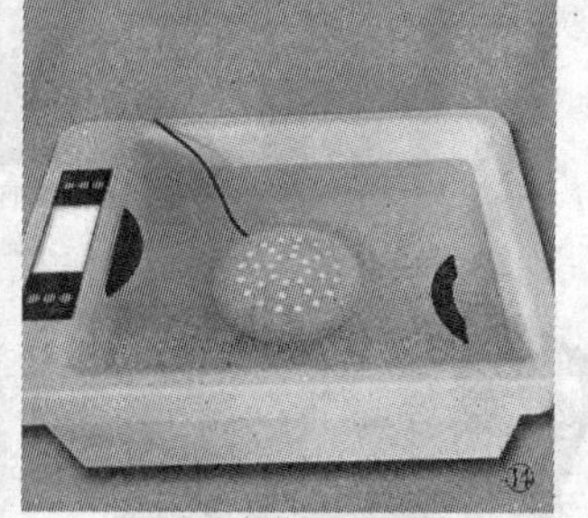
⑭

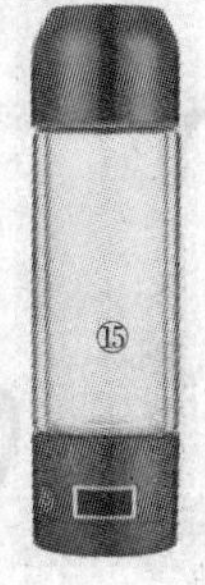
⑮

⑯

最火的 AI 换脸软件—ZAO

随着人工智能的不断发展，越来越多的应用也被开发出来，没有做不到只有想不到，“AI换脸”也随之被开发出来。

2017年底，国外一位ID为“deepfakes”的网友，利用业余时间创造了一个AI换脸算法；后来这个算法也被广泛称为deepfakes。

这个机器学习算法，首先在小圈子传开：在国外的Reddit论坛的deepfakes社区，短短一个月就聚集了1.5订阅者，并产生了大量的AI换脸视频。

当然，后来这个社区因为一些违法视频被关闭掉了，但是这个“AI换脸”技术却至今还在进化。最著名的视频片段有“94版《射雕》里朱茵扮演的黄蓉，换成杨幂的脸。”、“《复仇者联盟》徐锦江换脸雷神”、“《回家的诱惑》洪世贤换脸艾莉”等等。大家可以自行搜索视频，其画面毫无违和感，没有丝毫一点生硬。

最初的deepfakes只是一套算法，是基于Keras等多个开源库完成的。后来有位高手添加了一些工具，封装成引用FakeApp。这是一个桌面应用，可以运行deepfakes算法，无需安装Python、TensorFlow等，仅需要“支持CUDA的高性能GPU”。

这听起来简单，但对于普通用户来说，下载、安装、训练都是费时费力的大工程。所以通常都是一些爱好者制作发布，大家欣赏换脸后的片段。

Deepfakes技术特点：

门槛低，不需要多少算力就能进行各等级的“AI换脸”。

第一档

H64 (2GB+显存)，64像素模式。这是基本模型，Deepfakes最初扬名就是靠它。可以让模型在低显存情况下也能用低配置参数运行。

第二档

H128(3GB+显存)，128像素模型，比H64像素更高，细节更丰富。能应对大部分远景和中景镜头，更适合亚洲脸型。

第三档

DF(5GB+显存)，H128的全脸模型。它换出来的脸通常比H128更像，但兼容性更差，边缘问题突出。

第四档

LIAEF128(5GB+显存)，结合了DF，IAE的改进型128全脸模型。这个模型存在闭眼识别问题。

第五档

SAE(最低配置2GB+，推荐配置11GB+)，风格化的编码器，基于风格损失的新型超级模型。可以有效重建被遮挡的脸。可玩性高，参数可调，调优空间大。

由于Deepfakes是一款开源软件，因此基于此软件开发的“AI换脸”应用软件也很多，“ZAO”就是其中一个。

随着这款名为“ZAO”的AI换脸软件出现后，用户想要体验AI换脸，不再需要电脑、高性能GPU、数据集、编程和AI知识，只需要一部手机，一张自拍，就可以把多种影视场景中主角的脸，换成自己的脸。

这是一种前所未有的体验，而且效果虽然不能说特别好，但通常情况下，都是相当不错的；并且推广“ZAO”应该也不缺钱，其背后是著名的社交公司“陌陌”。

不过在“ZAO”大火的背后，一些深层次的东西更值得思考：

首先是伦理道德，这个简单的应用可能会被居心叵测的用户利用，从而制作各种色情、暴力甚至关乎政治的虚假视频，一旦发生，后果可能非常严重。

其次从安全意义上也值得警惕，作为比视频“AI换脸”相对简单的“AI语音”造假，如果两者结合起来进行诈骗，那起到迷惑人的效果更是不易分辨出来。例如给定任意文本，就能随意改变一段视频里人物说的话。并且结合“AI换脸”的脸型结构计算，改动关键词后人物口型还能完全对得上，丝毫看不出篡改的痕迹。那么伪装成XXX人之间的视频对话：“XXX，请将支付款打到XXX卡上”，这就非常危险了。

用户协议

2) 如果您把用户内容中的人脸换成您或其他人的脸，您同意或确保肖像权利人同意授予“ZAO”及其关联公司全球范围内完全免费、不可撤销、永久、可转授权和可再许可的权利，包括但不限于：人脸照片、图片、视频资料等肖像资料中所含的您或肖像权利人的肖像权，以及利用技术对您或肖像权利人的肖像进行形式改动；

使用“ZAO”APP需三思而行

再加上点开APP时，默认获取你的人物信息（包括摄像头、图库、地址、电话簿等）。在个人信息库作为互联网重要财富之一，这些信息都被相关公司收集了，先不说后台公司是否会违规操作，万一哪天数据库被不法分子盗取，进行类似支付盗刷脸的违法行为就够你受的了。

最后一个风险，由于此类软件都是基于deepfakes的开源软件，因此同类淘汰率很高，说不定哪一天某个大火的APP就下架了，万一回不了本，还说不清楚会怎么处理收集的个人信息。

后记

目前相对专业一点的“AI换脸”软件（有fakeapp、faceswap、deepfacelab等，只要有够强的硬件，就能自制一段换脸视频。这些软件都一个基本要求，就是必须支持英伟达的CUDA。

比如DeepFaceLab，只要能开中配特效的“吃鸡”游戏，又是NVIDIA的独立显卡，那么运行应该是没问题的。

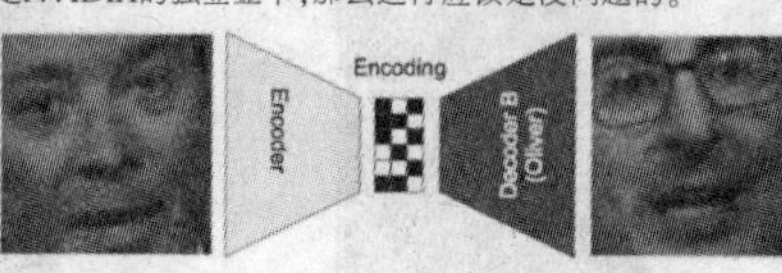

换脸主要分为五个阶段：视频转图片、提取脸部、训练模型、人脸替换、合成视频。每个步骤只需点击BAT文件即可执行。

最低配置要求：

至少有2GB显存的NVIDIA GPU

英特尔i3或者AMD 9处理器

8GB内存

20GB剩余硬盘空间

建议配置：

NVIDIA GTX 1060 6GB以上显卡

英特尔i5或AMD Ryzen处理器

12GB内存

100GB剩余硬盘空间

其中硬盘空间比硬盘读写速度更重要，由于反复读写，推荐使用HDD。

当然，制作一段完整的换脸视频可能需要几天才行；另外，根据Deepfake软件要求的硬件配置和训练时间，换一次脸就需要烧掉至少一度电以上。如果为了省事或者省电中途截断，效果会惨不忍睹。

下载地址：https://www.deepfakescn.com/

(本文原载第44期11版)

五花八门的前置摄像设定

虽说未来手机屏幕有折叠屏的趋势，不过鉴于目前技术和成本因素，至少两年内还不会大面积普及；因此如何通过设计前置摄像头来提高屏占比就是各厂家绞尽脑汁的事。

目前市场上有十余种前置摄像头方案，毕竟各方案成本都不一样，孰优孰劣暂且不作评价，大家先来看看吧。

刘海屏

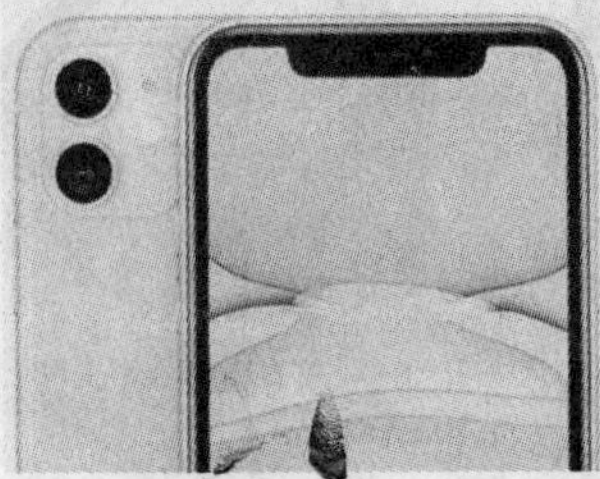

目前苹果系列的全面屏都是刘海屏，主要原因还是除了单一的前置摄像头外，还有TOF结构光等设置需要布局。

水滴屏

目前采用水滴类前置摄像头的这一类全面屏应该是最多，面积有大有小，成本相对较低，并且屏幕面积也不错，千元机采用该方案的最多；最近比较火的当属红米note8 pro。

挖孔屏

以华为荣耀V20为代表的屏下摄像头就是典型的开孔屏，Galaxy S10也是单孔屏。

双挖孔屏

可以看作升级版双摄挖孔屏，前置摄像头能力更强，比如三星Galaxy S10的升级版Galaxy S10+就是双挖孔屏。

升降式摄像头

这一类升降头代表类有vivo NEX双屏版。

双滑轨升降头

VIVO X27 pro采用双滑轨式升降头，使用寿命更长，更耐摔，更多的空间也可以容下更多摄像头或者TOF结构光。

弹出式摄像头

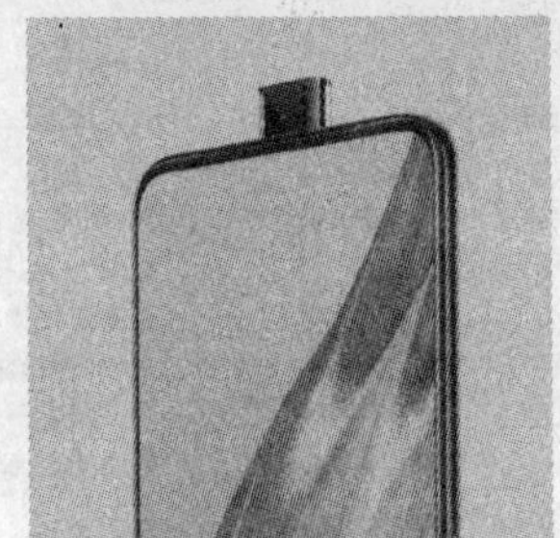

近期比较火的OPPO Reno就是这种设计，其居中式弹出升降头非常受有对称性强迫症朋友的欢迎。

滑盖式升降头

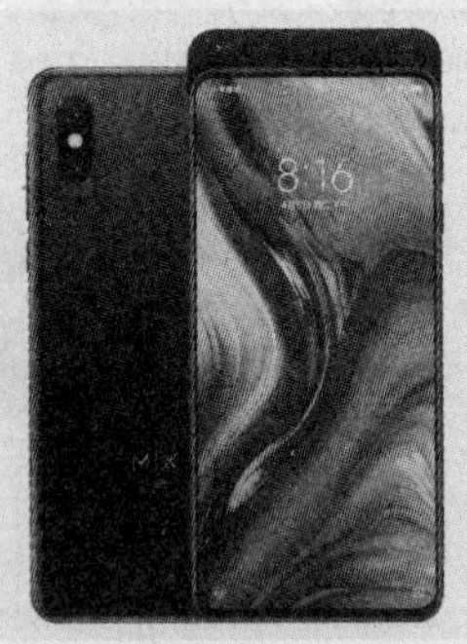

滑盖式升降头有OPPO FIND X和小米Mix 3等，考虑到即要容下TOF机构光又要屏幕面积最大化的中庸办法，缺点是牺牲了手机的超薄性，相对要厚一些。另外，尽管各种升降头助力方式不一样，有机械螺旋型或者磁滑型以及滑轨式，不过都属于这一分类。

旋转(翻转)式镜头

荣耀7i早在2015年就发布了，采用的是机械转轴的SONY背照式翻转镜头，显得非常另类。

而今年发布的华硕ZenFone 6也采用了类似的设计。

下巴类

以小米mix 1、2等系列的手机则出人意料的将前置摄像头放在屏幕左下方，当然也引起了不少"强迫症"用户的严重不适。

凸起式摄像头

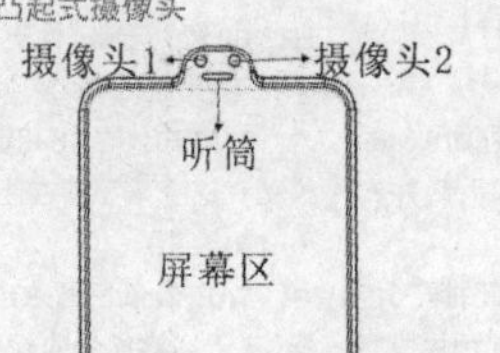

这是小米的其中之一的设计方案，虽然目前没有(估计以后也不会)投入实际生产，不过为了力求最大的屏占比，奇葩的将前置摄像头和听筒模块凸起的放在屏幕上方。

屏下摄像头

这是很多业界人士看作为了手机前置摄像头的最终解决方案。

其实屏下摄像头的技术还是源自于屏下光学类指纹识别技术（其他还有声波类屏下指纹解锁和压感类屏下指纹解锁等）。主流的光学指纹识别由摄像头和CMOS传感器构成，当屏幕照亮手指指纹的时候，摄像头拍下指纹图像，然后与收录的指纹进行比对，实现指纹识别。

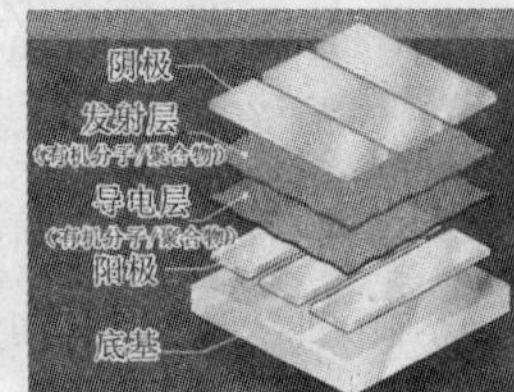

而屏下摄像头原理和光学指纹差不多，但是难度就大得多了。主要原因还是跟屏幕透光率有关；相机镜头透光率越高，投射图像就越清晰。要知道屏下摄像头上面还覆盖了玻璃盖板、显示层、基板的屏幕。这些面板都会对光线造成一定程度的阻挡、折射、反射，透光率可想而知。

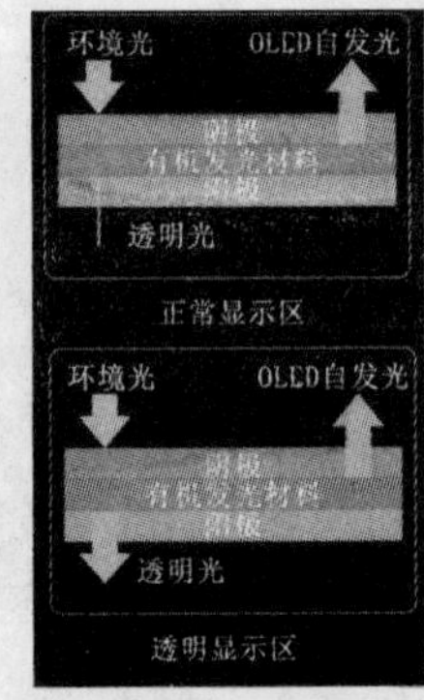

屏下摄像头方案都对摄像头区域的屏幕做了特殊处理。在摄像头区域内OLED显示层中，普通材料的阳极和阴极变成透明阳极和透明阴极。当拍照时，该区域的屏幕为透明状态，提供足够的透光度进而满足成像要求；而不拍照时，该区域的屏幕能和其余的屏幕又显示相同的屏幕内容。除此之外，屏下摄像头的屏幕区域还必须要求支持触控操作，因此技术和材料成本要求都相当的大。

（本文原载第49期11版）

家电待机功耗大比拼

目前我国家庭户数保守统计已达4.5亿，每户家庭的家用电器不少，哪些电器待机功耗大，这里我们就来排名一下。

无消耗类

像烤箱、烤面包机这类电器，虽然用起来功率挺大的但是在待机状态下不会产生电能消耗。

厨房类

微波炉大约会产生1W的待机功耗，抽油烟机大约2W，电饭煲大约2.4W；因此用完记得关电源或者拔掉插头。

电视、电脑类

（本文原载第49期11版）

新风系统知一二

又到了雾霾严重的冬天，虽然说近两年在政府的监督下，空气质量较前几年确实有好转，不过一些地区或者一些时段仍然有PM2.5超标的情况。因此如何更好地净化室内空气始终是大家考虑的一个问题。

大家已经比较熟悉各种品牌的家用空气净化器原理和功能；而作为品质生活更高的新风系统就相对了解得比较少。

新风系统最早用于人员密集的大型商场、车站、医院等密闭型公共空间，就算里面人很多但也没有感觉空气很闷透不过气的情况；因为有新风系统能将室外的新鲜空气送进来，把室内二氧化碳含量高的污浊空气排出去。在不开窗的情况下，引入新鲜空气，在送入空气的过程中，净化、过滤空气中的污染与细菌以及来防止室外的灰尘、雾霾入侵室内。

功能

最基本的作用就是当室外空气进入室内时，过滤掉里边的粉尘颗粒。

好一点的还能吸进含氧量正常的空气，排除含氧量不足，二氧化碳偏高的空气。

更好的新风系统，还能调节吸入空气的温度，起到一定的调节温度的作用。

安装事项

风口位置

室内外的进风口和出风口都要尽量离得远一些，最好的距离一般在1米以上，最短间距也要有三倍管径长度，来避免刚刚进入室内的新鲜空气就被马上排出。

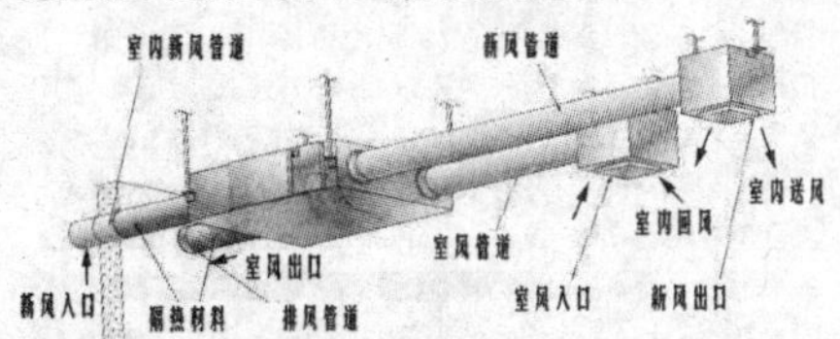

管道布线

分为顶上和地下两种，一般顶上管道都是圆管，而地下管道则是扁管。

管道连接

为了减少局部风阻，管道尽量避免直角安装，连接管件可以使用Y字形斜三通，或使用两个45度弯头平缓过渡。

开孔

柔性管
排风口
散流器
过滤器
进风口

施工前要确定好哪些墙面可以开孔。首先房梁不能打孔；过梁时尽量使用过梁器，不要为了省事或减少风阻直接在房梁上开孔，会有影响房体安全的风险。

新风系统和中央空调有点类似，不过空调的功能更倾向于制冷使用，而新风系统则属于纯粹的通风排气设备。

中央空调负责室内温度调控，新风系统负责的是空气质量。它们是两套独立的系统，新风的管道更粗，不容易弯曲，中央空调的管道要细一些。当然两者可以兼容，不过需要在装修前期工程进行，两者的出风口可以并列排布。

另外新风系统和净化器最根本的区别：新风能把室外的空气经过过滤之后换到屋子里来，将室内的脏空气完全排出去；净化器净化的是室内的空气，只能靠吸附脏空气。加上排管布置，用料和成本上新风系统都很高，而空气净化器又相对灵活方便、独立，不需要复杂的安装，价格也非常有优势。

新风系统负责交换和净化室内外空气，中央空调负责调解温度，空气净化器负责净化室内空气，三者功能不同，并不冲突，有一定经济条件的家庭可以三者"和睦相处"的。

新风系统的优缺点也很明显，新风系统能够防止灰尘和细菌入侵室内，自动过滤送入室内的空气；还能够去除室内湿气和异味，防止家具发霉腐坏；好一点的新风系统还能够调节室温，兼具空调的作用。

缺点就是新风系统的价格较贵，安装一般在几千至几万之间不等，其中滤芯也不便宜，由于整个室内都是进行空气过滤循环，需要定期更换，价格在几百到几千之间（面积越大消耗的滤芯越快）。还有新风系统的管道也需要定期清理，保养比较麻烦，也是一笔不小的费用。（本文原载第50期11版）

GTX 1650super 显卡

近日，NVIDIA带来了最新的GTX 16系列的两款GTX 1660super和GTX 1650super显卡，两者性能直追GTX 1660Ti和GTX 1650Ti，而价格却没有增加，不得不感叹老黄刀法发起飙来连自家也不放过……

下面就来看下作为主流XX50系列的最新产品GTX 1650super的性能参数。

首先是核心流处理器的变化：GTX 1650super的核心流处理数量是1280个，对比GTX 1650的核心流处理器896个，提升了384个流处理，同时也接近GTX 1660的1408个流处理器了。

从处理器可以看出GTX 1650super的核心是TU116-250，是从GTX 1660的核心TU116-300上减弱下来的，自然比GTX 1650的核心TU117-300要强一些。

在显存和带宽方面，GTX 1650super从GDDR5提升至GDDR6，和GTX 1660super一样，显存规格的提升，带来更快的显存数据传输速率，对于性能也有一定提升；遗憾的是显存的容量并没有提升，这也是GTX 1650super稍弱于GTX 1660的原因之一；不得不再一次感叹老黄的"刀法"啊！

价格也比较亲民，在1199元左右，非常适合中低端配置组合。（本文原载第50期11版）

临时注册小号

有时候大家上网时不愿意透露个人信息，不想用自己的手机号或者常用的邮箱号进行账号注册，而是小号（临时手机号）进行注册，那么就可以采用下面的办法。

首先搜索"临时手机号"，或者打开https://www.jishuqq.com/QQjiqiao/2019/0108/62573.html。你可以看到很多国外的临时号码可以领取。

再随意选择一个号码，用户注册使用App里，完成后，点击右边的"阅读短信"，即可找到所有的验证码。不过这里需要注意的是，由于是临时公用，说不定除了你还有很多人在用，因此需要在最新的验证码里找到你的，或者多试几次。

同样，临时免费邮箱也是一个道理。直接在http://24mail.chacuo.net/里打开即可。

当你打开该网页后，会自动给生成一个随机的临时邮箱，当然如果你不满意也可以点击"换个邮箱"；选择好以后再用"临时邮箱"进行注册，注册完毕后就在该页面等待自动刷新，其下方接收邮箱自然会出现返回结果。

（本文原载第50期11版）

全球IPv4地址耗尽

2019年11月26日，是人类互联网时代值得纪念的一天，全球43亿个IPv4地址在这一天正式耗尽，从而向IPv6时代迈进。

当然，早在全球IPv4地址耗尽之前，IPv6早就已经进入了我们的生活：很多APP开屏的界面，会标注已经支持IPv6技术。

在全球IPv4地址耗尽之前，中国信息通信研究院CAICT今年9月曾发布数据称，截至今年5月，中国IPv6活跃用户数达3.11亿。其中，在视频应用方面，爱奇艺活跃用户达1.78亿，优酷活跃用户达1.20亿，腾讯视频活跃用户达6000万。

截止到今年6月份，我国固网网民数是7.51亿，移动互联网用户7.24亿，但IPv4地址是3.3845亿个，我国平均每个固网网民人均IPv4地址只有0.45个。所以家里的电脑和手机一般都是运营商分配的不固定IP地址，想要获得一个固定的IP其实成本很高的。

IPv4中规定IP地址长度为32位，而IPv6采用128位地址长度，可以保证地球上每平方米分配1000多个地址。另外，IPv6还考虑了在IPv4中解决不好的其他问题，主要有端到端IP连接、服务质量（QoS）、安全性、多播、移动性、即插即用等。（本文原载第50期11版）

Win10 内置虚拟机

说到虚拟机，很多人自然想起了Vmware，其实Win10也自带虚拟机，并且最大的优点是硬件要求低的多。

准备工作

首先准备好一个Windows镜像，直接去微软官方网站(https://www.microsoft.com/zh-cn/download)下载镜像文件即可。

另外运行环境有如下要求：

Win10必须为专业版或以上版本；

必须使用64位CPU；

必须开启CPU虚拟化；

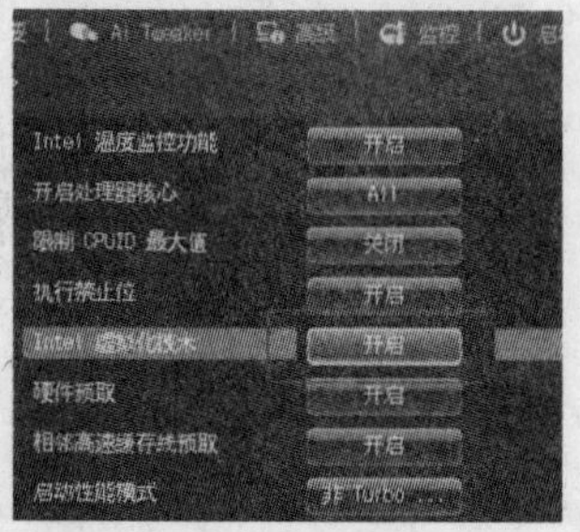

如何开启CPU虚拟化：在CPU高级设置里，打开"Intel虚拟化技术"或"Intel Virtual Technology"(VT)前面的复选框即可。需要注意的是，并非所有的CPU都支持虚拟化技术，具体可以进入相关的CPU厂商网站进行查询。

正式步骤

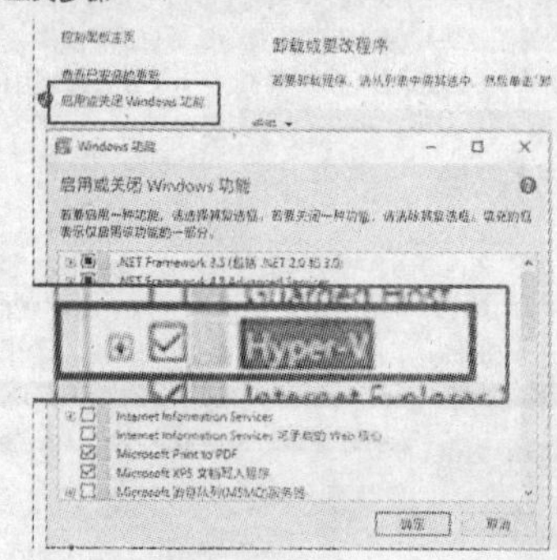

准备完毕后，就可以进行正常的安装工作了。点击"设置"→"应用"，再点击右上角的"程序和功能"，然后通过"启用或关闭Windows功能"勾选其中的"Hyper-V"即可。稍等片刻，Win10会自动完成组件安装。重启电脑后，虚拟机便安装好了。

配置调制

装好的虚拟机后还不能直接使用，需要进行"配置硬件"。具体方法：点击左下角搜索框，输入"Hyper"调出Hyper-V管理器，然后在管理器窗格左侧右击电脑图标，选择"新建"→"虚拟机"。

"安装选项"选择"从可启动的CD/DVD-ROM安装操作系统"，然后勾选"映像文件(.iso)"最终选择到第一步准备好的操作系统镜像上。

注意事项

在设置这台虚拟机的内存、硬盘大小、CPU参数等等时，需要注意参数不能超过本机实际大小。

如果你是Win7系统，想通过虚拟机来安装和测试win10操作系统来测试看是否适合自己使用，如果不适合的话，直接把虚拟机删了就行了，也不就用再去重装那么麻烦。那么就需要VW(VMware Workstation)进行如下操作：

1. 创建新的虚拟机，下载并安装VMware Workstation。下载地址：https://www.cr173.com/soft/68480.html

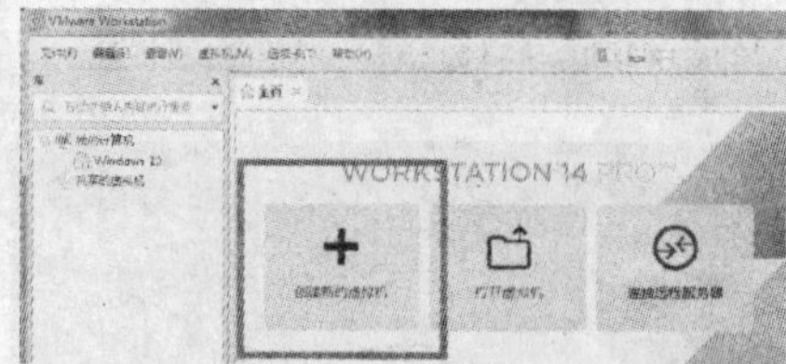

2. 选择自定义(高级)，也可以选择典型，然后点击"下一步"。

3. 选择硬件的兼容性，一般也可以不选择，一般默认即可，然后"下一步"。

4. 选择安装创建的虚拟机的操作系统，有的ISO镜像文件在安装程序光盘选项中会报错，提示"无法检测此光盘映像中的操作系统。"因此一般都是选择"稍后安装操作系统"。

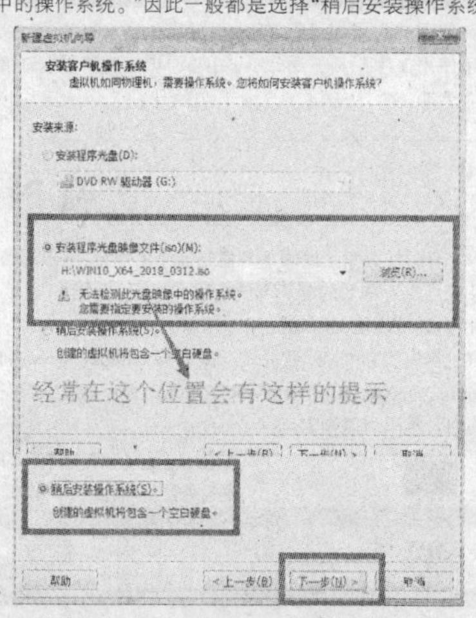

5. 然后是选择所要安装的客户机操作系统；如果要装的是win10所以选择的是Microsoft Windows(W)。

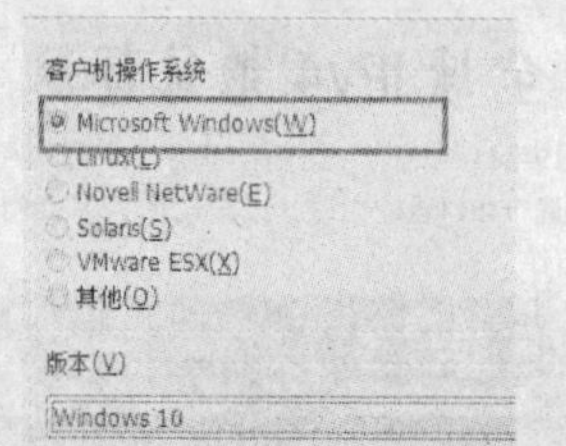

接下来选择操作系统的版本，比如Windows 10 x64。然后点击"下一步"。

6. 更改虚拟机的名称和存放的位置，然后"下一步"。一般都不要放在C盘，以防系统出错。

7. 选择虚拟机具备的引导设备类型，这里点击"BIOS"，然后"下一步"。

8. 接下来是设置虚拟机内存和处理器数量，还是遵照不超过的硬件标准进行设置。

9. 选择虚拟机的网络类型，一般选择"使用网络地址转换"，然后"下一步"。

10. 剩下的几项直接选择默认即可，直至点击"完成"。

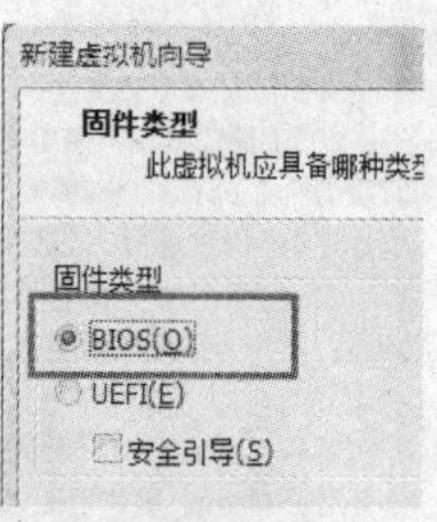

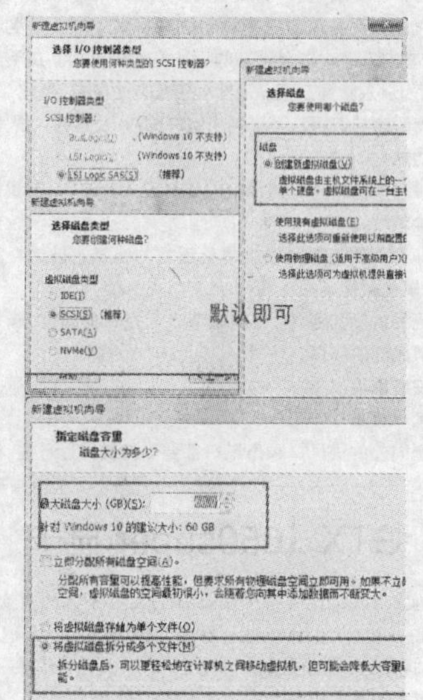

11. 加载映像文件，先把要装的操作系统的镜像文件加载到虚拟机的虚拟光驱中。

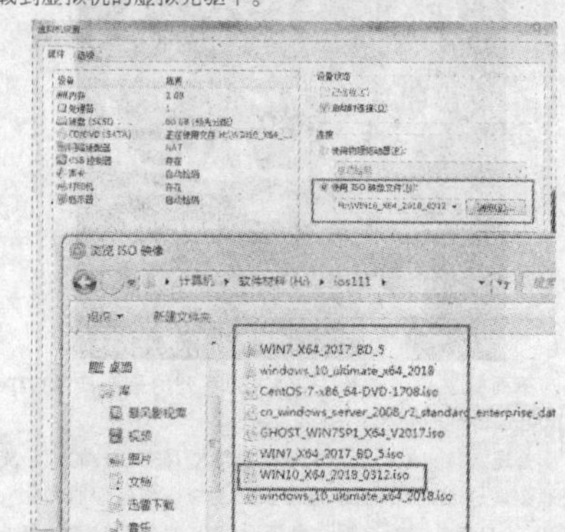

12.点击安装虚拟系统，选择你之前选好的扇区，然后默认安装即可。成功以后便可以体验WIN10系统了。

（本文原载第51期11版）

微软2020年1月将停止Win7扩展支持

外媒有消息称，2020年1月14日微软将会停止对Win7的扩展支持，而激活版Win7/Win8.1仍可免费升级到Windows10。

也许很多用户认为截止到2017年12月，Win7/8.1正版用户免费升级Win10已经关闭，但是Reddit上有微软工程师确认，现在依然可以用这种方式免费升级Win10系统，只不过是形式发生了改变。

据了解，Win7/8.1正版用户免费升级Win10并不支持全新安装，而是需要用户使用官方的Media Creation Tool工具及特定的密钥来升级Win10系统。

（本文原载第51期11版）

配件升级要警惕

又是新的一年,很多朋友准备在拿到丰厚的年终奖后准备换台电脑或者为自己的配件升升级、换换代。不过这里需要注意,不要掉到奸商的坑里——硬件经过软件修改后,换成假货来蒙骗消费者,这里就部分配件来避避坑:

显卡

显卡作为配件,淘汰率是最高的,很多人为了追求极致的游戏画面,第一换掉的就是显卡;并且不少人在淘配件时第一时间想到节省的也是购买别个换下来的二手显卡。其次,作为当今挖矿的主力军,显卡矿卡是存货不少;最近货币市场跌宕起伏,矿商为利润最大化,也是刻意将这些矿卡经过专业的改装流入二手市场,有良心的销售商还会标明是二手矿卡改装,但还有一些就不好说了;二手矿卡能不能用姑且不谈,不过用户都希望做到明明白白的消费。因此我们把显卡作为避坑的第一位。

显卡造假只需要刷下BIOS,显卡就可以伪装成为其他型号,其简单程度容易到只通过第三方的工具,直接在Windows下利用管理员权限运行,即可完成。

目前显卡刷BIOS的工具主要分N/A两类:

NVIDIA

N卡的BIOS刷入工具主要通过NVIDIA NVFlash来刷写,几乎支持所有市面上场景的N卡,包括最新的RTX系列。NVIDIA NVFlash直接在Windows系统下即可运作。

其修改过程如下:

导入要进行修改的BIOS。

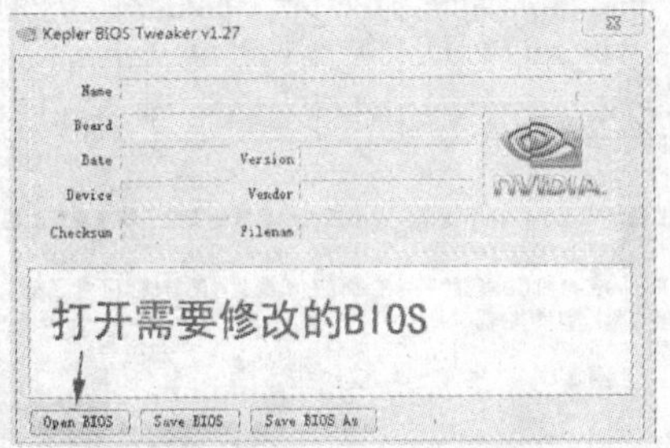

随后就像GPU-Z一样,相关BIOS的详细信息将在软件上呈现。

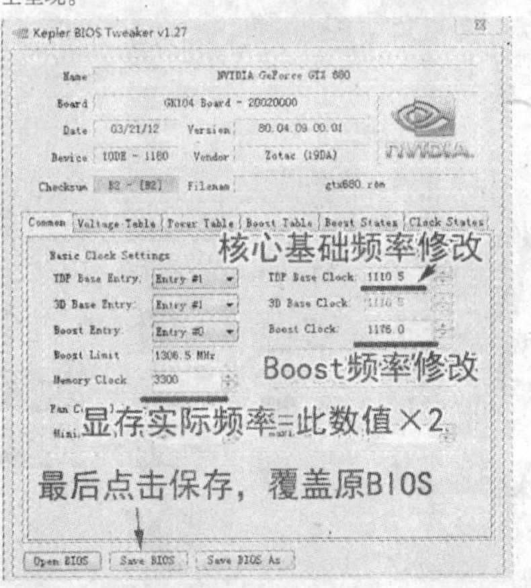

修改完毕以后点击保存。

为了以防万一,最好进行备份,备份过程如下:

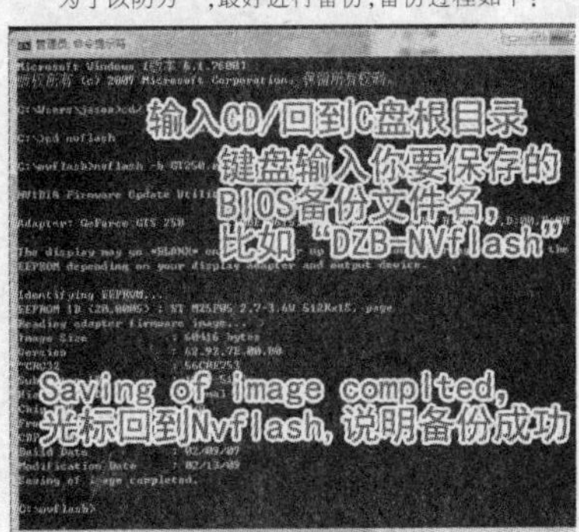

然后把NVflash文件夹里面的全部文件放在C盘(必须是系统盘)根目录。

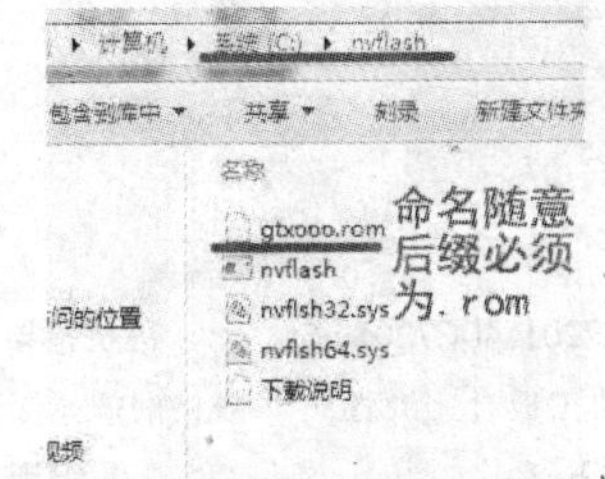

接着打开命令提示符对话框(按下"视窗建+R",再输入cmd,回车)。

依次输入:

cd/;

cd flash;

nvflash -4 -5 -6 XXX.rom,

再回车,注意-4 -5 -6XXX.rom之间有空格。

这里要注意其间会出现两次y确认提示,按照提示键入y,再回车;

出现滴的一声,约10秒钟,

如果出现jpdate successful验证,说明刷Bios成功;

重启电脑,使用KeplerBiosTweaker重复栏目一操作进行验证,以确保刷入成功。

AMD

既然N卡有刷BIOS工具,那么A卡也有相应的A卡专用刷BIOS软件--AMD Flash。其中老版本需要用命令行运行,而新版则直接在Windows系统下的图形界面,利用管理员模式运行即可刷入BIOS,无需安装。

教程如下:

1. 备份现有ROM,进入目录使用管理员身份运行atiflash,选择需要导出的显卡ROM,一般放到C:/atiflash下,方便命令解析。

2. 下载需要替换的ROM,也放入C:/atiflash下。

3. 打开使用管理员身份运行的CMD或者PowerShell,进入atiflash目录运行 .\ATIWinflash-unlockrom 0解锁ROM。

4. 运行 .\amdvbflash -f -p 0 .\Sapphire.RX570.4096.Elpida.ORI.rom刷入ROM,当看到类似下面这样的信息说明刷入成功,可以立即重启系统。

5. 进入系统发现分辨率没了,属于正常情况,一般不要动,Windows自动加载"新"显卡,对显卡安装驱动。

6. 打开GPU-Z可以看到"新"显卡的信息。

7. 对于一些定制版本的马甲显卡,如RX580 2048sp可能之前不能关闭CSM,现在刷入本核心的ROM(RX570)后,可以重启电脑进入BIOS关闭了

注意:如果黑卡了,可以找个WinPE进入命令行刷回原ROM。

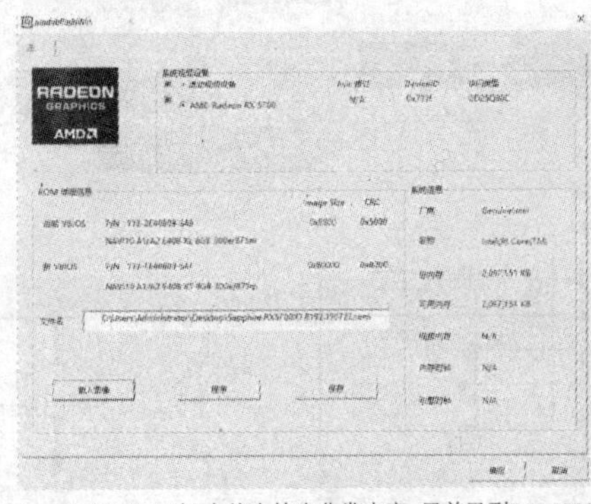

AMD Flash对A卡的支持也非常丰富,目前已到RX 5700系列。其实本来这些软件并不是用于作假的。比如:RX460刷入RX560的BIOS,可以开启1024个完整的流处理器;RX5700刷入RX5700XT的BIOS,可以获得更强性能。

不过话说回来,刷卡还是有风险的。首先AMD的卡肯定不能刷入NVIDIA的ROM,版本太低或者太高的ROM大部分也不能刷入;各品牌之间大部分是可以互刷的,但不推荐,慎刷;显存大小必须一致,VBIOS都对显存做了校验;显存产商必须一致!

如何区别假卡

除了外观鉴别外,用户在购换显卡前,最好先了解下显卡的参数性能,假如GTS450用软件刷成GTX1050Ti,它在GPU-Z中仍会显示192个流处理器、GF116核心代号、40nm制程等参数,这些参数就显得很矛盾了,可以判断出它是一张假卡。

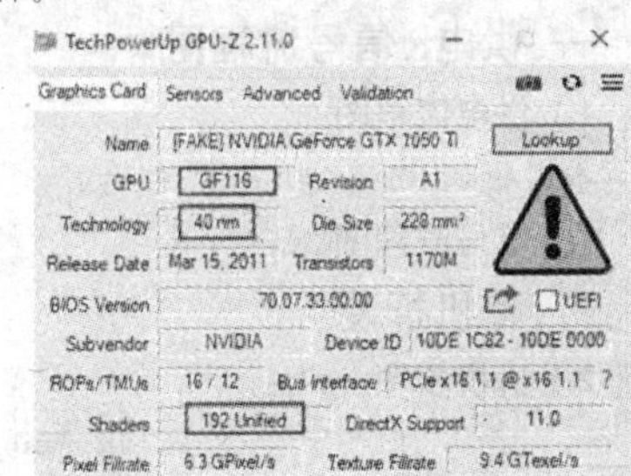

另外新版的GPU-Z中,会对假卡的嫌疑出现三角警示符号,这时就需要特别小心了。

SSD

固态盘如今价格已经非常便宜了,不过也存在不少奸商通过开卡工具进行数据修改,然后伪装成新SSD来出售的情况。

本来开卡工具通常用来修复SSD,例如SSD的一大典型故障就是掉固件,无法被系统辨认,利用开卡工具重新写入SSD信息可以修复相关问题。然而,开卡工具的这一特性给了奸商们可乘之机。

造假过程,先从PCB特定接口短接,让ROM芯片进入可读模式,再利用开卡工具读取SSD的信息并修改。

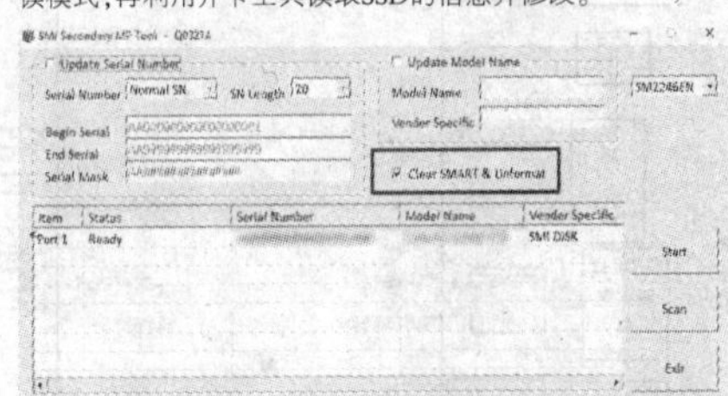

开卡工具可以将SMART清空,一些使用时间较长的SSD,就会刷成新盘了SMART信息一旦清零则不可逆,利用普通检测工具很难鉴别。

针对这种刷盘,目前还没有有效的鉴别方式,只能从正规商家那里购买才能尽量避免。

MacBook

各版本MacBook新发行时价格都不菲,因此也有不少钱包"羞涩"的果粉钟爱购置二手或者"各种原因"造成库存积压的MacBook(奸商的一贯叫法)。

很多型号的MacBook都可以利用修改序列号的方法来进行软件上的造假,各型号的方法细节上有所不同,但思路都是一样的。MacBook的主板提供了读取、刷写BIOS的接口,通过该接口即可提取到相应的BIOS文件。

然后再利用比如"WinHex"等二进制编辑软件,即可修改BIOS文件中的序列号部分,将BIOS重新刷回到MacBook当中,单从操作系统识别这一层面来看,就是一台没启用的新机器了。配合外壳的翻新,简直天衣无缝。

因此,鉴别此类假货,光看序列号是行不通的。还是得在购买前有个预习准备,对你所需要的型号进行性能和参数上的了解才能尽量避免上当。如果奸商再对硬件参数进行修改,那中招的几率就更大了。 (本文原载第52期11版)

乐华3MS82AX机芯电视原理与运维

兰 虎

乐华3MS82AX机芯方案所有机型，包括32C720J,40C720J,42C720J。采用三合一机芯方案(即主板、电源、背光驱动三板合一),性能稳定,接口丰富,完全胜任一般日常家用需求。

一、供电&信号流程图

1.1 供电流程图

本机主要供电流程如下(见图1):

1.2 信号流程图(见图2)

二、整机拆装

2.1 拆机步骤(见图3)

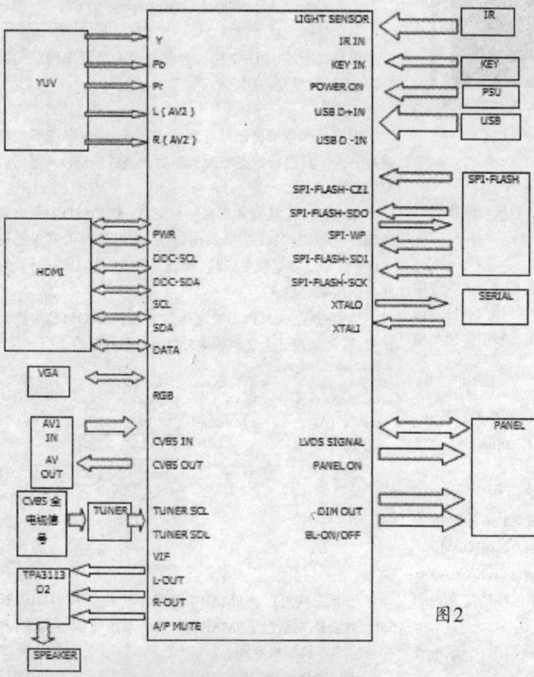

拆机指导:底座螺丝→后壳螺丝→支架螺丝。请注意螺丝分类,不同规格的螺丝混用将造成螺孔滑牙甚至对机内组件造成伤害(见图4)。

2.2 组装结构图(见图5)

维修后请严格按照本图进行走线。该走线方案为研发设计师及工艺、结构工程师多方验证得到,不按规定走线会导致压线短路甚至打火等机器故障或安全隐患。

三、接口电路参考

3.1 按键板原理图(见图6)

3.2 遥控接收板原理图(见图7)

YUV: Y, Pb, Pr, L(AV2), R(AV2)
HDMI: PWR, DDC-SCL, DDC-SDA, SCL, SDA, DATA
VGA: RGB
AV1 IN / AV OUT: CVBS IN, CVBS OUT
CVBS全电视信号 / TUNER: TUNER SCL, TUNER SDL, VIF
TPA3113D2: L-OUT, R-OUT, A/P MUTE
SPEAKER
IR: LIGHT SENSOR, IR IN
KEY: KEY IN
PSU: POWER ON
USB: USB D+IN, USB D-IN
SPI-FLASH: SPI-FLASH-CZ1, SPI-FLASH-SDO, SPI-WP, SPI-FLASH-SDI, SPI-FLASH-SCK
SERIAL: XTALO, XTALI
PANEL: LVDS SIGNAL, PANEL ON, DIM OUT, BL-ON/OFF

图2

底座安装

底座安装图(电视主机图只是参考,具体以实物为准):

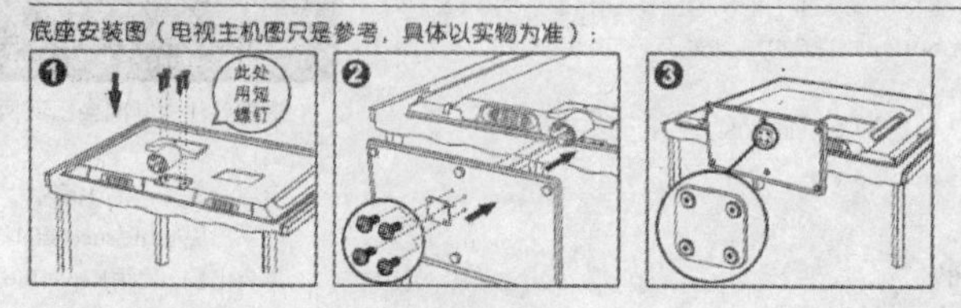

注意事项:

为避免液晶屏损伤,应先在台面铺上超出电视机的软质垫布,将电视机液晶屏朝下置于软质垫布上再进行安装操作。

底座垫片的形状和螺钉数量以实际为准,部分机型底座脖子可能固定在机身上。部分机型不含底座。固定底座螺钉或相应塑胶件禁止接触油脂及有机溶剂。

图4

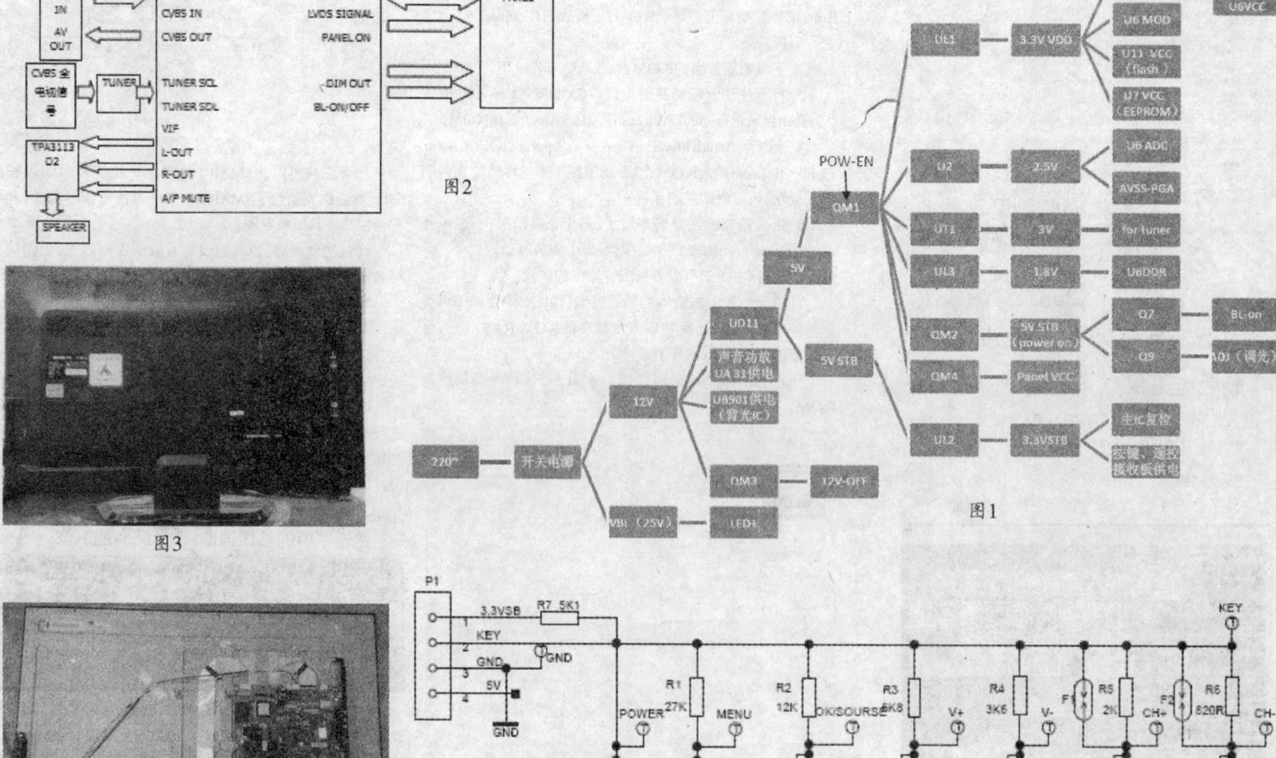

图3

图1

图5

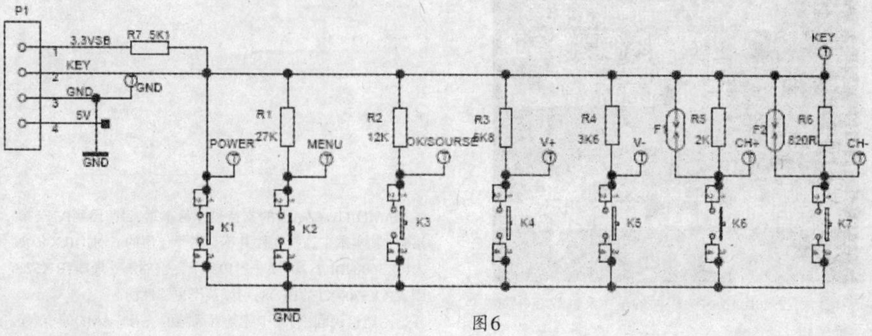

图6

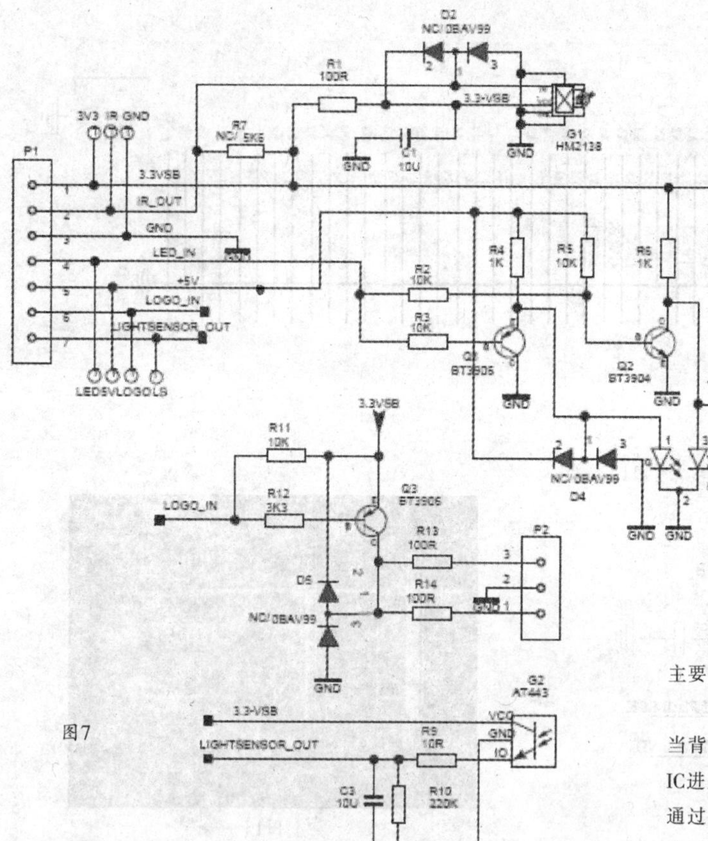

图7

四、维修电路及关键测试点

4.1 机芯供电概况

下图为设计DC-DC转换关系(见图8)。

上图标识为设计值，实际测试时可能有少许误差，属正常情况。

4.2 复位电路

本机芯复位电路原理图如下，因3.3V-STB在待机状态下一直存在，所以仅在交流开机时有复位电平(见图9)。

4.3 晶振

本机芯采用晶振频率为24MHz(见图10)。

4.4 LVDS接口(见图11)

主要测引脚：Pin 1-4 panel VCC设计值5V Pin 20-21 LVDS clock为差分信号时钟。

4.5 flash(见图12)

Flash应用于存储主程序，判断flash是否正常工作需要测量的是供电(pin8)和数据传输(pin2、5)。下图为开机时监测到的第2引脚电平信息(探头接地不良，图片仅供参考)(见图13)。

4.6 E²PROM(见图14)

E²PROM的作用是存储电视机运行需要的参数，如分辨率、屏参等数据，配合LVDS驱动IC使用。当该IC不良时，可能造成黑屏、白屏、无像等不良。

4.7 背光控制电路(见图15)

背光控制IC的作用是调整各灯条电流，保证各路灯条亮度均一。主要测试点为pin 1(VCC)、15(BL-on)、19(OVP)和20(DIM/ADJ)。

正常工作时，BL-on(背光开关)保持高电平，OVP保持1.2V以下，当背光开路或其它异常导致灯条电压过高时，OVP超过临界值将触发IC进入保护状态，IC将关闭背光以防止灯条损坏，DIM一般为一方波，通过占空比调整背光亮度。下图为正常使用时各测试点波形(仅供参考)(见图16)。

BL-on(见图17)

OVP(见图18)

DIM(亮度100)

4.8 功放IC

本机使用的功放IC为TPA3110D2，详细规格见附件。功放IC设计电路如下(见图19)：

主要测试引脚为pin1、2(静音控制)，pin27、28(12V供电)，pin5、6(增益控制)和各个音频输出等。

图8

33pF-0402-NPO-±5%-50V
33pF-0402-NPO-±5%-50V
1Mohm-0402± 5%-1/16W
24MHz-±30PPM-20PF-HC-49S
C128
XTALO
R216
Y1
C129
XTALI

图10

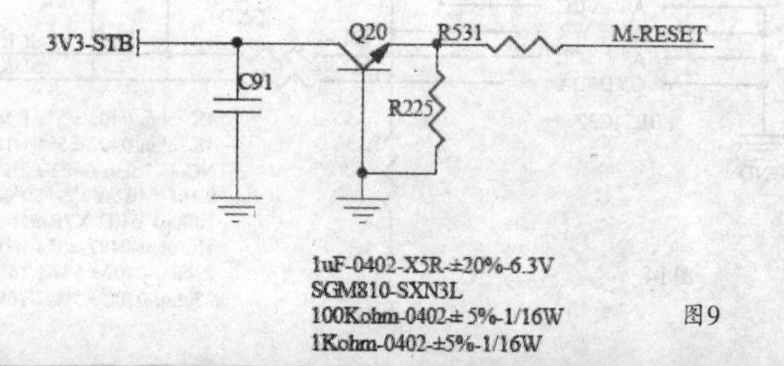

图9

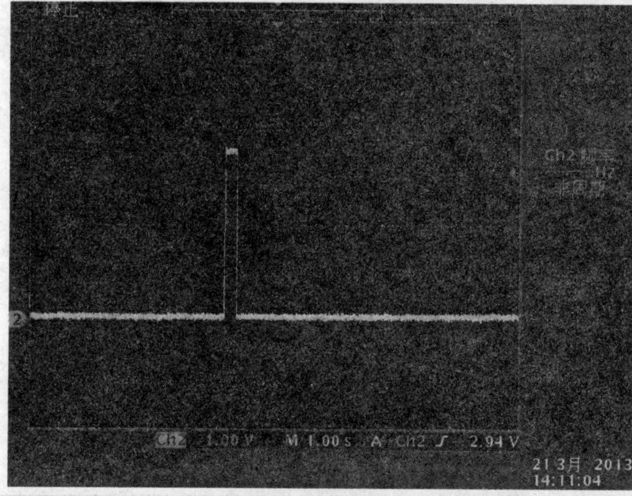

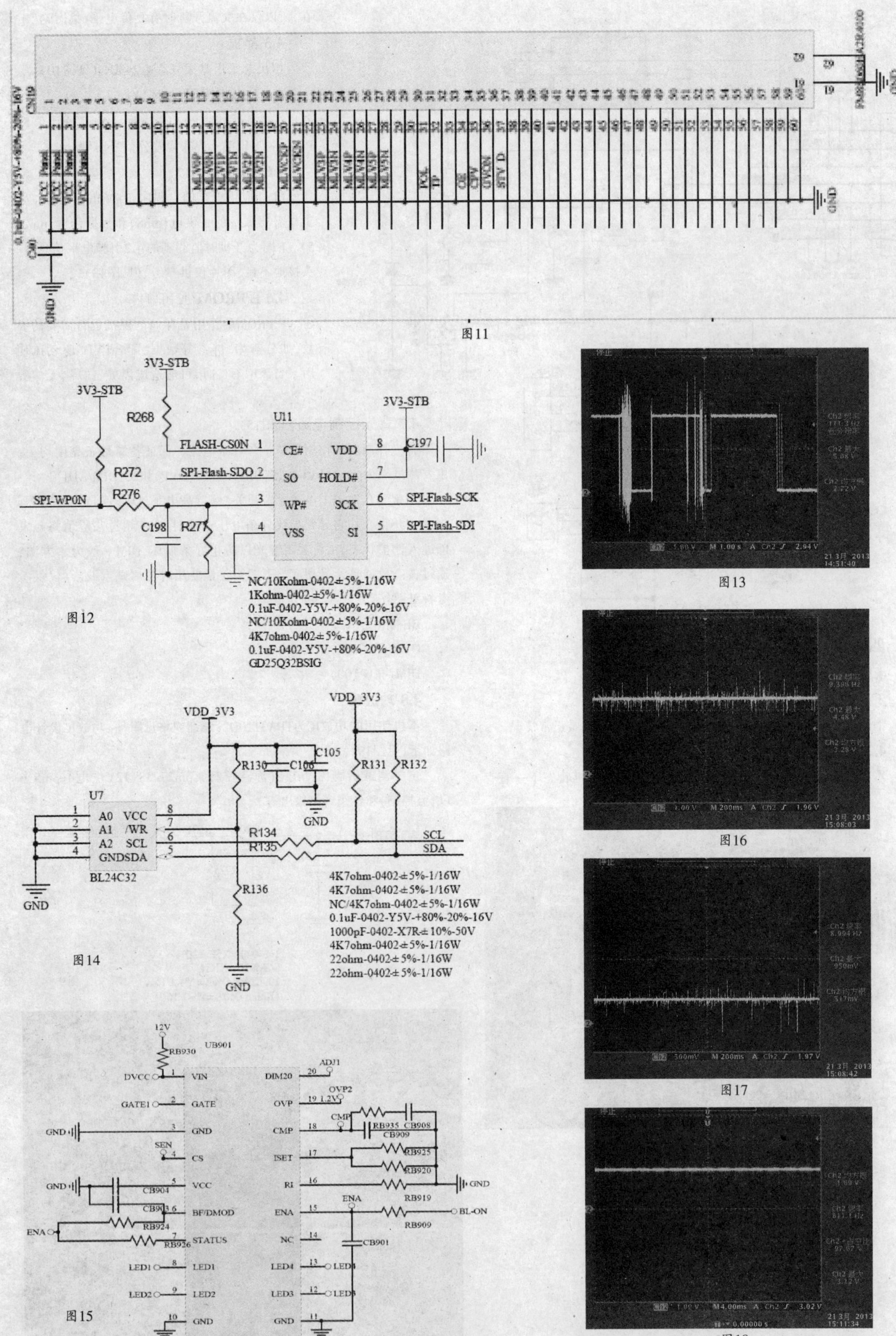

图11

图12

图13

图14

图15

图16

图17

图18

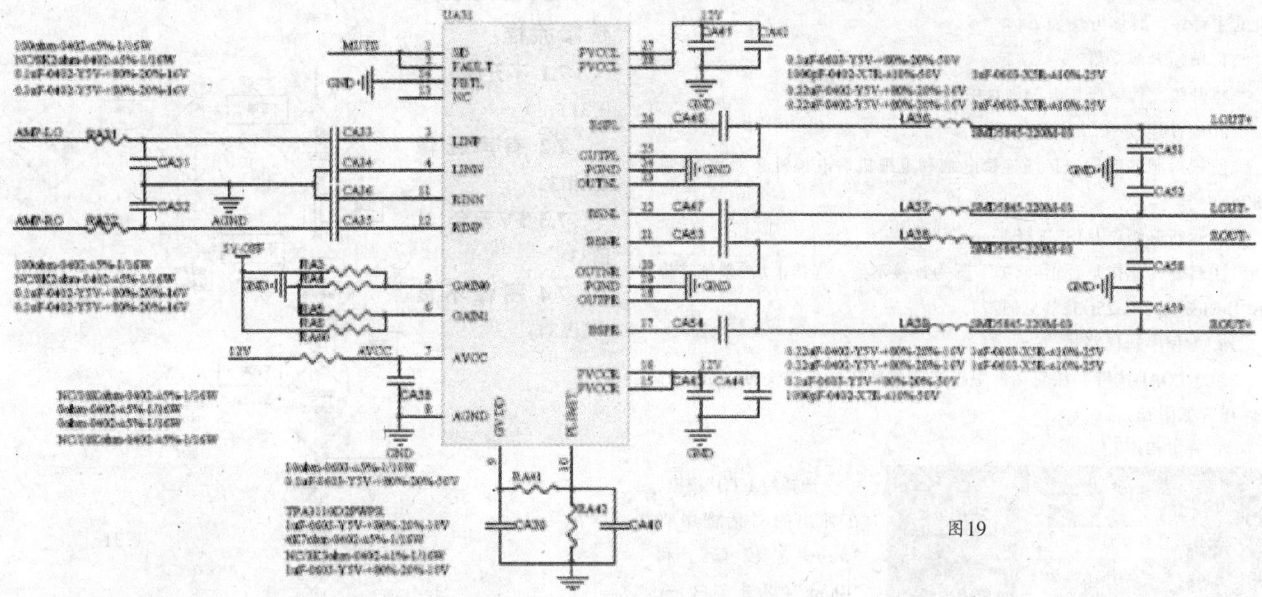

图19

在开关机过程、无台、或按下静音开关时，pin1、2测试电平应为低。

五、工厂菜单及调试

5.1 工厂菜单进入方法

"菜单"键+"1"+"1"+"4"+"7"

5.2 工厂菜单调试说明

注：工厂菜单中的各项数据对整机性能有较大影响，在不清楚影响的情况请勿随意改动

5.2.1 一级菜单(见图20)

·工厂快捷键，打开时按"返回"键直接进入工厂菜单

·ADC校正：自动校准图像

·EMC设置：EMC调试菜单

·通用设置：设置客户定制要求

·调试：设计师调试菜单

·软件信息：软件版本信息

·TCL工厂复位：整机复位，方便流水作业

·初始化工厂频道：设置预存工厂频道，方便生产过程中的检测

·老化模式：使屏进入老化模式

·软件升级(USB)：升级菜单

·CVT工厂复位：CVT出厂复位，设置出厂参数

5.2.2 二级菜单

A：ADC校正(见图21)

VGA(又称"电脑")信源下输入五宫格信号或YUV信源下输入全彩条信号，选择此项"自动ADC"可自动调整图像至最佳状态(去除"黑边"等图像不良)。其它信源状态下不适用。

B：EMC设置(见图22)

研发选项，请勿随意更改

C：通用设置(见图23)

·白平衡调整：白平衡调试菜单，设计调试使用

·图像模式：更改图像设置

·声音模式：更改声音设置

·音量：改变音量设置

·white pattern：用于坏点检测

·背光：调节背光亮度

·LVDS MAP：LVDS输出模式调整

D：调试(见图24)

用于设计师开发，请勿随意调试。

E：软件信息(见图25)

软件版本介绍。

六、软件升级应用

在某些场合，如机器死机或进行能效改时，需对本机进行软件升级。本机提供多种软件升级方法，下面介绍两种最常用的升级方法，即USB升级和电脑程序工具升级。

切记，在升级在过程中机器不允许断电，否则将可能无法继续进行升级操作。

6.1 USB升级

进入工厂菜单，将软件版本信息记录下来。升级软件必须放在U盘根目录下，先将U盘插在电视机上，再插上电源线开机，指示灯闪(约2~3分钟)，灯灭后升级完成。升级完成后再进入工厂菜单，查看软件信息是否改变。

6.2 Debug Tool升级

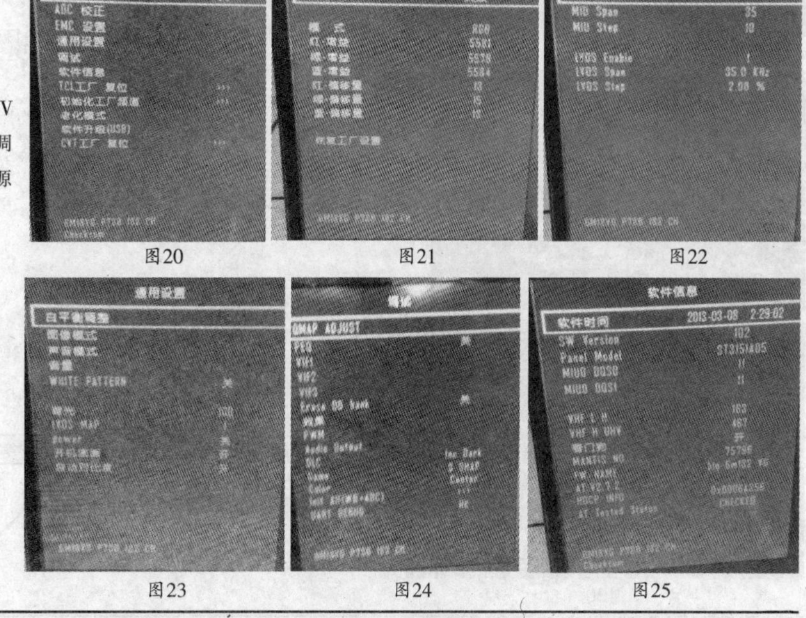

图20 图21 图22

图23 图24 图25

将电视机连接电脑并使用专业工具ISP Tool也可以升级/修复电视机的主程序。具体方法如下：

1. 解压升级文件

将升级文件解压在电脑硬盘中，并记下文件位置。

2. 硬件连接

使用特制的数据连接线连接电脑和电视机。电视机必须通电（见图26）。

3. 运行升级工具ISP选择"connect"

注意硬件连接是否正确，如下图为连接不当。连接上后，系统将提示"Device type is 25Q32"（见图27）。

4. 为程序选择路径

点击LOAD按键，在对话框中指定刚才解压的升级文件，并选择"保存"（见图28）。

5. 升级程序

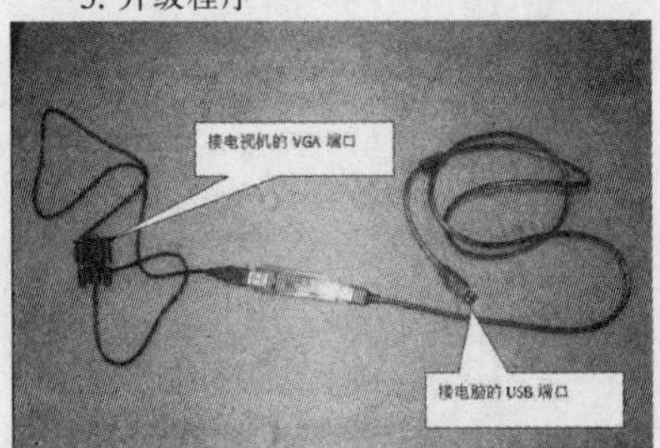

图26

选择"AUTO"按键，在弹出的对话框中将"verify"（校验）和"Blank"（填补空白）选项取消选中（若选中将花费更多的时间）。然后点击"RUN"按钮。

6. 升级过程及完成标志

整个升级过程将持续约10-15分钟，请耐心等待。升级过程中掉电请重新执行以上步骤。

升级中（见图29）

升级完成（见图30）

图27

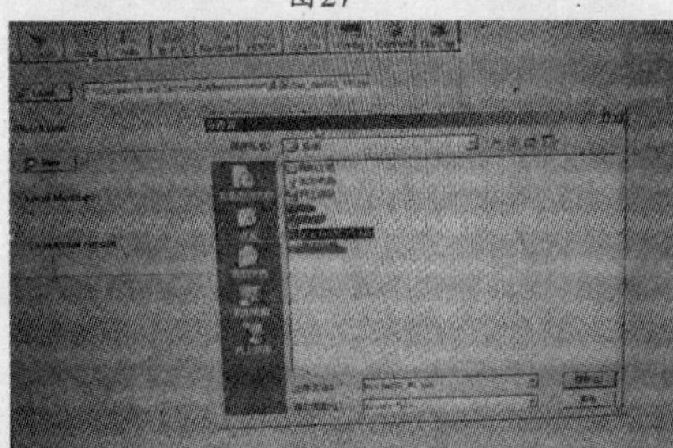
图28

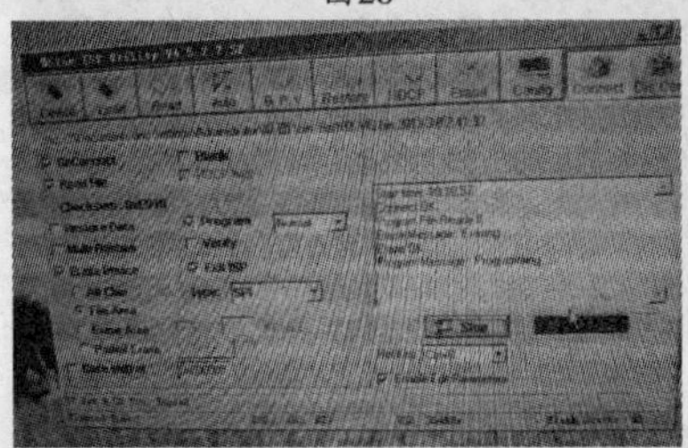
图29

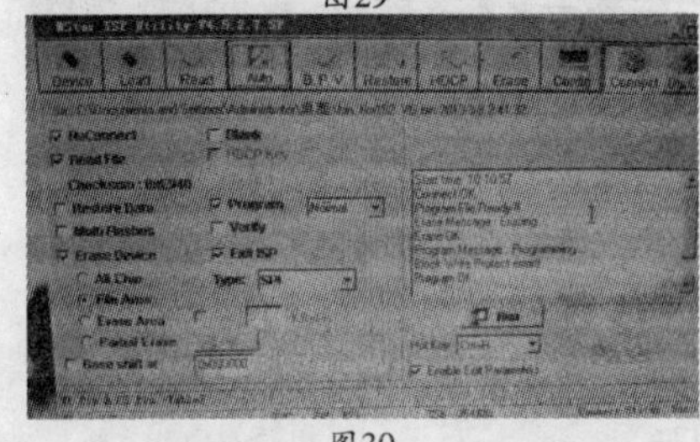
图30

七、常见故障检修流程

7.1 不开机（见图31）

7.2 有声无像（见图32）

7.3 TV无台（见图33）

7.4 图像不良（见图34）

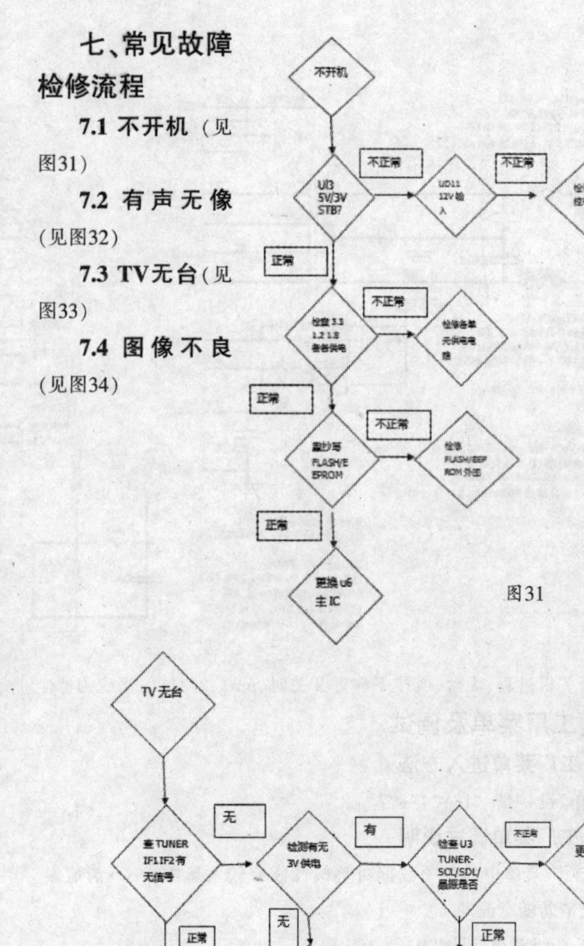

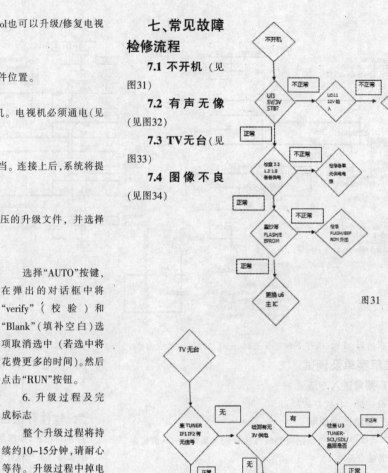

图31

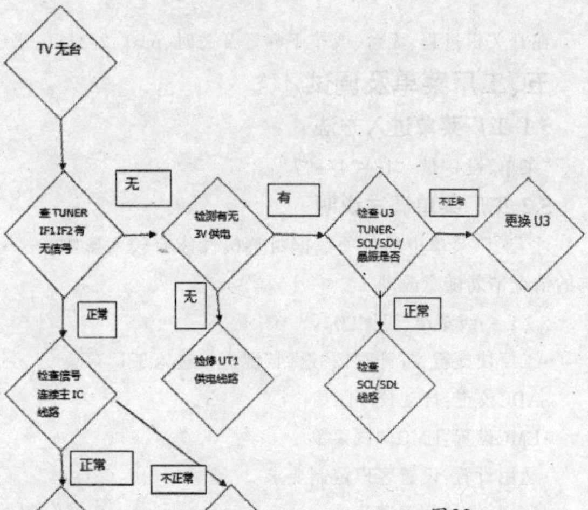

图32

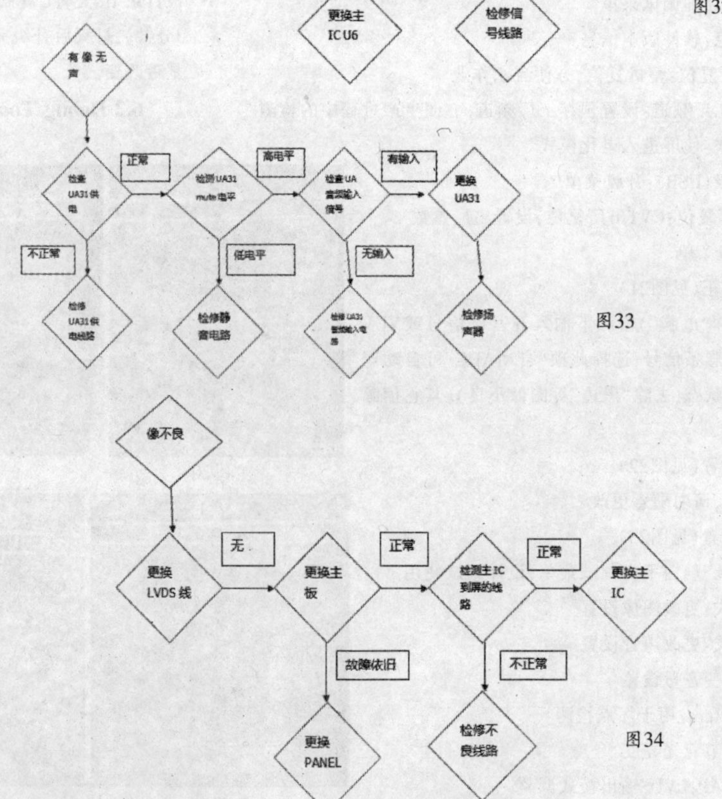

图33

图34

乐华S1系列T920L机芯TP.ATM30.PB818维修流程

兰 虎

在小屏幕电视维修和杂牌电视维修中，乐华S1系列板卡占有大量比例。特别是32英寸左右液晶电视的维修，是当前拥有两大的故障高峰，本文给出乐华S1系列T920L机芯TP.ATM30.PB818维修流程，以便同行维修时进行参考。

一、电源框图(见图1)

二、AD/DC电源模块维修流程(见图2)

三、LED驱动电源模块维修指南(见图3)

四、TV部分电源故障(见图4)

五、显示故障(黑屏或无显示)(见图5)

六、显示故障(白屏)(见图6)

七、显示故障(花屏)(见图7)

八、音频故障(无声音)(见图8)

九、功能故障(TV故障)(见图9)

十、功能部分(HDMI无声音)(见图10)

十一、功能部分(HDMI无图像)(见图11)

十二、功能部分(CVBS无信号)(见图12)

十三、功能故障(其它)(见图13)

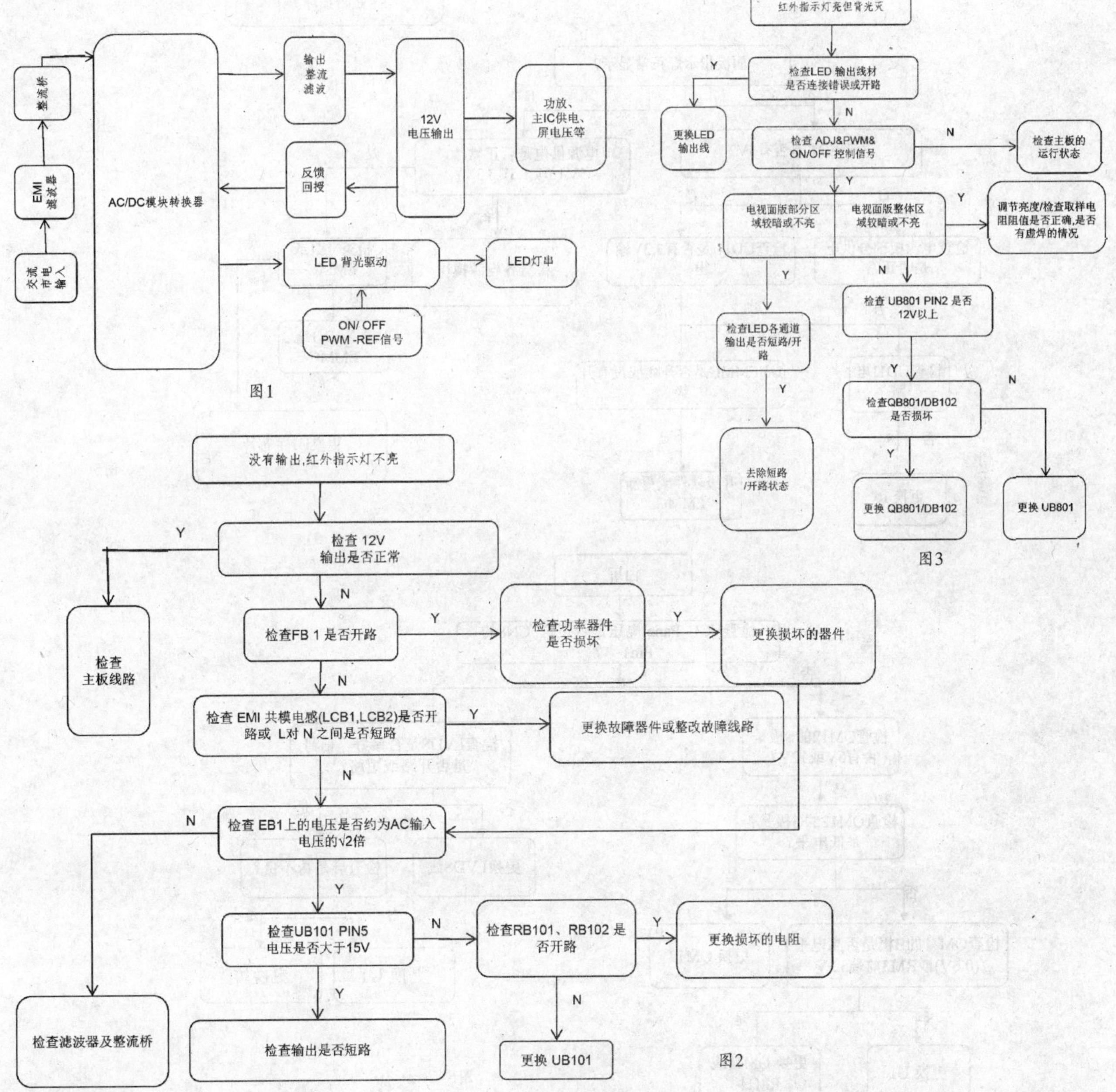

图1

图2

图3

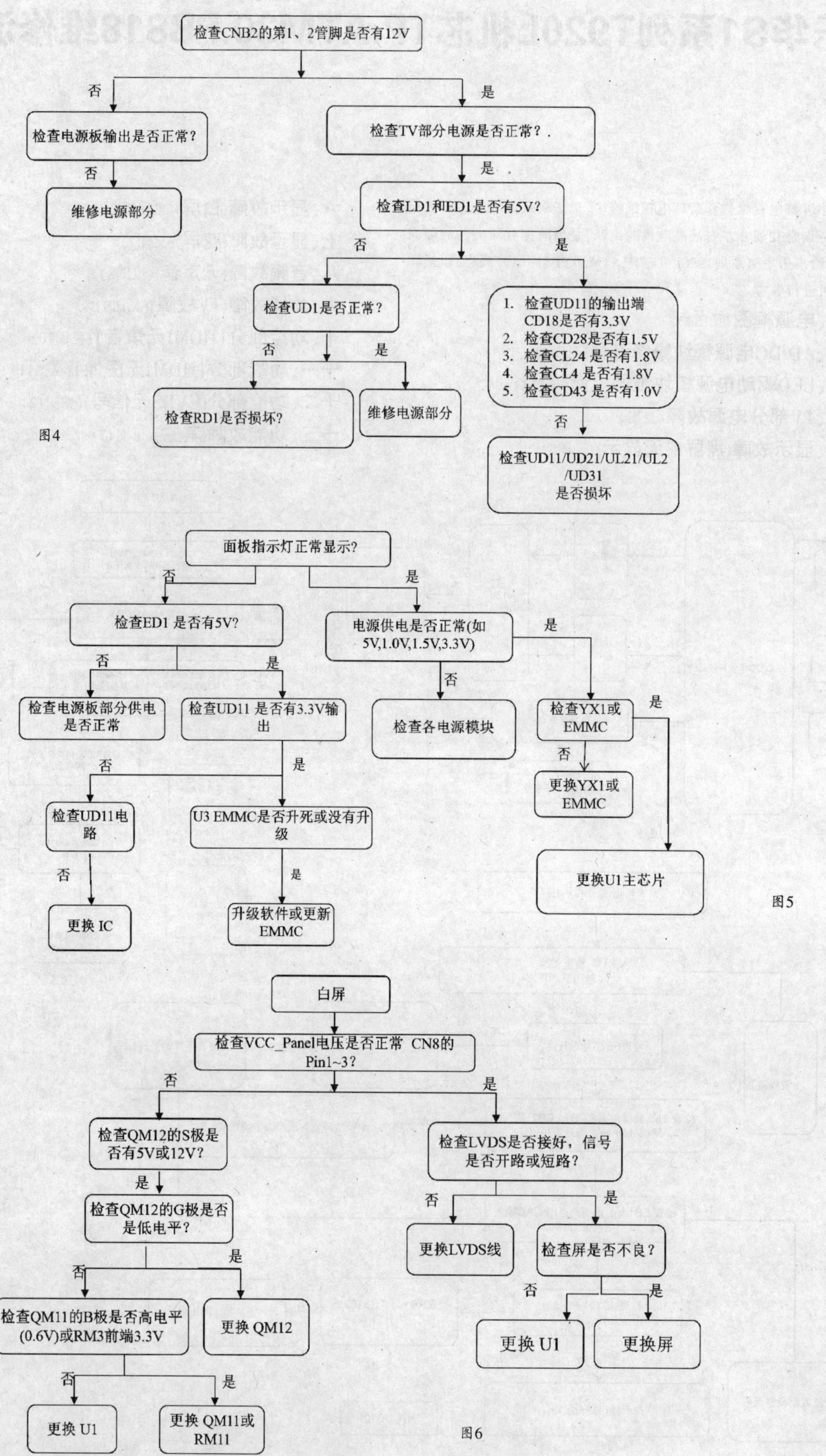

检查CNB2的第1、2管脚是否有12V
否
是
检查电源板输出是否正常?
否
维修电源部分
检查TV部分电源是否正常?
是
检查LD1和ED1是否有5V?
否
是
检查UD1是否正常?
否
是
检查RD1是否损坏?
维修电源部分
1. 检查UD11的输出端CD18是否有3.3V
2. 检查CD28是否有1.5V
3. 检查CL24是否有1.8V
4. 检查CL4是否有1.8V
5. 检查CD43是否有1.0V
否
检查UD11/UD21/UL21/UL2/UD31是否损坏
面板指示灯正常显示?
否
是
检查ED1是否有5V?
电源供电是否正常(如5V,1.0V,1.5V,3.3V)
是
否
是
检查电源板部分供电是否正常
检查UD11是否有3.3V输出
否
检查各电源模块
检查YX1或EMMC
是
否
是
否
更换YX1或EMMC
检查UD11电路
U3 EMMC是否升死或没有升级
否
是
更换U1主芯片
更换IC
升级软件或更新EMMC
白屏
检查VCC_Panel电压是否正常 CN8的Pin1~3?
否
是
检查QM12的S极是否有5V或12V?
检查LVDS是否接好，信号是否开路或短路?
是
否
是
检查QM12的G极是否是低电平?
更换LVDS线
检查屏是否不良?
否
是
否
是
检查QM11的B极是否高电平(0.6V)或RM3前端3.3V
更换QM12
更换U1
更换屏
否
是
更换U1
更换QM11或RM11

图4

图5

图6

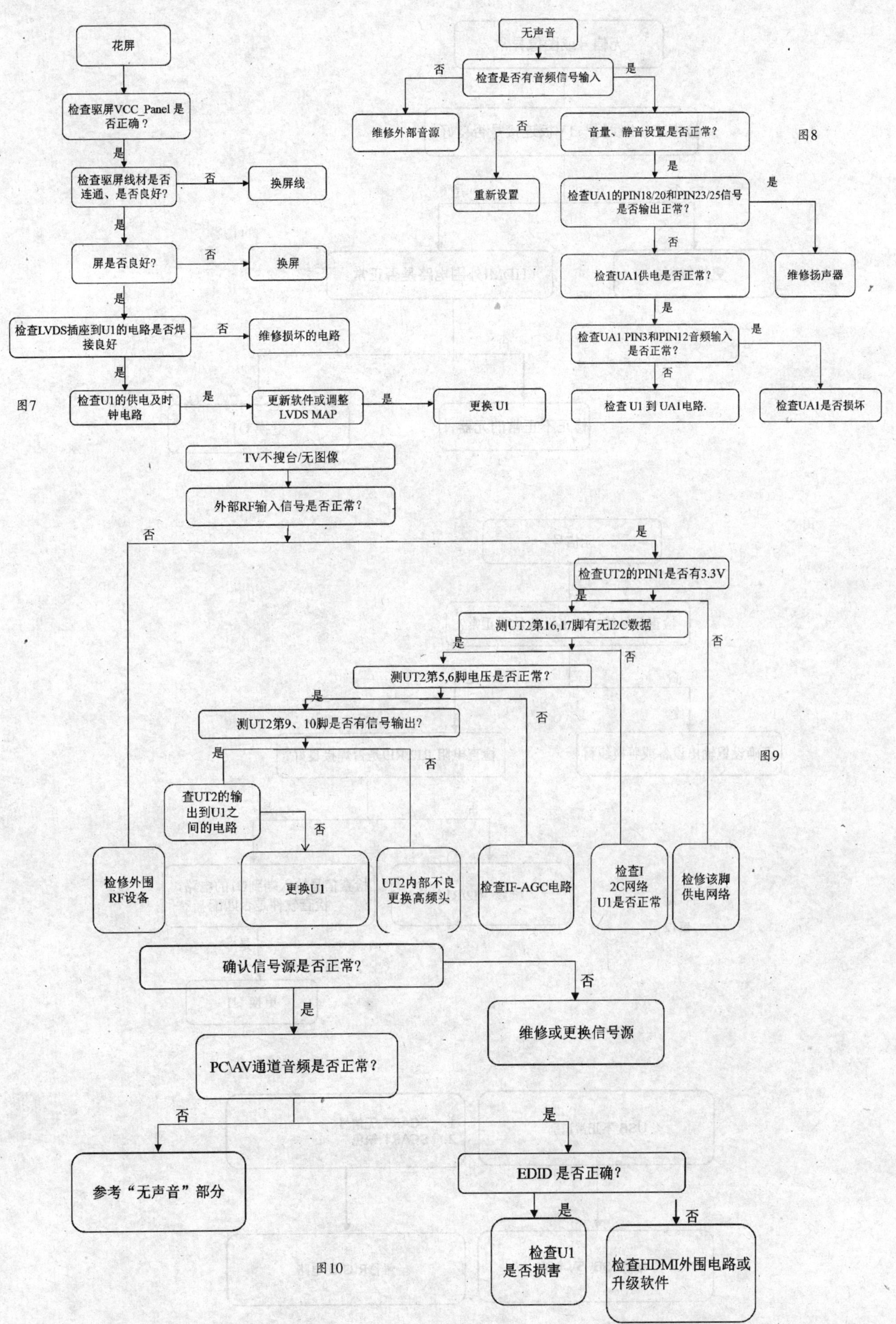
花屏
检查驱屏VCC_Panel是否正确？
是
检查驱屏线材是否连通、是否良好？
否
换屏线
是
屏是否良好?
否
换屏
是
检查LVDS插座到U1的电路是否焊接良好
否
维修损坏的电路
是
检查U1的供电及时钟电路
是
更新软件或调整LVDS MAP
是
更换U1
图7
无声音
检查是否有音频信号输入
否
维修外部音源
是
音量、静音设置是否正常？
否
重新设置
是
检查UA1的PIN18/20和PIN23/25信号是否输出正常？
是
维修扬声器
否
检查UA1供电是否正常？
是
检查UA1 PIN3和PIN12音频输入是否正常？
是
检查UA1是否损坏
否
检查U1到UA1电路.
图8
TV不搜台/无图像
外部RF输入信号是否正常？
否
检修外围RF设备
是
检查UT2的PIN1是否有3.3V
是
测UT2第16,17脚有无I2C数据
否
检修该脚供电网络
是
测UT2第5,6脚电压是否正常？
否
检查I2C网络U1是否正常
是
测UT2第9、10脚是否有信号输出？
否
检查IF-AGC电路
是
查UT2的输出到U1之间的电路
否
更换U1
否
UT2内部不良更换高频头
图9
确认信号源是否正常？
否
维修或更换信号源
是
PC\AV通道音频是否正常？
否
参考“无声音”部分
是
EDID是否正确？
是
检查U1是否损害
否
检查HDMI外围电路或升级软件
图10

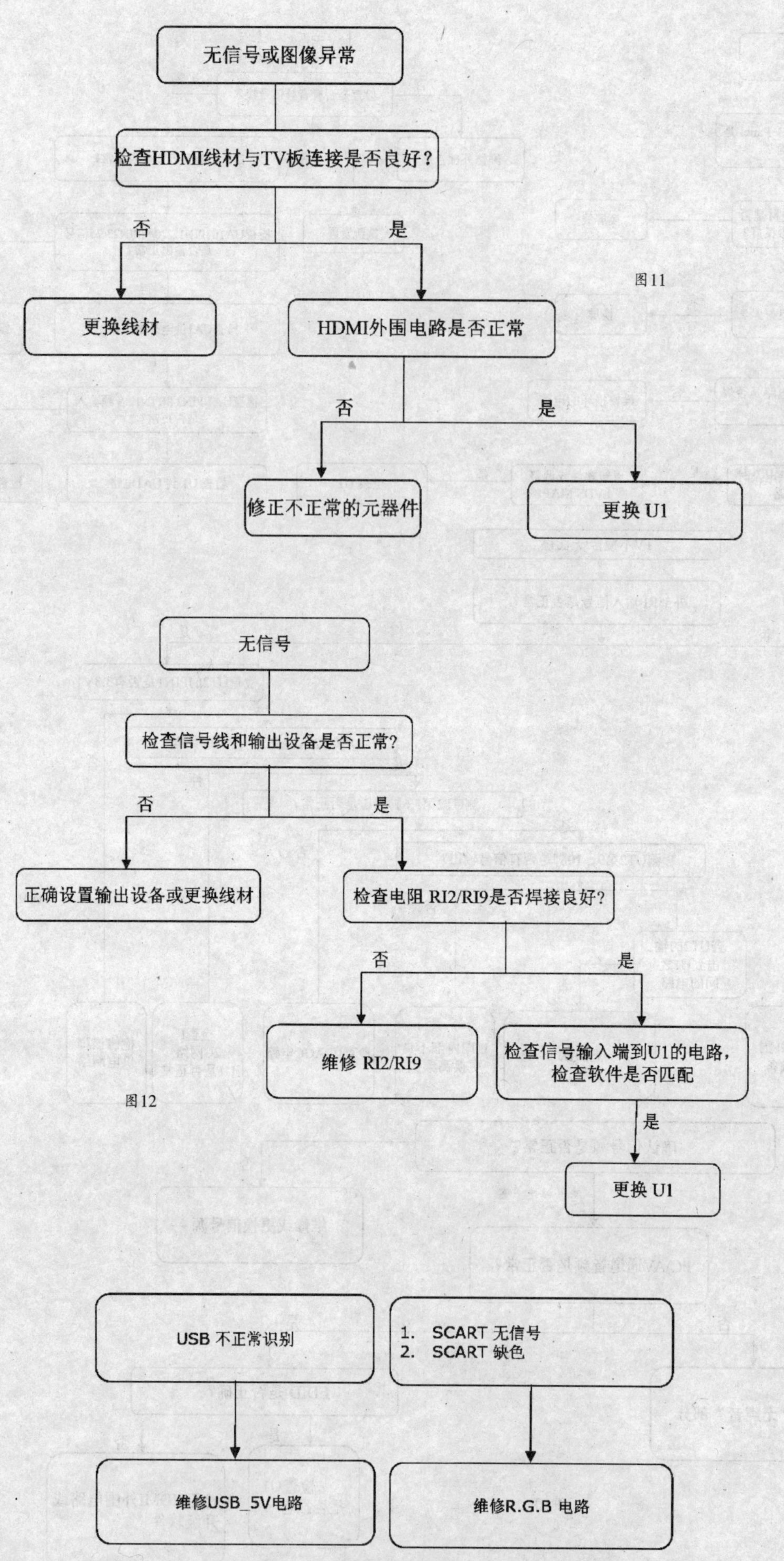
无信号或图像异常
检查HDMI线材与TV板连接是否良好？
否
是
更换线材
HDMI外围电路是否正常
否
是
修正不正常的元器件
更换 U1
无信号
检查信号线和输出设备是否正常?
否
是
正确设置输出设备或更换线材
检查电阻 RI2/RI9是否焊接良好?
否
是
维修 RI2/RI9
检查信号输入端到U1的电路，
检查软件是否匹配
是
更换 U1
USB 不正常识别
1. SCART 无信号
2. SCART 缺色
维修USB_5V电路
维修R.G.B 电路

图11

图12

图13

重载启动设备配套电动机的选型及其控制

杨德印 杨电功

在工农业生产的大量实践活动中，有很多机械设备需配套电动机，而这些设备在启动或运行过程中，又具有各自不同的机械特性，例如有些设备在启动时属于轻负载状态，例如离心式风机和水泵；而也有很多机械设备属于重载启动设备，例如水泥厂中的球磨机，钢铁行业的轧钢机，煤矿行业的皮带机，卷扬机，起重装置等。

本文讨论重载启动设备配套电动机的选型及其控制电路方案，供感兴趣的读者朋友参考。

一、重载启动设备配套电动机的选型

1. 不同类型电动机的特点

工农业生产活动中使用的电动机主要有三相笼形异步电动机、三相绕线转子型异步电动机和三相同步电动机。

三相笼形异步电动机具有结构简单、制造方便、运行可靠、价格低廉等一系列优点。它的缺点是不能经济地实现宽范围的平滑调速；运行时的功率因数较低。

三相绕线转子型异步电动机由定子、转子、机壳机座等部分组成。在电动机转子铁芯上镶嵌有用漆包线绕制的线圈，所以称作绕线转子型异步电动机。三相转子绕组在内部接成星形，即将三相转子绕组的三个端子连接在一起；三相绕组的另外三个端子则通过滑环和碳刷与外部启动电路连接。这种电动机的优点是起动转矩较大，并可在一定范围内调速。缺点是结构较复杂，体积较大，价格较高，启动装置复杂，使用的电路元器件较多。

同步电动机是转子转速与旋转磁场转速相同的电动机。电动机运行工作时，要给定子的三相绕组通以三相交流电，还要给转子通以直流励磁电流。同步电动机的转速，除了负载增加或减小的一瞬间有少许变化外，转子的转速总是与旋转磁场的转速相同。负载在一定的范围内变化时，电动机的转速不变，这个特性是同步电动机最主要的特点。

同步电动机可以运行在过励状态下。其过载能力比相应的异步电动机大。异步电动机的转矩与定子电源电压平方成正比，而同步电动机的转矩决定于定子电源电压和电机励磁电流所产生的内电动势的乘积，即仅与定子电源电压的一次方成比例。当电网电压突然下降到额定值的80%左右时，异步电动机转矩往往下降为额定转矩的2/3，甚至更低些，所以可能因带不动负载而停止运转；而同步电动机的转矩却下降不多，还可以通过强行励磁来保证电动机的稳定运行。

定子旋转磁场或转子的旋转方向决定于通入定子绕组的三相电流相序，改变其相序即可改变同步电动机的旋转方向。

2. 电动机选型

对于重载启动设备配套电动机的选型，要考虑负载启动时所需的启动力矩的大小；电源容量的大小即供电能力的强弱，电源承受电动机启动时大电流冲击的耐受力；有时在技术改造时，还要适当考虑原有设备的再利用问题。只有在充分了解有关机、电设备的技术特点，掌握包括设备价格及经济技术合理性的基础上，经过客观的、实事求是地深入比较，才能作出最明智的的抉择。

对于一般意义上的重载启动设备，例如水泥厂中的球磨机，钢铁行业的轧钢机等，建议使用绕线转子型电动机。该型电动机具有启动力矩大、启动电流较小、并可在一定范围内调速等特点。

有些应用场合，可能负载功率较大，又远离电源点，运行时导线压降较大，尤其是电动机启动时压降更大；再加上供电距离较远，因各种原因导致的电压波动的概率较大，致使电动机运行不稳定，或者出现启动失败。这种情况可以考虑选用同步电动机。该型电动机的转速，在负载增加或减小的一瞬间，或者电压波动时有少许变化，但它会在励磁装置自动控制下，通过调整励磁电流迅速使转子的转速与旋转磁场的转速同步。同步电动机还可运行在较高的功率因数下，从而减小运行电流，进一步提升电动机运行电压。

有的企业在技术革新或设备改造过程中，会淘汰一些技术落后的设备，但有一部分设备被淘汰并不是因为技术落后，而是因为与更新后的设备不匹配而闲置。这些闲置设备如果利用得好，也能使其焕发活力，甚至可用于重载启动设备。例如，某设备需要配套110kW的绕线转子型电动机，而现场刚好有闲置的132kW或160kW的笼形电动机；闲置电动机的规格刚好比所需电动机的规格大一个或两个规格号，即可用这台电动机代替绕线转子型异步电动机使用。这样的配套解决了重载启动设备的启动问题，但在运行过程中似有大马拉小车的嫌疑，有可能降低电动机运行时的功率因数，以及运行效率。而当前变频器的大量普及应用，除了可以解决电动机运行过程中的变频调速，同时可以应用变频器丰富的功能，解决大马拉小车时的功率因数和运行效率问题，甚至具有节能降耗的良好社会经济效益。

二、重载启动设备配套电动机的电气控制

1. 绕线转子型异步电动机的启动控制

绕线转子型异步电动机在重载启动设备中应用较多。其启动控制方式有转子绕组串联电阻启动、转子绕组串联频敏变阻器启动、使用液体起动变阻器启动等。

1.1 转子绕组串联电阻启动

绕线转子型三相异步电动机启动时可以使用在转子绕组上串联电阻的方法，达到增大启动转矩和适当调速的目的。但是，转子绕组上的电阻在启动完成后必须予以切除，防止这些启动电阻在电动机运行过程中产生过大的功率消耗。为了减小切除电阻时造成启动电流较大波动，防止切除电阻时引起的机械冲击，通常是分多次逐渐将启动电阻切除。这就有一个选择切除电阻的方法即控制电路方案问题。

这里介绍按钮操作切除启动电阻、使用时间继电器延时自动切除电阻、根据启动电流大小变化自动切除电阻、使用凸轮控制器分档次切除电阻等电路方案。

1.1.1 按钮操作切除启动电阻的电路

图1是按钮操作切除启动电阻的应用电路。图幅的左边是主电路，三相电源L1、L2、L3经过隔离开关QS、用于短路保护的熔断器FU1、交流接触器KM、用于过载保护的热继电器FR，将电源送达电动机的定子绕组。图中只要交流接触器KM主触点闭合，电动机就开始启动运行。绕线转子型异步电动机的转子回路串联接有启动电阻R1、R2和R3。电动机定子绕组接通电源后，转子绕组立即感应生成转子电流，由于启动瞬间的转差率最大，所以此时转子电流最大。转子回路串联的电阻R1、R2和R3限制了转子电流，并使电动机具有较大的起动转矩。随着电动机转速的逐渐提高，转子电流相应减小，即可先后闭合交流接触器KM1、KM2和KM3的主触点，依次将电阻切除，完成启动过程。

由于本电路方案使用按钮控制三台交流接触器KM1、KM2和

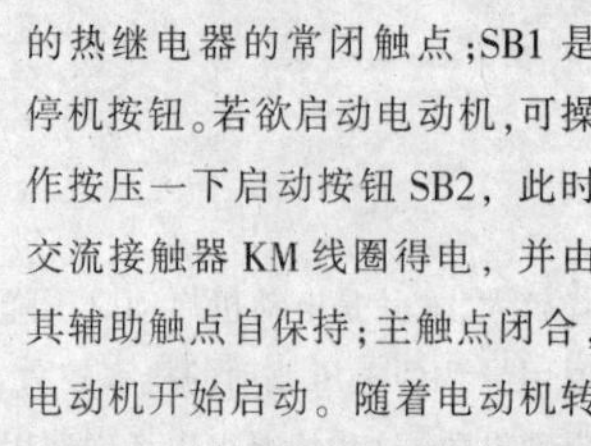

KM3 的线圈通电与否，所以称作按钮操作控制电路。下面分析电路工作原理。

图 1 右侧是二次控制电路。FR 是过载保护的热继电器的常闭触点；SB1 是停机按钮。若欲启动电动机，可操作按压一下启动按钮 SB2，此时交流接触器 KM 线圈得电，并由其辅助触点自保持；主触点闭合，电动机开始启动。随着电动机转速逐渐提高，操作人员根据经验、观察电动机的转速、听电动机的声音，适时按压按钮 SB3，接触器 KM1 线圈得电，其主触点将电阻 R1 短路切除。之后再通过操作按钮 SB4 和 SB5，使接触器 KM2 和 KM3 的线圈先后得电，并分两次将电阻 R2 和 R3 先后短路切除，电动机的启动过程结束。

图 1 按钮控制切除电阻的控制电路

控制电路可以保证，只有接触器 KM1、KM2 和 KM3 的线圈在断电状态，电阻 R1、R2 和 R3 完全接入转子电路的情况下，才能启动电动机，从而防止电动机启动时出现过大的启动电流。控制电路还能保证，只有按正确的操作顺序，使接触器按照 KM→KM1→KM2→KM3 的顺序先后合闸，不当的操作顺序都将是无效的，或者是被拒绝的。

1.1.2　使用时间继电器延时自动切除电阻的电路

使用按钮依次切除绕线转子型电动机转子回路中的电阻虽然可行，但需要训练有素的操作人员恰到好处地适时操作按钮，否则可能导致启动电流大幅度波动或机械冲击，不利于设备的安全运行。使用时间继电器延时自动切除电阻的电路可以消除以上缺陷。具体电路见图 2。

图 2 中的主电路部分与图 1 相同。区别在于二次控制电路。图 2 中的 SB2 是电动机的启动按钮，点按之接触器 KM 线圈得电，其辅助触点实现自保持；主触点接通电动机定子绕组的电源使电动机开始启动。启动时电动机转子回路串联有启动电阻 R1、R2 和 R3。此时时间继电器 KT1 线圈得电，并开始延时。图 2 中时间继电器 KT1 的线圈图形符号，表示该继电器是通电延时型，即线圈通电后，其延时闭合的常开触点并不立即动作，而是要等到延时时间到达时才动作。与此对应的是还有一种线圈断电后开始延时的时间继电器，其线圈画法略有不同。

图 2 使用时间继电器延时切除电阻的控制电路

KT1 延时时间到达后，其触点 KT1 闭合，交流接触器 KM1 线圈得电，其主触点闭合，短路切除电动机转子回路中的电阻 R1。同时，KM1 的辅助触点接通时间继电器 KT2 的线圈电源，经延时后使接触器 KM2 线圈得电，继而短路切除电阻 R2。不难分析，之后经 KT3 延时，配合接触器 KM3 使电阻 R3 被短路切除。

交流接触器 KM3 在电动机启动后的运行过程中始终处于得电工作状态，KM3 的辅助常闭触点切断时间继电器 KT1 的线圈电源，并最终使时间继电器 KT2、KT3 和接触器 KM1、KM2 线圈断电。所以，在电动机运行期间，只有接触器 KM 和 KM3 处于通电工作状态，其余线圈断电的元器件则处于待机状态，既减少了电能消耗，又降低了元器件出现故障的概率。

1.1.3　根据启动电流大小变化自动切除电阻的电路

绕线转子型异步电动机在启动过程中，随着电动机转速的逐渐提高，转子绕组中的电流会逐渐减小。根据这个电流的变化，适时切除电阻，并在转速接近额定转速时将电阻全部切除，这也是一款比较好的控制方案。图 3 是根据启动电流大小变化自动切除电阻的电路。

图 3 左侧电路是该控制方案的一次电路，或者称作主电路。与图 1、图 2 相比，这部分电路增加了三个欠电流继电器 KA1、KA2 和 KA3，这三个继电器的线圈串联在转子回路中，它们的吸合电流相同，在电动机启动时均可吸合；而它们的释放电流不同，KA1 的释放电流最大，KA2 释放电流略小，KA3 释放电流最小。当按动图 3 右侧电路中的启动按钮 SB2 时，电动机开始启动，刚启动时转子电流最大，三个电流继电器 KA1、KA2 和 KA3 都吸合，它们分布在图 3 右侧二次控制电路中的常闭触点都打开，接触器 KM1、KM2 和 KM3 的线圈都不能得电吸合，主触头处于断开状态，全部启动电阻均串接在转子绕组回路中。随着电动机转速的升高，转子电流逐渐减小，当电流减小至 KA1 的释放电流时，KA1 首先释放，其常闭触头复位，使接触器 KM1 线圈得电，主触头闭合，切除第一级电阻 R1,。之后电动机转速继续升高，转子电流继续减小，当减小至 KA2 的释放电流时，KA2 释放，KA2 的常闭触头复位，接触器 KM2 得电，其主触头闭合使第二级电阻 R2 被切除。如此继续，直至全部电阻被切除，电动机启动完毕，进入正常运行状态。

图 3 电路中有一个中间继电器 KA，其作用是保证电动机在转子电路中接入全部电阻的情况下才能开始启动。因为刚开始启动时 KA 的常开触头切断了 KM1、KM2 和 KM3 的线圈电路，从而保证了启动时转子电路串联接入全部外接电阻。

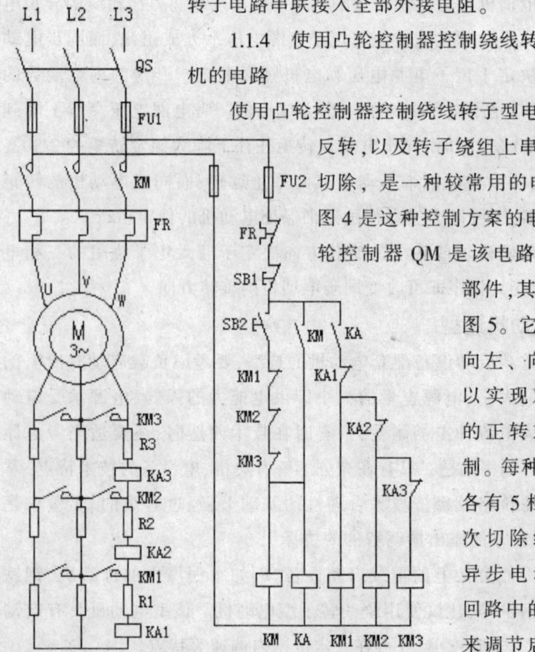

图 3 按启动电流大小切除串联电阻的控制电路

1.1.4　使用凸轮控制器控制绕线转子型电动机的电路

使用凸轮控制器控制绕线转子型电动机的正反转，以及转子绕组上串联电阻的切除，是一种较常用的电路方案。图 4 是这种控制方案的电路图。凸轮控制器 QM 是该电路中的重要部件，其外形图见图 5。它的手轮可向左、向右旋转，以实现对电动机的正转或反转控制。每种旋转方向各有 5 档，用来依次切除绕线转子异步电动机转子回路中的电阻，用来调节启动电流，并可实现调速。

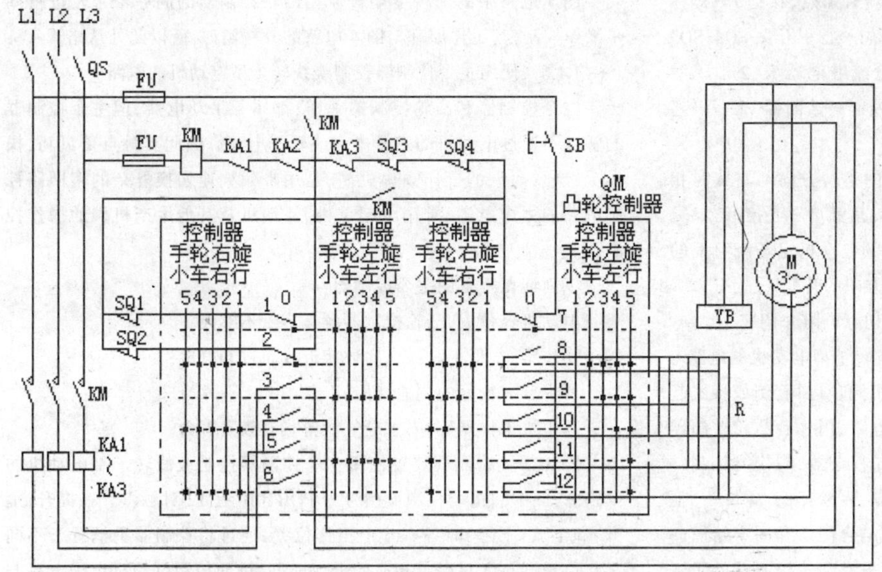

图 4 用凸轮控制器控制起重机小车运行的电路

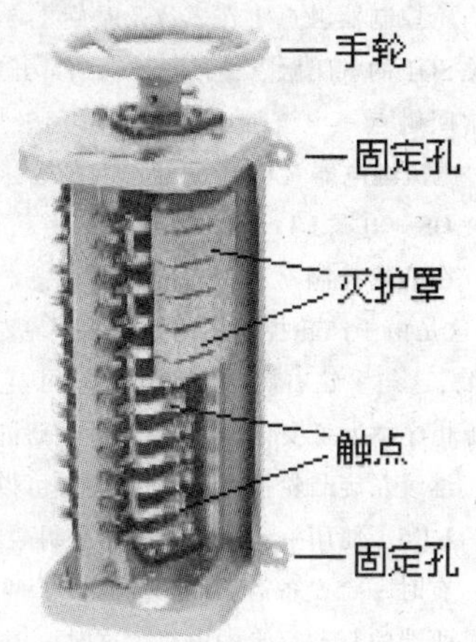

图 5 凸轮控制器外形图

绕线转子型异步电动机转子回路中串联的电阻要求有较大的热容量,以防止电动机启动时将电阻烧坏。电阻可用铸造的方法,将铸铁制作成曲线、栅状。在适当的位置有接线端子。在用适当方法切除电阻时,实际上是切除了曲线、栅状电阻中的某一段。

图 4 电路中使用的凸轮控制器有 12 对触点，其中有 4 对是用来对电动机进行正反转控制用的；有 5 对是用来依次切除启动电阻的；另有三对则用于零位保护或行程保护(限位保护)。

需要说明的是，用凸轮控制器操作控制绕线转子型异步电动机，在其转子回路中串联的电阻是非对称型的,即每相转子绕组上串联的电阻,阻值并不相等,这是为了在保证电动机顺利启动的前提下,尽量减小凸轮控制器的触点数量。

下面分析图 4 电路的工作原理。

图 4 是桥式起重机的小车运行控制电路,是用凸轮控制器控制绕线转子型异步电动机的一个应用实例。所谓小车的运行控制,是对桥式起重机桥架上的起重机构左右运动的控制。除此之外,桥式起重机还有大车运行的控制。大车是桥式起重机桥架整体沿轨道前进、后退的运动。大车的运动应有两侧轨道上的两台电动机驱动。当然桥式起重机还有用来升降重物的吊钩作上下垂直运动,也须由绕线转子型异步电动机配合凸轮控制器进行控制。

图 4 中点画线方框内是凸轮控制器的电路结构,控制器的手轮左旋或右旋各有 5 档,已在图中标出。与每一档对应的各个触点的通断情况,则须看某触点在各挡位线上有无小黑点。有黑点表示接通,没有黑点表示断开。

若欲启动电动机,须操作凸轮控制器使其处于零位。然后点按启动按钮 SB,由图 4 可见,交流接触器 KM 的线圈供电通路被打通,路径如下：电源 L1→隔离开关 QS→熔断器 FU→启动按钮 SB→凸轮控制器的触点 7(凸轮控制器在零位时有黑点,接通)→行程开关 SQ4、SQ3 的常闭触点→电流继电器 KA3 常闭触点→电流继电器 KA2 常闭触点→电流继电器 KA1 常闭触点→接触器 KM 线圈→熔断器 FU→隔离开关 QS→电源 L3,如此接触器 KM 线圈得电吸合,其主触点闭合。之后接触器 KM 的线圈经过另一条通路实现自保持，这条通路是：电源 L1→隔离开关 QS→熔断器 FU→接触器辅助常开触点 KM→凸轮控制器的触点 2（凸轮控制器触点 2 在零位及右旋 1~5 档时均有黑点,接通)→行程开关 SQ2 的常闭触点→接触器辅助常开触点 KM→行程开关 SQ4、SQ3 的常闭触点→电流继电器 KA3 常闭触点→电流继电器 KA2 常闭触点→电流继电器 KA1 常闭触点→接触器 KM 线圈→熔断器 FU→隔离开关 QS→电源 L3。

这时由于凸轮控制器处在零位,其触点 3、4、5、6、8、9、10、11、12 均断开,所以这时电动机处于待启动状态。如果需要桥式起重机的小车向右移动,则将凸轮控制器手轮向右旋转至 1 档,由图 4 可见,其触点 2、4、6 闭合,L2 和 L3 相电源经接触器 KM 的主触点、电流继电器 KA2 和 KA3 的线圈、凸轮控制器的触点 4、6 送达电动机的定子绕组,而 L1 相电源也同时送达电动机的定子绕组,电动机开始启动。由于此时凸轮控制器的触点 8、9、10、11、12 均不闭合,所以,电动机的转子回路接入全部电阻进入启动状态。电阻值此时最大,限制了启动电流,也保证了较大的启动转矩。

因为电动机的定子电流需要流经凸轮控制器的触点 4、6，所以这些触点是带有灭护罩的。

随着电动机转速的逐渐增高,转子电流也相应减小,即可将凸轮控制器的手轮由 1 档转向 2 档,此时会有一段电阻被切除,电动机转速会有加速。随着手轮挡位的逐次旋转,当旋转至 5 档时,转子回路中的电阻将全部切除,电动机即可进入正常运转状态。通过凸轮控制器将转子回路中的电阻切除时，电阻随档位变化的切除效果如图 6 所示。

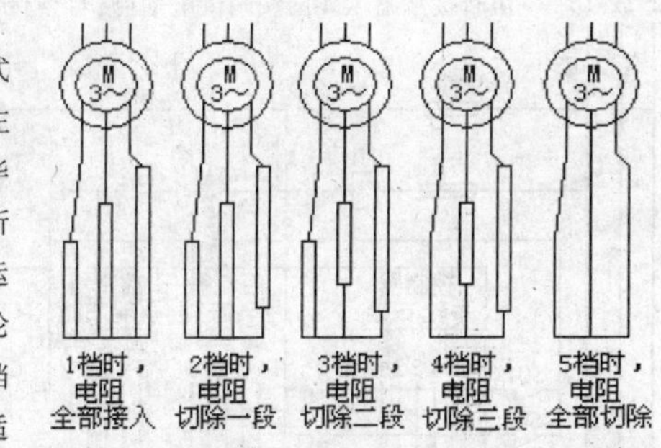

图 6 凸轮控制器在 1~5 档不同档时的电阻切除情况

当然，桥式起重机的小车左右运动的行程毕竟不会很长，所以，也可根据运行情况，将手轮停留在 1 至 5 档中间的一个合适档位，让小车以一个合适的速度移动。并不一定需要每次移动小车都将凸轮控制器旋转至 5 档的较高行走速度。

当小车向右移动到极限位置,司机因故未能及时将手轮回转至零位停车时,将会撞击到行程开关 SQ2,这会使交流接触器线圈断电,保护设备安全。保护停机后,制动电磁铁 YB 线圈也同时断电,对小车进行制动。

若遇这种情况,司机应在保护停机后,将凸轮控制器的手轮操作至零位,为下次开机运行做好准备。

如果希望使小车向左移动，只能在凸轮控制器处于零位时操作。点按启动按钮 SB，接触器 KM 线圈得电的电路通道与向右移动相同,而接触器的自保持电路略有不同,这个自保持通路是:电源 L1→隔离开关 QS→熔断器 FU→接触器辅助常开触点 KM→凸轮控制器的触点

1(凸轮控制器触点 1 在零位及左旋 1~5 档时均有黑点,接通)→行程开关 SQ1 的常闭触点→接触器辅助常开触点 KM→行程开关 SQ4、SQ3 的常闭触点→电流继电器 KA3 常闭触点→电流继电器 KA2 常闭触点→电流继电器 KA1 常闭触点→接触器 KM 线圈→熔断器 FU→隔离开关 QS→电源 L3。

在凸轮控制器手轮左旋操作时，电动机的运转方向与右旋时相反,这是由于凸轮控制器的触点在手轮左旋时,其触点 3、5 接通(参见图 4),这与手轮右旋时触点 4、6 不同,它使加到电动机定子绕组上的电源相序发生了变化,从而实现了电动机旋转方向的转变。

继续左旋凸轮控制器手轮,同样可以逐次切除电阻并调速。

1.1.5　使用一台凸轮控制器控制两台绕线转子型电动机的电路

有时一台设备需要两台绕线转子型电动机同步运行,例如桥式起重机两端的驱动行走的电机。这时可用图 7 电路,用一台凸轮控制器控制两台绕线转子型电动机。这里使用的凸轮控制器,与仅能控制一台电动机的凸轮控制器不同。前者有 17 对触点,后者有 12 对触点。他们有 12 对触点的功能是相同或类似的。以下结合图 4 和图 7 给以简要介绍。两者的触点 7 用于零位保护,可保证只有凸轮控制器处于零位时才能使电源控制接触器 KM 得电动作；触点 1 和 2 用于行程两端的限位保护;触点 3、4、5、6 用于设备上升下降、前进后退或者向左向右运动时的电源相序切换；触点 8、9、10、11、12 用于第一台电动机逐次切除转子绕组上串联的电阻。以上 12 对触点在两种凸轮控制器中的功能是相同的。而图 7 中凸轮控制器触点 13、14、15、16、17,其功能则是配合触点 8、9、10、11、12,同步切除第二台电动机转子绕组上串联的电阻。

图 7 电路中，两台电动机各有自己的制动电磁铁 YB1 或 YB2,只要电动机处于断电停机状态,制动电磁铁就对电动机进行制动,从而保证设备安全。

图 7 电路中,由于使用了两台电动机,所以过载保护应对每台电动机各自进行。KA1 和 KA2 是分别保护电动机 M1 和 M2 的电流继电器,它们是双线圈型的,两个线圈分别串联在 A 相和 C 相电源线上,任何一台电动机中的任何一相出现过电流,必然至少会有一只电流继电器的触点动作。由于两只电流继电器的常闭触点是串联的,所以必然切断接触器 KM 的线圈供电通路,对整台设备实施保护。

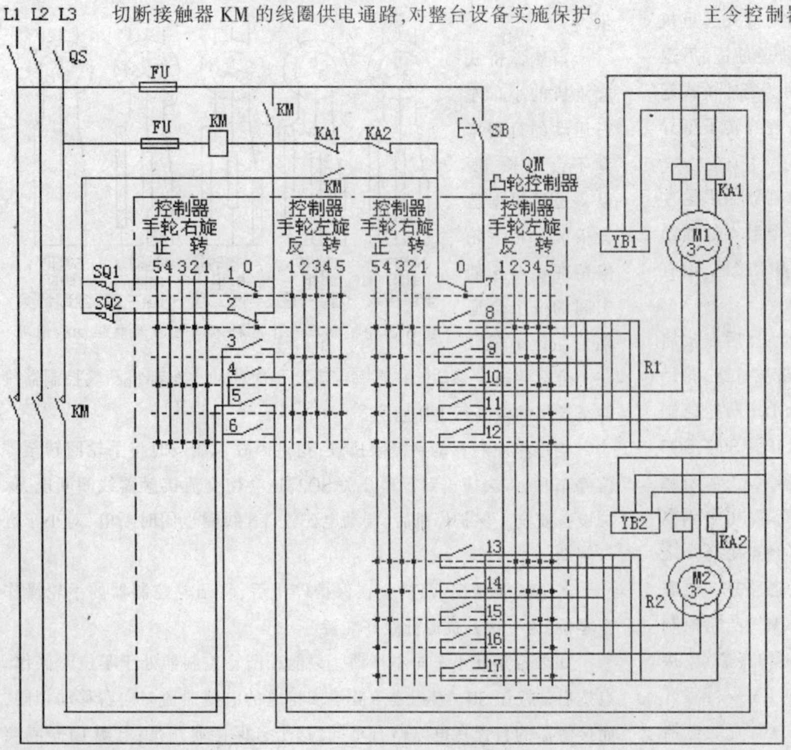

图 7 一台凸轮控制器控制两台绕线转子型电动机

图 7 电路中的两台电动机使用凸轮控制器的同一个手轮进行同步操作控制,其工作原理与图 4 电路的分析类似,所以此处从略。

1.1.6　使用主令控制器控制绕线转子型电动机的电路

主令控制器和凸轮控制器一样,都属于手动电器,但主令控制器的触点不通过电动机的定子电流或转子电流，因此其触点更灵巧,操作更轻便,允许的操作频率更高,是用来频繁地切换复杂的多回路控制电路的主令电器,常用于起重机、轧钢机及其他生产机械的操作控制。

下列情况宜采用主令控制器：

电动机容量大,凸轮控制器触点容量不够大；

操作频繁,每小时操作次数接近或超过 600 次；

要求具有较好的调速性能；

起重机工作繁重,要求电气设备具有较高寿命。

图 8 是一款提升装置使用主令控制器控制绕线转子型电动机的电路图,图中的主令控制器型号为 PQR10B,有 12 对触点。在提升(上升)和下放(下降)时各有 6 个工作位置,通过将控制器手柄置于不同工作位置,使 12 对触点相应闭合或断开,进而控制电动机定子电路与转子电路中的接触器,实现电动机工作状态的改变,使重物获得上升或下降的不同速度。

图 8 中的 KM1 和 KM2 是电动机正反转接触器，通过变换相序实现电动机的正反转。KM3 是制动用接触器,KM3 的线圈得电动作,制动器线圈 YB 获得电源,松开制动抱闸。绕线转子型电动机的转子电路中接有 7 段对称接法的转子电阻，其中前两段 R1、R2 为反接制动电阻,分别由反接制动接触器 KM4、KM5 控制。后四段 R3~R6 为启动加速调速电阻,由加速接触器 KM6~KM9 控制。最后一段 R7 为固定接入的软化特性电阻。

合上图 8 电路中的电源开关 QS1 和 QS2，如果主令控制器 SA 的手柄置于“0”位,则其触点 1 闭合,电压继电器 KV 线圈通电并自锁,为启动做好准备。当控制器手柄离开零位处于其他工作位置时,并不影响 KV 的吸合状态。但电源断电后,则必须将控制器手柄返回零位才能再次启动。这就是零电压和零位保护的作用。

(1)提升重物控制

主令控制器提升控制共有 6 个档位,在提升 1 档及提升的其余各挡，控制器触点 3 闭合，将上升行程开关 SQ 接入电路,起到提升限位保护作用。在提升的所有各档,触点 5、6、7 均处于闭合状态，所以接触器 KM1、KM3、KM4 始终通电吸合。其中 KM1 主触点闭合使电动机 M 获得提升(正转)电源,接触器 KM4 吸合后将电阻 R1 短接,这将使电动机进入 1 档启动状态。KM3 主触点闭合给制动电磁铁 YB 供电,使电磁抱闸松开。

当主令控制器的手柄依次扳到上升 2 至上升 6 的各个挡位时,控制器触点 8、9、10、11、12 依次闭合,接触器 KM5~KM9 线圈先后得电吸合,将 R2~R6 各段转子电阻逐级短接切除。司机可根据负载状况选择适当挡位进行操作,共可获得 5 档提升速度。

(2)下放重物控制

主令控制器在下放重物时也有 6 个档位,但在前 3 个档位,正转接触器 KM1 仍然通电吸合,电动机仍以提升所需的电源相序接线，产生上升的电磁转矩；只有在下降的后 3 个档位,反转接触器 KM2 才通电吸合,电动机产生向下的电磁转矩。所以,前 3 个档位为倒拉反接制动下放,而后 3 个档位为强力下放。

下放 1 档时,控制器触点 5 断开,KM3 断电释放,制动器夹紧，触点 6、7、8 闭合，接触器 KM1、KM4、

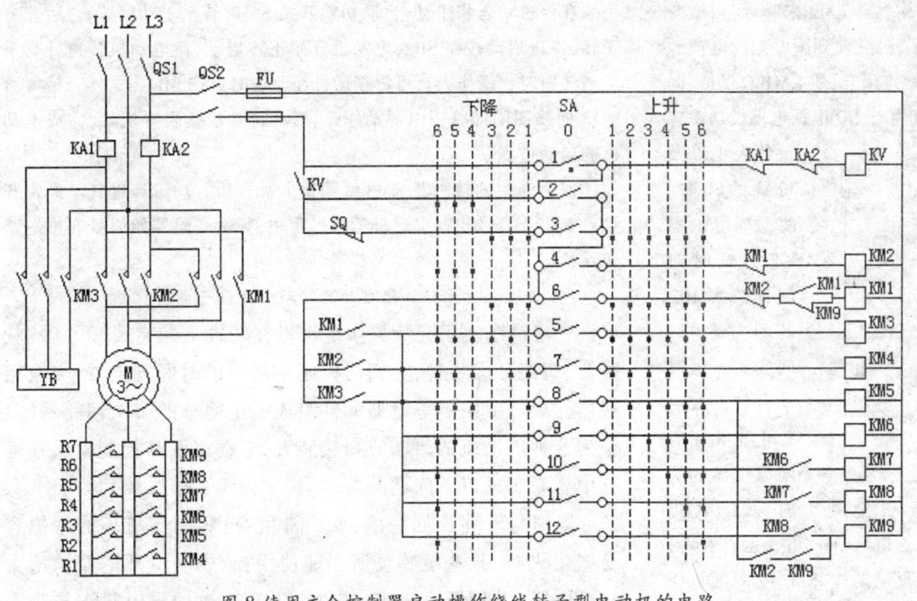

图8 使用主令控制器启动操作绕线转子型电动机的电路

KM5通电吸合,电动机转子电阻R1、R2被短接切除;定子按提升的电源相序接通三相交流电源,但此时由于制动器未松开,所以电动机并不旋转。这是为了适应提升机构由提升变换到下放重物,消除因机械传动间隙产生冲击而进行的电路安排,所以此档不能停留,必须迅速通过该档而转换成其他挡位,以防电动机在堵转状态下时间过长而烧毁电动机。

下放2档适用于重载低速下放,此时控制器触点5、6、7闭合,接触器KM1、KM3、KM4通电吸合,YB线圈通电吸合,制动器松开,电动机转子串入电阻R2~R7,电动机定子按提升相序接线,在重载时获得倒拉反接制动低速下放。

下放3档是为中型负载下放而设置的。主令控制器处在该档时其触点5、6闭合,接触器KM1、KM3通电吸合,YB线圈通电吸合,制动器松开,电动机转子串入全部电阻,电动机定子按提升相序接通三相交流电源,在中型负载作用下电动机按下放重物方向运转,获得倒拉反接制动下放。

在以上制动下降的3个档位,控制器触点3始终闭合,将提升限位开关SQ接入电路,其目的在于预防对吊物重量估计不准,例如将中型负载误估为重型负载而将控制器手柄置于下放2档时,将会发生重物不但不下降反而上升的现象,此时限位开关SQ起上升限位作用。

主令控制器手柄置于下放4、5、6档位时为强力下放。此时控制器触点2、4、5、7、8始终闭合,接触器KM2、KM3以及制动电磁铁YB线圈均通电,制动器松开。转子电阻受控制器触点及接触器KM4~KM9配合控制,逐挡切除电阻。电动机定子按下放重物所需的电源相序接线,在电动机的下放电磁转矩和重力矩共同作用下,使重物下放。

(3)电路的联锁与保护

制动下放档位与强力下放档位相互转换时切断机械制动的保护:在控制器手柄下放3档与下放4档转换时,接触器KM1(控制电动机正转)、KM2(控制电动机反转)之间设有电气互锁,这样,在转换过程中必然有一瞬间这两个接触器均处于断电状态,这将使制动接触器KM3断电释放,造成电动机在高速下进行机械制动引起强烈振动而损坏设备或发生人身事故。为此,在KM3线圈电路中设有KM1、KM2、KM3三对常开触点并联电路。这样,由KM3实现自锁,确保KM1、KM2换接过程中KM3线圈始终通电吸合,避免上述情况发生。

顺序联锁保护:在加速接触器KM6、KM7、KM8、KM9线圈电路中串接了前一级加速接触器的常开辅助触点,确保转子电阻R3~R6按顺序依次短接切除,实现机械特性平滑过渡,电动机转速逐渐升高。

过流、零电压、零位保护。由过电流继电器KA1、KA2实现过电流保护;电压继电器KV与主令控制器SA实现零电压保护和零位保护;行程开关SQ实现上升的限位保护。

只有反接制动电阻串入的情况下才能进行制动下放的保护:当控制器手柄由下放4挡扳到下放3挡时,控制器触点4断开,触点6闭合,接触器KM2断电释放,而KM1通电吸合,电动机处于反接制动状态。为避免反接时产生过大的冲击电流,应使接触器KM9断电释放,接入反接电阻,且只有在KM9断电释放后才允许KM1通电吸合。为此,一方面在控制器触点闭合顺序上保证在触点8断开后,触点6才闭合;另一方面,在接触器KM1线圈回路中增设了一个并联电路,这个电路就是KM1的常开触点与KM9常闭触点的并联电路。这就保证了KM9断电释放后,KM1才能通电并自锁。此环节还可防止由于KM9主触点因电流过大发生熔焊使触点分不开,将转子电阻R1~R6短接,只剩下常串电阻R7,此时若将控制器手柄扳到提升档位,将造成转子只串入R7、几乎转子回路没有串接电阻就直接启动的事故。

由强力下放过渡到反接制动下放,避免重载时高速下放的保护:对于轻型负载,控制器可置于下放4、5、6档位进行强力下放,若此时重物并非轻载,而判断错误,将控制器手柄扳在下放6档,此时电动机在重物重力转矩和电动机下放电磁转矩共同作用下,将运行在再生发电制动状态。这时应将控制器手柄从下放6档扳回下放3档。在这个过程中,必然要经过下放5档和下放4档,这时为了避免中间的高速,在控制电路中将KM2和KM9的辅助常开触点串联后接在控制器的触点8与接触器KM9线圈之间。这样,当控制器手柄由下放6档扳回至下放3挡或2档时,接触器KM9仍保持通电吸合状态,转子始终串入R7常串电阻,使电动机平稳过渡而不致发生高速下放。

1.2 使用频敏变阻器控制绕线转子型电动机的电路

为了限制绕线转子电动机的启动电流,启动时可以在转子回路串接频敏变阻器。启动结束后将频敏变阻器短接切除。频敏变阻器是一种无触点电磁元件,相当于一个等值阻抗。在电动机起动瞬间,转差率最大,转子感应电流的频率最高,频敏变阻器的等效阻抗最大。随着电动机转速的提高,转子感应电流的频率逐渐降低,频敏变阻器的等效阻抗相应减小,由于等效阻抗随转子电流频率减小而自动变阻,故称频敏变阻器。从结构上讲,它由铁心和线圈两大部分组成。铁心由数片E形钢板(不是矽钢片)叠成,因此它是一个铁心损耗非常大的三相电抗器。为了使单台频敏变阻器的体积、重量不至于过大,因此,当电动机容量大到一定程度时,就由多台频敏变阻器连接使用,连接种类有单组、两组串联、两组并联、两串联两并联等。这里介绍采用一组频敏变阻器的启动电路。

使用频敏变阻器启动绕线转子型电动机,启动结束后须将频敏变阻器切除。而切除的方法一是通过时间继电器自动切除,二是通过按钮,使用手动的方法将频敏变阻器切除。也可以设计一种电路,实现自动与手动切除的随意切换。

1.2.1 使用时间继电器自动切除频敏变阻器

图9是使用时间继电器自动切除频敏变阻器的电路图。电动机启动时,合上开关QS,控制回路带电,SB2是电动机启动按钮,按一下SB2,交流接触器KM1得电动作,其主触点接通电动机定子绕组电源,

电动机开始启动。由于接触器 KM2 未吸合，频敏变阻器 BP 接入电动机转子回路，起到限制起动电流的作用。KM1 的常开辅助触点闭合，使 KM1 自保持，同时时间继电器 KT 得电开始工作。根据电动机功率容量的大小以及负载的轻重，将时间继电器 KT 的延时时间调整为 10~20 秒。延时时间到达，延时动合触点 KT-1 闭合，由于时间继电器的瞬时动合触点 KT-2 已先期闭合，所以此时中间继电器 KA 得电动作，并由触点 KA-1 自保持；触点 KA-2 闭合使接触器 KM2 得电动作，KM2-2 对其自保持；KM2 的主触点闭合，将频敏变阻器 BP 短接切除；KM2-1 断开，时间继电器 KT 断电；KT 断电后 KT-2 断开，中间继电器 KA 释放。所以，电动机启动完毕，只有接触器 KM1 和 KM2 线圈保持在通电状态，时间继电器 KT 和中间继电器 KA 均断电处于待机状态。

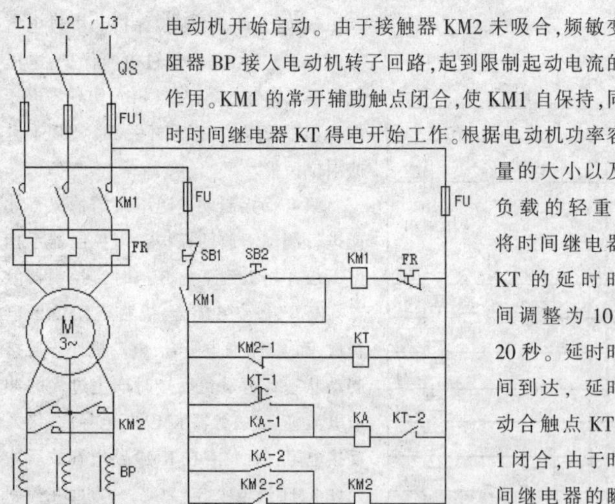

图 9 使用频敏变阻器启动绕线转子型电动机的电路图

按压停止按钮 SB1，电动机停止运行。

1.2.2 绕线转子型电动机的正反转及频敏变阻器的手动自动切除

有时需要绕线转子型电动机能够正反转，而且频敏变阻器的切除时间可根据负载情况进行手动操作。图 10 所示的电路即具有上述所需的功能。

图 10 中的 KM1 和 KM2 分别是电动机正转、反转接触器，由它们进行电源换相从而实现电动机转向的切换，两台接触器不能同时通电吸合，所以它们有互锁的功能电路。正转和反转分别由按钮 SB2 和 SB3 操作启动。

若欲使电动机正转，且自动切除频敏变阻器，操作程序如下：合上隔离开关 QS；将手动、自动切换开关 SA 旋转至自动挡，由图 10 可见，该开关与时间继电器 KT 线圈串联的那组触点接通（注意开关触点旁边的小黑点）；点按正转启动按钮 SB2；之后接触器 KM1 线圈得电吸合，电动机开始正转启动，待时间继电器 KT(从线圈图形符号可以知道，这是一种通电延时型时间继电器）延时时间到，其延时触点闭合，接触器 KM3 线圈得电吸合，其主触点将频敏变阻器短路切除，电动机进入正常运行状态。

若欲使电动机反转，与上述介绍类似，区别是在停机状态时，点按的是按钮 SB3，不是正转时的 SB2。

如果负载状态不稳定，需要操作人员在现场根据实际情况确定频敏变阻器切除时间，

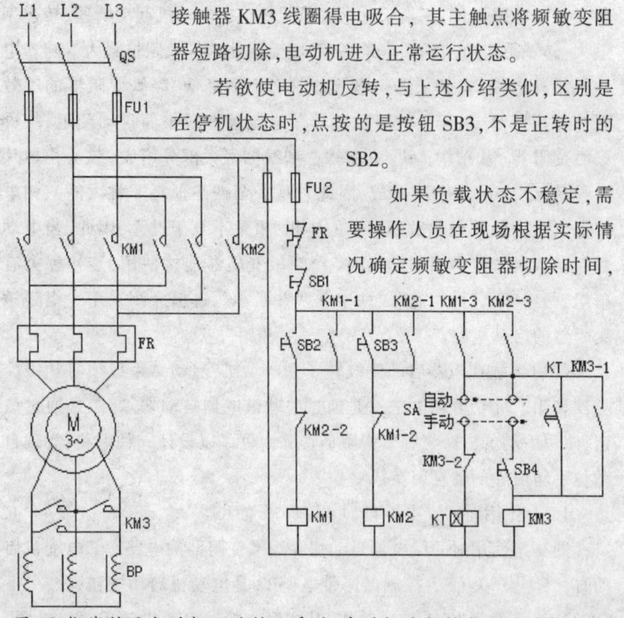

图 10 绕线转子电动机正反转及手动、自动切除频敏变阻器的电路图

则须在停机状态将手动、自动切换开关 SA 旋转至手动挡位，之后若需正转，点按启动按钮 SB2，电动机开始正转启动，待电动机转速升高至适当转速时，操作人员可根据运行经验适时点按 SB4，这样，接触器 KM3 的线圈随即获得电源动作吸合，并将频敏变阻器切除，完成电动机的启动过程。

以上介绍的接触器 KM3 线圈得电吸合后，均可经过其辅助常开触点 KM3-1 自锁，在电动机运行过程中，频敏变阻器始终处在被短路切除状态。

1.3 使用无刷无环液阻启动器启动绕线转子电动机

三相绕线转子交流异步电动机在转轴上装有滑环、碳刷、刷盒、短路环等零件，它们与控制电路中的时间继电器、交流接触器、频敏变阻器等电器元件组成一个完整的二次回路系统，作为这种电动机的启动或短接装置，电动机及其控制电路在运行中容易出现以下问题。

碳刷与滑环长期摩擦，要经常更换；碳刷与滑环的摩擦容易产生火花，某些敏感场所不能使用；碳刷与滑环的摩擦增大接触电阻，并使温升过高；碳刷与滑环摩擦的导电粉末被吸入电机内部积存，是烧毁电机的一大隐患；控制电路失控可能导致交流接触器或频敏变阻器烧毁。无刷自控液阻启动器可以解决这一难题。

无刷自控液阻启动器的外形示意图见图 11。由图可见，启动器连接电动机转子绕组共有 6 个接线端子，其排列顺序见图 12。每相绕组从电动机内部引出两条引线与启动器连接。也有较小功率的绕线转子型电动机，转子绕组对外只有 3 条引线，与这些较小功率电动机配套的液阻启动器也就只有 3 个接线端子。

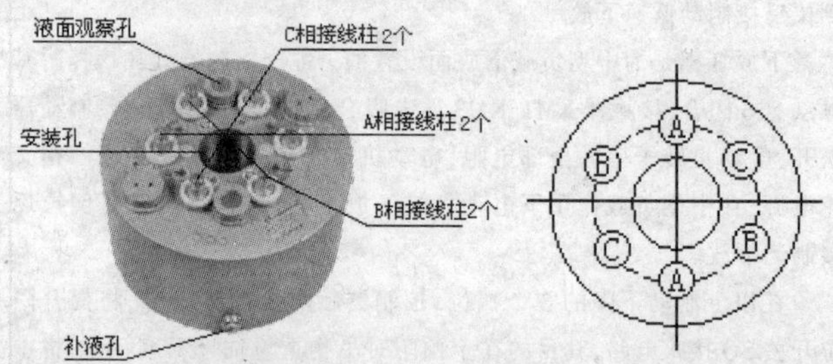

图 11 液阻启动器外形结构示意图　　图 12 启动器接线端子排列图

无刷无环起动器是将起动电阻直接安装在电动机的转轴上，利用电机旋转时产生的离心力作为动力，控制起动电阻的大小，达到减少电机起动电流、增加起动转矩、使绕线式异步电动机实现无刷自控启动运行的装置。它主要由机壳、起动液、动极板、弹簧、接线柱、安全阀、排气阀等构成。该启动器具有启动电流小，启动转矩大，自动适应电源及负载的变化，保护电机等特点。用户可以将原来绕线转子电动机的滑环、碳刷结构拆除，换成无刷启动器代替绕线电机的滑环、碳刷及其启动装置，实现新的起动模式。

JR、JZR、YR、YZR 系列电动机由于安装滑环处的尺寸不是统一设计生产，各制造厂家的尺寸参数略有差异。为此用户在准备将滑环碳刷拆除换成无刷无环起动器时，须向无刷无环启动器厂家提供电机铭牌额定参数以及原来安装滑环的轴伸端的机械尺寸，如图 13 所示的 L1、L2、L、Φ1、Φ2 和键宽等数据，才能保证一次安装成功。 用无刷启动器替代滑环、碳刷结构时，应先拆下电动机的护罩、滑环、碳刷、刷盒、刷盒支架等所有零部件。拆卸滑环时，较大功率的电动机转子绕组每相可能有

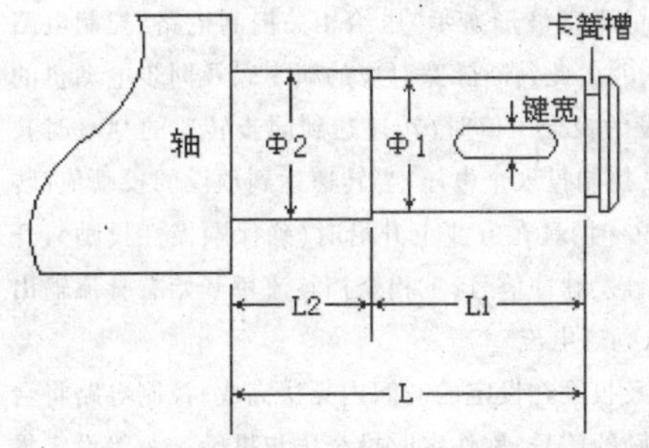

图 13 订购启动器时须提供电动机轴的数据

两根导线，为防止安装启动器时接线出错，应将同一相的两根导线捆在一起，或者给它们粘贴黄、绿、红等不同颜色的标记物。安装启动器时，在轴上涂少许润滑脂或机油，将启动器键槽对准轴上的键位置，然后用铜棒将启动器轻轻地敲击到装配位置，并用钢丝挡圈卡住，防止启动器轴向窜动。装配过程切忌盲目敲打，严禁碰伤接线柱上的绝缘圈、排气阀、安全阀及液位观察窗。启动器装配完成后，将转子的出线接在起动器接线柱对应位置。对于转子有六根出线的电动机，应将同一相的两根导线，对称地接在启动器的两个接线柱上。

图 14 绕线转子引出线已连接至接线端子上

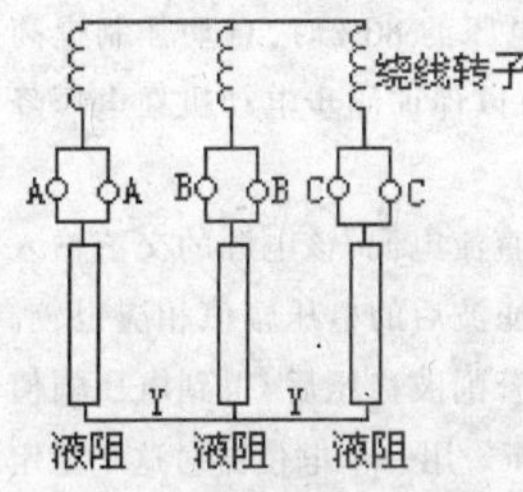

图 15 启动器接线完毕后的示意图

已经将绕线转子绕组的引出端连接至启动器的接线端子上的样式见图 14。

无刷启动器在电动机上安装完毕，电动机转子绕组与启动器的液阻连接关系如图 15 所示。每相转子绕组通过两个接线端子与液体电阻相连接。经检查电气接线和机械部件正确无误后，即可启动试车。启动时直接给电动机定子绕组施加额定电压。图 15 中启动器的可动触点(图中未画出)，在电动机旋转时产生的离心力作用下，逐渐由 Y 端向 A、B、C 端滑动，使三相液阻的电阻值随之减小，当电动机的转速达到额定转速的 90%时，接线端子的 A、B、C 端实际上已经被短接，液阻被切除。之后电动机继续加速，当达到额定转速时，启动过程完成。由于用户在订购无刷无环启动器时已经向生产厂提供了电动机额定参数，生产厂已对产品做过相应设置与调整，所以一般均能一次启动成功。启动完成后，启动器自身的动极板、静极板紧密接触，将转子绕组的 3 根或 6 根接线短路。

电动机在运行过程中一旦发生电动机过载而使转速降低时，无刷无环起动器便能发挥作用：转子转速降低使得起动器中动极板获得的离心力减小，动极板与静极板逐渐产生距离，其对应的阻抗值相应增大，从而加大了转子的拖动力矩，避免了跳闸事故的发生。

2. 同步电动机的启动控制

重载启动设备在某些运行环境中可以选用同步电动机，这些情况包括，负载功率较大，又远离电源点；运行时导线压降较大，尤其是电动机启动时压降更大；供电距离较远，各种原因导致的电压波动较大，致使电动机运行不稳定，或者出现启动失败。这种情况可以考虑选用同步电动机。这种类型的电动机的转速，在负载增加或减小，或者电压波动时几乎没有变化，它会在励磁装置自动控制下，通过调整励磁电流迅速使转子的转速与旋转磁场的转速同步。同步电动机还可运行在较高的功率因数下，从而减小运行电流，进一步提升电动机运行电压。

同步电动机常用于恒速大功率拖动的场合，例如用来驱动大型空气压缩机、球磨机、鼓风机、水泵和轧钢机等。

同步电动机需配合控制设备和励磁装置才能正常工作，这里先介绍其励磁电路及工作原理。

2.1 励磁装置电路及工作原理

2.1.1 励磁装置的功能

为了保证同步电动机的正常运行，与之配套的励磁装置应具有如下功能。

同步电动机启动过程中，当转子的转速达到额定转速的 95%时，励磁装置应能自动投入励磁，将同步电动机引入同步运行状态。

同步电动机在降压启动过程中，当转子转速升高达到额定转速的 90%时，励磁装置应能自动给定子绕组投入 100%的额定电压，之后同步电动机在全压条件下完成启动过程并进入正常运行状态。

同步电动机在启动或者停机时，应能自动灭磁，避免同步电动机及其励磁装置遭遇感应过电压损害。

当电网电压波动降低到额定电压的 80%时，及时投入强励磁，保证同步电动机能够稳定运行。

当电动机出现失步而在设定的时间没有恢复，装置首先实施整步，如果整步失败则发出报警信号，或作用于跳闸。

2.1.2 励磁装置的工作原理

(1)灭磁电路

同步电动机启动时励磁绕组既不能开路，也不能短路。开路将使励磁绕组感应过电压，从而破坏其绝缘，短路将使励磁绕组流过较大的电流。为了避免励磁绕组在启动时遭受较高电压或较大电流的侵害，应在启动时使励磁绕组串联适当阻值的灭磁电阻并形成闭合回路，这个闭合回路可使励磁绕组感应的电压不至于过高，流过的电流不至于过大。同步电动机投入励磁后，灭磁电阻自动退出，为了实现这一电路效果，在励磁回路中加入了灭磁环节。具体电路见图 16。

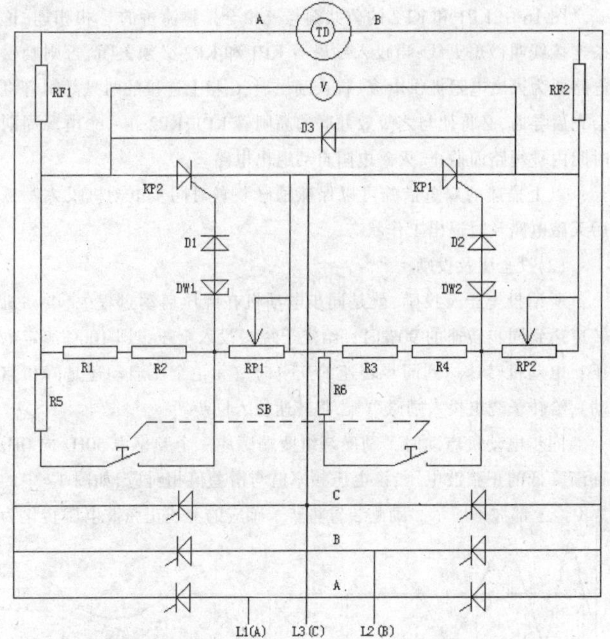

图 16 同步电动机励磁装置的灭磁电路

图中 V 是励磁电压表，KP1 和 KP2 是灭磁晶闸管。同步电动机通电启动后至投入励磁前的这段时间内，励磁装置不向三相全控桥上的晶闸管(图16下部的6只晶闸管)发送触发信号，三相全控桥的晶闸管处于阻断状态，无直流电输出。同步电动机启动时，转子励磁绕组感应交变电压，当该感应电压在励磁绕组B端为正(见图16)的半个周期时，二极管D3导通，感应电压经RF2、D3、RF1形成回路，由于放电电阻RF1和RF2阻值较小，所以感应电压经该回路放电后已经很小。同样由于放电电阻RF1和RF2的存在，励磁绕组中的电流被限制在较安全的数值范围以内。当感应电压在励磁绕组A端为正(见图16)的半个周期时，二极管D3截止。该半个周期刚开始时感应电压幅值较小，达不到晶闸管KP1和KP2的导通电压，感应电流通过电阻RF1、R1、R2、电位器RP1和电阻R3、R4、电位器RP2、电阻RF2等元件形成回路，由于该回路电阻值较大，是转子励磁绕组直流电阻的数千倍，所以相当于在开路状态起动，感应电压急剧上升，当感应电压达到一定值后，稳压管DW1和DW2击穿导通(击穿DW1的是电位器RP1上的电压降，之后经二极管D1向晶闸管KP2提供触发电流，晶闸管KP2随之导通；稳压管DW2击穿与晶闸管KP1导通的机理与此类似)，晶闸管KP2与KP1导通，励磁绕组的感应电压经过晶闸管KP2和KP1，与放电电阻RF1和RF2构成一个阻值较小的放电回路放电，直到这半个周期结束时，晶闸管KP1和KP2由于电压过零而自行关断。

调整电位器RP1和RP2的阻值，实际上调整的就是励磁绕组感应电压达到多大数值时让晶闸管KP2和KP1导通。注意调整应使两只晶闸管尽可能同步导通。

图16中的按钮SB可用来检测灭磁电路正常与否。检测时，使励磁装置处在调试状态，励磁电压、励磁电流均应为设定值，这时操作按钮SB使其触点闭合，电阻R5与R1、R2并联，R6与R3、R4并联，由于R5和R6阻值较小，这就相对增加了电位器RP1和RP2上的电压降，灭磁晶闸管更容易导通。所以此时励磁电压表指示回零；松开按钮使之复位后，电压表恢复正常值。

同步电动机在启动过程中，转子励磁绕组经灭磁后的电压波形幅度已经大幅度减小，并被限制在安全数值范围内。

稳压管DW1、DW2对晶闸管KP2和KP1起开关控制的作用，投入励磁后，直流励磁电压在电位器RP1、RP2上的压降低于稳压管DW1、DW2的击穿电压，稳压管不能导通，晶闸管KP2和KP1处于关闭状态。

图16中KP1和KP2的公共端与三相全控整流桥的C相相连，这条连接线叫做熄灭线，当投入励磁后KP1和KP2必须关闭，否则励磁电路要为灭磁电阻提供电流。投入励磁后，C相上连接的两只晶闸管将会先后导通，必将使与之等效并联的晶闸管KP1、KP2在一个电源周期时间内被短路而截止，灭磁电阻自动退出电路。

以上描述的双重措施可以保证励磁装置对同步电动机投入励磁后灭磁电路及时退出工作状态。

(2)投全压及投励

所谓投全压及投励，就是同步电动机在降压启动过程中，电动机转速达到同步转速的90%时，给定子绕组投入全压，即100%额定电压；电动机转速达到同步转速的95%时(无论全压启动还是降压启动)，给转子绕组投入励磁电流，将转速拉入同步。

同步电动机启动时，励磁绕组两端感应一个频率由50Hz向0Hz逐渐降低的正弦波电压，该电压频率值与滑差值相对应，如图17中的上部波形所示。励磁装置将转子感应的上述正弦波电压转化为方波信号(如图17中的下部波形所示)送给相关控制电路，控制电路检测方波信号的脉宽，并由此判断脉宽对应的频率以及同步电动机的转速，当转速达到预设的投全压值时(转速达到同步转速的90%时)，相应继电器触点动作，控制投入全电压；当转速达到预设的投励值(转速达到同步转速的95%时)且在方波上升沿时(确保顺极性投励)，开始向三相全控桥发送触发脉冲信号，三相全控整流桥开始有整流输出电压，向励磁绕组投入励磁电流。

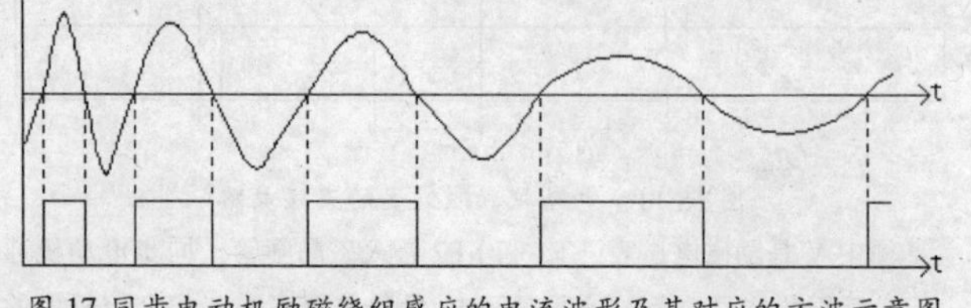

图17 同步电动机励磁绕组感应的电流波形及其对应的方波示意图

当按滑差投全压及投励在设定的时间内无法完成，控制电路将会发出强制投全压及投励的信号，称作定时投全压与投励。一般设定投全压的时间为3s，定时投励的时间为5s。

(3)触发电路

触发电路通过调整加到晶闸管上的触发信号的移相角来控制晶闸管的导通程度，亦即控制三相全控桥的整流输出电压，达到调节励磁电压和励磁电流的目的。

下列情况之一的条件出现时，触发信号的移相角应该而且必须改变。触发电路根据这些控制信息，迅速及时准确控制晶闸管的导通角，保证同步电动机持续稳定地运行：

用电位器或其他适当方式调整给定的励磁电压和励磁电流时；

同步电动机在启动过程中转速达到额定转速的95%投励时；

同步电动机定子绕组和励磁装置电源电压波动，通过相关控制电路稳定励磁时；

同步电动机定子绕组和励磁装置电源电压降低到额定电压80%启动强励时；

同步电动机整步过程中。

(4)励磁电流的给定、稳定调节及强励

励磁电流的给定功能是调节控制励磁电压的高低和励磁电流的大小。所谓给定，是指根据同步电动机的运行需求，预先设定一个适当的励磁电流值；所谓稳定调节，是根据电源电压的高低，利用负反馈电路控制与调节励磁电流的大小，使之尽可能接近或等于给定的励磁电流；强励功能是电源电压下降到额定电压的80%时，自动强制提高励磁电压和励磁电流的一种技术措施，可以保证同步电动机在电压降低时能够稳定的持续运行。

给定电路是一个电压非常稳定的直流电源，该电源的交流输入电压相对较高，经过桥式整流和电容器滤波后的电压幅值相应也较高，之后用一个雪崩电压较低的稳压二极管削波稳压后，得到电压幅值较小但几乎没有任何纹波的稳定直流电压。用一个电位器对这个稳定电压调整分压，取得给定电压，用来调整励磁电流。选用这样的直流电源，就是为了让给定电压信号非常稳定，从而保证励磁电流的稳定。为了分析方便，我们将这个电压称作U1。

稳定调节采用负反馈调节的原理进行。负反馈调节的信号电压是随交流电源电压变化的一个直流电压，也用一个电位器对这个电压进行调整分压，获得一个随电源电压变化的负反馈信号电压。我们把这个电压称作U2。将上述电压U1和U2极性相反的串接起来取其差值U3，用电压U3调整触发电路的移相角，并最终控制三相全控整流桥中晶闸管的导通角，这就实现了对励磁电流的自动控制过程，并保持励磁电流的稳定。

强励电路则实时检测电源电压的变化，当检测到电源电压降低到额定电压80%或以下时，相关电路让一个机械触点由断开变为闭合，或者输出一个类似功能的电子信号。这种电路状态的变化通过后续电路抬高上述励磁控制电压U3的幅值，使励磁装置输出的励磁电压、励磁电流达到未强励时励磁电压、励磁电流的某一倍数，实现强励。如果强励达到一定时限，例如5秒钟，或者10秒钟，交流电源电压仍不回升，励磁装置将退出强励状态。

(5)失步保护电路

同步电动机在运行中可能会由于某种原因出现脱离同步的现象，同步电动机的这种运行状态称为失步。同步电动机失步将引起严重的电流、电压、功率及转速的振荡，对电网和电动机产生很大的冲击。同步电动机的失步原因很多，主要有以下三种：一是电网电压由于某种原因，如附近其他较大负载的投入等，引起电网电压暂时跌落，而导致同步电动机失步，叫作带励失步。二是励磁装置本身故障致使失去励磁引起的失磁失步。三是电网高压侧发生跳闸保护动作之后又重合闸，从而导致同步电动机失步，即断电失步。

当主控单元检测并确定电机失步后，立即封锁投励信号，使电机进入异步驱动状态，然后电机转速将上升，待进入临界滑差后，装置自动控制励磁系统，按准确强励对电机实施整步，使电机恢复到同步状态。如整步失败，仍存在失步信号，装置发出跳闸信号动作于跳闸回路。

2.1.3　同步电动机常用启动方法

(1)异步启动法

同步电动机在转子磁极上装有启动绕组，当同步电动机定子绕组通入电源时，由于启动绕组的作用，转子产生转矩，电动机旋转起来(与异步电动机类似)。当同步电动机加速到亚同步转速，在转子的励磁绕组中通入励磁电流，依靠同步电机定、转子磁场的吸引力而产生电磁转矩，把转子牵入同步。

同步电动机在异步启动时，可以在额定电压下起动，即全压起动；也可以降压(例如采用串联电抗器等方法)启动。对于启动次数少或容量不大的同步电动机，可以全压启动，如图18所示是一台10kV同步电动机直接启动的电路示意图。但全压启动电流较大，一般为额定电流的6–7倍或更大，对电网和同步电动机的冲击都很大，因此对于电动机容量较大或电网容量相对较小的场合，应采用降压启动。图19是同步电动机降压启动电路的示意图。同步电动机降压启动时，隔离开关QS和断路器QF1先期合闸，电动机经电抗器L降压起动，适当延时后断路器QF2合闸，将电抗器L短路，电动机进入全压运行状态。

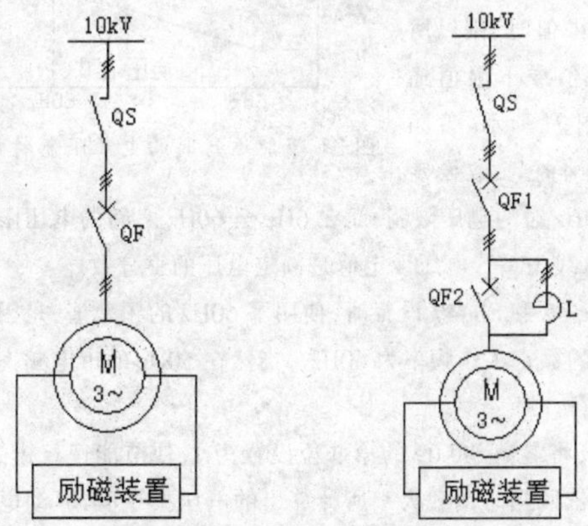

图18 同步电动机直接启动示意图　图19 同步电动机降压启动示意图

(2)变频启动法

变频启动近几年也得到广泛的应用，启动时，先在转子绕组中通入直流励磁电流，利用变频器逐步升高加在定子上的电源频率f，使转子磁极在开始启动时就与旋转磁场建立起稳定的磁场吸引力而同步旋转，在启动过程中频率与转速同步增加，定子频率达到额定值后，转子的旋转速度也达到额定的转速，启动完成。

(3)辅助电动机启动法

用一台辅助电动机拖动同步电动机的转子使其转速达到与定子旋转磁场相等的速率，然后给励磁绕组提供励磁电流，并适时接通同步电动机定子的电源，电动机可以进入同步运行状态。当然之后辅助电动机应脱离同步电动机退出运行。这种启动方法称作辅助电动机启动法。

辅助电动机启动法使用三个电源：辅助电动机驱动电源，同步电动机定子绕组驱动电源，以及同步电动机励磁绕组的励磁电源。按照以上描述的启动程序，启动辅助电动机并给同步电动机励磁绕组接通励磁电流后，同步电动机进入发电机运行状态，定子绕组的接线端子处连接的电压表指示发电电压的高低，当这个电压与同步电动机定子绕组驱动电源额定电压相等时，接通同步电动机定子绕组电源，电动机进入同步运行状态，这时将辅助电动机切除，完成同步电动机的启动过程。

由于这种启动方式比较麻烦，所以使用相对较少。

2.1.4　同步电动机全压启动的二次控制电路

图20是6kV同步电动机全压启动、二次电路采用WGB-151N型微机综合保护装置时的电气原理图。由于微机综保装置保护功能完善，价格不断下降，所以已呈普及之势，逐渐取代传统的过电流继电器、过电压继电器、欠电压继电器等各种分立式保护控制元件。

同步电动机的全电压异步启动的一次电路图可参见图18。这里介绍同步电动机定子绕组配套WGB-151N型微机综合保护装置时的二次控制电路。

启动控制的二次回路选用DC220V电源，电源的正端标注KM+，负端标注KM-，经控制开关1SA后给二次电路供电。DC220V的KM电源经熔断器3FU、4FU接至综保装置的㉘脚和㉚脚，是装置的系统工作电源；经熔断器1FU、2FU接至综保装置的㊴脚和㊹脚，是装置内部的控制输出电源，容量较大，有时要驱动装置外部的合闸线圈、分闸线圈等元件。

同步电动机启动时，先将励磁装置送上电源，并设置好适当的励磁电流值，然后按如下操作程序给电动机定子绕组送电。合上图20中的控制开关1SA，绿灯HG点亮，指示断路器为分闸状态，之后按下储能按钮1SB，电动机M1使断路器操作机构内的储能弹簧拉伸储能，所储能量是断路器合闸的能源。待储能结束，机构内的辅助常开触点S-2接通，黄灯HY点亮，指示弹簧已储能，这时松开按钮1SB。储能过程大约持续十几秒钟。辅助常闭触点S-3在储能结束后断开，保证储能结

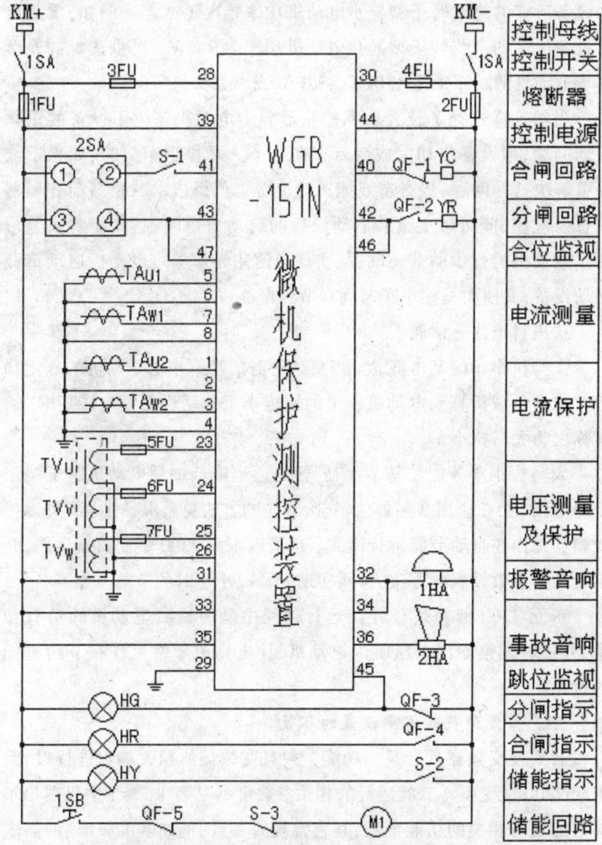

图20 同步电动机配套微机保护侧控装置时的二次电路

束后电动机M1立即断电；断路器辅助常闭触点QF-5保证只有断路器在分闸位置才允许储能。万能开关2SA是分合闸指令开关。将其旋转到合闸位置时，触点1、2接通，经S-1(储能后已闭合)使综保的㊶脚带电，再经内部逻辑控制电路使㊵脚带电。QF-1是断路器的辅助常闭触点，断路器分闸时呈闭合状态，所以此时断路器的合闸线圈YC得电动作，使储能弹簧的能量释放，驱动断路器合闸，同时，1、QF-2闭合，为分闸线圈YR动作作好准备；2、QF-3断开，绿灯HG熄灭；3、QF-4闭合，红灯HR点亮，指示断路器已合闸；4、储能弹簧能量释放，储能机构辅助触点S-2断开，黄灯HY熄灭；5、储能机构辅助触点S-1断开、断路器辅助触点QF-1断开，使重复发出的合闸指令为无效空操作，不向综保发送错误指令。

断路器合闸后，由图18可见，高压电动机M开始全压异步启动，由于励磁装置已经投入工作，所以它始终监视同步电动机的转速，当转速达到同步转速95%时，励磁装置自动给励磁绕组投入励磁电流，电动机被引入同步运行状态。完成启动过程。

分闸时，将万能开关2SA旋转到分闸位置，其触点3、4接通，综保的㊸脚带电，经内部逻辑控制电路使42脚带电。QF-2是断路器的辅助常开触点，断路器合闸时呈闭合状态，所以此时断路器的分闸线圈YR得电动作，断路器QF分闸，高压电动机M断电停止运行。电动机运行中出现过电流、短路、电源过电压、欠电压等异常情况，通过综保内部运算和逻辑处理，使内部保护继电器动作，其触点将综保的㊴脚(接KM+)和㊼脚接通，由于㊼脚和㊸脚相连，所以，其后的动作与手动分闸相同，高压电动机断电得到保护。

同步电动机的电流测量、电压测量、事故报警、跳位监视等功能均可由综保装置控制实现，这里不再赘述。

3. 用三相笼形异步电动机驱动重载启动设备

在一些技术改造和设备更新的工程项目中，可能会有闲置的三相笼形异步电动机。如果某重载启动设备所需的电动机功率与闲置电动机功率相近，则可考虑选用。原则是，闲置电动机的功率需大于重载启动设备所需的绕线转子型异步电动机功率档次1~2档。例如，重载启动设备所需的绕线转子型异步电动机功率为90kW，可供选择的笼形异步电动机的功率须为110kW、132kW或再大些。

当然这样选择了较大功率的笼形异步电动机解决了设备的重载启动问题，但设备启动完成后就存在一个大马拉小车问题，如果不能妥善解决这一问题，势必造成能源的浪费。值得庆幸的是当前变频器的普及应用，既可解决重载启动设备的启动力矩问题，又能解决笼形异步电动机运行中的节能问题，实现了使用笼形异步电动机启动重载启动设备，又使大马拉小车时同样节约电能。

这里讨论这一话题。

大马拉小车的基本概念。当负载所需的功率小于电动机的额定功率，或者负载折算到电动机轴上的转矩小于电动机的额定转矩时，通常称之为大马拉小车。

大马拉小车节能的基本途径，便是适当降低加到电动机定子绕组上的电压。而在应用变频器的场合，节能的方法更是灵活多样。可以使变频器工作在自动节能运行模式。这里以东元7300型变频器为例，介绍变频器参数设置的方法，从而实现大马拉小车时的节约电能。

东元7300型变频器可在运行过程中随时检测电动机的负载功率，并适时调整输出电压供给电动机，让电动机始终工作在节约电能的状态。

3.1 节能运行时需要设置的参数

若要使变频器具有某一功能，须对变频器的相关参数进行设置。东元7300型变频器节能运行的相关参数可参见表1。表1中仅列出了与节能运行相关的功能参数，其它常规的参数，例如基准频率、最高电压、加速时间、减速时间等，仍然是需要设置的。这里讨论的是与节能运行直接相关的参数，其它参数可参阅变频器说明书进行设置。

表1 东元7300型变频器节能运行时需要设置的参数

功能	参数码	名称及说明	最小设定单位	设定范围	出厂值
运转模式选择6	Sn-09	X0XX：节能功能无效 X1XX：节能功能有效	—	—	0000
节能模式电压限制	Sn-45	节能电压上限(60Hz)	1%	0~120%	120%
	Sn-46	节能电压上限(6Hz)	1%	0~25%	16%
	Sn-47	节能电压下限(60Hz)	1%	0~100%	50%
	Sn-48	节能电压下限(6Hz)	1%	0~25%	12%

若欲修改表1中的参数，须先将参数Sn-03设定为1010。表1中需要修改的参数全部修改完毕后，再将参数Sn-03设定为0000。将参数Sn-03设定为1010是为了释放参数修改权，即允许修改参数；将参数Sn-03设定为0000，是为了关闭参数修改的功能，防止无意中随意修改参数。

3.2 节能运行参数的设置

(1)参数Sn-09的设置

参数Sn-09的名称是“运转模式选择6”。该参数的出厂值是0000，将参数Sn-09的第3位设置为1，即可使节能运行模式有效。所谓第3位，是从个位向左数第3位，即数学上的百位数。

(2)参数Sn-45~Sn-48的设置

这是变频器节能模式电压限制参数组中的参数，用来设定输出电压的上限值和下限值之用。在节电运行功能有效时(Sn-09=X1XX时，即参数设定值的第3位为1时)，当变频器依照当时负载大小所计算出的电压指令值超过上限或下限值时，则以所设定的上限值或下限值输出电压。如图21所示。变频器在这里用4个参数设定了6Hz和60Hz时的电压限制，而在6Hz至60Hz之间的电压限制值为图21中的直线关系。电压设定值是额定电压的百分数。

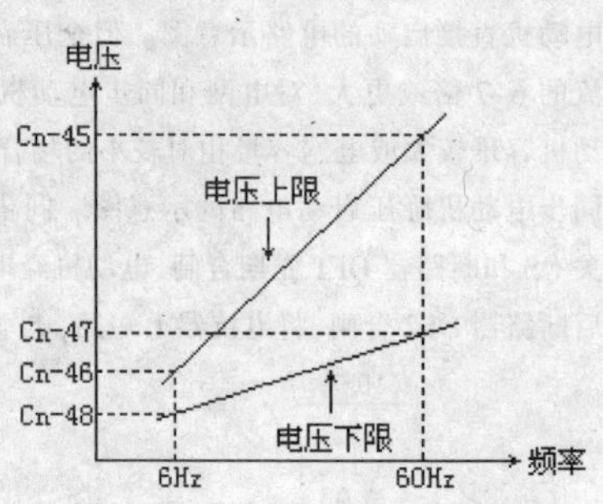

图21 节能运行时的电压限制特性曲线

参数Sn-45和Sn-47设置时，使用了60Hz的频率值，是因为该品牌的变频器的额定工作频率为60Hz，当然在50Hz的市电频率下完全可以正常运行。

实际上，将参数Sn-09的第3位设置为1，使节能运行模式有效，变频器即可依照当时负载大小所计算出的电压指令值，驱动电动机进入节能运行模式。这里使用了参数Sn-45~Sn-49这一组参数，是为了保证节能运行的正常运作。参数上限值的设定是为了防止在低频时，电动机发生过激磁；而下限值之设定，则是为了防止轻载时失速。

表1中参数Sn-45~Sn-49的出厂设定值，已经是东元变频器配套东元系列匹配电动机(所谓匹配，是指变频器与电动机的功率匹配相等)时的优化设定值，如果应用现场选用其它型号系列的电动机，则须对这些参数进行适当调整。

3.3 笼形异步电动机驱动重载启动设备的可行性

用闲置的稍大功率的笼形异步电动机驱动重载启动设备，无疑是可行的。由于选用的电动机功率稍大，可以解决重载启动设备的启动问题，启动完成后，使用变频器的节能运行模式，既可对机械设备调频调速，又解决了大马拉小车的能源浪费问题。由于闲置的电动机得到了重新利用，因此，一定会获得较好的社会经济效益。

电工操作证考前学习题库

杨电功 崔靖 张志强

根据《中华人民共和国安全生产法》的规定,电工作业人员上岗应该持有特种作业操作证。该证是由应急管理部(厅、局)对作为特种作业人员的电工进行培训、理论考试、实操考核,向考试考核及格者发放的证明载体。持有操作证的电工才是合法的上岗人员。电工作业有多个工种,即高压电工、低压电工和防爆电气等。所谓电工作业,是指对电气设备进行运行、维护、安装、检修、改造、施工、调试等作业。操作证的理论考试为百分制,80分及以上为及格。操作证的有效期为6年,其中从操作证上记载的发证之日算起,满三年时需进行一次复审。复审须在满三年之前完成复审培训和考试,未按时参加复审的,操作证即行失效。初次申领操作证称作初训,初审领证满三年时的复审称作复训。复训时仅进行理论考试,无须进行实操考核。操作证因未按时复审失效后,若欲重新申领操作证,须按初训程序办理。

为了帮助电气作业人员顺利考取操作证,这里提供低压电工和高压电工操作证的理论复习题库供参考。题后附有答案。学习时应首先根据题意自行做出判断,因为只有理解了的知识才能轻松地记住答案。暂时不能理解的问题,可在百度上,或相关技术资料上寻找答案的理论依据,力求搞懂。

电气作业人员在考取操作证过程中若有考试题目上的问题,或者报名程序上的问题,均可发送电子邮件至dzbzsdz@163.com,将给以免费帮助或指导。

1　高压电工操作证复习题库

1.1　安全用电与触电急救部分

1.1.1　单项选择题

1)高压电器发生火灾,在切断电源时,应选择操作__B__来切断电源,再选择灭火器材灭火。

A.隔离开关

B.火灾发生区域的断路器

C.隔离开关和火灾发生区域的断路器

2)接地装置是防雷装置的重要组成部分,作用是__B__,限制防雷装置的对地电压,使之不致过高。

A.削弱雷电能量　B.泄放雷电电流　C.切断雷电电流

3)我国标准规定的安全电压额定值等级为__C__。

A.48V,36V,24V,12V,6V

B.50V,42V,36V,24V,12V

C.42V,36V,24V,12V,6V

4)电气火灾突发在高空设备或设施上时,人体与带电体之间的仰角不应超过__B__。

A.30°　B.45°　C.60°

5)在触电后可能导致严重事故的场所,应选用动作电流__A__mA的快速性RCD(漏电保护器)。

A.6　B.10　C.15　D.30

6)为防止高压输电线路被雷击中,一般要用__C__。

A.接闪杆　B.避雷器　C.接闪线

7)钢丝钳带电剪切导线时,不得同时剪切__A__的两根线,以免发生短路事故。

A.不同电位　B.不同颜色　C.不同大小

8)__A__移动式电气设备在外壳上没有接地端子,但在内部有接地端子,自设备内引出带有保护插头的电源线。

A.Ⅰ类　B.Ⅱ类　C.Ⅲ类

9)移动式电气设备的电源线应采用__C__类型的软电缆。

A.塑胶绝缘　B.带有屏蔽层　C.橡皮绝缘

10)当人体发生触电时,通过人体电流越大就越危险,通常将__B__电流作为发生触电事故的危险电流界限。

A.感知　B.摆脱　C.室颤

11)携带型接地线是将欲检修的设备或线路做临时性的__B__的一种安全用具,所以也称之为临时接地线。

A.接零保护　B.短路接地　C.接地保护

12)挂接地线的作用是防止发生意外的突然来电及__A__。

A.防止邻近高压线路的感应电　B.防止误操作导致反送电

C.安全警告

13)安全标志是提示人们识别、警惕__A__因素,对防止人们偶然触及或过分接近带电体而触电具有重要作用。

A.危险　B.安全　C.危害

14)对于用电设备的电气部分,按设备的具体情况常备有电气箱、控制柜、或装于设备的壁龛内作为__C__。

A.防护装置　B.接地保护　C.屏护装置

15)绝缘物在强电等因素作用下,完全失去绝缘性能的现象称为__C__。

A.绝缘老化　B.绝缘破坏　C.绝缘击穿

16)燃烧与__B__爆炸原理相同。

A.物理　B.化学　C.核

17)在生产工艺过程中,静电时有出现,它可能给人以电击,还可__B__。

A.使电器开关跳闸　B.使产品质量下降　C.使人昏昏欲睡,工作效率降低

18)装设避雷针、避雷线、避雷网、避雷带都是防护__C__的重要措施。

A.雷电波侵入　B.二次放电　C.直击雷

19)基本安全用具包括绝缘棒(拉杆)及__A__。

A.绝缘夹钳　B.绝缘隔板　C.绝缘垫

20)防雷装置的引下线一般采用圆钢或扁钢,如用钢绞线,其截面积不应小于__A__mm^2。

A.25　B.35　C.50

1.1.2　多项选择题

21)下列属于防止间接触电的安全措施是__ABC__。

A.保护接地　B.特低电压供电　C.重复接地　D.绝缘

22)电气防火防爆是一个综合的措施,在实施过程中的措施有__ABCD__。

A.消除或减少爆炸性混合物　B.消除引燃源

C.隔离和间距　D.爆炸危险环境金属件接地、接零

23)新入厂的工作人员,要接收厂、车间等各级的岗前培训,对于要求独立工作的电气工作人员要学会和懂得__ACD__。

A.电气设备安装、维护　B.设备管理　C.带电灭火方法　D.触电急救

24)在狭窄场所(例如金属容器内等)使用电器设备时,必须将__ABD__放在外面,同时应有人在外监护。

A.Ⅲ类工具的隔离变压器 B.Ⅱ类工具的漏电保护器

C.Ⅰ类工具的电源开关 D.Ⅱ、Ⅲ类工具的控制箱等

25)常用的避雷器主要有__ABCD__。

A.管型避雷器 B.阀型避雷器 C.氧化锌避雷器 D.间隙避雷器

26)在电气工程中,一般防护安全用具有携带型接地线及__BCD__。

A.安全帽 B.临时遮拦 C.标志牌 D.防护眼镜

27)为了防止直接接触触电,保护人身安全,一般采取装设漏电保护器和__ABC__等保护措施。

A.绝缘 B.屏护 C.间距 D.接地和接零

解读:直接接触触电是人体的某一部位接触到正常情况下就带电的线路或设备引起的触电;而间接接触触电是人体的某一部位接触到正常情况下不带电,出现故障时才带电的线路或设备(例如电动机的外壳)引起的触电。

28)在有触电危险的处所,或容易产生误判断、误操作的地方,以及存在不安全因素的现场,应设置醒目的文字或图形标志,提醒人们__BC__危险因素。

A.注意 B.识别 C.警惕 D.警告

29)在狭窄场所(例如金属容器内等)使用Ⅱ类工具时,必须装设__BC__的漏电保护器。

A.动作电流30mA以下 B.动作电流15mA以下

C.动作时间0.1s以内 D.动作时间0.5s以内

30)人遭到电击,就是指有电流通过人体,其对人体伤害的严重程度与通过的__ABCD__有关。

A.电流种类 B.电流持续时间 C.电流大小 D.电流通过人体的路径

31)当10/35kV高压电力系统发生火灾时,如果电源无法切断,必须带电灭火,可选用的灭火器或灭火安全措施是__AD__。

A.干粉灭火器 B.二氧化碳灭火器 C.泡沫灭火器

D.雾化水枪,戴绝缘手套,穿绝缘靴,水枪头接地

32)常用的气体绝缘材料有__ABCD__等。

A.氮气 B.空气 C.氢气 D.六氟化硫

33)屏护的作用是__ABD__。

A.防止人员接触带电体

B.作为检修部位与带电体的距离小于安全距离时的隔离措施

C.外形美观,便于维护管理

D.保护电气设备不受损伤

1.1.3判断题(认为以下说法正确时,在题后的括号内打✓号,否则打×号)

34)绝缘鞋可作为防护跨步电压的基本安全用具。(✓)

35)检查触电者是否有心跳的方法是将手放在触电者的心脏位置。(×)

36)漏电保护器对两相触电不能起保护作用,对相间短路也起不到保护作用。(✓)

37)胸外挤压的节奏为每分钟100次左右。(✓)

38)为了防止直接接触触电可采用双重绝缘、屏护、隔离等技术措施以保障安全。(✓)

39)保护接地的目的是为了防止人直接接触触电,保护人身安全。(×)

40)雷电的机械效应破坏力强大,可使电力设施毁坏,使巨大的建筑物倒塌,造成电力中断,家毁人亡等。(✓)

41)绝缘安全用具分为基本安全用具和辅助安全用具。(✓)

42)临时接地线的连接要使用专用的线夹固定,其接地端通常采用绑扎连接,各连接点必须要牢固。(×)

43)据统计数据显示,触电事故的发生有一定的规律性,其中在专业电工中,低压触电高于高压触电,农村触电事故高于城镇。(×)

解读:在专业电工中,高压触电比低压触电事故多,农村触电事故高于城镇。

44)人体触电时,通过人体电流的大小和通电时间的长短,是电击事故严重程度的基本决定因素,当通电电流与通电时间的乘积达到30mAs时即可致死。(×)

解读:通电电流与通电时间的乘积达到50mAs时可致人死亡。

45)所谓绝缘防护,是指用绝缘材料把带电体封闭或隔离起来,借以隔离带电体或不同电位的导体,使电气设备及线路能正常工作,防止人身触电。(✓)

46)跨步电压触电使人体遭受电击的一种,其规律是离接地点越近,跨步电压越高,危险性越大。(✓)

47)为防止跨步电压伤人,防直击雷接地装置距建筑物出入口和人行道边的距离不应小于3米,距电气设备装置要求在5米以上。(✓)

48)接地线的颜色是黄绿双色线。(✓)

49)静电电压较低,不会直接置人于死地。(×)

解读:静电电压较高,但由于其能量较小,所以一般不会直接置人于死地。

50)静电电压可达到很高,有时可达数万伏,但静电能量较小,一般不会使人遭电击死亡。(✓)

1.2 电力变压器部分

1.2.1 单项选择题

1)变压器绕组电压高的一侧,电流__A__。

A.小 B.大 C.高、低压侧电流相同

2)在巡视变压器时,上层油温不宜超过__B__℃。

A.75 B.85 C.95 D.105

3)柱上变压器底部距地面高度不应小于__D__米,其围栏高度不应低于1.7米。

A.1.0 B.1.5 C.2.0 D.2.5

4)__D__的作用是当变压器内部发生放电等严重故障,内部压力剧增时,安全阀被冲破,泄去变压器内部压力,防止变压器变形或爆炸。

A.储油柜 B.呼吸器 C.气体继电器 D.防爆管

5)__C__的作用是当变压器内部发生故障时给出信号或切断电源。

A.储油柜 B.呼吸器 C.气体继电器 D.防爆管

6)对于室外柱上变压器,每月巡视检查__A__次,在天气恶劣或变压器负荷变化剧烈、或变压器运行异常、或线路发生故障后,应增加特殊巡视。

A.1 B.2 C.3 D.4

7)__A__的作用是给油的热胀冷缩留有缓冲余地,保持油箱始终充满油,同时,减少了油和空气的接触面积,可以减缓油的氧化。

A.储油柜 B.呼吸器 C.气体继电器 D.防爆管

8)单台容量__D__kVA以上的变压器一般要求安装气体继电器。

A.100 B.200 C.300 D.400

9)变压器的铁芯一般用__A__mm的硅钢片叠压或卷绕而成。

A.0.35~0.5 B.0.45~0.6 C.0.55~0.7 D.0.65~0.8

10)__B__的作用是使油箱内、外压力保持一致,并缓减油箱内变压器油的氧化和受潮,延长其使用寿命。

A.储油柜 B.呼吸器 C.气体继电器 D.防爆管

11)变压器采用星形接线方式时,绕组的线电压__B__其相电压。

A.等于 B.大于 C.小于

12)变压器的分接开关装于__A__。

A.一次侧 B.二次侧 C.任意一侧

13）降压配电变压器的输出电压要高于用电设备的额定电压，目的是__C__。

A.补偿功率因数 B.减小导线截面积 C.补偿线路电压损失

14)10kV/0.4kV变压器的高压侧额定电流可按kVA容量的__B__进行估算。

A.20% B.6% C.1% D.8%

解读：一台100kVA的10kV/0.4kV变压器，其高压侧额定电流约为6A。

15)10kV/0.4kV配电变压器一、二次绕组的匝数比K等于__C__。

A.10 B.20 C.25 D.30

16)10kV/0.4kV配电变压器正常运行时，若负荷电流为100A，则变压器高压侧的电流应为__A__A。

A.4 B.5 C.6 D.10

17)纯净的变压器油具有优良的__B__性能。

A.导热 B.冷却 C.导电 D.绝缘

18)变压器型号中的第一个字母S表示__B__变压器。

A.单相 B.三相 C.三绕组 D.自耦

19)改变变压器分接开关的位置时，应来回多操作几次，目的是保证__B__。

A.下次操作灵活 B.分接开关接触良好 C.不会出现错误操作

20)并列运行的变压器，若短路电压不相等，则__B__。

A.变压器在空载时有环流 B.变压器负载分配不合理

C.变压器运行损耗大

21)变压器运行中着火应__A__。

A.切断电源开动灭火装置

B.不切断电源，用二氧化碳或干粉灭火器灭火

C.带电状态下用水灭火

22)10kV变压器停电检修时应先断开__C__。

A.高压侧开关 B.低压侧总开关 C.低压侧各分路开关

23)用于电压互感器高压侧的高压熔断器其额定熔断电流一般为__A__A。

A.0.5 B.2 C.5 D.大于线路额定电流

24)运行中的电压互感器相当于一个__A__变压器。

A.空载运行 B.短路运行 C.带负荷运行

25)电流互感器的一次电流由__C__决定。

A.一次电压 B.二次电流 C.线路负荷电流

26)配电变压器的高压侧一般都选择__B__作为防雷用保护装置。

A.跌落式熔断器 B.避雷器 C.跌落式熔断器和避雷器

1.2.2 多项选择题

27)配电变压器根据绕组数目可分为__ABCD__。

A.单绕组自耦调压器 B.双绕组变压器

C.三绕组变压器 D.多绕组变压器

28)配电变压器按用途可以分为__AB__。

A.升压变压器 B.降压变压器 C.调压变压器 D.节能变压器

29)电力变压器按冷却方式可分为__ABCD__等。

A.油浸自冷式变压器 B.干式空气自冷变压器

C.干式绝缘浇注变压器 D.油浸风冷式变压器

30)变压器的油枕有__ABC__的作用。

A.储油 B.补油 C.缓冲油气压力 D.冷却

31)电力变压器的调压方式有__AB__。

A.无载调压变压器 B.有载调压变压器

32)110kV及以上电压的油浸式变压器应设置有__ABCD__等保护。

A.失压 B.低压过流 C.瓦斯 D.电流差动

33)10kV三相五柱式电压互感器可以__ABCD__等。

A.测量相电压 B.测量线电压 C.用于计量电能 D.实现接地报警

34)出现__BCD__情况时，变压器应立即退出运行进行检修试验。

A.渗油 B.漏油 C.油位低于下限 D.绝缘套管有明显放电

1.2.3 判断题(认为以下说法正确时，在题后的括号内打✓号，否则打×号)

35)变压器油的主要作用是冷却和绝缘。 (✓)

36)变压器分接开关的作用是改变变压器二次绕组抽头，借以改变变压比，调整一次电压的专用开关。 (×)

37)阀型避雷器应垂直安装，电气连接必须良好、可靠。瓷管应无损坏、保持清洁、密封良好。 (✓)

38)变压器室必须是耐火建筑。 (✓)

39)变压器防雷保护用的避雷器多采用阀型避雷器和氧化锌避雷器。 (✓)

40)电力变压器是指电力系统一次回路中输、配、供电用的变压器。 (✓)

1.3 高压配电装置部分

1.3.1 单项选择题

1)箱式变电站的设备运行不受自然气候及外界污染影响，可保证在__C__℃的恶劣环境下正常运行。

A.0~+40 B.-20~+40 C.-40~+40

2)断路器的跳合闸位置监视灯串联一个电阻的目的是__C__。

A.限制通过跳闸线圈的电流 B.补偿灯泡的额定电压

C.防止因灯座短路而造成断路器误动作

3)液压操作机构适用于__C__kV电压等级的断路器。

A.6~10 B.20~35 C.110~220

4）带有储能装置的操作机构在有危及人身和设备安全的紧急情况下，可采取紧急措施进行__A__。

A.分闸 B.合闸 C.储能

5)在操作隔离开关时，发生带负荷误合隔离开关时，已经发生弧光应__A__。

A.立刻返回，快速灭弧 B.宁错不返，一合到底 C.迅速停止，保持原状

6)弹簧操作机构的分闸弹簧是在断路器__B__时储能的。

A.操作 B.合闸 C.分闸

7)箱式变电站10kV配电装置不用断路器。常用__B__加熔断器和环网供电装置。

A.隔离开关 B.负荷开关 C.空气开关

8)电容器组允许在其__D__倍额定电流下长期运行。

A.1.0 B.1.1 C.1.2 D.1.3

9)断路器在合闸状态时其辅助常开触点__A__。

A.闭合 B.断开 C.不确定

10）箱式变电站的强迫通风措施以变压器内上层油温不超过__C__℃为动作整定值。

A.100 B.85 C.65

11)断路器的分闸回路串接其自身的__B__触点。

A.常闭 B.常开 C.辅助

12）可移动手车式高压开关柜断路器在合闸位置时__B__移动手车。

A.能 B.不能 C.可根据需要

13）可移动手车式高压开关柜断路器与手车之间有机械连锁装

置，只有断路器在__A__位置时才能移动手车。

A.分闸 B.合闸 C.任何

14)某断路器的型号用ZN开头，其中的Z表示__B__断路器。

A.直流 B.真空 C.六氟化硫

15)严禁带负荷操作隔离开关，因为隔离开关没有__B__。

A.快速操作机构 B.灭弧装置 C.装设保护装置

16) 跌开式高压熔断器在户外应安装在离地面垂直距离不小于__D__米处。

A.3 B.3.5 C.4.0 D.4.5

17)型号FN中的F表示__B__。

A.户内断路器 B.负荷开关 C.户内熔断器

18) 电磁操动机构是利用__B__产生的机械操作力矩使开关完成合闸的。

A.电动力 B.电磁功 C.弹簧力

1.3.2 多项选择题

19)高压开关柜内的移动式手车的定位位置有__ACD__。

A.检修位置 B.合闸位置 C.试验位置 D.工作位置

20)隔离开关操作机构分为__BD__等操作机构。

A.电磁 B.电动 C.弹簧 D. 手动

21)箱式变电站应有__AD__措施。

A.降温 B.保温 C.抗氧化 D.防凝露

22)真空断路器有__ABCD__等特点。

A.体积小，重量轻 B.动作速度快，开断能力很大

C.灭弧性能好，可进行频繁操作 D.无火灾和爆炸危险

23)六氟化硫断路器有__ABCD__等特点。

A.断口耐压高 B.灭弧能力强

C.占地面积小，抗污能力强 D.断路性能好

24)高压断路器按其合闸能量的形式不同来区分，有__BCD__等操作机构。

A.电动 B.电磁 C.弹簧 D.液压

1.3.3 判断题(认为以下说法正确时，在题后的括号内打✓号，否则打×号)

25)高压隔离开关分断时，有明显可见的断开点。 (✓)

26) 弹簧操作机构是利用弹簧瞬间释放的能量完成断路器合闸的。 (✓)

27)高压开关操作机构的机械指示牌是观察开关状态的重要结构件。 (✓)

28)电弧表面温度可达到3000~4000℃。 (✓)

29)可移动手车式高压开关柜在断路器手车未推到工作位置或拉到试验位置时断路器不能正常合闸。 (✓)

30)高压电容器正常运行时应发出嗡嗡响声。 (×)

31)隔离开关分闸时，先闭合接地刀闸，后断开主闸刀。 (×)

32)进行检修作业时，断路器和隔离开关分闸后，要及时断开其操作电源。 (✓)

33)与断路器串联的隔离开关，必须在断路器分闸状态时才能进行操作。 (✓)

34)断路器的合闸回路串接其自身的常闭触点。 (✓)

35)红灯亮表示断路器在合闸状态，同时可监视断路器分闸回路的完好性。 (✓)

36)带负荷操作隔离开关有可能造成弧光短路。 (✓)

37)负荷开关能够带负荷操作，断开时有明显的断开间隙，因此能起到隔离电源的作用。 (✓)

38)高压断路器也叫高压开关，用在高压装置中，通断负荷电流，并在严重过载和短路时自动跳闸，切断过载电流和短路电流。 (✓)

39)维修更换高压熔断器，必须停电进行，并配用安全用具，而且必须有人监护。 (✓)

40)断路器手车必须在试验位置时，才能插上或解除移动式断路器的二次插头。 (✓)

1.4 高压电力线路部分

1.4.1 单项选择题

1)我国电缆产品的型号由几个__A__和阿拉伯数字组成。

A.大写汉语拼音字母 B.小写汉语拼音字母 C.大写英文简写

2) 从降压变压器把电力送到配电变压器或将配电变压器的电力送到用电单位的线路都属于__C__线路。

A.架空 B.输电 C.配电

3)架空导线型号TJ-50的含义是__B__。

A.截面积50mm² 的铜绞线

B.标称截面积50mm² 的铜绞线

C.长度50米的铜绞线

4)35kV架空铜导线的最小允许截面积为__A__mm²。

A.35 B.25 C.16

5)配电线路的作用是__A__电能。

A.分配 B.输送 C.汇集

6)10kV及以下线路与35kV线路同杆架设时，导线间的垂直距离不得小于__B__米。

A.1 B.2 C.3

7)架空电力线路在同一档距内，各相导线的弧垂应力求一致，允许误差不应大于__C__米。

A.0.05 B.0.1 C.0.2

8)敷设电力电缆必须按照__B__，根据电缆在桥、支架上的排列顺序进行。

A.工作电压 B.电缆截面图 C.相序

9)3~10kV架空电力线路导线与建筑物的垂直距离在最大计算弧垂情况下不应小于__B__米。

A.2.5 B.3.0 C.4.0

10)居民区10kV架空铜导线的最小允许截面积应选__A__mm²。

A.35 B.25 C.16

1.4.2 多项选择题

11)电缆施工过程中应尽量避免与__AB__交叉施工。

A.动力电缆 B.控制电缆 C.三相电缆 D.单相电缆

12)电力线路按架设方式分为__AB__。

A.架空电力线路 B.电力电缆线路 C.高压电力线路 D.低压电力线路

13)架空电力线路导线选择条件有__ABC__。

A.满足发热长期条件 B.满足电压损失条件

C.满足机械强度条件 D.满足环境条件

14)一般一条电缆的规格除标明型号外，还应说明电缆的__ABCD__。

A.芯数 B.截面积 C.工作电压 D.长度

15)架空绝缘导线按绝缘材料可分为__ABC__。

A.聚乙烯绝缘线 B.交链聚乙烯绝缘线

C.聚氯乙烯绝缘线 D.加强绝缘线

16)下列__AB__工作后应对电缆核对相位。

A.重做终端头 B.重做中间头 C.新做中间头 D.耐压试验

17)下列属于架空电力线路维护工作主要内容的是__ABCD__。

A.清扫绝缘子 B.加固杆塔和拉线基础

C.导线、避雷线烧伤、断股检查及修复 D.混凝土电杆修补和加固

18)对架空电力线路边导线与建筑物的距离要求，下列说法正确的是__BCD__。

A.35kV线路不应小于4.0米

B.在最大风偏情况下,35kV线路不应小于4.0米

C.在最大风偏情况下,10kV线路不应小于1.5米

D.在最大风偏情况下,3kV以下线路不应小于1.0米

19)电力线路按功能分为__CD__。

A.电力线路 B.电缆线路 C.输电线路 D.配电线路

20)架空电力线路的构成主要包括__ABCD__等。

A.杆塔及其基础 B.导线 C.横担 D.防雷设施及其接地装置

1.4.3 判断题(认为以下说法正确时,在题后的括号内打✓号,否则打×号)

21)导线必须要有足够的机械强度,即导线的实际应力应小于导线的容许应力。 (✓)

22)电力电缆是按照电缆的电压等级来选择的。 (×)

23)输电线路是指架设在发电厂升压变压器与地区变电所之间的线路以及地区变电所之间用于输送电能的线路。 (✓)

24)在工期允许的情况下,应该首先敷设高压电力电缆,其次敷设低压动力电缆,最后再敷设控制电路和信号电流。 (✓)

25)电缆头的制作工艺要求高是其缺点之一。 (✓)

26)电力电缆由上至下依次为高压动力电缆、低压动力电缆、控制电路、信号电缆。 (✓)

27)检查架空线路导线接头有无过热,可通过观察导线有无变色现象来判断。 (✓)

28)高低压同杆架设,在低压线路上工作时,工作人员与上层高压带电导线的垂直距离不得小于0.7米。 (✓)

29)低压架空线路的线间距离在档距40米及以下时一般为0.3米。(✓)

30)电力电缆的结构相当于一个电容器,运行时无功输出很大。(✓)

1.5 继电保护与二次电路部分

1.5.1 单项选择题

1)2000kW以下的高压电动机,应采用__A__保护。

A.过流速断 B.纵联差动 C.过电压

2)电流继电器的文字符号是__B__。

A.KM B.KA C.KT D.FR

3)2000kW及以上大容量的高压电动机,普遍采用__C__保护。

A.过电流 B.过电压 C.纵联差动

4)电力电容器接入线路对电力系统进行补偿的目的是__C__。

A.稳定电压 B.稳定电流 C.提高功率因数

5)采用微机综合自动化的变电所,其继电保护均采用__A__保护。

A.微机 B.过流过压混合 C.备用电源

6)信号继电器线圈的工作电流,在线圈上的电压降不应超过电源额定电压的__A__。

A.10% B.15% C.25%

7)变压器的电流速断保护灵敏度按保护侧短路时的__B__整订。

A.最大短路电流 B.最小短路电流 C.超负荷电流

8)定时限电流保护具有__B__的特点。

A.动作电流不变 B.动作时间不变 C.动作时间可变

9)跌落式熔断器在短路电流通过后,装在管子内的熔体快速__B__断开一次系统。

A.切断 B.熔断 C.跳闸

10)电压继电器的文字符号是__B__。

A.KC B.KV C.KM D.KT

11)为保证信号继电器能可靠动作,应保证检测信号电流不小于继电器额定电流的__B__倍。

A.1.25 B.1.5 C.2.5 D.1.8

12)变压器差动保护器从原理上能够保证选择性,实现内部故障时__A__。

A.动作 B.不动作 C.延时动作

13)电流互感器是将__A__。

A.大电流变成小电流 B.高电压变成低电压 C.小电流变成大电流

14)时间继电器的文字符号是__D__。

A.KC B.KV C.KM D.KT

15)电压互感器的额定二次电压为__B__V。

A.220 B.100 C.50 D.127

16)值班人员手动合闸于故障线路,继电保护动作将断路器跳开,自动重合闸将__A__。

A.不动作 B.完成合闸动作 C.完成合闸并报警

17)变电所开关控制、继电保护、自动装置和信号设备所使用的电源称为__A__。

A.操作电源 B.交流电源 C.直流电源

18) 对于中小容量变压器可装设电流速断保护与__A__配合构成主保护。

A.瓦斯保护 B.断路器 C.时间继电器

19)临时接地线必须是专用的,使用带透明护套的多股软裸铜线,其截面积不得小于__C__mm^2。

A.6 B.15 C.25 D.35

20)回路中的断路器和隔离开关均在断开位置,至少有一个明显的断开点,说明设备处在__C__状态。

A.运行 B.待检修 C.冷备用

1.5.2 多项选择题

21)二次接线图包括__ABC__。

A.原理接线图 B.展开接线图 C.安装接线图 D.检修接线图

22)对一次设备进行监测__AB__的辅助设备称二次设备。

A.控制 B.保护 C.供电 D.补偿

23) 在配电系统中,__ABC__一旦发生电流速断保护动作跳闸,不允许合闸试送电。

A.电力变压器 B.电力电容器 C.室内电力线路 D.室内照明线路

24)使用微机保护,下列说法正确的是__ABD__。

A.室内最大相对湿度不应超过75%

B.应防止灰尘和不良气体侵入

C.室内环境温度5~35℃ D.使用年限一般是10~12年

25)安装接线图包括__ABC__。

A.屏面布置图 B.屏后接线图 C.端子排图 D.端子排接线图

26)继电保护应具有__ABC__和可靠性,以保证能准确无误地切除故障。

A.选择性 B.快速性 C.灵敏性 D.过渡性

27)高压电动机过负荷保护根据需要配置两套保护,可作用于__BD__。

A.电流 B.信号 C.合闸 D.跳闸

28)瞬时电流速断保护的优点是__CD__。

A.保护范围大 B.保护线路长 C.动作迅速 D.工作可靠

29)电力系统中常用的继电器有__ABCD__。

A.电流继电器 B.电压继电器 C.时间继电器 D.信号继电器

30)屏柜端子排的作用有__ABC__。

A.屏内设备之间的连接 B.屏内设备与屏外设备之间的连接

C.不同屏柜之间设备的连接 D.屏内与高架线路之间的连接

31)变电所操作电源分为__CD__。

A.进线电源 B.备用电源 C.直流操作电源 D.交流操作电源

32)继电保护的整套装置由__ACD__部分组成。

A.测量 B.比较 C.逻辑 D.执行

33)二次电路的电气设备通常有__ABCD__。

A.各种继电器 B.信号指示器 C.电压、电流互感器 D.各种操作开关电器

1.5.3 判断题(认为以下说法正确时,在题后的括号内打✓号,否则打×号)

34)信号继电器动作信号在保护动作发生后会自动返回。 (×)

35)在继电保护中常采用中间继电器来增加触点的数量。 (✓)

36)在变压器的保护中,过电流保护是位于后备保护。 (✓)

37)变压器电源侧发生故障时,变压器的电流速断装置应动作。(✓)

38)定时限电流保护具有动作电流固定不变的特点。 (×)

39)配电装置中高压断路器属于一次设备。 (✓)

40)在一次系统发生故障或异常时,要依靠继电保护和自动装置将故障设备迅速切除。(✓)

41)直流回路编号从正电源开始,以偶数序号开始编号。 (×)

42)电流继电器的返回系数恒小于1。 (✓)

43)甲乙两设备采用相对编号法,是指在甲设备的接线端子上标出乙设备接线端子的编号,乙设备接线端子上标出甲设备的接线端子编号。 (✓)

44)端子排垂直布置时,排列顺序由上而下;水平布置时,排列顺序由左至右。 (✓)

45)感应型过流继电器须配时间继电器和中间继电器才可构成过流保护。 (×)

46)电压互感器的熔丝熔断时,备用电源的自动装置不应动作。(✓)

47)气体继电器是针对变压器内部故障安装的保护装置。 (✓)

48)蓄电池充电时将电能转化成化学能储存起来,使用时将化学能转化为电能释放出来。(✓)

49)继电保护在需要动作时不拒动,不需要动作的不误动是对继电保护的基本要求。 (✓)

50)过电流的返回电流除以动作电流称为返回系数。 (✓)

1.6 法律法规部分

1.6.1 单项选择题

1)危险物品是指__A__。

A.易燃易爆物品、危险化学品、放射性物品等能够危及人身安全和财产安全的物品

B.易燃易爆物品

C.放射性物品

D.危险化学品

2)事故隐患泛指导致生产系统事故发生的__A__。

A.人的不安全行为、物的不安全状态和管理上的缺陷

B.潜藏着的祸患

C.人的不安全行为

3)作为电气工作者,员工必须熟知本工种的__B__和施工现场的安全生产制度,不违章作业。

A.生产安排 B.安全操作规程 C.工作时间

1.6.2 判断题(认为以下说法正确时,在题后的括号内打✓号,否则打×号)

4)作为一名电气工作人员,对发现任何人有违反《电业安全工作规程》的,应立即制止。 (✓)

5) 电工作业人员应根据实际情况遵守有关安全法规、规程和制度。 (×)

6)合理的规章制度是保障安全生产的有效措施,工矿企业等单位有条件的应该建立适合自己情况的安全生产规章制度。 (×)

7)安全生产方面的法规是建议性的法规。 (×)

8)国家规定要求,从事电气作业的电工,必须接受国家规定的机构培训、经考核合格者方可持证上岗。 (✓)

9) 职工群众有权参加对本单位的安全生产监督管理是由我国的性质决定的。 (✓)

10)在电气施工中,必须遵守国家有关安全的规章制度,安装电气线路时应根据实际情况以方便使用者的原则来安装。 (×)

1.7 电工基础知识和电工测量部分

1.7.1 单项选择题

1)万用表测量电阻时,如果被测电阻未接入,则指针式万用表的指针指示在__D__位置。

A.0 B.中间 C.最右端 D.最左端

2)三极管基极的作用是__B__载流子。

A.发射 B.输送和控制 C.收集 D.扩散

3)下列物质中属于半导体的是__D__。

A.铁 B.空气 C.橡胶 D.硅

4)单相半波整流只用__A__只二极管。

A.1 B.2 C.3 D.4

5)判断二极管的好坏应用万用表的__C__档位。

A.电压 B.电流 C.电阻 D.任意

6)在三相四线制中,当三相负载不平衡时,三相电压相等,中性线电流__B__。

A.等于零 B.不等于零 C.增大 D.减小

7)产生串联谐振的条件是__A__。

A.$X_L=Xc$ B.$X_L>Xc$ C.$X_L<Xc$

8)串联谐振时电路呈纯__A__性。

A.电阻 B.电容 C.电感 D.不确定

9)额定电压为220V的阻性负载,接在110V的电源上,该负载上的功率是220V电源时的__B__倍。

A.1/2 B.1/4 C.1 D.2

解读:负载上获得的功率与电压的平方成正比,电源电压降低到原来的1/2,功率就成为原来的1/4。

10)将一根导线均匀拉长为原长度的3倍,则阻值为原来的__D__倍。

A.1/3 B.3 C.6 D.9

11)硅二极管和锗二极管的死区电压分别是__B__V。

A.0.2,0.7 B.0.5,0.2 C.0.7,1.0 D.0.1,0.5

12)电能表属于__D__仪表。

A.电磁式 B.磁电式 C.电动式 D.感应式

13)电能表应垂直安装,安装时表箱底部对地面的垂直距离一般为__C__m。

A.1.4 B.1.6 C.1.8 D.2.0

14)接地电阻测量仪用120r/min的速度摇动摇把时,表内能发出__B__Hz、100V左右的交流电压。

A.50 B.110 C.120 D.150

15)可以不断开线路测量电流的仪表是__B__。

A.电流表 B.钳形表 C.万用表 D.摇表

16)测量高压线路绝缘应选用__C__V摇表。

A.500 B.1000 C.2500 D.5000

17)当不知道被测电流的大致数值时,应该先使用__B__量程的电流表试测。

A.较小　B.较大　C.中间　D.任意值

18)万用表测量电阻时,使用的是__B__作为测量电源。

A.外接电源　B.表内电池　C.电阻上的电压降　D.不用电源

19)如果电流表不慎并联在线路中,不可能出现的情况是__B__。

A.损坏仪表　B.指针无反应　C.指针满偏

20)三相星形接线的电源或负载的线电压是相电压的__A__倍。

A.$\sqrt{3}$ B.$\sqrt{2}$ C.1　D.3

1.7.2　多项选择题

21)用万用表测量电路中的电阻时,正确的做法有__BD__。

A.直接用欧姆表测量　B.将电路先断电

C.用电流挡检查被测元件是否带电

D.用电压挡检查被测元件是否带电

22)摇表测量绝缘电阻读出的数据,其单位不可能是__ACD__。

A.mΩ　B.MΩ　C.GΩ　D.Ω

23)对交流电压表描述正确的是__ACD__。

A.应并联在电路中测量

B.测量400V以上电压时必须配合电压互感器进行测量

C.超量程时,电压表有可能损坏

D.电压表串联在电路中,一般不会损坏

24)正弦交流电周期、频率、角频率之间关系正确的是__ABCD__。

A.T=1/f　B.f=1/T　C.ω=2πf　D.ω=2π/T

25)属于非线性回路的是__ABD__。

A.L　B.C　C.R　D.RL

26)下列仪表类型可用于制作电流表或电压表的有__ABC__仪表。

A.磁电式　B.电磁式　C.电动式　D.感应式

27)交流电路中的功率有__ABC__。

A.视在功率　B.无功功率　C.有功功率　D.消耗功率

28)一个全波整流电路,设电源侧电压为U_2,输出电压为U_0,关于U_0和U_2的关系不正确的是__ABC__。

A.$U_0≈0.45U_2$　B.$U_0≈0.5U_2$　C.$U_0≈0.55U_2$　D.$U_0≈0.9U_2$

29)晶体管根据输入、输出信号公共点的不同,可以分为__ABC__放大电路。

A.共发射极　B.共集电极　C.共基极　D.共阳极

30)下列属于电路状态的是__BCD__。

A.回路　B.通路　C.断路　D.短路

1.7.3　判断题(认为以下说法正确时,在题后的括号内打✓号,否则打×号)

31)对于电路中的任意一个回路,回路中各电源电动势的代数和等于各电阻上电压降的代数和。　(✓)

32)JDJ-10型的电压互感器,其额定电压是10kV。　(✓)

33)有两个频率和初相位不同的正弦交流电压U_1和U_2,若它们的有效值相同,则瞬时值也相同。　(×)

34)全电路欧姆定律是指,电流的大小与电源的电动势成正比,而与电源内部的电阻和负载电阻之和成反比。　(✓)

35)输出电路与输入电路共用了发射极,简称共发射极放大电路。　(✓)

36)电工仪表按照工作原理可分为磁电式、电磁式、电动式和感应式等类型的仪表。　(✓)

37)反映二极管的电流与电压的关系曲线叫二极管的伏安特性曲线,有正向特性曲线和反向特性曲线之分。　(✓)

38)最大反向电流是指二极管加上最大反向工作电压时的反向电流,反向电流越大,说明二极管的单向导电性能越好。　(×)

39)晶体管的电流分配关系是:发射极电流等于集电极电流与基极电流之和。　(✓)

40)整流电路就是利用二极管的单向导电性将交流电变成直流电的电路。(✓)

41)所有类型的二极管在电路图纸中的图形符号是一样的。(×)

解读:稳压二极管、发光二极管、变容二极管等特殊功能的二极管,它们的图形符号在电路图中的画法与普通二极管是不一样的。

42)若干电阻串联时,其中阻值越大的电阻,通过的电流越小。(×)

43)用数字万用表测量直流电压时,极性接反会损坏数字万用表。(×)

44)三相电能表经电流互感器接线时,极性错误也不影响测量结果。(×)

45)某一时段内负载消耗的电能可以用电能表测量计量。　(✓)

46)绝缘电阻可以用接地电阻测量仪来测量。　(×)

47)接地电阻测量仪主要由手摇发电机、电流互感器、电位器以及检流计组成。　(✓)

48)摇表采用手摇交流发电机作为测量电源。　(×)

49)万用表测量电压时是通过改变并联附加电阻的阻值来改变量程。(×)

50)集电极最大允许耗散功率与环境温度有关,环境温度愈高,则最大允许耗散功率越大。(×)

解读:应该是环境温度愈高,则最大允许耗散功率越小。

2　低压电工操作证复习题库

2.1　手持电动工具及移动电气设备部分

2.1.1　单项选择题

1)在潮湿的场所或金属构架上等导电性能良好的作业场所,必须使用__D__类手持电动工具。

A.0　B.Ⅰ　C.Ⅱ　D.Ⅱ或Ⅲ

2)螺丝刀的规格是以柄部外面的杆身长度和__B__表示。

A.半径　B.直径　C.厚度　D.材料

3)使用剥线钳时应选用比导线直径__B__的刃口。

A.相同　B.稍大　C.稍小　D.较大

4)Ⅱ类手持电动工具是带有__C__绝缘的设备。

A.基本　B.防护　C.双重　D.加厚

5)在一般场所,为保证使用安全,应选用__B__电动工具。

A.Ⅰ类　B.Ⅱ类　C.Ⅲ类　D.任意

6)Ⅱ类工具的绝缘电阻要求最小为__C__MΩ。

A.3　B.5　C.7　D.9

7)锡焊晶体管等弱电元件,应用__A__W的电烙铁为宜。

A.25　B.45　C.75　D.100

8)Ⅰ类工具的绝缘电阻要求不低于__B__MΩ。

A.1　B.2　C.3　D.4

9)带"回"字符号标志的手持电动工具是__B__工具。

A.Ⅰ类　B.Ⅱ类　C.Ⅲ类　D.不确定

10)__D__类移动式电气设备是采用安全电压的设备。

A.0　B.Ⅰ　C.Ⅱ　D.Ⅲ

11)__C__类移动式电气设备是带有双重绝缘或加强绝缘的设备。

A.0　B.Ⅰ　C.Ⅱ　D.Ⅲ

12)为了防止运行中的弧焊机熄弧时__A__V左右的二次电压带来电击的危险,可以装设空载自动断电安全装置。

A.70　B.60　C.50　D.40

13)交流弧焊机的一次额定电压为380V,二次空载电压为__D__V左右。

A.40　B.50　C.60　D.70

14)使用交流弧焊机时,二次线长度不应超过__C__米,否则,应验算电压损失。

A.5~10　B.8~10　C.20~30　D.30~50

15) 手持电动工具保护接地或保护接零应采用截面积__D__mm^2以上的多股全铜线。

A.0.15~1.5　B.0.25~1.5　C.0.35~1.5　D.0.75~1.5

16)携带式电气设备的绝缘电阻不低于__D__MΩ。

A.0.5　B.1　C.1.5　D.2

17)移动电气设备电源应采用高强度铜芯橡皮护套软绝缘__B__。

A.导线　B.电缆　C.绞线　D.电线

2.1.2　多项选择题

18)手持式电动工具的管理档案应包括__ABCDE__。

A.使用说明书、合格证　B.工具台账

C.检查记录　D.维修记录　E.使用与保养记录

19)移动式电气设备包括__ABCD__等。

A.蛙夯　B.振捣器　C.水磨石磨平机　D.电焊机

20)交流弧焊机的一次绝缘电阻不应低于__B__MΩ,二次绝缘电阻不应低于__A__MΩ。

A.0.5　B.1　C.1.5　D.2

21)室外使用的交流弧焊机应采取防__ABCD__等措施。

A.雨　B.雪　C.尘土　D.潮湿

22)电烙铁常用的规格有__ABCD__W等。

A.25　B.45　C.75　D.100

23)在手持电动工具的安全要求中,要检查其__ABCD__等有无损伤。

A.防护罩　B.防护盖　C.手柄防护装置　D.电源线

24)手持电动工具包括__ABCD__等。

A.手电钻　B.手砂轮　C.电锤　D.手电锯

25)在狭窄场所如锅炉、金属容器、管道等作业场所,如果使用Ⅱ类工具,必须装设额定漏电动作电流不大于__A__mA、动作时间不大于__C__s的漏电保护器。

A.15　B.20　C.0.1　D.0.2

26)移动式电气设备必须__ABCD__。

A.设专人保管　B.设专人维护保养及操作

C.建立设备档案　D.定期检修

27)在潮湿场所或金属构架上等导电性能良好的作业场所,如果使用Ⅰ类工具,必须装设额定漏电动作电流不大于__A__mA、动作时间不大于__C__s的漏电保护器。

A.30　B.40　C.0.1　D.0.2

解读:Ⅰ类电动工具防止触电的保护除依靠基本绝缘外,还有一个附加的安全措施,即将可触及的可导电的零件与已安装的固定线路中的保护导线连接起来。Ⅱ类电动工具的绝缘结构全部为双重绝缘,其额定电压超过50V(安全电压限值)。这类设备具有双重绝缘和加强绝缘的安全防护措施,但没有保护接地或依赖安装条件的措施。Ⅲ类电动工具即特低电压的电动工具,其额定电压不超过50V。这类工具在防止触电的保护方面依靠的是特低安全电压,在工具内部不得产生比特低电压高的电压。其绝缘必须符合加强绝缘的要求。

2.1.3　判断题(认为以下说法正确时,在题后的括号内打✓号,否则打×号)

28)手持式电动工具的电源线可以随意加长。　(×)

29)使用Ⅲ类移动式电动工具时,工具的外壳不必接地或接零。(✓)

30)手持式电动工具的软电缆或软线不宜过长,电源开关应放在明显处,且周围无杂物,以方便操作。(✓)

31)使用手持式电动工具过程中,发现异常现象和故障时,应立即切断电源,将工具完全脱离电源之后,才能进行详细的检查。　(✓)

32)手持式电动工具接通电源时,首先进行验电,在确定工具外壳不带电时方可使用。　(✓)

33)在一般场所,尽量选用Ⅱ类工具,采用Ⅰ类工具时,必须同时采用其它安全保护措施。　(✓)

34)在狭窄场所,如锅炉、金属容器、管道内等,应使用Ⅲ类工具。(✓)

35)Ⅱ类手持式电动工具比Ⅰ类手持式电动工具安全可靠的原因是,Ⅱ类手持式电动工具本身除基本绝缘外,还有一层独立的附加绝缘,当基本绝缘损坏时,操作者仍能与带电体隔离,不致触电。　(✓)

36) Ⅲ类手持式电动工具由于使用安全隔离的特低电压作为电源,在使用时,即使外壳漏电,因流过人体的电流很小,一般也不会发生触电事故。　(✓)

37)手持式电动工具可以在零线装设开关或保险。　(×)

38)使用手持式电动工具时,电源线应采用橡皮绝缘软电缆,单相采用三芯电缆,三相采用四芯电缆。电缆不得有破损或龟裂,中间不得有接头。　(✓)

39)安装使用交流弧焊机时,其外壳应接零或接地。　(✓)

40)安装好的交流弧焊机,在移动时不用停电。　(×)

41) 移动式电气设备可以参考手持电动工具的有关要求进行使用。　(✓)

42)Ⅲ类手持式电动工具的工作电压不超过50V。　(✓)

43)在特别危险的场合,应采用安全电压的工具,应由独立电源或具备双线圈的变压器供电。　(✓)

44)长期搁置不用的电动工具,使用时应先检查转动部分是否灵活,然后检查绝缘电阻。(✓)

45)携带式或移动式电器使用的插座,单相应用三孔插座,三相应用四孔插座。其接地孔应与接地线或零线连接牢固。　(✓)

46)使用Ⅰ类手持式电动工具应配合绝缘工具,并根据用电特征安装漏电保护器或采取电气隔离及其它安全措施。　(✓)

47)Ⅱ类和Ⅲ类手持式电动工具修理后不得降低原设计确定的安全技术指标。　(✓)

48)手持式电动工具使用完毕,应及时切断电源,并妥善保管。(✓)

49)移动式电气设备的电源线可以使用高强度铜芯橡皮护套硬绝缘电缆。　(×)

50)使用Ⅱ、Ⅲ类手持式电动工具时,它们的控制箱和电源连接器等必须放在外面,同时应有人监护。　(✓)

2.2　常用低压电器部分

2.2.1　单项选择题

1)电动机正反转控制电路中,欲使电动机改变转向,__A__可以进行。

A.电动机停稳后　B.任意时刻

C.电动机断电后立即　D.电动机断电后5分钟

2)交流接触器的断开能力,是指开关断开电流时能可靠地__B__的能力。

A.分开触点　B.熄灭电弧　C.切断电流　D.停止运行

3)交流接触器的接通能力,是指开关闭合接通电流时不会造成__A__的能力。

A.触点熔焊　B.电弧出现　C.电压下降　D.工作异常

4)热继电器的保护特性与电动机过载特性贴近,是为了充分发挥电动机的__A__能力。

A.过载 B.控制 C.节能 D.限流

5）选用电器元件应遵循的两个基本原则是安全原则和__B__原则。

A.性能 B.经济 C.可靠 D.功能

6)漏电保护断路器在设备正常工作时，电路电流的相量和__C__，开关保持闭合状态。

A.为正 B.为负 C.为零 D.随负载变化

7)交流接触器的机械寿命是指在不带负载情况下的可操作次数，一般为__C__。

A.10万次以下 B.100万次以下 C.600万~1000万次 D.1000万次以上

8)电流继电器使用时，其吸引线圈直接或通过电流互感器__B__在被控电路中。

A.并联 B.串联 C.串并结合 D.串并均可

9)断路器是通过手动或电动等操作机构使断路器合闸，通过__C__装置使断路器自动跳闸，达到故障保护目的。

A.自动 B.活动 C.脱扣 D.保护

10)低压电器是指在交流50Hz、额定电压__D__V或直流额定电压1500V及以下的电气设备。

A.380 B.500 C.800 D.1000

11)拉开闸刀时，如果出现电弧，应__A__。

A.迅速拉开 B.立即合闸 C.缓慢拉开 D.缓慢合上

12)主令电器很多，下列低压电器中，__B__属于主令电器。

A.接触器 B.行程开关 C.热继电器 D.刀开关

13)交流接触器的电寿命约为机械寿命的__B__倍。

A.1/10 B.1/20 C.1 D.10

14)刀开关在选用时，要求刀开关的额定电压要大于或等于线路实际的__C__。

A.额定电压 B.工作电压 C.最高电压 D.操作过电压

15)断路器的选用，应先确定断路器的__A__，然后才进行具体参数的确定。

A.类型 B.额定电流 C.额定电压 D.工作频率

16)在民用建筑物的配电系统中，一般采用__D__断路器。

A.框架式 B.塑壳式 C.电动式 D.漏电保护式

17)在半导体电路中，主要选用快速熔断器作__A__保护。

A.短路 B.过电压 C.过电流 D.过热

18)在采用多级熔断器保护中，后级(电源端)的熔体额定电流比前级(负荷侧)大，目的是防止熔断器越级熔断而__C__。

A.查障困难 B.减小停电范围 C.扩大停电范围 D.更安全

19)热继电器具有一定的__A__自动调节补偿功能。

A.温度 B.频率 C.时间 D.电压

20)万能转换开关的基本结构内有__B__。

A.反力系统 B.触点系统 C.线圈 D.电磁结构

2.2.2 多项选择题

21)漏电保护断路器的工作原理是__ABC__。

A.正常时，零序电流互感器的铁芯无磁通，无感应电流

B.有漏电或有人触电时，零序电流互感器就产生感应电流

C.零序电流互感器内感应电流经放大使脱扣器动作，从而切断电路

D.有漏电或有人触电时，漏电电流使热继电器动作

22)属于低压配电电器的有__ABD__。

A.刀开关 B.低压断路器 C.行程开关 D.熔断器

23)属于低压控制电器的有__ABC__。

A.继电器 B.接触器 C.按钮 D.熔断器

解读：行程开关和按钮属于低压控制电器中的主令电器。

24)电磁式继电器具有__ACD__等特点。

A.用于小电流电路，所以没有灭弧系统

B.与电源同步的功能

C.电磁机构为感测机构

D.由电磁机构、触点系统和反力系统三部分组成

25)速度继电器由__ABC__等部分组成。

A.定子 B.转子 C.触点 D.同步电机

26)交流接触器的结构有__ABC__。

A.电磁机构 B.触点系统 C.灭弧系统 D.调节系统

27）接触器的额定电流是由以下__ABCD__等工作条件所决定的电流值。

A.额定电压 B.工作频率 C.使用类别 D.触电寿命

28)热继电器对电动机进行过载保护时，应__ABC__。

A.具备一条与电动机过载特性相似的反时限保护特性

B.具有一定的温度补偿性能

C.动作值能在一定范围内调节

D.电压值可以调节

29)低压断路器一般由__ABCD__组成。

A.触点系统 B.灭弧系统 C.操作系统 D.脱扣器及外壳

30)熔断器的保护特性为安秒特性，其具有__ACD__。

A.通过熔体的电流值越大，熔断时间越短

B.熔体的电压值越大，熔断时间越短

C.反时限特性，具有短路保护能力

D.具有过载保护能力

2.2.3 判断题(认为以下说法正确时，在题后的括号内打√号，否则打×号)

31)熔断器的特性，是通过熔体的电压值越高，熔断时间越短。(×)

32）交流接触器的通断能力与接触器的结构及灭弧方式有关。(√)

33)安全可靠是对任何开关电器的基本要求。(√)

34)热继电器的双金属片是由一种热膨胀系数不同的金属材料碾压而成。(×)

解读：由两种热膨胀系数不同的金属材料碾压而成。

35)热继电器的文字符号是FR。(√)

36)交流接触器的文字符号是KM。(√)

37)目前我国生产的交流接触器额定电流一般大于或等于630A。(×)

38)中间继电器的动作值与释放值可以调节。(×)

39)熔断器的文字符号是KS。(×)

解读：熔断器的文字符号是FU。

40)按钮根据使用场合，可选的种类有开启式、防水式、防腐式等。(√)

41)断路器在选用时，要求线路末端单相对地短路电流要大于或等于1.25倍断路器的瞬时脱扣器整定电流。(√)

42)刀开关在做隔离开关使用时，要求刀开关的额定电流要大于或等于线路实际的故障电流。(×)

解读：线路出现故障电流时，应由与隔离开关串联的断路器切除故障电流。

43)按钮的文字符号是SB。(√)

44）频率的自动调节补偿功能是热继电器的一种基本功能。(×)

45)热继电器的保护特性在保护电动机时，应尽可能与电动机过

载特性贴近。　(✓)

46)分断电流能力是各类刀开关的主要技术参数之一。　(✓)

47)万能转换开关的定位结构一般采用滚轮卡转轴辐射型结构。(×)

解读：万能转换开关的定位结构一般采用滚轮卡棘轮辐射型结构。

48)万能转换开关的定位角度，一般有30°、45°、60°、90°等几种。(✓)

49)万能转换开关的操作手柄有旋钮式、普通式、带定位钥匙式和带信号灯式等几种。　(✓)

50)断路器可分为框架式和塑料外壳式两类。　(✓)

2.3　异步电动机的相关知识部分

2.3.1　单项选择题

1)一台10kW异步电动机在额定工况运行，其输入电功率__A__10kW。

A.大于　B.小于　C.等于　D.约等于

解读：电动机的额定功率是其输出轴上的机械功率，考虑到输入电功率转换成输出机械功率时的转换效率，所以，输入电功率大于额定功率。

2) 一般情况下，__A__以上的电动机都不宜全压启动，应降压启动。

A.7.5kW　B.10kW　C.20kW　D.25kW

3)一般异步电动机在额定工况下功率因数为__B__。

A.0.5~0.93　B.0.7~0.93　C.0.9~0.93　D.1.0~0.93

4)某4极电动机的转速为1440r/min，则这台电动机的转差率为__C__。

A.2%　B.3%　C.4%　D.5%

5)异步电动机直接启动时，其启动电流很大，能达到额定电流的__C__倍。

A.1~2　B.2~3　C.5~7　D.2~5

6)一般异步电动机在额定负载下运行时，其效率为__C__。

A.25%~92%　B.45%~92%　C.75%~92%　D.92%~95%

7)对新投入或大修后投入运行的三相交流电动机，其定子绕组、绕线式异步电动机的转子绕组的三相直流电阻偏差应小于__A__。

A.2%　B.3%　C.4%　D.5%

8)异步电动机E级绝缘允许极限温度为120℃，允许温升为__A__。

A.75℃　B.85℃　C.95℃　D.105℃

解读：异步电动机A级、B级、F级、H级绝缘的允许温升分别为60℃、80℃、100℃和125℃。

9)空载运行时异步电动机的功率因数很低，一般不超过__A__。

A.0.2　B.0.5　C.0.8　D.1.0

10)异步电动机在额定出力运行时，相间电压不平衡度不得超过__A__。

A.5%　B.7%　C.8%　D10%.

11) 旋转磁场的旋转方向决定于通入定子绕组中的三相交流电源的相序，只要任意调换电动机__B__所接交流电源的相序，旋转磁场即反转。

A.一相绕组　B.两相绕组　C.三相绕组　D.多相绕组

12)电动机定子三相绕组与交流电源的连接叫接法，其中Y为__B__。

A.三角形接法　B.星形接法　C.延边三角形接法　D自耦降压接法

13)对新投入或大修后投入运行的三相交流电动机，当电源电压平衡时，三相电流中任一相与三相平均值不得超过__A__。

A.10%　B.20%　C.30%　D.40%

14)三相笼形异步电动机的启动方式有两类，即在额定电压下的直接启动和__C__启动。

A.转子串电阻　B.转子串频敏　C.降低电压　D.转子串电抗

15)由专用变压器供电时，电动机容量小于变压器容量的__C__，允许直接启动。

A.60%　B.40%　C.20%　D.10%

16)笼形异步电动机常用的传统降压启动有__A__启动、自耦变压器降压启动、星三角降压启动。

A.串电阻降压　B.转子串电阻　C.转子串频敏　D.串电容降压

17)国家标准规定，凡__B__kW以上的电动机均采用三角形接法。

A.3　B.4　C.7.5　D.10

18) 利用__A__来降低加在定子三相绕组上的电压的启动叫自耦降压启动。

A.自耦变压器　B.频敏变阻器　C.电阻器　D.电抗器

19)星三角降压启动，是启动时把定子三相绕组作__B__连接。

A.三角形　B.星形　C.延边三角形　D.三相三线

20)笼形异步电动机降压启动能减小启动电流，但由于电动机的转矩与电压的平方成__A__，因此降压启动时转矩减少较多。

A.正比　B.反比　C.正变　D.对应

2.3.2　多项选择题

21)电动机的制动方法有__ABC__。

A.再生发电　B.反接　C.能耗　D.电抗

22)异步电动机的定额工作制有__ABC__。

A.连续工作制　B.短时工作制　C.断续工作制　D.长期工作制

23)异步电动机有__ABCD__等优点。

A.维护方便　B.工作可靠　C.结构简单　D.价格低廉

24)对4极异步电动机而言，当三相交流电变化一周时，__AD__。

A.4极电动机的合成磁场只旋转了半圈

B.4极电动机的合成磁场只旋转了一圈

C.电动机中旋转磁场的转速等于三相交流电变化的速度

D.电动机中旋转磁场的转速等于三相交流电变化速度的一半

25)异步电动机的转子主要由__ABC__等组成。

A.转子铁芯　B.转子绕组　C.转轴　D.端盖

26)三相异步电动机的调速方法有__ABC__。

A.改变电源频率　B.笼形电动机改变磁极对数

C.绕线转子电动机在转子电路中串电阻改变转差率　D.改变电磁转矩

27)关于电动机的维护，下列说法正确的是__ABCD__。

A.保持电动机清洁　B.定期清扫电动机内部和外部

C.定期更换润滑油

D.定期测量电动机的绝缘电阻，发现绝缘电阻不达标时应及时进行干燥处理

28)关于自耦变压器启动的优缺点描述，下列说法正确的是__ABD__。

A. 可按容许的启动电流及所需的转矩来选自耦变压器的不同抽头

B.电动机定子绕组不论采用星形或三角形连接，都可使用

C.启动时电源所需的容量比直接启动时大

D.设备较贵，体积较大

29)在三相异步电动机定子上布置结构完全相同、空间各相差120°电角度的三相定子绕组，当分别通入三相交流电时，则在__ABD__中产生了一个旋转的磁场。

A.定子　B.转子　C.机座　D.定子与转子之间的空气隙

30)电动机转子按其结构可分为__AC__。

A.笼形　B.矩形　C.绕线型　D.星形

31)转子串频敏变阻器启动时的原理为__BCD__。

A.启动开始时转速很低,转子电流频率很小

B.启动开始时转速很低,转子电流频率很大

C.电动机转速升高后,频敏变阻器铁芯中的损耗减小

D.启动结束后,转子绕组短路,把频敏变阻器从电路中切除

32)关于转子串电阻启动的优缺点描述,下列说法正确的是__ACD__。

A.整个启动过程中,启动转矩大,适合重载启动

B.定子启动电流大于直接启动的定子电流

C.启动设备多,启动级数少

D.启动时有能量消耗在电阻上,所以浪费电能

2.3.3 判断题(认为以下说法正确时,在题后的括号内打✓号,否则打×号)

33)异步电动机空载时效率最高。 (×)

34)异步电动机短时工作制定额规定的标准时间定额有10min、30min、60min和90min。 (✓)

35)工作在电动机状态的感应电动机,转速必定高于同步转速。(×)

解读:异步电动机的转速高于同步转速时即为发电状态。

36)异步电动机的电磁转矩不随转速的变化而变化的。 (×)

37)异步电动机的定子绕组与铁芯之间没有绝缘。 (×)

38)具有绕线式转子的电动机叫做绕线式电动机,也叫滑环式电动机。 (✓)

39)异步电动机额定电压表示的是电动机定子绕组规定使用的相电压。 (×)

40)异步电动机铭牌标注的额定电压为380V/220V,接法标记Y/△,表明电源线电压为380V时应接成Y形。(✓)

41)异步电动机铭牌标注的额定电压为380V/220V,接法标记Y/△,表明电源线电压为220V时应接成△形。(✓)

42)异步电动机的温升是指绕组的工作温度与环境温度之和。(×)

43)异步电动机加上额定电压启动时的电磁转矩称为启动转矩。(✓)

44)异步电动机断续周期工作制,其代号为S3,是指该电动机在铭牌规定的额定条件下,只能断续周期性地运行。 (✓)

45)用星三角降压启动时,启动转矩为采用三角形连接时全压启动转矩的1/3。 (✓)

46)电动机在运行过程中,如闻到焦臭味,说明电动机转速过快。(×)

47)一般异步电动机在额定工况下运行,容量大的电动机功率因数会低些。 (×)

48)一般异步电动机在额定工况下运行,容量小、转速低的电动机功率因数会高些。 (×)

49)异步电动机的效率不随负载的大小而变化。 (×)

50)用星三角降压启动时,启动电流为采用三角形连接时全压启动电流的1/2。 (×)

2.4 低压配电装置与照明部分

2.4.1 单项选择题

1)低压配电装置正面通道的宽度,单列布置时不应小于__B__米。

A.1.3 B.1.5 C.1.8 D.2.0

2)用刀开关操作异步电动机时,开关额定电流应大于或等于电动机额定电流的__C__倍。

A.1 B.2 C.3 D.4

3)对于照明负荷,刀开关的额定电流需大于负荷电流的__C__倍。

A.1 B.2 C.3 D.4

4)工厂内低压配电装置的电压一般为380/220V,所以在进行测量时,应使用量程大于等于__D__的电压表。

A.250 B.300 C.400 D.450

5)__C__V以上的较高电压,一般不直接接入电压表。

A.220 B.380 C.600 D.700

6)漏电保护器后面的工作零线不能重复__A__。

A.接地 B.接零 C.悬空 D.接地和接零

7)我国标准规定的工频安全电压的限值为__D__V。

A.20 B.30 C.40 D.50

8)低压配电装置正面通道的宽度,双列布置时不应小于__D__米。

A.1.3 B.1.5 C.1.8 D.2.0

9)失压保护是当电源电压__B__某一限值时,能自动断开线路的一种保护。

A.高于 B.低于 C.等于 D.超过

10)短路保护装置的功能是指线路或设备发生__B__时,能迅速切断电源。

A.过载 B.短路 C.接触不良 D.接地

2.4.2 多项选择题

11)可采用一个开关控制多盏灯的场合有__ACD__。

A.餐厅 B.厨房 C.车间 D.宾馆

12)照明种类分为__CD__。

A.局部照明 B.内部照明 C.工作照明 D.事故照明

13)一般场所移动式局部照明用的电源,应根据现场情况选择__ABC__V。

A.12 B.24 C.36 D.220

14)灯泡忽明忽暗,原因可能是__BCD__。

A.电压太低 B.电压不稳定 C.灯座接触不良 D.线路接触不良

15)单相两孔插座安装时,面对插座的__BC__接相线。

A.左孔 B.右孔 C.上孔 D.下孔

16)屋内照明线路每一分路应__BC__。

A.灯具不超过15具 B.灯具不超过25具

C.总容量不超过3kW D.总容量不超过5kW

17)低压配电屏又叫开关屏或配电盘、配电柜,它是将低压线路所需的__ABCD__等,按一定的接线方案装在金属柜内构成的一种组合式电气设备,用以进行控制、保护、计量、分配和监视等。

A.开关设备 B.测量仪表 C.保护装置 D.辅助设备

18)漏电开关一闭合就跳开,可能是__BCD__。

A.过载 B.漏电 C.零线重复接地 D.漏电开关损坏

19)线路断路的原因有__ABCD__等。

A.熔丝熔断 B.线头松脱 C.断线 D.开关未接通

20)短路的原因可能有__ABC__。

A.导线绝缘损坏 B.设备内绝缘损坏

C.设备或开关进水 D.导线接头故障

2.4.3 判断题(认为以下说法正确时,在题后的括号内打✓号,否则打×号)

21)为安全起见,更换熔断器的熔丝时应断开负载。 (×)

解读:断开电源。

22)低压验电器可以验出500V以下的电压。 (×)

解读:低压验电器可以验出的电压有一个下限值即60V,电压低于该值时是验不出来的。

23)用验电器验电时,应赤脚站立,保证与大地有良好的接触。(×)

24)带电维修线路时,应站在绝缘垫上。 (✓)

25)漏电开关只有在有人触电时才会动作。 (×)

26)民用住宅严禁装设床头开关。（✓）

27)路灯的各回路应有保护，每一灯具宜设单独熔断器。（✓）

28)当拉下总开关后，线路即视为无电。（×）

29)幼儿园及小学等儿童活动场所插座安装高度不宜小于1.8米。（✓）

30)验电器在使用前应确认良好。（✓）

2.5 法律法规部分

2.5.1 单项选择题

1)《中华人民共和国安全生产法》规定，从业人员有权了解其作业场所和工作岗位存在的__A__。

A.危险因素、防范措施及事故应急措施

B.危险原因 C.重大隐患

2)根据安全生产概念和工作要求，对于生产经营单位，安全生产需要保护的第一对象是__A__。

A.从业人员 B.管理人员 C.设备 D.产品

3)特种作业人员在操作证有效期内，连续从事本工种10年以上，无违法行为，经考核发证机关同意，操作证复审时间可延长至__B__年。

A.4 B.6 C.8 D.10

4)《中华人民共和国安全生产法》规定，生产经营单位必须依法为从业人员参加__A__。

A.工伤社会保险 B.养老保险 C.人身保险

5)伤亡事故是指企业职工在生产劳动过程中发生的__B__。

A.人身伤害 B.人身伤害和急性中毒 C.人身伤害和财产损失

6)在安全生产管理过程中，必须坚持__A__的方针。

A.安全第一、预防为主 B.以人为本、安全第一 C.管生产必须管安全

7) 生产经营单位的特种作业人员未按照规定经专门的安全作业培训并取得特种作业操作证上岗作业，且逾期未改正，上级部门责令其停产停业整顿，可以并处__B__的罚款。

A.5万元以下 B.2万元 C.1万元

8)我国制定的第一部关于安全生产的专门法律是__B__。

A.《中华人民共和国矿山安全法》

B.《中华人民共和国安全生产法》

C.《中华人民共和国劳动法》

D.《中华人民共和国合同法》

9) 生产经营单位的主要负责人在本单位发生重大安全生产事故后逃匿的，由__A__处15日以下拘留。

A.公安机关 B.检察机关 C.安全生产监督管理部门

10)为了加强安全生产监督管理，防止和减少生产安全事故，保障人民群众生命和财产安全，促进经济发展，是__B__的立法目的

A.《中华人民共和国矿山安全法》

B.《中华人民共和国安全生产法》

C.《中华人民共和国道路交通安全法》

2.5.2 多项选择题

11)保证电气作业安全的技术措施有__ABCD__。

A.停电 B.验电 C.装设接地线 D.悬挂标志牌和装设遮拦

12)特种作业人员应当符合的条件有__ACD__等。

A.具备必要的安全技术知识和技能

B.具备高中及以上文化程度

C.具备初中及以上文化程度

D.经社区及以上医疗机构体检合格，并无妨碍从事相应特种作业的疾病和生理缺陷

13)电工作业是指对电气设备进行__ABCD__等作业。

A.运行、维护 B.安装、检修 C.改造、施工 D.调试

14)矿山、建筑施工单位和危险物品的__BCD__单位，应当设置安全生产管理机构或配备专职安全生产管理人员。

A.设计 B.生产 C.经营 D.储存

15)下列工种属于特种作业的有__ABC__。

A.电工作业 B.金属焊接切割作业 C.登高架设作业 D.压力容器作业

16)生产经营单位采用__ABCD__，必须了解、掌握其安全技术特性，采取安全有效的防护措施，并对从业人员进行专门的安全生产教育和培训。

A.新工艺 B.新技术 C.新材料 D.新设备

17)从业人员发现事故隐患或其它不安全因素，应当立即向__BC__报告。

A.专业工程师 B.现场安全管理人员 C.本单位负责人 D.现场其他人员

18)工会对生产经营单位的__ABC__行为，有权要求纠正。

A.违反安全生产法律 B.违反安全生产法规

C.侵犯从业人员的合法权益

19)生产经营单位的从业人员不服从管理，违反安全生产规章制度或者操作规程的，由生产经营单位给予__AB__，造成重大事故构成犯罪的，__C__。

A.批评教育 B.依照有关规章制度给予处分

C.依照刑法有关规定追究刑事责任

20)生产经营单位必须对安全设备进行__AC__，保证正常运行。

A.经常性维护、保养 B.经常性更换、更新 C.定期检测

21)保证电气作业安全的组织措施有__ABCD__。

A.工作票制度 B.工作许可制度

C.工作监护制度 D.工作间断转移和终结制度

22)生产经营单位应当对从业人员进行安全生产教育，保证从业人员__ABC__。

A.具备必要的安全生产知识与技能

B.熟悉有关的安全生产规章制度和安全操作规程

C.掌握本岗位的安全操作技能

2.5.3 判断题(认为以下说法正确时，在题后的括号内打✓号，否则打×号)

23)企业职工的安全教育培训费用应该由员工个人承担。（×）

24)《安全生产法》第34条规定，生产、经营、使用、储存危险物品的车间、商店不得与员工宿舍在同一建筑物内，并与员工宿舍保持安全距离。（✓）

25)生产经营单位不得因从业人员在紧急情况下采取紧急撤离措施而降低其工资、福利等待遇，或者解除与其订立的劳动合同。（✓）

26)因安全生产事故受到损害的从业人员，除依法享受工伤社会保险外，还有权向本单位提出赔偿要求。（✓）

27)在易燃易爆区域动火，必须执行动火审批制度。（✓）

28) 规模小的企业没有必要对从业人员进行安全生产教育和培训。（×）

29)根据《安全生产法》的规定，企业员工有权拒绝违章作业的指令。（✓）

30)生产和生活过程中发生的伤亡事故具有偶然性，因此是不可预防的。(×)

31) 我国安全生产方面的法规是建议性的，不是强制性法规。(×)

32)生产经营单位应当安排用于配备劳动用品、进行安全生产培训的经费。(✓)

2.6 触电预防与急救部分

2.6.1 单项选择题

1)随着触电时间的增长,人体电阻会发生变化,,这将导致触电电流__A__。

A.增大 B.减小 C.不变 D.不确定

2)应装设报警式漏电保护器而不自动切断电源的是__D__。

A.住宅用电 B.招待所插座回路

C.生产用的电气设备 D.消防用电梯

3)在选择漏电保护器的灵敏度时,要避免正常__A__引起的不必要的动作而影响正常供电。

A.泄漏电流 B.泄漏电压 C.泄漏功率 D.泄漏电能

4)特低电压限值是指在任何条件下,任意两导体之间可能出现的__B__电压值。

A.最小 B.最大 C.中间 D.平均

5)带电体的工作电压越高,要求其间的空气距离__A__。

A.越大 B.越小 C.一样 D.无要求

6)不接地系统发生单相接地故障时,其它相线对地电压会__A__。

A.升高 B.降低 C.不变 D.不确定

7)随着触电时间的增长,人体出汗会增加,这将导致人体电阻__B__。

A.增大 B.减小 C.不变 D.不确定

8)建筑施工工地的用电设备__B__安装漏电保护装置。

A.可以 B.应该 C.不应该 D.没规定

9)频率为__B__的电流对人体造成的伤害最大。

A.直流电 B.50~60Hz C.500Hz D.更高频率

10)电流对人体的热效应造成的伤害是__A__。

A.电烧伤 B.电烙印 C.皮肤金属化 D.其它伤害

11)人体同时接触带电设备或线路中的两相导体时,电流从一相通过人体流入另一相,这种触电现象称为__B__触电。

A.单相 B.两相 C.跨步电压 D.感应电

12)当电气设备发生接地故障,接地电流通过接地体向大地流散,若人在接地点周围行走,其两脚间的电位差引起的触电叫__C__触电。

A.单相 B.两相 C.跨步电压 D.感应电

13)人体体内电阻约为__C__Ω。

A.200 B.300 C.500 D.1000

14)人体心脏的室颤电流约为__C__mA。

A.16 B.30 C.50 D.80

15)脑细胞对缺氧最敏感,一般缺氧超过__B__min就会造成不可逆转的损害导致脑死亡。

A.5 B.8 C.10 D.12

16)对触电成年人进行人工呼吸,每次吹入伤员体内的气量要达到__B__ml才能保证足够的氧气。

A.500~700 B.800~1200 C.1200~1400 D.1500以上

17)由于高频电流的趋肤效应,所以遭受高频电流触电伤害时,最容易受到伤害的是__B__。

A.内脏器官 B.皮肤组织 C.皮下组织 D.四肢

18)电流从左手到双脚引起心室颤动效应,一般认为通电时间与电流的乘积大于__C__mA·s时就有生命危险。

A.15 B.30 C.50 D.80

19)在接通和断开电路的瞬间,直流平均感知电流约为__B__mA。

A.1 B.2 C.3 D.4

20)水下作业等场所应采用__C__V的安全电压。

A.36 B.24 C.12 D.42

21)概率为50%时,成年男子平均感知电流约为__D__mA。

A.0.8 B.0.9 C.1.0 D.1.1

22)概率为50%时,成年女子平均感知电流约为__C__mA。

A.0.5 B.0.6 C.0.7 D.0.8

23)概率为99.5%时,成年男子摆脱电流约为__D__mA。

A.6 B.7 C.8 D.9

24)概率为99.5%时,成年女子摆脱电流约为__A__mA。

A.6 B.7 C.8 D.9

25)一些资料表明,触电后心跳呼吸停止,在__B__min内进行抢救,约80%可以救活。

A.0.5 B.1 C.2 D.3

2.6.2 多项选择题

26)安全距离的大小决定于__ABC__等因素。

A.电压的高低 B.设备的类型 C.设备的安装方式 D.固定屏护装置

27)电伤是由电流的__ABC__等效应对人体造成的伤害。

A.热效应 B.化学效应 C.机械效应 D.伤害人体内部

28)根据人体触及带电体的方式和电流流过人体的途径,电击可以分为__BCD__。

A.直接接触电击 B.跨步电压触电 C.单相触电 D.两相触电

29)按照发生电击时电气设备状态,电击可分为__AB__。

A.直接接触电击 B.间接接触点击

C.单相触电 D.两相触电

30)电气连接部位容易发热的原因有__AB__。

A.连接牢固性较差 B.接触电阻大

C.绝缘强度较低 D.可能发生化学反应

31)触电伤员脱离电源后,若其神志清醒,应__ABC__。

A.使其就地躺平 B.严密观察

C.暂时不要站立或走动 D.可以摆动伤员头部

32)触电伤员脱离电源后,若其神志不清,应__ABC__。

A.就地仰面躺平 B.确保气道通畅

C.呼叫伤员姓名或轻拍其肩部,判断其有无意识 D.摇动伤员头部呼叫之

33)触电伤员意识不清,可用__ABC__的方法判断其呼吸情况。

A.看 B.听 C.试 D.触摸

34)对于新入厂的工作人员要进行__ABC__三级安全教育。

A.厂 B.车间 C.班组

35)保证安全的技术措施有__ABCD__。

A.停电 B.验电 C.装设接地线 D.悬挂标识牌和装设遮栏

36)我国规定的工频安全电压有效值的额定值有__ABCDE__。

A.42V B.36V C.24V D.12V E.6V

37) 有电击危险环境中使用的手持照明灯和局部照明灯应采用__B__或__C__安全电压。

A.42V B.36V C.24V D.12V

38)防止间接接触点击最基本的措施是__AB__。

A.保护接地 B.保护接零 C.工作接地 D.工作接零

39)当工作接地电阻不超过__A__Ω时,每处重复接地电阻不得超过__B__Ω。

A.4 B.10 C.8 D.6

40)电光眼是发生弧光放电时,由__ABC__对眼睛的伤害。

A.红外线 B.紫外线 C.可见光 D.X射线

41) 人体阻抗是包括__ABCD__以及与其结合部在内的含有电阻和电容的阻抗。

A.皮肤 B.血液 C.肌肉 D.细胞组织

42)__ABD__等都会使人体电阻下降。

A.皮肤沾水 B.皮肤损伤 C.干燥 D.皮肤表面沾有导电性粉尘

43)接地体分为__CD__。

A.接闪器 B.引下线 C.自然接地体 D.人工接地体

44)承受跨步电压的大小,受__ABCD__等因素影响。

A.接地电流大小 B.鞋和地面特征

C.两脚之间的跨距 D.两脚的方位以及离接地点的距离

45)验电器按电压分为__AB__两种。

A.高压验电器 B.低压验电器 C.风车式 D.发光型

46)发光型高压验电器一般由__ABCD__等组成。

A.指示器部分 B.绝缘部分 C.握手部分 D.罩护环

47)风车式高压验电器一般由__AB__等组成。

A.风车指示器 B.绝缘操作杆 C.检测部分 D.罩护环

48)屏护是采用屏护装置控制不安全因素,即采用__ABC__等把带电体同外界绝缘开来。

A.遮栏 B.护罩 C.护盖 D.绝缘垫

49)屏护装置有__ABCD__等。

A.永久性屏护装置 B.临时性屏护装置

C.固定屏护装置 D.移动屏护装置

50)绝缘棒用以操作__ABCD__等。

A.高压跌落式熔断器 B.单极隔离开关

C.柱上油断路器 D.装卸临时接地线

2.6.3 判断题(认为以下说法正确时,在题后的括号内打✓号,否则打×号)

51)电击有直接接触电击和间接接触电击。(✓)

52)触电分为电击和电伤。(✓)

53)安全标识包括安全色与安全标志。(✓)

54)触电者脱离电源后,如果神志清醒,应让其来回走动,加强血液循环。(×)

55)触电者神志不清,有心跳,但呼吸停止,应立即进行口对口人工呼吸。(✓)

56)触电电流通过脊髓会使人截瘫。(✓)

57)触电电流通过头部,严重损伤大脑,可能使人昏迷,不醒而死亡。(✓)

58)触电事故是由电能以电流形式作用于人体造成的事故。(✓)

59)验电时,必须使用电压等级合适而且合格的验电器。(✓)

60)触电电流通过心脏,会引起心室颤动乃至心脏停止跳动而导致死亡。(✓)

2.7 防雷、防爆、防火、防静电部分

2.7.1 单项选择题

1)__A__主要用来保护露天的变配电设备、建筑物和构筑物。

A.避雷针 B.避雷线 C.避雷带 D.避雷网

2)每年的__C__月避雷器应投入运行。

A.11~12 B.5~8 C.3~10 D.1~2

3)如果防雷接地与保护接地合用接地装置时,接地电阻不应大于__A__。

A.1 B.2 C.3 D.4

4)厂区设有变电站,低压进线的车间以及民用楼房可采用__A__。

A.TN-C-S系统 B.TT系统 C.TN-S系统 D.IT系统

5)防雷装置的引下线应满足机械强度、耐腐蚀和热稳定的要求,其截面积不应小于__C__mm^2.

A.15 B.20 C.25 D.30

6)爆炸危险环境采用钢管配线时螺纹连接一般不得少于__D__扣。为了防腐蚀,钢管连接的螺纹部分应涂以铅油或磷化膏。

A.3 B.4 C.5 D.6

7)电气设备发生火灾时不得使用__A__带电灭火。

A.泡沫灭火器 B.干粉灭火器 C.二氧化碳灭火器 D.1211灭火器

8)雷雨天__A__测量防雷装置的接地电阻。

A.不得 B.可以 C.尽量避免 D.有人监护时可以

9)有腐蚀性的土壤内的接地装置每__C__年局部挖开检查一次。

A.8 B.7 C.5 D.6

10)爆炸危险性较大或安全要求较高的场所应采用__C__。

A.IT系统 B.TT系统 C.TN-S系统 D.TN-C系统

解读:IT系统是配电网不接地或经高阻抗接地,电气设备金属外壳接地的系统。TT系统即俗称的三相四线配电网,该系统引出三条相线和一条直接接地的中性线。TN系统是配电网低压中性点直接接地、电气设备金属外壳采取接零措施的系统。其中TN-S系统具有专用的保护零线即PE线,即保护零线和工作零线完全分开,爆炸危险性较大或安全要求较高的场所应采用TN-S系统。TN-C系统是保护零线与工作零线完全公用并接地,电气设备金属外壳采取接零措施的系统。

11)无爆炸危险或安全条件较好的场所应采用__D__。

A.TN-C-S系统 B.TT系统 C.TN-S系统 D.TN-C系统

12)车间电气设备的接地装置每__A__年检查一次,并在干燥季节每年测量一次接地电阻。

A.2 B.3 C.4 D.5

13)__D__主要用来保护电力设备。

A.避雷针 B.避雷线 C.避雷带 D.避雷器

2.7.2 多项选择题

14)一般建筑物受雷击的部位为__ABC__。

A.屋角 B.檐角 C.屋脊 D.平面

15)一套完整的防雷装置应由__ABC__三部分组成。

A.接闪器 B.引下线 C.接地装置 D.避雷线

16)电气火灾与爆炸的直接原因是__ABC__。

A.电流产生热量 B.火花 C.电弧 D.低温

17)雷的形状有__ABC__。

A.线性 B.片形 C.球形 D.方形

18)静电危害的方式有__ABC__。

A.爆炸或火灾 B.电击 C.妨碍生产 D.影响生产

19)应安装漏电开关的场所有__ABD__。

A.临时用电的电气设备 B.生产用的电气设备

C.公共场所照明通道 D.学校的插座

20)防止直接接触电击的方法有__BCD__。

A.保护接地 B.绝缘防护 C.采用屏护和安全距离 D.采用特低电压

21)单相220V电源供电的电气设备,应选用__BD__漏电保护装置。

A.三级式 B.二极二线式 C.四极式 D.单极二线式

22)爆炸危险环境主要采用__AB__。

A.防爆钢管配线 B.电缆配线 C.明敷配线 D.瓷夹板配线

2.7.3 判断题(认为以下说法正确时,在题后的括号内打✓号,否则打×号)

23)工艺控制法是采用从材料选择、工艺设计、设备结构等方面采取措施,控制静电的产生,使之不超过危险程度。(✓)

24)在安装和检修工作中,由于接线和操作的错误,可能造成短路事故。(✓)

25)电火花是电极间的击穿放电。(✓)

26)危险物质是指在大气条件下,能与空气混合形成爆炸性混合物的气体、蒸汽、薄雾、粉尘或纤维。(✓)

27)危险物质的燃点是物质在空气中点火时发生燃烧，移去火源仍能继续燃烧的最高温度。（×）

28)危险物质的引燃温度又称自燃点，或自燃温度，是在规定条件下，可燃物质不需外来火源即可发生燃烧的最高温度。（×）

29)在爆炸危险环境，应尽量少用或不用携带式电气设备，尽量少安装使用插销、插座。（√）

30)变、配电站不宜设在容易沉积可燃粉尘或可燃纤维的地方。（√）

31)避雷线主要用作保护电力线路。（√）

32)接闪器是利用其高出被保护物的突出部位，把雷电引向自身，接受雷击放电。（√）

33)爆炸危险环境的电气线路不得有非防爆型中间接头。（√）

34)避雷装置的引下线应沿建筑物外墙敷设，并经最短途径接地，建筑有特殊要求时，可以暗设，但截面积应加大一级。（√）

35)中和法是采用静电中和器或其它方式产生与原有静电极性相反的电荷，使原有静电得到中和而消除，避免静电的积累。（√）

36)爆炸危险环境采用铝芯导线时，必须采用压接或者熔焊，铜、铝连接处必须采用铜铝过渡接头。（√）

37)接地主要用来消除导电体上的静电，不宜用来消除绝缘体上的静电。（√）

38)静电接地装置应当连接牢靠，并有足够的机械强度，可以与其他目的的接地共用一套接地装置。（√）

39)在爆炸危险环境和火灾危险环境，电气线路的安装位置、敷设方式、导线材质、连接方法等，均应与区域危险等级相适应。（√）

40)接闪器所用的材料应能满足机械强度和耐腐蚀的要求，还要有足够的热稳定性，以能承受雷电流的热破坏作用。（√）

2.8 电力线路部分

2.8.1 单项选择题

1)低压接户线对地的安全距离不应小于__D__米。

A.1.0 B.1.5 C.2.0 D.2.5

2)下列说法中，正确的是__A__。

A.电力线路敷设时，严禁采用突然剪断导线的方法松线

B.为了安全，高压线路通常采用绝缘导线

C.根据用电性质，电力线路可分为动力线路和配电线路

D.跨越铁路、公路等的架空绝缘铜导线截面积不小于$16mm^2$

3)一般照明场所的线路允许电压损失为额定电压的__A__。

A.5% B.7% C.10% D.15%

4)保护线的颜色按标准应采用__C__。

A.蓝色 B.红色 C.黄绿双色 D.黑色

5)下列材料不能作为导线使用的是__B__。

A.铜绞线 B.钢绞线 C.铝绞线

6)我国电力系统的频率是__C__Hz。

A.30 B.40 C.50 D.60

7)接户线与通信线路交叉，接户线在上方，其垂直距离不得小于__C__米。

A.0.3 B.0.4 C.0.6 D.0.5

8)低压接户线跨越通车街道时，对地的安全距离不应小于__D__米。

A.3 B.4 C.5 D.6

9)直埋电缆埋设深度不应小于__D__米。

A.0.4 B.0.5 C.0.6 D.0.7

10)户外电缆终端头每__B__巡视一次。

A.日 B.月 C.季 D.年

11)接户线与树木之间的最小距离不得小于__C__米。

A.0.1 B.0.2 C.0.3 D.0.5

12)接户线与通信线路交叉，接户线在下方，其垂直距离不得小于__C__米。

A.0.1 B.0.2 C.0.3 D.0.5

13)对于10kV及10kV以下的架空线路，至少每__C__巡视一次。

A.日 B.月 C.季 D.年

14)接户线不宜跨越建筑物，如需跨越时，离建筑物最小高度不得小于__D__米。

A.1.0 B.1.5 C.2.0 D.2.5

15)架空线路电杆埋设深度不得小于__D__米，并不得小于杆高的1/6。

A.0.5 B.1.0 C.1.5 D.2.0

2.8.2 多项选择题

16)电力线路中的熔断器，主要选择其__BCD__。

A.熔断器形状 B.熔断器形式 C.额定电流 D.额定电压

17)电力电缆线路主要由__ABC__组成。

A.电力电缆 B.终端接头 C.中间接头

18)电缆的特点是__ABC__，但电缆线路不容易受大气中各种有害因素的影响，不妨碍交通和地面建设。

A.造价高 B.不便分支 C.施工和维修难度大

19)架空线路巡视分为__ABC__。

A.定期巡视 B.故障巡视 C.特殊巡视 D.一般巡视

20)电力电缆在__ABCD__应穿管保护。

A.电缆引入或引出建筑物(包括隔墙、楼板)、沟道、隧道等处

B.电缆通过道路、铁路处

C.电缆引入或引出地面时，地面以上2米和地面以下0.1~0.25米的一段应穿管保护

D.电缆有可能受到机械损伤的部位

21)架空线路的电杆按材质分为__ABC__。

A.木电杆 B.金属杆 C.水泥杆 D.硬塑料杆

22)电力电缆主要由__ABC__组成。

A.缆芯导体 B.绝缘层 C.保护层

23)交流电路中相线可用的颜色有__BCD__。

A.蓝色 B.红色 C.绿色 D.黄色

24)功率因数自动补偿装置主要由__BD__组合而成。

A.避雷器 B.电容器组 C.变压器 D.无功补偿控制器

25)在配电线路中，熔断器仅作为短路保护时，熔体的额定电流应不大于__BCD__。

A.绝缘导线允许载流量的2.5倍

B.电缆允许载流量的2.5倍

C.穿管绝缘导线允许载流量的2.5倍

D.明敷绝缘导线允许载流量的1.5倍

26)严禁在档距内连接不同__ACD__的导线。

A.金属 B.时间安装 C.截面 D.绞向

27)导线的材料主要有__BC__。

A.银 B.铜 C.铝 D.钢

28)下列属于导线连接要求的有__ABCD__。

A.连接紧密 B.稳定性好 C.接触电阻小 D.耐腐蚀

29)并联电力电容器的作用有__BCD__。

A.增大电流 B.改善电压质量

C.提高功率因数 D.补偿无功功率

30)导线按结构可分为__ABC__导线。

A.单股 B.双股 C.多股 D.绝缘

2.8.3 判断题(认为以下说法正确时，在题后的括号内打√号，否则打×号)

31)装设过负荷保护的配电线路,其绝缘导线的允许载流量应不小于熔断器额定电流的1.25倍。(✓)

32)线路巡视中,一般不得一个人单独排除故障。(✓)

33)电力线路中,铜线和铝线可以直接连接。(×)

34)电感性负载并联电容器后,电压和电流之间的电角度会减小。(✓)

35)在刮风下雨的天气里,巡视电气线路时一定要行走在下风侧。(×)

36)维修电气线路需要装设专用接地导线时,一定要先装导线端,后接接地端。(×)

37)低压绝缘材料的耐压等级一般为500V。(✓)

38)为保证零线安全,三相四线的零线必须加装熔断器。(×)

39)装接临时用电线路时,必须先考虑安全问题。(✓)

40)电缆供电线路比架空线路更容易维修。(×)

2.9 电工测量和电工基础知识部分

2.9.1 单项选择题

1)单相半波整流电路,整流管所承受的最高反向电压为__A__倍的电源电压的有效值。

A.$\sqrt{2}$ B.$\sqrt{3}$ C.$\sqrt{5}$ D.$\sqrt{6}$

2)使用万用表不能带电测量__A__,否则不仅得不到正确的读数,还有可能损坏表头。

A. 电阻 B. 电压 C.功率 D.电位

解读:使用万用表测量两端带电的电阻,实际上相当于用万用表的电阻挡测量电压,有可能损坏万用表的表头。

3)使用万用表测量半导体元件的正、反向电阻时,应选用__B__档,不能用高阻挡,以免损坏半导体元件。

A.R×1 B.R×100 C.R×1k D.R×10k

解读:使用指针式万用表测量半导体元件的正、反向电阻时,要使用表内的电池作电源,而高阻挡使用的电池电压比较高,有9V、15V和22.5V等几种,用这样高的电压测量半导体元件的正、反向电阻,可能损坏半导体元件。

4)万用表测量使用完毕后,应将转换开关拨到__C__档上。

A.电阻挡 B.交流电压最低档

C.交流电压最高档或空挡 D.直流电压最低档

解读:可以防止下次使用时未及时正确选择挡位而造成万用表的意外损坏。

5)使用兆欧表测量绝缘电阻时,将兆欧表放置平稳,避免表身晃动,摇动手柄,加速并保持在__C__r/min匀速不变。

A.100 B.110 C.120 D.130

6)兆欧表在测量使用前应做一次检查,此时仪表应__A__,在测量导线开路的情况下,摇动手柄,表头指针应指到"∝"处,再把测量导线短接缓慢轻摇手柄,指针应指在"0"处。

A.平放 B.垂直放 C.斜放 D.倒立放

7)晶体三极管三个电极上的电流关系是__A__。

A.$I_e=I_c+I_b$ B.$I_e=I_c-I_b$ C.$I_c=I_e+I_b$ D.$I_b=I_e+I_c$

解读:晶体三极管三个电极上的电流关系是发射极电流I_e等于集电极电流I_c加上基极电流I_b。

8)低压电工常用的钳形电流表,使用时被测电路电压不能超过钳形电流表上所标明的数值,否则容易造成接地事故,或者引起触电危险。低压钳形电流表通常用来测量__A__V以下电路中的电流。

A.400 B.500 C. 600 D.700

9)严禁用万用表在__A__档直接测量微安表、检流计、标准电池等类似仪表的内阻。

A.电阻 B.电压 C.交流电位 D.直流电位

解读:微安表和检流计都是灵敏度很高的仪表,使用万用表测量这些仪表时,测量电流会大大超过它们可以承受的电流值,所以会导致被测仪表损坏。而使用万用表的电阻挡测量标准电池,则会损坏万用表的表头或测量电路。

10)晶闸管内部有四层半导体和三个PN结,外部引出三个电极,分别称为阳极、阴极和控制极,分别用__A__表示。

A.A、K、G B.K、G、A C.K、A、G D.G、A、K

11)在星形连接的电源中可以获得两种电压,这两种电压就是__C__。

A.线电压、线电压 B.相电压、相电压

C.线电压、相电压 D.都不对

12)由__B__根相线和一根零线所组成的供电方式叫做三相四线制。

A.二 B.三 C.四 D.五

13)三相系统就是由三个频率和有效值都相同,而相位互差__D__的正弦电动势组成的供电系统。

A.90° B.100° C.110° D.120°

14)一个功率为2.5kW的用电负载,3个小时的用电量是__C__kWh。

A.3 B.6 C.7.5 D.10

15)电压超前电流90°的是__A__电路。

A.纯电感 B.纯电容 C.负载 D.都不是

16)三相对称电源作星形连接时,三相总电流__C__。

A.等于其中一相电流的3倍 B.等于其中一相电流的3倍

C.等于零

17)提高电力系统功率因数的方法是与负荷并联__B__。

A.电感器 B.电容器 C.电阻 D.负载

18)三相对称电源作星形连接时,线电压是相电压的$\sqrt{3}$倍,且线电压超前相电压__C__。

A.10° B.20° C.30° D.40°

19)三个阻值相等的电阻串联时的总电阻是并联时总电阻的__D__倍。

A.3 B.6 C.8 D.9

20)在纯电容电路中,电压滞后电流相位__A__。

A.90° B.100° C.70° D.80°

2.9.2 多项选择题

21)关于感应式电能表,下列说法正确的是__ABD__。

A.电能表内部有一个电压线圈和一个电流线圈

B.机械式积算器的作用是记录用户用电量多少的一个指示装置

C.电能表前允许安装开关,以方便用户维护电能表

D.电能表后可以安装开关,以方便用户维护电器及线路

22)万用表的结构主要由__ABCD__等组成。

A.表头 B.测量电路 C.转换开关 D.电池

23)兆欧表的主要结构由__BD__两部分组成。

A.电池 B.手摇直流发电机

C.手摇交流发电机 D.磁电式流比计测量机构

24)晶体三极管的三个电极分别是__BCD__。

A.阳极 B.发射极 C.集电极 D.基极

25)晶体三极管的三种工作状态分别是__ABD__。

A.放大状态 B.截止状态 C.正常状态 D.饱和状态

26)晶体三极管的三种放大电路的连接方式分别是__ACD__。

A.共基极放大电路 B.正常放大电路

C.共集电极放大电路 D.共发射极放大电路

27)晶体二极管按材料分有__AB__。

A.锗二极管 B.硅二极管 C.硅锗二极管 D.整流二极管

28)正弦交流电的三要素是__ABC__。

A.最大值 B.周期 C.初相位 D.有效值

29)电路通常有__BCD__几种状态。

A.环路　B.通路　C.短路　D.开路

30)磁场磁力线的方向是___BD___。

A.由S极到N极　B.在磁体内部由S极到N极

C.由N极到S极　D.在磁体外部由N极到S极

31)以下说法正确的是___AD___。

A.欧姆定律是反映电路中电压、电流和电阻三者之间关系的定律

B.基尔霍夫电流定律也称基尔霍夫第二定律

C.并联电路中电流的分配与电阻成正比

D.串联电路中电压的分配与电阻成正比

32)电力系统中A、B、C三相母线分别用___ABC___标示。

A.黄色　B.绿色　C.红色　D.白色

33)以Ω为单位的电工物理量有___ACD___。

A.电阻　B.电感　C.感抗　D.容抗

解读:感抗的计算公式是:$X_L=2\pi fL=\omega L$

式中,X_L是感抗,单位为Ω;f是作用于电感的交流电源的频率,单位Hz;L是电感的电感量,单位亨利。$\omega=2\pi f$。

容抗的计算公式是:$X_C=1/(2\pi fC)=1/(\omega C)$

式中,X_C是容抗,单位为Ω;f是作用于电容的交流电源的频率,单位Hz;C是电感的电容量,单位法拉。$\omega=2\pi f$。

34)三相负载的连接方式主要有___AD___。

A.星形连接　B.三相四线连接　C.三相三线连接　D.三角形连接

35)以下说法正确的是___CD___。

A.如果三相对称负载的额定电压是220V,要想接入线电压为380V的电源上,则应接成三角形连接

B.三相电路中,当使用额定电压为220V的单相负载时,应接在电源的相线与相线之间

C.三相电路中,当使用额定电压为380V的单相负载时,应接在电源的相线与相线之间

D.如果三相对称负载的额定电压为380V,则应将它们接成三角形连接

36)下列器件利用自感特性制造的有___ABD___。

A.传统的日光灯镇流器　B.自耦变压器　C.滤波器　D.感应线圈

37)接地电阻测量仪主要由___ABCD___组成。

A.手摇发电机　B.电流互感器　C.电位器　D.检流计

38)数字万用表除了具有指针式万用表的功能外,还可以测量___ABCD___。

A.电感量　B.电容量　C.PN结的正向压降　D.交流电流

39)万用表使用完毕,应将转换开关置于___BC___。

A.最高电阻挡　B.交流电压最大挡

C.OFF挡　D.交流电流最大挡

40)三相交流电的电源相电压为220V,以下说法正确的是___ABD___。

A.电源作Y接,负载作Y接,负载相电压为220V

B.电源作△接,负载作Y接,负载相电压为127V

C.电源作△接,负载作Y接,负载相电压为220V

D.电源作Y接,负载作△接,负载相电压为380V

解读:三相交流电源作Y连接时,线电压等于$\sqrt{3}$倍的相电压,线电流等于相电流。三相交流电源作△连接时,线电压等于相电压,线电流等于$\sqrt{3}$倍的相电流。

2.9.3　判断题(认为以下说法正确时,在题后的括号内打√号,否则打×号)

41)使用万用表可以测量变压器的线圈电阻。　(×)

解读:因为变压器的线圈电阻很小,所以不宜使用万用表测量其线圈电阻。

42)欧姆定律指出,在一个闭合电路中,当导体温度不变时,通过导体的电流与加在导体两端的电压成反比,与其电阻成正比。　(×)

43)磁力线是一种闭合曲线。　(√)

44)基尔霍夫第一定律是节点电流定律,是用来证明电路上各电流之间关系的定律。　(√)

45)接地电阻测试仪就是测量线路的绝缘电阻的仪器。　(×)

46)因为交流电没有正负极之分,所以测量交流电路的有功电能时,其电压线圈、电流线圈的各个端钮可以任意接在线路中。　(×)

47)交流电压表和交流电流表测量所得的值都是有效值。　(√)

48)在串联电路中,电流处处相等。　(√)

49)电流表的内阻越小越好,测量时将电流表串联在负载电路中。　(√)

50)电压表的内阻越大越好,测量时将电压表并联在负载两端。(√)

中级电工资格证考前学习题库

冯少祥

电工作业人员上岗应该持有职业技能资格证书，该证是按照《中华人民共和国劳动法》的规定，要求从业人员应该持有的。资格证有初级、中级、高级、技师和高级技师五个等级，由人力资源和社会保障厅(局)的职业技能鉴定中心按照不同的鉴定级别，进行理论和实操考试考核，成绩及格者发给相应级别的职业资格证书。职业资格证书可在国家人社部的官网上查询其真伪及有效性。

为了帮助电气作业人员顺利考取职业资格证书，这里提供中级电工资格证的理论考试复习题供学习参考，共有200道题，每题0.5分，满分100分。及格分数是60分及以上。题后附有答案。学习时应首先根据题意自行做出判断，因为只有理解了的知识才能轻松地记住答案。暂时不能理解的问题，可在百度上，或相关技术资料上寻找答案的理论依据，力求搞懂。

电气作业人员在学习和考取资格证过程中若有任何困难，均可发送电子邮件至13835879549@139.com，将给以免费帮助或指导。

题库共200题，每题0.5分，总分100分

一、判断题(第1~40题，共40题，每题0.5分，满分20分)

1.(✓)使用交直流耐压设备前，应熟悉其基本结构、工作原理和使用方法。

2.(✓)电动机额定功率 P_S=5.5kW，额定转速为 n_S=1440转/分，则额定转矩 T_S 为36.48牛·米。

3.(×)交流电的无功功率是指电感元件所消耗的电能。

4.(×)装熔丝时，一定要沿逆时针方向弯过来，压在垫片下。

5.(×)测量接地装置的接地电阻宜在刚下过雨后进行。

6.(×)35kV以上有避雷线的架空线路的接地电阻与土壤电阻率大小和接地形式无关。

7.(✓)单臂电桥使用完毕后，应先断开电源按钮，再断开检流计按钮。

8.(×)功率因数表只能测量出负载电路的功率因数值，而不能表明负载是感性负载还是容性负载。

9.(✓)直流电动机的励磁方式可分为他励、并励、串励和复励。

10.(×)放大电路放大的实质就是用输出信号控制输入信号。

11.(×)共集电极接法放大器又称共基准接法放大器。

12.(×)使用交流电压表测定电力变压器的变压比时，仪表准确度为1.5级。

13.(×)25#新绝缘油的闪点应不高于140℃。

14.(✓)放大电路放大的实质就是用输入信号控制输出信号。

15.(✓)三相异步电动机的转差率s是衡量异步电动机性能的一个重要参数。

16.(✓)钳形电流表所指示的电流就是所测导线的实际工作电流。

17.(✓)以交流电动机为动力来拖动生产机械的拖动方式叫做交流电力拖动。

18.(✓)油断路器三相同期的调整是通过调整绝缘提升杆或导电杆，动触头或定触头的位置直到三相同期为止。

19.(×)测量变压器绕组连同套管一起的直流电阻时，连接导线的截面积应尽量的小。

20.(✓)测量三相有功功率可用一表法、两表法、三表法和三相有功功率表进行测量。

21.(✓)车间目标管理可以分解为班组目标和个人目标管理。

22.(✓)给母线涂以变色漆是判断发热的一种方法。

23.(✓)干式电抗器三相水平排列时，三相绕向应相同。

24.(×)RLC串联交流电路中，电压一定超前电流一个角度。

25.(✓)差动放大器是为克服零点漂移而设计。

26.(×)热继电器的双金属片是由一种热膨胀系数不同的金属材料碾压而成。

27.(×)三相对称电路中，三相视在功率等于三相有功功率与三相无功功率之和。

28.(×)一般额定电压为380V的三相异步电动机，绝缘电阻应大于1MΩ以上才可使用。

29.(×)晶闸管门极上不加正向触发电压，晶闸管就永远不会导通。

30.(✓)运行中的电力变压器若发生放电的“噼啪”声，可能是其内部接触不良或出现绝缘击穿现象。

31.(×)谐振过电压属于外部过电压。

32.(✓)在直流电路中，并联电阻的等效电阻小于其中任一个电阻值。

33.(×)为使阀型避雷器不受冲击，一般只做一次工频放电电压试验，即可确定其工频放电电压值。

34.(✓)交流电流表标尺是按有效值进行刻度的。

35.(×)电能表铝盘旋转的速度与通入电流线圈中的电流成正比。

36.(✓) 晶闸管正向阻断时，阳极与阴极间只有很小的正向漏电流。

37.(✓)介质损失角正切值的测量，现通常采用西林电桥，又称高压交流平衡电桥。

38.(✓)三相负载三角形连接的电路，线电流是指流过相线中的电流。

39.(✓)单相交流电路中，无功功率的计算公式为Q=UIsinΦ

40.(✓)共集电极接法放大器又称射极输出器。

二、单选题(第41~200题，共160题，每题0.5分，满分80分)

41.手摇式兆欧表的测量机构，通常是用__C__做成。

A.铁磁电动系　B.电磁系比率表

C.磁电系比率表　D.电动系比率表

42.下列关于摇表的使用，__D__是不正确的。

A.用摇表测试高压设备的绝缘时，应由两人操作

B.测量前应对摇表进行开路、短路校验

C.测试前必须将被试线路或电气设备接地放电

D.测试完毕应先停止摇动摇表，再拆线

43.单相半波可控整流电路，有__A__组触发电压。

A.1　B.2　C.3　D.4

44.在交流电路的功率三角形中，功率因数cosφ等于__C__。

A.无功功率/视在功率　B.无功功率/有功功率

C.有功功率/视在功率　D.视在功率/有功功率

45.笼形异步电动机降压启动能减小启动电流，但由于电动机的转矩与电压的平方成__B__，因此降压启动时转矩减小很多。

A.反比　B.正比　C.正变　D.对应

46.为了降低因绝缘损坏而造成触电事故的危害，将电气设备的金属外壳和接地装置作可靠的电气连接，叫__C__。

A.工作接地 B.重复接地 C.保护接地 D.中性点接地

47.差动放大电路是为克服__D__而设计的。

A.截止失真 B.饱和失真 C.交越失真 D.零点漂移

48.由专用变压器供电时，电动机容量小于变压器容量的__D__，允许直接启动。

A.60% B.40% C.30% D.20%

49.星形连接的三相对称电路中，线电压超前相应相电压__D__。

A.90° B.180° C.45° D.30°

50.直流双臂电桥采用两对端钮，是为了__B__。

A.保证桥臂电阻比值相等 B.消除接线电阻和接触电阻影响

C.采用机械联动调节 D.以上说法都不正确

51.星形接线线电压为220V的三相对称电路中，其各相电压为__C__。

A.220V B.380V C.127V D.110V

52.__A__可以签发电气设备工作票。

A.工作负责人 B.工作许可人

C.工作人员 D.熟悉本工作规程的生产领导

53.下列__A__触发方式不属于可控硅触发电路。

A.电容器触发 B.锯齿波移相触发

C.正弦波同步触发 D.集成电路触发

54.触发导通的晶闸管，当阳极电流减小到低于维持电流时，晶闸管的状态是__B__。

A.继续维持导通 B.转为关断

C.只要阳极、阴极间仍有正向电压，管子能继续导通 D.不能确定

55.我国常用导线标称截面积，按其mm^2大小顺序排列为……16、25、35、50、70、__、120、150、185，上述空格中应填的导线截面积为__C__。

A.80 B.85 C.95 D.110

56.相电压是__B__间的电压。

A.火线与火线 B.火线与中线 C.中线与地

57.避雷器内串联非线性元件的非线性曲线用__C__方法获得。

A.交流耐压试验 B.直流耐压试验

C.测量电导电流 D.测量泄漏电流

58.使设备抬高到一定高度，使用液压千斤顶__D__。

A.不省力 B.不省力省功 C.省功 D.省力不省功

59.普通晶闸管门极与阴极间的反向电阻比正向电阻__C__。

A.大得多 B.基本相等 C.明显大一些 D.小一些

60.SF6断路器调整时，相间中心距离误差不大于__A__。

A.5mm B.10mm C.12mm D.20mm

61.三相电源绕组产生的三相电动势在相位上互差__D__。

A.30° B.90° C.180° D.120°

62.在可控整流电路中，输出电压随控制角的变大而__B__。

A.变大 B.变小 C.不变 D.无规律

63.电能的单位"度"与"焦耳"的换算关系是，1度等于__C__焦耳。

A.360 B.3600 C.3.6×10^6 D.3.6

64.下述方法__D__不能改变异步电动机转速。

A.改变电源频率 B.改变磁极对数

C.改变转差率 D.改变功率因数

65.6kV FS型避雷器大修后工频放电电压范围因为__B__kV。

A.9~11 B.16~19 C.15~21 D.26~31

66. 某晶体三极管的管压降U_{ce}保持不变，基极电流$I_b=30\mu A$，$I_c=1.2mA$，则发射极电流I_e等于__A__。

A.1.23mA B.1.5mA C.1.17mA D.1.203mA

67.杆坑的深度等于电杆埋设深度，电杆长度在15mk以下时，埋深约为杆长的1/6，如电杆装设底盘时，杆坑的深度应加上底盘的__C__。

A.长度 B.宽度 C.厚度 D.直径

68.避雷器的非线性元件是__C__。

A.火花间隙 B.分路电阻 C.阀片 D.垫片

69.变压器连接组别是指变压器原、副边绕组按一定接线方式连接时，原副边电压或电流的__C__关系。

A.频率 B.数量 C.相位 D.频率、数量

70.DB-45型新绝缘油，用目测检查油样时，__A__炭微粒和机械杂质。

A.不应发现有 B.允许含有微量

C.允许含有一定量 D.允许含有少量

71.当对被试品进行直流耐压试验时，交直流两用试验变压器的短路杆应__D__。

A.短接 B.拧松 C.断开 D.抽出

72.在自动控制系统中测速发电机常作为__A__使用。

A.测速元件 B.执行元件 C.能量转换元件 D.放大元件

73.仪器仪表的维护存放，不应采取__C__措施。

A.轻拿轻放 B.棉线擦拭 C.放在强磁场周围 D.保持干燥

74.电能的计算公式是__A__。

A.$A=UIt$ B. $A=I^2R$ C. $A=UI$ D. $A=U^2/R$

75.交流耐压试验规定试验电压一般不大于出厂试验电压的__A__。

A.70% B.75% C.80% D.85%

76.电力电缆是按照电缆的电流__B__来选择的。

A.电压等级 B.载流量 C.最小值 D.最大值

77.敷设电缆时，路径的选择原则是__D__。

A.造价经济 B.方便施工 C.安全运行 D.前三种说法都对

78.立杆时，当电杆离地面高度为__C__时，应停止立杆，观察立杆工具和绳索吃力情况。

A.0.5m B.1.5m C.1m D.2m

79.安装低压开关及其操作机构时，其操作手柄中心距离地面一般为__C__mm。

A.500~800 B.1000~1200 C.1200~1500 D.1500~2000

80.35kV避雷器安装位置距变压器的距离，一般要求是不应大于__C__。

A.5m B.10m C.15m D.20m

81.在纯电感电路中，端电压__B__电流90°。

A.滞后 B.超前 C.等于 D.与电流同相位

82.交流耐压试验的主要设备有__D__。

A.试验变压器 B.试验变压器和调压设备

C.限流电阻和电压测量装置 D.含BC两项

83.对直流电动机进行制动的所有方法中最经济的制动是__B__。

A.机械制动 B.回馈制动 C.能耗制动 D.反接制动

84.运行中实施交流异步高速电动机的有级调速，其控制原理是__B__。

A.改变电动机内部接线 B.改变电动机外部接线

C.改变电动机外部电源电压 D.调节电动机输入电流

85.常用检查三相变压器联结组别的试验方法是__D__。

A.双电压表法 B.直流法 C.相位法 D.含A、B、C

86.绝缘油水分测定的方法是__C__。

A.蒸发 B.滤湿法 C.GB260石油产品水分测定法 D.目测

87.接地摇表的电位探针和电流探针应沿直线相距__B__米分别插入地中。

A.15 B.20 C.25 D.30

88.电缆直流耐压试验开始前,微安表量程应置于__C__。

A.最小量程上 B.最大量程上 C.中间量程上 D.无规定

89.关于钳形电流表的使用,下列__D__的说法是正确的。

A.导线在钳口中时,可从大到小切换量程

B. 导线在钳口中时,可从小到大切换量程

C. 导线在钳口中时,可任意切换量程

D. 导线在钳口中时,不能切换量程

90.电力电缆进行泄漏电流试验,应在加压至0.25、0.5、0.75和1.0倍试验电压时每点停留__B__分钟读取泄漏电流。

A.0.5 B.1 C.2 D.3

91.同根电杆上,架设双回路或多回路时,各层横担间的垂直距离(高压与高压直线杆)不应__C__mm。

A.小于600 B.大于600 C.小于800 D.大于800

92 油介损的测试应使用__C__。

A.双臂电桥 B.单双臂电桥

C.高压交流电桥 D.直流耐压试验仪

93.耐压试验现场工作必须执行工作票制度、工作须可制度、工作监护制度,还有__D__制度。

A.工作间断 B.工作转移

C.工作终结 D.工作间断、转移及总结

94.45号绝缘油的凝固点为__D__。

A.-25° B.-35° C.-40° D.-45°

95.便携式交流电压表,通常采用__D__测量机构。

A.磁电系 B.电磁系 C.静电系 D.电动系

96.35kV断路器大修后的绝缘电阻标准是__C__MΩ。

A.300 B.1000 C.2500 D.5000

97.单相交流电路的有功功率计算公式P=__A__。

A.UIcosΦ B.UIsinΦ C.UI D.UI+UIcosΦ

98.欲测量250V电压,要求测量的相对误差不大于±0.5%,如果选用量程为300V的电压表,其准确度等级应为__B__。

A.0.1级 B.0.2级 C.0.5级 D.1.0级

99.将三相负载分别接于三相电源的两相线间的接法叫负载的__C__。

A.Y接 B.并接 C.三角接 D.对称接法

100.在交流耐压试验中,被试品满足要求的指标是__D__。

A.试验电压符合标准 B.耐压时间符合标准

C.试验接线符合标准 D.试验电压符合标准和耐压时间符合标准

101.测量的__D__主要是由于读取错误及对观察结果的不正确记录造成的。

A.测量方法误差 B.系统误差 C.偶然误差 D.疏失误差

102.10(6)kV瓷横担双回配电线路的杆头布置最常见的是__C__。

A.三角 B.水平 C.三角加水平 D.三角加垂直

103.三相四线制供电系统中,相电压指的是__C__。

A.两相线间的电压 B.零对地电压

C.相线与零线间的电压 D.相线对地电压

104.变压器绕组的直流电阻测量方法通常有__D__。

A.电压表法和平衡电桥法 B.电流表法和平衡电桥法

C.电压表法和电流表法 D.电压降法和平衡电桥法

105.干式电抗器三相水平排列时,三相绕向应__B__。

A.无规定 B.相同 C.相反 D.同向、反向交替

106.用电压降法测量变压器绕组的直流电阻,应采用__B__电源。

A.交流 B.直流 C.高压 D.低压

107.25号绝缘油的凝固点为__A__。

A.-25° B.-35° C.-40° D.-45°

108.变压器油要对流散热,因此凝固点__B__。

A.越大越好 B.越小越好 C.适中为好 D.多大都可以

109.电力变压器并联运行是将满足条件的两台或多台电力变压器__C__同极性端子之间通过同一母线分别互相连接。

A.一次侧 B.二次侧 C.一次侧和二次侧 D.上述说法都对

110.转角杆的拉线位于转角二等分线的__B__上。

A.平行线 B.延长线 C.30°线 D.60°线

111 对绝缘油做电气强度试验时,油样注入油杯,盖上玻璃盖后应静置__C__。

A.1min B.5min C.10min D.30min

112.三相四线制的零线的截面积一般__B__相线截面积。

A.大于 B.小于 C.等于 D.无所谓

113.指针式万用表采用的是__B__测量机构。

A.电磁系 B.磁电系 C.感应系 D.静电系

114.下列__A__阻值的电阻适用于直流双臂电桥测量。

A.0.1Ω B.100Ω C.500kΩ D.1MΩ

115. 交流耐压试验是鉴定电气设备__B__的最有效和最直接的方法。

A.绝缘电阻 B.绝缘强度 C.绝缘状态 D.绝缘情况

116.6~10kV架空线路常采用的保护有__A__。

A.过电流保护 B.短路保护 C.过载保护 D.上述说法都不对

117.电路的视在功率等于总电压与__A__的乘积。

A.总电流 B.总电阻 C.总阻抗 D.总功率

118.变压器的初、次级电流I_1、I_2和初、次级电压U_1、U_2之间的关系为__B__。

A.$I_1/I_2=U_1/U_2$ B.$I_1/I_2=U_2/U_1$ C.$I_1/I_2=U_1^2/U_2^2$ D.无明显规律

119.变电所信号灯闪烁故障是由于__C__原因造成的。

A.信号母线故障 B.灯泡故障 C.断路器拒合 D.控制回路故障

120.三相电路中,已知线电压为250V,线电流为400A,则三相电源的视在功率是__B__。

A.100kVA B.173kVA C.30kVa D.519kVA

121.防雷接地装置的安装应保证其接地电阻不超过__B__。

A.4Ω B.8Ω C.20Ω D.40Ω

122.变压器的中性点接地属于__A__。

A.工作接地 B.保护接地 C.重复接地 D.零线接地

123.避雷器用于电气设备的__A__保护。

A.大气过电压 B.操作过电压 C.谐振过电压 D.工频电压升高

124.接地摇表在减小或消除市电干扰方面,采取__B__措施。

A.提高发电机电压 B.特设发电机电源频率为90Hz

C.自备发电机电源 D.选择不同仪表端子

125.运行的变压器发生__D__现象应立即停运检修。

A.储油柜或安全气道喷油

B.严重漏油,使油面低于油位表指示限度

C.套管有严重破损和放电现象

D.有上述情况之一时

126.在以ωt为横轴的电流波形图中,取任一角度所对应的电流值叫该电流的__C__。

A.最大值 B.有效值 C.瞬时值 D.平均值

127.单向晶闸管内部有__B__PN结。

A.二个 B.三个 C.四个 D.多于四个

128.雷电通过电力网或设备直接放电而引起的过电压称为__C__。

A.雷的放电 B.感应过电压 C.直击雷过电压 D.大气放电

129.架空导线型号TJ50的含义是__B__。

A.截面积50mm²的铜绞线 B.标称截面积50mm²的铜绞线

C.长度 50m 的铜绞线　D.标称截面积 $50mm^2$ 的铝绞线

130.检测电源正反相序应用＿B＿电工仪表。

A.频率表　B.相序表　C.功率因数表　D.相位表

131.一般钳形电流表，不适用＿D＿电流的测量。

A.单相交流电路　B.三相交流电路

C.高压交流二次回路　D.直流电路

132.电气设备的交流耐压试验不能判断＿C＿的大小。

A.绝缘水平　B.绝缘的耐压能力　C.绝缘电阻　D.绝缘强度

133.架空线路的施工程序分为＿D＿。

A.杆位复测、挖坑　B.排杆、组杆　C.立杆、架线　D.以上都正确

134.通常用来提高功率因数的方法是＿D＿。

A.并联补偿法　B.提高自然功率因数

C.降低感性无功功率　D.A 和 B 说法正确

135.零序电流保护只能反映单相接地时所特有的＿C＿。

A.零序电流　B.零序电压

C.零序电流和零序电压　D.上述说法都不对

136.晶闸管导通的条件是＿C＿。

A.阳极和阴极间加正向电压，门极不加电压

B.阳极和阴极间加反向电压，门极和阴极间加正向电压

C.阳极和阴极、门极和阴极间都加正向电压

D.阳极和阴极间加正向电压，门极加反向电压

137.某一交流电路，其端电压为 1000V，电路总电流是 20A，则其视在功率为＿C＿。

A.1000VA　B.2000VA　C.20000VA　D.500VA

138. 电动机绕组采用三角形连接接于 380V 三相四线制系统中，其中三个相电流均为 10A，功率因数为 0.1，则其有功功率为＿C＿。

A.0.38kV　B.0.658kV　C.1.14kW　D.0.537kW

解读：相电流为 10A，则线电流为 10A×1.732=17.32A，视在功率等于线电压乘以线电流，再乘以 1.732 得 11.4kVA。由于功率因数为 0.1，所以有功功率等于 1.14kW。

139.一般情况下，有保安负荷的用户应用＿B＿电源供电。

A.一个　B.双路　C.两个以上　D.无规定

140.若变压器的额定容量是 P_S，功率因数是 0.8，则其额定有功功率是＿C＿。

A.　P_S　B.1.25P_S　C.0.8P_S　D.0.64P_S

141.在解析式 u=Umsin(ωt+Φ)中，Φ 表示＿C＿。

A.频率　B.相位　C.初相位　D.相位差

142.电动系频率表未使用时其指针指向＿B＿。

A.标度尺的最大值　B.标度尺的中间值

C.标度尺的最小值　D.随机平衡状态

143.下列关于示波器的使用，＿D＿是正确的。

A.示波器通电后即可立即使用

B.示波器长期不使用也不会影响其正常工作

C.示波器工作中间因某种原因将电源切断后，可立即再次启动仪器

D.示波器在使用中不应经常开闭电源

144.交流电路中，无功功率是＿C＿。

A.电路消耗的功率　B.瞬时功率的平均值

C.电路与电源能量交换的最大规模　D.电路的视在功率

145.做交流耐压试验，主要考验被试品绝缘的＿D＿能力。

A.承受过负荷　B.绝缘水平　C.绝缘状态　D.承受过电压

146.关于单向晶闸管的构成，下述说法正确的是＿B＿。

A.可以等效的看成是由三个三极管构成

B.可以等效的看成是由一个 NPN、一个 PNP 三极管构成

C.可以等效的看成是由两个 NPN 三极管构成

D.可以等效的看成是由两个 PNP 三极管构成

147.交流接触器的额定工作电压，是指在规定条件下，能保证电器正常工作的＿C＿电压。

A.最低　B.最高　C.有效值　D.平均值

148.保护接零指的是低压电网电源的中性点接地，设备外壳＿A＿。

A.与中性线连接　B.接地　C.接零或接地　D.不接零

149.高压架空输电线路，通常采用＿C＿防雷措施。

A.避雷针　B.避雷器　C.避雷线　D.防雷防电间隙

150.为使仪表保持良好的工作状态与精度，调校仪表不应采取＿C＿。

A.定期调整校验　B.经常做零位调整

C.只在发生故障时调整校验　D.修理后调整校验

151.仪器仪表的维护存放，不应＿A＿。

A.放在强磁场周围　B.保持干燥　C.棉纱擦拭　D.轻拿轻放

152.电能质量通常用＿D＿项指标来衡量。

A.电压偏差和负序电压系数　B.电压波动和闪变

C.电压正弦波畸变率　D.以上都正确

153.电力电缆铝芯线的连接常采用＿B＿。

A.插接法　B.钳压法　C.绑接法　D.焊接法

154.对电力系统供电的基本要求是＿D＿。

A.供电可靠性　B.电能质量合格

C.安全经济合理性　D.上述说法都对

155.要扩大直流电压表的量程，应采用＿D＿。

A.并联分流电阻　B.串联分流电阻

C.　并联分压电阻　D.串联分压电阻

156.交流接触器的接通能力，是指开关闭合接通电流时不会造成＿A＿的能力。

A.触点熔焊　B.电弧出现　C.电压下降　D.电压升高

157.10kV 高压与高压同杆架设时，转角或分支横担距下横担最小应为＿C＿mm。

A.300　B.450　C.600　D.800

158.高空作业传递工具、器材应采用＿B＿方法。

A.抛扔　B.绳传递　C.下地拿　D.前三种方法都可以

159.由电引起的火灾是电流的＿C＿效应引起的。

A.物理　B.化学　C.热　D.涡流

160.异步电动机空载时的效率为＿A＿。

A.零　B.25%—30%

C.铭牌效率的 30%　D.空载电流与额定电流之比

161.电压表的内阻应该＿D＿。

A.大小无所谓　B.越小越好

C.测量低电压时内阻要小　D.越大越好

162.提高电网功率因数是为了＿D＿。

A.增大有功功率　B.减少有功功率

C.增大无功电能占用　D.减少无功电能占用

163.扩大直流电流表量程的方法是＿B＿。

A.串联分流电阻　B.并联分流电阻

C.串联分压电阻　D.并联分压电阻

164.单量程交流电压表测量 6kV 电压时应＿C＿。

A.　串联分压电阻

B.并联分流电阻　C.配套使用电压互感器　D.并联分压电阻

165.电流表的内阻应该＿B＿。

A.越大越好　B.越小越好

C.大小无所谓　D.测大电流时内阻要大

166.用交流电压表测得交流电压的数值是__B__。

A.平均值 B.有效值 C.最大值 D.瞬时值

167.安装式交流电压表通常采用__B__测量机构。

A.磁电系 B.电磁系 C.电动系 D.静电系

168.电压35kV及以下变电所其供电频率偏差不得超过__A__。

A.±0.5Hz B. ±0.4Hz C. ±0.3Hz D. ±0.2Hz

169.测量三相负载不平衡电路的无功功率,若用一表进行测量,常用__D__进行测量。

A.单相有功功率表 B. 单相无功功率表

C.三相有功功率表 D. 三相无功功率表

170.安装式直流电压表通常采用__A__测量机构。

A.磁电系 B.电磁系 C.静电系 D.电动系

171.用直流单臂电桥测量电阻时,被测电阻的阻值等于比较臂与比率臂的__A__。

A.积 B.商 C.和 D.差

172.发电机并网运行时发电机电压的有效值应等于电网电压的__A__。

A.有效值 B.最大值 C.瞬时值 D.平均值

173.安装电能表时,表的中心应装在离地面__C__处。

A.1米以下 B.不低于1.3米 C.1.5~1.8米 D.高于2米

174. 三相铁芯式变压器是由铁轭把三相__B__连在一起的三相变压器。

A.绕组 B.铁芯 C.绕组和铁芯 D.上述说法都不对

175.高压电动机过负荷保护其保护接线可采取__C__。

A.两相不完全星形 B.两相差接

C. 两相不完全星形或两相差接 D.无规定

176.电力变压器由__D__主要部分组成。

A.铁芯、线圈 B.绝缘结构、油箱

C.绝缘套管、冷却系统 D.以上都包括

177.一般三相电路的相序都采用__D__。

A.相序 B.相位 C.顺序 D.正序

178.并联运行变压器的短路电压比不应超过__C__。

A.±5% B.±8% C.±10% D.±15%

179.下列不属于变压器轻瓦斯保护动作的原因是__D__。

A.空气进入变压器 B.油面缓慢降落

C.发生短路故障 D.变压器内部故障产生大量气体

180.35kV以下的安全用电所使用的变压器必须为__B__结构。

A.自耦变压器 B.一次、二次绕组分开的双绕组变压器

C.整流变压器 D.一次、二次绕组分开的三绕组变压器

181.一般钳形电流表,不适用__C__电流的测量。

A.单相交流电路 B.三相交流电路

C.直流电流 D.高压交流二次电路

182.为了降低铁芯中的__A__,叠片间要相互绝缘,我国制造的变压器全部采用叠片两面涂绝缘漆的方法。

A.涡流损耗 B.空载损耗 C.短路损耗 D.无功损耗

183.一台45kW的电动机,其刚好满负荷时输入的有功功率应该__A__45kW。

A.大于 B.小于 C.等于 D.不确定

184. 使用钳形电流表测量绕线转子式异步电动机的定子电流时,必须选用具有__B__测量机构的钳形表。

A.磁电式 B.电磁式 C.电动式 D.感应式

185.已知正弦交流电流 i=10T2sin(314t+25°),则其频率为__A__Hz。

A.50 B.220 C.314 D.100

186.已知两个正弦量为 $i_1=10\sin(314t+90°)$安,$i_2=10\sin(628t+30°)$安,则__D__。

A. i_1超前$i_2$60° B.i_1滞后$i_2$60°

C.i_1超前$i_2$90° D.不能确定相位差

187.功率因数与__A__是一回事。

A.电源利用率 B.设备利用率 C.设备效率 D.负载效率

188.电力变压器是常用于改变__B__的电气设备。

A.电能大小 B.交流电压大小

C.直流电压大小 D.交流电源频率大小

189.异步电动机铭牌标定功率表示__D__。

A.视在功率 B.有功功率 C.无功功率 D.轴输出的机械功率

190.半导体电路中,用于其短路保护的熔断器是__B__。

A.螺旋熔断器 B.快速熔断器 C.高压熔断器 D.瓷插式熔断器

191.已知正弦交流电压 u=220sin(314t−30°),则其角频率为__D__。

A.30 B.220 C.50 D.100π

192.若两个正弦交流电压反相,则这两个交流电压的相位差为__A__。

A.π B.2π C.90 D.−90

193.IT供电模式就是__A__不接地,而设备外壳接地的供电运行方式。

A.中性点 B.负载 C.电源线 D.设备

194.在正弦交流电的波形图上,两个正弦量正交,说明这两个正弦量的相位差是__C__。

A.180° B.60° C.90° D.0°

195.我国规定的电力系统中性点与大地的关系有__A__种方式。

A.3 B.4 C.5 D.6

解读:中性点接地的方式有接地、不接地和经高阻抗接地三种。

196.在交流电路中总电压与总电流的乘积叫做交流电的__B__。

A.有功功率 B.视在功率 C.无功功率 D.瞬时功率

197.视在功率的单位是__B__。

A.瓦 B.伏安 C.焦耳 D.乏

198. 额定容量为100kVA的变压器,其额定视在功率应__A__100kVA。

A.等于 B.大于 C.小于 D.不确定

199.变压器的铭牌容量是用__B__表示的。

A.有功功率 B.视在功率 C.无功功率 D.功率

200.纯电容电路两端的__A__不能突变。

A.电压 B.电流 C.阻抗 D.电容量

高级电工资格证考前学习题库

卫效武

电工作业人员上岗应该持有职业技能资格证书,该证是按照《中华人民共和国劳动法》的规定,要求从业人员应该持有的。资格证有初级、中级、高级、技师和高级技师五个等级,由人力资源和社会保障厅(局)的职业技能鉴定中心按照不同的鉴定级别,进行理论和实操考试考核,成绩及格者发给相应级别的职业资格证书。职业资格证书可在国家人社部的官网上查询其真伪及有效性。

为了帮助电气作业人员顺利考取职业资格证书,这里提供高级电工资格证的理论考试复习题供学习参考。共有200道题,每题0.5分,满分100分。及格分数是60分及以上。题后附有答案。学习时应首先根据题意自行做出判断,因为只有理解了的知识才能轻松地记住答案。暂时不能理解的问题,可在百度上,或相关技术资料上寻找答案的理论依据,力求搞懂。

电气作业人员在学习和考取资格证过程中若有任何困难,均可发送电子邮件至13835879549@139.com,将给以免费帮助或指导。

题库共200题,每题0.5分,满分100分

一、判断题(第1~40题,共40题,每题0.5分,满分20分)

1.(✓)当油开关跳闸后,能够不用人工操作而使开关自动重新合闸的装置叫自动重合闸装置。

2.(✓)电机安装时,用0.5~5mm钢片垫在机座下来调整电动机的水平。

3.(✓)阻容移相触发电路输出脉冲前沿极平缓,只适用于小功率且控制精度要求不高的单相可控整流电路。

4.(×)可控硅可由两只三极管构成。

5.(✓)电阻测量法是在电路不通电情况下通过测量电路中元件的电阻值,从而判断电路故障的方法。

6.(✓)检查架空线路导线接头有无过热,可通过观察导线有无变色来判断。

7.(×)油断路器一般经过2~3次满容量跳闸,必须进行接替维护。

8.(✓)定额时间是指工人为完成某种工作所必需的工时消耗。

9.(✓)电压测量法是在给设备或电路通电的情况下,通过测量关键的电压(或电位)大小并同正常值比较,从而寻找故障点的方法。

10.(✓)变压器大修时必须检查分接开关及引线。

11.(×)电流正反馈能保证主回路的电流值恒定不变。

12.(×)要求恒转速的负载,应采用开环控制。

13.(×)产品电耗定额不包括仓库照明用电。

14.(✓)电磁铁是根据电流的磁效应和磁能吸引铁的特性和原理制成的。

15.(✓)10kV架空线路的线间距离在档距40m及以下时一般为0.6m。

16.(✓)微机监测系统的模拟量采样取自各种变送器的输出标准信号。

17.(✓)高压电杆的选择,就是选择电杆的材质、杆型、杆高及强度。

18.(✓)电压互感器的熔丝熔断时,备用电源的自动装置不应动作。

19.(✓)放大器的输入电阻是从放大器输入端看进去的等效电阻,它是个交流电阻。

20.(✓)直流放大器能够放大直流信号或随时间变化缓慢的信号。

21.(×)直流控制回路编号从正电源出发,以偶数序号开始编号。

22.(✓)旧电池不能使收音机正常工作的原因是电池内阻增大。

23.(✓)带负荷操作隔离开关可能造成弧光短路。

24.(✓)在家用电器或电子仪器设备检修中,若怀疑某个电容或电阻开路、虚焊时,常用并联实验法判断。

25.(×)故障切除时间等于保护装置动作的时间。

26.(×)功率放大器输出的功率是晶体管本身给的。

27.(✓)发电机应用的是电磁感应原理。

28.(✓)要产生一个周期性的矩形波应采用多谐振荡电路。

29.(×)通过试验测得电容器的电容值比其额定值明显减小,可断定电容器内部介质受潮或元件击穿短路。

30.(×)配电装置中的高压断路器的控制开关属于一次设备。

31.(×)三相同步电动机转子回路的控制电路,通常都设计成其励磁电流可以调节的形式,这是为了调节其转速。

32.(✓)晶体三极管的输出特性是指基极、发射极之间的电压与集电极电流的关系。

33.(✓)在继电保护中常采用中间继电器来增加触点的数量。

34.(✓)继电保护在需要动作时不拒动,不需要动作时不误动是对继电保护的基本要求。

35.(✓)钢筋混凝土电杆的整体起吊的施工方案包括施工方法及平面布置,抱杆及工器具的选择和操作注意事项及安全措施。

36.(×)推广先进的操作方法,可以缩短工时定额的辅助时刻。

37.(✓)HTL门电路抗干扰能力较强的特点是因其阈值电压较高的缘故。

38.(×)三相半波可控整流电路最大导通角是150°。

39.(✓)电力变压器在交接和预防性试验时,应进行绝缘油的试验。

40.(✓)多级放大器常用的级间耦合方式有阻容耦合、直接耦合和变压器耦合。

二、单选题(第41~200题,共160题,每题0.5分,满分80分)

41.异或门电路是在__D__扩展的。

A.与门电路的基础上 B.或门电路的基础上

C.或非门电路的基础上 D.与非门电路的基础上

42.直流放大器的最大特点是__A__。

A.上限频率以下的各个频率的信号都具有放大作用。

B.有很好的稳定性

C.具有直接耦合的特点

D.应用范围很广

43.涡流的产生是下列哪种现象__C__。

A.自感 B.电流热效应 C.互感 D.导体切割磁力线

44.下列关于电动机安装的说法,__D__是正确的。

A.水平安装的电动机只须纵向水平即可

B.水平安装的电动机只须纵向、横向水平即可

C.轴传动的电动机只要轴向在一个中心线上即可

D.电动机安装必须纵向、横向水平校正和传动装置校正

45.当TTL与非门有多个输入端时,为避免可能引起干扰,一般让多余输入端__C__。

A.悬空 B.多余端接在一起

C.和接信号的输入端并联使用 D.接地

46. 对运行中的阀式避雷器进行工频放电试验的周期为__B__一次。

A.1~2 年　B.1~3 年　C.2~3 年　D.2~4 年

47.测量电容器绝缘电阻__C__应注意放电,以防作业人员触电。

A.前　B.后　C.前后

48.在闭合电路中,电源端电压随负载的增大而__A__。

A.减小　B.增大　C.不变　D.不确定

49. 三个阻值相等的电阻串联时的总电阻是并联时总电阻的__D__倍。

A.3　B.4　C.6　D.9

50.晶闸管完全导通后,阳阴极之间的电压应该__D__。

A.等于 0　B.小于 0　C.越大越好　D.越小越好

51.在进行短路计算时,若任一物理量都采用实际值的比值来进行计算,那么这种方法称之为__C__。

A.短路容量法　B.欧姆法　C.标幺值法　D.有名单位制法

52.单相桥式半控整流一般使用__B__只整流二极管。

A.1　B.2　C.3　D.4

53.将一根导线均匀拉长为原长的 2 倍,则它的阻值为原阻值的__D__倍。

A.1　B.2　C.3　D.4

54.35~110kV 架空线路与居民区在导线最大弧度时的最小垂直距离为__C__。

A.5m　B.6.5m　C.7m　D.9m

55.《全国供用电规则》规定供电部门供到用户受电端的电压偏差,35kV 及以上允许值为__A__。

A.±5%　B.±10%　C.±7%　D.±3%

56.晶体三极管__A__时,Uce≈0,电阻很小,相当于开关闭合。

A.饱和　B.截止　C.放大　D.过损耗

57.单相半波可控整流电路的最大移相范围是__D__。

A.90°　B.120°　C.150°　D.180°

58.在线性电路中,叠加原理不适用于__D__的计算。

A.电压　B.电流　C.电动势　D.功率

59.当电视机发生__A__故障时,用示波器逐级检查电路原理图中频通道所示波形,波形不正常部位,即为故障所在色度通道。

A.有图像无彩色　B.无图像无彩色　C.无图像有彩色　D.无图像无声音

60.高压架空线路直线转角杆塔的转角不应大于__A__。

A.5°　B.7°　C.10°　D.15°

61.我们通常将计算机的__C__集成在一个或几个芯上,称微处理器。

A.运算器与存储器　B.存储器与控制器

C.运算器与控制器　D.运算器

62.真空断路器的触头常采用__C__。

A.桥式触头　B.指形触头　C.对接式触头　D.瓣式触头

63.水轮发电机作进相运行时,将向系统输送一些功率,下述说法中正确的是__D__。

A.感性的无功功率　B.感性的无功功率和部分有功功率

C.有功功率　D.容性的无功功率和部分有功功率

64.做电力电缆中间头时,要求导线接触良好,其接触电阻应小于等于线路中间同一长度导体电阻的__B__倍。

A.1　B.1.2　C.1.5　D.2

65.磁力线是一种__D__曲线。

A.长方形　B.圆形　C.椭圆形　D.闭合

66.运行中变压器着火应__A__。

A.切断电源开动灭火装置

B.不切断电源,用二氧化碳或干粉灭火器灭火

C.带电状态下用水灭火

D.以上几种方法都可以

67.铜芯电缆用于二次回路时,其导线截面积不得小于__C__mm^2。

A.0.75　B.1.0　C.1.5　D.2.5

68.为便于走线简捷,电能表应装配在配电装置的__A__。

A.左方或下方　B.右方或上方　C.右方　D.上方

69.在三相四线制电路中,当三相负载不平衡时,三相电压相等,中性线电流__D__。

A.增大　B.减小　C.等于 0　D.不等于 0

70.从劳动定额管理方面判断,下列__D__可以缩短机动时间。

A.延长工人休息时间　B.延长准备与结束时间

C.缩短设备维修时间　D.对设备进行技术改造

71.下列关于 78 系列集成稳压块的说法正确的是__C__。

A.输入、输出端可以互换使用　B.三端可以任意调换使用

C.三端不能任意调换使用　D.输出电压与输入电压成正比

72.凸极发电机的电枢反应可分为顺轴电枢反应和交轴电枢反应,下面所述正确的是__D__。

A.顺轴电枢反应为去磁作用　B.顺轴电枢反应为交磁作用

C.交轴电枢反应为去磁作用　D.二者作用相同

73.变电所设备缺陷按重大程度及对安全造成的威胁可以分为__A__类。

A.三　B.五　C.六　D.八

74.合上电源开关,熔丝立即烧断,则线路出现__A__。

A.短路　B.开路　C.电压太高　D.电压太低

75.运行中发现刀闸接触部分过热应__A__。

A.立即将刀闸拉开　B.减小负荷,待停电时紧固各结构件

C.立即断开负荷开关　D.不管它

76.高压线路的档距,在城市和居民区为__A__。

A.25~30　B.60~100　C.100~150　D.150~170

77.工业过程的微机控制充分利用了微机的__D__。

A.判断能力　B.存储能力　C.实时处理能力　D.计算和存储能力

78.测量电力电缆绝缘电阻时,1kV 及以上的电缆用 2500V 的兆欧表,摇速达 120 转/分后,应读取__A__分钟以后的数值。

A.1　B.2　C.3　D.0.5

79.下列灯具中,功率因数最高的是__A__。

A.白炽灯　B.节能灯　C.日光灯　D.LED 灯

80.更换或检修用电设备时,最好的安全措施是__A__。

A.切断电源　B.站在木凳上操作　C.戴橡皮手套操作　D.单手操作

81.制作电缆终端头时,耐油橡胶管应套到离线根部__C__的远处。

A.10mm　B.15mm　C.20mm　D.25mm

82.线路单相短路是指__C__。

A.电流太大　B.功率太大　C.零火线直接接通　D.两火线直接接通

83.对于夜间影响飞机或车辆通行的,机械设备上安装的红色信号灯,其电源设在总开关__A__。

A.前侧　B.后侧　C.左侧　D.右侧

84.兆欧表的两个主要组成部分是__C__和磁电式流比计,

A.电流互感器　B.电压互感器

C.手摇直流发电机　D.手摇交流发电机

85.钳形电流表由电流互感器和带__B__的磁电式表头组成。

A.测量电路　B.整流装置　C.外壳　D.指针

86.钳形电流表测量电流时,可以在__B__电路的情况下进行。

A.断开　B.不断开　C.接通　D.短路

87.测量接地电阻时,电位探针应接在距接地端__C__m 的地方。

A.5　B.10　C.20　D.40

88.当电气火灾发生时，应首先切断电源再灭火，但当电源无法切断时，只能带电灭火，500V 低压配电柜灭火可选用的灭火器是__A__。

A.二氧化碳灭火器 B.泡沫灭火器 C.水基式灭火器 D.以上都可以

89.单结晶体管触发电路具有__B__的特点。

A.脉冲宽度较宽，脉冲前沿极陡 B.脉冲宽度较窄，脉冲前沿极陡 C.脉冲宽度较窄，脉冲前沿平缓 D.脉冲宽度较宽，脉冲前沿平缓

90.绝缘安全用具分为__C__安全用具和辅助安全用具。

A.直接 B.间接 C.基本 D.绝缘衣帽

91."禁止攀登，高压危险"的标志牌应值作成__C__。

A.白底红字 B.红底红字 C.红底白字 D.白底红边黑字

92.下面__D__不是三态 TTL 门的状态。

A.高电平状态 B.低电平状态 C.高阻状态 D.不确定状态

93.使用滚动轴承的电动机，其轴承润滑油最长运行__D__小时就应更换。

A.1000~1500 B.1500~2000 C.2000~2500 D.2500~3000

94.在非门电路中，三极管的作用是__C__。

A.放大作用 B.稳定作用 C.截止和饱和作用 D.谐振作用

95.当 10kV 高压控制系统发生电气火灾时，如果电源无法切断，必须带电灭火，则可选用的灭火器是__A__。

A.干粉灭火器 B.二氧化碳灭火器 C.泡沫灭火器 D.水基式灭火器

96. 变压器绕组采用三角形接线时，绕组的线电压__A__其相电压。

A.等于 B.大于 C.小于 D.不确定

97.对运行中发电机的检查内容，其中最容易出故障、需要仔细检查的项目是__B__。

A.发电机各部温度及振动情况

B.励磁系统的滑环、整流子及电刷运行状况

C.定子绕组端部的振动磨损及发热变色

D.冷却器有无漏水及结露现象

98.隔离开关不能用于下述__D__项操作。

A.隔离电源，隔离故障

B.切断小电流，隔离带电设备

C.隔离电源，倒闸操作，切断小电流

D.切断负荷电流

99.DH 型自动重合闸装置中没有下列中的__D__继电器。

A.时间 B.中间 C.保护出口 D.信号

100.发电机差动保护出口侧和中性点侧电流互感器二次接线是__B__。

A.出口侧为星形；中性点侧为三角形

B.出口侧和中性点侧均为三角形

C.出口侧为三角形，中性点侧为星形

D.两侧均为星形

101.单稳态触发器具有__C__。

A.两个稳态 B.两个暂稳态

C.一个稳态和一个暂稳态

D.稳定状态不能确定

102.磨损后间隙不合格的滚动轴承应__B__。

A.修理后再用 B.更换 C.修理轴承座 D.修轴颈

103.变配电所新安装的二次接线回路，应测量__D__的绝缘电阻。

A.导线对地 B.缆芯间 C.相邻导线间 D.以上三者

104.在变电所二次回路上工作，应填写第__B__种工作票。

A.一 B.二 C.三 D.不必填写

105.变压器油中的温度计是测量其__C__油温的。

A.中部 B.下部 C.上部 D.不确定位置

106.500~1000V 直流发电机励磁回路其绝缘电阻不小于多少__A__。

A.1MΩ B.4MΩ C.8MΩ D.10MΩ

107.电力变压器储油柜的作用是__C__。

A.为器身散热 B.防止油箱爆炸

C.使油箱内部与外界空气隔绝，在温度变化时，对油箱内的油量起调节作用。

D.储存油

108.好的绝缘油不应有下列__A__性状。

A.粘度大 B.闪点高 C.击穿电压高 D.稳定性高

109.在检修电视机或电子仪器设备等故障时，常用__D__来缩小故障范围。

A.替代法进行元件或集成块的替换

B.替代法进行集成块的替换

C.替代法进行某块电路板单元的替换

D.替代法进行元件、集成块或某块电路板单元的替换

110.在电控柜四周__B__m 的范围内，应无障碍物以确保维修的安全距离及通风良好。

A.0.5 B.1 C.2 D.2.5

111.碳在自然界中有金刚石和石墨两种存在形式，其中石墨是__A__。

A.导体 B.绝缘体 C.半导体 D.不确定

112.下列说法中，不正确的是__A__。

A.真空断路器不能用于事故较多的场合

B.负荷开关可以用于接通和切断负荷电流

C.断路器接通和切断负载电流是其控制功能

D.断路器切除短路电流是其保护功能

113.__A__kV 及以下的电压互感器高压侧必须装设高压熔断器。

A.35 B.110 C.220 D.更高电压

114.对任一闭合磁路而言，磁路磁压降的代数和等于__D__。

A.电压降代数和 B.电流乘磁阻 C.零 D.磁动势代数和

115.用__C__法测量电缆故障，能确定故障点所在的大概区段。

A.电流表 B.电压表 C.脉冲示波器 D.摇表

116.楞次定律可决定感生电动势的__C__。

A.产生 B.大小 C.方向 D.大小和方向

117.运行中的电压互感器相当于一个__B__的变压器。

A.短路运行 B.空载运行 C.带负荷运行 D.带重负荷运行

118.电流互感器的一次电流由__C__决定。

A.一次电压 B.二次电流 C.线路负荷电流 D.二次电压

119.运算放大器实质上是一种具有__C__放大器。

A.深度负反馈

B.深度负反馈的高增益

C.深度负反馈高增益多级直接耦合

D.深度负反馈高增益多级变压器耦合

120.制作 35kV 乙型电缆终端头时，要求出线梗与线芯导体有可靠的连接，出线梗截面不小于芯线截面的__B__倍。

A.1 B.1.5 C.2 D.2.5

121.SN10-10 型少油断路器操动机构调整时，操动机构带动的辅助开关动触头的回转角度应为__D__。

A.30° B.60° C.75° D.90°

122.磁通的单位也可用__B__。

A.特斯拉 B.麦 C.高斯 D.亨

123.PN 结两端加正向电压时，其正向电阻__A__。

A.较小 B.较大 C.特别大 D.不变

124.下列继电器中，__C__用于防跳闸回路。

A.YJ B.SJ C.TBJ D.BCH

125.架设高压电力线路要避开通信线路,主要原因是避免__D__。

A.电力线倒杆砸坏通信线路 B.高压线串入通信线路

C.通信杆倒杆影响电力线路 D.导线周围磁场对通讯信号有干扰

126.当线圈中的电流增加时,则自感电流方向与原电流方向__A__。

A.相反 B.相同 C.无关 D.相同或相反

127.35kV 断路器大修时交流耐压试验电压标准为__D__。

A.38kV B.55kV C.75kV D.85kV

128.低压电缆最低绝缘电阻不低于__A__可以投入运行。

A.0.5MΩ B.1MΩ C.5MΩ D.10MΩ

129.关于电流互感器的安装,下列__D__做法正确。

A.在副边线圈的回路上装设熔断器

B.在副边线圈的回路上装设开关

C.将副边线圈开路

D.将铁芯和副边线圈的一端同时接地

130.常见脉冲信号的波形有__D__。

A.矩形波、尖顶波 B.矩形波、方波

C.方波、锯齿波 D.矩形波、锯齿波、尖顶波

131.磁力线集中经过的路径叫__B__。

A.磁通 B.磁路 C.磁密 D.磁场

132.下列关于汽轮发电机的特点,错误的是__C__。

A.转速高 B.直径小而长度长 C.转子为凸极式 D.整机为卧式结构

133.对带有接地闸刀的高压开关柜必须在主闸刀__D__的情况下才能闭合接地闸刀。

A.运行中 B.停止时 C.合闸 D.分闸

134.高压断路器型号中的第一单元代表名称,如 L 表示__C__断路器。

A.直流 B.交流 C.六氟化硫 D.真空

135.变压器的作用原理是__D__。

A.绕组的匝比等于电压比 B.原、副边绕组的耦合

C.由于磁通的变化而产生电势 D.电磁感应原理

136.电压互感器副边短路运行的后果是__C__。

A.主磁通骤增,铁损增大,铁芯过热

B.副边电压为零,原边电压也为零

C.原、副边绕组因电流过大而烧毁

D.副边所接仪表因电流过大而烧毁

137.异步电动机启动瞬间,定子启动电流很大,约为额定电流的__C__倍。

A.2~3 B.3~5 C.4~7 D.8~10

138. 笼形异步电动机常用的降压启动有自耦变压器降压启动、星三角降压启动和__C__降压启动、。

A.转子串电阻 B.定子串电容 C.定子串电阻 D.转子串频敏

139.变压器的试运行,要求进行全压合闸冲击试验__C__次,以考验变压器端部绝缘。

A.3 B.4 C.5 D.6

140.下列__C__是磁场强度的单位。

A.伏安 B.安 C.安/米 D.亨

141.两线圈的位置__D__放置时互感电动势最小。

A.重合 B.平行 C.呈一定角度 D.垂直

142.载流导体在磁场中将会受到__A__的作用。

A.电磁力 B.电动力 C.磁通 D.电动势

143. 可控硅阻容移相桥触发电路,空载时的移相范围是__C__弧度。

A.π/2 B.2/3π C.π D.3/2π

144.目前电子电路中常用三端稳压器为集成电路提供稳定的直流电压,对于标准 TTL 系列数字集成电路而言,应选用型号__A__的三端稳压器。

A.7805 B.7915 C.7812 D.7912

145.二极管的导电特性是__A__导电。

A.单向 B.双向 C.三向 D.多向

146.一般接地导体相互采用焊接连接,扁钢与角钢的搭接长度不应小于宽度的__B__倍。

A.1 B.2 C.3 D.4

147.变压器的额定电流是指它在额定情况下运行时原副边电流的__C__。

A.平均值 B.最大值 C.有效值 D.瞬时值

148.变压器油应无气味,若感觉有酸味时,说明__D__。

A.油干燥时过热 B.油内水分含量高 C.油内产生过电弧 D.油严重老化

149.直流放大器能放大__C__。

A.变化缓慢地直流信号 B.交流信号

C.变化缓慢的直流信号和交流信号 D.无放大能力

150.在直流电动机中,电枢的作用是__B__。

A.将交流电变为直流电

B.实现直流电能和机械能之间的转换

C.在气隙中产生磁通

151.油断路器油箱内油位不能过高或过低,必须留有占油箱__C__的缓冲空间。

A.5~10% B.10~20% C.20~30% D.40~50%

152.集成运算放大器在信号获取、运算、处理和波形产生方面具有广泛的应用,另外还用在__D__等方面。

A.测量、变换技术 B.变换技术

C.通讯技术 D.测量、变换、通讯、脉冲技术

153.某一变电所供电瞬间断电,电力电容器全部跳闸,这是电容器的__B__保护动作。

A.过流 B.低电压 C.速断 D.单相接地

154.加在差动放大器两输入端的信号__A__叫做共模输入信号。

A.幅值相同且极性相同 B.幅值相同但极性相反

C.幅值不同且极性相反 D.幅值不同而极性相同

155.装有瓦斯继电器的变压器,安装时应使由变压器顶盖最高处通向储油柜的油管及套管升高座引入瓦斯继电器,并应有__C__升高坡度。

A.1%~2% B.2%~3% C.2%~4% D.3%~5%

156.单结晶体管触发器的最大特点是__B__。

A.输出脉冲前沿陡度较好 B.功率增益大,温度补偿性能好

C.可方便地整定脉冲宽度 D.触发脉冲稳定

157.真空的磁导率为__A__。

A.$4\pi\times10^{-7}$ B.$4\pi\times10^{-8}$ C.$4\pi\times10^{-1}$ D.$4\pi\times10^{-2}$

158.35kV 以上的油浸式电压互感器大修后,一次绕组连同套管的介质损耗 tgδ 值应为__C__。

A.20℃时为 1 B.20℃时为 2 C.20℃时为 2.5 D.20℃时为 4

159.当线圈中的磁通减少时,感应电流的磁通方向与原磁通方向__A__。

A.相同 B.相反 C.无关 D.相同或相反

160.解决放大器截止失真的方法是__C__。

A.增大上偏电阻 B.减小集电极电阻

C.减小上偏电阻 D.增大集电极电阻

161.居民区 10kV 架空铜导线的最小允许截面积是__A__mm^2。

A.35 B.25 C.16 D.10

162.变压器型号中的第一个字母 S 表示__B__变压器。

A.单相 B.三相 C.自耦 D.铝线

163.在表计检修时必须短接的是__B__回路。

A.电压回路 B.电流回路 C.控制回路 D.保护回路

解读:电流互感器二次不允许开路。

164.定时限保护装置的动作电流整定原则是__A__。

A.动作电流大于最大负荷电流 B.动作电流等于额定负荷电流

C.动作电流小于最大负荷电流 D.返回电流小于最大负荷电流

解读:当回路出现最大负荷电流时,过电流保护装置不应启动动作。

165.若发现变压器的油温较平时相同负载和相同冷却条件下高出__B__时,应考虑变压器内部已经发生故障。

A.5℃ B.10℃ C.15℃ D.20℃

166.变压器试运行时,第一次受电,持续时间应不小于__B__。

A.5分钟 B.10分钟 C.15分钟 D.20分钟

167.用木棒探测运行变压器的声音,当听到"嗡嗡"声时,故障原因一般为变压器__C__。

A.铁芯松动 B.过负荷 C.内部绝缘击穿 D.套管表面闪络

168.运行中的变压器,如果分接开关的导电部分接触不良则会__A__。

A.有过热现象,甚至烧毁整个变压器

B.放电打火,使变压器老化

C.一次电流不稳定,使变压器绕组发热

D.产生过电压

169.35kV以下的高压隔离开关,其三相合闸不同期性不得大于__C__。

A.1mm B.2mm C.3mm D.5mm

170.直流放大器级间耦合方式采用__C__。

A.阻容耦合 B.变压器耦合 C.直接耦合 D.电容耦合

171.电压互感器的二次电压为__B__。

A.50V B.100V C.127V D.220V

172.变电所开关控制、继电保护、自动装置以及信号设备所使用的电源称作__A__。

A.操作电源 B.保护电源 C.信号电源 D.控制电源

173.电力线路高频通道主要由__D__部分组成。

A.三 B.四 C.五 D.六

174.当变压器高压侧一相熔丝熔断时,低压侧会__D__。

A.分部断电 B.一相有电 C.一相电压降低一半,两相正常

D.两相电压降低一半,一相正常

175.在过载冲击时,电枢反应引起主磁极下面的磁场将发生畸变故障,处理的方法应是__C__。

A.更换换向极 B.移动电刷位置 C.采用补偿绕组 D.选择适当电刷

176.电容器组的布置,不宜超过__B__层。

A.二 B.三 C.四 D.五

177.发现运行中的少油型高压油开关渗油严重,油面已经降至油面线以下,应__C__。

A.立即手动断开油开关 B.立即加油

C.通过上级断路器断开负荷 D.通过远动装置断开油开关

178.露天安装变压器与火灾危险场所的距离不应小于__A__。

A.10m B.15m C.20m D.25m

179.判断感应电动势的大小要用__A__。

A.法拉第定律 B.楞次定律 C.安培定则 D.欧姆定律

180.降压型配电变压器原、副绕组匝数不同,副绕组的匝数要比原绕组的匝数__B__。

A.多 B.少 C.相同 D.不确定

181.配电变压器的高压侧一般都选择__B__作为防雷用保护装置。

A.跌落式熔断器 B.避雷器 C.接闪器 D.跌落式熔断器和避雷器

182.下列哪种情况,自动重合闸装置不应动作__D__。

A.线路瞬时故障 B.线路永久故障

C.断路器状态与操作把手位置不对应引起的跳闸

D.用控制开关断开断路器

183.磁阻越大,材料的导磁性越__B__。

A.好 B.差 C.无影响 D.不稳定

184.新投入使用的变压器,运行前一般要做__B__次冲击试验。

A.3 B.5 C.7 D.10

185.判断电流产生的磁场的方向用__D__。

A.左手定则 B.右手定则 C.电动机定则 D.安培定则

186.查找变电所直流接地方法,下列__A__做法不对。

A.用灯泡法寻找

B.当直流发生接地时,禁止在二次回路上工作

C.处理时不得造成直流短路或另一点接地

D.拉路前应采取必要措施,防止直流失电可能引起保护和自动装置误动

187.架空电力线路在同一档距内,各相导线的弧垂应力求一致,允许误差应不大于__C__m。

A.0.05 B.0.1 C.0.2 D.0.3

188.断路器的跳合闸位置监视灯串联一个电阻的目的是__C__。

A.限制通过跳闸线圈的电流

B.补偿灯泡的额定电压

C.防止因灯座短路而造成断路器误动作

189.直流放大器应用中,抑制零点漂移的主要手段有__C__。

A.补偿 B.调制 C.补偿和调制 D.上述说法都不对

190.变压器绕组采用三角形接线时,绕组的线电压__A__其相电压。

A.等于 B.大于 C.小于 D.不确定

191.线圈的自感系数与下列__C__因素有关。

A.通过线圈电流的方向 B.周围环境温度

C.线圈的几何尺寸 D.通电时间的长短

192.磁场__B__。

A.无方向 B.有方向 C.是间断的 D.方向是变化的

193.变压器投入运行后,每隔__C__年要大修一次。

A.1 B.3 C.5~10 D.15~20

194.变压器投入运行后,每隔__A__年要小修一次。

A.1 B.2 C.3 D.4

195.双稳态触发器原来处于"1"态,想让它翻转为"0"态,可采用__A__触发方式。

A.单边触发 B.计数触发 C.多边触发 D.自控触发

196.磁场对通电导体的作用力大小与__C__无关。

A.通过导体电流的大小 B.导体在磁场中的有效长度

C.导体的截面积 D.磁感应强度

197.变压器绕组产生匝间短路后,将产生一个闭合的短路环路,短路环路内流着由交变磁通感应出来的短路电流,将产生__C__的后果。

A.对变压器运行没有什么危害 B.会改变变压器的电压比

C.高热并可能导致变压器烧毁 D.改变变压器的极性

198.条形磁体中磁性最强的部位是__B__。

A.中间 B.两极 C.两侧面 D.内部

199.10kV及以下线路与35kV线路同杆架设时,导线间的垂直距离不得小于__B__m。

A.1 B.2 C.3 D.4

200.在人体触电过程中,__A__电流在较短时间内,能引起心室障碍而造成血液循环停止,这是电击致死的主要原因。

A.室颤 B.感知 C.摆脱 D.最大

电子Altium Designer 19的设计应用

刘光乾 将奇睿

一、概述

自20世纪80年代中期以来，计算机应用已进入各个领域并发挥着越来越大的作用。在这种背景下，美国ACCEL Technologies Inc公司推出了第一个应用于电子线路设计的软件包——TANGO，这个软件包开创了电子设计自动化(EDA)的先河。

在电子工业飞速发展的时代，TANGO逐渐显示出其不适应时代发展需要的弱点。为了适应科学技术的发展，Protel Technology公司以其强大的研发能力推出了Protel FOR Dos。Protel系列是进入到我国最早的电子设计自动化软件，一直以易学易用而深受广大电子设计者的喜爱。

Altium Designer 10作为新一代的板卡级设计软件，其独一无二的DXP技术集成平台为设计系统提供了所有工具和编辑器的兼容环境。

Altium Designer 10是一套完整的板卡级设计系统，真正实现了在单个应用程序中的集成，具有更好的稳定性，增强的图形功能和超强的用户接口，设计者可以选择最适当的设计途径以最优化的方式工作。

Altium Designer 10的内容主要包括：概述、原理图设计、层次化原理图设计、原理图后续处理、印制电路板设计、电路板的后期处理、信号完整性分析、创建元件库及元件封装、电路仿真系统、可编程逻辑器件设计等。

二、Altium Designer 10软件介绍及安装

2.1 Altium Designer 10软件介绍

Altium的统一设计架构以将硬件、软件和可编程硬件等集成到一个单一的应用程序中而闻名。它可让您在一个项目内，甚至是整个团队里自由得探索和开发新的设计创意和设计思想，团队中的每个人都拥有对于整个设计过程的统一的设计视图。

1) 设计数据和发布管理设计数据管理系统

Altium Designer的统一平台是用一个统一的数据模型来代表所设计的系统，已被有效地运用，而且已有效得解决了在确保不断增长的产品新能增强和革新的要求的同时，提供更高的数据完整性的问题。

2) 板级实现导出到Ansoft HFSS™ Updated in Beta 4

Ansoft与Altium合作提供了再PCB设计以及其电磁场分析方面的高质量协作能力。

3) 导出到SiSoft Quantum-SI™

Altium Designer的PCB编辑器现在支持保存PCB设计时同时包括纤细的层栈信息以及过孔和焊盘的几何信息，并保存为CSV挡。

4) PCB 3D视频

Release 10 提供了PCB 3D视频文件的功能，提供对于PCB板的更为生动和更为有用的文档。

5) 统一的光标捕获系统

Altium Designer 10 的PCB编辑器已经有了很好的栅格定义系统，通过可视栅格，捕获栅格，组件栅格和电气栅格等都可以帮助您有效地放置设计对象到PCB文件。

6) PCB中类的结构

Altium Designer在将设计从原理图转移到PCB的时候，已经提供了对于高质量及稳定的类创建功能的支持，可以再PCB文挡中定义生成类的层次结构。

7) 设计写作Updated in Beta 4

Altium Designer喜欢进行协同PCB设计，Release 10 带来了真正的PCB设计过程中的协作。

8) 对于Atmel Touch Controls的支持

Altium Designer 10提供了在您的PCB中创建平面电容性的传感器模式的支持。

9) 增强的多边形铺铜管理器

Altium Designer的Release 10中的多边形铺铜管理器对话框提供了更强大的功能，提供了关于管理您的PCB板中所有多边形铺铜的附加功能。

10) 增强的封装比较和更新

设计师们成功协作的重要工具，使得设计师们能够图形化地比较他们的工作成果，然后合并以保留任何他们认为适合的更改。

11) 系统级设计按需模式的License管理系统(On-Demand)

AltiumLive对非License用户也是开放的。

12) 增强了数据管理系统

Altium Vault Server提供了一个设计数据管理系统，它可以有效得识别并解决许多导致设计，发布和制造等进程缓慢的各种问题。

13) 对2G/3G移动互联网的支援

Release 10通过软件平台增加了对2G和3G移动互联网的支持，为Altium未来的GSM-GPRS-GPS外设板——PB15做好了准备。

14) FPGA的调试——外设寄存器视图

Altium Designer 10引入了一个新的面板视图，允许你在嵌入式设计的开发阶段和外围组建的内部寄存器进行交互——外设面板。

2.2 Altium Designer 10 的安装

Altium Designer 10软件是标准的基于Windows的应用程序，只需运行光盘中的“setup.exe”应用程序，然后按照提示步骤进行操作就可以了。

a) 如果需要光盘安装，则刻光盘的时候要注意:CD的盘符必须为“Altiumdesigner.v10.0.Iso-HS”,包括5个档夹和8个档。

b) 从硬盘安装。首先将CD复制到硬盘上，在CD中执行AltiumInstaller.exe安装程序即可正常安装。

c) 安装步骤。不管是从硬盘安装还是从光盘安装，第一步都是先双击“AltiumInstaller.exe”档，首先弹出的是欢迎画面。

d) 继续下一步，将会弹出一个对话框，即版权协议，需要选择同意安装。

e) 单击Next按钮进入下一个画面，出现填写用户信息的对话框，在这个对话框中，简单填写自己的信息。

f) 单击Next按钮进入下一个画面。在这个对话框中，选择软件安装目录。

g) 单击Next按钮进入下一个画面，再单击Next，系统开始复制文件。

三、电子线路图原理图设计

3.1 原理图图纸设置

原理图设计时电路设计的第一步，是制板、仿真等后续步骤的基础。因此，一幅原理图正确与否，直接关系到整个设计是否能够成功。另外，为了方便自己和他人读图，原理图的美观、清晰和规范也是十分

重要的。

● 设置图纸尺寸

单击"原理图选项"选项卡,这个选项卡的右半部分为图纸尺寸的设置区域。Altium Designer 10给出了两种图纸尺寸的设置方式。一种是标准样式,另一种是自定义样式。

● 设置图纸方向

图纸方向可通过"方向"下拉列表框设置,可以设置为水平方向即横向,也可以设置为垂直方向即纵向。

● 设置图纸标题栏

图纸标题栏(明细表)是对设计图纸的附加说明,可以在该标题栏中对图纸进行简单的描述,也可以作为以后图纸标准化时的信息。

● 设置图纸参考说明区域

在原理图选项卡中,通过"显示参考说明区域"复选框可以设置是否显示参考说明区域。

● 设置图纸边框。

在原理图选项卡中,通过"显示边框"复选框可以设置是否显示边框。

● 设置显示模板图形

在原理图选项卡中,勾选"显示模板图形"复选框可以设置是否显示模板图形。所谓显示模板图形,就是显示模板内的文字、图形、专用字符串等。

● 设置边框颜色

在原理图选项卡中,单击"边框颜色"显示框,然后在弹出的"颜色选择"对话框中选择边框的颜色。

● 设置图纸颜色

在原理图选项卡中,单击"图纸颜色"显示框,然后在弹出的"颜色选择"对话框中选择图纸颜色。

● 设置图纸网格点

进入原理图编辑环境后,编辑窗口的背景是网格型的,这种网格就是可视网格,是可以改变的。网格为组件的放置和线路的连接带来了极大的方便,使用户可以轻松地排列组件、整齐地走线。

在"文件选项"对话框中,"网格"和"电气网格"选项组用于对网格进行具体设置。

● 设置图纸所用字体

在原理图选项选项卡中,单击"改变系统字体"按钮,系统将弹出"字体"对话框。在该对话框中对字体进行设置,将会改变整个原理图中的所有文字,包括原理图中的组件引脚文字和原理图的注释文字等。

● 设置图纸参考信息

图纸的参数信息记录了电路原理图的参数信息和更新记录。这项功能可以使用户更系统、更有效得对自己设计的图纸进行管理。

在"文文件选项"对话框中,单击"参数"选项卡,即可对图纸参数信息进行设置。

3.2 原理图工作环境设置

在原理图绘制过程中,其效率和正确性,往往与环境参数的设置有着密切的关系。

设置原理图的常规环境参数

1、"选项"选项组

● "直线拖拽"复选框:勾选该复选框后,在原理图上拖动元件时,与元件相连接的导线只能保持直角。

● "最优连线路径"复选框:勾选该复选框后,在进行导线和总线的连接时系统将自动选择最优路径,并可避免各种电气连线和非电气连线的相互重叠。

● "元件分割连线"复选框:勾选该复选框后,会启动元件分割导线的功能。

● "启用即时编辑功能"在选中原理图中的文本对象时,双击后可以直接进行编辑、修改,而不必打开相应的对话框。

● "按<Ctrl>键并双击打开原理图" 复选框:勾选该复选框后,按下<Ctrl>键同时双击原理图文档图标即可打开该原理图。

● "显示交叉点"复选框:勾选该复选框后,非电气连线交叉点会以半圆弧显示,表示交叉跨越状态。

● "引脚说明"复选框:勾选该复选框后,单击元件某一引脚时,会自动显示该引脚的标号及输入输出特性等。

● "原理图入口说明"复选框:勾选该复选框后,在顶层原理图的图纸符号中会根据子图中设置的端口属性显示输出端口、输入端口或其他性质端口。

● "端口说明"复选框:勾选该复选框后,端口的样式会根据用户设置的端口属性显示输出端口、输入端口或其他性质的端口。

● "左右两侧原理图不连接" 复选框:勾选该复选框后,由子图生成顶层原理图时,左右可以不进行物理连接。

3.3 原理图

步骤:1)启动Altium Designer 10,在菜单栏中选择"文件\新建\工程\PCB工程",保存为"xch0308.PrjPCB"。

2)在新建的工程中,从菜单栏中选择"文件\新建\原理图",保存"TR3001OOK.SchDoc"。

3)在图纸上放需要的元器件。找不到的元器件可安装新库,先找到该元器件所在公司的库中选择并安装。双击元器件,在弹出对话框中修改所需要属性,如值和名称等。将各元器件放到相应的位置,开始布线放置电气节点。

1)保存原理图。

步骤:

1) 启动Altium Designer 10,"xch0308.PrjPCB" 中从菜单栏中选择"文件\新建\原理图", 保存为 "PS7219及单片机的SPI接口电路.SchDoc"。

2) 在图纸上放好需要的元器件。找不到的元器件可安装新的库,先找到该元器件的所在公司,在该公司的库中选择,并安装。

3) 双击元器件,在弹出的对话框中修改至所需要的属性,如值和名称等。将各元器件放到相应的位置,开始布线,放置电气节点。

4) 保存原理图。

四、电路原理图组件库文件的设计

4.1 元件库介绍

1. 元件库面板

打开或新建一个原理图元件库文件,即可进入原理图元件库文件编辑器。

在原理图元件库文件编辑器中,单击工作面板中的"SCH元件库"标签页,即可显示"SCH元件库"面板。该面板是原理图元件库文件编辑环境中的主面板,几乎包含了用户创建的库文件的所有信息,用于对库文件进行编辑管理。

● "元件"列表框

● "别名"列表框

● "引脚"列表框

● "模型"列表框

2. 工具栏

对于原理图元件库文件编辑环境中的菜单栏及工具栏,功能和使用方法与原理图编辑环境中基本一致。

1) 原理图符号绘制工具

单击"实用"工具栏中的按钮,弹出相应的原理图符号绘制工具。

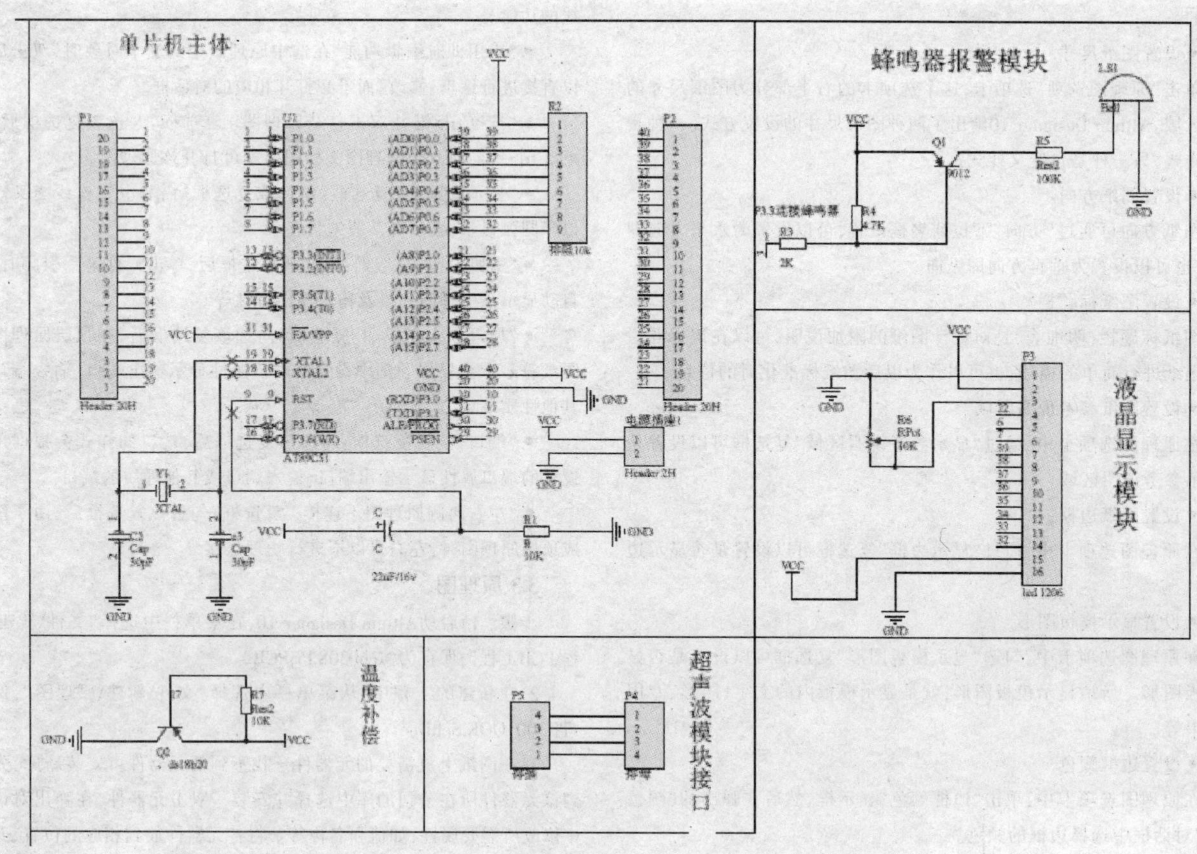

图1:TR3001OOK

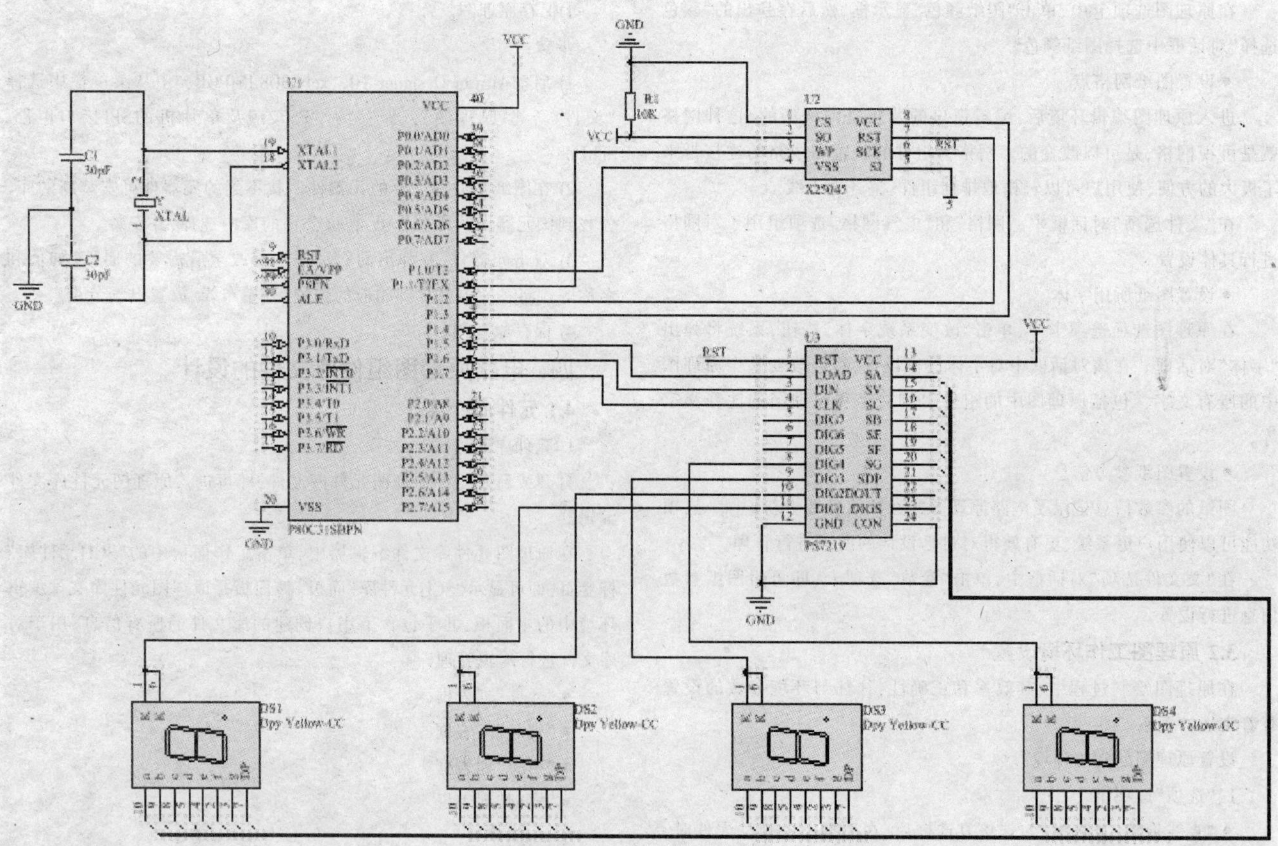

图2:PS7219及单片机的SPI接口电路

其中各按钮的功能与“放置”菜单中的各命令具有对应关系。

2) IEEE符号工具

单击“实用”工具栏中的按钮,弹出相应的IEEE符号工具。其中各按钮的功能与“放置”菜单中的“IEEE符号”命令的子菜单中的各命令具有对应关系。

3) “Mode”模式工具栏

用于控制当前元件的显示模式

3. 设置元件库编辑器工具区参数

在原理图元件库文件的编辑环境中，单击菜单栏中的“工具”\“文档选项”命令，系统将弹出“元件库编辑器工作区”对话框，在该对话框中可以根据需要设置相应的参数。

●“显示隐藏引脚”复选框：用户设置是否显示库元件的隐藏引脚。

●“定义大小”选项组：用于用户自定义图纸的大小。

●“元件库描述”文本框：用于输入原理图元件文件的说明。

4.2 绘制库元件

1) 单击菜单栏中的“文件\新建\元件库\原理图元件库”命令，打开原理图元件库文件编辑器，创建一个新的原理图元件库文件。

2) 单击菜单栏中的“工具\文档选项”命令，在弹出的库编辑器工作区对话框中进行工作区参数设置。

3) 为新建的库文件原理图符号命名。在创建了一个新的原理图文件库文件的同时，系统已自动为该库添加了一个默认原理图符号的库文件。

4) 单击原理图符号绘制工具中的按钮，光标变成十字形状，并附有一个矩形符号。单击两次，在编辑窗口的第四象限内绘制一个矩形。

5) 单击原理图符号绘制工具中的按钮，光标变成十字形状，并附有一个引脚符号。

6) 移动该引脚到矩形边框处，单击完成放置。双击修改需要的属性。

7) 设置完毕后，单击“确定”按钮。

8) 双击“SCH元件库”面板原理图符号名称栏汇总的库元件名称，系统弹出“库元件属性”对话框，在该对话框中修改库元件属性。

9) 设置完毕后，单击“确定”按钮。

10) 单击菜单栏中的“放置\文本字符串”命令，或者单击原理图符号绘制工具中的按钮，光标将变成十字形状，并带有一个文字符串。

11) 移动光标到所需要的位置，放置后，双击，修改所需要填写的字符串内容。

12) 单击“确定”按钮。

4.3 元件库

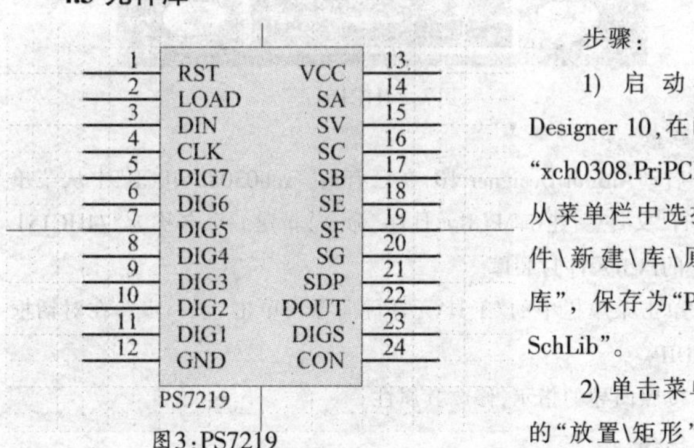

图3：PS7219

步骤：

1) 启动 Altium Designer 10，在已有的“xch0308.PrjPCB”中从菜单栏中选择“文件\新建\库\原理图库”，保存为“PS7219.SchLib”。

2) 单击菜单栏中的“放置\矩形”，再单击菜单栏中的“放置\引脚”。放到矩形两边。注意引脚的方向。

3) 根据引脚数目，调整矩形的大小。双击引脚，在弹出的对话框中修改至所需要的属性。

4) 单击菜单栏中的“放置\文本框”，在文本框中修改所需要的内容并放置到相应位置。

5) 保存。

步骤：

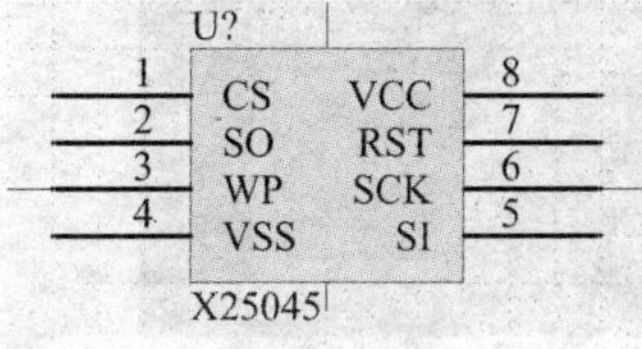

图4：X25045

6) 启动Altium Designer 10，在已有的“xch0308.PrjPCB”中从菜单栏中选择“文件\新建\库\原理图库”，保存为“X25045.SchLib”。

7) 找到图纸中心线，单击菜单栏中的“放置\矩形”，放到合适的位置后，再单击菜单栏中的“放置\引脚”。放到矩形两边。

8) 根据引脚数目以及位置，调整矩形的大小。双击引脚，在弹出的对话框中修改至所需要的属性。

9) 单击菜单栏中的“放置\文本框”，在文本框中修改所需要的内容并放置到相应位置。以便以后应用的时候修改属性。

10) 保存。

五、电子线路PCB电路板设计

5.1 PCB电路板设计介绍

PCB界面主要包括3个部分：主菜单、主工具栏和工作面板。

●“文件”菜单：用于文件的新建、打开、关闭、保存与打印等。

●“编辑”用于对象的复制、粘贴、选取、删除、导线切割、移动、对齐等编辑操作。

●“视图”用于实现对视图的各种管理。

●“项目”用于实现与项目有关的各种操作。

●“放置”包含了再PCB中放置导线、字符、焊盘、过孔等。

●“设计”用于添加或删除元件库、导入网络表、原理图与PCB间的同步更新以及印刷电路板的定义等。

●“工具”用于为PCB设计提供各种工具。

●“自动布线”用于执行与PCB自动布线相关的各种操作。

●“报表”用于执行生成PCB设计报表及PCB板尺寸测量等。

●“窗口”用于对窗口进行的各种操作。

●“帮助”用于打开帮助菜单。

5.2 PCB电路板手工设计

(1) 将电路元器件在面板上放置好后，从主菜单中选择“放置”“Line”命令对其进行手工布线。移动光标到连线节点，会出现一个小圈，这时单击鼠标确定连线的其实位置，将线拉到另一个节点处，出现一个小圈，这时双击一下鼠标，则这两个节点之间的线段就连好了。

(2)同样的方法布置其他的连接线段。

(3)双击布置好的线段可以对其宽度做一下修改，双击线段会出现一个对话框，在里面的“宽度”中对线的宽度做一下调整。

(4)单击保存工具按钮，保存文件。

5.3 PCB电路板自动生成

1) 启动Altium Designer 10。在原有的工程中，点击工程名。

2) 右击，新建一个PCB。将名称改为保存为原理图名称。

3) 自动布线。在主菜单中执行“工程 | CT(ompile PCB”命令，在确认无误之后，生效，开始自动布线。

4) 布线结束后，系统弹出显示自动布线过程中的信息。

5.4 PCB电路板

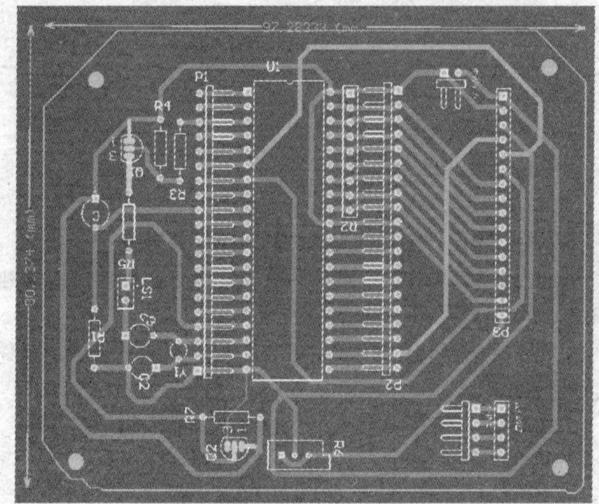
图5：TR3001OOK(手工设计)

步骤：

1) 启动Altium Designer 10，在菜单栏中选择“文件\新建\PCB”命令，保存为“TR3001OOK.PcbDoc”。

2) 按照原理图放置元器件，单击“放置\器件”弹出对话框，以选择器件。

3) 将元器件放到相应的位置后，在菜单栏中选择“放置\走线”进行手工布线。

4) 双击元器件和走线进行属性修改。

5) 保存。

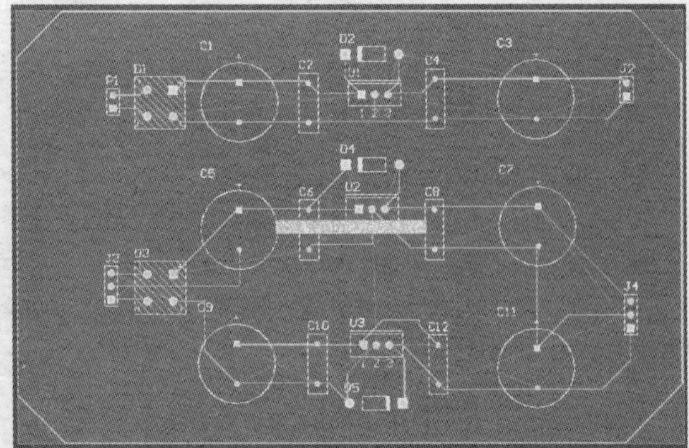

图6：双路直流稳压电源电路(自动生成)

步骤：

1) 启动Altium Designer 10，在菜单栏中选择“文件\新建\PCB”命令，保存为“双路直流稳压电源电路.PcbDoc”。

2) 单击菜单栏中的“设计\Import Changes From xcn0308.PrjPcb”命令，选择“Yes”，生效更改，执行更改，查看错误，修正后得出图。

3) 将元器件进行排版，放置走线。

4) 保存。

六、PCB组件封装库设计

6.1 PCB元件封装介绍

所谓封装是指安装在半导体集成电路芯片用的外壳，它不仅起着安放、固定、密封、保护芯片和增强导热性能的作用，还是沟通芯片内部世界与外部电路的桥梁。

常用元件封装分类如下：

1. BGA：球栅阵列封装
2. PGA：插针栅格阵列封装
3. QFP：方形扁平封装
4. PLCC：塑料引线芯片载体
5. DIP：双列直插封装
6. SIP：单列直插封装
7. SOP：小外形封装
8. SOJ：J形引脚小外形封装
9. CSP：芯片级封装
10. Flip-Chip：倒装焊芯片
11. COB：板上芯片封装

6.2 用PCB元件向导创建规则的PCB元件封装

由用户在一系列对话框中输入参数，然后根据这些参数自动创建元件封装。

1) 单击菜单栏中的“工具\元件封装向导”命令，系统将弹出“元件向导”对话框。

2) 单击“下一步”按钮，进入元件封装模式选择界面。

3) 单击“下一步”按钮，进入焊盘尺寸设定界面。

4) 单击“下一步”按钮，进入焊盘形状设定界面。

5) 单击“下一步”按钮，进入轮廓宽度设置界面。

6) 单击“下一步”按钮，进入焊盘间距设置界面。

7) 单击“下一步”按钮，进入焊盘起始位置和命名方向设置界面。

8) 单击“下一步”按钮，进入焊盘数目设置界面。

9) 单击“下一步”按钮，进入封装命名界面。

10) 单击“下一步”按钮，进入封装制作完成界面。

6.3 手动创建不规则的PCB元件封装

由于某些电子元件的引脚非常特殊，或者设计人员使用了一个最新的电子元件，用PCB元件向导往往无法创建新的元件封装。这时可以根据该元件的实际参数手动创建引脚封装。

1) 创建新的空元件文档。单击菜单栏中的“工具\新建空元件封装”命令。

2) 设置工作环境。单击菜单栏中的“工具\库文件选项”命令。

3) 设置工作区颜色。

4) 设置“参数”对话框。单击菜单栏中的“工具\参数”命令。

5) 放置焊盘。在“顶层”，单击菜单栏中的“放置\焊盘”命令。

6) 设置焊盘属性。双击焊盘进入焊盘属性设置对话框。

7) 绘制一段直线。单击菜单栏中的“放置 | LT(ine”命令。

8) 绘制一条弧线。单击菜单栏中的“放置 | BT(rc”命令。

9) 设置元件参考点。在“编辑”菜单的“设置参考”子菜单。

6.4 PCB元件封装

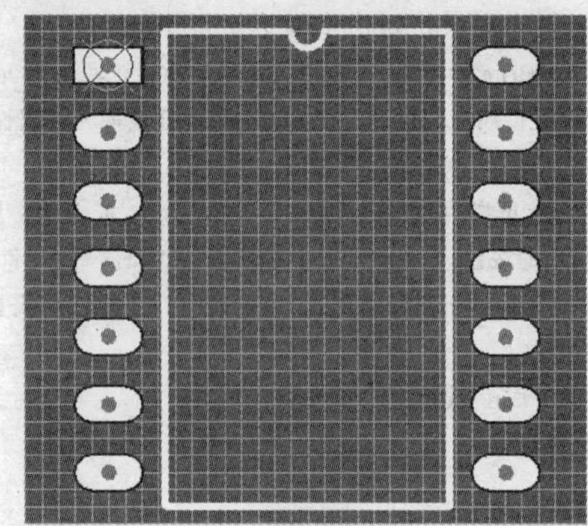

图7：74HC151

步骤：

1) 启动Altium Designer 10，在已有的“xch0308.PrjPCB”中从菜单栏中执行“文件\新建\库\PCB元件库”命令，新建一个名称为“74HC151.PcbLib”的PCB元件封装库。

2) 单击菜单栏中的“工具\元器件向导”，单击“下一步”，在对话框中选择DIP。

3) 按照向导的指示，修改其属性。

4) 保存。

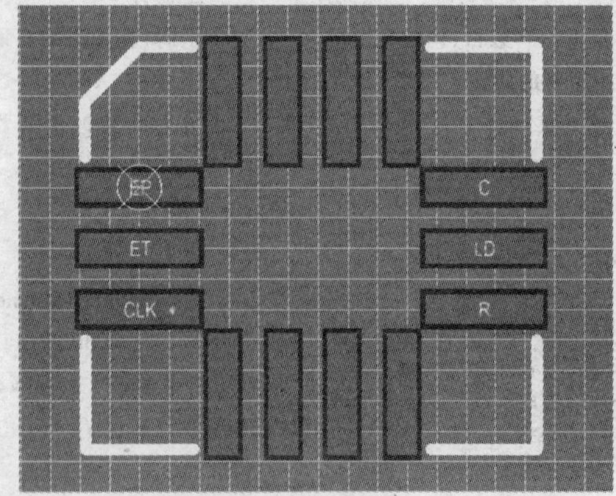

图8：74LS161

步骤：

1) 启动Altium Designer 10，在已有的 "xch0308.PrjPCB"中从菜单栏中执行"文件\新建\库\PCB元件库"命令，新建一个名称为"74HC151.PcbLib"的PCB元件封装库。

2) 单击菜单栏中的"工具\元器件向导"，单击"下一步"，在对话框中选择LCC。

3) 按照向导的指示，修改其属性。

4) 保存。

七、实习心得

通过这次的课程设计实习，对Altium Desinger 18有了一定的了解。这是第一次接触这个软件，这次学习，知道了原理图设计、原理图后续处理、创建元件库及元件封装、电路仿真系统等等。在老师的指导下，了解到了Altium Desinger的重要性。Altium Desinger在电气设计电路板制作上有着非常重要的作用，而且在做毕业设计时，也有着广泛的应用。在下学期，我们即将学习单片机这门课程，而单片机的实验更加离不开Altium Desinger的使用。

在实习期间，老师主要是介绍了Altium Desinger 18的安装，汉化以及绘制原理图的步骤、方法，我们主要学习的是原理图的画法，元件库的画法，PCB板的生成，包括自动生成和手工生成，以及PCB元件的封装。开始运用时还有点不熟练，需要查询书上的知识以及老师给的参考资料，在多次练习下就比较简单了。还在空余时间在图书馆查阅了资料，主要都是有关Altium Designer程序使用的教程。自己也借了本电路设计与制版——Altium Designer应用教程的书，随时查阅。有时间就看看，加快对软件使用操作的了解。

通过这次实习，我个人学会了使用Altium Designer软件的一些关于电路设计的应用方法。这些过程还是比较繁杂的，需要我们多加练习以更好地使用。在设计过程中我们遇到的很多问题，最后张老师的指导之下解决了，我们非常感谢张老师这两个星期以来的教导。虽然现在很多时候用起来还是不够快捷，但我相信我通过努力多加练习，翻阅书籍后一定可以熟练掌握的。

青少年编程应用——基于Linkboy的mixly控制板编程

刘光乾 将奇睿

Mixly for Mac是一款基于mind+图形化编程软件，和scratch相类似的Mac图形化编程工具，软件功能丰富，支持输出输入、程序结构、数学变换、文本输出、数组列表、逻辑处理、传感模块、变量常量等多个模块，适合作为一般青少年创客教育工具使用。Mixly最新版本为0.999，其编程界面如图1所示。

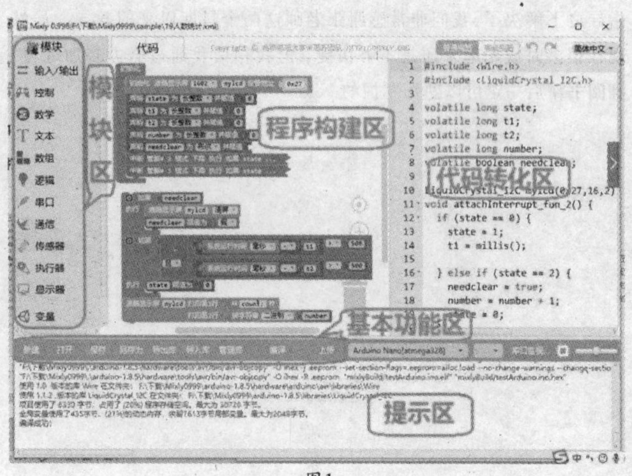

图1

Mixly（米思齐）的图形化编程软件对于一些刚接触的中小学生来说，还是不太便于理解和查找图形指令。

米思齐的硬件实用度还是非常的广泛，直接编程选用即可，硬件适应如图2-图6所示。

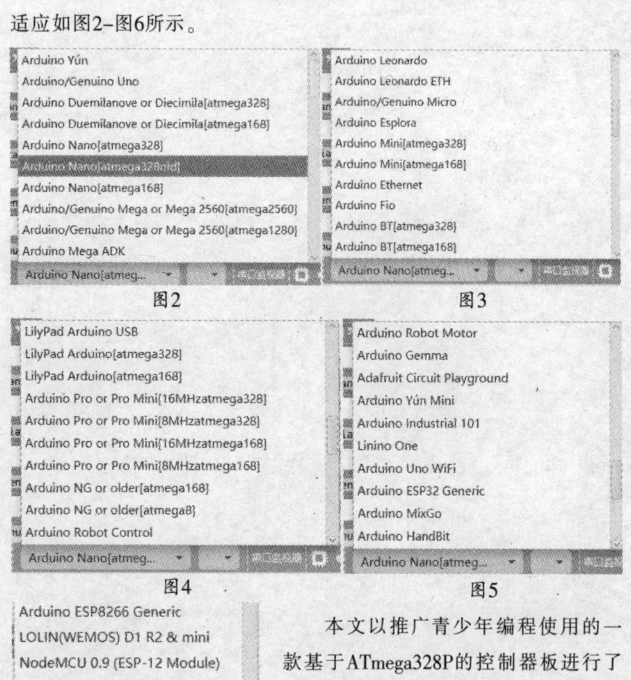

图2　图3

图4　图5

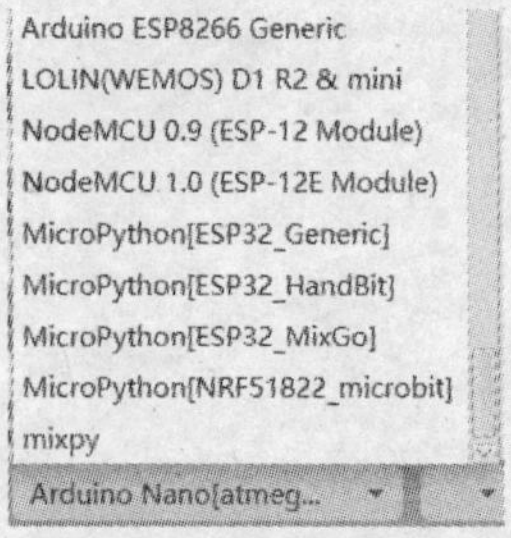

Arduino ESP8266 Generic
LOLIN(WEMOS) D1 R2 & mini
NodeMCU 0.9 (ESP-12 Module)
NodeMCU 1.0 (ESP-12E Module)
MicroPython[ESP32_Generic]
MicroPython[ESP32_HandBit]
MicroPython[ESP32_MixGo]
MicroPython[NRF51822_microbit]
mixpy
Arduino Nano[atmeg...

图6

本文以推广青少年编程使用的一款基于ATmega328P的控制器板进行了比较（见图7），该板在Mixly编程软件中为Arduino Nano（atmege 328old），除了集成了CH340C的USB转TTL芯片电路省去外接下载器（见图8），其余基本结构和Arduino Nano（图9）的配置差不多，应该是可以使用Linkboy来编程应用的。

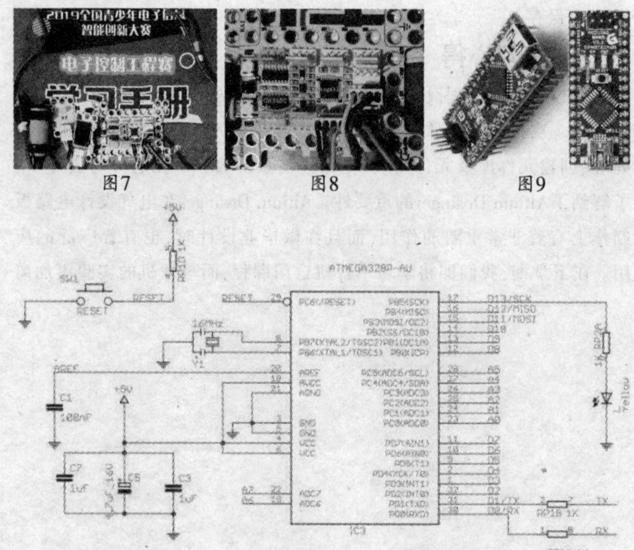

图7　图8　图9

linkboy是一种高度模块化的电子积木式图形化编程工具（界面见图10），综合了图形化编程、电子模块和机械构件，融兴趣、知识、体验为一体。面向中小学青少年，以及乐于动手的创客朋友，目前更是集成了以Arduino、STM32为典型的诸多控制板。通过这个平台，即使是刚接触编程的中小学青少年孩子们几分钟就可搭建出各种好玩的小东西，如智能遥控小车、简易机器人、声控灯光等等。

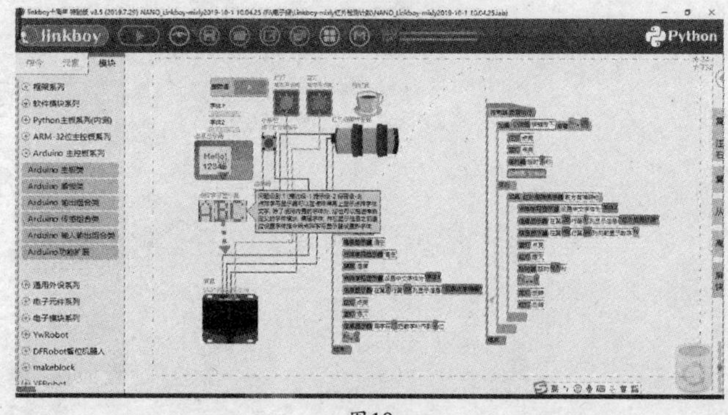

图10

linkboy包含从软件、电子模块到机械结构的完善方案，拥有自主知识产权的编程语言编译器，不仅支持众多市面常用的控制板、传感器、元器件及可控制模块，还封装了很多常用软件功能组件，可以把软件、电子模块进行深度整合，使整个产品架构成为一个紧密结合的整体，使得linkboy电子积木图形化编程具有上手快、操作简单、易学易用的特点。

linkboy支持对著名开源硬件平台Arduino进行图形化编程，避免了英文代码编程的繁琐和高门槛，更适合入门创客和青少年创新教育。linkboy图形化编程是一款完全原创、自主知识产权的产品能够给国内的创客特别是中小学青少年带来一个培养好奇心、锻炼动手动脑能力的平台，让孩子们在比较繁重的课程之外，多接触一些新鲜有趣、科技时尚的事物。

一、Linkboy软件的使用方法

Linkboy图形化编程软件不需要安装，只需要将下载的压缩包解压后，直接 linkboy3.5 运行exe可执行文件运行即可（见图11）。

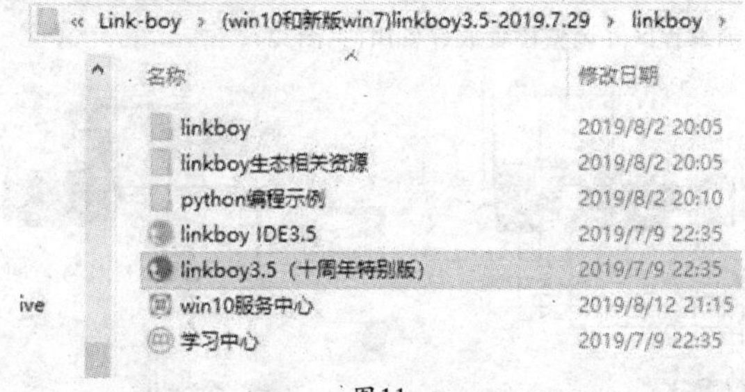

图11

第一次运行Linkboy软件（运行界面见图12），会出现相关提示和功能介绍，简洁鲜明的功能按钮分别是程序下载按钮、编译仿真按钮、在线仿真按钮、保存文件按钮、打开文件按钮、新建文件按钮、另存文件按钮、各种小工具包按钮、版本信息，以及指令、元素、模块三个功能区，可见软件指令非常精简，而软硬件功能模块非常丰富。

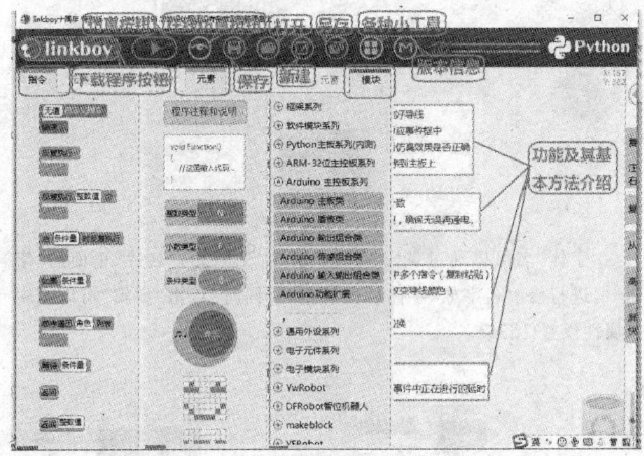

图12

初学者可以打开“学习中心” 学习中心 里面的例程文件，学习了解相关的例程，也可以选取相应的模块点击示例，打开相应的例程程序，进行学习、复制粘贴或编辑。

二、硬件模块的设置

以该本文介绍所对应的米思齐控制板（Arduino Nano atmege 328old）及红外避障模块、OLED屏幕、双色灯，编制一个红外检测障碍物控制屏幕显示欢迎语和计数，当系统上电重启时红灯亮、蓝灯灭，检测到障碍物时计数，计数时蓝灯亮一下，同时红灯灭，当计数<20或按下小按钮时，红灯和蓝灯同时亮1秒钟，则计数清零（本题目要求为2019年全国青少年电子创客比赛项目练习题目）。

分析题目功能，对照控制板，在“Arduino主板类”里面选择Arduino Nano控制板到编程区（见图13）。

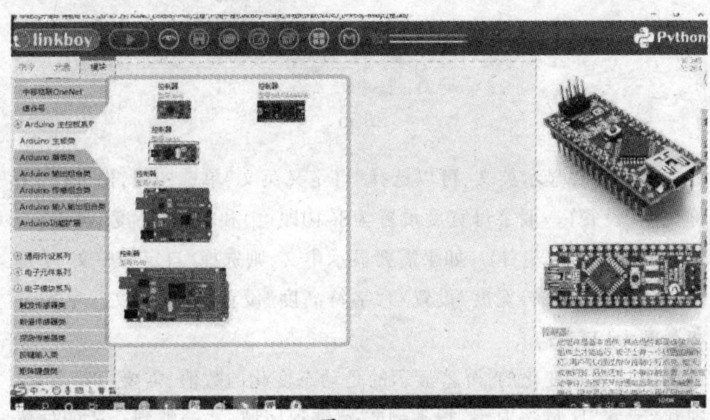

图13

再在“电子元件系列”/“触发传感器类”里面选取“红外避障传感器”（见图14）。

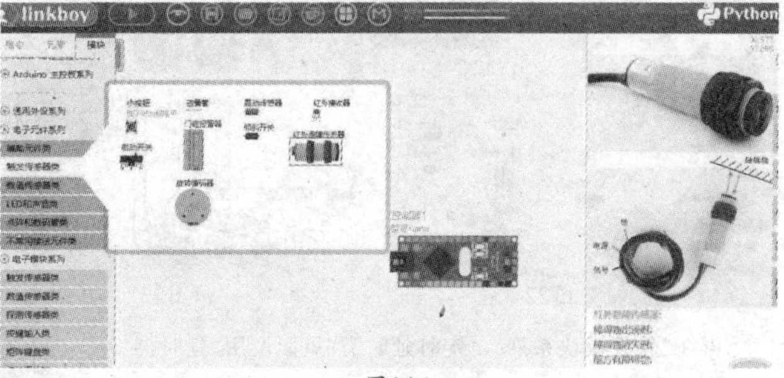

图14

将选择的红外避障传感器模块放到编程区，会发现相应的连接端口与控制板默认能相连的引脚会以虚线的形式指示连接（见图15），调整好位置后，对应米思齐控制板上“BRN-V”、“BLU-G”、“BLC-D8”，即“红线”对应电源VCC，“蓝线”对应地GND，“黑线”对应控制板IO口D8脚（见图16），将红外避障模块连接对应引脚连线，连线时系统默认为曲线，可以按下空格键转换为折线方式（见图17）。

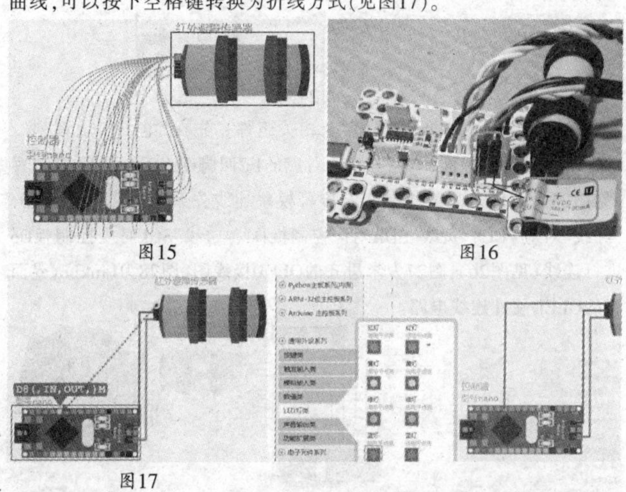

图15 图16

图17

接着在“通用外设系列”/“LED灯”里面调用“红灯”和“蓝灯”（对应实物共阴极双色灯为高电平点亮），并调整位置（见图18）。对应米思齐双色灯模块与控制板连线关系：“黑线”对应GND、“黄线”对应D05、“白线”对应D06连线（见图19、图20）。

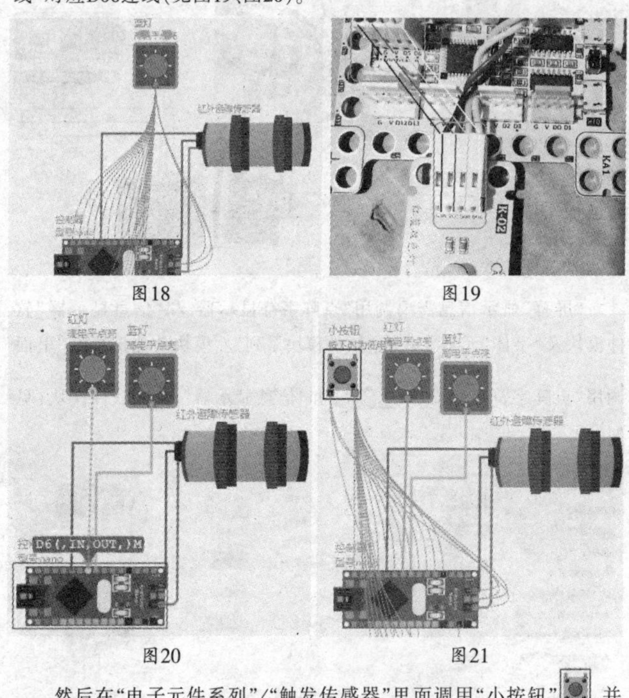

图18 图19

图20 图21

然后在“电子元件系列”/“触发传感器”里面调用“小按钮”，并调整位置和连线(见图22、图23)。

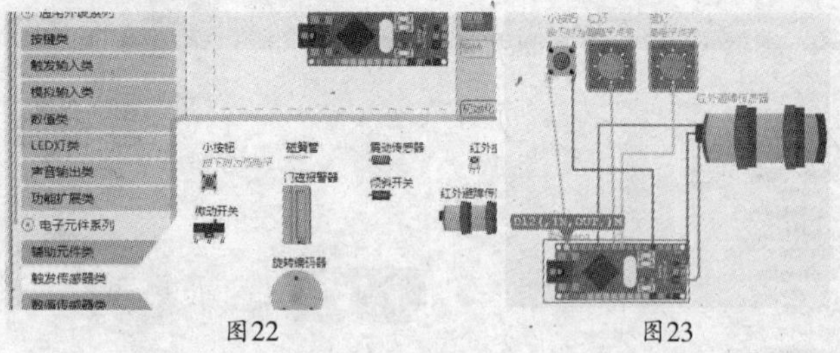

图22　　　　图23

再在“软件模块系列”/“定时延时类”里面调用“延时器”，并调整位置待用(见图24)。

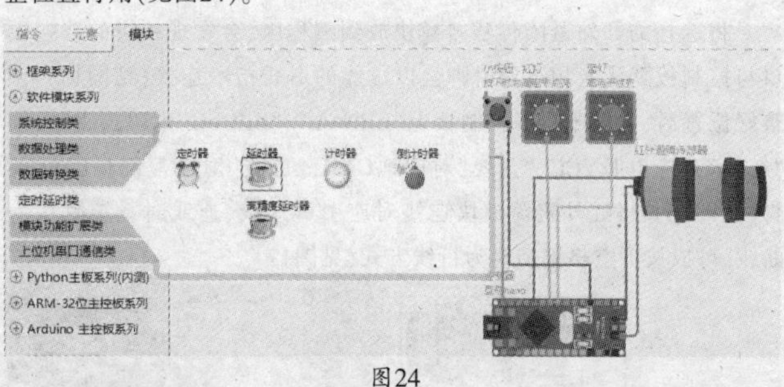

图24

接着需要调用“OLED屏幕”及相关组件。先在“电子模块系列”/“点阵液晶屏类”里面，调用与实物对应的I^2C四脚OLED屏幕，调整位置(见图25)，对应米思齐控制板与屏幕模块连线关系“黑线”对应DND、“红线”对应VCC、“黄线”SDA对应控制板D4、“白线”SCL对应控制板D5进行连线(见图26)，图27为米思齐的OLED接线图，图28为Linkboy界面下的OLED硬件连线电路。

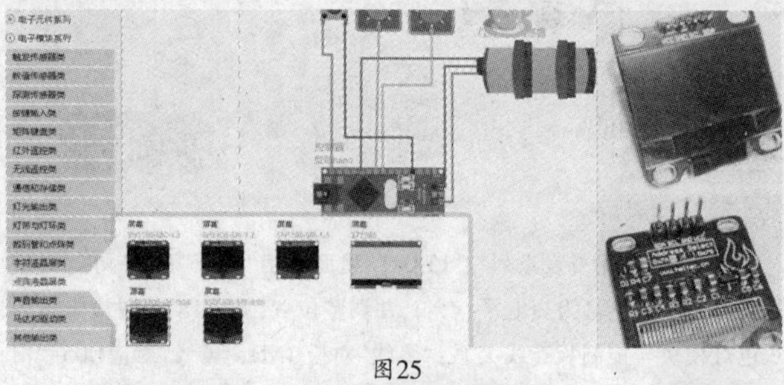

图25

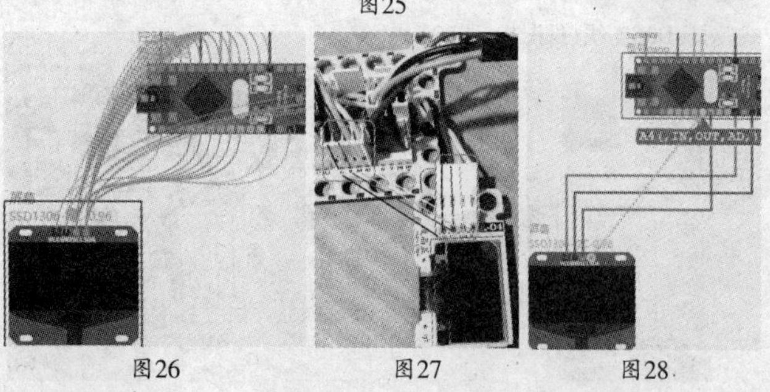

图26　　　　图27　　　　图28

“屏幕”显示信息需要调用“点阵字符显示器”和“信息显示器”软件模块及“字体”元素。先在“软件模块系列”/“模块功能扩展类”里面调用“点阵字符显示器”和“信息显示器”软件模块(见图29)。

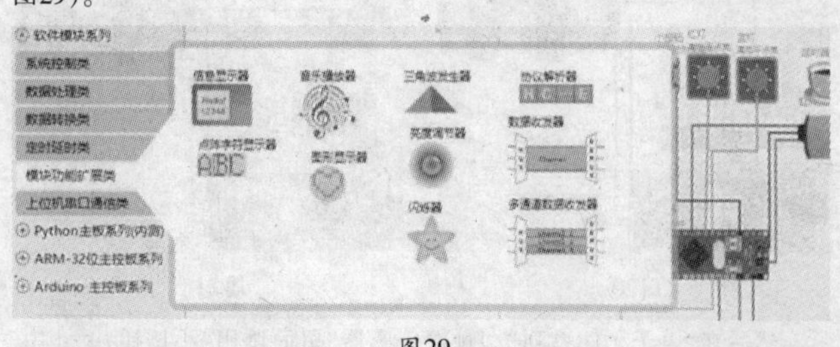

图29

然后在元素里面调用“字体”元素(图30)，注意“字体”元素位于“元素”区域的最底部(图31)，因显示器分辨率而异可能显示不全，找到并调用到编程区并调整位置放好备用(见图32)。

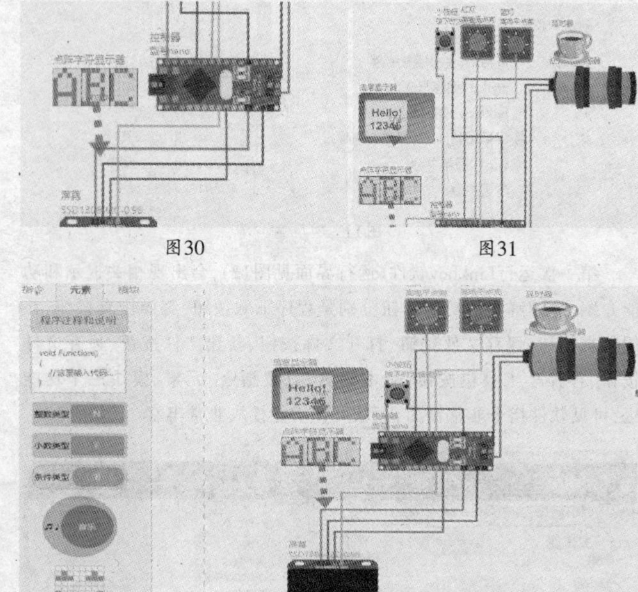

图30　　　　图31

图32

“字体”名可以通过点击“字体”属性(见图33)“名片”里面的“字体”框进行修改名字如“字体1”(见图34)，同时，点击“编辑”可以编辑其属性设置(图35)。

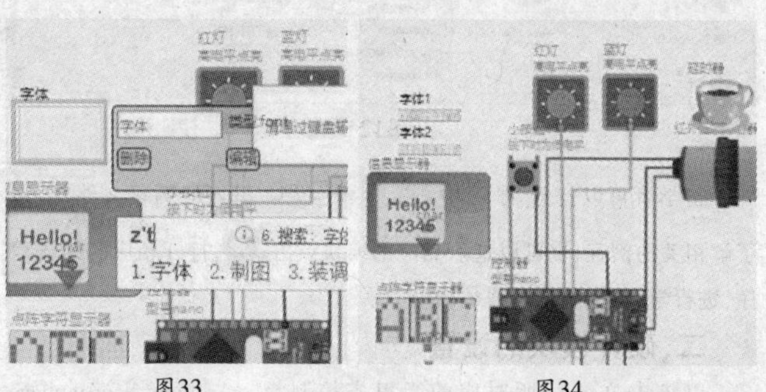

图33　　　　图34

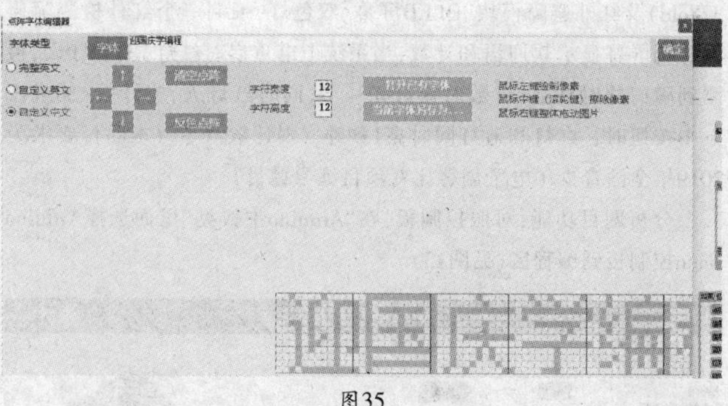

图35

如果需要显示英文，可以选择“自定义英文”单选按钮，再进行“字符宽度”设置(一般字母宽度设置为8-10即可)和“字符高度”设置(一般字母高度为12左右)。如果需要显示中文，则选择“自定义中文”单选按钮，再进行“字符宽度”设置和“字符高度”设置(一般中文汉字宽度和高度为12左右)。

因计数是变化的，屏幕显示的是动态变化的数值，需要用到变量，则在“元素”区域选取“整数类型N”到编程区域，并调整到合适的位置(见图36)。

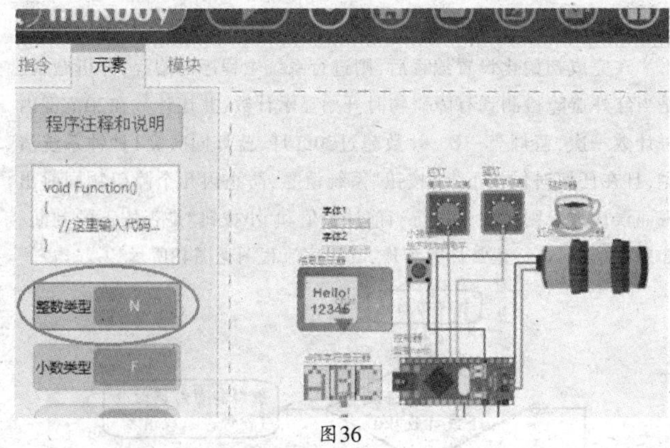

图36

三、编程系统初始化

设置好硬件模块，只是完成了组件布局，但要实现逻辑功能，还需要对相应组件及系统进行编制程序。

对系统内的“红灯”、“蓝灯”、“信息显示器”、“点阵字符显示器”、“屏幕”及变量的初始状态进行设置。先点击软件编程区的Nano控制板图标，再点击“初始化”按钮 初始化（见图37），则出现系统初始化设置的程序框架。注意初始化里面的程序表示系统重启上电时的初始状态，只执行一次过后即进入主程序执行（见图38）。

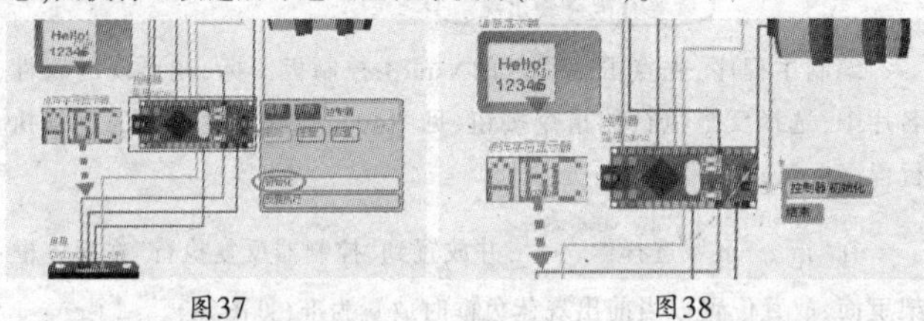

图37　　　　图38

在打开初始化编程的框架中，先放置一个空指令 模块类 功能指令 以备编辑（见图39），放置空指令的方式有三种，一种是在指令区最后单击拖放到工作区，一种是在编程区空白处双击鼠标左键，或直接点击编程框架里面对应指令头的箭头，将在该指令后紧跟一条新指令或复制上一条指令。

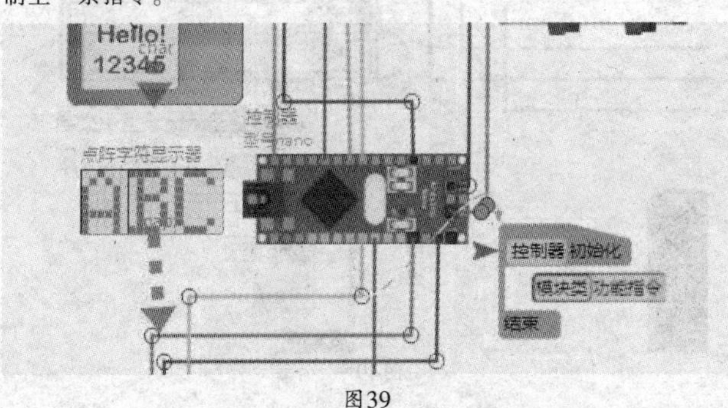

图39

然后双击该空指令，则出现该系统已有组件的相关指令集，先选择“信息显示器” 信息显示器，再选择里面的“信息显示器清空” 信息显示器 清空 指令，则当前空指令即可被编辑为“信息显示器清空”的指令（见图40），表示系统开启时会初始化将“信息显示器”里面的内容清空。

同理，继续加载空指令，并编辑为“点阵字符显示器清空”、“屏幕清屏”。然后加载空指令编辑设置“点阵字符显示器”，选择 点阵字符显示器 设置中文字体为 ?font，则当前指令编辑设置为“”点阵字符显示器””设置中文字体为””?font””（见图41）。

然后双击指令里面高亮闪烁的“?font”，打开“编码数据窗口”选择框（见图42），提示“请用鼠标点击选择一个元素”，则选取字体1将其设

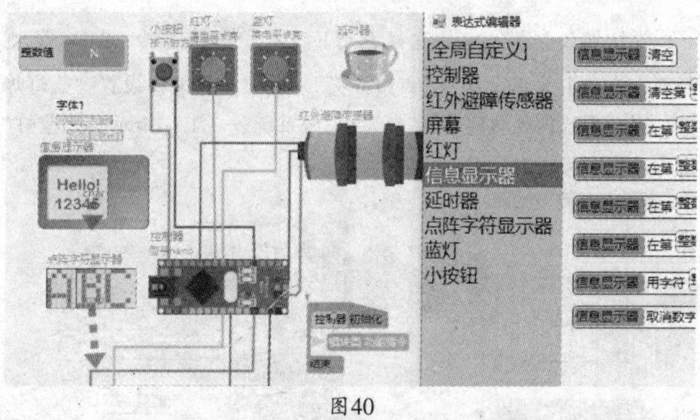

图40

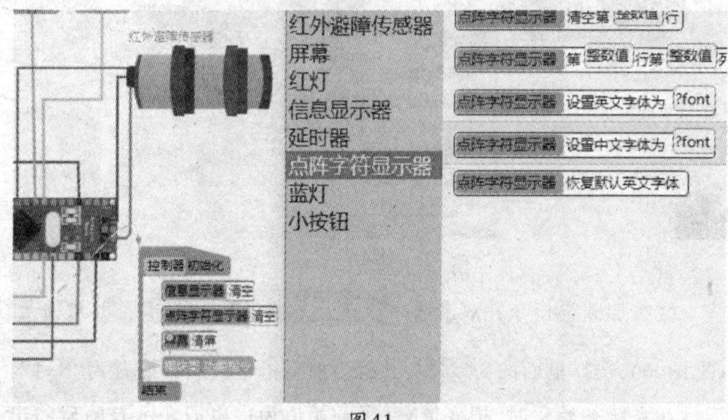

图41

置为“字体1”。再加载空指令，并选择 信息显示器 下面的 信息显示器 在第 整数值 行第 整数值 列显示信息 ?Cstring，将当前空指令编辑设置为“”信息显示器””在第””整数值””行第””整数值””列显示信息””？Cstring””（见图43）。

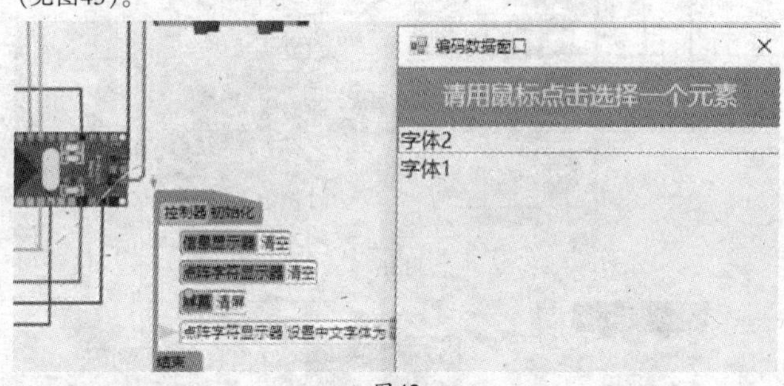

图42

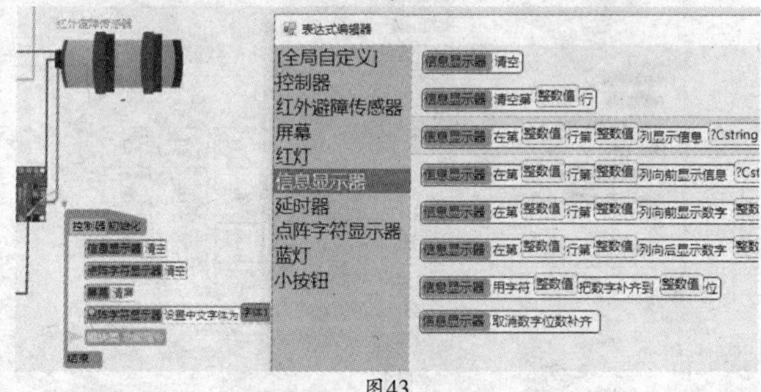

图43

分别点击第一个“整数值”将其设置为1，第二个“整数值”设置为1，“？Cstring”设置为要显示的中文文字如“迎国庆学编程”（见图44）。表示在系统初始化时将在屏幕第1行第1列显示“迎国庆学编程”的信息。

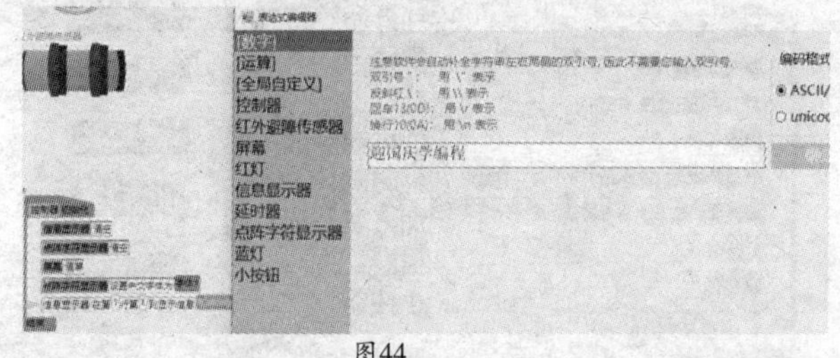

图44

继续加载空指令，双击选择红灯下面的红灯点亮指令（见图45），则当前空指令被编辑设置为“红灯点亮”，同理加载编辑设置“蓝灯熄灭”，表示系统初始化时将“红灯”点亮做系统开启工作指示，而“蓝灯”还没工作则关闭为熄灭。

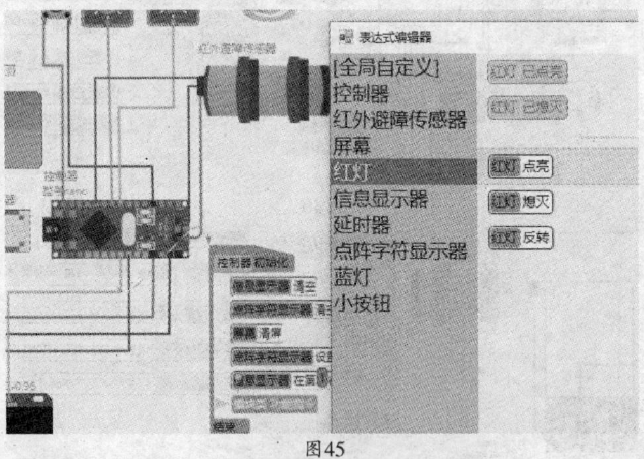

图45

继续加载空指令，双击选择[全局自定义]下面的N，并双击N（见图46），选择里面的N=整数值，并将当前空指令被编辑设置为“N=1”，表示在系统初始化时，把变量N赋予初始值为1，也即表示有障碍物出现时，首次开始计数为1（见图47）。

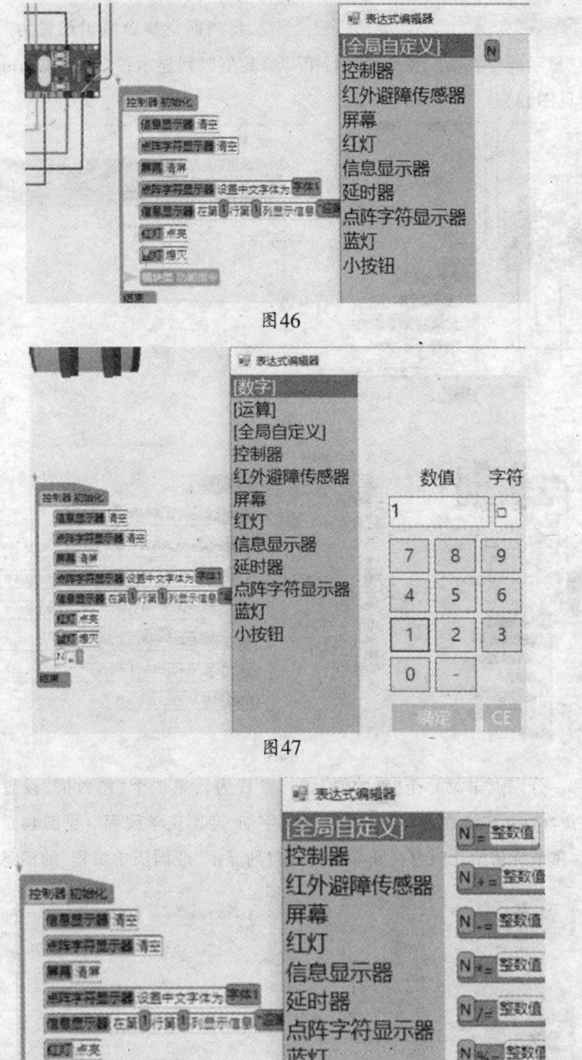

图46

图47

四、编程主程序

在完成初始化设置编程后，则进行系统主程序的编程，分析题目，是当红外避障检测到有障碍物时开始显示计数，并让计数在20范围内每计数一次，蓝灯亮一次，计数超过20红灯、蓝灯同时亮1秒钟系统清零，且在任何时候按下“小按钮”系统清零，防止因几个障碍物同时出现而误计数。则需要先进行当前计数值和“小按钮”是否按下的判断。如果不是，则进行正常计数工作，其程序流程图见图48所示。

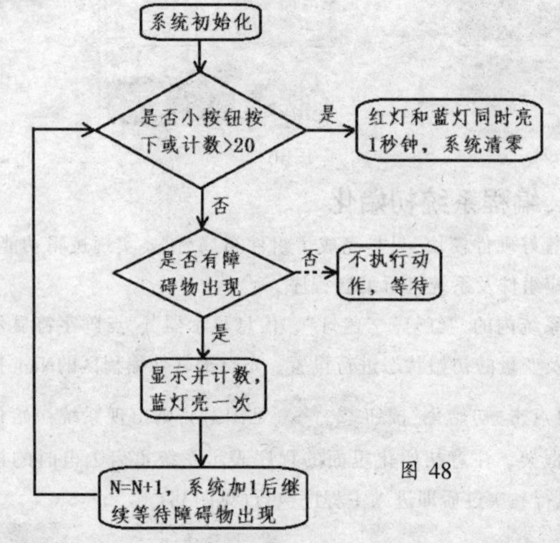

图 48

编制主程序，先点击编程区的Nano主控制板图标，在出现的属性名片中，选择反复执行的指令按钮（见图49），则调用主程序的反复执行程序框架。

在“指令”区域选择如果条件量并放置到“控制器反复执行”主程序框架里面，放置位置以当前出现蓝色框时放置为准（见图50）。

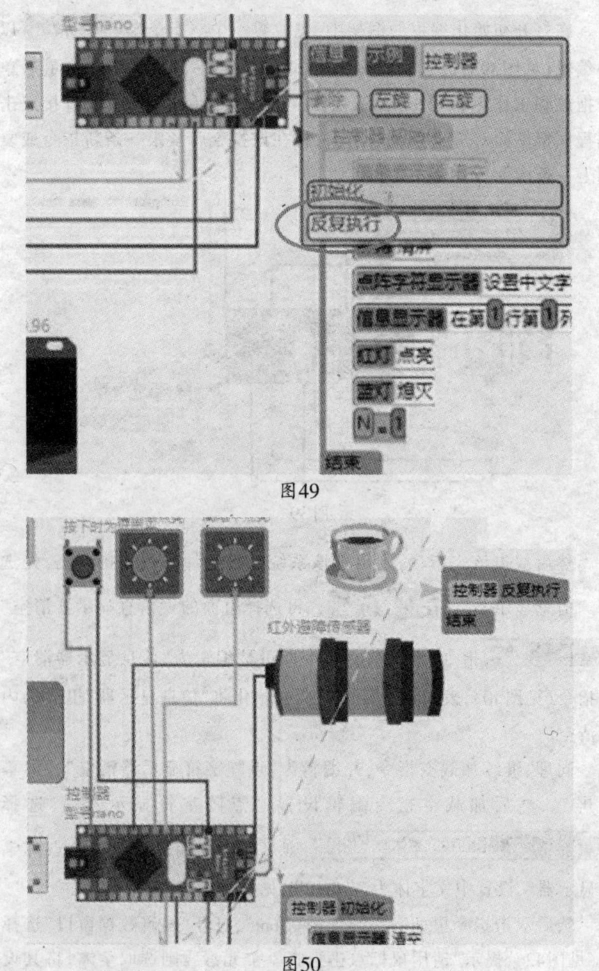

图49

图50

然后进行“如果”判断指令里面的“条件量”设置（见图51），根据题意，只要满足“小按钮”按下或计数>20，则红灯和蓝灯同时亮1秒钟，进行系统清零，系统清零可以利用控制板初始化来完成，则只需调用“控制器初始化”指令即可。这里需要先调用“...或…”指令。

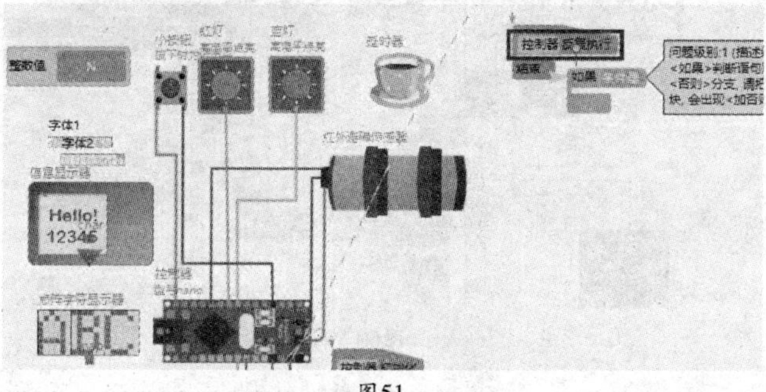

图51

双击高亮闪烁的条件量，在出现的“表达式编辑器”中，选择[运算]下面的条件量 或者 条件量，注意，这个指令在最下面，需要滑动鼠标滚轮向下才能看到（见图52）。

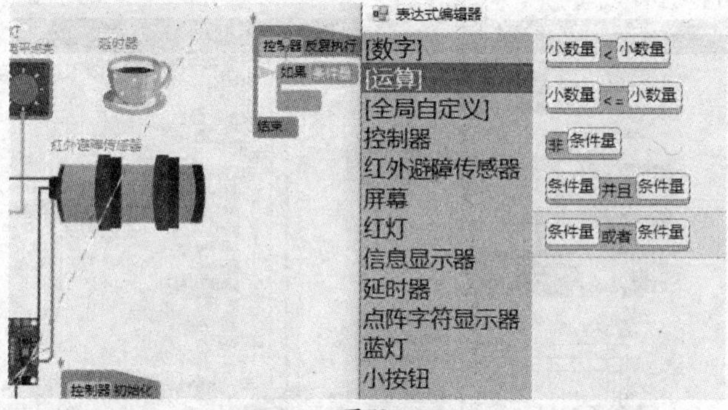

图52

则将“如果”判断指令的“条件量”设置为“...或…”的指令格式，继续对高亮闪烁的“条件量”双击设置为“小按钮按下”和“或”后面的“条件量”设置为“N>20”（见图51、52）。

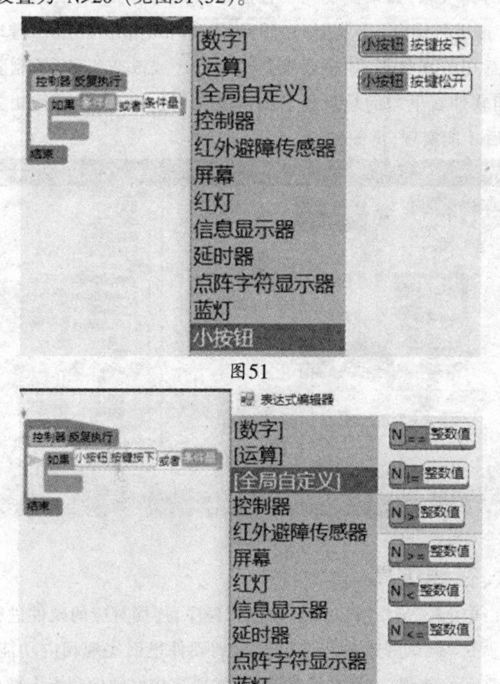

图51

图52

然后依次设置“红灯点亮”、“蓝灯点亮”，这里需要“红灯”“蓝灯”同时点亮1秒钟，则需要调用延时器，并设置“延时器”“延时1秒”。然后调用“控制器初始化”控制器_初始化指令实现系统清零。也即是当系统检测到“小按钮”按下或计数超过20，则“红灯”“蓝灯”同时点亮1秒钟，让系统初始化，执行“红灯”点亮、“蓝灯”熄灭、“信息显示器清空”、“点阵字符显示器清空”、“屏幕清屏”及显示“迎国庆学编程”的信息和初始变量N赋值为1的系统初始化操作，重新等待主程序执行（见图53）。

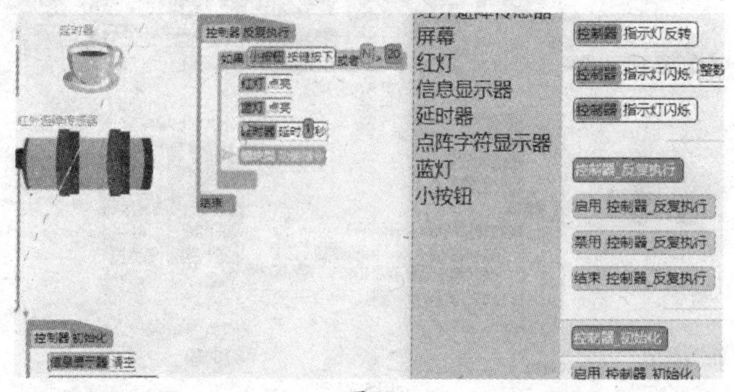

图53

然后是判断如果不是“小按钮”或“N>20”的情况，则需要判断是否有障碍物出现，而进行计数和“蓝灯”指示及加1循环检测。这里需要在“如果”判断指令里面加“否则”，在“如果”判断指令末尾处，点击则出现否则的“否则”指令框架，继续调用新的“如果”判断指令，并点击“条件量”，在打开的“表达式编辑器”里面选择红外避障传感器下面的红外避障传感器 前方有障碍物，则将当前判断“条件量”设置为如果是“红外避障传感器前方有障碍物”时，则执行相关的屏幕显示和计数（见图54）。

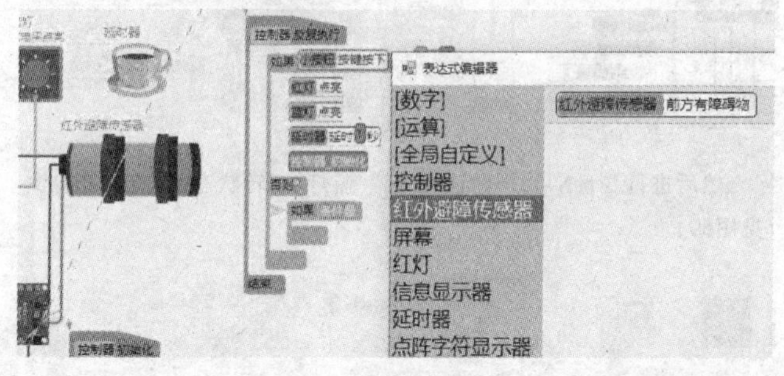

图54

接着加载空指令并编辑设置“点阵字符显示器”“设置中文字体”为“字体2”，“信息显示器”在第20行第1列显示文字“红外检测计数”（见图55）。

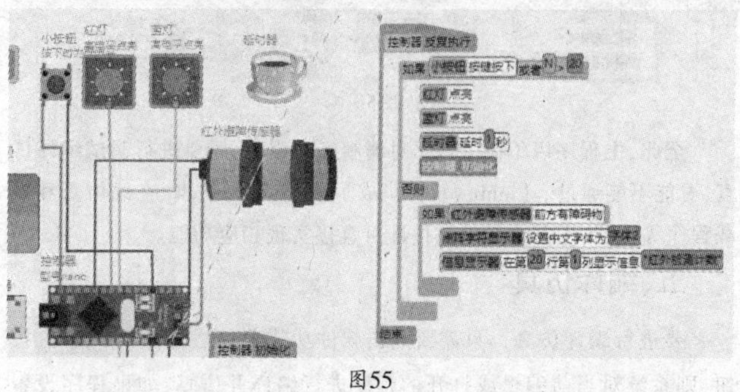
图55

然后需要显示当前计数的数值。加载空指令，双击在打开的“表达式编辑器”里面，选择信息显示器下面的信息显示器 在第 整数值 行第 整数值 列向前显示数字 整数值，然后在相应的指令里面设置“行”的“整数值”为“40”，“列”的“整数值”为“60”（见图56），“数字”的“整数值”为当前计数的变量N，表示当前计数的数值在有障碍物出现时，进行计数并在屏幕第40行第60列向前显示当前计数的数值，数值显示基本居于屏幕的中心位置（见图57）。

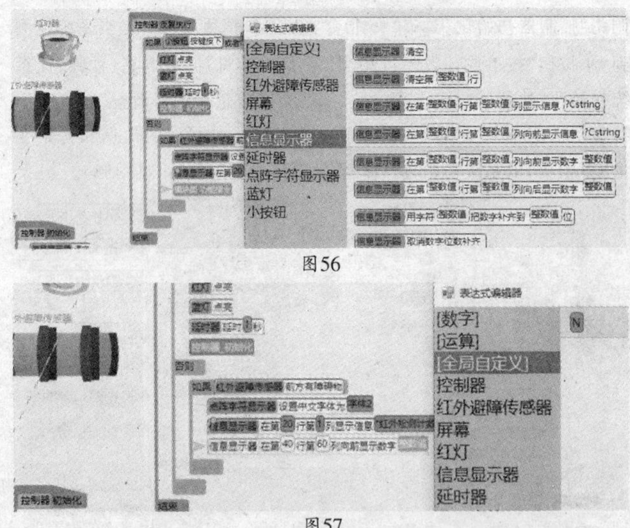

图56

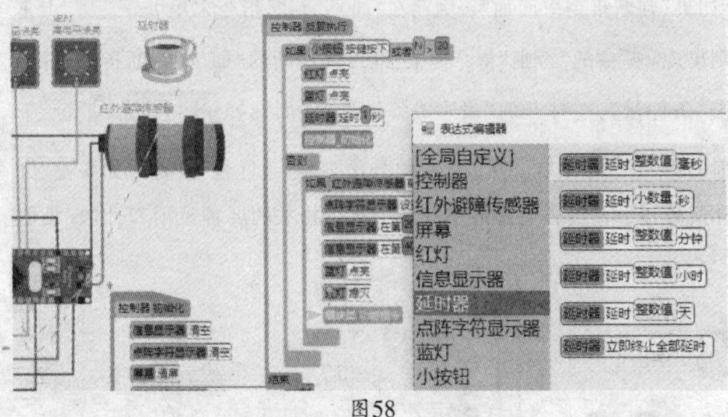

图57

计数的时候需要"蓝灯"亮一下,同时红灯灭一下,这里设置延时0.3秒(见图58),因为太快使得其他模块响应太快可能导致计数显示刷新跳级,而太慢又致使计数反应太慢而漏掉计数。

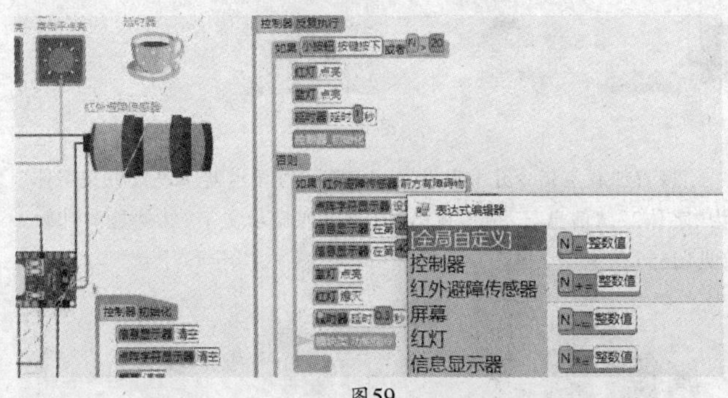

图58

然后进行变量N+1,同时让"红灯""蓝灯"反转状态,进行重新检测(见图59)。

图59

至此,主程序以编制完成。对编制好的程序,需要进行调试编译仿真,看能不能通过。Linkboy软件集成了编程、编译仿真、在线仿真和下载程序等功能,不需要另外软件即可直接实现相应功能。

五、编译仿真

要进行编译仿真,只需要点击软件功能菜单栏里面的按钮,则系统对当前编辑或打开的程序进行编译并仿真,如果程序设置有错误比如多余的组件没有连接定义、更换了组件没有重置对应指令、端口设置不对、或程序逻辑关系不对等,则编译错误并对应显示错误提示。如果没有错,则进行编译仿真。

编译完成后,则变为,此时可以看到系统仿真初始化完成,"红灯"点亮、"蓝灯"熄灭,屏幕左上角显示"迎国庆学编程"的中文文字(见图60)。

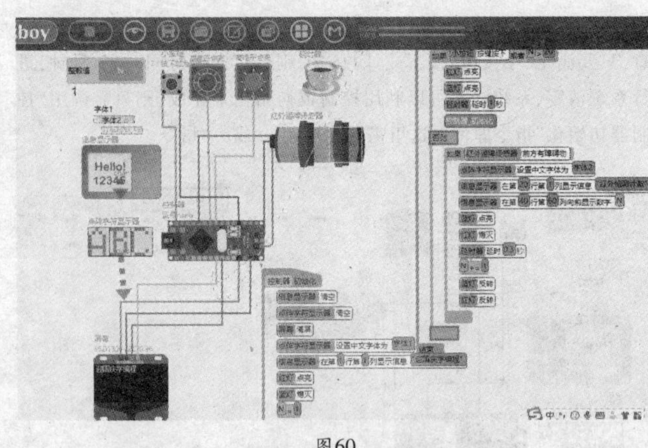

图60

用鼠标点击红外避障传感器头部,则模拟是检测到障碍物,则屏幕显示"红外检测计数"并进行计数和"蓝灯"亮一下,每检测到一次就计数并显示一次计数数值,只有当计数>20或按下"小按钮"时,"红灯"和"蓝灯"才同时点亮1秒钟,再进行系统清零,准备创新检测(见图61)。

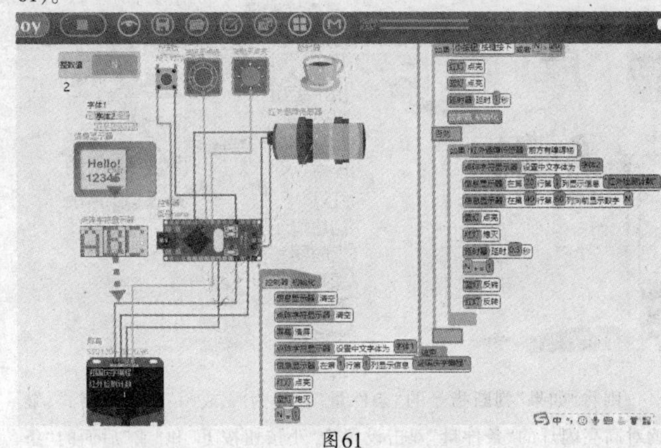

图61

在仿真状态,如果需要几个控制部分同时仿真,则依次点击并按下"Ctrl"键进行锁定。不需要同时控制仿真时点击并按"ESC"键取消锁定。注意在仿真状态,如果要重新编辑程序或改变组件,及删除组件(拖放到软件右下角的垃圾桶),则需要先停止仿真,再进行相关操作并保存后才能实现(见图62)。

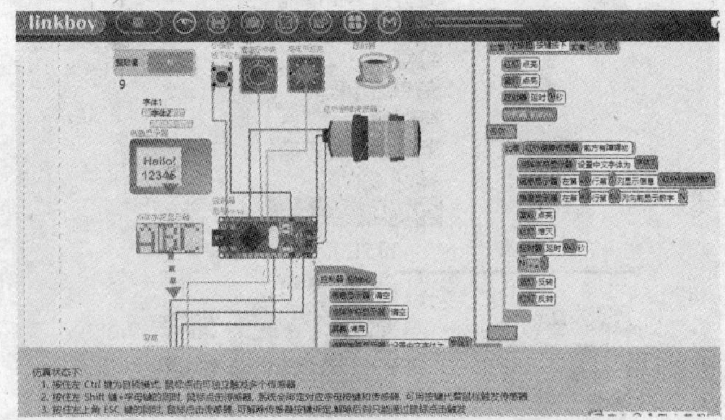

图62

六、在线仿真

"在线仿真"是指可以对编程好的程序,连接对应的硬件进行功能实现和调试,调试修改的程序会同步到硬件里面实现相应功能,便于调试仿真和修改程序。"在线仿真"只需要连接好硬件和点击软件功能菜单栏里面的按钮即可实现。需要注意的是第一次连接硬件需要之前安装好CH340的驱动程序,以便通过USB转TTL的芯片,将硬件与电脑串口连接和通信。在连接硬件后显示连接对话框,里面需要选择

串口 串口号 COM4 USB-SERIAL CH340 (COM4) 和波特率。

七、下载程序

对已经编程并编译仿真通过的程序，需要下载烧写到控制板的单片机里面，才能脱节运行程序，此程序选用Arduino Nano控制器编程的程序，可以直接下载到Nano板，这里是需要下载到米思齐控制板（见图63）。

下载程序之前还是需要安装好CH340的驱动程序，然后将“米思齐控制板”及相应的“红外避障传感器模块”、“OLED屏幕”和“双色灯”安装引脚对应关系连接好，然后插上USB下载线，再直接插上电脑USB口，则控制板上系统指示灯会亮，如果控制板里面有已经下载烧写好的程序，在没有下载新程序更新之前，控制板会以USB口供电执行已有程序的功能（见图64）。

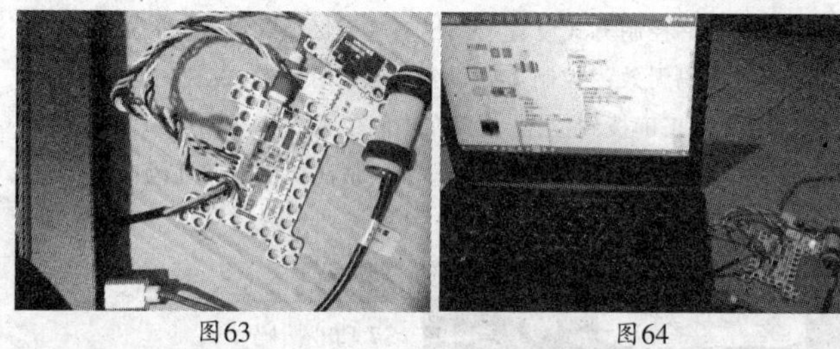

图63　　　　图64

下载更新新程序，需要点击软件功能菜单栏左边的“Linkboy”下载图标 linkboy ，下载图标变为橙红色，则系统进入下载模式（见图65），并显示蓝色下载进程条（见图66）。

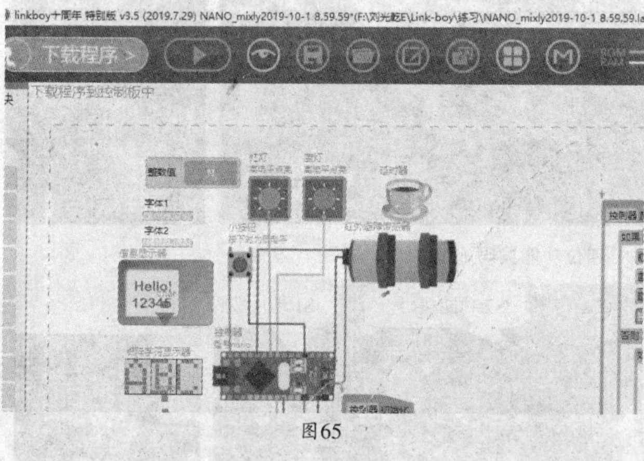

图65

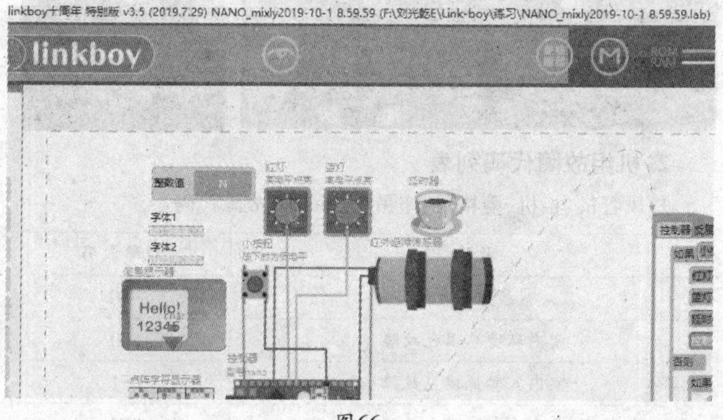

图66

如果是第一次下载，会弹出“arduino串口下载器”的对话框，需要选择串口，系统会检测串口，选择时需要反复点击“串口号”后面的空白框，直到有 COM4 USB-SERIAL CH340 (COM4) 字样的串口信息出现在框内（见图67）。这里需要注意，如果是Nano板，可以保留默认的波特率115200（见图68），但对该米思齐板需要选择更改波特率为57000，否则会下载失败（见图69）。

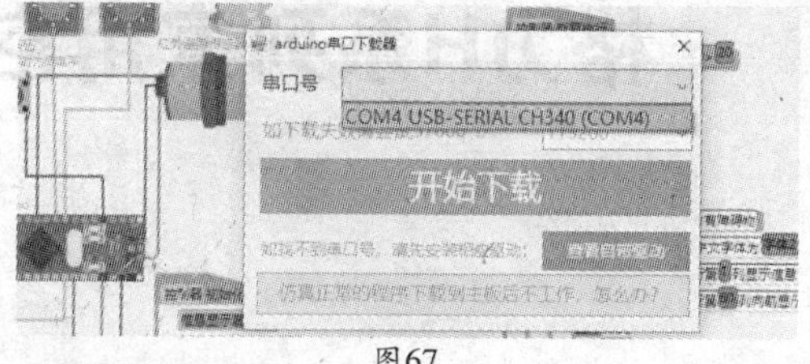

图67

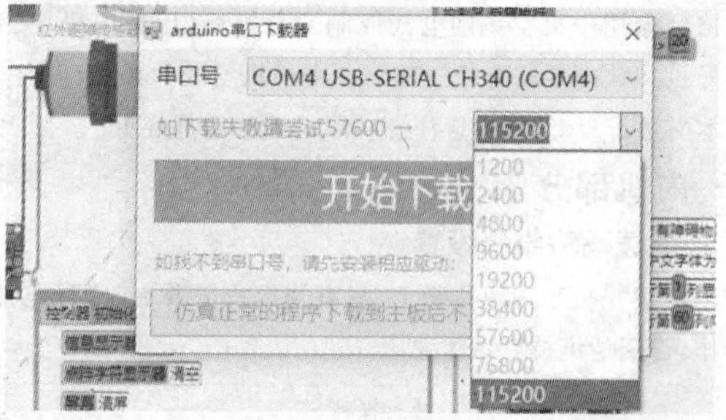

图68

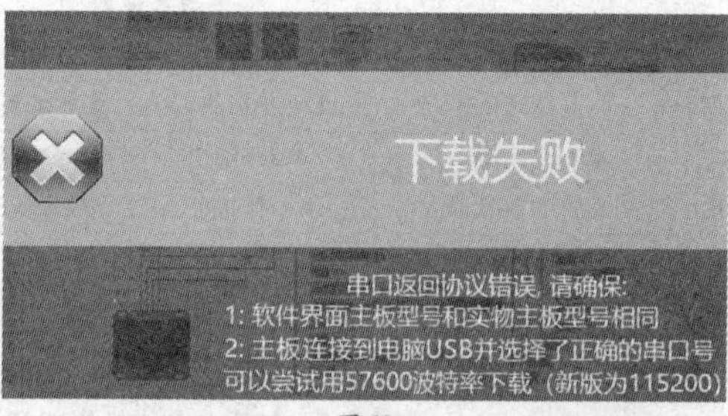

图69

将波特率调整为57600后（见图70），软件将继续下载和烧写程序到控制板，其下载烧写过程中控制板的绿色指示灯会有节奏的闪烁，直到下载烧写任务完成，并在电脑上出现“下载完成”的提示（见图71），则表示程序下载成功。

图70

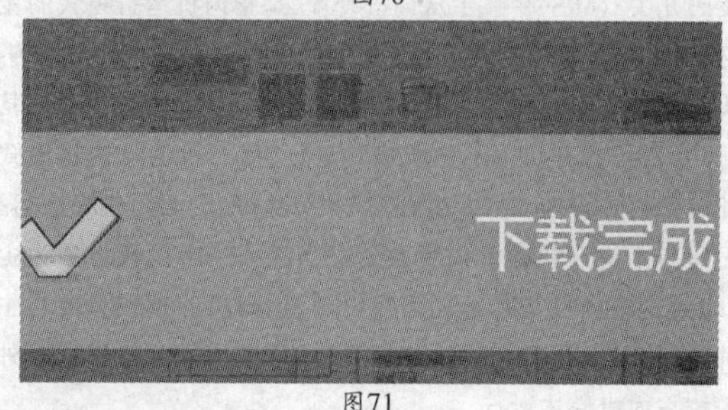

图71

八、脱机运行

至此，程序下载完成过后，即可将控制板及配套的组件模块供电实现脱机操作，这里可以使用USB连接电脑供电进行验证，下载烧写好程序的控制板，现在已经可以按照程序设计的功能进行执行。

通过此编程体验，基本能掌握Linkboy图形化编程软件的使用方法，通过电路分析对比和程序功能分析，进行编程并下载烧写程序，发现Linkbou图形化编程软件，已经脱离传统编程思路，完全底层封装，特别是对于不会代码编写程序的创客和中小学青少年，进行学习编程、比赛和创新项目设计都具有特别优势之处。

格力H系列家用空调电气控制原理与维修

张凯恒

导格力家用中央空调的电气控制部分维修，包括内机、交直流变频多联外机和数码多联外机三部分。由于机型较为典型，其他机型均可参考本文进行参考，但也应注意实际机型的局部变更。

一、内机部分

1. 功能拨码S7维修设置

S7功能拨码位于内机主板上，只有当客户需要更改默认功能设置时才操作，否则请维持默认位置。

功能拨码 S7			
拨码开关	功能描述	拨码设置	
		0(ON 位)	1
1(S/R)	记忆模式设置	上电待机(S)	是电恢复(R)
2(L/I)	控制方式设置	线控(L)	遥控(I)
3(M/S)	主/从内机设置	主内机(M)	从内机(S)
4(I/O)	环境温度采集点设置	回风口(I)	接收器(O)
5(L/H)	高低静压风机设置	低静压(L)	高静压(H)

各功能拨码具体功能叙述如下：

拨码开关1(S/R)——记忆模式设置，包括上电待机模式和上电恢复运行模式。上电待机模式是指机组恢复供电后，保持此前的设置参数但不自动运行，该设置为出厂默认设置(拨码开关拨至“ON”位)，例如：断电前某内机的设置参数为高风挡、24℃，恢复供电后，机组处于待机状态，手动开机后设置参数仍为高风挡、24℃。上电恢复运行模式是指机组恢复供电后，不但保持此前的设置参数，而且可以自行启动运行，但若断电前已为关机状态，则恢复电后也为关机状态。

拨码开关2(L/I)——控制方式设置，包括线控方式和遥控方式。线控方式是指通过线控器(手操器)控制室内机的运行，该设置为出厂默认设置(拨码开关拨至“ON”位)，当设置为线控方式时，S7上“记忆模式设置”和“主从内机设置”功能拨码无效，该两项设置可直接在线控器上设置。遥控方式是指通过遥控器控制室内机的运行，设置为遥控方式时，必须在S7上设定其功能拨码。

拨码开关3(M/S)——主从内机设置，是指内机运行模式的主从设置，主要使用在需要优先满足使用要求的人群(例如领导、病人等)。出厂默认设置均为从内机(拨码开关拨至“”位)。当所有内机设置均为从内机时，外机按先开机的从内机模式运行，后开机的从内机模式如果跟先开机的模式冲突，系统将报模式冲突故障，后开内机无法运行，此时机组运行由先开机的从内机决定。当只有一台内机设置为主内机时，此时无论主内机是否是先运行内机，从内机的模式只要与主内机模式冲突，则从内机都会报模式冲突故障(主内机关机模式除外)，机组优先按主内机模式运行。

当有多台内机设置为主内机时，机组以地址码小的主内机模式为主运行模式，当地址码最小的主内机由关机状态变为运行状态时，其余主内机或从内机模式应与其模式保持一致，否则将报模式冲突故障。因此，当有多台主内机时，应按优先级高低以此将机组地址码由低到高设置。

拨码开关4(I/O)——环境温度采集点设置，该设置主要用于空调区域温度和机组回风温度相差较大时使用，而且该设置只有在接有接收头的情况有效，包括回风口温度点采集设置和接收头温度点采集设置。出厂默认设置为回风口温度点采集(拨码开关拨至“ON”位)。拨码开关5(L/H)——高低压静压风机设置，该设置包括高静压风机和低静压风机设置，根据工程需要调整。出厂默认设置为低静压风机(拨码开关拨至“ON”位)。

注意事项：

1)以上设置必须在断电状态下拨码设置；2)功能码拨码开关分3位码、4位码和5位码，4位或5位码只用于风管机(包括多联风管和一拖一风管机)；3)“控制方式设置”为“L”时，"记忆模式设置"和"主/从内机设置"功能拨码无效；“控制方式设置”为“I”时，该功能拨码设置有效；4)将拨码开关正确拨到位，禁止拨在中间位置。将开关拨到“ON”的方向表示“0”，相反方向表示“1”；5)拨码后，请注明机组地址码(√)。

五位功能拨码主板

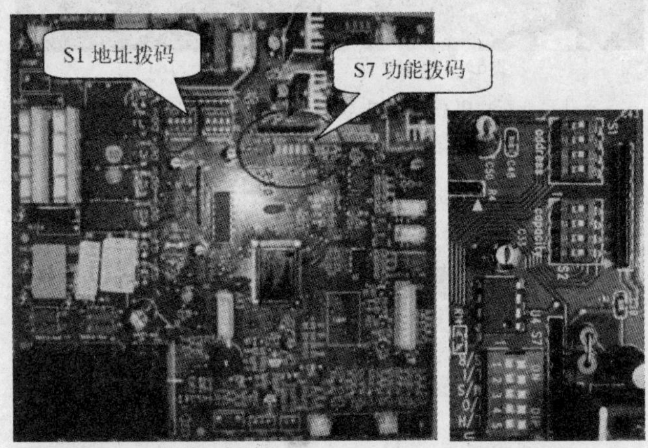

四位功能拨码主板

2. 机组故障代码列表

1)风管机、柜机、菱格风、座吊机、手操器故障代码：

故障	故障代码
按键锁定	CC
室内环境感温包故障	F0
室内入管感温包故障	F1
室内中部感温包故障	F2
室内出管感温包故障	F3
室外环境感温包故障	F4
室外入管感温包故障	F5
室外中部感温包故障	F6
室外出管感温包故障	F7
无主内机代码	No

2)天井机故障显示：

故障	入管感温头故障	中部感温头故障	出管感温头故障	室内感温头故障	化霜	防冻结温	水满保护	模式冲突	通讯故障	外机故障
电源灯	亮	亮	亮	亮	亮	灭	灭	灭	闪	闪
运行灯	灭	闪	闪	亮	闪	灭	闪	闪	闪	灭
定时灯	闪	闪	亮	闪	灭	闪	闪	亮	闪	灭

3)冷静王故障显示：

故障	入管感温头故障	中部感温头故障	出管感温头故障	室内感温头故障	化霜	防冻结温	模式冲突	通讯故障	外机故障	辅热故障
电源灯	亮	亮	亮	亮	亮	灭	灭	闪	闪	闪
运行灯	灭	闪	闪	亮	闪	灭	闪	闪	灭	亮
定时灯	闪	闪	亮	闪	灭	闪	亮	闪	灭	亮

4)风云、风侠故障显示：

故障	入管感温头故障	中部感温头故障	出管感温头故障	室内感温头故障	化霜	防冻结温	模式冲突	通讯故障	外机故障
运行灯	闪(1)				亮	灭	闪	闪(2)	闪
运行灯	闪				闪	闪	亮	闪	灭

注：(1)一的闪烁

5)天丽故障显示

故障	入管感温头故障	中部感温头故障	出管感温头故障	室内感温头故障	化霜	防冻结温	模式冲突	通讯故障	外机故障	辅热故障
电源灯(红色)	亮	亮	亮	亮	亮	灭	灭	闪	闪	闪
运行灯(蓝色)	灭	闪	闪	亮	闪	灭	闪	闪	灭	亮
定时灯(黄色)	闪	闪	亮	闪	灭	闪	亮	闪	灭	亮

6)新风云(新风侠)故障显示

故障	入管感温头故障	中部感温头故障	出管感温头故障	室内感温头故障	化霜	防冻结温	模式冲突	通讯故障	外机故障	辅热故障
电源灯(红色)	亮	亮	亮	亮	亮	灭	灭	闪	闪	闪
运行灯(蓝色)	灭	闪	闪	亮	闪	灭	闪	闪	灭	亮
定时灯(黄色)	闪	闪	亮	闪	灭	闪	亮	闪	灭	亮

3. 典型故障排查举例

维修人员要搜集能采集到的尽可能多的故障信息，进行仔细研究，列出那些可能导致故障现象的电气或系统零部件。然后维修人员要能够决定特定的故障原因，并查出真正有问题零部件，给予解决。

A.观察整体设备。不能局限局部观察，要注意、观察设备整体的状况；

B.从简单处进行研究。在研究、推断和确认故障原因时，要从比较简单的操作处进行，最后才进行放冷媒、拆除设备、更换零件和加注冷媒等复杂操作；慎重查找原因。机组可能同时出现多处故障，故障原因也可能不止一个，也有可能一处故障演变成多处故障，所以要建立综合系统分析，才能使判断结果更准确、可靠。

C. 手操器上故障显示：E1高压保护室外机主板指示灯：led4：灭；led3：灭；led2：灭；led1：闪室内机指示灯：

天井式室内机：红色led：闪；绿色led：灭；黄色led：灭

冷静王壁挂机：红色led：闪；绿色led：灭；黄色led：灭

风云/风侠壁挂机：红色led：闪；黄色led：灭

二、H系列交、直流变频多联外机部分

1. 机组故障代码一览表(见表1)

2. 主控板典型故障排查

故障排查顺序：首先，根据显示器故障代码，查看故障名称，如果显示器显示的是E5，则需要打开室外机的电气盒，记录下室外机主控板的LED灯显示，参照室外机主控板LED灯显示代码表找出具体的故障，在确认了照具体的故障后，按照如下的说明排查原因。

(1)通讯故障(E6)

检查室内外机的通讯线连接，查看通线是否短路或开路，线头是否松脱。

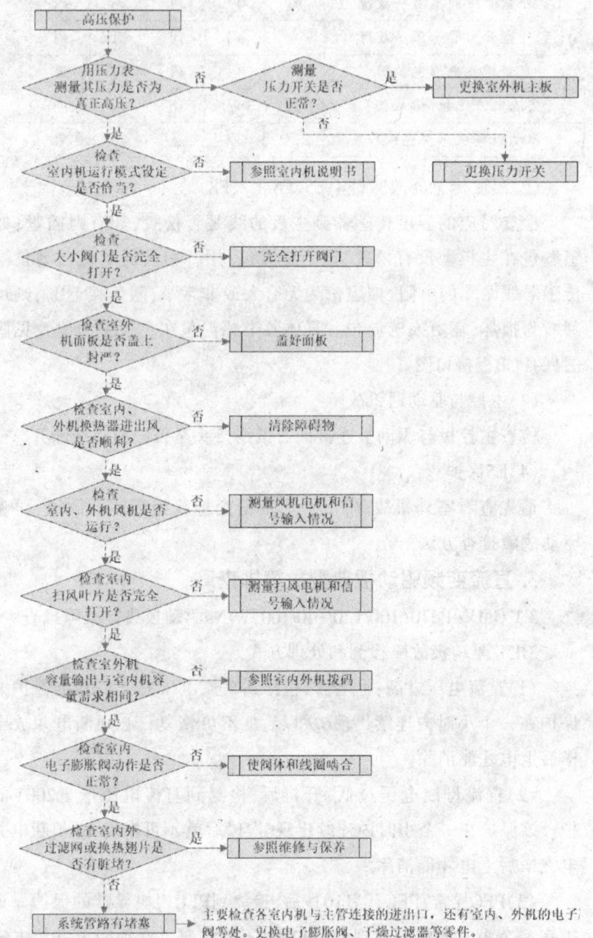

表1 室外机主控板LED灯显示代码表

故障项	故障灯显示						内机显示
	LED5	LED4	LED3	LED2	LED1	LED6	
过电压保护	亮	闪	亮	亮	亮	亮	E5
散热片过热保护	亮	闪	亮	亮	亮	闪	E5
电流传感器故障	亮	闪	亮	亮	闪	亮	E5
散热器传感器故障	亮	闪	亮	闪	亮	亮	E5
压缩机电流保护	亮	闪	亮	闪	亮	闪	E5
低电压保护	亮	闪	亮	闪	闪	亮	E5
启动失败	亮	闪	灭	亮	亮	亮	E5
PFC异常	亮	闪	灭	亮	亮	灭	E5
堵转	亮	闪	灭	亮	亮	闪	E5
IPM模块复位	亮	闪	灭	亮	灭	亮	E5
电机失步	亮	闪	灭	亮	灭	灭	E5
欠相,脱调	亮	闪	灭	亮	灭	闪	E5
变频驱动部分到主控通讯故障	亮	亮	灭	灭	灭	闪	E5
IPM模块保护	亮	闪	闪	亮	亮	亮	E5
超速	亮	闪	闪	亮	亮	灭	E5
传感器连接保护	亮	闪	闪	亮	亮	闪	E5
温漂保护	亮	闪	灭	亮	灭	亮	E5
交流接触器保护	亮	闪	闪	亮	灭	灭	E5
高压保护	亮	闪	灭	灭	灭	闪	E1
低压保护	亮	闪	灭	灭	闪	灭	E3
排气保护	亮	闪	灭	灭	闪	闪	E4
压缩机自带过载保护	亮	闪	灭	闪	灭	灭	E5
通讯故障(内外机、手操器之间)	亮	闪	灭	闪	闪	灭	E6
室外环境感温头故障	亮	闪	闪	灭	灭	灭	F4
室外盘管进管感温头故障	亮	闪	闪	灭	灭	闪	F5
室外盘管中间感温头故障	亮	闪	闪	灭	闪	灭	F6
室外盘管出管感温头故障	亮	闪	闪	灭	闪	闪	F7
变频排气感温包故障	亮	闪	闪	闪	灭	闪	F9
交流电流保护(输入侧)	亮	闪	亮	闪	亮	灭	E5
驱动板环境感温包故障	亮	闪	亮	闪	灭	亮	E5

(2)温度传感器故障(F4、F5、F6、F7、F8)

检查对应的温度传感器到主板的线是否松脱,如有则插紧;如果感温包在主板上没有松脱,拔下感温包,用万用表的欧姆档测量温度传感器线两端的电阻,如阻值为无穷大或非常小(阻值接近0),则可以判断为损坏,需更换感温包。具体各个感温包在主板上的位置见附录图1的PCB板接口图。

(3)主控与驱动通讯故障

检查主控板与驱动板连接的通讯线接头是否松拖或线断开。

(4)E5保护

请先查看室外机故障灯显示,根据商标找到具体的故障,再参照驱动故障排查方法。

3. 直流变频驱动板典型故障排查

3.1 GMV-Pd70(100/120/140/160)W/Na驱动板典型故障排查

3.1.1 驱动板故障检测和处理方式

(1)直流电压过高:上电后,检测到直流电压大于420V的保护。该保护在一个小时内连续出现6次以后就不可恢复,必须断电并放电完毕后上电才能消除。

(2)直流母线电压过低:开机后,检测到直流电压低于200V的保护。该保护在一个小时内连续出现6次以后就不可恢复,必须断电并放电完毕后上电才能消除。

(3)PFC异常:PFC开启10秒后,检测到PFC模块异常的保护。该保护在一个小时内连续出现6次以后就不可恢复,必须断电并放电完毕后上电才能消除。

(4)驱动板IPM保护:检测到IPM模块工作异常的保护,该保护在一个小时内连续出现6次以后就不可恢复,必须断电并放电完毕后上电才能消除。

(5)压缩机过电流保护:检测到压缩机的瞬时电流值超过45A的保护,该保护在一个小时内连续出现6次以后就不可恢复,必须断电并放电完毕后上电才能消除。

(6)驱动板IPM过热保护:检测到IPM内部温度高于105度的保护,该保护在一个小时内连续出现6次以后就不可恢复,必须断电并放电完毕后上电才能消除。

(7)散热片传感器异常:检测IPM模块顶部的感温包开路或短路的保护,该保护在一个小时内连续出现6次以后就不可恢复,必须断电并放电完毕后上电才能消除。

(8)变频驱动与主控通讯故障:驱动板不能与主控正常通讯,该故障能自动恢复。

3.1.2 驱动板典型故障排查流程图

3.1.2.1 PFC板异常

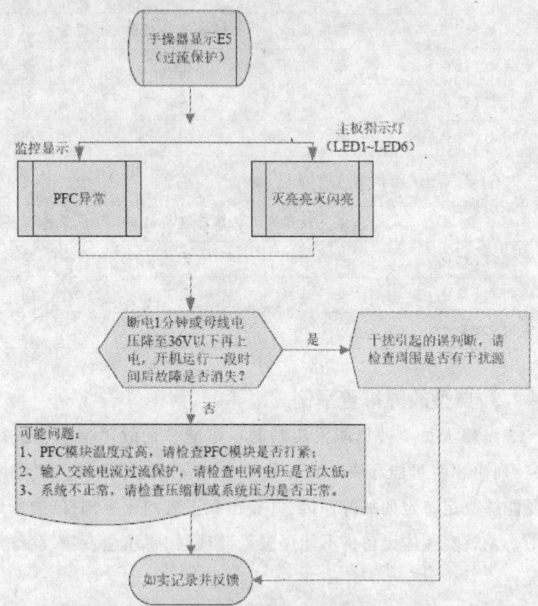

PFC板异常故障检查流程图

3.1.2.2 驱动板IPM保护

引起驱动板IPM保护的可能原因有:

● IPM模块螺钉没有打紧	● IPM模块坏
● IPM模块散热不良	● 电源板+15V电压不正常
● PFC模块异常	● 与PFC接线
● 驱动板电阻RS1-RS6坏	● 压缩机异常
● 干扰	

4. 交流变频驱动板典型故障排查

4.1 机组故障判定

家用中央空调交流变频板故障指示灯说明:

驱动板故障指示灯说明

故障名称	LED1 红	LED2 黄	LED3 绿	内机显示	简要原因
正常运行	闪	灭	灭	—	—
电压保护	闪	闪	灭	E5	供电电压过低或者过高
电流保护	闪	闪	闪	E5	电流过大,压缩机部分损坏
模块保护	闪	灭	闪	E5	IPM模块过热、欠压、过流保护或损坏
通讯故障	灭	闪	闪	E6	主控与驱动通讯故障
紧急停机	灭	闪	灭	其它	出现排气、高压等主控故障

备注：LED1—红灯 LED2—黄灯 LED3—绿

LED1红灯为变频板正常运行指示灯（正常运行时闪烁）

4.2 机组驱动故障排查

4.2.1 指示灯无显示

检查电源是否接好；滤波板是否有输出，开关电源是否有输出；10芯连线是否接插牢固。

4.2.2 电压保护

检查供电电压是否在185-242V以内，如不在，请告知用户电压过低和过高，调整电压到220V范围；否则驱动板坏，换驱动板。

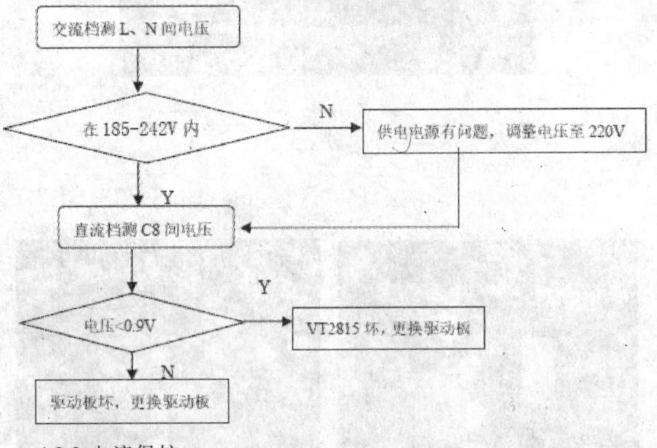

4.2.3 电流保护

电流保护的主要分启动过流和运转过程中过流。即一启动，指示灯就显示电流保护和启动运转一会后指示灯显示电流保护。

启动过流的主要原因有：压缩机卡死、压缩机损坏、模块损坏。排查流程如下：

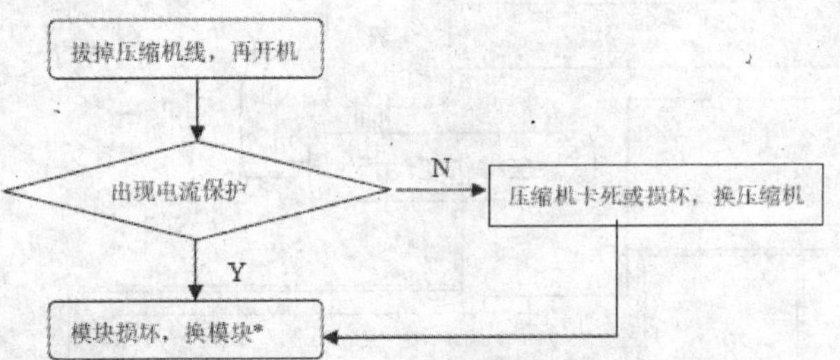

*保证电压在220V附近，电压过高或者过低也会同时出现电流保护，此外，抽真空不足也会造成空气压缩而过流。

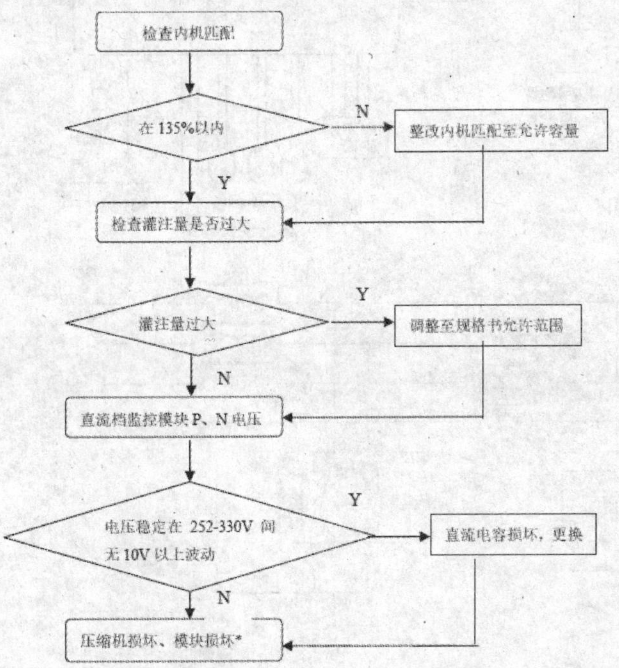

运转过程中过流的主要原因有压缩机损坏、内机匹配过大、灌注量过大、直流电容损坏、模块损坏。先用电流钳表检测整流桥前端电流，如电流在出现电流保护现象时确实很快变大并发现达到17A以上，则为真实电流保护，按照如下流程排查，否则如只在13A、14A左右并无1A以上波动，则为驱动板电流检测有误，更换驱动板。

*压缩机损坏会同时伴随压缩机大的噪音，在怀疑压缩机损坏时，先进行绕组间电阻测量以及对地耐压测量进行常规判断，不能确认时再通过更换模块排查。

4.2.4 模块保护

模块保护主要有上电模块保护、启动模块保护和运转模块保护三种。其中上电即显示模块保护为机组未开机就显示模块保护，一般为模块损坏和驱动板损坏，需要更换。启动模块保护的主要原因有模块损坏、压缩机卡死、压缩机损坏、电源电压过低或者过高，有时外界干扰也会导致模块保护发生。运转过程中不易出现模块保护，这时如果出现则主要是模块损坏，应更换。对启动模块保护的排查流程如下：

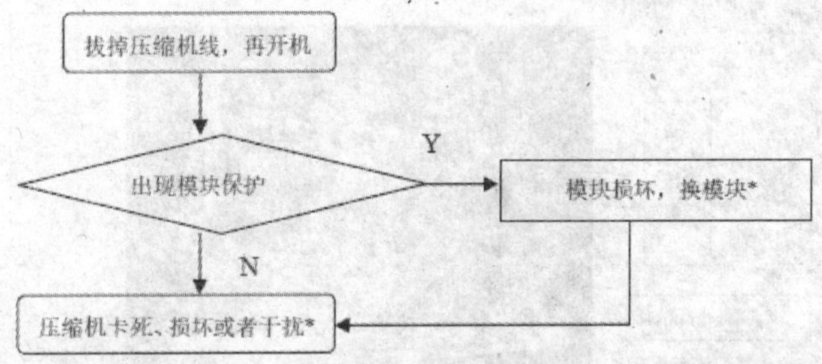

4.2.5 驱动板与主板通讯故障

该故障又可分为上电但压机未运行时通讯故障和压机运行时通讯故障两种。如果是压机未运行时通讯故障，则请检查手操器和内机地址拨码是否一致？几台内机拨码是否冲突？通讯线是否接好？如果都没问题，则可能是驱动芯片或主控芯片有问题，请更换芯片或PCB板。压机运行时出现通讯故障，可能是压机运行后干扰过大导致通讯故障，首先检查主控与驱动通讯线是否带屏蔽层，如果没有则更换成带屏蔽层的通讯线；其次，检查走线是否强弱电分开，交直流分开；再次，检查485通讯电路滤波措施是否完备；最后，更换驱动板或主板。

4.2.6 紧急停机

表示系统出现故障，这时同时会有系统故障显示出现。排查并解决系统故障后，该故障显示会自动消失。

4.3未知部件故障的逐级上电排查

首先把板间的连线全部断开。即AC-L1、AC-L2、AC-L3、N到电源的连线，P+与N-到电源模块的连线，十芯连线，IPM模块的P、N连线等（注意不要让电容两端短路）。

4.4 功能部件检查

电器盒主图和各部件测试点分解说明示例如下。

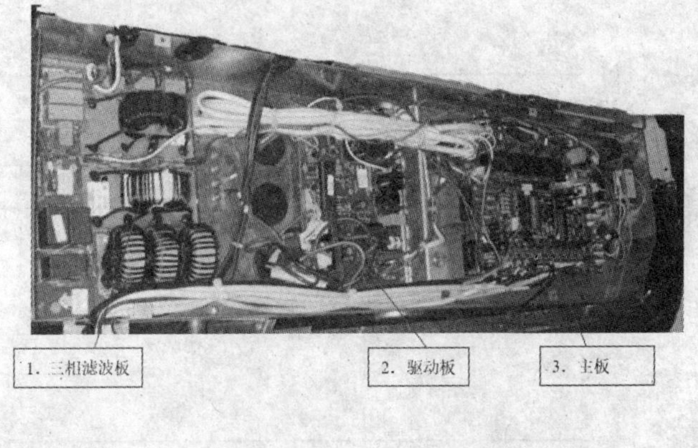

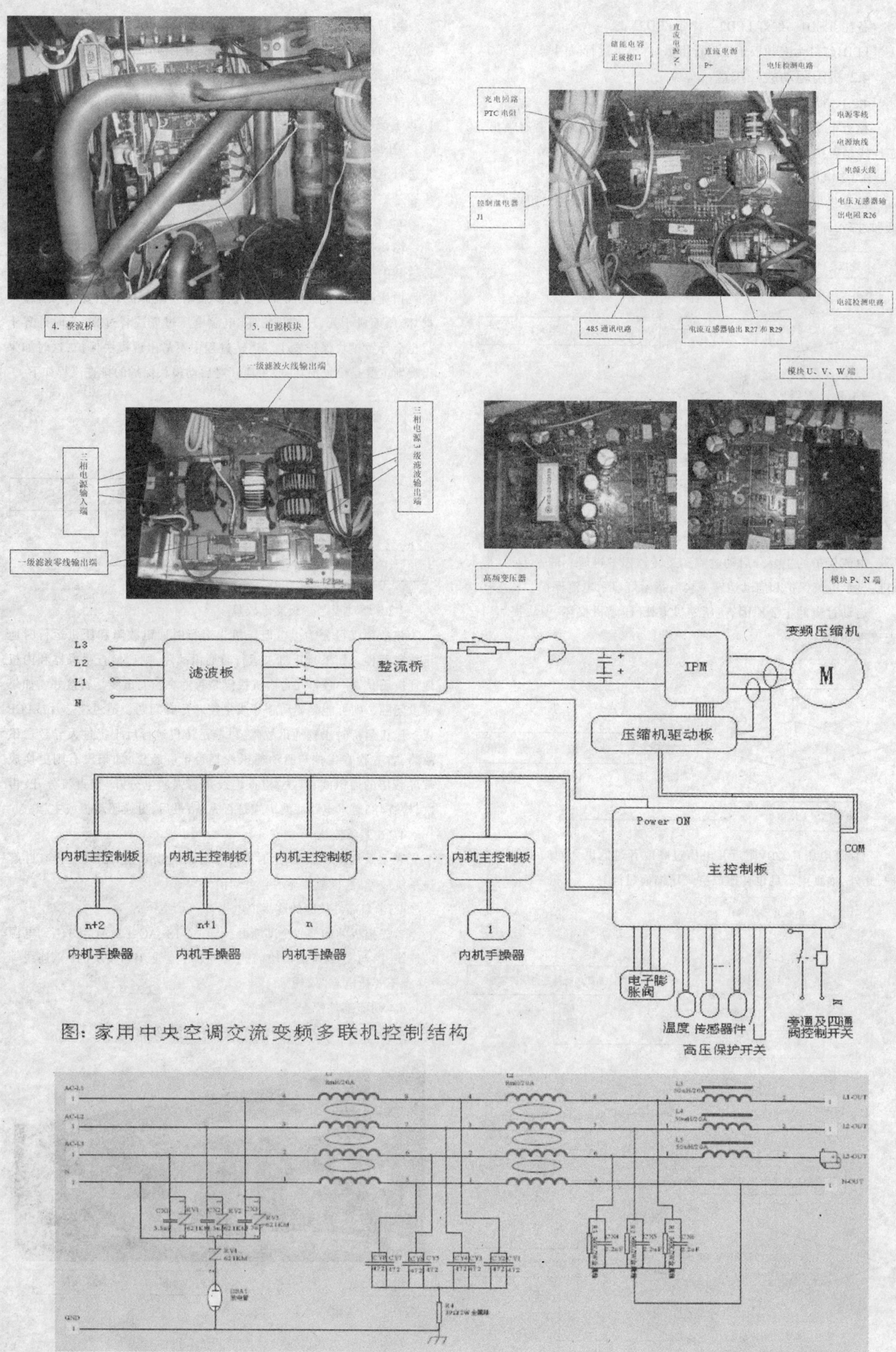

图：家用中央空调交流变频多联机控制结构

家用中央空调交流变频机组电控系统及变频驱动部分结构示意如下：

4.4.1 滤波板

功能介绍：滤波板的主要作用其一是滤除电源干扰，保护机组在恶劣电源质量环境下的抗干扰能力；其二抑制机组对电源的干扰，防止机组运行影响其它电器如电视等工作。由于变频机组自有工作方式的原因，对干扰相对敏感，现有变频机组一般都有滤波板。由于本机组是三相供电电源，因此，使用三相滤波板，该滤波板采用3级滤波的方式。三相滤波板输入端子分别是AC-L1、AC-L2、AC-L3和N，对应的输出端子分别是L1-OUT、L2-OUT、L3-OUT和N-OUT。

检查办法：一般采用连通性检查判断滤波板及其上部件故障。

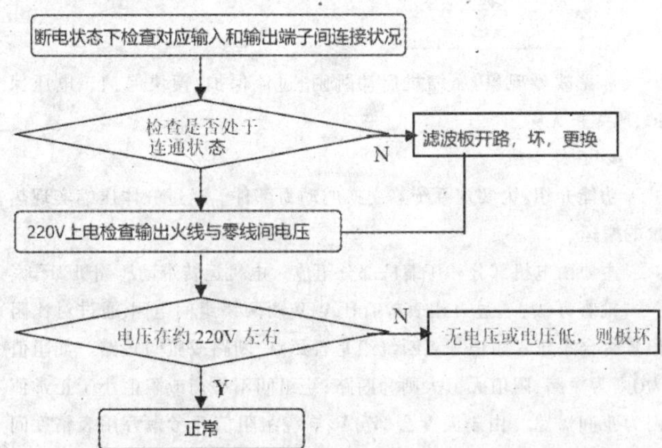

常见故障现象：主板不得电（无灯亮）、风机不起、主板复位；

4.4.2 整流桥

功能介绍：整流桥的主要作用是将交流电源整成直流。

检查办法：使用万用表二极管档检查桥内各管管压降是否正常以及反接是否正常截止。三相交流输入接1、2、3脚，输出为4、5即正负对应输出，其清单如下：

型号	编码	典型参数	适用机型
三相整流桥 60A/1600V	46010604	I=60A U=1600V	GMV-P120W/HS、 GMV-P140W/HS、 GMV-P160W/HS、 GMV-P180W/HS

常见故障现象：启动过流、跳闸、整流无输出；

4.4.3 电容和电抗

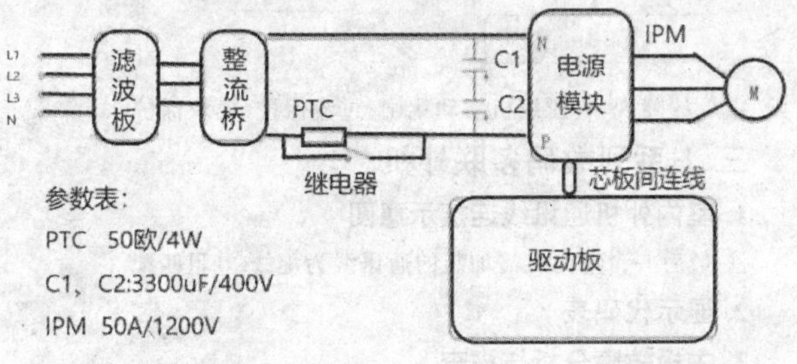

功能介绍：电容的主要作用是滤波和储能，为后端逆变模块提供稳定的直流电源，供驱动压缩机，电容电压稳定，纹波小是保证系统稳定运转的条件。一般通过选用足够大的电容来保证稳定的电压和较小的纹波，为控制系统的关键部件。电抗器的主要作用是滤除谐波干扰和改善功率因数，对机组启停以及运转无影响，家用中央空调交流变频机组目前没有安装电抗器。

检查办法：通过万用表直流挡检测电容两端或者模块PN间电压，上电开机如压在540V(220V*1.732*1.414)左右，运转后电压在500V左右则为电容正常；电容出现损坏时，一般压缩机一启动，监测电压就会迅速下跌至100V左右，同时会出现过电流和模块保护；对电抗器的检测主要是欧姆挡检查电抗器通路情，电抗器烧毁则会出现开路。

型号	编码	典型参数	适用机型
电解电容 3300μF ±20%/400V (-40℃-105℃)	33310520	C=3300uF U=400V	GMV-P120W/HS、 GMV-P140W/HS、 GMV-P160W/HS、 GMV-P180W/HS

4.4.4 电源模块

功能介绍：主要作用其一是集成了开关电源部分，为主板及驱动控制电路提供5V和12V电源，并输出4路15V电源给IPM模块供电；其二是实现直流电到交流电的逆变，驱动压缩机运转，为控制系统的关键部件。

检查办法：通过万用表直流挡测试5V、12V以及4路15V输出是否正常，通过假负载(一般情况在UVW三相接三盏灯)测试U、V、W三相输出电压是否平衡，并且在不上电以及不接连线情况下用万用表二极管档分别测试P对U、V、W以及N对U、V、W的正反向管压降，看是否出现二极管短路或断路的情况。

常见故障现象：主板不得电（无灯亮）、模块保护、压缩机无输出；检查流程如下：

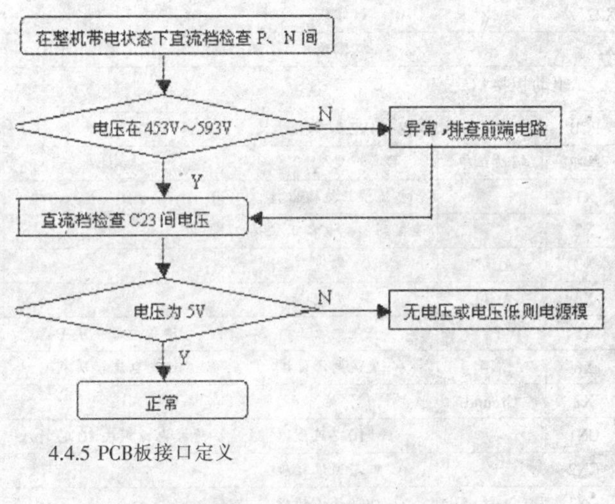

4.4.5 PCB板接口定义

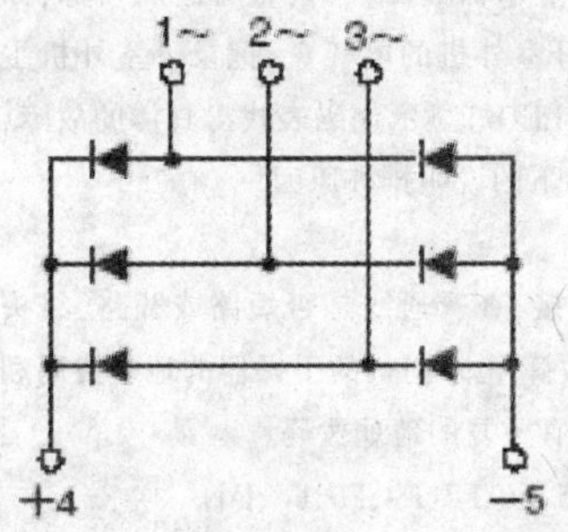

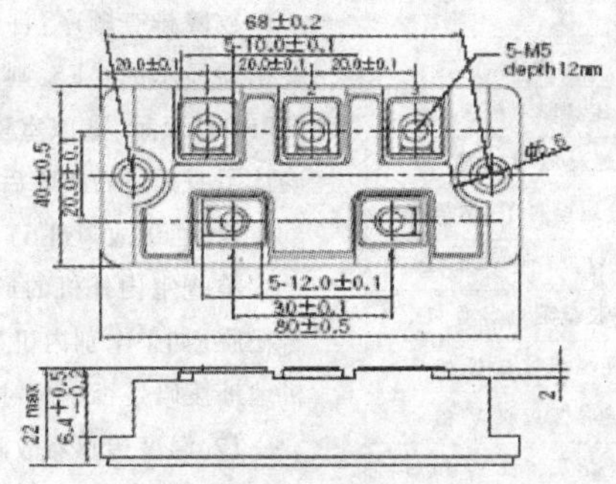

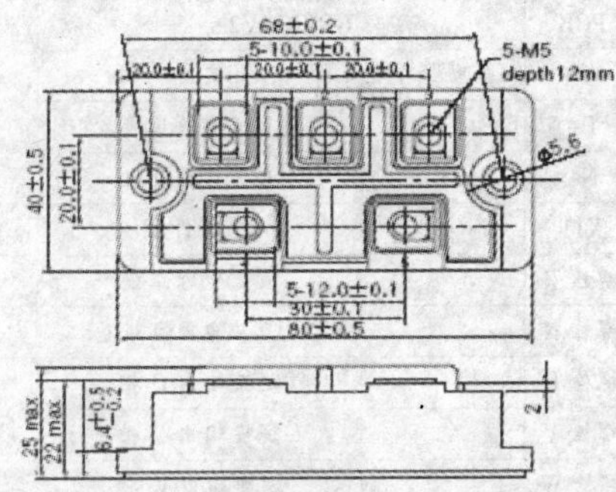

主控板接口定义

PCB	GRZW85-AV1.6		
丝印	辅助丝印	定义	备注
CN15	PIPE-IN	进管感温包	黄色
CN14	PIPE-MID	中管感温包	红色
CN13	PIPE-OUT	出管感温包	黑色
CN12	OUTROOM	外环境感温包	蓝色
CN25	VF-EXHAUST	变频排气感温包	
CN30		变频壳顶温度	
CN29		散热片温度	
X4	OVC1	高压保护	
X2	LPP	低压保护	
CN10		三芯通信线(接内机)	
CN20		三芯通信线(预留)	
CN46		四芯通信线(驱动)	
CN28		四芯通信线(预留)	
X10	B-EXV2	气旁通	
X11	4V	四通阀	
X13	SM-COMP	接触器	
X16	B-EXV3	压缩机电加热带	
X15	FAN-H	高风挡	
X17	FAN-L	低风挡	
CN4		变压器一次测	
CN3		变压器二次测四芯	
CN5		变压器二次侧两芯	
CN17		电子膨胀阀	
X19	AC-L	火线	
X20	AC-N	零线	
X21	AC-N	零线	
X22		零线	
X23		零线	

驱动板接口定义

PCB	GRZ814V2.5		
丝印	辅助丝印	定义	备注
X1		整流桥正极输出接口	
X2		连接到储能电容正极接口	
X3	AC-N	零线	
X4	AC-L	火线	
X5	P+	直流电源正极	连接电源模块 P+
X6	N-	直流电源负极	连接电流模块 N-
X7	Ground	地	
CN1		10 芯连线	连接电源模块 10 芯针座
CN2		四芯通讯针座	
CN3		四芯通讯针座	

电源模块接口定义

PCB	GRZ814V2.5		
丝印	辅助丝印	定义	备注
P+		直流电源正极	连接驱动板 P+
N-		直流电源负极	连接驱动板 N-
X11		10 芯针座	连接驱动板 10 芯连线
螺栓 P		直流电源正极	连接储能电容正极
螺栓 N		直流电源负极	连接储能电容负极
螺栓 U		逆变输出 U 相	连接压缩机 U 相
螺栓 V		逆变输出 V 相	连接压缩机 V 相
螺栓 W		逆变输出 W 相	连接压缩机 W 相

驱动部分检查流程如下：

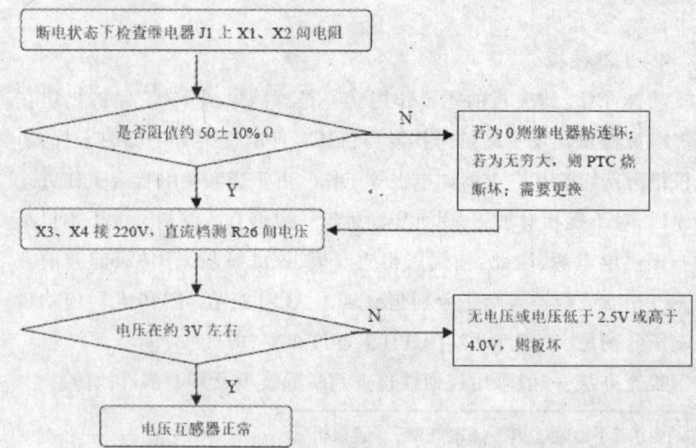

常见故障现象：压缩机启动跳闸、过流保护、模块保护、、电压保护、压缩机无输出。

4.4.6 压缩机

功能介绍：为实现系统热交换的动力部件。通过气体压缩实现热量的搬运。

主要由电机部分和压缩机部分组成。电机运转带动压缩机工作。

检查办法：通过万用表检查U、V、W两两绕组间电阻,通过对比阻值是否合乎正常阻值来判断绕组是否短路,断路或匝间短路。如阻值为0则为短路,阻值无穷大则为断路,绕组间不平衡或阻值小于正常值则为匝间短路。由于温度会部分影响绕组阻值并考虑万用表精度问题，在确认三相平衡的情况下，判断阻值与正常值差在15%以内为正常。

家用中央空调交流变频机组使用的压缩机是广州日立压缩机401DHV-64D2Y,其两相绕组间阻值约为1.6Ω。检查流程如下：

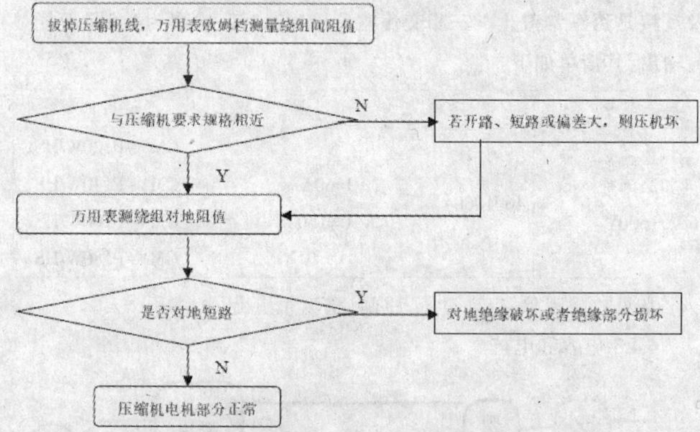

常见故障现象：压缩机启动跳闸、过流保护、模块保护。

三、H系列数码多联外机

1. 室内外机通讯线连接示意图

注:最后一台室内机需加装的通讯线为配线(电阻匹配)

2. 显示代码表

3. 主板故障分析与排查

故障排查顺序：首先，根据显示器故障代码，查看故障名称，如果显示器显示的是E5，则需要打开室外机的电气盒，记录下室外机主板的LED灯显示，参照室外机主板LED灯显示代码表找出具体的故障，在确认了照具体的故障后，按照如下的说明排查原因。

(1)通讯故障(E6)

检查室内外机的通讯线连接，查看通线是否短路或开路，线头是否松脱。如果个别内机显示E6故障,检查内机的手操器的地址拨码和内机地址拨码是否一一对应,是否有重复的地址拨码.

(2)温度传感器故障(F4、F5、F6、F7、F9、Fb、Fc、Fd)

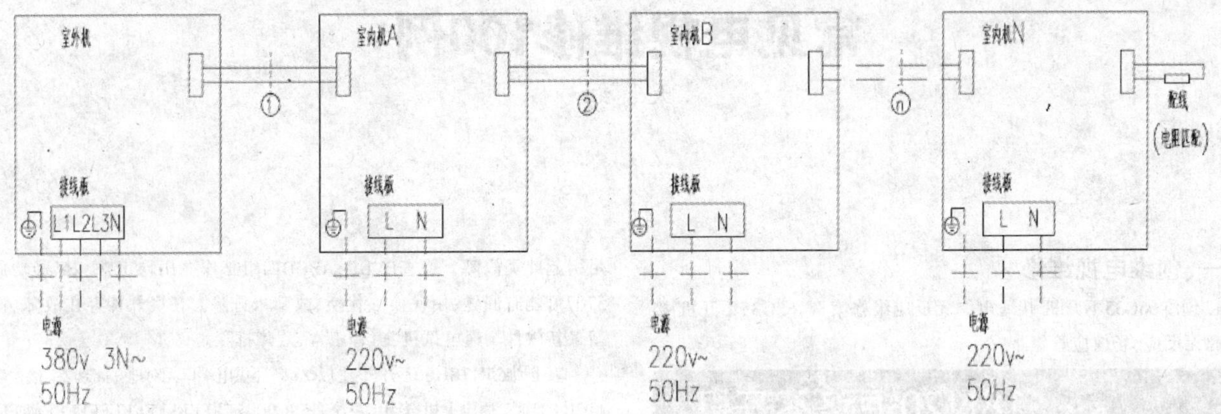

表2　室外机主板LED灯显示代码表

故障项	故障灯显示						内机显示
	LED6	LED5	LED4	LED3	LED2	LED1	
高压保护	亮	闪	灭	灭	灭	闪	E1
低压保护	亮	闪	灭	灭	闪	灭	E3
排气保护	亮	闪	灭	灭	闪	闪	E4
过流保护	亮	闪	灭	闪	灭	灭	E5
通讯故障(内外机、手操器之间)	亮	闪	灭	闪	闪	灭	E6
室外环境感温头故障	亮	闪	闪	灭	灭	灭	F4
室外盘管进管感温头故障	亮	闪	闪	灭	灭	闲	F5
室外盘管中间感温头故障	亮	闪	闪	灭	闪	灭	F6
室外盘管出管感温头故障	亮	闪	闪	灭	闪	闪	F7
化霜	亮	闪	灭	闪	闪	闪	手操器显示化霜
数码排气感温包故障	亮	闪	闪	闪	灭	闪	F9
数码油温感温包故障	亮	闪	闪	闪	闪	闪	Fb
高压传感器故障	亮	闪	亮	闪	闪	闪	Fc
低压传感器故障	亮	闪	亮	亮	闪	闪	Fd

检查对应的温度传感器到主板的线是否松脱，如有则插紧；如果感温包在主板上没有松脱，拔下感温包，用万用表的欧姆挡测量温度传感器线两端的电阻，如阻值为无穷大或非常小(阻值接近0)，则可以判断为损坏，需更换感温包。具体各个感温包在主板上的位置见PCB板接口图。

(3)E1、E3、E5保护

如果是E1保护，检查高压开关是否坏了，检测方法，整机上电，用万用表(请按照强电的操作方法测试)测试高压开关的两条线是否断路，如果断路就证明坏了，然后更换好的高压开关就可以。E3、E5保护与E1的操作方法是一样的.

(4)制冷制热效果差

如果调试或者客户反馈制冷或者制热效果差，那么请检查外机的S2容量拨码是否拨正确，请按照以下附表检查外机容量拨码，如果发现不对，请用镊子小心取下容量拨码上的硅胶，然后再拨正确.附表如下表：

制冷量	DIP 开关 S2(打胶固定)			
	4	3	2	1
180	ON	ON	ON	ON
190	ON	ON	ON	OFF
150	ON	OFF	ON	OFF
140	ON	OFF	OFF	ON
120	ON	OFF	OFF	OFF
100	OFF	ON	ON	ON
80	OFF	ON	ON	OFF
160	OFF	ON	OFF	ON
95	OFF	OFF	ON	ON
70	OFF	OFF	ON	OFF
50	OFF	OFF	OFF	ON

(5)更换芯片的注意事项

1)必须断电才能更换芯片，绝对不允许带电操作。

2)翘起老芯片的时候，必须轻轻地翘起一边，在翘另一边，绝对不能翘坏芯片的ic座，以及不能翘坏pcb板上的铜皮(注意:翘芯片时候很容易翘坏芯片的ic座和pcb板上的铜皮，所以要轻轻地翘)。

常见电视维修100例

天　红

一、创维电视维修

1. 创维65G35不开机 接通电源无反应维修案例:65G35不开机 接通电源无反应,场效应管短路。

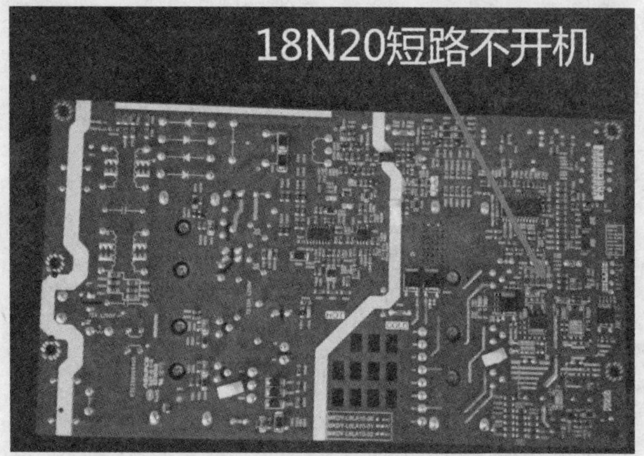

2. 维电视55U3B 5H51不开机的维修:通电发现供电正常,屏幕为黑屏,接上打印发现打印没有跑完,此时开机按住CTRL+C尝试使用优盘升级,但是不能进入界面,于是只能使用工具烧写引导,烧写完电视开机,为了保证程序正常,将主程序升级一遍,故障排除。

3. 创维50E510E自动重启:分析检修:检查无明显元件</a>缺失,测量供电、总线</a>、复位、晶振都正常,根据此机芯的维修经验</a>,此<a href="http://www.jdwxlt.cn"target="_blank"class="relatedlink">故障,现象的范围是供电、软件、DDR与主芯片的通讯异常,供电都正常,测量DDR与主芯片之间排阻的阻值都正常,于是更换主芯片,故障还是依旧,主程序无法升级,烧写引导也失败,DDR(U11、U12)是软件处理,DDR(U9、U10)是图像处理,把DDR(U11、U12)更换,打印信息恢复正常,发现上工装可以正常开机了,老化一段时间没出现问题,故障排除。

4. 55G7200背光问题:一台55G电视开机一亮一暗不停闪烁,遥控不起作用。开机检测,机芯是8H87机芯。背光是24V供电的两组单独的驱动,当断开一组背光输出,电视显示正常,但只有半边图像,遥控可以关机,但不能开机,换另一组背光输出,现象一样。分别断开驱动电路;两组驱动互换,现象也是一样。也就是说只要是带一组背光,两组驱动和输出都正常。后来查到24V电源是两组输出并联,断开一组用一组供电,电压只要20多V,同时带两组背光显示正常,但只是图像较暗,遥控现象同上。初步判定可能是电源带负载能力弱,但检查了滤波电容和二极管都没发现问题。

分析检修:电源板问题,带不起负载,检查24V稳压电路,PWM控制IC及供电,MOS管对地0.33欧姆电阻。都正常再换431可控硅试试。

5. 50H7开机进不了系统检修:用户报修50H7卡在开机画面,上门强制恢复出厂设置重启还是无法进入主页,测量主板各路供电均正常,用U盘升级也无法进入,最后拆板带回更换主芯片试机一切正常。刷机包下载地址:"https://www.jdwxlt.cn/thread-21588-1-1.html"。

6. 创维58H7-8H66声音异常:主板通电能正常开机,接上信号源,测试主板声音,发现主板故障并不是无声音,而是声音很小、且话语不清晰。此类故障以前遇到过,功放24V供电PVDD_ABCD某一路供电不足引起此类故障,检查PVDD_ABCD四组工作电压均正常。怀疑功放5707可能有问题,用代换法代换,故障未排除。怀疑软件存在故障,刷新最新软件。通电试机,声音正常,故障排除。

7. 创维65H78H66不开机:主板</a>各路供电端口无对地短路现象。接上串口CRT工具,通电上机打印信息全是58C000FFFFFFFFFFFFFFFFFFFFFF代码。初步判断主芯片3751V551已工作。58C000FF此组代码怀疑DDR可能供电有问题,检查DDR1.2V供电正常,故继续排查是否其他供电电路有供电问题,当检查到VPP(U3P3)处供电时,输出端正常电压应该在2.5V,但此时(U3P3)输出电压只有0.89V,判断不开机应该是(U3P3)电路有故障,检查输入端供电3.3V正常,检查芯片外围元器件发现R2P72电阻有虚焊现象,补焊该电阻,故障排除。

8. 创维58H7-8H66老化不开机:主板通电能正常开机。主板上工装老化,大概20分钟后,故障复原,热机后关机。针对此类故障检修主要针对三个方面:(1) 软件可能有问题,(2)BGA封装芯片有虚焊现象,(3)板材过孔有问题。首先刷新最新软件,再次老化主板还是关机。怀疑BGA封装有虚焊现象,仔细观察BGA封装器件,发现DDR(UD2)封装有异常,左右高度有轻微差异,怀疑此芯片虚焊。更换新的DDR,老化后,故障排除。

9. 创维58H7-8H66-168P-L6K018-00不开机:通电测量12V,18V电压输出正常,但是带上主板后就偏低,检查发现PFC电路没有工作,只有320V电压,测量IC8供电发现只有6V左右,而且还在跳动不稳定,逐一检查发现问题还是在IC3电路上,测量Q6开关管输出到变压器脚上的电压只有18V左右,正常是190V左右,此电压低说明开关管的开启时间短关闭时间长导致,代换IC3/SSC3S910,和Q6,Q8及外围故障还是一样,后来代换C25后故障排除,C25是100NF,实际测量没有容量了。

10. 创维电视65H7-8H66-168P-L6K01A-00有一组背光不亮:通电测量有一组背光升压后就慢慢下降了,其它3组正常,把灯条线对调了还是一样,判断故障还是在背光电路,加热补焊U2外围后又能正常,但是冷机后开机又出现问题了,怀疑是不是某个元器件不良导致,代换后发现C121损坏导致,更换C121后故障排除。

11. 创维电视8K20机芯维修实例10则:(1)26M10HR-8K20,刚开机正常,一会儿死机的检修;26M10HR-8K20刚开机正常,一会儿死机,遥控和键控都失灵,更改无效,查主板</a>各路供电只有IC605-B1084的2.6V电压跳变不稳定,其它各路正常。IC605-B1084是为动态存储器提供2.6V的工作电压的,如果此电压出现波动将直接影响动态存储器与CPU之间无法通讯,导致死机和花屏的故障。换之,故障排除。(2)32S12HR-8K20-背光亮一下灭:32S12HR-8K20-电源背光一体板,板号-5800-P32TLK-0030开机背光亮一下就灭,测量380V正常,IC供电也正常。说明驱动IC3H7224正常,测量检查IC4,H3435外围,发现贴片电容C35未焊,补焊后故障排除。(3)32S12HR-8K20,自动跳菜单:32S12HR-8K20,按信号源自动跳出菜单,将遥控板拔下后,故障依旧,怀疑是按键外接的电阻漏电,于是把按键和遥控外接的R13,R14,R15拆掉试机后故障排除。(4)24S20HR-8K20机芯交流关机8分钟再开机有声无图:分析电源背光板有虚焊或有元件性能不良,检查电路无虚焊,大面积补焊后试机故障依旧,怀疑背光保护电路元件不良,代换至C22(5n6)电容故障排除。此电源板编号168P-P24AWN-00配创维屏。(5)8K20 S12HR无台:先测高频头工作条件,当测量至33V时发现只有

0V。关机后测已对地短路。故拆掉高频头，仍短路，依次折去33V上各个电容当拆到C115(0.22UF50V)时不再短路。测拆下来的电容已经短路.更换后试机正常。(6)24S20HR-8K20不开机：24S20HR 8K20电源板上驱动IC ncp1271因为属于新品所有网点没有配件，经查询资料得知与NCP1207功能引脚相似，代用后一切正常。(7)32S12HR-8K20机芯，老化一段时间黑屏故障检修：8K20维修实例，此电源板冷机开机正常，老化一段时间后黑屏，声音正常。开始怀疑是IC3和IC4坏，更换后故障依旧。但把D22 D23 D24(形状类似贴片三极管)上面的一块白胶刮掉后，补焊这一片电路后，故障排除。原因可能为白胶热胀冷缩后产生的拉力使之造成虚焊而造成的。(8)26S12HR/8K20/TV无信号：测高频头33V供电为0V，查C115短路换之故障排除。(9)26S12HR-8K20，齐美主板代替LG的更改方法：在主板CN601的②和③脚接一只15K的电阻，取消Q602，添加R611(1K)电阻，经实验完全正常。(10)32S12HR-8K20开机十几分钟后TV无声：开机后十几分钟TV无声，切换到AV后声音正常，经测量IC101/TDA9885各脚电压，发现⑤脚伴音去加重脚电压异常，正常时为2.2V，故障时为0V，更换外围电容C128(10NF)后机器故障不再出现。

12. 创维电视8S50_8S51系列推送酷开5.0死机解决办法制作：前段时间E510全网推送酷开5.0，后发现大量8S50/1不开机现象主板，重新升级无法成功打印信息一直循环：

should call MApi_GFX_Init first

should call MApi_GFX_Init first

should call MApi_GFX_Init first

should call MApi_GFX_Init firs

should call MApi_GFX_Init firs

should call MApi_GFX_Init first

should call MApi_GFX_Init first

should call MApi_GFX_Init firs

should call MApi_GFX_Init first

大部分此板都报废了

重新升级Mboot软件后解决：(1) 用ISP_TOOL升级关掉MBOOT_DISPLAY_OSD中的mboot.bin。(2)用串口敲命令或者使用强制升级方式升级8S50/8S51中的MstarUpgrade.bin.(3)升级完成后，在工厂菜单中升级【E510_打开MBOOT_DISPLAY_OSD】中的mboot.bin。

13. 创维液晶电视8R54机芯数据丢失维修方法：

8R54机芯跑数据问题很多，修复后重复回炉返修的很多，经过我们技术组的实践维修经验，只需要把FLASH(25Q64)更换成25B64后跑数据问题解决，经过更换型号修复的板卡再没有发现反复维修。

14. 创维55G7 65G7-9R59有声音灰屏或图像异常：9R59机芯，播放视频，优盘在线都有声灰屏，新机安装完毕后第一次试机正常，过一会再试机在线影视灰屏有声，新机惶恐，回想调试时动了一项设置(通用设置-主页切换)，调这一项的时候，闪了一下雪花，疑程序错乱，于是通过通用设置-恢复出厂默认值。后关机重启，过了几分钟再重新联网或用优盘播放，重新试机问题解决。另有同事遇到55G7播放视频也是图像异常，播放视频时图像分成三部分，电话指导调试恢复出厂后也正常。

15. 创维电视55G7200-8H87不开机：8H8主板不开机，仔细观察板子上电感L6有烧焦现象，测电感确实开路，说明电感两端有短路现象。测CB31,CB32，CZP9有短路现象，逐一拆下测是CZP9确定短路，更换CZP9和L6在工装上试机正常，此种现象我办已修多块，望注意。

16. 创维电视55G3开机灰屏：开机用万用表直流电压挡测量电容供电为0V，关机后再用欧姆挡测量此电容对地阻值为0(短路)，更换或者拆掉此短路电容，开机试机正常！

17. 创维电视32E220E 8R36不开机：32E220E 8R36红灯亮不开机，经过检查主板供电全部正常，重新烧写故障排除。

18. 创维55G7电源板自动待机技改：55G7电源板自动关机技改方法：更换R27-R30电阻改成三粒2.2M，一粒2M的，测量R186电阻精度(正常56K)如果测得是55.8K以下需更换新的56K电阻，更改R227电阻为10K，将原来的R17改回0欧电阻，技改完PFC电压为398V正常。如电压低于380V，电源板就会出现自动关机。

19. 创维5L018电源板常见故障点维修：不开机无输出：检测EMI、PFC、DC初级电路，未发明显坏件，检测DC次级电路时发现120V背光整流输出二极管其中之一短路。背光一组不亮：排除灯条问题，测量反馈回路二极管，其中一路二极管短路。无输出PFC不升压：检测未发现明显坏件，换芯片故障依旧，R7电阻开路。

20. 创维55K5A-5S35背光一闪灭黑屏的检修：故障现象：背光一闪灭，检修过程：开机瞬间测背光升压正常，代换机芯板后电视正常说明故障在机芯板上。后经检测发现背光部分U2005(AS358M)击穿更换后故障排除。

21. 创维K32-S523S不定时自动待机或有时出双清界面的检修：故障现象：不定时自动待机或有时出双清界面，检修过程：不定时出现自动待机或双清界面一般都是主芯片损坏，代换主芯片后故障后，后检测发现键控on/off脚电压有3.3V-2V左右波动，检查发现电容C202漏电导致更换后故障排除。

22. 创维55F5-8H20不定时不开机指示灯不亮的检修：检修过程：故障出现时测电源板电压发现12V和48V都没有电源板型号为5L01W测U7(SSC3S910)②脚供电正常。测D26正极电压为8V负极电压为6V不正常，测二极管负极电压应为高电压，用BA158代用后故障排除。

23. 创维55D10-8H02Z灰屏有声音的检修：故障现象：灰屏有声音，检修过程：遥控开关机声音均正常测屏供电无12V，测U0L1(9435)输入脚有12V输出脚无12V U0L1(9435)④脚为12V高电平说明控制电路有问题。检查Q0L1(1A)三极管开路，更换后故障排除。

24. 创维55F5-8H20黑屏背光不亮的检修：故障现象：背光不亮，>检修过程：开机背光不亮测电源板输出12V48V正常，但背光升压电路C200上只有50V正常升压90V主板输出的开关信号和亮度信号都正常，测背光驱动芯片U200(OZ9902)2脚无12V供电，后检测为背光控制芯片供电三极管Q205(2T)开路，更换三极管后开机背光亮起一切正常。

25. 创维42E5ERS-8S16不开机不开机：开机指示灯不亮，遥控器操作无效，开壳检测电源板无12V24V,300V有，怀疑保护电路，拆掉Q8无效，进一步测量IC1，NCP1251的⑤脚电压不对，只有12V，还在摆动，测量D11的负极有24V电压，顺路找到R21的一端无电压，测量此电阻开路，代换后一切正常。故障排除。

26. 创维65G6-9R52机芯电视看几分钟后黑屏有伴音：电视直播

软件后看直播电视台节目，出现黑屏伴音正常，由于本机系统升级到5.6最新版本系统，经上门恢复到5.0和5.5系统后，在观看正常。

27. 创维50E780U不定时不开机：用户反映50E780U电视机不定时红灯亮不开机，上门检查电源正常，判断主板故障。主板带回试机正常，给用户更换主板，半月后用户又反映电视机出现同样故障。上门发现电视机故障出现时交流关机后，电视机指示灯要等3分钟左右才会熄灭，检查发现用户机顶盒通过HDMI线接到HDMI3上，HDMI3接口与MHL共用接口，询问用户，用户机顶盒从不关机，电视机也是只用遥控关机，将机顶盒调换接口让用户长期试机未发现故障。在后期上门过程中多次遇到此现象，都是通过调换接口或者关闭设备电源解决。

28. 创维HV430FBN40代换HV430FBN10技改方法：VGH供电分别如图所示飞线上两边屏线位置，试机一切正常，改完后注意线的固定。

29. 创维电视图发白，屏有残影：故障现象;开机发现图像发白，屏上有残影。检修;第一时间代换HV32OWHB-N86玻璃，图像依然发白，放几分钟玻璃上就有残影了。判断主板驱动部分有故障，检查驱动的30V电压正常，进一步检查，发现C2N6,C2N8上电压只有3.6V,正常时8V，再检查U2N0供电是3V,测量供电电阻R2N5,5R1变大，C2N5电容有500欧电阻，代换之后U2N0供电16V恢复正常，图像正常，再擦屏老化，整机修复。

30. 创维55V6 8A19不开机：收到一块8A19的主板故障是红灯不开机，主板没有明显的短路和掉件情况。测量芯片各处的对地阻值未发现明显异常。测量发现DDR的供电很明显不对只有0.8V。代换U0P4后1.5V供电正常输出. 在工装测试一切正常。

二、长虹电视维修

31. 长虹48S1【OEM_MT5507】换主板后图像颠倒：根据维修情况判定屏参异常，根据屏型号找到正确软件，将解压出来的allupgrade_5507_max35.pkg、auto_manifest.xml、Capri_m1v1_cn_emmcboot.bin 三个文件拷入U盘根目录，U盘插入电视机USB口，电视通电（不二次开机）后，电视红色指示灯慢速闪烁（约1S钟1次），屏幕无显示（原机图像颠倒），大约4-5分钟后指示灯快速闪烁（1秒3次）。拔掉U盘，断电，重新通电开机，图像恢复正常。

32. 长虹32Q5TF【ZLH85Gi】屏参调错后灰屏：分析检修此机器为网点送修主板故障为："灰屏"，据了解服务商在调试过程中将工厂模式下的屏参调错所致。连接修机王试机故障属实，而且调整修机王上的屏参模式来改变依然看不到图像，首先从技术论坛下载ZLH85Gi-V1.00047整机软件刷机，刷机完成后试机故障依旧，分析后将主板U610（24C32）从电路中取下，因手头没有24C32，只有空白的24C64代换后第一次上电二次开机依然为灰屏无图现象，随后将电视机断电重启再上电开机此时正常图像出现光栅一切正常，因该主板上只有一个开关机按键没有遥控接收头，仔细查看后将主板上的预留J603焊盘处焊接上红外遥控接收头后试机遥控一切正常，该机的屏区格码为J54，随后进入维修</a>模式查看屏参不符然后将屏参更改为C320X17-E2-A后退出保存后即可！最后播放视频试机声图俱佳故障排除！

33. 长虹平板电视ZLS58Gi机芯ID解锁及MBOOT写入方式：操作步骤：

1)描述

本说明旨在介绍ZLS58Gi(带安全验证机制）在ISP编程引导程序</a>的时候的操作方法。

2)适应范围

主要是针对(1)更换emmc(空白未烧录)(2)更换主芯片

目前这两种情况下，会造成主IC无程序运行或安全验证不能通过，造成无法正常开机的情况。

3)操作说明

①如何获取芯片的Device ID

②停串口

如果在Mboot的时候去操作，请在MBoot命令行输入du,然后再断开串口

34. 长虹48S1【TP.MT5507.PC821】通电二次开机卡在LOGO界面，不能进入系统：整机通电后电视机指示灯点亮，二次开机后电视机屏幕显示"CHANGHONG"界面不能正常进入系统，检修时测量电源部分输出的12V电压正常，再测主芯片UM1(MT5507)的供电电压为3.1V左右摆动，分析主芯片UM1(MT5507)的供电电压由待机5V_STB电压经过DC/DC稳压集成块提供，测量DC/DC稳压集成块UD3(LC1117_3.3V)的第③脚电压为稳定的5V，再测集成块UD3(LC1117_3.3V)的第②脚为3.1V且稳压块表面发烫，为了准确地判定>故障部位，检修时把主芯片UM1的3.3V供电端断开此时再测集成块UD3(LC1117_3.3V)的第②脚为稳定的3.3V，因此判断主芯片UM1(MT5507)的3.3V供电端短路，更换主芯片UM1(MT5507)后正常开机，故障排除。

35. PM50H4000屏（机型3D50A3700iD）时不开机问题处理方法

故障现象：使用虹欧PM50H4000屏的机型3D50A3700iD不定时出现不开机，有的关机（关主电源）一段时间再开机又能正常使用。处理方法：更换电源板上C328位号电容（100nF/50V），电路见附件。

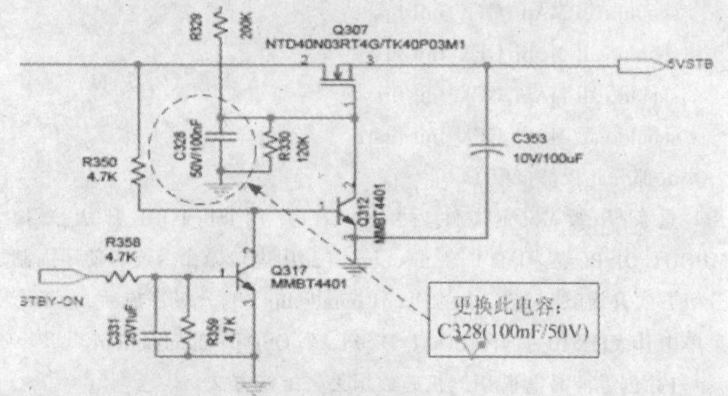

36. 长虹3D43A5000IV【PM38I机芯】不开机：分析检修：通电二次开机，无VS电压，测量二次开机瞬间逻辑板5V供电正常，逻辑板上指示灯不亮，VS-ON通电瞬间无输出，说明逻辑板通电瞬间程序不能正常启动，判断逻辑板坏，更换逻辑板故障排除。

37. 长虹55Q3T【ZLM65HIS2】待机正常，二次不开机：通电开机，待机12V电压降低到0伏，断开主板单独用电源强制点亮背光正常，说明不是电源故障，断开主板到逻辑板排线电视能开机，接上排线又开不了机，检查测量逻辑板JUC7.820.00153660，12V电路有短路现象，测量电容c517时短路明显，去掉电容c517，开机正常故障排除。

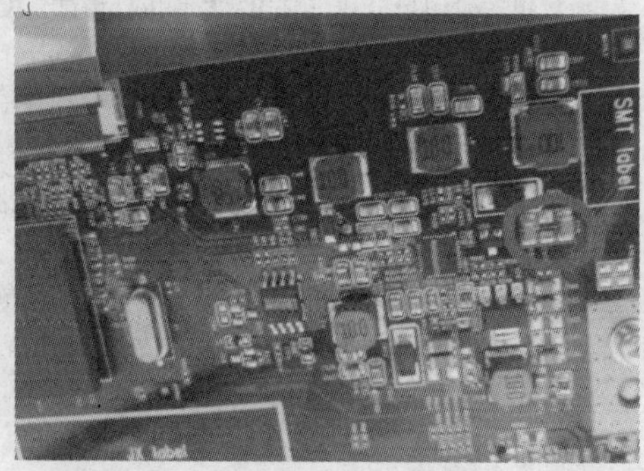

38. 长虹电视LED32C2000【LS42A】三无：分析检修此机三无指示灯不亮，本机主板为三合一组件，初步分析此故障应该是主芯片的供电问题所引的，首先检测主板的各路供电主供电+12V输出正常，因待机+5VSTB由12V经集成ICU8输出正常，5V待机经U32输出3.3V正常给芯片供电，当测量给主芯片供电U803输出1.1V发生跳变而且此电压不稳定，长时间检测此电压一直在慢慢上升，同时指示灯亮起，按下遥控器整机居然可以正常开机了，于是先更换该U803（SY8008B）后开机U803输出稳定的1.25V电压，电视机故障排除。

39. 长虹电视接HDMI出现按键乱跳、遥控误码等故障技改调试方法：调试方法：开启电视在电视设置菜单中-找到HDMI设置-把CEC功能选择关闭请遇到类似问题可以先进去关闭它再试试试试。

40. 长虹LED32B3060S开机背光保护屏一亮即灭：背光保护TPT315B5-WX226通电开机背光亮一下，然后黑屏，测量背光输出插座有19V，该机正常工作时背光输出22V到24V，电压略低，主板电路工作正常，只是背光保护，这种问题除了屏LED故障，就是电源背光问题，由于电压略低，首先考虑电源带负载能力，观察电源滤波C9101轻微鼓包，更换C9101-450V/56uF，开机正常，故障排除。

41. 长虹3DTV50738B【PS30I】三无，指示灯不亮：分析检修：机器不开机，上电测电源板供给主板的5VSTB电压在2V-5V间跳变，断电测5VSTB对地电阻没有明显短路。断开主板到电源板的供电排线，测5VSTB电压正常，用一正常的主板代换试机，电源板5VSTB还是在跳变，说明电源板带负载能力差。上电测电源板待机5V电压输出控制场效应管Q307的②脚5V正常没有跳变。而②脚栅极的控制电压已是稳定的5V，怀疑场效应管Q307功率不够，代换后电源板带负载能力正常，机器修复。

42. 长虹LT42710FHD【LS20A】指示灯闪，无图像无声音指示：二次开机后指示灯闪，说明CPU电路工作基本正常，测电源板各电压输出，发现无5VDC电压，其他电压输出均正常，根据电路图分析，开待机控制电路Q702/Q701/Q402/Q403工作正常，Q405没有工作导致无+5VDC输出，测Q405栅极电压为0.6V，正常为23V左右，因为有24V输出所以怀疑D405不亮引起，更换D405后试机5VDC输出正常，故障排除。

43. 长虹LT26510花屏维修：接修旅社不少长虹LT26510和冠捷L26BH83的液晶电视机。该两种机型使用几年后容易出现花屏，图像泛白，负像等故障，可谓是通病。其实故障就是逻辑板V260B1-XC11上的U10 EC48324-FV伽玛校正块损坏。换后就OK了。

44. 长虹彩电32D2060【CVT-XB6A-DT】遥控失灵：用户新购机就一直遥控没有使用过。拆机后测量相关电压均正常，仔细观察后发现遥控信号导讯窗口端有两电容已经错位。如图

错位电容焊回，装上讯导窗口后电容再次抵错位，拆下讯导窗用刀片稍作改变如图

装好后不再抵出电容，故障排除。

45. 长虹LED32C2000【LS42S】指示灯亮，不开机：分析检修该机器，通电指示灯亮，说明开待机5V电压正常，于是直接查U13工作条件，U32/3.3V,L10/1.2V,U41/2.5V，这些电压都正常再查复位电路，Q25的集电极为0V，说明U13的工作条件基本正常，于是此时考虑是否是软件引起不开机，因此重新写软件后，U13能复位，开机一切正常。

46. 长虹TCL L37M71F【MS89】灯亮不开机：分析检修该机通电后机器指示灯变为绿色，接着很快又变为红色，几秒钟后又变为绿色，如此反复，待机电源输出的5V正常，没有12V,24V输出。单独检查电源板</a>，把电源板输出的5V用4.7K电阻接到P-ON脚同样没有12V,24V输出。检查PFC电路输出380V正常，故障在PWM电路，仔细检查该电路，发现L6599的⑦脚外接CW3(100N)漏电，更换后正常。

47. 长虹PT42638NHDX(P15)【PS30】遥控不接收：分析检修：遥控不接收与遥控器、遥控接收头和主板上遥控接收电路相关联，作为我们组件维修来说已经排除前面两个部分。送到我们手中的只有主板上遥控接收电路出故障的情况出现。遥控接收信号进入主板J904④脚后通过R490分压和R518与C343组成限流退耦滤波电路后直接送入主芯片U10㉕脚，遥控接收信号与U10内部遥控编码器进行对码、解码等处理，来实现对电视进行正常地遥控操作控制。经检查J904④脚对地阻值正反相正常，更换主芯片MST6M48RXS后遥控能正常地操作控制电视。

48. 长虹液晶彩电T4099【LP09】黑屏有声音：师傅上门检修；黑屏有声音说明主板和电源板工作基本正常，经检测电源板没有24V输出，T803的次机基本正常，问题在初级，初级主要检查STR-T2268及外围电路，检查发现R853开路，电流大发热而造成的损坏，将STR-T2268的⑨脚断开，测量⑨脚对地电阻为300欧太小，更换STR-T2268后，有24V电压，图声正常。

49. 长虹LT32710冷机开机闪一下黑屏保护修复一例：该机是冷机开机闪一下就黑屏了，拿吹风机吹一下再开机就正常;经查高压板在冷机的时候OZ9937④脚电压是0V正常的时候该脚电压是1.43V这个电压是经过一个了摸324第⑧脚过来的测量了摸324冷机的时候⑦脚⑧脚的电压都是0V正常的时候是0.6V了摸324有问题于是吹下来由于手头上没有了摸324就把这个又吹回去等冷了开机正常不保护经过一天的反复开机都正常。

50. 长虹液晶彩电LED50c2000i【LM38I】有图像无声音：上门检测电视机没有声音，升级后故障依旧，拆开电视机后通电用万用表检测伴音功放供电，发觉伴音功放供电为10V，供电电压明显不正常，顺着线路检测，测得集成块U3（M4803）⑤，⑥脚电压为10V，④脚电压12V，怀疑U3块子本身损坏。

51. 长虹等离子电视3D50A3700ID(PS39)黑屏有声音：初步判定为屏组件工作异常引起，逐步测量Vs、Va、VSCAN、VSET等组件工作电

压，发现VSCAN电压只有几伏，此电压由Y板的T400 U412(mr4710)及次级整流滤波等电路造成，首先测量U412驱动芯片的工作条件，测量其④脚VCC电压只有8V跳，在测量此引脚对地无短路后，更换二次供电D414二极管试机，VSCAN电压-190V正常。

52. 长虹ZLS59机芯维修模式及调整方法：描述包含机型如下43Q1F;55Q1F;32Q1F;40Q1F;50Q1F;43Q2F;55Q2F;40Q2F;49Q2F;32Q2F;40Q2F;50Q2F;50D2000i;55D2000i;65D2000i维修模式进入方法：使用用户遥控器，按【菜单】键后，当焦点移至"情景模式"下的"标准模式"菜单上时，按【上、右、右】组合键，弹出数字软键盘，当输入0816进入工厂菜单。

53. 长虹虹欧PM50H400(06)、CN51G4000(07)、CN51G4000(08)屏自检方法：

描述：将主板组件所有连接线断开，将电源板上CN802的①脚PS-ON与③脚GND短接；将逻辑板上CN300 CON1从X板往Y板数的①、③、④脚（为白场信号）或①、④脚短接（测试信号），见附图；接通电源，如屏幕上显示白、红、绿、蓝等测试画面。说明屏及屏上组件正常。

54. 长虹彩电LED50C2080I【ZLM41】黑屏，背光不亮：分析检修：开机指示灯闪烁，又开机旋律，背光不亮，初步判断故障在电源板上，该机电源板使用JCL35D-2MC-400，测量LED+电压在55V左右，LED驱动部分没有工作。再测量一下PFC电压发现只有345V明显不正常，找到PFC检测电阻R7\R8\R9(105)取下清除电阻下面的红漆，更换R7\R8\R9后故障排除，是一个通病。

55. 长虹液晶电视LT26270(LM24机芯)黑屏开机背光保护（高压变压器）通病检修：检修一台长虹LT26270 LM24机芯液晶彩电，黑屏，伴音正常。分析检修：该电视为LM24机芯，和此机芯相同的长虹电视机型还有LT26610、LT26620X、LT26630、LT32720、LT4072OF等。该机器采用电源高压一体板电源板型号是长虹欣锐R-HSL26-3S02，板上的高压变压器的型号是810207783、位号是T400。根据故障现象分析，故障部位在高压板驱动部分。此电源具有高压过压和过流保护。测量电源板插座N300上的24V电压，正常而且稳定；RL-ON电压为正常值3V；插座CN200中的5V电压也正常稳定，背光开/关(ON/OFF)电压也正常，检查灯管输出插头及取样电容C09、C321、C323，均无异常；在开机瞬间，发现灯管的两根引线插座处有轻微的打火"吱吱"声；目两个插头座上都有高压拉弧烧黑的痕迹用套管和硅胶处理好此处插头后，开机一切正常四五天后，开机时又听到机内"吱"一声响；黑屏不显像、但伴音正常检查后发现，高压变压器T400的高压绕组直流阻值为无穷大，说明已开路焊下一看，距引脚一端约1.5cm处高压线圈引线已烧断。此机只有一只高压变压器，输出两根引线，并接10根灯管二检查灯管及引线均正常为什么高压变压器绕组引线会烧断了。用放大镜仔细观察高压绕组上的7个小绕组，发现一绕组内有一根漆包铜线发黑（正常应为黄%色）。用数字万用表测量其阻值进行对比，也基本正常。估计该绕组的短路匝数小，所以直流电阻无明显差异。由于高压变压器的高压绕组电压约为2000V、因笔者手头无这样的高压漆包铜线，加之绕制工艺要求较高，于是放弃了重新绕制这一想法，后来在网上购得一只改进型，型号为86D-9087，一可直接代换原810207783型高压变压器更换后故障再未出现。经过对比观察，发现86D-9087型变压器在高压绕组引线间，采用了高压树脂胶封注；实测得其初级绕组直流电阻为1Ω，高压绕组直流电阻为47.6Ω。

56. 长虹电视LT19700二次开机难；LT19700有时要反复开很多次才能开机，技改方案：R18由0欧改为3.3K，CE24处增加16V/47uF电容。

57. 长虹PF25118(F31)型高清电视机内发出唧唧声音不能开机：一台长虹型号PF25118(F31)高清彩电，开机后电视机内发出"唧唧"的声音，电源指示灯由闪烁转为常亮；但又转到待机状态自动关机。据用户了解到，此机已经找人修过了，看了两天就又坏了，故障还是和原来一样。初步判断故障应该在行扫描电路，因为电源灯亮，开关电源应该是没什么问题。打开电视机后盖，检查底板发现行管已经换过，枕校电路也有动过的痕迹，上阻尼管VD403被替换成RU4A，枕校管V481被替换成D1499，电阻R484换成了0.22Ω。没有通电试机，直接用万用表检测电路，发现行管集电极对地没有短路，再检查枕校管也没有短路，却发现上阻尼管两端阻值已经为0Ω，其余元件未见明显损坏。为了查找上阻尼管损坏的原因，又仔细检查了逆程电容C435A(15nF)、C435B(33nF)以及下阻尼管VD402(RU3AM)，发现均已损坏。由于原来的枕校管和上阻尼二极管都被前师傅替换了，于是告知用户修复机器要知道原来的零件型号，需要查找资料，需先把板子拆回去修。回去查电路图纸，发现原来的枕型校正管是3DD834，上阻尼二极管是ER007-15，电阻R484是一个10Ω/2W的电阻。由于没有原型号配件，于是上阻尼管用了高清机器的BY459，枕校管用BY834，挂板试机，电视已经能开机，但是图像稍微偏大，测得枕校电压只有8.6V左右，枕校管发烫，这应该是图像偏大的原因。本着先软件后硬件的维修思路，先进入总线调整一下。该机采用的是超级芯片CH04T1303(LA76933)，属于长虹CH-13机芯，进入总线的方法是：使用用户遥控器K13A，把音量减到"0"；将图像模式设置为"亮丽"状态，接着长按"排序"键，即可进入维修模式M，之后按"菜单"键，屏幕上显示出菜单；再按"排序"键进入总线数据。调整状态；用"左右"键找到MENU10，调整E/WDC50（这里50，表明节目源是50Hz）；把行幅调到了正常位置，按遥控关机键关机，维修结束。开机后，测枕校管V481的电压：b极为16.8V、c极为0V、e极为17.3V；图像行幅刚好，枕校管温升正常。挂板试机三天均正常，交付用户使用。总结：在这里我想对各位同行说的是，元件不能乱代换，因为枕校管有三种：第一种是以NPN三极管为代表的D1466、C3852、D2012、D1273，第二种是以PNP为代表的A940、B834、3CA688，第三种是场效应管。大家要根据电路仔细代换，不要盲目乱装，以免修好了看不了多久又坏，影响声誉。上阻尼管还要考虑反向击穿电压。

58. 长虹液晶电视LT4219P【LP09】灯闪不开机分析检修：本机打开电源开关后点亮，按遥控器二次开机后指示灯闪烁开机不开机，测量主板已发出开机信号但GP04电源板没有正常的24V电压输出，检修时测U806(STR-2268)的第⑨脚为0V不正常，正常时应为18V，再测供电控制Q807(2SA1020)的E极电压为19V，B极电压也为19V，说明Q807没有正常导通，再测量Q808的B极电压为0.7V，但C极电压为18V不正常，怀疑Q808(MMBT3904)开路，代换Q808(MMBT3904)后故障排除。处理结果：代换Q808(MMBT3904)后故障排除。

59. 长虹液晶电视LT40600【LS12】高清HDMI输入有图像无伴音：分析检修：经过分析发现此机的高清和AV2的伴音信号都进入U19(LV4052A)进行切换，输入AV2伴音正常，说明U19及其后续电路工作正常，高清信号无伴音，应该是高清输入电路或U19的切换有故障，正常情况下AV2状态，U19的⑨、⑩脚为高电平，而在高清状态下U19的⑨、⑩脚应该为低电平。在高清状态下经测试U19的⑨、⑩脚都为低电平，果断更换u19后故障排除。经验总结：主要弄清各个信号流通路径，然后还要搞清楚切换块4052的⑨、⑩脚为高低电平时的输入状态。处理结果:更换U19(LV4052A)故障消失。

60. 长虹彩电LT2012【LS07】无声音:上门检修,故障排除;开机TV源下图像正常没有声音,切换到AV声音正常,说明故障在伴音解调电路。伴音解调电路由TDA15063内部以及外接元件<组成，分别检查TDA15063的㊳脚(退耦音频解脱器)2.3V,㊴脚(伴音去加重及输出)电压0.3V不正常。

三、康佳电视

61. 康佳LED55X9600UF（MSD6A818A）灯亮不开机：机型：LED55X9600UF(MSD6A818A)板号:35018695故障现象:不开机。分析与检修:通电指示灯亮绿灯不开机,测各组供电、晶振、复位正常,无法连接串口打印信息且无法升级,摸主芯片无温度,判断为MOOT未正常运行造成。更换一新SPI;FLASH(W25Q16B)拷贝MBOOT试机故障依旧。②、MBOOT软件或SPI;FLASH硬件不良(可排除)③、主芯片与DDR之间通信连接④、主芯片或DDR坏根据这几点可排除前两项直接测量N501与N502之间连接排阻的对地阻值(因为MBOOT是靠N502运行的,当MBOOT正常运行后N502和N503才同时运行，主程序当测到RA418(A-DDR3-A2)脚时阻值750欧姆(正常为440欧姆)明显N501假焊,补焊N501再测阻值恢复,开机图声俱佳,故障排除。

62. 康佳34005553的电源不开机:34005553电源板不开机，经查F901烧断,CB910短路,换新后,5V有了但是还是不开机,于是强行开机(将5V与ON脚短接),12V.24V还是没有,这时在测量5V却下降到2V了,在这种状态下测NP901的2脚VCC却抖动,测QB902的C极没有电压(正常15V),是给NF901,NW901供电的,于是将给NF901,NW901供电的各支路逐一断开,当断到NW901的12脚时,15V正常了,这说明NW901短路了,于是换新后故障排除。

63. LED灯条的维修和代换:接修一台42寸的杂牌LED电视,经检查是灯条坏,拆开买不到原型号的灯条,代用又找不到合适的,于是决定自己更换灯珠。在网上买的5730的灯珠自己更换,多的不说了,有图有真相,懂行的一看就明白,不过拆的时候要小心,免得损坏电路板。再就是液晶灯珠一定要装好，不然的话就高了到时候装不了导光板。切记。也要注意铝基板不能变形。

64. 康佳LED42R6610AU(RTD2995D平台)不开机:故障现象:上电不开机检修过程:对于维修主板看打印信息是很有利用于判断故障的部位,上电看打印信息无显示,看整机电流为0.07A明显主板没工作,采取先易后难的思路，补焊主芯片RTD2995D后打印信息有一部分不完整,这时考虑到是否是软件丢失造成。开始烧录MBOOT软件,在烧录MBOOT软件时烧录失败。分析烧录MBOOT的过程与DDR有关联,用RTD2995D的DDR检测工具检测DDR是否正常，在检测过程中发现低位DDR N502.N503)也就是主芯片上面两个,怀疑有假焊。补焊4颗DDR在看打印信息,这时打印信息一点都没有显示。于是再一次补焊主芯片,再检测DDR发现高位DDR不过。难道是板材不良的节奏?于是再次检测主芯片外围没发现异常。抱着试试的心态换一颗主芯片,上电接上小板打印信息显示正常。

65. 康佳LED32F3100CE屏故障：康佳LED32F3100CE开机出现满屏竖线,有时候屏幕闪烁几下又会出现图像,不过最右边有一竖带图像不正常,要偏蓝点,最后慢慢摸索发现是电视机最右边有一个COF接触不好,我用一片导热胶压在COF上面开机,这时候图像开机不再有竖线。不过这是后电视机最右边还是有偏蓝色竖带,电视机修到这样我想不用压屏机可以解决这种屏故障吗？图片要放大了仔细看最右边。

66. 康佳液晶电视反复跳红、绿、蓝的解决方法:出现此类故障,是属于电视机的煲机模式,也是常说的老化模式,解决方法有二,一是重新烧录程序;二是按遥控器的静音按钮。

67. 康佳LED46X5000D电源板34007988电源屡损CF903、CF904(68uF/450V)电解电容：电源屡损。机型:LED46X5000D，电源编号:

34007988;故障:初次故障只是损坏了主电容无其它元件损坏,修复个多月后,该电容再次损坏。初步检测:经初步测量,该电源板的F901断路(严重发黑)CF903/CF904冒顶漏液,无其它元件损坏。分析:①该电容冒顶(冒浆)损坏,一定是工作时两端电压超过标称耐受电压造成。②虽然该用户家的供电偏高248伏。经过全桥BD901整流,整流后的电压理论计算值为:347伏,远没有超过PFC电压的设定值,更没有超过该电容的耐压标称电压font face 450伏。③只有市电供电超过320伏全桥整流后的电压才能超过450伏。如果电压如此高,那么势必损坏NV901(压敏电阻>14K561)CX901、CX90耐压275Vac等器件。④根据以上分析判断为该电源板的升压电路故障,造成电压超450<CF903、CF904。⑤电压异常，一般为电压检测电路RF901-RF902-RF903-RF904-RF906//RF905//CF906构成的分压电路)故障和NF903、FAN7930不良造成。该分压电路常见故障是兆欧级电阻RF901-RF904漏电(阻值变小)造成PFC电压低。RF905//RF906支路阻值变大造成的PFC电压变低极为少见;PFC<font face="宋体电压过高,应该是该电阻串联支路A点(取样点正常电压为2.4伏)分压值降低造成。该点分压值降低的两种可能是:1)上分压电路A点以上RF901-RF904的串联支路等效阻值变大。2)下分压电路RF905//RF906//CF906并联支路)等效电阻变小。

检修过程:将电源板损坏元件拆除并更换新元件,再次测量确认无其它器件损坏后通电检测PFC电压及A点电压。①测得PFC<电压为380伏至430伏跳动。②A点电压为2.4伏左右轻微闪动。注:取样A是电压的检测取样点,就整个PFC电路而言它是个负反馈控制过程。它的变化直接反映了PFC电压的变化。简单地讲,不管PFC电压是变高还是变低,NF903都要做出相应的调整,来反向的改变PFC电压。从而维持A点的电压基本不变,也就保证了PFC电压值的正确和稳定!如果PFC电压和A点电压都不正确,可以判定为核心控制IC NF903(FAN7930)性能不良或外围元件不良。如果PFC电压不正确、A点电压正确,可以判定为电压取样支路不良。③现在测得的结果是PFC电压不正确,而A点的电压

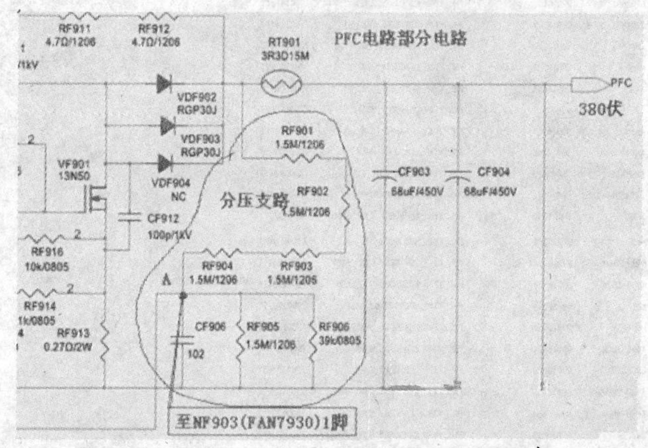

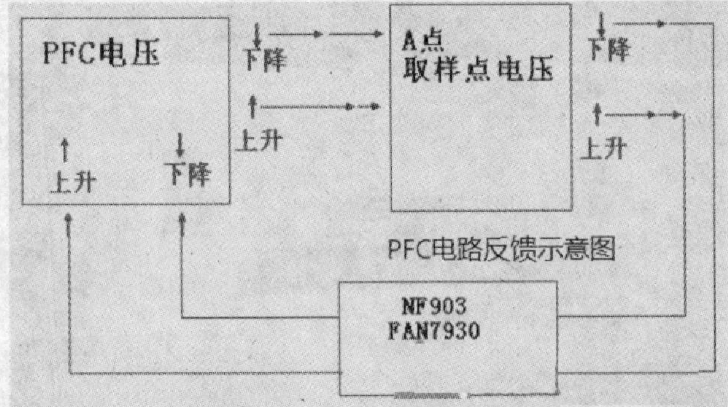

PFC电路反馈示意图

正确。这样就可以判定是取样支路有元件不良造成的PFC电压过高。④经过逐一测量,确定为CF906漏电造成下取样电路的等效电阻值降低A宋体点的分压值变低)造成的PFC电压过高损坏、CF904。总结:①带有PFC电路的电源主电容损坏(冒浆),不要轻易更换了事。一定要分析检测清楚损坏原因,彻底清除故障。以免后患!②PFC很简单,记清供电是工作根本,取样A点是基准。不工作查供电查IC,电压不对看A点。A点对了查取样,A点不对查前端。

68. 康佳电视638平台机型主程序和屏参对照表

机型名	屏软件物料号	配屏名称	屏号	主程序物料号	主程序描述	开机LOGO
6000U系列 康佳UI YIUI5.0 1G DDR, 4G eMMC KONKA LOGO						
LED40R6000U	99016018	PNL_YT40_LSC400FN05	72001029YT			
A40U	99016018	PNL_YT40_LSC400FN05	72001029YT			
LED40R610U	99016018	PNL_YT40_LSC400FN05	72001029YT			
LED40R660U	99016018	PNL_YT40_LSC400FN05	72001029YT			
LED40R680U	99016018	PNL_YT40_LSC400FN05	72001029YT			
LED43R6000U	99015991	PNL_YT43_LC430EGY_SJM1	72001021YT			
LED50R6000U	99015978	PNL_YT49_LC490EGY_SJM2_1G	72001020YT			
LED49R6000U	99015978	PNL_YT49_LC490EGY_SJM2_1G	72001020YT			
LED49R610U	99015978	PNL_YT49_LC490EGY_SJM2_1G	72001020YT			
LED49R660U	99015978	PNL_YT49_LC490EGY_SJM2_1G	72001020YT			
LED49R680U	99015978	PNL_YT49_LC490EGY_SJM2_1G	72001020YT			
LED50R6000U	99016286	PNL_YT49_HV490QUB_B06_1G	72001088YT	99015992	LEDxxR6000U	KONKA
LED55R6000U	99015999	PNL_YT55_LC550EGY_SJM2_1G	72001022YT			
LED55R610U	99015999	PNL_YT55_LC550EGY_SJM2_1G	72001022YT			
LED55R660U	99015999	PNL_YT55_LC550EGY_SJM2_1G	72001022YT			
LED55R680U	99015999	PNL_YT55_LC550EGY_SJM2_1G	72001022YT			
LED55P6U	99015999	PNL_YT55_LC550EGY_SJM2_1G	72001022YT			
LED65R6200E	99016604	PNL_YT65_BOE_HV650QUB_B00_E	72001266YT			
A43U-2BOM	99016582	PNL_YT43_HV430QUB_N41	72001236YT			
LED55R6000E	99016532	PNL_YT55_LC550EGY_SJM2_E	72001243YT			
LED49R6000E	99016531	PNL_YT49_LC490EGY_SJM2_E	72001242YT			
LED65K35U	99016357	PNL_YT65_BOE_HV650QUB_B00	72001192YT			
LED55R6000U	99016557	PNL_YT55_HV550QUB_N85_1G	72001165YT			
LED60R6000U	99016153	PNL_YT60_LC600EGY_SHM2_1G	72001120YT			
酒店机系列 康佳UI YIUI5.0 1G DDR, 4G eMMC KONKA LOGO						
LED43G500	99016539	PNL_YT43_LC430EGY_SJM1	72001021YT			
LED55G500	99016553	PNL_YT55_LC550EGY_SJM2_1G	72001022YT			
LED50G500	99016552	PNL_YT49_LC490EGY_SJM2_1G	72001020YT	X		
LED65G500	99016648	PNL_YT65_LSC650FN04_G500	72001093YT			
LED43G300	99016720	PNL_YT43_LC430DUY_SHA1_S1	72001122YT			
65R6000U 1G DDR,4G eMMC KONKA-蓝牙						
LED65R6000U	99016160	PNL_YT65_LSC650FN04	72001093YT	99016257	LED65R6000U	KONKA
QLED55X60U	99016589	PNL_YT55_LSC550FN08_X60U	72001273YT			
S8000U 1G DDR,4G eMMC KONKA-蓝牙						
LED43S8000U	99016353	PNL_YT43_LC430EGY_SJM1_1G	72001190YT	99016257	KONKA	
电商 KONKA系列 1G DDR,4G eMMC KONKA						
LED43S1	99016136	PNL_YT43_LC430DUY_SHA1_S1	72001122YT			
LED43P6	99016136	PNL_YT43_LC430DUY_SHA1_S1	72001122YT			
LED40S1	99016135	PNL_YT40_LSC400HN02_8_S1	72001125YT			
LED49S1-2BOM	99016209	PNL_YT49_LC490DUY_SHA2_S1	72001144YT			
LED55S1	99016190	PNL_YT55_LSC550HN02_S1	72001124YT			
M49U	99015939	PNL_YT49_LC490EGY_SJM2_M	72001011YT			
A49U	99016034	PNL_YT49_LC490EGY_SJM2_S	72001054YT			
LED49S1	99016100	PNL_YT49_LC490DUY_SHA_2_S1	72001065YT			
A43U	99016101	PNL_YT43_LC430EGY_SJM1_S1	72001066YT			
LED43N5A	99016085	PNL_YT43_LC430DUY_SHA1	72001049YT			
LED48S1	99015825	PNL_YT48_LSC480HN10_8	72000984YT			
LED48U60-3BOM	99015825	PNL_YT48_LSC480HN10_8	72000984YT			
A65U	99016813	PNL_YT65_LC650EGY_SJM1_6200U	72001321YT			
A43U	99016854	PNL_YT43_HV430QUB_N41_A43U	72001339YT			
A49U-2BOM	99016874	PNL_YT49_LC490EGY_SJM2_A49U	72001231YT			
A55U-4BOM	99016887	PNL_YT55_HV550QUB_N85_A55U	72001357YT	99015826	LEDxxS1	KONKA
A48F	99016894	PNL_YT48_LSC480HN08_A48F	72001381YT			
LED43S1	99016911	PNL_YT43_LC430DUY_SHA1_43S1	72001355YT			
A49U-2BOM	99016474	PNL_YT49_LC490EGY_SJM2_U49	72001233YT			
LED55N5A	99016033	PNL_YT55_LC550DUY_SHA2_S	72001040YT			
A43U-2BOM、	99016465	PNL_YT43_LC430EGY_SJM1_U43	72001229YT			
A55U-4BOM	99016564	PNL_YT55_LC550EGY_SJM2_u55	72001234YT			
A48F	99016015	PNL_YT43_LC430EGY_SJM1_A48F1	72001038YT			
A48F	99016788	PNL_YT48_LSC480HN10_A48F	72001285YT			
LED48U60-5BOM	72001351YT					
LED49S1-72001419YT	99017012	PNL_YT49_HV490FHB_N80_49S1	72001419YT			
LED48U60-3BOM	LSC480HN08	72000799YT				
LED55N5A	99016033	PNL_YT55_LC550DUY_SHA2_S	72001040YT			
KONKA-KKTV 1G DDR 4G						
K55J	99016375	PNL_YT55_LSC550HN02_KK	72001181YT			
U55J	99016414	PNL_YT55_LC550EGY_SJM2_KK	72001180YT			
U43-2BOM	99016415	PNL_YT43_LC430EGY_SJM1_KK	72001177YT			
U60J	99016365	PNL_YT60_LC600EGY_SHM2_KK	72001206YT			
K43-3BOM	99016462	PNL_YT43_LC430DUY_SHA1_KK	72001228YT			
K49J1	99016452	PNL_YT49_LC490DUY_SHA2_KK	72001222YT			
U49J	99016454	PNL_YT49_LC490EGY_SJM2_KK	72001223YT			
U65-3BOM	99016603	YT65_BOE_HV650QUB_U65	72001249YT			
LED55U88	99016677	PNL_YT55_LSC550FN08_U88	72001273YT			
U55J	99016917	PNL_YT55_HV550QUB_N85_U55J	72001358YT			
U55T-2BOM	99016900	PNL_YT55_HV550QUB_N85_U55T	72001359YT			
U60-2BOM	99016847	U602C1LFDNB01(LC600EGY-SHM2)	72001360YT(暂停)			
U55T-2BOM	99016991	PNL_YT55_LC550EGY_SJM2_U55J	72001330YT			
U65-3BOM	99016891	PNL_YT65_LC650EGY_SJM1_U65	72001349YT			
K43-72001344YT	99016855	PNL_YT43_HV430FHB_N40_K43	72001344YT			
LED5588(LED5088)	99016937	PNL_YT49_HV49QUB_5588	72001246YT			
U43-2BOM	99016941	PNL_YT43_HV430QUB_N41_U43	72001356YT			
现代-HYUNDAI						
H50U	99016316	PNL_YT49_LC490EGY_SJM2_HYD	72001173YT			
H55U	99016315	PNL_YT55_LC550EGY_SJM2_HYD	72001174YT			
LED55H90U	99016315	PNL_YT55_LC550EGY_SJM2_HYD	72001174YT			
LED49H90U	99016316	PNL_YT49_LC490EGY_SJM2_HYD	72001173YT			
H55Q	99016824	PNL_YT55_LSC550FN08_H55Q	72001273YT			
LED55H90Q	99016824					
H65U	99016882	PNL_YT65_LSC650FN04_H65U	72001361YT			
H50U	99016921	PNL_YT49_LC490EGY_SJM2_H50U	72001324YT	99016420	HYUNDAI	
兆驰项目						
S55U-ZC	99016671	PNL_YT43_LC430EGY_SJM1_ZC_S55U				
S50U-ZC	99016672	PNL_YT43_LC430EGY_SJM1_ZC_S50U	99015826		LEDxxS1	KONKA
H50U1-ZC	99016784	PNL_YT50_LC500EGY_SJM1_ZC_H50U1				
H55U1-ZC	99016785	PNL_YT55_LC550EGY_SJM1_ZC_H55U1				
U55A-ZC	99016775	PNL_YT43_LC430EGY_SJM1_ZC_U55A	99016376		KKTV_康佳风格	KKTV
U55T-ZC	99016775	PNL_YT43_LC430EGY_SJM1_ZC_U55A				
曲面						
QLED55X60U	99016589	PNL_YT55_LSC550FN08_X60U	72001273YT	99016257	99016257_65R6000U_43S8000	
H55Q	99016824	PNL_YT55_LSC550FN08_H55Q	72001273YT	99016420	HYUNDAI	
安康外协						
LED32S1-2BOM						
LED43U60-2BOM	99015826	LEDxxS1	KONKA	T430HVN01.2	72002744YT	
LED55U60-2BOM				LSC550HN04-8	72003364YT	
LED50U60-2BOM				T500HVN08.A	72002878YT	
6200U系列 阿里UI YIUI5.5 768M DDR,4G eMMC KONKA LOGO						
LED55R6200U-2BOM	99015216	PNL_YT55_LC550EGY_SHM2	72000893YT			
LED55K35U-3BOM	99015216	PNL_YT55_LC550EGY_SHM2	72000893YT			
LED55R6200U-2BOM	99015763	PNL_YT55_BOE_HV550QUB_N81	72000957YT			
LED55K35U-3BOM	99015763	PNL_YT55_BOE_HV550QUB_N81	72001176YT			
LED55R6200U-2BOM	99015848	PNL_YT55_LC550EGY_SJM2	72000973YT			
LED55K35U-6BOM	99016144	PNL_YT55_HV550QUB_N81	72001081YT			
LED49R6200U-7BOM	99015701	PNL_YT49_HV49QUB_B05	72000943YT			
LED49R90U-3BOM	99015701	PNL_YT49_HV49QUB_B05	72000943YT			
LED49R70U-3BOM	99015701	PNL_YT49_HV49QUB_B05	72000943YT			
LED50K35U-3BOM(72000961YT)	99015701	PNL_YT49_HV49QUB_B05	72000943YT			
LED50K35U-7BOM	PNL_YT49_HV490QUB_B06					
LED49R6200U-7BOM	99015847	PNL_YT49_LC490EGY_SHM	72000980YT			
LED50K35U-3BOM(72000980YT)	99015847	PNL_YT49_LC490EGY_SHM	72000980YT			
LED49R70U-3BOM	99015847	PNL_YT49_LC490EGY_SHM	72000980YT	99015215	LEDxxR6200U-2BOM	KONKA
LED49R90U-3BOM	99015847	PNL_YT49_LC490EGY_SHM	72000980YT			
LED49R6200U-8BOM	99015738	PNL_YT49_LC490EGY_SJM2	72000958YT			
LED50K35U-4BOM	99015738	PNL_YT49_LC490EGY_SJM2	72000958YT			
LED50R6200U-6BOM	99015678	PNL_YT50_AUO_T500QVN02	72000945YT			
LED50E330U-3BOM	99015678	PNL_YT50_AUO_T500QVN02	72000945YT			
LED40R6200U-7BOM	99015677	PNL_YT40_LSC400FN02	72000970YT			
LED40R6200U-7BOM	99015856	PNL_YT40_LSC400FN02_8	72000986YT			
LED55K35U-6BOM	99016144	PNL_YT55_HV550QUB_N81	72001081YT			
LED55K35U-7BOM	99016558	PNL_YT55_HV550QUB_N85	72001202YT			
LED50K35U-7BOM	99016575	PNL_YT50_HV500QUB__N85	72001203YT			
LED50K35E	99016645	PNL_YT50_HV500QUB_E	72001265YT			
2700B系列 阿里UI YIUI5.5 768M DDR,4G eMMC KONKA LOGO						
LED43X2700B-6BOM	99015696	PNL_YT43_LC430DUY_SHA2	72000948YT			
LED32X2700B-6BOM	99015697	PNL_YT32_HV320WHB_N80	72000836YT			
LED32X2700B-6BOM	停项	LC320DXY-SHA5	72000889YT	99015730	LEDxxX2700B-6BOM	KONKA
LED49X2700B-6BOM	99015698	PNL_YT49_LC490DUY_SHA2	72000946YT			
LED55X2700B-6BOM	99015699	PNL_YT55_LC550DUY_SHA2	72000950YT			

阿里 YIUI5.5 U55 1G DDR,8G eMMC KKTV						
U55-3BOM	99016005	PNL_YT55_LC550EGY_SJM2_k	72001028YT	99016007	Uxx	KKTV
K55-4BOM	99015924	PNL_YT55_LC550DUY_SHA2_k	72001015YT	99015969	Kxx	KKTV
K55-4BOM	99016455	PNL_YT55_LSC550HN02_KK_ALI	72001204YT			
阿里 YIUI5.5 1G DDR,4G eMMC KKTV						
K43-2BOM	99016102	PNL_YT43_LC430DUY_SHA1_k	72001050YT	99016132	KUxx_KKTV	KKTV
U43	99016126	PNL_YT43_LC430EGY_SJM1_k	72001105YT			KKTV
阿里 YIUI5.5 1G DDR,4G eMMC KONKA						
T55U	99016149	PNL_YT55_LC550EGY_SJM2_AF	72001118YT	99016131	AxxF-2BOM	KONKA
T43U	99016014	PNL_YT43_LC430EGY_SJM1_AF	72001042YT			
A48F-2BOM	99016015	PNL_YT48_LSC480HN10_8_AF	72001038YT			
A48F-2BOM	99016730	PNL_YT48_LSC480HN10_B	72001285YT			

69. 康佳LED55R5500PDF三合一板无背光，板号35017679)6A800HTAB：此三合一板采用AP3014+IWATT 7018芯片组合型背光驱动。故障现象：无光栅。检修与分析：此板是采用AP3014+IWATT 7018芯片组合型背光驱动，首先测VD701 107V升压正常，测7018(N702)供电也基本正常工作。后发现引导N506有被动过的痕迹。敏感的觉得应该是引导的问题，怀疑维修过的人用了800HTAB平台不带背光驱动或是9902背光驱动板子的引导，拷贝同机型引导后通电试机，背光立马就亮了，故障排除。特别提示：6A800HTAB平台不带背光驱动的，和OZ9902背光驱动的主板引导程序与带（AP3014+7018或是AP3014+7023)背光驱动的主板引导程序不同，软件升错会造成无光故障。因为AP3014+7023组合型背光驱动背光是受总线</a>控制的，怀疑引导程序部分程序与背光控制有关，而非AP3014+7023组合型背光驱动引导程序没有相关程序。后通过总结发现6I981BTA，6I981BTJ平台也存在类似问题。6I981BTA平台；6I981BTJ平台也有一些机型是AP3014+7018或是AP3014+7023组合型背光驱动的，同样与此平台不带背光驱动，或是OZ9902背光驱动板子上的引导程序不同，否则也同样会造成无光栅故障。望维修同行注意。

70. 康佳LED42M2600B不开机：故障现象：不开机；检修过程：据服务商反映该机原始故障是开机卡LOGO升级无效，再次升级就不开机了，接升级小板看打印信息无显示，经检查发现N809 3.3V对地短路，逐一断开该电路确定是主芯片MSD6A628损坏，更换主芯片后开机还是无任何信息显示，测各路供电均正常，怀疑主芯片没焊好，再次补焊主芯片无果，于是测量各组供电的对地阻值发现N809对地阻值偏小，只有一百多欧但电压正常，供电芯片也不发烫，于是段开该供电负载电路，当断开L506时测量该电路对地阻值明显变大，L506是向EMMC供电，于是取下更换EMMC测3.3V对地阻值正常，连接升级小板升级引导及主程序开机一切正常。

71.康佳电视LED26HS92黑屏有声音维修一例：维修一台康佳电视LED26HS92黑屏有声音，逆变板34006811D703，D704(RGB20B贴片二极管)击穿，用快恢复管代换，屏亮正常，但是管发烫。用肖特基二极管MBR20100CTF/20A100VNBCD代换，温升正常。代换成功。

72. 康佳LC26DT68花屏无声音检修一例：早几天，一客户来咨询家里的电视出现花屏没有声音的事，因为我们这里用的基本上是数字机顶盒；就叫他先检查信号线或者有线数字机顶盒的原因；但用户说数字电视来人已经查看过了，机顶盒个信号都正常。于是我叫他把机器拿来。当天下午用户把机器送过来试机，故障现象如图：厂标、菜单、图像都有杂乱花纹，同时伴有声音断续，大部分时间无声音，有声时也是很轻；；失真的、含混不清的杂声.开机的LOGO图像：

输入信号切换菜单：

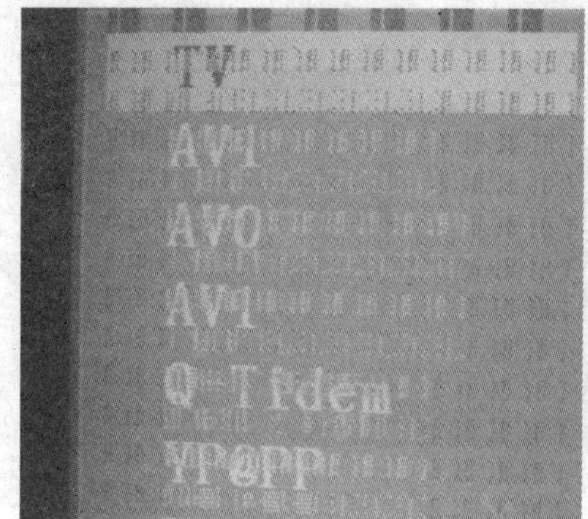

图像局部细节：

主菜单：

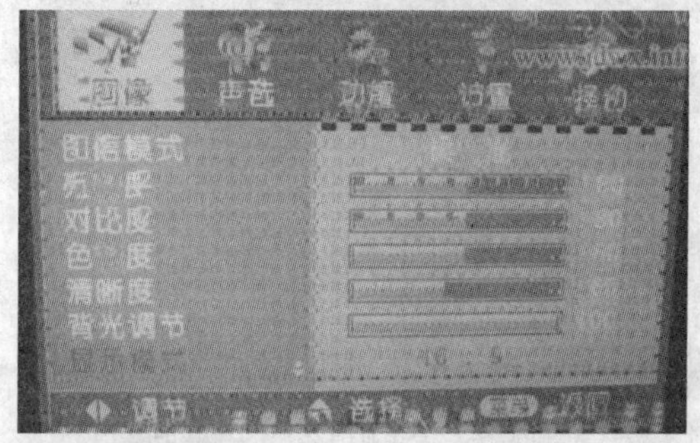

花的全屏图像：

从现象看吧，应该是典型的数字电路问题，高发的故障就是信号变换电路信号传输通道不良，或帧存储器不良。检修开始，拆机，主板板号：35013651，先检查主板上各供电，正常。对照搜到的原理图，测试存储器的AD线阻值，在1.3k左右(声明：根据所用的表不同，数值会不一样，免得说我误导)，基本一致，信号缓冲排阻也测试正常。

补焊大集成块MST6M16的相关引脚和存储器；试机无效，怀疑N502帧存储器不良（三星K4D261638K-LC40（8M*16 128Mbit GDDR SDRAM)，TSOP66封装)，直接就吹下存储器准备更换，找了几块料板，只有相近的现代HY5DU561622CT -5 （(16M*16)256Mbit DDR

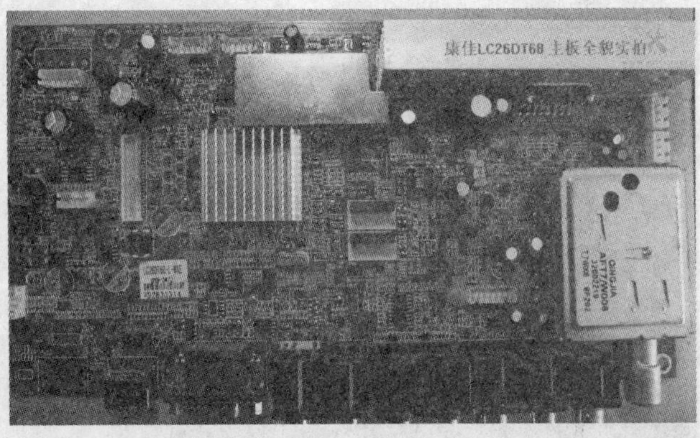

SDRAM),数据位宽一致,就是容量大了一倍;对照引脚功能一样,大就大了吧,不管了,焊上主板,冷却后上电试机。

图像正常,同时伴音也清晰流畅,菜单回复正常。

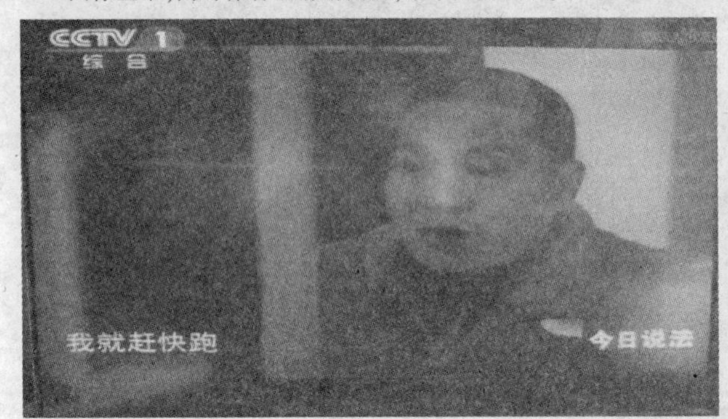

拷机5小时未见异常,维修毕。关于伴音无声和失真的机理,从原理图上看,当帧存储器与主芯片MST6M16之间的数据流出现错误后,主芯片的第75脚输出高电平使放大器静音,不过故障状态时,没有在电路上实测,无法证实是否正确,只是自己臆想,希望有高手予以答案。静音部分电路:

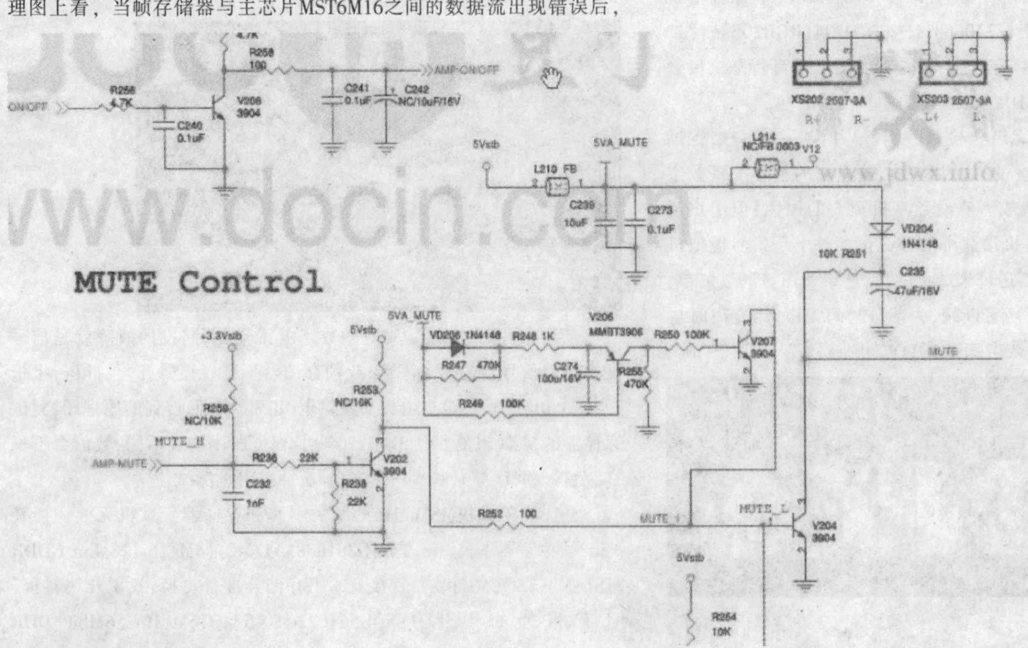

73. 康佳LC19HS66AV无图一列:机型:LC19HS66机器串号:KW0928YY2010726 A1此机屏:三星LTM185AT02,新换数字板:平台:MST721板号:35013972配屏为LG。故障现象:换板后处于煲机状态AV无图。分析与维修:此机也是网点换板后,机器一直处于煲机状态。用遥控按菜单键,再同时按静音键,仍不能解除煲机状态。打开机器查看屏为:三星LTM185AT02,数字板上的小标贴标为LG屏,显现数字板与本机配屏不匹配,由此屏的时序不对,才造成机器处于煲机状态。程序存储器需要重新写入与之匹配的数据,才可以解决!恰巧有一台,同型号,同版本的机器,但屏用的是:中华屏CLAA185WA02。考虑到是否用此机的程序存储器可以解决煲机状态。于是把此机数据用编程器拷贝下来,写入故障机N506(25X40)。上机后,故障果然排除!修到这满以为故障排除,但试机后发现TV正常,AV却无图。考虑到程序存储器不会影响AV无图呀,是否焊N506时,把焊锡渣,掉落在AV电路上了?于是重新仔细排查。赫然发现底板,标有无AV字样的小故障小标贴,原来换的数字板本身就是故障板。于是静下心来修AV无图故障,首先用电阻法测AV图像输入端孔,这时发现仅10欧,正常应为60左右才对,用断路法,顺路依次排查AV端子、VD618、VD619D、VD601等有关元器件。当断开VD601(6条腿2194P),阻值恢复正常值。找一同型号代换(应急可以挑掉不装)故障排除!

74. 康佳LED32F1100CF(MST6M180XT-WT)电视有光无图像:机型:LED32F1100CF(MST6M180XT-WT)板号:35017517故障现象:有光无图。分析与检修:开机背光亮有音无图,首先测主芯片各组供电、接串号口打印信息正常;再测量N300 (RT9955)DVDD 3.3V、VGL-8V、AVDD16.3V、VMID 7.9V、VCOM 7.5V、VGH 24V正常,N300 ㊵脚VON 24V(该电压为PCBI翻滚电压)无输出,结合RT9955GQW内部框图得知,VON电压由N300⑧脚GVOFF控制,测⑧脚供电,无电压正常为2.5V,测对地阻值已短路,用开路法检测,当断开N501第⑲脚时阻值恢复正常,更换N501上电试机图声正常,故障排除。

75. 康佳LED32F1100CE(6M180XT 35017517)有光无图像灰屏:测屏供电12V有,RT9955; ⑳脚供电12V正常,RT9955⑨脚使能脚4V正常,D301处AVDD电压16V没有,RT9955其余输出均无电压,更换RT9955依旧,测各输出电压测试点对地阻值,发现VOFF输出对地短路。进一步测的电容C342对地短路。更换C342图声正常。

76. 康佳lc32fs81B屡烧伴音功放集成块:屡烧伴音功放!接单去用户家看图像正常没有伴音,开机检查发现LA42205集成块已经炸了!检查电源11V正常然后换上N1有声音,试机5分钟没有问题装机,装好然后开机不到20秒N1又炸!我以为是电源电压高,后来我把12V供电电感去掉接一个7809把伴音供电降到9V,再装上N1伴音正常然后装机又没有声音,但是这次没有炸IC动一下电视有时有,有时无,后来经过检查发现喇叭有一脚和屏金属外壳短路了,把一脚翘起一切正常。

77. 康佳LED26HS92，MST739平台，无图像：LED26HS92;MST739平台;无图，一台LED26HS92机器，开机指示灯为绿色，无背光、无声音，按遥控器待机键，指示灯可以从绿灯变为红灯。根据故障现象可以判断主芯片已经工作（CPU控制正常）重点检查背光控制电路。测XS801的③脚背光使能电压为0V，背光控制三极管V808的基极为0V低电平，集电极为0V，集电极上拉电阻R818供电端VCC_5V无电压。VCC_5V由N804（BL1117-5V）降压、稳压所得，测N804输入端12VA无电压。12VA受控于P沟道场效应管V809，测V809源极（S）电压为11.8V，栅极（G）电压为4.3V，漏极（D）无输出。判断为V809损坏，更换V809试机故障排除。（故障率高，如果没有V809场效应管，应急维修时可在L808处补装一个电感）。

78. 康佳水平1808场幅压缩：本以为很简单的故障，换输出电容反馈电阻就解决了，打开发现是LA78141块，查资料发现可以与78040代换，换了反馈电阻没解决，双电源供电无输出电容，而且21寸电视带枕形校正电路，短管显示器。代换78040反而烧了场块，更换24C16空白数据也是没解决陷入困境了，冥思苦想是不是偏转短路了，上下场还有卷边。果断拆下发现偏转已经腐蚀短路，清理短路涂抹704胶防潮，维修完成。

79. 康佳LED42X8100PDE无法进入首页：检修过程：大家看到这个现象首先考虑到是软件问题。按常规方法是升级主程序，用串号检测查出对应的软件号，主板接上该机型对应软件的U盘开机按遥控待机键，当屏幕上出现康佳logo时，u盘灯开始闪了几下时。机器出现重启现象，于是更换U盘在试升级，结果一样u盘灯闪几下就重启。也就是说用u盘无法升级主线程，于是补焊主芯片和DDR再次升级。失败。再次考虑到软件问题，用拷贝器拷贝启动芯片W25Q80B和在线烧录启动软件，开机升级主程序，再次失败。维修陷入困境，于是找了一个同平台的好板，把启动块对换一下。开机能进入升级状态，问题终于找到就是启动块造成无法升级主程序开机卡logo。于是更换一个好的W25Q80B拷贝重启软件开机升级主程序一切正常。（提示在维修该类问题时由于能在线烧录和拷贝启动程序而忽略更换硬件试试造成花多时间）。

80. 康佳LED40X9600UF（6A801平台板号35018120）死机：故障</ a>现象为开机出现LOGO便死机不再运行，测打印信息完全正常。此故障现象很常见，一般升级就好。但此板升级却升不进。升级时U盘指示灯能按正常升级时闪烁，显示为升级状态，但远过了升级所需时间，仍然不能重启开机。升级不进一般为EMMCFLASH(N510)有故障，或大块（N501）虚焊所致，测EMMC供电(R502)3.3V正常，以及各路输出电压也均正常。于是先补焊大块，EMMC未果，后又更换了EMMC，故障依旧。维修陷入僵局。后无意间触摸到大块十分烫手，怀疑大块有短路。用万用表电阻挡测量各路输出的对地阻值，果然发现3.3VSTB（N802）阻值才20多，正常为270多，核供电1.1V阻值也才50多，正常为100多。果断更换大块，升级后故障排除。小结，维修中测主板各路输出，除了测电压，也需要注意测其对地阻值，当输出电压不完全短路（对地有一定阻值）时，测电压是正常的，就算电压比正常时有所下降，也不是很明显，容易被忽略。这样很容易误导我们的判断，让我们走很多弯路。在维修中也应该多注意下各器件的温升情况，这样容易快速地发现短路性故障。

四、TCL电视维修

81. TCL液晶电源维修技巧10点技巧:1)液晶电源通电后，副电源先工作，输出+5V电压给数字板上的CPU，此时整机处于待机状态。当按"待机"键后，CPU输出开机电平，PFC电路先工作，将+300V脉动直流电压转换成正常的直流电压(+380V)后，这时主开关电源的脉宽振荡器才开始工作，接着主开关变压器次级输出+12V、+24V电压，整机进入正常工作状态。2)什么是PFC电路呢？PFC电路说白了就是把桥堆整流后的+300V电压升高到+375V-+400V。这也是液晶电视的电源与CRT电视的电源不同之处的第一点，不同之处的第二点就是次级电压比CRT的低，其它的地方与普通的开关电源原理相同，都一样。测得大滤波电容330U/450V两端电压为+375V-+400V，则表明功率因数校正电路工作正常；如果测得电容两端电压为+300V，说明PFC电路未工作，主查PFC振荡集成电路。3)检修液晶电源时，首先确认保险管状态，保险管完好，通常PFC校正电路中的开关管等没有失效。再测量大电解电容对地是否存在短路，有几十千欧以上充电电阻，表明电源没有击穿。如果保险管损坏，第一个要检查PFC校正电路开关管，第二个要检查副电源IC。4)40英寸以下的一般输出+5V、+12V、+24V三组电压;40英寸以上的一般输出+5V、+12V、+18V、+24 V四组电压。其中+5 V为待机电压，+12V供数字板，+18V供伴音，+24 V供背光板。在实践维修中，只要各组电压一样、功率一样的电源板都可以代换。5)电源板可以从电视上摘下独立维修，维修时只需要把开关机控制电路三极管C、E短接(或将一只1.5K左右的电阻与副电源的+5V输出端相连)，整机就处于开机状态，各路电压均有输出。在部分液晶彩电的开关电源中，只有+12V或+24V输出端带有一定功率的负载，主开关电源才进行正常的工作状态。所以在+24 V输出端上你可以接一只电动自行车的36 V灯泡作假负载（或在+12V输出端接一只摩托车灯泡作假负载)即可。6)保护电路,在液晶彩电开关电源中,除具有常见的尖峰吸收保护电路外,还设在+24V、+12V和+5V电压的过压、过载保护电路,其保护电路多采用四运算放大器LM324、四电压比较器LM339、双电压比较器LM393或双运算放大器LM358。过流过压保护电路,在维修时可脱开不用,如果电压恢复正常,说明保护电路引起,这时要分步断开是哪路起作用。然后再进行维修。7)开机前,先确认有无炸件、电容鼓包现象,如有应先更换并把相关的器件全部都测量一遍。建议更换所有损坏器件后试机时,最好把原机保险丝除掉,接上一个220V/100W的灯泡,这样可以有效防止再次炸件。8)主开关电压+24V或+12 V的输出电流较大,对整流二极管要求较高,一般采用低压差的大功率肖特基二极管,不能用普通的整流二极管替换。另外接负载后,电压反而上升,多属于电源滤波不好引起。9)电源带负载能力差,首先要测一下PFC电压是否正常(380V),如果正常,问题就在电源厚膜上,通常是电源厚膜带载能力差引起,这一点请大家注意。10)电源板上,贴有**三角形标记的散热片以及散热片下面的电路,均为热地。严谨直接用手接触!注意任何检测设备,都不能直接跨接在热地和冷地之间!

82.'TCL王牌L26M16背光亮液晶灰屏不显示:

本人近日接修一台TCL王牌L26M16,背光亮液晶灰屏不显示,打开机壳,首先检查电源,解码驱动板,液晶屏供电均正常,用测屏仪测试液晶屏也不显示,液晶屏型号:三星LTA260AP06,那就活马当死马医吧,小心打开液晶屏组件,万用表测量12V供电保险已经烧断,说明逻辑板有短路故障,用手机维修电源给逻辑板供电,从0V慢慢向上调高电压,用手触摸各元件,发现一钽电容短路发烫,更换坏件后试机OK,故障排除。

83. TCL液晶L32F3310-3D背光电路的维修:故障</a>现象:TCL液晶L32F3310-3D可以正常工作,只是偶尔保护无光。保护后黑屏有声,用手电筒照射屏幕隐约可见画像。重新开机又正常。有时1天或者2天保护一次。分析与维修:伴音正常说明电源和主板基本正常;用手电筒照射屏幕隐约可见画像,说明逻辑板和屏都正常。只是缺少背光,对于LED液晶来讲这种情况大多出现在恒流板和灯条上。可是故障1-2天才出现一次,它不出现故障,不给我创造机会又怎么下手呢?难道买一块恒流板试试?购买灯条?开盖通电,守株待兔坐等故障出现?显然都不可取。以前修过另一个客户的这种机,当时表现得比这个严重,开机后直接黑屏但有伴音,我的做法是将恒流板上的7个背光插头逐个拔下当拔下某个插头后背光正常说明这一路的灯条有故障。通过这次维修后感觉急需一个LED背光灯条的检测工具,于是就购买了一个兆欧表(几十元),虽然与华升的专业背光检测工具(600多,钱包伤不起)不能相提并论,但作为检测判断已经足够了!回到正题,开盖将恒流板通往灯条的7个插件全部拔下,用兆欧表逐个测量每个灯条的内阻,比较发现有一个的内阻为0.011M,其余的6个都是0.012M,这说明就是内阻为0.011M的灯条故障造成恒流板保护。此时只要拔下这个插件,其他插件接入电路即可应急交货,只是亮度稍低。本着负责的态度还是拆屏了,对故障灯条上的一个漏电的灯珠拆除后ok。交付10多天电话回访一切正常。

84. TCL电视L65P2-UD/T968机芯热机自动关机故障案例:机型:65P2-UD故障现象:热机自动关机。机器主板为服务商送修组件板,描述故障为用户观看一小时左右就出故障,数字板返回后台观看几天都不出问题,当用焊台风枪加热主板,故障马上出现,检查主板电压发现复位电压不正常,排查到C800时,发现电压不对,用烙铁对其加热,发现贴片电容有漏电现象,更换此电容后,再次加热老化,故障不再出现。

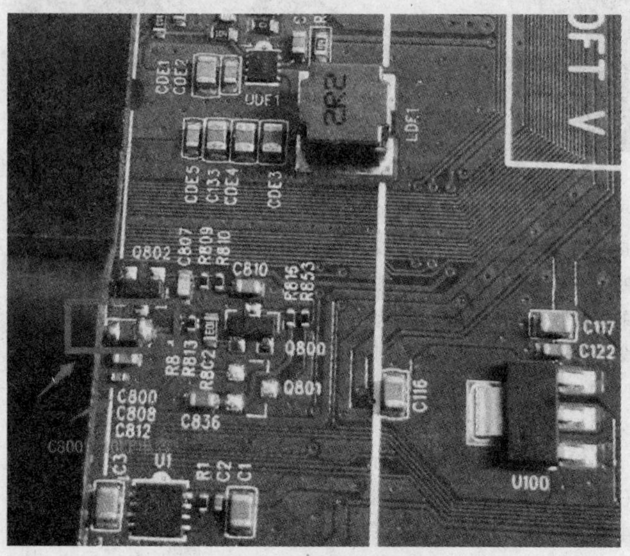

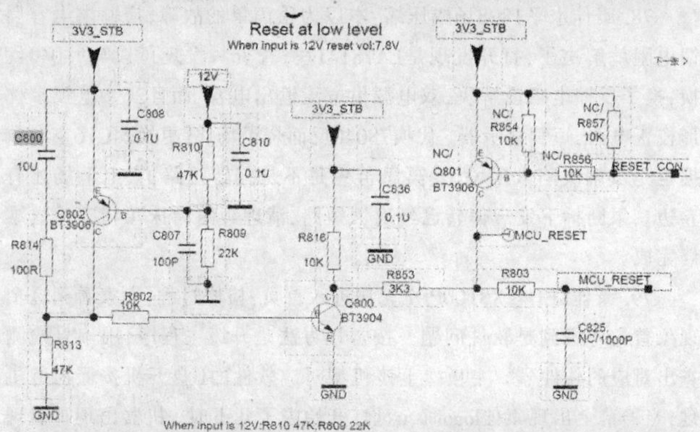

85. TCL彩电L55E5800A-UD待机灯亮不开机:T962A1T01机芯机器上电后指示灯亮,按键遥控不开机,拆机后发现主板上UDN1(SY8113B)已明显烧坏,更换后3.2V正常,但还是灯亮不开机,发现UD018明显发热,测其输出电压只有0.6V,而正常电压在1.8V,测对地阻值也只有几十欧姆,说明主芯片U1C(T962H)损坏,又把U1C更换后发现能够待机,并且可以开机,但没有图像,发现主芯片特别热,升温很快,以为主芯片又烧了,经过仔细测量,发现U1(AP7361)的①脚对地只有十几欧姆,经更换U1后故障排除。

86. TCL彩电L55E5800A-UD黑屏(背光不亮)黑屏,无图像:T968A1机芯机器通电后背光不亮(瞬间闪一下),代换了电源板</a>后正常,排除了灯条的损坏,说明问题就在电源板部分。根据现象首先测

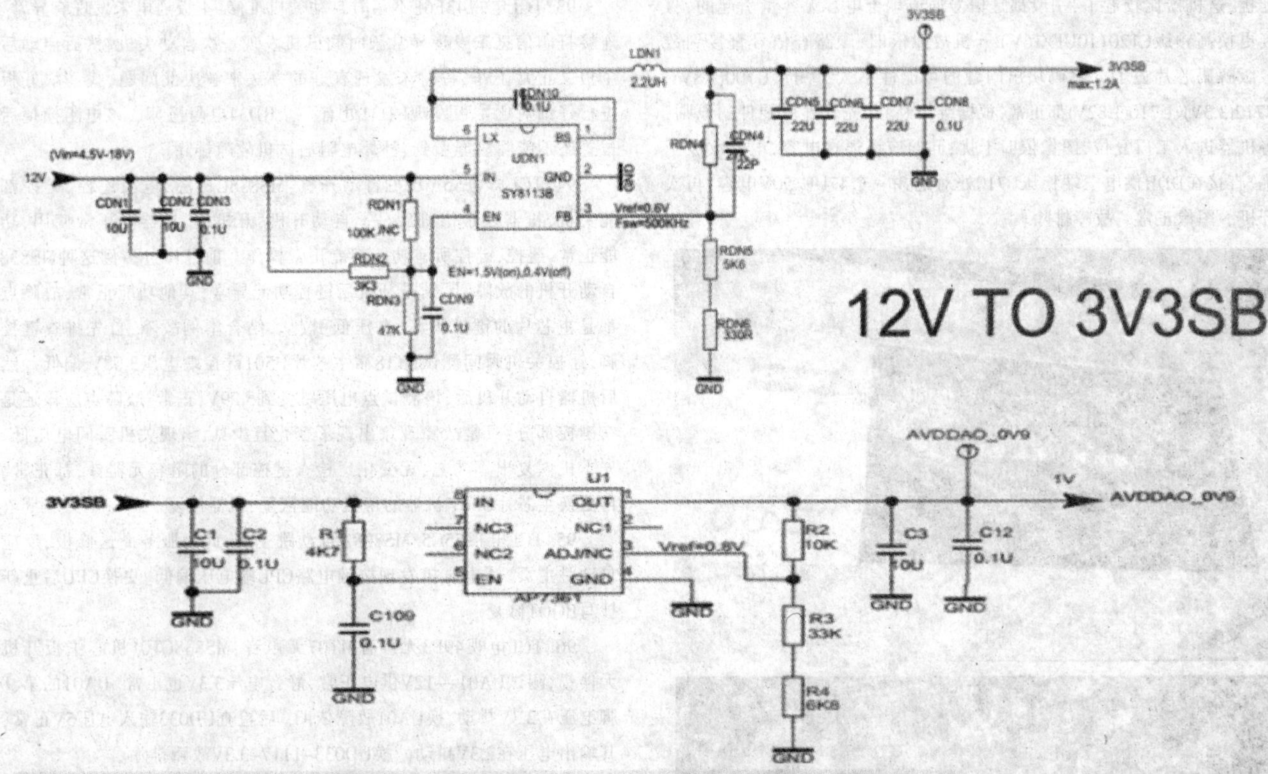

量电源板上电容CE2(82UF/450V)的正端380V是否正常，经测量380V正常，测得插座P2处12V输出正常，说明问题在背光驱动电路部分，首先测量U401 (OZ9976) 的各脚供电电压，没有发现异常，又足个检测U401的各外围电路，在检测背光驱动输出端时，发现电容C428(1UF)的容量减少，更换后故障排除。

87. TCL彩电L42M9HBD,L42E9FBD冷机不开机，主板故障检修：故障检修，L42E9FBD冷机不开机，通电后要等待5---20分钟才能开机，按照维修经验出现冷机不开机的多是电源板次级输出滤波电容不良造成的。开盖测电源板的P-ON/OFF 3V，3.3V、24V输出电压正常，电源管理IC芯片U002;WT6702F;已输出开机信号；主电源已启动，但背光开关BL-ON电压为0V，背光不亮且没有开机音乐。考虑应该是主板的问题，右边主板的塑料盖很难拆卸，由于边上AV/USB插口连接线太短，只能掀开一点缝隙。没办法，从盖板的下边(盖板轴的位置)缝隙处用平口的螺丝刀撬开；整个盖板拿下翻开。测量主板上5V为5.3V，12V、3.3V、1.8V等电压也都正常。再测量主芯片的复位电路三极管Q001 C极有1V跳动，测量发现电容C001正极竟然有5.8V。二极管前有5.3V，二极管后面电压反而高了，不用再考虑了，一定是二极管整流了波纹电压才会出现这种情况。找到5V DC/DC输出端的C834摘下换新。冷却后开机蓝灯熄灭不再闪烁着，三S后开机音乐响起。TCL开机画面出现了，然后反复断电开机都正常，故障排除。拆下的电容外观完好，万用表测充放电也正常。

88. TCL彩电50L2不开机T962A3T04待机灯亮不开机维修；>首先测量电源板12V供电电压为8.71V，明显异常正常电压应该为12V问题出在电源板上，首先测量光耦的①、②脚的正向压降为1.03V明显问题出现在了取样电路上，测量TL431的控制端电压为2.49V，在电源输出为8.71V时这个电压明显是异常的，检测发现电容C459漏电，更换后故障排除。

89. TCL彩电D43A810不开机自动关机：主板通电测试主供电12V正常连接打印信息打印信息显示DDR检测失败、测量DDR供电2.5V正常、1.5V电压变成了1.67V电压偏高、试更换供电芯片UD4试机电压恢复正常、故障排除、长时间试机未发现问题。

90. TCL彩电LCE37K72蓝屏正常AV图像拉丝干扰：视频出现拉丝

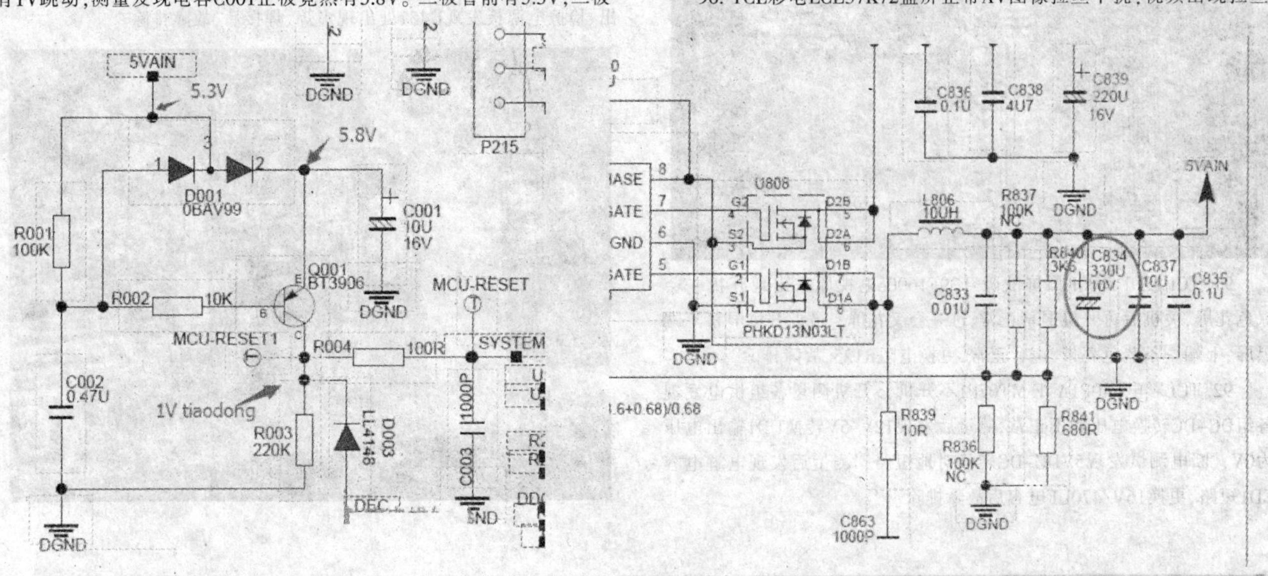

干扰，这机器比较老了，一般都是信号通道耦合电容无容量引起的，直接更换高频版C120(10UF/16V)，开机故障依旧，顺路查信号直接到数字版解码芯片去了，解码块出问题的可能性不大，测量U700(1.8V)、U712(3.3V)、U710(1.82V)都正常，根据维修经验，先软件后硬件的原则，将机器进入工厂复位，图像依旧干扰，问题应该还在电容，电源纹波干扰，直接在DDR供电三端稳压U710处对地并一个47UF/50V电容，再次开机。图像正常。故障排除。

91. TCI L39F1600E黑屏故障：L39F1600e电视原来出现开机一会绿色花屏，关机后再开机屏幕正常，过一会又花屏。最近开机屏幕下端黑屏，上端一条蓝色亮带，声音正常，更换电阻R125，故障排除。

92. TCL彩电L40P1A-F MT07P1不开机：>开机测量各组供电发现各组DC-DC转换电压均不正常，测量后发现12V-5V转换UD1输出电压为0V，断电测试发现5VDC-DC转换对地短路，测量后发现电解电容ED1短路，更换16V/470UF电容后故障排除。

93. TCL电视43F6F不定时自动关机维修：主板通电未发现有异常、连接打印信息未发现异常长时间试机发现一次自动关机、然后启动后主板又正常工作、一时未发现有好的办法来解决此问题、找一块好板进行仔细对比主板发现UD31处有一个RD34电阻撞掉、该电阻撞掉后位置还不能明显能看到、补焊电阻后试机故障排除。

94. TCL彩电55A950C自动开机：MS838C机芯，电视遥控，键控都能关机，机器处于待机后马上自动开机，开机后，机器能正常使用，功能正常，遥控，键控所有功能都能正常操作。前期修过多例这种MS838自动开机的故障，区别是开机后键控功能异常，其他功能正常，故障点都是主芯片的键控脚坏，电压低引起。结合本例故障，首先排查键控脚，遥控关机瞬间测试R118靠主芯片U501键控端电压3.08V，偏低。然后机器自动开机后，该测试点电压跳变到3.29V，正常。故障点应该还是在键控部分，只是故障现象出现了变化且少见，出现关机瞬间电压低。先本机恢复出厂功能，无变化。检查键控部分的阻容元器件，都正常，再更换主芯片U501，机器的待机功能恢复，机器修复。

95. TCL电视55C5/MS838A自动跳主页：此为服务商送修板，反应自动跳主页。通电试机发现按键电路CPU端电压偏低。更换CPU后重新抄写BOOT修复。

96. TCL电视49P3无声音MT07无声音：MS838CT01机芯主板开机无伴音，测试UA01--12V供电正常，静音电压3.3V也正常。UA01的第⑨脚电压在2.3V抖动，换UA01故障依旧。后检查UD033输入电压5V正常，其输出电压在2.3V抖动。换UD033-1117-3.3V故障排除。

97. TCL电视L65H8800S-CUD不能连接WIFI：主板不能连接WIFI，换WIFI板无效。换U104故障排除。

98. TCL彩电Y49A690有时不开机三无：50D6，有时开机正常，有时三无，指示灯都不亮。当出故障时，测大水桶电容CE1，CE2两端电压无300V，在检测的过程中，无意间机器又正常工作了，出故障时无300V电压，故障部位应该在交流输入部分，该机是新机，估计工厂作业不良引起的可能性大，检查交流输入部分元件是否假焊，引脚是否插到位，发现RN1有一只引脚没有穿过印制板，把RN1处理焊接后开机老化，机器正常。

99. tcl H55V6000三无维修实例：通电检测电源板无12V电压输出，测量检查发现背光供电短路二极管(SF10A400)短路损坏，更换通电开机图像正常。

100. TCL电视65X2/MS838A主板不开机：通电试机发现打印信息显示UART_115200 AC_ON MIU0_DQS-OK MIU1_DQS-OK BIST0-FAIL测量发现MU1到CPU之间有过孔不良。已经修复发出。

101. 55D6不定时不开机：通电测量电源板电压发现时输出时不输出、检擦电源板发现U451处出现虚焊、焊接后，故障排除。

全国研究生电子设计竞赛获奖精选之

非线性超声无损检测仪

复旦大学　徐峰　李颖　毕东生 刘度为 李博艺

超声波在工业检测中应用广泛，例如对材料的特性进行测量，包括材料的材质、损伤程度、寿命检测等。超声检测分为线性超声检测和非线性超声检测。线性超声检测采用的激励超声幅度相对较小，在线性范围内。非线性超声采用的激励幅度较大，能激励出材料在大应力条件下的非线性。超声检测指对测量到的超声信号提取超声参量，寻找超声参量与材料损伤的关系。材料损伤伴随着微裂纹的产生、传播与积累，微裂纹作为一种非线性因素会增强材料的非线性效应，非线性超声即在非线弹性范围内研究超声参量与材料损伤的关系。

现有的非线性超声系统是采用线性功放、信号发生器、衰减器、示波器等分立的仪器设备搭建而成，设备体积庞大、连接复杂、价格昂贵、控制不方便。因此，研发一台一体化、可软件控制的非线性超声测量仪器具有现实的意义。

本系统的特点在于，并没有采用传统的信号发生器、线性功放的设计方案，而是利用脉冲宽度调制实现等效任意波形发生的方法来实现这一系统。从而大大简化了系统的硬件复杂度和成本。

本项目的主要内容包括：

基于脉冲宽度调制实现等效任意波形发生的方法，结合Matlab仿真和实际实验的方式，验证用这种方法代替传统非线性高能超声测试系统的可能性。

编写FPGA逻辑以满足发出脉冲激励的要求，设计发射、接收端滤波器实现发射、接收信号的硬件预处理。

根据具体的通信要求编写安卓程序，保证和FPGA的正常通信，以及增加频域分析与寿命检测功能。

硬件系统与软件系统结合测试，通过谐波-基波平方线性度实验，验证测试系统的稳定性。

仪器研制及测试的结果是新系统能够实现检测材料非线性的功能，通过计算非线性参数也能得到材料的预期寿命。

关键字：超声检测，非线性超声，PWM调制，FPGA

第一章 概论

1.1 作品背景

1.1.1 材料的无损检测

在工业生产和医疗、电子行业为保障产品质量，需要对材料特性进行检测，包括材料的种类，物理特性，损伤程度等。而对金属材料的检测应用则更为广泛，金属材料的种类检测有金相检验，是用显微镜观察金属的内部组织结构，也称金相组织，从而判别各种相的组成。金属材料的损伤检测方法有很多种，有应用射线光谱的射线检测，应用、超声的超声检测，应用铁磁效应的磁粉检测，应用电学中的导体中电流的涡流检测。射线检测和超声检测较为常见，射线检测是利用材料在X光下反射的光谱进行分析，与已有数据库对比从而确定材质，还可以检测材料或工件内部缺陷。但是因为射线检测涉及辐射，在某些特殊情况下使用有限制，因此超声检测的应用更广泛。超声检测是通过超声波在材料中的传播，接收传播后的信号，分析参数从而得到有关材料的信息，如材料种类、非线性参数、损伤程度等。

1.1.2 超声非线性理论

材料的非线性是基于材料本构关系非线性的弹性动力学的。在应变力学角度，当固体材料退化或损伤后，材料会有非线性的应力和应变关系，此时若施加外力，材料的应力和应变之间不符合完全弹性情况下的线性关系，会出现非线性关。这种非线性关系可以从宏观和微观上解释。宏观上：当固体发生形变时将具有应变势能，若振幅有限，单位体积内的弹性应变能与应变高阶弹性常数的关系可表示为：

$$\omega Y\varepsilon Y=\frac{1}{2!}E_{ijkl}\varepsilon_{ij}\varepsilon_{kl}+\frac{1}{3!}E_{ijklmn}\varepsilon_{ij}\varepsilon_{kl}\varepsilon_{mn}+\frac{1}{4!}E_{ijklmnpq}\varepsilon_{ij}\varepsilon_{kl}\varepsilon_{mn}\varepsilon_{pq}+\cdots$$

其中 $\frac{2n}{E}$ 表示为2n阶张量，而高阶弹性常数满足 $E_{ijkl}=\rho_0$ $(\frac{\partial^n U}{\partial\varepsilon_{ij}\partial\varepsilon_{kl}\cdots})$，表示n阶绝热的弹性常数，$\rho_0$代表固体密度，U为单位质量的内能。根据材料本构关系（即应力张量与应变张量的关系）中非线性、平衡方程和线性几何关系以及高阶弹性常数的定义，可以建立一维纯纵波非线性波动方程：

$$\rho_0\frac{\partial^2 u}{\partial t^2}=K_2\frac{\partial^2 u}{\partial x^2}+(3K_2+K_3)\frac{\partial u}{\partial x}\frac{\partial^2 u}{\partial x^2}$$

二阶与三阶弹性常数用K_2和K_3表示，若采用奇异摄动法求解上述波动方程，就得到超声非线性系数β与K_3和K_2的关系：$K_3=-(\beta+3)K_2$；

微观上：一般用位错单极模型和位错偶模型来解释晶体的三阶常数。对于前一种模型，是把材料损伤（或疲劳加载）后晶体内部的位错当做缺陷，位错的相互作用会形成钉扎点，一般情况下，钉扎点不会移动，但位错线可以看做能够发生受迫振动的弹性弦，弦的振动频率与位错线的长度也即钉扎点的距离有关，有低、中、高频现象。非线性产生的原因则是钉扎点的应力过大，发生的脱钉使钉扎点距离变化，频率上升后即出现高次谐波，位错弦钉扎点的模型如图1-1。实验发现应力较小时二次谐波赋值变化不大，应力较大时二次谐波变化大。

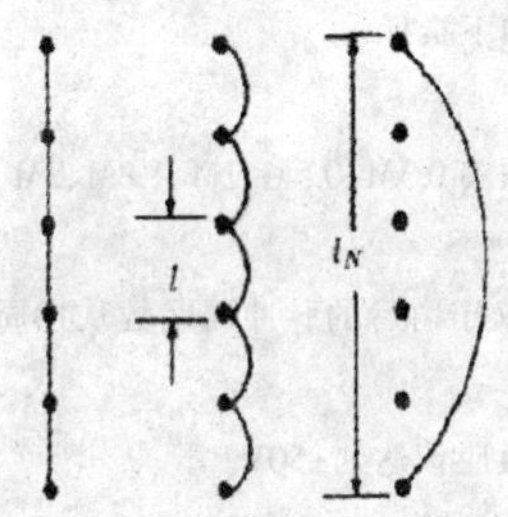

图 1-1 位错弦钉扎模型

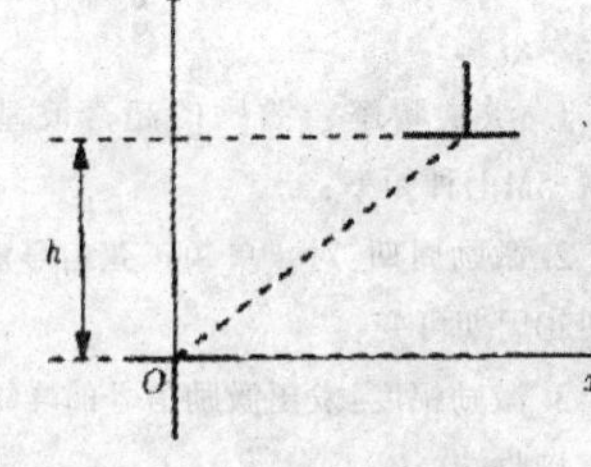

图 1-2 位错偶模型

第二种模型是通过考虑固体材料受外力作用后内部微结构变化（位错增加、滑移）形成位错偶，如图1-2，应力条件下，位错偶运动，对该运动建立方程后可推导出非线性系数与材料的二阶、三阶弹性常数的关系。

1.1.3 非线性超声导波测量原理

当固体介质中有一个以上的交界面存在时，就会形成一些具有一定厚度的层，超声波会在层中发生很多次反射，传输超声波介质叫做波导。导波的最基本参数是群速度（弹性波包络上具有某种特性的点的传播速度）和相速度（单个质点传播方向的速度）。根据传播介质的不同，可以分为圆柱体中的导波以及板中的导波还有块状介质中的导波，其中板状介质中的导波也称兰姆波。导波在传播过程中遇到边界或缺陷时，会发生反射，经过多次反射最终形成的波包含这些缺陷的信息，用这些信息可以对材料特性检测。

而导波检测又可以分为线性检测和非线性检测，区别在于线性超声使用的激励幅度较小，材料的应力-应变关系在线性范围内，而非线性超声的激励幅度和强度较大，传播时波形受到干扰会发生畸变，畸变的结果是传播过程中出现谐波成分，材质的非线性即为导致谐波成分出现的原因。

非线性超声测量的优越性在于，传统的线性超声技术因为受到波长限制，线性超声波对于微观缺陷和材料力学性能弱退化不够敏感，不能起到很好地损伤检测效果；而非线性超声本质上反应的是材料的缺陷导致的波形畸变，宏观上表现为出现谐波成分，这种非线性失真可以用来评价材料的应力—应变非线性和材料微观与宏观上的缺陷、裂纹等。

1.2 难点与创新

现有的非线性超声系统均是采用线性功放、信号发生器、衰减器、示波器等分立的仪器设备搭建而成，用到RAM-5000-SNAP，设备体积庞大、连接复杂、价格昂贵、控制不方便。研发一台一体化、可软件控制的非线性超声测量仪器极具挑战与现实意义。

本作品没有采用传统的信号发生器、线性功放发出激励信号的设计方案，而是利用Peter R.Smith提出的脉冲宽度调制实现等效任意波形发生的方法来实现非线性超声系统，从而大大简化了系统的硬件复杂度和成本。本作品设计FPGA逻辑以满足发出脉冲激励的要求，设计发射、接收端滤波器以实现发射、接收信号的硬件预处理。编写安卓程序，保证和FPGA的正常通信，以及实现时域波形实时显示以及傅里叶频域分析，最终简便快捷地计算出金属材料的服役寿命。

第二章 系统设计目标与方案论证

2.1 目标简述

本作品的设计目标是：研制一款基于脉冲宽度调制激励超声波方法的超声测量系统，满足能够通过超声波激励出材料非线性，以及对材料的非线性进行评估，与材料损伤曲线对比后从而确定材料的预期使用寿命。激励的超声波的中心频率、周期数以及与已有数据库的对比均可实现手动选择。

2.2 系统技术指标

要完成激励出非线性导波，系统有如下指标：

发射端：

1. 激励频率：激励的超声波基频有0.3M、0.5M、1M、1.8M、2M、2.5M、5M七种频率；

2. 激励周期：对。单频正弦信号加汉宁窗后的脉冲周期数从10周期到20周期可变；

3. 激励幅度：发出激励信号的峰峰值应该达到±50V。

接收端：

1. 放大器增益：接收换能器在接收回波信号后需对信号进行放大，放大的增益在34~54db可调；

2. 基频抑制：接收端滤波时对基频信号的抑制在-35db；

3. 测量平均次数：为减小误差，需要多次发射，多次接收之后作平均，平均次数可以达到512次。

2.3 脉冲宽度调制方案论证

2.3.1 非线性超声导波的激励

非线性超声需要观察的二次谐波对激励幅度要求更大，而且通常需要满足基波和二次谐波模式的相速度匹配，才能验证二次谐波的累积效应，在此基础上还有更加严格的群速度匹配(在材料中传播的超声波频率较多，频率相近时形成波包，定义形成波包峰的传播速度为群速度)。本仪器的激励源设计为汉宁窗调制的多周期正弦信号，激励的中心频率为5 MHz。理论的激励信号时域波形如图2-1所示。

选用该方式作为激励源的原因是由于要接收的导波中含有二次

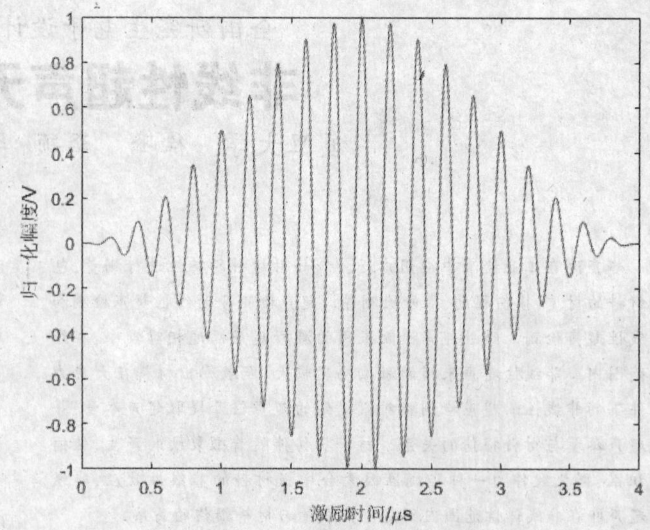

图 2-1 汉宁窗调制后正弦激励

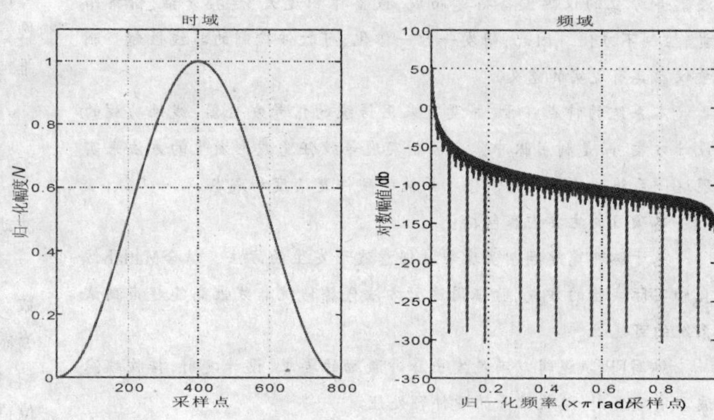

图 2-2 汉宁窗时域与频域特性

谐波成分，所以在激励中应尽可能减小二次谐波的幅度，而且汉宁窗的主瓣有一定带宽，时域上与单频正弦信号相乘在频域上则是卷积，即形成以正弦信号的频率为中心频率，具有一定带宽的信号。汉宁窗的频谱特性如图2-2所示。

时域表达式为$\omega(n)=0.5(1-\cos(2\pi\frac{n}{N})),0\leq n\leq N$，能够很好地抑制谐波成分。除此之外，换能器也具有一定的带宽，有汉宁窗的滤波效果，所以激励信号在经过换能器后可以更接近理想的汉宁窗调制信号。

2.3.2 Matlab仿真论证脉冲宽度调制方法

上小节中提及用汉宁窗调制的多周期正弦作为激励源，但由于该激励信号是连续的、模拟的，除了用任意波形发生器编辑出需要的波形这种方法外，还可以用脉冲宽度调制(PWM)编码再加滤波的方式来模拟连续波形，载波信号是单频的正弦信号，调制波是需要模拟出的波形。这种方法相比于直接发射高压的连续激励信号的优点在于不需要对高频的超声信号进行线性放大来激励换能器，而是通过脉冲的方式激励，易于实现。为验证该方法的可行性，先进行Matlab仿真，超声波中心频率为5 MHz。具体方式为，PWM的载波为与需要的中心频率一致的正弦波，调制波调整正弦的幅度(即调制波为汉宁窗调制的若干周期的正弦)，采用三电平(正、负、零)脉冲，脉冲码字的生成函数为：

$$PWM(t)=\begin{cases} if m(t)>0, \\ 1, m(t)\geq c(t) \\ 0, m(t)<c(t) \\ else \\ -1, m(t)\Theta \text{钘SymbolcB@}\Theta -c(t) \\ 0, m(t)>-c(t) \end{cases}$$

其中$m(t)=0.5(\cos\omega_{ct})(1-\cos(2\pi\frac{t}{T}))$，$c(t)=|\cos\omega_{ct}+\pi/2|$。具体的Matlab仿真结果如图2-3，2-4，图2-3中虚线部分是调制波，也是理论上的理想汉宁窗调制后的正弦，实线部分是单频的正弦载波。图2-4中虚线部分是根据脉冲生成函数生成的激励脉冲。

形成的PWM码字的频谱与理论上汉宁窗调制后的周期正弦波形的频谱如图2-5所示。

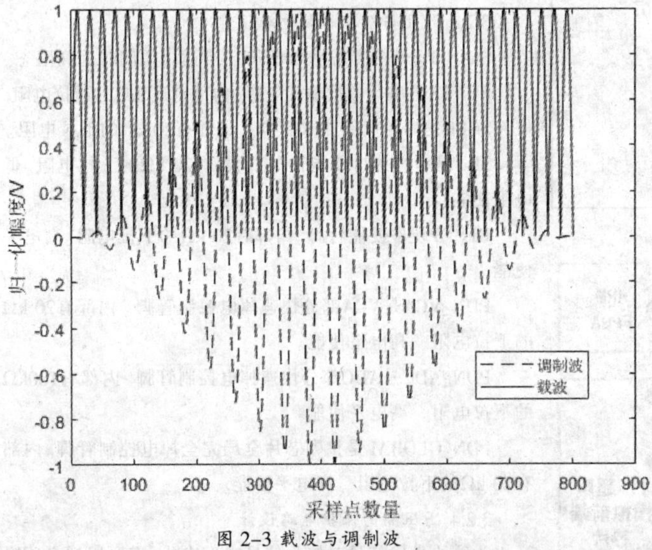

图 2-3 载波与调制波

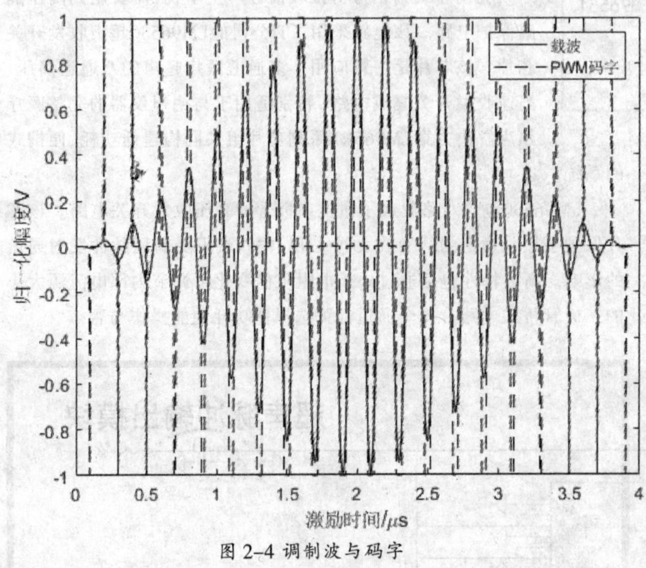

图 2-4 调制波与码字

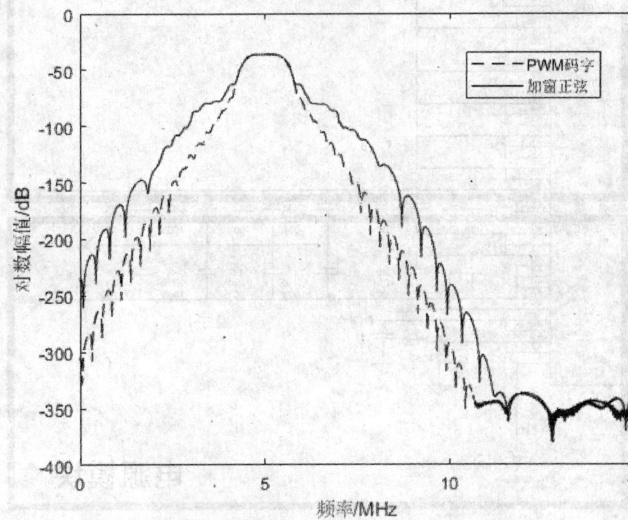

图 2-5 仿真频谱图

可以看出用脉冲宽度调制(PWM)的方法来模拟有高斯包络的正弦信号的方法是可行的。码字是三种电平的脉冲，所以是离散的，具体的正、负、零脉冲的个数由需要发射的窗调制后的正弦脉冲个数、中心频率、发射频率决定。如：发射的正弦脉冲个数为20，中心频率为5 MHz，发射频率为200 MHz，那么一个正弦由40个时间间隔为5ns的点表示，20个脉冲共需40*20=800个点，也即800个码字。

第三章 系统硬件

3.1 系统硬件构架

系统硬件架构如图3-1所示，主要分为激励信号发射、导波信号接收、高压电源、安卓程序控制四个模块。FPGA管理与ARM通信过程中的时序，通信过程会通过串行外设接口协议(SPI协议)传递配置参数，包括对各个芯片的配置以及发射开始信号，此外也是由FPGA将编码后的码字输出从而产生高压脉冲激励信号，信号经过具有一定频带的换能器(由压电陶瓷制成，可以实现电信号与机械振动的转化)发出超声波；接收模块包含接收换能器与数据采集、滤波、AD转换模块，具体是由具有一定频带的接收换能器将超声波信号转化为模拟电信号，经AD转换成数字信号后进行放大与滤波。搭载在ARM处理器上的安卓程序用ARM的强大计算能力处理转换后的数字信号。高压供电模块提供系统工作过程中所需的各个电平，以及各个芯片在工作时需要一定的电源上电时序，该模块通过电容的充放电实现时序要求；人机交互界面则是在安卓程序上实现，在软件上选择要激励出的超声信号的参数，通过ARM处理器将参数配置给逻辑控制单元(FPGA)，接收到的信号经过处理后也会以时域或频域的形式显示在APP界面上。

多路高压电源模块为整个系统中各个电路模块提供电源，包括驱动超声发射电路的高压电源，并保证系统中各路电源的上电、下电时序。

3.2 模块化设计与工作芯片选用

3.2.1 电源硬件电路设计

电源电路需要为超声模拟前端电路、FPGA、ARM、以及外围芯片提供电源，因此电源设计稍显庞杂。在设计电源电路时，既要考虑不同芯片的电压需求，也要考虑各个芯片的严格的上电下电时序。总体设计以下四个部分：1、-60V电源的实现；2、±10V到±30V可变电压电源的实现；3、数字电源的实现；4、电源的时序控制。

由于-60V是超声模拟前端电路的衬底电压，对功率的要求并不高。所以实际电路中虽然采用开关电源的方式来实现，但电感耐流值有限。项目采用LM5574(TI德州仪器)降压芯片配上少量外围器件便可满足要求。

±10V到±30V可变电压电源是整个电源设计中的重中之重，用于控制超声模拟前端激励换能器的电压从而改变声强。设计电路中使用反激式开关电源，通过合理地设计变压器参数、二极管耐压值来满足高压下的功率输出。项目选用TI公司的LM2588-ADJ(TI德州仪器)反激式电源芯片，它具有宽输出范围和高耐压值的特性，可以较好地满足设计要求。同时配合MCP41050电位器芯片通过SPI总线改变电位器从而实现软件可变激励电压，从而精确控制声强。

数字电源的实现方案大体相同，均采用两段式的方法。前半部分采用开关电源将18V输入电压降至输出电压附近，后半部分采用线性稳压电源得到稳定的输出。由于数字电源输出路数较多，采用TI芯片也比较多，在此不一一列举。时序控制采用LM3881(TI德州仪器)芯片，该芯片可以产生三个拥有先后时序的控制信号。定义上电顺序：

-60V=>±30V=>±10V、±5V、+3.3V、+1.8V、+1.2V，即-60V最先上电，然后是±30V，最后是各路低压电源。下电顺序与上电顺序相反。

采用电源适配器输出21V，输入范围110-220V，，满足宽电压供电需求。电源硬件架构如图3-2所示。

3.2.2 超声模拟前端硬件设计

主要包括：超声脉冲发射电路LM96551芯片发射脉冲信号用来激

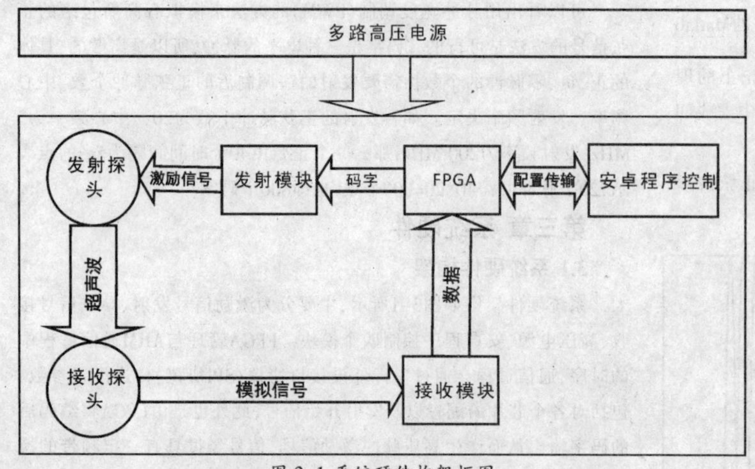

图 3-1 系统硬件构架框图

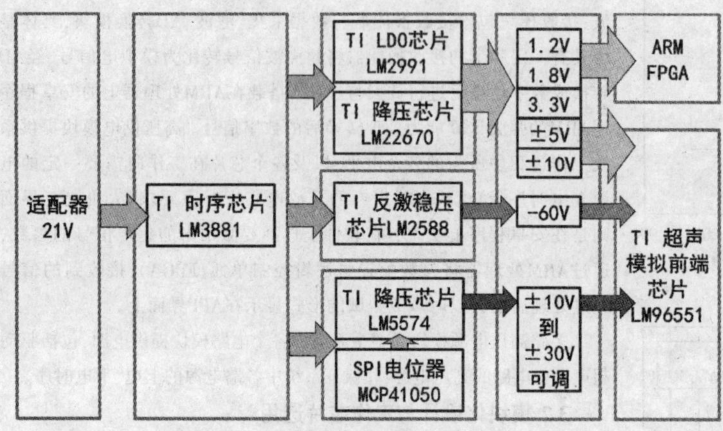

图 3-2 电源硬件架构

励超声换能器。

超声脉冲发射电路核心采用TI德州仪器公司的LM96551超声波脉冲发射芯片。LM96551是一颗应用于多通道医疗超声的8通道超声脉冲生成器集成芯片。LM96551芯片包含了八路集成二极管的超声脉冲发射电路，每一路能产生峰值电流到2A、最大脉冲频率到15MHz的±50V的双极性脉冲。能满足PWM编码的三电平脉冲的要求。通过FPGA对LM96551芯片工作状态和发射波形进行控制。能够满足项目设计中超声参数(中心频率、脉冲重复时间、脉冲周期数)的需求，能够支持激励多通道发射超声脉冲。硬件电路设计中输出端采用EPS.00.250.NTN配合Lemo-C5接头，能够配备不同尺寸的超声换能器。芯片中各个模块及功能如图3-3所示。

3.2.3 放大与模数转换电路设计

SDOUT是串行数据读出管脚。当读出关闭时为高阻态。

SDATA是串行数据输入管脚。内部有20 kΩ的下拉电阻。

SCLK是串行时钟输入管脚。内部有20 kΩ的下拉电阻。

SEN是串行接口使能管脚。内部有20 kΩ的上拉电阻。低电平使能。

RESET硬件使能管脚。内部有20 kΩ的下拉电阻。高电平使能。

PDN_VCA是VCA部分快速掉电控制管脚。内部有20 kΩ的下拉电阻。高电平使能。

PDN_ADC是ADC部分快速掉电控制管脚。内部有100kΩ的下拉电阻。高电平使能。

PDN_GLOBAL是整颗芯片全局完全掉电控制管脚。内部有20 kΩ的下拉电阻。高电平使能。

3.2.4 高压隔离保护电路设计

为防止发射信号对接收信号产生串扰，需要用到高压隔离保护电路。该电路采用了TI公司的LM96530超声收发开关芯片。该芯片是一颗应用于多通道医疗超声的八通道高压、高速收发开关集成电路。特别适用于与德州仪器的完整医疗超声解决方案LM965XX系列芯片组共同构建低功耗、便携式的系统。

LM96530包含八路集成了钳位二极管的高压收发开关电路。该芯片保护了接收通道的低噪放大器(LNA)输入端不受高压脉冲发射通道的影响。高级特性包括通过外接电阻阻值变化可调节内部电流源大小的二极管桥式电路。每个通道都可选择低功耗使能操作与否。

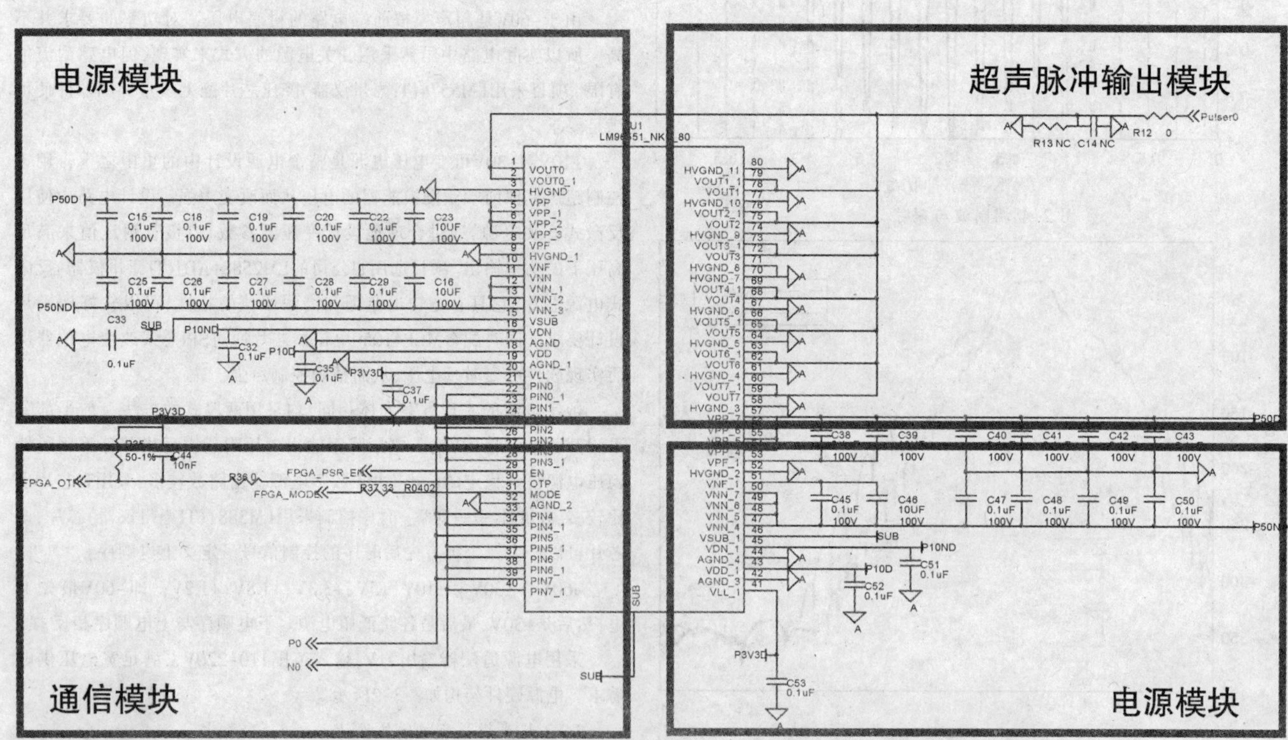

图 3-3 超声模拟前端架构

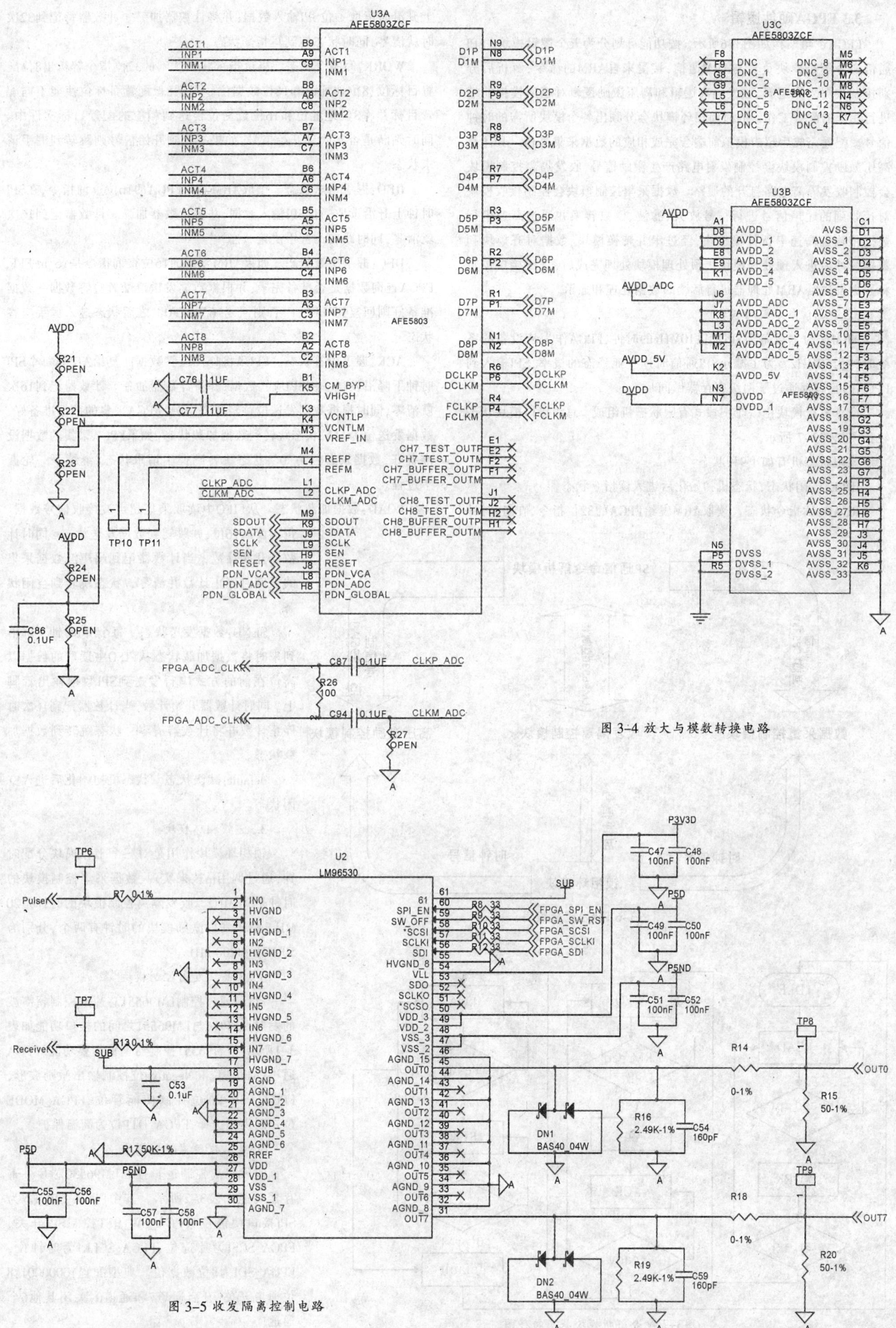

图 3-4 放大与模数转换电路

图 3-5 收发隔离控制电路

3.3 FPGA硬件逻辑

FPGA逻辑架构如图3-6所示。按功能可划分为五个逻辑模块。SPI通信命令解析模块负责与ARM通信，接受来自ARM的命令，解析后分别控制数据采集逻辑、收发隔离逻辑和高压激励逻辑对超声模拟前端进行相应的配置工作。同时锁相环模块会分频出各个模块所需的时钟信号。配置完成后超声模拟前端会完成相应的数据采集工作。具体是高压激励控制模块会控制发射电路产生激励信号，收发隔离控制模块会控制收发隔离电路打开的通路。数据采集控制模块会控制接收模块对接收到的超声信号进行信号放大、滤波、模数转换并通过高速串行数据传输到高速串行传输模块，经过串并转换模块、数据对齐模块和数据缓冲后进入预处理模块。预处理模块处理完成后，总线接口逻辑将数据发送给ARM处理器进行后续的数据处理和显示。

3.3.1 通信命令解析模块

ARM作为主设备为SPI提供10MHz的时钟，FPGA作为从设备的系统时钟为50MHz。为了减小SPI通信时产生亚稳态的概率，SPI输入到FPGA的管脚都通过了两级寄存器做同步。

命令解析模块由一个三段式有限状态机组成。总线接口模块状态转移图如图3-7 所示。

该限状态机有如下9种状态：

IDLE：空闲状态，状态机初始化后进入读指令状态。

READ：读指令状态。读取ARM发给FPGA的32位指令，在SPI时钟上升沿时读取一位SPI输入数据，并将计数器加一。计数器每记到32次时就清零，同时状态转到写指令状态。

WORK：写指令状态。将读指令状态读到的32位指令解析出8位配置目标位、8位地址位和16位数据位。根据8位配置目标位使能不同配置目标并将8位地址位和16位数据位传送到相应的配置目标文件中。同时判断是否接收到开始信号，如果接收到开始信号则跳转到握手请求状态。

REQ：握手请求状态。读取ARM发给FPGA的16位查询指令，在SPI时钟上升沿读取一位SPI输入数据，并将计数器加一。计数器记到16次就清零，同时跳转的握手决策状态。

DEC：握手决策状态。如果ARM发来的16位查询指令是16’hFFFF，FPGA查询数据是否准备完毕，并根据数据发送位配置应答数据。数据准备好则回复16’hFFFF，否则回复16’h0FF0。之后状态进入握手应答状态。

ACK：握手应答状态。FPGA将16位应答数据回复给ARM，每个SPI时钟下降沿发送一次SPI应答数据，并将计数器加一。计数器记到16次就清零，同时根据数据发送位跳转状态。如果FPGA采集的数据准备好，数据发送位为‘1’，状态跳转到数据加载状态。如果FPGA采集的数据没准备好，数据发送位为‘0’，状态跳转到握手请求状态，继续下一轮握手过程。

LOAD：数据加载状态。从FIFO中读取采集超声波接收信号数据。每次读取16位，并跳转到数据发送状态。同时计数器开始计数，当计数器记到超声波数据采集的长度时停止计数并清零，状态跳转到空闲状态。

SEND：数据发送状态。每个SPI时钟下降沿到来时将数据加载状态从FIFO中读取的数据以高位在前的方式串行发送到SPI数据输出管脚上。同时计数器开始计数，当计数器记到16次时停止计数并将计数器清零，状态跳转到数据加载状态。

default：默认状态。状态机初始化后进入空闲状态。

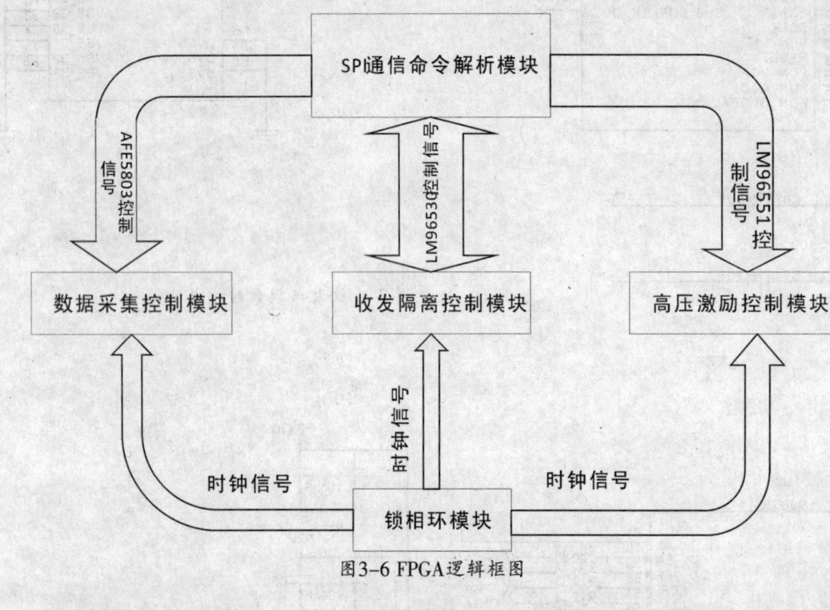

图3-6 FPGA逻辑框图

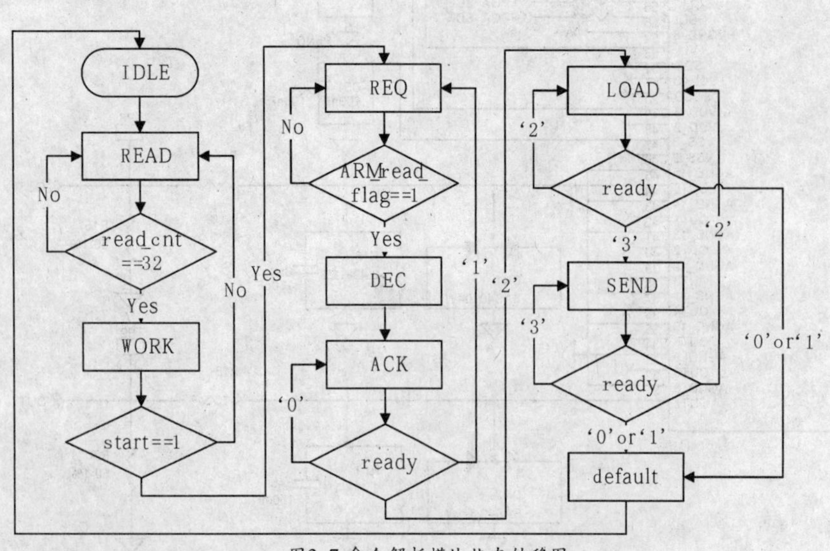

图3-7 命令解析模块状态转移图

3.3.2 锁相环模块

锁相环模块作用是对三个工作模块分配时钟，通过调用ip核来实现，数据采集控制模块的时钟是50 MHz，收发隔离控制模块的时钟是20 MHz，高压发射激励模块的时钟有两个，分别为50 MHz和200 MHz。

3.3.3 高压发射控制模块

FPGA通过控制LM96551芯片来控制超声波的发射。FPGA与LM96551之间的接口功能如表3-1所示。LM96551控制器逻辑主要功能：FPGA通过Positive位和Negative位控制输出激励波形，FPGA_PSR_EN位控制使能管位，FPGA_MODE位控制模式选择，FPGA_OTP位为高温保护。

3.3.4 收发隔离控制模块

收发隔离控制逻辑控制LM96530芯片。寄存器功能如表3-2所示，其中FPGA_SPI_EN为SPI接口使能位，FPGA_SW_RST控制SPI开关，FPGA_SCSI为片选位，FPGA_SCLKI为时钟位，FPGA_SDI为8位数据位。典型配置10000001：8位通道开关，开启通道7和通道0，关闭其他6个通道。

表3-1 LM96551的接口功能表

Name	Pin No.	Type	Function
Positive	M8	Output	Logic control positive output channel P 1 = ON 0 = OFF
Negative	N8	Output	Logic control negative output channel N 1 = ON 0 = OFF
FPGA_PSR_EN	U8	Output	Chip power enable 1 = ON 0 = OFF
FPGA_MODE	V8	Output	Output current mode control 1 = Max Current 0 = Low Current
FPGA_OTP	U7	Input	Over-temperature indicating IC temp>125°C 0 = Over-temperature 1 = Normal temperature This pin is open-drain.

表3-2 收发隔离控制逻辑接口功能表

LM96530:8bit register,MSB controls channel 7 and LSB controls channel 0.

Name	Pin No.	Type	Function
FPGA_SDI	V6	Output	SPI™ compatible data
FPGA_SCLKI	T6	Output	SPI™ compatible clock
FPGA_SCSI	P8	Output	SPI™ chip select 0 = Chip Select
FPGA_SW_RST	N7	Output	1 = Switch all channels OFF 0 = Use SPI™ to control switch
FPGA_SPI_EN	V7	Output	1 = Enable the SPI™ Interface 0 = Disable the SPI™ Interface and presets SPI™ registers for all switches ON.

3.3.5 数据采集控制模块

数据采集控制AFE5803芯片功能如表3-3所示。其中PDN_GLOBAL为全局使能，PDN_VCA为可变增益放大器使能，PDN_ADC为模数转换使能，SEN为串行通信使能位，RESET为复位位，FPGA_ADC_CLK为50MHz采样时钟，SDOUT为串行读数据，SDATA为串行写数据，SCLK为串行通信时钟，LVDS高速串行差分传输包括：FCLKP、FCLKM、DCLKP、DCLKM、D1P-D8P、D1M-D8M。

3.4 无源滤波器设计

由于激励信号是汉宁窗调制后的多周期正弦，除了基频成分外，还有倍频干扰，所以需要对激励信号进行滤波，采用无源LC滤波。分为发射端滤波和接收端滤波。

3.4.1 发射端滤波

发射端的滤波是低通滤波，功能是尽可能保证基频成分通过同时大幅度抑制倍频干扰。无源滤波器种类很多，分别有巴特沃斯型、切比雪夫型(1型和2型)、逆切比雪夫型、椭圆型。巴特沃斯型滤波器特点是通带频响特性平坦，过渡带较缓慢，对于需要在一倍频程内频响下降很快的滤波器来说不满足要求；切比雪夫型通带内有波纹，过渡带变陡峭，且滤波器阶数越高，过渡带越陡峭；椭圆滤波器通带和阻带均有波纹，但是过渡带变化最快，截止特性最好，结构较前两种更为复杂。综上所述，采用切比雪夫型滤波器较好，查阅相关资料后确定阶数为9阶，截止频率5.5 MHz，通频带起伏量0.01db，滤波器电路图如图3-8所示。

用PSPice软件对该电路的频响特性进行仿真。并转换成对数坐标，频响特性如图3-9，3-10所示。

3.4.2 接收端滤波

接收端信号的问题在于信号中包含的基频成分仍然比二倍频成分高得多，直接对该信号进行AD采样会超出采样电路的量程。因此为了尽可能利用AD采样芯片的量程，需要在保留二倍频信号的同时对基频信号进行一定程度的衰减，使二者的幅度能在量程之内。查阅资料后设计成一级陷波(带阻)电路加高通的方式，陷波的频率点设置在5 MHz与10 MHz之间的位置，陷波电路

表3-3 接收采样控制逻辑控制功能表

AFE5803: 24bit register, a register address (8 bits) and the data itself (16 bits).

Name	Pin No.	Type	Function
D1M~D8M	U15	Input	ADC CH1~8 LVDS negative
D1P~D8P	V15	Input	ADC CH1~8 LVDS positive
DCLKM	T8	Input	LVDS bit clock (7x) negative
DCLKP	R9	Input	LVDS bit clock (7x) positive
FCLKM	V9	Input	LVDS frame clock (1X) negative
FCLKP	T9	Input	LVDS frame clock (1X) positive
PDN_ADC	T5	Output	ADC partial (fast) power down control pin with an internal pull down resistor of 100kΩ. Active High.
PDN_VCA	R5	Output	VCA partial (fast) power down control pin with an internal pull down resistor of 20kΩ. Active High.
PDN_GLOBAL	P7	Output	Global (complete) power-down control pin for the entire chip with an internal pull down resistor of20kΩ. Active High.
RESET	U5	Output	Hardware reset pin with an internal pull-down resistor of 20kΩ. Active high.
SCLK	R7	Output	Serial interface clock input with an internal pull-down resistor of 2 0kΩ
SDATA	N6	Output	Serial interface data input with an internal pull-down resistor of 20kΩ
SDOUT	P3	Input	Serial interface data readout. High impedance when readout is disabled.
SEN	T7	Output	Serial interface enable with an internal pull up resistor of 20kΩ. Active low.
FPGA_ADC_CLK	P4	Output	Positive output of differential ADC clock. In the single-end clock mode, it can be tied to clock signal directly or through a 0.1μF capacitor.

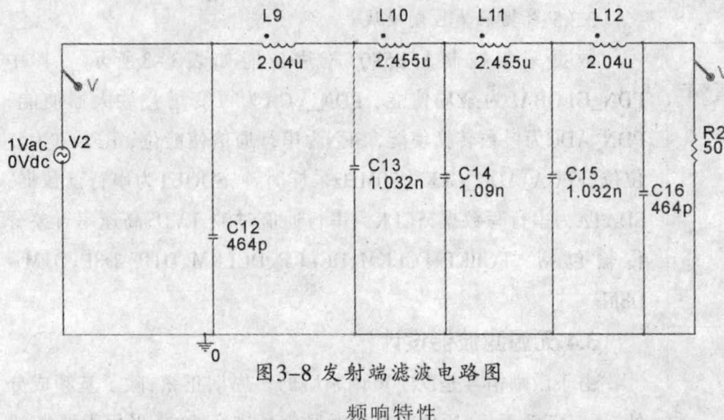

图3-8 发射端滤波电路图

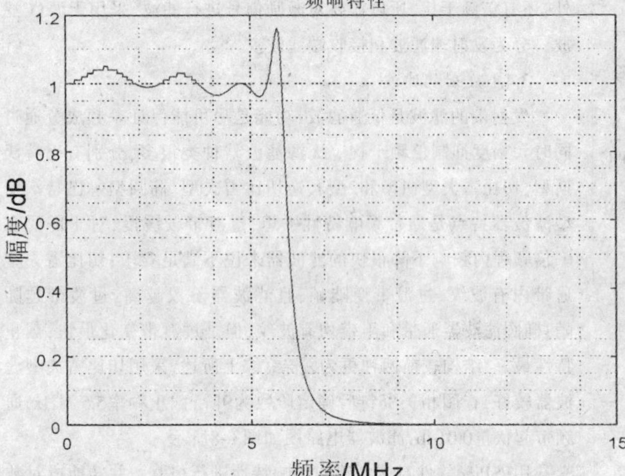

图3-9 发射端归一化输出电压

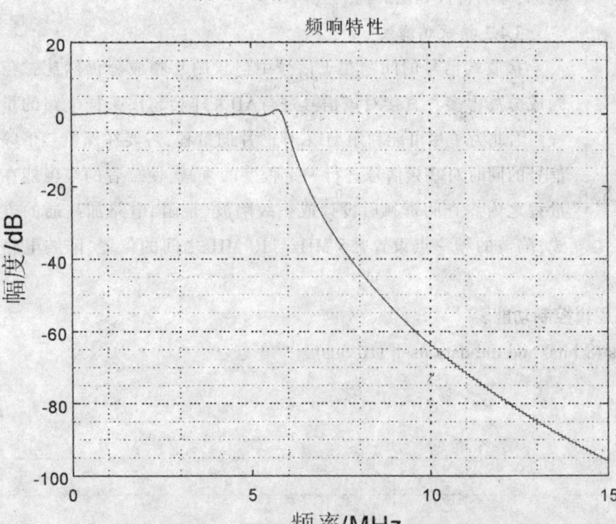

图3-10 转换成对数特性的频响特性

的特点是陷波点处的衰减很大，而两边的衰减较小，再级联上高通电路，就能解决5 MHz成分不过分衰减而且消除中间频带的成分的效果。电路图如图3-11所示。

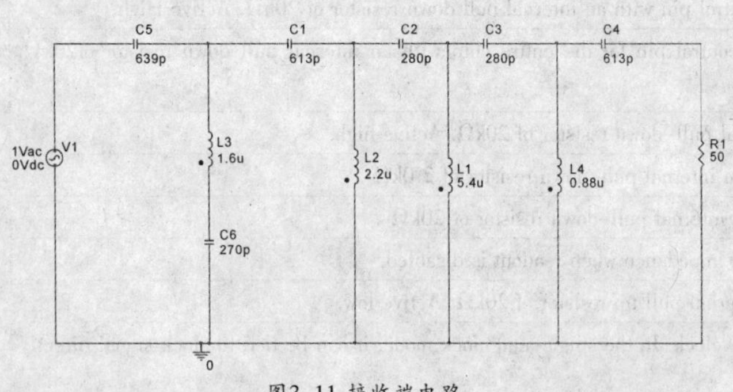

图3-11 接收端电路

仿真的频响特性如图3-12，根据之前的测试结果，把陷波频率点设置在7.5 M（由于接收信号的特点，此处频率成分干扰最大），高通滤波阶数为7阶。

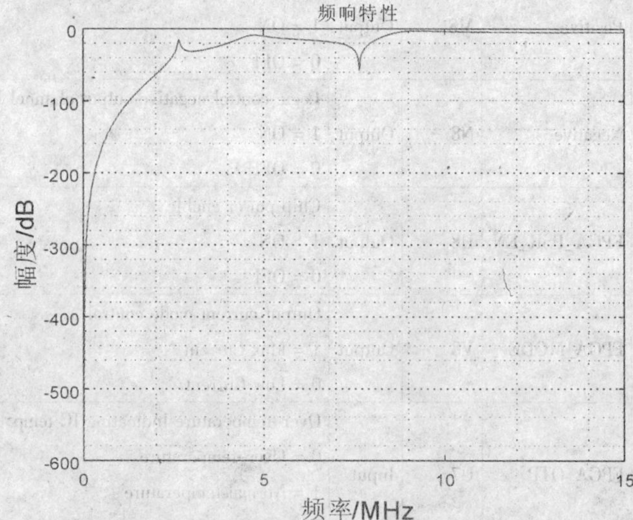

图3-12 转换为对数坐标后接收端幅频特性

将发射端滤波和接收端滤波组合，得到的接收信号如图3-13所示。频谱分析的第一个峰值对应的频率点为5 MHz，第二个峰值对应的频率点为10 MHz。

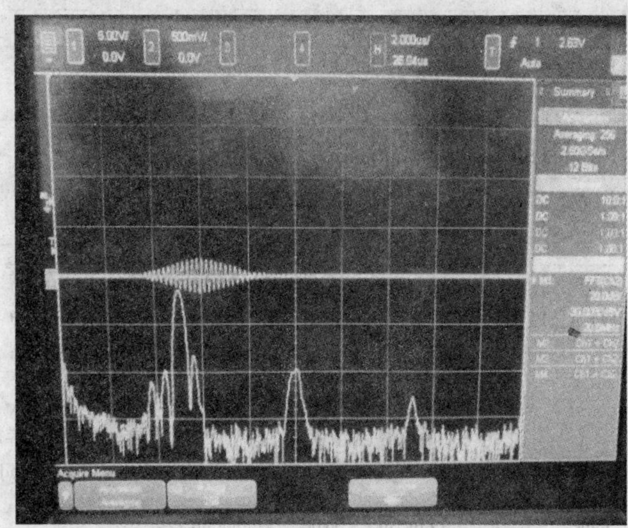

图3-13 发射、接收端滤波替换后接收信号

将发射、接收滤波电路集成到制成PCB板。系统PCB版图以及PCB实物图如图3-14、3-15所示。

作品外观图片如图3-16所示。

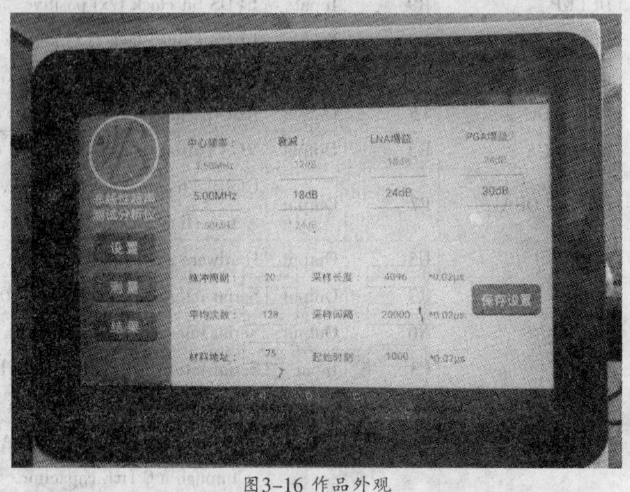

图3-16 作品外观

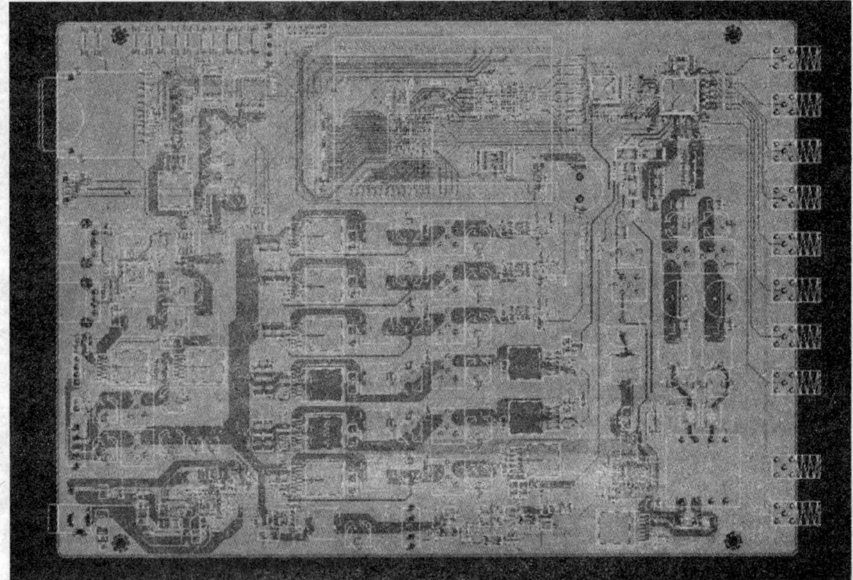

图3-14 PCB版图

图3-15 PCB实物图

制成PCB的外接滤波器如图3-17所示，上方为发射端电路，下方为接收端电路。

图3-17 滤波器PCB板

第四章 系统软件设计

4.1 测量系统软件设计

ARM中的程序运行在Android系统上，从上到下依次为应用层、系统层和驱动层。如图4-1所示：

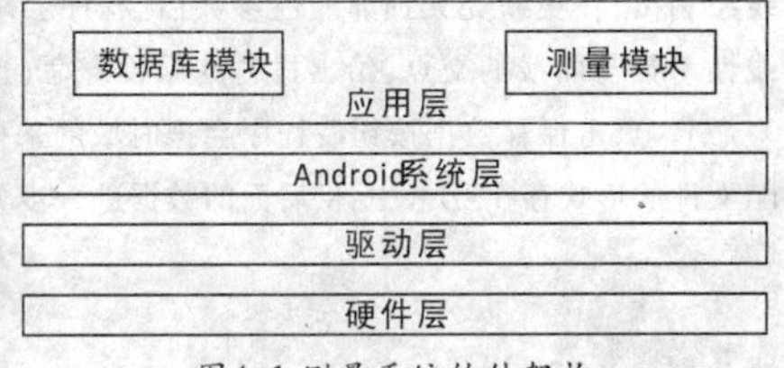

图4-1 测量系统软件架构

驱动层包含SPI、USB、SD以及显示触摸等功能的驱动，系统层包括Android系统的基本特性。应用层指非线性超声测量APP程序层，按功能可以划分为本地数据库和用户交互测量两部分。其中，数据库模块的作用是提供材料的定标曲线信息，可用来与测得的数据作对比，还可用来存储接收的回波信号；测量模块功能是通过人机交互界面，将需要激励出的超声波的参数，比如脉冲周期、中心频率等，以及对采样模块的采样长度、采样间隔、放大倍数等参数配置送进FPGA。在接收到返回的信号后，显示在界面上。在软件的设计过程中，充分利用了Android系统界面友好、性能优异的特性，操作界面简洁大方，具有良好的人机交互特性。

4.2 测量系统软件流程(见图4-2)

在信息输入和参量设置完成后，ARM通过SPI发送给FPGA控制指令，指令中的每个单元为“片选+地址+数据”的组合，指令中包括了超声激励编码和寄存器配置。

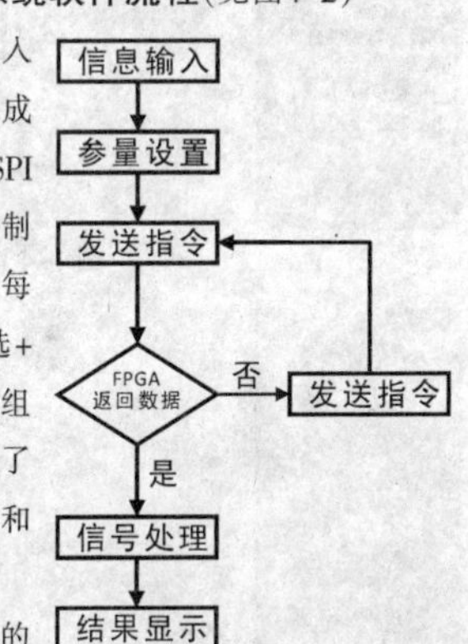

图4-2 软件流程

FPGA执行完成后将返回测量得到的信号时域波形，ARM通过SPI读取。若SPI读取等待超时，则通过I2C复位FPGA并重新发送指令。信号的时域波形由ARM进行信号处理和参数计算，测量结果保存在SD卡中。

4.3 测量系统软件界面

仪器的设置界面如图所示，设置完所有参数后点击保存设置，会把各个参数存入寄存器中，等待通过SPI协议将数据送进FPGA。

在测量界面，当点击开始测量按钮，ARM会发出握手请求，对应FPGA逻辑中SPI通信命令解析模块的状态，握手成功后，ARM会将要配置的寄存器地址、数据通过链表的形式打包传递给FPGA，list一次传8bit，所以对一个完整的寄存器进行配置需要4个list(片选8位，地址8位，数据16位)。

在测量结果界面，会以时间—幅度的形式显示时域上的接收波形，包括反射和透射信号，时间轴的长度与采样长度有关，采样速率是50 MHz，所以采样点之间的时间间隔是

0.02us。

点击频域波形按钮，APP程序会把时域波形作傅里叶变换，将频域成分显示出来，从1 Hz到20 MHz，并且通过非线性参数计算式：$\beta=A_2/A_1^2f$，在频域窗口下部显示出非线性参数β。

在结果界面，可以通过读取外部存储(SD卡)中的定标曲线，将曲线绘制出，在更新完无损非线性参数后，程序会求取上一步计算的非线性参数与曲线的交点，给出材料的服役寿命(也即材料的预期使用寿命)。点击保存数据按钮后程序会把时域的采样点和频域的结果以txt文件的形式存在SD卡中，供后面的数据进一步分析。

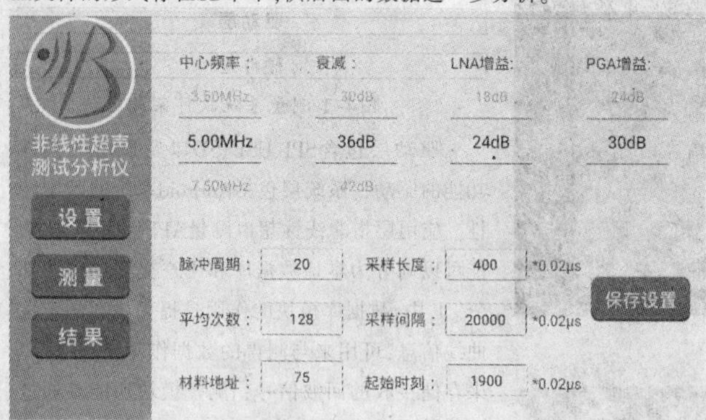

图4-3 软件设置界面

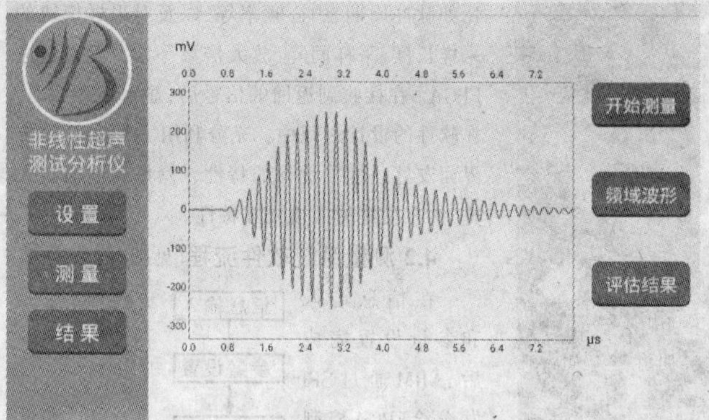

图4-4 软件测量界面

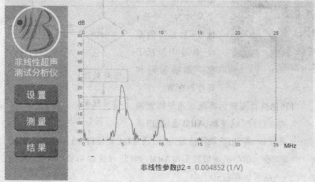

图4-5 频谱分析界面

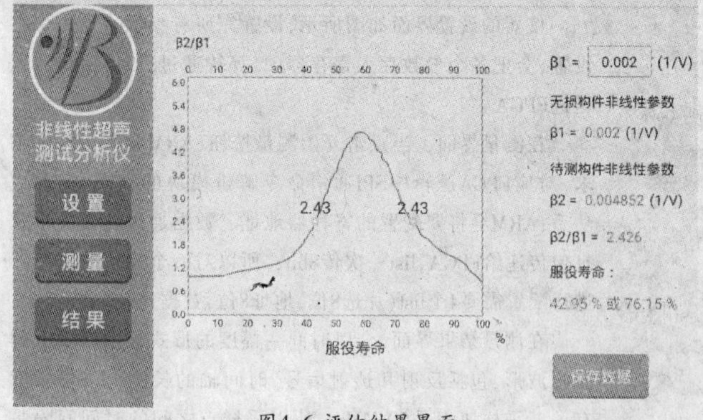

图4-6 评估结果界面

第五章 非线性系统性能测试

5.1 系统稳定性测试

5.1.1 谐波-基波平方线性度实验

根据非线性系数β的计算式$\beta=A_2/A_{1f}^2$，当激励电压改变后，接收的回波信号的基波、谐波成分的幅度也会有变化，但是由于材料本身的属性不变，所以非线性系数应是一个定值，也即谐波随基波幅度平方呈线性变化。这里要改变激励的电压，用到另一种功率放大器AG Series Amplifier，调节PME可以改变输出的电压值。实验材料换成铝板，超声入射方式改为30°角斜入射，发射、接收探头距离11 cm，仪器设置界面放大倍数48db，只截取回波信号，作傅里叶变换得到基波和谐波幅度，实际实验测量图如图5-1和5-2所示，实验数据如表5-1所示：

表5-1 线性度实验数据

功放pme值	基波幅度/V	基波平方/V²	谐波幅度/V
28%	29.25	855.748	0.4446
26%	27.04	731.1767	0.430
24%	24.546	602.5437	0.327
22%	22.109	488.8186	0.2758
20%	20.1014	404.0689	0.2126
18%	18.0034	324.1242	0.1793
16%	16.0945	259.0185	0.1547
14%	14.186	201.2444	0.125
12%	12.622	159.311	0.1211
10%	10.902	118.846	0.0862
8%	9.273	85.9838	0.0825
7%	8.718	76.0042	0.0684
6%	8.016	64.2563	0.069
5%	7.038	49.534	0.0669
4%	6.588	43.4134	0.076
3%	5.989	35.8732	0.068
2%	5.497	30.2155	0.076
1%	4.86	23.6196	0.07

图5-1 实验测量图a

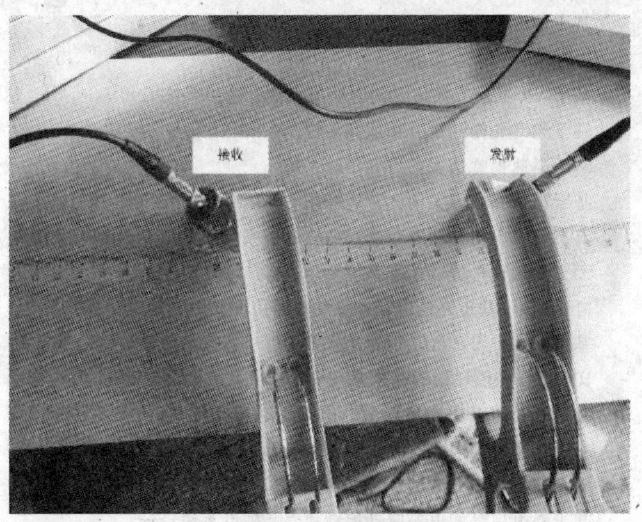

图5-2 实验测量图b

外接功放照片如图5-3所示。

图5-3 外接功放照

5.1.2 测试结果分析

通过对表中的数据进行线性拟合，得到如图所示拟合结果，线性系数为0.9853，线性度较好，与非线性参数β的计算式相吻合，可以看出该非线性超声测量系统能正常工作。

5.2 测量材料预期寿命实验

如图5-1、5-2所示接好电路与探头，测试铝板的预期寿命，在接收回波信号后作频域分析，得到材料的非线性系数β值。在结果分析界面，输入铝板的无损状况下的非线性参数值，计算β_2/β_1，再与存在SD卡中的数据库中定标曲线求交点，得到预期寿命，如图5-5所示。图中得到两个交点的原因是通过对铝板的拉伸损伤实验得到材料损伤定标曲线的过程中，发现随着损伤程度的增强，比值的变化呈现的是先增长后减小，所以对于本次实验得到的一个β，会与曲线有两个交点，也即估计的预期寿命有两个值。

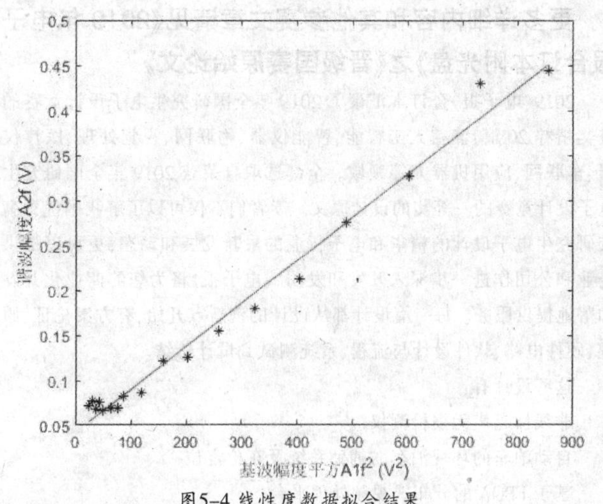

图5-4 线性度数据拟合结果

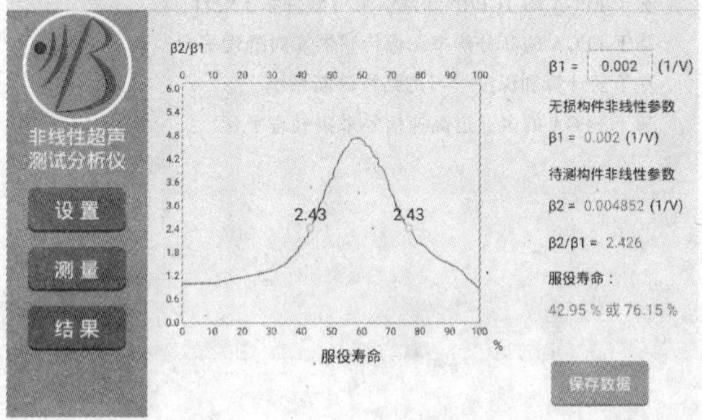

图5-5 计算预期服役寿命界面

第六章 总结

材料检测作为一个热门研究领域，有很多种方法。本项目立足于超声检测中的对材料非线性特性检测，针对脉冲宽度调制编码方式，研制出一套用非线性超声检测材料的系统。系统的各项参数满足非线性超声测量的指标。通过对谐波-基波平方线性度的验证性实验验证了系统的稳定性，再进行测定材料预期寿命的实验。通过测量铝板的寿命实验，得到的结果与实际铝板的损伤程度相同，该仪器达到了评估材料预期寿命的要求。

更多详细内容和其他参赛文章请见《2019年电子报合订本附光盘》之《晋级国赛原始论文》

2019《电子报》合订本汇聚了2019年全国研究生电子设计竞赛的获奖精粹20篇，涵盖人工智能、智能仪器、物联网、视觉处理、医疗仪器、车联网、应用机器人等领域。全部选取自荣获2019年全国研究生电子设计竞赛的一等奖的设计原文。读者们不仅可以了解我国优秀高校研究生电子设计的精华和电子行业的最新发展和动态，更可以提供企业和公司作进一步深入开发和发明，《电子报》将为您的商业化开发和落地提供服务。每一篇设计都从设计的创新点开始，有方案论证、原理、硬件电路、软件设计与流程、系统测试到设计总结。

这些设计有：

非线性超声无损检测仪

自动泊车的环视泊车的辅助系统及车位定位

基于FPGA的分布式视频处理平台

基于FPGA的新型数字微镜芯片测试系统

基于FPGA的TCP/IP卸载引擎与硬件系统设计

基于FPGA的高分辨率图像传感器实时处理平台

基于云计算和深度学习的结核诊断系统

基于FPGA的多通道高速信号采集处理平台

基于深度学习的黑夜视频增强感知系统

脑控机械臂抓取系统

基于VR成像火灾逃生消防演习训练及防护系统

基于光纤光栅的准分布式高温检测系统

基于高速视觉伺服的目标跟踪系统

基于窄带物联网架构的智能烤箱

具有动力电池诊断的直流快速充电桩系统

无火药烟火机智能控制系统

电子蛙眼-基于路侧边缘计算的车路协调感知基站

基于深度学习和强化学习的水下检测机器人系统

100Gbps光模块误码测试系统

基于φ-OTDR的声发射振动传感设备

一种新型的“升降压”光伏并网逆变器拓扑——奥尔堡逆变器

基于兆易创新GD32的可穿戴式AR万用表

基于心电信号的电磁驱动搏动式左心辅助系统设计

桌面式上肢康复机器人的设计与实现

基于多通道量子检测器的超远激光雷达

四轮独立驱动独立转向机器人的设计实现与应用

高铁CRTSII型轨道板裂缝智能检测无人车